Kürschners Handbuch der Bildenden Künstler

Deutschland, Österreich, Schweiz

2. Jahrgang 2007

Redaktion:
Andreas Klimt

Band I
A – M

K · G · Saur
München · Leipzig 2007

Redaktion des 2. Jahrgangs
Maja Inez Gruel
Andrea Klimt
Andreas Klimt
Christien Melzer
Sandra Rescher
Jana Tischer

Anschrift der Redaktion
K. G. Saur Verlag
Kürschners Handbuch der Bildenden Künstler
Ritterstr. 9-13
04109 Leipzig
Deutschland

Tel.: 0341/486 99 20
Fax: 0341/486 99 21
E-mail: andreas.klimt@saur.de
Internet: www.saur.de/kk

Bibliografische Information Der Deutschen Nationalbibliothek
Die Deutsche Nationalbibliothek verzeichnet diese Publikation
in der Deutschen Nationalbibliografie; detaillierte bibliografische Daten
sind im Internet über *http://dnb.d-nb.de* abrufbar.

∞

Gedruckt auf säurefreiem Papier

Ein Imprint der Walter de Gruyter GmbH & Co. KG
Printed in Germany

Satz: Mathias Wündisch, Leipzig
Druck/Bindung: Strauss GmbH, Mörlenbach

ISBN-13: 978-3-598-24737-8 · ISBN-10: 3-598-24737-0 (2 Bände)

Inhalt

Band I

Band II

Vorwort zum ersten Jahrgang 2005

Der „Kürschner" – dieser Name steht seit 125 Jahren als Synonym für lexikalisch strukturierte Nachschlagewerke, die präzise und sachlich über Persönlichkeiten des kulturellen Lebens der Gegenwart berichten. Adressen, prägnante biographische Fakten sowie Angaben zum Werk kennzeichnen die Artikel in der nach dem Vorbild des Literatur-Kalenders entwickelten Reihe: Literatur-Kalender, Sachbuch-Kalender, Gelehrten-Kalender, Musik-Kalender und nunmehr auch Kürschners Handbuch der Bildenden Künstler dokumentieren kulturelles Leben in Deutschland, Österreich und der Schweiz bzw. die weltweit in deutscher Sprache verfaßte Literatur.

Kürschners Handbuch der Bildenden Künstler schließt eine Lücke: Seit „Dresslers Kunsthandbuch" und „Kürschners Graphiker-Handbuch" (letzte Ausgaben 1930 bzw. 1967) erschien kein überregionales und länderübergeifendes Nachschlagewerk mehr, das ähnlich umfassend dem aktuellen Informations- und Kommunikationsbedürfnis gerecht wurde. Dem Prinzip der angestrebten Vollständigkeit folgend, verzeichnet das Handbuch bereits in der ersten Ausgabe 5.145 bildende Künstlerinnen und Künstler. Dank der erfreulich guten Resonanz auf eine großangelegte Fragebogenaktion der Redaktion konnte der überwiegende Teil der Artikel auf Grundlage von Selbstauskünften der Künstlerinnen und Künstler erstellt werden.

Was ist Bildende Kunst? Im traditionellen Sinn umfaßt der Begriff die Malerei, die graphischen Künste und die Bildhauerei. – Mit einer (sofern überhaupt konsequent möglichen) Beschränkung auf diese Kunstgattungen hätte Kürschners Handbuch der Bildenden Künstler Ausgrenzungen vorgenommen. Künstlerische Fotografie und Neue Medien in den Grenzbereichen zur Darstellenden Kunst; Architektur, Kunstgewerbe und Design im Sinne der Angewandten Künste wurden deshalb ebenso berücksichtigt wie die tradierten Kunstgattungen. Für die Aufnahme in den Kürschner waren die in den „Redaktionellen Hinweisen" aufgeführten formalen Kriterien maßgebend.

Wer vermittelt Bildende Kunst? Wo wird sie präsentiert oder bewahrt? – Kürschners Handbuch der Bildenden Künstler versucht auch diese Fragen in Bezug auf die im Handbuch repräsentierten Künstlerinnen und Künstler zu beantworten. Aufgeführt sind über 2.800 Galerien weltweit, davon ca. 1.900 mit Auflistung vertretener Künstlerinnen und Künstler. Das Register „Künstler und vertretende Galerien" nennt zudem sämtliche Künstlerinnen und Künstler, die von den Galerien gemeldet oder redaktionell zugeordnet wurden und beschränkt sich damit nicht auf Deutschland, Österreich und die Schweiz bzw. auf die im Hauptteil mit Artikeln vertretenen Künstlerinnen und Künstler.

Die Werke der im Kürschner aufgeführten Künstlerinnen und Künstler konnten über 1.000 Museen und öffentlichen Sammlungen zugeordnet werden. Entsprechend internationaler Verbreitung der Kunstwerke geht auch diese Übersicht über Museen und Sammlungen in Deutschland, Österreich und der Schweiz hinaus. Zudem finden sich im Anhang über 550 Verbände und Vereinigungen, 330 Kunstschulen, kunsthistorische Fakultäten und Instititute sowie 100 Kunstzeitschriften.

Vorwort
Mit ca. 4.000 Links zu Künstlerinnen und Künstlern, Galerien und Museen, Verbänden und Vereinigungen, Kunstschulen und Zeitschriften ist Kürschners Handbuch der Bildenden Künstler unter der Adresse *www.saur.de/kk* auch im Internet als Kunstportal präsent.

Unser Dank gilt den Künstlerinnen und Künstlern, Galerien, Verbänden und Zeitschriften, die unsere Fragebögen für die erste Ausgabe beantwortet und damit Authentizität und Aktualität des Handbuchs wesentlich beeinflußt haben. In Hinblick auf die immense Faktenfülle sind Fehler und Irrtümer trotz redaktioneller Sorgfalt jedoch nicht auszuschließen. Als „work in progress" gedeiht auch der Künstler-Kürschner in Zukunft nur in enger Zusammenarbeit mit seinen Nutzern und Kritikern.

Leipzig, am 15. November 2004

Andreas Klimt
Sandra Trepák

Vorwort zum zweiten Jahrgang 2007

Umfassend und aktuell berichtet der zweite Jahrgang des Handbuchs über 6.772 Künstlerinnen und Künstler, von denen 4.971 die Arbeit der Redaktion seit 2004 durch Rücksendung ihrer Fragebögen unterstützt haben. 1.627 Künstlerinnen und Künstler wurden nach Erscheinen des ersten Jahrgangs 2005 neu in das Handbuch aufgenommen. Ebenfalls wesentlich erweitert wurde das Kapitel „Museen und öffentliche Sammlungen". Besonderer Dank gilt jenen Museen und Sammlungen, die der Redaktion umfangreiche Bestandslisten übermittelten.

Als Kunstportal ist Kürschners Handbuch der Bildenden Künstler mit ca. 7.000 Links unter der Adresse *www.saur.de/kk* im Internet präsent.

Trotz aller redaktionellen Sorgfalt können Fehler und Irrtümer in Anbetracht der vorliegenden Faktenfülle nicht ausgeschlossen werden. Kritiken und Hinweise sind deshalb ausdrücklich erwünscht und fließen in die Vorbereitung des folgenden Jahrganges ein.

Leipzig, am 30. September 2006

Andreas Klimt

Redaktionelle Hinweise

Grundsätze für die inhaltliche Gestaltung

1. Kürschners Handbuch der Bildenden Künstler verzeichnet in periodischer Folge möglichst umfassend die bildenden Künstlerinnen und Künstler in Deutschland, Österreich und der Schweiz sowie Künstlerinnen und Künstler, die durch ihre Herkunft mit diesen Ländern verbunden sind. Kürschners Handbuch der Bildenden Künstler erfaßt ausschließlich lebende Künstlerinnen und Künstler und ist bestrebt, damit einen aktuellen Überblick über die Gegenwartskunst der genannten Länder zu geben.

2. „Bildende Kunst“ meint bildnerisch gestaltende künstlerische Ausdrucksformen wie Malerei, Graphik, Bildhauerei sowie Aktions- und Medienkünste. Architektur, Fotografie und Kunsthandwerk werden in Auswahl berücksichtigt, sofern die Werke über ihren Gebrauchswert hinaus künstlerische Bedeutung haben.

3. Kürschners Handbuch der Bildenden Künstler nennt die Künstlerinnen und Künstler mit persönlicher oder c/o-Adresse, ihren wesentlichen biographischen Daten, Ausstellungen, Werkstandorten, Publikationen und Ehrungen für das künstlerische Werk. Die Angaben beruhen nach Möglichkeit auf aktuellen Selbstauskünften der Künstlerinnen und Künstler.

4. Hinreichend für die Aufnahme einer Künstlerin oder eines Künstlers in das Handbuch ist die Präsenz von Werken in Museen, öffentlich zugänglichen Sammlungen oder im öffentlichen Raum. Andernfalls muß eines der folgenden Kriterien erfüllt sein: Die Präsentation der Werke in Einzelausstellungen, Beteiligung an mehreren Gruppenausstellungen, Publikationen zum Werk oder die Auszeichnung mit einem Kunstpreis.

5. Kürschners Handbuch der Bildenden Künstler führt neben den Künstlerinnen und Künstlern auch Institutionen auf, die mit der Kunst der Gegenwart verbunden sind. Dazu zählen Galerien mit den von ihnen vertretenen Künstlerinnen und Künstlern, Museen und öffentliche Galerien oder Sammlungen mit Werken der Gegenwartskunst, Verbände und Vereinigungen, Kunstschulen und Kunstzeitschriften.

6. Kürschners Handbuch der Bildenden Künstler enthält sich bei der genannten Abgrenzung und Auswahl jeden Werturteils. Ziel ist eine von tages- und kulturpolitischen, ideologischen oder wirtschaftlichen Erwägungen freie Dokumentation.

Grundsätze für die formale Gestaltung

Die Angaben im Verzeichnis der Künstlerinnen und Künstler beruhen möglichst auf Mitteilungen der Verzeichneten selbst. Wo solche Mitteilungen nicht vorgelegen haben, wurde der Artikel in der Redaktion aufgrund zusätzlicher Recherchen zusammengestellt und mit (Red.) gekennzeichnet. Ein Kreuz (†) vor dem Namen weist darauf hin, daß der Betreffende während der Bearbeitung des Handbuches gestorben ist.

Redaktionelle Hinweise

Ein Artikel setzt sich aus folgenden Angaben zusammen:

Biographische Angaben

Familienname, Vorname – Pseudonyme und andere Namensformen (in Klammern) – akademische Titel, Berufe, Tätigkeiten – Postanschrift, Telefon, Fax, E-mail, Homepage – Geburtsort, -tag, -monat, -jahr (in Klammern)

Angaben zur künstlerischen Tätigkeit

VG: Vertretende Galerien (Adressen der Galerien finden sich im Anhang.)
S: Künstlerische Ausbildung und Studien
L: Künstlerische Lehrtätigkeit
P: Preise und Stipendien für das künstlerische Werk, mit Verleihungsjahr
Ve: Mitgliedschaft in Fachverbänden und Vereinigungen, mit Eintrittsjahr
KGr: Mitgliedschaft in Künstlergruppen
KGe: Mitgliedschaft in Künstlergemeinschaften
G/T: Künstlerische Arbeitsgebiete, Genres und Techniken
K: Von der Künstlerin/dem Künstler angebotene kommerzielle Kurse oder Lehrgänge
W: Werke ohne spezifischen Standort
M: Werke in öffentlich zugänglichen Museen und Sammlungen (Adressen der Museen und Sammlungen finden sich im Anhang.)
Ö: Werke im öffentlich zugänglichen Raum außerhalb von Museen und Sammlungen
B: Bauwerke
E: Einzelausstellungen
G: Beteiligung an Gruppenausstellungen
V: Eigene Veröffentlichungen, Illustrationen, graphische Mappen
R: Eigene Radio- und Fernsehbeiträge, Filme, Ton- und Bildträger, digitale Veröffentlichungen
Lit: Gedruckte Veröffentlichungen über die Künstlerin/den Künstler
LitR: Audiovisuelle Beiträge über die Künstlerin/den Künstler

Abkürzungen

Abb., abb.	Abbildung, abbilden
abgebr.	abgebrochen
ABK	Akademie der Bildenden Künste
Abstr., abstr.	Abstraktion, abstrakt, abstrahieren
Abt.	Abteilung
AC	Art Center
ADC	Art Directors Club
AG	Arbeitsgemeinschaft, Aktiengesellschaft
AGD	Allianz deutscher Designer
AICA	Association internationale des critiques d'art – Internationaler Kunstkritikerverband
AK	Akademie der Künste
AK	Arbeitskreis
Akad., akad.	Akademie, akademisch
AKL	Allgemeines Künstlerlexikon. Die Bildenden Künstler aller Zeiten u. Völker, Leipzig 1983 ff / München u. Leipzig 1992 ff
Allg., allg.	Allgemeinheit, allgemein
AM	Art Museum
Amer., amer.	Amerika, America, amerikanisch, american
and.	andere
angew.	angewandt
Anschl., anschl.	Anschluß, anschließend
Anst.	Anstalt
ao.	außerordentlich
Aqu.	Aquarell
Arb., arb.	Arbeit, arbeiten
Arch.	Archiv
Archit., archit.	Architektur, Architecture, architektonisch, architectural
Art.	Artikel
Ass.	Assistent
assoc.	association, associative
Aufl.	Auflage
Aufs.	Aufsatz
Aug.	August
Aukt.	Auktion
Ausb.	Ausbildung
Ausf.	Ausführung
ausschl.	ausschließlich
Ausst.	Ausstellung
Austral., austral.	Australien, Australia, australisch, australian
Ausw.	Auswahl
Ausz.	Auszeichnung
Ave.	Avenue
-b.	-buch
b.	bei
B.A.	Bachelor of Arts
Bad.-Württ.	Baden-Württemberg
Barth/Topfstedt 2000	Holger Barth/Thomas Topfstedt u. a.: Vom Baukünstler zum Komplexprojektanten. Architekten in der DDR, Erkner 2000
Bay., bay.	Bayern, bayrisch
BBK	Bundesverband Bildender Künstlerinnen und Künstler
BBKL	Bund Bildender Künstler Leipzig
Bd, Bde	Band, Bände
BDA	Bund deutscher Architekten
BDG	Bund deutscher Graphik-Designer
BDK	Bund deutscher Kunsterzieher
Bearb., bearb.	Bearbeitung, Bearbeiter, bearbeiten
bed.	bedeutend
Beg., beg.	Beginn, beginnen
Begr.	Begründung, Begründer
Beitr.	Beitrag
Bes.	Besitz
bes.	besonders
Bet.	Beteiligung, beteiligen
Betr., betr.	Betreff, betreffen
Bez.	Bezirk
BFF	Bund freischaffender Foto-Designer
Bgld, bgld	Burgenland, burgenländisch
Bibl.	Bibliothek
Bienn., Bien.	Biennale, Biennal, Bienal
bild.	bildend
Biogr., biogr.	Biographie, biography, biographisch, biographic
BK	Berufsverband Handwerk Kunst Design – Berufsverband Kunsthandwerk
BLSK 1998	Biografisches Lexikon der Schweizer Kunst, Zürich 1998
BMfUK	Bundesministerium für Unterricht und Kunst (A)
brit.	britisch, british
Bsp.	Beispiel
BVK	Bundesverdienstkreuz
bzw.	beziehungsweise
ca.	circa
Char., char.	Charakter, charakteristisch
CKB	Chemnitzer Künstlerbund im BBK
Coll.	Collection, Collectione
contemp.	contemporary, contemporain, contemporaneo
d.	der, die, das, des, dem, den ...
d.h.	das heißt
Darst., darst.	Darstellung, darstellen
dass.	dasselbe
DDV	Deutscher Designer Verband
dems.	demselben
ders.	derselbe, derselben
Dez.	Dezember
DGfCK	Deutsche Gesellschaft für Christliche Kunst
dgl.	dergleichen, desgleichen
DGPh	Deutsche Gesellschaft für Photographie
DHM	Deutsches Historisches Museum Berlin
dies.	dieselbe
Dipl.	Diplom
Dir.	Direktor, Direktion, Director
Diss.	Dissertation
div.	diverse
Dok., dok.	Dokumentation, Dokument, dokumentarisch, dokumentieren
Dokf.	Dokumentarfilm

Abkürzungen

Doz.	Dozent, Dozentur
Dr.	Doktor
dt.	deutsch
Dtld	Deutschland
E.	Ehre, Ehren-
EBA	Ecole des Beaux Arts, Escuela de Bellas Artes
ebda	ebenda
éc.	école
Ed.	Edition
ehem.	ehemals
eigtl.	eigentlich
EM	Ehrenmitglied
em.	emeritiert, emeritus
Erz.	Erzählung
Ess.	Essay
ETH	Eidgenössische Technische Hochschule
europ.	europäisch, european, europea, europeo
ev.	evangelisch
exhib.	exhibition
Exper., exper.	Experiment, Experimental-, experimentell, experimentieren
f.	für
Fa.	Firma
Fak.	Fakultät
Fam.	Familie
FB	Fachbereich
Fdok.	Filmdokumentation
Feat.	Feature
Feb.	Februar
FHS	Fachhochschule
Flemig 1993	Kurt Flemig: Karikaturisten-Lexikon, München u. a. 1993
FNAC	Fonds national d'art contemporain Paris
Förd., förd.	Förderung, fördern
Förd.pr.	Förderpreis, Förderungspreis
fond.	fondation, fondazione
Forsch.	Forschung
Fotogr., fotogr.	Fotografie, fotografieren, fotografisch
found.	foundation
Frkr., frz.	Frankreich, französisch
FS	Fachschule
Fs.	Fernsehen, Fernseh-
Fs.-Sdg	Fernseh-Sendung
Fsf.	Fernsehfilm
Fsp.	Fernsehspiel
Gal.	Galerie, galeria
gall.	gallery, galleria, gallerie
GB	Großbritannien
Geb., geb.	Geburt, Geburtstag, geboren
GEDOK	Verband der Gemeinschaft der Künstlerinnen und Kunstförderer
gegr.	gegründet
Ges.	Gesellschaft
Gesch., gesch.	Geschichte, geschichtlich
Geschf.	Geschäftsführung
gest.	gestorben
Gest., gest.	Gestaltung, gestalten, gestalterisch
GG	Gemäldegalerie
GG NM	Gemäldegalerie Neue Meister
Gr.	Gruppe
Graph., graph.	Graphik, graphisch
GrS	Graphische Sammlung
h.c.	honoris causa

HAB	Hochschule für Architektur und Bauwesen
Hab.	Habilitation
HBK	Hochschule für Bildende Künste
HdK	Hochschule der Künste
Hess., hess.	Hessen, hessisch
Hfk	Hörfunk
HGB	Hochschule für Graphik und Buchkunst
Hist., hist.	Historik, history, histoire, historisch, historic
hjl.	halbjährlich
HM	Historisches Museum
Holl., holl.	Holland, holländisch
Hrsg., hrsg.	Herausgeber, herausgegeben
HS	Hochschule
Hschn.	Holzschnitt
Hsp.	Hörspiel
Hst.	Holzstich
IG	Interessengemeinschaft
IGBK	Internationale Gesellschaft der Bildenden Künste
Ill., ill.	Illustration, illustrieren
Industr., industr.	Industrie, industriell
Ing.	Ingenieur
Inst.	Institut
Install.	Installation
intern.	international
Ital., ital.	Italien, italienisch
J.	Journal
Jan.	Januar
Jap., jap.	Japan, japanisch
Jb.	Jahrbuch
Jg.	Jahrgang
Jgd.	Jugend
Jh.	Jahrhundert
jl.	jährlich
-k.	-kirche
KA	Kunstakademie
Kab.	Kabinett
Kal.	Kalender
Kap.	Kapelle
Kat.	Katalog
kath.	katholisch
KBD	Künstlerbund Dresden im BBK
Kdb.	Kinderbuch
KG	Kunstgalerie
KGM	Kunstgewerbemuseum
KGS	Kunstgewerbeschule
KH	Kunsthalle
KHM	Kunsthistorisches Museum
KHS	Kunsthochschule
Kl.	Klasse
KM	Kunstmuseum
Koetzle 2002	Hans Michael Koetzle: Das Lexikon der Fotografen. 1900 bis heute, München 2002
Komm.	Kommission
konzept.	konzeptuell
Kpst.	Kupferstich
Kr.	Kreis
KS	Kunstsammlung
KSch	Kunstschule
Kt.	Kanton
Kult., kult.	Kultur, kulturell
Kunst in der DDR 2003	Kunst in der DDR. Eine Retrospektive der Nationalgalerie, Berlin 2003

Kunstgew., kunstgew.	Kunstgewerbe, kunstgewerblich
KV	Kunstverein
Lang 2002	Lothar Lang: Malerei und Graphik in Ostdeutschland, Leipzig 2002
LAuftr.	Lehrauftrag
LBeauftr.	Lehrbeauftragter
Ld, Ldes	Land, Landes
Lex.	Lexikon
lfd	laufend
LG	Landesgalerie
Lit., lit.	Literatur, literarisch
Lith., lithogr.	Lithographie, litographisch
LM	Landesmuseum
Lsch.	Landschaft
Lw.	Leinwand
Lyr., lyr.	Lyrik, lyrisch
m.	mit
M.A.	Master of Arts
MA, ma.	Magister Artium, Mittelalter, mittelalterlich
MAC	Museé d'Art Contemporain, Museo de Arte Contemporáneo
Mag., Mag. art.	Magazin, Magister, Magister Artium
MAK	Museum für Angewandte Kunst
MAM	Musée d'Art Moderne, Museo de Arte Moderne
Man.	Manufaktur
MBA	Musée des Beaux Arts, Musée des Beaux-Arts
MBK	Museum der Bildenden Künste
MCA	Museum of Contemporary Art
Meckl.-Vorp., Meckl., meckl.	Meckenburg-Vorpommern, Mecklenburg, mecklenburgisch
Med.	Medaille, Medal, Madaglia
MfG	Museum für Gestaltung
Mfr., mfr.	Mittelfranken, mittelfränkisch
Min.	Minister, Ministerium
Mitarb.	Mitarbeit, Mitarbeiter
Mitbegr.	Mitbegründung, Mitbegründer
Mitgl.	Mitglied
MKG	Museum für Kunst und Gewerbe
MMA	Museum of Modern Art
MMK	Museum für moderne Kunst
MNCARS	Museo Nacional Centro de Arte Reina Sofía
Mod., mod.	Moderne, modern
Monogr., monogr.	Monographie, monographisch
Mus., mus.	Museum, Musée, Museo, Museu, museal
Muz.	Muzeum, Museu, Muzea
N	Nord-, Norden
Nat., nat.	Nation, national
Ndb., ndb.	Niederbayern, niederbayrisch
Ndfr., ndfr.	Niederfranken, niederfränkisch
NdÖst., ndöst.	Niederösterreich, niederösterreichisch
Ndrh., ndrh.	Niederrhein, niederrheinisch
Nds., nds.	Niedersachsen, niedersächsisch
ndt.	niederdeutsch
NG	Nationalgalerie, National Gallery
NG Berlin 2003	Nationalgalerie Berlin. Kunst in der DDR. Katalog der Gemälde und Skulpturen, Leipzig 2003
Niederl., niederl.	Niederlande, niederländisch
NM	National Museum
NO	Nordost
Nov.	November
Nr.	Nummer
NRW, nrw.	Nordrhein-Westfalen, nordrhein-westfälisch
NW	Nordwest
O	Osten
o.	oder, ordentlich
o.ä.	oder ähnliches
Obb., obb.	Oberbayern, oberbayrisch
ObÖst., oböst.	Oberösterreich, oberösterreichisch
ObStudR	Oberstudienrat
Öff., öff.	Öffentlichkeit, öffentlich
Öst., öst.	Österreich, österreichisch
Ofr., ofr.	Oberfranken, oberfränkisch
Okt.	Oktober
Orig., orig.	Original, original
OS, os.	Oberschlesien, oberschlesisch
Pal.	Palast, Palazzo, Palace, Palais
Pf., pf.	Pfalz, pfälzisch
PH	Pädagogische Hochschule
Phil., phil.	Philosophie, philosophisch
Pin.	Pinakothek, Pinacoteca
Pl.	Platz
Plast., plast.	Plastik, plastisch
Portr.	Porträt
Pr., pr.	Preis, -preis
Präs.	Präsident
Prof.	Professor, Professur
Prov., prov.	Provinz, provinziell
Ps.	Pseudonym
Publ., publ.	Publikation, publizieren
PV	Postvermerk
Rad.	Radierung
Rech.	Recherche
Red., red.	Redaktion, redaktionell
Ref.	Referendar, Referendariat
Reg., reg.	Regierung, Region, regional
Relig., relig.	Religion, religiös
Reprod.	Reproduktion
Retr., retr.	Retrospektive, retrospektiv
Rez.	Rezension
RF	Rundfunk
RH	Rathaus
Rh.-Pf.	Rheinland-Pfalz
Rhld.	Rheinland
rhld.-pfälz.	rheinland-pfälzisch
RWTH Aachen	Rheinisch-Westfälische Technische Hochschule Aachen
S	Süden
Sa., sä.	Sachsen, sächsisch
Sa.-Anh., sa.-anh.	Sachsen-Anhalt, sachsen-anhaltinisch
SchA	School of Art
Schlesw.-Holst.	Schleswig-Holstein
Schweers 2002	Hans F. Schweers: Gemälde in deutschen Museen. Katalog der ausgestellten und depotgelagerten Werke. 3., aktual. u. erw. Ausg., München 2002
schweiz.	schweizerisch
Sdg, Sdgn	Sendung, Sendungen
Sem.	Seminar
Sept.	September
Ser., ser.	Serie, seriell
SG	Staatsgalerie
SGBK	Schweizerische Gesellschaft Bildender Künstlerinnen

Abkürzungen

Sign., sign.	Signatur, signieren
SKB	Sächsischer Künstlerbund im BBK
SKH	Staatliche Kunsthalle
SKS	Staatliche Kunstsammlung
Skulpt.	Skulptur
Slg, Slgn	Sammlung, Sammlungen
SM	Stadtmuseum
SMPK	Staatliche Museen zu Berlin, Preußischer Kulturbesitz
SO	Südost
Soc.	Society, Societé
Spk.	Sparkasse
St., st.	Stück, -stück
StA	Stadtarchiv
staatl.	staatlich
StG	Städtische Galerie
Stift.	Stiftung, Stifter
Stip.	Stipendium
StKH	Städtische Kunsthalle
StKS	Städtische Kunstsammlung
StM	Städtisches Museum
Stmk	Steiermark
Str.	Straße
Stud.	Studium, Studien-
s/w	schwarz-weiß
SW	Südwest
Teiln.	Teilnahme, Teilnehmer
teilw.	teilweise
TH	Technische Hochschule
Theol., theol.	Theologie, Theologe, theologisch
Thür., thür.	Thüringen, thüringisch
tlg.	teilig
Trad., trad.	Tradition, traditionell
Trienn., Trien., trien.	Triennale, Triennal, Trienal, trienal
TU	Technische Universität
Typogr., typogr.	Typographie, typographisch
u.	und
u. a.	und andere, unter anderem
u. a.m.	und anderes mehr, und andere mehr
u. ä.	und ähnliches, und ähnliche
UdK	Universität der Künste
üb.	über
überw.	überwiegend
Univ.	Universität, Université, Universita, Universidad, University
UProf.	Universitätsprofessor
V, v.	Viertel, von, vom
v. a.	vor allem
VBK	Verband Bildender Künstler
VBKW	Verband Bildender Künstler Württemberg im BBK
VDMD	Verband deutscher Mode- und Textildesigner
VDR	Verband der Restauratoren
Ver.	Verein
Verb.	Verband
Verf., verf.	Verfasser, verfassen
verh.	verheiratet
Verl., verl.	Verleger, Verlag, verlegen
Veröff., veröff.	Veröffentlichung, veröffentlichen
versch.	verschieden
Verz., verz.	Verzeichnis, verzeichnen
VG	Verwertungsgesellschaft
Vgl., vgl.	Vergleich, vergleichen
VHS	Volkshochschule
Vors.	Vorsitz, Vorsitzender
Vorw., vorw.	Vorwort, vorwiegend
Vrg	Vereinigung
W	Westen
Westf., westf.	Westfalen, westfälisch
Wettb.	Wettbewerb
Wiss., wiss.	Wissenschaft, wissenschaftlich
Wkst.	Werkstatt
WWCA 1996	Who's who in contemporary ceramic arts, München 1996
z.	zu, zur, zum
z. B.	zum Beispiel
z. T.	zum Teil
z. Z.	zur Zeit
zahlr.	zahlreich
Zchng, Zchngn	Zeichnung, Zeichnungen
zeitgen.	zeitgenössisch
Zs, Zss	Zeitschrift, Zeitschriften
Ztg, Ztgn	Zeitung, Zeitungen
zus.	zusammen
zw.	zwischen

Verzeichnis der Künstlerinnen und Künstler

A – M

A-Z ♣ s. Hauptmann, Hans-Günter

A. M. N. s. Müller-Nisi, Anneliese

A., Stella s. Behn, Michael

a.d. otranto di caviar s. Trantenroth, A. D.

Aach, Brigitte s. Neufeldt, Brigitte

Aatifi, Homayon, Maler, Graphiker; Ravensberger Str. 47, D-33602 Bielefeld, Tel. (05 21) 5 22 17 19, Mobil: 0 17 98 17 35 35, *homayon.aatifi@web.de* (* Kandahar/Afghanistan 12. 12. 65) – **VG:** Radebeul, Stadtgal. – **S:** 89–92 Univ. Kabul (Fak. d. Künste, Malerei u. Graph.) – **P:** 1. Pr. f. Kalligraphie u. Komposition d. afghan. Kult.min. 89; 1. Pr. f. Kalligraphie u. Komposition d. afghan. Künstlerbundes 91; Stip. Gastkünstler in d. Ateliers d. Schlosses Moritzburg 97; Stip. d. Künstlerhauses Schwalenberg 01 – **Ve:** BBK NRW; Intern. Assoc. of Art (IAA); Afghan. Kino-Theater Zentrum – **G/T:** Malerei; Graph.; oriental. Kalligraphie – **W:** überw. in Privatbes. – **M:** Radebeul, Stadtgal. – **E:** 89 Kabul, Univ.; 90 Kabul, Kult.min.; 98 Radebeul, Kr.spk. Meißen Beratungszentrum Mitte; 99 Rothenburg, Martin-Ulrich-Haus; 99 München, Atelier Gal. Jobst; 05 Radebeul, Stadtgal. – **G:** 91 Kabul, Hotel Intercontinental: Künstlerverb. HNKB – Jahressieger; zahlr. weitere Bet. seit 98, zuletzt 00 Dresden, Haus d. Presse, Zittau, Kamenz: Kontrast (Wanderausst.); 06 Karlsruhe, Art Karlsruhe: Contemp. Art Kabul – **R:** Wahid Nazari: Heirat, Spielfilm (Art Director) 04

Abdel-Rahman, Nasih, Dipl.-Kunstmaler; Färberstr. 10, D-37077 Göttingen, Tel. (05 51) 7 98 93 08, *nasih-art@hotmail.de; nasih-art@maktoob.com, www.kunst.ag/nasihart.* c/o Atelierhaus Nasih Abdel-Rahman, Hagenweg 2b, D-37081 Göttingen (* Selemaniy/Irak 1. 1. 61) – **S:** 80–85 Fak. f. Schöne Künste Ninova/Irak – **Ve:** BBK Nds. 04; KV Göttingen 02; TR III Corporation 04; IGBK 05; Bund kurd. Künstler 06 – **KGr:** Musa Atelierhaus Göttingen (seit 99) – **G/T:** Malerei (Öl, Acryl, Aqu., Abstr.); Portr.malerei (Öl) – **E:** 00, 04, 05 Göttingen, Univ.; 00 Göttingen, Musa Kult.zentrum; 01 Göttingen, Symphonie Orchester; 03 Berlin, Kurdisches Haus Berlin-Brandenburg; 04 Goslar, Kaphammel; Göttingen, Karstadt – **G:** 99 Göttingen, Atelierhaus; 03, 04, 05 Göttingen, Musa Kult.zentrum; 04 Göttingen, Künstlerhaus mit Gal.; Göttingen, Holbornsches Haus; Göttingen, Kunstmarkt; 05 Göttingen, St. Jacobikirche – ***LitR:*** Tina Piebiger, Reportage (Radio Göttingen 1) 00; Serko Jalal: Tiske Huner, Reportage (RojTV) 04

Abele, Margit, Malerin; Stresemannstr. 40, D-76187 Karlsruhe, Tel. (07 21) 75 36 24, *margit_abele@web.de* (* Schwäbisch Gmünd 8. 9. 62) – **S:** 84–89 Staatl. ABK Karlsruhe (Malerei b. Per Kirkeby) – **P:** Stip. d. Kunststift. Bad.-Württ. 90, 05; Cité Intern. d. Arts Paris 97; Gastatelier d. Kunststift. Bad-Württ. 02–04; Stip. d. Kult.stift. Rhein-Neckar-Kr. 02; Stip. d. Min. f. Wiss., Forsch. u. Kunst Bad-Württ. 05 – **Ve:** VG Bild 96; Künstlerbund BW 96 – **G/T:** Malerei (Eitempera auf Leinwand, Holz, Papier); Text (versch. Materialien) – **K:** Malerei – **W:** in Privatbes. sowie in Bes. d. Kult.stift. Rhein-Neckar-Kr. – **M:** Elmshorn, Slg Volksbank; Eschborn, Slg Arthur Andersen GmbH; Karlsruhe, Reg.präsidium; Karlsruhe, SKH; Karlsruhe, Slg Volksbank; Karlsruhe, StG; Kehl am Rhein, Slg d. Badischen Stahlwerke; Rastatt, StG (Slg Westermann); Schwäbisch Gmünd, Mus. im Prediger; Stuttgart, Min. f. Wiss., Forsch. u. Kunst; Stuttgart, SG – **Ö:** Heidelberg, Ldratsamt; ebda, Erzbischöfl. Bauamt (Kunst am Bau); Karlsruhe, Ldgericht; Liedolsheim, Gemeindehaus; Schwäbisch Gmünd, Kult.amt; Stuttgart, Reg.-präsidium – **E:** 90 Schwäbisch Gmünd, KV; 93 Grünstadt, Gal. am Taubengarten; Karlsruhe, Ldgericht; 95 Karlsruhe, Oberrheinisches Dichtermus.; Sindelfingen, StG; 99 Karlsruhe, Centre Cult. Français; 02 Dilsberg, Kommandantenhaus; 03 Sasbach, Toni-Merz-Mus.; 06 Rastatt, StG (Kat.) – **G:** Ausst.bet. seit 87, zuletzt 99, 04 (Kat.) Ettlingen, SM; 01 Offenburg, StG; 02 Pforzheim, KV; 03 Karlsruhe, Energie Bad-Württ.; 04 Berlin, Ldesvertretung Bad.-Württ.: Modellsituation Berlin; 05 Stuttgart, LBBW Forum: Künstler helfen Künstlern; Achberg, Schloß: Zeit. Raum. Zeichen (Kat.); Karlsruhe, StG: Das ganze Spektrum v. A bis Z (Kat.); Stuttgart, Braun; 06 Sulz am Neckar, Buntweberei: Vier im Kr. (Kat.); – weitere: 05 10 Jahre Kult.stift. Rhein-Neckar-Kr., Wanderausst. (Kat.) – **V:** Erschrockener Raum, Kassette (Text, Bild) 99; Loft, Kassette 99 – ***Lit:*** Franz Littmann: Umgang, in: Riskante Zuversicht 96; Sylvia Bieber: 15 Jahre StG im Prinz-Max-Pal. Karlsruhe 1981 bis 1996, Kat./Dok. 96; Kirsten Voigt: Bilder aus Baden. Sammlung der Bad. Stahlwerke, Kat./Dok. 02; Dieter Salomon: in eccetera. Dantes Göttl. Komödie in der Bild. Kunst, In: Ital.-Kult.mag., 12. Jg., 1/04; Peter Anselm Riedl: Einblicke – Rückblicke, Ausst.kat. 05; Petra von Olschowski: DEEP SKY, Monogr. 06

Aberham, Hans D., Dipl.-Kunsttherapeut; Langgassen 5, D-88630 Pfullendorf, Tel. u. Fax (0 75 58) 15 20, *atelier-aberham@t-online.de, www.atelier-aberham.de.* Atelier u. Galerie Aberham: Furthof, D-88633 Heiligenberg-Hattenweiler, Tel. u. Fax (0 75 52) 41 54 (* Stuttgart 9. 1. 55) – **S:** 86–89 Freie Kunststud.stätte Ottersberg (FH) – **KGr:** Die Furt (seit 98); -Skulpturenpark Furthof- (Gründungsmitgl.) – **KGe:** diverse – **G/T:** Bildhauerei (Holz, Stein u. Metall) – **W:** 40–50 – **Ö:** Vogt, RH (Gemeindesaal); Radolfzell, Alte Kaserne – **E:** zahlr. Ausst. seit 88, u. a. 92 Flammenhof, Kult.ver. Vogt; 93 Heiligenberg, Gal. 7; Freiburg, Fraunhofer Inst.; ständige Ausst.: Heiligenberg, Skulpt.park Furthof – **G:** 94 Ludwigshafen, Zollhaus; 95 Radolfzell, Gal. Avant Art; 97 Salem, Schloss; 98 Lindau, Intern. Bodenseemesse; 99 Tettnang, Stadthalle; 03 Owingen, Golf Meets Art – **V:** Eigener Kat. 94 – **R:** PDF Datei/CD 02

Abka-Prandstetter, Ilse s. Prandstetter-Abka, Ilse

Ablinger, EF (Franziska Ablinger), Mag., Bildhauerin; Arndtstr. 6/3, A-1120 Wien, Tel. u. Fax (01) 8 12 28 88, *franziska.ablinger@gmx.at* (* Lenzing/ObÖst.) – **VG:** Wien, Art Point; Wien, Wolfrum – **S:** Univ. f. angew. Kunst Wien (Bildhauerei, Keramik); UdK Berlin (Bildhauerei) – **L:** Objektkunst (Porzellan, Beton, abstrakt) – **P:** versch. Pr. u. Stip., u. a.: Bourse du gouvernement français 81; Wettb. 'Mensch + Computer' (1. Pr.) 84; Florence-Gould-Pr. 86 – **G/T:** Objektkunst (Porzellan, Beton, Draht, abstr.); Zeichn. (Papier); Lichtinstall. – **W:** überw. in Privatbes. – **Ö:** Siegendorf, GZO; Wien, Gebäude d. Donau Versicherung (Schottenring) – **E:** Ausst. in Dtld, Öst., Frkr., Ital. u. d. Schweiz, zuletzt 03, 06 Bonstetten, Gal. für Gegenwartskunst; 03 Salzburg, Schloß Seeboden; 04 Wien, Kardinal König Haus; 06 Wien, Ägypt. Kult.inst.; Graz, Carneri; – sowie Teiln. am Schilfsymposium Neusiedlersee – **G:** zahlr. Ausst.bet. u. a. in Europa, d. USA u. in Südkorea, zuletzt: 03 Györ, MMK; Krems, Minoritenkirche – ***Lit:*** Hans Kiessling: Begegnung mit Bildhauern, 82; versch. Ausst.-Kat. u. Art. in Kunstzss – ***LitR:*** F. Ablinger, Portr./Dok. 91

Ablinger, Franziska s. Ablinger, EF

Abraham, Raimund, Prof., Architekt, Designer, Theoretiker; 44 Bond Street 2A 50, New York, NY 10012–2406/USA, Tel. (2 12) 2 54 36 96 (* Lienz/Tirol 23. 7. 33) – **S:** 52–58 TU Graz (Archit.); 58–60 Stud. in d. BRD, Belgien u. d. Schweiz – **L:** 64 Rhode Island School of Design Providence/USA; 68–70 ebda (Dir.

d. Studio of Environmental Technology Inst.); 71 Pratt Inst. New York (Prof. f. Archit.); Cooper Union for the Advancement of Science and Art (Gastdoz. f. Archit.) – **P:** seit 58 zahlr. Pr., u. a. Steinerner Löwe d. Archit.bienn. Venedig 85 – **M:** u. a. New York, MOMA; Stockholm, Mod. Mus. – **B:** u. a. Berlin: IBA-Wohn- u. Geschäftshaus; Connecticut/USA: Experimentelles Haus; Lienz: Hypobank; New York: Anthology Film Archives; ebda: Austrian Cultural Forum; Niagara Falls/N.Y.: Rainbow Plaza (m. G. Fiorenzoli, A. W. Geller); Oberwart: Haus Dellacher; Providence: Modular Housing; ebda: Experimental Daycare Center; Salzburg: Haus Dapra; Wien: Siedlung Traviatagasse; ebda: Maxingstr. 30 (Haus Pless) – **E:** u. a. 64 Rhode Island/USA, School of Design; 67 Wien, Gal. nächst St. Stephan; Rom, Inst. Naz. di Archit.; 67, 93 New York, MOMA; 69 New York, Archit. League of N.Y.; Stockholm, Mod. Mus.; 73 Wien, Gal. Grünangergasse – **G:** u. a. 67 New York, MOMA; 68 London, Intern. Building Exhib.; 77 New York, Gal. L. Castelli; Philadelphia, Inst. of contemp. Art. – ***Lit:*** AKL – (Red.)

Abramov, Leonid, Maler; Lindemannstr. 92, D-40237 Düsseldorf, Tel. (02 11) 9 72 69 41, *elena-abramova@gmx.de*, *www.abramov.de* (* Leningrad/heute St. Petersburg 19. 6. 66) – **VG:** Bochum, Gal. Duo; Düsseldorf, Art*Plus Gal. – **S:** 83–89 Kunst u. Design Akad. St. Petersburg; 98 KA Düsseldorf (b. Prof. Gerhard Merz) – **L:** Düsseldorf (Unterrichten in eigener Malschule) – **G/T:** Malerei (Figuration: Öl, Acryl); Ill. (Buch) – **K:** Akt-, Portr.-, Stilleben- u. Plakatmalerei, Graph., Mode- u. Mediendesign, RF- u. Fs.red., Aktionskunst – **W:** überw. in Privatbes. v. Sammlern in Europa u. Übersee – **M:** St. Petersburg, Russisches Mus. – **E:** 90–97 St. Petersburg, Art-Collegium; 93 St. Petersburg, Russisches Mus.; 00, 03 Bochum, Gal. Duo; 02–03 Düsseldorf, Art*Plus Gal.; 04 Bad Soden, Paul; Bad Soden, SM – **G:** zahlr., u. a. 87–89 St. Petersburg, Underground; 90 Los Angeles, Feldman; 92 Tokio, Art Expo; 95–97 St. Petersburg, Künstler f. Straßenkinder

Abt-Harrer, Brigitte, Graphikerin; Burgmühlenweg 22, D-72108 Rottenburg am Neckar, Tel. (0 74 78) 26 13 23, Fax 26 13 24, *brigitte@abt-harrer.de*, *www.wARTeZIMMER.org* (* Stuttgart/Bad-Cannstatt 3. 7. 56) – **Ve:** VG Bild-Kunst – **V:** Thomas Zerlauth: Mögen alle Wesen glücklich sein (Ill.)

Ach, Xerxes, Künstler; lebt in Zürich u. b. Bergamo/Ital, Gertrudstr. 72, CH-8003 Zürich, Tel. 04 44 62 92 93, Italien: 0 35 95 73 39, *ach-gertsch@gmx.ch*. c/o Gal. Jamileh Weber, Waldmannstr. 6, CH-8001 Zürich, Tel. 0 12 52 10 66, Fax 0 12 52 11 32, *info@jamilehweber.com*, *www.jamilehweber.com* (* 14. 4. 57) – **VG:** Zürich, Weber – **P:** Kunststip. d. Stadt Zürich 91, 93, 95; Atelier d. Stadt Zürich in Genua 92; Eidgenössischer Pr. f. freie Kunst 94, 95, 96; Cahier d'Artistes, Kult.stift. Pro Helvetia 97 – **KGe:** X. A. u. Silvia Gertsch (seit 92) – **G/T:** Malerei (Pigment, Polyurethan auf Aluminium/Pigment, Eitempera auf Baumwolle) – **W:** zahlr. Privatslgn in d. Schweiz – **M:** Zürich, KS; Zürich, KS d. Kt. Zürich; Zürich, KS d. Schweiz. Eidgenossenschaft – **Ö:** Zürich, Allianz Versicherung; ebda, Zürcher Kantonalbank – **E:** zahlr. seit 97, zuletzt 98 Burgdorf, KH; 99 Winterthur, KH; 99, 01, 02 Bern, Kabinett; 00 Zürich, Semina Rerum; 01 Wiesbaden, Weber; 03 Zürich, Weber – **G:** zahlr. Bet. seit 89, zuletzt 94 Zürich, Helmhaus; 95 Zürich, KH; Glarus, Kunsthaus; 96 Schaffhausen, Kult.zentrum Kammgarn; Genf, Centre d'Art Contemp; 97 Zürich, Semina Rerum; 98 Zürich, Kunsthaus; Frankfurt am Main, Schirn; 01, 04 Biel, Kunsthaus Centre Pasquart; 03, 04 Zürich, Weber – ***Lit:*** Cahier d'Artistes: X. A. 97; X. A. – Silvia Gertsch, Ausst.kat. 98; From Dusk Till Dawn, Monogr. 03 – ***LitR:*** Susanne Läng: B-Magazin, Fs. SF DRS 03

Achanjati s. Zagler, Herwig Wolfgang

Acher, Anton, Maler; Eslarner Str. 34, D-81549 München, Tel. (0 89) 68 11 04, *anton@acher.org*, *anton.acher.org* – **G/T:** Malerei – (Red.)

Achilles, Jutta (verh. Jutta Steuter-Achilles), Malerin, Designerin, Digital-Art-Künstlerin; Str. der Einheit 85, D-07586 Kraftsdorf, Tel. (03 66 06) 8 43 09, Fax 6 09 43, *webmaster@atelierachilles.de*, *www.atelierachilles.de* (* Bad Frankenhausen/Khyffhäuser 16. 6. 47) – **S:** 87 HS f. Industr. Formgest. Halle (Privatschülerin b. Prof. Schulze, Graph.) – **L:** 87–90 in d. FB: Formgest., Design, Graph., Fotogr. – **P:** Förd.pr. d. Raiffeisenbank Hermsdorf 89/99; Förd.pr. d. Kulturbundes Gera (Stud.reise Ostsee) 98; Ausz. d. Leonberger/Württembergischen Versicherung – **Ve:** Kulturbund Gera 88–98 – **KGr:** Geraer Kunstförd. (90, Waldhaus Gera Stadt) – **KGe:** Johanniskirche Gera: J. A. u. Volker Grahn (98–99) – **G/T:** Malerei (u. a. Öl, Aqu., Landschaft); Multimedia u. Digital Art; Farbprojekte; antike Themen; Abstr. – **K:** Digital Art, Web-Design, Web-Gest., Sommersem. in freier Malerei – **W:** Privatbes. Weimar; Privatankäufe Leipzig u. Gera sowie f. private KG in Jena u. Weimar – **M:** Gera, CDU-KS; Weimar, KG am Markt – **Ö:** Gera, CDU-Gebäude; ebda, RH; Hermsdorf, Friedensschule (Farbprojekt); Gera, RH; sowie in Unternehmen, kirchlichen Einrichtungen, Alten- u. Pflegeheimen in Gera u. Umgebung (Farbprojekte, Ausgest. v. Gängen u. Fluren) – **E:** 88–89 Bad Köstitz, Gucke; 86–02 jl. 3 Ausst. u. a. in Hermsdorf, Bad Klosterlausnitz, Jena, Gera, Weimar, Greiz, Badlobenstein – **G:** 88–98 Jena, Friedenskirche; 90 Gera, Kunstförd. (Künstlerkreis-Ausst. m. Ankauf); 98–99 Gera, Johanniskirche; 99 Gera, Gal. Kunst- u. Handwerk; – weitere: 00 Network Providing Ausst.; Café Halle; Gesamtausst. (Abstr.) Leonberger/Württembergische Versicherung Gera u. Leipzig, Jena, Hermsdorf – **R:** Digital Art, Digitale Bildbearbeitung 01; Mallorca, Fotoimpressionen 02; Das Amduat, Digital in Wort und Bild 03; – sowie CD-ROM Entwicklungen im Multimediabereich – ***Lit:*** Bild der Frau 00; sowie regionale Tagesblätter, Thüringer Allgemeine, Ostthüringer Ztg etc. (Berichte) – ***LitR:*** Fernsehbeiträge MDR, Pro 7, Sat 1 (Portr. Arbeit) 98 u. 00 – (Red.)

Achterholt, Udo, Maler, Siebdrucker; c/o Gal. Depelmann, Langenhagen (* Münster/Westf. 52) – **VG:** Hamburg, Meißner; Langenhagen, Depelmann – **S:** 81 FHS Münster (Graph.design, Examen) – **E:** 91, 94, 98, 02 Langenhagen, Depelmann; 98 Basel, Gal. 4 – ***Lit:*** Klaus Flemming: U. A. Bilder und Grafik von 1997 bis 2002 02 – (Red.)

Achternbusch, Herbert; Burgstr. 6, D-80331 München – **S:** ABK Nürnberg (b. Prof. Gerhard Wendland) – **G/T:** Fresko (Wasserfarben) – **W:** mehrere Spielf., u. a. Picasso u. Hades in d. Filmproduktion Herbert Achternbusch München – **M:** München, Neue Pin. – **Ö:** München, Theresienstr. 13 – **E:** 89 Hamburg, Kampnagel; 01 München, Glyptothek; Wien, Künstlerhaus; 03 Athen, Ethniki Pin. – **V:** Kat., u. a.: Achternbusch als Maler, Takla Bash, Weiße Flecken, Von Andechs nach Athen – ***LitR:*** zahlr. Beitr. – (Red.)

Ackermann, Franz; lebt u. arbeitet in Berlin u. Karlsruhe, c/o Neugerriemschneider, Linienstr. 155, D-10115 Berlin, Tel. (0 30) 28 87 72 77, Fax 28 87 72 78, *mail@neugerriemschneider.com* (* Neumarkt St. Veit 63) – **VG:** New York, Brown; Berlin, Neugerriemschneider – **S:** 84–88 ABK München; 89–91 HBK Hamburg – **L:** seit 03 Staatl. ABK Karlsruhe (Prof.) –

P: DAAD Stip. Hongkong – G/T: Malerei, Zchng u. Install. – Ö: Basel, Nordtangente (Basel Publik); ebda, Rückwand d. KH (Wandmalerei); München, U-Bahnstation Georg Brauchle-Ring – E: u. a. 89 Braunschweig, Gal. Komat; 90 Hamburg, Fischer; 91 Berlin, Art Acker; 94, 96, 98, 04 Berlin, Neugerriemschneider; Köln, Belg. Haus (Kat.); 95, 96, 01, 04 New York, Gavin Brown; 95 Los Angeles, Thomas Solomon's Garage; 97, 01 Mailand, Marconi; 97 Frankfurt am Main, Portikus (Kat.); Nordhorn, Kunstpr. d. Stadt (Kat.); 97, 99, 02 Zürich, Mai 36 Gal.; 98 Aachen, Neuer Aachener KV; 98, 06 London, White Cube; 98, 00 Karlsruhe, Meyer Riegger; 99 Kassel, KV; Los Angeles, Works on Paper inc. (Kat.); 00 Turin, Castello di Rivoli; 00, 05 São Paulo, Gal. Vilaça; 02 Basel, KH; Amsterdam, Stedelijk Mus. (Kat.); Chicago, MCA; 02 (m. Rupprecht Geiger), 04; München, Lenbachhaus; 03 Nürnberg, KH (Kat.); Wolfsburg, KM (Kat.); 05 Tokio, Koyama; Reims, Fonds Rég. d'art contemp. Champagne-Ardenne (Kat.); Dublin, Irish Mus. of Mod. Art (Kat.); 06 Rio de Janeiro, Centro Cultural Banco do Brasil – G: zahlr. Bet. seit 91, u. a. 94, 95, 96 (Kat.) Hamburg, KV; 95 Wien, ABK; 96 Gera, KS; Bremen, Neues Mus. Weserburg; 97 Stuttgart, Künstlerhaus; Nordhorn, StG; Nürnberg, KH (Kat.); New York, PS 1; 98 Bregenz, Kunsthaus (Kat.); Berlin, Raum f. aktuelle Kunst; Recife/Brasilien, MMA (Kat.); Rio de Janeiro, Paco Imperial; Hamburg, Produzentengalerie; München, Lothringer 13; 98, 01, 03 São Paulo, Gal. Vilaça; 99 (Kat.), 03 (Kat.), 04 Wolfsburg, KM; 99 Boston/MA, Inst. of Contemp. Art (Kat.); London, Royal College of Art (Kat.); Kiel, KH (Kat.); Mönchengladbach, StM Abteiberg; New York, The Drawing Center (Kat.); Pittsburgh, Carnegie Mus. of Art (Kat.); Umeå, Bild-Mus.; Vancouver, Art Gall.; 99 (Kat.), 05 (Kat.) Bologna, Gall. d'Arte Mod.; 00 Köln, workweb.art; Berlin, Künstlerhaus Bethanien; Dresden, Festspielhaus Hellerau (Kat.); Hamburg, Deichtorhallen (Kat.); Basel, KH (Kat.); Freiburg im Breisgau, KV; Lüneburg, Halle f. Kunst; 01 Berlin, AK; Bregenz, Kunsthaus; Helsingborg, Schibli; Zürich, Migros Mus. (m. Rirkit Tiravanija); Graz, KV (m. Rirkit Tiravanija); Minneapolis/MI, Walker AC (Kat.); Liverpool, Tate Gall. (Kat.); Kaufbeuren, Kunsthaus (Kat.); Gent, Stedelijk Mus. voor Actuele Kunst (Kat.); Madrid, Benitez; Odense, KH Brandts Klaedefabrik; Turin, Castello di Rivoli (Kat.); 01, 03 London, Friedman; 02 São Paulo, Bienn.; Bern, KH; Pfäffikon, Seedamm-Kulturzentrum (Kat.); Long Island City, MMA (Kat.); Vilnius, Bienn. (Kat.); Barcelona, Fundació Joan Miro (Kat.); 03 Columbus/OH, Wexner Center for the Arts; Karlsruhe, Meyer Riegger; Wien, Kargl; Venedig, Bienn.; Paris, Pal. de Tokyo (Kat.); Berlin, Martin-Gropius-Bau (Kat.); San Francisco, MMA (Kat.); Stuttgart, SG (Kat.); Hamburg, KH; Hannover, KV (Kat.); 03, 05 (Kat.) Leverkusen, StM Schloß Morsbroich; 04 (Kat.), 05 Karlsruhe, ZKM; 04 St. Gallen, KM (Kat.); Athen, Deste Found. for Contemp. Art; Rouen, MBA; Karlsruhe, ABK; Paris, Fond. Antoine de Galbert (Kat.); Mannheim, StKH; 05 Ratingen, SM (Kat.); Bregenz, Künstlerhaus Pal. Thurn u. Taxis; London, Saatchi Collection (Kat.); Berlin, Kunstwerke (Kat.); New York, Whitney; Nîmes, Carré d'Art; Lyon, Bienn. (Kat.); New York, MOMA (Kat.); Berlin, Kpst.-Kab.; Barcelona, Senda; Los Angeles, MCA (Kat.); 06 Salamanca, Domus Artium; Santa Monica, AM; Brüssel, Hécey; Udine, Villa Manin (Kat.); Goslar, Mönchehaus-MMK; Berlin, Haus am Waldsee – V: Ackermanns Wörterbuch d. Tätigkeiten 94 – *Lit:* sehr zahlr. AUSST.KAT., u. a.: F.A. OFF 99; F.A. 02; Naherholungsgebiet 03; F.A. Eine Nacht in d. Tropen 03 – zuletzt: Styles u. Stile – Aktuelle Malerei aus d. Slg Scharpff (Sofia Art Gall.) 05; Kat. d. Irish MMA Dublin 05; Infinite Painting (Villa Manin Udine) 06; Drive. Cars in Contemp. Art (Gall. d'Arte Mod. Bologna) 06 – sowie weitere, sehr zahlr. VERÖFF., zuletzt u. a.: Maurizio Cattelan u. a. (Hrsg.) Checkpoint Charley (Bienn. Berlin) 05; Johnson Ken, in: The New York Times 7.1.05; in: sleek Feb. 05, S. 46–55 u. 96–101; in: Artforum Intern. Mai 05; Olivier Michelon, in: Beaux Arts Mag. Sept. 05, S. 40–41; Anja Lösel, in: Spiegel Nr. 44 05, S. 274–282; Ingeborg Wiensowski, in: Kult. Spiegel Juni 06

Ackermann, Kurt, Prof., Dipl. Ing., Architekt; Malsenstr. 57, D-80638 München, Tel. (0 89) 1 57 00 00 (* Insingen 2. 3. 28) – **S:** 49–54 Oskar von Miller Polytechnikum u. TH München – **L:** 74–93 Univ. Stuttgart (o. Prof.); Gastprof. an d. TH Wien u. Univ. Dortmund – **P:** Kult.pr. München 67; BDA-Pr. Bay. 67–75 (viermal); Archit.pr. d. Ldeshauptstadt München 86; Ing.baupr. 88; Pr. d. dt. Stahlbaues 90; Constructa Pr. – Europ. Pr. f. Industr.archit. 90 – **Ve:** BDA – **B:** u. a. Bad Füssing: Kirche; Fürstenfeldbruck: Heizzentrale u. Offiziersschule d. Luftwaffe; Gundelfingen: Kirche; Hannover: Messehalle 13; Harburg/Schwaben: Zementwerk Märker; München: Hypo-Bank in Schwabing, Feuerwache 4, Wohnanlage Moll, Verwaltungsgebäude EDV, Wüstenrothaus, Bürozentrum Schulz, Bundesverwaltungsgericht VII. Senat; Regensburg: Rektorat u. Studentenhaus d. Univ.; Weilheim: Schulzentrum – ***Lit:*** AKL – (Red.)

Ackermann, Peter (auch Acki), Kunstmaler; von Sury-Weg 2, CH-4500 Solothurn, Tel. 03 26 22 17 46, Mobil: 07 97 11 64 43, *www.sokultur.ch* (* Solothurn 9. 7. 43) – **S:** KGS Zürich (Kurse in Farbe, Mischtechnik u. Ölmalerei) – sowie: Kurs b. d. Zeichner José Mercier in Langendorf – **P:** ABM Zürich – Mitarbeiter als Künstler (Pr.) 87; Nestlé-Pr. d. Malwettb. Incarom-Basel 93; Nordmann-Wettb. Talente f. d. Zukunft 93; Stadt-Malwettb. d. Assoc. des Peintres Indépendants Agde/Frkr. (1. Pr. Dessin au Pastel – Goache, E.dipl.) 98; sowie kleinere Geldpr. – **Ve:** Visarte – **G/T:** Malerei (Öl, Aqu., Mischtechnik auf Lw.); Zchng (Kohle); Collage – **Ö:** Solothurn, Rüegsegger-Confiseur-Soleure (Ölbild u. Polster); ebda, SC Blustavia Fussballclub (Fassadenmalerei) – **E:** u. a. 84 Bellach, Atelier-Gal.; 85 Tscheppach, Gal. Doktor-Stübli; 88, 96, 05 Solothurn, Landhaus (Säulenhalle); 91 Solothurn, Muttiturm; 92 Zürich, Vilan AG; Solothurn, Kreuzgass'Gal. Embassy; 93 Biberist, Verwaltungsgebäude Coop Solothurn – Wasseramt; 94 Lengnau, Alters- u. Pflegeheim Sägematt; 97 Biberist, Café-Conditorei Pralino; Zürich, Hotel Schweizerhof; Solothurn, Café Vorstadt; 98–99 Solothurn, Schweizer Union; 00, 02 Solothurn, Café Rüegsegger; 01, 04 Buchegg, Schloß; 01 Olten, Suteria Café; Solothurn, Hotel Ambassador; 03 Solothurn, Weingal. Geschwister Biberstein; 04 Le Landeron, Gal. L'Escargot; 05 Rzeszów/Polen, Gal. im RH; 06 Oberdorf, Studienhaus Bosch – **G:** 87 Zürich u. Winterthur, ABM: Mitarbeiter als Künstler; 91 Neuchâtel, Arts in Neuchâtel Intern.; 05 Riedholz, Wallierhof; 06 Biberist, Schlösschen Vorder-Bleichenberg: Zur Liebe – ***Lit:*** zahlr. Art. in Ztg, u. a. Solothurner Tagblatt; Grenchner Tagblatt u. Solothurner Nachrichten – ***LitR:*** Mein Leben als Kunstmaler, Live-Interview (Radio 32 Solothurn)

Ackermann, Susanne, Malerin; Wien (* Oldenburg 62) – **VG:** Ettlingen, Weigand; Stuttgart, Gal. 14–1; Wien, Lindner – **S:** 88–93 ABK Karlsruhe (Malerei b. Prof. E. Gross); 93–94 ebda (Meisterschülerin) – **P:** Arb.stip. d. Kunststift. BW 95; Graduiertenstip. d. Ldes BW 96 – **E:** u. a. 01, 03 Stuttgart, Gal. 14–1; 02 Houston, Roesch; Wien, Lindner – **G:** 00 Stuttgart, Gal. 14-1 – (Red.)

Acki s. Ackermann, Peter

Adam s. Trepczynski, Adam

Adam, Siegfried, Maler, Graphiker, Lehrer; Friedrichstr. 37, D-01067 Dresden, Tel. u. Fax (03 51) 4 96 43 12, *siegfriedadam@web.de*, *www.atelier-adam.de* (* Dohna 24. 4. 43) – **S:** 65–70 HBK Dresden (Malerei u. Graph. b. Prof. Kettner, Prof. Horlbeck u. Prof. Michaelis) – **Ve:** SKB; VG Bild – **G/T:** freie Ldschaft (Öl), strukturelle, abstr. Blätter, Mischtechniken, Monotypie, Acryl, Keramik (bemalt), Frottagen, Rad. Kaltnadel/Ätzung/Algrafie – **K:** freie Gest., Portr., Monotypie – **W:** ca. 15 Ölbilder in Privatbes., Drucke u. andere Arb. in Dtld, Frkr. u. d. Schweiz – **M:** Dresden, GG NM; Dresden, Kpst.-Kab.; Dresden, StG; Hamburg, Senat; Rostock, KH; Schwerin, Staatl. Mus. – **Ö:** Dresden, Marschner Str. (Fassadengest.) – **E:** 88 Dresden, Gal. Süd; 91 Schwetzingen, Gal. d. andere Laden; 00 Dresden, Sä. Ldesärztekammer; 02 Dresden, Frz. Kult.inst.; Dresden, Falkenbrunnen; 04 Dresden, Stadtarchiv – **G:** 79 Berlin (Hundert Graph. d. DDR); 86, 92 Dresden, Rähnitzgasse; 86, 87 Dresden, Kunstausst. d. DDR; 91 Dresden, GG NM; 92 Dresden, Gal. Mitte; 93, 94 Dresden, SM: Aus Dresdner Ateliers; 01 Ljubljana, World Festival of Art on Paper; 03 St. Petersburg, Dialog II; 04 Dresden, Dialog III

Adamek, Barbara, Malerin u. Objektbildnerin; Freysestr. 2, D-47802 Krefeld, Tel. (0 21 51) 56 41 13, *barbara.adamek@online.de*. Atelier: Blumenstr. 88, D-47798 Krefeld (* Kranenburg/Kleve 10. 10. 50) – **VG:** Krefeld, Weber; Bonn, Cramer – **S:** 70–76 KA Düsseldorf (Bild. Kunst b. Prof. G. Grote, Kunstwiss. b. Prof. Hofmann, Prof. Theissing u. Prof. W. Spiess) – **L:** 93–98 Univ./GesamtHS Essen (LAuftr. Freie Malerei) – **P:** Kunstpr. d. Rhein-Sieg-Kr. (Förd.pr.) 89; Kunstpr. Rhein-Ruhr-Zentrum Essen 94; Villa-Romana-Pr. (Gastkünstler Florenz) 99 – **Ve:** BBK Düsseldorf 80–00; GEDOK Ndrh.-Ruhr 84; Künstlerver. Malkasten 98; Westdt. Künstlerbund 00 – **G/T:** Malerei u. Bildobjekt (Öl auf Stahl); eigene Position aus Tendenzen d. Abstr. u. konkreten Kunst – **W:** überw. in Privatbes., Ankauf u. a. durch d. Kr. Siegburg – **M:** Bergisch Gladbach, StG Villa Zanders (Artothek); Lüdenscheid, Gesch. Mus.; Mülheim an der Ruhr, KM – **Ö:** Mülheim an der Ruhr, Spk.; ebda, Foyer d. Rundturmes d. Siemens Technoparks; Paderborn, Foyer Hartmann Intern. – **E:** 84, 96 Essen, Forum Bild. Künstler; 84 Oberhausen, Kult.fabrik 14; 86 Neuss, Perspektive; 87, 91 Wesel, Lipski; 87 Essen, Folkwang ’87 (Fassadengest.); 88 Oberhausen, Ludwig-Gal.; 89, 00 Mülheim an der Ruhr, KM; 90 Emmerich, KV Haus im Park; Siegburg, Torhaus-Mus.; 93 Solingen, Gal. b2; 93, 97, 04, 05, 06 (m. Sachio Shikata) Krefeld, Weber; 95 Meerbusch, Mönter; 96 Leverkusen, Künstlerbunker Karlstr.; 98, 02, 03, 04 (m. Ludwig Wertenbruch) Bonn, Cramer; 99 Florenz, Villa Romana; Lüdenscheid, StG; 01 Wesel, Ndrh. KV (Aktion z. Vernissage); 02, 03 Krefeld, KV (m. Ludwig Wertenbruch); 06 Heidelberg, KV (m. Jutta Freudenberger, Kat.); 07 Siegburg, SM (Kat.) – **G:** u. a. 80 Berlin, Elefanten-Press-Gal.; 83 Karlsruhe, Bundes-GEDOK; 86 Oberhausen, Bienn. an d. Ruhr; 87 Darmstadt u. Krakau (Jahresausst. d. Neuen Darmstädter Sezession); 89 Opole/Polen, Gal. Sztuki Wspolczesnej; 90 Middlesbrough, Art Gall.; 91 Tokio, Tanaka Art Gall.; 96 Wuppertal, KH Barmen; 97 Leipzig, Haus d. Buches; 98–02 Düsseldorf, Große Kunstausst. NRW; seit 98 Ausst. m. d. Westdt. Künstlerbund; 00 Leicester, New Walk Mus. and Art Gall.; Gelsenkirchen, SM; 01 Bonn, Kunst- und Ausst.halle d. BRD; 03 Hamamatsu/Japan, Create Center; 04 Berlin, Bundesamt f. Bauwesen u. Raumordnung: Acht Vorschläge f. d. Dt. Botschaft in Kiew; 05 Berlin, Forum Amalienpark: Strenge u. Leichtigkeit; Köln, Fuhrwerkswaage: Via Senese. Hommage an 100 Jahre Villa Romana (Kat.); 05 (Lohn d. Arb.), 06 (Üb. Kopf) Herne, Flottmann-Hallen (Kat.); Wesel, StM (Kat.); 06 Wesel, Gal. im Zentrum (Kat.) – ***Lit:*** KV Paderborn (Hrsg.): B. A. – Bildobjekte, Ausst.kat. 94; B. A. – Nordland und andere, Portr./Dok. 95; KM Mülheim u. Ndrh. KV Wesel (Hrsg.): B. A. – Orte der Farbe, Ausst.kat. 00; Beate Ermacora, B. A., in: Resonanzräume, dt.-japan. Ausst.kat. 03; Hans Gercke, Gundula Caspari u. Gabriele Uelsberg (Aufs.): B.A. – Übertragung 06

Adamowicz, Hildegard; Josef-Bösbauer-Gasse 16, A-3108 Sankt Pölten, Tel. (0 27 42) 25 10 56 – **G/T:** Bildhauerei, Malerei, Graph. – (Red.)

Adamski, Hans Peter, Prof. d. Malerei u. Dekan d. HBK Dresden, Maler, Objektkünstler; Hackesche Höfe, Rosenthalerstr. 40/41, D-10178 Berlin, Tel. Mobil: 0 17 19 92 71 96, *info@hp-adamski.de*, *www.hp-adamski.de*. c/o HBK Dresden, Brühlsche Terrasse 1, D-01067 Dresden (* Kloster Oesede b. Osnabrück 5. 5. 47) – **VG:** Berlin, Zellermayer – **S:** 70–74 KA Düsseldorf – **L:** seit 98 HBK Dresden (Prof. f. Malerei u. Graph.) – **P:** Förd.pr. d. Bundesverb. d. dt. Industr. – **KGr:** Mülheimer Freiheit 110 – **G/T:** Malerei (versch. Techniken u. Stile, auch Verwendung v. Holz- oder Stoffelementen, Wandbilder); Zchng; Skulpt. (Holz, Eisen); Objekte (versch. Materialien, Buchobjekte) – **M:** Bern, KM; Darmstadt, Hess. LM; Essen, Mus. Folkwang; Frankfurt am Main, Dt. Bank KS; Hamburg, Slg Burda; Köln, SM; München, Pin. d. Mod.; New York, Slg E. Spiegel; New York, Sonnabend Collection – **Ö:** Berlin, Jakob-Kaiser-Haus (Wandbild) – **E:** 01, 03 Berlin, Zellermayer – **G:** zuletzt 03, 04 Karlsruhe, ZKM – ***Lit:*** Schweers 02

Adaniya-Baier, Kyoto, Mag., B. A., Objektkünstlerin, Malerin; Siemensstr. 14/7/19, A-1210 Wien, Tel. (01) 2 92 99 57, *Kyoko_ab11@hotmail.com*, *kyoko.shingolabel.com*. Atelier: Währinger Str. 59/4/1, A-1090 Wien (* Tokyo 11. 8. 46) – **VG:** Wien, Wort u. Bild – **S:** 66–70 Morehead State Univ. USA (Malerei); 69 ABK Wien (Malerei b. Prof. Elsner); 72–77 Univ. f. Angew. Kunst Wien (Textil u. Graph. b. Prof. Oberhuber) – **L:** Univ. f. Angew. Kunst Wien (LBeauftr. f. exper. Textilkunst); Nat. Taipei Teachers College Taiwan; Pädagogisches Inst. Wien u. NdÖst. – **P:** Staatspr. f. Malerei Kentucky/USA; Pr. f. Industriedesign d. Univ. f. Angew. Kunst Wien; Arb. u. Projektstip. d. Bundeskanzleramtes Wien – **Ve:** Ges. bild. Künstler Öst.; Künstlerhaus Wien seit 02; IntAkt – **KGr:** Weltoffen – **K:** Workshops m. Schwerpunkt Objekt- u. Textilkunst aus Japan – **M:** Cuszco/Peru, MCA; Wien, Mus. f. Völkerkunde – **Ö:** Brüssel, EU-Büro; Tokyo, Katsushika; Wien, Japanische Botschaft; ebda, Pädagogische Akad., Amtshaus 19. Bez. – **E:** 97 Wien, Wort u. Bild; 98, 01 Wien, Mus. f. Völkerkunde; Taipei/Taiwan, Nat. Teachers College; 99 Bellingen, Art Studio Riki Allsop; 00 Okinawa, Aguni Rito Sogo Kult. Center; 02, 03 Wien, Kindermus. Zoom; 03 Hochneukirchen, Hagoromo; Wien, Windspiel – **G:** zahlr. Ausst.bet., u. a. 93 Bratislava, Intern. Textilausst.; 95 Codroipo, Villa Manin CCA; Wien, Öst. Nat.bibliothek; 96 Graz, Intern. Textilsymposium; 99, 00 Como, Intern. Miniature Textilausst.; 00 Ankara, Siyah Beyaz Gal.; 01 Wien, Parlament; Dresden, KH im Art’otel; 00 Wien, RH; Wien, Kindermus. Zoom; 03 Cuszco/Peru, MCA; Krems, KH; Passau, MMK – ***Lit:*** Friderike Grünke: Zeitgenössische Textilkunst im Wirkungsbereich Deutschland-Österreich-

Schweiz, Lex. 95; Textilworlds, Ausst.kat. 03 – ***LitR:*** Portr., in: Heimat Fremde Heimat, ORF – (Red.)

Ader, Reinhard, Maler; Maximilianstr. 31, D-67346 Speyer, Tel. (0 62 32) 60 29 88, *reinhard@aderkunst.de, www.aderkunst.de* (* Kaiserslautern 27. 7. 49) – **S:** 69–70 WerkKSch Mainz (Graph.-Design); 70–75 HBK Kassel (Keramik b. Prof. Walter Popp, Wahrnehmungspsychologie b. Prof. H. von Gizycki, Zeichn. b. Prof. Spornitz u. Dialektische Sozialpsychologie b. Prof. Kilian) – **P:** Hans-Purrmann-Pr. (1. Pr.) 90; Kunstwettb. d. Bay. Versicherungsanst. (1. Pr.) 90 – **Ve:** BBK Rh.-Pf. 86; Künstlerbund Speyer 88 – **G/T:** Malerei (Öl, Acryl); Druckgraph.; expressiver Realismus; Themen: Mensch, Portr., Akt, Ldschaft, Raum u. Stilleben – **W:** Werke in Privatbes.; Ankauf u. a. durch d. Ldkr. Ludwigshafen u. Südliche Weinstr. Landau, d. Bay. Ldesversicherungsanst., d. Stadt Speyer sowie d. Volksbank Speyer-Nordstadt u. d. Stadtspk. Speyer – **M:** Kaiserslautern, Pfalz-Gal.; Karlsruhe, Badisches LM; Mainz, Kultusmin. RP; Mainz, LM; Stuttgart, Württembergisches LM – **Ö:** Dannstadt, RH; Schauernheim, Dorfmittelpunkt – **E:** 86 Ludwigshafen, Genia Pufe; 88 Mannheim, Gal. u. Kreathek; 89, 91 Speyer, KV; 90 Neustadt an d. Weinstr., KV Villa Böhm; 93 Landau, Kr.haus; 99 Angelbachtal, Heidelberger Initiative f. eine gesunde Arb.; 00 Speyer, Stadtspk.; 01 Wörth/Rh., Gal. Altes RH; 03 Lingenfeld, KV; 05 Speyer, Künstlerbund – **G:** zahlr. Ausst.bet. seit 74, zuletzt 99 Speyer, Normand-Kaserne; 00 Mainz, Umweltmin.; 02 Speyer, Altstadt; 03 Speyer, KV; 04 Sermersheim, KV; 05 Mannheim, Roche Diagnostics – ***Lit:*** Kat., u. a. R. A. und Manfred Weihe 89; R. A. 91; R. A. u. Margarete Stern 99, 01; A. 03; – sowie: Clemens Jöckle u. Cornelia Vagt: Speyerer Künstler der Gegenwart 90; Jöckle u. Ritter: Kunst am Wege 95; Dokumentation BBK Rheinland-Pfalz 00; 20 Jahre Künstlerbund Speyer 04

Adler, Almut, Fotografin, Graphikerin, Autorin; Gottfried-Böhm-Ring 19, D-81369 München, Tel. (0 89) 74 89 99 21, *almut.adler@web.de, www.fototrulla.de; www.almut-adler-lyrik.de* (* Oldenburg i.O. 10. 11. 51) – **S:** 73–76 Akad. U5 München (Graph.-Design) – **G/T:** Reisefotogr., KB-Dia-Archiv, Reportage, Portr. – **K:** Foto-Grundkurse f. Frauen in München, Foto-Ferienworkshops in Spanien – **V:** Feuerlöscher, Lyrik u. s/w-Fotos; Leidenschaftlich..., Lyrik u. s/w-Fotos; Zärtlich..., Lyrik u. s/w-Fotos – ***Lit:*** Frauenblicke, Postkartenblock (10 s/w-Fotos); L'Amelie, s/w-Poster – (Red.)

Adler, Karl-Heinz, Maler, Graphiker, Objektkünstler; Egon-Erwin-Kisch-Str. 6, D-01069 Dresden, Tel. u.Fax. (03 51) 4 71 23 46, *www.zeitartgalerie.de* (* Remtengrün/Vogtland 20. 6. 27) – **VG:** Berlin, Barthel + Tetzner – **S:** 41–44 Lehre als Musterzeichner; Kunst- u. FS f. Textilindustr. Plauen; 47–53 HBK Berlin (b. Arthur Degner); HBK Dresden (b. Wilhelm Rudolph u. Hans Grundig) – **L:** 55–61 TH Dresden (Lehr- u. Forsch.tätigkeit, Abt. Archit., Prof. f. Bauplast. u. Aktzeichn.) – **P:** Pr. d. Intern. Trienn. d. Zeichn., Kalisz 86; Gildewart-Pr. 88; Gastprof. an d. Staatl. KA Düsseldorf 88–95; 2-monatiger E.aufenthalt in d. Villa Massimo 95 – **Ve:** Dt. Künstlerbund 92 – **G/T:** konkrete Kunst, Malerei, Collagen, Zeichn., Objekte, Install., archit.bezogene, konstruktive Werke – **M:** Berlin, NG; Chełm, Mus. f. intern. Kunst; Cottbus, Brandenburgische KS; Dessau, Anhaltische GG; Dresden, SKS; Fort Worth/TX, Mod. Art Mus.; Frankfurt/Oder, Mus. Junge Kunst; Halle/Saale, Staatl. Gal. Moritzburg; Hünfeld, Mus. Modern Art; Louny, Gal. Benedikta Rejta; Szczecin, NM; Zürich, Stift. f. konstruktive u. konkrete Kunst – **Ö:** Erfurt, Thür.park; Gelsenkirchen, Emserschnellweg; Glauchau, Kr.krankenhaus; Plauen, Fassadengest. – **E:** u. a. 90 Dresden, Gal. Mitte; 91 Aalen, KV; Prag, Mittelböhmische Gal.; 92 München, Spielvogel; Berlin, Eremitage; Wiesbaden, Eremitage; 93 Bottrop, Quadrat; 95 Dessau, Anhalt. GG; 97 Essen, Mus. Folkwang; Essen, Neher; Dresden, Neuer Sä. KV; Hünfeld, Mus. Modern Art; 02 Berlin, Barthel & Tetzner; Dresden, Jap. Pal. (m. Strawalde); 03 Freiburg im Breisgau, Stift. f. konkrete Kunst Roland Phleps; 04 Chemnitz, KS – **G:** u. a. 86 Kalisz, Intern. Trienn. d. Zeichn.; 89 Madrid, Centro Cultural; Gmunden, Hipp-Halle; Nürnberg, Kunsthaus; 91 Warschau, CSW; 91, 92 Prag, Mittelböhmische Gal.; Künzelsau, Mus. Würth; 93 Maastricht, I. Intern. Trienn. d. Zeichn.; Essen, Neher; München, Heseler; 94 Wiesbaden, Mus.; 98 Wrocław, Gal. Sztuki Wspolozesnej; 99 Halle/Saale, Staatl. Gal. Moritzburg; 00 Dresden, Residenzschloß (Neuer Sä. KV); 00/01 Amersfoort, Mondriaanhuis; 03 Wrocław, Archit.mus.; Berlin, NG; Hünfeld, Mus. Modern Art; Halle/Saale, Villa Kobe; 03/04, 05/06 Dresden, Altana-Gal. (KS 'Kunst + Technik' d. TU Dresden); 04 Bonn, KM; 05 Ingolstadt, Mus. f. Konkrete Kunst; Łódź, Muzeum Sztuki; 05/06 Wien, Austria Center Vienna – **V:** Lothar Lang u. Hans Marquardt: Graphische Etüden. Sachlich. Konstruktiv. Experimentell, Graph.-Ed. 82 – ***Lit:*** Ausst.kat.: Eje Högestätt: K.-H. A. 84; Ingrid Adler: Erben des Bauhauses – Konstruktiv und Konkret in der DDR 90; Position Konkret – 6 Künstler aus Deutschland 91; Margit Weinberg Staber: K.-H. A. Zwischen äußerlicher Wahrnehmung und Phantasieraum des Bewußtseins, in: Kunst, die es nicht gab? 92; Ausgewählte Europäerinnen, ausgewählte Europäer 94; Eugen Gomringer: Die Transparenz der Methoden und Konzepte 97; ders.: Konkrete Kunst aus dialektischen Verhältnissen 00; – weitere: Eugen Gomringer: Zur Sache der Konkreten – Eine Auswahl mit Texten und Reden über Künstler 00; Bozena Kowalska: A. – Auf der Suche nach Ordnung und Raum, Monogr. 04

Adler, Leonore (Ps.: Leo), Dipl. Malerin, Graphikerin; Moritzburger Str. 37, D-01127 Dresden, Tel. u. Fax (03 51) 8 48 96 91, *leonore_adler@gmx.de, www.adlerkunst.de* (* Plauen/Vogtland 14. 8. 53) – **VG:** Dresden, Gal. Mitte; Dresden, Nütt; Dresden, Gal. Drei; Dresden, Gal. am Blauen Wunder; Berlin, Hintersdorf – **S:** 73–78 HGB Leipzig (b. Prof. Arno Rink u. Prof. Rolf Kuhrt) – **L:** 99 TU Dresden (LAuftr. FB Kunst u. Musikwiss.) – **P:** Absolventenförd.stip. v. Rat d. Stadt Dresden 79; Arb.stip. d. Stift. Kult.fonds 83; Projektstip. v. Kult.amt Dresden 02 – **Ve:** SKB; Neuer Sä. KV; Dresdner Sezession 89 (Mitbegründ.) 89–00 – **G/T:** Malerei. Graph., Objekte, Install. – **K:** Aqu.malerei, Zeichnen, Comiczeichnen, Collagen u. Fotomontagen, Objektbau, Tiefdruck (Rad.) – **W:** zahlr. Werke in Privatbes.; div Install.; Ankauf u. a. durch d. Sä. Ldtag Dresden u. d. Dresdner Bank – **M:** Berlin, Stift. Kult.fonds; Dresden, Kunstfonds d. Freistaates Sa.; Dresden, SLUB; Dresden, Slg d. Stadtspk.; Dresden, Sä. Staatsmin. f. Umwelt u. Ldwirtschaft; Dresden, Sä. Staatsmin. f. Wiss. u. Kunst; Dresden, Sä. Ztg – **E:** zahlr. Ausst. seit 86 u. a. 90 Chemnitz, Schmidt-Rottluff; 91, 03 Dresden, Gal. Mitte; Dresden, Wirtschaftsförd. Sa.; 92 Berlin, Studio Bildende Kunst; 93 Hamburg, Dito; Frankfurt am Main, Dresdner Bank; Dresden, Kühl; 95 Berlin, Hintersdorf; 96 Cuxhaven, Höhne; 00 Dresden, Reg.-präsidium; 01 Sä. Ldesärztekammer; 02 Dresden, Kult.-amt – **G:** zahlr. Ausst. seit 81 u. a. 89 Dresden, Bezirkskunstausst.; Sofia, Botschaft d. DDR; 90 Dresden, Lehmann; Berlin, orbis pictus; Cottbus, SKS; 91 Bottrop, Josef-Albers-Mus.; Ludwigshafen, Wilhelm-Hack-

Mus.; 92 Salzburg, StG im Mirabellgarten; Berlin, Hintersdorf; 93 Dresden, Kpst.-Kab.; 94 Braunschweig, StM; 95 Chemnitz, Neue Chemnitzer Kunsthütte; Leipzig, Bildermesse; 97 Saarbrücken, Schloß; 98 Straßburg, Kunstmesse; 99 Dresden, Kunstmarkt Dresdner Schloß; 01 Erfurt, Kunsthaus; 03 Potsdam, Produzentengal. M – **V:** u. a. Bizarre Städte (Graph. u. Text) 88, 89; Wendeblätter (Graph. u. Text) 92; im Laub der länder (Gedichte u. Orig.graph.) 93; m. Petra Vohland: der Nachmittag eines Fauns (Graph.), Graph.mappe; Von 1 bis 10 (Orig.collagen) 03 – **R:** Zeit-Lebens-Zeit, Computeranimation u. Video 02 – ***Lit:*** u. a. Jens-Uwe Sommerschuh: ... und endlich stehe ich auf und gehe meiner Wege..., in: Sä. Zeitung 91; Eckhard Gillen u. Rainer Harmann (Hrsg.): Richard Mansfeld: Jugendstil und im Tal der Blinden, in: Kunst in der DDR; Reinhard Delau: Verlorenes Paradies und grüblerische Weltsicht, in: Sächs. Zeitung 95; Lisa Werner: blaue Sphinx und grauer Hund, Ztg 98; Heinz Weißpflog: Schmetterlingstraum als Gegenwelt, Ztg 03 – (Red.)

Adler, Vera s. Singer, Vera

Adlmannseder, Reinhard, Mag. art., Akad. Maler; Schlossberg 8, A-4910 Ried, Tel. (0 77 52) 8 00 02, *reinhard@adlmannseder.com.* Atelier: Mitterberg 13, A-4923 Kobernaussen, Tel. (0 77 54) 26 63 (* Ried/Innkreis 13. 4. 43) – **S:** 61–67 ABK Wien (Meisterkl. f. Malerei b. Prof. Andersen u. Prof. Hessing) – **P:** 2. Pr. f. Malerei Künstlerhaus Salzburg 69; Förd.pr. d. Oböst. Versicherung 01; Arb.stip. im Egon-Schiele-Art-Centrum Krumau 03; Arb.stip. Paliano 04 – **Ve:** Künstlerver. Maerz 71; KV ObÖst. 79 – **KGr:** Künstlergruppe Parz (seit 70) – **G/T:** Graph., Malerei, Objekte (Metall, Holz) – **W:** überw. in Privatbes. – **M:** Krumau, Egon Schiele AC; Linz, Lentos – **Ö:** Wien, Bundesmin.; Linz, Oböst. Ldesreg. – **E:** 69 Linz, Bejul; 72 Linz, Maerz; 73 Darmstadt, Garuda; 76 Schärding, Gal. im Ochsenhof; 77 Wels, Guldengal.; Linz, Gal. im Hofstöckl; 88 Linz, ObÖst. KV; Würzburg, Temmes; 90 Salzburg, Romanischer Keller; Riedersbach, Kraftwerk; 94 Grieskirchen, Schloß Parz; 95 Attnang-Puchheim, Gal. Schloß Puchheim; 02 Pram, Schloß Zell; 03 Schärding, Tumler; Schwanenstadt, Stadtturmgal. – **G:** u. a. 95 Innsbruck, Taxis-Pal.; 99 Linz, Kunstmesse; 03 Deggendorf, SM; Linz, Lentos; Amstetten, Schloß Ulmerfeld – (Red.)

Adrena Linn s. Pohl, Inge C.

Adrian, Mark, Maler, Illustrator, Lehrer f. Bildner. Gestalten; Wichelackerstr. 19, CH-3144 Gasel (* Guadalajàra/Mexiko 11. 12. 23) – **S:** 44–48 KGS Zürich (u. a. b. Johannes Itten, Ernst Gubler, Otto Morach) – **L:** 54–88 Volksschule (Unterricht in Bildner. Gestalten); bis 92 Maturitätsschule f. Berufstätige Bern (BMB, Kunstgesch. u. Farbenlehre) – **P:** Wandbildwettb. d. Baudirektion Bern (1. Pr. u. Ausführung) 59; Ill.wettb.: Lesebuch f. d. 3. Schuljahr (1. Pr.) 64 – **Ve:** Ges. Schweizer. Zeichenlehrer (GSZ) 48 – **G/T:** Bild am Bau; Buchill.; Graph. (Hschn., Linolschnitt, Rad.); Malerei (Aqu., Tempera); Feder- u. Steinzchng; Bilderbücher – **W:** Federzchngn, Aqu., Temperabilder in Privatbes. – **Ö:** Bümpliz, Schulhaus (Außenwandgest.) – **E:** 71 Kirchlindach, Privatgal. Witschi; 74, 75 Zollikofen, Gal. Rosenau; 76 Oberbottigen, Kult.saal; 98 Könitz, Gal. am Könizberg – **G:** 67–68 Zürich, KGM: Das Bilderbuch; 69 Bratislava: Bienn. Illustracii; 70, 71, 72 Bologna, Bilderbuchmesse; 78 Schwarzenburg, Bilder f. Kinder; 93 Köniz, Gal. West: Kult.kr. Köniz – **V:** Arnold Jaggi: Auf dem Wege zur Freiheit, 6 Bde Schweizer Gesch. (Ill.) 62–73; Bilderbücher m. eigenem Text: Der Silberreifen 89; Ludinas Tür 98; Verena Jaggi. Streben – Gestalten – Geben (Hrsg.) 03

Adrian, Robert (eigtl. Robert Adrian Smith), Maler u. Fotograf; Wiedner Hauptstr. 37/1, A-1040 Wien (* Toronto 22. 2. 35) – **S:** 54 Besuch von Gebrauchsgraph.-Kursen d. Northern Vocational School Toronto, ansonsten Autodidakt – **G/T:** Malerei (Öl, Aqu., Tempera, Acryl); Fotogr. (Fotoser.); Skulpt., Install., Telekommunikationsprojekte – **E:** u. a. 63 London, Whitechapel Gall.; Liverpool, Walker Art Gall.; 74 Wien, Schottenring Gal.; 76, 77, 79 Wien, Mod. Art Gal.; 77 Linz, Neue Gal.; Wien, Gal. nächst St. Stephan; Triest, Gall. Tomaseo; 78 München, Dany Keller; 80 Innsbruck, Gal. Krinzinger; 82 Bologna, F. Pellegrino; Zürich, Severina Teucher; Frankfurt, KV; 90 Wien, Generali Found.; Chicago, Insam-Gleicher Gall.; 94 Den Haag, Stichting Archief; 96 Linz, Offenes Kulturhaus; 01 Wien, KH; 03 Wolkersdorf, Schloß; St. Petersburg, Quo Vadis internet cafe – **G:** u. a. 80 Venedig, Bienn.; 81 Wien, Secession; 82, 98 Linz, Ars electronica; 86 Sydney, Bienn.; 00 Graz, Steirischer Herbst; 03 Darmstadt, KH; Aachen, Ludwig Forum – ***Lit:*** AKL – (Red.)

Adrian-Engländer, Christiane s. Blackout, Moucle

Aenis, Hans Georg, Kunstmaler, Kunstpädagoge; Schorenweg 19, CH-4058 Basel, *art-aenis@bluewin.ch* (* Basel 7. 2. 49) – **S:** 65–68 Fotografenausb. b. Peter Heman in Basel; 68–69 KGS Basel (Malkl. b. Franz Fedier); 75–79 Goetheanum Dornach (Malkl. b. Beppe Assenza) – **KGr:** Fähre (79–82); Kunst-zeit – moment de l'art (KünstlerInnen aus d. 'Dreiland', seit 04) – **G/T:** abstr. Farbkompositionen; Lsch.- u. Portr.malerei; Akt; Altarbilder; Lith. – **K:** Malerei (Spezialgebiet: Frabe); Portr.- u. Lsch.zeichnen u. -malen – **Ö:** Driebergen, Christengemeinschaft (Altarbild); Freiburg im Breisgau, Christengemeinschaft (Altarbild) – **E:** 95 Riehen, Adieu Berower; 96 São Paulo, Centro de Artes; 97 Walkringen, Gal. Rüttihubelbad; 99 Het Schilderhuis/Niederl.; 02 Liestal, Kantonale Psychiatr. Dienste; 05 Basel, Christengemeinde; St. Gallen, Fiore; 06 Arlesheim, Mus. Trotte – **G:** 04 (m. Kunst-zeit); Schliengen; Selestat; 04 Basel, Univ.kinderspital Schällemätteli; 05 Guebwiller, Mus. du Florival; 06 Basel, Gal. M54 – **V:** Michael Schubert: Die Königin Ishtar, Eine Mysterienlegende (Ill.) 00

Aerni, Georg, Dipl.-Architekt, Fotograf; Hardturmstraße 90, CH-8005 Zürich, Tel. 01 2 72 56 87, Fax 2 72 56 87 (* Winterthur 59) – **S:** 86 ETH Zürich (Archit., Dipl.) – **L:** 01 HS f. Gest. u. Kunst Zürich (Gastdoz.) – **G/T:** Fotogr. – **E:** / G: u. a. 02 Kriens, Mus. im Bellpark; 03 Zürich, ETH Hönggerberg; 05 Winterthur, KH – **V:** Slopes & Houses, Wien 02 – (Red.)

Aerschmann, Peter, Künstler; Eggimannstr. 19, CH-3008 Bern, Tel. 03 13 01 70 65, *y@plux.ch, www.aerschmann.ch* (* Fribourg 3. 11. 69) – **S:** 91–92 HS f. Gest. u. Kunst Basel (Vorkurs u. BEK); 94–99 HS f. Gest. u. Kunst Bern (Bildnerisches Gest.) – **L:** HdK Bern (regelmäßig Gastdoz.) – **P:** C.I.M.E.S. Bratislava (Video Pr.) 98; Viper Basel (2. Publikumspr.) 00; Atelierstip. d. Kt. Fribourg 00; Werkpr. d. Kt. Bern 01; Eidgenöss. Wettb. f. Kunst 02 – **Ve:** Visarte 03 – **G/T:** Multimedia-Install., Video – **K:** Videoanimation, Multimedia-Technik – **W:** überw. in Privatbes.; mehrere Performances; Ankauf f. d. Slg d. Kt. Bern – **E:** 02 Fribourg, Fri-Art; 03 Genf, Espace Forde; Bern, StG; Murten, Mus.; Bern, Imoberdorf – **G:** zahlr. Ausst.bet. seit 98, zuletzt 03 Thun, KM; Basel, Swiss Art Awards; Yerevan, Mus. of Archit.; Genf, Bienn. de l'Image en Mouvement; Lyon, la BF 15 – ***Lit:*** P. A., Monogr. 03

Aeschbacher-Sinecká, Helena (eigtl. Helena Aeschbacher, geb. Helena Sinecká), Fotografin, Malerin, Lyrikerin; Haus der Stille und Besinnung, CH-8926 Kappel am Albis, Tel. 07 64 30 31 (* Kozly/Tschechische Republik 11.5.45) – **Ve:** Schweiz. St. Lukasges. f. Kunst u. Kirche 98 – **G/T:** abstr. Fotogr., Aqu., Zeichn. – **W:** überw. in Privatbes. – **M:** Zürich, GrS d. Zentralbibliothek – **Ö:** Kappel am Albis, Haus d. Stille u. Besinnung – **E:** 86, 94, 98, 00, 06 Kappel am Albis, Haus d. Stille u. Besinnung; 87, 91, 01 Zürich, Gal. am Hinterberg; 87 Zürich, Ortsmus.; 89 Bonstetten, Gal. für Gegenwartskunst; 91 Bern, Hans-Huber-Gal.; 03 Zürich, Orell Füssli Buchhandlung AG; 05 Zürich, Zentralbibl.; 05, 06 Affoltern am Albis, Kirchgemeindehaus – **V:** Herbstzeit (Gedichte u. Aqu.) 90; Licht aus der Tiefe (Gedichte u. abstr. Fotogr.) 00 – ***Lit:*** Licht aus der Tiefe, Fotobd u. Ausst.kat. 00; ferment auftauen, Fotozs, 1 06

Aevermann, Sylvia (Zus.arb. m. Henning Block), Kunstmalerin; Mühlenstr. 9, D-29596 Stadensen, Tel. (0 58 02) 41 11, *Zorrost@freenet.de; webmaster@stahlundfarbe.de, www.stahlundfarbe.de; www.people.freenet.de/stahlundfarbe/* – **KGe:** Ateliergemeinschaft Stahl & Farbe: S.A. u. Henning Block (seit 91) – **G/T:** Kunstmalerei; Portr.; Multimedia-Install.; Lichttechnik-Feuerwerke; Lichtbild-Performances; Fotogr. – **W:** überw. in Privatbes. – **E:** / G: zahlr., zuletzt 03 Lichttechn. Performances/Ausst. – **V:** Roger Taylor: Marilyn in Art, Fotobildbd (Beitr.) 06 – **R:** Uwe Janson (Regie): Kunstambiente, Spielfilm (Filmprod. Sat I) – ***Lit:*** Biogr./Dok. in: Aktionärsztg Stahl AG Salzgitter 03

Aevermann, Sylvia s. Block, Henning

Affolter, André s. Condé

Affolter, Gabriella V., Kunstschaffende, Kulturvermittlerin; Längenbergstr. 35, CH-3297 Leuzigen, Tel. (0 78) 7 74 94 18, *creafact@solnet.ch, www.factory008.ch* (* Solothurn 8. 3. 68) – **S:** 85–87 Kunstunterricht in Rochester/USA; 02 HS f. Kunst u. Gest. Luzern (Ausb. zur Kulturmanagerin) – **P:** Gest.- u. Zeichenwettb. Schweizer Jugend forscht (2. Pr.) 83; Fotowettb. d. Zentralstelle f. Flüchtlingshilfe Zürich (1. Pr.) 92; Förd.- u. Anerkennungspr. Regiobank Solothurn Migros Kult.-prozent conTAKT'03 02 – **Ve:** KV Solothurn 00; Pro Litteris 01; SGBK 05 – **KGr:** Interkulturelle Kreativ-Wkst Solothurn – **G/T:** Aktionskunst; Foto/Film/Video; Malerei; Plast./Objekt – **K:** Leiterin d. Kreativ-Wkst. factory; VHS; LehrerInnenfortbildung d. Schweiz; Mal u. Gest.wochen f. Flüchtlinge; Gest. m. Gips, Beton, Papiermaché; Mosaikworkshops – **W:** überw. in Privatbes.; zahlr. Performances/Install. u. a. 03/04 Feldbrunnen u. Solothurn; – Organisation: Solothurner Kantonaltag; Ausst. Junger Künstler; Literaturforen – **E:** 88, 92 Biberist, Verwaltungsgebäude Coop Solothurn-Wasseramt; 92 Solothurn, Muttiturm; Bern, Gal. Mira; 93 Utzenstorf, La Capannina, Restaurant Frohsinn; 95 Solothurn, Kreativ-Wkst. factory; Solothurn, if AG; 98 Zürich, Gal. Manesse; 98–99 Solothurn, Swica Gesundheitszentrum (m. Christoph Kauz) – **G:** 91 Solothurn, Kult.fabrik Kofmehl: Aufstellung Sex – Tod – Religion; 95 Solothurn, Altes Spital u. Wabern, Villa Bernau: Junge Kunst zum Thema Antirassismus; Solothurn, Kreativ-Wkst. factory: Jugend – Kunst; 98 Solothurn, Landhaus; 99 Lenzburg, Ausst.atelier b. Bhf: Last Minute; 02 Grenchen, Kunsthaus: Engel & Co; 05 Hägendorf, Teufelsschlucht: TeufelsschluchtArt – **V:** Art/Life Volume 16 96; zeit.insel – Zeichen interkultureller Begegnungen 04 – ***Lit:*** Experimentelle Kunst setzt sich durch. Kreativ-Wkst. factory, in: In Ideen investieren 97 – sowie zahlr. Veröff. in Ztgn u. a. in: Fraz, Solothurner Ztg, Solothurner Tageblatt, Aargauer Ztg u. Facts

Affolter, Konrad; Bühlstr 46, CH-3012 Bern, Tel. 04 17 96 03 12 06, Fax 04 13 13 05 88 38, *glasaffolter@bluewin.ch, www.konradaffolter.ch*

Agger, Kerstin, Malerin; Eifelstr. 25, D-67824 Feilbingert, Tel. (0 67 08) 20 12, *werbung@kerstin-agger.de, www.kerstin-agger.de* (* Lübeck 9.9.59) – **S:** 79–84 Inst. f. Kunst u. Didaktik Kiel – **Ve:** BBK Rh.-Pf. 94 – **G/T:** Malerei, Fotogr., Install. – **W:** überw. in Privatslgn im In- u. Ausland – **M:** Bremerhaven, Dt. Schiffahrts-Mus. – **Ö:** Bad Kreuznach, Fa. Meffert; Bad Münster, Verb.gemeindeverwaltung – **E:** zahlr. Ausst. seit 86, u. a. 99 Bremerhaven; 03, 04 Bad Kreuznach – **G:** zahlr. Ausst.bet., u. a. 92 Kiel, Prima Kunst; 95 Pirmasens, Kunstmesse; 96 Kiel, Ldeshaus; Neustadt, Herrenhof Mußbach; 00 Trier – ***Lit:*** Die Farbe Blau als kulturelle Brücke, Ausst.kat. u. Dok. 96; K. A. Meer und mehr, Ausst.kat. 98

Agonist s. Gripp, Torsten

Ahlers, Christian; Regensburger Str. 10, D-10777 Berlin, Tel. (0 30) 2 11 62 96, Fax 23 62 91 65, *ahlers-grafik@t-online.de* – **G/T:** Graph., Fotogr. – (Red.)

Ahrens, Cathleen (Ps.: Husky), Malerin; Damaschkestr. 23, D-14770 Brandenburg an der Havel, Tel. (0 33 81) 20 89 98, Mobil: 0 17 35 73 43 80 (* Schlema 13. 11. 68) – **G/T:** Malerei (Acryl, Aqu., gegenständl. u. abstr.); Graph. (Portr., Lsch.); Ill. (f. Kinder, in versch. Techniken) – **W:** überw. in Privatbes. – **Ö:** Brandenburg, Oberldesgericht – **E:** 04 Plauen, Malzhaus; 05 Plauen, Geyer; 06 Brandenburg, Oberldesgericht; Reckahn, Schloß; 07 Brandenburg, Sorat-Hotel

Ahrens-Porté (eigtl. Gisela Ahrens-Porté), Bildhauerin, Portraitmalerin; Auf der Höhe, D-37547 Kreiensen, Tel. (0 55 63) 15 90 (* Lübeck 20. 2. 23) – **S:** 39–54 HBK München (Bildhauerei b. Prof. Wackerle u. Graph. b. Prof. Mayerhofer); HBK Berlin (b. Prof. Adolf Reichwein u. Prof. Paul Leonhardt); TH Danzig (Tiere u. Portr. b. Prof. Pfuhle, Bildhauerei b. Prof. Lehmann-Siegmundsburg, Archit. b. Prof. Herrmann, Archit. u. Kunstgesch. b. Prof. Karnapp); HS f. Angew. Kunst Hamburg (Entwurfslehre b. Prof. May) – **L:** Stormarnschule Ahrensburg (Kunsterziehung) – **G/T:** Portr.malerei, Ldschaftsmalerei, Ill. – **W:** überw. in Privatbes. – **E:** / G: Ausst. v. 40–97, u. a. in Ahlshausen, Bad Gandersheim, Bodø, Bromberg, Burg in Dithmarschen, Danzig, Einbeck, Esbo, Göttingen, Greene, Hamburg, Kreiensen, München, Northeim, Nörten-Hardenberg, Rödsetgarden, Saltstraumen u. Tammerfors – ***Lit:*** Ztgsberichte – ***LitR:*** örtliche Interviews – (Red.)

Ahrlé, Ferry, Maler, Zeichner, Autor; Gottfried-Kellerstr. 25, D-60431 Frankfurt, Tel. (0 69) 51 50 82, Fax 52 46 57, *www.ferry-ahrle.de*. Gelfertstr. 52, D-14195 Berlin, Tel. (0 30) 83 22 70 70 (* Frankfurt am Main 17. 6. 24) – **S:** 39–42 HBK Berlin (b. Prof. Gerhard Ulrich); 45–47 ebda (b. Prof. Max Klaus); 63–65 Acad. Julian Paris (b. Prof. Mc Avoy) – **P:** Prix Toulouse-Lautrec Paris 62; Golden Award d. Intern. Film-u. Fsfestivals New York 80; Intern. Tourismusplakat-Wettb. Paris (1. Pr. f. d. Serie Dt. Städte) 80; Prix Rabelaise Chinon 94; E.plakette d. Stadt Frankfurt am Main 84; BVK 1. Kl. 85; E.kreuz f. Wiss. u. Kunst d. Republik Öst. 90; Goetheplakette d. Stadt Frankfurt am Main 04 – **Ve:** Ges. z. Verwertung v. Leistungsschutzrechten 79; VG Wort 88; VG Bild 89 – **G/T:** Malerei (Öl, Kreide, Rohrfeder, Portr.); Stadtlandschaften; Ill. – **M:** Nürnberg, Verkehrsmus. – **Ö:** Frankfurt am Main, Römer; ebda, Städt. Bühnen, Hess. RF, Fritz-Bauer-Haus, Haus- u. Grundbesitzer-Ver., Dt. Bibliothek; Wien, Burgtheater – **E:** 63 Paris, Vidal; 72 München, Dt. Mus.; 84 Frankfurt am Main, HM; 83 Frankfurt am Main, Dt. Bundesbank; 91 Frankfurt am Main, Flughafen Gal.; 94 Frankfurt am Main, Kommunale Gal. im Leinwandhaus; 02 Frankfurt am Main, Alte Oper – **G:** Ausst.-bet. im In- u. Ausland – **V:** Sehen und sehen lassen; Galerie der Straße; Flötentöne ohne Noten; Balkone – Vier Wände und ein bischen mehr; Mögliche Begegnungen; Mir werden Flügel wachsen, der Mensch wird fliegen; Türme der Macht und des Geistes; Straßen, Lebenslinien europäischer Metropolen; Von Gönnern und Könnern – Finanzgenies und ihre Baukünstler; Das dritte Auge; – Mappenwerke: Bilderzyklen – Von Ikarus bis Überschall; Signal und Schiene; Mozartissimo; Die Welt der Oper – **R:** Fs.serien f. d. ARD (Buch u. Auftritt): Sehr ähnlich, wer soll's denn sein? 80–90; Die Kleinen der Großen 83–86; Da sind sie wieder 82–83; Galerie der Straße 89–90 – ***Lit:*** Wer ist wer, 1972ff.; Rochus Kowallek in: Kunst in Frankfurt, Beitr. 91 – ***LitR:*** Franziska Kutschera: F. A., Portr. Hess. Fs. 94

Aicher, Walter; Munggenaststr. 43, A-3100 St. Pölten, Tel. (0 27 42) 7 84 76 (* Wien 30. 5. 29) – **VG:** Salzburg, Gal. Franziskanergasse; Bad Ischl, Sams; Wien, Wolfrum – **S:** Künstler. VHS Wien; Bildungsakad. Goldegg/Salzburg – **G/T:** Ldschaft u. Archit. (Öl, Aqu.); Druckgraph. – **W:** überw. in Privatbes. – **E:** zahlr. Ausst. seit 87 in Öst. – (Red.)

Aichinger, Hans, Maler, Graphiker; Hohe Str. 35, D-04107 Leipzig, Tel. (03 41) 2 13 19 04 (* Leipzig 5. 6. 59) – **VG:** Leipzig, Artco; Leipzig, Maerz – **S:** 81–86 HGB Leipzig (b. Dietrich Burger u. Bernhard Heisig) – **L:** 95–98 HGB Leipzig – **G/T:** Malerei (Öl auf Hartfaser); Hschn. (figürlich); Fotogr. – **M:** u. a. Altenburg, Lindenau-Mus.; Berlin, DHM; Leipzig, KH Spk.; Leipzig, MBK – **Ö:** Hannover, Fremdenverkehrsamt (Holzplast.); Houston/Tex., Goethe-Inst. – **E:** zahlr. Ausst., u. a. 88 Halle/Saale, Gal. am Hansering; 90 Solothurn, Städt. Theater; 92 Potsdam, Trapez; Glasgow, Carlisle Mus. and Gall.; Sunderland, Northern Centre of Contemp. Art (Kat.); Sunderland, Reg Vardy Gall.; 93 Houston, Goethe-Inst.; 94 Weimar, Schloß Belvedere (Kat.); Nürnberg, Germanisches NM; 96, 97, 98 Leipzig, Artco (Kat.); 96, 97 Chemnitz, Voxxx Gal.; 99 Havanna, Emory Univ. (Kat.); 00 Madrid, Prinz; 01 Tokio, De Lifters (Kat.); 01 (Kat.), 03, 04, 05 Leipzig, Maerz – **G:** zahlr. Ausst.bet., u. a. seit 90 Leipzig, Grafikbörse; 90 Gent, Lineart; Frankfurt am Main, Schwind; 91 Hamburg, Kunstmesse; 93 Düsseldorf, Art Multiple; 02 Frankfurt am Main, Art Frankfurt; Wien, Art Vienna – (Red.)

Aigner, Martina, Malerin; Gaiselberg 24, A-2225 Zistersdorf, Tel. u. Fax (0 25 32) 8 80 07, *martina.aigner@telering.at*, *members.telering.at/martina.aigner*. Clusiusgasse 1/46, A-1090 Wien (* Breisach 4. 12. 59) – **VG:** Wien, Lindner – **Ve:** IG Bild. Kunst Öst. 95 – **G/T:** Malerei (Öl, Enkaustik) – **M:** Frankfurt am Main, Slg d. Kreditanst. f. Wiederaufbau; Melk, Gugler Forum; St. Pölten, Ndöst. LM; Wien, Ecoplus; Wien, Slg d. Stadt – **E:** 98 Zürich, Spiess; Wien, Tiller; 99 Wien, Gal. Ariadne; 02 Wien, Plank; 03 Melk, Gugler Forum; Wien, Ecoplus; 04 Eglisau, Gal. am Platz – **G:** zahlr. Ausst.bet. seit 97, zuletzt 99 Wien (Kunstwien); 02 Wien, Lindner; 03 St. Pölten, NdÖst. LM; 04 Bologna, Arte Fiera – (Red.)

Aja s. Jaenisch, Adelheid

aka noto s. Nicolai, Carsten

Akçit, Osman, Kunstmaler, freischaff. Künstler; Atelier: Benrather Str. 3, D-40213 Düsseldorf, Tel. (01 71) 5 29 44 05, *osman@atelier-akcit.de*, *www.atelier-akcit.de* (* Yukari Segit/Denizli 4. 10. 55) – **S:** 78–79 KA Istanbul/Türkei; 79–85 KA Düsseldorf (Meisterkl. f. Graph. b. Prof. Rolf Sackenheim) – **Ve:** BBK Düsseldorf 84–90; Ver. KH Düsseldorf – **G/T:** abstr. Malerei, Zeichn., Collage; Thema: Mensch, Natur u. Seele im positiven Sinn – **W:** üb. 100 großformatige Ölbilder in Privatbes. im In- u. Ausld – **Ö:** Düsseldorf, Thyssen Krupp Trade Center; Köln, Commerzbank – **E:** 90 Neuss, Gal. Küppers; 93 Mettmann, Stadthalle; 95 Düsseldorf, Gal. Kunstschleuse; Essen, Zentrum f. Türkeistud. – **G:** 83 Wanderausst. d. BBK 'Gesammelte Angst'; 84 Mettmann, Kunsthaus; 85 Düsseldorf, Mus. Kunst Pal. – **V:** Bremer, Gerty: Elisabeth. Geschichte einer Hexe (Titelbild u. Ill.); Şen, Faruk: Kulturelle Probleme der Türken in Deutschland (Titelbild)

Akdeniz Graf, Yesim, Malerin (* Izmir 78) – **VG:** Düsseldorf, Klinkhammer – **S:** 97–02 KA Düsseldorf (b. Prof. Dieter Krieg) – **P:** Postgraduiertenstip. De Ateliers Amsterdam 02 – **E:** /G: u. a. 01, 02, 03 Düsseldorf, Klinkhammer & Metzner; 01 Enschede, Stichting de Bank; 02 Karlsruhe, Knecht; Landau, KV; 03 Düsseldorf, KV; Frankfurt am Main, KV – (Red.)

Akimoto, Naomi, Bildhauerin; Beuthstr. 11, D-40211 Düsseldorf, Tel. u. Fax (02 11) 3 85 82 54, *naoakimotobox@yahoo.co.jp* (* Osaka/Japan 24. 12. 67) – **S:** 97–03 KA Düsseldorf (b. d. Prof. C. Megert u. G. Herold); 01 ebda (Meisterschülerin, 03 Akad.brief, Abschluß) – **L:** seit 00 Hetjens-Mus. (LAuftr. Keramik f. Japaner) – **KGe:** Projekt Jugend, Kult. u. Schule: KünstlerInnen in Schulen (Kult.amt Düsseldorf, 04–05) – **G/T:** Plast. (Keramik); Install./Objekt (Wachs, Holz, Salz, etc.); Zchng (Aqu., Bleistift, Filzstift) – **K:** Keramik, Zchng – **W:** überw. in Privatbes. – **M:** Düsseldorf, Hetjens-Mus. – **E:** 00 Wuppertal, BKG-Studio in d. Barmer KH – **G:** 01 Oberhausen, KV; 01, 02 Düsseldorf, NRW Forum Kult. u. Wiss.; 04, 05 Düsseldorf, Mus. Kunst Pal.; 05 Düsseldorf, Produzentengalerie; Magdeburg, Stadtspk.; Iserlohn, StG

Akinola-Schober, Eren (geb. Eren Schober), Mag. art., Malerin; Rettenpacherstr. 40, A-5020 Salzburg, Tel. Mobil: 06 62 65 12 42, *monangelo.akinola@aon.at* (* Bad Hofgastein 6. 12. 58) – **S:** 78–85 HS f. angew. Kunst Wien (Meisterkl. f. Malerei u. Graph. b. Prof. Hutter) – **L:** Bundesrealgymnasium Zell am See (Bildner. Erziehung, Textiles Werken); Bundesrealgymnasium Nonntal Salzburg (Bildner. Erziehung, Textiles Werken) – **G/T:** floral-organ. Abstr.; Portr.; Keramik Design – **K:** Ölmalerei f. Kinder u. Erwachsene; Aqu. (auch VHS) – **E:** in Wien, Mariazell u. Salzburg – **G:** Salzburg, Kollegienkirche/Kath. HSgemeinde: Myst. Realismus – ***Lit:*** Eliesabeth Rath, in: Salzburger Nachrichten; Gudrun Weinzierl, in: Salzburger Nachrichten – ***LitR:*** Andrea Aglassinger: Üb. d. Malschule Monangelo, Sdg (Ö1)

Al-Maboren, Zaki, Graphik-Designer (B. A.), Kunstwissenschaftler (M. A.); Kirchweg 77, D-34119 Kassel, Tel. (05 61) 77 41 51, Mobil: 01 751 64 42 41, *maboren@uni-kassel.de*. Atelier: Kunsttempel, Friedrich-Ebert-Str. 177, D-34119 Kassel, *zal-maboren@web.de* (* Artul/Sudan 7. 4. 59) – **S:** 79–82 KHS Khartoum/Sudan (B.A. Graphik-Design); 89–93 HBK Kassel (M.A.) – **L:** freie Lehrtätigkeit u. Workshops (USA, Dtld) – **P:** Stip. d. Friedrich-Ebert-Stift. 91–93 – **Ve:** Ver. z. Förd. d. Kunst u. Lit. in Kassel e.V. seit 94 (Vorstand); BBK Hessen seit 02 – **G/T:** Malerei/Ill. m. Mixed Media – **K:** Landschafts- u. Ausdrucksmalerei, Ill. – **M:** Bayreuth, Iwalewa-Haus d. Univ. – **Ö:** Bayreuth, Unternehmensclub Oberfranken; Berlin, Buddy Bär; ebda, Friedrich-Ebert-Stift., Bonn u. Berlin, Asia Brown Boveri AG; Darmstadt, Landwirtschaftl. Sozialversicherung; Göttingen, Goethe-Inst.; Kassel-Lohfelden, Fehr-GmbH Stuttgart, Boston Consulting Group – Raumgestaltung: Al-Ras/Saudiarabien, Goldmarkt, ebda, Assat Pal., Staatl. Krankenhaus u. a. – **E:** zahlr., zuletzt u. a.: 00, 04 Kassel-Lohfelden, Kulturfiture im RH; 03 Hamburg, Schloß Reinbeck; Rothenburg, Goethe-Inst.; 04 Suhl, Gal. im Atrium; Harburg, Haus d. Kirche; Melsungen, Kreisspk.; Kassel, Gerhard Wagner; 05 Derneburg, Glashaus; 06 Kassel, RH;

Eschwege, Minerva Concepts; Speyer, Landwirtschaftl. Sozialversicherung – **G:** zahlr. Bet. u. a. 99 St. Gallen, Schweizer Künstlermesse (Kat.); Turku/Finnland, Eu-MAN (Kat.); Suhl, Gal. im Atrium: Kunst im Exil (Kat); 00 Helsinki, pARTicipation (Kat.); 02 Hameln, Mus.: Dialog d. Kulturen (Kat.); 03 Kassel, Kunsttempel: Schutzraum. Positionen zum Krieg; Berlin, Gal. im Bezirk Mitte; Wolfhagen, KH (Kat.); Bad Wildungen, Kurmus. (Kat.); 04 Derneburg, Glashaus: Mann O Mann; Kassel, Artvent; 05 Oelshausen, Dorf-Eigenart – ***Lit:*** zahlr. Kataloge u. Veröff. in Zss., u. a. Dein Land mit meinen Augen, in: Die Welt 12.10.02 – ***LitR:*** Mustafa Essaid: Interview, in: Die Arabische Welt (Dt. Welle)

Alaska Lade s. Hawemann, Cosima

Albers, Jan; c/o Van Horn, Beuthstr. 14, D-40211 Düsseldorf, Tel. u. Fax (02 11) 5 00 86 54, *van-horn @gmx.net*, *www.van-horn.net* (* Wuppertal 7. 4. 71) – **VG:** Düsseldorf, Van Horn; New York, Meltzer; München, Tanit – **S:** KA Düsseldorf – **P:** Reisestip. d. KA Düsseldorf 97; Stip. d. Stift. Kunst u. Kult. NRW 02 u. 04; Stip. d. Derik-Baegert-Ges. Schloß Ringenberg 03; Pollock-Krasner Found. Award 06 – **E:** u. a. 96 Köln, Lukas & Hoffmann; 98 Düsseldorf, Fischer; 00, 02, 04 New York, Meltzer; 01 Brüssel, Bernier Tanit Gal.; 02 El Paso/USA, Terlingua House; Kassel, Produzentengal.; Köln, Jablonka; 03 Nijmegen, Mus. Het Valkhof (Kat.); Münster, Krüger Kunstraum; 04 Düsseldorf, West LB; München, Tanit (Kat.); 05 Château de Vaudrémont, Forum d'Art Franco Allemand (Kat.); Delft, Gal. de Zaal; Düsseldorf, Van Horn – sowie: 01 Münster – **G:** u. a. 99, 00, 04 Düsseldorf, Fischer; 00 Marfa/USA, Non-stop beautiful ladies (Kat.); 01, 03, 05 New York, Meltzer; 02 Brüssel, Bernier Tanit Gal.; Delft, Gal. de Zaal; 03 Oldenburg, KV (Kat.); Hamminkeln, Schloß Ringenberg (Kat.); 04 Siena, Pal. delle Papesse (Kat.); 05 Köln, Art Hansa special (Kat.); New York, Participant Inc.: Cluster (Kat.)

Albert, Hermann, Prof., Maler u. Graphiker; lebt u. arbeitet in Ronzano/Ital., Braunschweig u. München (* Ansbach 4. 7. 37) – **VG:** Berlin, Poll; Berlin, Raab; Essen, Eikelmann; München, Jaspers – **S:** 58–64 HBK Braunschweig (b. Peter Voigt) – **L:** seit 85 HBK Braunschweig (Prof.) – **P:** u. a. Villa-Romana-Pr. 71; NORD/LB Kunstpr. 85 – **Ve:** Dt. Künstlerbund – **KGr:** Aspekt; Grossgörschen – **M:** Berlin, Berlinische Gal.; Hamburg, KH; Hannover, Sprengel Mus.; München, Pin. d. Mod. – **E:** zahlr., u. a. 67 Berlin, Großgörschen 35; 69, 70, 72, 74, 78, 79, 80, 81 Berlin, Poll; 70 Düsseldorf, Niepel; 72 Florenz, Gall. L'Indiano; Mailand, Alberto Schubert Ed.; 73, 76 Hamburg, Mewes; Köln, Gal. Der Spiegel; 75, 76, 77, 79 München, Buchholz – **G:** u. a. 74 Berlin, 1. Bienn.; Paris, Salon de Jeune Peinture; Stockholm, Kulturhuset; 75 Rio de Janeiro, 1. Bienn.; 77 Kassel, documenta VI; – weitere: 90 Paris, Sadoun; 91, 93 Mailand, Studio Cannaviello; 93 Venedig, Abbazia di San Gregorio; 95 Florenz, Villa Romana; Braunschweig, KV; 98 Verona, Gall. della Scudo; 99 Florenz, Gall. d'Arte Poggiali & Forconi; Essen, Eikelmann; 04 Berlin, Poll – ***Lit:*** AKL; Reclams Künstlerlex. 02; Schweers 02 – (Red.)

Albert, Judith, Bildende Künstlerin, Videokünstlerin; Hohlstr. 319, CH-8004 Zürich, *judita@bluewin.ch*, *www.kunst-forum.ch* (* Sarnen/Schweiz 2. 5. 69) – **VG:** Genf, attitudes – **S:** 92–93 Schule f. Gest. Luzern; 93–97 Höhere Schule f. Gest. u. Kunst Zürich (Bild. Kunst) – **P:** Danioth Stip. Uri 99; Pr. d. Jury d. Jahresausst. Luzern 00; Atelierstip. Maloja 01; Atelierstip. d. Stadt Zürich (f. Genua) 02, 03; Unterwaldner. Pr. f. Bild. Kunst 03 – **Ve:** Visarte 00 – **G/T:** Video, Install., Fotogr. – **W:** zahlr. Videos sowie Werke überw. in Privatbes. – **M:** Luzern, KM; Wien, Volpinum; Zürich, Kunsthaus – **E:** 00 Bern, StG; 01 Sarnen, Hofmatt Gal.; 04 Winterthur, Kunstkasten – **G:** u. a. 96 Chur, Fasciati; 98 Frankfurt am Main, Schirn; Locarno, Video Art Festival; Paris, Weller; 99 Siena, Centro Arte Contemp.; Genf, Centre pour l'image contemp.; 00 Barcelona, Convent de Sant Agusti; 01 Zürich, Migros Mus.; Kopenhagen, Ausst.halle; Frankfurt am Main, Art Frankfurt; Luzern, KM; 02 New York, AXA Gall.; Chicago, Cult. Center; Wien, Volpinum; Helmond, Gemeentemus.; 03 Prishtina, Contemp. AC; Buenos Aires, MAM; La Chaux-de-Fonds, Mus. des Beaux Arts; Zürich, Theaterhaus Gessnerallee; Madrid, MNCARS; 04 Genua, Pal. San Giorgio – **R:** Handzahm, Videoarb. 01; La nuit – die Nacht 04 – ***Lit:*** Ulrich Loock (Text): J. A. videoarbeiten 01; Beate Engel u. Jean-Paul Felley (Texte): échanges. J. A. 03 – (Red.)

Albert, Peter, Architekt, Maler u. Graphiker; Steinadlerstr. 11, D-01187 Dresden, Tel. (03 51) 4 01 22 32 (* Dresden 36) – **VG:** Dresden, Kühl – **S:** ab 53 Zeichenunterricht b. Etha Richter; 54–60 TU Dresden (Archit., Malerei u. Graph. b. d. Prof. G. Nerlich u. E.A. Mühler); 87, 88 Stud.reisen nach Paris u. New York – **L:** 61–65 TU Dresden (Ass. im FB Malerei u. Graph.) – **G/T:** Malerei (in den 60er Jahren Beginn m. geometr.-abstr. Arb., v. a. großformatige konstruktive Ölgemälde); Graph. (Druckgraph., gegenständl. Aqu. u. Zchngn); seit 65 Architekt im Inst. Kult.bauten (Mitarb. b. Wiederaufbau d. Semperoper) – **M:** Dresden, GG NM; Dresden, Slgn d. TU; Dresden, StG – **B:** Dresden: Semperoper (Wiederaufbau); ebda: Schloß (Planung f. Rekonstruktion u. neue Nutzung), GG (dass.) – **E:** u. a. 85, 03 Dresden, Kühl; 06 Rostock, Gal. Klosterformat (m. Hartmut Bechmann) – **G:** seit 84 Bet. im In- u. Ausld – (Red.)

Albertini, Holger, Dipl.-Designer, Zeichner, Graphiker, Art-Director, Lehrer (Studienrat); Waldstr. 93, D-47057 Duisburg, Tel. (02 03) 3 93 48 32, *info@albertini. de*, *www.albertini.de* (* Duisburg 8. 9. 70) – **S:** 91–97 Univ. Essen (Kommunikationsdesign) – **L:** seit 03 Berufskolleg d. Märkischen Kr. Iserlohn (FB Gest., Gest.-technik u. Kunst) – **KGr:** Duisburger Sezession (seit 03) – **G/T:** Zchng; freie Graph. (manuell, digital) – **W:** überw. in Privatbes. – **M:** Duisburg, Wilhelm-Lehmbruck-Mus. – **E:** u. a. 96 Moers, Schweiger; 99 Duisburg, Klangfarbe; 01 Mettmann, Goldberger Mühle; 03 Duisburg, Kult.wkst.; 04 Duisburg, Wilhelm-Lehmbruck-Mus.; Duisburg, Gal. Rheinhausen – **G:** seit 93, u. a. 93, 97 Moers, StG Peschkenhaus; 95 Düsseldorf, Müller; 96 Arnheim, HBK; 98 Essen, Alte Synagoge; Recklinghausen, Kutscherhaus d. KV; 98, 02, 06 Duisburg, Wilhelm-Lehmbruck-Mus.; 02 Duisburg, Gal. Rheinhausen; 04 Duisburg, Mus. Küppersmühle – Slg Grothe; 05 Lünen, Stadtgal. – **V:** KÜNSTLERBÜCHER: Das Klangbuch (Übermalungen v. Notenblättern) 93; Das Handbuch (Zchngn u. Texte z. Thema 'Hand') 97; Die Damen u. Herren Speicher u. Silo (Portr. aus d. Duisburger Innenhafen) 99; 24 Bauwesen (Zchngn z. Thema 'Archit.') 03 – ***Lit:*** u. a. Kunstpr. Digitale Welten, Wettb.dok. u. Ausst.kat. 98, S. 24–25; X./XII. Ausst. d. IG Duisburger Künstler, Ausst.kat. 98/02, S. 8–9/4–5; Univ. GesamtHS Essen (Hrsg.): Denken u. Gestalten, Kommunikationsgesign an d. Univ. GesamtHS Essen 98, S. 84–85; Nachbarn – Künstler aus Nijmegen zu Gast b. d. Duisburger Sezession, Ausst.kat. 06, S. 12–15

albertrichard s. Pfrieger, Albertrichard

Albertz, Wil (Wilhelm Albertz), Bildhauer u. Kunstpädagoge; Atelier, Schwaamer Str. 20, D-

41844 Wegberg, Tel. (0 24 34) 2 41 15, *wil.albertz@web.de*, *www.wil-albertz.de*; *www.bbk-aachen.de* (* Mönchengladbach 6. 1. 51) – **S:** 72–78 HBK Braunschweig (Bildhauerei b. Hubertus von Pilgrim u. Emil Cimiotti, Fotogr. b. Gerhard Büttenbender); HBK u. TU Braunschweig (Kunstpädagogik, Staatsexamen) – **L:** seit 80 Kunstpädagoge – **Ve:** BBK Aachen-Euregio 01 – **KGr:** C/O Mönchengladbach (seit 99) – **G/T:** Bildhauerei – Plast.; informelle Raumkörper; Unikate in Terrakotta; Fotogr. – **Ö:** Mönchengladbach, Slg Hiltrud Neumann – **E:** 98 Gelsenkirchen, Antenne; 99 Wegberg, Beecker Flachsmus.; 99–06 jl. Wegberg, Atelier C/O MG; 02 Mönchengladbach, Kunst im Glashaus – Hephata; 02–06 jl. Wegberg, Atelier Kunsttour; 03 Kevelaer, Ndrh. Mus.; 04 Erkelenz, KV; Wassenberg, Gal im RH; 05 Mönchengladbach, NVV–Linie Kunst; Heinsberg, Kunst in d. City – **G:** 76 Göttingen, Kunstmarkt; 77 Kassel, Hommage à Kassel; 94 Raeren/Belgien, Zahlepohl; 99 Mönchengladbach, StM Schloß Rheydt; Herzogenrath, Kunst Forum; 99–00 Mönchengladbach, Blue Gal.; 00 Krefeld, Art of Eden; 01, 03 Erkelenz, KV; 01 Heinsberg, Kr.mus.; 02 Mönchengladbach, Paritat. Zentrum; 03, 04 Mönchengladbach, Altes Mus. – BIS; 04 Korschenbroich, DIN-A-0 – Stadt dezentral; Aachen, Projekt H2O – Halle 1; 04/05 Aachen, Stricker; 05 Mönchengladbach, Art Rheydt; 05/06 Aachen, Ludwig Forum: Der BBK im Ludwig Forum (Kat.); 06 Mönchengladbach, Altes Mus. – BIS – ***Lit:*** Knut Soiné: W.A., in: Kunst C/O Mönchengladbach – Eine Künstlerdok. 99; HEINSguide, Freizeit u. Kult.-führer f. d. Kr. Heinsberg, Ausg. 02/03; Atelier W.A., Neuaufl. 04/05 – ***LitR:*** Der Bildhauer W.A., Interview m. H.W. Knorr (Radio UKW 90,1) 10.7.05; H.W: Knorr: Klang-Plast. 'Mistral', eine musikal. Komposition nach d. Plast. v. W.A. 05

Albeshausen, Hans, Dipl. Ing., Architekt; Bergstr. 26, D-15230 Frankfurt/Oder, Tel. (03 35) 32 32 89, Fax 4 01 06 41, *albeshausen-ffo@t-online.de* (* Dresden 23. 9. 41) – **S:** 60–66 TU Dresden – **P:** Ausz. vor 89 – **Ve:** BDA d. DDR 67–89; BDA 91 – **B:** Berlin: Wohn- u. Geschäftshaus am Pl. d. Akad.; Frankfurt/Oder: Musikschule; ebda, Grenzübergang Stadtbreite, Kleist-Theater, Konzerthalle; – sowie Wohnkomplexe im ehem. Bezirk Frankfurt/Oder – ***Lit:*** Vom Baukünstler zum Komplexarchitekten. Architekten der DDR, Dok.reihe 00 – (Red.)

Albig, Hein, Maler u. Graphikdesigner; Luisenstr. 4, D-69493 Hirschberg, Tel. (0 62 01) 5 18 84, *wgt.albig@t-online.de* (* Speyer 27. 8. 38) – **S:** LdesKSch Mainz; 59 Staatsexamen – **L:** 67–68 Lundwigshafen (Kunsterzieher) – **Ve:** BBK Mannheim; Künstlerbund Speyer – **KGr:** argo – **G/T:** Malerei (Öl, Acryl); Graph. – **W:** Werke u. a. im Bes. d. Min. Mainz – **M:** Hirschberg, RH-Gal.; Kaiserslautern, Pfalz-Gal.; Speyer, StKS – **E:** 68, 69 Saarbrücken, Studio Camera; 92 Speyer, KV; 95 Schwetzingen, Pal. Hirsch – **G:** Teiln. an jurierten Ausst. seit 65 sowie 94 Kr.kult.wochen Rhein-Neckar-Kr.; Hirschberg; 94, 96, 98 Speyer; 97 Hirschberg (Hirschberger Kult.tage) – Ausst. d. Künstlerbunds Rhein-Neckar: Ludwigshafen, Mannheim, Schwetzingen u. Heidelberg – Ausst. d. Gr. argo: Speyer, KV; Kaiserslautern, Pfalz-Gal.; Kusel, Stadt; Pirmasens, KV; Neustadt a. d. Weinstraße, KV; Teheran, Dt. Botschaft; Mainz, LM; Karlsruhe, KV; Mannheim, KV; Landau in der Pfalz, Villa Streccius – weitere: Jahresausst. d. AG Pfälzer Künstler; Herne, Flottmann-Hallen; Jockgrim, Ldesausst. RP; Heidelberg, KV – ***Lit:*** KAT.: 22; Retrospektive 98; RH-Gal. Hirschberg; z. d. Ausst. d. Gr. argo u. Gr.ausst. d. Kr.kult.wochen u. d. Künstler aus RP – sowie in: Dok. 100 Jahre Pfalzgal. 1875–1975 75

Albrecht, Hans Joachim, Prof., Bildhauer, Zeichner, Autor; Joeppenstr. 29, D-47839 Krefeld, Tel. (0 21 51) 73 13 61, Fax 4 10 27 55, *hja@albrecht-skulptur.de*, *www.albrecht-skulptur.de* (* Wormditt/Ostpreußen 11. 6. 38) – **VG:** Ahlen, Fritz-Winter-Haus; Krefeld, Weber; Zürich, Schlégl – **S:** 58–62 HBK Kassel (Kunstpädagogik u. Bildhauerei) – **L:** 63–71 WerkKsch Krefeld; 71–00 HS Niederrhein Krefeld (FB Design, Prof. f. Gest.grundlagen, Farbgest., Plast. Gest.) – **P:** Villa-Romana-Pr. (Gastkünstler) 79; Fellow Hand-Hollow-Foundation 84; DAAD Reisestip. (USA) 84; Thorn-Prikker-Ehrenplakette d. Stadt Krefeld 98 – **Ve:** VG Wort 81; VG Bild-Kunst 01; Westdt. Künstlerbund 05 – **G/T:** Bildhauerei (Holz, Stein, Stahl); Zeichnen; Figur-Zeichen – **W:** zahlr. Werke in Privatbes. – **M:** Duisburg, Wilhelm-Lehmbruck-Mus.; Florenz, Villa Romana; Giessen, Oberhess. Mus.; Kaliningrad, Staatl. KG; Krefeld, Dt. Textil-Mus.; Krefeld, Kaiser-Wilhelm-Mus.; Oldenburg, LM; Regensburg, Ostdt. Gal.; Zürich, Camille Graeser-Stift.; Zürich, Richard Paul Lohse-Stift. – **Ö:** Arnheim, Haus d. Provinz, Bocholt, Ldeszentralbank; Kaiserslautern, Alte Schmelz; Krefeld, Westwall; ebda, Theater; Krefeld-Bockum, Krefelder Hof u. Sollbrüggenpark; Krefeld-Fischeln, Schule am Wimmersweg; Krefeld-Hüls, Volksbank u. Spk.; Krefeld-Königshof, Merian-Gymnasium; Leipzig, Ldeszentralbank; Recklinghausen, Spk. Vest; Tönisvorst, Volksbank; Wesel, Kr.haus; Wuppertal, Bauberufsgenossenschaft – **E:** 69, 80 Hamminkeln, Gal. Schloß Ringenberg; 70 Kleve, StM Haus Koekkoek; 76 Krefeld, Kaiser-Wilhelm-Mus.; 77, 88 Oldenburg, LM; 78, 83, 94 Zürich, Schlégl; 82, 99 Duisburg, Wilhelm Lehmbruck Mus.; 85 Basel, Art Basel; Freiburg, Gal. Regio; 89 Krefeld, KV; Moers, StG; 91, 98, 01, 04 Krefeld, Weber; 91, 94 Düsseldorf, Fesel; 93 Kamp-Lintfort, Terrassengarten Kloster Kamp; 94 Regensburg, Ostdt. Gal.; 01–02 Recklinghausen, Lohtor Gal.; 02 Freiburg im Breisgau, Skulpt.-Kab.; Dießen, Fritz-Winter-Atelier; Ahlen, Fritz-Winter-Haus; 03 Paderborn, StG Am Abdinghof – **G:** zahlr. Bet. seit 68, zuletzt 98 Esslingen, Villa Merkel; Regensburg, Ostdt. Gal.; 00 Leicester, New Walk Mus.; Düsseldorf, Klarissenkloster; Efringen-Kirchen, Gal. Regio; Bonn, Haus d. Gesch. d. BRD; 01 Amsterdam, RM; Kaliningrad, Staatliche KG; Düsseldorf, Gerhart Hauptmann-Haus; 02 Gmunden, Kammerhof-Gal.; 03 Freiburg im Breisgau, Skulpt.-Kab.; Saarbrücken, Hanstein; 04 Krefeld, Kaiser-Wilhelm-Mus.; Kaiserslautern, Theodor-Zink-Mus.; Herne, Zeche Unser Fritz; 05 Herne, Flottmann-Hallen; Duisburg, Wilhelm-Lehmbruck-Mus. – **V:** Abläufe aus 5 Körperprofilen. 16 konstruktive Varianten, Offsetmappe 73; Schrittfolgen aus 6 Körperprofilen. 32 konstruktive Varianten, Offsetmappe 74–75; Farbe als Sprache 74; Skulpt. im 20. Jh. Raumbewußtsein u. künstler. Gest. 77 (spanisch 81); m. Rudolf Koella: Hans Hinterreiter, Monogr. 82; H.J.A. u. a.: Richard Paul Lohse, Monogr. 84; H.J.A. u. a.: Konzept Farbe. 15 Maler unserer Zeit 93; Die Maske d. Zeitgenossen. Diskurs üb. d. 'Stil' in d. Mod. 99; Körper-Konstruktion: Figur-Zeichen (autobiogr. Text) 01; zahlr. Aufsätze u. Kat.beitr. seit 73 (v. a. z. Kunst d. Farbe u. z. Skulpt.) – ***Lit:*** Gisela Fiedler: H.J.A. Plast. u. Graph., Ausst.kat. 76; Julian Heynen: Albrecht. Skulpturen u. Zchngn, Ausst.kat. 82; Gottlieb Leinz, H.J.A., Monogr. 88; Hans Heinz Holz: H.J.A. – Farbige Profile, Kat. 93; Eugen Gomringer, Gerhard Leistner u. Peter Anselm Riedl: H.J.A. Skulpturen, Collagen, Druckgraph. u. Zchngn 1965 bis 1993, Ausst.kat. 94; Gottlieb Leinz: H.J.A. Dialog d. Skulpturen, Ausst.kat. 99; Walter Erben, Hans Heinz Holz u. Peter Anselm Riedl: H.J.A.

Skulpt. u. Zchng 1986–2000, Monogr. 01 – ***LitR:*** Bernhard Rohe: Zur Didaktik d. Farbenlehre Albrechts, Dok. 74; ders.: H.J.A. im KWM Krefeld, Dok. 76; kürzere Fs.beitr. im Bay. RF 94 u. im SWR 96

Albrecht, Herbert, Prof. h. c., Akad. Bildhauer; Rüttigasse 7, A-6922 Wolfurt, Tel. (0 55 74) 7 35 74 (* Au/Vorarlberg 7. 2. 27) – **VG:** Salzburg, Welz; Wien, Gal. Contact; Vaduz, Gal. am Lindenplatz – **S:** 49–55 ABK Wien (b. Prof. Wothuba) – **L:** 93–97 TU Graz (Gastprof. f. Plast. Gest.) – **P:** Theodor-Körner-Förd.pr. 67; E.gaben f. Kunst d. Ldes Vorarlberg 73; Intern. Kunstpr. d. Ldes Vorarlberg 87; Ausz. f. Kunst u. Wiss. erster Kl. d. Republik Öst. 02 – **Ve:** Künstlerhaus Wien (EM) seit 02; Künstlerhaus Bregenz seit 55 – **G/T:** bildhauerische Arb. (vorw. Stein u. Bronze) – **W:** überw. in Privatbes. – **M:** Bregenz, Vorarlberger LM; Innsbruck, Tiroler LM Ferdinandeum; Salzburg, Rupertinum; Scheveningen, Mus. Beelden aan Zee; Vaduz, Slg Liechtenstein; Wien, Albertina – **Ö:** Bregenz, Kloster Mehrerau; Frankfurt am Main, Börse; Frutz/Vorarlberg, Autobahnparkpl.; Wien, Juridicum sowie Innenraumgest. v. Kirchenräumen u. a. Bürs, Hombrechtikon, Ravensburg, Saulgau u. Spaichingen – **E:** zahlr. Ausst. u. a. 66 Antwerpen, Gal. de Eik; 67 New York, Burgos; 74 Wien, Gal. Würthle; 76 Wien, Stubenbastei; 78 Mainz, Brückenturmgal.; 980 Bregenz, Künstlerhaus Pal. Thurn u. Taxis; 82 Frankfurt am Main, Gierig; Zürich, Gal. am Züriberg; 86 Salzburg, Welz; 90 Fondatio Vasamely Aix-En-Provence; 92 Salzburg, Rupertinum; 98 Wien, Künstlerhaus; 99 Bregenz, Mus. – **G:** zahlr. Ausst.bet. u. a. 67 Antwerpen, Middelheim Mus.; 78, 79 Duisburg, Wilhelm-Lehmbruck-Mus.; 85–96 Basel, Art Basel; 86 Wien, Burg Lockenhaus; 94 Künzelsau, Mus. Würth – **R:** Walter Fink (Buch u. Gest.): Der Stein ist uralt, Fs.dok. (ORF) 85; Walter Fink (Buch u. Gest.): Was uns verbindet ist der Stein, Fs.dok. (ORF) 91 – ***Lit:*** Walter Fink: H. A., Monogr. 91 sowie div. Kat. u. a.m. – (Red.)

Albrecht, Jürgen; Admiralitässtr. 71, D-20459 Hamburg, Tel. (0 40) 37 37 82, *jue-albrecht@t-online.de*, *www.juergenalbrecht.com* (* Hamburg 13. 5. 54) – **VG:** Hamburg, Dörrie & Priess; New York, Blum Helman Gall.; London, Laure Genillard Gall. – **S:** 78–79 ABK München; 79–85 HBK Hamburg – **P:** Arbeitsstip. f. Bild. Kunst Hamburg 88; Stift. Kunstfonds – Arb.- u. Projektstip. 93 – **G/T:** Skulpt., (u. a. Raum, Licht, Zeit, Neue Medien) – **K:** alle Ber. d. Formung – **M:** Cottbus, Brandenburgische KS; Hamburg, KH; Marseille, Fonds rég. d'art contemp. Provence-Alpes-Côte d'Azur; Mouans-Sartoux, Espace de l'Art Concret; Mönchengladbach, StM Abteiberg; Nürnberg, Neues Mus.; Rotterdam, Caldic Collection; Seine-Saint-Denis, Fonds départemental d'art contemp. – **E:** 85 Hamburg, Weltbekannt; 87 Hamburg, Dörrie; 88 Hamburg, Kunstmesse; 88, 91 London, Laure Genillard Gall.; 88, 90, 92, 99 Hamburg, Dörrie & Priess; 89 Frankfurt am Main, Klaus Werth; Aalst, Gal. S65; 90 Mönchengladbach, StM Abteiberg; 91 Rottweil, Forum Kunst; New York, Blum Helman Gall.; 93 Paris, Peyroulet; Brüssel, Ficherroule; 94 Leverkusen, StM Schloß Morsbroich; 95 Deurle, Mus. Dhondt-Dhaenens; 96 Berlin, Kunstwerke; 05 Hamburg, KH (Kat.) – **G:** zuletzt u. a. 00 Hamburg, Deichtorhallen; 01 London, Westland Place; 02 Hannover, KV; 05 Nordhorn, StG; 06 Untergröningen, KV KISS-Kunst im Schloss Untergröningen – ***Lit:*** zahlr. Veröff. u. a. Licht – Räume, Ausst.kat. 94; J. A., Ausst.kat. 95; Michael Schwarz: Das Sehen und das Sehen in Licht und Raum, Elekrisches Licht in der Kunst des 20. Jahrhunderts 98; HausSchau, Das Haus in der Kunst, Ausst.kat. 00; Claudia Herstatt: Tranchierte Häuser, in: Handelsblatt v. 13.5.00; Heim und Gehege, in: Die Zeit v. 18.5.00; Jens Rönnau: HausSchau, in: Kunstforum Bd. 158 00; Renate Puvogel: Archisculptures, in: Kunstforum Bd. 158 02; Udo Kittelmann: Ansichten u. Einsichten, in: 276 Pages 03; Jürgen Albrecht: Wie das Wetter, Ausst.kat. 06

Albrecht, Julia, Malerin; Bahnhofstr. 23, D-86911 Dießen a. Ammersee, Tel. (0 88 07) 92 48 51, Fax 92 48 52, *www.bbk-bayern.de* (* München 30. 3. 62) – **S:** 83–89 Ludwig-Maximilians-Univ. München (Kunsterziehung, Meisterkl. f. Malerei b. H. Strauch) – **L:** 91–99 FHS München (LBeauftr. f. Freies Gest. u. Darst. Geometrie, Archit.); 94–98 Ludwig-Maximilians-Univ. München (LBeauftr. f. Konstruktives Gest.) – **P:** Kunstpr. d. IG Metall 92 – **Ve:** BBK 90 – **G/T:** Malerei (Acryl), Objektkunst (unterschiedliche Materialien) – **Ö:** Feucht, Gemeindehaus; Nürnberg, Noris-Verbraucherbank; Starnberg u. Tutzing, Stadtspk. – **E:** u. a. 88 Passau, St. Anna-Kap.; 92 München, Pasinger Fabrik; 96 Starnberg, Spk.gal.; 99 Vilshofen, StG; 03 Weilheim, SM; 06 Herrsching, Gal. im BBV – **G:** 85, 86, 88, 89, 90 München, Große Kunstausst.; 91 Rosenheim, StG; 93 Augsburg, Brechthaus; München, Brochier; 97 Wertingen, Heimatmus.; Landsberg am Lech, Neues SM; 00, 01, 02, 03 Landsberg, Säulenhalle; 00 Irsee, Sommerakad.

Albrecht, Susanne (verh. Susanne Albrecht-Boer), Bild. Künstlerin (Schwerpunkt Bildhauerei); Diebrockerstr. 24, D-32051 Herford, Tel. (0 52 21) 34 79 37, *paulo.susanne@freenet.de* (* Kaufbeuren 31. 5. 60) – **S:** 80–85 Univ. Bielefeld (Kunst u. Biologie, Erstes Staatsexamen); 86–89 Pietrasanta/Ital. (Arb.aufenthalt) – **L:** 00–04 Univ. Bielefeld (LBeauftr. f. Bildhauerei); 04 Univ. Paderborn (LBeauftr. f. Bildhauerei); 04–05 Univ. Bielefeld (LBeauftr. am Oberstufenkolleg) – **P:** Kunst u. Bau-Wettb. f. d. Justizvollzugsanstalt Herford (1. Pr.) 04; – sowie seit 85 div. Förd., Stip. u. Kunst- u. Bauaufträge – **Ve:** BBK Bielefeld 90 – **KGe:** S.A. u. Paulo Frank Boer (seit 89) – **G/T:** Bild. Kunst m. Schwerpunkt Bildhauerei u. Objekte; Teiln. an Kunst u. Bau-Wettb.; Arb. m. versch. Materialien, u. a. Granit, Holz, Bronze, Stoff, Wachs sowie Alltagsgegenstände – **M:** Herford, Mus. MARTa – **Ö:** Bielefeld, Wohnpark Theesen; Espelkamp, Aufbaugemeinschaft; Herford, Justizvollzugsanstalt; Osnabrück, Gemeinschaftszentrum Hellern – **E:** 90 Osnabrück, StG; 94 Lübbecke, KV (m. Paulo F. Boer); 00 Lemgo, Inst. f. Lippische Ldeskunde (m. Paulo F. Boer); 03 Herford, MARTa Kap.; 05 Herford, Atelier im Stadtraum – **G:** seit 84 Bet., u. a. 02, 03 Herford, Leere X Vision; 04 Bonn, Frauen-Mus.; Potsdam, Atelierhaus Panzerhalle; Istanbul, Toptasi Külliyesi: Transformation; 05, 06 Herford, Mus. MARTa; 06 São Paulo, Olido: Visão Trocada – **V:** m. Irene Below u. Angela Kahre: Die Vorteile d. Künstlerinnendaseins. Zur beruflichen Situation v. Bild. Künstlerinnen aus Ostwestfalen-Lippe u. zu ihrer Präsenz in Ausst.institutionen, In: JFF-Forsch.reihe, 11 01; m. Irene Below u. Vera Schorr: Kunstorte in Gender-Perspektive – Arbeitsbedingungen Bild. Künstlerinnen u. ihre Präsenz im Kunstbetrieb im intern. Vergleich, In: Krit. Berichte, 1 02, S. 83–90; Second Hand Dress. Intern. Art Project 02 – ***Lit:*** BBK Bielefeld (Hrsg.): Künstlerinnen u. Künstler in Ostwestfalen-Lippe 94; Claudia Blum u. Fritz Stockmeier: Bauen f. Bielefeld. Der Wohnpark am Südhang 97; Helmut Ebert: Lexikon d. bild. u. gestaltenden Künstlerinnen u. Künstler in Westfalen-Lippe 01; Inst. f. Lippische Ldeskunde Lemgo (Hrsg.): eins u. doppelt: paarweise. S.A., Paulo Frank Boer 01; MARTa Herford, Die Slg 05, 06 – ***LitR:*** Goldfisch Media Herford – Atelier im Stadtraum, Dok. im Auftrag d. Mus. MARTa Herford 05

Alex, Erika s. Stürmer-Alex, Erika

Alexander, Christopher, Prof., Architekt, Designer u. Maler; c/o Pattern Language, 2701 Shasta Road, Berkeley, CA 94708/USA, *www.patternlanguage.com* (* Wien 4. 10. 36) – **S:** 56–59 Harvard Univ. Cambridge/MA (Archit. u. Mathematik) – **L:** zahlr. Gastprof. u. Prof. – **P:** u. a. Goldmed. d. AIA 72; Best Building in Japan Award 85; Silbermed. d. Saitama Prefecture Tokio 87; The Seaside Pr. 94 – **B:** u. a. Mexicali/Mexiko: Mexicali Project; Modesto/CA: Community Mental Health Center; New York-Bronx: Multi Service Center Hunts Point; Oakland/CA: Rock Bridge Plaza; Portsmouth/GB: The Mary Rose Mus.; San Francisco: De Young Mus. (Rekonstr.); Tokio: New Eishin Univ. – **E:** / G: u. a. 89 Cambridge/GB, Fitzwilliam Mus.; 91 San Francisco, De Young Mus. – ***Lit:*** Contemp. Architects 94 – (Red.)

Alexander, Garda (geb. Christine Schulte), Bildende Künstlerin, Angew. Kunst u. CorporateArt; Postfach 316, CH-8702 Zollikon, Tel. u. Fax 04 44 63 12 19, 0 792 17 80 06, *garda@garda.ch, www.garda.ch; www.corporateart.ch* (* Landau a. d. Isar 16. 12. 61) – **VG:** Basel, Rüthmüller – **S:** 81–82 Academia Bellas Artes Popayán/Kolumbien (Malerei); 90–93 Schule f. Gest. Zürich (Zeichenstudien, Bildhauerei); 96 School of Fine Arts & Design Bratislava (Gastaufenthalt b. Prof. D. Fischer); 98 Frohner Film Wien (Multimedia) – **L:** Wintersemester 03, 05 Haus d. Farbe Zürich (Marketing u. Farbe) – **P:** Projektunterstützung d. Pro Helvetia (f. Ausst. in d. Slowakei) 96; Atelierstip. d. Stift. Binz39 Scuol-Nairs 99 – **Ve:** BBK Ndb. 97; Intern. Assoc. of Art – Assoc. Intern. des Arts plastiques 01 – **G/T:** konkreter Expressionismus, reduzierte Malerei, Objektkunst (Plexiglas), Video – **W:** Ankauf u. a. durch d. Cantrade Privatbank Zürich – **M:** Františkovy Lázně, Františkovy Lázně AG; Landau an d. Isar, Prähist. Mus.; Piest'any/Slowakei, Balneologicky Mus. – **Ö:** Düdingen, MCL Medizinische Laboratorien; München, Fa. TecOps; Wildegg, Hotel Aarehof; Zürich, Hotel Seefeld – **E:** zahlr. Ausst. seit 93, 93–95 in d. Schweiz u. in Dtld; 97 Zürich, Binz39; 97, 02 Mörschwil, Gal. an d. Bahnhofstross; 00 Kilchberg/Zürich, Mönchhof Gal. Wehrli; 01 Basel, Rüthmüller; Pontresina/St. Moritz, Corporate Exhibition Hotel Saratz; Zürich, Hotel Seefeld; 02 Feldkirch, KV A4; Wildegg, Hotel Aarehof; 02, 03–04 Zürich, Traffic artgall.; 03 Feldmeilen, Deepsix – **G:** zahlr. Ausst.bet. seit 92, u. a. 92–95 in d. Schweiz sowie in Öst., Ungarn u. d. Slowakei; 95 Thalwil u. Zürich (Kunst neben den Gleisen); Zürich, Helmhaus; 96 Kastenhof, Prähist. Mus.; Győr, StM; Bratislava, Cypriana Majernikà; Landau an d. Isar, Prähist. Mus.; Dunajská Streda, NG; Vermesova vila (Projekt Ost/West); 97 Philadelphia, Pentimenti; Zvolen/Slowakei, NG; Zürich, Fedjuschin; Lima, Bienn.; Passau, Produzentengalerie; Piest'any/Slowakei, Balneologicky Mus.; 98 Zürich, Gal. Commercio; 99 Zuoz, Schloß; Scuol-Nairs (Art in Engiadina Bassa); Zürich, Elektrizitätswerk; Zürich, Steinfelsareal; 00 Kranj, World Festival of Art on Paper; Budweis, Intersalon AJV 2000; Nürnberg, ABK; 02 Kilchberg/Zürich, Mönchhof Gal. Wehrli; Landau an d. Isar, Bananapark; 02, 03 Zürich, Traffic artgall.; 03 Františkovy Lazne, Gal. 4 v Chobu – **R:** Immersion (Lebensstrom), Video 99 – ***Lit:*** KAT.: Klaus Nürnberg (Text): G. A. Energiefelder 95; Marìan Paukov (Text): Projekt Ost/West 96; Meret Ernst (Text): Stier und Mensch 96; Franz Portmann, Lorenzo Pagnamenta u. Christine Pfister (Text): Old World New World 96; Stefan Rammer (Text): Fahnen für Frieden 98; Walter Baumann u. Josef Estermann (Text): Kuhkunst – Muhkunst 98; Claudio Lardi, Jon Domenic Parolini u. Christof Rösch (Text): Dokumentation 1999 00; Kult.haus Metropol Budweis (Hrsg.): Intersalon AJV 2000 00; Brigitte Selden u. Ueli Wehrli (Text): G. A. Lichtobjekte 00 – ***LitR:*** Fs.beitr: TWIN Production AG, Klopfer TV 5/01, Tele Combi

Alhäuser, Sonja, Objekt- u. Konzeptkünstlerin; Hauptstr. 23, D-57629 Luckenbach (* Kirchen/Westerwald 69) – **S:** 89–94 KA Düsseldorf (b. F. Schwegler) – **P:** Peter Mertes Stip. 97; Arb.stip. d. Ldes NRW 98; Ringenberg-Stip. 99; Stiftung Kunstfonds 99; Förd.pr. d. Stadt Düsseldorf u. d. Ldes NRW 01 – **G/T:** Malerei; Graph. (Lith., Zeichn.); Objekte; Eat-Art; Install. – **E:** u. a. 00 Bochum, KV; Leipzig, Gal. f. Zeitgen. Kunst; 01 Düsseldorf, Sies & Höke – **G:** u. a. 00 New York, Tate New York; 02 Düsseldorf, Brüning; Aschaffenburg, Neuer KV – (Red.)

Aliatasi, Soslan Khan; Hauptplatz 64, A-8410 Wildon, *office@aliatasi.at, www.aliatasi.at* – **G/T:** Malerei, Fotogr. – (Red.)

Allagui, Rachid, Maler; St. Apernstr. 64, D-50667 Köln, Tel. u. Fax (02 21) 2 58 09 81, *b.allagui@gmx.de* (* Tunis 15. 7. 40) – **S:** EBA Tunis; Werkschule Köln; Éc. Nat. Supérieure des Beaux-Arts Paris; Acad. de la Grande Chaumière Paris – **L:** 64–80 EBA Tunis – **P:** Goldmed. Fresque A.F.I.H. 00; Cité Intern. d. Arts Paris; Ausz. durch d. tunesischen Staatspräs. – **Ve:** BBK NRW; UNESCO, Arts plastique Paris – **KGr:** Zeugma, Köln; El Abed, Ratingen – **G/T:** expressionist. Malerei (Öl) – **W:** überw. in Privatbes. sowie Paris, Unesco-Slg.; Paris, Cité des Arts – **Ö:** Köln, RH; Paris, Pal. d'Elysée; Aubervillier, Centre Unicef (Fassadengest.); Tunis, Kulturver. – **E:** 95 Köln, RH; 96 Tunis, Kulturmin.; 02 Paris, Cité Intern. des Arts – **G:** zahlr. Bet. im In- u. Ausld seit 95

Allamoda, Bettina, Installations-, Performance- u. Videokünstlerin (* Chicago 64) – **VG:** Berlin, Thumm – **S:** 83–90 HdK Berlin (Meisterschülerin b. D. Evison, Bildhauerei); Central St. Martins College of Art and Design London – **L:** 88–90 TU Berlin (Tutorium f. plast. Gest.); 90–95 ebda (LAuftr. f. plast. Gest.); 98 HdK Berlin (LAuftr.) – **P:** Atelierprogramm Künstlerhaus Bethanien Berlin 92; Arbeitsstip. d. Berliner Senats 94; Karl-Hofer-Pr. (Atelierstip.) 95; Arb.stip. d. Stift. Kult.fonds Berlin 96; Europ. Studio Programm d. ACC-Gal. Weimar 98 – **G/T:** Video, Performance, Skulpt., Install. – **E:** u. a. 00 Plüschow, Schloß; Jena, Gal. d. Jenoptik; 01 Karlsruhe, Badischer KV; Berlin, Haus am Waldsee; Berlin, Thumm; 02 Berlin, Zwinger Gal. – **G:** u. a. 99, 00 Berlin, Martin-Gropius-Bau; 02 Berlin, Gal. Weisser Elefant; New York, De Chiara/Stewart; 03 Dresden, StG f. Gegenwartskunst – (Red.)

Allemann, Bert, Architekt; Hegibachstr. 54, CH-8032 Zürich, Tel. 0 13 81 46 38 (* Zürich 23. 5. 23) – **Ve:** BSA 71; Schweiz. Werkbund – **KGe:** Glaus Allemann u. Partner: B. A. u. Otto Glaus (Archit.büro seit 72) – **G/T:** Archit. (v. a. Industriebauten u. Siedlungsplanung) – **B:** Emmen: Hallenbad; ebda: Siedlung Benziwil; Hochdorf: Schulhaus; ebda: Schweiz. Milchges. (Elementbauweise m. vertikaler Fassadenfaltung); Hurden: Wohnhäuser Seepark; Rapperswil: AMRA-Druckfarbenfabrik; Rheinfelden: Kurzentrum m. Solebad – alle m. Otto Glaus u. a. – ***Lit:*** AKL – (Red.)

Allenstein, Olga, Malerin, Objektkünstlerin; c/o Gal. G, Reichsgrafenstr. 10, D-79102 Freiburg, Tel. (07 61) 7 76 57, Fax 70 63 78, *www.ruf.uni-freiburg.de/bildkunst* (* Lüdenscheid/Westf. 5. 2. 52) – **VG:** Freiburg im Breisgau, Gal. G; Münster, Rasche – **S:** 70–79 Staatl. HBK Düsseldorf (b. Prof. Günter Grote) –

L: seit 95 Freie KA Basel – **P:** Stip. d. Werkstatt Altena 82; Karl Ernst Osthaus-Kult.pr. 82; Stip. d. Barkenhoff-Stift. Worpswede 84; Künstlerstätte Bleckede 87; Stip. d. Kunststift. BW 91; Kunstfonds Bonn 94 – **Ve:** Westdt. Künstlerbund 84; KV Springhornhof 93; KV Freiburg 95 – **G/T:** Stilleben; Archit.bilder (Tempera, Lw.); Collagen; Zchng; Boxes (mixed media); Scheinmöbel; Rauminstall. – **M:** Frankfurt am Main, Dt. Bank KS; Hannover, Nds. Ldesreg.; Lüdenscheid, Gesch. Mus. – **Ö:** Freiburg, Reg.präsidium; Konstanz, Univ.- u. Hochbauamt; Lüdenscheid, Stadtwerke; ebda, Kr.verwaltung, RH, Spk.; Lüneburg, Kr.krankenhaus; Schwäbisch-Hall, Bauspk.; Stuttgart, Reg.präsidium; Tübingen, Reg.präsidium – **E:** 90, 93 Freiburg im Breisgau, Gal. Pro Arte; 93, 99, 04 Münster, Rasche; 94, 00 Aachen, Kahlen; 96 Bremen, Gr. Grün; 99, 04 Freiburg im Breisgau, Gal. G; 02 Freiburg im Breisgau, KV; 04 Bad Schussenried, Kloster (m. d. Künstlerbund Bad.-Württ.); Müllheim, Mus.; Münster, Rasche; Freiburg, Gal. G; 05 Karlsruhe, StG (m. d. Künstlerbund Bad.-Württ.); Augsburg, BBK-Gal. – **G:** u. a. 82 Münster, Westf. LM; Hagen, Karl-Ernst-Osthaus-Mus.; 88 Bremen, Ges. f. Aktuelle Kunst; 94 Augsburg, Nationale d. Zchng; 96 Lübeck, GEDOK-Haus; Hamburg, Deichtorhallen; Düsseldorf, Art Multiple; 98 Lörrach, StG Villa Aichele – weitere: seit 80 mehrfach Düsseldorf, Große Kunstausst. – ***Lit:*** Kat., u. a. Westdt. Künstlerbund 85, 87, 91; Künstlerbund Bad.-Württ. 91; O. A. 91, 95 – sowie: Ulrika Evers: Dt. Künstlerinnen d. 20. Jh. 83; Stefan Rasche (Text): O.A. Boxes 02; Dorothea Strauss (Text): O.A. Dokuraum/o2 03

Al'Leu (eigtl. Alois Josef Leu), Bildhauer, Maler; Postfach 1726, CH-8048 Zürich, Tel. 07 96 39 22 15, Fax 04 48 10 32 01, *editionleu@bluewin.ch*, *www.alleu.ch* (* Beinwil/Freiamt Schweiz 26. 5. 53) – **S:** Schule f. Gest. Luzern; Steinbildhauerlehre b. Eugen u. Eduard Spörri u. Franco Annoni; Königliche ABK Antwerpen – **L:** seit 98 M-ART Zürich (Leiter d. Fachkl. f. figurative Plast. u. abstr. Skulpt.) – **Ve:** Dt.schweizer. P.E.N.-Zentrum – **G/T:** Steinbildhauerei (m. figürlichen u. abstr. Wechselformen), Malerei (gemalte Skulpt. m. ders. Thematik) – **K:** Plast. Gest. u. Gest. m. Speckstein (Atelier U5, Klubschule Migros, Badenerstr. 123 A, CH-8004 Zürich, Info: www.al-leu.ch) – **W:** in privaten Slgn – **Ö:** Muri, Ldwirtschaftliche Schule; ebda, Gemeinde – **E:** in Belgien, Dtld, Öst. u. d. Schweiz – **G:** div. in d. Schweiz – **V:** Der Bildhauer Peter von Burg 01; Peter von Burg. Neue Plastiken 03; 100 Jahre Bildhauer- u. Steinmetz-Dynastie Ghenzi 1903–2003 03

Allmann, Markus, Dipl.-Architekt; c/o ALLMANN SATTLER WAPPNER. ARCHITEKTEN GmbH, Nymphenburgerstr. 125, D-80636 München, Tel. (0 89) 1 39 92 50, Fax 13 99 25 99, *info@allmannsattlerwappner.de*, *www.allmannsattlerwappner.de* (* Ludwigshafen 2. 6. 59) – **S:** 86 TU München (Dipl.-Archit.) – **KGe:** Allmann Sattler Wappner: M. A., Amandus Sattler und Ludwig Wappner (Archit.büro seit 93) – **B:** Flöha: Gymnasium; Markt Indersdorf: Gymnasium; München: Herz-Jesu-Kirche; ebda: Wertstoffhof; Passau: ADAC-Geschäftsstelle – (Red.)

Aloë, Carlo, Maler; Bläsiring 10, CH-4057 Basel. Petersgraben 52, CH-4051 Basel (* Neuchâtel 26. 5. 39) – **VG:** Basel, Wüthrich – **S:** Autodidakt – **P:** Basellandschaftlicher Spartenpr. Bild. Kunst 00 – **Ve:** KV Basel – **G/T:** Forschen, neue Bilder – **M:** Basel, KM; Paris, Centre Pompidou – **Ö:** Basel, Kantonalbank; Liestal, Kantonsspital – **E:** 65 Basel, Gal. Die Katakombe; 66 Mailand, Pater; 71 Köln, Baukunst Gal. (Der Geist des Surrealismus); 74 Wiesbaden, Space; 76, 80 Basel, Stampa; 81 Luzern, KM; Kornwestheim, Gal. d. Stadt; 82 Basel, KH; 82, 85, 89 Genf, Meier; 95, 98 Basel, Wüthrich – **V:** Landschaftsskizzen: Brouhaha 67; Fadenvelo 70 – **R:** Brouhaha, 16mm-Film 65 – ***Lit:*** Jean-Christoph Ammann: C. A., Kat. 80; Ludmila Vachtova: C. A., in: Tagesanzeiger Zürich v. 19.8.88; Matthias Frehner: Die Stadt als Schungel, in: Neue Züricher Ztg v. 28.8.88 – (Red.)

Alt, Otmar, Freischaffender Künstler; Otmar Alt Stiftung, Obere Rothe 7, D-59071 Hamm (* Wernigerode/Harz 17. 7. 40) – **S:** 60–66 HBK Berlin; 64–66 Meisterschüler b. Prof. Hermann Bachmann – **P:** Franz Roh-Pr. München 67; Kult.pr. Dt. Freimaurer Mannheim 91; Aufnahme u. E.bezeichnung 'Bürger des Ruhrgebiets' 94; BVK 98 – **G/T:** Malerei; Graph.; Skulpt. (Holz, Glas, Keramik, Bronze, Corthon-Stahl, Kunststoff u. a.); Kunst am Bau; Bühnen- u. Kostümentwürfe (f. Ballett u. Theater); Design (u. a. Porzellan/Rosenthal, Schmuck, Spielzeug, Teppiche) – **K:** Workshops in d. Akad. Bad Reichenhall u. in d. Otmar Alt Stift. Hamm (Kreativität erleben / Malerei u. Keramik) – **W:** Gest. d. Reg.sprinter d. Dürener Kr.bahn u. eines Beetle im Auftrag d. VW AG, Projekte im öff. Raum sowie Bühnenbilder u. Kostüme – **M:** Düsseldorf, KV f. d. Rhld. u. Westf.; Hamm, Otmar Alt Stift.; Linnich, Dt. Glasmalerei-Mus. – **Ö:** Bad Iburg, Dörenbergklinik; Badenweiler, Kurhaus; Bielfeld, Ev. Johanneskrankenhaus; Bonn, Bundesgartenschau; Dormagen, Einkaufszentrum; Düsseldorf, Rheinschiff Burg Drachenfels; Duisburg, Stadt; Furtwangen, Ingenieurschule; Gescher, Tierklinik; Göttingen, Ldeskrankenhaus; ebda, Gothaer Versicherungen; Goslar, Stadt; Hamm, Stadt; ebda, Ldesentwicklungsges. Gebäude Ostenallee; Hof, Stadt; Kamen, Krankenhaus; Kiel, PH; Kirchlengern, Grundschule; Liebenau, Ravensburger Spieleland; Münster, Allwetterzoo; Oelde, Stadt; Offenburg, St. Johannes Krankenhaus; Regensburg, Univ.-Zahnklinik; Schopfheim, Stadt; Versmold, Fa. Wiltmann & Kleine; Wiesloch, Stadt; Wolfsburg, VW AG – **E:** zahlr. Ausst. im In- u. Ausland, u. a. 72 Düsseldorf, KH; 94 Wuppertal, Von der Heydt-Mus.; 95 Goslar, Mönchehaus-MMK; 96 Krakau, Muz. Historycznego Miasta Krakowa; 00 Berlin, Zitadelle Spandau; 01, 02 Linnich, Dt. Glasmalerei-Mus.; 02 Aschaffenburg, StG Jesuitenkirche; 04 Berlin, Kronprinzenpal.; Delmenhorst, SM; Berlin, Gotisches Haus – **G:** zahlr. Ausst.bet., u. a. 02 Rothenburg ob der Tauber, Mittelalterl. Kriminal-Mus.; 03 Braunschweig, LM – **V:** div. Kat., Kinderb., Kochb., Mappenwerke, u. a. Der Luderbär, Kinderb. (Ill.) 70; Mondgrillentaucher (Rad.folge) 73; Prinz Grunewald (Ill. O. A., Text Heinrich Hoffmann/ Karlheinz Frank) 92; Willy Altenstädt, Kat. (Hrsg.) 94; Klaus Honnef (Hrsg.): Die Kraft zur Synthese, Kat. 97; Baalabu oder die Reise zum Glück, Kinderb. (Ill. v. O. A., Texte v. Ilse Bintig) 00 – **R:** Der Mann aus dem Rote-Grütze-Land, Film 82 – ***Lit:*** div., u. a. Volker Knapp (Hrsg.): O. A. Ein Künstler seiner Zeit 88; Ralf Frank Hartmann (Hrsg.): Der Tisch des Zauberers 00; Iris Nestler (Hrsg.): Trolle, Gnome und andere Wirklichkeiten 01/02; Stadt Aschaffenburg (Hrsg.): O. A. Das Wagnis der Phantasie 02 – ***LitR:*** Vorfrühling, Kinovorführung (Künstlerportr.) 71; O. A., Videof. (Künstlerportr.) 72; Menschen hautnah. O. A. Einstiegsdroge zur Kunst, Beitr. WDR v. 10.4.96 – (Red.)

Altena, Rolf, Maler, Keramiker (* Gunzenhausen 29. 8. 47) – **VG:** Stuttgart, Gal. Keim – **S:** 69–74 ABK Stuttgart (b. d. Prof. Peter Grau u. Horst Bachmayer); gleichzeitig TH Stuttgart (Chemie) – **L:** 75–79 Lehrer an versch. Gymnasien; 79–85 ABK Stuttgart (Ass. b. Prof. Dieter Groß); 85–87 Gymnasium Leinfelden (Lehrer); 87–94 ABK Stuttgart (künstler. Mitarb. b. Prof. Dieter Groß) – **G/T:** Malerei (Aqu., Öl, Mischtechnik, Arb. auf Papier, Leinwand u. Keramik, informell); Keramik (Schalen u. Vasen m. Unter- u. Inglasurmalerei) – **M:** Stuttgart, KM – **E:** zuletzt u. a. 99 Issing, Josephski-Neukum (m. Andreas Gruber); 00, 03, 04 Stuttgart, Gal. Keim – **G:** zuletzt 04 Lichtenau, Grafikon – ***Lit:*** AKL; Schweers 02 – (Red.)

Altenburger, Stefan, Video-, Audio- u. Installationskünstler; Lebt u. arbeitet in Zürich (* Zürich 8. 5. 68) – **VG:** Zürich, Kilchmann – **S:** 87–90 Éc. d'Arts appliqués – **G/T:** Sound- u. Video-Install., Performance, großformatige Drucke v. Fotos u. Dias auf Aluminium – **E:** zuletzt u. a. 98, 00, 03 Zürich, Kilchmann; 99 Amriswil, Container; Demigny, L'Espace d'Art Contemp.; 03 Château-Gontier, Chapelle du Genêteil – **G:** zuletzt u. a. 03 Zürich, Migros Mus.; Prag, Gal. Display; Zürich, Kilchmann; Genf, Centre pour l'Image Contemp. St-Gervais; 04 Vilnius, Center for Contemp. Art; Hannover, KV – **R:** I play and you play, Video 96; Audiorama, Performance, Radio LoRa Zürich 97; happy, happy, joy, joy, Sound-Loop auf CD 98 – ***Lit:*** BLSK 98 – (Red.)

Altendorf, Wolfgang, freiberuflich; Panoramastr. 14, D-72250 Freudenstadt-Wittlensweiler, Tel. (0 74 41) 78 64, Fax 95 10 31 (* Mainz 23. 3. 21) – **P:** BVK am Bande u. I. Kl.; Friedenspr. Korea-Jap.; E.ritter Cordon Bleu du Saint Esprit; Rubens-Pr. 85; Pr. Leonardo da Vinci; Oscar de France; Don-Quichotte-Pr.; EM d. Akad. Austral., Belgien u. Südkorea – **G/T:** Malerei (versch. Techniken), Graph. – **Ö:** in Freudenstadt: RH, Kurhaus, Landratsamt – **E:** / G: 71 Oppenheim, RH; Heppenheim, RH; 72 Saarbrücken, Funkhaus; Baden-Baden, Kurhaus; 73 Freudenstadt, Stadthaus; 74 Bad Wildbad, Kurhaus; Bad Dürrheim, Kurhaus; 75 Marl, Ausst.haus; Schwetzingen, Schloß; 76 Baiersbronn, Hotel Bareiss; 78 Altensteig, RH; 79 Freudenstadt, Allg. Ortskrankenkasse; 84 Nieder Olm, RH; Wörth/Rh., Zollamt; 86 Worms, Raschi Haus; 02 Freudenstadt, Ldratsamt; 03 Freudenstadt, RH; 04 Freudenstadt, Kr.VHS; – permanent: Deidesheim, RH; Freudenstadt, eigenes Haus – **V:** ca. 650 Veröff. (Print, Rundfunk, Fs.spiel, Film); bibliophile Ausgaben m. Zeichn., Kunstmappen u. Presseveröff.; Ill. in 26 eigenen Büchern; – MAPPEN: Mythos Wirtschaft; Dynamik Tanz; Antikische Sonette; Frauen in der Geschichte; Verbindungen; Faszination d. Sports; Industrie, Sonettenkranz; Sophius der Weise; Deidesheim Impressionen; Wirtschaft u. Humanität; Baden-Württemberg, Sonettenkranz; Mein Wein ABC; Meine Weinphilosophie; Rheinland-Pfalz, Sonettenkranz; Theater-Theater; Kulturpäpste sind wenig christlich; Kalender, Zeichnungen u. Poesie; Natur, Texte u. Bilder a. d. literar. u. künstler. Gesamtwerk; Haikus; Einfälle u. Ausfälle; Hessen, Sonettenkranz; Ärzte in d. Geschichte; Begegnungen – ***Lit:*** s. auch Kürschners Dt. Literatur-Kalender

Altenrichter-Dicke, Elisabeth; Jellinghauser Weg 12, D-58256 Ennepetal, Tel. (0 23 33) 27 40, Fax 26 44 – **G/T:** Bildhauerei, Malerei, Graph. – (Red.)

Altenstadt, Ulrich S. von (eigtl. Ulrich Schmidt von Altenstadt), Dipl.-Ing., Architekt, Architekturtheoretiker; Otto-Hersing-Weg 1K, D-48167 Münster, Tel. (02 51) 62 57 77, Fax 62 57 78 (* Insterburg 27. 5. 28) – **S:** Lehre als Holzschnitzer, Zimmermann u. Drucker; anschl. TH Aachen (Archit., Dipl. 53) – **KGe:** U. S. v. A., E. Schulze-Fielitz u. E. v. Rudloff (gemeinsames Büro 55–59) – **B:** Blomberg: Fabrik- u. Bürogebäude d. Phönix-Elektrizitäts-GmbH; Essen: Frei- u. Hallenbad Oststadt; Köln: Ldeskrankenhaus; Leverkusen: Hallenbad; ebda: Grundschule Steinbüchel; Sennestadt: Altenwohnungen d. Dt. Paritätischen Wohlfahrtsverb. – **G:** 61 Leverkusen, StM Schloß Morsbroich – ***Lit:*** AKL – (Red.)

Althaus, Lisa, Malerin, Objektkünstlerin, Illustratorin; Walgaustr. 3, A-6833 Klaus, Tel. (0 55 23) 5 71 40, Fax 5 77 92, *lisa.althaus@aon.net*, *www.lisa-althaus.net* (* Klaus 11. 11. 52) – **S:** 73–74 Éc. de dessin Paris; 74–75 HS f. Angew. Kunst Wien; 75–81 ABK München (Kl. Berger, Rad. Prof. Süß) – **Ve:** BBK München u. Obb. 82–97; Berufsvrg d. bild. Künstler Vorarlbergs seit 96; VG Bild-Kunst 97; Kunst Vorarlberg seit 02 – **KGr:** Manna (94–97) – **G/T:** Malerei (Öl); Zeichn. u. Druckgraph. (Rad., Hochdruck); Objekte (Filz, Mixed Media); Install. – **W:** überw. in Privatbes. – **M:** Wiesbaden, Artothek – **G:** zahlr. Ausst.bet. seit 81, u. a. 93, 96 Frechen, Intern. Graph.trienn.; 92, 95 Kronach, Ausst. z. Lucas-Cranach-Pr.; 98, 00 Bregenz, Künstlerhaus Pal. Thurn u. Taxis; 02 Feldkirch, Pal. Liechtenstein; 03 Wiesbaden, Frauen Mus.; Berlin, KunstRaum – ***Lit:*** Edition Krombholz (Hrsg.): L. A. 90; Paraphrasen, Kat. 05

Altherr, Esther; Haidenhausstr. 7, CH-8507 Hörhausen, Tel. 05 27 70 27 74, Fax 05 27 70 27 75, *esther.altherr@swissonline.ch* – **G/T:** Graph. – (Red.)

Altin, Hüseyin, Bildhauer; Lilienstr. 8, D-73660 Urbach, Tel. (0 71 81) 8 98 98 (* Denizli 10. 8. 44) – **S:** 67–73 ABK Stuttgart – **L:** seit 78 Staufer-Gymnasium Waiblingen (Kunsterzieher) – **P:** Stip. d. Kunststift. BW 79–81; Cité Intern. d. Arts Paris 81–82; Erich-Heckel-Pr. u. Förd.pr. 97 – **Ve:** BBK Bad.-Württ. – **G/T:** Plast. (bes. Marmor, abstr., anfangs weiche, später kantige Formen m. Sägeschnitten u. Bruchkanten, auch Arb. m. Gesteinsstaub u. Kombinationen m. Stahl) Linolschnitt – **M:** Stuttgart, Reg.präsidium – **Ö:** Marmor-Plast.: Schorndorf, Oberer Marktpl.; Stuttgart, Bismarcksporthalle; Waiblingen, Bürgerzentrum – **E:** 78 Ulm, Behr; 80 Wendlingen, Behr; Stuttgart, Kunststift. BW; 81 Waiblingen, RHfoyer; Kirchheim unter Teck, Kröger; 83 Ludwigsburg, KV; 00 Schorndorf, RH – **G:** seit 75 v. a. in BW; 80 Fellbach, Trienn. d. Kleinplast.; 00 Schorndorf, Kunstmarkt – **V:** Illusion 2000 (Linolschnitt in zwei Farben), 00 – ***Lit:*** AKL – (Red.)

Altmann, Friederike, Malerin; Karcheralle 39, D-01277 Dresden, Tel. (03 51) 2 51 18 05, *FA2111@aol.com* (* Dresden 5. 4. 69) – **VG:** Dresden, Gal. Mitte – **S:** 94–98 HBK Dresden (Malerei u. Graph. b. Prof R. Kerbach) – **G/T:** Malerei (Acryl, Collagen, Medizin, Technik u. Wiss. am menschl. Körper) – **E:** 00 Dresden, Reg.präsidium; 01 Dresden, Gal. Mitte; Dresden, Kulturrathaus; 02 Dresden, Sä. KV; 03 Salzburg, StG im Mirabellgarten

Altmann, Roland, Maler, Graphiker, Fotograf, Schriftsteller u. Lyriker; Auf der Horte 8, D-44269 Dortmund, Tel. (02 31) 46 13 20 (* Sprötau/Thür. 28. 5. 25) – **S:** 50–53 WerkKSch Hannover (Graph., Staatsexamen) – **P:** Pr. b. intern. Kal.wettb.: ICTA Bergisch-Gladbach 73; GKS-Prädikat Stuttgart 84, 85; E.gast d. AK d. UdSSR in Moskau 82; Wahl z. Mitgl. d. Akad. Rates d. Humboldt-Ges. f. Wiss., Kunst u. Bildung Mannheim 99 – **Ve:** BBK Westf. seit 76; Humboldt-Ges. f. Wiss., Kunst u. Bildung (kooptiertes Mitgl.) seit 92 – **KGr:** Dortmunder Gruppe (seit 72) – **G/T:** geometrische Abstr. in Malerei u. Serigraphie; exper. Fotogr., z.B. Spiegelverformungen – **M:** Dortmund, Mus. am Ostwall; Dortmund, Slg d. Univ.; Duderstadt, Kult.- u. Sozialstift. Untereichsfeld – **E:** 30 Einzelausst. seit 73, u. a. 75, 79, 90, 95, 00 Dortmund, StG; 86 Dortmund, Mus. f. Kunst u. Kult.gesch.; 88 Duderstadt, Altes RH; 89 Coesfeld, Städt. Turmgal. Walkenbrückentor – **G:** 103 Ausst.bet. von 53–03 in 17 europ. Staaten sowie d. USA, Japan u. Israel, u. a.: 70–96 (11 Ausst.)

Dortmund, Mus. am Ostwall; 74, 76, 78 Amiens, Mus. de Picardie; 76 Athen, Municipal Cultural Center; 77 Łodz, Bolmka; 78, 80 Leeds, City Art Gall. – **V:** Einblicke u. Reflexionen 89; Hubert Teschlade – Poesie der Stille, Monogr. 91; Mittendrin die Perle, Autobiogr. 94; Sinn deutende Annäherungen. Reden, Rezensionen u. Essays üb. bild. Kunst 96; Dortmunder Gruppe, Dortmunder Künstlerbund – Eine Dokumentation (Initiative, Bearb. u. Gest.) 80 – ***Lit:*** Anton Stankowski, Otto Königsberger u. R. A. (Texte): R. A. Werkbeispiele 1968–1974, Monogr. 75; Otto Königsberger, Konrad Schmidt u. Bertram Wildförster (Texte): R. A. Musische Geometrie. Werkbeispiele 1974–1979, Monogr. 80; Konrad Schmidt u. a. (Texte): R. A. Gegen das Chaos. Werkbeispiele 1979–1985, Monogr. 86 – (Red.)

Altmeppen, Heiner; Bremricherhof 4, D-67822 Bremricherhof, Tel. (0 63 62) 88 32, *heiner.altmeppen @t-online.de*, *www.heiner-altmeppen.de* (* Leer 6. 3. 51) – **S:** 71–78 HBK Hamburg – **P:** Stip. d. Studienstift. d. Dt. Volkes 76–79; Karl-Schmidt-Rottluff-Stip. 80–82; 69. Herbstausst. d. KV Hannover (1. Publikumspr.) 83; art-Wettb. Dt. Lsch. heute (2. Pr.) 84; Kult.pr. d. Ldkr. Emsland 87 – **Ve:** VG Bild-Kunst 98; Freie AK Hamburg 99 – **G/T:** Lsch.- u. Portr.malerei (Öl, Acryl, Gouache) – **M:** Emden, KH (Stift. Henri u. Eske Nannen); Sögel, Emsland-Mus. Schloß Clemenswerth – **Ö:** Osnabrück, Dt. Bundesstift. Umwelt – **E:** 77 Göttingen, Gal. Apex; 79 Viersen, Festhalle; 82 Sögel, Emsland-Mus. Schloß Clemenswerth; 83 Darmstadt, Mathildenhöhe (Kat.); 85 Emmen, de Muzeval; 88 Papenburg, Villa Dieckhaus (Kat.); 89 Lingen, KV (Kat.); 98 Emden, KH (Stift. Henri u. Eske Nannen); 05 Osnabrück, KH Dominikanerkirche (Kat.); 06 Hannover, Gal. v. Zufall u. v. Glück – **G:** zahlr. Bet. seit 78 im In- u. Ausld, u. a. 78 Berlin, Dt. Künstlerbund: Artikulation d. Raumes; 79 Leverkusen, Kult.kr. d. BDI: Porträts heute; Konstanz, KV: Spielarten d. Realismus; 80 Hamburg, Kunsthaus: Stadt; 84 Siegen, Kunstverb. Villa Waldrich: Kunstlsch. Bundesrepublik, Westf. zeigt Nds. – ***LitR:*** Sabine Glaubrecht: Donnersberg, Bilderbuch Dtld (SWR) 04

Altona, Christine, freischaff. Künstlerin; Vogelsangstr. 10, D-78343 Gaienhofen, Tel. u. Fax (0 77 35) 93 88 04, *tapisserien@altona-art.de*, *www.altona-art.de* (* Epe/Niederl. 3. 9. 45) – **S:** 66–70 ABK Enschede; ABK Amsterdam – **Ve:** BBK Bad.-Württ. 95; GEDOK Freiburg 03; European Textile Network; Dt. Farbenzentrum Weimar; DGfCK; Intern. Bodensee-Club (IBC) – **G/T:** großformatige Tapisserien in Verbindung m. Archit., Gobelintechnik (haute-lisse), großformatige Gouachen – **W:** Tapisserien u. Gouachen in Privatbes., u. a. in d. Schweiz – **E:** zahlr. Einzelausst., bes. in d. Niederlanden u. in Dtld – **G:** zahlr. Ausstbet. seit 97, zuletzt 05 Budapest, MBK: KARPIT 2; 06 Suzhou/China, Intern. Fiber Art Bienn. 'From Lausanne to Beijing' – ***Lit:*** Contemp. Tapestry Artists 06

Altvater, Christian; Mittelheide 23, D-12555 Berlin. Kietz 5, D-12557 Berlin, Tel. (0 30) 65 48 25 42, Mobil: 0 17 73 64 92 45, *mail@c-altvater.com*, *www.leitermaennchen.de* (* Waren/Müritz 28. 11. 72) – **S:** 90–94 Schüler d. Malers u. Graphikers Jürgen Gefrörer; 92–93 Ernst-Moritz-Arndt-Univ. Greifswald (Lehramt Kunst u. Dt.); 92–94 Schüler d. Malers Andreas Christoph Schneider; 93–99 Ernst-Moritz-Arndt-Univ. Greifswald (Mag. Kunst u. Kunstpädagogik, Psychologie, Spanisch); 96 Schüler v. Nuria Quevedo – **G/T:** Bildhauerei, Design, Graph., Kunst im öff. Raum, Malerei, Neue Medien, – **W:** div. Projekte – **E:** 96 Böhmitz, Landschloß; 98 Greifswald, Caspar-David-Friedrich-Inst.; 99 Stralsund, St. Jacobi Kirche; 01 Greifswald, Siemens-Niederlassung; Rostock, Ver.- u. Westbank; Greifswald, Max-Planck-Inst.; 03 Berlin, Dresdner Bank – **G:** u. a. 96 Greifswald, Caspar-David-Friedrich-Inst.; 02 Ahrenshoop, Neues Kunsthaus – (Red.)

alva noto s. Nicolai, Carsten

Alvensleben, Christian von, Foto-Designer; c/o Office, Hoeter Berg 21a, D-23843 Bad Oldesloe, Tel. (0 45 31) 8 80 13 10, Fax 8 80 13 11, *alvensleben.com* (* München 41) – **S:** Polytechnikum London – **P:** ADC Grand Pr. (f. Das apokalypt. Menu) 93 – **Ve:** DGPh 83–03; BFF; ADC – **G/T:** Fotogr. (Archit., Lsch., Stilleben, Portr., Mode u. Werbung); Bildjournalismus – **E:** 90, 00 (Kat.), 02 Köln, Photokina; 97 Paris u. Bordeaux, FNAC; 05 (mehrfach), 06 Hamburg, Grauwert – **G:** u. a. 89 Essen, Mus. Folkwang: Fotogr. u. Werbung; 90, 02, 06 Köln, Photokina; 91 Karlsruhe, Badischer KV: Die Bildermacher – Profesionelle Fotogr. (Kat.); Antibes/Frkr., Festival Mondial: De l'image sous-marin; 95 Stuttgart, Inst. f. Auslandsbeziehungen u. Berlin, SMPK: Bildermode – Modebilder 1945–1995, Dt. Modefotogr. (Kat.); Turin, Bienn. della Fotogr.; Herten, Intern. Fototage; 95, 01, 02 Hamburg, MKG; 00 Halle/Saale, Franckesche Stift.: Kinder haben Rechte; 05 Bad Salzdetfurth, KV: La Main dans la Main; Hamburg, Deichtorhallen: Hubert Fichte – Leonore Mau, eine Werkschau (Kat.); 06 Hamburg, Bucerius Law School: Blind Date 'Sehen'; Xining/China, BFF – Intern. Photo Festival; 06–07 Hamburg, Deichtorhallen: F.C. Gundlach – The Heartbeat of Fashion, Das Bild d. Menschen in d. Fotogr. – **V:** FOTOGR./Ill.: u. a. Barbara Tims (Hrsg.): Food in Vogue 88; Alfons Schuhbeck: Das neue bay. Kochbuch 89, 02; Barbara Rias-Bucher: Gesünder Leben – Vegetarisch Essen 91; Das apokalypt. Menu, m. Texten v. A. Schuhbeck u. Gerd Schuster 92; Mappe m. 13 Dye Transfers (parallel z. Das apokalypt. Menu); Die Spur d. Leoparden. Afrikan. Jagdszenen 93; Vier Jahreszeiten 93; Alfons Schuhbeck: Das neue dt. Kochb. 94; Alfred Biolek: Meine Rezepte 94, 05; ders.: Genießen erlaubt 95; B. Rias-Bucher: Vegetarisch kochen 96; Christian Herzog: Zu Gast bei Christian Herzog 96; Alfred Biolek: Meine neuen Rezepte u. Wein, wie ich ihn mag 99, 05; Bruno Bruni: Gaumenfreuden & Kunstgenuss 05 – ***Lit:*** M. Schmalriede: Die Bildermacher, Kat. (z. Ausst. im Bad. KV) 91; Urs von Schwerzmann (Hrsg.): An image of class 92 – sowie div. Art. u. Interviews

Alvermann, Hans Peter, Objektkünstler, Maler u. Graphiker; lebt in Düsseldorf (* Düsseldorf 25. 6. 31) – **VG:** Köln, Baecker – **S:** 50–52 Töpfer- u. Baukeramiklehre; 54–58 Staatl. KA Düsseldorf (Malerei b. O. Pankok, Lith. b. O. Coester) – **L:** Gastprof. in Hamburg u. Karlsruhe – **Ve:** Berufsverb. bild. Künstler NRW – **KGr:** Tendenzen – **G/T:** Malerei (Stilleben, Landschaften); Graph. (u. a. Lith.) u. Fotogr.; Objekt-Kunst (Objekte, Assemblagen) – **M:** Aachen, Ludwig Forum; Duisburg, Wilhelm-Lehmbruck-Mus.; Wien, MMK Stiftung Ludwig; Wuppertal, Von der Heydt-Mus. – **E:** 62 Düsseldorf, Schmela; 64 Wuppertal, Parnaß; 65 Berlin, Haus am Lützowplatz; Schwenningen, Kleine Gal.; 66 Aachen, Gal. Aachen; 69 Köln, Gal. art intermedia; 70 Wuppertal, Kunst- u. Mus.ver.; 79 Berlin, Otto-Nagel-Gal. – **G:** zahlr. Ausst. im In- u. Ausland seit 59, u. a. 61 Düsseldorf, Große Düsseldorfer Kunstausst.; 62 Cincinnati, Intern. Prints; Berlin, Haus am Waldsee; 64, 67 Pittsburgh, Intern. Exhib.; 66 Berlin, AK; 68 Duisburg, Wilhelm-Lehmbruck-Mus.; Lund, Erotic Art; Köln, Gal. art intermedia; 70 Karlsruhe, Badischer KV; Edinburgh, Intern. Festival; 71 Stuttgart, KV; 73 Wolfsburg, StG; Rostock, 5. Ostsee-Bienn.; Hamburg, KH – *Lit:* AKL; Reclams Künstlerlex. 02 – (Red.)

Amadio, Anna Katia; Amerbachstr. 105, CH-4057 Basel, Tel. (0 61) 6 93 26 48, *anna.amadio@freesurf.ch.* Atelier: Burgweg 7, CH-4058 Basel, Tel. 0 616 91 14 71 (* Belp/Belgien 14. 6. 63) – **P:** Werkbeitr. d. Stadt Basel 02 – **G/T:** Zeichn. (Blei- u. Filzstift); Luftobjekte – **E:** u. a. 03 Muttenz, Kunsthaus Baselld; 05 Freiburg im Breisgau, KV – *Lit:* BLSK 98 – (Red.)

Ambauen, Hans-Rudolf, Bildhauer, Maler, Graphiker, Fotograf; Franziskanerplatz 3, CH-6003 Luzern, Tel. 04 12 10 67 41 (* Luzern 15. 4. 37) – **S:** ETH Zürich (Maschinenbau, Figuren- u. Akt.zeichn.); Folkwangschule f. Gest. Essen; Univ. Zürich (Phil. Fak.) – **P:** Eidgenössisches Kunststip. 70; Stip. Istituto Svizzero Rom 70–72; Anerkennungspr. d. Stadt Luzern 78 – **Ve:** Ges. Schweiz. Maler, Bildhauer u. Architekten – **M:** Luzern, KM – **E:** zuletzt u. a. 96 Luzern, Gloggner; 98 Zürich, Mus. Bellerive; Sursee, Somehuus; 99 Stans, Nidwaldner Mus.; 00 Luzern, Kornschütte; 01 Luzern, ITA Gal. – **G:** zahlr. Ausst.bet., u. a. in Aarau, Baden-Baden, Basel, Bern, Genf, Glarus, Ibiza, Lausanne, Lugano, Luzern, Menton, New York, Paris, Winterthur, Zürich u. Zug – *Lit:* AKL; BLSK 98 – (Red.)

Amerell, Petra, Malerin; Heßstr. 27, D-80798 München, *info@petra-amerell.de*, *www.petra-amerell.de* (* München 17. 9. 62) – **VG:** Bern, Kunstreich; Bonn, Schneider; Freiburg im Breisgau, Baumgarten; Basel, Ueker & Ueker; Zürich, Bommer; Zug, Renggli – **S:** 83–89 ABK München (b. Prof. Heinz Butz u. Jürgen Reipka) – **L:** seit 91 VHS München (Doz.) – **P:** Förd.pr. f. Bild. Kunst, Angew. Kunst u. Archit. d. Stadt München (f. d. Kat.projekt 'Die Nacht kurz vor den Wäldern') 98 – **Ve:** VG Bild-Kunst 06; BBK Bay. 06 – **G/T:** Malerei (ungegenständl., Öl, Acryl, Mischtechniken, Thema: Farbe) – **K:** Malerei, Zchng – **W:** überw. in Privatbes. – **Ö:** Frankfurt/Main, Fay Development GmbH; Freiburg/Breisgau, Inter Chalet; München, Siemens AG; ebda, LV 1871, Regina-Haus; Münster, LBS; Zürich, Maag Holding AG – **E:** u. a. 91 München, Golart; 94, 98 München, Art & Be; 96 München, Kunstforum Arabellapark; 01, 02 Hochfelden, Wirth; 02, 04, 06 Bern, Kunstreich; 04 Bonn, Schneider; Zürich, Bommer; 06 Zug, Renggli; Basel, Ueker & Ueker – **G:** u. a. 90, 91 München, Autoren Gal. 1; 98 München, Kunstforum Arabellapark; 01–04 Zürich, Kunst Zürich; 02–04 Frankfurt am Main, Art Frankfurt; 02, 03, 04, 06 Hochfelden, Wirth; 05 Basel, Ueker & Ueker – **V:** Hans Graf v. d. Golz: Der Gefangene (Buchumschlag), Roman 92 – *Lit:* KAT.: P.A. 01; P.A. Malerei 04; P.A. Collagen 04

Amici, Marie-Theres (verh. Marie-Theres Blättler-Amici), Künstlerin, Malerin, Zeichnerin; Museggstr. 19, CH-6004 Luzern, Tel. 04 14 10 16 57, 07 95 81 58 45, *mth_amici@bluewin.ch* (* Neuenkirch/Luzern 11. 9. 43) – **S:** 65–66 KGS Basel; 68–70 Schule f. Gest. Luzern; 74–75 KA Krakau – **L:** 71–73 Kantonales Lehrersem. Luzern (Zchng u. Kunstpädagogik) – **P:** Stip. d. Staates Polen, KA Krakau 74; Unterwaldner. Pr. f. Bild. Kunst 94; Anerkennungspr. d. Stadt Luzern 95; Pr. f. Malerei d. Kt. Solothurn 01; Stip. d. Zuger Kult.stift. Landis & Gyr (f. London) 06 – **Ve:** KV Solothurn 70; Kunstges. Luzern 70 – **G/T:** Malerei (Öl), Zchng (Bleistift), Wandmalerei (Mineralfarben) – **W:** Malerei u. Zchng in Privatbes. – **M:** Emmenbrücke, KS Anliker; Kriens, Mus. im Bellpark; Luzern, KS d. Kt.; Luzern, KS d. Stadt; Solothurn, KM; Solothurn, KS d. Kantonalen Kuratoriums f. Kult.förd.; Stans, Nidwaldner Mus. – **Ö:** Luzern, Schweiz. Unfall-Versicherungsanst. (Glasmalerei); ebda, Psychiatr. Klinik d. Kt.spitals (Wandmalerei), Betagtenzentrum Dreilingen (Wandmalerei); Sankt Urban, Psychiatr. Klinik (Skulpt.) – **E:** seit 92 in versch. Schweizer Gal., u. a. 03 Solothurn, KM (Kat.); 04 Valchava, Mus. Chasa Jaura; 06 Kriens, Mus. im Bellpark – **G:** seit 86 Bet. in Mus. u. Gal. in Luzern, Solothurn, Sion, Fribourg u. Engelberg, zuletzt 01 Solothurn, KM; 03 Cieszyn/Polen; 05 Mulhouse, Univ. de Haute Alsace – **V:** M.-T.A.: Malerei 1988–1998, Werkkat. 98; Videostills, in: Rudolf Blättler. Schwarzes Haus II – Black House II, m. Texten v. Peter Fischer, Barbara Basting, Daniele Margnes u. a. 05 – *Lit:* Sibylle Omlin, in: Kunst Bulletin Nr. 4 06

Amiet, Peter (Peter Amiet-Jenny), Dr. theol., emer. altkath. Pfarrer u. Theologieprof. an d. Univ. Bern; Mooshaldenstr. 7B, CH-5430 Wettingen, Tel. 0 564 26 30 32 (* Solothurn 20. 6. 36) – **S:** 48–54 Schüler d. Kunstmalers August Jaeger – **P:** Pestalozzi-Kalender (1. Pr.) 48 – **G/T:** Portr. (Zchng u. Öl); Religiöses; Lsch.; Figuren (gemalt, geschnitzt, in Ton), u. a. – **Ö:** Werke in altkath. Kirchen u. Kirchgemeinderäumen in Magden, Möhlin, Riburg, Hellikon, Schaffhausen, Baden, Biel sowie in d. theol. Fakultät d. Univ. Bern – **E:** 90 Zurzach, Gal. zum Elephanten; Baden, Neue Aargauer Bank; 93, 02, 05 Lengnau/AG, Dorfmus.; 94 Rheinfelden, Belsola-Gal.; 95 Biel, Flury; 99 Solothurn, Gewerbeschule – **G:** 53–57 Teilnahme an d. jährl. Weihnachtsausst. im Mus. Solothurn; seit 92 div. Beteiligungen in Wettingen, Möhlin u. a. – **V:** August Jaeger 1881–1954 98 (anlässl. d. Jaeger-Ausst. im Kantonalen Kulturzentrum Palais Besenval, Solothurn) – *Lit:* Peter Amiet: Persönliche Bemerkungen zu Kunst u. Religion (ich über mich), in: Jb. d. Christkath. Kirche d. Schweiz 1995; div. Zeitungsberichte über d. Ausstellungen

Aminta s. Henrich, Aminta

Amler, Siegbert, Bildhauer, Zeichner; Schausender Weg 36, D-24960 Glücksburg/Ostsee, Tel. (0 46 31) 81 69, Fax 62 23 69, *siegbert-amler@foni.net*, *www.siegbert-amler.de* (* Hirschberg/Schlesien 7. 11. 29) – **VG:** Hannover, Koch; Lübeck, Koch-Westenhoff; Rendsburg, Speicher im Stegengraben – **S:** 49–52 Holzbildhauerlehre; 54–61 WerkKSch Flensburg (Staatsexamen, Meisterschüler v. Thomas Gottesberg) – **L:** seit 59 Erwachsenenbildung (Zeichn.); 62–73 Jugendaufbauwerk Flensburg (bildhaftes Gest.); 64–67 Staatl. Bildungsanst. f. Frauenberufe Flensburg (Kunsterzieher); Dt. Nachschule Tingler, Dänemark (Kunsterzieher) – **P:** E.med. d. Stadt Hirschberg 00; Kult.pr. Schlesien d. Ldes Nds. 06 – **Ve:** Wangener Kr. 62; VG Bild 78; Künstlergilde Eßlingen; BBK Schlesw.-Holst. – **G/T:** Skulpt., Plast. u. Relief (Naturstein, Holz, Bronze, Aluminium, Ortbeton, Modellierbeton, Keramik u. Edelstahl); Zeichn. u. Aqu. (Menschen, Tiere, Ldschaften); Druckgraph. – **K:** Freihandzeichnen (Portr., Figur, Akt, Ldschaft, Tiere); Zeichen- u. Malreisen nach Südeuropa u. Afrika; Europ. Akad. Sankelmark (Tierzeichn., Bronzeguß – selbst gestalten u. erleben) – **W:** freie u. angew. Arb. in öff. u. privatem Bes. in Dtld, Schweden, San Francisco, Dänemark, Rotterdam, Prag, London, Moskau, Frkr., Austral., d. Schweiz, Tokio u. Guatemala City – **M:** Künzelsau, Mus. Würth; Tokio, Kunstzentrum – **E:** 96, 01 Wangen, StG; 97 Künzelsau, Hirschwirtscheuer; 99 Wertheim, Grafschaftsmus.; Sankelmark, Europa-Akad.; 00 Flensburg, Diako; 02 Flensburg, Franziskushospital; 04 Kolding/Dänemark, Forum Würth; Schleswig, KV; 05 Sankelmark, Europa-Akad.; 06 Jelenia Góra/ehem. Hirschberg; 07 Berlin, Ldesvertretung Nds.; – weitere in Aabenraa, Bremerhaven, Dortmund, Glücksburg, Hamburg, Hannover, Konstanz, Marburg u. Tinglev – **G:** u. a. in Aubigny-sur-Nère, Basel, Flensburg, Frankfurt am Main, Kiel, Köln, Lübeck, München, Nizza, Paris u. Pommard – **V:** Flensburg – die Stadt in der wir leben (Zeichn.) 77; Flensburg, Mappe 77; Glücksburg, Mappe 78; Markus Petersen – Brunnen in Schleswig-Holstein 89; Mit Zeichenstift und Skizzenblock in Kenya und Tanzania 94; Tiere 99 – ***Lit:*** S. A. – Skulpturen und Plastiken [54–94], Werkkat. 97; – weitere: Berichte, Lit. u. Bildveröff. in Presse, Zss, Büchern, Kunst-Lexika, RF u. Fs.

Ammann, Gerhard; *yak@aon.at* – **G/T:** Bildhauerei – (Red.)

Ammann, Kurt, Prof., Mag., Maler, Graphiker; 19 Hofzeile 10–12/16, A-1190 Wien, Tel. (01) 3 69 95 10 (* Eggenburg 26. 9. 31) – **S:** 50 ABK Wien (b. d. Prof. C. L. Martin u. H. Boeckl); 58 ebda (Meisterkl., Dipl.) – **L:** ab 56 Bundesgymnasium Klosterneuburg (Fachlehrer) – **P:** Fügerpr. d. ABK Wien 53; Förd.pr. d. Ldes NdÖst. 66; Ausst.pr. d. Stadt Wien 69; Stip. Öst. Kult.-inst. Rom 70; Graph.pr. d. Stadt Krems 70; Wettb.pr. d. Ausst. 'Mensch u. Stadt' d. Künstlerhauses Wien 73; Kult.pr. d. Stadtgemeinde Klosterneuburg 74; Goldmed. d. Künstlerhauses Wien 90; EM Künstlerhaus Wien 94 – **Ve:** Ldesverb. d. ndöst. KV 62; Künstlerhaus Wien 65; Künstlerbund Klosterneuburg (langjähriger Präs.) – **KGr:** Gruppe 64 (Gründungsmitgl. 64) – **G/T:** Öl- u. Aqu.malerei, Hschn., Federzeichn. (symbolische Abstr., oft zyklische Arb.); Plast. – **M:** Klosterneuburg, Stifts-Mus.; Rom, Öst. Kult.inst.; St. Pölten, Ndöst. LM; Wien, Albertina; Wien, BMfUK; Wien, Kpst.-Kab. d. ABK; Wien, Kult.amt d. Stadt – **Ö:** Klosterneuburg/NdÖst., Stift (Kreuzweg, Holzreliefs, Wandbehang) – **E:** u. a. 62, 72 Wien, Kleine Gal.; 70 Rom, Öst. Kult.-inst.; 73 Linz, Klub d. Begegnung; 78 Klosterneuburg/NdÖst., Gal. Rostockvilla; 80 Wien, Künstlerhaus; 80, 81 Eggenburg/NdÖst., Raiffeisenbank; 02 Klosterneuburg/NdÖst., Kranister – **G:** seit 64 regelmäßig Wien, Künstlerhaus; 69 Tokio, Iseta (Austrian Week); 77 Neu Delhi, Intern. Kunstausst.; 78 San Jose/CA, Mus. of Art; – Wanderausst.: 78 UdSSR u. Türkei (Mod. Kunst in NdÖst.); 81, 82 Spanien (Hommage à Maria Theresia) – **V:** Willibald Kranister (Hrsg.): K. A. – Gedichte 1957–1966, ausgewählt und überarbeitet 2000–2001 (Lyr., Ill.) 01 – ***Lit:*** AKL – (Red.)

Ammon, Marion; c/o Galerie Wicher, Gräfrather Str. 43a, D-42329 Wuppertal, Tel. (02 02) 73 82 17, Fax 73 84 40, *helga@wicher-galerie.de*, *www.wicher-galerie.de* – **G/T:** Malerei, Graph. – (Red.)

Amort, Anton (eigtl. Anton Gabriel Franz Amort); Brennerstr. 52, A-6143 Matrei am Brenner, Tel. (06 64) 3 22 27 17, *kunst@antonamort.com*, *www.antonamort.com* (* Matrei am Brenner 24. 1. 62) – **VG:** Innsbruck, Kass; Mailand, Battaglia; St. Anton am Arlberg, Gal. Mansarte – **S:** Höchere Technische Bundeslehranst. Fulpmes (Absolvent d. FS f. Metallverarbeitung); 82–84 ebda (Gastschüler d. Kl. Malerei u. Aktzeichn., Bildhauerei u. Bronzeguß); 83 Meisterprüfung f. d. Handwerk (Schlosser); seit 90 eigene Kunstwkst, freischaffender Metallbildhauer u. Zeichner – **P:** Paliano-Atelier d. Ldes Vorarlberg 02 – **KGr:** Gruppe 84 (seit 90) – **G/T:** Metallplast. u. -bild, Skulpt., Malerei – **W:** Kleinskulpt. (Bronze) f. d. Land Tirol; Publikumspr. f. d. 8. Intern. Film Festival Innsbruck – **Ö:** Hall/Tirol, Wohnanlage (Edelstahl-Bronze-Skulpt.); Kössen, Wohnanlage (Edelstahl-Bronze-Skulpt.); Matrei am Brenner, Kläranlage Unteres Wipptal (Wandgest.); ebda, Pfarrk. (Weihwasserbrunnen u. kleiner Brunnen), Fa. Huter (Wandgest.), Sitzungssaal (Wandgest.), Heiliggeist-Kirche (Brunnen); Mühlbach, Brunnen f. Eigentumswohnanlage; Steinach, Aufbahrungskap. (künstler. Ausstattung zs. m. Wolfgang Breitner); ebda, Raiffeisenkasse (Brunnenanlage); Telfs, Altenpflegeheim (Brunnenanlage) – **E:** 85 Matrei am Brenner, Raiffeisenkasse; 86 Innsbruck, Turmbund; 92 Matrei am Brenner, Gal. St. Michael; 00 Innsbruck, Hofburg – **G:** 97 Innsbruck, Kass; 99 Aldrans, Gemeindezentrum; Innsbruck, Stadtcafe; 00–04 Innsbruck, Art Innsbruck; 00, 01 St. Anton am Arlberg, Intern. Künstlersymposium; 01 Fulpmes, Höhere Technische Bundeslehranst.; 01, 02 Wien, Art Vienna; 02 Steinach, Kunstausst.; St. Anton am Arlberg, Gal. Mansarte; Langenwang, Siglhofkult.; 02, 03 Innsbruck, Hofburg; Veitsch, Jahrmarkt d. Künste – ***Lit:*** Kat.: Zeitspuren. Amort, Bereiter, Sailer 95; Metallbilder Kreuze 00; Siglhofkultur Amort, Bereiter 02; Skulpturen A. A. ein Zeitabschnitt 1985–2000 03; – sowie: 40 Beispiele, Kunst am öffentlichen und geförderten Wohnbau in Tirol 95 – ***LitR:*** Wie ein Kunstwerk ensteht. Die Aufbahrungskapelle Steinach, DVD 03 – (Red.)

Amos s. Pichler, Manfred M.

ampte s. Schaller, Manfred

Amrhein, Andreas, Maler; c/o Galerie Michael Schultz OHG, Mommsenstr. 34, D-10629 Berlin, Tel. (0 30) 3 24 15 91, Fax 3 23 15 75, *office@galerie-schultz.de*, *www.galerie-schultz.de* (* Marburg 63) – **VG:** Berlin, Schultz; Hamburg, Borchardt – **S:** 85–92 HdK Berlin (Meisterkl. Walter Stöhrer); 88 Grafikskolan Forum Malmö (Gastaufenthalt); 90 SchA Inst. of Chicago – **L:** seit 96 Freie KSch Berlin/Freie Akad. f. Kunst (LAuftr. f. Rad.); 05 Akad. Bad Reichenhall (LAuftr.) – **P:** Kunstpr. d. 9. Intern. Graph. Trienn. 90; Stip. d. Aldegrever Ges. 97, 02; Cité Intern. d. Arts Paris 99 – **G/T:** Malerei (Acryl), Papierarb. (Mischtechnik), Graph. Arb. – **K:** Graph., Malerei – **E:** u. a. 99 Regensburg, Kunstkab.; 00 Salzgitter, KV; 01, 02 Hannover, Bodek; 01, 04 Berlin, Schultz; 02 München, Leger; 03 Hamburg, Borchardt – **G:** u. a. 99, 02 Berlin, Schultz; 00 Berlin, Kult.brauerei; 01, 04 Regensburg, Kunstkab.; 02 Fürstenwalde/Spree, StG; 03 Toruń, Gal. Sztuki Wozownia; 04 Wien, Frey – ***Lit:*** Ausst.kat.: The soundless singing sea 98; A. A. 99; Le roi qui rit 00; Wahre Werte 04; Contemporary Art 04 – (Red.)

Amstad-Müller, Beatrice (Ps.: amstadmueller), Malerin; *amstadmueller@t-online.de* (* Stans/Schweiz 8. 10. 66) – **G/T:** abstr. Malerei – **E:** 94 St. Gallen; Buochs; 95 Stansstad, Sust; 04 Niebüll, Richard Haizmann-Mus. – **G:** zahlr. Ausst.bet. seit 88 in d. Schweiz u. in Dtld, u. a. 02 Wien, art vienna; 03 Frankfurt am Main, HM – ***LitR:*** Jörg u. Jochen Richter: Atelierbesuche in Memmingen, Portr. Bay. Fs. 02 – (Red.)

amstadmueller s. Amstad-Müller, Beatrice

Anatol s. Knotek, Anatol

Andelberg, Angelika (Ps.: SUN, eigtl. Angelika Mezler-Andelberg, geb. Angelika Pitscheneder, auch: Angelika von Andelberg, oder: Angela Andelberg), Malerin, Zeichnerin, Ideenkünstlerin; A-8562 Mooskirchen, *andelberg@aon.at*, *www.andelberg.at* (* Saalfelden 24. 1. 62) – **S:** Höhere Technische Lehranstalt f. Bildner. Gest.; College f. Graph.design – **L:** Sommerakad. Silberberg (Doz.) – **KGr:** E4 (4 Elemente, in Silberberg) – **G/T:** künstler. Fassadengest.; Malerei (Öl o. Acryl auf Lw., Großformate f. Präsentationsräume); Ideenkunst – Objektkunst – **K:** Acryl- u. Ölmalerei; Graph., Freihandzeichnen; Kreativkurse; Förd.kurse f. begabte Schüler – **W:** einige in priv. u. öff. Bes.; in Präsentationsräumen v. Firmen u. öff. Bauten – **Ö:** Graz, In-Restaurant Lovin im Krone Center; Mooskirchen, Haus d. Musik (Fassadengest.); ebda, Feuerwehr-Großprojekt (Fassadengest.) – **E:** 05 London, Gal. Vertigo; Basel, Stampa; 06 London, Patton Gall. – **G:** 03 München, Munich Art Gall.; 04 Berlin, Bremer

Andernach, Martine (geb. Quennehen), Bildhauerin; Jahnstr. 38, D-56218 Mülheim-Kärlich, Tel.

(0 26 30) 18 07, Fax 30 52, *Martine.Andernach@t-online.de* (* Rang du Fliers/Frkr. 29. 10. 48) – **VG:** Frankfurt am Main, Rothe; Köln, Dreiseitel; Mainz, Rehberg; Ahlen, Fritz-Winter-Haus; Dießen am Ammersee, Winter; Zell am Harmersbach, Arthus Gal. – **S:** 78–82 FHS Köln (FB Kunst, b. H. K. Burgeff u. D. Spoerri) – **L:** seit 91 Europ. KA Trier (Doz.) – **P:** Burgund-Stip. 84; Lincoln-Stip. 89 – **Ve:** BBK Rh.-Pf. – **G/T:** Bildhauerei (Stein, Corten-Stahl, Edelstahl, Bronze); Darst. d. Menschen in reduzierter Bildsprache – **K:** Steinbildhauerei – **M:** Duisburg, Wilhelm-Lehmbruck-Mus.; Giessen, Oberhess. Mus.; Heilbronn, SM; Kaiserslautern, Pfalz-Gal.; Koblenz, Mittelrhein-Mus.; Mainz, LM; Reutlingen, Städt. KM Spendhaus – **Ö:** Kaiserslautern, Ldeszentralbank; Koblenz-Oberwerth, Sporthalle; Koblenz-Rübenach, Sporthalle; Mülheim-Kärlich, RHpl. (Brunnen); Neuwied, Stadtverwaltung; ebda, VHS; St. Symphorien de Marmagne, Voies Celtes en Bourgogne; Straßenhaus, Polizeiinspektion; Vallendar, RH – **E:** 86 Koblenz, Mittelrhein-Mus.; 88, 92, 95, 98 Düsseldorf, Walther; 89, 93, 96, 99, 04 Mainz, Rehberg; 94, 00 Frankfurt am Main, Rothe; 95 Osnabrück, Felix-Nussbaum-Haus; 99 Ahlen, Fritz-Winter-Haus; 00 Dießen am Ammersee, Winter; 02 Köln, Dreiseitel; 05 Köln, Dreiseitel; Giessen, Oberhess. Mus.; 06 Ahlen, Fritz-Winter-Haus; Dießen am Ammersee, Winter – **G:** seit 93 regelmäßig Köln, Art Cologne; 96, 97 Basel, Art Basel; seit 00 Frankfurt am Main, Art Frankfurt; 04, 05 Karlsruhe, Art Karlsruhe – ***Lit:*** W. Stolte: M.A. Plastiken, Zchngn, Collagen 91; N. Suhr: Das Bild d. Menschen, Ausst.kat. 93; H. Schulz: Das Organische u. d. Geometr. Beobachtungen u. Anmerkungen z. bildhauer. Werk v. M.A. 95; H. Höfchen: Winterholz. Holzschnitte 97; P.A. Riedl: M.A. Plastiken 1995–1999 00; M.A. Skulpturen. Werküberblick 2000–2005 05

Anders, Gerd, Dr.-Ing., Bildhauer, Stadtplaner, Schriftsteller (* Königsberg (Ostpreußen) 8. 3. 41) – **S:** 61–69 TU Berlin (Archit. u. Städtebau b. Prof. Ungers u. Prof. Eggeling); 63–66 HBK Berlin (Gaststud., Plast. b. Prof. Uhlmann); 74–77 Univ. Heidelberg u. Stuttgart (Promotion) – **P:** Stip. d. fläm. Kultusmin. 73; Promotionsstip. 74–77; Kunstpr. d. Stadt Saarbrücken 87; Kunstpr. d. Ldes RP 91 – **Ve:** Dt. Werkbund Hessen 84 – **KGe:** G. A. u. Mara Anders (seit 02); G. A., Dieter Herrchen u. Klaus Werk (seit 02) – **G/T:** Stahlbildhauerei, Fotogr., digitale Montagen – **K:** Umweltplanung-u. gest. – **W:** Werke in Privatbes. – **M:** Ludwigshafen, StKS; Mannheim, StKH; Stuttgart, SG – **Ö:** u. a. Albstadt, Bürgerhaus – **B:** Beratungen b. Stadtplanungen, Hochbauten u. Ingenieursbauwerken – **E:** Ausst. seit 69, u. a. 74 Ludwigshafen, StKS; 82 Alpirsbach, Alpirsbacher Gal.; 89 Wiesbaden, Gal. d. Stadt – **G:** u. a. 73 Antwerpen, Koninklijk Mus. voor Schone Kunsten; Stuttgart, Württembergischer KV; 75 München, Haus d. Kunst; Mannheim, StKH; 77, 78 Saarbrücken, HM Saar; 77, 81 Stuttgart, SG; 87 Frankfurt am Main, Loehr; 91 Kaiserslautern, Pfalz-Gal.; 96 Rüsselsheim, StM; 97 Köln, WDR – **V:** Anmerkungen zu meinen künstlerischen Arbeiten, in: Holzbildhauer-Symposium Freiburg 78; In der Stadt – Orte der Kunst, in: DBZ 12/96; Stadt der Öffentlichkeit. Zum Stadtbau 98; Up up into the Air 01; Ruinen der Gegenwart 03 – **R:** Up up into the Air, CD-ROM 02; art-work 1987–1999, CD-ROM 02 – ***Lit:*** O. Schindler (Hrsg.): Dokumente zur zeitgenössischen Kunst 75; Chr. Brockhaus: Der ausgesparte Mensch, in: Das Kunstwerk 2 März/76; J. Morschel: Kunst unter neuen Voraussetzungen, in: Das Kunstwerk 5 Okt./79; Land BW (Hrsg.): Kunst in der Architektur 79; Allgemeines Künstlerlexikon Bd.1 86; H.-G. Sperlich: Flächen und Volumen, in: Konrad Richter-Rethwitsch: Malereien – Plastiken: G. A., Kat. 89; Peitz Alois: Stahl-Zeichen des G. A., Kat. 93; Brigitte Schellmann: Who's Who in German 00; Kürschners Dt. Literatur-Kalender 03 – (Red.)

Anderson, Eva (geb. Eva Backofen), Dipl.-Bildhauerin; Martin-Luther-Str. 21, D-01099 Dresden, Tel. (03 51) 8 01 04 68, *E.Anderson@gmx.de* (* Meissen 31. 10. 49) – **VG:** Bildguss Gebrüder Ihle (Internetgal. d. Kunstgießerei) – **S:** 73–75 FHS d. HBK Dresden (Theaterplast.); 75–80 HBK Dresden (Abt. Plast., b. Prof. Gerd Jäger) – **Ve:** SKB – **G/T:** Freie Bildhauerei (Gips, Bronze, Stein u. Ton); Zchng (Tusche, Erdfarben); Materialcollagen – **K:** Zeichnen (Grundlagen, Naturstud.), Relief, Bilhauerisches Arb. – **W:** Bronzegüsse in Privatbes. u. Kult.fonds d. DDR; Naturstud. in Gips privat verliehen; Sandsteine an versch. Standorten in Berlin u. Dresden; Steinskulpt. f. Gästehaus d. Rates d. Bez. (85, jetziger Standort unbekannt) – **M:** Dresden, Ldeskult.amt – **Ö:** Bad Muskau, Neues Schloß (Bekrönungsfigur, Bronze, 06); Dresden, Konrad-Zuse-Haus (Eingangstafel) – **E:** 89 Dresden, Leonhardi-Mus. (Kat.); Jena, Hofvernissage; 90 Berlin, Gal. Weisser Elefant; München, Neumeister (Kat.); 92 Dresden, Gal. Autogen; 97 Berlin, Bohème u. Diktatur in d. DDR; 02 Dresden, Kreative Wkst.; 05 Leipzig, Frauenkultur – **G:** u. a. 84 Berlin, Altes Mus.: Junge Künstler d. DDR; 86 Berlin, Komische Oper: Tanz u. Tänzer; Dresden, Leonhardi-Mus.: Figur (Kat.); 87 Dresden, Gal. Mitte: Innen/Außen; 92 Wiesbaden, Nassauischer KV: Aus Dresden; 94 München, Post: Kunst aus d. Osten; 05 Berlin-Adlershof, Kult.zentrum: Am Strom; – sowie: 02 Kunstdialog Dresden – Trier – ***Lit:*** Rennbahn Projekt; Gummilösung; Aphel; Bernd Vosner: Die wirkl. Illusion, In: Bild. Kunst, 9 88, S. 419; Natur-Stein-Bruch, Faltbl. (Frauenkult. Leipzig); – KAT.: u. a. Konturen, NG Berlin; Figur – Zeichen, Staatl. KS Cottbus

AND_I s. Eberharter, Andreas

Ando, Yukako, Malerin, Installationskünstlerin; Köln (* Osaka 72) – **VG:** Düsseldorf, Schübbe – **S:** 94 Kyoto Seika Univ. (Kunst); 94–01 KA Düsseldorf (Meisterschülerin b. Prof. M. Jetelová 97) – **P:** Peter Mertes Stip. 00; Atelierstip. Mönchengladbach 03 – **E:** / G: u. a. 01 Düsseldorf, Kunstraum; 02 Aachen, Milwe; Jerusalem, Israel Mus.; Düsseldorf, Schübbe; 03 Bonn, KM; Essen, Kunsthaus; Dortmund, Mus. am Ostwall – (Red.)

Andrade, Maire le Bœuf s. Bohnenberger, Stefan

Andraschek, Iris, Fotografin, Konzeptkünstlerin; Tigergasse 17/16, A-1080 Wien (* Horn 21. 6. 63) – **VG:** Bregenz, Hämmerle; Wien, Gal. Ariadne – **S:** 82–86 ABK Wien (b. M. Melcher); 86 Freskoschule Bozen; 87 Scuola degli arti ornamentali (Fresko) – **P:** u. a. Füger-Med. (Silber) 84; Pr. d. Ldes NdÖst. b. Innsbrucker Graph.wettb. 87; Anerkennungspr. d. Ldes NdÖst. 87; Staatsstip. f. bild. Kunst 92 – **Ö:** Gmünd, Neubau d. Bez.hauptmannschaft; Klagenfurt, Lerchenfeldgymnasium; Wien, Krankenhaus Wiener Neustadt – **E:** u. a. 00 Salzburg, Gal. 5020; 02 St. Pölten, Ndöst. Dok.-Zentrum f. Mod. Kunst – **G:** u. a. 00 Salzburg, Rupertinum; Linz, LG; 01 Wien, Cult; 02 Wien, Fotogal. Wien – (Red.)

André-Stallmeyer, Jo (Ps.: Jo André), Maler; Frankenstr. 5, D-50374 Erftstadt, Tel. (0 22 35) 4 15 94 (* Recklinghausen/Westf. 30. 4. 35) – **S:** Autodidakt – **Ve:** BBK Köln 71; Kölnischer KV; KV f. d. Rheinlande u. Westf.; Kunstsalon Köln – **KGr:** Schau-Fenster Erftstadt; Syrlin-KV Stuttgart – **G/T:** Malerei (Mischtechniken) – **M:** Erftstadt, Artothek; Köln, artothek – **E:** 69 Köln, Matthias; 74 Köln, Artothek; 77 Hagen, Keo; 81 Köln, Videre; 89 Erftstadt, Schau-Fenster; 92

Köln, Glockengasse; 96 Bergheim, Kr.hausgal. Rhein-Erft-Kr.; 00, 01 Köln, Lesabendio – **G:** 66–69 Köln, Kölnischer KV: Jahresausst. Kölner Künstler; 69, 70 Duisburg, Wilhelm-Lehmbruck-Mus.: Industr. u. Technik in der dt. Malerei; Warschau, NG; 76 Essen, Haus d. Technik: Kunst u. Technik; 85 Hamburg, Kunsthaus: Bienn. d. Friedens; Hamburg, KV Harburger Bahnhof: Bienn. d. Friedens; 87 Frechen, Rhein-Kunst-Trienn.; 95 Karlsruhe, Zeichen u. Figuren; 96 Siegen, Univ.: Mail Art. 50 Jahre NRW; Düsseldorf, Ldtag NRW; 02–04 Erftstadt, Schau-Fenster: 25 Jahre Schau-Fenster; – sowie: Viry-Châtillon/Paris

Andrées, Gerhard, Freier Maler, Graphiker, Digitale Videoinstallationen 1963–2000; Bonhoefferufer 16, D-10589 Berlin, Tel. (0 30) 3 44 26 16, *www.gerhard-andrees.de* (* Plau am See/Meckl. 25. 6. 36) – **S:** HdK Berlin (Malerei, Meisterschüler b. Prof. Peter Janssen) – **L:** 72–99 Staatl. Museen Berlin (Ausst.planungen: Entwürfe, Modelle, Ausst.aufbau sowie Graph.: Layout, Rekonstruktionen u. Zchngn f. wiss. Publikationen) – **P:** Europapr. f. Malerei Ostende 69; Kunstpr. d. Jgd. Baden-Baden 71 – **Ve:** BBK Berlins – **G/T:** Malerei; Install.; Video; Graph. (Rad., Lith.) – **W:** stadtraumübergreifende Videoinstall., z.B. in Budapest 97/98, Schloß Charlottenburg Berlin 98; alle Install. sind als Video- u. Fotodok. im Arch. G.A., Bonoefferufer 16, D-10589 Berlin erhalten; weitere Werke in Düsseldorf, Berlin u. Marl – **M:** Berlin, Berlinische Gal.; Berlin, Hamburger Bahnhof; Berlin, Kpst.-Kab.; Braunschweig, Herzog Anton Ulrich-Mus.; Hannover, Kestner-Mus.; Karlsruhe, SKH; Mannheim, StKH; Stuttgart, SG – **Ö:** Berlin-Charlottenburg, Tegeler Weg/Schloßbrücke (Wandbild); ebda, Cauerschule (Wandbild im Foyer), Kunstamt; Brasilia, Botschaft – **E:** u. a. 69 Berlin, Springer; Düsseldorf, Conzen; 70 Kassel, KV (Kat.); Frankfurt am Main, Lichter; 73 Unna, Hellweg-Mus. (Kat.); Berlin, Haus am Kleistpark (Kat.); 75 Köln, Dreiseitel; Köln, Kunstmesse; 76 London-Lewisham, Projektion im öff. Stadtraum (Fragen an d. Wirklichkeit 76); 77 Berlin, Haus am Waldsee; 78 Münster, Westf. KV; 78 (Kat.), 85 (Kat.) Heidelberg, KV; 79 Duisburg, Städt. Slg (Kat.); Köln, Baukunst Gal.; 83 Aachen, Ludwig Forum (Kat.); Gelsenkirchen, SM (Kat.); Mülheim an der Ruhr, StM (Kat.); Marl, Skulpt.-Mus. Glaskasten (Kat.); 84 Berlin, Künstlerhaus Bethanien (Kat.); 85 Nürnberg, KH (Kat.); 86 Berlin, Verwaltungsgebäude d. Senators f. Bau- u. Wohnungswesen; 88 Seoul, Yoon Gall.; 90 Berlin, Hamburger Bahnhof (Kat.); 92 Berlin, Brecht-Haus; Rostock, Kröpeliner Tor (Kat.); Schwerin, Dom (Kat.); Güstrow, Schloß (Kat.); Stralsund, Gal. Dielenhaus (Kat.); Neubrandenburg, Zentrum bild. Kunst (Kat.); Dresden, Gal. Rähnitzgasse (Kat.); Erfurt, Predigerkirche (Kat.); 93 Potsdam, Altes RH (Kat.); Frankfurt/Oder, Mus. Junge Kunst (Kat.); Brandenburg, Heidrichsche Mühle (Kat.); Halle/Saale, SM (Kat.); Jena, StM u. KS (Kat.); Dresden, Militärhist. Mus. (Kat.); 98 Budapest, Kiscelli Múz. (Kat.); Budapest, Goethe-Inst. (Kat.); Budapest, Center for Cult. and Communication (Kat.); 99 Berlin, Schloß Charlottenburg (Große Orangerie, Kat.); Berlin, Bode-Mus.; 05 Berlin, Goethe-Inst. – **G:** zahlr. Bet. im In- u. Ausld – **V:** MAPPENWERKE: Verstellte Realitäten (Farbrad., 88 Exemplare, signiert) 75; Perspektivrahmen (Lith., 75 Exemplare, signiert) 77; La Lune en Rodage (230 Exemplare, signiert) 77; Trans-Formations-Raum Berlin 2001–2004 Entwurfsfolge (64 Entwürfe, 20 Exemplare, signiert); Formationsraum Kunst (47 Entwürfe, 20 Exemplare, signiert) 05 – sowie: Rad.folgen in einer Auflage v. je 100 signierten Exemplaren: Situation Berlin 74 (f. d. Kestner Ges. Hannover) 74; Situation Berlin 74 (f. d. Gal. Schmücking Braunschweig) 74; Situation Berlin 74 (f. d. Senat v. Berlin) 74; Verstellte Realität VIII (f. d. Heidelberger KV) 77; Du bist wie eine Blume (f. d. Düsseldorfer KV) 78 – weiteres: Konzeption u. Entwurf z. Gest. d. Geländes d. ehem. Prinz-Albrecht-Palais Berlin (Intern. Bauausst.) 85 – **R:** FILM: Fragen an d. Wirklichkeit (16mm, 15 Minuten, Uraufführung in London, weitere in Berlin, Aachen, Heidelberg, Nürnberg, Gelsenkirchen, Mülheim, Marl) 76 – VIDEO: Gorleben – Nagasaki, 35 Jahre überlagern sich (U-matik, 15 Minuten) 80; Bildraum Begehbar (U-matik, 12,40 Minuten, Produktion f. d. Wanderausst. in Berlin, Aachen, Gelsenkirchen, Mülheim/Ruhr, Marl, Nürnberg, Heidelberg) 82; Umfeld d. Mitte (U-matik u. Video, 15 Minuten) 83; Schema Ich – Menschen u. Räume 85 – DIGITALE VIDEOPRODUKTIONEN, u. a.: Schaupl. Mus.insel, Eine Mus.lsch. im Aufbruch 00; Beaux Art in Brüssel 2000 – Menschen einer Ausst. 00; Transitraum Berlin 2001 01/03; Formationsraum Kunst 2003 03 – FS.PRODUKTIONEN, sehr zahlr. (Konzeption, Schnitt, Produktion), u. a.: m. Erhart Körting, Michael Nungesser u. Thomas Kornbichler: Öff. Bildraum 1988, Kunst als Brückenschlag zw. verstellten Realitäten (Kabelfs. Kanal 8) 13./14.11.88; m. Rainer Höynck u. a.: Fragen an d. Wirklichkeit 13 Jahre danach (Kabelfs. Kanal 8) 8./14.1.89; m. dems. u. a.: Der Verkabelte Künstler – Realität o. Vision (Kabelfs. Kanal 8) 2./9.4.89; m. Ruth Schloß u. a.: Kunst u. Krieg (Kabelfs. Kanal 8) 22.7.90; m. Herbert Brehmer u. a.: Zeitverzeichnisse – Zeitraumversiegelungen, Ein Versatzstück m. Verantwortungsträgern d. MfS (Kabelfs. Kanal 8) 22.2.94; m. Prof. Dr. Effenberger u. a.: Das Alte u. d. Neue, Schaupl. Mus.insel Berlin (Kabelfs. Kanal 8) 8.9.99 – ***Lit:*** u. a. Eberhard Roters: Verstellte Realitäten, Text z. Mappenwerk 75; Hans Gercke, Texte z. Farbrad. 'Ungar. Reise' 80; Ursula Prinz: Schema Ich (Berlinische Gal.) 84; Brigitte Lohkamp, in: Kult. Chronik 5 85

Andres, Günter, Dr.-Ing., Architekt; Winzerstr. 58, D-99094 Erfurt, Tel. (03 61) 2 25 85 82 (* 5. 2. 38) – **S:** TU Dresden (Hochbau b. Rettich, Malerei u. Graph. b. Nerlich sowie Städtebau b. Funk) – **P:** Schinkelmed. (Bronze/Silber); Med. f. ausgez. Leistungen im Bauwesen; Nat.pr. f. Kunst u. Lit. (3. Kl.) 74; Archit.pr. d. Bez. Erfurt 79; sowie zahlr. Pr. b. Archit.wettbew. – **B:** u. a. Erfurt: Wohngebiet Johannes-Pl.; ebda: Wohnkomplex Nordhäuser Straße u. Roter Berg; Gotha-West: Wohngebiet; Schwedt: Wohnkomplex 6 – ***Lit:*** AKL; Barth/ Topfstedt 00 – (Red.)

Angeli, Eduard, Prof. Mag., Maler; Goldeggasse 29, A-1040 Wien, Tel. u. Fax 5 03 76 90, *office@m-spiegel.at* (* Wien 15. 7. 42) – **VG:** Genf, Krugier, Ditesheim & Cie. – **S:** ABK Wien; Meisterschule b. Robin C. Andersen – **L:** 67–71 Akad. f. angew. Kunst Istanbul (Gastprof.) – **P:** Theodor-Korner-Förd.pr. 70; Pr. d. Stadt Wien 82; Pr. d. Graph.bienn. Laibach 83; Goldenes E.zeichen f. Verdienste um d. Ld Wien 03 – **G/T:** Malerei (großformatig, Landschaft, Stilleben) – **M:** u. a. Wien, Albertina; Wien, MMK Stiftung Ludwig; Wien, Wien Mus. – **Ö:** Linz, Wagner Jauregg Ldesnervenklinik; Salzburg, Aula d. Univ.; Wien/15 Bezirk, Feuermauer; Wien, Allg. Krankenhaus; ebda, Öst. Nat.bank – **E:** u. a. 76 Wien, MMK Stiftung Ludwig; 79 Wien, Gal. Würthle; 81, 01 Salzburg, Welz; 82 Genf, Gal. Krupier; 83 Mannheim, KV; 86 Wien, Albertina; 89 Frankfurt am Main, Hilger; 93 Wien, Wien Mus.; 95 Salzburg, Rupertinum; 03 Wien, Belvedere – **G:** versch. Ausst. in Europa u. Übersee – ***Lit:*** u. a. Kat. z. d. Ausst.: im Museum des 20. Jh. 76, in d. Gal. Würthle 83, in d. Albertina Wien 86 u. im Hist. Mus. d. Stadt Wien 93; sowie Angeli, Monogr. m. Essay v. H. C. Artmann 94; Angeli, Monogr. m. Text u. Gedichten v. H. C. Artmann 98; Ausstellung in der Öst. Gal. im Oberen Belvedere, Kat. 03 – ***LitR:*** FILM: u. a. Wilhelm Gaube: Das Blaue Tor 97; ders.: 50 Jahre Kunst in Österreich. Teil 1 99; ders.: Kunst in Österreich seit 1945. Teil 2 99 – (Red.)

Angelmaier, C., Mag.; Apollogasse 3/7, A-1070 Wien, *mail@angelmaier.at*, *www.angelmaier.at* (* Horn 60) – **S:** 78–93 ABK Wien; 92–93 KA Düsseldorf – **P:** Jahresstip. d. BmfUK 86; Geist- u. Form-Pr. Salzburg 89; Romstip. d. BmfUK 90; Chicagostip. d. BmfUK 94; Margarete Schütte-Lihotzky-Projektstip. d. Bundes 00 – **G/T:** Rauminstall.; kinet. Raumobjekte; Kunst im öff. Raum; Forschung; Fotogr.; Film; Design – **M:** St. Pölten, Kult.abt. d. Ldes NdÖst.; Wien, Artothek d. Bundes; Wien, Generali Found.; Wien, Kult.abt. d. Stadt – **Ö:** Kitzbühel, Einfangweg; Wien, Karlspl.; ebda, Scala – **E:** zw. 81–99, u. a. 81 Liestal, Kulturhaus Palazzo; 84 Wien, Gal. REM; 86 Berlin, Giannozzo; 88 Nijmegen, Gal. Elba; 92 Wien, Generali Found.; 99 Kitzbühel, KV – **G:** Bet. zw. 84 u. 04, u. a. 88 Eindhoven, Apollohuis; 91 Paris, Mus. des Arts d'Afrique et d'Océanie; 98 Szombathely/Ungarn, KH; – sowie: 02 Innsbruck; Buchsenhausen; 04 Monat d. Fotogr. Berlin-Paris-Wien – **V:** MA-null-Mag. Jan. 97 u. Febr. 98

Anger, Renate, Malerin; Axel-Springer-Str. 39, D-10969 Berlin (* Danzig 19. 4. 43) – **VG:** Berlin, Weise; Sydney, Weise – **S:** 73–77 Städelschule Frankfurt am Main (b. Reimer Jochims); 77–80 HBK Hamburg (b. Franz Erhard Walther) – **L:** 92 Muthesius KHS Kiel (Prof. f. Exper. Malerei) – **P:** Stift. Kunstfonds – Arb.- u. Projektstip. 81; Villa-Massimo-Stip. 84; Arb.stip. f. bild. Künstler d. Hansestadt Hamburg 85; DG Bank Kunststip. 86; Arb.stip. d. Senatsverwaltung f. Kult. Angelegenheiten Berlin 88; Projektförd. d. Berliner Senatsverwaltung 01; Käthe-Kollwitz-Pr. 02; Ilse-Augustin-Stift. (Pr.) 02 – **W:** Kiel, Kunst im öff. Raum: Kunstlaboratorium – **Ö:** Kiel, FHS (Außenwand d. Mensa: Der Süden im Norden) – **E:** u. a. 82 Bremerhaven, KV (Kat.); 92 Oldenburg, KV; 97, 00 Sydney, Weise; 01 Berlin, Haus am Waldsee; 02 Berlin, AK; 03 Shenzhen/China, Inst. of Fine Arts; Berlin, SM Nikolaikirche; 04 Friedrichshafen, KV; 05 Berlin, Weise – **G:** u. a. 80 Hamburg, KV Harburger Bahnhof: Junge Künstler; 81 Paris, MAM de la Ville Paris: Art Allemagne Aujourd'hui; 83 Ljubljana, Mod. gal.; 84 Düsseldorf, KV: Kunstlandschaft BRD; Lissabon, Soc. Nac. de BA; – zuletzt: 00, 02, 04 Shenzhen/China, Bienn.; 02 Sydney, Weise: 10th Anniversary Show; Sharjah/Ver. Arab. Emirate, Intern. Bienn.; 04 Berlin, Weise: Sieben Künstler d. Gal.; 05 Würzburg, Mus. im Kulturspeicher: Heimspiel. Künstlerische Positionen aus d. Region – (Red.)

Angerbauer, Johannes (Ps.: Johannes Goldhoff); Postfach 68, A-4401 Steyr, *johannes@socialgold.com*, *www.socialgold.com*. c/o Kunststation Kollmitzberg, A-3321 Kollmitzberg 7–8 (* Steyr/ObÖst. 17. 4. 58) – **S:** 77–82 HS f. künstler. u. industr. Gest. Linz (Meisterkl. Metall b. Prof. Helmut Gsöllpointner u. Meisterkl. Bildhauerei b. Prof. Erwin Reiter) – **P:** Goldene E.-med. d. Künstlerhauses Wien 93; 1. Pr. im Kunstwettb. 'Hommage an d. Margaretenfenster d. Stiftskirche Ardagger' 99 – **Ve:** Rohstoff – eine Kunstinitiative (Gründungsmitgl., seit 96 im Vorstand); Kunstinitiative vom Wasser bedeckt (Gründungsmitgl., seit 01 Obmann) – **G/T:** Objekte (u. a. Wände); Papierarb.; Install.; Aktionen; Performances; Neue Medien; konzept. Arb. am 'Erweiterten Goldbegriff'; konzept. Zugänge zu utilitären Objekten (u. a. Fenster, Tische, Türen) – **W:** seit 89 weltweite Stationierung v. Transformatoren, jeden Freitag, d. 27sten, Realisierung einer Handlung m. ritueller Rückgabe v. Gold an d. Erde – **Ö:** Ardagger, Stiftsk. (Goldenes Margaretenfenster); Linz, Generali Ldesdir. (Wandobjekt im Foyer); Steyr, Pfarrgasse (Pflastersteinobjekt z. 3. Transformator) – **E:** 87 Steyr, Bummerlhaus; 90, 91, 94, 95, 00 Steyr, Pohlhammer; 90, 96 Linz, BV Gal.; 91 Linz, Posthofgal.; 93 Wien, Künstlerhaus; 96 Freistadt, Brauhausgal.; 98 Steyr, KH; 99, 01 Kollmitzberg, Kunststation; 00 Steyr, Schloß Lamberg; 01 Weistrach, LG – **G:** 85 Steyr, Gal. Schnittpunkt; 94, 95 Weistrach, Kulturhof; 94 Linz (Kunst berührt d. Sinne); 94 Wien, Passagegal.; 94 Steyr, Schloßgal.; 95 Linz, LG; 96 Steyr, Mus. Arbeitswelt; Steyr, Ldeskrankenhaus; 99 Kollmitzberg, Kunststation; Augsburg, abraxas; 00, 02 Steyr, Verlag & Gal. Steyrdorf; 00 Linz, Stifterhaus; 01, 02 Wien, Künstlerhaus; 02 Wien (SOHO in Ottakring); Ulmerfeld, Schloß; Steyr, Reithofferhalle; Linz, BV Gal.; 03 Wien, IG Bild. Kunst; Wels, Forum; Linz, Lentos – **V:** Tellaura Anachtonismos T.A.0189–T.A.0990 (Kat.) 90; Erdkraft–G.U.T.Kraft (Buch zur Aktion) 94; T.A.02595–...noch nicht mit Erde bedeckt (Prozessdok.) 95; T.A.02795–Fest der Begegnung (Prozessdok.) 95; T.A.02895 und T.A.03095–Minenfelder #4 u. #5 (Prozessdok.) 95; T.A.02995, Environment im Jodschwefelbad Bad Goisern (Prozessdok., Auftragsarb.) 96; T.A.03195 u. T.A. – (Red.)

Angerer der Ältere (eigtl. Ludwig Valentin Angerer), Architekt, Kunstmaler, Bildhauer, Designer, Produktdesigner, Illustrator, Bühnenbildner, Filmarchitekt, Filmer, Autor; Abensstr. 1, D-93354 Biburg, Tel. (0 94 43) 71 37, *Angerer-der-Aeltere@gmx.de*, *www.Angerer-der-Aeltere.de* (* Bad Reichenhall 7. 8. 38) – **S:** Autodidakt in Malerei u. Bildhauerei v. Jugend an; sowie Ausb. als Architekt: 57–61 Archit.stud. in München; 61–66 ABK (b. Prof. Ruf); 61–67 Entwurfsarchitekt (b. A. v. Branca) – **P:** Bay. Filmpr. 91; Ernennung z. kult. Botschafter Ndb. 03; Pr. Apocalypse du Public d. Salon de l'Art fantastique europ. (1. Pr.) 06; Verleihung d. Titels offizieller Pate d. Wortes 'Schönheit' v. Ver. Dt. Sprache – **KGr:** Gr. Kunst d. Weltenburger Akad. (seit 00); Zentrum f. Phantastische Künstler (seit 96, Gründungsmitgl.) – **G/T:** Malerei (Aqu., Acryl, Altmeisterl. Lasurmalerei, Portr., Lsch., kosm. Themen, Sakralkunst); Graph. (Lith., Farbrad.); Skulpt. (Bronze, Marmor); Holzdesign (u. a. Tore u. Türen); Metalldesign (Innenraumgest., u. a. Leuchtendesign); Buchill. u. Titelgest. (u. a. Märchen- u. Sachb.) – **W:** überw. in Privatbes. sowie: Der kleine Hobbit, Bühnenbild, Creatures u. Kostüme z. Theater-Welturaufführung 94 in Hamburg; Orden f. d. Münchner Narhalla u. Maskottchen f. d. Europ. Leichtathletik-Meisterschaft in München – **M:** Wolnzach, Dt. Hopfenmus. – **Ö:** Abensberg, Erlebnislokal Palmen-Haus (Design u. Innenarchit.); Bad Reichenhall, Spk. Berchtesgadener Ld (Gemälde); Hof, Privatbank Schmidt (Gemälde); Kehlheim, Spk. (Gemälde); München, Grabmal f. Michael Ende auf d. Waldfriedhof; München, Westpark-Studios; Siegenburg, Bombenabwurfpl. (Mahnmal) – **B:** Biburg: Erlöserkap. (Gesamtkunstwerk Archit., Bildhauerei u. Malerei); ebda, Wohndorf an d. Biburger Klostermauer; Gaggenau: Villa Templin – **E:** zahlr. Ausst., u. a. 90 München, Bruckmann-Studio (Bilderzyklus Dt. Trennung u. Einheit) – zuletzt April 04 in Abensberg, Juni 04 in Friesach; 04 Reichelsheim, Reichelsheimer Märchentage – **G:** jl. Bet. m. d. Gr. Kunst in Kelkheim; sowie 98 Neustadt-Mußbach, Herrenhof; 01 Honhardt, Schloß; 02 St. Germain-en-Laye, Bienn. d. Phantast. Kunst; 04 Lyon, Les Heritières de Dali; 05, 06 Le Mont-Dore/Frkr., Phantastenausst.; 05 Friesach, Fürstenhof: Die Spur d. Einhorns; Wolnzach, Dt. Hopfenmus.: Die Erben malen Europa – **V:** Kult.pause. Streitschrift wider d. Zeitgeist 94; Ein verlorener Traum, Märchenb. (Ill.) 03; Plakatgest. z. Phantastenausst. in Le Mont-Dore 06 – **R:** Die unendliche Geschichte II, Film (künstler. Ausstattung) 90; Dt. Trennung u. Einheit, Fsf. ARD 90; A.d.Ä. u. Walter Flemmer: Das Kult.gespräch, Bay. Fs. 94; Stefan Mekiska u. A.d.Ä.: Gibt es noch zeitgen. Kunst? Live-Podiumsdiskussion d. Bay. RF im Münchner Nat.-theater 99; Phantastik d. Sehnsucht, Videof.; Momo in d. phantast. Welt d. Meister Hora (nach M. Ende), Videof. – ***Lit:*** Gustav René Hocke: Phantastik d. Sehnsucht, Kunstbd 81; Manfred van Well: Kampf u. Vision, Kunstbd 84; art ambiente: Der Herr d. Träume 04 – sowie zahlr Art. u. Interviews üb. d. künstler. Werk – ***LitR:*** Interview, Eureka 88; Literaturhaus München, Michal Ende Ausst., Elfenbeinturmgestaltung, Beitr. 97; Frank Remmert: A.d.Ä. u. d. Erlöserkap., Fsf. TV aktuell Ostbay. 97; Gustav-Adolf Bähr (Leitung): Lange Filmnacht d. Phantast. Kunst 98; Zwischen Spessart u. Karwendel, Portr./Dok. Bay. Fs. 98; Der Faden d. Ariadne, Dok. SWF 98; A.d.Ä., Portr. TV aktuell Ostbay. 00; Space Art, Bay. Fs. 01; A. Seibold (Leitung): Space Night, Bay. Fs. 01

Angerer, Fred, Prof., Architekt; c/o Architekturbüro Angerer, Hafen, Gehring, Müllerstr. 42, D-80469 München, Tel. (0 89) 2 60 47 17 (* Eugenbach 20. 12. 25) – **S:** 46–49 TH München (Archit.) – **L:** 51–56 TH München (Ass. am Lehrstuhl f. Städtebau b. Prof. Georg Werner); 61 ebda (Berufung an d. Lehrstuhl f. Städtebau, ab 68 Prof.) – **P:** Kult. Förd.pr. d. Stadt München 58; Pr. d. Bundes d. Architekten 67; Fritz-Schumacher-Pr. 75; – sowie zahlr. 1. Pr. b. Wettb., u. a.: Flughafen Damaskus 60; Zentrum v. Tel Aviv-Jaffa (m. A. v. Branca) 63; Fritz-Schuhmacher-Str. Frankfurt am Main (m. Becherer u. Reiser) 81 – **Ve:** Dt. Akad. f. Städtebau u. Ldesplanung (seit 79 Präs., seit 85 Altpräs.); Bay. Ldeskunstausschuß (seit 68 Vors.) – **G/T:** Archit. (u. a. Ges.- u. Repräsentationsbauten, Sanierung v. Stadtzentren, Kraftwerke) – **B:** Altbach b. Esslingen: Neckarwerke; Bamberg: Wohnbebauung Abtsberg; Bielefeld: Zentrumssanierung mit Warenhaus Horten; Coburg: Kaufhaus C & A; Freiburg: Wohnanlage Zentrum Landwassermatten; Garching b. München: Bauten f. Physik-Inst. d. TU München; Heidelberg: Stadtteil Emmertsgrund; ebda: Einkaufspassage m. Läden, Praxen, Wohnungen; München: Zentrum d. Wohnanlage Fürstenried; ebda: FHS, Olympia Pressestadt, Hotelhochhaus und Wohnanlage Zschokkestr., Kraftwerke S u. N; Schwäbisch Hall: Ldratsamt; Schweinfurt: RH; ebda: FHS, W.-Rathenau-Gymnasium – ***Lit:*** AKL – (Red.)

Angerer, Ludwig Valentin s. Angerer der Ältere

Angermann, Peter, Prof.; Am Kitschenrain 1, D-91281 Thurndorf, Tel. (0 96 47) 83 75, *peterangermann @t-online.de*, *www.polka.de* (* Rehau/Bay. 17. 2. 45) – **VG:** Nürnberg, Defet; Mailand, Ca di Fra; Mailand, Toselli; Rotterdam, Delta; Nürnberg, Sima; Frankfurt am Main, Beckers; Amsterdam, Witteveen – **S:** 66–68 ABK Nürnberg (b. Gerhard Wendland); 68–72 KA Düsseldorf (b. Joseph Beuys) – **L:** 86 KHS Reykjavik; 92–93 GesamtHS Kassel (Gastprof.); 96–02 Städelschule Frankfurt am Main (Prof.); seit 02 ABK Nürnberg (Prof. Malerei) – **P:** Lisa u. David Lauber-Pr. f. Malerei 81 – **KGr:** Yiup (69–70); Normal (79–84) – **G/T:** gegenständliche Malerei – **M:** Darmstadt, Hess. LM; Frankfurt am Main, MMK; Glasgow, Mus. Kelvingrove; München, Bay. Staatsgemäldeslgn; Nürnberg, Germanisches NM; Nürnberg, Neues Mus.; Reykjavík, Nýlistasafnið – Living AM; Utrecht, Mus. – **Ö:** Nürnberg, U-Bahnhof Hohe Marter – **E:** zahlr. Einzelausst. seit 75 – **G:** zahlr. Ausst.bet. seit 59 – **V:** Mondbuch 1 79; Leonardo und Walt Disney betrachten das Abendland 82; Grafikmappe 90; Mondbuch 2 92; Epilog für einen betrunkenen Drucker 94 – ***Lit:*** Lucius Grisebach, Ausst.kat. 95; pleinair, Ausst.kat. 01

Anglberger, Carlos Michael (Ps.: Geronimo der Sachenmacher), Maler, Bildhauer, Dichter, Sachenmacher; Peinherrweg 2, A-4060 Leonding, *carlos @sachenmacher.at*, *www.sachenmacher.at* (* Linz 19. 4. 52) – **L:** 01–03 Kunstuniv. Linz – **Ve:** pH2 – Kult. z. Lande, im Wasser u. in d. Luft (Ver.obmann) 02 – **G/T:** Öl- u. Acrylmalerei, div. Mischtechniken, Portr., Akt, Fantasy, Abstr. u. a.; Betonguß – **E:** zahlr., zuletzt 04 Linz, wine.art.dine: Vin de Mem – **G:** zahlr. Bet., zuletzt 99 Linz, Lackingerhaus; 03 Leonding, Peinherrnhof

Anima s. Bailey, Diana Patricia

ANNA (geb. Anna Regula Hartmann), Karikaturistin; Bättwilerstr. 1, CH-4054 Basel, *www. annahartmann.net* (* Bern 19. 2. 41) – **G/T:** Portr., Karikatur, Malerei, Objekte – **E:** / G: 00 Langenthal, Leuebrüggli; Zürich, Schweiz. LM; Basel, Karikatur u. Cartoon Mus.; Basel, Carosserie Wenger; 01 Marsens, Vide-Poche; Basel, Bider & Tanner; 02 Zürich, Piccola Galleria d'Arte; Weil am Rhein, Artothek; Morges, Salon du Dessin de Presse; 03 Morges, TransArt 2926; – weitere: 00 Davos; 01 Langnau – ***Lit:*** ANNA: Die hohe Kunst des Weglassens, in: Dialog 99; Scharfer Blick für Absurdes, in: Basler Ztg 99; Menschliches, Allzumenschliches, in: Programm Ztg Basel 99; Karikaturen sind tröstlich, in: Berner Ztg 99; Wo Selbstdarstellung pure Beschönigung ist, in: Regio Aktuell 99; Wenn die Lachfalten einfrieren, in: Cardio News 99; Le crayon-scalpel d'Anna, in: Gruyère 01; ANNA croque la vie et les gens à Marsens, in: La Liberté 01; ANNA: Karikaturistin mit medizinischer Ausbildung, in: Neurotransmitter 2/03; Die Ärztin mit dem Sezierstift, in: Blick; Piero Lercher: ANNAtomy, Buchbesprechung – (Red.)

Annagreta s. Johannesmann, Annegret

Annah (Ps. f. Barbara Gaul, geb. Barbara Jeckstadt), Malerin; An Sankt Swidbert 56, D-40489 Düsseldorf, Tel. (02 11) 40 28 54 (* Königsberg/Ostpreußen 31. 5. 43) – **VG:** Düsseldorf, Winkelmann; Vulkaneifel, Blaeser; Bonn, Wagner – **S:** 60–64 KHS Bremen – **G/T:** Malerei (Acryl auf Lw., Aqu.) – **W:** Werke in Privatslgn. – **E:** zahlr. Ausst. u. a. 84 Mülheim an der Ruhr, Kunstkab.; 86 Chiavari, Gall. Christina Busi; 89 Düsseldorf, Trinkhaus-Bank (m. Georg Meistermann); 89 (Kat.), 00 Düsseldorf, Blaeser; 91 Köln, TransArt; Heimbach/Eifel, Haus Schönblick; 93 Bonn, Wagner (Kat.); 95 Bergheim, Kr.haus-Gal.-Erftkr.; 96 Bremen, Gal. Gruppe Grün; 98 Kaiserswerth, Mus.; 99 Oldenburg, LM; 00 Bremen, Marquardt; 03 Angermund, Bürgerhaus; Bonn, Wagner; Düsseldorf, Winkelmann

Annamalt (Ps. f. Gabriele Peters, geb. Gabriele Phillipps), Malerin; Bekonderstr. 13, D-54343 Föhren, *mail @annamalt.de*, *www.annamalt.de* (* Trier 28. 12. 55) – **KGe:** A. u. Edward Naujok (Ateliergemeinschaft, seit 95) – **G/T:** Malerei – **Ö:** Föhren, Bunthaus-Föhren (eigenes Gesamtkunstwerk: Fassadengest.) – **B:** Föhren: Bunthaus-Föhren – **E:** 97 Trier, Tuchfabrik; 06 Berlin, Anti-Kriegs-Mus. – **V:** m. Edward Naujok: Kriegsschauplätze sind Schaubilder d. Krieges, Kunstb. 05

Annen, Anna Margrit, Dipl.-Künstlerin, Malerin, Zeichnerin, Video- u. Installationskünstlerin; St.-Karli-Str. 48, CH-6004 Luzern, *www.anna-margrit-annen. ch* (* Baar 21. 7. 51) – **S:** 82–85 Schule f. gest. Luzern (freie Kunst b. A. Egloff); 95–99 HS f. Gest. u. Kunst Basel (Audiovisuelle Weiterbild. b. R. Pulfer) – **P:** Werkbeitr. d. Kt. Zug 85, 86; Atelierstip. d. Ges. schweizer. Maler, Bildhauer u. Architekten, Sektion Innerschweiz (GSMBA) f. Paris 88; LNN-Förd.pr. 90;

Werkjahr d. Kt. Zug 95; Anerkennungspr. d. Stadt Luzern 97; Atelierstip. d. Kt. Zug f. Berlin 97 – **Ve:** Visarte 89 – **G/T:** Mulitmedia-Install. (Malerei, Zchng, Video, Objekte aus div. Materialien) – **W:** im Bes. d. Städte Luzern u. Zug sowie d. Kt. Luzern, Zug, Schwyz u. Zürich – **M:** Zug, Kunsthaus – **E:** u. a. 88 Zürich, Walcheturm; 89 Luzern, Gal. Pro(s)Art; 90, 92 Basel, Mäder (Kat.); 91 Zürich, Bommer; 93 Issing, Josephski-Neukum (Kat.); 96 Zug, Kunsthaus (Kat.); 99 Zug, Renggli; 00 Wil, KH (Kat.); Sierre, Forum d'Art Contemporain; 06 Emmen, Gersag – **G:** 85 Lugano, Eidgen. Kunststip.; ab 88 Luzern, KM: Innerschweizer KünstlerInnen; 90 Zug, Kunsthaus; 94 Glarus, Kunsthaus; 95 Luxemburg, Konschthaus beim Engel; Le Locle, Mus. des beaux-arts; 97 Berlin, Grob; 00 Bellinzona, Centro d'Arte Contemp. Ticino; 01 Zürich, MfG; Luzern, KM – **V:** Was macht d. Kunst am Donnerstag? (5 Interviews – Helen Adkins, Boris Groys, Barbara Anna Hubig, Tadashi Kawamata, Annette Schindler) 00 – ***Lit:*** u. a. Eva Kramis (Text): A.M.A. Bilder, Ausst.kat. (z. Ausst. in d. Gemeindegal. Benzeholz Meggen) 93; Monika-Maria Herzog et al.: A.M.A. – gleichzeitig 03

†**Anniès,** Hans Georg, Graphiker, Zeichner u. Bildhauer; lebte in Moritzburg (* Liebenfelde/Ostpreußen 25. 5. 30, † 7. 6. 06) – **VG:** Dresden, Sillack – **S:** 53–63 private künstler. Ausb. (Aufgrund d. Verweigerung d. Beitritts z. FDJ nicht z. HS-Stud. zugelassen) – **L:** 70–92 FHS Moritzburg (Doz. f. Kunstgesch.) – **P:** Schönste Bücher d. Jahres (f. Manfred Streubel: Wachsende Ringe) 81; BVK 1. Kl. f. d. Gesamtwerk 00 – **Ve:** KBD 91; Neuer Sä. KV 91 – **G/T:** Kreation d. Holztiefdrucks (73–78), Zeichn., Frottage, vielansichtige Raumskulpt.; Generalthemen: Mensch u. Baum, Form u. Sinn – **K:** 82–00 Leitung d. Moritzburger Mal- u. Zeichengr. (Landschaft, Akt, Portr., versch. graph. Techniken) – **M:** u. a. Basel, Kpst.-Kab.; Berlin, SMPK; Chemnitz, KS; Couvin, Mus. du Petit Format; Dresden, Kpst.-Kab.; Dresden, Kunstfonds d. Freistaates Sa.; Dresden, SKS (Skulpt.-Slgn); Düsseldorf, Kpst.-Kab.; Görlitz, StSGGK; Kochi Ino-Cho/Japan, KS; Köln, Mus. Ludwig; Leipzig, Bach-Mus.; Lublin, Majdanek State Mus.; Luxemburg, Slg Carré Estampes; Reutlingen, Städt. KM Spendhaus; Rostock, KH – **Ö:** Berlin, Ldesvertretung d. Freistaates Sa.; Dresden, Inst. f. Festkörper u. Werkstofforschung; Moritzburg, Haus d. Gastes; ebda, Käthe Kollwitz Gedenkstätte – **E:** 76 Dresden; 78 Moritzburg; 80 Meißen; 82 Neustrelitz, Potsdam, Brandenburg, Jena; 83 Weimar; 87 Görlitz; 88 Leipzig; 90 Moritzburg; 92 Reutlingen; 93 Schömberg; 94 Berlin, Luxembourg, Aarau/Schweiz, Dresden, Elsterwerda; 95 Murau/Öst., Herrenberg; Dresden, Foyer d. Sä. Ldtages (Große Personalausst. z. 65. Geb. m. großem Kat.); 96 Schwerte; 97 Reutlingen, Berlin; 98 Calw; 00 Moritzburg; 02 Leipzig; 03 Dresden – **G:** u. a. 78 Dresden; 80 Lublin, Majdanek State Mus.; 82 Leipzig, Intern. Buchkunstausst.; 83 Rostock, Erfurt, Pirna; 91 m. Xylon in Schwerin, Ital., Frkr., Polen, Schweden, Öst.; Warschau, Berlin, Brella/Ital. (Künstler gegen Krieg); 93 Reutlingen; 94 Chemnitz, Neue Sä. Gal.; 95 Berlin (Informelle Poesie); 96 Wspolczesna/Polen (Spirala 2); 98 Dresden, E. Rietschel-Kunstpr. (Nominierung); 01 Dresden (Alterswerke); Moritzburg (Inspiration Moritzburg); Brandenburg (Plastik zum Begreifen); 03 Radebeul, Bild u. Rahmen – ***Lit:*** u. a. Heinz Quinger in: Allg. Künstlerlexikon 90; Heiner Protzmann: Vegetative Stille, Dresdner Kunstblätter 90; M. Flügge: Lebenszyklen – Neue Bildende Kunst 93; Klaus Hammer: Wachstumszeichen und Naturverdichtungen 94; Heiner Protzmann: Form aus der Logik der Natur 95; – Beitr. im Kat. 95: Klaus Hammer: Formbewegung – Bewegungsformen; Alfred M. Fischer: Ein organisches Zusammenspiel zwischen Mensch und Natur; Ingrid Wenzkat: In Kunst und Leben durch das Feuer gegangen; Anita Beloubek-Hammer: Den Weg weiter gehen – Mit den Bäumen leben. Stille und Frieden suchen – ***LitR:*** MDR-FS.: Andreas M. Rook, z. 60. Geb. 90; Petra Klieme, z. 70. Geb. 00; Matthias Hartmann: Glaubwürdig 00; – Giesela Haase, z. 70. Geb., Sa. Radio 00

Annus, Janis Augustus, Maler, Fotograf, Art Director, Bühnenbildner; Spinnereistr. 7, D-04179 Leipzig, Tel. u. Fax (03 41) 4 98 03 71, *info@jannusimage.de*, *www.jannusimage.de*. Naumburger Str. 44, D-04229 Leipzig (* Riga/Lettland 25. 10. 35) – **VG:** Taos/NM, Hensley; Münster, Clasing; Andernach, Kunsthausgal.; Riga, Daugava – **S:** 54–58 Pratt Inst. New York (Meisterkl. f. Malerei b. Richard Lindner u. Enrico Castellon); 58–59 Nat. Acad. of Design (m. Louis Bouche); 62–64 Accad. di Belli Arti e Liceo Artistico Rom; 70–71 Circle in the Square Theater Schule (Schwerpunkt: Bühnenbildnerei) – **P:** Soc. of Illustrators (Goldmed.) 58; Albert N. Hallgarten-Reisestip. 58, 59; Prix de Rome (Edwin Austin Abbey Stip.) 59, 60; Stip. d. ital. Staates 61, 62, 64; Stip. f. d. Accad. di Belli Arti e liceo Artistico Rom 62–64; Goldmed. Mostra Intern. di Arti Figurativi Rom sowie Ankauf f. ital. Staatspräs. 62; Julius Hallgarten-Pr. 64; S.J. Wallace Truman-Pr. 67; H.W. Ranger-Pr. u. Ankauf Nat. Acad. of Design New York 65, 75; Certificate of Merit 80, 87 – **Ve:** Fellow American Acad. Rom; Soc. of Mural Painters New York – **KGr:** Latvian Artist's Group New York (Lett. Künstlergruppe New York); ALMA Künstlergruppe New York – **G/T:** Malerei (vorw. imaginäre Ldschaften, teilw. antike Themen); exper. Fotogr. – **K:** Spektrum 5 New York City (Malerei u. Zeichn.) – **W:** Slg Eugene Berman; Slg Vincent Price; Slg Peggy Guggenheim; Slg Min. Affari Esteri, Rom – **M:** Baltimore/MD, Mus. of Art; New York, Nat. Acad. of Design (Henry Ranger Fund); New York, Nat. Acad. of Design (Slg); Riga, Valsts MM; Rom, American Acad. – **E:** zahlr., u. a. 82, 83, 84 Taos/NM, Black Gall.; 82 Scottsdale/AZ, Magee Gall.; Tübingen, d.a.i.; 84 Toronto, Center Art Gall.; 87 Hamburg, Jakobi; 92 Riga, Reitner; Münster, Kadegis Privatslg; 95 Münster (Baltische Musik u. d. Bild. Kunst); 96–98 Hamburg, Paul Weber Stift.; 02 Andernach, Kunsthaus Schöne Gal. – **G:** u. a. 73 Denver/CO, Fine Arts Ltd. Gall.; 81 New York, Nat. Acad. of Design Invitational; 84, 87 Münster (Kulturbegegnung Lettld/Dtld); 89 Helsingborg (Kulturbegegnung Lettld/Schweden); Taos/NM, Hensley; 96 Köln, Fotokina; 97 New York, Lever House; 04 Leipzig, Baumwollspinnerei (Werkschau); – weitere: 87 Seattle, Portland, San Francisco u. Los Angeles, Lettische u. Amerikan. Kulturstift. – **R:** Armstrong Circle Theater, CBS New York (Research Assistant) 58–59; Cine Centrum Inc. (Mitbegr., Art Director) 62–64; Squeeze Play, Film (Art Director) 73; – Production Designer: Shadows, Film 74; Linda Yellen Productions 75–79; Looking Up 76; – sowie: Bühnenbildner f. Theaterproduktionen 69–80 – ***Lit:*** ZTGN/ZSS.: Giuseppe Sciortino in: Il Vantaggio 62; Carlo Battaglia: Mostra del Pittore J.A., in: Giornale di Sicilia 63; Giuseppe Sicari: A. un Pittore americano innamorato del Italia, in: Arte Sintesi 64; Janis Rudzitis: Dream of Riga, in: Laiks 65; Dzintra Kalnina: The Red Door, in: Latvija Amerika 66; Who's Who in the East, Referenzb. Marquis Who's Who 76; Rafaele Carrieri: Preferisconco ai Grattacieli Le Rovine del Colosseo, in: Epoca 68; Eleonora Sturms: J.A., in: Latvju Maksla 75; Tony Bonavita: La Pazzia di J.A., in: Il Vantaggio 81; J. Hasenkamp: Visionäre in Farbe, in: Westf. Nachrichten 81; A. open at Magee, in: Scottsdale Daily Progress 81;

Who's Who, Referenzb. Who's Who in American Art 82; Nikolais Bulmanis: Dynamic Romantism, in: Laiks 84; Reinhard Petrick: Ansprache z. Eröffnung d. Ausst. J.A.A. 87; Who's Who in America, Referenzb. Marquis Who's Who 92; Centennial Directory American Academy in Rome, Referenzb. 95; Who's Who in the World, Referenzb. Marquis Who's Who 03; B. Reuter in: Leipziger Blätter 03

Antczack, Stephan B., Aktionskünstler, Bühnenbildner, Kunstpädagoge, Maler, Grafiker; Urbanstr. 25f, D-10967 Berlin, *stephan.antczack@web.de* (* Berlin 19. 10. 66) – **S:** 99–04 Univ. Potsdam (Kunst, Gesch., Pädagogik) – **P:** Stip. d. Rosa-Luxemburg-Stift. 02–04 – **Ve:** Bund demokratischer Wissenschaftlerinnen u. Wissenschaftler 03; BDK 04 – **G/T:** Graph. (Hoch- u. Tiefdruck); Collage; Allegorie, Landschaft, Portr.; Happening; Performances; Environmentarb. (Aqu., Öl) – **Ö:** Potsdam, Studentisches Kult.zentrum; ebda, Zentrum f. Lehrerbildung – **E:** 98 Berlin, Gal. Saftladen; 00 Berlin, UFA-Fabrik; 01 Potsdam, Gal. hist. Mühle; 02 Potsdam, Gal. Kult.zentrum; 05 Potsdam, Gal. Kunstgang – **G:** 89 Hamburg, Hafenstr. (Wandbild); 00 Berlin, Gal. im Rathaus Tempelhof; 01 Berlin u. Potsdam, Bühnenbildassistenzen; Berlin, Gr. Kontur Bande; Berlin, Gr. Wundertüte; 02 Berlin, Happening Geldschenkung in der S-Bahn; Potsdam, Happening Schmiergeldaffaire; Berlin (Querschnitt 15); 03 Berlin (Qurschnitt 16); Paris, 2. ESF; 04 London, 3.GSF Alexander Pellace – **V:** Kunst geht nach Brot, in: UtopieKreativ 11/03; Was macht mein Leben gelungen?, in: Forum Wiss. 3/05; Spiritus contra Spiritum, in: Forum Wiss. 2/06 – ***Lit:*** B. Wend: Kein Abdruck gleicht dem anderen, Märkische Allg. Ztg 20.11.03

Antes, Horst, Prof., Maler, Graphiker, Bildhauer; Hohenbergstr. 11, D-76228 Karlsruhe, Tel. (07 21) 49 16 21, Fax 47 40 39. I-53011 Castellina in Chianti (SI), Tel. (05 77) 73 35 68 (* Heppenheim/Bergstraße 28. 10. 36) – **VG:** Dresden, Gal. im Taschenbergpalais; Grafenau/Württemberg, Schlichtenmaier; Hamburg, Levy; München, Gal. Terminus; München, Gunzenhauser; Sindelfingen, Lau Fine Art & Consulting; Wetzlar, Gal. am Dom – **S:** 57–59 Staatl. KA Karlsruhe (b. HAP Grieshaber) – **L:** 65–71 u. ab 84 KA Karlsruhe (seit 67 Prof.) – **P:** u. a. Kunstpr. d. Stadt Hannover 59; Pankofer-Pr. 59; Förd.pr. Bild. Kunst d. Kult.kr. d. dt. Wirtschaft im BDI 60; Kunstpr. Junger Westen 61; Villa-Romana-Pr. 62; Villa-Massimo-Stip. 66; Stip. d. Aldegrever Ges. 66; UNESCO-Pr. d. XXXIII. Bienn. Venedig 66; Premio Marzotto, Valdango 68; Großer Pr. d. Bienn. São Paulo 91 – **M:** u. a. Aachen, Ludwig Forum; Augsburg, SG in d. KH; Basel, KM; Berlin, SMPK; Bonn, KM; Bremen, KH; Dresden, GG NM; Düren, Leopold-Hoesch-Mus.; Düsseldorf, KS NRW; Düsseldorf, Mus. Kunst Pal.; Freiburg im Breisgau, Mus. f. Neue Kunst; Hagen, Karl-Ernst-Osthaus-Mus.; Hamburg, KH; Hannover, Sprengel Mus.; Karlsruhe, SKH; Karlsruhe, StG; Kiel, KH; Köln, Mus. Ludwig; Leipzig, MBK; Mannheim, StKH; München, Pin. d. Mod.; München, SG Mod. Kunst; Recklinghausen, StKH; Stuttgart, KM; Stuttgart, SG; Ulm, Ulmer Mus.; Wien, MMK Stiftung Ludwig; Wiesbaden, Mus.; Wolfsburg, StG; Wuppertal, Von der Heydt-Mus. – **E:** zahlr. Einzelausst. im In- u. Ausland, zuletzt u. a. 98 Mailand, Del Naviglio; Niebüll, Richard-Haizmann-Mus.; 99 Dortmund, Utermann; Oldenburg, KV; Silkeborg, KM; 00 Grafenau/Württemberg, Schlichtenmaier; Hannover, Koch; 02 Hannover, Sprengel Mus.; Hamburg, Levy; München, Gunzenhauser; 03 Schleswig, LM f. Kunst u. Kult.-Gesch. Schloß Gottorf; Frankfurt am Main, Meyer-Ellinger – **G:** zahlr. Ausst.bet., u. a. 64, 68, 77 Kassel, documenta; 78 Paris, Bibliothèque Nat.; 81 Budapest, Trienn. f. Kleinplast.; 83 London, Goethe-Inst.; 85 Berlin, NG; – zuletzt u. a.: 98 Bonn, Friedrich-Ebert-Stift.; 99 Grafenau/Württemberg, Schlichtenmaier; 01 Genf, Meier; 02 Hannover, Sprengel Mus.; Dortmund, Utermann; München, Terminus; 02, 03 Ulm, Fischerplatz-Gal.; München, Gunzenhauser; 03 Hannover, Koch; Köln, Dreiseitel – **V:** H. A. u. J. Sartorius: Einszueins, Bildbd 93; Flickbuch 00 – ***Lit:*** AKL; Reclams Künstlerlex. 02; Schweers 02 – (Red.)

Antes-Scotti, Marlis, Bildhauerin; Carmenstr. 41, CH-8032 Zürich, Tel. u. Fax 0 12 51 21 04 (* Worms 1. 4. 31) – **VG:** Stuttgart, Gal. Königsblau; Zürich, Barth – **S:** 50–53 KSch Mainz (Bildhauerkl. Prof. Emy Roeder); 53–55 ABK München (b. Prof. Heinrich Kirchner) – **Ve:** BBK Rh.-Pf.; Visarte Zürich – **W:** Werke in öff. u. privaten Slgn – **M:** Mainz, Kultusmin. RP; Mainz, Mus.; Worms, Mus. Kunsthaus Heylshof – **Ö:** Dullikon, Exercitienhaus (14 Kreuzwegstationen); Mainz, Theater/Kleines Haus (Bronzeplast.); Weinigen, Altersheim (Bronzeplast.) – **E:** zahlr. seit 56, u. a. 56 Worms, Mus. Kunsthaus Heylshof; zuletzt 90, 93, 94 Zürich, Wiedenkeller; 91 Hegnau, Altgass; 97 Brugg, Zimmermannhaus; 00 Zürich, Barth; 02, 04 Stuttgart, Gal. Königsblau – **G:** zahlr. Bet. seit 54, u. a. 80 Zürich, Steiner; 81 Délemont (Une œuvre un artiste – Un artiste une œuvre); 84 Zürich, Gal. Commercio; 85 Zollikon, Skulptura; 86 Basel, Rundhofhalle d. Mustermesse; Uster, Villa am Aabach; 87 Zürich, Mus. Strauhof; 95/96 Zürich, Kunstszene; 98 Mainz, RH; 02, 03 Zürich, Barth; 03 Stuttgart, Gal. Königsblau – Messebet.: 02, 03 München, Kunstmesse; 03 Zürich, Kunst Zürich – ***Lit:*** Schweizer Künstlerlex.; Ed. ROYAG; – versch. Kunstkat., z.B.: Antje Lechleiter (Text): M. A.-S. 2002, z. Ausst. Gal. Königsblau Stuttgart 02

Anthon, Hans s. Wagner, Hans Anthon

Antille, Emmanuelle; c/o Gal. Eva Presenhuber, Limmatstr. 270, Postfach 1517, CH-8031 Zürich, Tel. (0 43) 4 44 70 50, Fax 4 44 70 60, *info@presenhuber.com, www.presenhuber.com* (* Lausanne 72) – **VG:** Zürich, Presenhuber – **E:** zuletzt: 99 Glarus, KH Glarus; 03 Venedig, Bienn. (Pavillon d. Schweiz) – (Red.)

Antoinette, Malerin; Paul-Lincke-Ufer 8D/3.10, D-10999 Berlin, Tel. (0 30) 69 51 80 70, Fax 69 51 80 71, *antoinette.x@web.de*, *www.antoinette-kunst.de* (* Dresden 56) – **S:** 75 HGB Leipzig; 79–84 KHS Berlin-Weissensee; 91 HGB Leipzig (Meisterschülerin b. Bernhard Heisig) – **L:** 94 Univ. Dortmund (Gastdoz.) – **W:** in privaten Slgn – **E:** zahlr. Ausst., u. a. 85 Brandenburg, Kult.bundgal.; 90 Berlin, Gal. am Chamissopl.; 92 Jena, Gal. unterm Markt; 94 Leipzig, Bay. Ver.bank; 04 Washington, Goethe-Inst. – **G:** zahlr. Ausst.bet., u. a. 89 Dresden, Bez.kunstausst.; 92 Frankfurt/Oder, Mus. Junge Kunst; 95 Kronach, Mus. Feste Kronach; 98, 99 Bad Salzdetfurth, KV – (Red.)

Antony, Margareta (Ps.: MUX), Mag. art., Malerin, Objektkünstlerin; Wolfberggasse 7, A-3071 Böheimkirchen, Tel. (06 76) 4 77 76 46, *mux@gmx.at, www.muxatwork.com* (* Wien 1. 10. 70) – **S:** 93–99 ABK Wien (Meisterschule Schmalix, 98 Dipl.) – **Ve:** Künstlerbund St. Pölten – **G/T:** Malerei, Collage, Objekt, Assemblage u. Graph. – **K:** Kreativschule Hohenberg/NdÖst. (seit 98 Leitung d. Ölmalerei-Kurse); lfd Künstlerisches Arb. m. Kindern u. Jugendlichen seit 98 – **W:** Werke in privaten Slgn u. Privatbes.; u. a. in d. Slg Alfried Altrewa – **M:** Künzelsau, Mus. Würth; St. Pölten, NdÖst. LM; Wien, Slg d. ABK – **Ö:** Böheimkirchen, Raiffeisen-Kundenberatungszentrum; ebda, Würth-Zentrale; Linz, Plus-City Swatch-Shop; Melk, Tierarzt-Praxis; NdÖst., Haus

Bedrech; Wieselburg, Fa. Henke (Fassadengest.) – **E:** 03 St. Pölten, Gal. Fein-Sinn; St. Pölten, Ausst.brücke Landhausgal.; – weitere: Wien, Hartmann; St. Pölten, Spk. – **G:** zahlr. Ausst.bet. seit 93, zuletzt 01, 02 Salzburg, Kunstmesse; 02 Wien, Mouratti; Brünn, Philharmonie; 03 Lilienfeld, Stift; Florenz, Biennale; – weitere: München, Konsulat; Wien, Kleine Gal.; Neulengbach, Mostviertelfest; Wien, Headquarters; – sowie intern. Symposien f. Malerei u. Bildhauerei – ***Lit:*** Meisterschul-Jahreskal., Meisterschule Hundertwasser ABK Wien 94 u. 95; Dipl.kat. d. ABK Wien 98; MUX I, Kat. 00; MUX – Seibetseder – Komluschan, Ausst.kat. 01; STP-Culture 01; Kat. Kunstmesse Salzburg 01 u. 02; Biennale Florenz Kat. 03 – (Red.)

Antova, Minna, Mag. art., Künstlerin; lebt in Wien (* Sofia/Bulgarien) – **S:** 72–79 ABK Wien (Meisterschule f. Malerei Prof. G. Hessing, Meisterschule f. Bildhauerei) – **L:** seit 90 Sommerakad. Stift Geras (Malereikl.) – **P:** Meisterschulpr. 75; Förderungspr. d. Salzburger KV 75; Würdigungspr. d. Bundesmin. f. Wiss. u. Forsch. 77; Theodor-Körner-Förd.pr. (Malerei) 92; Wettb. 'Wasser verbindet' 96 – **Ve:** Bulgarischer Künstlerverb. 82; Künstlerhaus Wien 87 – **KGr:** FrauenFilmInitiative (90–93); Projektgruppe Künstlerinnen Wien (95) – **G/T:** versch. Medien; Beschäftigung m. Raum- u. Körperwahrnehmung, Gender-Thematik – **W:** Werke u. a. im Bes. d. Stadt Wien, d. Österr. BmfUK, d. Nd-Öst. u. d. Salzburger Ldesreg. – **M:** Sofia, Nat. KG; Sofia, Städt. KG – **Ö:** Graz, Caritas Lehranst. f. Sozialberufe (Kap. Maria v. Magdala, Gesamtgest. u. Wandmalerei 99–00); Wien, Frauenbildungshaus Hetzgasse (Raumgest. 94); ebda, Univ. (Projektzentrum f. Genderforsch., Wandmalereien 97–98) – **B:** Wien: Univ.campus (ehem. Synagoge, Gesamtkonzeption u. Innenfresken 04) – **E:** u. a. 90 Wien, Haus Wittgenstein; 91 Wien, Alte Burse; 92 St. Pölten, Ndöst. Dok.-Zentrum f. Mod. Kunst; 93 Graz, Gal. Dida; Wien, Parlament; 94 Wien, Ken; 95 Wien, Archit.pavillon; Wien, RH; 96 Wien, MMK Stiftung Ludwig; 97 Guatemala, Mus. Nacional de Arte Mod.; 98 Wien, Künstlerhaus; 99 London, Öst. Kult.inst.; 00 Bonn, Frauenmus. – **G:** 77–85 Teiln. an zahlr. Nat.- u. Ldesausst. in Bulgarien, u. a. mehrmals Nat. Ausst. d. Bulgarischen Graph.; Nat. Ausst. d. Jungen Malerei; Ausst.bet. in Warschau u. Salzburg, sowie 89 Wien, Messepalast; 92 Wien, Hofburg; 93 Graz, Minoriten Gal.; 95 Hangzhou, Zhejiang-Mus.; Wien, Parlament; Graz, Meerscheinschloß (Gesamtkonzeption); Wien, Nat.bibliothek; 96 Wien, MMK Stiftung Ludwig; Wien, Künstlerhaus; 00 St. Pölten, Ndöst. Dok.-Zentrum f. Mod. Kunst; Linz, LG – **V:** Ästhetik&Kommunikation 94/95 – Medium Gesicht (Camouflagen-Install.) 96; Chr. Engel u. R. Reck (Hrsg.): Frauen in der Kultur 00; 1000 + 1 Nacht, LG ObÖst. (China-Books) 00 – ***Lit:*** Angelica Bäumer, Sabine Bauer u. Birge Krondorfer: Die gierigen Dinge des Jahrhunderts, Ausst.kat. 90; Aleksandar Flaker: SPECTACV-LVM-Programmheft 91; Dieter Schrage: Revolte im Ornament, Ausst.kat. 92; Nevenka Petkovic: Marina Cvetajeva und die Malerei, Dipl.arb. (Univ. Wien) 93; Daniele Pabinger u. Gerburg Treusch-Dieter: Spaces, Ausst.kat. 95; Gerburg Treusch-Dieter: WAS WAR IST, Ausst.kat. 95; Irmtraud Fischer: Entdeckungsreise durch das Alte Testament 97; Susanne Rieser: INFORMATION, II, Interuniversitäre Koordinationsstelle f. Frauenforsch. Wien 96; Gerburg Treusch-Dieter: AUFSICHTEN, Ausst.kat. 97; Elisabeth Gierlinger-Czerny: Judits Tat – Die Aufkündigung des Geschlechtervertrages 00; Martina Pippal: Kleine Kunstgeschichte Wiens 01; Gender? Gender!, Univ. Wien 03; Elisabeth Gierlinger-Czerny: APOSTOLA APOSTOLORVM – Maria von Magdala Kapelle 03 – ***LitR:*** Christina Jankovits: M. A. – Es wird etwas..., Port./Dok. 02 – (Red.)

Anüll, Ian, Installations- u. Performancekünstler, Maler, Zeichner, Fotograf, Filmemacher (* Sempach/Luzern 7. 6. 48) – **VG:** Zürich, Mai 36 Gal. – **S:** 68–70 Schule f. Gest. Basel u. Luzern – **G/T:** Malerei (konstruktiv-geometr.); Verwendung v. Verpackungs- u. Abfallmat. – **W:** zahlr., u. a. in Bes. d. Kt. u. d. Stadt Zürich – **M:** u. a. Aarau, Aargauer Kunsthaus; Basel, Bankhaus UBS; Berlin, DaimlerChrysler Contemp.; Bern, Bundesamt f. Kult.; Bern, KM; Bern, Mus. f. Kommunikation; Bern, Schweizer Eidgenossenschaft; Köln, Colonia Versicherungen; Lugano, Banca del Gottardo; Luzern, KM; Solothurn, KM; Zürich, Bank Julius Bär; Zürich, Crédit Suisse; Zürich, GrS d. ETH; Zürich, Kunsthaus; Zürich, Migros Mus. – **E:** zahlr. seit 84, u. a. 84, 87, 89 Zürich, Rosenberg; 87, 89, 93 Hamburg, Munro; seit 88 Zürich, Mai 36 Gal.; 89, 93 Brüssel, Scholz; 90 Zürich, KH (Kat.); 93 Zürich, GrS d. ETH (Kat.); 94, 95 Lausanne, Roy; 00 Chur, Fasciati; 03 Solothurn, KM (Kat.); 05 České Budějovice, Gal. Současného Umění; Gießen, KH (Kat.); 05–06 Gießen, Neuer KV (Kat.); 06 Paris, Centre Culturel Suisse – **G:** sehr zahlr., u. a. 85, 86, 93, 02 Zürich, Shedhalle; 91 São Paulo, Bien.; 96 Biel, Kunsthaus Centre PasquArt (Kat.); Winterthur, Fotostift. Schweiz (Kat.); Glarus, Kunsthaus (Kat.); 98 Graz, Steir. Herbst (Kat.); 00 Düsseldorf, KH; Bern, KM (Kat.); 05 Genf, Mus. d'Art Mod. et Contemp.: Modèles modèles – ***Lit:*** Peter Weibel (Hrsg.): Kunst ohne Unikat, Monogr. 98; AKL, Nachtrag Bd 1 05 – (Red.)

Anura (eigtl. Mirela Isaila, geb. Mirela Buciu), Malerin, Zeichnerin, Restauratorin; Avenue de Quillan, Tel. (02 11) 42 04 36, Fax (0 69) 1 33 06 45 79 02, *mirela.anura@gmx.de; mirela-isaila@web.de* (* Blaj/Rumänien 28. 3. 57) – **VG:** Essen, Kollmaier – **S:** KA Bukarest; KA Düsseldorf – **L:** Doz. f. Zeichnen u. Maltechniken – **P:** Pr. d. Trienn. Małe Formy Grafiki Łódź 85; Pr. d. Gal. Plan D Düsseldorf 05 – **G/T:** Zchng; Druckgraph.; Malerei; Restaurierung; Vergoldung – **K:** Maltechniken; Zeichenstudien – **W:** in Düsseldorf, Chemnitz, Łódź, Rees, Bukarest u. Frechen – **Ö:** Dortmund, Renaissancehotel; Köln, RTL-Studio; London, Citadin-Hotel; Reichshof-Denklingen, Seniorenresidenz – **E:** 83 Bukarest, Atelier 35 (Kat.); 97 Willich, Hüter – **G:** 82–88, regelmäßige Bet. in Bukarest, Große Kunstausst.; 83, 84, 86, 93 Cadaqués, Miniprint Intern.; 83–85 Frechen, Intern. Graph. Trienn.; 84 New York u. Detroit, Romanian Contemp. Art; 85 Łódź, Małe Formy Grafiki; 86 Yokohama, Intern. Independence Exhib.; 87 Oslo, Art & Action; Mexiko-Stadt, Bien. Intern. de Poesia Visual y Exper.; 91 Bocholt, Aus d. Slg Kunst-Arch. Peter Kerschgens; 93 Maastricht, Graph.bienn.; 95 Düsseldorf, Zeit-Tunnel (Kat.); 96 Meerbusch, Facetten '96; 97 Düsseldorf, Auftauchstation Pool; 00 Düsseldorf, Graph.börse; 04 Düsseldorf, Mus. f. Europ. Gartenkunst; Sarajevo, Miniprint Intern.; Düsseldorf, Plan D; Trebsen, Schloß; 05 Köln, Kunst Köln; Aachen, Aula Carolina; Berlin, Rumän. Kult.inst. – ***Lit:*** Global Souvenirs, Ausst.kat. Schloß Benrath Düsseldorf

Anwander, Reiner, Bildhauer, Maler; Seestr. 6, D-88374 Hosskirch, Tel. (0 75 87) 92 27 75, *info@skulptur-malerei-anwander.de, www.skulptur-malerei-anwander.de* (* Backnang/Württemberg 14. 3. 52) – **S:** 78–83 HBK Braunschweig; 83–84 ebda (Bildhauerei, Meisterschüler b. Prof. Emil Cimiotti) – **L:** seit 04 eigene Schule in Hosskirch/Kr. Ravensburg – **Ve:** Bund freischaff. Bildhauer Bad.-Württ. 94 – **KGr:** Produzentengal. Kavalierhaus Langenargen (seit 00) – **G/T:** Skulptur (Holz, abstr.); Malerei – **K:** Bildhauerei u. Malerei –

M: Langenfeld/Rhld, RH; Waiblingen, Mus. d. Stadt – **Ö:** Backnang, Schillerplatz (Steinskulpt.); Sindelfingen, Berufsschule (Stelenpaar, Eiche); Stuttgart-Bad Cannstatt, Hautklinik (Malerei) – **E:** 93 Basel, Gal. Artis; 94 Menden, KV; 96 Geislingen, Gal. im Alten Bau; 97 Lucca, Pal. Ducale; 99 Konstanz, Städt. Wessenberg-Gal.; 00 Langenfeld/Rheinland, KV; 02 Langenargen, Gal. Kavalierhaus; 04 Ravensburg, KV im Ldgericht; 06 Böblingen, KV – **G:** zahlr. Ausst.bet.

Anzinger, Siegfried, Prof., Maler u. Graphiker; Hülchrather Str. 5, D-50670 Köln, Tel. (02 21) 72 60 81 (* Weyer/ObÖst. 25. 2. 53) – **VG:** Köln, Krips; München, Baumgartl; München, Pfefferle; Wien, Krinzinger; Wiesbaden, Hänel – **S:** 71–77 ABK Wien (Meisterkl. f. Graph. b. Prof. M. Melcher) – **L:** seit 97 Staatl. KA Düsseldorf (Prof. f. Malerei) – **P:** Füger-Med. (Gold) 74; Oskar-Kokoschka-Pr. 86; Pr. d. Stadt Wien f. Malerei 90; Gr. Österr. Staatspr. 03 – **G/T:** Malerei (Acryl, Leimfarben, Gouache, Öl); Zeichn. – **M:** Kiel, KH; Linz, Lentos; München, Pin. d. Mod.; Wien, MMK Stiftung Ludwig – **E:** zahlr. Einzelausst. seit 76, zuletzt u. a. 97 Weiz, Gal. am Weizberg; Salzburg, Wichmann; Otegem, Deweer AG; Dresden, Hübner & Thiel; 98 Mailand, Studio Cannaviello; München, Pfefferle; Wien, MMK Stiftung Ludwig; Köln, Sprüth; Linz, Figl; 99 Salzburg, Welz; St. Moritz, Curtins; 00 Bielefeld, KH; 02/03 Klosterneuburg/NdÖst., Slg Essl; 04 Wien, Albertina – **G:** seit 71 zahlr. Ausst.bet., u. a. 82 Kassel, documenta; Berlin, Martin-Gropius-Bau (Zeitgeist); 88 Venedig, Bienn. – ***Lit:*** AKL; Reclams Künstlerlex. 02; Schweers 02 – (Red.)

Apel, Heinrich, Dr., Bildhauer, Maler, Graphiker; Fermersleber Weg 54, D-39112 Magdeburg, Tel. (03 91) 6 22 05 55 (* Schwaneberg 5. 5. 35) – **S:** 53–59 HS f. Kunst u. Design Burg Giebichenstein Halle/Saale (angew. Plast. b. Gustav Weidanz) – **L:** 72 HS f. Industr. Formgest. Halle/Saale (LBeauftr. f. Keramik) – **P:** Erich-Weinert-Pr. d. Stadt Magdeburg 72; Kunstpr. d. DDR 77; Nat.pr. 80; Kunstpr. d. FDGB 83; Kunstpr. d. Rates d. Bez. Magdeburg 85 – **G/T:** Skulpt., Restaurierung, baugebundene Arb., Malerei – **M:** Berlin, NG; Bernburg, Schloßmus.; Dresden, SKS; Halle/Saale, Staatl. Gal. Moritzburg; Magdeburg, Kulturhist. Mus. – **Ö:** Magdeburg, Magdeburger Reiter (Wiederaufbau) – Restaurierung ma. Plast., u. a. an d. Domen Magdeburg, Halberstadt u. Stendal – **E:** 64 Halle/Saale, Stadtgal.; 65 Bernburg, Schloßmus.; 66 Dessau, Staatl. Mus. Schloß Mosigkau; 71 Magdeburg, KM Kloster Unser lieben Frauen – **G:** Ausst.bet. u. a. in Antwerpen, Bagdad, Bonn, Budapest, Dresden, Mannheim, Mexico-City, München, New Delhi, Sofia – ***Lit:*** AKL; NG Berlin 03 – (Red.)

Appelmann, Karl-Heinz, Graphiker, Illustrator, Cartoonist; Charlotte-E.-Pauly-Str. 28, D-12587 Berlin (* Swinemünde/Insel Usedom 12. 8. 39) – **S:** 59–64 KHS Berlin-Weißensee (Graph. b. d. Prof. Arno Mohr, Werner Klemke u. Klaus Wittkugel) – **P:** Pr. d. Min. f. Kult. d. DDR 68; Goldener Apfel, Ill.bienn. Bratislava 71; Pr. d. BmfUK, Öst. 76 – **Ve:** VG Bild-Kunst – **G/T:** alle Bereiche d. Graph. u. angew. Graph. (vorw. Ill.) – **E:** Angermünde, Berlin, Gadebusch, Ludwigsfelde, Teterow – **G:** Berlin, Bologna, Bratislava, Dresden, Moskau, Paris, Tokio, Troidorf, Wittenberg – **V:** u. a. Werner Heiduczek: Jana und der kleine Stern (Ill.) 68; Anne Geelhaar: Kjambaki (Ill.) 70; Pusteblumen 73; Eine Wolke schwarz und schwer 73; Wilhelm Hauff: Die Geschichte vom kleinen Muck (Ill.) 78; Über Pfützen spring ich gerne 79; Die Kleckerburg 81; Wenn der große Regen kommt 82; Der Zaunkönig 83; Die A-Meise 84, 85; Der Rollmops 92; Anne Geelhaar: Der Affenbaum (Ill.) 86; dies.: Bambusblüte (Ill.) 87; Astrid Lindgren: Ronja Räubertochter (Ill.) 88; Anne Geelhaar: Das singende klingende Bäumchen (Ill.) 93 – (Red.)

Appelt, Dieter, Prof., Intermediärer Künstler; Carmerstr. 19, D-10623 Berlin (* Niemegk/Brandenburg 3. 3. 35) – **S:** 54–58 HS f. Musik u. Theater Leipzig (Musik); HS f. Musik Berlin; 59 HBK Berlin (exper. Fotogr. b. Heinz Hajak-Halke) – **L:** 82 HdK Berlin (Prof. f. Fotogr., Film, Video) – **P:** David-Octavius-Hill-Med. d. Dt. Fotogr. Akad. 99 – **Ve:** AK Berlin; Karl-Hofer-Ges. – **G/T:** Fotogr., Performance, Body-Art, Objekte – **M:** Berlin, NG – **E:** zahlr. Einzelausst. seit 74, zuletzt u. a. 98 Antwerpen, Van Laere Contemp. Art; 99 Berlin, AK; Berlin, Springer & Winckler; New York, Pace-Wildenstein-McGill Gall.; San Francisco, Haines Gall.; 00 Saarbrücken, Saarland-Mus.; Köln, Limmer; Berlin, Kicken; 01 Stuttgart, KM Stuttgart; Luxemburg, Gal. Clairefontaine 04 Berlin, Kicken – **G:** u. a. 90, 99 Venedig, Bienn.; 02 Braunschweig, Mus. f. Photogr.; Münster, SM; 03 Hamburg, Altonaer Mus.; Berlin, Dt. Hist. Mus. – ***Lit:*** AKL; Schweers 02 – (Red.)

Appelt, Karl-Heinz, Bildhauer, Graphiker; Schulstr. 17, D-07768 Kahla, Tel. Mobil: 01 63–4 89 19 15. Atelier: Windmühlenstr. 31 B, D-04107 Leipzig, *bildhauer-khappelt@web.de*, *www.bildhauer-khappelt.tk* (* Radebeul 20. 7. 40) – **S:** 60–65 HBK Dresden (Lehrer: Arnold, Jäger, Steger) – **L:** seit 91 HGB Leipzig; 93–05 ebda (Wkst.leiter Plast.) – **P:** Pr. d. Intern. Bienn. Kleinplast. Budapest 73; Kunstpr. d. DDR 78 – **Ve:** VBK Thür. 90 – **KGr:** D206. Die Thüringer Sezession (92) – **G/T:** Plast,; Graph. – **M:** Berlin, NG; Cottbus, Brandenburgische KS; Dresden, SKS; Leipzig, KH Spk.; Magdeburg, Nat. Slg d. Kleinplast. d. DDR; Weimar, Klassik Stift. – **Ö:** Jena (Schwimmergr.); Leipzig, Ldeszentralbank (Torso); Suhl, Telekom (Schildtorso); Weimar (3 × 3 Dimensionen-Geologie) – **E:** u. a. 86 Görlitz, Gal. am Schönhof; 87 Gera, Haus d. Kult.; 95 Erfurt, Waidspeicher; 99 Plauen, Malzhaus; 03 Leipzig, Atelierhaus – **G:** Dresden, VI., VII., VIII., IX. u. X. Kunstausst. d. DDR; – weitere: u. a. 73 Budapest, Intern. Bienn. d. Kleinplast.; 77 Middelheim, Bienn.; 83 Rostock, Ostseebienn.; 87 Bonn, München, Mannheim (Bildhauerkunst aus d. DDR); 88 Berlin, NG; 01 Washington, Kennedy Center – ***Lit:*** Kat. z. Ausst. im Haus d. Kult. Gera 87; H.M. Köhler: Lapidarium, Kat. Waidspeicher Erfurt 95; Bildende Künstler in Leipzig 06

Appold, Uwe, Dipl. Designer, Bildhauer, Maler; Johannisstr. 78, D-24937 Flensburg. Tel. (0 46 36) 13 92, *uwe.appold@t-online.de*, *www.uwe-appold.de* (* Wilhelmshaven 24. 6. 42) – **S:** 62 Bildhauerlehre; 66 WerkKSch Flensburg (Abschlußprüfung f. künstler. Formgebung u. Gest.) – **L:** 98 Nat.akad. Hangzhou/China (Abstr. Malerei) – **P:** Cité Intern. d. Arts Paris 75; Kult.pr. d. Stadt Wilhelmshaven 80; Arb.stip. f. Lith. im Druckhaus Quensen, Lamspringe 82; Arb.-stip. b. Autokraft Kiel-Wellsee 86 – **Ve:** Dt. Werkbund 85 – **G/T:** Plast. (versch. Materialien); Malerei (v. a. Acryl, kombiniert m. Sand, Textilien u. Blattgold); Farb- u. Gest.konzepte, Install. – **W:** zahlr. Arb. in öff. Bes. – **M:** Flensburg, StM; Flensburg, Stadtspk.; Jacca, MMK; Kiel, KH; Wilhelmshaven, KH – **Ö:** Bösel, Auferstehungskirche (5 Glasfenster); Flensburg, Gemeindezentrum Jarplund-Weding (mobile Gottesdienstausstattung); Flensburg, Gewerbliche Berufliche Schulen (Wettb.arb., künstler. Ausgest.); Flensburg, Zentraler Omnibus Bahnhof (3 Springbrunnen); Göttingen, Neues RH (Eisenplast.); Harrislee, Brunnenanlage (Wettb.arb., Balmoral-Granit); Neumünster, Innenstadt (Wettb.arb., Stahlplast.); Sehnde, Ev.-Lutherische Gemeinde (Wettb.arb., Altarbild); Travemünde, Sporthalle Steenkamp (Wettb.arb., künstler. Ausgest.) – **E:** / G: zuletzt u. a. 03 Florenz, Bienn.; 04 Koldenbüttel, St.-Leonhard-Kirche; Ulm, Katholikentag; Trier, Basilika; Stralsund, St. Nikolai; Plön, Krankenhaus – ***Lit:*** AKL – (Red.)

Aqua Aqua, Maler; Sechshauser Str. 19, A-1150 Wien, Tel. (01) 8 93 70 12, Fax (0 52 23) 5 39 06, *anna @piroche.at*, *www.aquaaqua.at* (* 17. 2. 39)

ARATORA s. Weber, Frank W.

Archetti, Luigi; Seestraße 395, Rote Fabrik/Trakt B Postfach 1312, CH-8038 Zürich, Tel. u. Fax (01) 4 82 48 77, *info@luigiarchetti.com*, *www.luigiarchetti.com* (* Brescia/Italien 5. 2. 55) – **S:** 72 Höhere Schule f. Gest. Zürich (Vorkurs); 73–77 Höhere Schule f. Gest. Zürich (Fachkl. f. Graph.) – **L:** 79–83 Höhere Schule f. Gest. Zürich (Fachkl. f. Graph. u. Zeichn.); 83–86 Höhere Schule f. Gest. Zürich (Kunstkl. f. Zeichn. u. Malerei) – **P:** Kunststip. d. Stadt Zürich 78, 81, 82; Kunststip. d. Kt. Zürich 78, 80, 81; Halbjl. Aufenthalt im Atelier d. Stadt Zürich in New York 84; Werkbeitr. d. Gleyre-Stift. Bern 98; Projektbeitr. d. Stift. Erna u. Curt Burgauer Zürich 98, 00; Werkbeitr. d. Elisabeth Forberg Stift. 98; Projektbeitr. d. Eidgenössischen Bundesamtes f. Kult. Bern 03 – **G/T:** Malerei, Zeichn., Install., Video u. Klang (Musik) – **E:** 80 Zürich, StG Strauhof; 83 Zürich, Walcheturm; 85, 87, 89 Gal. Rosenberg; 92 St. Gallen, Mitschjeta; Lenzburg, Staffelbach; 93 Konstanz, Gal. am Wasserturm; 96 Lenzburg, Staffelbach; Vevey, Toit du monde; Zürich, Gal. Bild-Raum; 97 Zürich Kloten, Kunst-Kiosk; 98 Heidelberg, Kunstraum; Winterthur, KH; 01 Baden, Hans-Trudel-Haus; 04 Aarau, GESA Gal. – **G:** u. a. 84 Genf, Mus. Rath; Zürich, Rosenberg; 86 Bologna, Artecasa; Toronto, Grünwals Gall.; 87 Graz, Forum Stadtpark; 91 Singen, Kunst im Umspannwerk; 92 Zürich, Gal. van Oursow; Bern, Zeller; 95 Zürich, Kornfeld & Cie.; Olten, Stadthaus; Zürich, Gal. Art-Magazin; 98, 99 Zürich, Helmhaus; Lenzburg, Staffelbach; Schaffhausen, Kult.zentrum; Zürich, Gal. Bild-Raum; 00 Lenzburg, Gal. Staffelbach; Schaffhausen, Kult.zentrum; Zürich, Kunstsalon Celeste & Eliot; 01 Thalwil, Hotel Thalwilerhof; 03 Altdorf/Uri, Haus f. Kunst Uri; Barcelona, Sala de arte contemporanea; Boswil/Aargau, Künstlerhaus; Rapperswil/St Gallen, IG Halle Alte Fabrik; Barcelona, LOOP – (Red.)

Ardley, Colin, Bild. Künstler; Robert-Matzke-Str. 50, D-01127 Dresden, Tel. (03 51) 8 01 92 59 (* Aberdeen 54) – **VG:** Berlin, Markus Richter – **S:** 71–75 Gray's SchA Aberdeen; 75–76 Medlock Fine AC Manchester (M.A.) – **L:** seit 78 Doz. f. freie Malerei u. Druckgraph. an versch. Institutionen, u. a. in Manchester, Loughborough, Blackpool, Trier, Newcastle, Lancaster u. Hildesheim – **P:** u. a. Mary-Byrne-Reisestip. f. Kunstgesch. 74; North West Arts Assoc. 77; Projektstip. v. East Midlands Arts Assoc. 86; Projektstip. British Council 86; Henry Moore Found. 86; Stip. d. British Council 93; Atelierstip. d. Klostermühle Lamspringe 99 – **E:** / G: zuletzt u. a. 00, 03 Berlin, Markus Richter; Stolberg, Burg-Gal.; 02 London, Rocket Gall.; 04 Bonn, Proximus; Dresden, Dt. Wkst. Hellerau – (Red.)

Arendarczyk, Herbert, Dipl.-Maler; Pfeilgasse 3/25, A-1080 Wien, Tel. (06 64) 1 30 34 04, *h.arendarczyk@gmx.at*, *www.meinewebseite.net/herberta*. Feldgasse 15, A-2273 Hohenau a.d. March, *h.arendarczyk@utanet.at* (* Mistelbach a.d. Zaya 24. 6. 62) – **VG:** Wien, Steiner; Wien, Siebensterngal. – **S:** 00–04 KSch Wien (Malerei u. prozessorientierte Kunstformen) – **G/T:** abstr. Malerei (Öl) – **W:** überw. in Privatbes. – **E:** 00 Wien, Radiokult.haus; 01 Wien, Gewerkschaft Agrar-Nahrung-Genuß; Wien, Kunstmeile Montmartre im Donauzentrum; 04 Wien, Fa. L'Oréal; 05 Wien, Siebensterngal.; Wien, Shultz; 06 Wien, Steiner – **G:** 02, 03 Mikulov, Schloß; 04 Wien, M-Art; Wien, Kunst in d. alten Druckerei; 06 Skalica/Slowakei, Gal. Franziskaner; Malacky/Slowakei, Kult.zentrum

Arens, Britta s. Schopf, Britta

Arentz, Kurt, Bildhauer; c/o Museum Europäische Kunst, Schloß Nörvenich, D-52388 Nörvenich, Tel. (02 28) 65 12 08, privat: Tel u. Fax (02 14) 6 32 66 (* Köln 30. 5. 34) – **VG:** Werl, Walentowski (sowie weitere Walentowski-Gal.); Köln, Kunsthaus Binhold; Kevelaer, Kocken; Bad Griesbach im Rottal, Hoffmann; Worpswede, Gal. im Blauen Haus – **S:** Autodidakt – **P:** Kult.pr. d. Dt. Jagdschutzverb.; Kult.pr. Wildtier + Umwelt (Kult.pr. d. Intern. Rates z. Erhaltung d. Jagd u. d. Wildes, Bronzemed.) – **Ve:** Münchener Herrenclub; Intern. Rat z. Erhaltung d. Jagd u. d. Wildes – CIC – **G/T:** Bronze, Tierdarst. u. Portr. – **W:** Gest. div. Pr. (v. a. Umweltpr.), u. a. Ohrenorden d. Kölner Bürgerges. f. engagierte Bürger, Umweltadler (verliehen durch Artists for Ecology) u. Fischotter – Sielmann Umweltpr.; – zahlr. Portr., u. a. v. Peter Hofmann, Karl Carstens, Ernst Fuchs, Kai-Uwe v. Hassel, Willy Brandt, Helmut Kohl, Ronald Reagan, George Bush, Dr. Voosen, Václav Havel u. Frank McGuire – **M:** Berlin, Bundespräsidialamt; Berlin, Europ. Kult.-stift.; Clarence/NY, The Mus. of European Art (Slg Ronald Reagan); Hamburg, MKG; Houston/TX, George-Bush-Library; Nörvenich, Mus. Europ. Kunst; Prag, Burg (Slg Havel) – **Ö:** Bad Soden-Salmünster (Wolfsgr.); Berlin, Axel-Springer-Haus (Portr. Springer); ebda, Bundespräsidialamt (Büste Roman Herzog); Bonn, Bay. Ldesvertretung (Portr. Franz Josef Strauß); ebda, Residenz Franz Josef Strauß (Portr. Strauß); Bürrig (Schweine); Duderstadt, Heinz-Sielmann-Stift. (Portr. Sielmann); Epinal/Frkr., Fa. WOCO (Vier Wölfe); Jagel, Kai-Uwe-von-Hassel-Kaserne (Büste v. Hassel); Klosters, Sylvretta-Parkhotel (Steigender Steinbock); Köln-Bonn, Bundeswehrflugpl. Wahner Heide (Bronze-Adler); Köln, Millowitsch-Theater (Portr. Willy Millowitsch); ebda, Laurenzpl. (Denkmal Joseph Kardinal Frings); Leverkusen, Reiterver. Bayer (Bronze d. Schulpferdes Roland); Leverkusen-Lützenkirchen (Bergischer Löwe); Marbach, Staatl. BW Haupt- u. Ldesgestüt (Drei Pferde); Metz, Arsenal – Philharmonie d. Stadt; New York, Reagan Library; Salzburg, Geburtshaus Herbert v. Karajan (Portr. Karajan); Vulpera/Engadin (Steigender Steinbock); – sowie zahlr. weitere Arb., u. a. Entengr. in Dachau, Leverkusen u. in d. Niederl. – **E:** u. a. 83 München, Dt. Jagd- u. Fischerei-Mus.; 84 Bonn, Naturwiss. Mus. Alexander König; 87 Metz, Arsenal; Bonn, Haus d. Parlamentarischen Ges. (m. Helga Tiemann); 93 Leverkusen, Hochhaus W 1; 94 Nörvenich, Mus. Europ. Kunst; 96 Berlin, Rotes RH; 97 Leverkusen, Baykomm; 98 Kehlheim, Schneider Weißbierbrauerei – **G:** u. a. 81 München, Haus d. Kunst; 95 Grevenbroich, Ldesgartenschau; 97 Marbach, Gestütsmus. Marbach-Offenhausen; – sowie mehrmals Chiemsee, Torhalle Fraueninsel; – weitere Ausst.: 84 Kunstkr. NRW; Leverkusen, Forum (Jahresausst. Leverkusener Künstler); 80 Solingen, Dt. Bank; 84 Düsseldorf, Dumont-Lindemann-Arch.; 86 Königswinter, Haus Schlesien; 93 Leverkusen-Lützenkirchen, Raiffeisenbank; 00 Solingen, Ev. Kirche; 02 Nörvenich, Mus. Europ. Kunst – ***Lit:*** Volker G. Probst: Der Bildhauer K. A. Eine einführende Studie 83; – sowie: Gabriele v. d. Boons: Portrait und Neue Skulpturen – (Red.)

Arkidalus s. Küppers, Robert

Arlt, Manfred, Architekt; Chemnitzer Str. 48, D-01187 Dresden, Tel. (03 51) 4 70 07 36, Fax 4 70 07 37 (* Dresden 27. 12. 28) – **S:** 49–52 Staatsbauschule Dresden – **B:** u. a. DRESDEN: Festsaalflügel Neues RH (Rekonstruktion); ebda: Landhaus E.-Thälmann-Str. 2 (Rekonstruktion), Dreikönigskirche (Rekonstruktion); Wohnzeile Prager Str., Hotels Bastei, Königstein u. Lilienstein – ***Lit:*** AKL; Barth/Topfstedt 00 – (Red.)

Armborst, Hanns, Bildhauer; Grafenberger Allee 147, D-40237 Düsseldorf, Tel. (02 11) 66 59 58. c/o Atelier, Vennhauser Allee 89, D-49229 Düsseldorf (* Geseke/Westf. 10. 8. 41) – **S:** 62–67 KA Düsseldorf – **Ve:** Ver. d. Düsseldorfer Künstler; Westdt. Künstlerbund – **W:** Performances, u. a.: Aachen, Gal. Neue Pforte (67); London, Gall.-House (73); Mülheim an d. Ruhr (74) – **M:** Aachen, ehem. Reichsabtei Kornelimünster KS NRW; Düsseldorf, Slg LVA – **Ö:** Düsseldorf, Kult.-bahnhof Eller – **E:** 80, 89 Luxemburg, Gal. La Cité; Düsseldorf, Kellergal.; Aachen, Hock; 81 Gelsenkirchen, Atelier Glasmeier; Altena, StG; 83 Düsseldorf, Kult.bahnhof Eller; Frankfurt am Main, Forum; Ein Hod/Israel, Künstlerhaus; 87 Ein Hod/Israel, Beit Tarbut; 88 Mülheim an der Ruhr, Kunstkab.; 90 Ein Hod/ Israel, Haus Fridld; 94 Osaka, Raika Building; 96 Duisburg, Künstlerhaus; 00 Langenfeld, StG; 03 Griesheim, Swetec – **G:** seit 67 zahlr. Bet. im In- u. Ausld, u. a. 06 in Grudziądz/Polen u. Kaunas/Litauen; – sowie seit 70 Düsseldorf, Große Kunstausst. NRW – ***Lit:*** John Matheson: Tetraeder, Ausst.kat. 80; Silvia Neysters: Die absolute Form u. ihre Erscheinung, Ausst.kat. 83; Franz Joseph v.d. Grinten: Abstr. – Kontemplation 87; Felicitas Müller: Bestandskat. Slg LVA 02

Armbruster, Ludi (auch: Ludwiga Renate d'Orville-Armbruster), Malerin (* Wiesbaden 7. 5. 40) – **VG:** München, Christoph Dürr; München, Gal. Westend – **S:** WerkKSch Wiesbaden; 60 Éc. des Beaux-Arts Paris – **P:** Stift. Kunstfonds – Arb.- u. Projektstip. – **Ve:** Dt. Künstlerbund 72 – **G/T:** v. a. Mischtechnik auf Papier u. Leinwand, Auseinandersetzung m. d. weiblichen Körper – **M:** München, Lenbachhaus; München, Pin. d. Mod. – **E:** 67 Hamburg, Kreutz; 68 München, Neuhaus; 71, 76, 79, 82 München, Christoph Dürr 73 München, Grigat; 96, 98 Köln, Gal. Schneiderei; 03 München, Gal. Westend – **G:** u. a. 65, 66 München, Ges. junger Kunst; 67–73 München, Herbstsalon; 74, 77 München, Große Kunstausst.; 81 Basel, Art Basel – ***Lit:*** AKL; Schweers 02 – (Red.)

Armleder, John M. (John Michael Armleder), Maler, Intermediärer Künstler; Avenue De-Luserna 22, CH-1203 Genf (* Genf 24. 6. 48) – **VG:** Köln, Krips; München, Tanit – **S:** 66–67 EcBA Genf – **P:** Pr. d. Xylon VI Genf 72; Kiefer-Hablitzel-Stip. 72, 74, 76; Eidgenöss. Kunst-Stip. 77; Pr. d. Banque hypothécaire d. Kt. Genf 86 – **KGr:** Écart (Gründ. 69) – **G/T:** Happening, Performance, Concept-Art, Objektkunst, Install., Environments, Malerei – **M:** Basel, KM; Genf, Cab. des Estampes du Mus. d'Art et d'Histoire; Genf, Mus. d'art et d'histoire; Luzern, KM; München, Slg Goetz; Tyringham/MA, La Mamelle AC Arch. – **E:** zahlr. Einzelausst., zuletzt u. a. 96, 97 Genf, Mus. d'Art Mod. et Contemp.; 96, 98 St. Gallen, Kulli; 98 Berlin, Chouakri & Brahms; Los Angeles, Ace Gall.; 99 Amsterdam, Gal. van Gelder; München, Tanit; Baden-Baden, SKH; 00 New York, MOMA; 01 Salzburg, Ropac; 02 Basel, Mäder – **G:** zahlr. Ausst.bet., u. a. 81 Luzern, KM; 84 Wien, Gal. nächst St. Stephan; 87 Zürich, Kunsthaus; Regensburg, StG; Kassel, documenta; 99, 00 Berlin, Chouakri & Brahms; 99, 01, 02 Amsterdam, Gal. van Gelder; 02 Leipzig, MBK; Bremen, Neues Mus. Weserburg; 02, 03 Berlin, DaimlerChrysler; 03 Amsterdam, Stedelijk Mus. – **V:** zahlr. Veröff. – ***Lit:*** AKL; BLSK 98; Schweers 02 – (Red.)

Armut, Stella s. Behn, Michael

Arnim, Bettina von, Malerin, Graphikerin; Foirail Sud, F-46260 Concots, *www.gsl-io.de/bva/gallerie.html* (* Zernikow/Brandenburg 19. 10. 40) – **VG:** Berlin, Poll – **S:** 60–65 HBK Berlin (Kunstpädagogik u. Graph. b. Fritz Kuhr u. Mac Zimmermann); 62–63 Éc. des Beaux-Arts Paris (Stip., Druckgraph. b. Leguelt u. J. Friedlaender) – **L:** 67–71 Kunsterzieherin in Berlin – **KGr:** Aspekt (72 Gründungsmitgl.) – **G/T:** Malerei (Öl, Aqu., Gouache, z.T. geometr.-ornamental); Rad. u. Collage (Persiflagen auf Heraldik u. Ritterrüstungen, geometr. bzw. surreale Maschinen- u. Robotermotive); Tafelbilder – **M:** Berlin, Berlinische Gal.; Bonn, KM; Bonn, LM; Kiel, KH; Souillac, Mus. de l'Automate – **E:** u. a. 89 Frankfurt am Main, Bernauer-Berg; 97 Rheinsberg, Tucholsky-Gedenkstätte; Concots, Scheune; 98 Berlin, Gal. Nord; 99 Wiepersdorf, Künstlerhaus – **G:** u. a. 84 Kassel, Orangerie; Wien, MMK Stiftung Ludwig; 85 Berlin, Neuer Berliner KV; Berlin, Kunstamt Kreuzberg; Cahors, Annuale d'Art Contemp.; St. Emilion, Bienn.; 87 Decazeville, Bou; Berlin, Berlinische Gal. – **R:** m. Riki Kalbe: Ohne Nachtigallen, 16 mm-Film 87 – ***Lit:*** AKL; Schweers 02

Arno, Walter; Brunnenweg 10, D-25337 Seeth-Ekholt, Tel. (0 41 21) 7 25 34, Fax 40 82 97, *www.walter-arno.de* – **G/T:** Bildhauerei, Malerei, Graph. – (Red.)

Arnold, Conrad David, Maler; Wilhelmstr. 46, D-88250 Weingarten, Tel. u. Fax (07 51) 4 49 46, *www.conrad-david-arnold.de* (* Weingarten/Württ. 1. 9. 41) – **VG:** Weingarten, Gal. im Jgd.stilhaus (ständige Ausst.) – **S:** 51–55 b. Martin Arnold (Karl Hofer-Schüler); 55–58 Atelier Karl Stehle München (Meisterschüler b. Karl Caspar); 58–60 KA München (Malerei, u. a. b. Prof. Kurt Hallegger) – **L:** 65–80 VHS Friedrichshafen (Gründung d. Sem. f. Malerei) – **Ve:** BBK Bad.-Württ. 93 – **G/T:** Kompositionen; Abstr.; Portr.malerei; Öl u. Aqu. – **W:** überw. in Privatbes. – **M:** Bernau/Kr. Waldshut, Thoma-Mus.; Koblenz, LM; Künzelsau, Mus. Würth; Wülfrath, Niederberg. Mus. – **Ö:** Weingarten/Württ., Hl. Geist Kirche; ebda, TOX Pressotechnik (Außenplast.) – **E:** u. a. 77 Hohenheim, Akad.; Konstanz, Studiogal. d. Univ.; 78 Saulgau, StG; 79 Mainz, Gal. im Kirschgarten; 84 Düsseldorf, Bastion-Gal.; Stuttgart, Ldespavillon; Koblenz, LM; 01, 06 Weingarten, StG – **G:** u. a. 73–76 Stuttgart, BBK Bad.-Württ.; 74 Freiburg, Künstlerbund Bad.-Württ.; 76, 86, 89 München, Große Kunstausst.; 77 Bonn, Ldesvertretung Bad.-Württ.; 84 Basel, Art Basel; 85 Köln, Kunstmesse; 96 Stuttgart, SG (Wanderausst.); 97 Saulgau, StG; 05 Stuttgart, Kunstmesse – **V:** Günter Wirth, Monogr. 78; Gerd Gerber u. Anton Wassermann: Leben in Licht u. Farbe, Kat. – ***LitR:*** SWfunk, Radio 7; Fs.beitr. im ZDF, SW 3, See-TV u. d. ARD

Arnold, Gudrun; Wedding-Str. 6, D-18546 Saßnitz, Tel. u. Fax (03 83 92) 3 50 60 (* Dresden 7. 5. 40) – **S:** 60–65 HBK Dresden (Malerei b. Prof. Rudolf Bergander, Dipl.) – **G/T:** Malerei (Öl, Acryl); Graph. (u. a. Hschn.) – **K:** Workshops – **M:** Rostock, KH; Schwerin, Staatl. Mus.; Stralsund, Kultur-hist. Mus. – **Ö:** Rügen, Sana-Krankenhaus – **E:** u. a. 90 Stralsund, Kultur-hist. Mus.; Putbus, Orangerie; Templin, Kult.bund-Gal.; 92 Altenkirchen, Kirche; 95 Blankenhain, Schloß; 97 Berlin, Gal. K; – weitere: 91 Bremerhaven, Cuxhaven u. Trelleborg; 93 Sellin; 98 Rostock – ***Lit:*** AKL; Schweers 02 – (Red.)

Arnold, Günter, Holzgestalter; Lindenstr. 19, D-04808 Thallwitz, OT Röcknitz (* Leipzig 14. 2. 54) – **S:** Lehre als Zimmermann; ab 77 autodidakt. Studien (Anatomie, Werkstoffe, Gest., handwerkl. Fertigkeiten) – **G/T:** überw. Arbeiten in Holz (Skulpt., Relief), aber auch Gips, Ton, Gasbeton; gelegentl. Metallobjekte u. Montagen; Spielplatzfiguren u. Spielgeräte f. Kinder; Restaurierungs- u. baubezogene Arbeiten – **W:** 28 Werke in Privatbesitz – **Ö:** Thallwitz, Gemeindeverwaltung ('Begegnung'); Wurzen, Ringelnatz-Mus.; Figuren/Spielgeräte auf mehreren Spielplätzen in Leipzig u. Umgebung sowie in Halle/Saale – **E:** 82–84 sechs kleinere Ausst. in Leipzig; 91 Leipzig, Kleine Gal. Süd; 95 Delitzsch, Gal. im Halleschen Turm (umfassende Werkschau); 95, 96 Delitzsch, RH; 96–98 Pohritzsch, Gal. Haus Schadendorf (ständige Ausst.); 98 Bonn, Abgeordnetenhaus Langer Eugen; 99 Brüssel, Europ. Parlament; 03 Grimma, Klosterkirche St. Augustin; 05 Röcknitz, Herren-Haus – **G:** 91 Leipzig, Ausst. z. Großen Tennisturnier – **V:** G.A. – Arbeiten in Holz, Kat. 99

Arnold, Ingo, Maler u. Graphiker; Grünstr. 11, D-12555 Berlin, Tel. (0 30) 6 55 73 39 (* Berlin 26. 2. 31) – **S:** 55–59 FS f. angew. Kunst Berlin (Buch- u. Schriftgraph. b. Otto Bertl, Günter Junge, Heinz Unzner); 70 Dipl. an d. HGB Leipzig (b. Wolfgang Mattheuer u. Berthold Beiler) – **L:** 59–70 FS f. angew. Kunst Berlin – **P:** 100 ausgewählte Graph. (2. Pr.) 80, 83; Graph. z. X. Parteitag d. SED (2. Pr.) 81 – **Ve:** VBK DDR 62 – **G/T:** Malerei, Graph., Zeichn., Hschn., Fotogr., Collage, Buchgest., Plakat – **M:** Berlin, Magistrat; Dresden, SKS – **E:** 70 Berlin, Gal. Im Klub Möwe; 73 Berlin, Gal. zu den sieben Raben; 76 Berlin, Kleine Gal. Pankow; 77 Berlin, Klub d. Kult.schaffenden; 80 Berlin, Gal. im Turm; 86 Berlin, Gal. Sophienstraße – **G:** seit 68 Dresden, nat. Kunst-Ausst.; 80, 84 Krakau, Graph.-Bienn.; 80 Frederikstad, Internat. Print Bienn.; 86 Oberhausen, Städt. Gal. – ***Lit:*** AKL – (Red.)

Arnold, Ludwig, Maler; Daiserstr. 13, D-81371 München, Tel. u. Fax (0 89) 77 27 93, *Ludwig.Arnold@t-online.de*, *www.ludwig-arnold.de* (* Ulm/Donau 26. 2. 50) – **VG:** Mannheim, Kasten; Köln, Gal. Der Spiegel – **S:** 73–79 ABK München (Meisterschüler b. Prof. Rudi Tröger) – **P:** Cité Intern. d. Arts Paris 82, 83; Stip. d. Barkenhoff-Stift. Worpswede 87, 88; USA-Stip. d. Bay. Staatsmin. f. Wiss. u. Kunst 88, 89 – **Ve:** VG Bild-Kunst 02 – **G/T:** Malerei (Acryllack, Wasserfarben) – **M:** Dortmund, Dt. Arb.schutzausst.; Esslingen, StG Villa Merkel; Hannover, Sprengel Mus.; Kiel, KH; München, Artothek; München, SG Mod. Kunst; Schleswig, LM f. Kunst u. Kult.-Gesch. Schloß Gottorf; Ulm, Ulmer Mus. – **Ö:** Essen, Colosseum Art Collection; Heidelberg, Dt. Krebsforsch.zentrum; London, Premier Automotive Group; München, Anton-Fingerle-Bildungszentrum, ebda, Knorr Bremse AG, Slg d. ADAC; Ravensburg, Kr.spk.; – sowie Slg Dt. Bank – **E:** 83 Ulm, KV; 84 Hannover, Sprengel Mus.; Köln, ART Cologne; 85 Hamburg, Loeper; 87, 91, 97 Kiel, Sfeir-Semler; 89 München, Lothringer 13; 90 Augsburg, KV; 91, 02 München, Artothek; 92, 98 Krefeld, Weber; 99, 02 München, Kunstbunker Tumulka; 00 Mannheim, Kasten; 03 Köln, Gal. Der Spiegel – **G:** zahlr. Ausst.bet. seit 82 – ***Lit:*** zahlr. Ausst.kat., z.B. Christoph Blase 82; Norbert Nobis 83, 84; Andrée Sfeir-Semler 87; Jens Christian Jensen 89; Jone Elissa Scherf 99; Anne Leopold u. Patricia Drück: von einem Punkt zu Licht und Raum 99; Faltblätter, z.B. Walter Fenn z. Ausst. in d. Gal. d. Stadt Esslingen 84; Friedrich W. Kasten z. Ausst. in d. Gal. Kasten 00; sowie Art. in KunstZs, z.B. Christoph Blase, in: ART Kunstmagazin 83 – (Red.)

Arnold, Ursula, Fotografin, 1957–86 Kamerafrau f. d. DFF; lebt in Berlin (* Gera 29) – **S:** 48–50 Ausbildung z. Fotografin in Weimar; 50–55 HGB Leipzig – **P:** Hannah-Höch-Pr. 02 – **E:** u. a. 97, 00 Berlin, Gal. argus fotokunst; 00 Berlin, Verborgenes Mus. (Wander-Ausst., Kat.); 01 Cottbus, Mus. f. zeitgen. Kunst; Erfurt, KH; 02 Berlin, Neuer Berliner KV (Kat.); 04 Osterfeld, Kult.haus – **G:** u. a. 02 Berlin, Gal. argus fotokunst: Berlin im Spiegel der Zeit; 04–05 Köln, Forum f. Fotogr., Berlin, Willy-Brandt-Haus: Utopie u. Wirklichkeit – Ostdt. Fotogr. 1956–1989 (Kat.) – ***Lit:*** Franziska Schmidt: U.A. – Photographien 1956–1969. Die Suche nach d. Besonderen u. Einfachen im Alltäglichen, Mag.-arb. Univ. Halle/Saale 99; Koetzle 02 – (Red.)

Arpad, Monika, Malerin; Kiebitzweg 10, D-59071 Hamm, Westfalen, Tel. (0 23 81) 9 56 29 27, Fax 9 56 29 28, *monika.arpad@gmx.de*, *www.arpad.kulturserver.de* (* Haiger/Hessen 8. 8. 50) – **S:** 92–96 HBK Hamburg (Gast, freie Kunst) – **Ve:** Lübecker Maler u. Bildhauer seit 94; BBK Nds. 99–04; GEDOK Hannover 00–03; VG Bild-Kunst 02; Hammer Künstlerbund – **G/T:** Farbmalerei (Öl, Acryl, Gouache) – **Ö:** Lübeck, Landesbauamt d. Ldes Schlesw.-Holst; ebda, Dt. Rentenversicherung; Reinfeld, Ldesversicherungsanst. Schlesw.-Holst. – **E:** 93 Bad Segeberg, Villa Flath; 96 Hamburg, Kult.haus Eppendorf; Lübeck, Künstlerzentrum; Reinfeld, Bildungszentrum; Herrnburg, Altes Zollhaus; 99 Einbeck, KWS; 00, 06 Hannover, Bildungsstätte; 01 Göttingen, Vorstandsgebäude Univ.; 02 Northeim, SM; 03 Göttingen, Künstlerhaus mit Gal.; Boffzen, Glasmus.; 04 Alfeld, Fagus Gal. – **G:** 94 Bonn, Parlamentarische Ges.; Olivet/Frkr., Centre Cult. d'Yvremont; 95 Münster, Stadthausgal.; 96 Lübeck, Mus. f. Kunst u. Kultur-Gesch.; 98 Kiel, Kunstprojekt d. Ldes Schlesw.-Holst.; 99 Göttingen, Künstlerhaus mit Gal.; 00 Trittau, Gal. im Kult.zentrum; Ahrensburg, Kult.zentrum Marstall; Bevern, Weserrenaissance Schloß; 01 Torun/Pol., Mus.; Worpswede, Gal. Art; 02 Bad Oldesloe, Stormarnhaus; Hannover, GEDOK-Gal.; Lübeck, GEDOK-Gal.; 03 Wolfenbüttel, Schloß; Lübeck, St. Petri – ***Lit:*** Lübecker Künstler, Almanach 96 – ***LitR:*** Kulturprogramm (NDR 4 Radio MV) 96

Arpitam (Ps. f.: Arno Bruse), Kunstmaler; Pfalzburger Str. 87, D-10719 Berlin, Tel. (0 30) 8 85 47 49, Fax 53 60 47 29, *arpitam@gmx.de*, *www.arpitam.net* (* Korb/Rems-Murr-Kr. 13. 7. 59) – **VG:** Berlin, Zandi; München, Roucka; Berlin, Golf-Gall. – **S:** 78–79 Freie KSch Stuttgart (b. Gerd Neisser) – **G/T:** Malerei (Spachteltechnik in Acryl m. Pastell auf Leinwand, Schwerpunkte Tanz, Jazz, Erotik u. Sport, figurativ o. abstrakt) – **W:** ca. 500 Werke in Privatbes. in Dtld, Frkr., Finnland, d. USA, Brasilien, Niederl. u. Dänemark – **Ö:** Berlin, Spielbank am Potsdamer Pl. – **E:** seit 89 regelmäßig Ausst., u. a. 96 Berlin, Gal. 77; 99, 00 Berlin, Grand Marché d'Art Contemp.; 02 Paris, EuropArt; 03 Berlin, Spielbank am Potsdamer Pl.; Maui/HI, Maui Hands Gall. – **G:** u. a. 95 Berlin, Erotik-Mus.; 96 Berlin, Visual Blues u. Jazz Gall.; 00 Berlin, Frameless; Berlin, Zandi – ***Lit:*** Vanessa Mehlitz: Handbuch Erotik, Stadtführer 96

Arpot s. Crousaz, Jean-Claude de

Arseniew, Ludmilla von, Prof., Malerin, Zeichnerin; Atelier: Kölner Landstr. 156, D-40591 Düsseldorf, Tel. u. Fax (02 11) 6 91 39 26 (* Wilna/Litauen 20. 8. 39) – **VG:** Köln, Kunsthandlung Osper – **S:** 60–65 KA Düsseldorf (Malerei u. Zchng, b. Prof. Günter Grote, 65 1. Staatsexamen); 59–67 Univ. Saarbrücken, Hamburg, Köln u. Düsseldorf (Kunstgesch., Phil. u. Romanistik) – **L:** 72–04 KA Düsseldorf, jetzt KA Münster (Prof. f. Malerei an d. Abt. f. Kunsterzieher) – **Ve:** WBK Bochum – **G/T:** 65–67 Figurenbilder; 67–79 Wolkenbilder; 79–85 Städtebilder; 85–90 Röm. Bilder, Unkrautbilder, ORTE; 90–95 Weinbergbilder; 95–00 FELDER; ab 00 Wirklichkeitsfelder – **W:** in Privatbes. in Europa – **M:** Aachen, ehem. Reichsabtei Kornelimünster KS NRW; Albstadt, StG; Herne, StG Strünkede; Müllheim, Markgräfler Mus.; St. Petersburg, Russisches Mus. –

Ö: Düsseldorf, Ldeszentralbank NRW; ebda, Stadtwerke, Ldtag; Freiburg, Amtsgericht; Mönchengladbach, Fa. Cinque; Müllheim, Volksbank; Schwäbisch Hall, Bauspk.; Tübingen, Reg.präsidium – **E:** 80 Vechta, KV Kaponier; Paderborn, KV; 81 Bremerhaven, KH; Düsseldorf, Gmyrek; Hameln, Kunstkreis; 81, 87 Liesborn, Mus.; 90 Albstadt, StG; 91 Moers, StG; 95 Müllheim, Markgräfler Mus.; 98 Aachen, Kornelimünster; 01 Köln, Kunsthandlung Osper; 02 Herne, Emschertal-Mus. – **G:** seit 66 zahlr. im In- u. Ausld – **V:** L.v.A. Arbeiten 1958–1980 (inkl. eigene Texte) 80; Bemerkungen zum Gegenstand in der Kunst 86; L.v.A. WEINberge-felder-stöcke 95; Aachen: FelderWASSERFelder 98; L.v.A. Ikone + Bild, In: Kontinent, 101 99; Herne, L.v.A. Bilder vom Wasser 02 – ***Lit:*** u. a. H. Theissing: Schuldrucke 3. Folge 72; U. Ewers: Deutsche Künstlerinnen 83; A. Smitmans: ORTE, Ausst.kat. 90; U. Rosenbaum: Unterwegs, Ausst.kat. 96 – ***LitR:*** Martin Kunze: Fs.interview m. L.v.A. 85

Art 1 s. Poschusta, Wernfried

Art-Uro, Norbert (eigtl. Norbert Arturo, geb. Norbert Rösler), Maler, Bühnenbildner; Obere Hauptstr. 108, A-7535 Neuberg, Tel. u. Fax (0 33 27) 81 46 (* Graz 27. 3. 56) – **P:** Sgraffiti Festival Ungarn (1. Pr.) 97 – **Ve:** BV Schönbrunn 84–95 – **G/T:** Graph. (Akte); dreidimensionale Ölbilder (phantast.); Illusionsmalerei (Wandgemälde, antik); Bühnenbild; Bodypainting; venezian. Masken – **W:** u. a. in Bes. d. Stadt Wien – **Ö:** Bgld, Lockenhaus; Klingenbach, Schokos Bar; Markt St. Martin, Disco; ebda, Kuhstall; Neuberg, Atelier; St. Michael, Scampi; Tirol, Tryenhof; Wien, Roter Engel; ebda, Elefant auf VW Käfer – **E:** seit 77 50 Ausst. in Öst. – **G:** 99 Florenz, Bienn.; 02 Neusiedl/See, Art Pannonia; 03 Gmunden, Ars Toskana – ***LitR:*** Künstlerportrait ATV 00

Artmann-Graf, Rosemarie, Textilgestalterin; Hasenweid 10, CH-4600 Olten, Tel. 06 22 12 71 04, *artmann-graf@bluewin.ch* (* Luzern 25. 9. 46) – **S:** 78–99 HS f. Gest. u. Kunst Zürich (Sem.kurse Textilgest., exper. Sticken, Entwurf, u. a. b. Evelyn Churcher) – **L:** 80–90 Werkkr. Trimbach (dreidimensionales Weben, Patchwork); 96–99 Bildungs- u. Tagungszentrum Asp Herzberg (Exper. Sticken); seit 00 Atelier TEXART Olten (Exper. Sticken) – **P:** Anerkennungsdipl. Schachen Gal. Oensingen 90; Farb- u. Fadenspiele d. Schwabenakad. Irsee (4. Pr.) 00; Ausz. d. IGORA Genossenschaft f. Aluminium Recycling Zürich 01 – **Ve:** Vrg Schweizer Quilter (VSQ) 89; KV Olten 90; Ambassadorenquilter 05 – **G/T:** Textilgest.; Patchwork; Mixed Media; Objektkunst; Recyclingkunst; freies Sticken – **K:** Exper. Sticken – **E:** u. a. 00 Feldmeilen, Schwabach Gal.; 01 Olten, Huber; 03 Freiburg im Breisgau, quilt star; 05 Olten, Disler; 06 Härkingen, Alte Kirche – **G:** zahlr. Bet. seit 87, u. a. 03 Heidelberg, Kurpf. Mus.; 04 Bern, Quiltgasse; 05 Zürich, Kunstwkst. Rehalp, 06 Schaffhausen, Ebnat 65

Artner, Gerda s. Prikowitsch, Gerda

Arturo, Norbert s. Art-Uro, Norbert

Arz, Martin, Mag., Maler, Graphiker, Autor, Redakteur; Palmstr. 15, D-80469 München, Tel. (0 89) 2 01 00 48, *mail@martin-arz.de*, *www.martin-arz.de* (* Würzburg 3. 7. 63) – **VG:** Berlin, Junger; Amsterdam, Gal. Faubourg; Leusden, Axel – **S:** 84–91 Ludwig-Maximilians-Univ. München (Kunsterziehung) – **L:** 92–93 VHS München (Doz. f. Malerei u. Zeichn.) – **Ve:** Schutzverb. Bild. Künstler in ver.di seit 99 – **G/T:** Malerei (Acryl, Öl, vorw. Portr.); Farblinolschnitte – **W:** überw. in Privatbes. – **E:** zahlr. Einzelausst. seit 86, u. a. 91 München, Gal. Burgstraße; 92 München, Gal. Naked; 94 München, U-Bahn-Gal.; 95 München, PCPrint; 96 Amsterdam, Zona; 98 Regensburg, Hypobank; 99, 00 München, Kunstbehandlung; 01 Amsterdam, Culture + Camp; 02 Hof, Spk.; 04 Amsterdam, Gal. Faubourg; 05 Salzburg, Junger – **G:** zahlr. Ausst.bet. seit 89, zuletzt 98 St. Etienne, Gal. In Extremis; 00 Berlin, Anton Gal.; 01 München, Kunstpavillon; 02 Nürnberg, Kunsthaus; 03 Salzburg, Junger; 05 Berlin, Junger; Hongkong, Junger – ***Lit:*** The Entrepreneurial Group: Unternehmerisches Handeln, Ausst.kat. 91; 2. EigenArt, Kat. z. Ausst. in d. Gal. 87 Grad West 95; 3. EigenArt, Kat. z. Ausst. in d. Gal. 87 Grad West 97; Kunstpreis Ebersberg, Kat. z. Ausst. im KV Ebersberg 97; M.A. Unterwegs, Ausst.kat. 99; M.A. Wieder da!, Ausst.kat. 00; Jahresausst. KV Ebersberg, Ausst.kat. 06

Aschbacher, Ute, Mag. Art.; Rosenstr. 14, A-9861 Eisentratten, Tel. (0 47 32) 22 09, 27 80, *uteaschbacher @yahoo.fr*. Atelier, 21/23, rue L'Amiral Roussin, F-75015 Paris, Tel. (01) 42 62 50 66 (* Villach 26. 1. 58) – **VG:** Weizelsdorf, Walker; Paris, Fournier – **S:** ABK Wien; 87 Meisterschule f. Medailleurkunst u. Kleinplast. (b. Prof. F. X. Ölzant); 88–92 Meisterschule f. Malerei (b. Prof. Markus Prachensky; Dipl. m. Ausz.) – **P:** Meisterschulpr. d. Kl. Prof. Prachensky 92; Pr. f. Malerei d. Tabakmus. Wien 92; Arb.stip. d. Min. f. Wiss. u. Forschung Wien 92 – **Ve:** KV Kärnten; Maison des Artistes Paris – **G/T:** Malerei (Acryl auf Leinen u. Molino, abstr. Expressionismus) – **W:** überw. in Privatbes. u. in Privatslgn – **M:** Klagenfurt, Kärntner LG; Wien, Slg Makura – **Ö:** Spittal/Drau, Bez.gericht; Wien, Wirtschafts- u. Ldwirtschaftsmin.; ebda, Confida Wien Reithlegasse – **E:** 90, 98 Klagenfurt, KV; 91 Villach, Holzer; 93 Klagenfurt, Slama; 97 Graz, Schafschetzy; 99, 04 Görz, Marinotto 02, 04 Linz, Figl – **G:** 94, 02 Paris, Fournier; 98 Paris, Gal. Carinthia (m. Olivier Debré); 03 Linz, LG; Görz, Marinotto; Villach, Gal. Freihausgasse – ***Lit:*** Thomas Zaunschirm: Im Zentrum d. Welt 92; Kat. 92, 93; U. A., Kat. (Gest. Harald Pließnig, Fotos Ferdinand Neumüller, Vorwort Bertram Karl Steiner) 02 – ***LitR:*** RF: Beitr. im ORF Klagenfurt 93, 98, 01, 03 u. Radio Hessen 99; – Fs.beitr.: Helga Ripper: Künstlerporträt, ORF 93, 95; Helga Suppan: Künstlerporträt, ORF 01; – sowie Beitr. im ital. u. slowenischen Fs. – (Red.)

Asisi, Yadegar, Architekt, Installationskünstler, Panoramenkünstler, Bühnenbildner; c/o Asisi Factory, Adalbertstr. 20, D-10997 Berlin, Tel. (0 30) 61 65 67 66, Fax 81 79 77 94, *office@asisi-factory.de*, *www.asisi-factory.de* (* Wien 8. 4. 55) – **S:** 73–78 TU Dresden (Archit., Dipl.-Ing.) 78–84 HdK Berlin (Malerei, Meisterschüler b. Klaus Fußmann) – **L:** 85–91 HdK Berlin (LAuftr. Darst.methoden in d. Archit., FB Archit.); seit 96 Technische FHS Berlin (Prof. f. Freie Darst., FB Archit.) – **P:** Mies van d. Rohe-Pr. 90; Preisträger (Realisierung) mehrerer Wettb. – **KGe:** Brandt-Asisi-Böttcher (Archit.büro, 82–86) – **W:** Bühnenbilder, u. a. für: Stadttheater Heilbronn (Sechs Personen suchen einen Autor, Dschungelbuch); Staatsoperette Dresden (Martha, West-Side-Story); Oper Leipzig (Zauberflöte) – **E:** Panoramen: 95 Berlin, Berlin 2005. Cityvision (Kat.); 99 Weimar, Hommage à Daniel Buren; 00 Bremen, Hanse-Panorama; 03 Leipzig, 8848 Everest; 05 Leipzig, Rom CCCXII; 06 Dresden, 1758 Dresden – **G:** u. a. 84 Berlin, Aedes; Berlin, Martin-Gropius-Bau: Intern. Bauausst.; 85 Venedig, Archit.bienn.; Frankfurt am Main, Dt. Archit.-Mus.; Berlin, Menzel; 92 Sevilla, Expo; 94 Leipzig, KH Elsterpark: Die Säule (Kat.); 01 Berlin, Martin-Gropius-Bau; 04 Stuttgart, Inst. f. Auslandsbeziehungen – ***Lit:*** Marina Rütten: Architect of illusions, Bildbd engl.-dt. 04 – (Red.)

Asmus, Dieter, Maler u. Graphiker; Rupertistr. 73, D-22609 Hamburg (* Hamburg 1.3.39) – **S:** 60–67 HBK Hamburg (b. P. Wunderlich, R. Lindner) – **P:** u.a. Kunstpr. d. Stadt Wolfsburg f. Malerei; Stip. d. Stud.-stift. d. Dt. Volkes 65–67; Stip. d. frz. Reg. 67; DAAD-Stip. 67; Förd.pr. Bild. Kunst d. Kult.kr. d. dt. Wirtschaft im BDI 71; Balsthaler Kunstpr. f. Graph. 72 – **Ve:** Freie AK Hamburg; Künstlersonderbund in Deutschland – **KGr:** Neuer Realismus (Mitbegr.); Zebra (Mitbegr.) – **G/T:** Malerei (Öl); Graph. (Rad., Siebdruck) – **M:** Aachen, Ludwig Forum; Augsburg, SG in d. KH; Frankfurt am Main, Städel; Hamburg, KH; München, Bay. Staatsgemäldeslgn; Neu-Delhi, Indische NG; Rio de Janeiro, Mus. de Arte Mod.; Rom, Gall. Nazionale d'Arte Mod.; Schleswig, LM f. Kunst u. Kult.-Gesch. Schloß Gottorf; Skopje, StM; Stuttgart, SG; Wien, Albertina; Wolfsburg, StG – **E:** u.a. 72 Bremen, Gal. Rothenstein; Speyer, Gal. 68; München, Hoeppner; Bochum, Studio Jaeschke; Norderstedt, KV; 76 Sögel, Emsland-Mus. Schloß Clemenswerth; 77 Paderborn, Kafsack; 78 Hagen, Gal. Keo; Lindau, Holbein; 81 Viersen, Städt. Gal. am Park; 82 Hameln, KV – **G:** ca. 60 Ausst. m. d. Gr. Zebra, ca. 100 Ausst. im In- u. Ausland – ***Lit:*** AKL; Reclams Künstlerlex. 02; Schweers 02 – (Red.)

Asobralski, Freidan; Goetenberg 30, D-21039 Escheburg, Tel. (0 41 52) 84 19 10, Fax 8 31 86, *info@freidan.com*, *www.freidan.com* – **G/T:** Bildhauerei, Malerei – (Red.)

Assfalg, Siegfried, Konkreter Holzdrucker, Bildhauer, Zeichner; Rosenstr. 22, D-88400 Biberach, Tel. (0 73 51) 2 15 02. c/o Atelier, Steinstr. 7, D-88400 Biberach, Tel. (0 73 51) 90 83 (* Rohrdorf b. Horb 12.4.25) – **VG:** Ehingen/Donau, Gal. Schloß Mochental; Konstanz, Geiger; München, Abercron; Friedberg, Gal. u. Ed. Hoffmann; Köln, Inter Art Gal.; Stuttgart, Dorn; Vaduz, Gal. am Lindenplatz – **S:** Aktzeichnen b. Julius Herburger u. Shmuel Shapiro, Bildhauerei b. Drago Santec Wien, Hschn. b. Heinz Schanz – **L:** VHS Biberach (Doz., Hschn.-Holzdruck) – **P:** Pr. d. Gefangenenkunst in Paris Maison Quai d'Orsay 47 – **Ve:** VBKW 81; Xylon 85 – **G/T:** Hschn.; organ.-konstruktiver u. konkreter Holzdruck; Holzplast. u. Wandobjekt; konstrukt. Zchng; Grenzerweiterung d. Konkreten Kunst – **W:** Ankauf u.a. f. d. Slg Siegfried Weishaupt Schwendi – **M:** Biberach an d. Riß, Braith-Mali-Mus.; Biberach, Pro Arte; Blaubeuren, Slg Merkle; Calgary, Stift. f. Konkrete Kunst d. Univ.; Ingolstadt, Mus. f. Konkrete Kunst; Karlsruhe, Reg.präsidium; Künzelsau, Mus. Würth; Ludwigshafen, Wilhelm-Hack-Mus.; Mainz, Gutenberg-Mus.; Reutlingen, Städt. KM Spendhaus; Singen, Städt. KM; Stuttgart, Reg.präsidium; Stuttgart, SG; Tübingen, Reg.präsidium; Ulm, Ulmer Mus. – **Ö:** Biberach, Berufsschule; ebda, Bischof-Sproll-Schule, Neue Berufsschule, Firma Handtmann; Ingelheim, Boehringer; Stuttgart, Min. f. Wiss. u. Kunst Bad.-Württ.; Ulm, Ratiopharm; ebda, Schule f. Sozialpädagogik – sowie zahlr. Ausstattungen in RH, Inst., Beamtungen u.s.w. – **E:** zahlr. seit 84, u.a. 91 Mainz, Gutenberg-Mus.; 93 Ehingen, Donau, Gal. Schloß Mochental; 94 München, Abercron; 96 Singen, Städt. KM; 97 Ludwigshafen, Wilhelm-Hack-Mus.; 98, 05 Ochsenhausen, StG Fruchtkasten; 00 Ravensburg, Gal. d. Kr.spk.; 01 Konstanz, Geiger; 02 Ingolstadt, Mus. f. Konkrete Kunst; 03 Rehau, Kunsthaus – Inst. f. Konkrete Kunst u. Poesie; Biberach, Pro Arte; Biberach, Gal. d. Stift. Kr.spk. (Kat.); Rottenburg, Kulturver. Zehntscheuer; 04 Tettnang, Gal. im Torschloß; 05 Biberach, Lang; 06 Freiburg im Breisgau, Stift. f. konkrete Kunst Roland Phleps; 08 Walldorf, SAP AG – **G:** zahlr. Bet. seit 47, u.a. 47 Paris, Maison Quai d'Orsay; 79 Stuttgart, TWS-Etagengal.; 83 Stuttgart, Gal. unterm Turm; 88 Heidelberg, Europ. Graph.-Bienn.; 90 Reutlingen, Städt. KM Spendhaus; 92 München, Abercron; 95 Würzburg, Gal. am Grasholz; 97 Albstadt, StG; 00 Ravensburg, Hölder; 01 München, Bender; Rot an d. Rot, Hschn. vor-neben-nach HAP Grieshaber; 02 Reutlingen, Xylon: Schnittstellen; Ravensburg, Gal. d. Kr.spk.; 03 Reutlingen, KV: Positionen; 05 Xylon, Neuer Hschn. Dtld-Öst.-Schweiz; 06 Meßkirch, Kr.gal.: Hschn. in Oberschwaben – **V:** Illustration Marchtaler Plan, Lehrb. (Diözese Rottenburg) – ***Lit:*** zahlr. Kat. u.a. Idis B. Hartmann: Retr., Kat. (Braith-Mali-Mus. Biberach) 85; Barbara Lipps-Kant: Assfalg Konkret, Kat. (Gal. Schloß Mochental) 93; Peter Volkwein: Konkret im Holzdruck, Kat. (Mus. f. Konkrete Kunst Ingolstadt) 02 – ***LitR:*** HFK: Rainer Zerbst: Retr. Braith-Mali-Museum, RF 86; Zur Ausst. Wilhelm-Hack-Museum Ludwigshafen, RF (Südwestfunk Mainz) 97; Rainer Zerbst: Ausst. in d. Zehntscheuer Rottenburg, RF 03 –TV: Das Alphabet im Holzdruck. Schriftkunst mit Ilse Garnier, Fs. (Fränkisches Fs.) 02

Assig, Martin, Maler; Riemannstr. 6, D-10961 Berlin (* Schwelm 59) – **VG:** Berlin, Diehl; Essen, Schlag & Cie. – **S:** 79–85 HdK Berlin (b. H. J. Diehl) – **L:** 85 Europ. ABK Trier (LAuftr. f. Druckgraph.); 88–92 HdK Berlin (LAuftr.); 00 ebda (Gastprof.) – **P:** Stip. d. Stud.stift. d. Dt. Volkes 83; Stip. z. Förd. d. künstler. Nachwuchses 85; Kunstpr. d. Stadt Zweibrücken (f. Malerei) 86; Stip. d. Dt.-Frz. Jgd.werkes 86; Stip. d. Senats f. Kult. Angelegenheiten Berlin 88; Stip. d. Günther-Peill-Stift. 92; Saar Ferngas Förd.pr. (2. Pr.) 92; Käthe-Kollwitz-Pr. 93; Stift. Kunstfonds – Arb.- u. Projektstip. 94 – **E:** u.a. 01 Almagro, Gal. Fúcares; Lübeck, Linde; Miami, Facchini Gall.; 02 Bremen, Neues Mus. Weserburg; Berlin, Diehl; 03 Köln, Reckermann; München, Tanit – **G:** u.a. 00 Frankfurt am Main, Rothe; 01 Fellbach, Trienn. d. Kleinplast.; 02 München, Tanit; 03 Berlin, Brecht-Haus; Berlin, Nothelfer – (Red.)

Astel, Eva s. Vargas, Eva

Atanasov, Peter; Hauslabgasse 38, A-1050 Wien, Tel. (01) 5 44 34 26, Fax 5 44 34 26 – **G/T:** Malerei, Graph., Bildhauerei, Fotogr. – (Red.)

ATM s. Mörstedt, Alfred Traugott

Attems, Şule (Ps.: Daphne von Ottoman, geb. Şule Eşdik), Bildende Künstlerin; *sule.attems@nextra.at* (* Istanbul/Türkei 30.6.60) – **P:** Jap.-Stip. d. Bundeskanzleramtes Öst. 98 – **Ve:** IG Bild. Kunst – **KGr:** LAVA; Die Hybriden – **KGe:** Basis Wien – **G/T:** Raum- u. Videoinstall., Konzeptkunst, Netzkunst, digitale Fotogr., Malerei – **W:** überw. in Privatbes. – **E:** 92 Wien, WUK; Wien, Lignet Rose; 93 Wien, Studio Molière; 99 Krumau, Egon Schiele AC; 00 Sagamihara, Joufukuji Temple; 00, 03 Kamakura, Kezouin Temple; 01, 02 Wien, Einraum; 02, 03 Wien, Soho in Ottakring – **G:** u.a. 98 Kanagawa, Fujino AC; 99 Wien, Wasserturm; 99, 01, 02 Graz, Forum Stadtpark; 01 Regensburg, Flaschenpost; Wien, Schikaneder; 02 Wien, Grüne Alternative; 03 Belgrad, Belgrade Summer Festival; Graz, ESC; Graz, Dom; Maribor, Media Nox; 04 Wien, Hauptbücherei – **V:** In Control Mensch-Interface-Maschine, Kat.; West-Östlicher Divan. Wiener Künstler aus dem Orient – (Red.)

Attersee, Christian Ludwig (eigtl. Christian Ludwig), Prof., Mag., Maler, Graphiker, Bühnenbildner, Musiker, Designer, Objektgestalter, Filmemacher; Atelier/Archiv Attersee: Tuchlauben 17/4/7, A-1010 Wien, Tel. (01) 53 32 59 10, Fax 53 32 59 14, *attersee@utanet.at*, *www.christian-ludwig-attersee.de* (* Preßburg/Slowakei 28.8.40) – **VG:** Wien, Curtze; Wien, Hilger – **S:** 57–63 HS f. angew. Kunst Wien

(Meisterkl. f. Malerei u. Graph. b. Prof. Eduard Bäumer) – **L:** 90 u. 99 Leitung v. Malkl. an d. Sommerakad. Salzburg; ab Oktober 90 ao. Prof. an d. HS f. angew. Kunst Wien (Meisterkl. f. exper. Gest.); seit Mai 92 o. Prof. an d. HS f. angew. Kunst Wien (Meisterkl. f. Malerei, Animationsfilm u. Tapisserie) – **P:** Großer Öst. Staatspr. (Bild. Kunst) 98; Lovis-Corinth-Pr. 04 – **G/T:** Malerei, Graph., Bühnenbild, Musik, Film, Objekterfindungen – **M:** u. a. Amsterdam, Stedelijk Mus.; Hamburg, KH; Klosterneuburg/NdÖst., Slg Essl; Linz, Lentos; München, Lenbachhaus; St. Petersburg, Russisches Mus.; Wien, Albertina; Wien, Belvedere; Wien, MMK Stiftung Ludwig – **Ö:** Bad Füssing, Ev. Kirche (großformatige Leinwandbilder); Böheimkirchen, Logistik- u. Verwaltungszentrum d. Würth HandelsGes. (Innenraum-Mosaike); Graz, Aula d. TU; Linz, Amadeus-Haus d. ObÖst. Ldesverl. (Deckengemälde); Wien, Atterseehaus (Fassaden-Mosaik) – **E:** zahlr. Ausst. seit 66, u. a. 72 Berlin, Gal. Springer; 74 München, Gal. van de Loo; Kassel, KV; 75 Paris, Centre Pompidou; 76 Luzern, Kunst-Mus.; 77 Mannheim, KV; 80, 95 München, Gal. Klewan; 81 Innsbruck, Gal. Krinzinger; 82 Wien, Mus. 20.Jh.; 86 Linz, Neue Gal.; 89 Berlin, Gal. Skulima; 91 Frankfurt am Main, Hilger; 93 Düsseldorf, Curtze; 95 Leverkusen, Mus. Morsbroich; 97 Wien, Albertina; 99 Wien, Pal. Harrach; 02 Amsterdam, Stedelijk Mus.; 03 Augsburg, Gal. Noah; 04 Regensburg, Ostdt. Gal. – **G:** 69 Wien, Gal. nächst Sankt Stephan; 77 Kassel, documenta; 79 Düsseldorf, Curtze; 82 München, Gal. Klewan; 84 Venedig, Bienn.; 89 Wien, MMK Stiftung Ludwig – **V:** Wunderbare Reisen des Freiherrn von Münchhausen, (Ill.) 83; Die zweibeinige Gotik, Graph.mappe 88; Vogeltag, Graph.mappe 87–89; m. Daniel Spoerri: Zehn Appetitknospen, Siebdruckmappe 89; Die Taulocke (Sprache von Wasser und Liebe, Gedichte und Kurzprosa 1972–1992), 92; Die Fleischkonditorei (Ill., Gedichte u. Kurzprosa) 98; m. Peter Baum (Text): Die Blaue Braut, (Ill.) 00 – **R:** m. Rosemarie u. Christoph Stenzel (Regie): Gruß Attersee, Kinofarbfilm 69; Atterseelied u. Atterseewalzer, (Musik aus d. Kinofilm 'Gruß Attersee', Covergest.) 70; Das Berliner Konzert, Konzertaufnahme (aus d. Reihe 'Selten gehörte Musik') 75; Abschöpfsymphonie, Konzertaufnahme (aus d. Reihe 'Selten gehörte Musik') 79; Klaviertreiben, Klavierkonzert (Musik u. Covergest.) 81; Weihnacht zu zweit, Weihnachtslieder 83, 92; Atterseemusik, Lieder von Wetter und Liebe, (Musik u. Covergest.) 85, 94; Atterseezigeuner (Attersee u. das Ferry Trio live in München) 87, 98; Rampi Rampi, Auskoppelung aus d. Attersee-LP 'Atterseezigeuner', (Musik u. Covergest.) 88; Atterseesprache (Gedichte u. Kurzprosa) 98; Atterseestunde, Aufzeichnung d. Attersee-Abends 'Attersee-Stunde' im ORF- Ldesstudio (Sprache u. Musik) 04 – (Red.)

Atti s. Cames, Beate

Auderer, Eva s. Vargas, Eva

Auer, Fritz, Prof., Architekt; c/o Auer + Weber + Architekten, Haußmannstr. 103, D-70188 Stuttgart, *stuttgart@auer-weber.de*, *www.auer-weber.de* (* Tübingen 24. 6. 33) – **S:** 53–62 TH Stuttgart; 58–59 Cranbrook Acad. of Arts Bloomfield Hills Michigan (Stip., Master of Archit.); 62 TH Stuttgart (Dipl.) – **L:** 85–92 FHS München (Prof. f. Baukonstruktion u. Entwerfen); 93–01 ABK Stuttgart (Prof. f. Entwerfen) – **P:** Pr. d. BDA 72; Hugo-Häring-Pr. 72; DuPont Benedictus Award (Ausz.) 01; Archit.pr. Magdeburg 01; Dt. Archit.pr. 01; Archit.pr. NRW 01 – **Ve:** BDA; Architektenkammer BW; Architektenkammer Bay.; AK Berlin 92 – **KGe:** Auer + Weber + Architekten: F. A., Carlo Weber u. a. (seit 80) – **B:** u. a. Chile: Hotel Area am Cerro Paranal; Frankfurt am Main: PRISMA-Haus; Pforzheim: Altes RH (Umbau u. Erweiterung); Stuttgart: Kronen Carré – **G:** m. Auer + Weber + Architekten: 90 Sevilla, Expo; 93 München, Architekturgalerie; 97 Berlin, Architekturforum Aedes East; 98, 99 Frankfurt am Main, Dt. Archit.-Mus.; 01 Stuttgart, Designer-Saturday 'Aitlive'; München, SM; 02 München, BMW Group Pavillon – ***Lit:*** AKL – (Red.)

Auerbachpresse s. Fritzsch, Annette

Auffinger, Agnes, Malerin, Graphikerin, Bildhauerin; lebt in Dossenheim (* München 34) – **VG:** München, Pich – **S:** Keramikschule Franz Eska (Gesellenprüfung); ABK München (Bildhauerei u. Malerei b. Elmar Dietz, Georg Brenninger, Heinrich Kirchner u. Blasius Spreng) – **P:** Kunstpr. Schwaben 69; Bürgerpr.-Thomas-Dachser-Gedenkpr. 70; Pr. d. Bay. Keramikinnung (1. Pr.) – **G/T:** Malerei (v. a. Öl auf Leinwand, trad. Malweise, Phantastischer Surrealismus); Graph. (versch. Drucktechniken); Plast. (Ton, Bronze, Holz, Stein, Drahtfiguren); Kunst am Bau; digitale Bilder – **Ö:** Blaichach, Hauptschule (Wandmalerei); Schwandorf, Klosterkirche (Holzplast.) – **E:** u. a. 71 München, Kardinal-Wendel-Haus; 72 Essen, Aula d. Bischöflichen Abendgymnasiums; 01 Dossenheim, Mus.scheuer; 04 Speyer, Altstadt Gal. – **G:** zuletzt 02, 03 Heidelberg, Melnikow – **V:** A. A. u. Friedemann Fichtl (Text): Wer mir nachfolgen will. Bilder und Texte zum Kreuzweg (Ill.) 80 – ***Lit:*** AKL – (Red.)

Augenstern, Rebecca (eigtl. Elisabeth Kudla, geb. Elisabeth Walz), Malerin, Gemälderestauratorin; Johann-Theodorstr. 10, D-85737 Ismaning, Tel. u. Fax (0 89) 3 59 61 73, *karlkudla@onlinehome.de* (* Feucht 23. 4. 50) – **S:** 87 Glas- u. Porzellanmalermeisterin München-Zwiesel – **Ve:** DGfCK 02 – **G/T:** Objektkunst; Materialcollagen (Glas, Holz, Papier); Malerei (Acryl, Glas); Gemälderestauration – **K:** freies Malen u. Gest., auch f. Kinder – **W:** überw. in Privatbes. – **Ö:** München, Kanzlei Ute Henning – **E:** 98 Unterföhring, RH u. Stadtbibliothek; 99 Augsburg, Cafe Eber; 01 München, Kapernaumkirche; 04 München, Kleine Gal. – **G:** 99 München, Oltmann – (Red.)

Augurzki, Manfred, Maler, Graphiker; *www.augurzki.de* (* Hainichen/Sa. 3. 8. 48) – **S:** 70–71 HS f. industr. Formgest. Burg Giebichenstein Halle/Saale; 71–76 HGB Leipzig – **Ve:** VBK Sa.-Anh. – **K:** seit 93 JugendKsch Haus KLE Magdeburg (Kursleitung Zeichnen im Mus.) – **E:** 91 Wolfsburg, Gal. Porschehütte; 96 Magdeburg, AMO – Gal. im Flur; 01 Magdeburg, Gal. Himmelreich – **G:** 99 Berlin, Dt. Industriebank Düsseldorf

Augustin, Till, Bild. Künstler; Peterstr. 65, D-90478 Nürnberg (* Bernried 51) – **S:** Autodidakt – **Ve:** BBK Bay. seit 92 – **G/T:** Bildhauerei, Malerei, Zeichn., Druckgraph., Kunst im öff. Raum, Kunst u. Bauen (Metall, Holz, Glas, Eisenguß) – **W:** Univ. Erlangen-Nürnberg – **E:** u. a. 98 Burgdorf, KH; 00 Grenchen, Contempo Gal. – **G:** u. a. 97 Kassel, documenta X; 00 Innsbruck, Art – (Red.)

Aulfes-Daeschler, Gisela; Ainmillerstr. 40, D-80801 München, Tel. (0 89) 39 77 47, Fax 39 55 03, *Daniel Aulfes@compuserve.com* – **G/T:** Malerei – (Red.)

Aulich, Herbert, Maler, Graphiker; In der Tränk 7, D-63075 Offenbach, Tel. (0 69) 86 89 61 (* Wüstendorf/Schlesien 27) – **S:** 50–54 WerkKSch Hannover (Freie Malerei u. Graph. b. Erich Rhein u. Adolf Vogel) – **L:** 58–78 VHS Hannover (Doz. f. künstler. u. handwerkliches Gest.); 60–61 WerkKSch Hannover (LAuftr. f. wiss. Graph. u. Ill.) – **P:** Rosenthal-Studio-Pr. 'Die Scene f. Design' 74; Kult.pr. Schlesien d. Ldes Nds. (Hauptpr.) 89; Lovis-Corinth-Pr. 03 – **G/T:** Malerei

(Öl u. Eitempera, auch Verwendung v. Foto-Ausschnitten); Wandbilder u. Wandbildteppiche, Mosaiken, Glasfenster, Plast. (Holz, Metall- u. Betonreliefs) – versch. stilistische Werkphasen (abstr. Strukturalismus, geometrisch-abstr. Konstruktivismus) – **W:** zahlr. Werke in öff. Bes. – **M:** Cholet, Mus. Municipal; Hannover, KV; Hannover, Sprengel Mus.; Regensburg, Ostdt. Gal. – **Ö:** Diekholzen/Hildesheim, Kirche (gewebtes Altar-Parament); Hannover, Kirche d. Siebenten-Tags-Adventisten (Glasfenster); Northeim, Kirche St. Sixti (gewebtes Altar-Parament) – **E:** zuletzt 96 Wrocław, Archit.-mus.; 02 Offenbach, Industr.- u. Handelskammer; 04 Offenbach, Fahrradhalle – **G:** zuletzt u. a. 00 Hofbieber, Kunststation Kleinsassen – ***Lit:*** Büchner, Gomringer u. Klemp, Ausst.kat. 91; Gerhard Leistner, Ausst.kat. 96; Schweers 02; Marion Feld, Ausst.kat. 03; AKL

Aumeier, Gerd; Schocketal 9, D-34233 Fuldatal, Tel. (05 61) 9 81 26 06, Fax 9 81 26 07, *info @aumeier-fotodesign.de*, *www.aumeier-fotodesign.de* (* Würzburg 21. 06. 52) – **VG:** Kassel, Puri – **Ve:** BBK Hessen – **G/T:** Fotogr. – **W:** überw. in Privatbes. – **E:** 92 Kassel, documenta; 96 Bad Arolsen, Frese; 06 Kassel, Puri – **G:** seit 95 mehrere Bet. – Künstlergruppe Fuldatal; 04 Kassel, Fa. Sigmet: Geschwisterausst.; BBK, Edition Fotogr. – **V:** F.W. Block: IO – Poesis Digitalis (Fotoill.) 97; Willigis Jäger: 27 Perlen d. Weisheit (Fotoill.) 04

Aurin s. Lachnit, Marianne

Ausborn, Gerhard, Maler, Graphiker; lebt in Hamburg (* Hamburg 7. 7. 33) – **S:** 53–55 HBK Hamburg (b. Karl Kaschak, Ernst Wilhelm Nay, Conrad Westphal, Hans Thiemann, Rolf Cavael, Hann Trier, Josef Fassbender u. Gerhard F. Fietz) – **P:** DAAD-Stip. Paris 56–59; Lichtwark-Pr. 59; Kunstpr. d. Böttcherstr. in Bremen 59; Stip. Bild. Kunst d. Kult.kr. d. dt. Wirtschaft im BDI 60 – **G/T:** Malerei (Gouachen, Öl u. Aqu., geometrisch stilisierte u. realist. Elemente, landschaftl. bzw. archit. Impressionen, v. a. Reiseeindrücke, auch landschaftl. Bildzitate); Hschn. – **M:** Berlin, Bauhaus-Arch.; Bremen, KH; Frankfurt am Main, Dt. Bank KS; Hamburg, Altonaer Mus.; Hamburg, KH; Oldenburg, LM; Osnabrück, Kulturgesch. Mus. – **E:** ca. 70 Einzelausst. – **G:** Dt. u. Norweg. Künstlerbund, Farbige Graphik; Paris-Montreal, Bienn. Jeune Peinture; Düsseldorf, Intern. Kunstmarkt: Graphik aus Hamburg (Neue Gruppe Hamburg) – ***Lit:*** AKL; Schweers 02

Aust, Heinz, Architekt; Leipziger Str. 56, D-10117 Berlin, Tel. (0 30) 2 08 05 35 (* Lippen/Niederlausitz 18. 10. 27) – **P:** u. a. Archit.pr. Ost-Berlin 88; Schinkelmed. BDA – **B:** u. a. Berlin: Kino International (m. Josef Kaiser), Fußumbauung Fernsehturm (m. Walter Herzog), Pal. d. Republik (Mitarb.), Rekonstruktion d. Charité (Mitarb.) – ***Lit:*** Barth/Topfstedt 00 – (Red.)

Austrianer, Wolfgang Amadeus (eigtl. Wolfgang W. Wiener), Medienkünstler; Hauptstr. 3A, D-30855 Langenhagen, Tel. (05 11) 78 47 78, Fax 7 84 77 89, *austrianer@aol.com* (* Hannover 6. 4. 46) – **S:** Ausb. z. Kommunikationswirt, Typograph u. Fotographiker – **KGe:** Block 16 Hannover – **G/T:** Malerei; Fotogr.; Graph.; Öff. Objekte; Medien; Collagen – **K:** K&K Kinder & Kunst, Jeder ist ein Künstler, Digitale Graph. – **E:** in Dtld u. im europ. Ausld – ***Lit:*** zahlr. Prospekte über Ausst.themen – ***LitR:*** 100 digitale Selbstportr. 95; Nov. Helden – wir alle sind Helden – jeder auf seine 'Art' 06

Autering, Thomas, Dipl.-Produktdesigner; Gilbert-Kranz-Str. 21, D-58706 Menden, Tel. (0 23 73) 94 81 77, *autering@freudenhaus-kunst.de*, *www.autering.com; www.freudenhaus-kunst.de* (* Lüdinghausen 2. 2. 70) – **VG:** Hamm, Gal. Kley – **L:** 04–06 KHS Menden – **Ve:** BBK Westf. – **KGr:** Freudenhaus (Mitbegründer) – **G/T:** Zchng (Graphit, großformatig) – **K:** Zeichenprozesse – Wege ins Abstrakte – **W:** 17 – **M:** Menden, Mus. (Archiv) – **E:** u. a. 03, 05 Menden – **G:** u. a. 04 Enneptal, EN-Kunst; 05 Kamen, Kunstsonntag; Lüdinghausen, Burg-Art

Avramidis, Helene; Ferrogasse 80, A-1180 Wien, Tel. (01) 4 79 87 02, Fax 4 79 87 02, *avramidishelene@ hotmail.com* – **G/T:** Bildhauerei – (Red.)

Avramidis, Joannis, Prof., Bildhauer, Maler, Zeichner; Meiereistr. 3, A-1020 Wien, Tel. (01) 7 29 69 08 (* Batum/Georgien 23. 9. 22) – **VG:** Dornbirn, c.art Prantl + Boch; Frankfurt am Main, Appel; München, Thomas – **S:** 37–39 Staatl. KSch Batum (Malerei u. Graph.); 45–49 ABK Wien (Malerei b. Robin Chr. Andersen); 49–51 Stud. b. Robert Eigenberger; 53–56 Bildhauerei b. Fritz Wotruba – **L:** 65–66 ABK Wien (LBeauftr.); 68–92 ebd. Prof. f. Bildhauerei; 66–67 HBK Hamburg (Gastprof.) – **P:** u. a. Staatspr. d. ABK Wien 56; Hugo-von-Montfort-Pr. 61; Pr. d. Stadt Wien 64; Großer Öst. Staatspr. 73; Pr. d. Bienn. Budapest f. Kleinplast. 73; Öst. E.zeichen f. Wiss. u. Kunst 85 – **Ve:** Wiener Secession – **G/T:** Plast. (figürl., abstr., vorw. in Bronze, Gips, Aluminium); Zeichn. (Kohle, Bleistift u. a.); Malerei – **M:** u. a. Berlin, NG; Graz, LM Joanneum; Hamburg, KS neuerer Plast.; Innsbruck, Tiroler LM Ferdinandeum; Linz, Lentos; München, SG Mod. Kunst; Oslo, NG; Otterlo, Kröller-Müller Mus.; Wien, Albertina; Wien, Kpst.-Kab. d. ABK; Wien, MMK Stiftung Ludwig – **E:** zahlr. Einzelausst. seit 56, u. a. 71 New York, Gal. Krugier; Wien, Gal. Ariadne; 74 Graz, Neue Gal.; 75, 82 Wien, Gal. Ulysses; 79 Bremen, KH; 80 Mannheim, StKH; 80, 88 Nürnberg, KH; 84 Wien, Neue Gal.; 86 Salzburg, Rupertinum; 88 Ludwigsburg, Schloßgarten; Stuttgart, Graph. Slg; Berlin, Brusberg; 99 München, Glyptothek; Bamberg, Künstlerhaus Villa Concordia (m. Annemarie A.); 02 Magdeburg, KM Kloster Unser lieben Frauen – **G:** u. a. 56, 62 Venedig, Bienn.; 64 Kassel, documenta; 73 Antwerpen, Bienn.; 90 Wien, Secession – ***Lit:*** AKL; Reclams Künstlerlex. 02 – (Red.)

Awad, Krayem Maria s. Krayem

Axpe, Ana, Video- u. Fotokünstlerin; lebt in Genf (* Buenos Aires 15. 7. 68) – **VG:** Basel, Friedrich – **G/T:** Fotogr. u. Video (z.T. installativ u. kombiniert, Selbstinszenierungen in fiktiven Rollen u. Szenerien) – **E:** zuletzt 02 Solothurn, KM; 04 Bogotá, Espacio La Rebeca – **G:** zuletzt 01 Frankfurt/Main, Enders Projekts Contemp. Fine Arts; 03 Berlin, Heeresbäckerei-Kult. – **R:** Adela and Olga Fight, Video 00; The Last Dynasty, Video 02 – beide Teile d. Langzeitprojekts 'No Firmo!', fiktive Telenovela (Konzept, Regie, Darst.) seit 96 – ***Lit:*** A. A. I was made for lovin' you. Fotos, Videos und Installationen, Kat. 02 – (Red.)

Ayech, Bettina s. Heinen-Ayech, Bettina

B. M.-K. s. Möller-Klimek, Birgit

B.M.D. s. Matschinsky-Denninghoff, Brigitte

Baasner, Manfred, freischaffender Künstler; Deichstr. 51, D-26757 Borkum, Tel. u. Fax (0 49 22) 16 50, *birgit.baasner@t-online.de*, *www.manfred-baasner.de* (* Zwenkau 27. 2. 42) – **S:** autodidakt. Weiterbildung b. Paul Petersen (Dänemark) – **Ve:** Kult.verein Borkum 05 – **G/T:** abstr. Malerei (Öl, Acryl); Zchngn; Skulpt. (Speckstein); Keramik; Texte; Musik – **K:** Malworkshops – **W:** in Privatbes. in Leer, Mainz, Wiesbaden, Mönchengladbach, Hamburg u. in d. Schweiz – **Ö:** Mönchengladbach, Architektenhaus Götte u. Quasten; Borkum, RH – **E:** 92 Bleidenstadt, Alter Bhf. (m. P. Petersen); Mainz, Weinhaus Bluhm; Taunusstein, Gal. BE; 94 Kopenhagen, Gammelgard; 95 Bad Schwalbach, Kurhaus; 02 Borkum, Kurhaus; 06 Gradziadz/ Polen (Kat.); 07 Leer, Stadtbibl. – **G:** 94–96 Taunusstein, Kunstmesse; 95 Wiesbaden, Kurhaus; 97 Dijon; 98 Wiesbaden, Villa Clementine

Bach, Cornelia s. Simon, Cornelia

Bach, Elvira, Malerin; *atelier@elvira-bach.de*, *www.elvira-bach.de*. Lebt in Berlin (* Neuenhain/Taunus 22. 6. 51) – **VG:** Borken, Kranenburg; Frankfurt am Main, Die Gal.; Goslar, Tiedt; Hamburg, Loeper; Heidelberg, Ostendorff; München, Gal. Terminus; Salzburg, Gal. Weihergut; Wetzlar, Gal. am Dom – **S:** 67–70 GlasFS Hadamar; 72–79 HBK Berlin (Meisterschülerin b. Hann Trier) – **P:** Stud.aufenthalt in Santo Domingo (Stip.) 82; Will-Grohmann-Stip. 85 – **M:** Wiesbaden, Mus. – **E:** / G: zahlr. Einzelausst. u. Ausst.bet. im In- u. Ausland, zuletzt u. a. 00 Wetzlar, Gal. am Dom; Erfurt, Kunsthaus; Wetzlar, Stadthaus; Marseille, Mus. Grobet-Labadié; Mondsee, Schloß-Gal.; 01 Asbach, Kloster; Frankfurt am Main, Femfert; Bad Honnef, Rackey; München, Terminus; Berlin, KaDeWe; Mallorca, Kunstmann; Osnabrück, KH Dominikanerkirche; Bremen, Mönch; Ulm, Fischerplatz-Gal.; 02 Hamburg, Loeper; Frankfurt am Main, Kunstkab.; Düsseldorf, Conzen-Slg; 03 Venedig, berengo fine arts; Basel, Kämpf – ***Lit:*** AKL; Reclams Künstlerlex. 02; Schweers 02 – ***LitR:*** E. B. – Zwischen zwei Welten zuhause, Fs.portr., Mag. 'ML Mona Lisa', ZDF 04 – (Red.)

Bach, Michael, Maler; Henriettenstr. 5 (Hof), D-40223 Düsseldorf, Tel. u. Fax (02 11) 3 10 73 36, *bacrow@t-online.de*, *www.michael-bach-malerei.de* (* Sehma/Erzgebirge 14. 5. 53) – **VG:** Ettlingen, Weigand; Berlin, Rudolph; Wiesbaden, Cerny & Puff – **S:** 75–83 KA Düsseldorf (b. Gerhard Richter, 75–79 Abt. Münster b. Norbert Tadeusz) – **L:** 95 HS f. Gest. Offenbach (Gastprof.); 01–04 KHS Berlin-Weissensee (LAuftr. f. Malerei) – **P:** Centro Tedesco di Studi Veneziani 86 – **G/T:** Stadtldschaften, Menschenbilder – **E:** u. a. 98 London, Mummery; 99, 02, 04 Berlin, Rudolph; 99 New York, Koenig; 00, 02 Ettlingen, Weigand (vormals Schneider); 00 Frankfurt am Main, Schütz; 03 Düsseldorf, Ringel; Wiesbaden, Cerny & Puff – **G:** u. a. 93 Aachen, Ludwig Forum; 93, 94 Norwich, Norwich Gall.; Stuttgart, Württembergischer KV; 99 Aachen, Suermondt-Ludwig-Mus.; 00 New York, Broadway; 02 Berlin, Rudolph; 03 Trier, Dom- und Diözesan-Mus.; Ettlingen, Weigand (vormals Schneider); Heerlen, Signe; 04 Potsdam, Kunsthaus; 06 Baden-Baden, Slg Frieder Burda – ***Lit:*** Luk Lambrecht: Critical Distance, Kat. 92

†**Bachem,** Bele (eigtl. Renate Gabriele Bachem, verh. Bele Böhmer), Malerin, Bühnenbildnerin, Bildhauerin u. Schriftstellerin; lebte in München (* Düsseldorf 17. 5. 16, † München 5. 6. 05) – **S:** zunächst b. Gottfried Maria Bachem (Vater); 34–40 Akad. in Gablonz u. AK Berlin (b. Ludwig Bartning u. Max Kaus) – **L:** 54 WerkKSch Offenbach (LBeauftr.) – **P:** 2 Plakatpreise d. Stadt Wien; Toulouse-Lautrec-Pr. Paris; Seerosenpr. d. Stadt München 66; Premier Prix internat. des Salon de la femme, Cannes 68 – **Ve:** Künstlersonderbund in Deutschland – **KGr:** Neue Gruppe München; Society of Modern Art – **G/T:** Malerei; Graph. (Druckgraph., Zeichn.); Ill. (vorw. Buchill.); Bühnenbild; Filmausstattung u. -plakate; Entwürfe f. Textilien u. Tapeten, Porzellanfiguren u. -dekore – **E:** 64 Hamburg, Neuendorf; 68 Köln, Lempertz Contempera; 71 Saarbrücken, Hell; 80, 84, 87 Rolandseck b. Bonn, Gal. Rolandshof; 83 New York, Bodley Gall.; 86 München, Ketterer; 91 Remagen, Gal. Villa Rolandseck; – zahlr. Aufträge f. Bühnenbilder an renommierten Theatern in Hamburg, München, Stuttgart, Augsburg u. Baden-Baden – **G:** 77 Düsseldorf, Gal. an der Düssel; – regelmäßig München, Große Kunstausst. – **V:** Ill. f. mehr als 70 Bücher, u. a.: Magisches Taschentuch 59; Ausverkauf in Wind 60; Rosenwasser ausverkauft 78; Eine übliche kleine Bosheit 80; Adele lebt unstet 83 – **R:** Kurt Hoffmann (Regie): Das Wirtshaus im Spessart, Spielfilm (Zeichentrick-Vorspann) 58; Rolf Thiele (Regie): Die Halbzarte, Spielfilm (Ausstattung) 59 – ***Lit:*** U.C. Gärtner: B.B. Werkverz. 1935–1986 86; AKL, Bd. 6 92; Reclams Künstlerlex. 02

Bachem, Bettina, Dipl. Ing. (Architektin), Dipl. audiovisuelle Medien (Medienkunst), bild. Künstlerin; c/o Kunsthaus Rhenania, Atelier 2.24 b, Rheinauhafen, Bayenstr. 28, D-50678 Köln, Tel. (01 70) 5 39 15 69, *bachem@atelierb.de*, *www.bettinabachem.de* (* Köln 15. 7. 69) – **VG:** Alaró/Mallorca, Addaya Centre d'Art Contemp. – **S:** 89–98 FH Köln (Archit., Dipl. m. Auszeichnung); 93–94 Univ. Stuttgart (Archit.-, Licht- u. Fotografie-Studien); 94–95 KA Düsseldorf (Architekturkl. b. Prof. Zenghelis/OMA); 98–02 KHS f. Medien Köln (Postgrad. Studium u. Dipl.) – **L:** 02 u. 05 FH Köln (Koreferentin Archit.); 04 Goldsmith College London (Referentin Visual Arts) – **P:** Pr. d. FH Köln Architekt. 98; Stip. d. Bauhaus Dessau-Stift. f. Rio de Janeiro 00 – **Ve:** Freunde KHM (Köln) 01; GEDOK Köln 02; BBK Köln 02; Patinnen Köln 04; VG Bild 04; Rhenania e.V. Köln 04; AAVIB Balearen 06 – **G/T:** Video; Install.; Objekte; Fotogr.; Klanginstall.; wiss. Meßinstrumente: Laser, Ultraschall, GPS, Thermofotogr., Oszillatoren – **W:** zahlr. Videos, Videoinstall. u. -skulpturen, Objekte, Fotogr. überw. in Privatbes. – **E:** 01 Köln, KHS f. Medien (mehrfach); 02 Köln, Architekturfestival; 02, 03 Köln, Offene Ateliers; 03 Köln, Passagen, intern. Möbelmesse; Sóller/Mallorca, Es Tall, Can Perlus; 04 Alaró/Mallorca, Addaya Centre d'Art Contemp.; 04, 05 Köln, Kunsthaus Rhenania (Offene Ateliers); 05 Köln, Kunsthaus Rhenania (Passagen 2005); Sóller/Mallorca, Gal.-Werkstatt Can Puig / ensaimedia; 06 Köln, Kunsthaus Rhenania – **G:** 95 'in/exclusions' in: Köln, Grunert; Zürich, ETH; Briey, Unité Le Corbusier; Buenos Aires, Intern. Archit. Bien.; 99 Köln, Deutzer Brücke: parcours; Köln, Gal. Am Malzbüschel: feedback systems; Köln, KHS f. Medien: A Drop in the Ocean, und: KHM-CD series 2, und: Kiertokulko; Amsterdam, Reboot, a floating media art experiment; Köln, Art Cologne; 00 Rio de Janeiro, Celula urbana, Bauhaus Dessau; 01 Berlin, AK: see you hear; Köln, KHS f. Medien: Raumwasser; Trier, Europ. ABK: Styx-Projektionen; 02 Moers, Moers-Festival: electronic lounge radio project; Köln, Deutzer Brücke: Brückenmusik VIII; 03 Sóller/Mallorca, Es Tall, Can Perlus: Mostra/Sa Nostra; 03, 04 Augsburg, Kunstlabor: LAB 30; 04 Alaró/Mallorca, Addaya Centre d'Art Contemp.: liquid pulse; 05 Pollenca/Mallorca, Claustro St. Domingo: de ultra mar; Alaró/Mallorca, Addaya Centre d'Art Contemp.: de ultra mar; Köln, Kunsthaus Rhenania: Barcelona trifft Köln z. Art Cologne; Köln, Colonius Carré: Köln Kunst 7; Sóller/Mallorca, Gran Hotel Sóller / Gal. ADDAYA; 06 Alaró/Mallorca, Addaya Centre d'Art Contemp.: Systembedingte Partikelinstabilität; Köln, Trinitatiskirche: SOC Rhenania in Trinitatis – **R:** KHM-Series No2, Klangkunst-CD, m. Music Dept. d. KHS f. Medien Köln 99; celula urbana, CD-ROM (Bauhaus Dessau) 00 – ***Lit:*** KATALOGE: Reboot, in: New Media Logbook. Kunst NRW/NL 99; Ralf Kotschka (Hrsg.): Styx-Projektionen 01; Brückenmusik VIII, Kat. z. Archit.festival in Köln 02; Passagen, Intern. Interior Design, Möbelmesse Köln 03; Addaya Centre d'Art Contemp. 04; ensaimedia arte & cultura (Hrsg.): Balanceando, Sóller/Mallorca 05; BBK Köln

(Hrsg.): Köln Kunst 7 05; SOC Rhenania in Trinitatis 06

Bachmann, Caroline; Rue de l'Indépendance 2, CH-1096 Cully, Tel. 02 17 99 22 21, Fax 02 17 99 30 28, *cabac@bluewin.ch* (* Lausanne 12.7.63) – **S:** 83–88 Éc. des Arts Décoratifs Genf (Graph.dipl.) – **P:** Atelierstip. d. Aargauer Kuratoriums (f. Berlin) 02 – **E:** 98 Rom, Studio d'Arte Contemp. Pino Casagrande; 99 Bari, Gal. Bonomo; Neapel, Carola; Vevey, Rivier (Kat.); 01 Padua, Gal. Estro; 02 Rom, Studio Lipoli; 04 Cully, Gal. Davel 14 – **G:** u. a. 96 Rom, Villaggio Globale; 97 Genf, Artemis; Rom, Sala 1; 98 Rom, Ist. Svizzero; Rom, Opera Paese; Rom, Villa Medici (Kat.); 99 Ascoli Piceno, Univ.; Teramo, Castello della Monica; 99, 01 Venedig, Bienn.; 00 Rom, MGM Studio; Bologna, Gall. Il Graffio; Rom, Gall. Communale d'Arte Mod. e Contemp.; London, Royal College of Art; 01 Molfetta, Convento di San Domenico (Kat.); 02 Perpignan, ESAP; 02, 03 Rom, Studio Lipoli & Lopez; 03 Thun, Bischoff; Erlach, Steiner; Basel, Expo Bourse Fédérale; 03, 05 Luzern, Kunstpanorama; 04 Porrentruy, Les Halles; Luzern, KM; Peking, NM of Fine Arts; Zürich, Staub g*fzk!; 04, 05 Lausanne, Mus. cantonal des beaux-arts; 05, 06 Biel, Kunsthaus Centre PasquArt; 06 Olten, KM; Stift. Federkiel

Bachmann, Marcel, Kunstschaffender; Hörnlistr. 2, CH-8575 Bürglen, Tel. 07 98 18 73 27, *marcel.bachmann3@bluewin.ch*, *www.kuenstlerarchiv.ch*. c/o Galerie Atelier Bachmann, Bahnhofstr. 2, CH-8575 Bürglen (* Bülach 3.4.76) – **S:** 02 Migrosclub Schule – **E:** 06 Buochs, Hotel Rigiblick; – sowie Dauerausst. in eig. Gal. u. in d. Gal. am Mahlberg in Weinfelden – **V:** Leadership ist (k)eine Kunst (Ill.) 05

Bachmann, Wiltrud s. Kuhfuss, Wiltrud

Bachmayer, Hans Matthäus, Dr. phil., Maler; c/o Yago Lila Kunst- u. Modevertriebs GmbH, Martiusstr. 5, D-80802 München (* 40) – **VG:** Berlin, Barthel + Tetzner – **KGr:** Wir (62–65); Spur (65); Geflecht (65–68); Kollektiv-Herzogstraße (75–78) – **W:** u. a. in Bes. d. Niederreuther Stift. – **M:** Berlin, NG – **E:** u. a. 99 Berlin, Barthel + Tetzner – ***Lit:*** Schweers 02 – (Red.)

Backes, Lutz (Ps.: Bubec), Karikaturist, Autor u. Schauspieler; Gersweilerstr. 22, D-90469 Nürnberg, Tel. (09 11) 4 80 42 12, Fax 4 80 42 13, *info@lutz-backes.com*, *www.bubec.com* (* Mannheim 16.7.38) – **S:** als Karikaturist Autodidakt; 62–63 Konservatorium Nürnberg (Studium Schauspieler u. Dramaturg b. Dr. Hermann Hom) – **L:** 79 FHS Mainz (Gesch., Psychol. u. Techniken d. Karikatur); 03 Univ. Graz (Innovation u. Kreativität in d. universitären Lehre) – **P:** Pr. d. Weltausst. Montreal 76 u. 79; Pr. d. Türkischen Presse 77; Venedig-Pr. 86; Gold. Palme d. Salone dell'Umorismo, San Remo: in d. Sparte 'Designo' f. d. Lebenswerk 91, in d. Sparte 'Letteratura illustrata' 99 – **Ve:** BJV Bayer. Journalisten-Verband – **G/T:** Polit. u. Porträt-Karikaturen (Tusch-Feder-Pinsel); Porträt-Karikaturen auch als Büsten (Ton, Bronze, Kunststein); Logos (bekanntestes: PUMA); Tellerdekor (f. Rosenthal-Porzellan); Design (u. a. f. ASS-Spielkarten, u.v. a.) – **W:** Originale aus d. HANDELSBLATT-Serie 'Bubecs Zerr-spective' im Privatbes. v. Präsidenten, Kanzlern, Ministern, Film- u. Show-Größen sowie bedeutenden Schriftstellern u. Musikern – **M:** Berlin, Bundespräsidialamt; Bonn, Haus d. Gesch. d. BRD; Düsseldorf, Stadtarchiv; Istanbul, Turkish Cartoon Mus.; München, Stadtarchiv; Nürnberg, Stadtarchiv; Tolentino/Ital., Intern. Mus. f. Karikaturen u. Humor; Warschau, Muz. Karykatury – **Ö:** Berlin, Kabarett Die Stachelschweine; Mannheim, Kabarett Klapsmühl'; München, Lach- u. Schießgesellschaft; St. Moritz, Slg Gunter Sachs/Kulmhotel – **E:** ca. 280, u. a. New York, Commerzbank-Gal.; Tokio, Harumi Exhib. Ground; Zürich, SKA-Gal.; Bonn, Parlamentarische Ges. – **G:** ca. 100, u. a. in Bordighera/San Remo; Limoges; Paris; Gabrovo/Bulg.; Athen; Istanbul; Luzern; Skopje – **V:** ca. 20, u. a.: Auf's Maul geäugt, m. Klaus Peter Dencker (Text) 68; Auf Kopfjagd, m. Wulf Weidner (Text) 69; Die Pracht am Rhein, m. Jürgen Scheller (Text) 72; Gedicht aus Bonn, m. Volker Kühn (Text) 85; Lacher, Löcher, Lampenfieber 90; Die Morde des Giuseppe Verdi 05 – ***Lit:*** Who's Who in the World (Chicago); Europ. Biogr. Verzeichnis (Brügge); Lex. d. Superlative (mehrere Ausg.); mehrere Who's Who; Umberto Domina in: Umorvisti a Bordighera (Mailand) 74; Men of Achievement, Intern. Register of Profiles (Cambridge) 81; Allg. Künstlerlex. (AKL), Bd.14 96; Dizionario degli Illustratori contemporanei (Bozen) 01; s. auch Kürschners Dt. Literatur-Kal., 65. Jg. 06/07 – ***LitR:*** Drei Künstlerleben in Europa – Bubec, Eric Massholder, Franco Costa (Arts and Artists Media) 05

Backhaus, Jessica, Fotografin; *info.jessicabackhaus.net*, *www.jessicabackhaus.net* (* 70) – **E:** u. a. 03 Amsterdam, Weiden + Kennedy; 05 Hamburg, Roschlaub; Darmstadt, Darmstädter Tage d. Fotogr.; 06 Frankfurt am Main, Kommunale Gal. im Leinwandhaus; New York, Yancey Richardson (m. Bertien van Manen) – **G:** u. a. 97, 04 London, Nat. Portr. Gall.; 98 Bath, The Royal Photogr. Soc.: John Kobal Portr. Award; Edinburgh, Scottish Nat. Portr. Gall.: John Kobal Portr. Award; 05 Berlin, Photogr. Festival: After the Fact – **V:** Jesus and the Cherries 05 – (Red.)

Backofen, Eva s. Anderson, Eva

Bade, Christine s. Regensburger, Christine

Bader, Beatrice (Ps.: Beba), Kunstschaffende, Kunstvermittlerin; Hofuren 49, CH-4574 Nennigkofen, Tel. 03 26 21 92 80, *b_eba@bluewin.ch*, *www.beba-online.ch* (* Langnau 2.5.63) – **VG:** Solothurn, Schär & Wildbolz – **S:** 94–98 div. Lehrgänge (Malerei); 99 Freie Schule f. Gest. Bern – **P:** Merian-Stift. Basel (Videoinstall. im öff. Raum) 02 – **Ve:** Visarte 02; SGBK – **G/T:** Malerei; Mixed Media; Install. – **K:** Acrylmalerei, Komposition – **Ö:** Solothurn, Amtsgericht – **E:** 00 Solothurn, Schär & Wildbolz – **G:** zahlr. Bet. seit 95, zuletzt 06 Biberist, Schlösschen Vorder-Bleichenberg; Bern, Botan. Garten

Baderschneider, Hans-Jo. (hajobad.), Maler, Zeichner u. Graphiker; Auenstr. 8, D-04416 Markkleeberg, Tel. (03 41) 3 58 50 94 (* Sparnberg/Thür. 18.5.42) – **VG:** Leipzig, Chmelik – **S:** künstler. Ausb. b. Karl Kieckebusch in Hirschberg, Artur Viertel in Schleiz u. Wolfgang Alexander in Gera; 60–63 in Plauen/Vogtland – **P:** Offener Kunstpr. (Anerkennungsurkunde u. Sachpr., 1. virtueller Internetkunstpr.) 98 – **Ve:** Freier Künstlerverb. Sa. (Vors.) 90–94; VG Bild-Kunst 91; KV Markkleeberg 94 – **G/T:** Gemälde, Zeichn. u. Collage; sozial- u. ges.kritische Darst., Portr., Landschaft – **K:** Kursleitung seit 97 im figürlichen Zeichnen sowie in Aqu.- u. Pastellmalerei – **W:** überw. in Privatbes. – **Ö:** Markkleeberg, RH; Leipzig, Ver. Regenbogen – **E:** 89 Leipzig, Klub d. Volkssolidarität; 90 Markkleeberg, Westphalsches Haus; 95 Markkleeberg, agra-Halle 61; 96 Leipzig, Sä. Lehmbaugr.; 97 Lübeck, Altes Zollhaus Herrnburg; 98 Schleiz, Gal. Alte Münze; 01 Markkleeberg, Dt. Landwirtschaftsmus.; 04 Hirschberg/Saale, Mus. f. Gerberei- u. Stadtgesch. – **G:** zahlr. Ausst.bet. seit 58, u. a. in Gera, Lubmin, Moskau, Neusäß, Augsburg, Bad Schmiedeberg, Köln, Freiburg im Breisgau sowie mehrfach in Markkleeberg u. Leipzig – ***Lit:*** Jürgen Tiede: Spurensuche – Essay 01; ders.: Ausstellungen sächsischer Künstler, Teil I–III 04 – ***LitR:*** z. Ausst. anläßlich d. Tennisturnieres in d. Messehalle 7 in

Leipzig, ZDF-Mag. 92; Videobeitr. d. Gal. z. Ausst. im Alten Zollhaus Herrnburg 97; Kulturbund Schleiz/Thür. (Hrsg.), z. Ausst. in d. Gal. Alte Münze in Schleiz 98; Djörn Ruck z. Ausst 'Hans-Jo. Baderschneider – Spurensuche', in: Leipzig Fernsehen 01

Badur, Frank, Maler, Prof.; Clayallee 333, D-14169 Berlin, Tel. (0 30) 80 90 27 17, Fax 80 90 27 19, *frank.badur@t-online.de*. Kantolantie 14, FIN-21130 Poikko, Tel. (08) 4 05 51 67 88 (* Oranienburg b. Berlin 9. 4. 44) – **VG:** Zürich, Schlégl; New York, Thatcher Projects; Stuttgart, Sturm; Los Angeles, Higashi – **S:** 63–69 HBK Berlin (Meisterschüler Freie Malerei) – **L:** seit 85 UdK Berlin (Prof. f. Bildende Kunst, Malerei) – **P:** Stip. d. Hand Hollow Foundation 82; Stip. d. DAAD 82; Kunstpr. Tetrapak 84; Werkstip. d. Kunstfonds Bonn 84; Mülheimer Bürgerpr. f. bild. Kunst 84 – **Ve:** AK Berlin 93; Dt. Künstlerbund 75 – **G/T:** Malerei, Zeichn., Objekt – **M:** Berlin, NG; Berlin, Slg d. BRD; Budapest, MBK; Cambridge/MA, Busch-Reisinger Mus.; Heidenheim, KM; Helsinki, Amos Anderson KM; Houston/TX, Mus. of Fine Arts; Kaunas, Čiurlionio dailės muz.; Leverkusen, StM Schloß Morsbroich; Los Angeles, Ahrenberg Collection; Ludwigshafen, Wilhelm-Hack-Mus.; New Haven/CT, Yale Univ. Art Gall.; New York, MOMA; New York, Neuberger Mus. Purchase; New York, Werner H. and Sarah Ann Kramarsky; Stockholm, Mod. Mus. – **Ö:** Basel, Slg Hoffmann-La Roche; Berlin, Bundesmin. d. Justiz; ebda, Bundesmin. f. Arb. u. Sozialordnung; Bonn, Bundesbaudirektion; Helsinki, Botschaft d. BRD; Köln, Westdt. RF; Lund, Stadt; Mayfield Heights/OH, Progressive; Stockholm, Svensaka Handelsbanken; Tokio, Botschaft d. BRD; Zürich, Slg UBS – **E:** u. a. 90 Kiel, KH; 91 Leverkusen, StM Schloß Morsbroich; 93 Heidenheim, KM; 94 Dortmund, KV; 95 Bielefeld, KV Mus. Waldhof; 97 Ystad, KM; 99 Berlin, AK; 01 Los Angeles, Higashi; 02 New York, Thatcher Projects; Ahlen, KM; Berlin, Mies-Van-der-Rohe-Haus; 03 Tokio, Verger – **G:** u. a. 98 New York, White Box Gall.; Mons, MBA; 99 Chicago, Fassbender; 00 Bochum, Mus.; Porto, Mus. Serralves; Amersfoort, Mondriaanhuis; 01 Greensboro, Weatherspoon Art Gall.; 02 Mouans-Sartoux, Espace de l'Art Concret; 03 Neuchâtel, Mus. d'Art et d'Hist. – ***Lit:*** Rolf Wedewer: Vom Schweigen der Bilder: F. B. 98; Burkhard Leismann u. Reinhard Ermen: F. B., Ausst.kat. 02 – ***LitR:*** Veit Lup u. Christian Schneegass: Sehen + Denken, Videoportr. 99 – (Red.)

Badura, Doris, Malerin, Puppenspielerin, Märchenerzählerin; Arndtstr. 36, D-04275 Leipzig, Tel. (03 41) 2 11 10 66 (* Leipzig 5. 7. 43) – **S:** 95–98 Erwachsenenbildung Leipzig; Autodidaktin – **Ve:** GEDOK – **G/T:** Ölmalerei – **W:** seit 01 Beschäftigung m. Puppenspiel u. als Märchenerzählerin, dafür Bau von Puppen, Kulissen, Theater etc. – **E:** seit 90 ca. 35 im In- u. Ausland in Gal., öff. Einrichtungen u. Hotels, u. a. 92, 00 Leipzig, Peterskirche; – weitere: 93 Raeren Kreativ Atelier, Belgien – **G:** seit 90 im In- u. Ausland u. a. 97 Aachen, Aula Carolina; 03 Leipzig, Messehof – **V:** Boris Eggers (Hrsg.): Artotheken-Adressbuch Deutschland (Abb., Einband) 04 – ***Lit:*** Bildende Künstler in Leipzig 06

Badura, Michael, Prof., Maler, Installationskünstler; c/o Badura-Museum, Ackersiepen 97 A, D-58256 Ennepetal, *michbadura@aol.com*, *www.baduramuseum.de* (* Oppeln/Polen 4. 4. 38) – **S:** 59–62 WerkKSch Krefeld u. Kassel – **P:** Kunstpr. d. Stadt Krefeld 78; Stadt Gladbeck u. Ges. f. Elektronische Kunst 92 – **M:** Göttingen, StM; Krefeld, Kaiser-Wilhelm-Mus.; Ludwigshafen, Wilhelm-Hack-Mus.; München, Bay. Staatsgemäldeslgn; München, Pin. d. Mod.; Wolfsburg, StG – **E:** zahlr., u. a. 80 Berlin, Giannozzo; 82 Göttingen, Gal. Apex; 88 Köln, Bolz; 88 München, Maeder – **G:** zahlr. Bet. seit 67, u. a. 80 Zagreb, Centarj za Fotografiju Film i TV; 01 Bad Salzdetfurth, KV; 03 Berlin, Deschler – ***Lit:*** AKL; Reclams Künstlerlex. 02; Schweers 02 – (Red.)

Bächli, Silvia, Prof.; Haltingerstr. 36, CH-4057 Basel, *www.silviabaechli.ch*. c/o Staatl. Akad. d. Bild. Künste, Reinhold-Frank-Str. 67, D-76133 Karlsruhe, Tel. (07 21) 9 26 52 05, Fax 9 26 52 06 (* Baden/Aargau 16. 3. 56) – **VG:** Basel, Friedrich; Genf, Skopia; Hamburg, Munro; München, Gross; Paris, Nelson – **S:** 76–80 Schule f. Gest. Basel (Zeichn.); 77–78 Éc. Supérieur d'Art Visuel Genf; 81 Rom – **L:** seit 94 Staatl. ABK Karlsruhe (Prof.) – **P:** Stip. d. Kt. Aargau 80; Kiefer-Hablitzel-Stip. 82; Eidgenössisches Kunststip. 82, 84; Cité Intern. d. Arts Paris 83, 84; Vilan-Pr. Aargau 90; Pr. Breguet d'Art Contemp. Genf 91; Meret Oppenheim Pr. 04 – **G/T:** Zeichn. u. Malerei (u. a. Tinte, Tusche, Bleistift, Fettkreide, schwarze Gouache auf Papier); Install. (Environments, Schatteninstall.) – **M:** Aarau, Aargauer Kunsthaus; Basel, Kpst.-Kab.; Bern, KM; Bonn, KM; Frankfurt am Main, MMK; Karlsruhe, ABK; Paris, Centre Pompidou – **E:** zuletzt u. a. 02 Sotteville-lès-Rouen, FRAC; Kerguéhennec, Centre d'Art Contemp.; Hamburg, Munro; 03 Genf, Skopia; 03, 06 Basel, Friedrich; 05 Schaffhausen, Mus. zu Allerheiligen; 06 Genf, Mus. d'Art Mod. et Contemp.; Paris, Nelson; Skärhamn/Schweden, Nordiska Akvarellmus.; 07 Paris, Centre Pompidou – **G:** u. a. 01 Frankfurt am Main, MMK; 02 Rouen, MBA; 03 Paris, Nelson; 05 Tokio, Watari MCA; 06 Paris, Centre Pompidou – ***Lit:*** AKL; BLSK 98; Beate Söntgen (Text): Lidschlag – How it Looks, Zeichnungen 1983–2004 04

Bäck, Lisa, Textilkünstlerin; Gröhrmühlgasse 36/II/25, A-2700 Wiener Neustadt. Atelier: Kaiserbrunngasse 33, A-2700 Wiener Neustadt, Tel. (06 64) 4 53 60 48, *lisa.baeck@aon.at* (* 64) – **S:** Autodidakt; seit 83 künstler. tätig – **Ve:** Kult.vernetzung NÖ 04; Berufsvrg Bild. Künstler Öst. – **KGr:** Linum (seit 03, Gründungsmitgl.) – **G/T:** künstler. Gest. v. textilen Werkstoffen (Anwendung v. Malerei, Monotypie, Marmorieren, Shibori, Arashi, Twisten u. Veränderung d. Oberfläche z. B. durch Ätztechnik, so entstehen Bilder, Objekte u. Stoffunikate f. Bekleidung, Raumgest. u. Accessoires) – **Ö:** Wiener Neustadt (Aqua Nova Bild); Zusammenarb. m. Firmen u. Gest. v. Büroräumen – **E:** / G: 86 Wiener Neustadt, Raika; 87 Bad Fischau, Gal. im Schloß; Bad Hofgastein, Sepp; 87–04 Ottenstein, Schloß; Weitra/NdÖst., Schloß-Mus.; Perchtoldsdorf, Schloß; Grafenegg, Schloß; 01 Wien, Altes RH; 02 Bad Sauerbrunn, Stricker; 04 Wien, Alte Schieberkammer – ***LitR:*** Burgenland heute, Art Couture Präsentation, Ber. ORF 16.8.03 – (Red.)

Bähr, Marianne, Mag. art., Malerin; Wilhelm-Busch-Str. 15, A-9020 Klagenfurt, Tel. (04 63) 3 11 61 (* Lackenbach 28. 5. 47) – **S:** ABK Wien (Meisterkl. f. Kunsterziehung Matejka Jelden) – **L:** 71–03 Bildungsanst. f. Kindergartenpädagogik Klagenfurt (Kunsterzieherin) – **Ve:** KV Kärnten seit 72 – **G/T:** Malerei (Aqu., Mischtechnik); Arb. auf Papier; Collagen; abstr. Bilder – **E:** zahlr. Ausst. seit 73, u. a. in Klagenfurt, Künstlerhaus; St. Veit, Kleine Gal.; Feldkirchen; sowie Kranj, Gorenski Muzei – **G:** seit 72 zahlr. Ausst.bet. im KV Kärnten, u. a. bei div. Jahresausst. – ***Lit:*** seit 72 Erwähnung u. Bildbeitr. in zahlr. Kat. d. KV Kärnten; Arbeiten auf Papier, Ausst.kat (Mischtechniken u. Collagen) 97 – (Red.)

Baehr, Ulrich, Prof., Bild. Künstler; Friedrichstr. 206, D-10969 Berlin (* Bad Kösen/Saale 31. 3. 38) –

VG: Berlin, Poll – S: 58–65 HdK Berlin (Meisterschüler b. Prof. Werner Volkert); 62–63 Éc. des Beaux Arts Paris – L: 86 HdK Berlin (Gastprof.); 87–03 FHS Hannover (Malerei u. Kunst im öff. Raum) – P: Stip. d. Stresemann-Stift. 62, 63; Stip. PS 1 New York 80, 81; Villa Serpentara Olevano Romano 83; Otto-Nagel-Pr. 84; Villa Aurora Los Angeles 97; Kunstpr. d. SPD-Fraktion im Nds. Ldtag 01; Dt. Kritikerpr. f. bild. Kunst 06 – Ve: Dt. Künstlerbund 67; BBK Berlins 70; VG Bild 94 – KGr: Großgörschen 35 (64–67); Gruppe Aspekt (71–78) – G/T: Malerei, Plast., Aqu., Projekte f. Kunst im öff. Raum – W: Privatbes. – M: Berlin, Berlin Mus.; Berlin, Berlinische Gal.; Berlin, NG; Düsseldorf, SM; Hannover, Sprengel Mus.; Ludwigshafen, Wilhelm-Hack-Mus.; Wolfsburg, StG – E: u. a. 68 Osnabrück, StM; 77, 78 Berlin, Künstlerhaus Bethanien; Hamburg, KV Harburger Bahnhof; Bremen, Kunstschau Böttcherstr.; 81 New York, PS 1; 82 Hamburg, Loeper; 86 Göttingen, StM; 88 Berlin, Gal. am Savignypl.; Berlin, Staatl. KH; 91, 95 Berlin, Poll; 92 Lüneburg, KV; 98 Ludwigshafen, SM; 02 Hannover, Kubus; 03 Hannover, Nord/LB-Art; 05 Berlin, St.-Matthäus-Kirche – G: u. a. 82 Venedig, Bienn.; 87 Berlin, Martin-Gropius-Bau; 90 Düsseldorf, KH; 91 Riga, St. Petersburg (Interferenzen); 99 Bonn, Kunst- und Ausst.halle d. BRD – *Lit:* u. a. Eberhard Roters, Wieland Schmied, Katrin Sello u. a.: Prinzip Realismus 73; Wieland Schmied: Malerei seit 45 74; Katrin Sello u. Eberhard Roters: Aspekt Großstadt 77; Michael Haerdter, Werner Rhode u. a.: Wohin mit den Händen 77; Eckhart Gillen, Eberhard Roters, Wieland Schmied u. Bernd Weyergraf: U. B. 1964–1988 88; Klaus Hartung u. Hans Stimmann: KranZeit 96; Tilman Fichter: Deutschlandbilder 98; Lothar Romain: U. B. 02

Bär, Gerhard, Bildhauer; Geigerweg 6, D-87471 Durach-Bodelsberg, Tel. (0 83 76) 86 46, Fax 9 76 92 58, *gerhard.baer@web.de*, *www.gerhardbaer.de* (* Erlangen 2. 5. 55) – S: 72–74 KA Nürnberg (Stud.-kurs b. Prof. G. Wendland) – Ve: BBK Schwaben Süd – K: seit 74 zahlr. Steinschleifkurse in Dtld u. Frkr.; Specksteinkurse – Ö: Durach, Kindergarten; ebda, Seniorenheim; Prien, Sem.hotel Jonathan; Wertach, Mühle – G: zahlr. seit 72 in Dtld, Schweiz, Frkr. u. Öst., z.B. 03 Florenz, Bienn.

Bärenwald, Falko, Architekt; Talstr. 88 b, D-07743 Jena, Tel. (0 36 41) 82 71 29, *art@falko-baerenwald.de*, *www.falko-baerenwald.de* (* Werdau/Sa. 13. 5. 59) – S: 80–85 HAB Weimar (Dipl.-Ing. Archit.); 85–87 HBK Dresden – Ve: Archit.kammer Thür. BBK; VBK Thür. – G/T: Plast., Malerei, Graph., archit.bezogene Kunst, Archit.planung – M: Berlin, Keramik-Mus.; Edenkoben, Keramik-Slg. Hinder-Reimers; Höhr-Grenzhausen, Keramik-Mus. Westerwald; Magdeburg, KM Kloster Unser Lieben Frauen; Römhild, Mus. Schloß Glücksburg; Schleswig, LM f. Kunst u. Kult.-Gesch. Schloß Gottorf – Ö: Gera, Küchengartenallee; Gotha, Neumarkt (Brunnen); Weimar, Finanzamt – B: Bad Blankenburg: Stadthalle; Jena: FHS, ebda: Wohn- u. Atelierhaus – E: / G: seit 89 üb. 80 Ausst. u. Ausst.bet. in Dtld u. Europa – *Lit:* H.-P. Jakobson: F. B. – Keramik, Katalog 90; Lauenburgischer KV: Struktur – Form, Katalog 94 – (Red.)

Bätjer, Annette, Dipl. Graphik-Designerin, Malerin, Zeichnerin; Chateauneufstr. 1, D-20535 Hamburg, Tel. (0 40) 20 86 12, *www.annettebaetjer.de* (* Hamburg 7. 9. 59) – VG: Hamburg, Herold; Essen, Haas-Hoeppner – S: 79–84 HS f. angew. Wiss. Hamburg (FB Gest., Meisterkl. f. Ill. b. Prof. M. Weingärtner) – Ve: BBK Hamburg 85 – G/T: Acrylmalerei zw. Abstr. u. Figur, Portr.zeichn. – W: überw. in Privatbes. – Ö: Frankfurt am Main, Commerzbank; Hamburg, PPI Financial Systems GmbH; Rüdesheim, Commerzbank – E: u. a. 85 Hamburg, Kunsthaus; 87 Hamburg, Insel; 90 Hamburg, Freie AK; 91 Schweinfurt, Sauer; 94, 95, 98 Frankfurt am Main, Hans Hoeppner; 96 Bonn, Ldesvertretung Hamburg; 00 Essen, Haas-Hoeppner; 01 Berlin, Forum Amalienpark; 04 Hamburg, Handelskammer – G: zahlr. Ausst.bet. seit 85, zuletzt 02 Hamburg, Brockstedt; Hamburg, Erotic Art Mus.; 03, 04 Hamburg, Herold – *Lit:* Ausst.kat.: Hanns-Theodor Flemming: A. B. 95; Hans Kock: Bilder 1996–1998 98; Armin Sandig: Forum Amalienpark Berlin 01

Bättig, Adrian, Künstler FH, Lic. Phil. Kunstwissenschaftler; Bruchstr. 47, CH-6003 Luzern, Tel. 04 12 40 05 89, *adrian.baettig@gmx.net*, *www.kunstforum.ch*. Emmenweidstr. 58, CH-6020 Emmenbrücke (* Luzern 30. 7. 66) – VG: Zürich, Station 21; New York, Drawing Center – S: 87–94 Univ. Zürich (Kunstwiss.); 95–98 HS f. Gest. u. Kunst Luzern (Fachkl. Bild. Kunst) – L: seit 03 Gestalter. Berufsmaturität Luzern (LBeauftr. f. Kunst u. Kult.); S'Art f. Kunst-Kommunikation Zürich (Doz. f. Kunstgesch.) – P: Kult.ges. d. Kt.s Schwyz (Publ.beitr.) 01; Atelierstip. in Maloja d. Visarte BVK 03; Alice Bucher-Stift. Luzern (Zuwendung) 04; Fuka-Fonds d. Stadt Luzern (Projektbeitr.) 05 – Ve: Visarte Zentralschweiz (seit 06 im Vorstand) 99 – KGr: Viewing Program, Drawing Center New York (seit 06) – G/T: Zchng; Install.; Malerei; Performance – W: zahlr. in Privatbes. – Ö: Schindellegi, Wohn- u. Geschäftshaus – E: 99 Luzern, Meile; 01 Einsiedeln, Kunstraum d. Kt.s Schwyz; 02 Bern, Kult.büro; 03 Zug, Forum Junge Kunst; 05 Zürich, Station 21 – G: 99 Luzern, KM; 01 Luzern, Kunstpanorama u. Plattform f. Zeitgen. Kunst; 02 Basel, Raum M 54; 04 Luzern, Boa Kult.zentrum; 05 Schüpfen, Schweiz. Skulpt.-ausst. – V: Statements. Basis, Dok.stelle d. Zentralschweizer Kunstschaffenden 04; Aufzeichnungen aus dem wilden Raum 05 – *Lit:* Irene Müller: A.B. – Besiedlung, Ausst.kat. (Kult.ges. d. Kt.s Schwyz Einsiedeln) 01; Schweiz. Skulpt.ausst., Ausst.führer 05

Bäurle, Hans, Maler, Bildhauer; Buchenweg 29, D-71155 Altdorf, Tel. (0 70 31) 60 20 75, *www.baeurle-kunst.de* (* Königsbronn-Ochsenberg 28. 4. 31) – S: 53–58 ABK Stuttgart – L: 58–62 KHS Istanbul (Doz.) – P: Akad.pr. Kunst am Bau 56 (sowie 10 weitere 1. Pr. in ders. Kategorie, u. a. f. Mensafassade Univ. Stuttgart 56, Holzrelief u. Emailbild Kreiskrankenhaus Heidenheim 73); 1. Pr. Ldesgartenschau Böblingen 96 – Ve: VBKW 63; VG Bild 70; Württ. KV – KGr: Böblinger Kunstverein (seit 63) – G/T: Malerei (versch. Techniken); Objektkunst (Kunststoff); Kunst am Bau – Ö: u. a. Königsbronn-Ochsenberg, Ev. Kirche (Glasfenster); Böblingen, Ldratsamt (Fassade); Winnenden, Badezentrum; Mosbach, Ldesgartenschau (Wasserkunst); Böblingen, Müllheizkraftwerk (Fassade); Holzgerlingen, Gymnasium (Skulpt.) – E: u. a. 62 Istanbul, Dt.-türkisches Kult.-zentrum; 79 Heidenheim, KV; 86 Sindelfingen, StG; 91, 96, 01 Böblingen, StG Zehntscheuer; 93 Sydney, Holdsworth Gal.; – weitere: Bernau, Hans Thoma Mus. – G: u. a. 67 Stuttgart, Sezession; 78 Paris, Salon Comparaison; 93 Stuttgart, SG – R: Symposion Wassermale, Abendschau Südfunk Stuttgart 10.9.86; Sdg z. Ausst. RTV 95, 96 u. 98 – *Lit:* zahlr. Kat.; Reinhard Strüber, Werkverz. 91 – (Red.)

Baga, Volkan, Dipl.-Designer, Maler; Keesburgstr. 46, D-97074 Würzburg, Tel. (09 31) 7 84 76 98, *mail@volkanbaga.de* (* Würzburg 16. 7. 77) – S: 97–02 FHS f. Kommunikationsdesign Würzburg (Ill.); 05 Ass. b. Donato Giancola (Maler); Mentoren: Syd Mead, Prof. Nicolai Sarafov – Ve: VG Bild-Kunst 03 – G/T: Buch- u. Spiele-Ill.; fantast. Ölmalerei – W: in Privatbes.

BAGERITZ (eigtl. Ralph Benno Albert Bageritz, Ps.: The b-AGE-Ritz, R-B-A-BAGERITZ), Fotograf, Maler, Zeichner, Texter, Objektkünstler; Wilhelmstr. 73, D-50733 Köln, Tel. u. Fax (02 21) 72 74 24, Mobil: 01 77 918 70 91, *ralph-bageritz@web.de* (* Köln 20. 2. 58) – **VG:** Köln, Lichtblick; Offenbach am Main, Hühsam; Köln, Benninger; Wuppertal, The Wuppertal Project Contemp. – **S:** 80–82 Univ. Köln (Phil. u. Kunstgesch.); 82–88 FHS f. Kunst u. Design Köln (Freie Kunst: Multi-Media-Skulpt. u. Malerei, b. Prof. Daniel Spoeri); 88 Meisterschüler – **P:** Kunstpr. d. Kr.spk. Esslingen-Nürtingen 95 – **Ve:** VG Bild-Kunst 04 – **G/T:** Text-/Foto-/Malerei-/Objekt-Collagen – **W:** überw. in Privatslgn – **M:** Bonn, Haus d. Gesch. d. BRD; Frankfurt am Main, Dt. Lufthansa AG; Frankfurt am Main, Mus. f. Kommunikation; Köln, Mus. Ludwig; Köln, SM; München, Hiscox AG – **Ö:** Bageritz b. Leipzig, Live-Shot-Mus. (Zone b-AGE-ritz) – **E:** seit 89 vertreten auf Kunstmessen in Basel, Frankfurt am Main u. Köln (Förderkoje Art Cologne) – zuletzt 01 Köln, Cuber; 02 Köln, Gothaer Kunstforum; 03 München, Hiscox AG; 04, 06 Offenbach am Main, Hühsam; 06 Köln, Intern. Filmschule; 07 Köln, Benninger – **G:** zahlr. Bet., zuletzt 00 Köln, Mus. Ludwig; Halle/Saale, Staatl. Gal. Moritzburg; 01 Frankfurt am Main, Mus. f. Kommunikation; 02 Tokio, Kinuta Setgaya-ku; 03 Weimar, ACC Gal. Weimar; 04 Caracas, MAC S.Imber; 05 Köln, Intern. Filmschule: Glueckauf24; Offenbach am Main, Hühsam: Art of Painting III; 05, 06 Köln, Schlütter; 06 Köln, Cologne Fine Art; Köln, Benninger; Köln, Gal. 68elf – **V:** 11 Jahre Ehrenstraße & Umgebung, Künstlerb. 95; B. u. Alfred Bremm: Pherbotene Votogravie – Kommerzielle Koordination & Medienpartner 00 – **R:** DER-ARBEITSLOSENLACHER – No Job is Like Blow Job, Audio-Cass.-Ed. 85; The Name Dropping Number, Audio-Cass. 90; Sixty-Six-Stills, Video 93; Grundgeräusche d. Ehrenstr., CD-Ed. 95; Baggerhits '98 – There Is A New Hole Generation, CD-Ed. 98 – ***Lit:*** Jürgen Raap: Der Ausflug nach Bageritz m. Abstecher nach Baselitz, in: Kunstforum Bd. 103 89; Norbert Messler: East/West Side Story, in: Artforum (New York) 10/90; Carl Friedrich Schröer: Portrait R.B. – Tristess u. schöner Schein, in: Art 4/90; Beate Eickhoff: Stolen Objects – Die Aldi & Co. Portraits, in: Kunstforum 114/91; Hans-Werner Bott, Barbara Hofmann, Norbert Messler u. a.: Das Mitteilungsbedürfnis d. Herrn R.B.A. Bageritz, Ausst.kat. 95; Enno Stahl: Bageritz u. d. DDR-Days, in 1/4 VOR Nr.7 99; Thomas Hirsch: Corporate Identity – revisited, in: Choices 02; Dietmar Schneider: Metaphysik d. Verschwindens, in: Kölner Skizzen 2/02; Gerhard Dotzler: (... deine) Arbeit ist sexy. Metaphysik d. Verschwindens III, in: Computer Art F. 03; Stijn van de Vyver: Mit extrem geilem Silberglitter-Glamour-Druck?, in: FIFTEEN.BE Online Mag. www.fifteen.de/pradameinhof2.html 03; Guido Eckert, in: FAZ 1.8.04; Legal – Illegal, Kunst im Streitfall m. d. Gesetz, Dok. u. Kat. 04; 25qm, 25 Jahre Förd.programm d. Bundesverb. Dt. Gal. u. d. Art Cologne 1980–2005, Kat. 05; Enno Stahl, in: Kölner Stadtanzeiger 06 – ***LitR:*** Ulrich Schröder: Ausst. Stolen Objects, Fs.interview WDR-3 91; Friedrich Riehl: Stolen Objects – Die Aufrichtigkeit d. Künstlers am Ende d. 20. Jh., Radiointerview WDR-1 91; Sabine Wagner: Aktion Stolen Objects, Fs.interview Tele5 91; Herbert Müller: Stolen Objects, Fs.interview MDR 91; Christel Wester: Die Ausst. Metaphysik d. Verschwindens, Radiointerview WDR-3 02

Bagnall, Brian, BA; Tizianstr. 102a, D-80638 München, Tel. (0 89) 17 13 93, Fax 1 78 36 99, *brian@bagnall.de*, *www.bagnall.de* (* Wakefield/England 4. 4. 43) – **S:** Wakefield Technical and Art College; College of Art Kingston Upon Hill (Abschluß m. Ausz.) – **L:** 66–69 Famous Artists School Amsterdam; 81–84 FHS Darmstadt – **P:** Plakatwettb. World Life Fonds (1. Pr.) 69; D. werbende Umschlag (1. Pr.) 72; Pr. d. Gothaer Karikade (2. Pr.) 95; Pr. d. Gothaer Karikade (1. Pr.) 01 – **Ve:** VG Bild 80 – **G/T:** Ill., alle Drucktechniken, Malerei u. Karikatur – **K:** Aktzeichnen, Malerei – **E:** seit 65 Ausst. in England, Holl., Dtld, Korea (Seoul), Kuba u. Ital., u. a. 98 Chemnitz, Neue Sä. Gal.; 00 Havanna, Humboldt-Haus – **G:** zahlr. Ausst.-Bet. in versch. Gal. in Hannover, Frankfurt am Main u. München; regelmäßige Teiln. an d. Gothaer Karikade – **V:** seit 80 Kdb., Cartoonb. u. Hobby-Malb. f. Erwachsene u. Kinder – (Red.)

Bagnall, Ursula (Ps.: Uschi Bagnall, geb. Ursula Preis); Tizianstr. 102 A, D-80638 München, Tel. (0 89) 17 13 93, Fax 1 78 36 99, *uschi@bagnall.de*, *www.bagnall.de* (* Oberaudorf 9. 3. 45) – **S:** 63–67 Akad. f. d. Graph. Gewerbe München; Praktikum b. Bay. Fs. – **L:** 69–72 Famous Artists School Amsterdam u. München – **Ve:** VG Wort 80 – **G/T:** Aqu.malerei, Holzskulpt., 3D-Bilder, Bücher f. Hobbymaler – **E:** seit 80 Ausst. in div. Gal. in München, Erdingen u. in Ligurien – **G:** seit 85 in München u. Wolfratshausen – **V:** seit 90 mehr als 20 Bde über Hobbymalerei f. Kinder u. Erwachsene – (Red.)

Bahresel, Eike s. Held, Eike

Baier, Lüder, Dipl.-Holzgestalter; Am Steinacker 4, D-01109 Dresden, Tel. (03 51) 8 80 56 27 (* Dresden 3. 5. 20) – **S:** 46–47 Atelier Prof. Th. Winde Dresden (Drechseln); 47–52 HS f. Werkkunst Dresden (b. Prof. Winde, Dipl. Holzgest.); 56 Stud.reise Schweden – **P:** Staatspr. d. Bay. Ldesreg. München 55; Dipl. d. Trienn. Mailand 57; Dipl. d. Quadrienn. sozialist. Länder Erfurt 74 u. 78; Verdienstmed. d. DDR 79; Martin-Andersen-Nexö-Kunstpr. d. Stadt Dresden 83; Kunstpr. d. DDR 85 – **Ve:** VBK DDR Dresden ca. 50 (Mitbegr.); ebda: Sektionsleitung Kunsthandwerk bis 78; ebda: Gutachter bis 78; Jury d. Mus. f. Kunsthandwerk Leipzig 52–72; Beirat f. Kunsthandwerk im Min. f. Kult. 52; Inst. f. Formgest. Berlin (beratendes Mitgl.) 52; Gutachter f. Anerkennung d. Titels Kunstschaffender im Handwerk bis 78 – **G/T:** Objektkunst (Holz): Flächen- u. Gittergest., Plast., Drechselarb., Industr.-Formgest. – **W:** zahlr. Arb. in versch. Techniken in staatl. u. privatem Bes. – **M:** Berlin, KGM Schloß Köpenick; Dresden, Dt. Wkst. Hellerau; Dresden, KGM Schloß Pillnitz; Dresden, StG; Leipzig, GRASSI – **Ö:** Berlin, Restaurant Rübezahl; ebda, Großtanklager Seefeld; Chemnitz, Hotel Moskau; Dresden, Kult.pal.; ebda, Mazurka- u. Gockelbar im 'Intern.', Minidrinkbar, Holztechnisches Inst.; Zittau, Restaurant Stadtkrug – **E:** 68 Leipzig, Mus. f. Kunsthandwerk; 70 Dresden, Kunst d. Zeit; 80 Dresden, SKS (Schloß Pillnitz); 81 Leipzig, Mus. f. Kunsthandwerk; 83 Berlin, Studio-Gal. d. Staatl. Kunsthandels; 95 Dresden, SM; 97 Herrnhut, Heimatmus.; 00 Dresden, Dt. Wkst. Hellerau – **G:** seit 49 Bet. an allen wichtigen Ausst. d. DDR sowie an Ausst. in d. BRD, in Ital., Polen, Rumänien, d. Tschechoslowakei u. Sowjetunion – ***Lit:*** KAT. u. a.: Fritz Kämpfer: L. B. – Holzgestaltung 68; ders. u. Günter Reinheckel: L. B. – Holzgestaltung 70; L. B. – Holzgestaltung, z. Ausst. im Schloß Pillnitz 80 (Nachaufl. z. Ausst. im Mus. f. Kunsthandwerk Leipzig 81); L. B. – Holz muss nicht hölzern sein, z. Ausst. in d. Studio-Gal. Berlin 83; L. B. – Arbeiten in Holz, z. Ausst. im Schloß Mosigkau 84; L. B. – Holzgestaltung, z. Ausst. in d. Neuen Dresdner Gal. 85; Wolfgang Langerfeld: L. B. – Arbeiten in Holz 97; Chr. Henrichsen: Holzgestaltung – das Werk von L. B., Bildbd 06 – BEITR. IN ZSS. U. ZTGN u. a.: Das Wesen d. Holzes bestimmt die Form. L. B. u. Heinz Barth – zwei meisterhafte Gestalter ihres Werkstoffes, in: Neue Zeit 1.8.53; Elka: Holz wird lebendig unter den Händen d. Meisters. Eine Goldmedaille f. Kunsthandwerk kam nach Dresden. SNN-Besuch bei L. B., in: Sä. Neuste Nachrichten 15.7.55; L. B., Holzgestalter, in: Kunst u. Handwerk 5/62; Otto Bonhoff: Kunsthandwerk aus Verantwortung – L. B., Dresden, in: Form u. Zweck, Jahrb. 63; Der Holzgestalter L. B., in: Kunst u. Handwerk 4/65; Ludwig Schultheis: Holzgestaltung von L. B., ebda 10/11 67; Variationen in Holz. L. B. stellt in Leipzig aus, in: Sä. Tageblatt 15.3.68; Moderne Technik – geistvoll angewendet. Der Kunsthandwerker L. B. auf neuen Wegen, in: Neue Zeit 17.3.68; Sascha Petry: Unser Künstlerporträt: L. B. Schöpfungen in Holz, in: Kultur im Heim 4/68; Studien in Holz. Sonderausstellung mit Arbeiten L. B.s im 'Grassi', in: Sä. Neuste Nachrichten 13.3.68; Künstlerisches Bekenntnis zum Holz. Werkstattbesuch bei Holzgestalter L. B. Dresden, in: Sä. Tageblatt 5.8.69; L. B. u. Gitta Kettner, in: Sä. Neuste Nachrichten 3.6.70; Gestaltung in Holz u. Graphik. Arbeiten von L. B. u. Gitta Kettner in 'Kunst der Zeit', in: Die Union 16.5.70; E. Kromer: Mit Säule u. Plastiken. L. B. auf der VIII. Kunstausst. d. DDR, in: Dresdner Stadtrundschau 27.10.77; Suche nach Vollendung in der Einfachheit, Wkst.besuch, in: Sä. Neuste Nachrichten 12.5.78; Emil Ulischberger: Drechsler, Bildhauer, Tischler, Wkst.besuch, in: National-Ztg 20./21.5.78; L. B. 'Zum 60.', in: Sä. Neuste Nachrichten 2.5.80; M. Reuter: Erlebnis Holz. L. B. stellt in Pillnitz aus, in: Sä. Tageblatt 28./29.6.80; Klaus-Peter Arnold: Der Holzgestalter L. B., in: Dresdner Kulturblätter III/80; Jochen Gutjahr: Holz – kunsthandwerklich erlebt u. gestaltet. Über eine Ausst. z. 60. Geburtstag von L. B. im Pillnitzer Schloß, in: Sä. Ztg. 14.8.80; Ute Urner u. Helmut Schäfer (Fotos): Er legt die Schönheit d. Holzes frei, in: National-Ztg 16./17.8.80; Klaus-Peter Arnold: Gediegene Formen u. kultivierte Oberflächen. Zum Schaffen d. Holzgestalters L. B., in: Bild. Kunst 4/81; Mit den Augen entdeckt, mit den Händen erfühlt. Werkstattbesuch beim Andersen-Nexö-Preisträger 83 L. B., in: Sä. Neuste Nachrichten 13.7.83; Ch. Funke: Holz – ganz lebendig. Ausstellung L. B.s in der Studio-Galerie Berlin, in: Der Morgen 25.10.83; Erinnerungen u. Bekenntnisse. L. B., in: Bild. Kunst 2/85; Thomas Petzold: So mag das Werk den Meister loben. L. B. zum 65., in: Sä. Neuste Nachrichten 2.5.85; Hans Mirtschin: Unter seinen Händen zeigt das Holz Plastizität. L. B. in der Neuen Dresdner Galerie – zu seinem 65., in: Die Union 4./5.5.85; Thomas Petzold: Zwiesprache mit dem Material. Atelierbesuch vor der 'X.': L. B., ebda 18.8.87; Rosemarie Dietrich: Vom Zauber d. Holzes, Wkst.besuch, in: Sä. Ztg 5.7.91; Beate Weber: Dem Werkstoff Holz verfallen. Zur Ausst. L. B. im Stadtmuseum, in: Sä. Bote 8.6.95; Der 'große, alte Mann' d. Holzes. L. B. – Ausst. im Stadtmuseum empfehlenswert, in: Dresdner Wochenkurier 22.6.95; Anja Rost: Edles Material in vollendeter Form. Der Holzgestalter L. B. in einer Ausst. im Landhaus, in: Dresdner Neueste Nachrichten Juni 95; Ingrid Roßki: Das Holz der Robinie ist ihm das liebste. L. B.s Gesamtwerk in einer Ausst. im Stadtmuseum, in: Sä. Ztg 12.6.95; Gesichter: L. B., in: Sä. Ztg 3.5.00; Jörg Schneider: Meister der Hölzer ist 80 Jahre, in: Morgenpost 3.5.00; T. Petzold: Versöhnung im Eigentlichen. Künstlerbund zeigt Alterswerke im Sächsischen Landtag, in: Dresdner Neueste Nachrichten 22.12.00; Heinz Fink: Kunst in Holz – Porträt d. Holzgestalters L. B., in: Lignum 1/03

Bailey, Diana Patricia (Ps.: Anima), Malerin, Graphikerin, Autorin; c/o Künstlerhaus Raphael Schell, Henkelstr. 3, D-34127 Kassel, Tel. (0561) 852 73 (* Pulaski/TN 18. 1. 60) – **S:** Autodidaktin – **Ve:** VG Bild-Kunst 00; VG Wort 00 – **KGr:** Die Bildermacher (seit 98) – **KGe:** Ajagalis Group (seit 03) – **G/T:** realistische Portr.- u. Ldschaftsmalerei (Öl) – **K:** Ldschafts- u. Portr.malerei, Zeichn. – **W:** überw. in Privatbes. – **M:** Stuttgart, Slg Künstlerinnen – **Ö:** Kassel, Freaks-At-Work – **E:** 99 Kassel, FrauenForum; 01 Frankfurt am Main, Lesbisch-Schwulen Kult.haus – ***Lit:*** blattgold, Kal. 01; female sequences 02

Bailly, Max G., freier Künstler; Hofgasse 5, D-72669 Unterensingen, Tel. (07022) 65383 (* Frankfurt am Main 1. 12. 36) – **S:** HS f. Gest. Wiesbaden (ehem. WerkKSch) – **L:** 77–02 Freie KHS Nürtingen (Mitbegr. u. Doz.); 80–88 FHS Nürtingen; 89–02 ebda (LAuftr. Kunsttherapie) – **Ve:** VBKW 74 – **G/T:** Malerei, Objekte, Materialbilder, Zeichn. – **K:** künstler. Selbsterfahrung, Zeichn., Malerei – **W:** im Atelier, Kunstraum b. eigener Wohnung (dort umfangreicher Fundus) – **M:** Kirchheim unter Teck, Nöth – **Ö:** Stuttgart, Reg.präsidium; Tübingen, Reg.präsidium; Unterensingen, Ortsgest. (Bushaltestellen u. Kindergarten) – **E:** u. a. 88 Berlin, Lit.haus; 94 Filderstadt, StG; 96 Todtmoos, Stadthalle; 99 Hohenlohe, KV; 00 Göppingen, Christofsbad; 01 Stuttgart, Betriebswirtschaftlich-technische Beratungsges.; 02 Waiblingen, Druckhaus; Nürtingen, Freie KHS; Wendlingen, Turbinenhaus; Unterensingen, Kath. Kirche; Ehningen, RH; Plochingen, KV; 03 Schwäbisch Gmünd, KV; Leonberg, Pfeiffer; Frickenhausen, Flüe-Kirche; Esslingen, Volksbank; Gerlingen, RH; Stuttgart, Cusanus-Haus – (Red.)

Balena, Jonas, Bildhauer, Fotograf; c/o Atelierhaus Burgstraße/Bildhauerschule Balena, Burgstr. 40, D-72764 Reutlingen, *jonasbalena@z.zgs.de* (* Stuttgart 53) – **S:** 71–72 Freie KSch Stuttgart; 72–77 Staatl. ABK Stuttgart (b. Prof. Herbert Baumann) – **L:** 95–01 FHS Metzingen (Bildhauerei) – **G/T:** Bildhauerei (Stein-, Alabaster-, Marmorskulpt., abstr.); Fotogr.; Ill.; Strukturen u. Portr. – **K:** Bildhauerschule Balena Reutlingen (Steinbildhauerei, Plastizieren, Akt u. Portr.) – **W:** überw. in Privatbes. – **Ö:** Karlsruhe, Ldeskreditbank BW; Leonberg, Leonberger Heide; Saint-Jean-de-Maurienne/Frkr.; Stuttgart/Neugereut, Marktpl. – **E:** 82 Stuttgart, Theater im Westen; 88 Zürich, Mangisch; Tübingen, Löbner; 89 Stetten im Remstal, Kerner Volksbank; Stuttgart, Gal. A & M; 93 Wolfegg, Orangerie; 97, 99 Stuttgart, Veritas; 02 Stuttgart, Gaisburger Kirche – **G:** zahlr. Doppel- u. Gr.ausst., u. a. 79 Leonberg, Intern. Skulpt. Symposium; 86 Mannheim, Heckel; 88, 91 Stuttgart, Königsdorf; 89 Wolfegg, Alte Pfarr; 91 Konstanz, Wessenberg-Gal.; Aalen, RH; Karlsruhe, Ldeskreditbank; 92 Köln, Weiße Gal.; 93 Ulm, Gal. im Kornhauskeller; 94 Stuttgart, Inter Art; 98 Saint-Jean-de-Maurienne, Intern. Skulpt. Symposium; 00 Besenhausen, Expo (Welt im Tropfen); 02 Reutlingen, Haus Schwille; 04 Kernen im Remstal, RH – **V:** Susanne Fischer-Rizzi: Poesie der Düfte (Fotogr., Fotocollagen) 89; Harald Schweizer: Joseph (Fotocollagen) 93

Balet, Jan, Maler, Graphiker; Rue de la gare 3, CH-1470 Estavayer-le-Lac, Tel. 026 66 63 35 58 (* Bremen 20. 7. 13) – **VG:** München, Gal. Hell – **S:** KGS München; KGS Berlin; ABK München (b. Olaf Gulbransson) – **G/T:** naive Malerei; Ill. (u. a. Kdb.) – **M:** Bremen, KH; Böblingen, Dt. Fleischermus.; München, Bay. Staatsgemäldeslgn; München, Pin. d. Mod.; München, SM – **E:** u. a. 69, 72, 75, 80, 81, 82 Düsseldorf, Vömel; 72 Bremen, KS Böttcherstraße – Paula-Modersohn-Becker-Mus.; 79 Köln, Orangerie; 83 Langenargen, Mus.; Bönnigheim, Mus. Charlotte Zander; 85 München, SM – **G:** u. a. 88 Köln, Josef-Haubrich-

KH; 94 Friedrichshafen, Zeppelin Mus. – *Lit:* AKL; Schweers 02 – (Red.)

Balkenhol, Stephan, Bildhauer; Bismarckstr. 67, D-76133 Karlsruhe, Tel. (07 21) 2 54 65. Bürgerstr. 7, D-76133 Karlsruhe, Tel. (07 21) 2 07 02 (* Fritzlar/Hess. 10. 2. 57) – **VG:** München, Gal. Terminus; München, Schöttle; Zürich, Mai 36 Gal. – **S:** 76–82 HBK Hamburg (b. Ulrich Rückriem) – **L:** 88–89 HBK Hamburg; 90–91 Städelschule Frankfurt am Main; seit 91 ABK Karlsruhe – **P:** Karl-Schmidt-Rottluff-Stip. 83; Arb.stip. d. Freien u. Hansestadt Hamburg 86; Förd.pr. z. Intern. Pr. d. Ldes BW 89; Bremer Kunstpr. 89 – **G/T:** Skulpt. (vorw. Holz, auch Stein u. Zementguß, Relief); Plast. Rauminstall., konzept. Arb., Zeichn. – **M:** u. a. Aachen, Ludwig Forum; Basel, KM; Berlin, NG; Bonn, KM; Bremen, KH; Duisburg, Wilhelm-Lehmbruck-Mus.; Frankfurt am Main, MMK; München, Lenbachhaus; Nürnberg, KH; Washington/DC, Hirshhorn Mus. and Sculpt. Garden; Wolfsburg, StG – **Ö:** Skulpt. u. a. in Bremen, Giessen, Johannesburg/Südafrika, Karlsruhe, Krefeld, Sevilla/Spanien – **E:** zahlr. Einzelausst. im In- u. Ausland, zuletzt u. a. 99 Wien, Bawag Found.; Paris, Ropac; Brüssel, Parc Régional Tournay-Solvay; 00 New York, Gladstone Gall.; London, Friedman; 01 Mexiko-Stadt, Gal. OMR; 02 Zürich, Mai 36 Gal.; Los Angeles, Regen Projects – **G:** zahlr. Ausst.bet. seit 83, zuletzt u. a. 99 Berlin, Martin-Gropius-Bau; Barcelona, Fundación Miró; 01 Kassel, KV; Hamburg, Dörrie & Priess – *Lit:* AKL; Reclams Künstlerlex. 02; Schweers 02 – (Red.)

Ballendat, Martin, Dipl.-Designer; Pirath 12, A-4952 Weng im Innkreis, Tel. (0 77 23) 4 44 21, Fax 4 44 22, *office@ballendat.de*, *www.ballendat.de* (* Bochum 26. 5. 58) – **S:** bis 83 Folkwangschule Essen (Dipl. f. Industrial Design) – **L:** 98–04 FHS Graz (Doz. u. Gastprof. Industrial Design); 05–06 FHS Salzburg (Gastprof. Industrial Design) – **P:** über 50 Designpr. u. Ausz., darunter Red-Dot-Award 90–92, 98, 99, 03–05; LGA Stuttgart 90, 92 (Designauswahl), 00 (Ausz.); IF-Design Award Hannover 93, 96, 98, 05; Best of Neocon 99 (Gold Award), 04 (Silver Award) – **Ve:** Design Austria; DDV – **G/T:** Industrial Design (Produktentwicklung v. Konzeption über Entwurf, Modellbau, Konstruktion u. Detailentwicklung) – **E:** u. a. seit 20 Jahren Köln, Orgatec – *Lit:* Designer Profile; Möbel Klassiker

Ballmer, Walter, Gebrauchsgraphiker, Industriedesigner; Via Eupili 4, I-20145 Mailand (* Liestal 22. 7. 23) – **S:** 40–44 KGS Basel (b. H. Eidenbenz) – **P:** u. a. Compasso d'Oro Milano 54; E.urkunde d. Schweiz. Ldes-Ausst. 64, 71 – **Ve:** Arb.gemeinschaft Schweizer Graphiker 58; Assoc. per il Designo Industriale 63; Alliance Graph. Intern. 70 – **M:** Warschau, NM – **E:** 74 Brescia, Gall. Sincron; Parma, Gall. A; 75 Mailand, Gall. Zen; 78 Genua, Centro del Portello; 89 Liestal, Mus. im Alten Zeughaus – **G:** 69 Venedig, Bienn.; 73 Johannesburg, Graphic and Design; 74 Mailand, Castello Sforcesco – *Lit:* AKL; Contemp. Designers 97 – (Red.)

Balmer, Sonja (geb. Sonja Franziska Balmer), KV-Angestellte, Malerin, Schriftstellerin, z. Z. Studentin d. Tierpsychologie ATN u. Schülerin d. Neuen KSch Zürich; Fluemattweg, CH-6252 Dagmersellen, Tel. 07 94 76 96 06, *sonja.balmer@bluewin.ch; info@balmer-gallery.ch*, *www.balmer-gallery.ch* (* Solothurn 23. 10. 72) – **S:** zur Zeit Neue KSch Zürich – **L:** seit 92 Autodidaktisch – **Ve:** Innerschweizer Schriftsteller-Ver. 05 – **G/T:** Malerei u. Zchng (Öl, Aqu., Tusche, Kreide, Kohle, Bleistift, Portr., Lsch., Akt); Linoldrucke; Glasdesign; Gest. v. Buchumschlägen – **W:** über 100 in Privatbes. – **Ö:** Nottwil, Schweizer Paraplegiker-Zentrum (2 Orig.werke u. 3000 limitierte Karten); Solothurn, Bürgerspital; ebda, Multiple-Sklerose-Ges. Regionalgruppe (1 Orig.werk u. 200 limitierte Nachdrucke); Subingen, Einwohnergemeinde; Zürich, Neurobiologie d. ETH – **E:** 98 Subingen, Mehrzweckhalle; 99 Montana-Vermala, Bernische Höhenklinik; 00 Solothurn, City West; 01 Subingen, Gewerbeausst. – **G:** 98 Oensingen, Schulhaus (m. Schülern); 00 Zürich, Neurobiologie d. ETH: BrainFair; 00, 02 Solothurn, Ldhaus; 06 Biberist, Schlösschen Vorder-Bleichenberg – **V:** Rehabilitationsklinik Solothurn: Handbuch d. Rehabilitationspflege (Umschlaggest.) 98; Gedanken sind Früchte. Philosophische Briefe an eine chronische Krankheit (Bilder, Umschlaggest.) 02; Atemlos. Aufzeichnungen zw. Beatmungsmaschine, Schläuchen u. Computer, (Text, Umschlaggest.) 06 – **R:** zahlr. eigene Fs.beitr. (Privat-, Regionalsender, Schweizerfs. SF1 u. SF2) seit 98; Keine Zeit z. Sterben, 2teiliger Dok.film (Sat1 Schweiz) 03; div. Beitr. f. RF (Privatsender, Regionalradio, DRS1)

Baltus, Ilse; c/o Galerie Wicher, Gräfrather Str. 43a, D-42329 Wuppertal, Tel. (02 02) 73 82 17, Fax 73 84 40, *helga@wicher-galerie.de*, *www.wicher-galerie.de* – **G/T:** Malerei, Graph. – (Red.)

Bamert, Daniel, Maler, Kursleiter; Ägeristr. 17, CH-6300 Zug, Tel. 07 11 51 13, Fax 07 11 51 26 (* Tuggen 7. 7. 41) – **VG:** Vaduz, Artleasing – **S:** 57 KGS Zürich (b. Prof. Karl Schmid); 58–63 ebda (div. Kurse) – **L:** seit 91 Klubschule Migros Luzern (Zeichnen, Malen); seit 96 KreaKurs (künstler. Schulung) – **P:** Wettb. z. künstler. Ausstattung d. Schulhauses Merlischachen 94; Wettb. z. künstler. Gest. d. Dorfpl. Merlischachen 95 – **Ve:** ASG 60–96; Schweizer Werkbund 60–96; Pro Litteris 86; Visarte 02 – **KGr:** ZKV (sei 80); Dargino (seit 80, Welschschweiz) – **G/T:** geometr.-konstruktiv; Kunst in, am, mit Bau – **K:** Zeichnen u. Malen (persönl. Begleitung privat u. in d. Klubschule Migros Luzern) – **W:** in Privatbes. u. im Bes. div. Gemeinden – **Ö:** Merlischachen, Dorfpl.; ebda, Schulhaus; Wohlen, Überbauung Junkholz – **E:** 62–90 jl. mindestens 2 Ausst., seit 90 jl. eine Ausst., zuletzt: 05 Baar, Z-Gal. – **G:** zahlr. Bet. seit 62, permanent in Vaduz, Artleasung (Kat.) sowie zuletzt: 06 Zürich, Art Intern. – *Lit:* versch. Broschüren

Bammes, Gottfried (Gottfried Hans Bammes), Prof. em. Dr. paed. habil., Künstleranatom; Auenstr. 13, D-01705 Freital, Tel. (03 51) 6 41 37 19 (* Potschappel/jetzt Freital 26. 4. 20) – **S:** 31–39 Staatl. Oberschule f. Jungen Dresden-Plauen (besondere künstler. Förd. durch seine Kunsterzieher Alfred Hofmann u. Alfred Hirt); ab 45 HBK Dresden (Enttrümmerungsarbeiter an zerstörter HS u. autodidakt. Ausb.); 47 Anerkennung als freischaffender bild. Künstler; 51–53 HBK Dresden (Dipl. Malerei u. Graph.); 55 Medizin. Akad. Carl Gustav Carus Dresden (Sonderprüfung als Anatom); ab 56 TU Dresden (Fak. f. Berufspädagogik u. Kult.wiss., Promotion z. Dr. paed., 59 Habilitation als Dr. paed. habil.); 57 u. 59 Stud.reisen nach Norwegen – **L:** 53–85 HBK Dresden (bis 60 HS-Lehrer f. d. Auf- u. Ausbau d. Bereiches Künstleranatomie f. Tier u. Mensch, 60 Prof. f. Künstleranatomie, 74 o. Prof. Lehrstuhl Künstleranatomie); seit 68 Gastprof.: KA St. Petersburg (Repin-Inst.); HS f. Kunst u. Gest. Zürich; – sowie in Öst., Bulgarien, Südtirol u. Dtld – **P:** Kunstpr. d. Stadt Freital 65; Nat.pr. d. DDR f. Wiss. u. Technik 76; E.bürger d. Stadt Freital 04 – **Ve:** Anatom. Ges. 77 – **W:** in Privatbes.; 1949 Gründung d. ersten Laienkunstzirkel d. damaligen DDR im Eisenhammerwerk, 1950 im Edelstahlwerk. Seit dieser Zeit jahrzehntelanger Zirkelleiter in d. Bewegung d. künstler. Laienschaffens. – **Ö:** Freital, Schulen u. Kult.haus (Wandbilder, nicht erhalten); Freital-Niederhäslich, ehem. Ernst-Thälmann-Oberschule (Wandbilder) – **E:** 49 Dresden-Dölschen, Eisenhammerwerk (Betriebskunstausst.); 50 Dresden, Kunsthandlung Richter; Leipzig, MBK; 63 Freital, Kr.krankenhaus; 73 Dresden, Kult.pal.; 82 Zürich, KGM (heute MfG); 83 Salzburg, Pädagog. Akad.; Dresden, HBK; 84 Dresden, PH; Innsbruck, Europ. Anatomiekongreß: Anatomie u. Kunst; 85 Freital, Haus d. Heimat (Kat.); 87 Mattsee/Salzburg, Stifts-Mus.; 88 Salzburg, Gal. Weihergut; Freiberg, Stadt- u. Bergbaumus.; 95 Dresden, Kreuzkirche (Ausst.halle); 95, 96 Dresden, TU; 96 Zerbst, Kult.festtage; Freital, KV; 96, 97 Gotha, Mus. d. Natur; 97 Görlitz, StKS; Zittau, Städt. Museen; Greiz, Heimatmus.; Gera, Mus. f. Naturkunde; Česká Lípa, Mus.; Meißen, Frauenkirche; Pirna, SM; Zwickau, StM; 00 Burgk, Schloßmus.; 06 Freital, Städt. Slgn / Schloß Burgk – **G:** u. a. 53 Dresden, Albertinum: III. Dt. Kunstausst. – **V:** KUNSTANATOM. U. -PÄDAGOG. VERÖFF., u. a. Die Gestalt des Menschen 64; Das zeichnerische Aktstudium 68; Der nackte Mensch 69; Die Gestalt des Tieres 75; Figürliches Gestalten 78; Sehen und verstehen. Die menschl. Formen in didakt. Zeichnungen 85; Wir zeichnen den Menschen 89; Große Tieranatomie 91; Akt. Das Menschenbild in Kunst u. Anatomie 92; Arbeitsbuch zur Künstleranatomie 93; Körper und Gewand. Gesetzmäßigkeiten – zeichner. Durchdringung – künstler. Ausdruck 97; Künstleranatomie und bildnerischer Ausdruck 03; Landschaften. Ein Arbeitsbuch zu bildner. u. künstler. Ausdruck 04; Die neue große Zeichenschule 05 – ***Lit:*** AKL, Bd. 6 92

Bananensprayer s. Baumgärtel, Thomas

Bandau, Christine s. Meschede, Christine

Bandau, Joachim, Prof., Objektkünstler, Bildhauer, Graphiker; Kupferstr. 26, D-52070 Aachen, Tel. (02 41) 15 16 24, Fax 15 89 70 (* Köln 18. 4. 36) – **VG:** Zürich, Müller – **S:** 56–60 Kölner Werkschulen; Staatl. KA Düsseldorf (freie Graph. b. Prof. Coester); 64 Staatsexamen als Kunsterzieher – **L:** 82–86 RWTH Aachen (Prof. f. Bildhauerei); seit 88 KA Münster – **P:** Förd.pr. f. Plast. d. Stadt Köln 68; Will-Grohmann-Pr. 86 – **KGr:** K-66 (Mitbegr. 66) – **G/T:** Objekte u. Plast., Zeichn. – **M:** Bayreuth, Univ.; Duisburg, Wilhelm-Lehmbruck-Mus.; Köln, Mus. Ludwig – **E:** u. a. 70 Kassel, KV; 71, 87 Leverkusen, StM Schloß Morsbroich; 72 Nürnberg, KH; 73 Aachen, Suermondt-Ludwig-Mus.; 75 Köln, KH; 78 Hagen, Karl-Ernst-Osthaus-Mus.; 81, 01 Aachen, Ludwig Forum; 87 Berlin, Neuer Berliner KV; 90 Antwerpen, Mus. van Hedendaagse Kunst; 91 Kiel, KH; 92 Mannheim, STKH; 96 Berlin, Jüdisches Mus.; 99, 01 Zürich, Müller; 00, 03 Köln, Schröder; 01 Recklinghausen, StKH; 02 San Francisco, Sweetow; 03 Friedrichshafen, Zeppelin Mus. – **G:** zahlr. Ausst.bet., u. a. 77 Kassel, documenta – ***Lit:*** AKL; Reclams Künstlerlex. 02; Schweers 02 – (Red.)

Bandi, Barbara, Tiefdruckkünstlerin; Humboldtstr. 35, CH-3013 Bern, Tel. 03 13 31 96 27, *baba@bababandi.ch*, *www.bababandi.ch* (* Bern 46) – **VG:** Bern, Ramseyer & Kaelin – **S:** 69–71 KGS Bern; 82–87 ebda (Tiefdruckatelier) – **L:** seit 92 Grundschulen Bern (Kunst an d. Schule – Tiefdruckkurse f. Kinder u. Jugendliche) – **Ve:** SGBK 97 – **KGe:** B. B., Carla Neis u. Susanne Glauser (seit 01 druckgraph. Projekte) – **G/T:** Tiefdruckgraph. – **K:** Tiefdruck f. Kinder u. Jugendliche – **W:** überw. in Privatbes. – **M:** Francavilla al Mare, Mus. Michetti; Sant Carles de la Ràpita, Pavello Firal – **Ö:** Aarau, Kantonale Verwaltung (Abt. Wald) – **E:** seit 87 Bern, Ramseyer & Kaelin; 93 Bratislava, Gal. mesta Bratislavy.; 01 Bern, Bundesamt f. Flüchtlinge; 02 Genf, UNO-Hochkommissariat f. Flüchtlinge – weitere: 98 Trencin, Piestany – **G:** 97 Bonn, Frauen-Mus.; 99 Gießen, KH; 02 Łódź, Male Formy Grafiki; 04 Vilnius, Trienn. of Small Graphic Forms; 06 Chamalières, Trienn. – weitere: seit 97 Bet. an Gr.ausst. d. SGBK – **V:** m. Susanne Glauser u. Carla Neis: Flying Carpet, Portfolio 03

Bank, Heide s. Lühr-Hassels, Heide

Bankert, Dieter, Architekt; Kiefernweg 15, D-06846 Dessau, Tel. (03 40) 61 45 72 (* Leipzig 18. 7. 38) – **L:** Bauhaus Dessau (Leiter d. Studios Archit.) – **KGe:** D. B. u. Anne-Barbara Sommer (Archit.büro) – **B:** Berlin: Pal. d. Republik (Mitarb.); ebda: Schwimmhalle am Brandenburger Tor (Mitarb.), Neuer Friedrichstadtpal., Friedrichstr. 107 (Mitarb.); Dessau: ehem. Schultheiß-Brauerei (Revitalisierung) – ***Lit:*** Barth/Topfstedt 00 – (Red.)

Bankroth, Ursula (geb. Ursula Kupfer), Dipl.-Malerin; Marienallee 2, D-01099 Dresden, Tel. (03 51) 8 02 56 15. c/o Dr. Wilfried Weustenfeld, Milanweg 10, D-59821 Arnsberg, Tel. (0 29 31) 73 49 (* Magdeburg 6. 12. 41) – **S:** 61–64 FS f. Angew. Kunst Magdeburg u. Berlin (Gebrauchsgraph.); 64–69 HBK Dresden – **L:** 71–73 HBK Dresden (Aspirantur); 93–94 ebda (künstler. Ass.) – **Ve:** Neuer Sä. KV 90; KBD – **M:** Dippoldiswalde, Mus.; Dresden, Kpst.-Kab.; Dresden, Reg.präsidium; Dresden, Stadtspk.; Dresden, Sä. Ldtag – **Ö:** Rossendorf, Forsch.zentrum (KS) – **E:** zahlr., u. a. 76, 88 Dresden, Kühl; 76, 80 (Faltbl.), 91 (Faltbl.) Dresden, Gal. Nord; 80 Potsdam-Babelsberg, Ladengal. (Kat.); 81 Erfurt, Gal. erph (Faltbl.); 83 Rostock, Gal. am Boulevard (Faltbl.); 98 Graupa, Richard-Wagner-Mus.; 00 Gotha, Finkbein; 03 Meißen, Frauenkirche; 04 Pirna, KV – **G:** zahlr. Bet. im In- u. Ausld – ***Lit:*** u. a. Horst Michael: In der Einfachheit liegt die Schönheit. Malerei u. Monotypien v. U.B. in d. Gal. Nord, In: Sä. Ztg v. 5.5.80; U.B. In: Gal. Nord 1974–1984. Jubiläumsausst., Kat. 84; Sigrid Walther: Sä. Lsch. 1989–1991. Malerei u. Gouachen v. U.B., In: Die Union v. 24.5.91; Künstler aus Sa., Kat. (z. Ausst. im Neuen Sä. KV) 91; Jürgen Schieferdecker: Umbra vitae – landschaftlich. U.B. zeigt Gouachen bei 'Rahmen u. Bild', In: Sä. Neueste Nachrichten v. 7.8.98

Bannaski, Juschi, Malerin; Martinsholzerstr. 16, D-82335 Aufkirchen, *juschibannaski@t-online.de* (* München 1. 6. 55) – **VG:** Issing, Josephski-Neukum; Essen, Haas-Hoeppner; München, Marquardt – **S:** 75–78 Acad. de Bellas Artes San Fernando Madrid; 78–81 PH München (Kunsterziehung) – **L:** 91–93 Univ. München (LAuftr. f. Freies Malen) – **Ve:** BBK; Kult.ver. Berg – **KGr:** Ateliertage Berg-Icking – **G/T:** farbige, nicht unfigürliche Tafelmalerei – **K:** private Malschule f. Erwachsene – **W:** überw. in Privatbes. – **M:** Atlanta, Thyssen; Düsseldorf, Thyssen; Frankfurt am Main, KS Dresdner Bank; Hagen, Slg Werke d. Gegenwartskunst Douglas – **E:** zahlr., u. a. 96, 99 Hagen, Schlieper; 97, 99 Frankfurt am Main, Hoeppner; 97, 03 Issing, Josephski-Neukum; 00 Trier, Tufa; 01, 03 München, Marquardt; 03 Seeshaupt, Buchhandlung See's Haupt – **G:** u. a. 83–91 München, Große Kunstausst.; 83, 84 Düsseldorf, Große Kunstausst. NRW; 83 Darmstadt, Große Kunstausst.; 89 München, RH – (Red.)

Banz, Stefan, Künstler u. Autor, Kurator d. Schweizer Pavillons in Venedig 2005; *www.banz.tv* (* Sursee 11. 9. 61) – **VG:** Luzern, Meile; Peking, Meile; Burgdorf, Gal. im Park; München, Zink; Valencia, Espai Lucas – **S:** 82–91 Univ. Zürich (Kunstgesch., Germanistik u. Lit.kritik; Abschluß Lic. phil. I.) – **P:** Manor-Kunstpr. Basel 00; Anerkennungspr. d. Stadt Luzern 00 – **KGe:** Arb. in Kollaboration m. Caroline Bachmann (seit 04) – **G/T:** Install.; Fotogr.; Malerei; Video u. Text – **W:** div. Buchgest. – **M:** Biel, Kunsthaus Centre PasquArt; Genf,

Mamco; Luzern, KM; Vaduz, KM Liechtenstein; Zürich, Kunsthaus; Zürich, Migros Mus. – **Ö:** Buonas, Roche Forum; Liestal, Kt.bibliothek Baselland; Luzern/Kriens, Haft- u. Untersuchungsgefängnis Grosshof – **E:** u. a. 89 Luzern, Apropos; 93, 96, 99 Zürich, ArsFutura; 94 Amsterdam, Bloom; 97, 00 Valencia, Espai Lucas; 99 Genf, Mus. d'Art Mod. et Contemp.; 00 Zürich, Migros Mus.; Utrecht, Impact; Luzern, KM; 02 Neuchâtel, Espace La plage; Perpignan, Espace d'Art contemp.; Genf, Planet 22; 02, 03 München, Zink; 03 Kriens, Mus. im Bellpark; 04 Stuttgart, Württembergischer KV; Lausanne, Donzé-Van Saanen; Biel, Kunsthaus Centre PasquArt; Peking, Meile – **G:** zahlr. Bet., u. a. 00 Zürich, Mus. f. Gest.; 00, 01 Luzern, Plattform f. zeitgen. Kunst; 01 Berlin, Gal. im Parkhaus; Nürnberg, KH; 02 Bergen, KH; Zürich, ArsFutura; 03 Thun, Bischoff; Minneapolis/MI, Walker AC; Zürich, Kunsthaus; 05 Berlin, Martin-Gropius-Bau; Luzern, KM; 06 Zürich, Kunsthaus – **V:** zahlr. Texte z. Kunst sowie Publ., u. a.: Serendipity 91; Give me a Leonard Cohen Afterworld 95; Christoph Doswald (Hrsg.): i built this garden for us 99; ders. (Hrsg.): a shot away some flowers 99; Platz d. Luftbrücke. Ein Gespräch m. Friedrich Kittler 99; Echoes 00; Hell, Roman 01; Hermann Korte (Hrsg.): Komplexes System Kunst 01; Wild Roses, in: Christoph Doswald (Hrsg.): Happy! Das Versprechen d. Werbung 02; The Muhammad Ali's 02; Une cœur simple 03; Fink Forward 03; Tokyo Bites 04; SMS, Timzone 8 05; Shadows Collide With People 05; Laugh. I nearly died 06 – ***Lit:*** u. a. Gerhard Mack: S.B. im neuen KM Luzern, in: Kunst-Bulletin 4/01; Dieter Heckenroth: Cowboys in Treptow, in: Kunstrasen April/Mai 01; Einmal d. Grösste sein, in: Art – Das Kunstmag. 10/02; Gauthier Huber: S.B., in: Artpress 10/02; Hans-Jürgen Hafner: S.B., in: Artist Kunstmag. Nr. 55 2/03; Hermann Korte: S.B. im Mus. im Bellpark, in: Kunst-Bulletin 7/8 03

Bara, Tina, Prof., Graphikerin u. Fotografin; c/o Hochschule f. Graphik u. Buchkunst, Wächterstr. 11, D-04107 Leipzig, Tel. (03 41) 2 13 51 31, *bara@hgb-leipzig.de* (* Kleinmachnow 18. 3. 62) – **VG:** München, Burger – **S:** 80–86 Humboldt-Univ. Berlin (Gesch.); 86–89 HGB Leipzig (Fernstud. Fotogr.) – **L:** seit 93 HGB Leipzig (Prof. f. künstler. Fotogr.) – **P:** Stip. d. Ges. f. Fotogr. 88; Stip. d. NGBK Berlin 90; Arb.stip. d. Berliner Senats 92; Arb.stip. Kulturfond Berlin 92; Stip. d. Körber-Stift. 93 – **Ve:** VBK-DDR 86–89 – **G/T:** Fotogr., Install. – **E:** u. a. 98 Wrozlaw, Gal. Awangarda; 99 Mannheim, Fotogal.; 01 Schaffhausen, Ver. Bild. Künstler; 02 Erfurt, KH; Cottbus, Brandenburgische KS; Sonneberg, StG; Salzburg, Fotohof; 03 Schloß Rheinsberg, Kurt Tucholsky Gedenkstätte; Berlin, Kunst- u. Medienzentrum Adlershof – **G:** u. a. 98 Erfurt, Gal. am Fischmarkt; Berlin, NGBK; 99 Bern, KM; Baden-Baden, KH; Zwickau, Ver. f. zeitgen. Kunst; 00 Bielefeld, KV; Berlin, Prüss & Ochs; 00, 01, 03 München, Burger; 03 Berlin, Künstlerhaus Bethanien – **R:** Mitarb. an Filmproduktionen d. DEFA-Dokumentar-Studios – (Red.)

Baranowsky, Heike, Videokünstlerin, Fotografin; Berlin, Tel. (0 30) 3 94 87 49, *post@heikebaranowsky.de*, *www.heikebaranowsky.de* (* Augsburg 66) – **VG:** Berlin, Weiss – **S:** 86–91 ABK München; 91–93 HBK Hamburg; 93–94 HdK Berlin – **P:** DG Bank Fotogr.-stip. 96; Förd.pr. Bild. Kunst d. Kult.kr. d. dt. Wirtschaft im BDI 97; DAAD Stip. London 98; Eberhard-Roters-Stip.; Arb.stip. d. Berliner Senats – **G/T:** Videoinstall., Fotogr. – **E:** u. a. 01 São Paulo, Mus. Paço das Artes; 03 Berlin, Weiss – **G:** u. a. 02 Berlin, Berlinische Gal.; Cincinatti, AC; 03 Bologna, Arte Fiera; Berlin, Hamburger Bahnhof; 04 Paris, Pal. de Tokyo; Düsseldorf, KH – (Red.)

Barber, Sabine, Lehrerin; Wildenbruchstr. 14, D-15230 Frankfurt/Oder (* Stettin 11. 7. 41) – **S:** 61–65 Humboldt-Univ. Berlin (Kunsterziehung u. Germanistik) – **P:** Stip. Künstlerhaus Schloß Wiepersdorf 94 – **Ve:** VBK DDR 85; BVBK – **G/T:** Textil-Art; Assemblagen; Objekte (versch. Materialien) – **K:** Textil-Art – **M:** Eisenhüttenstadt, StM Abt. Gal.; Frankfurt/Oder, Kleist-Mus.; Frankfurt/Oder, Mus. Junge Kunst; Rheinsberg, Kurt Tucholsky Gedenkstätte – **Ö:** Frankfurt/Oder, IHK; ebda, Spk. Oder-Spree – **E:** 93 Frankfurt/Oder, Commerzbank; 95 Frankfurt/Oder, Gallus; 98/99 Fürstenwalde, Ose AG; 01 Frankfurt/Oder, Marienkirche (Kat.); 03 Rheinsberg, Kurt Tucholsky Gedenkstätte; 06 Münchberg, Marienkirche – **G:** zahlr. Bet. seit 94, u. a. 95 Potsdam, Kunstraum Ld Brandenburg; 97 Torun, Probaltica; 98 Frankfurt/Oder, Mus. Junge Kunst: Hahnentritt; 99 Magdeburg, Gal. Himmelreich

Barber, Wilfried Georg, Maler; Wagenschwender Str. 6, D-74838 Limbach-Baden, Tel. (0 62 87) 92 51 83, Fax 92 57 59, *ars.barber@t-online.de*, *www.wilfried-georg-barber.de* (* Köln 22. 3. 41) – **S:** 60–63 Kölner Werkschulen – **Ve:** BBK Mannheim – **G/T:** Ölmalerei – **W:** zahlr. in Privatbes. im In- u. europ. Ausld; Heidelberg, Rhein-Neckar-Kr. – **M:** Frankfurt am Main, Dt. Bank KS; Stuttgart, Slg d. Ldesbank Bad.-Württ.; Viadana/Ital., MAC; Worms, Mus. am Weckerlingspl. – **E:** u. a. 86 Frankfurt, Frankfurter Kunstkab.; 88 Marburg, KV; 93 Parma, Pal. del Monte; 96 Lugano, Gardenia; 99 Witterswil, Kult.zentrum; 00 Maurach, Bodenseeschloß; 01 Augsburg, KV; Worms, Mus. am Weckerlingspl.; Altena, StG; 02 Rockenhausen, Kahnweilerhaus; 03 Mosbach, Basilica Artis; 06 St. Ingbert, RHgal. – **G:** 93 Marburg, KV: 40 Jahre Marburger KV; 97 Castell'Arquato, Pittura; 99 Witterswil, Retrospektive zum Millenium; 03 Germersheim, KV; 05 Bielefeld, FHS – **V:** Vergessener Garten, Ill. u. Text 95; Buchen-Blätter, Ill. 02; Mein Bild – Exper. üb. d. Entstehung eines Ölbildes, Folio-Ed. 04 – ***Lit:*** KATALOGE: Joachim Cüppers: W.B. 86; Willi Köhler: W.B. 93; Roland Held: W.G.B. 97; Christel Heybrock u. Roland Held: Malerei muß Summe sein 00; Christel Heybrock: Bilder von Klängen u. Räumen

Bardel, Armin, Mag. phil.; Girardigasse 1/22, A-1060 Wien, Tel. (01) 9 41 85 64, *a.bardel@pvl.at*, *a.bardel.pvl.at* (* Wolfsberg/Kärnten 8. 6. 65) – **S:** Autodidakt; 90–91 Univ. of California, Santa Cruz (Gaststud., Fotogr. u. Fototheorie, u. a. b. N. Locks, M. Mandel u. V. Burgin) – **P:** Fulbright-Stip. f. d. Univ. of California, Santa Cruz 90, 91 Nat. Juried Photography Exhib. d. Eye Gall. San Francisco 91; NOVAS, jurierte Gr.ausst. d. Eloise Pickard Smith Gall. Santa Cruz 91; Gastatelier d. Stadt Wien (in Budapest) 02 – **G/T:** Fotogr. (Portr., Bühne, Akt, konzeptuell), Malerei; Graph.; Objekte u. Install.; Animation (digital); Text – **W:** Werke in Privatbes. – **M:** Wien, Slg d. Stadt – **E:** 88 Wolfsberg/Kärnten, Gal. am Roßmarkt; 90 Santa Cruz, J. B. Hall Gall.; Santa Cruz, Bridge Gall.; 95, 98 Wien, Schaufenster/Linke Wienzeile; 96 Wien, Kult.schmiede; 99 Wolfsberg/Kärnten, Atelier No.5; 00 Wien, Alte Schmiede; Brno, Gal. Slavik; 01 Wolfsberg/Kärnten, Kunstbüro im RH; 02 Wien, Fortschritt; Wien, Fotoshop Naschmarkt; 03 Wien, WUK – **G:** seit 83 zahlr. Ausst.bet. im In- u. Ausland, u. a. 90 Wien, Fotogal. Wien; 91 San Francisco, Eye Gall.; 94 Wolfsberg/Kärnten, StG; 96 Schwerin, Staatl. Mus.; 97 Bangkok, Goethe-Inst.; 00 Wien, Mus. auf Abruf; 02 Wien, Wasserturm; 03, Fotoinstall. in: Cluj u. Brasov; Krakau (Wienbilder) – **V:** was? – Zs f. Kult. u. Politik Nr. 89 Okt./97; Helmut Kandl, Leo Kandl u. Leonore Weber

(Hrsg.): Mariandl andl Landl: Ein Wachau-Bild, Bild-/Text-Collage (Bildbeitr.) 98; Neid & Eifersucht (Essay u. Fotogr.), in: Sterz – Zs f. Lit., Kunst u. Kult.politik Nr. 83 Frühjahr 00; Kooperieren in elektronischen Netzwerken (Fotoessay, Fotogr., Text, Layout) 00; Archivar des Augenblicks. Künstlerportr. v. Irina Lino (Cover u. Fotogr.), in: Die Brücke Nr. 12 Okt./00; Stefanitag, 26. Dezember (Kurzgeschichte), in: DUM – Das ultimative Magazin 25/03; Erich Raith (Hrsg.): Lernen von Allentsteig (Bildbeitr., Fotoessay) 03 – (Red.)

Bardenheuer, Herbert, Maler, Zeichner, Fotograf; Rudolfstr. 10, D-52070 Aachen, Tel. (0241) 534256 (*Eschweiler 49) – **S:** Univ. Düsseldorf u. Aachen (Kernphysik, Malerei, Kunstgesch. u. Phil.) – **P:** Villa-Romana-Pr. 94; Förd.pr. d. Stadt Aachen 94; August-Macke-Med. 94 – **M:** Aachen, Suermondt-Ludwig-Mus. – **E:** / G: u. a. in Aachen, Amsterdam, Bochum, Bremen, Brüssel, Düsseldorf, Florenz, Hagen, Köln, Maastricht, Münster u. Venedig – ***Lit:*** AKL; Schweers 02 – (Red.)

Bardill, Lukas, Installations- u. Videokünstler; *gg_lb@bardillgerber.ch*, *www.bardillgerber.ch* (*Chur 2.7.68) – **VG:** Zürich, Staubkohler; Chur, Fasciati – **S:** 90–91 Schule f. Gest. Basel; 93–97 F + F Schule f. Kunst u. Mediendesign Zürich; 00–02 Univ. Bern (Nachdipl.stud. Fachdidaktik Kunst u. Gest.) – **P:** u. a. Cité Intern. d. Arts Paris 00 u. 01; VID-Festival Bern (Pr. f. bestes Video) 01; CH-Wettb. Videoex Zürich (Pr. f. bestes Video) 01; Kult.- u. Medien-Pr. d. Kt. Graubünden; Swiss Art Awards 04; Wettb. f. professionelles Kult.schaffen 05; Manor-Kunstpr. Chur 05; – sowie zahlr. Werkbeitr. – **KGr:** CPX Zürich (93–00) – **KGe:** L.B. u. Gabriela Gerber (seit 97) – **G/T:** Video; Install.; Wandzchngn; Fotogr.; – Thema: Lsch. – **W:** Teiln. an zahlr. Festivals seit 94, u. a.: Dumbo Arts Festival, Videoparadiso, Videoex u. Viper – **M:** Chur, Bündner KM; Zürich, Kunsthaus; Zürich, Migros Mus. – **Ö:** Chur, Graubündner Kantonalbank; ebda, Kieswerk Calanda; Zürich, Credit Suisse – **E:** u. a. 00 Grüsch, Kult.haus Rosengarten; 02 Zürich, Park; 03 Dortmund, Künstlerhaus; 04 Zürich, Staubkohler; 05 Chur, Fasciati; Rhäzüns, Tankstelle Via Nova; 06 Chur, Bündner KM – **G:** seit 95 zahlr. Ausst.bet. in d. Schweiz, Frkr., Dtld sowie Öst., u. a. 00 Paris, Centre Culturel Suisse; 01 Winterthur, KH: Ort der Ausst. (Kat.); Zürich, Migros Mus.; 02 Marseille, Gal. de La Friche; 03 Linz, Ars Electronica (Kat.); 04, 05 Basel, Messe: Swiss Art Awards; 05 Zürich, Les Complices: Mus. Coco (Kat.); Thun, KM: hoch hinaus (Kat.); 05, 06 Chur, Fasciati; 06 Zürich, KH; Davos, transit Wintersport – **V:** m. Lukas Bardill: Lärche 06 – ***Lit:*** u. a. Gerald Sigmund: Die Körper in der Medienwelt, in: FAZ v. 12.4.98; Gabriel Bauret: Regard Critique. Jeune Création 01; Andreas Vogel (Hrsg.): Rapid 101, Swiss Art Awards 04; Dominique von Burg: Ideale Projektionsfläche, in: Neue Zürcher Ztg v. 5.1.05; Gisela Kuoni: Maschinenpark, in: Kunstbulletin 6/05; Kathleen Bühler u. Beat Stutzer: See how the Land Lies, Ausst.kat. 06 – ***LitR:*** Kathrin Messerschmidt: Die Tankstelle als Kunstwerk, in: Kompass, Dtldradio Kult. v. 8.6.05

Barharn, Rüdiger, Maler; Feldstr. 46, D-40479 Düsseldorf, Tel. (0211) 1674660, *barharn@web.de*. Hüttenstr. 150, D-40227 Düsseldorf, Tel. (0211) 7882758 (*Barmstedt 55) – **S:** 76–81 HdK Berlin (Meisterkl. b. Prof. Bernd Koberling) – **L:** 96–98 HS Vechta (LAuftr. f. Grundlagen d. Gest.); seit 04 FHS Düsseldorf (FB Design, LAuftr. f. künstler. Grundlagen) – **P:** Villa-Minimo-Pr. 82; Arb.stip. d. Ldes Nds. 95 – **Ve:** VG Bild-Kunst 86 – **KGr:** Atelier Sonnenstr. Oldenburg (93–97) – **G/T:** Malerei; Zchng; Gegenständlichkeit u. Abstr. – **W:** überw. in Privatbes. – **Ö:** Düsseldorf, Rheinbahn Verwaltunsgebäude; Hannover, Verl.haus Madsack; ebda, Berhamstr. (Bilderwand) – **E:** 87 Hannover, Wewerka; 90 Oldenburg, Atelierhaus Kurwickstr.; 95 Kirchheimbolanden, Waldherr; 96 Hannover, Kubus (m. Ralph Kull); 01 Kassel, KV (Kat.) – **G:** zahlr. Bet. seit 82, u. a. 84 Hannover, Kunstlsch. Bundesrepublik (Kat.); 93 Hannover, 10 Jahre Kunstpr. d. KV Hannover (Kat.); 97 Oldenburg, SM (Kat.); 00–04 Große Kunstausst. NRW – ***Lit:*** u. a. Heinz Thiel: Barharn, Bortfeldt, Hinzelmann, Zamorra, 4teiliges Kat.heft 86; Gottfried Sello: Warteschleife u. Schatten, Lufthansa-Bordbuch 91

Barkow von Creytz, Dunja (geb. Dunja Barkow), Bildhauerin; Siegmund-Schacky-Str. 25, D-80993 München, Tel. (089) 14304880, *vcreytz@yahoo.de* (*Landshut 29.7.64) – **L:** 96–03 ABK München (Kl. f. Glas u. Keramik b. Prof. Norbert Prangenberg) – **P:** Design-Pr. d. Fa. Heinz-Glas 96 – **G/T:** Skulpt. aus keramischen Materialien – **K:** Workshops – **W:** zahlr. Figuren u. Objekte intern. in privaten Slgn – **E:** 97 München, Motorama – **G:** zahlr. Ausst.bet., u. a. 98 Nürnberg, Design-Pr. Ökologie; 00 München, Open Art – (Red.)

Barner, Herm-Jörg, Bildhauer; Alteburger Wall 1, D-50678 Köln, Tel. (0221) 342978 (*Wattenscheid 5.6.56) – **S:** 79–84 FHS Köln (Freie Zeichn., Plast. u. Bauplast. b. Hans Karl Burgeff sowie Multimedia u. Rauminstall. b Daniel Spoerri); 88 Meisterschüler v. Hans Karl Burgeff – **P:** Förd.pr. d. Bundesmin. f. Bildung u. Wiss. 84; Förd.pr. d. Jakob-Eschweiler-Stift. Köln (Stip.) 94; Förd.pr. d. Stadt Monheim/Rhein (f. Bild. Kunst) 02 – **Ve:** Künstler im Kölner Kunstforum/Neues Kunstforum 03 – **G/T:** Bildhauerei (Stein, Stahl, Blei-Zinn, Bronze); Zeichn.; Stickerei (nach Fotogr., im Rahmen) – **K:** JgdKSch Köln; Kurse u. Projekte m. Kindern u. Jgdlichen – **E:** 84 Köln, Stollwerck Maschinenhalle; 86 Köln, Freiraum – **G:** 83 Bonn, Frauen-Mus.; Köln, Hahnentorburg; 84 Kassel, Orangerie; 96 Köln, Festival Kunstplätze; 98 Köln, DuMont KH; 02 Köln, Gothaer Kunstforum; 04 Köln, Editionale – **V:** Beitr. f. d. Graph.-Ed. EINS VON HUNDERT in d. Ausg. 2, 3, 4, 6, 13, 14, 43 u. 47

Barnickel, Ulrich, Dipl. Metallbildhauer, Dipl. Designer; Auf den Bleichen 11, D-36110 Schlitz, Tel. (06642) 40033, Fax 40104, *ubarni@t-online.de*, *www.ulrich-barnickel.de* (*Weimar/Thür. 6.4.55) – **S:** Ausb. z. Schmied; 78–84 HS f. Kunst u. Design Burg Giebichenstein Halle/Saale (Bildhauerei, Plast.) – **P:** Aart's Masters Paris Monaco; Med. d'honneur '99 d. Festival de Saumur 99; Wettb. Kunst am Bau Finanzmin. Erfurt (2. Pl.) – **Ve:** IGBK 98; VBK Thür. 01 – **M:** Aventoft, Slg Leseberg; Berlin, Dt. Beamtenbund; Birmingham, Slg Wolf; Fulda, Bilder-Fuchs; Fulda, Slg Adam; Fulda, Slg Helios-Gr.; Fulda, Vonderau-Mus.; Halle/Saale, Burg Giebichenstein; Hamburg, Slg Bittorf; Hamburg, Slg Voigt; Hamburg-Blankenese, Augenart; Havanna, Slg Codema; Istanbul, Slg d. Intern. Akad.; Kapstadt, The Planet Arts; Mainz, Slg Schneider; Mannheim, Ego Art; Rockenhausen, Mus. Pachen; Scheveningen, Mus. Beelden aan Zee; Wiesbaden, Kult.amt – **Ö:** u. a. Alsfeld; Bebra; Berlin, Dt. Beamtenbund; Bernhards, Kirche; Frankenberg, Röddenauer Str.; Fulda, Genossenschaftsbank; ebda, Arte Altstadthotel, Aschenbergpl.; Gotha, Kr.krankenhaus; Großenlüder, Bürgerhaus; Havanna; Hojer/Dänemark; Hünfeld, Foyer d. Spk.; Istanbul, Altunizade; Kassel-Velmar; Kleinsassen; Lauterbach; Maintal-Bischofsheim; Poppenhausen, Höhenweg Rhön; ebda, RHgarten u. Kunstmeile; Schlitz, Schloßpark; ebda, Ldesmusikakad. Hessen, kath. Kindergarten; Schlüchtern, Jüdischer Friedhof – **E:** u.a. 89 Wiesbaden, Kunsthaus; 96 Heiligenstadt, Lit.mus.; 97 Hamburg-Blankenese, Augenart; 98 Wittenberg, Cranach-Stift.; Apolda, Glockenmus.; 99 Aachen, Hexagone; Wiesbaden, Villa Clementine; Chemnitz, Rosenkranz; 00 Schlüchtern, Kult.haus Synagoge; 01 Paris, Thuillier; Weimar, SM (Kat.); Hannover, Gal. im Tiedthof; Memmingen, Antonierhaus; 02 Rosenheim, Werkraumgal.; 03 Arnstadt, KH; 04 Hünfeld, Libeau; 05 Kleinsassen, Kunststation – **G:** u.a. 86, 87, 00 München, Haus d. Kunst: Große Kunstausst. (Kat.); 93 Paris, Parc de la Courneuve; New York, Convention Center; 95 Leipzig, Mus. f. Kunsthandwerk; 97 Plauen, Malzhaus; Bretten, Goppelsröder; 98, 00 Paris, Salon d'Automne; 00 Aachen, Ludwig Forum; 01 Bad Hersfeld, SM; Magdeburg, Gal. Himmelreich; Fulda, Vonderau-Mus.; Wiblingen, Schloß-Gal.; 02, 04 Hünfeld, Libeau; 02, 03 Hünfeld, Mus. Modern Art; 03 Lublin, S Ztuka Reduktywna; Düsseldorf, CastArt 4; Hünfeld, Mus. Modern Art; Plauen, Str. d. Skulpt.; 05 Wien, Austria Center Vienna; Łódź, Argumenta – sowie zahlr. Arb.aufenthalte u. Bet. an Symposien u.a. 94 Frankenberg, Kunstfestival; 95 Lohndorf, Fränk. Straße d. Skulpt.; 98, 99 Hojer/Dänemark, Holzsymposium; 99, 00 Keitum, Skulpt.tage; 00 Havanna, Codema – weitere: Schweiz, Türkei, Tibet, Namibia – **V:** Metall an histor. Gebäuden. Gesch., Gest., Restaurierung 02 – ***Lit:*** u.a. in: W. Schmidt: Ausgebürgert. Künstler aus der DDR 1949–1989 90; Konzept u. Individualität. Kunsthandwerk in Hessen 90; R. Luckner-Bien: 75 Jahre Burg Giebichenstein 1915–1990 90; Gestalt u. Funktion. Kunsthandwerk in Thüringen 93; U.B. Skulpturen, Kat. – ZTGN/ZSS: in: Art Aurea 3/90 u. 2/91; H. Hesse, in: Hephaistos 1/92 u. 5/92; R. Gross: Lebensspuren in Stahl, in: Kunst Aktuell 4/97; in: Artist Window 11/97; K.H. Sachs: U.B.s Skulpturen, ebda 6/01; Reinhardt: Bildhauer, Metall u. Kunstgießerei, in: Buderus Post April Nr. 1/01; E. Schruff: Tänzerin – Kunst aus Eisen u. Stahl, in: Stahlreport 8/01 – ***LitR:*** Roland Pechmann: Er denkt in Eisen, Portr. 00

Baron Stucki s. Bohnenberger, Stefan

Barone, Rocco, 'Maestro d'Arte', Dipl. Bühnenbildner, Kunstmaler, Bildhauer, Restaurator; Elsa-Brandström-Str. 17, D-65830 Kriftel, Tel. (0 61 92) 4 56 59, *a.barone@web.de* (* Alezio/Lecce 7. 1. 49) – **VG:** Frankfurt am Main, Spektrum; Sulzbach am Main, Art Gal. Nake; Hofheim, Blaue Truhe – **S:** 68 KHS Lecce (Schwerpunkt Malerei, Abschluß Maestro d'Arte); 68–72 Akad. d. Schönen Künste Rom (Bühnenbild, Meisterkl. b. Prof. Totï Scialoja); 78 Lehrbefähigungsprüfung im Fach Kunsterziehung Rom – **P:** Wettb. zeitgen. Malerei Massino Visconti (Bronzemed. u. E.urkunde) 74; Plakatwettb. d. Jahresausst. Frankfurter Künstler (3. Pr.) 78; Reg.wettb. d. Malerei Pal. dei Congressi Stresa (Goldmed.) 84; Kriftel 1200 (Silberne Jubiläumsmed.) 90 – **Ve:** Amici del Quadrato Rom; BBK Frankfurt; Frankfurter Künstlerclub; Kunstkompanie Wiesbaden – **G/T:** Malerei (Öl, Tempera, Aqu., Tusche); Bildhauerei (Stein, Holz, Metall); Stilrichtung: Deformation, d.h. astronom. anmutende Perspektiven u. psychophys. Elemente (seit 75) – **K:** Malerei (Öl, Acryl, Aqu.) u. Zchng; Lsch., figurat. u. abstr. – **W:** Frankfurt am Main, Gewerkschaft Erziehung u. Wiss.; Frankfurt-Höchst, Taunus Spk.; Karben, Berufsbildungswerk Südhessen; Kriftel, Genossenschaftsbank; ebda, Nassauische Spk.; Marburg, Klinkum Lahnberge; Schwalmstadt, Finanzamt; Wiesbaden, Kult.amt; ebda, Hess. Hauptstaatsarchiv, Bundesanst. f. Arb. – sowie Ankäufe durch die Städte Bad Homburg v. d. Höhe, Hattersheim, Hochheim, Hofheim, Ingelheim, Kriftel, Kronberg, Rüsselsheim – **Ö:** Kriftel, Pflanzinsel im Hof d. Weingartenschule; ebda, Granitbrunnen am Bahnhof, Bahnhofsfassade u. Unterführung; Main-Taunus-Kr., Fassadengest. einer Sporthalle – **E:** u.a. 84 Todi/Italien, Gall. Communale; 79 Hofheim, RH; 80 Neu-Isenburg, Kommunale Gal.; 81 Oberursel, Krebsmühle; 83 Dierdorf, Gal. Uhrturm; 84 Luxemburg, Art Gall.; 85 Pescara, Questarte; 88 Rüsselsheim, Stadttheater; Washington/DC, Flair; 91 San Diego/CA, Dyansen; Bad Soden, Paul; Landshut, RH; 93 Bad Soden, Sander; Mainz, Finther; 00 Kronberg, Sties; Wiesbaden, Art Gallery; 03 Kronberg, Schloß; 05 Sulzbach, Art Gal.; 06 Bad Vilbel, Vilbel Art Gal.; Frankfurt am Main, Marriott Hotel – **G:** zahlr. Bet., zuletzt u.a. 90 New York, Art Gall. 54; 97, 03 Lecce, Erzbischhöflicher Pal.; 00 Hofheim, Blaue Truhe; 03 Sulzbach, Art Gal.; Mailand, Gall. Centro Puskin; 04 Wiesbaden, Mus.; Bad Vilbel, Vilbel Art Gal.; 05 Bad Vilbel, Skulpturen u. Plastiken in d. Burg

Barrett Bell, Victoria s. Bell, Victoria B.

Barsuglia, Alfredo, Maler, Land-Art-Künstler; Liechtensteinstr. 68–70/25, A-1090 Wien, Tel. (01) 3 19 65 82, *mail@AlfredoBarsuglia.com*, *www.AlfredoBarsuglia.com* (* Graz 29. 3. 80) – **VG:** Wien, Peithner-Lichtenfels; Wien, Gans; Waidhofen an der Ybbs, KulturPendel – **S:** 99–03 Univ. f. angew. Kunst Wien (Meisterkl. f. Malerei b. Prof. W. Herzig); ABK Wien (Malerei b. Prof. H. Schmalix); Akad. Sztuk Pieknych Krakau (Meisterkl. f. Malerei b. Prof. A. Bednarczyk) – **Ve:** IG Bild. Kunst Wien 03 – **G/T:** gegenständliche Malerei (Acryl), Land-Art-Environment – **W:** überw. in Privatbes. – **M:** Wien, Leopold-Mus.; Wien, Slg Bundeskanzleramt; Wien, Slg d. Stadt; Wien, Slgn d. Univ. f. angew. Kunst – **Ö:** Stallhofen, Kap. – **E:** 01 Wien, Kunstmesse; 01, 04 Wien, Peithner-Lichtenfels; 03 Mexiko-Stadt, Balance; Andrychow, Kult.haus d. Stadt; 04 Wien, Gans; Ternitz/NdÖst., StG; Graz, Centrum – **G:** 01 Ternitz/NdÖst., StG; 03 Wien, Peithner-Lichtenfels; Wien, Exner; 04 Waidhofen an d. Ybbs, KulturPendel; – weitere: Reality Check (Wanderausst. d. NöArt) – **V:** Elisabeth Voggeneder (Textbeitr.): A. B. Arbeiten 1999–2003 04 – ***Lit:*** Manfred Wagner, Ausst.kat. 01; Brigitte Borchhardt-Birbaumer, Ausst.kat. 02 – (Red.)

Bartek, Eliška (geb. Eliška Bartkova), Malerin, Fotografin; Katzbachstr. 32, D-10965 Berlin, Tel. u. Fax (0 30) 78 99 14 08, *e-bartek@web.de*, *www.eliska-bartek.de*. Kirchmattstr. 12, CH-6206 Neuenkirch, Tel. (0 41) 4 67 25 17 (* Nový Jicín 8. 11. 50) – **VG:** Berlin, Schultz; Graz, Gal. u. Ed. Artelier – **S:** 76–78 Malunterricht b. Fritz Deutsch; 79–83 KGS u. Privatunterricht b. Frantisek Mitecek; 83–86 Privatschule Form + Farbe Zürich – **P:** Stip. d. öst. Min. f. Kult., Kunst u. Wiss. Wien 95; Artist in Residence 96 – **G/T:** Malerei (Öl, Abstr., Blumen); Fotogr. (Blumen); Video – **W:** Werke in Privatslgn sowie im Bes. d. Kt. Luzern – **M:** Werfen, Mus.ver.; Zug, Richemont Art Found. – **Ö:** Berlin, Hotel Intercontinental; Emmenbrücke, Bankges.; Luzern, Bankges.; ebda, Kantonalbank; Zürich, Kantonalbank; Zug, Kantonalbank – **E:** seit 88 zahlr. Ausst., u.a. 93 Zug, Goote Gall.; 95 Zug, Kunsthaus; 02 Frankfurt am Main, Mull Art Gallery; Graz, Atelier; 03 Zürich, Gal. Proarta; 04 Berlin, Schultz – **G:** 88 Luzern, KM; 89 New York, Contemp. German Art; 90–92 Wanderausst. durch Japan; 92 Werfen, Mus.ver.; 93 Werfen, Burg Hohenwerfen; 98 Berlin, Kubinski; Zug, Goote Gall.; 00 Berlin, Podewil Center for Contemp. Art; – weitere: Basel, Art Basel; Berlin, Art Forum; – sowie Kunstmessen in: Basel, Frankfurt am Main, Köln, Madrid, Miami, Paris u. Wien – ***Lit:*** Kat. z. d. Ausst.: Hannah Feldmann Gal. (Vorw. Veit Loers) 90; Huberte Goote Gall. (Vorw.

Mathias Haldemann) 93; Kunsthaus Zug (Vorw. Marcus Brüderlin) 95; Gal. Werner Bommer (Vorw. Marcus Brüderlin) 95; Gal. Michael Schultz (Vorw. Michael Tannert) 04 – (Red.)

Bartel, Barbara (geb. Barbara Enke), Bildhauerin u. Malerin; St.-Magnuser Brink 3, D-28759 Bremen, Tel. (04 21) 62 30 13, *hb.bartel@gmx.de*, *www.barbara-bartel.de* (* Magdeburg 21. 4. 43) – **VG:** Hannover, Artforum; Bremen, Behrmann; Bremen, Kunst am Wall – **S:** HS f. Kunst Bremen (Bildende Kunst); Intern. Sommerakad. f. Bild. Kunst Salzburg; Europ. KA Trier – **L:** VHS Bremen Nord (Doz. f. Bildhauerei) – **G/T:** Malerei (Aqu. u. Acryl); Bildhauerei (Stein) – **K:** Bildhauerei – **W:** überw. in Privatbes. – **Ö:** Bremen-Vegesack, Sedanpl. – **E:** zahlr. Einzelausst. seit 99, zuletzt 06 Syke, Kr.mus.; Worpswede, Bernack – **G:** 05 Bremen-Vegesack, Stift. Overbeck

Bartel, Hans-Dieter, Maler, Graphiker; Gummanz 4, D-18551 Wesselin, Tel. (03 83 02) 20 90 (* Bergen/Rügen 10. 10. 37) – **S:** 56–61 Humboldt-Univ. Berlin (Kunst- u. Werkerziehung); 72 KHS Berlin-Weissensee (Malerei b. Prof. Brendel, Dipl.) – **L:** 61–69 Kunsterzieher im Erzgebirge u. auf Rügen; 69–74 Humboldt-Univ. Berlin (Wiss. Ass. im FB Kunsterziehung) – **G/T:** Malerei (Öl, Acryl, Aqu.); Graph. (Rad. u. Zeichn.) – **M:** Rostock, KH; Stralsund, Kultur-hist. Mus. – **Ö:** Mukran, Fährhafen u. Restaurant; ebda, Verwaltungstrakt; Rügen, Sana-Krankenhaus – **E:** u. a. 83 Rostock, KH; 86 Stralsund, Kultur-hist. Mus. – **G:** u. a. 80 Berlin, Intergrafik – ***Lit:*** AKL; Schweers 02 – (Red.)

Bartels, Gisela (geb. Gisela Harprecht), ObStudR. a. D.; Malerin, Graphikerin; Saarstr. 28, D-26954 Nordenham, Tel. (0 47 31) 52 52, Fax 36 07 49, *info@giselabartels.de*, *www.giselabartels.de*. Atelier: Friedrich-Ebert-Str. 45 A, D-26954 Nordenham (* Berlin 4. 11. 39) – **S:** 59–62 Pädagogische HS Braunschweig u. Göttingen; 72–74 Pädagogische HS u. Univ. Oldenburg; 74–77 Univ. Bremen (Kunsterziehung) – **L:** 73–00 Gymnasium Nordenham – **P:** Concours Intern. de la Palme d'Or des Beaux-Arts Monte Carlo (Prix Mention Spéciàle du Jury) 76; Concours Intern. de la Palme d'Or des Beaux-Arts Monte Carlo (Diplôme de Sélection) 77 – **Ve:** BBK Oldenburg – **G/T:** Aqu.; Zeichn. (Pastell, Feder, Farb- u. Bleistift); Siebdruck – **W:** in öff. u. privaten Slgn – **M:** u. a. Oldenburg, LM – **Ö:** Nordenham, Amtsgericht; ebda, Dt. Angestellten Akad., Arbeitsamt, VHS Wesermarsch – **E:** zahlr. Einzelausst., u. a. 71 Bremen, Ostertor; 71, 72, 73, 75 Nordenham, Gal. im Amtsgericht; 72 Wilhelmshaven, Art Formation; Bremen, KH; 73 Bamberg, Studio M; 74 Braunschweig, ABC Gal.; Gütersloh, Mühlen-Gal.; Düsseldorf, Gal. des Artes; Uslar, RH; 75 Salzburg, Pointer; Goslar, Kemenate; Hildesheim, Kemenate; Zürich, Mod. Art Gall.; 76 Düsseldorf-Hilden, Kult.amt d. Stadt; Oldenburg, NW-Ztg; 77 Göttingen, Gutzeit; St. Lô, Gal. de la Manche Libre; 80 Oldenburg, Künstlerhaus; 83 Limburg, Künstlerhaus; 84, 92, 95 Nordenham, KV; 85 Eckernförde, Svensson; Nürnberg, arte factum; 95 Bonn, Dt. Parlamentarische Ges. – **G:** zahlr. Ausst.bet., u. a. 71, 72, 73, 74 Bremen, RH; 71 Oldenburg, KV; 72, 74 Düsseldorf, Intern. Markt f. aktuelle Kunst; 73, 74, 75, 77 Göttingen, Kunstmarkt; 73 Hannover, Orangerie; 74 Berlin, Intern. Kunstmesse; Goslar, Kemenate; Wiesbaden, Möhring; Oldenburg, LM; 74, 75, 77 Basel, Art Basel; 75 Wilhelmshaven, KH; Köln, Kunstmarkt; 76 Monte Carlo, Pal. de la Scala; 76, 77 Monte Carlo, Palme d'Or des Beaux-Arts; Düsseldorf, Intern. Kunstmarkt; 77 Wien, Kunstmesse; Gütersloh, Mühlen-Gal.; 82 Coburg, KV; 84 Bozen, Kult.haus; Bozen, Schloß Marretsch; 86 Coburg, Bergmann; 90 Walldürn/Odenwald, Nibelungenhalle – ***Lit:*** Rezensionen u. Art. in d. Tagesztgn d. versch. Ausst.orte, Beitr. in div. Kunstzss.; – KAT. u. a.: Junge Kunst in Oldenburg 71; Jürgen Weichardt: G. B. Zeichnungen 72; ders.: G. B. Zeichnungen 73; Zeichnungen G. B., Ed. Caro 73; Angelika Ritscher, G. B. – Poesie der Zerissenheit 75; Jürgen Weichardt: Die Zeichnerin G. B. 76; Künstler aus Oldenburg im Kunstverein Coburg 82; Axel Alexander Ziese: Zauber des Lichts 98; – weitere Publ. u. a.: Künstler der jungen Generation 74; Axel Alexander Ziese: Meister Bildender Künste, Bd 1 83; Forsch.inst. Bild. Künste Nürnberg (Hrsg.): Allgemeines Lexikon der Kunstschaffenden in der bildenden und gestaltenden Kunst des ausgehenden 20. Jahrhunderts, Bd 1 84; Jürgen Weichardt: Räume der Phantasie 84; Gerhard Wietek: 200 Jahre Malerei im Oldenburger Land 86 – ***LitR:*** Interviews in Radio u. Fs. sowie Filme z. d. Einzelausst. im TV 7 Kanal

Barth, Erika s. Zuchold, Erika

Barth, Ingrid, Objekt-, Bild- u. Installationskünstlerin; Am Wall 10, D-14532 Kleinmachnow, Tel. u. Fax: (03 32 03) 7 78 38, *barth-maring@web-de*, *www.ingrid-barth-kunst.de* (* Berlin) – **L:** 83–99 Doz. f. Erwachsenenbildung – **P:** GEDOK-Kunstpr. (f. Keramikobjekte) 81; Artist in Residence (Sanskriti Found. New Delhi) 02 – **Ve:** GEDOK 80–89; BBK Berlins 80–99 – **G/T:** Objekte (Keramik, Speckstein, Sandstein, Holz, plast. Lw.); Install.; Bilder (Ölkreiden auf Papier) – **E:** u. a. 80 Berlin, Mehring; 84 Berlin, Ladengal.; 89 Berlin, Haus am Lützowplatz; 02 Berlin, Tagore Center in d. Indischen Botschaft – **G:** seit 78, u. a. Berlin, Haus am Lützowplatz; Berlin, Ladengal.; Berlin, Gal. IX; Heidelberg, Schloß; Berlin, Fernsehturm; Pirna, KV; Weesenstein, Schloß; Berlin, Domäne Dahlem; Dessau, Umweltbundesamt (UBA)

Barth, Othmar, Prof. Dr., Architekt, Stadtplaner, Landschaftsgestalter; Hofgasse 4, I-39042 Brixen, Tel. (04 72) 83 66 84, Fax 83 77 01 (* Brixen 22. 5. 27) – **S:** 47–52 TU Graz (Archit. b. Friedrich Zotter, Karl Raimund Lorenz u. Karl Hoffmann) – **L:** 71–75 TU Innsbruck (LAuftr.); 75–94 ebda (Prof. f. Archit., Raumgest. u. Entwurf) – **P:** Walther-v.-d.-Vogelweide-Pr. 70 – **B:** Bozen: Seehotel Ambach; ebda: Pastoralzentrum; Brixen: Casanus-Akad.; Pordenone: Diözesan-Verwaltungszentrum; Rom: Pal. dello Sport (Mitarb.); Stams: Skigymnasium – ***Lit:*** AKL – (Red.)

Barth, Rolf, Maler u. Grafiker, Tätigkeit im Höheren Dienst; Bismarckstr. 7, D-76887 Bad Bergzabern (* Stuttgart 4. 6. 41) – **VG:** Düsseldorf, Kunsthaus Pfeiffer; Köln, Kunsthaus Binhold; Heidelberg, Ostendorff; München, Gronert; Garmisch-Partenkirchen, Pritschow – **S:** künstler. Ausbildung an öff. Einrichtungen d. Bundes – **P:** Kunstpr. d. Kulturstift. Spk. Karlsruhe f. Malerei 00; Welde-Regionalkunstpr. f. Malerei 06 – **Ve:** BBK Rh.-Pf.; Kunstgilde Bad Bergzabern – **G/T:** Magischer Realismus; Konzeptkunst (Mischtechnik Acryl/Kreide); Stilleben (Mischtechnik Acryl/Kreide) – **W:** Werke in Privatbes. – **M:** Dresden, Kunstfonds d. Freistaates Sa. – **Ö:** Kulturstift. Spk. Karlsruhe; Kulturstift. Spk. Dresden; Stadt Wörth/Rh.; Landkr. Südliche Weinstraße – **E:** zahlr. Ausst. seit 83, u. a. 00 Wörth/Rh., Gal. Altes RH; 02 Offenbach/Queich, Queichtalmus.; Garmisch-Partenkirchen, Pritschow; 03 Düsseldorf, Kunsthaus Pfeiffer; 04 München, Gronert; – 98, 99, 00, 02 Dresden, Kunstmarkt; 02, 04, 06 Mainz, Rh.-Pf. Kunstmesse – **G:** 98 Bonn, Ldesvertretung Rh.-Pf.; Mainz, Landtag; 01 Jockgrim, Zehnthaus; 06 Römerberg-Berghausen, Zehnthaus; Heidelberg, Ostendorff; 07 Stuttgart, Kunsthaus Schill

Barth, Thom; Kirschensteige 13, D-88069 Tettnang, Tel. (0 75 42) 5 15 99, Fax 5 15 99, *thombarth@t-online.*

de – **VG:** Hamburg, Multiple Box Hamburg – **G/T:** Bildhauerei, Malerei – (Red.)

Barth, Ulrich, Dipl. Freie Malerei; Bethlehemplatz 1, D-30451 Hannover, Tel. u. Fax (05 11) 21 11 99 (* Hannover 18. 6. 56) – **VG:** Bornheim, Gal. Du Beau – **S:** 79–85 FHS Kunst u. Design Hannover (Freie Malerei u. Lith. b. Prof. Günther Sellung) – **Ve:** BBK Nds. – **G/T:** Malerei (Öl u. Dispersion auf Nessel/Keilrahmen; gegenstandslos, gestisch, vielschichtig, informel) – **Ö:** Hannover, Bethlehem Kirche; Celle, Predigersem. – **E:** 84 Hannover, Wkst. Südstadt; 85 Hannover, FHS; 88 Kassel, Kausch; 89 Hannover, Werk-statt-Gal.; 94 Springe, KV; 99 La Chapelle sur Dun, Gal. de nueve Arte; 01 Bornheim, Gal. Du Beau; 03 Hannover, Gal. im Tiedthof – **G:** 86 Hannover-Ricklingen, Ausst. junger Informeller, 95 Oslo, Strømmen Gal.; 03 Wedemark, KV – **V:** Günther Sellung u. Matthias Riemann (Texte): U. B. Malerei. 20 Arbeiten von U. B. von 1981–1992, Kat. – (Red.)

Barthel, Roswitha Magdalena (geb. Roswitha Magdalena Schrott), Malerin, Bildende Künstlerin; c/o Otto-Galerie, Augustenstr. 45, D-80333 München, Tel. (0 89) 52 93 92, Tel. u. Fax privat (0 89) 68 07 33 51, Mobil privat: 01 7 37 59 23 42, Fax (0 89) 5 23 63 93, *svb@ottogalerie.de*, *www.otto-galerie.de* (* Landshut 11. 3. 45) – **VG:** München, Otto-Gal. – **S:** 82–86 b. Prof. Werner Otte, Salzburg; 86, 88, 92 Intern. Sommerakad. Salzburg (b. Prof. Eisler, Prof. Mikl u. Prof. Weizsäcker) – **P:** Kunstpr. Kult.forum Allershausen 94 – **Ve:** BBK München u. Obb.; GEDOK München – **G/T:** Malerei (Öl, Acryl, Aqu.); Skulpt. (aus Papierpulp); Kompositionen aus geometrischen Grundformen wie Kr. u. Rechteck, die sich im Arb.prozeß verändern können – **W:** zahlr. Werke in Privatbes. – **Ö:** Bad Reichenhall, Spk. Berchtesgardener Ld; Freilassing, Stadt; München, Stadtspk. Laim; ebda, BayWa – **E:** 90 Traunstein, Kult.-zentrum; 92 Bad Reichenhall, Gal. im Alten Feuerhaus; 94 Bad Reichenhall, Gal. S; 98 München, Kunstpavillon; München, Pich; 99 München, Produzentengal.; 02 München, Otto-Gal.; 03 München, Bundespatentgericht – **G:** zahlr. Ausst.bet., u. a. 89–93 Salzburg, Künstlerhaus; 90, 91 München, BBK; 91–96 München, GEDOK; 92 Karlsruhe, BBK; 93, 94 Paris, Grand Pal.; 95, 97 Wasserburg, Große Kunstausst.; 96 Schongau, SM; Deggendorf, SM; Würzburg, Otto-Richter-Halle; 97–01 München, Kunstpavillon; 99 Passau, St. Anna Kap.; 01 Los Angeles, LA Artcore; 03 Fürstenfeldbruck, Gnadenkirche; 04 München, Haus d. Kunst – ***Lit:*** B. Wally (Hrsg.): Künstlerinnen in Salzburg 91; Bildende Künstler in Oberbayern, Dok. 91; Allgemeines Künstlerlexikon. Die Bildenden Künstler aller Zeiten und Völker Bd. 7 93; Kulturmagazin Puccini 94; Anderland. Kunstkatalog R. M. B. (Vorwort v. Dr. Hanne Weskott) 95; sowie zahlr. Ztgs.art.

Barthold, Christian, Dipl. Kommunikationsdesigner (FHS), Designer, Illustrator; Sürther Str. 73, D-50996 Köln, Tel. (02 21) 3 79 89 63, Mobil: 0 17 77 27 66 54, *christian-barthold.illustration.de* (* Heidelberg 4. 5. 68) – **S:** 89–95 FHS Mainz (Kommunikationsdesign) – **P:** div. Buchbet. – **Ve:** IO – Illustratoren Organisation – **KGe:** Atelier Montagfrucht – **G/T:** Ill.; Graph.design; Fotogr.; Film – **W:** Ill. in Zss, Ill., Buchtitelgest. u. Titelill. in vielen Büchern – **E:** zuletzt: 05 Köln-Nippes, 1/4 Bar; 06 Köln, #Tausend Bar – sowie ständige Online-Ausst. unter christian-barthold.-illustration.de – **G:** jl. Bet. m. d. Ateliergemeinschaft Montagfrucht an d. Offenen Ateliers in Köln u. 06 Köln, Lit.Cologne – **V:** als Mitautor einer Biogr. f. Kinder b. Hansol Education/Korea – **R:** Trickf. f. 3Sat 92 u. f. ZDF 93; Live-Ill. während d. Lit.marathons 05, 06 – ***Lit:*** Freistil 1 – The best of German commercial ill. 02; Freistil 2 – The best of European commercial ill. 05; The 200 best illustrators in the world, in: Lürzers Archive 05; Illustration Now! 05 – ***LitR:*** Romulo Guarda (Dir.): An illustrated world, Dok. üb. 120 d. besten Illustratoren d. Welt (RCTV Venezuela) Sept. 06

Bartholomé, Monika; Rolshover Str. 97, D-51105 Köln, Tel. (02 21) 55 48 61, 8 30 60 78, Fax 55 48 61, *m. bar@t-online.de* – **G/T:** Graph. – (Red.)

Bartkova, Eliška s. Bartek, Eliška

Bartnig, Horst, Maler u. Graphiker; Bergaustr. 28, D-12437 Berlin. Friedenstr. 8, D-12489 Berlin, Tel. (0 30) 6 77 07 00 (* Militsch/Schlesien 15. 11. 36) – **VG:** Berlin, Architektur Gal. Berlin – **S:** 51–54 Malerlehre; 54–57 FS f. angew. Kunst Magdeburg – **P:** Kunstpr. d. Stift. Kunst, Kult. u. Bildung; Will-Grohmann-Pr. 93; Hannah-Höch-Pr. 01 – **M:** Schwerin, Staatl. Mus. – **E:** u. a. 80 Dresden, Leonhardi-Mus.; 86 Dresden, Gal. Nord; 87, 89 Potsdam, Gal. am Alten Markt; 94 Berlin, Mies-Van-der-Rohe-Haus; 96 Ludwigshafen, Wilhelm-Hack-Mus.; 98 Berlin, Kult.brauerei; 99 Leipzig, Gal. f. Zeitgen. Kunst; Bottrop, Quadrat Bottrop – **G:** 77 Berlin, Kunst-Ausst.; Berlin, Akad. d. Wiss.; 77, 78, 82, 83 Dresden, Kunst-Ausst. d. DDR; 79 Warschau, Gal. Zacheta; 80 Berlin, Ausst.-Zentrum am Fernsehturm; 86 Damaskus, NM; Krakow, Intern. Graph.bienn.; 87 Berlin, Intergrafik; 99 Apolda, Kunsthaus Avantgarde – ***Lit:*** AKL; Lang 02; Kunst in der DDR 03 – (Red.)

Bartosch, Jubel (verh. Jubel Pfefferkorn), Malerin u. Graphikerin; Sunderstr. 15, D-29320 Hermannsburg, Tel. (0 50 52) 17 52 (* Berlin 12. 2. 25) – **S:** 44–45 Prag; 46–48 Berlin; 49–51 Freie Univ. Berlin – **P:** Premio Nazionale (Bronzemed.) 64; Marina di Ravenna 64; Lidice-Med. 67; Annuale Italiana d'Arte Grafica 68; Mostra rappresentativa internazionale Ancona 69; Certificate of Merit Cambridge 73; Premio d'Italia 80; Albrecht-Dürer-Med. d. Europ. Kunst- u. Kult.kr. Schweiz (Goldmed.) 81; Gran Premio delle Nazione 83; Europ. Banner d. Kunst d. Accademia Europea 84; Statue della Vittoria 84; Palma d'Oro d'Europa 86; Targa d'Oro Premio d'Italia Calvatone 86; Dipl. d'Honneur de la Ville d'Auterive 87; Med. d'Honneur de la Ville d'Auterive 88; Il Centauro d'Oro 88; Jan Pallach-Plakette Prag 91; – sowie: Medaglia d'oro Accademia intern. Tommaso Campanella Roma – **Ve:** Ver. Steglitzer Künstler 48–53; BBK Berlins 52; BBK Celle 82 – **G/T:** Malerei (Öl); Graph. (Farbrad., Farblinolschnitt, Lith.); Pastellzeichn.; Themen: Portr., Landschaft, Stadt, freie Themen; Theatergraph. (in Einzelblättern u. Zyklen, z.B. Beckett oder die Ehre Gottes, Clavigo); Ill. (Tyll Claas); Plakat – **K:** 82 Ferienkurse; 01–02 Orientierungsstufe AG – **W:** Ölgemälde u. andere in Privatbes. – **M:** Berlin, Akad.; Berlin, Berlin Mus.; Berlin, Graphothek Reinickendorf; Berlin, Schillertheater; Celle, Bomann-Mus.; Celle, Graphothek; Hamburg, Ernst Deutsch Theater; Lidice, Mus.; Prag, Jan Pallach-Ges. – **E:** seit 54 Ausst. in versch. Stadtteilen v. Berlin, in München, Frankfurt am Main, Hamburg, u. im Ldkr. Celle; weitere u. a. 69 Karlovy Vary, Gal. umění; Florenz, Gal. d'Arte Il Semaforo; 70 Pilsen, Gal. Dila CFVU; Prag, StG; 72 Wetzlar, Kult.amt; Hamm, Gustav-Lübcke-Mus.; 77 Berlin, Kunstamt Wedding; Venedig, Gal. d'Arte Il Riccio; 88 Zittau, SM; 90 Česká Lípa, Kr.mus.; 95, 00 Celle, Kult.amt – **G:** u. a. 49–53 Ausst. Steglitzer Künstler; 52–80 Berlin, Juryfreie u. Große Kunstausst.; BBK-Ausst. in Berlin, Celle, England u. Finnland; weitere Ausst.bet. in Frkr., Jugoslawien u. Rußland; 03 Florenz, Bienn. Intern. dell'Arte Contemp. – **V:** Rudolf Pfefferkorn: Stilkunde des Abendlandes, 4 Bde (Ill.) 62; ders.: Keysers Europäische Stilkunde 64;

L. Fuks (Vorwort): Skizzen aus Prag 76; Rudolf Pfefferkorn: Norddeutsche Backsteingotik 84; Verona und der Gardasee 00 – ***Lit:*** Adolf Jannasch: J. B., Ausst.kat. 63; Ingrid Kulenkampff: Theaterleben klar liniert, in: Cellesche Zeitung, Art. 65; dies.: Ereignisreiche und beredte Bilder, ebda 65; Hans Scholz: Israel '66, Ausst.kat. 67; La revue modern 69; Walter Huder: J. B. – A. Hage, Ausst.kat. 69; Im Herzen Europas 69; Jan Dvorak, Ausst.kat. 70; Herbert Zink: J. B. Grafik-Aquarelle-Gemälde, Ausst.kat. 72; Walter Huder: J. B. Gemälde und Grafik aus den Jahren 1950–1981, Ausst.kat. 82; Rudolf Pfefferkorn: J. B. Malerin und Grafikerin, in d. Reihe Künstler der Gegenwart, Bd 5 87; ders.: Das Erlebnis der Bühne, in: Graphische Kunst, Art. 95; Johanna Zeuner: Kleine Vorliebe für Hellblau, in: Cellesche Zeitung, Art. 02; Anna Marx: Nie ohne Zeichenblock, in: Cellesche Zeitung, Art. 03 – ***LitR:*** Siegrid Schenkenberger, Reportage z. Ausst. in Tempelhof 63 – (Red.)

Bartram, Karen, Dipl.-Graphikerin, Meisterschülerin, Bild. Künstlerin; Pfuelstr. 2, D-10997 Berlin, *www.karenbartram.de* (* Neumünster/SH 29. 5. 62) – **S:** 84–91 HdK Berlin (Visuelle Kommunikation b. Prof. Wolfgang Ludwig) – **KGr:** Künstlergruppe Kryptonale (97–04) – **KGe:** K. B. u. Stefan Heinrich Ebner (91–00); K. B. u. Andreas Peters (seit 01) – **G/T:** Install., Zeichn. (vorw.) – **W:** temporäre Raum- u. Konzertinstall. – **G:** versch. Bet. seit 90, vorw. temporäre Install., z.B. 01 Berlin, Parochialkirche

Bartsch, Volker, Maler, Zeichner, Bildhauer; Kunersdorfer Str. 13, D-14552 Wildenbruch, Tel. (03 32 05) 6 42 95 (* Goslar 13. 3. 53) – **S:** 73–79 HdK Berlin (Bildhauerei b. Prof. Joe Lonas, Meisterschüler b. Prof. Hans Nagel) – **P:** Kaiserring d. Stadt Goslar (Stip.) 88; Pr. d. Darmstädter Sezession 90 – **G/T:** Skulpt. (u. a. Bronze, Stahl, Beton, Terracotta); Malerei (Tempera); Graph. (Rad., Zeichn.) – **Ö:** Skulpt. u. Plast.: Berlin, Zoo (Brunnenanlage); ebda, Lützowpl., Schulzentrum Hohenschönhausen; Meppen, Emsbrücke; ebda, Hasehubbrücke, Neuer Markt/Zum Stadtgraben; – sowie in: Goslar, Hannover u. Wiesbaden – **E:** u. a. 84, 88 Goslar, Mönchehaus-MMK; 88 Odense, Skulpt.park; 89 Braunschweig, Wallgal.; 90, 92 Darmstadt, Darmstädter Sezession; 91 Bad Homburg, Scheffel; Hannover, Stübler – **G:** u. a. 86 Berlin, Messer-Ladewig; 88 Berlin, Intern. Bildhauersymposium; 89 Turin, Bildhauersymposium Kunstzone; 90 Berlin, Bildhauersymposium Lützowpl.; 91 Aichach, Bildhauersymposium – ***Lit:*** AKL – (Red.)

Basch, Gabriele, Malerin; *galeriekamm@t-online.de; infoduesseldorf@galeriefrick.de; h.-m.weigand@galerie-weigand.com, www.galeriekamm.de; www.galeriefricke.de; www.galerie-weigand.com* (* Bad Homburg v.d.H. 16. 1. 64) – **VG:** Ettlingen, Weigand; Berlin, Kamm; Düsseldorf, Fricke – **S:** 85–93 HdK Berlin (Meisterschülerin b. Prof. Diehl) – **L:** 96–98, 00 HdK Berlin (LAuftr.); 99 Svenska Yrkeshögskolan Nykarlby/Finnland (LAuftr.) – **P:** Stip. Bild. Kunst d. Studienstift. d. Dt. Volkes 89; Erasmus-Stip. (f. London, Royal College of Art) 93; Arb.stip. d. Senats f. Kult. Angelegenheiten 96; Wettb. Übergänge, Berlin (Pr.trägerin) 96; Stip. d. Förderkreises Kunst auf Schloß Plüschow 97; Stip. Künstlerstätte Bleckede 98; Kunstpr. d. Grundkreditbank, Köpenicker Bank Berlin (Pr.trägerin) 99; Stift. Kunstfonds – Arb.- u. Projektstip. 00; Civitella Ranieri Fellowship (f. Umbrien) 01; Arbeitsstip. d. Berliner Senats (f. Istanbul) 04 – **G/T:** Malerei – **M:** Berlin, Berlinische Gal.; Bonn, Dt. Ausgleichsbank; Ravensburg, Columbus Art Found. – **Ö:** Berlin, Sandkrugbrücke/Invalidenstr. (Bodenarb.) – **E:** 96 Wolfenbüttel, KV; 97 Berlin, Kunstruimte; 98, 00, 02 Ettlingen, Weigand (vormals Schneider); 99, 01 Göteborg, Thomassen; 00 Unna, KV; Leipzig, Projektgalerie Elsterpark; 01, 03 Berlin, Kamm; 01, 04 Düsseldorf, Fricke; 02 Berlin, artforum; Köln, Art Cologne (Förderkoje); 04 Nürnberg, Birner u. Wittmann – **G:** zahlr. Ausst.bet., u. a. 94, 01 Berlin, Haus am Waldsee; 97 Rostock, KH; 99 Berlin, Künstlerhaus Bethanien; 01 Karlsruhe, Badischer KV; 02 Sachseln, Mus. Bruder Klaus; Hamburg, Sfeir-Semler; Ulm, KV; 03 Zürich, Binz39; München, Gross; 04 Hamburg, KH – ***Lit:*** KAT., u. a.: Lost Sweethearts/un-Rast 94; Weiss wie Schnee 96; pop mix/volume I 96; G. B. 97; Kunst-Stücke: Die Sammlung der Deutschen Ausgleichsbank 98; kommando ketchup Berlin 98; Sichtverhältnisse. Madrid/Berlin 98, 99; sight-seeing 99; Rosa für Jungs/Hellblau für Mädchen 99; Kunstruimte 1997–98 99; B A S C H 99; Martin Köttering (Hrsg.): made for fun 00; veidas 00; Who killed Bambi? 01; patterns of life 01; Sense of Wonder 02; Nach der Natur 02 – (Red.)

Baschang, Hans, Prof., Maler, Zeichner, Bildhauer; Ohmstr. 20, D-80802 München, Tel. (0 89) 39 98 70 (* Karlsruhe 15. 4. 37) – **VG:** München, Herzer – **S:** 57–61 ABK Karlsruhe (Malerei b. Herbert Kitzel) – **L:** 71, 74 FHS f. Gest. Pforzheim; 72–73 ABK Karlsruhe; seit 75 ABK München (Prof.) – **P:** zahlr. Ausz., u. a. Kunstpr. d. Stadt Wolfsburg 65; Villa-Romana-Pr. 66; Kunstpr. d. Böttcherstraße Bremen 68; Villa-Massimo-Pr. 70 – **Ve:** Bay. Akad. d. Schönen Künste – **G/T:** Malerei (Tempera, Öl); Zeichn. (Kohle, Bleistift); Plast. (Gips) – **M:** Bonn, SM; Frankfurt am Main, Dt. Bank KS; Freiburg im Breisgau, Mus. f. Neue Kunst; Karlsruhe, SKH; Karlsruhe, StG; Leverkusen, StM Schloß Morsbroich; München, Staatl. GrS; Stuttgart, SG; Wolfsburg, StG – **E:** u. a. 90 Karlsruhe, Meyer; 90, 91 Stuttgart, Manus-Presse; 91 Neuburg an der Donau, Städt. Gal. im Rathaus; zuletzt 04 Karlsruhe, StG – **G:** u. a. 61, 65, 67, 68, 69 Recklinghausen, StKH; 64, 70, 82 Stuttgart, SG; 67 Darmstadt, Neue Darmstädter Sezession; Dortmund, Mus. am Ostwall; 80 München, SM; 81, 82, 83 München, KV; 87 München, Herzer – ***Lit:*** AKL; Reclams Künstlerlex. 02; Schweers 02 – (Red.)

Basdera, Franz (Ps.: Franjo), Maler, Graphiker, Designer; Neubaugasse 65, A-1070 Wien, Tel. (01) 5 23 61 48, Fax 5 26 38 40, *basdera@aon.at, basdera.heim.at; www.cigars.at/basdera* (* Wien 2. 7. 48) – **VG:** Wien, Karoly – **S:** 82 Wiener KSch (b. Prof. Martinz); Privatunterricht b. Prof. Pusak – **P:** Pr. d. Ldes Salzburg (f. Design) 04 – **Ve:** IG Bild. Kunst; Design Austria – **G/T:** smartart (Malerei, Themen: Relig. u. Eros, Acryl, Tempera); Design f. Milchindustr.; Design f. Procter & Gamble – **W:** in Öst., Wien sowie in Privatbes. – **Ö:** Mercedes Benz (smart Austria); Salzburg, Alpenmilch; Shell Austria – **E:** u. a. 84 Köln, Jelinek; 86 Wien, Messepalast; 87 Wien, Art Point; Wien, Schottenring; 90 Wien, Un'art; seit 95 Wien, Karoly – **G:** u. a. Wien, Künstlerhaus; 89 Stuttgart, Intern. Kunstschau; 90 Budapest, Kossuth-Klub; 98 Innsbruck, Kaiserliche Hofburg: Intern. Kunstsalon – ***Lit:*** smartart 22, Kat. 03

Baselgia, Guido, Fotokünstler; c/o Galerie Bob Gysin, Ausstellungsstr. 24, CH-8005 Zürich, Tel. 01 2 78 40 60, *info@bg-galerie.ch, www.bg-galerie.ch www.baselgia.ch* (* Schweiz 23. 6. 53) – **VG:** Zürich, Gysin; München, Wäcker u. Jordanow – **S:** 76–79 HS f. Gest. u. Kunst Zürich (Fotoklasse) – **P:** Eidgen. Kunststip. 78; Werkjahr d. Kt. Zug 96; Anerkennungspr. d. Kt. Graubünden 04; Innerschweizer Kult.pr. 06 – **G/T:** Fotogr. – **W:** zahlr. in Privatslgn, sowie in Bes. d. Schweizerischen Nationalbank in Zürich, d. Graubündner Kantonalbank in Chur u. d. UBS AG Zürich – **M:** Chur, Bündner KM; Zug, Kunsthaus – **Ö:** Chur, Kantonsspital; München, Europ. Patentamt; Zug, Seniorenzentrum Neustadt – **E:** 01 Chur, Bündner KM; 02 Erfurt, KH; 04 Zug, Kunsthaus; München, Wäcker u. Jordanow; 05 Zürich, Gysin; Pontresina, Costa – **G:** 94 Winterthur, Foto-Mus.; 01 Stans, Nidwaldner Mus.; 02 Zürich, Mus. f. Gest.; 04 Venedig, Bienn.; 05 Zürich, Helmhaus; 06 Zürich, Kunsthaus – **V:** GALIZIEN – Fotografien von G.B. 93; ZugStadt – Eine fotogr. Erforschung 98 – ***Lit:*** Beat Stutzer u. Peter Pfrunder: Hochland, G.B., Ausst.kat. 01; Matthias Haldemann: Weltraum, G.B., Ausst.kat. 04

Baselitz, Georg (eigtl. Hans-Georg Kern), Prof., Maler, Graphiker, Bildhauer; Schloss Derneburg, D-31188 Holle, Tel. (0 50 62) 3 14, Fax 86 83 (* Deutschbaselitz 23. 1. 38) – **VG:** Köln, Werner; Salzburg, Ropac; New York, Pace Wildenstein; London, Gagosian; München, Knust; Paris, Putman; Paris, Ropac – **S:** 56–57 KHS Berlin-Weissensee; 57–63 HBK Berlin (Meisterschüler b. H. Trier) – **L:** 77 Staatl. ABK Karlsruhe (LAuftr.); 78–83 ebda (Prof.); 83–88 HdK Berlin (Prof.); 92–03 Univ. d. Künste Berlin (Prof.) – **P:** Villa-Romana-Pr. 65; Förd.pr. Bild. Kunst d. Kult.kr. d. dt. Wirtschaft im BDI 68; Kaiserring d. Stadt Goslar 86; Kunstpr. d. Norddt. Ldesbank Hannover 86; Chevalier de l'Ordre des Arts et des Lettres 87; Officier de l'Ordre des Arts et des Lettres 92; Royal Acad. of Arts, London (EM) 99; Rhenus Kunstpr. 99; ABK Krakau (E.prof.) 00; Julio Gonzáles Pr.träger 01; Commandeur de l'Ordre des Arts et des Lettres 02 – **Ve:** Royal Academy of Arts London (EM) 99 – **M:** u. a. Aachen, Ludwig Forum; Amsterdam, Stedelijk Mus.; Baden-Baden, Mus. Frieder Burda; Basel, KM; Berlin, Berlinische Gal.; Berlin, Hamburger Bahnhof; Berlin, NG; Bielefeld, KH; Bonn, KM; Boston/MA, Mus. of Fine Arts; Budapest, Ludwig Múz.; Buffalo/NY, Albright-Knox Art Gall.; Canberra, NG of Australia; Chicago, Art Inst.; Chicago, MCA; Dresden, SKS; Duisburg, MKM; Düsseldorf, KS NRW; Edinburgh, Scottish NG of Mod. Art; Eindhoven, Van Abbemus.; Essen, Mus. Folkwang; Fort Worth/TX, Mod. Art Mus.; Frankfurt am Main, Dt. Nat.Bibl.; Frankfurt am Main, Städel; Hamburg, KH; Hannover, Sprengel Mus.; Houston/TX, Mus. of Fine Arts; Humlebæk, Louisiana Mus. of Mod. Art; Kaiserslautern, Pfalz-Gal.; Karlsruhe, SKH; Karlsruhe, StG; Kiel, KH; Klosterneuburg/NdÖst., Slg Essl; Kōchi, Mus. of Art; Kopenhagen, Statens Mus. for Kunst; Künzelsau, Mus. Würth; Köln, Mus. Ludwig; Les Sables-d'Olonne, Mus. de l'Abbaye Ste-Croix; Leverkusen, StM Schloß Morsbroich; London, Tate Coll.; Madrid, MNCARS; Milwaukee/WI, Milwaukee AM; München, Bay. Staatsgemäldeslgn; München, SG Mod. Kunst; New Haven/CT, Yale Univ. Art Gall.; New York, Guggenheim; New York, MOMA; New York, Metropolitan Mus. of Art; Nürnberg, Neues Mus.; Paris, Centre Pompidou; Paris, MAM de la Ville Paris; Pittsburgh/PA, Carnegie Mus. of Art; Raleigh, North Carolina Mus. of Art; Riehen, Fond. Beyeler; Rotterdam, Mus. Boymans Van Beuningen; Saint-Etienne, MAM; Schaffhausen, Hallen f. neue Kunst; Seoul, NM of Mod. Art; South Brisbane, Queensland Art Gall.; St. Louis/MO, AM; St. Petersburg, Russisches Mus. (Slg Ludwig); Straßburg, Mus. d'Art Mod. et Contemp.; Stuttgart, Inst. f. Auslandsbeziehungen; Stuttgart, SG; Sydney, MCA; Tokio, NM of Mod. Art; Toronto, Art Gall.; Valencia, Inst. Valenciano de Arte Mod.; Washington/DC, Hirshhorn Mus. and Sculpt. Garden; Washington/DC, NG of Art; Wien, MMK Stiftung Ludwig; Wiesbaden, Mus.; Winterthur, KM; Wuppertal, Von der Heydt-Mus.; Zürich, Kunsthaus – **Ö:** Berlin, Reichstag – **E:** zahlr. Ausst., u. a. 63 Berlin, Werner & Katz; 76 Bern, KH; 83 New York, MOMA; 88 Toledo, MAC; 95 New York, Guggenheim; 96 Paris, MAM de la Ville Paris; 97 Bologna, Gall. d'Arte Mod.; 99 Amsterdam, Stedelijk Mus.; Genf, Mus. Rath; Hamburg, KH; 00 Klosterneuburg/NdÖst., Slg Essl; 01 Valencia, Inst. Valenciano de Arte Mod.; 02 Istanbul, Kâzim Taşkent Sanat Galerisi; 03 Caen, MBA; Wien, Albertina; 04 Bonn, Kunst- und Ausst.halle d. BRD – **G:** zahlr. Ausst.bet., zuletzt u. a. 96 Pittsburgh/PA, Carnegie Mus. of Art; 97 Berlin, Martin-Gropius-Bau; Münster, Westf. LM; 99 Berlin, Altes Mus.; Berlin, NG; Berlin, Hamburger Bahnhof; 03 Riehen, Fond. Beyeler – **V:** – Ill. v. Künstlerb., u. a.: Malelade (Rad. u. Gedichte) 90; Samuel Beckett: Bing (Rad., Hschn.) 91; Joseph Brodsky: Winter (Rad., Hschn.) 92; 1001 Nacht (Rad.) 95; Robert Creeley u. G. B.: Signs (Rad.) 00; Antonin Artaud, Wolfgang Rihm u. G. B.: Le théâtre de séraphin (Rad.) 03; – weiter: Manifeste und Texte zur Kunst 1966–2000 01; Ce que tu n'es pas est un autoportrait 02 – ***Lit:*** Monogr., u. a.: Fred Jahn: Baselitz – Peintre-Graveur. Bd 1: Werkverz. d. Druckgrafik 1963–1974 83, Bd 2: Werkverz. d. Druckgrafik 1974–1982 87; Andreas Franzke: G. B. 88; Heinz Peter Schwerfel: G. B. im Gespräch, in: Kunst Heute 2/89; Harald Szeemann (Hrsg.): G. B., Ausst.kat. 90; Diane Waldmann, Emil Maurer u. Siegfried Gohr: G. B. – Pastelle 1985–1990 90; Dieter Köpplin, Franz Meyer, Siegfried Gohr u. Felix Baumann: G. B. – 45 91; Carla Schultz-Hoffmann: Kunstwerke 1. G. B. – Staatsgalerie moderner Kunst 93; Edward Quinn: G. B. – Eine fotografische Studie 93; Suzanne Pagé, Juliette Laffon u. Odile Burluraux (Hrsg.): G. B., Ausst.kat. 96; Fabrice Hergott: Baselitz 96; Éric Darragon: G. B. – Charabia et basta, Entretiens 96; Siegfried Gohr: Über Baselitz. Aufsätze u. Gespräche 1976–1996 96; Diane Waldmann: G. B., Ausst.kat. 96; Franz Dahlem: G. B. (Hrsg. v. Angelika Muthesius) 90; Siegfried Gohr: G. B. – Postkartenbuch 92; Danilo Eccher (Hrsg.): Baselitz, Ausst.kat. 97; Michael Auping: G. B. – Paintings 1962–2001 02 – ***LitR:*** FILME: Heinz Peter Schwerfel: Ich, G. B., WDR/NDR 87; Christel Cohn-Vossen: Die Welt steht Kopf, ZDF 96; Marion Rasche: G. B. trifft Georg Kern – eine Spurensuche, MDR 99 – (Red.)

Basseler, Peter Ernst Friedrich, Maler, Graphiker, Objektkünstler (* Hannover 10. 3. 47) – **VG:** Hannover, Kö 24 – **S:** ab 68 FHS Hannover (Kunst u. Design); 73–77 HBK Braunschweig; 79 ebda (Meisterschüler b. Prof. Malte Sartorius) – **P:** Stip. d. Ldes Nds. 83; Villa-Massimo-Stip. 84; Nds. Künstler-Stip. 87; Kunstpr. d. SPD-Fraktion im Nds. Ldtag 99 – **G/T:** Relief-Bilder u. Schaukästen (Inszenierungen miniaturisierter Räume) – **W:** u. a. in Privatbes. u. im Bes. d. Slg Robert Simon – **M:** Berlin, KH; Fellbach, SM; Hannover, KV; Lüneburg, Mus. f. d. Fürstentum Lüneburg – **E:** / G: zahlr. Ausst. u. Ausst.bet. – ***Lit:*** AKL; Reclams Künstlerlex. 02 – (Red.)

Baszolich, Herbert Chouli (Ps.: Chouli, eigtl. Herbert Baszolich), Mag. art., Maler, Graphiker; Rembrandtstr. 31/5, A-1020 Wien, Tel. Mobil: 06 50 36 42 49 9, Fax (01) 3 33 45 84 (* Mahrersdorf/Ternitz 4. 2. 57) – **VG:** Wien, Wolfrum – **S:** 79–81 Wiener KSch; 81–91 ABK Wien (Meisterschule, Graph. b. Max Melcher, Malerei b. Rudolf Hausner u. Arik Brauer) – **Ve:** Wiener Neustädter Künstlervrg; Kehdinger KV – **KGe:** EDEBA: H. C. B. u. Rosemarie Eder – **G/T:** Ldschaftsmalerei (Öl, Acryl, realistisch bis abstrahierend); Altmeisterliche Portr.; pointilistische Federzeichn. (Acryltusche); Rad.; Fine Art Graph.; Mixed Media; Gegenwartskunst m. mythologischen Anklängen – **W:** ca. 100 überw. in Privatbes. – **M:** Hamburg, Altonaer Mus.; St. Pölten, Ndöst. LM; Stade, Spk.; Wiener Neustadt, SM – **Ö:** Neunkirch, Spk.; Ternitz, Musik- u. Volksschule – **E:** ca. 100 Ausst. seit 80, zuletzt 99 St. Pölten, Gal. in d. Brücke; 00 Wien, Porr Haus; 01 Brüssel, EU-Länderverbindungsbüro – **G:** ca. 90 Bet., zuletzt 99 Stade (100 Jahre Malerei zw. Este u. Oste); 02 Tarcento (Form u. Farbe. Wiener Neustädter Künstlervrg); 03 Reichenau, Ldesausst. NdÖst.; 04 St. Pölten, Ndöst. Dok.-Zentrum f. Mod. Kunst – ***Lit:*** Werner Buhre: B. Öl und Eitempera 1981–1991, Kat.; Angelica Bäumer: Elemente und Landschaft I 1992–1997, Broschüre; Gerhard Habarta: Elemente und Landschaft II 1998–2002, Broschüre – ***LitR:*** Niederösterreich heute, Portr./Dok. 90

Bat Zeëv, Ronnith s. Neumann, Ronnith

Bataillard, Pierre; 31 Ch des Clochetons, CH-1004 Lausanne, Tel. 02 16 25 24 42, Fax 02 16 24 26 60 – **G/T:** Malerei, Graph. – (Red.)

Batscheider, Jürgen, Bildhauer, Maler, Graphiker; Steinbogenstr. 1, D-87700 Memmingen, Tel. (0 83 31) 1 29 59, Fax 49 75 43, *j.batscheider@gmx.de* (* Memmingen 29. 12. 62) – **S:** 86–89 FS f. Bildhauerei Berchtesgaden (Abschluß als Jg.bester m. Ausz. d. Reg.) – **L:** 91–01 Bernhard-Strigel-Gymnasium Memmingen (Kunst) – **KGe:** studio-1: J. B. u. Gerd Hipp (seit 01) – **G/T:** Bildhauerei (Kettensäge, farbige Holzreliefs, halbabstr., expressiv); Malerei (stark farbige Ldschaftsgemälde, Acryl, Leinwand); Graph. (Hschn., Ill., figürliche Darst.) – **K:** offene Wkst.; Graph.sem.: Holz- u. Linolschnitt, Rad.; Bildhauerkurse: Holzskulpt. als direct carving – **W:** Demeter-Symposium in Griechenld (Theater-Performance im Amphitheater auf Milos); Aiolos-Symposium Griechenld (Kunst-Happenings auf Tinos) – **M:** Bozen, Mus. f. Graph. – **Ö:** Bellenberg, Kr.verkehr 'Neue Sportanlage'; Faistenhaar b. München, Biergarten; Memmingen, Zangmeisterpassage; Obergünzburg, Altenheim – **E:** 91 Memmingen (Schnittpunkt); 99, 01 Florenz, Villa Busini; 02 Mindelheim, Ldratsamt – **G:** 98, 00 Marktoberdorf, Modeon; 00, 03 Chamalières, Intern. Graph.trienn.; – weitere: Ovada Therme, V. Bienn. Europea per l'incisione – **V:** ein gang, Bildbd (Konzept u. Computerill.); – ZSS: illustration 63 95, 96, 97, 98, 00; – weitere: R. Schneider: Schlafes Bruder; W. v. Niebelschütz: Kinder der Finsternis; E. A. Poe: The black cat – ***Lit:*** Werkbericht Graphik, in: Graph. Kunst 52/99; Dizionario degli Illustratori contemporanei 1 – ***LitR:*** Aiolos-Symposium, Bericht Bay. RF 95; Septembergruppe Kärnten, Fs.beitr. ORF 2 – (Red.)

Bauch, Heidemarie, Illustratorin, Malerin; Untere Augartenstr. 40/25, A-1020 Wien, Tel. (01) 2 14 58 85, Fax 2 14 58 85 19, *bauch.kiesel@ateliergrafik.at.* Lange Gasse 62/11, A-1080 Wien, Tel. (01) 4 06 24 60 (* Wien 26. 11. 57) – **L:** 72–73 Modeschule Hetzendorf; 73–80 Höhere Graph. Bundes-Lehr- u. Versuchsanst. Wien (Graph. u. Fotogr.) – **Ve:** Berufsvrg d. bild. Künstler Öst.; Design Austria – **KGe:** Atelier Bauch & Kiesel – **G/T:** Ill. in jeder Technik (Acryl, Aqu.); gegenständliche Themen (Ldschaft, Tiere) – **E:** 80 Wien, Kleine Gal.; 00 Wien, Design Austria; – weitere: 96 Kronberg; 98 Gerlos/Tirol; Gänserndorf/NdÖst. – **G:** 89 Bad Pirawarth/NdÖst. – ***Lit:*** Kat. z. Ausst. Vier in Bad Pirawarth 89 – (Red.)

Bauch, Manfred H. (Hermann Manfred Bauch), Graphiker, Bildender Künstler; Rudolfgasse 1, A-2120 Wolkersdorf im Weinviertel, Tel. (0 22 45) 61 93 (* Wien 27. 3. 53) – **S:** 68–72 Höhere Graph. Bundes-Lehr- u. Versuchsanst. Wien; 73 Meisterkl. Graph.; daneben Ausbildung in d. künstler. Werkstätten d. Vaters Hermann Bauch (Fertigung v. Mosaiken, Beton- u. Bleiglasfenstern u. Wandmalerei) – **Ve:** Berufsvrg Bild. Künstler Öst. 77–98; Design Austria seit 93 – **G/T:** 80–92 Weinvierteldok. – Buntstiftzeichn.; ab 80 Fassaden- u. Portalgest.; Landschaftszeichn. u. Archit. führen z. Gest. d. Landschaft; div. Landartprojekte u. Stadtdesignkonzepte; ab 06 Leitung d. künstler. Werkstätten d. Vaters im 'Himmelkeller' – Hermann-Bauch-Mus. Kronberg – **W:** Mosaiken, Bleiglasfenster, Wandmalereien, keram. Arbeiten u. Landschaftsobjekte im öff. Raum u. in Privatbes. in Wien, NdÖst., Dtld u. Japan – **Ö:** Gänserndorf, Stadtdesign (Stadt d. Säulen); Wien, Zentralfriedhof; ebda, Pal. Coburg (div. Projekte 01–03); Wolkersdorf, Hauptschule; ebda, Volksschule – **E:** div. Einzelausst. seit 78, zuletzt 00 Wolkersdorf – **G:** div. Ausst.bet. seit 71

Bauch, Michael, Maler, Graphiker; lebt in Hamburg (* Wiesbaden 51) – **VG:** Hamburg, Produzentengalerie – **S:** 73–78 HBK Hamburg (b. K. Sudeck u. G. Graubner) – **P:** Kunstpr. d. Jgd. aus d. Forum Junger Kunst 85 – **M:** Darmstadt, Hess. LM; Hamburg, KH; Kiel, KH; Mönchengladbach, StM Abteiberg – **E:** u. a. 78, 80, 83, 84, 86, 87 Düsseldorf, Kohnen; 84 Krefeld, KV; 85, 86, 94 Hamburg, KH; 86 Kiel, KH; 87 Hamburg, Alte Königstr. 5; 97 Hamburg, Produzentengal. – **G:** zahlr. Ausst.bet. im In- u. Ausld, u. a. 81 München, Lothringer 13; Stuttgart, Württembergischer KV; Karlsruhe, Badischer KV; 84 Budapest, KH – ***Lit:*** AKL; Schweers 02 – (Red.)

Baudy, Gertraud Maria (Ps. Littera mobilis), Dipl. Designerin; Neuer Weg 24, D-23867 Sülfeld, Tel. u. Fax (0 45 37) 70 75 90 (* Zweibrücken/Pf. 15. 2. 54) – **S:** 85–91 FHS Hamburg (FB Gest., Schwerpunkt: Kalligr., Meisterschülerin b. Prof. M. Andersch, Buchgest. b. Prof. J. Suess u. Ill. b. Prof. G. Flurschütz) – **L:** seit 98 KSch Wandsbek Hamburg (Doz. f. Kalligraphie, Typogr. u. Buchkunst) – **P:** Rolfing-Stift. 87–90; Friedrich u. Louise-Stift. 91; Stip. d. Kult.stift. Stormarn 94–95; Stip. d. Gedok-Lübeck 97 – **Ve:** BBK Hamburg 92; GEDOK 94; Ars Scribendi 02; Klingspor Offenbach 03 – **KGe:** Auge (seit 00); Scriptorium Cormoran (87–91) – **G/T:** abstr. Kalligraphie u. Buchgest. m. selbstgeschöpften Papieren – **K:** Kalligraphie – **W:** in Privatbes. – **M:** Hamburg, MKG; Schleswig, LM f. Kunst u. Kult.-Gesch. Schloß Gottorf – **Ö:** Leipzig, HGB – **E:** u. a. 91 Bad Oldesloe, RH; 94 Zweibrücken, Gal. in d. Parkvilla; 94, 95 Hamburg, Förster Erben; 96 Hamburg, Techniker Krankenkasse; 97 Reinbek, Schloß; Haseldorf, v. Knobelsdorf; 98 Hamburg, Kunstraum Alster; 99 Hamburg, Gal. Wein; 03 Hamburg, Hauptkirche St. Nikolai; 04 Hamburg, Alstertal-Einkaufszentrum Poppenbüttel – **G:** u. a. 89 Basel, Univ.bibliothek; 93 Glinde, KV; 95 Hamburg, Gal. d. Gedok; 96 Hamburg, MKG; 97 Dresden, Kunstmarkt; 98 Bad Segeberg, Villa Flath; 99 Hamburg, Speicherstadt; 02 Bad Segeberg, Künstlergemeinschaft 'Auge'; 03 Hamburg, Mus. d. Arb. – **V:** Eva, in: Hans A. Halbey, Kal. 90; J.W. Goethe: Die Leiden des jungen Werther (kalligraph. Ill.) 93; Eva 94 – ***LitR:*** Kult.spiegel Zweibrücken 94; N 3 96

Bauer, Anne (geb. Anne Kaindl), Mag., Architektin; Oskar-Jascha-Gasse 68, A-1130 Wien, Tel. (01) 8 88 25 79, Fax 8 89 30 73, *architektur@bybauer.at, www.arching.at/bauer* (* Wien) – **P:** div. Wettb. – **Ve:** Kammer d. Architekten u. Ingenieurkonsulenten Wien, NdÖst. u. Bgld 84; Öst. Ges. f. Archit. 90 – **B:** Mödling: Geschäftshaus Grenzgasse (Planung u. Bauaufsicht); St. Andrä/Bgld: Sonderkrankenhaus Zicksee (Zu- u. Umbau Patiententrakt üb. d. Gehschule, Zus.arb. m. Mag. Hartwin Bauer); Wien: Pensionistenwohnhaus Alszeile (Rezeption u. Hallengest.); Türnitz: Schloß Freiland (Zu- und Umbau); Gumpoldskirchen: Steindruckwerkstätte m. Wohnhaus (Neubau) – **G:** 99 Wien

(Frauen in d. Technik 1900–2000) – **V:** A. B. u. a. (Hrsg.): Frauenarchitektouren. Arbeiten von Architektinnen in Österreich 04

Bauer, Anton, Maler; Staudenschedl 2, D-94256 Drachselsried, Tel. (0 99 45) 17 28, *www.statikos.de* (* Ingolstadt/Donau 15. 2. 56) – **VG:** Berlin, Gal. Taube; Lohberg, Bayerwaldgal. – **S:** Autodidakt – **KGe:** Ostbay. Realisten: A.B. u. a. 98–03 – **G/T:** Malerei (u. a. Öl, Aqu., Acryl) u. Handzchngn (Lsch., Portr., Akt u. Allegorien); Wandmalereien – **K:** in d. Bayerwaldgal. Lohberg – **W:** in Privatslgn in München, Baden-Baden, Berlin, Villach u. a. – **Ö:** u. a. Neukirchen (Fassadengest.); Sölden, Freizeit-Arena (mehrere Wandmalereien); ebda (Fassadengest.) – **E:** 79 Erding, Gal. am Mühlgraben; 88 Waldkirchen, Verkehrsamt; 90 Deggendorf, Barmer Ersatzkasse; 96 Weimar, Gal. Glocke; 05 Cham, Profil; 06 Neuburg am Inn, Landhaus Gal.; 07 München, Bay. Sozialmin. (m. E. Hofstetter) – **G:** u. a. 80 Freising, Diözesan-Mus.; 84 Bozen, Schloß Maretsch; 85 Wien, United Art Gall.; 94 Jekaterinburg, MBK; 02, 03 Wien, Gal. d. Naturhist. Mus.; 04 München, Haus d. Kunst: Jahresausst. d. MKG; 05 Berlin, Gal. Taube: Dez.salon – sowie: 98, 99, 01, 03 Ostbay. Realisten

Bauer, Fred, Maler, Graphiker; Neuwis 12 A, CH-8700 Küsnacht, Tel. u. Fax 09 10 44 77 (* Herisau 28) – **VG:** Zürich, Gal. Frankengasse – **S:** 44–47 Lehre als Graphiker; 48–52 KGS (Weiterbildung); 52–56 Erlernen d. Lith. b. Bruder Heiner Bauer; Mitarb. b. Hugo Wetli in Olten – **P:** Pr. d. Eidgen. Stip.wettb. 68; Prix de treizes Frkr. (f. d. Kdb. Tschilp); Pr. d. Schweizer Lithographenbundes 95; Kult.pr. Küsnacht 99; mehrmalige Ausz. b. d. Wettb.: Die besten Schweizer Plakate; Das schönste Schweizer Buch – **Ve:** Swiss Design Network 58; XYLON 60 – **KGr:** Artischok 88 – **G/T:** Malerei (vorw. Mischtechniken); Ill.; Hschn.; Collagen; Objekte (Holz) – **W:** Werke in privatem u. öff. Bes. – **M:** Thun, KM; Zürich, GrS d. ETH – **Ö:** Küsnacht, Gemeindehaus (u. a. Glasbild); weitere Werke in versch. Banken, öff. Gebäuden u. Spitälern – **E:** üb. 40 Ausst., vorw. in Zürich, Bern u. St. Gallen, Erker-Gal. – **G:** üb. 140 Ausst.bet. – **V:** Gest. v. Kdb.: Tschilp, Der Mann aus Holz, Der Kinderstern (UNICEF); Gest. u. Ill. v. Schulb.; Xylon, Zs (Gest.) 92–02 – ***Lit:*** F. B., in: Xylon – Zs f. Originalgraph. im Hochdruck, 57/82; Eva Korazija Mananguagno: Der mod. Holzschnitt in d. Schweiz; Geschnitten gedruckt; Xylon, Ausst.kat.; Xylon, Bibliophile Ausg.; Alarcon: Der Dreispitz, Mappe (12 Farbhschn.)

Bauer, Harald, Dipl. Ing.; Atelier: Peterssteinweg 13, D-04107 Leipzig, Tel. (03 41) 2 11 96 65 (* Königsberg/Ostpreußen 12. 3. 38) – **S:** Autodidakt – **P:** Ges. Analytische Phil. (1. Pr. Plast.) 94 – **Ve:** BDKL – **KGe:** Freiluftgalerie Leipzig; Erste Leipziger Autorengalerie – **G/T:** Malerei (konkret-abstr.); Plast. (Eisen, Holz u. Steinzeug); Objekt – **K:** keramische Plast. – **W:** Ankauf u. a. durch d. Dresdner, d. Dt. sowie d. Bay. Ver.bank – **M:** Berlin, Heimatmus. Köpenick; Dresden, KS; Leipzig, KH Spk.; Leipzig, MBK – **Ö:** Gemeinde Panitzsch; ebda, KV; Oschatz, Finanzamt – **E:** seit 82 zahlr. Ausst., u. a. in Belgien, Frkr. u. d. Niederl.; – sowie zuletzt 03 Leipzig, Reg.präsidium – **G:** zahlr. Ausst.bet. seit 82 – **R:** div. seit 82 – ***Lit:*** div. seit 82

Bauer, Rudolph, Prof. Dr., Sozialwissenschaftler, Maler, Autor; Kohlhökerstr. 6, D-28203 Bremen, Tel. (04 21) 7 87 81, *rudolphbauer@aol.com*, *www.rudolph-bauer.de*. c/o Atelierhof, Alexanderstr. 9B, D-28203 Bremen (* Amberg 28. 4. 39) – **Ve:** VBK Bremen; VG Bild-Kunst – **W:** in Privatbes. – **E:** zahlr. seit 83 – zuletzt: 05 Bremen, Atelierhof Gal.; Auroville/Indien, CGH – **G:** mehrere Bet. v. 88–91 – zuletzt: 91 Reszel/Polen, Burg; Meyenburg

Bauer, Stefanie s. Sammeck, Stefanie

Bauernfeind, Julia, Malerin, Illustratorin, Designerin; lebt in Graz (* Klagenfurt/Kärnten 71) – **VG:** Villach, Aichholzer – **S:** 91 Univ. Wien (Kunstgesch.); 94–97 Golden West College Huntington Beach/CA; 98–01 California State Univ. Long Beach (BA Ill. u. Design, M.A. Ill. u. Malerei) – **P:** Stip. d. Huntington Beach Comp. 94; Award of Excellence, Port of Long Beach 98; The Open Studios Press, Massachusetts 00 – **G/T:** Malerei, Ill., Design – **E:** / G: 94 Long Beach/Cal., Univ. AM; Huntington Beach, Golden West College; 97, 99, 00 Long Beach, California State Univ. Gall.; 01 Newport Beach, MJW Gall.; Althofen, Bachler; Los Angeles, Don O'Melveny Gall.; 02 Balbon Island, MJW Gall.; 03 Althofen, Stadtgal.; 03, 04 Villach, Aichholzer – (Red.)

Baumann, Andreas, Foto- u. Konzeptkünstler; lebt in Wien (* Bern 26. 12. 62) – **VG:** Wien, Cult – **S:** Autodidakt – **KGe:** A. B. u. Eva Wohlgemuth (Zus.arb. 86–96) – **E:** 90, 91, 92 Zürich, Gal. sec 52; 92 Wien, Blau-Gelbe Gal. – **G:** u. a. 94 Wien, Kunsthalle Exnergasse; 96 Athen, 'Die Kunst d. Reise'; 97 Kassel, documenta; 00 Wien, Cult; Wien, Mus. auf Abruf – **V:** Eva Wohlgemuth u. A. B.: Die mentale Skulptur, Portfolio 92 – (Red.)

Baumann, Christine, Dipl.-Künstlerin; Rosensteingasse 45/3/24, A-1170 Wien, Tel. (01) 4 89 46 24, Fax 40 12 12 65, *christine.baumann@aon.at*, *www.wuk.at/baumann*. c/o Atelier im WUK, Währingerstr. 59, A-1090 Wien, Tel. (01) 4 01 21 54, Fax 4 01 21 65, *christine.baumann@wuk.at* (* Lüneburg 5. 2. 61) – **S:** HBK Braunschweig (Freie Kunst b. Prof. Ben Willikens, autonome Frauenkl., Dipl. m. Ausz. 92) – **P:** Gastatelier im WUK (Wien) 92/93 – **Ve:** BBK 93; IG Bild. Kunst – **KGr:** IntAkt (seit 92) – **G/T:** Malerei (konkrete Malerei, Neogeo, Pop); Install.; Kunst im öff. Raum; Landart – **W:** Initiatorin u. Betreuerin d. KUNSTZELLE im WUK (Eröffnung 1.6.06) – **M:** Wien, Inst. f. Kult.konzepte; Wien, Slg d. Stadt – **Ö:** Wien, Schellhammergasse (Wandmalerei) – **E:** / G: zahlr. Ausst. seit 88, u. a. 88 Braunschweig, Mus. f. Photogr.; 91 Wiesbaden, Kunsthaus; 93 Wien, Insam; 94 Tokio, Gall. Symphony Hills; 95 Bratislava, Gal. Gerulata; Wien, Tachles; 96 Wolkersdorf, Schloß Wolkersdorf; 98 Kapfenberg, Kult.ver.; 99 Wien, KH Exnergasse; 00 Hannover, Kubus (Expo 00); 01 Wien, Soho in Ottakring; 02 Waidhofen an der Ybbs, Kulturpendel; 03 Wels, Gal. d. Stadt Wels; 04 Castra/Haifa – ***Lit:*** Basis Wien: Portfolio

Baumann, Daniel (Ps.: L/B); Lyssachstr. 112, CH-3400 Burgdorf, *www.langbaumann.com* (* San Francisco 9. 2. 67) – **P:** Werkjahr d. Kt. Uri 95; Werkjahr d. Elisabeth-Forberg-Stift. Basel 96; Atelierstip. Istituto Svizzero Rom 96; Stip. d. Louise Aeschlimann u. Margareta Corti Stift. 97, 02; Kunstpr. d. Kt. Bern 97; Atelier im Studio Budapest 98; Eidgenössischer Wettb. f. Kunst 98, 02 – **KGe:** L/B: D. B. u. Sabina Lang – **G/T:** Install., Wandbemalung, Luftobjekte, Schriftzüge, Fotogr., Puppen – **Ö:** Bern, Lehrwkst.; Bolligen b. Bern, Bahnhof; Burgdorf, Stahldenker; Kapstadt (Beautiful Lounge); Zürich, Brunnen Schaffhauserpl.; – Kunst am Bau: Zürich, Genossenschaftssiedlung Hegianweg; ebda, Sozialversicherungsanst. d. Kt. Zürich – **E:** zahlr. Ausst. m. d. Gr. L/B, zuletzt u. a. 01 New York, Swiss Inst.; 02 Berlin, Artforum; Luzern, Meile; 03 Kapstadt, Bell-Roberts-Gall.; Kapstadt, 222 Longstreet – **G:** zuletzt u. a. 02 Zürich, Mus. Bellerive; 03 Paris, Centre Culturel Suisse; Môtiers, Art en plein air; Appenzell (Zu Gast in Appenzell); Chur, Transit – ***Lit:*** BLSK 98 – (Red.)

Baumann, Hans Theo, Prof.; Frieseneggerweg 7, D-79650 Schopfheim, Tel. (0 76 22) 70 13, 6 48 08, Fax (0 76 22) 70 14. Luisenstr. 24, D-79650 Schopfheim (* Basel 27. 10. 24) – **S:** KKS Basel – **L:** 46–50 Basel – **P:** u. a. Vicenza (Goldmed.) 65; Blue Ribbon London 66; Bundes-Pr.-Berlin 73; Med. d'Or Zagreb 76 – **Ve:** DDV (EM); KV Schopfheim (Vors.) – **G/T:** Bildhauerei, Malerei, Design, Glasmalerei – **W:** in Freiburg im Breisgau, Pforzheim, Basel, Wehr, Schopfheim, Lörrach; Arb. in Mus. in Köln, Karlsruhe, Stuttgart, Weiden, Hohenberg, Selb, Berlin, Hamburg, Dresden u. Braunschweig – **M:** München, Neue Pin.; Schopfheim, Mus. – **Ö:** Basel, Finanzdepartment Freiburg, Oberpostdirektion; Jena, Univ. Campus; Pforzheim, Matthäuskirche – **E:** zahlr. Ausst. in Köln, Darmstadt, Wien, Zagreb, Brasilien, Bielefeld, Tokio, Osaka u. Kyoto – **G:** zahlr. Ausst.bet. in Freiburg im Breisgau, Brüssel, Warschau, Stuttgart, Ronneby/Schweden, Basel, Berlin, Darmstadt, Frankfurt – **R:** SWF Gästebuch 03 – ***Lit:*** Kapp: Kunst und Design; H.-T. B., Ausst.kat. d. KV Schopfheim; H.-T. B., Kat. d. KGM Köln u. Wien 79 – (Red.)

Baumann, Horst H., Fotograf, Medienkünstler, Kommunikationsdesigner; Himmelgeister Str. 107 F, D-40225 Düsseldorf, Tel. (02 11) 31 32 85, *baumann@uni-duesseldorf.de* (* Aachen 19. 6. 34) – **S:** TH Aachen (54–57 Hüttenkunde, 72–74 Pädagogik, Soziologie, Psychologie); 94 Univ. Düsseldorf (Medienwiss.) – **L:** 63–64 HS f. Gest. Ulm (Gast-Doz. f. Fotogr.); 74–76 FHS Düsseldorf (LBeauftr.); 79 Kassel (1. Laser-Workshop); 80 HdK Berlin (Laser-Sem.); 91–92 Univ. Essen – **P:** photokina-Plakette 56, 58, 60; Grand Prix f. Fotogr., Bienn. des Jeunes, Paris 67 – **KGe:** Zus.arb. m. Nam June Paik – **G/T:** Fotogr., Graph.design, Install., Environment (Laserenvironment), Internat. Kunst- u. Kommunikationsprojekte, Multimedia-Programme u. -Systeme – **W:** zahlr. Projekte im öff. Raum – **M:** Köln, Mus. Ludwig; New York, MOMA – **Ö:** Düsseldorf, Rheinturm (Funkimpuls-gesteuerte Dezimaluhr) – **E:** u. a. 81 Kassel, Kausch; Düsseldorf, KH (m. Paik); 88 Frechen, Kewenig; 90 Aachen, Suermondt-Ludwig-Mus.; 93 Düsseldorf, Innerer Raum; 95 Hannover, Messe – **G:** u. a. 67, 69 Paris, Bienn. des Jeunes; 77 Kassel, documenta; 81 Köln, Josef-Haubrich-KH; Berlin, Neuer Berliner KV (m. Paik); Düsseldorf, KA (m. Paik); 82 New York, Whitney Mus. of Amer. Art (m. Paik); 82, 86, 88 Linz, Ars Electronica; 90 Aachen, Suermondt-Ludwig-Mus.; 92 Kassel, documenta; 99 Hamburg, BFF – ***Lit:*** AKL; Contemp. Photographers 95 – (Red.)

Baumann, Manfred, Fotograf; c/o Modellagentur Sperl, Hellwagstr. 3 / Top 43, A-1200 Wien (* Wien 68) – **G/T:** Fotogr. (Werbung, Portr., Akt); Choreographie intern. Laufsteg-Shows; Organisation v. Fotogr.-workshops (u. a. in d. Türkei u. in Kroatien) – **E:** u. a. 98 Wiener Neustadt: Nude; 95 Toronto: Nude; 03 Wien, London, Paris, Berlin u. Amsterdam: Naked; 04 New York: Naked; Wien, Salzburg u. München: Celebrities – sowie: 05 Celebrities, Travel and Nudes (Wanderausst.) – **V:** Just naked 02; Celebrities 04; Fine Nude Art 05 – (Red.)

Baumann, Marianne (eigtl. Marianne Baumann-Ingold, geb. Marianne Ingold), Malerin, Zeichenlehrerin; Bel-Air-Weg 2, CH-3600 Thun, Tel. 03 32 23 41 31, *ma.baumann@tiscalinet.ch* (* Lotzwil b. Langenthal/Kt. Bern) – **VG:** Bern, Haldemann – **S:** Thun (Zeichn. b. Gottfried Tritten); Univ. Bern – **Ve:** Visarte; Visarte Bern – **G/T:** Acrylmalerei (ungegenständlich, reduziert bis monochrom); Zeichn.; digitale Arb. – **W:** viele Werke in Privatbes. in d. Schweiz, Frkr., Ital. u. d. USA; Ankauf u. a. durch d. Slg d. Kt. Bern – **M:** Thun, KM – **Ö:** Bern, Berner Kantonalbank; ebda, Inselspital; Spiez, Staatl. Seminar; UBS AG – **E:** 81–91 Thun, Gal. Aarequai; Thun, Gunten; 92–06 Bern, Haldemann – **G:** seit 76 Thun, KM (Jahresausst.); seit 92 Bern, KH (Jahresausst.); 94, 99 Burgdorf, Münger; 95 Thun, KM (Thuner Ausst.); 06 Basel, Huber – ***Lit:*** XVII. Thuner Ausstellung, Kat. KM Thun 95; Leporello d. Kunstges. Thun 03; www.kunstgesellschaftthun.ch

Baumann, Roswita Ilona; Am Berg 26, D-83620 Feldkirchen-Westerham, Tel. (0 80 63) 77 11, Fax 77 11, *r.i.baumann@t-online.de*, *atelier-baumann.de* – **G/T:** Malerei – (Red.)

Baumann, Sabina, Installations- u. Objektkünstlerin, Malerin, Zeichnerin; c/o Galerie Mark Müller, Gessnerallee 36, CH-8001 Zürich, Tel. 0442 1181 55, *www.sabinabaumann.ch* (* Zug 19. 6. 62) – **VG:** Zürich, Müller – **S:** 87–91 Höhere Schule f. Gest. Zürich (Kl. f. bild. Kunst) – **L:** seit 01 F+F Schule f. Kunst u. Mediendesign Zürich (Doz. f. plast. Gest., Vorkurs); 02 ebda (Workshop-Sem. m. Elke aus dem Moore) – **P:** Stip. d. Stadt Zürich 93, 98; Stip. d. Kt. Zürich 94, 99, 00; Atelierstip. d. Stadt Zürich f. New York 96–97; Medienkunstpr. ZKM 02 – **G/T:** Objektkunst; Malerei; Zchng; Video – sowie: Vorstand d. Shedhalle (99–04); Kunstkommision d. Stadt Zürich (seit 01) – **W:** div. Kunst am Bau-Projekte – **Ö:** Winterthur, Kt.sspital – **E:** u. a. 98 Aarau, Aargauer Kunsthaus; 00, 01, 04 Zürich, Müller; 01 Bern, StG; 02 Zürich, Helmhaus (m. K. Freisager, K. Schenker u. C.T. Nguyen); 03 Winterthur, KH – **G:** u. a. 00, 02 AARAU, Aargauer Kunsthaus; 00, 03, 04 Zürich, Shedhalle; 01 Biel, Kunsthaus Centre PasquArt: Coll. Cahiers d'Artistes 1997–1999; 03, 05 Zürich, KH; 05 Plovdiv, Center for Contemp. Art: Critique of Pure Image – Between Fake and Quotation – **R:** Home, Home 2 u. Home 3, Videoser. 99–00 – ***Lit:*** zahlr., u. a. Bettina Burkhardt u. Rolf Staub (Hrsg.): Drawing by numbers 01; Monet...bis zum digitalen Impressionismus 00; Mara Müller u. Jan Czerwinski (Hrsg.): Supermalbuch 03; Dominique von Burg: S.B. bei Mark Müller, In: Kunstbulletin, 12 04 – (Red.)

Baumann, Thomas, Installationskünstler, Bildhauer, Filmemacher, Graphiker; Wimbergergasse 15/1, A-1070 Wien (* Altenmarkt im Pongau 30. 3. 67) – **VG:** Graz, Lendl; Wien, Krobath Wimmer; Basel, Krupp – **S:** 85–92 ABK Wien (Bildhauerei b. Maximilian Melcher u. Bruno Gironcoli) – **P:** Anerkennungspr. Slg Albertina 89; Öst. Kurzfilmpr. 94; Cité Intern. d. Arts Paris 95–96; Römerquelle-Kunstwettb. 97; Öst. Graph.wettb. Innsbruck 99 – **Ve:** Wiener Secession 97 – **M:** Admont, Stifts-Mus.; Krems, Artothek NdÖst. – **E:** u. a. 92 Aquila, Pal. De Marquis; 94, 95 Wien, Knoll; 96 Wien, Secession; 97 Budapest, Műcsarnok (m. Martin Kaltner); Budapest, Knoll; 98 Graz, Minoriten Gal. (m. Dieter Huber); 99 Basel, KH; 99, 01, 05 Wien, Krobath Wimmer; 00 Salzburg, Traklhaus (m. Michael Blank, Kat.); Passau, MMK – Stift. Wörlen (m. Michael Blank); 00 (m. Günther Pedrotti), 04 Graz, Lendl; 01, 03 Basel, Krupp; 04 Schwaz/Tirol, StG (m. Martin Kaltner) – **G:** zuletzt u. a. 05 London, Frieze Art Fair; Klagenfurt, MMKK: Farbräume. Positionen aktueller Malerei; 06 Wien, ViennAfair; Madrid, ARCO; Nairobi, Öst. Botschaft: Economy Class; Zürich, Haus Konstruktiv: Ordnung + Verführung; Bochum, Mus.: Und es bewegt sich doch...Von Alexander Calder b. Jean Tinguely b. z. zeitgen. Mobilen Kunst – **R:** VIDEO: u. a. Pas Trop 94; Toupie 95; Dienstag 95; Before the heart's too hot 98; AEHOUI 2 99; m. Kaltner u. Klein: the 12 master – prolog/paradise 02; m. dens.: the 12 master – gott oder gliedermann 03; – 16MM: Naraf! 91; KEI.L.E. 92; m. Kaltner u. Dabernig: Gehfilmen 6 94; m. Kaltner: Monat 95; m. dems.: Hutagang 96; Many PE – Many PA 97; YOU TALK/ I LISTEN 98; – sowie Super 8-Filme – *Lit:* u. a. Franz Niegelhell: Interventionen im öffentlichen Raum. Dieter Huber und T.B. zeigen bei den Grazer Minoriten wie Zusammenhänge Bedeutungen erzeugen, In: Neue Zeit v. 28.3.98; Almuth Spiegler: Ausstellung. Der Mönch und der Apfel, In: Die Presse online v. 19.8.03; Manisha Jothady: Eugen Lendl. Ferngesteuert, In: ders. v. 9.9.04; Nicole Scheyerer: Kunstraum, In: ders. v. 5.4.05 – (Red.)

Baumann-Ingold, Marianne s. Baumann, Marianne

Baumbach, Peter, Prof., Dipl.-Ing., Architekt; Herderstr. 10, D-18055 Rostock, Tel. (03 81) 4 99 75 82. c/o Architekturbüro Baumbach + Bräuer, Kröpeliner Str. 85, D-18055 Rostock, *baumbach-bräuer@gmx.de* (* Wenigensömmern/Thür. 8. 3. 40) – **S:** 58–64 TU Dresden – **L:** seit 83 KHS Berlin-Weißensee (Prof. f. Gebäudelehre u. Entwerfen) – **Ve:** Archit.kammer Meckl.-Vorp.; BDA – **B:** u. a. Rostock: Fünfgiebelhaus – *Lit:* Barth/Topfstedt 00 – (Red.)

Baumeister-Bestgen, Karola (eigtl. Karola Baumeister, geb. Karola Bestgen), Malerin, Bildhauerin; Herzogstr. 7, D-40217 Düsseldorf (* Düsseldorf 6. 10. 19) – **S:** Reimann-Schule Berlin (Graph. u. Malerei); Sommerakad. Salzburg (Bildhauerei b. Dequel, Rumpf u. Paolozzi) – **P:** Pr. d. Ldes Salzburg – **Ve:** Künstlerver. Malkasten; Künstlerinnen-Sezession-Düsseldorf; BBK – **E:** / G: Bet. an Ausst. in Düsseldorf u. NRW

Baumgärtel, Thomas (Ps.: Bananensprayer), Maler, Meisterschüler; c/o CAP Cologne e.V., Xantenerstr. Tor 4, *www.bananensprayer.de* (* Alpen/NRW 10. 12. 60) – **VG:** Berlin, Raab; Bonn, Pudelko; Düsseldorf, Eikelmann; Mainz, Gal. d. Moderne; Allschwil, Aphold – **S:** 85–90 FHS Köln (Freie Kunst, Meisterkl. f. Malerei b. Prof. F. Dank); 85–95 Univ. Köln (Dipl.-Psychologie b. Prof. W. Salber) – **Ve:** VG Bild-Kunst 95 – **KGr:** Könige d. Herzen (seit 98) – **KGe:** CAP Cologne (seit 96) – **G/T:** Malerei; Fotogr.; Install. – **M:** Goch, Mus. f. Kunst u. Kult.gesch.; Grenchen, Kunsthaus; Konstanz, Altana; Köln, SM; Siegen, Mus. f. Gegenwartskunst; Sindelfingen, StG – **Ö:** Bergisch Gladbach, Buchholzstr. 40–46 (Adels-Contact); Berlin, Hotel Luise (Königssuite); Duisburg-Ruhrort, Karlstr. 28 (Bananenhaus Fa. Piper); Köln, Fa. Fritz Guckuk (Venloerstr. 1303); Lindlar, Hotel artgenossen (Bananenzimmer) – **B:** Düren: Leopold-Hoesch-Mus. (Eingangshalle) – **E:** seit 84, u. a. 88 Köln, Symbol; 94 Basel, Siegert; 95 Düsseldorf, Gal. Blau; 95, 99 Köln, Apicella; 96 Köln, Club Colonia (Kunstraum, Kat.); 97 Köln, SM (Kat.); Gelnhausen, Schuster (Kat.); Frankfurt am Main, Schuster (Kat.); 98 Berlin, Schuster & Scheuermann; Bergisch Gladbach, Ackermann; Koblenz, KH; Korbach, Mus.; Köln, Kunsthaus; 99, 01 Bad Nauheim, Gal. F; 00 Graz, Kammerer; 01 Siegburg, Siegwerk-Mus. (Kat.); 02 Wien, Exner; Konstanz, Gal. Neue Kunst; 03 Grenchen, Kunsthaus; 04 Basel, Kämpf; Düsseldorf, Eikelmann; Bern, Krebs; Linz, Brunnhofer; 05 Ulm, Gal. W; Leverkusen, Industr.mus. Sensenhammer; Leipzig, Casteel; Athen-Kifisiá, Neue Kunst-Gal.; 06 Köln, Oberldesgericht; Bonn, Pudelko; Allschwil, Aphold – **G:** zahlr. Bet. seit 86, zuletzt u. a. 02 Ulm, Künstlerhaus Ulm: wen.de – Dt. Einheit; Hürth, KV: zeitZeichen (Kat.); Dornbirn, Kunstmesse (Kat.); Düren, Leopold-Hoesch-Mus.: paper art 8 (Kat.); Goch, Mus. f. Kunst u. Kult.gesch.: Könige d. Herzen (Kat.); 02 (Kat.), 06 Ulm, Fischerplatz-Gal.; 03 Wien, Exner: Cross Over; Frankfurt am Main, Art Frankfurt (Kat.); Erlach, Steiner: Fil Rouge 03 (Kat.); 04 Allschwil, Aphold: Explosion – Implosion (Kat.); Mainz, Frankfurter Hof: Pop Art; Mainz, Gal. d. Moderne: Kunstmesse art.fair; Berlin, Raab: once upon a time; 05 Seoul, KIAF Korean Intern. Art Fair; Frankfurt am Main, Palmengarten: Tanz um d. Banane; Frankfurt am Main, Artbox Gal. d. Ed.; Köln, art.fair; 06 Grenchen, Kunsthaus: The Royal Playground; Köln, BBK-Stapelhaus: Wir sind viele u. überall – CAP Cologne – **V:** KUNST ORTE KÖLN 88 – *Lit:* zahlr. Art. in Ztgn u. Zss, zuletzt u. a. Stefan Kaiser: Mehr als nur bana(na)le Kunst, In: Solothurner Tagblatt v. 11.1.03; Die Friedensbanane auf dem Dach, In: Berliner Ztg v. 20.3.03; Almut Lüder: Zeichnen ist wie Klavierspielen, In: Berliner Morgenpost u. In: Die Welt, beide v. 25.3.03; Bananenrepublik, In: Berliner Ztg v. 15.5.03; Ingeborg Ruthe: Bananisierte Gigantomanie, In: Berliner Ztg v. 21.5.03 (Titelseite); Christian Huther: Messen u. Märkte. 15. Art Frankfurt, In: Kunstforum, Bd 165, Juni/Juli 03; Alles Banane – Aktion im Lehmbruck-Mus., In: Rhein. Post v. 6.8.03; G. Bönisch u. C. Schmidt in: Der Spiegel, 31 03; Elena Bauer: Hey, Mann bist Du Banane?, In: BILD v. 20.8.03; Im Zeichen der Banane – Orte u. Verortung v. Kunst. 10 Jahre Gal. Ricarda Fox Essen, In: Kunsttermine, 4 03; Tankred Stachelhaus: Die dadaistische Banane, In: NRZ v. 24.9.03; Im Zeichen der Banane, In: Informationsdienst Kunst, Nr. 285 03, S. 17; Alles Banane, In: art, Dez. 03; Sandra Ebert: Bananen f. Berlin, In: Express v. 15.12.03; – sowie zahlr. Kat. u. a. Veröff. – ***LitR:*** sehr zahlr. seit 91, zuletzt u. a. Christof Dörr (Red.): Bericht z. BSE-Banane (m. Filmmaterial v. T.B./Milutzki, Sat 1) v. 4.1.01; Philipp Metz: Guten Abend Nachrichten (Beitrag RTL) v. 4.1.01; Henriette Seyfferth (Red.): Landesart (SWR) v. 21.4.02; Renate Werner (Red.): Lokalzeit, WDRpunktKöln v. 13.5.02; dies.: 20 Jahre Banane, In: Lokalzeit, WDRpunktKöln v. 16.4.03; Elke Bayer (Red.): daheim & unterwegs (WDR) v. 26.2.04

Baumgärtel, Tilo, Maler u. Graphiker; c/o Galerie Kleindienst, Spinnereistr. 7, Halle 3, D-04179 Leipzig, Tel. u. Fax (03 41) 4 77 45 53 (* Leipzig 30. 4. 72) – **VG:** Leipzig, Kleindienst; Berlin, Ehrentraut; London, Wilkinson – **S:** 91–00 HGB Leipzig (94–98 Fachkl. Malerei b. Prof. Arno Rink, 98–00 Meisterschüler b. dems.) – **P:** Stip. d. Stud.stift. d. Dt. Volkes 97; Stip. am Dt. Studienzentrum Venedig 01; Kunstpr. d. Sachsen LB 02; Ldesstip. Hess. 02; Stip. d. Ldes Sa. f. Columbus/OH 02 – **KGr:** LIGA – **M:** Ishøj/DK, ARKEN MMK; London, Saatchi Collection – **E:** u. a. 00 Leipzig, Kunstraum B/2; 00, 01, 03, 05 Leipzig, Kleindienst; 00, 02, 03 Leipzig, Liga-Ausst.; 01 Leipzig, KV; 02 Willinghausen, Ernst v. Reutern Haus; Leipzig, MBK; 02, 03 Berlin, Liga; 04 New York, Boesky; London, Wilkinson – **G:** u. a. 00 Leipzig, Liga; 02 Erfurt, Rothamel; Speyer, StG; Frankfurt am Main, Metallgal.; Oldenburg, Kunstspeicher; 03 Leipzig, MBK; London, Wilkinson; Kopenhagen, Wallner; Los Angeles, Sandroni Rey; 04 New York, Boesky; 05 Bielefeld, KV Mus. Waldhof; Nürnberg, KV Dürer-Ges.; 06 North Adams, Massachusetts MCA; Santa Fe, SITE; London, Saatchi Collection; Kopenhagen, MMK – *Lit:* Bildende Künstler in Leipzig 06 – (Red.)

†**Baumgart,** Volker, Bildhauer, Zeichner, Holzgestalter; lebte in Leipzig (* Bunzlau 25. 1. 44, † 15. 4. 05) – **VG:** Oetjendorf, Jürgensen – **S:** 75–78 FHS f. angew. Kunst Schneeberg (Fachkl. Holz b. Eckstein u. Prof. David) – **Ve:** Freie Akad. d. Künste Leipzig 94 – **G/T:** vorw. Skulpt. (Holz, selten auch Stein, meist überlebensgroß); Graph. (Monotypie u. Zeichn.) – **W:** einzelne Werke in d. Slgn Dr. Uhr in Merzig, Dr. Hurrle in Durbach u. J. W. Schmidt in Frankfurt/Main sowie im Clubschiff Aida Aura – **M:** Altenburg, Lindenau-Mus. – **Ö:** Leipzig, Ldeszentral-

bank Sa. u. Thür.; ebda, Verwaltungskomplex Prager Str., Zentrale d. Spk.; Merzig-Büdingen, Steine an d. Grenze; Wellingen/Saar, Steine an d. Grenze – **E:** 86 Leipzig, Gal. Eigen + Art; 88 Leipzig, Gal. am Thomaskirchhof; Dresden, HBK; 93 Aalen, FHS; 94 Altenburg, Lindenau-Mus.; 95 Leipzig, Dresdner Bank; 97 Leipzig, Dt. Bank; 98 Leipzig, Spk.; 04 Leipzig, Kunsthaus Biedermann – **G:** zahlr. Bet. seit 80, u. a. in Altenburg, Cottbus, Dresden, Düsseldorf, Frankfurt/Oder, Halberstadt, Hannover, Leipzig, München u. Sao Paulo sowie 94, 97 Nürnberg, GNM; 97 Leipzig, MBK – **V:** 2 Jahre Eigen + Art, Dok. 87; 3 Jahre Eigen + Art, Dok. 88; Auszüge aus einem Gespräch über Plastik, in: Anschlag IX, Zs 89 – ***Lit:*** V. B. Skulpturen, Kat. 94; Peter Guth: Von Wächtern, Amazonen und Füßen. Der Bildhauer V. B., in: Leipziger Blätter 01 – ***LitR:*** Kult.mag. vis a vis, TV France 3 u. Südwestfunk v. 25.12.89

Baumgarten, Armin; c/o Galerie Winter, Parkstr. 24, D-65189 Wiesbaden, Tel. (06 11) 3 08 27 80, Fax 3 08 27 82, *info@galerie-winter.de*, *www.galerie-winter.de* (* Wolfsburg 67) – **VG:** Wiesbaden, Winter; Gelsenkirchen, Kabuth – **S:** 89–95 HBK Braunschweig (Malerei); 96 Meisterschüler v. Prof. Hermann Albert – **P:** Stip. Künstlerhaus Meinersen 97 – **E:** u. a. 97 Meinersen, Künstlerhaus (Kat.); 02 München, Frank; 02, 04 Wiesbaden, Winter; 03 Gelsenkirchen, Kabuth – **G:** u.a 96 Braunschweig, KH; Gelsenkirchen, SM; 97 Königswinter, Petersberg Gästehaus; 98 Venedig, Accademia di Belle Arti; 00 Rovigo, Il Pesceria di Nuovo; 00, 02 Eupen, Salon des Artes Modernes; 01 München, Ketterer (Kat.); 02 Hameln, Fahrenhorst; Goslar, Mönchehaus-MMK; Leverkusen, StM Schloß Morsbroich; 03 Berlin (The Paravent Project); Basel, Kämpf (m. Jim Delarge u. Neil Tait); 04 Darmstadt, Netuschil; 06 Gelsenkirchen, KV; Stuttgart, Gal. Königsblau; Bad Zwischenahn, Gal. Moderne – ***Lit:*** KAT., u. a. z. d. Ausst.: KH Braunschweig: Konvention 96; StM Gelsenkirchen: Karl-Schwesig-Preis 96; Accademia di Belle Arti di Venezia: Due Dimensioni 98; Christoph Zuschlag: A. B. Köpfe und Berge/Heads and Mountains, Monogr. 04

Baumgarten, Bodo, Prof., Maler, Konzept- u. Objektkünstler; c/o Hochschule der Bildenden Künste Saar, Keplerstraße 3–5, D-66117 Saarbrücken, Tel. (06 81) 92 65 21 01(Zentrale), Fax 92 65 21 49, *info@hbks.uni-sb.de* (* Gotenhafen/Gdingen 25. 11. 40) – **S:** 62–69 WerkKSch Kiel u. Hamburg (freie Malerei b. d. Prof. Domke, Brockmann, Graubner u. Grimm) – **L:** 72–79 HBK Hamburg (Ass. b. d. Prof. Thiemann u. Sudeck); 86–87 KA Düsseldorf (LAuftr.); 89 HBK Saar Saarbrücken (Prof. f. freie Malerei) – **P:** Kunstpr. d. Jgd. Stuttgart 69; Förd.pr. d. AK Berlin 75; Lichtwark-Pr. 77; Stift. Kunstfonds – Arb.- u. Projektstip. 86 – **M:** Berlin, Hamburger Bahnhof; Berlin, NG; Kiel, KH; Leverkusen, StM Schloß Morsbroich – **E:** zuletzt u. a. 90 Köln, Maternushaus; 91 Hamburg, Kammer; 92 Saarbrücken, Saarland-Mus.; München, Waßermann; 93 Paris, Gal. Samy Kinge; 97 Saarbrücken, Gal. 48; 99 Leimen (Poesie d. Raumes); 00 Saarlouis, Inst. f. aktuelle Kunst; Hamburg, Hotel Lindter (m. Gudrun v. Leitner); 02 München, Albrecht – ***Lit:*** AKL – (Red.)

Baumgarten, Lothar, Prof., Intermediärer Künstler; lebt in Düsseldorf, Berlin u. New York (* Rheinsberg 44) – **VG:** New York, Goodman; Paris, Goodman – **S:** 68 Staatl. ABK Karlsruhe; 69–71 Staatl. KA Düsseldorf (b. Joseph Beuys) – **L:** 75–76 KA Münster; 83–84 HBK Hamburg; seit 92 HdK Berlin (Prof.) – **P:** zahlr. Ausz., u. a. Goldener Löwe (1. Pr. d. Bienn. Venedig) 84; Lichtwark-Pr. 96; mfi Pr. f. Kunst am Bau 03 – **G/T:** Fotogr., Film, Objekte, Install., Environments – **W:** Städte Barcelona, Münster – **M:** u. a. Amsterdam, Stedelijk Mus.; Berlin, Bundespräsidialamt; Berlin, Hamburger Bahnhof; Bonn, Artothek im KV; Bonn, KM; Dallas/TX, Mus. of Art; Eindhoven, Van Abbemus.; Frankfurt am Main, MMK; Hamburg, KH; Kleve, Mus. Kurhaus; Kyōto, NM of Mod. Art; Liverpool, Tate Gall.; London, Tate Coll.; Luzern, KM; München, Artothek; Mönchengladbach, StM Abteiberg; New York, Guggenheim; New York, MOMA; New York, Metropolitan Mus. of Art; Oiron, Château d'Oiron; Paris, Fond. Cartier; Pittsburgh/PA, Carnegie Mus. of Art; Porto, Fundação de Serralves; Tilburg, De Pont; Toronto, Art Gall. of Ontario; Turin, Castello di Rivoli; Valencia, Inst. Valenciano de Arte Mod.; Washington/DC, NG of Art; Zürich, Kunsthaus; Zürich, Migros Mus. – **Ö:** u. a. Essen, RWE AG (Hufschlag); St. Gallen, Univ. (Steinschlag); Überlingen, Das große Rasenstück; Zeewolde/Niederl., De Verbeelding kunst landscap natuur – **E:** zahlr. Einzelausst. seit 72, zuletzt u. a. 96 St. Gallen, Univ.; 96, 98, 00 Paris, Gal. Marian Goodman; 97 Amsterdam, Gal. A; New York, Ed. Schellmann; Frankfurt am Main, Portikus; 98 Zürich, KH; 99 Bergisch Gladbach, KV Krypta 182; 01 München, Lenbachhaus; Genf, Le Pal. de l'Athénée; Hamburg, KH (Kat.); 01, 04 New York, Marian Goodman; 01, 02 Tilburg, De Pont Stichting; 02 Tilburg, De Pont; 03 Seydisfjordur/Isld, Skaftfell Cult. Center; New York, Whitney; 04 Dallas/TX, Mus. of Art; Reykjavík, Listasafn Reykjavíkur – AM; 05 Köln, Kewenig; 06 Kleve, Mus. Kurhaus – **G:** zahlr. internat. Ausst.bet. seit den 70er Jahren, u. a. 72, 82, 92, 97 Kassel, documenta; 78, 84 Venedig, Bienn.; 93 Wien, KH; 99 Köln, Mus. Ludwig; 01, 02 Frankfurt am Main, MMK; 03 Hamburg, KH; 04 Basel, Art Basel; 05–06 New York, Brooklyn Mus. of Art: Slide Show; Berlin, Berlinische Gal.: UdK Berlin – Fak. Bild. Kunst; 07 Esslingen, StG Villa Merkel: Brave Lonesome Heroes – ***Lit:*** u. a. AKL; Reclams Künstlerlex. 02; Schweers 02 – (Red.)

Baumgarten-Heppner, Ingeborg s. Heppner, Ingeborg

Baumgartl, Iris s. Müller, Iris

Baumgartl, Moritz, Prof., Maler; Hohenheimer Str. 63, D-70184 Stuttgart, Tel. (07 11) 2 36 42 10, *post@moritz-baumgartl.de*, *www.moritz-baumgartl.de* (* Frühbuss/Böhmen 22. 5. 34) – **VG:** Stuttgart, Valentien – **S:** 55–59 Staatl. ABK Stuttgart (b. Daudert, Schellenberger, Yelin); 59–62 TH Stuttgart – **L:** 76–00 Staatl. ABK Stuttgart (Prof.) – **P:** Cité Intern. d. Arts Paris 75 – **G/T:** Malerei (Öl, surreale Inhalte), Graph., Zeichn. – **M:** Karlsruhe, StG; Regensburg, Ostdt. Gal.; Stuttgart, KM – **E:** zahlr. Einzelausst. seit 63, u. a. 73, 80 Düsseldorf, Walter; 82 Hameln, Der Kunstkreis; 86 München, SM; 90 Regensburg, Ostdt. Gal.; 90, 93, 02 Stuttgart, Valentien; 94 Bietigheim-Bissingen, Bayer; 96 Tuttlingen, KV; 99 Pforzheim, Reuchlinhaus; 00 Esslingen, Kreisspk. – **G:** u. a. 75 Basel, Valentien; Stuttgart, Württembergischer KV – ***Lit:*** AKL; Reclams Künstlerlex. 02; Schweers 02 – (Red.)

Baumgartner, Christiane, Bild. Künstlerin; Atelier: Spinnereistr. 7, D-04179 Leipzig, *chr.baumgartner@gmx.de* (* Leipzig 30. 11. 67) – **VG:** Heemstede, Deumens; London, Domo Baal – **S:** 88–94 HGB Leipzig; 94, 97 ebda (Meisterkl. f. Hschn. b. Prof. Karl-Georg Hirsch); 97–99 Royal College of Art London (Master of Art, Printmaking, Fine Art) – **P:** Stip. d. Ldes Sa. (Graduiertenförd.) 95; DAAD-Stip. f. London 97; Kunstpr. d. Wettb. d. 15. Intern. Trienn. f. Orig.graph. Grenchen 00; Kunstpr. d. 9. Leipziger Jahresausst. 02; Stift. Kunstfonds – Arb.- u. Projektstip. 04 – **Ve:** VG Bild-Kunst 97; XYLON 03 – **KGr:** Carivari (92–05); Gal. Echolot Berlin (04–06) – **G/T:** Druckgraph.; Video;

Künstlerb. – **M:** Amsterdam, Stedelijk Mus.; Den Haag, Mus. Meermanno-Westreenianum; Dresden, GG NM (Kunstfonds); Dresden, SKS; Frankfurt am Main, Städel; Grenchen, Kunstges.; Leipzig, Dt. Buch- u. Schrift-Mus. d. Dt. Nat.bibl.; Leipzig, KS d. Ldesbank Sa.; Leipzig, MBK; London, Victoria & Albert Mus.; London, Zabludowicz Coll.; Ludwigsburg, KS d. Kr.spk.; Nashville/Tenn., Fine Arts Gall. (Vanderbilt Univ.); New York, MOMA; New York, Public Library; Paris, Bibliothèque Nat.; Reutlingen, Städt. KM Spendhaus; Wien, Albertina; Zürich, Kunsthaus – **E:** zuletzt u. a. 03 Oslo, Gall. LNM; Gera, KV; Leipzig, Preisträgerausst. d. 9. Leipziger Jahresausst.; 03, 05 London, Domo Baal; 04 Bochum, KV; Berlin, Echolot; 05 Birmingham, Ikon Gall. (Kat.); 05, 06 Heemstede, Deumens; 06 Ulm, KV; Bayreuth, KV – **G:** u. a. 00 Grenchen, Intern. Trienn. f. Orig.graph.; 01 Leipzig, Kleindienst; 02 Tokio, Takeo; Leipzig, MBK; Chemnitz, Neue Sä. Gal.; 02, 03 Leipzig, Leipziger Jahresausst.; 03 London, Royal College of Art; Philadelphia, The Print Centre; 04 Hamburg, Produzentengalerie; Norwich, EAST intern.; 04, 05 Berlin, Echolot; 05 Amsterdam, Deumens; Amsterdam, Wetering; London, Program; Frankfurt am Main, Städel; Bonn, KM; Zwickau, StM (KS); 06 New York, MOMA; Toyota, Municipal Mus. of Art; Klosterneuburg/NdÖst., Slg Essl; Haarlem, De Vishal; London, Clifford Chance; Biella, Mus. del Territorio; London, Domo Baal – **V:** KÜNSTLERB., u. a.: Paul Virilio: Speed Geschwindigkeit=Stillstand (Handoffset) 99; Zeit und Rhythmus (Offset) 01; Gaston Lenôtre u. Albrecht Fabri: Konfekt (Siebdrucke) 02; Joseph Brodsky: Weniger als Man/Less than one (Hschn.) 02; Wo ich wann war 1–3 (Offset) 03; Detour (Offset) 04; Susan Sontag: How something looks (Hschn.) 05; – sowie: 1 Sekunde, Graph.mappe (Hschn.) 04 – ***Lit:*** Anne Hamlyn u. Julia Blume: Speed/Standstill 03; Reinhard Buskies: 1 Sekunde 04; Bildende Künstler in Leipzig 06 – ***LitR:*** Otto Wynen: Portr. C.B., In: Kult.nachrichten (Arte-TV) 04

Baumgartner, Franz, Maler; Atelier: Köln, Güterbahnhof, Tel. (02 21) 54 28 72 (* Kleve 25. 4. 62) – **VG:** Frankfurt am Main, Hübner – **S:** 85–89 FHS Köln (b. Prof. Marx); 89–93 KA Düsseldorf (Meisterschüler b. Prof. D. Krieg) – **P:** Pr. d. Darmstädter Sezession 93; Dt. Kunstpr. d. Volksbanken u. Raiffeisenbanken 94; Villa-Romana-Stip. 97; Stift. Kunstfonds – Arb.- u. Projektstip. 99; Stip. Künstlerhaus Edenkoben 00 – **E:** u. a. 99 Düsseldorf, Jasmin Gal.; München, Friedrich & Ungar; 00 Köln, Schröder – **G:** u. a. 98 Koblenz, Mittelrhein-Mus.; 00 Düsseldorf, KV – (Red.)

Baumgartner, Fritz, Maler, Graphiker; Loristr. 3a, D-80335 München, Tel. (0 89) 1 29 52 32 (* Aurolzmünster 14. 4. 29) – **VG:** Steffeln, Blaeser, Stuttgart, Dorn; Turin, Rocca Tre – **S:** 49–56 ABK München (Meisterschüler b. Hermann Kasper); 55 Intern. Sommerakad. Salzburg (b. Oskar Kokoschka) – **P:** Frz. Staatsstip. f. Paris 56; Kunstpr. d. Dt. Ev. Kirchentages 59; Kunstpr. d. Provinz Turin 70; E.med. d. Stadt Turin 76; E.pr. d. Reg. Aosta 76; E.med. d. Reg. Piemont 99 – **Ve:** BBK 54; DGfCK 54 – **G/T:** Malerei (u. a. Tafelbilder, Buchmalerei, häufig christl. o. mytholog. Stoffe); Graph. (Zchng, Druckgraph., Mappen); Mosaike; Farbfenster – **W:** in Privatslgn in Belgien, Dtld, Ital., Kanada, Luxemburg, Niederl., Öst., Spanien, d. Schweiz u. d. USA – **M:** Alessandria, Mus.; Aosta, Mus.; Augsburg, SG am Schaezler-Pal.; Darmstadt, Hess. LM; Frankfurt am Main, Städel; Konstanz, Mus.; Lublin, Majdanek State Mus.; München, Bay. Staatsgemäldeslgn; München, Lenbachhaus; München, Pin. d. Mod.; Prag, NG; Regensburg, Diözesan-Mus.; Stuttgart, SG (GrS); Turin, Mus. Nazional del Risorgimento; Tübingen, SM; Warschau, Muz. Niepodległości – **E:** zahlr., zuletzt u. a. 98 Offida, Santa Maria della Rocca; 99 Turin, Gal. Sant'Agostino; Regensburg, Diözesan-Mus.; Ismaning, Kallmann-Mus.; 00, 01 München, IHK-Akad.; 01 Turin, Mus. della Residenza; 02 Aosta, Torre del Leproso (Kat.); 03 Köln, Kunst Köln; 04 Settimo, La Gardiniera; Stuttgart, Dorn; 05 Turin, Rocca Tre; Bussoleno, Casa Aschieri – **V:** Evangeliar f. alle Sonn- u. Feiertage d. Kirchenjahres (Buchmalerei, Fotogr.) 93 – ***Lit:*** Florens Deuchler: F.B. 50 Jahre Malerei u. Graph. 98 (auch ital.); AKL; Schweers 02

Baumgartner, Hans, Glaskünstler; Herzog-Heinrich-Str. 12, D-94081 Fürstenzell, Tel. (0 85 02) 82 57, *glaskunst.baumgartner@freenet.de*, *www.glaskunst-baumgartner.de* (* München 16. 2. 57) – **VG:** Innsbruck, Glass Art; Drachselried/Bayr. Wald, Herrmann; Arnbruck, Kunst & Form; Burgdorf, Gal. Glass Inspiration; Bad Griesbach im Rottal, Hoffmann – **S:** 73–76 Lehre als Glasschleifer bei Stauber in Passau; 81 Meisterprüfung in Zwiesel u. Passau – **P:** Bayerwald-Glaspr. d. Glasmus. Frauenau (3. Pr.) 93; New Glass Review d. Corning Mus. of Glass New York 90, 95, 98 – **Ve:** BBK Ndb. 90; KV Passau 96 – **G/T:** Glas (Bilder, Design, Objekte u. Skulpt.) – **W:** überw. in Privatbes. – **M:** Frauenau, Glasmus.; Immenhausen, Glasmus.; Kamenický Šenov, Glasmus.; Lemberg, Burg; Passau, KS d. Ldkr.; Zwiesel, Waldmus. – **Ö:** Luzern, Buchecker AG – **E:** 99 Neuburg am Inn, Landhaus Gal.; 00 Bad Griesbach, StG – **G:** zahlr. Bet. seit 88, zuletzt 99 Hamburg, Gal. L; Hamburg, MKG; Prag, Technisches NM; 99, 02 Kamenický Šenov, Glasmus; 00, 03 Immenhausen, Glasmus.; 02 St. Andreasberg, Nat.park Harz; 03 Theuern, Bergbau- u. Industr.mus. Ostbay.; 05 München, Bay. NM: Danner Pr. (Kat.); 06 Immenhausen, Glasmus.: 3. Immenhäuser Glaspr.; Passau, Kult.modell – ***Lit:*** KAT.: Karin Schneck: Bayerwald Glaspr. 93; Rupert D. Preißl: 11 Jahre x Junge Kunst 93; Helena Braunová: 2. Intern. Symposium graviertes Glas 99; dies.: 3. Intern. Symposium graviertes Glas 02; Gernot H. Merker: hier + heute Glas aus Dtld 03 – weitere: Brigitte Zankl: Passauer Profile. Bürger unserer Zeit 01; Kult.referat Ldkr. Passau: Eindrücke 2003, Kunstkal. 03; Karl Rhöse: Stadt Vilshofen Skulpturen in d. Altstadt, Dok. 01

Baur, Gernot, Mag. art., Zeichner; c/o Kristina Kutsch, Strelitzer Str. 61, D-10115 Berlin, Tel. (0 30) 23 45 56 11 (* Innsbruck 10. 11. 47) – **VG:** Innsbruck, Flora; Wien, Lang; Berlin, Grob – **Ve:** Tiroler Künstlerschaft – **G/T:** Malerei (Wasserfarbe, Tempera, Tusche); Graph. (Graphit-, Farb- u. Pastellstift, Kohle, Kreide, u. Rad.); Gegenstände: Landschaft, Stilleben – **W:** Werke in Privatslgn in Öst., Dtld u. Frkr. – **M:** Bedburg-Hau, Mus. Schloß Moyland; Innsbruck, Tiroler LM Ferdinandeum; Nürnberg, Slg Faber-Castell; Salzburg, Rupertinum; Wien, Albertina – **E:** Ausst. seit 75, u. a. 82 Nürnberg, Slg Faber-Castell; 83 Graz, LM Joanneum; 86 Wien, GG d. ABK; 89 Wien, Gal. Würthle; 90 Salzburg, Rupertinum; 92 Salzburg, Welz; 93 Innsbruck, Tiroler LM Ferdinandeum; Klagenfurt, Künstlerhaus; 94 Ulm, KV; 96 Bozen, Prismon; 99 Innsbruck, Flora – **G:** Ausst.bet. seit 76, u. a. 78–80 Tirol, Salzburg u. Ital. (Medium Zeichn.); 86 München, Villa Stuck; 90 Wien, Wiener Festwochen; 91 Ljubljana, Bienn. internat. Graph.; 93 Moers, StG; 97 Frankfurt am Main, Art Frankfurt; 00 Salzburg, Rupertinum – ***Lit:*** Kat.: Werner Fenz: G. B. – Zeichnungen 83; Peter Weiermair: G. B. Zeichnungen 86; Hans v. d. Grinten: G. B. Zeichnungen 94

Baur, Helmut; Liegnitzer Str. 35, D-40670 Meerbusch, Tel. (0 21 59) 8 01 00, Fax 74 78, *baur.kinetik@t-*

online.de, *www.shopart.com/baur* – **G/T:** Bildhauerei – (Red.)

Baur, Julia, Malerin, Fotografin, freie Künstlerin (Dipl.); Am Weiher Trockt 10, D-66780 Rehlingen, *julia.baur@web.de*, *www.Julia-Baur.de* (* Stuttgart/Bad Cannstatt 4. 6. 64) – **S:** 90–92 Freie KSch Nürtingen; 92–97 HBK Saar Saarbrücken – **Ve:** VG Bild-Kunst 03; BBK 04 – **G/T:** Malerei; Fotogr.; Bewegung d. Körpers (Mensch) – **K:** Malerei; Aktzeichnen; Kunst m. Kindern – **Ö:** Ensdorfer Halde (Himmelsleiter auf d. Gipfelplateau) – **E:** 93 Freiburg, VP Gal.; 97, 03 Saarbrücken, Kult.foyer; 98, 00 Saarbrücken, OT Gal.; 01 Mandelbachtal, Kleine Gal. auf d. Hügel; Dillingen, KV im Alten Schloß; Forbach/Frkr., Castel Coucou; 02 St. Wendel, Mus. (m. Stoll u. Wachall, Kat.); 04 Saarlouis, Gal. f. zeitgen. Fotogr. – **G:** zahlr. Bet. seit 97, u. a. 97 Saarbrücken, Saarland-Mus.: Kunst Szene Saar; Herne, Flottmann-Hallen; 99 Epinal/Frkr., La Lune en Parachute; 00 St. Ingbert, Mus.: Ldeskunstausst.; 01 Stuttgart, Wehr; 03 Saarbrücken, Künstlerhaus; 05 Stuttgart, Gal. Schwerfeldreich – ***LitR:*** zwei Fs.beitr. zur Ausst. in Saarbrücken, OT Gal. (Saar TV) 01; Fs.beitr. zur Ausst. im Mus. St. Wendel (Kult.spiegel Saar SR)

Bauschert, Heiner; Am Keltengrab 44, D-72072 Tübingen, Tel. (0 70 71) 7 25 37, Fax 79 22 92, *bauschert @aol.com*, *www.heiner-bauschert.de* – **G/T:** Graph. – (Red.)

Bauschert-Engel, Nanna (geb. Nanna Engel, verh. Nanna Bauschert), Collagistin; Am Keltengrab 44, D-72072 Tübingen, Fax (0 70 71) 79 22 92, *www. bauschert-engel-nanna.de; www.heiner-bauschert.de* (* 22. 12. 34) – **G/T:** Collagen aus Papier, Themen oft aus d. Mythologie – **W:** u. a. in RH – **Ö:** Reg.präsidium Württemberg-Hohenzollern – **E:** 92 Stuttgart, Brunnwiesen-Gal.; 94 Albstadt-Ebingen, Alte Kanzlei; 01 Mössingen, RH – **G:** 02 Dettenhausen, RH; Tübingen, SM (Kunst in Tübingen 2002) – **V:** Heiner Bauschert. Holzschnitte 88; H. B. Aquarelle 88; Fritz Bauschert. Ein schwäbischer Maler und Lehrer 90 – (Red.)

Bayerlein, Liz, Malerin; Krelingstr. 47, D-90408 Nürnberg, Tel. (09 11) 4 09 93 47, *info@liz-bayerlein. de*, *www.liz-bayerlein.de* (* Bernkastel-Kues) – **VG:** Erlangen, Sutter-Kress – **S:** 95–01 ABK Nürnberg (Freie Malerei b. Prof. G. Dollhopf u. Prof. W. Knaupp) – **L:** 99–03 Bildungszentrum Nürnberg (freie Doz., Acrylmalerei) – **P:** Le Etichette d'Autore 97; Publikumspr. Wenzelschloß, ABK 98; Förd.pr. d. Spk. Bayreuth 02 – **Ve:** VG Bild 99 – **G/T:** Aktmalerei (interpretativ) – **M:** München, Bay. Staatsgemäldeslgn – **Ö:** Kronach, Frankenwaldklinik; München, Kult.stift. Hypo Ver.bank; Nürnberg, Kult.stift. Spk. – **E:** 96 Erlangen, Siemens-Forum; 97 Schüttorf, Lumina; 00 Amberg, Neue Kunst; 03 Erlangen, Sutter-Kress – **G:** zahlr. Ausst.bet. seit 96, u. a. Düsseldorf, EP Gal.; Ebersberg, KV; Hollfeld, KM; München, Haus d. Künstler; Nürnberg, Kunsthaus; Regensburg, Neuer KV; Weiden, KV; Zwickau, Domhof – ***Lit:*** Hypo-Art 97; Knaupp & Co 01; Natur – Mensch 02; Ablösung 02; Trabanten 03; Flurstücke und Feldzeichen 03 – (Red.)

Bayrle, Thomas, Maler, Graphiker u. Objektkünstler; Rhaban-Fröhlich-Str. 10, D-60433 Frankfurt am Main, Tel. (0 69) 52 52 68 (* Berlin 7. 11. 37) – **S:** Lehre als Weber in Göppingen; 58–62 WerkKSch Offenbach/Main – **L:** 68–71 HS f. Gest. Offenbach; seit 75 Städelschule Frankfurt am Main – **P:** kunstKÖLN-Pr.; 1822-Kunstpr.; Villa-Massimo-Stip. 71 – **G/T:** Malerei, Objekte, Graph. – **M:** Dortmund, Mus. am Ostwall; Frankfurt am Main, MMK; Wiesbaden, Mus.; Wolfsburg, StG – **E:** u. a. 71 Stuttgart, Gal. 2; 73, 88, 98, 01 Frankfurt am Main, Meyer-Ellinger; 74 Hannover, Schwarze Gal.; 76 Göttingen, Gal. Apex; 84 Dortmund, Mus. am Ostwall; 89 Freiburg, KV; 92 Tokio, UNAC; 96 S. Gallen, KH; 00 Berlin, Weiss; 01 Köln, Mus. Ludwig; 02 Graz, KV; Frankfurt am Main, Städel – **G:** u. a. 64, 77 Kassel, documenta; 65 London, Inst. of Contemp. Art; 79 Recklinghausen, StKH; 80 Berlin, Intergrafik; 83 Frechen, Intern. Graph.trienn.; Washington/DC, Hirshhorn Mus. and Sculpt. Garden; 88 Berlin, Neue Ges. für Bild. Kunst; 93 Linz, Ars electronica; 94 Paris, Centre Pompidou; 01 Köln, Mus. Ludwig; Frankfurt am Main, Schirn; 02 Frankfurt am Main, MMK; Karlsruhe, StG – ***Lit:*** AKL; Reclams Künstlerlex. 02; Schweers 02 – (Red.)

Beau, Volker (Ps.: Reklov Schön), Maler, Autor; Abstract Art Academy (AAA), Postfach 5321, D-79020 Freiburg im Breisgau, Tel. privat: (07 61) 2 25 07, *Volker_B.at@gmx.net* (* Elmshorn 9. 7. 44) – **S:** u.a Meisterschüler b. Thomas Stöckl; 97–00 Pädagogische HS Freiburg (Kunst u. Philosophie) – **Ve:** Dt. Hugenottenges. seit 87 – **KGr:** Zeitgeist (95, Gründungsmitgl.) – **G/T:** Malerei (Kreide, Öl, Acryl auf Holz u. Pappe); Themen: Landschaften, Werteverfall u. Zeitgeist – **E:** / G: Freiburg, Academy Ausst. – **V:** u. a. Fall und Aufstieg, Poesieslg (m. Abb.) 98; Gruppe Zeitgeist (m. 12 poetischen Abb.) 99 – ***Lit:*** Brigitte Schellmann: Who's Who in German 99/00; Dt. Schriftstellerlex. 01; Kürschners Dt. Literatur-Kalender 02/03; 04/05; 06/07

Beba s. Bader, Beatrice

Beberniss, Heinz, Bildhauer; Hertzstr. 29, D-06118 Halle/Saale, Tel. (03 45) 5 23 12 47 (* Halle/Saale 29. 7. 20) – **VG:** Halle/Saale, Gal. Dr. Stelzer u. Zaglmaier; Leuna, Gal. im cCe Kult.haus Leuna – **S:** KHS Burg Giebichenstein Halle/Saale (b. Prof. Weidanz u. Prof. Post) – **P:** Händelpr. d. Bez. Halle 60; Kunstpr. d. Stadt Halle (Bronze) 62; Kunstpr. d. Stadt Halle-Neustadt 69; Kunstpr. d. Stadt Halle (Gold) 71; Gottfried August Bürger-E.pr. 74; Erdmannsdorf-E.plakette 88; Wilhelm Müller-Pr. 88 – **Ve:** VBK DDR 51–91; Hallescher KV; Vrg Hallescher Künstler – **G/T:** realistische Steinskulpt. u. Bronzeplast. – **W:** Monument 'Fäuste' auf d. Riebeckpl. in Halle/Saale (inzwischen abgerissen) – **M:** Dessau, Schloß Georgium; Halle/Saale, Staatl. Gal. Moritzburg; Magdeburg, KM Kloster Unser Lieben Frauen; Sangerhausen, Spengler-Mus.; Schwerin, Schloßmus.; Zeitz, Mus. Schloß Moritzburg – **Ö:** Dessau, Schwimmhalle; Gernrode (Familie); Halle-Neustadt (Kugelstoßer); ebda (Völkerfreundschaft), Pädagogische HS Cröllwitz; Halle-Süd (Freizeitstele); Leuna, Plast.park u. Werks-Haupteingang; Merseburg, Univ. Karl Schorlemmer; Piesteritz, Stickstoffwerk; Pirna, Sportzentrum (Sportstele); Schwerin (Familie); – sowie Brunnen in Bad Frankenhausen, Halle-Neustadt u. Nordhausen – **E:** 76 Dessau, Schloß Georgium; 82 Weimar, HS f. Archit.; 83 Halle-Neustadt, Kunstpavillon; 02 Eisleben, Mansfeld-Gal. – **G:** mehr als 80 Ausst.bet. bis 89; Bet. an d. IV., V., VII. u. VIII. Kunstausst. Dresden; seit 70 Teiln. an d. jl. Ausst. 'Plastik im Park' in Gera; bis heute Bet. an d. Jahresausst. d. KV in Halle/Saale – ***Lit:*** Almut Schuttwolf: Hallesche Plastik im 20. Jahrhundert, Kat. z. Ausst. im Schloß Georgium Dessau u. Diss. 81 – (Red.)

Becher, Bernd (Bernhard Becher), Fotograf (* Siegen 20. 8. 31) – **VG:** Düsseldorf, Fischer; München, Schellmann – **S:** 47–50 Lehre als Dekorationsmaler in Siegen; 53–56 Staatl. ABK Stuttgart (Malerei, Lith.); 57–61 Staatl. KA Düsseldorf (Typogr.) – **L:** 72–73 HBK Hamburg (Gastdoz.); 76–96 Staatl. KA Düsseldorf (Prof. f. Fotogr., zus. m. Hilla Becher) – **P:** u. a. Stip. d. Brit. Council 66; Stip. d. Fritz-Thyssen-Stift. 67; Will-Grohmann-Pr. 77; Kulturpr. d. DPhG 85;

Gold. Löwe d. Bienn. Venedig 90; Goslaer Kaiserring 94; Erasmus-Pr./Praemium Erasmianum, Amsterdam 02; Staatspr. d. Ldes NRW 02; Hasselblad Award, Göteborg 04 – **KGe:** B. u. Hilla Becher – **G/T:** Industriefotogr. (s/w, großformatig: Fabrikgebäude, Förder-, Wasser- u. Kühltürme, Silos, Gasbehälter, Hochöfen, Aufbereitungsanlagen, Kies- u. Schotterwerke, Wohnhäuser/Fachwerkhäuser) – **M:** u. a. Berlin, NG; Bochum, KS d. Ruhr-Univ.; Bonn, Artothek im KV; Bonn, KM; Burghausen/Salzach, Dr. Robert-Gerlich-Mus.; Düsseldorf, KS NRW; Frankfurt am Main, Mus. f. Kommunikation; Hannover, Nds. Spk.stift.; Krefeld, Kaiser-Wilhelm-Mus.; Köln, Mus. Ludwig; London, Tate Coll.; Luzern, KM; New York, MOMA; New York, Metropolitan Mus. of Art; Oberlin/OH, Allen Memorial AM; Rochester/NY, Intern. Mus. of Photogr. and Film; Stockholm, Mod. Mus. – **E:** gemeinsam m. Hilla Becher u. a. 63 Siegen, Gal. Ruth Nohl; 66 Düsseldorf, KA; 67 München, Staatl. Mus. f. Angewandte Kunst; Kopenhagen, Kunstakad. Charlottenburg; Bochum, Bergbau-Mus.; 68 Los Angeles, Univ. of Southern Cal.; Los Angeles, Goethe-Inst.; 68, 81 Eindhoven, Stedelijk van Abbemus.; 69 Düsseldorf, KH; 70 Stockholm, Mod. Mus.; Ulm, Ulmer Mus.; 71 Bremerhaven, Kab. f. aktuelle Kunst; München, Zentrum f. aktuelle Kunst; 72 Rochester/NY, Intern. Mus. of Photogr. and Film; 74 La Jolla/CA, MCA; Cincinnati/OH, The Contemp. AC; Ottawa, NG of Canada; Hartford/CT, Wadsworth Atheneum; 74–75 London, Arts Council (Wanderausst. durch fünf engl. Museen); 75 New York, MOMA; Bonn, LM; 76 Tübingen, KH; 77 Zürich, Halle f. Intern. Kunst; 78 Wuppertal, Von der Heydt-Mus.; 79 Berlin (Ost), Schweinebraden 80 Münster, Westf. LM; 81 Düren, Leopold-Hoesch-Mus.; 81, 85 Essen, Mus. Folkwang; 85 Paris, MAM de la Ville Paris; 86 Tokio, Kamakura Gall., Chuo-ku; Basel, Archit.-Mus.; 88 Grenoble, Centre Nat. d'Art Contemp.; 94 Münster, Westf. LM; 98 Berlin, Berlinische Gal.; 99 Oberhausen, Rheinisches Industr.mus.; 99, 03, 06 Köln, SK Stiftung Kultur; 01 New York, Zwirner; 02 Amsterdam, Stedelijk Mus.; Klosterneuburg/NdÖst., Slg Essl; 03 Düsseldorf, KS NRW; 04 München, Haus d. Kunst; Paris, Centre Pompidou; 05 Oslo, Mus. for Samtidskunst; 05–06 Berlin, Hamburger Bahnhof – **G:** zahlr. Ausst.bet. in Dtld u. europaweit sowie in d. USA, in Kanada, Japan, Rußland u. versch. Ländern Mittel- u. Südamerikas; – Teilnahme an documenta 5, 6, 7 u. 11 (72, 77, 82, 02) sowie an Bienn. Saõ Paulo, Sydney u. Venedig (90) – **V:** B. u. H. Becher: Fachwerkhäuser des Siegener Industriegebietes 77, 00; Fördertürme 85; Wassertürme 88; Hochöfen 90; Pennsylvania coal mine tipples 91; Gasbehälter 93; Grundformen 93; Fabrikhallen 94; Zeche Hannibal 00; Industrielandschaften 02; Kühltürme 05; Getreidesilos 06, u. a. – ***Lit:*** u. a. AKL, Bd. 8 94; Contemp. Photographers 95; Koetzle 02; Susanne Lange (Hrsg.): Bernd u. Hilla Becher. Festschrift – Erasmuspreis 2002 02; dies.: Was wir tun, ist letztlich Geschichten erzählen... Bernd u. Hilla Becher – Einf. in Leben u. Werk 05; – zahlr. Ausst.kataloge seit den 60er Jahren – (Red.)

Becher, Hilla (geb. Hilla Wobeser), Fotografin (* Potsdam 2. 9. 34) – **VG:** Düsseldorf, Fischer; München, Schellmann – **S:** Fotografenlehre in Potsdam; 59–61 Staatl. KA Düsseldorf (Fotogr.) – **L:** Staatl. KA Düsseldorf (Aufbau e. Foto-Abt., Lehre zus. m. Bernd B.); 72–73 HBK Hamburg; 76–96 Staatl. KA Düsseldorf (Prof. f. Fotogr., zus. m. Bernd Becher) – **P:** Kulturpr. d. DPhG 85; Gold. Löwe d. Bienn. Venedig 90; Goslaer Kaiserring 94; Erasmus-Pr./Praemium Erasmianum, Amsterdam 02; Staatspr. d. Ldes NRW 02; Hasselblad Award, Göteborg 04 – **KGe:** Bernd u. H. Becher – **G/T:** Industriefotogr. (s/w, großformatig: Fabrikgebäude, Förder-, Wasser- u. Kühltürme, Silos, Gasbehälter, Hochöfen, Aufbereitungsanlagen, Kies- u. Schotterwerke, Wohnhäuser/Fachwerkhäuser) – **M:** u. a. Berlin, NG; Bochum, KS d. Ruhr-Univ.; Bonn, Artothek im KV; Bonn, KM; Burghausen/Salzach, Dr. Robert-Gerlich-Mus.; Düsseldorf, KS NRW; Frankfurt am Main, Mus. f. Kommunikation; Hannover, Nds. Spk.stift.; Krefeld, Kaiser-Wilhelm-Mus.; Köln, Mus. Ludwig; London, Tate Coll.; Luzern, KM; New York, MOMA; New York, Metropolitan Mus. of Art; Oberlin/OH, Allen Memorial AM; Rochester/NY, Intern. Mus. of Photogr. and Film; Stockholm, Mod. Mus. – **E:** gemeinsam m. Bernd Becher u. a. 63 Siegen, Gal. Ruth Nohl; 66 Düsseldorf, KA; 67 München, Staatl. Mus. f. Angewandte Kunst; Kopenhagen, Kunstakad. Charlottenburg; Bochum, Bergbau-Mus.; 68 Los Angeles, Univ. of Southern Cal.; Los Angeles, Goethe-Inst.; 68, 81 Eindhoven, Stedelijk van Abbemus.; 69 Düsseldorf, KH; 70 Stockholm, Mod. Mus.; Ulm, Ulmer Mus.; 71 Bremerhaven, Kab. f. aktuelle Kunst; München, Zentrum f. aktuelle Kunst; 72 Rochester/NY, Intern. Mus. of Photogr. and Film; 74 La Jolla/CA, MCA; Cincinnati/OH, The Contemp. AC; Ottawa, NG of Canada; Hartford/CT, Wadsworth Atheneum; 74–75 London, Arts Council (Wanderausst. durch fünf engl. Museen); 75 New York, MOMA; Bonn, LM; 76 Tübingen, KH; 77 Zürich, Halle f. Intern. Kunst; 78 Wuppertal, Von der Heydt-Mus.; 79 Berlin (Ost), Schweinebraden 80 Münster, Westf. LM; 81 Düren, Leopold-Hoesch-Mus.; 81, 85 Essen, Mus. Folkwang; 85 Paris, MAM de la Ville Paris; 86 Tokio, Kamakura Gall., Chuo-ku; Basel, Archit.-Mus.; 88 Grenoble, Centre Nat. d'Art Contemp.; 94 Münster, Westf. LM; 98 Berlin, Berlinische Gal.; 99 Oberhausen, Rheinisches Industr.mus.; 99, 03, 06 Köln, SK Stiftung Kultur; 01 New York, Zwirner; 02 Amsterdam, Stedelijk Mus.; Klosterneuburg/NdÖst., Slg Essl; 03 Düsseldorf, KS NRW; 04 München, Haus d. Kunst; Paris, Centre Pompidou; 05 Oslo, Mus. for Samtidskunst; 05–06 Berlin, Hamburger Bahnhof – **G:** zahlr. Ausst.bet. in Dtld u. europaweit sowie in d. USA, in Kanada, Japan, Rußland u. versch. Ländern Mittel- u. Südamerikas; – Teilnahme an documenta 5, 6, 7 u. 11 (72, 77, 82, 02) sowie an Bienn. Saõ Paulo, Sydney u. Venedig (90) – **V:** B. u. H. Becher: Fachwerkhäuser des Siegener Industriegebietes 77, 00; Fördertürme 85; Wassertürme 88; Hochöfen 90; Pennsylvania coal mine tipples 91; Gasbehälter 93; Grundformen 93; Fabrikhallen 94; Zeche Hannibal 00; Industrielandschaften 02; Kühltürme 05; Getreidesilos 06, u. a. – ***Lit:*** u. a. AKL, Bd. 8 94; Contemp. Photographers 95; Koetzle 02; Susanne Lange (Hrsg.): Bernd u. Hilla Becher. Festschrift – Erasmuspreis 2002 02; dies.: Was wir tun, ist letztlich Geschichten erzählen... Bernd u. Hilla Becher – Einf. in Leben u. Werk 05; – zahlr. Ausst.kataloge seit den 60er Jahren – (Red.)

Bechteler, Else (verh. Else Bechteler-Moses), Malerin, Bildweberin; Hohenstaufenstr. 11, D-80801 München, Tel. (0 89) 34 86 15, Fax 39 53 19 (* Berlin 26. 4. 33) – **S:** 52–55 Meisterschule f. Kunsthandwerk Berlin; 58–64 ABK München (Malerei, Meisterschülerin b. Prof. Franz Nagel) – **P:** Kunstförd.pr. d. Stadt Augsburg 68; Kunstpr. d. Bischöfl. Ordinariats Augsburg 69; Förd.pr. f. angew. Kunst d. Stadt München 81 – **Ve:** BBK München u. Obb. 64 – **KGe:** Zus.arb. m. d. Nürnberger Gobelin-Manufaktur (80–00) – **G/T:** Bildgewebe; Tapisserien – **M:** Berlin, KGM; München, Neue Slg – Staatl. MAK – **Ö:** Augsburg, Bayernkolleg (Wandteppich); ebda, Westkrankenhaus (Wandteppich), Kinderklinik (Wandteppich), Hoher Dom; Berlin, St. Hedwig-Kathedrale;

Erlangen, Univ.klinik; Frankfurt am Main, Bethlehemgemeinde; Grünzburg, Ldratsamt (Wandteppich); Kaufbeuren, Nervenklinik; Landshut, Spk.akad.; München-Neuhausen, Herz-Jesu-Kirche (Meßkleider); ebda, Flughafen II–Verwaltungsgebäude, Ldratsamt; Regensburg, Univ.klinik – **E:** 70 Frankfurt am Main, Gal. am Rahmhof; München, Buchholz (Kat.heft); 71 Hasselt/Belgien, Kult.zentrum; Hagen, Karl-Ernst-Osthaus-Mus.; 72 Wil, Gal. Marktgasse; London, Camden AC; 74 Heilbronn, KV; 78 Villingen, Theater am Ring (m. Hans Herpich); 80 Pullach, Buchholz (m. Kat.heft); 83, 84 Frankfurt am Main, Frankfurter Westend Gal. – **G:** zahl. Bet. seit 69, u. a. München, Haus der Kunst: Große Kunstausst. (Kat.); 65 München, Junge Künstler der Akad. 45–65 (Kat.); 70 Antwerpen, Koninklijk Mus. voor Schone Kunsten (Kat.); 78 München, Bienn. der Dt. Tapisserie (Kat.) – ***Lit:*** in: Leonie v. Wilckens: Gesch. d. Dt. Textilkunst: Vom späten Mittelalter bis in d. Gegenwart 97; Christine Goetz: Die St. Hedwid-Kathedrale zu Berlin 00

Bechtold, Erwin, Prof., Maler; Can Cardona, E-07850 San Carlos/Ibiza, Tel. (971) 335177, Fax 326699. c/o Prof. Robert Häusser, Ladenburger Str. 23, D-68309 Mannheim (* Köln 12. 4. 25) – **VG:** München, Gunzenhauser; Palma de Mallorca, Altair; Heidelberg, Sacksofsky; Barcelona, Gal. Barcelona; Bad Honnef, Rackey; Ibiza, Van der Voort – **S:** 49 Kölner Werkschulen (Malerei b. Friedrich Vordemberge); 50 Atelierschule Paris (Malerei b. Fernand Léger) – **L:** 66 Gastprof. an univ. art schools Farnham, Guildford, London – **P:** Premio Filograf (Graph.), Barcelona 55; Premio FAD (Archit.), Barcelona 61; Ehrung z. Premi Joan Miró (Zchng), Barcelona 73; Premio VI Bienal (Graph.), Ibiza 74; Premio de Honor Siurells (f. d. künstler. Lebenswerk), Palma de Mallorca 99; Premi Pitiuses (f. d. künstler. Lebenswerk), Ibiza 05; Premi Ramon Llull (f. d. künstler. Lebenswerk), Palma de Mallorca 06 – **Ve:** Dt. Künstlerbund 62; Freie AK Mannheim 83 (Gründ.mitgl.) – **KGr:** Ibiza 59 (59–64); Syn (66–73) – **G/T:** Malerei; Graph.; Archit. – **W:** INSTALL.: Monoserie: 79 Barcelona, Fund. Joan Miró; 80 Ludwigshafen, Wilhelm-Hack-Mus.; 94 Palma de Mallorca, La Llonja; – E-Wand-Projekt: 82 Mülheim/Ruhr, Slominsky; – Raumwinkel: 89 Freiburg/Br., KH Marienbad; – Destrucció/Construcció: 05 Palma de Mallorca, Es Baluard, Mus. d'Art Modern i Contemp. – **M:** Ahlen, KM; Barcelona, Fund. Joan Miro; Barcelona, Fundació Caixa de Pensions; Berlin, SMPK; Berlin, Slg d. BRD; Bern, KM; Bilbao, Mus. de Bellas Artes; Bochum, KS d. Ruhr-Univ.; Brüssel, Mus. Royaux des Beaux Arts; Cuenca, Mus. de Arte Abstracto Español; Dortmund, Mus. am Ostwall; Duisburg, Wilhelm-Lehmbruck-Mus.; Eindhoven, Stedelijk van Abbemus.; Eivissa/Ibiza, MAC; Essen, Mus. Folkwang; Freiburg im Breisgau, Mus. f. Neue Kunst; Hannover, Sprengel Mus.; Kaiserslautern, Pfalz-Gal.; Krakau, NM; Köln, Mus. Ludwig; Leverkusen, StM Schloß Morsbroich; Lissabon, Gulbenkian-Mus.; London, Tate Coll.; Los Angeles, County Mus. of Art; Ludwigshafen, Wilhelm-Hack-Mus.; Madrid, Colleción AENA; Madrid, MNCARS; Mainz, LM; Mannheim, Carl-Benz-Halle; Mannheim, Reiss-Mus.; Mannheim, StKH; Neu Delhi, NG of Mod. Art; New York, Guggenheim; New York, MOMA; Nicaragua, MAC; Nürnberg, Germanisches NM; Otterlo, Kröller-Müller Mus.; Palma de Mallorca, Colecció Sa Nostra; Palma de Mallorca, Es Baluard, Mus. d'Art Modern i Contemp.; Palma de Mallorca, Fund. Pilar i Miró; Pittsburgh/PA, Carnegie Mus. of Art; Rastatt, StG; Rotterdam, Mus. Boymans Van Beuningen; Saarbrücken, Saarland-Mus. (Mod. Gal.); Santander, Colección Autonomía Cantabria; Santiago de Chile, Mus. de la Solidaridad S. Allende; Sevilla, MAC; Soest, Wilhelm-Morgner-Haus; Stuttgart, SG; Tokio, MCA; Tokio, NM of Mod. Art; Trier, StM Simeonstift; Valencia, Inst. Valenciano de Arte Mod.; Vitoria, MBA; Waldenbuch, Mus. Ritter; Washington/DC, Hirshhorn Mus. and Sculpt. Garden; Wien, Albertina; Witten, Märk. Mus.; Wolfsburg, StG; Wuppertal, Von der Heydt-Mus.; Zürich, Kunsthaus – **Ö:** Architektur: in Barcelona: Librería Áncora y Delfín, Librería Técnica Extranjera, Gonzalo Comella; Mannheim, Reiss-Engelhorn-Mus. (vier Fassaden); – Intergration: Mannheim, Carl-Benz-Halle (Eisenweg-Skulpt.) u. DaimlerChrysler (Eisenwand) – **B:** San Carlos/Ibiza: Haus u. Atelierbau Bechtold – **E:** 50 Köln, Kellergal.; 54 Göttingen, Gal. Dt. Theater; 56 Barcelona, Sala Gaspar; Madrid, Buchholz; 57 Berlin, Bremer; Basel, Gal. Münsterberg 8; 58 Braunschweig, KV; 59 Aschaffenburg, Gal. 59; Münster, Gal. Schanze; Ibiza, El Corsario; 60 Hannover, Brusberg; Mannheim, Ahlers; 61 Barcelona, MAC (Premio FAD arquitectura); 64 Köln, Kölnischer KV; Soest, Wilhelm-Morgner-Haus; Köln, Gal. Studio DuMont; 65 Ibiza, Ivan Spence; Bilbao, Grises; 65, 68, 73, 79, 84, 88, 92 Mannheim, Lauter (Kat. 64); 65, 70, 75, 77 Barcelona, René Metras (Kat. 75, 77); 66, 73, 90 Madrid, Juana Mordó (jeweils Kat.); 67 Freiburg im Breisgau, KV; Witten, Märk. Mus. (Kat.); Grenchen, Brechbühl; 68 San Francisco, Van der Voort; 71 Baden-Baden, Neue Gal.; Mannheim, KH (Kat.); 71, 73, 89, 91, 95, 98, 02, 05 Ibiza, Van der Voort; 72 Bonn, Frenzel; Freiburg im Breisgau, Gal. Regio; 74 Biel/Grenchen, Brechbühl; Sevilla, Juana de Aizpuru; 75 Barcelona, Gal. 42; München, Ketterer (Kat.); 75, 77 Basel, Art Basel; 76 Lausanne, White Gall.; Frankfurt am Main, Gal. AK Hans-F. Sworowski; 77 Stuttgart, Haderek; 78 Girona, Gal. d'Art 3 i 5; Madrid, Fernando Vijande; Barcelona, René Metras u. Ediciones Polígrafico; 79, 94 Barcelona, Fund. Miró (Kat. 79); 80 Ludwigshafen, Wilhelm-Hack-Mus. (Kat.); Bern, Schindler; 81, 87, 88, 91, 94, 96 Köln, Art Cologne; 81, 82 Mülheim an der Ruhr, Slominsky (Kat. 81); 82, 95 Eivissa/Ibiza, MAC; 82, 92, 96; Luxemburg, Gal. La Cité (Kat. 92); 82, 86, 88, 90, 93 München, Braunbehrens (Kat. 88); 84 Cadaqués, Gal. Cadaqués; Barcelona, Joan Prats; 86 Berlin, Off-Gal.; 87 Saarbrücken, Saarland-Mus./Mod. Gal. (Kat.); Innsbruck, Zeitkunst Ferd. Maier; 88 Mannheim, StKH (Kat.); 88, 95 Essen, Heimeshoff; Messe Hannover, Krupp-Haus; 89 Freiburg im Breisgau, Augustiner-Mus. (Kat.); 89, 91, 94, 98, 01, 05 Barcelona, Gal. Barcelona (Kat. 89, 94, 05); 91 Toulouse, Art Sud; Stuttgart, Holzwarth; Düsseldorf, Fesel; Palma de Mallorca, Sa Nostra; 92 Valencia, Gal. Arte Xerea; Murcia, Verónicas Sala de Expos. (Kat.); Sevilla, Expo; 92, 94 Bonn, Rackey (Kat. 94); 92, 93, 96 Madrid, Arco; 93 Leverkusen, StM Schloß Morsbroich (Kat.); 93, 03, 06 Palma de Mallorca, Altair (Kat. 03); 94 Palma de Mallorca, Mus. del Govern Balear (Kat.); Darmstadt, Swetec; 95 Ibiza, Centre Cult. Sa Nostra; Lüdenscheid, Hoffmeister; Dortmund, Mus. am Ostwall; 96 Mannheim, Reiss-Mus.; Santander, Pal. de Embarcadero (Kat.); 97 Berlin, Bremer; Dortmund, Hué-Koch; 97, 03, 04 Bad Honnef, Rackey; 98 Frankfurt am Main, Frech & Rackey; Iserlohn, Bengelsträter; 99 Mannheim, Zimmermann; Kirchheimbolanden, Waldherr; Gladbeck, StG; Dortmund, Henseleit; Pamplona, Pabellón de Mixtos; 00 Santander, Fernando Silió; Ahlen, KM (Kat.); 01 Düsseldorf, Swetec; 02 Palma de Mallorca, Fund. Matthias Kühn (Kat.); Köln u. Weimar, Kunstraum PCC (Kat.); Dortmund, Henseleit; 03 Heidelberg, KV (Kat.); Barcelona, Francesc Mestre Art; 03, 05 Heidelberg, Sacksofsky (Kat. 03); 05 Palma de Mallorca, Es Baluard, Mus. d'Art Modern i Contemp. (Kat.); Stuttgart, Eckhaus Gal.; 06 München, Gunzenhauser; Palma de Mallorca, Ca n'Apol.lònia Centre Cult. Son Carrió – **G:** zahlr. Ausst.bet. seit 50 in Dtld u. Spanien sowie in Europa, Australien u. in den USA, darunter zahlr. m. den Gruppen 'Ibiza 59' u. 'Syn' sowie als Mitgl. d. Dt. Künstlerbundes, u. a.: 57 Mannheim, KH: Eine neue Richtung in d. Malerei (Kat.); 68 Kassel, documenta IV; 82 Essen, Heimeshoff: Eine neue Richtung in d. Malerei, 1957 – 25 Jahre danach (Kat.); – Teilnahme an d. Kunstmessen: Arco Madrid, Artexpo Barcelona, Art Basel, Art Cologne, Kunst Köln, Art Frankfurt, Fiac Paris, Art Bologna, Art-Fair Chicago, Art-Fair New York – **V:** Ed. VENOSE, 3 Serigr. 66 (Aufl.: 50); Kass. NOVENAS, 9 Serigr. 71 (Aufl.: 50); Ed. FINGERDING, 3 Serigr. (Aufl.: 40); Mappe SUITE ELE, Estampas de la cometa, 5 Rad. 75 (Aufl.: 60); Ed. BARBARÁ, 3 Rad. 75 (Aufl.: 30); Mappe TEMA MARGEN, 10 Rad. 77 (Aufl.: 75); Schuber Vorzugsausg. m. 2 Katalogen u. Rad. WINKELSPIEL 77 (Aufl.: 75); Kass. Sammelband Bechtold m. Faltcollage ERGÄNZUNG (Museen: Ludwigshafen, Saarbrücken, Mannheim, Freiburg/Br.), 89 (Aufl.: 100); Ed. MESTRE, 2 Rad. 90 (Aufl.: 75); Kass. Vorzugsausg. m. Buch Lob d. Scherbe u. Collage SCHERBE 96 (Aufl.: 50); Kass. Vorzugsausg. Monogr. Bechtold m. Multiple 6=1, 98 (Aufl.: 50); Ed. PALMA, 3 Serigr. 98 (Aufl.: 125); Mappe AKTIVIERUNG, 4 Lithogr. 00 (Aufl.: 40); Ed. VITALE, 4 Lithogr. 00 (Aufl.: 40); Ed. SUPERFICIE Y ESPACIO, 2 Serigr. 03 (Aufl.: 45) – ***Lit:*** u. a. Kunst nach 1945 58 (New York 59, Mailand 60); Kunst unserer Zeit. Malerei u. Plastik 66 (London 66); Die Geschichte d. Collage 74 (Barcelona 76); Bis heute. Stilgeschichte d. bild. Kunst im 20. Jh. 75; Heiner Stachelhaus: Bechtold 81 (Kunst heute, 28); Daniel Giralt-Miracle: Monografía Bechtold (Barcelona) 84; Axel Zimmermann (Hrsg.) u. H. Stachelhaus (Vorw.): E.B. zum 65. Geb. 90 (anläßl. d. Ausst. in d. Gal. Braunbehrens, München); H. Stachelhaus, Daniel Giralt-Miracle: Bechtold. Bild, Graphik, Integration 93 (dt.-span.-engl., m. Bibliogr.); Anthologie / Antología Bechtold (Köln u. Barcelona) 93; Ursula Bode: Eine Werkdokumentation, SDZ München, Febr. 94; Bechtold – Zeichen im Raum 99; Bechtold, Wie war das, wie ist das, Ausst.kat. KM Ahlen 00; Bechtold, der Anfang u. das späte Werk, Kat.buch 03 (anläßl. d. Ausstellungen in Heidelberg; m. Ausst.- u. Literaturverz.); Bechtold 80. Inici i obra recent, Ausst.kat. Mus. d'Art Modern i Contemp., Palma de Mallorca 05; – LEXIKA u. a. Gran Enciclop. Catalana, vol. III 71; Allg. Künstlerlex. (AKL), Bd 8 94; Gran Enciclop. de la Pintura i l'escultura a les Balears 96; Krit. Lex. d. Gegenwartskunst 98; Reclams Künstlerlex. 02 – ***LitR:*** mehrere Film- u. Fs.dokumentationen v. a. in Dtld u. Spanien seit den 70er Jahren

Bechtold, Gottfried, Bildhauer; Leonhardstr. 8, A-6912 Hörbranz (*Bregenz 1. 8. 47) – **VG:** Bregenz, Hämmerle – **S:** Lehre als Steinmetz; Bundesgewerbeschule Hallein; TH Salzburg; Mental Research Inst. Palo Alto/Calif. – **L:** Karl-Franzens-Univ. Graz (Gastprof.); Cornell-Univ. Ithaka/New York (Gastprof.) – **P:** Konstanzer Kunstpr. 96 – **G/T:** Konzeptkunst; Minimal Art; Ld Art; exper. Arb. m. Fotogr., Film u. Video; Skulpt.; Objekte; Install.; Environment; alternative Archit.entwürfe – **M:** Bregenz, Vorarlberger LM; Wien, MMK Stiftung Ludwig – **Ö:** Bregenz, Tschermakgarten; ebda, Install. BTV; Kaindorf, Höhere Technische Bundeslehranst.; Konstanz, Univ.; Meran, Schloß Tirol; Schwarzach, Medienhaus; Wien, Vienna Intern. Center; Wiener Neustadt, Theresianische Militärakad. – **E:** zuletzt u. a. 01 Feldkirch, Johannes Kirche; Bregenz, Hämmerle; Hohenems, Performance Transmitter; 02 Wien, KH Exnergasse; 02, 03 Innsbruck, TU; 03 Bregenz, Theater am Kornmarkt; Semriach, KH – **G:** u. a. 02 Wien, Krinzinger; Konstanz, Städt. Wessenberg-Gal.; Bregenz, Künstlerhaus Pal. Thurn u. Taxis – ***Lit:*** AKL – (Red.)

Beck, Beate Maria s. Schubert, Beate Maria

†**Beck,** Gerlinde, Prof., Bildhauerin, Graphikerin; lebte in Mühlacker (*Stuttgart 6. 11. 30, †Öschelbronn 19. 2. 06) – **VG:** Berlin, bildhauergal. f. kleinplast.; Grafenau/Württemberg, Schlichtenmaier – **S:** Lehre als Feinblechnerin; 49–56 ABK Stuttgart (b. Karl Hils, Gerhard Gollwitzer, Willi Baumeister u. Peter Otto Heim) – **L:** 58 Lehrerin f. Formgest. in Stuttgarter Industr.betrieb – **P:** u. a.: Hugo-von-Montfort-Pr. 61; Kunstpr. d. Böttcherstr. in Bremen 67; Cité Intern. d. Arts Paris 77; BVK am Bande 85; Enzkreis-Med. 95; BVK I. Kl. 01 – **KGr:** Intakt; Neue Gruppe Rheinland-Pfalz – **M:** Dortmund, Mus. am Ostwall; Hagen, Karl-Ernst-Osthaus-Mus.; Witten, Märk. Mus. – **Ö:** Aalen, Marienkirche; Altbach/Neckar, Brunnengr. am Markt; Bad Bevensen, Kur-Zentrum; Duisburg-Beeck, Schule Weststr.; Esslingen, Kr.spk.; Freiburg/Breisgau, PH; Göppingen, Klinik am Eichert; Hardtwald-West, Autobahn-Raststätte; Heimsheim/Enz, Aussegnungshalle; Kornwestheim, Alfred-Kercher-Bad; Kuchen/Fils, Kreuzkirche; Leonberg, Leonberger Bauspk.; Mühlacker, Kr.-Krankenhaus; Nürtingen, Gemeinde-Zentrum St. Nikolaus; Pforzheim, Spk.; Schwäbisch Gmünd, PH; Stuttgart, Siemens-Schule; Traunreut/Obb., Gymnasium; Ulm, Flandern-Kaserne; Waiblingen, Postamt Mayener Str.; Waldenburg, Eingangstor d. Württembergischen Gal.; Witten, Saalbau d. Kult.zentrums – **E:** u. a. 85 Pforzheim, Schmuck-Mus.; Mainz, Gal. d. Stadt; 89 Witten, Märk. Mus.; 92 Salzgitter, StKS Schloß Salder; 94 Stuttgart, Gal. unterm Turm; 95 Singen, Städt. KM; 99 Grafenau/Württemberg, Schlichtenmaier – **G:** u. a. 80, 83, 86 Fellbach, Trienn. d. Kleinplast. – ***Lit:*** AKL, Bd. 8 94

Beck, Horst J., Maler u. Graphiker; Carl-Benz-Weg 1A, D-88662 Überlingen, Tel. (0 75 51) 6 33 10 (*München 14. 6. 09) – **VG:** Tübingen, Gottschick & Friedrich – **S:** AK Dresden (Zeichn. b. Prof. Wrba) – **P:** Bundesverdienstkreuz am Bande 91 – **G/T:** Malerei, Graph. u. Glasmalerei – **Ö:** ENTWÜRFE U. KARTONS F. GLASFENSTER IN: Beuron am Ried, Pfarrk. St. Wendelin; Feldkirch/Öst., Ev. Kirche St. Paulus; Freiburg, Augustinermus.; Gauselfingen, Pfarrk.; Geisingen, Pfarrk.; Hagnau, Kap.; Hartheim, Pfarrk. St. Jakobus; Hemmenhofen, Pfarrk.; Kirchenhausen, Pfarrk.; Konstanz, Kap. im Liobaschwesternhaus; Leutkirch, Pfarrk.; Markdorf, Pfarrk.; Mühlhofen, Pfarrk. Maria-Königin; Nesselwangen, Pfarrk.; Niedereschach/Villingen, Pfarrk. St. Mauritius; ebda, Pfarrk. St. Katharina u. Kap.; Ottenheim am Rhein, Pfarrk.; Pfaffenweiler, Pfarrk.; Radolfzell, Pfarrk. St. Meinrad; Rheinheim-Dangstetten, Pfarrk.; Sasbach, Kap. d. Aufbaugymnasiums; Seefelden, Pfarrk.; Stockach, Pfarrk. St. Oswald; Überlingen, Vestibül Dr. B.; ebda, Pfarrk. Andelshofen, Kap. Hödingen, Vestibül C. B., St. Suso; Untersiggingen, Taufkap.; Weiler, Pfarrk. – **E:** 49 Freiburg im Breisgau, Der Kunstspiegel; 50 Konstanz, Wessenberg-Gal.; 51 Stuttgart, Amerikahaus; 54, 57 Zürich, Palette; 57, 63, 65 Lausanne, Entracte; 59 Frankfurt am Main, Zimmergal. Franck; 62 Wuppertal, Parnass; 62, 63, 64 Zürich, Gal. Staffelei; 63 Solothurn, Bernard; 73 Überlingen, StG Fauler Pelz; 77 Konstanz, Gal. d. Univ.; 79 Koblenz, Gal. d. Handwerkskammer; 82 Kressbronn, Gal. in d. Lände; 84, 99 Friedrichshafen,

Gal. d. Landes; 85 Konstanz, Cado; 87 Überlingen, Gal. d. Volksbank; 88, 90 Tübingen, Gottschick & Friedrich; 89 Singen, Gal. im Alten Haus; 91 Memmingen, Myka; Hilzingen, Kunstausst.; 93 Ilshofen, Pfarrscheuer; 99 Singen, Greuter Buch und Kunst – **G:** 49, 80 Memmingen, Kreuzherrnsaal Künstlergr. 48; 49 Kempten, BBK; 52, 57, 58; Baden-Baden, SKH; 53 New York, Intern. Collage-Ausst.; 55 Hannover, Kestner-Ges.; westliche Länder Südamer.; 56 Bern, Gal. 33; 56 Leverkusen, StM Schloß Morsbroich; 58 Paris, Salon des Réalités Nouvelles; Ljubljana, Intern. Graph. Bienn.; 59 Grenchen, Intern. Trienn. f. farbige Graph.; 60 Wuppertal, Parnass; Prato, Intern. abstr. Kunst; Florenz, Numero; Schaffhausen, Mus. zu Allerheiligen; 66 Rottweil, Kunstglaswkst. Derix; 72 Überlingen, Kunstglaswkst. Dierig; 76 Überlingen (Schöpferisches Hödingen); 77, 79 Überlingen, Intern. Bodenseeclub; 79, 82 Saalgau, Fähre; Konstanz, Gal. d. Univ.; Singen, Kunstausst.; Vorarlberg, BBK; Bregenz, Künstlerhaus Pal. Thurn u. Taxis; Frauenfeld, Mus. Haus Sonnenberg; Ravensburg, StG; 79, 81 Friedrichshafen, Ldratsamt; 80 Arbon, Schloß; Singen, KH; München, DGfCK; München, Berlin u. Bremen (Meditation und Vision); 81 Bad Säckingen, Trompeterschloß; Wangen, Giebelgal.; 81, 87 Überlingen, StG Fauler Pelz; 82 Kreuzlingen, Gewerbeschule; Kressbronn, Gal. in d. Lände; 83 Ulm-Senden (Künstlervrg. ACHD); Friedrichshafen, Bodensee-Mus.; 83, 91, 99 Hilzingen, Kunstausst.; 84 Feldkirch, Pal. Liechtenstein; Biberach a.d. Riß, Braith-Mali-Mus.; 85 Meersburg, Droste-Tag; Stuttgart, SG; Singen, Alte Spk.; Seloncourt, Salon d'Art contemp.; Weingarten, KV; Friedrichshafen, Bodenseekr.; 86 Weingarten, Kornhausgal.; Meersburg, Gal. im Barockschloß; Saulgau, Gal. am Markt; 86, 89 Friedrichshafen, Zeppelin Mus.; 87 Überlingen, Intern. Bodenseeclub; Bonn, Adenauer-Haus; Köln, Gürzenich; 88 Stuttgart, Liederhalle; Grenchen, Brechbühl; 89, 96 Memmingen, Hofgasse; 89, 91, 94, 95, 97, 02 Tübingen, Gottschick & Friedrich; 90 Lustenau, Neufeld; Rohrschach, Kornhaus; 91 Radolfzell, Villa Bosch; 93, 95 Allensbach, Kunstausst.; 93 Leutkirch im Allgäu (Blick auf die Sezession Oberschwaben-Bodensee); 95 Singen, Gal. im Alten Haus; 98 Konstanz, Wessenberg-Gal.; Immenstaad, Orangerie Draenert; 99 Ilshofen, Pfarrscheuer; 03 Überlingen (Bibelillustrationen) – ***Lit:*** Landratsamt Friedrichshafen (Hrsg.): Werkübersicht, Monogr. 84; Eva Moser: Kunst der Moderne in der Landschaft Bodensee-Oberschwaben 84; Günter Kloss: Georg Wrba 1872–1939 98; See-Blick. Deutsche Künstler am Bodensee im 20. Jahrhundert 98; Leben am See. Das Jahrbuch des Bodenseekreises, Bd VXI 99; – KAT.: Farbige Grafik, z. Ausst. in d. Kestnerges. Hannover 55; Kunst um den Bodensee 1960–1975 79; Kunst im Bodenseekreis 79; Kunstförderung des Landes Baden-Württemberg. Erwerbungen 1983/1984/1985; Vom Klang der Bilder. Musik in der Kunst des 20. Jahrhunderts, z. Ausst. in d. SG Stuttgart 85; Kunstförderung des Landes Baden-Württemberg. Erwerbungen 1986/1987/1988; Kunstförderung des Landes Baden-Württemberg, 89–92; 16. Hilzinger Kunst-Kat. z. Sonderausst. H. J. B. 94; Blick auf die Sezession Oberschwaben-Bodensee 93; z. 29. Kunstausst. Allensbach 96; Gruppenbild vor Landschaft. Sezession Oberschwaben-Bodensee 97; z. 19. Hilzinger Kunstausst. 97; z. 20. Hilzinger Kunstausst. 99; – weitere KAT. ZU D. AUSST.: d. Künstlergr. 48 Memmingen 49; d. Intern. College Exhibition 50; in d. Rose Fried Gall. New York 50; d. Westdt. Künstlerbundes Leverkusen 56; d. Ges. d. Freunde junger Kunst Baden-Baden 58; d. 13ieme Salon des Beaux Arts de Ville de Paris 58; d. Exposition intern. de gravure Ljubljana 59; d. Intern. Trienn. f. farbige Graph. Grenchen 59; d. Mostra intern. di Arte Astratta Prato 60; d. Intern. Künstlergr. ACHD 80; d. Sezession Oberschwaben-Bodensee Saulgau 82; d. Sezession Oberschwaben-Bodensee Friedrichshafen 83; d. 12. Hilzinger Kunstausst. 83; d. Sezession Oberschwaben-Bodensee Biberach 84; d. Sezession Oberschwaben-Bodensee in d. Alten Spk. Singen 85; Allensbach 93 – (Red.)

Beck, Karin (geb. Karin Kaupp), Malerin; Unter Naupen 12, D-72459 Albstadt, Tel. (0 74 32) 1 28 84, Fax 90 90 56, (0 74 25) 45 14, *karin_beck@artfever.de; info@artfever.de, www.artfever.de; www.artstep.de*. Schnuttenstr. 18, Postfach 1328, D-78647 Trossingen, Tel. (0 74 32) 1 28 84 (* Groß-Strehlitz b. Breslau 5. 10. 44) – **S:** Autodidaktin; Workshops u. künstler. Verbindung m. Helmut Middendorf – **Ve:** BBK 03; Forum Kunst RW; KV Trossingen 01; KV Reutlingen 03; KV d. Diözese Rottenburg-Stuttgart; KV Bad Wörishofen – **G/T:** Malerei (Öl, Acryl, figurativ-expressiv) – **W:** zahlr. Werke in Privatbes. in Frkr., Belgien, GB u. Dtld – **Ö:** Balingen, Ldratsamt; München, Herzzentrum – **E:** 91 Albstadt, Bürgerhaus; 92 Meßstetten, RH; 95, 99, 02 Albstadt-Ebingen, Sauterhaus; 99 Albstadt-Ebingen, Ein-Bild-Gal.; 02 Ebingen, Schloßberg-Center; Reutlingen, Reutlinger Wirtschaftstreuhand; 03 Reutlingen, Gemeinnützige Wohnungsges.; Balingen, Ldratsamt – **G:** 97 Haigerloch, RH; 97, 99 Rottweil, Forum Kunst; 98, 99 Balingen, Zehntscheuer; 99, 01, 02 Albstadt-Ebingen, Sauterhaus; 00 München, Herzzentrum; Lautlingen, Schloßscheuer; 00, 02 Türkheim, Schloß; 01 Nürnberg, Dresdner Bank; 01, 02, 03 Nendingen, Artefakt; 02 Trossingen, KV; 03 Reutlingen, KV; Balingen, Ldratsamt; 04 Reutlingen, ekz-Bibliotheksservice; 05 Pfullingen, Klosterkirche; Dotternhausen, Werkforum; 06 Herrenberg, KV; Aarau, RH – ***Lit:*** When my Star is coming, Flyer 05; artfever, Kat. 06

Becker 01, Sandra (eigtl. Sandra Becker), Dipl. Des., freie Künstlerin, Fotografin, Designerin, Videokünstlerin, Bühnenbildnerin, Doz.; Studio: Rosenthalerstr. 39, D-10178 Berlin, Tel. (0 30) 2 82 90 17, *chaos@sandra-becker-01.de, www.sandra-becker-01.de* (* Freiburg im Breisgau 2. 9. 67) – **VG:** Berlin, MAE Gal. Eikmeier – **S:** 91 Central St. Martins College of Art and Design London (BA); 93 HdK Berlin (Dipl. f. visuelle Kommunikation b. Valie Export); 95 UdK Berlin (Meisterschülerernennung f. Exper. Filmgest. b. Heinz Emigholz) – **L:** 96–98 Freie KSch Berlin (Doz. f. Video u. Zeichn.); 98–99 UdK Berlin (Doz. f. Medienkunst); 00–03 Akad. f. Kult. u. Bildung Berlin (Gastdoz.); Bauhausstift. Dessau (Gastdoz.) – **P:** Stip. d. Dt.-Frz. Jgd.werkes 85; Stip. Repin KA St. Petersburg 93; NaFöG Stip. Berlin 95–97; Max-Ernst-Ausschreibung Brühl (Pr.trägerin) 96; DAAD Reisestip. New York 97; DigitalArt Gal. Frankfurt am Main (Pr. im Bereich Movies) 99–00; Atelier-Aufenthalt point B Williamsbourgh New York 02; Atelier-Aufenthalt Centro Cultural Andratx/Spanien 04 – **Ve:** BBK Berlins 93 – **G/T:** Multimedia- u. Rauminstall., Videofotogr. u. -filme, klassische Fotogr., Projektionen, Zeichn., Performances, Internet, Texte – **K:** Videoperformance, Multimedia-Install., freies Zeichnen, Aktzeichn. – **W:** Videofotogr. überw. in Privatbes.; Performances; Video-Vorführungen am Inst. of Contemp. Arts London u. in Kinos in Berlin – **M:** Berlin, Neuer Berliner KV (Intern. Videoslg); Lublin, Majdanek State Mus. – **Ö:** Berlin, Fa. Baunetz (Foyer-Install.); Dresden, Symposium 'Citybrache' (Kunst im öff. Raum) – **E:** u. a. 96 Würzburg, KV; 97 Berlin, Dogenhaus Gal.; 99 Hamburg, Kammer; 00 Berlin, Kunst- u. Medienzentrum Adlershof; 01 London, Inst. of Contemp. Arts (Videoscreening); 02 Berlin, MAE Gal. Eikmeier; Dresden, Gal. Adlergasse; 03 Berlin, Aktion Schwarzenberg – **G:** u. a. 96 Berlin, Schwarzenberg e.V.; Berlin, Kult.forum Villa Oppenheim; Berlin, Stift. Starke; 97 New York, Soho20; 98 New York, Grammercy Art Fair; Basel, Junge Liste; 98, 03 Berlin, Neuer Berliner KV; 01 London, South London Gall. – **V:** Intervall 93. Projektionen, Projektdarst. 93; Musen Mythen Markt (Text u. Zeichn.) 00; Gal. im Parkhaus Berlin/FB Kult. Berlin-Treptow: höhen +++ tiefen, Flugblatt Kunst- u. Medienzentrum Adlershof Berlin (Text u. Zeichn.) 00; Kunstbrief (Interview) 06/01 – **R:** zahlr. Videos – ***Lit:*** Zwischenräume, Kat. z. Ausst. im KV Würzburg 96; Privat, Neue Ges. f. Bild. Kunst 97; Architektur der Zeit, Kat. Dogenhaus Gal. Berlin 97; Fotogr., in: Belser Kunst Quartal 3 98; Ortsbegehung 4. Body of the message, Kat. z. Ausst. im Neuen Berliner KV 98; Phänomene der Zeitlichkeit, Ausst.kat. 99; Bestandskatalog 2001. Video-Forum des Neuen Berliner Kunstvereins 01 – ***LitR:*** Sende-Beitr.: Andreas Baum, in: Corso-Berlin, Dtldfunk 8.1.99 Ticker, Sender Freies Berlin 27.2.03 – (Red.)

Becker, Boris; Gneisenaustr. 10, D-50733 Köln, Tel. (02 21) 76 47 84, Fax 76 53 15, *beckerboris@gmx.de*, *www.boris-becker.com* (* Köln 12. 5. 61) – **VG:** Köln, Holtmann; Paris, Villepoix; Berlin, Lumas – **P:** Arb.stip. d. Ldes SH 93; Villa-Massimo-Stip. 95; Chargesheimer-Pr. d. Stadt Köln 96; Aufenthaltsstip. Künstlerhaus Lukas, Ahrenshoop 03; Aufenthaltsstip. Künstlerdorf Schöppingen 04 – **Ve:** VG Bild-Kunst 99 – **G/T:** Fotogr. – **W:** Werke in privaten Slgn – **M:** Bonn, KM; Bremen, KH; Düsseldorf, Mus. Kunst Pal.; Kaiserslautern, Pfalz-Gal.; München, Pin. d. Mod.; Paris, FNAC; San Francisco, MMA; West Palm Beach/FL, Norton Mus. of Art; Wolfsburg, StG – **Ö:** Bonn, Dt. Ausgleichsbank; ebda, Telekom; Brüssel, Belgacom; Düsseldorf, WestLB; ebda, Industr.- u. Handelskammer-Bank; Frankfurt am Main, Allianz Versicherung; Köln, Central Versicherung; Münster, Ldesversicherung Münster – **E:** 91 Köln, Artothek; 92 Köln, Busche; 93 Salzau, Kult.zentrum d. Ldes SH; 94 München, Kunstbunker Tumulka; 94, 95, 98 Köln, Fiedler; 96, 98 Düsseldorf, Conrads; 97 Rom, Villa Massimo; Bremerhaven, KH; 98 Nürnberg, Albrecht-Dürer-Ges.; Amsterdam, Aschenbach & Hofland; Bonn, KM; 99 Rotterdam, Goethe-Inst.; 00 Kaiserslautern, Pfalz-Gal.; Zürich, Holn u. Wirth; 01 Wolfsburg, StG; 02 Lyon, Goethe-Inst.; Lyon, Gal. Metropolis; Bochum, KV; 04 Sonneberg, StG; New York, Sonnabend Gall.; 05 Viersen, StG; 06 Köln, Holtmann – **G:** zahlr. Bet. seit 89, u. a. Bremen, KH; Budapest, Ludwig Múz.; Düsseldorf, KH; London, Miro; Paris, Villepoix – **V:** Hochbunker, Portfolio (m. 10 schwarz-weiß Fotogr.) 89; Düsseldorf in frühen Photographien 90; Wohnhäuser, Portfolio (m. 8 Farbfotogr.) 92; Architekturzeit 92; Konstruktionen, Portfolio 95; Geräumtes Gelände, Fotobd (Text v. Jürgen Beeker) 95 – ***Lit:*** AUSST.KAT.: Christoph Schreier: Felder 95; Barbara Hoffmann (Text): 8 × 10 97; Stefan Gronert (Text): Territorien 98; Bauten 98; Claims and Constructions 00/01 – ***LitR:*** Capriccio, Bay. RF 99; Amine Haase, Arte Nov. 03; SWF Juni 00

Becker, Fides, Maler; Töngesgasse 23–25, D-60311 Frankfurt am Main, *mail@fides-becker.de*, *www.fides-becker.de* (* Worms 62) – **VG:** Berlin, Schuster & Scheuermann; Frankfurt am Main, Schuster – **S:** 81–85 Städelschule Frankfurt am Main (Malerei b. Prof. Bayrle u. Prof. Geyger); 85–88 ABK Rotterdam; 86–89 HdK Berlin (b. Prof. Lemcke) – **P:** Stud.stift. d. dt. Volkes 83; DAAD-Stip. 84; Reisestip. d. Hess. Kult.-stift. 03; Balmoral-Stip. 03; Gastatelier d. Stadt Salzburg 04; Intern. Studio and Curatorial Program (ISCP) New York 05 – **W:** Dt. Bank, Ldesslg Rh.-Pf. – **M:** Amsterdam, Centrum Beeldende Kunst; Frankfurt am Main, Amt f. Wiss. u. Kunst; Goch, Mus. f. Kunst u. Kult.gesch.; Los Angeles, Vicky Huge & Smith Coll.; München, Gal. om Osram-Haus; Offenbach am Main, Dt. Leder-Mus./Schuhmus.; Rotterdam, Centrum Beeldende Kunst – **E:** u. a. 00, 03 Frankfurt am Main, Schuster; 01, 03 Berlin, Schuster & Scheuermann; 02 München, Heitsch; Zürich, Billing; Lissabon, Soares; München, Gal. om Osram-Haus; 06 Stuttgart, SWR – **G:** u. a. 01, 02 Darmstadt, KH; 02 Berlin, Telekom; 03 New York, Riva Gall.; 05 Darmstadt – ***Lit:*** KAT.: Hans Zitko u. Thomas Meder: Femme Fatale (Goethe-Inst. Rotterdam) 97; Jean-Christophe Ammann, Dorothee Baer-Bogenschütz u. Klaus Klemp: Malerei 1999–2000 (Forum d. Frankfurter 1822); Dorothee Baer-Bogenschütz u. Stephan Mann: Perfect housekeeping (Gal. Schuster) 01; Peter Joch: Nach der Natur (Künstlerhaus Schloß Balmoral Bad Ems) 03

Becker, Harald, Prof., Maler, Zeichner; Steilstr. 7, D-59469 Ense-Waltringen, Tel. u. Fax: (0 29 38) 21 29, *harald.becker1@gmx.de*, *www.becker-kunst.de* (* Lingen 8. 7. 40) – **VG:** Hamminkeln, Gal. Isshorst – **S:** 60 WerkKSch Hannover; 61–66 HBK Berlin (Meisterschüler b. Prof. Harry Kögler) – **L:** 72–05 FHS Dortmund (FB Design, Prof. f. Gest.grundlagen u. Exper. Gest.) – **P:** Alecto Intern. Commission-Pr. Bradford 72; Cité Intern. d. Arts Paris 80; Kunstpr. d. Spk. Karlsruhe 98; Lucas-Cranach-Pr. (Sonderpr.) 01; 1. Pr. f. Malerei d. Stadt Kirn – **Ve:** Dt. Künstlerbund 72; Westdt. Künstlerbund 77; Hammer Künstlerbund 98 – **G/T:** figurat. Malerei u. Zchng – **K:** exper. Malerei (Sommerakad. Soest u. Kunstsommer Arnsberg) – **W:** zahlr. in Privatbes. sowie im Besitz d. Nestlé-Konzerns – **M:** Aachen, ehem. Reichsabtei Kornelimünster KS NRW; Berlin, Graphothek; Legnica/Polen, Distrikt-Mus.; London, Tate Coll.; Manchester, City-Art-Hall; Neuss, Clemens-Sels-Mus.; Schleswig, LM f. Kunst u. Kult.-Gesch. Schloß Gottorf – **Ö:** u. a. in Kiel, Neumünster, Arnsberg, Dachau sowie Bonn, Bundesmin. f. Arbeit; Dortmund, Hoesch AG; Karlsruhe, Spk.; Soest, Kr.haus – **E:** zahlr. seit 70, u. a. 95 Dortmund, Wolnin; Lippstadt, Trost (Kat.); 96 Wuppertal, BKG Studio (Kat.); Hamminkeln, Gal. Isshorst; 97 Soest, Technik-Mus.; Danzig, Gal. Kolo; 98 Hagen, Schlieper; Dortmund, Torhaus Rombergpark; 00 Hamm, Hammer Künstlerbund (Kat.); 01 Hamm, Elektrozentrale; 03 Luxemburg, Artium Art Gall. – **G:** zahlr. Bet. seit 70, u. a. 95 Recklinghausen, KV; Bhopal/Indien, Intern. Graph.bienn.; 96 Köln, Art Cologne (m. Gal. Trost Lippstadt); 98 Hamm, Kunstlsch. Westf.; 99 Holzminden, Nds. Graph.-Trienn.; 01 Bitola/Mazedonien, Intern. Graph.-trienn.; 02 Hagen, Schlieper: Lsch.; 05 Oberhausen, Westdt. Künstlerbund u. Ges. f. aktuelle Kunst – **V:** Lauter Linien: Skizzen 1995–2003 03 – ***Lit:*** u. a. Charles Spencer: H.B., in: Alecto Monographs 6 73; Siegfried Gnichwitz: H.B. Siebdrucke 89 – ***LitR:*** Werner Filmer: Politkram (H.B. malt Walter Scheel), WDR III 77

†**Becker,** Ingrid (geb. Ingrid Lüthgens), Malerin, Graphikerin; lebte in Ense (* Neumünster 28. 5. 43, † 24. 4. 04) – **S:** 63–67 HBK Berlin (b. Harry Kögler u. Fritz Kuhr) – **L:** 67–72 Lehrerin in Bremen – **P:** Stip. Künstlerhaus Selk 91; Stip. Atelierhaus Worpswede 92, 93; Aufenthaltsstip. Künstlerhaus Cuxhaven 99; Kunstpr. d. Spk. Karlsruhe 99; Kunstpr. d. Künstlerhauses Cuxhaven 00; Stip. d. Kult.stift. d. ZF Friedrichshafen AG 02; Stip. d. Stadt Wertingen 03; Kunstpr. d. Stadt Korschenbroich 04 – **G/T:** Zeichn. u. Malerei (u. a. Acryl, Motive u. Gegenstände d. Alltags, Industr.archit.) – **W:** Werke u. a. im Bes. d. Bundes-

arb.min. Bonn, d. Kultus- u. Wirtschaftsmin. NRW, d. Zahnradfabrik-Kult.stift. Friedrichshafen, d. Reg.präs. Arnsberg, d. Kr. Soest, d. Städte Dortmund, Düsseldorf u. Friedrichshafen sowie in versch. Firmen- u. Privatslgn – **M:** Arnsberg, Sauerland-Mus.; Friedrichshafen, Zeppelin Mus. – **Ö:** Dortmund, Hoesch AG – **E:** zahlr. Ausst., zuletzt u. a. 00 Hamm, Gal. d. Künstlerbundes; 03 Cuxhaven, Schloß Ritzebüttel; Friedrichshafen, Kult.stift. d. Zahnradfabrik; Wertingen, StG; Luxemburg, Artium Art Gall. – **G:** u. a. 02 München, Haus d. Kunst (Große Kunstausst.); Dortmund, RH-Gal.; 03 Herne, Flottmann-Hallen; Karlsruhe, Spk.; München, Haus d. Kunst – ***Lit:*** AKL, Bd. 8 94

Becker, Marietta, Dipl.-Illustratorin, Malerin, Graphikerin, Fotografin (* Berlin) – **S:** 64–68 FHS f. Kunst u. Design Köln (FB Ill., Fotogr. u. Malerei) – **KGr:** RING 68 Köln (Kunstkr., 72–79) – **G/T:** Ill. (Feder m. Aqu.); Fotogr.; Malerei (u. a. 88 Visualisierung – naturalist. Sichtbarmachung d. Wurzelraumes eines Baumes üb. einen geparkten PKW hinweg, in Köln); Plakate u. Ztgsill. überregional v. 78–82 – **Ö:** Köln, Gesamtschule (Entwürfe u. Ausführungen v. zehn 3 × 12m großen Wandmalereien) – **G:** zahlr. in Köln u. Umgebung, u. a. 99, 01, 04 Köln, Kr.spk. (Hauptgebäude); – weitere: Köln, Stadtbücherei; Köln, RH – **V:** Graphische Umzeichnung (schwarz/weiß) von namibischen Felsmalereien in wiss. Buchpublikationen 90–00 – ***Lit:*** versch. Kat. z. Einzel- u. Gr.ausst.

Becker, Monika, Malerin, Lyrikerin; Im Pösten 6A, D-53572 Unkel, Tel. u. Fax: (0 22 24) 37 35 (* Dortmund 6. 4. 50) – **S:** 67–70 Famous Artist School München u. Westport/CT (Fernlehrgang in Werbegraph. u. Ill.); 74–76 WerbeFHS Stuttgart; 80–95 Aqu.kurse in Darmstadt; 83–85 Private KSch v. Beate Koslowsky u. Michael Schlösser Darmstadt – **G/T:** Blumen; Lsch.; Portr.; spirituelle Malerei; Meditative Malerei; Aqu. – **E:** / G: 99 Dar nstadt, Inspirationen; 01 Unkel, Bad Hönningen u. Schloß Arenfels, Spirituelle Malerei (m. d. Unkeler Künstlergr.); 02 Bad Honnef, Inspiration; Unkel, Rheinart 2000 und Zwei (m. d. Unkeler Künstlergr.); 03 Bad Honnef, Zauber v. Farbe in Lsch. u. Blumen; Bad Honnef, Engel f. Dich; 04 Bonn, Parkrestaurant Rheinaue; Bonn, Intern. Frauenzentrum; 05 Oberkassel, House & Living Möbel u. Wohnaccessoires

Becker, Rango s. Bohne, Rango

Becker, Renate (geb. Renate Geppert), Malerin, Plakatmalerin; Postfach 1129, D-63231 Neu-Isenburg, Fax (0 61 02) 78 66 66 (* Gelsenkirchen 10. 9. 52) – **S:** 74–79 Städelschule Frankfurt am Main (Aktzeichnen, Portr., Stilleben, Rad., freie Malerei b. Prof. Karl Bohrmann u. Prof. Peter Engel) – **L:** 78–80 Das kleine Atelier Neu-Isenburg (Rad., Aktzeichnen, freies Zeichnen) – **Ve:** BBK Frankfurt 82–95; VG Bild-Kunst 06 – **G/T:** Malerei (Aqu., Öl); Graph. (Tusche, Rad., Farbstiftzchng); Materialcollage; Textzchng u. Textcollagen (abstrahierter Symbo-Realismus); Mensch, Natur, Umwelt u. abstr. Formen – **Ö:** Neu-Isenburg, RH (Farbstiftzchng); ebda, Steuerberatungsges. Dr. Heym + Partner (Farbstiftzchng) – **E:** 83 Neu-Isenburg, RH; Frankfurt am Main, Miksch's Weinwelt; 84 Dietzenbach, Wagner; Offenbach am Main, Stadtbistro; Gießen, Wirtshausgal.; 89, 91, 95 Neu-Isenburg, Stadtbücherei; 92 Dreieich, Gal. d. Stadtbücherei; 95, 98 Neu-Isenburg, RH; 96 Neu-Isenburg, Spk. Langen-Seligenstadt; 96, 99 Dietzenbach, Bürgerhaus; 97 Langen/Hess., Kult.haus Altes Amtsgericht; 00 Neu-Isenburg, Treff im Quartier IV; 01 Egelsbach, RH; 03 Wiesbaden, Bau- u. Gartenmarkt Hornbach – **G:** 75, 76 Frankfurt am Main, Städelschule; 82 Alzey/Worms, Kr.spk.; 84 Frankfurt am Main, Marotte-Bistro; 82, 83, 84, 85 Frankfurt am Main, Schwanenhalle; 87, 88 Frankfurt am Main, Karmeliterkloster; 05 Bürstadt, KV; Baden-Baden, Gal. Kleiner Prinz; 06 Friedrichshafen, Zeppelin Mus. – ***Lit:*** So bin ich, so ist meine Kunst 05

Becker, Sabine s. Köhl, Sabine

Becker, Stefan Moritz, Maler u. Fotograf; Atelier: Baumkirchnerstr. 57, D-81673 München – Berg am Laim, Tel. (0 89) 1 23 46 99, *stefanmobecker@aol.com*, *www.foehnlicht.com* (* München 6. 5. 58) – **VG:** München, Anais – **S:** 79–85 Staatl. ABK Stuttgart (Meisterkl. f. Malerei Prof. P. U. Dreyer) – **L:** seit 99 Atelierprojekt München (Doz. f. Maltechnik u. Pigmentkunde); seit 02 Palazzuolo/Italien (Sem. f. Malen m. Pigmenten); 03–04 Mediadesign Akad. München (Doz. f. Malerei u. Farbe) – **P:** DAAD-Stip. f. New York 86; Förd.stip. d. Stadt München 94; Stip d. Art Omi New York 96; Erwin u. Gisela v. Steiner- Stift. München 97; Siemens Kult.progr. 97; Förd.pr. d. Freistaates Bay. 98; Bay. Atelierförd.programm f. Bild. Künstler 02–04 – **G/T:** ortsbezogene Kunst mit Tageslicht, Farbfeldmalerei, Fotogr. (Thema Licht) – **K:** Malerei u. Farbe, Pigmentkunde, Maltechnik – **M:** Cambridge/MA, Busch-Reisinger Mus.; München, Bay. Staatsgemäldeslgn; München, Lenbachhaus – **Ö:** Frankfurt am Main, Frankfurter Hypothekenbank; Köln, Gerling Konzern; München, Ldesbauspk.; ebda, Aula d. Grund- u. Hauptschule Moosach – **E:** 85, 90 Berlin, Nothelfer; 96 Odense, KH Brandts Klaedefabrik (m. A. Schmid); 97 New York, Goethe-Inst.; 98 Lübeck, Overbeck-Ges.; 02 Köln, Seippel; 03 Heilbronn, Fa. Getrag; 04 München, Anais – **G:** 92 München, Lothringer 13; 96 Los Angeles, Bachofner Gall.; New York, John Weber Gall.; 97 New York, E.S. Vandam Gall.; 01 Venedig, Bienn.; 03 Łódź, Muzeum Sztuki; Venedig, Mus. Ebraico – ***Lit:*** Two Stories about Time, Kat. 96; Lichträume & Dunkelkammern, Ausst.kat. 97; Wechselnde Geschwindigkeiten, Kat. 98

Becker, Stefanie s. Blueaquin

Becker, Winfried, Diplom-Ingenieur (FHS); *oberhalb.der.Iller@t-online.de*, *www.wait.de* (* Erlenbach am Main 8. 3. 66) – **S:** FHS Würzburg (Archit.) – **P:** Kunstförd.pr. Oberallgäu 99; Bildhauerpr. Odenwald (3. Pr.) 03 – **Ve:** BBK Bay. seit 99 – **G/T:** Zeichn.; Plast. (Betonguß, Tiere); Brunnen – **W:** Werke im Bes. d. Stadt Füssen, d. Gemeinde Durach u. d. Kult.amtes Sonthofen – **M:** München, Bay. Staatsgemäldeslgn – **Ö:** Durach, Brunnen d. Seniorenzentrums; Kottern, Brunnen – **B:** Kottern: Wohngebäude u. Gewerbebauten – **G:** Aschaffenburg, Kunstlanding; Augsburg, Große Schwäbische Kunstausst.; Halle/Saale, Vinzens; Irsee, Große Schwäbische Kunstausst.; Moosbach, Schlachthaus; Ringheim, Capriola – (Red.)

Becker, Wolf Bertram, Maler, Graphiker; Wallendorfer Str. 1, D-99423 Weimar, *www.wolf-bertram-becker.de* (* Weimar 12. 9. 64) – **VG:** Berlin, Gal. Berlin – **S:** 85–89 Stud. (Bauingenieur, Dipl.); seit 90 freiberufl. Maler u. Graphiker in Weimar – **P:** Kunstförd. d. Dt. Kreditbank Berlin 97 – **Ve:** VG Bild-Kunst 99; VBK Thür. 99 – **G/T:** Zeichn. u. Malerei (Öl, Aqu. u. a.); Gegenstände: Abstr. urbaner Raum, Landschaft, Akt – **W:** Werke in Privatbes. – **M:** u. a. Berlin, DaimlerChrysler Contemp.; Berlin, Slg Dt. Kreditbank; Frankfurt am Main, Slg d. Commerzbank; Mühlhausen, Mus. – **E:** / G: zahlr. Einzel- u. Gr.ausst., u. a. 02 Berlin, Bundeskanzleramt; Erfurt, Ldeskunstausst. Thür. – **V:** Spuren, Kat. 97; Zeitschnitt, Kat. 04

Beckers, Lambert, Kunstpädagoge, Maler, Graphiker; Columbusstr. 84, D-40549 Düsseldorf, Tel. u. Fax (02 11) 57 56 80 (* Linnich/Jülich 20. 4. 39) – **S:** 58–62

KA Düsseldorf – **L:** seit 68 Kunstpädagoge im gymnasialen Bereich – **Ve:** BBK NRW 69; BBK Düsseldorf 69 – **G/T:** Zw. Abstr. u. Gegenständlichkeit; Verfremdung u. Metamorphose; Figur-Raumbezüge (Malerei, Zchng, Graph.) – **W:** überw. in Privatbes. – **Ö:** Benrath, Zentrale d. Flendergr. (Wandgest.) – **E:** u. a. 76 Kaiserswerth, Dinnendahl; 78 Köln, Univ. (Kunsthist. Inst.); 81 Bonn, BBC-AG; 88 Benrath, Orangerie; 92 Langenfeld, StG; 95 Düsseldorf, Rheinturm; 97 Düsseldorf, BBK; 06 Solingen, Wübbelt – **G:** u. a. seit 63 Düsseldorf, Kunstpal.: Winterausst. u. Jahresausst.; Düsseldorf, KH: Nachbarschaft; – sowie: Dt.-Niederl. Ausst. z. Heinrich Heine; zahlr. Bet. Düsseldorf, BBK-Kunstforum – ***Lit:*** Bild. Künstler u. Autoren Düsseldorf 83; Künstlerleben in Düsseldorf 91; BBK Dok. 92

Becking, Horst, Kunstmaler, Graphiker; Kammannstr. 6, D-58097 Hagen, Westf, Tel. (0 23 31) 5 41 50(0 23 31) 5 41 50 (* Hagen/Westf. 14. 1. 37) – **VG:** Ahlen, Fritz-Winter-Haus; Dießen am Ammersee, Winter; Dortmund, Möller; Hagen, Westfalen, Correia – **S:** 54–57 FHS Dortmund u. Wuppertal (erste künstler. Grundausb.); 71–77 KA Düsseldorf (b. Josef Beuys, Meisterschüler b. Geiger) – **P:** Pr. d. Intern. Trienn. f. Orig.graph. in Grenchen 96 – **Ve:** Westdt. Künstlerbund 64 – **M:** Dortmund, Mus. am Ostwall; Hagen, Karl-Ernst-Osthaus-Mus. – **E:** zahlr., zuletzt u. a. 98 Ahlen, KM; 99 Frankfurt am Main, Frech & Rackey; 00 Brüssel, Bastien Art; 00, 02 Palma de Mallorca, Blau; 03 Regensburg, Kunstkab. – **G:** zahlr., u. a. 99 Palma de Mallorca, Blau; – weitere: 88 1. Europ. Graph.-Bienn. – ***Lit:*** AKL; Schweers 02 – (Red.)

Beckmann, Babette (geb. Babette Bintz), Malerin; Im Lohauser Feld 57, D-40474 Düsseldorf, Tel. (02 11) 43 29 92, *www.beckmann-kunst.de; www.duesseldorf.de; www.art-in-town.de* (* Hamburg 8. 3. 20) – **S:** Hansische HBK Hamburg (b. Prof. Otto Czeschka); 40–43 Akad. f. angew. Kunst München (b. Prof. Friedrich Heubner) – **Ve:** Künstlerver. Malkasten – **G/T:** Malerei (Öl, Pastell, Aqu.); u. a. Portr. – **Ö:** Bonn, Bundesmin. d. Innern; Solingen, Schulzentrum Vogelsang – **E:** u. a. Bochum, Gal. d. Experimente; Düsseldorf, Stadtspk.; Düsseldorf, Heinrich-Heine-Univ.; Düsseldorf, Citadellchen; Düsseldorf, Kunstzelle; Haan, Gal. am Steingaden; Hagen, Gal. 1740; Ratingen, Stadttheater; Remscheid, Hildegard – **G:** u. a. Bonn, Frauen-Mus.; Ein Hod, Janco-Dada Mus.; Essen, Kunst- u. Antiquitätenmesse; Düsseldorf, Große Kunstausst.; Düsseldorf, KH; Köln, Hahnentorburg; Solingen, Mus. Baden – ***Lit:*** Manuela Rochol: Die Malerein B. B., Prüfungsgegenstand an der Fachhochschule Düsseldorf 85; Malkastenblätter 89–90; Dok. d. BBK NRW 85, 91 u. 92; Künstlerleben in Düsseldorf 91; – KAT.: Düsseldorf 95; Bergbau- u. Stadtmus. Weilburg 98; Gal. Wolfgang Ketterer 88, 96; Das Pferd in der Kunst 96; Triltschverl. Düsseldorf 99 – (Red.)

Beckmann, Irene-Elisabeth (geb. Irene-Elisabeth Ickinger), Bildhauerin; Kranach 43, A-8463 Leutschach, *irene-e.beckmann@aon.at*. Stoßgasse 42, A-3100 St. Pölten (* Graz 3. 9. 42) – **G/T:** Skulpt. (Bronze, Terrakotta); Emailmosaik u. Emailbild; Kirchenglasfenster – **M:** St. Pölten, SM; Wien, Ndöst. LG – **Ö:** Eisgarn/Ndöst., Probstei (Glasfenster); St. Pölten, Kindergarten Mühlweg (Mosaik); St. Pölten, Rossmarkt (Skulpt.); St. Pölten-Radlberg, Volksschule (Emailbild); Wien, Sonderschule (Fassadengest., Bronze u. Mosaik) – **E:** zahlr. Einzelausst. im In- u. Ausland, u. a. 88 St.Pölten, Niederösterr. Dok.-Zentrum; 94 Warschau, Öst. Kult.inst.; 02 Pardubice, Východočeská gal.; sowie 94 in 7 Orten in d. Türkei (Öst. Kult.inst.) – **G:** u. a. 86 Golf Juan/Frkr., Bienn. Intern. de Ceramique d'Art; 94 Clichy, Salon de Printemps; 03 Piber, Steirische Ldes.ausst. – ***Lit:*** I.-E. B. Pferdeskulpturen, Kat. 82, 86; I.-E. B. Emailbilder, Kat. 91, 93; sowie Heinrich Fuchs: Die österreichischen Maler des 20. Jahrhunderts – (Red.)

Beckmann, Matthias, Maler, Zeichner (* Arnsberg 6. 5. 65) – **VG:** Bonn, Cramer – **S:** 84–90 KA Düsseldorf (Meisterschüler b. Franz Eggenschwiler); 90–92 Staatl. ABK Stuttgart (b. Rudolf Schoofs) – **L:** 92–94 FHS Dortmund (LAuftr.) – **P:** Kunstpr. Junger Westen 87; Joseph u. Anna Fassbender-Pr. 90; Stip. Junge Kunst d. alten Hansestadt Lemgo 95; Stip. Künstlerdorf Schöppingen 96; Stift. Kunstfonds – Arb.- u. Projektstip. 98 – **KGr:** Die Weissenhofer – **E:** zahlr., u. a. 99 Arnsberg, KV; 00 Köln, Simultanhalle; 01 Bonn, Cramer; Stuttgart, Wehr; Berlin, Beck & Priess – **G:** zahlr., u. a. 98 Baden-Baden (Jahresausst. d. Künstlermitgl. d. Ges. d. Freunde Junger Kunst) – (Red.)

Beckmann, Otto, Graphiker, Maler; Forsmannstr. 20b, D-22303 Hamburg, *otto-beckmann@t-online.de, www.otto-beckmann.de* (* Knüppeldamm/Meckl. 2. 9. 45) – **VG:** Halebüll-Schobüll, Lüth; Flensburg, Kruse; Rendsburg, Speicher im Stegengraben; Warnemünde, Möller; Ahrensbök, Gal. Alte Schule; Berlin, Gal. Vin d'Oc; Wildeshausen, Gal. Wildeshausen; Gütersloh, Grabenheinrich; Frankfurt am Main, Ehrler – **S:** 67–70 PH Flensburg – **P:** A.-Eckener-Pr. 84; Arb.-stip. f. Ital. 86; Stip. Künstlerhaus Lauenburg 88, 89 – **Ve:** BBK Schlesw.-Holst. 75 – **KGr:** Graenselandsudstillingen (Apenrade, seit 97) – **G/T:** vorw. Druckgraph. (versch. Techniken) – **M:** Coburg, KS d. Veste; Flensburg, Schiffahrtsmus.; Husum, Nissenhaus; Kiel, Kultusmin. SH; Schleswig, StM – **Ö:** Apenrade, Kommune; Hamburg, Volksfürsorge; Kiel, Bank f. Gemeinwirtschaft – **E:** zahlr. Einzelausst. seit 70, zuletzt 01 Sögel, Emsland-Mus. Schloß Clemenswerth; Bornholm, Galleri 2RN; 03 Flensburg, Schiffahrtsmus.; – weitere periodische Ausst.: Berlin, Gal. Vin d'Oc; Flensburg, Kruse; Gütersloh, Grabenheinrich; Halebüll-Schobüll, Lüth; Rendsburg, Speicher im Stegengraben; Warnemünde, Möller; Wildeshausen, Berlineke – **G:** zahlr. Ausst.bet., u. a. Ldesschauen d. BBK sowie zuletzt 00 Apenrade, Brunslundlot; 01 Dronningsmölle, Munkeruphus; 03 Tondern, KM; 04 Kaliningrad, Dom – **V:** Barbara Mannitz u. O. B.: Notizen in Vietnam 95; Theodor Storm: Der Schimmelreiter (12 Orig.rad.) 97; Sintflut. 1. Buch Mose, 6–9 (Orig.-Farbhschn.) 00 – ***Lit:*** – Kat.: H. G. Pflughaut: O. B. Eiderstedt 93. Skizzen und Zeichnungen 84; Joachim Kruse: O. B. Radierungen 89; Städt. Mus.Schleswig (Hrsg.): O. B. Bilder 1988–1993 93; Rundum Halebüll 94; Nordfriesisches Mus. (Hrsg.): O. B. Spuren 96; Zwischenzeit am Meer. Radierungen von O. B. 01; Flensburger Schiffahrtsmus. (Hrsg.): Briefe an das Meer. O. B. Gemalte und gedruckte Grafik 04; – weiter: die horen. Zeitschrift für Literatur, Kunst und Kritik, Bd. 173 94

†**Beckmannshagen,** Margret (Ps.: MBH, verh. Margret Hinterberger), Malerin, Graphikerin, Kunsterzieherin, Leiterin KM (* Köln 4. 10. 25, † Prüm 1. 3. 04) – **VG:** Kirtorf, Cultura 00 – Kunst im Kuhstall; Wuppertal, Porta – **S:** ab 43 WerkKSch Köln; ab 47 KA Kassel (b. Prof. Niemann, Meisterschülerin v. Prof. H. Leistikow) – **L:** Schule Wuppertal (Kunsterzieherin); Kindermus. Wuppertal (Kunstsem.) – **G/T:** Malerei u. Graph. (Industr.graph.); Objektkunst (Holz, Plast., Gips); Ill.; Städteplanung; Akt u. Portr.; Ausst. (Spezialgebiet: Gartenbauausst.) – **K:** Musik u. Werken, Kunstsem. f. Kinder u. Erwachsene – **M:** Wuppertal, Kindermus. – **E:** 67 Wuppertal, Porta; – weitere: Bergisches Ld, Köln, Wuppertal – **G:** seit 61 in Amsterdam,

Düsseldorf, Kassel, Köln, Lissabon, Wuppertal; – sowie mehrfach: Kassel, documenta – **V:** Musik – Werken; Ein Kindermuseum. Museumsgeschichte einer Wuppertaler Schule; Menschen – Tiere – Sensationen – **R:** CD-Ed. Kindermus. – ***Lit:*** Ausst.kat. – ***LitR:*** Servicezeit Familie, WDR 01

Bedrischka-Bös, Barbara, Dipl. Graphik-Designerin, Illustratorin; Nadistr. 4, D-80809 München (* Sudkov/Sudetenland 29. 7. 43) – **S:** 61–63 ABK Nürnberg (Kl. f. angew. Graph.); 63–67 Akad. f. d. graph. Gewerbe München – **G/T:** Bilderb. u. Ill. v. Kdb. (Gouache) – **E:** München, Forum in der Borstei; München, Gal. Neuhausen; – sowie Ausst. in Geretsried, Ingolstadt, Wolfratshausen u. in Stadtbüchereien – **G:** versch. Ausst.bet. – **V:** zahlr. Bilderb., u. a.: Du wirst schon sehen, Tulipan und Löwenmaul, Meine wunderbare Märchenwelt, An der Krippe, Das Märchenschiff, Die kleine Eule, Der emsige Biber, Die Zaubertrompete, Seht den hellen Stern, Der wunderbare Teppich, Als der liebe Gott den Mond zur Erde schickte, Es war ein Leuchten in der Nacht, Wie Gott die Welt erschaffen hat – (Red.)

Beer, Detlef, Maler; Pastoratsgasse 14, D-53121 Bonn, *info@detlefbeer.de*, *www.detlefbeer.de* (* Wolfenbüttel 63) – **VG:** Bonn, Schneider – **S:** 82–86 HBK Braunschweig (Kunst- u. Werkpädagogik); 87–90 ebda (Freie Kunst, Dipl.); ab 90 TU Braunschweig (Kunstgesch., Gesch. u. Phil.); 91 Meisterschüler b. Prof. Heinz-Günter Prager; ab 92 Univ. Bonn (Kunstgesch., Phil. u. Klass. Archäologie, 95 MA) – **P:** Stift. Kunstfonds – Arb.- u. Projektstip. (Arb.stip.) 98; Kunstpr. d. Stadt Bonn 01; Stip. KV Röderhof 04 – **G/T:** u. a. maler. Exper. m. dreidimensionalem Raum – **E:** 88 Braunschweig, kellerRaum; 96, 99 (Kat.), 01, 04 (m. Mojé Assefjah) Bonn, Schneider; 97 Bonn, Kunsthist. Inst.; 99 Frankfurt am Main, Trotha; 01 Schöppenstedt, Till Eulenspiegel-Mus.; 02 Bonn, KM (Kat.); 04 Röderhof, KV (Kat.) – **G:** zuletzt u. a. 04 Bonn, KM: Ins Licht gerückt – Aus d. Graph. Slg; 05 Basel, Graf & Schelble: Ortswechsel; Bonn, Schneider: Sunspots – (Red.)

Beer, Eugenie s. Bongs-Beer, Eugenie

Beers, Robin, Maler, Graphiker, Collage- u. Objektkünstler (* London 28. 3. 43) – **VG:** München, Biedermann – **S:** 59–61 Hammersmith College of Art London; 61–67 Royal College of Art u. Royal Acad. London – **P:** Förd.pr. d. Stadt München 90 – **M:** München, Bay. Staatsgemäldeslgn; München, Lenbachhaus – **E:** zahlr., u. a. 84 Graz, Bleich-Rossi; 87 München, Jahn; 88 Deggendorf, KV; 89, 93, 95, 99 München, Biedermann – **G:** zahlr., u. a. 80 Linz, Lentos; 81 München, Lothringer 13; 85 München, Kunstforum Arabellapark; 87, 90 München, Haus d. Kunst; 92 München, Praterinsel – ***Lit:*** AKL – (Red.)

Begasse, Hubert, Dr., Maler, Kurator, Objektkünstler, Autor; Jülicher Str. 16, D-40477 Düsseldorf, Tel. u. Fax: (02 11) 6 88 78 22, *post@hubertbegasse.de*, *www.hubertbegasse.de* (* Düsseldorf 11. 2. 57) – **S:** 83–87 Sorbonne Paris (Bild. Kunst, Ästhetik, Kunstwiss.) – **L:** 83 Univ. Duisburg (LAuftr. im Fach Kunst); 02 Bauhaus-Univ. Weimar (Gastprof. f. Produkt-Design) – **KGr:** Paradoxart (Dt.-Marokkan. Künstlervrg, 89–92) – **G/T:** Farbmalerei; Mixed Media (Malerei, Lit.); Objektkunst (Stahl, Celluloid); abstr. Malerei – **W:** überw. in Privatbes.; Stadt Langenfeld; FHS Gelsenkirchen; WDR Media Group; Bonn, Ev. Akad. – **M:** Duisburg, Wilhelm-Lehmbruck-Mus. – **E:** 88 Düsseldorf, Robert Schumann MusikHS; 89 Duisburg, Cubus KH; 90 Mülheim an d. Ruhr, Ev. Akad.; 92 Stuttgart, Fischinger; 93 Düsseldorf, Ballhaus; 96 Düsseldorf, GePeMa Gal.; 99 Neuss, Janssen Cilag GmbH; 01 Langenfeld, RH-Gal.; 05 Gelsenkirchen, FHS – **G:** 89 Rabat/Marokko, Nat.theater; 90 Chicago, Gall. Renata; Deventer/Niederl., Manke Art Kunstmesse; Bonn, Bundesmin.; 92 Zwickau, Gal. am Domhof; Düsseldorf, Reg.-präsidium; 93 Viersen, StG; 96 Düsseldorf, Mus. Kunst Pal.; 97 Stuttgart, Buch Julius; 01 Seoul/Korea, SM; Duisburg, Cubus KH – **V:** Tilman Benatzky. Ästhetische Objekte, in: Kat. T. Benatzky 89; Jürgen LIT Fischer u. Bernard Woschek in: Kat. Rotperl u. Cubana-Celluloid 92; Plastik aus Plastik. Kunststoffe in d. zeitgen. Bildhauerei, Kat. 97; Vergleichsweise einfach – Kunststoffe, Technik, Archit. 02 – ***Lit:*** Hans Brög: H.B. Bildschirme 2000–2005, Ausst.kat. 05

Behkalam, Akbar, Maler; Claudiusstr. 11, D-10557 Berlin, Tel. (0 30) 3 91 31 75, Fax 39 90 91 50. Saaringer Dorfstr. 14A, D-14778 Saaringen, Tel. (0 33 81) 22 27 96 (* Tabriz/Iran 16. 9. 44) – **VG:** Berlin, Tammen; Berlin, Linneborn – **S:** 61–64 Inst. d. Schönen Künste Tabriz; 67–72 Akad. d. Schönen Künste Istanbul (Meisterkl. Bedri Rahmi) – **L:** 73–75 Inst. d. Schönen Künste Tabriz (Doz. f. Malerei) – **Ve:** BBK Berlins 76; Neue Ges. f. Bild. Kunst 80 – **G/T:** Malerei; Wandmalerei – **W:** Ankauf u. a. durch d. dt. Bundestag – **M:** Berlin, Berlinische Gal.; Oberhausen, Ludwig-Gal. – **Ö:** Berlin, Gneisenaustr. 80; ebda, Maybachufer 49, Spreebogen/Innenmin., HS f. Veterinärmedizin (Foyer), Hardenbergstr. – **E:** u. a. 81 Berlin, Künstlerhaus Bethanien; 83, 85, 88 Bonn, Linneborn; 87 Berlin, Staatl. KH; Saarbrücken, Stadt-Gal.; 88 Bochum, Mus.; Oberhausen, Ludwig-Gal.; 89 Bremen, Übersee-Mus.; Los Angeles, California State Univ.; 91 Los Angeles, Intern. Gall. on Broadway; 95 Berlin, Linneborn; – sowie Berlin, Tammen & Busch – **V:** ILL.: Die Faulenzerin. Kasakische Märchen 81; Fredrik Hetmann: Zwei unter uns. A.B. u. Hanefi Yeter, Südwind über Berlin-Kreuzberg 84; Gisela Kraft: An den zeitlosen Geliebten. Liebesgedichte 85; Samad Behrange: 24 rusteloze uren 87; Aziz Nasim: Man bittet zum Galgen 88 – **R:** Volker Martin (Hrsg.): A. B., Kat. 81; ders.: A. B., Kat. 84; Dieter Ruckhaberle (Hrsg.): Rationalisierung, Kat. 84; Gisela Staupe u. Dieter Ruckhaberle (Hrsg.): A. B. Bewegung und Veränderung, Kat. 87; Ghanoon Parvar u. Diane Wilcox (Hrsg.): A. B. Movement and Change, Kat. 89 – ***LitR:*** – TV: Dzimbala, Tagesthemen 81; Porträt, Belgisches Fs. 81; S. Opalka: Unter den Dächern Berlins, SFB; Tschostack, ZDF 83; – HFK: Peter Adler: Porträt, Dt. Welle – (Red.)

Behn, Michael (Ps.: Stella A., weiteres Ps.: Stella Armut), Maler, Graphiker, Editeur, Kurator, Galerist; c/o Galerie/Edition Stella A., Gipsstr. 4, D-10119 Berlin, Tel. (0 30) 28 09 89 72, Fax 28 09 89 77, *stella-a.@web.de* (* Walsrode 1. 10. 44) – **VG:** Berlin, Stella A. – **S:** 60–64 Lehrausb. z. Lithographen; 70–74 HBK Hamburg (b. Prof. Carl Thiemann) – **G/T:** Zeichn., Aqu., bearb. Fotogr., Multiples – **M:** Stuttgart, SG – **E:** 74 Hamburg, Gal. Augentrost; 87, 88, 94 Berlin, Gal. Neue Räume – **G:** 98 Berlin, Kunstruimte; 01, 02 Berlin, Stella A. – **V:** Collection Stella Armut 91; Marcel Duchamp, Ausst.kat. 92; Souvenirs de Wols 01 – (Red.)

Behnisch, Günter, Prof. Dr. E. h., Dipl.-Ing., Freier Architekt BDA; Äckerwaldstr. 2, D-70619 Stuttgart, Tel. (07 11) 4 70 60 50, Fax 4 76 56 56, Behnisch Architekten: (07 11) 6 07 72 99, *bp@behnisch.com*. – weitere Auskünfte durch: Prof. Christian Kandzia, Freier Architekt, Landolinsteige 1/1, D-73728 Esslingen, Tel. (0711) 350448, Mobil 0163–6711767. – SAAI Südwestdeutsches Archiv f. Architektur u. Ingenieurbau an d. Univ. Karlsruhe, Dr. Gerhard Kabierske, Kaiserstr. 8, D-76128 Karlsruhe, Tel. (07 21) 6 08 61 51 (* Lockwitz/

jetzt Dresden-Lockwitz 12. 6. 22) – **S:** 47–51 TH Stuttgart – **L:** 67–87 TH Darmstadt (Prof. f. Entwerfen, Industriebauten u. Baugestaltung, Dir. d. Inst. f. Baunormung) – **P:** zahlr. Preise, u. a. Paul-Bonatz-Pr. 63, 79, 83; Großer Archit.pr. d. BDA 72; Hugo-Häring-Pr. 74, 78, 81, 84, 88, 91, 94; BDA-Pr. Bayern 77, 79, 87, 01; Dt. Archit.pr. 77, 93; Intern. Sportstätten-Archit.pr. d. Intern. Akad. f. Bäder, Sport- u. Freizeitbauten 70–80; 6. u. 8. Intern. Archit.pr. 80, 88; Intern. Archit.pr. d. UIA 'August-Perret-Pr.' 81; Dr. E.h. d. Univ. Stuttgart 84; Mies-van-der-Rohe-Pr. 86; Archit.pr. 'Interarch' Sofia 87; R.S. Reynolds Memorial Award 90; Prof. d. Intern. Acad. of Archit. Sofia 91; Med. d'Or l'Acad. d'Archit. Paris 92; BDA-Pr. NRW 92; E.pr. d. IOC f. besondere Leistungen im Bereich Sport u. Archit. 92; Hans-Molfenter-Pr. d. Ldeshauptstadt Stuttg. f. besondere künstler. Leistungen 93; Europ. Stahlbaupr. 93; Heinrich-Hertz-Professur an d. TU Karlsruhe 94; Grand Prix of Intern. Acad. of Archit. Sofia 94; BVK 97; Fritz-Schumacher-Pr. d. Alfred Toepfer Stift. F.V.S. Hamburg 98; The RIBA Award for Archit. 98; Archit.pr. NRW (Sonderpr.) 98; BDA-Pr. Schlesw.-Holst. 99; Du Pont Benedictus Award 99; BDA-Pr. Franken 00; Nds. Staatspr. f. Archit. 02; BDA-Pr. Nds. 03 – **Ve:** AK Berlin 82; BDA (E.mitgl.) 92; Royal Incorp. of Archit. in Scotland, Edinburgh (E.mitgl.) 92; Intern. Acad. of Archit. Sofia 94; Sä. AK Dresden (Gründ.-mitgl.) 96; Bay. Akad. d. Schönen Künste 99; Archit.-kammer Kayseri/Türkei (E.mitgl.) 06 – **KGe:** Behnisch & Lambart (52–61, G.B. u. Bruno Lambart); Behnisch & Partner (ab 66, Partner u. Seniorarchitekten: G.B., Fritz Auer bis 12/79, Winfried Büxel bis 12/92, Manfred Sabatke, Erhard Tränkner bis 1/94, Karlheinz Weber bis 12/79, Christian Kandzia seit 69); Behnisch, Behnisch & Partner (97–12/05, G.B., Stefan Behnisch, Günther Schaller) – **B:** u. a. Alzenau/Unterfr.: Büro- u. Produktionsgebäude f. Leybold AG; Bad Elster: Erweit. u. Umbau d. Kurmittelhauses; Berlin: Akad. d. Künste Berlin am Pariser Platz (m. M. Sabatke u. Werner Durth); Bernried: Lothar-Günther-Buchheim-Mus. (m. S. Behnisch u. G. Schaller); Bonn: Plenar- u. Präsidialbereich d. Dt. Bundestages; Dresden: 'Mildred-Scheel-Haus', Klinik u. Poliklinik f. Kinder- u. Jugendmedizin; Dresden: St. Benno-Gymnasium (m. S. Behnisch); Eichstätt: Zentral-Bibliothek d. Kath. Univ. Eichstätt/Ingolstadt; Frankfurt am Main: Mus. f. Kommunikation; Göppingen: Hohenstaufen-Gymnasium (m. B. Lambart); Hannover: Norddt. Landesbank am Friedrichswall (m. S. Behnisch u. G. Schaller); Ingolstadt-Hollerstauden: Montessorischule; Lorch/Württ: Schul- u. Sportbauten auf d. Schäfersfeld – Realschule, Sporthalle, Hauptschule u. Gymnasium; München: Olympiapark – Bauten u. Anlagen f. d. XX. Olymp. Spiele 1972 m. Stadion, Sporthalle, Schwimmhalle u. Aufwärmhalle (Landschaft m. Günther Grzimek, Überdachung m. Frei Otto u. Leonhardt + Andrä); Nürnberg, Kontrollturm f. d. Flughafen (m. M. Sabatke); Öhringen: Kaufm. Schule m. Wirtschaftsgymnasium; Pforzheim: Fritz-Erler-Schule; Reutlingen: Alten- u. Pflegeheim an d. Ringelbachstr.; Schwäbisch-Gmünd: Landratsamt (m. B. Lambart); Sindelfingen, Sporthalle 'Glaspalast'; Ulm, Staatl. FHS f. Technik (m. B. Lambart); – in Stuttgart: Dienstleistungsgebäude am Bollwerk d. Landesbank Bad.-Württ. (m. M. Sabatke u. S. Behnisch); Fußgängerbereich Königstr., Schloßplatz, Marienstr. m. Planie u. Karlsplatz; 'Herbert-Keller-Haus', Landesgeschäftsstelle d. Diakon. Werkes; Vogelsangschule (m. B. Lambart); St.-Birkach: 'Haus Birkach', Bildungszentrum d. Ev. Kirche in Württ.; St.-Untertürkheim: Kindergarten 'Luginsland'; St.-Vaihingen: Hysolar Forsch.- u. Inst.gebäude an d. Univ. Stuttgart – **E:** / G: zahlr. Ausst. u. Ausst.bet. im In- u. Ausland, zuletzt: 00 Rotterdam, NAI Nederlands Archit.inst.: The Stadium; Plauen, Gal. im Weisbachschen Haus; 01 Mantova, Palazzo Ducale: Architetture e confronto; Bonn, Archit.salon im Bonner KV: Bauten u. Entwürfe f. Bonn (BDA Bonn/Rhein/Sieg); Leipzig, Gewandhaus: Ausgew. Projekte d. EU-Regionalfonds in Ostdeutschland; Busan/Korea, Busan Intern. Archit. Culture Festival; 02 Berlin, Martin-Gropius-Bau: New German Archit. (Hamburgische Archit.kammer u. Bundesarchit.-kammer); Berlin, Aedes Archit.gal. West; 03 Stuttgart, Archit.gal. am Weißenhof; 05 Dresden, Sä. AK; 06 Belgrad, VIII. Trienn. of World Archit.; Kayseri/Türkei, Archit.kammer – **V:** G.B. u. a.: Über das Farbliche 93; G.B. u. a.: Deutscher Bundestag. Neuer Plenarbereich. Acht Fotografen sehen den neuen Plenarbereich [...] 96 G.B.: Der Pariser Platz. Die Akademie d. Künste 97; Werner Durth, G.B.: Berlin Pariser Platz. Neubau d. Akademie d. Künste 05 – ***Lit:*** Carl Heinz Harbeke m. Christian Kandzia: Bauten für Olympia 1972 72; Behnisch & Partner / Ch. Kandzia: Behnisch & Partner. Bauten u. Entwürfe 1952–1974 75, 83; Behnisch & Partner / Ch. Kandzia: Architekten Behnisch & Partner. Arbeiten a. d. Jahren 1952–1987, dt.-ital. 87, dt.-engl. 87, 91; Gal. d. Stadt Stuttg. (Hrsg.): Behnisch & Partner. Bauten 1952–1992 92; Behnisch & Partners 'A Walk through the Exhibition' 94; Allg. Künstlerlex. (AKL), Bd 8 94; Behnisch & Partner / Ch. Kandzia, M. Sabatke, Andreas Uebele: Behnisch & Partner. Bauten u. Projekte 1987–1997 96; Dominique Gauzin-Müller: Behnisch & Partner. 50 Jahre Architektur 97; Peter Blundell Jones: G.B. 00; Kristin Feireiss, Hans Jürgen Commerell: G.B., Ausst.kat. Aedes West 02; Reclams Künstlerlex. 02; Archit.-Gal. am Weißenhof, Stuttg. (Hrsg.): G.B. – Bauten in Stuttgart, Ausst.kat. 03; G.B., S. Behnisch, G. Schaller: Behnisch, Behnisch & Partner – Bauten u. Entwürfe 03; dies.: ARCHITECT Behnisch, Behnisch & Partner (Hongkong) 04; Elisabeth Spieker: G.B. – Die Entwicklung d. architekton. Werkes, Diss. Univ. Stuttg. 05 (m. ausführlichen Lit.hinweisen u. weiteren Angaben) – ***LitR:*** FILME mit u. über G.B. (unvollst.): Ein Künstlerporträt. G.B. u. seine Architektur, Film v. Roland Eisenmenger, BR 84 (30 min); G.B. Gedanken über Architektur. Abschiedsvorlesung v. 22.2.87 an d. TH Darmstadt, aufgez. v. Henning Vogt u. Ralf Cisarz (ca. 75 min); G.B. Abschiedsvorlesung am 8.7.87 an d. TH Darmstadt, aufgez. v. Henning Vogt (ca. 45 min); Heut Abend. Talkshow m. Joachim Fuchsberger, Gast: G.B., BR 87 (45 min); Wortwechsel. Gero von Boehm interviewt G.B., SWF Baden-Baden 18.11.88 (45 min); G.B. Lecture am 7.11.91 im Berlage Inst. Amsterdam. Introduction by Herman Hertzberger (ca. 50 min, engl.); Zum neuen Plenarsaal in Bonn 1992: Bericht aus Bonn 23.10., Bonn direkt 29.10., Hier u. heute 29.10., Eröffnungsfeier 30.10., Mittagsmag. 30.10., Bayern Rundschau 30.10., Bericht aus Bonn 30.10., SAT1 Frühmag. 30.10., Spiegel TV 1.11.; Häuser machen Menschen. Porträt G.B., Film v. Klaus Goldinger, NDR 20.3.94, 3Sat 22.12.94 (45 min); Macht macht unsensibel. Architektur-Ansichten d. G.B., Film v. Susanne Offenbach, SDR 22.5.96 (45 min); Dresdner Gespräche. Profile G.B. (Red.: Sibylle Licht, Moderation: Andreas Berger), MDR Sachsen 6.8.96 (45 min); Die Schönheit der Transparenz. Der Architekt G.B. u. seine Bauten, Film v. Joachim Haupt, Dt. Welle 96; Treffpunkt: G.B., Film v. Stefan Bub, SWR 15.10.01 (30 min)

Behr, Klaus, Bildhauer; Allacher Str. 161, D-80997 München, Tel. (0 89) 1 40 42 44, Fax 14 30 36 49, *KB.BILDHAUER@t-online.de* (* Hopsten/NRW

30. 9. 52) – **S:** 76–82 ABK München (b. Prof. Koch u. Prof. Jakobsen, anschl. Meisterschüler b. Prof. Eduardo Paolozzi) – **G/T:** Stein- u. Stahlarb. – **W:** in Bes. d. Bay. Ldesbank u. d. Stadtspk. München – **M:** München, Artothek; München, Staatl. GrS – **Ö:** Augustdorf; Berlin, An d. Wuhlheide Ecke Fontane-Str.; Fürstenfeldbruck, Bahnhofstr.; Hameln, Str.bauamt; Hannover, Amtsgericht; München, Weinberger Str.; ebda, Clemensstr./Schwabing; Neckarsulm, Schwimmbad – **E:** zuletzt 00 Hamburg, Alster Gal.; 01 Stuttgart, Gal. Haus 121; 02 Erkner, Gerhart-Hauptmann-Mus.; 03 Beeskow, Burg; München, Gal. am Georg-Brauchle-Ring – (Red.)

Behr, Ulrich, Mixed Media Künstler (Dipl.); Servatiusweg 8, D-53343 Wachtberg, Tel. (0 22 25) 1 74 64, *ulrichbehr@kulturserver-nrw.de, www.ulrichbehr.kulturserver-nrw.de* (* Bonn 22. 12. 68) – **S:** 91–97 HBK Saar (Neue künstler. Medien b. Prof. Ulrike Rosenbach); 99–01 ABK München (Bildner. Gest. u. Therapie b. Prof. Gertraud Schottenloher) – **L:** seit 05 arte fact Wkst. f. Kunst Bonn (Doz. f. Mixed Media) – **P:** Förd. d. Saarländ. Filmförd. 95 – **Ve:** BBK Bonn Rhein-Sieg 05 – **KGr:** KUNSTMANÖVER (seit 96); O.T. Produzentengalerie (97–00); Echolot e.V. (seit 05) – **KGe:** H&B: Mane Hellenthal u. U.B. (seit 01) – **G/T:** Mixed-Media-Install.; Performance; Fotogr.; Video; Glas; Zchng; Malerei; Projekte in klinischem u. soz. Kontext – **W:** zahlr. Performances u. Videoarb. auf Festivals; Werke überw. in Privatbes. – **M:** Meisenthal, Centre Internat. d'Art Verrier – **E:** 98 Saarbrücken, O.T. Produzentengal.; 02 Bliesmengen/Saar, Wegener; – sowie: 03, Saarbrücken – **G:** zahlr. Bet. u. Kunstprojekte seit 92, u. a. 96–98 'KUNSTMANÖVER' in: Kaiserslautern, Neuruppin, Homburg/Saar, Göteborg; 97–00 Saarbrücken, O.T. Produzentengal. (zahlr. Ausst. im In- u. Ausld); zuletzt: 04 Luxemburg, Kunsthaus; 05 Bonn, Künstlerforum – **V:** U.B.-Werkkatalog 99; Anzeichen, Kunsted. 04; Opfer & Täter, Kunsted. 05 – **R:** Licht – ohne Titel – amorph, Kunstvideo (f. d. Videokunstmag. VAMP auf FAB Berlin) 93; – sowie zahlr. Videos auf Videofestivals 92–04 – ***Lit:*** seit 92 zahlr. Ausst.- u. Projektkat. von Gemeinschaftsausst. etc. – ***LitR:*** zahlr. Presseberichte in Radio u. Fs, u. a.: KUNSTMANÖVER in: Kulturreport (SWR) 98

Behrendt, Falko, Graphiker, Zeichner, Maler (* Torgelow/Meckl.-Vorp. 11. 5. 51) – **VG:** Halebüll-Schobüll, Lüth; Möhnesee, Kunsthaus Möhnesee – **S:** 71–75 HBK Dresden (b. Günther Horlbeck u. Gerhard Kettner) – **P:** Intern. Senefelder-Pr. u. Lithografie-Förd. 99 – **E:** zahlr. zuletzt u. a. 01 Halebüll-Schobüll, Lüth; Sögel, Emsland-Mus. Schloß Clemenswerth; Wyk auf Föhr, Häberlin-Friesen-Mus.; Neubrandenburg, KS; 04 Berlin, Gal. Sophien-Edition – **G:** zahlr., u. a. 00 Frankfurt am Main, Buchmesse; Herning, Kunstmesse; Kopenhagen, Art Copenhagen; Basel, Art Basel; 00, 01 Köln, KunstKöln; 01 Möhnesee-Wamel, Kätelhön – ***Lit:*** AKL; Lang 02 – (Red.)

Behrendt, Fritz Alfred, Journalist, Zeichner, polit. Karikaturist; Parmentierlaan 57, NL-1185 CV Amstelveen, Tel. (0 20) 6 41 67 46 (* Berlin 17. 2. 25) – **S:** 43–46 KGS Amsterdam; 48 KA Zagreb (Gastsemester) – **P:** Jugosl. Orden d. Arbeit I. Kl. 47; World Newspaper Forum (1. Pr. f. d. beste polit. Karikatur) 60; World Cartoon Festival Kanada (Pr. f. d. beste polit. Karikatur) 67, 76; BVK I. Kl. 73; Orden d. jugosl. Fahne m. Stern 74; Orden Leopold II 75; Ritter i. Orden Oranien-Nassau 76; Orden d. Phoenix I. Kl., Griechenland 80; Widerstandskreuz 40–45, Niederl. 81; Intern. Award for editorial Cartoons 85; EM d. Red. d. Krokodil, UdSSR 89; Krokodilmed. 90; Thomas-Nast-Pr. f. polit. Karikaturen 90; Tiroler Adler-Orden in Gold 91; Offiziersorden Oranien-Nassau 95; Kroat. Orden Danica Hrvatske 95; Gr. E.zeichen d. Rep. Öst. 96; Athena-Med. v. griech. Parlament 96; Intern. Consultant of The Museum of Cartoon Art, Florida 96; Großes E.kreuz f. Wiss. u. Kunst Öst. 06 – **G/T:** polit. Karikaturen ('Journalist m. d. Zeichenfeder') – **W:** Zchngn in Privatbes. – **E:** in zahlr. Ländern u. Städten, u. a. Dtld, Öst., Niederl., Belgien, Schweden, Norwegen, Warschau, Moskau, London, Sarajevo, Zagreb sowie 74 Konstanz, Kunst-Ver.: Polit. Karikaturen (Kat.); 85 Amsterdam: F. A. B. 35 Jahre Zchngn u. Karikaturen; zuletzt 01 Leipzig, Zeitgesch. Forum; 02 Berlin, SM Nikolaikirche; 04 Amstelveen, CoBrA MMK; 05 Wien, MMK Stiftung Ludwig – **G:** 80 Hannover, Wilhelm-Busch-Mus.: 5 Karikaturisten (Kat.); seit 95, jl. Den Haag, Politische Zchngn; 01 Berlin, Karikade; 05 Marburg, KV: Gewalt u. Terror im Spiegel d. Karikatur – **V:** seit 56 viele Sammelbde m. Karikaturen, 38 Ausgaben in d. Niederl., Dtld, Öst., GB, Kroatien, Israel, u. a. Helden u. andere Menschen, Wien 95; Teilweise heiter, Niederl. 96; Es gibt wieder Hoffnung in Sarajevo, Niederl. 98; Kosovo, eine interne Angelegenheit, Niederl. 99; Eine Feder f. d. Freiheit, Dtld 00; Grafische Signale, Niederl. 00; Ein europ. Zeichner, Dtld u. Niederl. 05 – ***Lit:*** zahlr. Ausst.kat., u. a. Balancing Line, (z. Ausst. in London) 75; Kat. (z. Ausst. im Haus an d. Freyung Wien) 85; Tinte f. d. Freiheit/Tus za slobodu (z. Ausst. in Zagreb) 92, (Warschau) 95, (Bosnien) 96 – ***LitR:*** Videofilm z. Ausst. im Zeitgesch. Forum Leipzig 01; Behrendt auf d. Schule, CD-ROM/Videofilm 06

Behrendt, Waltraud, Schmuckgestalterin, Goldschmiedin; Richard-Wagner-Str. 18, D-99310 Arnstadt, Tel. (0 36 28) 60 21 50, *WBehrendtBrepohl@aol.com, www.schmuck-behrendt-brepohl.de* (* Arnstadt 3. 7. 41) – **Ve:** VBK Thür. 69 – **M:** Berlin, KGM Schloß Köpenick; Eisenach, Thür. Mus.; Leipzig, GRASSI – **E:** 77 Weimar, Gal. im Cranachhaus; 78, 83 Arnstadt, Schloß-Mus.; 92 Jena, Gal. am Markt; 93 Kassel, Hess.-Thür. Brandversicherungsanst. – **G:** 72, 73, 77, 78, 82, 83 Dresden, Kunstausst. d. DDR; 77 Jablonec/CZ, V. Intern. Ausst.; 78 Erfurt, IGA II. Quadriennale

Beier, Volker, Bildhauer; Mittelbacherstr. 15, D-09387 Leukersdorf, Tel. u. Fax (03 71) 22 02 65. Goethestr. 23A, D-09119 Chemnitz (* Chemnitz 25. 4. 43) – **S:** Lehre als Steinmetz u. Bildhauer; 60–63 FS f. Angew. Kunst Leipzig; 69 AK Moskau (Meisterschüler); 74–76 AK Berlin (Meisterschüler) – **Ve:** VBK DDR 66–90; BBK 90 – **KGr:** 2001 (Europ. Künstlergr.) – **G/T:** Plast. in Stein u. Bronze; Brunnen; Restaurierung; Münzen; Schrift; künstler. Konzeptionen; Leitung v. reg. u. intern. Lehrgängen u. Symposien – **M:** Chemnitz, Industr.mus.; Chemnitz, KS; Dresden, StG – **Ö:** Chemnitz, Glücksbrunnen; ebda, Agricola-Plast.; Weißwasser, Glasmacherbrunnen – **E:** u. a. 04 Chemnitz, Rosenkranz – (Red.)

Beilharz, Friedhelm, Kunstmaler, Kunsterzieher; c/o StM Schloß Rheydt, Mönchengladbach, *www.concerning-mg.de* (* Düsseldorf 24. 3. 31) – **S:** 45–53 WerkKSch Düsseldorf u. Bern; 53 Sommerakad. Kronenburg/Eifel; 53–56 KA Düsseldorf (b. d. Prof. Bruno Goller, Ferdinand Macketanz u. Walter Breker); 57–60 freischaffender Maler u. Graphiker – sowie zahlr. Stud.-reisen – **L:** 60–87 Gymnasien in Mönchengladbach (Kunsterzieher); seit 63 VHS Mönchengladbach (Doz. f. Malerei, Graph.) – **P:** Verdienstorden d. Johanniter-Ordens 71; E.ritter d. Johanniter-Ordens 74; E.ritterkreuz d. Johanniter-Ordens 79 – **Ve:** BBK Niederrhein (Vorstandsmitgl.) 83–95 – **G/T:** Lsch.malerei – **W:** Erwerb zweier Bilder durch d. Generalkonsul v. New York Harald Graf v. Posadowsky-Wehner 73 – **Ö:** Mönchengladbach, Krankenhaus Bethesda; Rommerskirchen, GSB GmbH – **E:** zahlr. im In- u. Ausld, u. a. 68 Berlin, Europa-Haus; Berlin, Centre Français; Baden-Baden, Foyer d. Stadttheaters; 71 Düsseldorf, Aktionsring Frau u. Welt; 72 Düsseldorf, Ges. f. Christl.-Jüd. Zus.arb.; Jerusalem, Dt. Erlöserkirche; 72, 88 Düsseldorf, Intern. Bild.zentrum 'Die Brücke'; 73 New York, Wagner College; Köln, ev. Stadtkirchenverb.; 74 Essen, ev. Stadtkirchenverb.; München, Delfs; 74, 86 Duisburg, Salvatorkirche; 77 Dorsten, Schloß Lembeck; Bern, Gal. 58; 81 Trier, Univ.; 87 Aachen, Dt.-Israel. Ges.; 96 Berlin, Gal. Papyri; 98 München, Gerstenberg Rechtsanwälte; 99 Mönchengladbach, Ensemblia Litfaßsäulen-Parc/our; 03 Mönchengladbach, StM Schloß Rheydt; seit 05 ständige Ausst. Rommerskirchen, GSB GmbH (Kat.); 06 Mönchengladbach, Citykirche – weitere Ausst. 04–06 – **G:** zahlr. Ausst.- u. Wettb.bet., u. a. 55 Düsseldorf, Große Kunstausst. NRW; 76 Bern, Große Kunstausst. BEA; 77 Basel, Gal. 80; 79 Dorsten, Schloß Lembeck; 80 Wesel, StM: Künstleralltag – Alltagskunst (Kat.); 85, 86 Wuppertal, Von der Heydt-Mus.; 90 Krefeld, Fabrik Heeder: Einblicke – Ausblicke; Lüdinghausen, Burg Vischering; 91 Kirn, Kunstausst.; 99 Mönchengladbach, Ensemblia Litfaßsäulen-Parc/our; 00 Prüm – **R:** Fs.sdg Burg Wasserburg 80 u. Univ. Trier 81

Beilstein, Klaus, Maler, Illustrator; Eichenstr. 74, D-26131 Oldenburg, Tel. (04 41) 5 34 93 (* Delmenhorst 24. 9. 38) – **S:** 59–63 HS f. Gest. Bremen – **P:** Pr. d. XVI. Salon des Arts Cholet 85 – **KGr:** Kranich – **M:** Oldenburg, SM – **E:** / G: zahlr., u. a. 88 Krakau, MN; 95 Oldenburg, Kult.speicher; 96 Wilhelmshaven, Gal. M; 97 Cloppenburg, Mus.dorf; 98 Oldenburg, SM; 00 Edewecht u. Hannover, Kuhartexpo – ***Lit:*** AKL; Schweers 02 – (Red.)

Beisenherz, Annette, Malerin, Projektkünstlerin; c/o Kunstkontor Westnerwacht, Weintingergasse 4, D-93047 Regensburg, Tel. (09 41) 56 07 72, Fax 56 07 73, *annette-beisenherz@99inseln.de*, *www. annettebeisenherz.de* (* Regensburg 71) – **S:** 95–01 HdK Berlin (Stud., Meisterschülerin Prof. Hacker) – **P:** Stip. Art Inst. of Chicago 98, 99 – **G/T:** Malerei, Projektkunst – **E:** PROJEKTARB.: u. a. 00 Berlin-Friedrichshain, Hausflur Kommunikationsprojekt; 01 Berlin-Moabit, Orte II; 02 Berlin, Otto-Nagel-Gal.; 04 Regensburg, Kunstkontor Westnerwacht – (Red.)

Beisinghoff, Barbara (geb. Barbara Schatke), freie Graphikerin; Hainer Trift 24, D-63303 Dreieich, Tel. (0 61 03) 6 65 25, Fax 6 65 26, *barbara@beisinghoff.de*, *www.beisinghoff.de*. Warburger Weg 20, D-34474 Diemelstadt-Rhoden (* Hiesterhof 14. 6. 45) – **VG:** Möhnesee, Kunsthaus Möhnesee – **S:** 64–68 PH u. WerkKSch Hannover (Kunsterziehung u. freie Malerei); 78 Sommerakad. Salzburg (Rad. b. Friedrich Meckseper); 79 ebda (Lith. b. Werner Otte); Rijkszentrum Frans Masereel/Belgien; 82 – **P:** Stip. d. Nds. Min. f. Wiss. u. Kunst f. Lith. b. Quensen, Lamspringe 82; Georg-Christoph-Lichtenberg-Pr. 88; Stip. d. Hess. Min. f. Wiss. u. Kunst f. Lith. b. Kätelhön am Möhnesee 89; Kunstpr. Hameln-Pyrmont (1. Pr.) 90; Intern. Senefelder-Pr. u. Lithografie-Förd. (2. Pr.) 91; Kult.pr. d. Stadt Dreieich 97; Kunstpr. u. Förd.mittel d. Heitland Found. 99; Lichtdruck-Kunst e.V. Leipzig 00; Residency Atelier de l'Île, Val-David/Québec 02; Stadtdrucker-Pr. Mainz 02; Emma Ricklund Found. Ricklundgården, Saxnäs/Schweden 03; St. Michael's Printshop Neufundland, Visiting Artist Award u. Atelier Circulaire Montréal 06 – **G/T:** Rad., Wasserzeichen u. Wasserstrahlzeichn. in handgeschöpftem Papier, Malerei u. Graph.-Text-Suiten, Install., Performance – **M:** Frankfurt am Main, Dt. Nat.Bibl.; Hannover, GWLB; Hannover, Sprengel Mus.; Krakau, NM; Leipzig, Dt. Buch- u. Schrift-Mus. d. Dt. Nat.bibl.; Mainz, Gutenberg-Mus.; München, Bay. Staatsbibliothek; Offenbach am Main, Klingspor-Mus.; Wolfenbüttel, Herzog-August-Bibliothek – **Ö:** Dreieich, Kunst vor Ort ('Denn was innen, das ist außen', Grundb.seiten u. Farblichtsegel um d. RH); ebda, August-Wienand-Haus (Fayence-Wand, Lebensläufe) – **E:** u. a. 88 Dreieich, Libertas; Paderborn, Stadtbibliothek; Bonn, Cramer; 89 Biberach, KV; 93 Zwickau, StG; 97 Hameln, Gal. Arche; Bad Pyrmont, Mus. im Schloß; 99 Celle, Heitland Found. im Schloß; 00 Berlin, Zitadelle Spandau; Bad Oeynhausen, Dt. Märchen-Mus.; 01 Ashdod, Mus.; 02 Saarburg, Mus.; Passau, KV; 03 Leipzig, Dt. Buch- u. Schrift-Mus. d. Dt. Bücherei; Göttingen, Staats- u. Univ.-Bibliothek; Mainz, Gutenberg-Mus.; 04 Wolfenbüttel, Herzog-August-Bibliothek; Neustadt am Rübenberge, Schloß Landestrost; – sowie: 07 Reg.gal. Südhessen – **G:** sehr zahlr. seit 79, zuletzt u. a. 99 Coburg, KV (Kat.); 00 Leipzig, Dt. Buch- u. Schrift-Mus. d. Dt. Bücherei: nicht ans wort gebunden (Kat.); 01 Annaberg, Kunstkeller: Hommage à Carlfriedrich Claus; Kleinsassen, Kunststation: Intern. Bienn. Neues Aqu.; 04 Wörtersee, Install. (Kat.); 05 Darmstadt, Vogelfrei: Canopy (Kat.); 06 Bischofsheim, 3. gangart: Integration; – sowie Teiln. an intern. Druckausst. in Berlin, Bradford, Frechen, Fredrikstadt, Kairo, Krakau, Maastricht u. Seoul – **V:** MAPPENWERKE M. RAD., WASSERZEICHEN U. TEXTEN: Schelmenmappe 83; J. Prévert: Der Faulpelz 84; Ovid: Arachne 86; K. Krolow: Lebensalter 86; Weeds and Seeds oder Kraut und Rüben 87; S. Knauss: Anleitung für einen Spaziergang durchs Labyrinth 89; Wasserzeichen in Natans Papiergarten 95; Körper und Kupferstecher 95; E. S. von Kamphoevener: Das Blaue vom Himmel 97; Klanggrammatik der Enheduanna 98; R. Jüdes: Die gläserne Libelle 98; H. v. Kleist: Vom inneren Gleichgewicht 98; F. Mon: Mangomann 98; H. Heine: Wellengesänge 98; Herzlicht (Wo sich Licht und Wasserzeichen berühren) 00; Brüder Grimm: Wie ihn der Lichtstrahl berührte 00; Grimm u. Andersen: Die wilden Schwäne 01; Bibliothek für eine Hell-Seherin 03; Christa Wolf: Farben sah ich 05; Marina Zwetajewa: Klavierkindheit – Die Finger zur Schnur verflochten 05; Ovid: Narziss und Echo 05; Goethe: Wenn Farben verrückt werden / Mit Goethe den Farbenkreis durchlaufen 06; Henry Miller: Der Engel ist mein Wasserzeichen 06 – ***Lit:*** AUSST.KAT.: Malerei und Farbradierung 86, 88; Weeds and Seeds Meistersuite deutscher Druckgraphik 87; Georg-Christoph-Lichtenberg-Pr. 89; Wasserzeichen 97; Zeichenbeete 99; Eintauchen und Schöpfen 02; Raum für eine Hell-Seherin 03; Die gläserne Libelle 03

Beissert, Veronika s. Roka

Beitl, Theresa, Malerin, Museumspädagogin, Redakteurin; Spielhagenstr. 14, D-10585 Berlin, Tel. u. Fax (0 30) 3 42 99 26, *info@Beitl.de*, *www.beitl.de* (* Berlin 13. 2. 63) – **VG:** Berlin, Hauser; Weimar, Gal. Profil; Berlin, Pfundt – **S:** 95–97 Éc. des Beaux-Arts Paris; 97–00 HdK Berlin – **Ve:** Ver. Berliner Künstler 02 – **KGr:** Schwarzmaler (seit 03) – **G/T:** Werkgr.: Ldschaft u. Stilleben (Gouache, Acryl); Essen & Trinken (Mischtechnik); Natur, Tier, Mensch (Öl, Acryl, Graph.); Stadt – Ld (Öl) – **K:** zu künstler. Grundthemen, versch. Techniken – **W:** in privaten u. öff. Slgn – **M:** Berlin, Kommunale Bildausleihe; Berlin, Ldesbibl.; Frankfurt am Main, Dt. Nat.Bibl.; Leipzig, Dt. Buch- u. Schrift-Mus. d. Dt. Nat.bibl.; Minneapolis, Inst. of Arts; Minneapolis, Weisman AM – **E:** div. Ausst. seit 87 im In- u. Ausld, zuletzt 03 Berlin, Pfundt; 04 Berlin, Kommunale Gal. Wilmersdorf; Berlin, Hauser; 07 Berlin, Max-Planck-Inst. f. Bildungsforschung – **G:** Bet. seit

87, zuletzt 03 Weimar, Gal. Profil; Weimar, Dt. Nat.-theater; Berlin, Pfundt; 05 Minneapolis, Gall. 308; 06 Berlin, Kommunale Gal. Wilmersdorf – **V:** Ungarnbilder, Mappenwerk 01 – ***Lit:*** Th.B. Ungarnbilder 03; H. Unterweger (Hrsg.): Entry, Access u. Kunst im 6. Kondratieff 04; Essen und Trinken, Kat.; Kunst u. Geld 04; Booklet d. Ver. Berliner Künstler 05

Belin, Barbara, Malerin; Attenhoferstr. 45, CH-8032 Zürich, Tel. 01 2624204 (* Kingston/Jamaica 46) – **VG:** Ascona, Leupi – **S:** HS f. Gest. u. Kunst Zürich (Dipl.); 89–92 Intern. Sommerakad. Salzburg (u. a. b. E. Vedova u. H. Nitsch); 03 Istituto Svizzero Venedig (Stud.aufenthalt) – **L:** seit 95 LAuftr. f. freie Malerei in Zürich sowie Stud.wochen im Tessin u. in Ital. – **Ve:** Visarte; Künstlervrg Zürich; Ges. Schweiz. Bild. Künstlerinnen – **E:** / G: u. a. 03 Bonstetten, Gal. für Gegenwartskunst (m. Richard Jurtitsch) – (Red.)

Bell, Victoria B. (eigtl. Victoria Barrett Bell), Künstlerin; Zülpicherstr. 239, D-50937 Köln, Tel. u. Fax (0221) 428815, *auriga@attglobal.net*. c/o Oliver R. Barrett, 1111 Pecos Way, USA-94089 Sunnyvale/Calif. (* Chicago/Illinois, USA 12.12.42) – **VG:** Köln, Stützer; Chicago, Hoffman; Galisteo, Durham; Santa Fe, Durham – **S:** 61–65 Smith College Northampton/MA (B.A. in Art); 65–67 Univ. of California Berkeley (Malerei) – **L:** 67–68 Louise McGhee School New Orleans, Los Angeles – **P:** Stadtkünstler Wilhelmshaven 85; Stift. Kunstfonds – Arb.- u. Projektstip. 88 – **G/T:** Bildhauerei; Malerei (Öl, Aqu. auf Papier); Zeichn.; Bleistift; Rauminstall. – **W:** in Privatbes. sowie in Bes. d. Städte Wesel u. Wilhelmshaven – **M:** Chef-du-Pont, Slg Dobermann; Chicago, Univ. of Illinois; Köln, Kolumba; Köln, Mus. Ludwig – **Ö:** Duisburg-West, Finanzamt – **E:** u. a. 84 Duisburg-Rheinhausen, Städt. Slg; 86, 88, 91, 93, 96, 00, 03, 06 Köln, Stützer; 93, 95 Aalst, Path; Brüssel, Path; 94 München, Johnssen; 95 Bonn, Bundesmin. f. Verkehr; 97 Chicago, Hoffman; 00 Brühl, Gesamtschule; 02 Köln, Art Cologne; New York, Durham; Galisteo/NM, Durham; 03 Herne, Flottmann-Hallen; 04 New York, Lemmons Contemp. – **G:** u. a. 85 Saarbrücken, Stadt-Gal.; 88 Hamburg, Kampnagel; 90–91 Chef-du-Pont, Slg Dobermann; 91–97 Köln, Art Cologne; Köln, Stützer; 92 Wesel, SM; 94 Strausberg (Bildhauersymposion); 97 Kassel, Martinskirche; – zuletzt: 06 Köln, Kolumba: Im Garten d. Wirklichkeit – ***Lit:*** Analogien V. B. 76; Science Museum, V. B. 81; V. B. Skulpturen 1985–1993; Gerhard Kolberg: Avion 96; V. B. Propeller für D 01; V. B. Space Engines 03

Bellini, Paolo, Bildhauer; Via Caressaa, CH-6862 Rancate, Tel. 0916465879 (* Corteglia 28.2.41) – **VG:** Basel, Carzaniga & Ueker – **S:** 62–66 Accad. di Brera Mailand (b. Marino Marini); 66 Stud.aufenthalt in Brüssel (Ass. v. Olivier Strebelle) – **P:** Wettb. z. Brunnen-Figur Lugano (3. Pr.) 66; Wettb. z. Skulpt. auf d. Piazzale della Valle Mendrisio (1. Pr.) 73 – **Ö:** Chiasso, Zollamt-Vorpl.; Lugano, Hommage an Günter Grass; Mendrisio, Piazzale della Valle; Ponte Tresa, Banca Popolare; Rancate, Casa Cabrini – **E:** zahlr., u. a. 94, 97 Basel, Carzaniga & Ueker; 95 Bern, Kornfeld & Cie.; Locarno, Pinacoteca; 96 Verona, Gall. d'Arte Mod. Pal. Forti; 01 Köln, APC Gal. – **G:** zahlr., u. a. 97 Zollikon, Fond. Koenig; 98 St. Petersburg, Russisches Mus.; Moskau, Manège; 00 Lugano, Parco di Villa Sarolli; 01 Basel, Carzaniga & Ueker – ***Lit:*** AKL – (Red.)

Bellwinkel, Wolfgang, Fotokünstler; c/o Galerie m, Schloßstr. 1a, D-44795 Bochum, Tel. (0234) 439 97, Privat: 0171 5455486, *bellwinkel@hotmail.com*, *www.wolfgang-bellwinkel.de* (* Bochum 4.3.59) – **VG:** Bochum, Gal. m Bochum – **S:** Ausb. z. Kommunikationsdesigner (Dipl.) – **L:** 01, 02 Ngee Ann Polytechnic Singapur (LAuftr.) – **P:** DAAD-Stip. (f. Bosnien) 96; Artist in Residence d. Alliance Française (in Bangkok) – **Ve:** Dt. Fotogr. Akad. 00 – **G/T:** Fotogr. u. Film – **W:** Serie 'Nachkriegszeit' im Bes. d. Inst. f. Auslandsbeziehungen – **E:** 97 Sint-Niklaas, Sted. Mus.; Antwerpen, Prov. Mus. voor Fotogr.; 02 Singapur, Goethe-Inst.; Bochum, Gal. m Bochum – **G:** 97 Berlin, Neugerriemschneider; München, Wittenbrink; 01 Wanderausst. d. Inst. f. Auslandsbeziehungen, u. a. in Auckland, Sydney, Singapur u. Jakarta; 02 Seoul, Goethe-Inst.; 03 München, Pin. d. Mod.; 04 Erfurt, KH – **V:** W. B. u. P. M. Schäfer: Bosnia. Krieg in Europa 94 – ***Lit:*** KAT.: Das Deutsche Auge 96; Contemporary German Photography 97; Die Welt als Ganzes 00; Architektur der Obdachlosigkeit 03 – (Red.)

Belser, Andreas, Akad. Bildhauer, Holzbildhauermeister, Zeichner, Illustrator; Herzog-Wilhelm-Str. 3, D-83278 Traunstein, Tel. u. Fax (0861) 165161, *A.Belser@t-online.de* (* Gräfelfing/München 4.6.62) – **S:** 80–83 BerufsFS f. Holzbildhauerei Berchtesgaden; 87–92 ABK Nürnberg (Bildhauerei u. Zchng) – **L:** seit 90 VHS Traunstein, München u. Traunreut; Realschule St. Zeno Bad Reichenhall – **G/T:** figürl., expressive Bildhauerei (Holz, Bronze, Gips); Gedenktafeln (Bronze); Entwürfe f. Arb. in Stein; Akt-, Lsch.s-, Portr.- u. Ill.zchng – **W:** Mitarb. an Filmsets (u. a. Unendliche Geschichte); Mitarb. an Bühnenausstattungen (u. a. Staatsoper Brüssel, Oper Basel); Expo 2000 (Dt. Pavillon); Bundesgartenschau München 05 – **Ö:** Bad Aibling, Projekt Wasserläufer; Bad Kösen, Bismarckdenkmal; Traunstein, Gedenktafel f. Thomas Bernhard – **E:** 90, 95, 00, 03 Traunstein – **G:** 85, 96 Traunstein; 91 Nürnberg; 96 Esslingen

Beluha s. Haupeltshofer, Bernhard

Belz, Ulysses, Maler, Graphiker; c/o Galerie Gunzenhauser, Mauerkircherstr. 2, D-81679 München, Tel. (089) 223030, Fax 299544, *galerie-gunzenhauser@t-online.de*, *www.galerie-gunzenhauser.de; www.ulysses-belz.com* (* Mainz 12.3.58) – **VG:** München, Gunzenhauser; Tübingen, Gal. Druck & Buch – **S:** Lehre als Buchrestaurator in Essen; 80–84 Éc. Nat. Supérieure des Beaux-Arts Paris (b. J. M. Granier u. Pierre Courtin) – **G/T:** Druckgraph. (Zyklen); seit 90 Schwerpunkt Ölmalerei – **M:** Chemnitz, Slg Gunzenhauser; Coburg, KS d. Veste; Frankfurt am Main, Dt. Bank KS; Hannover, GWLB; München, Lenbachhaus; Stuttgart, Württembergische Ldesbibliothek; Wien, Kpst.-Kab. d. ABK – **E:** u. a. 87 Athen, Evmaros; Athen, Goethe-Inst.; 89 Frankfurt, Gres; 95 Madrid, Seiquer; 99 Madrid, Circulo de Bellas Artes; 00 Tübingen, Gal. Druck & Buch; 02 Riga, Lettisches Mus. f. ausländische Kunst; 03 München, Gunzenhauser – **V:** Applecake-Manifest, in: Der Reiter 90; Demokrits Feinsand, in: Rogue 90; Imagen electrónica y pintura, in: Minerva 99; Die Ewigkeit ist ein Spielendes Kind auf dem Thron. Untersuchungen zur Gegenwart des vorsokratischen Denkens (Rad.) 00 – ***Lit:*** Sabine Jung: U. B., in: Jahrbuch Künstlerhaus Schloß Balmoral 97; Harald Kimpel: Mit dem Rücken zur Wand, Ausst.kat. 03; Eduards Klavins: Realien der Elfenbeinwelt, in: Studija 02

Bemme, Erika (geb. Erika Vogt), Kunstporzellanmalerin; Wallstr. 37, D-42897 Remscheid-Lennep, Tel. u. Fax (02191) 663019, *info@erika-bemme.de*, *www.erika-bemme.de; www.porzellanmalen.com* (* Pethau, Kr. Zittau 1.6.43) – **S:** 58–63 Staatl. Porzellanmanufaktur Meißen (Ausb. z. Indischmalerin) – **L:** seit 89 freie Doz. f. Porzellanmalerei – **G/T:** Porzellanmalerei – **K:** Indischmalerei nach Meißener Art – **G:** u. a. 90 Brühl; 92 Remscheid-Lennep; 94 Radevormwald; 01 Dresden; 02, 07 Bern; 05 Potsdam – **V:** Indischmalerei auf Porzellan: mit Mustervorlagen; Techniken, Anleitungen, Beispiele 96; Porzellanmalerei – Blüten, Vögel u. Kanten: Zchngn, Entwürfe, Beispiele 03 (auch engl.)

Benazzi, Raffael, Bildhauer, Plastiker, Zeichner; Wasserwerkstr. 129, CH-8037 Zürich, Tel. 01 3 61 08 01 (* Rapperswil 22. 6. 33) – **VG:** Uznach, Gal. zur grünen Tür – **S:** 49–52 Zürich (Ausb. z. Bildhauer b. Arnold D'Altri, Alfred Huber u. Willy Stadler) – **P:** Eidgenössisches Kunst-Stip. 60; Hans-Arp-Pr. 66 – **M:** München, Neue Pin.; Schaffhausen, Mus. zu Allerheiligen; Wien, MMK Stiftung Ludwig; Winterthur, KM; Zürich, Kunsthaus – **Ö:** Biel, Gemeindezentrum Sahligut; Ermatingen, Ausb.zentrum d. Schweiz. Bank-Ges. Wolfsberg; Eschikon, Ldwirtschaftliche Schule Strickhof; Giubiasco, Pal. Postale; Kreuzlingen, ehem. Augustinerstift; Magglingen, Eidgenössisches Sportzentrum; Neukirch-Egnach, Sekundarschule; Regensberg, Gasthaus Krone; Uster, Stadtpark; Zürich, Gymnasium Rämibühl; ebda, Altenheim Sunnepark, ETH Höngersberg, Flughafen Kloten, Schweiz. Kreditanstalt, Schweiz. Bankges., Bank Julius Bär, Abraham AG – **E:** zahlr., u. a. 93 Solothurn, KM; 96 Zürich, Arteba; Zürich, Bommer; 97 Locarno, Pinacoteca; – weitere: 90 Swiss Inst. – **G:** zahlr., u. a. 78 Venedig, Bienn.; 80 Biel, 7. Schweiz. Plast.-Ausst.; 88 Aarau, Aargauer Kunsthaus – ***Lit:*** AKL; BLSK 98 – (Red.)

Bendel, Gregor (Ps.: Z pi 3), Maler, Performer, Kunstglaser, Glasbläser u. -former, Interior Designer, Medienkünstler, Textautor u. Art Consulter; Kirchstr. 17, D-53474 Kirchdaun, Tel. (0 26 41) 2 07 93 00, Mobil: 01 7 53 27 26 59, Fax (0 26 41) 2 07 93 00, *gregor.bendel@tiscali.de* (* Gimmingen/Rhld. 12. 5. 57) – **VG:** Euskirchen, Förd.ver. zeitgen. Kunst d. Kr. Euskirchen – **S:** 73–76 GlasFS Rheinbach (Kunstglaserei b. H. Hartwig u. K. Tschörner); 80–87 FHS f. Kunst u. Design Köln (Malerei b. Prof. R. Lewandowski u. Multimedia b. Prof. D. Spoerri); 82 De Oude Horn Leerdam (Heißes Glas b. W. Heesen) – **L:** 86 Europ. Art Glass Acad. Baden b. Wien (Co-Prof. f. New Glass Design); 01–02 FH Coburg (Integriertes ProduktDesign, Co-prof. f. Sponsorenprojekt: Notunterkünfte f. Katastrophengeschädigte); 02 GlasFS Kamenicky Senov/Tschechien (Video Lectures z. Glaskunst nach 62) – **P:** Zentralschweizer Glaspr. (3. Pr. Mobiles Glasbild) 80 – **Ve:** Freunde edlen Glases 86; VG Bild-Kunst 89; BBK Rh.-Pf. 90; Ver. d. Freunde u. Partner v. Kamenicky Senov 01; Arb.kr. glasig-kristalline Multifunktions-Werkstoffe 02; Morris Minor Register Dtld 02 – **KGe:** UnderDogs: G. B. u. Rolf Habel (seit 02); MaterialTestEnsemble: G. B., Rolf Habel u. Volker Hamann (seit 03) – **G/T:** Zeichn., Malerei (Aqu., Öl-Silikon Mix Tech auf Leinwand); Objektkunst, Spiegelschnittarb., Ofen-Glasobjekt, Multimedia-Install., Performance, Klangform, Slgstätigkeit, sozialer Prozess – **W:** überw. in Privatbes.; mehr als 40 Performances seit 75; mehrere Kult.veranstaltuns-Initiativen u. Koordinationen; Darsteller in Video-Spielfilmen – **M:** Coburg, KS d. Veste; Ebeltoft, Glasmus.; Frauenau, Glasmus.; Immenhausen, Glasmus.; Rheinbach, Glasmus.; Sars Poteries, Glasmus. – **Ö:** Ahrweiler, Akad. f. Notfallplanung; ebda, Kr.haus, Volksbank; Bad Neuenahr, Stadthaus; ebda, Krankenhaus, Kaufhaus Moses; Bonn, Bundesamt f. Zivilschutz; Köln, Bundesarb.gemeinschaft Dt. Kommunalversicherer – **B:** Ahrweiler: Hutung; Bonn: Haus Schroth; Heppingen/Rhld: Hutung; S'Horta/Mallorca: C'an Sard – **E:** zahlr. Ausst. seit 77, u. a. 80 Mainz, ZDF; 94 Köln, Kuratorium Dt. Altenhilfe; 01 Rheinbach, Hans-Schmitz-Haus; 02 Euskirchen, Förd.ver. zeitgen. Kunst d. Kr. Euskirchen; Coburg, Fashion and Art – **G:** zahlr. Gr.ausst. seit 75, u. a. 90 Chicago, New Art Forms; 95 Pirmasens, Kunstforum; 01 Mainz, Gal. d. BBK; 03 Remagen, LebensKunstMarkt – **V:** Journey, Ausst.begleithefte Ausgabe 1–3 (Autor) 79; Calvaria, Werkdok. (Hrsg.) 90; Sommernachtstraum, Werkdok. (Hrsg.) 96; Sreeraj Gopínathan: Über dem Horizont, Ausst.kat. (Textbeitr.) 03 – **R:** zahlr. Performance-Videodok. u. a. f. Any Ra, M. Hammes, K. Meiner, S. Roemer; – W. Arends u. a.: Das Erbe des Pharao, Video-Spielfilm (Darst.) 00; djGBs Howling Hounds Harp Sounds, Audio-CD 02; 9 Lgn Acc, Audio-Cd 03; Metall, Audio-Cd 04; W. Arends u. a.: Panik im Planetensog, Video-Spielfilm (Darst.) 04 – (Red.)

Bender, Andrea, Malerin; c/o Galerie Peter Tedden, Bilker Str. 6, D-40213 Düsseldorf, Tel. u. Fax (02 11) 13 35 28, *info@galerie-tedden.de; bender@born2web.de, www.galeri-tedden.de; www.born2web.de/bender* (* Schotten/Hessen 4. 11. 72) – **VG:** Düsseldorf, Tedden; Berlin, Denninger; Horsens/DK, Pedersen; Luxemburg, Gerlitzki; Offenbach am Main, Hühsam – **S:** 93 Städelschule Frankfurt am Main (b. Jörg Immendorff); 94–96 KHS Kassel (b. Alf Schuler); 96–99 KA Düsseldorf (b. J. Immendorff u. Dieter Krieg, 98 Meisterschülerin b. D. Krieg) – **L:** 06 HS f. angew. Wissenschaften Hamburg (Gastprofessur Pentiment) – **P:** Reisestip. d. Düsseldorfer KV & Spk. Düsseldorf 99; Stip. Künstlerhaus Edenkoben 01; DAAD Stip. Wien 04–05; Kunstpr. Aachen 05 – **G/T:** Malerei u. Zchng (figürlich) – **W:** überw. in Privatbes. u. a. Slg Benkert; Slg Merkel; Slg Tedden – **E:** 93 Gießen, Gal. Unterer Hardthof; 00, 02, 04 Düsseldorf, Tedden (jeweils Kat.); 01 Xanten, Kunstkr. Reg.mus. (Kat.); Edenkoben, Herrenhaus; 05 Offenbach, Hühsam; Aachen, Gal. Back Lane; Luxemburg, Gerlitzki; Berlin, Denninger; 06 Duisburg, Cubus KH (m. Roger Löcherbach); Düsseldorf, Tedden – **G:** u. a. 89, 99, 03, 04, 05 Düsseldorf u. Oberhausen, Tedden (jew. Kat.); 99 Luxemburg, Bay. Ldesbank: Höhe x Breite (Kat.); 00 Mönchengladbach, Banhofsvorpl. u. Abteibergmus.: zob-flag-parade (Kat.); 01 Köln, Kunst Köln (Kat.); Amsterdam, Kunstmesse; 02 Karlsruhe, Knecht: Für den Innenbereich (Kat.); Frankfurt am Main, Leinwandhaus: Klasse Krieg (Kat.); 04 Köln, ART Cologne (Kat.); 05 Düsseldorf, Große Kunstausst. NRW (Kat.); 05, 06 Aachen, Ludwig Forum (Kat.); – weitere Ausst. u. a. in: Wien, Horsens/DK u. Berlin – ***Lit:*** Bettina Brand-Claussen u. Viola Michely (Hrsg.): Irre ist weiblich (Text u. Bilderwähnung) 04 – ***LitR:*** Karl Heinz Bahls: Das Geschäft m. den Kids, Fs.beitr. WDR (Interview u. Atelierbesuch) 01

Bender, Gilbert; Voltmannstr. 169, D-33613 Bielefeld, Tel. u. Fax (05 21) 89 40 58, *gilbert.bender@worldonline.de, www.gilbert-bender.de* (* Bielefeld 9. 10. 52) – **S:** 74–79 FHS Bielefeld (Freie Graph. b. Prof. K.H. Meyer) – **L:** seit 82 Privatdoz. – **Ve:** VG Bild-Kunst 93; BBK NRW 04 – **KGe:** PING' PONG': Hannes Pohle u. G.B. (seit 83) – **G/T:** Radiästhetische Install.; Arb. in/auf/über Holz; Schwerpunktthema: Mensch – **K:** künstler. u. techn. Grundlagen, Akt, Abstr., Hschn. – **W:** Univ. Windhoek Nambibia, Coll. Tulipamwne – **M:** Gütersloh, Artothek; Portland/OR, AM (Center for Graphic Art) – **E:** zahlr. seit 79, zuletzt: 04 Bielefeld, Zentrum f. interdisziplinäre Forschung – **G:** zahlr. Bet., zuletzt: 05 Nahariya/Israel, IN KONTAKT – **R:** zuletzt: Waltraud Murauer: Halleluja Steinbruck, radiästhet. Install. + Musik (WDR 5) 05 – ***LitR:*** Thomas Mense: Kunst u. Natur. Radiästhet. Install., Portr./Dok. (WDR) 00; Thomas Mense: Murnaus Faust. Arb. dazu von G.B. (WDR) 01

Benecke, Dieter, Maler, Zeichner, Graphiker; *www.dieterbenecke.de* (* Hannover 19. 9. 28) – **VG:** Hamburg, Herold – **S:** 50–52 LdesKSch Hamburg (b. Willy Breest u. Willem Grimm) – **L:** 61–67 FHS Hamburg

(FB Gest., LAuftr. f. freie Malerei) – **Ve:** Dt. Künstlerbund 56 – **M:** Bremen, KH; Frankfurt am Main, Städel; Gelsenkirchen, SM; Hamburg, KH; Hannover, Nds. LM; Hannover, Sprengel Mus.; München, Neue Pin.; Recklinghausen, StKH; Stuttgart, SG – **E:** u. a. 80 Stuttgart, Gal. B 14; Mailand, Bozzi; 89 Hamburg, Kunstetage Mühlenkamp; 93 Hamburg, Ev. Akad.; 01 Paris, Astarté – **G:** u. a. 55 Recklinghausen, StKH; 56 Hamburg, KV Harburger Bahnhof; 57 Hamburg, KH – ***Lit:*** AKL; Schweers 02 – (Red.)

Benedek, Gabor, Architekt, Karikaturist; Kunigundenstr. 36, D-80805 München, Tel. (0 89) 3 61 54 20 (* Budapest 12. 10. 38) – **S:** TU München (Archit.) – **E:** u. a. 83 Wien, Bücher u. Kunst; 84 Frankfurt am Main, Dt. Archit.-Mus.; Stuttgart, Archit.-Gal.; 88 München, Architekturgalerie; 98 Berlin, Stühler – **G:** u. a. 93 München, MAK (Neue Slg) – ***Lit:*** AKL – (Red.)

Benesch, Hans, Maler; Schönbergstr. 11, D-79285 Ebringen, Tel. (0 76 64) 69 68, Fax 60 04 60, *kunst@atelier-benesch.de*, *www.atelier-benesch.de* (* Karlsruhe 9. 6. 46) – **S:** 66–70 Stud. Kunsterziehung in Stuttgart – **L:** 70–96 Kunsterzieher; 74–78 Kath. FHS Freiburg (LBeauftr.) – **Ve:** BBK Karlsruhe seit 85; VG Bild-Kunst seit 90 – **G/T:** Malerei, Collage, Fotogr. – **W:** überw. in Privatbes. – **M:** Emmendingen, StM Markgrafenschloß; Ettlingen, SM; Müllheim, Markgräfler Mus. – **Ö:** Bruchsal, Stadt; Ebringen, Gemeinde; Freiburg im Breisgau, Spk.; Gernsbach, Stadt; Grötzingen/Württ., Ev. Kirche; Heidelberg, Univ.; Karlsruhe, Spk.; Kraichtal-Oberöwisheim, Stadt; Nordbaden, Reg.präsidium; Schallstadt-Wolfenweiler, Gemeinde; St. Goar, Krankenhaus; Waldkirch, Spk. Elztal – **E:** 78 Waldkirch, Spk. Elztal; 84 Teningen, Zehntscheuer; 85 Staufen, Spk.; Neckarsulm, Wkst.-Gal.; 86 Endingen, Dandy; Staufen, Rombach-Scheuer; Tauberbischofsheim, KV; 87 Karlsruhe, Künstlerhausgalerie; Bad Bellingen, Gal. im Kurhaus; 88 Gernsbach, RH; 89 Staufen, Goethe-Inst.; Karlsruhe, Gal. d. Theaters Die Insel; 90 Emmendingen, Kommunale Gal.; 91 Breisach, Gal. Tullagasse; Freiburg im Breisgau, Augustiner-Mus.; Freiburg im Breisgau, Jüdische Synagoge; 92 Gelnhausen, Ambiente; Swansea, Arts Workshop Gal.; Freiburg im Breisgau, Bassler; 94 Überlingen, StG Fauler Pelz; 96 Ettlingen, Schloßmus.; Schönberg/SH, RH; Kirchnüchel, Fondermann; Lahr, StG; 97 Bruchsal, Gal. im RH; 01 Emmendingen, StG im Markgrafenschloß; 03 Müllheim, Markgräfler Mus.; Freiburg im Breisgau, lege artis – Kunst im Amtsgericht; Itzlingen, Gal. Altes RH; 04 Alpirsbach, Alpirsbacher Gal.; Waiblingen, Volksbank Rems – **G:** 72, 92 Stuttgart, Württembergischer KV; 72, 73, 87, 00 Karlsruhe, Badischer KV; in d. Jahren 85–90, 92–95, 97–02, 06 Karlsruhe, Künstlerhausgalerie; 86 Karlsruhe, Kult.markt; 86, 90 Kraichtal-Oberöwisheim, Gal. im Amtshaus; 86, 88 Wendlingen, StG; 87, 06 Karlsruhe, Kunstwettb. d. Spk.; 88 Eggenstein-Leopoldshafen, Kunstausst. d. Gemeinde; 88, 90 Karlsruhe, Europ. Kult.tage; 89 Neckarsulm, VHS; Kirn, Wilhelm-Dröscher-Haus; 90 Hannover, Messehallen Sommeratelier; Staufen, Faust-Gymnasium; 90, 94 Gernsbach, RH; 92 Halle/Saale, Gal. Marktschlößchen; 93 Titisee-Neustadt, Klösterle-Gal.; Karlsruhe, Ldesgewerbeamt; 94 Mannheim, Alte Feuerwache; Chemnitz, Neue Sä. Gal.; Halle/Saale, Opernfoyer; 94, 95, 03 Bruchsal, Gal. im RH; 96 Denzlingen b. Freiburg im Breisgau, Frühjahrsausst. d. Kult.kr.; Freiburg im Breisgau, Gal. in d. Mehlwaage; 98 Mosbach, KV Neckar-Odenwald; Hamburg, Gal. im Atrium; 99 Sigmaringen, Ldratsamt; Ettlingen, SM; 99, 02 Durlach, Orgelfabrik; 01, 05 Karlsruhe, amnesty intern.; 04 Freiburg, Gal. am Schloßberg; 04, 05 Freiburg, Ldratsamt; 05 Weil am Rhein, StG Stapflehus – **V:** Ill. in: Das Nachtcafé, Lit.zs 19/81, 20/82 u. 30/88; ; Katja Behrens: Von einem Ort zum andern, bibliophile Ausg. (Ill.) 87 – ***Lit:*** KAT.: Menschenbilder, z. Ausst. in d. Künstlerhausgal. Karlsruhe 85; Hommage an Karl Hubbuch, z. Ausst. in d. Gal. im Amtshaus Kraichtal-Oberöwisheim 86; Kunstsituation u. Künstlersein heute, Kat. zu d. Europ. Kult.tagen d. Stadt Karlsruhe 88; 1789 bis 1989. 200 Jahre Französische Revolution, z. Ausst. in d. Künstlerhausgal. Karlsruhe 88; Sommer Atelier, z. Ausst. in d. Messehallen Hannover 90; Industrie – Bauern – Zukunft, z. Ausst. z. 20-jährigen Bestehen d. Stadt Kraichtal-Oberöwisheim 91; Deutschland, alte Strukturen – neues Bewußtsein? 91; Kunst aus Karlsruhe, z. Ausst. in d. Gal. Marktschlößchen Halle/Saale 92; Kunst an Staatlichen Bauten in Baden-Württemberg 1980–1995 95; 125 Jahre BBK Karlsruhe – 20 Jahre Künstlerhaus 99; H. B. Arbeiten von 1991–2002, z. Ausst. im Markgräfler Mus. Müllheim 03; P. Martens: Markgräflerland – Künstlerland, Kunstbuch 05 – ***LitR:*** Über die Arbeiten d. Malers H. B., Südwestfunk II 86; Porträt – Der Maler H. B., Südwestfunk I 89; Studiogespräch u. Interview zur Ausst. 'Bildzeichen' im Goethe-Inst. Staufen, Schwarzwaldstudio 89; Bildzeichen u. Videoinstallationen, Bericht z. Ausst. in d. Kommunalen Gal. Emmendingen, Südwestfunk I 90; Im Atelier d. Malers Hans Benesch, in: Kultur in Baden-Württemberg, Südwestfunk IV 92; Bildgedanken – Eine Ausst. in der Städtischen Gal. Lahr, in: Kultur, Südwestfunk II 96

Bengen, Harm, Comiczeichner, Cartoonist, Graphiker; *harmbengen@web.de*, *www.harmbengen.de* (* Arle 25. 3. 55) – **S:** 75–79 HS f. Gest. Bremen – **Ve:** ver.di – Fachgr. Bild. Kunst 71; Interessenverb. Comic (ICOM) 86 – **G/T:** Comic (Erotik, Satire, Funny); Cartoon (alle Themen) – **V:** COMICS: Moona Laser – Die Bruderschaft der Dunkelheit 88; Störtebeker 93; Sandra Bodyshelly, Ser. (erot. Vampir-Comedy), Bd 1–8 90–04; Ulfert – Ein Original mit Untertiteln, Strip-Slg 93 – COMICS IN ANTHOLOGIEN: Nobody is perfect 86; Mongobalem 89; Einer wie ich 91; Dabei sein ist alle(s) 92; Ein Tag wie jeder andere 92; Kein schöner Land 92 – CARTOONB.: Chronik d. Wahnsinns 87; Alle sitzen auf der Dampfwalze 88; Die Zauberflöte 88; Traumberuf Büstenhalter 90; Alle warten auf den weißen Hai 90; Noch mehr chronischer Wahnsinn 92; Wollen sie eine Tüte 03; Alltagsskizzen 05 – CARTOONS IN ANTHOLOGIEN: u. a. Toleranz; Alles Müll – oder was; Sport; Menschen – Medien – Mutationen; Von Aalglatt bis Zoni; Schreckliche Bilder; Happy Birthday to Juhu; Ein Buch – ihr Arschlöcher; Besemmelt; Semmels Satire Sammelsurium

Benger, Werhild; Grillhofweg 12, A-6080 Igls-Vill, *werhild.benger@24on.cc*, *www.photon.at/~wbenger/* (* Berlin 5. 3. 33) – **S:** Univ. Innsbruck (Seniorenstud. Kunstgesch.); Sommerakad. Trier; Intern. Sommerakad. f. Bild. Künste Salzburg; Intern. Sommerakad. Art Didacta Innsbruck – **P:** Kunstförd. Innsbruck – **Ve:** Intern. Künstlerbund Tirol – **G/T:** Malerei (Hinterglas, Acryl, Bauern-); Restaurieren (Gold); Bildhauerarb. (Holz, Gips, Portr.); Hschn.; Mosaikentwürfe; Glasfenster; Aqu.; eigene Drehbücher – **W:** in Privatbes. – **Ö:** Bad Hall, Kurzentrum; Innsbruck, VHS – **E:** 5 in Tirol – **G:** 10 Bet. in Öst. u. Ital. – ***Lit:*** div. Kat. u. Rezensionen

Bengesser, Waltraut s. Cooper, Waltraut

Bentz, Roland, Maler, Radierer, Meisterschüler; Stuttgarter Str. 84, D-74321 Bietigheim-Bissingen, Tel. (0 71 42) 6 25 78, Fax 5 71 14, *rolbentz@t-online.de*, *www.roland-bentz.de* (* Bietigheim/Württemberg 1. 4. 50) – **VG:** Stuttgart, Inter Art – **S:** KA Karlsruhe (Meisterschüler b. Prof. G. Meyer, im FB Rad. Schüler

v. A. Steinert) – **L:** 88–92 KSch Henneberg (FB Rad.) – **Ve:** VBKW; Inter Art Stuttgart; KV Karlsruhe; KV Böblingen; KV Ludwigsburg; KV Stuttgart – **KGr:** Künstlergilde Buslat; Künstlergilde Esslingen – **KGe:** R. B. u. Hiroshi Shimomura; R. B. u. Phill Collins; R. B. u. G. Meyer; R. B. u. Bodil Hagbrink – **G/T:** Graph. (Materialdruck, Rad.); Malerei (Acryl, Aqu.); vorw. Arb. auf Papier – **M:** Bietigheim-Bissingen, StG; Karlsruhe, SKH (Graph. Slg); Stuttgart, SG (Graph. Slg) – **E:** / G: 94 Regensburg, Ostdt. Gal.; 95 München, Hotel Prinz; Herrenberg, Hotel Residence; Frankfurt am Main, Atricom; Ludwigsburg, Werkzentrum Weststadt; 96 Pforzheim, Künstlergilde Buslatt; Tokio, Axis; 97 Ludwigsburg, Rogall; Hamburg, Ars-Terra; Weinstadt, La Nove; Überlingen, Klinik Buchinger; 99 St. Oswald, Grashöfle; Stuttgart, Geno-Haus; 00 Freiberg, RH; Bietigheim-Bissingen, Volksbank Ludwigsburg; Stuttgart, Inter Art; 01 Bietigheim-Bissingen, StG; 02 Markgröningen, Herrenküferei; Murr, RH; Kleebronn, Gal. im Schlupfwinkel; 03 Stuttgart-Vaihingen, Fraunhoferinst.; 04 Neuschönau, Hans-Eisenmann-Haus – ***Lit:*** u. a. Monogr. 82, 92, 96; Retrospektive 01; Ausst.kat. – ***LitR:*** mehrere Videos u. RF – (Red.)

Benz, Max, Maler, Bildhauer; *www.maxbenz.de* (* Köln 12. 6. 68) – **VG:** Köln, Jansen – **S:** 91–97 KA Düsseldorf (Meisterschüler v. Markus Lüpertz) – **G/T:** Malerei, Skulpt., Install. – **W:** überw. in Privatbes. – **E:** 96 Köln, Knauf; 97 Köln, Lifta Halle; 99 Berlin, Rudolph; 99, 01, 03 Köln, Jansen; 01 Köln, Kunst Köln; 02, 04 Frankfurt am Main, Art Frankfurt – **G:** zahlr. Bet. seit 96, u. a. 98 Gorleben, Westwendischer KV; 02, 03 Köln, SM; 03 Stuttgart, Naumann – (Red.)

Benz, Tine, Bild. Künstlerin, Malerin; Berlin, *info @tinebenz.de*, *www.tinebenz.de*. c/o Gal. Jette Rudolph, Zimmerstr. 90–91, li. SF 2.OG, D-10117 Berlin (* Neuss 69) – **VG:** Berlin, Rudolph – **S:** 93–00 UdK Berlin (Meisterkl. f. Malerei b. Prof. Georg Baselitz) – **P:** Stip. Chelsea College of Art London 97; DAAD-Stip. Rotterdam 02; Kunst am Bau, GASAG Berlin 03; Art in Architect., Bayer AG 06 – **G/T:** geometr. abstr. Malerei; Klebeband-Install.; Collagen – **W:** Klebeband-Collage Install. u. a. TIAF Toronto, Art Frankfurt, Art Forum Berlin; – Werke in Privatslgn in Köln, Düsseldorf, Hamburg, München u. Berlin – **M:** Istanbul, Elgiz Mus. of Contemp. Art – **Ö:** Berlin, GASAG; Berlin, Hotel Künstlerheim Luise; Leverkusen, Bayer AG – **E:** 03, 06 Berlin, Rudolph; 04 Frankfurt am Main, Art Frankfurt; 05 Dortmund, KV; Berlin, Art Forum – **G:** 02 Berlin, Schultz; 03 London, Cell Project Space; 04 Hamminkeln, Schloß Ringenberg; Turin, Artissima 11; Toronto, Gall. Greener Pastures; 05 Rotterdam, Art Rotterdam; Berlin, Kunstfabrik am Flutgraben; 06 Istanbul, Mus. Elgiz; Leverkusen, Bayer AG: Art in archit.; München, DIN A 4 Projekt – ***Lit:*** T.B. From here to galaxy, Ausst.kat. KV Dortmund 05

Benzler, Christel s. Blume-Benzler, Christel

Beppler, Lucie, Zeichnerin, Fotografin, Plastikerin; Scheidswaldstr. 53, D-60385 Frankfurt am Main, Tel. (0 69) 44 95 94, Mobil: 0 17 74 69 33 09, *beppler@web.de*, *www.luciebeppler.de* (* Wetzlar/Lahn 4. 7. 61) – **S:** 81–86 Justus-Liebig-Univ. Gießen (Kunst u. Germanistik); 85–93 Städelschule Frankfurt am Main – **P:** Förd.pr. d. Frankfurter Künstlerhilfe 96; Atelierstip. Frankfurt 99; Kunstförd.pr. ELIGO-UBS München 00; Maria-Sibylla-Merian-Pr. 01 – **W:** im Bes. d. ING Fine Arts Department Brüssel – **M:** Budapest, Hungarian Mus. of Photogr.; Darmstadt, Hess. LM; Frankfurt am Main, Amt f. Wiss. u. Kunst; Frankfurt am Main, Dt. Bank KS; Frankfurt am Main, MMK; Frankfurt am Main, Städel (Graph. Slg); München, Hypo Ver.bank; Seoul, Mus. of Photogr. – **E:** u. a. 02 Wetzlar, Stadthaus am Dom; 03 Darmstadt, Hess. LM (Kat.); 04 Saarbrücken, Stadt-Gal.; Gießen, Neuer KV; 05 Rodgau, Leßmann & Lenser; Seoul, Photo Gall. Kimyoungseob; 06 Liestal, KH Palazzo (m. Anke Röhrscheid u. Elly Strik) – sowie: 03 Washington u. Paris, Collaborative HIV Research – **G:** zuletzt u. a. 01 Frankfurt am Main, MMK: Szenenwechsel XIX; 03 Frankfurt am Main, Kunst im Savoy; 04 Fellbach, Trienn. d. Kleinplast.; Frankfurt am Main, Fotogr. Forum Intern.: Relating to Photogr.; 04, 05 Frankfurt am Main, Ausst.halle 1A; 05 London, VTO Gall.: From our Cold Hands; Frankfurt am Main, Detterer; 06 Darmstadt, Hess. LM (Kat.); Frankfurt am Main, Städel (GrS): Bleistift; Liestal, KH Palazzo – ***Lit:*** Art, Kunstmag., 12 05

Berber, Mersad, Maler; c/o Galerie Haas-Hoeppner, Huyssenallee 70, D-45128 Essen, Tel. (02 01) 22 28 80, Fax 22 87 19, *kontakt@galerie-hoeppner.de*, *www.galerie-hoeppner.de* (* Petrovac 40) – **VG:** Essen, Haas-Hoeppner – **S:** 63 Ljubljana (Promotion); 78 Sarajevo (Prof.) – **P:** u. a. Bienn. Triest (1. Pr.) 71; Bienn. Sao Paulo (1. Pr.) 72; Großer Pr. d. NM Warschau 74; Großer Pr. Florenz 74; Bienn. Tokio (Ehrenpr.) 76; Grand Prix Intern. Monte Carlo 76; Großer Pr. d. Trienn. Neu Dehli 76; Med. d'or Madrid 82 – **Ve:** Akad. d. Schönen Künste Rom (EM) – **W:** zahlr. Arb. in privaten u. öff. Slgn im In- u. Ausld, Bühnenbilder – **M:** London, Tate Coll. – **E:** / G: 84 Hamburg, Hoeppner; 86 Marburg, Univ.-Mus.; 93, 99 Frankfurt am Main, Hoeppner; 94 Essen, Haas-Hoeppner – (Red.)

Berchtold, Eleonore A., Malerin; c/o Galerie Piccadilly, Wolfgang-Brumme-Allee 16, D-71034 Böblingen, Tel. (0 70 31) 23 45 47, Fax 22 18 80 (* Landsberg/ Lech 14. 3. 39) – **VG:** Böblingen, Piccadilly – **S:** 62–68 KSch München; 68–74 ABK Nürnberg – **P:** Akad. Pr. 71, 72, 73 – **G/T:** Portr.malerei – **Ö:** Berlin, Bundestag; München, Justizpalast; München, Schule – **E:** Bonn, Dt. Parlamentarische Ges.; Bonn, Bay. Ldesvertretung; München, Altes RH; Erlangen, Siemens sowie in Südafrika, Öst. u. d. Niederl. – **G:** zahlr. Ausst.bet. in Dtld – (Red.)

Berendt, Frank, Maler, Videokünstler; Schlegelstr. 6, D-04275 Leipzig, Tel. Mobil 01 78–1 80 42 84, Tel. u. Fax (03 41) 3 08 18 97, *frankberendt@web.de*, *www.dogenhaus.de* (* Leipzig 26. 3. 64) – **VG:** Leipzig, Dogenhaus Gal. – **S:** 88–95 HGB Leipzig (Malerei u. Graph. b. Prof. Arno Rink, Videokunst, Meisterschüler b. Prof. R. U. Bühler) – **P:** Graduiertenstip. d. Ldes Sa. 94, 95; Stip. d. Kult.amtes Frankfurt am Main 94 – **KGr:** T.O.L. (88–95) – **G/T:** gegenständl., figurat. Malerei (zeitgen. Themen, kontemplative Stimmungen); Videoarb. (kontemplativer Anspruch) – **W:** überw. in Privatbes., im Bes. d. Slg Dt. Bank, d. Slg Spk., d. Slg Ferngas AG; zahlr. Performances – **E:** zahlr. seit 93, u. a. 93, 96, 03, 06 (Kat.) Leipzig, Dogenhaus Gal.; 03 Burgk, Schloßmus. – **G:** zahlr. seit 92, u. a. 92 Bonn, Kunst- und Ausst.halle d. BRD; 93 Tel Aviv, F. Mann Auditorium; Altenburg, Lindenau-Mus.; 94 Leipzig, Medienbienn.; seit 94 Frankfurt am Main, Art Frankfurt; Köln, Art Cologne; Brüssel, Art Brussels; Bologna, Arte Fiera; 96 Wiesbaden, Blue Box; Warschau, CSW; Bremen, Neues Mus. Weserburg; Fribourg; Hongkong, Goethe-Inst.; 01 Rastatt, Gal. Fruchthalle; 02 Leipzig, Gal. B2; Leipzig, KH Spk.: Zweidimensionale (Kat.); 06 Hamm, Haindorf; New York, KLF Space Project; Basel, Art Basel – **R:** Videoarb. als Festivalbeitr. 93–96, u. a. AVE-Festival Arnheim 93, 94, 95; UNS 93; Fenster 93; Steinwurf 95; European Media Art Festival 95; SHO 95 – ***Lit:*** AUSST.KAT.: Dogenhaus Gal. 94; D. Daniels: Minima Media 95; H.

Nöhring, A. Rotert u. R. Sausmikat: EMAF 95; Lichtung 96; Kat. d. Jahresausst. Leipziger Künstler 97; A. Grigoteit: Landschaften eines Jh. 99; – weitere: Oper Leipzig: Instand Recognition 94; Bildende Künstler in Leipzig 06

Berent, Hella, Malerin; lebt in Köln (* Thedinghausen 22. 1. 48) – **VG:** Köln, van der grinten gal. – **S:** 68–76 Univ. u. HBK Hamburg (Kunsterziehung, Psychologie u. Kunst) – **L:** 92 Intern. Akad. f. Kunst u. Gest. Hamburg (Gastprof.) – **P:** DAAD-Stip. 77–79; Villa-Massimo-Stip. 85–88; Stift. Kunstfonds – Arb.- u. Projektstip. 87; Artist in Residence 98 – **M:** Bielefeld, KH; Bonn, Artothek im KV; Bremen, Neues Mus. Weserburg; Hamburg, KH; Köln, Mus. Ludwig; München, Lenbachhaus – **E:** zahlr., u. a. 92 Rom, La Nuova Pesa; 97 Perugia, Centro espositivo della Provincia; 97, 02 Bremen, Gal. Beim Steinernen Kreuz; 99 Köln, Mueller; 00 Köln, Büro f. Fotos – **G:** zahlr., u. a. 86 Köln, KV; 99 Brunico, Artefacta; Neapel, Cuma – ***Lit:*** AKL; Reclams Künstlerlex. 02 – (Red.)

Berest, Gabriela, Malerin; c/o Künstlerhaus Rumeln-Kaldenhausen, Düsseldorfer Str. 148, D-47239 Duisburg. c/o IB – ISABEL BILBAO – Galeria de Arte, Virgen del Pilar 9, E-03720 Javea/Alicante, Tel. u. Fax 00 34–9 65 79 22 72, *ibgaleri@ibgaleri.com, www.isabelbilbao.com; www.gabriela-berest.net* (* Leipzig) – **VG:** Javea, IB Isabel Bilbao – **S:** 81–84 F + F Schule f. exper. Gest. Zürich; 88–91 Accad. di Belle Arti di Brera Mailand (Stud. d. Malerei) – **Ve:** GEDOK Ndrh.-Ruhr 91; FDK Freie Duisburger Künstler; Vrg Zuger Künstler bis 00 – **G/T:** Malerei; Install.; Fotogr. – **Ö:** Duisburg, Sachtleben Chemie; Ibiza, Trustagroup; Lugano, Publicitas; Zürich, Migros; Zug, kantonales Reg.gebäude; Slg Andermatt – **E:** 85 Zürich, Gall. d'Arte 10; 90 Duisburg, Cubus KH; 90–91 Duisburg, Sachtleben Chemie; 91 Zürich, Install. vor d. Kunsthaus; 92 Hirzel, Gal. unter den Arkaden; Zürich, Wengihof; 96, 99 Javea, IB Isabel Bilbao; Zug, Renggli; 97 Zürich, One Room Gall.; 98 Krefeld, Kult.fabrik; 03 Jalon/Alicante, Moli; 04 Altea/Alicante, Melia Altea Hills Resort; 04, 05, 06 Duisburg, Offenes Atelier – **G:** seit 82 zahlr. Bet. im In- u. Ausland, u. a. 91, 95 Moers, StG Peschkenhaus; 93 Siegburg, Torhaus-Mus.; 97 Leipzig, Haus d. Buches; 99 Zug, Mus. Burg; 02 Duisburg, Wilhelm-Lehmbruck-Mus.; 03 Dinslaken, Mus. Voswinckelshof; Benissa/Alicante, Casa de Cultura: VIII Certamen de Pintura S. Soria; 03, 05 Wesel, Gal. im alten Wasserwerk; 04 Teleuda/Alicante, Casa de Cultura; Alicante, Univ.: XXI Premi de Pintura; 05 Javea, IB Isabel Bilbao; 06 Duisburg, Cubus KH – ***Lit:*** AUSST.KAT.: Heinrich v. Kleist-Retzow, Claudia Schäfer (Texte): Rückkehr, Duisb. 99/91; Paula Marty (Text): Weg der Frau 92; Paolo Bianchi, C. Schäfer (Texte): Kunstkarawane, Station Düsseldorf 92; Handbuch d. Editionen 95/96; Sabine Weder Arlitt (Text): G.B. Babylon 96; VIII Certamen de Pintura S. Soria 03; Jaume Fullana Mestre, Isabel Bilbao (Texte): Las reinas de las copas 03

Berg, Christoph van den; *studer_vdberg@datacomm.ch* (* Basel 62) – **VG:** Basel, Krupp – **L:** 03 KHS Kassel (Gastprof.) – **P:** Pr. d. Kt. Luzern 93; Artist in Residence (f. Basel) 93, 97; Alexander-Clavel-Pr. 95; Cité Intern. d. Arts Paris 96, 97; Tapiola Guest Studios Helsinki 98; Swiss Federal Fine Art Pr. 00; Stip. d. Zuger Kult.stift. Landis & Gyr 04, 05 – **KGe:** C.v.d.B. u. Monica Studer (seit 91) – **E:** alle zus. m. Monica Studer: u. a. 92 Basel, Filiale; 95 Genf, Centre d'Art Contemp.; 96 Zürich, Kleines Helmhaus; 97 Moutier, Mus. jurassien des Beaux-Arts; 99 Liestal, KH Palazzo; 01 Muttenz, Kunsthaus Baselld; 02 Esslingen, StG Villa Merkel; Basel, Krupp; 03 Ermatingen, Wolfsberg Executive Development Centre; 05 Solothurn, KM; Newcastle, BALTIC Centre of Contemp. Art; Basel, Kunstforum Baloise; 06 Sélestat, Fonds Rég. d'Art Contemp. Alsace – (Red.)

Berg, Hans-Joachim, Maler u. Bildhauer; Beim Kalbsbrunnen 4a, D-77654 Offenburg, Tel. (07 81) 3 40 31, *atelier.berg@t-online.de, www.atelier-berg.de* (* Offenburg 2. 3. 51) – **G/T:** Malerei (Öl, Acryl, Pastell, Aqu., Akt, Portr., Stilleben u. Landschaft); Objektkunst (Holz, Stein) – **K:** private Lehrgänge im Atelier – **W:** überw. in Privatbes. – **E:** mehr als 25 Einzelausst., u. a. 94 Bühl, Kunstpr. d. Stadt; 97 Saarbrücken, Artforum; 00 Offenburg, ORFA – **G:** ca. 5 Ausst.bet. – ***Lit:*** Der Kunstkatalog, Saarbrücken 97; – sowie mehrere Art. in: Offenburger Tageblatt, Badische Ztg, Mittelbadische Presse, Lahrer Ztg, Stadtanzeiger, Der Guller u. Der Kurier – (Red.)

Berg, Karl R., Glaskünstler; Kohlwies 15, D-94110 Wegscheid, Tel. u. Fax (0 85 92) 87 25, *berg.karl@t-online.de, www.bildende-kunst-online.de/berg* (* Wolfach/Schwarzwald 29. 1. 43) – **VG:** u. a. Amsterdam, Kuhler; München, First Glas Gal.; Drachselried/Bayr. Wald, Herrmann; Wien, Neusser – **S:** 57–60 Dorotheenhütte Wolfach (Ausb. zum Hohlglasfeinschleifer); 60–62 Staatliche GlasFS Zwiesel (Glasgestalter); 62–68 ABK München (Glasgest. b. Prof Alois F. Gangkofner); 80 Meisterprüfung als Hohlglasfeinschleifer – **P:** E.pr. World Glass 82; Urkunde f. hervorragende Leistungen im Rahmen d. Ausst. 'Zweiter Coburger Glaspr. f. mod. Glasgest. in Europa' 85 – **G/T:** Objekte (aus opt. Glas); strenge, meist symmetr. Formen – **M:** Berlin, KGM; Coburg, KS d. Veste; Corning/NY, Mus. of Glass; Düsseldorf, Mus. Kunst Pal.; Hamburg, MKG; Karlsruhe, Badisches LM; Köln, MAK; Lausanne, Mus. de Design et d'Arts Appliqués Contemp.; Sapporo, Hokkaido Mus. of Mod. Art; Stuttgart, Württembergisches LM; Toledo/OH, Mus. of Art – **E:** 83 Los Angeles, Glass Gall. Octabec; 87 Toronto, Glass Art Gall. – **G:** seit 77 zahlr. Bet. im In- u. Ausld, u. a. 79 München, Haus d. Kunst; 80 Kyōto, NM of Mod. Art; 81 Sapporo, Hokkaido Mus. of Mod. Art; 82 Düsseldorf, Mus. Kunst Pal.; 86 Lausanne, Mus. des Arts Décoratifs; 87 Frankfurt am Main, MAK; Hannover, Kestner-Mus.; 90, 91 Frankfurt am Main, Leipzig, Hannover, V. Trienn.; 00 Immenhausen, Glasmus.; 02 Uelzen, 1. Intern. Uelzer Glaskunstpr.; 03 Kümmersbruck, Schloß Theuern; Immenhausen, Glasmus. – ***Lit:*** Neuerwerbungen Coburg 79; Glass in the Modern World 81; Neues Glas 82; The Glass 2 84; Schott Information 88; Der Gläserne Wald 88; Art Aurea 89; Four Seasons 89; Museum für mod. Glas 89; The Survey of Glass in the World 92; Neues Glas 97; Klaus Weschenfelder (Hrsg.) u. Clementine Schack v. Wittenau: Neues Glas u. Studioglas (KS d. Veste Coburg) 05

Berg-Schaller, Edda; Untere Hauptstr. 70, A-7453 Steinberg-Dörfl, Tel. (0 26 12) 82 33 – **G/T:** Malerei, Graph. – (Red.)

Bergemann, Sibylle, Fotografin; c/o Ostkreuz – Agentur d. Fotografen, Greifswalder Str. 216, D-10405 Berlin. Margaretenhof 25, D-16775 Gransee, Tel. (0 33 06) 2 88 95 (* Berlin 29. 8. 41) – **S:** 66 Fotogr. b. Arno Fischer – **P:** Arb.stip. d. Berliner Senats 97 – **Ve:** VBK DDR 79; Fotoagentur Ostkreuz 90 – **G/T:** Fotogr. (Portr.stud., Modefotogr.) – **M:** Berlin, Berlinische Gal.; Berlin, DHM; Cottbus, Brandenburgische KS; Dortmund, Mus. f. Kunst u. Kult.gesch.; Lausanne, Mus. de l'Elysée – **E:** u. a. 78 Berlin, Gal. Berlin; 81 Dresden, Neue Dresdner Gal.; 87 Berlin, Club d. Kult.schaffenden; 90 Berlin, Werkbund-Gal.; 91 Douchy, Centre

Rég. de la Photogr. Nord Pas-de-Calais; 93 Berlin, Dt. Hist. Mus.; 94 Berlin, Kult.brauerei; 96 Nancy, Goethe-Inst.; Nancy, Theaterman.; 97 Berlin, Postfuhramt; Berlin, Willy-Brandt-Haus; 98 Hannover, Haus d. Fotogr.; 99 Berlin, Kreuzberg-Mus. – **G:** u. a. 86 Cottbus, Staatl. Kunst-Slgn; 89 Wien, HS f. angew. Kunst; 90 Hamburg, PPS; Berlin, Mus. f. Dt. Gesch.; 92 Dortmund, Mus. f. Kunst u. Kult.gesch.; Berlin, Berlinische Gal.; Berlin, IfA-Gal.; 93 Berlin, Dt. Hist. Mus.; 99 Boston/Mass., Photographie Resource Center; 00 Berlin; Dresden, Dt. Hygiene-Mus.; Kassel, KV; 01 Templin, Foyer-Gal.; 03 Berlin, NG; Erfurt, Gal. Waidwerk; São Paulo, Pin.; 03, 06 Hamburg, Deichtorhallen; 04 Berlin, Gal. argus fotokunst; 05 Leipzig, Gal. f. Zeitgen. Kunst; Berlin, Willy-Brandt-Haus; Berlin, Pfefferberg; 06 Köln, Käthe Kollwitz Mus.; Berlin, AK; Hamburg, Morat; 07 Braunschweig, Mus. f. Photogr. – **V:** Fotogr., u. a. f. Zeitmag., Stern, Spiegel, Merian, N.Y. Times Mag., Tages- u. Wochenztgn – ***Lit:*** AKL; Koetzle 02; Kunst in der DDR 03

Berger, Babette; Attinghausenstr. 21, CH-3014 Bern, Tel. 0 313 33 77 71 (* Bern 30. 7. 64) – **S:** 85 KA Düsseldorf (Gastsem. Bühnenbild); 87–89 Schule f. Gest. Bern (Kl. f. Bild. Kunst) – **P:** Stip. d. Louise Aeschlimann u. Margareta Corti Stift. 95; Bürgi-Willert-Pr. 98 – **G/T:** Malerei; Graph. (Zeichn., Druck); Install.; Mixed Media – **E:** 89, 90, 92, 95, 96, 98 Bern, Suti Gal. und Edition; 90 Langenthal, Gal. Chrämerhus; 96 Solothurn, Konsumbäckerei; 03 Olten, KM – **G:** zuletzt u. a. 98 Bern, KM; Zürich, Kunsthaus; Frankfurt am Main, Schirn; Zürich, Hotel; 99 Zürich, Helmhaus – ***Lit:*** BLSK 98 – (Red.)

Berger, Erdmute s. Gündisch, Bibi

Berger, Gerda (Gerda Elsa Berger, Sign. u. Ps. f. Malerei: Bergerda, Ps. f. Lyrik: Gesa Lindenfels, geb. Gerda Pauker), Malerin (Malerei, Künstlerb., Collagen, Graph., Fotogr., Performance); Tel. u. Fax (0 30) 7 92 81 66, *www.kulturatlasoberfranken.de; www.verein-berliner-kuenstler.de* (* Selb-Erkersreuth/ Ofr. 14. 9. 45) – **VG:** Berlin, Lange – **S:** 62–65 Selb (Bildhauerei b. Gunter Granget); 75–80 HdK Berlin (Malerei u. Maltechnik); 95–98 ebda (Kunst im Kontext); 98–99 CIMdata Berlin (Multimedia, Computergraph.) – **L:** 97–99 Kult.amt Berlin-Neukölln (Workshops) – **P:** Plakatwettb. zu 12. u. 14. Steglitzer Kunsttagen (1. Pr.) 91, 93 – **Ve:** BBK 81–01; Ver. Berliner Künstler 94; VG Bild-Kunst 04 – **KGr:** QUER (seit 00) – **KGe:** QUER: G.B., Reinhard Bitter, Ulrike Frank u. Hella Horstmeier; Nase vorn und zu Fuß (01); treppauf treppab (02); brücken und ufern (04); Widerhall (05) – **G/T:** Informel; figürl. Abstr. (Acryl, Öl, Mischtechnik); Künstlerb.; Collagen; Objekte; Graph. – **W:** in öff. u. privaten Slgn – **Ö:** Berlin, Bundesmin. f. Verteidigung; ebda, Min.büro Artothek – **E:** seit 92, u. a. 92 Berlin, Kunstamt Steglitz (Kat.); 93 Selb, Kult.-amt; 94 Berlin, Max-Planck-Inst.; Jevenstedt, Art Hus (m. Antoni Tàpies, Josep Vallribera u. Bernhard Lehmann); 94–97 Berlin, Ver. Berliner Künstler; 96 Berlin, Gal. im RH Schöneberg; 97 Berlin, Kunstraum Wedding; 98 Selb, Rosenthaltheater; Berlin, Univ.klinikum Benjamin Franklin; Berlin, HdK; 99, 02 Berlin, Lange; 00 Berlin, Bundesmin. f. Verteidigung; 01 Berlin, Verborgenes Mus.; Berlin, Schwartzsche Villa (Kat.); 02 Berlin, Kult.haus Spandau; 03 Berlin, Kommunale Gal. Wilmersdorf; 05 Berlin, GEHAG Forum; Zehdenick, Klostergal.; 06 Berlin, Charité; Berlin-Niederschönhausen, Solitaire; Berlin-Wannsee, Haus d. Stille; – sowie: 05 Brandenburg, Doberluk, Frankfurt/Oder u. Potsdam, Der Himmel auf Erden? Verkündigungen in der zeitgen. Kunst (Kat.) – **G:** u. a. 95, 97 Berlin, KH: Jahresausst. d. Ver. Berliner Künstler (Kat.); 96 Berlin, Investitionsbank; 01 Berlin, Gal. Nord: Berliner Papiere; 02 Berlin, Ephraim-Pal.: Hommage à Berlin (Kat.); 03, 04 Berlin, Königliche Porzellan-Man.: Zeitgen.; 06 Kassel, Verkündigungen; Berlin, VBK-Gal.: High-lights; Berlin, Kommunale Gal. Wilmersdorf: Heimatbilder – ***Lit:*** Gedok Berlin 81; Inge Huber: Zur Physiologie der bild. Kunst. Künstlerinnen Multiplikatorinnen Kunsthistorikerinnen 85–87; Karoline Müller (Hrsg.): Künstlerinnenlex. 87; Kurt Bütow (Hrsg.): Europ. Künstlerlex., Bd I 95; Ver. Berliner Künstler, layered hist. III 02; Zeitgen., CD u. Booklet 03; G.B. Artist Booklet 05; G.B. Zeitreise 06

Berger, Sybille, Malerin; Flat 2, 64 Cranwich Road, London N16 5JF, Tel. (02 08) 8 09 47 29, *sybilleberger @onetel.com* (* Stuttgart 21. 5. 62) – **VG:** Bochum, Gal. m Bochum; Stuttgart, Hollenbach – **S:** 93–95 Goldsmiths' College London (MA Fine Art) – **P:** Nat. West Art Pr., London (shortlisted) 98; London Arts Board (Award) 00 – **G/T:** Malerei (geometrische Abstr.) – **W:** zahlr. Werke in Privatbes. – **M:** Berlin, Slg Braunfels; London, British Council; London, John Moores Collection – **Ö:** London, Earls Court Olympia Center; ebda, FSA Art Collection – **B:** Stuttgart: Haus d. Bauens – **E:** 92 Stuttgart, Haus d. Bauens; 04 Bochum, Gal. m Bochum; 05 Cornwall, Newlyn Art Gall. – **G:** u. a. 91 Berlin, HdK (Zislaweng); 92 Berlin, Kunst Büro; 94 London, Chisenhale Gall.; 96 Liverpool, Tate Gall.; 97 London, Graham-Dixon Gall.; 98 London, Tannery; 99 London, Jerwood Space; 00 Kopenhagen, Charlottenborg; London, Nylon Gall.; Berlin, Fahnemann; 00, 03 Stuttgart, Hollenbach; 01 Preston, Harris Mus. and AG; 02 São Paulo, Bienn. – ***Lit:*** zahlr. Beitr. in Zss u. Ztgn, u. a.: Sue Hubbard: S. B. and Caroline de Lannoy, in: Time Out 23–31.7.96; Künstler Guide. S. B., in: Amica Juni/97; William Feaver: Whitechapel Open, in: Time Out 15.4.98; Adrian Searle: Dumb and Dumber, in: The Guardian 1.12.98; William Packer: Dumb by name but not by nature, in: Financial Times 12.1.99; J. J. Charlesworth: The Raft, in: Art Monthly März/00; Peter Michael Hornung: Fladt og rummeligt, in: Politiken 23.6.00 – ***LitR:*** Eckhardt Berkenbusch: Stripes, BBC World 99 – (Red.)

Berger, Ueli, Bildhauer; Burgfeldweg 1, CH-3423 Ersigen, Tel. u. Fax 03 44 45 32 55 (* Bern 7. 5. 37) – **VG:** Bern, Haldemann – **S:** Lehre als Maler – **L:** 82–85 ETH Zürich (LAuftr. f. Plast. Gest.); 87–93 Schule f. Gest. Bern (LAuftr., Fachkl. Freie Kunst) – **P:** Eidgenössisches Stip. f. Angew. Kunst 61, 70, 71; Kunststip. d. Kt. Bern 67, 68, 71 – **KGr:** Bern 66 – **KGe:** U. B. u. Susi Berger-Wyss – **G/T:** Malerei, Skulpt., Aktionen u. Interventionen (im öff. Raum u. im archit. Kontext) – **M:** Bern, KM; Bern, Slg d. Stadt; Biel, Slg d. Stadt; Thun, KM – **Ö:** Basel, Brüglingen-Park – **E:** zahlr. Ausst., u. a. 93 Biel, Kunsthaus Centre Pasquart; Neuchâtel, Mus. d'Art et d'Hist. – ***Lit:*** AKL; BLSK 98 – (Red.)

Bergerda s. Berger, Gerda

Berges, Werner, Maler, Graphiker u. Bildhauer; Scheuerleweg 3, D-79227 Schallstadt, Tel. 6 08 17, Fax (0 76 64) 6 02 99, *werner.berges@web.de, www. wernerberges.de* (* Cloppenburg 7. 12. 41) – **VG:** Allschwil, Aphold; Hannover, Kunsthaus; Filderstadt, Domberger; Freiburg im Breisgau, Gal. Pro Arte; Hamburg, Levy – **S:** 60–63 Staatl. KSch Bremen; 63–68 HBK Berlin (Meisterkl. Prof. A. Camaro) – **P:** Pr. Neues Forum Bremen 65; Burda-Pr. f. Graph. 67; Stip. Bild. Kunst d. Studienstift. d. Dt. Volkes 67; Förd.pr. d. Ldes Nds. Hannover 69; Pr. d. Oldenburgstift. 70; Regiopr. Basel 81; Carl Djerassi Honorary Fellowship USA

85 – **Ve:** Dt. Künstlerbund – **KGr:** Grossgörschen 35 (Berlin, 66–69); Künstlerbund BW – **M:** Berlin, Kpst.-Kab.; Berlin, Slg d. BRD; Bochum, Mus.; Bonn, KM; Bonn, StKS; Bremen, KH; Cloppenburg, Mus.dorf; Dresden, Kpst.-Kab.; Freiburg im Breisgau, Augustiner-Mus.; Hannover, Sprengel Mus.; Kassel, Dt. Tapeten-Mus.; Köln, Mus. Ludwig; Ludwigshafen, Wilhelm-Hack-Mus.; Offenburg, Mus. im Ritterhaus; Oldenburg, LM; Oldenburg, SM; Ulm, Ulmer Mus.; Wiesbaden, Mus.; Wilhelmshaven, KH; Wolfsburg, StG – **E:** Arhus, Dierks; Baden-Baden, Cornels; Barcelona, Eude; Basel, Art Basel; Berlin, Gal. 00; Braunschweig, Schmücking; Filderstadt, Domberger; Freiburg im Breisgau, KV; Freiburg, Regio; Grenchen, Brechbühl; Hamburg, Levy; Herford, KV; Kassel, Lometsch; Kopenhagen, Dierks; Lörrach, Regio; Malmö, Leger; Mannheim, KV; Morlaix, Mus. des Jacobins; München, Gal. A.; München, Kerlikowsky; Oldenburg, KV; Paris, Kerlikowsky; Ratingen, Mus.; Reutlingen, Domberger; Wilhelmshaven, KH; Zürich, Stummer u. Hubschmid – **G:** seit 71 Bet. an Ausst. d. Dt. Künstlerbundes, seit 82 Bet. an Ausst. d. Künstlerbundes BW; – Retrospektiven d. Künstlergr. Grossgörschen 35 in Berlin u. Wolfsburg; – weitere in: Berlin; Bielefeld; Bonn (Pop); Cleveland, New Gall.; Darmstadt, KH; Dortmund, Mus. am Ostwall; Frankfurt am Main; Hamburg; Hannover (Deutsche Handzeichnungen); Leverkusen; Ludwigshafen (Pop); Oslo – **V:** div. Mappenwerke (Siebdruck, Hschn. u. Rad.) – ***Lit:*** Antje Lechleiter, Tobias Kaufhold u. Stefan Tolksdorf: W. B. Werkverzeichnis der Originale 1962–2002; Ewald Gäßler u. a.: W. B. Werkverzeichnis der Grafik 02; – weitere: Marie-Luise Otten u. Uwe Schramm (Texte): W. B. Pop Art; Tobias Kaufhold: W. B. und die Pop Art – ***LitR:*** Christoph Rueter: Warum malt der Mensch, Film – (Red.)

Bergler, Fritz, Akad. Maler; Wehlistr. 180/8/48, A-1020 Wien, Tel. (01) 7 29 73 50, *fritz.bergler@aon.at* (* St. Lorenzen im Mürztal 27. 1. 55) – **S:** 73–78 ABK Wien (Meisterkl. f. Malerei b. Prof. Weiler) – **Ve:** IG Bild. Kunst Wien 94 – **G/T:** Malerei; Install. – **W:** in Privatbes. – **M:** Graz, LM Joanneum (Neue Gal.); Innsbruck, Tiroler LM Ferdinandeum; Klagenfurt, Kärntner LG; Linz, LG; Wien, Albertina; Wien, Belvedere – **Ö:** Los Angeles, L'Hermitage Hotels; New York, UNO Hauptquartier; Prag, Öst. Botschaft – **E:** / G: zahlr. seit 78 im In- u. Ausld – ***Lit:*** B. Hell u. G. Grössing: Rechts Mitte Links 88; A. Rohsmann u. G. Grössing: Selbstportr. in idealer Lsch. 90; Ort Dinge Namen 94; P. Waterhouse, G. Grössing u. B. Hell: In Serie 04; – sowie div. Beitr. in Kat.

Bergmann, Anno, Autodidakt; Wichheimerstr. 41, D-51067 Köln, Tel. (02 21) 63 83 73, *an@nobergmann.de* (* Köln 23. 1. 80) – **VG:** Köln, Locus-Caementitium – **S:** seit 00 Univ. Köln (Phil., Klass. Lit.-wiss. u. Germanistik) – **KGr:** we are porn (seit 04) – **G/T:** Betonplast.; Audiovisuelle Install. u. Performance; Copyart (unter Verwendung defekter Bürokopierer u. -drucker); Malerei (vorw. Ölwachs); Grundthema: Schönheit durch Fragilität – **W:** überw. in Privatbes. u. in -slgn, u. a. in Köln, Berlin, Brüssel, Wien u. Stuttgart; Kurzfilme; Bild- u. Toninstall. u. Performances – **E:** 02, 04 Köln, Gal. Köln-Ost; 03 Köln, Bergmann; Köln, Musik u. Tonclub; 05 Köln, Alte Feuerwache; 06 Köln, Mus. f. verwandte Kunst; Köln, L'Aristokrassie; Köln, Kunsttreff Faulturm (m. Ansgar Skiba) – **G:** zahlr. Bet., u. a. 03 Köln, Kalker Kunstmeile; 04 Köln, Kunstkab. Knauf; Köln, Gal. Köln-Ost; 05 Wiesbaden, Dyckerhoff AG (Foyer); Köln, Skulpt.park Stammheim; seit 05 Köln, Locus-Caementitium; 06 Köln, Mus. f. verwandte Kunst; Coesfeld, Feld d. Begegnung

Bergmann, Gerhart, Prof., Maler, Graphiker; Holsteiner Ufer 20, D-10557 Berlin, Tel. (0 30) 3 91 16 96 (* Erfurt 22. 7. 22) – **S:** 43–45 KA Dresden; 46–52 KA Berlin (b. M. Pechstein) – **L:** 61 HdK Berlin; 63 ebda (Prof.) – **P:** Stip. f. Paris 52–53; Förd.pr. d. Großen Berliner Kunstausst. 59; Berliner Kunstpr. 62 – **Ve:** Dt. Künstlerbund 54 – **KGr:** Neue Gruppe Berlin – **W:** Dt. Konsulat in Tokio (Ankauf) – **M:** Berlin, Berlinische Gal.; Berlin, Martin-Gropius-Bau; Berlin, NG; Berlin, NG; München, Bay. Staatsgemäldeslgn; München, Pin. d. Mod. – **E:** zahlr. Ausst. im In- u. Ausld seit 47, u. a. 47 Halle, Henning; 67 Berlin, Wargin; 82 Berlin, Neuer Berliner KV – **G:** zahlr. Ausst.bet. im In- u. Ausld, u. a. 57 Berlin, Haus am Waldsee; 74 Berlin, Gal. Pels-Leusden – ***Lit:*** AKL; Schweers 02 – (Red.)

Bergner, Klaus, Aquarellist, Illustrator, Graphiker; Övern Block 9, D-22337 Hamburg, Tel. (0 40) 32 73 12, *mail@atelier-bergner.de*, *www.atelier-bergner.de* (* Hamburg 17. 8. 61) – **S:** 78–82 Graph.design u. Ill. b. Bruno Bergner; 84–87 Inst. f. Design Hamburg – **KGr:** Art goes Public – **G/T:** Städte- u. Lsch.portr. (Aqu.); Portr. (Aqu., Acryl, Öl); Ill. (Auftragsarb.) – **W:** überw. in Unternehmen u. Privatbes. – **E:** div. in Firmengebäuden – **G:** unterschiedl. Bet. zus. m. 'Art goes Public', z.B. 07 Hamburg, Mus. f. Kommunikation: Art goes Public – Communication (Jahresausst.) – **V:** div. Presseill., u. a. Polit- u. Wirtschaftsill. f. Financial Times Dtld – ***Lit:*** Bericht üb. K.B. in: Hamburger Abendblatt v. 24.–26.12.04; Hamburg Archiv – Kunst und Persönlichkeiten – ***LitR:*** Marcel Lichter: Fs.beitr. üb. K.B., Yoomee.TV 06

Bergner, Ralf, Dipl.-Maler, Graphiker, Zeichner; Müggelseedamm 196, D-12587 Berlin, Tel. (0 30) 6 45 33 48, *www.Sammlung-Fotter.at* (* Breitenbach 23. 7. 50) – **VG:** Salzburg, Seywald; Innsbruck, Flora; Nürnberg, Röver – **S:** 75–82 HS f. industr. Formgest. Burg Giebichenstein Halle/Saale (b. Prof. F. Ruddigkeit) – **G/T:** Ill.; Graph.; Zchng – **W:** in div. Kunstbibl. – **M:** Berlin, Kpst.-Kab.; Erfurt, Anger-Mus.; Hannover, Wilhelm-Busch-Mus.; München, Bay. Staatsgemäldeslgn; Zeitz, Mus. Schloß Moritzburg – **E:** Tegernsee, Olaf-Gulbransson-Mus.; Berlin, Lit.haus; Soltau, Mus.; Zeitz, Mus. Schloß Moritzburg; Salzburg, Seywald; Halle/Saale, KV; 06 Beeskow, Burg – **G:** München, Akad. d. Schönen Künste (Slg Fotter); Hannover, Wilhelm-Busch-Mus.; Berlin, Kpst.-Kab.; Oberhausen, Schloß Slg Ludwig; Bozen, Schloß Maretsch – **V:** ILL.: A. Fournier: Mein großer Freund Augustin 86; U. Bräker: Der arme Mann in Tockenburg 86; A. Prévost: Geschichte d. Manon Lescaut 87; A. Stifter: Brigitta 89; Theophrast: Charaktere 95; Fürst Pückler: Liebesbriefe 98; C. de la Motte Fouqué: Die Frauen in d. Ges. 00; Authentischer Bericht über d. Ermordung v. August v. Kotzebue 99; Henryk Bereska: Der Himmel legt d. Stirn in Falten 06 – ***Lit:*** H.G. Sehrt: Kommunikation u. Komik, in: Illustration 63, Zs 99; H. G. Sehrt: R. B. Zchngn. Radierungen. Lithographien, in: Literatur u. Gesch. 00 – ***LitR:*** Vernissage R. B. (BTV) 04

Berke, Eva s. Ohlow, Eva

Berlin, Christin, Mag. Art, Malerin, Bildhauerin; c/o Galerie Centrum, Färbergasse 7, A-8010 Graz, Tel. u. Fax (03 16) 82 45 41, *office@galeriecentrum.at*, *www.galeriecentrum.at* (* Berlin 2. 8. 51) – **VG:** Graz, Centrum – **S:** Autodidaktin, Akt b. Prof. Charusa, keramische Plast. b. D. Santek – **KGr:** Atelier Yin Yang (seit 95) – **G/T:** Akt, Ldschaft (Kreide, Aqu.); Wandmalerei, Buchill., Bildhauerei (Holz, Stein, Ton u. div. Materialien, Materialmix) – **K:** Workshops f. Kinder (u. a. Maskenbau u. -theater, Puppenbau u. -theater, plast. Gestalten); Projekte m. Kindern (Wandbemalungen) – **Ö:**

Pöllau, Mitarb. b. d. steirischen Ldesausst.; Graz u. Steiermark, Altersheim, Schulen u. Kapellen (Fassaden- u. Wandgest.) – **E:** über 20 Ausst. seit 92 in Graz, Steiermark u. Kärnten, u. a. 96 Deutschfeisitz, Gal. Sensenwerk; 97 Graz, Heaven; Graz, Schaukastl; 99 Graz, Centrum – **G:** ca. 15 Ausst.bet. seit 94 in Graz u. d. Steiermark, u. a. 94 Graz, Gal. work art; 96, 97, 98, 99, 00, 01, 02 Graz, Centrum; 03 Graz, Gal. im Lend – **V:** Ill. in zwei Kinderb. (Farbstifte, Tusche) u. Lehrwerk f. Blockflöte (Tusche)

Berliner Handpresse s. Jörg, Wolfgang

Berlinicke, Hartmut R., Graphiker, Zeichner, Maler; Harpstedter Str. 23, D-27793 Wildeshausen, Tel. (0 44 31) 31 64 (* Berlin 2. 8. 42) – **S:** Autodidakt; 80–83 Univ. Osnabrück (Kunstwiss. u. Theologie) – **L:** ab 88 FHS Hannover; ab 90 Univ. Osnabrück – **P:** Med. des Concorso intern. di BA 71, 74, 75; E.-Med. Intern. Graph.-Bienn. Frechen 74; Award of merit 80; 3. Muestra de Grabado Maximo Ferrol (Menciones Honorificas Especiales) 85; 10. Intern. Bienn. f. Humor u. Satire in d. Kunst Gabrovo (2. Pr.) 91 – **Ve:** BBK Oldenburg – **M:** Bremen, KH; Jerusalem, Gedenkstätte Yad Vashem; Oldenburg, Artothek; Oświęcim, KZ-Gedenkstätte; Osnabrück, Kulturgesch. Mus. – **E:** seit 70 u. a. 90 Stade, P. Behrens-Haus; Oldenburg, Kult.speicher; 93 Wildeshausen, Kr.haus; Neustrelitz, SM; 94 Brandenburg, Dom-Mus.; Nahariyya, Western-Galilea College – **G:** seit 71 zahlr. Bet. in Frechen, Krakau, Ljubljana, Wien u. a. – ***Lit:*** AKL – (Red.)

Bernard-Reymond, Mathieu; Avenue de Lavaux 22, CH-1009 Pully, *donzevansaanen@gdvs.com. info @monsieurmathieu.com, www.monsieurmathieu.com* (* Gap/Frkr. 76) – **VG:** Lausanne, Donzé-Van Saanen; Paris, Gal. 779 – **S:** Éc. d'arts Appliqués Vevey (Fotogr., Dipl. fédéral u. cantonal, Workshops u. a. b. Arnaud Claass, Nicolas Faure, Yves Guillot, Jim Goldberg u. Ann Mandelbaum) – **P:** Prix Photographique de la Montre Hermès (1. Pr.) 01, (2. Pr.) 02; Pr. Photographie.de (2. Pr.) 02; Prix de la Fond. CCF pour la Photographie 03 – **G/T:** Fotogr. – **W:** Werke in privaten Slgn – **M:** Paris, FNAC; Santa Cruz de Tenerife, Centro de Fotografia – **E:** 03 Paris, Gal. 779 – **G:** 00, 02 Küsnacht, Vevey, St. Gallen, Luzern u. Basel (Sélection Jeune Photographie Suisse); 01 Orvietto/Ital., Treffen Intern. Fotogr.; Lausanne, Espace Arlaud; Teneriffa, Bienn. Fotonoviembre; 02 Zürich, Basel u. Belinzona (The Selection VFG/Das Mag.); Biel, Journées Photographiques; Toulouse, Festival 'Printemps de septembre'; Paris, Carousel du Louvre; Rouen, Pôle Image Haute Normandie; 03 Paris, Bernard; Lausanne, Donzé-Van Saanen – **V:** Veröff. Schweiz: Edelweiss, Le temps, Der kleine Bund; – Frkr.: LeMonde2, Les inrockuptibles, Beaux Arts Magazine, Nova, Libération; – Dtld: Photographie – **R:** online: Photographie.com – (Red.)

Berndt, Brigitte, Schmuckmacherin, Galeristin; c/o Brigitte Berndt Schmuck, Untere Bachgasse 11, D-93047 Regensburg, Tel. u. Fax (09 41) 56 29 99, *info@schmuckgalerie-berndt.de, www.schmuckgalerie-berndt.de* (* München 7. 1. 55) – **VG:** München, Bay. Kunstgewerbe Ver.; Wien, Slavik; Koblenz, Handwerksgal. – **S:** 80–84 Sommerakad. Salzburg (b. E. R. Nele) – **P:** Gedok Stuttgart (1. Pr.) 96; München Schmuckstücke (3. Pr.) 97; Galeristin d. Jahres 03; L.A. Intern. Bienn. (m. 'Neue Berliner') – **Ve:** BBK 84; GEDOK 84; Bay. Kunstgewerbe Ver. 85; Kunst- u. Gewerbever. Regensburg – **G/T:** zeitgen. Schmuck, Objektkunst (Knochen) – **K:** Schmuck – **E:** 02 Regensburg, Sigesmundkap.; 04 Regensburg, Konstantin; Karlstadt, Gal. Oberer Turm – **G:** Bet. seit 84, u. a. 01 Bonn, Kunst- und Ausst.halle d. BRD; 03 Santa Monica, Sculpture to wear; – weitere: 95–03 Große Ostbay. Kunstausst.

Berndt, Peter, Maler, Graphiker, Zeichner; Kaiserdamm 17, D-14057 Berlin, Tel. (0 30) 3 21 95 98 (* Neugersdorf/Oberlausitz 10. 7. 37) – **VG:** Berlin, Hulsch – **S:** 55–61 HBK Berlin (Meisterschüler b. Bernhard Dörries) – **L:** HdK Berlin (Doz.) – **P:** Karl-Hofer-Ges. (1. Pr.) 64; Villa-Massimo-Stip. 65–67 – **Ve:** Dt. Künstlerbund 73–91 – **KGr:** Künstlersonderbund in Deutschland (seit 93) – **M:** Berlin, Berlinische Gal.; Berlin, Martin-Gropius-Bau; Bonn, KM – **E:** zahlr., u. a. 91 Worpswede, KH Netzel; Luxemburg, Goethe-Inst.; 02 Berlin, Kommunale Gal. Wilmersdorf; 03 Berlin, Hulsch – **G:** zahlr., u. a. 00 Berlin, Hulsch – ***Lit:*** AKL – (Red.)

Bernhard, Franz, Bildhauer u. Zeichner; Bahnhofstr. 13, D-76751 Jockgrim, Tel. (0 72 71) 55 61 (* Neuhäuser/Böhmen 17. 1. 34) – **VG:** Frankfurt am Main, Rothe – **S:** 59–66 KA Karlsruhe (b. Fritz Klemm u. Wilhelm Loth) – **L:** 70 KA Karlsruhe (GastLAauftr.) – **P:** Stip. d. Stud.stift. d. dt. Volkes 63; Villa-Romana-Pr. 68; Villa-Massimo-Stip. 69; Wilhelm-Lehmbruck-Förd.pr. 70; Pfalzpr. f. Plast. 75; Hans-Thoma-Pr. d. Ldes BW 77; Prix de la Ville de Mulhouse 80; Lütze-Pr. 81; Kunstpr. d. Heitland-Found. 84; Kunstpr. d. Ldes RP 86; Lovis-Corinth-Pr. 89 – **Ve:** Freie AK Mannheim; AK Berlin 90–92; Künstlerbund BW (Vors. 94–01) – **M:** u. a. Freiburg im Breisgau, Morat-Inst. f. Kunst u. Kunstwiss.; Hamburg, KH; Kaiserslautern, Pfalz-Gal.; Karlsruhe, SKH; Mannheim, StKH; Stuttgart, SG; Ulm, Ulmer Mus. – **Ö:** Großplastiken u. a. Karlsruhe, Kernforsch.zentrum; ebda, Staatstheater; Konstanz, Univ.; Nürtingen, Gelände Samml. Domnick; Stuttgart, Nähe Landtag; weiterhin u. a. in Berlin, Brüssel, Heidelberg, Lörrach, Moskau, Ulm – **E:** u. a. 76 Wien, Mus. des 20. Jh.; Berlin, Haus am Waldsee; Düsseldorf, Schmela; 80 Mannheim, StKH; Düsseldorf, Mus. Kunst Pal.; 81 Ludwigshafen, Wilhelm-Hack-Mus.; 85, 89, 92 Köln, Wentzel; 85 Stuttgart, Württembergischer KV; 86 Mainz, Mittelrhein. LM; Wilhelmshaven, KV; Speyer, KV; 88 München, Albrecht; Berlin, Ausst.-Zentrum am Fernsehturm; 89 Regensburg, Ostdt. Gal.; 90 Kaiserslautern, Pfalz-Gal.; 91 Frankfurt am Main, Rothe; 92 Lüneburg, KV; 04 Neuss, Kult.forum Alte Post – **G:** u. a. 77 Kassel, documenta VI; 90 Duisburg, Wilhelm-Lehmbruck-Mus.; – weitere in: Belgien, Frkr., GB, Irld, Ital., Jap., Jugoslawien, Kroatien, Luxemburg, Niederl., Norwegen, Öst., Russld, Schweiz, Südkorea, Ukraine, Ungarn u. d. USA – ***Lit:*** AKL – (Red.)

Bernhard, Georg, Prof. em., Maler, Zeichner, Graphiker, Bildhauer; Karmelitenmauer 10, D-86152 Augsburg, Tel. (08 21) 3 84 87 (* Augsburg 25. 4. 29) – **VG:** Schwabach, Gal. 2 – **S:** 46–57 WerkKSch Augsburg; 48–52 ABK München (b. Hermann Kaspar) – **L:** ab 71 FHS Augsburg (Prof. am FB f. Gest.); 94 ABK Vulkaneifel Steffeln/Eifel (Gastdoz.) – **P:** Villa-Massimo-Stip. 52; Kunstpr. d. Stadt Augsburg 63, 71; Stip. Pro Helvetia 74; BVK 96 – **Ve:** Dt. Künstlerbund; DGfCK; Neue Münchener Künstlergenossenschaft – **M:** Bonn, KM; München, Bay. Staatsgemäldeslgn – **Ö:** u. a. Augsburg, Bischöfliche Haus-Kap.; ebda, Domherrenhaus, Marien-Kap. St. Josef, Meditations-Kap. d. Kirche Heilige Dreifaltigkeit, St. Thaddäus; Dillingen, Bischöfliches Knabensem.; Faulenbach, Pfarrk.; Gersthofen, St. Jakob; Leitershofen, Pfarrk.; Lindau, Marienkirche; Memmingen, Mariä Himmelfahrt; Rom, Kap. Santo Teutonico; Speyer, Dom – **E:** zahlr., u. a. 75, 79, 81, 82, 85 Augsburg, Rehklau; 80 Langenburg, Hofratshaus; 86 Köln, Dt. Ges. f. christliche Kunst; 93 München, Gal.

am Rotkreuzpl.; Düsseldorf, Blaeser; 02 München, Otto-Gal. – *Lit:* AKL – (Red.)

Bernhard, Leopold, Akad. Bildhauer; Spittlertormauer 9 B, D-90402 Nürnberg, Tel. (09 11) 22 29 29, *Leo@bildhauer-bernhard.de, www.bildhauer-bernhard.de* (* Ottenschlag/Öst. 28. 5. 41) – **S:** Kunst-FS Stockholm; GesamtHS Kassel (Bildhauerei) – **G/T:** klass. Bildhauerei; abstr. Objekte – **W:** priv. Slgn – **M:** Göttingen, StM; Linz, LG; St. Pölten, Ndöst. LM – **Ö:** u. a. Nürnberg, Opernhaus – **E:** seit 77 – **G:** seit 68

Bernhardt, Ulrich, Video-, Foto- u. Multimediakünstler, Film- u. Fs.autor; Tel. u. Fax: (07 11) 2 62 60 13, *bernhardt-kunstprojekte@t-online.de; bernhardt@transmedia-art.de, www.transmedia-art.de* (* Tübingen 3. 11. 42) – **S:** 66–70 ABK Stuttgart; 71–74 freier Mitarbeiter b. Süddt. RF; 78–86 Künstlerhaus Reuchlinstr. Stuttgart (Künstler. Leiter) – **L:** 76 ABK Stuttgart (freier Doz.); 83–88, 95–96 Merz-Akad. Stuttgart; 87 Intern. Sommerakad. f. Bild. Kunst Salzburg (Ass. v. Prof. Karl Pfahler); 88–90 Univ. Stuttgart (FB Archit.); 93–94 ebda (FB Kunstgesch.); 95–96 Multimedia Akad. Friedrichshafen (Doz.); 96–97 FHS Reutlingen (Lehrstuhl künstler. Grundlagen Textil u. Modedesign) – **P:** Arb.stip. d. Kunststift. Bad.-Württ. 87; Arb.stip. Bild. Kunst, Regionalpartnerschaft BW – Reg. Rhone-Alpes 93; Kavalierhaus Langenargen 07 – **Ve:** VG Bild-Kunst 00; Künstlerbund Bad.-Württ. 04 – **KGr:** ABR – **G/T:** seit 68 Objekte, Assemblagen; seit 73 Arb. m. Film u. Video; seit 77 Install.projekte über griech. Mythen; seit 78 Videoinstall.; seit 80 Videologe; seit 81 Rauminstall.; seit 85 Arb. m. Raum-Zeit-Phänomenen in d. Fotogr.; seit 89 Panoramen, Fotosequenzen, Filmfriese; seit 99 lichtkinet. Objekte u. Skulpt. – **K:** Videokunst; Install.; Rauminszenierung; allg. künstler. Grundlagen – **W:** im Bes. d. Städte Leonberg u. Esslingen sowie in Privatslgn – **M:** Bonn, Haus d. Gesch. d. BRD; Linz, LG; Salzburg, Rupertinum; Sindelfingen, StG (Slg Lütze); Stuttgart, Gal. d. Stadt; Stuttgart, KS d. Ldesbank Bad.-Württ.; Stuttgart, LBS; Stuttgart, SG – **Ö:** Backnang, Polizeirevierstation (Filmfries); Balingen, Arb.amt (Filmfries, Install.); Esslingen, FHS f. Technik (Filmfries); Filderstadt, Neues Gymnasium (lichtkinet. Skulpt.); Stuttgart, Reg.präsidium; ebda, Stadtbahnhaltestelle Messe Killesberg (Filmfries), Hauptklärwerk (kinet. Diodenlichtinstall.); Stuttgart-Bad Cannstadt, STB Kunstturnforum (lichtkinet. Fotoinstall.); Stuttgart-Hohenheim, Ökozentrum d. Univ. (lichtkinet. Skulpt.); Ulm, Bundeswehrkommandozentrale d. II. Korps Wilhelmsburgkaserne (Kunstprojekt); Wiesensteig, DaimlerChrysler Ausb.zentrum Haus Lämmerbuckel (Filmfries) – **E:** 67 Stuttgart, Club Voltaire; 74 (Kat.), 76 Stuttgart, Fischinger; 77 Stuttgart, Niedlich; 78 Stuttgart, Hetzler; Caracas, Intern. Videotage; Karlsruhe, Studio L; 79, 81 Stuttgart, Künstlerhaus (Kat.); 80 Stuttgart, Gal. B 14; Stuttgart, SG; Warschau, Studio Teatr Gal. (Kat.); 81 Berlin, Situation Lützowstraße; 82 Berlin, Büro; 83 Heilbronn, Rieker (m. Marcel Odenbach); 86, 02, 03 Stuttgart, Kunstraum; 87 Stuttgart, Gal. d. Stadt (Kat.); Warschau, Pracownia Dziekanka; 88 Sigmaringen, Gal. im Blauen Haus; 88, 91, 99 Esslingen, Neue Gal. im Heppächer; 89 Wels, Gal. A4; Stuttgart, Inst. Français (m. C. Pruzskowski, Kat.); 91 Stuttgart, Gal. Alpha Jetzt; 94 Valence/Frkr., Mus. de Valence (Kat.); 95 Wiesensteig, DaimlerChrysler Ausb.zentrum Haus Lämmerbuckel; 96 Sindelfingen, StG (Kat.); Mannheim, LM f. Technik u. Arb.; 04 Stuttgart, Staatstheater (Foyer); 06 Kirchheim unter Teck, StG im Kornhaus – **G:** zahlr. Bet., u. a. 68 Mannheim, StKH: Kunstpr. d. Jgd. f. Plast. (Kat.); 71 Baden-Baden, SKH (Kat.); 72, 74 (Kat.), 84 (Kat.), 85 (Kat.), 88, 92, 99, 00, 03, 05 Stuttgart, Württembergischer KV; 79 Stuttgart, Kronprinzstr.: Videokonzert; 80, 81 Stuttgart, Künstlerhaus; 80 Warschau, Studiogal.; 81 Hamburg, Künstlerhaus Hamburg-Bergedorf; 84 Berlin, Staatl. KH (Kat.); Graz, Pal. Attems: Steir. Herbst (Kat.); 84, 89 Hamburg, Kunsthaus; 85 Montreal, Bronfman Center: The art of photocopy (Kat.); 85, 92 (Kat.) Cardiff, Chapter AC; 88 Salzburg, Traklhaus (Kat.); Werfen, Schloß; 92 (Kat.), 99 Esslingen, Neue Gal. im Heppächer; 94 Sindelfingen, StG: Gegenwärtig (Kat.); 96 Samara/Rußland, Künstler aus Stuttgart; 97 Stuttgart, SG: Magie d. Zahl (Kat.); 00 Bühl, Passagen – Übergänge (Kunstpr. d. Stadt); 01 Stuttgart, Valentien; 02 Untergröningen, KV KISS-Kunst im Schloss Untergröningen: Salto naturale (Kat.); 04 Bad Schussenried, Künstlerbund; Stuttgart, Schlichtenmeier; 05 Berlin, Kunstwerke (Inst. for Contemp. Art): RAF Ausst.; Graz, Neue Gal.; Karlsruhe, StG: 50 Jahre Künstlerbund Bad.-Württ.; Esslingen, off-raum – **R:** Eigenproduktionen: – VIDEOLOGE, u. a.: Nr. 1 Andreas Straub 79; Nr. 2 Julio Rondo, Detectiv's plasticks 79; Nr. 3 Polly Hope electronic stuffing 79; Nr. 13 Kurt Weidemann, Meine Hand im Spiel 94/95 – VIDEO, u. a.: Im Licht u. Schattenreich, Slg v. Video- u. Filmarb. 76–80; m. Otto Kranzler, Uli Wedlich u. Sigi Weckenmann: Videokonzert 79 – *Lit:* zahlr. Ausst.kat. u. Veröff., u. a. d. Württemberg. KV Stuttgart sowie AKL Bd 9 94 – *LitR:* u. a. H.C. Haberl: Die fröhliche Wiss., (Kunststücke FS2, ORE) 8.4.84; Kunstlsch. Bundesrepublik (ARD) 15.7.84; Fotocopy u. Videokunst, (Sammelsurium S3) 10.2.85

Berning, Anne, Malerin; Linienstr. 146, D-10115 Berlin, Tel. Mobil: 01 79 39 70 62 9, *ab@anneberning.de, www.anneberning.de* (* Werl 15. 11. 58) – **S:** 81–87 HBK Hamburg (b. R. Filliou u. K. Sudeck); 88–90 HS f. angew. Kunst Wien (b. M. Lassnig) – **P:** DAAD-Stip. f. Wien 88–90; Stip. d. Barkenhoff-Stift. Worpswede 91; Alfred Krupp v. Bohlen u. Halbach Stift. Schöppingen 92; Arb.stip. d. Stadt Hamburg 92; Stip. Künstlerstätte Bleckede 93; Kunstpr. d. Stadt Nordhorn 94; Goldrausch Künstlerinnenförd. Berlin 00 – **E:** / G: seit 92, u. a. 99, 00, 01, 02 Berlin, Kuckei + Kuckei – (Red.)

Bernitt, Johann Joachim s. Jastram, Joachim

Bernrieder, Barbara, Malerin; Clemensstr. 62 a, D-80803 München, Tel. (0 89) 30 72 49 62, Mobil: 0 17 82 51 61 50, *bernrieder@mail.com, www.barbarabernrieder.de.* Einsteinstr. 28, Aufgang 1, D-81675 München (* Hausham 24. 1. 70) – **S:** 92–98 ABK München (b. Prof. Willikens, 96 Meisterschülerin, 00 Dipl. f. Malerei); 96 Tuphelo Workshop Kapstadt – **P:** Stip. d. Stud.stift. d. dt. Volkes 96; Stip. d. Hacker-Pschorr-Stift. 99; USA-Stip. d. Bay. Staatsmin. 00, 01; Bay. Staatsförd.pr. 02 – **G/T:** abstr. Malerei (Lasurtechnik, deckende Malerei, Kunstharz u. Leuchtfarben) – **W:** Ankäufe durch d. Axa Nordsternversicherung Köln – **M:** Augsburg, KM Walter; München, Bay. Staatsgemäldeslgn; München, Lenbachhaus; München, LfA Förd.-bank Bay.; München, Pin. d. Mod. – **E:** zahlr., zuletzt u. a. 98 (Kat.), 00 München, Dany Keller; 00 München, Bay. Ldesbank (Kat.); 01 München, Waßermann; München, Open-Art-Gallery; 02 München, Waßermann; Düsseldorf, Gal. Etage 20; 04 München, Kampl; Berlin, Stühler; 05 Johannesburg, Goethe-Inst. – **G:** zahlr., u. a. 95 München, Dany Keller: Dreierpack; Kapstadt, St. Michaelis Gall.; Johannesburg, Sandton Gall.; München, Johnssen; 97 Berlin, Gal. in d. 7. Etage: Eternit; München, Albrecht; München, Kunstbunker Tumulka: Trans-Isar; 99 München, DaimlerChrysler Aerospace: Zeitgen. Kunst aus Dtld, GB, Frkr.; München, Lenbachhaus: Das Gedächtnis öffnet seine Tore; 00 New York,

Independent Art Fair; 01 Schaffhausen, KV: Die Pracht erwacht (Kat.); 01, 02 Leverkusen, StM Schloß Morsbroich; 02, 03 München, Gal. d. Künstler; Augsburg, Gal. Noah; München, Gal. d. Künstler; 03 München, Storms; 04 München, Kampl: Art Cubicle; Ismaning, Schloßpavillon; Wil, Rapp; 05 Venedig, Bienn.; Johannesburg, Fordsburg Art Studios; Karlsruhe, Messe; Kempten, Kunsthaus

Bernstein s. Steinwendner, Bernd

Bernstein, F. W. (Ps. f. Fritz Weigle), Prof. em., Lyriker, Grafiker, Satiriker, Zeichenlehrer; Südendstr. 2, D-12169 Berlin, Tel. (0 30) 7 91 65 58, *www.fw-bernstein.de* (* Göppingen 4. 3. 38) – **S:** 57–58 KA Stuttgart (Graph.); 58–64 HBK Berlin (Graph.) – **L:** 72–84 PH Göttingen (Kunsterzieher); 84–99 HBK Berlin (Prof. f. Karikatur u. Bildgeschichte) – **P:** Göttinger Elch 03; Binding-Kulturpr. d. Stadt Frankfurt/M. 03 – **KGr:** Neue Frankfurter Schule; Die drei Frisöre (m. Robert Gernhardt u. F.K. Waechter) – **G/T:** Graph.; Karikatur; Zchng – **E:** zahlr., u. a. 98 Kassel, Caricatura Gal.; 03 Brandenburg, Ldeszentrale f. polit. Bildung (m. Manfred Bofinger); Göttingen, Altes RH; 04 Graz, Orpheum; 06 Potsdam, Friedr.-Naumann-Stift. (m. Manfred Bofinger u. Heike Drewelow) – **G:** zahlr., u. a. 87 Göttingen, Die Neue Frankfurter Schule; – zuletzt 06 Oldenburg, LM: Schwarz-Brot-Gold; Kassel, Caricatura Gal.: Schwarz auf Weiß – **V:** Die Wahrheit über Arnold Hau, m. Robert Gernhardt u. F.K. Waechter 66; Lehrprobe. Report aus d. Klassenzimmer 69; Besternte Ernte, m. Robert Gernhardt, Ged. 76; Ute's Leute 81; Reimwärts 81; Sag mal Hund, Kinderb. 82; Sternstunden eines Federhalters 86; Lockruf der Liebe, Ged. 88; Bernsteins Buch der Zeichnerei 89; Der Blechbläser und sein Kind 93; Reimweh, Ged. u. Prosa 94; Der Dinggang, Ged. 94; Der Struwwelpeter umgetopft 94; Wenn Engel, dann solche 94; Die Stunde der Männertränen, Texte u. Zeichn. 95; Berliner Bilderbuch brominenter Bersönlichkeiten, m. Manfred Bofinger 99; Elche, Molche, ich und du, Reime 00; Peter Köhler (Hrsg.): Der Untergang Göttingens u. a. Kunststücke in Wrt & Bld 01; Richard Wagners Fahrt ins Glück, Bilder u. Verse 02; Die Gedichte 03; Kunst & Kikeriki 04, u. a.; – Ill. zu zahlr. Büchern anderer Autoren – ***LitR:*** W.P. Fahrenberg: Die Neue Frankfurter Schule, Kat. 87; Oliver Maria Schmitt: Die schärfsten Kritiker der Elche 01; Hubert Schelle (Hrsg.): 65 Jahre F.W. Bernstein 03 – (Red.)

Berretz, Hans-Werner s. HA WEBE

Bert-Hubl, Maler, Graphiker; Am Stöckenberg 10, D-35719 Angelburg, Tel. u. Fax (0 64 64) 70 66, *verein@bert-hubl.de*, *www.bert-hubl.de*

Bertel, Heilgard, Mag. art., Dipl., Malerin, Bildhauerin, Illustratorin, Kunsttherapeutin; Atelier Spitzenegg: Hermann-Büchele-Str. 26, A-6845 Hohenems, Tel. u. Fax (0 55 76) 7 20 77, *atelier.spitzenegg@cable.vol.at* (* Salzburg 15. 6. 41) – **S:** 61–62 HS f. angew. Kunst Wien (b. Prof. Unger); ABK Wien (b. d. Prof. Gütersloh, Matejka u. Hessing) – **L:** Akad. Gymnasium Salzburg (Ausbildnerin u. Lehrtherapeutin Kunsttherapie); Mozarteum Salzburg (LAuftr., Abt. Kunsterziehung) – **Ve:** KV Salzburg; Berufsverb. Öst. Kunst- u. Werkerzieher BÖKWE; Öst. Fachverb. f. Kunst- u. Gest.therapie – **G/T:** Malerei (Öl, Acryl, Ldschaft, Figuratives u. Abstr.); Wandmalerei; Graph. (Rad.); Aqu. (Ldschaft); Bildhauerei (Marmor, kleine u. mittelgroße Steinskulpt.) – **K:** Abstr. Malen, Zeichentechnik, Gesamtausb. u. Dipl.-Stufe Kunsttherapie – **W:** Bilder u. Kleinskulpt. in privaten u. öff. Slgn sowie in Bes. d. Stadt Hohenems – **M:** Bregenz, Vorarlberger LM; Wien, Albertina (Graph.mappe); Wien, Unterrichtsmin. – **Ö:** Wandmalerei: Hohenems, Meditationszentrum St. Konrad; Plainfeld/Salzburg, Friedhofskap.; Röthis/Vorarlberg, Friedhofskap. – **B:** Hohenems: Kap. Alter Steinbruch Spitzenegg (z. Gedenken an russische Kriegsgefangene) – **E:** / G: Ausst.tätigkeit seit 68; – Batschuns/Vorarlberg, Bildungshaus; Innsbruck, Gal. Zentrum 107; Salzburg, Spk.; ebda, St. Virgil, Unfallversicherung; Schwyz, Kult.raum d. Spk. Schwyz; Zürich, Gal. Froschauergasse; – weitere: Rouchamp/Frkr. u. Meilen – **G:** Salzburg, Bildungszentrum St. Virgil; ebda, KV, Traklhaus – **V:** Radierzyklus – Meditationen, Mappe; Ereignis Kunsttherapie; – Ill. f. Kinderb., Märchen u. Gedichtbde im Tyrolia Verlag; – Aufsätze u. Beitr.: Jahresberichte des Akademischen Gymnasiums Salzburg; Bildnerische Erziehung, Zs; – Vernissage-Reden, u. a. f. d. Kunstraum Engländerbau Vaduz/Liechtenstein – **R:** Vernissage-Rede f. Kult.austausch Liechtenstein/Berlin – ***Lit:*** Verzeichnis Österreichischer Kinderbuchillustratoren; Dizionario degli Illustratori contemporanei, Bd I – (Red.)

Berthold, Jürgen-Erich (verh. Jürgen-Erich Meister), Maler, Graphiker, Kunstlehrer; c/o Kleine Galerie, Hauptstraße 50, D-45879 Gelsenkirchen, Tel. u. Fax (02 09) 1 48 87 22, *berthold-ge@t-online.de*, *www.kleinegalerie-gelsenkirchen.de* (* Gelsenkirchen 21. 4. 40) – **VG:** Gelsenkirchen, Kleine Gal. – **S:** Inst. f. Ausb. in bild. Kunst u. Kunsttherapie Bochum (Malerei u. Graph., Meisterkl. Dr. Qi Jang) – **L:** Kleine Galerie Gelsenkirchen (Doz.) – **G/T:** alle Techniken, neuer Malstil Art-brut – **M:** Gelsenkirchen, Berthold; Gelsenkirchen, Hans-Sachs-Haus; Gelsenkirchen, Kommunale Gal.; Heerenberg, KG; Wiesbaden, Rhein-Main-Hallen – **E:** zahlr. Ausst. in Dtld u. Holl., u. a. Gelsenkirchen, Berthold; Wiesbaden, Rhein-Main-Hallen; Gelsenkirchen, Kommunale Gal.; Heerenberg, KM; Gelsenkirchen, Antenne; Gelsenkirchen, Hans-Sachs-Haus – ***Lit:*** Kat. d. Kleinen Gal. 00 – (Red.)

Bertholdt, Jochen, Graphik-Designer; Gadebuscher Str. 2, D-18109 Rostock, Tel. (03 81) 7 95 64 36, Fax 7 95 64 20, *www.jbertholdt.de* (* Leipzig 12. 4. 36) – **S:** 50–53 Gutenbergschule (b. Eckert u. Pflug); 52–59 HGB Leipzig (Abendschule) – **L:** 95–99 FHS Heiligendamm (LAuftr. Grundlagen) – **P:** 5 Goldene Briefmarken; Designpr. d. Wirtschaftsmin. Meckl.-Vorp. 92, 96 – **Ve:** Künstlerbund Meckl. u. Vorpommern 90; BDG Hansa 91; IGBK 02 – **G/T:** wiss.-technische Graph., technische Ill., Postwertzeichen, Zeichn., Aqu. – **E:** zahlr. Ausst. – **G:** 82, 83, 87, 88 Dresden, Kunstausst.; 92 Sevilla, Weltausst.; 93 Hamburg, Art Maritim

Bertlmann, Renate, Malerin, Graphikerin, Objekt-, Installations- u. Performancekünstlerin, Fotografin; *renate@bertlmann.com*, *www.bertlmann.com* (* Wien 28. 2. 43) – **VG:** Wien, Fotogal. Wien – **S:** 63–64 SchA Oxford; 64–70 ABK Wien (b. Sergius Pauser, Dipl. f. Malerei, Konservierung u. Technologie) – **L:** 70–82 ABK Wien (LBeauftr.) – **P:** Z-Förd.pr.; Theodor-Körner-Förd.pr.; Arb.stip. u. Förd.pr. d. Stadt Wien; London-Stip. – **Ve:** Wiener Secession; Ndöst. Fotoinitiative FLUSS – **G/T:** Zeichn., Objekte, Install., Fotogr., Filme u. Digital-Videos, Performances, multimediale Events, Texte – **E:** zahlr., u. a. 87 Luzern, Apropos; 89 Wien, Secession; 93 Wien, KH Exnergasse; Wien, Faber; 97 Graz, Mus. d. Wahrnehmung; 02 Wien, Fotogal. Wien – **G:** zahlr., u. a. 02 Wien, KH Exnergasse; St. Pölten, Ndöst. LM; 03 Krems, KH; Wien, MMK Stiftung Ludwig; Turku, Peri-centre of Photography – **R:** SUPER-8, u. a.: Slime 79, 80; Puppe 79, 80; Atelier 79, 80; Auslaufendes 89; Clown 89; Hokus-pokus-fidibus 91; Rote Küsse 91 – ***Lit:*** AKL – (Red.)

Bertoni, Wander, Prof. em., Bildhauer; Kronesgasse 2a, A-1190 Wien, Tel. (01) 3 21 80 15 (* Codisotto/

Ital. 11. 10. 25) – **S:** 46–52 ABK Wien (b. Fritz Wotruba) – **L:** ab 65 Akad. f. angew. Kunst Wien (Leitung einer Meisterkl.) – **P:** Anerkennungspr. d. öst. Industr. 50; Bildhauerpr. d. Bienn. São Paulo 53; Pr. d. Stadt Wien 58; Pannonia Pr. 79; E.-Med. d. Bundeshauptstadt Wien in Gold 86; Großes E.zeichen Ld Bgld 91 – **Ve:** Wiener Art Club (Mitbegr.) 46; Wiener Secession 65 – **M:** Antwerpen, Middelheim Mus.; Karlsruhe, Univ.-Bibliothek; Linz, Lentos; New York, Öst. Kult.inst.; São Paulo, Mus. de Arte Mod.; Wien, MMK Stiftung Ludwig – **Ö:** Salzburg, Festspielhaus; Schwechat, Flughafen; Wien, Stadthalle; ebda, Staatsoper – **E:** zahlr. seit 48, u. a. 72 Hamburg, Gal. f. zeitgen. Kunst; 78 Salzburg, Romanischer Keller; 79 Eisenstadt, Schloß Esterházy, LG; 86 Linz, Gal. d. oböst. Künstlerbundes – **G:** seit 47 zahlr. Bet., u. a. 50, 54, 56, 66 Venedig, Bienn.; 01 São Paulo, MAC da Univ. – ***Lit:*** AKL – (Red.)

Bertozzi-Kobelt, Annamarie; Isatzweg 4, CH-5430 Wettingen, Tel. 05 64 26 73 43, Fax 05 64 26 87 52 – **G/T:** Malerei – (Red.)

Bertram, Axel H., Maler, Graphiker; Oberlauengasse 8, D-07743 Jena, *axbertram@aol.com*. Salzmannstr. 17, D-4129 Leipzig (* Leipzig 2. 4. 42) – **S:** 79–87 Kult.akad. Rudolstadt (Förd.kl. f. Malerei u. Graph. Elke Hopfe) – **L:** seit 91 künstler. Abendschule Jena e.V. – **Ve:** VBK Thür. seit 87; VG Bild-Kunst seit 03; BBK seit 92 – **G/T:** Malerei, Graph., Zeichn. – **M:** Erfurt, Min. f. Wiss., Forschung u. Kunst Thür.; Erfurt, Thür. Finanzmin.; Jena, KS – **Ö:** Jena, Friedrich-Schiller-Univ. (Plast. im Außenraum) – **E:** 92 Zeulenroda, Gal. Hans Steger; 93 Weida, Schloßmus. Osterburg; 98 Bürgel, Offene Werkstatt; 99 Ranis, Westerheide; 01 Jena, Hautklinik d. Friedrich-Schiller-Univ.; 03 Jena, KV – **G:** zahlr. Ausst.bet. seit 88, zuletzt 97 Gera, Orangerie; 99, 00 Wroclaw, Intern. Drawing Comp.; 00 Kassel, Kult.bahnhof; 02 Erfurt, Ldeskunstausst. Thür. – **V:** Hermann Bertram 1900–1949. Gemälde, Aquarelle, Zeichnungen 00 – ***Lit:*** A. B. Malerei und Zeichnung, Ausst.kat. 01 – ***LitR:*** Kurzbeitr., Fs. (Jena-TV) 03

Bertram, Henning, Dipl. Ing. (FHS), Maler u. Architekt; c/o Galerie Stracke, Klingelpütz 16, D-50670 Köln, *mail@henningbertram.de*, *www.henningbertram.de* (* Herford 1. 6. 62) – **VG:** Köln, Stracke – **S:** 82–88 HdK Berlin (b. Geccelli, Armando u. Baselitz, Meisterschüler); 92–95 FHS Köln (Archit., Dipl. Ing.) – **L:** 93–94 FHS Köln (LAuftr. Freihandzeichnen, FB Archit.) – **P:** DAAD-Stip. f. Rom 88, 89; Archit.förd.pr. d. Dt. Zementindustr. 95; Atelierförd. Fordsburg Artists Studios Johannesburg 00 – **Ve:** BBK Köln; AK NRW – **G/T:** Malerei, Graph. (Zchng) – **W:** zahlr. Werke in Privatslgn – **M:** Aachen, Suermondt-Ludwig-Mus.; Flensburg, Museumsberg – **E:** 01 Aachen, Suermondt-Ludwig-Mus.; 02 Flensburg, Museumsberg; 04 Siegburg, SM; 05 Köln, Stracke (Kat.) – **G:** Ausst.-bet. seit 85, u. a. 00 Halle/Saale, KV Talstr.; 01 Köln, BBK; 01, 03 Köln, Stracke; seit 01 regelmäßig Frankfurt am Main, Art Frankfurt; 06 Aachen, Suermondt-Ludwig-Mus.: Digitale Zchng – **V:** Über mein Zeichnen, Kat.text in: Digitale Zchng 06 – ***Lit:*** Suermondt-Ludwig-Mus Aachen (Hrsg.), Ulrich Schneider, Dagmar Preising u. Uwe Haupenthal (Texte), Ausst.kat. 01; SM Flensburg (Hrsg.), Hanna Peters u. Susanne Blöcker (Texte), Ausst.kat. 02; SM Siegburg (Hrsg.), Klaus Flemming (Texte), Ausst.kat. 03, 04; Wallraf-Richartz-Jahrb., Bd LXV 05, S. 326

Bertschinger, Hafis (auch: HAFIS), Bildhauer; Maler; Graphiker; 25 Rue d'Or, CH-1700 Fribourg, Tel. 02 63 22 28 10, *hafis@freesurf.ch* (* Bhamdoun/ Libanon 12. 8. 33) – **S:** 55 Slade School of Fine Art London (Malerei u. Bildhauerei) – **L:** 63 Arkansas Art School Little Rock (Doz. f. Zeichnen u. Skulpt.) – **P:** Cité Intern. d. Arts Paris 67 – **Ve:** Visarte Berufsverb. Visuelle Kunst Schweiz seit 74 – **M:** Fribourg, Konservatorium; Fribourg, Slg d. Kantons; Neuchâtel, Mus. d'art et d'hist. – **Ö:** Cournillens, Chapelle; Domdidier, L'Éc. du Cycle d'Orientation de la Broye; Favargny, L'Éc. du Cycle d'Orientation; Fribourg, L'Eglise St. Pierre – **E:** 87 Fribourg, Mus. d'art et d'histoire; 88 Lyon, Mus. de l'Imprimerie; 92 Tokio, Saga-cho Blyus Gall.; 96 London, The October Gall.; 04 Neuchâtel, Mus. d'Art et d'Hist. – **V:** Ernest Riesemey 88 – ***Lit:*** Walter Tschopp: HAFIS 1967–1986, Monogr. 86 – (Red.)

Berweiler, Hans; Aldinger Str. 128, D-70378 Stuttgart, Tel. (07 11) 53 11 61 – **G/T:** Bildhauerei – (Red.)

Beschek, Helmut (Ps.: Pöstlingberg), Mag. art.; Atelier: Harruckerstr. 4, A-4040 Linz, Tel. u. Fax (07 32) 73 85 75 (* Linz/ObÖst. 12. 9. 48) – **VG:** Linz, Beschek – **S:** Kunstuniv. Linz (Malerei, Graph., Keramik b. Dimmel, Ortner u. Ohnsorg) – **L:** 80–84 Prof. Kunsterziehung – **KGr:** Donauhunde – **G/T:** Malerei (Öl, Acryl, Tempera); Graph. (Graphit) – **W:** Ankauf u. a. durch d. Ld ObÖst. – **M:** Linz, Arb.kammer; Linz, Neues RH; Linz, Nordico-Mus.; Wien, BMfUK – (Red.)

Beschorner, Lieselotte; Wallrißstr. 37, A-1180 Wien, Tel. (01) 4 70 63 98 – **G/T:** Malerei – (Red.)

Bessel, Herbert, Maler, Graphiker; Am Mühlberg 5, D-90518 Altdorf b. Nürnberg, Tel. (0 91 87) 25 69 (* Hamburg 10. 12. 21) – **VG:** Nürnberg, Schrag; Nürnberg, Blaue Tür – **S:** 46 LdesKSch Hamburg; 48–54 ABK Nürnberg/Ellingen – **P:** Intern. Graph.-Bienn. d. kleinen Formats Lodz (2 Med.) 79–87; Otto-Grau-Kult.pr. 00; Kunstpr. d. Nürnberger Nachrichten 01 – **Ve:** KV Erlangen 62; Albrecht-Dürer-Ges. – KV Nürnberg 63–84; KM Erlangen 99 – **KGr:** Der Kreis Nürnberg (seit 69); Secession München (seit 71) – **G/T:** Rad. (seit 72), Glasmalerei, Freie Graph. u. Ölmalerei – **W:** Glasfenster in ca. 40 Kirchen u. öff. Gebäuden, vorw. in Franken (Bay.) – **M:** Bayreuth, KM; Coburg, KS d. Veste; Erlangen, KM; Erlangen, StKS; Nürnberg, StKS; Schweinfurt, Städt. Slgn Alte Reichsvogtei – **E:** u. a. 79 Hainburg, Henning; 80 Albstadt, StG; 83 Nürnberg, KV Dürer-Ges.; 87 Coburg, KS d. Veste; 01 Nürnberg, SM Fembohaus; 03 Erlangen, KM – **G:** u. a. seit 56 München, Große Kunstausst.; Kr. Hall/Nürnberg, Fränkische Kunstausst.; seit 62 Erlangen, KV; 68 Ausst. d. Dt. Künstlerbundes; – Teiln. an Graph.-Bienn. u. a. in Frechen, Norwegen, Grenchen u. Krakau – **V:** Plato: Das Höhlengleichnis (Rad.) 82; – Mappenwerke im Ver. f. Orig.rad. München – **R:** Städt. Slgn Nürnberg (Hrsg.): H. B. – ein Künstler in Franken, Monogr. 01; – Ausst.kat.: Gal. Henning Hamburg 79; StG Albstadt 80; Glasgal. Luzern 82; Dürer-Ges. Nürnberg 83; KS d. Veste Coburg 87; KM Erlangen 03 – (Red.)

Besser, Karin (Ps.: EINFACH BESSER!), Dipl.designerin, Bauzeichnerin, Requisiteurin; Blumenstr. 39, D-47798 Krefeld, Tel. (0 21 51) 77 70 84, Fax 15 29 97, *einfach-besser@gmx.de*, *www.karin-besser.de* (* Bad Soden-Salmünster 5. 7. 64) – **S:** 89–90 Univ. Düsseldorf (Kunstgesch., Phil.); 90–95 FHS Niederrhein Krefeld (Produkt-Design) – **L:** 92–95 Werkhaus Krefeld (selbständige Gest.- u. Bauprojekte, u. a. Lehmbau, Farbgest.); 93 Zeche Zollver. u. Duisburg (Kinder- u. Jgd.baustellen) – **P:** Löwenhof-Förd.pr. f. bild. Kunst (1. Pr.) 03; 4. Recycling Kunstpr. d. Recyclingbörse Herford 05 – **Ve:** ver.di – Fachgr. Bild. Kunst 93 – **KGe:** Werkhaus Krefeld (92–95) – **G/T:** Bildmontage; Objekte; Malerei; Zchng; bewegl. Bilder u. Objekte; Material: Aqu.kreide, Pastell, Holz, Gips, Putz, Stempel, mitteldichte Faserplatten, Ztgs- u. Bildfragmente – **W:**

überw. in Privatbes.; Install. meist begrenzter Dauer in Foyers, Eingangsbereichen u. a. – **Ö:** Krefeld, Stadtwerke; ebda, Kinder- u. Jgd.theater Kult.fabrik Heeder – **E:** / G: u. a. 92–96 Krefeld, FHS Niederrhein: Jahresausst.; 94, 01 Krefeld, Ateliergemeinschaft Luisenstr.; 94 Recklinghausen, Krankenhaus; Krefeld, Heidefeld; 95 Gießen, Weinecke Steinstr.; Krefeld, Alte Post; 96 Köln, Botan. Garten; 98/99, 01/02, 05 Krefeld, Werkhaus; 01, 02, 03, 04, 05 Krefeld, SUEDGANG (Offene Ateliers, seit 05 Organisation); 01, 05 Krefeld, Fabrik Heeder; 01/02 Krefeld, Stadtwerke (Kat.); Jesteburg, Kunstwoche; Euskirchen, RH: Euskirchener Kunstpr.; 02 Tag d. Archit. NRW, Bilder u. Stelen im Maisfeld; 03 Duisburg, Genner; Frankfurt am Main, Löwenhof-Förd.pr.; 04 Krefeld, Müller; Neuss, Fa. 3M; 05, 06 Krefeld, Haus Greiffenhorst; 05 Herford, Recyclingbörse: Recycling Kunstpr.; 06 Krefeld, Volksbank Friedrichstr. – sowie in Weindepots u. Arztpraxen in Krefeld u. Umgebung

Besser-Güth, Anke, Bildhauerin; Dorfstr. 1, D-17194 Marxhagen, Tel. (03 99 33) 7 10 62 (* Erfurt 16. 12. 40) – **S:** 60–66 HBK Dresden (Bildhauerei b. G. Jaeger, H. Naumann u. W. Arnold, Dipl.) – **P:** Kult.pr. d. Stadt Erfurt 75 – **Ve:** VBK DDR 66–90; VBK Thür. 90; Künstlerbund Meckl. u. Vorp. 96 – **G/T:** Bronzeplast. – **Ö:** Eisenach, Gedenkstätte f. d. Eisenacher Kongreß; Erfurt, Alte Univ. (Till Eulenspiegel), ebda, Hinter d. Krämerbrücke (Reliefs z. Erfurter Stadtgesch.), ebda, Naturkunde-Mus. (Innenhof, Bronzeplast.), ebda, Rosa-Luxemburg-Pl.; Nordhausen, Käthe-Kollwitz-Schule; Weimar, Käthe-Kollwitz-Schule; Wenigenlupnitz, Schule (Reliefs); Windischholzhausen, Kinderdorf (Bauplast.) – **E:** u. a. 70 Erfurt, Kult.bund; 71 Erfurt, Theater; 72 Erfurt, Anger-Mus.; 75 Erfurt, RH; 91 Gotha, Gal. am Hauptmarkt – **G:** u. a. 70 Weimar, KH; 72, 77, 82 Dresden, Kunstausst. d. DDR; 73, 76 Vilnius, Kunst-Pal.; 77 Eisenach, Thür. Mus. – ***Lit:*** AKL – (Red.)

Besson, Pascal, Kunstmaler; Ruelle du Croset 4, CH-1009 Pully, Tel. 02 17 28 72 57 (* Pully 24. 3. 31) – **VG:** Lausanne, Gal. du Chêne – **S:** Éc. des Beaux Arts Lausanne; Acad. de la Grande Chaumière Paris – **L:** Éc. des Arts Appliqués Vevey – **G/T:** Landschaftsmalerei (Toscana, Bretagne u. Schweiz) – **W:** überw. in Privatbes. in Frkr., GB, Ital., Öst., Holl. u. Kanada; weitere u. a. in Bes. d. Fondation Leenharts – **M:** Lausanne, Mus. Olympique; New York, MOMA; Pully, Mus. – **Ö:** u. a. Basel, Union de Banques Suisses; Genf, Credit Suisse; Lausanne, Place de la Palud; ebda, CIO Comité Intern. Olympique, Credit Suisse; Vevey, Nestlé – **E:** zahlr. Einzelausst., u. a. 72 Lausanne, Mus. cantonal des beaux-arts; 76 Pully, Mus.; Zürich, Stadthaus; 79, 81, 83 Lausanne, Quadri; 81–83 Basel, Art Basel; 82, 85 Basel, Lüdin; 85 Lustenau, Neufeld; 86, 89 Lausanne, Vallotton; 87, 92 Luzern, Stern; 88 Genf, Gal. d'Hermance; 94 Paris, Tisca; Paris, Atlantis; 94, 97 Basel, Gal. Noodlebärg; 00 Lausanne, Mus. Olympique – ***Lit:*** Gil Pidoux: P. B. Portofolio 80; Frank Bridel: Bâtisseur d'Espace, Monogr. 91; ders.: P. B. Dialogues avec l'infini, Monogr. 99 – ***LitR:*** Musée Olympique: P. B. au Musée Olympique, VHS u. DVD – (Red.)

Best, Gunter; An der Ölmühle 12, D-34454 Bad Arolsen, Tel. (0 56 91) 67 39, Fax 91 23 13, *kunstmuehle.braunsen@t-online.de* – **G/T:** Malerei, Fotogr. – (Red.)

Bestgen, Karola s. Baumeister-Bestgen, Karola

Besuden, Elfie (geb. Elfriede Gerhardt), Malerin; Feldgasse 9, A-2283 Obersiebenbrunn, Tel. (0 22 86) 33 24, Fax 4 30 98, *besuden@aon.at*, *www.besuden.at* (* Wien 8. 8. 63) – **S:** 99–00 Künstler. VHS Wien – **L:** Golden Acrylic (Kursleiterin) – **Ve:** Golden Acrylic – **KGe:** E. B. u. Dane Hoffmann (seit 02) – **G/T:** Malerei (Acryl, Spachteltechnik, Aqu., Landschaft) – **K:** Malerei (Acryl, Aqu., Landschaft, Akt) – **Ö:** Wien, Allg. Pensionskasse – **E:** Wien, Intern. Pressezentrum; Wien, Stadtgartenamt; Wien, Foune; Tulln, Altmann; Bad Tatzmannsdorf, Golfhotel Steigenberger – **G:** Leopoldsdorf, Lit.cafe Seunig (m. Sammy); Strasshof, Kult.haus (m. Dane Hoffmann) – **V:** Postkartenserie 00; Mariahilferstrassen Inside Journal (Beitr.) 04 – **R:** Malkurs in Acryl, DVD 03 – ***LitR:*** Magazin 25, ORF1 u. TW1 – (Red.)

Betoner s. Lesier, M.

Betz, Beatrix (auch: Bea Betz), Architektin; Isabellastr. 30, D-80796 München, Tel. (0 89) 2 71 11 77, Fax 2 71 13 72 (* Braunschweig 13. 8. 28) – **S:** 49–54 Techn. HS München; Carnegie Inst. of. Technology Pittsburgh – **P:** Pr. d. BDA Bay. 71 u. 81; Kult.pr. f. Archit. d. Stadt München 73; Civic Trust Award 79; Brit. Concrete Soc. Award 79 – **Ve:** Bay. Architektenkammer 60; BDA 61; Stadtgest.kommission München 88 – **KGe:** Betz Architekten: B. u. Walther B. – **B:** u. a. München: Bay. Hypotheken- u. Wechselbank (Hauptverwaltung) – ***Lit:*** AKL; Reclams Künstlerlex. 02 – (Red.)

Betz, Franz, Designer u. Bildhauer; Gabelsbergerstr. 18, D-30163 Hannover, Tel. (05 11) 66 06 02, *betz@franzbetz.de*, *www.franzbetz.de*. Schwarzer Bär 2, D-30449 Hannover, Tel. (05 11) 9 28 81 20, Fax 9 28 81 28 (* Sigmaringen 30. 8. 63) – **P:** Interzum Award 01; IF Material Award 05 – **Ve:** VG Bild-Kunst 05; BBK Nds. 06 – **KGr:** Künstler in der List (seit 05) – **G/T:** Licht- u. Holzskulpt.; Metallgüsse; Neue Medien – **E:** zahlr. seit 03, u. a. 03 Hannover, Capitol; 05 Hannover, Kunstleitfaden Ligna 2005; Sinsheim, Artificium; 06 Alfeld, Gal. im Fagus-Werk – **G:** zahlr. seit 03, u. a. 03, 05 Hannover, Ligna: Holz in Künstlerhand; 06 Frankfurt am Main, Luminale 06: Night-Light-Night

Betz, Walther, Architekt; c/o Betz Architekten, Isabellastr. 30, D-80796 München, Tel. (0 89) 2 71 11 77, Fax 2 71 13 72, *mail@betz-architekten.de*, *www.betz-architekten.de* (* Würzburg 3. 3. 29) – **S:** 49–53 TU München; ETH Zürich – **P:** Pr. d. BDA Bay. 71 u. 81; Kult.pr. f. Archit. d. Stadt München 73; Civic Trust Award 79; Brit. Concrete Soc. Award 79 – **KGe:** Betz Architekten: W. u. Bea B. – **B:** u. a. München: Bay. Hypotheken- u. Wechselbank (Hauptverwaltung); Starnberg: Haus Gautier – ***Lit:*** AKL; Reclams Künstlerlex. 02 – (Red.)

Beuermann, Wilhelm, freiberufl. Maler (seit 1970), Zeichner, Wandgestalter, Redakteur f. Kunst in d. Monatsztg Nobilis (1980–1999); Ostwenderstr. 3, D-30161 Hannover, Tel. (05 11) 31 51 03, Mobil: 0 17 24 21 37 03, *www.kuenstlerbund.de*. Atelier: Flüggestr. 14, D-30161 Hannover (* Berlin-Lichterfelde 21. 3. 37) – **VG:** Hannover, Artforum – **S:** 55–59 WerkKSch Hannover (Graph., Dipl.); 59–60 EBA Paris; Atelier Friedländer Paris; 60–63 HBK Berlin (b. Prof. Hermann Bachmann) – **L:** 88 FHS f. Mode u. Design Hannover (Farblehre); 06 Künstlerhaus Spiekeroog Oldenburg (Berufung als Doz. durch d. Stadt Oldenburg) – **P:** Stip. d. Inst. Français (Paris) 62; Villa-Massimo-Stip. 77; Pr. im Ideenwettb. d. Glassteinindustr. 82 – **Ve:** BBK 70–87; Dt. Künstlerbund 72 – **KGr:** PlasMa (81–87) – **G/T:** Graph. (Lith., Rad.); Malerei (Gouache, Öl); Wandgest. (Dispersions- u. Acrylmalerei, Wandbilder auf Emailbasis, Holztafeln m. Metallkaschierung u. Epoxyd-Lacken) – **W:** Werke in Mus. in Würzburg u. Karlsruhe – **M:** Hannover, Kult.amt; Hannover, Nds. Spk.stift.; Hannover, Slg d. Stadtspk.; Künzelsau, Mus. Würth; Schwäbisch Hall, KH Würth – **Ö:** Braunschweig, Offizierskasino d. Panzer-Kaserne (Wandbild

76); Hannover, Aula d. Peter-Petersen-Schule (Bildtafeln 73); ebda, KV (Wandbild, zerstört), Mehrzweckhalle d. Kopernikus-Schule (Außenwandbild), Postneubau Einkaufszentrum Laatzen (Außenwandbild), Fa. REMA (Wandbilder 76); Köln, U-Bahn-Station Körnerstr. Ehrenfeld; Oldenburg, Altstadt (Außenwandbild) – **E:** zahlr. seit 67, u. a. 68, 71 Karlsruhe, Gal. UBU; 70 London, Drian Gall.; Oldenburg, LM; 70, 72, 75, 78, 80, 85 Würzburg, Villinger; 76 Rom, CIAK; 77 Vence/Frkr., Chave; 79 Imeria/Ital., Gal. Battifoglio; 82, 86, 87, 90, 93, 97, 01 Hannover, Artforum; 87 Gütersloh, KV; 91, 96 Leipzig, Globus Gal.; 93–95 Wanderausst. in Leipzig, Berlin, Grenchen/Schweiz u. Hannover; 99 (Retr.), 00 Hannover, Neues Kr.haus; 99, 00 Hannover, Kubus; 04 Delmenhorst, Atelier BerGer – **G:** m. PlasMa u. a. 82 Dortmund, Gal. Ostentor; 84 Salzgitter, KV; Uelzen, KV; Poznan, BWA; 85 Worpswede, Bollhagen; Perpignan, Pal. de Congrès; 89 Szombathely, Mus. – **V:** El Kantara, Mappenwerk (10 Siebdrucke) 70; Klaus Dieter Brunotte: Landnahme (Zchng) 81; Verschollene Städte, Mappenwerk (10 Rad.) 82; Sprache d. Archit., Rad.-Serie 89; Ev.-Luther. Kirchenverb. (Hrsg.): Hannover Bibel (Ill.) 03 – weitere: Tagebilder-Bücher 1990–1992, 10 Bde im Bes. d. KH Würth Schwäbisch Hall – ***Lit:*** Holles Kunstgesch. II 71; Bau Art. Künstler. Gest. zu staatl. Bauten Niedersachsen; Slgn d. Nds. Sparkassen-Stift.; Gesamtverzeichnis Slg Würth – zahlr. Ausst.kat., u. a. Drians Gall. London 69; Gal. Ostentor Dortmund 71; Bilder 1978–1980, Gal. Villinger 80; Ausst.kat. Artforum Hannover: Bilder 1983–1985 85; Bilder 1986–1990 90; Bilder 1991–1996 96; Bilder 1997–2001 01; – Beitr. in intern. Kunstzss

Beumers, Manfred, Maler, Galerist; Jakobstr. 78, D-52064 Aachen, Tel. u. Fax (02 41) 3 33 95, *Manfred@Beumers.com* (* Gangelt/Aachen 25. 3. 43) – **VG:** Köln, Kirschwohnen; Stuttgart, Gal. Keim; Aachen, Beumers – **S:** 67–69 WerkKSch Aachen (Malerei, b. Prof. Wille); 69–74 KA Düsseldorf (Malerei u. Graph. b. Prof. Geiger) – **P:** 1. Pr. b. d. 'Pintura Rapida' (f. Aqu.) Tossa 97, 98 – **G/T:** Malerei (Öl, Aqu.); Graphiken; Objekte – **W:** Bilder in intern. Privatbes. – **M:** Tossa, Mus. Municipal – **Ö:** Aachen, Carolus-Therme; ebda, Casino; Duisburg, E.L.G.; Mönchengladbach, Spedition Wimmer; Nürnberg, Nürnberger Versicherungen (b. Dieter Beumers) – **E:** Aachen, Beumers; Düsseldorf, Oro Fino; Köln, Kirschwohnen; Neuburg, Gal. Hexenhaus – **G:** 92 Barcelona, Gal. Risques; – weitere: Köln, Kirschwohnen – **V:** 27 Arbeiten (Kat.) 94; Biografie (in 5 Sprachen, 68 Abb., Farbe) 03 – **R:** Kurzfilmtage in Düsseldorf (Beitr.) 72

Beutel-Windischbauer, Erli (Ps.: Erli), Prof., Malerin, Graphikerin; Derra de Moroda-Str. 6a, A-5020 Salzburg, Tel. u. Fax (06 62) 64 28 72, *erli@utanet.at.* Atelier: Hellbrunnerstr. 3a, A-5020 Salzburg (* Bad Dürrenberg 6. 2. 22) – **VG:** Salzburg, Gal. Franziskanergasse; Seeham, Drei-Seen-Gal.; Salzburg, Ficker – **S:** 40–42 HBK Berlin (Portr. b. Prof. v. Kursell); 42–44 ABK Wien (Portr. b. Prof. Dachauer) – **L:** 78–82 VHS (meditatives Malen); KV (Aktzeichn.); 96 Ernennung z. Prof. – **P:** Bundesförd.pr. d. Bundes u. des Ldes Salzburg; Förd.pr. d. Salzburger KV – **Ve:** Berufsvrg bild. Künstler Salzburg; KV Salzburg – **G/T:** Portr.-malerei (Öl, Pastell); Rad. (realistisch, phantastisch); Aqu.; Ill.; Drahtplast.; Betonglas; Sgraffiti; Keramik – **Ö:** Wandgest. (Fresken, Sgraffiti) in Schulen in Salzburg, Großgmain, Lamprechtshausen, Berchtesgaden, Hofgastein, Badgastein, Kaprun u. Grafing/Bay. – **E:** zahlr. Ausst. seit 56, u. a. 56, 59, 77 Badgastein, Kurhaus; 62 Salzburg, Mirabellkasino; 70, 71 Kinshasa/Kongo, Goethe-Inst.; 73, 82 Salzburg, Mus.pavillon; 80 Salzburg, Traklhaus; 84 Oldebrouk/Niederl., Gal. de Zonnewagen; 87 Linz, Lehner; 89 Graz, Teppichgal.; 97 Salzburg, Stadtbücherei; 98 Seeham, Drei-Seen-Gal.; 01 Traunstein, Kult.zentrum; Salburg, Hotel Dorint; 02 Salzburg, Künstlerhaus (Kab.) – **G:** u. a. Salzburg, KV; ebda, Berchtoldvilla, Gal. Weihergut, Gal. Franziskanergasse; Mainz, RH; Seeham, Drei-Seen-Gal. – **V:** Text u. Ill. f. Kinderb.: Wo sind Punzas Geburtstagsblumen 92; Die Geschichte vom wunderschönen Mäcki 96; Engelmacht und Gnomenzauber 02 – **R:** Beitr. in: Das Salzburger Jahr 62; Kat. 86, 93 u. 98 – (Red.)

Beuting, Sigrid, Bild. Künstlerin, Malerin, Bildhauerin, Performance-Künstlerin, Dozentin; c/o Städtisches Atelierhaus Baerl, Schulstr. 64, D-47199 Duisburg, Tel. (0 28 41) 83 36, Mobil: 0 17 05 31 92 48, *creative4u@gmx.net*, *www.duisburger-kuenstler.de* (* Haldern 18. 4. 57) – **S:** 77–83 Mercator-Univ.-Duisburg; Univ. Essen – **L:** 83–93 Mercator-Univ.-Duisburg (LBeauftr. f. Malerei, Zchng u. interdisziplinäre Gest.) – **P:** Studien- u. Arb.stip. in d. ehem. UdSSR 84; Studien- u. Arb.stip. in Portsmouth 90; 'Afrika u. Europa im Dialog', Kunstprojekt gefördert v. Auswärtigen Amt d. BRD 95; 'Kunst-Musik-Lyrik-Dialog', Kunstprojekt Stadt Duisburg 02; Turm-Stip. Stadt Geldern 02; 'Ich + Du = Wir', Kunstprojekt gefördert v. d. Aktion Mensch 06 – **Ve:** Duisburger Künstlerbund 89; BBK Düsseldorf 96; GEDOK 04 – **G/T:** Malerei (Acryl, Öl, Collage); Bildhauerei (Stahl, Edelstahl); Install. u. Performance (z. Themen Raum, Zeit u. Leben); raumbezogene Arb. – **K:** interdisziplinäre Gest. (Skulpt., Malerei, Install., Assemblage); Malerei (Akt, Portr., Lsch.) – **W:** meist Collagen u. Assemblagen; mehrere dialog. Kunstprojekte m. bild. Künstlern u. Jazz-Musikern in Mus. u. Theatern; Kunst-am-Bau-Projekte – **M:** Duisburg, Wilhelm-Lehmbruck-Mus.; Geldern, Slg d. Stadt – **Ö:** Duisburg, Gemeinnützige Bauges. AG; ebda, Theater am Marientor, Stadtwerke; Duisburg-Neudorf, Altenheim; Duisburg-Wedau, Städt. Kliniken; Wesel-Flüren, Café Art – **E:** u. a. 83 Utrecht, Flatland; 91 Portsmouth, ASPEX Gall.; 00 Duisburg, Wilhelm Lehmbruck Mus. (Gal. Rheinhausen); Wesel, StG Centrum (Kat.); 02 Emsdetten, Gal. AO; Geldern, Turm-Gal.; 03 Kamp-Lintfort, StG Orangerie; 05 Rees, StG – **G:** u.a. 85 Moskau, Zentrale KH; 85, 86 Vilnius, Lietuvos dailės muziejus; 86 Oberhausen, StG Schloß Oberhausen; 88 Alma Ata, Staatl. KM; 90, 91 Portsmouth, City Mus. and Art Gall.; 91 (Kat.), 02 Duisburg, Wilhelm Lehmbruck Mus.; 93 Viersen, StG (Kat.); 01 Korschenbroich, StG; 02 Duisburg, Mus. d. Dt. Binnenschifffahrt; 03, 04 Duisburg, Cubus KH; 05 Rendsburg, Nord Art – **V:** m. Gabriella Fekete u. Klaus Kiel: Wechselspiel, Kat. (Gest.) 89; Peter Dunas: S.B., Kat. (Gest.) 89; Afrika u. Europa im Dialog, Kunstprojekt m. Sokey Edorh, Kat. (Text, Übersetzung ins Engl. u. Französ., Fotos u. Gest.) 95; Susanne Höper-Kuhn: Hetty Bresser 2000, Kat. (Auswahl u. Gest.) 00 – **R:** m. Achim Jaroschek u. Jürgen Schneider: Du (:) Fremde Nähe. Kunst-Musik-Lyrik-Dialog, DVD (Buch, Regie u. Malerei) 02 – ***Lit:*** u. a. Martin Goppelsröder: S.B. Flatland, Kat. 83; Hans Ulrich Kress: S.B. Malerei/Zchng/Collage, in: Duisburger J. 85; Gottlieb Leinz: 8 Duisburger Künstlerinnen, Kat. 86; Bernhard Mensch: Biennale an d. Ruhr – Sensible Intelligenz: S.B., Kat. 86; Peter Dunas: S.B. – Fläche, Raum, Zeit, Kat. 89; Renate Heidt Heller: S.B. u. Ulrich Rückriem. Im Dialog WLM, Kat. 94; Susanne Höper: Afrika u. Europa im Dialog – S.B. u. Sokey Edorh, Kat. 95; Annette Theyhsen: 3. Gelderner Turmstipendium, Kat. 02; Susanne Höper-Kuhn: S.B. in d. Orangerie, Rede 03; Wilhelm Lehmbruck Mus. Duisburg (Hrsg.): Kunst d. 20. Jh. in Duisburg 04; S.B. 06 –

sowie Leporellos d. Stadt Duisburg 96 u. d. Duisburger Künstlerbundes 04 – ***LitR:*** Clarc Production: This way out, Fs.beitr. TVS 91; Schaufenster, Fs.beitr. WDR 95

Bey, Annette von der, Malerin, Illustratorin, Designerin; Tackhütte 81, D-41238 Mönchengladbach, Tel. (0 21 66) 90 72 38, Fax 98 11 94, *annette@von-der-bey.de, www.kunstaspekte.de/annette-von-der-bey/; www.annette-von-der-bey.de* (* Remscheid 1. 6. 65) – **VG:** Düsseldorf, CO10 – **S:** 86–94 KA Düsseldorf (Malerei b. Professoren Tony Cragg, Jan Dibbets, Fritz Schwegler); 90 ebda (Meisterschülerin b. Fritz Schwegler) – **P:** Stip. d. Friedrich-Ebert-Stift. 88–89; Stip. d. Studienstift. d. Dt. Volkes (einjähriger Aufenthalt in Spanien) 89–92; Eduard Bargheer Stip. 97 – **Ve:** VG Bild-Kunst 89 – **G/T:** Konzeptuelle Malerei (Öl); Install.; Ill. (Kdb., Aqu.); Spielzeugdesign (Brettspiele, Holzspielzeug) – **W:** ca. 1000 Werke überw. in Privatbes. – **E:** 91 Berlin, Gal. Arndtstr.; 93 Viersen, Studiengal. d. Univ. Duisburg; 94 Duisburg, Am Kamin; Wiesbaden, Köllmann modern art; 96 Berlin, Unikopie; 97 Bonn, Garage; 01/02 Duisburg, Mus. Küppersmühle – Slg Grothe; 04 Düsseldorf, CO10 – **G:** 90 Darmstadt, Mathildenhöhe; Düsseldorf, KM; 91 Mannheim, Alte Feuerwache; 94 Viersen, Studiengal. d. Univ. Duisburg; 95 Düsseldorf, Jasmin Gal.; 96 Köln, Rhenania; 97 Wiesbaden, Köllmann modern art; 02 Frankfurt, Airport Gal.; 02/03 Wiesbaden, Cerny & Puff; – sowie: 89 Avignon

Beyelschmidt, Rosy, Fotografin u. Videokünstlerin; Köln, *office@beyelschmidt.de, www.beyelschmidt.de* (* Köln 49) – **S:** 83 FHS f. Kunst u. Design Köln (Meisterschülerin b. Prof. P. Sovák); 88 Univ. Köln (Phil.) – **L:** 95 John Moores Univ. Liverpool (Gastdoz.); Salford Univ. Manchester (Gastdoz.) – **P:** u. a. Aufenthaltsstip. Künstlerhaus Lukas, Ahrenshoop; Förd.pr. d. Kölnischen KV; Chargesheimer-Stip. Köln; Stip. d. Kult.stift. Rhein-Neckar – **M:** Frankfurt am Main, Mus. f. Kommunikation (Postmus.); Köln, Mus. Ludwig; Paris, Centre Pompidou – **E:** / G: u. a. 87 Bremen, Fotoforum; 89 Wien, Fotogal. Wien; 91 Köln, Lichtblick; Gütersloh, KV; 92 Hagen, Karl-Ernst-Osthaus-Mus.; 93 Atlanta, Nexus Contemp. AC; Kiel, KH; Hamburg, Kampnagel; 94 Köln, Mus. Ludwig; 99 London, Corbyn Studios; 00 Würzburg, KV; 01 Heinsberg, KV; – Video-Festivals: 87, 88 Leipzig, Intern. Dok.- u. Kurzfilmwoche; 90 Locarno, Video Art Festival; Arnheim, AVE-Intern. Festival; 91 Tokio, Video Festival; 93 Los Angeles, Nat. Video Festival – ***Lit:*** AKL – (Red.)

Beyer, Manfred, Maler, Graphiker, Kunstpädagoge; Wettinstr. 11, D-01689 Weinböhla, Tel. u. Fax (03 52 43) 3 61 44, *beyer.malerei@web.de* (* Erfurt 10. 12. 37) – **VG:** Ahrenshoop, Bunte Stube; Dresden, art + form – **S:** 57–63 HBK Dresden (Päd. Fakultät, Kunsterziehung, Malerei/Graph., b. den Prof. Herbert Schmidt-Walter, G. Kettner, Claus Weidensdorfer); 86 u. 88 Werkstatt Malerei-Graphik, Schloß Rammenau (86 b. Claudia Kucera u. Christine Wahl, 88 b. Klaus Drechsler u. Christine Wahl) – **L:** 63–92 Oberschule Leukersdorf (Lehrer f. Kunsterz.); 66–92 Pionierhaus Radebeul (Zeichen- u. Malunterr.); 68–80 HBK Dresden (Abt. Abendstudium, Malerei/Graph.); 68–92 Weinböhla (Mal- u. Zeichenkurse); 92–94; Aufbau d. JugendKSch Meißen e.V. Schloß Siebeneichen; seit 94 Lehrtätigkeit Malerei/Graph. ebda – **P:** Kunstpr. d. Stadt Radebeul 88; Med. d. Mitbegründung d. 10jähr. Künstlerpartnerschaft Rems-Murr-Kr. u. Kr. Meißen 91–01 VBKW – **Ve:** BBK; KBD; Neuer Sä. KV – **G/T:** Lsch.; Portr.; Abstr.; expressiv-romantisch; Malerei (Öl, Acryl, Ölpastell, Aqu.); Zchng; Farbrad.; Monotypie; Hschn.; Objekt; – Schwerpunkt: Lsch., Portr. u. Malerei nach innen, freie Abstr., Informel; Heimatl. Motive d. Ostsee u. d. Elbtals – **W:** zahlr. Performances m. Schülern in Dresden, Radebeul u. Meißen; viele Arbeiten in Privatbes. – **M:** Dresden, Slg d. Sä. Schlösserverwaltung; KS d. Rems-Murr-Kr.; Meißen, KS d. Kreisspk. – **Ö:** Coswig b. Dresden, Christl. Kinderhaus St. Martin; Dresden, Kunstbänke in d. Innenstadt; Meißen, Elbe Center (Wandbemalung) – **E:** 84 Radeburg, Heimatmus.; 85 Ottendorf-Okrilla, Gal. d. Schule; 90 Bad Salzuflen, Dat Huisken; 91 Kamenz, Kreiskulturhaus; Dresden, Hotel Hilton (Dresdner Hof); 93 Dresden, Hilton Hotel; Meißen, Frauenkirche; Mannheim, Gal. August d. Starke; 93, 96 Meißen, Schloß Siebeneichen; 94 Dresden, Haus d. Kirche; Radebeul, Chirurg. Gemeinsch.praxis Dr. Gerisch/Kreutel; 95 Coswig, Dresdner Bank AG; 96 Dippoldiswalde, Haus Krone; Großenhain, Antik-Café; Radebeul, Fa. Hans Held GmbH; Dresden, Sä. Verwaltungsgericht; 97 Coswig, Gal. Börse; Meißen, Duravit; Weinböhla, Elblandhotel; 98 Dresden, Herz-Kreislauf-Zentrum; Waiblingen, Kreishaus; 99 Meißen, FHS d. Sä. Verwaltung; Radebeul, Arztpraxis Dr. Naumann; 00 Meißen, Stadtgal.; Zeithain, V & M Deutschland GmbH; Dresden, Pro DV Software GmbH; 01 Dresden, Innovamed Klinik; 02 Radebeul, Bildergal. Kruschel; Radebeul, Kreisspk.; Weinböhla, RH; Weinböhla, Arztpraxis Dr. Brosche; 03 Schöneck, Paracelsusklinik; 04 Radebeul, König u. Bauer AG Druckmaschinen; 05 Dresden, Sozietät Roggelin, Witt, Wülfling, Ruser; Dresden, Bienertmühle; Radebeul, Oberschänke – **G:** 66 Meißen, SM; 67 Dresden, Albertinum, 9. Arbeiterfestspiele d. DDR; 84 Gera, 20. Arbeiterfestspiele d. DDR, Goldmedaille; 86 Magdeburg, 21. Arbeiterfestspiele d. DDR; 89 Leipzig, Peterskirche, Kirchentag; 91–01 Meißen, Albrechtsburg – Waiblingen, Kreishaus (jährl. Partnerschaftsausst. Begegnungen); 93 Dresden, Gal. Rähnitzgasse (2. Ausst. d. KBD); 95 Leipzig, Dt. Industriebank AG; 96 Korfu/Griechenld, Meißner Künstler d. KV Meißen; Großenhain, Antik-Café (Brigitte u. Manfred Beyer); Meißen, 1. Meißner Graphikmarkt Dresdner Bank; Meißen, Hausmesse bps; 98 Meißen, Theatergal. (KV Meißen); Meißen, Stadtgal. am Markt; 01 Reichstädt, Gal. Lilith: 3 Freunde: Beyer, Kühnel, Zepnick; 03 Dresden, 'Bunte Bänke f. Dresdens Innenstadt'; 04 Meißen, Albrechtsburg: Kontraste; 05 Magdeburg, Postkunst-Projekt tRAUMgeBILDe 2005/ROOM-CREATION; Meißen, Kreisspk.: Projekt Straußenei; – sowie seit 79 jährl. Teilnahme am Radebeuler Graphikmarkt (vom 1. Markt bis 28. Markt 06), seit 91 jährl. Teilnahme am Dresdner Graphikmarkt – ***Lit:*** u. a. 2. Ausst. d. Künstlerbundes Dresden e.V., Postkarten-Kat. 93; Roland Unger: M.B., Malerei, Collagen, Objekte – Blick nach innen u. außen, Kat. 93; Manfred Hanicke: Gedanken zu e. Ausst. v. M.B., ebda; Barbara Reyher: Ziele u. Aufgaben v. Jugendkunstschulen unter bes. Berücksichtigung ausgewählter sächs. Einrichtungen, Dipl.arb. TU Dresden 94; Sigrid Unterstab: Zum spezif. Wirken d. sächs. Jugendkunstschule Meißen Siebeneichen, wiss. Abschlußarb. TU Dresden 94; Angelika Lasius: Laudatio z. Gemeinschaftsausst. M.B., Helmut Symmangk, Philipp v. Appen, Uwe Beyer, Wolfram Hansch 30.3.96; Roland Unger: Laudatio z. Ausst. im Schloß Siebeneichen Meißen 28.4.96; M.B., Kat. Duravit Meißen 97; Heinz Quinger: Laudatio z. Ausst. in d. Gal. Börse Coswig, Dez. 97; Regina Niemann: Laudatio z. Ausst. in d. Pro DV Software GmbH Dresden 12.5.00; Ortschronik 650 Jahre Weinböhla 00 (S. 353–355); Die Kunstsammlungen d. Rems-Murr-Kreises, Kat. 01; Inspiration Moritzburg, Ausst.kat. 01 (S. 88 u. 138); Poster-Kat. tRAUMgeBILDe / ROOM-CREATION 05; Thomas Westermann: Kat. Flurbegehung – Dok. d.

Art-Projektes tRAUMgeBILDe / DREAM-CREATION 1985–1995–2005; – in ZTGN: Regina Köhler in: Neue Zeit Nr.8 10.1.86; Werner Kany in: Mannheimer Brief 92; Friedemann Nawroth in: Monatshefte f. Radebeul u. Umgebung, Apr. 92; Gundula Sell in: Sächs. Ztg 4.8.93, 7.5.96; Gert Claussnitzer, ebda 14./15.8.93 (Kulturseite); Gundula Sell in: Sächs. Ztg Meißen 20.1.96, 4.8.98, 8.6.00; Jörg Mosch, ebda 2.5.96; Henry Müller in: Sächs. Ztg Großenhain 14.8.96 T.R. in: Großenhainer Tagebl. 15.8.96; Johannes Zepnick in: Sächs. Ztg Dippoldiswalde 20.9.96; Thessa Wolf, ebda 27.9.96; Wochenkurier 9.10.96; Ingrid Russki in: Sächs. Ztg 27.11.96 (Kulturseite); Heike Schwarzer in: Sächs. Ztg Plus 7/97; Wolfgang Zimmermann in: Sächs. Ztg Meißen 16.12.97; Guillaume de Werbier in: ZVW Rems-Murr-Kultur 8.7.98; Renate Tegtmeyer in: Ev. Ztg Hannover Nr.14 11.4.99; Klaus Wegmann in: Sächs. Ztg 3.12.99 (Lokalseite Meißen); Willi Goder in: Weinböhla Information Nr.4 20.3.00; Regina Niemann: Aktuelle Ausst. in Dresden Mai 00-Aug. 00 – ***LitR:*** Vernissage M.B., Meißen Fernsehen 02 (auch als VHS-Kopie); – CD-ROMs: ART ROOM 02 (Teil I, Künstlerdatenbank d. Kulturraumes Elbtal); Bunte Bänke für Dresdens Innenstadt 03; Baustelle K7 – Kunst im öff. Raum Sachsen 1990–2002 04; – im INTERNET: www.art-room-elbtal.de; www.traumgebilde.de

Beyer, Sigurd, Maler; Ruhlstr. 3, D-34117 Kassel, Tel. u. Fax (05 61) 10 44 24. Kleiststr. 4, D-37574 Einbeck, Tel. Mobil: 0 16 21 61 33 29 (* Einbeck 7. 4. 53) – **S:** HBK Hamburg (b. Prof. Rudolf Hausner) – **P:** Kunstpr. Karlsruhe; Arb.urlaub im Künstlerbahnhof Ebernburg – **Ve:** BBK Göttingen 74–79; BBK Hessen 74–95 – **G/T:** realistische Malerei, Stadtldschaft, Portr., monochrome Pigmentbilder – **W:** 300–500 Gemälde in Privatbes., weitere in Bes. d. Länder Hessen, Nds. u. RP – **M:** Boffzen, Mus.; Göttingen, StM; Hannover, Mus.; Karlsruhe, Spk.; Kassel, Artothek; Kassel, Industr.- u. Handelskammer; Kassel, Neue Gal.; Kassel, Staatl. Mus.; Landsberg am Lech, Neues SM – **Ö:** Bremerhaven, Spk.; Einbeck, Spk.; Göttingen, Spk.; Kassel, Fa. Technoform; Kassel, Reg.präsidium (Wandgest.); Melsungen, Slg Braun; ebda, Slg v. Heidborn, Slg Wolf Uecker – **E:** u. a. Straßburg, Aktuaryus; München, Hartmann; Hamburg, Uecker; Berlin, Gal. am Savignypl.; Bad Hersfeld, SM; Lüdinghausen, Burg Vischering; München, Abercron; Bonn, Essig; Iserlohn, Gal. Die Welle; Kassel, Industr.- u. Handelskammer; Sortland/Norwegen, KV; Basel, Art Basel; Norwegen (Kunst for einig Vesterålen) – **G:** zahlr. Ausst.bet. – ***Lit:*** Kat. BBK Göttingen 75; Kat. Kassel Kreativ 77; Kat. KV Hannover 78; Archimboldo 79; Art Basel 82; Große Kunstausstellung München 82; S. B. Bilder 1969–1982 82; Krieg und Frieden 82; Mensch und Arbeit heute, Kat. 85; Frankfurter Künstler in China 85; S. B. Malerei 85; Deutsche Kunst nach 1945 87; KV Karlsruhe 88; Münsterlandmuseum 88; Natur und Staat 95 – ***LitR:*** Let there be tv, documenta Juli 92; Ulf v. Melchow, Fs.beitr. Sdg Hess.schau Hess. RF 75 – (Red.)

Beyer, Volker, Holzgestalter, Bildhauer, Maler; Hofstr. 28, D-09636 Langenau, Tel. u. Fax (03 73 22) 29 84 (* Bannewitz 4. 2. 51) – **VG:** Freiberg, Koch; Frauenstein – **S:** 72–75 Abendstudium Malerei/Graph. (b. G. Sippel); 97–82 FS f. angew. Kunst Schneeberg (Holzgest. b. Prof Brockhage) – **L:** 90–07 Volks-KSch Oederan – **P:** Intern. Holzbildhauersymposium im Vogtland (3. Pr.) 98; Künstlerwettb. Limbach-Oberfrona (2. Pr.) 99; 1. Pr. d. Spk. Freiberg 00; Schneeskulpt. Erzgebirge (1. Pr.) 04 u. 05 – **Ve:** SKB; KV Freiberg – **G/T:** Graph.; Holzgest. – **K:** Schnitzen, Skulpt. – **W:** Darmstadt; Csongrád/Ungarn – **M:** Chemnitz, Neue Sä. Gal.; Freiberg, Stadt- u. Bergbaumus.; Schlettau, Schloß – **Ö:** Brand-Erbisdorf, RH; Chemnitz-Euba, Atelier Schleupner; Glauchau; Freiberg, Kr.krankenhaus; ebda, Ldratsamt; Langenau, RH; Langenau-Ulm, Sporthalle – **B:** Berlin-Lichtenberg: Pyramide Himmelsfürst; Csongrád/Ungarn: Glockenstuhl; Klattenbach: Wasserschloß – **E:** Limbach, Mus.; Augustusburg, Schloß Augustusburg; Darmstadt, Staatstheater; Langenau-Ulm, Bücherei; Krakow, Goethe-Inst.; Freiberg, KV; Rochlitz, KV; Burgstädt, Gal. Art Forum – **G:** Darmstadt, Mathildenhöhe; Chemnitz, Neue Sä. Gal.; Klattenbach, Wasserschloß; Hofefeld, Sommergal.; Chemnitz, Regierungspräsidium; Freiberg, Naturkundemus – sowie in: Augustusburg, Karl-Marx-Stadt, Dresden, Plauen, Ober-Ramstedt, Csongrád/Szeged, Zschopau, Mirabad, Usti, Most, Trento, Oederan, Jirkov u. mehrere Ausst. in Freiberg

Bezzola, Leonardo, Fotograph; Landshutstr. 21, CH-3315 Bätterkinden, Tel. 03 26 65 45 25, Fax 03 26 65 45 57 (* Bern 24. 4. 29) – **S:** 45–49 Gewerbeschule Bern (Eugen Jordi); 49–50 KGS Zürich (Otto Morach) – **P:** Eidgenöss. Stip. f. angew. Kunst 57, 58, 59 – **Ve:** visarte – **G/T:** Fotogr. – **M:** Solothurn, KM; Winterthur, Fotostift. Schweiz – **E:** zahlr. Ausst. seit 66, u. a. 73–76 Jerusalem, Israel Mus.; Bern, KH; 82 Bern, KM; 84 Praz/Vully, Gal. au Poisson Rouge; 83–85 Chur, KM; Thun, KM; 87 Solothurn, KM; 94 Zürich, Arteba; 96 Bern, KH; 99, 00 Zürich, Kornfeld & Cie.; 01 Burgdorf, KH; 03 Basel, Mus. Jean Tinguely – **G:** 70 Bern, KH; 74, 97 Zürich, Kunsthaus; 94 Solothurn, Kantonales Kult.zentrum; 95 Wanderausst. d. Zs 'du' (Der geduldige Planet); 99, 00 Zürich, Kornfeld & Cie.; 02 Feldbrunnen, Schloß Waldegg – **V:** u. a. m. Bernhard Luginbühl (Text): clic 78; Strawinskybrunnen (Ill.) 83; m. Margrit Hahnloser (Text): Pandämonium Tinguely 88; m. Peter J. Betts (Text): Ernst Jordi. Eisenplastiken 1985–1990 90; m. Peter Bichsel u. Wieland Schmied (Text): Figurentanz Hannover 91; m. Peter Bichsel (Vorwort): clic 2 92; m. Annemarie Monteil u. Peter Bichsel (Text): Das Kunstmuseum Solothurn 1972–1997 (KV Solothurn) 97; m. André Kamber (Text): Kunstausstellungen Holderbank 00; Jean Tinguely. Schwarz matt und Ginggernillis 03 – **R:** FILM: u. a. m. Bernhard Luginbühl: Der Wohltäter 51; m. dems.: Lukas 53; m. dems.: Isognomik 59 59; Vernissage 67; Tell in Montreal 67; Niki de Saint Phalle: Camilla et le Dragon (Trickfilmsequenzen) 76 – ***Lit:*** Almanach '81 (Erziehungsdepartement Solothurn) 81; Über Sicht, Dok. (Kantonales Kult.zentr. Palais Besenval Solothurn) 94 – (Red.)

Bhicknapahari, Manon von s. Manon

Bialobrzeski, Peter, Prof., Fotograf; c/o Hochschule für Künste, Am Speicher XI 8, Raum 4.12.050, D-28217 Bremen, Tel. (04 21) 95 95 12 31, Mobil: 0 17 24 03 46 66, *peter@bialobrzeski.de; p.bialobrzeski @hfk-bremen.de.* c/o L.A. Gal. Lothar Albrecht, Domstr. 6, D-60311 Frankfurt am Main, Tel. (0 69) 28 86 87, Fax 28 09 12, *l.a.galerie-frankfurt@t-online. de* (* Wolfsburg 61) – **VG:** Frankfurt am Main, L.A. Gal.; New York, Miller – **S:** Studium d. Politik u. Soziologie; 88–93 Folkwangschule Essen (Kommunikationsdesign m. Schwerpunkt Fotogr., Dipl.); seit 89 freiberufl. Tätigkeit als Fotograf f. nat. u. intern. Mag. u. Auftragsarb.; 91–92 Univ. of the Arts London (College of Printing, Studium Fotogr.) – **L:** 98–99 Univ. GesamtHS Essen (Vertretungsprof. Bildjournalismus im FB Gest.); 01 Akad. f. Publizistik Hamburg (Doz. u. konzeptionelle Mitarbeit im FB Bild u. Neue Medien); seit 02 HS f. Künste Bremen (Prof. f. Fotogr., FB Kunst u. Design, Integriertes Design, Schwerpunkt Mensch u. Information) – **P:** World Press Photo Award (f. Arts/Stories) 03 – **Ve:** laif Agentur f. Photos u. Reportagen Köln seit 94; Dt. Fotogr. Akad. (DFA) 97; Jurymitgl. b. 'Fuji European Press Award 2000' u. 2001 in Kopenhagen 01, in Barcelona 02 – **E:** zahlr., u. a. 94 Newcastle, Side Gall.; Zürich, Nikon; Wuppertal, Gal. Huan Hovawart; 00 Hamburg, MKG; Köln, Photogal. laif; 01 Glückstadt, KV; 02 New York, Kennedy Boesky Photogr.; 03 München, Albrecht; 04 New York, Miller; Hamburg, Mus. d. Arb.; Bremen, Focke-Mus.; 05 Frankfurt am Main, L.A. Gal. – sowie: 95–66 Wanderausst. To Look at AIDS an 15 Orten in Tschechien u. d. Slowakei; 00 Gründung d. Internetgal. Photosinstore.com f. junge europ. Fotogr. – **G:** zahlr., u. a. 99 Hamburg, Altonaer Mus.: Bilder d. Großstadt; 99 Hamburg, Verl.haus Gruner u. Jahr: Archit. d. 20. Jh.; 01 New York, Alexander Gall.: The City; Hamburg, Kampnagel: Faszination Technik; 02 Hamburg, MKG: Mythos St. Pauli; Minneapolis/USA, Weinstein: Summer Group Show; Hamburg, Altonaer Mus.: Selbstporträts; 03 Lübeck, Overbeck-Ges.: Fotogr. u. Alltagsrealität; Groningen, Noorderlicht Fotofestival: Global Detail; Leinfelden-Echterdingen, KV: Verheissung d. Individuellen; München, Albrecht: Photographs; 04 New York, Yossi Milo Gall.: Pool Party – sowie: 02 New York, London, Paris, Tokio, Grand Central Station: A day in the life of Africa; 03 Amsterdam, Berlin, London, New York, Tokio u. 84 weitere Stationen: World Press Award – **V:** Transit 96; seit 97 regelm. Textbeitr. f. d. Zs Photonews u. d. Freelens Mag.; XXXholy – Journeys into the spiritual heart of India 00; Neon Tigers – Photogr. of Asian megacities 04; Ariel Hauptmeier (Text): Heimat (Vorwort, Fotogr.) 05; zahlr. Publikationen, u. a. in: GEO Dtld; GEO Korea; New York Times; Spiegel; Greenpeace-Mag.; Stern; Lufthansa-Mag. – ***Lit:*** Ausst.kat. zu Wanderausst. – (Red.)

Bianconi, Diego (auch: Diego Manuel Bianconi), Maler u. Radierer; Donaustr. 26, D-90542 Eckental, Tel. (0 91 26) 95 22 (* Muralto 7. 8. 57) – **VG:** Nürnberg, Gal. m. d. blauen Tür; Modica, Regina di Quadri – **S:** 86–88 Privatunterricht b. Leo Maillet in Verscio (Malerei u. Zeichn.); 88–95 ABK Nürnberg (Malerei u. Freie Graph. bei Prof. H. Schillinger, Prof. L. Scharl u. Prof. Grützke) – **L:** 95–99 ABK Nürnberg (LBauftr. f Aktzeichn.) – **P:** Stip. d. Dipartimento Istruzione e Cultura Tessin 89–91; Pr. d. Dannerstift. (Gr.pr.) 91; Pr. d. Stadt Hollfeld (f. Malerei) 98 – **Ve:** BBK 69–99; Schwabacher Künstlerbund seit 97 – **G/T:** Malerei (Öl, Pastell, Eitempera u. Buntstift, Figur, Landschaft u. Interieur); Rad. – **K:** aktuell Portr. – **W:** in Privatbes. in Dtld, Ital., d. USA u. d. Schweiz sowie in d. KS d. Bez. Mfr. – **M:** Bad Steben, Graph.mus. Stift. Schreiner; Fürth, SM – **E:** 94 Nürnberg, ABK; 95 Fürth, Gal. am Klinikum; 99 Kirchheim unter Teck, Gal. für gegenständliche Kunst; 01 Schillingsfürst, Doerfler; 03 Fürth, Stadttheater; Modica, Regina di Quadri; München, Meautis – **G:** u. a. 95 Hannover, Kunst- u. Antiquitätenmesse; 97 Erlangen, Pal. Sutterheim; Bad Steben, Graph.mus. Stift. Schreiner; Fürth, SM; 89 Bratislava, Slovenská NG; 99 Düsseldorf, Kunstmarkt; 01 Nürnberg, Gal. m. d. blauen Tür; 02 Nürnberg, Kunsthaus; 03 Berlin, Aquaforte; 04 Berlin, Classico – **V:** Rad. in Graph.mappen: Fränkische Landschaft 94; Stilleben 95; 3 Jahreszeiten 97; Stadt-Land-Fluss 99; – sowie Graph.mappe mit zwei Lith. 00 – ***Lit:*** Kat. z. Verleihung d. Lukas-Cranach-Pr. 95, 03; Schwabacher Künstlerbund 02; D. B. Natura Figura, Ausst.kat. 03; – sowie: VII Bienal de Grabado Caixanova, Ourense – (Red.)

Bianga, Karl; Wedeler Landstr. 63, D-22559 Hamburg, Tel. (0 40) 81 99 02 69 (* Danzig) – **S:** HBK Berlin (b. Prof. Hans Jaenisch, Max Kaus, Carl Hofer u. Wolf Hoffmann); ebda (Meisterschüler d. Radierkl. v. Wolf Hoffmann) – **P:** Stip. Bild. Kunst d. Studienstift. d. Dt. Volkes; Stip. d. Freunde bild. Kunst – **Ve:** BBK Berlins – **G/T:** Rad. u. Zchngn; Portr. ('Eisenbahnportr.', Mädchenportr. in Verbindung m. prägnanten Titeln, Serien); realist., romant. Stimmungen – **W:** Hamburg, Philips; Hamburg, VTG AG; Hamburg, Spiegel Verlag; Hamburg, Portugies.-Hanseatische Ges. – **M:** Berlin, KS d. Dt. Bundestages; Berlin, Mus. d. 20. Jhs.; Berlin, Märkisches Mus.; Berlin, SM (GrS); Bern, KH; Bonn, Slg d. Bundestages; Caracas, NM; Dallas, KH; Frankfurt am Main, Schirn; Hamburg, Altonaer Mus.; Hamburg, KH; Housten, KH; New York, MOMA; Trenton/NJ, State Mus. – **V:** Portugiesisch-Hanseatische Ges. e.V. (Hrsg.): Lissabon-Tram; Blechrausch; Mein Märklinleben; Heidekrautbahn; Europas Längste; 80 Jahre elektrisch; Schwesterbilder; Damals in Vichy; Zoppot – Ein Sommer in Preußen

Biber, Alfred, Maler; Hauptstr. 104, A-2102 Bisamberg, Tel. Mobil: 06 64 44 42 17 51, Fax (0 22 62) 6 36 56, *alfred.biber@utanet.at*, *www.alfred-biber.at* (* Wien 22. 8. 42) – **VG:** Düsseldorf, Hölz – **S:** Graph. Lehr- u. Versuchsanst. Wien – **L:** 89–95 Intern. Sommerakad. f. bild. Kunst Salzburg (Doz. f. Aktionsmalerei) – **G/T:** Übermalung eigener Arb. – **W:** in öff. u. privatem Bes. – **E:** 84 Wien, Chobot; Wien, Clubgal. Motto; 85 Wien, Kleine Gal.; 85, 86 Wien, Blau-gelbe Gal.; 87 Wien, Augenspiegel; 89 Salzburg, Künstlerhaus; Wiener Neustadt, St. Peter; 90 Wien, Kurt Halb; 91 Innsbruck, Tiroler KV; Mistelbach, Barockschlössl; 92 Wolkersdorf im Weinviertel, Forum Schloß Wolkersdorf; Wien, Gal. Groß; 95 New York, Multimedia art gall.; 98 Wien, Gal. Artefakt; 00 Düsseldorf, Hölzl; Mistelbach, Barockschlössl; 01 Wien, Jüttner; 02 München, Hafner & Kraft; 03 Wien, Kunstraum d. Ringstraßen Gal.; 04 Düsseldorf, Hölz u. Eikelmann; Würnitz, Gal. am Schloßberg; 05 Purkersdorf, Neue Stadtgal.; St. Pölten, Gal. Ldhausbrücke – **G:** zahlr. Ausst.bet., zuletzt 02 Köln, Dt. Sport- u. Olympia-Mus.; Wien, Pal. Palffy; 03 St. Pölten, SM; 04 Dortmund, Mus. am Ostwall; Barcelona, Sala Barna – **V:** Das Gebrüll d. Löwen, Broschüre 92; Das rationalist. organisierte Kunstwerk, Broschüre 96; Arne Brosig: Ex Neuron 99; Georg Rohner: Great Shot 02; Bernhard Braun: Nachtfurth 04; Michael Arenz: Der Mongole wartet, Lit.zs 06 – ***Lit:*** u. a. Otmar Rychlik: Freibord Nr. 56, Interview 84; Hermann Nitsch, In: Wiener Kunsthefte, 5 85; Fritz Geyerhofer, In: ders. 85; Heinz Cibulka, In: ders. 85; Franz Kaindl: Kunst als Irritation 85; Joachim Rössl: Vorbild Abbild 85; Wolfgang Denk: Balance Akte 85; Gotthard Feller-er: Der runde Tisch 04; – KAT.: Franz Kaindl: Retouche de ses propre œvres 87; A.B. 90; Dieter Schrage: B. 95; Franz Schwelle: Aktion Mus. M 00; Christine Hölz: B. 00; Ursula Grabner: Eco Art 01 – ***LitR:*** F. Cibulka: A.B. Übermalung eigener Arb., Portr. 99

Biberstein, Michael, Maler (* Solothurn 7. 11. 48) – **VG:** Aarau, Staffelbach; Zürich, Weber – **S:** 66–68 Swarthomore College Philadelphia (Kunstgesch.) – **P:** Kunstpr. Kt. Solothurn; Grand Prix Ville de Vevey – **M:** Aachen, Ludwig Forum; Birmingham/AL, Mus. of Art; Gent, Mus. van Hedendaagse Kunst; Gent, Stedelijk Mus. voor Actuele Kunst; Madrid, MNCARS; New York, Whitney; Porto, Mus. de Arte Contemp.; Solothurn, KM – **E:** zahlr., u. a. 01 Burgdorf, KH; Prag, Rudolfinum; Tallinn, KH; 02 Zürich, Helmhaus; 03 Badajoz, MEIAC – **G:** zahlr., u. a. 99 Freising, Diözesan-Mus.; Basel, Walter; Caldas DA Rainha, Mus. de José Malhoa.; Viseu, Mus. Grão Vasco; – weitere: 04 Paris, Centre Culturel Suisse – ***Lit:*** AKL – (Red.)

Bickhardt, Gabi; c/o Arcobaleno Kunst-Werk-Statt, Franz-Schubert-Str. 35, D-66125 Saarbrücken, Tel. (0 68 97) 76 57 25, *gbickhardt@gmx.de*, *www.arcobaleno-kunst-werk-statt.de* (* Dudweiler/Saarbrücken 15. 2. 64) – **S:** Weiterbildung zur Kunstpädagogin – **KGr:** Atelier Hochspannung (seit 97) – **G/T:** Objekte (versch. Materialien), Mischtechnik, exper. Fotogr. – **K:** Fortbildungen f. Erwachsene u. Kinder (versch. kunstpädagogische Themen), Projektplanung u. -durchführung – **W:** versch. Werke in Privatbes. – **E:** 02 Homburg, Krupp Gerlach; 03–05 Saarbrücken (im eigenen Atelier); 06 Merzig, Stadthalle – **G:** div. Ausst.bet., u. a. 93 Trier, Gal. am Markusberg; 98 Forbach, Bienn. de Peinture; Wadgassen, Cristallerie; 99 Colmar, Salon de la Peinture et de la Sculpture; 01–05 Losheim, Künstler d. Reg.; Saarbrücken, Mod. Gal.; 02 Thionville, Salon des arts plastiques

Biebl, Rolf, Bildhauer, Maler; Schönhauser Allee 40, D-10435 Berlin, Tel. u. Fax (0 30) 44 05 33 73, *rolf.biebl@arcor.de*. Atelier: Langhansstr. 7a, HH, D-13086 Berlin, Tel. (01 79) 1 51 94 23 (* Klingenthal 12. 6. 51) – **S:** 73–78 KHS Berlin-Weißensee (b. Karl-Heinz Schamal u. Werner Stötzer); 79–80 HS d. Schönen Künste Budapest; 80–83 AK Berlin (Meisterschüler b. Ludwig Engelhardt) – **L:** 85–86 u. 88–92 KHS Berlin-Weißensee; seit 91 LAuftr. an versch. Berliner KHS – **P:** Will-Lammert-Pr. d. AK Berlin 92; Intern. Bildhauersymposium Eubabrunn (1. Pr.) 03 – **Ve:** VBK DDR – **KGr:** NEON-REAL (Mitbegr. 81) – **G/T:** Skulpt., Install. – **W:** Werke in öff. u. priv. Slgn sowie im öff. Raum – **M:** Berlin, NG; Frankfurt/Oder, Mus. Junge Kunst; Oberhausen, Ludwig-Gal. (dt. Bilder Slg.) – **Ö:** u. a. Berlin, Rosa-Luxemburg-Stift. (Statue); ebda, Kult.brauerei (Adam & Eva); Berlin-Karow, Jugendclub (Gallionsfigur); Berlin-Marzahn (Gr.); Berlin-Pankow, U-Bahnhof Vinetastr. (Bronze); Berlin-Fennpfuhl, 'David' – **E:** 81 Berlin, Gal. Mitte; 84 Berlin, Gal. Sophienstr. 8; 85 Klingenthal, Gal. am Schulplatz; 91 Berlin, Gal. Passage – **G:** seit 79, u. a. 83 Berlin, Majakowski-Gal.; 88 Berlin, NG; 89 Berlin, Künstlerhaus Bethanien; 90 Cottbus, Brandenburgische KS; 91 Haarlem, Vishal; Amsterdam, Scheper – weitere Ausst.: 01 Berlin, Kult.-brauerei; 02 Berlin, Gal. Amalienpark; Berlin, Bürgerhaus Grünau sowie Ausst.bet. in Bonn, Dresden, München, Mannheim, Rostock, Paris u. Moskau – **V:** Flügge u. Feist (Text): Sprachen des Körpers 00; Rosner (Text): R.B. – Malerei; ders. (Text): Zeitbrüche – Traum/Real – ***Lit:*** AKL; Lang 02; Kunst in der DDR 03; NG Berlin 03

Biebricher, Beate, Malerin; Dornbuscher Str. 14, D-21706 Drochtersen, Tel. (0 41 43) 91 00 55, *kunst@beatebiebricher.de*, *www.beatebiebricher.de* (* Heilbronn 29. 10. 65) – **VG:** Zschopau, Schloßgal. Wildeck; Drochtersen, Gal. 27 – **S:** 84–85 New York SchA – **Ve:** KV Kehdingen 95 – **G/T:** Aqu. u. Ölbilder (nicht gegenständlich) – **Ö:** Drochtersen, RH (Tryptychon 'Traumwelten') – **E:** 00 Hamburg, Room 21; 04 Bad Bentheim, Gal. Tausendschön; 05 Stade, KV; 06 Stade, Spk. – **G:** 99 Berlin, Gendarmenmarkt: Grand Marché d'Art Contemp.; 00 Hamburg, Deichtorhallen: Grand Marché d'Art Contemp.; 02, 06 Osnabrück, Impulse

Biederbick, Christa (auch: Christa Biederbick-Tewes), Malerin, Bilhauerin (* Balve 17. 12. 40) – **VG:** Berlin, Just Art Gal. – **S:** 58–62 WerkKSch Dortmund u. Münster (Graph.); 64–70 HBK Berlin (Malerei) – **L:** 88 Intern. Akad. f. Kunst u. Gest. d. FHS Hamburg (Gastdoz.) – **P:** August-Macke-Förd.pr. 64; Villa-Massimo-Stip. 78–79 – **Ve:** Freie AK Hamburg – **KGr:** Zebra; Künstlersonderbund in Deutschland – **M:** Dortmund, Mus. am Ostwall – **Ö:** Berlin, Polizeidirektion (Bronzefiguren); Soest, Theodor-Heuss-Park ('Der große Sitzende') – **E:** u. a. 68 Dortmund, Mus. am Ostwall; 69 Soest, Wilhelm-Morgner-Haus; 73 Berlin, Haus am Lützowplatz; 82 Berlin, Staatl. KH; 97 Berlin, Just Art Gal.; 01 Potsdam, Waschhaus – **G:** zahlr. Ausst.bet. seit 71, u. a. 77, 79 Bremen, KH; 78, 82 Rom, Villa Massimo; 78, 80 London, Inst. of Contemp. Art; 83 Karlsruhe, Badischer KV – ***Lit:*** AKL – (Red.)

Biedermann, Wolfgang E., Maler, Graphiker; Braunschweiger Str. 20, D-04157 Leipzig, Tel. (03 41) 9 12 68 07, Fax 9 12 66 82 (* Plauen/Vogtld 5. 4. 40) – **S:** 61–67 HGB Leipzig (b. Gerhard Kurt Müller) – **P:** Dipl. d. Hand-Zeichn.-Trienn. Wrocław 78, 81; Kritikerpr. '100 ausgewählte Graphiken' 79 – **Ve:** VBK DDR 68–91 – **G/T:** Malerei (Öl, Acryl); Druckgraph. – **W:** Ankauf u. a. durch d. Dresdner Bank u. Bay. Vereinsbank in Leipzig sowie d. Norddt. Ldesbank Hannover – **M:** u. a. Berlin, KS d. Dt. Bundestages; Frankfurt am Main, Dt. Bank KS; Frankfurt am Main, Slg d. Dt. Bundesbank; Leipzig, KH Spk. – **E:** u. a. 80 Berlin, Gal. Arkade; 80, 86, 87 Erfurt, Gal. erph; 81 Leipzig, Klub & Gal. Nord; 84 Berlin, Unter d. Linden; 87 Bonn, Linneborn; Cottbus, Blechen; 88 Leipzig, Gal. am Thomaskirchhof; Dresden, Club-Gal. Brücke; Frankfurt am Main, Kubetz-Zenker; 90 Altenburg, Lindenau-Mus.; 02 Hannover, Verwaltungsgericht – **G:** seit 74 zahlr. Ausst.bet. im In- u. Ausland, u. a. in Basel, Fredrikstad, Grenchen, Mulhouse, Paris, Tokio u. Strasbourg – ***Lit:*** AKL; Lang 02 – (Red.)

Biehne, Claudia, Künstlerin, Designerin; Holbeinstr. 85, D-04229 Leipzig, Tel. Mobil: 01 71–4 55 00 23, Tel. u. Fax (03 41) 4 77 08 04, *biehne@yahoo.de* (* Leipzig 30. 7. 74) – **VG:** Halle/Saale, Zeitkunstgal. – **S:** 96–01 HS f. Kunst u. Design Burg Giebichenstein Halle/Saale; 00 Univ. of Arts and Design Helsinki/Finnland; 01–03 HS f. Kunst u. Design Burg Giebichenstein Halle/Saale (Aufbaustud.) – **P:** Erasmus/Sokratesstip. f. Helsinki (Univ. of Arts and Design) – **Ve:** BBKL seit 04 – **G/T:** skulpturale Objekte, Wandgest., Gefäßpoesien, Entwürfe f. individuelle Tisch- u. Wohnkult., Thema: Dialog zwischen Ursprünglichkeit u. Abstr. v. Naturformen – **W:** Beitrag z. Sammel- u. Wanderausst. 'Kaffee u. Erotik' – **Ö:** Knüllstedt, Altenpflegeheim St. Vinzenz (Wandgest.) – **E:** u. a. 99–00 Helsinki, Univ. of Arts and Design; 01 Halle/Saale, HS f. Kunst u. Design Burg Giebichenstein; 03–04 Leipzig, Neue Messe (Sonderschau); 05 Merseburg, Dom-Gal. – **G:** u. a. 97 Symposium u. Ausst. Kunst am Bau; 98 Oranienbaum, Orangerie; 99, 00 Erfurt, Berlin, Heilbronn, Wanderausst. 'Kaffee u. Erotik'; 00 München; 02 Koblenz; 03 Berlin, Kunstmeile; 04 Leipzig, Baumwollspinnerei (Werkschau) – ***Lit:*** u. a. Kurt Georg Pfleiderer u. Olaf Tinzmann (Hrsg.): Dachschmuck-Experimente 97; Bay. Handwerkstag e.V.: Talente 2000 00; Wandinstallation Lebens-Bilder, in: Bernd Pfannkuche (Hrsg.): Neue Keramik, Zs. 03; Leipziger Baumwollspinnerei (Hrsg.): Kat. d. Spinnereikünstler 04; Bildende Künstler in Leipzig 06 – (Red.)

Bielohlawek, Werner, Dipl.-Maler u. Graphiker; Boxdorfer Str. 1, D-01129 Dresden, Tel. (03 51) 8 49 32 25 (* Rumburk/Tschechoslowakei 36) – **S:** ab 57 HBK Dresden (Wandmalerei) – **L:** 75–80 HBK Dresden (LAuftr. f. Farbenlehre) – **W:** zahlr. Arb. im Bes. öff. Einrichtungen (Schulen, Kindergärten, Klubhäuser) – **M:** Dresden, GG NM – **Ö:** Dresden, Schwimmhalle Freiberger Str. (Wandgest.) – **G:** u. a. 67 Dresden, Kunstausst. d. DDR; 87 Leipzig, MBK; 90 Dresden, Kunst d. Zeit; 96 Dresden, Leonhardi-Mus. – ***Lit:*** AKL; Schweers 02 – (Red.)

Biensfeldt, Renate s. Seitz, Renate

Bier, Gerda, Bild. Künstlerin; Am Postgütle 10, D-74523 Schwäbisch Hall, Tel. u. Fax (07 91) 8 49 02 (* Schwäbisch Hall 43) – **VG:** Leibertingen, Wohlhüter – **S:** 69–76 HdK Berlin (Meisterschülerin) – **P:** Erich-Heckel-Pr. 98 – **Ve:** Künstlerbund BW; Darmstädter Sezession – **M:** Heilbronn, SM; Künzelsau, Mus. Würth; Mannheim, StKH – **Ö:** Karlsruhe, Kernforschungszentrum; Schwäbisch Hall, Friedhofskap.; Stuttgart, Min. f. Wiss. u. Kunst – **E:** u. a. 77 Bad Mergentheim, Gal. 77; 78, 86 Heilbronn, KV; 79 Karlsruhe, Gal. Haus 11; 83 Ludwigsburg, KV; 85 Frankfurt am Main, Dominikanerkloster; 88 Stuttgart, Harthan; 94 Schwäbisch Hall, Hällisch-Fränkisches Mus.; 03 Leibertingen, Wohlhüter; 04 Mannheim-Lindenhof, Keller – **G:** u. a. 91 Salzburg, Rupertinum – ***Lit:*** AKL – (Red.)

Bier, Rolf, Bildhauer, Maler, Objekt- u. Installationskünstler; c/o Akad. d. Bildenden Künste, Am Weissenhof 1, D-70191 Stuttgart, *rolfbier@web.de* (* Würzburg 60) – **S:** 80–87 HBK Braunschweig; 87 Chelsea SchA London – **L:** 89–94 HBK Braunschweig u. Hannover (LAuftr.); 93–94 HdK Bremen (Gastprof.); ABK Stuttgart – **P:** Cité Intern. d. Arts Paris 94; Villa-Massimo-Stip. 95; Otto-Dix-Pr. 96; Kunstpr. d. Ldes Nds. 97; Stift. Kunstfonds – Arb.- u. Projektstip. 01 – **KGr:** artists in residence (Mitbegr. 84) – **G/T:** Skulpt., Install., Fotogr., Wandbild – **E:** u. a. 83 Braunschweig, Gal. d. HBK; 88 Hannover, Barz; 99 Budapest, Knoll; 01 Friedrichshafen, KV; 02 Heidenheim, KM; 04 Dublin, Rubicon Gall. – **G:** u. a. 83 Frechen, Intern. Graph.-Bienn.; 83, 84 Stuttgart, Württembergischer KV; Mannheim, StKH; Baden-Baden, SKH; 96 Hannover, KV; 97 Rostock, KH; 99 Berlin, Fischer; 01 Bochum, Mus.; 02 Graz, Lendl; 03 Glasgow, MMA – ***Lit:*** AKL – (Red.)

Biermann, Hans Gerhard, Bildhauer AK, Werkarchitekt HBK; Atelier: Gartenstr. 14, D-56653 Wassenach, Tel. (0 26 36) 31 81, Fax 92 94 23, *www.brohltal.de* (* Niedermendig 16. 9. 33) – **S:** 50–53 Bildhauerlehre im Atelier d. Vaters, Maria Laach (Holz u. Stein); 54–56 WerkKSch Münster (Bildhauerei b. Prof. Kurt Schwippert); 57 Tätigkeit b. Bildhauer R. Brun, Zürich; KGS Zürich (Prof. Franz Fischer); 57–58 SteinmetzFS Mayen (b. Anton Woger, Meisterprüfung als Steinmetz u. Steinbildhauer); 58–64 HBK Berlin (Bildhauerei b. Prof. Hartung, Archit. b. Prof. Paul G. Baumgarten u. Prof. Georg A. Neidenberger, Abschluß m. Examen als Werkarchitekt) – **L:** in d. 90iger Jahren Meisterkurse f. Entwurf an d. Handwerkskammer Koblenz – **P:** Förd.pr. RP 66; Silbermed. 79, 84; Urkunde d. Bundespräs. f. vorbildliche Ausb. 84 – **Ve:** BBK Rh.-Pf.; Berufsverb. Kunsthandwerk Rh.-Pf.; Künstlergilde Brohltal – **G/T:** Bildhauerei (Holz, Stein, Bronze, Eisen u. Beton) – **Ö:** Niederlahnstein, Johannesgymnasium (Bauplast.); – zahlr. Kircheneinrichtungen, u. a.: Mönchengladbach, Ev. Friedenskirche; St. Goar, Kath. Pfarrk.; Koblenz-Asterstein, Kath. Pfarrk. Maria Himmelfahrt; – zahlr. Brunnen- u. Wandgest., u. a.: Koblenz, Hauptfriedhof; Neuwied, Kindergarten St. Matthias; Bremerhaven, Brunnen in d. Fußgängerzone; – zahlr. Großplast., Ehrenmale, Bildstöcke u. Grabmale, u. a.: Engeln, Geogarten; Faid, Friedhof; Kottenheim, Bürgerhalle; – zahlr. Arb. in Bronze, Majolika u. Silber, u. a.: Collombey, Standkreuz f. Kloster; Maria Laach, Plakette f. Verl.; Med. f. d. Bundesamt f. Gesundheitserziehung – **E:** Offene Ateliers 94, 97, 01; Retrospektive 99 – **G:** div. Ausst.bet., u. a. in Andernach, Duisburg, Karlsruhe, Koblenz, Köln, Mainz, Mayen u. Prüm – **V:** Bildbde: Gestaltendes Handwerk 63, 80; Kunst und Architektur 84; Kunsthandwerk in Rheinland-Pfalz 85; Neue Grabmale 88; – weiter: Kunst- und Geschichtsdenkmäler im Märkischen Kreis 83; Heimatjahrbuch des Kreises Ahrweiler 83; – sowie div. Veröff. in Zss d. Fachber. – ***Lit:*** u. a. Der Bildhauer H. G. B. Retrospektive 99

Biesenbach, Martina, Malerin, Fotografin; Lochner Str. 9, D-50674 Köln, Tel. (02 21) 2 40 36 35, *atelierplan@aol.com.* c/o Kunsthaus Rhenania, Bayenstr. 28, D-50678 Köln, *www.biesenbach.kulturserver-nrw.de; www.inseln-des-gluecks.de* (* Leverkusen 13. 11. 54) – **E:** u. a. 93, 94 Köln, Südkeller; 95, 96 Köln, Gal. am Nil; 05 Köln, Kunsthaus Rhenania; Köln, Haus d. Kunst; Köln, Melaten Friedhof – **G:** zahlr., u. a. 96 Bonn, Mus. Alexander Koenig; 03 Bonn, Frauen-Mus.; Dortmund, Westf. Industr.mus. (Zeche Hannover); 05 Kairo, Goethe-Inst.; 06 Köln, Trinitatiskirche (Projekt); 07 Jerusalem, Mayer Mus. for Islamic Art – ***Lit:*** KAT.: Kunstprojekt Marathon (z. Ausst. im Ehrenfelder KV) 97; Intern. Mailartprojekt 00; Heimat Fremde Heimat 02; Orient Okzident/Frauen im Orient Frauen im Okzident. Fotogr. Arbeiten (z. Projekt in d. Gedok Karlsruhe) 03; Heimat/Neue Räume (Kunstprojekt d. Frauenkunstforums) 03; Glück und Konsum 06; S.O.C. 06

Biester-Lehner, Maria (geb. Maria Lehner, verh. Maria Biester), Dipl. Zeichnerin; Rufgasse 2, A-1090 Wien (* Wien 8. 2. 38) – **VG:** Altötting, Haffke – **S:** 54–58 TextilFS (FB: Musterzeichnen); Graph. Lehr- u. Versuchsanstalt (Gasthörer) – **Ve:** BBK Öst.; Lukasgilde Wien; Kult.kr. Kirchstetten – **G/T:** Federzeichn., Rad., Ölmalerei (Schönheit u. Vergänglichkeit d. Natur, Ldschaftskompositionen) – **Ö:** Wien, BAWAG Bank; ebda, Gewerkschaft d. Privatangestellten, Krankenhaus Lainz – **E:** zahlr. Ausst. in Wien, Salzburg, Innsbruck, Graz, München u. Traismauer sowie Dozwil, Gal. Sous-Sol; Zürich, Gal im Ried; Hamburg, Pferdestall; Ahrensburg, Stadtbücherei; Altötting, Haffke; 00, 01 Salzburg, Kunstmesse – **G:** zahlr. Ausst.bet. in Wien, Baden-Baden, Straßburg, Engelberg, Konstanz sowie Greillenstein, Schloß; Aggtelek, Baradla – (Red.)

Bigelmayr, Hermann, Bildhauer; Feichthofstr. 100, D-81247 München, Tel. (0 89) 8 34 02 78, *hermannbigelmayr@gmx.de* (* Jettingen 20. 2. 58) – **S:** 73–76 BerufsFS f. Holzbildhauer Oberammergau (Gesellenprüfung); 76–82 KA München (b. Prof. Hans Ladner, Meisterschüler, Dipl.) – **L:** 88–90 KA München (Ass. b. Prof. Hans Ladner); 97 Bagamoyo/Tansania (Leitung d. Workshops Sculpture Project); 01–02 FHS München (LAuftr., FB Archit.) – **P:** Studienstift. d. dt. Volkes 80; Debütantenpr. d. Bay. Staatsreg. 82; DAAD-Stip. Paris 82–83; Stip. Studienstift. Florenz 83–84; Förd.pr. d. Stadt München 84; Künstler sehen Augsburg (2. Pr.) 84; Förd.pr. d. Bay. Staatsreg. 88; Pasinger Kunstpr. 98 – **G/T:** Bildhauerei – **W:** in privaten Slgn, weitere u. a. in d. Adidas KS – **M:** München, Artothek; Passau, MMK – Stift. Wörlen; Pfarrkirchen, KS d. Stadt; Würzburg, Mus. am Dom – **Ö:** im Außenbereich: Burghausen, Polizei; Günzburg, Tor-Bogen-Skulpt.; Kraiburg/Waldkraiburg am Inn, Großplast.; München, Inst. f. Umwelt u. Gesundheit; München-Riem, Friedhofsanlage (Das Kreuz im Nichts); Würzburg, Justizvollzugsanstalt; – im Innenbereich: Augsburg, Geriatrische Reha-Klinik (Andachtsraum); München-Allach, Kindergarten; München-Riem, Friedhofsanlage (Aussegnungshalle); Reisensburg, Eybsche Gruft (Auferstehungskreuz); Würzburg, Polizei (Lehrsaalgebäude) – **B:** Weimar: Bauhaus-Univ. – **E:** zahlr. Ausst. seit 82 – **G:** zahlr. Ausst.bet. seit 78 – ***LitR:*** Andreas Poteschil (Regie): Kunst in der Natur, Bay. Fs. 00; Sabine Frühbuss (Regie): Aus Schwaben und Altbayern, Bay. FS. 01 – (Red.)

Biggel, Günter, Künstler, Maler, Bildhauer, Glasschleifer, Designer; c/o BBK-Niederbayern, Ringstr. 1, D-94081 Fürstenzell, Tel. (0 85 02) 82 50, Fax 82 00, *niederbayern@bbk-bayern.de*, *niederbayern.bbk-bayern.de* (* Isny/Wangen-Würtenberg 14. 2. 57) – **VG:** Drachselried/Bayr. Wald, Herrmann; Arnbruck, Art – **S:** 72–75 GlasFS Zwiesel; 96–98 GlasFS Zwiesel (Meisterkl. f. Design Prof. Wudy, Höller u. Thomczyk Dr. Schagemann) – **P:** Pr. d. Dannerstift. 98 (Glasinovationspr.) – **Ve:** BBK Ndb. seit 00; Agenda seit 00 – **G/T:** Malerei (Mischtechnik, expressionistisch, kubistisch); Bildhauerei (Stein, Holz, Ton, Metall); Glas (Skulpt., Glasbilder, Fusingtechnik, Guss) – **W:** überw. in Privatbes. – **M:** Frauenau, Glasmus.; Noncy, Glasmus.; Theuern, Bergbaumus. – **G:** zahlr. Ausst.bet. seit 96, zuletzt 01 Noncy, Intern. Glaskunstausst.; 02 Frankfurt, Ambiente; München, Haus der Kunst; seit 00 Passau, Kult.werk; 04 Drachselried/Bayr. Wald, Herrmann; Arnbruck, Art; Zwiesel, Intern. Glaskunstausst. – (Red.)

Biglari, Masoud, Maler; c/o Atelier, Lierenfelder Str. 39, D-40231 Düsseldorf, *www.beglor.de* (* Ghom/Iran 11. 9. 62) – **S:** 87–88 Freie KSch Bad Cannstatt; 88–90 ABK Stuttgart (Malerei b. Prof. Rudolph Schoofs); 90–94 KA Düsseldorf (Malerei b. Prof. Michael Buthe, Meisterschüler) – **G/T:** Freie Graph.; Abstr. u. Gegenständl. (Öl, Acryl u. Aqu.); Ill. (figurativ) – **K:** Zeichnen, Aqu. – **Ö:** Düsseldorf, Thyssen Trade Center; ebda, Wehrbereichverwaltung, IBM; München, Art Consulting Achenbach; ebda, Hypover.bank – **E:** 94 Haan, Kunst im Fachwerk; 99 Oslo, ArtCaffee; 00 Düsseldorf, Kunstpunkte – **G:** 92 Plettenberg; 93 Düsseldorf, Kunstraum; 99 Düsseldorf, Produzentengalerie; 04 Düsseldorf, Kunstpunkte

Bildbad s. Hofmann, Kai

Bildbad s. Melsheimer, Jutta

Bilderherr s. Herr, Willi

Bilinski, Wolfgang Alexander; Colerusgasse 4, A-1220 Wien, Tel. (06 50) 3 01 13 01, *winteratelier@come2seminar.com*, *www.come2seminar.com/gal.htm* – **G/T:** Malerei – (Red.)

Bill, Jakob, Maler, Graphiker, Archäologe; Buggenrain 1, CH-6043 Adligenswil, *www.bill-stiftung.ch* (* Zürich 2. 7. 42) – **VG:** Sulzburg, Konkret; Zürich, Renée Ziegler – **S:** 63–71 Univ. Zürich (Urgesch., klass. Archäologie u. Kunstgesch., Promotion in Ur- u. Frühgesch.); 64 Inst. of Archaeology d. Univ. London – **L:** 72–82 Schweiz. LM Zürich (wiss. Ass. d. prähist. Abt.) – **P:** Eidgenöss. Kunst-Stip. 69, 71; Pr. der Stift. f. graph. Kunst in d. Schweiz 75 – **Ve:** Verb. d. Kt.-Archäologen d. Schweiz (Präs.) 91–98; Max, Binia + Jakob Bill Stift. (Präs.) 96; Bill Stift. (Präs.) 96 – **G/T:** konkrete Malerei (gespachtelte Kompositionen u. Ser., fast monochrome, quadrat. Flächen, bevorzugt in lichten u. kühlen Tönen); Räuml.-dynam. Effekte rücken B.s Werk in d. Nähe v. Op-Art u. Kinetismus – zusätzl.: 82–85 Leiter der archäolog. Forsch. im Fürstentum Liechtenstein; 85–01 Kt.-Archäologe in Luzern – **M:** Teheran, MCA – **Ö:** Le Petit-Saconnex, Haus La Tourelle (Wandbild, 68); Meggen, Gemeindehaus (Eingangstüren d. Säle, Kunst am Bau); Oerlikon, Schweiz. Bank-Ver. (Wandbild, 79) – **E:** u. a. 61, 62, 65 Zürich, Gal. Fliegender Fisch; 77 Zürich, Gal. Lopes; 89 Zürich, SBG-Gal. Pavillon Werd (Kat.); 06 Paris, Denise René – **G:** zuletzt u. a. 05 Knokke-Zoute, Benoot: 50 Quadrat – an actual view on the intern. concrete art; Grafenau/Württemberg, Schlichtenmaier: art alarm 2005; 06 Sulzburg, Konkret: 50 quadrat – ein aktueller überblick üb. d. intern. konkrete kunst – **V:** m. and.:Ergrabene Geschichte – die archäolog. Ausgrabungen im Fürstentum Liechtenstein 1977–1984 85; Goldenes Bronzezeitalter – die Bronzezeit im Kanton Luzern, In: Archäolog. Schriften Luzern, 6 95 – ***Lit:*** V. Anker: Vingtième Siècle, 34 72; LZSK 81; KVS 91; Junge Schweizer Kunst 1960–1990 91; Margit Weinberg Staber u. Georg Eisner (Texte): J.B. – Bilder aus dreißig Jahren, Ausst.kat. 92; Schriften d. Stift. f. konkrete u. konstruktive Kunst Zürich, 16 92; AKL, Bd XI 95; Valentina Anker: J.B. 98 – (Red.)

Billhardt, Thomas, Fotograf, Fotojournalist; Jenaer Straße 8, D-10717 Berlin (* Chemnitz 2. 5. 37) – **S:** 51–54 Fotografenlehre in Chemnitz; 54–57 FS f. angew. Kunst Magdeburg; 59–62 HGB Leipzig – **P:** u. a. Erich Weinert-Med. 63; Kunstpr. d. FDJ 64; AFIAP-Diplom 64; Ostrowski-Med. 68; Kunstpr. d. DDR 69; Nat.-Pr. III. Kl. d. DDR 87 – **M:** Bonn, LM; Cottbus, Brandenburgische KS – **E:** zahlr. Einzelausst. seit 69, u. a. 87 Berlin, Pal. d. Republik (Wander-Ausst.); 88 New York, UNICEF (Wander-Ausst.).; 98 Chemnitz, Altes Wasserwerk sowie in Bangladesh, Chile u. Italien – **V:** Publ. seiner Fotogr. in zahlr. Bildbden, u. a. in: Berlin Alexanderplatz 62; Chile, Hoffnung eines Kontinents 71; Sehnsucht Frieden – Vietnam 73; Hanoi, Am Tage vor dem Frieden 73; Toscana immagini 76; Die Drushba-Trasse 78; Gesichter Vietnams 78; Italien mit und ohne Belcanto 81; Wo liegt Palästina 84; Kinder haben Rechte 90; Kambodscha heute 90 – ***Lit:*** AKL – (Red.)

Billmeier-Hächl, Ingeborg (geb. Ingeborg Billmeier), Malerin; Auf der Höh 6, D-95517 Emtmannsberg, Tel. (0 92 09) 91 30 98 (* München 5. 6. 38) – **S:** 68–72 b. Dachauer Maler u. Bildhauer Karl Huber – **Ve:** BBK Ofr. 75; KV Bayreuth 80 – **KGr:** Freie Gr. Bayreuth (76) – **G/T:** Malerei: Lsch., Portr., Stilleben (Aqu., Öl) – **W:** zahlr. in Privatbes. – **M:** München, Bay. Staatsgemäldeslgn – **E:** 02 Bayreuth, KV – **G:** zahlr. Bet. im In- u. Ausld, u. a. 73–05 Bayreuth, Neues Schloß; 77 Istanbul, Sanat; 79 Krakau, Przymat

Bilshausen, Brigitte (verh. Brigitte Wiesheu-Bilshausen), Kunstlehrerin, Malerin, Filmerin; Schwedenschanze 26, D-65462 Ginsheim-Gustavsburg, Tel. u. Fax (0 61 34) 5 61 06, *www.wiesheu.bilshausen@vr-web.de*, *home.vr-web.de/~wisheu.bilshausen* (* Alfeld/Leine 16. 2. 53) – **S:** 74–80 HS f. Kunsterziehung (Hauptfach Film b. Prof. Weber, 2. Hauptfach Malerei b. Prof. Etz) – **L:** 85–88 KA Ambra/Toskana (Leitung, Aqu. u. Zchng); seit 90 GHS Rüsselsheim (Lehrtätigkeit Oberstufe, Malerei, Zchng, Film) – **P:** Filmband in Silber (Kurzfilm) Oberhausen 81 – **Ve:** BBK Wiesbaden 90 – **G/T:** abstr. u. abstrahierende Malerei (Blumen, Stilleben in Acryl u. Aqu.); Zchng, auch Portr. (Bleistift, Kohle) – **K:** Aqu., Acrylmalerei – gestische abstr. Malerei – **W:** in Privatbes. – **Ö:** Werke in Arztpraxen in Rüsselsheim, Mainz, Hamburg – **E:** 79 Hochheim, RH; 80–06 zahlr. Ausst. in Mainz/Wiesbaden; 85–88 Ausst. in Ambra/Toskana – **G:** 80 Mannheim, KH; 93 Wiesbaden, Kunsthaus – **R:** Kurzfilme mit Schleicher u. Schmitz: Zeichen der Zeit (Buch u. Regie) 81 (Filmband in Silber); 11/21, 82

Binder, Heinke, Bildhauerin; Brandvorwerkstr. 65, D-04275 Leipzig, Tel. u. Fax (03 41) 3 91 58 04, *buevo@bbkl.org* (* Halle/Saale 28. 2. 62) – **S:** 82–87 HS f. Kunst u. Design Burg Giebichenstein (Plast. u. Keramik b. Gertraud Möhwald) – **Ve:** Künstlergut Prösitz 95; BBKL 96; GEDOK 97–03 – **G/T:** Ziegelplast. – **Ö:** Dreiskau-Muckern, Espenhainer Tagebau; Großpösna, Rittergut; Großenhain, Stadtpark; Grimma, Augustinerkirche; Güldengossa, Schloßpark; Hinterhermsdorf, Altes Zollhaus; Leipzig, Pflegeheim Waldstr.; ebda, Klinikum St. Georg; Markkleeberg, Park d. Villa Waldfrieden; Schützpl.; Schkeuditz, Alter Friedhof – **E:** 95 Altenburg, RHgal.; 96 Leipzig, St. Georg; 99 Leipzig, Culure Art & Gal. – **G:** u. a. 97 Leipzig, Dresden, Schloß Trebsen (Wanderausst. IV. Symposium Prösitz); 98, 00 Dresden, Sä. Ldtag; 98 Leipzig, Dt. Bank; 98, 99, 02 Grimma, Augustinerkirche; 99, 00 Leipzig, Haus d. Buches; 99 Dresden, Architektenkammer; Leipzig, Barthelshof; 00, 02 Chemnitz, Neue Sä. Gal.; Höhr-Grenzhausen, Keramik-Mus. Westerwald; 01 Ingolstadt, Frankfurt am Main, Würzburg (BBK Leipzig Ausst.); Grimma, Künstlergut Prösitz; 02, 03 Leipzig, St. Georg; 02 Chemnitz, annTon; Leipzig, Kunstkaufhaus; Leipzig, Univ.; Leipzig, Petershof; 03 Leipzig, Opernhaus – ***Lit:*** Bildende Künstler in Leipzig 06 – (Red.)

Binder, Rita, Zeichnerin; Talstr. 4, D-79235 Bischhoffingen, Tel. u. Fax (0 76 62) 14 46, *rita.binder@t-online.de* (* Meißenheim/Ortenau 11. 2. 55) – **E:** / G: zahlr. Ausst. u. Ausst.bet. seit 83, u. a. 94 Breisach, Naeve; 95 Blokhus; 01 Freiburg im Breisgau; 02 Singen – (Red.)

Binder, Rolf, Maler, Bildhauer, Designer; Dülkener Str. 24, D-41747 Viersen, Tel. (0 21 62) 8 19 13 09 (* Berlin 20. 9. 26) – **S:** nach d. Krieg b. Bildhauer Prof. Krieger, München – **Ve:** Westdt. Künstlerbund 70 – **KGe:** Duisburger Künstlerbund; Duisburger Sezession; Krefelder Künstlerbund – **G/T:** Konstruktive, labile Skulpt.; Arbeiten in Polyester, Stahl u. Holz; Möbeldesign – **M:** Frevent, Mus. (3 Plastiken) – **Ö:** Mülheim-Styrum, Bahnhofsvorplatz (bewegl. Großplastik, Cortenstahl) – **E:** u. a. 80 Duisburg, Kunstraum; 81 Grefrath, Ndrh. Freilichtmus.; Oberhausen, Ludwig-Gal.; 82 Gelsenkirchen, Szepan; 83 Düsseldorf, FHS, Inst. f. Tragwerkslehre; 84 Wesel, StM; Nettetal, Werner-Jaeger-Halle; 89 Willich, Gal. Schloß Neersen (KV); 95 Antibes, Gal. des Remparts; Krefeld, Gal. Krüll; Bages/Frkr., Maison d'Art; 05 Mönchengladbach, Schloß Wickrath; 06 Gelsenkirchen, Gal. J.R.S. – **G:** u. a. 66 München, Große Kunstausst.; Erlangen, 'Plastik in unserer Zeit'; 70 ... Düsseldorf, Winterausst.; seit 70 Westdt. Künstlerbund; 83, 84, 88 Dt. Künstlerbund; 85 Marl, Skulpt.-Mus. Glaskasten: Labile Skulpturen; – sowie: Duisburg, Wilhelm-Lehmbruck-Mus. – ***Lit:*** R.B. Statische Objekte, Ausst.kat. Niederrhein. Freilichtmus. 81; Kat. Städtisches Mus. Wesel 84

Binding, Wolfgang, Prof., Bildhauer; Am Johannisberg 99, B-4731 Eynatten, Tel. u. Fax: (0 87) 85 18 79, *gerlind.binding@web.de* (* München 30. 11. 37) – **VG:** Langenhagen, Depelmann; Lübeck, Kunsthaus Lübeck; Köln, Inter Art Gal.; Bonn, Ossenpohl; Haseldorf, Gal. v. Knobelsdorf; Essen, Reimus; Oldenburg, Gal. Kunststück; Euskirchen, Rathaus Gal.; Luxemburg, Wagner; Eitorf, Gal. Incontro – **S:** 57–59 Dombauhütte Köln (Ausb. z. Steinmetz u. Steinbildhauer); 59–63 KA Düsseldorf (Bildhauerei, Meisterschüler b. Prof. Szèkessy) – **L:** 65–75 TH Aachen (Ass. b. Prof. E. Hillebrand, Lehrstuhl f. Plast.); 75–76 Northern Michigan Univ. (Gastprof.); 76–93 TH Aachen (Prof. f. Bildhauerei) – **P:** Poensgen-Pr. d. KA Düsseldorf 62; DAAD-Stip. f. Kairo u. Alexandria 63–65; Förd.pr. d. Stadt Köln f. Bildhauerei 64 – **W:** zahlr. Plast. im öff. Raum, in Museen, staatl. u. privaten Slgn – **M:** Aachen, Suermondt-Ludwig-Mus.; Berlin, Solomon R. Guggenheim-Stift.; Düren, Leopold-Hoesch-Mus.; Göttingen, StM – **Ö:** zahlr. Plast. u. a. in Aachen, Polizeipräsidium St. Georg; ebda, vor d. Reitstadion (Spielende Pferde); Aachen-Steppenberg (Schafherde, Bronze); Bergheim/Erft, Brunnen m. Figurengr.; Dülmen, Borkener Str., (Pferdegr., Bronze); Geldern, Marktpl. (Brunnen m. Drachenkampf); Leer (Brunnen m. Figurengr.); Overath (Brunnen m. Pferdeplast.) – **E:** u. a. 74 Köln, Gal. d. Allianz (Kat.); 77 Aachen, Neue Gal. Slg. Ludwig (Kat.); 80 Düren, Leopold-Hoesch-Mus. (Kat.); 81, 84 Bergheim, Stadthalle (Kat.); 85 Köln, Allianz-Haus; 86 Zons, Mus. (Kat.); 92 Köln, Inter Art Gal. (Kat.) – sowie u. a. Aachen, Suermondt-Ludwig-Mus.; Marquette/USA, Nothern Michigan Univ. Gall.; Springfield, Art Assoc. – **G:** u. a. 61 Düsseldorf, Große Kunstausst. NRW; 68 Berlin, RH – sowie Bet. in Basel, Art Basel; Köln, Art Cologne; Kunstmessen in Köln, Düsseldorf, Frankfurt am Main, Göttingen, Karlsruhe, Essen, Wien, Hamburg – ***Lit:*** Bettina Broxtermann: Werkübersicht Bronzen, Zchngn 1976–1997 97; Frank-Thomas Gaulin: Werkübersicht Bronzen, Zchngn 1997–1999 99; Walter Hertzsch: Werkübersicht Bronzen, Zchngn 2002–2004 05; AKL

Bindl, Andreas, Bildhauer, Maler; Faistenhaar, Lärchenstr. 10, D-85649 Brunnthal, Tel. u. Fax (0 81 04) 26 31 (* Grünthal/Obb. 20. 8. 28) – **S:** 48–54 ABK München (Meisterschüler b. Prof. J. Henselmann) – **L:** 80–89 ABK München (LAuftr.) – **P:** Seerosenpr. 80; Villa-Romana-Pr. 86 – **Ve:** Bay. Akad. d. Schönen Künste (Ordentliches Mitgl.) – **KGr:** Neue Gruppe München – **G/T:** Zeichn., Collage, Skulpt. – **M:** München, Pin. d. Mod. – **Ö:** Augsburg, Univ.-Bibliothek (Stuck-Sgraffito); Göggingen, Pfarrk. Hl. Erlöser; Kempten/Allgäu, St. Michael; Memmingen, Kirche Mariä Himmelfahrt (Madonna, Holz); Passau, Inst. für Informatik d. Univ. (Sgraffito); Pfraundorf b. Rosenheim, Pfarrk.; Senden, Pfarrk. (Madonna); Weihenstephan, FHS (Sgraffito mit Alustäben) – **E:** u. a. 76 Biberach, Braith-Mali-Mus.; 84 Lindau, Holbein; 88 Rosenheim, StG; 94 Bremen, Ohse – **G:** u. a. 74 Augsburg, KV; 76 Göttingen, StM; 81 Mainz, Dornhöfer – ***Lit:*** AKL; Schweers 02 – (Red.)

Binswanger, Zoé (Ps. in d. Provence: Zoé de la Biciclette), Dipl. Photographin-Journalistin; Hornbachstr. 65, CH-8008 Zürich, Tel. 0 443 81 98 83. c/o Kunsthaus Zürich, Stiftung f. Photographie, Winkelwiese 4, CH-8001 Zürich, Tel. 0 442 53 84 84, Fax 2 53 84 33 (* Zürich 18. 5. 30) – **S:** 49–53 KGS Zürich (1 Jahr Zeichnen, 3 Jahre Fachkl. f. Photogr. unter Prof. Hans Finsler u. Alfred Willimann) – **G/T:** Museumsphotogr. (Rietberg Mus. Zürich/Stadtarchiv Zürich); Archit.- u. Archäologie-Zchngn, Reportage, Blaue Photogramme, Buchill. – **W:** 2 Mappen Porträts Henry van de Velde, 3 Mappen Les Baux-de-Provence, 1 Mappe Indischer Tanz – Umadevi, 1 Mappe Zeitlose Momente – Photogramme – **M:** Bern, Frauenkunst-Forum (Portefeuille); Paris, Bibliothèque Nat. (s/w-Aufnahmen u. Blaue Photogramme); Zürich, Kunsthaus (Mappe Photogramme – 10 Jahre s/w-Photogr.) – **E:** u. a. 69 Marseille, Atelier Cézanne; 73 Vevey, Librairie Payot; 74 St. Remy de Provence, Maison Estrine; 76 Fribourg, Avry Gal.; 88–89 Zürich, Gal. Seiler – **G:** u. a. 70 Lyon, Théâtre de l'Etoile; 96 Lausanne, Bibl. Municipale (Retrosp. sur l'Œuvre de Marie Mauron, écrivain Provence); 06 Zürich geplant: Gruppenausst. Schüler v. Hans Finsler – **V:** Photographien zu Marie Mauron: Bois ton rais de soleil 68; Signes de la Pierre 72; Terres des sortilèges 73 (Gruppenarbeit); Ombre et lumière sur la Provence 74; Les Baux-de-Provence 75; Le monde des santons 76; – eigene Publ.: La vie des animaux au mas d'Angirany 93; 500 Jahre Nostradamus. Ein Pionier in d. Parapsychologie 03; – Beiträge zu div. Katalogen Mus. Rietberg, Zürich (Indien, Afrika, Ozeanien) – ***Lit:*** Andreas Prokesch u. Ruedi Maeder (Hrsg.): Ein Bild der Schweiz, SBG-Fotopr. 1991 92; Hugo Loetscher (Red.): Photographie in d. Schweiz. Von 1840 bis heute 92; Lex. d. Schweizer Photographen 97

Bintz, Babette s. Beckmann, Babette

Binzer, Brigitte, Malerin; Altkönigstr. 38, D-61476 Kronberg, Tel. u. Fax (0 61 73) 6 60 65, Fax 6 60 65 (* Kirch-Göns/Kr. Friedberg in Hessen 11. 10. 50) – **VG:** Friedberg, Gal. u. Ed. Hoffmann – **S:** 76–82 Städelschule Frankfurt am Main (Freie Malerei b. Johann Georg Geyer, Abschluß als Meisterschülerin) – **L:** 86 Städelmus. Frankfurt am Main (Bildbetrachtungs- u. Malkurse f. Jugendliche); 99, 00 Kronberger KSch (Form + Farbe, Malkurse f. Erwachsene) – **KGr:** Künstlergilde Esslingen (seit 93) – **G/T:** Malerei (u. a. Acryl, geometr. Abstr., mehrteilige Tafelbilder v. a. Tryptichen); Malerbücher u. serielle Papierarb. – **Ö:** Papierserien: Rüsselsheim, Computer-Integrated-Manufacturing-Zentrum d. FHS Wiesbaden; Kronberg, Ausbildungszentrum d. Dt. Bank; Frankfurt am Main, Verb. Dt. Maschinen- u. Anlagenbau; Oberursel, Lafarge Braas GmbH (Tryptichen u. Papierserien) – **E:** u. a. 82 Frankfurt am Main, Forum Stadtspk.; 83 Würzburg, Spitäle; 84 München, Produzentengal.; 90 Friedberg, KV; 92 Köln, Fortbildungsakad. d. Wirtschaft; 93 Groß-Umstadt, Hoenisch; Frankfurt am Main, Hoechst-AG Gal. im Flur; 95 Bad Homburg, Stadtbibliothek; 96 Frankfurt am Main, Haus d. Begegnung; 97 Frankfurt am Main, Art Mc Cann; 98 Frankfurt am Main, BHF-Bank; 02 Kronberg, Kronberger Bücherstube; 05 Gnadenthal/Hünfelden, Präsenz Gal. – **G:** u. a. 82 Tel Aviv, Mann-Auditorium; Frankfurt am Main, Pivo; 84 Düsseldorf, Städt. Keller-Gal.; 86 Frankfurt am Main, KV; 87 Siegen, KV; 93, 04 Regensburg, Ostdt. Gal.; 94 Frankfurt am Main, Durhammer; 99 Frankfurt am Main, Denkbar; 03 Frankfurt am Main, Haus d. Begegnung: Abschied u. Neubeginn – ***Lit:*** Ausst.kat: B. B. Bilder und Serien 1988–1990; B. B. Tryptichen 1984–1992; B. B. Serien 1990–1992

Birchler, Alexander, Videokünstler; lebt u. arbeitet in Austin/Texas (* Baden 1. 9. 62) – **VG:** Zürich, Van Orsouw; Berlin, Thumm; Hamburg, Munro – **S:** 83–87 Schule f. Gest. Basel; 85 Univ. of Art and Design Helsinki; 90–92 Nova Scotia College of Art and Design, Halifax – **KGe:** Hubbard & Birchler: A. B. u. Teresa Hubbard (seit 89) – **G/T:** Fotogr., Install., Video – **E:** zuletzt u. a. 00 New York, Bonakdar Jancou Gall.; Berlin, Hamburger Bahnhof; 01 Krefeld, Mus. Haus Lange; Amsterdam, Found. for Photography; Zürich, Van Orsouw; München, Slg Goetz; 02 Kiel, KH; St. Gallen, KM; New York, Tanya Bonakdar Gall.; 03 Berlin, Thumm; Hamburg, Vera Munro Gal. – **G:** zuletzt u. a. 02 München, Pin. d. Mod.; Hannover, KV; Esslingen, StG Villa Merkel; Zürich, Kunsthaus; Chicago, MCA; Solothurn, KM; 03 Madrid, La Casa Encendida; Basel, KM; Karlsruhe, ZKM – ***Lit:*** BLSK 98 – (Red.)

Birk, Christel s. Bode, Christel

Birkás, Ákos, Prof., Maler; lebt in Berlin (* Budapest 26. 10. 41) – **VG:** Berlin, Gal. Eigen + Art; Leipzig, Gal. Eigen + Art; Wien, Knoll; Paris, Zürcher; Berlin, Curtze; Wien, Curtze – **S:** 59–65 HBK Budapest (Malerei) – **L:** 66–84 FS f. bild. u. angew. Kunst Budapest (Lehrtätigkeit); 90, 91 Sommerakad. Salzburg (Prof.); 92 Éc. Nat. des Beaux-Arts (LAuftr.); 93 Sommerakad. La Gomera/Teneriffa (Prof.) – **P:** Gottfried-v.-Herder-Pr. Wien 89; Villa Waldberta-Stip. d. Stadt München 89; Arb.stip. d. Mus. Folkwang Essen 90; Arb.stip. d. frz. Kult.min Dijon 92; Arb.stip. Künstlerhaus Schloß Wiepersdorf 93; DAAD-Stip. Berlin 95–96; Stip. d. Villa Concordia Bamberg 00–01 – **G/T:** Portr.; abstr. u. figürl. Malerei (Öl, Aqu.) – **M:** Aachen, Ludwig Forum; Berlin, NG; Bratislava, Slovenská NG; Budapest, Kiscelli Múz.; Budapest, NG; Graz, LM Joanneum; Linz, Lentos; New York, Guggenheim; Paris, FNAC; Wien, MMK Stiftung Ludwig – **E:** zahlr. in Ungarn seit 70, zahlr. in Europa seit 86, u. a. 86 Wien, Tatgalerie (m. István Mazzag, Kat.); 87, 91 Graz, LM Joanneum (jeweils Kat.); 89 (u. öfter) Wien, Knoll (Kat.); 90 Essen, Mus. Folkwang (Kat.); 91 Bratislava, Slovenská NG (Kat.); Salzburg, Heike Curtze (m. Hermann Nitsch u. Karl Prantl); 92 Brüssel, Janssen; 92 (u. öfter) Paris, Zürcher; 93 Dijon, Ec. Nationale des Beaux-Arts (Kat.); 94 Budapest, Kiscelli Múz. (Kat.); 94 (u. öfter) Leipzig, Gal. Eigen + Art; Berlin, Gal. Eigen + Art; 96 Berlin, DAAD-Gal. (Kat.); Wien, MMK Stiftung Ludwig (Kat.) 97, 04 Amsterdam, Wetering; 98, 07 Göttingen, KV; 00 Ulm, KV (Kat.); Freiburg im Breisgau, Morat-Inst. f. Kunst u. Kunstwiss.; 00, 01 München, Albrecht; 05 Rosenheim, KV (Kat.); 06–07 Budapest, Ludwig Múz. (Retrosp.) – **G:** zahlr. Ausst.bet. in Ungarn u. weltweit, u. a. 86 Venedig, Bienn.; – sowie u. a. in: Öst., Dtld, Frankr., Finnland, Niederlande, Bulgarien, Tschechien, Polen, Italien, Kroatien, USA, Kanada, Korea – ***Lit:*** u. a. Peter Fitz, Markus Wittringer (Hrsg.): 12 Művész Ausztriából és Magyarországról – 12 Künstler aus Öst. u. Ungarn, Wien u. Budapest 94; Matthias Flügge: A.B. Tautologie d. Körpers. Ein Gespräch, in: neue bild. kunst 4/94; Friedrich Meschede (Hrsg. im Auftrag d. Berliner Künstlerprogr. d. DAAD): A.B. Malerei 96; Michael Nungesser: Der Kopf als atmender Farbraum. A.B. in d. daad-Gal., in: Die Tagesztg 11.6.96; Brigitte Huck: Dreifach präsentiert. A.B. in Wien, in: Der Standard 21.9.96; Hanne Weskott: Freiheit, geboren aus d. Scheitern. A.B. u. seine 'Köpfe', in: SZ 4.2.99; Petra Kollros in: Südwestpresse 17.6., 19.6. u. 26.6.00; Sabine Buchwald: Idyll f. Individualisten, in: SZ 16.3.01; Situation Ungarn, Kunst vor u. nach d. Wende, Ausst.kat. d. Stift. Brandenburger Tor im Max-Liebermann-Haus 02; – LEXIKA: AKL, Bd. 11 95; Krit. Lex. d. Gegenwartskunst, Ausg. 58, H.10 02 – (Red.)

Birnbaum, Antonius s. Oehler, Tilmann

Bischof, Peter, Prof.; Kösslwang 22, A-4654 Bad Wimsbach-Neydharting, Tel. u. Fax: (0 72 45) 2 58 52. c/o Zweitatelier Wien, Glasergasse 5/25, A-01090 Wien, Tel. (01) 4 05 62 65 (* Wien 20. 12. 34) – **VG:** Salzburg, Welz; Wien, Wolfrum; Bad Ischl, Loidl – **S:** 54–58 ABK Wien (Meisterkl. Albert Paris Gütersloh u. Herbert Böckl) – **L:** 97–05 Sommerakad. Geras; seit 01 Behindertenakad. Bad Ischl – **P:** Premio Repubblica di San Marino 61; Forum Stadtpark Kunstpr. 64, 66; Kunstpr. d. Ldes Stmk 71 – **Ve:** Oböst. KV; Wiener Secession – **G/T:** Ölmalerei; graph. Techniken – **W:** zahlr. in Privatbes., u. a. New York, Köln, Wien, San Francisco, Rom, London; Kult.amt d. Stadt Wien – **M:** Amsterdam, Stedelijk Mus. (P.S. Collectie); Klosterneuburg/NdÖst., Slg Essl; Linz, LG; Linz, Lentos; Wien, Albertina; Wien, Belvedere; Wien, MMK Stiftung Ludwig – **Ö:** Glasfenster: Gmunden-Ort, Pfarrkirche; Göttweig, Stift; Heiligenkreuz, Zisterzienserabtei Stift Heiligenkreuz; Klosterneuburg, Stiftskirche; Margarethen am Moos, Karner; Mautern-Wachau, Stift; ebda, Schloßkap.; Melk, Stift Melk Prälatenhof u. Benediktuskap. (Fresken); Stadl-Paura, Kirche; Wiener Neustadt, Dom – **E:** bisher über 120, u. a. 58 Linz, Gurlitt-Mus. (Kat.); 59, 63 Wien, Gal. nächst Sankt Stephan (Kat.); 64 Mailand, Pater (Kat.); 69 Wien, Secession (Kat.); 69, 76 Den Haag, Nouvelles Images; 70 Wien, Gal. Kaiser (Kat.); Trieste, Azienda-Sistiana (Kat.); 71 London, Richmond Hill Gall. (Kat.); 72 Wien, Künstlerhaus (Kat.); Wien, Gal. in d. Blutgasse (Kat.); 73 Wien, Schloß Schönbrunn (Kat.); 75 Wien, Gal. Spectrum (Kat.); 77 Wien, Albertina; Linz, Neue Gal. d. Stadt (Kat.); 78 Salzburg, Gal. in d. Goldgasse (Kat.); 82 Wien, Belvedere (Kat.); 84 New York, Austrian Cultural Inst. (Kat.); 86, 89 Wien, Neue Gal.; 94 Linz, Ursulinenhof (Kat.); 95 Wien, Blau-Gelbe Gal. u. St. Pölten, Ndöst. LM (Kat.); 97 Gmunden, Gal. Spitzbart; 98, 99, 01, 04 Wien, Wolfrum; 99 (Kat.), 02 Wien, Hofstätter; 00 Linz, ObÖst. KV; 00, 04 Innsbruck, Gal. 12; 01 Zwickledt, Kubinhaus; Linz, Gal. Halle; 02, 04 (Kat.) Deggendorf, SM (m. Gabriele Kutschera 04); 03 Wien, Peithner-Lichtenfels; 04 Linz, Thiele; Salzburg, Welz (m. Gabriele Kutschera); 05 Bad Ischl, Rytmogram; 06 Gmunden, VBK Gal. – **G:** zahlr. Bet. seit 57 im In- u. Ausld, u. a. 58 Salzburg, Bienn. christl. Kunst (Kat.); 59 Wien, Künstlerhaus: Junge Maler d. Gegenwart (Kat.); Turin, Gall. il Grifo: Salone (Kat.); 61, 64, 68, 69, 70, 72, 73, 77, 79, 86, 87 Wien, Secession (Kat.); 62, 65, 67 Graz, Forum Stadtpark (Kat.); 66 New York, East Side Gall.: Austrian Abstractionists (Kat); 68 Warschau, Zacheta Gal.: Graph. aus d. Kr. d. Wiener Secession (Kat.); Innsbruck, Tiroler LM Ferdinandeum (Kat.); 70, 72, 80, 00 Krakau, Graph.bienn. (Kat.); 71 London, Royal Acad. of Arts (Kat.); Graz, LM Joanneum (Kat.); 71, 77, 82 Leipzig, Intern. Buchkunstausst. (IBA, Kat.); 78, 81, 98 Linz, Neue Gal. d. Stadt (Kat.); 80 Bremen, KH: Aspekte d. Zchng in Öst. 1960–1980; Düsseldorf, Mus. Kunst Pal.; Tübingen, KH; 93 Maastricht, Graph.-bienn.; 96 Bonn, Milleniumsausst.; 97 Miami, Art Miami (Kat.); Gent, Intern. Kunstmesse (Kat.); 98 Salzburg, Kunstraum St.Virgil: The Search Within (Kat.); Delhi, NG f. Mod. Art; Bombay, NG; Linz, Maerz: Schwerpunkt Zchng; Wien, Wolfrum: Auf Papier; 00 Linz, LG – sowie: Bet. an zahlr. Bienn. u. Wanderausst. in Europa u. USA – **V:** zahlr. Graph.zyklen, bibliophile Mappenwerke u. Publ., u. a. Carl Laszlo: La lune en rodage (Orig.graph.) 60; m. Gerhard Rühm (Texte): Blauer Mann (Graph.mappe) 64; Umschlag f. d. Programmheft d. Wiener Konzerthauses 65; Ich ist ein anderer, m. Texten v. Paul Celan 70; Helmut A. Niederle (Text): Etüden (Graph.mappe) 73; Hommage à Kubin (Orig.-graph.) 75; Briefe an Felician, m. Texten v. Ingeborg Bachmann 91; Überschreitungen, m. Texten v. Peter Assmann 94 – ***Lit:*** u. a. Helmuth A. Niederle: Die Auffächerung d. menschl. Figur, Werkverzeichnis d. Druckgraph. 1956–1982 82; Gregor Martin Lechner: Aqu. v. P.B. 82; Wolfgang Hilger: Die 4 Kardinaltugenden im Prälatenhof d. Stiftes Melk 91; Burkhard Ellegast: P.B. Die Benediktusfresken in Stift Melk 95

Bischoff, Roger, Bildhauer; Sackgasse 5, D-97337 Dettelbach, Tel. (0 93 24) 9 01 26, *rogerbischoff@t-online.de*, *www.roger-bischoff.com* (* Weehawken, New Jersey/U.S.A. 9. 3. 47) – **S:** 88–92 FHS Hannover (Bildhauerei b. Makoto Fujiwara) – **L:** 91–96 u. 99–03 Intern. Sommerakad. f. Bild. Kunst Salzburg (Ass. d. Steinbildhauersymposions) – **Ve:** BBK Würzburg – Unterfranken 99 – **G/T:** Bildhauerei (Holz, Stein); Malerei – **W:** überw. in Privatbes. – **M:** München, Bay Staatsgemäldeslgn – **Ö:** Bietigheim-Bissingen, Fa. Art Aqua; Hannover, FHS; – weitere Arb. in Salzburg-Grödie, Mattighofen, Dettelbach u. St. Maria di Leuca/Ital. – **E:** 93 Bamberg, Pal. Schrottenberg; Göttingen, Gal. Artiforum Schloß Löseck; 94 Groß-Bieberau, Bergman; 00 Apolda, Gal. No. 1; 01 Jena; Würzburg, Gal. Alpha; 03 Würzburg, Künstlerhaus – **G:** 03 Hallein, Gal. pro Arte; – Bildhauersymposien: 89 Oberkirchen; 97 Mattighofen; 98 Udaipur/Indien; 03 St. Maria di Leuca/Ital.; 04 Dettelbach

Bisenius, Anne; Bahnstr. 33, D-56841 Traben-Trarbach, Tel. (0 65 41) 52 54, Fax 52 54, *www.anne-bisenius.de* – **G/T:** Malerei – (Red.)

Bisky, Norbert, Maler; c/o Gal. Michael Schultz OHG, Mommsenstr. 34, D-10629 Berlin, Tel. (0 30) 3 24 15 91, Fax 3 23 15 75, *office@galerie-schultz.de*, *www.galerie-schultz.de* (* Leipzig 70) – **VG:** Berlin, Schultz; New York, Leo Koenig Inc. – **S:** 94–95 UdK Berlin (Kl. Baselitz); Sommerakad. Salzburg (Kl. Jim Dine); 95 Facultad de Bellas Artes Madrid; 99 UdK Berlin (Meisterschüler v. Georg Baselitz) – **P:** Stip. d. Stift. Künstlerdorf Schöppingen 00 – **G/T:** Malerei (Öl, Aqu.) – **M:** Athen, Frissiras Mus.; Frankfurt am Main, Dt. Bank KS; Köln, Mus. Ludwig; Leipzig, MBK; New York, MOMA (The Drawing Coll.); Seoul, NM of Mod. Art – **E:** u. a. 01, 03, 06 Berlin, Schultz (Kat.); 01 Sao Lourenco, Centro Cultural; Köln, Kunstraum Chelsea; 02 Frankfurt/Oder, Mus. Junge Kunst (Kat.); Potsdam, Brandenburg. KV (Kat.); 03, 04 Düsseldorf, Voss (Kat.); 04 New York, Leo Koenig Inc. (Kat.); Mannheim, KV (Kat.); Rotterdam, Cokkie Snoei; 05 Paris, Tarasiève; Berlin, Künstlerhaus Bethanien (Kat.); Gütersloh, KV; Mailand, Studio d'Arte Cannaviello (Kat.); 06 Vilnius, Center for Contemp. Art – **G:** u. a. 98–04 Berlin, Schultz; 02, 03 München, Haus d. Kunst; 02 Köln, Dt. Sport- u. Olympia-Mus.; 02, 05 Portland/OR, Leach; 03 Ostende, MMK (Kat.); Bremen, Neues Mus. Weserburg; London, Bienn. Pollinations; Berlin, Martin-Gropius-Bau; Berlin, Georg-Kolbe-Mus. (Kat.); 04 Dortmund, Mus. am Ostwall; Madrid, Castellana Art Gall.; Düsseldorf, Tedden; Moskau, Regina; Paris, Wolff; Busan, Bienn. (Kat.); 05 Peking, Beijing Bienn.; Prag, Bienn. (Kat.) 06 Mannheim, KH; Madrid, Gal. Pilar Parra (m. Hernan Bas u. a.); Berlin, Haus am Waldsee – ***Lit:*** AUSST.KAT.: wir werden siegen 01; Einer muß das Sagen haben 02; Essig + Blut 02; Schlachteplatte 03; Abgesagt 04; N.B., Leo Koenig Inc. NY 04; N.B. Malerei, Künstlerhaus Bethanien Bln 05; N.B., Studio d'Arte Cannaviello Mailand 05 – ***LitR:*** u. a.: Lutz Ehrlich: Querstraße, Portr.film, ORB 02; Westart, Kurzportr. u. Diskussion, WDR 3 03; Im Gespräch m. N.B. in: artour, MDR 28.7.05

Bitrovic, Pavle; Scheffelstr. 36, D-88400 Biberach an d. Riß, Tel. (0 73 51) 1 41 16. Mondstr. 17, D-88400 Biberach an d. Riß (* Bar/Montenegro 5. 4. 49) – **S:** 70–72 KA Belgrad – **L:** JugendKSch Biberach (freier Doz.) – **KGr:** K2 Biberach – **G/T:** Ei-Tempera, Farbkörper – **M:** Biberach an d. Riß, Braith-Mali-Mus. – **Ö:** Biberach an d. Riß, Kr.spk.; ebda, Polizeidir.; Tübingen, Schulamt – **E:** u. a. 85, 88, 94 Biberach an d. Riß; Ulm, Künstlerhaus Ulm; 89 Mochenthal, Schrade; 90 Berlin, Kuprac; 94 Asti, Alferi – **G:** u. a. 95 Ochsenhausen, Intern. Künstlersymposion – ***Lit:*** Peter Zwey: P. B., Kat. Braith-Mali-Mus. – (Red.)

Bitter, Sabine, Mag. art.; Lorenz-Mandl-Gasse 33/2, A-1160 Wien, Tel. u. Fax: (01) 4 92 81 60, *bit@sil.at*, *www.lot.at* (* Aigen 60) – **S:** HS f. künstler. u. industr. Gest. Linz (Visuelle Gest., Meisterkl. b. Laurids Ortner, Mag. art. 87) – **L:** 94, 96 Wienviertler Fotowochen Fotofluss Wien (Workshop); 97 98 Schule f. künstler. Fotogr. Wien; 98 HS f. angew. Kunst Wien (Gastprof. f. künstler. Fotogr.); Sommerakad. Topolcanky/Slowakei – **P:** Staatsstip. d. BMfUK (f. künstler. Fotogr.) 89; Cité Intern. d. Arts Paris 91; Förd.pr. d. BMfUK f. künstler. Fotogr. 92; Römerquelle-Kunstwettb. (1. Pr. f. Fotogr.) 94; PS1 Stip. New York 94/95; Artist in Residence (Banff Center f. the Arts/Canada) 98; Projektstip. d. Bundeskanzleramtes f. Fotogr. 99 – **Ve:** Jury Mitgl. Fotoförd.pr. d. Min. f. Kunst- u. Kult.angelegenheiten Wien 93, 00; Jury Mitgl. Intern. Stud.aufenthalte, Min. f. Kunst- u. Kult.angelegenheiten Wien 96; Wiener Secession 97; Kult.beirat ObÖst. Sektion Archit. 98; Ldeskult.beirat NdÖst. 99 – **KGe:** S.B. u. Helmut Weber (seit 93) – **W:** Arb. am Internet seit 94: www.lot.at; Produktgest., Konzepte und Webseiten in Zus.arb. m. Juerg Meister, u. a. für Wien, Mus. in Progress; Archit. Zentrum Wien; Bundesmin. f. Frauenangelegenheiten;

Öst. Möbelindustr.; zahlr. Netzprojekte seit 93, u. a. 93 Globe, Mailbox Gall. Bois; 94 Nächste Räume (m. Jürg Meister) Mailbox Gall. Bois; – zuletzt: 99 But is it Politics? (www.lot.at/politics/); 00 sourceCITY (www.immaterial.net); CITYalias (www.lot.at/CITYalias); Slgn im In- u. Ausld – **M:** Almere/Niederl., Mus. de Paviljoens; Linz, LG; Linz, Neue Gal.; Salzburg, Rupertinum (Fotoslg.); Wien, Artothek d. Bundes; Wien, EVN Slg; Wien, Slg d. Stadt – **Ö:** zahlr. Kunst am Bau-Programme, u. a.: Graz, Fischpl.-Projekt; Horn, Pfarrgasse (Projektentwurf); Königstetten (Projektentwurf); Linz, OK Centrum f. Gegenwartskunst u. BRG Ramsauerstr. (beide m. d. Architekten Peter Riepl); Mank, Pensionistenheim; Murau, Krankenanst. Stolzalpe; Salzburg, KV u. Porscheholding (How to provide escape space, temporär); Wien, Univ. – **E:** u. a. 88 Wien, Künstlerhaus Passage; Wien, Fotogal. Wien (m. Elfriede Mejchar, Kat.); Groningen, De Zaak; 89 San Francisco, New Langton Arts; 91 Salzburg, Gal. Fotohof; Wien, Faber; 92 Wien, Insam (Kat.); 92 (Kat.), 95 Graz, Forum Stadtpark; 94 Wien, Depot (m. Ulrike Davis u. Helmut Weber, Kat.); Cardiff, Fotogall. (Kat.); London, Photographers Gall. (m. Eva Schlegel u. Aglaia Konrad); 95 New York, Clocktower; Steyr, KH (Kat.); Luxemburg, Mediafestival: Telepolis (m. Juerg Meister u. Helmut Weber); 97 Wien, Fotogal. Wien (m. Ernst Logar u. Helmut Weber, Kat.); 99, 00 Almere/Niederl., Mus. de Paviljoens; 05 Graz, Camera Austria Intern. – sowie: zahlr. Vorträge u. Teiln. an Symposien im In- u. Ausld – **G:** zahlr. Bet., u. a. 82 Linz, Wohnfreiheit (Kat.); 83 Linz u. Wien, Pal. Palffy: Wechselstrom (Kat.); 85 Düsseldorf, Wohnen von Sinnen (Kat.); 87 Linz, Fabriksgelände: Mobilar Linz (Kat.); Bregenz, Zwischen zwei Stühlen (Kat.); 88 Eindhoven, Apollohuis: 4A:HREN O:STERREICH; Wien, Insam: Beton (Kat.); 89 Wien, Fotogal.: Avanti (Kat.); Kazimirz Dolny/Polen, Intern. Art Meeting; 90 Wien, Prodomo: Rastlos (Kat.); Obidos/Portugal, Bienn. f. Sculpt. (Kat.); Klagenfurt, Stadthaus; Linz, Neue Gal.; Wien, Stubenbastei; 90, 99 Linz, Mus. Francisco-Carolinum (Kat.); 91 Dublin, Intern. Assoc. of Women in the Arts; 92 Linz, Offenes Kult.haus: Kraft d. Materials (Kat.); 93 München, KV: Die Arena d. Privaten (Kat.); 93, 96 Graz, Neue Gal.: Foto-Trienn. (Kat.); 93, 94 Wien, Mus. in Progress (Kat.); 94 Steyr, Polhammer (Kat.); Oulu/Finnland, Art Mus. Oulu: Foto-Trienn. (Kat.); 94, 95, 98 Krems, KH (Kat.); 95 New York, Angel Orensanz Found.: Jahresausst. PS1 (Kat.); Athen, Die Kunst d. Reise (Konferenz, Kat.); 96 Plüschow, Schloß: Geben u. Nehmen (Kat.); Hall in Tirol, KH: Hall 2 O (Kat.); 97 Halle/Saale, Staatl. Gal. Moritzburg: Chimaera (Kat.); Wien, KH Museumsquartier: Schaupl. Museumsquartier (Kat.); Dublin, Arthouse: DataPanic; Szombathely/Ungarn, KH: Trafik (Kat.); Lüttich, Bienn. Fotogr. & Arts Visuels (Kat.); Johannesburg, Bienn.: Transversions (Kat.); 98 Salzburg, Gal. Fotohof: Icons, Offene Grenzen (Kat.); Antwerpen, Hessenhuis: Zomer van de Fotogr. (Kat.); München, Künstlerwkst. Lothringerstr. (Kat.); Prag, Gal. d. Stadt: Close Echoes (Kat.); 99 Wien, Mus. auf Abruf: Das Ding m. d. Foto (Kat.); Linz, LG; Klagenfurt, LM Kärnten u. Innsbruck, Tiroler LM Ferdinandeum: Chile:Austria (Kat.); 00 Linz, Gal. der Kunstuniv. Linz: Aus d. Umfeld; Santiago/Chile, MBA: Chile:Austria (Kat.); Graz, Mus. d. Wahrnehmung: Talking Cities; Amsterdam, W139: ICI; New York, Korean Gall.: DMZ; Eindhoven, Archit. Center Eindhoven (ACE): Individualization – **R:** www.lot.at seit 94 – ***Lit:*** zahlr., u. a. Sculpt. als kynische archit., in: Druckwerk De Zaak 32 86; Katharina Blaas (Hrsg.): Wider d. demokrat. Geschmack, in: Veröff. Kunst Ndöst. LM Bd 2 93; Georg Schöllhammer: On Formation On Condition, Werkkat. 97; Hedwig Saxenhuber u. G. Schöllhammer (Hrsg.): Leerräumen, Landscape Holland, in: Ortsbezug. Konstruktion o. Prozeß 98; Jeff Derksen u. S.B.: Artists Insert, CITYalias/almere.txt, in: Archis, Mag. f. Archit., City and Visual Cult. 99; G. Schöllhammer: Insert. S.B. u. Helmut Weber, Logik d. Hier u. Jetzt, in: Kunstforum Intern. 143 99; Nancy Shaw: CITYalias. The City as Cult. Software, in: Eikon 33 00; M. Dusini: Portr. S.B. u. Helmut Weber, in: Falter 44 00; Jeff Derksen: CITYalias, in: springerin Bd VI, Heft 1 00 – (Red.)

Bittermann, Caroline, Malerin, Konzeptkünstlerin; *bittermann.duka@t-online.de*, *www.die-dritte-kammer.de*. Lebt u. arbeitet in Berlin (* München 15. 2. 57) – **VG:** Berlin, Stüber; Köln, Rehbein – **S:** 77–82 ABK Karlsruhe (b. Prof. P. Kirkeby); 82–86 Univ. Köln (Germanistik, Phil.) – **L:** LAuftr.: 98–99 Bauhaus Univ. Weimar (Fak. f. freie Kunst); 01 ABK Braunschweig (Fak. f. freie Kunst); Charter Highschool for Archit. and Design Philadelphia – **P:** u. a. Fritz-Terfloth-Pr. Münster 02; Stift. Kunstfonds – Arb.- u. Projektstip. 03 – **KGe:** Bittermann & Duka: C. B. u. Peter Duka – **E:** u. a. 92, 97, 99, 01 (Kat.), 04 Köln, Rehbein; 93 Freiburg im Breisgau, KV (Kat.); 94 Mannheim, KV (Kat.); Brüssel, Mot & van den Boogaard; 95, 97 (Kat.) Amsterdam, Travo; 97 Hamburg, Gal. für Landschaftskunst (Kat.); 01 Reykjavik, The Corridor; 03 Berlin, Stüber; 05 Amsterdam, The Living Room – **G:** u. a. 90, 92 Brüssel, Gal. Marie Puck Broodthaers (Kat.); 97 London, Andrew Mummery Gall.: A Different View; 98 Bonn, KV: Es grünt so grün ... (Kat.); 00 Stuttgart, Kult.-Bahnhof: Offene Räume – Open Spaces (Kat.); Berlin-Köpenick: StadtKunstProjekte (im öff. Raum); Sindelfingen, StG: Die Gründung der Akad. (Kat.); 02 Aachen, Neuer Aachener KV: Jahresgaben; 03 Halle/Saale, Staatl. Gal. Moritzburg: Landschaft_en; 04 Untergröningen, KV: What you see is what you get; 05 Berlin, Diehl: I Asked For – (Red.)

Bittner, Hannes, Dipl.-Ing., Architekt; Fuggergasse 24, A-6130 Schwaz, Tel. (0 52 42) 7 18 72, Fax 6 65 35, *derarchitekt@gmx.at*, *www.arching.at/bittner* (* Schwaz/Tirol 27. 3. 49) – **S:** Univ. Innsbruck (Archit.) – **P:** mehrere Pr. b. Archit.wettb. – **Ve:** Öst. Architektenkammer – **G/T:** natürliche u. naturbelassene Materialien, energieoptimiert, kommunale Gebäude, privater Wohnbau – **W:** mehrere Schulen, Kindergärten u. Wohnhäuser in Holzbauweise; ökologische Archit. – (Red.)

Bittner, Ralf, Maler, Objektbauer; Erlenweg 16, D-88690 Uhldingen-Mühlhofen, Tel. (0 75 54) 99 05 46, Fax 97 28 66, *ralfbittner@t-online.de*, *www.ralfbittner.de*. Rickenwiesen 6, D-88699 Frickingen (* Duisburg 9. 3. 63) – **VG:** Überlingen, Schumacher; Ravensburg, Hölder – **G/T:** Objektkunst (Raumordnungen), fotogr. Techniken, Install., dynamische Malerei – **W:** überw. in Privatbes. – **Ö:** Pfullendorf, Linzgaupark; ebda, Stadtsee – **E:** 00 Überlingen, Schumacher; 02 Biberach, Gal. Uli Lang; 04 Pfullendorf, StG; Singen, Singen-Hegau Gal. – **G:** 02 Überling, Kunstnacht; Tuttlingen, Artefakt; 03 Überlingen, RHkeller – (Red.)

Bittner-Simmet, Magda; Schwedenstr. 54, D-80805 München, Tel. (0 89) 3 61 52 95 – **G/T:** Malerei – (Red.)

Bitzer, Clea, freischaffende Künstlerin, Gestalterin, Lehrerin; Asylstr. 32, CH-8620 Wetzikon, Tel. 0 19 32 73 49, *hebitzer@swissonline.ch*. Atelier: Schönaustr. 15, CH-8620 Wetzikon, Tel. 07 63 88 89 79 (* Zürich 13. 11. 40) – **VG:** Stäfa, Catrina – **S:** 90 Sommerakad. Salzburg (Malerei b. Akós Birkás) – **P:** Förd.-stip. Aargauisches Kuratorium 94, 96 – **Ve:** SGBK seit 03 – **G/T:** konkret-konstruktive Malerei; Zeichn.; Papierschnitt; Objektkunst (Holz, Kartonage) – **Ö:** Wetzikon, Bank Clientis – **E:** 91 Illingen, Seidenhof; 93 Stuttgart, Experiment; 95 Uster, AKKU Künstleratelier; 96 Casloncos/Mallorca, Gal. d'Art Dr. Kunstmann; 98 Zug, Altstadthalle; 01 Oetwil am See, Catrina; 03 Uster, Villa Grunholzer – **G:** zahlr. Ausst.bet. seit 87, zuletzt 04 Zürich, Stift. Binz 39 – **V:** conditio humana, Kat. z. Serie 95 – (Red.)

Blaas, Peter, Maler; Riesengasse 11, A-6020 Innsbruck, Tel. (05 12) 57 92 15 (* München 6. 12. 42) – **S:** 56–60 Ausb. z. Dekorationsmaler; 60–64 ABK Wien (b. S. Pauser u. H. Boeckl) – **P:** Füger-Med. (Gold) 61, 62; Großes Kunststip. d. Ldes Tirol f. bild. Kunst 96 – **Ve:** Tiroler Künstlerschaft – **M:** Graz, LM Joanneum; Innsbruck, Tiroler LM Ferdinandeum; Linz, Lentos; Wien, BmfUK – **E:** u. a. 90 Innsbruck, Gal. im Stadtturm; Lienz, StG; 92 Bozen, Waltherhaus; 97 Innsbruck, Gal. im Europahaus; 98, 01 Innsbruck, Flora; 02 Innsbruck, Kugler; 03 Innsbruck, Hofburg – **G:** u. a. 70, 73 Innsbruck, Gal. im Taxispal.; 82 Köln, Kunstmesse; 93 Innsbruck, Schloß Büchsenhausen; 96 Rosenheim, StG; 98 Madrid, Sala Millares – ***Lit:*** AKL – (Red.)

Blackout, Moucle (Ps. f. Christiane Adrian-Engländer, geb. Christiane Engländer), Mag. Art., Bildhauerin, Illustratorin, Fotografin, Filmerin; Mölkerbastei 3/3, A-1010 Wien, Tel. u. Fax (01) 5 35 86 06 (* Prag 6. 8.) – **S:** 58–67 HS f. angew. Kunst Wien (Meisterkl. Bildhauerei, Design u. Metallarb.) – **P:** Aktion Künstler malen in Betrieben Wien (1. Pr.) 83; Stip. f. Rom 00; Filmförd. d. Stadt Wien – **Ve:** Austria Filmmakers Cooperation 82 – **KGr:** Intakt (78) – **G/T:** Ill. (Collagen, Montagen, Fotogr.); Fotogr. u. Filme (exper.); Schmuck; Steinskulpt.; Metallobjekte (bis 2m Höhe) – **W:** Filme u. a. im Filmarchiv Austria Wien – **M:** Salzburg, Rupertinum; Wien, Slg Schmutz – **Ö:** Klagenfurt, Skulpt.park d. Ldeskrankenhauses – **E:** 82 Wien, Intakt; 83 Wien, Alte Schmiede; 97 Graz, Minoriten Gal.; 99 Wien, Frauenzentrum Seitenstetteng. – **G:** seit 68 jl. Gr.ausst. sowie Filmvorführungen – **V:** Buchprojekt in Arb. – ***Lit:*** u. a. Claudia Preschl: Frauen, Film, Video 86; Ausstrahlungen. Schmuck 1936–1991, Kat. 91, 92; Austria Avantgarde Cinema 1955–1993, Kat.; 101 Nights, Interview (Australien) 96; Die Möse, Interview 98; Angst. Anthologie Österreichischer Gegenwartsliteratur 87 – (Red.)

Blady, Franck D., Maler; Osterbekstr. 7, D-24367 Osterby, Tel. (0 43 51) 4 52 82, *Blady-osterby@t-online.de*, *www.art-blady.de* (* Paris 28. 8. 51) – **S:** 69–73 HS f. graph. Kunst Acad. Julian Paris (b. Jacques Nathan Garamond u. Jean Pierre Sudre) – **L:** 80–96 Waldorfschulen Bochum, Oldenburg, Eckernförde, Kiel; 01–06 Internat Stift. Louisenlund Güby – **Ve:** BBK; VG Bild-Kunst 05; Künstlerbund Rendsburg-Eckernförde – **G/T:** Farbfeld Malerei; Abstr. Symbolismus (Tempera auf Lw.) – **W:** überw. in Privatbes. – **Ö:** Eckernförde, Fa. Behn (Entwurf Außenwandgest.) – **E:** 99 Kiel, Asia-Oxident; 00 Eckernförde, Segelclub (SCE); 01 Wittkiel, All Arts; 01 Friedrichstadt, Gal. in d. Hinterstadt; Ratzeburg, Mohr; 02 Schleswig, Graukloster; Bad Segeberg, Villa Flath; 03 Güby, Schloß Louisenlund; Friedrichsholm, Hofkalkreut; 04 Pinneberg, Akad.; 05 Bremen, Kassenärztl. Vrg; Flensburg, Gal. am Hären; 06 Kiel, Wilhelminenhaus; Hamburg, Szczesny Studio – **G:** u. a. 97 Neumünster, Stadthalle; 98 Glückstadt, Pal. am Hafen; 99 Kiel, Ldeshaus; 00 Kiel, Ostseehalle; 02 Skien/Norwegen, Kunstforum; 03 Wismar, Baumhaus; Tartu/Estld, Kult.inst.; Rendsburg, Zentrum f. Energie u. Technik; 04 Brüssel, Schlesw.-Holst. Hanse Office; Berlin, Ldesvertretung Schlesw.-Holst.; Sønderborg/Dänemark, Kunstskole; 05 Hamburg, KV Glinde; 06 Oslo, Dt.-Norweg. Handelskammer – **V:** Klaus Seiler: Geistl. Augenblicke (Umschlagabb.); R. Deichgräber: Biotope f. die Seele; H. Finze-Michaelsen: Das andere Glück; Ian G. Barbour: Wissenschaft u. Glaube; B. Abesser u. B. Husmann: Fürchte dich nicht; – sowie Gest. eines Kal. d. Verl. Andere Zeiten Hamburg

Bläser, Markus, Dipl. Maler, Graphiker; Paul-Gruner-Str. 24, D-04107 Leipzig, Tel. (03 41) 4 22 62 38, *max@hgb-leipzig.de* (* Leipzig 26. 1. 76) – **S:** 98–03 HGB Leipzig (u. a. b. d. Prof. Rink u. Burger); 04 ebda (Meisterschülerkl. Prof. Gille) – **L:** seit 04 Studio f. Bild. Kunst am Lindenau-Mus. Altenburg (Doz. f. Malerei u. Graph.) – **P:** Stip. f. d. Sä. Druckgraph.-Symposion Hohenossig 04; 100 Sä. Graph. (Pr.) 06 – **Ve:** VG Bild-Kunst 03 – **G/T:** Abstraktion u. Konstruktion urbanen Raumes; Malerei (Öl, Ei-Tempera); Graph. (vorw. Rad. u. Lith.) – **M:** Chemnitz, Neue Sä. Gal. – **Ö:** Leipzig, Spk.; Mittweida, Spk. – **E:** 01 Mittweida, Kr.spk.; 02 Leipzig, Industr.- u. Handelskammer; 03 Leipzig, Hotel Atrium (Dipl.ausst.); 05 Leipzig, Blüthner; Kiel, Dt. Zentralbibl. f. Wirtschaftswiss.; 06 Leipzig, Commerzbank – **G:** 02, 04, 06 Chemnitz, Neue Sä. Gal.: 100 Sä. Graph.; 03 Leipzig, XPOSÉ; 04 Oetjendorf, Jürgensen; Hohenossig, Künstlerhaus; Leipzig, Jahresausst.; Leipzig, Gal. im Hörsaalbau: 14. Sä. Druckgraph.-Symposion; 04, 06 Leipzig, Graph.börse; 05 Jena, KV: Forbilder; Burghausen, Gal. U4; Möhnesee; Leipzig, Große Sä. Kunstausst.; 06 Leipzig, Gal. Hotel Leipziger Hof – ***Lit:*** Bildende Künstler in Leipzig 06

Blättler, Rudolf, Bildhauer, Zeichner, Installation; Museggstr. 19, CH-6004 Luzern, Tel. 0 414 10 16 57 (* Kehrsiten 20. 12. 41) – **VG:** Aarau, Staffelbach; Bern, Bischoff & Partner – **S:** 65–68 ABK Wien; 68–69 Acad. di Belle Arti Rom – **P:** Luzerner Pressepr. 76; Eidgenössisches Kunststip. 77, 78; Johann-Melchior-Wyrsch-Förd.pr. d. Schindler-Kult.stift. 77; Pr. d. Harris-Stift. Luzern 79; Vestag-Pr. Luzern 83; Kunstpr. d. Stadt Luzern 96; Stip. d. Zuger Kult.stift. Landis & Gyr 97; Meret Oppenheim Pr. 03 – **M:** Luzern, KM; Martigny, Mus. Fond. Pierre Gianadda; Olten, KM; Schaffhausen, Mus. zu Allerheiligen; Stans, Nidwaldner Mus. – **Ö:** – Skulpt.: Bad Ragaz, Kurpark; Beckenried, Rütenen; Bern, Verwaltung eidgen. Bundesbauten; Cham, Villette-Park; Chene-Bougeries/Genf, Parc Stagni; Hergiswil, Kantonalbank; Hochdorf, Kt.schule; Hohenklingen, Stein am Rhein; Ingenbohl, Klosterkirche; Luzern, Kantonsspital; ebda, Schulanlage Steinhof, Schirmerturm; Schweizerhalle b. Muttenz, Rheinsalinen; Wettingen, Webermühlensteg; Wil, Schulanlage Lindenhof; Zug, Bergli-Areal; ebda, Schweizer Bank-Ver. – **E:** zuletzt u. a. 97, 02 Aarau, Staffelbach; 99 Kriens, Gal. Krienbach; 00 Chur, Gal. Studio 10; 04 Luzern, KM (Kat.); 05 Bern, Bischoff & Partner – **G:** u. a. 95, 03 Môtiers, art en plein air; 97 Olten, KM; Cieszyn, Univ.gal.; 98 Langenthal, Kunsthaus (Slg Seedamm); 99 Bex, Trienn de Sculpture; 99, 01 Luzern, Plattform f. zeitgen. Kunst; 00 Luzern, KM; 02 Bex, Schweiz. Skulpt.ausst. – **V:** m. Stefan Banz: Mann u. Weib, Skulpturen 1988–1999 00; R.B. Schwarzes Haus II – Black House II, m. Texten v. Peter Fischer, Barbara Basting, Daniele Margnes u. a. 05 – ***Lit:*** AKL; BLSK 98

Blättler-Amici, Marie-Theres s. Amici, Marie-Theres

Blanchet, Anne, Licence ès Lettres; rue Tronchin 23, CH-1202 Genf, Tel. u. Fax 0 22 3 44 14 31, *anne.blanchet@bluewin.ch*, *www.anneblanchet.com* (* Vuarrens) – **P:** Prix Gustave Buchet 2000 – **G/T:** Light Drawings (Plexiglas, Licht); geometrische Abstr.; Install. in ständiger Bewegung (Schlagbäume, Schieb- u. Falttüren, 200000 Volt Strom, riesige Glasscheiben); Video – **M:** Lausanne, Mus. cantonal des beaux-arts –

Ö: Fribourg, Université Pérolles 2 (Pont de Lumière); Genf, Université; ebda, Hopital Cantonal Universitaire, Parc Belle Idee – **E:** zahlr. Ausst. in d. Schweiz u. im Ausld, u. a. 90 Genf, Gal. des Bastions; 94 Lausanne, Espace de l'art contemporain; 96 Lausanne, Iynedjian Art; 97 Sierre, Forum d'Art Contemporain; 99 Genf, Hall Palermo; 00 Lausanne, Espace Arlaud; 03 Lausanne, Pauli – **G:** 95, 96 Basel, Art Basel; 96 Köln, Art Cologne; 96, 99, 02, 05 Bex, Bex et Arts; 98 Genf, Mus. Rath; 02 Brüssel, Art Brussels; 03, 04 Lausanne, Mus. cantonal des beaux-arts; 03–04 Basel, Beyeler (Kat.) – ***Lit:*** KAT.: Clémence de Biéville: Babylone un jardin suspendu, Bex et Arts 1996; ders.: Mémoire, paysage intérieur, Bex et Arts 1999; Vincent Barras u. Caroline Nicod: A.B. Musiques Visuelles 1997–2000 00; Marianne Burki u. Caroline Nicod: A.B. Programme échanges 03; Esther Jungo: A.B. Pont de Lumière 05; – ZSS: Esther Jungo: Fribourg. Pont de Lumière v. A.B., In: Kunstbulletin, Dez. 05; Alice Cunnigham-Tinguely: A.B. Des musiques visuelles, In: Tendance Déco, Sept. 05; Robert Walker: Die Kreuzung von Bildung u. Boulevard, In: Hochparterre, Zs f. Archit. u. Design, Jan.-Feb. 06 – ***LitR:*** S. Moret (Kamera): A.B. Portes 97 musique visuelle, Video 97; ders.: A.B. Passages, musique visuelle, Video 99; I. Zanetti (Kamera): A.B. Ouverture Pli musique visuelle, Video 99; Vincent Barras u. Caroline Nicod: A.B. Musiques Visuelles 1997–2000, Video 00; S. Moret (Kamera): A.B. Passage de Géronde, Video 00; ders.: A.B. Coup de Foudre, Video 02; Bruno Joly: A.B. Interview v. Marie Aymon, Portr./Video 02; Esther Jungo (Text) u. S. Moret (Kamera): A.B. Pont de Lumière 2005, DVD 05; K. Koller (Kamera): A.B. Drehen, DVD 05

Blank Jenny, Urban Anton Johann, Bildhauer; Speicherstr. 61, CH-9043 Trogen, Tel. 07 13 44 20 17. Rafael Prado 271, Ñuñoa Santiago de Chile, Tel. 2 05 51 74, *andesuth@yahoo.es; andesuth70@yahoo.com* (* Wil 12. 4. 22) – **S:** 41–43 ABK München (b. Prof. Bleeker); 54–56 ebda (b. Prof. Kirchner); 75 ebda (b. Prof. Koch); Abschlußdipl. – **L:** 62–74 Schweizer Schule Santiago de Chile; 74 Univ. de Chile Santiago de Chile (Prof. f. Skulpt.); 75–87 Trogen, Kinderdorf Pestalozzi – **P:** Eidgen. Kunstkommission Bern (Aufmunterungspr.) 52 – **Ve:** Ges. Schweiz. Maler, Bildhauer u. Architekten 52 – **G/T:** Skulpt. (Inspiration aus versch. Hölzern, intuitiv, Holzskulpt. nach Plan, subtrahiv u. additiv) – **W:** in Santiago de Chile – **Ö:** Mexiko-Stadt, Schweizer Schule (Holzskulpt. 'Hand'); Santiago de Chile, Schweizer Schule; St. Gallen, Zürcherstr. (Bronzefigur 'Dürstender'); Wil, Schnetztor beim Hof (Christophorus-Figur); ebda, Pl. v. d. Schulhaus (Ringende Knaben), Friedhof (Mädchen u. Tod) – **E:** 71 Wil, Gal. Hof; 75 Rorschach, Gal. zum Kornhaus; 03 Santiago de Chile, Univ. Metropolitana – **G:** zahlr. v. 52–78, u. a. mit d. Ges. Schweiz. Maler, Bildhauer u. Architekten St. Gallen; 63 Santiago de Chile, Salon Oficial; 72 Santiago de Chile, Bellas Artes: Autoportratos – **V:** Kinder aus aller Welt malen ihre Geschichten über einen Knopf, Kinderdorf Pestalozzi Togen 79; Wege z. Zeichnen, Malen, Bilderlesen 90 – ***Lit:*** Sandra Espinosa u. Peter Kroeger: Urban Blank. Existencia Fluxa 01 – ***LitR:*** www.künstlerarchiv.ch

Blank, Thomas; Thiersteinerallee 21, CH-4053 Basel, Tel. 06 13 31 68 40, Fax 06 13 32 02 41, *tblank@tiscalinet.ch, www.KaraArt.com/blank* – **G/T:** Bildhauerei, Malerei – (Red.)

Blanke, Wolfgang; Hauptstr. 18, D-76773 Kuhardt, Tel. u. Fax (0 72 72) 12 30, *blankewolfgang@web.de, www.wolfgangblanke.kulturserver-rlp.de* (* Münster/Westfalen 8. 4. 48) – **VG:** Straßburg, Aktuaryus; Ludwigsburg, Württemberg, Veith; Speyer, Kulturraum – **S:** ABK Karlsruhe; Univ. Mainz – **L:** 77–89, 94–02 Kunsterzieher am Gymnasium – **Ve:** BBK; AG Pfälzer Künstler – **G/T:** Malerei – **M:** Kandel, KS d. Spk.; Karlsruhe, Reg.präsidium; Karlsruhe, StG; Mainz, Kultusmin. RP – **Ö:** Germersheim, Grundschule – **E:** 75 Bremen, KS Böttcherstraße; 80 Landau in der Pfalz, Villa Streccius; 93 Neustadt, Villa Böhm; 97 Straßburg, Aktuaryus; 01 Speyer, Kulturraum – **G:** 95 Neuwied, Kunst u. Künstler in RP; 99 Straßburg, Kunstmesse; 02 Mainz, Rh.-Pf. Kunstmesse – **V:** Malerei 96; Aussteigen oder von der Philosophie des Fahrtensegelns 97; Malerei mit Pigmenten und variablen Bindemitteln 01 – ***LitR:*** Künstlerportr. ZDF 89; Künstlerportr. W. B. Kult.kanal 91

Blase, Karl Oskar, Prof., Gebrauchsgraphiker, Graphiker, Illustrator, Maler; Kuhbergstr. 47, D-34131 Kassel, Tel. (05 61) 3 85 19, Fax 3 78 23 (* Köln 24. 3. 25) – **S:** 45–49 Staatl. WerkKSch Wuppertal (Design) – **L:** seit 58 Staatl. WerkKSch Kassel (Prof. f. Gebrauchsgraph.) – **Ve:** Dt. Werkbund 52 – **M:** Amsterdam, Stedelijk Mus.; Berkeley/CA, Univ. AM; Bonn, StKS; Essen, Dt. Plakat Mus.; Leverkusen, StM Schloß Morsbroich; München, Neue Slg; Oldenburg, LM – **E:** / G: u. a. 87 Goslar, Mönchehaus-MMK; 89 Lippstadt, Gal. f. Industr.-Design; 90 Bonn, Ges. f. Kunst u. Gest.; 92 Kassel, Neue Gal.; 95 Kassel, KV; Essen, Dt. Plakat Mus. – ***Lit:*** AKL; Contemp. Designers 97 – (Red.)

Blaser, Rolf, Maler; Rue du Rocher 21, CH-2300 La Chaux-de-Fonds, Tel. 03 29 68 06 34 (* Solothurn 13. 3. 61) – **VG:** Hauterive, Gal. 2016; Perrefitte, Selz art contemporain – **S:** 79–84 Schule f. Gest. Biel (Fachkl. Graph.); als Maler Autodidakt; freischaffend tätig – **P:** Jurypr. d. kantonalen Jahresausst. Olten 88; Werkjahrbeitr. d. Kt. Solothurn 89; Atelierstip. d. Konferenz Schweizer Städte f. Kult.fragen (KSK) u. Pro Helvetia in Kairo 96; Atelierstip. d. Kt. Neuenburg u. d. Loterie Romande in Berlin 01; Auszeichnungspr. d. Kt. Solothurn (f. Malerei) 04 – **Ve:** Visarte 93–04; Ges. Schweiz. Maler, Bildhauer u. Architekten (GSMBA) – **KGr:** Anticorps (95 bis ca. 00) – **G/T:** Figurenmalerei (Tempera, Öl, Gouache); Zchng (Graphit) – **W:** überw. in Privatbes.; Kt. Solothurn; Kt. Neuchâtel – **M:** La Chaux-de-Fonds, Mus. des Beaux Arts – **E:** 90 Solothurn, KM (Kat.); La Chaux-de-Fonds, Gal. Jean d'Eve; 91, 95, 01, 05 Hauterive, Gal. 2016; 92 Oensingen, Schachen Gal.; La Chaux-de-Fonds, Meyer (Art-Cité); Bern, Forum ETC; 93 Aigle, Atel'art; Solothurn, Kunst u. Kiosk; 94 Lausanne, Gal. Humus; 96 Ittigen/Bern, Stufenbau; 98 La Chaux-de-Fonds, Gal. Art-Cité; 99 Ropraz, Fond. l'Estré; 02 Zürich, JF Gal.; 03 La Chaux-de-Fonds, Mus. des Beaux Arts (Kat.); 05, 06 Perrefitte, Selz art contemporain; 05 Sion, Ferme Asile (m. Daniel Frank) – **G:** 87 Solothurn, Hauptgasse 7 (Dok.mappe); 89 Solothurn, Künstlerhaus S11: Wie Bilder entstehen; Grenchen, Kunsthaus: Diese Kunst fördert d. Kt. Solothurn 1985–1989 (Kat.); 91 Ittigen/Bern, Stufenbau: Cultura-Vernissage; 93, 95, 97, 99 La Chaux-de-Fonds, Mus. des Beaux Arts: Bienn. des Amis des Arts; 95 Neuenburg, Mus. f. Kunst u. Gesch.: SPSAS, Nouveaux membres (Kat.); 96 St. Petersburg, Gal. d. Künste: Dialog; La Chaux-de-Fonds, Mus. des Beaux Arts: Cuerpo a cuerpo (Kat.); 98 Lausanne, l'Eplattenier: Anticorps; 99 Hauterive, Gal. 2016: Triptyques (Kat.); Brüssel, Gal. 2016: Triptyques; Köln, Roesinger: Triptyques; 00 Neuenburg, Gal. Une: Anticorps; Le Locle, Mus. des beaux-arts: Portraits d'Œuvres; 01 Solothurn, KM: Ein Blick auf Solothurn, kantonale Ankäufe 1990–2000; 02 Zürich, JF Gal.: Group Exhib.; Yverdon-les-Bains, Yverdôme Event Expo 02: Douleur source de création; 03 Ropraz, Fond. l'Estrée: Labyrinthe singulier; Erlach,

Steiner: File rouge; 04 Oensingen, Schachen Gal. – sowie: 88, 91, 93, 98, 00 Solothurn, KM u. Olten, KM: kantonale Jahresausst. d. Kt. Solothurn – ***Lit:*** Werkjahrbeitr. d. Kt. Solothurn 1989, Kat. 90; Christian Hänni: Keiner flog über d. Kuckucksnest, in: Cultura 2 91; Magaly Woeffrey: R.B. Peintures 1989–1993, Kat. 93; Bild. Kunst im Kt. Solothurn, Maler/innen u. Bildhauer/innen, Dok. 95; Christophe Stawarz: Anticorps, la peinture figurat. revisitée, in: Etats d'Art 3 99; Soc. des Amis des Arts, La Chaux-de-Fonds 99; Edmond Charrière, Francis Stähli, Christoph Vögele: R.B. Peintures 1989–2003, Kat. 03 – ***LitR:*** Pierre Zaline: R.B., Peintures, Videoportr. 00

Blaser, Werner, Designer, Architekt, Publizist; St. Alban-Vorstadt 80, CH-4052 Basel, Tel. 0 612 71 55 58 (* Basel 29. 8. 24) – **S:** 40–45 Ausb. z. Möbeltischler – **L:** 55–57 HS f. Gest. Ulm (Gastdoz.) – **P:** Eidgenössisches Kunst-Stip. 53 – **G/T:** Möbeldesign, Archit. – **B:** Arlesheim: Friedhof Bromhübel; Biel-Benken: Holzskelett-Sechseckhäuser; Ittingen: Kirchengemeindehaus; Märkt/Lörrach: Lagerhalle Lüber; Müllheim/Südbaden: Kinderhaus der Inneren Mission; Münchenstein: Friedhofsgebäude – **G:** u. a. 47 New York, MOMA – **V:** zahlr. Publikationen, u. a. Mies van der Rohe: Crown Hall. Illinois Institute of Technology, Monogr. 01 – ***Lit:*** AKL – (Red.)

Blaszczyk, Michael, Bild. Künstler; c/o Atelier Tor 1, Weselerstr. 22, D-46519 Alpen, Tel. Mobil: 01 7 04 94 47 81, *atelier@michaelblaszczyk.de*, *www.michaelblaszczyk.de* (* Duisburg 22. 8. 59) – **S:** 80–87 Europ. KA Trier (b. Prof. Kraemer); Univ. Trier (b. Prof. Dr. Schlink) – **P:** Aktion Kunstblatt Düsseldorf 84; Stip. d. Europ. KA Trier 86 – **Ve:** Kult.kr. Dinslaken 81; Ges. f. Bild. Kunst Trier 85; Stadtkult. Xanten 00 – **KGr:** Atelier Tor 1 – **KGe:** B. u. K (seit 93) – **G/T:** Malerei; Graph.; Projekte – **W:** überw. in Privatbes. – **M:** Trier, KS d. Europ. KA – **Ö:** Krefeld, Profit GmbH; Trier, Ges. f. Bild. Kunst – **E:** 82 Dinslaken, Kult.kr.; 86 Trier, Hofgal.; 87 Trier, Gal. im Pal. Walderdorff; 93 St. Wendel, Gal. im Zwinger; 96 Herentals/Belgien, Stadthuis; 99 Rheinberg, Schwarzer Adler; 04 Xanten, StG; 06 Dinslaken, Stadtbibl. – **G:** seit 83, u. a. 90 Toronto, Convention Center; 91, 93 Düsseldorf, Große Kunstausst. NRW; 95 Moers, StG Peschkenhaus; 96 Trier, Gal. im Pal. Walderdorff; 99, 06 Dinslaken, StM Voswinckelshof; 03 Saintes, Expo; 04 Duisburg, Cubus KH; Sofia, Kult.pal.; Stuttgart, Kesselhaus; 05 Trier, Bischöfl. Generalvikariat; Berlin, Virtuelle Gal. d. Auswärtigen Amtes – **V:** So sehe ich sie: Die Kunst v. E.L. Kirchner, Textcollage 03; Spurensuche Ideenreich, Projektdok. 03; Der Sprung ins Finale, Dok. 03; Gespräche zur Kunst, Projektdok. 05 – **R:** Bernd Abtmann: M.B., CD-ROM Kat. 05 – ***LitR:*** Arb. auf Karton, Interview (RPR 1 Trier) 87

Blau, Christine s. Waldmann-Brun, Sabine

Blau, Günther, Maler; Im Winkel 24, D-35043 Marburg-Cyriaxweimar (* Wuppertal-Elberfeld 10. 1. 22) – **S:** 40–52 KA Düsseldorf, München u. Karlsruhe – **P:** Von-der-Heydt-Pr. Wuppertal 77; Marburger Kunstpr. 91 – **G/T:** Malerei (Öl, Tempera, Gouache, realistisch); Graph. (realistisch) – **M:** Giessen, Oberhess. Mus.; Marburg, Univ.-Mus.; Stuttgart, SG; Wuppertal, Von der Heydt-Mus.

Blau, Hans Günter, Kapitän, Bildjournalist; Eberescheneweg 2, D-51503 Rösrath, *hgb@geo-visionen.de*, *www.geo-visionen.de* (* Köln 21. 7. 48) – **Ve:** Künstler in Rösrath (KiR, Gründungsmitgl.) 05 – **KGe:** Ateliergemeinschaft Bensberger Str. 43, Rösrath – **G/T:** Fotogr. u. Fotokunst – **W:** überw. in Privatbes. – **E:** mehrere Kunst- u. Fotoausst., u. a. in Düren, RH; Hüttenberg, Heinrich Harrer Mus.; Aachen, VHS; Frechen, VHS; Bergisch Gladbach, VHS; Rösrath, Produzentengal.; Bonn, Gustav Stresemann Inst.

Blau, Magda (Ps. f. Magda Schmid, geb. Magda Buser), Malerin, Illustratorin, Designerin; Schilfweg 25/27, CH-6402 Merlischachen, Tel. 0 418 50 79 10, Fax 0 418 50 79 17, *office@magdablau.ch*, *www.magdablau.ch* (* Zürich 6. 8. 29) – **S:** 58–62 ETH Zürich (b. Prof. Ess); 66 Éc. des Beaux-Arts Paris – **L:** 75–90 Erwachsenenbildung in Wallisellen – **Ve:** SGBK 67; KV Wallisellen (Präsidentin) 79–90; Innerschweizer Künstlervrg 92 – **G/T:** Innenraumgest. (Textil, Porzellan, Glas) u. Air Brush Wandgest.; figurative Abstr.; Themenkr.: Begegnung – Lebensteile, Baum, Wasser, Himmel u. Engel – **K:** Gal.führungen Zürich – **Ö:** Basel, Hotel Europe; Chur, Gastro; Goldau, Kreisel (1. Pr. 06); Hittnau, Überbauung; Kloten, Geschäftssitz Lüchinger-Schmid; Kloten-Glattbrugg, Haus Hartmann; Schwyz, Kantonalbank; Stadtland, Überbauung; Wallisellen, Gemeindehaus; ebda, Kantonalbank; Zürich, Kantonalbank; ebda, Restaurant Grand Cru im Bahnhof – **E:** 70 Zürich, Walcheturm; 77, 81 Zürich, Parade; 81 Aeugstertal, Gal.; Zürich, Saager; 82 Greifensee, Kult.kommission Nänikon; Wetzikon, Dörfligal.; 83 Zürich, Lyceumclubhaus; Wallisellen, Rotacker Gal.; 84 Unterengstringen, Kult.kommission; 87 Wallisellen, Kaserne; 90, 93 Zürich, Gal. Vista Nova; 91, 94 Zürich, Bahnhofsbuffet Au Premier; 92, 97, 02 Zürich, Nievergelt; 94 Wetzikon, Gal.; Zugerland; 95 Baar, Art Lindenhof; Dietlikon, Kult.kommission d. Gemeinde; 96 Zweifel; 98 Schwyz, Spk.; 00 Küssnacht, Schwyzer Kantonalbank; 01 Zürich, Gal. am Paradeplatz; 03 Schwyz, Schwyzer Kantonalbank; 04 Nürensdorf, ART 5; 05 Siebnen; 06 Wallisellen, Kaserne – **G:** 63, 65, 67, 68, 72, 82 Zürich, Helmhaus; 70 Wolfberg; Kunstsalon; 70 Zürich, Migrosgenossenschaftbund Kunstschiff-Kunstfoyer; 71 Limmattal, Züri Ld; 74 Genf, Mus. d'art et d'histoire; 75 Wallisellen, Walliseller Künstler; 77 Künstlergr. Intermezzo; 78 Drawing Bienn. Engl.; 80 Feldmeilen, Vontobel; Wallisellen, Zürich Ld; Wallisellen, Rotacker Gal.; 80, 81 Zürich, Kunsthaus; 81 Zürich, Bürdecke; 82 Zürich, Heimatwerk; Zürich, Steinfels; Zürich, Parade; 83 Unterentfelden, Staufferhaus; 84 Uetikon am See; Dübendorf, Schörlihus; 85 Baden, Trudelhaus; 86 Zürich, Valentin; 87 Wallisellen, Kaserne; 88 Mellingen, Kult.kr.; 89 Zürich, Bahnhofstr.; 91 Sarasota/FL, Hodgell; Zürich, Tan; Küsnacht, Homo Helveticus; 92 Bülach, Gal. Sigristenkeller; 92 Zürich, Bankver. Paradepl.; 97 Arth, Innerschweizer Künstler; 99 Schwyz, Innerschweizer Künstler; 02 Zürich, Stadthaus; 02–03 Mus. Suisse; 05 Zug, Altstadthalle (GSBK) – **V:** Augenblicke. Augen blicken, Belletristik 91; M. B., Werkserie 1994–1995 95; Fahrt ins Blau 97; m. Sarah Bach: New York und die Welt danach. Visionen von Terror und Frieden, Bildband 01; Un-er-wartet, Belletristik 01; Do-re-mi, Bilderb. 05; Engel Geheimnis, Bebilderte Lyrik 06; – weitere: Ursula Abplanalp u. Brigitte Gertschen: Stellina, Bilderb.; Ursula Abplanalp u. Sarah Bach: Suni Sonnenkind, Bilderb.; Papagai Cram und die blaue Blume; Baum, Bilderb.; Samanta und die blaue Blume; Mein Engel – Dein Engel – ***Lit:*** M. B. Bilder 1987–1990 90; – sowie: Bebildertes Leben; – zahlr. Ausst.besprechungen in versch. Schweizer Ztgn – ***LitR:*** HASLI Fs 83 u. 85; Fs. Zürich-Unterland 87 u. 90; HTV Fs. 21.3.91

Blau, Walter, Maler, Karikaturist, Fotokünstler; Königsberger Str. 18, D-82319 Starnberg, Tel. (0 81 51) 32 91 (* Münsterberg/Schles. 4. 7. 29) – **S:** Autodidakt – **P:** Twen-Kodak-Fotowettb. 68 – **G/T:** Acrylgemälde (figurativ, Ldschaften, expressiv-phantastisch); Karikaturen (zeit- u. ges.kritisch, Tuschfeder, Acryl, Mischtechnik); Fotogr. (Color, Format 6×6, versch. Themen, Experimentelles); Zeichn. (Tusche, Kreide) – **W:** Werke im Bes. d. Künstlers u. in Privatbes. – **E:** 74 Köln, Glaub; Gütersloh, Mühlen-Gal.; München-Neuperlach, Kunstzentrum No. 66; 76 München, Fischer; 78 München, Spanisches Kult.zentrum; 94, 04 Starnberg, Kr.spk.; 98, 00 Herrsching, Gal. d. Bildungsstätte d. Bay. Bauernverb. – **G:** div. Ausst.bet. 58–85 – **V:** Gottlieb Leinz: Der Maler und Grafiker W. B. (Farbtafeln) 77 – ***Lit:*** Kurt Bütow: Europäisches Künstlerlexikon (Eintrag) 94; W. B. Mit dem Auge des Malers, in: Color Foto, Zs 94

Blazejovsky, Maria, Mag. art, Illustratorin, Malerin, Graphikerin; Atelier: Sinagasse 56/3/4, A-1220 Wien, Tel. (01) 2 69 79 87, *m.blazejovsky@nextra.at* (* Grub/Groß St. Florian 21. 11. 45) – **S:** Univ. f. angew. Kunst Wien (Meisterkl. f. Graph., Ill. u. Fotogr. b. Prof. Schwarz) – **P:** Öst. Kd- u. Jgdb.pr. (mehrfache E.liste) 93, 98, 99, 01, 02; Ill.pr. Wien 97; Kd- u. Jgdb.pr. Wien 98; Goethe Verlagspr. 99; Ibby Honor List 02 – **Ve:** design austria 89 – **G/T:** Ill. (Acryl), Freie Arb., Malerei, Graph. – **W:** Wien, Bozen – **E:** Bozen, Wien – **G:** Bozen, Bratislava, Japan, Stmk, Wien – **V:** Emma Pippifilippi (Text u. Ill.) 97; Das Königsspiel (Text u. Ill.) 98; Großvater hebt ab (Ill.) 98; Lea zieht um (Text u. Ill.) 99; Der Wanderschnuller (Ill.) 99; Mia malt (Ill.) 00; Die Taschenlampenreise (Ill.) 01; Der Zoo macht Spaß (Ill.) 01; Die Blumen der Engel (Ill.) 02; Zoogeschichten (Ill.) 02; Das Mancherlei (Ill.) 02; Anna im Land Verkehrtherum (Ill.) 03; Simon Daumenlutscherkind (Ill.) 04; Adrian und Lavendel (Ill.) 04 – ***Lit:*** Lexikon der Österreichischen Kinder- und Jugendliteratur; Lexikon der Studien- und Beratungsstelle – (Red.)

Bleicher, Günter s. Maezen

Bleser, Heinz, Freier Künstler, Betonbauer, Bürokaufmann; c/o H. Bleser KOMPLEX, Kartäuserwall 18, D-50678 Köln, Tel. (02 21) 9 32 23 15, *K-O-M-P-L-E-X @gmx.de*, *www.rewindgarde.de* (* Köln 9. 9. 66) – **VG:** Köln, Ultimate Akad. – **S:** Autodidakt; Ultimate Akad. Köln – **P:** Otzenrath Stip. – **Ve:** Ultimate Akad. Köln 97 – **KGr:** @lletun (03) – **KGe:** K-O-M-P-L-E-X: H.B. u. Altmann, Cremer u. Cremer – **G/T:** Objektcollagen; Malerei; Multimedia-Install.; Performance – **K:** Workshop f. Objektplakation im Atelier – **W:** Performances: Köln, Mus. Ludwig (I promise it's political); Köln, Designhaus – sowie Werke in Privatslgn (z.B. Slg Deeg) – **Ö:** Otzenrath, Haus- u. Heimatmus. – **E:** u. a. 96 Köln, Kunstraum Cave; 98 Köln, Ultimate Akad.; 99 Köln, Bauturm; 03 Graz – **G:** 97 Geldern, Mühlenturm: Fernweh u. Neues aus dem Strandgut d. Ges.; Mainz, Gal. Walpodenstr.; Berlin, Sotodo/Katching; Köln, Gal. G&M; Köln, Kunstwerk; 00 Offenbach am Main, OFK; 01 Helsinki, EXIT – **R:** Radioperformances, gesendet über Radio Köln

Blesi, Ruth (Ps.: imagineur), Bildende Künstlerin (Dipl. FHS in Bild. Kunst); Felsberg 2, CH-8052 Zürich, Tel. 04 33 66 85 38, *ruth.blesi@imagineur.ch*, *www.imagineur.ch; www.likeyou.com/imagineur* (* Glarus 20. 5. 68) – **VG:** Zürich, Laurin – **S:** 95–96 HS f. Gest. u. Kunst Zürich (Vorkurs); 96–97 HS f. Gest. u. Kunst Basel (Freie Kunstkl., Fachkl. f. freies räuml. Gest.); 97–01 HS f. Gest. u. Kunst Zürich (Stud.-bereich Bild. Kunst) – **L:** 93–03 HS f. Gest. u. Kunst Luzern (Doz. f. Informatik, Typographie u. Graph.) – **P:** Sony's Heart Award (Pr.trägerin) 00; Werkverkauf d. Kunstkommission d. Kt. Zürich f. d. kantonale KS 06 – **G/T:** Neue Medien; Fotogr.; Skulpt.; Objekt; Zchng – **W:** überw. in Privatbes., Install. im öff. Raum (temporär), – Werke im Internet: www.imagineur.ch, www.-gallerialaurin.ch, www.kunstkritik.ch sowie www.likeyou.com – **M:** Zürich, KS d. Kt. Zürich – **E:** 02 Basel, Tweaklab (DVD, Publ.); Glarus, Kunsthaus; 03 Niederurnen, Eternit AG; 05 Rapperswil/St. Gallen, IG-Halle; Zürich, Whitespace – Raum f. aktuelle Kunst; Muttenz, Kunsthaus Baselld (m. Gertrud Genhart); 06 Zürich, Laurin (m. Peggy Buth) – **G:** u. a. 00 Luzern, Kunstpanorama: Laichwasser; 01 Zürich, Gysin: Dipl.ausst.; 04 Horgen, Kunstprojekt Horgen; 06 Zürich, KH: Ruhe im Sturm; Winterthur, Foto-Mus.: Reale Fantasien – neue Fotogr. aus d. Schweiz (Kat.)

Bleymaier, Erwin Alfred, Kunstmaler, Porzellan- u. Glasmaler-Meister; Bellevueplatz 1, Siegertshofer Str. 6, D-82544 Egling-Schalkofen, Tel. (0 81 76) 74 03, *eableymaier@compuserve.de* (* München 24. 11. 33) – **S:** 48–53 Staatl. Porzellanmanufaktur Nymphenburg (Porzellan- u. Glasmaler, Aqu.- u. Ölmalerei, Meisterprüfung) – **G/T:** Aqu.- u. Ölmalerei; Faßmalerei; Glas- u. Porzellanmalerei; Restaurierungen – **W:** in Privatbes. – **M:** Wolfratshausen, Heimatmus. – **Ö:** in div. Banken – **E:** ständige Ausst. im eigenen Atelier – **G:** in Nürnberg, München, Wolfratshausen, Basel u. Luzern

Blickle, Martina Helga, Malerin, Lyrikerin; Kornhausplatz 2, D-89073 Ulm, Tel. (07 31) 61 97 73 (* Ulm 16. 2. 29) – **S:** 72–75 Zeichenpraktikum, Textildesign u. Aqu.kurse – **Ve:** Künstlergilde Ulm – **G/T:** Aqu. (Schwerpunkt Archit., v. a. Städtemotive) – **W:** Ulm, München, Bremen, Ilanz u. St. Michael/Öst. – **E:** 85, 89 Ulm, Haus d. Begegnung; 93 Ilanz, Gemeindezentrum; 02 Aulendorf, Reha-Zentrum; 06 Ulm, Dt. Bank – **G:** Ulm, Kornhaus: Herbstsalon d. Künstlergilde – **V:** Die anderen Straßen, Gedichte (Aqu.) 94; Bildkarten nach eigenen Originalen

Block, Henning (Zus.arb. m. Sylvia Aevermann), Metallbildhauer; Mühlenstr. 9, D-29596 Stadensen, Tel. (0 58 02) 41 11, *Zorrost@freenet.de; webmaster@stahlundfarbe.de*, *www.stahlundfarbe.de; www.people.freenet.de/stahlundfarbe/* – **KGe:** Ateliergemeinschaft Stahl & Farbe: H.B. u. Sylvia Aevermann (seit 91) – **G/T:** Metallbildhauerei; Stahlbilder/Portr.; Multimedia-Install.; Lichttechnik-Feuerwerke; Lichtbild-Performances; Fotogr. – **W:** überw. in Privatbes. – **E:** / G: zahlr., zuletzt 03 Lichttechn. Performances/Ausst. – **V:** Roger Taylor: Marilyn in Art, Fotobildbd (Beitr.) 06 – **R:** Uwe Janson (Regie): Kunstambiente, Spielfilm (Filmprod. Sat I) – ***Lit:*** Biogr./Dok. in: Aktionärsztg Stahl AG Salzgitter 03

Block, Henning s. Aevermann, Sylvia

Blöchlinger, Jolanda Silvia s. Maurer, Yoly

Blueaquin (Ps. f. Stefanie Becker, geb. Stefanie Krohn), Malerin, Dipl.-Modedesignerin; Buchenstr. 2, D-15345 Altlandsberg, Tel. (03 34 38) 6 01 85, *stefanie @art-blueaquin.de*, *www.art-blueaquin.de*. c/o Atelier Art Blueaquin, Berlinerstr. 40, D-15345 Altlandsberg (* Bernau/b. Berlin 10. 8. 67) – **S:** 83–89 KHS Berlin-Weissensee (Abendstud. Malerei u. Graph. b. Martin Seidemann, Arnold Pemmann u. Olaf Nehmzow); 89–95 ebda (Dipl.-Modedesign, Mode b. Prof. Eva Mücke, Malerei b. Prof. Dietrich Noßky u. Max Görner) – **P:** Designerpr. d. Augenoptikerinnung Berlin (1. Pr.) 94 – **Ve:** BBK Nds. 90; VBK Brandenburg 98 – **G/T:** Schwerpunkt Malerei u. Zchng (Öl, Acryl, Mischtechniken, Collagen, auch große Formate, Themenvielfalt, Akt, Figur, Gesellschaftsstud., Lsch., Interieurs, Gegenständl. unterschiedl. stark verdichtet, expressive Farbintensität) – **K:** Malerei u. Graph. f. Erwachsene (unterschiedl. Techniken u. Themen) seit 03 im Atelier Art Blueaquin Altlandsberg – **Ö:** Berlin, Helene-Weigel-Pl. 11 (Gest. d. Zahnarztpraxis Dr. Dirk Becker); ebda, Reuterstr. 89 (Empfangsbereich Zahnarztpraxis Jens Lehrke), Erkedenzdamm 15 (Ausstattung Zahnarztpraxis Dr. Birgit Marie Gruber) – **E:** 92 Oldenburg, Gal. Nord West Ztg; 94, 95 Berlin, Frz. Hof am Gendarmenmarkt; 00 Berlin, Griesinger Krankenhaus; Berlin, Theater im Park; 01 Berlin, Carrée Marzahn; Berlin, Kunstraum Pyramide; 04 Berlin, Lutherkirche in Reinickendorf; 05 Bad Freienwalde, SPD Bürgerbüro; 06 Strausberg, EWE Kunstparkhaus – **G:** 99 (Kat.), 00 Berlin, RH-Arthaus; 00, 01 (Kat.) Berlin, Gal. Unterwegs; 05 Potsdam, Art Brandenburg; – sowie zw. 00–03 zahlr. in Berlin – ***LitR:*** Rock u. Rock, Fs.-Sdg MDR (Interview u. Modepräsentation) v. 31.8.95; Oliver Haller (Regie): Outfit, Fs.-Sdg MDR (Interview u. Modepräsentation) v. 8.10.95

Blücher, Marlies, Malerin, Illustratorin; Herderstr. 10, D-64285 Darmstadt, *atelier_bluecher@web.de*, *www.marlies-bluecher.de; www.bbk-suedhessen.de.* Atelier Helgertsmühle: Darmstädter Str. 65, D-64372 Ober-Ramstadt (* Darmstadt 17. 7. 64) – **S:** 83–86 Johann-Wolfgang-Goethe Univ. Frankfurt am Main (Kunstgesch.); FU Berlin (Kunstgesch.) – **Ve:** BBK Südhessen 99; Künstlerrat d. Stadt Darmstadt 01–03 – **G/T:** Malerei (gegenständl., aber frei, zum Thema Mensch u. Industr., bevorzugt Acryl auf Lw.) – **E:** zahlr. seit 98, u. a. 99 Darmstadt, Studio mondiale; 00 Reinheim, Volksbank; 01 Frankfurt, Gallus Theater; 02 Ober-Ramstadt, RH; 03 Darmstadt, Gal. d. software ag; 05 Darmstadt, LP6; Offenbach am Main, Haus d. Stadtgesch.; Darmstadt, Kommunale Gal.; 06 Darmstadt, Gal. im Kellerclub – **G:** zahlr. Bet., u. a. 97 Darmstadt, KH; 99 Seeheim-Jugenheim, Kult.tage; Seeheim, Gal. Kunst u. Schmuck; 01 Herold, Nacht d. offenen Ateliers; 02 Darmstadt, Kommunale Gal.; 99, 01, 03, 04 Groß-Umstadt, BBKS in d. Säulenhalle; 04 Reinheim, Hofgut; 06 Bruchsal, KV Das Damianstor

Blümel, Michael, Dipl.-Graphikdesigner, Illustrator, Maler; Faradaystr. 17, D-04159 Leipzig, *graphgraphisto1@aol.com*, *www.michael-bluemel.de* (* Bad Mergentheim 24. 6. 67) – **VG:** Leipzig, Gal. am Nikolaikirchhof; Cahors, Bamesson; Toulouse, Bamesson – **S:** 89–91 HS f. Kunst u. Design Freiburg im Breisgau (Malerei u. Bildhauerei); 92–96 ebda (Graph.-design u. Ill.) – **L:** Freie KSch (Malerei, Graph. u. Ill.) – **G/T:** Malerei; Graph. u. -design (frei u. gebunden); Ill.; Objektkunst; Skulpt. – **K:** figürliche Malerei; Graph. (Holz- u. Linolschnitt); Ill. – **W:** in Privatbes. u. a. in Frankfurt u. Stuttgart; Ankäufe durch RH u. Kult.ämter sowie d. Städte Cahors u. Toulouse – **E:** seit 93 div., u. a. in Berlin, Dresden, Frankfurt, Stuttgart; – weitere in Frkr., Engld, Belgien u. Holl. – **V:** Jean-Paul: Dr. Katzenbergers Badereise (Tuschezeichn.) 03 – ***Lit:*** Bildende Künstler in Leipzig 06 – (Red.)

Blum, Edgar; Am Sommerwald 71, D-66953 Pirmasens, Tel. u. Fax (0 63 31) 1 26 95, *heblum@t-online.de* (* Pirmasens 10. 8. 28) – **S:** Meisterschule Kaiserslautern – **L:** Erziehungswiss. HS Landau – **P:** Förd.pr. z. Pfalzpr. d. Ver. Pfälzer Kunstfreunde 77; Kunstpr. d. Pfalzwerke 80; Stadte.plakette d. Stadt Pirmasens 88; Partnerschaftsmed. Poissy-Pirmasens 90; Kunstpr. m. Picassomed. d. VPK 92; Rp. Fs.pr. d. Ldeszentrale Privater RFveranstalter, Anstalt d. Öff. Rechts 95; E.med. d. AG Pfälzer Künstler 01 – **Ve:** Pfälzer Sezession – **KGr:** AG Pfälzer Künstler (mehr als 30 Jahre Schriftführer) – **G/T:** Malerei, Graph., Ill. – **M:** Mainz, LM – **Ö:** Kaiserslautern, Pfalzgal.; Landau, Stadt; Nürnberg, Arb.agentur – **E:** / G: Bodensee, Erfurt, Karlsruhe, Koblenz, Mainz, Saarbrücken, Speyer, Zwickau u. viele andere Städte in RP, Frkr. u. Ital. – **V:** Charles Baudelaires: Blumen des Bösen (Ill.); Wolfgang Diehl (Texte): Pfälzische Miniaturen (Ill.); Mein Totentanz (Ill.) – **R:** Pirmasens – Evolution bis Stunde Null, Pirmasens im Bombenhagel der Jahre 1944–1945; Heinrich Bürkel, eine berühmte Pirmasenser Persönlichkeit – ***Lit:*** zahlr. Presseveröff., Kat., Ed. v. Mappenwerken wie: Jahreszeiten, Regio Meridianus, Wasgau, Dem Schüler der Erfahrung, Südliche Weinstraße, Gesicht einer Landschaft; seit mehr als 25 Jahren Ill. z. einer 14-tägigen Kolumne in d. Pirmasenser Ztg; Gemäldezyklus v. 60 Bildern z. Ovids Metamorphosen; Aufsätze in Ztgn u. Zss: Der Steppenwolf und Hugo Ball, begründete Vermutungen der Identität des Harry Haller mit Hugo Ball; Heinrich Bürkel, eine berühmte Pirmasenser Persönlichkeit; Die Revolution 1848–1849 und ihre Folgen für Pirmasens

Blum, Heiner, Prof., Medienkünstler; Luisenstr. 51, D-63067 Offenbach/Main (* Stuttgart 4. 2. 59) – **VG:** Frankfurt am Main, Grässlin – **S:** 77–83 GesamtHS Kassel (Visuelle Kommunikation) – **L:** 91–92 FHS Trier (LAuftr. am FB Innenarchit.); 96 HS f. Künste Bremen (Gastprof.); seit 98 HS f. Gest. Offenbach (Prof. f. Gest.grundlagen u. Raumkonzepte) – **P:** Otto-Steinert-Pr. 81; Villa-Massimo-Stip. 88; Cité Intern. d. Arts Paris 91; Siemens-Projektstip. 92; Karl-Ströher-Pr. 93; Intern. Pr. u. Förd.pr. d. Ldes BW 95 – **Ö:** u. a. Frankfurt am Main, Dresdner Bank; ebda, Europ. Währungsinst. – **E:** u. a. 89 Kassel, KV; 93 Frankfurt am Main, MMK; 95, 00 Frankfurt am Main, Grässlin – **G:** u. a. 79 Grudziądz, Bienn. d. Fotomontage; 81 Arles, Rencontres Intern. de la Photogr.; 89 Frankfurt am Main, Schirn; 93 Hannover, Sprengel Mus.; 94 Leipzig, Medien-Bienn.; 96, 97, 00, 02 Frankfurt am Main, MMK; 98 Karlsruhe, ZKM; 02 Baden-Baden, SKH – ***Lit:*** AKL – (Red.)

Blum, Karin, Malerin; Glockendonstr. 22, D-90429 Nürnberg (* Gunzenhausen 19. 2. 47) – **S:** 68–74 ABK Nürnberg (Malerei u. freie Graph. b. Prof. Günther Vogelsamer u. Prof. Clemens Fischer) – **P:** Stip. Bild. Kunst d. Studienstift. d. Dt. Volkes (f. Paris) 74–75; DAAD-Stip. f. London 78–79; Förd.pr. f. Bild. Kunst d. Stadt Nürnberg 81 – **G/T:** Zchngn u. Collagen – **M:** München, Bay. Staatsgemäldeslgn; Nürnberg, GrS d. SM; Schweinfurt, Städt. Slgn Alte Reichsvogtei – **E:** 73 Nürnberg, Walther; 76 Düsseldorf, Walther; 81 Nürnberg, Schmidt Bank Gal.; 82 Bonn, Appicella; 86 Nürnberg, SM Fembohaus; 90 Warschau, Dolna Volta; 96 Bayreuth, KV; 97 Krakau, Dom Norymberaki; Dill-Lahn, Kunst- u. Lit.ver.; 98 Siegen, KV; 02 Nürnberg, Kr.gal.; 04 Zirndorf, StM – ***Lit:*** Inst. f. mod. Kunst Nürnberg (Hrsg.): Werkübersicht 81; KV Bayreuth, Ausst.kat. 96; Inge Gutbrod, Meide Büdel, K. B., Schweinfurter Museumsschriften 99

†**Blum,** Kurt, Fotograf; lebte in Bern (* Bern 25. 8. 22, † Bern 30. 12. 05) – **S:** Fotografenlehre in Burgdorf (b. Eugen Fehlmann); KGS Bern (Zeichn., Malerei, Fotogr.) – **P:** u. a. Großer Pr. d. Zs. Camera 51; Beckmann-Stip. in Murnau 55; Goldmed. Filmfestival Venedig 60; Großer Pr. d. Kt. Bern 83 – **Ve:** Stift. f. Photo, Film u. Video Bern (Gründungsmitgl. u. Präs.); Kollegium Schweiz. Fotografen 51; Komitee Berner Kunstges. 74–83 – **G/T:** Fotogr. (u. a. Künstlerportr.), Film – **M:** u. a. Amsterdam, Stedelijk Mus.; Bern, KM; Essen, Mus. Folkwang; New York, MOMA – **E:** u. a. 50, 70, 79, 83 Bern, Kornfeld; 75 Basel, Mustermesse; 80 Palo Alto, Smith Anderson Gall.; 85 Genf, Centre de la Photographie; 86 Bern, Univ.; 87 Paris, Gal. Keller; 92 Bern, KM; 93 New York, Michael Walls Gall. – **G:** u. a. 51 Saarbrücken, Staatl. Schule f. Kunst u. Handwerk; 52 Luzern, Weltausst. d. Photogr.; 55 Zürich, Helmhaus; 57 Venedig, Photo-Bienn.; 70 Bern, KH; 86 Chur, Bündner KM; 98 München, Ausst.foyer d. Vereinten Versi-

cherungen – **V:** u. a. Max Beckmann 57; Immagini di una città 59; Lebendiger Stahl 61; Schweizer Künstler, Photographie 64; – Publ. u. a. in: Sie und Er, Du, Camera (Luzern), Swissair Gazette, Spirale, Weltwoche, Neue Züricher Ztg, Schweizer Journal u. Photorundschau – **R:** Filme: K. B., Daniel Spoerri (Regie) u. Meret Oppenheim (Kostüme u. Masken): Wie man Wünsche am Schwanz packt, dadaistische Komödie nach einem Theaterstück v. Pablo Picasso 57; Der Mensch, das Feuer und das Eisen 60; Expofilm 64; Hellas, 65 – ***Lit:*** AKL; Koetzle 02

Blume, Anna, Prof., Zeichnerin, Malerin, Fotoaktionskünstlerin; Gutenbergstr. 10, D-50823 Köln, Tel. (02 21) 52 51 67, Fax 52 54 27, *ab-blume@t-online.de* (* Bork 21. 4. 37) – **VG:** Hamburg, Produzentengalerie; Köln, Holtmann – **S:** 60–69 Staatl. KA Düsseldorf – **L:** seit 87 HBK Hamburg (Prof. m. Bernhard Blume) – **P:** Stip. d. Alfried Krupp v. Bohlen u. Halbach-Stift. 86; Hermann-Claasen-Pr. 87; Kunstpr. Glockengasse Köln; Erster Kölner Video-Kunst-Pr. 88; Konrad-von-Soest-Pr. 90; Edwin-Scharff-Pr. 96 – **KGe:** A. B. u. Bernhard Blume – **G/T:** Fotogr., Fotoaktion, Malerei, Zeichn., Objektinstall. – **M:** Frankfurt am Main, MMK – **E:** u. a. 71 Köln, Jöllenbeck; 76, 86, 90 Bonn, Magers; 82, 88 München, Dany Keller; 87 Frankfurt am Main, Portikus; Basel, KH; 88 Bonn, LM; 89 New York, MOMA; Boston/MA, Mus. of Fine Arts; 91 Essen, KV; 92 Hamburg, Deichtorhallen; 00 Wien, Klocker; Stockholm, Index; Chicago, Mus. of. Photography; 01 Köln, Holtmann; 03 Göppingen, KH; Köln, Buchmann; München, DGfCK – **G:** u. a. 81 Wien, Insam; 82, 93 Köln, Mus. Ludwig; 85 Turin, Pal. della Società Promotrice delle BA; 89, 92 Minneapolis, Walker AC; 90 Sydney, Bienn.; 92 Esslingen, Gal. d. Stadt; 93 Dortmund, Mus. am Ostwall; 03 Wien, MMK Stiftung Ludwig – **V:** A. B. u. Bernhard Blume: Trautes Heim. Fotoarbeiten 1986–1990 91 – ***Lit:*** AKL; Contemp. Woman Artists 99; Koetzle 02; Reclams Künstlerlex. 02 – (Red.)

Blume, Bernhard Johannes, Prof., Zeichner, Maler, Fotoaktionskünstler; Gutenbergstr. 10, D-50823 Köln, Tel. (02 21) 52 51 67 (* Dortmund 8. 9. 37) – **VG:** Hamburg, Produzentengalerie; Köln, Holtmann – **S:** 60–65 Staatl. KA Düsseldorf; 67–70 Univ. Köln (Philosophie) – **L:** seit 87 HBK Hamburg (Prof. m. Anna Blume) – **P:** Stip. d. Alfried Krupp v. Bohlen u. Halbach-Stift. 86; Hermann-Claasen-Pr. 87; Kunstpr. Glockengasse Köln; Erster Kölner Video-Kunst-Pr. 88; Konrad-von-Soest-Pr. 90; Edwin-Scharff-Pr. 96 – **KGe:** B. J. B. u. Anna Blume – **G/T:** Fotogr., Fotoaktion, Malerei, Zeichn., Objektinstall. – **M:** Aachen, Ludwig Forum; Berlin, NG; Bonn, KM; Frankfurt am Main, MMK; Leverkusen, StM Schloß Morsbroich – **E:** u. a. 71 Köln, Jöllenbeck; 76, 86, 90 Bonn, Magers; 82, 88 München, Dany Keller; 87 Frankfurt am Main, Portikus; Basel, KH; 88 Bonn, LM; 89 New York, MOMA; Boston/MA, Mus. of Fine Arts; 91 Essen, KV; 92 Hamburg, Deichtorhallen; 00 Wien, Klocker; 01 Köln, Holtmann; 03 Göppingen, KH; Köln, Buchmann; München, DGfCK – **G:** u. a. 81 Wien, Insam; 82, 93 Köln, Mus. Ludwig; 85 Turin, Pal. della Società Promotrice delle BA; 89, 92 Minneapolis, Walker AC; 90 Sydney, Bienn.; 92 Esslingen, Gal. d. Stadt; 93 Dortmund, Mus. am Ostwall; 02 Essen, Mus. Folkwang; Leipzig, MBK; 03 Wien, MMK Stiftung Ludwig; Berlin, Dt. Hist. Mus.; Leipzig, Gal. f. Zeitgen. Kunst; Berlin, Haus am Lützowplatz – **V:** B. J. B., Joseph Beuys u. Rainer Rappmann: Zwei Gespräche über Bäume 87; Natürlich: ein Gespräch mit Joseph Beuys 89; B. J. B. u. Anna Blume: Trautes Heim. Fotoarbeiten 1986–1990 91 – ***Lit:*** AKL; Reclams Künstlerlex. 02; Schweers 02 – (Red.)

Blume, Rolf, Maler; Am Niederholz 38, D-04288 Leipzig. c/o Loose, Stöhnaer Str. 11 (Atelier), D-04564 Böhlen (* Leipzig 27. 1. 26) – **VG:** Markkleeberg, Das blaue Haus – **M:** Altenburg, Lindenau-Mus.; Berlin, AK; Leipzig, MBK; Schwerin, Staatl. Mus. – **E:** u. a. 61, 76 Leipzig, Genossenschaft Kunst d. Zeit; 61 Altenburg, Lindenau-Mus.; 03 Markkleeberg, Das blaue Haus – **G:** u. a. 62 Berlin, AK; Dresden, Dt. Kunstausst.; 64 Berlin, NG; 90 Leipzig, Bildermesse – ***Lit:*** AKL, Bd. 11 95; Bildende Künstler in Leipzig 06 – (Red.)

Blume-Benzler, Christel (geb. Christel Benzler), Malerin u. Graphikerin; Erlkönigweg 5, D-04277 Leipzig, Tel. (03 41) 8 77 26 43 (* Leipzig 26. 11. 25) – **S:** 47–52 HGB Leipzig (b. W. Arnold u. M. Schwimmer) – **L:** 74–85 Abend-Akad. d. HGB Leipzig (LAuftr.) – **P:** Graph.pr. (1. u. 2. Pr.) in Wien 55, Leipzig 63 u. Berlin 65 – **Ve:** VBKD bis 90; GEDOK 91; BBKL bis 93 – **G/T:** Malerei; Graph.; Druckgraph. (Hschn., Rad., Lith.); Baugebundene Kunst (v. a. Arb. m. Farbglaswandmalerei); Zchngn (meist Kohle); Ill. (Feder); Inhaltl. Schwerpunkte: Figürl. Kompositionen (Situationen, Befindlichkeiten), Stilleben, Lsch. – auch abstr. Kompositionen – **W:** in Privatbes., Bet. an mehreren Graph.mappen; Arb. in Mus. u. öff. Einrichtungen, u. a. in Leipzig, Berlin, Cottbus, Altenburg, Görlitz, Glauchau, Brandenburg, Feldberg, Klinck, Löbstedt, Borna, Eisenhüttenstadt u. Delitzsch; Baugebundene Arb. u. a. in Leipzig, Zwenkau, Waldsteinberg, Grimma, Pegau u. Bad Düben – **M:** Leipzig, MBK – **E:** u. a. 75 Leipzig, Gal. am Sachsenplatz; 80 Leipzig, Handelshof; 85 Leipzig, Gal. Wort und Werk; 95 (Kat.), 05 Leipzig, Gal. Süd; 96 Grimma, RH; Feldberg, KV; 00 Leipzig, Kunstkaufhaus; 01 Markkleeberg, Westphalsches Haus; 02 Leipzig, Stadtbibl. – **G:** u. a. 58–88 Dresden, Kunstausst. d. DDR; 94 Leipzig, Altes RH; – sowie Bet. an Ausst. d. VBKD u. in Frkr., Polen, Indien, Sowjetunion, 93–05 mind. 15 Bet. in d. GEDOK-Leipzig – ***Lit:*** Enzyklopädie d. Frau (Bild. Kunst); L. Lang in: Weltbühne, Rez. 58; Bildkünstler Leipzig, Kat. 94; Bild. Künstlerinnen Leipzig u. Sa. 95; AKL, Bd. 11 95; K.M. Kober in: Wuppertaler Ztg 97; M. Hametner in: Leipziger Volksztg 00; Who is Who 02–06; Bildende Künstler in Leipzig 06; – sowie zw. 1960er u. 1980er Jahren weitere Veröff. in Leipziger Volksztg, Mitteldt. Nachrichten, Sä. Tageblatt

Blume-Cárdenas, Marguerite (geb. Marguerite Blume, verh. Marguerite Cárdenas), Bildhauerin; Fischerinsel 2, D-10179 Berlin, Tel. (0 30) 2 01 26 65 (* Elne/Frkr. 31. 10. 42) – **S:** 60–63 Arbeiter- u. Bauernfak. f. Bild. Kunst Dresden; 64–69 HBK Dresden (Dipl., Plast. b. Prof. Gerd Jaeger u. Prof. Walter Arnold) – **P:** Ernst-Zinna-Pr. d. Stadt Berlin 75; Berlin-Pr. 80; Kunstpr. d. Stadt Gera 81; Kunstpr. d. Gewerkschaft 82; Wettb. z. Gest. d. Altlandsbergerpl. in Berlin-Marzahn (1. Pr.) 01 – **Ve:** VBK DDR 70–90; BBK Berlins 93; Förd.-ver. Reinhardtsdorfer Künstlersymposien 97 – **KGe:** M. B.-C. u. Sigrid Herdam (seit 99) – **G/T:** vorw. Arb. in Stein; Torsi, Assemblagen (u. a. Sandstein, Metall, Holz); Aktzeichnen, Malerei m. Sandsteinpigmenten – **K:** seit 92 Steinbildhauerkurse – **W:** ca. 40 Arb. in Privatbes. (Skulpt., Zeichn., Malerei) – **M:** Eisenhüttenstadt, StM Abt. Gal.; Rostock, KH – **Ö:** Berlin-Lichtenberg, Str. Alt Friedrichsfelde; Berlin-Marzahn, im Neubaugebiet; Berlin-Prenzlauer Berg, Gartenanlage; Berlin-Prenzlauer Berg, Schule; Berlin-Treptow, Arboretum; Gera, Kult.haus; Henningsdorf, Klingenbergsiedlung; Lindabrunn, Park; Saalfeld, Saaleufer Remschütz; Schwerin, Neubaugebiet – **E:** zahlr. Personalausst. seit 77 – **G:** zahlr. Ausst.bet. seit 72, u. a. 72, 73, 77, 78, 82, 83 Dresden, Kunstausst. d. DDR; 75 Rostock, Bienn. d. Ostseestaaten; 76 Warschau; Prag; 78 Rumänien, Bildhauerkunst d. DDR; 80, 81 Berlin, NG; 89 Felbach, Kleinplast.trienn.; 95 Pirna, SM; 96 Berlin, Künstlersonderbund; Dresden, Albrechtsburg; 98 Pirna, SM; 00 Berlin-Prenzlauer Berg, Bildhauerkunst; 02 Ludwigslust, Schloß; 03 Zehdenik, Klostergal. – *Lit:* Livia Cárdenas: M. B.-C. Bruch. Stein. Skulptur, Werkkat. 02 – (Red.)

Blumenthal, Heiner; *heiner.blumenthal@gmx.de* (* Idar-Oberstein 12.7.56) – **VG:** Köln, Jöllenbeck; Bonn, Oberem – **S:** 78–81 HdK Berlin (b. Fred Thieler u. Walter Stöhrer); 81–86 HBK Hamburg (b. Franz Ehrhard Walther u. Stanley Brouwn) – **P:** Arb.stip. f. bild. Künstler d. Hansestadt Hamburg 87; Karl-Schmidt-Rottluff-Stip. 89–91; Cité Intern. d. Arts Paris 92; Arb.-stip. Kunstfonds Bonn 92; Amsinck-Stift. Hamburg 95; Arb.aufenthalt New York 96; Villa-Romana-Pr. 99; Pollock-Krasner Foundation (Stip.) 00; Elizabeth Foundation New York 00 – **Ve:** VG Bild-Kunst – **G/T:** vorw. Malerei, Zeichn., Fotogr. – **W:** zahlr. Werke in Privatslgn – **M:** Bonn, KM; Cambridge/MA, Busch-Reisinger Mus.; Essen, Mus. Folkwang; Hamburg, KH; Little Rock, Arkansas AC; München, Staatl. GrS; Orlando, Mus. of Art; Stuttgart, SG – **E:** 90, 92 Hamburg, Becker; 91, 94 Köln. Slg Scheuermann; 95 Köln, Artothek; Hamburg, Künstlerhaus; Hamburg, Künstlerhaus Sootbörn; 97 Peking, wiese; 01 Hamburg, Agentur f. zeitgen. Kunst Christoph Grau; Landshut, Neue Gal.; 04, 07 Köln, Jöllenbeck; 04 München, Ver. f. Orig.-Rad.; 05 Bonn, Oberem; 06 München, Artothek – **G:** u. a. 87 Frankfurt am Main, KV; Hamburg, KV; 88 Germinations, Marseille, Breda, London, Bonn; 89 Hamburg, Kampnagel; 91 Düsseldorf, KH; 96 Bonn, KV; Kiel, Stadt-Gal.; 01 Essen, Mus. Folkwang; Köln, Josef-Haubrich-KH; 02 Aalst, Gal. S65; 04 Stuttgart, SG; 05 Weimar, Klassik Stift. – **V:** Fell/Auge, Fotob. 95 – *Lit:* Ausst.kat. (Gal. Jürgen Becker) 90; Karl-Schmidt-Rottluff-Stipendium. Heiner Blumenthal 91; Jens P. Koerver: Kölner Skizzen. Portrait 03

Blumer, Jacques, Architekt; Farbstr. 33c, CH-3076 Worb, Tel. 0318 39 39 75, Fax 0318 32 12 75, *jacques.blumer@atelier-5.ch* (* Warschau 37) – **S:** 56–62 ETH Zürich (Archit.) – **L:** 65–70 Univ. of Illinois Chicago (Prof.) – **P:** u. a. Paul-Bonatz-Pr. 75; Pr. f. gutes Design d. Bundes Dt. Architekten 77; Pr. d. Archit.büros Atelier 5 – **B:** u. a. Bern: KM; Brügg: Altenwohnheim; Luxemburg: Hypo Ver.bank; Stuttgart: Mensa d. Univ.; Zollikofen: Druck- u. Verlagsgebäude d. Kümmerly + Frey AG – *Lit:* AKL – (Red.)

BO s. Bolliger, Peter Bo

Bo, Lou van s. Bohnenberger, Stefan

Boberg, Astrid s. Frei, Astrid

BOBI s. Konietzko, Bozena

Bock von Lennep, Dieter, Maler, Graphiker; Ullersdorfer Landstr. 7, D-01328 Dresden, Tel. (03 51) 2 69 18 59 (* Berlin 7.1.46) – **VG:** Berlin, Artibus Fine Arts – **S:** 61–64 Ausb. als Buchdrucker; 65–67 Denkmalpflege Berlin (Restauratorenausb.); KHS Berlin-Weißensee (Abendstud. Malerei); HS f. Kunst u. Design Burg Giebichenstein Halle/Saale (Gasthörer); 69–71 FHS f. Werbung u. Gest. Berlin – **Ve:** Dresdner Künstlerbund 88–91 (Vorsitzender) – **G/T:** Wandbilder, Install., Fotografiken, Zeichn. – **W:** in priv. u. öff. Bes. – **M:** u. a. Amsterdam, Jüdisches Mus.; Chemnitz, KS; Dresden, GG NM; Dresden, Kpst.-Kab. – **Ö:** u. a. Berlin, Akad. d. Wiss.; Dresden, Ing. HS (Wandgest.); ebda, Sä. Ldesbibliothek, TU – **E:** u. a. 90 München, Villa Stuck; 92 Heidelberg, Dt. Krebsforsch.zentrum; 93 Meißen, Gal. Beate v. Appen; 95 Dresden, Kult.pal.; Hamburg, Canon Dtld GmbH; 96 Dresden, Dt. Angestellten Akad.; 98 Berlin, Gal. M; 02 Freiburg, Kath. Akad. Freiburg; 03 Berlin, Artibus Fine Arts – **G:** zahlr. Ausst.bet. in Bulgarien, Polen, Finnld, Ital., Rußld, Belgien u. Luxemburg

Bock, Hilde, Keramikerin; Goerdelerstr. 1, D-66121 Saarbrücken, Tel. (06 81) 81 43 14 (* Darmstadt 8.12.16) – **S:** 60–61 WerkKSch Saarbrücken (b. Anneliese Braunmüller) – **Ve:** BBK; Künstlerhaus Saarbrücken; Angew. Kunst Saar – **G/T:** geometrische Abstr.; Umsetzung v. Sprichwörtern – **Ö:** Saarbrücken-Eschberg, Brandenburger Pl. (Keramikwand) – **E:** 73 Saarbrücken, Stadtspk.; 76 Tbilissi, Staatl. Gemäldegal.; 81 Saarbrücken, Saarldhalle; 82 Saarbrücken, Altes RH; 92 Saarbrücken, Gal. im Filmhaus; 94 Heusweiler, RH; 95 Nohfelden, RH; 00 Saarbrücken, RH – **G:** u. a. 73 Faenza, Concorso intern. della ceramica d'arte contemp.; 75 Kaiserslautern, Pfalz-Gal.; 82 Saarbrücken, Saarland-Mus.; 83 Pont-à-Mousson, Abbaye des Prèmontres; 84 Zagreb, Mus. Prostor Jesuitski; 85 Saarbrücken, Seekatz; 86 Merzig, Stadthalle; 87 Zagreb, Welttrienn. f. Kleinkeramik; 88 Saarbrücken, Altstadtgal.; 89 Blieskastel, Orangerie; 99 Saarbrücken, Künstlerhaus; 01 Blieskastel-Biesingen, Gal. am langen Tal; – sowie 93 Kult.forum Saarlouis – **V:** Saarländische Künstlerinnen im 20. Jh., Kunstkal. 00 – **R:** Künstlerinnen im Saarland 86; Kunst im Öffentlichen Raum 97 – *Lit:* Bildfaltblatt 71; Elisabeth Feilen: Kat. 01

Bock, John, Prof., Installations- u. Performancekünstler; c/o Staatliche Akademie der Bildenden Künste, Reinhold-Frank-Str. 67, D-76133 Karlsruhe (* Gribbohm 65) – **VG:** Wien, Meyer Kainer – **S:** HBK Hamburg – **L:** seit 04 ABK Karlsruhe (Prof. f. Bildhauerei) – **E:** / G: zahlr. Performances u. Install., u. a. 92 Hamburg, HBK; 92, 99 Venedig, Bienn.; 94 Hamburg, Kunsthaus; Hamburg, Westwerk; 95 Hamburg, Friedensallee 12; 96 Antwerpen, Lokaal 05; 98 Karlsruhe, Laurids & Mattheus; Basel, KH; 98, 04 Wien, Secession; New York, Anton Kern; 99, 04 Berlin, Gal. Klosterfelde; 99 Venedig, Bienn.; 00 Bremen, Ges. f. aktuelle Kunst; 01 Yokohama, Trienn.; 02 Oldenburg, KV; Kassel, documenta; zuletzt 04/05 München, Haus d. Kunst – weitere Ausst. in Athen, Berlin, Frankfurt am Main, Maastricht – (Red.)

Bock, Katharina, Bildhauerin; Adlerstr. 56, D-44137 Dortmund, *holzplastik@web.de*, *www.holzplastik.de* (* Dortmund 27.8.68) – **VG:** Hagen, Nova – **S:** WerkKSch Flensburg – **P:** Eiskunstpr. d. Fa. Bofrost (1. Pr.) – **G/T:** Holzbildhauerei (ungegenständliche Naturformen); Kunst im Außenraum in Verbindung m. Archit. – **K:** Bildhauerei (Holz, Stein); Zeichn. – **W:** Seewesen, Linde gebeizt; Die Narbe, Carraramarmor u. Zirbelkiefer; Bezirk d. Stadt Dortmund (Komplexes Chaos); Mooncat, Eiche gebeizt (in Besitz d. Stadt Dortmund) – **Ö:** Bochum, Privathaus; Bran (Zahn); Dortmund, Westfalenpark; Flensburg, Carlisle Park; Wuppertal, Troxlerschule – **E:** 02 Hagen, Nova – **G:** 96 Erfurt, Formidabile; 97 Brasov (Skulpt. u. Bilder); 00 Dortmund, RH – (Red.)

Bockelmann, Manfred; Latschach 1, A-9064 Magdalensberg, Tel. (06 64) 2 07 24 20, *bockelmann@aon.at*, *www.manfred-bockelmann.de*. Franz-Josef-Str. 10, D-80801 München, Tel. Mobil: 0 17 28 42 33 55 (* Klagenfurt 1.7.43) – **VG:** Dornbirn, c.art Prantl + Boch; München, Prom – **S:** 62–66 Höhere Techn. Bundeslehranst. Graz (Freskomalerei, Graph. u. Fotogr.) – **Ve:** KV Klagenfurt; KV München – **G/T:** Malerei; Bildhauerei; Fotogr. – **M:** Vaduz, SKS Liechtenstein; Wien, Albertina – **V:** Idee, Fotogr. u. Gest. d. BILDBÄNDE: Hundertwasser: Regentag. Rainy Day. Jour de pluie 72; Rudolf Hausner, Friedrich Hacker u. Gustav René

Hocke: Adam 74; m. Christiane Krüger-Bockelmann: Magic Hollywood 74; M.B. Malerei d. Stille 85

Bode, Christel (geb. Christel Birk), Malerin, Illustratorin, Autorin; Ernst-von-Harnack-Str. 18, D-65197 Wiesbaden, Tel. (06 11) 7 24 25 88, *bodekunst@web.de*, *www.bodekunst.keepfree.de* (* Wiesbaden 23. 12. 56) – **VG:** Wiesbaden, Form & Werk – **S:** 88–91 Studiengemeinschaft Darmstadt (Freies Zeichnen u. Malen, Karikatur- u. Pressezeichnen); 02 Freie KSch. Wiesbaden (Intensiv-Sondersem.) – **Ve:** Interessengemeinschaft dt.sprachiger Autoren 02 – **KGr:** DUKTUS (seit 00, Gründerin) – **G/T:** Malerei (Acryl, Pastell, Seide, konkret u. abstr.); Zeichn. (Bleistift) – **W:** 47 Werke in Privatbes. – **Ö:** Wiesbaden, Hess. Ldesvermessungsamt f. Bodenmanagement u. Geoinformation – **E:** 87–03 Ausst. in Bibliotheken, Kliniken u. Bürgerzentren; seit 00 Ausst. in RH in Dieburg, Freigericht, Hochheim, Kriftel, Mainz-Gonsenheim u. Walluf – **G:** zahlr. Ausst.bet. 87–02, u. a. Hünstetten-Wallbach, RH; Wiesbaden, Wilhelmstr.fest – **V:** Gedichtbde m. Ill.: Augenblicke 99; Mein Kaleidoskop des Lebens 02; Lust zu Lachen? 06

Bodenstein, Marco J. (Ps. John B. Marco), Bildhauer, Objekt- u. Designkünstler; c/o Museum Europäische Kunst, Schloß Nörvenich, D-52388 Nörvenich, *info@europaeische-kultur-stiftung.org* (* Kandy/Ceylon 57) – **VG:** Berlin, Europ. Kult.-Stift.; Clarence/NY, The Mus. of European Art; Nörvenich, Mus. Europ. Kunst – **S:** Studienaufenthalte in USA, Asien, Frankr., Spanien, Italien, Griechenld, Türkei; persönl. Bekanntschaften m. Andy Warhol, Salvador Dalí, Henry Moore, Ernst Fuchs u. a. inspirierten Künstlern u. Werk – **P:** Alexander-Orden f. Kunst u. Wiss., Paris 90 – **G/T:** Bronzen (gegenständl. bis surrealist.: Menora, The cross of Jerusalem, Adam u. Eva – Leuchter, Hommage an die Antike, Ei-Uhr Dalí mit Flamme, Alexander-Med. 2006) – **M:** Berlin-New York, Europ. Kult.-Stift.; Clarence/NY, The Mus. of European Art; Nörvenich, Mus. Europ. Kunst

Böber, Gabriele s. Merli

Böck, Angelika, Bild. Künstlerin; Nikolaiplatz 1a, D-80802 München, Tel. (0 89) 21 94 95 57, *kontakt@angelika-boeck.com*, *www.angelika-boeck.de* (* München 67) – **S:** 86–92 ABK München (Innenarchit.); 92–97 ebda (Bildhauerei); 98 ebda (Meisterschülerin b. J. Reineking, Dipl.) – **P:** DAAD-Stip. f. Schweden 97; Projektstip. d. Ldeshauptstadt München 98; Debütantenpr. d. Bay. Staatsmin. f. Unterricht, Kult., Wiss. u. Kunst 98; Arb.stip. d. Konrad-Adenauer-Stift. 99; Arb.stip. Kunstfonds Bonn 05 – **G/T:** Install. – **E:** / G: zahlr. u. a. 02 München, Lothringer 13: sight/seeing (Kat.); 04 Bayreuth, Iwalewa-Haus; München, Staatl. Mus. f. Völkerkunde; 05 Emden, KH: Die obere Hälfte – Die Büste v. Rodin bis Wang Du; Heilbronn, Kunst- u. Skulpt.mus. (Kat.); 06 Appenzell, Mus. Liner

Böckmann, Norbert, Fotograf, Objekt-, Installationskünstler; Asseburgerstr. 7, D-33014 Bad Driburg-Neuenheerse, Tel. u. Fax: (0 52 59) 7 23, *norbert-boeckmann@t-online.de*, *www.neuefluegelfuerikarus.de* (* Billerbeck 6. 9. 42) – **L:** 05–06 Sommerakad. Dringenberg (Doz. f. Fotogr.) – **Ve:** Kult.ver. ARTD Driburg – **KGr:** ART i.G. (in ARTD Driburg) – **G/T:** Fotogr. (s/w, analog); fine-art-printing; Gelatinesilber auf div. Werkstoffen; fotogr. Install. – **K:** Aufnahme; Labor – **Ö:** Bad Driburg, ev. Kirchgemeinde; Borchen, Kap. z. Hilligen Seele; ebda, Wehrkirche – **E:** zahlr. seit 00, u. a. 00–06 Bad Driburg; 01 Altenbeken; 02, 05 Paderborn; 03 Gütersloh; 06 Bad Lippspringe – **G:** zahlr. Bet. seit 00, u. a. 00–04 Bad Driburg; 02–06 Paderborn; 02 Nieheim; Köln; 04, 06 Borchen; 05 Schloß Burgk; 06 Bad Eilsen – **V:** Ilse Marie Döller: Doch manchmal atmet es sich schon leicht, Lyrik u. Lichtbilder (s/w-Fotogr.) 06

Böddinghaus, Eva (geb. Eva Poppenberg), Malerin; Am Fischtal 3, D-14169 Berlin (* Berlin 30. 4. 11) – **S:** 56–63 HBK Berlin (Meisterschülerin b. K. Schmidt-Rottluff); 53–55 Meisterschule f. d. Kunsthandwerk (Malerei) – **Ve:** BBK Berlins ca. seit 58 – **KGr:** INTER 73 (73–83) – **G/T:** Malerei (Öl, Aqu., Ldschaften, Stilleben, Akt); Druckgr. (Linolschnitt, Rad.) – **W:** überw. in Privatbes.; Ankauf u. a. durch d. Berliner Senat – **M:** Berlin, Berlin Mus.; Berlin, NG – **Ö:** Berlin, Sachsenwald-Schule – **E:** zahlr. Einzelausst. im In- u. Ausld. seit 64 – **G:** zahlr. Ausst.bet. im In- u. Ausld. seit 64 – ***Lit:*** Werner Stein: Der Grosse Kulturfahrplan 81; Ingrid von der Dollen: Malerinnen im 20. Jahrhundert 00 – (Red.)

Boeder, Stephan; Iserlohner Str. 10, D-51109 Köln, Tel. (02 21) 89 69 89, Fax 89 69 93, *prof.boeder@khm.de* – **G/T:** Malerei, Graph. – (Red.)

Böhm, Ernst, Maler, Grafiker, Illustrator; Am Höhacker 2, D-82229 Seefeld/Obb., Tel. (0 81 52) 7 07 86 (* Krugsreuth 23. 1. 33) – **S:** 56–60 ABK Nürnberg (b. Prof. K.H. Walter) – **P:** Euro-Med. f. Kunst u. Kult. in Gold 80; Pygmalion-Med. d. Dt. Kunststift. d. Wirtschaft 93 – **Ve:** Culture Arts Tous en Penvenan CAPTEP 00; Münchner Künstlergenoss. kgl. privilegiert 1868 02 – **G/T:** Malerei (alle Techniken); Hschn.; Rad.; Zinkographie; Zchng; Buchill. – **W:** überw. in Privatbes., weltweit – **E:** zahlr. Ausst. in Frankr., Italien, Österr., Dtld – **G:** u. a. in Hof/Saale, Wasserburg am Inn, Germering, Unterpfaffenhofen, Insel Föhr, Nürnberg, Schloß Haimhausen, Westendorf/Tirol; seit 99 jährl. München, Haus d. Kunst – ***Lit:*** Richard W. Eichler u. Karl Günther Stempel: E.B., Monogr. 98; Dt. Kunststift. d. Wirtschaft (Hrsg.): Bildende Künstler d. Gegenwart 97

Böhm, Gerhard, Prof.; Klosteracker 3, D-95502 Himmelkron, Tel. (0 92 27) 52 10, *www.g-boehm.de* (* Crailsheim 11. 9. 30) – **S:** 50–56 ABK Stuttgart (Gast, b. G. Gollwitzer, K. Rössing u. W. Baumeister) – **L:** 71–93 FHS Coburg (Prof. f. Industrial Design Textil) – **Ve:** BBK Ofr. – **G/T:** Malerei, Graph., Objekt, Kunst am Bau, Design – **W:** Ankäufe durch die Städte Bamberg, Bayreuth, Erlangen, Münchberg u. d. Gemeinde Himmelkron – **M:** München, Bay. Staatsgemäldeslgn; Nürnberg, Stadtgesch. Mus. – **Ö:** Bad Berneck, Technikum d. Frenzelit-Werke; Bad Steben, Rehaklinik; Bayreuth, Jean-Paul-Mus.; Bonn, ehem. Bundeskanzleramt; Coburg, FHS; Schwarzenbach/Saale, Sandler AG; Stuttgart, Univ – **E:** u. a. 59 Bamberg, Rauh; 67 Rheine, Kleine Gal.; 78 Kronach, StG; Bamberg, KV; 87 Bamberg, E.T.A.-Hoffmann-Theater; 89 Himmelkron, Stiftskirchen-Mus.; Himmelkron, Autobahnkirche an A9; Himmelkron, Lindenallee (Projekt); 91 Nürnberg, Schloß Stein; 93, 05 Eger, Festival Mitte Europa; 00 Bamberg, Stadtgal.; 02 Hof, KV; Wunsiedel, Fichtelgebirgshalle; 04 Münchberg, Bürgerzentrum – **G:** u. a. 60 Bamberg, Neue Residenz; 84, 89, 95 Bayreuth, Eremitage; 94 Hof, Ldesgartenschau – ***Lit:*** AKL; G.B. Beispiele aus vier Jahrzehnten, Monogr. 97

Böhm, Gottfried, Prof., Architekt, Bildhauer; lebt in Köln (* Offenbach 23. 1. 20) – **S:** 42–46 TU München (Archit. b. Adolf Abel, Robert Vorhölzer u. Hans Döllgast); ABK München (Bildhauerei b. Josef Henselmann u. Bernhard Bleeker) – **L:** 63–85 RWTH Aachen (Prof. f. Stadtbereichsplanung u. Werklehre); 83 u. 86 Massachusetts Inst. of Technology Cambridge/MA; 85 Univ. of Pennsylvania Philadelphia; 88 Washington Univ., St. Louis – **P:** u. a. Archit.pr. d. BDA 67, 68, 71; Kunstpr. d. AK 74; Großer Pr. d. BDA

75; Fritz-Schumacher-Pr. 85; Pritzker Architecture Prize 86; Großer Kult.pr. d. rheinischen Spk.stift. 93 – **Ve:** AK Berlin 68; Dt. Akad. f. Städtebau u. Ldesplanung 76; Acad. d'Architecture Paris 83; Acad. Pontificia ad Pantheon Rome 86; Royal Inst. of British Architects 91 – **G/T:** Baukunst (Sakral- u. Profanbau) – **B:** über 40 Kirchen, u. a. in Bergisch-Gladbach, Bocholt, Bonn, Düsseldorf, Geilenkirchen, Grefrath, Kassel, Koblenz, Köln, Münster, Püttlingen, Rheda-Wiedenbrück, Trier, Velbert; zahlr. Bauwerke u. Wettbew.bet., u. a. Berlin: Reichstagsumbau; Bergisch Gladbach: Rathaus u. Kinderdorf; Bocholt: Stadthalle u. Kulturzentrum; Braunschweig: Neckermann-Kaufhaus (Fassadenrenovierung); Dortmund: Univ. (Wettb.-Entwurf); Eichstädt: Hohe Domkirche (Renovierung u. Umbau); Hamburg: Hanse Arena (Wettb.-Entwurf); ebda: Mus. f. moderne Kunst; Itzehoe: Stadttheater; Kassel: Kirche St. Maria-Königin; Köln: Kap. St. Kolumba u. Kirche St. Gertrud; Köln-Kalk: Rathaus; Liau/Formosa: Gemeindezentrum Ching; Los Angeles: Walt Disney Concert Hall (Wettb.-Entwurf); Luxemburg: Dt. Bank; ebda: Philharmonie; Mannheim: Univ.-Bibl. u. Auditorium; Paderborn: Diözesanmus.; Potsdam: Hans-Otto-Theater; Rheinberg: Gemeindezentrum; Sevilla: Dt. Pavillon f. d. EXPO; Stuttgart: Mus. f. moderne Kunst; Tokio: Ota-Hall; Ulm: Stadtbibliothek – **E:** / G: u. a. 79 Köln, Artothek; New York, MOMA; 84, 94 Bielefeld, KH; 86 Chicago, Graham Found.; 92 Bonn, LM; 95 Köln, MAK – ***Lit:*** AKL; Reclams Künstlerlex. 02 – (Red.)

Böhm, Hartmut, Prof., Bildhauer; c/o Galerie Hoffmann, Görbelheimer Mühle, Tel. (0 60 31) 24 43, Fax 6 29 65 (* Kassel 19. 4. 38) – **VG:** Friedberg, Gal. u. Ed. Hoffmann; Stuttgart, Mueller-Roth; Graz, Lendl; Madrid, Edurne – **S:** 58–62 HBK Kassel (Malerei b. Prof. Arnold Bode) – **L:** 73–03 FHS Dortmund (FB Design, Gest.lehre u. zeichnerische Gest.) – **P:** Kunstpr. d. Stadt Gelsenkirchen 75; Camille-Graeser-Pr. 90 – **Ve:** Dt. Künstlerbund; Intern. Künstlergremium; Westdt. Künstlerbund; VG Bild-Kunst – **G/T:** Zeichn., Install., Skulpt. (systematisch-konstruktiv) – **M:** u. a. Cholet, Musée des Arts; Dortmund, Mus. am Ostwall; Humlebæk, Louisiana Mus. of Mod. Art; Ingolstadt, Mus. f. Konkrete Kunst; Łódź, Muzeum Sztuki; Ludwigshafen, Wilhelm-Hack-Mus.; Mönchengladbach, StM Abteiberg; Stuttgart, SG; Tel Aviv, Mus. of Art; Wiesbaden, Mus.; Würzburg, Mus. im Kulturspeicher – **Ö:** Essen, Karstadt-Hauptverwaltung; Lünen, Hansesaal; Gelsenkirchen, VEBA Hauptverwaltung – **E:** u. a. 70 Genua, La Polena; 80 Friedberg, Gal. u. Ed. Hoffmann; 86 Hagen, Karl-Ernst-Osthaus-Mus.; 87 Kassel, KV; 90 Apeldoorn, Van Reekum Mus.; 93 Odense, Fyns KM; 96 Dortmund, Mus. am Ostwall – **G:** u. a. 79 Dallas, Albright Knox Art Gall.; 82 Mönchengladbach, StM Abteiberg; 86 Humlebæk, Louisiana Mus. of Mod. Art; 88 Kopenhagen, Charlottenborg; 98 Zürich, Stift. f. konstruktive u. konkrete Kunst; 03 Detroit/MI, Inst. of Arts – ***Lit:*** H. B., Kat. d. Karl-Ernst-Osthaus-Mus. Hagen 96; H. B., Kat. d. Van Reekum Mus. Apeldoorn 90; H. B., Kat. d. Mus. am Ostwall Dortmund 96; H. B., Kat. d. Stift. f. konkrete Kunst Reutlingen 02 – ***LitR:*** Gerd Winkler: Kunst aus Kunststoff (NDR 3) 68; Kunst in Bewegung, Mus. im Kulturspeicher Würzburg 02; Sculptur a Internationale a la Mandria 02 – (Red.)

Böhm, Lothar (Ps.: KASLOVSKI), Maler, Zeichner; c/o Galerie Artoz, Würzburger Str. 171, D-90766 Fürth, Tel. (09 11) 7 80 94 05, 7 53 06 05, *info@artoz-media.de; kaslovski@gmx.de*, *www.artoz-media.de* (* Bayreuth 7. 5. 60) – **VG:** Fürth/Bay., artoz – **S:** Malerei (Stud.); Theatermaler (Lehre) – **KGe:** Artoz – **G/T:** Malerei, Zeichn., Objekt, Musik – **K:** Malkurse in Öl, Acryl, Zeichn., Lasurtechnik – **W:** ca. 900 Werke in Privatbes. – **Ö:** u. a. Dachau, RH; Frankfurt am Main, Horneber; Fürth, RH; Fürth, BMW; Heroldsberg, Fa. Schwan-Stabilo; Nürnberg, Bay. RF – **E:** u. a. Chemnitz, Gal. Oben; Gal. Brockovski; Fürth, artoz – **G:** ca. 70 Ausst., u. a. Berlin, Gal. 24; Berlin, Gal. Mainz; Chemnitz, Gal. Oben; Dachau, KV; Fürth, Amtsgericht; Fürth, Gal. Brockovski; Fürth, Luxor Convention Center; Fürth, Polizeidir.; Heidenheim, Univ. of Education; Hersbruck, Stadthaus; Leverkusen, Forum Leverkusen; Nürnberg, Schauspielhaus; Italien, Castell Terrarosa; – weitere in: Castell Montopoli, Castell Terrarosa, Hückeswagen, Lubjlijana, Oulu – **V:** Gerd Fürstenberger: Erforschung der Einsamkeit (Ill.); KASLOVSKI u. a.: Mullogs (Text u. Ill.) – (Red.)

Böhm, Marcela, Malerin, Illustratorin; c/o Gal. Obrist am Museum, Kahrstr. 59, D-45128 Essen, Tel. (02 01) 72 66, Fax 7 26 62 04, *info@gam-essen.de*, *www.gam-essen.de* (* Buenos Aires 6. 10. 72) – **VG:** Buenos Aires, Gal. Zavaletalab; Essen, Gal. Obrist – **S:** 94–98 Alfter, Alanus HS (freie Kunst); 02 Pentiment Hamburg (Ill., Comic) – **L:** 05 Künstlerhaus Hooksiel (Meisterkurs exper. Portr.zeichnen) – **P:** Kubo Kunstpr. Herne (2. Pr.) 01; Arb.stip. Künstlerhaus Hooksiel 02/03 – **Ve:** Kunst-Werk KHB Bonn 99; BBK Köln 01; Förd.ver. Künstlerhaus Hooksiel 03 – **KGe:** Ateliergemeinschaft Lichtwerk 46 Köln – **G/T:** Malerei (Mischtechniken); Zchng; Themen: Mensch; Alltagsszenen; Tier; Ill. (Digital-Collagen, überarbeitet) – **K:** Malerei; Zchng; Akt; Portr. – **M:** Hooksiel, Bürgerhaus – **Ö:** Bonn, Praxis Dr. May – **E:** 02 Frankfurt am Main, Generalkonsulat d. Rep. Argentinien; Hangelar, KH; 02, 03 Hooksiel, Künstlerhaus; 04 Frankfurt am Main, Russak; Buenos Aires, Gal. Zavaletalab; 05 Viersen, Schaffrath; Kirchzarten, KV; 06 Krefeld, Gal. obras de arte; Essen, Gal. Obrist am Mus. – **G:** seit 99 zahlr. Bet., u. a. 99, 00, 01, 03 Kunst-Werk KHB Bonn 99; 99–05, jl. Herne, Kunstbombe; 01 Berlin, Monatsgal.; 02 Bonn, Künstlerforum; 03 Buenos Aires, Pal. de las Artes; 05 Bad Godesberg, Redoute; Buenos Aires, Alvear Fashion & Arts; 06 Karlsruhe, Art Karlsruhe – **V:** Kunstkal., eigene Herstellung in limitierter Aufl. 00, 01, 02, 03, 06

Boehm, Peer; Kartäuser Hof 12, D-50678 Köln, Tel. (02 21) 31 75 61, *peer.boehm@gmx.de*, *www.peerboehm.de* (* Köln 9. 9. 68) – **VG:** Köln, Baecker – **Ve:** Köln Salon e.V. 98 – **KGr:** itinerarTi (seit 98) – **G/T:** Konzeptkunst – **E:** u. a. 96, 98 Köln, ON; 99 Köln, Seidel; 00 San Gimignano, di Piazza; 03 Köln, Baecker; 04 Köln, Mus. Zündorfer Wehrturm – **G:** u. a. 96 Siegburg, Torhaus-Mus.; 98 Köln, DuMont KH; Köln, KV akt1; 99 Rosignano Marittimo, KV Casa dell'arte; Hamburg, Liedigk; Baden bei Wien, KV Baden; 00 Bedburg-Hau, ArToll-Labor; Genua, Leonardi; 01 Lüttich, Centre Culturel Les Chiroux; Geldern, KV Kuhnst; 02 Utrecht, KV Sophie's Pal.; Amsterdam, Tabitha; Köln, Baecker; 03 Thessaloniki, TinT gall.; Blankenheim, Mus.; Weimar, ACC Gal. Weimar; – Messen: 97 Innsbruck, Ed. of Art; 00 Berlin, Art Forum; 01, 02 Hamburg, ElbArt NN; 03 Köln, Art Cologne; Frankfurt am Main, Art Frankfurt – (Red.)

Böhm, Simone, Bildhauerin, Video- u. Installationskünstlerin; lebt u. arbeitet in Berlin (* Burglengenfeld 71) – **S:** Univ. Regensburg; 92–97 ABK München; 97–98 Chelsea College of Art London – **P:** Stip. d. Jürgen-Ponto-Stift. 97; DAAD-Stip. f. London 98; Postgrad. Stip. d. ABK München 99; Villa-Romana-Pr. 01 – **Ö:** München-Waldperlach, Kindertagesstätte – **E:** / G: u. a. 97 Frankfurt am Main, KV; 98 Nizza, Villa Arson; 99, 01 Kassel, Fridericianum; Freising, Diözesan-Mus.; 00 München, Lothringer 13 – (Red.)

Böhm, Wolfgang, Maler, Graphiker, Zeichner; Joachimstal 2, A-3972 Harmanschlag (* Wien 23. 11. 46) – **S:** 62–66 Graph. Lehr- u. Versuchsanst. Wien; 66–71 ABK Wien (Dipl.) – **P:** Theodor-Körner-Pr. 73; Förd.pr. f. Bild. Kunst d. Ldes NdÖst. 81; Förd.pr. f. Bild. Kunst d. Stadt Wien 82; Anton Faistauer-Pr. f. Malerei 83 – **Ve:** Wiener Secession 80; Künstlervrg Maerz 88 – **M:** München, Pin. d. Mod. – **E:** u. a. 70 Wien, Secession; 73 Wien, Künstlerhaus; 76 Graz, Kult.zentrum b. d. Minoriten; 81 Salzburg, Armsdorfer; 85 Salzburg, Künstlerhaus; Wien, Gal. Contact; 86 Linz, Figl; 89 Passau, Gal. am Steinweg; 90 Linz, Maerz; 91 Linz, LG; 95 Salzburg, Rupertinum; 03 Linz, Gal.-Halle – **G:** u. a. 69 Krems, Künstlerhaus; 93 Graz, steirischer herbst; 94 Salzburg, Rupertinum; 01 St. Pölten, Ndöst. Dok.-Zentrum f. Mod. Kunst – ***Lit:*** AKL – (Red.)

Böhme, Dagmar s. Ranft-Schinke, Dagmar

Böhme, Fritz, Bildhauer; Oberer Weg 14, D-09434 Hohndorf, Tel. (0 37 25) 37 11 58 (* Glauchau/Sa. 21. 2. 48) – **S:** Autodidakt – **P:** Max-Pechstein-Förd.- u. E.pr. 87; Rietschel-Pr. 96 – **Ve:** VBK DDR 75–90; SKB 90–95 – **G/T:** Stein, Holz, Polyester, Keramik/Steinzeug, Materialmontagen, figurativ – **W:** Arb. in Dtld, d. Niederl., d. Schweiz u. in Ital. – **M:** Berlin, Stift. Kult.fonds; Chemnitz, Neue Sä. Gal.; Halle/Saale, Staatl. Gal. Moritzburg; Zwickau, StM – **Ö:** Chemnitz, Schauspielhaus; ebda, Heckert-Wohngebiet, Bank Handel + Gewerbe; Freiberg/Sa., ehem. Berufsschule Albert-Funk; Glauchau, RH; Krumhermersdorf, Schule; Niederbobritzsch, Ldesfinanzschule; Plauen, Spk. Vogtland; Zschopau, Bad; Zwickau, Konzert- u. Ballhaus Neue Welt – **E:** u. a. 86, 87, 92 Zwickau, StM; 93 Chemnitz, Neue Sä. Gal.; ebda, Theaterpl.; 96 Lichtenstein/Sa., Ldesgartenschau; 99 Bretten, KV; 02 Glauchau, Art Gluchowe; 03 Plauen, Spk. Vogtland; Seelitz, Herbstsalon – **G:** u. a. 76 Chemnitz, Gal. Oben; Berlin, Altes Mus.; 79 Prag (Junge Künstler d. DDR); 83 Meerane, Kleine Gal.; 93 Köln, Art Cologne; 96 Augustusburg, Schloß; Pulsnitz, Klinik; 98 Döbeln, RH; 99 Freital, Städt. Slgn; 00 Zwickau, Domhof; 01 Hohenstein-Ernstthal, KV; 02 Ölsnitz, Kult.raum; 03 Chemnitz, Neue Sä. Gal. – **V:** F. B., Kat. Neue Sä. Gal. Chemnitz 90 – ***Lit:*** zahlr. Art. in Ztgn u. Zss seit 76 – (Red.)

Böhme, Hans-Ludwig, Fotograf, Theaterfotograf; Schillerstr. 39, D-01640 Coswig, Tel. (0 35 23) 6 82 42, Fax 77 45 07 (* Coswig 13. 10. 45) – **VG:** Dresden, art + form – **S:** bis 71 Univ. Jena (Germanistik, Anglistik u. Amerikanistik) – **Ve:** DGPh – **G/T:** Fotogr. (Theaterfotogr., Porträt, Akt, Landschaft, Stilleben) – **W:** Theaterfotogr. f. d. Staatsschauspiel Dresden seit 83 – **M:** u. a. Dresden, Kpst.-Kab.; Essen, Mus. Folkwang; Goslar, Mönchehaus-MMK; Halle/Saale, Staatl. Gal. Moritzburg; Köln, Mus. Ludwig; München, Dt. Theatermus. – **E:** u. a. 88 Bottrop, Josef-Albers-Mus.; 91 München, Dt. Theatermus.; Ludwigsburg, Theater im Forum Ludwigsburg; 92 Goslar, Mönchehaus-MMK; 93 Paderborn, KV; 99 Dresden, Villa Eschebach – **G:** 82 Dresden, Albertinum; 85 Dresden, Neue Dresdner Gal.; 87 Dresden, Kunstausst. d. DDR; 90 Halle/Saale, Staatl. Gal. Moritzburg; – weitere: Georgia, Mus. of Art; Nikosia, Goethe-Inst.; Novi Sad, Trienn.; Köln, Nilius; Regensburg, Gal. Licht u. Schatten – **V:** H.-L. B. u. Jürgen Karpinski: Goethe in Weimar, Bildbd 86; H.-L. B. u. Reinhard Delau: August der Starke. Bilder e. Zeit, Bildbd 89; H.-L. B.: Abstrakte Fotografie, Kat. 94; H.-L. B.: Fotografie 99 – ***Lit:*** AKL; Koetzle 02 – (Red.)

Böhme, Heinz-Jürgen, Maler, Graphiker, Gestalter; c/o Redaktion Leipziger Blätter, Nikolaikirchhof 2, D-04109 Leipzig, Tel. (03 41) 2 11 85 19, Fax 2 11 85 20, *info@leipzigerblaetter.de*, *www.leipzigerblaetter.de* (* Leipzig 9. 3. 52) – **S:** 73–78 HGB Leipzig (Malerei u. Graph. b. Hans Mayer-Foreyt, Dietrich Burger, Bernhard Heisig, Gerhard Kurt Müller u. Arno Rink); 78–81 ebda (Meisterschüler b. Werner Tübke) – **L:** 90–91 HGB Leipzig – **Ve:** Neue Ufer – **G/T:** u. a. Malerei, Graph., Objekte, Install., Video, Bühnenbild – **M:** Altenburg, Lindenau-Mus.; Berlin, DHM; Dresden, Kpst.-Kab.; Halberstadt, SM; Hamburg, Altonaer Mus.; Leipzig, KH Spk.; Leipzig, MBK – **Ö:** zahlr. baugebundene Arb. in Leipzig u. Umgebung, u. a. Leipzig, Kabarett Academixer (Gesamtgest.) – **E:** u. a. 81 Leipzig, Kult.-bund-Gal. Leibnizklub; 84 Leipzig, Gal. Barbakane; 86 Rudolstadt, Gal. H. Cotta; 89 Halle/Saale, Gal. Alter Markt; 90 Leipzig, Messehaus am Markt – **G:** zahlr. Ausst.bet. seit 81, u. a. 82–83 Nürnberg u. Lausanne, Intern. Jgd.-Trienn. d. Zeichn.; 86, 87 Tokio, Hanga Annual; 86 Altenburg, Lindenau-Mus. – **V:** zahlr. Publ. z. Stadtgesch. u. Stadtentwicklung, u. a. Mithrsg. Leipziger Blätter; Waldstraßenviertel; Leben in Lindenau – (Red.)

Böhme, Lothar, Maler; Wollankstr. 124, D-13187 Berlin, Tel. (0 30) 48 09 88 33 (* Berlin 26. 7. 38) – **VG:** Dresden, Beyer – **S:** 57–61 Meisterschule f. d. Kunsthandwerk Berlin Charlottenburg (Graph.kl.) – **L:** 76–90 Otto-Nagel-Haus Berlin (Lehrtätigkeit) – **M:** Aachen, Ludwig Forum; Altenburg, Lindenau-Mus.; Berlin, Berlinische Gal.; Berlin, Märkisches Mus.; Berlin, NG; Cottbus, Brandenburgische KS; Dresden, GG NM; Frankfurt/Oder, Mus. Junge Kunst; Halle/Saale, Staatl. Gal. Moritzburg; Halle/Saale, Staatl. Gal. Moritzburg; Leipzig, MBK; Magdeburg, KM Kloster Unser Lieben Frauen; Neubrandenburg, KS; Schwerin, Staatl. Mus.; Weimar, Klassik Stift. – **E:** u. a. 76 Berlin, Prater; 78 Dresden, Leonhardi-Mus.; 82 Berlin, NG im Alten Mus.; 85 Berlin, Gal. Mitte; 88 Berlin, Gal. im alten Mus.; 91 Berlin, Ephraim-Pal.; Leipzig, MBK; 94 Berlin, Berlinische Gal.; 96 Berlin, Brecht-Haus; Düsseldorf, Mersmann; Berlin, Vagt; 02 Berlin, Brecht-Haus – **G:** u. a. 72 Berlin, Gal. im Turm; 74 Magdeburg, Klubgal. d. Kult.bundes; 86 Erfurt, Kunstkab.; Altenburg, Lindenau-Mus.; 93 Berlin, NG; 97 Berlin, Gal. Refugium; 03 Berlin, Bundeskanzleramt – (Red.)

Böhme, Rainer, Fotograf, Graphiker, Maler, Gestalter; Grundstr. 17, D-01326 Dresden, Tel. (03 51) 3 74 02 32, Fax (0 69) 7 91 22 07 41, *mail@rainer-boehme.de*, *www.rainer-boehme.de* (* Dresden 27. 10. 69) – **S:** 95–99 Neue Akad. d. Schönen Künste St. Petersburg (Malerei, Fotogr., Neue Medien, Meisterkl. Timur Novikov); 99–03 European Graduate Univ. (Postgraduierten Studien, Neue Medien) – **L:** 97–99 Neue Akad. d. Schönen Künste St. Petersburg (Aspirant Fotogr.) – **P:** Techno AC St. Petersburg 95, 96; Arb.stip. f. Nordrußld 99 – **Ve:** BBK seit 99 – **G/T:** Akt u. Ldschaftsfotogr.; exper. Medien; antike Themen; elektronische Graph. – **K:** exper. Fotogr. (Meisterkurse) – **M:** Dresden, Mus. f. Fotogr. d. Gegenwart; Dresden, Skulpt.-Slg im Albertinum; St. Petersburg, Mus. d. Neuen Akad. d. Schönen Künste – **E:** 99 St. Petersburg, Mus. d. Neuen Akad. d. Schönen Künste; Gal. Navicula Artis; 02 Gal. Krauss Erben; Dresden, Mus. f. Fotogr. d. Gegenwart – **G:** 98 Moskau, Fotogr. Biennale; 00, 01 Bornholm, KM; 02 Berlin, Martin-Gropius-Bau; Bonn, Kunst- und Ausst.halle d. BRD – (Red.)

Böhme, Ulrike, Künstlerin, Architektin; c/o monreal & poppen art consulting, Nordstr. 73, D-53111 Bonn, Tel. (02 28) 28 92 90, *www.monreal-poppen.de* (* Braunschweig 21. 9. 52) – **VG:** Berlin, Bischoff; Bonn, Monreal & Poppen – **S:** 72–78 TU Berlin (Archit., Dipl); 82–89 KA Karlsruhe (freie Malerei b. Prof. Arnold); ABK Karlsruhe (b. Prof. Sonderborg) – **L:**

seit 00 Univ. Stuttgart, Archit.fak. (LAuftr. Inst. f. Darstellen u. Gestalten) – **P:** Förd.pr. d. Stift. d. Württembergischen Hypothekenbank 87 – **G/T:** Kunstprojekte im öff. Raum, Kontextkunst – **K:** Kunst im öff. Raum, Computergestütztes Ideenfinden u. Entwerfen – **W:** Zeichn., Gemälde in Privatbes. sowie Ankauf durch d. Stadt Stuttgart – **M:** Stuttgart, Univ.; Stuttgart, Würtembergische Bank; Zell am Harmersbach, Villa Haiss – **Ö:** Bad Rappenau, RH; Berlin-Köpenick, Oberstufenzentrum; Cottbus, Ausbildungszentrum; Gerlingen, Großbaustelle; ebda, S-Bahnhaltestelle; Niederstetten, Offizierscasino; Schwetzingen, Spk.; Stuttgart, Fa HERMA; ebda, Intern. Univ., Siedlungswerk, Stuttgarter Bank, SV–Versicherung, Polizeiposten Klettpassage, Württembergische Versicherung; Stuttgart-Rot, Uhlandschule – **E:** 91, 93, 95, 96 Stuttgart, Bischoff; Berlin, Bischoff; 96 Gerlingen, Großbaustelle (Install.); 99 Berlin, Aedes; Stuttgart, Staatl. ABK; 99–01 Bad Rappenau, RH (Großbaustelle); 00–02 Stuttgart, Haus d. Gesch. (Großbaustelle); 02 Stuttgart, KM (Großbaustelle); Köln, Art Cologne; 04 Stuttgart, Architektenkammer – **G:** 95 Moskau, Central Exhibition Hall; 99 Braunschweig, Lichtparcours; 00 Stuttgart, Kult.reg.; 01 Düsseldorf, Mus. Kunst Pal. – **V:** Kontextobjekte 95; Eingriffe, in: Deutsche Bauzeitung, Zs 97 – ***Lit:*** u. a. Sabine Krebber, in: Zeichen der Zeit. Interventionen auf einer Baustelle 97; Claudia Büttner, in: Arbeiten von Ulrike Böhme, Werkmappen 99; Marc Hirschfell, in: Wachstumszeichen. Künstlerische Eingriffe auf der Baustelle des Rathauses Bad Rappenau 01; Doris Koch: Kunst im Dorf. Ein Kunstprojekt im Kontext kommunaler Planung, in: Kulturpolitische Mitteilungen, Zs 03; Ulrich Schwarz (Hrsg.), in: Neue deutsche Architektur. Eine reflexive Moderne – (Red.)

Böhmelmann, Ulli; c/o Galerie Winter, Parkstr. 24, D-65189 Wiesbaden, Tel. (06 11) 3 08 27 80, Mobil: 0 17 87 52 29 90, Fax 3 08 27 82, *info@galerie-winter.de; ulli-b@netcologne.de*, *www.ulli-boehmelmann.de*. Lebt u. arbeitet in Köln (* Mainz 70) – **VG:** Wiesbaden, Winter – **S:** 92–98 HS f. Künste Bremen (Freie Kunst b. Prof. Yuji Takeoka) – **P:** INAX Design Prize For European 94; Stip. d. Porzellanman. Nymphenburg 98; Burgund-Stip. 02; Kat.stip. RLP 05; Arb.stip. im Künstlergut Prösitz 06 – **G/T:** Objekte; Install. – **E:** 94 Tokoname, INAX Head Office; 95 Tokio, X-Site Showroom; 96 Bersenbrück, Mus. d. Ldkr. Osnabrück; 97, 00 Wiesbaden, Winter; 98 Vallauris, Atelier 49; Bremen, Gal. d. HS f. Künste; 99 Offenburg, Wkst.gal. Alte Wäscherei; 00 Rotterdam, TENT Centrum Beeldende Kunst (m. Regina Magnus); Köln, Schmidt-Esters; 01 Potsdam, Phünph; Bremen, Gerhard-Marcks-Haus; Rotterdam, Contempo; Köln, Gothaer Kunstforum (m. Regina Magnus); 02 München, Maximiliansforum; Mönchengladbach, kunstraum no. 10; 03 Frankfurt am Main, Art Frankfurt; Köln, Artothek; 03, 06 Neustadt an der Weinstraße, Gal. Up-Art; 05 Viernheim, KV; 06 Neustadt an der Weinstr., Haardter Schloß (m. Ute Bartel); 07 Wiesbaden, Winter; Wiesbaden, Bellevue-Saal

Böhmer, Bele s. Bachem, Bele

Böhmländer, Gisela s. Leitner, Gisela

Böhmler, Claus, Prof., Video-Künstler, Zeichner, Objektkünstler, Filmemacher; Rutschbahn 3, D-20146 Hamburg, Tel. (0 40) 45 63 56 (* Heilbronn 29. 10. 39) – **S:** 61–63 WerkKSch Pforzheim; 63–65 Staatl. ABK Stuttgart; 65–68 KA Düsseldorf (b. Joseph Beuys) – **L:** seit 75 HBK Hamburg (Prof.) – **P:** Förd.pr. Bild. Kunst d. Kult.kr. d. dt. Wirtschaft im BDI 72; Edwin-Scharff-Pr. 84 – **M:** Hamburg, KH – **E:** zuletzt u. a. 95 Köln, Hundertmark; 97 Hamburg, Griffelkunst-Vrg; 99 Hamburg, KH; 00 Hamburg (Bootsperformance m. Dong-Jo Joo auf d. Alster); 01 Kassel, Mus. Fridericianum – **G:** u. a. 01 Kassel, Mus. Fridericianum; Chemnitz, KS; Bremen, Neues Mus. Weserburg; 02 Wiesbaden, Kult.-amt; 03 Hamburg, Kunsthaus – ***Lit:*** AKL – (Red.)

Böhnisch-Metzmacher, Gerlinde, Malerin, Gebrauchsgraphikerin, Plastikerin; Thomas-Mann-Str. 24, D-07743 Jena, Tel. (0 36 41) 44 63 14 (* Jena 2. 4. 36) – **S:** 56–59 FS f. angew. Kunst Heiligendamm – **P:** Walter-Dexel-Stip. Jena – **Ve:** VBK DDR 61–91 – **G/T:** Gebrauchsgraph. (Signet, Buchgest., Ill.); Collagen; Papierschnitte; Portr.- u. Ldschaftsmalerei (Öl, Pastell, Aqu.); Kopien (v. a. hist. Portr. in Öl/Pastell); Plast. Arb. (Portr.reliefs, Med.) – **M:** Jena, KS; Schwerin, Staatl. Mus. – **Ö:** Jena, Friedrich-Schiller-Univ.; ebda, Romantikerhaus, Hufeld- u. Wackenroder Apotheken, RH; Jena u. Weimar, Schiller- u. Goethe-Gedenkstätten; Kahla, Leuchtenburg; Kranichfeld, Baumbachhaus; Paulinzella, Jagdschloß; Weimar, Wittumspal. – **E:** u. a. in Dornburg, Jena, Camburg, Stadtroda, Hermsdorf, Bad Klosterlausnitz, Bad Köstritz, Gera, Rudolstadt, Saalfeld, Zeulenroda, Prenzlau, Neubrandenburg, Ahrenshoop, Gifhorn, Sollerup u. Erlangen – **G:** in Jena, Gera, Leipzig, Dresden, Halle/Saale, Hofgeismar, Erlangen, Bonn, Altenkirchen, Paris, Neu Delhi u. Abu Dhabi – **V:** G.B.-M. Ungewöhnliche Ansichten von Jena (Altstadtzchngn) 03; Der Riesenfinger (Ill.) 06; Der Hexentaler (Ill.) 06 – ***LitR:*** Dexel-Pr. an G.B.-M. im Schillerhaus Jena, Jena TV v. 3.5.06

Boelling-Ahrens, Anne, Bildhauerin; *anneboelling-ahrens@t-online.de*, *www.anneboelling-ahrens.meinatelier.de* (* Geldern 8. 4. 46) – **S:** Kunsterziehung u. Pädagogik; 79 FHS Köln (Anerkennung als freischaffende Künstlerin); KA Trier (Bildhauerei); Düsseldorf (b. Peter Rübsam); Sundern (b. Johannes Dröge); Köln (Hschn. b. Thomas Peter) – **P:** 'Meet the Past' Ballinnskelligs/Kerry, Irld (Stip.) 05 – **Ve:** GEDOK Bonn 80; Künstlerforum Schau-Fenster Erftstadt 89; Forum Künstlerinnen 99 – **G/T:** Bildhauerei (in Stein, Holz, Keramik, Beton u. Bronze); Hschn. – **G:** div. m. d. GEDOK Bonn, z.B 00 Bonn, Frauen-Mus.; 01 Siegburg, SM; Bonn, LM; Bonn, Künstlerforum; 05 Ballinskelligs/Irld, Gal. Siopa Cill Rialaig; Brauweiler, Abtei: KunstTage d. Rhein-Erft-Kr.; 06 Bergheim, Gal. d. Rhein-Erft-Kr.: ...auf dem wege...; Jinan/China, Ausst.halle d. Provinz Shandong: ...auf dem wege...; Taipei, Dt. Kult.zentrum: ...auf dem wege... (Kat.) – ***Lit:*** div. Ausst.kat.

Bömches, Friedrich von (Friedrich Ritter Bömches von Boor), Maler, Graphiker, Zeichner u. Fotograf; Im Sonnenwinkel 6, D-51674 Wiehl, Tel. (0 22 62) 9 27 52 (* Kronstadt/Siebenbürgen 27. 12. 16) – **S:** Stud. b. Hans Eder, Mattis Teutsch u. Fritz Kimm in Kronstadt – **P:** Merit Cultural Rumänien 64; Pr. d. Art Inst. Canton/OH 84; BVK 1. Kl. 89; Siebenbürgisch-Sä. Kult.pr. 89; Gründung d. Friedrich von Bömches-Stift. Wiehl 93; – sowie div. regionale Preise u. Ausz. – **Ve:** VBK Rumäniens bis 78 (20 Jahre im Vorstand) – **G/T:** Malerei (Öl, Acryl, Tusche, Pastell); Graph. (Kohlezeichn., Lith. u. Hschn.); – thematische Entwicklung: anfangs Karpatenlandschaft u. ihre Hirten u. Bauern in harmoniebetontem Realismus; nach 5 Jahren d. Zwangsarbeit in d. Sowjetunion Kriegs- u. Deportationserlebnisse in dunkelfarbigem Expressionismus; nach Flucht v. Rumänien nach Dtld (78) 3 Themenfelder: menschliches Leid, Flucht, Vertreibung, Alter u. Tod; Portr. (mehr als 200, u. a. v. Heidegger, Peter Ludwig, Genscher, Baronin Krupp, B. Beitz u. Max Adenauer) sowie Selbstportr. (ca. 250); Reiseimpressionen u. Zeichn. (z.B. zu Kafkas Erzählungen) – **W:** mehr als 1000 Arb. div. Genres u. Techniken in Privatbes.

in Rumänien, Dtld, Öst., Ital., Schweden, Norwegen, Belgien sowie in d. Schweiz u. d. USA; Ankauf durch zahlr. KM in Rumänien sowie d. Bonner Innenmin. – **M:** Aachen, Suermondt-Ludwig-Mus.; Bochum, Mus.; Bonn, Innenmin.; Canton/OH, StM; Essen, Villa Hügel; Gundelsheim, Mus. Schloß Horneck; Nümbrecht, Mus. Schloß Homburg (Schenkung v. ca. 2500 Arb.); Nümbrecht, Technische HS; Remscheid, Städt. Slg; Wien, Univ.; Würzburg, Erzbischöfliche Slg – **Ö:** Gummersbach, RH; Wiehl, RH; ebda, Spk. – **E:** 43–78 zahlr. Einzelausst. in Rumänien, u. a. 73 Bukarest, Sala Dalles; seit 78 ca. 90 Ausst. in Berlin, Bern, Bonn, Brüssel, Dortmund, Düsseldorf, Esslingen, Gummersbach, Hannover, Heidelberg, Kent/USA, Köln, Leipzig, Nürnberg, Paris, Regensburg, Remscheid, Solingen, Wiehl u. Wien – **G:** seit 38 Bet. an 53 reg. Ausst., u. a. in Berlin, Kronstadt u. Stuttgart; seit 52 Teiln. an 28 staatl. Ausst. in Rumänien; – weitere u. a.: 67 München; 70 Paris; 73 Brüssel; Sofia, Bienn.; Moskau – ***Lit:*** u. a. Istoria Românilor din cele mai vechi timpuri pină astăzi 71; R. Sorban: F. v. B., Monogr. 75 u. 77; Ionel Jianou: Le artistes romains en occident Americain – Romanian Academy of Arts and Sciences, Monogr. 86; Walter Biemel (Einf.) zu bisher unveröff. Aqu., Graph. u. Zeichn. 87; Hans Bergel: Der Künstler als Brennspiegel der Welt, in: Südost-Deutsches-Jahrblatt 89 (S.38); Spk. d. Homburgischen Gemeinde (Hrsg.): F. v. B. Biblische Motive – Malerei, Zeichnungen, Graphik 91; H.P. Thurm u. W. Biemel (Text): F.v.B. Malerei u. Graphik 92; Walter Biemel: Bemerkungen z. Schaffen d. siebenbürg. Künstlers F.v.B., in: Festschrift f. Lorenz Dittmann 94; C. Giurescu: Scurta istoria a Românilor 97; F.v.B. Leben u. Schicksal, Monogr. 97; Hans Bergel: Gesichter e. Landschaft. Südosteuropäische Porträts 99; Enciclopedia artistolor Român contemporani 00; Andreas F. Beiting: Der Schrei. Kunst- u. Kulturgesch. e. Schlüsselmotivs in d. dt. Malerei u. Graphik d. 20. Jh.s, Diss. Westf. Wilhelms-Univ. Münster 04; – LEXIKA: Vollmer 61; Barbosa 76; Drägut 76; AKL 96; Bénézit 99; – sowie ca. 670 Kritiken, Berichte u. Reportagen in zahlr. Ztgn u. Zss seit 51 – ***LitR:*** drei Dok. im rumänischen Fs.; vier Dok. im dt. Fs. (ARD, SWF, RTL u. WDR)

Bömmels, Peter, Prof., Maler, Zeichner, Bildhauer; c/o HS f. Bild. Künste, Brühlsche Terrasse, D-01288 Dresden, Tel. u. Fax (02 21) 72 62 79, (03 51) 4 92 67 63, *boemmels@serv1.hfbk-dresden.de* (* Frauenberg 11. 11. 51) – **VG:** Düsseldorf, Gmyrek; Ulm, Holm – **S:** 70–76 Univ. Köln (Soziologie, Politik u. Pädagogik); als Künstler Autodidakt – **L:** Gastprof.: 86–87 HBK Hamburg; 90–92 HdK Berlin; 96 Königliche KA Kopenhagen; 01 HBK Braunschweig; 02–04 HBK Dresden; seit 04 ebda (Prof. f. Malerei) – **P:** Förd.pr. Bild. Kunst d. Ldes NRW 84; Fred Thieler Pr. f. Malerei 93 – **KGr:** Mülheimer Freiheit 110 – **G/T:** Malerei (Öl, Mischtechnik, z.T. kombiniert m. Haaren); Plast. (u. a. Figuren aus Ton u. Pappmaché) – **M:** u. a. Aachen, Ludwig Forum; Adelaide, Art Gall. of South Australia; Bonn, KM; Bonn, LM; Coburg, KS d. Veste; Dortmund, Mus. am Ostwall; Esslingen, StG Villa Merkel; Groningen, Groninger Mus.; Hamburg, KH; Hannover, Sprengel Mus.; Köln, Mus. Ludwig; Mannheim, StKH; München, Lenbachhaus; Rotterdam, Mus. Boymans Van Beuningen; San Diego/CA, Mus. of Art; Ulm, Ulmer Mus.; Weimar, Klassik Stift.; Wolfsburg, StG – **E:** zahlr. Ausst., zuletzt u. a. 98 Alsdorf, KV; 99 Horsens, KM Lunden; 99, 00, 02 Köln, Gerber; 00 Brüssel, Reebokstraat 28; 01 Wuppertal, Junge; 03 Luckenwalde, KH; 04 Düsseldorf, Gmyrek; 05 München, Gal. Westend; 06 Ulm, Holm – **G:** u. a. 01 Ratingen, Mus.; Düsseldorf, Künstlerver. Malkasten; Weimar, Neues Mus.; 02 München, Dany Keller; Leipzig, MBK; 04 Berlin, Kpst.-Kab.: Where are you standing? (Schenkung P. Maenz, G. de Vries); 05 Köln, Zander: Nacht; Düsseldorf, Gmyrek: Die Slg 1980–2005; – sowie: 04 München, G. Rischart-Projekt im öff. Raum: Gute Fahrt, Kunst auf 4 Rädern; Kunst/Frühling/Kirche – Projekt d. KM Bonn, d. Kath. Bildungswerkes u. d. Ev. Forums Bonn – ***Lit:*** AKL

Böniger, Elsbeth, Objektkünstlerin; Höheweg 38, CH-3006 Bern, Tel. 0 313 52 29 13. Altenbergstr. 28, CH-3013 Bern, Tel. 0 313 33 60 77 (* Bergamo 19. 12. 45) – **VG:** Thun, Bischoff – **P:** Stip. d. Louise Aeschlimann u. Margareta Corti Stift. 81; Atelierstip. d. Kt. u. d. Stadt Bern (f. New York) 82; Stip. f. Theater-Projekt (2 Frauen, m. Janet Haufler) 85; Aufenthaltsstip. f. New York 86, 88; Istituto Svizzero di Roma 89–90; Werkbeitr. d. Kt. u. d. Stadt Bern (m. Christian Indermühle) 94 – **G/T:** Malerei, Objekte (u. a. Verwendung v. Metall, Schaltafeln, Baumaterial u. ausgedienten Sportgeräten) – **E:** zahlr. Ausst., u. a. 97 Basel, Kaufmann; Rheinfelden, Haus Salmegg; Genua, Mus. di San Agostino; 02 Thun, Bischoff; 03 Bern, KH (m. Serge Spitzer) – **G:** u. a. 85 Burgdorf, Gal. in der Fabrik; Olten, Bienn.; 96 Schaffhausen, Kult.zentrum Kammgarn; 00 Bern, KH; Thun, Bischoff – ***Lit:*** AKL; BLSK 98 – (Red.)

Boernieck, Gertrud, Buchkünstlerin; Volksgartenstr. 8, D-50677 Köln, Tel. (02 21) 31 44 42 (* Köln 25. 2. 31) – **VG:** Leipzig, Ed. Lebensretter Jost Braun – **S:** private künstler. Ausb. – **Ve:** VG Bild-Kunst – **G/T:** unikate Bücher u. Buchobjekte – **W:** in öff. Buchkunst-Slgn – **E:** in zahlr. Städten Dtlds – ***Lit:*** in: Graph. Kunst; Ill. 63; Marginalien; Herzog August Bibl.: Das Malerbuch d. 20. Jh.; AKL

Bösch, Irene (geb. Irene Hertel), Dipl.-Malerin; Am Bernsdorfer Hang 36, D-09126 Chemnitz, Tel. (03 71) 42 33 45. Herweghstr. 10, D-09131 Chemnitz (* Chemnitz 5. 4. 40) – **S:** 60–66 HBK Dresden (Malerei b. Paul Michaelis) – **P:** Kult.pr. d. Bez. Karl-Marx-Stadt 86 – **Ve:** VBK DDR 69–89; BBK 90 – **G/T:** Tafelmalerei (Einfluß d. Dresdner Kolorismus); Arb. auf Papier; Aqu. (in den 1970er Jahren, zart, dämmrig b. düster, große psych. Sensivität); in d. 1990er Jahren neben figurativen v. a. abstr.-psychograph. u. ursprüngl. Bilder – **W:** zahlr. in Privatbes. – **M:** Chemnitz, KS; Dresden, Kpst.-Kab.; Dresden, StG; Frankfurt/Oder, Mus. Junge Kunst; St. Petersburg, Eremitage – **E:** zahlr. seit 82, u. a. 86 Frankfurt/Oder, Gal. Junge Kunst; 93 Bonn, Frauen-Mus.; 96 Chemnitz, Neue Sä. Gal. (Kat.); 03 Chemnitz, Weise; 07 Chemnitz, HeckArt Gal. – **G:** 93 Bonn, Frauen-Mus.: Zw. Expressivität u. Sachlichkeit (Kat.) – ***Lit:*** AKL; Schweers 02

Boeschenstein, Sandra; c/o Galerie & Edition Marlene Frei, Zwinglistr. 36, CH-8004 Zürich, Tel. (0 44) 2 91 20 43, Fax 2 91 20 62, *marlenefrei@bluewin.ch sandra.boeschenstein@bluewin.ch*, *www.marlenefrei.com* (* Zürich 28. 9. 67) – **VG:** Zürich, Frei – **S:** 88–89 Univ. Zürich (Phil. u. Kunstgesch.); 89–95 Schule f. Gest./Univ. Bern – **P:** Studien- u. Werkbeitr. d. Kt. Zürich 00–02; Stip. d. Akad. Schloss Solitude 03, 04; Atelierstip. d. Kt. Schaffhausen (f. Berlin) 05; Atelierstip. d. Zuger Kult.stift. Landis & Gyr (f. Berlin) 05, 06; Aufenthaltsstip. Künstlerdorf Schöppingen 06/07 – **KGe:** S. B. u. Annette Schmucki, Komponistin (seit 96) – **G/T:** Zeichn. u. Sprache, Fotogr., Install. – **W:** Werke u. a. im Bes. d. Fachstelle KS d. Stadt Zürich – **M:** Aarau, Aargauer Kunsthaus; Schaffhausen, Mus. zu Allerheiligen; Zürich, KS d. Kt. Zürich – **E:** 01, 03, 06 Zürich, Frei; 03 Schaffhausen, Mus. zu Allerheiligen; 04 Nürnberg, Inst. f. mod. Kunst; 07 Aargau, Kunsthaus

(Graph. Kab.) – **G:** u. a. 99 Zürich, Shedhalle; Bern, Alpines Mus.; 00, 01 Schaffhausen, Mus. zu Allerheiligen; 02 Zürich, Frei; 03, 04 Stuttgart, Akad. Schloß Solitude; 04 Kassel, Mus. Fridericianum; Singen, Städt. KM; Berlin, Gal. K & S – **V:** Künstlerb.: Ereignisse, grössere und kleinere 00; Das Mögliche ist die Geschwindigkeit des Wirklichen 03; Was sind deine Reste 04 – **R:** Hunderte verschieben das Vollbad, Bild/Ton-Projekt (zus. m. Annette Schmucki) 02 – ***LitR:*** Edith Jud: Beitr., in: Kulturzeit 3sat 03

Böttcher, Agathe; Rungestr. 45, D-01217 Dresden, Tel. (03 51) 4 71 72 03 (* Bautzen 18. 6. 29) – **S:** Bautzen (b. Maler Ralf Erdmann); 47–49 HS f. Werkkunst Dresden (Applikation); 50–54 HS f. Angew. Kunst Dresden u. Berlin (Textilgest.) – **L:** 54–57 KHS Berlin-Weißensee (Aspirantur); 58–79 TU Dresden (Innenraumgest. am FB Archit., künstler. Mitarb.); 79–86 ebda (LAuftr.); HBK Dresden (LAuftr.) – **P:** Atelierstip. Künstlerhaus Dresden 90 – **G/T:** Malerei (Öl, Tusche); Graph. (Monotypie); Collagen u. Applikationen; Textile Kunst (versch. Techniken); Arb.weise figurativ bis abstr. – **M:** Dresden, KGM Schloß Pillnitz; Dresden, Kpst.-Kab.; Dresden, Slgn d. TU – **Ö:** Bautzen, Frauenklinik; Freiberg, Feierhalle; ebda, Papiermaschinenwerk; Leipzig, Allg. Ortskrankenkasse (ehem. Dt. HS für Körperkult.) – **E:** u. a. 92 Dresden, Gebrüder Lehmann; 94 Dresden, Sä. Staatsmin.; 95 Dresden, Rähnitzgasse; 02 Berlin, Domizil im Berliner Dom; 03 Cuxhaven, Stadtspk. – ***Lit:*** AKL – (Red.)

Böttcher, Brigida, Malerin, Graphikerin, Keramikerin; Schopenhauerstr. 14, D-04157 Leipzig, Tel. (03 41) 9 12 98 22, *BB.PIK@t-online.de* (* Zwickau 5. 12. 52) – **S:** 72–77 HGB Leipzig (u. a. b. Tübke, Mattheuer, Heisig, Mayer-Foreyt u. Hübscher); 78–81 ebda (Meisterschülerin b. Prof. B. Heisig) – **L:** seit 97 PIKANTA-Akad. Leipzig (Kurse, Workshops, Sommerakad. f. Kinder, Jugendliche u. Erwachsene, keram. Aufbau, Malerei, Graph. u. Objekte) – **Ve:** KV PIKANTA Leipzig (Gründerin) 90; BBKL; VG Bild-Kunst – **E:** zuletzt u. a. 90 Leipzig, Univ.; 91 Frankfurt am Main, Bertram; 92 Leipzig, Postbank; 93 Leipzig, Schauspielhaus; 94 Berlin, Postbank; Leipzig, Spk.; 95, 96 Leipzig, Studio Baltin; 96 Leipzig, Hotel Adagio; 98 Weissenfels, Dresdner Bank; 99 Leipzig, Arztpraxis Dr. Koßmagk; 00, 01 Leipzig, Kabel Dtld; – Ausst. zus. m. Wolfgang Böttcher: 01 Leipzig (Kunst im Lesesaal); 02, 03 Zeitz, Mus. Schloß Moritzburg; 03 Leipzig, Autohaus Heil (m. Dietrich Wenzel); Leuna, Gal. CCE – ***Lit:*** AKL, Bd. 12 96; Bildende Künstler in Leipzig 06 – (Red.)

Böttcher, Herbert, Dipl.-Foto- u. Filmdesigner; c/o in focus Fotogr. Burkhard Arnold, Brüsseler Str. 83, D-50672 Köln, Tel. u. Fax: (02 21) 1 30 03 41, *infocusgalerie@aol.com*, *www.HerbertBoettcher.de*; *www.infocusGalerie.de* (* Rietberg 8. 8. 62) – **VG:** Köln, in focus Gal. – **S:** 88–93 FHS Bielefeld (FB Foto- u. Film-Design) – **L:** 95–99 Univ.-GH Paderborn (Künstler. Fotogr.) – **P:** Sophie Smoliar Award 04 – **G/T:** künstler. Fotogr. – **Ö:** Bad Oeynhausen, Energie-Forum-Innovation (Archit. u. Energie) – **E:** zahlr., u. a. 96 Paderborn, KV; 97 Bielefeld, Jesse; 99 Minden, Theatergal.; 02 Bad Oeynhausen, Energie-Forum-Innovation (Kat.); 04 Köln, Photokina (Kat.); 05 Berlin, Vertretung d. Handelskammer Hamburg; 06 Köln, In focus Gal. am Dom (Kat.) – **G:** zahlr. Bet., u. a. 91 Enschede, Gal. Objektief; 93 Zwischenzeit – Camera Obscura im Dialog (Kat.): Saarbrücken, Saarländ. Künstlerhaus; Bielefeld, Hist. Slg; Siegen, Bunker Höhstr.; 04 Siegen, photographers network (Kat.); 06 Köln, In focus Gal. am Dom: Cologne Fine Art (Kat.) – **V:** Auswahl: Figure Studies 3, in: Pinhole J. Dez. 93; Individuelle u. schräge Kunst, in: Neue Westfäl. v. 1.6. 96; Contemp. European Pinhole Photogr., in: Pinhole J. v. 1.8. 96; Obskure Fotogr., in: Neue Westfäl. (Feuilleton) v. 11.7. 97; Architecture 00, Kal. (Kerber Verlag) 99; Der Emotion d. Archit. auf d. Spur, in: Neue Westfäl. v. 30.10.02; Vision – Symbiose, Kat. (Archit.fotogr.) 02; Fotografi Norwegen Mai 03; Il Fotografo Sept. 03; Foto Prática Portugal Okt. 03; Foto Kurier Polen Nov. 03; Foto Mag. Dez. 03 Expressive Archit., in: Neue Westfäl. v. 28./29.2.04; Profifoto Juli/Aug. 04; Profifoto photokina extra 04; Photo Net 68 04; Visionen f. neue Energie, Kal. 04; Schiffahrt in kühler Romantik, in: Neue Westfäl. v. 5./6.3. 05; Studio photogr. & Design März 05; Foto Mag. Juni 05; Dt. Seeschiffahrt Okt. 05; Zoom Italy, Ital. u. USA, Nov./Dez. 05; Creative Vision 05; Welt kompakt v. 31.1.06; Prinz Jan. 06; Kunstmarkt, in: Die Welt v. 28.1.06; Kölner Jan./Feb. 06; Kunst aktuell März 06; Photogr. März 06; Seamotion, Ausst.kat. Köln 06

Böttcher, Joachim, Maler, Graphiker, Bildhauer (* Oberdorla/Thür. 24. 1. 46) – **VG:** Berlin, Gal. Berlin – **S:** 67–72 HBK Dresden (Malerei u. Graph.); 80–83 AdK Berlin (Meisterschüler b. W. Stötzer) – **M:** Oberhausen, Ludwig-Gal. – **Ö:** Berlin, Franz-Volhard-Klinik – **E:** / **G:** seit 73 Ausst. u. Ausst.bet. im In- u. Ausld, u. a. 95 Köln, Art Cologne; 96 Neubrandenburg, KS; 97 Ahrenshoop, Strandhalle; 99 Berlin, Parterre; 99, 02 Berlin, Gal. Berlin – ***Lit:*** AKL; Kunst in der DDR 03 – (Red.)

Böttcher, Jürgen s. Strawalde

Böttcher, Wolfgang, Maler, Radierer, Kupferstecher, Galerist; Schopenhauerstr. 14, D-04157 Leipzig, Tel. (03 41) 9 12 98 22. Kunsthof Munschwitz, Am Anger 2, D-06679 Munschwitz, Tel. (03 44 41) 2 49 22 (* Leipzig 19. 3. 48) – **S:** 66–71 HGB Leipzig (b. Werner Tübke u. Wolfgang Mattheuer) – **L:** Kurse, Workshops u. Sommerakad. in d. PIKANTA-Akad. – **P:** Pühringer-Stift. Wien 01 – **Ve:** VBK DDR 72–90; BBKL 90; KV PIKANTA Leipzig 90; VG Bild – **G/T:** Portr.malerei u. -zchng; baugebundene Wandmalerei; Rad.; Kupferstich – **W:** in Privatbes. – **M:** Altenburg, Lindenau-Mus.; Bad Frankenhausen, Panorama Mus.; Beeskow, Kunstarch.; Berlin, Kpst.-Kab.; Halle/Saale, KS d. Univ.; Leipzig, KS d. Univ.; Leipzig, MBK – **Ö:** Leipzig, Apels Garten – **E:** u. a. 75 Leipzig, MBK; 86, 98 Leipzig, Univ. (jeweils Kat.); 02 Zeitz, Mus. Schloß Moritzburg (m. B. Böttcher); Beeskow, Burg; 03 Leuna, Gal. im cCe Kult.haus (m. B. Böttcher); 04 Halle/Saale, Kustodie d. Univ.; 06 Leipzig, Alte Nikolaischule – **G:** u. a. 80 Berlin, Altes Mus.: Mythos in d. Kunst d. DDR; 86 Berlin, AK: Mitglieder stellen vor; 93 Darmstadt, (KV PIKANTA); 95 Neu-Ulm, Edwin Scharff Mus.: Die andere Moderne; 98 Leipzig, Dresdner Bank am Augustusplatz: ART LETTER oder Briefe an tote Freunde; 00, 04 Leipzig, Grafikbörse; 01 Leipzig, (Kunst im Lesesaal); 03 Leipzig, Autohaus Heil; 04 Leipzig, BBKL: Druckgrafik – ***Lit:*** u. a. AKL, Bd 12 96; W.B. Grafisches Oeuvre, Druckgr. aus drei Jahrzehnten, Ausst.kat. 98; Bildende Künstler in Leipzig 06

Böttger, Gunter, Dipl. Graphiker u. Illustrator; Peterssteinweg 13, D-04107 Leipzig, Tel. u. Fax (03 41) 4 61 72 52. Rittergutstr. 1, D-04159 Leipzig, Tel. (03 41) 4 68 55 77, *boettkunst@aol.com*, *www.zb-kunst.de* (* Zwenkau b. Leipzig 4. 5. 46) – **S:** 72–77 HGB Leipzig – **L:** 01–02 Inst. f. Postgraduale Weiterbildung Leipzig (Gest.lehre f. Medien, freier Doz.) – **Ve:** VBK DDR 79–90; BBKL 92 – **G/T:** Objektkunst (Aluminium), freie Graph. (Rad.), Ill. u. Plast. – **K:** Rad. aller Techniken – **W:** überw. in Privatbes. – **M:** Dresden, Kpst.-Kab.; Leipzig, KH Spk.; Leipzig, MBK –

Ö: Waldheim, Gymnasium (Wandgest. Aluminium-Ätzung) – **E:** 81 Pécs/Ungarn – **G:** zahlr. Ausst.bet. seit 81, u. a. 88 Paris, Centre Culturel de la RDA; 84–03 Leipzig, Grafikbörse; 90 München, Max-Plank-Inst. 03 Lippstadt, Pawlick; Leipzig, IBFB-PHARMA GmbH – ***Lit:*** Konrad Herrmann, MPG-Spiegel, Zs. 90; Bildende Künstler in Leipzig 06 – (Red.)

Bofinger, Helge, Prof., Dipl.-Ing., Architekt; c/o Bofinger & Partner, Architekten, Köpenicker Str. 48/49, D-10179 Berlin, Tel. (0 30) 27 86 55 4, Fax 27 86 55 5. Biebricher Allee 49, D-65187 Wiesbaden, Tel. (06 11) 87 0 94, Fax 87 0 95, *bofinger@bofinger-partner.de*, *www.bofinger-partner.de* (* Stettin 30. 3. 40) – **S:** 60–68 TU Braunschweig – **L:** seit 86 Univ. Dortmund (Prof. f. Entwerfen u. Gebäudelehre); 85 Univ. Buenos Aires; 95 Univ. Tiflis/Georgien (Prof. h.c.) – weitere LAuftr. an d. Univ. Stuttgart, Hannover, Darmstadt, Venedig, Amsterdam u. Rosario/Argentinien – **P:** zahlr. Ausz. u. intern. Pr., u. a. Deubau Sonderpr. 79; Intern. Bau-Ausst. Berlin (1. Pr.) 81 – **Ve:** BDA – **B:** Berlin: Willy-Brandt-Haus; Braunschweig: Reihenhaus Rostockstr.; Braunschweig: Kaufhaus Horten; Braunschweig: Tiefgarage; Braunschweig: Schloßparkpavillon u. öff. Grünanlage; Frankfurt am Main: Filmmus.; Göttingen: Wohnanlage m. Tiefgarage; Goslar: priv. Schwimmbad; München: Haus H.; Osnabrück: Anlage Ledenhof; Zweibrücken: Haus Dr. K. – **V:** zahlr. Text- u. Projektpubl. – ***Lit:*** AKL – (Red.)

†**Bofinger,** Manfred, Graphiker, Illustrator, Cartoonist; lebte in Berlin (* Berlin 5. 10. 41, † Berlin 8. 1. 06) – **VG:** Berlin, Cartoon Commerz Ni & Co. – **S:** Autodidakt – **P:** Kunstpr. d. DDR 81; Goethepr. d. Stadt Berlin 87; Buch d. Monats 91, 94; Schnabelsteherpr. 95; Rahel-Varnhagen-v.-Ense-Med. 02; sowie div. 'Schönste Bücher' u. 'Beste Plakate' – **Ve:** VG Bild; Verb. d. Graph.-Designer – **KGr:** Cartoonfabrik Köpenick – **G/T:** Kinderbuchill., Cartoons – **W:** überw. in Privatbes. – **M:** Berlin, Staatsbibliothek; Greiz, Bücher- u. Kpst.-Slg – **Ö:** Eschede, Großgemeinde – **E:** / G: div. Ausst. im In- u. Ausld – **V:** div. Kinderbücher u. ill. Bücher seit Ende d. 60er Jahre; Das dicke BOFINGER-Buch 95; langjähr. Mitarbeiter d. Zs. 'Eulenspiegel' – ***Lit:*** Für Kinder gemalt. Buchillustratoren d. DDR 75; Die Buchillustration in d. DDR 1949–1979, Ausst.-Kat. 79; Lex. d. Kinder- u. Jugend-Lit., Erg.- u. Reg.-Bd 84 (mit Werkverz. u. Lit.); Flemig: Karikaturistenlex. 93; Steffen Peltsch: M.B. Porträt e. Frechen, in: Beiträge Jugendlit. u. Medien, Weinheim 93 (S. 103–111); AKL, Bd. 12 96; Gerald Aschenbach: M.B. – Exlibris. Ein Berliner Karikaturist, Cartoonist, Illustrator u. seine Bucheignerzeichen 98; Heinz Decker: Die spaßigen Exlibris d. M.B., in: DEG-Jahrbuch 05 (S.97–107) – ***LitR:*** div. Fs.beiträge d. ORB

Bogner, Willy, Designer, Filmemacher, Unternehmer; c/o Bogner GmbH & Co. KG, St.-Veit-Str. 4, D-81673 München, Tel. (0 89) 43 60 60, Fax 43 60 64 29 (* München 23. 1. 42) – **S:** Hohenstein (BWL u. Bekleidungstechnik) – **P:** Bay. Filmpr. 86; Münchener Modepr. 94; BVK am Bande 96 – **G/T:** Design (Sportkleidung); Film (Dokf.) – **R:** u. a. Ski Faszination, Dokf. 64; Stehaufmännchen, Spielfilm 69; Benjamin, Spielfilm 71; Tuamotu, Dokf. 80; Crystal Dreams, Skifilm 82; Feuer und Eis, Skifilm 86; Olympic Dreams 87; Feuer, Eis & Dynamit 90; White Magic 94; The way to B, IMAX-Film 98; Cool Trend, Willy Bogners Snow Show, TV-Ser. ab 98; Ski to the Max 00 – ***Lit:*** Contemp. Fashion 95 – (Red.)

Bogner, Wolfgang, Fotograph; Rennsteinerstr. 7, A-9500 Villach, Tel. u. Fax (0 42 42) 21 92 73, *fotogalerie.bogner@gmx.at*, *www.ppf.at/Partner/fotobogner* (* Wels/ObÖst. 15. 11. 42) – **VG:** New York, SEE-Gall.; Villach, Lind – **S:** Foto-Workshops u. -seminare – **P:** Pr. d. Jury d. Ldes Kärnten 01 – **Ve:** KV Kärnten seit 00 – **G/T:** Schwarz/Weiß-Fotogr. (Schwerpunkt geometrische Motive, auch in Verbindung m. Menschen) – **K:** künstler. Schwarz/Weiß-Fotogr. – **M:** Klagenfurt, MMKK; Traun/ObÖst., StG – **E:** u. a. 96 Urbania, Galleria Montefeltro; 97 Rom, Galleria Immagina; 98 Klagenfurt, BV-Gal.; Rom, Galleria Area Domus; 99 Klagenfurt, Haus d. Archit.; Treviso, Centro Culturale 'Le Venezie'; 00 Villach, Lind; 01 Klagenfurt, RH; 02 Klagenfurt, Gal. Kärnten – **G:** u. a. 96 Eferding, Schloß Starhemberg; 97 Villach, RH; 98 Florenz, Palazzo degli Affari; 99 Fürstenfeld, Schloß Burgau; Traun/ObÖst., StG; 00 Melbourne, Victorian College of Art; 01 Lissabon, Palacio Galveias; 02 Klagenfurt, Europahaus – **V:** Wendeltreppe (Fotos u. Texte); Die Oberflächengesellschaft (Fotos u. Texte) – (Red.)

Bohatsch, Erwin, Maler; Kaiserstr. 69, A-1070 Wien, Tel. (01) 6 99 10 09 17 01, Fax 4 08 07 80, *eb@erwinbohatsch.at*, *www.erwinbohatsch.at* (* Mürzzuschlag/Stmk 8. 10. 51) – **S:** 66–70 KGS Graz (b. Otto Brünner); 71–76 ABK Wien (Malerei b. Prof. Walter Eckert) – **L:** LBeauftr.: 92 Intern. Sommerakad. Salzburg; 93 Intern. Sommerakad. f. Bild. Kunst Gomera; 94 Sommerakad. f. Bild. Kunst Berlin; ABK Wien (Prof. f. Abstr.) – **P:** Otto-Mauer-Pr. 83; DAAD Stip. Berlin 84–85; Pr. f. bild. Kunst d. Stadt Wien 96 – **Ve:** Secession Wien – **G/T:** In d. 80er Jahren Vetreter d. 'Neuen Malerei' in Öst., Themen waren v. Interesse f. ethnograph. Motive m. myth.-poet. Bilderwelt bestimmt; Anfang d. 90er Jahre v. symbolhaft-figurativen Stil Entwicklung z. abstr. Reduktion (lasierend übereinander geschichtete Farben, organ. anmutende Rinnspuren u. m. Spachtel abgezogene Farbstege) – **M:** Graz, LM Joanneum (Neue Gal.) – **E:** 77 Wien, Brandstätter; 81 Wien, Gal. Ariadne; 83, 90 Graz, LM Joanneum (Neue Gal., Kat.); 85 New York, Sharpe Gall.; Berlin, DAAD-Gal.; 85, 88 Berlin, Skulima; 90 Chicago, Ricky Renier Gall.; 91 Berlin, Diehl (Kat.); Salzburg, Rupertinum; 91, 94 Oslo, Doblong; 92 Wien, Secession (m. Johannes Zechner); 96 Wien, König; 97 Innsbruck, Thoman; 98–99 Bregenz, Kunsthaus (Kat.); 99 Wien, MMK Stiftung Ludwig; Freiburg im Breisgau, Morat-Inst. f. Kunst u. Kunstwiss.; 00 Dornbirn, c.art Prantl + Boch; Zürich, Lelong (m. Johannes Zechner); 02 Zürich, Kaufmann; 06 Passau, MMK – Stift. Wörlen; Duisburg, Mus. Küppersmühle – Slg Grothe (Manfred Wakolbinger) – **G:** 77 Wien, Pal. Liechtenstein: Interkunst; 82 Berlin, Martin-Gropius-Bau: Zeitgeist; 84 New York, MOMA: An internat. survey of recent paint. and sculpt.; 87 Los Angeles, County Mus. of Art: Avantgarde of the eighties; 91 Lyon, Un mus. en voyage; 92 Wien, HM; Chicago, Intern. Art Exposition; Köln, Art Cologne; 92, 93 Frankfurt am Main, Art Frankfurt; 95 Reykjavík, Nýlistasafnið – Living AM; 96 Bonn, Kunst- und Ausst.halle d. BRD; 98 Buenos Aires, Mus. Nacional de Bellas Artes; Wien, Secession; 01 Wien, MAK – (Red.)

Bohl, Henning (* Oldenburg 75) – **VG:** Köln, Borgmann & Nathusius; Hamburg, Günther Borgmann – **S:** 97–00 HBK Kassel (freie Kunst b. Urs Lüthi); 00–04 Städelschule Frankfurt am Main (b. Thomas Bayrle) – **P:** Künstlerstip. Willingshausen d. Spk.kulturstift. Hessen-Thüringen 04 – **G/T:** Zchng; Collagen; Papierschnitte; Install.; Dekonstruktionen – **E:** 98 Kassel, H.B. u. Linda Evangelista; 02 Frankfurt am Main, KV; Köln, kjubh KV (m. Michael Beutler); 03 Berlin, Autocenter (Das Wunder im Wald); Berlin, Gal. Antik (m. Suse Weber); Berlin, Glaspavillon an d. Volksbühne (Gal.

Meerrettich); 03, 04 Köln, Borgmann & Nathusius; 04 Hamburg, Günther; Willingshausen, Gerhardt-v.-Reutern-Haus (Kat.); 05 Braunschweig, KV (Kat.); Düsseldorf, KV; 05–06 Brüssel, Dependance (m. Michaela Meise) – **G:** Bet. seit 99 Kassel, Transformation Delta; 00 Oldenburg, Steinweghalle: Und was machen wir heute?; Marburg, KV: Das erste Mal; Hamburg, Crone: Clara; 01 Iper/Belgien, More talent than space; Kassel, Stellwerk: I am for real; Kassel, Mus. Fridericianum: Kassel am Meer (Kat.); Luzern, oT Raum: Migma; 02 Paris, Origami rückwärts; Frankfurt am Main, Art Frankfurt; Berlin, Sounds; Hamburg, Hinterconti: Fluten; 03 Frankfurt am Main, KV: Deutschemalereizweitausendunddrei (Kat.); München, KV: Total Motiviert – State of the upper Floor; Konstanz, KV: Bis ans Ende d. Welt (Kat.); 04 Frankfurt am Main, Städel: FIN – Absolventenausst.; Berlin, KW: Jetzt u. 10 Jahre davor; Köln, KV: Dtld sucht; Köln, Buchholz: Teil 1 Müllberg; Edinburgh, Collective Gall.: The Savoy; 05 Kraichtal, Ursula-Blickle-Stift.: Therefore Beautiful; New York, Naftali: POST MoDERN; 05–06 Cork, Glucksman – ***Lit:*** u. a. Michael Krebbler: Schön zäh: Michael Beutler u. H.B. im kjubh KV, in: Texte zur Kunst Bd 12, Heft 48 02; Michaela Eichwald: Weiter machen: H.B. in d. Gal. Borgmann & Nathusius, in: Texte zur Kunst Bd 13, Heft 52 03 – (Red.)

Bohley, Mari Emily, BA, Schrift- u. Buchkünstlerin; c/o Gal. blue child, Kunsthofpassage, Görlitzer Str. 25, D-01099 Dresden, Tel. (03 51) 8 02 90 68, Fax 8 02 90 67, *bluechild@t-online.de; maribohley @hotmail.com, www.mari-emily-bohley.de* (* Görlitz 30. 1. 73) – **VG:** Dresden, blue child – **S:** 96–99 Roehampton Inst. London (Buchbinderei u. Kalligraphie b. Prof. Ewan Clayton u. Jen Lindsay) – **L:** 00–03 BerufsFS ESB Dresden (Schriftgraph.) – **Ve:** SKB 99; Ars Scribendi 01 – **G/T:** Schrift- u. Buchkunst (trad. u. mod. Schriftarten, Buchbindetechniken u. Buchobjekte) – **K:** Kalligraphie (klassische Schriftarten u. expressive Schriftbilder); Buchbinden (trad. u. mod. Buchbindetechniken) – **W:** zahlr. Schriftblätter, Bücher u. Buchobjekte, überw. in Privatbes., Plattform f. Künstlerb. im Internet (www.artists-books.de) – **Ö:** Dresden, Deko Art Müller – **E:** 01 Luckenwalde, Kr.- u. Stadtbibliothek; 03 Nossen, Schloß; 04 Wünsdorf, Neue Gal.; 04, 05 Dresden, blue child – **G:** zahlr. Bet. seit 99 99, 01 London, British Library; 00 Dresden, Gal. 3st & Töchter; Halle/Saale, Kleiner & Richter; 01, 02, 03 Dresden, blue child; 05 Leipzig, Große Sä. Kunstausst.; 06 Dresden, ORNÖ-Kunstfestival – ***Lit:*** IAKH, 12. Jahreszs f. Künstlerb. u. Handpressendrucke 03

Bohmeier, Bernd, M. A., Maler, Schriftsteller; Händelstr. 53, D-50674 Köln, Tel. u. Fax (02 21) 25 22 03, *Bohmeier@t-online.de* (* Bad Oeynhausen 26. 9. 43) – **P:** August-Macke-Pr. d. Stadt Meschede 75 – **W:** überw. in Privatbes., Ankauf u. a. durch d. Dt. Bundestag Berlin – **M:** Düsseldorf, Kultusmin. NRW; Iserlohn, Städt. Slg; Krakau, NM; Kronach, Ldkr.; Viersen, Städt. Slg; Wesseling, Städt. Slg; Wittlich, Städt. Slg – **E:** u. a. 76 Köln, Friebe; 78 Köln, Wiegand; Wittlich, Synagoge; 80 Solingen, Dt. Klingen-Mus.; 82 Koblenz, Mittelrhein-Mus.; 83 Viersen, StG; 86 Coburg, KV; Antwerpen, de Eik; 89, 99 Trier, Tuchfabrik; 91 Berlin, Hotel Esplanade; 92 Lille, Schèmes; 97, 03 Alendorf, Urlaub; 98 Essen, Klose; 01 Köln, Kunstraum; Köln, Trinitatiskirche; Köln-Mülheim, Kunstforum St. Clemens; 06 Kronach, Synagoge – **G:** 83 Köln, RH; 87 Köln, SM; 90 Karlsruhe, Künstlerhaus; Köln, Kunstfabrik Tor 1; 93 Wernigerode, KV; 97, 05 Alendorf, Urlaub; 99, 00 Essen, Klose; 00 Köln, Skala; 05, 06 Blankenheim, Mus.; 06 Köln-Mülheim, Kunstforum St. Clemens; Kronach, Synagoge – **V:** Rosenkranz (Zeichn. u. Kurztexte) 69; Trik-o-Trak, Mappe (Zeichn. u. Kurztexte) 70; Ins Gegenbild (Aqu. u. ein lit. Text) 82 – ***Lit:*** Ausst.kat.: Jürgen Weichardt, 70; Bjurk Thomas Butz, 72; Jürgen Weichardt, Zeichn.kat. 78; Dieter Wellershoff, 83; Gerhard Kolberg, 91; Karl Heinz Urlaub, 01

Bohn, Manfred, Architekt; Tel. (0 22 66) 6 56 95, *ARCH.BOHN@utanet.at, www.arching.at/Bohn* (* Wien 5. 10. 56) – **S:** 74–81 TU Wien (Feng Shui u. Räume d. Kraft) – **KGe:** Inst. f. ganzheitl. Bauen Ecobauconsult – **K:** Raumgest., Feng Shui, Farben, Seele in d. Archit. – **B:** Stockerau: Einsegnungskap. (Renovierung); Wien, Kult.zentrum Steingasse

Bohne, Rango (eigtl. u. verh. Rango Becker, geb. Rango Bohne), Malerin; Am Klausenberg 84, D-51109 Köln, Tel. (02 21) 84 11 39. Johann-Häck-Str. 7, D-51519 Odenthal, Tel. u. Fax (0 21 74) 44 80 (* Köln 13. 4. 32) – **S:** 58–62 KA Düsseldorf (b. K. O. Götz); HdK Berlin (b. G. Fietz) – **Ve:** GEDOK Köln 64–02; BBK Köln 67 – **G/T:** Collage (Ldschaft, Archit., Figur, abstr. Räume); Rad. (Umgebung, Reisenotate) – **E:** 62 Novara, Gli Araldi; 69 Lichtaart, Artepik; 72 Paris, Goethe-Inst.; 73 Köln, Gal. Der Spiegel; 76 Köln, Artothek; 84 Viersen, StG im Park; 88, 92, 97, 02 Bergisch Gladbach, Schröder & Dörr; 89 Köln, Kunstraum Klapperhof; 96 Wiesbaden, Inselgal. Rettbergsaue; 97 Köln, Brehm; 00 Rolandseck, Bahnhof; 02 Leverkusen, Gal. am Werk; Köln, Lit.haus – **G:** 63 Leverkusen, StM Schloß Morsbroich; 64 Berlin, Diogenes; 93 Köln, Gal. Der Spiegel; 00 Ahrenshoop, Neues Kunsthaus; 01 Erfurt, Kunsthaus – **V:** alle R. B. m. Jürgen Becker (Texte): Fenster und Stimmen (Collagen) 82; Frauen mit dem Rücken zum Betrachter (Rad.) 89; Korrespondenzen mit Landschaft (Collagen) 96; Häuser und Häuser (Collagen) 02 – (Red.)

Bohnenberger, Stefan (Ps.: Ibu al Stuffi, weitere Ps.: Patty Malone, Baron Stucki, Sophie do Mar, Prinz Stufitz, Duc de Su, Maire le Bœuf Andrade, Prof. Dr. Messerli, Lou van Bo), Maler, Bildhauer, Fotograf, Filmemacher; 43, rue du Métal, B-1060 Brüssel, *sb@stefanbohnenberger.com, www.stefanbohnenberger.com* (* München 59) – **VG:** Brüssel, Gal. Les Contemporains; Leipzig u. New York, Gall. Pierogi 2000 – **S:** 80–86 Univ. Frankfurt am Main u. Berlin (Kunstgesch., -erziehung u. Filmwiss.) – **P:** Europ. Grant (Monflanquin) 93; Stift. Kunstfonds – Arb.- u. Projektstip. 96 – **G/T:** u. a. Skulpt.; Install.; Guckkästen u. Fotogr. – **M:** Bordeaux, FNAC – **E:** zahlr., zuletzt u. a. 98 Haifa, Intern. Art Space; 99 Colombo, Goethe-Inst.; 99, 00 Bangalore, Goethe-Inst.; 00 New Delhi, Goethe-Inst.; München, Mosel & Tschechow; 06 Brüssel, Gal. Les Contemporains – **G:** u. a. 98 Freiburg im Breisgau, KV; 00 San Francisco, Yerba Buena Center for the Arts; Los Angeles, Post Gall.; Bad Münstereifel, Klein; München, Artothek; 00, 06 Leipzig, Gall. Pierogi; 01 Trollhätten, KH; 03 Zagreb, Goethe-Inst.; Montevideo, Goethe-Inst.; 04 Brüssel, Maison du Peuple; Amsterdam, Artis; 05 Hampten/NY, The Auk – **R:** zahlr. Kurzf., u. a.: Habibi 97; Adolf Magdi 97; Shisha 97; Shigerat 01; Donkey Shot 03; Labyrinth of Spaces in Chronological Order 03; Coiffure Liliane 05; B-Movie 06 – ***Lit:*** AKL sowie ca. 20 Kat. zu Einzelausst, üb. Projekte u. Bet., z.B. Reiner Speck, Gerhard Theewen (Hrsg.): S.B. Prinz Stufitz Mein Indienalbum – ***LitR:*** Sepp Dimpflhuber: Les derniers jours dans l'atelier de S.B., Portr./Dok. 06; Fred Isaak: Allumette-intuition, Dok. 06

Bohnhoff, Ursula s. Trams, Ursula

Bolduan, Solveig Karen, Dipl. Bildhauerin, Malerin; Friedrichshainer Weg 49 c, D-03130 Felixsee, Tel.

(03 56 98) 7 28 80 (* Pritzwalk 2. 3. 58) – **VG:** Berlin, Gal. Sophien-Edition – **S:** 76–78 Saalfeld (Keramikmalerin u. Scheibentöpferlehre); 78–83 KHS Berlin-Weissensee – **P:** Pr. d. Europa-Biennale-Niederlausitz (Hauptpr.) 93; Aufenthaltsstip. f. Rio de Janeiro 95 – **Ve:** VG Bild seit 90; VBK Brandenburg seit 89; GEDOK Brandenburg seit 94 – **KGr:** Kg 849 (seit 97) – **G/T:** Bildhauerei (Holz, Stein, Akt); Objektkunst; Malerei (Mischtechnik); Land-Art (Baugebunden) – **K:** Bildhauerei (Holz); Malerei (Mischtechnik, Wachs) – **W:** zahlr. Werke in Privatbes. – **M:** Cottbus, Brandenburgische KS; Frankfurt/Oder, Mus. Junge Kunst; Rio de Janeiro, Mus. de Arte Mod.; Senftenberg, KS Lausitz – **Ö:** u. a. Chemnitz, Energieversorgung Spree-Schwarze Elster AG Hauptverwaltung; Cottbus, Energieversorgung Spree-Schwarze Elster AG Hauptverwaltung; Cottbus, Carl-Thiem-Klinikum; Herzberg, Kr.krankenhaus; Potsdam, Investitionsbank d. Ldes Brandenburg; Senftenberg, Lausitzer Braunkohle AG Hauptverwaltung – **E:** u. a. 93 Frankfurt/Oder, Gal. B d. Frankfurter KV; Krefeld, Kunstspektrum GKK; 94 Cottbus, Haus 23; 95 Senftenberg, Lausitzer Braunkohle AG Hauptverwaltung; 97 Cottbus, Energieversorgung Spree-Schwarze Elster AG Hauptverwaltung; 98 Cottbus, Blobel; 01, 03 Berlin, Gal. Sophien-Edition – **G:** zahlr. Ausst.bet. seit 83 u. a. 87 Itschewan, Intern. Bildhauersymposium; 91 Cottbus, Brandenburgische KS; Ludwigshafen, Wilhelm-Hack-Mus.; 93 Bonn, Frauen-Mus.; Frankfurt/Oder, Mus. Junge Kunst – ***Lit:*** Astrid Volpert: Alle unter einem Dach, Zs 90; Kunstszene Tagebau. Dokumentation eines ungewöhnlichen Kunstereignisses 92; Christian Tröster: Hier soll die Kunst den Weg bereiten, Zs 93; Europa-Biennale-Niederlausitz. II. Biennale 1993 94; Gerlinde Förster, in: Arbeitslos bin ich nie 94, 95; – sowie div. Kat. zu Ausst.

Bolenz, Ulrike, Malerin; Marius Duchéstraat 13, B-1800 Vilvoorde, Tel. u. Fax 0 22 51 18 58, *webmaster@ulrikebolenz.de; raebol@pandora.be, www.ulrikebolenz.de.* Zur Hege 19, D-35041 Marburg (* Castrop-Rauxel 11. 6. 58) – **VG:** Heidelberg, Signum; Hamburg, Borchardt; Paris, Boulan; Paris, Meyer-Lebihan – **S:** 79 HBK Kassel (Freie Malerei, Realismus b. Prof. Manfred Blath u. Prof. Tom Gramse); 81 Stud. d. Kunstpädagogik – **L:** 81–91 Marburger Sommerakad. (Doz.); 94, 95 Sommerakad. Bremerhaven (Doz.) – **P:** Arb.stip. d. Stadt Bad Münster 90; Intern. Künstlertreffen Montpellier 92; Werkvertragsstip. d. Berliner Senats 94; Kunstpr. Lohmar (1. Pr.) 95; Kunstpr. Wesseling (1. Pr.) 97; Anerkennungspr. d. Stadt Wesseling 00 – **Ve:** BBK Berlins 95–04; SABAM 98–04 – **G/T:** Mixed Media, Videoaufnahmen, Fotogr., Fotolabor, Computer, Drucktechnik, Acrylfarbe, Acrylglas, Zeichn., Themen: Mensch – DNA, Kämpfende, Fallende, Lachende – **M:** Berlin, Senat f. kult. Angelegenheiten; Brüssel, Univ.mus.; Marburg, Univ.-Mus. – **Ö:** Bad Münster, Stadt; Beerse/Belgien, Johnson & Johnson; Berlin, Thyssen; Berlin-Neuruppin, Öko Consens; Brüssel, Bank Brussel Lambert; ebda, Univ.mus.; Frankfurt, Oberpostdir.; Marburg, Staatsbauamt; ebda, Finanzamt; Schwalmstadt, Staatsbauamt; Wiesbaden, Hess. Min. f. Kunst u. Wiss. – **E:** seit 94, u. a. 95 New York, Smithtown Art Council; Eke, Laboart; 96 Oostende, Kunsthuis Loosveldt; 98 Marburg, Stadthalle; London, Foreign Press Assoc.; 98, 01 Brüssel, Dewart; 99 Wesseling, Lokaltermin 1; 03 Marburg, Univ.-Mus.; Heidelberg, Schloß; 04 Hamburg, Borchardt; Gent, Campo-Santo; 05 Paris, Meyer-Lebihan; 06 Paris, Suty – **G:** u. a. 98, 99, 00, 01, 02, 03 Brüssel, Dewart; 99 Nizza, Art Junction Intern.; 00 Brüssel, Art Brussels; Oostende, Europapr.; 01 Brüssel, Univ.mus.; Heidelberg, Schloß; 02–06, jährl. Paris, Art Paris; 04 Fiac, 04; 05 Miami, Art Miami; Frankfurt am Main, Art Frankfurt; Karlsruhe, Art Karlsruhe; Straßburg, St. Art; Köln, Kunst Köln; Bad Salzdetfurth, KV – weitere: 03 SABAM, Belgien 05 Miami Scope – ***Lit:*** AUSST.KAT.: U. B. 92, 97; Flor Bex u. Klaus Flemming: U. B. 03 – ***LitR:*** SFB Berlin 95; Radio Judaika/Brüssel 97, 99, 02; RTBF Brüssel 98; Belgisches Fs. 98; Radio France Intern. 98; Arte Frkr., Dtld 99; K3 Belgien 99; Kunstatelier U. B. in Brüssel, TV-Brüssel 00

Bollag, Amy Abraham, Maler, Illustrator, Cartoonist, Landwirt, Schriftsteller; Uetlibergstr. 282, CH-8045 Zürich, Tel. (01) 4 61 55 50, Fax 4 61 54 77. Höhenweg 8, CH-8836 Bennau b. Einsiedeln, Tel. (0 55) 4 12 39 53 (* Baden/Aargau 12. 7. 24) – **S:** 42–45 KGS Zürich (Malerkl. b. Max Gubler, Ernst Georg Ruegg, Heinrich Müller) – **W:** Werke in Besitz von FIFA-Präs. Sepp Blatter sowie Nationalbank-Präs. Fritz Leutwiler; Ankäufe durch d. Stadt Zürich; – Titelbilder f.: Einsiedler Ztg; Zürcher Tagblatt; Aargauer Ztg; Israelit. Wochenblatt Schweiz; Tikva (Portugal); – Theaterplakate in: Zürich, Einsiedeln, Baden, Bennau – **M:** Basel, Chem. Fabrik Schweizerhall; Basel, Rhenus Basel Schiffahrts AG; Zürich, Slg d. Stadt – **Ö:** Buochs, Hotel Postillon (Wandbild); Faido, Hotel Faido (Wandbild); Lugano, Hotel Meister (Wandbild); Lugano, Synagoge (Thoraschrein); Zürich, Juwelier Morgenbesser; Zürich, Synagoge (Thoraschrein) – **G:** 58, 60–61, 64–65 Zürich, Helmhaus; 59 Zürich, Kirchgemeinde Enge; 62 Zürich, Atelier Reichert; 68 Bern, KH; 69 Lugano, Villa Giani; – sowie 70–06 Ausst. in Baden, Einsiedeln, Hamburg, Leipzig, Zürich, Köln, Basel (Zirkus Knie), Zürich (Theaterspektakel), Einsiedeln (Welttheater), Baden (700 Jahr-Feier) – ***Lit:*** Lex. d. zeitgenöss. Schweizer Künstler 81

Boller, Reto, Bildender Künstler; c/o Galerie Mark Müller, Gessnerallee 36, CH-8001 Zürich (* Zürich 20. 1. 66) – **VG:** Zürich, Müller; Amsterdam, Vous Etes Ici; Stuttgart, Mueller-Roth – **P:** Eidgenössischer Pr. f. freie Kunst 96, 97, 98; Providentia Pr. Young Art 97; Stip. d. Stadt Zürich 97, 00, 01; Stip. d. Kt. Zürich 99, 01, 02; Atelier d. Stadt Zürich in Genua 97; Pro Helvetia 98; Leistungspr. d. HS f. Gest. u. Kunst Zürich 00; Stip. d. Zuger Kult.stift. Landis & Gyr (f. Berlin) 04 – **W:** Werke im Bes. d. Slg Dr. Peter u. Elisabeth Bosshard, Rapperswil u. d. Slg DaimlerChrysler Schweiz AG, Zürich; Ankauf u. a. durch d. Bundesamt f. Kult. Bern – **M:** u. a. Schaffhausen, Mus. zu Allerheiligen; St. Gallen, KM; Zürich, KS d. Kt. Zürich; Zürich, Slg d. Stadt – **Ö:** Kunst am Bau: Affoltern am Albis, Neubau d. Gemeindeverwaltung; Bern, Veterinärmedizinische Fak. d. Univ.; Winterthur, Neubau Schulhaus Laubegg; Zürich, Neubau Schulhaus am Wasser – **E:** u. a. 97, 00, 02 Zürich, Müller; 00 Köln, Art Cologne (Förderkoje); Sierre, Forum d'Art Contemporain; St. Gallen, KV; 02 Stuttgart, Mueller-Roth; 02, 04 Amsterdam, VOUS ETES ICI; 03 Schaffhausen, Mus. zu Allerheiligen; 05 Winterthur, KH – **G:** u. a. 95 Zürich, KH; 96 Bern, KH; Genf, Centre d'Art Contemp.; 97 Lausanne, Mus. cantonal des beaux-arts; 97, 98 Neuchâtel, Mus. d'Art et d'Hist.; 98, 01 Schaffhausen, Mus. zu Allerheiligen; 99 Sierre, Forum d'Art Contemporain; 00 Aarau, Aargauer Kunsthaus; Freiburg im Breisgau, KV; 01 St. Gallen, KM; Hannover, KV; 02 Esslingen, StG Villa Merkel; – sowie regelmäßig Teiln. an Kunstmessen, u. a.: Basel, Art Basel; Berlin, Art Forum; Köln, Art Cologne; Madrid, ARCO – ***Lit:*** KAT.: Konrad Bitterli u. Daniel Kurjakovic (Texte): R. B. 98; Markus Stegmann (Hrsg.): R. B. 03 – (Red.)

Bolles-Wilson, Julia, Dipl.-Architektin; c/o Bolles & Wilson, Alter Steinweg 17, D-48143 Münster, Tel. (02 51) 4 38 88, Fax 4 82 72 24, *info@bolles-wilson.com*, *www.bolles-wilson.com* (* Münster) – **S:** 68–76 Univ. Karlsruhe (Archit. b. E. Eiermann u. O. Uhl); 78–79 Archit. Assoc. School London (Postgraduiertenstud. b. R. Koolhaas u. E. Zenghelis) – **L:** 81–86 Chelsea SchA London (Doz. f. Archit.); 96 FHS Münster (Prof. f. Entwerfen) – **P:** u. a. DAAD-Stip. 78; Wettb. Neue Stadtbücherei Münster (1. Pr.) 87; Shinkenchiku Competition Jap. (1. Pr.) 88; Jap. Archit. Inst. (Goldmed.) 94; Wettb. Hauptgebäude Borkener Volksbank (1. Pr.) 97; Wettb. Luxor Theater Rotterdam (1. Pr.) 01 – **KGe:** Bolles & Wilson: J. B.-W. u. Peter L. Wilson – **E:** / G: u. a. 02 Berlin, IfA-Gal. – (Red.)

Bolliger, Peter Bo (Ps.: BO), Maler, Galerist; Luzernerstr. 2, CH-5620 Bremgarten, Tel. u. Fax 05 66 33 52 09 (* Bremgarten/Aargau 19. 2. 49) – **S:** 64–68 KGS Basel – **E:** mehr als 70 Ausst. – (Red.)

Bolliger, Therese, Assistant Prof. Sheridan Inst. u. Univ. Toronto in Missisauga; 404 Markham Street, Toronto, Ont. M6G 2K9/KANADA, *bolliger.nagel@sympatico.ca* (* Schmiedrued/Schweiz 28. 4. 44) – **VG:** Toronto, Cold City – **S:** 60–61 Schule f. Gest. Bern; 65–69 Schule f. Gest. Basel – **L:** Univ. of Toronto in Missisauga, Sheridan Inst. of Technology (Skulpt. u. Install.) – **P:** Projektstip. d. Ldes Kanada 81; B-Stip. (B Grant) d. Ldes Kanada 85 u. 88 – **G/T:** Arbeiten auf Papier; Skulpt., Install. – **M:** Kamloops, Art Gall.; Ontario, Government; Toronto, Univ. – **E:** 74 Mexiko City, Gal. Pintura Joven; 78 Simcoe (Ont.), Lynwood Arts Centre; 79 Hamilton (Ont.), Art Gall. of Hamilton; 80 Toronto, Factory 77; 81 Kingston (Ont.), St. Lawrence Coll.; 83 London (Ont.), McIntosh Gall./Univ. of Western Ontario; 84 Lethbridge (Alta.), Southern Alberta Art Gall.; 86 Toronto, Mercer Union; 89 Toronto, Justina M. Barnicke Gall./Univ. of Toronto (Kat.); 90 Halifax (N.S.), Anna Leonowens Gall.; 93, 96, 98 Toronto, Cold City Gall.; 94 Kamloops (B.C.), Kamloops Art Gall. (Kat.); Burnaby (B.C.), Burnaby Art Gall.; 97 Basel, Ausst.raum Mörsbergerstr.; 03 Stratford (Ont.), Gall. Stratford – **G:** u. a. 75 Perth, Internat. Drawing Comp.; 79 Toronto, Pauline McGibbon Cult. Centre; 81 Meadville (Pa.), Allegheny Coll.; 83 (Kat.), 01 Toronto, Harbourfront Art Gall.; 83, 85 (Kat.) Stratford (Ont.), The Gall.; 84 London, Canada House (Kat.); 86 Calgary, Alberta College of Art (Kat.); 90 (Kat.), 02 (Kat.); Hamilton (Ont.), Art Gall. of Hamilton; 91 Lethbridge (Alta.), Southern Alberta Art Gall. (Kat.); 97 Madrid, ARCO (Kat.); 98 Toronto, Mus. of Contemp. Art; 99 ebda, Koffler Gall. (Kat.) – (Red.)

Bolliger, Verena, Malerin, Typographin; Seestrasse 33, CH-8598 Bottighofen, Tel. 07 16 88 72 30, *verena.bolliger@zuerich.ch*, *www.kuenstlerarchiv.ch*. c/o Baumann Graphic Design, Sun Areal, CH-8575 Bürglen, Tel. 07 16 33 31 80, *www.baumann-design.ch* (* Zürich 17. 11. 49) – **S:** 66–70 Ausb. z. Typographin b. Hans-Rudolf Lutz in Zürich; 76–78 Schule f. Gest. Zürich (Weiterbildung b. Erich Brändle, Kurt Kleinert u. Henri Schmid) – **Ve:** IG Archiv Ostschweizer Kunstschaffen 05 – **G/T:** Malerei (Öl, Aqu., Lsch., Stilleben, Figuren); Zchng (Blei- u. Farbstift, Pastell); auch Rad. – **W:** überw. in Privatbes.; www.kuenstlerarchiv.ch – **E:** 84 Affolter/Zürich, Gemeinschaftszentrum; 88 Zürich, Kirchgemeindehaus Paulus; Albisrieden/Zürich, Gal. Piater – **G:** 77, 81, 83, 86, 89 Zürich, Zürcher Künstler; 82 Zürich, Migros Genossenschaftsbund; 89 Dübendorf/Zürich, Gal. Schörlihuus; 90 Ferahltorf/Zürich, Gal. Trouvailles; 04 Landschach, Mehrzweckhalle

Bollin, Jörg, Bildhauer, Künstler; Tennenbacher Str. 44, D-79106 Freiburg im Breisgau, Tel. (07 61) 2 85 36 63, Fax 28 74 55, *bollin@t-online.de*, *www.joerg-bollin.de* (* Freiburg 2. 5. 44) – **VG:** Freiburg im Breisgau, Eberwein; Frankfurt am Main, Die Gal.; Leeuwarden, Vromans – **S:** Ausb.: Steinbildhauermeister; Meisterschule f. Bildhauer u. Steingest. Freiburg im Breisgau (b. Reinhard Schakowski u. Johannes Schmid) – **L:** Meisterschule f. Bildhauer u. Steingest. Freiburg im Breisgau (Lehrer f. Schrift u. Gest.) – **P:** Bundesgest.pr. BIV 91; Pr. Stein innovativ LIV Bay. 02 – **Ve:** BBK Südbaden; Bund freischaff. Bildhauer Bad.-Württ. – **G/T:** abstr. Bildhauerei (Stein, Bronze, Stahl); Objektkunst (Papier) – **W:** in öff. u. privatem Bes. – **M:** Kassel, Mus. f. Sepulkralkult.; Straßburg, Fonds Rég. d'Art Contemp. Alsace – **Ö:** Freiburg im Breisgau, Reg.präsidium; ebda, Intercity-Hotel; Lörrach, RH; Olten, Schweizer Effekten-Giro AG; ebda, Hotel Arte; Schwetzingen, Kr.krankenhaus – **E:** zahlr. u. a. 69 Freiburg, KV; 84 Kirchzarten, KV; Amsterdam-Laren, Singer Mus.; 88 Basel, Gal. Triebold-Donati; 93 Liège, Art Actuel; 04 Freiburg im Breisgau, Kult.forum im Regionalverbund kirchl. Krankenhäuser; Amsterdam, Vromans – **G:** zahlr. u. a. 86 Straßburg, Fonds Rég. d'Art Contemp. Alsace; 87/88 Basel, Art Basel; 89 Stuttgart, Künstlerbund; Barcelona, Intern. Art Fair; 91 Paris, Gimmaray; 96 Baden-Baden, Pages; 99 Ehingen/Donau, Gal. Schloß Mochental – ***LitR:*** Rudij Bergmann: J.B., Fs.Portr. in: Et Zetera (S3) 91

Bolsmann, Eric, Maler, Schriftsteller; 1304, Prospect Street, ZA-0083 Hatfield/Pretoria, Tel. u. Fax (0 12) 3 62 66 98, *bmg@lantic.net*, *www.ericbolsmann.co.za* (* Ibbenbüren 11. 6. 41) – **Ve:** Assoc. of Arts, Pretoria – **G/T:** Öl auf Leinwand, Realismus, Landschaft, Stadtlandschaft, Gebäude – **M:** Pretoria, AM – **Ö:** Johannesburg, Sasol; Pretoria, Staatstheater; ebda Stadtrat, Frz. Ambassade – **E:** zehn Ausst. in Pretoria u. Johannesburg – **V:** zahlr. Buchveröff., u. a.: Contemporary Artists of South Africa 94; Pretoria. Artists' Impressions 1857–2001 01; – sowie: Kal. (Großformat) 01; Glanzabdrucke 01; Postkarten (Krüger House Mus.) 02 – (Red.)

Bolstridge, José (Ps.: TMFN); c/o Ambulante Galerie, Residenzplatz 2, D-94032 Passau, Tel. (08 51) 9 66 46 60, Mobil: 0 16 08 43 16 62, Fax 9 66 68 81, *info@ambulante-galerie.de*, *www.ambulante-galerie.de* (* Düsseldorf 18. 1. 64) – **VG:** Passau, Ambulante Gal. – **S:** Autodidakt – **Ö:** Düsseldorf/Kaiserswert – **E:** 00 Düsseldorf, Conzen-Slg.; Düsseldorf, Kunstfabrik; 01 Köln, Kunsthaus; Essen, Gal. Obrist; 02 New York (Big Apple Projekt); Koblenz, Laïk; 03 München, Ambulante Gal. – **G:** 02 Essen, The blue square of Essen; Essen, Gal. Obrist – **V:** Constructive constructivism, Kat. 04 – (Red.)

Bolten, Rainer, Dipl.-Designer, Maler, Graphiker, Installationskünstler; c/o Galerie Elements, Mommsenstr. 32, D-10629 Berlin, Tel. (0 30) 31 01 21 44, Fax 31 01 21 45, *RainerBolten1@freenet.de* (* Mönchengladbach 21. 11. 48) – **VG:** Berlin, Elements; Mönchengladbach, Wallstraßengal. – **S:** 72–76 Folkwangschule f. Gest. Essen (Kl. f. Graph. b. Prof. Hermann Schardt) – **L:** 77–80 Univ. GesamtHS Essen (LAuftr. f. Siebdruck); seit 03 BIS-Zentrum f. offene Kult.arb. Mönchengladbach (Doz. f. Malerei u. Siebdruck) – **P:** Förd.pr. 'Aktion Kunstbl.' d. Rhein. Post Düsseldorf 82; Ankaufpr. b. Intern. Druckgraph.wettb. d. Ldesbank Stuttgart 83 – **Ve:** VG Bild-Kunst 93; Willicher KV 94–02 – **G/T:** Figurative Malerei (Öllasur, Aqu.); Graph. (Zchng, Druckgraph.); a-konzeptionelle Farbtafeln (Öl, Acryl, Aqu.); In- u. Outdoor-Install.

(Textil, Holz, Metall) – **K:** Druckgraph. (Sieb- u. Tiefdruck); Airbrush; Malerei u. Zchng (Aqu., Acryl, Pastell); Portr. u. Akt – **W:** überw. in Privatbes., zahlr. Install. – **M:** Erkelenz, Kult.amt; Essen, Kult.amt; Stuttgart, Ldesbank; Wegberg, Flachsmus. – **Ö:** Mönchengladbach-Rheydt, Niersufer (zw. Schloß Wickrath u. Schloß Rheydt) – **E:** 90 Goedereede/Niederl., Loogement; 91 Dresden, Löhr; 94 Krefeld, Egelsbergmühle; 97 Wegberg, Flachsmus.; 00 Erkelenz, Haus Spiess; 01 Willich, Hubertusstift; 02 Mönchengladbach, Bunter Garten; 05 Berlin, Elements; 06 Heinsberg, Kunsttour; 07 Krefeld, Haus Greiffenhorst – **G:** zahlr. Bet. seit 77, u. a. 83 Stuttgart, Ldesbank; 85 Kaiserslautern, Pfalz-Gal.; 94 Kirn, Wilhelm-Dröscher-Haus; 00 Linselles/Frkr., Kult.zentrum Therese Boutry; 02 Mönchengladbach, Skulpt.meile; Mönchengladbach, Kunstweg Niers; 06 Mönchengladbach, Altes Mus.; – sowie: 04 Kunst-Blatt-Gal., Aldi-Nord/-Span. – ***Lit:*** Kult.amt Mönchengladbach, Kunst-C/O Künstlerdok. 99

Bombach, Traudl s. Petz, Traudl

Bonato, Victor, Maler, Graphiker, Objektkünstler; Weiler Weg 11, D-53859 Niederkassel, Tel. (0 22 08) 46 91 (* Köln 14. 5. 34) – **VG:** Karlsruhe, Rottloff – **S:** 48 Lehre als Glasmaler; 57–61 Kölner Werkschulen (Wandmalerei b. Otto Gerstner); mehrjähr. Stud.-aufenthalte in d. USA – **L:** 87 GesamtHS Wuppertal (LAuftr.) – **P:** August-Macke-Med. 93; Ida Gerhardi-Pr. 95 – **Ve:** Westdt. Künstlerbund; Dt. Künstlerbund – **KGr:** K-66 (Mitbegr. 66) – **G/T:** Objekte (Glas, Blei, Wachs, Spiegelobjekte u. Glas-Spiegel-Verformungen); Vertreter d. Op Art – **W:** Werke in öff. Slgn u. im öff. Raum – **M:** u. a. Bonn, StKS; Düren, Leopold-Hoesch-Mus.; Goslar, Mönchehaus-MMK; Hagen, Karl-Ernst-Osthaus-Mus.; Hamburg, KH; Hannover, Sprengel Mus.; Köln, Mus. Ludwig; Malmö, KH – **Ö:** u. a. Bonn, Gesundheitsamt; Kiel, Ldesbank SH; Köln, Sozialpäd. Zentrum; Münster, Westdt. Ldesbank; Münster, Neues Theater; Zypern, Limassol – **E:** u. a. 70 Köln, Wilbrand; 73 New York, Benson Gall.; 74 Wien, Gal. Contact; 75, 87 Osnabrück, Kulturgesch. Mus.; 77 Ludwigshafen, KV; 84 Goslar, Mönchehaus-MMK; 99 Düsseldorf, Swetec; 00 Bonn, KV – **G:** 03 Köln, Schröder – ***Lit:*** AKL; Reclams Künstlerlex. 02 – (Red.)

Bondzin, Friderun, Malerin; Sonnenlehne 10, D-01328 Dresden (* Altenburg 11. 7. 29) – **S:** 48–51 HS f. Baukunst u. Bild. Künste Weimar (b. Prof. Otto Herbig); 51–52 HBK Dresden (b. Prof. R. Bergander) – **L:** 71–89 HBK Dresden (Doz.) – **P:** FDGB Kunstpr.; Kunstpr. d. Dt. Turn- u. Sportbundes – **Ve:** VBK 53–89 – **G/T:** Portr.malerei, Ldschaften, Stilleben, Öl, Aqu., Pastell – **W:** in privatem u. öff. Bes. – **M:** Chemnitz, KS; Dresden, Albertinum; Dresden, StG; Erfurt, Anger-Mus.; Weimar, Klassik Stift. – **E:** 96 Dresden, Werbehaus; 02 Berlin, Gal. Ost-Art – **G:** 58–76 Dresden, Dt. Kunstausst.; 59 Chemnitz, KS; 64 Erfurt, Anger-Mus.; 67 Prag, DDR-Kult.zentrum; 79 Weimar, KS; 88 Dresden, Gal. Rähnitzgasse – ***Lit:*** Edith Lüdecke: Eine junge Malerin, in: Bildende Kunst, Zs 59; Peter Jochen Winters: Jenseits des großen Stroms, FAZ 02 – (Red.)

Bondzin, Gerhard, Ord. Prof., Maler u. Graphiker; Sonnenlehne 10, D-01328 Dresden-Pappritz, Tel. (03 51) 2 67 93 24 (* Mohrungen/ehem. Ostpreußen 29. 7. 30) – **S:** 48–51 HS f. Baukunst u. bild. Künste Weimar (b. d. Prof. Hofmann, Lederer u. Kirchberger); 51–53 HBK Dresden (b. Prof. Bergander); 54–57 ebda (Aspirantur b. Prof. Bergander) – **L:** seit 53 HBK Dresden: 53–54 Ass. im FB Bild. Kunst, 57–62 Ass. im FB Grundlagenstud., 62–92 Doz., seit 65 Prof., Fachkl. f. Wandmalerei, 73–92 Leitung einer Meisterkl. – **P:** Kunstpr. d. Dt. Turn- u. Sportbundes d. DDR 64; Kunstpr. d. Freien Dt. Gewerkschaftsbundes 65 u. 69; Kunstpr. d. DDR 65; Nat.pr. d. DDR 69; Kunstpr. d. Stadt Dresden 71 – **Ve:** VBK DDR 53–90 – **G/T:** Grundlagen Naturstud. u. Gest.; Komposition f. Tafelbild u. archit. Gest.; Gest. in versch. Wandtechniken; Exper. – **M:** Berlin, AK; Chemnitz, KS; Dresden, SKS; Erfurt, Anger-Mus.; Frankfurt/Oder, Mus. Junge Kunst; Moskau, Puškin-MBK; Rostock, KH; Sofia, Nat. KG; St. Petersburg, Eremitage – **Ö:** u. a. Cottbus (Steinzeug Fassadenbild); Dresden, Kult.pal. (Wandbild m. elektrostatischer Beschichtung); Dresden-Gorbitz (Steinzeug Fassadenbild); Frankfurt/Oder (Platzgest.) – **E:** 58 Chemnitz, KS; 64 Dresden, Kunst d. Zeit; 65 Erfurt, Anger-Mus.; 68 Rostock, KH; 73 Sofia; Moskau; 76 Florenz; Livorno; 79 Hanoi; 80 Dresden; 80, 86 Berlin, AK; 81 St. Petersburg; 86 Dresden, Albertinum; 95 Neustadt an d. Weinstr.; Dresden; Berlin, Ost-Art Gal. – **G:** Bet. an d. III., IV., V., VI. u. VII. Kunstausst. d. DDR in Dresden; 53–80 Teiln. an d. Bez.kunstausst. Dresden; 60–92 zahlr. Ausst. d. HBK Dresden; 69–92 zahlr. Akad.-ausst. im In- u. Ausld – **R:** Entstehung eines Wandbildes, Dokf. DEFA 69 – ***Lit:*** Wolfgang Hütt: Grafik der DDR 61; Horst Jähner, Text üb. G. B. in: Weggefährten. 25 Künstler der DDR 70; K. M. Kober: Aquarelle von G. B., in: Leipziger Volkszeitung 73; ders., Text üb. G. B. in: Weggefährten – Zeitgenossen, Kat. 79; – sowie Eisold üb. d. Vietnam-Ausst. v. G. B. in: Neues Deutschland – ***LitR:*** Fs.-Beitr. im In- u. Ausld – (Red.)

Bonfert, Eva (geb. Eva Kubicek), Malerin, Modelleurin (Ton); Josef Haydngasse 20, A-2542 Kottingbrunn, Tel. (0 22 52) 7 32 18 (* Wien 15. 12. 37) – **S:** b. Maler u. Graphiker Camillo Kubicek (Gründungsmitgl. d. Wiener KV) – **G/T:** gegenständl. in Öl u. Aqu.; Portr.; figurales in Ton – **W:** ca. 250 Bilder in Privatbes. im Raum Kottingbrunn; ca. 50 Tonfiguren – **Ö:** Kottingbrunn, Volksschule (Gang- u. Stiegenhausbemalung); ebda, Schutzmantel- u. Schloßkap. (Altarbilder), Gemeindeamt Schloß Kottingbrunn (Bilder) – **E:** 91, 96, 01, 03 Kottingbrunn, Wasserschloß – sowie: 04, 05 Tage d. offenen Ateliers – **G:** ca. 12

Bongers, Jürgen, Prof. Dr.; Am Heiligenhäuschen 2, D-53757 Sankt Augustin, Tel. (0 22 41) 5 08 35, Mobil: 01 6 095 84 99 54 (* Emmerich 10. 4. 41) – **Ve:** BBK Bonn Rhein-Sieg – **G/T:** Öl, Aqu. – **W:** Dt. Bundestag – **E:** seit 70 zahlr. Einzelausst. u. Bet. im In- u. Ausld, u. a. in Bonn, Köln, Wesseling, Xanten, Emmerich, Paris u. Colombo – weitere: 06 Emmerich, Schlößchen Borghees

Bongs-Beer, Eugenie (geb. Eugenie Beer), Bildhauerin, Malerin, Graphikerin; Kupferstr. 2, D-52070 Aachen, Tel. (02 41) 15 72 36, *bongs-beer@web.de*, *www.bongs-beer.de* (* Solbad Hall 29. 10. 46) – **VG:** Landgraaf/Niederl., Ipomal Gal.; Stolberg, Europ. Kunsthof Vicht – **S:** 66–72 KA Düsseldorf (Bildhauerei b. d. Prof. Beate Schiff, Karl Bobek, Joseph Beuys); 67 HBK Berlin (Bildhauerei); 73 KA Düsseldorf (Meisterschülerin Kl. Prof. Beuys); 72–74 Stud. d. Kunstwiss. – **L:** Gymnasium Aachen (Kunst u. Kunstwiss.) – **Ve:** BBK Aachen-Euregio – **G/T:** Bildhauerei (figurative Abstr., Ton, Bronze); Malerei (Gaze, Steinstaub, Pigmente auf Lw., Öl auf Metall u. Papier, Materialcollagen); Graph. (Materialdruck m. Gaze, Schichtungen, Monotypie, Hand- u. Bildhauerzchng, Rad. u. a.) – **W:** zahlr. in Privatbes. in Dtld, Niederl., Frkr. u. Jap.; Plast. im öff. Raum in Aachen u. Düren; Auftragsarb. f. d. Stadttheater Aachen; Buchill. u. Gest. v. Frontispizen – **Ö:** Aachen, Stift. kath. Marienhospital (Bronzeplast.); Düren, Wasserwerke (bemalte Stahlplast.) – **E:** u. a. 76 Langenfeld, Köhler; 91, 99 Wiesbaden, Gal. im Verwaltungsgericht; 92 Aachen, Kahlen; 93 Heimbach,

Gal. TTT; Heimbach, Haus Schönblick; 94, 03 Stolberg, Burg-Gal.; 95 Dortmund, VEW Energie AG (Kat.); Arnhem/Niederl. u. Renkum, Gal. PI; Wolfheze, Neder-Veluwe; 96 Geldern, KV Gelderld; Aachen, Marienhospital (Kat.); Wedel, Reepschlägerhaus; 97 Brunsbüttel, Stücker; 98 Ulft/Niederl., Gal. bij de Boeken; 99 Heerlen/Niederl., Kerkbestuur van de Parochie Sint Andreas; 01 Alsdorf, KV; 01, 05 Maastricht, Studio Rogier; 03 Landgraaf/Niederl., Ipomal Gal.; 05 Stolberg, Europ. Kunsthof Vicht; 06 Aachen, Suermondt-Ludwig-Mus. (Kat.); Unna, Gal. Haus Opherdicke (Kat.) – **G:** zahlr. Bet. im In- u. Ausld, u. a. in Dtld, d. Niederl., Ungarn u. Jap. – **V:** Rolf Bongs: Abends bei Spoerri, Erz. 89; Horst Hensel: Westf. Herbst, Balladen u. Gedichte (Ill.) 93; Margarete Sorg (Hrsg.): Hab gelernt, durch Wände zu gehen, Gedichte 93; zahlr. Beitr. in Jb. d. Bay. Staatsoper München u. deren Programmbüchern 90–03 – ***Lit:*** Mensch u. Raum, Erprobung u. Erfahrung v. Raumkonstruktionen u. -konzeptionen, in: Zs f. Kunstgesch. 76; Georg Jappe, in: Kunstforum Intern. Bd 20 2/77; Hanspeter Krellmann: Metamorphosen – eine Bilderfolge 1993–1996, in: Oper aktuell Bd XX, Die Bay. Staatsoper 97/98 u. als Sonderdruck 97; ders.: Spiegelungen o.: Die Ansicht als Selbsttäuschung. Zu d. Spiegelbildern v. E.B.-B., Programmbuch z. Uraufführung d. Oper 'Das Gesicht im Spiegel' v. Jörg Widmann, Die Bay. Staatsoper, Sonderdruck 03

Bonin, Cosima von, Prof., Künstlerin (* Mombasa/Kenia 62) – **VG:** Berlin, Crone; Köln, Nagel – **L:** 00–01 HBK Hamburg (Gastprof.) – **P:** Stip. d. Günther-Peill-Stift. 98–00 – **M:** Karlsruhe, ZKM; Mönchengladbach, StM Abteiberg – **E:** zahlr. Ausst. im In- u. Ausld, zuletzt u. a. 00 Braunschweig, KV; Mailand, Fontana; Köln, Nagel; Kraichtal-Oberöwisheim, Ursula-Blickle-Stift.; 01 Frankfurt am Main, Neff; Hamburg, KV; 01, 02 Wien, Senn; 02 Graz, LM Joanneum; 03 New York, Petzel – **G:** u. a. 00 Köln, KV; 01 Hamburg, Deichtorhallen; Dubai, Bury Al Arab; Stockholm, Magasin 3; Shanghai, Shanghai Mus.; 02 Innsbruck, Kunstraum – **R:** Die fröhliche Wallfahrt, Kurzf. 91; VIDEO: Wenn ich von der Arbeit komme, bin ich traurig 94; Geschworen hat sich's damals leicht 95; 30 Millions d'Amis 96; Alles Roger Commander 01 – (Red.)

Bonin, Joac (Joachim Joac Bonin, Ps.: Pranama), Maler, Zeichner, Typograph u. Objektkünstler; Seilerstätte 8/7a, A-1010 Wien, Tel. (01) 5 13 77 86, *boning @aon.at*, *www.bonin.at* (* Göttingen 29. 5. 43) – **VG:** Eckartsau, Augal. am Wochenende – **S:** 65–68 Graph. Lehr- u. Versuchsanst. Wien – **L:** 68–90 als Typograph in Wien u. New York – **P:** Anstoss-Pr. f. Malerei 70; Ewa Kaja-Pr. d. Gal. Theuretsbacher Wien 92 – **Ve:** Arena Aktiv 76 (u. a. m. Lore Heuermann, Elisabeth Ernst, Stephan Weber, Dieter Schrage u. Joachim Riedl) – **KGr:** Falter (79/80, u. a. m. Armin Thurnher, Anton Schneeweiß, Roman Scheidl, Ecke Bonk u. Hans Hurch); Sterz (Kunst- u. Lit.zs, 81/82, u. a. m. Gernot Lauffer, Gerald Brettschuh u. Marlies Breier) – **G/T:** Zchng; Acrylmalerei u. Objektkunst (Ton); expressiv-figürl.; u. a. Transformation Mensch-Tier-Mensch – **W:** überw. in Privatbes., div. Performances (Franz Hausner, Fotogr.) – **M:** Wien, Albertina; Wien, Secession – **Ö:** Wien, Ordination Dr. Schönbeck; ebda, Change (Drogenintervention) – **E:** u. a. 71 Séguret, Langlet; 76 Wien, Yppen; 77 Wien, Gal. Kunstkontakte; 80 Wien, Demel; 81 Wien, St. Michael; 83 Wien, Secession (Kat.); 85 Wien, Kleine Gal.; 97 Wien, CEN; 02 Wien, Arcangel; Wien, Strudlhofgal.; 03 Wien, Mosaik – **G:** u. a. 78 Wien, MMK Stiftung Ludwig; 82–83 Wien, Secession; 91 Okinawa/Japan; 97 Eckartsau, Kramreiter; 01 Wien, Going 21; 05 Wien, Made by You: Keramik (m. Christine Steinhammer) – **V:** Volker Huber: Miniaturen II 78; m. Peter Gorsen (Text): Eine Wahrnehmung (Werksüberblick 1971–1995) Bildauswahl, in Vorbereitung – **R:** Joana Coyne: Edler Wettstreit in Sachen Kunst (Vater gegen Sohn), Interview Blue Danube Radio 80 – ***Lit:*** Gruftbilder, Ausst.kat. 81; Tassilo Blittersdorf: Künstler, die kamen u. blieben, Kat. 81/82

Bonk, Ecke, Maler, Zeichner, Designer (* Hoechst/Main 53) – **VG:** Kollerschlag, Werkstatt Kollerschlag – **S:** Stud. d. Typographie b. Herbert Bayer in Aspen/CO; Fernstud. b. Erwin Schrödinger, Wolfgang Pauli, Jan Tschichold u. Marcel Duchamp – **E:** 92 Winterthur, KM; 93 Krems, Gal. Stadtpark; 01 Philadelphia, Mus. of Art – **G:** 97, 02 Kassel, documenta; 98 München, transferit – (Red.)

Bonk, Hartmut, Prof., Bildhauer, Zeichner, Maler; c/o Universität d. Künste Berlin, Postfach 120544, D-10595 Berlin, *bonk@alink.udk-berlin.de* (* Pulsnitz 11. 9. 39) – **S:** 54–59 Arbeiter- u. Bauernfak. Dresden; 61–67 HBK Dresden (anfangs Wandmalerei, dann Plastik b. Gerd Jäger, Hans Steger u. Walter Arnold) – **L:** seit 88 HBK Berlin-Charlottenburg (Prof.) – **P:** Arb.-stip. d. Senators f. kult. Angelegenheiten Berlin 85; Stip. d. Villa Serpentara in Olevano-Romano 88 – **Ve:** VBK DDR bis 80 – **G/T:** Skulpt. (u. a. Stein, Polyester, antike Themen); Zeichn. (vorw. Tusche); Malerei (Öl) – **W:** in öff. Slgn u. im öff. Raum – **Ö:** Berlin-Neukölln, Karl-Marx-Pl. (Brunnengr.) – **E:** 74, 82 Dresden, Leonhardi-Mus.; 78 Dresden, Gal. Nord; 79 Schwedt, Klub B. Brecht; 81 Amsterdam, Gal. Suspekt; 90 Warschau, Mus. d. AK; 93 Bautzen, KV; 94 Dresden, Neuer Sä. KV; 02 Dresden-Loschwitz, Gal. Am Blauen Wunder – **G:** u. a. 77 Antwerpen, Openlucht-Mus. voor Beeldhouwkunst; Middelheim, Plast.bienn.; 82 Bilbao, Graph.bienn.; 90 Dresden, Albertinum – ***Lit:*** AKL – (Red.)

Bonnard, Roger, Maler u. Graphiker; lebt in Dresden, Weimar u. Sainte-Maure/Frkr. (* Rouen/Frkr. 47) – **VG:** Dresden, Gal. Mitte; Dresden, NetArtGall. – **S:** 81–86 HBK Dresden (b. Prof. G. Kettner); ebda (Meisterschüler b. Prof. H. Schuster) – **KGr:** D 206 'Die Thür. Sezession' (Gründungsmitgl., 90) – **E:** u. a. 87 Dresden, HBK; 89 Dresden, Neue Dresdner Gal.; 91 Cleveland/OH, Samuel Roth Fine Art Gall.; Chemnitz, Schmidt-Rottluff; 93 Bonn, Ldesvertretung Thür. b. Bund; 94 Weimar, Hebecker; 97 Erlangen, KV; 97, 06 Weimar, Gal. Profil; 01 Dresden, NetArtGall. – **G:** u. a. 89 Altenburg, Lindenau-Mus.: Á la carte; 90 Nürnberg, Handpressen-Trienn.; 91 Erfurt, Anger-Mus.; New York, Pleiades Gall.: 7 Künstler in New York; 92 Schwerin, Staatl. Mus.: Auf Papier – v. Altenbourg b. Zickelbein; 96 Mainz, Ldtag Rh.-Pf.; 99 Dresden, Gal. Mitte: 5+15 – (Red.)

Bonsiepe, Gui (eigtl. Georg Bonsiepe), Prof., Designer; Waldemarstr. 32, D-10999 Berlin, Tel. (0 30) 22 15 09 21, *giu.bonsiepe@giubonsiepe.com*, *www.guibonsiepe.com* (* Glücksburg 23. 3. 34) – **S:** 54–55 Akad. d. Schönen Künste u. TU München (Graph. u. Archit.); 55–59 HS f. Gest. Ulm (b. Tomás Maldonado) – **L:** 65–68 HS f. Gest. Ulm (Prof.); 71–72 Kath. Univ. Santiago (Gastprof.); seit 93 FH Köln (Prof. f. Hypermedien u. Interface Design); seit 03 Escola Superior de Desenho Industrial ESDI Rio de Janeiro – **Ve:** Vrg Dt. Industr.-Designer 67 – **G/T:** Design (u. a. Softwaredesign) – **V:** Schriften z. Designtheorie, u. a.: Interface – Design neu begreifen 96 – ***Lit:*** AKL; Contemp. Designers 97 – (Red.)

Bonvicini, Monica; *mobon@worldnet.att.net* (* Venedig 65) – **VG:** Graz, Gal. u. Ed. Artelier; Mailand, Fontana; New York, Kern – **S:** 86–93 HdK Berlin;

91–92 Valencia/USA, California Inst. of the Arts – **P:** Overbeck-Pr. f. Bild. Kunst 02; Pr. d. NG f. junge Kunst 05 – **M:** Graz, Neue Gal.; Madrid, ARCO Found. Coll.; Turin, Castello di Rivoli; Zürich, Migros Mus. – **E:** u. a. 91, 92 Valencia/USA, California Inst. of the Arts; 93, 94 Berlin, Kunst-Werke; 93 Berlin, HdK; 94 Berlin, Berolinahaus; 97 Berlin, Neu; 98 Stuttgart, Künstlerhaus; New York, Apex Art; 98, 99 Berlin, Gal. Mehdi Chouakri; 99 Wien, Krobath Wimmer; Turin, Gall. Civica d'Arte Mod.; Weimar, Neues Mus.; 99, 02 New York, Kern; 99, 01 Mailand, Fontana; 00 Salzburg, KV; Berlin, Kapinos; 01 Grenoble, Centre Nat. d'Art Contemp.; Grenoble, Le Magasin; 02 Lübeck, Overbeck-Ges. (Kat.); Paris, Pal. de Tokyo; 03 Oxford, MMA (Kat.); 03–04 Wien, Secession (Kat.); 04–05 Hannover, Sprengel Mus.; 05–06 Mönchengladbach, StM Abteiberg – **G:** zahlr. Bet., u. a. 94 Berlin, Haus am Waldsee; 95 Venedig, Bienn.; 95, 98 Berlin, Künstlerhaus Bethanien; 96 Weimar, Neues Mus.: Nach Weimar; London, Whitechapel Art Gall.; Los Angeles, Acme Gall.; Rom, Primo Piano Gal.; 97, 98, 99 New York, PS 1; 97 Mailand, Fontana; 98 London, South London Gall.; Berlin, Bienn.; Rostock, KH: Drawings; Wien, Secession; 99 Graz, Trienn. f. Fotogr.; Leipzig, Gal. f. Zeitgen. Kunst: Moving Images; Melbourne, Bienn.; Los Angeles, Felsen; 00 Oslo, KH; Aarhus, KM; Graz, Öst. Trienn. f. Fotogr.; 01 Berlin, Hamburger Bahnhof; 02 Vilnius, Trienn.; Zürich, Kunsthaus: Public Affairs; Chicago, MCA: Out of Place: Contemp. Art and the Architect. Uncanny; 02–03 Shanghai, Bienn.; 03 Istanbul, Bienn.; New York, New MCA; 04 Berlin, Bienn.; Utrecht, Centraal Mus.: Who if not we...?; Kiel, KH; 05 Göteborg, Bienn.; Venedig, Bienn. – sowie: Wanderausst. Quobo – Kunst in Berlin 1989–1999 in: 01 Hongkong, Arts Center Pao Gall.; 02 Tokio, NM of Mod. Art; Berlin, Hamburger Bahnhof (Kat.); 03 Mexiko-Stadt, Mus. de Arte Carrillo Gil; Hanoi, Van Ho Exhib. Center – ***Lit:*** zahlr., zuletzt: Matthias Herrmann: M.B./Sam Durant – ein Gespräch, in: Camera Austria 86 04; M.B. – Richard Prince – Urs Fischer. 20 Years of Parkett 04; Michele Robecchi: M.B., in: Contemp. 74 05; Jörg Heiser: Do It Again, Marina Abramovi u. M.B., in: Frieze 94 05; Sabine Maria Schmidt: Über M.B., in: Artist Kunstmag. 65 05 – (Red.)

Bonvie, Rudolf, Prof., Foto-Künstler, Graphiker; *rudolf@bonvie.info*, *www.bonvie.info* (* Hoffnungsthal 22. 12. 47) – **VG:** Köln, Krips – **S:** 68–73 Kölner Werkschulen (Graph. u. Skulpt.); 75–78 Univ. Köln (Kunstgesch., Phil. u. Theaterwiss.) – **L:** 93 Univ./GesamtHS Essen (Prof.) – **P:** Pr.träger Forum Junge Kunst, Werk-Stip. 81; Friedrich-Vordemberge-Stip. 82; Stip. f. zeitgen. Dt. Fotogr. d. Alfried Krupp v. Bohlen u. Halbach-Stift. 88; Stift. Kunstfonds – Arb.- u. Projektstip. 97 – **M:** u. a. Essen, Mus. Folkwang; Karlsruhe, ZKM; Köln, Mus. Ludwig; München, Lenbachhaus; New York, MOMA; Stuttgart, SG – **E:** zahlr. Ausst. im In- u. Ausld, u. a. 82 Hamburg, Produzentengalerie; 86 Dortmund, Mus. am Ostwall; 88 Hamburg, Tolksdorf; Essen, Mus. Folkwang; 91 München, Lenbachhaus; 91, 93 Köln, Kicken; 91, 94, 01 Trier, Kunstraum Hinrichs; 94 Colomiers, Espace des Arts; Salzburg, Gal. Fotohof; 94, 03 Köln, Krips; 96, 99 Paris, Paviot; 98 Tunis, Maison des Arts; 00 Lyon, Goethe-Loft; 03 Marseille, Justine Lacroix – **G:** u. a. 86, 03 Essen, Mus. Folkwang; 87 Stuttgart, Württembergischer KV; 88 Rotterdam, Fotogr.-Bienn.; 99 Bielefeld, KH; 92 Esslingen, Gal. d. Stadt; 93 Köln, Mus. Ludwig; 94 Tokio, Metrop. Mus. of Photogr.; 97 Berlin, Martin-Gropius-Bau; 00 Frankfurt am Main, Schirn – ***Lit:*** AKL; Reclams Künstlerlex. 02 – (Red.)

Bonzon, Christian, Fotograf; Chemin du Bois-Gentil 144, CH-1018 Lausanne, Tel. (0 79) 2 12 53 88, *christian.bonzon@bluewin.ch* (* Lausanne 12. 2. 56) – **S:** Schule f. Fotogr. Paris (Baccalaureat Lettres); Praktikum b. Guy le Querrec, Magnum – **G/T:** Pressefotos (Menschen, Geschäfte, Sport) – **W:** in Zürich u. Arles – **E:** 84 Arles, Rencontres Intern. de la Photgraphie; 85 Bienne, Photoforum Pasqu'Art; 86 Genf, Centre de la Photogr. – **G:** u. a. 83 Fribourg, Pal. de Congres; 91 Zürich, Stadthaus; 93 Lausanne (Diapositiv Night); 94 Berne (Action Foto); 95 Lausanne, Mus. hist. – (Red.)

Borchers, Patrick, freischaffender Künstler; Große Weilstr. 14, D-45525 Hattingen, Tel. (0 23 24) 98 39 74, Mobil: 01 77 54 73 883, *p-borchers@web.de* (* 6. 4. 75) – **S:** 98–02 Univ. Dortmund (Kunst, Schwerpunkt Graph. b. Bernhard Balkenhol u. Bettina van Haaren) – **Ve:** Bund Bild. Künstler Hagenring 02 – **G/T:** Zeichn., Malerei, Install. – **E:** seit 98, u. a. 00 Paris, Gal. A Part; 02 Dortmund, Television Communication Center; 03 Hattingen, KV – **G:** u. a. 02 Dortmund, Westf. Industr.mus.; 03 Gelsenkirchen, Inst. f. Unterirdische Infrastruktur; 04 Dortmund, Künstlerhaus; Hagen, Karl-Ernst-Osthaus-Mus.; Düsseldorf, Ldtag; Köln, Lichthof – (Red.)

Borchers, Roland, Maler; Rosa-Luxemburg-Str. 19/21, D-04103 Leipzig, Tel. u. Fax (03 41) 9 61 09 82, *roland.borchers@gmx.net* (* Leipzig 31. 12. 58) – **VG:** Baarle-Hertog, de Verbeelding – **S:** 79–84 HGB Leipzig (Malerei b. Prof. Heinz Wagner u. Hartwig Ebersbach, Meisterschüler b. Prof. Arno Rink) – **P:** Stip. d. Akad. Schloss Solitude (f. London u. Italien) 90 – **G/T:** Malerei (vorw. Öl u. Acryl sowie Mischtechniken u. Gouache); zeichenhafte Abstr., stoffl. Einsätze u. Collage; kult.gesch. Themen – **W:** ca. 400 Werke in Privatbes. sowie Ankäufe u. a. durch d. Slgn d. SPD, d. Dt. Bank u. d. Dt. Industr.bank AG – **M:** Altenburg, Lindenau-Mus.; Dresden, Kpst.-Kab.; Dresden, Sä. Staatsmin. f. Wiss. u. Kunst; Leipzig, Dt. Buch- u. Schrift-Mus. d. Dt. Nat.bibl.; Leipzig, KH Spk.; Leipzig, MBK; Weimar, Klassik Stift. – **Ö:** Erfurt, Commerzbank; Großpösna, Heimverbund Leipziger Ld; Leipzig, Spk.; ebda, Verbundnetz Gas AG – **E:** 85 Cottbus, Gal. d. Kult.-bundes; 87 Leipzig, Gal. Eigen + Art; 89 Leipzig, Gal. am Thomaskirchhof; 91 Eindhoven, Gal. Generaal Appelmarkt; 93, 95, 98 Frankfurt am Main, Schwind; 94 Leipzig, Schneider; 97 Leipzig, Blüthner; 99 Leipzig, Gal. Hotel Leipziger Hof; Schkeuditz, Technisches Zentrum Leipzig – Dt. Bank; 02 Schramberg, Podium Kunst; Leipzig, lipinski Haus; 02, 03 Baarle-Hertog, de Verbeelding; 04 Leipzig, Art u. Ambiente Bernhardt GmbH; 05 Meißen, KV; Incisa Scapaccino/Ital., Tenuta Olim Bauda; Leipzig, Hotel Mercure (Kat.); Hamm, Gal. Haindorf; Leipzig, VORORTOST; 06 Quedlinburg, Salfeld Pal. – **G:** 87 Leipzig, Bez.-Kunstausst. Junge Künstler; Dresden, Kunstausst. d. DDR; 89, 93 Dresden, Kpst.-Kab.; 90 Linz, Maerz; Leverkusen; Hamburg; 91 Düsseldorf, Große Kunstausst. NRW; Köln, Art Cologne; 92 Wernigerode, KV; 95 Dresden, Georgenbau; 97 Nürnberg; Leipzig; 98 Duisburg, Cubus KH; 99 Leipzig, Westf. Haus; 00 Rio de Janeiro, Mus. da Republica; 01–03 Leipzig, KH Spk.; 03 Leipzig, Gal. Hotel Leipziger Hof; Chemnitz, Neue Chemnitzer Kunsthütte; Stuttgart, Auktionshaus Rieber; Leipzig, Jahresausst.; 04 Schramberg, Podium Kunst; Leipzig, KH Spk.; 05 Leipzig, HGB; Leipzig, Große Sä. Kunstausst.; Leipzig, Gal. Leipziger Schule – **V:** Fußlahm, Mappe 90; Harz, Künstlerb. 91; Leipziger Sezession. Ein Zeitungsblatt 92; Das große Firmament, Künstlerb. 93; Common sense: Almanach f. Kunst & Lit. (Gest. d. Einbandes u. Farbsiebdruck) 05 – **R:** Beitr. über die Ausst. 'Bilder zur Natur' in d. Gal. Ferrho Leipzig im MDR Kulturradio am 2.10.02 – ***Lit:*** Kat. z. Ausst. in d. Gal. am Thomaskirchhof Leipzig 89; Reinhard Buskies (Text), Kat. z. Ausst. in d. Gal. Schwind Frankfurt/M. 93; Jürgen Henne in: Leipziger Volksztg 24.9.94; Wolfgang Leisling: Wellen u. Zeichen, in: Thür. Allg. 5.11.98; Liane Burkhard in: Leipziger Volksztg 2./3.11.99; Peter Guth: R.B. Malerei u. Frank Bachs Erdschnitte 02; R. Buskies (Text), Kat. z. Ausst. im Lipinski-Haus Leipzig 02; Meinhard Michael: Endlich mal wieder ein Maler, in: LVZ 14.10.05; Bildende Künstler in Leipzig 06

Bordanowicz, Jürgen, Maler, Entwerfer (Zeichner); Marktstr. 94, D-20357 Hamburg, Tel. (0 40) 4 39 24 99 (* Bromberg/Polen 4. 8. 44) – **VG:** Friedrichshafen, Lutze; Hamburg, Produzentengalerie; Nürnberg, Defet – **S:** 69–75 HBK Hamburg (b. Sudeck, Graubner u. Polke) – **P:** DAAD-Stip. f. Spanien 78; Lichtwark-Pr. (Stip.) 80; Förd.pr. Bild. Kunst Berlin 81; Karl-Schmidt-Rottluff-Stip. 80–82; Edwin-Scharff-Pr. 93 – **G/T:** Menschenform – **M:** Erlangen, StG; Friedrichshafen, KM; Hamburg, KH; Nürnberg, Neues Mus. – **E:** 74, 85, 86 Hamburg, Produzentengalerie; 80 München, Kunstraum; 83 Darmstadt, Mathildenhöhe; 85, 86 Erlangen, StG; Ingolstadt, KV; 90 Bremerhaven, KH; Rotterdam, Goetheinst.; 90, 94 Hamburg, KH; 97 Oldenburg, KV – **G:** 84 Düsseldorf, Von hier aus; Berlin, Brücke-Mus.; 85 Düsseldorf, Mus. Kunst Pal.; Düsseldorf, Treibhaus 3; 88 Hamburg, Austausch u. Eigenart – **V:** Kat. (eigene Texte) 74; Reichtum der menschlichen Natur, Mappe (10 Lichtbilder) 85; Autobiogr. ästhet. Texte, Kat. 87; Arbeitsreflexion, Kat. (eigene Texte) 97; Erfahrungstheorie, Kat. (eigene Texte) 00 – **R:** Exper. Kurzf., Super 8 70–79 – ***Lit:*** u. a. Gespräche mit Künstlern. J. B., ein unbekanntes Ereignis ist zu spüren, in: Kunstforum International Bd. 88 87; Doris von Drateln: J. B., in: Artforum 5 87; Hanna Hohl: Wirklichkeitsfindung, Kat.-beitr. 89; Martin Roman Deppner: Inseln im Wahrnehmungsprozeß, Kat.beitr. 89; Austauschprozesse – Konturen des Menschenbildes, in: Kunst + Unterricht, Forum aktuell Heft 165; Martin Roman Deppner: Das enthüllte Antlitz und die Asche des Lichts, Kat.beitr. 97; Michael Lingner: Das Menschenbild im Umbruch, Kat.-beitr. 97; Der werdende Mensch – der nicht gewordene Mensch, in: Martin Roman Deppner, Kat. 00 – (Red.)

Borer, Carlo, Plastiker, Objektebauer; *www.carloborer.ch* (* Solothurn 23. 3. 61) – **VG:** Gebenstorf, Krafft – **G/T:** Skulpt.; Objekte; Virtuelle Objekte; CAD

Borgemeister, Karina s. Wellmer-Schnell, Karina

Borghi, Paolo; c/o Galerie Wicher, Gräfrather Str. 43a, D-42329 Wuppertal, Tel. (02 02) 73 82 17, Fax 73 84 40, *helga@wicher-galerie.de*, *www.wicher-galerie.de* – **G/T:** Bildhauerei, Graph. – (Red.)

Borgsen, Anne Doris, Dipl., Bild. Künstlerin, Dozentin; Holenbruch 70, D-33659 Bielefeld, Tel. (05 21) 40 19 52, *adborgsen@web.de*, *www.bbk-owl.de; www.gedok-owl.de* (* Brackwede/NRW 16. 9. 48) – **VG:** Hamburg, Bildraum – **S:** 68–72 WerkKSch Bielefeld (b. d. Prof. T. Hamann-Hartmann u. I. Dörries-Höher) – **L:** 92–04 Städt. KSch Bielefeld (Doz.) – **Ve:** GEDOK Ostwestf.-Lippe 02; BBK Ostwestf.-Lippe 03 – **G/T:** Malerei (Öl, Acryl); Zeichn. (Graphit, Buntstift); Install. – **K:** Malerei, Zeichn. – **M:** Bielefeld, Artothek d. Bielefelder KV; Gabrovo, House of Humour and Satire – **Ö:** Bielefeld, Johanneswerk; Brackwede, RH – **E:** seit 72, u. a. 79 Bielefeld, Gal. d. Univ.; 86 Eckernförde, Geronimo; 92 Bad Salzuflen, Das Fachwerk; 00 Hamburg, Bildraum; 05 Gütersloh, KV; Versmold, Gal. ét – Kunstkr. – **G:** seit 72 Bet., u. a. 78 Bielefeld, Gal. Fenster; 90 Düsseldorf, LM; Bonn, Frauen-Mus.; 95 Gabrovo, House of Humour and Satire; 98 Hamburg, Bildraum; 00 Hameln, Gal. Arche; 02 Fürstenwalde, StG; Detmold, Lipp. LM – ***Lit:*** div. Kat. z. Ausst.bet.

Boritsch, Renate s. Moran, Renate

Bork, Katharina s. Meldner, Katharina

Borm s. Schröder-Borm, Rolf

Bornemann, Fritz, Prof., Architekt; Nibelungenstr. 16, D-14109 Berlin, Tel. (0 30) 8 03 54 74 (* Berlin 12. 2. 12) – **S:** bis 36 TH Berlin (b. Hans Poelzig) – **P:** zahlr. Wettb.teilnahmen u. -siege – **Ve:** BDA (EM) – **B:** Berlin: Amerika-Gedenkbibliothek (m. Gerhard Jobst, Willy Kreuer u. Hartmut Wille); ebda: Dt. Oper (Neubau d. Zuschauerraumes), RH Berlin-Wedding, Freie Volksbühne (Umbau), Völkerkunde-Mus. (Erweiterungsbau m. Wils Ebert), Dahlemer Museen; Bonn: Univ.-Bibl. (m. Pierre Vago); Osaka: Dt. Pavillon d. Weltausst. (m. Karlheinz Stockhausen) – **E:** 03 Berlin, TU (Schinkel-Zentrum) – ***Lit:*** AKL – (Red.)

Borner, Urs, Maler; Von-Roll-Str. 5, CH-4600 Olten, Tel. 06 22 96 24 88 (* Olten 16. 3. 46) – **VG:** Ascona, Gal. Borgo – **S:** Ausb. z. Graphiker in Basel, Luzern u. Zürich; 62–63 KGS Basel; 64–68 KGS Luzern – **P:** Plakatpr. Junge Schweiz 71 – **G/T:** Malerei – **W:** überw. in Privatbes. – **M:** Grenchen, Kunsthaus; Olten, KM; Zürich, Helmhaus; Zürich, Ver. f. Orig.graph. – **Ö:** div. im In- u. Ausld, u. a. Olten, Crédit Suisse; Zürich, Bernhard-Theater – **E:** 77 Viareggio, Gal. del Sale; 79 Amsterdam, Pasqualeria; 82 Rickenbach, Schulhaus; Zürich, Rote Fabrik; Olten, KM; 83 Olten, Gal. Zanoni; 85 Bern, Zeller; 88 Winterthur, Piano Bar; 92 St. Gallen, Macelleria d'Arte; Zürich, Wiedenkeller; Genf, Palexpo; 95 Solothurn, Schloß Vorderen Bleicherberg; 99 Olten, Gal. Impressum; 02 Grenchen, Kunsthaus (Kat.); 03 Zürich, Migros Mus.; 06 Bern, Artraktion – **G:** 75 Zürich, Gal. Vontobel; 79 Olten, Kult.förd.kommission; 82 Zürich, Helmhaus; 83 München, Loft; 85 Biasell Ticino Granit Expo; 87 Berlin, Intergrafik; 90 Biella, Premio intern.; 99 Solothurn, Graph.messe; 00 Olten, KM; 06 Solothurn, Schloß Vorderen Bleicherberg – **R:** div. Filme m. Franz Gloor (Regie) u. Thomas Walser (Regie) sowie m. Bruno Moll (Regie): Morn i d'r Spanisch – ***Lit:*** u. a. U.B., Werkbuch 88; U.B., Kat. 04; Ausst.kat. KM Olten 05 – ***LitR:*** Fs.beitr. (Tele M1) 01

Bornheim, Godula (geb. Godula Frosch), Dr., Bildhauerin; Uhlandstr. 14, D-65189 Wiesbaden, Tel. u. Fax (06 11) 30 27 68, *www.e-xpo.de/artist/godula.bornheim* (* Neuenkrug/Pommern 7. 2. 25) – **S:** 46–47 Martin-Luther-Univ. Halle-Wittenberg (vier Semester Gasthörerin d. Kunstgesch. b. Prof. Dr. W. Worringer); 65–70 Keramikausbild. b. Keramikerin H. Wildenhof – Dr. Steinbach; seit 74 ausschließl. freischaffend; Weiterbildung; 74 Bildhaueratelier in Wiesbaden; 82–83 Bildhauerausbild. u. a. Ec. nationale d'Art decoratif, Centre artistique de recontres internationales, Nizza; 84–85 KSch Scaliga-Amerang (Bildhauerarbeiten b. Michelle Fuzellier); 92/98 ABK Vulkaneifel; 72–92 Studienaufenthalte in West- u. Osteuropa, in den USA, in Brasilien, Rußland u. Zentralasien – **Ve:** GEDOK bis 97 – **KGr:** Künstlergruppe 50 (97) – **G/T:** Abstr. u. abstrahierte Bildhauerarbeiten in Bronze – **W:** überw. in Privatbes. – **Ö:** Boppard, Sebamed GmbH; Hofheim, Kreishaus; Mainz, Volkspark; Wiesbaden (Brunnen, Örtlichkeit ist in Verhandlung) – **E:** 78 Hamburg, Duncker; 80 Hannover, Haus Berthold; München-Irschenhausen, Gal. Hollerhaus; 80, 85 Wiesbaden, Nied; 84 Wiesbaden, Moering; 84, 85 Ullerting, Gal. Kreller Scaliga; 86 Luxembourg, Gal. Dada-Haus; 88 Wiesbaden, Kath. Familienbildungsstätte; Bad Homburg, Kurhaus; 90 Bad Vilbel, Amtsgericht; Bad Homburg, Theaterfoyer; Essen, Preutenborbeckeshof; 91 Niedernhausen, Autalgal.; 92

Mainz, Blütenhaus; 93, 94 Frankfurt am Main, Marburger Bund; 96 Mainz, Hotel Favorite (Medizin. Kongress); Bad Breisig, Mönchhof Koenigs; 97 Mannheim, Akad. (Medizin. Malerei, Skulpt. v. G.B.); 99 Oberwesel, Die Da Art-Gal.; 00 Wiesbaden, Commerzbank; 01 Mainz, Hotel Favorite (Radiolog. Kongress); 02 Mainz, Ausst. Suhens; 03 Hochheim, RH; 04 Wiesbaden, Gal. Wort u. Kunst Wallenfels; 06 Bad Homburg, Gal. im Innenhof – **G:** 69 Wiesbaden, Wiesbadener Künstler VHS; 74 Wiesbaden, Kunst im Garten v. Pawelsz; 82 Bingen, Kulturzentrum; Wiesbaden, Dresdner Bank; 86 Wiesbaden, W. Kempfhaus; 88 Bonn, Europ. Kulturkreis; 90, 92, 94, 96, 98 u. 00 Bad Homburg, Fresenius 'Artes Medicorum'; 93 Bitburg, Mus. Bitburg; 95, 96 u. 99 Unna, 'Land Art Unna'; 96 Bonn, 'Gabriele Münter Preis'; 00 O.K.P. 1. Intern. Kunstpreis; – Ausst. m. d. Gruppe 50: 00 Wiesbaden, Dresdner Bank; 02 Hofheim, Kreishaus; 03 Wiesbaden, RH; 05 Wiesbaden, Mus.; 06 Wiesbaden, Stadt-Artothek – **V:** Tierskulpturen in Bronze, künstler. + autobiogr. Texte, Kat. 92; Skulpturen aus Bronze, Fotos, künstler. u. autobiogr. Darst. 02/03 – ***Lit:*** Bildende Künstler, Lex. Kulturamt Wiesbaden 81; A B B K, Adressbuch Bild. Künstler 90/91; M. Hiller u. G. Kuboth (Hrsg.): Künstlerbiografie Land-Art Unna 95; A.A. Ziese u. G.B.: Aus 'Meister bildender Künste', Bd 4 98 (Sonderdr. Forsch.inst. 'Bildende Künste Nürnberg'); Meister bildender Künste, Bd 4 99; Allg. Lex. d. Kunstschaffenden in d. bild. u. gest. Kunst, DVD 04

Borries, Friedrich von, Dipl.-Ing.; Anklamer Str. 4, D-10115 Berlin, Tel. (0 30) 44 30 85 32, *welcome @rude-architecture.de*, *www.rude-architecture.de* (* Berlin 74) – **S:** 93–99 Berlin, Karlsruhe u. Brüssel (Archit.) – **L:** 01–02 TU Berlin (LBeauftr.); seit 02 ebda (wiss. Mitarb.) – **KGe:** rude_architecture: F. v. B., Gesa Glück u. Tobias Neumann – **G/T:** urban research, exper. Design – **Ö:** Berlin, U-Bahnhof Alexanderpl. (Projektion vom 15.11.01 bis 22.2.02); weitere temporäre Projekte im Stadtraum – (Red.)

Borse, Marlies, Malerin; Altenbrückstr. 51, D-40599 Düsseldorf, Tel. (02 11) 74 58 45 (* Peine 16. 7. 53) – **VG:** www.artlimit.de – **S:** Autodidaktin (seit 76) – **KGr:** Analagan (seit 98) – **G/T:** Acryl- u. Ölmalerei; Collagen – **K:** Kindermalkurse (Acryl) – **E:** 92 Düsseldorf, Inst. f. integrative Transformation; 93 Düsseldorf, Preussag Handel; Düsseldorf, Made Gall. Luccio; 95 Badenweiler, Cassiopeia Therme; 00 Krefeld, Haus Greiffenhorst; 01 Düsseldorf, Ballhaus; 04 Worms, Gästehaus Peth – **G:** 96 Düsseldorf, Kult.amt; 98 Tecklenburg, Kr.heimathaus; 01 Paderborn, Made Chic; 02 Wuppertal, Bewegungs- u. Meditationszentrum; 03 Hilden, Kult.amt

Borski, Eva, Bildhauerin, Fotografin; c/o Kunstschule Werksetzen, Schinkelstr. 69, D-40211 Düsseldorf, *info@werksetzen.de*, *www.werksetzen.de* (* Siegen 5. 9. 57) – **S:** 74–79 Martineum Witten/Ruhr (Ev. Theologie u. Pädagogik); 80–86 KA Düsseldorf (Freie Kunst, Meisterschülerin b. Klaus Rinke) – **P:** Wilhelm-Lehmbruck-Stip. 93; Arb.stip. d. Stift. Kunst u. Kult. NRW 97; Cité Intern. d. Arts Paris 98; Stift. Kunstfonds – Arb.- u. Projektstip. 99 – **G/T:** Skulpt.; Plast. (u. a. ungebrannter Ton, Kunstharz u. Draht); Fotogr. – **W:** Düsseldorf, Slg Rae Schäfer; Wipprecht & Partner – **E:** u. a. 91 Düsseldorf, Gal. Backhaus; 95 Duisburg, Wilhelm-Lehmbruck-Mus.; 99 Krefeld, Radke; 01 Mönchengladbach, Rheinische Kliniken – ***Lit:*** AKL – (Red.)

Bosch, Eva, Mag. Art., Malerin, Graphikerin; Schweizerhausgasse 5, A-4020 Linz, Tel. (07 32) 79 03 81. Atelier: Martingasse 2, A-4020 Linz (* Oderberg/Brandenburg 30. 9. 41) – **VG:** Salzburg, Welz; Wien, Wolfrum – **S:** Werkksch Offenbach (Gasthörer, Prof. Horst Stempel); 77–82 Kunstuniv. Linz (Malerei u. Graph.); 83 Meisterjahr (Druckgraph.) – **P:** Eu-Wettb. d. Industriellenvrg 83; Werkankäufe d. Stadt Innsbruck (Druckgraph.) 86; Intern. Senefelder-Pr. u. Lithografie-Förd.; Kiwanis Druckgraph. Wettb. 02 – **Ve:** Berufsvrg bild. Künstler ObÖst. 82–91; KV ObÖst. seit 83 (seit 85 Vizepräsidentin) – **G/T:** Ölmalerei u. Rad. (Dialog m. d. Natur im weitesten Sinne); Kunst am Bau (Gestalten m. Glas, z.B. Fusing) – **W:** zahlr. Werke in Priv.bes., Ankäufe d. Städte Linz, München u. Wels – **M:** Linz, LG; Linz, Lentos; Wien, Bundesmin. f. Kunst – **Ö:** Gallneukirchen, Diakonie Haus Elisabeth (Glas Paravent); Linz, Allg. Krankenhaus (Glaswand im Verabschiedungsraum); ebda, Diakonissen-Krankenhaus (Bilder f. alle Zimmer), SBL Stadt Linz, RH; Wien, Allg. Krankenhaus – **E:** 82, 87 Wels, Gal. d. Stadt Wels; 83 Graz, Kult.zentrum b. d. Minoriten; 84 Passau, Gal. am Residenzplatz; 86, 89, 93, 98, 02 Linz, ObÖst. KV; 89, 92, 92, 95 München, Reile; 92 Wien, Thurn u. Taxis; St. Pölten, NdÖst. Dok.zentrum f. mod. Kunst; 93 Klagenfurt, Gal. H.-Punkt; 94 Passau, Gal. am Steinweg; 94, 95 Düsseldorf, art multiple; Wien, Künstlerhaus; 95 Graz, Gal. Carneri; 96 Hamburg, Fraktorei; 97 Salzburg, Welz; Wien, Wolfrum; 98 Wien, Hofstätter; Landshut, Gal. im RH; 01 Mondsee, Gal. Mondsee – **G:** zahlr. Ausst.bet. in Öst., Dtld, Holl., d. USA u. Japan zu versch. Themen – **V:** u. a. 140 Jahre OÖ Kunstverein, Kat. 91; Lithographie (Kat. u. Text); Dialog im Schloß (Kat. u. Text) 98; Arnulf Rainer: Nichtkünstler (Kat. u. Text) 02; Künstlerverzeichnis OÖKV 01; Netzwerk Zukunft (Beitr.) 03 – ***Lit:*** Peter Baum (Text): E. B. 1984–1986, Ausst.kat. 86; ders. u. Peter Assmann (Text): E. B., Ausst.kat. 93; Peter Assmann u. Waltraud Seidlhofer (Text): E. B., Ausst.kat.; Waltraud Seidlhofer: Analog die Blätter, Künstlerb. (Rad.) – ***LitR:*** Isabelle Muhr: Film über die Lithographie, Dok.film, ORF-Fs. 89 – (Red.)

Boschitz, Jože, Prof., Maler; Schelleingasse 10/7, A-1040 Wien (* Eisenkappel/Kärnten 4. 4. 51) – **VG:** Wien, Himmelpforte – **S:** 70–75 ABK Wien (Meisterkl. f. Malerei Prof. Eckert) – **L:** seit 76 Bundesrealgymnasium Wien (Bildnerische Erziehung); 98–03 ABK Wien (Fachdidaktik) – **P:** Aufenthaltsstip. an d. Akad. d. Schönen Künste Krakau 80, 81; Stip. ABK Zagreb 81, 82 – **G/T:** Malerei (Öl, Aqu.); Ldschaft; Ill.; Plast.; Multimedia-Install. – **W:** vorw. in Privatbes. – **M:** Klagenfurt, Kärntner LG; Wien, Ndöst. LG – **Ö:** Stein im Jauntal, Kärnten – **E:** 81 Klagenfurt, Aula Slovenica; 83 Klagenfurt, Hildebrand; 89 Rosegg, Sikoronja; 98 St. Johann, K+K Zentrum; 01 Wien, Kroatisches Kult.-zentrum – **G:** zahlr. Ausst.bet. seit 82, zuletzt 03 Wien, Himmelpforte – **V:** Die wilde Jagd, Broschüre (Ill.) 82; Harald Irnberger: Sieg in deutscher Nacht (Ill.) 84; Das Narrenschiff von Nicolas Dings, Broschüre 03 – ***Lit:*** J. B. Natura Morta, Kat. z. Einzelausst. 94 – ***LitR:*** Horst Ogris: J. B., Fs.beitr. ORF 98, 01 – (Red.)

Bose, Roma s. Pohl, Roma

Boser, Regine s. Chossy, Regine von

Boskamp, Ernst Kurt Maria s. Calvados, Enzian

Bosolum, Pierre, Maler, Performance-Künstler; Spinnereistr. 7/303, D-04179 Leipzig, Tel. Mobil: 0 17 72 29 85 70, *pierre@bosolum.de*, *www.bosolum.de* (* Magdeburg 12. 11. 63) – **S:** 85–90 Univ. Leipzig (Kunst- u. Kult.wiss.) – **G/T:** abstr. Malerei; Objekte; Performance – **W:** überw. in Privatbes. – **Ö:** Delitzsch, Wohungsges. Delitzsch WGD; Dreilützow, Schloß – **E:** 03 Lübeck, Marktarkaden; 04 Delitzsch, Wohnungsges. Delitzsch WGD; 05 Dreilützow, Schloß (Kunst im Park); 06 Leipzig, Ronald McDonald Haus; Freiberg,

Tivoli – **G:** zahlr. Bet. seit 90, u. a. 05 Leipzig, Große Sä. Kunstausst.; Leipzig, Offene Ateliers; 06 Schwerin/Dreilützow, Kunst offen – **V:** Die abstrakte Komposition. Theoret. Schrift z. Wesen abstr. Kunst 90

Bossard, Ursula, Malerin; Zugerbergstr. 15, CH-6300 Zug, Tel. 04 17 10 91 17 (* Zug 18. 9. 57) – **S:** 81–86 Höhere Schule f. Gest. Luzern (Abt. f. dreidimensionales Gestalten u. Freie Kunst); 96–98 ebda (Abt. f. Zeichen- u. WerklehrerInnen) – **P:** Weiterbildungsstip. d. Kt. Zug 89; Werkbeitr. d. Kt. Zug 94; Cité Intern. d. Arts Paris 94; Atelierstip. d. Kt. Zug in Berlin (3 Monate) 03 – **Ve:** Visarte 89 – **G/T:** Malerei (Acryl); Zchng – **W:** mehrere in Privatbes., in Bes. d. Kt. Zug u. Luzern sowie d. Gemeinde Meggen – **M:** Jona, Slg Peter u. Elisabeth Bosshard – **E:** 92, 96 Luzern, Grob; 93, 05 Meggen, Gemeindegalerie Benzeholz; 94 Sarnen, Hofmatt Gal.; 95 St. Gallen, Hafner; 97, 03 Kriens, Gal. Kriens; 98, 02 Zug, Renggli; 00 Emmen, Gersag (m. Alois Hermann) – **G:** 91 Zug, Kunsthaus: Die Förd. Junger Zuger KünstlerInnen durch den Kt. Zug; 92, 93, 03 Luzern, KM: Jahresausst. Zentralschweizer Kunstschaffen; 94, 95, 97 Berlin, Grob: s/w Zchngn; 98 Zug, Kunsthaus: Kunst aus Zug – Die Slg

Bosse, Katharina, Prof., Fotografin; lebt u. arbeitet in New York, *katharina@katharinabosse.com*, *www.katharinabosse.com* (* Turku/Finnland 68) – **VG:** Köln, Reckermann; München, Wittenbrink – **S:** 94 FHS Bielefeld (Dipl. im FB Gest., Schwerpunkt Fotogr. u. Film) – **L:** FHS Bielefeld (Prof. f. Künstler. Grundlagen u. Anwendungen d. Fotogr.) – **P:** u. a. Kodak European Panorama of Young Professional Photogr. 94; DAAD-Stip. 94; Agfa Intern. Pr. f. Jungen Fotojournalismus 97; Joop-Swart-Masterclass, World Press Photo Found. Rotterdam 97 – **M:** Hamburg, MKG; Houston/TX, Mus. of Fine Arts; New York, MOMA – **E:** u. a. 93 Tallinn, Fotomus.; 97 Köln, Lukas & Hoffmann; Kirchzarten, KV; 99, 02, 04 Köln, Reckermann; 99, 01 München, Wittenbrink; 99, 00 New York, Henry Urban Archit.; 00 Ulm, KV; 01 Philadelphia, The Univ. of the Arts; 01, 03 Paris, Barrault; 02, 04 Chicago, Alan Koppel Gall.; 04 Lille, Intérieur – **G:** u. a. 00 New York, Mus. of the City of New York; 00, 02 New York, MOMA; 01 Bonn, KM; Hamburg, MKG; 03 Graz, LM Joanneum; Prag, StG; New York, Caren Golden Gall. – **V:** Auftragsarb. f. dt. u. amerikan. Mag., u. a. The New Yorker, The New York Times Magazine, Spin, Wired, Fortune, Geo u. Der Spiegel – (Red.)

Bosshard, Andres, Multimedia-Künstler; Wildbachstr. 62, CH-8008 Zürich, Tel. 0 13 82 20 94, 07 93 28 83 07, *andresbosshard@bluewin.ch* (* Zürich 5. 4. 55) – **S:** 74–80 Univ. Zürich (Musikwiss. u. Kunstgesch.) – **P:** Prix Ars Electronica – Goldene Nica (2. Pr.) 96; Fellowship an d. KHS f. Medien Köln 97, 98 – **Ve:** Indira Gandhi Nat. Center for the Arts – **KGr:** Nachtluft (Mitbegr. 85) – **G/T:** Malerei, Aktionskunst, Klanginstall., exper. Musiktheater – **E:** Klanginstall. u. -projekte, u. a. 87 Tessin, Staudamm in Fusio; 95 Hannover, Magnetic Island SoundArt; 95–98 St. Pölten, Medienarchit. f. d. Klangturm; 96 Berlin, sonambiente; 00 Hannoversch Münden, Wasserspuren; Bad Pyrmont, Klangallee; Bitterfeld, Ohrmuschel; 02 Biel, Klangturm; – weitere: 91 Telefonia Simultankonzert zw. New York u. Winterthur – ***Lit:*** BLSK 98 – (Red.)

Bosshard, Doris s. Hummel, Doris

Bosslet, Eberhard (eigtl. Eberhard Boßlet), Prof., Bild. Künstler; Rethelstr. 45, D-01139 Dresden, *www.bosslet.com* (* Speyer am Rhein 8. 7. 53) – **VG:** New York, Gibson; Berlin u. Rom, ArtMbassy – **S:** 75–80 UdK Berlin (b. Prof. Raimund Girke, Meisterschüler) – **L:** seit 97 HBK Dresden (Prof. f. Skulpt. u. Raumkonzepte) – **P:** DAAD-Stip. 83, 84; Wilhelm-Lehmbruck-Stip. 84, 86; Stip. d. Senators f. Kult. Angelegenheiten Berlins (psl New York) 86, 87; Kunstpr. d. Böttcherstr. in Bremen 87; Villa-Massimo-Stip. 91, 92; Kunstfonds Bonn 93; Hans-Purrmann-Pr. 93 – **Ve:** VG Bild-Kunst 80 – **KGe:** Material & Wirkung: E. B., Otmar Sattel, Werner Klotz u. BKH Gutmann (seit 81) – **G/T:** Malerei, Skulpt., Install., Intervention, Foto – **W:** temporäre Interventionen im öff. Raum (Antwerpen, Barcelona, Berlin, Duisburg u. Teneriffa); Werke in öff. u. privatem Bes. – **M:** u. a. Amsterdam, Stedelijk Mus.; Bremen, KH; Duisburg, Wilhelm-Lehmbruck-Mus.; Frankfurt am Main, DG Bank; Frankfurt am Main, Dt. Bank KS; London, Saatchi Collection; Mannheim, StKH; Marl, Skulpt.-Mus. Glaskasten; Miami, Margulies Collection; Prato, Centro per l'Arte Contemp.; Santa Barbara/CA, Univ. AM – **Ö:** Duisburg, U-Bahnhof; Remagen/Oberwinter, Yachthafen – **E:** zahlr. Ausst., u. a. 85 Barcelona, Fundación Miró; 86 Duisburg, Wilhelm-Lehmbruck-Mus.; 87 Heidelberg, KV; seit 88 New York, Gibson; 89 Berlin, NG; 93 Rotterdam, Kunsthal; 95 Hannover, Sprengel Mus.; Heilbronn, KV; 98 Mannheim, StKH; 02 Viernheim, KV; 04 Bregenz, Künstlerhaus Pal. Thurn u. Taxis; 05 Poznan, Gal. AT; 06/07 Saarbrücken, Stadt-Gal. – **G:** zahlr. Bet., u. a. 87 Kassel, documenta; Bremen, KH; seit 88 New York, Gibson; 88 Prato, Centro per l'Arte Contemp.; 89 Hamburg, KV; 92 Amsterdam, Stedelijk Mus.; Barcelona, Fundación Miró; Sydney, MCA; 93 Düsseldorf, KV; 94 Esslingen, Villa Merkel; Hannover, KV; 98 Dresden, Kunsthaus; 00 Bremen, KH; 04 Dresden, Kunsthaus; 06 Kaiserslautern, Pfalz-Gal. – **V:** Prospekt installierter Werke, Kat. 92 – **R:** B. Archive. Werksverzeichnis 1979–1999, 1979–2001 u. 1979–2003, CD-ROM – ***Lit:*** KAT.: Gloria Picazo: Intervenciones/Interventionen 85; Hans Gercke u. Raimund Stecker: E. B. 87; Britta Schmitz: E. B. 89; Domenico Scudero: E. B. 93; Martin Bochynek: E. B. 93; Natalie Püttmann: Öffentliche Ordnung 94; Ellen Seifermann u. Martin Bochynek: PLANEN 95; Susanne Meyer-Büser: E. B. Interventionen II 95; Christian Janecke, Thomas Wulfen, Harald Kunde u. Angelika Stepken: Material & Wirkung 98; Jochen Kronjäger: B. Archive 98; Ernest W. Utemann, Kat. 06

Bothazy, Silke s. Mathé, Silke

Botond; Hochstr. 35, D-90429 Nürnberg, Tel. u. Fax (09 11) 28 44 01, *botond@t-online.de*, *www.botond1.de* (* Pécs/Südungarn 3. 3. 49) – **VG:** Köln, Koppelmann; München, Kampl; Nürnberg, Kistner – **S:** 67–75 ABK Budapest – **L:** 95 ABK Budapest (Gastprof. f. Ausst.konzepte) – **P:** Kistner-Pr. 89 Kunstpr. d. Nürnberger Nachrichten 93 – **KGe:** Botond & Selzer (seit 89) – **G/T:** Zeichn., Bildhauerei (Metall) – **W:** Werke u. a. im Bes. d. Slg d. Bundes (Auswärtiges Amt) – **M:** Nürnberg, Germanisches NM; Nürnberg, KH – **Ö:** Budapest, Westend; Göttingen, Univ.bibliothek; Györ, Hypo-Bank; Nürnberg, Heumann-Chemie; ebda, U-Bahn Station Schoppershof, Klinik am Gräslein; Wien, Kriminalsoziologisches Inst. – **E:** Ausst. seit 81, u. a. 87 Köln, Koppelmann; 89 Nürnberg, ehem. Reichsparteitagsgelände (Goldener Saal); 90 Budapest, Műcsarnok; 91 Frankfurt am Main, Dominikanerkloster; 93 Nürnberg, Schutzbunker; 95 Göttingen, Univ.bibliothek; 96 Budapest, Goethe-Inst.; 97 Köln, Chapel AC; Hamburg, Chapel AC; 99 Nürnberg, RH (hist. RHsaal); 00 Budapest, Kiscelli Múz.; 03 Nürnberg, Stadtbibliothek – **G:** Ausst.bet. seit 81, u. a. 86 Nürnberg, KH; 87 München, Künstlerwkst. Lothringerstr.; 89 Bremen, KH; 90 Hamburg, Kunsthaus; Düren, Leopold-Hoesch-Mus.; 92 Klagenfurt, Univ.; 97 Pignans, Centre d'art et d'echanges culturels; 98 Santa Cruz, Mus. de Bellas Artes; 02 Bremen, Neues Mus. Weserburg; 03 Plauen, Str. d. Skulpt. – *Lit:* Echo. Eine Rauminstallation 87; Die Kunstobjekte zum Nürnberger Friedensmahl 99; Kapu 2000 00; – AUSST.KAT.: Hommage. Ein Raum-Installations-Projekt 90; Bibliothek 93; Homo Bellicosus 00 – (Red.)

Botta, Mario, Prof., Architekt u. Designer; Via Ciani 16, CH-6900 Lugano, Tel. 09 19 72 86 25, Fax 09 19 70 14 54, *segreteria@botta.ch, www.botta.ch* (* Mendrisio 1. 4. 43) – **S:** 59–61 Lehre als Bauzeichner in Lugano; 61–64 Liceo Artistico in Mailand (Stud.); 64–69 Univ. Venedig (Archit., Dipl.) – **L:** zahlr. Gastprof. in Europa u. Übersee, u. a. 76 Éc. Polytechnique Fédérale Lausanne; 87 Yale School of Architecture New Haven/CT; 98 Intern. Acad. of Architecture Sofia (Prof.) – **P:** zahlr. Ausz., u. a. Archit.-Pr. Beton 85; Chicago Archit. Award 86; Baksteen Award d. R. Dutch Brick Organization 89; Crystal Award, World Economic Forum, Davos 96 – **Ve:** BDA 83; AIA 84 – **KGr:** Tessiner Schule – **G/T:** Archit., Design – **B:** u. a. Basel: Neubau d. Schweiz. Bankgesellschaft; Basel: Jean-Tinguely-Mus.; Breganzona: Einfamilienhaus; Chambéry: Maison de la Culture; Evry: Kathedrale; Fribourg: Staatsbank; Lassagno: Einfamilienhaus; Lugano: Kapuzinerkloster; Lugano-Paradiso: Centro Cinque Continenti; Manno: Einfamilienhaus; Mogno: Kirche; Neuchâtel: Friedrich-Dürrenmatt-Zentrum; Origlio: Einfamilienhaus; San Francisco: MMA; Sartirana di Merate: San Pietro Apostolo; Tokio: WATARI-UM Art Gall. – **E:** u. a. 77 Wien, TU; 84 Fribourg, Mus. d'art et d'histoire; 86 New York, MOMA; 91 Genf, Mus. Rath; Paris, Centre Culturel Suisse; 95 Basel, Archit.-Mus. – *Lit:* AKL; Reclams Künstlerlex. 02 – (Red.)

Bottesch, Sieglinde, Malerin, Illustratorin, Kunsterzieherin; Max-Schott-Str. 13, D-85057 Ingolstadt, Tel. (08 41) 8 10 76, *sieglinde_bottesch@freenet.de, www.sieglinde-bottesch.de* (* Sibiu/ehem. Hermannstadt, Rumänien 21. 12. 38) – **S:** 62–65 KHS Bukarest (Kunsterziehung); 68 II. Staatsexamen f. Kunsterziehung; 90 II. Staatsexamen f. Kunsterziehung an Realschulen in Bay. – **L:** 65–86 Kunsterzieherin an Allg.schulen u. Gymnasien; 90–99 Kunsterzieherin an Realschulen in Bay. – **P:** Pr. d. Ingolstädter ev. Dekanates (1. Pr.) 99 – **Ve:** VBK Rumänien 70; BBK Obb. Nord u. Ingolstadt 88; GEDOK München 03 – **G/T:** Handzeichn. (Feder/Tusche, naturbezogene Themen als Metapher z. Menschsein); Öl- u. Aqu.malerei (Kompositionen, Natur u. Sakrales); Druckgraph. (Linol- u. Hschn., Hst., Ill.); Objekte (Papier/Wachs, Pflanzliches, Tierisches u. Menschliches) – **W:** u. a. in Bes. d. Stadt Heilbronn – **M:** Ingolstadt, Kult.amt; Sibiu, Bischofspal.; Sibiu, Kult.amt; Sibiu, Muz. Brukenthal – **Ö:** Ingolstadt, Jgd.-spielpark-West ('Spirale d. Völkerfreundschaft'); Kleinhohenried/Obb., Donaumoos (Plast.) – **E:** 74 Heilbronn, Gal. 74; 74, 78 Sibiu, Gal. Sirius; 89 München, Haus d. Dt. Ostens; 90 Esslingen, Gal. d. Künstlergilde; Heilbronn, Bücherei; 01 München, Bay. Staatsbibliothek – **G:** u. a. 67 Bukarest, DALLES-Saal; 71 Riga, KM; 75–85 Bukarest, Bienn. f. Malerei u. Graph.; 00 Ingolstadt, StG Harderbastei; Ingolstadt, StG im Stadttheater; 01 Leipzig, Dresdner Bank; Györ, StKM; 02 Neuburg an der Donau, Biohistoricum; 04 Rosenheim, StG; Kragujevac/Serbien, NM (Ausst. d. BBK Obb. Nord u. Ingolstadt); 06 München, Haus d. Kunst; München, Arkadengal.; München, Kunstpavillon – **V:** Ill.: S. B.: Siebenbürgische Sprichwörter 79; Claus Stephani: Die Sonnenpferde 83 – *Lit:* Ion Itu: Artisti Sibieni 77; Rodica Irimie-Fota: Forme si culori (dt.: Formen und Farben) 83; Beitr. v. Karin Bertalan, in: Walter Myß (Hrsg.): Siebenbürger Sachsen Lexikon 93 – *LitR:* Horst Weber: Atelierbesuch bei S.B., Dt. Fs. Rumänien 80; Christel Ungar: Künstlerportr. S.B., Rumän. Fs. Bukarest

Bottone, Giovanni (Ps. f. Giovanni Knöpfli, geb. Hans Knöpfli, verh. Giovanni Knöpfli-Schmitt), Maler; Brunnmattweg 3, CH-3032 Hinterkappelen, Tel. 03 19 01 02 69, *giovannibottone@freesurf.ch* (* Frauenfeld 6. 4. 32) – **S:** Lehre als Typograph (Huber Frauenfeld) – **G/T:** Abstr. (Acryl, Farbstift, Tusche) – **W:** ca. 120 Werke in Privatbes. – **E:** 99 Bern, Hallwag Druck; 01 Bern, Meteotest; 02 Köniz, Haberhus – **G:** 00 Rubigen, Forum Rubigen

Boungou, Eva s. Ohlow, Eva

Bourquin, Pascal, Maler; Progrès 99a, CH-2300 La Chaux-de-Fonds, *pascal_bourquin@bluewin.ch* (* Southampton 26. 3. 70) – **P:** Prix de la Bienn. des Amis des Arts La-Chaux-de-Fonds 93 – **KGr:** Anticorps – **E:** u. a. 92 La Chaux-de-Fonds, Éc. d'art appliqué; 95 La Chaux-de-Fonds, Mus. des Beaux Arts; 96 La Chaux-de-Fonds, Villa Turque; 00 Lutry, Gal. Arcana – **G:** zuletzt u. a. 99 Lugano, Villa Giani; Porrentruy, Gal. d'Art d'En-Face; La Chaux-de-Fonds, Mus. des Beaux Arts; 00 Neuchâtel, Gal. Une – *Lit:* BLSK 98 – (Red.)

Bove, Andreia (Andreia Bove-Nastasescu), Schauspielerin, Bildhauerin, Keramikerin; Haltenstr. 15, CH-6318 Walchwil, Tel. 04 17 58 24 62, Fax 04 17 58 19 44, *andreia.bove@bluewin.ch.* Atelier: Kirchgasse 6, CH-6318 Walchwil (* Bukarest 29. 11. 35) – **VG:** Lausanne, Gal. d'Etraz – **S:** 55–59 Akad. f. Dramatische Kunst Bukarest; 79–82 Privatunterricht b. d. rumänischen Bildhauerin Zoe Băicoianu; Kurse: 82 Keramik, Walchwil; 84 Porzellanmalerei, Zug; 04 Fusing Glass, Küssnacht am Rigi (b. F. Wick); 05 Mosaik, Ravenna (b. Prof. Marco Santi) – **P:** Targa d'Oro (1. Pr.) Mondadori/Ital. 90; First Award ARA Calif./USA 90; Distinguished Fellow ISINI Sorbonne 90; Grand Prix Intern. u. Med. de Vermeil Acad. Europ. d'Art Luxembourg 91; Menzione Speciale Nanto-Vicenza 93; Gedenkfeier Med. Eminescu Vevey 00 – **Ve:** KV Brunnen/SZ – **KGr:** Art Group 10 (10 Künstlerinnen, seit 92) – **G/T:** 'Neorealism functional'; zunehmend abstrahierende Formen; Portr., menschl. Themen, Tiere, Vögel; Material: Bronze, Keramik, Glas, Holz, Stein (Alabaster, Marmor, Granit u. a.) – **K:** Bildhauerei; Keramikworkshops – **W:** Werke in Freiluftmuseen in Nanto-Vicenza, Riccione u. Budduso/Sardinien; – weitere in: Bern, Caorle/Venezia, Walchwil, Gstaad/Saanen, Vevey – **E:** u. a. 85 Gstaad, Kirchgemeindehaus; Titisee-Neustadt, Spk.; Zug, Kolin; 86 Basel, Viga; Luzern, Baslerhof Gal.; München, SM; 87 Paris, Everarts; 88 Washington, Alex Gall.; 88, 91 Rom, ARTEROMA; 89 Barcelona, BIAF; Sion, Diezart; 90, 91 Zug, Glashuus; 91 Lecco, La Nassa; Zürich, Dolezal; Livorno, ROTONDA; 92 Wädenswil, Gal. Spital Wädenswil; Zug, KH (Retrosp.); Luzern, Gütsch; 93 Vevey u. Montreux, Diezart; 95 Rüschlikon, IBM Research; 96 Zürich, Juwelier Gübelin; 97, 00 Zug, Altstadthalle; 98 Walchwil, Zentrum Elisabeth; Zug, Landgemeindefest; 99 Bern, Altstadt-Gal.; 00 Vevey, Hotel de Ville; Vevey, Einweihung Skulpt. Mihail Eminescu; 01 Zurzach, Gal. zum Elephanten; Zug, Kaufmänn. Bildungszentrum; Oberaegeri, Unimark; 02 Zug, Gal. Finartis; 02, 03, 04, 05 Walchwil, Apero Atelier; 04 Montreux, Gal. Picpus; 05 Walchwil, Center Mütschi; 06 Zug, Altstadthalle (Art Group 10) – **G:** zahlr. im In- u. Ausland (u. a. Mailand, Rom, Riccione, Barcelona, Wasserbillig/Lux., Providence, Atlanta, Montreal) seit 84, u. a. 86 Paris, Salon d'Automne; 86 Padua, Bienn. del Piccola Scultura (Kat.); 88, 92 Ravenna, Bienn. Intern. Dantesca; zuletzt u. a. 01, 04 Zug, Altstadthalle

(Art Group 10); 02 Zug, Gal. Finartis; – ständige Ausst. in Lausanne, Gal. d'Etraz – ***Lit:*** Anthol. des Artistes Roumaines en Occidente 86; Ionel Jianou: A.B., Monogr., Paris 87; Les Balletts d'A.B., Revue l'Oeil 88; Forma e colore, Bildbd 91; Protagonisti dell'Arte nel XX Sec., Ed. Gavino Usai 92; Who's Who in Intern. Art, Lausanne 94/95; AKL, Bd. 13 96; BLSK 98; Guide des Verriers 2006; – zahlr. Ausst.kat. seit 86

Boys, Joseph s. Gansterer, Nikolaus

Braas, Sonja, Fotografin; *www.sonjabraas.com.* lebt u. arbeitet in New York u. Dtld (* Siegen 68) – **VG:** Frankfurt am Main, Beckers; Köln, Fiedler; München, Tanit; Amsterdam, Gal. Akinci; Zürich, Walter – **P:** u. a. Fulbright Stip. 95; Stip. d. DAAD 96; Reinhard-Wolf-Ausz. 97; Kodak-Nachwuchsförderpr. 97; Images 98, Grand Prix de la Ville de Vevey; DG Bank-Kunst-Stip. 99 – **G/T:** Fotogr., Install., Video – **M:** Duisburg, MKM; Winterthur, Foto-Mus.; Wolfsburg, StG – **Ö:** Düsseldorf, E.ON AG; ebda, Westdt. Ldesbank; Frankfurt am Main, Dt. Börse AG; ebda, Europ. Zentralbank, Kreditanstalt f. Wiederaufbau, Dt. Bank; München, Münchener Rück; San Sebastián, Fund. COFF – Centro Ordóñez-Falcón de Fotogr. – **E:** u. a. 00 Berlin, Künstlerhaus Bethanien; New York, Maynes; 00, 03 Amsterdam, Gal. Akinci; 01, 03, 06 Frankfurt am Main, Beckers; 01, 03 Köln, Fiedler; 01 Brüssel, Gal. Windows; Paris, Goethe-Inst.; Mulhouse, La Filature; 03, 06 München, Tanit; 04 Wolfsburg, StG; Rostock, KH; 05 Zürich, Walter; Ludwigshafen, KV – **G:** u. a. 93, 04 Hamburg, MKG; 00 Oldenburg, LM; 01, 02 Ludwigshafen, Wilhelm-Hack-Mus.; 01 Frankfurt am Main, Schirn; 02 Aachen, Suermondt-Ludwig-Mus.; Leeuwarden, Fries Mus.; Aachen, Ludwig Forum; 03 Winterthur, Foto-Mus.; Turin, Bienn.; Duisburg, Mus. Küppersmühle – Slg Grothe; 04 Cottbus, Brandenburgische KS; Le Havre, Mus. Malreaux; 05 Dortmund, Mus. f. Kunst u. Kult.gesch.; Thun, KM; 06 New York, Nicholson; Zürich, Walter – **V:** you are here 00; FORCES 04 – ***Lit:*** u. a. Neue Gesellschaft f. Bild. Kunst (NGBK): Leipzig trifft Dortmund in Berlin 93; Telerama, 2604 99; Flashart 00; Der Spiegel 01; Kunstforum, Nr. 156; Bauhaus Dessau: Urbane Paradiese; Wilhelm-Hack-Mus.: Utopien heute?; Aschenbach & Hofland: Wild Gliders 02; Ludwig Forum: True Fictions; Bien. Turin: In Nature 03; Fotomus. Winterthur: Ordnung u. Chaos; Slg Dt. Börse: Photogr. XL; Mus. Küppersmühle: Wonderlands; Brandenburg. KS: Gezähmte Natur 04; Europ. Zentralbank: Contemp. Art from Germany; Mus. f. Kunst u. Gewerbe: Natur ganz Kunst; Adbusters, 58 05; Photogr. Intern.; lotus, Nr. 125; KM Thun: Hoch hinaus; frame 18/19 06; Eikon, Nr. 55; Photo News 7/8: Zoom; Nina Zschocke: The Strategy of Visual Irritation. Forms of ambiguous representation on contemp. art

Brach, Bernd, Maler, Graphiker, Installationskünstler; c/o Galerie Winter, Parkstr. 24, D-65189 Wiesbaden, Tel. (06 11) 3 08 27 80, Fax 3 08 27 82, *info@galerie-winter.de*, *www.galerie-winter.de* (* Flörsheim am Main 46) – **VG:** Wiesbaden, Winter – **S:** 66–70 WerkKSch Wiesbaden (Malerei, Graph. u. Ill. b. Kolb, Preyer, Schutzbach) – **L:** 79–80 FHS Wiesbaden (LAuftr.) – **P:** Kunstpr. d. Stadtwerke Wiesbaden 90 Kunstpr. d. Stadt Limburg 96 – **W:** zahlr. Install. – **E:** u. a. 86 Wiesbaden, Nerotal-Klinik (Install.); 89 Wiesbaden, Wiesbadener Sommer; 01 Wiesbaden, Winter; 02 Karlsruhe, Ev. Stadtkirche; Breslau, Awangarda; 03 Altötting, StG – **G:** 03 Frankfurt am Main, Art Frankfurt; Brüssel, Art Brussels – (Red.)

Brade, Helmut (auch Hans-Helmut Brade), Prof., Graphiker, Plakatgestalter, Szenograph; Hoher Weg 1, D-06120 Halle/Saale, Tel. (03 45) 5 50 72 03 (* Halle/Saale 16. 11. 37) – **S:** 55–60 HS f. Kunst u. Design Burg Giebichenstein Halle/Saale (Keramik, Archit., Graph., Schüler v. Walter Funkat) – **L:** bis 03 HS f. Kunst u. Design Burg Giebichenstein Halle/Saale (Prof. im FB Kommunikationsdesign) – **P:** Kunstpr. d. Stadt Halle 78 – **Ve:** Freie AK Leipzig (Präs.) – **G/T:** Gebrauchsgraph. (Schwerpunkt Plakatgest., v. a. Theater- u. Ausst.plakate); Bühnenbild – **W:** üb. 500 Plakate, zahlr. Bühnenbilder – **M:** Berlin, Kunstbibliothek; Cottbus, Brandenburgische KS – **E:** u. a. 75 Halle, Staatl. Gal. Moritzburg (mit Christina Brade); 77 Berlin, Kleine Gal. Pankow; 79 Erfurt, Gal. erph; 80 Rostock, Gal. am Boulevard; 81 Tübingen, Ldestheater; 87 Hannover (Retr.); 02 Cottbus, Brandenburgische KS; 03 Berlin, Kunstbibliothek; Berlin, NG; 03/04 Halle/Saale, Staatl. Gal. Moritzburg – **G:** u. a. 66 Warschau, Plakat-Bienn.; 79 Hannover, KV; 85 Dresden, Gal. Rähnitzgasse; 89 Osnabrück, Städt. Bühnen; Gütersloh, Theater – ***Lit:*** AKL – (Red.)

Brade, Ute, Dipl. Keramikerin; Poststr. 6, D-06132 Halle/Saale, Tel. (03 45) 7 75 86 29 (* Potsdam 24. 11. 42) – **VG:** Halle/Saale, Kunst im Keller; Halle/Saale, Zeitkunstgal.; Rheinsberg, Keramikatelier Fülle; Magdeburg, Kunst im Bild; Passau, Klotz; Merseburg, Im tiefen Keller – **S:** 61–63 Töpferei Gerhard Meisel (Lehre als Scheibentöpfer); 63–68 HS f. industr. Formgest. Burg Giebichenstein Halle/Saale (Fach Keramik b. Erika Gravenstein) – **Ve:** VBK Sa.-Anh. 70; BBK 93; Vrg Hallescher Künstler seit 03 – **G/T:** Malerei (Ton auf Ton, Einzelstücke, Teller u. Platten, geometr. Darst.); Objektkunst (Ton) – **W:** u. a. in Bes. d. Kultusmin. d. Ldes Sa.-Anh. Magdeburg – **M:** Berlin, KGM Schloß Köpenick; Dresden, KGM Schloß Pillnitz; Frankfurt am Main, MAK; Frechen, Keramion; Halle/Saale, Staatl. Gal. Moritzburg; Leipzig, GRASSI; Römhild, Mus. Schloß Glücksburg – **E:** Ausst. seit 70, zuletzt 02 Merseburg, Schloß; 05 Rheinsberg, Keramikatelier Fülle – **G:** Ausst.bet. seit 70, zuletzt 02 Halle/Saale, Villa Kobe; 03 Herzebrock-Clarholz, Gal. unter d. Linden; Wernigerode, Altstadt Gal.; 06 Halle/Saale, Künstlerhaus 188 – ***Lit:*** Renate Luckner Bien: U.B., in: Neue Keramik 00; Sabine Runde, in: Eine Spur von Handarbeit, 8. Triennale 00; Karin Heise, in: Kunsthandwerk und Design, Nov./Dez. 02; Kristina Bake: Spannungsfelder, in: Keramik Mag., 1/03; Kirsten Jäschke: Made in Halle, in: Keramik Mag., 3/06

Bradke, Michael; Meineckestr. 45, D-40474 Düsseldorf, Tel. (02 11) 37 19 11, Mobil: 0 17 14 62 24 72, Fax 37 19 63, *michael@bradke.de*, *www.musikaktion.de* (* Ratingen 21. 12. 62) – **S:** 84–90 Univ. Köln (Musikwiss.); 88–95 Univ. Duisburg (Kontrabaß u. Gesang) – **P:** Dt. Kinderkult.pr. 00 – **Ve:** Jgd.kunstschule BJKE – **G/T:** musikpädagog. Aktionen; interaktive Klangskulpt. – **W:** zahlr. Bühnenprogramme, Open-Air-Events u. Familienmusikfeste im In- u. Ausld; KS NRW; Frankfurt am Main, Kaleidoskop; Fulda, Kinderakad. – **M:** Dortmund, Dt. Arb.schutzausst.; Dresden, Dt. Hygiene-Mus.; Duisburg, Wilhelm-Lehmbruck-Mus.; Düsseldorf, Mus. Kunst Pal.; Hannover, Sprengel Mus.; Henrichenburg, Altes Schiffshebewerk; Köln, Rautenstrauch-Joest-Mus.; München, Kinder- u. Jgd.mus.; Nürnberg, Kindermus.; Ratingen, Rhein. Industr.mus.; Stuttgart, Lindenmus. – **Ö:** Lüdenscheid, Rosengarten (Wasserspiel); Luxemburg, Klangwanderweg – **E:** 98 Hannover, Sprengel Mus. (Kat.); 99 Dresden, Dt. Hygiene-Mus. – ***LitR:*** Boing-KlangFarbenFormen, CD u. Booklet (z. Ausst. im Sprengel Mus. Hannover) 98

Brahm, Daniela, Malerin; Gottschedstr. 4, Aufg. 4, D-13357 Berlin, Tel. (0 30) 44 04 31 04, *daniela.brahm*

@snafu.de, *www.welldonebysoup.com* (* Düsseldorf 66) – **VG:** Köln, Mayer – **S:** 84–88 Univ. Düsseldorf (Germanistik, Phil.); 88–95 HdK Berlin (Visuelle Kommunikation, Meisterschülerin b. V. Export) – **P:** Erasmus-Stip. f. Marseille 91; Dt. Kunstpr. d. Volksbanken u. Raiffeisenbanken 94; Delfina Studio Programm London 03–04; Stip. d. Kunststift. NRW 05 – **E:** u. a. 02 Berlin, Thumm; 05 Berlin, Künstlerhaus Bethanien; 06 Köln, Mayer – **G:** u. a. 00 Mailand, Fond. Mudima; 02 Los Angeles, Grimes; 04 Norwich, Norwich Gall.; 06 Berlin, Künstlerhaus Bethanien; Mexiko-Stadt, Mus. Tamayo

Bramer, Josef, Maler, Zeichner, Graphiker; Sternwartestr. 25, A-1180 Wien, Tel. (01) 3 47 73 94 (* Wien 11. 7. 48) – **S:** 65 Graph. Lehr- u. Versuchsanst. Wien; 69 ABK Wien (b. Rudolf Hausner) – **P:** Meisterschulpr. d. ABK Wien 71 – **KGr:** Wiener Schule des Phantastischen Realismus – **M:** Dortmund, Mus. am Ostwall – **E:** u. a. 83 Berlin, Gärtner; 86 Salzburg, Gal. Weihergut; 96 Horn, KV; 03 Villach, Gal. Freihausgasse; Waidhofen an der Ybbs, RH-Gal. – ***Lit:*** AKL – (Red.)

Braml, Dorothée, Dipl. Graphikerin; Thuillestr. 23, D-81247 München, Tel. (0 89) 81 02 97 27, Fax 81 02 97 28 (* Nürnberg 29. 8. 48) – **S:** 90–93 Polish Univ. of London, Department of Graph. Arts München (b. Prof. Leon Jończyk); 95 Polish Univ. of London, Department of Graph. Arts München (Meisterkl. b. Uwe Bremer) – **Ve:** BBK München u. Obb. seit 97 – **G/T:** vorw. Rad. – **M:** Katowice, Muz. Śląskie – **E:** 97, 98, 02 Frankfurt am Main, Buchmesse; 81 Augsburg; 94, 95 Gröbenzell; 98 Holzhausen; 99 München, Heim u. Handwerk – **G:** 92, 94, 95, 96, 97, 98, 00 Cadaques; 99 München, Gal. d. Künstler; 94 München, Gasteig; 96 Würzburg; 93, 96 Fürstenfeldbruck; 02 Hof – (Red.)

Branca, Alexander Freiherr von, Architekt, Ingenieur; Pariser Str. 37, D-81667 München, Tel. (0 89) 4 48 18 08 (* München 11. 1. 19) – **S:** 46–48 TH München; 48–50 ETH Zürich (Stip.) – **P:** Pr. d. BDA Bay. 75; Münchner Archit.-Pr. 83; Dt. Pr. f. Denkmalschutz u. Karl-Friedrich-Schinkel-Ring 84; Kult.pr. von Obb. 93 – **G/T:** Archit. – **W:** zahlr. Kirchen-, Verwaltungs- u. Wohnbauten – **B:** u. a. Aschaffenburg: Landratsamt; Augsburg: Bischöfl. Priesterseminar St. Hieronymus; Augsburg: St. Ulrich, Kath. Bildungs- u. Seelsorgezentrum; Diesenbach: Kirchenzentrum St. Johannes; Freiburg im Breisgau: Oberpostdirektion; Greifenberg: Kirche Maria Immaculata; Illingen: Statio Dominus Mundi; Leipzig: Thüringer Hof; Madrid: Dt. Botschaft; München: Herz-Jesu-Kirche u. Kloster; ebda: Altersheim Pullach, U- u. S-Bahnhof Marienplatz, Neue Pin., Verlagshaus C.H. Beck (Anbau), Bay. Raiffeisen-Zentralbank, Bay. Staatsschauspiel Residenztheater (Umbau d. Zuschauerbereichs); Neualbenreuth: Sibyllenbad; Nürnberg-Langwasser: Kirche Hl. Dreifaltigkeit; Regensburg: Zentral-Bibl. d. Univ.; Rohrbach: Kirche Verklärung Christi; Vatikanstadt: Dt. Botschaft beim Hl. Stuhl; Weissenburg: Hl.-Kreuz-Kirche; Würzburg: Mensa u. Bibl. d. Univ.; ebda: Kaufhof Hertie – **E:** 79 München, FHS – ***Lit:*** AKL; Reclams Künstlerlex. 02 – (Red.)

Brand, Eva, Dipl. Pädagogin, Steinbildhauerin; Theodor-Körner-Str. 16, D-74613 Öhringen, Tel. u. Fax (0 79 41) 96 00 91, *evabrand@gmx.de*, *www.eva-brand.de* (* Strittmatt/Säckingen 9. 7. 53) – **S:** 98–99 Lehre b. akad. Bildhauer Hans Sailer; 99–00 Lehre b. Bildhauermeister Stefan Machmer – **KGr:** dieMedUSEN (seit 01) – **G/T:** Steinbildhauerei (weibliche Körperformen in Überzeichn. u. Reduktion, archaische Formen); Objektkunst (Stein) – **K:** Workshops: Steinbildhauerei f. Frauen – **W:** überw. in Privatbes., Frauenhof im Allgäu – **Ö:** Blaubeuren-Wennenden, Frauen-Heilehaus – **E:** 95 Stuttgart, Frauenkult.zentrum; 96 Stuttgart, Zentrum f. Selbsthilfe u. Therapie; 97 Reutlingen, Kult.weibermarkt; 00 Wiesloch, Gemeinschaftspraxis; 01 Salem-Tüfingen, Tanzraum; 03 Öhringen, DAK; 04 Winningen, Kelterhaus; Mühlacker, Mus.; 05 Asperg, Alchimilla; 06 Öhringen, RH – **G:** 02, 03 Blaubeuren-Wennenden, Frauen-Heilehaus; 03 Wiesloch-Baiertal, Kunst-in-der-Scheune; 05 Gießen, Univ.; München, Ev. Forum; 06 Tübingen, Restaurant in d. Sternwarte; Tübingen, Stadtbücherei – ***Lit:*** Durchgang. Bildhauerische Arbeiten v. E. B., Ausst.kat. 03

Brand, Gloria, Malerin, Graphikerin, Collage-Künstlerin; Breitseeweg 47, D-63303 Dreieich, Tel. (0 61 03) 6 42 54, Fax (0 12 12) 5 14 63 59 12, *gb.brand@web.de* (* Teschen/OS 29. 8. 43) – **VG:** Berlin, Hartmann & Noé; Frankfurt am Main, Prestel; Mannheim, Friebe – **S:** 60–65 HS f. Gest. Offenbach/Main (b. Prof. K. H. Schulz-Schönhausen); 65 Städtische Bühnen Frankfurt am Main (Ass. b. Franz Mertz); 66–68 ebda (Ausstattungsass.) – **L:** 87–88 Kunstpädagogisches Inst. d. Johann Wolfgang v. Goethe Univ. Frankfurt am Main (LBeauftr.) – **P:** Kunstpr. Eisenturm 85 – **Ve:** Darmstädter Sezession seit 95 – **G/T:** Collage; Arb. m. Papier – **W:** zahlr. Arb. in Privatslg (u. a. Fitzau, Merkle, Philip Morris) sowie in Privatbes. – **M:** Berlin, SMPK; Berlin, Slg Ldesbank; Berlin, Slg Volksbank; Darmstadt, Hess. LM; Darmstadt, Slg Wella AG; Frankfurt am Main, Slg Fraport AG; Frankfurt am Main, Slg Schweiz. Bankver.; Freiburg im Breisgau, Slg d. Volksbank; Luxemburg, Slg V.B.; Otterndorf, MMK – **Ö:** Bonn, Bundesmin. d. Innern; Cuxhaven, Kr.krankenhaus; Dreieich, Stadtverwaltung; ebda, Volksbank; Heidelberg, Univ.; Karlsruhe, Reg.präsidium; Mainz, Stadtverwaltung; Sulzbach/Taunus, Gemeindezentrum – **E:** 83, 86, 88, 90, 91, 93, 03 Mannheim, Gal. Karin Friebe; 87 Frankfurt am Main, Forum Stadtspk.; 87, 89, 91, 95, 00, 02 Frankfurt am Main, Prestel; 88 Offenbach/Main, KV; 89 Mainz, Gal. d. Stadt; Otterndorf, Mus. gegenstandsfreier Kunst; Offenbach/Main, Gal. Witzel; 89, 91, 93, 95, 98, 03 Berlin, Hartmann & Noé; 91 Darmstadt, KH; 94 Speyer, KV; 94, 03 Dreieich, StG; 96, 00 Darmstadt, Gal. Doris Wullkopf; 99 Friedberg, KV (Slg. Fitzau); Frankfurt am Main, Gal. annmarie taeger; 01 Friedberg, KV – **G:** 87, 91, 93, 99, 01, 03, 05 Darmstadt, Sezession; 91, 94, 95, 96, 98 Frankfurt am Main, Art Frankfurt; 92, 93 Köln, Art Cologne; 93, 01, 05 Speyer, KV (Kat.); 97 Frankfurt am Main, Gal. annmarie taeger; 99 Darmstadt, KV; 99, 01 Berlin, Hartmann & Noé; 01 Otterndorf, Mus. gegenstandsfreier Kunst; 02 Hofheim, SM Hofheim; 04 Hanau, Mus. Schloß Philippsruhe: Zw. Malerei u. Objekt (Kat.); 06 Karlsruhe, Art Karlsruhe – ***Lit:*** zahlr. Publ. u. a. Christa von Helmolt: Einstieg in die dritte Dimension, Art. in: FAZ 87; Herbert Dellwing u. Dorothea Strauss: 1950–1993 Collage in Deutschland, Ausst.kat. (KV Speyer) 93; Willi Lindemann: A Bao A Qu, Kat. 93; Ursula Teschner: Die Entwicklung der Collage bei G. B. Mag.arb. (Johann-Wolfgang-Goethe-Univ. Frankfurt am Main) 95; Roland Held: Korrespondenzen, Künstler begegnen Malerei von Kindern, Ausst.kat. (KH Darmstadt) 99; Herbert Dellwing: 1950–2000 Rückblick in die Zukunft, Ausst.kat. (KV Speyer) 01; Ursula Teschner: Hofheimer Lust, Ausst.kat. (KV Hofheim) 01; Rainer Lawicki: Standorte, Ausst.kat. (StG Dreieich) 03

Brand, Heinz, Fotograf; lebt u. arbeitet in Reichenbach b. Bern (* Biberist 8. 3. 44) – **VG:** Basel, Stampa – **S:** 60–65 KGS Bern; 66–67 Kioto/Japan; 68–69 F + F Schule f. exper. Gest. Zürich (Fotokl.); 69–71 Brasilien – **P:** Ausldsstip. f. d. Staatl. HBK Łódź 74–75;

Ausldsstip. d. Jan van Eyck Acad. Maastricht 76–78; Stip. d. Stadt u. d. Kt. Bern f. Paris 87; Stip. d. Istituto Svizzero di Roma 90; New York – P.S.1 91, 92 – **G/T:** Fotogr. (in Verb. m. Video, Malerei, Install. u. Skulpt.) – **M:** Bern, KM; Hannover, Sprengel Mus.; Łódź, Muzeum Sztuki; Luzern, KM; Paris, Bibliothèque Nat.; Schwäbisch Hall, Hällisch-Fränkisches Mus.; Zürich, Kunsthaus – **E:** u. a. 97 Sion, Mus. Cantonal d'Hist.; 03 Luzern, KM – ***Lit:*** AKL; BLSK 98 – (Red.)

Brand, Jürgen A.R., Maler, Radierer; c/o Atelier Alte Schule Münster, Maibacher Str. 2, D-35510 Butzbach, Tel. (0 60 33) 46 98, *Atelier.Alte-Schule@web.de* (* Erfurt 5. 3. 34) – **S:** 78–83 Oberursel (Malerei u. Rad. b. d. Maler Erich Werner); 79–81 Frankfurt am Main (Aktzeichnen b. Darivoij Cada, Bildhauer); 80–81 ebda (Aktzeichnen b. Erich Dittmann, Graph.); 81–86 Städelschule Frankfurt/Main (Malerei, Abendschule) – **P:** Stud.aufenthalt in Bulgarien (auf Einladung d. Min. d. Kult., Wiss. u. Bildung sowie d. bulgar. Künstlerverb.) 89; Silbermed. d. Stadt Mapello 91; Stud.fahrtpr. d. Heussenstamm-Stift. Frankfurt am Main 91 – **Ve:** Frankfurter Künstlerclub 84–98 – **G/T:** Portr. (Tier/Mensch, vorw. Aqu. u. Pastell); Stilleben (v. a. gleichzeitige Versobearb., Öl); Rad. – **W:** überw. in Privatbes. – **M:** Oserode, StM – **Ö:** Fernwald-Steinbach, Ev. Kirche; Frankfurt am Main, Heussenstamm-Stift.; Grabovo, Haus d. Humors u. d. Satire in d. Künsten; Lippstadt-Rixbeck, Fassadengest. (Am Eichenhügel 15); Michelstadt-Steinbach, Bürgerhaus; Wiesbaden, Kultusmin. – **E:** zahlr. seit 82, u. a. 94 Frankfurt am Main, Heussenstamm-Stift.; 97 Butzbach, StM; 01, 03 Steinbach, Ev. Kirche; 06 Osterode, StM – **G:** zahlr. Bet. seit 80, u. a. 80 Lyon, académie lyonnaise des peintres associes; 84 Bozen, Schloß Maretsch; 85 Wien, United Art Gall.; Peking, Arb.kult.pal. (Taimiao-Tempel); 87 Grabovo, 8. Intern. Bienn.; 89 Grabovo, 9. Intern. Bienn.; 91 Mapello/Bergamo, Premio Agazzi '91 – ***Lit:*** Frankfurter Künstlerlex.: Die bildenden Künstler in Frankfurt am Main 82, 89; Allg. Lex. d. Kunstschaffenden in d. bild. u. gestaltenden Kunst d. XX. Jh. (Forsch.inst. Bild. Künste Nürnberg) 84; Werke Frankfurter Künstler Oktober 85 in Peking, Ausst.kat. 85; Frankfurter Malerei seit d. Jh.wende (Gal. u. Kunstantiquariat Joseph Fach) 88; Jb. d. Intern. Arts Guild: Art Annual 89 (Charles Louis Formals, Monte Carlo) 89; Das Gold. Buch hervorragender Persönlichkeiten d. BRD (Forsch.inst. Bild. Künste Nürnberg) 89; Axel-Alexander Ziese: Meister Bild. Künste 90; Das Gold. Buch d. Kunst u. Kult. – Anthologie zu Ehren d. Persönlichkeiten aus Kunst u. Kult., Wirtschaftsztg KONZEPTE, Nürnberg 90, 91; Jb. d. Forsch.inst. Bild. Künste: Dokumenta Artis – Künstler d. Jahres 1991; in: Heimatblätter f. d. Süd-Westl. Harzrand Heft 61 05; in: Korn-Mag. Ausgabe 15, 2/06 – ***LitR:*** Sendereihe: Frankfurter Ateliers (Fs. Hessen III) 81

Brand, Martin, Video- u. Installationskünstler; Graf-Engelbert-Str. 18, D-44791 Bochum, Tel. (02 34) 5 84 07 99, Mobil: 0 17 85 84 07 99, *mail@martinbrand.net*, *www.martinbrand.net* (* Bochum 25. 12. 75) – **S:** 96–02 Ruhr-Univ. Bochum u. Univ. Dortmund (Kunst u. Germanistik) – **L:** 03 Univ. Dortmund (Inst. f. Kunst, LAuftr. f. Malerei); 06 Alanus HS Bonn-Alfter (Gastdoz.) – **P:** Förd.pr. Kölner Filmhaus 04; Experimentalfilm-Pr. 'blicke aus d. ruhrgebiet' 04; Förd.pr. d. Stadt Dortmund 04; Künstlerresidenzprogramm Pilotprojekt Gropiusstadt Berlin 06; Artist in Residence (f. SUMU in Turku/Finnl.) 06; Förd.pr. d. Ldes NRW 06 – **G/T:** Videofilm; Video-, Multimedia- u. a. Install.; Fotogr. – **E:** 04 Bochum, Gal. am RH; Bochum, Bastion; 05 Berlin, Zapp Gal. – **G:** zahlr. Bet., u. a. 00 Gelsenkirchen, SM; 01 Dortmund, Künstlerhaus; 02 Dortmund, Westf. LM; Frankfurt am Main, Auswärts-Kunstraum; 04 Frankfurt am Main, Ev. Stadtakad. 05, 06 Stuttgart, Württembergischer KV; 05 Essen, Mus. Folkwang; Mülheim an der Ruhr, KM; New York, Spark Contemp. Art Space; London, 291 Gall.; Saratoga Springs/NY, AC; Barcelona, Loop – The Video Art Festival; 06 Paris, Centre Pompidou; Clermont-Ferrand, Festival Videoformes; Bochum, Mus.; Dortmund, Hartware Medien Kunst Ver.; Osnabrück, Europ. Media Art Festival; Marl, Skulpt.-Mus. Glaskasten

Brand, Paul, Prof. SKA Oslo, NTN Univ. Trondheim; Tøyengata 13, N-0190 Oslo, Tel. 0 99 51 42 08. Alfred Getzvei 3, N-7491 Trondheim, Tel. 0 73 59 50 11, Fax 0 73 59 50 03, *paul.brand@ntnu.no*, *www.galeriekoenig.de* (* Solothurn 16. 11. 41) – **VG:** Hanau, König; Ettlingen, Suciu – **S:** 58–63 KunstFS Biel – **L:** 82–87 KA Oslo (Fak. f. Archit. u. Bild. Kunst, Prof. f. Skulpt.) – **P:** Norweg. Staatsstip. 76, 77, 78 – **Ve:** Norweg. Bild. Künstler (NBK) – **G/T:** Skulpt. (konkrete Kunst); Multimedia (Zchng, Malerei); Text (Film) – **M:** Bergen, KM; Høvikodden, Henie Onstad Kunstsenter; Lillehammer, KM; Oslo, NG; Trondheim, KM – **Ö:** Bergen, Flughafen; Kirkenes, Svartskog Grenze zw. Rußland, Finnland u. Norwegen; Lillehammer, HS f. Film; Oslo, Univ.; ebda, Schweizer Botschaft; Stavanger, RH; Trondheim, Univ. – **E:** u. a. 73 Høvikodden, Henie Onstad Kunstsenter; 05 Moss, Gal. F15 – **G:** 00 Ettlingen, Suciu; 05 Hanau, König: Placement – ***Lit:*** Store Norske Lex. – ***LitR:*** Magisches Quadrat, Animation (NRK Pan)

Brand, Robert s. Wendelberger, Grit

Brand-Peier, Vreny (eigtl. Verena Stäuble-Peier, geb. Verena Peier), Malerin; Hophanstr. 9, CH-5085 Sulz, Tel. 06 28 75 02 11, Fax 06 28 75 02 12, *vreny_bp@bluewin.ch* (* Olten 12. 2. 42) – **S:** Lehrerpatent Zeichnen u. Kunstgesch. in Basel, Florenz, Padua – **L:** 69–74 Kantonsschule Olten (Zeichnungslehrerin) – **P:** Stip. d. Stadt Olten 63; Werkpr. d. Kt. Solothurn 87; Ausz. d. Stift. pro Olten 90; Kunstpr. d. Stadt Olten 95; Förd.beitr. d. Aargauer Kuratoriums f. Druckgraph. 96 – **Ve:** Visarte; Aargauischer KV; KV Olten – **G/T:** Gedankengänge; Temperamalerei; Objektkunst (Gips) – **M:** Aarau, Aargauer Kunsthaus; Olten, KM; Zürich, Slg d. Schweizer. Nat.bank – **Ö:** u. a. Aargauische Elektrizitätswerke; Breitenbach, Berufsschulhaus; Däniken, Kernkraftwerk Gösgen; Hägendorf, Altersheim; Lenzburg, Büro- u. Werkstattgebäude; Olten, Heilpädagog. Schulungszentrum; Olten, Spital; Sulz, Gemeindehaus; – weiterhin div. Schulhäuser u. Kunst am Bau – **E:** zahlr. Ausst. seit 70 in versch. Schweizer Städten, z.B. Aarau, Baden, Basel, Biasca, Brugg, Délemont, Olten, Solothurn, St. Gallen, Winterthur, Zürich – **G:** zahlr. Ausst.bet. u. a. in Berlin u. Univ. Mulhouse – **V:** Das Gesicht der Oltner Altstadt, Kunstmappe, Akad. Olten 78; Angelica Arb (Gedichte): Unser Wesen sollte brennen, Kunstmappe 78; Fritz Grob (Gedichte): In die Zeit geschrieben (Zeichn.) 83; mit Madeleine Schüpfer (Lyrik): In den Wind geschrieben, Bildbd 87; Poesieblatt, Zytglogge Zytig, Bern 89; Texte aus dem Aargau 93; Eine Handvoll Raum 98; Brugger Neujahrsblätter, Sonderausg. 05 – ***Lit:*** Gedankengänge, Ausst.kat. Kunstmus. Olten 95; Geschichtete Zeit, Ausst.kat. Stadthaus Olten 01; – weiterhin Dokumentationen, Sammlungskataloge, Künstlerbegegnungen, Ankäufe, Schenkungen, Dauerleihgaben Kunstmus. Olten – ***LitR:*** Fs.-Beiträge zu versch. Ausst., z.B. im Kunstmus. Olten 95; ebenso Radiobeiträge (u. Interviews)

Brandeis Crawford, Sandra (eigtl. Sandra Crawford), Malerin (Mag.); Volkertpl. 6/18, A-1020

Wien, Tel. Mobil: 06 64 54 43 52 61, Fax (01) 9 68 62 30, *brandeis.crawford@chello.at*, *www.brandeis-crawford.com*. Atelier: Döblinger Gürtel 10/23, A-1190 Wien (* London 14. 2. 55) – **VG:** Frankfurt am Main, Die Gal. – **S:** 73–75 North Warwickshire College of Technology and Art (Foundation Course); 74 Inst. of Linguists (Intermediate Dipl.); 75–78 Univ. of England Birmingham (School of Painting, BA); 79–82 Royal College of Art London (Master of Fine Art); 81 Paris Studio – **L:** 88 Salzburger Sommerakad. (Ass. b. Georg Eisler); 99, 00 Royal College of Art (LBeauftr.) – **P:** Cité Intern. d. Arts Paris 81; Picker Fellowship Kingston/London 82–83 – **G/T:** Malerei, Fotogr., Collage, Mischtechniken – **W:** Unilever Coll., Wiener Städt. Versicherung, Bank Austria – **M:** Wien, Slg d. Stadt – **E:** u. a. 83 London, Jacobs; 84 Feldkirch, Pal. Liechtenstein; 86, 88, 91, 95 Wien, Hilger; 88 London, Leinster Fine Art; 89 Frankfurt am Main, Hilger; 90, 91 Hamburg, Schäfer; 90, 92 Mainz, Vulkan; 91 London, Rhodes; 92 Montpellier, Brousse; 93 Wien, HM; 95 Budapest, Fészek; 98, 00 Frankfurt am Main, Die Gal.; 99 Darmstadt, Inst. Mathildenhöhe; 00 Stuttgart, Bischoff; 01 Wiesbaden, Frauen Mus.; 04 Las Palmas, Gal. de Arte; 05 Saarbrücken, Saarländisches Künstlerhaus; Reggio Emilia, Artecontemp. – **G:** seit 82, u. a. 90 London, Rhodes; 92 Wien, Messepal.: Amnesty Intern. Exhib.; 93 Paris, Decouvertes '93; 96 London, Concorde Gall. Barbican Centre: Rubies and Rebels; 03 Bochum, Mus.: Das Recht d. Bildes; 04 Feldkirch, Pal. Liechtenstein: Identitäten – ***Lit:*** AUSST.KAT.: u. a. Dieter Ronte: Schicksalsrad 87; Dieter Hoffmann: Alle vier Elemente 90; Peter Nesweda: Tertium (non) Datur 94; Angelica Bäumer: Die Suche nach der Vergangenheit o. die Sehnsucht nach dem Paradies 94; Renate Wiggershaus: Memories I can't Remember but I can't Forget 99; Klaus Wolbert: Hidden Desires 99; Sepp Hiekisch-Picard: Konstruktion weiblicher Identität 00; – sowie div. Art. in Zss u. Ztgn

Brandenburg, Marc, Künstler; lebt u. arbeitet in Berlin, *info@marcbrandenburg.de*, *www.marcbrandenburg.de* (* Berlin 65) – **E:** u. a. 91 Paris, Pal. de Chaillot; 92 Berlin, Künstlerhaus Bethanien; 92, 94 Kassel, Schmitz; 93 Winnipeg, Plug In Gall.; 93, 94 Berlin, Bruno Brunnet Fine Arts; 96 New York, Morris Healy Gall.; 99 New York, XL Gall.; 00 Berlin, Contemp. Fine Arts; New York, Paul Morris Gall. – **G:** u. a. 93 Kassel, Schmitz; Winnipeg, Univ. of Manitoba; 94 Amsterdam, Gal. Fons Welters; Minneapolis, Montgomery Glasoe Fine Arts; 95 Berlin, Contemporary Fine Arts; 98 London, Cubitt Gall.; 99 New York, XL Xavier LaBoulbenne Gall.; Wolfsburg, KM – (Red.)

Brandenburg, Paul, Bildhauer; Gurnemanzpfad 52, D-13465 Berlin, Tel. (0 30) 4 01 59 83 (* Düsseldorf 30. 9. 30) – **S:** 48–51 Lehre als Steinbildhauer; 53–54 Meisterschule f. d. Kunsthandwerk Berlin (Bildhauerkl.); 55–58 HdK Berlin (b. Prof. Dierkes) – **G/T:** Bildhauerei (Stein, Bronze, Keramik, Beton); Monumentalplast. (ca. 10, in Stein u. Bronze); Brunnenanlagen (20, z.T. monumental); Pl.gest.; Fassadengest.; Innenräume; Kirchenräume; Schulen; Schwimmhallen; Banken; Dt. Botschaften u. Kult.inst. – **W:** zahlr. Aktzchngn in Privatbes.; Ab 60/61 Aufträge v. öff., privater u. kirchl. Seite; Zus.arb. m. d. Glasmaler Johannes Beek/Hinsbeck; Innen- u. z.T. Außengest. v. über 140 Kirchen u. Kap.; Portr. in Bronze u. Betonguß, vollplast. u. als Relief o. Plakette (öff. u. private Auftraggeber); Arb. f. d. Bundesbaudir. im In- u. Ausld – **Ö:** Berlin, Karl-Borromäus-Kirche; ebda, Olympiastadion (Siegerstelen d. Goldmed.gewinner b. Olymp. Spielen); Wurzen, Altenheimkap. – **B:** u. a. Bremen: Haacke-Beck-Brauerei (Neues Verwaltungshochhaus, Außen- u. Innengest.); Darmstadt: Verwaltungsgebäude f. Satellitenfunk (Pl.gest. m. Plast. u. Eingang); Dorsten: Franziskanerkloster; ebda, Kirche, Pl.; Hamburg: Fassade u. Turm d. Kath. Kirche Hamburg-Farmsen; Mönchengladbach: Krankenhauskap. – ***Lit:*** ZSS: Das Münster, Zs f. christl. Kunst u. Wiss., 4 86; Steinmetz u. Bildhauer, 70–88; Der Naturstein, 10 73/11 74/3 84; – weitere: Kirchenführer v. Schnell u. Steiner, Nr. 2122 u. a.; Brunnen u. Wasserspiele, S. 164; Depa-Kunstführer, 411 97; Jürgen Lenssen: Bewahren u. Erneuern, S. 25, 26

Brandenburger, Susanne, Malerin; Valleystr. 15, D-81371 München, Tel. (0 89) 7 47 06 47, *susbran@gmx.de* (* Landau/Pf. 28. 5. 60) – **S:** ABK München (angew. Graph.) – **P:** Stip. d. Staatsmin. f. Wiss. u. Kunst f. Meisterkl. Emillio Vedova 'Malerei als Lebenszeichen' – **Ve:** BBK München u. Obb. seit 90 – **G/T:** Informel; Ölbilder auf Leinwand; Tuschezeichn. – **E:** 04 München, Gal. im Bay. Ldesvermessungsamt – **G:** 91 Doppelausst. m. Gal. Golart; 92 Eching, Bürgerhaus; 00 München, Kairos New Art Gal.; München, Gal. Atelier – ***Lit:*** in: Nike, Kunstzs. (Text u. Abb.) 92 – (Red.)

Brandl, Herbert, Maler u. Graphiker (* Graz 17. 1. 59) – **VG:** Berlin, Haas; Frankfurt am Main, Grässlin – **S:** 78 HS f. Angew. Kunst Wien (b. Herbert Tasquil u. Peter Weibel) – **P:** Förd.pr. d. Ldes Stmk f. zeitgen. bild. Kunst 80 – **G/T:** Malerei (Stilleben, Ldschaft, weiblicher Akt) – **M:** Graz, LM Joanneum; Zürich, Kunsthaus – **E:** zahlr. Einzelausst., zuletzt u. a. 00 Berlin, Hetzler; Paris, Gal. Ghislaine Hussenot; 00, 03 Gmunden, Gal. 422; 01 Knokke, Patrick de Brook Gall.; 02 Linz, Figl; Graz, Steiermärk. LM Joanneum; Wien, Chobot; Basel, Wüthrich; 03 Wien, Gal. nächst Sankt Stephan; Schwaz/Tirol, StG – **G:** u. a. 85 Paris, Bienn.; 92 Kassel, documenta; 02 Basel, Mus. f. Gegenwartskunst; Basel, KH; Wien, Steinek; Zürich, Müller; 03 Klosterneuburg, Slg. Essl; St. Pölten, Ndöst. LM; Wien, Exner; Wien, Volpinum – ***Lit:*** AKL; Reclams Künstlerlex. 02 – (Red.)

Brandmeier, Monika, Prof., Bildhauerin; *mail@monikabrandmeier.de*, *www.monikabrandmeier.de; www.klasse-brandmeier.de; www.hfbk-dresden.de* (* Kamen 19. 1. 59) – **VG:** u. a. Düsseldorf, Conrads; Stuttgart, Mueller-Roth; Zürich, Müller – **S:** 77–82 FHS Dortmund (Visuelle Kommunikation); 86–91 HBK Braunschweig; KA Düsseldorf (Meisterschülerin b. Erich Reusch) – **L:** 95 FHS Niederrhein Krefeld (Prof. f. Gest.lehre u. Plast. Gest.); 01 HBK Dresden (Prof. f. Bildhauerei) – **P:** Stip. d. Dt.-Frz. Jgd.werks (f. Paris) 83; Wilhelm-Fabry-Förd.pr. 85; Pollock-Krasner Found. New York (Stip.) 89; Artist-in-Residence-Program d. Djerassi Found. Woodside/Calif. (Gast) 89; Stift. Kunstfonds – Arb.- u. Projektstip. 90; Phillip-Morris-Künstlerförd. (Stip. f. Berlin) 90; Förd.pr. f. Bildhauerei d. Westf. KV Münster 91; Kunstpr. d. Stadt Nordhorn 92; Stip. d. Ldes NRW (Arb.aufenthalt in Schöppingen) 92; Artist-in-Residence-Program d. Art/Omi Found. Ghent, New York (Gast) 98 – **G/T:** Install.; Objekte; Videoarb.; Zchngn; Diaprojektionen – **M:** Berlin, Kpst.-Kab.; Berlin, Slg d. BRD; Cambridge/MA, Busch-Reisinger Mus.; Dortmund, Mus. am Ostwall; Dresden, Albertinum; Dresden, GG NM; Düsseldorf, Mus. Kunst Pal.; Esslingen, StG Villa Merkel (GrS); Frankfurt am Main, Dt. Bank KS; Gars am Kamp, Schloß Buchberg; Graz, LM Joanneum (Neue Gal.); Greensboro/NC, Weatherspoon AM; Kaiserslautern, Pfalz-Gal.; Łódź, Muz. Artystów; New Haven/CT, Yale Univ. Art Gall.; Nordhorn, StG; Nürnberg, Neues Mus.; Recklinghausen, StKH; Schwerin, Staatl. Mus.; Stockholm, SKS; Stuttgart, Daimler-Benz AG; Stuttgart, SG (GrS); Zollikon, Stift. Slg Koenig – **E:** zahlr., u. a. 88

Berlin, KV Giannozzo; Dortmund, Mus. am Ostwall; 88, 89 Frankfurt am Main, Schütz; 90 Tokio, Spiral AC (mit E.Kasahara, Kat.); 91 Marl, Skulpt.-Mus. Glaskasten (mit C.Terstappen, Kat.); 92, 94 Berlin, Gebauer u. Günther; 92 Köln, Schüppenhauer; Farnham, James Hockey Gall. (Kat.); Farnham, West Surrey College of Art and Design; Nordhorn, StG (Kat.); 92, 95, 01 Stuttgart, Mueller-Roth; 92, 95, 97, 98 Köln, Schweins; 93 Nürnberg, Albrecht-Dürer-Ges.; 93, 94, 99 Düsseldorf, Conrads; 94, 98, 02, 04 Zürich, Müller; 95 Łódź, Muz. Artystów (mit Hartmut Böhm, Kat.); 96 Ravensburg, StG (Kat.); 99 Berlin, Hamburger Bahnhof; 01 Köln, Diözesan-Mus. (Kat.); 02 Dresden, HBK; 03, 04 Paris, Polaris; 04–05 Berlin, Fleisch/Café Moskau (m. Ingo Fröhlich u. Joachim Grommek); 06 Berlin, Chughtai – **G:** sehr zahlr., u. a. 85 Wien, Mus. d. 20. Jh.: Kunst m. Eigensinn; 89 Barcelona, La Bien. de Barcelona; Recklinghausen, StKH: Niemandsld/No Mans Ld; 90 Wiesbaden, Mus.: Künstlerinnen d. 20. Jh. (Kat.); Łódź, Muz. Kinematografii: Construction in Process/back in Łódź; 91 Recklinghausen, Ikonen-Mus.: Europ. Wkst. Ruhrgebiet; 93 Sydney, MCA: The Humpty Dumpty's Kaleidoscope – a new Generation of German Artists; 93 (Die Subversion d. Lachens), 04 (Neueinrichtung d. Slg) Dortmund, Mus. am Ostwall; 94 Bremen, Ges. f. aktuelle Kunst: Übergangsraum; 95 Kopenhagen, Overgaden: Tapko – a space; Mitzpe Ramon/Israel, Pal. d. Künste: Construction in Process; 97 Zürich, Helmhaus: In d. Raum gestellt, oder; Düsseldorf, KM im Ehrenhof: Augenzeugen; 99 Esslingen, StG Villa Merkel: zoom – Ansichten z. Dt. Gegenwartskunst; 00 Havanna, Bien.; Nürnberg, Neues Mus.: Eröffnungsausst.; 01 New York, Sculpt. Center: Once, then something; Chemnitz, KS: Kab. d. Zchng; 02 Berlin, Kpst.-Kab.: Von d. Dürerzeit z. Postmoderne; Kaiserslautern, Pfalz-Gal.: Drehen kreisen rotieren; Milwaukee/WI, Milwaukee Inst. of Art and Design: Contemp. Positions in German Drawing; 03 München, Haus d. Kunst: Ehrensaal; Bonn, Kunst- und Ausst.halle d. BRD: Herbarium d. Blicke; 04 Esslingen, Intern. Fototrienn.; 05 Vaduz, KM Liechtenstein: Faites vos jeux! Kunst u. Spiel seit Dada; 05–06 Berlin, AK: Faites vos jeux! Kunst u. Spiel seit Dada; 06 Berlin, Öff. Raum: NORMALNULL; Siegen, Mus. f. Gegenwartskunst: Faites vos jeux! – ***Lit:*** KAT.: u. a. M. Hübl: Streng und sinnlich (Städt. Gal. im Mus. Folkwang Essen) 84; H. Stachelhaus: Zu den Arbeiten von M.B., In: M.B. (Wilhelm-Fabry-Pr. Hilden) 87; Th. Wagner: Im Lärm der Stadt (Sprengel Mus. Hannover) 91; E. Schmidt: M.B. (Künstlerdorf Schöppingen) 93; – ZSS U. ZTGN: u. a. M. Hübl in: Kunstforum Intern. 85; K. v. Berswordt-Wallrabe in: ders. 90; Alexander Braun M.B.: Richtung ist interessanter als Position. Ein Gespräch, In: ders., Bd 145 99, S. 294–303; Anne Haun: Künstlerprofil: M.B., In: artnet 05; – sonstige: AKL, Bd 13 96; Alexander Dückers u. Eugen Blume (Hrsg.): M.B. Zeichnungen 99; Krit. Lex. d. Gegenwartskunst 03 – (Red.)

Brandner, Klaus; Flurweg 11, A-9061 Wölfnitz/Klagenfurt, Tel. u. Fax (0463) 49018, *atelier@klausbrandner.at*, *www.klausbrandner.at* (* Klagenfurt/Kärnten 11. 12. 65) – **Ve:** Berufsvrg Bild. Künstler Öst.; Genossenschaft Bild. Künstler Weimar – **E:** u. a. 89 Klagenfurt, Kellergal.; 91 Hamburg, Atelier 98 – Gal. auf der Uhlenhorst; 93, 96 Graz, Gal. Dida; 94, 99 Leoben, Daghofer; 95 Klagenfurt, Gal. U; Paris, Gal. Fay; 97 Weimar, Gal. im Cranach-Haus; 98 Gent, Maringer; 00 Wien, Gal. am Stubentor; 01 Brüssel, Gal. Grandi; 02 Luzern, Kunsthandlung Twerenbold; 03 Wien, Vanic – **G:** u. a. 97 St. Pölten, Maringer; 98 Hamm, Gal. Kley; 99 Wien, Kunst Wien 99; 00 Dortmund, Schneider; 01 Düsseldorf, Gal. Fils; 02 Buchholz, Gal. Fehr; 03 Frankfurt am Main, Art Ambiente – **V:** Dt./Engl./Franz., Heyn-Verlag – (Red.)

Brandner, Reinhard (Ps.: Der Lichtfänger), Maler, Land-Art-Objektkünstler; Nussbergweg 7, A-9061 Klagenfurt-Wölfnitz, Tel. u. Fax: (0463) 49397, *edition.brandner@aon.at*, *www.brandner-art.at* (* Klagenfurt 24. 8. 38) – **S:** Famous Artists School Amsterdam – **Ve:** Berufsvrg Bild. Künstler Öst. – **G/T:** Reliefmischtechnik; Manugraph.; Land-Art-Objekte – **M:** Melbourne, Nat. Gall. of Victoria; Thessaloniki, Mus. für Mod. Kunst; Wien, Albertina – **Ö:** San Isidro/Teneriffa, Gernot Huber Stift. (Sonnenuhr 'Reloj de sol') – **E:** u. a. 74 Rom, Gal. Fiamma Vigo; 75 Köln, IKS; Venedig, Gall. Numero; 76 Luxemburg, Gal. Hibou; 78 Wien, Gal. Nagl; 79 Palm Beach, Rothenberg; 83 Basel, Art Basel; 85 Guatemala City, Gal. Eitunel; 87 Thessaloniki, Panselinos; 90 Basel, Perrig; 92 Heidelberg, Vogel; 94 Rheda, Kunsthaus Artes; 96 Teneriffa, La Colombe; 97 Worpswede, Alte Molkerei; 00 Blumau, Hundertwasserhaus; 02 Tokio, San Kaibi; 03 Rastede, Loy; 04 Wiener Neustadt, Domgal. – **V:** Brandner – der Lichtfänger; Brandner – vom Siebdruck zur Monographie – **R:** Brandner – der Lichtfänger 1 u. 2

Brandstätter, Christine (geb. Christine Cech), Malerin, Illustratorin, Elektro-Ing.; Großhadernerstr. 27, D-81375 München, Tel. (089) 70014 15 (* Wien 1. 4. 44) – **VG:** München, Solln – **S:** 81–03 b. Kunstmaler Helmut Geipel, München – **P:** Med. 'La donna nell'arte' d. Comme di Vico del Gargano 03 – **Ve:** Kunstkr. Hadern/Siemens Malgr.; Roseninsel – **G/T:** Malerei (Aqu., Kreide, Gouache, gegenständlich u. abstr.); Porzellanmalerei; Portr.malerei (Blei u. Aqu.); Graph. (Kaltnadelrad.) – **E:** Bad Wörishofen, Kurhaus; Germering, Medizinischer Dienst f. Krankenkassen in Bay.; Unterhaching, Kult.- u. Bildungszentrum; – sowie in Freising, München, Neuried u. Ottobrunn – **G:** Ausst.bet. in Bad Tölz, Laupheim, München (Gal.wagen d. Stadt), San Valentino, Trnava u. Unterlietzheim; – sowie Starnberg, Schloßberghalle – **V:** Ill.: Das kleine Buch zur Hochzeit; Das kleine Buch zur guten Besserung; Die kleine Freude an schönen Dingen; Die kleine Freude – Herzlichen Glückwunsch; – sowie Ill. v. Karten u. Kal. – (Red.)

Brandstätter, Karl, Prof., Mag. art.; Saager 13, A-9131 Grafenstein, Tel. u. Fax (04221) 2227, *atelier@karlbrandstaetter.at*, *www.karlbrandstaetter.at* (* Lautz/Villach 14. 1. 46) – **VG:** Aachen, Bernardi – **S:** 66–70 ABK Wien; 66–77 Paris (zwei Jahre b. Jenny Friedlaender gearbeitet u. d. Atelier geführt) – **P:** Förd.pr. d. Stadt Salzburg 66, 67; Pr. d. Stadt Klagenfurt (Extempore) 76 – **Ve:** KV Kärnten 74; Künstlerhaus Wien 90 – **KGr:** Kr. um Bernardi (Aachen, seit 70) – **G/T:** Malerei (Öl); Graph. (Zeichn., Rad.); Skulpt.; Kunst am Bau – **M:** Brüssel, Mus. d'Ixelles; Klagenfurt, Kärntner LG; Paris, Bibliothèque Nat.; Wien, Albertina – **Ö:** Klagenfurt, MRCT-Inst.; ebda, Kelag, Messe, Spk.; Wien, Donauspital – **E:** Ausst. im In- u. Ausland, u. a. in Brüssel, New York, Paris, Wien u. in Dtld – **V:** Durchsicht 87; Das Graphische Werk 1965–1990 90 – ***LitR:*** Susanne Waldmann: Portrait einer Radierung, Dok. 85

Brandt, Andreas, Prof., Maler; Gotteskoogstr. 22, D-25899 Niebüll, Tel. (04661) 2870, Fax 2871 (* Halle/Saale 29. 12. 35) – **VG:** Stuttgart, Wahlandt; München, Spielvogel; Paris, Arnaud; Paris, Lahumière; Zug, Gal. Weber; Mailand, Vismara Arte – **S:** 55–61 HBK Berlin (b. Prof. Ernst Schumacher, Meisterschule) – **L:** 70 HBK Berlin (Grundlehre); 82–01 HBK Hamburg (Textildesign) – **P:** Stip. d. Luftbrücken-Gedenkfonds (New

York) 75; Kunstpr. Berlin 77; Camille-Graeser-Pr. 90; Fred-Thieler-Pr. 95; Nordfriesischer Kult.pr. 02 – **G/T:** Malerei u. Graph. (konkret-konstruktiv) – **W:** Ankauf u. a. durch d. Bundesmin. d. Innern Bonn – **M:** Berlin, Berlinische Gal.; Berlin, Kpst.-Kab.; Bottrop, Josef-Albers-Mus.; Cambrai, Mus. de Cambrai; Dresden, Kpst.-Kab.; Hamburg, KH; Ingolstadt, Mus. f. Konkrete Kunst; Kiel, KH; Macon, Mus. des Ursulines; Mouans-Sartoux, Espace de l'Art Concret; München, Staatl. GrS; Nürtingen, Slg Domnick; Schleswig, LM f. Kunst u. Kult.-Gesch. Schloß Gottorf; Stuttgart, Min. f. Wiss. u. Kunst; Stuttgart, SG; Stuttgart, Slg DaimlerChrysler; Wuppertal, Von der Heydt-Mus.; Würzburg, Konkrete KS Peter C. Ruppert; Würzburg, Mus. im Kulturspeicher; Zürich, Slg d. UBS AG – **E:** 70 Berlin, Diogenes; Köln, Peuckert; 74 Berlin, Springer; 74, 77, 83, 86, 88, 92, 94 Koblenz, Teufel; Köln, Teufel; Bad Münstereifel, Teufel; 75 Hamburg, Wentzel; Kiel, KH; Ludwigshafen, Wilhelm-Hack-Mus.; Bottrop, Josef-Albers-Mus.; 76 Berlin, Neuer Berliner KV; 78 Berlin, Bossin; 78, 85 80 Stockholm, Christel; Frankfurt am Main, Appel; 83, 88, 93, 99 Düsseldorf, Schoeller; 85 Stockholm, Gal. Konstruktiv Tendens; 87, 99 Paris, Lahumière; 89, 91, 94, 95, 97 Zürich, ACP; 90 Paris, Brownstone; 94, 97 Dresden, Teufel-Holze; 95 Berlin, Berlinische Gal.; 95, 98, 00, 03 Paris, Arnaud; 98 Berlin, Mies-Van-der-Rohe-Haus; München, Spielvogel; 99 Zug, Gal. am See; 02 Husum, Schloß vor Husum; 03 Helsingborg, Hjärne; Den Haag, de Rijk; 04 Bonn, Arithmeum (Kat.); 06 Stuttgart, Wahlandt – **V:** Max Hermann Mahlmann – Friedrich Vordemberge Gildewart. Briefwechsel 1954–1962 (Hrsg.) 97 – ***Lit:*** E. Gomringer, D. Guderian, J. C. Jensen u. a., in: A. B. Bilder und Graphik 1972–1988, Ausst.kat. 89; E. Gomringer, F. W. Heckmanns u. a., in: A. B., Monogr. 94; M. Reuther, C. Friemert u. U. Meyer-Rogge, in: A. B., Ausst.kat. 02

Brandt, Antje s. Ladewig, Antje

Brandt, Jürgen; Meyerstr. 145, D-28201 Bremen, Tel. (04 21) 55 84 55, Fax 2 41 37 08, *atelier-brandt-credo@t-online.de*, *www.atelier-brandt-credo.de* – **G/T:** Graph. – (Red.)

Brandt, Renate, Fotografin; lebt u. arbeitet in Bonn (* Hannover 3. 1. 54) – **VG:** Bonn, Posselt – **S:** Buchhandelslehre u. Ausb. z. Filmcutterin b. WDR Köln – **P:** Stip. d. Stadt Bonn 94; Kunstpr. d. Stadt Bonn 97 – **E:** u. a. 93 Bonn, Frauen-Mus.; 94 Bonn, Jo's Garage; 95 Oldenburg, LM; 98 Bonn, KM – **G:** u. a. 94 Remscheid, StG; 96 Lüdenscheid, Hoffmeister; 97, 01 Bonn, KV; 99 Dortmund, Künstlerhaus; 00 Wiesbaden, Nassauischer KV – (Red.)

Brandtner, Sophia, Malerin, Holzschneiderin; Hauptstr. 155/21, A-2391 Kaltenleutgeben, Tel. (0 22 38) 7 79 37, *atelier.s.brandtner@aon.at* (* Sydney/Australien 20. 4. 61) – **VG:** Wien, Wolfrum – **S:** 90–94 Wiener KSch; 96–98 Montessori-Pädagogik (Dipl.) – **Ve:** Berufsvrg d. Bildenden Künstler Öst. 91 – **KGr:** XYCRON (seit 96); KuKuK (seit 98); Xylon (seit 04) – **G/T:** konkrete Ölmalerei; Hschn. auf handgeschöpftem Papier – **K:** Ölmalerei f. Erwachsene (seit 95); VHS (Handmalen f. Kinder, seit 95); Sommerakad. (exper. Ölmalerei, Hschn. auf handgeschöpftem Papier, seit 00) – **E:** seit 92 in Wien u. Umgebung: Gal. Chica, Gal. Mörwald, Gal. Village, Artefakt – **G:** seit Oktober 90 Ausst.bet. u. a. Wien, Intern. Airport; Schönbrunn, Tiergarten – weitere: Wien, Güssing, Klosterneuburg, Waldviertel, Pal. Palffy, DOK St. Pölten, Gal. Salzgrieß

Bratz, Antje s. Radzimanowski, Antje

Brauchle, Ulrich, Maler, Graphiker; Schloss ob Ellwangen 12, D-73479 Ellwangen, Tel. (0 79 61) 56 04 13 (* Ellwangen 71) – **VG:** Wuppertal, Epikur; Staufen im Breisgau, Fluchtstab; Aalen, Wellandgal. – **S:** 91–96 ABK Stuttgart (b. d. Prof. Joachim Hämmerle, Horst Bachmayer u. Rudolf Schoofs); 96–98 Univ. Tübingen (Gesch.) – **L:** 02 FHS f. Gest. Hamburg (Sommerakad. PENTIMENT, Gastprof. f. Zchng) – **P:** Felix Hollenberg-Pr. 04 – **G/T:** großformatige Ölgemälde; Graph. (Rad.); Zchng – **W:** Stadt Aalen, KS d Bad.-Württ. Bank – **M:** u. a. Albstadt, StG; Bedburg-Hau, Mus. Schloß Moyland (Slg Van der Grinten); Freiburg im Breisgau, Morat-Inst. f. Kunst u. Kunstwiss.; Stuttgart, SG (GrS); Tübingen, GrS d. Univ.; Waiblingen, Mus. d. Stadt – **Ö:** Tübingen, Reg.präsidium – **E:** u. a. 92 Ellwangen, Einhorn-Gal.; 95 Ellwangen, KV; Schwäbisch Gmünd, Ldratsamt Ostalbkr.; 96 Tübingen, Gal. am Haagtor; 97 (Kat.), 00 (Kat.), 03 Wuppertal, Epikur; 98 Olpe, Peveling; Ellwangen, Maier; 99 Ulm, Künstlerhaus Ulm (m. Michael Klenk); Stuttgart, Künstlertreff; Tübingen, GrS d. Univ.; 99, 02, 05 Staufen im Breisgau, Fluchtstab; 00 Aalen, RHgal. (m. Mark Knüttgen); Freiburg im Breisgau, Morat-Inst. f. Kunst u. Kunstwiss.; 01, 06 Aalen, Wellandgal. – **G:** zahlr., zuletzt 04 Wuppertal, Epikur: Gratwanderungen – Arb. auf Papier – 20 Positionen; 06 Staufen im Breisgau, Fluchtstab: Das Wort liebt Bilder – (Red.)

Brauer, Arik (eigtl. Erich Brauer), Prof., Maler, Bildhauer; Colloredogasse 30, A-1180 Wien, Tel. (01) 4 79 80 90 (* Wien 4. 1. 29) – **VG:** Salzburg, Gal. Weihergut – **S:** 45–51 ABK Wien (b. R. C. Andersen u. A. P. Gütersloh) – **L:** 85–97 ABK Wien (Prof.) – **P:** Pr. d. Stadt Wien 60, 61; Öst. E.kreuz erster Kl. 02 – **KGr:** Wiener Schule des Phantastischen Realismus; Art-Club; Die Hundsgruppe – **G/T:** Malerei (Gouache, Öl) – **M:** Graz, GrS; Linz, Lentos; New York, Jewish Mus.; Paris, Centre Pompidou; Wien, Albertina; Wien, Belvedere; Wien, SM Otto-Wagner-Pavillon – **Ö:** Haifa, Univ. – **B:** Ein Hod/Israel: Haus; Haifa: Kult.haus; Lindach: Raststätte an d. Westautobahn; Wien: Brauer-Haus Gumpendorfer Str.; Wien-Leopoldstadt, Fassade d. kath. Kirche – **E:** u. a. 80 Pfäffikon, Seedamm-Kulturzentrum; Wiesbaden, Nassauischer KV; Nürnberg, KH; 81 Oldenburg, KV; Goslar, Mönchehaus-MMK; Siegen, StG Haus Seel; Bonn, Künstlerhaus; 83 Wien, Secession; 87 Stuttgart, Dorn – **G:** seit 49 zahlr. Bet., u. a. 65 São Paulo, Bienn.; 90 Wien, Künstlerhaus; – weitere: Ausst. d. Wiener Schule – ***Lit:*** AKL

Braumann, Bernhard, Mag. Art., Akad. Maler, Graphiker; Adalfritweg 5, A-5203 Köstendorf, Tel. (0 62 16) 63 65 (* Salzburg 31. 12. 38) – **S:** 59–65 HBK Wien (Meisterkl. Malerei Prof. R. C. Andersen) – **L:** 72–78 Privatgymnasium d. Ursulinen Salzburg (Lehrer f. bildnerische Erziehung) – **P:** Füger-Med. (Gold) 62; Dipl.-Pr. d. ABK Wien 65; Stip. d. Öst. Bundesmin. f. Unterricht u. Kultur (f. Istanbul) 67; Rabnitztaler Malerwochen 70 u. 71; Ankaufspr. d. Innsbrucker Graph.-wettb. 84; Großer Pr. d. Salzburger Wirtschaft f. Bild. Kunst 87; Symposion Tenno Trient 90; Salinen Austria Hochtal 92; Salzburger Förd.pr. f. Druckgraph. 92; Karl Weiser-Pr. 96; Farbwerk St. Radegund 98 – **Ve:** KV Salzburg 80–95; Berufsvrg Bild. Künstler Öst. 81; Innviertler Künstlergilde 86 – **G/T:** Druckgraphik (Lith., Hschn.); Gest. im öff. Raum (Malerei, versch. Techniken); Tafelmalerei (Acryl) – **W:** Exemplare d. gesamten lith. Werkes sowie Tafelbilder, Zeichn. u. Gest.entwürfe im eigenen sowie in privatem Bes.; div. Aufträge – **M:** Salzburg, Salzburg Mus.; Salzburg, Slg d. Ldesreg.; Salzburg, Slg d. Stadt; Wien, Albertina; Wien, BMf UK – **Ö:** Elixhausen, Festsaal d. Höheren Lehranst. f. Alpenländische Landwirtschaft Ursprung (Kap.fenster); Köstendorf, Volksschule (Wandgest.); Salzburg, Kap. d. Seniorenheims Taxham (Glasfenster); Schwarzach, Eingangshalle d. Krankenhauses; – sowie in zahlr. weiteren Orten im Ld Salzburg, u. a. Wohnbauten d. Salzburger Siedlungswerkes (Fassadengest.) – **E:** seit 83 u. a. 86 Wien, Kleine Gal.; 88, 94 Salzburg, StG im Mirabellgarten; 94 Braunau, Stadttorturm-Gal. d. Innviertler Künstlergilde; 96 Salzburg, Berchtoldvilla; 00 Gmunden, Villa Toscana; 03 Gmunden, Thomas Bernhard-Arch. – **G:** seit 83 u. a. 84–87 jl. Mondsee, Höribachhof; 85 Wien, Albertina; 84 Innsbruck, Öst. Graph.wettb.; 88 Salzburg, Mus. Carolino Augusteum; 91 Krakau, Intern. Druckgraph. Trienn.; Katowice, Intergrafica; 91, 93 Varna, Intern. Print Bienn.; 92 Kanagawa, Graph.-Trienn.; 94 Torun, Intern. Druckgraph. Trienn.; 96, 00 Salzburg, Berchtoldvilla – **V:** Bernhard Braumann: Zum Topographisch-Lithographischen in der Salzburg-Frage, bibliophiler Lith.-Eigendruck 96 – ***Lit:*** W. Koschatzky u. K. Sotriffer: Die Kunst vom Stein. Künstlerlithographien von ihren Anfängen bis zur Gegenwart, Ausst.kat. 85; B. B. Druckgrafik 1982–1988, Ausst.kat. 88; Anton Gugg: Kunst auf dem Land. Das Salzburger Jahr 1987/88; ders.: Die Moderne in Salzburg – Kunst nach 1945 88; Michaela Slatner: Das Werk des B. B., Jahrb. d. Innviertler Künstlergilde 1996/97; Hans Höller: Das Lithographische u. das Wirkliche, anläßlich d. Bernhard-Tage in Ohlsdorf 99; – sowie in d. Reihe d. Baudok. d. Ldesbaudir. d. Amtes d. Salzburger Ldesreg. Bd 24/93 u. Bd 39/99 – (Red.)

Braun von Stransky, Edeltraud; Eichleite 49, D-82031 Grünwald, Tel. (0 89) 6 41 34 65 – **G/T:** Malerei, Graph. – (Red.)

Braun, Christa (geb. Christa Puchinger), Malerin; Grenzgasse 7, A-2384 Breitenfurt, Tel. (06 64) 5 42 43 51, *christl.malerei@aon.at*, *members.aon.at/christlaquarell* (* Wien 25. 8. 52) – **S:** 88–93 Malunterricht (b. d. Breitenfurter Maler u. Graphiker Eduard Wintera); Sommerakad. (b. d. freischaffenden Künstler Otmar Wundsam) – **L:** seit 98 Aqu.malgr. in Breitenfurt (Leitung) – **KGr:** Künstlergemeinschaft Liesing – **G/T:** Pastellmalerei; Akte (in Kohle u. Kreide); gegenständl. Aqu. bis hin zu stark abstrahierten großfläch. Acryltechniken; Fertigung v. Schießscheiben – **K:** Aqu. – **W:** überw. in Privatbes. – **M:** Wien, Zisterzienserabtei Stift Heiligenkreuz – **Ö:** Purkersdorf, Restaurant Gentile – **E:** 95, 96, 98, 00, 06 Purkersdorf, Restaurant Gentile; 95 Atzgersdorf, Gal.; 96 Wien, Forum 23 Bank Austria; 02 Breitenfurt, Mus. – **G:** 91–04 Liesing, HdB Künstlergemeinschaft: Weihnachtsausst.; 92 St. Pölten, Gewerkschaft öff. Dienst; 93, 96 Breitenfurt, Halle; 94, 96, 98, 03 Liesing, Ars Mundi; 96 Wien, Gal. Makrei; Perchtoldsdorf, Burg: Weihnachtskunstausst.; 96, 05 Breitenfurt, Mus.; 97 Wien, Zisterzienserabtei Stift Heiligenkreuz; 98 Perchtoldsdorf; 05 Wien, Kunstplätze; Breitenfurt, Offene Ateliers – sowie: Leopoldstädter Kult.tage; Gal. Wienerwald – ***LitR:*** z. d. Ausst. in Purkersdorf im ndöst. Lokalsender 98, 00

Braun, Fr. Werner (eigt. Franz Friedrich Werner Braun), Architekt, Innenarchitekt, Restaurator, Maler, Bildhauer (* Lichtenfels/Ofr. 14. 3. 24) – **S:** 48–54 ABK Nürnberg (u. a. b. Prof. W. Puchner) – **L:** FHS Coburg (Doz.) – **Ve:** Bay. Architektenkammer; BBK Ofr.; Arge d. Restauratoren; Berufsverb. d. Sachverständigen – **K:** Freihandzeichnen, Stud. u. Ldschaft, Materialkunde – **Ö:** Breitengüßbach, St. Nikolaus-Apotheke (Fassadenrelief, Sgraffito u. Schmiedearb., gemalte Abschlußfriese); Owingen am Bodensee, ehem. Büromöbelfabrik Wilhelm Böhler; Staffelstein, Stadtapotheke (Umbau u. Wiederherstellung d. Fachwerkes, Einbau d. Offizien, Entwurf Schmiedearb.) – **B:** Bad Tölz: Messe Pavillon (Fa. Moralt); Bamberg: Haus Bamberg (Rekonstruktion d. Barockfassade, Innenausbau d. Bankgeschoß, Sgraffito, Bilder, Einrichtung); Gerach: St. Vitus Kirche (Restaurierung d. Orgelprospektes); Memmelsdorf: Café Zierlein (Ausbau, Einrichtung, Möbel nach Entwurf, Bilder); ebda: Maria Himmelfahrt Kirche (Erweiterung u. Restaurierung); Passau: Maria Hilf Klosterkirche (Restaurierung); Rittsteig: Kirche (Innenrestaurierung m. Deckengemälde); Staffelstein: Messe Pavillon (Fa. Alka Porzellan); Strullendorf: Fa. Gunreben (Umbauarb. u. Modernisierung d. Produktions- u. Büroräume, funktionsbezogene Neubauten) – (Red.)

Braun, Jost Alexander, Dipl.-Maler u. -Graphiker, Radierer, Bühnenbildner, Autor, Publizist, Regisseur, Kulturmanager; Schlößchenweg 1, D-04155 Leipzig, Tel. (03 41) 9 12 20 11, *www.jost-a-braun.globusart.de* (* Berlin 26. 11. 53) – **S:** HGB Leipzig (Malkl. b. Arno Rink, Dipl. f. Malerei u. Graph.); ebda (Meisterschüler b. Prof. Werner Tübke) – **W:** in zahlr. Slgn im In- u. Ausld; versch. Kunstaktionen in Leipzig 91–93 (Install.); Ausstattungen f. d. Theater d. jungen Welt, Leipzig u. d. Theater im Globus, Leipzig/Berlin b. zahlr. Figurentheater-Inszenierungen; gestalter. Konzeption f. Ausst., Messepräsentationen, Kunstaktionen im öff. Raum – **M:** u. a. Berlin, Artothek; Berlin, Amerika-Gedenk-Bibliothek; Berlin, Kunstbibliothek; Berlin, SMPK; Coburg, Schloß Ehrenburg; Den Haag, Mus. Meermanno-Westreenianum; Dresden, SLUB; Erkner, Gerhart-Hauptmann-Mus.; Frankfurt am Main, Stadt- u. Univ.bibliothek; Frankfurt/Oder, Mus. Junge Kunst; Halle/Saale, Univ.- u. Ldesbibliothek Sa.-Anh.; Hamburg, Staats- u. Univ.bibliothek; Leipzig, Dt. Buch- u. Schrift-Mus. d. Dt. Nat.bibl.; Leipzig, KH Spk.; Leipzig, MBK; Mainz, Gutenberg-Mus.; Nürnberg, Germanisches NM; Offenbach am Main, Klingspor-Mus.; Potsdam, Stadt- u. Ldesbibliothek; Stockholm, Slg Berglund; Wolfenbüttel, Herzog-August-Bibliothek – **Ö:** u. a. Berlin, Charité; ebda, Street Art Treptow (Wandgest.); Braunschweig, HBK; Leipzig, Max-Beckmann-Str. 1 (Fassadenmalerei); ebda, Theater im Globus, Leuschnerpl. (Skulpt. Balken m. Bleisegel), Univ., Hauptbahnhof, Café (5 Wandgemälde), Schauspielhaus (Skulpt. Figur m. Gehäuse), Leipzig-Grünau, Trafostation (Wandbild); Kronach, Bahnhofstunnel (Gest.); ebda, Caritas-Kindergarten (Wandgest.); Naila, Ärztehaus (Wandgest.) – **E:** zahlr., u. a. 82 Leipzig, Club & Gal. Nord; 83 Leipzig, Moritzbastei; Leipzig, Gal. Barbakane; 84 Berlin, Charité; 85 Bad Kösen, KH (Kat.); 86 Weimar, Kab. am Goethepl.; 87 Erfurt, Gal. 84 – **G:** zahlr. Bet. im In- u. Ausld seit 80, u. a. 82, 83, 87, 88 Dresden, Kunstausst. d. DDR; 86, 87 Altenburg, Lindenau-Mus. – sowie in: Nürnberg, Lausanne, Leipzig, Dresden, Westberlin, Moskau, Taschkent, Prag, Halle/Saale, Torun, Bagdad, Pasardschik, Delhi, Putbus, Frankfurt am Main, Hannover, Berlin, Altenburg, Potsdam, Jena, Horn, München; Bet. an Kunst- u. Buchmessen im In- u. Ausld, u. a. Frankfurt am Main, Düsseldorf, Leipzig, Dresden, Köln, Mainz – **V:** zahlr. Graph.ed. (u. a. Steindruck), Ill. f. Buch- u. Zssverlage, Texte zu Kunst u. Kult., Ausstattungs- u. Regiearb., Künstlerbücher u.v.m. – THEATERSTÜCKE, REGIE u. AUSSTATTUNG u. a.: Die Erbschaft oder Geh' in den Keller, Elisabeth, Kriminalkomödie f. Erwachsene; m. Horst Günther: Rotkäppchen, Puppenspiel f. Kinder u. Erwachsene; versch. Figurentheater (Inszenierung im Theater im Globus)

Braun, Leo; Bitzistr. 5, CH-9000 St. Gallen, Tel. 0 712 22 93 76, *leo.braun@bluewin.ch*, *www.kuenstlerarchiv.ch/leobraun* (* Flawil 19. 6. 42) – **S:** Paris, Zürich u. St. Gallen (Kurse f. Akt- u. Portr.zeichnen) – **L:** bis 02 Lehrer f. bildner. Gest. Sekundarstufe I – **G/T:** Öl- u. Aqu.malerei u. Zchng

(Lsch., Portr.) – **W:** überw. in Privatbes. – **Ö:** St. Gallen, Stadtverwaltung; ebda, Verwaltung d. Kt.s St. Gallen, PH – **E:** 85, 89, 92, 96, 99, 03 Speicher, Gal. Speicher; 00 Basel, Gal. Noodlebärg; 05 Niederuzwil, Gal. Zur Alten Bank – **G:** zahlr. Bet., u. a. St. Gallen, KM; St. Gallen, Olma-Hallen – ***Lit:*** Künstlerverzeichnis der Schweiz 1980–1990 91

Braun, Sven, Dipl., Bild. Künstler; Atelier: Spinnereistr. 7, D-04179 Leipzig, *hommebraun@yahoo.de. www.echolot-berlin.com* (* Rottluff b. Chemnitz 68) – **VG:** Berlin, Echolot – **S:** 92–98 HGB Leipzig (Malerei u. Skulpt. b. Prof. Arno Rink u. Neo Rauch) – **P:** Ars Lipsiensis 98; Reisestip. d. Sä. Staatsmin. f. Wiss. u. Kunst (Columbus Arts Council Ohio/USA) 00; Stift. Kunstfonds – Arb.- u. Projektstip. 04 – **G/T:** Objektähnliche Skulpt. u. Malerei (stark reduzierte Form, Verwendung d. Charakteristiken d. Trompe l'œil u. d. Adaption) – **W:** überw. in Privatbes. – **M:** Dresden, SKS – **Ö:** Brandenburg, Seehaus Schloß Liebenberg (Foyer) – **E:** zahlr. Ausst. seit 93, u. a. 99 Berlin, Böttcher; 00, 03, 04 Leipzig, Kermer; 05 Berlin, Echolot – **G:** zahlr. Ausst.bet. seit 90, u. a. 97 Bonn, Kunst- und Ausst.halle d. BRD; 00 Zwickau, StM; Gera, KS; 04 Norwich, Norwich Gall. (EAST Intern.) – **R:** Plantation, Radiointerview MDR Kult. 00 – ***Lit:*** Ralph Findeisen: Bildwechsel, Ausst.kat. 00; Susanne Altmann, Personalkatalog 01; Ralph Findeisen (Text): EAST International, Ausst.kat. 04; KV Schwerin (Hrsg.): Schaufeld, Ausst.kat. 05

Braun, Theo, Maler, Graphiker; Kesslerweg 15, A-2345 Brunn am Gebirge, Tel. (0 22 36) 3 13 06 (* Karbitz/Chabařovice 24. 12. 22) – **S:** 39–41 Akad. f. Angew. Kunst Dresden; 46–51 ABK Wien (b. Christian Ludwig Martin u. Herbert Boeckl) – **L:** 49–63 TH Wien, Inst. f. zeichnerische u. malerische Darst. (Ass.); 63–67 ebda (Doz.) – **P:** Goldenes Verdienstzeichen d. Republik Öst. 66; Würdigungspr. f. Bild. Kunst d. Ldes NdÖst. 76 – **G/T:** Malerei (Kunstharzlack, Öl, Aqu.); Graph. (Monotypie, Verwendung d. mutativen Eisenätzung als Farb-Tiefdruckverfahren); Keramik; Plast.; Künstlerb. – **M:** Bochum, Mus.; Linz, Lentos; Regensburg, Ostdt. Gal.; St. Pölten, Ndöst. LM; Wien, Albertina; Wien, Slg d. Austria-Mobil-Found. – **Ö:** Brunn am Gebirge, Pfarrk. (Glasfenster); Wien, Kassensaal d. Raiffeisenzentralbank; ebda, Auditorium Maximum d. TU – **E:** zahlr. Ausst., u. a. 94 Wien, NdÖst. LM; 01 Wien, Wolfrum; St. Pölten, NdÖst. Dok.zentrum f. mod. Kunst; 02 Wien, Exner – **G:** u. a. 59 Kassel, documenta II; – weitere: Bet. an Ausst. ab 52 u. a. in Augsburg, Basel, Bielefeld, Bochum, Frechen, Klagenfurt, Kronach, Ljubljana, Münster, São Paulo, Stavanger, Verona, Wien u. Wuppertal – ***Lit:*** AKL – (Red.)

Braune, Ursula (geb. Ursula Leonhardt), Malerin, Graphikerin; Radenzer Str. 59, D-12437 Berlin, Tel. (0 30) 5 32 51 16, *brauneursula@aol.com* (* Dresden 25. 7. 37) – **VG:** Berlin, Zone F – **S:** 57–61 HBK Dresden (Kurse f. freies Zeichnen b. G. Kettner); 78–84 externes Malstud. (b. R. Schubert u. G. Neubauer) – **Ve:** BBK Berlins seit 92 – **G/T:** Malerei (Öl, Acryl, Aqu.); Graph. (Rad., Lith.); Buchill. (Rohrfeder) – **W:** zahlr. Werke in Privatbes. – **M:** Frankfurt/Oder, Mus. Junge Kunst – **Ö:** Berlin, Dt. Bundesbahn; ebda, Haus d. Russischen Wiss. u. Kult., RAe Danckert, Böx, Meier, Artothek Treptow; Eiche, Spk. Barnim; Fischerhude, Rilkehaus; Mahlow, Hotel Mahlow; Stockholm, Axel Johnson Konzern; Warnemünde, Hotel Neptun – **E:** u. a. 89 Leipzig, Gal. Barfußgäßchen; 92 Hamburg, Hafen-Klub; 93, 95 Berlin, Gal. S; 94, 03 Berlin, Zone F; 97 Berlin, Gal. Treff; 98 Bonn, Stadthaus; 00 Berlin, Auguste Viktoria Krankenhaus; 01 Berlin, Gal. am kürzeren Ende d. Sonnenallee; 02, 04 Warnemünde, Gal. in d. alten Villa Hübner; 06 Berlin, Gal. Ost-Art – **G:** u. a. 92–95 Berlin, Freie Berliner Kunstausst.; 95 Wiedenbrück, Hist. RH; 96 Weil d. Stadt; Wendelinskap.; 97 Dresden, Kult.palast; 98 Berlin, Salzburg, Frankfurt am Main, Merzig; 99 Hiddensee, Torbogengal. Kloster – sowie: jl. Künstlerboulevard in Berlin-Pankow u. Kunstfest im Schloß Schönhausen – **V:** Künstlerkal. (Bilder, Texte z. Malerei), Broschüre; Hiddenseeaqu. u. Text, Broschüre – ***Lit:*** Gisela Schulz: Aquarelle u. Zchngn, Faltblatt 90; Franz Börde: Arbeiten auf Papier 94; Günter Schade: U. Braune. Arbeiten auf Papier, Faltblatt 98

Brauner, Gero s. Troike, Gero

Braunfels, Stephan, Architekt; c/o Stephan Braunfels Architekten, Schackstr. 3, D-80539 München, Tel. (0 89) 2 90 70 80, Fax 29 07 08 30, *sba-muenchen@braunfels-architekten.de, www.braunfels-architekten.de.* c/o Stephan Braunfels Architekten, Kochstr. 60, D-10969 Berlin, Tel. (0 30) 2 53 76 00, Fax 25 37 60 50, *sba-berlin@braunfels-architekten.de* (* Überlingen/Bodensee 1. 8. 50) – **S:** 70–75 TU München (Archit.) – **P:** Dt. Kritikerpr. 94 – **M:** München, Pin. d. Mod. – **B:** u. a. Berlin: Parlamentsneubau Paul-Löbe-Haus; ebda: Dt. Bundestag; Köln: Pressehaus DuMont Schauberg Verlag; München: Pin. d. Mod.; ebda: Mehrfam.wohnhaus, Serbisch-orthodoxes Kirchenzentrum, Bürogebäude Hallbergmoos I. + II., Wohn-Büro u. Geschäftshaus – **E:** 87 Frankfurt am Main, Dt. Archit.-Mus. – **G:** 83 Berlin, Intern. Bauausst. – (Red.)

Braunwalder, Cornel COBRA, Kunstschaffender; Hohbühlweg 1, CH-5610 Wohlen, Tel. 05 66 21 96 70, Fax 05 66 22 85 24, *c.braunwalder@freesurf.ch, www.artcobra.ch.* Atelier: Erlenweg, CH-5611 Anglikon (* Oberuzwil/St. Gallen 9. 3. 59) – **VG:** Bremgarten, Gal. am Bogen; Anglikon, Art 4 – **S:** Autodidakt – **P:** Intern. Pr. f. Kult. u. Kunst Cannes (Grande Med. d'Or) 01 – **Ve:** Société des Artistes Français Paris seit 03 – **G/T:** Malerei (Acryl); Skulpt.; Gegenstände: Menschen im Zentrum, figurativ-abstr. – **E:** 94 Meisterschwanden, Mese-Fischer; 97 Wohlen (Atelierausst.); 98 Glattfelden, Gal. Quattro; 99 Stetten, Forum Pacovis; Brugg, Gal. Radio Argovia; 00 Wohlen/Aargau, Gemeinde-Gal.; 01 Nottwil, Forum Schweizer Paraplegiker Zentrum; 03 Paris, Gal. Art Présent; Beinwil, Art-Room; Wohlen/Aargau, Gal. im Park; 04 Anglikon, Art 4; Niederlenz, Würgler – **G:** 97 Winterthur, Swiss Artists Forum; 98 Bern, Swiss Artists Forum; 00–03 Paris, Le Salon – ***LitR:*** Fs.beitr. auf Tele M1: Sarah Vasolini: z. Ausst. in d. Gal. Radio Argovia 99; Marco Dietrich: Portr. z. Ausz. in Cannes 01 – (Red.)

Brauße, Gerhard, Bildhauer; Dorfstr. 19, Steinkirchen, D-94569 Stephansposching, Tel. (0 99 35) 13 88, *Brausse@gmx.de, www.gerhard-brausse.de* (* Deggendorf 60) – **S:** 86 Ausb. z. Holzbildhauer (b. Joachim v. Zülov in Bodenmais u. Josef Steinhübl Bad Neustadt an d. Saale); 89 Möbelbau u. Design b. Hofmarksrichter Interieur; 90 Modellbau b. Stadt Deggendorf – **G/T:** Skulpt. (Holz, Bronze); Hschn.; Relief; Möbel; Mixed Media; Assemblagen; Interieur – **Ö:** Deggendorf, Altstadtviertel (Denkmal); Deggendorf, RH (Hschn.); Metten, Tagesstätte f. Behinderte (Skulpt.); Plattling, Werkstätte f. psychisch Behinderte (Skulpt.); Plattling, Wohnheim (Brunnen); Schöllnach, Schule z. individuellen Lernförd. (Relief, Skulpt.); Stephansposching, RH (Skulpt.) – **E:** / G: zahlr. Ausst. u. Ausst.bet. seit 85 – ***LitR:*** Künstlerporträt, Regionalsender Donau TV – (Red.)

Braxmaier, Rainer, Maler, Zeichner; Renchener Str. 34, D-77704 Oberkirch, Tel. (0 78 02) 16 73 (* Baden-Baden 13. 12. 49) – **VG:** München, Otto-Gal. – **S:** 70–

75 Staatl. ABK Karlsruhe (b. Emil Schumacher u. Werner Knaupp) – **P:** Regio-Pr. f. Bild. Kunst, Förd.pr. d. Wirtschaft Freiburg 91; Cité Intern. d. Arts Paris 96 – **G/T:** Zeichn. u. Malerei (häufig verbunden m. Lit.) – **M:** Offenburg, Mus. im Ritterhaus – **Ö:** Freiburg, Reg.-präs.; Karlsruhe, Kernforschungszentrum; ebda, Reg.-präs., StG im Prinz-Max-Pal.; Oberkirch, Stadt; Offenburg, Mus. im Ritterhaus; Stuttgart, Min. f. Wiss. u. Kunst; ebda, SG – **E:** u. a. 90 Rottweil, Forum Kunst; Gaggenau, StG; Rastatt, KV; Karlsruhe, Rottloff; 91 Freiburg im Breisgau, StG Schwarzes Kloster; Baden-Baden, Fischer; Ottersweier, Schneider; Lahr, Schwarzwald, Wild; Freiburg im Breisgau, Gal. Pro Arte; 93 Kaiserslautern, Pfalz-Gal.; Bruchsal, KV; Dortmund, Mus. am Ostwall; Offenburg, Künstlerkreis Ortenau; 94 München, Otto-Gal.; Karlsruhe, Hilbur – **G:** zahlr. Ausst.bet. seit 73, u. a. 81, 83, 85, 87, 89, 91, 94 Baden-Baden, Ges. f. junge Kunst (Jahresausst.); 88 Stuttgart, SG; Darmstadt, Mathildenhöhe (Kunstpr. Neue Sezession); 90 Ludwigshafen, BASF; Augsburg, RH; 94, 95 Altkirch, Centre d'Art Contemporain – ***Lit:*** AKL – (Red.)

Brechmann, Hedwig, Künstlerin; c/o Galerie Sonnentanz, Huchzermeierstr. 7, D-33611 Bielefeld. c/o Jung und Alt e.V., Tel. (05 21) 98 26 30 (* Stukenbrock 22. 4. 53) – **VG:** Bielefeld, Gal. Sonnentanz – **S:** Autodidaktin – **Ve:** Team Kreativ (seit 99, Mitbegr.) – **G/T:** farbintensive, freundliche Filzstiftzeichn.; große Fülle an Bilderfindungen; Verschmelzung v. Menschen, Gebäuden u. Blumen umgeben v. einem Rahmen aus Wiesen, Vögeln u. blauem Himmel – **E:** Ausst. u. Teiln. an Wanderausst. seit 93; seit 94 Bielefeld, Gal. Sonnentanz – (Red.)

Brecht, George, Performance-, Objekt- u. Konzeptkünstler; lebt in Köln (* 1924 Blomkest/MN o. 1925 Halfway/OR o. 1926 New York) – **VG:** Hamburg, Loeper – **S:** 46–50 Philadelphia College of Pharmacy and Science; 58–59 New School for Social Research New York (b. John Cage) – **KGr:** Fluxus – **KGe:** Zus.-arb. m. Robert Filliou – **G/T:** Kultur-/Naturobjekte, techn./industr. Ready mades, Spracharb., visuelle u. Objektpoesie, Partituren, Aktionen, Aufführungen u. Lesungen, Hsp., Filme, geolog. u. techn. Projekte u. Konstruktionen, wiss. Abhandlungen – **M:** Lyon, Musée dÁrt Contemp.; Mönchengladbach, StM Abteiberg; New York, MOMA; Paris, Centre Pompidou; San Diego/CA, Fluxus West Coll.; Stuttgart, SG; Wien, MMK Stiftung Ludwig – **Ö:** Remagen, Bahnhof Rolandseck (Steinskulpt.) – **E:** 59 New York, Reuben Gall.; 65 New York, Fischbach Gall.; 67 Mailand, Schwarz; 69 Köln, Gal. Zwirner (Wander-Ausst. mit R. Filliou); 70 Los Angeles, Egenia Butler Gall.; 72 Paris, Gal. Daniel Templon; 72, 73 Köln, Gal. Michael Werner; 74 New York, Onnasch Gall.; 75 Mailand, Gal. Multipla, Paris, Gal. Bama; 76 Neapel, Framart Studio; 78 Köln, Klang; Bern, KH; 03 Berlin, Stella A.; 04 London, Gagosian – **G:** zahlr. Ausst.bet., u. a. 72, 77, 87 Kassel, documenta; 79 Sydney, Bienn.; 90 London, RA; 92 Kopenhagen, Statens Mus. for Kunst; Köln, Mus. Ludwig; 95 Gera, Fluxus in Deutschland 1962–1994 (Wander- Ausst.); 01 New York, apexart; 02 Oslo, Astrup Fearnley MMK; Weiden, KV; Genua, D'Arte Contemp. di Villa Croce; Bremen, Neues Mus. Weserburg; Berlin, Kunstbibliothek; 03 Vaduz, Liechtenstein. LM – ***Lit:*** AKL – (Red.)

Breckwoldt, Antje s. Brüggemann, Antje

Bredernitz-Winzens, Dorit s. Winzens, Dorit

Bredow, Barbara, Malerin, Zeichnerin, Lithographin; Kleyerstr. 10, D-64295 Darmstadt (* Karlsruhe 18. 4. 37) – **S:** 56–62 WerkKSch Saarbrücken; ABK München – **P:** Pr. f. Lith. Salzburg 64; Wilhelm-Loth-Pr. (Förd.pr.) 69; Cité Intern. d. Arts Paris 74, 94, 97, 99; Jakob-Felsing-Pr. Darmstadt 96 – **Ve:** Darmstädter Sezession – **KGr:** Neue Gruppe Saar; Gruppe 7 – **M:** Darmstadt, Hess. LM; Darmstadt, Mus. Künstlerkolonie Ernst-Ludwig-Haus – **Ö:** Bonn, Hess. Landesvertretung.; Saarbrücken, Saarländ. Kultusmin. – **E:** zahlr. Ausst. im In- u. Ausld, u. a. 86 Darmstadt, KH; 89 Darmstadt, Mathildenhöhe; 95, 96 Paris, GNG Gal.; – weitere: 90 m. d. Werkbund Ausst. in Frankfurt, Michelstadt u. Mannheim – **G:** u. a. 94 Berlin, AK; 97, 99 Frankfurt am Main, Art Frankfurt – ***Lit:*** AKL; Schweers 02 – (Red.)

Bredtner, Janrich s. Hauptmann, Hans-Günter

Brehm, Dietmar, Prof., Maler, Graphiker, Zeichner, Fotokünstler, Experimentalfilmer; Mozartstr. 21, A-4020 Linz, Tel. (07 32) 79 28 94 (* Linz 11. 3. 47) – **VG:** Wien, Gal. Ariadne – **S:** 67–72 KSch Linz (Malerei b. Herbert Dimmel) – **L:** seit 73 Kunstuniv. Linz (Prof.) – **P:** u. a. Grand Prix d. Intern. Film & Video-Festival Brüssel 86; Arco Madrid (2. Pr.) 92; Humboldt Festival Award Arcata/USA 96; Cinematexas Artistic Director's Pick Austin/USA 98; New York Expo of Short Film & Video (Jury Award) 99 – **Ve:** Austria Filmmakers Cooperative; Grazer Autorenversammlung; KV Paradigma Linz – **KGr:** Maerz – **G/T:** u. a. Malerei, Zeichn., Fotogr. u. Film (Collagetechnik) – **M:** Linz, LG – **E:** 81 Linz, Gal. im Hofstöckl; 86 Linz, Lentos; 88 Linz, Oböst. LG; 88, 91, 94, 99 Wien, Gal. Ariadne; 93 Linz (Blicklust) – **G:** u. a. 96 Naarn im Machlande, Pehböck; Kronstorf, Gal. 4482; 97 Wetzlar, SM; 98 Linz, Gal. im Adalbert-Stifter-Haus; 01 Wien, Gal. Ariadne – ***Lit:*** AKL – (Red.)

Brehmer, Piot, Maler; lebt u. arbeitet in Düsseldorf (* 65) – **VG:** Düsseldorf, Schübbe – **E:** u. a. 99 Düsseldorf, Schübbe; 00 Barcelona, Galeria dels Àngels – **G:** 99, 01 New York, 123 Watts Gall.; 00 Köln, Art Cologne – (Red.)

Breier, Kilian, Prof. em., Fotograf; Alsterredder 42, D-22395 Hamburg, Tel. (0 40) 6 02 09 82 (* Saarbrücken-Ensheim 31) – **S:** 48–52 Malerei u. Graph.; 53–55 Staatl. Schule f. Kunst u. Handwerk Saarbrücken (Fotografik); 52–53 Éc. des Beaux-Arts Paris (Malerei) – **L:** 55–58 Ass. f. Fotografik b. Otto Steinert; 58–60 Ass. in d. Grundlehre b. Oskar Holweck; 61–66 WerkKSch Darmstadt (Fotokl. u. Trickfilmwkst.); 66 HBK Hamburg (Prof.) – **KGr:** ZERO; Neue Gruppe Saar (59–62) – **G/T:** exper. Fotokunst – **M:** Essen, Mus. Folkwang; Hamburg, MKG; München, SM; Saarbrücken, Saarland-Mus. – **E:** u. a. 61 Berlin, Gal. am Abend; 63 Frankfurt am Main, Gal. d; 89 Bremen, Fotoforum; 91 Saarbrücken, Saarland-Mus.; 99 Köln, Mus. Ludwig – **G:** u. a. 60 Mailand, Azimuth; Basel, Gewerbe-Mus.; 62 Leverkusen, StM Schloß Morsbroich; 90 Zürich, Kunsthaus; 94 Wien, Fotogal. Wien – ***Lit:*** AKL – (Red.)

Breininger, Hans-Jürgen, Berufsbildender Künstler (Maler); Buchauerstr. 16 a, D-81479 München, Tel. (0 89) 74 99 77 50, Fax 74 94 53 59, *atelier-galerie@breininger-kuenstler.de*, *www.breininger-kuenstler.de* (* Stuttgart 5. 3. 57) – **VG:** Brüssel, Classic Art House – **S:** Freie Bad Uracher Malschule (abgeschlossene Kunstausbildg) – **P:** Euro-Med. in Gold f. Kunst u. Kultur d. Europ. Kulturkreises 00 – **Ve:** BBK München u. Obb. 00; Europ. Kulturkr. 02; Intern. Assoc. of Art 05; Förd.ver. Pinakothek d. Moderne 05 VG Bild-Kunst – **KGr:** Künstlergruppe Solln – **G/T:** Öl- u. Acrylmalerei, Ölmalkreide, Kohle, Zeichnung; Expressionismus – **M:** München, Bay. Staatsgemäldeslgn; München, Pin. d. Mod. – **E:** 02 Pullach, Gal. Wolfratshauser Str. 35; 05 München, Solln – **G:** 00–01, 02–

03 München, BBK; 02 Engelberg/CH, Kursaal Engelberg; Baden-Baden, Gal. Kleiner Prinz: Künstler d. Gegenwart stellen sich vor; Konstanz, Konzil; Baden-Baden, Steigenberger Bad-Hotel; Gauting, Gal. Dr. Lurz: Galerietage; 03 München, Münchner Steuerrevisions- u. Treuhand GmbH; Bad Urach, Galetzki: Prominente Künstler aus Oberbayern, und: Auf dem Weg nach Murnau; Murnau, Intern. Künstlertreffen; 04 Pullach, Bürgerhaus m. d. Künstlerkr. Münchner Süden – ***Lit:*** Ingrid Zimmermann: Insel d. Glücks, in: SZ, Ausg. Pullach 10./11.5.02; Manfred Stanka: Durchbrüche ins Wunderbare, in: Münchner Merkur, Ausg. München-Süd 10./11.5.02, – ***LitR:*** Portr. in d. ZDF-Sdg 'Mona Lisa' 01

Breitenberger, Ute, Malerin; Gartenstr. 2, D-27474 Cuxhaven, Tel. (0 47 21) 3 87 03, Fax 3 79 28, *info @breitenberger-soehl.de*, *www.breitenberger-soehl.de* (* Sande 2. 10. 50) – **VG:** Hamburg, art goes public – **S:** 72–75 Kunst (Lehramt); 89 Intern. Sommerakad. Salzburg (b. Barfuß u. Wachweger); 97 Sommerakad. d. FHS Hamburg (b. Enu Nim Ro) – **L:** seit 94 VHS Cuxhaven u. Bremerhaven (Doz.) – **P:** Intern. Künstlersymposium KV Osterholz-Scharmbeck 04; Artist in Residence (Hafnarborg/Island) 05; Intern. Künstlersymposium Pila/Polen 06 – **Ve:** GEDOK Bremen 04; BBK Stade-Cuxhaven 05; Intern. Assoc. of Papermakers and Paper Artists (IAPMA) – **KGe:** U.B. u. Johann Söhl (gemeinsames Atelier u. Gal.) – **G/T:** Arb. m. Naturmaterialien wie Sand, Früchte, etc.; Collagen als 'Reiseerinnerungen'; Malerei (Tusche, Öl, Aqu.); Holz- u. Linolschnitt; Papierschöpfen; Papierarb.; Papierskulpt. – **K:** Aqu.malerei, Zeichnen, chines. Tuschmalerei, Farbe, Raum, div. bekannte u./o. zeitgen. Aquarellisten – **W:** überw. in Privatbes. – **M:** Hafnarborg, MMA of Island – **Ö:** Cuxhaven, Schleusenpril (4-tlg. Install., Dauerleihgabe) – **E:** 97 Cuxhaven, VHS; 02 Wallenhorst b. Osnabrück; 04 Cuxhaven, Produzentengal.; 05 Hafnarborg, MMA of Island; Hafnarfjördur/Island; Cuxhaven, Gal. Weidenstieg; 06 Delmenhorst, Atelier Berger; Cuxhaven, Stadtbibl.; Cuxhaven, Schloß; Lamstedt, RH; Hefei/Provinz Anhui, China – **G:** 01 Cuxhaven, Schloß; 01, 03 Cuxhaven, KV; 02 Drochtersen-Hüll, KunstRaum; Hamburg, English Business; 03 Hamburg, Hummel f. Hamburg; 04 Osterholz-Scharmbeck, KV; Hamburg, artmeets Großneumarkt; Cuxhaven, Gal. Formart; 05 Hamburg, Praxisklinik Auffermann; Cuxhaven, Berufsbildende Schulen; 06 Steyrermühl, Papiermachermus.; Cuxhaven, Ringelnatzmus.; Drage/Elbe, Marschkunst; 07 Pila/Polen; – weitere: 06 55 Jahre BBK Stade-Cuxhaven

Breitenstein, Beat, Bildhauer; Moosgasse 2, CH-3232 Ins, Tel. u. Fax 0 323 13 16 39 (* Buus 16. 8. 54) – **VG:** Berlin, Konzeptgalerie buepa.com; Uetendorf, ArteVino – **S:** Design-Kl. Norwegen – **L:** 76–81 Trondheim/Norwegen – **Ve:** Visarte – **G/T:** Skulpt., Objektkunst (Holz) – **M:** Hünfeld, Mus. Modern Art – **Ö:** Bayreuth, RH; Murten, Oberschule; Poppenhausen, RH; – weitere Werke in Motzen u. Odense – **E:** 02 Münchenwiler, Park u. Schloß; 04 Sissach, Untere Fabrik – **G:** Erlach, Steiner; 02 Bayreuth (Land-Art); 03 Assens, Skulpt.weg; Biel, A-Art; 04 Hünfeld, Mus. Modern Art – ***Lit:*** AUSST.KAT.: Bernhard Bischoff: Breitenstein in Münchenwiler 03; Stella Barmettler: Breitenstein in Sissach 04 – ***LitR:*** Beitr. auf Tele Biel: Bildhauerwoche Ins 00; Bildhauer Breitenstein 01; Allemand Talk 02; – sowie 2. Keitumer Skulpturentage, Samuel Bester 02 – (Red.)

Breiter, Fritz, Maler, Zeichner, Dipl.-Ingenieur; Rüttenenstr. 68, CH-4513 Langendorf, Tel. (0 32) 6 22 09 04, *breiter@hispeed.ch*, *www.steinsaege.ch* (* Innsbruck 15. 11. 39) – **P:** Werkpr. d. Kt. Solothurn 79 – **Ve:** Visarte; Künstlerhaus S11 Solothurn – **G/T:** Objektkunst; Install.; Malerei; Zchng – **M:** Grenchen, Kunsthaus (GrS) – **Ö:** Langendorf, Wandbild Elefant – **E:** / G: zahlr. Ausst. seit 71

Breithor, Sabine, Keramikerin, Fotografin; Neu-Langerwisch 14, D-14552 Michendorf, Tel. (03 32 05) 2 52 05, *sabine@kunstwinkel.de*, *www.kunstwinkel.de* (* Woldegk/Uckermark 2. 12. 55) – **VG:** Potsdam, KronGal.; Potsdam, Ruhnke – **S:** Autodidaktisch, seit 00 freiberuflich – **G/T:** Gefäßkeramik; Plast.; Fotogr. (s/w); themenbezogene Arb. – **K:** Keramikkurse in eigener Werkstatt – **E:** /G: seit 97 in Potsdam – **V:** Peter Huchel: Langsam dreht sich das Jahr ins Licht, Foto-Gedichtbd (Fotogr.) 03

Breitling, Gisela, Malerin, Graphikerin, Zeichnerin, Autorin; Geraer Str. 12, D-12209 Berlin, Tel. (0 30) 7 11 31 96 (* Berlin 27. 5. 39) – **S:** 58–60 Lindau (Lehre als Musterzeichnerin); 60–62 Textiling.schule Krefeld; 62–68 HBK Berlin (b. Friedrich Stabenau) – **L:** 85–87 HdK Berlin (LAuftr.); GesamtHS Kassel (Gastprof.) – **P:** u. a. Villa-Massimo-Stip. 77–78; Graph.pr. Augsburg 86; Kunstpr. d. IG Metall 89 – **Ve:** Intern. Assoc. of Women in the Arts (Gründungsmitgl.); Das Verborgene Mus. – **M:** Berlin, Berlinische Gal.; Berlin, NG; Hamburg, KH Kpst.-Kab.; London, Victoria & Albert Mus. – **E:** u. a. 65 Berlin, Gal. im Hansaviertel; 67, 72, 76 Berlin, Miniature; 75 Berlin, Europ. Akad.; 79 Berlin, Kommunale Gal.; 69 Oldenburg, LM; 70 Ulm, KV; 71 Graz, Gal. Schillerhof; 72 Salzgitter, KV; 85 Konstanz, KV – ***Lit:*** AKL – (Red.)

Breitwieser, Silvia Klara (verh. Silvia Klara Breitwieser-Kamper), Bildhauerin, Objekt- u. Konzeptkünstlerin; Alt-Moabit 86 B, D-10555 Berlin, Tel. u. Fax (0 30) 3 99 65 73, *silvia.breitwieser@berlin.de* (* Krefeld/NRW 26. 7. 39) – **VG:** Berlin, artinflow (Online-Gal.) – **S:** 59–63 Univ. Tübingen u. München (Lit., Psychologie u. Phil.); 70–76 HBK Kassel (Bildhauerei u. Keramik) – **P:** Pr. im Wettb. Skulpt.garten am Funkturm Berlin 79–80; Schloß Poppendorf b. Graz (Gaststip.) 84; Villa-Romana-Stip. (Gaststip.) 86, 94; Kunstpr. Frauenmus. Bonn 89; Stip. d. Senatsverwaltung Berlin f. Wiss., Forsch. u. Kult. 93, 94; Aquamediale 2, Flurgal. im Ldratsamt Lübben/Dahme-Spreewald-Kr. (1. Pr.) 06 – **Ve:** Dt. Künstlerbund; VBK Brandenburg; Ver. d. Berliner Künstlerinnen seit 1867 VG Bild-Kunst – **KGr:** Gruppe 7/87 (87–90); TRAJEKT (seit 91) – **KGe:** SB/DK: S. B. u. Dietmar Kamper (bis 93) – **G/T:** Skulpt., Objekt, Text, Kunst m. Fotogr. u. Install.; konzept. Arb. – **W:** seit 80 Arb. m. Install.char. in Innen- u. Außenräumen, häufig temporär; zahlr. Objekt- u. Fotowerke – **M:** Berlin, Artothek d. Neuen Berliner KV; Berlin, Berlinische Gal.; Berlin, Keramik-Mus.; Berlin, Slg Künstlerförd. d. Ldes Berlin – **Ö:** Berlin, Skulpt.garten am Funkturm; ebda, Torf-Forum Anhalter Bahnhof, Berlinische Botschaft, Musen- u. Mus.botschaften, Kulturforum Philharmonie, Kulturforum Matthäikirchpl., Kulturforum am Potsdamer Pl., Alte Jakobstr., Am Berlin Mus., Skulpt.garten, Auguste-Viktoria-Krankenhaus, Autorenbuchhandlung Carmerstr.; Mönchengladbach, Park; ebda, Kaiser-Friedrich-Halle; Potsdam, Potsdamer Botschaft; Riga, Boulevard d. Freiheit; Unna, Stadtraum – **E:** Ausst. seit 76, u. a. 80 Remscheid, Dt. Werkzeugmus.; 84 Hannover, Sprengel Mus.; 89 Hamburg, Forum Kunstmesse; 90 Graz, LM Joanneum (Landeszeughaus); 93 Berlin, Brecht-Haus; Berlin, Dirty Windows Gall.; Marburg, KV; 94 Berlin, Fraunhofer Inst.; 95 Mönchengladbach, Raum f. Zeitkunst; 97–98 Berlin, Technikstudio; 00 Augsburg, Schneider; Berlin, Gal. Sophienstr. 8; 01

Berlin, Gal. Nord; Berlin, SEB-Bank – **G:** seit 76 nat. u. intern. Ausst.bet., u. a. 85–86 Hamburg, KV; Hamburg, Kunsthaus; Darmstadt, KH; Bremen, Gerhard-Marcks-Haus; 89 Bonn, Frauen-Mus.; Berlin, Karo-Gal.; Berlin, Neuer Berliner KV; 90 Berlin, Künstlerhaus Bethanien; 91 Kiel, Stadt-Gal.; 92, 96 Berlin, Haus am Kleistpark; 93 Moskau, Gal. A 3; 96–97 Berlin, Martin-Gropius-Bau; 98 Berlin, Haus am Waldsee; Volterra, Volterra II; Edinburgh, Patriothall; 00–01, 06 Bonn, Frauen-Mus.; Leipzig, Kunsthaus Viecenz; 01–02 Potsdam, Orangerie im Park Sanssouci; Rheinsberg, Schloß; 03 Potsdam, Kunsthaus; Groß Glienicke, Atelierhaus Panzerhalle; Berlin, Kult.forum (Intern. Steinbildhauer-Symposion); Berlin, Schwartzsche Villa; Berlin, Wettb. Rosa-Luxemburg-Pl.; 04 Potsdam, Kunsthaus; Berlin, Haus am Waldsee; Karpathos/Griechenland, Kastelia; 06 Berlin, Berlinische Gal.; Lübben, Flurgal. im Ldratsamt; Neuhardenberg, Schloß – **V:** u. a. J. Ipoustéguys. Der Mensch baut seine Stadt, in: Notizbuch 7 82; Heftflügel, in: Tumult 6 83; Oberfläche, Haut, Gewebe – Die Körperlichkeit von Flächen, in: Frauenmus. Bonn (Hrsg.): Haut, Kat. 83; Sie – Er, in: Konkursbuch 12 84; Das Schwinden der Dinge, in: Das Schwinden der Dinge 85; Liaisons dangereuses – Kunstmachen zur 750-Jahr-Feier Berlin, in: Berliner Kunstblatt 56/87; m. Dietmar Kamper. Kunst und Philosophie. Ein Zwiegespräch, in: Kunstforum International 11/89; Tuchgruppe, in: Rudolf zur Lippe (Hrsg.): in poiesis 6 91; Preußisch Blau. Ein Triptychon, in: Preußisch, Tumult 21 95; Histologie gegen Hierarchie, Kunst genügt nicht, in: K. Müller u. I. Huber (Hrsg.): Physiologie der bildenden Kunst 97; m. Dagmar Uhde: Hohe Auflösung – Gelb (95), in: D. Kamper, Ästhetik der Abwesenheit 99; Vierung, in: H. Belting u. D. Kamper (Hrsg.): Der zweite Blick 00; Die Installation zwischen Endlichkeit und Unendlichkeit, in: VdBK (Hrsg.): Torso 03 – **R:** Video-Dok. in 2 Teilen v. S. B. u. Harald Naisch – ***Lit:*** Walter Aue u. Ullrich Giersch (Text): S. B. Insignien, Erden (Arbeiten 1972–1982 und Arbeiten 1982–1985, Ausst.kat. 85; B. Straka (Text): S. B. Bild und Building – Arbeiten mit Fotografie 93; Walter Aue, Theresa Georgen, Florian Roetzer, Christian Schneegass, Ginka Steinwachs, Hans Peter Weber, Wilhelm Schmid, Dietmar Kamper u. Heimo Ranzenbacher: S. B. Res Publica – Arbeiten im öffentlichen Raum 95; Eugen Blume, Maria Kreutzer, Hans Belting, Christoph Tannert u. Katja Reissner (Texte): S.B. Botschaften 1996/1997 – Musen- u. Museumsbotschaften. Ein Trajekt 97; Barbara Straka, Inken Dohrmann, Jörn Merkert, Elfie Kreis u. Brigitte Werneburg (Texte): S. B. Die Berlinische Botschaft – Musen- u. Museumsbotschaften 1997. Ein Trajekt 99 – ***LitR:*** Monsieur Sans – Madame Souci, Video-Dok. 91; Die Berlinische Botschaft, Musen- u. Museumsbotschaften, Video-Dok. 97, 99

Breivogel, Wolfgang, Maler, Graphiker; Am Weltersborn 6, D-55270 Klein-Winternheim, Tel. (0 61 36) 8 70 79 (* Mainz 16. 9. 40) – **S:** 54–56 Privatstud. (b. d. Maler Karl Dietrich); 55–58 Ausb. als Dekorations-Plakatmaler; 56–60 WerkKSch Wiesbaden (Mal-, Zeichen- u. Aktkurse); 65–68 Famous Artist School (Graph.); seit 69 als Werbegraphiker tätig – **P:** Plakatwettb. d. kaufmänn. Berufsschule Wiesbaden (1. Pr.) 57; Intern. Graph.-Wettb. Amer. Greetings Corporation (1. Pr.) 66; Palme d'Or St. Lô 79 – **Ve:** KV Eisenturm Mainz 75; BBK 78 – **G/T:** Malerei (Mischtechnik, Öl, Acryl, Druckfarbe, auf Lw., Holz, Papier, Karton, Aluminium) – **W:** in Firmen- u. Privatbes. – **M:** Rockenhausen, Mus. Pachen – **Ö:** Min. f. Bildung, Frauen u. Jgd. Rh.-Pf. – **E:** 71 Mainz; Amsterdam; 73 Mainz, Blütenhaus; 75 Aschaffenburg; 85 Gau-Bischofsheim, Jottwedee; 93 Rockenhausen, Pf. Turmuhrenmus.; 05 Mainz, KEM; 06 Essenheim, Kunstforum Rheinhessen – **G:** zahlr., u. a. in Mainz, Aschaffenburg, Nieder-Olm, Bonn, Trier, Koblenz, Gerbach, Delkenheim, Salzburg, Valencia, Paris, St. Lô, Avranches, Lincoln/GB, Cleveland/USA – ***Lit:*** H.J. Imiela: Werkkat. Bilder u. Zchngn 1970–1982; Zeitgen. Dt. Malerei Teil 1 86; BBK Rh.-Pf.: Begegnungen III des BBK Rh.-Pf., Dok. 86/ 87; AKL, Bd. 14 96 – ***LitR:*** Fs.beitr. z. Ausst. (SWF) 71, 75, 77

Brem, Rolf, Bildhauer, Zeichner, Graphiker, Fotograf; Rotseehöhe 7, CH-6006 Luzern, Tel. 04 14 20 36 54. Atelier, Seestr. 35, CH-6045 Meggen/ LU, Tel. 04 13 77 17 68 (* Luzern 12. 2. 26) – **S:** 45–48 KGS Luzern; 51–53 Acad. de la Grande Chaumière Paris – **P:** u. a. Eidgen. Stip. 51, 52, 54; Kiefer-Hablitzel-Stip. 54, 57; Kunstpr. d. Stadt Luzern 77 – **M:** Aarau, Aargauer Kunsthaus; Luzern, KM – **Ö:** u. a. Bern, Inselspital; Emmenbrücke, Eisenwerke v. Moos; Horw, Ortspl.; Laufen, Helyepl.; Luzern, RH; ebda, Pl. am Stadttheater; Meggen, Friedhof; Nottwil, Rotes-Kreuz-Schulungszentrum; Wurmsbach, Mädchengymnasium; Zurzach, Zentralfriedhof – **E:** / G: u. a. 61 Luzern, Gal. an d. Reuss; 64–90 Zürich, Kunstsalon Wolfsberg; 70–92 Bremgarten, Gal. beim Kornhaus; 76 Genf, Mus. de l'Athénée; 91 Luzern, Kornschütte; Zürich, Schweiz. LM; 97 Luzern, HM; 99, 02 Worb, Gal. Farb; 03 Nottwil, Leupi – ***Lit:*** AKL; BLSK 98 – (Red.)

Bremer, Uwe (auch: Uwe Bremerus Bischlebensis), Maler, Graphiker, Autor; Schloß Gümse, D-29451 Dannenberg, Tel. (0 58 61) 86 60 (* Bischleben b. Erfurt 16. 2. 40) – **S:** 57–60 KSch Alsterdamm Hamburg – **L:** 83, 85, 88, 89, 94, 95 Sommerakad. Salzburg (Leiter d. Kl. Rad. bzw. Hschn.) – **KGr:** Rixdorfer Drucke – **G/T:** Graph. (v. a. Rad., Kpst. u. Hschn.); Ill.; Malerei (Öl auf Holz, Aqu.); Vertreter d. Phantastischen Realismus – **M:** Salzburg, LM – **E:** zahlr. Ausst. seit 63, u. a. 72 Saarbrücken, Hell; Bremen, Kab. 2; Berlin, Gal. 00; 73 Ladenburg, Herzog; Münster, Nettels; 74 Düsseldorf, Graph.salon Söhn; 79 Karlsruhe, Gal. im Sandkorn; 84 Stuttgart, Gal. Die Insel; 88 Wien, Ldesstudio d. Öst. RF; 93 Salzgitter, KV; 00 Braunschweig, Schmücking; Oldenburg, Schloß; Oldenburg, LM; 03 Apolda, Kunsthaus; Passau, MMK – weitere in Graz, Kopenhagen, Malmö, New York, Oslo, Paris u. Washington – **V:** lit. Veröff. u. zahlr. Mappenwerke – ***Lit:*** AKL; Reclams Künstlerlex. 02 – (Red.)

Bremerus Bischlebensis, Uwe s. Bremer, Uwe

Brendel, Günter, Prof. em., Maler, Graphiker, Zeichner; lebt in Berlin (* Weida 17. 1. 30) – **S:** 44–48 Lehre als Dekorationsmaler; 48–51 HS f. Baukunst u. bild. Künste Weimar (b. Hans Hoffmann-Lederer, Hermann Kirchberger, Otto Herbig); 51–53 HBK Dresden (b. Fritz Dähn u. Rudolf Bergander) – **L:** 53–88 KHS Berlin-Weißensee (Ass. u. Aspirant); 58 ebda (Doz.); 70 ebda (Prof.) – **P:** u. a. Kunstpr. d. DDR 67; Nat.pr. d. DDR 71 – **M:** Berlin, DHM; Berlin, NG; Frankfurt/ Oder, Mus. Junge Kunst; Halle/Saale, Staatl. Gal. Moritzburg; Hoyerswerda, Heimat-Mus.; Leipzig, MBK; Weimar, Klassik Stift. – **E:** seit 56, u. a. 67 Essen, Mus. Folkwang; 68 Weißenfels, Mus.; 82 Berlin, Gal. Unter d. Linden; – weitere: 85 Damaskus – **G:** u. a. 80 Berlin, Ausst.-Zentrum am Fernsehturm; 99 Weimar, KS – ***Lit:*** AKL; Lang 02; Schweers 02; NG Berlin 03 – (Red.)

Brendel, Michael (auch: Micha Brendel), Maler, Fotograf, Objekt- u. Aktionskünstler; Ringstr. 8 e, D-12105 Berlin, Tel. (0 30) 75 37 3 08, *info @micha-brendel.de*, *www.micha-brendel.de* (* Weida/ Thür. 22. 9. 59) – **VG:** Hagen, Schlieper – **S:** 82–87 HBK Dresden (Bühnenbild b. Günther Hornig) – **P:**

Stift. Kunstfonds – Arb.- u. Projektstip. 91; Stift. Kult.-fonds (Projektstip.) 93; Arbeitsstip. d. Berliner Senats 94 – **KGr:** Auto-Perforations-Artisten (86–90) – **M:** Cottbus, Brandenburgische KS; Halle/Saale, Staatl. Gal. Moritzburg; Jena, KS; Leipzig, Dt. Buch- u. Schrift-Mus. d. Dt. Nat.bibl. – **E:** u. a. 85 Berlin, Kr.kult.-haus Treptow; 89 Berlin, Spitze; 94 Dresden, Hübner & Thiel; 99 Cottbus, Brandenburgische KS; 00 Hagen, Schlieper – **G:** u. a. 87 Leipzig, Gal. Eigen + Art; 90 Hamburg, KH; 92 Leipzig, Gewandhaus; 97 Berlin, Dt. Hist. Mus.; 01 Hagen, Karl-Ernst-Osthaus-Mus. – ***Lit:*** AKL – (Red.)

Brendel, Walter, Maler, Zeichner; Atelier: Hellbrunner Str. 3, Künstlerhaus, A-5020 Salzburg, Tel. (06 62) 84 46 28 (* Ludwigshafen 12. 8. 23) – **S:** 46–48 ABK München (b. Karl Caspar) – **P:** Stip. d. Kult.kr. im Bundesverb. d. Dt. Industr. 55 – **M:** u. a. Berlin, Slg d. BRD; Darmstadt, Hess. LM; Essen, Mus. Folkwang; Kaiserslautern, Pfalz-Gal.; Köln, Mus. Ludwig; Ludwigshafen, Wilhelm-Hack-Mus.; Mainz, LM; Mannheim, StKH; München, Lenbachhaus; Oldenburg, LM; Sindelfingen, StG (Slg Lütze) – **E:** u. a. 45 Heidelberg, Tellkamphaus; 59 Dortmund, Mus. am Ostwall; 67 Essen, Mus. Folkwang; 90 Salzburg, Mus. Carolino-Augustinum; 93 Ludwigshafen, Wilhelm-Hack-Mus. – **G:** u. a. 52 Speyer, HM d. Pfalz; 87 Mainz, LM; 88 Salzburg (Die Kunst nach 45); 91 Berlin, Konrad-Adenauer-Stift.; 02 Salzburg, KV – ***Lit:*** AKL – (Red.)

Brendler, Georg, Maler, Zeichner, Graphiker; Roßplatz 5, D-04103 Leipzig (* Taubenheim/Spree 14. 10. 43) – **VG:** Leipzig, Sä. Kunstwerk GmbH – **S:** 64–70 HGB Leipzig (b. Prof. Hans Mayer-Foreyt, Prof. Bernhard Heisig u. Prof. Wolfgang Mattheuer) – **Ve:** BBKL 90 – **G/T:** Malerei (Öl, Eitempera, Aqu., Portr., Akt, Gr.darst.); Zeichn. (Silberstift) – **K:** Zeichn. u. Malerei (Aqu., Portr., Akt u. Landschaft) – **W:** überw. in Privatbes. – **M:** Altenburg, Lindenau-Mus.; Bernburg, Schloßmus.; Dresden, Kpst.-Kab.; Frankfurt/Oder, Mus. Junge Kunst; Gera, Slg. d Handzeichn.; Halle/Saale, Staatl. Gal. Moritzburg; Leipzig, KH Spk.; Leipzig, KS d. Univ.; Leipzig, Sportmus. – **E:** 94 Leipzig, Blüthner – **G:** zahlr. Ausst.bet., u. a. 74–85 Leipzig, Bez.kunstausst.; 74 Dresden, Albertinum; 75 Altenburg, Lindenau-Mus.; 79 Berlin, Altes Mus.; 82, 83 Nürnberg, Jugend-Trienn. 'Meister der Zeichnung'; 82, 87 Dresden, Kunstausst. d. DDR; 89 Berlin, Marstall; Berlin, Akad.-Gal.; 96 Baden-Baden, Gal. Kleiner Prinz; Luzern, Verkehrshaus; 00 Rantum; 01 Leipzig, Dresdner Bank am Augustusplatz; Erfurt, Dresdner Bank; 01–06 Leipzig, KH Spk. – ***Lit:*** D. Weinreich: Zum Schaffen d. Leipziger Maler G. B. u. Jost Braun 86; C. Baumann, Bernet: Ein Jahr danach, Kat. (Beitr.) 90; AKL, Bd. 14 96; Bildende Künstler in Leipzig 06

Brener, Alexander (Alexander Brenner), Künstler u. Schriftsteller; lebt in Wien (* Alma-Ata 57) – **VG:** Wien, Knoll – **S:** Stud. an d. Philolog. Fak. Leningrad – **KGe:** A.B. u. Barbara Schurz (seit 97) – **G/T:** Konzeptuelle Kunst/Texte; körperliche Intervention; Flugblätter; Graffiti; Zchng (Stift, Farbstift); Foto; Video – **E:** u. a. 97 Ljubljana, Kapeliza Gal.; 97, 00, 06 Wien, Knoll; 98 Berlin, East Side Gall. (Aktion); 99, 00 Budapest, Knoll; 00 Paris, Espace Donguy; Hannover, Alte Kestner Gesellsch.; London, Stanley Picker; Fribourg, Fri-Art; Aschersleben, KV; London, Austrian Cultural Inst.; Graz, Steir. Herbst; 02 München, Lenbachhaus – **G:** 03 Wien, Mus. in Progress: ZUGLUFT. Aktuelle Kunst aus Wien – **V:** gemeinsam m. Barbara Schurz u. a.: Was tun? 54 Technologien kulturellen Widerstandes gegen Machtverhältnisse im Spätkapitalismus 99; Furzende Völker 00; Demolish serious culture!!! 00; Tattoos auf Gefängnissen 01; Bukaka spat here 02; The art of destruction 05 – ***Lit:*** Markus Mittringer: Pollern bis z. Abgang, in: Der Standard 30.6.00; Ulrich Tragatschnig: Subversiv – teils konstruktiv, in: Der Standard online 9.2.04 – (Red.)

Brenner, Alexander s. Brener, Alexander

Brenner, Anne-Marie Salome, Malerin, Dichterin; c/o Heino Schmull, Hintere Grabenstr. 13, D-72070 Tübingen, Tel. (0 70 71) 55 22 72, *heino.schmull @uni-tuebingen.de*, *www.asbrenner.de* (* Sindelfingen 13. 3. 57) – **S:** Autodidaktin – **P:** Stip. d. Kunststift. Bad.-Württ. 87 – **G/T:** Gesichter, Lsch., Wesen (vorw. Öl auf Lw. u. Aqu.) – **W:** zahlr. in Privatbes. – **M:** Böblingen, Gal. Eisenmann – **E:** 79 Tübingen, Studentenwerk; 82 Tübingen, Zimmertheater; 84 Tübingen, Kornhaus; 86 Arezzo/Ital., Vivere insieme; Kaiserslautern; 89 Herrenberg; 97 Zürich, Atelier Segmüller; Tübingen, Kult.amt; 06 Tübingen, Kr.spk. – **G:** 83 Böblingen, Gal. Eisenmann; 91 Tübingen, Hartl & Klier – **V:** Paul Hoffmann (Ess.): menschenorts (Malerei u. Dichtung) 97 – ***Lit:*** Angelika Overath: Ein blauverwundetes Wesen, In: Neue Zürcher Ztg v. 11.11.97

Brenner, Birgit, Installationskünstlerin; c/o Galerie Eigen + Art, Auguststr. 26, D-10117 Berlin, Tel. (0 30) 2 80 66 05, Fax 2 80 66 16, *berlin@eigen-art.com*, *www.eigen-art.com* (* Ulm/Donau 64) – **VG:** Berlin, Gal. Eigen + Art; Leipzig, Gal. Eigen + Art – **S:** 85–90 Darmstadt (Graph.design); 90–96 HdK Berlin (Meisterschülerin b. Prof. R. Horn) – **P:** DAAD-Stip. f. Paris 96; Stift. Kunstfonds – Arb.- u. Projektstip. 97; Kunststift. BW 98; P.S.1 Contemp. AC 02 – **Ve:** VG Bild-Kunst – **E:** zuletzt u. a. 01, 03 Berlin, Gal. Eigen + Art; 02 München, Haus d. Kunst; 03 Ulm, Stadthaus (Kat.); 05 Dorsten, Virtuell-Visuell (Kat.); Leipzig, Gal. Eigen + Art (Kat.); 06 Wolfsburg, Ver. f. Junge Kunst – **G:** zuletzt u. a. 01 Dresden, StG f. Gegenwartskunst; 02 Hannover, KV

Brenner, Friedrich, Medailleur, Kunstschnitzer; lebt in Diedorf (* 39) – **KGr:** Künstlerkr. d. Medailleure München (seit 88) – **G/T:** u. a. Entwurf zahlr. Gedenkmünzen – **M:** Berlin, Münzkab.; Dresden, Münzkab. d. SKS; München, Staatl. Münzslg – **E:** u. a. 03 Speyer, Volksbank – ***Lit:*** Die Kunstmedaille in Deutschland 1995–1998 99; Markus Wesche: Der Künstlerkreis der Medailleure München 1988–2003 – (Red.)

Brenner, Leo; Kongreßstr. 12, D-52070 Aachen – **G/T:** Malerei – (Red.)

Brenner, Thomas, Dipl. Foto-Designer; Ochsenberg 33, D-67659 Kaiserslautern, Tel. (06 31) 3 40 30 03, Fax 3 40 30 04, *myself@thomas-brenner-photographie.de*, *www.thomas-brenner-photographie.de* (* Wiedenbrück/Westf. 26. 9. 61) – **S:** 84 Gesamt-HS Essen (Kommunikationsdesign); 95 Dipl. b. Prof. Inge Osswald u. Prof. Volker Küster – **L:** seit 99 FHS Trier (LAuftr. f. Fotogr.) – **P:** Pr. f. junge europ. Fotografen 88, 90; Reinhart-Wolf-Pr. 92; BFF-Nachwuchs-Pr.träger 95; Arb.stip. Stift. z. Förd. d. Kunst in d. Pfalz 96; Kunst u. Künstler aus RP (2. Pr.) 96; Arb.stip. Hafermag. Landau 97; Pfalzpr. f. Bild. Kunst 98 – **Ve:** Arb.gemeinschaft Pfälzer Künstler 96; BBK 96; Dt. Fotogr. Akad. 98; VG Bild-Kunst 98 – **KGe:** T.B. u. Bernd Decker (seit 98); T.B. u. K.M. Hartmann – **G/T:** inszenierte Fotogr. – **W:** in Bes. d. Slg d. Ldes RP sowie d. Slgn Gunter Sachs u. Lothar Albrecht; Ankäufe durch d. Dt. Lessing AG – **M:** Charleroi, Mus. de la Photogr.; Eupen, Slg IKOB; Kaiserslautern, Pfalz-Gal.; Mons, K.O.M.A.; Namur, Maison de la Culture; Neulingen-Bauschlott, Dt. Fotogr. Akad.; Pforzheim, Fotogr. als Kunst; Valencia, Sala Parpallo – **E:** 88 Kaiserslautern, Gal. Affiche d'Art; Neustadt an d. Weinstr.,

Gal. Art Unlimited; 90 Landshut, Huber; Krefeld, EinsZweiDrei – Raum f. fotogr. Ansichten; 91 Frankfurt am Main, L.A. Gal.; 92 Kaiserslautern, Pfalz-Gal.; 95 Eupen, Belgischer RF; 98 Mons, K.O.M.A.; 00, 01 (m. Klaus M. Hartmann) Kaiserslautern, Volksbank; 01 Ludwigshafen, Ldeszentrale f. private RFveranstalter; 01, 02 Pforzheim, Kult.haus Osterfeld; 02 München, Bouton; 03 Zweibrücken, FormArt; Braine-Le-Compte, Dominikanerkirche; 04 Mainz, Ldtag Rh.-Pf.; 05 Ramstein, Mus. im Westrich; 05–06 Frankfurt am Main, IG-Metall-Gal.; 06 Neustadt an d. Weinstr., Herrenhof Mußbach – **G:** zahlr. Bet., u. a. 88 Köln, Mus. Ludwig: Pr. f. junge europ. Fotografen; 89 Berlin, Martin-Gropius-Bau: Pr. f. junge europ. Fotografen; Dortmund, Mus. f. Kunst u. Kult.gesch.: Umgang m. d. Mythos; 92 Valencia, Sala Parpallo: Paisajes del deseo; 95, 98 Kaiserslautern, Pfalz-Gal.: Pfalzpr. f. bild. Kunst; 96 Dayton/OH, WSU Art Gall.; Ludwigshafen, Wilhelm-Hack-Mus.; Kaiserslautern, Holzendorff-Kaserne; 97 Mainz, Frankfurter Hof; 98 München, Haus d. Kunst; Saarburg, BBK; 99 Speyer, Konversionsprojekt; Thionville, Centre Culturel; 00 Mainz, Schloß Waldthausen; Bühl, Friedrichsbau: Passagen; 01 Kirchheim, Salon de printemps; Bad Arolsen, True Fictions; 02 Brandenburg, Kunstpr. Brandenburg; Mainz, BBK-Gal.; 02 Aachen, Ludwig Forum u. Dresden, True Fictions; 03 Landau in der Pfalz, Villa Streccius: Dialogfeld Rituale (Kat.); Tournai, Centre Culturel: Vanité des Vanités; München, Maurer: Hyperreal; Eupen, Slg IKOB; Saarbrücken, Stadt-Gal.: True Fictions; Brüssel, Europ. Parlament: mein Aldi, mon Cora, Delux; 04 Hofheim, SM: True Fictions; Heilbronn, Mus.; Koblenz, Künstlerhaus Metternich; 05 Köln, Kunst Köln; Speyer, KV; Berlin, Zitadelle Spandau: Fantast. Welten; 06 Mons, K.O.M.A.: la Tour; München, Mohrvilla: Freimann-FröttmaningFußball; Leipzig, BBK-Gal.: Von Mainz nach Leipzig; Dortmund, ART-isotope: ArTor – ***Lit:*** Andreas Fillibeck (Hrsg.): Inszenierte Fotogr. 05 – KAT.: Pfalzgal. Kaiserslautern; Mus. Sala Parpalla; Hafermag. Landau; A wie Anfang; land Art – ZSS: European Photography Nr. 37; Camera Austria Nrn. 35, 45, 75; Passagen Nrn. 15, 25; PhotoTechnik Intern. 3/92; Color Photo 9/95

Brenner, Wolfgang, Maler, Objektkünstler; Sonnenbergstr. 25, D-33178 Dörenhagen, Tel. (0 52 93) 93 11 55, *wolfgang@wbrenner.de*, *www.wbrenner.de* (* Oberwesel 28. 11. 56) – **VG:** Berlin, Ost)pol; Detmold, Strüßmann; Wieck, Künstlerdeck; Wien, Wolfrum – **S:** 76–81 Univ. Paderborn – **L:** seit 03 Univ. Paderborn (LAuftr. Drucktechniken) – **P:** Künstlerhausstip. Schieder-Schwalenberg 02; Intern. Miniprint Bienn. Cluj-Napoca (Jurymitgl.) 03 – **Ve:** VG Bild 00; BBK NRW 99 – **G/T:** Malerei, Collage, Assemblage, Rauminstall. – **M:** Paderborn, Artothek; Przemysl, StG – **Ö:** Paderborn, Paderhalle – **E:** u. a. 89 Soest, Löffler; 97 Paderborn, Raum f. Kunst; 98 Paderborn, Heinz-Nixdorf-Mus.forum; 99 Altenbeken, Eggemus.; 00 Schieder-Schwalenberg, KV; 01 Leipzig, Edition u. Gal. Erata; 02 Brakel, Mus. Bökerhof; 03 Rüsselsheim, Stadtgal. im Theater; Berlin, Ost)pol; Dortmund, StG Torhaus Rombergpark; 04 Lemgo, StG Eichenmüllerhaus; Bielefeld, Zentrum f. interdisziplinäre Forschung – **G:** u. a. 84 Bündener Werkkunstkr.; 90 Arnsberg, KV; Soest, KV; 01 Winkhausen, Gal. im Gutshaus; 02 Fürstenwalde, StG; Dortmund, RH; 03 Hamburg, Levantehaus; 04 Berlin, Ost)pol – ***Lit:*** KAT.: World Art Exhibition Art on Paper 00; zeitgleich 01; Seoul World Art Exhibition 02; Miniatur in der Bildenden Kunst 02; Stefan Greif (Text): Poetische Fragmente 02; Stanislawa Zacharko (Text): Collagen 02; Helga Kämpf-Jansen u. Alexandra Sucrow: communicare 03 – ***LitR:*** Galerie im Studio, Fs.-Beitr. d. Westdt. Fs. 99; Fs.-Beitr. d. NDR 00 – (Red.)

Brennscheidt, Ulrike, Bildhauerin; Schönbergstr. 35, D-70599 Stuttgart, Tel. u. Fax (07 11) 76 64 66 (* Freiburg/Br. 30. 9. 43) – **S:** 87–88 Staatl. ABK Stuttgart (Malerei b. Prof. Schubert); 89–93 ebda (Bildhauerei b. Prof. Baumann, J. Nadj u. Prof. Ullman) – **Ve:** Württ. KV 87; VBKW 89; Hohenloher KV 97 – **G/T:** Körperfragmente: Objektkunst (Stein, Holz) u. Fotogr.; Land-Art (Install. in d. Natur, m. d. Natur) – **Ö:** Rot am See, RH; Stuttgart, Reg.präsidium; Ulm, Donauwiesen – **E:** zahlr. Ausst. seit 79, u. a. 97 Plochingen, StG; 00 Schrozberg, Schloß – **G:** u. a. 90 Heilbronn, KV; 92 Crailsheim, RH; 95 Hohenlohe, KV; 96 Schrozberg, Schlosspark; 97 Schwäbisch Hall, Johanniterhalle; 98 Langenburg, Schloß; 02 Gerlingen, RH; 03 Hohenlohe, KV; Baden-Baden, Ges. d. Freunde junger Kunst; 04 Stuttgart, KV – ***Lit:*** Kat. d. Kl. Ullman 92; Kat. Schloß Schrozberg 00 – (Red.)

Brentano, Tremezza von (geb. Brigitte Künzel), Malerin; Bachemer Str. 264, D-50935 Köln, Tel. u. Fax (02 21) 43 65 25, *vonBrentano@t-online.de*. Alteburger Wall 1, D-50678 Köln, Tel. u. Fax (02 21) 37 13 47 (* Innsbruck 28. 11. 42) – **S:** 62–66 Staatl. ABK Stuttgart (b. Prof. H. Wildemann u. Prof. K. H. Sonderborg – **L:** 91–92 GesamtHS Kassel (Gastprof.) – **Ve:** BBK Köln 90 – **KGr:** Künstlersonderbund in Deutschland (90) – **G/T:** Malerei (Menschen, Menschen im Alltag, Frauen- u. Männerbilder d. Kunst, d. Films u. d. Werbung) – **E:** 100 Einzelausst., u. a. 86 Köln, SM; 87 München, Neue Münchner Gal.; 90–91 Bonn, Frauen-Mus.; 93 Salzburg, Schloß Neuhaus; 94 Schwetzingen, KV; 95 Braunschweig, Schloß Wendhausen; 97 Frankfurt am Main, Dt. Filmmus.; 98 Berlin, Gal. im Körnerpark; 99, 03 Wiesbaden, Winter – **G:** 176 Gr.ausst. – ***Lit:*** 6 Kat., u. a.: T. v. B. Medien Leben 96; T. v. B. Medienblau 04 – ***LitR:*** Marianne Rosenbaum: T. v. B. Portrait einer Malerin, WDR 3 (Redaktion Wibke von Bonin) 12.1.92 – (Red.)

Bressnik, Uwe, Installations- u. Objektkünstler, Maler, Graphiker; Kaiserstr. 83/18, A-1070 Wien, *uwe.bressnik@utanet.at*. c/o Atelier, Kaiserstr. 83/20 DG, A-1070 Wien (* Villach/Kärnten 2. 12. 61) – **VG:** Graz, Schafschetzy – **S:** 83–89 HS f. angew. Kunst Wien (Meisterkl. b. Sepp Mossmann, Peter Weibel, Oswald Oberhuber u. Ernst Caramelle, Dipl.) – **P:** Römerquelle-Kunstwettb. (1. Pr.) 90 – **G/T:** Zchng; Computergraph.; Fotogr.; Viedeo; Malerei; Objekt u. Install.; raumgreifende Gest. u. Performance; Verbindung v. Musik u. Bild. Kunst – **M:** Admont, Stifts-Mus.; Bregenz, Künstlerhaus Pal. Thurn u. Taxis; Klagenfurt, MMKK – **E:** 84 (m. Heiko Bressnik), 92 Enkhausen, Kunstcentrum De twee Weezen; 89 Wien, Gal. Art Start (m. Heiko Bressnik, Kat.); 90, 91 (m. Thomas Nowotny) Salzburg, Traklhaus (Kat.); 90 (Kat.), 91, 92 (Kat.) Graz, LM Joanneum; 91 Klagenfurt, LM Kärnten (Kat.); Villach, Gal. an d. Stadtmauer (Kat.); Leiden/Niederl., Gal. Stelling (m. Heiko Bressnik); New York, Gall. of the Austrian Cultural Inst. (Kat.); 92 Wels, Gal. A4; 93 Villach, Holzer; New York, East River Park Manhattan (Event, Kat.); 94 Bleiburg, Falke + Kuhn (m. Christian Höller); 95 Wernberg, Gal. Schloss Damtschach (m. Rudi Molacek); 95, 00 Klagenfurt, Bau Holding Kunstforum; 97 Bleiburg, Falke (m. Mario Reis u. Sandi Cervek, Kat.); 98, 02 Graz, Schafschetzy; 99 Wien, Kunstkab. Minorgasse; 00 Villach, Gal. Freihausgasse – **G:** zuletzt u. a. 04 (Blickwechsel. Aus d. Slg no. 1), 06 (Bis heute – Zwei Jh. mod. Kunst in Kärnten) Klagenfurt, MMKK; 05 Wien, Kaufhaus OSEI: Das Beste, billig II; Bolzano, Prisma: Expedition Gefährten. Kärntner Künstler in Südtirol; 06 Wien, Parlament: Zeitgen. Kunst aus Kärnten; Berlin, sonambiente – **V:** Ich U.B. Kärntner Künstler 00 – ***Lit:*** KAT.: u. a. Berthold Ecker u. Wolfgang Hilger (Hrsg.): Des Eisbergs Spitze. Mus. auf Abruf. Eine Auswahl von Gemälden, Skulpturen u. Installationen aus der Sammlung der Stadt Wien 98; Michael Ausserwinkler (Hrsg.): Vor Ort. Kunst im öffentlichen Raum Kärnten 1990–1997 98; Mus. auf Abruf (Hrsg.): Der ironische Blick. Objekte aus der Sammlung der Stadt Wien 01 – (Red.)

Breuer, Axel, Meisterschüler, Maler; Subbelrather Str. 109, D-50823 Köln, Tel. (02 11) 51 79 58 (* Köln 9. 7. 57) – **S:** 78–84 KA Düsseldorf (Meisterschüler v. Prof. Dieter Krieg) – **P:** Bundesförd.pr. d. Min. f. Bild. u. Wiss. 84 – **Ve:** BBK Köln; Neue Ges. f. bild. Kunst – **G/T:** Malerei – **W:** Dr. Harzem, Bad Godesberg u. Dr. Sudbrack, Bad Münstereifel – **E:** u. a. 95 Düsseldorf, Kult-Kaufhaus; seit 03 Köln, BBK (offene Ateliers) – **G:** u. a. 84–85 Bonn, Wissenschaftszentrum: Kunststudenten stellen aus (Kat.); Kassel, Orangerie; Braunschweig, KA; 88 Budapest, Visado Gal.: Intern. Art Forum (Kat.); 93 Hamm, Maximilianpark: Neue Totalität (Kat.) – **R:** m. Olaf Wabnitz-Beinert: Bunkermann, Kurzf. (Studiobühne Köln) 95

Breuning, Olaf, Foto-, Video-, Installations- u. Performancekünstler; Neustadt 29, CH-8200 Schaffhausen, Tel. (0 52) 6 24 96 73 (* Schaffhausen 70) – **VG:** Berlin, Arndt & Partner; Wien, Meyer Kainer; Zürich, ArsFutura – **S:** 88–93 Berufsausb. Fotogr.; 92–95 Höhere Schule f. Gest. Zürich; 95–96 Postgraduiertenstud. ebda – **P:** u. a. Atelierstip. BINZ39 Zürich 97; Stip. f. New York 00 – **M:** Glarus, Kunsthaus; Paris, Centre Pompidou; Schaffhausen, Mus. zu Allerheiligen; Zürich, MfG – **E:** / G: u. a. 99, 00, 02 Zürich, ArsFutura; 00, 01, 03 Berlin, Arndt & Partner; 03 Straßburg, Mus. d'Art Mod. et Contemp.; Grenoble, MAGASIN-Centre National d'art Contemp; Graz, LM Joanneum; 04 New York, Metro Pictures – (Red.)

Breustedt, Monika (verh. Monika Kokemüller), freiberufl. Zeichnerin u. Malerin, Dipl.-Graphikdesignerin, Kunsterzieherin (nicht im Schuldienst); Kattsund 36, D-24340 Eckernförde, Tel. u. Fax: (0 43 51) 88 03 94, *www.atelierbreustedt.de* (* Bad Harzburg 21. 5. 45) – **S:** 62–64 WerkKSch Bielefeld; 64–68 HdK Berlin (Dipl. Graph.design b. Prof. Hans Förtsch); 72–77 PH Kiel (1. Staatsexamen Kunsterziehung u. textiles Gest. b. d. Prof. Klettke u. Mosenthin) – **P:** Aufenthaltsstip. d. Ldes Nds. u. Schlesw.-Holst. (9 Monate in Worpswede) 84/85; Gast im Paul-Ernst Wilke-Atelier Bremerhaven 87; Bernhard-Kaufmann-Wettb. Bremen (3. Pr. Aqu.) 93 – **Ve:** VG Bild-Kunst; BBK Hamburg 77 (früher Schlesw.-Holst. u. Bremen) – **KGr:** Künstlerbund Steinburg (76–84, wieder seit 04); Vrg Worpsweder Künstler (86–98) – **G/T:** Malerei (Öl, Aqu.); Zchng Kalligraphie; Collage; Fotogr.; Objekte; Schrift; Stilleben; Lsch. – **W:** ca. 30 in Privatbes.; Kiel, Kultusmin.; Itzehoe, Stadtverwaltung – **M:** Hamburg, Altonaer Mus.; Osterholz-Scharmbeck, Kr.spk.; Osterholz-Scharmbeck, Kult.stift. Ldkr. Osterholz (Artothek); Osterholz-Scharmbeck, Volksbank – **E:** zahlr., u. a. 76, 83 Glückstadt, Brockdorff-Pal.; 82 Itzehoe, Kunsthaus; 83 Elmshorn, BfG-Gal.; 84, 04 Wedel, Reepschlägerhaus; 85 Hamburg, Ital. Kult.inst. (Kat.); 86, 95 Osterholz, KV; 87 Worpswede, Philine-Vogeler-Haus; Bremerhaven, Paul-Ernst Wilke-Haus; 88 Bremen, Gal. 113; 91, 97 Worpswede, Bollhagen; 95, 96 Bremen, Kito; 96 Berlin, Dt. Musikarch. (DMA); 98 Worpswede, Atelier Uphoff; 99 Mallorca, Hotel Formentor; 02 Glückstadt, Gal. Freiraum; 04 Kropp, Kult.woche; 06 Preetz, Kunstkr.; Eckernförde, Mus. – **G:** zahlr. Bet. seit 87, u. a. m. Künstlerbund Steinburg, BBK Schlesw.-Holst. u. Bremen, Vrg Worpsweder Künstler, Atelierhaus-Stipendiaten, Euro-Art (in Ahrenshoop, Barbizon, Kronberg, Tervuren, Dachau, Brüssel, Christchurch), d. Rotary Found. in Gal., KV, jurierten Ausschreibungen u. Ateliers – **V:** Enid Blyton: Geheimnisserie (15 Einbdgest.) 69 – ***Lit:*** BBK Hamburg, Kat. 82; M.K.-B. Bilder, Kat. 82; Helmut Heissenbüttel: 13 Sätze f. M.K.-B. 83; Kat. Künstlerbund Steinburg 85; Günther Heiderich über M.K.-B., Kat. Atelierhaus Worpswede 85; Helmut Stelljes: Kompositionen einer magischen Wirklichkeit, in: Heimat u. Kult. zw. Elbe u. Weser 87; BBK Bremen: Kunstfrühling, Kat. 88; Helmut Stelljes: Worpswede entdecken u. erleben. Menschen, Lsch., Kunst 89; 100 Jahre Worpswede, Kat. 89; Worpsweder Kunst u. Kunsthandwerk heute, Kat. 1889–1989; Worpswede Dachau heute, Kat. d. Künstlervrg Dachau 89; Worpswede Künstlerkolonie Norddtlds, Kat. (z. Ausst. d. Ldkr. Osterholz in Magdeburg) 91; Wir Künstler in u. um Worpswede, Kat. d. Arb.kr. Kult. 92; Worpsweder Gegenwartskunst, Kal. 93; Kunstkal. Ldkr. Osterholz 95; Armin Stein, Bibliographie Helmut Heissenbüttel 99; Für d. Kinder v. Tschernobyl, Nds. Min. f. Frauen, Arb. u. u. Soziales, Kal. 03; Dt. Graph. d. Gegenwart, Dok.

BriGiTAL s. Krause, Brigitta

Briner, Nicolas, Illustrator, Animator; Hildenerstr. 53, D-40597 Düsseldorf, Tel. (02 11) 7 11 96 44, Fax 7 11 98 32, *n.briner@t-online.de*, *www.niklasbriner.com; briner.illustration.de* (* Zürich 9. 8. 74) – **S:** 92–94 HS f. Gest. Zürich (Fachkl. Bild. Kunst); 94–96 Lycée Téchnique des Arts et Métiers Luxemburg (Trickfilm) – **P:** Enjoy the Silence (Depeche Mode) 04; Animago Award 05 – **Ve:** IO – Illustratoren Organisation 05 – **G/T:** Ill. (digital, graph., trad.); Animation (Film, Flash); Design (Musikvideos, Film) – **W:** 6 Musikvideos f.: Depeche Mode, Rammstein, Apocalyptica u. Gomez – ***Lit:*** Best of Europ. Commercial Ill. 05; 200 Best Illustrators worldwide 06; Novum, Mag. (Musikvideo 'Precious', Depeche Mode) 06

Brinkmann, Frank, Keramiker; Tel. (03 43 84) 7 12 02, Fax (03 43 81) 4 40 98, *info@schaddelmuehle.de*, *www.schaddelmuehle.de* (* Stendal 14. 1. 60) – **VG:** Leipzig, Keramikgal. Terra Rossa – **S:** u. a. b. Astrid Dannegger, H. Skorupa, Wieland Schmiedel u. Friedrich Stachat – **L:** 92–98 HGB Leipzig – **P:** Kunst- u. Designwettb. Nancy (Cultures & Matières, 1. Pr.) – **Ve:** BBKL 99; KV Terra Rossa e.V. Leipzig 02; Sä. Künstlerhäuser 04 – **KGr:** KBK Schaddelmühle (seit 88, u. a. m. D. Fischer) – **G/T:** Keramikgest.; Plast.; Design – **K:** Keramik u. Plast. – **W:** vorw. in Privatbes. – **M:** u. a. Gera, MAK; Velten, Ofen- u. Keramikmus. – **Ö:** u. a. Görlitz, Brunnen; Leipzig, Städt. Bibl. (Miltitzer Allee: Relief Wandel sowie Stuttgarter Allee: Relief Sindbad); Nimbschen, Kloster (Install.) – **E:** / G: zahlr. seit 83 – **V:** Medium u. Sprache, in: Zs Prozess 93 – **R:** Die selbsterfüllten Bilder, Kunstvideo in einer Install. 97 – ***Lit:*** O. Thormann u. H.P. Jakobson: Werkstoff u. Form, Ausst.kat. (z. Ausst. in d. Keramikgal. Terra Rossa) 05

Brinkmann, Klaus, Künstler, Graphiker; Filderstr. 89, D-70771 Leinfelden-Echterdingen, Tel. u. Fax (07 11) 7 54 05 94, *info@kunst-brinkmann.de*, *www.kunst-brinkmann.de* (* Stuttgart 1. 1. 49) – **S:** ab 64 Kunstanstalt Schuler (Lith.) – **L:** 64–67 Kunstanstalt Schuler Stuttgart (Farbenlithograph) – **G/T:** Aqu.; Acryl; Familienwappen (Heraldik); Rad. (vorw. Ortsmotive); Grußkarten (Klappkarten, Digital) – **K:** versch. Techniken d. Zchng u. d. Druckgraph.; Fotogr. – **W:** Verkaufsständer b. Edeka (Grußkarten) – **E:** zuletzt 03 Leinfelden-Echterdingen, Impuls

Britta P. s. Pröger, Brigitte

Brix, Thomas; Reuthbergstr. 20, D-95488 Eckersdorf-Oberwaiz, Tel. (09279) 923308, Fax 923309, *BRIX-ECKERSDORF@t-online.de*, *www.thomas-brix.de* (* Bayreuth 7.11.62) – **S:** 88–91 Kirchenmalerlehre; 92–99 b. Illusionsmaler Wolfgang Harms (freie Mitarb.) – **P:** Gest.wettb. 'Ideenhaus Hollfeld' d. Handwerkskammer Ofr. (1.Pr.) 03; Gest.wettb. 'Ev. Gemeindehaus Speichersdorf' (1.Pr. m. Andreas Bürmann) 03 – **KGe:** Z.A.B: Andreas Bürmann u. T. B. (seit 97) – **G/T:** Wand- u. Fassadenmalerei (Archit.malerei); abstr. Malerei; Bildhauerei (Skulpt.) – **W:** Portr., Aqu., Objekte u. Materialbilder überw. in Privatbes. – **Ö:** Bayreuth, Dt. Post (Firmenlogo, Objekt im Innenbereich); – Fassadenmalereien: Bayreuth, Dachdeckerei Kolb; ebda, Tanzcafé Harmonie; Donndorf, Kindertagesstätte; Eckersdorf-Oberwaiz, Wohnhaus; Kirchenlamitz, Gaststätte Wunderlich (m. Andreas Bürmann); Nürnberg, Medicon-Gesundhaus; – vorgesehen 04: Hollfeld, Kunsthaus (Fassadengest.); Speichersdorf, Gemeindesaal (Gest.) – **E:** 03 Kulmbach, Designhaus – **G:** 02 Selb, Bayreuth, Coburg u. Bamberg (Seitensprünge); 03 Speichersdorf, ev. Gemeindehaus (Wettb.); Hollfeld, Kunst & Mus. – ***Lit:*** G. Knappe: Schöne Aussichten, Zssart. Zuhause Wohnen 1.00; Das Auge ißt doch mit, Art. in B+B 4.02; Schau doch mal bei 'Gutmann's' rein, Art. in: Malerblatt 7.02; Kunst mit Kuhkopf, Art. in: dlz-Agrarmag. 7.03; A. Rietschel: Fassaden – eine Kunst für sich, Art. in: Nordbay. Kurier 7.10.03 – (Red.)

Brock, Gabriele (geb. Gabriele Riz), Puppen, Objekte, Plastiken, Möbel; Gramartstr. 38, A-6020 Innsbruck, Tel. (0512) 277523 (* Innsbruck 2.12.57) – **S:** Autodidakt – **E:** Einzelausst. seit 90 – **G:** zahlr. Ausst.beteiligungen im In- u. Ausland – ***Lit:*** G. Bauer: Textile Kunst in Tirol, Diss.; Gaismair-Kalender; Jahrbuch d. Puppenkunst; Künstlerinnen in Tirol; Bildkunst Österreich

Brock, Matthias, Maler; Freiligrathstr. 48, D-50935 Köln, Tel. u. Fax (0221) 414680, *msbrock@t-online.de*, *www.matthias-brock.com* (* Bielefeld 28.12.62) – **VG:** Düsseldorf, Niepel b. Morawitz; Köln, Gal. Skala – **S:** 86–93 KA Münster (Meisterschüler b. Prof. H.-J. Kuhna) – **L:** 93–95 KA Münster (LAuftr. f. Aktmalerei) – **P:** Kunstpr. d. Ldesverb. Westf.-Lippe 95; Pr. d. Darmstädter Sezession 99; Cité Intern. d. Arts Paris 00 – **Ve:** Ver. Düsseldorfer Künstler seit 00 – **G/T:** gegenständliche Malerei – **W:** zahlr. Bilder in Privatbes. – **M:** Aachen, ehem. Reichsabtei Kornelimünster KS NRW; Traun/ObÖst., StG; Willich, KS d. Stadt – **Ö:** Düsseldorf, WGZ-Bank; Leer, Kr.tag Ostfriesld; Telgte, Stadt; Wesseling, Stadt – **E:** zahlr. Ausst. seit 88, zuletzt 98 Frankfurt am Main, Art Frankfurt; 00 Paris, Cité Intern. des Arts Paris; Köln, Gal. Skala; 01 Unna, KV; Düsseldorf, Niepel b. Morawitz; 02 Bergheim, RHgal.; 03 Köln, Kunstsalon; Frankfurt am Main, Palmengarten; 04 Münster, Oberfinanzdirektion; 05 Hameln, Kunstkreis; Berlin, Caprice Horn; 06 Bonn, Kallenbach – **G:** zahlr. Ausst.bet. zuletzt 99 Düsseldorf, Gal. Co 10; Köln, Gothaer Kunstforum; 99, 05 Frankfurt am Main, Art Frankfurt; 01 Darmstadt, Darmstädter Sezession; Ratingen, SM; 02 Herford, KV; Dresden, Kunstmesse; Frechen, KV; 03 Köln, Roesinger; Hilden, Wilhelm-Fabry-Mus.; 93–01, 05 Düsseldorf, Große Kunstausst. NRW; 04 Düsseldorf, WGZ-Bank; 05 Shanghai, Art Fair – **V:** Duft der Dinge 04 – ***Lit:*** Manfred Schneckenburger: Die Kunst des Malens oder das Fest im Teich, Ausst.kat. 93; H. N. Jocks: Lieber übertreiben als imitieren, Ausst.kat. 98; Stefan Skowron: Aphorismen für den Verstand 02; M. Schneckenburger, in: Duft der Dinge 04

Brockhage, Hans, Prof., Bildhauer, Holzgestalter; Erlaer Str. 5, D-08340 Schwarzenberg/Erzgebirge, Tel. (03774) 22169 (* Schwarzenberg 27.2.25) – **VG:** Berlin, Gal. Berlin – **S:** 45 Holzbildhauer- u. Drechslerlehre; 47 HS f. Werkkunst u. HBK Dresden (b. Mart Stam u. Theodor A. Winde) – **L:** 67–77 HS f. Industr. Formgest. Burg Giebichenstein Halle/Saale (Doz.); 77 FS f. Angew. Kunst Schneeberg (Prof.) – **P:** Ausz. d. Trienn. Mailand 60; Kunstpr. d. DDR 76; Nat.pr. d. DDR 83 – **KGe:** Zus.arb. m. Gregor-Torsten Kozik – **Ö:** u.a. Berlin, Palasthotel; Bree/Belgien, ehem. Bürgermeisterhaus; Chemnitz, Ev. Gemeindezentrum; Chemnitz, Opernhaus; Chemnitz, Stadthalle; Elbroich, Management-Centre; Irkutsk, Gaststättenkomplex Almas; Kamp Lintfort, Klostergarten; Oberwiesenthal, Fichtelberghaus; Wassenberg, Gesamtschule – **E:** / G: u.a. 71 Leipzig, Grassi-Mus.; 76 Tampere/Finnland, Art-Mus.; 81 Karl-Marx-Stadt, Gal. oben; 85 Berlin, Gal. Unter den Linden; 88 Luxemburg, Gal. Sunnen, Bech-Kleinmacher; 89 Düsseldorf, Gal. Beethovenstraße; 90 Kamp Lintfort, Kloster; 94 Thalbürgel, Klosterkirche; 96 Frankfurt am Main, Schwind; 99 Berlin, Gal. Berlin; 00, 02 Chemnitz, Weise; 01 Marburg, KV; 03 Weimar, Gal. Profil – ***Lit:*** AKL – (Red.)

Brockhaus, Lutz, Prof., Bildhauer; Jahnstr. 111, D-64285 Darmstadt, Tel. (06151) 43915, Fax 424408, *brockhaus-darmstadt@t-online.de*, *www.lutzbrockhaus.de*. Tel. Atelier: (06151) 64046, Mobil: 01704434596 (* Berlin 14.9.45) – **S:** 66–71 HdK Berlin; 71 ebda (Meisterschüler b. Ludwig Gabriel Schrieber) – **L:** 72 TH Darmstadt (Ass. v. Waldemar Grzimek, plast. Gest.); 77–81 ebda (Lehrer); seit 81 FHS Aachen (Prof. f. Bildhauerei) – **P:** Wilhelm-Loth-Pr. 99; Villa-Massimo-Stip. – **W:** in privaten Slgn – **M:** Berlin, Artothek d. Neuen Berliner KV; Coburg, KS d. Veste; Darmstadt, Hess. LM; Darmstadt, KH; Darmstadt, StKS; Düsseldorf, SM; Engen, SM u. Gal.; Hakone/Jap., Open Air Mus.; Hohenberg an d. Eger, Dt. Porzellanmus.; Reggio Emilia, Mus. Pal. Magnani; Rom, Villa Massimo; Steißlingen, StM; Ulm, Ulmer Mus.; Venedig, Fond. Cini; Würzburg, StG – **Ö:** u.a. Aachen, Berliner Bär; ebda, Autobahnkreuz; Aschaffenburg-Leidersbach, St. Barbara-Kirche; Berlin-Schöneberg, RH (Denkmal f. Albert Einstein); Bonn, Bundes-Akad. f. öff. Verwaltung (Wandgest.); Darmstadt, Hess. Elektrizitäts AG; ebda, Posttechn. Zentralamt Bundespost, Frankensteinschule (Großplast.), Zentrale d. Commerzbank (Großplast., Fries m. Zchngn), Fraunhofer-Inst. (Großplast.), Umschaltwerk d. Hess. Elektrizitäts AG Dornheimer Weg, Erich-Kästner-Schule; Engen (Großplast.); ebda, Brunnenanlage; Frankfurt am Main, Airport-Center (Ehepaar, Bronze), ebda, Brockhaus-Brunnen (Figuren), Brunnen auf d. Zeil, Oberpostdir. (Großplast.), Oberfinanzdir. d. Stadt; Freiburg im Breisgau, Fußgängerzone (Bronze); Ludwigshafen, Zentrale d. Commerzbank; Mannheim, Zentrale d. Commerzbank; Moers, Stadt; Neuenburg, RHplatzbrunnen (Bronze); Nußloch, Brunnenanlage; Oberursel, Fernmeldezentrum (Freirelief); Oelde, Stadtpark (Bronzefigur); Offenbach am Main, Brunnen u. Wasserstr.; Pavia, Castello dei Landriani; Wiesbaden, Oberstufenzentrum (Pl.gest. u. Großplast.) – **E:** u.a. 70 Berlin, Haus am Kleistpark; 72, 74 Darmstadt, Gal. K; 73 Berlin, André; Berlin, Gombert & Meyer; 74, 93 Darmstadt, KH; 76 Grenchen, Brechbühl; 77 Berlin, Poll; Moers, StG Peschkenhaus; Düsseldorf, Nebelung; 78 Wiesbaden, Nassauischer KV; 79 Mainz, Rehberg; 82 Würzburg, StG; 85 Darmstadt, Saalbau-Gal.; Frankfurt am Main, Hofstee; 88, 95 Darmstadt, Ver. z. Kunstförd.; 89 Köln, Wiegand; Freiburg, Regio; 89, 93 Berlin, Lietzow; 90,

99 Engen, SM u. Gal.; 94 Neuenburg, Gal. im Stadthaus; Saarbrücken, Univ. d. Saarldes; 96, 98 Darmstadt, Müller-Linow; 99 Venedig, Pal. delle Prigioni Nuove; Treviso, Pieve di Soligo Centro d'Arte La Roggia; Bergamo, Sala Ateneo; Venedig, Campo S. Maria del Giglio (Freiplast. z. Bienn.); Bozen, Museion-MMK; Venedig, Gal. Il Traghetto; Genua, Assoc. Culturale; Brescia, Sala SS. Filippo e Giacomo; Venedig, Arte Daniele Luchetta; 00 Montefiore Conca, Castello; Riccione, Rosini; 01 Seligenstadt, Kloster; 02 Darmstadt, Gal. Kunst in d. Praxis; 03 Darmstadt, Mathildenhöhe; Parma, Gal. Steccata; Livorno, Gal. Peccolo; Genua, Gal. L'Incontro; Darmstadt, Gal. Artis; Reggio Emilia, Mus. Pal. Magnani – **G:** zahlr. Bet. seit 68, u. a. 68, 71, 72, 73 Berlin, André; 71 Hamburg, Mai-Salon Berliner Realisten; 71, 76, 78, 79 Berlin, Mai-Salon Berliner Realisten; 72–82, jl. Berlin, Freie Berliner Kunstausst.; 73, 76 Darmstadt, Gal. K; 73 Wiesbaden, LM: Handzchngn; München, Haus d. Kunst: Große Kunstausst.; 73, 74 (Wanderausst. Türkei), 75, 76 (Wanderausst. Norwegen), 77, 78, 79, 81, 83, 84, 87, 89, 91, 92, 95, 99 (Wanderausst. Troyes, Chesterfield u. Ital.), 02 Darmstadt, Neue Darmstädter Sezession; 73–80, 83, 85, 87, 88, 90, 97, 98 Darmstadt, KH; 73, 74 Berlin, Gombert & Meyer; 76 Karl-Marx-Stadt u. Weimar, Progressive Kunst aus d. Bundesrepublik; 78 Wiesbaden, Nassauischer KV; 78, 79 Bremen, KH: Realist. Plast. heute; 79 Darmstadt, LM: Realismus; Kassel, Hess. LM: Villa Massimo Auswahl; 81 Rom, Villa Massimo 80/81; 82 Bielefeld, KH: Skulpt. aktuell; 88 Heilbronn, SM; 89, 90 Basel, Art Basel; 95 Düsseldorf, Mus. Kunst Pal. – zuletzt: 02 Darmstadt, Darmstädter Künstler begegnen Dante; Darmstadt, Mus. Künstlerkolonie Ernst-Ludwig-Haus; Frankfurt am Main, Gal. Frankfurter Kunstkab. Hanna Bekker v. Rath; Parma, Intern. Kunstmesse – jl. Bet. m. d. Dt. Künstlerbund seit 71, u. a. in Stuttgart; Bonn; Berlin; Mainz; Dortmund; Mannheim; Frankfurt am Main; Hannover; Nürnberg; Düsseldorf – sowie Teiln. an zahlr. Wettb., u. a. 71 Berlin-Schöneberg, RH: Denkmal f. Albert Einstein (1. Pr. u. Realisierung); 76 Würzburg, Erzdiözese: St. Barbara-Kirche (1. Pr. u. Realisierung); 79 Frankfurt am Main, Intern. Wettb. Kunst u. Brunnen im Fußgängerbereich Zeil (1. Pr. u. Realisierung) – zuletzt: 00 Frankfurt am Main, Commerzbank Handelszentrum – **V:** zahlr. plast. u. graph. Ed., u. a. d. Gal. André Berlin, d. Neuen Berliner KV, Gal. K Darmstadt, KH Darmstadt, Büchergilde Gutenberg Frankfurt, KV Heidelberg, Nassauischer KV Wiesbaden – ***Lit:*** AKL

Brockmann, Elisabeth, Bild. Künstlerin, Autorin; c/o Galerie Horst Schuler, Citadellstr. 15, D-70213 Düsseldorf, Tel. u. Fax (02 11) 36 46 90, *www.elisabeth-brockmann.de; www.horstschuler.com* (* Unna) – **VG:** Düsseldorf, Schuler; München, Gal. Wittenbrink – **S:** 74–81 KA Düsseldorf (Malerei b. Gerhard Richter) – **L:** 98 Staatl. HS f. Gest. Karlsruhe (LAuftr.) – **P:** New York-Stip. d. Staatl. KA Düsseldorf 79; Paris-Stip. d. Staatl. KA Düsseldorf; Stift. Kunstfonds – Arb.- u. Projektstip. 89, 92 – **Ve:** VG Bild 82 – **G/T:** multimediale Install. – **W:** überw. in Privatbes., zahlr. temporäre Install. – **M:** Dresden, Albertinum – **E:** u. a. 83 München, Schöttle; 84 Stuttgart, Grunert; 88 Köln, Johnen & Schöttle; 89 Berlin, Aedes; 92 München, Lenbachhaus; 97, 01 München, Gal. Wittenbrink; 98 Paris, Centre Nat. de la Photogr.; 99, 01 Düsseldorf, Schuler; 02 Dresden, Albertinum; – Bühneninstall.: u. a. 94 München, Marstall (Begierde u. Fahrerlaubnis); 95 München, Marstall (European); 98 Paris, Théâtre des Amandiers (Moi... pas moi); 99 Wien, Die-Theater (Reigen) – **G:** 81 München, Schöttle; 88 Herrnsheim, Schloß; 89 Köln, KV; 96 München, Gal. Wittenbrink; 01, 04 Düsseldorf, Schuler – **V:** The New Museum. Private View 92; Weinen kannst Du, wenn ich tot bin 93, 97; Ein Mann ist kein Mann ist mein Mann 96 – ***Lit:*** Renate Puvogel: E. B., in: Kunstforum 88; Peter Funken: E. B., ebda 89; Jens Kaiser: High Noon, Gespräch 90; Jörg Rüter: Fortsetzung der Fotomontage, Gespräch 92; Sabine Adler: Was ich sehe, ist nicht das, wofür ich es halte, Ztgsart. 97; Birgit Sonna: Augenblickliche Verwirrung, Ztgsart. 00; Stephan Trescher: Das Haus hat tausend Augen, Ausst.kat. 01; Stephan Trescher: Ab ovo. Brockmanns viele Gesichter, Ausst.kat. 04 – ***LitR:*** Fs.-Portr.: Ernst Jürgens, Westdt. RF 96; ders., ARTE 97; Claudia Mützelfeldt, ARTE 04

Brodbeck, Gerda, Malerin, Zeichnerin; Postfach 100704, D-70006 Stuttgart, Tel. (07 11) 6 49 18 24 (* Sulz am Neckar 11. 5. 44) – **S:** 68–74 HdK Berlin (Meisterschülerin Freie Malerei b. Prof. H. Jaenisch) – **L:** 85–88 FS f. Graph.-Design Stuttgart (Doz. f. Figurzeichnen allg.); 01 KA Stuttgart (Prof. f. Figur u. Raum) – **P:** Stip. d. Kunststift. BW 80; Casa-Baldi-Stip. 84; Cité Intern. d. Arts Paris 88, 04; Stip. d. Kult.-stift. d. ZF Friedrichshafen AG 98; Else-Heiliger-Stip. 02 – **Ve:** BBK Bad.-Württ. 80; Künstlerbund BW 98 – **G/T:** Malerei (Öl) u. Zeichn.; Gegenstände: Portr., Figur (Menschen) u. Raum – **W:** Werke in Privatbes., u. a. in Berlin, Frankfurt am Main, Friedrichshafen, Marseille, München, Stuttgart, Sulz am Neckar, Tübingen, Wetzlar u. Wien sowie in Schweden; Ankauf u. a. durch d. Stadt Kehl am Rhein – **M:** Frankfurt am Main, Dt. Bank KS; Schramberg, SM; Stuttgart, KM; Stuttgart, SG; Ulm, Ulmer Mus. – **Ö:** Tübingen, Schnarrenberg-Klinik – **E:** 76 Rottweil, Forum Kunst; 81 Stuttgart, Haus d. Kunststift. BW; 85 Schramberg, SM; 86 Stuttgart, KM; 88 Konstanz, KV; 91 Kehl, Gal. d. Stadt; 93 Ostfildern, StG; 98 Offenburg, Mus. im Ritterhaus; Friedrichshafen, Zeppelin Mus.; 00 Biberach an d. Riß, Braith-Mali-Mus.; 03 Reutlingen, Hans Thoma-Ges. – **G:** zahlr. Ausst.bet seit 75, zuletzt 80 Hannover, KV; 80, 85 Darmstadt, KH; 93 Heidelberg, KV; 97 Reutlingen, KV; 00 Esslingen, StG Villa Merkel; Stuttgart, KV; 01 Berlin, Seitz & Partner; 02 Berlin, Konrad-Adenauer-Stift.; 02 Saulgau, StG; 04 Eislingen, KV – **V:** Edition I (Rad.) 80; Flugasche (Zeichn.) 86 – ***Lit:*** Liebe 80; Köpfe, Gesichter 83; G. B., Mappe 85; G. B. Zeichnungen 86; R. Escher, G. B. 88; Prospekt d. Zeppelin-Mus. Friedrichshafen 98; – sowie weitere Kat. u. Beitr. – (Red.)

Brodwolf, Jürgen, Prof., Maler, Bildhauer, Objekt- u. Installationskünstler; Hauptstr. 73, D-79400 Kandern, Tel. (0 76 26) 87 28, Fax 88 11 (* Dübendorf 14. 3. 32) – **VG:** Berlin, Brusberg; Grafenau/Württemberg, Schlichtenmaier; Köln, Boisserée; Sindelfingen, Lau Fine Art & Consulting; Berlin, Bischoff; Wichtrach, Henze & Ketterer – **S:** 48–52 Lehre als Lithograph in Meiringen; KGS Bern (Graph.) – **L:** 76 FHS f. Gest. Pforzheim (Prof.); 82 AK Stuttgart (Prof. f. Bildhauerei) – **P:** Eidgenöss. Kunst-Stip. f. Malerei 55; Kunstpr. d. Böttcherstr. in Bremen 75; Hans-Thoma-Pr. 81; Kunstpr. d. Stadt Darmstadt 86; Kunstpr. d. Stadt Stuttgart 91; Kunstpr. d. Künstler 95 – **G/T:** Skulpt., Objekte, Install., Malerei, Glasmalerei, Graph. – **M:** u. a. Bonn, KM; Bremen, KH; Duisburg, Wilhelm-Lehmbruck-Mus.; Frankfurt am Main, MMK; Freiburg im Breisgau, Augustiner-Mus.; Freiburg im Breisgau, Mus. f. Neue Kunst; Hamburg, KH; Hannover, Sprengel Mus.; Karlsruhe, SKH; Kiel, KH; Mannheim, StKH; Stuttgart, SG – **Ö:** u. a. Steinen, Ev. Kirche (3 Chorfenster); Ulm, Univ. (Tapisserie); Waldshut, Ldgericht (Reliefwand); Welmlingen, Ev. Kirche (Mosaik) – **E:** zahlr. Einzelausst. seit

62, zuletzt u. a. 88, 93 Frankfurt am Main, Gierig; 92 Darmstadt, Mathildenhöhe; 93 Berlin, Brusberg; 94 Eislingen, KV; 95 Altenburg, Lindenau-Mus.; 99, 00, 02 Wichtrach, Henze & Ketterer; 00 München, Rössler; 02 Hagen, Schlieper; 04 Köln, Boisserée – **G:** u. a. 77 Kassel, documenta; 82 Venedig, Bienn. – ***Lit:*** AKL; BLSK 98; Reclams Künstlerlex. 02; Schweers 02 – (Red.)

Brömse, Beate, Malerin, Graphikerin, Illustratorin; Eduard-Schmid-Str. 2, D-81541 München, Tel. (0 89) 66 22 92 (* Herrsching/Ammersee 23. 11. 46) – **VG:** München, Gal. Z; München, Wolff – **S:** 65–68 Meisterschule f. Mode München (Modegraph. b. Frau Prof. Beyreiss) – **L:** 69 Famous Artists School Amsterdam (Kurse); 81–82 Meisterschule f. Mode München (Modegraph.); 93–94 ebda (Figürliches Zeichnen) – **P:** Paramount Pictures (2. Pr. f. d. Plakat z. Film 'Medium Cool') 71; Modepr. Frankfurt (Design) 80 – **Ve:** VG Bild-Kunst 84 – **G/T:** Zeichn. (Graphit, Kohle, Akt); Ill. (Aqu., Feder, Tusche; Themen: Hexe, Stilleben, erotische Motive); Kalligraph. Malerei (Acryl auf Leinwand); Objektkunst (Gips) – **W:** Werke in Privatbes. sowie im Bes. d. Dt. Bundespost, Bad Honnef, u. d. Slg Thomas Wolff, Berlin u. München – **M:** Paris, Louvre (Musée de la Publicite) – **E:** 89 Bonn, Turmgal.; 92 München, Gal. im Büro f. Bauplanung Märkl; 00 München, Böhmler; 02 München, Gal. Z; 03, 04 München, Wolff – **G:** 80, 88, 92 Brno, Moravská gal.; 88, 91 Rosenheim, StG; 94, 95 München, Seidlvilla – ***Lit:*** Hans Kuh: Gebrauchsgrafik International 71; Walter Herdeg: Graphis Annual 74, 81; Barbara Beyreiss: Novum 77; Patricia Frantz Kery: Great Magazincovers 80; Walter Herdeg: Graphis Posters 80; Herbert Lechner: Graphikdesign und Technik 87; Bettina Ulrich: Novum 00; Johanna Kerschner: Und. Das Münchner Kunstjournal 02

Broghammer, Wilhelm, Prof., Kunstpädagoge, Maler u. Bildhauer; c/o Museum Europäische Kunst, Schloß Nörvenich, D-52388 Nörvenich. c/o Europäische Kulturstiftung, Berlin Office, Dorotheenstr. 90, D-10117 Berlin, Tel. (0 30) 22 48 73 15, Fax 22 48 73 14, *info@europaeische-kultur-stiftung.org*, *www.europaeische-kultur-stiftung.org* (* Bayreuth 21. 2. 30) – **VG:** Bonn, Marco Ed.; Nürnberg, Rabigal – **S:** 47–51 HS f. Angew. Kunst Nürnberg (b. Prof. Roth); 54 Gastschüler b. Prof. Hermann Wilhelm – **L:** Creativzentrum Morschreuth (Doz. f. angew. Maltechniken); Sommerakad. Königsfeld (Doz. f. angew. Maltechniken); FHS Dortmund (Doz. f. angew. Malerei) – **P:** Kulturpr. Spk. Bayreuth, Pegnitz 93; Kulturpr. Volksbank u. RaiffeisenBanken Forchheim 01 – **Ve:** BBK 02; Bund Fränkischer Künstler – **G/T:** Portr.malerei, Darst. v. Mensch, Tier u. Lsch. (Öl, Aqu., Pastell); Ill. (Tiere u. Wildtiere); Bronzebüsten; Tierplastiken – **K:** Lsch.- u. Portr.malerei; Zeichenkurse – **W:** Barmenia Vers. Hamburg; Siemens München, Erlangen; Conradthy Nürnberg-Röthenbach; Spk. Forchheim – **M:** München, Bay. Staatsgemäldeslgn; Nörvenich, Mus. Europ. Kunst – **Ö:** Bonn, Dt. Bundestag; München, Staatskanzlei; Bezirkstag Oberfranken – **E:** Bamberg, Ldratsamt; Bayreuth, RH; Bonn, M.I. Spindler; Chantonnay/Frkr., RH; Ebermannstadt, Grüner Saal; Erlangen, Pal. Stutterheim; Hagen, Gal.-Altstadt; Hollfeld, Wittauerhaus; Kulmbach, Plassenburg; München, Hanfstaengl; Nörvenich, Mus. Europ. Kunst; Nürnberg, Schrag; Nürnberg, Rabigal; Röthenbach, RH; Roth, Seckendorfer Schlößchen; Selb, RH; Waischenfeld, Burg/Rittersaal – **G:** Kulmbach, Plassenburg (Bund Fränk. Künstler); Pommersfelden, Schloß Weissenstein – ***Lit:*** Kunstmappe, FDI Verl. Nürnberg

Brogle, Monika, Fotografin; c/o Pep & No Name, Unterer Heuberg 2, CH-4051 Basel, *monika.brogle@bluemail.ch* (* Basel 25. 6. 60) – **VG:** Basel, Pep & No Name – **S:** Praktika b. versch. Fotografen in Basel – **G/T:** schwarz-weiß-Fotogr., exper., Akt, Landschaft – **E:** 89, 94, 03 Basel, Pep & No Name; 03 Basel, Lethinen; – sowie: 03, 04, 06 Akt u. Lsch. (s/w Fotogr., analog u. digital) – **G:** 85 Basel, ehem. Kino-Union; 88 Basel, Pep & No Name – **V:** Jahreskal. (schwarz-weiß Fotogr., Gemeinschaftswerk) 03

Brohm, Joachim, Fotograf; Kanonenberg 2, D-45239 Essen, Tel. (02 01) 49 60 28 (* Dülken 28. 4. 55) – **S:** 83 Univ. Essen (Dipl. Visuelle Kommunikation); 83–84 Ohio State Univ. Columbus (Department of Photography and Cinema); 84 ebda (M.A.) – **L:** 86–90 FHS Bielefeld (Doz. f. künstler. Fotogr.); 89 School of the Art Inst. of Chicago; 90–92 FHS Dortmund (Doz. f. exper. Fotogr.); 93–00 HGB Leipzig (Prof. f. künstler. Fotogr.); 01–02 HS f. Gest. u. Kunst Zürich (Doz.) – **P:** Stip. d. Dt.-Frz. Jgd.werkes 85; Stip. d. Alfried Krupp v. Bohlen u. Halbach-Stift. 88 – **K:** div. Workshops – **M:** u. a. Berlin, Berlinische Gal.; Essen, Mus. Folkwang; Hamburg, Deichtorhallen (Intern. Haus d. Photogr.); Hannover, Sprengel Mus.; München, SM – Foto-Mus.; Oberhausen, Rheinisches Industr.mus. – **E:** u. a. 88 Hannover, Sprengel Mus.; 91 München, SM – Foto-Mus.; 99 Salzburg, Fotohof; 02 Winterthur, Foto-Mus.; 03 München, Kampl – **G:** u. a. 85 Essen, Mus. Folkwang; 94 Hannover, Sprengel Mus.; 00 Freiburg im Breisgau, KV; 01 Winterthur, Foto-Mus.; 02 Göttingen, KV – ***Lit:*** AKL – (Red.)

Bron-Pache, Rosemonde s. Rosemonde

Bronz-von Rohr, Sandra (geb. Sandra von Rohr), Malerin, Bildhauerin, Keramikerin; Via R. Simen 20, CH-6648 Minusio TI, Tel. 09 17 43 27 67 (* Arogno) – **VG:** Lugano, Poltera; Lacco Ameno, Negombo – **S:** 70 Beginn d. autodidakt. künstler. Tätigkeit als Keramikmalerin; 80–83 Aldo Pagliaggi, Forio d'Ischia – **P:** Premio Tifeo 89; Concorso Intern. di Pittura Cavalla Selle (2. Pr.) 90; Intern. Pr. d. Accad. d'Arte e Cultura Acireale 91; Pr. d. Stadt Turin (4. Pr.) 92; Pr. d. Stadt Alassio (1. Pr.) 92 – **G/T:** Portr.malerei (Öl, Acryl, Tempera); Lith.; Keramik-, Bronze- u. Plattenstatuen; Reliefs – **Ö:** Minusio, Via Simen; Orselina (Relief) – **E:** 82 Mailand, Famiglia Artistica Milanese; 85 Genf, Gal. Motte; 88 Lugano, Gal. nel Mondo dei Fiori; 91 Ischia, Antiche Terme Comunali; 92 Verona, Kult.zentrum S. Giorgetto; Chiasso, Locarno u. Lugano, Schweiz. Bankges.; Montecatini Terme, Società delle Terme – **G:** 84 Forio d'Ischia, Al chiaro di luna; 86 Locarno, Centro Culturale Ticinese: Helisarion; 87 Minusio, Mus. Elisarion; 89 Neapel, Goethe-Inst.: Pittori italiani e tedeschi, oggi, a Napoli – ***Lit:*** Francesca Butturini: S.B.v.R., Monogr. 92; Libro d'arte contemp. 94; div. Ausst.berichte in d. Tagespresse – weitere: Veröff. d. KVS 91 u. BLSK 98 – sowie: Dok. im Internet: www.sokultur.ch

Brook, Adrian du, Maler; c/o Künstlergruppe adp, Lohstr. 37, D-31785 Hameln – **G/T:** Malerei, Zchng, Aqu. (gegenständl.)

Broquet, Brigitte s. Onnebrink, Brigitte

Brosch, Hans, Maler, Zeichner, Bühnenbildner; lebt in Berlin (* Berlin 7. 7. 43) – **VG:** Berlin, Gal. Berlin – **G/T:** Malerei, Graph., Bühnenbild – **M:** Dresden, Kpst.-Kab.; Krefeld, Kaiser-Wilhelm-Mus. – **E:** u. a. 76–79 Köln, Greve; 80 Frankfurt am Main, Meyer-Ellinger; 82, 86 Berlin, Nothelfer; 86 München, Leger; 02 Berlin, Gal. Berlin; – Bühnenbilder f. d. Berliner Ensemble u. d. Dt. Theater Berlin – **G:** u. a. 75 Paris, Bienn.; seit 77 Bet. an Kunstmessen in Basel, Düsseldorf u. Köln – ***Lit:*** AKL; Lang 02; Schweers 02; Kunst in der DDR 03 – (Red.)

†**Brosiŭs,** Fred, Bildhauer, Maler; lebte in Frankfurt/Main (* Frankfurt am Main 3. 5. 17, † 14. 4. 04) – **S:** künstler. Ausb. an div. Schulen in Paris u. Ital.; 40–44 Städelschule Frankfurt am Main (Bildhauerei) – **L:** 45 Gründung einer Schule (Lehrtätigkeit f. Bildhauerei u. Malerei) – **P:** Studienfahrtenpr. d. Heussenstamm- Stift. 73 – **Ve:** BBK Hessen seit 46; VG Bild-Kunst seit 78; Frankfurter Künstlerges. seit 62 – **KGr:** Gruppe Junge Kunst – **G/T:** Ldschaft u. d. durch geograph., atmosphärische u. ges. Bedingungen geprägten Menschen (Aqu., Öl) – **K:** Ldschaftsmalerei – **W:** überw. in Privatbes. im In- u. Ausld sowie in städt. Bes. – **E:** zahlr. Ausst. u. a. in Lausanne, Florenz, Stockholm, Jakarta, Santander, Buenos Aires, Frankfurt am Main – **G:** zahlr. Ausst.bet. im In- u. Ausld seit 46, zuletzt 03 Frankfurt am Main – ***Lit:*** div. Kat. z. Einzelausst. sowie: F. B. Spurenwechsel, Kat. 89

Brothers in Art s. Häfner, Guido

Brothers in Art s. Häfner, Johannes

Bruch, Hellmut, Objektkünstler; Aichheim 11, A-6060 Hall in Tirol, Tel. (0 52 23) 4 28 58. Atelier: Fassergasse 19, A-6060 Hall in Tirol, Tel. (0 52 23) 4 50 06 (* Hall in Tirol 18. 6. 36) – **VG:** München, Bender; Berlin, Gal. f. Konkrete Kunst; Ladenburg, märz gal.; Mannheim, märz gal.; Wien, Lindner – **S:** Autodidakt – **L:** div. LAuftr. – **P:** Ehrenpr. d. Kleinplast.-Bienn. Murska Sobota 97 – **Ve:** Tiroler Künstlerschaft seit 84 – **G/T:** Objektkunst (Acrylglas u. Edelstahl), konstruktiv-konkret – **M:** u. a. (Slg Blum); Amersfoort, Mondriaanhuis; Amsterdam, Polaroid Intern. Collection; Bozen, Museion-MMK; Calgary, Alberta College of Art and Design Gall.; Chełm, Muz. Okregowe; Cholet, Mus. Municipal; Dornbirn, c.art Prantl & Boch; Eisenstadt, Bgld. LM; Erfurt, Forum Konkrete Kunst; Florenz, Villa Romana; Frankfurt am Main, Slg d. Kreditanst. f. Wiederaufbau; Freiburg im Breisgau, Slg Staechelin; Fulda, Mus. Zeichen d. Zeit; Gießen, Mathematik-Mus.; Grenoble, Mus. de Grenoble; Hall IN Tirol, SM; Hünfeld, Mus. Modern Art; Ingolstadt, Mus. f. Konkrete Kunst; Innsbruck, Slg d. Ldes Tirol; Innsbruck, Slg d. Stadt; Innsbruck, Tiroler LM Ferdinandeum; Łódź, Mus. f. zeitgen. Kunst; Linz, LG; Malo, Mus. Casabianca; Meran, Kleiner Kunstpal.; Murska Sobota, Gal.; Norwich, Sainsbury Centre for the Visual Arts; Orońsko, Centrum Rzeźby Polskiej; Radom, Muz. Sztuki Współczesnej; Rehau, Kunsthaus – Inst. f. Konkrete Kunst u. Poesie (Slg Gomringer); Remscheid, StG; Turin, Mus. della Architettura e delle Arti Applicate; Warschau, Centrum Sztuki Studio – Palac Kultury i Nauki; Werfen, Mus.; Wien, BmfUK; Wien, Kpst.-Kab. d. ABK – **Ö:** Dordrecht, Stichting Pro; Erfurt, Fahner Höhen; ebda, Eissportzentrum, Klinikum St. Nepomuk; Gars am Kamp, Schloß Buchberg; Güntersleben/Wechmar, Gotha-Druck; Hall in Tirol, Stadt; ebda, Arb.medizinisches Zentrum, Wohnanlage Galgenfeld; Innsbruck, Finanzhist. u. Kunsthist. Inst. d. Univ.; ebda, Univ.klinik, Wohnanlage Bachlechnerstr., Kettenbrückensanatorium, Wirtschaftskammer Tirol, Kongreßhaus, Unfallchirurgie d. Univ.klinik, Verkehrsbetriebe u. Stubaitalbahn; Matrei am Brenner, Gerätewerk; München, Market Control-Ekkehart Schwartzkopff u. Co.; ebda, Slg d. Bay Wa AG; Oslip/Bgld, Skulpt.garten d. Ed. NN; Schmiding b. Wels, Vogelpark; Singen, Spk.; Treviso, Comune di Treviso; Wien, Wohnanlage in Essling; Zell am See, Schulzentrum; Zoetermeer, Stichting IDAC; – SLGN V. BANKEN, u. a.: Bonn, Dt. Spk.- u. Giroverb.; Erfurt, Spk.; Hall in Tirol, Raiffeisenkassa; Heidelberg, Volksbank; Innsbruck, Tiroler Spk.; ebda, Hypo-Bank; Saggen, Hypo-Bank Tirol; Schwaz, Hypo-Bank Tirol; – ZAHLR. WEITERE SLGN, u. a. Berlin, Slg d. Kreditanst. f. Wiederaufbau; Brünn, Slg Valoch; Den Haag, Slg Kloppers; Graz, Slg d. Kath. HSgemeinde; Hall in Tirol, Slg Schäfer-Dinkhauser; Hemishofen, Slg Forster; Houston/TX, Glasell-Collection; Ilmenau, Slg Oesingmann; Innsbruck, Slg Klocker; ebda, Hermann Kastner, Slg Klaus Brunner, Slg Neuner, Slg Prachensky; Kapstadt, Slg Planet Art CC; Kitzbühel, Slg Ferdinand Maier; Köln, Slg Willi Bongard; ebda, Slg Peter Lüchau; Łódź, Slg d. KA; Mannheim, Slg Rademacher; Maurach, Slg Pfister; Mondsee, Slg Sammern; Oldenburg, Slg Jürgen Weichardt; Olten, Slg Hanselmann; Shibukawa/Japan, Slg Concept Space; Stuttgart, Slg Manz; ebda, Slg d. Dt. Industr.-Wartungsges., Slg Spk.-verl.; Villingen-Schwenningen, Slg Felix Schlenker; Wien, Slg Achleitner; ebda, Slg Gerhard Jaschke; Wurlitz, Slg Eugen Gomringer; Zürich, Slg L. u. E. Müller – **E:** zahlr. Einzelausst., u. a. 85 Innsbruck, Annasäule; 86 Meran, Kleiner Kunstpal.; 87 Innsbruck, Thoman; 89 Zell am See, Gal. im Schloß Rosenberg; 90 Bozen, Prisma; 91 Innsbruck, Tiroler LM Ferdinandeum; 92 Remscheid, Friege; 93 Bad Ischl, Rytmogram; 94, 99 Wien, Lindner; 95 Chełm, Muz. Okregowe; Warschau, Aspecty; 96 Łódź, Bałucka; Breslau, Awangarda; 96, 99 München, Bender; 97 Erfurt, Haus Dacheröden; 98 Ilmenau, StG; 99 Murska Sobota, Gal.; 00 Łódź, Gal. 261; Radom, RAGATKA; 01 Shibukawa/Japan, Slg Concept Space; 02 Kapstadt, Slg Planet Art CC; Gießen, Wosimsky; 03 Rehau, Kunsthaus – Inst. f. Konkrete Kunst u. Poesie (Slg Gomringer) – **G:** zahlr. Ausst.bet.; versch. intern. Kunstmessen, u. a. mehrfach in Basel, Düsseldorf, Frankfurt am Main, Innsbruck, Köln, Wien, Zürich; – weitere, u. a. in Amersfoort, Mondriaanhuis; Amsterdam, Stedelijk Mus.; Budapest, Ludwig Múz.; Chełm, Muz. Okregowe; Erfurt, Forum Konkrete Kunst; Graz, LM Joanneum; Härnösand, Läns Mus.; Ingolstadt, Mus. f. Konkrete Kunst; Innsbruck, Tiroler LM Ferdinandeum; Innsbruck, Taxis-Pal.; Innsbruck, Stadtturmgal.; Linz, LG; Ludwigshafen, Wilhelm-Hack-Mus.; Murska Sobota, KH; Orońsko, Centrum Rzeźby Polskiej; Rehau, Kunsthaus – Inst. f. Konkrete Kunst u. Poesie (Slg Gomringer) – ***Lit:*** Heinz Gappmayr in: H. B. Plastiken 84; ders. in: H. B. Gravitationskurve 85; ders. in: H. B. Offenes System 86 (2. Aufl. 90); ders. in: H. B. Neue Plastiken 87; ders. in: H. B. Plastiken 88; ders. u. Adolf Hohenester in: H. B. Hommage à Fibonacci, Ausst.kat. 89; H. Gappmayr in: H. B. Progressionen 90; Eugen Gomringer in: H. B. Vertikale Progressionen 91; H. Gappmayr in: H. B. Konstruktive Formen, lettera Nr. 6 dell'istituto alvar aalto Turin 91; Günther Dankl in: H. B. Offene Form, Ausst.kat. 92; H. Gappmayr in: H. B. Kreisform 92; E. Gomringer in: H. B. Plastiken im Schloß Goldegg 94; H. Gappmayr in: H. B., Ausst.kat. 94; E. Gomringer in: H. B. Skulpturen 95; Bozena Kowalska in: H. B. Otwarta Forma 95; Peter Weiermair in: H. B., Ausst.kat. 96; H. Gappmayr in: H. B., Ausst.kat. 97; G. Dankl in: Formen des Offenen, Sonderdruck d. Zs 'Tirol' 98; Carl Aigner in: Gal. Peter Lindner u. Triton Verl. Wien (Hrsg.): H. B. Von der Zahl zum Licht 99; Frank Obal in: Galeria Murska Sobota (Hrsg.): H. B., Ausst.kat. 99; E. Gomringer in: H. B. Acrylglasarbeiten 01 – ***LitR:*** Krista Hauser (Autorschaft u. Regie): Künstler für eine Welt – Bilder der Hoffnung, Portr. H. B., ORF 92 – (Red.)

Bruch, Klaus vom, Prof., Video- u. Installationskünstler; c/o Akademie der Bildenden Künste, Akademiestr. 2, D-80799 München, Tel. (0 89) 3 85 21 20, *kvbcom@yahoo.com* (* Köln 52) – **S:** 75–76 California Inst. of the Arts Valencia (b. John Anthony Baldessari u. Bruce Naumann); 76–79 Univ. Köln (Philosophie) – **L:** 92–98 HS f. Gest. Karlsruhe (Prof. f. Medienkunst); seit 99 ABK München (Prof. f. Neue Medien im FB Malerei u. Graph.); 00 Columbia Univ. New York (Gastprof.) – **P:** u. a. Dorothea-von-Stetten-Kunstpr. 86; Karl-Schmidt-Rottluff-Stip. 87 – **G/T:** Videokunst – **M:** u. a. Aachen, Ludwig Forum; Amsterdam, Stedelijk Mus.; Berlin, Neuer Berliner KV; Bern, KM; Kiel, KH; Long Beach/CA, Mus. of Art; Montreal, Mus. d'Art Contemp.; New York, MOMA; Stockholm, Mod. Mus.; Zürich, Kunsthaus – **E:** zahlr. Einzelausst., zuletzt u. a. 97 Köln, Diözesan-Mus.; Hannover, Kestner-Mus.; 97, 98 Berlin, Hetzler; 98 Luzern, KM; Berlin, Schipper & Krome; 98, 99 Hamburg, KV; 98, 03 Hamburg, Dörrie & Priess – **G:** zahlr. Ausst.bet., u. a. 84 Venedig, Bienn.; 87 Kassel, documenta; 87, 89 Tokio, Intern. TV & Video Festival; 89 Liverpool, Tate Gall.; 02 Leipzig, MBK; Leipzig, Zeitgeschichtliches Forum; Essen, Ruhrland-Mus.; Essen, Mus. Folkwang; Hamburg, Dörrie & Priess – **R:** zahlr. Videos – ***Lit:*** AKL; Reclams Künstlerlex. 02 – (Red.)

Bruchhäuser, Andreas, Maler; Klausenbergweg 10, D-56077 Koblenz, Tel. (02 61) 7 67 85, *A.Bruchhaeuser @portraitmaler.de*, *www.portraitmaler.de* (* Bad Aussee 18. 3. 62) – **VG:** Bendorf, Hinter Lenchens Haus – **S:** 81–82 HBK/Städelschule Frankfurt am Main (b. Prof. Beyrle); 82–86 KA Düsseldorf (b. Prof. Karin Rizza) – **Ve:** BBK Rh.-Pf. 87–94; AG bild. Künstler am Mittelrhein seit 82 – **G/T:** Portr.malerei (Öl, Pastell); Zeichn. (Portr.); figürliche Malerei (Öl); Ldschaftsmalerei (Pastell) – **W:** überw. in Privatbes. – **M:** Bochum, Mus. (Slg Helmut Klinker); Koblenz, Mittelrhein-Mus. – **Ö:** Bochum, RH; Dieblich, Spk.; Mainz, Kultusmin.; Neuwied, Spk.; ebda, DRK Krankenhaus; Rengsdorf, Lohmann – **E:** 87 Koblenz, Rost; 91 Bad Hönningen, Em Backes; 96 Düsseldorf, Theater-Mus.; Bendorf, Hinter Lenchens Haus; Höhr-Grenzhausen, Keramik-Mus. Westerwald; 99 Mainz, Ldtag; Koblenz, Spk.; 00 Boppard, Nick; 02 Neuwied, Kr.mus.; Bad Hönningen, Schloß Arenfels; 04 Frankfurt am Main, Suwag Energie; 05 Siegburg, Schmitz; 06 Bad Neuenahr, Kurhaus – **G:** zahlr. Ausst.bet. seit 72 u. a. Koblenz, Künstlerhaus Metternich; Neuwied, Kr.mus.; Düsseldorf, Mus. Kunst Pal.; 02 Mainz, Rh.-Pf. Kunstmesse; 03 Jockgrim, Zehnthaus; Höhr-Grenzhausen, Keramik-Mus. Westerwald; 05 Paris, Salon d'Automne – **V:** R. Kissel u. U. Triep: Zu Gast am Romantischen Rhein (Ldschaftspastelle) 02 – ***Lit:*** H.-P. Preußer: Zeitgemäßes u. Kulturkonservatives, Zs 96; Ulrike Fuchs: Unsichtbares sichtbar machen 99; T. Daners-Schöll: A. B. Landschaften in Pastell, Zs 00, 02; U. Beck: Landschaftsräume als imaginäre Gedankenräume, Mag. 02; U. Fuchs: A. B. Rückblick-Ausblick, Ausst.kat. 02; ders.: Portr. m. Pastell v. A.B., In: Palette, Zs 06

Bruchhausen, Gisela von, Bildhauerin; Glienicker Str. 4, D-14109 Berlin, Tel. (0 30) 8 05 15 98, *gisela. bruchhausen@t-online.de*, *www.stahlbildhauer.de* (* Berlin 28. 8. 40) – **VG:** Berlin, Hartmann & Noé – **S:** 78–84 HdK Berlin (Bildhauerei b. Phillip King, David Evison u. Robert Kudielka); 84 ebda (Meisterschülerin b. David Evison) – **L:** 89–90 HdK Berlin – **P:** Cité Intern. d. Arts Paris 85; Arb.stip. d. Senators f. Kult. Angelegenheiten Berlin 86 – **KGr:** ODIOUS (seit 82) – **G/T:** überw. Stahlplast. – **W:** in zahlr. Privatslgn – **M:** u. a. Berlin, Berlinische Gal.; Mannheim, StKH; Ulm, Ulmer Mus. – **E:** u. a. 86 Berlin, In Fonte; 88 Berlin, Villa Oppenheim; 95 Berlin, Waszkowiak; 97 Berlin, Hartmann & Noé; 02 München, Jaspers – **G:** u. a. 81 Berlin, Berlinische Gal.; 88 Bonn, Kunst- und Ausst.halle d. BRD; 94 Bochum, Mus.; 00 Bonn, Frauen-Mus.; 01 Wiligrad, KV – ***Lit:*** AKL – (Red.)

Bruckmeier, Lothar; Kirchenstr. 15, A-3032 Eichgraben, Niederösterreich, Tel. (0 27 73) 4 63 01, Fax 4 63 01, *bruckmeier@vkk-eichgraben.at*, *www.vkk-eichgraben.at* – **G/T:** Malerei – (Red.)

Bruckner, Marianne s. Maderna, Marianne

Brüchert, Gabriela (geb. Gabriela Gutmann), Malerin; St.-Ulrichs-Weg 4, A-6065 Thaur, Tel. u. Fax (0 52 23) 49 27 69, *gabriela.brueckert@gmx.at* (* Zell am Ziller/Tirol 4. 8. 46) – **VG:** Nassereith, Hosp – **S:** 83/84 Aqu.symposion Spanien (b. R. Schiestl); 89 Sommerakad. Salzburg (b. Rudolf Hradil) – **L:** Gruppe 84 (Malerei, Acryl, Aqu.); jährl. Kulturservice d. Ldes Tirol, div. Schulen – **P:** Paliano-Atelier d. Ldes Vorarlberg 01 – **G/T:** Aqu. u. Acryl bis zur Abstraktion – **W:** in Besitz v. Privatleuten, div. Gemeinden, d. Stadt Innsbruck u. d. Ldes Tirol – **E:** seit 84 Ausst. in Galerien im In- u. Ausld – ***Lit:*** div. Kataloge

Brück, Ulrike, Malerin, Lektorin; Benzenbergstr. 21, D-40219 Düsseldorf, Tel. (dienst. 8 99 47 06), *info@ulrike-brueck-aquarelle.de*, *www.ulrike-brueck-aquarelle.de* (* Düsseldorf 19. 8. 55) – **S:** 63–65 u. 69–73 Clara-Schumann-Musikschule Düsseldorf; als Malerin Autodidaktin – **G/T:** Aqu. (Innenweltszenen, Meditationen, Spirituelle Imaginationen) – **E:** 81 Düsseldorf, Kammerspiele; 95 Düsseldorf, Haar u. Kunst Koslowski; 00 Düsseldorf, Schloß Benrath Orangerie; 01 Düsseldorf, Augentrost – sowie seit 79: mehrere in therapeut. Einrichtungen

Brückel, Gudrun, bild. Künstlerin; Wachbergstr. 35, D-01326 Dresden, *www.dresden-art.de* (* Leonberg 54) – **VG:** Dresden, Gal. Drei; Dresden, Gal. Mitte; Dresden, Gal. am Damm – **S:** 73–78 ABK Stuttgart (Kunsterziehung); 78–80 HdK Berlin (Freie Malerei b. d. Prof. Kaminski u. Koberling) – **P:** Aufenthaltsstip. Künstlerhaus Lukas, Ahrenshoop 02 – **Ve:** VG Bild-Kunst 95; KBD 98 – **KGr:** Dresdner Sezession 89 (seit 01) – **G/T:** Papierschnitt, Collage, Objekt, Install. – **W:** Werke in Privatbes. sowie in d. Slgn d. Leonberger Bauspk. u. d. Schering AG – **M:** Dresden, Neuer Sä. KV – **Ö:** Dresden, Inst. f. Festkörper- u. Werkstoffforsch.; Böblingen, Stadt; Leonberg, Stadt – **E:** zahlr. seit 82, zuletzt u. a. 96 Berlin, Abguss-Slg Antiker Plastik; 99 Dresden, Gal. Drei; Dresden, Inst. f. Festkörper- u. Werkstoffforsch.; 01 Dresden, Leonhardi-Mus.; Dresden, Kunstfoyer im Kult.rathaus; 04 Erfurt, Gal. Haus zum Bunten Löwen; 04 Dresden, Gal. Mitte; 05 Dresden, Staatsschauspiel; 06 Dresden, Gal. am Damm; Weingarten, Kornhausgal. – **G:** zahlr. Bet. seit 80, zuletzt u. a. 01 Dresden, KH art'otel; Dresden, Flughafen/ Neues Terminal; Bonn, Kunst- und Ausst.halle d. BRD; 03 Dresden, Gal. Drei; Dresden, Neuer Sä. KV; 04 Dresden, Gal. Mitte; Berlin, Gropius-Bau; Bonn, Frauen-Mus.; Dresden, Slgn d. TU; 06 Berlin, Otto-Nagel-Gal. – ***Lit:*** m. Friederike Hauffe: Trouvaillen, Ausst.kat. 96; m. Karin Weber: Stadtgeflüster, Ausst.kat. 01

Brückner, Manfred, Maler; Marienstr. 9, D-59227 Ahlen, Westf., Tel. (0 23 82) 8 16 21, *info @manfredbrueckner.de*, *www.manfredbrueckner.de* (* Ahlen, Westf. 12. 6. 55) – **S:** Autodidakt, seit 80 erste künstler. Arb. u. Ausst. – **L:** seit 98 div. Projekte u. Malkurse in d. Jugendarb. d. Stadt Ahlen – **P:** Aktion gegen Gewalt Kr. Warendorf (1. Pr.) – **Ve:** KV Ahlen seit 92; KV Beckum-Warendorf seit 01 – **KGr:** Reflex (seit 03) – **G/T:** Malerei (Acryl, Mischtechniken, abstrakt, gegenstandslos); Collagen; Performances – **W:** überw. in Privatbes. in Dtld u. d. USA; Performances; Kartenentwurf f. amnesty international; Ill. (Plakat- u. CD-Cover-Entwürfe) – **Ö:** Ahlen, RH – **E:** zahlr.

Ausst. seit 80, zuletzt 94 Ahlen, Heimatmus.; 96 Bad Salzuflen, Das Fachwerk; 01 Ahlen, open your eyes (Performance); 02 Sydney, Hydepark; – sowie weitere Ausst. in Dtld, Australien, Asien u. d. USA – **G:** zahlr. Ausst. seit 80 in NRW, zuletzt u. a. 00, 01 Wadersloh, Mus. Abtei Liesborn; seit 01 Ahlen, Stadt-Gal.; Wadersloh, Mus. Abtei Liesborn; Lippstadt, Gal. im RH; Oelde, RH; Beckum, SM; 01 Gelsenkirchen, Atelier Antenne; 02 Ahlen, Spk. Münsterland-Ost; 03 Telgte, Mus. Heimathaus Münsterland; Warendorf, SM; Hamm, Atelier Billinger/Berger; Kamen, Haus d. Kamener Stadtgesch.; 04 Kamen, Gal. im Technopark; Ahlen, Medienhaus – ***Lit:*** veloton Brausmann, Haastert OHG (Hrsg.): M. B. Ausst.kat. 01; Künstlerinnen und Künstler im Kreiskunstverein Beckum-Warendorf 02, 50 Jahre Kreiskunstverein 02; Uwe Gehrmann, Matthias Vredenburg u. M. B. (Hrsg.): no guru – no method – no teacher – Bilder zur Musik, Ausst.kat. 03 – (Red.)

Brüggemann, Antje (geb. Antje Breckwoldt), Keramikerin; OT Wippershain, 10. Str. 20, D-36277 Schenklengsfeld, Tel. u. Fax (0 66 21) 1 58 05, *www. antjebrueggemann.de* (* Bützow/Meckl. 17. 6. 41) – **VG:** Berlin, Theis – **S:** 63–65 HBK Hamburg (Keramik, Prof. Jan Bontjes van Beek); 65–66, 69–70 HBK Kassel (Keramik, b. Walter Popp) – **P:** Richard-Bampi-Wettb. (1. Pr.) 69; Westerwaldpr. (3. Pr.) 75; Pr. d. Justus Brinckmann Ges. 75; Staatspr. Hamburg 77; Acad. Intern. de la Céramique Genf1979; Westerwaldpr. (Pr. f. aufgebautes keramisches Gefäß) 85; Pr. d. Intern. Trienn. f. Keramik, Kairo 92 – **Ve:** AG d. Kunsthandwerks Hamburg (seit 67, versch. Ldesverb.); Acad. Intern. de la Céramique, Genf seit 79 – **KGr:** Gruppe 83 (seit 84) – **G/T:** Keramik (räumlich-geometische Oberflächengest.), Feinsteinzeug – **M:** Berlin, KGM; Berlin, Keramik-Mus.; Brüssel, Mus. royaux d'Art et d'Hist.; Coburg, KS d. Veste; Dresden, KGM Schloß Pillnitz; Düsseldorf, Hetjens-Mus.; Eckernförde, Heimat-Mus.; Edenkoben, Keramik-Slg. Hinder-Reimers; Faenza, Mus. Intern. delle Ceramiche; Flensburg, StM; Frankfurt am Main, MAK; Frechen, Keramion; Genf, Mus. Ariana; Gotha, Schloß-Mus.; Halle/ Saale, Staatl. Gal. Moritzburg; Hamburg, MKG; Hannover, Kestner-Mus.; Höhr-Grenzhausen, Keramik-Mus. Westerwald; Kairo, Nat. Center of Fine Arts; Karlsruhe, Badisches LM; Köln, MAK; Leipzig, GRASSI; London, Victoria & Albert Mus.; Mannheim, StKH; Marburg, Univ.-Mus.; München, Dt. Mus.; München, Neue Slg – Staatl. MAK; Oldenburg, LM; Osnabrück, Kulturgesch. Mus.; Prag, Umĕleckoprůmyslové muz.; Rotterdam, Mus. Boymans Van Beuningen; Saga, Prefectural Mus.; Schleswig, LM f. Kunst u. Kult.-Gesch. Schloß Gottorf; Stuttgart, Württembergisches LM; Sögel, Emsland-Mus. Schloß Clemenswerth; Taipei, Fine Arts Mus.; Waterloo, Canadian Clay & Glass Gall.; Yeoja, World Ceramic Livingware Gall.; Zürich, Mus. Bellerive – **Ö:** München, Dt. British-Airways (Keramik-Mosaik als Vorlage f. d. Flugzeuggest.) – **E:** zahlr. Einzelausst., u. a. 72 Mönchengladbach, Kunstkammer Köster; 77, 91 Sögel, Emsland-Mus. Schloß Clemenswerth; 81 Deidesheim, Mus. f. mod. Keramik; 83 Coburg, KS d. Veste; 88 Horgen, Schneider; 94 Eckernförde, Heimat-Mus.; 98 Bad Hersfeld, SM; 99 Frechen, Keramion; 03 Mölln, Heimat-Mus.; Marburg, Univ.-Mus. – **G:** zahlr. Ausst.bet seit 68, u. a. in Europa in Belgien, Dtld, Frkr., GB, Ital., Niederl., Polen, Tschechien u. d. Schweiz sowie in Ägypten, Amer., Australien, China, Japan, Korea u. Taiwan, zuletzt 02 Marburg, Univ.-Mus.; 03 Heidelberg, Heller; Gera, MAK; 04 Eutin, Ostholstein-Mus. – ***Lit:*** AUSST.KAT.: A. B. Keramische Arbeiten (m. Notizen v. Paul Köster) 72; A. u. Volker Brüggemann. Gefäße und Plastiken (m. Beitr. v. Ulrich Gertz) 81; A. B. Keramiken 1963–83 (m. Beitr. v. Joachim Kruse u. Susanne Netzer) 83; A. B. Keramische Objekte 1971–91 (m. Beitr. v. Eckard Wagner u. Günther Czichon) 91; A. B. Keramik (m. Beitr. v. Hiltrud Lübbert u. Claudia Kanowski) 03; A. u. Volker Brüggemann. Gefäß-Skulpturen (m. Beitr. v. P. J. Wittstock u. H.-U. Roller) 03; – weiter zahlr. Kat. z. Gr.ausst., u. a. H. P. Jacobson: Gruppe 83 03

Brülhart, Franz, Maler; route-Neuve 1, CH-1700 Fribourg, Tel. 0 263 21 11 26, *fjb@franzbruelhart.ch*, *www.franzbruelhart.ch* (* Freiburg 11. 5. 60) – **VG:** Büren an der Aare, Gal. am Marktpl.; Bern, Brunner; Zürich, Welti Mod. Art – **S:** 81–84 Univ. Bern (Kunstgesch.); 84–86 Éc. Supérieure d'Art Visuel Genf – **E:** zahlr., u. a. 00 Burgdorf, Kunstraum; 02 Tafers, Sensler Mus.; 05 Bern, Brunner; Büren an der Aare, Gal. am Marktpl. – **G:** div. Ausst.bet. in Berlin, London, Niederl., USA u. Schweiz

Brüll, Will, Bildhauer; Willicher Str. 89–91, D-40670 Meerbusch-Osterath, Tel. (0 21 59) 25 29 (* Viersen 20. 11. 22) – **VG:** Düsseldorf, Vömel – **S:** 45–50 KA Düsseldorf (b. Prof. Josef Enseling [Maillol-Schüler], Zeichenkurs b. Prof. Ewald Mataré) – **G/T:** zunächst gegenständl. Plast. in Holz, Stein u. Bronze; seit 62/63 abstr., poetisierte Raumskulpt. in Edelstahl – **W:** überw. in Privatbes. – **M:** Duisburg, Wilhelm-Lehmbruck-Mus.; Düsseldorf, SM; Kaiserslautern, Pfalz-Gal.; Mannheim, StKH; Willich, Gal. Schloß Neersen (Skulpt.park) – **Ö:** sehr zahlr., u. a. Aachen, Ldesbad (Transparentsäule); Bremen, Klöcknerwerke (Raumschwinge); Düsseldorf, DGB (Großer Wirbel); ebda, Mus. (Trinkaus Kehl), LVA (Stahlrelief, weiß); Duisburg, Theodor-Heuß-Gymnasium (Schutzsegel); ebda, Grundschule (Schutzsegel), Clauberg-Gymnasium (Raumschleife); Essen, Ruhrldtechnik (Raumrhythmus); ebda, Stadtwerke (Vertikale Raumschleife); Granby/Québec, Große symmetr. Knospenform; Hagen, Dt. Bank (Große Flügelform); Kempen, RH (Reliefwand); Köln, Bankenverb. (Licht- u. Luftfänger); Krefeld, Marianschule (Aufwirbelnde); ebda, Theaterpl. (Symmetr. Knospenform), Hauptfriedhof (Trauermal Piéta); Meerbusch-Osterath, Kreisel vor d. Mühle (Großer Raumwirbel v. 65); Mönchengladbach, KS Lühl (Zentralwirbel); Neuss, Clemens-Sels-Mus. (Raumschleife); Paderborn, Finanzamt (Dynam. Reliefschlaufe); Viersen, Stadtwappen (Mosaik auf Beton); Washington/D.C., Raumwirbel an Stangen; Wiesbaden, Berlin. Leben (Große Flügelform u. Kleinplast., Wandrelief in d. Empfangshalle); Wuppertal, Victoria-Versicherung (Wirbel an Stangen) – **E:** 65 (1. Ausst.), 98 Düsseldorf, Vömel; 68 Leverkusen, KV (Kat.); 75 Mannheim, KV (Retr.); 76 Grefrath, Ndrh. Freilichtmus.; 85 Viersen, StG (Retr.) – **G:** 66 Amersfoort, Intern. Plast.ausst. Sonsbeek (Kat.); Mexiko-Stadt, Mus. de Arte Mod.; 71 Düsseldorf, Stadt d. Künste; 74 Neuenkirchen, Falazik: Signale u. Embleme (Kat.) – **V:** Stahl u. Form 71; Skulpt. Werkgruppen 95; Die frühen Bronzen 98; Skulpt. Werkgruppen II 98; Linie u. Farbe 99 – ***Lit:*** KAT.: u. a. 10. Winterausst. d. bild. Künstler v. Rh. u. Westf. 60, 61; Plast. d. Gegenwart (Pfalzgal. Kaiserslautern) 68; Düsseldorf – Stadt d. Künstler 71; Künstler gestalten Edelstahl (z. Ausst. d. Stahlwerke Südwestf. AG) 75; Winterausst. d. Künstler v. NRW (Kunst Pal. Ehrenhof Düsseldorf) 77; Große Düsseldorfer Kunstausst. 78, 80, 81; Schmelzen – Gießen u. Kunst 79; Düsseldorf Creativ 80; Bild. Künstler u. Autoren Düsseldorf 83; Künstlerleben in Düsseldorf, Künstlerhandb. 91 – ***LitR:*** Miriam Hermanns: W.B., Dokf. WDR 04

Brüne, Gudrun, Malerin, Graphikerin; Dorfstr. 8, Strodehne, D-14715 Havelaue, Tel. (03 38 75) 3 14 22, Fax 3 20 24 (* Berlin 15. 3. 41) – **VG:** Berlin, Gal. Berlin – **S:** 59–61 HGB Leipzig (Abendakad.); 61–66 ebda (Dipl.) – **L:** 77 HS f. Industr. Formgest. Burg Giebichenstein Halle/Saale (Ass.); 79–99 HS f. Kunst u. Design Burg Giebichenstein Halle/Saale (Doz. f. Malerei u. Graph., Leiterin einer Fachkl.) – **P:** Kunstpr. d. FDGB 73; Kunstpr. d. DDR 87 – **KGr:** Künstlersonderbund in Deutschland – **M:** Berlin, NG; Dresden, GG NM; Gera, Slg d. Handzeichn.; Leipzig, Gewandhaus; Leipzig, KH Spk.; Leipzig, MBK; Magdeburg, Kulturhist. Mus.; Oberhausen, Ludwig-Gal. (Ludwig-Inst. f. Kunst d. DDR) – **E:** zahlr., zuletzt u. a. 99 Bergen/Rügen, Gal. im Kult.haus; Leipzig, Blüthner; 00 Bernburg, Schloßmus.; 03 Berlin, Gal. Berlin; 04 Falkensee, Kunst-Kontor Sehmsdorf – **G:** zahlr., u. a. 99 Köln, Art Cologne; Potsdam, Altes RH; Paris, Salon d'Automne; 00 Berlin, Gal. Berlin; Tokio, ARTEX – ***Lit:*** AKL; Lang 02; Schweers 02 – (Red.)

Brüning, Eli (eigtl. Elisabeth Brüning), Malerin; Robert-Koch-Str. 9, D-78464 Konstanz, *ateliereli@aol.com*, *www.Atelier-Eli.de* (* Wolfenbüttel 9. 4. 53) – **S:** 86–89 ABC-Kunstakad. Paris (Fernstud. Malerei) – **Ve:** KV Konstanz 90; Intern. Bodensee-Club (IBC) 03 – **KGr:** Künstlerzirkel 'Die Eule' Konstanz (seit 98) – **G/T:** Malerei (u. a. Öl, Acryl, Aqu., gegenständl. bis abstr.); Objektkunst (u. a. Papiermaché, Holz) – **W:** überw. in Privatbes. – **E:** seit 90 zahlr. in d. Bodenseeregion u. d. Schweiz – **G:** zahlr. Bet. seit 89 in d. Schweiz, Dtld, Ital., zuletzt 05/06 Basel, Papiermus.

Brummack, Heinrich, Prof., Bildhauer u. Gartenarchitekt; Gilbachstr. 18, D-50672 Köln, Tel. (02 21) 51 52 30 (* Treuhofen/Neumark 19. 1. 36) – **S:** 51–53 Lehre als Ziseleur; 56–64 HdK Berlin (b. Hans Uhlmann); 59–60 Acad. de la Grande Chaumière Paris (b. Ossip Zadkine) – **L:** 84–02 FHS f. Kunst u. Design Münster (Prof.) – **P:** Berliner Kunstpr. Junge Generation; Villa-Massimo-Stip. 66; Förd.pr. Bild. Kunst d. Kult.kr. d. dt. Wirtschaft im BDI 67, 72; Villa-Romana-Pr. 69 – **G/T:** Skulpt. (archit. Skulpt., Möbelskulpt., Bronze, Holz, Polyester); Objekte, Gartenarchit. – **M:** Berlin, NG; Duisburg, Wilhelm-Lehmbruck-Mus.; Hagen, Karl-Ernst-Osthaus-Mus. – **Ö:** u. a. Berlin, Flughafen Tegel (Edelstahlskulpt.); Berlin, Bundesgesundheitsamt (Gartengest.); Düsseldorf, Westdt. Ldesbank (Gartengest.); Köln, Kinderbücherei d. Zentralbibliothek – **E:** u. a. 68 Berlin, Schüler; 74 Köln, KH; 79 Hagen, Karl-Ernst-Osthaus-Mus.; Köln, H. J. Müller; Rodenkirchen, RH; 81 Wiesbaden, Harlekin Art; 82 Köln, Artothek; 85 Köln, Wilbrand; 00, 01, 02 München, Jaspers – **G:** u. a. 87 Kassel, documenta; 87 Köln, KH; Berlin, Neuer Berliner KV; 90 Hannover, Georgengarten; 02 Münster, IHK – ***Lit:*** AKL; Reclams Künstlerlex. 02 – (Red.)

Brummeier, Gerlinde s. Kosina, Gerlinde

Bruni, Bruno, Maler, Graphiker u. Bildhauer; Thedestr. 108, D-22767 Hamburg, Tel. (0 40) 3 89 32 49, Fax 3 89 25 24. Viale Verdi Guiseppe, 47, I-61100 Pesaro/PU (* Gradara b. Pesaro 22. 11. 35) – **VG:** Dresden, Gal. im Taschenbergpalais; Nürnberg, Weigl; Wetzlar, Gal. am Dom – **S:** 53–59 Istituto d'Arte di Pesaro (Keramik, ab 57 auch Bildhauerei); 60–65 Staatl. HBK Hamburg (b. Georg Gresko u. Paul Wunderlich) – **L:** 74 Akad. Den Haag (Gastdoz. f. Graph.) – **P:** Stip. d. Lichtwark-Pr. 67; Intern. Senefelder-Pr. u. Lithografie-Förd. 77 – **G/T:** Graph. (vorw. Lith.), Malerei (Öl), Skulpt. (Bronze) – **M:** Hamburg, KH – **E:** zahlr. Einzelausst. seit 59, u. a. 67 Hamburg, Brockstedt; 72 Mailand, Trienn.; 75 Amsterdam, Hüstege; 80 New York, Gal. John Szoke; 87 Gradara, Pal. Rubini Vesin; 90 Tokio, Sai Bu; 94 Hamburg, Commeter – weitere in Berlin, Brüssel, Florenz, London, Melburne, Pesaro, St. Petersburg u. Zürich – ***Lit:*** AKL – (Red.)

Brunke-Mayerhofer, Gisela (eigtl. Gisela Brunke, geb. Gisela Mayerhofer), Malerin; Landfriedstr. 6, D-81547 München, Tel. (0 89) 6 91 73 32, *www.gedok-muenchen.de; www.eurochannel.de/okp/ergebnisse1.htm* (* Wegscheid b. Passau 29. 9. 41) – **S:** 63 KSch von Parish München (Bühnenbild u. Kostüm); 63–66 Mal- u. Zeichenschule Die Form München (freie u. angew. Malerei); 69–71 Richard-Strauß-Konservatorium München (Gaststud. Musik) – **L:** seit 88 VHS München (Aqu.- u. Ölmalerei); seit 90 Bay. Rotes Kreuz München (Aqu.malerei u. Zeichn.) – **P:** Kunstpr. d. Forsch.inst. Bild. Künste Nürnberg 95 (3. Pr.) 95; Intern. Virtueller Internet-Kunstpr. d. Forsch.inst. Bild. Künste Nürnberg (3. Pr.) 98 – **Ve:** Intern. Ges. f. Polyästhetische Erziehung Salzburg 90; GEDOK München 91; KV Ebersberg 93 – **G/T:** gegenstandsfreie Malerei (Acryl, Aqu. u. Zeichn.) – **W:** überw. in Privatbes. – **Ö:** München, Bay. Beamtenversicherung; ebda, Allianz Versicherungs-AG – **E:** u. a. 86 München, Transart; 89 Mittersill, Schloß; 90 München, Ev. Forum; 92 Ehingen, Gal. im RH; 94 Salzburg, Mozarteum; 95 München, Gal. im BBV-Haus; 96 München, Anton-Fingerle-Zentrum; 98 München, Bay. Verwaltungsgericht; 00 Feldkirchen-Westerham, Schloß Altenburg; München, Kunstforum Arabellapark; 02 München, Technologie-Zentrum; 03 Martinsried, Max-Planck-Inst.; Oberhaching, RH (Foyer); 05 München, Allianz Versicherungs-AG; 05, 06 München, Orangerie – **G:** u. a. 88 (Kat.), 94 München, Gal. im RH: GEDOK-Projekt; 92 Köln, Rath; 93, 03, 04, 06 Tutzing, Akad. f. politische Bildung; 94 Bitburg, Mus. Haus Beda; 96–99, 02–05 Ebersberg, KV; 97 Emmering-Hirschbichl, Schloß Hirschbichl; 99 Grünwald, Kunstforum Römerschanze; 99, 00 München, Anton-Fingerle-Zentrum – ***Lit:*** G.B.-M., Ausst.kat. 91, 94; Dokumentation Bayerischer Künstler in München und Oberbayern 91; Dokumenta Artis und Künstler des Jahres 91, 95; Axel-Alexander Ziese: Allgemeines Lexikon der Kunstschaffenden in der bildenden und gestaltenden Kunst des ausgehenden XX. Jahrhunderts 92, 93; Meister Bildender Künste, Bd 3 97; ZTGN/ZSS: Kunstmarkt 94; Kunst Aktuell/Art Frankfurt 96; Werner Zellner (Hrsg.): München Mosaik. Kunst in München 2 95; Johanna Kerschner (Hrsg.): UND – Das Münchner Kunstj., Nr. 19 03, Nr. 24 05

Brunner, Edeltraud Maria s. Göpfert, Edeltraud Maria

Brunner, Friedrich, Maler, Installationskünstler u. Bildhauer; Innbruckgasse 7, D-94032 Passau, Tel. u. Fax (08 51) 3 66 86, *www.friedrich-brunner.de* (* Passau 2. 4. 52) – **VG:** Passau, Wildner – **S:** 73–77 Stud. d. Germanistik, Theologie u. Phil. – **L:** Gymnasium Freyung (Kunsterzieher) – **Ve:** BBK; KV Erlangen; KV Passau – **KGr:** BON; Vierter Fall – **G/T:** Install., informelle Malerei, Großplast. (Stahl) – **W:** Ankäufe u. a. durch d. Gal. Wildner, d. Stadt u. d. Verl.gr. Passau, d. Ldkr. Freyung-Grafenau – **M:** Freyung, Schloß Wolfstein; Passau, Oberhaus-Mus. – **Ö:** Freyung, Kult.-zentrum Die Brücke (Stele 'Brückenblau'); ebda, Werk Löffler; Passau, Mediencenter (Großskulpt. 'Blaue Blume'); Plattlind, Südzucker; Simbach/Inn, Inntalklinik (3 Großplast.) – **E:** 91 Passau, Oberhaus-Mus. (Install. raum Delta m. Herbert Scherreiks); 96 Passau, Domschatz- u. Diözesanmus. (Install. L.A.M.M.); 98 Freyung, Ev. Friedenskirche (Install. bilder.weg); Erlangen, Neue Gal.; 99 Passau, Wildner; 01 Leonding, Gal.

44er Haus; 03 Klosterneuburg, AT; 04 Zell an d. Pram, Oböst. Ldesausst. – **G:** 97 Intergraf, Bienn. 00 Nürnberg, Wettb. Kunstmeile – ***Lit:*** KAT.: raum Delta, z. Install. 90; L.A.M.M., z. Install. 96; F. B. Arbeiten 1990–1996 97 – ***LitR:*** u. a. Atelierbesuche, Bay. Fs. u. 3sat, Erstsdg 6.1.97 – (Red.)

Brunner, Hannes, Fotograf u. Objektkünstler; *j@hannesbrunner.com, www.hannesbrunner.com* (* Luzern 56) – **S:** 77–80 GesamtHS Kassel (Fotogr. u. Bildhauerei); 81 Inst. del Teatro Barcelona; 82 Kassel (Dipl.); 95 ETH Zürich (Nachdipl. Archit.) – **L:** 97–03 Muthesius-KHS Kiel (Zeitprof. f. Bildhauerei u. Projektkunst); 99–02 ebda (Prorektor) – **P:** C.F. Meyer Pr. 94; Meret Oppenheim Pr. 02 – **KGr:** Graue Welle – **G/T:** exper. Fotogr.; Install. – **W:** div. Projekte in New York, Detroit u. Stuttgart – **E:** u. a. 86 Zürich, Wyss; 88 New York, Engelhorn; 90 Luzern, KH; Zürich, Kunsthaus; 95 Rom, Scala Santa; Dresden, Zeitr. f. Kunst; 00 Stuttgart, KM; 03 Long Island/NY, C.W. Post; Kiel, Wonneberger – **G:** u. a. 86 Zürich, Shedhalle; 91 Chicago, Renaissance Soc.; 93 New York, Swiss Inst.; 97 Kwangju/Südkorea, Kwangju Bienn.; 99 Venedig, Bienn.; 01 Solothurn, KM – ***Lit:*** AKL; BLSK 98; New York, Suburban Entity; (B+B) 7–7 J. Bildhauerei u. Projektkunst – Muthesius-KHS

Brunner, Johannes, Medienkünstler; Baumstr. 8, D-80469 München, *johannesbrunner@yahoo.com, www.brunner-ritz.de* (* Pfullendorf 63) – **S:** 85–91 ABK München (Bildhauerei) – **L:** 91–94 ABK München (Ass. f. Bildhauerei, Kl. Prof. O. Metzel); 94–00 ebda (LAuftr.); 96–01 HS f. Fs. u. Film München (LAuftr.); 00–02 ABK München (Gastprof.) – **P:** Debütantenpr. d. ABK München 92; Dt. Videokunstpr. (Hauptpr.) 93; Philip Morris Kunstpr. 94; Villa-Romana-Pr. 97; Archit. Internetpr. Berlin 03 – **KGe:** Brunner/Ritz: J. B. u. Raimund Ritz – **E:** / G: zus. m. Raimund Ritz, u. a. 00 Rosenheim, KV; 02 Karlsruhe, ZKM – (Red.)

Brunner, Norbert, Bildhauer, Objektkünstler, Graphiker (* Hohenems 17. 7. 69) – **S:** 84–87 Tischlerlehre; 87–90 FS f. Bildhauerei Elbigenalp/Tirol; 90–94 HS f. angew. Kunst Wien (Bildhauerei, Meisterkl. b. Wander Bertoni) – **L:** 94 Sommerakad. Salzburg (Ass. b. Tone Fink) – **P:** Förd.pr. d. Ldes Tirol f. bild. Kunst 94; Fred Adlmüller-Stip. 95 – **G/T:** Plast., Multiples, Objekte, Rad. – **Ö:** Wien, Bundes-Min. f. Wiss., Forsch. u. Kunst – **E:** zahlr. Ausst., u. a. 93 New York, Gal. Fashion Moda; 96 Wien, Cult; 97 Osaka, Cubic; 00 Nagoya, Gal. 141; 02 Wien, Pal. Modena – **G:** zahlr. Ausst.bet., u. a. 94 Wien, Cosmos; 95 Wien, MAK; 99 Bregenz, Künstlerhaus Palais Thurn und Taxis; 02 Wien, Tabakmus.; Wien, Semperdepot – ***Lit:*** AKL – (Red.)

Brunner, Stéphane; lebt u. arbeitet in Genf (* Réchy 28. 9. 51) – **VG:** Zürich, Gysin – **S:** 71–72 Univ. Genf (Kunstgesch., Germanistik u. Phil.); 72–73 b. Plastiker Angel Duarte, Sion; 73–74 b. Maler Horatio Garcia Rossi, Paris; 75–80 Éc. des Beaux-Arts Genf (Dipl.) – **P:** Bourse fédérale des Beaux-Arts 84, 87; Werkbeitr. d. Kt. Zürich 90; Fond. Irène Reymond, Lausanne (Lauréat) 01 – **G/T:** Malerei (u. a. Aqu.- u. Pinseltusche, Archit.-bemalung) – **Ö:** Dübendorf, Ausbild.zentrum f. d. militärischen u. zivilen Flugverkehr; Genf, Wohnhäuser an d. route de Frontenex 92–100; ebda, Pâquis-Centre u. Wohnhaus rue du Môle 29; Meyrin-Satigny, Verwaltungsgebäude Firmenich – **E:** zuletzt u. a. 94 Genf, Cab. des Estampes du Mus. d'Art et d'Histoire; 98, 02 Genf, Blancpain & Stepczynski; 00 Genf, Mus. d'Art Mod. et Contemp.; 02, 03 Zürich, Gysin – **G:** u. a. 96 Genf, Mus. d'Art Mod. et Contemp.; 97 Zürich, Stift. f. konstruktive u. konkrete Kunst; Neuchâtel, Mus. d'Art et d'Hist.; 98, 99; Bellinzona, Civica Gall. d'Arte Villa dei Cedri; Zürich, Kornfeld & Cie.; 99 Villeurbanne, Centre Intern. de l'Estampe; 00 Vevey, Mus. Jenisch – ***Lit:*** AKL; BLSK 98 – (Red.)

Brunner, W. Jo, Maler, Objekt- u. Installationskünstler, Filmer; Katelnburgstr. 1 A, D-38723 Seesen, OT Groß Rhüden, Tel. u. Fax (0 53 84) 18 23, *info@brunner-petzold.de, www.brunner-petzold.de* (* Luzern 19. 5. 47) – **VG:** Bonstetten, Gal. für Gegenwartskunst – **S:** 64–72 Ausb. z. Hochbauzeichner; daneben Stud. KGS Basel; ab 73 HBK Berlin (Kl. Hödicke); 79 ebda (Meisterschüler b. Prof. K.H. Hödicke) – **P:** Arb.stip. d. Senators f. Kult. Angelegenheiten Berlin 88 – **G/T:** Malerei; Zchng; Fotogr. – **W:** Künstlerfilme (Super-8 u. Video) – **M:** Berlin, Artothek d. Neuen Berliner KV; Berlin, Berlinische Gal.; Frankfurt am Main, Dt. Bank KS – **E:** seit 71, u. a. 71 Basel, Mascotte; 81–85 Berlin, GARAGE; 92 Bitterfeld, Gal. am Ratswall; – gemeinsam m. Gudrun Petzold: 97, 99 Rostock, Gutshaus Groß Stove; 99 Bitterfeld, Gal. am Ratswall; 00 Berlin, Abguss-Slg Antiker Plastik; 05 Berlin, Kunst-Raum – **G:** u. a. 71, 74 Basel, KH; 76, 77 Lausanne, Pal. de Beaulieu; 84 Berlin, Neuer Berliner KV; Berlin, Staatl. KH; 87 Montreux, Maison des Concres; 89 Berlin, Haus am Kleistpark; 91 Berlin, Kunstamt Kreuzberg/Bethanien; 92 Svendborg, DK-KV; 96, 02 Plüschow, Schloß; 02 Weiden, KV; Heidelberg, Staeck; 03, 04 Rostock, Kunsthaus Groß Stove; 07 Bonstetten, Gal. für Gegenwartskunst – **V:** Ruxandra Jotzu: QUERGANG. Spaziergang durch eine Ausst., Kultur unter alten Dächern e.V., Buch (m. G. Petzold) – **R:** Neues vom Super-8 und 16mm Film, Kino Arsenal 2 Berlin 80; Experimentelle Filme. Beispiele aus New York und Berlin, Kino Arsenal 2 Berlin 80; Neue Filme 16mm/Super-8 von Bildenden Künstlern, Kino Arsenal 2 Berlin 81; Landschaft – wie ich meine, Super-8 Filme, GARAGE Berlin 81; Ausländische Künstler in Berlin, KUNSTQUARTIER Berlin, Super-8 Filme 81; 29/46 Film und Video International Performance/Installation/Projektion, Gal. ak Frankfurt am Main 83; 4. Osnabrücker Experimentalfilm Workshop, Kult.amt d. Stadt 84; LANDGÄNGE, Neue Videos, KunstRaum Berlin 05 – ***Lit:*** u. a. Werner Jehle: Werk, In: Archit./Kunstzs v. 22.4.71; Peter Hans Göpfert: Werke vom Meister des konzeptionellen Kalauers, In: Berliner Morgenpost v. 5.11.81; Günther Wirth: Landkarten-Bilder, In: Stuttgarter Ztg v. 29.11.82; Michael Nungesser: KUNSTQUARTIER – Ausländische Künstler in Berlin, Kat. 82; Heinz Ohff: Die sechs von der GARAGE, In: Der Tagesspiegel v. 17.10.84; Jürgen Schweinebraden: W.J.B. – ein Schweizer in Berlin, Kassette GARAGE 84; Georg C. Bertsch: Berg und Boden (m. Arpad Dobriban), In: Wolkenkratzer Art Journal, Nr. 1, Feb./März 84; Michael Nungesser: Rückblick auf 4 Jahre..., In: Kunstforum Intern., Bd 77/78, 9–10/85; Haus am Kleistpark Berlin, Ausst.kat. 84; Ursula Prinz: Kunst bei Henning, Kat. z. d. Ausst. 1988–1998; Die Realität unterhalb des Gletschers 9 Hasenheide 9, Kat. 91; Brigitte Mittelsdorf: Wirbelnde Momente, stürzende Farben, In: Mitteldt. Ztg v. 18.6.92; Jürgen Schweinebraden: Sprache als Be-Zeichnung der Landschaft, Kat. z. Ausst. im KV Plön 96; Annemarie Stüssi: Mensch und Natur im Wechselspiel, In: Affoltener Anzeiger 03

Brunner-Szabo, Eva, Dr., Medienkünstlerin; Währinger Gürtel, A-1180 Wien, *office@memoryprojects.at, www.memoryprojects.at* (* Oberwart/Bgld 27. 5. 61) – **P:** Mention Prix Michel Jordi de Photogr. 97; Art Public Calaf (Realisierungspr.) 99; Pr. d. Digital Art Gall. Frankfurt am Main 99; Arb.stip. d. Bundeskanzleramtes Kunst 01; Kulturpr. d. Ldes Bgld 01 Spezialpr. f.

d. Kommunikation m. Museen 02; Rom-Stip. d. bka 06 – **Ve:** Medienwkst. Wien 91; FLUSS 01; IG Bild. Kunst 06 – **KGr:** memoryprojects (seit 00) – **KGe:** memoryPROJECTS: E. B.-S. u. Gert Tschögt (seit 95) – **G/T:** Fotogr., Video, Internetprojekte, Public Art Projecte – **M:** Eisenstadt, Bgld. LG; Neutal, Mus. f. Baukultur; Wien, Artothek d. Bundes – **E:** 94, 95 Wien, öff. Raum; 98, 99 Oberwart, Gal. OHO; Eisenstadt, Leinnerhaus; Mattersburg, Lit.haus; Großwarasdorf, KUGA; Neumarkt/Raab, Dorfgal.; 00 Calaf, Plaza dels Arbres; 01 Tirol, Hidden Mus. – **G:** Ausst.bet. seit 92, u. a. 94 Bregenz, Künstlerhaus Pal. Thurn u. Taxis; 97 Dortmund, Künstlerhaus; 02 Tampere, Intern. Fototrienn.; 03 Skopje, Cifte Hamam; Seoul, PiCi Gall.; Wien, Fotogal. Wien; 04 Wien, Gal. IG; 06 Tirana, NG; Triest, Pal. Constanzi; Wien, Pal. Porcia – **V:** Fotogr. u. Textbeitr.: E. B.-S. u. Gert Tschögl: Museum der Erinnerungen, in: Fotogeschichte 99; dieselben: Museum der Erinnerungen, in: Transit 99; dieselben: Museo de Memorias, in: Arte Publico Calaf 00 – **R:** War Requiem, Video (Regie u. Realisation) 94; Japanische Briefe, Video (Regie) 95; Culture Clash – Culture Flash, Video (Regie u. Realisation) 95; Homage to Kurt Kren, Video (Regie u. Realisation) 97; E. B.-S. u. Gert Tschögl: Tirana Map of viewless memories, Video (Regie u. Realisation) 04 – ***Lit:*** Bartolomeo Pietromarchi (Hrsg.): the [un]common place, S. 62/63 05

Bruns, Annegret s. Leiner, Annegret

Brunzema, Imke, Dipl. Designerin; Buddestr. 5, D-33602 Bielefeld, *www.brunzema.de* (* Oldenburg 17. 1. 62) – **S:** 91–95 FHS Bielefeld (Kommunikationsdesign) – **Ve:** VG Bild-Kunst; Frauenkunstforum Ostwestf.-Lippe – **KGr:** Kunstges. auf Abruf KGaA – **G/T:** Malerei; Multimedia-Install. – **K:** Zchng; Gest. – **Ö:** Bielefeld, Stadtbibl. – **E:** 06 Bielefeld, Gal. Land in Sicht – **G:** 04 Bielefeld, Kunstmesse Ostwestf.-Lippe; Minden, Preußen-Mus. NRW: Preußen holzfrei; 05 Bielefeld, Gal. 61; Bielefeld, Naturkundemus.

Brus, Günter, Maler, Graphiker, Aktionskünstler u. Schriftsteller; lebt in Graz u. Spanien (* Ardning/Stmk 27. 9. 38) – **VG:** Klagenfurt, Rittergallery; Las Palmas de Gran Canaria, Hundertmark; Wien, Krinzinger; Zürich, Lelong – **S:** 54–58 KGS Graz; 58–60 Akad. f. angew. Kunst Wien (b. Eduard Bäumer) – **P:** Gr. Öst. Staatspr. 97; Oskar-Kokoschka-Pr. 04 – **KGr:** Wiener Aktionisten (Mitbegr. 64) – **G/T:** Malerei, Graph., Bilddichtungen, Aktionen (u. a. Selbstbemalung u. Selbstverstümmelung, Simultanaktionen) – **M:** u. a. Berlin, SMPK; Boston/MA, Mus. of Fine Arts; Chicago, Art Inst.; Den Haag, Haags Gemeente-Mus.; Edinburgh, Scottish NG of Mod. Art; Eindhoven, Van Abbemus.; Graz, LM Joanneum; Hagen, Karl-Ernst Osthaus-Mus.; Hamburg, KH; Klosterneuburg/NdÖst., Slg Essl; Künzelsau, Mus. Würth; Lausanne, Mus. cantonal des beaux-arts; Linz, Lentos; London, Tate Coll.; Luzern, KM; München, Lenbachhaus; New York, MOMA; Nürnberg, KH; Paris, Bibliothèque Nat.; Paris, Centre Pompidou; Paris, FNAC; Salzburg, Rupertinum; Stuttgart, SG; Wien, Albertina; Wien, MMK Stiftung Ludwig; Winterthur, KM – **E:** zahlr. Ausst. im In- u. Ausld, zuletzt u. a. 96 Graz, LM Joanneum; 98 Klosterneuburg/NdÖst., Schömer-Haus; 00 Linz, Lentos; 01 Wien, Curtze; 02 Graz, Gal. Kunst & Handl; Klagenfurt, Rittergallery; Lake Worth, Palm Beach Inst. of Contemp. Art; Wien, Pal. Kinsky; 03 Wien, Albertina; Hohenems, Villa Rosenthal; Graz, Dom im Berg – **G:** u. a. 72, 77, 82 Kassel, documenta; 80, 95 Venedig, Bienn.; 82, 88 Sydney, Bienn.; 85 Villeurbanne, Le Nouveau Mus.; 87 New York, MOMA; 96 Paris, Maison Europ. de la Photogr.; 97 Lyon, Bienn.; 00 Ottegem/Belgien, Deweer Art Gall.; Barcelona, Fund. Miró; 03 Berlin, Lehr; Graz, LM Joanneum – ***Lit:*** AKL; Contemp. Artists 96; Reclams Künstlerlex. 02 – (Red.)

Brus, Johannes, Prof. HBK Braunschweig, Bildhauer, Fotograf; c/o Hochschule f. Bildende Künste, Studiengang Freie Kunst, Johannes-Selenka-Platz 1, D-38118 Braunschweig (* Gelsenkirchen 2. 6. 42) – **VG:** Mannheim, Kasten; Stuttgart, manus presse – **S:** 64–71 Staatl. KA Düsseldorf – **L:** seit 86 HBK Braunschweig (Prof.) – **P:** Arb.stip. Kunstfonds Bonn 81; Defet-pr. d. Dt. Künstlerbundes 83 – **M:** Darmstadt, Hess. LM; Wiesbaden, Mus. – **E:** / G: u. a. 74 Gelsenkirchen, KV; 83 Essen, Mus. Folkwang; 89 Erlangen, StG; 90 Mannheim, KV; 92 Marburg, KV; 00 Otegem, Deweer AG; 01 Düsseldorf, Gmyrek; Mannheim, Kasten; 02 Stuttgart, manus presse; Mannheim, StKH; 03 Stuttgart, Württembergischer KV; 04 Mönchengladbach, StM Abteiberg – ***Lit:*** AKL – (Red.)

Bruse, Arno s. Arpitam

Bryce, Fernando, Bild. Künstler; c/o Galerie Barbara Thumm, Dircksenstr. 41, D-10178 Berlin, Tel. (0 30) 28 39 03 47, Fax 28 39 04 57, *b.thumm@berlin.snafu.de*, *www.bthumm.de* (* Lima 65) – **VG:** Berlin, Thumm – **S:** 82–83 Kath. Univ. Lima (bild. Kunst); 84–86 Univ. Paris (bild. Kunst); 86–90 Éc. des Beaux-Arts Paris (b. C. Boltanski) – **P:** Pr. d. nat. Bienn. Lima 00 – **W:** private Slgn in Lateinamer., Dtld, Spanien, d. USA, u. d. Schweiz – **M:** u. a. New York, MOMA; St. Gallen, KM – **E:** u. a. 02 Berlin, Thumm; Berlin, Künstlerhaus Bethanien; 03 Venedig, Bienn.; Luzern, KM – **G:** u. a. 02 Frankfurt am Main, Manifesta; 03 Istanbul, Bienn.; Madrid, Marlborough Gall. – (Red.)

Brylka, Andreas, Illustrator, Graphiker, Typograph; Carsten-Meyn-Weg 14, D-22399 Hamburg, Tel. (0 40) 6 02 17 81 (* Myslowitz 17. 9. 31) – **S:** 46–49 Werdau/Sa. (Schriftsetzerlehre); 52–57 HGB Leipzig (b. Egon Pruggmayer u. Albert Kapr, aus politischen Gründen ohne Dipl.); 89 HS f. Künste Bremen (Dipl.) – **L:** 81–88 FHS Hamburg (FB Gest.) – **P:** Schönste Bücher aus aller Welt (Silber-Med.) 75 – **KGr:** Bund Deutscher Buchkünstler – **G/T:** Layouts, Schutzumschläge, Ill., Briefmarken, Schrift, Gebrauchsgraph. – **W:** zahlr. Layouts f. div. Ztgn, u. a. Die Welt, Welt am Sonntag u. Die Welt der Literatur sowie zahlr. Ill. zu Themen aus d. Lit. – **E:** u. a. 64 Worms, RH; 89 Hamburg, Staats-Bibl. – **G:** u. a. 76 Berlin, E.T.A. Hoffmann u. seine Zeit – ***Lit:*** AKL – (Red.)

Bubec s. Backes, Lutz

Bubenik, Gernot, Maler u. Graphiker; Adalbertstr. 94, D-10999 Berlin, Tel. u. Fax (0 30) 6 14 89 20, *GBdedada@aol.com* (* Troppau 30. 4. 42) – **S:** 61–62 ABK Stuttgart; 63–66 HdK Berlin – **L:** 71–73, 91–95 HBK Berlin (LAuftr.); 93 Jaba College of Technology Lagos/Nigeria (Siebdruckworkshop) – **P:** Pr. d. Dt. Kunstkritik 67; 6. Bienn. Tokio (Pr. f. Graph.) 68 – **Ve:** Neue Ges. f. Bild. Kunst Berlin (Gründ.mitgl. 69) – **KGr:** Strukturelles Ornament – **M:** Berlin, Berlinische Gal.; Berlin, NG; Düren, Leopold-Hoesch-Mus.; Köln, Mus. Ludwig; Köln, Wallraf Richartz-Mus.; Mönchengladbach, StM Abteiberg; Wolfsburg, StG – **Ö:** Berlin, Waldkrankenhaus – **E:** 66, 68 München, Thomas; 67 New York, Findley Gal.; 67, 70 Berlin, Schüler; 68 Leverkusen, StM Schloß Morsbroich; 68, 71, 91 Düsseldorf, Niepel; 75 Kaiserslautern, Pfalz-Gal.; 86 Berlin, SKH; 94 Berlin, Ges. f. Freiraumentwicklung – **G:** u. a. 86 Darmstadt, Mathildenhöhe; 87 Berlin, SKH; 92 Wien, Albertina – ***Lit:*** AKL; Reclams Künstlerlex. 02; Schweers 02 – (Red.)

Buch, Reinhard, Bildhauer, Graphiker; Zum Wallbach 15, D-18311 Hirschburg, Tel. (0 38 21) 32 63

(* Erfurt-Bischleben 15. 4. 54) – **S:** 75–80 KHS Berlin-Weissensee (Plast.); 80–81 HS d. Schönen Künste Budapest (Steinbildhauerei b. Ivan Szabó) – **L:** 85–87 KSch Heiligendamm – **P:** Gustav-Weidanz-Pr. 85 – **G/T:** Bildhauerei, Kunst im öff. Raum, Graph. – **M:** Berlin, NG; Göldenitz, Landschulmus. – **E:** 85 Halle/Saale, Staatl. Gal. Moritzburg – **G:** u. a. 86 Rostock, KH; 90 Berlin, AK; 94 Leipzig, KH Elsterpark – ***Lit:*** AKL; NG Berlin 03 – (Red.)

Buchenberg, Matthias; Großdorfer Str. 19, D-87549 Vorderburg, Tel. (0 83 27) 70 60 (* Vorderburg/Allgäu 10. 2. 64) – **S:** 83–86 Privatschule f. gewerbliche Holzbildhauerei (Elpigenalp/Tirol); 95 Intern. Sommerakad. Salzburg (b. Prof. Zensmaier) – **P:** Kunstförd.pr. d. Sparkasse Sonthofen 91 – **Ve:** BBK Schwaben Süd – **G/T:** figürliche Arb. in Holz, Stein, Bronze, Stahl, Beton – **M:** Marktoberdorf, Künstlerhaus – **Ö:** Durach, Senioren Zentrum; Marktoberdorf, Antonius Kapelle; Obergünzburg, Alten- u. Seniorenheim; Vorderburg, Ver.-haus; Zierenberg, Kath. Pfarrk. – **E:** Immenstadt, Raiffeisenbank; Gailenkirchen, Kr.spk. – **G:** BBK Süd Ausst. in Kempten, Immenstadt, Sonthofen, Marktoberdorf, Haan/Rhld – (Red.)

Bucher, André E., Prof., Bildhauer, Maler u. Graphiker; 9, chemin Pré-Langard, CH-1223 Cologny/GE, Tel. u. Fax (0 41 22) 7 52 16 00, *bucher@karaart.com.* c/o Atelier, 29, chemin de la Gravière, CH-1225 Chêne-Bourg/GE, Tel. (0 41 22) 3 48 89 79, (0 79) 2 00 50 60 (* Inhambane/Moçambique 7. 3. 24) – **S:** 45–47 Éc. des Beaux-Arts Zürich; Éc. des Beaux-Arts Paris; Acad. de la Grande Chaumière Paris (b. Ossip Zadkine) – **P:** Prix Manzoni 62 – **G/T:** Skulpt. (Bronze, Aluminium, Glas, Holz, Stein, v. a. Basalt u. Lava), Brunnengest., Kunst am Bau, Computer Art u. Video – **Ö:** Düsseldorf, Königsallee (Brunnen); Genf, Batelle Memorial Inst.; Genf, Neues Krematorium; Genf, Zivilschutzzentrum; Karlsruhe, Bundesverfassungsgericht; Kirchheim unter Teck, Postpl. (Brunnenplast.); Lausanne, MBA; Sarnen, Gewerbeschule; Tel Aviv, Tel Hashomer Hospital; Zürich, ETH – **E:** 72 Genf, Mus. Rath; Rom, Gall. Carpine; 76 Lausanne, Gal. Crearco; 77 Zürich, Amstutz; Düsseldorf, Kürten; 79 Amsterdam, Gal. G.I.N.; 83 Zürich, Benkert; 85 Kirchheim unter Teck, StG im Kornhaus – ***Lit:*** AKL; BLSK 98 – (Red.)

Bucher, Carl (Ps.: Carl Lander), Maler u. Plastiker; Drahtzugstr. 51, CH-8008 Zürich (* Zürich 14. 3. 35) – **S:** 56–59 Univ. Zürich (Rechtswiss.) – **P:** Eidgenössisches Kunst-Stip. 64, 67; Stip. d. Conseil des Arts du Canada 70; 1. Pr. d. Bienn. von São Paulo 75 – **G/T:** Brunnen- u. Bauplast., Objekte – **M:** u. a. Amsterdam, Peter Stuyvesant Stichting; Montreal, Mus. d'Art Contemp.; Rio de Janeiro, Mus. de Arte Mod.; São Paulo, Mus. de Arte Mod.; Santa Barbara/CA, Mus. of Art; Stratford, The Rothman Art Gall.; Tacoma/WA, AM; Vancouver, Art Gall.; Zürich, Kunsthaus – **E:** u. a. 66, 69 Zürich, Bischofberger; 71 New York, Mus. of. Contemp. Crafts; 75 Zürich, Kunsthaus; 78 Zürich, Schlégl; 88 Zürich, Weber – **G:** u. a. 71 New York, Cultural Center; 72 Vancouver, Art Gall. – ***Lit:*** AKL; BLSK 98 – (Red.)

Bucher, Claudia (Claudia Pia Bucher), Bild. Künstlerin; Luzernerstr. 33c, CH-6010 Kriens, *cbucher@mymail.ch, www.galeriepeter.ch; www.bildzwang.ch/kuenstler/claudia_bucher.html* (* Zug 28. 3. 71) – **S:** 96–98 City & Guilds Art School London; 98–01 HS f. Gest. u. Kunst Luzern (Studiengang Bild. Kunst) – **P:** 1. Pr. Found. Show, City & Guilds Art School London 97; Kult.förd.pr. d. Gemeinde Kriens 03; Wohnatelier in Chicago, Stip. d. Ver. 'Städtepartnerschaft Luzern-Chicago' Okt.05-Jan.06 – **Ve:** Visarte – **G/T:** Install.; Performance-Art; Originaldruckgraphik; Zchng – **W:** zahlr. Performances u. Install. – **Ö:** Horn, Hornerhalle; Kriens, Talstation Sonnenbergbahn (Kunst am Bau) – **E:** u. a. 02 Adligenswil, Gal. St. Martins-Keller; 04 Waldkirch/Dtld, Georg-Scholz-Haus; 06 Baar, Z-Gal.; Chicago, Caro d'Offay Gall.; Chicago, Culture Center (Performance) – **G:** u. a. 00 Wettingen, Gluri-Suter-Huus Gal.; 01 Klatovy/Tsch., Klenová Gal.; 02 Engelberg, Tal-Mus.; 02, 06 Luzern, KM; 03 Stans, Nidwaldner Mus.; 04 Braunschweig, Gal. Allg. Konsumver.; Diekirch/Lux., La Palette; Zürich, Binz39; Bern, StG; Cieszyn/Polen, Muz. Slaska Cieszynskiego u. Gal. Klatka; 05 Chicago, Manual Labor; Sternberg/Tsch., Augustinerkloster; Zürich, Kunsthof; Olomouc/Tsch., Gal. G

Bucher, Franz (Franz-Josef Bucher), Maler, Zeichner, Graphiker, Objektkünstler u. Dozent; Chäppeliweg 3, CH-6048 Horw-Luzern, Tel. u. Fax 0 413 40 62 52, *franz.bucher@galeriepeter.ch, www.galeriepeter.ch.* Hostettstr. 34 Am See, CH-6062 Wilen, Tel. u. Fax 0 416 60 88 29, *info@galeriepeter.ch* (* Sarnen/Obwalden 15. 1. 40) – **VG:** Kriens, Kunstkeller; Bern, Ramseyer & Kaelin; Baar, Z-Gal.; Zürich, Dolezal; Arth, Meier; Allschwil, Aphold; Weil am Rhein, Aphold – **S:** Schulen Sarnen; Kollegium Zug; 57–62 Ausb. z. Dekorationsmaler in Luzern, Zürich u. Basel; 63–67 KGS Basel u. KGS Luzern, HS f. Gest. u. Kunst (Zeichenlehrer) – **L:** 67–76 Kollegium St. Michael Zug u. Gymnasium Dr. Pfister Oberägeri (Teilpensum); 74–03 Sem. u. HS Zentralschweiz Zug u. Luzern (Lehrer u. Doz. f. bildnerische Gest.) – **P:** u. a. Eidgenöss. Kunststip. 72, 74 u. 75; Istituto Svizzero di Roma 73; Premio Lario Cadorago Como 79 u. 81; Pr. d. Graph.bienn. Cagliari 84; Premio Milano Capitale dell' Arte-Artista dell' Anno 88; Premio Agazzi 91; Pr. d. Musée Suisse du Vitrail Romont 91; Horwer Kulturbatze 92; Pr. d. GSB Alpine Kunst in d. Schweiz Bad Ragaz 93; Obwaldner Kunst- u. Kult.pr. 96; Stud.aufenthalt in New York 96 – **Ve:** Vrg Zuger Künstler 71–89; Schweiz. Werkbund 73–81; Visarte Zentralschweiz seit 75; Schweiz. St. Lukasges. f. Kunst u. Kirche seit 75; Kunsttreff 13 seit 81; verarte.ch seit 05 – **KGr:** Xylon (seit 76); GSB (seit 90) – **KGe:** Vom Turm zum Brunnen (Gr. v. 8 Künstlern f. gemeinsame Wanderausst. 86–93) – **G/T:** Malerei (Acryl, Öl, Glasmalerei); Zeichn.; Druckgraph. (Rad., Hschn.); Objekt (Holz, Glas); Wandbild; figurativ bis abstr., lyrisch, expressiv; Werkreihen m. Darst. v. Licht, Wasser, Wolken, Erde, Felsen, Höhlen, Regen, Schnee, Bäumen u. Menschen – **K:** Bildnerisches Gest. in versch. Arb.-gebieten – **W:** überw. in Privatbes.; Ankäufe u. a. d. Kt. Aargau, d. Gemeinden Baar, Ebikon, Horw, Sarnen, Rotkreuz u. Wettingen sowie d. Städte Genf u. Uster – **M:** Aarau, Aargauer Kunsthaus; Basel, Kpst.-Kab.; Bern, Schweiz. Ldesbibliothek; Chur, Bündner KM; Esztergom, Balassi Bálint Mus.; Gabrovo, House of Humour and Satire; Genf, Mus. Rath; Genf, Mus. d'art et d'histoire; Lausanne, Mus. cantonal des beaux-arts; Le Locle, MBA; Luxemburg, Slg Carré Estampes; Luzern, KM; Luzern, KS d. Kt.; Luzern, KS d. Stadt; Obwalden, kantonale KS; Romont, Mus. Suisse du Vitrail; Sachseln, Mus. Bruder Klaus; Salvador Bahia, KS Papelarte; Sarnen, Heimatmus.; Schwetzingen, Xylon Mus.; Tata, Kuny D. Múz.; Winterthur, Gewerbe-Mus.; Zug, Kunsthaus; Zug, StKS; Zug, kantonale KS; Zürich, GrS d. ETH; Zürich, KGM; Zürich, Kunsthaus (GrS) – **Ö:** Wandbilder, Reliefs, Glasfenster u. Tapisserien in: Baar, Reformierte Kirchgemeinde; Basel, Bethesda-Spital; Bern, Bundeshaus; ebda, Hotel Bellevue; Bonn, Schweizer Botschaft; Engelberg, Einwohnergemeinde; Entlebuch, Oberstufenzentrum; Giswil, Landwirtschaftl. Schule; Grenchen, Intern. Trienn. f. Druckgraph.; Grosswangen, Gemeindehaus; Horw, Alters- u. Pflegeheim; ebda, Blindenheim; Kerns, Obwalder Kantonalbank; ebda, Elektrizitätswerk EWO; Kloten, Swiss; in Luzern: Dominikanerkap., Kt.spital, Klinik St. Anna, Priestersem. St. Beat, Schweizerische St. Lukasges., Zentralbibliothek, Bahnhof; Maienfeld, Interkantonale Försterschule; North Tent/MO, St. Josephs-Cathedral; Obwalden, Kunsttreff 13; Paris, Schweizer Botschaft; Quarten, Bildungshaus Neu Schönstatt; Rio de Janeiro, Slg Cabo Frio; Rom, Istituto Svizzero; Santo Domingo, Casa Universitaria de la Cultura; in Sarnen: Obwalder Kantonalbank, Federer-Stift., Kt.bibliothek, Kt.spital Obwalden, Kloster St. Andreas, Berufsschule, Polizeigebäude; Schlehdorf, Dominikanerinnenkloster; St. Niklausen, Dominikanerinnenkloster Bethanien; Wilen, Schulhaus; Zürich: Bank Vontobel; in Zug: Casino, Lehrersem., Kollegium St. Michael, Burgbachschulhaus; – KATH. KIRCHGEMEINDEN: Bonstätten, Cham, Horw, Kollbrunn, Rotkreuz, Unterägeri u. Zug – **E:** u.a. 71 Luzern, Kunsthaus; 74 Aarau, Aargauer Kunsthaus; 85 Chur, Bündner KM; 86 Kornschütte, StG (m. G. Maurer); 87 Emmen, Gemeindegal. Gersag; Düsseldorf, Rath; 89 Tata, Kuny D. Múz.; 90 Esztergom, Balassi Bálint Mus.; 00 Baar, Ziegler-Gal.; 01 Engelberg, Tal-Mus.; Obwalden, Kantonalbank; 02, 03 Sachseln, Mus. Bruder Klaus; 03 Arth, Meier; Zollikerberg, St. Michael; Horw, Gemeindehaus; 05 Kriens, Gal. Kriens; 06 Arth, Meier; 07 Engelberg, Tal-Mus. – **G:** regelmäßige Bet. an intern. Graphikbienn; Bet. an Ausst. u. a. in Barcelona, Berlin, Cagliari, Como, Croissy sur Seine-France, Ferrara, Florenz, Fredrikshaven, Fredrikstad, Gabrovo, Genf, Genua, Ibiza, Innsbruck, Krakau, Köln, Le Locle, Ljubljana, Ludwigshafen, Luxembourg, Madrid, Milano, Minas Gerais, Neapel, New York, Nürnberg, Oslo, Parana, Perpignan, Rio de Janeiro, Rio Grande do Sul, Santa Catarina, Santo Domingo, Sao Paulo, Turin, Warschau u. Wien; Wanderausst. durch Polen u. Schweden – **V:** MAPPENWERKE: Ohne Titel, Kunstmappe Larese, Erker Press St. Gallen (Steindruck) 74; Zuger Kunstges. (Hrsg.), m. Fritz Wotruba, Eugen Hotz u. Werner Hofmann 74; Kt. Zug (Hrsg.): Ohne Worte 75; Bergtektonik IV, in: Mappe für Geny Hotz von seinen Freunden 77; Xylon (Hrsg.): Xylon 78. Kunstmappe d. Vereinigung Xylon (Hschn.) 78; Xylon (Hrsg.): Xylon 55. F.B. (Hschn.) 81; Fünfzehn Stationen, m. Gedichten v. Julian Dillier (Hschn.) 82; Stationen, m. Gedichten v. Julian Dillier (Vernis mou) 82; Xylon (Hrsg.): Xylon 82. Kunstmappe d. Vereinigung Xylon (Hschn.) 82; Max Huwyler (Text). Einen Kreuzweg gehen (Ill.) 82; ders.: Fööınfäischter, Mundarterzählung u. Gedichte (Ill.) 87; Ed. Vogelsperger (Hrsg.): Schöpfung (Hschn.) 89; ABRAXAS, m. Mitgl. d. Vrg Xylon (Hschn.) 89; Ed. Vogelsperger (Hrsg.): Energiefeld See (Farb-Hschn.) 99 – ***Lit:*** u. a. KAT.: Heiny Widmer u. Karl Bühlmann (Texte): F.B. 75; Christine Kamm-Kyburz u. Leza M. Uffer (Text): F.B. 76; Beat Stutzer (Text): F.B. 85; Sándor Láncz: F.B. 89; z. Ausst. im Balassa Bálint Mus. Esztergom 90; Fabrizio Brentini: F.B., Kat. z. Ausst. in d. Gal. Rath Düsseldorf; Beat Stutzer: F.B., z. Ausst. in d. Gal. Schultz Berlin 92; Fabrizio Brentini u. Karl Iten: F.B. Mein Thema ist Malerei, Monogr. 93; Robert Th. Stoll: Kulturpreis f. F.B., z. Pr.verleihung u. Ausst. im Theater d. Alten Gymnasiums Sarnen 96; Niklaus Oberholzer u. Markus Britschgi: F.B. Das graph. Werk 1970–2000 01; Urs-Beat Frei (Text): F.B. – Romano Cuonz, Veränderungen, Monogr. 02; – LEXIKA u. a.: Fabrizio Brentini, in: Biograf. Lex. der Schweizer Kunst, Bd 1 98; – VERÖFF. IN PERIODIKA u. a.: Abb. in versch. Ausgaben v. 'Vaterland' 71 – ***LitR:*** Bundesrat Alfons Egli spricht über Kunst u. Musik, in: Schauplatz, Fs.-Beitr. SFDRS 16.12.82; Peter Münger: Vom Turm zum Brunnen. Obwaldner Künstler, Video 87; Gewerbe- u. Industrieverb. Obwalden (Hrsg.): 'Licht, Quelle, Urgestein' von F.B., Video 91; Damian Heini: F.B. Kunst am Bau in Profan- u. Sakralbauten seit 1971, Video 01

Bucher, Günter, Mag. art., Maler; Atelier Haus Glattenstein, A-6840 Götzis, Tel. (06 64) 3 55 48 41, Fax (0 55 76) 71 18 44, *bucher@quintessence.at*, *www.quintessence.at* (* Dornbirn 19. 4. 56) – **VG:** Nendeln, Altesse; Feldkirch, Gal. 60; Wien, Area 53 – **S:** ABK Wien (Meisterschüler f. Malerei u. Graph. b. Prof. G. Damisch) – **Ve:** IG Bild. Kunst Öst. 02 – **KGr:** Quadrus (seit 95) – **G/T:** Malerei, Graph., Ill., öff. Raum – **W:** ca. 600–700 – **E:** u. a. Nendeln, Altesse; Wien, Area 53; Feldkirch, Gal. 60; Rankweil, Mus. f. Druckgraphik – **G:** u. a. 00, 03, 04 Gernika, Mus. (Wanderausst.); – sowie: Chemnitz, Neue Sä. Gal.; Reutlingen, Städt. KM Spendhaus – **V:** u. a. Urfaust-Paintings 99; Die Unruhe 02; Transfer 05 – ***Lit:*** u. a. Reconciliation, Mus. Gernika 00; 15 Years, Altesse 01; Diaspora in Art, Mus. Gernika 03; kratzen-ätzen-pressen, Mus. f. Druckgraphik Rankweil 05; schwarzweiß-geschnitten, Mus. f. Druckgraphik Rankweil 06

Buchheim, Lothar-Günther, Prof. Dr. phil. h. c.; c/o Buchheim Museum, Am Hirschgarten 1, D-82347 Bernried, Tel. (0 81 58) 99 70 60, privat: (0 81 57) 12 21, Fax (0 81 58) 99 70 61, privat: (0 81 57) 31 43, *info@buchheimmuseum.de*, *www.buchheimmuseum.de* (* Weimar 6. 2. 18) – **P:** Max-Pechstein-Förd.- u. E.pr. 99 – **M:** Bernried, Slg Buchheim – Mus. d. Phantasie – **V:** Die Künstlergemeinschaft Brücke 56; Der Blaue Reiter und die Neue Künstlervereinigung 58; Graphik des deutschen Expressionismus 59; Max Beckmann 59; Otto Mueller 63; Malerbuch 88

Buchholz, Quint, Maler, Illustrator u. Autor; lebt in Ottobrunn b. München (* Stolberg/Rhld 57) – **VG:** Ottobrunn, Treffpunkt Kunst – **S:** KA München (Malerei u. Graph.) – **P:** zuletzt: Bologna Ragazzi Award; Prix Enfantaisie (f. d. beste Kdb. d. Jahres) – **G/T:** Ill. (v. a. Kdb.), Gest. v. Buchumschlägen u. Plakaten – **V:** zahlr. Buchill., u. a. zu eigenen Texten: Schlaf gut, kleiner Bär, Kdb. 93; Der Sammler der Augenblicke 97; – sowie zu Texten anderer Autoren u. a.: BuchBilderBuch 97; Johanna und Martin Walser: Am Wasser 00; Roberto Piumini: Matti und der Großvater 01; Elke Heidenreich: Am Südpol, denkt man, ist es heiß 02; diess.: Nero Corleone. Eine Katzengeschichte 03 – (Red.)

Buchs, Oskar; Riedstr., CH-3780 Gstaad, *oskar.buchs@bluewin.ch*, *www.buchs-oskar.ch* (* Matten 12. 11. 25) – **S:** 47–48 Schule f. Gest. Bern; 65–66 Akad. ABC Paris (Dipl.) – **P:** Kult.pr. Kult.szene 96 – **Ve:** Ver. Bild. Künstler Berner Oberld (bkbeo) – **G/T:** Malerei (Surrealismus u. Symbolismus); Holz (Holzdrucke, Flachrelief, Relief als Kunst am Bau) – **Ö:** u. a. Freudenstadt, Eduard-Spranger-Schule; Gstaad, Roland Pernet AG; Lausanne, Hotel-FHS; Lenk, Kronenpl.; Silvaplana, Hotel Albana; Sisseln, Roche AG – **E:** seit 58 zahlr. im In- u. Ausld, z.B. 95, 96 New York, Gal. am Broadway – **G:** seit 58 zahlr. Bet., z.B. 02 München, Kairos New Art; 04, 05 Thun, Gal. HF – ***Lit:*** Werner Jarcke: O.B. Holz u. Farbe. Werke v. 1955–1985 85; O.B. Werke 1986–2000 00

Buchsteiner, Ernst-Peter, Kunst- u. Musiklehrer; Drachenfelsstr. 51c, D-50939 Köln, Tel. (02 21) 46 18 97, Fax 4 30 53 21, *epbu228@aol.com* (* Pelplin 22. 8. 40) – **VG:** Köln, Kunst-Raum-Klettenberg – **S:** Autodidakt seit 80; Kurse in Malgruppen; VHS-Kurse (Siebdruck, zahlr. Graph.techniken) – **L:** Allg.bild.

Schulen u. VHS in Köln u. Schlesw.-Holst. (Plön) – **G/T:** Malerei (Öl, Aqu., Acryl, vorw. abstr. o. geometr.); Graph. (Siebdruck, Kaltnadel, Vernis Mou, mehrf. Aquatinta); Holzobjekte – **K:** Kunst-Raum-Klettenberg Köln (Ölmalerei u. Siebdruck) – **W:** zahlr. in Privatbes. – **Ö:** in versch. Unternehmen u. Arztpraxen – **E:** 00 Köln, Gal. im Palavrion; 02 Köln, Kunst im Carrée; 05 Köln, Offene Ateliers; 06 Köln, Paul-Gerhardt-Kirche

Buchta, Harald, Maler, Graphiker, Werbegestalter, Dekorateur; Berggasse 29, A-1090 Wien, Tel. (01) 3 19 51 49, Mobil: 0 67 69 44 62 22, Fax 3 10 74 99, *buchta.werbung@gmx.at* (* Wien 2. 1. 49) – **S:** 70–73 KSch Wien (FB Werbegraph. b. Prof. Matjeka)

Buchwald, Hans, Maler; c/o Kunsthalle Altenkirchen, Marktstr. 28, D-57610 Altenkirchen, Tel. (0 26 81) 77 27, *www.kunsthalle-altenkirchen.de* (* Haynau/Schlesien 2. 8. 22) – **S:** 42 1. Semester WerkKSchule Stettin; 48–50 LdesKSch Hamburg; 56 Meisterbrief Malerhandwerk – **P:** 1. Pr. d. DGB auf d. Ausst. 'Aspekte d. engagierten Kunst' Hamburg 73 – **G/T:** gegenständl. Malerei (Öl, Acryl); Plakate; Ill.; Bühnendekoration f. Ballett – **M:** Berlin, DHM (Zeughaus, Triptychon '50 Jahre danach'); Düsseldorf, SM (Werke 'Der Krieg' u. 'Advent') – **E:** 71 Hamburg, Atelier Mensch; – sowie weitere Ausst. in Hamburg, Köln, Düsseldorf u. a. – **G:** 71–78 Hamburg; 78–86 Düsseldorf; 74 München, Haus d. Kunst – **V:** Katalog im Selbstverlag 03; Spurensuche 06; Der Kunstgriff, Tb. (Manuskript)

Buchwald, Kurt, Master of Art, Fotograf, Aktions- u. Konzeptkünstler; c/o Amt für Wahrnehmungsstörung, Rheinsberger Straße 37, D-10435 Berlin, Tel. (0 30) 4 49 42 61, *kabukamera@hotmail.com*, *www.wahrnehmung.de* (* Wittenberg 28. 6. 53) – **VG:** Bielefeld, David – **S:** 76–81 TH Karl-Marx-Stadt (Polygraphie); bis 81 Lehrgang f. Fotogr. b. Ralf-Rainer Wasse; 89–91 AK Berlin (Meisterschüler v. Lothar Reher); 02–05 UdK Berlin (Inst. Kunst im Kontext) – **L:** 93 TU Berlin (LAuftr. b. Prof. Kahlen); 01–02 KSch Intern. Das Neue Sehen e.V. – **P:** Arb.stip. d. Stift. Kult.fonds Berlin 91, 01; Arb.stip. d. Berliner Senats 92; Arb.stip. Künstlerhaus Schloß Wiepersdorf 98; Stip. d. Barkenhoff-Stift. Worpswede 99; Stip. d. KV Röderhof 00; Stip. d. AK Berlin (Villa Serpentara Olevano) 02; KuBo Kunstpr. f. Fotogr. Bremen 03; Stip. d. Cranachstift. 04 – **Ve:** DGPh; Fotogr. Akad.; BBK Berlins – **KGr:** Eidos (90–93) – **G/T:** Fotogr. (konzeptionell u. exper., subjektiv u. narrativ); Skulpt. u. Objekte; Install.; Bildtableaus; Aktionskunst (Fotografieren verboten!, Amt f. Wahrnehmungsstörung, W.A.R.U.M.-Partei); Performance; Publikationen; Events – **K:** Fotogr.; Aktionskunst – **M:** Berlin, Berlin Mus.; Berlin, Berlinische Gal.; Berlin, DHM; Charleroi, Mus. de la Photogr.; Cottbus, Brandenburgische KS; Dresden, Kpst.-Kab.; Frankfurt/Oder, Mus. Junge Kunst; Gera, MAK; Halle/Saale, Staatl. Gal. Moritzburg; Magdeburg, KM Kloster Unser Lieben Frauen – **Ö:** Berlin, Hellersdorfer Promenade (Fotoskulpt.); Troisdorf, Garten d. Sinne (Blendeobjekte) – **E:** u. a. 85, 87 Berlin, Gal. Kulturhaus Treptow; 89, 92 (Kat.) Berlin, Gal. Weißer Elephant; 92 Cottbus, Brandenburgische KS; 93 Köln, Lichtblick; Paris, Goethe-Inst.; 94 Berlin, Haus am Kleistpark (Neue Ges. f. bild. Kunst, Kat.); Paris, Bouqueret & Lebon; 96 Charleroi, Mus. de la Photogr.; 98 Berlin, Gal. am Prater (Kat.); 01 Worpswede, Forum f. zeitgen. Kunst; 02 Magdeburg, KM Kloster Unser Lieben Frauen (Kat.); 03 Slubice, Gal. Okno; 06 Dresden, Falkenbrunnen – **G:** u. a. 83, 89, 01 Berlin, Neue Ges. f. bild. Kunst; 87 Dresden, Kunstausst. d. DDR; 87, 00, 06 Berlin, Fotogal. Friedrichshain; 87, 93, 98, 03 Cottbus, Brandenburgische KS; 90 Leverkusen, StM Schloß Morsbroich; Bradford, NM of Photogr., Film and Television; 91 Rennes, MBA; Evreux, Mus. d'Evreux; 92, 94 Graz, Steirischer Herbst; 93, 96 Köln, Art Cologne; 94 Bonn, LM; 94, 99, 00 Bielefeld, David; 95, 02 Berlin, Gal. Pankow; 97 Berlin, DHM; 98 Erfurt, Gal. am Fischmarkt; 99, 05 Berlin, Gal. im Willy-Brandt-Haus; 00 Rotterdam, Fotobienn.; 01 Köln, Schüppenhauer; 05 Köln, Forum f. Fotogr. – weitere in: Arles, São Paulo, Carlisle, Reims, Paris, Danzig, Wrozlaw, München, Prag, Bremen, Sunderland, Mexiko-Stadt – **V:** FotoEntwerter 1–5, orig. fotogr. Bücher 88, 90, 91, 92, 94; Ma-Me-Mensch, Die Faust, Die Nacht, orig. fotogr. Bücher u. Gedichte 88 – **R:** Dt. Wacht, Kurzf. 98; Lavoro notturno, Aktionsvideo 02; m. Zarypow: Der Röhrenmensch, Aktionsvideo 04; m. K. Wiener: W.A.R.U.M.-Partei, Wahlspot u. Dok. 05 – ***Lit:*** u. a. Anke Scharnhorst: Dtldbilder, Ausst.kat. (z. Ausst. d. HO-Gal. Berlin) 00; Gabi Muschter: Worpsweder Panoramen, Ausst.kat. 01; Uwe Gellner, KV Röderhof, Monogr. 01; STERN Ges.: Firmament d. Dinge, Dok. 04; AKL

Buchwald, Peter, Lichtbildner; Postfach 200235, D-45837 Gelsenkirchen, Tel. u. Fax (02 09) 3 00 09, *peter.buchwald@gmx.de*, *www.buchwald-photo.de* (* Berlin-Schöneberg 29. 8. 58) – **S:** 95–98 Helene-Weber-Haus Gelsenkirchen (Referent f. Fotogr.) – **P:** 3. Pr. f. künstler. Fotogr. d. Stadt Gelsenkirchen 95; Förd.pr. d. Stadt Gelsenkirchen 98; Cité Intern. d. Arts Paris 05 – **Ve:** Sezession Gelsenkirchener Lichtbildner 90–93; Dt. Werkbund 97; Ruhrländischer Künstlerbund (02/03 Vorst.) 99; Vestischer Künstlerbund (ab 02 Beirat) 01; Forum f. Kunst u. Archit. (Gründungsmitgl.) 02; Ver. d. Düsseldorfer Künstler 04; Ver. z. Veranstaltung v. Kunstausst. 04 – **KGr:** Fototeam Gegenlicht (Gründungsmitgl., 93–96); Gruppe f. Gestaltung (95–98) – **KGe:** Ateliergemeinschaft Künstlerzeche Unser Fritz 2/3 Herne (seit 02) – **G/T:** Fotogr. – **E:** 95, 97 Zürich, One Room Gall.; 96 Dorsten, StG; Herne, Atelier Bettenhausen; Paris, Itineraires; 96, 98 Gelsenkirchen, Kommunale Gal.; 97 Herne, Künstlerbund; 98 Marburg, KV; 00 Gelsenkirchen, Atelier Glasmeier; Gelsenkirchen, SM; Recklinghausen, Gal. dito; 00, 01 Essen, Koch & Unthan; 01 Berlin, Gal. HO; 02 Gelsenkirchen, Kabuth; 03 Duisburg, Künstler- u. Atelierhaus; 05 Kamen, Haus d. Gesch. – **G:** zahlr., zuletzt u. a. 05 Düsseldorf, Große Kunstausst. NRW; Cork, Gall. 9 Tigh Fili; Recklinghausen, Vestischer Künstlerbund; Herne, Flottmann-Hallen; Essen, Kunsthaus; 06 Köln, Domforum; Dortmund, Kokerei Hansa; Essen, Forum f. Kunst u. Archit.; Gelsenkirchen, SM

Buciu, Mirela s. Anura

Buck, Dieter; Am Ochsenwald 27a, D-70565 Stuttgart, Tel. (07 11) 74 42 06 (* Stuttgart 4. 11. 53) – **S:** 72–76 Privatunterricht b. Ernst Yelin – **L:** VHS Stuttgart (LAuftr.) – **Ve:** VG Wort; VG Bild-Kunst – **G/T:** Bildhauerei (naturalist. Plastik); Fotogr. (Landschaft) – **W:** plast. Arbeiten überw. in Privatbes. – **Ö:** Tübingen, Reg.präsidium – **E:** zahlr. Ausst., u. a. in Bad Buchau, Bremen, Friedrichshafen, Gaildorf, Haigerloch, Hindelang, Singen, Stuttgart u. Tieringen – **G:** zahlr. Ausst.bet., u. a. in Babstadt, Bad Wildbad, Bergheim, Darmstadt, Duisburg, Esslingen, Göttingen, Hagen, Hamburg, Heilbronn, Ketsch, Landau, Mannheim, Manosque, Maulbronn, Mödling b. Wien, München, Schneverdingen, Stuttgart u. Wiesbaden – **V:** Plastiken aus Ton 83; Jahresprogramm der Stadt Wildbad (Linolschnitt als Titelbild); – FOTOGR. u. a. für: Günter Lehofer: Die Nockberge 99; Wilfried Setzler u. Peter Härtling (Texte): Tübingen 00; Irmhild Günther: Leute aus dem Zabergäu 02; Remstal Stuttgart. Weinlandschaft m. Tradition u. Vision 03; Ortenau. Weine a. d. Herzen Badens 03; Berg- u. Wandertouren im Allgäu 04; Die Hohenzollernstraße 04; Stuttgart zu Fuß 05; – Insges. ca. 70 Buchveröff.; Herausgeber d. 'Schwaben-Kalender' (Texte u. Fotos); Leitender Red. d. Mag. 'Schwaben Alpin'; zahlr. Beitr. f. versch. Ztgn u. Zss. – **R:** versch. Auftritte in Radio u. Fernsehen – ***Lit:*** u. a.: A.A. Ziese in: arte factum, 5. Jg./Nr.23; H.D. Klinger: Erotica, Kat. Nürnberg; Rainer Feucht: Erotica, Kat. Allmendingen; Ulrich Klever: Erotica 81; Franz Milan Wirth in: nachrichten Nr.10, Jan./Febr. 82; Gus Schiele: Katalog 84; Zeitkunst, Nürnberg 84; Roland Steffan-Paleski in: Zwischenbereiche 3/83 u. 4/84; Renate Siebenbach in: Mode u. Wohnen 2/84; Gabriele Sczcegulski in: Vaihinger Schaufenster 16.3.99; Thomas Faltin in: Stuttg. Ztg 14.5.99; Felizitas Förster in: Schönbuch Mag. 3/99; Helmut Winkler in: Stuttg. Wochenbl. (Porträt d. Woche) 27.11.03; Gabi Ridder in: Filder Ztg 26.11.04; Raimund Weible in: Schwäb. Tagblatt/Südwestpresse 30.12.04; Mathias Endres in: Bundesbankmag. 2/05; Siegfried Dannecker in: Kreisztg/Böblinger Bote 8.4.06; – Allg. Lex. d. Kunstschaffenden in d. bild. u. gest. Kunst d. ausgehenden XX. Jh.; Who is Who in Art and Literature; Who is Who in Western Europe; Who is Who in d. Bundesrepublik Dtld; Kürschners Dt. Sachbuch-Kal. 2. Jg. 02/03 – ***LitR:*** www.autoren-bw.de

Buck-Bliesener, Charlotte, Malerin; Am Kleianskreuz 2, D-40489 Düsseldorf, Tel. (02 11) 40 16 68 – **G/T:** Malerei – (Red.)

Budde, Nadia, Illustratorin, Graphik-Designerin; Fehrbellinerstr. 25, D-10119 Berlin, Tel. (0 30) 44 30 82 68, Fax 23 88 83 89, *mail@nadiabudde.de, www.nadiabudde.de* (* Berlin 67) – **S:** 92–00 KHS Berlin-Weissensee (Graph.-Design, Dipl.); Royal College of Art London – **P:** Dt. Jgd.lit.pr. 00; Oldenburger Kinder- u. Jgd.b.pr. 00; Troisdorfer Bilderb.pr. 01; Schnabelsteherpr. 02; Goldener Spatz 03 – **G/T:** Kdb.ill. – **E:** 02 Basel, Cartoonforum (m. Franziska Biermann) – **G:** 06 Stockholm, Goethe-Inst.; Troisdorf, Bilderb.mus. Burg Wissem – **V:** TEXT U. ILL.: Eins, zwei, drei, Tier 99; Trauriger Tiger toastet Tomaten 00; Kurz nach sechs kommt die Echs 02; One two three me 03; Le Rêve Ambulant 03; Flosse, Fell u. Federbett 03; – weitere: Jens Soentgen: Selbstdenken! 20 Praktiken d. Philosophie (Ill.) 03 – (Red.)

Budewell, Kurt, Bildhauer, Maler, Graphiker, Konzeptkünstler; Fürstenstr. 6, D-47051 Duisburg, Tel. (02 03) 2 66 29 (* Duisburg 15. 6. 24) – **S:** 48–49 WerkKSch Krefeld (b. Prof. W. Breker) – **Ve:** BBK 69–78 – **G/T:** Gemälde, Graph., Zeichn., Collagen, Metallschichtungen (Technoide u. Funktionsmodelle), Fotos, Texte, Skulpt. (div. Materialien) – **M:** Duisburg, Wilhelm-Lehmbruck-Mus.; Düsseldorf, Ldeszentralbank – **Ö:** Duisburg-Walsum, Rudolf-Lenze-Pl. (Skulpt.) – **E:** 64 Berlin, Ziegler; 66 Bochum, Falazik; 68 Bochum, Bäcker; 71 Köln, Kunstmarkt; Basel, Kunstmarkt; 77 Duisburg, Wilhelm-Lehmbruck-Mus. (Konzept-Art-Ausst.); 86 Emmerich, KV; 95 Meran, KV – **G:** 70 Basel, Art Basel; 72 Stuttgart, Dt. Künstlerbund; 74 Mainz, Dt. Künstlerbund; 77–80 Goethe-Inst. in Jugoslawien, Ital., d. USA, Kanada, Dtld – **V:** Arbeiten aus Holz, Ausst.kat. 86 – ***Lit:*** R.G. Dienst: K.B., Ausst.kat. 64; Siegfried Salzmann u. K.H. Nowald: K.B., Ausst.kat. 66; Dietfried Gerhardus: Technoide u. Funktionsmodelle, Ausst.kat. 71; ders.: Deutsche Handzeichnungen HEUTE 77; K.H. Nowald: 'Ich versuche mich in meine Lage zu versetzen.', Ausst.kat. 77 – ***LitR:*** Interview z. Ausst. im KV Meran, Fs.-Bericht RAI-Nord 95

Budin, Sabine (geb. Sabine Koch, verh. Sabine Budin), Dipl. Ing. (Raumplanung), Malerin; Hausfeldstr. 134, A-1220 Wien, *sabinebudin@hotmail.com, www.sabinebudin.at* (* Wien 27. 10. 69) – **S:** 93 TU Wien (Aktmalerei b. Prof. R. Göschl); 94 TU Wien (räumliche Darstellung b. Prof. F. Moser); 98 Studienreise Kroatien; 00–01 VHS Wien (Öl- u. Acrylmalerei b. Mag. Schleinzer) – **P:** Stip. d. Anne Goldenberg Stift. Wien 99 – **G/T:** Öl- u. Acrylmalerei (abstr. Expressionismus, Akt); Monotypie (Menschenbilder) – **W:** überw. in Privatbes. – **Ö:** Wien, Porr – **E:** 03 Bad Tatzmannsdorf, Gal. Quellenhof; Poysdorf, Raika; 04 Wien, Gebietskrankenkasse; Wien, SAP Business School – **G:** 99 Wien, Werkstätten u. Kulturhaus; 02 Barßel, Kunstkate Moorlicht; Wien, Gal. Pro.Vokation; 03 Tribuswinkel, Art – (Red.)

Büchel, Christoph, Installationskünstler (* Basel 66) – **VG:** Zürich, Hauser & Wirth; Zürich, Kulli – **S:** 86–89 Schule f. Gest. Basel; 89–90 Cooper Union SchA New York; 92–97 KA Düsseldorf – **P:** New York – P.S.1 00–01 – **G/T:** Plastik, Install. – **M:** Zürich, Migros Mus. – **E:** zahlr. im In- u. Ausld, u. a. 01 New York, P.S.1 Contemp. AC; New York, Maccarone; 02 Hannover, KV; Zürich, Kunsthaus (Kat.); Thun, KM; 03 Mönchengladbach, StM Abteiberg; Frankfurt am Main, Schirn; Berlin, Postbahnhof am Ostbahnhof; New York, Wrong Gall. (m. S. Feldmeier); 04 New York, Swiss Institute; Paris, Centre Cult. Suisse (m. Gianni Motti); 05 Basel, KH; Bukarest, Muz. Nat. de Arta Contemp. (m. Gianni Motti) – **G:** u. a. 01 Tirana, Bienn.; 03 Sevilla, 1. Internat. Bienn. Zeitgenöss. Kunst; 04 Basel, Art Basel; 05 Venedig, Bienn. – **V:** m. Bob Gramsma: échanges 00 – (Red.)

Bücheler, Josef, Bildhauer; Pflumholzstr. 11, D-78628 Rottweil-Hausen, Tel. (07 41) 3 34 76, Fax 3 34 96 (* Wiesbaden 1. 4. 36) – **VG:** Leibertingen, Wohlhüter; Hagen, Schlieper; Allschwil, Aphold – **S:** 57–59 Lehre als Kunstglaser u. Glasmaler; 59–62 Noviziat in d. Benediktiner Abtei St. Matthias Trier – **L:** 74–99 Maximilian-Kolbe-Schule Rottweil (LAuftr. f. Werken u. Technik); 79–80 Shanti-Dip-Shika, Bangladesh (Bildhauer u. Lehrer im Entwicklungsprojekt); 81–82 ebda – **P:** Projektpr. Zeichn. u. Zeichenobjekte 86; Projektpr. Install. KH Marienbad Freiburg 90; Erich-Heckel-Pr. u. Förd.pr. 96 – **Ve:** Künstlerbund BW 85; Dt. Künstlerbund 88 – **G/T:** Objekte u. Plast. (65–75 aus Polyester, 73–80 aus Stoff u. Holz, seit 80 Papier, Weiden, Seil, Graphit, Erde, Asche, seit 01 Objekte auch aus Metall); Install. in lebenden Bäume; Zeichn.; Graphit auf mehreren Bütten – **K:** zahlr. Kunstobjekte u. Aktionen m. Kindern – **W:** Baumobjekte in zahlr. Städten, z.B. in Rottweil, Freiburg, Wiesbaden, Friedrichshafen, Titisee, Borken/Westf., Esslingen, Binningen/Basel, Bad Krozingen, Waiblingen, Bex, Stuttgart, Ulm, Hagen, Velbert-Langenberg, Schopfloch, Marl, Reutlingen, Pforzheim; vergängliche Install. in lebenden Bäumen – **M:** u. a. Coburg, KS d. Veste; Freiburg im Breisgau, Augustiner-Mus.; Freiburg im Breisgau, Mus. f. Neue Kunst; Gelsenkirchen, SM; Hagen, Freilichtmus.; Künzelsau, Mus. Würth; Lüdenscheid, StG; Marl, Skulpt.-Mus. Glaskasten; Neubrandenburg, KS; Offenburg, Mus. im Ritterhaus; Rottweil, Slg Bildhauerzeichn.; Sindelfingen, StG (Slg Lütze); Stuttgart, SG; Ulm, Kunstpfad; Warschau, Muz. Archidiecezji Warszawskiej; Weingarten, Akad. d. Diözese Rottenburg-Stuttgart; Wiesbaden, Kult.amt; Wrocław, NM – **Ö:** u. a. Göppingen, Bereitschaftspolizei; Kirchheim unter Teck, Kath. Gemeindezentrum; Pforzheim, Skulpt.park; Reutlingen, Ldesversicherungsanstalt; Rottweil, Wasserwirtschaftsamt; Rottweil-Hausen, Kath. Kirche; Tübingen,

Univ.klinik; Villingen-Schwenningen, Industr.- u. Handelskammer; ebda, Druckzentrum – **E:** u. a. 94 Łódź, Centralne Muz. Włókiennictwa; 95, 97, 99, 02 Leibertingen, Wohlhüter; 98 Graz, Kult.zentrum b. d. Minoriten; Basel, Aphold; 00 Neubrandenburg, KS; 01 Heidenheim, KV; Siegen, Martinskirche; 02 Freiburg im Breisgau, Skulpt.-Kab.; Weinstadt-Strümpfelbach, Mus. Slg Nuss; Engen, SM u. Gal.; 03 Wiesbaden, Bellevue-Saal; Sigmaringen, Ges. f. Kunst u. Kult. – **G:** u. a. 01 Hagen, Karl-Ernst-Osthaus-Mus.; 01, 02 Hagen, Schlieper; 02 Bochum, Westdt. Künstlerbund; 03 Leibertingen, Wohlhüter; Łódź, Muzeum Sztuki; Villingen-Schwenningen, KV; 04 Wrocław, NM – ***Lit:*** u. a. KAT.: J. B. Plastiken, Objekte 74; Plastik der 60er und 70er Jahre im Südwesten 84; J. B. Arbeiten 1973–1986 86; Plastik der 80er Jahre im Südwesten 90; J. B. Installationen, Papierobjekte, Zeichnungen 91; J. B. Zeichnungen 92; Symposion Rottweiler – Sommer im Dominikanerforum 92; Przejscie/transitus 94; Transitus 94–95; J. B. Papierobjekte Installationen Zeichnungen 98; Kunstkontext Kirche. Künstler des Kunstvereins der Diözese Rottenburg-Stuttgart 98; Der große Alb-Gang im Wandel der Zeit 00; SkulpTor Skulpturenpark Sembachersee 03; Perspektivwechsel – Objekte und Bildhauerzeichnungen 03; – ZTGN/ZSS: Günther Wirth: Marginalien zu J. B., in: Circular 77; ders.: Starkes Papier. J. B. in Fellbach, in: Stuttgarter Ztg 88; Michael Hübel: Der Wahrhaftigkeit verpflichtet. Bemerkenswerte J.-B.-Ausstellung im Pforzheimer Kunstverein, in: Badische Neueste Nachrichten 90; Christ in der Gegenwart, in: Im Bild 90; Michael Krämer: Der Künstler J. B., in: Stuttgarter Hefte; Erinnerung an Vergänglichkeit und Transzendenz. J. B. befragt von Fritz Nonnenmacher, in: Shanti 95; Michael Hübl: Die Kraft der Asche. Heckel-Preis für B., in: Badische Neueste Nachrichten 96; Stuttgarter Hefte 97; – weitere: J. B. Dokumentation einer Ausstellung des Kunstvereins Gelsenkirchen 75; Dem Baum Flügel machen...Dokumentation einer Aktion von J. B. 88; Bauminstallation. Ich war tot – doch ich lebe in Ewigkeit. Kunst in unserer Gemeinde. Eine Präsentation mit Werken von J. B. 92; Witold Boniewski: Zum Werk J. B. 94; J. B. Karwoche im Schlachthof. Dokumentation eines Werkaufenthalts im alten Schlachthof 96; Raimar Leng u. Maries Obier (Texte): J. B. Hätte ich doch Flügel, Dok. z. Ausst. 01; Inge Habig u. Udo Zelinka (Hrsg.): Transzendenz im Augenschein 01 – (Red.)

Bühl, Hede, Bildhauerin, Zeichnerin; Franz-Jürgens-Str. 10, D-40474 Düsseldorf (* Haan 8. 6. 40) – **VG:** Ahlen, Fritz-Winter-Haus; Dießen am Ammersee, Winter; Essen, Neher – **S:** 58–63 Staatl. KA Düsseldorf (b. Sepp Mages u. Joseph Beuys); 63–65 Mitarb. im Atelier v. Ewald Mataré – **P:** u. a. Grünholz-Pr. 68; Stip. d. Kult.kr. im BDI 71; Förd.pr. d. Stadt Düsseldorf 74; Trienn. Neu-Delhi, Großer Pr. f. Skulpt. 78; Villa-Massimo-Stip. 79–80 – **G/T:** figurative Skulpt. (Holz, Granit, Marmor, Alabaster), teils in Verbindung m. Leder u. Blei; Plast. (Bronze) – **M:** u. a. Berlin, NG; Darmstadt, Inst. Mathildenhöhe; Göttingen, StM; Hagen, Karl-Ernst-Osthaus-Mus.; Kaiserslautern, Pfalz-Gal.; Karlsruhe, StG; Mannheim, StKH; Marl, Skulpt.-Mus. Glaskasten; Recklinghausen, StKH – **E:** u. a. 68 Düsseldorf, Orangerie Benrath; 77 Lübeck, Overbeck-Ges.; 81 Marl, Skulpt.-Mus. Glaskasten; 85 Bremen, Gerhard-Marcks-Haus; 95 Lübeck, Mus. f. Kunst u. Kultur-Gesch.; 01 Düsseldorf, Niepel b. Morawitz – **G:** u. a. seit 63 Düsseldorf, Große Kunstausst. NRW; 60 Essen, Neher – ***Lit:*** AKL – (Red.)

Bühler, Marcel; c/o Gal. Echolot, Schröderstr., D-10115 Berlin, Tel. (0 30) 28 04 54 06, Mobil: 0 17 33 05 96 10, *echo@echolot-berlin.com, www.marcelbuehler.com* (* Mülheim/Ruhr 69) – **S:** 94–00 HGB Leipzig (Studium u. Meisterschülerstudium d. Malerei b. Prof. Astrid Klein) – **P:** Sä. Ldesstip. z. Förd. im Meisterschülerstudium 01–02; Atelierstip. Backfabrik Berlin 05 – **G/T:** Objekte – **E:** 00, 02 Leipzig, Kermer; 01 Dresden, Info Offspring Kiosk; 03 Schwerin, KV (Kat.); 04, 05 Berlin, Echolot (05 m. Christa Baumgartner); 05 Berlin, Art Forum – **G:** 94 Leipzig, Mädlerpassage: Das spezif. Gewicht; 95 Leipzig, Kunstfestival: Übergriff II (Video-Kat.); 97 Köln, Kunstfestival: Zeitriss; 98 Leipzig, Install. auf Plakattafeln; 00 Danzig, Gal. Wyspa, Krakau, Center f. Contemp. Art Solvay u. Warschau, Centre for Contemp. Art Ujazdowski Castle (Wanderausst. lounge, Kat.); Leipzig, Kermer: Rücke vor bis z. Schloßallee; Leipzig, Gal. Eigen + Art: unsquare dance; 01 Berlin, Neue Ges. f. bild. Kunst: Kontext – Kunst – Vermittlung; Dresden, Schloß Georgenbau: Erworben (Kat.); Shenzhen/China, He Xiangning Art Mus.: Young Generations in Transition (Kat.); 01, 02 Paris, La Villette Grande Halle, Espace Charlie Parker: jeune création 2001, 2002 (Kat.); 02 Marseille, Gal. de la Friche Belle de Mai: that's the way they are; Dresden, Oberldesgericht: öffentlich (1); Paris, Gal. Local 77: La Micro Expo (Teil 1); Saint Médard d'Excideuil, Le jardin d'Hélys: La Micro Expo (Teil 2); 03 Morsang-sur-Orge, Les salons du Château: La Micro Expo (Teil 3); Hongkong, Mus. 63: Illusory (Teil 1, Kat.); 04 Berlin, Echolot: 11, Tiefsee; Guangzhou/China, Guangdong Mus. of Art: Illusory (Teil 2, Kat.); 04, 05 Berlin, Contemp. Art Fair: Berliner Liste, Preview; 05 Berlin, Backfabrik: Lindbergh's Traum – (Red.)

Bühler, Thomas, Dipl.-Designer, Maler, Graphiker, Illustrator; Rigaer Str. 69, D-10247 Berlin, Tel. (0 30) 81 88 78 72, Fax 81 88 78 74, *schneckentiger@t-online.de, www.atelier-multi-art.de* (* Georgsmarienhütte 28. 10. 57) – **VG:** Potsdam, Gal. am Neuen Pal.; Oggersheim, Kunsthaus – **S:** 73–76 Osnabrück (Lehre als Schildermaler); 81–87 FHS Münster (Graph.design) – **L:** 86–88 VHS Osnabrück (Doz. f. Zeichen- u. Maltechniken); seit 88 Unterr. f. Privatschüler im eig. Atelier; Kurse in Kunstvereinen; 98–01 priv. Malschule 'Kultur-Kunst- u. Reisen' (bundesweit) – **P:** Grafikkunstpr. d. Stadt Kirn 89; Horst-Babinsky-Fördpr. Traunreut 90; Paul-Ernst-Wilke-Atelier Bremerhaven, Wohnstip. 92, Arbeitsstip. 96 – **Ve:** BBK Berlins 88 – **KGr:** Osnabrücker Realisten (80–83, Gründungsmitgl.); Melpomene – Schule d. Skurealismus (93, Gründungsmitgl.) – **G/T:** Tafel- u. Wandmalerei (div. Techniken); Zchngn (vorw. Tusche, Bleistift, Kohle u. Pinsel); Druckgraph. (Siebdruck, Holz-, Linolschnitt, Radierung); Computerarb. – **K:** Siebdruck, Holz- u. Linolschnitt, Zeichnerisches Gest., Entwurf u. Bildaufbau, Malerei – **W:** in öff. u. privatem Bes. im In- u. Ausld u. a. in Dubai, NL, USA, Oman – **M:** Oldenburg, LM; Osnabrück, KH Dominikanerkirche; Osnabrück, KS – **Ö:** Fassadenmalerei in: Königs Wusterhausen, KITA 'Groß & Klein'; Oberwesel, Hotel Stahl; Stromberg, Hotel Stromburg Johann Lafer; Stuttgart, Café Schapmann; – sowie Berlin, öff. Flurbereiche in div. Stadtvillen – **E:** u. a. 87 Osnabrück, Gal. Artothek KV; Groß Munzel, Pedrini; 88, 96 Osnabrück, Kulturamt; 91 Berlin, Kleine Weltlaterne; Berlin, Bossen; 92 Potsdam, Gal. am Neuen Pal.; 03 Oggersheim, Kunsthaus – **G:** zahlr. im In- u. Ausld u. a. m. 'Melpomene'

Bühler, Ulrike (geb. Ulrike Hadwich), Zeichnerin, Konzeptkünstlerin, Bildhauerin, Kinesiologin; Hohenzollernring 32, D-22763 Hamburg, Tel. (0 40) 41 35 81 36 (* München 4. 9. 64) – **S:** 93–95 München (Bildhauerei b. Gustav Mayer); 94–98 München (Zeichn. b. Aleksandar Kolenc) – **Ve:** BBK Obb. Nord u. Ingolstadt 99–00; Künstlerbund Meckl. u. Vorpommern seit 00 – **E:** 98 Sindelsdorf – **G:** 03 Rostock, KH

Bühler, Wolfgang Georg, Dipl. Akad. Maler, Dozent; c/o Kunstkontor Westnerwacht, Weintingergasse 4, D-93047 Regensburg, Tel. (09 41) 56 07 72, Fax 56 07 73, *Wolfgang.G-Buehler@t-online.de, www.wolfgang-g-buehler.de* (* Nürnberg-Altenfurt 26. 1. 57) – **VG:** München, Rieder; Regensburg, Kunstkontor Westnerwacht; Essen, Schütte – **S:** 80–86 ABK Nürnberg; 83 ebda (Meisterschüler b. d. Prof. G. Voglsamer u. Oskar Koller) – **L:** seit 98 Werkbund Wkst. Nürnberg (Doz. f. Gest.) – **P:** Debütantenpr. d. Bay. Staatsmin. f. Wiss. u. Kunst 89; Wolfram-von-Eschenbach-Kunstförd.pr. Mfr. 98 – **Ve:** BBK 85; KV Erlangen 86; Neue Münchener Künstlergenossenschaft 90; VG Bild-Kunst 99 – **G/T:** Ldschaft, Natur u. Veränderbarkeit, strukturelle Abstr., Monotypieische Malerei, Acryllasuren, Pigmente auf Leinwand u. Kupferdruckpapier – **W:** in zahlr. Privatslgn, Nürnberg u. Oldenburg – **M:** München, Bay. Staatsgemäldeslgn; Nürnberg, SM Fembohaus; Schwaz, Stadtgesch. Mus.; Schweinfurt, Städt. Slgn Alte Reichsvogtei – **Ö:** Bamberg, Ldbauamt; ebda, Oberldesgericht; Bayreuth, Bez.-krankenhaus; Erlangen, Städt. Spk.; Essen, Artothek; Freiburg, Ldgericht; München, BMW Technik GmbH; Nürnberg, FHS; ebda, Nürnberger Hypothekenbank, Spk.; Schweinfurt, Spk. – **E:** 91 Nürnberg, Stadtgesch. Mus.; seit 92 Essen, Schütte; 93 Nürnberg, Albrecht-Dürer-Haus; 94 Schweinfurt, Städt. Slgn Alte Reichsvogtei; seit 97 München, Rieder; 99 Schweinfurt, SW-Gal.; 02 Regensburg, Kunstkontor Westnerwacht; 04 Erlangen, KM – **G:** 89 Bozen, Mus.gal.; seit 90 München, Haus d. Kunst; 91 Tokio, Shiseido Gall.; 95 Prag, Mánes; 96 Nürnberg, Germanisches NM; 02 Nürnberg, Kunsthaus; 02, 03 Nürnberg, KH; 04 Erlangen, KM: Interfrenzen – **V:** Christiane Haake: Bilder 94/95 94; Anzeichen (Orig.) 92 – **R:** Stud.arb. 1980–1986. Arb. (Kat.) 1998–2005, Dok.-DVD 05 – ***Lit:*** G. Voglsamer u. Eva Caspers: Bilder und Zeichnungen 89; Burkhard Leismann: Bilder und Zeichen 91; Matthias Mende u. Erich Schneider: Tafelstücke aus dem Rosengarten 93; Pia M. Grüber u. Erich W. Spiess: Zwischenzeit, Ausst.kat. 96; Andrea Brandl: Verlorene Entdeckungen 99; Eva Caspers u. Botond: Sammlungen, Kat. 05

Bührmann, Leonore s. Vahrson-Freund, Leonore

Bülow, Vicco von s. Loriot

Bürger, Heidrun R. s. H.R. REY

Bürkler, David, Plastiker; Treuackerstr. 9, CH-9000 St. Gallen, Tel. 07 12 78 18 76 (* St. Gallen 27. 6. 36) – **VG:** Arbon, Bleisch – **S:** 52–55 KGS St. Gallen (Graph.) – **P:** Förd.pr. d. Stadt St. Gallen 70; Anerkennungspr. d. Stift. Pro Arte, Bern 74; Skulptura Ulm 93; Werkzeitbeitr. d. Stadt St. Gallen 95 – **Ve:** Visarte Ost; Unesco – **G/T:** Plast., Objektkunst, Install., Land Art – **M:** St. Gallen, KM – **Ö:** Bern, KH Dampfzentralen; Kreuzlingen, Sem.; St. Gallen, Schweiz. Versicherungsanst.; ebda, Sekundarschule Ziel, Sozialversicherungsanst. d. Kt. St. Gallen, Sporthalle Kreuzbleiche; Ulm, Kunstldschaft Donau – **E:** 83, 88, 91 St. Gallen, Atelier-Gal.; 92 Wil, Gal. Neue Kunst; 96 Zürich, U-Passage – **G:** 80 Biel, Schweizer Plast.ausst.; 82 Gambarogno, Schweizer Skulpt.ausst.; 83 St. Gallen, Skulpt. im Park; 84 Kreuzlingen, Kunstgrenze; 86 Wil (Hier u. Jetzt); 89 Dietikon, Schweizer Eisenplast.; 90 Bad Ragaz, Passagen Skulpt.; 93 St. Gallen (Aufbruch Malerei in d. Ostschweiz 1950–1965); Bex, Trienn. de Sculpture; 94 Zollikon (Farbe in d. Metallplast.); 97 Immenstadt, Euregio-Skulpt.park; 98 Brig/Visp (Schweizer Bildhauer als Zeichner); 99/00 Beaulieu-sur-mer/Frkr., Sculpture pleine air; 01 Arbon, Promenade; 02 Bern, KH Dampfzentralen – ***Lit:*** Marco Obrist: D. B. Skulpturen, Werkverz. 96 – (Red.)

Büschel, Dag (Ps.: Wesen), Maler; Lüneburger Str. 7, D-10557 Berlin, Tel. (0 30) 39 74 91 02, *dagbueschel@web.de, www.dagbueschel.de* (* Frankfurt am Main 26. 7. 67) – **S:** 90–94 HdK Berlin (Kl. Prof. Boes) – **P:** Auftrag d. Intern. Order of Odd Fellow (Gewinner einer Ausschreibung) 93 – **Ve:** VG Bild-Kunst 04 – **G/T:** Weltraum-Gemälde ('Spacepaintings'); Multi Media; Projektionen m. Licht u. Wasser – **Ö:** Berlin, Planetarium am Insulaner (Dauerausst. 'Mars Reliefbilder' bis 10) – **E:** 92 Berlin, Franzclub; 93–00 Morsum/Sylt, Hof-Gal. (Dauer- u. Einzelausst.); 94 Kiel, Künstlerhaus Schwentine; 97, 99 Reutlingen, Ullmann u. Koch; 98 Tübingen, Sternwarte; 00, 02 Berlin, Planetarium am Insulaner; 01 Berlin, Zeiss Großplanetarium; 03 Berlin, Logenhaus (Intern. Order of Odd Fellow); 04 Berlin, Arena Akazienhof – **G:** 91 Berlin, Kult.ver. Kuhgraben; 92 Berlin, Tacheless; 96 Kunstförd. BW, Ausst. d. Erwerbungen; 97 New York, World Trade Art Gall.; 01 Berlin, Fa. Keding Antennen; 02 Berlin, Art-Hopping (Hackescher Markt, ehem. Gemüseladen) – ***Lit:*** Astrid Kehsler: Das Universum als Sinnbild eines Ideals – Die Synthese realistischer und abstrakter Malerei in den Weltraumbildern D. B.s, Zs-Art. in: Der Kunsthandel 9/01 – (Red.)

Büscher, Anita, Malerin, Illustratorin, Kinderbuchautorin; Erika-Köth-Str. 56, D-67435 Königsbach/Weinstr., Tel. (0 63 21) 96 84 85, Fax 96 84 86, *ab@anita-buescher.de* (* Ludwigshafen-Oggersheim 25. 12. 40) – **VG:** Mannheim, Engelhardt-Stift.; Horbruch, Schloßmühle; Morges, Gal. Pro Arte Kasper – **S:** Autodidaktin – **P:** Jahrespr. d. Slg Eisenmann Böblingen 76; Ill.-Pr. d. ZDF 78; Ill.-Pr. d. Zs Zuhause 79; Intern. Tourismus Börse Berlin (Gold Award) 85; Intern. Tourismus Börse Berlin (Silber Award) 86; Mannheimer Morgen (4 x Gold, 2 x Silber Award) 99–02; Plakatpr. d. Stadt Montivilliers 01 – **G/T:** Malerei (Acryl u. Leinwand, poetischer Surrealismus); Buchill. (Acryl u. Leinwand, u. a. im Stil ma. Buchmalerei) – **W:** Werke in Privatslgn in Dtld, Frkr., Öst., d. Niederl. u. d. USA sowie im Bes. d. Städte Mainz u. Mannheim – **M:** Deidesheim, Mus. f. Weinkult. – **Ö:** Ludwigshafen, BASF; Mannheim, Berufsgenossenschaft; ebda, Fa. Teutsch (Fassadengest.); Toulon, Chambre du commerce; Weinheim, Vileda-Gr. – **E:** seit 74 über 60 Ausst. in Dtld, Frkr., Öst., d. Schweiz u. d. Niederl., zuletzt 04 Horbruch, Schloßmühle; Morges, Gal. Pro Arte Kasper; 06 München, Ronald McDonald-Haus – **V:** Text u. Ill.: Süße Geschichten 88; Konrad mit den grünen Pfoten 89; Vorhang auf für Anton Zwerg 89; Wiesenkräutermärchen 96; Carolus und die blaue Eule 05; Phantastisches Jahrbuch 06 u. 07; – Ill.: Deutsche Weinstraße 84; Achim Heursch u. Hannelore Kohl: Impressionen für eine Winterreise 86; Fr. Serrano: La Loquita frente al mar 90; Anna Karenberg: Der Stern leuchtet 92; European Castle Guide 95–00

Büscher, Anja Maria, Malerin; Kirchplatz 2, D-53804 Much, Tel. (0 22 45) 91 51 91, *anja_buescher@web.de, www.anja-buescher.kulturserver.de* (* Wipperfürth 15. 7. 72) – **S:** 99–00 Riemerschmid Berufskolleg Köln; 00–03 FHS Düsseldorf (Kommunikationsdesign) – **G/T:** Malerei (Öl, Lsch., Tiere); Hschn. – **K:** regelm. Kurse u. Workshops f. Kinder u. Erwachsene (Öl- u. Acryltechnik, Zeichnen) – **W:** überw. in Privatbes. – **E:** Much, Am Kirchpl. 2 (ständ. Ausst.); 05 Eitorf, Kulturpunkt am Markuspl.

Buetti, Daniele, Objekt-, Installations-, Konzept- u. Videokünstler; Erismannstr. 54, CH-8004 Zürich, Tel. (01) 2 42 39 23 (* Fribourg 17. 11. 55) – **VG:** Mannheim, Knaus; Stuttgart, Hauff; Brüssel, Aeroplastics Contemp.; Sydney, Conny Dietzschold; Madrid, Distrito Cu4tro; Wien, Hilger; Hamburg, Sfeir-Semler – **S:** Schule f. Gest. Zürich (Fotogr.); UdK Berlin (Visuelle Kommunikation) – **L:** seit 04 KA Münster (Prof.) – **P:** Kunst-Stip. d. Stadt Zürich 91; Internat. Atelierprogramm d. Künstlerhauses Bethanien 91; Cité Intern. d. Arts Paris 93; Arb.stip. d. Berliner Senats 94 – **M:** u. a. Berlin, DaimlerChrysler Contemp.; Bern, KM; Bozen, Museion-MMK; Bregenz, Kunsthaus; Esslingen, StG Villa Merkel; Hamburg, MKG; Karlsruhe, ZKM; Lausanne, Mus. de l'Elysée; Limoges, Fonds Rég. d'Art Contemp.; Madrid, MNCARS; Paris, Maison Europ. de la Photogr.; Salzburg, Thyssen-Bornemisza Contemp. Art Found.; Valencia, Centro Julio González; Winterthur, Foto-Mus.; Zürich, Kunsthaus; Zürich, Migros Mus.; Zürich, StKS – **E:** u. a. 98 Paris, Maison Europ. de la Photogr.; Ulm, KV (Kat.); Madrid, MNCARS (Kat.); 03 Freiburg im Breisgau, KV (Kat.); Zürich, Helmhaus (Kat.); 04 Marseille, Fonds rég. d'art contemp. (Kat.); Oslo, Mus. Henie Onstad (Kat.); 05 Innsbruck, Kunstraum – **G:** zahlr. Bet., zuletzt u. a. 00 Leverkusen, StM Schloß Morsbroich; Nürnberg, KH; Hamburg, MKG; Zürich, Migros Mus.; 01 Mannheim, Knaus; 02 Berlin, Neuer Berliner KV; 04 Zürich, Ars-Futura; 05 Salzburg, Rupertinum: Les grands spectacles (Kat.); Winterthur, Foto-Mus.: Der Traum vom Ich; Linz, Lentos: Just do it! (Kat.); Karlsruhe, ZKM: Coolhunters; Berlin, Martin-Gropius-Bau: Rundlederwelten (Kat.); 06 Frankfurt am Main, Schirn: Youth of Today (Kat.); Duisburg, Wilhelm-Lehmbruck-Mus.: Designing Truth (Kat.); New York, Feigen Contemp.: Blessed are the Merciful; Biel, Kunsthaus Centre PasquArt: Branding (Kat.); Rom, Ist. Svizzero: Paradise now (Kat.); Mailand, Mus. della Permanente: La Bellezza (Kat.); St. Gallen, KM: Life Style (Kat.) – ***Lit:*** AKL; BLSK 98; – sowie zahlr. Veröff. in Ztgn, Zss u. Kat., zuletzt u. a. Gerhard Mack: Die Suche nach Glück, In: art, Feb. 03; Ulrike Knöfel: Exzesse des Körperwahns, In: Der Spiegel v. 2.6.03; Rein Wolfs: Don Daniele ich verneige mich, In: Die Wochenztg v. 6.11.03; Giovanni Carmine: D.B., In: Flash Art Intern., Jan./Feb. 04; José Luis Clemente: D.B. El Cultural, In: El Mundo v. 26.5.04; Georg Leisten: Leises Geisterbahngefühl, In: Stuttgarter Ztg v. 1.4.05; Gudrun Meyer: Be my Star, In: Eikon, Intern. Zs f. Photogr., Heft 48/49 05; Moni Brügeller: Eine kalkulierte Überraschung, In: Kronenztg v. 25.5.05; Elena Fernandez Manrique: Madonas de Hoy, In: Citizen K España, Okt. 05; Mariano Navarro: Buetti, artista de género, In: El Cultural v. 15.9.05; Fernando Castro Florez: D.B., In: ABC les Artes, Okt. 05

Büttner, Samuel, Bildhauer, Graphiker; Alte Annaberger Str. 36 A, D-08340 Schwarzenberg, Tel. (0 37 74) 50 59 84, *www.samuel-art.de* (* Steinheidel-Erlabrunn 3. 1. 66) – **S:** 81–88 Förd.kurse m. d. Bildhauern Walter Preik, Gotthard Richter u. d. Graphikern Willi Hilmer, Klaus Matthäi); 82–85 Schneeberger Volkskunst (Ausb. zum Holzbildhauer); 93–02 Univ. of London (Bachelor of Divinity) – **P:** Kunstpr. d. Erzgebirg. Krankenhaus- u. Hospitalges. (EKH) 05 – **Ve:** KV Petersburg 04–05 – **KGe:** S.B. u. Christoph Roßner (97–00) – **G/T:** Plast. (Gips, Terrakotta, Bronze); Skulpt. (vorw. Holz); Graph. (Holzdruck, Zchngn); Ldart; Fotogr. (Ldart) – **W:** zahlr. in Privatbes. – **Ö:** Linz Dornach, Freie Christengemeinde; Schilbach/Vogtld, Schloß u. -park; Schonungen, Kaltenhof; Schweinfurt, Christl. Glaubenszentrum – **E:** 94 Mattersey Hall, Graffito-Predigt; 98–02 Schonungen, Werkschauen im Atelier; 03–06 Schwarzenberg, Werkschauen im Atelier; 05 Schwarzenberg, Spk. u. St. Georgenkirche; 06 Schwarzenberg, Arztpraxis Dr. S. Müller; Plauen, Spk. Vogtld am Komturhof – **G:** zahlr. Bet. seit 82, zuletzt 02 Würzburg, Irrgarten d. Kunst; 03 Schwarzenberg, Atelier Hans Brockhage; 04 Chemnitz, Neue Sä. Gal.; 05 Dresden, Sä. Ldtag; Reutlingen, Städt. KM Spendhaus; Dresden, StG; 06 Plauen, Malzhaus – ***Lit:*** Zahlr. Presseber. 99–02 im Schweinfurter Tagblatt, ab 02 in d. Freien Presse

Büttner, Werner, Prof., Maler; c/o Hochschule für Bildende Künste, Lerchenfeld 2, Raum 151, 213, D-22081 Hamburg, Tel. (0 40) 4 28 98 93 23 (* Jena 15. 3. 54) – **VG:** Berlin, Hetzler – **S:** Autodidakt – **L:** 88 HBK Hamburg (LAuftr.); seit 90 ebda (Prof.) – **M:** Aachen, Ludwig Forum; Belfast, Ulster Mus.; Bremen, Neues Mus. Weserburg; Cincinnati/OH, AM; Hamburg, KH; Klagenfurt, KH Ritter; Stuttgart, SG; Ulm, Ulmer Mus.; Weimar, Klassik Stift.; Wien, MMK Stiftung Ludwig – **E:** / G: zahlr., u. a. 01 Wien, König; 02 Berlin, Hetzler; 03 Berlin, Neue Ges. für bild. Kunst; 03–04 Graz, LM Joanneum; Karlsruhe, ZKM; Hamburg, Deichtorhallen; 04 Hamburg, KH; 06 Osnabrück, Dominikanerkirche – ***Lit:*** AKL – (Red.)

Bugatti, Wulf (eigtl. Wulf Winterling), Maler, Graphiker, Cartoonist (* Bad Elster 22. 5. 39) – **S:** Autodidakt – **G/T:** Malerei, Graph., Cartoon – **M:** Basel, Karikatur u. Cartoon Mus.; Klagenfurt, Kärntner LG; Salzburg, Rupertinum; Wien, Albertina – **E:** 67 Innsbruck, Zentrum 107; 74 Wien, Gal. auf d. Stubenbastei; 78 Villach, Gal. an d. Stadtmauer; Berlin, Hammer; 79 Salzburg, Künstlerhaus; 83 Wien, Nö Art, 84 Salzburg, Welz; 85 Wien, Yppen; 86 Wien, Albertina; Wien, Gal. Würthle; 87 Linz, Lentos; Klagenfurt, Kärntner LG; 89 Oderzo, Mus. Alberto Martini; New York, Ismael Gall.; 90 Salzburg, Rupertinum; Wien, Öst. Postspk.; 91 Luxemburg, Gredt; 94 Triest, Gall. Tomaseo; 96 Ljubljana, Tivoli; Piran, Obalne Gal. – **V:** Hans Weigel: Der exakte Schwindel (Ill.) 77; Cartoons: Zum Glück gibt's Österreich 79; Schießen Sie auf Pianisten 80; B.s Yachten 81; B.s Autos 82; Lo. 82 – ***Lit:*** u. a. P. Baum, in: W. B. Arbeiten 1983–1986, Kat. 86; Z. Kržišnik u. A. Medved, in: W. B. 1989–1995, Kat. 96 – (Red.)

Buhmann, Hubert, Maler; Werderstr. 21, D-69226 Nußloch, Tel. (0 62 24) 1 05 09, *buhmannart@gmx.de*, *www.buhmannart.de* (* Heidelberg 21. 8. 38) – **VG:** Heidelberg, Freiraum – **S:** Autodidakt; mehrere Stud.-reisen in Europa – **G/T:** Moderne Mischtechniken auf Lw. u. Hartfaser (starke Farbkontraste, informelle, symbolisierte, stilisierte Werke, enge Bindung an d. Themen Natur, Umwelt u. Technik); seit 96 'Buhmann Art' – **W:** überw. in Privatbes. sowie im Bes. v. Firmen u. Banken – **E:** u. a. 84, 85, 86, 88 Nußloch, Olympia-Halle; 86, 89, 00 Walldorf, Gal. Treff; 87 Leimen, Gal. Intern.; Heilbronn, Sailer; 87, 94 Mannheim, Gal. Kreathek; 87, 88 Nußloch, Bibl.; 89, 01 Bruchsal, Bürgerzentrum; 90 Walldorf, Picasso; Heidelberg, Auto + Kunst; 91 Erfurt, Auto + Kunst; 91, 99 Walldorf, Auto + Kunst; 91, 92 Sinsheim-Düren, Villa Italia; 92 Mannheim, Frenk's Restaurant; 93, 98, 00, 03 Walldorf, Volksbank; 93 Heidelberg, Schmidt + Reuter GmbH; Besigheim, Lohöfer; 94 Leimen, Kurpfalzzentrum; 94, 97 Nußloch, Mayerhof-Zentrum; 95 Erfurt, Schwalbennest; 96, 97, 99, 06 Nußloch, RH; 02 Malsch, Zehntkeller; 04 Nußloch, Atelier Buhmann; 05 Nußloch, Gal. 21 – **G:** 86 Mannheim, Gal. Kreathek; 87 Heidelberg, Gal. Intern.; 88 Heidelberg, Arthea; 98 Regensburg, Donaupark

Buisman, Andreas; Eroicagasse 37, A-1190 Wien, Tel. Mobil: 06 99 17 18 61 65, *artist@andreas-buisman.com*, *www.andreas-buisman.com*. 311/107 Canberra Avenue, AUS-2603 Griffith ACT (* Zams/Tirol 20. 5. 64) – **VG:** Salzburg, Weilinger; Prigglitz, Gal. Gut Gasteil; Salzburg, Gal. Nord-Sam; Stockerau, Gal. z. alten RH; Thredbo, Valley Distillery; Bingie/Austral., The Priory; Melbourne, Victoria Gall.; Sydney, Conny Dietzschold – **S:** Autodidakt – **Ve:** VBK Öst. 98 – **G/T:** Bildhauerei (Granit u. Basalt); Leuchtskulpt. (Plexiglas) – **W:** überw. in Privatbes. in Öst., Dtld, d. Schweiz, Austral., Neuseeld u. d. USA – **Ö:** Bourke/Austral.; St. Gilgen; Sydney, Sculpt. by the sea – **E:** seit 94 Ausst. u. Messebet., zuletzt 02 Wien, Gal. am Park; 03 Zürich, Götte Optik; Blumau, Therme; 04 Thredbo, Valley Distillery – **G:** zahlr. Bet. seit 93, zuletzt 01 Santa Monica, World Stunt Awards; 02 Alpbach, Forum Alpinum; 04 Sydney, Sculpt. by the sea; Salzburg, Weilinger; Prigglitz, Gal. Gut Gasteil; 05 Melbourne, Contempora 2; Currumbin/Austral., Swell – sowie 01 in Boca Raton/FL

Buisman, Luise (geb. Luise Wismeyer), Mag. Art.; Liniengasse 2A, A-1060 Wien, Tel. u. Fax (01) 5 97 50 39, *www.galerieampark.com* (* Wien 2. 3. 47) – **VG:** Wien, Gal. am Park – **S:** HS f. angew. Kunst Wien (Druckgraph. b. Prof. Herberth) – **P:** Graph.pr. d. Akad. – **Ve:** IntAkt – **G/T:** Fotograph.; Film; Druckgraph.; Malerei – **W:** Spielf., in Privatbes. – **E:** Wien, IntAkt – Soho in Ottakring – **G:** Usbekistan, Vereintes Europa – **V:** ILL.: Märchen d. Welt; – sowie Kinderb. – **R:** ANIMATIONSFILME: Mein Kind; Life Show; Hitparade; ZeitzeugInnen; Usbekistan – ***LitR:*** RF

Bujak, Gabriele (geb. Gabriele Kürschner), Malerin, Bekleidungs-Designerin, Freiberufliche Dozentin; Frankenwaldstr. 4, D-95233 Helmbrechts, Tel. (0 92 22) 62 82, (0 92 52) 35 97 80, Fax (0 92 22) 99 50 27, *malschule-bujak@t-online.de*, *www.gabriele-bujak.de* (* Döbeln 18. 3. 50) – **VG:** Brüssel, Classic Art House – **L:** seit 96 freiberufl. Dozentin für Malerei, Grafik – **Ve:** KV Coburg; KV Kultur auf der Höhe – **G/T:** Aqu.-Grafik (vorw. Lsch., Akt); Acrylmalerei (abstr.) – **K:** Lsch., Archit., Akt; Malreisen; Studienvorbereitungskurse – **E:** seit 98 zahlr. in Sachsen u. Bayern – **G:** Initiatorin d. Helmbrechter Kunstmeile (4x) – **R:** Malen u. Reisen, DVD 01

Bullacher, Gisela, Fotografin; Hansaplatz 6, D-20099 Hamburg, Tel. (0 40) 34 31 99 (* Hamburg 57) – **VG:** Hamburg, Produzentengalerie – **P:** Arb.stip. d. Stadt Hamburg 89; Förd.pr. Bild. Kunst d. Kult.kr. d. dt. Wirtschaft im BDI 90; Stift. Kunstfonds – Arb.- u. Projektstip. 96; Forsch.- u. Hab.stip. d. HSsonderprogramms 98–01 – **E:** u. a. 99 Hamburg, Produzentengalerie; Muttenz, Kunsthaus Baselld – **G:** u. a. 95 Braunschweig, KV; 98 Hamburg, Produzentengalerie – (Red.)

Bullerjahn, Veronika s. Roka

Bullert, Elke (verh. Elke Spuler-Bullert), Dipl.-Graphikerin, Malerin; Ravensbergweg 23, D-14478 Potsdam, Tel. (03 31) 87 20 23, *post@bullert-art.de*, *www.bullert-art.de* (* Potsdam 16. 3. 42) – **S:** 60–65 KHS Berlin-Weissensee (b. Arno Mohr, Werner Klemke u. E.R. Vogenauer) – **Ve:** VG Bild-Kunst; VBK DDR 65; VBK Brandenburg 90 – **G/T:** Freie Graph.; Malerei; Keram. Objekte; Ill. (DDR-Kdb. bis 89) – **M:** Bad Oeynhausen, Mus.; Berlin, Staatsbibliothek (Kdb.ill.); Potsdam, Potsdam-Mus. – **E:** 95 Potsdam, Stadt- u. Ldesbibl.; 98 Petzow, Kirche; 03 Potsdam, Freundschaftsinsel; 05 Zehdenick, Klostergal.; Potsdam, Altes RH; 06 Perugia/Ital., Artemisia – **G:** 91 Potsdam, Altes RH: Voltaire in Potsdam; 95 Brandenburg, Dom-Mus.: Seid Ihr alle weg?; 99 Frankfurt/Oder, BauArt; 00 Perugia/Ital., Angelus Novus; 04 Liebenberg, Skulpt.park; 05 Potsdam, Verkündigungen in d. zeitgen. Kunst; Potsdam, Art Brandenburg; – sowie: 01 Potsdam, Altranft u. Rheinsberg, Preußisch Blau – **V:** 1001 Nacht (Ill.) 71; Andreas Kitschke: Italien in Potsdam (Ill.) 01

Bullmann, Uwe, Maler, Graphiker; Lennestr. 10, D-09117 Chemnitz, Tel. (03 71) 85 03 37 (* Zwickau 8. 3. 45) – **S:** 64–68 Univ. Leipzig (Kunsterziehung u. Gesch.) – **L:** 77–84 FHS f. angew. Kunst Schneeberg (Leiter Förd.kl.) – **M:** Chemnitz, KS; Chemnitz, Neue Sä. Gal.; Cottbus, Brandenburgische KS – **E:** /G: u. a. 81 Cottbus, Gal. Carl Blechen; Chemnitz, Gal. Spektrum; 84 Freiberg, Witten; 86 Chemnitz, Gal. Oben; 87 Zwickau, StG Peter Breuer; 89 Gera, Gal. am Markt; 91 Auerswalde, Dorfgal.; 92 Bad Hönningen, Em Backes; Chemnitz, Firmensitz MEGware – ***Lit:*** AKL; Schweers 02 – (Red.)

Bulloch, Angela, Installationskünstlerin; c/o Galerie Eva Presenhuber, Limmatstr. 270, PF: 1517, CH-8031 Zürich, Tel. 04 14 34 44 70 50, Fax 04 14 34 44 70 60, *info@presenhuber.com*, *www.ghwp.ch* (* Fort Francis/Kanada 29. 8. 66) – **VG:** Zürich, Presenhuber; Berlin, Schipper – **S:** 85–88 Goldsmith College London (B.A. Fine Art) – **P:** Whitechapel Artist's Award 89; Artist in Residence in Moriya/Jap. 94 – **G/T:** Install., Objekt – **M:** u. a. Berlin, DaimlerChrysler Contemp.; Karlsruhe, ZKM Mus. f. Neue Kunst; München, Slg Goetz; Zürich, Migros Mus. – **E:** / G: u. a. 00 Berlin, Hilgemann; 00, 02 Berlin, Schipper & Krome; 03 Berkeley/Calif., Univ. AM; New York, Zwirner; Venedig, Bienn.; 04 Zürich, Presenhuber – (Red.)

Bunk, Holger, Prof.; c/o Staatl. Akad. d. Bild. Künste, Am Weißenhof 1, D-70191 Stuttgart, Tel. (07 11) 28 44 00, Fax 28 44 02 25, *bunk@abk-stuttgart.de*, *www.abk-stuttgart.de* (* Essen 5. 12. 54) – **VG:** Köln, Ricke; Amsterdam, Reuten; Stuttgart, Wehr – **S:** 74–82 KA Düsseldorf (Meisterschüler b. Prof. A. Hüppi) – **L:** seit 92 Staatl. ABK Stuttgart (Aktzeichn. u. -malerei) – **P:** Förd.pr. d. Rheinischen Post 84; Alfred Krupp v. Bohlen u. Halbach Stift. Essen 86; Kunstfonds 89; Will-Grohmann-Pr. 90; Konrad-von-Soest-Pr. 98; Ingrid Kipper-Stift. 01; Arb.stip. Mus. im Busch Namibia 02 – **G/T:** exper. Umgang m. figurativer Zeichn. u. Malerei – **W:** zahlr. in Privatbes. – **M:** Düsseldorf, Mus. Kunst Pal.; Etaneno/Namibia, Mus. im Busch; Münster, Westf. LM; Nürnberg, Neues Mus.; Stuttgart, SG; Stuttgart, Slg d. Staatl. ABK; Ulm, Ulmer Mus. – **Ö:** Düsseldorf, U-Bahn-Haltestelle Heinrich Heine Allee – **E:** u. a. 91 Frankfurt am Main, Portikus; 92, 96, 03 Stuttgart, Wehr; 95 Köln, Ricke; 98 Ulm, Ulmer Mus.; 99 Münster, Westf. LM; 01 Berlin, Offener Kanal; Soest, Wilhelm-Morgner-Haus; Möhnesee, Kunsthaus Möhnesee; 02 Baden-Baden, Ges. d. Freunde junger Kunst; Arnsberg, KV; 03 Schwäbisch Hall, StG – **G:** u. a. 01 Münster, Westf. LM; 01, 03 Stuttgart, Württembergischer KV; 02 Düsseldorf, Malkasten; 03 Stuttgart, HS d. Medien; Basel, Littmann; Rottenburg, Kulturver. Zehntscheuer; Amsterdam, Reuten – **V:** u. a. m. H. Meister in: Der fokussierte Blick 95; Persönliche Stadtpläne 03 – ***Lit:*** u. a. F. Meschede: Groteske Realitäten, in: Künstler, Kritisches Lexikon der Gegenwartskunst 92; T. Andersen: Mongrel Muse Works on paper 93; R. Haendler: Aneignungen und Rollenspiele, in: Der Blick hinter den Spiegel, Bildnisse und Selbstbildnisse in der Sammlung Würth 95; 10 Jahre Portikus 97; H. B. Das Labor der Bilder 98; Kabinett der Zeichnung 00; Die Sammlung der Staatlichen Akademie der Bildenden Künste Stuttgart 00; Ingrid Kipper (Hrsg.): Friedrich Meschede Von der Betrachtung nach innen im Außen, in: Schauraum/show room 01; Kasper König zum 60. Geburtstag 03 – (Red.)

Bunus, Ioan, Bild. Künstler (Dipl. Lizentiat d. Akad. d. Bild. Künste Cluj/Rumänien); Fikentscherstr. 2, D-

76229 Karlsruhe. c/o Galerie Emilia Suciu, Pforzheimer Str. 120, D-76275 Ettlingen, Tel. (0 72 43) 3 86 93, Fax 3 86 94 (* Reghin/Siebenbürgen, Rumänien 11. 8. 52) – **VG:** Ettlingen, Suciu – **S:** 73–79 ABK Cluj/Rumänien (Abt. Graph. b. Prof. Joachim Nica) – **L:** 79–82 LAuftr. f. Graph. in Oradea/Rumänien; seit 99 Éc. Reg. des Beaux Arts Cherbourg/Frkr. – **P:** Nat.pr. f. Graph. Rumänien 80; Pr. d. Ausst. 'Das runde Format als Aktionsfeld' Köln 87 – **Ve:** Badischer KV 83; BBK Karlsruhe 83; Ges. d. Freunde junger Kunst Baden-Baden 83 – **KGr:** MAMŰ (Budapest, 79); I.S.C.A. (New York, 83); Usine Ephemère (Paris, 89–95) – **G/T:** Orig.-Zchng; Graph., Materialbild; Objektkunst; naturbezogene Werke – **W:** in weltweitem Privatbes., u. a. in Dtld, Öst., Jap., Südkorea, Frkr. u. Ital.; weitere u. a. in Bes. d. Univ. Research Libraries USA – **M:** Ettlingen, Suciu – Skulpt.garten; Granville, Fonds Christian Dior; Karlsruhe, Reg.präsidium; Oradea/Rumänien, KM – **Ö:** Aubergenville, Lycé van Gogh (Kunst am Bau); Durbach/Offenburg, Reha-Klinik (Skulpt.wiese); Krastal/Treffen, Bildhauerhaus Otto Eder – **E:** 85 Karlsruhe, Hilbur; 88 Karlsruhe, Suciu; Rimini, Sala Mostre Sigismondo; 90 Mexiko-Stadt, American Express Verwaltungsgebäude; 91 Paris, Lavignes-Bastille; Tokio, Art Asteion; 92 Pécs, Haus d. Künste; 92, 93 Brüssel, Rodolphe Janssen Gal.; 93 Karlsruhe, Landgericht; 95 Paris, La Ferronerie; 95, 00, 04 Ettlingen, Suciu; 97 Luxemburg, Europ. Gerichtshof; 98 Ludwigshafen, Verwaltungsgebäude d. Raschig GmbH; 00 Frankfurt am Main, Raphael-Westend – **G:** zahlr. Bet. an intern. Kunstmessen, u. a. 89 Nizza, Art Jonction Intern.; 90 Tokio, Art Expo Harumi Center; Paris, Grand Pal.; 92–95 Gent, Line Art; 94–96 Straßburg, SIAC; Straßburg, Art Straßburg; Budapest, Art Expo; 04 Karlsruhe, Kunstmesse; Santa Monica/CA, The Living Room Projects in Contemp. Art; Minneapolis/MI, The Bakken Library and Mus.; 05 Springfield/OR, City Hall Gall.; Karlsruhe, Art Karlsruhe; Arcos de Valdevez/Portugal, Gal. Queiroza; Chaville, Atrium; Ulm, Donauschwäb. Zentralmus.: Slg Suciu; 06 Budapest, Ernst-Mus.: Common Space – Közös tér (Kat.); Melun, Espace Saint Jean: Salon d'Arts Plastiques; Ceuta, Mus. del Revelin: Premio Convivencia – sowie Teiln. an d. Intern. Bildhauersymposien in Durbach, Offenburg u. Krastal – **V:** A Pori Aperti, I.B. Disegni 88; Ádám Simó: Mindjárt jövök, Gedichtbd 00; Moon Young-Houn: Die Blume d. Unendlichkeit 03; Dietrich Maier: Karlsruher Brunnen (Bildbeitr.) 04 – ***Lit:*** Gal. Emilia Suciu Karlsruhe (Hrsg.): I.B. Werke aus d. Jahren 1989–1991 91; Júlia Cserba: Magyar Képzömüvészek Franciaorsza'gban 1903–2005 – ***LitR:*** Alexander Antik, Dokf. z. Beitr. v. I.B. auf d. mailart Rumänien, UTOPIA Fs. Rumänien 96

Burant-Burgiel, Jean George, Maler, Zeichner; c/o Künstlergruppe adp, Lohstr. 37, D-31785 Hameln – **S:** Ausb. als Maler u. Zeichner – **G/T:** Malerei; Zchng; Tachismus – ***Lit:*** Werkkat.

Burchardt, Kerstin s. Gnauck, Kerstin

Burck, Barbara, Malerin; Käthe-Kollwitz-Str. 12, D-04109 Leipzig, Tel. (03 41) 6 89 64 75 (* Berlin 17. 2. 60) – **VG:** Köln, Inter Art Gal. – **S:** 79–85 HGB Leipzig (84–85 Meisterschülerin b. Prof. Bernhard Heisig) – **P:** Künstlerdorf Schöppingen (Aufenthaltsstip.) 93, 94 – **G/T:** vorw. Ölmalerei u. Papierarb. (Figuren in Innen- u. Außenräumen, Stilleben) – **W:** überw. in Privatbes. – **M:** Leipzig, KH Spk. – **E:** 96, 99, 04 Köln, Inter Art Gal.; 97 Erlangen, Weiß; 01 Berlin, Dom Capitol am Gendarmenmarkt; Berlin, Art Management Drews; 02 Leipzig, FHS Dt. Telekom; 07 Panitzsch, KV; – sowie: seit 89 Leipzig, versch. Ausst. – **G:** u. a. 86 Altenburg, Lindenau-Mus.; 87 Dresden, Kunstausst. d. DDR; 94 Schöppingen, Künstlerdorf: Stipendiaten 93/94 (Kat.); 04 Leipzig, Die Elfte: Jahresausst. – ***Lit:*** Bildende Künstler in Leipzig 06

Burg, Ineke van der (verh. Ineke Heeling), Modedesignerin; Schloßgasse 4, D-72160 Horb-Dettingen, Tel. (0 74 82) 92 97 82, Fax 92 97 81 (* Rotterdam 18. 2. 56) – **VG:** Wezup, Kunsthuis Interlokaal; Worb, Kult.ver. Atelier Worb – **S:** 74–77 FHS Modeakad. Amsterdam (Modedesign b. Corstiaan de Vries) – **L:** 94–97 Schule f. Gest. Bern (Prof. f. Fargbest.) – **P:** 1. Pr. d. Stadt Neubulach (f. Kunst am Bau) 05 – **Ve:** VG Bild-Kunst 98 – **G/T:** Farbfeldmalerei – **W:** überw. in Privatbes. – **M:** Leinfelden-Echterdingen, Mus. – **Ö:** Calw; Karlsruhe, Reg.präsidium; Neubulach, RH; Weil im Schönbuch, RH; Wildberg, RH – **E:** / G: zahlr. Bet. seit 94, zuletzt u. a. 02 Neuchâtel-Biel, Expo Schweiz; 04 Calw, Ldratsamt; Worb, Gal. Worb; 06 Dettingen/Erms, Schloß; Horb, Gal. d. KV; Weinstadt-Endersbach, Gal. im Lichthaus

Burg, Peter von, Masch. Ing., Bildhauer; Grütlistr. 13, CH-8840 Einsiedeln, Tel. 05 54 12 39 34, Fax 05 54 12 87 79, *peter@art-vonburg.ch*, *www.art-vonburg.ch* (* Balsthal 16. 4. 34) – **VG:** Meisterschwanden, Mese-Fischer – **S:** 94–96 Intern. Bildhauerschule Pietrasanta (Prof. Pasquale Martini); 96–03 Weiterbild. b. Bildhauer Al'Leu in Zürich (abstr. Skulpt.) – **Ve:** Schwyzer Künstlervrg (Vorstandsmitgl.) 99; Verb. Schweizer. Bildhauer- u. Steinmetzmeister; Kunst-Forum Intern. Meisterschwanden – **G/T:** Skulpt. (Stein, vorw. Marmor, abstr.) – **W:** Werke in Privatbes. in Dtld, d. Schweiz u. d. Toskana/Ital. – **E:** 12 Ausst. in d. Schweiz – **G:** 14 Ausst.bet. in d. Schweiz u. in Öst. – ***Lit:*** Al'Leu: Der Bildhauer P. v. B., Portr. 00; P. v. B. Neue Skulpturen (vorgestellt v. Al'Leu) – (Red.)

Burgeff, Hans Karl, Prof. em., Bildhauer; Wilhelm-Waldeyer-Str. 16, D-50937 Köln, Tel. (02 21) 4 21 09 79 (* Würzburg 20. 4. 28) – **S:** 50 Kunst- u. Handwerkerschule Würzburg (Bildhauerei b. Richard Rother u. Malerei b. Heiner Dickreiter); 51 Kölner Werkschulen; 56–57 ebda (Meisterschüler v. Ludwig Gries) – **L:** 68 Kölner Werkschulen (Leiter d. Kl. f. Bildhauerei u. Bauplast.); seit 74 ebda (Prof.) – **P:** Kunstförd.pr. d. Stadt Köln 67 – **G/T:** u. a. Bildnis-Med. u. -plaketten, Kleinplast., Großplast. als Auftragswerk – **W:** zahlr. Arb. in Privatbes. – **Ö:** u. a. Aachen, Stadtwerke (Wandrelief); Berlin, Olympiastadion (Bronzerelief); Bonn, Abgeordnetenhaus (Gedenkstein); Bonn-Bad Godesberg, Theater-Brunnen (Basalt, Bronze); Büttelborn, St. Nikolaus v. d. Flühe (Fenster); Düsseldorf-Benrath, Stadtkirche (Kreuz); Geldern, Lise-Meitner-Gymnasium (Bronzerelief); Hildesheim, Stadtkirche St. Peter u. St. Paul (Kalkstein); Köln, Dionysos-Brunnen (Bronze, Granit), ebda, RHturm (Statuen); Saarlouis, St. Ludwig (Altarraumgest.); Trier, Dom (Innenhofportal); Würzburg, Univ. (Portr.-Reliefs) – ***Lit:*** AKL – (Red.)

Burger, Dietrich, Prof., Maler u. Graphiker; Nerchauer Str. 26, D-04688 Mutzschen-Roda, Tel. (03 43 85) 5 20 04 (* Bad Frankenhausen 14. 8. 35) – **S:** 53–58 HGB Leipzig (b. B. Heisig) – **L:** 64–00 HGB Leipzig (Doz. seit 77, Prof. seit 84) – **P:** Kunstpr. d. Stadt Leipzig 84; Kunstpr. d. DDR 88 – **Ve:** VBK DDR 58–90; BBKL 90 – **G/T:** Malerei (auch Wandmalerei); Graph. (Lith., Rad., Hschn., Zeichn.) – **M:** Altenburg, Lindenau-Mus.; Leipzig, KH Spk.; Leipzig, MBK; Schwerin, Staatl. Mus. – **E:** seit 66, u. a. 72 Leipzig, MBK; 85 Berlin, Gal. Mitte; 90 Schwerin, Staatl. Mus.; 95 Leipzig, Gal. M. – **G:** u. a. seit 59 Leipzig, Bez.-Kunst-Ausst.; Dresden, Kunst-Ausst. d. DDR; 86 Rostock, Gal. am Meer; 94 Dresden, Schloß; sowie in

Budapest, Lyon, Paris u. Wrocław – *Lit:* AKL, Bd. 15 97; Lang 02; Bildende Künstler in Leipzig 06 – (Red.)

Burger, Fritz, Fachinspektor, Textildesigner f. Trachten; Hofferpl. 4/1/1, A-1160 Wien, Tel. (01) 4 94 37 55 (* Wien 6. 4. 22) – **S:** 36–40 Wiener Textilschule u. VHS Wien; Bundeslehranstalt f. Textilindustr.; 59 Lehrgang b. Prof. Matejka Felden u. künstler. VHS Wien; 82 VHS Wien (Kurs f. Restaurierung b. Gerhard Holzer); b. Prof. Anatol Solotarew in Steinach Irdning (Sem. f. Ölmalerei); b. Boris Rabinowich (Pastellmalerei, Zeichnen m. Kohle, Rötel u. Aqu.malen); b. Othmar Wundsam (Aqu.technik) – **G/T:** Textildesign f. Trachtenstoffe, Trachtentücher u. Paramentik (u. a. Vorlagen u. zeichner. Bearbeitung); Werbegraph.; Malerei – **W:** ausschl. in Privatbes. – **G:** kleinere Ausst. m. Kollegen

Burger, Harald, Maler; Priemershof 1, D-95326 Kulmbach, Tel. (0 92 21) 8 63 50, Fax 80 41 34, *HB@haraldburger.com*, *www.haraldburger.com* (* Kulmbach 5. 11. 52) – **VG:** München, Kunst im Glashaus; Mannheim, Böhner – **S:** 72–75 Bayreuth, PH (Kunsterziehung b. Prof. W. Böhm); 78–81 Univ. Würzburg (Sonderpädagogik u. Kunsterziehung b. Prof. Mahlke); 94 Bildhauer-Workshop b. A. Sewcz – **P:** Kat.förd. Stadt Kulmbach 96; Kat.förd. Kr. Kulmbach 96; Kult.pr. d. Wählergemeinschaft Kulmbach 99 – **Ve:** BBK Ofr. 89; Förd.gemeinschaft Junger Kunst Bad Honnef 98 – **G/T:** Malerei, Multimedia-Install. – **K:** Rad. u. Keramik – **W:** zahlr. Werke in Privatslgn, u. a. in d. Slg Thomas, Berlin; Multimedia-Install. Angelitos Negros – **M:** Karlsruhe, Badisches LM; Paris, Centre culturel – **Ö:** Bad Alexandersbad, Ev. VHS; Bamberg, Jugenddiözese; Bonneuil, Colop France; Kulmbach, Noris; Leverkusen, Bayer AG; München, Bauzentrum; Passau, Zahnradfabrik – **E:** u. a. 93 München, Kunst im Glashaus; Münchberg, Gal. im Bürgerzentrum; 95 Bayreuth, Gal. Pyramide; München, Gal. im Bauzentrum; 96 Montevideo, Goethe-Inst.; 99 Königswinter, Refugium Zentrum; Mannheim, Böhner; Frankfurt am Main, Gal. im Gallustheater; 00 Paris, Le Hall d'exposition du centre culturel; 01 Schweinfurt, SEB-Bank; 02 Krefeld, Kult.fabrik; Düsseldorf, Augentrost; 03 München, Aachener u. Münchener Versicherung; Ahorn, Schloß Hohenstein; 04 Kallmüne, Gal. am Planel; 05 Düsseldorf, ART-ROOM; 06 Ottobrunn, Treffpunkt Kunst; Norden, De Hahn – **G:** zahlr. Ausst.bet., u. a. zuletzt 84 Berlin, Ver. Berliner Künstler; 92 Plauen, KV; 98 Karlsruhe, Badisches LM; Brüssel, Europ. Parlament; 01 Oldenburg, Kult.zentrum; 03 Bamberg, Stadtgal. – *Lit:* H. B. Estructuras Terrosas, Ausst.kat. 96

Burgert, Hans-Joachim, Prof., Bildhauer, Kalligraph, Dozent; Lassenstr. 22, D-14193 Berlin, Tel. (0 30) 8 26 43 48. Hohenferchesarer Weg 7, D-14778 Marzahne, Tel. (03 38 34) 5 05 13 (* Berlin 8. 9. 28) – **S:** 47–53 HBK Berlin (Malerei b. Ernst Schumacher, Graph. b. Willem Hölter); Gast b. Karl Schmidt-Rottluff – **L:** 77 Technische FHS Berlin (Prof. f. Freies Gest. im FB Archit.) – **Ve:** BBK Berlins; Letter Exchange London – **G/T:** Skulptur (frei, gegenständl.); Kunst f. Kirchenräume (Corpora, Orgelprospekte, farbige Glasfenster, kirchliches Inventar); bibliophile Bücher (eigener Schrifttyp, Handsatz, Graphik, u. a. Linolschnitt u. Rad.) – **W:** ca. 100 Tafelbilder, ca. 600 Kalligraphien, ca. 200 freie Graph. (Zeichn. u. Linolschnitt), ca. 200 musikalische Kompositionen u. ca. 90 freie Skulpt. (auch Reliefs) – **M:** u. a. Berlin, Amerika-Gedenk-Bibliothek; Berlin, Bibliothek d. Freien Univ.; Berlin, Kpst.-Kab.; Berlin, Staatsbibliothek; Bremen, Bibliothek d. Univ.; Den Haag, Mus. Meermanno-Westreenianum; Jerusalem, Israel Mus.; Leipzig, Dt. Buch- u. Schrift-Mus. d. Dt. Nat.bibl.; London, Victoria & Albert Mus.; Mainz, Gutenberg-Mus.; München, Bay. Staatsbibliothek; München, Dt. Mus.; New York, Cooper-Hewitt Mus.; Nürnberg, Germanisches NM; Oxford, Bodleian Libr.; Warschau, Bibliothek Narodowa; Washington/DC, Library of Congress; Wolfenbüttel, Herzog-August-Bibliothek – **Ö:** u. a.: Berlin, Kirche zum Heilsbronnen; ebda, Ladenkirche, Dt. Musikarchiv, Geschäftshaus Kurfürstendamm, Erlöserkirche Moabit, Dorfkirche Lichtenrade, Schrippenkirche Wedding (zerstört); Frankfurt am Main, Ev. Akad. v. Hessen; Heckeshorn, Krankenhauskap.; Lehnin, Kap. d. Luise-Henrietten-Stifts; Mariendorf, Friedhof; Nikolassee, Krankenhaus Kap.; Rostock, Apost. Kap.; – sowie in 29 Bibliotheken – **B:** Marzahne: Skulpt.park (Einrichtung) – **E:** 53, 55 Berlin, Wasmuth; 63 Köln, Boisserée; 65 Stuttgart, Hospitalhof; 66, 77 Berlin, Freie Univ.; 68 Berlin, Kleine Weltlaterne; 69 Berlin, Kunstdienst d. Ev. Kirche; New York, Goethe-House; 77 Berlin, Lehr- u. Forschungsinst.; 80 Hildesheim, Gal. im Garten; London, Woodstock Gall.; 81 Horsham, AC; Bonn, Kunsthaus; Hannover, Gal. Werkhof; 82 Den Haag, Mus. Meermanno-Westreenianum; 83 Berlin, Amerika-Gedenk-Bibliothek; 84 Berlin, Ladengal.; 86 Frankfurt am Main, Gal. A; 91 Luxemburg, Nat.-Bibliothek; 93 Warschau, Gal. C&M; Magdeburg, Lit.haus – **V:** H.J.B. kleine Zeichnungen 1950 – 2000 01; bibliophile Bücher u. Mappen m. eigenen Schrifttypen u. Buchgraph. (Hoch- u. Tiefdruck), Burgert Handpresse; – Manuskripte: Versuch einer Ästhetik 92; Schrift als Kalligraphie/ The Calligraphic Line 99 – *Lit:* E. Rau, M. Helme: Images of Man 80; Bilder von Menschen 80; Wim Zaal, Eckard Rau: Ludus Scribendi 82; Alte Kirchen in Berlin 87; Stan Knight: The Scribe 88; Hillach, Rau u. Berger: Werkverzeichnis 89; Ewan Clayton: Dot the i 91; Clayton, Hillach u. Van der Vekene: Ludus Scribendi 91; Bauer u. Hillach: H.J.B. – Malerei – sowie zahlr. Beitr. in Ztgn u. Zss – ***LitR:*** Frank Pauli: H.-J. B., Film SFB 69; – sowie Kurzf. u. Interviews üb. d. Arb.

Burges, Michael, Maler; Ronsdorferstr. 77a, D-40233 Düsseldorf, Tel. u. Fax (02 11) 7 33 73 64, *contact@michael-burges.de*, *www.michael-burges.de* (* Düsseldorf 54) – **VG:** u. a. Köln, Holtmann; Stuttgart, Harthan; Düsseldorf, Lausberg; München, Braunbehrens; Paris, Vanhoecke – **S:** 73–74 Heinrich-Heine-Univ. Düsseldorf (Sozialwiss.); 74–84 ebda (Vergleichende Relig.wiss., Ethnologie u. Indologie, M.A., 74–75 Musikwiss., 75–78 Oriental. Kunstgesch., 75–77 Sinologie); 77 Friedrich-Wilhelms-Univ. Bonn (Vor- u. Frühgesch.) – **G/T:** 1970: Kurzgesch., Lyrik, Zchngn; 1972: Objekte, Exper. Musik; 1977: Akust. Environments, Performances u. Install.; seit 1983 Abstr. Malerei – **M:** Bonn, Artothek im KV; Kaiserslautern, Pfalz-Gal. – **Ö:** Bonn, Telekom (Wandbildinstall., 2000); ebda, Unikliniken (Neue Epileptologie, Wandbildinstall., 2000) – **E:** zahlr., u. a. 95 Essen, Mus. Folkwang (Kat.); Wuppertal, Von der Heydt-Mus. (Kat.); 95, 97, 00 (Kat.), 02, 05 Stuttgart, Harthan; 96, 97, 98 (Kat.), 01, 04 Köln, Holtmann; 97 Düsseldorf, Sies (Kat.); 98 Aachen, Kornelimünster; 00 Gladbeck, StG (Kat.); Hamminkeln, Schloß Ringenberg (m. Enrik Hüpeden); Düsseldorf, KV; 00 (Kat.), 02 Luxembourg, Lea Gredt; 03 München, Braunbehrens (Kat.); Radolfzell, Vayhinger; 04 Cachan, Vanhoecke (m. Thomas Schönauer); Hongkong, Schoeni Art Gall. (Kat.); 05 Lüttich, Monos Art Gall.; 06 Düsseldorf, SAS Radisson Hotel (m. Thomas Schönauer); Wiesbaden, Winter (m. Thomas Schönauer); Duisburg-Hafen, Pier 1 Lobby; Düsseldorf, Lausberg – **G:** zuletzt 06 Paris, Vanhoecke: Prèsentation des Artistes de la Gal.; 07 Cachan, Parisud: Espaces transitoires; Bonn, Künstlerforum: Touched by India;

Lüttich, Monos Art Gall.; – außerdem zahlr. Messebet., u. a. Art Cologne, Art Basel, Arco Madrid, Art Brussels, Art Frankfurt, Art Toronto, Kunst Zürich, Art Miami u. Art Moscow – (Red.)

Burggaller, Hans-Jürgen; Nithackstr. 24, D-10585 Berlin, Tel. (0 30) 3 41 89 24, Fax 3 41 11 30 – **G/T:** Malerei, Graph. – (Red.)

Burghart, Toni, Maler, Zeichner, Graphiker, Poet; Wielandstr. 34, D-90419 Nürnberg, Tel. (09 11) 33 25 24 (* Nürnberg 14. 6. 28) – **VG:** Nürnberg, Weigl – **S:** 46–48 Lehre als Chromolithograph; Berufsoberschule Nürnberg (Graph.); 48–49 ABK Nürnberg (b. Arthur Rappl, Hermann Wilhelm u. Christian Klaiber) – **P:** u. a. Förd.pr. d. Stadt Nürnberg 65; Pr. d. Intern. Graph.-Ausst. Ljubljana 69; Kunstpr. d. Nürnberger Nachrichten 93 – **KGr:** N (63–65) – **G/T:** u. a. informelle Arb., exper. HSchn., Ldschaftsmalerei – **M:** Nürnberg, KH; Nürnberg, SM Fembohaus – **Ö:** Nürnberg, Gemeinschaftshaus Langwasser (Treppenaufgang, Wandreliefs) – **E:** u. a. 63 Barcelona, Gal. Belarte; 64 London, Madden Gall.; 71 Nürnberg, KH; 75 Nürnberg, Plakaterie; 83 Nürnberg, Albrecht Dürer Ges.; 84 Nürnberg, Kunsthaus; 87 Schwabach, Gal. Bürgerhaus; 88 Behringersdorf, Gal. Am Vogelherd; 91 Feucht, Pfinzingschloß; 95 Erlangen, Gal. Weiß – **G:** zahlr. Ausst.bet. seit 52, v. a. in Nürnberg – ***Lit:*** AKL; Schweers 02 – (Red.)

Burghof-Endres, Margret; Beckumer Str. 19, D-51109 Köln, Tel. (02 21) 89 26 57 – **G/T:** Bildhauerei, Malerei, Fotogr. – (Red.)

Buri, Anton, Architekt HTL, Maler, Bildhauer, Fotograf; Im Theodorshof 1, CH-4310 Rheinfelden, Tel. 06 18 31 22 23, Fax 06 18 31 22 24, *anton.buri@bluewin.ch*, *antonburi.ch*. c/o Kunst + Architektur, *info@antonburi.ch*, *www.anton-buri.ch* (* Krauchthal 29. 2. 56) – **VG:** Basel, Kult.förd.ver. gross-artig – **S:** 77–80 Ing.schule Burgdorf (Architekt HTL) – **G/T:** Malerei (Gouache) u. Bildhauerei (Skulpt., Holz, Gips), Thema: Mensch; Fotogr. (Objekte); Aqu. u. Zchng (natürl. Ill.) – **Ö:** Rheinfelden, Rehaklinik; ebda, Klinik Schützen – **B:** Lohn-Ammannsegg: Schulhaus – **E:** 98 Lohn, Alte Schmitte; 99 Solothurn, Krummer Turm; Solothurn, Muttiturm; 03 St. Moritz, KH; 05 Rheinfelden, Worldsoft City Center; Rheinfelden, Offenes Atelier; 06 Basel, Onyx; Basel, Banca Populare di Sondrio; Biberist, Schlösschen Vorder-Bleichenberg – ***Lit:*** in: Neue Mittelld Ztg v. 13.5.99; in: Frickthaler Ztg vom 20.5. u. 15.9.05 – ***LitR:*** Schulhaus Lohn-Ammennsegg, Fs.beitr. (DRS Aktuell) 93

Buri, Samuel, Maler, Plastiker u. Lithograph; Mühlenberg 20, CH-4052 Basel (* Täuffelen 27. 9. 35) – **VG:** Basel, Beyeler – **S:** 53–55 KGS Basel (u. a. b. Martin Christ, Walter Bodmer, Theo Eble, Max Sulzbachner) – **L:** 71–81 Éc. Nationale Supérieure de l'Enseignement Technique Cachan b. Paris (LBeauftr.) – **P:** Kiefer-Hablitzel-Stip. 55, 58; Jubiläumspr. f. Malerei d. Ges. Schweiz. Maler, Bildhauer u. Architekten 65; Prix Arnys 67; Kunstpr. d. Basler Ztg 90; Wettb. 'Die schönsten Schweizerbücher' 92 – **G/T:** Malerei (Öl, Acryl, Aqu.); Graph. (Tusche, Bleistift, Lith.); Skulpt.; Kunst am Bau (Wand- u. Glasbilder, Keramikarb., Mosaike); Aktionen u. Install. – **M:** u. a. Basel, KM; Bern, KM; Dijon, Mus. des Beaux-Arts; Luzern, KM; München, Europ. Patentamt; Olten, KM; Paris, FNAC; Schaffhausen, Mus. zu Allerheiligen; Thun, KM; Zürich, Kunsthaus – **Ö:** Biel, Amthaus; Siviriez/Kt. Freiburg, Pfarrk. – **E:** u. a. 74 Schaffhausen, Mus. zu Allerheiligen; 76 Paris, Mus. d'Art Mod. de la Ville; 77 Basel, KH; 77, 80 Paris, Gal. Jean Briance; 78 Biel, KV; 83, 88, 92, 01, 05 Basel, Beyeler; 90 La Neuveville, Gal. Noëlla G.; Thun, KM; 91 New York, Swiss Inst.; 95, 99, 03 Zürich, Bommer; 96 St. Ursanne, Kloster – **G:** u. a. 58, 77 São Paulo, Bienn.; 70, 78 Venedig, Bienn. – weitere Ausst.: 00 Bern, Gal. Kornfeld; Vevey, Mus. Jenisch; 01 Genf, Meier; 02 Basel, KH; 03 Basel, Carzaniga & Ueker; 04 Solothurn, Haus d. Kunst – ***Lit:*** AKL; BLSK 98; Katharina Katz: S.B. 95

Burkard, Frank; Kamel-Eck 41, D-78628 Rottweil, *atelier@frank-burkard.de*, *www.frank-burkard.de* (* Rottweil 10. 9. 72) – **VG:** Staufen, Gal. K; Marburg, LOG; Zürich, Hunziker – **S:** 94–00 Inst. d. Künste PH Freiburg – **L:** seit 04 Inst. d. Künste PH Freiburg (Graph.) – **P:** Pr. d. Intern. Plein Air, Gal. Ermelerspeicher Schwedt – **G/T:** konkrete Malerei – **E:** 03 Staufen, Gal. K; 04 Marburg, LOG – **G:** 02 Gottenheim, Sense7-Gall.; 03 Zürich, Hunziker; Marburg, LOG; Schwedt, Gal. Ermelerspeicher – **V:** Die Plastik in der frühen DDR, Zulassungsarb. 99

Burkart, Richard (eigtl. Richard Karl Hermann Burkart); Bergmannstr. 32, D-10961 Berlin, Tel. (0 30) 6 92 54 95 (* Memmingen 30. 11. 50) – **S:** 73–80 HdK Berlin (Meisterkl. Malerei u. Graph. Prof. F. Thieler); 76–80 Schaubühne Hallesches Tor Berlin (u. a. Bühnenmalerei f. Robert Wilson); 86–88 HdK Braunschweig (Kunstwiss.) – **L:** 80–06 Ldesschulamt Berlin (Kunstlehrer Gymnasien); 86 Europ. ABK Trier (Doz. Grundlagen d. Gest.) – **P:** Villa-Romana-Pr. 79, 84; Senat Berlin – Progetto Civitella d'Agliano 89; Senat Berlin – Freie Gr.förd. 90 – **Ve:** BBK Berlins 82; ver.di – Fachgr. Bild. Kunst 98; VG Bild 80 – **G/T:** Konzept-Kunst (Spurensicherung); Malerei; Plast.; Papierarb.; Fotogr.; Objektkunst (Holz) – **K:** Grundlagen bildner. Gest. (m. Lehrbuch), Grundzüge europ. Kult.-gesch. (bild. Kunst, Lit.) – **M:** u. a. Altenburg, Lindenau-Mus.; Augsburg, Staatsbibliothek; Berlin, Berlinische Gal.; Berlin, DHM; Berlin, Kpst.-Kab.; Berlin, Märkisches Mus.; Braunschweig, Herzog Anton Ulrich-Mus.; Bremen, Neues Mus. Weserburg; Dresden, Kpst.-Kab.; Dresden, Staatsbibliothek; Düren, Leopold-Hoesch-Mus.; Frankfurt/Oder, Mus. Junge Kunst; Kassel, Documenta Arch.; Marbach am Neckar, Dt. Literaturarchiv; Nürnberg, Germanisches NM; Offenbach am Main, Klingspor-Mus. – **E:** u. a. 86 Glasgow, Goethe-Inst.; 91 Berlin, Schering KV; 99 Berlin, Brecht-Haus – **G:** u. a. 76–95 Berlin, FBK; 78 Berlin, Haus am Lützowplatz; 87 Trier, Europ. ABK; 89 Bolsena, Progetto d'Agliano; 92 Halberstadt, KV Schloß Riderhof; 93 Bonn, Intern Ges. f. Bild. Künste; 96, 97 Berlin, Projekt Buch-Bild; 01 Zernikow, Gutshof – **V:** u. a. Sprachwelten 99; Kunst-Grundbegriffe, Buchkassette 02; ROMANTICS, Buchkassette 02; Hommage à Caspar David Friedrich 03; LITERATOUR 03; Notizen zur Literatur, Buchkassette 03

Burkart, Rolf A., Zeichner, Graphiker, Buchgestalter; Eckener Str. 18, D-28309 Bremen, Tel. (04 21) 9 58 95 76, *r.a.burkart@web.de*, *www.rab-art.de* (* Worms 5. 1. 62)

BURKH s. Fritsche, Burkhard

Burkhard, Balthasar, Fotograf (* Bern 24. 12. 44) – **VG:** Hamburg, Sfeir-Semler; Glarus, Tschudi; Brüssel, Rodolphe Janssen – **S:** 61–64 Bern (Fotografenlehre b. Kurt Blum) – **P:** Pr. f. zeitgen. Kunst d. Kantonalbank Genf 89 – **G/T:** Fotogr., Fotoinstall. u. -objekte – **M:** Basel, KH; Bern, KM; Luzern, KM – **E:** / G: zahlr. Ausst., u. a. 80 Genf, Centre d'Art Contemp.; 83 Basel, KH (m. Rémy Zaugg); 84, 89 Genf, Mus. Rath; 87 Bern, Friedrich; 88 St. Gallen, KH; La-Roche-sur-Yon, Mus. Mun.; Bern, KH; 89 Basel, Kaufmann; 94 Zug, Kunsthaus; 97 Genf, Stepczynski; 97, 01, 02 Paris, Durand-Dessert; 99 Basel, Walter; 00, 02 Göteborg, Hasselblad Centrum;

01 Thun, KM; Zürich, Helmhaus; 02 München, Tanit; Zürich, Kunsthaus; 03 Davos, Kirchner Mus.; 04 Hamburg, Kunsthaus; 05 Aarau, Aargauer Kunsthaus; Bern, KM; 06 Lons-le-Saunier, Mus. des Beaux-Arts – *Lit:* AKL, Bd. 15 97; BLSK 98; B.B. Omnia, Monogr. 04

Burkhardt, Franz, Maler; lebt u. arbeitet in Köln u. New York (* Wolfenbüttel 66) – **VG:** Düsseldorf, Schübbe; München, Otto – **S:** 87–93 HBK Braunschweig (Freie Kunst b. d. Prof. J. Brus, E. Limiotti u. H. P. Zimmer) – **P:** Jahresstip. d. Wolters Brauerei – **E:** / G: u. a. 02 Düsseldorf, Schübbe; 03 Köln, Gal. Skala – (Red.)

Burki, Marie José, Videokünstlerin (* Biel 11. 1. 61) – **S:** ab 83 Éc. Supérieure d'Art Visuel Genf (u. a. b. d. Videokünstlern Silvie u. Chérif Défraoui) – **P:** UNESCO-Pr. 85; Videonale Bonn (2. Pr.) 88; Pr. cult. Placette 93 – **W:** zahlr. Install., z.B.: Paysage 89, De temps à autre 91, Les unes, les autres 94 – **E:** zahlr., u. a. 94 Brügge, Bruges la Morte; Lausanne, Lehmann; Genf, Mus. d'Art Mod. et Contemp.; 95 Basel, KH; Toronto, AG of York Univ. – **G:** zahlr., u. a. 88 New York, Swiss Inst.; Antwerpen, Zeno X Gall.; 91 La Chaux-de-Fonds, Mus. des Beaux Arts; 92 Kassel, documenta; 94 Basel, KH – **R:** u. a. Animaux (animaux) 91; Expression 2: Chien, vache 92; Expression 3: Chien, bœf, veau 92; De loin en loin 93; Les chiens 94; Intérieur I–V 95; Parade 95 – *Lit:* AKL; BLSK 98 – (Red.)

Burri, René, Fotograf u. Filmemacher; c/o Magnum Photos, 19 Rue Hegesippe Moreau, F-75018 Paris (* Zürich 9. 4. 33) – **VG:** Berlin, Gal. argus fotokunst – **S:** 49–53 KGS Zürich (Vorkurs b. Johannes Itten, Fotokl. b. Hans Finsler u. Alfred Willimann) – **P:** Dr.-Erich-Salomon-Pr. d. DGPh 98 – **Ve:** Fotoagentur Magnum (55 assoziiertes Mitgl., 59 Voll-Mitgl., 64 Gründ.mitgl. von Magnum Films, 82 Vize-Präs. von Magnum in Europa) – **KGr:** Magnum – **G/T:** Fotogr., Film, Collage – **M:** u. a. Arles, Mus. Réattu; Charleroi, Pal. des Beaux-Arts; Chicago, Art Inst.; Essen, Mus. Folkwang; Köln, Mus. Ludwig; New York, Intern. Center of Photogr.; New York, MOMA; New York, Metropolitan Mus. of Art; Paris, Bibliothèque Nat.; Zürich, Kunsthaus – **E:** 66 Zürich, Gal. Form; 67 Chicago, Art Inst.; 71 Paris, Gal. Rencontre; 72 New York, Gall. Raffi; Mailand, Gall. Il Diaframma; 80 Essen, Mus. Folkwang; 81 Köln, Gal. Kicken; 82 Berlin, Nagel; 84 Zürich, Kunsthaus; Bern, Photo-Gal.; Paris, Pal. de Tokyo; Lausanne, Mus. des Arts Décoratifs; 02 Genua, Mus. della Fotografia; 03 Burghausen/Salzach, Dr. Robert-Gerlich-Mus.; 04 Lausanne, Mus. de l'Elysée – **G:** 03 Hannover, Haus d. Fotogr. – **V:** Die Deutschen 61; Ein amerikanischer Traum 86; Le Corbusier 99 – Publ. in zahlr. Zss., u. a. Look, Life, Du, Paris Match, Stern u. Geo – **R:** Dok.-, Werbe- u. Industr.filme, u. a. The Physical Face of China 65; Three Villages of China 65; The Industrial Revolution 65; Jerusalem 67; The Two Faces of China 68; R. B. u. Peter Ammann: Braccia Si, Uomini No 70; R. B. u. Philipp Gittelman: Xerox in Concert 71; Jean Tinguely 72; Indian Summer 73 – *Lit:* AKL; Contemp. Photographers 95; Hans M. Koetzle: R.B. Fotografien 03 – (Red.)

Burri, Ruth; Chefeligasse 2, CH-3662 Seftigen, Tel. 03 33 45 29 86, Fax 03 33 45 29 86, *r.hp.burri@bluewin.ch*, *www.ruth-burri.ch* – **G/T:** Bildhauerei, Malerei – (Red.)

Burwitz, Nils, B. A. (Fine Arts) (Rand), Maler, Graphiker, Zeichner, Bildhauer; Calle Rosa 22, E-07170 Valldemossa/Mallorca, Tel. (00 34–9 71) 61 28 38, Fax 61 28 39, *nils@burwitz-art.com*, *www.burwitz-art.de* (* Swinemünde 16. 10. 40) – **VG:** Madrid, Bennassar – **S:** 60–63 Witwatersrand Univ. Johannesburg/Südafrika (Bachelor of Fine Arts, b. Erica Berry, Cecily Sash, Charles Argent, Giuseppe Cattaneo); 65–67 Stud.reise durch Europa – **L:** 75 LBeauftr. Witwatersrand Univ. – **P:** Henri-Lidchi-Pr., Johannesburg 62; Goldmed. (Innenarchit.), Johannesburg 63; Art-South-Africa-Today (Spezialpr. f. Zchng), Durban 63; 1. Pr. National Painting Compet., Kapstadt 63; Herbert-Evans-Pr. f. Malerei, Johannesburg 63; African Art Centre Award, Durban 71; Art Critics Award, XI. Graphic Bienn. Ljubljana 75; Hon. Mention, I. Graphic Bienn. Listowel/Irland 78; Lowick House Printmaking Trust Award, VI. British Print Bienn. Bradford 79; Prix de la Ville de Monaco, Gr. Prix Intern. d'Art Contemp. Monte Carlo 81; 1. Pr. d. Stadt Palma, Intern. Wettb. d. Malerei Palma de Mallorca 82; Pr. 'Beste Landschaft', V. Intern. Wettb. d. Malerei Andraitx/Mallorca 82; Pr. 'Guillem Cifre de Colonya', XXI. Intern. Wettb. d. Malerei Pollenca 82; Mention of Hon., Japan Intern. Artist Soc. Exhib. Tokyo 82; Ibizgrafic Pr., Ibiza 82; Silbermed., VI. Intern. Wettb. d. Malerei Andraitx/Mallorca 83; Mención de Hon., Bien. Grafica 'Embragel' Cabo Frio/Bras. 83; Mención de Hon., World Print Council San Francisco 83; Goldmed. Rondino-Neapel 85; 1. Pr., Premio Nacional de Acuarela Guarro Casas, Barcelona 95; 1. Pr. Tolerance Memorial, Denkmalsentwurf 'Recorda 1691 Zahor' Palma de Mallorca 95; Europäer d. Balearen 99; Premio 'Diario de Mallorca' 03; Premio Populars – 'Bischof Teodor Ubeda' 04 – **G/T:** Zchngn; Malerei (u. a. Bleiglasfenster); Druckgraph. (u. a. nach Fotogr., Rad. in Polyester); Environments; Objekte; Plastik; Entwickl. d. Harzgravur (74); Visuelle Konzepte f. Bühnenwerke u. ein Musical (69–79) – **M:** Cape Town, NG; Dresden, GG NM; Dresden, Kpst.-Kab.; Durban, Art Gall.; Hamburg, KH; Johannesburg, Africana Mus.; Johannesburg, Art Gall.; Kimberley, William Humphreys Gall.; Köln, Mus. Ludwig; London, British Mus.; London, Victoria & Albert Mus.; Pretoria, KM; Randburg, Africa Mus.; Stellenbosch, Rembrandt Art Found.; Tokio, NM of Mod. Art; Warschau, MMA; Washington/DC, Library of Congress; Wien, Albertina – **Ö:** Bleiglasfenstergest. in Kirchen u. im öff. Raum auf MALLORCA u. a.: Algaida, Church of St. Peter and St. Paul; Lluc, Monastery; Monastery of Our Lady of Cura; Palma, Church of Santa Eulalia; Palma, Consulat del Mar; Son Armadans/Palma, Anglican Church of St. James and St. Philipp; Son Ferriol, Church of St. Anthony Abat; Son Serralta, priv. Chapel; Son Vida/Palma, Arabella Golf Hotel; ebda, Castillo Hotel; ebda, Privathaus; Valldemossa, Hermitage of the Holy Trinity; ebda, Royal Charterhouse; – weiterhin Arbeiten u. a. in: Alicante, Nueva Daya; Berlin, Bundeskanzleramt; Johannesburg, New German School; ebda, Witwatersrand Univ.; Sa Pobla/Mallorca, Plaza de la Concordia (Mauer-Mahnmal aus Stahl u. Glas); Tegernsee, San Quirin; Windhagen, Ergoline-Schulungszentrum; sowie in: Hamburg, Münster, East Worldham/GB – **E:** u. a. ab 64 regelm. in Johannesburg, Kapstadt, Pretoria, Durban; 77, 79 Ljubljana, Mala Gal.; 79 Kimberley, William Humphreys Gall.; 82 Palma de Mallorca; – zuletzt: 95 München, KH Germering (Kat.); 98 Lluc, Kloster; 01 Sa Pobla, MAC (Kat.); 02 Wolfenbüttel, Herzog-August-Bibliothek/Lessinghaus (Kat.); 03–04 Berlin-Lichterfelde, Petruskirche – **V:** u. a.: Locust Variations, Portfolio 67; It's about time, 1. Portfolio v. 9 Siebdrucken 73; Tidal Zone, 2. Portfolio v. 9 Siebdrucken 74; Suite Sand/Graves, biblioph. Ed. 84; El Miró invisible – vint visions d'un vident, 20 textos d'amics de Joan Miró (20 Graph.) 99; – mehrere Plakate – *Lit:* u. a.: Artlook 6 73, S. 20–23; F. Harmsen: Looking at South African Art 85; N.B. Les estances musicals 1976–1994 94; Reinhold Mißelbeck (Hrsg.): N.B. Auf d. Messers Schneide, Ausst.kat. KH München-Germering 95; N.B. L'ull radiogràfic, radical. Aqu., dibuixes, dissenys i obres gràfiques 1964–2000, Ausst.kat. Museu d'Art Contemp. de Mallorca, Sa Pobla 01; N.B. Auf d. Hochseil, Ausst.kat. Lessinghaus d. Herzog-August-Bibl. Wolfenbüttel 02

Bury, Claus, Prof., Goldschmied, Bildhauer u. Objektkünstler; Vilbeler Landstr. 36, D-60386 Frankfurt am Main, Tel. (0 69) 41 88 04 (* Meerholz/Gelnhausen 29. 3. 46) – **S:** 62–65 Staatl. Zeichen-Akad. Hanau (Ausb. z. Goldschmied); 65–69 Kunst- u. Werkschule Pforzheim (Schmuckgest.) – **L:** seit 71 zahlr. LAuftr. u. Gastprof., u. a. in Pforzheim, London, Jerusalem, Providence/USA, Offenbach, Gießen; seit 87 Bergische Univ./GesamtHS Wuppertal (Prof.) – **P:** Stip. d. Kult.kr. im BDI 76; Stip. des Nat. Endowment for the Arts, Washington 81; Stip. Casa Baldi, Olevano Romano 85; Arb.stip. d. Stift. Kunstfonds Bonn 86; Förd.pr. d. Förd.kr. d. Wilhelm-Lehmbruck-Mus. 86; Kunstförd.pr. Stadtbildhauer d. Stadt Hanau 91 – **G/T:** Goldschmiedekunst; Plast. (u. a. Großplast. im landschaftlichen u. urbanen Raum, archit. Skulpt., vorw. Holz); Install. – **M:** u. a. Gotha, Schloß-Mus.; Wiesbaden, Mus. – **Ö:** u. a. Aachen, FH Eupener Str.; Adelaide, Univ. of Southern Australia; Bremen, Innenhof d. Arb.amtes; Darmstadt, TH; Frankfurt am Main, Konstablerwache; Gelnhausen, Kaiserpfalz; Kassel, Vorpl. d. Arb.amtes; Kingston/R.I., Univ. of Rhode Island; Klein-Welzheim, Regionalparkweg; Köln, Rheinufer Deutz; Königstein/Taunus, Kurpark; New York, Madison Square Park; Oberursel, RHpl.; Offenbach, Dreieichpark; Philadelphia, Moore College of Art; Providence, Brown Univ.; San Diego, Univ. of California; Schwerte, Stadtpark an d. Beckstr./Gasstr.; Wiesbaden, Innenhof d. Verwaltungsgerichts – **E:** u. a. 77 Oldenburg, LM; 79 Melbourne, NG of Victoria; Sydney, Art of Man Gall.; 80 Kingston, Univ. of Rhode Island; 81 Frankfurt am Main, Heberle; 81 Providence, Brown Univ.; 82 Philadelphia, Moore College of Art; 84 Köln, Mus. Ludwig; 86 Duisburg, Wilhelm-Lehmbruck-Mus.; 87 Wiesbaden, Mus.; 89, 01 Neuenkirchen, KV Springhornhof; 89 Nürnberg, Germanisches NM; 90 New York, Helen Drutt Gall.; Wolfenbüttel, KV; Frankfurt am Main, Appel & Fertsch; 92 Pforzheim, KV; 93 Regensburg, Lindinger + Schmid; 94 Essen, Mus. Folkwang; Gotha, Schloß.Mus.; 95 Darmstadt, Hess. LM; Ludwigsburg, Villa Franck, KV; 02 Mannheim, StKH – **G:** u. a. 83 New York, Pratt Inst. Gall.; 87 Ludwigshafen, Wilhelm-Hack-Mus.; 88 Berlin, SKH; 90 Vilnius, Minsk, St. Petersburg, Kiev – ***Lit:*** AKL; Reclams Künstlerlex. 02 – (Red.)

Busch, Eberhard s. Erde, Eberhard von der

Busch, Peter, Maler, Graphiker; c/o Galerie Kleindienst, Spinnereistr. 7, Halle 3, D-04179 Leipzig (* Sondershausen 71) – **VG:** Leipzig, Kleindienst – **S:** 87–89 Lehre als Maler in Leipzig; 94–01 HGB Leipzig (Malerei u. Graph., Fachstud. b. Prof. Arno Rink) – **KGr:** LIGA – **M:** Leipzig, KH Spk. – **E:** 98, 01, 02, 05 Leipzig, Kleindienst; 03 Berlin, LIGA; Kopenhagen, Wallner – **G:** u. a. 98, 01 Leipzig, Kleindienst; 01 Bruckmühl, Gal. Markt Bruckmühl; 01, 03 München, Waßermann; 02 Speyer, KV; Frankfurt am Main, Art; Berlin, Liga; Leipzig, KH Spk.; 03 Kopenhagen, Wallner; Leipzig, MBK – ***Lit:*** Bildende Künstler in Leipzig 06 – (Red.)

Busching, Claudia, Malerin, Objektgestalterin; c/o Galerie Inga Kondeyne, Linienstr. 115, D-10115 Berlin, Tel. (0 30) 25 29 73 08, Fax 25 29 73 09, *ingakondeyne @galeriekondeyne.de*, *www.galeriekondeyne.de* (* München 13. 10. 54) – **VG:** Berlin, Kondeyne – **S:** 76–81 HdK Berlin (Malerei b. Prof. Hann Trier, Meisterschülerin) – **P:** Arb.stip. d. Berliner Senats 86, 96; Arb.stip. d. Kunstfonds Bonn 87, 88; Arb.stip. Casa Baldi Olevano Romano 88; Arb.stip. Käuzchensteig 91–94 – **Ve:** BBK Berlins 84–02; VG Bild 96; Dt. Künstlerbund 93; XYLON 89 – **G/T:** Figur- u. Archit.abstr., Malerei auf Collage, HSchn. u. Linolschnitt, Raumzeichn., Möbel- u. Objektgest. – **M:** Bergisch Gladbach, StG Villa Zanders; Berlin, Berlinische Gal.; Berlin, Kpst.-Kab.; Dresden, Kpst.-Kab.; Mainz, LM; Nürnberg, Kpst.-Kab.; Reutlingen, Städt. Slg; Schwäbisch Hall, Hällisch-Fränkisches Mus.; Valencia, Diputacion Provincial de Valencia – **Ö:** Berlin, Bundesmin. f. Arb. u. Soziales; ebda, Tauernallee, Willy Brand Haus; Darmstadt, Wella AG; Essen, AGR GmbH; Frankfurt am Main, Spk.; Gelsenkirchen, VEBA AG; Wuppertal, Barmenia – **E:** u. a. 86 Berlin, Kutscherhaus; 91 Valencia, Sala Parpallo; 92, 94, 96, 01, 02 Hamburg, Köln, Fribourg, APC Gal.; 93 Reutlingen, Städt. KM Spendhaus; 94 Göttingen, KV; 95, 98, 01 Berlin, Kondeyne; 96 Schwäbisch Hall, StG; Würzburg, KV – **G:** zahlr. Ausst.bet. seit 83, u. a. 88 Köln, KH; 90 Venedig, Bienn.; Budapest, KH; 91 Dublin, Hugh Lane Mun. Gall. of Mod. Art; St. Petersburg, Manege; 95 Venedig, Zitadelle; 98 Bergisch Gladbach, StG Villa Zanders; 01 Dortmund, Künstlerhaus; 02 Erfurt, Forum Konkrete Kunst – ***Lit:*** u. a. Thomas Deecke: Zur Situation, ein Versuch, Ausst.kat. 86; Elfie Kreis: Zeitgenössische Ikonen und Chiffren von monumentaler Kraft, in: NIKE, Zs 89; Hildegund Amanshauser: Tore, Ausst.kat. 91; Wolfgang Siano: Licht-Schnitte, Ausst.kat. 94; Hermann Wiesler: Warum Kunst? Die Berliner Malerin C. B., in: Copernikus, Zs 94

Buschor, Markus, Bildhauer; Beim Bahnhof 6, CH-9450 Altstätten, *www.kuenstlerarchiv.ch/markusbuschor* (* Altstätten 4. 4. 64) – **S:** 89–92 Schule f. Holzbildhauerei Brienz; 92 Bildhauerschule Müllheim – **Ve:** Verb. Schweizer Holzbeizmeister VSHB 92 – **KGr:** igls petgalains (92) – **G/T:** Objektkunst (Holz, Stein, Beton u. a.) – **W:** überw. in Privatbes. – **Ö:** Altstätten, Altersheim; ebda, Pfarreiheim, Zünd Systemtechnik; Lüchingen, Pfarreiheim; Sennwald, Friedhof; Wilen b. Wil, Kirche – **E:** 93 Altstätten, Stark; 96 St. Gallen, Rösslitor; 98 Altstätten, Felsenburg; 05 Mels, KAK; 06 Heerbrugg, Stellwerk – **G:** 91 Hannover, Ligna; 95 Guarda, GR; 04 Langenegg, Sägewerk Raid – sowie div. Symposien – **V:** Kuno Bont – LandArte 04 – **R:** Marco Hess – dok:scholle (Video) 02

Buschulte, Wilhelm; Obermassener Kirchweg 16a, D-59423 Unna, Tel. (0 23 03) 1 28 42, Fax 1 28 42 – **G/T:** Malerei – (Red.)

Buser, Magda s. Blau, Magda

Bussalb, Tino Harald s. Tino

Busse, Hans-Busso von, Prof., Architekt; Nederlinger Str. 4, D-80638 München, Tel. (0 89) 1 59 52 34, Fax 15 57 31 (* Oppeln 7. 5. 30) – **S:** 50–54 TH München (Archit.); 55 Massachusetts Inst. of Technology Cambridge/MA – **L:** ab 76 Univ. Dortmund (Prof., zeitweise Dekan d. Fak. Bauwesen) – **P:** zahlr. Pr., u. a. Pr. d. BDA Bay. 59, 73, 79, 86; Archit.pr. d. Ldeshauptstadt München 92; Corporate-Design-Award 92; Fritz-Schumacher-Pr. 93; BVK I. Kl. 02; Bay. Maximilliansorden f. Wiss. u. Kunst 04 – **Ve:** Dt. Werkbund; Bay. Akad. d. Schönen Künste; BDA (71–75 Präs., 87 Ehren-Mitgl.); AK Berlin 94 – **B:** u. a. Auhof: Wkst. f. Behinderte; Coburg: An d. Mauer (Parkhaus); Erding: Erlöserkirche Klettham; Erding: Abfertigungshalle d. Flughafens München-Erding; Mainaschaff: Gemeindezentrum 'An der Senne'; München: Wohnanlage Droste-Hülshoff-Str./Neubeuerner Str.; ebda: Bay. Ldesschule

f. Körperbehinderte; Schwarzenbruck: Gemeinde-Akad. d. Rummelsberger Anstalten; Tutzing: Schloß, Pavillon d. Ev. Akad.; Werneck: Neubauten Psychiatr. Krankenhaus – **E:** 89 Salzburg, Schloß Goldegg; 90 München, TU – **V:** u. a. Wahrnehmungen. Standpunkte zur Architektur 90; Gedanken zum Raum, Wege zur Form 96 – ***Lit:*** AKL; Reclams Künstlerlex. 02 – (Red.)

Busse, Rido, Prof., Designer, Unternehmer, Publizist; c/o busse design ulm GmbH, Nersinger Str. 18, D-89275 Elchingen, *www.busse-design-ulm.de*. Napoleonweg 8, D-89275 Elchingen, Tel. (0 73 08) 92 42 14 (* Wiesbaden 14. 8. 34) – **S:** 53–59 HS f. Gest. Ulm – **L:** KHS Berlin-Weissensee; FHS f. Ing. Ulm; FHS f. Designer München, Darmstadt, Karlsruhe u. Halle – **P:** üb. 400 Ausz. f. Arb. aus d. Inst. busse design, u. a. design communication award 93; Designpr. d. Ldes RP 94; Pr. d. Fachverb. Kunststoff-Konsumwaren 95 – **Ve:** VDID (Präsidiumsmitgl. 80–84); AG Selbständiger Unternehmer; Ver. Dt. Ing.; Gestaltkr. d. Dt. Industr.- u. Handelskammertages (Vors. seit 94) – **M:** New York, MOMA – ***Lit:*** Contemp. Designers 97 – (Red.)

Busz, Ralf, Prof., Keramiker; Frankfurter Str. 223, D-34134 Kassel, Tel. (05 61) 77 49 73 (* Krefeld 39) – **S:** 60–63 WerkKSch Krefeld (Keramik b. Karl-Heinz Modigell u. G. Schwarze); 65–66 HBK Kassel (Keramik b. Walter Popp) – **L:** 66 Pädagogisches Fachinst.; 66–70 HS f. angew. Künste Istanbul (Doz. f. Gefäß- u. Glasurkeramik); 73–74 HBK Kassel (LAuftr.); seit 79 ebda (Prof.) – **P:** Staatspr. d. Ldes BW 75 – **M:** Coburg, KS d. Veste; Düsseldorf, Hetjens-Mus.; Frechen, Keramion; Krefeld, Kaiser-Wilhelm-Mus. – ***Lit:*** AKL – (Red.)

Butsch, Daniela (Daniela Maria Butsch, Ps.: Mizi Niemand), Prof., Intermedia Künstlerin, Professorin für Bewegtbild; Lietzenseeufer 2A, D-14057 Berlin, Tel. (0 30) 24 63 25 99, Fax 31 01 21 77, *dbutsch @ariadnefilm.de*, *www.ariadnefilm.de* (* Mannheim 11. 8. 57) – **S:** 79–89 Freie Univ. Berlin (Phil. u. Theaterwiss.); 95 Univ. of London (Documentary Film) – **L:** 89–91 Freie Univ. Berlin (Doz.); HdK Berlin (Doz.); 97–01 HS f. Technik, Wirtschaft u. Kult. Leipzig (Prof. f. audiovisuelle Produktion im Medienverbund); 04 Acad. voor Beeldende Kunst & Vormgeving Enschede; 06 TH Berlin (Prof. f. Bewegtbild) – **P:** Wettb. Zwischenwasser Bad Aibling 04; Artist in Residence (Lijiang Studio Lijiang u. Kunming/China) 05 – **Ve:** Ag.dok ca. 95; BBK Berlins 03 – **KGr:** Virusnetzwerk (seit 06) – **G/T:** Elektron. Malerei; Videoloops; Fassadenprojektion; Videoprints; Videodok. – **M:** Kaliningrad, Mus. of the World Ocean – **Ö:** Bad Aibling, Therme (MOOR, projizierter Loop in Kuppel d. Therme) – **E:** 97 Berlin, Das Inst. (Videodok.); 02 Passau, Störzer (Fassaden- u. Bodenprojektion); 03 Schwerin, Staatl. Mus. (Fassadenprojektion); 05 Kunming/China, Provincial Library (Fassadenprojektion); Lijiang/China, Lijiang Studio; Berlin, St. Canisius Kirche (Projektion auf Fassade); 06 Berlin, Kult.forum am Potsdamer Pl.; – sowie: 06 Projektraum Bob Curtiz (Videoprints, Loops) – **G:** u. a. 82 Berlin, Gal. am Lützowpl.; 03 Berlin, Projektraum Burgstr.; Münster, Kunstfabrik Hawerkamp (Containerprojektion); Split, Intern. Festival of New Film: Layers of Water; 05 Kunming/China, Jianghu Mobile Video; Berlin, Magistrale (Fassadenprojektion auf d. Kammergericht im Heinrich-von-Kleist-Park); Kassel, Kunsttempel (Klangmus.); Berlin, Tesla Salon im Podewil; 06 Berlin, Kunstsalon Wilde Gans (Videokunst); Berlin, Gal. d. Künste: strictly berlin; Berlin, directors lounge; Kaliningrad, Mus. of the World Ocean: The Salt of Water Festival; Plüschow, Schloß: Figures of Motion. Intern. Videokunst (Kat.); Kassel, Kunsttempel: Mit Haut u. Haar IV; Gijon/Asturien, Optica 2006. Intern. Festival of Video Art; 07 Kassel, Kult.fabrik Salzmann – **V:** Balinesisches Maskentanztheater, Berlin 89 – **R:** VIDEODOKUMENTE: Ira One 97; Jack Ox Intermedia Artist 97; Lota Red 05; Landed Takes & Sound Times

Butz, Heinz, Prof., Maler; Barer Str. 38, D-80333 München, Tel. (0 89) 28 16 21 (* Dillingen/Donau 2. 12. 25) – **VG:** München, Jahn – **S:** 48–50 KHS Augsburg; 50–56 ABK München – **L:** LBeauftr. f. Naturstud., Form- u. Farblehre sowie Komposition: 53–67 Kunst- u. WerkKSch Augsburg; 67–91 ABK München (Prof.) – **P:** Staatl. Förd.pr. f. junge Künstler u. Schriftsteller d. Ldes Bay. 65 – **Ve:** Bay. Akad. d. Schönen Künste (Mitgl.) seit 95 – **W:** Slg Werner Asam in Aichach – **M:** München, Lenbachhaus – **E:** u. a. 64, 66 Augsburg, Hausmann; 67 Rom, Penelope; 72 Augsburg, Keller-Gal.; 77 Augsburg, Rehklau; 84, 86 München, Biedermann; 84, 85, 88, 92, 94, 96, 05–06 (Kat.) München, Jahn; 90, 91 Augsburg, Schaezler-Pal.; 93, 94 Cham, StG; 96 Augsburg, Toskanische Säulenhalle im Zeughaus; Zell am See, Gal. – **G:** u. a. 01 Zürich, Lelong; 02, 03 Heidelberg, KV – ***Lit:*** KUNSTB.: H. B. Bilder 1951–1969 88; H. B. Arbeiten auf Papier 1952–1990 91; H. B. Bildobjekte 1964–1976 94; H. B. Das bildnerische Werk 1949–1994 95; H. B. Gebirgszeichnungen 00

Butzer, André, Maler; lebt in Berlin (* Stuttgart 73) – **VG:** Köln, Hammelehle & Ahrens – **S:** 94–95 Merz-Akad. Stuttgart; 95–97 HBK Hamburg – **KGr:** Akademie Isotrop (96–00) – **E:** u. a. 00 Berlin, Contemporary Fine Arts; 01 Köln, Hammelehle & Ahrens; 02 Wien, Senn; 03 Berlin, Hetzler; 04 Heilbronn, KV; Berlin, Maschenmode; München, Mayer – **G:** u. a. 01 Madrid, Ehrhardt; Glasgow, Transmission Gall.; 02 Baden-Baden, KH; Köln, KV; 03 Graz, KV; 04 Stuttgart, SG; 05 Dortmund, Mus. am Ostwall; Ulm, KV – (Red.)

Butzmann, Manfred, Graphiker, Maler, Illustrator, Fotograf, Plakatkünstler; Hugstr. 27, D-14469 Potsdam-Bornim (* Potsdam 14. 9. 42) – **VG:** Berlin, Linneborn; Berlin, Gal. am Gendarmenmarkt; Berlin, Brusberg – **S:** 61–64 Lehre u. Arbeit als Offsetretuscheur; 64–69 KHS Berlin-Weißensee (b. Werner Klemke, Arno Mohr, Klaus Wittkugel); 69–70 ebd. Aspirantur f. Graph.; 73–77 AK Berlin (Meisterschüler b. Werner Klemke) – **L:** KHS Berlin (LBeauftr.); seit 03 UdK Berlin (LBeauftr.) – **P:** Wettb. '100 ausgewählte Grafiken': 1. Pr. f. Farbgraph. 78, 1. Pr. f. Graph. 89; 100 beste Plakate (fast regelm. vertreten bis 90); Käthe-Kollwitz-Pr. 91 – **G/T:** Graph. (Aquatinta, Offset-Lith.); Zeichn. (auch Aqu.); Fotogr. (auch Foto-Postkarten u. -Plakate); Buch-Ill. – **W:** zahlr. Arb. im öff. Besitz – **M:** Berlin, AK; Berlin, Kpst.-Kab.; Coburg, KS d. Veste; Dresden, Kpst.-Kab.; London, Victoria & Albert Mus.; Schwerin, Staatl. Mus. – **E:** zahlr. seit 71, u. a. 78 Berlin, Gal. Arkade; Jena, Gal. im Stadthaus; 80 Hoyerswerda, Otto-Grotewohl-Club; 81 Dresden, Comenius-Gal.; 82 Magdeburg, Kleine Gal.; 84 Berlin, Gal. im Alten Mus.; 87 Berlin, Gal. in der Dt. Bücherstube; 93 Zürich, Mus. f. Gest. – **G:** u. a. 03 Berlin, Gal. im Kunsthof Hintersdorf – **V:** zahlr. Buch-Ill., u. a. H. Scurla (Ed.): Im Banne der Anden 71; G. Karau: Der gute Stern des Janusz 72; N. Nesse (Ed.): Die Kranichfeder 75; S. Ambrogio: Die Verfettung 72; I. Turgenjew: Mumu und andere Erzählungen 81; U. Grüning: Innehaltend an einem Morgen, Gedichte 83; K. Schmidt: Ein Engel fliegt durch die Tapetenfabrik 87 – ***Lit:*** Flemig 93; AKL, Bd. 15 97; Lang 02; Kunst in der DDR 03; H. Raum: Bildende Kunst in d. DDR 00 (S. 170f.)

Byen, Ung-Pil, Dipl. Maler; c/o ART-isotope Galerie für zeitgenössische Kunst, Johannesstr. 10a, D-

44137 Dortmund, Tel. (02 31) 9 12 26 22, *mail@art-isotope.de*, *www.art-isotope.de* (* Sang-Hyung/Süd Korea 27. 4. 70) – **VG:** Dortmund, ART-isotope – **S:** 89–96 Dong-guk Univ. (freie Kunst); 98–05 KA Münster (freie Kunst, Meisterschüler v. Prof. Guillaume Bijl) – **P:** Förd.pr. d. Förd.ges. d. KA Münster 02; Kunstbombe, Die Kunstmesse im Revier (2. Pr.) 03; DAAD-Stip. f. ausländische Studenten 03; Kunstaspekte-Förd.pr. 04 – **G/T:** Malerei, Skulpt., Computer-Animation – **Ö:** Münster, Oberverwaltungsgericht NRW – **E:** 03 Münster, Wewerka-Pavillon; 04 Warendorf, Gal. Zap-art; Münster, Oberverwaltungsgericht NRW – **G:** 00 Münster, am Hawerkamp; 01 Ochtrup, KV; Herford, StM Daniel-Pöppelmann-Haus; Münster, Stadthaus-Gal.; 02 Dortmund, Künstlerhaus; Münster, Bennohaus; 03 Plankstadt; Schoeppingen, Gal. F6; Herne, Flottmann-Hallen; 04 Borken, Open Art; Recklinghausen, StKH – (Red.)

Byhan-Radewagen, Katja, Dipl.designerin d. Theatermalerei, freischaffende Künstlerin (Malerei, Graph., Ill., Großplast., Prospektmalerei); c/o Atelier, Heidelbergweg 9, D-07580 Ronneburg, Tel. (03 36 02) 4 91 59, Mobil: 0 17 97 37 15 30, *ikatusqgmx.de* (* Gera 3. 11. 75) – **S:** 95–99 HBK Dresden (Theaterausstattung, -malerei, -plast.) – **Ve:** VBK Thür. 06 (voraussichtl.) – **G/T:** Ill.; Malerei; Graph. (Entwicklung einer eigenen Technik: Rad. auf Lw.); überlebensgroße Plast. (Figuren, satir. Darstellung menschl. Verhaltensweisen, f. Innen- u. Außenbereiche); Theaterprospekte, -plast., Bühnenbild- u. Entwurfsarb. – **Ö:** Gera, Kleine Kirchstr. (Figurengr. an d. Fassade) – **E:** zahlr. seit 96, u. a. in Gera, Plauen, Dresden, Zeulenroda, Auerbach/Vogtland – **G:** zahlr. Bet., u. a. 04, 05, 06 Gera, Spk. Gera-Greiz – **V:** Illustrierte Korkenziehermechanismen f. Kenner u. Weinliebhaber, Mappenwerk (Druckgraph., handsigniert u. nummeriert, jl. erweitert um 2 Graph.) 05 – ***Lit:*** Klaus Fryer : K.B.-R. – Malerei, Graph., Ill., Ausst.kat. 05

CaFri s. Friedrichsen, Carsten

Čagalová, Irena s. Ráček, Irena

Cahn, Miriam, Malerin, Zeichnerin, Videokünstlerin; Giessliweg 81, CH-4057 Basel, Tel. u. Fax: 06 16 31 03 46, *miriam.cahn@bluewin.ch* (* Basel 21. 7. 49) – **VG:** Basel, Stampa; Düsseldorf, Schmela; Oslo, Doblong; Antwerpen, Zenox Gal. – **S:** 68–73 KGS Basel (Graph.) – **P:** Förd.pr. d. Ldes BW 84; DAAD-Stip. 85; Pr. d. Hypothekenbank Genf 88; Käthe-Kollwitz-Pr. 98; Karl-Ströher-Pr. 98; Meret Oppenheim Pr. 05 – **G/T:** Malerei (Öl, Aqu., Pastell); Zchng (Kohle, Kreide, auch Zchng im öff. Raum); Objekte, Performance, Video-Install. – **M:** Basel, KM; Basel, Slg Schaulager; Berlin, SMPK; Chur, Bündner KM; Dresden, GG NM; Frankfurt am Main, MMK; London, Tate Coll.; Luzern, KM; New York, MOMA; Sidney/Kanada, Mus.; Zürich, Kunsthaus – **E:** seit 77, u. a. 83 Basel, KH; 85 Wien, Gal. Insam; Baden-Baden, Staatl. KH; 85 Bonn, Städt. KM; 85, 87 Düsseldorf, Schmela; 85, 88 Zürich, Kaufmann; 87 Paris, Centre Culturel Suisse; 88 München, Van de Loo; Genf, Mus. Rath; 92 Frankfurt am Main, MMK; 96 Saarbrücken, Stadt-Gal.; 99 Antwerpen, Zeno X Gall.; 02 Biel, Kunsthaus Centre Pasquart; 03 Madrid, Fund. La Caixa – sowie regelmäßig seit 77 Basel, Stampa – **G:** u. a. 82 Kassel, documenta; 84 Venedig, Bienn.; 86 Sydney, Bienn.; 89 Bonn, KV; 90 Manchester, Cornerhouse; 02 Basel, KH; 05 Brest, Centre d'Art Passerelle – **V:** Lesen in Staub: Arbeiten v. 1976–1988, Ausst.kat. (z. Ausst. im Haus am Waldsee Berlin) 88; was mich anschaut (z. Ausst. Unbenennbar im Kunsthaus Zürich) 93; Überdachte Fluchtwege (z. Ausst. im Kirchner Mus. Davos) 03 – ***Lit:*** AKL; BLSK 98; Contemp. Woman Artists 99; Reclams Künstlerlex. 02; Schweers 02; Andres Meier (Hrsg.): Architekturtraum (Ill.), Ausst.kat. (z. Ausst. im CentrePasquArt Biel) 02

Calatrava, Santiago, Dr. h. c., Dr. sc. Techn., Architekt, Ingenieur, Bildhauer; c/o Santiago Calatrava LLC, Parkring 11, CH-8002 Zürich, Tel. 04 42 04 50 00, Fax 04 42 04 50 01, *www.calatrava.com* (* Benimamet/Valencia 28. 7. 51) – **S:** 68–69 KSch Valencia; 69–73 Escuela Técnica Superior de Arquitectura de Valencia (Archit.); 73 Valencia (Nachdipl.stud. in Urbanistik); 75–79 ETH Zürich (Bauing.stud.); 79–81 ebda (Doktorat d. Technischen Wiss.) – **P:** u. a. Kunstpr. d. Stadt Barcelona 88; Fritz-Schumacher-Pr. f. Städtebau, Archit. u. Ing.wesen 88; Príncipe de Asturias Art Pr. 99; Sir Misha Black Med. 02; Pr. Il Principe e L'Architetto 02; Best of 2001 (Pr. f. Erweiterung d. Milwaukee AM) 02; Grande Méd. d'Or f. Archit. 03; Med. al Mérito a las Bellas Artes Valencia 03; Gold. Plate Award d. Acad. of Achievement Chicago 04; Goldmed. d. Queen Sofia Inst. New York 04; Goldmed. d. American Inst. of Architects Washington 05; Eugene McDermott Award in the Arts d. Massachusettes Inst. of Technology 05; Alta Distinción de la Generalidad Valenciana 05 – **Ve:** Intern. Acad. of Archit. 87; Bund Schweizer Architekten 87; BDA (E.mitgl.) 89 – **B:** zahlr., u. a. Athen, Olymp. Sportkomplex; Berlin: Bundestag, ebda: Jahn-Sportpark, Oberbaumbrücke; Bilbao: Flughafen; Genf: Sporthalle; Hoofddorp/Niederl.: Drei Brücken üb. d. Hoofdvaart; Lissabon: Bahnhof; Luzern: Bahnhof; Lyon-Satolas: TGV-Bahnhof; Malmö: Turning Torso Hochhaus; Mérida: Lusitania-Brücke; Milwaukee: KM (Erweiterung); New York: Kathedrale St. John the Divine, ebda: Bahnhof World Trade Center Path Station, Hochhaus 80 South Str.; Orléans: Europabrücke; Redding/CA: Fußgängerbrücke; Santa Cruz de Tenerife: Konzerthalle; Sevilla: Alamillo-Brücke; Toronto: Fußgänger-Passage Heritage Square; Valencia: Brücke d. 9. Oktober, ebda: Alameda-Brücke, Stadt d. Künste u. Wiss., Opernhaus; Wohlen: Kt.schule; Zürich: Univ.bibliothek – **E:** zahlr., u. a. 91 Zürich, MfG; 92 Rotterdam, Nederlands Archit.-Inst.; 94 New York, MOMA; 96 Zürich, MfG; 01 Athen, Ethniki Pin.; Florenz, Pal. Strozzi; 02 Mexiko-Stadt, Pal. de Minería; Santo Domingo, Mus. de Arte Mod.; 03 Wien, KHM; 05 New York, Metropolitan Mus. of Art; New York, Queen Sofia Spanish Inst. – ***Lit:*** AKL; BLSK 98

Call, Dieter, Bildhauer, Maler, Musiker; Auf Aderich 33, D-52156 Konzen b. Aachen, Tel. u. Fax (0 24 72) 21 48, Mobil: 0 17 35 68 23 25, *dietercall@ginko.de*, *www.dietercall.com* (* Aachen 3. 4. 61) – **VG:** Allschwil, Aphold – **S:** 87–89 KA Düsseldorf; 02–06 HBK Saarbrücken (v. a. Malerei, Plast., Bildhauerei, Zeichn. u. Druckgraph., b. Prof. Wolfgang Nestler u. Prof. Bodo Baumgarten) – **Ve:** BBK Aachen-Euregio 97–01 (Mitbegr. u. Vors.) – **G/T:** Plast., Bildhauerei, Objektkunst (Holz), Klang- u. Schlagzeugperformance, Malerei, Scherenschnitt, Zeichn. – **W:** Arb. überw. in Privatbes. – **M:** Düren, Dt. Angestellten-Akad.; Düsseldorf, Ldesreg. – **E:** 99 Stolberg, StG; 00 Eschweiler, StKS; Aachen, Peterskirche; 01 Aachen, Atelierhaus; 05 Saarlouis, Mus. Haus Ludwig – **G:** zahlr. Ausst.bet., u. a. 86 Aachen, Neuer Aachener KV; 97, 02 Aachen, Ludwig Forum; 98 Brunssum, Cultureel Zentrum; 02 Kerkrade, Industrion-Mus.; 04 Karlsruhe, Art Karlsruhe; 06 Eupen/Belgien, IKOB – Mus. f. zeitgen. Kunst – **V:** HBK Saarbrücken (Hrsg.): Lampen für die Nacht 04 u. Wellenfreuden 05, Graph.-Mappen Atelier Prof. Nestler; No 3 06, Graph.-Mappe Atelier Prof. Rompza – ***Lit:*** u. a. Kat. z. Ausst. d. BBK Aachen im Ludwigforum 97; D. C. – Bilder und Objekte, Ausst.kat. Stolberg

99; D. C. – Objekte und Arbeiten auf Papier, Broschüre z. Ausst. in d. StKS Eschweiler – ***LitR:*** Europaplatz, Fs.beitr./Kurzportr. Westdt. RF 96

Callies, Detlev, Graphik-Designer f. Visuelle Kommunikation; Mülheimer Freiheit 111a, D-51063 Köln, Tel. (02 21) 4 30 44 80, *pictoboy@yahoo.de*, *www.pictoboy.de* (* Hürth-Hermülheim 27. 12. 63) – **S:** Autodidakt – **G/T:** Mischtechnik m. Hilfe d. Oxidation u. v. Acrylfarbe (Klein- u. Großformate auf d. Trägern Papier, Lw., Glas u. Folie) – **E:** 00 Brühl, Gal. am Schloß; 04, 06 Brühl, Orangerie am Schloß; 05 Köln-Mülheim, Kult.bunker – **G:** 03 Wesseling, Kult.ver.

Calvados, Enzian (eigtl. Ernst Kurt Maria Boskamp), Dr. rer. nat.; Mary's Haus, D-25938 Oldsum/Föhr, Tel. (0 46 83) 14 00, Fax 3 73 (* Danzig 4. 3. 25) – (Red.)

Calzolari, Pier Paolo, Maler, Zeichner, Material-, Performance-, Video-, Environment- u. Konzeptkünstler (* Bologna 21. 11. 43) – **VG:** Wien, Steinek – **S:** 61–63 Accademia di Belle Arti Rom – **L:** 66–70 Accademia di Belle Arti Urbino (Prof. f. Malerei) – **P:** DAAD-Stip. f. Berlin 73, 74 – **G/T:** Wegbereiter u. Hauptvertreter d. Arte povera (ab Mitte d. 60er Jahre); lit. u. symbolische Elemente – **M:** Gent, Stedelijk Mus. voor Actuele Kunst; Graz, LM Joanneum; Madrid, MNCARS; Malo, Mus. Casabianca; München, Bay. Staatsgemäldeslgn; Nizza, Mus. d'Art Mod. et Contemp.; Turin, Mus. d'Arte Contemp.; Ulm, Ulmer Mus.; Wien, MMK Stiftung Ludwig – **E:** ab 65 zahlr. Ausst., u. a. 02 Verona, Studio La Città; Sydney, MCA; Minneapolis/MI, Walker AC; Washington/DC, Hirshhorn Mus. and Sculpt. Garden; 03 Berlin, Fricke; Düsseldorf, KH – **G:** seit 65 zahlr. Bet., zuletzt u. a. 02 Siena, Mus. Pal. delle Papesse; Minneapolis/MI, Walker AC; London, Tate Modern; Los Angeles, MCA; Sydney, MCA – ***Lit:*** AKL – (Red.)

Camara, Karin, Malerin; Unter den Linden 13, D-17217 Lapitz, Tel. (0 39 62) 21 15 10, *karin.camara@web.de*, *www.camara-art.de* (* Neubrandenburg 15. 4. 69) – **S:** Autodidaktin – **P:** Künstler-Stip. d. Stadt Neubrandenburg; Arb.stip. d. Stift. Kulturfonds Berlin 99; Stip. d. Aldegrever-Ges. Münster (f. Lith.) 99; Arb.-stip. d. Müritz-Ldkr. 02 – **Ve:** Künstlerbund Meckl. u. Vorpommern im BBK 96 – **KGr:** pintura fresca (seit 04) – **G/T:** Malerei u. Zchng – **K:** individueller Zeichen- u. Malunterricht (nach telefonischer Absprache) – **W:** überw. in Privatbes. – **M:** Neubrandenburg, KS – **E:** u. a. 99, 05 Neustrelitz, Mus. der Stadt; 01, 04 Mittelhof, MMK; 01 Schwerin, Ver.- u. Westbank; 02, 04 Neubrandenburg, Dt. Bank; 02 Rostock, Apotheker- u. Ärztebank; 03 Bonn, Bundesanstalt f. Post u. Telekommuniktion; 05 Neubrandenburg, Gal. am Friedländer Tor – **G:** u. a. 98 Neubrandenburg, KS; 99 Waren, Marienkirche; 00 Berlin, Kult.brauerei; 01 Neubrandenburg, Zentrum Bild. Kunst; 03 Hamburg, Kunststück Gal.; Ahrenshoop, Darßer Arche; Düsseldorf, Johnson & Johnson; 04 Willigrad, Graph.ausst. 'Schloß Willigrad'

Camenisch, Reto, Fotograf; Postfach 2083, CH-3601 Thun, Tel. (0 79) 3 11 09 53, *reto@camenisch.ch*, *www.camenisch.ch*. c/o Galerie Römerapotheke, Langstr. 136, CH-8004 Zürich, Tel. (0 43) 3 17 17 80, *www.roemerapotheke.ch* (* Thun 58) – **VG:** Zürich, Gal. Römerapotheke; Wellington, Idiom Studio – **L:** Medienausbildungszentrum Luzern (Freier Doz.) – **P:** Stip. d. Kt. Bern (f. Paris) 85; Fotopr. d. Kt. Bern 85; European Kodak Award (Bester Schweizer) 93; Kodak European Gold Award 93, 94; Kult.pr. d. Stadt Thun 99; 04 Werkbeitr. d. Stadt Thun 04; Projektunterstützung d. Pro Helvetia (f. Ausst. in Wellington) 04 – **G/T:** Fotogr. (Landschaft, Portr.) – **W:** Ankauf u. a. durch d. Kantonalbank Bern – **M:** Basel, Price Waterhouse Coopers; Basel, Schweiz. Treuhandges.; Bern, Kantonale Kommission f. Kunst u. Archit.; Lausanne, Mus. de l'Elysée; Thun, KM – **E:** u. a. 01 Basel, Schweiz. Treuhandges.; Basel, Price Waterhouse Coopers; 02 Bern, Krebs; 03 Zürich, Gal. Römerapotheke; 04 Wellington, Intern. Art Festival – **G:** u. a. 99 Herten, Intern. Fototage; 02 Flims, Das Gelbe Haus; 03 Münster, Kunsthaus Kannen; Thun, Bischoff – **V:** Bürgerbilder, Fotob. 93; Bluesland, Fotob. 97 – **R:** Driving, Multimediaprojekt 99 – ***Lit:*** Konrad Tobler: Wie am ersten Tag, Ausst.kat. 03; Dark Derby. R. C., in: New Zealand Journal of Photography, Special Isssue 04 – ***LitR:*** Christian Elgenberger: Über das Buch Bürgerbilder, Dok. 93; Schweizer Fs., Next: Über R. C. Bluesland-Projekt, Dok. 97 – (Red.)

Cames, Beate (Ps.: Atti), Bild. Künstlerin, Malerin; Zum Lamitzgrund 33, D-95126 Schwarzenbach/Saale, Tel. Mobil: 01 76 29 10 53 57 (* Berlin 29. 8. 42) – **G/T:** Portr.malerei (Öl, Zchng, Tusche, Aqu.); Lsch.; Stilleben – **E:** in örtl. Banken, u. a. Schwarzenbach/Saale, Spk.; Schwarzenbach/Saale, Raiffeisenbank; Schwarzenbach/Saale, Ldratsamt; Hof, Kleine Gal.; Selb, RH; Schönwald, RH – **G:** seit 90 jl. Bet. Schwarzenbach/Saale, Altes RH: Ausst. Schwarzenbacher Maler

Camesi, Gianfredo, Maler-Installationen; Lungengasse 32, D-50676 Köln, Tel. u. Fax (02 21) 8 01 07 28, Mobil: 01 72 24 16 23 1, *Gianfredo.Camesi@web.de*, *www.visarte-ticino.ch/pagine/soci/gianfredo-camesi/index.*. CH-6692 Menzonio/Tessin, Tel. 09 17 54 21 48 (* Cevio/Tessin 24. 3. 40) – **VG:** Zürich, Renée Ziegler – **S:** Autodidakt – **P:** Bourses Federales Suisses Pour La Culture 63–65; Kiefer-Hablitzel-Stip. 70 – **M:** Aarau, Aargauer Kunsthaus; Amsterdam, Stedelijk Mus.; Bellinzona, Civica Gall. d'Arte Villa dei Cedri; Bern, KM; Genf, Mamco; Genf, Mus. d'art et d'histoire; Linz, Lentos; Lugano, Mus. Cantonale d'Arte; Neuchâtel, Mus. d'art et d'hist.; Ulm, Ulmer Mus.; Vacciago, Slg Antonio Calderara; Zollikon, Stift. f. Eisenplast. – Slg Hans Koenig; Zürich, Kunsthaus – **Ö:** Bad Ragaz, Fontaine – Chiasso Credit Suisse; Genf, Bibl. Municipale; Langendorf, Ökumenisches Pfarreizentrum; Melide, Chiesa Parrocchiale; Muttenz, Mittenza – Losanne EPFL; Neuchâtel, Univ. (Anamorphose) – **E:** zahlr., u. a. 64, 85 Genf, Mus. Rath; 65 Rom, Florenz u. Mailand, Gal. Numero; 69, 72, 74, 78, 86, 89, 96, 97 Genf, Bonnier; 70–74, 77 (Kat.), 79 Zürich, Renée Ziegler; 71 Amsterdam, Stedelijk Mus. (Kat.); 76 Stockholm, Aronowitsch; Schaffhausen, Mus. zu Allerheiligen; 80, 82, 84, 86, 89, 94, 96, 97 (Kat.), 00 Cureglia, Bienn.; 84, 86 Paris, Guiol; 86 Mannheim, StKH; 87 Bonn, Pudelko; Tokio, Meguro Mus. of Art; 87, 89 Lugano, Dabbeni; 88 Paris, Centre Cult. Suisse (Kat.); 89, 92, 91 Neuchâtel, Noella G.; 91 (Kat.), 95 Paris, Mitaine; 94 Neuchâtel, MBA; Bern, KM; 00 Cevio, Mus. (Kat.); 02, 03 Linz, Lentos; 04–06 Locarno, Ammann – **G:** zahlr., u. a. 73 São Paulo, Bienn. (Kat.) – **V:** Camesi, Monogr. 88 – ***Lit:*** AKL – ***LitR:*** Adriano Kestenholz: Camesi. Il Teatro dei Segni, Dokf. 97

Campi, Mario, Prof., Architekt; Via Cassarinetta 29, CH-6900 Lugano/TI (* Zürich 18. 4. 36) – **S:** ETH Zürich – **L:** 75–76 ETH Zürich; 77 Univ. Syracuse/NY; 78 Cornell Univ. Ithaca/NY; 78–82 u. 84 Harvard Univ. Cambridge/MA; seit 85 ETH Zürich (Prof. f. Archit. u. Entwerfen) – **B:** u. a. Arosio: Haus Maggi; Bellinzona: Castello Montebello (Umbau); Buseno-Giova: Chiesa di Nostra Signora di Fatima; Lugano: Haus Felder; Massagno: Reihenhauszeile; ebda: Haus Boni; Muzzano: Haus Vanini; Neggio: Turnhalle; Origlio: Haus Poloni; Zürich: IBM Administration – **E:** 90 Stockholm, Archit.-Mus.; Malmö, Gertel; 94 Florenz, Casa di Dante; Como, Chiesa di S. Francesco – **G:** u. a. 73 Mailand, Trienn. di archit.; 75 Zürich (Tendenzen, neuere Archit. im Tessin) – ***Lit:*** AKL – (Red.)

Canei s. Eitel, Katharina Natalie

Canins, Aldo; Ulrich-von-Pusch-Str. 4, D-84186 Vilsheim, Tel. (0 87 06) 4 08, Fax 94 15 10, *aldo@canins.de*, *www.canins.de* (* Abtei/Bozen 15. 8. 44) – **S:** 58–62 KSch St. Ulrich; 62–63 Instituto d'Arte Florenz; 63–70 ABK München – **P:** Wasserburger Kunstpr. 88; Graph.pr. Kunst 91 München 91; Kult.pr. Ostbay. 97; Kunstkauf d. Jahres Landshut 99 – **Ve:** BBK Ndb.-Oberpf. 87; KV Landshut – **G/T:** Malerei (gegenständlich) – **W:** Werke in Privatbes. sowie in Bes. d. Provinz Bozen, d. Bez. Ndb. u. d. Ldes Tirol – **M:** München, Bay. Staatsgemäldeslgn; St. Martin in Thurn, Mus. Ladin; St. Ulrich, Mus. – **Ö:** Landshut, Stadt; ebda, Hochbauamt, Spk.; München, Knorrbremse AG; Passau, Staatl. Hochbauamt – **E:** 75 München, KV; 83, 90 Brixen, RHgal.; 89, 04 Landshut, KV; 90 Cham, Cordonhaus; 95 München, Gal. Goethe 53; 96 Markt Bruckmühl, Gal.; Wasserburg am Inn, Gal. im Ganserhaus; 97 Regensburg, Energieversorgung Ostbay. AG – **G:** zahlr. Ausst.bet. seit 68, u. a. Ebersberg, KV; München, Gal. d. Bay. Ldesbank; München, Haus d. Kunst; Rosenheim, KV; Innsbruck, Tiroler LM Ferdinandeum; Wasserburg am Inn, KV – (Red.)

Capan, Ivica, Maler; lebt in Wien (* Zagreb 66) – **VG:** Wien, Knoll – **S:** Stud. d. Philosophie u. Kunstgesch. – **L:** 92–98 ABK Wien (Ass. b. den Prof. G. Damisch, H. Brandl) – **P:** 3. Pr. in e. Archit.wettb. f. Votivkirchen, Zagreb 97; Förd.stip. d. Sussmann-Stift. – **G/T:** Zchng; Malerei (Öl, Mischtechnik) – **E:** 88 Osijek, Gal. Stuc; 90 Zagreb, Salon Mladih; 94, jährl. seit 02 Wien, Knoll; 96 Wien, Atelier Ester Freund; 01 Budapest, Knoll – **G:** 94 Wien, Knoll; 98 Wien, Portfolio Kunst AG; 03 Wien, Black Dragon Soc. (m. Ellen Berkenblit); 05 Novosibirsk, Bienn. zeitgen. Graph. – ***Lit:*** Johanna Hofleitner in: Die Presse 31.8.98; Markus Mittringer: Selbstdarstellung, in: Der Standard online 10.3.03; Nicole Scheyrer in: Die Presse 24.2.05 – (Red.)

Caramelle, Ernst, Prof.; Morgensternstr. 12, D-60596 Frankfurt am Main, *ernstcaramelle@web.de* (* Hall in Tirol 15. 3. 52) – **VG:** Wien, Gal. nächst St. Stephan; Paris, Nelson – **S:** 70–76 HS f. Angew. Kunst Wien; 74–75 Research Fellow Center for advanced visual studies Cambridge Massachusetts – **L:** 86–90 HS f. Angew. Kunst Wien (Gastprof.); seit 94 Staatl. ABK Karlsruhe – **P:** Förd.pr. Bild. Kunst d. Kult.kr. d. dt. Wirtschaft im BDI 88; Pr. d. Stadt Wien 92; Kunstpr. d. Stadt Nordhorn 98 – **G/T:** Malerei u. Install. – **M:** Caracas, Mus. de Bellas Artes; Graz, LM Joanneum; Klosterneuburg/NdÖst., Slg Essl; Krefeld, KM; New York, Whitney; Wien, Generali Found. – **Ö:** Amiens, Cirque Jules Verne; Lavoir, Baigneux de Juif; München, Münchner Rück; Nordhorn, Konzert- u. Theatersaal – **E:** 82 Basel, KH; 86 Bern, KH; 89 Rocheouart, Mus. Departemental; 90 Krefeld, Mus. Haus Lange; 93 Wien, Secession; 00 Paris, Nelson; 01 Wien, Bawag Found. – **G:** 84 Wien, Mus. des 20.Jh.; 87 Graz, SM; 90 Paris, Mus. d'Art Mod. de la Ville; 92 Kassel, documenta; 97 Bozen, Museion-MMK; 00 Wien, Generali Found. – **V:** Forty Found Fakes 79; Blätter 82; Detail einer Totalansicht 84; Panorama der Retrospektiven 90; Grandeure Nature 90 – ***Lit:*** Veröff. zu E. C.: KH Bern 86, Mus. Departemental de Rochouart 89, Mus. Haus Lange 90, Wiener Secession 93, StG Nordhorn 98, Bawag Found. 01 – (Red.)

Caravallio (Ps. f. Vallentin Karapetrov), Kunstmaler, Graphiker; c/o ARTOTHEK, Klappergasse 12, D-60594 Frankfurt am Main, Tel. (0 69) 62 16 08 (* Dobrich/Bulgarien 30. 3. 50) – **VG:** Frankfurt am Main, Artothek – **S:** Autodidakt – **L:** privater Zeichen- u. Malunterricht – **KGr:** Simplicius – Hanau (91–98) – **G/T:** Conditio Humane; Contemp. Art; figurativ; Neuer Realismus – **K:** Zeichnen, Anatomie, Modellieren, Porträtieren, Graph., Malerei, Skulpt. – **W:** Werke in Privatbes. (weltweit); Rathäuser, Banken, Schulen; Dt. Bank – SK GG – **M:** Dobrich, Gal.; Maastricht, Mus.; Sofia, BBK; Varna, Mus.; Vollenhove, Stichting Intern. Mus. voor Exlibris en Kleingrafik – **Ö:** Hanau, Kult.-amt; Offenbach, Kult.amt; Raunhein, RH; Rüsselsheim, RH (Kult.amt) – **E:** zahlr. Ausst., u. a. 84 Berlin, Otto-Nagel-Gal.; 85 Berlin, Gal. Komische Oper; 88 Berlin, Gal. Marzahn; 93 Miami, Gal. Atmospheres; 94 Frankfurt am Main, Gal. ACC Frankfurt/Airport; 98 Rüsselsheim, Gal. im Theater 99 Zerbst, Mus. d. Stadt Zerbst – **G:** zahlr. Bet. seit 75 im In- u. Ausld, u. a. 89 Hanau, Gal. RH; 90 Calw, Gal. Wesseli; 91 Frankfurt am Main, Karmeliterkloster; New York, ADC; 92 Hanau, Gal im Schloß Wilhelmsruh; 93 Maastricht, Bienn. d. Graph. (Kat.); 94 Mainz, Gal. RH; 95 Sapporo, Bienn. d. Graph.; 96 Cadaquest, Graph. Trienn.; 98 Sofia, Bienn. d. Graph. 00 Glauchau, Mus. u. KS Schloß Hinterglauchau; 01, 03, 05 Varna, Intern. Bienn. d. Graph. (Kat.); – sowie in Bulgarien, Span., d. USA, Frkr., Niederl., GB, Ital. u. Jap. – ***Lit:*** u. a. 10 × 10, Ritter Sport, Ausst.kat. (BBK Wiesbaden) 91; Holzdrucke, Ausst.kat. (Stadt Ludwigsburg) 92; 10 × 10, Ausst.kat. (ZMO Kult.forum Mainz) 94; Ausst.kat. (Gal. Prince of Wales, Kirschweiler) 95; Allgemeines Lexikon der Kunstschaffenden (Band 5) 97; – sowie in div. Ztgn u. Zss, wie z.B. Frankfurter Allgemeine Ztg, Frankfurter Rundschau, Hanauer Presse, etc.

Carbone s. Sandner, Reinhard

Carbow, Kerstin (Atelier Kalliope), Malerin, Illustratorin, Kalligraphin, Designerin; c/o Atelier Kalliope, Volksdorfer Damm 26, D-22359 Hamburg, Tel. u. Fax: (0 40) 6 03 71 83, *atelier@kerstincarbow.de*, *www.KerstinCarbow.de* (* Hamburg 13. 12. 63) – **S:** 85–90 HS f. Angew. Wiss. Hamburg (Dipl.-Designerin) – **L:** 86–98 Akad. JAK Hamburg (Doz. f. Kalligraphie, Malerei, Farbenlehre u. exper. Techniken); seit 03 freie künstler. Lehrtätigkeit (vorw. Erwachsenenbildung) – **Ve:** BBK Hamburg 03; VG Bild-Kunst 05 – **G/T:** Malerei (Acryl u. Mischtechnik auf Lw., Schriftbilder, pictura musicae – gemalte Musik); Ill. (pagina vitae – Lebensblätter) – **K:** Kalligraphie (auch exper. Schriftkunst); Malerei (u. a. Farbenlehre, Aqu., Mischtechniken) – **W:** überw. in Privatbes. – **Ö:** Hamburg, Lukas-Kirche – **E:** zahlr. seit 89, u. a. 02 Bagteheide, Stadthaus – sowie in Hamburg, Heide/Holst., Bremen u. Hannover – **G:** zahlr. seit 89, u. a. 99 Volksdorf, Gal. Unikat; 00 Ahrensburg, Kult.zentrum Marstall; 01 Hamburg, Rudolf-Steiner-Haus; 04 Dresden, blue child – **V:** Ulrich Meier: Männerwerkstatt (Ill.) 05 – ***Lit:*** Die Farbe des Wortes. Malerei u. Schriftbilder v. K.C. 05

Carletto s. Schobert, Karl

Carlos, Roland, Mag., Akad. Maler; c/o Gal. am Stubentor, *rolandcarlos@mac.com*, *www.roland-carlos.ch.vu* (* Feldkirch/Vorarlberg 24. 12. 58) – **VG:** München, Artcurial; Wien, Gal. am Stubentor – **S:** ABK Wien (Meisterschule Hundertwasser) – **G/T:** Malerei, Graph., Design, Kunst u. Druck (digital) – **W:** IBM, Pro Futura Verlag, Artcurial, Hundertwasser, Prinzessinum Kuwait – **M:** Salzburg, Rupertinum; Ulm, Mus. d. Brotkultur; Ulm, Uniklinik – **E:** in Bangkok, Bologna, Frankfurt, Hamburg, Kuwait, Melbourne, München, Salzburg, Santa Monica, Ulm, Wien u. Zürich – **G:** in Hamburg, Melbourne, Ulm u. Wien – **V:** Luna-Ed.: Druckgraph. m. Swarovski-Kristallen, 12 Motive – ***Lit:*** Artcurial: Dietzreplik, Zeitmaschine, Zeitschiff; Dietzrepliken: Lebensart (2 Motive), Lebensklänge (2 Motive); Postergal. München: 4 Poster; Dietz Offizien, 3 Dietzrepliken: Mondsegen, Mondtanz, Literatenauge; Art. im Diners Club Mag.; Luna Ed.: Druckgraph. u. Swarovski Kristalle (12 Motive) – (Red.)

CAROP (eigtl. Carmen Rocio Peña de Klein, geb. Carmen Rocio Peña Velarde), Mag. Art., Dipl.-Designerin, Malerin, Zeichnerin; Bahnstr. 15, A-2402 Haslau/Donau, Tel. u. Fax (0 22 32) 8 02 65, *carop@nextra.at* (* Cusco/Peru 19. 4. 56) – **VG:** Singapur, Dauphin – **S:** 93–79 Univ. Bellas Artes 'Diego Quispe Tito' Cusco/Peru (Malerei u. Zeichn.); 81–87 FHS f. Gest. Hamburg (Ill. u. Kommunikationsdesign) – **L:** 95–02 Workshops in Öst., Peru u. d. USA (Wandmalerei u. Masken) – **Ve:** Waldviertler Künstler in NdÖst. seit 97; Porton – Ver. Intern. Künstlerinnen Wien seit 99; KünstlerInnen Ver. Cusco/Peru – **G/T:** Malerei (Öl, Acryl, Aqu., Mischtechnik, auf Papier, Holz o. Wänden); Zeichn.; Objekte; Inhalt: Sensual-Spirit Art – **E:** u. a. 93 Mödling, Ver. Kassandra; 94 Wien, Strobl; Wien, Lateinamer. Inst.; 95 Wien, Inspection; 96 Wien, Gumpendorf; 97 Wien, Avenida de los Artistas; Frättingsdorf/Mistelbach, Offene Welt; 99 Wien, Städt. Bücherei Zirkusgasse; Wien, Gal. d. Gewerblichen Wirtschaft; 01 Mödling, Gal. Sala Terrena; Wien, Amerlinghaus; Krakau, Pieterku; 02 Haslau/Donau, Offenes Atelier; Paris, Herbstsalon; 03 Cusco/Peru, Kunstlokal Fallen Engel – **G:** zahlr. nat. u. intern. Ausst.bet., u. a. 97 Wien, Kunsthist. Mus. im Pal. Harrach; 01 Miami, Florida Mus. of Hispanic and Latin Amer. Art; 02 Wien, Vienna Art Forum; Skopje, Kult.-zentrum; 03 Singapur, Dauphin – (Red.)

Cartier, Paul, Maler, Bildhauer; Laubholzstr. 57, CH-8703 Erlenbach, Tel. 04 47 84 55 86, Fax 04 49 15 54 39, *s.cartier-vogt@bluewin.ch*, *www.art-paul-cartier.com* (* Zürich 5. 9. 28) – **VG:** Erlenbach (Zürich), Cartier – **S:** 51 Acad. de la Grande Chaumière Paris (Dipl.); 52–53 Kunstgewerbeschule Zürich (Kurse in Zeichnen u. Modellieren)

Casagrande, Peter, Maler; Alte Schule, D-83558 Maitenbeth, Tel. (0 80 76) 87 92, Mobil: 01 72 90 81 8 27, Fax (0 80 76) 88 77 15, *peter.casagrande@t-online.de* (* Weilheim/Bayern 23. 2. 46) – **VG:** Köln, Van Ham; Paris, Protée; Mailand, Lorenzelli; Augsburg, Gal. Noah; Fürstenfeldbruck, Gal. am Hauptplatz; Memmingen, Neuendorf – **S:** 70–72 ABK München; 72–75 HBK Berlin; 79–80 ABK München – **L:** großformatige Malerei an d. Sommerakad.: 94 Marburg; 00, 01, 05 Irsee; seit 04 Reichenhall – **P:** Jahresstip. d. Stadt München 83 Staatl. Förd.pr. d. Ldes Bay. – **Ve:** BBK 82; VG Bild; KV Rosenheim – **KGe:** AK 68 Wasserburg – **G/T:** informelle Malerei – **K:** großformatige Malerei – **W:** u. a. in Bes. d. Slg Horn – **M:** Bruckmühl, Mus.; Genua, Fondazione Reverberi; München, ABK; München, Bay. Staatsgemäldeslgn; München, Lenbachhaus; Rosenheim, StG – **Ö:** Burghausen, Kult.haus; Kloster Irsee, Bildungs- u. Tagungsstätte; Markt Schwaben, Franz Mark Gymnasium; Miesbach, Finanzamt; München, Residenztheater; ebda, KPM Treuhand Ges. – **E:** 85 Nürnberg, Symposion 85; München, Gal. d. Künstler; 85–98 München, Heseler; 87 Mailand, Lorenzelli; 88 London, Kipa Contemp. Art; 91, 92, 93, 94, 95, 96, 97 Frankfurt am Main, Pabst; 94 Wasserburg am Inn, Gal. im Ganserhaus; 95 Rosenheim, StG; 96 Berlin, Parochialkirche; Berlin, Pommersfelde; 97 Aschaffenburg, StG; 98 Genua, Fondazione Reverberi; 99 München, Otto; 00 Fürstenfeldbruck, Gal. am Hauptplatz; 01 Piacenza, Commune Vernasca; 02 Köln, Van Ham; 03 Marktoberdorf, Künstlerhaus; München, Zentralinst. f. Kunstgesch.; 05 Memmingen, Landestheater Schwaben; 06 Solingen, Mus. Baden (Kat.); Paris, Protée; Halle/Saale, Villa Kobe; Augsburg, Noah – **G:** seit 83 München, Haus d. Kunst; 84, 86, 88 Wien, Budapest u. Kairo (Bay. Kunst unserer Tage); seit 86 Basel, Art Basel; Köln, Art Cologne; Madrid, ARCO; Frankfurt am Main, Art Frankfurt; 92 München (Künstler auf Reisen); 93 Zielona Gora, V. Bienn.; 02, 06 Randegg, Schloß (Experimental) – ***Lit:*** P.C. Arbeiten 81–85; m. E. Heckelmann, A. Backhaus, H. Thürheimer: Heiß 85; Falminio Guardoni: P.C., Kat. 87; Heinz Schütz: P.C. – Das große Format (Bilder) 88; Brigitte Schad u. Rupert Schreiner: P. C. – Das große Format (Bilder) 89, 94; Bruno Bandini: Discanto – Vigoleno, Comune di Vernasca 01; P.C. bei VAN HAM, Intern 01; Bruno Bandini u. Ottmar Bergmann: P.C. – Comune di Casalmaggiore 02 – ***LitR:*** Heiß. BBK – Gal. in d. Maximilianstr., Bay. Fs. 85; Großformatige Bilder, Gal. Gschwendt, Bay. Fs. 86; Die Dominanz d. Raumes, RFR Rosenheim 90; Capriccio, Bay. Fs. 95; Das große Format. Städtische Gal. Rosenheim, Bay. RF 95; Das große Format – Parochialkirche Berlin, SFB Berlin 96; Verborgene Welten, Bay. Fs., 3 Sat 99

Caspari, Luda s. Liebe, Luda

Caspary, Peter, Maler, Graphiker; Düppeler Str. 16A, D-42107 Wuppertal, Tel. (02 02) 44 54 54 (* Wuppertal 53) – **VG:** Wuppertal, Epikur – **S:** 74–79 Bergische Univ. GesamtHS Wuppertal (Designstud., Ill. u. Freie Graph. b. d. Prof. Wil Sensen u. Gerd Aretz); 80–84 KA Düsseldorf (Kl. Freie Graph., Meisterschüler b. Prof. Sackenheim) – **L:** 86–89 FHS Dortmund (LAuftr. f. zeichnerische Darst.); 92–95 Bergische Univ. GesamtHS Wuppertal (Wkst.leiter f. Künstler. Druck-Graph.) – **P:** Ausst.pr. Tanztheater – Pina Bausch 94; Intern. Graph.pr. (Kal.schau Stuttgart) 95; Goldmed. f. Graph. Osaka 99 – **E:** zahlr., zuletzt u. a. 00, 03 Wuppertal, Epikur – ***Lit:*** AKL – (Red.)

Cassel, Will (eigtl. Wilhelm Georg Cassel, Ps.: der gartenzwerg), Maler, Zeichner, Graphiker, Objekt-performance-Gesamtkünstler, Freier Dozent f. Kunst u. Kunsterziehung; c/o meditativ art galerie, cassel museum u. atelier, Kuhdyk 20, D-47802 Krefeld-Traar, Tel. (0 21 51) 56 17 19, *will@will-cassel.de*, *www.will-cassel.de* (* Dortmund 25. 8. 27) – **VG:** Krefeld, Meditativ Art Gal. – **S:** 43–48 WerkKsch Krefeld; 52–53 KA Venedig; 64 Schule f. textile Künste Krefeld – **L:** 66–72 Schule f. textile Künste Krefeld (Doz. f. künstler. Gest.); 72–80 GesamtHS Dortmund u. Essen (Doz. in d. FB Pädagogik, Kunst u. Kunsterziehung) – **P:** Kunstpr. d. Stadt Krefeld 62; Carl Reichsfreiherr vom Stein-Plakette 62; Premio Miro Barcelona 77 – **Ve:** BBK Ndrh. 70–04 – **G/T:** Meditative Kunst – Zeichn., Malerei, Objekt, Performance – **K:** Vorträge Kunstgesch. – **M:** Barcelona, Fund. Joan Miro; Jerusalem, Israel Mus.; Krefeld, Kaiser-Wilhelm-Mus.; Leverkusen, StM Schloß Morsbroich; Muggensturm, Slg Günter Westermann; Mönchengladbach, StM Abteiberg; Solingen, Bergisches Mus. Schloß Burg – **Ö:** Basel, Europasaal; Krefeld, Seidenweberhaus – **E:** 59, 63, 64 Mönchengladbach, StM; 60, 70, 88 Krefeld, Kaiser-Wilhelm-Mus.; 66 Istanbul, Türkisch-Dt. Kult.zentrum; 73 Rotterdam, Kunststift. Lijbaancentrum; 78 Bologna, Gal. D'Arte Moderna; 78, 79 Badenweiler, Gal. Dr. Krohn; seit 79 jl. Krefeld, Seidenweberhaus; 79, 80 Düsseldorf, Gmyrek; 80 New York, Exhibition of contemp. art; 86 Friedberg, Elephas; 87–91 jl. Krefeld, Peschken; 88, 89, 91 New York, Alena Adlung Gall.; 89, 02 Solingen, Bergisches Mus. Schloß Burg; seit 90 jl. Krefeld, Meditativ Art Gal.; 91 Beeskow, Burg; 92 Salzburg, StG im Mirabellgarten; 94, 96, 98 New York, Montague Art Gall.; – sowie zahlr.

Performance-Aktionen m. Zwergen (gartenzwergmeditationen z.B. gegen Umweltzerstörung) u. a. in: Berlin; Bonn, Bundeshaus; Dortmund; Düsseldorf; Essen; New York, Uno; Paris, Unesco; Washington, White House – **G:** 58 Krefeld, Mus. Haus Lange; 65, 69 Stuttgart, SG; 65 Mönchengladbach, StM; 68–85 jl. Barcelona, Premio Intern. Dibuix Joan Miró; 72, 77, 82 Kassel, documenta; 77 Frankfurt am Main, Dt. Künstlerbund; 77, 78 Berlin, Berlin-Pavillon; 78, 80 Warschau, Bienn. d. Plakate; 79, 83, 95 Lathi/Finnld, AM; 84 Okinawa, Exhibition Intern. Artists; 85 Tojama/Japan, MMK; Mons, Trienn. d. politischen Plakates; 89 Leipzig, Intern. Buchkunstausst.; 90 Jerusalem, Israel Mus.; – sowie seit 72 Bet. an d. Intern. Kunstmessen in Köln, Düsseldorf u. Wien; 72–88 jl. Basel, Art Basel – **V:** will cassel, meine zwergenwelt, Kat. (Autorschaft) 88; CASSEL ...bilder. welt-theater, Kunstb. (Autorschaft) 96 – **R:** Der Hühnerstall, ges.kritischer Film f. d. Ausst. 'Zwerge, Hofzwerge, Gartenzwerge' im Freilichtmus. Grefrath-Dorenburg (Idee, Buch, Bild u. Text) 73 – ***Lit:*** Paul Wember: Eine Dokumentation des jetzigen Standpunktes des Künstlers, Katalog 1958–1970; Hans Martin Frese: W. G. CASSEL der GARTENZWERG, Kat., Buchobjekt 74; Georg F. Schwarzbauer: Künstlerstempel, Magazin Kunst 3/74; Dieter Wellershoff: Die Auflösung des Kunstbegriffs, Ed. Suhrkamp 76; Jutta Wermke: Moderne Mythen u. Mythenkritik 77 – ***LitR:*** Lia Kuckert: mein Kunstbild der Zwerg, Portr./Dok. 91; Nora Schuster: Das Künstlerhaus, Portr. 03; Pöschke Schröder: Bilderbuch Deutschland, das Erbe der Seidenbarone, Krefeld, Film zu W. C. u. seiner Kunst 03

Castelli, Luciano, Maler, Fotograf u. Filmemacher; lebt in Berlin, Paris u. in d. Toskana (* Luzern 28. 9. 51) – **VG:** Berlin, Raab; München, Gal. Terminus – **S:** 68–69 KGS Luzern (Vorkurs, u. a. b. Max von der Moos); 69–72 Lehre als Schriftenmaler – **P:** Kiefer-Hablitzel-Stip. 70; Eidgenössisches Kunststip. 73, 74, 75; Nordmann Kunstpr. Luzern 84; Manor-Kunstpr. Basel 84 – **KGe:** Zus.arb. m. Salomé – **G/T:** Malerei, Zeichn., Fotogr., Plast., Objekte, Performance, Film, Musik – **M:** u. a. Aachen, Ludwig Forum; Basel, KM; Berlin, Berlinische Gal.; Cannes, Mus. mun.; Lausanne, Mus. cantonal des beaux-arts; Lugano, Gottardo; Luzern, KM; München, Pin. d. Mod.; St. Gallen, KM; Toulon, Mus. d'Art – **E:** zahlr. Einzelausst. im In- u. Ausland, u. a. 71 New York, Cultural Center; 81 Genf, Centre d'Art Contemp. (m. Salomé); 82 New York, Annina Nosei Weber Gall.; 85 Luzern, KM; Cannes, Becker; 86, 97 Berlin, Raab; 87, 90 Chicago, Richard Gray Gall.; 91 Luzern, Fischer; 94, 95 London, Raab; 96 Paris, Maison Europ. de la Photogr.; 98 Klosters, Alex's Art Gal.; 01 Basel, Thorens; 03 Küssnacht am Rigi, Reichlin – **G:** u. a. 71, 75 Paris, Bienn. des Jeunes; 72 Kassel, documenta; 80 Venedig, Bienn.; 83 Osaka, NM of Art; 84 Washington/DC, Hirshhorn Mus. and Sculpt. Garden; 85, 87 New York, MOMA; 87 São Paulo, Bien.; 88 Tokio, Metropolitan AM; Kyōto, City Art Mus.; 94 Cismar, LM SH; 00 Berlin, Schultz; 03 Basel, Thorens – ***Lit:*** AKL; Schweers 02 – (Red.)

Catowiez, Sabrina (eigtl. Sabine Schmaus), Malerin, Performerin; Siechenstr. 35a, D-96052 Bamberg, Tel. (09 51) 5 38 09, Mobil: 0 17 91 27 98 59, *www. KulturatlasOberfranken.de* (* Bamberg 22. 11. 67) – **S:** 87–89 School of Performing Arts London; 95 Sem. Wolfenbüttel (Tuschezchng b. B. Fahrner); 96–03 Body & Soul Bamberg (Tanz- u. Percussionstudien) – **Ve:** Jazzclub Bamberg 03; Die Künstlergilde 05 – **KGr:** Pax d'Arte (seit 05) – **KGe:** Terpscora tanzt (Tanztheater, seit 95) – **G/T:** Malerei (Acryl, Pastellkreide); Farbdrucke v. Hschn.; Tuschezchng; Tanz- u. Musikperformance; Tanztheater – **W:** teilw. in Privatbes.; Naturperformances mit d. Gr. Terpscora tanzt; Soloperformances – **M:** Rockenhausen, Mus. Pachen – **Ö:** Dresden, Univ.klinikum Carl Gustav Carus – **E:** 89 London, Oval House Theatre; 90 Bamberg, Altstadtgal.; 95 München, Bay. Versicherungsbank; 96 Stuttgart, Syrlin-KV; 98 Bamberg, Spk.; 99 Lippstadt, Orrú; 01, 05 Nürnberg, Naturkundehaus; 02 Düsseldorf, Zoo-Gal.; 03 Bamberg, Schloß Seehof; 04 Bad Urach, Galetzki; 04, 05, 06, 07 Bamberg, Kunstpavillon; 05, 06 Königswinter, Hotel Sophienhof; – sowie: 92 Cafe Gal. Lichtenfels; 05 Intern. Kunstwochenende Obb. – **G:** 90, 96 Stuttgart, Syrlin-KV; 92, 93 Bitburg, Forsch.inst. Bild. Künstler (FIBK); 94 München, Olympiastadion (Messe München modern); 95 Bad Nauheim, Forsch.inst. Bild. Künstler (FIBK); 95, 98 Orsfeld, Mues; 00 Leipzig, Messe f. Junge Kunst; 04 Bad Urach, Galetzki; – sowie: 88 London, Tanztheater; 95, 96, 05 Nürnberg, Terpscora Tanztheater; 99 Bamberg, Frauenkult.tage (Performance u. Ausst.) – **V:** S. Baer (Hrsg.): Spiegelei (Aufl. 55, nummeriert u. signiert) 97 – ***Lit:*** Monika Bieber (Hrsg.): Dok.ordner Forum Künstlerinnen 96; Allg. Lex. d. Kunstschaffenden in d. bild. u. gest. Kunst d. ausgehenden XX. Jh., Bd. 4 96; AKL, Bd. 17 97; Reader Leipziger Messe f. Junge Kunst 00

Cavelti, Urs; General Guisan-Str. 8, CH-4054 Basel, Tel. 06 13 22 70 48, *urscavelti@gmx.ch* (* Sagogn/ Graubünden 2. 1. 69) – **S:** 91–92 Schule f. Gest. Basel (gestalterischer Vorkurs); 92–95 Schule f. Gest. Basel (Fachkl. f. freies räumliches Gestalten b. Hannah Villiger u. Jürg Stäuble) – **P:** Kiefer Hablitzel Stip. 95, 96; Künstleratelier Basel-Ldschaft 99; Cité Intern. d. Arts Paris 99; Basler Künstlerstip. 00; Künstleratelier d. Stadt Chur 03 – **G/T:** Install., installative Malerei, Fotogr. – **Ö:** Liestal, Kantonspital; Muttenz, Altersheim im Park; Zürich, Privathaus Hofwiesenstr. 44 – **E:** 98 Bern, Kunstkeller Bern; 99 Paris, Atelier M. Chanel; 01 Freiburg im Breisgau, Alter Wiehrebahnhof – **G:** 93, 01 Basel, KH; 96 Reinach, Gal. Werkstatt; 95, 96, 98 Basel, Art Basel; Eidgenössischer Wettb. f. Kunst; 97 Binningen, Parzelle f. junge Kunst; 00 Muttenz, Kunsthaus Basel-Land; Sissach, untere Fabrik; Basel, Peter-Merian-Haus; 02 Liestal, KH Palazzo; Muttenz, Kunsthaus Basel-Ld; Chur, Bündner KM; 03 Riehen, Kunstraum; 04 Basel, Ausst.raum M 54 – ***Lit:*** Helen Hirsch u. Maja Näf: V.I.P., Ausst.kat. 02

Caviezel, Kurt; *kuca@mail.com.* Tel. 07 94 72 67 10 (* Chur/Graubünden 5. 12. 64) – **P:** Werkbeitr. Kt. Graubünden 00; Manor-Kunstpr. Basel 02 – **G/T:** Multimedia, DVD, Webcam-Fotogr., Fotogr., Video – **W:** Privatbes. – **M:** Chur, Bündner KM; Pfäffikon, Seedamm-Kulturzentrum; Zürich, Ver. f. Orig.graph. – **Ö:** Chur, Bank Credit Suisse; Zürich, Bank Credit Suisse – **E:** 02 Chur, Bündner KM – **G:** 98 Zürich, Helmhaus; 99 Schweinfurt, Mus. Georg Schäfer; 99, 01 Chur, Bündner KM – **V:** RED LIGHT, Fotoband s/w 99; POINTS OF VIEW, Ausst.kat. 02 – ***Lit:*** CTRL (SPACE): Rhetorics of Surveillance from Bentham to Big Brother (Buch z. Ausst. im ZKM Karlsruhe) 02 – (Red.)

Cazois, Dapra, Malerin; c/o Künstlergruppe adp, Lohstr. 37, D-31785 Hameln – **G/T:** Aqu.; Blumenmalerei – ***Lit:*** Werkkat.

Cech, Christine s. Brandstätter, Christine

Cee, Werner, Installationskünstler, Musiker; Krofdorfer Str. 41B, D-35398 Gießen, Tel. (06 41) 9 72 28 64 (* Friedberg/Hessen 18. 9. 53) – **S:** 72–78 Städelschule Frankfurt am Main – **P:** u. a. Stip. d. Akad. Schloss Solitude 91; Musik kreativ 91; Pr. Ars Electronica Linz 93; WDR Acustica Intern. 95; Pr. de musique electroacoustique exper. Bourges 01 – **Ve:** Dt. Ges. f. elektroakustische Musik – **G/T:** Licht- u. Klanginstall., elektroakustische Kompositionen, Hörst. f. RF u. Theatermusik – **M:** Karlsruhe, ZKM; Köln, WDR Studio (akust. Kunst); Marburg, Univ.-Mus. – **E:** u. a. 91 Stuttgart, Württembergischer KV; 92 Karlsruhe, Badischer KV; Wien, Schauplatz zeitgen. Kunst; 93 Hamburg, Musik-HS; 94 Hannover, Eisfabrik e.V.; 95 München, Interims-Gal.; 95, 96 Karlsruhe, ZKM – **R:** RADIO-SDG: Romper la hora – die Zeit zerbrechen. Karfreitagsprozession in Calanda 93; Mehr als 'Amazing Grace'. Die Musik des schottischen Hochlands 94; Da bin ich weggegangen 96; August Bolte – eine Tekknovision von Kurt Schwitters 96; Canarias, ein Hörfilm 97 – ***Lit:*** AKL; Schweers 02 – (Red.)

Cejnar, Peter, Restaurator, Maler; Beatrixgasse 18, A-1030 Wien, Tel. (01) 4 06 35 81, Mobil: 06 7 64 61 44 10, *p.cejnar@inode.at* (* Čáslav/ČSSR 11. 7. 44)

Cervenka, Gerhard, Maler; Luftbadgasse 11, A-1060 Wien, Tel. (01) 5 86 04 66, *regina.cervenka-fuernkranz@chello.at, members.inode.at/m.bottesch/atelier-cervenka/ index.html* (* Tulln an d. Donau 13. 1. 47) – **S:** 69–72 KSch Wien (b. Prof. G. Matejka-Felden u. Prof. F. Martinz); 91–94 Sommerakad. Graz (b. Prof. P. Rotterdam) – **P:** 1. Pr. d. Fondatione Sinaide Ghi in Rom 81; Theodor-Körner-Förd.pr. 84 – **Ve:** Grazer Autorenversammlung 87 – **G/T:** Natur als reichste Quelle d. Inspiration: Acryl, Montagen, Graph., Druckgraph. – **K:** VHS Tulln u. Firenzuola/Ital. (Zeichnen nach d. Natur u. exper. Malerei) – **W:** Privatbes. im In- u. Ausld – **M:** St. Pölten, Ndöst. LM – **Ö:** Wien, Kult.amt; – weitere: Bundesmin. f. Kunst, NdÖst. Ldesreg. – **E:** 87 Wien, Bezirksmus. Ldstr.; 88 Klosterneuburg, Raiffeisenbank; 95 Stockerau, Belvedereschlößl; 96 Wien, Austrian Airlines; 97 Wien, Oracle; 98 Wien, Sphinx IT. Cons.; 00 Innsbruck, Kass; 01 Tulln, Kunstwkst.; 02 Wien, Schülke & Mayr – **G:** zahlr. Ausst.bet. im In- u. Ausld seit 70, u. a. 84 Berlin, Intergrafik; 88 Wien, Interaktion; 95 Ravelsbach, Intern. Kult.tage; 02 Wien, Wasserturm; – weitere: 91, 92 Schloß Seggau; 99 Ansichten in Schloß Grafenegg – (Red.)

Chanton, Jacqueline, Malerin; Gärtnergasse 12/17, A-1030 Wien, Tel. (01) 7 14 20 38, Mobil: 06 5 07 14 20 38, *ja.chanton@gmx.at, www.kunstverkehr.at* (* Sarnen/Obwalden) – **VG:** Wien, König; Zürich, Wiedenkeller – **S:** 77–80 KGS Bern (Restaurierung); 84–87 Schule f. Gest. Luzern (Malerei u. Bildhauerei b. A. Egloff); 87–89 ABK Wien (Bildhauerei b. Prof. B. Gironcoli) – **P:** Stip. d. Zuger Kult.stift. Landis & Gyr 87 – **G/T:** Ölmalerei (realist. u. geometr.-abstr.); Acrylpinselzchng auf Papier (s/w); Collagen; Tonfiguren; Wandbilder – **W:** überw. in Privatbes.; im Bes. d. Stadt Wien, in d. Slg Bund Öst. – **M:** Graz, LM Joanneum – **Ö:** Küssnacht, Baer AG; Wien, Praxis Dr. Scheller; Zug, Slg. Landis & Gyr – **E:** seit 92 u. a. 92 Luzern, Gal. Kesselturm; 94 Luzern, Gütsch; 95 Wien, KH Museumsquartier; 97, 99, 01 Zürich, Wiedenkeller; 98, 00 Wien, Atelier 96; 02 Graz, Neue Gal. Studio; 04 Wien, Atelier 96; Zürich, Wiedenkeller; 05 Wien, König; Logix – **G:** seit 86 u. a. 86, 87, 92, 98 Luzern, Kunsthaus; 93 Wien, Intakt Loft; 94 Antwerpen, Het Zwanepant; 95 Wien, Gal. Station 3; Wien, MAK; Köln, Art Cologne; 95, 96 Basel, Art Basel; 96, 97, 01, 06 Wien, König; 99 Wien, Krobath & Wimmer; 02 Wien, Bucher; 03 Krems, KH; Graz, LM Joanneum; 04 Barcelona, MAC; Miami, Miami Art Central; 05 Wien, Secession; Rotterdam, Witte de With; Wien, Hermesvilla; 06 Stadtschlaining, Burg Schlaining; Zürich, Wiedenkeller – ***Lit:*** Günther Heller-Schuster (Text): INSIDE-OUTSIDE, Kat. 02

Chappi s. Ullrich, Gabi

Chapuis, Dominique; Neumannstr. 34, D-60433 Frankfurt am Main, Tel. (0 69) 52 67 66, Mobil: 01 6 22 74 22 23, *d.chapuis@gmx.de* (* Chalon sur Saone 52) – **S:** 72–77 Univ. Dijon; 84–87 Acad. Toulouse; 87–89 Stud.aufenthalt in New York u. Washington/DC; 89–92 Städel-Abendschule Frankfurt am Main – **W:** Gest. eines Buchcovers f. d. Verl. Anthropos u. Tetraèdre sowie eines CD-Covers – **M:** u. a. Amersfoort, Mondriaanhuis; Brwinów, Slg Bozena Kowalska; Eschborn, Slg Arthur Andersen; Groß-Umstadt, Mus. f. aktuelle Kunst; Görlitz, StSGGK; Hanoi, MMA; Ingolstadt, Mus. f. Konkrete Kunst; Rockenhausen, Mus. Pachen; Saigon, Mus. d. Künste – **Ö:** Aschaffenburg, Objektform; Darmstadt, Marienhospital; Frankfurt am Main, ZVEI; ebda, Verwaltungsgericht; Innsbruck, Architekt Peter Mayhofer – **E:** 99, 00 (in Verbindung m. Werken d. Komponisten Jens Joseph) Frankfurt am Main, Gallustheater; 99 Frankfurt am Main, Zentralverb. Elektrotechnik- u. Elektroindustr.; 00 Montceau/Frkr., Centre Cult. le Car; 01 Frankfurt am Main, Verwaltungsgericht; 02, 03 Mainz, Maison de Bourgogne; 03 Berlin, Gal. f. Konkrete Kunst; Frankfurt am Main, White Cube; 04 Arnsberg, Legy; Berlin u. Düsseldorf, Flötotto trifft Kunst – **G:** zuletzt u. a. 02, 04 Berlin, Gal. f. Konkrete Kunst; 04 Mainz, Frz. Inst.; Zagreb, Lindner; 04, 05 Lübstorf, Schloß Wiligrad; 05 Hünfeld, Mus. Modern Art: 1 Jahr 40 Positionen 31 Räume; Bologna, Arte Fiera; Santa Fe/USA, Sweeney Convention Center: Art Santa Fe; Görlitz, StKS: Revision – Malerei d. 20. Jh.; Bratislava, Socha A Objekt X; Gießen, Wosimsky; Arnsberg, Legy; 05, 06 Berlin, Heidrichs; 06 Karlsruhe, Art Karlsruhe

Charlot, Jean, Maler; c/o Künstlergruppe adp, Lohstr. 37, D-31785 Hameln – **G/T:** Malerei (abstr./gegenständl., Stilleben) – ***Lit:*** Kat.

CHB s. Hofmann-Breckner, Christine

Chen, I-Shu, Fotograf, Zeichner, Kalligraph; Brunnenstr. 55, D-40223 Düsseldorf, Tel. u. Fax: (02 11) 5 14 36 63, *ishuchen@yahoo.com* (* Taipei/Taiwan 10. 4. 70) – **S:** 89–93 Tun-Hai Univ. Taichung/Taiwan (Fine Art Fac.); 98–00 AdK Wien (Kl. f. Malerei b. Prof. Prachensky); 00–04 KA Düsseldorf (Kl. f. Bildhauerei b. Prof. Rabinowitch) – **P:** Wilhelm-Fabry-Förd.pr. 00; Künstlerdorf Schöppingen (Gaststip.) 01 – **G/T:** Fotogr. (Portr., Lsch.); Zchng (abstr. auf Papier) – **K:** Kalligraphie – **E:** 02 Aachen, Gal. d. Atelierhauses; Hilden, StG; 05 Taipei, The Mayor's Residence Art Salon – **G:** 01 Darmstadt, Darmstädter Sezession (Kat.); 02 Vassa/Finnld, Grafinnova (Kat.); 05 Taichung/Taiwan, Ke-Yuan Gall. (Kat.) – ***Lit:*** Zeichnung 1993–2001, I.-S.C. 01; Intern. Bienn. Neues Aqu. Kleinsassen, Ausst.kat. 01

Chen, Teresa, Fotografin, Performancekünstlerin; Kanzleistraße 209, CH-8004 Zürich, Tel. 0 12 42 02 06, *teresa.chen@freesurf.ch, www.teresachen.ch www.likeyou.com/teresachen* (* Spokane/Washington 63) – **VG:** Zürich, Gysin – **S:** 81–85 Brown Univ. Providence (BA Computer Science); 93 Intern. Sommerakad. Salzburg (Workshop b. Nan Goldin); 94–98 HS f. Gest. u. Kunst Zürich (Dipl. Fotogr.); 96–97 California College of Arts and Crafts Oakland (visiting student) – **P:** Nachwuchsförd.pr. d. Vrg fotogr. GestalterInnen Zürich (1. Pr.) 98; Stip. d. Stadt Zürich 00, 01; Stip. d. Kt. Zürich 01; Stip. d. Zuger Kult.stift. Landis & Gyr 03 – **Ve:** Ver. Shedhalle Zürich seit 99 – **G/T:** Fotogr., Performance – **E:** u. a. 97 Oakland (Top Hat Shine Project); 99 München, Burger; 00 Zürich, Röntgenraum;

01 Aarau, Kunstraum; 02, 04 Zürich, Gysin; 03 Schaffhausen, Forum Vebikus – **G:** u. a. 99 Winterthur, Foto-Mus.; 00 Paris, Cité Intern. des Arts; 01 Zürich, Mus. Bellerive; 02 Tampere, Intern. Fototrienn.; 03 Boswil/Aargau, Künstlerhaus; Genf, Centre de la Photogr.; 04 Teufen, Zeughaus – (Red.)

Chevalier, Peter, Prof., Maler u. Zeichner; lebt in Berlin u. Stuttgart (* Karlsruhe 53) – **VG:** München, Hermeyer; Düsseldorf, Gmyrek; Berlin, Raab – **S:** 76–80 HBK Braunschweig (Malerei b. Hermann Albert u. Alfred Winter-Rust) – **L:** seit 93 ABK Stuttgart (Prof.) – **P:** Kunstpr. d. HBK Braunschweig 78; Sprengel-Pr. f. Bild. Kunst 85 – **G/T:** Malerei (Öl); Zeichn. (Kohle, Gouache, Mischtechniken) – **M:** Berlin, Berlinische Gal.; München, Pin. d. Mod. – **E:** zahlr. Einzelausst. im In- u. Ausland, u. a. 81 Berlin, Gal. Poll; 82, 84, 89, 90, 93, 00 Düsseldorf, Gmyrek; 83, 86 Berlin, Raab; 84, 85 New York, Bellman; 86 Braunschweig, KV; San Francisco, Bransten; 87 Mailand, Studio Cannaviello; 87, 91 London, Raab-Gall.; 88 New York, Gimpel and Weitzenhofer; Århus, Clemens; 91 Mailand, Ferrari; 97 Stuttgart, KM – **G:** u. a. 81 Berlin, AK; 82 Paris, Bienn. des Jeunes; 84 Hannover, Kestner-Ges.; 87 New York, MOMA; 88 New York, Guggenheim; Siena, Bienn.; 89 Mailand, Padiglione d'Arte Contemp.; Istanbul, Bienn.; 94 Schleswig, Kloster Cismar; 01, 03 Düsseldorf, Gmyrek; 03 München, Hemeyer; München, Sundheimer; Ettlingen, KV – ***Lit:*** AKL; Reclams Künstlerlex. 02; Schweers 02 – (Red.)

Chevalley, Pierre, Maler, Graphiker; rue des Philosophes 3, CH-1400 Yverdon-les-Bains/VD (* Yverdon 6. 3. 26) – **S:** ab 44 Éc. des Beaux-Arts Genf; 45–48 Fribourg (Glasmalerlehre b. Herbert Fleckner); 48–51 Centre d'Art Sacré Paris (Atelier Maurice Denis, Leitung: Jacques Le Chevalier); 49–54 Éc. des Beaux-Arts Paris – **L:** 73–91 Éc. des Beaux-Arts Lausanne; 84–86 Éc. des Beaux-Arts Sion – **P:** Eidgenössisches Bundes-Stip. 58, 59, 63; Soldati-Pr. 62, 68; Gustave Buchet-Pr. 93 – **KGr:** Orange – **Ö:** Chailly, Chap. Saint-Nicolas; Champtauroz, Temple; Grand-Saconnex, Kirche; Lausanne, Éc. Polytechnique Fédérale – **E:** zahlr., u. a. 91 Genf, Fischlin; Paris, Gal. Bernard Davignon; 94 Basel, Mäder; Lausanne, Espace de l'art contemp.; 95 Vevey, Mus. Jenisch – **G:** zahlr., u. a. 56 Paris, Mus. d'Art Mod. de la Ville; 65 Bern, KM; 70 Winterthur, KM; 80 Lausanne, Mus. cantonal des beaux-arts; 94 Fribourg, Saint-Hilaire – ***Lit:*** AKL; BLSK 98 – (Red.)

Chiacchia, Martina Anna s. Leu, Martina

Chirea, Viorel, Maler; Monsheimsallee 4, D-52062 Aachen, Tel. Mobil: 01 73 36 36 505, *info@chirea.de*, *www.chirea.de*. Atelier: Ottostr. 88–90, D-52070 Aachen (* Cuza-Voda/Rumänien 5. 5. 60) – **VG:** Koblenz, Laïk; Zürich, Nievergelt – **S:** 81–85 KA Bukarest (Abschluß m. Dipl.) – **Ve:** VG Bild-Kunst 98; BBK Aachen-Euregio 98–06 – **G/T:** informelle Malerei; Fotogr.; Install. – **K:** Malerei m. Bezug zu Archit. u. Raum – **W:** überw. in Privatbes. – **E:** 88 Tg. Jiu/Rumänien, Gal. d. mod. Kunst; 89 Bukarest, Gal. Orizont; 01 Koblenz, Laïk; 03 Zürich, Nievergelt; Aachen, Aula Carolina; 04 Neuchatel, Gal. L'Enclume Bôle; 05 Krewinkel/Belgien, Kult.kap.; 06 Eschweiler, KV – **G:** 81–85 Bukarest, Nat. KM; 87 Tg. Jiu/Rumänien, KM; 88 Toulon, Kunstausst.; Köln, Inter Art Gal.; 99 Aachen, Hexagone; 00 Blankenheim, Kr.mus.; 01 Aachen, Ludwig Forum: Space; 02 Zürich, Art 2002 (Kat.); 04 Duisburg, Cubus KH; 05 Alsdorf, KV; Zürich, Nievergelt; Charneaux/Belgien, Chateau Charneaux – **V:** Kunstzeit, H. 1/01; ArtProfil, H. 1/01 u. 3/03; Kunsthandel 8/02; Accrochages 58 u. 59/04; Forum Junge Kunst, Kat. 01; Forum Junge Kunst – Verbindungen II, Kat. 04 – ***Lit:*** V.C., Ausst.kat. 03

Chmara, Gitta von (geb. Gitta von Werder, Sign.: Werder), Malerin, Leiterin d. Künstlerhauses Hooksiel; Hohensminde, D-26434 Wangerland, Tel. u. Fax (0 44 26) 5 13, *gitta@vonchmara.de*, *www.vonchmara.de*. c/o Künstlerhaus Hooksiel, Lange Str. 16, D-26434 Hooksiel-Wangerland, Tel. (0 44 25) 8 14 08, Fax (0 44 25) 96 91 80, *info@kuenstlerhaus-hooksiel.de*, *www.kuenstlerhaus-hooksiel.de* (* Selbelang/Nauen 6. 1. 44) – **S:** 63–67 PH Göttingen (Malerei b. Prof. Pistorius); 67–68 Ec. Superieure Nat. des Beaux Arts Paris; 69 Intern. Sommerakad. f. Bild. Kunst Salzburg; 70 Doerner Inst. München (b. Prof. Bresgen, Maltechnik d. Alten Meister, Kopieren in d. Alten Pinakothek); seit 74 Atelier in Hohensminde-Wangerland; seit 81 freiberufl. Malerin; 92–95 Fernuniv. Hagen (Kulturmanagement/Kulturwiss.) – **L:** 71–81 im Schuldienst; seit 86 Leitung d. Ausst.- u. Stipendienstätte Künstlerhaus Hooksiel – **P:** mehrmonatige Arb.aufenthalte in Ankara u. Uchisar/Kappadokien, Goethe-Inst. Ankara 92–94 – **Ve:** BBK Oldenburg 75–82; Förd.ver. Künstlerhaus Hooksiel (Vors. seit 92) – **G/T:** Malerei, Graph., Objekt – **M:** Berlin, Bauhaus-Arch.; Münster, Westf. LM; Oldenburg, Slg d. Oldenburgischen Lsch.; Oldenburg, StKS; Soest, Slg Lohl; Wangerland, Slg d. Gemeinde; Wilhelmshaven, KH – **Ö:** Hohenkirchen, RH – **E:** u. a. 82 Leer, Haneburg (KV Nordenham); 85 Wolfsburg, Gal. Haus Rhode; Hage-Berum, Burg Berum; 92 Groningen, Stift. Allersmaborg Ezinge; 94 Ankara, Goethe-Inst.; 96 Hooksiel, Künstlerhaus; 99 Horum, Alte Molkerei; 00 Wilhelmshaven, Stift. Burg Kniphausen; Wüppels, Kirche – **G:** u. a. 77 Stuttgart, Kunstgebäude am Schloßpl.: Künstler; 81 Wilhelmshaven, KH: Künstler sehen Wilhelmshaven; 82 Celle, Gotische Halle: Landschaften; Oldenburg, SM: 35 Jahre BBK; Wilhelmshaven, KH: Atelier in d. KH; 83 'Menschen u. Gesichter', Wanderausst. d. Ostfries. Landschaft; Wilhelmshaven, KH: Portraits; 84 Wilhelmshaven, KH: Kunst für zuhause?; 89 Hooksiel, Künstlerhaus: Portrait; Wilhelmshaven, KH: Zwischen Jade u. Dollart I; Soest, Slg Lohl: tendenzen 1984–1989; 92 'Figur u. Mensch', Wanderausst. d. Oldenburg. Landschaft; 97 Soest, Slg Lohl/Kreishaus: Künstler Kenner u. Konsorten; MAGRASKUINFO Wilhelmshavener Ateliers; 98 Oldenburg, LM: Im Dialog m. d. Kunst; 99 u. 00 Wilhelmshaven, Pumpwerk: buten u. binnen bzw. Mensch 2000; 01 Oldenburg, SM: Die Brücke über die Zeit; 02 Wilhelmshaven, KH: Malerei-Grafik/Slg d. Stadt; 04 Varel, Gal. C. Keller: Aktmalerei heute; Alfeld, Mus./Slg Lohl: Land u. Leute, Graph. u. Kleinplastik 1513–2004 – **V:** Die Künstler zwischen Arbeit u. Öffentlichkeit, Künstlerkarte in Zusammenarb. mit d. KH Wilhelmshaven 85; Künstlerhaus Hooksiel 1986–1990 90; Künstlerhaus Hooksiel 1986–1996 96; Transkriptionen 98; – als Herausgeberin: ... fertig ist das Mondgesicht, Ausst.kat. Hooksiel 91, 03; Henrik Pillwitz-Flut u. Reinhard Kühl – Schöne Aussichten, Ergebniskataloge, Hooksiel 04; Kirsten Jäschke-Flut, Ergebniskat., Hooksiel 05 – ***Lit:*** Fries. Kulturgarten, H.3 81; Künstler im Atelier – Brigitte v. Chmara, Ostfriesland Journal Nr.4 85; Kunst an der Jade 1912–1987, Ver. d. Kunstfreunde f. Wilhelmshaven e.V. 87; Jahresgaben d. Kunstver. AdKV 87/88; Allg. Künstlerlex. (AKL), Bd 18 98; Wo Gegenwartskunst d. Chance hat, sich zu entfalten, in: Jeversches Wochenbl. 20.6.06 – ***LitR:*** Portraitaktion 'Tag d. Niedersachsen' 23./24.8.81 Celle, Fs.-Übertrag. NDR-Nordschau; Fs.-Übertrag. e. Atelierbesuchs, NDR-Oldenburg 29.10.84; Interviews in: Radio Niedersachsen 7.12.87, Radio Bremen-3 14.12.87,

Radio Jade 'Kultur pur' 27.4.98, Radio Jade 'Een Stünn up Platt' zu Gast bei Ewald Eden, Hooksiel 28.6.02

Chmelik, Christine, Malerin, Kunstpädagogin; Arndtstr. 5, D-04275 Leipzig, Tel. (03 41) 9 61 27 77, 9 61 27 00, Fax 9 61 27 01, *chmelik@t-online.de* (* Gleiwitz) – **S:** 64–69 Univ. Leipzig (Staatsexamen Kunstpädagogik b. Prof. Ratzlaff); 72–75 Abendakad. d. HGB Leipzig – **L:** 80–82 MBK Leipzig (Erwachsenenbildung); seit 83 eigene Kunstschule u. Wkst. – **G/T:** Malerei (Lsch., Stilleben, Blumen, figürl. Szenen in trad. u. mod. Techniken) – **K:** Malerei f. Erwachsene; Malen u. Zeichnen f. Kinder – **W:** überw. in Privatbes.; Stadt Markranstädt – **Ö:** Leipzig, Stadtwerke; ebda, Atelier C.C. u. Wkst. f. Malen u. Zeichnen – **E:** 98 Markkleeberg, AOK u. KV; 99, 00 Leipzig, Atelier Chmelika; Leipzig, Die intime Gal. am Park; 04 Leisnig, Kloster Buch (Kapitelsaal); 04, 05 Leipzig, Univ.; 05 Markranstädt, St. Laurentiuskirche; Panitzsch, Kirche; 06 Großlehna, Schloß Altranstädt – **G:** zahlr. Bet. seit 98 – ***Lit:*** Jürgen Tiede: Ausst. sä. Künstler, in: Leipziger Kunsthefte 3 03; ders.: C.C. Kat. u. Texte, in: Leipziger Kunstblätter 2 02

Chorbough, Edouard, Karikaturist, Illustrator, Graphiker; c/o adp Künstlergruppe – die Passionisten, Lohstr. 37, D-31785 Hameln – **VG:** Hameln, Gal. Künstlergruppe Kontra – **KGr:** adp Künstlergruppe Hameln; Künstlergruppe Kontra Hameln – **G/T:** surreale Karikaturen, Graph., Druck – **E:** / G: Hameln, Gal. Künstlergruppe adp – **V:** Der gestrümpfelte Mäuser (Ill.); GRAPH.SER.: Menschen sind keine Automaten; Vergnügt durchs Leben; Die Liebe ist ein ulkig Ding – ***Lit:*** div. Ztgn, Kat., Nachträge

Chossy, Regine von (Ps.: Chossy, geb. Regine Boser), Dipl., Malerin, Bildhauerin, exper. Sängerin, Haarkünstlerin, Aktzeichnerin; Bergmannstr. 33, D-80339 München, Tel. u. Fax (0 89) 50 73 95, *info@chossy.de*, *www.chossy.de*. Atelier: Gollierstr. 85, D-80339 München, Tel. Mobil: 01 72 860 10 61 (* Wunsiedel 4. 9. 52) – **VG:** Berlin, Schultz; Mönchengladbach, Löhrl – **S:** 72–75 Univ. München (Kunsterziehung, Prüfung f. Lehramt an Realschulen); 75–79 ABK München (Bildhauerei b. Robert Jacobsen, Dipl. als Meisterschülerin) – **L:** 87 Vestlandets Kunstakademi Bergen/Norwegen (GastLAuftr.); 93–95 ABK München (Ass. b. Prof. Dr. Thomas Zacharias); seit 92 ebda (LAuftr. f. Aktzeichnen) – **P:** Galleria-Pr. d. Messe Frankfurt am Main 84; Förd.stip. d. Stadt München 84; Projekt energetische Zeichnung (Städtisches Atelier München) 84/85; Kunstpr. d. Förd.kreises Bild. Kunst Nürnberg 85; 1. Pr. d. 3. Intern. Trienn. d. Zeichnung Nürnberg 85; Förd.pr. d. Stadt München 87; 1. Pr. d. Nürnberger Nachrichten, Schloß Weißenstein zu Pommersfelden 95; Marie-Luise-Lentz-Pr. f. Plast. d. Erwin von Kreibig-Stift. München 03 – **Ve:** BBK – **G/T:** Energetische Kunst (u. a. Zeichn.); Lasur-Malerei (Öl, Acryl); Zeichn. (Papier, Akt, Portr.); Objektkunst (Stahlspäne u. a.); Skulpt. (Beton, bemalt); Kunst am Bau; Plexiglasfräsungen m. Hinterglasmalerei; Exper. Gesang; Stimmbildung; landschaftlich-expressiv; ab 79 Arb. m. Stahlspänen u. Haaren – **K:** Aktzeichnen, Projektarb. m. Schülern an Schulen (BBK), Vorbereitung f. KA-bewerbungen – **W:** zahlr. Werke in Privatbes.; Ankauf u. a. durch d. Städte Neu-Ulm u. Rottweil sowie d. Ev. Ldeskirche Bay. u. d. Ldeszentralbank Bay.; Performances als exper. Sängerin in versch. Gruppierungen seit 86 – **M:** Augsburg, Schaezlerpal.; Kassel, Neue Slg (Schloß Wilhelmshöhe); Linz, Neue Slg; Mannheim, StKH; München, ABK; München, Artothek; München, Bay. Staatsgemäldeslgn; München, Bay. Staatsmin. f. Unterricht u. Kultus; München, Ges. d. Freunde d. Hauses d. Kunst; München, Kult.referat d. Ldeshauptstadt; München, Kultusmin. d. Freistaates Bay.; München, Lenbachhaus; München, Slg d. Freunde d. Hauses d. Kunst; München, Staatl. GrS; Neu-Ulm, Edwin Scharff Mus.; Nürnberg, KH; Stuttgart, Artothek; Stuttgart, SG; Szombathely, Savaria múz. – **Ö:** Augsburg, Ldeszentralbank im Freistaat Bay. (Skulpt.-Install.); Erlangen, Univ. (Physikum, Zahnklinik, Versorgungszentrum, Juristische Fak.); Landshut, Kap. im Matthäusstift d. Diakonie; Listafyr/Norwegen, 'Wandering with the sun' (Skulpt., Ldart); München, Ldeszentralbank im Freistaat Bay. (Kantine); ebda, Gollierpark (Chossys Kunsthügel); Nürnberg, Klinikum (Dr. Hans-Birkner-Haus) – **E:** 81, 82 München, Autorengal. 1; 82, 84 Schaffhausen, mini Gal.; 82 Basel, Littmann; 83 Hamburg, Münchener Freiheit; 84, 87, 92, 93, 96 Mönchengladbach, Löhrl; 85, 88, 92, 94 München, Waßermann; 87 Stein, Faber-Castell; 87, 89 Nürnberg, Ehrhardt; 90 Augsburg, Schaezler-Pal.; 92 Cham, StG; 96 Nürnberg, Messe; 97, 98 Bamberg, Stadtgal.; 98 München, Artionale; 99 Berlin, Schultz; München, Siemens-Kunstausst.; München, Artothek; 00 Memmingen, Ldestheater Schwaben; 03 München-Schwabing, Kreuzkirche; 05 München, Gal. Westend – **G:** zahlr. Ausst.bet., zuletzt 03, 06 München, Haus d. Kunst; Nürnberg, Kunsthaus; München, Erwin v. Kreibig-Mus. – ***Lit:*** Hilla Gruchot, in: Nike 88; Der freie Raum, Gal. Waßermann 90; Beispiel einer privaten Kunstförderung, Förderkr. bild. Kunst in Nürnberg 90; Hanne Weskott, in: Kunstforum, Bd. 50; Kat. u. Faltblätter zu Ausst.; Ztgs-besprechungen zu Ausst. – ***LitR:*** Künstlerportr., SAT 1, Bay.j. 01

Chouli s. Baszolich, Herbert Chouli

Chrigel s. Farner, Chrigel

Christanell, Linda; Grashofgasse 3, A-1010 Wien, Tel. (01) 5 12 27 68, Fax 5 12 27 68 – **G/T:** Fotogr., Malerei – (Red.)

Christe, Ralf, Dipl.-Designer, Illustrator; Glümerstr. 14, D-76185 Karlsruhe (Baden), Tel. (07 21) 2 08 97 00, Fax 2 03 84 28, *info@designhelden.de*, *www.designhelden.de* (* Friedrichshafen 24. 9. 72) – **S:** 94–99 Staatl. ABK Stuttgart (Graph.-Design b. d. Prof. Heinz Edelmann u. Niklaus Troxter) – **L:** 04–06 Akad. f. Kommunikation Pforzheim (Doz. f. Graph.-Design) – **Ve:** AGD 01–05; VG Bild-Kunst 03 – **G/T:** freie Ill. (Aqu., Acryl, Tusche); Objektkunst (Beton, Silikon, Holz) – **K:** Grundlagen d. Gest.; Mappenberatung Graph.-Design – **G:** zahlr. Bet. seit 98, u. a. in Stuttgart, Karlsruhe, Markdorf – ***Lit:*** Novum Gebrauchsgraph. 11/00; Package & Design 6/01, 04, 05

Christian, Abraham David, Bildhauer, Zeichner; *www.abrahamdavidchristian.com* (* 52) – **VG:** Berlin, Haas; Mönchengladbach, Löhrl; Tokio, Shigeru Yokota – **S:** 70–71 HBK Kassel – **L:** 76–77 KA Düsseldorf (LAuftr. f. Bildhauerei); 79 FHS Niederrhein Krefeld (LAuftr. f. Zchng) – **P:** u. a. Villa-Romana-Pr. 78; Philip Morris Stip. 79; Renta-Pr. Nürnberg 86; Oberschwäbischer Kunstpr. 03 – **G/T:** Skulpt. (Papier, Bronze, geometr. u. organ. Formen) – **W:** zahlr. private Slgn in Europa, Asien, Amerika – **M:** Berlin, NG; Bochum, Mus.; Bonn, KM; Bremen, Neues Mus. Weserburg; Calais, MBA; Duisburg, MKM; Duisburg, Wilhelm-Lehmbruck-Mus.; Düsseldorf, Mus. Kunst Pal.; Erlangen, StKS; Fellbach, Stadtgal.; Frankfurt am Main, Dt. Bank KS; Fukuyama, Mus. of Art; Gotha, Schloß-Mus.; Hannover, Sprengel Mus.; Krefeld, Kaiser-Wilhelm-Mus.; Köln, Mus. Ludwig; Mannheim, StKH; München, Staatl. GrS; Neu-Ulm, StKS; Straßburg, Fonds Rég. d'Art Contemp. Alsace; Stuttgart, SG; Tatebayashi, Gunma Mus. of Art; Tokio, NM of Mod. Art; Ulm, Ulmer Mus. – **E:** seit 73, darunter 73 Düsseldorf,

KH; 74 Bochum, Baecker; 76 Bochum, Mus.; 78 Krefeld, Mus. Haus Lange (Kat.); 79, 86 Bochum, Gal. m Bochum; 80, 81, 82, 84, 87, 88, 92, 93 (Kat.) Bern, Friedrich; 82 Stuttgart, Württembergischer KV (Kat.); Münster, Westf. KV (Kat.); 83 Düsseldorf, Mus. Kunst Pal. (Kat.); Paris, Goethe-Inst.; Frankfurt am Main, KV (Kat.); München, Thomas; 84 New York, Esman; 85 Wien, Winter; Kopenhagen, Politiken; Yamaguchi, Shimada Gall.; 85, 86, 88, 90, 93 (Kat.) Paris, Casini; 85 (Kat.), 94 (Kat.), 95 Hannover, Sprengel Mus.; 86, 88 (Kat.) Tokio, Gatodo; 87 New York, Brown (Kat.); Innsbruck, Zeitkunst; 87, 93 (Kat.) Frankfurt am Main, Meyer-Ellinger; 88 Calais, MBA (Kat.); 89 Ulm, Ulmer Mus. (Kat.); New York, Scott Hanson (Kat.); Berlin, Nowald; 89, 90, 93 (Kat.), 00 Hamburg, Dröscher; 90, 91, 92 (Kat.), 93, 94, 95, 00, 01, 02, 03, 04 Tokio, Shigeru Yokota; 92 Washington/DC, Baumgartner Gall.; Santa Monica, Corcoran; 96 Leipzig, Beck (Kat.); 98 Tallin, Tallinna Kunstihoone (Kat.); 99 New York, Nosei (Kat.); 00 Duisburg, Wilhelm-Lehmbruck-Mus. (Retr., Kat.); Montevideo, MBA (Kat.); 02 Berlin, Haas; 03 Blaubeuren, Kloster (Kat.); 03, 04 Bremen, Neues Mus. Weserburg; 04 Wuppertal, Von der Heydt-Mus. (Kat.) – **G:** zahlr. seit 72, u. a. 72, 82 Kassel, documenta; 78 Florenz, Villa Romana; 80 Bielefeld, Kult.hist. Mus.; 85 Bremen, KH; 91 Queens/N.Y., Queens Mus. of Art – zuletzt 00 Madrid, MNCARS (Kat.); 01 Krefeld, Haus Esters (Kat.); Duisburg, Mus. Küppersmühle – Slg Grothe (Kat.) – ***Lit:*** AKL; Schweers 02 – zuletzt u. a. Klaus Gallwitz: Du mußt zu d. Punkt zurückkehren, von d. du ausgegangen bist 03; Thomas Deecke: A.D.C. reist 04

Christian, Anton (eigtl. Anton Christian Kirchmayr), Mag. art.; Mutterer Str. 3, A-6161 Natters, Tel. (05 12) 54 66 34, Fax 5 46 63 44, *studio @antonchristian.com*, *www.antonchristian.com* (* Innsbruck 7. 2. 40) – **VG:** Innsbruck, Thoman; Salzburg, Welz; Graz, Haus d. Kunst; Zürich, Stummer; Genf, Foex; New York, Paul Sharpe Contemp. Arts – **S:** 59–63 ABK Wien (Malerei b. Prof. Dobrovsky) – **L:** 80 Univ. of Houston/TX (Gastprof. am Arts Departement im Wintersemester) – **P:** Arb.stip. d. Ldes Tirol (f. Paris) 64; Kunstförd.pr. d. Stadt Innsbruck 69; Stip. d. Bundesmin. f. Wiss. u. Kunst Wien (f. London) 70; Theodor-Körner-Förd.pr. 71; Anton Faistauer-Pr. f. Malerei 72 – **G/T:** Malerei (symbolorientiert, figurativ, nicht: Bild-Abbild-Umsetzungen); figurative multimediale Install. u. Skulpt. – **W:** überw. in Privatbes. u. Slgn öff. Institutionen, z.B. d. Bundesmin. f. Wiss. u. Kunst Wien sowie d. Kult.abt. d. Tiroler Ldesregierung – **M:** Houston/TX, The Menil Collection; Innsbruck, Tiroler LM Ferdinandeum; Wien, Belvedere – **Ö:** Innsbruck, Kongress-Zentrum; ebda, Management-Center – **E:** zahlr. Einzelausst., u. a. 69 Bregenz, Künstlerhaus Pal. Thurn u. Taxis; Wien, Gal. im Griechenbeisl; Graz, Forum Stadtpark; 70 Innsbruck, Taxis-Pal.; 71 London, Siggi Kraus; 73 London, Inst. of Contemp. Art; 75 Zürich, Stummer u. Hubschmid; Zürich, Li Tobler; Northhampton/USA, Hillery Mus.; 76 London, Artnet; Amherst, Univ. of Massachusetts Gall.; 78 Leverkusen, StM Schloß Morsbroich; 80 Denton, Mus. d. Univ. of North Texas; Houston/TX, Harris Gall.; 82, 84 Innsbruck, Annasäule; 82 Paris, Etienne de Causans; 84 München, Biedermann; Amherst/MA, Mead AM; 86 Philadelphia, Art Alliance; Graz, Hoschek; Salzburg, Welz; 87, 90 Innsbruck, Thoman; 89 Wien, Hilger; 89, 96 Genf, Föex; 90, 00 Innsbruck, Tiroler LM Ferdinandeum; 90 Zürich, Stummer; 91 Oberdiessbach, Stähli; San Diego/CA, Mus. d. State Univ.; 92 Fullerton/CA, Mus. d. California State Univ.; Innsbruck, Stift Wilten; Wien, Messepal.; Düsseldorf, Gal. Wolf; Bozen, Waltherhaus; 94 Steyr, KV; Bochum, Haus Borchert; 96, 99 New York, Stephen Gang; 96 San Antonio/TX, Martin Rathburn; Salamanca, Mus. Municipal; 98 Puurs, Francis van Hoof; Antwerpen, Francis van Hoof; 02 Innsbruck, Kunstbrücke d. Raiffeisen-Ldesbank Tirol; 03 New York, Paul Sharpe Contemp. Arts – **G:** u. a. Edinburgh, Festival; London, Inst. of Contemp. Art; 78 Innsbruck, Tiroler LM Ferdinandeum; 79 Innsbruck, Forum f. aktuelle Kunst; 82 Rom, La Pigna; Padua, Mus. Civici agli Eremitani; 84 Bologna, Mus. d'Arte Mod.; Innsbruck, Tendenzen; Bozen, Tendenzen; 86 Pécs, Gal.; München, Gal. d. Zeichner; 87 Zürich; Auvernier, Numaga; Graz, steirischer herbst; 94 in Washington, New York, Tucson, Houston, Toronto u. Ottawa; 96 Dublin, Hugh Lane Mun. Gall. of Mod. Art; 98 Innsbruck, Tiroler VolksKM – **V:** Arbeiten und Notizen, homeed. 73; Fünf Porträts 73; Quellen, Mappe (12 Rad.) 90; Skizzen- u. Notizb., Faksimile-Ausgabe, Tiroler LM Ferdinandeum 90; Beschädigungen, Faksimile-Nachdruck 03 – ***Lit:*** KAT.: A. C., z. d. Ausst. in d. Gal. im Griechenbeisl Wien u. im Forum Stadtpark Graz 68; A. C., z. Ausst. in d. Gal. im Taxispal. Innsbruck 70; A. C., z. Ausst. in d. Gal. St. Barbara Hall/Tirol 72; Rolf Wedener u. Peter Weiermair (Texte): A. C., z. Ausst. im StM Mus. Leverkusen 77/78; diess. u. A. C., z. Ausst. in d. NdÖst. ART-Gal. Wien 79; Die Sprüche des Barba Costa, z. d. Ausst. in d. Gal. Academia Salzburg u. d. Gal. Etienne de Causans Paris 82; Marylin J. Goodmann, Ed Hill u. Kristian Sotriffer (Texte), z. Ausst. Art Alliance in Philadelphia 86; Liebeskunst und Kunstliebe, z. Ausst. in d. Gal. Hoschek Graz 87; Magdalena Hörmann (Text), z. Ausst. im RH Kufstein 90; Krista Hauser u. Peter Frank (Texte): Achtundzwanzig Fragen. Bilder für Erich Fried, z. d. Ausst. in San Diego, Los Angeles, Innsbruck u. Wien 91/92; Gesichter des Alterns, z. d. Ausst. in Bozen u. im Kunsthaus Steyr 93; Rußblumen, z. d. Ausst. in d. Gal. Thoman Innsbruck, d. 479 Gall. inc. New York u. d. Martin Rathburn-Gall. San Antonio 95; Faces del Envejecer, z. Ausst. in Salamanca 96; Ort der Erinnerung, z. Ausst. im Tiroler LM Ferdinandeum 00; Walter Klier u. Silvia Höller (Texte): Beschädigungen, z. Ausst. in d. Kunstbrücke d. Raiffeisen-Ldesbank Tirol Innsbruck 02; – weitere: Arbeiten u. Notizen. A. C., im Eigenverl. 73; Fünf Portraits 73; H. C. Artmann u. Peter Weiermair (Texte): A. C. Zeichnungen 75; Helmut Eisendle, Peter Weiermair u. Peter Angerer (Texte): A. C. Zeichnungen, Monogr. 79; Edith Schlocker: A. C. Aus Gedanken Bilder machen 85; H. C. Artmann, Suzanne Bloom u. a. (Texte): A. C. Landschaft in der Nähe meines Hauses 89; Der Lauf der Zeit. A. C. – 22 Bilder. Jürg Amman – 22 Minidramen 92; Evelyn Renetzeder: A. C. Wort und Bild, Diss. 92; dies.: A. C. Das Malen – Das Schreiben 96 – ***LitR:*** Traute Hansen (Regie): A. C. Ein Porträt, ORF 86; Christoph Rohrbacher: Zufall Leben. Zum Werk A. C.s, ORF Studio Tirol 90; Krista Hauser: Am Wasser. Der Künstler A. C., Film ORF Wien 90; Art Departements San Diego: Nightwater Paintings. Bilder für Erich Fried u. A. C., Film 91; Christl Finkenstedt (Regie): Der Urmensch. Zum 60. Geburtstag von A. C., ORF 00 – (Red.)

Christian, Gert (auch: Gert Christian-Leibnitz), Mag. art., Mag. phil., Prof., Graphiker, Maler, Bildhauer, Entwurfszeichner, Restaurator, Archäologe, Historiker; Bahngasse 10, A-8640 Breitenau am Hochlantsch, Tel. (0 38 66) 22 59, Fax 28 61 (* St. Jakob b. Mixnitz/ Stmk 16. 1. 37) – **S:** 56–57 KGS Graz (Meisterkl. Rudolf Szyszkowitz); 56–61 Univ. Graz u. Wien (Kunstgesch., Phil. u. Gesch.); 57–61 ABK Wien (Meisterkl. f. Malerei b. Josef Dobrowsky); 71 Residenzwkst. Salzburg (Lith. b. Slavi Soucek) – **L:** 62–97 Bundesgymnasium Leibnitz (Prof. f. Bildnerische Erziehung); 79–85 Künstler. u. technische Leitung v. Wkst.sem. sämtlicher Rad.techniken f. Akad.absolventen (unter Patronanz d. BmfUK, öst.weit) – **P:** Goldene Verdienstmed. d. Stadt Leibnitz 88; Goldenes E.zeichen d. Hist. Ldeskomm. f. Stmk 01 – **KGr:** Gruppe C-E-F- (72–81) – **G/T:** phantastisch übersteigerte Druckgraph. (Lith., Hoch- u. Materialdruck); Neo-futuristische Tempera- u. Ölmalerei m. hist. u. antikisierenden Themen; Stift- u. Federzeichn.; Buchill.; Kleinplast.; Med.; Glasfenster f. Kirchen; Teppichdesign; Bauarchäologie (Befunde, Pläne u. Modelle) – **W:** Reihe d. 40 phantastisch-realistischen Bilder, 111 Federzeichn. 'Tod in Dalmatien' 73–88; gedruckte topograph. Serien v. Ortsansichten in d. Stmk; 'Antikenreminiszenzen', Kleinplast.serie; ca. 5500 Werke überw. in Privatbes.; Ankauf u. a. durch d. Stmk. Ldesarch. – **M:** Düsseldorf, Heinrich Heine-Univ. – **Ö:** Breitenau, Filialkirche St. Jakob, ebda, Bergarb.denkmal; Hasendorf, Marienkap.; Leibnitz, römisch-kath. Stadtpfarrk., ebda, ev. Kirche, Flavia-Solva-Denkmal; Wagna, Flavia-Solva-Säule – **E:** u. a. 64 Neumarkt/Stmk, Europahaus; 69 Graz, Moser; 70 Leibnitz, Kult.haus; 75 Landeck, Elefant; 77 Graz, Gal. Z; 78 New York (m. Gal. im Kutscherhaus, Düsselsdorf); 81 Leibnitz, Retzhof; 84 Rottenmann, Kult.haus; 89 Graz, Akad. f. Führungskräfte; 92 Leibnitz, Gal. am Hauptpl.; 94 Zalaegerszeg, Theatergal.; Nagyköszeg, Toparti Gal.; 96 Leibnitz, Gal. d. Raiffeisenbank; 06 Barcelona, Gal. Berlin – **G:** 52 Ausst.bet. seit 55, u. a. in Öst.: Bad Radkersburg, Gleisdorf, Graz, Gumpoldskirchen, Halbenrain, Hartberg, Leibnitz, Mattersburg, Spielfeld, Wien u. Weiz; – in d. BRD: Bamberg, Berlin, Düsseldorf, Singen am Bodensee u. Ulm; – in Ungarn: Györ u. Zalaegerszeg – **V:** Auswahl: Sv. Duh na Ostrem Vrhu – Cerkev ne pozna meja. Heiliger Geist am Osterberg – Kirche ohne Grenze. Kunsthistorische und historische Festschrift, slowenisch-deutsch 92; m. Heinz Zechner: Mein allerletztes Kleid. Zeichnungen und Gedichte 98; Hrsg. u. Autor weiterer 5 ldesgesch. Bücher z. Stmk m. kunst- u. kult.hist. Inhalt – ***Lit:*** G. C., Heribert Eck, S. J. Fresenberger u. Gunter Hammer: Gruppe C-E-F-, Ausst.kat. 78; G. C. Im Kristall oder das Schneckenhaus des Bürgers in der reifen Zeit der Republik, Ausst.kat. 81; Heribert Schwarzbauer: G. C.-L. Der Illustrator, in: Zs d. Steirischen Schriftstellerbundes u. d. Retzhof 10/III 82; Christa Steinle u. Alexandra Foitl (Hrsg.): C. G., Art. in: Styrian Window – Bildende Kunst in der Steiermark 1970–1995; S. J. Fresenberger, in: G. C. Die Leibnitzer Periode 1962–1997, Ausst.kat. 96; Heribert Schwarzbauer: G. C.-L. Steierische Bildnisse, in: Steirische Berichte 4/96; A. Dedekind Lumnitzer: C. (C.-L.) G., Art. in: AKL, Bd. 19 98 – ***LitR:*** S. J. Fresenberger (Red.): G. C. (spricht) zur Stellung des Künstlers in der Gesellschaft, Fsf. ORF 76; Was ist Druckgraphik. Künstlerische Drucktechniken mit G. C., 2-tlg. Fsf. ORF (Kommentare v. Walter Koschatzky) 78; Günter Schilhan (Red.): Knüpfteppiche, hergestellt von Behinderten nach Entwürfen von G. C. (ein Unterstützungsprojekt), Fsf. ORF 92; S. J. Fresenberger (Red.): G. C. zum 60. Geburtstag, Fsf. ORF 97

Christin, Renate (geb. Renate Marbach), Malerin; Reisacherstr. 3, D-93161 Sinzing, Tel. (0 94 04) 21 34, Fax 96 15 96, *art@renatechristin.de*, *www.renatechristin.de* (* Regensburg 28. 1. 41) – **VG:** Regensburg, Kleine Gal.; München, Prokop – **S:** 76–80 Univ. Haifa; Intern. Sommerakad. Millstatt; Intern. Sommerakad. Salzburg, 80 ebda (Meisterschülerin b. Prof. Albert Bitran); 90 Virginia Center for Creative Arts – **L:** seit 88 Intern. Kunstforum im Schloß Eichhofen (Leiterin, Doz.); seit 98 Libera Accademia d'Arte Trieste (Gastdoz.) – **P:** Stip. d. Stadt Regensburg (Virginia Center for Creative Arts, USA) 89; Kunstpr. d. Masaryk's Academy of Arts 96; E.nadel d. Ldkr. Regensburg 97; Nordgau Kunstpr. 02 – **Ve:** BBK Ndb.-Oberpf. 78; Kunst- u. Gewerbever. Regenburg 80; GEDOK Franken (Fachbeirätin f. Bild. u. Angew. Kunst seit 98) 86; Dt.-Tschech. KV (EM) 00; Intern. Ges. d. bild. Künste (02–05 Vorstandsvorsitzende u. Sprecherin) 02; Europ. Council of Artists (Vorstandmitgl.) 02 – **KGr:** Künstlergilde Esslingen (seit 86); GReK (Gründung 94); SaFiR (Gründung 97) – **K:** Malerei; Kunstprojekte – **W:** versch. nat. u. intern. Kunstprojekte u. Aktionen – **M:** Casoria, Intern. Contemp. AM – **Ö:** Regensburg, Kirche St. Markus (Keramikbrunnen); ebda, Reg. d. Oberpf. – **E:** zahlr. in Dtld, Schweiz, Frkr., Luxemburg, Dänemark, Ital., Öst., Spanien, Tschech. Republik, Slowakei, Slovenien, Ukraine, USA, Taiwan, Südkorea u. Austral., u. a. 80 Luxemburg-Mamer, Gal. d'art Leonardo da Vinci; 81 Charbonière les Bain, RH; 82 Lyon, Gal. Champs des arts; 88 Pilsach, Schloß; 90 Straßburg, Aktuaryus; Washington/DC, World Bank Art Soc.; Budapest, Obudai Társaskör Gal.; 91 Kopenhagen, Kunstforening Birkerod; 92 Schwandorf, Kebbelvilla; 95 Florenz, Gall. il Gruppo Donatello; Wertingen, StG; Würzburg, Künstlerhaus; Schmalkalden, Wilhelmsburg; Regensburg, StG Leerer Beutel; 96 Augsburg, Ruetz; Bukarest, Gal. Senso – **G:** 93 Amberg, SM; 94 Oppeln, Diözesan-Mus.; Regensburg, Diözesan-Mus.; Dortona/Ital., Severini; Prag, Gal. Miró; Snina/Slowakei, Gal. Miró; 99 Podsreda/Slowenien, Burg; Koper/Slowenien, Prätorpal.; Taipei, Avant-Garde Documenta II; Casoria, Intern. Contemp. AM; Deggendorf, Kapuzinerstadl; Vilnius, Gal. Arka – **V:** Fremde-Freunde, Kat. 00; Gemeinsames Haus Europa, Kat. 01; Lebens-Fluss Donau, Kat. 02

Christinat, Olivier; Rte Aloys-Fauquez 23b, CH-1018 Lausanne, *www.gdvs.com* (* Lausanne 19. 12. 63) – **VG:** Lausanne, Donzé-Van Saanen – **S:** 79–80 Ec. des Arts Appliqués Vervey; 80–84 Ausb. z. Fotografen in Lausanne; 91–96 Ec. d'Art Lausanne; 93 Radio Suisse Romande – **P:** European Kodak Award (1. Pr. nat.) 91; Panorama Européen de la Jeune Photogr. Arles (Lauréat suisse) 92; Panorama Européen de la Jeune Photogr. Arles 93; European Agfa Portr. Award, Etape européenne (Prix spécial Double Portr.) 93; Bourse Fédérale des Arts Appliqués Suisse 95 – **W:** u. a. in Privatslgn – **M:** Belfort, Mus. d'Art et d'Histoire; Brescia, Museo Ken Damy; Charleroi, Mus. de la Photogr.; Lausanne, Fonds des arts plast. de la Ville; Lausanne, Mus. de l'Elysée; Lausanne, Photo Suisse; Paris, Bibliothèque Nat.; Paris, Maison Europ. de la Photogr.; Zürich, Schweiz. Stift. f. d. Fotogr. – **E:** zahlr. Ausst., zuletzt u. a. 98 New York, Suisse Center; Milano, Centra Culturale Svizzero; Paris, Centre Culturel Suisse; 99 Nancy, Cour Carrée; Berlin, Fiebig; Brescia, Museo Ken Damy; Hasselt, Centre Culturel; 00 Brüssel, Polar; Bienne, Photoforum Pasqu'Art; 01 Berlin, Niemann; Hasselt, Centre d'Art Contemp.; Montréal (Mois de la Photo); Lausanne, Basta; Osaka, Picture Photo Space; 02 Brüssel, Damasquine – **G:** zahlr. Ausst.bet., zuletzt u. a. 00 Bienne, Photoforum Pasqu'Art; Nyon, Fischlin & Cie; Brüssel, Polar; 02, 03 Lausanne, Mus. de l'Elysée; 03 Lausanne, Fonds des arts plastiques de la Ville; Zürich u. Basel, Slg d. Vrg fotogr. GestalterInnen; – **V:** Musique pour une fin de siècle. Jean-Pierre Amann (Photos) 94; Portraits, singulier pluriel 1980–1997 97; Schwarzweiß 15 (Umschlag u. Portfolio) 98; ZOOM 36 00; Jalouse 3 00; Photoplus no 7 00; Le siècle du corps 01; Le mois de la Photo de

Montréal, Kat. 01 – *Lit:* Monogr.: Etienne Barilier: Lumière cendré 95; Photographies apocryphes, Ausst.kat. 97; Photographies apocryphes 00 – ***LitR:*** Bermuda No 2, Télévision Suisse Romande 92; L'homme au cent visages, Magellan TSR 94; Jonction magazine, TVRL 96; Sortie libre, TSR 96; Tel est ce soir, TVRL 98 – (Red.)

Christopei, J. Tront, freischaffender Künstler u. Dozent; Josefstr. 8, D-66663 Merzig, Tel. u. Fax (0 68 61) 7 30 43 (* Darmstadt 26. 6. 38) – **S:** 60–61 WerkKsch Darmstadt (Gebrauchsgraph. u. Innenarchit.); 61–70 TU Darmstadt (Archit.) – **L:** 62–64 TU Darmstadt (Hilfsass. b. Prof. Müller-Linow am Lehrstuhl f. freies Zeichnen u. Plast.); seit 72 Tätigkeit als Doz. f. Malerei – **Ve:** Architektenkammer d. Saarlandes 95–96 – **G/T:** Zeichn. (alle Techniken); Trompe l'Œil; Malerei (Aqu., Öl, Acryl); Spatolato-Technik; gegenständlich o. gegenstandslos, abstr., exper.; Perspektive – **K:** Naturstud., Objektzeichnen, konstruktive Perspektive, klassische u. freie Aquarell-, Öl- u. Acrylmalerei, Mischtechniken, Materialbild – **W:** überw. in Privatbes.; zahlr. Ankäufe im öff. Bes.; zahlr. Arb. als Architekt – **M:** Merzig, Fellenbergmühle; Merzig, Mus. Schloß Fellenberg – **Ö:** Wand- u. Deckengemälde (z.B. Spato Lato, Trompe l'oeuil) in Restaurants u. Privathäusern – **B:** 32jährige Tätigkeit als freischaffender Architekt – **E:** zahlr. Ausst. im In- u. Ausld – **V:** u. a.: Über die Perspektive; Die Skizze – (Red.)

Ciana, David, Maler; Av. de France 8, CH-1870 Monthey, Tel. 02 44 72 45 19, *davidciana@bluewin.ch* (* Monthey 6. 8. 71) – **S:** 88–91 Éc. des Arts Décoratifs Genf (expression artistique) – **Ve:** Société des peintres-sculpteurs-architectes-suisse 94–00; Assoc. intern. des arts plast. 94; Arts Visuels Monthey 97; Visarte 00 – **E:** u. a. 00 Sion, Dolmen Festival; Troistorrents, La Tine; Sion, Gal. du Dolmen; 00, 01 Carouge, Krisal; 02 Monthey, Théâtre du Crochetan – **G:** u. a. 01 Monthey, Le Garenne; 02 Aigle (Les expressions de la douleur); Sion, Valais; Martigny (Jets d'ancres); Sion, Mus. Cantonal d'Hist. – *Lit:* BLSK 98 – (Red.)

Cibulka, Heinz, Fotograf, Medienkünstler; Kapellenstr. 2, A-2126 Ladendorf, Tel. (0 25 75) 83 41, Fax 8 34 14, *heinz.cibulka@aon.at*, *www.h-cibulka.com* (* Wien 16. 1. 43) – **VG:** Wien, Curtze; Neapel, Studio Morra – **S:** 57–61 Graph. Lehr- u. Versuchsanst. Wien (Abt. Graph.) – **L:** seit 80 div. Workshops im In- u. Ausland; 83, 84, 86, 87 Intern. Sommerakad. Salzburg; seit 90 Fotofluss; 97–98 Univ. f. Angew. Kunst Wien (Fotogr.) – **P:** Förd.pr. f. künstler. Fotogr. d. Bundes 81; DAAD-Gaststip. f. Berlin 85; Rupertinum-Fotopr. 89; NdÖst.-Ldespr. Fotogr. 94; Würdigungspr. d. Bundes f. künstler. Fotogr.97; Sebetia ter Intern. Kunstpr. f. Fotogr. Neapel 98 – **Ve:** Fotofluss 89 – **G/T:** bildsprachliche Fotogr., intermediale Aufführungen, Install., Performance, lyrische Texte – **K:** Fotogr., Bildsprache – **W:** fotogr. Werke in Slgn u. Privatbes. sowie Performances u. Install. – **M:** u. a. Bregenz, Vorarlberger LM; Brno, Moravská gal.; Eindhoven, Van Abbemus.; Linz, Lentos; München, Pin. d. Mod.; München, Slg d. Siemens AG; Stuttgart, SG; Wien, Kult.amt d. Stadt; Wien, Slg Bank Austria – **Ö:** Mistelbach/NdÖst. (Zwischenraum – Schauraum f. Weinviertel-Fries) – **E:** 72 Graz, Forum Stadtpark (Performance); 75 Innsbruck, Forum f. aktuelle Kunst; 83 Wanderausst. u. a. in Innsbruck, Krinzinger; Wien, MMK Stiftung Ludwig; Frankfurt am Main, KV; Eindhoven, Van Abbemus.; Essen, Mus. Folkwang; 84, 87 Hannover, Sprengel Mus.; Wien, Krinzinger; 93 Antwerpen, Prov. Mus. voor Fotogr.; St. Pölten, Ndöst. LM; 94 Paris, Danguy; Prag, ULUV; 96 Frankfurt am Main, Prospekt 96; Neapel, Studio Morra, Mexico-Stadt, Centro del Imagen; Wien, Hummel; Wien, Curtze; 00 Düsseldorf; 01 Brno, Moravská gal.; 02 Luxembourg, Casino; 02 Duisburg, Mus. Küppersmühle – Slg Grothe; 04 Poznań, Gal. Miejska Arsenal; Berlin, Curtze – **V:** Bilder-Objekte Weinviertel (Bildgedichte u. Texte) 75; Landalphabete (Bilder, Bildgedichte u. Texte v. H. C. u. a.) 83; Wien – Florisdorf-Donaustadt (Bildgedichte u. schwarz-weiß-Bilder; Texte v. H. C. u. a.) 88; Aktion & Fotografie (Fotos, Bildgedichte u. Texte) 89; Bild-Material (Abb., Bildgedichte u. Texte v. H. C. u. a.) 93; Antwerpen (Bildgedichte) 95; aus nachbars garten (Bildgedichte) 98; chinoiserie (Collagen u. Bildgedichte) 00; Bildgenerationen (Bildgedichte u. Collagen) 04 – *Lit:* Kurt Kaindl (Text): Werkschau – Arbeiten von 1965–2000 01 – ***LitR:*** Portrait zu meiner Arbeit, fc-Film ORF-Wien; Ferdinand Cibulka, Katharina Fregl, Video – (Red.)

Ciervo, Costantino; Dunckerstr. 74, D-10437 Berlin, Tel. (0 30) 44 73 76 08, Fax 44 79 34 10, *c.ciervo@arcor.de*, *www.ciervo.org* (* Neapel 30. 8. 61) – **VG:** Berlin, Krammig & Pepper Contemporary; Madrid, Gal. Dolores de Sierra; Reggio Emilia, Pari & Dispary Agency – **P:** Atelierstip. Stift. Kunstraum Sylt-Quelle 05 – **Ve:** BBK Berlins 91; VG Bild 99 – **G/T:** Multimedia-Install., Objekte, Zeichn. – **E:** u. a. 91 Berlin, Fürbringer 9; 95, 97, 00, 04 Berlin, Vostell; 98 Porto, Goethe-Inst.; Lissabon, Goethe-Inst.; 99 Hürth, KV; 01 New York, Janos Gat Gall.; 02, 06 Reggio Emilia, Pari & Dispari Agency; 03 Madrid, Vostell; 04 Köln, Baecker; 05 Rantum/Sylt, Kunst:Raum Sylt-Quelle; 06 Madrid, Dolores de Sierra; 07 Mailand, Fond. Mudima; Bad Salzdetfurth, KV; Berlin, Krammig & Pepper Contemporary – **G:** u. a. 02, 03 Detroit, Mus. of New Art; 02 Pozen, Centrum Kultury Zamek; Berlin, IFA-Gal.; Meran, Kunsthaus; Valencia, Mus. Valenciano de la Ilustración y la Modernidad; 03 Peking, Space Art & Culture; Hürth, KV; Barcelona, Video Artfair and Festival; 04 Mailand, Parco Esposizioni Novegro; München, Kult.fabrik; Marl, Skulpt.-Mus. Glaskasten; 05 Bremen, Neues Mus. Weserburg; Turin, Videofestival; Hannover, Foro Artistico; 05, 06 Bad Salzdetfurth, KV; 06 Los Angeles, Fowler Mus.; Treviso, Fond. Benetton; Madrid, Bien. de Arte Contemp.; New York, Rubin Mus. of Art; Chicago, Loyola Univ. Mus. of Art – **R:** Pale-Judea, Kurzfilm 02 – *Lit:* AUSST.KAT.: Installationen 91; Deterritoriale. XLV. Biennale de Venezia 93; Cogito ergo sunt 97; Plexus Solaris 99; Project: Education/Breeding 01; 11. Marler Videokunstpreis 04; wahr/falsch 05 – ***LitR:*** Ticket, Beitr. z. Ausst. Oniscus Murarius, SFB 94; La Otra, Interview z. Ausst. Empire, Telemadrid 04

Cihlarz, Wolfgang Ludwig s. Salomé

Cimiotti, Emil, Univ.-Prof.; Rosegger Weg 33, D-38304 Wolfenbüttel, Tel. (0 53 31) 4 44 31, (0 53 37) 76 61 (* Göttingen 19. 8. 27) – **VG:** Grafenau/Württemberg, Schlichtenmaier; Frankfurt am Main, Rothe; Berlin, Brusberg – **S:** 49–53 KA Stuttgart (Bildhauerei b. Otto Baum); HdK Berlin (b. Karl Hartung); Académie de la Grande Chaumière Paris (b. Ossip Zadkine) – **L:** 63–92 HBK Braunschweig (Lehrstuhl f. Bildhauerei) – **P:** Kunstpr. Junger Westen 57, 59; Villa-Massimo-Stip. 59; Pr. d. Freunde junger Kunst 59; Nds.-Pr. f. Kult. 84; Ernst-Rietschel-Kunstpr. f. Bildhauerei 06 – **Ve:** AK Berlin-Brandenburg – **G/T:** Bildhauerei – **W:** viele Arb. in Privatbes. – **M:** u. a. Berlin, NG; Bochum, Mus.; Bonn, StKS; Braunschweig, StM; Bremen, KH; Dresden, Skulpt.-Slg im Albertinum; Duisburg, Wilhelm-Lehmbruck-Mus.; Erlangen, StKS; Göttingen, KS d. Univ.; Hannover, Sprengel Mus.; Krefeld, Kaiser-Wilhelm-Mus.; Köln, Mus. Ludwig; Leverkusen, StM Schloß Morsbroich; Mannheim, StKH; Pittsburgh/PA, Carnegie Mus. of Art; Recklinghausen, StKH; Saarbrücken, Saarland-Mus.; Stuttgart, KM; Wiesbaden, Mus.; Wolfsburg, StG; Wuppertal, Von der Heydt-Mus. – **Ö:** u. a. Göttingen, Kr.haus (Freiplast.); ebda, Univ. (Freiplast.); Hannover (Ständehausbrunnen); Kiel, Univ. (Freiplast.); Konstanz, Univ. (Freiplast.); Marl, vor d. RH (Freiplast.); Recklinghausen, Kr.haus (Brunnenanlage) – **E:** 58, 65 Düsseldorf, Gal. Gunar; 60 Köln, KV; 61, 67 München, Van de Loo; 61, 75, 78, 80, 84, 06 Berlin, Brusberg; 62, 87 Braunschweig, KV; 77 Mannheim, StKH; 81 Lübeck, Mus. am Dom; 91, 92, 94 Frankfurt am Main, Gierig; 92 Recklinghausen, StKH; Osnabrück, KH Dominikanerkirche; 92, 02 Hildesheim, Dom; 93 Krefeld, KV; 94, 03 Grafenau/Württemberg, Schlichtenmaier; 96 Wolfenbüttel, Herzog-August-Bibliothek; Kornwestheim, Gal. d. Stadt; 01 Niebüll, Richard Haizmann-Mus.; 03 Dortmund, Dt. Arb.schutzausst.; 05 Marl, Skulpt.-Mus. Glaskasten; Wolfsburg, StG; 06 Heidelberg, KV; Magdeburg, KM Kloster Unser Lieben Frauen – **G:** u. a. 58, 60 Venedig, Bienn.; 59 Basel, KH; 59, 62 Kassel, documenta; 60 Paris, MN Auguste Rodin – **V:** Brusberg dokumente 13. Ausgewählte Zchngn (Zchngn u. Texte) 84 – ***Lit:*** zahlr. KAT.; Eberhard Roters: Brusberg-documente 10, Monogr.; ders.: Brusberg-documente 13, Monogr.; Theo Bergenthal (Hrsg.): E.C., Monogr. 05 – ***LitR:*** vier Kurzfilme

Cinteanu, Mariana, Malerin; Charlottenstr. 14, D-70182 Stuttgart, Tel. (07 11) 7 82 68 32, Fax 6 07 42 36 (* Constanta/Rum. 19. 9. 52) – **VG:** Stuttgart, Braun; Wiesbaden, Witzel; München, Bierl – **S:** KA Bukarest – **P:** Villa-Romana-Pr. (Gaststip.) 91; Sickingen Kunstpr. – **Ve:** VBKW 80 – **G/T:** gegenstandslose Malerei – **W:** im Bes. d. Kultusmin. Bad.-Württ.; Slg d. Ldesbank Bad.-Württ. – **E:** 01, 02, 03 Stuttgart, Braun – **V:** Die Papierarbeiten 93

Ciuccio, Pasquale, Maler, Bildhauer, Kunstschaffender; lebt u. arbeitet in d. Schweiz (* Neapel 2. 10. 50) – **VG:** Neapel, Riccardo; Riehen, Mazzara & Mollwo; Michelstadt, Kautsch; Troisdorf, Donath – **M:** Lüttich, Gal. art actuel; Muggensturm, Slg Günter Westermann; Paris, Slg Maeght – **E:** zahlr. in Belgien, Dtld, Dubai, Frkr., Ital., Luxemburg, d. Schweiz, d. USA, Slowenien u. Ungarn, u. a. 79 Neusiedeln; 95 Lüttich, Gal. art actuel; 96 Winterthur, Gal. Puls-Art; 96, 00 Aarwangen, Gal. 89; 97 Zürich, Spiess; 97, 00, 04 Laufen, Chelsea; 98, 00, 02 Michelstadt, Kautsch; 99 Castello di Mango; 01 Revere/Ital., Young Mus. (Kat.); 01, 03 Karlsruhe, Kohinoor; 02 Olten, Huber; 03 Zürich, Gal. Traffic Art; Uster, Stadthaus; Chur, Gal. Studio 10; Troisdorf, Donath; Saarbrücken, Saarländisches Künstlerhaus (Heft); 04 Neapel, Riccardo; 06 Riehen, Mazzara – **G:** zahlr. Bet., u. a. 95 Lüttich, Gal. art actuel; 96 Ramet, Centre Wallon d'Art Contemp.: Arte Italiana de 1950 a nos jours; 96, 00 Karlsruhe, Kohinoor; 96, 98, 02 Michelstadt, Kautsch; 96, 98 Eitorf, Gal. Incontro; 97 Berlin, Mus. f. Kommunikation: Sinnbilder d. 21. Jh.; 97, 98, 99, 00, 01, 02, 03, 04, 05 Zollikon, Villa Severini; 97, 00 Laufen, Chelsea; 98 Zürich, Spiess; Gütersloh, KV; 98, 01, 02 Revere/Ital., Young Mus.; 00, 02 Zofingen, Leupi; 00, 02, 03 Baden, Gal. im Amtshimmel; 00 Oskola, City Gall.; Kranj, City Hall; Siegburg, SM; 01 Le Vaumain, Le Moulin de la Forge: Art et nature; Domžele/Slowenien; 02 Klingnau, Gal. zum Roten Leuen; Cagliari, Pal. Tiranni; Darmstadt, KH; Modena, Sale Mostre; 03 Zürich, Gal. Traffic Art; Modena, Castel Maraldo; 04 Spoleto, ExCarcere del Sant'Ufficio: Ars Captiva; Castel Bolognese, Ars Captiva; 05 Riehen, Mazzara; 06 Neapel, Casoria Intern. Contemp. Art Mus.; Mörschwil, Gal. an d. Bahnhofstross – weitere: mehrmalige Bet. u. a. Basel, Art Basel; Bologna, Arte Fiera; Zürich, Art Zürich; Karlsruhe, Art Karlsruhe – ***Lit:*** AKL; BLSK 98 – sowie Ausst.kat.

Cladders, Johannes, Prof. Dr., Graphiker, Objektkünstler, Kunstkritiker, Journalist, Museumsmann; Martinstr. 97, D-47805 Krefeld, Tel. u. Fax (0 21 51) 31 29 06 (* Krefeld 14. 9. 24) – **S:** Autodidakt – **P:** Art Cologne-Pr. 00 – **M:** Dortmund, Mus. am Ostwall; Stuttgart, SG (Konrad-Kohlhammer-Stift. d. Graph. Slg) – **E:** 92 Verona, Pal. Scaligeri; 96 Stuttgart, Akad. Schloß Solitude – **G:** 65 Stuttgart, SG; 70 Köln, KV; 71 Tübingen, KH; 75 Brüssel, Mus. d'Ixelles – ***Lit:*** AKL; Kohlhammer-Stift. (Hrsg.): C wie Caesar 94; Susanne Wischermann: J.C. Mus.mann u. Künstler, In: Europ. Hochschulschriften 28/291, Diss. 97

Clapeko van der Heide, Claus Peter, Bildender Künstler (Malerei); Theodor-Heuss-Str. 34, D-69226 Nußloch, Tel. (0 62 24) 1 24 32, Fax 1 30 60, *clapekovanderheide@t-online.de*, *www.clapeko.de* (* Leipzig 28. 12. 40) – **S:** 55–59 Ausb. z. Graph. Zeichner in Leipzig; 62–65 WerkKSch Dortmund (b. Ulrich Knispel); 66 ABK Karlsruhe (b. Herbert Kitzel u. Emil Schumacher); 67 ebda (Meisterschüler v. Herbert Kitzel, Werkprüfung f. d. künstler. Lehramt b. Fritz Klemm) – **L:** 70 HBK Kassel (Gastveranst.); 88–95 Freie KSch Rhein-Neckar Mannheim (Doz.); seit 82 Staatl. KH Karlsruhe (Erwachsenenbildung, Mus.-pädagogik); seit 92 Ruprecht-Karls-Univ. Heidelberg (LAuftr.) – **P:** Burda-Pr. f. Graph. 68; Stip. Bild. Kunst d. Studienstift. d. Dt. Volkes 69; Stip. Bild. Kunst d. Studienstift. d. Dt. Volkes (Auslandsstip. f. London) 72; Villa-Romana-Pr. 73; Villa-Massimo-Stip. 76; Cité Intern. d. Arts Paris 84; Kunstpr. d. IG Metall 95 – **Ve:** Dt. Künstlerbund; Künstlerbund Rhein-Neckar; AK Mannheim seit 03 – **KGr:** Künstlerbund BW – **G/T:** geometrische Abstr. (vorw. Acryl auf Cotton Duck) – **W:** Werke in versch. Mus. – **Ö:** u. a. Heidelberg, Teilber. d. Kopfklinik; ebda, Ambulantes Therapiezentrum u. Sem.-Zentrum d. SRH-Gruppe, Finanzmanagement d. Spk., Ldratsamt (Brückenverglasung), SRH FHS; Karlsruhe, Handwerkskammer; ebda, Energie BW GmbH (Fries), Majolika (Keramikwand 'Große Mandorla'); Leipzig, Technisches Zentrum d. Dt. Bank; Mannheim, Augenklinik; Neresheim, Klinik f. Schädel- u. Hirnverletzte (Glasfenster); Nußloch, RH; ebda, Lindenschule; Pforzheim, Mensa d. FHS f. Wirtschaft; Ulm, Foyer d. Hotel Mövenpick; Weinheim, Krankenhaus (Glasfenster); Wiesloch, RH – **E:** zahlr. Ausst. seit 64, zuletzt 93 Heidelberg, KV; Leipzig, Gal. im Hörsaalbau d. Univ.; 95 Nançay, Capazza; 96 Bautzen, SM u. Reg.-Mus. d. sä. Oberlausitz; 98 Metz, Arsenal; Nancy, Goethe-Inst.; 00 Karlsruhe, Energie BW; 02 Rastatt, StG; 03 Wiesloch/Walldorf, Kunstkr. südliche Bergstr.; 05 Mochental, Schrade (Schloß) – **G:** seit 64 zahlr. Bet. an Ausst. im In- u. Ausland – ***Lit:*** zuletzt: Hans Gercke (Hrsg.): C. v. d. H., Ausst.kat. 93/94; Hans Gercke u. Hans Jung (Hrsg.): Clapeko Malstücke, Ausst.kat. 96; Energie BW (Hrsg.): Clapeko Malstücke Rot, Ausst.kat. 00; Stadt Rastatt (Hrsg.): Clapeko – Vielfalt und Einheit. Malerei auf Leinwand und Papier 02 – ***LitR:*** Cosmops – das Magazin für Mode, Mops und Lebensart, Interview HR 01; Kurpfälzer Köpfe, Interview SWR Kurpfalzradio 04

Clara Fall s. Woisnitza, Karla

Claßen, Claudia, Malerin; *www.claudia-classen.de* (* Berlin 10. 11. 69) – **S:** 95–99 HS f. Kunst u. Design Burg Giebichenstein Halle/Saale (Malerei); 99–02 KHS Berlin-Weissensee (Malerei, 03 Meisterschülerin) – **Ö:** Freyburg, BLANK Bau GmbH; Potsdam, Hotel am Griebnitzsee – **E:** u. a. 04 Hannover, Foyer Junge Kunst

Vereins- u. Westbank AG; 06 Rangsdorf, Kunstflügel – **G:** seit 94 u. a. 98 Halle/Saale, Gal. Marktschlößchen; 99 Potsdam, Gal. am Neuen Pal.; 05 Potsdam, Art Brandenburg

Claus, Jürgen, Prof., Künstler, Publizist; Overoth 5, B-4837 Baelen, Tel. (0 87) 74 37 91, Fax 74 37 96, *jurclaus@euregio.net*, *www.juergenclaus.de*. Lachnerstr. 3, D-80639 München, Tel. 01 76 24 62 11 00 (* Berlin 28. 5. 35) – **VG:** München, RaumSolar – **S:** 54–60 Univ. Marburg u. München – **L:** 90–00 KHS f. Medien Köln (Prof. f. Medienkunst) – **P:** Kunstfonds Bonn 83; Pr. Lago Maggiore, Locarno 88; Europ. Solarpr. 95; Leaders for the New Century 00 – **Ve:** AICA Dtld 67; VG Wort 79 – **KGr:** SolArt Global Network (seit 93) – **G/T:** Malerei, Multimedia-Install., Solarkunst, Solarskulpt. – **K:** Solarkunst – **M:** Duisburg, Wilhelm-Lehmbruck-Mus.; Los Angeles, Atlantic Richfield Company; München, Lenbachhaus; Rio de Janeiro, Mus. de Arte Mod. – **Ö:** Geislingen/Steige, Albwerk; Jülich, FHS Aachen-Jülich – **E:** 75 Nürnberg, KH; Osaka, UdK; 79 Luzern, Naturmus.; München, Autoren Gal. 1; 86 Wien, prodomo; 96 Freiburg, Kath. Akad.; 00 Linnich, SIG combibloc; 03, 04, 05 München, RaumSolar – **G:** 70 San Marino, Bienn.; 83, 84 Paris, Mus. d'Art Mod. de la Ville; 00 Kopenhagen, Charlottenborg; 04 Brno, Dům umění; 04, 05, 06 München, RaumSolar; 05 München, Bauzentrum: Elementa; 05/06 Karlsruhe, ZKM: Lichtkunst – **V:** Expansion d. Kunst 70, 82; Planet Meer 72; Das elektron. Bauhaus 87; Kulturelement Sonne – Das solare Zeitalter 97 – ***Lit:*** Heiner Stachelhaus (Hrsg.): J.C.: SonnenMeer. Projekte einer ökolog. Kunst 95 – ***LitR:*** Katja Lüber: Sonnenkosmos – der Solarkünstler J.C., Portr./Dok. (WDR-Kult.szene) 98

Claus, Martin, Grafiker, Fotograf; Katzengraben 16, D-12555 Berlin, Tel. (0 30) 6 51 88 73, *mail@m-art-in-claus.de*, *www.m-art-in-claus.de* (* Lampersdorf 18. 10. 49) – **S:** 70–73 FHS f. Werbung u. Gest. Berlin (Typogr. b. Wolfgang Geisler) – **Ve:** VBK DDR 75–90 – **G/T:** Fotogr.; Video; Multimedia-Install.; Graph.; Cartoon – **M:** Berlin, Artothek; Berlin, SM; Berlin-Köpenick, Heimatmuseum – **E:** 79 Berlin, Gal. Sieben Raben; 87 Berlin, Buchhandlung Taunert; Berlin, Gal. Deloch; Berlin, Klub Intern.; Berlin, Fs.turm; 89 Berlin, Gal. Weisser Elefant; 90 Haltern, Stadtbibl.; 91 Berlin, Gal. Grünstr.; 03 Berlin, Theater im Kino – **G:** zahlr. Bet. seit 77, zuletzt 91 Berlin, Gal. im Turm; Berlin, Studio Bild. Kunst; Köln, Gal. 68elf; Berlin, GBK Gal.; 97, 98, 99 Berlin, öff. Räume; 04 Berlin, Gal. KMZA – **R:** Charlotte v. Mahlsdorf. Die letzte Führung durch ihr Gründerzeitmus., Dok.film 05 – ***Lit:*** Friedrich Dieckmann u. Karl-Heinz Drescher: Die Plakate d. Berliner Ensembles 92; Martin Weinhold: Künstler, Köpfe, Ateliers, Fotobd 04; Bernd Maierrieks: Köpenicker Köpfe 04

Claußnitzer, Dieter, Maler, Graphiker; Dorfstr. 9, D-15938 Zauche, Tel. (03 54 53) 7 20 (* Radebeul 8. 7. 45) – **S:** 65–67 Abend-Akad.; 67–72 HBK Dresden – **G/T:** Malerei (Öl, Acryl, Gouache u. Aqu.); Graph. (Rad., z.T. Aquatinta) – **M:** Cottbus, Brandenburgische KS; Tărgovište, Mus. – **E:** u. a. 77, 83 Lukau, Kr.-Mus.; 79 Cottbus, Blechen; 80 Dahme, Mus.; 81 Seelow, Kr.-Gal. – **G:** u. a. 79, 84 Cottbus, Bez.-Kunstausst.; 87, 88 Dresden, 10. Kunstausst. d. DDR – ***Lit:*** AKL; Schweers 02 – (Red.)

Clemens, Uta, freie Graphikerin; Windfoche 6, D-42781 Haan, Tel. (0 21 04) 91 20 52 (* Albrechts 28. 2. 45) – **S:** 65–70 KA Düsseldorf (künstler. Lehramt, Staatsexamen); 95–96 ebda (freie Graph. b. Prof. F. Eggenschwiler) – **P:** Kult.pr. d. Kr. Mettmann 00; Frans Masereel-Graph.zentrum (Arb.stip.) 05 – **Ve:** BBK Düsseldorf 97–05 – **G/T:** graph. Techniken (Schwerpunkt Lith.) – **W:** Ankauf durch d. Ld NRW – **E:** 96 Düsseldorf, KM in d. Tonhalle (Ehrenhof); 99 99 Geldern, KV Gelderland; 01 Hösel, Oberschles. LM; 05 Kaarst, StG – **G:** zahlr. Bet. im In- u. Ausld seit 97, u. a. 97 Portland/OR, AM; 99, 00 Offenbach, Wettb. um d. Senefelderpr. (Endausscheid); 06 Kairo, Egyptian Intern. Print Trienn. – sowie mehrfache Teiln. Düsseldorf, Große Kunstausst. NRW; Łódź, Intern. Exhib. Small Graph. Forms

Coello, Francisco, Maler; Burgweg 11, CH-6402 Merlischachen, Fax 04 18 52 04 65, *francisco_coello@osemziz.ch* (* Ambato/Ecuador 8. 2. 33) – **VG:** Merlischachen, Artes-Gal. – **S:** 51–56 Univ. Quito (Malerei u. Bildhauerei); 56–57 Univ. Rio de Janeiro (Malerei) – **L:** 58–71 Univ. Quito (Prof. f. Malerei) – **P:** Kult.-Olympiade Mexico (Goldmed.) 68; Pr. d. UNESCO 82; XVI. Gran Premio Intern. de Arte Contemp. Monte Carlo 82 – **Ve:** Künstlervrg d. Kt. Schwyz – **G/T:** Öl-, Mineralfarb- u. Acrylmalerei, Sgraffito, mod. figurativ, Portr.malerei – **W:** überw. in Privatbes. – **M:** Huetc, Mus. Florencio de la Fuente; Kairo, Mus. d. Oper; Mexiko-Stadt, MAM; Quito, Casa de la Cult.; Schwyz, KS d. Kt. Schwyz – **Ö:** Hergiswilln, Privathaus; Hildisrieden, Technischer Betrieb; Wallisellen, Ausb.zentrum d. Schweiz. Maler- u. Gipserunternehmer-Verb.; Zizers, Flumserberg (Privathäuser) – **E:** seit 57, u. a. 73 Rom, Bateau Lavoir; 74 Bilbao, Arthogar; Madrid, Bakwer; 79 Zürich, Walcheturm; 01 Kairo, Opera-House; 02 Beiruth, Bekhazi – **G:** u. a. 91 Cuenca, Bienn. Intern. de Pintura; 92 Miami, Art Miami – **V:** u. a. C. o la Magica del Dibujo (Zeichn.) 74; Carlos de la Torre Reyes: Danza de las Masqueras (Ill.) 80 – ***Lit:*** Beatrix Lang: C. – Maler der Lebensfreude 84; Norma Plaza de Garcia: Del blanco al color, Retr. Ausst.kat. 93; Franklin Bahamonde: C., Ausst.kat. 01, 02 – (Red.)

Coenen, Jo, Prof., Architekt; *www.jocoenen.com* (* Heerlen 30. 9. 49) – **S:** 75 TU Eindhoven (b. Dick Apon u. Wim Quist) – **L:** 76–79 TU Eindhoven (Doz. an d. Fak. f. Baukunde); 78–83 Acad. voor Bouwkunst Maastricht (Doz.); 80–86 Acad. voor Bouwkunst Tilburg (Doz.); 87–95 TU Karlsruhe (Prof. f. Gebäudelehre u. Entwerfen); 01 TU Delft (Prof.) – **B:** u. a. Almere: Supermarkt; Delft: Städt. Büro u. Wohnungen; Den Haag: Rijswijkselein; Eindhoven: Gesundheitszentrum u. Apotheke; Lanaken: Villa Daelmans; Maastricht: Univ. van Limburg; ebda: Handelskammer; Oisterwijk: Villa Haans; Roermond: MEGA Bürogebäude; Sittard: Schule u. Turnhalle; Swalmen: Villa Hawinkels; Tilburg: Generalplan Centrum Zuid – **E:** u. a. 88 Eindhoven, Van Abbemus.; 96 Stuttgart, BDA; 97 Berlin, Aedes East; 97, 98 Maastricht, Bonnefanten-Mus.; – weitere: 89 Rotterdam, Kopenhagen, Graz u. Heerlen, Wander-Ausst. d. Nederlands Archit.-Inst. – **G:** u. a. 80 Venedig, Bienn.; 86 Rotterdam, Mus. Boymans Van Beuningen; 97 São Paulo, Bienn.; 97, 98 Mailand, Trienn.; – weitere: 88 Antwerpen, Eindhoven, Groningen, Zürich u. Delft, Wander-Ausst. – ***Lit:*** AKL – (Red.)

Coersmeier, Ulrich, Prof., Architekt, Stadtplaner; Im Faldergarten 10, D-50999 Köln, Tel. (0 22 36) 6 83 32, *info@coersmeier.com*, *www.coersmeier.com* (* Köln 24. 12. 41) – **S:** 62–69 RWTH Aachen – **L:** ab 86 RWTH Aachen (Entwurfs-Prof.) – **P:** u. a. Förd.pr. d. Ldes NRW f. Archit., Stadtplanung, Design 73; Deubau-Pr. 75; Intern. Archit.-Pr. d. Inst. nat. du logement (Anerkennung) 75; Walter-Hesselbach-Pr. 82; Bundesbaumin. f. preiswerte Wohnungen (1. u. 3. Pr.) 84; Archit.-Pr. Beton 85; Wettb. d. Architektenkammer NRW (Ausz. f. vorbildliche Bauten) 90; Design-Pr. 90; Dt. Archit.-Pr. (Anerkennung) 95; Bauherrenpr. 03, 04 – **KGe:** dt8: U. C., Claus Ditges, Alfred Fuhrmann, Stephan

E. Goerner, Christian Schaller u. Helmut Theodor (71–91, Mitgl. u. Gesellschafter) – **B:** u. a. Dölzig: Wohnanlage; Erftstadt: Bliesheimer Str. (Wohnanlage); Köln-Sülz: Wohnquartier Beethovenpark; Köln-Mühlheim: U-Bahnstation m. Pl.gest.; Köln-Marienburg: Auf dem Römerberg (Wohngr.); Köln: Haus f. Baukunst u. Technik; Leipzig: Alte Messe; ebda: Pl. am ehem. Reichsgericht; Leipzig-Eutritzsch: Markt; Leverkusen: Fußgängerzone (Neugest.); Meckenheim-Merl: Wohnsiedlung am Wäldchen; Olpe: AOK-Verwaltung; Stolberg: EWV-Hauptverwaltung – ***Lit:*** AKL – (Red.)

Colani, Luigi (eigtl. Lutz Colani), Prof., Designer; c/o Colani Design Germany, Gewerbering 2–4, D-76149 Karlsruhe, Tel. (07 21) 7 83 19 88, Fax 7 83 16 86, *info@colani.de, www.colani.de* (* Berlin 2. 8. 28) – **S:** ab 46 HBK Berlin (Bildhauerei u. Malerei); 47–52 Sorbonne Paris (Aerodynamik) – **L:** 95 Tong-Ji Univ. Shanghai (Prof.) – **M:** Düsseldorf, Mus. Kunst Pal.; Köln, MAK; New York, MOMA; Paris, Centre Pompidou – **E:** zahlr., u. a. 90 Paris, Mus. de l'Automobile; 92 Nordkirchen, Schloß-Gal.; 92, 93 Dresden, Verkehrsmus.; 96 Firmenich, Zikkurat; 98 Leipzig, Hauptbahnhof (Promenaden); 04 Karlsruhe, Kongreßzentrum – (Red.)

†**Colberg-Tjadens,** Dorothee, Keramikerin; lebte in Bremen (* Berlin 13. 5. 22, † 04) – **VG:** Berlin, Theis – **S:** 40–42 Töpferlehre b. Helene Wenck-Birgfeld Berlin; 42–44 Staatl. Werkschule f. Keramik Höhr-Grenzhausen (Keram-Chemie b. E. Berdel, Staatsexamen); 46 Kunow & Drossé Höhr-Grenzhausen (Töpferlehre u. Gesellenprüfung); 48 Meisterprüfung – **L:** 51–87 HS f. Gest. Bremen (Doz. f. Keramik) – **P:** Dipl. d. Trienn. Mailand 55; Intern. Keramik-Ausst. Gualdo Tadino (Silber-Med.) 65 – **KGr:** Gruppe 83 – **G/T:** Keramik (Ton, Porzellan, Vasen, Schalen, Gebrauchsgeschirr, später organisch-plast. Gebilde, oft geritzte o. eingestempelte Dekore) – **M:** Bremen, Focke-Mus.; Düsseldorf, Hetjens-Mus.; Frechen, Keramion; Hameln, KV; Oldenburg, LM – **E:** u. a. 66, 86 Bremen, Focke-Mus. – **G:** u. a. 60 Mailand, Trienn. – ***Lit:*** AKL; WWCCA 96

Colden, Martin, Maler, Bildhauer, Zeichner; Meyerbeerstr. 26, D-13088 Berlin, Tel. (0 30) 9 27 23 33 (* Rostock 10. 7. 55) – **VG:** Berlin, Gal. Gesellschaft; Berlin, Gal. Labor 19 – **S:** 76–81 KHS Berlin-Weißensee (b. Hans Vent); 89–92 AdK Berlin (Meisterschüler b. Jo Jastram) – **L:** 81–83 KHS Berlin-Weißensee (Aspirantur b. Dieter Goltzsche) – **P:** Arb.stip. d. Berliner Senats 94; Kunstpr. Berlin 97; Grafikpr. d. f6 Zigarettenfabrik Dresden 99; Fotostip. (Polaroid) d. Ld Brandenburg Lotto GmbH 03 – **G/T:** Zeichn.; Malerei (u. a. Gouache); Plast. (Ton); Fotogr. (Polaroid) – **M:** Berlin, AK; Berlin, Berlinische Gal. – **E:** zahlr. Ausst., zuletzt u. a. 01 Berlin, Gal. im Turm; 03 Potsdam, Ld Brandenburg Lotto GmbH; Berlin, Druckerei Conrad; 03, 05 Berlin, Gal. Gesellschaft; 04 Berlin, Gal. Pankow (Kat.) – **G:** u. a. 00 Bröllin, Visual u. Performance Art Congress; Berlin-Buch, Franz-Vollhardt-Klinik; 01 Schwerin, RH; Jakobshagen, Kirche; 01, 03 Berlin, Gal. Labor 19; 05 Berlin, Gal. Mitte – ***Lit:*** AKL; H. Lehmann (Text): Ocean, Kat. (KM Heiddorf) 03

Colditz, Christine, Malerin, Graphikerin, Bildhauerin; Bauernhofstr. 28, D-96157 Ebrach, Tel. (0 95 53) 15 34, Fax 14 49 (* Dresden 12. 11. 43) – **S:** 64–68 Staatl. ABK Karlsruhe (b. Prof. Albrecht v. Hancke, Wilhelm Loth u. Fritz Klemm); 68–70 TU Karlsruhe (Kunstgesch. b. Klaus Lankheit); 73 Steinbildhauerei in Hamburg – **L:** seit 82 ABK Nürnberg (Lehrstuhl f. Malerei, Prof.) – **P:** Bay. Staatsförd.pr. f. Bild. Kunst 78; Kunstpr. d. Nürnberger Nachrichten 99 – **Ve:** Dt. Künstlerbund; Neue Darmstädter Sezession; Neue Gr. München – **M:** Darmstadt, Hess. LM; Dresden, Kpst.-Kab.; Innsbruck, Tiroler LM Ferdinandeum; München, Lenbachhaus; München, Staatl. GrS; Würzburg, StG – **Ö:** Bamberg, Otto-Friedrich-Univ.; Darmstadt, Stadt; Ingolstadt, Finanzamt; München, Freundeskr. Haus d. Kunst; Ottobrunn, Stadt (Skulpt.) – **E:** zahlr. Ausst., zuletzt u. a. 86 Erlangen, KV; 90 Bayreuth, Eremitage; 96 Schwabach, Gal. Bürgerhaus; 99 Bamberg, Mus. d. Stadt – **G:** u. a. 91 Offenburg, Alte Kaserne; Hamburg, Eppendorfer Krankenhaus; 93 Pommersfelden, Schloß Weißenstein; 01 Erlangen, KV; 02 Nürnberg, Kunsthaus – ***Lit:*** AKL; Schweers 02 – (Red.)

Coler, Peter, Maler, Bildhauer; Karlsbader Str. 13, D-95448 Bayreuth, Tel. (09 21) 8 18 11, Fax 1 50 21 94, *petercoler@t-online.de*. Tel. 01 7 54 16 16 37 (* Fürstenberg/Oder 13. 12. 40) – **VG:** Nürnberg, Gal. f. Rahmenkunst; Coburg, Gal. am Salzmarkt – **S:** Autodidakt – **L:** VHS Bayreuth (Doz.) – **P:** Bronzemed. f. Graph. Rom 77; Stip. d. Ldesreg. Salzburg z. d. Rauriser Malertagen 79–86; Förd.pr. Junge Künstler d. Salzburger KV 80; Silbermed. f. Graph. Lugano 85; Silbermed. f. Graph. Rom 86 – **Ve:** BBK Ofr.; VG Bild; KV Bayreuth – **G/T:** Malerei (Ldschaften, Menschenbilder); Plast. (Stein, Bronze); Kunst am Bau – **W:** Werke in intern. privaten Slgn; Bayreuth, Bamberg, Bad Windsheim, Münchberg – **M:** Bamberg, Diözesan-Mus.; Hamburg, Slg B.A.T.; Istanbul, Türkische SG; München, Lenbachhaus – **Ö:** Altenkunstadt, Friedrich-Baur-Stift.; Ankara, Goetheinst.; Bayreuth, Klinikum; ebda, Arb.amt, Dt. Telekom AG, Altersheim d. Jean Paul-Stift.; Salzburg, Ldesreg. – **E:** u. a. 77 Berlin, Gal. Bremen; 79 Nürnberg, Gal. am Peter; 80 Solingen, Gal. Heidelberg; 81 Salzburg, Traklhaus; Salzburg, Arb.kammer; 82 Murnau, Gal. im Horvathhaus; 86 Reutlingen, Kornfeld; 88 Rauris, Gal. 122; 90 Istanbul, Türkische SG; 91 Koblenz, Gal. Teut; 92 Plauen, KV; Wien, Gal. Atrium ed Arte; 96 Bad Godesberg; 98 Bayreuth, Neues RH; 03 Naila, Gal. im Schusterhof – **G:** 76 München, Haus d. Kunst; – weitere in Ankara, Graz, Bath, Brighton, Edinburgh, Innsbruck, Istanbul, Izmir, Lille, Lüttich, Nürnberg, Rennes, Ube, Wasserburg – **V:** Sylvia Habermann: Alte Bayreuther Fassaden (29 Zeichn.) 83 – ***Lit:*** P. C., Ausst.kat. (KV Bayreuth) 83; P. C., Dansöz, Ausst.kat. (Parmakkapi Sanat Gal.) 93

Collien, Peter, Maler, Graphiker; Lutzstr. 23, D-80687 München, Tel. (0 89) 58 28 40 (* Berlin 10. 5. 38) – **S:** 58–64 HBK Berlin (Meisterschüler b. Prof. Fritz Kuhr u. Prof. Mac Zimmermann) – **L:** 87–02 FHS Augsburg (FB Gest., Doz. f. Zeichnen u. Gest.-grundlagen) – **P:** Seerosenpr. 88 – **Ve:** Dt. Künstlerbund Berlin bis 05; Künstlerverb. Neue Gr. München – **KGr:** Künstlersonderbund in Deutschland (90–04) – **G/T:** figürl. Malerei; Akt-Graph. (Rad., Kpst.); Zchng; Ill.; Kostümentwürfe f. Theater u. Fs. – **W:** München, Residenztheater (Kostümentwürfe zu Faust II 1979); Ankauf u. a. durch d. Bundesmin. d. Inneren sowie d. Parlamentspräsidium v. Bad.-Württ. – **M:** Berlin, Graphothek; Berlin, Kpst.-Kab.; Hannover, Kestner-Mus.; München, Bay. Staatsgemäldeslgn; München, Lenbachhaus; München, Staatl. GrS; Paris, Bibliothèque Nat.; Schweinfurt, Städt. Slgn Alte Reichsvogtei – **E:** u. a. 70 Stuttgart, Gal. Wendelin Niedlich; 71 Würzburg, Gal. Villinger; 72 Saarbrücken, Gal. Wolfgang Hell; 75 Berlin, Gal. Lietzow; Bonn, Gal. Pudelko; 79 Heilbronn, KV; 80 Berlin, Gal. Hartwig; 81 Visp/Schweiz, Oberwalliser KV; Berlin, Gal. Hartwig; 83 Augsburg, KV; 83 Reutlingen, Hans Thoma-Ges.; Stuttgart, Gal. Below; 95 Bruckmühl, Gal. Markt – **G:** u. a. 67 Baden-Baden, SKH; Nürnberg, KH; Wien, Europahaus; Bamberg, Neue Residenz; Bromsgrove/England, Autumn Art Festival; 69 Frankfurt am Main, Gal. Brumme; 70 Basel, Art Basel; München, Gal. Gurlitt; 72 München, Staatl. GrS; Frankfurt am Main, KH; Ludwigshafen, KV; 75 Recklinghausen, KH; 77 München, Dürr; 79 Berlin, Gal. Hartwig; 82 Hannover, Artforum; 87 Wanderausst. d. Vrg v. Unternehmerinnen d. Commerzbank u. d. Bundesmin. f. Wirtschaft; 93 Berlin, Martin-Gropius-Bau – **V:** Phantast. Kunst im Verlag Schrift u. Bild 67; Pierrot Lunaire, Mappe (Kpst.) 68; Träume im Hexenhaus (Rad.) 71; Edgar Allan Poe – Siope, Georg Trakl – Verlassenheit (Rad.) 76; Werkverzeichnis d. Radierungen u. Kupferstiche 1961–1978 78; Sacco di Roma (Rad.) 79; Der Liebste Roland (Rad.) 90 – ***Lit:*** David Fontane, in: Planet – Littérature de Toujours 69; Siegfried Obermeier: Artis-Portrait – P. C. 71; Juliane Roh, in: Dt. Kunst seit 1960 Druckgraph. 74; P. Ackermann: Für P. Collien, in: P. Collien – Neue Bilder 1972/1974, Ausst.kat. 75; Christoph Meckel: Über P. C., in: Werkverzeichnis d. Radierungen u. Kupferstiche 1961–1978 78; Christoph Meckel: Anmerkungen zu P. C., in: P. C. – Malerei u. Graph., Kat. 83; Günther Ott: P. C. – d. anonyme Mensch..., in: Kult.polit. Korrespondenz 84; Horst Schwebel, in: Die andere Eva, Kat. 85

Com & Com s. Gossolt, Marcus

Com & Com s. Hedinger, Johannes M.

Condé (Ps. f. André Affolter), Skulpteur, Graveur; 5 av Madeleine Smith Champion, F-94130 Nogent sur Marne (* La Chaux-de-Fonds/Neuchâtel 29. 2. 20) – **G/T:** Kunst am Bau u. im öff. Raum, Objekte, Environments – **M:** Chalon-sur-Saône, Mus. Denon; Creteil, Fonds dép. d'art contemp.; La Chaux-de-Fonds, MBA; Montreal, MAC; Neuchâtel, Mus. d'art et d'hist.; Paris, Centre Pompidou; Paris, FNAC – **E:** u. a. 88 Neuchâtel, Mus. d'Art et d'Hist.; 89 Chalon-sur-Saône, Mus. Denon – **G:** u. a. 47–48 Paris, Salon d'Automne; ab 57 Paris, Salon de la Jeune Sculpt.; Paris, Salon des Réalités Nouvel; Paris, Salon des Grands et jeunes d'aujourd'hui; 03, 04 Nogent-sur-Marne, Online-Gal. d. Stadt – ***Lit:*** AKL; BLSK 98 – (Red.)

Cone Weeks, Stephen, Zeichner; Collenbachstr. 66, D-40476 Düsseldorf, Tel. (02 11) 44 42 61 (* London 29. 2. 52) – **VG:** Düsseldorf, Lausberg; Köln, Seippel; Eschweiler, Engert – **S:** 72–76 Univ. of Windsor/ Kanada (BFA, Zeichnen); 76–79 KA Düsseldorf (Meisterschüler b. Prof. R. Sackenheim) – **L:** 90–95 FHS Krefeld (LAuftr. Objektdesign, Zeichnen) – **P:** DAAD-Stip. (f. KA Düsseldorf) 76–78 – **Ve:** Westdt. Künstlerbund 90 – **G/T:** mehrschichtige Zchngn auf Glas im Bereich zw. Gegenständlichkeit u. Abstr. – **W:** überw. in Privatbes. – **M:** Cedar Rapids/IA, Coe College Library Coll.; Hamilton/Kanada, Art Gall. of Hamilton; Kingston/Kanada, Agnes Etherington AC – **Ö:** Düsseldorf, Ldtag – **E:** 82 Düsseldorf, Niepel b. Morawitz; 83 Brühl, KV; 86 Hamilton/Kanada, Art Gall. of Hamilton; Kingston/Kanada, Agnes Etherington AC; Cedar Rapids/IA, Coe College Library Coll.; 93, 97, 05 (Kat.) Köln, Seippel; 94 Meißen, Porzellan-Man. (Schauhalle, Kat.); Solingen, Dt. Klingen-Mus. (Kat.); 97 Cedar Rapids/IA, Cedar Rapids Mus. of Art; New York, Scott; 03, 07 Düsseldorf, Lausberg; 05 Bochum, Mus. (Kat.); Sylt, Stift. Sylt-Quelle (Kat.); 06 Toronto, Intern. Art Fair – **G:** zahlr. Bet. seit 75, zuletzt u. a. 97–01 Köln, Art Cologne; 01 Düsseldorf, Bugdahn & Kaimer; 04 Miami, Art Miami; Toronto, Intern. Art Fair; Frankfurt am Main, Art Frankfurt; 05 Bad Salzdetfurth, KV – ***Lit:*** Ulrich Krempel: S.C.W. Drawings, Ausst.kat. (z. Ausst. in d. Städt. Kellergal. Düsseldorf) 81; Barbara Bergmann (Hrsg.): Pedestals – S.C.W., Ausst.kat. (z. Ausst. im Interval Witten) 99; Claudia Posca: S.C.W. Toys for Doris... o. d. Fluß d. Dinge, in: Kunstforum Intern. Bd 174 05 – sowie Veröff. in Vanguard Vol. 15, Nr. 3 86; ARTnews Vol. 92, Nr. 8 93

Čonev, Robert, Maler; Torstr. 95, D-10119 Berlin, Tel. (0 30) 44 31 58 06, *robert@conev.de*, *www.conev.de* (* Nürnberg 22. 1. 73) – **S:** 94–01 ABK Nürnberg (Malerei, Meisterschüler b. Johannes Grützke); 96 HdK Dresden (Gastsem.) – **P:** Stip. d. Lyons Club Nürnberg – **G/T:** Malerei (Öl, Portr., Ldschaft, Stilleben) – **K:** Portr.malerei – (Red.)

Conrad, Regina, Malerin, Graphikerin; Choriner Str. 38, D-10435 Berlin, Tel. (0 30) 4 49 04 17 (* Dahme/ Mark 31. 5. 56) – **VG:** Berlin, Forum Amalienpark – **P:** Eduard Bargheer Stip. 90–91; Arb.stip. d. Stift. Kult.-fonds Berlin 92–93; Aufenthaltsstip. Künstlerhaus Lukas, Ahrenshoop 95; Förd.pr. Bild. Kunst d. Stadt Rosenheim 95 – **Ve:** VBK DDR 87; Ver. Kunst u. Lit. Forum Amalienpark seit 01 – **G/T:** Malerei (Öl) – **E:** zahlr. Ausst. u. a. 94 Berlin, Gal. Mitte; 98 Berlin, Gal. im Turm; 99 Bornholm/Ronne, RH; 04 Berlin, Forum Amalienpark – **G:** zahlr. Ausst.bet. seit 87, u. a. 90 Berlin, Gal. im Turm; 95 Berlin, Gal. Berlin; 00 Berlin, Parterre – **V:** Christiane Grosz: Schleier und Schleppe, Künstlerb. (Gest.) 96 – ***Lit:*** Sarabande, Kat. zur Ausst. in d. Gal. Mitte 94; Sechster Maisalon, Kat. zur Ausst. in d. Gal. Berlin 95; Berliner Atelier, Kat. 95 – (Red.)

Conrad-Lindig, Ingrid, Prof., Glaskünstlerin; Oberer Schenkgarten 8, D-55218 Ingelheim, Tel. (0 61 32) 24 02 (* Glückstadt 30. 5. 45) – **S:** 69–74 HBK Hamburg (Industr.-Design); 74–76 GlasFS Zwiesel (Volontärin b. Erwin Eisch); bis 78 Univ. of Wisconsin (Volontariat b. Harvey K. Littleton) – **L:** 78–84 Kunsthandwerkerhof Clausthal-Zellerfeld (Leiterin); seit 01 FHS Koblenz (Inst. f. künstler. Keramik u. Glas, Prof.) – **G/T:** Glaskunst (geblasen, bemalt) – **M:** Alfred/NY, Mus. of Ceramic Art; Düsseldorf, Mus. Kunst Pal.; Ebeltoft, Glasmus.; Frauenau, Glasmus.; Rheinbach, Glasmus. – **E:** u. a. 91 Darmstadt, Henning; 95 Linz, Glas-Gal. Grabenhof; 96 Mainz, Ldesfunkhaus; 96, 97, 98, 02 Köln, CCAA Glasgalerie Köln; 98 Göttingen, Rosenhauer – **G:** 83 Hamburg, Congress-Centrum; 90 Essen, Essener Gal.; 01 Bonn, Kunst- und Ausst.halle d. BRD – ***Lit:*** AKL – (Red.)

Conscience, Christina s. Pièro, Cosy

Coop Himmelb(l)au s. Prix, Wolf D.

Cooper, Waltraut (geb. Waltraut Bengesser), Mag. rer. nat., Medienkünstlerin; Hörnesgasse 4, A-1030 Wien, Tel. Mobil: 0 66 02 12 79 14, 0 66 49 20 09 64, 0 69 910 57 27 61, Fax (01) 9 43 63 13, *waltraut.cooper@aon.at; waltraut.cooper@chello.at, www.waltrautcooper.com; www.regenbogen.at; www.rainbowforeurope.com.* Badgasse 12, A-4810 Gmunden (* Linz 21. 12. 37) – **S:** Wien, Paris, Lissabon, Städelschule Frankfurt am Main u. St. Barbara, Kalifornien (Kunst u. Mathematik) – **L:** 79–94 Kunstuniv. Linz (Lektorin) – **P:** Ldeskult.pr. f. ObÖst. 75; Theodor-Körner-Förd.pr. 76; Staatsstip. f. bild. Kunst 85; Würdigungspr. d. Stadt Linz 88; Prix Ars Electronica – Goldene Nica (Anerk.pr.) 91; Künstlerhaus Wien (Große Goldene Med.) 91 – **Ve:** Intern. Kult.ver. Regenbogen Europa 99; Künstlerhaus Wien – **KGr:** IGB – **G/T:** Multimedia-Install.; Kunst u. Archit.; Lichtkunst (seit 83); Kunst u. Mathematik – **W:** überw. in Privatbes., Aktionen u. Performances (z.B. Wiener Festwochen); Regenbogentrilogie (Regenbogen über Öst., Regenbogen f. Europa) – **M:** Duisburg, Wilhelm-Lehmbruck-Mus.; Ingolstadt, Mus. f. Konkrete Kunst; Karlsruhe, ZKM; Linz, LG; Linz, Lentos; Rastatt, StG (Slg Westermann); Wien, Künstlerhaus; Wien, Slg d. Bundes – **Ö:** LICHTINSTALL. in: Duisburg, Aral; Freiburg, Victoriahaus; Graz, Univ.; Hallein, EMCO Innovatin Center;

Leonding, Stadtamt; Linz, Design Center; ebda, RH, Oberldesgericht, Raiffeisen Ldesbank ObÖst., Wohnanlage Guglmugl, Ldesnervenklinik; Kremsmünster, Stift; Ottakring, Höhere Techn. Bundeslehranstalt; Salzburg, IBM; Wien, Austria Center; ebda, UNO-City, Allg. Krankenhaus, Lotto-Toto, KHM (Mus.shop), Stadtschulrat, Allg.bildende Höhere Schule, Wienstrom – weitere: Innbrücke, Künstlerhauskino – **E:** / G: seit 74, u. a. 76, 78, 80, 83 Wien, Insam; 76 Linz, Neue Gal.; 76, 81, 01 Wien, Künstlerhaus; 77 Frankfurt am Main, Eckenheimer; Berlin, Schloß Charlottenburg; 77, 81 Frankfurt am Main, KV; 78, 88 Wien, Secession; 79 Warschau, Pal. d. Kunst u. Kult.; Wien, Graph.bienn.; 80, 89 Wrocław, Archit.mus.; 80, 84 Hamburg, Kunsthaus; 82, 84, 87, 88 Linz, Ars Electronica Center; 82 Innsbruck, Tiroler LM Ferdinandeum; 82, 85, 96 Wien, MMK Stiftung Ludwig; 86, 95 Venedig, Bienn.; 87 Ludwigshafen, Wilhelm-Hack-Mus.; Amsterdam, Stedelijk Mus.; 88 Hannover, Messe; Graz, Künstlerhaus; Montréal, Images du Futur; 89 Wien, Technisches Mus.; Boston, Siggraph; 91 New York, Bronx Mus. of Art; 94 Duisburg, Merkatorhalle; 96 Wien, Pal. Liechtenstein; Bonn, Kunst- und Ausst.halle d. BRD; 99 Linz, LG; Oberhausen, Ludwig-Gal.; Paris, Medienfestival; 02 Rom, Gall. Nazionale d'Arte Mod.; 03 Kopenhagen, Lux Europae; Krems, KH; 04 Linz, Lentos; Duisburg, Wilhelm-Lehmbruck-Mus.; Ingolstadt, Mus. f. Konkrete Kunst; Passau, MMK – Stift. Wörlen; 05 Karlsruhe, ZKM; 06 Udine, Laboratorio 2 Intern.; Waldenbuch, Mus. Ritter – weitere: Innsbruck, Taxis-Pal.; Linz, Maerz; Lissabon, Gal. Sâo Francisco – **R:** www.regenbogen.at; www.rainbowforeurope.com; www.waltrautcooper.com – ***Lit:*** W.C. Eine Werkübersicht 98; Wimmer, C., Gerngross, Ausst.kat. 01 – ***LitR:*** Kunststücke, ORF 86; Isabelle Muhr: Regenbogentrilogie, in: ObÖst. heute, ORF 98; dies.: Regenbogentrilogie, in: Bilder aus Öst., 3sat 99 – weitere: zahlr. Interviews u. Reportagen, z.B. z. Bienn. Venedig, Ars Electronica, Kunst u. Archit. b. ORF, RAI, Polnischem Fs. u. Dt. Welle

Corazolla, Paul, Maler, Graphiker, Autor; Wilhelmshöher Str. 4, D-12161 Berlin, Tel. (0 30) 8 51 92 00, Fax 85 96 55 32 (* Berlin 21. 6. 30) – **S:** 46–52 HBK Berlin (freie u. angew. Graph., u. a. b. d. Prof. F. Stabenau, Fritsch u. Blank) – **L:** 74–78 FS f. Beschäftigungstherapie Berlin (bildner. Gest.); HdK Berlin u. Akad. Wroclaw (Symposien) – **P:** Studienstip.; zahlr. 1. Pr. b. Wettb. – **Ve:** BBK Berlins; Ver. Berliner Künstler; DGfCK – **G/T:** Malerei, Graph., Glasgest. in d. Archit., freie u. bibl. Themen, gegenständl. u. ungegenständl. – **W:** Eigenslg.; private Sammler – **M:** Berlin, Berlinische Gal.; Berlin, Senat f. Wiss. u. Kunst; Freiburg im Breisgau, Augustiner-Mus.; St. Paul de Vence, Mus. Municipal – **Ö:** zahlr. Glas- u. Archit.gest. f. Kirchen u. öff. Gebäude, u. a. Berlin, Cottbus, Essen, Madrid, München, Mühlheim, Rothenburg, Strausberg – **E:** u. a. Dtld, Polen – **G:** u. a. Brasilien, Dtld, Frkr. – **V:** Heinrich Spaemann Herder: Stationen d. Liebe, Graph. 80 – ***Lit:*** Glasfenster. Arbeiten auf Papier, Texte 00; Kat. zu eigenen Ausst.; redigierte Kat. zu ca. 90 Fremdausst. – ***LitR:*** Hfkbeiträge, SFB u. RBB

Cordes-Vollert, Doris, Zeichnerin, Schriftstellerin; Wiesenstr. 23, D-20255 Hamburg, Tel. u. Fax (0 40) 4 91 95 72, *lettre@do-riss.de*, *www.do-riss.de* (* Hamburg 4. 1. 43) – **S:** 65–68 FHS f. Gest. Hamburg (Dipl.); 68–70 HS f. Gest. Ulm; 70–72 Univ. Stuttgart (Inst. f. Umweltplanung) – **L:** 85–92 FHS Hamburg (Inst. f. Kontaktstud.) – **P:** Kult.stift. Stormarn 89; Förd.pr. f. Literatur 97; Arb.stip. d. Min. f. Kult. SH (f. Kloster Cismar) 99; Projektförd. Stift. Kunstfonds Bonn 02 – **Ve:** VBK Württemberg 72–83; BBK Hamburg 83–94; BBK Schlesw.-Holst. 83; VG Bild-Kunst 88; VG Wort 88 – **G/T:** Zeichn., Buchobjekte, Install. – **W:** Werke überw. in Privatbes., zahlr. temporäre Install. – **M:** Bad Oldesloe, Kr.verwaltung Stormarn; Stuttgart, Graphothek; Stuttgart, SG – **Ö:** Ammersbek, RH; Brunsbüttel, Groden; Büsum, Forsch.- u. Technologiezentrum Westküste; Hamburg, Justizbehörde; Hamburg, Kult.behörde; Kopenhagen, Stadtverwaltung; Schönhagen/Solling, Erlebniswald; Stuttgart, Min. f. Wiss., Forsch. u. Kunst; Stuttgart, Oberpostdir. – **E:** zuletzt u. a. 92 Flensburg, KV; 97 Trittau; 99 Stuttgart; Brunsbüttel, Stücker; 02 Agathenburg, Schloß; Cuxhaven, Gal. Formart; Lüneburg, Kult.forum – **G:** zahlr. Ausst.bet. seit 76, zuletzt 99 Stuttgart; 00 Berlin, Kiel, Erfurt; 01 Bremen, Stade, Marburg/Lahn, Ahrensburg – **V:** IGBK (Hrsg.): Wasser, Dok. künstlerischer Arb. (Konzept, Gest.) 87; Spuren – Vor der Erinnerung (Zeichn., Fotogr. u. Text über Venedig) 88; Nunatak – Die Natur sprechen lassen, Kat. 89; Schall + Staub, Kat. KH Hamburg 92; IGBK (Hrsg.): Erde-Zeichen-Erde, Dok. künstlerischer Arb. (Konzept, Gest.) 92; Im aufgerollten Horizont, Buchobjekt 99; Eine steinige Geschichte der Zeichnung (Zeichn, Text, Fotogr.) 01 – **R:** Liniengeräusche, CD-Rom u. Textb. 02 – ***Lit:*** u. a. Linienzeichen, Kat. 92; Sibylle Berger: Leichte Linien, Kat. KV Flensburg 92

Cordone, Roberto, Bildhauer, Maler, digitale Kunst, Mitgl. d. Römischen Akad. Tiberiana seit 1972; Ubierring 47, D-50678 Köln, Tel. (02 21) 32 78 30, Fax 34 89 71, *roberto.cordone@t-online.de* (* Vallecrosia/ Ital. 11. 4. 41) – **S:** Autodidakt – **P:** Förd.pr. Bild. Kunst d. Kult.kr. d. dt. Wirtschaft im BDI 69; Arb.stip. d. Kult.kr. d. dt. Wirtschaft im BDI b. d. Bayer AG 73 – **Ve:** BBK Köln; VG Bild-Kunst – **G/T:** Bildhauerei (Metallplast.); Malerei; digitale Kunst – **M:** Duisburg, Wilhelm-Lehmbruck-Mus.; Düren, Leopold-Hoesch-Mus.; Düsseldorf, Mus. Kunst Pal.; Hagen, Karl-Ernst-Osthaus-Mus.; Köln, Kolumba; Köln, Mus. Ludwig; Leverkusen, StM Schloß Morsbroich; Rom, Gall. Nazionale d'Arte Mod. – **Ö:** Düsseldorf, Westdt. Ldesbank; ebda, WGZ-Bank, Kaufmänn. Berufsschule, Johnson & Johnson, ARAG Pl.; Essen, Hauptverwaltung Karstadt; Frankfurt am Main, Hess. RF; Köln, Dt. Entwicklungsges.; ebda, Stadtspk., Ev. Kirche, Clarenbachstift, Westdt. RF, AXA Colonia Versicherungen; Leverkusen, Theater-Forum; ebda, Bayer AG; Solingen, Geschwister-Scholl-Schule – **E:** 66 Köln, Gal. Contempora; 67 Düsseldorf, Nebelung; 69 Essen, Mus. Folkwang; 72 Aachen, Neue Gal. (Kat.); 75 Hagen, Karl-Ernst-Osthaus-Mus. (Kat.); Solingen, Dt. Klingen-Mus. (Kat.); 77 Kronberg, Hellhof; 82 Kult.abteilung d. Bayer AG; 83 Münster, Leisten & Thiesen; 84 Helsingborg, Gal. 1+1; 90 Köln, Gal. Apicella (Kat.); 95 Leverkusen, StM Schloß Morsbroich (Kat.); 99 Bonn, Ges. f. Kunst u. Gest.; 04 Köln, St. Maternus-Kirche – **G:** zahlr. Bet., u. a. 67–69 Köln, KV; 68 Hagen, Künstlerbund; 69 Berlin u. Leverkusen, ArsViva; 70 Rom, Pal. delle Esposizioni; 73 Hannover u. Nürnberg, ArsViva; 75, 79 Padua, Intern. Bienn. des Bronzetto; 77 Ravenna, Bienn. Intern. Dantesca; 79 Köln, Kölnischer KV; 80 Velbert, Bienn. d. Kleinplast. (dt. Beitrag); 81 Gütersloh, KV; 83 Duisburg, Wilhelm-Lehmbruck-Mus.; 88 Köln, Josef-Haubrich-KH – ***Lit:*** m. Paolo Bortoluzzi (Choreogr.) u. Thomas Becker (Musik): Skulpt. u. Tanz 90; Gerhard Kolberg: Movimento Ellissoidale 01 – ***LitR:*** Dietrich Lehmstedt (Regie): Schweres Metall u. leichte Schritte, Fs.film (WDR, arte, SWR) 93

Cordsen, Joachim; Aßmannshauser Str. 26, D-14197 Berlin, Tel. (0 30) 8 21 69 05 – **G/T:** Graph. – (Red.)

Coreth, Sini, Installations- u. Videokünstlerin, Kuratorin; Rappoltenreith 17, A-3662 Münichreith, Tel. (0 74 13) 70 71, Fax 70 71 14, *sinicoreth@aon.at* (* Wien 17. 3. 39) – **S:** Bildhauerei b. Ossip Zadkine, Paris; Butoh Dance b. Kazuko Ohno, Tokio; School of the Art Inst. Chicago (b. Jim Elnitzky); Graph. Lehr- u. Versuchsanst. Wien; Film-, Videoschnitt Wien – **G/T:** grenzüberschreitende Events zw. Orient u. Okzident, um Vorurteile abzubauen durch Zus.arb. (seit 00) – **W:** im Bes. v. Paul u. Camille Oliver-Hoffmann, Chicago; Hope u. Kathy Abelson, Chicago; Dieter u. Gertraud Bogner, Buchberg sowie im Bes. d. Kult.abteilung d. Stadt Wien – **M:** St. Pölten, Ndöst. LM; Wien, Slg des Bundes – **E:** 91 Chicago, Artemisia Gall.; 92 Schloß Luberegg; 03 Maskat/Oman, Omani Soc. for Fine Arts; 05 Oman, Sultan Qaboos Univ.; Maskat/Oman, OSFA – **G:** u. a. 94 Borgo Valsugana, Arte Sella (Kat.); 99 Wien, Anatomisch-Pathologisches Mus.; 00 St. Pölten, Ndöst. Dok.-Zentrum f. Mod. Kunst; Melbourne, urban art; Krems u. Melk, pax danubiana; 01 Eisenstadt, Bgld. LG; Mt. Sterling/KY, Gall. for the Arts (Kat.); 02 Wien, IG Bild. Kunst; Wien, Pal. Porcia: Women Dialogue Oman – Austria; Maskat/Oman, French Mus.: Women Dialogue Oman – Austria; 03 Wien, pool; Krems, KH: Künstlerinnen: Positionen 1945 bis heute (Kat.); Salalah/Oman, Hyatt Hotel: Landscapes; 04 Sanaa/Jemen, Jemenit. u. Öst. KünstlerInnen; Frankfurt am Main, Buchmesse (Oman. Stand); Wien, Pal. Porcia: wasteLand; Sofia, Russe Gall.; Passau, MMK – Stift. Wörlen; 04, 05 Maskat/Oman, Qurum Cult. Club; 05 St. Pölten, Arab. u. Europ. KünstlerInnen DMK: Labyrinth Trap; Győr, Städt. KM; 06 Wien, Öst. Netzwerk-Präsentation Anna Lindh Stift. – **V:** S.C. How to get out, Projekt in einem aufgelassenen Käfig d. Tiergarten Schönbrunn 95; Gebrauchsanweisung – Manual 01; I came with the rain, I leave with the wind 05 – ***Lit:*** Werner Hofmann (Hrsg.): Wasser & Wein: Zwei Dinge d. Lebens aus d. Sicht d. Kunst v. d. Antike b. heute, Ausst.kat. (z. Ausst. in d. KH Krems) 95; Johannes u. Charlotte Seidl (Hrsg.): Kunst in d. Lsch. IV, Ausst.kat. (z. Ausst. im Gut Gasteil Prigglitz) 98; Transmodern File, Kat. Tokio 00; Angelika Bäumer: Ankauf NdÖst. 2000

Cornelius, Reiner (Reiner Georg Wolfgang Cornelius), akad. Kunstmaler, Schriftsteller, Lyriker; Keltenring 60, D-74535 Mainhardt, Tel. (0 79 03) 6 88 (* Irschenhausen/Isartal 14. 10. 26) – **VG:** Mainhardt, Atelier-Haus-Cornelius – **S:** ab 49 Priv. KSch in München-Nymphenburg; 52–57 ABK München (b. Prof. Erich Glette u. Prof. Carl Crodel) – **L:** 57–58 Höhere Privatschule v. Adalbert Matthaeus in Bad Reichenhall (Kunsterzieher) – **Ve:** VG Wort; Freier Dt. Autorenverb.; Liederkranz Mainhardt; AK f. dt. Dichtung – **KGr:** Künstlergilde Landsberg/Lech (59–90); Künstlerbund Heilbronn (76–90) – **G/T:** Malerei (Öl, Aqu., Tempera); Zeichn. (Bleistift, Farbstift); Landschaft, Portr., Stilleben (Öl); Rhythmische Kompositionen – **K:** Landschaftsmalerei, Stilleben (Atelier) – **Ö:** Landsberg/Lech, Landratsamt; Mainhardt, RH Sitzungssaal; ebda, Standesamt – **E:** 73–82 Mainhardt, Sommerausst.; 73 München, Patentamt; 74 München, Krauss-Maffei; 79 Heilbronn, Gal. d. Buchhandlung am Markt; 79, 81, 86, 89 Gaildorf, Gal. am Schloßpark; 79, 88 Dinkelsbühl, Kunstgewölbe; 79–80 Niendorf, Gal. Warpe; 80, 83, 86, 90 Wüstenrot-Weihenbronn, Neues RH; 82 Wiesloch, Möbelhaus Liedvogel; Neufra, Schloßgal.; seit 82 Mainhardt, Atelier-Haus-Cornelius; 83 Korntal, Kleine Gal. Wardaschko; 84 Ludwigsburg, Volksbank; 85 Rotenburg/Wümme, Heimat-Mus.; 85 Mainhardt, VR Bank; 87 Schwäbisch Hall, AOK; 87, 91 Schwäbisch Hall, Hohenloher Freilandmus. Wackershofen; 88, 99, 03 Schwäbisch Hall, Johanniterhalle; 89 Heilbronn, Seniorenwohnstift; Bad Mergentheim, Kurhaus; 89, 91 Backnang, Bürgerhaus 'Bahnhofhotel'; 91 Neustrelitz, Mus.; 92 Fürnsal, Sanatorium Graether – **G:** u. a. 68–86 Künstlergilde in Landsberg/Lech; 74–77 Sommerausst. in Schondorf am Ammersee; 76–90 Ausst. m. d. Künstlerbund Heilbronn in Heilbronn, Neckarsulm, Bad Cannstatt, Béziers/Südfrkr., Cosenza/Südital., Öhringen, Bonndorf; 78–86 Ausst. m. d. Künstlergr. Ars Pittoresca in Waiblingen, Dinkelsbühl, Bernhausen, Wüstenrot, Herrenberg (m. Otto Albus) – **V:** Kalender (Ölbilder, Zeichn.) 79–95

Corradini, Bignia, Malerin, Zeichnerin; Motzstr. 8, D-10777 Berlin, Tel. u. Fax (0 30) 6 14 11 85, Tel. 2 15 11 09, *corradini@snafu.de*, *www.bigniacorradini.ch* (* Zürich 5. 1. 51) – **VG:** Zürich, Bommer – **S:** 68–71 TextilFS Zürich (Ausb. z. Entwerferin); 73–77 UdK Berlin (Malerei b. Prof. Hermann Bachmann) – **P:** Kunststip. Stadt u. Kt. Zürich 72–81; Eidgenössisches Kunststip. 75 – **G/T:** Malerei (u. a. Acryl, auf Leinwand, Papier, Holzobjekte u. a.); Install. – **W:** in zahlr. Slgn – **M:** Bern, Schweiz. Nat.bank; Chur, Bündner KM; Schaffhausen, Mus. zu Allerheiligen; Zürich, Schweiz. Nat.bank; Zürich, Slg Banque Nat. de Paris – **Ö:** Chur, Graubündner Kt.bank; Dietikon, UBS; Lenzerheide, Graubündner Kt.bank; Zürich, Verwaltungszentrum Uetlihof Credit Suisse; ebda, Ausb.zentrum d. Credit Suisse – **E:** zahlr. Ausst., zuletzt u. a. 90 Kreuzlingen, Kunstraum; Frankfurt am Main, Wild; 93 Berlin, Grob; 96 Zürich, Kornfeld & Cie.; 98 Berlin, Genthiner Elf; 98, 01, 03 Arbon, Bleisch; 00, 02, 05 Zürich, Bommer; 02 Emmenbrücke, Gersag; 03 Nürnberg, Ortart – ***Lit:*** AKL; BLSK 98; Sterne sehen, In: Sterne sehen, Kat. 82; B.C. Arbeiten 1996–2000, Kat.; Die Sammlung der Quader, In: dems.; Christian Bertram: Im Reich der Farben; Robert Kudielka: Sehen Sie das?; Barbara Anna Hubig: Wahrnehmen u. Sehen o. wie kommt der Text zum Bild

Corves, Ute s. Gruenwald, Ute

Cosmann, Willy, Maler; Kirchkamp 36, D-59505 Bad Sassendorf, Tel. (0 29 21) 6 27 11, Mobil: 01 60 91 17 70 77, *WIICS2001@aol.com*, *www.cosmann.de* (* Bad Sassendorf 20. 2. 55) – **S:** seit 72 Autodidakt; Abendkurse (b. B. Severt) – **G/T:** Portr.-malerei (Öl, Acryl); fotorealist. Zchng (Kohle) – **W:** ca. 450 Gemälde überw. in Privatbes. – **Ö:** Soest, Finanzamt (Dauerausst.) – **G:** zahlr. Bet. seit 81, u. a. 03 Beckum, Finanzamt; 06 Soest, BHW; Arnsberg, Finanzamt; – weitere: Düsseldorf, Auto Becker; Essen, Techno Classica; Soest, Marienkrankenhaus; – sowie: Soest, jl. Kunsttage im Soester Einzelhandel

Costazza, Josef; Gilmstr. 1, I-39100 Bozen, Tel. (04 71) 97 02 29, Mobil: 34 7 458 52 26, *josefcostazza@hotmail.com*, *www.costazza.com* (* Neumarkt/Bozen 26. 11. 50) – **VG:** Bozen, Leonardo; Innsbruck, Augustin; Wien, Augustin – **S:** Autodidakt – **P:** Premio Arte Mondadori Mailand 94; Ankaufspreis II Stadt Leifers – **G/T:** Malerei (Öl, gegenständl. m. starker Reduzierung) – **Ö:** verschiedene – **E:** 89 Bozen, Dominikanergal.; 91 Bozen, Leonardo; 97, 00, 01, 02, 03 Innsbruck, Augustin; 04 Wien, Augustin: – **G:** seit 96 jl. Meran, Kunstmesse; 98–04 jl. Innsbruck, Art Edition; 98 Trient, Pal. Trentini; 03 Padua, Mus. del Santo; 04 Wexford, Green Acres; Bozen, Wine Art; 06 Bruneck, SM: Künstler & Atelier – **V:** z. Ausst. 01 (m. Beitr. v. Ruth Stein u. Helga Reichart)

Coufal, Franz Anton, Bildhauer, Maler, Graphiker; Karolinengasse 21, A-1040 Wien, Tel. u. Fax (01) 5 04 58 39 (* Winkl b. Eichgraben 21. 8. 27) – **S:** 47–49 Graph. Lehr- u. Versuchsanst. Wien; 49–53 Eichgraben (b. Maler Ignaz Schönbrunner); 53–59 ABK Wien (b. Fritz Wotruba, Dipl.); daneben Horak Konservatorium Wien (Ausb. z. Cellisten) – **L:** 69 Intern. Sommerakad. Salzburg – **P:** Förd.pr. d. Ldes NdÖst. 63; Theodor-Körner-Förd.pr.; Rom-Stip.; Ges. Bild. Künstler Öst. (Goldener Lorbeer) 99 – **M:** Gmünd, Stein-Mus.; Salzburg, Slg Otto Breicha; St. Pölten, Ndöst. LM; Wien, Kult.amt d. Stadt; Wien, Slg d. Bundes – **Ö:** Gmünd, Gymnasium; Lahnhöhe, Krankenhaus; Raabs an der Thaya, Brunnen; Unterdambach, Denkmal; ebda, Kap.-Ausstattung; Wien, Tor u. Fries d. Südbahnhofs; ebda, Grabmal f. d. Bundeskanzler Figl auf d. Zentralfriedhof, Denkmal f. d. Bundeskanzler Figl auf d. Minoritenpl., Denkmal für Franz Lehár im Stadtpark – **E:** u. a. 61 Wien, Fuchs; Rom, Öst. Kult.inst.; 64 Wien, Öst. Staatsdruckerei; 69 Innsbruck, Gal. Zentrum; 70 Biarritz, Gal. Vallombreuse; 70, 71 Wien, NdÖst. LM; 72, 74 Wien, Gal. Sur Terrain; 78 Baden bei Wien, Beethovenhaus; Wien, Zentralspk. – ***Lit:*** AKL – (Red.)

Cox, Richard A., Maler, Graphiker, Bildhauer; Hammer Weg 19, D-59494 Soest, Tel. (0 29 21) 1 65 31, *mail@richardcox.de*, *www.richardcox.de* (* Holmfirth/England 28. 7. 50) – **S:** 68–69 Batley SchA; 69–72 Department of Fine Art Leicester (Polytechnik); 72 Dipl. in Art u. Design (Bildhauerei); 73–78 KA Düsseldorf (Freie Graph., Meisterschüler b. Prof. Rolf Sackenheim) – **L:** 82–86 FHS f. Design Dortmund (LAuftr. f. Rad.); 95–00 Univ. Dortmund (LAuftr. f. exper. Druckgraph.); seit 03 FHS Soest (LAuftr. f. exper. Gest. Klangkunst) – **P:** Stip. d. Aldegrever-Ges. Münster 76; Förderpr. d. Ingrid-Kipper-Stift. Soest 99; Skulptur-Pr. d. Stadt Soest (Gest. d. Fußgängerzone) 01 – **Ve:** BBK NRW; VG Bild 95; KV Soest; KV Beckum-Warendorf – **KGr:** Westf. Künstlerbund Dortmund – **G/T:** Malerei (Acryl auf Karton u. Leinwand); Druckgraph. (Rad., Hschn., Lith., Computergraph.); Gest. eigener Kal.; Graph.ed.; Bildhauerei (Stahl, Edelstahl, Bronze); Install. aus div. Materialien – **M:** u. a. Beckum, SM; Beckum, StKS; Dortmund, Artothek; Dortmund, StKS; Lippstadt, Artothek; Lippstadt, StKS; Paderborn, Artothek; Paderborn, Gal. Schloß Neuhaus; Soest, Artothek; Soest, StKS; Wadersloh, Mus. Abtei Liesborn – **Ö:** Bad Sassendorf, Klinik am Lindenpl. (Wandgest.); Möhnesee (Großraumskulpt.); Soest, Fußgängerzone – **E:** seit 75 zahlr. Ausst. in Europa, u. a. 00 Dortmund, Artothek; Dortmund, Gal. Uniewski; Hamburg, NewArt; 02 Paderborn, Gal. Schloß Neuhaus; 02, 06 Wadersloh, Mus. Abtei Liesborn; 03 Münster, Kunstkab.; Hamburg, NewArt; 06 Dortmund, Torhaus Rombergpark – **G:** seit 75 zahlr. Ausst. in Europa, u. a. 00 Essen, Hamelmann; Soest, Wilhelm-Morgner-Haus; Wadersloh, Mus. Abtei Liesborn; Telgte, SM; 02 Hattingen, Henrichshütte; 03 Bochum, ECCO; Jülich, Hexenturm; Dortmund, Mus. f. Kunst u. Kult.gesch. – **V:** Martin Gesing (Hrsg.): R. A. C. – Monographie u. Werkverzeichnis der Druckgraphik 99

Cozacu, Ioan s. Nel

Cragg, Tony, Prof., Bildhauer; Lise-Meitner-Str. 33, D-42119 Wuppertal, Tel. (02 02) 55 13 50, Fax 5 51 35 12, *jm@tony-cragg.com; sk@tony-cragg.com* (* Liverpool 9. 4. 49) – **VG:** Berlin, Seitz & Partner; Düsseldorf, Fischer; Kollerschlag, Werkstatt Kollerschlag; Köln, Greve – **S:** 69–70 Cloucestershire College of Art and Design Cheltenham; 70–73 Wimbledon SchA (b. Roger Ackling u. Jim Rogers, B.A.); 73–77 Royal College of Art London (M.A.) – **L:** 76 Éc. des Beaux-Arts Metz (Prof.); 78–88 KA Düsseldorf (Doz.); 88–01 ebda (Prof., seit 89 Prorektor); 01 HdK Berlin (Prof. f. Bildhauerei) – **P:** Turner-Pr. London 88; Bienn. Venedig (menzione speciale) 88; Von-der-Heydt-Pr. Wuppertal 89; Chevalier des Arts et Lettres 92; E.professur Budapest 96; Shakespeare Pr. 01; Verleihung d. Titels E.dr. d. Univ. of Surrey 01; Hon. Fellowship d. John Moores Univ. Liverpool 01; Piepenbrock Pr. f. Skulpt. 02; Commander of the British Empire 02; E.profesur Univ. of Arts London 05; Peking Bienn. (1. Pr. f. Skulpt.) 05 – **Ve:** Royal Academy 94; AK Berlin 01 – **M:** u. a. Aachen, Suermondt-Ludwig-Mus.; Amsterdam, Stedelijk Mus.; Antwerpen, Mus. van Hedendaagse Kunst; Atlanta/GA, High Mus. of Art; Budapest, Ludwig Múz.; Eindhoven, Van Abbemus.; Fort Worth/TX, Mod. Art Mus.; Köln, Mus. Ludwig; London, Arts Council Collection; London, Saatchi Collection; London, Tate Coll.; Luzern, KM; Minneapolis/MI, Walker AC; München, Lenbachhaus; Paris, Centre Pompidou; Rochechouart, Mus. départemental d'Art contemp.; San Diego/CA, Mus. of Photogr. Arts; Tokio, NM of Mod. Art; Washington/DC, Hirshhorn Mus. and Sculpt. Garden; Wien, MMK Stiftung Ludwig – **E:** zahlr. Ausst., u. a. 79 London, Lisson; zuletzt u. a. 00 Liverpool, Tate Gall.; 01 Chemnitz, KS; 02 Berlin, Dittmar; Otegem/Belgien, Deweer Art Gall.; Wuppertal, Epikur; Helsingborg, Dunkers Kult.-hus; Detmold, Lippische Ges. f. Kunst; Frankfurt am Main, Bethmann Bank; 02, 05 Barcelona, Taché; 02, 04 Köln, Buchmann; 03 Bonn, Kunst- und Ausst.halle d. BRD; Paris, Crousel; Paris, Bibliothèque Nat.; Berlin, Seitz & Partner; Málaga, CAC; Rom, Mus. d'Arte Contemp.; São Paulo, Cohn; New York, Marian Goodman; 03, 05 München, Klüser; 04 Stockholm, Milliken; Tokio, Kenji Taki Gall.; Wien, Knoll; Porto, Mus. Serralves; 05 Torre Pelice/Ital., Studio per l'Arte Contemp.; Auckland, Gow Langsford Gall.; Goodwood, sculpture at goodwood; Paris, Ropac; Moskau, The Central House of Artists; Nürnberg, Neues Mus.; Graz, Mus. d. Wahrnehmung; Paris, Putman; 06 Prag, Svestka; Düsseldorf, Künstlerver. Malkasten; Krefeld, KV – **G:** zahlr. Ausst.bet. seit 77, u. a. 88 Venedig, Bienn.; zuletzt, u. a.: 00 Bologna, Gal. D'Arte Moderna; 01 Wien, MMK Stiftung Ludwig; 02 Wien, MAK; Tokio, NM of Mod. Art: The Unfinished Century – Legacies of 20th Century Art; Grenoble, Mus. de Grenoble: L'art d'aujourd'hui; Athen, The Factory: Conversation; Salzburg, Ropac: Time Space Motion; London, Royal Acad. of Arts: Summer Exhib.; Venedig, Peggy Guggenheim Coll.: Thinking Big; Wolfsburg, KM: Blast to Freeze – Brit. Kunst im 20. Jh.; 03 Neuenkirchen, KV Springhornhof; Salzburg, Gal. Academia; Oslo, Vigeland Mus.; Florenz, Belvedere dell'Arte; Paris, Ropac: Perpetual Bliss – Form, Symbol and Material in Contemp. Sculpt.; Intern. Keramikbienn. Korea; 04 Teheran, Mus. of Contemp. Art; Wolfsburg, KM: Treasure Island; Nizza, Mus. d'Art Mod. et Contemp.: Intra-muros; Liverpool, Tate Gall.: A Secret History of Clay – From Gauguin to Gormley; Paris, Centre Pompidou: Acquisitions Récents; 05 New York, MOMA: Contemp. Voices; Madrid, Fundación Juan March: Contemporanea; Berlin, Art Center: Reflexionen; Lausanne, Mus. cantonal des beaux-arts: Private View 1980/2000 Coll. Pierre Huber; Málaga, CAC: Paisaje Humano; Wien, Mario Mauroner Contemp. Art: Summertime; Luleå, Sommerbienn.: Industr. and Nature in Contemp. Art; Düsseldorf, Gal. d. KA – ***Lit:*** AKL

Crailsheim, Liselotte von (geb. Liselotte Horstkotte), Malerin; D-97348 Rödelsee, Tel. u. Fax (0 93 23) 63 50 (* Bielefeld 24. 6. 26) – **S:** FHS f. Gest. Bielefeld (Prof. Tyra Hamann); KA München (Prof. Emil Krieger, Carl Crodel); Atelier Prof. Heribert Losert/ Heinrich Kropp; Salzburger Seminare f. Farbe u. Umwelt (Dr. Heinrich Frieling) – **L:** FHS f. Sozialwesen München; Werbefachliche Akad. München; Salzburger Seminare f. Farbe u. Umwelt – **Ve:** BBK Würzburg – Unterfranken – **Ö:** Castell, Grafschaftskirche; Castell, Fürstl. Castellsches Domäneamt (Fresco); Feuerbach, Pfarrkirche; Fröhstockheim, Pfarrkirche; Gerolzhofen, Pfarrkirche; Hamm i. W., Stadtkirche; Helsinki, Finnischer Landtag; Kitzingen, Finanzamt; ebda, Stadtkirche, Landratsamt (Fresco); Münster, Oberfinanzdirektion; Rehweiler, Pfarrkirche; Rödelsee, Pfarrkirche; Würzburg, IHK – **E:** in Galerien u. öff. Instituten in: Bielefeld, Berlin, Bottrop, Bochum, Wiesbaden, Krailling, München, Ansbach, Essen, Stuttgart, Irschenhausen, Wiesentheid, Würzburg, Lübeck, Bayreuth, Hamm u. a. – **G:** u. a. München, Haus d. Kunst; München, Rathaushalle: GEDOK; Würzburg, Otto-Richter-Halle: BBK; Paris, Grand Pal.: Internat. Künstlerinnen; Würzburg, Mainfrankenmesse – **V:** Das Bogenhausener Modell 73; Aufss. z. Thema 'Familientherapie m. künstler. Mitteln', in: Farbe+Design, Zs

Crawford, Sandra s. Brandeis Crawford, Sandra

Cremanns, Thomas H. (Ps.: THC), M. A., Maler, Konzeptkünstler, Autor; Scharnhorststr. 15, D-40477 Düsseldorf, Tel. (02 11) 67 25 76, *tcart@arcor.de*, *www.tcart.de* (* Düsseldorf 6. 12. 57) – **VG:** Düsseldorf, Art*Plus Gal. – **S:** 81 Shodō Tokio; 82–84 Düsseldorf (freies Kunststud.) – **L:** 98–02 DTP Akad. Düsseldorf (freier Doz.) – **P:** Total Recall Pr. d. KH Düsseldorf (2. Pr.) 03 – **G/T:** Malerei (Öl, Lack, Figuration); Filmrezeption (Text, Druckgraph., Fotogr., Video); Landart – **K:** Audio- u. Videoschnitt – **W:** überw. in Privatbes. v. Sammlern in Frankfurt am Main, Köln, Düsseldorf; Performances in Tokio, Düsseldorf, Linosa/Ital., Berlin – **E:** 90–91 Düsseldorf, Cremberg; 02–03 Düsseldorf, Art*Plus Gal. – **G:** zahlr. Bet. seit 88, u. a. 94 Paris, Théâtre Mandapa – **R:** Virtuelles Mus. II: Jetzt noch fruchtiger, CD-Rom 02

Cremer, Eimo, Künstler; Bärenwinkel 22, D-38444 Wolfsburg, Tel. (0 53 61) 77 52 99, Fax 8 43 46 44, *eimo.cremer@gmx.de*, *www.eimo-cremer.de* (* Aurich/ Ostfriesland) – **VG:** Freiburg im Breisgau, Skulpt.-Kab. – **S:** Univ. de Barcelona, Facultat de Belles Arts; Llotja, Escola d'Arts aplicades i d'Oficis Artistics en Barcelona; Massana, Centro Municipal de Arte y Diseno de Barcelona – **P:** Kunstwoche Jesteburg (1. Pr.) 04 – **KGr:** 10 KW (10 Künstler Wolfsburgs) – **G/T:** Montablen – **M:** Augsburg, KM Walter – **Ö:** Wolfsburg, Wasserverb. – **E:** / G: 91 Barcelona, Casal de Cultura Catelldefels; 93 Hannover, Art-Rent; 94 Braunschweig, Art-Protect; 95 Wolfsburg, Bürgerhalle; 96 Königslutter, Dom-Mus.; 97 Braunschweig, Gal. 266; 98 Hannover, Opernpl.; 99 Wolfsburg, KV; 00 Bremen, Gerhard-Marcks-Haus; 01 Jesteburg, Kunststätte Bossard; 02 Freiburg, KV; 03 Aurich, KV; 04 Wolfsburg, Bürgerhalle; 05 Köln-Hürth, Intern. Kunstpr.; 06 Itzehoe, Archit.- u. Kult.sommer – **V:** Montablen, die andere Kunst (eigene Dok.) – ***Lit:*** div. Ausst.kat.

Crepaz, Hans, Mag. Art., Maler; Mariahilferstr. 55, A-1060 Wien, Tel. (01) 5 87 26 89 (* Hall/Tirol 14. 8. 38) – **VG:** Wien, Peithner-Lichtenfels; Untergrub, Gal. Untergrub – **S:** 58–64 ABK Wien (Meisterkl. f. Malerei b. d. Prof. Albert Paris v. Gütersloh u. Herbert Boeckl) – **P:** Premio Agazzi 91, 92 – **Ve:** Berufsvrg d. bild. Künstler Öst. 78; IG Bild. Kunst Öst. 80; IMAGO 02 – **G/T:** satir. Realismus, hist.-lit. Themen, Ölbilder, Ill. – **W:** überw. in Privatbes. – **M:** Gabrovo, House of Humour and Satire; Innsbruck, Tiroler LM Ferdinandeum; St. Pölten, Ndöst. LM; Wien, Heeresgesch. Mus.; Wien, Slg d. Bundes – **Ö:** Innsbruck, RH; Wien, Raiffeisen-Zentralbank; ebda, BAWAG, Erste-Bank, Bundeswirtschaftskammer, kath.-öst. Landsmannschaften Maximiliana – **E:** u. a. 72, 74, 78 Wien, Peithner-Lichtenfels; 73, 81, 87, 92, 94 Wien, Raiffeisen-Zentralbank; 75, 76, 77 Wien, Pal. Kinsky; 76, 92 Potzneusiedel, Schloßgal.; 79, 83 Wien, Wolfrum; 83, 85 Albstadt, Paulusgalerie; 89, 98 Innsbruck, Bank Austria; 93 Wien, BMW-Denzel; 96 Wien, Bundeswirtschaftskammer; 99 Wien, Heeresgesch. Mus. im Arsenal; 00, 01 Graz, Am Stadtpark – **G:** u. a. 72, 73, 74, 75 Düsseldorf, IKI; 73, 74 Köln, Kunstmesse; 73, 74, 75, 76, 77 Basel, Art Basel; 80, 81, 87, 98 St. Pölten, SM; 81 Eisenstadt, Bgld. LG; 83, 89 Gabrovo, Bienn.; 84 Monte Carlo, Mus. Nat.; 02 Split, Imago; 03 Palermo, Imago; 04 Monaco; 05 Regensburg, Diözesan-Mus.; 06 Prag, Kloster Strahov – **V:** Schuschnigg u. Gutsmann: Von der Humanität z. Bestialität (Ill., Federzchng) 89; Schuschnigg u. Starhemberg: König u. Volk (Federzchng) 91; Haselsteiner u. Schuschnigg: Die Dämmerung d. Kaiserreiche (Ill.) 03 – ***Lit:*** AUSST.KAT., u. a.: Heinz Mackowitz 72; Karl Heinz Roschitz 74; Rudolf Schmidt 79 – weitere: Wolfgang Bandion: Unter d. Doppeladler 91; Johannes Schroffenstein: H. C., in: Zeitbühne 93, 94, 95, 96, 97, 99, 01, 03, 04, 06; Maria Gornikiewicz: Der Kammermaler – Über d. Satiriker H. C., in: Morgen-Kult.mag. aus NdÖst. 94; Gunther Martin: Fabulierte Historie – Der Maler H. C., in: Ärzteztg 96; Helga Reichart: Ein Tiroler in Wien – Der Maler H. C., Monogr., in: Tirol 96, 97; Walter Marinovic: Der Maler u. Zeichner H. C., in: Goethe 99; Gunther Martin: Mit d. Pinsel Anekdoten erzählen 02 – ***LitR:*** Michael Motz: Tiroler in Wien, Fs.dok. Öst. RF 92

Cres, Claus (eigtl. Klaus Schmid-Cres), freischaffender Maler, Graphiker u. Bildhauer; Stollbergstr. 8, D-80539 München, Tel. (0 89) 29 94 83. Siedenberg 10, D-83339 Chieming, Tel. (0 86 69) 90 97 87 (* München 4. 10. 38) – **S:** Akad. Detmold (Musikstud.); Julliard School of Music New York; ab 70 autodidaktisches Stud. d. Malerei u. Plast. – **P:** Kunstpr. d. Stadt Chamalières/Frkr. – **Ve:** BBK Bay. 72 – **G/T:** Ölmalerei; v. gegenstandsloser Malerei üb. klassische Collage zu großflächigen formalen Bildgest., neoimpressionistische pointilistische Landschaft – **W:** Ankauf u. a. durch d. Dt. Bundestag, d. Münchner Stadtarch., d. Dt. Bank sowie d. privaten KS James Lord New York – Paris, Dr. Schädler München, Dr. Simons Schweiz, Dr. Sandkühler München, Kulenkampff Lugano u. Prof. Dr. Kienholz Aschaffenburg – **M:** Kopenhagen, Slg Krestensen – **Ö:** München, Siemens; ebda, Messerschmidt-Bölkow-Blohm; Münsing, Raiffeisenbank; Wertheim, Volksbank; – sowie weitere Arb. in öff. Institutionen (u. a. Krankenhäusern) u. staatl. Verwaltungseinrichtungen – **E:** 70, 74 München, Franke; 72 Venedig, Gal. d'Arte Mod.; 73 Hamburg, Niggemann; München, Siemens; München, Herrmanns; 74 München, Privatgal. Dr. Schädler; München, Studio Kuhlenkampf; 75 Lübeck, Thomas-Mann-Gedenkstätte; 76 München, Fa. Messerschmidt-Bölkow-Blohm; München, Hanfstaengl; Bremen, Richter; Sylt, Richter; 77 München, Schöninger; 78 Wien, UNIDO; 79 New York, UNICEF; 80 Starnberg, Dt. Bank; 81 Wertheim, Volksbank; 83 Ammerland, Atelier – **G:** 73 München, Haus d. Kunst; Düsseldorf, Intern. Messe f. mod. Kunst; 77 Hannover, Kunstmesse; 79 New York, UNICEF; 80 Paris, Grand Pal.; 85 Chamalieres – **V:** Grußpostkarten d. UNICEF 80 u. 81 – ***Lit:*** Paolo Rizzi, Kunstbericht in: Gazetto Venezia 72; Hanns Theodor Flemming, Kunstbericht in: Die Welt 73; Das Kunstwerk, Zs 11.11.73; Prof. Suzanne Bayer (Würzburg), Kunstbericht 81; Axel-Alexander Ziese (Hrsg.): Allgemeines Lexikon der Kunstschaffenden in der bildenden und gestaltenden Kunst des ausgehenden XX. Jahrhunderts 84 – ***LitR:*** Der aktuelle Kunstbericht, Bay. Fs. 30.4.72 – (Red.)

Creutzburg, Gerlinde, Malerin, Graphikerin, Kuratorin; Kastanienhof, D-18311 Langendamm, Tel. u. Fax (03 82 23) 4 78, *gerlindecreutzburg@yahoo.de* (* Berlin 2. 11. 55) – **S:** 75–80 HS f. industr. Formgest. Burg Giebichenstein Halle/Saale (b. d. Prof. F. Ruddigkeit, Willi Sitte u. Inge Götze) – **G/T:** Malerei (u. a. Gouache, häufig in Zus.arb. m. Autoren u. Komponisten); Graph. (Monotypie, Zeichn.); Kleinplast.; Gobelin; Collagen (m. Textil, Papier, Graph., Farbe u. Metall); Buchgest. – **W:** Leitung d. Neuen Kunsthauses Ahrenshoop (seit 98) u. d. Künstlerhauses Lukas in Ahrenshoop (seit 06); Gründung d. Edition Hohes Ufer Ahrenshoop – **M:** Frankfurt am Main, Slg d. Dt. Bundesbank; Marbach am Neckar, Dt. Literaturarchiv; Offenbach am Main, Klingspor-Mus.; Rostock, KH; Schwerin, Staatl. Mus.; Wolfenbüttel, Herzog-August-Bibliothek – **E:** u. a. 86 Bad Doberan, Roter Pavillon; 88 Warnemünde, Gal. am Meer; 89 Greifswald, Greifengalerie; 90 Rostock, Gal. am Boulevard; 91 Ahrenshoop, Kunstkaten; 93 Buxtehude, Zwinger; 95 Visby, FGK-Gal. (m. R. Meyer u. J. Jastram); 97 Berlin, Brecht-Haus (Lit.forum); 98 Köln, Kunst-Kab.; 99 Visby, Villa Muramaris; Ahrenshoop, Neues Kunsthaus; 02 Wiligrad, Schloß Wiligrad; 07 Wolfenbüttel, Herzog-August-Bibliothek – **G:** zahlr. Bet., u. a. 99 Svolvær, Nordnorsk Kunstnersentrum; 00, 03 Kaliningrad, Dt.-Russ. Haus; 02 Berlin, Kanzleramt – **V:** Hrsg. zahlr. Ausst.kat. u. Publikationen u. a. Kunststück Ahrenshoop 04; G.C., I. Rensch u. A. Gröschner: Ahrenshooper Seiten 06 – sowie zahlr. Künstlerbücher u. Buchobjekte u. a. mit F. Mayröcker, A. Gröschner u. O. Pastior – ***Lit:*** Interview d. Stille, Kat. 97; Taumelndes Holz, Kat. 02; Künstlerbücher, Kat. 07; AKL

CÁRLÀ s. Gombar, Carla

Crociani, Andrea; lebt u. arbeitet in Berlin (* Mendrisio 9. 11. 70) – **VG:** Berlin, Wellerdiek – **S:** 94 Brera Fine Arts Acad. Mailand – **G/T:** Fotogr., Video, Install. – **E:** zuletzt u. a. 01 St. Gallen, KH; Berlin, artist's flat & BBQ Project Gall.; Berlin, Wellerdiek; 02 Como, Palestre die pugilato del nord Italia; 03 Mailand, Gall. Galica – **G:** u. a. 02 Rotterdam, Centrum Beeldende Kunst; London, Gasworks Gall.; Berlin, Wellerdiek; 03 Lugano, Mus. Cantonale d'Arte – ***Lit:*** BLSK 98 – (Red.)

Crousaz, Jean-Claude de (Ps.: Arpot), Keramiker; rue de Benex 281, CH-1233 Bernex/Genf (* Paris 26. 3. 31) – **S:** 47–51 Éc. des Arts Décoratifs Genf (Graph.); 52–54 Éc. Suisse de Ceramique Chavannes-Renens – **L:** 80–96 Éc. des Arts Décoratifs Genf (Doz.); Centre d'enseignement professionel Vevey (Doz.) – **P:** Intern. Ceramics Exhib. Prag u. Buenos Aires (Gold-Med.) 62; Concorso Intern. della ceramica d'arte Faenza (Gold-Med.) 65; Wettb. Cervia/Ital. (2. Pr.) 65; Bienn. Intern. de la Céramique d'art Vallauris (Silber-Med.) 68; Bienn. Intern. de la Céramique d'art Vallauris (Gold-Med.) 78; Pr. d. Stadt Winterthur 83 – **Ve:** AG Schweizer Keramiker; Acad. Intern. de la Céramique Genf – **G/T:** Keramik (u. a. Gefäße u. baugebundene Kunst); Plast. (auch keramisch, meist Tierfiguren, aus glasiertem Steinzeug o. in schamottierter Porzellanerde modelliert u. m. Sedonglasur) – **M:** Düsseldorf, Hetjens-Mus.; Faenza, Mus. Intern. delle Ceramiche; Frechen, Keramion; Genf, Mus. Ariana; Höhr-Grenzhausen, Keramik-Mus. Westerwald; Köln, MAK; Paderborn, Slg Welle; Tokio, NM of Mod. Art – **Ö:** Düsseldorf, Provinzialversicherungsgebäude; ebda, Wandgest. eines Restaurants – **E:** u. a. 79 Mönchengladbach, Kunstkammer Köster; 88 Bonn, Muffendorfer Gal.; 98 Höhr-Grenzhausen, Keramik-Mus. Westerwald – ***Lit:*** AKL; WWCCA 96; BLSK 98 – (Red.)

Croÿ, Peter Severin, Maler u. Graphiker; Schreibenbergstr. 41–43/8, A-1180 Wien, Tel. u. Fax (01) 47 00 22 00, *croy.p@utanet.at* (* Berlin 29. 6. 37) – **S:** 56–58 ABK München (b. Richard Seewald u. Julius Schmidt); 56 St. Ives/Cornwall (b. Ben Nicholson, Barbara Hepworth u. Henry Moore); 59–64 HS f. Gest. Ulm (Industriedesign) – **M:** Linz, LG; St. Pölten, Ndöst. LM; Wien, Albertina; Wien, Slg Bank Austria – **E:** 74 Eisenstadt, Volksbildungsheim; 75 Schwarzenacker, Monika Beck; Wien, Wolfrum; München, Kunst Invest; 76 Essen, Henkel; 77 Mainz, Gal. Novo; 78 Schneverdingen, Kleine Gal.; 80 Kyoto, Yamada Art Gall.; Tokio, Iida Gall. Ginza; 80, 82 Limburg, Roter Hahn; 83 Mödling, Restaurant Gal. Leo; 84 Wien, Creditanstalt-Bankver.; 86 Wien, Kleine Gal.; 92, 93 Wiener Neudorf, LBT; 93, 97, 05 Weißenbach, Trucker; 96 Wien, Schach Leuchten; 98 Wien, Schoellerbank; 99 Wien, Baan Company Austria; 00 Limburg, Walderdorffer Hof; 03 Hof, Kulturfestival; 05 Perchtoldsdorf, Burg (Rüstkammer); – weiterhin: Maria Enzersdorf, Riefel – **V:** Der Vultcaloborg und die schoene Belleponge (Orig.-Rad., Text v. Vintila Ivanceanu) 72; Von einem Reisenden und was ihm widerfuhr (Orig.-Rad., Text v. Vintila Ivanceanu) 73; Mein Freund, das Ungetüm im Lande Bachupalutra 74; Jahreszeiten, Mappenwerk 74; Klassisch Abseits, Mappe m. 4 Farbrad. 75; P.C. Malerei 88

Crumbiegel, Dieter, Prof., Keramiker, Maler; End 61, D-52525 Heinsberg-Karken, Tel. u. Fax (0 24 52) 8 83 67, 8 79 88, *crumbiegel@aol.com, www.crumbiegel.de* (* Essen 6. 6. 38) – **VG:** Steffeln, Blaeser – **S:** 57–61 HBK Kassel (Kunsterziehung u. Malerei b. F. Winter u. M.-L. Rogister, Keramik b. W. Popp, Staatsexamen); 62–64 Schuldienst u. 2. Staatsexamen – **L:** 66–71 Pädagogisches Inst. Fulda (Doz.); 71–77 Staatl. Werkschule f. Keramik Höhr-Grenzhausen (Doz. f. Gest.lehre, Kunstgesch. u. Archit.keramik); 79 FHS Niederrhein Krefeld (Prof. f. Keramik-Design); 83 Heluan-Univ. Giza b. Kairo (LAuftr.) – **P:** Staatspr. d. Ldes NRW 74; Westerwaldpr. Höhr-Grenzhausen (1. Pr.) 75; Wettb. Kunst am Bau in öff. Gebäuden (1. Pr.) 78–85 – **G/T:** Keramik (u. a. Gefäße, freie Objekte u. Wandgest.); Malerei – **M:** Berlin, KGM; Coburg, KS d. Veste; Darmstadt, Hess. LM; Düsseldorf, Hetjens-Mus.; Edenkoben, Keramik-Slg. Hinder-Reimers; Faenza, Mus. Intern. delle Ceramiche; Frechen, Keramion; Höhr-Grenzhausen, Keramik-Mus. Westerwald; Karlsruhe, Badisches LM – Mus. f. mod. angew. Kunst; Köln, MAK; Köln, Slg Funke-Kaiser; Leipzig, GRASSI; Mainz, LM; Paderborn, Slg Welle; Syke, Slg Vehring; Sögel, Emsland-Mus. Schloß Clemenswerth; Zürich, Mus. Bellerive – **Ö:** Kunst am Bau u. a. in Bad Honnef, Bonn, Borkum, Köln, München, Siegburg u. Wirges – **E:** zahlr., u. a. 88 Höhr-Grenzhausen, Keramik-Mus. Westerwald; Sögel, Emsland-Mus. Schloß Clemenswerth; 95 Frechen, Keramion; 96 Regensburg, Blaeser; 97 Heinsberg, Kr.-Mus.; Neustadt an der Weinstraße, Hambacher Schloss; 98 Kaiserslautern, Theodor-Zink-Mus.; 99 Düsseldorf, Blaeser; Übach-Palenberg, Schloß Zweibrüggen; – weitere: seit 61 Ausst. keramischer Objekte, u. a. in Australien, Belgien, Dtld, Frkr., GB, Irland, Ital., Jap., Neuseeld, Spanien, Taiwan, Ungarn, d. Niederl. u. d. Schweiz – ***Lit:*** AKL; WWCCA 96 – (Red.)

Csapó, Ildikó (verh. Ildikó Voellmy), Malerin, Installationskünstlerin, Video- u. Fotokünstlerin, Kunsterzieherin; Baselstr. 34, CH-4125 Riehen, Tel. (0 61) 6 41 24 14, *csapó@gmx.ch*. Atelier: Am Kesselhaus 15, D-79576 Weil am Rhein, Tel. Weil am Rhein//D-7 95 76//Weil am Rhein (* Temesvar/Rumänien 14. 9. 54) – **S:** 75–79 HBK Temesvar – **L:** 02–03 Fachgymnasium Basel (Doz.) – **Ve:** Visarte Basel 00 – **G/T:** Malerei (Aqu.), Install., Video, geometrische Abstr. – **W:** Install.: 1470 Internet; Stuttgart, Ornament Urban (03); Freiburg, Beinahe Wirklichkeit (03) – **E:** 96 Reinach, Gal. Wkst.; 98 Basel, Klingental; 99 Basel, Baudepartement; 03 Stuttgart, Atelierhaus BBK – **G:** 96 Schaffhausen, Kult.zentrum Kammgarn; 98 Binningen, KV; 99 Muri, Mettenpark; 99–02 Riehen, Trination. Ausst.; 00 Weil am Rhein, Mus. am Lindenpl.; 00–02 Riehen, Kunstraum; 02 Freiburg im Breisgau, KV Freiburg im Marienbad; 04 Greifswald – **R:** Methamorphosen, Kurzf. (Buch u. Regie) 01; Fliessende Räume, Kurzf. (Buch u. Regie) 02 – (Red.)

Cseh, Sonja s. Wirth, Sonja

Csuka, Liliane, Malerin, Zeichnerin, Environment-Künstlerin, Bildhauerin; Inselhofstr. 3, CH-8008 Zürich, *www.lilianecsuka.com* (* Zürich 5. 1. 35) – **S:** 72, 73 F + F Schule f. exper. Gest. Zürich – **P:** Premio Lubian, Mantua 75; Prix Silvani, Paris 89 – **KGe:** Ateliergemeinschaft Spinnerei Wettingen (74–84) – **G/T:** Malerei, Assemblage, Skulpt., Fotogr. (Polaroids), Environments, Land Art, Video, Texte – **M:** Bergisch Gladbach, StG Villa Zanders; Bern, KM – **Ö:** Aarau/Siggenthal-Dorf, Gemeinschaftsraum; Ittingen, Garten d. Kartause (m. Philippe Godderidge); Siggenthal, Portld Cement; Zürich, Fassadenverkleidung d. Schuka AG – **E:** 86, 88 Freienbach, Gal. P'Art; 92, 93 Bayeux, Gal. CnR 23; 94 Zürich, Rövekamp; Basel, Teufelhof; Wettingen, Ateliergemeinschaft Spinnerei Wettingen – **G:** u. a. 87 Heidelberg, Intern. Congress of Sexology; 89 Paris, Gal. Casanova; Bayeux (La Simultanéité Du Similaire, Performance im Rahmen d. Hasena); 92 Colleville, Marre Nostrum (Performance im Rahmen d. calv'Art); 02 Saint-Laurent-de-Terregatte (Dehors) – ***Lit:*** AKL; BLSK 98 – (Red.)

Cull, Sophia, Malerin; Gollierplatz 14, D-80339 München, Tel. (0 89) 51 26 20 08, Mobil: 01 7 45 22 25 22, *sohiacull@yahoo.de*, *www.sophia-cull.de* (* München 1. 5. 63) – **S:** 86–92 ABK München (freie Malerei, Meisterschülerin b. Prof. Weißhaar) – **L:** 97–02 Schule d. Phantasie; ab 03 freischaffende Tätigkeit in Dtld, Ital. u. GB – **Ve:** BBK 01 – **G/T:** Malerei (Öl, Landschaft, Portr., gegenständlich u. ungegenständlich, abstr.); Objekte (versch. Materialien) – **W:** 135 Ölbilder u. 11 Objekte in Privatbes. – **E:** 95 München, Kunstforum Arabellapark; 97 Mainburg, Mus.; 98 München, Fa. Econet; 98, 00 München, Fa. Metalogic; 99 München, Rhode u. Schwarz; 00 München, Böhm u. Bruckmeier Verl.; 01, 02 München, Bernd Obersteiner Architekten; 03 Memmingen, Schloß Lautrach – **G:** zahlr. Ausst. seit 86, u. a. 88–92 München, Akad.; 94 München, Interimsgal 2; 97 Mainburg, Mus.; 00, 01 München: Schule d. Phantasie; 01 München, Gal. Westend

Culmann, Otfried H., Dipl. Akad. Maler u. Graphiker; Raiffeisenstr. 3, D-76831 Billigheim, Tel. u. Fax (0 63 49) 52 50, *Otfried.Culmann@t-online.de* (* Billigheim/Pfalz 11. 3. 49) – **S:** 64–68 Meisterschule u. WerkKsch Kaiserslautern; 68–70 ABK München; 70–73 ABK Stuttgart; 73–76 ABK München (Dipl., Meisterschüler v. Prof. Mac Zimmermann) – **P:** Mannlich-Pr. München 74; Villa-Massimo-Stip. 77; Hans-Purrmann-Pr. 78; Emy-Roeder-Pr. u. Förd.pr.79; Casa-Baldi-Stip. 83; Stip. f. Paris 00 – **Ve:** BBK Rh.-Pf.; AG Pfälzer Künstler; Pfälzische Sezession – **G/T:** Phantastischer Realismus: Ölmalerei, Graph., Objekte – **M:** Berlin, Berlinische Gal.; Mainz, LM; Wien, Albertina – **Ö:** Kandl, Kr.spk. Kandl-Germersheim; Landau, Verbandsgemeindeverwaltung – **E:** üb. 100 Einzelausst. in Gal., KV u. Mus. im In- u. Ausland – **G:** u. a. seit 70 München, Große Münchner Kunstausst. – Neue Gruppe; 74 Dt. Künstlerbund; 77 Rom (Quadrinale); seit 93 Forum-Inter-Regional; 94 Du Fantastique au Visionnaire; 98 Otaru/Japan (Fantastic Realism) – **V:** u. a. Das sibyldliche Orakelohr; ... Es ist höher als der Himmel – **R:** Nacht der Mufloni, Video – ***Lit:*** Gustav R. Hocke: O. H. C., Monogr. 88; Das innere Auge – O. H. C., Monogr. 99 – ***LitR:*** E. Schultz: Die Erbsen des H. Bosch 84; F. J. Bettag: Der Mann mit der Arena im Kopf 91 – (Red.)

Curau, Markus C.; Läuferpl 9, CH-3011 Bern, Tel. 03 13 11 63 01 – **G/T:** Bildhauerei, Malerei – (Red.)

Curio, Sabine (verh. Sabine Curio-Wagner), Malerin u. Graphikerin; Haffhaus, D-17406 Stolpe/Usedom, Tel. (03 83 72) 7 02 03 (* Ahlbeck 29. 6. 50) – **VG:** Berlin, Gal. der Berliner Graphikpresse – **S:** 69–74 HBK Berlin-Weißensee (b. Arno Mohr u. Eberhard Bachmann); seit 70 Kontakt zu Otto Niemeyer-Holstein; 77–80 AK Berlin (Meisterschülerin b. Wieland Förster) – **P:** Helen-Abbott-Förd.pr. 96 – **Ve:** Künstlerbund Meckl. u. Vorpommern – **G/T:** Malerei u. Zeichn. (Lsch., Interieurs, Stilleben, vereinzelt Portr.); Druckgraph. (Ätz-Rad., Aquatinta, Hschn.) – **M:** Frankfurt/Oder, Mus. Junge Kunst; Greifswald, SM; Neubrandenburg, KS; Rostock, KH; Stralsund, Kultur-hist. Mus. – **E:** zahlr. Einzelausst., u. a. 91, 94, 02 Greifswald, Greifengalerie; 91 Rostock, Cafeteria KH; Demmin, Gal. Marienhain; Flensburg, Gal. Altholzkrug; Versmold, Kunstkreis; 92 Königswinter, Friedrich-Naumann-Stiftung; Rostock, Marienkirche; 93 Lütjenburg, Torhaus-Gal. Panker; Heringsdorf, Villa Irmgard; Stralsund, Kulturhist. Mus.; 94 Neubrandenburg, Gal. am Friedländer Tor; 95 Backnang b. Stuttgart, Mus. Helferhaus; Lüneburg, Mus. f. d. Fürstentum Lüneburg; 95, 98, 05 Stralsund, Hanse Gal.; 98 Greifswald, Pommersches LM; 99 Wismar, Gal.; 00 Heringsdorf, Kunstpavillon; Berlin, Gal. d. Berliner Graph.presse; Medingen, Gal.; 01 Rostock/Warnemünde, Gal. Villa Hübner; 02 Rostock, Gal. 8; 03 Zehdenick, Klostergal.; Panitsch, KV (m. O. Niemeyer-Holstein); 04 Schwedt, Speicher; Helmstedt, Turmgalerie 333; 05 Berlin, Vagt; Stade, Kunsthaus; Wolgast, Mus.; 07 Stade, Schwedenspeichermus. – **G:** u. a. 01 Auf dem Weg sein (Wanderausst.): Berlin, Willy-Brandt-Haus; Schwerin, Schlesw.-Holst.-Haus; 04 Blackborn/GB; Meer, Strand u. Himmel. Ldesweite Kunstschau d. Künstlerbundes Meckl.-Vorp.: 05 Plüschow, Schloß; 06 Stade, Kunsthaus – **V:** Eine viel zu kurze Reise durch Norwegen (Aqu.) 00; Ilse Bruckhoff: Alles ist Bild u. Gleichnis (Aqu.) 00; Thomas Bruckhoff: Windsteuer, Schnauzsegler. Ein Handbuch f. Hafensegler (Aqu.) 03; – WERKKAT.: S.C. – Malerei, Graphik 93; S.C. – Ölbilder 1990–1997 97; S.C. 3. Kat. 1998–2004 05 – ***Lit:*** AKL; Lang 02; Schweers 02 – ***LitR:*** Heinz Brinkmann: Insellicht – Usedomer Bilder, Dokf. 05

Curtis, Alexander, Mag. Art., Bildhauer, Medienkünstler, Art Director; Tel. (01) 9 41 85 64, *www.alexandercurtis.info* (* Canterbury 25. 8. 64) – **S:** 84–85 College of Art Edinburgh; 85–86 ebda (Meisterkl. f. Bildhauerei); 88–93 HS f. Angew. Kunst Wien (Meisterkl. f. Freie Graph. Prof. E. Caramelle) – **Ve:** Austria Filmmakers Cooperative; Assoc. Intern. du Film d'Animation Austria – **G/T:** Install. m. Bildhauerei, Licht u. Multimediakomponenten; Film u. Video – **W:** mehrere Kurzf. – **M:** Wien, Slg Bundeskanzleramt – **Ö:** Wien, Buchhandlung d. KHM – **G:** seit 89 Teiln. an intern. Film- u. Media-Festivals – **R:** Buch u. Regie f. folgende Kurzf.: Arametrofie 89; Opus Nr. 2 89; PH I – Der Goldene Schnitt 90; Arametrofie Revisited 91; In the wake 92; Opus 7 93; Am Fuß des Regenbogens 03; m. Maja Vukoje: Sahar – The Awakening 06

Curtius & Hauke s. Hauke, Olaf

Czech, Hermann, Architekt, Innenarchitekt; Singerstr. 26a, A-1010 Wien, Tel. (01) 5 13 31 88, Fax 5 12 70 13 15 (* Wien 10. 11. 36) – **S:** 54–71 TH Wien; ABK Wien (Meisterschüler b. Ernst Plischke, Dipl.); 54–56 HS f. Musik u. Darst. Kunst (Film); 57–60 Univ. Wien (Phil.); 58, 59 Sommerakad. Salzburg (b. Konrad Wachsmann) – **L:** 74–80 KGS Wien (Lehramt f. Design u. Innenarchit., Ass. v. Hans Hollein u. Johannes Spalt); 85–86 ABK Wien (Gastprof., Leiter d. Meisterkl. f. Industrial Design); 88, 89, 93, 94 Harvard Univ. Cambridge/Mass. – **P:** Archit.-Pr. Wien 85 – **B:** u. a. Wien: U-Bahn-Planung (Mitarb.); ebda: Kleines Café, Souterrainumbau im Pal. Schwarzenberg, Hauptgebäude d. Bank Austria (Umbau), Donau-City (m. A. Krischanitz u. H. Neumann), Rosa-Jochmann-Schule (m. W. Reder), Stadtparksteg; Perchtoldsdorf: Wohnbebauung; Schwechat: Haus M.; Simmering: Volksschule – ***Lit:*** AKL – (Red.)

Czenki, Margit, Filmemacherin; Bernhard-Nocht-Str. 51, D-20359 Hamburg, Tel. (0 40) 31 09 30, *info@parkfiction.org*, *www.parkfiction.org* – **KGr:** Park Fiction – **G/T:** Film, Install., Modekunst – **G:** 02 Kassel, documenta XI – weitere in Berlin, Budapest, Dresden, Hamburg, Kopenhagen, Wien, Wolfsburg, Zürich – **R:** Der goldene Engel – Prosystem; Schwestern oder die Balance des Glücks; Komplizinnen, Spielf. 87; Swingpfennig/Deutschmark 94; Park Fiction, Filmcollage 99; Hajusom, Kurzf. 03 – (Red.)

Czeran, Martina Rovena, Malerin, Architektin, Dipl.-Ing. TH; Am Kurberg 5, D-61250 Usingen, Tel. (0 60 81) 68 26 50, Fax 6 82 65 66, *czeran.pabel@t-online.de* (* Hamburg 20. 12. 52) – **VG:** Hamburg, art goes public – **S:** 71–73 Fotogr.lehre in Gießen; 74–82 TU Darmstadt (Dipl.-Ing.); 87–91 Univ. Frankfurt (Kunstgesch.) – **P:** KUNSTpreis d. forums u. d. Stadt Usingen 06 – **Ve:** AK Hessen seit 85 – **KGr:** Künstlerverein Artlantis Bad Homburg (seit 03) – **G/T:** Malerei (Acryl, gegenständl., Menschen, Portr.) – **K:** Gegenständl. Zeichnen – **W:** überw. in Privatbes. – **B:** Kelkheim: Kita Rosa Raupe; Königstein: Krankenhaus (Anbau) – **E:** 00 Kronberg, Altkönigsstift; 01 Herrenberg, StG; Lörrach, art-Ischocke; 03 Bensheim-Auerbach, Gal. im Damenbau; 04 Berlin, Gal. Storkower Bogen; 05 Hochstadt, Histor. RH – **G:** 00–05 Kelkheim, Künstlerkreis; Ruppertshain, Künstlerforum Zauberberg; 02 Mannheim, Böhner; Salzburg, Kunstmesse; 02/03 Wiesbaden, Wilhelm-Kempf-Haus; 03 Mailand, Fond. D'ARS; 04 Lampertheim, Amtsgericht; 04, 05, 06 Bad Homburg, Gal. Artlantis; 06 Offenbach am Main, Kunstraum Mato

Czernoch, Erich (Erich Johann Czernoch), Kunstmaler, Schriftsteller, Lyriker, Verleger; Scharrerstr. 29a, D-94481 Grafenau, Tel. u. Fax (0 85 52) 9 14 28 (* Grafenau/Ndb. 6. 4. 58) – **S:** 74–77 FS f. Glas Zwiesel (Ausb. z. Glasmaler); 84 Univ. Passau (Kunsterziehung b. Prof. P. Lankes) – **Ve:** KV Wolfstein 94; BBK Ndb. 95–98; VS 00; VG Bild-Kunst 00 – **G/T:** figürliche Malerei b. Auflösung d. Gegenstandes, mitunter abstr.-expressiv gestaltete Gemälde (Tafelbild in Öl oder Acryl m. poetischer Thematisierung) – **W:** überw. in Privatslgn – **E:** u. a. 98 Hinterschmiding, RH; Grafenau, Kurpark-Pavillon; 08 Grafenau, Spk. – **G:** seit 94 einige Ausst.bet., meist in Zus.arb. m. d. KV Wolfstein; 97 Passau, Kult.modell; 99 Grafenau, Friedl's Gal.; 03 Freyung, Kurhaus-Foyer; 05 Passau, WAP GmbH – **V:** Formen der Kunst, Aufs. 96; Der Regreß des Lyrischen, Aufs. 97; Lyrische und visuelle Bildlichkeit, in: Kult 98; Einige Lehrsätze zu Lyrik und Malerei 98; Bildnis und Lichten – eine Poetik des Sehens 01 – **R:** AKL, CD-ROM 00 – ***Lit:*** Horst Dieter Geyer: Kunst aus Ostbayern, Bildbd 95

Czichon, Joachim, Maler; Vogelsteige 5, D-76646 Bruchsal, Tel. (0 72 51) 30 69 87 (* Carlsruhe/Oppeln (heute Pokój) 19. 1. 52) – **VG:** Essen, Schlag & Cie.; Karlsruhe, Rottloff – **S:** 73–78 Staatl. ABK Karlsruhe (b. Prof. Herbert Kitzel) – **P:** Stip. d. Kunststift. BW 81; Franz-Josef-Spiegler-Pr. 91; Lovis-Corinth-Pr. (Förd.pr.) 96 – **M:** Karlsruhe, SKH; Karlsruhe, StG; Rastatt, StG; Sindelfingen, StG – **Ö:** Karlsruhe, Kernforschungszentrum – **E:** 96 Regensburg, Ostdt. Gal.; 97 Schwäbisch Hall, StG; 98 Livorno, Gal. Peccolo; 99 Neu-Ulm, Städt. Slgn; Karlsruhe (Musik-Mal-Aktion); 00 Düsseldorf, Schlag & Cie.; 01 Wallisellen, Doktorhaus; 02 Frankfurt am Main, Frankfurter Westend Gal.; 04 Karlsruhe, Sparda-Bank – ***Lit:*** AKL; Schweers 02 – (Red.)

Dabdoub, Mahmoud, Dipl. Fotograf; Arthur-Hoffmann Str. 141, D-04277 Leipzig, Tel. (03 41) 9 61 30 82, Mobil: 01 79 51 98 64 0, Fax 3 01 93 17, *mahmoud.Dabdoub@freemail.de* (* Baalbek/Libanon 5. 8. 58) – **S:** 82–87 HGB Leipzig (Fotogr., b. Prof. Helfried Strauß) – **P:** Pr. d. Stadt Leipzig u. d. Seemann Verl. 84; Wettb. d. Intern. Journalisten Organisation Moskau (Silbermed. f. Fotoserie, Sonderpr. d. Zs Ogoniok) 85; Wettb. d. Intern. Journalisten Organisation Bagdad (Bronzemed. f. Fotoserie) 87; Berliner Intern. Fotoausst. (Dipl. u. Sonderpr. d. Neuen Berliner Illustrierten) 89; Wettb. d. Intern. Journalisten Organisation Korea, Pjöngjang (Dipl. of. Honorary) 89 – **G/T:** Fotogr. (Reportage, Portr.) – **E:** 83, 84 Ausst. an versch. Orten, u. a. Kleingal. u. Gal. v. Betrieben sowie Leipzig, Moritzbastei; 85 Berlin, Presseklub; Berlin, Humboldt-Univ. (Studentenklub); Berlin, Bauarbeiterklub; 86 Zehdenik; 87 Hohenstein-Ernstthal; 88 Leipzig, Dokf.-Woche (Portr.-Ausst.); 89 Leipzig, Kult.haus Steinstr.; 90 Weimar, SM; Berlin, Raab; 91 Weimar, Gal. Club C; 93 Augsburg; Friedberg; 94 Leipzig, RAA-Gal.; Leipzig, Lotto-Gal.; 97 Leipzig, Gal. im Hörsaalbau; Chemnitz, Kraftwerk; 98 Halle/Saale, Mensa d. Univ.; 98, 00 Leipzig, Tagesklinik Dr. Nuweyhid im Marriott Hotel; 01 Leipzig, Praxis Dr. A. Iraki; 02 Halle/Saale, Stadthaus; Leipzig, Kult.zentrum Villa; 03 Bremen, Villa Ichon; Dresden, RH; Syke, Stadtbibliothek; 04 Leipzig, Diakonissenkrankenhaus; Leipzig, Haus d. Buches – **G:** 86 Dresden (Portr.ausst. d. DDR); Berlin, Gal. MMM; 89 Köln, VHS-Forum; Berlin, Intern. Fotoausst.; 92 Castrup-Rauxel (m. Absolventen d. HGB Leipzig) – **V:** Gunter Böhnke u. Bernd Lindner (Texte): Alltag in der DDR. Fotos aus den 80er Jahren von M. D. 03; Wie fern ist Palästina? Fotos aus Latchinian Sarkis (Texte): palästinensischen Flüchtlingslagern 1981–2001 03 – (Red.)

Dabelow, Ruth Wally s. Klausch, Ruth Wally

Dabernig, Josef, Bildhauer, Konzeptkünstler, Filmemacher; Drorygasse 8/1/19, A-1030 Wien (* Lienz 3. 9. 56) – **S:** 75–83 ABK Wien (Medailleurkunst u. Kleinplast. b. Ferdinand Welz, Bildhauerei b. Edelbert Köb u. Joannis Avramidis) – **L:** seit 88 TU Wien, Inst. f. künstler. Gest. (Ass., dann LBeauftr.) – **M:** Graz, LM Joanneum; Innsbruck, Tiroler Ldesreg.; Klagenfurt, Kärntner LG; Paris, Centre Pompidou; Wien, Kult.abt. d. Stadt; Wien, Slg d. Bundes – **E:** u. a. 97 Baden bei Wien, Menotti (m. Zuzanna Janin u. Brad Lochore); Berlin, Künstlerhaus Bethanien; 01, 03 Berlin, Kunst- u. Medienzentrum Adlershof; 03 Salzburg, KV; Leipzig, Gal. f. Zeitgen. Kunst; Nova Gorica, Mestna Gal.; Utrecht, BAK – basis voor actuele kunst – **G:** u. a. 03 Santiago, Gal. Muro Sur; Venedig, Bienn. – ***Lit:*** AKL – (Red.)

Dabringhausen, Edda (Sign.: ED.DA Dabringhausen, geb. Edda Kutscher), Malerin; Carmenstr. 5, D-40549 Düsseldorf, Tel. (02 11) 58 84 42 (* Leipzig 15. 11. 39) – **S:** 54–60 Leipzig (b. Handow u. Wunderlich) – **W:** Ld NRW – **M:** Düsseldorf, Dt. Apotheker- u. Ärztebank – **Ö:** Düsseldorf, Stadtwerke; ebda, Mannesmann Anlagenbau AG, LEG – Ldesentwicklungsges. NRW – **E:** / G: u. a. Düsseldorf, Künstlerver. Malkasten; Düsseldorf, Große Kunstausst.; Düsseldorf, Schablone; Wuppertal, Haus Ley; Düsseldorf, Blau; Wuppertal, Berg. Kunstgenossenschaft; Berlin, Künstlerver. Malkasten; Luzern, Kornschütte; Düsseldorf, Citadellchen; Meerbusch, Teloymühle; Düsseldorf, Dt. Apotheker- u. Ärztebank; Düsseldorf, Dt. Bank; Düsseldorf, Finanzamt; Düsseldorf, Hotel Nikko; Saarbrücken, Bauer Hotel Rodenhof; Meerbusch, Rheinhotel Vier Jahreszeiten; – sowie: Terschelling/Niederl.; Die Gal. Klostermühle

Dadadany s. Spitzar, Daniela

Daemen, Sonja, Fotografin u. Autorin; Vogelsang 15, D-15517 Fürstenwalde, *soniadaemen@web.de* (* Leipzig 52) – **S:** 71–76 Leipzig (Chemiestud. u. Ausb. z. Fachübersetzerin); 97–98 Weiterbildung z. Kult.entwicklungsplanerin u. Mitarb. an einem Lit.projekt d. Ldes Brandenburg; 98–06 Fernstud. d. Neueren dt. Lit.-wiss. u. Soziologie (M.A.) – **Ve:** Frankfurter KV 04 – **G/T:** Verbindung v. fotogr. Arb. m. lit. Texten – **E:** / G: 00 Eisenhüttenstadt, Kleine Gal. Wallstr.; 01 Fürstenwalde, Kult.fabrik; 02 Frankfurt/Oder, Frauen- u. Fam.zentrum; 04 Bad Saarow, KunsTraum; Seelow, Alte Dampfbäckerei; 05 Eisenhüttenstadt, StM u. StG; Frankfurt/Oder, Gal. B d. Frankfurter KV; 06 Friedersdorf, Kunstspeicher – **V:** Märk. Oderztg (Fotogr.) v. 1.3.96; H.J. Nauschütz: Frankfurt, wie es war u. ist (Fotogr.) 98

Daemmrich, Elke, Malerin u. Graphikerin; Lingnerallee 3/62, D-01069 Dresden, *elkedaemmrich@aol.com, elkedaemmrich.ifrance.com.* les remparts, F-32380 Tournecoupe, Tel. (05) 62 66 34 30 (* Dresden 19. 7. 64) – **P:** Stip. d. Stift. Kulturfonds Berlin 93; De briques et de pierres Toulouse (1. Kunstpr.) 96 – **Ve:** BBK Bonn Rhein-Sieg 03 – **KGr:** Leipziger Blauer Reiter (90–94) – **G/T:** Ölmalerei, Rad., Kpst. – **W:** Stadt Toulouse, Stadt Anglet, HS d. Telekom Leipzig sowie Privatslgn in Dtld, Spanien, Frkr., Luxemburg, Belgien, Holl. u. Kanada – **M:** Castres, Mus. Goya; Fuendetodos, Mus. del Grabado; Madrid, Biblioteca Nacional; Mont-de-Marsan, Mus. Raymond Farbos; Paris, Bibliothèque Nat.; Zaragoza, Escuela de Arte – **E:** zuletzt, u. a. 99 Castres, Mus. Goya; Mont-de-Marsan, Mus. Raymond Farbos; Isle sur la Sorgue, Cardinaux; 00 Toulouse, Matra marconi Space; 01 Mont-de-Marsan, Élement Terre; Bilbao, Hotel Carlton; 02 Paris, Gal. des Arches; Bayonne, Peña taurine bayonnaise; Arles, RH; Zaragossa, KHS; 03 Leipzig, FHS d. Telekom; Brühl, Bundesfinanzakad.; Aachen, art & more; 04 Wesseling, StG; Schramberg, SM; Dresden, Gal. am Blauen Wunder; Jülich, KV; Trier, Kunsthaus am Mus.; 05 Berlin, Bundesfinanzmin.; Radebeul, KV – **G:** zahlr. Gemeinschaftsausst. im In- u. Ausland – ***Lit:*** Ausst.kat.: E. D. Torros 99; E. D. pinturas 02; E. D. 02 – (Red.)

Däniker, Klaus, Maler, Graphiker; Limmattalstr. 382, CH-8049 Zürich, Tel. 04 43 41 27 84, *klaus.daeniker@bluemail.ch, www.swissart.ch/daeniker* (* Bern 6. 12. 30) – **VG:** Lausanne, Donzé-Van Saanen – **S:** 52–54 Bern (Malerei b. Max von Mühlenen); 69 Printing School London; 59–61 Atelier 17, Paris (Rad. b. S. W. Hayter u. Jonny Friedländer); 61 Atelier Lacourière, Paris – **L:** 75–82 ETH Zürich (Figürliche Zeichn., Akt) – **P:** Stip. d. Kt. Zürich 64, 69, 70; Prath Inst. Award, New York 68; Trieste (Goldmed.) 72, 73; Pr. Jugolinija 74; STEO-Stip. 75; Gastatelier New York 80; Cité Intern. d. Arts Paris 89; Pr. Stift. f. Graph. Kunst in d. Schweiz 01 – **Ve:** Visarte 72 – **G/T:** Ldschaft u. Figur (surreale Komposition); Druckgraph. (Rad., Lith., Hschn.); Leinwand; Collage; Acryl; Kunst am Bau (Acrylglas, Siebdruckfarbe, Mosaik, Keramik Alucobond) – **M:** Bern, KM; Cremona, Mus. Civico Ala Ponzone; Erfurt, Kunsthaus; Genf, Cab. des Estampes du Mus. d'Art et d'Histoire; Köln, artothek; London, GrS; München, Staatl. GrS; Paris, Bibliothèque Nat.; Vevey, Mus. Jenisch; Zürich, GrS d. ETH; Zürich, Kunsthaus – **Ö:** Luzern, Kirchgemeinde Kreuzstutz; Surri, Fresko; Zürich, Hallenbad Kügeliloo; ebda, Altersheim Sydefädeli, Schipfe, Alterssiedlung Bombach, Altersheim Studacker – **E:** zahlr. Ausst. seit 51, u. a. 98 Zürich, Weichmann; 02 Bülach, Gal. Sigristenkeller; 03 Lausanne, d'Art Contemp. – **G:** Intern. Ausst.bet. seit 65, u. a. 97, 98, 99, 00, 01, 04 Paris, Salon de Mai; 99, 01 Erfurt, Kunsthaus; 00 Zürich, Kunsthaus; 00, 02 Hallsberg, Orebro; Mapello, Agazzi Ars; 01 Évora; 01, 03 Tetovo; 02 Vevey, Cab. d'Estampes; Monsaraz; 03 Cremona; Baia Mare – ***Lit:*** AKL

Dänzer, Eberhard (eigtl. Rüdiger Eberhard Dänzer, Ps.: Ebo), Freier Graphiker, Lithograph, Zeichner, Illustrator; Cäciliastr. 34, D-76135 Karlsruhe, Tel. (07 21) 3 22 89. Arzheimer Str., D-76831 Ilbesheim, Tel. (0 63 41) 3 07 76(Kreuzberg) (* Göttingen 20. 2. 35) – **S:** 54–55 Univ. München (Kunstgesch. b. H. Sedlmayr u. E. Buschor); 55–61 ABK Karlsruhe (b. Emil Wachter u. Franzsepp Würtenberger, Meisterschüler b. Karl Hubbuch); 60 Zeichenlehrerexamen – **L:** bis 80 Kunsterzieher am Gymnasium – **P:** Kunstpr. d. Jgd. BW 58; Berlin Stip. f. Lith. 66 – **Ve:** BBK Bad.-Württ. – **KGr:** Tendenzen (seit 61) – **G/T:** Zchng, Malerei (Öl), Graph. (Aquatinta, Kaltnadel, Linol- u. Hschn., Lith., auch farbig); expressiv u. satir.-karikierende Gegenstände; polit. Portr.; Ill. z. Klassikern v. Brecht, Hebel, Goethe u. a. sowie neueren Texten; Ill. z. Faust (v. a. üb. hist. Faust) – **M:** Coburg, KS d. Veste; Karlsruhe, SKH (GrS); Karlsruhe, StG; Mainz, LM – **Ö:** u. a. Karlsruhe, Europaschule (Kunst am Bau); ebda, Astoria (Innenmalereien), Versicherungsgebäude Dulacherstr. (Glasgest.) – **E:** 64 Frankfurt am Main, Daberkow; 67 Stuttgart, Club Voltaire; Karlsruhe, Badische Ldesbibliothek; Mainz, LM; Freiburg im Breisgau, Mehlwaage; München, Neue Münchner Gal.; – zuletzt u. a. 02 Kraichgau, Gal.-Kap. Stettfeld – **G:** Ausst.bet. seit 60, u. a. München, Haus d. Kunst (Große Kunstausst.) 64 München, Neue Münchner Gal.; 65, 67, 70, 80 Berlin, Intergrafik; 66 Halle/Saale, Staatl. Gal. Moritzburg; Krakau, Graph.-Bienn.; 69, 71 Rostock, Ostsee-Bienn.; – zuletzt u. a. 06 Augsburg, Staats- u. Stadtbibl.: Ill. z. Bertolt Brecht – **V:** u. a. Cyrano Stücke u. Briefe (Zchngn, Aqu.) ab 00; Kaspar Hauser (Zyklus u. Bildfolge) 05 – ***Lit:*** AKL

Däschner, Achim, Dipl. Medienkünstler; c/o Atelier Sternberg AV, Sternbergstr. 4, D-76131 Karlsruhe, Tel. (07 21) 6 64 95 98, *mail@achim-daeschner.de, www.achim-daeschner.de* (* Karlsruhe 9. 6. 71) – **S:** 92–98 Staatl. HS f. Gest. Karlsruhe (Medienkunst b. Klaus vom Bruch, Marcel Odenbach, Marie-Jo Lafontaine u. Stephan von Huene) – **L:** seit 99 ZKM Karlsruhe (Mus.-kommunikation); seit 00 Ldesakad. Schloß Rotenfels (Referent); seit 04 PH Karlsruhe (Fak. Kunst, LAuftr. f. Foto, Multimedia u. Film) – **G/T:** Medien- u. Videokunst; Video-, Klang- u. interaktive Install.; Multimediaperformances; Fotogr.; Objektkunst (Holz, Filz, Beton) – **W:** zahlr. Arb. aus allen Gebieten präsentiert auf Homepage – **Ö:** Karlsruhe-Daxlanden, Tiefbauamt – **E:** 96 Karlsruhe, ZKM; seit 00 Karlsruhe, Atelier Sternberg AV; 02 Karlsruhe, Badischer KV – **G:** 02 Karlsruhe, Badischer KV; Karlsruhe, Ldesgewerbeamt – (Red.)

Däubler-Mersmann, Eleonore s. Mersmann, Eleonore

Dagdelen, Canan, Mag. Art., Bildende Künstlerin, Prof.; Alseggerstr. 36/4, A-1180 Wien, Tel. u. Fax (01) 4 70 09 27, *canan.dagdelen@utanet.at* (* Istanbul 23. 10. 60) – **VG:** Istanbul, Apel; Wien, Gal. Atrium ed Arte – **S:** 86–91 Univ. f. angew. Kunst Wien (Meisterkl. f. Keramik u. Produktgest. b. Prof. Metteo Thun) – **L:** seit 03 Univ. f. angew. Kunst Wien (LAuftr. am Inst. KKK, Abt. DAE/Design, Archit., Environment/ Studio Keramik); 05–06 Kunstuniv. Linz (Prof. Abt. Keramik) – **P:** Stip. d. Bundes Öst. 90–91; Anerkennungspr. f. Design d. Öst. Inst. f. Formgebung 91; 5. Bienn. de la Ceramique Andenne/Belg. (1. Pr.) 96; Keramikpr. d. BKA Salzburg (3. Pr.) 98 u. 04; Arb.stip. d. Kult.amtes d. Stadt Wien 99; Aufenthaltsstip. f. Europ. Keramikzentrum EKWC's-Hertogenbosch/NL 01 – **Ve:** IG Bild. Kunst Wien seit 99 – **G/T:** Install.; Objektkunst (Keramik, Porzellan etc.); Fotogr. – **W:** mehrere Werke in Privatslgn. – **M:** Auckland, Mus.; Graz, LM Joanneum; Istanbul, Slg. d. Amer. Botschaft; Kanazawa, 21st Cent. Mus.; Linz, Lentos; Spittal an d. Drau, Slg Strabag-Bauholding; Wien, Artothek d. Bundes; Wien, Kult.amt d. Stadt (Slg.); Wien, Neue Gal (Slg d. Bundes); Wien, Slgn d. Univ. f. angew. Kunst; Wien, Wissenschaftsfonds FWF – **E:** u. a. 92 Istanbul, Gal. Zebra; 92, 96 Wien, Ceramic Arts; 93 Wien, Loos-Haus; 93, 01 Chicago, Gall. 1756; 95 Ankara, Gal. Urart; Villach, Unart; Bozen, Gal. Spatia; 96, 00, 04 Wien, Gal. Atrium ed Arte; 97 Kreuzlingen, Gal. Objekta; 97, 00 Istanbul, Gal. Urart; 00 Ankara, Siyah Beyaz Gal.; 01 New York, Gal. Concordia; Istanbul, Apel; 04 Wien, MAK (Kat.); Wolfsberg, Gal. Atelier Berndt 07 Istanbul, Kult.zentrum – **G:** u. a. 91 Gmunden, Hipp-Halle; 92 Lausanne, Gal. Leonelli; 93 Evanston, Norris Univer. Center; 95 Venedig, Tragetto; 97 Spiez, Keramikbienn.; 98 Salzburg, Traklhaus; Hallein, Kunstforum; 99 München, Kunstbunker Tumulka; Istanbul, Apel; Wien, Heiligenkreuzer Hof; Lüttich, Gal. Trigon; 00 Wien, Mus. auf Abruf; 01 New York, Parrasch; New York, Margolis; Györ, KM; Middelfart, Keramik-Mus. Grimmerhus; 02 Rotterdam, Gal. Maas; 03 Krems, KH; Kanazawa, Gal. Korinba Daiwa; Baden, KV; Wien, Ottakringer Brauerei; 03, 05 Kanazawa, 21st Cent. Mus.; 04 Linz, Lentos; Salzburg, Altnöder; Meran, 2. Bienn.; Istanbul Apel; Passau, MMK – Stift. Wörlen; Salzburg, Traklhaus; 05 Istanbul, Hagia Sophia Mus.; Wien, Gal. MAM; Wien, Projektraum Buchner; Drammen/Norwegen, Centrum of Art in Buskerud; Krems, Weinstadtmus.; 06 Linz, Lentos – **V:** Manfred Wagner, C.D.: C.D., Ausst.kat. (Beiheft d. Kulturzs. Distel) 95 – ***Lit:*** Bruno Ast: Der keramische Duktus, Ausst.kat. 92; Sabine Schaschl, Bruno Ast, Fatma Müge Göcek: at home C.D., Ausst.kat. 01 – ***LitR:*** Portr. (ORF) 92; Portr./Dok. (TRT Istanbul) 95; Künstlerportr./Interview, in: Treffpunkt Kultur (ORF 2) 05

Dahinden, Justus, Prof., Architekt u. Architekturpublizist; Kienastenwiesweg 38, CH-8053 Zürich, Tel. 0 14 22 50 56, Fax 0 14 22 51 72 (* Zürich 18. 5. 25) – **S:** 45–49 ETH Zürich – **L:** 56 ETH Zürich; seit 74 TU Wien (o. Prof., em.); 85 Univ. Buenos Aires; 96 TU Bratislava – **P:** u. a. Grand Prix d'Architecture 81 – **G/T:** Archit., Städtebau, Archit.theorie – **B:** u. a. Bad Mergentheim: Parkhotel; Gaggenau: Stadthotel u. Kettenhaussiedlung; Hüttwilen: Pfarrk. St. Franziskus; Ingelheim-West: St. Paulus; Lausanne: Hotel Agora; Limburg-Lindenholzhausen: St. Jakobus; Mityana/Uganda: Kirche; Monza: St. Joseph; Namugongo/Uganda: Kirche; Spiez: Pfarrk. Bruder Klaus; Twannberg: Feriendorf; Vettelschoß: St. Michael; Wien: Bibliotheksgebäude d. TU (Außengest.); Wildegg: St. Antonius; Zürich-Witikon: Stierenhof – **E:** Einzelausst. in Buenos Aires, Mailand, Paris, Sofia, Tokio, Rio de Janeiro u. Rom – **G:** Ausst.bet. in Belgrad, Lausanne, Lyon, Moskau, New York, Paris, Salzburg, St. Louis, Wien, Zürich – ***Lit:*** AKL; Reclams Künstlerlex. 02 – (Red.)

Dahl, Isa, Malerin, Meisterschülerin; Gebelsbergstr. 30, D-70199 Stuttgart, Tel. u. Fax (07 11) 65 05 52 (* Ravensburg 21. 3. 65) – **VG:** Leibertingen, Wohlhüter; Niederalfingen, SüdWestGal.; Wiesbaden, Cerny & Puff; Mannheim, Falzone; Düsseldorf, Tedden; Castrop-Rauxel, Schwenk – **S:** 94–01 Staatl. ABK Stuttgart (b. Prof. Peter Grau u. Erich Mansen); KA Düsseldorf (b. Prof. Dieter Krieg) – **P:** u. a. Villa-Romana-Pr. 95; Stip. d. Kunststift. BW 96; Karl-Schmidt-Rottluff-Stip. 96, 98; Förd.pr. Künstlerbund BW 99 – **Ve:** Künstlerbund BW 04 – **KGe:** I. D. u. Daniel Wagenblast, Thomas Heger, Rolf Kilian, Bernd Mattiebe, Rainer Schall u. Bernhard Walz (seit 94) – **G/T:** Malerei, New Image Painting (Öl) – **E:** u. a. 01 Aalen, Rathausgalerie; Stuttgart, helm/reiswig; 02 Rottweil, Forum Kunst; Niederalfingen, SüdWestGal.; Ravensburg, Hölder; Ettlingen, KV Wilhelmshöhe; Castrop-Rauxel, Schwenk; 03 Wiesbaden, Cerny & Puff; Leibertingen, Wohlhüter; Köln, Schmitz; Schmalkalden, Kunsthaus am Markt; Stuttgart, Dorn; Waiblingen, StG; 04 Düsseldorf, Tedden; Kassel, Melchior; Ansbach, Gal. am Schloß – **G:** zahlr. Projekte m. Maximal, zuletzt Nördlingen, KV; Rottweil, Forum Kunst; – weitere: 04 Frankfurt am Main, Europ. Zentralbank; Singen, Städt. KM; Stuttgart, Württembergischer KV – ***LitR:*** Christine Kaufmann: Portrait der Malerin I. D., in: Kulturcafé, SWR 03 – (Red.)

Dahlhausen, Christoph, Maler, Fotograf; c/o Sebastian Fath Contemporary, Elisabethstr. 7, D-68165 Mannheim, Tel. (06 21) 7 64 44 00, Fax 7 64 44 01, *sebastianfath@fath-contemporary.de, www.fath-contemporary.de; www.nusserbaumgart.com; www.galerie-robert-drees.de; www.kunst-raum-konzepte.de; www.conny-dietzschold.de* (* Bonn 14. 9. 60) – **VG:** Mannheim, Fath Contemporary; München, Nusser & Baumgart; Hannover, Drees; Sydney, Conny Dietzschold; Rio de Janeiro, Lindner – **S:** 78–81 Köln (Violoncellostud. b. Prof. Dettmar); 87–89 Trier (Schüler b. Guy Toso) – **P:** Rp. Foto-Kunstpr. 95; Hafermag.-Stip. Landau 97; Ascoli-Piceno-Stip. 98; Ramboux-Pr. d. Stadt Trier 98; Budapest-Stip. d. Stadt Bonn 99; Wettb. Kunst am Bau Trier (1. Pr.) 01; Skulpt.wettb. f. St. Johann Nepomuk Krankenhaus Erfurt (3. Pr.) 02; Kunstpr. d. Stadt Bonn 03 – **Ve:** VG Bild-Kunst 96; Netzwerk (Intern. Künstlervrg) – **G/T:** monochrome Malerei auf phototechn. Grundlage; konzept. Kunst; Glasobjekt; Rauminstall.; komplette, raumbezogene Gebäudegest.; Siebdruck; Skulpt. (Stahl, Glas) – **W:** in versch. intern. privaten Slgn (Dtld, Öst., Schweiz, USA, Niederl., Ungarn, Finnld, Austral. u. Israel) – **M:** u. a. Bonn, Artothek im KV; Bremen, Neues Mus. Weserburg; Brüssel, Centre for Contemp. Non-objective Art; Budapest, Gal.; Budapest, Kiscelli Múz.; Charleville-Mezieres, Mus. Rimbaud; Hannover, Kestner-Ges.; Mainz, LM; Trier, StM Simeonstift – **Ö:** Berlin, Dt. Bundestag; ebda, Pressehaus d. Dt. Bundestages, Haus d. Demokratie, Kreditanstalt f. Wiederaufbau, Konrad-Adenauer-Stift.; Bonn, Seniorenheim am Venusberg; Erfurt, St. Ursula Kirche; Frankfurt am Main, Kreditanstalt f. Wiederaufbau; Hannover, Intern. Neuroscience Inst.; Klüsserath/Mosel, Uferdamm; Seoul, Goethe-Inst.; Trier, Polizeipräsidium – **E:** u. a. 00 Göttingen, KV; Siegburg, Torhaus-Mus.; 00, 03 Berlin, Markus Richter; 01 Linnich, Dt. Glasmalerei-Mus.; Frankfurt am Main, Art Frankfurt; 02, 04 Hannover, Drees; 03 Berlin, Konrad-Adenauer-Stift.; 04 San Francisco, Sweetow; Sydney, Conny Dietzschold; Bonn, KM; 05 Dortmund, Mus. am Ostwall – **G:** u. a. 01 Barcelona, MN d'Art de Catalunya; 03, 04 New York, Armory Show; 03 Chicago, Art fair; London, South London Gall.; Tel Aviv, AZIA House; San Francisco, Sweetow; 04 Aschaffenburg, Neuer KV; Bologna, Arte Fiera; München, Bender – **V:** m. Markus Wimmer: Wachsen 98 – ***Lit:*** Harald Krämer: Im Reich des Zwischen, Ausst.kat. 93; Carl Aigner: Entzug u. Aneignung, in: EIKON 95; Ulrike Davis-Sulikowski: Anderswo, Ausst.kat. 97; Christoph Schreier, Beate Reifenscheid, Harald Krämer u. Markus Wimmer: C.D. Lichtfallen 98; Annelie Pohlen: Zu d. Glasarbeiten v. D., Ausst.prospekt 99; Carsten Ahrens, Markus Lepper u. Claudia Schmuckli: C.D. Glassworks, Art 00 – ***LitR:*** Polylux. Die Slg Jakobi/Derdack. Werke d. Künstlers C.D., Portr./Dok. 01

Dahn, Ingrid (verh. Ingrid Schmitz), Bildhauerin, Malerin; D-71229 Leonberg/Württemberg, Tel. u. Fax (0 71 52) 4 79 93, *schmitzunddahn@t-online.de*. Calle Leon 55, E-38300 La Orotava/Tenerife, Tel. u. Fax (09 22) 32 15 36 (* Schwedt 21. 4. 39) – **S:** 59–62 KA Karlsruhe; 63–65 KA Stuttgart (b. Rudolf Hoflehner); Stud. d. wiss. Politik (b. Golo Mann) – **Ve:** VBKW; Dt. Künstlerbund – **KGe:** Ataraxia: I. D., Max Schmitz u. David Lauer – **W:** überw. in Privatbes. – **M:** Stuttgart, KM – **Ö:** Egelsberg b. Weilheim Teck (Wasserspiele m. Skulpt.); Lonetal-West, Autobahnraststätte; Mengen, Foyer im Ausbildungszentrum; Stuttgart/Neugereuth, Bibliothek im Schulzentrum – (Red.)

Dahn, Walter, Prof., Bildhauer, Maler, Zeichner, Fotograf, Filmemacher, Musiker; lebt in Köln (* St. Tönis 8. 10. 54) – **VG:** Berlin, Bischoff; Bad Münstereifel, Klein; Berlin, Ikeda; Hamburg, Multiple Box Hamburg – **S:** 71–77 Staatl. KA Düsseldorf (Meisterschüler b. Joseph Beuys) – **L:** 83–84 Staatl. KA Düsseldorf (LBeauftr.); seit 95 HBK Braunschweig (Prof.) – **KGr:** Mülheimer Freiheit 110 (79–81) – **G/T:** Malerei, Spraybilder, Serigraphie, Filzstift-Zeichn., Druckgraph., Assemblage, Fotogr., Film u. a. – **M:** u. a. Aachen, Ludwig Forum; Amsterdam, Stedelijk Mus.; Basel, KM; Bonn, LM; Dortmund, Mus. am Ostwall; Eindhoven, Van Abbemus.; Frankfurt am Main, Dt. Bank KS; Frankfurt am Main, MMK; Karlsruhe, StG; Kiel, KH; Köln, Mus. Ludwig; München, Bay. Staatsgemäldeslgn; München, Slg Goetz; Rotterdam, Mus. Boymans Van Beuningen; Stuttgart, SG; Ulm, Ulmer Mus.; Weimar, Klassik Stift. – **E:** zahlr. Ausst. im In- u. Ausld, u. a. 86 Grenoble, Centre Nat. d'Art Contemp.; München, Gal. Six Friedrich; 86, 89 Basel, Mus. f. Gegenwartskunst; 87 Eindhoven, Van Abbemus.; Aachen, Neuer Aachener KV; 89 München, KV; 90 New York, Gladstone Gall.; Santa Monica, Fred Hoffman Gall.; Nagoya/Jap., Akira Ikeda Gall.; 90, 91, 92, 93, 95 Kassel, Sander; 94, 96 Köln, Gal. Monika Sprüth; 96 Augsburg, SKS; 97 Leipzig, Artco; Amsterdam, Stedelijk Mus.; 98 Ludwigsburg, KV; Amsterdam, Art Index; 98, 99, 00, 01, 02 Köln, Rivet; 00 Frankfurt am Main, MMK; 00, 01 Basel, Wüthrich; 01 Wiesbaden, Nassauischer KV; 02 Bad Münstereifel, Klein – **G:** u. a. 82 Kassel, documenta; Berlin, Martin-Gropius-Bau; 83 Dortmund, Mus. am Ostwall; 86 München, Lenbachhaus; 87 Düsseldorf, KV; 89 New York, Guggenheim; Frankfurt am Main, Schirn; 89, 97 Köln, Mus. Ludwig; 92 Sydney, Bienn.; 93 Basel, KH; 96 New York, Whitney; 97 Nürnberg, KH – ***Lit:*** AKL; Dictionary of Art 96 – (Red.)

Dajcar-Florin, Anita, Textilkünstlerin; Kirchgasse 5, CH-7310 Bad Ragaz, Tel. 08 13 02 18 44, *anita.dajcar@bluewin.ch*, *www.kuenstlerarchiv.ch/dajcar-florin* (* Chur 15. 5. 44) – **S:** 60–64 Lehrersem. Bern; 64–67 KGS u. Univ. Bern (Höheres Lehramt Zchng); – Weiterbild.kurse in Textilarb.: 97 Schule f. Gest. Zürich (Stoffveränderungen b. Regula Wyss); 99 St. Martin's School of Arts London (Textilentwurf am PC) – **L:** Erwachsenenbildung in Öst., Ital. u. Frkr.; Fachkurse f. Entwerfen u. Gest.; Organisation Ausb. d. Klöppellehrerinnen Schweiz; Ausb. u. Projektarb. f. d. Lehrwkst. in Bamako/Mali – **P:** Krefeld f. Klöppelarb. Taminaschlucht 87; 5. Intern. Bienn. f. Zeitgen. Spitze Brüssel 92; Lace in Fashion Award Sydney 98, 01; Kult.pr. Sarganserld 99; Intern. Künstlerlager Hajduböszörmeny/Ungarn 01; Bienn. Intern. de la Dentelle 02 – **G/T:** Schwerpunkt Klöppelspitzen u. andere Spitzentechniken; Spitzen; Maschinenstickerei; PC-Print – **K:** Entwurf zeitgen. Spitzen u. Stickereien; Planung f. Maschinenstickerei – **W:** in Privatbes.; 97–01 Co-Autorin am Expo 2000-Projekt 'Au fil du Temps' – **M:** St. Gallen, Textilmus. – **Ö:** Bad Pfäfers, Bad Mus.; Bad Ragaz, RH – **E:** 88 Glarus, Glärnischzentrum; 91 St. Moritz, Heilbad; 92 Bad Pfäfers, Hotel Bethanien Davos; 99 Bad Ragaz, RH; 00 Chur, Manufacta; 03 Bad Ragaz, Ärztehaus Cristal; 04 Filzbach, Hotel Römerturm – **G:** seit 87 zahlr. Bet. im In- u. Ausld, u. a. Frankfurt am Main, Airport Gall.; Heidelberg, Textilmus.; Washington/DC, NM of Women in the Arts; Prag, UPM; Luzern, HM; Thurgau, HM; St. Gallen, Textilmus.; Sydney, Powerhouse Mus.; Brüssel, Mus. du Costume et de la Dentelle; Brüssel, 10. Intern. Bienn. f. Zeitgen. Kunst – **V:** Freies Klöppeln 87; m. Catherine Lambert: Schmuck 97; Steckborner Spitzen (Layout) 03 – ***Lit:*** FACHZSS: Textilkunst Hannover, Heimatwerk Zürich, Terra Plana Mels, Terra Grischuna Chur, La Dentelle Frkr., Textiel – MAG.: Tagesanzeiger, Modeblatt, Panorama Raiffeisenbank, Orella

Dalain, Yvan, Fotograf, Filmemacher, Schriftsteller; Rue du Temple 34, CH-1820 Montreux/VD, Tel. u. Fax: 02 19 65 29 00 (* Avenches/Vaud 17. 2. 27) – **S:** 44–45 EBA Lausanne; 46–49 Éc. des Arts et Métiers Vevey (b. Gertrude Fehr) – **P:** Goldmed. v. Gosslar 54; Bestes Modefoto München (Silbermed.) 59; Bestes Schweizer Plakat 64; Pr. Tele (f. Au cœur du racisme) 84; Festival Intern. de Cinéma de Nyon (1. Pr. f. Monsieur Molière aux champs) 87 – **M:** Genf, Saint-Gervais Photogr.; Hermance, M+M Auer; Winterthur, Fotostift. Schweiz – **E:** 53 Basel, Ulysses; 95 Genf, Saint-Gervais Photographie; 96 Paris, Gal. Graphes; 01 Zürich, Kunsthaus; 03, 04 Winterthur, Fotostift. Schweiz – **G:** 52 Luzern, Kunsthaus; 74 Zürich, Kunsthaus – **V:** Les petits des hommes, Sammelbd 54; Ch.-F. Favrod (Text): Sahara à l'heure de la découverte (Fotogr.) 60; Vie et mort d'un toro brave 63; m. Jacques Cadier: Queyras 63; Lausanne 64; L'ami chinois (Roman) 93; Western Spaghetti 95; Allemagne: l'après guerre (Text u. Fotogr.) 96; L'ombre de la marquise 03; Des ratés dans le collecteur 03; Les parias de La Chaux-de-Fonds 03; Zone d'ombre au soleil de minuit 03 – sowie weitere belletrist. Veröff. – **R:** Qui êtes-vous Monsieur X? 59; Sacré Ulysse, Musical TV Film (TV Suisse Romande) 82/83; Au cœur du racisme (Erstausstrahlung 3sat 94) 84; Monsieur Molière aux champs (TV Suisse Romande) 87; Le pouvoir 90 – ***Lit:*** Fokus d. 50er Jahre. Y.D., Rob Gnant u. 'Die Woche' 04

Daleiden, Michel s. Misch Da Leiden

Dallmann, Sylvia, Dipl.-Malerin; c/o Neue Greifengalerie, Lange Str. 57, D-17489 Greifswald, Tel. u. Fax (0 38 34) 89 86 12, *privat: dallmann@uni-greifswald.de, Galerie: www.neuegreifengalerie.de* (* Greifswald 24. 6. 58) – **VG:** Greifswald, Greifengalerie – **S:** 81–85 KHS Berlin-Weißensee (Malerei b. Prof. Brendel, extern) – **L:** seit 85 Caspar David Friedrich-Inst. Greifswald (künstler. Mitarb. in d. FB Naturstud., Malerei u. Graph.) – **Ve:** Künstlerbund Meckl. u. Vorpommern 91 – **G/T:** Zeichn. u. Malerei, Auseinandersetzung m. C. D. Friedrich u. d. dt. Romantik – **M:** Greifswald, Univ.; Schwerin, Staatl. Mus. (Kpst.-Kab.) – **E:** 98 Greifswald, SM; 00 Berlin, Gal. am Weißen See; 04 Ribnitz-Damgarten, Gal. im Kloster – **G:** 86 Aberdeen (m. M. Goldberg u. A. Hampel); 95 Echternach/Lux., Konschthaus b. Engel; 96 Lübeck, Burgkloster; 99 Plüschow/Stettin, Kunsthaus – ***Lit:*** Bernhard Schwenk, Uwe Gellner, Jens u. Sabine Fett: Signifikante Signaturen. 4 x junge Kunst 00 – (Red.)

Dalpra, Mario, Maler, Bildhauer, Graphiker, Performancekünstler; Studio: Apostelgasse 25–27/29, A-1030 Wien, Tel. (01) 7 10 11 59, Mobil: 06 7 65 99 22 92, *mariodalpra_m@hotmail.com, www.dalpra.at* (* Feldkirch/Vorarlberg 22. 10. 60) – **VG:** Graz, Glacis; Stoob, Hametner – **S:** 83–87 ABK Wien (b. Anton Lehmden u. Arnulf Rainer) – **G/T:** Malerei u. Graph. (expressiv, z.T. auf mythologisch-lit. Motiven beruhend); Mini-Install. in Buchform; Mini-Videoinstall.; Holz-Skulpt.; Musik-, Sprach- u. Körperperformances – **M:** Bregenz, Vorarlberger LM; Chicago, Art Inst.; Chicago, MCA; Linz, Lentos; New York, Trana Freedman Collection; Wien, Albertina; Wien, Kult.abt. d. Stadt; Wien, Slg d. Bundes – **E:** / G: zahlr., u. a. 94 Sydney, MCA; London, Tate Britain; 95 Auckland, Gall. of Mod. Art; 96 Bregenz, Künstlerhaus Palais Thurn und Taxis; Klagenfurt, Gal. 3; 98 Berlin, Burch & Klemm; 03 Graz, Glacis; Waidhofen an d. Ybbs, Schloß an d. Eisenstr.; Wien, Apostelhof – **V:** Dem leichten Schlaf ein Eselsohr 95 – ***Lit:*** AKL – (Red.)

Damisch, Gunter, Mag. art., Univ. prof.; c/o Akademie der Bildenden Künste, Schillerplatz 3, A-1010 Wien, Tel. (01) 58 81 61 44, 58 81 61 45, Fax 58 81 61 69, *gunter.damisch@chello.at, G.Damisch@edvz.akbild.ac.at* (* Steyr 21. 5. 58) – **VG:** Innsbruck, Thoman; München, Van de Loo – **S:** 77–83 ABK Wien (Meisterkl. Prof. Max Melcher u. Prof. Arnulf Rainer) – **L:** 92 ABK Wien (Gastprof., Meisterkl. f. Graph.); 98 ebda (ordentl. Prof.) – **P:** Römerquelle-Kunstwettb. 83; Otto Mauer-Pr. 85; Max Weiler-Pr. d. ABK Wien 85; Karl Rössing-Pr. d. Rupertinum 91; Pr. d. Stadt Wien 95; Anton Faistauer-Pr. f. Malerei 96 – **Ve:** Wiener Secession – **G/T:** Malerei, Graph., Skulpt. – **M:** Berlin, NG; Dresden, Kpst.-Kab.; Emden, KH; Graz, LM Joanneum; Innsbruck, Tiroler LM Ferdinandeum; Linz, LG; Linz, Lentos; Salzburg, Rupertinum; St. Pölten, Ndöst. LM; Wien, Albertina; Wien, MMK Stiftung Ludwig – **Ö:** Graz, Augartenhotel; Linz, Skulpt.garten; St. Pölten, Reg.viertel; Wien, Max Reinhard Sem. (Kunst am Bau) – **E:** zahlr. seit 82, u. a. zuletzt 97 Bratislava, Medium; Paris, Vidal St. Phalle; St. Gallen, Hafner; 98 Linz, LG; Linz, Figl; Rom, Gall. Borghese; 99 Emden, KH; Den Haag, Livingstone Gall.; Wien, Hilger; 00 Graz, Kunsthaus Elisabethstr.; Essen, Zeche Zollver.; 01 Zürich, Storrer; Innsbruck, Thoman; Klagenfurt, Gal. 3; 02 Augsburg, KV; Bremen, Ohse; Salzburg, Academia Art; 03 München, Van de Loo; Graz, Lendl; Schärding, Gal. am Stein – **G:** zahlr. Bet. seit 81, zuletzt u. a. 02 Helsinki, Hagelstamm; Bologna, Gal. D'Arte Moderna; Passau, MMK; 02, 03 Salzburg, Traklhaus; 03 Linz, LG; Linz, Lentos; Feldkirch, Pal. Liechtenstein; Luxembourg, Lea Gredt – **V:** Herbert Brandl (Text): Scherzhafte Erwägung 88; G.D. (Text) 89; G.D. Arbeiten auf Papier (Text) 91; G.D. Kleine Bilder (Text) 92; Aussichten auf Ansichten 93; G.D. Verlorene Formen. Bronzen 1992–1994 (Text) 94 – ***Lit:*** div. Ausst.kat., u. a. d. Gal. Van de Loo, München; Gal. Thoman, Innsbruck; Gal. Hilger, Wien; Oböst. LM, Linz; Gal. Storrer, Zürich; Zeche Zollverein, Essen – ***LitR:*** Künstlerportr. ORF; C.B. Schneider Production, Wien; Vogl Film, Linz

Damke, Bernd, Prof., Maler; *bdamke@fh-muenster.de* (* Gräfendorf/Kr. Torgau 13. 1. 39) – **S:** 59–63 HBK Berlin (Abt. Kunstpädagogik, b. Fred Thieler u. Mac Zimmermann) – **L:** 72–04 FHS Münster (Prof., FB Design); 79 Helwan Univ. Kairo (Gastprof., Faculty of Applied Arts) – **P:** Villa-Romana-Pr. u. Aufenthalt in Florenz 69; Kunstpr. d. Stadt Gelsenkirchen 69; Villa-Massimo-Pr. u. Aufenthalt in Rom 73–74; Karl Ernst Osthaus-Kult.pr. 77 – **Ve:** Westdt. Künstlerbund 69; Dt. Künstlerbund 69; Neue Darmstädter Sezession 88; Künstlerverb. Neue Gr. München 91; VG Bild-Kunst 91 – **KGr:** B 1 (68, Gründungsmitgl.) – **KGe:** SYSTEM DESIGN: B. D., Franz Rudolf Knubel u. Dr. Eckart Heimendahl (69–73) – **G/T:** geometrische Abstr. – **W:** überw. in Privatbes.; Ankauf u. a. durch d. Freistaat Bay. – **M:** Berlin, Berlinische Gal.; Berlin, Kpst.-Kab.; Berlin, NG; Berlin, Slg d. BRD; Dortmund, Mus. am Ostwall; Düsseldorf, KS NRW; Düsseldorf, Mus. Kunst Pal.; Essen, Mus. Folkwang; Frankfurt am Main, Hess. RF; Gelsenkirchen, SM; Hagen, Karl-Ernst-Osthaus-Mus.; Hannover, Sprengel Mus.; Herne, StG Strünkede; Krakau, NM; Łódź, Muzeum Sztuki; München, Haus d. Kunst; Münster, Westf. LM; Nagaoka, Contemp. AM; Oberhausen, Ludwig-Gal.; Oldenburg, LM; Oldenburg, SM; Recklinghausen, StKH; Wiesbaden, Mus.; Witten, Märk. Mus. – **E:** zahlr. Einzelausst. seit 65, zuletzt 90 Münster, Gal. MS; 91 Mission Viejo/CA, Saddleback College Art Gall.; Bakersfield/CA, Bakersfield College Art Gall.; Lüdenscheid, StG; 93 Lünen, Gal. im Jakob-Henle-Haus; 94 Emsdetten, Gal. Münsterland; 97 Ahlen, KM; 98 Herford, StM Daniel-Pöppelmann-Haus; 99 Münster, SM; Hamm, Gustav-Lübcke-Mus.; 00 Witten, Märk. Mus.; Münster, Franz-Hitze-Haus; 03 Coesfeld, KV Münsterland – **G:** zahlr. Ausst.bet., u. a. seit 61 München, Große Kunstausst.; München, Neue Gr.; Wolfsburg (Junge Stadt sieht junge Kunst); seit 66 Ausst. d. Dt. Künstlerbundes; 68 Nagaoka (Contemp. Printmakers from Germany); New York, Pratt Center; 70 Grenchen, Intern. Trienn. f. farbige Graph.; 75 Wanderausst. durch Südamerika, Spanien, d. USA u. Kanada; 81, 88 Hagen, Karl-Ernst-Osthaus-Mus.; 89, 97 Augsburg, Nationale d. Zeichnung; 93 Lüdenscheid, StG; Gelsenkirchen, Halfmannshof; Dessau, Bauhaus, 94 Düsseldorf, Art multiple; 95 Bonn, Kunst- und Ausst.halle d. BRD – **V:** Ägypten – Reisebilder, Fotobd 99 – ***Lit:*** Jürgen Wißmann: B. D.s malerisches Werk, Monogr. 84; Helmut Knirim: B. D., Monogr. m. Werkverz. 97; Wolfgang Zemter: B. D., Wekverz. d. Graph. 00 – Kat.: Friedrich W. Heckmanns: B. D. 69; Cesare Vivaldi: B. D. 74; Friedrich W. Heckmanns: Prinzip Seriell. B. D. 75; Johann Heinrich Müller: B. D. 77; Manfred de la Motte: Somewhere North 79; Jürgen Weichardt: B. D. 79; Stefan Papp: B. D. 79/80; Günter Drebusch: Einige Gedanken zu Damkes Bildern 81; Taha M. Hussein: B. D. 82; Jürgen Weichardt: B. D. 87; Dietmar Lagin: B. D. 89; Uwe Schramm: B. D. Skulpturen und Kleine Stücke 03 – (Red.)

Damm, Ursula, Künstlerin; Franz-Jürgens-Str. 14, Atelier 4, D-40474 Düsseldorf, *ursula@khm.de, www.ursuladamm.de; www.inoutsite.de* (* Boppard 14. 7. 60) – **S:** 81–89 KA Düsseldorf (Freie Kunst);

87 ebda (Meisterschülerin v. Günther Uecker); 95–98 KHS f. Medien Köln – **L:** seit 01 KHS f. Medien Köln (künstler.-wiss. Mitarbeiterin u. LBeauftr.) – **P:** Cité Intern. d. Arts Paris 84, 85; DAAD-Stip. f. Marseille 87, 88; Artist-in-Residence Rotterdam 90; Reisestip. New York 90; Stip. d. Alfred Krupp v. Bohlen u. Halbach-Stift. 91; 1. Pr. d. Ldes RP f. Install. 94; Transfer-Stip. Ital. 95; Ringenberg-Stip. d. Ldes NRW 96; Kunst-am-Bau Wettb. d. Univ. Cottbus 99; Spiridon Neven-DuMond Pr. 99; Förd.pr. d. Stadt Düsseldorf 99; Förd.pr. f. Bild. Kunst d. Ldeshauptstadt Düsseldorf 99; Arb.-stip. d. Stift. Kunst u. Kult. NRW 00; Pr. d. Stuttgarter Filmwinters (f. raumgebundene Medieninstall.) 01; cynetArt Dresden (Ausz.) 01; Balmoral-Stip. 03; Festival Montréal (mention special de la jury f. d. Kategorie Interactive Art) 03 – **Ve:** VG Bild-Kunst 98 – **G/T:** Medien-Kunst, Kunst am Bau, Multimedia-Install. – **M:** Koblenz, Ludwig Mus. im Deutschherrenhaus; Mainz, KS Rh.-Pf. – **Ö:** Cottbus, Brandenburgische TU (Kunst am Bau); Düsseldorf, U-Bahn-Linie Wehrhahn, Jan Wellem Pl. (Fertigstellung 2013) – **E:** 92 New York, Goethe-House; 93 Aachen, Neuer Aachener KV; Düsseldorf, Mus. Kunst Pal.; 96 Mailand, Open space; 99 Düsseldorf, Kunstraum; 01 Coburg, KV – **G:** u. a. 94 Koblenz, Ludwig Mus. im Deutschherrenhaus; 95 Mailand, Viafarini; Metz, Fonds Rég. d'Art Contemp. de Lorraine; 96 Bologna, Gal. D'Arte Moderna; Aachen, Ludwig Forum; 97 Köln, Art Cologne; 98 Köln (Brückengang); 99 Linz, ars electronica; 01 Stuttgart, Filmwinter; Dresden, cynetArt; 02 Nagoya, ISEA; Düsseldorf (hell-grün); 03 Chicago, Gal. 312; Sao Paulo, file03; Bad Ems, Medienkunsttage; Montréal, Festival New Film New Media – ***Lit:*** Neuer Aachener KV (Hrsg.), Ausst.kat. 93; Jahrbuch des Künstlerhauses Schloß Balmoral, Kat. 03 – ***LitR:*** Internationaler Medienkunstpreis, Beitr. SWF 01 – (Red.)

Dammann, Peter, Fotograf, Fotojournalist, Filmtechniker, Sozialpädagoge; Balduinstr. 2, D-20359 Hamburg, Tel. (0 40) 31 44 27, *dammann.peter@gmail.com*, *www.dammann-lookat.ch*. Fischerweg 20, CH-3012 Bern, Tel. 03 13 72 86 28 (* Hamburg 26. 12. 50) – **S:** 82–89 HBK Hamburg (Fotogr.) – **P:** Stip. f. Dok.-Fotogr. d. Patriotischen Ges. v. 1765 Hamburg 94; World Press Photo Award (2. Pr.) 98; Photoessay d. Jahres 98; Martha-Pulvermacher-Stip. 05 – **Ve:** Dt. Fotogr. Akad. – **M:** Hamburg, MKG – **E:** zahlr., u. a. 95 Berlin, RH Pankow; 97 Lemgo, Schloß Brake; 99 Hamburg, Barlach; 02 Karlsruhe, Ständehaus; 03 Hamburg, Altonaer Mus. – sowie: 05 Ramallah; 06 Barcelona u. St. Petersburg – **G:** zahlr., zuletzt u. a. 01 Kiel, Transmare – **V:** u. a. So sag ich's meinem Kinde 91; Die Bahnhofskinder 92; Wir sind klüger als ihr denkt 95; Die vergessenen Helden der Solidarność 96; Und Andrej hat weinen gelernt 97; Rubinsteins Vermächtnis 02; Hinter dem Palast steht noch ein Haus 06 – ***Lit:*** AKL

Dammbeck, Lutz, Prof., Intermediärer Künstler; Amandastr. 58, D-20357 Hamburg. c/o Lutz Dammbeck Filmproduktion, Lornsenplatz 11, D-22767 Hamburg, Tel. (0 40) 4 39 73 45, Fax 4 30 27 14, *lutz.dammbeck@hamburg.de* (* Leipzig 17. 10. 48) – **S:** 65–67 Abend-Akad. d. HGB Leipzig; 67–72 HGB Leipzig (Buchgest. b. Heinz Wagner) – **L:** 92 FHS f. Gest. Hamburg (Gastprof.); 94–95 ebda (LAuftr. im FB (Gest.); seit 98 HBK Dresden (Prof. f. neue künstler. Medien) – **P:** Stift. Kunstfonds – Arb.- u. Projektstip. 98; Käthe-Kollwitz-Pr. 05 – **Ve:** Sä. Kult.senat; AG Dokf. Dtld; Freie AK Leipzig 94 – **G/T:** Malerei, Zeichn., Fotoinszenierungen, Film (Super 8, Video u. Dokf.), Install. u. Mediencollagen – **M:** Frankfurt/Oder, Mus. Junge Kunst; Oberhausen, Ludwig-Gal. – **E:** u. a. 79 Leipzig, Wort u. Werk; 80 Dresden, Gal. Mitte; 83 Erfurt, Kunst-Kab.; 84 Leipzig, Gal. Nord; 85 Karl-Marx-Stadt, Gal. Oben; 88 Hamburg, Künstlerhaus e.V.; 90 Berlin, Neue Ges. für bild. Kunst; 94 Brüssel, Gal. Atelier Sainte Anne; 97 Berlin, Haus am Waldsee; Altenburg, Lindenau-Mus.; Dresden, StG Rähnitzgasse; Heidelberg, KV; 00 Berlin, Brechtzentrum; 01 Leipzig, Filmkunsthaus die nato – **G:** u. a. 77, 78, 82 Dresden, Kunst-Ausst. d. DDR; 83 Leipzig, MBK; 85 Leipzig, Gal. Eigen + Art; São Paulo, Bien.; 90 Osnabrück, Europ. Media Art Festival; Oberhausen, Ludwig-Gal.; 91 Leipzig, Gal. f. Zeitgen. Kunst; 94 Brüssel, Centre Albert Borschette; 95 Berlin, Marstall; Bonn, LM; Dresden, KH; 96 Kopenhagen, Container 96; 97, 03 Berlin, Martin-Gropius-Bau; 99 Berlin, NG; 04 Moskau, Tretjakov-Gal. – **V:** Herakles Konzept, Arb.b. 97 – **R:** u. a. Metamorphosen I, Exper.film 79; Der Schneider von Ulm, Animationsfilm 79; Einmart, Animationsfilm 81; Hommage à la Sarraz, Exper.film 81; Das Luftschiff, Spielfilm 82; Die Entdeckung, Animationsfilm 83; Die Flut, Animationsfilm 85; Herakles Höhle, Experimentalfilm 90; Zeit der Götter, Dokf. 93; Herzog Ernst, Animationsfilm 93; Dürers Erben, Dokf. 95, 96; Bildersturm, Dokf. 97 – ***Lit:*** AKL; Lang 02; Schweers 02; Kunst in der DDR 03 – (Red.)

Damrau, Tillmann, Maler, Zeichner; c/o Gal. Wagner + Marks, Fahrgasse 22, D-60311 Frankfurt am Main, Tel. (0 69) 21 99 69 32, Fax 21 99 69 33, *info@galerie-wagner-marks.de*, *www.galerie-wagner-marks.de* (* Freudenstadt 21. 3. 61) – **VG:** Frankfurt am Main, Wagner + Marks; Marburg, LOG; Augsburg, Oberländer – **S:** 83–89 ABK München (freie Malerei, Graph., Meisterschüler b. Prof. Robin Page) – **L:** seit 00 Philipps-Univ. Marburg (LAuftr. Malerei, Graph.); seit 04 HS Reutlingen (LAuftr. Fak. Textil u. Design); seit 05 FHS Augsburg (LAuftr. FB Gest. u. Multimedia) – **P:** Stip. d. Jubiläumsstip.stift. d. ABK München 87; Matthias-Pschorr-Stip. 88; Atelierstip. d. ABK Stuttgart 94–96; Kunstpr. d. Stadt Limburg 05 – **Ve:** Künstlerbund Bad.-Württ. 02; VBKW 02; VG Bild-Kunst 04 – **G/T:** figurat. Zchng; Malerei – **W:** in Privatbes.; im Bes. d. Slg d. Ldesbank Bad.-Württ. u. Slg Bankhaus Ellwanger & Geiger Stuttgart – **M:** Albstadt, StG; Kirchheim unter Teck, StG im Kornhaus; München, Artothek – **Ö:** Marburg, Pestalozzi-Schule – **E:** 02 Albstadt, StG (Kat.); 03 Biberach a.d. Riß, KV; Augsburg, Oberländer (Kat.); 05 Kirchheim unter Teck, StG im Kornhaus; Limburg, StKS (Kat.); Marburg, Ogilvie; 06 Frankfurt am Main, Wagner + Marks; Rottenburg, Kulturver. Zehntscheuer; 07 Offenburg, Künstlerkreis Ortenau – Neue Gal. im Artforum – **G:** 99 Singen, KM; 99, 01 Augsburg, Nationale d. Zchng; 00 Esslingen, StG Villa Merkel; Effeldorf, Kunstgut Döbele; 02, 03 Albstadt, StG; 04 Bad Schussenried, Kloster-Mus.; 05 Augsburg, Oberländer; Karlsruhe, StG; 06 Limburg, StKS – **R:** T.D. – Bilder, CD-Rom 03 – ***Lit:*** Ernest Bates: T.D.: 3 Bilder 97

Dams, Brigitte, Bildhauerin; c/o AT dams, Ackerstr. 143, Hinterhof, D-40233 Düsseldorf, *brigittedams@gmx.de* (* Rhede/Westf. 65) – **S:** 89–97 KA Düsseldorf (Bildhauerkl. d. Prof. Michael Buthe u. Jannis Kounellis, Meisterschülerin) – **L:** 95–97 Lycée Français Düsseldorf (LAuftr. f. räumliches Gest.); 00 Kaywon-HBK Seoul – **P:** DAAD-Projektstip. Tengenenge/Simbabwe 88; Stip. d. Paul-u.-Maria-Krämer-Stift. 90; Reisestip. f. New York d. KV f. d. Rheinlande u. Westf. 97; Saar Ferngas Förd.pr. 00; DAAD-Graduiertenstip. f. Korea 00; Euregio Kunstpr. 00; Emprise-Kunstpr. 01 – **Ve:** VG Bild-Kunst 95; Künstlerver. Malkasten 97–99 – **G/T:** Zeichn., Skulpt., Install. – **W:** überw. in Privatbes. im

In- u. Ausld – **M:** Goch, Mus. f. Kunst u. Kult.gesch. – **Ö:** u. a. Düsseldorf, Emprise; Saarbrücken, Saar Ferngas – **E:** u. a. 88 Tengenenge/Simbabwe; 91 Düsseldorf, Mus. Kunst Pal.; 95 Kairo, Gal. Talat Harb; 96 Odenthal, Kleine RH Gal.; 98 Goch, Mus. f. Kunst u. Kult.gesch.; Bad Kreuznach, KV; 99 Wuppertal, Gal. Brusten; 00 Seoul, Kaywon Gal.; 01 Solingen, Mus. Baden; 02 Emmerich, KV; Düsseldorf, Ballhaus; Bonn, AnBau 35 – Gal. und Edition; Düsseldorf, Kunstraum Mörger; 04 Xanten, Reg.mus.; 05 Steinfurt, Gal. Rolinck – **G:** zahlr. Ausst.bet. seit 85, zuletzt u. a. 00 Kaiserslautern, Pfalz-Gal.; 01 Seoul, SM; Belgrad, Gal. Zvono; Belgrad, Mus. 25. Mai; 02 Düsseldorf, NRW-Forum Kult. u. Wirtschaft; Solingen, Mus. Baden; 03 Kleve, Mus. Kurhaus; 05 Düsseldorf, Große Kunstausst. NRW; 06 Goch, Mus. f. Kunst u. Kult.gesch.; Mook/Niederl., Skulpt.park Maaskade – ***Lit:*** zahlr. Ausst.kat., z.B.: B.D. – Plastische Arbeiten und Zeichnungen 98; B.D. presence/absence 02; B.D. Schnittstellen 04

Dangelmaier, Tania s. Ehrenfeld, Tania

Daniel, Beate, Multimediakünstlerin; Wrangelstr. 75, D-10997 Berlin, Tel. u. Fax (0 30) 6 11 75 48, *bedaniel@web.de* (* Berlin 18. 2. 66) – **VG:** Berlin, Fricke; Düsseldorf, Fricke – **S:** 86–93 HdK Berlin (Bild. Kunst) – **P:** Karl-Hofer-Pr. 93; Arb.stip. f. Budapest 94; Goldrauschstip. 94; Postcard-Arb.stip. 95; Stip. d. Förderkreises Kunst auf Schloss Plüschow 96; Arbeitsstip. d. Berliner Senats 96 u. 00; Stiftung Kunstfonds 96; Künstlerdorf Schöppingen 99; GKB Kunstpr. 99; Kunstfonds Bonn 00; Akiyoshidai Intern. Art Village Japan 01; Will-Grohmann-Pr. 01; Künstlerhaus Boswil 03; Aufenthaltsstip. im Künstlerhaus 'Lukas', Ahrenshoop 04 – **G/T:** Multimedia-Install., Zeichn. – **E:** 90 Berlin, Diskant Art Yard; 93 Berlin, Boudoir; 94 Berlin, Inst. f. Neue Musik; 96 Farrera, Centre di Art i Natura; 98 Düsseldorf, Fricke; 99 Berlin, Gal. im Parkhaus; Berlin, Fricke; Schöppingen, Torhaus; 01 Shuho/Japan, Akiyoshidai Intern. Art Village; 02 Berlin, Fricke – **G:** zahlr. Ausst.bet. seit 89 – **V:** Idyllenforschung, Künstlerb. 95 – ***Lit:*** D. Comani u. B. D.: (O.m.U.), Ausst.kat. 97 – (Red.)

Dannegger, Astrid, Keramikerin; Dorfstr. 8, D-17406 Morgenitz, Tel. (03 83 72) 7 09 10 (* Müllrose 22. 11. 40) – **S:** 56–59 HBK Dresden (Arbeiter- u. Bauern-Fak.); 61–66 KHS Berlin-Weissensee (Keramik b. Rudolf Kaiser u. Walter Henze) – **P:** Junge Künstler d. DDR (Pr. d. Ausst.) 76 – **G/T:** Plast. u. Plast.gr.; Reliefs; Wand-Gest.; Garnierung v. Gefäßen; Techniken: Porzellan, Fayence, Terrakotta – **M:** Eisenach, Thür. Mus.; Leipzig, GRASSI – **Ö:** u. a. Gretsiel, Bemalter Fries; Heringsdorf, Ostsee-Therme; ebda, Maritim-Hotel; Leipzig, Univ.-Campus; ebda, Hotel Intercontinental; Wolgast, Spk. – **E:** 78 Berlin, Studio-Gal.; 83, 85 Leipzig, Gal. Theaterpassage; 86 Magdeburg, Burggalerie, 98 Morgenitz (Berührungen) – **G:** zahlr., u. a. 87 Dresden, 10. Kunstausst. d. DDR; 87–97 Dießen am Ammersee, Süddt. Töpfermarkt; 88 Hannover (Zeitgen. Kunsthandwerk aus d. DDR); 89 Jena, StM u. KS; 91 Dresden, KGM Schloß Pillnitz – ***Lit:*** AKL; WWCCA 96 – (Red.)

Danner, Josef, Maler, Graphiker, Musiker; Römerstr 4, A-2424 Zurndorf, Tel. u. Fax (0 21 47) 70 00–1 72, *atelier@josef-danner.at*, *www.josef-danner.at* (* Amstetten/NdÖst. 28. 10. 55) – **VG:** Graz, Lendl – **S:** Autodidakt – **M:** Graz, LM Joanneum; Linz, Lentos; St. Pölten, Ndöst. LM; Wien, Albertina; Wien, Artothek; Wien, Kult.abt. d. Stadt; Wien, MMK Stiftung Ludwig; Wien, MMK Stiftung Ludwig; Wien, Slg d. Bundes; Wien, Slg d. Stadt – **E:** zahlr., zuletzt u. a. 95 Wien, Trabant; 96 Linz, Portfolio-Kunst-AG; 00 Linz, Brunnhofer; 03 Wien, Chobot; 04 Graz, Lendl – **G:** zahlr., zuletzt u. a. 00 München, Ver. f. Orig.-Rad.; 01 Linz, Gal.halle Scheutz; 02 Hall in Tirol, Gal. Goldener Engl; Linz, Brunnhofer; 03 Amstetten, Schloß Ulmerfeld – ***Lit:*** AKL – (Red.)

Danner, Roland, Mixed Media, Maler, Druckgraphiker, Objektkünstler, Fotograf; Lederergasse 2, A-4100 Ottensheim, Tel. (0 72 34) 8 20 86, *rodann@aon.at*, *www.bildende-kunst-online.de/danner* (* Linz 21. 3. 64) – **S:** Autodidakt – **Ve:** VBK Öst. 03 – **G/T:** Mixed Media; Malerei; Objekt; Druckgraph.; Fotogr. – **E:** 89 Linz, AK-Bildungshaus; 90 Linz, Hypogal.; 91 Wels, Gal. Forum; 92 Innsbruck, Gal. d'Ecole; 98 Enns, Kult.zentrum Zuckerfabrik; 00 Linz, Havanna; 04 Linz, Gal. im Stifterhaus; 06 Linz, Generali Gal. – **G:** 93 Passau, St. Anna Kap.; 02 Innsbruck, Art Innsbruck; Wels, Gal. Forum; 03 Frankfurt am Main, Buchmesse; 05 Jerusalem, Intern. Buchmesse; Gmunden, Kammerhof-Gal.; Linz, Kunstmesse; Meisterschwanden, Mese-Fischer; 06 Klagenfurt, Kunstmesse – **V:** '36' Bild u. Haiku (d. Integration v. Bild u. Wort zu einer synästhet. Formensprache) 03

Dannhus, Annette, Keramik-Gestalterin; Schuhstr. 27, D-29221 Celle, Tel. (0 51 41) 2 36 97, *annette.dannhus@arcor.de* (* Diepholz/Nds. 14. 7. 56) – **S:** Keramik-Gest. in Höhr-Grenzhausen – **P:** Salzbrand-Keramik Handwerkskammer Koblenz (Belobigung) 83; Salzglasiertes Steinzeug Höhr-Grenzhausen (Förd.pr.) 83; Dt. Meisterkeramik (1. Pr.) 02 – **Ve:** BK – **KGr:** Arb.gr. Kunst Handwerk Design – **G/T:** Salzbrand – **W:** zahlr. Arb. in privaten Slgn – **M:** Frechen, Keramion; Höhr-Grenzhausen, Keramik-Mus. Westerwald; Karlsruhe, Badisches LM; Koblenz, Gal. d. Handwerkskammer; Wiesbaden, Nassauische Spk. – **E:** 85, 91 Kassel, Gal. M – **G:** u. a. 82, 85 Höhr-Grenzhausen, Keramik-Mus. Westerwald; 84 Karlsruhe, Bad. LM; 86 Koblenz, Gal. d. Handwerkskammer; 87, 96 Offenburg, StG im Spitalspeicher; 88 Otterndorf, RH; 96 Frankfurt am Main, Messe: Das Ornament Heute; Kassel, Handwerkskammer; 98 Tokio, Intern. Exhib. Center; 02, 06 Koblenz, Gal. Handwerk: Salzbrandkeramik 2002 u. 2006; 06 Dresden, Dt. Meisterkeramik

Dapra, Regine (geb. Regine Fischer), Malerin, Autorin; Morzgerstr. 17, A-5020 Salzburg, Tel. u. Fax (06 62) 82 00 79, *r.dapra@gmx.net*, *www.dapra.at* (* Bad Hofgastein 2. 2. 29) – **S:** 45–52 MusikHS Mozarteum Salzburg; Musikakad. Wien – **G/T:** Ölmalerei – **W:** überw. in Privatbes. in Europa u. d. USA – **E:** 64, 66 Winterthur, ABC-Gal.; 65 Wien, Autodidakt; Salzburg, Kult.vrg; München, Schöninger; 67 New York, E. O.-Gall.; 68 Zürich, Wolfsberg; 68, 70, 73 Memphis/TN, Oates-Gall.; 69 Düsseldorf, Vömel; 71 München, Holzinger; Krefeld, Gal. Krüll; 72 Brüssel, Brachot; 72, 75 St. Gallen, Niggli; 74 Salzburg, Traklhaus; 79 Luxembourg, Gal. D'Art la Chapelle; Trier, Theissen; 84 Niederteufen, Gal. – **G:** zahlr. Ausst.bet. seit 64, zuletzt u. a. 80 Wien, Messepal.; 82 Wien, Bawag Found.; Morges; Quito; 83 Genf, Mus. de l'Athénée; 83, 84 Niederteufen, Niggli – **V:** Bildbde: Hermann Bauer: Salzburger Bilderbuch 74; Kurt Seeberger: Das große Heimweh 76; Alois Schöpf: Die wunderbare Sonntagsfahrt 76; – sowie: div. Kalender, Plakate, Kunstkarten etc. – ***Lit:*** u. a. B. Mann: Naive Malerei 74; R. Zuck: Naive Malerei 74; A. Jakovsky: Naive Malerei 75; La Chanson traditionelle et les Naifs 76; Naive Kunst 76; Album Mondial de la Peinture Naive 81; Naive Malerei heute 81; La Cité et les Naifs 86 – (Red.)

Darázs, Mária (verh. Maria Darázs-Máté), Malerin; Adolf-Baeyer-Damm 22, D-81735 München, Tel. u. Fax (0 89) 6 35 23 43 (* Szekszárd/Ungarn 12. 7. 34) –

S: 52–56 HBK Budapest (Malerei); 57–58 ABK München – Ve: Paneuropa-Union; Bay.-Ungarisches Forum; Dt.-Ungarischer Ver. Germering; Freier Deutscher Autorenverb. Bay. – G/T: Malerei (Öl, Aqu., Fresco); Zeichn. (m. versch. Materialien); Komposition, Landschaft, Portr., Stilleben u. a. – K: div. Maltechniken (auch Freilandaqu., Fresco, inkl. Maurertechniken) – W: überw. in Privatbes. sowie in d. Privatslg. d. Ver. Ungarischer Kunstsammler Budapest – M: Budapest, NM; Kecskemét, Múz. – E: Ausst. seit. 75 75–85 München, Haus d. Begegnung; 77, 79 Céret, Syndicat In; 78 Wauwatosa; 80–90 Salzburg; Köln; Niederl.; 90 München, Eichinger; 90–00 Colmar, Koifhus; Elsass; seit 94 Ungarn (versch. Ausst.); 00 München, Elisenhof; 03 Stuttgart, Paulusstüble; Budapest, Haus d. Ungarndeutschen; 04 Sopron, Stadtbibliothek; 05 Tét/Ungarn; 05–06 München, Mohr-Villa – G: 78, 79 München, Haus d. Kunst; 95 Paris, Blanc-Manteaux; 99 München, Mus. für Völkerkunde; 01 München; – sowie mehrere Ausst. m. eigenen Schülern, u. a. 97 München, Elisenhof; Herlisheim/Elsass – V: Ill. in Büchern u. Zss: Paul Ignotus: Gefängnistagebuch 60; Vagyunk, Ungarische Monatszs. 74–80; Imre Máté: Licht und Tau (Aqu.) 92; C. E. T., Zs. 00 – *Lit:* Henry de Souvagnac: Darázs, Monogr. (viersprachig m. Reproduktionen) 88; Darázs-Album (fünfsprachig, m. einem Vorwort von I. Máté) 05 – *LitR:* Interview, Bay. RF, Bay. 2 01; sowie Radio- u. Fs.sendungen in Ungarn 99–04

Darboven, Hanne, Konzeptkünstlerin; Am Burgberg 26, D-21079 Hamburg, Tel. (0 40) 7 63 30 33 (* München 41) – VG: Düsseldorf, Fischer; Köln, Kewenig – S: bis 65 HBK Hamburg (b. Wilhelm Grimm u. Almir Mavignier) – P: Edwin-Scharff-Pr. 86; Lichtwark-Pr. 94; Intern. Pr. u. Förd.pr. d. Ldes BW 95 – Ve: AK Berlin 97 – M: Berlin, NG; München, Pin. d. Mod. – E: zahlr. Einzelausst. im In- u. Ausland, zuletzt u. a. 99 Pittsburgh, Carnegie Mus. of Art; Cambridge/MA, Busch-Reisinger Mus.; Hamburg, Deichtorhallen; 00 Düsseldorf, Fischer; Amersfoort, De Zonnehof; Hamburg, KH; Berlin, Klosterfelde; 02 Berlin, Crone; Münster, Westf. LM; 03 Zürich, Kaufmann; Zürich, Haus Konstruktiv – G: zahlr. Ausst.bet., u. a. 72, 77, 82, 02 Kassel, documenta; 73 São Paulo, Bien.; 79, 90 Sydney, Bienn.; 82 Venedig, Bienn.; 97 Lyon, Bienn.; – zuletzt: 02 Berlin, Kunstbibliothek; Lingen, KV; 03 München, Haus d. Kunst; München, Kunstraum; Berlin, Martin-Gropius-Bau; Karlsruhe, ZKM – R: Videos: u. a. Der Mond ist aufgegangen 82; Stundenbücher 98; Am Burgberg 99 – *Lit:* AKL; Contemp. Artists 96; Dictionary of Art 96; Contemp. Woman Artists 99 – (Red.)

Das fröhliche Wohnzimmer s. Kilic, Ilse

Das fröhliche Wohnzimmer s. Widhalm, Fritz

Dassler, Reinhard, Maler, Zeichner, Graphiker; Gartenstr. 44A, D-76133 Karlsruhe, Tel. (07 21) 85 73 71 (* Elbing/Westpreußen 8. 7. 33) – S: 55–63 KA Karlsruhe (b. Wilhelm Schnarrenberger, HAP Grieshaber u. Emil Wachter) – P: Stip. d. Stud.stift. d. Dt. Volkes – KGr: Realisten Karlsruhe (69–73); Die Unzeitgemäßen (84) – M: Karlsruhe, StG – E: u. a. 82 Bonndorf, Kr.-Mus.; 03 Karlsruhe, Gal. 10 – G: u. a. 97 Karlsruhe, Künstlerhausgal.; 02, 03 Karlsruhe, Gal. 10 – V: m. H. Goettl, K. Langkafel u. U. J. Sekinger: Die Unzeitgemäßen 84 – *Lit:* AKL; Schweers 02 – (Red.)

Dauerer, Gabriela, Malerin, Graphikerin, Objektkünstlerin; Witschelstr. 86, D-90431 Nürnberg, Tel. (09 11) 31 41 58 (* Nürnberg 12. 7. 58) – S: 79–83 ABK Nürnberg (Malerei u. freie Graph. b. Prof. Ernst Weil, Malerei u. Bildhauerei b. Prof. Christine Colditz); 84–86 Éc. Pilote Intern. d'Arte et de Recherche Villa Arson Nizza (b. d. Prof. Angel, Chave, Condom, Dolla, Leloup, Eppelè, Wong u. Vautier); 85 ABK Nürnberg (Meisterschülerin) – L: 87 ABK Nürnberg (Gastprof.); 00–01 ebda (Gastdoz.) – P: u. a. Akad.pr. 85; Debütantenpr. f. junge Literaten u. Bild. Künstler 86; Villa-Romana-Pr. 88; Bay. Kult.pr. 89; Förd.koje Art 5 Nürnberg 90; Förd.kr. Bild. Kunst Nürnberg (Pr.trägerin) 91; Förd.pr. d. Stadtwerke Mönchengladbach 91; USA-Stip. d. Bay. Staatsmin. f. Wiss. u. Kunst 92; Stip. d. Min. f. Wiss. u. Kunst Bay. 98 – M: Mantua, Mus. d'Arte Mod. di Gazoldo Ippoliti – Ö: Dortmund-Eichlinghofen, Pfarrk. Maria Königin; Florenz, Villa Romana; Mönchengladbach, Dt. Bank; ebda, Stadtspk., Stadtwerke; Nürnberg, Stadtspk. – E: zahlr., u. a. 01 Fürth, Gal. in d. Förstermühle; 02 Mönchengladbach, StM Abteiberg; Nürnberg, KV Art-Erhaltung; 03 Florida, Casteel; Venedig, Bienn. – G: zahlr., zuletzt u. a. 01 Monaco, Le Salon 2001; Erlangen, KV; Nürnberg, Künstlerhaus; 02 Nürnberg, KV Art-Erhaltung; Nürnberg, SM Fembohaus – *Lit:* AKL – (Red.)

Daum, Babsi (eigtl. Barbara Daum), Mag. art., Druckgraphikerin, Papier- u. Buchkünstlerin; Fugbachgasse 10/32, A-1020 Wien, *babsi.daum@gmx.at, www.kukaki.at.* Novaragasse 9A, A-1020 Wien, Tel. (01) 2 16 48 90 (* Karlsruhe/BW 7. 12. 66) – VG: Mödling, Gal. Arcade – S: 88–93 HS f. angew. Kunst Wien (künstler. Schrift- u. Buchgest., Graph., b. d. Prof. Hansen, Erben u. Schenk) – P: Exlibris-Pr. d. Öst. Exlibris-Ges. 91; Pr. d. Min. f. Wiss. u. Forsch. 93; Walter-Koschatzky-Pr. 93; Öst. Graph.wettb. 94; Paris-Stip. 94; Bay. Staatspr. 96; Talentepr. 96 – Ve: Künstlerhaus 00; Arcade 00 – G/T: Künstlerb.; Druckgraph. (Rad., Siebdruck); Objektkunst (Papier); Trickfilm – K: Buchgest., Druckgraph. – W: überw. in Privatbes. – M: Innsbruck, Tiroler LM Ferdinandeum; Wien, Albertina; Wien, Kult.abt. d. Stadt – E: 95 Zwettl, Blaugelbe Viertelsgal.; Poznan, Gal. AT; 96 Hopfgarten/Tirol, Apex; Wien, Kult.schmiede; Innsbruck, Frz. Kultur-Inst.; 97 Karlsruhe, Mus. f. Lit. am Oberrhein; Mödling, Gal. Arcade; 98 Laxenburg, Schloß; Bad Ischl, Kurmittelhaus; 99 Wien, Burgraum; Edinburgh, Inst. Français d'Ecosse; 00 Bratislava, Gal. X; 02 Emmersdorf/NdÖst., Volksschule; 03 Wien, Gal. A41 – G: zahlr. Ausst.bet. seit 92, z.B. 95 Krems, Fahnenfestival; 00 Prigglitz, Gal. Gut Gasteil; 01 St. Pölten, Ndöst. Dok.-Zentrum f. Mod. Kunst; 04 Mödling, Gal. Arcade – (Red.)

Daum, Markus, Bildhauer, Graphiker; Rathausstr. 5, D-78315 Radolfzell, Tel. u. Fax (0 77 32) 5 78 75, *www.daum-markus.de* (* Bad Säckingen 20. 6. 59) – VG: Münster, Beelte-Preyer; Michelstadt, Kautsch; Bregenz, Arthouse – S: 82–86 Staatl. ABK Stuttgart (Bildhauerei b. Alfred Hrdlicka); 86–90 HdK Berlin (b. Rolf Szymanski) – P: Villa-Serpentara-Stip. d. AK Berlin 92 – Ve: VG Bild-Kunst seit 93; Neue Münchener Künstlergenossenschaft seit 00 – M: Friedrichshafen, Ldratsamt; Heilbronn, SM; Konstanz, Städt. Wessenberg-Gal.; Scheveningen, Mus. Beelden aan Zee; Singen, Städt. KM; Ulm, Ldratsamt; Wil, KH – Ö: Berlin, Bundestag; Engen, Spk.; Heilbronn, Richard Drautz-Stift.; Karlsruhe, Ldesbank; Radolfzell, Münster; Schwäbisch-Hall, Sophie Scholl Kirche; Singen-Radolfzell, Spk.; Stadt Neckarsulm; Stuttgart, BW-Bank – E: u. a. 86 Freiburg im Breisgau, Augustiner-Mus.; 90 Engen, SM u. Gal.; 92, 93, 94, 00 Braunschweig, Schmücking; 94 Heilbronn, SM; 95 Lindau, StG; 96 Konstanz, KV; 98 Berlin, Parterre; Ulm, Sebastianskap.; 98, 01 München, Otto-Gal.; 00 Marburg, KV; 02 Singen, Städt. KM; 03 Magdeburg, KM Kloster Unser Lieben Frauen; Magdeburg, KH; Münster, Beelte-Preyer; Köln, Art Cologne; Palermo, Goethe-Inst.; 04 Jagsthausen, Götzenburg; Michelstadt, Kautsch; 05 Karlsruhe, Art Karlsruhe (Beelte-Preyer); Bregenz, Arthouse; Ramsen, Joseph Gnädinger-Stift. – **G:** zahlr. Ausst.bet. seit 90, zuletzt 00 Heilbronn, SM; 01 Braunschweig, StM; 02 Singen, KV; Darmstadt, Netuschil – ***Lit:*** M.D. Skulpturen, Graph., Malerei, Ausst.kat. 90; M.D. Skulpt., Zchng, Druckgraph., Kat. 94; M.D. Aus dem Haus der Spiegel, Ausst.kat. 96; M.D. Im nebenher von allem, Ausst.kat. 98; M.D. Schattenfelder, Ausst.kat. 02; M.D. Köpfe, Kat. 05 – ***LitR:*** Horst Brandenburg (Regie): M.D. Kreuzwege d. Körpers, Video 00

Daum, Michael, Maler, Zeichner, Graphiker; Sportplatzstr. 10, D-86494 Emersacker, Tel. u. Fax (0 82 93) 74 17, *daum@kuenstlerhaus.net*, *www.kuenstlerhaus.net* (* München 9. 7. 66) – **VG:** Emersacker, Künstlerhaus – **S:** 88 Kunstkupferdruckerei Lothar Becker, Ottobrunn (Volontariat); 89–91 b. Prof. Hansjörg Wagner, München – **P:** 2. Förd.pr. d. Münchner Künstlergenossenschaft 99; Elisabeth-Hintelmann-Förd.pr. 96 – **Ve:** Münchner Künstlergenoss. kgl. privilegiert 1868 02 – **KGe:** M. D. u. Angelika Kienberger (seit 94) – **G/T:** Malerei (Eitempera, Öl, Aqu., Landschaft, Stilleben u. Figuren); Druckgraph. (Farbhschn.) – **K:** Akt- u. Portr.zeichnen, Farbhschn. – **W:** überw. in Privatbes. – **M:** Marktoberdorf, Künstlerhaus – **Ö:** Rosenheim, Volksbank; Emersacker, Raiffeisenbank – **E:** zahlr. Ausst. seit 89; 95 München, Zoologische Staatsslg.; 98 München, Gal. Mendl – **G:** zahlr. Ausst.bet. seit 94, u. a. 97, 01 Donauwörth, Zeughaus; 98–99 München, Forum d. Technik; 01–06 München, Haus d. Kunst – **V:** Jahres- und Tageszeiten, Mappenwerk (10 Farbhschn.) 95; Federico García Lorca: Vier Gedichte, Mappenwerk (Monotypien) 97

Daurú, Guido, Bildhauer, Maler, Graphiker, Zeichner; J.B. Purgerstr. 82, I-39046 St. Ulrich, *artstudio.dauru@rolmail.net* (* Rocca Pietore/Dolomiten 25. 6. 26) – **S:** 41–43 KunstFS St. Ulrich (b. Stefano Baschierato) – **L:** 68–84 Kunstlehranst. Wolkenstein/Gröden u. St. Ulrich (Lehrer) – **P:** Bienn. Bologna (Ausz.) 54; Ausst. Suzzara (Ausz.) 64; Sommerausst. Bozen (1. Pr.) 65; Skulpt.wettb. Leifers (1. Pr.) 66; Nat. Skulpt.wettb. Trient 70; Tsukuba Expo Tokio (Intern. Ausz.) 85; Intern. Weltpr. Salvador Dalí in Figueras 89 – **KGr:** Ruscel (seit 59) – **M:** Bozen, Mus. Civico – **Ö:** u. a. Avoscan, Kirche; Bozen, Numismatik-Club; Bruneck, Krankenhaus; Galzignano Terme, Kirche; Innichen, Krankenhaus; Mamma Rosa, Pension; Monte Bondone, Kirche; Rom, Kirche San Pietro e Paolo; St. Jakob/Leifers, Schulhof; Terlan, Raiffeisensaal; ebda, Oberhauser Seniorensaal; Trient, Kirche San Martino; Vilpian, Friedhof – **E:** zahlr., u. a. 95 Klausen, SM; 97 Bozen, Gall. Les Chances de l'Art; 98 Terlan, Willy; 00 St. Ulrich, Raiffeisenkasse; 02 Innsbruck, Hofburg – **G:** zahlr., u. a. 76 Padua (Arte Sacra); 81, 88 La Spezia, Bienn.; 87 Brescia, Accad. dei Maestri Pralboino – ***Lit:*** AKL – (Red.)

Daut, Manfred, akad. Kunst- u. Porträtmaler, Graphiker, Illustrator; Karl-Grillenberger-Str. 20, D-90402 Nürnberg, Tel. (09 11) 24 35 03 (* Neuendettelsau 26. 12. 44) – **S:** 65–71 ABK Nürnberg (Freie Malerei b. Prof. Ernst Weil, Meisterkl.) – **L:** seit 78 Doz., u. a. am Bildungszentrum Nürnberg – **P:** Förderpr. d. Stadt Nürnberg 79 – **Ve:** KVE Nürnberg 81–87 – **KGr:** Der Kreis (72–74) – **G/T:** Malerei (Öl, Pastell, Portr. u. figürl.) – **K:** Tempera u. Öl – **W:** ca. 200 Werke in Privatbes. u. Slgn – **M:** Nürnberg, Städt. Museen – **E:** div. Ausst. in Nürnberg, u. a. 80 u. 97 – **G:** u. a.70 Nürnberg, Kreis; 71–74 Nürnberg, KH; 72 München, Haus d. Kunst; 76 Nürnberg, Albrecht-Dürer-Haus; Städt. Museen in Nürnberg, Bamberg, Regensburg, Würzburg; 81 Nürnberg, Stein; 86 Nürnberg, Kunsthaus; 97 Nürnberg, Mercedes Benz – sowie Ausst. d. KVE Nürnberg – ***LitR:*** u. a. Parkinson. Realismus in Bay., Fs.dok. BR 78

Davatz, Barbara, Fotografin; Tösstalstr. 345, CH-8496 Steg, Tel. u. Fax (0 55) 2 45 22 77, *barbara.davatz@gmx.ch* (* Zürich 27. 4. 44) – **S:** 63 KGS Basel (Vorkurs); 65–68 HS f. Gest. u. Kunst Zürich (Fachkl. Fotogr.) – **P:** Bundesstip. f. Angew. Kunst d. Eidgenossenschaft (Fotogr.) 78, 82, 84 – **G/T:** konzept. ser. Portr.fotogr. – **W:** u. a. in Bes. d. KS d. Kt. Zürich – **M:** Zürich, Schweiz. LM – **Ö:** Zürich, Amtshaus am Walchepl. – **E:** 76 Hinwil, art information; 90 Bern, Photo-Gal.; 96 Lugano, Mus. Cantonale d'Arte; 02 Uster, Villa am Aabach – **G:** div. Ausst.bet. seit 69, u. a. 76, 79, 82 Zürich, Mus. Strauhof; 92 Nürnberg, Inst. f. mod. Kunst; 94 Winterthur, Foto-Mus. – **V:** As Time Goes By. Portraits 1982, 1988, 1997, Fotobd (schwarz-weiß Fotogr.) 99 – (Red.)

Davit-Gsteu, Corona s. Gsteu, Corona

DAVO s. Vogt, Dagmar

d'Clerement-Ferrauld s. Lewenthal, Kristina

de Lentdecker, Frank, Bild. Künstler; Atelier u. Galerie: Goltsteinstr. 112, D-50986 Köln, Tel. (02 21) 13 76 15 84 (* Hamme/Belgien 18. 4. 59) – **VG:** Erfurt, Lorenz – **G/T:** Schwarzlicht-Malerei; Edelsteinbilder – **W:** Ausst. in eigener Galerie seit 88 – **E:** 80 Hulst/Niederlande (erste Ausst.); 91 Köln, Nada Art; Brüssel, Espace Bizarre; 92 Nürnberg, Messe Art; 93 Köln, Richmond Passage; 95 Lüttich, Gal. Leos; 04 Erfurt, Lorenz – **G:** zahlr. Bet. seit 88 u. a. 01 Essen, Tonmeister meets Sander Produktion; 02 Köln, Werkschau 'Bauenthal lebt'; 05 München, Mineralientage

De Lucca, Yargo; Rheinecker Str. 13B, CH-9425 Thal, Tel. 07 18 88 37 71 – **G/T:** Bildhauerei, Malerei, Graph. – (Red.)

De Mattia, Martin s. M + M

De Melo, Leslie, Mag. Art., Bildhauer, Zeichner, Maler; Grundsteingasse 34/10, A-1160 Wien, Tel. Mobil: 06 99–10 96 31 38, *leslie@demelo.at*, *www.demelo.at* (* Dar-es-Salaam/Tanzania 23. 4. 53) – **VG:** Wien, Gans – **S:** 87–92 ABK Wien (Bildhauerei b. Prof. Ölzant) – **L:** 02, 03 Angew. KHS Wien; seit 94 Wiener KSch – **Ve:** Künstlerhaus Wien 99 – **G/T:** Ölmalerei, Skulpt., Install. – **W:** Werke in Privatslgn – **M:** Innsbruck, Tiroler LM Ferdinandeum; Linz, LG; Wien, Bawag Found.; Wien, Slg Bank Austria; Wien, Slg Bundeskanzleramt; Wien, Slg d. Stadt – **Ö:** Andau/Burgenland, Gemeinde; Zwettl, Stadt – **E:** u. a. 90 Wien, Inst. f. Gegenwartskunst; Wien, Kleine Gal.; 91 Wien, Böhlerhaus; 91, 95, 00 Wien, WUK; 93 Wien, Tiller; 94 Wien, Alte Schmiede; 96 Graz, Minoriten Gal.; 97 Wien, Wort u. Bild; 97, 03 Peuerbach, Pimmingstorfer; 98, 99 Wien, Gal. Sur; 01 Wien, Jesuiten Foyer; 01, 02, 03 Wien, Soho in Ottakring; 02 Wien, Gabriel – **G:** u. a. 87 Antwerpen, Europalia; 93 Wien, KH Exnergasse; 98 Helsinki, EU MAN; 99 Hilden, Mus. Wilhelm Fabry; 00 Wien, MAK; Wien, Mus. auf Abruf; Sofia, Gal. für ausländ. Kunst; 01, 02 Wien, Künstlerhaus – **V:** Song in praire of creation 1989–1998, Kat. – ***Lit:*** Sie betreten die Akademie 89; Akademie Diplomarbeiten 90; Plastik Akut. 3. Kärntner Landesgalerie 92; Kunst im öffentlichen Raum Niederösterreich Bd. 3 96 – ***LitR:*** Heimat Fremde Heimat, ORF (Dok.)

De-Carli, Dona, Fotografin, Videokünstlerin; Via Torretta 7, CH-6600 Locarno/TI, Tel. 09 17 51 95 88 (* Locarno 21. 12. 50) – **S:** 77–78 Accad. di Brera Mailand (Bühnenbild); 78–81 Ausb. als Kamerafrau b. Tessiner Fs. – **L:** 88–95 Locarno (Video- u. Schnitttechnik) – **P:** Eidgenössisches Stip. f. angew. Kunst

86 – **G/T:** künstler. Fotogr. (Beschäftigung m. Imaginärem u. Phantastischem); Fotoreportagen; exper. Dunkelkammertechniken; Bewegungsverwischungen; Reproduktionen; Install.; Videos (seit 81) – **W:** Le Desir – La Raison, Video-Performance 00 – **M:** Winterthur, Fotostift. Schweiz – **E:** zahlr., u. a. 84 Locarno, Dillo; 97 Intragna, Mus. Reg. delle Centrovalli e del Pedemonte – **G:** zahlr., u. a. 85 Fribourg, Trienn. Intern. de la Photogr.; 87 Locarno, Mus. Elysarion; 93 Lausanne, Mus. de l'Elysée – ***Lit:*** AKL – (Red.)

Debus, Beate, Bildhauerin u. Graphikerin; Dorfstr. 33 c, D-36466 Oberalba, Tel. u. Fax (03 69 64) 9 57 50, 8 37 59, *beatedebus@aol.com* (* Eisenach 26. 1. 57) – **VG:** Weimar, Gal. Profil; Berlin, Gal. Berlin; Düsseldorf, Gal. Beethovenstraße; Dresden, Nütt; Riehen, Lilian Andrée – **S:** FS f. Angew. Kunst (Holzgest. b. Prof. H. Brockhage) – **P:** Arb.stip. f. Basel 98; artthür 00 – **Ve:** VBK Thür. 89 – **G/T:** Skulpt. (Holz); Graph. (u. a. Hschn. u. Kaltnadel, Zeichn.) – **K:** Bildhauerei – **W:** überw. in Privatbes. – **M:** Erfurt, Min. f. Wiss., Forschung u. Kunst; Meiningen, Meininger Mus.; Mühlhausen, Mus. – **E:** 91 Würzburg, Spitäle; 92 Berlin, Gal. M; 92 Berlin, Blue Point; 93 Berlin, Kult.brauerei/Gal. im Pferdestall; 95 Erfurt, Anger-Mus.; Mühlhausen/Thür., Mus. Allerheiligenkirche; 98, 01 Berlin, Inselgal.; 00 Weimar, Gal. Profil; 02 Berlin, Gal. Berlin; Sondershausen, Schloßmus.; Erfurt, Kult.hof – **G:** zahlr. Ausst.bet. seit 86, zuletzt 00, 02 Dresden, Kunstmarkt; 02 Basel-Riehen, Andree – ***Lit:*** Offnungen. B. D., Monogr. 98; Kunst im Park. B. D., Ausst.kat. 99; Skulptur Weimar. B. D. u. Hans Brockhage, Ausst.kat. 03

Deckardt, Andreas, Maler, Graphiker; Kolonnadenstr. 9, D-04109 Leipzig, Tel. (03 41) 4 92 78 39 (* Leipzig 6. 11. 46) – **S:** 66–71 HGB Leipzig (Buchgest. b. Dietrich Burger u. Karl-Georg Hirsch); Stud.aufenthalt in Italien 04 – **L:** 83–88 Abend-Akad. d. HGB Leipzig (LAuftr. f. Schriftgest.) – **P:** Aufenthaltsstip. in d. Denkmalschmiede Höfgen 05 – **G/T:** Auseinandersetzung m. d. dt. Romantik, vorw. Lsch. (Plenair-Malerei) als Ölskizze u. Sepiazchng – **M:** Leipzig, KH Spk.; Leipzig, MBK – **G:** u. a. 74, 79, 84 Leipzig, Bez.kunstausst.; 77 Dresden, VIII. Kunstausst. d. DDR; 88 Leipzig, 1. Leipziger Bildermesse; 90 Dresden, Albertinum u. 91 Hamburg, Kleine Deichtorhalle: Ausgebürgert; 03, 05 Leipzig, KH Spk. – ***Lit:*** Graphik zu Dichtung v. Johannes Bobrowski, Ausst.kat. 71; Günter Meißner: Leipziger Künstler d. Gegenwart 77; Ausgebürgert. Künstler aus d. DDR u. aus d. sowjet. Sektor Berlins 1949–1989, Ausst.kat. 90; AKL, Bd. 25 00; Schweers 02; Bildende Künstler in Leipzig 06; Die Leipziger Schule. Blick in die Sammlung (Kunsthalle d. Sparkasse Leipzig)

Decker, Erika s. Harbort, Erika

Decker, Heinz H. R., Mixed-Media-Künstler; Im Winkel 10, D-73635 Rudersberg-Krehwinkel, Tel. (0 71 83) 65 87, *H.R.DECKER@t-online.de*, *www.heinzhrdecker.de* (* Stuttgart 12. 9. 38) – **L:** 68–01 Fachoberlehrer f. bildhaftes Gest. – **P:** Stip. Kunstfonds Bonn 85, 86 – **Ve:** VBKW 72; Württ. KV Stuttgart 72; Dt. Künstlerbund 75; Künstlerhaus Stuttgart 80; Werkleitz Ges. 93 – **KGe:** Fusion Performance Group: H. H. R. D. u. Otto Kränzler (seit 80) – **G/T:** Install., Objekte, Fotogr., Performance – **W:** zahlr. Werke in Privatbes., in Bes. d. Städte Ludwigshafen, Kirchheim u. Schwäbisch Gmünd sowie d. Kultusmin. BW; zahlr. Performances – **M:** Düsseldorf, Cremer; Stuttgart, SG; Stuttgart, Slg Lütze; Wiesbaden, Dittmar; Wiesbaden, Mus. – **Ö:** Waiblingen, Erleninsel – **E:** seit 70 19 Einzelausst., u. a. 72, 76 Stuttgart, Württembergischer KV; 75 Wiesbaden, Mus. – **G:** seit 70 42 Ausst.bet. sowie seit 80 15 Performance-Aufführungen – **R:** m. Peter Zorn: M.O.Z.ART, erotischer Phantasy-Film 91 – ***Lit:*** Raum 27, Ausst.kat. 76; – zahlr. Bildveröff. in Mag. Kunst, Kunstforum sowie Kat. z. Ausst.bet.; – Kat. üb. d. Gesamtwerk v. H. H. R. D. in Form loser Blattslg, wird regelmäßig ergänzt – ***LitR:*** Objekt-Grafik zum Thema Umweltschutz, Kult.bericht SDR 1 72; Barbara Heuss-Czisch: Der 100. Umweltfall, Abendj. SDR 3 74; G. Fronemann: Sammelsurium, Saarldisches Fs. 81; Alexander Decker: Fusion 100 + 1, Performance/Dok. 00

Deertz, Rudolf, Plastiker, Maler, Graphiker; 5g Chemin des Préjins, CH-1218 Le Grand-Saconnex, Tel. 02 27 98 15 64 (* Tönning 25. 2. 36) – **VG:** Uster, Wkst.-Atelier Wissmann – **S:** Kunsthandwerkslehre; hauptsächl. Autodidakt (Aqu., Holzschnitzen, Plast., ab 58 Linolschnitte, ab 81 Kaltnadelrad. in Genf) – **KGr:** Xylon – **G/T:** Hochdruck-Graph. – **W:** in privaten Slgn – **M:** Erfurt, Kunsthaus; Zürich, Ver. f. Orig.graph. – **G:** 07 Opfikon, Stadthaus – **V:** u. a. Malerbücher, Orig.-graph. Mappen; Abraxas (Xylon) 93; Xylon 12, Kat. Winterthur 94; Art Vision, Kat. Bern 98

Defuns, Gioni (verh. Gioni Defuns-Collenberger), hc. phil. Psychologe u. Psychotherapeut; Darvella, CH-7166 Trun, Tel. (0 81) 9 43 24 96, Fax 9 43 21 22, *gioni@defuns.ch*, *www.defuns.ch* (* Trun/Graubünden 8. 11. 67) – **E:** Ausst. in Ascona, Bern, Davos, Lugano, Mannheim, St. Gallen, St. Moritz u. Zürich – **G:** Ausst.-bet. u. a. 03 Zürich, Art Zürich; Salzburg, Kunstmesse; Dornbirn, Kunstmesse – (Red.)

Dege, Martin A., Medienkünstler; c/o KHS Kassel, Menzelstr. 13–15, D-34119 Kassel, *madege@madege.de* (* Nürnberg 28. 3. 64) – **S:** 93–00 KHS Kassel (Meisterschüler b. Prof. Urs Lüthi) – **L:** seit 03 KHS Kassel (Ass. v. Prof. Dr. Hammann) – **P:** Pr. d. Kasseler HSbundes 98; Otto-Braun-Stip. 99; Mövenpick Hotel Kunstpr. u. Ankauf Kassel 01; Nürnberger jetztkunstpreis 01; Hess. Arb.stip. f. bild. Kunst 01, 02 – **Ve:** VG Bild 00 – **G/T:** Medienkunst – **M:** Berlin, Kath. Akad.; Kassel, Mövenpick Hotel – **E:** 96 Kassel, Panorama; 97 Kassel, Stellwerk; 98 Basel, Intern. Videofenster; 00 Kassel, Kult.Bahnhof; 02 Kassel, Pavillon Unterneustadt; 03 Kassel, KHS; 04 Bangkok, Goethe-Inst. – **G:** u. a. 95 Bonn, KM; 99 Kassel, Mus. Fridericianum; 00 Frankfurt am Main, art frankfurt; St. Fons, Centre d'arts plast.; 01 Nürnberg, Z-Bau; Osnabrück, KH Dominikanerkirche; 02 Nürnberg, Schickler; Kassel, Pavillon Unterneustadt; Wiesbaden, kunstadapter; 03 Mühltal, Wacker-Kunst; – weitere: 04 Thailand New Media Art Festival – ***Lit:*** Kunsteintrag 96; Das Verschwinden der Kunst wird aus gesellschaftlichen Gründen auf unbestimmte Zeit verschoben 98; Internationales Videofenster 99; Chronos & Kairos – Die Zeit in der zeitgenössischen Kunst 99; Huit Jeunes Artistes de la Kunsthochschule de Kassel 00; European Media Art Festival 01; (k)Kultur Magazin 01; Monitoring 02; Geschwindigkeit – Terrain der Zeit 02 – (Red.)

Degen, Kristina (geb. Kristina Arlt), Malerin, Textilkünstlerin, Lyrikerin; Hugo-Schilling-Weg 11, D-22926 Ahrensburg, Tel. (0 41 02) 5 30 31 (* Duisburg 16. 6. 33) – **S:** 55–58 Atelier Ivo Hauptmann Hamburg (Malerei), Atelier Eduard Hopf Hamburg (Malerei); 61–64 Atelier Olga Kuncite Ahrensburg (Malerei) – **Ve:** Arb.kr. d. Künstler 79–93 – **KGr:** Arche (89–91) – **G/T:** Textil-, Papier- u. Schriftkunst; Bild + Wort; geometr. Abstr. – **K:** 64–79 VHS (Doz., Textilkunst) – **W:** Werke in Privatbes. – **Ö:** Bad Oldesloe, Kr.haus Stormarn – **E:** seit 68 u. a. 72 Neumünster, Textil-Mus.; 84 Bad Oldesloe, Kr.haus Stormarn; 86 Kiel, Ldesbibl.; 87 Reinbek, Schloß; 88 Hamburg, Hauptkirche St. Jacobi; 94 Stuttgart, Steinerhaus; 03–04 Ahrensburg, Phil.-Inst. – **G:** seit 64 u. a. 83 Lübeck, Mus. am Dom; 84, 85, 86 Schleswig, LM f. Kunst u. Kult.-Gesch. Schloß Gottorf; 84, 85, 86 Hannover, Handwerksform; 92 Lübeck, Burgkloster – **V:** Lichtklänge (Bild u. Text) 91; Kosmosfuge (Bild u. Text) 02; Atem d. Schöpfung – kunsttheoret. Art. 05 – ***Lit:*** Art. in: Textilkunst, Zs 85; Textilkunst K.D., Ausst.kat. 86; Dt. Kunsthandwerk, Autobiogr. 86; Friderike Grünke: Zeitgen. Textilkunst. Dtld, Öst., Schweiz, Autobiogr. 95; Art. in: Die Drei, Zs 95; Forschungsinst. Bild. Künste Berlin-Nürnberg: Allg. Lex. d. Kunstschaffenden in d. bild. u. gestaltenden Kunst d. ausgehenden XX. Jhs. 96

Degenhardt, Carla, Konzept-, Installations-, Objekt- u. Videokünstlerin; 4. Bez., Rubensg. 6, A-1040 Wien (* Buenos Aires 18. 3. 63) – **S:** 81–86 ABK Buenos Aires; 90–91 ABK Wien (Meisterkl. Arnulf Rainer); 91 HS f. angew. Kunst Wien (Meisterkl. Beverly Piersol); 93–94 Éc. Nat. des Beaux-Arts Paris – **P:** Stip. d. P.A.D. Heidelberg 89; Cité Intern. d. Arts Paris 93, 94; Whitney Mus. Independent Study Program New York 97; Stip. d. BmfUK 98 – **W:** u. a. Tik Tak Talk, Videoinstall. 98 – **M:** Wien, Kult.abt. d. Stadt; Wien, MMK Stiftung Ludwig; Wien, Slg d. Bundes – **E:** / G: zahlr., zuletzt u. a. 00 Wien, Gal. Station 3; St. Lorenz am Mondsee, Höribachhof; 01 Wien, Medienkunstarchiv; Wien, Künstlerhaus; Bregenz, Hämmerle; 03 Wien, Öff. Raum; Krems, KH – ***Lit:*** AKL – (Red.)

Degenhardt, Gertrude, Malerin u. Graphikerin; Klosterstr. 1a, D-55124 Mainz, Tel. (0 61 31) 4 25 23, Fax 4 57 17, *info@gertrude-degenhardt.de*, *www.gertrude-degenhardt.de* (* New York 1. 10. 40) – **VG:** Sindelfingen, Lau Fine Art & Consulting – **S:** 56–60 WerkKSch Mainz – **P:** Pr. d. Intern. Graph.bienn. Krakau 68; Pr. d. Graph.bienn. Frederikstadt/Norwegen 76 – **G/T:** Malerei, Zeichn., Graph. (Druckgraph., Graph.zyklen), Ill. – **E:** zahlr. Ausst. im In- u. Ausland, u. a. 66 Frankfurt am Main, Fischer-Steinhardt; 71 Baden-Baden, Gal. Hauswedell; 78 Berlin, Gal. Arkade; 85 Böblingen, Kulturamt; 02 Bensheim, Böhler; 03 Pforzheim, Spk. – weitere: Burgk, Schloßmus.; Dijon, Maison Rhenanie-Palatinat; Hamburg, Kramer; Koblenz, Mittelrhein-Mus.; Mainz, Villa Musica; Marburg, KV – **G:** u. a. 89 Leipzig, MBK – **V:** u. a. François Villon: Das große Testament (Ill.) 70; Mascha Kaleko: Der Gott der kleinen Webefehler (Ill.) 77 – ***Lit:*** AKL; Flemig 93 – (Red.)

Degenhart, Annemarie, Bildhauerin; Seidlheck 18, D-89081 Ulm, Tel. (07 31) 61 85 88, Fax 61 85 88, *www.kunstplattform.de* – **G/T:** Bildhauerei – (Red.)

Degkwitz, Hermann, Prof.; Oberreihe 2, D-25358 Hohenfelde, Tel. (0 41 26) 5 04, Fax 39 35 50, *Hermann.Degkwitz@t-online.de* (* München 29. 8. 21) – **S:** 38–41 Hansische HBK Hamburg – **L:** 74–86 HdK Bremen (Prof. f. Ill.) – **G/T:** politische Graph. f. Ztgn u. Magazine; Kpst.; Aqu. – **W:** Titel f. d. Mag. 'Der Spiegel' – (Red.)

Degn, Helmut Christof, Maler, Zeichner, Fotograf, Multimedia-Künstler; Columbusgasse 2, A-1100 Wien, Tel. (01) 6 04 49 60, Fax 6 02 74 47 (* Innsbruck 16. 12. 48) – **S:** 68–71 TH Graz (Archit.); 71–77 ABK Wien (Malerei, Dipl. b. Prof. Eckert) – **P:** Füger-Pr. 77; Konsum-Wettb. (2. Pr.) 81; Rom-Stip. 84; Theodor-Körner-Förd.pr. 86; Römerquelle-Kunstwettb. (Ankaufspr.) 87; Paris-Stip. 88; Staatsstip. d. BmfUK 90; Künstlerlex. ORF 92; Aufenthaltsstip. Künstlerhaus Lukas, Ahrenshoop 93; Atelier in Pyrgi auf Chios 95 – **Ve:** Tiroler Künstlerschaft – **W:** in Privatslgn – **M:** Innsbruck, Kult.amt d. Stadt; Innsbruck, Tiroler LM Ferdinandeum; Salzburg, Rupertinum; St. Pölten, Ndöst. LM; Wien, Albertina; Wien, BmfUK; Wien, Kult.amt d. Stadt; Wien, Slg d. Bundes – **Ö:** Wien, Allg. Krankenhaus; ebda, EA Generali Found. – **E:** zahlr., u. a. 94 Wien, Robol; 95 Eichgraben, KV; 96 Wien, Kunst im Nestroyhof; Nassereith, Hosp; 97 Innsbruck, Flora – **G:** zahlr., u. a. 96 Wien, kunst wien; Mönchengladbach, Noack; 96, 97 Wien, Lang; 97 Frankfurt am Main, Art Frankfurt – ***Lit:*** AKL – (Red.)

Dehnel, Sabine, Malerin, Fotografin; lebt in Wiesbaden, *sabinedehnel@hotmail.com* (* Ludwigshafen am Rhein 30. 9. 71) – **VG:** Frankfurt am Main, Schuster – **S:** 93–99 ABK d. Johannes Gutenberg-Univ. Mainz (Bild. Kunst u. Phil.); 99–00 Meisterschülerin b. Prof. F. Hahn; 00–01 Otis College of Fine Arts and Design Los Angeles (MA Fine Arts) – **L:** 02 Freie KSch Rhein-Neckar Mannheim (LAuftr.) – **P:** Förd.stip. d. Johannes Gutenberg-Univ. Mainz 98; Stip. d. Adolf-Geyer-Stift. Ludwigshafen am Rhein 00; Jahresstip. d. Rotary Found. Intern. Evanston 00–01; Förd.pr. d. Kunstzentrums Bosen 02; SCA-Art Kunstpr. Wien u. Mannheim 02; Balmoral-Stip. 03 – **G/T:** Malerei, Fotogr. – **E:** u. a. 99 Wiesbaden, kunstadapter; 00, 01, 03 Frankfurt am Main, Schuster; 01 Pirmasens, Gal. Neuffer am Park; 02 Berlin, Schuster & Scheuermann; 03, 04 Wiesbaden, Nassauischer KV; 04 Kopenhagen, Gal. Asbaek; Kaiserslautern, Fruchthalle (mit Andrea Esswein) – **G:** u. a. 99 Lüdenscheid, StG; Wiesbaden, Nassauischer KV; 00, 04 Kaiserslautern, Pfalz-Gal.; Landau, StG; 02 Mannheim, KV; 03 Frankfurt am Main, Art Frankfurt; Berlin, Artforum; Köln, Art Cologne – ***Lit:*** AKL – (Red.)

Deilmann, Harald, Prof., Architekt, Architekturpublizist; Jessingstr. 11–13, D-48149 Münster, Tel. (02 51) 4 18 80, Fax 4 18 81 88, *info@prof-deilmann.de*, *www.prof-deilmann.de* (* Gladbeck/Westf. 30. 8. 20) – **S:** 46–48 TH Stuttgart (b. Richard Döcker, Gunter Wilhelm, Hans Volkart u. Rolf Gutbrod); 49 b. Elsbeth Schole – **L:** 63–69 TH Stuttgart (Prof.); 64–69 Univ. Stuttgart (Dir. d. Inst. f. Baulehre); 69 Univ. Dortmund – **P:** Pr. d. Ldes NRW 62 – **Ve:** BDA; AK Berlin 67 – **G/T:** Archit. u. Stadtplanung – **B:** u. a. Bad Salzuflen: Kurklinik f. Herz- u. Kreislaufkranke; Dorsten: Realschule; Engelskirchen: Lungenheilstätte; Essen: Oper; Münster: Theater; ebda: Doppelschule, Kr.haus, Westdt. Ldesbank, Gebäude f. d. Nordwest-Lotto; Ratingen-Lintorf: Mannesmann Hauptgebäude; Vesmold: Schulzentrum – ***Lit:*** AKL; Dictionary of Art 96 – (Red.)

Deimel, Werner, Dipl. Akad. Maler; Oberföhringer Str. 215, D-81925 München, Tel. (0 89) 9 29 54 71, Fax 99 20 06 44 (* München 10. 2. 50) – **VG:** München, Kreil – **S:** 73–78 ABK München (b. Prof. Mac Zimmermann) – **L:** seit 78 Gymnasium Seligenthal/Landshut (Kunst) – **Ve:** BBK München u. Obb.; KV Landshut – **G/T:** Malerei u. Graph. (Portr. u. Landschaft) – **W:** überw. in Privatbes. – **Ö:** Landshut, BMW Werk; ebda, Gymnasium Seligenthal – **G:** zahlr. Ausst.bet., zuletzt 03 Landshut, KV; München, BBK – (Red.)

Deinet, Helga (verh. Helga Deinet-Borgsmüller), Plastikerin, Objektkünstlerin, Lyrikerin, Jugendbuchautorin; Gneisenaustr. 97, D-45472 Mülheim an der Ruhr, Tel. u. Fax (02 08) 37 32 91, *helgadeinet@gmx.de* (* Essen 29. 3. 39) – **S:** 85–89 Mitarb. Projektgr. Kunst (Mentor: Friedebert Reihl) – **Ve:** Bund Gelsenkirchener Künstler (1. Vorsitzende 00–04) 91 – **G/T:** Plast., Objektkunst, Collagen, Mischtechniken, figürlich u. abstr., Lyrik, Erzählungen, Kinderlit. – **E:** seit 90 Mülheim an der Ruhr, Stadtbibliotheken; Duisburg-Rheinhausen, Stadtbibliotheken; Wolfen, StG Kult.haus; Dessau, Bauhaus; Warschau, Kult.zentrum; Warschau, Forma & Colour; Elbląg, Gal. El; Lebork, Mus.; Zakopane, Mus. Hasior; Wloclawek, Gal. Sztuki; Pila, Staats-Kunstgal.; Braniewo, Miejska Biblioteka Publiczna Gal. – **G:** seit

90 in Dtld, u. a. Gelsenkirchen, Dt. Bank; ebda, Kommunale Gal.; ebda, SM; ebda, Wiss.park; ebda, Schloß Horst; Lemgo, StG; Ratingen, Oberschlesisches LM; Duisburg, Wilhelm-Lehmbruck-Mus. – **V:** Die Schattenspringerin, Gedichtbd 91 – ***LitR:*** Warschauer Kurier, Fs. 90, 92; Dtldfunk 93; Polnisches Reg.fs. in Krakau 93 – (Red.)

Deininger, Tina, Fotografin; Hauptstr. 13, D-96154 Burgwindheim, Tel. u. Fax (0 95 51) 2 68 (* Hannover 27. 10. 53) – **VG:** Berlin, Dittmar – **P:** Förd. durch VG Bild-Kunst 06 – **Ve:** VG Bild-Kunst 97; BBK Ofr. 02 – **KGe:** T. D. u. Gerhard Jaugstetter (seit 86) – **G/T:** Fotogr. – **M:** Bamberg, KV – **E:** 97 München, Lit.-haus; 99 Porto, Casa das Artes; 00, 02 Berlin, Dittmar; 02 München, Instituto Cervantes; 06 Limoges, Images en Scènes; Nürnberg, Künstlerhaus K4 – **G:** 02 Halle/Saale, Villa Kobe; 06 Bamberg, Villa Dessauer: BBK Bamberg – **V:** Fotokunstbildbde: Pessoas Lissabon 97; Tango-Leidenschaft in Buenos Aires 99; Flamenco, Rhythmus Andalusiens 02 Carmen's Dance 03 – ***LitR:*** Flamenco, Dok. z. Ausst., in: Nachtkultur, SWF 03; Dok. üb. Künstlergemeinschaft T.D. u. Gerhard Jaugstetter, TV Ofr., TVO 05

Deisenhammer, Friedolin, Mag. Art, Maler, Kunsterzieher; Ferrogasse 49/7, A-1180 Wien, Tel. u. Fax (01) 4 79 83 83, Mobil: 06 7 67 06 90 98, *atelier @deisenhammer.co.at*, *www.deisenhammer.co.at* (* Vöcklabruck/ObÖst. 26. 5. 39) – **VG:** Wien, Gal. am Salzgries; Hall in Tirol, Altstadt Gal. Hall; Wien, Lehner – **S:** ABK Wien (Meisterkl. R. C. Andersen) – **P:** Kunsterzieherpr. d. Akad. 64; Theodor-Körner-Förd.pr. 87 – **Ve:** Künstlergilde Salzkammergut seit 64; Künstlerbund Klosterneuburg seit 80 – **G/T:** Plein Air Malerei; Ldschaft u. Stadt; Aqu.- u. Ölmalerei sowie Graph. (Ldschaft, figural) – **K:** Ldschaftsmalerei – **W:** in priv. u. öff. Bes. – **E:** zahlr. Ausst. seit 58 im In- u. Ausld, zuletzt 03 Wien, Gal. am Salzgries; Salzburg, Kutscha – **G:** zahlr. Ausst.bet. – ***Lit:*** G. Layr u. K. Panzenberger: Österreichische Aquarellisten der Gegenwart 84; Kunst im Salzkammergut. Künstlergilde Salzkammergut 1928–1988; Kunst im Salzkammergut. Künstlergilde Salzkammergut 1928–1998; 20 Jahre Kunst bei Kenst 96; F. D. Aquarelle. Landschaften und Städte 97

Deix, Manfred, Karikaturist; c/o Karikaturmuseum Krems, Steiner Landstraße 3a, A-3500 Krems-Stein. lebt in Weidling/Klosterneuburg (* St. Pölten 22. 02. 49) – **S:** 65–68 Höhere Graph. Lehr- u. Versuchsanstalt Wien (abgebr.); ab 68 ABK Wien (ohne Abschl.) – **P:** Nestroy-Ring d. Stadt Wien 88; Goldener Pressepr. d. Schweiz 97; Kult.pr. d. Stadtgemeinde Klosterneuburg 00 – **G/T:** Zeichn. u. Karikaturen (u. a. f. d. Zss Stern, Spiegel, Pardon, Titanic u. Playboy; auch Titelblätter); Ill. – Gest. v. Bühnenbildern, u. a. f.: Bert Brecht: Arturo Ui (Wiener Burgtheater) – Gest. d. Gesichtsmasken f.: Ernst Krenek: Kehraus in St. Stephan (Staatsoper Wien) – **M:** Krems, Karikaturmus. – **Ö:** Hamburg, Pal. d. Winde (Fassadengest.) – **E:** zahlr., u. a. 86 Berlin, Gal. am Chamissopl.; 88 Wien, Pal. Palffy; 90 Heilbronn, SM; 91 Hannover, Wilhelm-Busch-Mus.; Hamburg, MKG; Ludwigshafen, SM; 00 Wien, Kunst-Haus (Retr., Kat.); 04–05 Frankfurt am Main, Mus. f. Komische Kunst im HM – **V:** u. a. Cartoons von M. D. 80; Cartoons de luxe 1980–1983 83; Satiren aus Wien 85; Mein böser Blick 85; Mein Tagebuch 1983–1986 86; Augenschmaus. Das neue Tagebuch 89; Meine g(h)eile Welt. Mein Tagebuch 1983–1986 89; Aus meinem prallen Leben 90; Der Männer-Report 91; Küss' die Hand. Das neue Tagebuch mit Bildern von 1989–1993 93; Geisterfahrer. Menschen unterwegs 93; Deix am Sonntag. Das neue Tagebuch. Bilder aus den Jahren 1994 und 1995 95; Das neue Deixbuch. Arbeiten von 1995 bis 1998 98; The very best of D. Bilder aus den Jahren 1983–1995 99; Illustrierte Gedichte 02; Die Welt des M. D. 03; Der dicke D. – Arbeiten von 1998 bis 2004 04; Der Schwarzenegger-Report 04; Karl Sablik, Michael Kunze u. a. (Hrsg.): Das große Buch vom Lebensstil (Zeichn.) 06 – **R:** M. D. Best of Vol. 1, CD 94 – ***LitR:*** Ohne Maulkorb, TV-Portr. M. D. (ORF) 85; The Beach Boys, ORF-Musiportr. m. M. D. 85; Peter Hayek: Küss die Hand Österreich – M. D., TV-Filmportr. (ORF, SRG, ZDF, 3sat) 87; Schofields Europe, D.-Portr. (TV-Ser. BBC) 92 – (Red.)

Dejanov, Plamen, Konzeptkünstler (* Veliko Tărnovo 70) – **S:** 89–91 Akad. f. angew. Kunst Sofia (Bildhauerei); 91–96 ABK Wien – **P:** Füger-Pr. 94; Baumann-Pr. 94; Artist in Residence (MAK Center for Arts and Archit. Los Angeles) 95, 96; Monbusho-Grant Tokio 97 – **KGe:** P. D. u. Swetlana Heger – **G/T:** Install. – **E:** zahlr., zuletzt u. a. 01 Wien, MAK; Paris, Air de Paris; Tokio, Koyama; 02 Berlin, cbb; Madrid, Lopez; Genova, Pinksummer – **G:** zahlr., u. a. 02 Madrid, Sala de Exposiciones de Plaza España; Hamburg, Deichtorhallen; – weitere: Genf, Centre d'Art Contemp.; Siena, Pal. delle Papesse; Berlin, KW – ***Lit:*** AKL – (Red.)

Dejo s. Denzer, Detlef

Deković, Ivo, Prof., Plastiker, Video- u. Installationskünstler; Ackerstr. 181, D-40233 Düsseldorf, Tel. (02 11) 6 79 98 56 (* Šibenik 14. 5. 52) – **S:** 66–70 Marineschule Split; 72–74 HBK Novi Sad (Bild. Kunst); 75–79 Staatl. KA Düsseldorf (b. Prof. Klaus Rinke u. Nam June Paik) – **L:** 84–89 FHS Aachen (LAuftr., FB Design u. Video); seit 89 ebda (Prof.) – **P:** Videonale Bonn 86 – **E:** zahlr., u. a. 89 Bonn, KM; 90 Düsseldorf, Mus. Kunst Pal.; Wuppertal, Kunstraum; 94, 96 Zagreb, Studio Račić; 03 Düsseldorf, Gal. Beethovenstraße – **G:** seit 77 zahlr. nat. u. intern. Bet., u. a. 86, 88, 92 Bonn, Videonale – **R:** Ivan Ne Treba Television. Ivan braucht keinen Fernseher, Dok. 97 – ***Lit:*** AKL – (Red.)

Del Prete, Sandro; Gewerbezone Ey 5, CH-3063 Ittigen, Tel. 03 19 21 68 62, Fax 03 13 33 70 77, *sandro@ del-prete.ch*, *www.illusoria.com* – **G/T:** Bildhauerei – (Red.)

Del Vecchio, Naomi, Zeichnerin, Druckgraphikerin; c/o Act-Art – Atelier Collectif K, Av. de la Jonction 19, CH-1205 Genf (* Jerusalem 7. 6. 74) – **S:** 93–98 Éc. Supérieur d'Art Visuel Genf; 98–01 Rubin Acad. Jerusalem – **L:** seit 01 Unterricht d. bild. Künste – **KGr:** Act Art (seit 05) – **G/T:** Zchng; Druckgraph.; Bücher – **K:** Druckgraph.; Bücher – **M:** Jerusalem, Israel Mus.; Lausanne, Slg d. Banque cantonale vaudoise (BCV) – **Ö:** Lausanne, Bibl. cantonale et universitaire – **E:** 96 Lausanne, Gal. 16/25; 97 Genf, Brand; 98 Lengnau, Gal. Bel-arte; 00 Neuchatel, Centre culturel Neuchâtelois; 02 Genf, Librairie au Point du Jour; 04 Genf, Centre d'art en Ile – sowie: 04–06 in versch. Theatern in d. Schweiz u. Frkr., u. a. Serie v. Druckgraph. f. d. Theaterspiel Le Grand Cahier v. Agota Kristof – **G:** zahlr. Bet. seit 95, u. a. 95, 98 Le Locle, Intern. Graph.trienn.; 96 Lausanne, Gal. Niu d'Art: 4xGravures; 97 Vienne/Frkr., Gal. l'Etage; 98 Lausanne, Gal. Vice Versa: Qui a-t-il au bout du fil; 02 Genf, Villa du Jardin Alpin: Estampes; 04 Jerusalem, Jerusalem Print Workshop: Exhib. 35: New Prints (Kat.); Genf, Mus. d'Ethnographie: L'enfance de l'art: 7 Maisons, Andata/Ritorno; Genf, Villa Dutoit; 06 Genf, Centre d'art en Ile (Atelier K)

Delachaux, Jonathan, Maler; Rue Jean-Sénebier 18, CH-1205 Genève (* Couvet 9. 9. 76) – **P:** Eidgenöss. Wettb. f. Kunst 99; Frankophonie-Spiele Ottawa-Hull (spezielle Erwähnung) 01 – **G:** u. a. 03 Erlach, Steiner; Chaux-de-Fonds, Bienn.; Glarus, Kunsthaus – ***Lit:*** BLSK 98 – (Red.)

Delessert, Etienne, Illustrator, Zeichner, Designer, Graphiker, Maler, Autor (* Lausanne 4. 1. 41) – **VG:** Genf, Cramer – **P:** Golden Plaque d'Or Bratislava 79; Graph.-Pr. Bologna 81, 89 – **E:** zahlr., u. a. 75 Paris, Mus. des Arts Décoratifs; 76 Lausanne, Mus. des Arts Décoratifs; 91–92 Rom, Pal. delle Esposizioni; 92 Vevey, Mus. Jenisch; 94 Washington/DC, Library of Congress; 99 New York, School of Visual Arts; 02 Metz, Médiathèque du Pontiffroy – **V:** u. a. L'arbre 60; J'aime pas lire 92; Bas les monstres 94; Les chats 98 – ***Lit:*** AKL; BLSK 98 – (Red.)

Delius, Sigrid, Prof. em., Schmuck- u. Emaillegestalterin, Goldschmiedin; Gadderbaumer Str. 21, D-33602 Bielefeld (* Bielefeld 21. 9. 27) – **S:** 49–52 Überlingen (Lehre als Emailleurin); 53–55 Werkschulen Köln (Goldschmiedekl. b. Elisabeth Treskow); 58–60 WerkKSch Düsseldorf (Emaillekl. b. Lili Schultz) – **L:** 65–71 WerkKSch Düsseldorf (Leiterin d. Emaillekl.); 76–89 FHS Düsseldorf (Prof. f. Schmuck u. Emailledesign) – **P:** Pr. d. Ges. f. Goldschmiedekunst (1. Pr.) 60; Staatspr. d. Ldes Nds. 64 – **G/T:** Schmuck- u. Emailledesign (meist Emaille in Verbindung m. Gold o. Silber, auch Kupfer, funktional aufgebaute Kannen, Dosen u. Schalen) – **M:** Berlin, KGM; Coburg, KS d. Veste; Frankfurt am Main, MAK; Hanau, Goldschmiedehaus; Köln, MAK – **E:** 62 Bielefeld, Kunstsalon Fischer – **G:** 81, 87, 95, 97 Coburg, KV – **V:** Schmuck – Ornament und Körper, Ausst.kat. 85 – ***Lit:*** AKL – (Red.)

DellaCroce (eigtl. Gerhard Heinrich), Fotograf, Objektkünstler, Performancekünstler; c/o Gal. Am Abend, Dall'Armistr. 57, D-80638 München, Tel. (0 89) 17 04 17 (* München 13. 4. 79) – **E:** / G: u. a. seit 97 München, Gal. am Abend; 97 München, Berdux-Filmstudios; München, Kunstpark Ost; 98 München, Kunst-B-Handlung; München (Die 120 Stunden v. Domagk); Passau, Weihnachtsausst.; 99 Passau, Höllgasse; München, U.S.W.; Passau (Devotionalien); 00 Nürnberg, Kunst u. Antiquitäten Messe – (Red.)

Demand, Thomas (Thomas Cyrill Demand), Fotograf; lebt in Berlin u. London, *www.thomasdemand.de* (* München 11. 8. 64) – **VG:** Köln, Sprüth Magers; Berlin, Schipper – **S:** 87–89 ABK München; 89–92 Staatl. KA Düsseldorf (Bildhauerei, Meisterschüler b. Fritz Schwegler); 93–94 Goldsmith's College London (MA Fine Arts); 95 Rijksakad. Amsterdam – **P:** Förd.pr. d. Ldeshauptstadt München; Cité Intern. d. Arts Paris 92; Förd.pr. Bild. Kunst d. Kult.kr. d. dt. Wirtschaft im BDI 95; Karl-Schmidt-Rottluff-Stip. 97 – **M:** u. a. Berlin, Berlinische Gal.; Essen, Mus. Folkwang; München, Lenbachhaus, New York, Guggenheim; New York, MOMA; Paris, FNAC; Pittsburgh/PA, Carnegie Mus. of Art – **E:** zahlr. Ausst. im In- u. Ausld, u. a. 95 London, Victoria Miró Gall.; 97 Vassivière, Centre d'Art contemp.; 98 Bielefeld, KH; Zürich, KH; Freiburg im Breisgau, KV; 99 London, Tate Britain; 00 Zürich, Klichmann; Köln, Sprüth; 01 Hannover, Sprengel Mus.; 01, 02 München, Lenbachhaus; 02 Turin, Castello di Rivoli; Rom, Complesso del Vittoriano; 03 Madrid, Gal. Helga de Alvear; St. Petersburg, Anna Achmatowa Mus.; 04 Krakau, Mus. f. Gesch. d. Fotogr.; São Paulo, Bien. – **G:** zuletzt u. a. 01 Lyon, Bienn.; 02 Berlin, Berlinische Gal.; Hamburg, KV; Aachen, Ludwig Forum; 03 Lake Worth, Palm Beach Inst. of Contemp. Art; Berlin, Martin-Gropius-Bau; Athen, Benaki-Mus. – **R:** FILM: Rolltreppe 00; Yard 01 – ***Lit:*** AKL; Koetzle 02 – (Red.)

Demary, Stefan, Bild. Künstler; Kölner Str. 51, D-40211 Düsseldorf, Tel. u. Fax (02 11) 35 46 97, *stefandemary@yahoo.de* (* Troisdorf 14. 3. 58) – **VG:** München, Wittenbrink; Düsseldorf, Simon – **S:** 78–85 KA Düsseldorf (83 Meisterschüler b. Prof. Fritz Schwegler) – **L:** 88 KA Münster (LAuftr.); 01–04 HS Niederrhein Krefeld (LAuftr.) – **P:** Cité Intern. d. Arts Paris 81–82; Stip. d. Barkenhoff-Stift. Worpswede 89–90; Arb.stip. Hamburg 91; Stip. d. Akad. Schloss Solitude 92; Arb.stip. d. Kunstfonds Bonn 93; Stift. Kunst u. Kult. NRW 95; Stip. Schloß Ringenberg 97–98; Kunstpr. d. Stadtspk. Solingen 02; Balmoral-Stip. 03 – **Ve:** VG Bild-Kunst; Dt. Künstlerbund; Intern. Künstlergremium – **G/T:** Konzeptkunst (Skulpt., Objekt, Fotogr., Video, Rauminstall.); Zchng auf Papier; Aqu. – **W:** mehrere Arb. in Privatbes. – **M:** Lüdenscheid, Gesch. Mus. – **Ö:** Düsseldorf, Siemens (Kunst am Bau-Skulpt.); Bonn-Venusberg, Univ.-Klinikum (Kunst am Bau-Skulpt.) – **E:** u. a. 83 Regensburg, Wittenbrink (Kat.); 85 Worms, Schütz (Kat.); 86 München, Wittenbrink (Kat.); Köln, Art Cologne (Förd.koje, Kat.); 89 Frankfurt am Main, Schütz (Kat.); 90 München, Pin. d. Mod. (Kat.); 91 Bremerhaven, KH (Kat.); 95 Bonn, KV (Kat.); 99 Kaiserslautern, Pfalz-Gal. (Kat.); 03 Kassel, Fridericianum (m. W. Spanier, Kat.); Solingen, Mus. Baden; 05 Potsdam, Luisenforum; 06 Düsseldorf, Simon – **G:** zahlr. Ausst.bet. im In- u. Ausld seit 82, zuletzt u. a. 05 Aalborg, Nordjyllands Kunstmus.: Tapko (Kat.); Bochum, München, Dresden u. Bremen: Stabile Seitenlage – von der Komplexität Bild. Kunst (Wanderausst., Kat); 06 Siegen, Amstelveen: Faites vos jeux! Kunst u. Spiel seit Dada (Kat.)

Demattio, Bruno; Dorfstr. 44, D-73312 Geislingen, Tel. u. Fax (0 73 31) 94 70 49, *brunodemattio@yahoo.de*, *www.demattio.de* (* Friedrichshafen 15. 5. 38) – **S:** 66–72 versch. Schulen – **P:** Arts Council Award 78 – **Ve:** VBKW; Dt. Transpersonale Ges. – **G/T:** interdisziplinär: Malerei; Objekte; Install.; Foto; Video; Super-8 – **M:** Friedrichshafen, Bodensee-Mus.; Stuttgart, Haus d. Gesch.; Stuttgart, Innenmin.; Stuttgart, KM; Stuttgart, SG – **E:** 65 Las Palmas, Mus. Canario; bis heute zahlr. Ausst. im In- u. Ausld – **G:** seit 66, u. a. 72 Essen, Mus. Folkwang; 73 Düsseldorf, KH; 76 Venedig, Bienn.; 82 Berlin, Künstlerhaus Bethanien; 94 Sindelfingen, StG; 01 Fulda, II. Intern. Bienn. f. Aqu.; 02 Pilsen, Zentraleurop. Zchng-Bienn.; 04 Göppingen, Kr.spk.; Geldern, Kinetikfestival; Göppingen, Kr.medienzentrum: Wirklichkeit; Ebersbach, SM; 06 Sulz, Künstlerbund Bad.-Württ.: Vier im Kr.; Göppingen, Ldratsamt: Very Simple; Stuttgart, Gal. OPNord; Göppingen, Schleith – sowie: 06 Gal. Klinger; StG Weingarten – **V:** The software culture is coming 73; Jenseits d. Wüste 83; Schön wie ein Puma so schön 86 – **R:** Produktion v. zahlr. Videos u. Super-8-Filmen in d. Jahren 73–82; Loom of creation, DVD-Trilogie 06 – ***Lit:*** Veröff. v. zahlr. Texten (engl. u. dt.) in Lit.zss u. Büchern; zahlr. Besprechungen – ***LitR:*** Andreas Kalias: Tempi Passati, DVD 03; Andreas Kalias: More or less, DVD 03

Demnig, Gunter, Installations-, Aktions- u. Multimediakünstler; Richard-Wagner-Str. 16, D-50674 Köln, Tel. (02 21) 25 14 89, *www.gunter-demnig.de* (* Berlin 27. 10. 47) – **S:** 67 HBK Berlin (Kunstpädagogik b. Herbert Kaufmann); 69–70 HBK Berlin (Industrial Design); 71 GesamtHS Kassel (Kunstpädagogik); 74–77 ebda (Freie Kunst b. Harry Kramer) – **P:** Max-Brauer-Pr. d. Alfred-Toepfer-Stift.; BVK 05 – **G/T:** Skulpt. (Klang-Skulpt.), Objekte, Install., Aktionen (z.B. seit 97 dtldweite Install. seiner Stolpersteine) – **M:** Kassel, Neue Gal.; Köln, SM; London, Tate Coll.; Wuppertal, Von der Heydt-Mus. – **E:** zahlr. Einzelausst., u. a. 90 Eindhoven, Het Hemelrijken; 91 Lingen, KV; 92 Kassel, KV; 94 Köln, Antoniter-Kirche; 96 Salzburg, ACP Galerie Peter Schuengel; Köln, SM; 97 Köln, Domforum – Aktionen, u. a.: 80 Kassel-Paris; 81 Kassel-London; 82 Kassel-Venedig – **G:** zahlr. Ausst.bet., zuletzt u. a. 97 Linz, Oberösterr. LM; Luzern, Intern. Klangfestival; 98 Lyon, Musiques en Scène; Darmstadt, Hess. LM; 99 Gent, Städt. MAK – ***Lit:*** AKL; Reclams Künstlerlex. 02 – (Red.)

Demus, Jakob, Mag. art., akad. Bildhauer, Maler, Graphiker; Beingasse 27/1, A-1150 Wien, Tel. Mobil: 0 67 66 00 50 64, Fax (01) 8 94 34 64, *jakobdemus@tele2.at; arto@gurubina.net, members.yline.com/~arto* (* Wien 9. 6. 59) – **VG:** Wien, Nebehay; New York, Boerner; Düsseldorf, Boerner; Florenz, Gal. Il Bisonte; Paris, La Hune-Brenner; Northampton, Carl – **S:** 77–84 ABK Wien (Meisterschüler f. Bildhauerei b. J. Avremidis) – **P:** Akad.freundepr. 83; Meisterschulpr. 84; Goldene Letter 06 – **G/T:** Techniken: Diamantkaltnadelrad.; Silberstift; Ölmalerei; Stein u. Marmor; Holz; Wachs – Themen: Natur; Wolkenmalerei; Stilleben; Figur; Masken; Idole – **M:** Amsterdam, Mus. Het Rembrandthuis; Amsterdam, Rijksprentenkab.; Berlin, Kpst.-Kab.; Dresden, Kpst.-Kab.; Leipzig, MBK (GrS); London, British Mus.; London, Shirley Sherwood Coll.; London, Victoria & Albert Mus.; Minneapolis, Inst. of Arts; New York, MOMA; New York, Metropolitan Mus. of Art; Paris, Fond. Custodia; Rochester/NY, Univ. Memorial Art Gall.; Schweinfurt, Mus. Georg Schäfer; Stuttgart, SG; Stuttgart, Slg Sumowski; Wien, Albertina; Wien, Kpst.-Kab. d. ABK; Wien, Leopold-Mus.; Wien, Wien Mus.; Wien, Öst. Nat.bibliothek – **Ö:** Wien, Csokorgasse (Nestroy-Denkmal) – **E:** 85 (Kat.), 90, 92 Düsseldorf, Boerner; 87 Tokio, Ryokuinshosha; Admont, Stifts-Mus.; Wien, Öst. Tabakmus.; Regensburg, Kunstkab.; Eisenstadt, ORF-Zentrum; Mödling, Gal. Arcade; Tokio, Kohrin; 88 München, List; München, Ehmer; 88, 99 Wien, Nebehay; 89 Stuttgart, Gal. Kunsthöfle; Tokio, Garuda; 90, 93 Tokio, Yoseido; Tokio, Salone Christofori; 90, 93 Wien, Atelier Sorg; 90, 91, 93 New York, Boerner; 92 Wien, Goldschmiedemus.; 94 Wien, Atelier Bateau Libre; Wien, Pal. Colloredo; 95 Hagenberg, Schloß; 96 Wien, KV Sievering; 97 Frankfurt am Main, Fach; Paris, La Hune-Brenner; 99 Wien, St. Ruprecht; 00 St. Georgen, Stift; 01 Amsterdam, Gal. Petit; Fulda, Raab; Florenz, Gal. Il Bisonte (Kat.); 02 New York, Ursus; 05 Amsterdam, Mus. Het Rembrandthuis (Kat.); 06 Northampton, Carl – **G:** 86, 89, 91 Wien, Fingerprints; 89 Frechen, Intern. Graph.-ausst.; 92 Pittsburgh, Hunt Inst.: 7. Intern. Exhib. of Botanical Art; 93 London, Shirley Sherwood Coll.; 99 Stuttgart, SG: Zchngn aus 5 Jh.; Paris, Mus. national d'Histoire naturelle: Salon des Artistes Naturalistes; 01 Venedig, Bibl. Marciana: Contemp. Botanical Art; 04 Amsterdam, Mus. Het Rembrandthuis: Neuerwerbungen; 05 New York, Print Fair; 06 Los Angeles, County Mus.: Fine Print Fair; San Francisco, Fine Print Fair – **V:** MAPPENWERKE: Ufer u. Küsten 88; Die Welt – op. 248 96; Größter Talisman 97; Lob d. Strichs 97; Elemente – Metamorphosen 00; Tarot – 22 Arcana 01; Palmers bei Nacht 02; Das Gartenjahr 02; Die Argonauten 04 – ***Lit:*** Heinrich R. Scheffer: 100 Jahre Öst. Exlibris, Ausst.kat. (z. Ausst. anläßl. d. Intern. Exlibris-Kongresses in Wels) 04; Marie-Cécile Noordzij: J.D. The Complete Graphic Work 1983–2005 05 – ***LitR:*** Portr. (ORF) 87

Dencker, Klaus Peter, Prof. Dr.; Am Wiesengrund 15, D-22926 Ahrensburg, Tel. u. Fax (0 41 02) 6 11 86, *kpdencker@gmx.de, www.lyrikline.org* (* Lübeck 22. 3. 41) – **S:** bis 65 Univ. Hamburg (Dt. Lit.wiss., Japanologie u. Phil.) – **L:** bis 74 Univ. Erlangen-Nürnberg (Ass. u. LBeauftr. f. Dt. Lit.wiss. u. Film- u. Fs.kunde); seit 81 Univ. Saarbrücken u. Univ. Trier (LBeauftr.); seit 85 Univ. Trier (Prof. im f. Medientheorie u. -praxis) – **P:** u. a. Kulturpr. d. Stadt Erlangen 72; Berliner Kunstpr. (Förd.pr.) 82 – **Ve:** VG Wort; VG Bild-Kunst; IG Medien – **G/T:** Visuelle Poesie – **W:** u. a. in Bes. d. Ohio State Univ. Libraries (William S. Burroughs Collection) – **M:** Berlin, SMPK (Kunstbibliothek); Den Haag, Letterkundig Mus.; Erlangen, StG; Hünfeld, Mus. Modern Art; Kitakami, Mus. of Contemp. Japanese Poetry, Tanka and Haiku; Los Angeles, UCLA Hammer Mus.; Los Angeles/CA, Getty Research Inst. for Rare Books (Jean Brown Collection, Dick Higgins Collection); Lüdenscheid, Gesch. Mus.; Miami Beach, Ruth and Marvin Sackner Arch.; Nürnberg, Inst. f. mod. Kunst; Nürnberg, KH; Oxford, Visual Poetry Center; Sapporo, Hokkaido Mus. of. Lit.; Stanford/CA, Stanford Univ. Libraries (German Collections) – **Ö:** Das offene Buch: Bogenrain; Hünfeld, Hersfelderstr. – **E:** u. a. 82 Berlin, AK; 97 Trier, Univ.-bibliothek; 01 Berlin, Hamburger Bahnhof; Berlin, NG; 06 Hamburg, Univ.bibliothek; Trier, Univ.bibliothek; Erlangen, StG – **G:** 200 Bet. im In- u. Ausld seit 70 – **V:** u. a.: Textbilder. Visuelle Poesie intern. – v. d. Antike bis z. Gegenwart 72; Grünes Erlangen, Collage 79; Visuelle Poesie u. ihre Tradition, in: Visuelle Poesie 84; Jazz, Orig.b. (Collagen) 86; Die Reise nach Rom, Collagen 87; Wortköpfe. Visuelle Poesie 1969–1991 (Vorwort v. Christina Weiss) 91; Sequenz. Für Eugen Gomringer 94; Chimären 94; Visuelle Poesie aus Japan, Kat.b. 97; Sequenzen. Visuelle Poesie 1991–1998 (Vorwort v. Peter Althaus) 98; K(l)eine Poetik. Arbeiten v. 1967–2000 01; Renshi 2000–02, visuelles Kettengedicht (m. Fujitomi, Ito, Kamimura, Mukai u. Takahashi) 02; Poet. Sprachspiele. Vom Mittelalter bis z. Gegenwart 02; LW-Sequenz (m. Hiroshi Tanabu) 03; K.P.D. u. S.J. Schmidt: Visuelle Poesie aus Japan. Gesch. u. Gegenwart 04; Gesch. d. intern. Visuellen Poesie. Von d. Anfängen bis z. Gegenwart 05 – sowie zahlr. Einzelpubl. in Orig.b., Anthologien, Kat., Ztgn u. Zss – **R:** FSF. (Visuelle Poesie im SWF3): Starfighter 71; Rausch 71; Astronaut 71 – ***Lit:*** u. a.: Louis Steiner: Visuelle Poesie, in: Teckbote 2.4.85; Christina Weiss: Wortköpfe-Tonspuren-Bildschirme, in: K.P.D.:Wortköpfe 91; Hans Peter Althaus: Sprache im Alltag, in: Andrea Lehr u. a. (Hrsg.): Sprache im Alltag 01; ders.: LW-Sequenz, in: Kommunikation visuell, Kat.b. 01; Julia W. Kaminskaja: Die Selbstreflexion d. Sprache in d. Visuellen Poesie zeitgen. russ.- u. deutschsprach. Autoren, in: Poetica 34. Bd 02; Hans Peter Althaus: Nachricht aus China. K.P.D.'s Triptychon z. Zukunft d. Kommunikation, in: Brücke zw. Kulturen, Festschrift f. Chia Wei 03; Karl Young u. Franz Mon (Einleitungen): Visuelle Poesie 1965–2005 (z. AUsst. in d. Univ.bibl. Hamburg u. d. Kunstbibl. Berlin) 06 – sowie zahlr. Fachbeitr. – ***LitR:*** RF: Ladislav Novak, HR 72; Denckers Selbstanzeige, Textbilder SR 73 – FS.: TV-Poesie. K.P.D.'s Visuelle Poesie, Portr. WDR3 25.4.72; Visuelle Poesie. Der Weg v. Gedicht z. Objekt, Dokf. ARD/HR3 72; Visuelle Poesie. Bilder z. Lesen u. Texte z. Anschauen, Dokf. ARD/SR3 85

Denffer, Margrit-Angela, v. s. Hopf, Angela

Denk, Franz, Keramiker, Porzellankünstler; c/o DENK Keramische Werkstätten KG, Neershofer Str. 123–125, D-96450 Coburg, Tel. (0 95 63) 20 28, Fax 20 20, *info@denk-keramik.de, www.denk-keramik.de* (* Wischkowitz/Böhmen 9. 4. 42) – **S:** 59–62 Johann-Friedrich-Böttger-Inst. Selb; FS f. Keramik Selb; 62–64 FS f. Keramik Landshut; 64 Porzellanfabrik W. Goebel Rödental (Betriebslehre, Meisterprüfung) – **P:** Premio della Camera di Commercio di Ravenna, Faenza 68; Goldmed. Wels 69 – mehrfach Bundespr. Gute

Form – **G/T:** Plast., Kachelöfen, Geschirr, Archit.keramik (Kunst am Bau, Restaurierung) – **M:** Coburg, KS d. Veste; Düsseldorf, Hetjens-Mus.; Frechen, Slg A. Egner – **E:** 76 Rödetal, Annawerk-Ceramicum – **G:** 64–69 Coburg, KV 67–69 Faenza, Pal. delle Esposizioni; 69 Köln, KGM; 71 Düsseldorf, Hetjens-Mus.; 75, 77 Höhr-Grenzhausen, Rastal-Haus; 76, 80, 84, 94 Coburg, KS d. Veste; 95 Köln, MAK – ***Lit:*** AKL; WWCCA 96 – (Red.)

Denk, Wolfgang, Prof., Maler, Objektkünstler, Kurator; Dr.-Hiesinger-Str. 21, A-3561 Zöbing, Tel. (0 27 34) 46 57, *denk.wolfgang@utanet.at* (* Seitenstetten 17. 9. 47) – **S:** Autodidakt – **G/T:** Malerei u. Graph. (anfangs Aqu., später u. a. Verarb. archäologischer o. archit. Aufnahmen u. Zeichn.); Rauminstall.; Textilobjekte; Plast. (geometr. Grundformen, Reliefs, Stelen, Wandobjekte) – Auseinandersetzung m. Mythen u. Kulten d. europ. Urgesch. sowie nordamer. u. afrikanischer Völker – **M:** St. Pölten, Ndöst. LM; Wien, Kult.abt. d. Stadt; Wien, Slg d. Bundes – **E:** u. a. 92 Prag, Muz. hlavního města Prahy; 94 Steyr, Pohlhammer; 96 Brno, Haus d. Kunst (m. Ona B.) – Ausst. als Kurator, zuletzt 04 Krems/NÖ, KH ('Susanne Wenger – An einem heiligen Fluß in Afrika') – **V:** W. D. u. Uli Aigner (Ill.): Milch vom ultrablauen Strom – Strategien österreichischer Künstler 1960–2000 00 – ***Lit:*** AKL – (Red.)

Dennhardt, Klaus, Maler, Graphiker, Plastiker u. Fotograf; Gerichtsstr. 12, D-13347 Berlin, Tel. (0 30) 46 06 38 68 (* Dresden 19. 5. 41) – **VG:** Mannheim, Kasten – **S:** 58–61 Arbeiter- u. Bauernfak. f. Bild. Künste Dresden; 63–68 HBK Dresden (Wandmalerei b. Heinz Lohmar u. Alfred Hesse) – **P:** 2. Kritikerpr. d. Wettb. 100 beste Graphiken 80 – **G/T:** Graph., Collage, Fotogr., Wandgest., Objekte u. Plast. – **M:** Altenburg, Lindenau-Mus.; Dresden, Kpst.-Kab.; Schwerin, Staatl. Mus. – **Ö:** u. a. Berlin, Haus de Fumel-Herzberg (Rundumbemalung); Dresden, Hotel Bellevue (Porzellan-Relief); Dresden-Prohlis, Grünanlage (Skulpt.); ebda, Kirche (Altarraum) – **E:** u. a. 82 Dresden, Kühl; 83 Suhl, Gal. im Steinweg; 84 Chemnitz, Schmidt-Rottluff; Cottbus, Blechen; 88 Aalen, KV; Oldenburg, Lappan; 90, 91 Bremen, Werkstattgal.; 92 Berlin, Gal. im Turm; 96 Berlin, Gal. am Savignyplatz; 98, 01 Dresden, Horschik & Schultz; 99 Berlin, Poll (m. Hans Scheib); 01 Dresden, Gal. am Blauen Wunder; Dresden, Villa Eschebach; 03 Dresden, Leonhardi-Mus. – **G:** zahlr. Ausst.bet. – ***Lit:*** AKL; Lang 02 – (Red.)

Denninghoff, Gisela (geb. Gisela Linke), Malerin; Zum Wingert 18, D-35423 Lich, Tel. (0 64 04) 72 32, Fax 65 06 33, *deni@gisela-denninghoff.de*, *www.gisela-denninghoff.de* (* Magdeburg 8. 8. 39) – **VG:** Mühlheim/Main, Gal. Ostertag; Frankfurt am Main, Witzel – **S:** 61–66 HBK Berlin (Skulpt. b. Prof. Schrieber, Malerei u. Graph. b. Prof. Gerhard Fietz) – **P:** Wettb.gewinn u. Wandgest. (Staatsbauamt Wetzlar) 89–93 – **Ve:** BBK seit 99; Oberhess. Künstlerbund seit 85; Förd.ver. Junger Kunst seit 04 – **KGe:** G. D. u. Karina Wellmer-Schnell (seit 00); G. D. u. Barbara Heinisch (seit 05) – **G/T:** Malerei (Aqu., exper. Malerei m. Gewürzen, Erden, Lava); Zeichn.; Wandbilder (Acryl, Resopalunterdruckv.) Fotomontagen; Videosequenzen; Performances; Körpermalerei im Dialog – **W:** Werke aus 'Zeichen u. Spuren' in priv. Slgn; Performances (u. a. Erde 99; Vom Beginn zum Anfang 03; Endlos 03), Videosequenzen – **Ö:** Gießen, Industr.- u. Handelskammer; ebda, Finanzamt, Spk.; Wetzlar, Staatsbauamt – **E:** 65 Berlin, HBK; 88 Gießen, Oberhess. Mus.; 97 Gießen, KH/Kongresshalle; 98 Köln, KH; Köln, Alte Feuerwache; 99 Würzburg, St. Burkardushaus; 00 Lich, KVHS-Haus; 01 Mühlheim/Main, Gal. Ostertag; Rüsselsheim, Frauenbildungszentrum; Ronneburg, Mus. Ronneburg; 02 Würzburg, Otto-Richter-Halle; 03 Wetzlar, Stadthaus am Dom; 04 Berlin, Gal. Rotes Haus; 05 Frankfurt am Main, Witzel; 06 Wetzlar, Gal. Labyrinthpl. – **G:** 65 Berlin, HBK; 82, 83 Kassel, BBK Kassel; 85–04 Ausst. d. Oberhess. Künstlerbundes; Gießen, KH; Lich, Kloster Arnsburg; Wetzlar, Stadthaus am Dom; Hofbieber, Kunststation Kleinsassen; Gießen, Oberhess. Mus.; 99 Gießen, Gal. Wosimsky; 99, 02 Ausst. d. BBK; 99, 05 Gießen, KH; 00 Wetzlar, Gal. i. R.; 01 Wiesbaden, Gal. Kunstwerk; 03 Hofbieber, Kunststation Kleinsassen; 05 Bad Honnef, FJK e.V.; Meiningen, Ada – **R:** Grenzenlos, Videosequenz 99; Tanz mit dem Schatten, Videosequenz 03 – ***Lit:*** m. Gerhard Fietz, Friedhelm Häring u. a.: Die Feuerschrift der Beziehung – Gemälde von 1993 bis 1996, Ausst.kat. 97; m. Marianne Ebersold: Malerei, Ausst.kat. 01; m. Marion Feld u. Susanne Ließegang: Erde, Ausst.kat. 03; Krieg und Frieden, Ausst.kat. (BBK Kassel) 82; Mensch und Arbeit 83; Mitgl.kat. OKB 93, 99; Mitgl.kat. BBK Hessen 01 – ***LitR:*** Rainer Schumann: Erde, Haut, Papier, Ausst.dok. m. Interview (Hess. Fs.) 03

Denzer, Dejo s. Denzer, Detlef

Denzer, Detlef (Ps.: Dejo, auch: Dejo Denzer), Dr.; Waldkauzsteig 9, D-14621 Schönwalde, *info@denzer-art.de*, *www.denzer-art.de; www.brain-bridge.de* (* Ratingen 4. 8. 57) – **Ve:** Kult.punkt Stilus (Vors.) – **G/T:** Tuschezchng; Abstr. Malerei; Relief; Skulpt. (Holz u. Materialmix); Performance (Brain-Bridge-Project) – **Ö:** Köln, Hauptgebäude Ldschaftsverbund (Foyer) – **E:** zahlr. seit 85, zuletzt u. a. 00 Petzow, Schinkelkirche; 02 Nauen, Haus Gartenstr.; Potsdam, al globe: Brain-Bridge-Project; – sowie: 06 Offene Ateliers (Frühlingsgefühle sichtbar gemacht – oder – in d. Hitze d. Nacht) – **G:** zahlr. Bet. seit 76, zuletzt u. a. 00 Falkensee, Heimatmus.: Künstler d. Havelldes; 01 Schönwalde, Waldkauzsteig 7/9: Loxias Brückenschlag am Gartenzaun; 01–06 Petzow, Schinkelkirche; 02 Caputh, Heimatmus.: Heimat-Art; 02, 04 Berlin, Kult.sommer Wedding

Denzler, Barbara, Dipl.-Bildhauerin; Hinterm Hauptbahnhof 6c, D-76137 Karlsruhe, Tel. (07 21) 3 07 38, *www.barbaradenzler.de* (* Thalmässing 11. 2. 64) – **S:** 88–92 ABK Nürnberg (Freie Malerei u. Graph. b. Prof. G.K. Pfahler u. Rolf-Gunther Dienst, Meisterschülerin); 92–96 ABK Karlsruhe (Bildhauerei b. Prof. H. Klingelhöller, Meisterschülerin) – **P:** Stip. d. Stud.stift. d. Dt. Volkes 92; Kunstpr. Ökologie d. Fa. AEG 92; Pr. f. Studierende an Karlsruher HS 96; Graduiertenstip. d. Ldes Bad.-Württ. 98; Saarpfälz. Kunstpr. 98 – **G/T:** Objekte; Install.; Raumgest.; Fotogr. – **K:** Kunst u. Design – **Ö:** Karslruhe, RH (Kult.amt); Walldorf, RH – **E:** 92 Nürnberg, Interim Zw.räume f. Kunst; 97 Karlsruhe, Das Boudoir b. Markus Tillier; 99 Wiesbaden, Bellevue-Saal; 00 Nürnberg, Gal. Kohlenhof; Pforzheim, Brötzinger Art; 02 Ettlingen, KV Wilhelmshöhe; Baden-Baden, Ges. d. Freunde junger Kunst; Mannheim, raum2; 04 Homburg, Beck; 05 Gerlingen, Gal. Haus42; 06 Karlsruhe, Neuer Kunstraum – **G:** seit 91 Bet. im In- u. Ausld – ***Lit:*** AUSST.KAT.: AEG, Abt. Öff.arb. (Hrsg.): Kunstpr. Ökologie 1992; Skulpt. Südwest (Bad. KV Karlsruhe) 96; Meisterschüler (ABK Karlsruhe) 97; Topspin (Bad. KV Karlsruhe) 00; Kunstbaden (Kult.-amt Wiesbaden) 01; The New Love (KH Faust Hannover) 01

Deparade, Henri, Prof., Maler; Lockwitzer Str. 20, D-01219 Dresden, Tel. u. Fax (03 51) 8 90 61 97, *deparade@htw-dresden.de* (* Halle/Saale 14. 4. 51) – **VG:** Dresden, Beyer; Salzburg, Weilinger; Berlin, Nering + Stern – **S:** 72–77 HS f. Kunst u. Design Burg Giebichenstein (b. Prof. H. H. Wagner); 83–85 ebda (Meisterschüler b. Prof. W. Sitte) – **L:** 72–78 HS f. Kunst u. Design Burg Giebichenstein (Ass. f. Malerei); 80–82, 92 ebda (Ass. u. Oberass. f. künstler. Grundlagen); seit 93 HS f. Technik u. Wirtschaft Dresden (Prof.) – **P:** Pr. f. Malerei d. Ausst. Junge Künstler 85 – **Ve:** VBK DDR 77–88; SKB 92–95 – **G/T:** Malerei (Öl, Leinwand, figurativ-neoexpressionistisch, mythologische Themen, Ldschaft u. a.); Zeichn. (u. a. Tusche, Farbe) – **W:** überw. in Privatbes. (Halle/Saale, Dresden, Hamburg, Berlin, Frankfurt am Main, Düsseldorf, Wiesbaden, München, USA, Ital., Öst., Schweiz, Brüssel u. GB) – **M:** Cottbus, Brandenburgische KS; Wien, Albertina – **E:** seit 79, u. a. 93 Würzburg, Otto-Richter-Halle; 97 Wiesbaden, Gal. 40; 01 Düsseldorf, EP Gal.; Dresden, KH im Art'otel; 01, 02 Salzburg, Weilinger; 02 Basel, Demenga; 03 Dresden, Nütt; Berlin, Artibus Fine Arts; Halle/ Saale, SM – **G:** ca. 60 Ausst.bet. seit 78, u. a. 81 Venedig, Bevilacqua La Masa; 99 Köln, Mronz; 02 Carmel, Hart; – weitere: Düsseldorf, Große Kunstausst. (8 mal); Dresden, Kunstmesse (4 mal); Wien, Kunstwien; Wien, Kunst- u. Antiquitätenmesse; 02 Gal. Otto – ***Lit:*** Kat. z. Einzelausst.: M. Hebecker: H. D. 96; Klaus Hammer: H. D. 98; Kühne: H. D. 02 – (Red.)

Deppe, Maria Regina, Malerin; Lessingstr. 66, D-50825 Köln, Tel. (02 21) 17 09 95 82, Fax 5 00 68 89, *kunst@mariadeppe.de*, *www.mariadeppe.de* (* Köln 9. 11. 73) – **S:** 94–98 Alanus HS f. Kunst u. Gesellschaft Alfter b. Bonn – **G/T:** Malerei (Tempera, Öl u. Mischtechnik, abstr./informell, vorw. Farbforsch. in reduzierter Farbigkeit, z.Z. Rot u. Weiß); Install. (spartenübergreifend m. Tanz u. Musik im Dialog) – **W:** überw. in Privatbes. – **E:** 01 Freiburg im Breisgau, Gal. 76; 03 Köln, Orangerie-Reinz; 04 Potsdam, Min. f. Ldwirtschaft, Umweltschutz u. Raumordnung; 05 Köln, Kunstraum Licht – **G:** zahlr. Bet. seit 98, zuletzt 04 Untertürkheim, K.-Event; 05 Köln, Kunstraum Licht

Dequis, Alexander, Keramiker; Landgrafenring 98, D-63071 Offenbach/Main, Tel. (0 69) 87 39 97, *info@dequis.com*, *www.dequis.com* (* Offenbach/Main 61) – **S:** 80–87 Johannes-Gutenberg-Univ. Mainz (Kunst- u. Werkerziehung, Keramik b. Volker Ellwanger u. Maria Geisert) 88 Frankfurt am Main (2. Staatsexamen) – **L:** 83–87 Käthe-Kollwitz-Schule Offenbach (Leitung d. Keramik-Wkst., Arb. m. Behinderten); 87–88 Anna-Schmidt-Schule Frankfurt am Main (Leitung d. Keramik-Wkst.); 90 ebda (Lehrer); zuletzt Leibniz-Gymnasium Offenbach (Kunstlehrer) – **G/T:** Keramik (v. a. Raku, exakt konturierte, große Gefäße m. versch. Oberflächenstrukturen); Plast. (Ton); Malerei (Mischtechnik: Acryl, Blei- u. Filzstift auf Hartfaserplatte) – **M:** Berlin, Keramik-Mus.; Eckernförde, Heimat-Mus.; Frechen, Keramion; Freiburg im Breisgau, Slg Hannen; Freiburg im Breisgau, Slg d. Ldratsamtes; Höhr-Grenzhausen, Keramik-Mus. Westerwald; Sögel, Emsland-Mus. Schloß Clemenswerth; Tokio, Slg Rodaz – **E:** / G: zuletzt 00 Middelfart, Keramik-Mus. Grimmerhus; Leverkusen, Kinkel; Hameln, Faita; Staufen, Keramik-Mus. (Slg Hannen); 02 Staufen, Studio-Ausst. – ***Lit:*** AKL; WWCCA 96 – (Red.)

Der Eichner (eigtl. Hellmuth Eichner), Maler, Bildhauer; Rosenweg 61, D-53913 Swisttal-Buschhoven, Tel. (0 22 26) 80 96 40, Fax 91 16 61, *Der.Eichner@t-online.de*, *www.der-eichner.de* (* Schönenberg/Rhein.-Berg. Kreis 15. 5. 46) – **VG:** Köln, Müller; Bonn, von Hagen – **S:** 66–70 Kölner Werkschulen; 70–75 Staatl. KA Düsseldorf (Meisterschüler b. Prof. Sackenheim) – **Ve:** VG Bild-Kunst 80; BBK Bonn Rhein-Sieg 78 – **KGr:** Künstlergr. Bonn; Art 7 – **G/T:** Malen, Zchng, Bildhauerei – **W:** fast alle in Privatbes. – **M:** Bonn, LM – **Ö:** u. a. Bonn, Postmin.; ebda, Dt. Ausgleichsbank, Min. f. Arb. u. Soziales, Spar- u. Giroverb.; Düsseldorf, LVA; ebda, West LB; Siegburg, Kr.spk. – **E:** zahlr. seit 68, zuletzt u. a. 89 Recklinghausen, Gal. Möhlmann; Margaretenhöhe, Friedrich Naumann Stift.; Akad. d. Führungskräfte d. Dt. Bundespost; 90 Köln, Gal. f. Erotik; Bonn, Kurfürstl. Gärtnerhaus; Augsburg, Kolping Bildungsstätte; 91 Frechen, KV; 95, 99 Bonn, Gal. Essig; 97 Bonn, Gal. 8 P&Q; 98 Recklinghausen, Gal. Dito; 99 Bonn, Post AG; 00 Grevenbroich, Gal. Geuer; 04 Rheinbach, Glas-Mus. – sowie Sankt Augustin, Konrad Andenauer Stift. – **G:** zahlr. Bet. seit 68 zuletzt u. a. 85 Bonn, KV; 85, 88, 00 Bonn, KH am August Macke Pl.; 86, 88, 90 Düsseldorf, Große Düsseldorfer Kunstausst.; 86 Augsburg, Münster; München, Gal. f. Christl. Kunst; 00 Oxford, Mus. of Mod. Art – **V:** versch. Kat. seit 70 – ***Lit:*** Galerie Gmurzynska: Traum u. Wirklichkeit 66; Galerie Spürkel: Der Eichner. Kat. 70; Hans Tuchel: Der Eichner o. d. Frage nach d. Wirklichkeit. Kat. 85, 90; Hans Tuchel: Die Frage nach d. Wirklichkeit II 95; Kat. d. neuen Bilder 04; Glasmus. Rheinbach, Kat. über 'Die Zauberflote', Skulpturen in Ton, Terracotta u. Bronze

der gartenzwerg s. Cassel, Will

Der olle Hansen s. Schulz, Peter-T.

Derix, Wilhelm; Alte Landstr. 190, D-40489 Düsseldorf, Tel. (02 11) 40 13 70, Fax 4 08 91 81, *glasmalerei-derix.de* – **G/T:** Malerei – (Red.)

Derra, Mario, Maler, Graphiker, Plastiker; c/o Altes Elektrizitätswerk, Riedstr. 28, D-64579 Gernsheim, Tel. (0 62 58) 48 28, Fax 48 27, *info@mario-derra.de*, *www.mario-derra.de* (* Gernsheim/Rhein 15. 2. 54) – **S:** 72–75 FHS f. Gest. Mannheim; 78–83 Johannes-Gutenberg-Univ. Mainz – **P:** Parkzeichnen im Staatspark Fürstenlager Bensheim-Auerbach 02–05 – **G/T:** Malerei u. Graph. Zeichn.; Rad.; Lith.; Bronzeskulpt.; Holzschnitt – **K:** Elektrizitätswerk Gernsheim (Weiterbildung f. Multiplikatoren u. Mus.mitarb. in d. hist. Techniken manueller Bilddrucker) – **M:** Solnhofen, Bürgermeister-Müller-Mus. – **Ö:** Gernsheim, Hotel Rheingold; Groß-Rohrheim, Gedenkplatte zur Rheindeicherweiterung; Groß-Gerau, Kr.spk.; ebda, Synagogendenkmal, Bronzefigurengr.; Solnhofen, Bodenplatten Industr. – **E:** u. a. 92, 94 Mannheim, Gutenberg Treffpunkt; 95, 03 Lorsch, Mus.zentrum; 99, 03, 04 Groß-Gerau, SM; 01 Dursniki Droig, Papiermus.; Worms, Mus. Kunsthaus Heylshof; 03 Worms, Mus. im Andreasstift; Mainz, Gutenberg-Mus. – **G:** u. a. 80 Bukarest, MN de Artă; 85 Dehing, Arb.kult.pal.; 87, 88, 89 Frankfurt am Main, Paulskirche; 03 Hamburg, Mus. d. Arb.; Kaiserslautern, Pfalz-Gal. – **V:** Vom Elektrizitätswerk zum Künstleratelier 98; Der Solnhofener Naturstein und die Erfindung der Lithographie 02; Peter Schöffer und die Entfaltung der beweglichen Lettern 04 – ***Lit:*** Georg-Rüdiger Traud: M. D. 90; Ilse Blindseil: M. D. im Haus 92; Graphische Kunst, Art. 93, 95, 02, 06; Allgemeines Künstler Lexikon 00; Eva Hanebutt-Bene: Lokale Identitäten. Ausgewählte Graphiken 04; Hans-Josef Becher: Massentourismus an den zwölf Aposteln und Polygonale Fügung 06 – ***LitR:*** Die dicke Sophie-Marie – eine Steindruckschnellpresse, HR 93; Gernsheim – Bürger einer Stadt, HR 93; M. D. – Ein Künstlerportrait, Wormser Montagsmag. 95; Die größte Lithographie der Welt, BR 02

Desgranges, Claudia, Malerin; c/o Gal. Michael Schneider, Hohenzollernstr. 22, D-53173 Bonn, Tel. u. Fax (02 28) 35 14 10, *schneider@galerieschneider.de; claudiadesg@aol.com*, *www.galerieschneider.de; www.claudia-desgranges.de* (* Frankfurt am Main 17. 11. 53) – **VG:** Galerie Ulrich Mueller; Bonn, Monreal & Poppen – **S:** 78–84 KA Düsseldorf (Abt. Münster, Malerei) – **L:** 83–93 Westf. Wilhelms-Univ. Münster (LAuftr. f. Malerei) – **P:** Kunstfonds Bonn 88; Pr. f. Malerei d. Anker Bank Köln 92 – **G/T:** Farbmalerei – **M:** u. a. Dortmund, Mus. am Ostwall; Hagen, Karl-Ernst-Osthaus-Mus.; Köln, Mus. Ludwig; Köln, artothek – **E:** u. a. 97 Köln, Fuhrwerkswaage; 99 Köln, Mueller; 01 Schwerte, KV; 02 Bielefeld, KV Mus. Waldhof; 03 Bonn, Schneider; 04 Neuss, Clemens-Sels-Mus.; Siegburg, SM; Mülheim an der Ruhr, KM Alte Post; Wiesbaden, Witzel; 05 Aachen, Kornelimünster; Dortmund, Mus. am Ostwall; Heidelberg, KV – **G:** u. a. 00 Lüdenscheid, StG; 02 Bochum, Mus.; Grevenbroich, KV; Budapest, Műcsarnok; 03 New York, Hunter College; Aschaffenburg, Neuer KV; 04 Hagen, Karl-Ernst-Osthaus-Mus.; Dortmund, Mus. am Ostwall – ***Lit:*** Ausst.-kat., u. a.: Karin Stempel: Malerei, die in der Stille redet 96; Christoph Schreier: Die Ambivalenz der Erscheinung fordert das Sehen, in: Soforouge/Permanentrot 97; Gerhard Kolberg: Die Transparenz der Farbe 97; Erich Franz: Cadmiumorange, Rose Tyrien 99; Ulfried Weingarten: Hier sitz' ich, forme Menschen... 01; Ulrieke Lehmann: Die Achtsamkeit des Augenblicks 03; – weitere: Sabine Müller: 7 x Farbe pur, in: Kunstforum Intern. 03; Seeing Red: On Nonobjective Painting and Color Theory, Michael Fehr, Sanford Wurmfeld 04

Dessyllas, Pantelis, Prof., Bühnenbildner; Planckhg. 11, A-3400 Klosterneuburg, Tel. (0 22 43) 2 54 79, Fax 3 06 86 (* Nikaia/Piräus 6. 3. 36) – **S:** 53–55 ABK Athen (Malerei); 55–59 HS f. angew. Kunst Wien (Meisterkl. f. Bühnenbild u. Filmgest. b. Otto Niedermoser, Dipl.); gleichzeitig Max-Reinhardt-Sem. (Dramaturgie) – **L:** 69–70 Intern. Sommerakad. Salzburg (LAuftr. f. Bühnenbild-Sem.); 76–85 ABK Wien (LAuftr.) – **P:** Kainz-Med. 81; Öst. E.kreuz 96; E.med. d. Bundeshauptstadt Wien in Gold – **G/T:** Bühnen- u. Kostümbild; Filmausstattung u. -graph. – **E:** 81 Wien, Theatermus.; – Bühnenarb.: u. a. 81 Wien, Burgtheater ('Jim Knopf und Lukas, der Lokomotivführer', Kainz-Med.); zuletzt 04 Wien, Volksoper ('Die Fledermaus'); Wien, Staatsoper ('Rigoletto'); 05 Halle/Saale, Oper ('Die lustige Witwe') – **G:** 75 Prag, Quadrienn. – **R:** Filmgraph.: Anatole Livak (Regie), George Tabori (Buch): Die Reise 59; Arthur Hiller (Regie): Das Wunder der weißen Hengste 63; Steve Previn (Regie): The Waltz King 63; – sowie: mehrere Filmausstattungen f. Westdt. RF, ZDF, Rosenhügel-Studios Wien, Konstantin-Filmverleih München u. a. – ***Lit:*** P. Jungmayer: Der Bühnenbildner P. D., Dipl.arb. 99 – (Red.)

Determeyer, Almut, Zeichentrickfilmerin; München, *almut_determeyer@yahoo.de*, *www.almut-determeyer.com* (* Preetz/Schlesw.-Holst. 17. 6. 66) – **S:** 92–96 ABK Nürnberg (Meisterschülerin b. Prof. Reuter); 96–98 HdK Hamburg – **P:** Ev. Studienwerk Villigst 94, 95, 96; Studienstift. d. dt. Volkes 96, 97, 98; Leonhard u. Ida Wolf Gedächtnispr. 01; Bay. Staatsförd.pr. f. junge Künstler 01; Aufenthaltsstip. Künstlerhaus Lukas, Ahrenshoop 02; Intern. Künstlerhaus Villa Concordia 04; USA-Stip. d. Bay. Staates 05; Casa Baldi, Olevano di Romana 06; Dt. Akad. Rom 06 – **Ve:** VG Bild-Kunst 01 – **G/T:** Animationen (animierte Zeichenfilme) – **M:** München, Artothek – **E:** 01 Dachau, Neue Gal.; 02 Berlin, SOX, Schauraum Kreuzberg; Nürnberg, KV Kohlenhof; 03 München, Artothek; 04 Bamberg, Villa Concordia – **G:** u. a. 01 München, Gal. d. Künstler; München, KV; 02 München (Staatl. Förd.pr. f. junge Künstler); 03 München, Gal. im Luitpoldblock; Schwerin (Künstlerinnen d. Stift. Kult.fonds); München, 21. Filmfest – ***Lit:*** Christine Wunnicke u. Marietta Schürholz (Text): A.D. Animationen 01; Bernd Herzogenrath (Text): A.D.s Neigung – ***LitR:*** Alf Meyer: A. D. – narrative, Portr./Fs.beitr. 03

Detlefsen, Linde, Dipl. Illustratorin, Graphikerin, Graphikdesignerin; D-09111 Chemnitz, Tel. (03 71) 41 19 00 (* Flöha 26. 1. 44) – **S:** 64–67 FS f. angew. Kunst Berlin; 67–70 Zentralinst. f. Gest. Berlin (Mitarbeiterin); 68–71 FS f. Werbung u. Gest. Berlin; 76–78 HGB Leipzig; seit 85 freischaffend in Chemnitz tätig – **L:** 70–85 FS f. Werbung u. Gest. Berlin (Entwurf); 85–88 ebda (Gastdoz.) – **P:** 100 beste Plakate 80; Die schönsten dt. Bücher (Pr.träger) 93; Stud.-aufenthalt/Weiterbild. üb. InWEnt u. VHS (Leonardo Akad. Salzburg) 05 – **Ve:** VBK DDR 74; SKB; CKB – **G/T:** bevorzugt Ill. f. Kinder (Lehr-, Bilder-, Malbuch, Poster, Spiele, Kinderzss, Kommunikationssysteme in Kindergärten u. a.); Graph.design (f. kult. Einrichtungen u. d. Wirtschaft, Signets, Plakate, Drucksachen, Erscheinungsbild) – **K:** Grundlagen d. Gest. (VHS Chemnitz, seit 93) – **M:** Berlin, Mus. Europ. Kulturen; Chemnitz, KS; Chemnitz, Neue Sä. Gal.; Chemnitz, Stadtarch.; Dresden, StG – **Ö:** Chemnitz, Kindergarten Katharinenstr. – **E:** u. a. 86 Flöha, Kleine Gal. d. Kult.bundes; 89 Rochlitz, Inst. f. Lehrerbild.; 90 Zwickau, Klub d. Intelligenz; 02, 06 Chemnitz, Volksbank – **G:** u. a. ab 79/80 Karl-Marx-Stadt, Bez.kunstausst.; 80 Berlin u. Lille, 100 beste Plakate; 82/83 Dresden, Kunstausst. d. DDR; 83 Berlin, Moskau u. Leningrad, DDR-Zentrum f. Kinderlit.; 84 Berlin, Haus d. Jungen Talente; 85 Berlin, Gal. Sophienstr. 8; 88 Berlin, Haus d. Kindes; 93 Chemnitz, Chemnitzer Kunstmesse; 97, 98, 03, 04 Chemnitz, Wasserschloß Klaffenbach; 98 Chemnitz, Neue Sä. Gal.; 99/00 Halle/Saale, SM; 00 Chemnitz, Reg.präsidium; 05 Chemnitz, Das Tietz – **V:** – ILL. in KINDERBÜCHERN: Paula Dehmel: Kinderküche 77; Benno Pludra: Es war ein Ei 80; Axel Schulz: Was wächst in unserem Garten 83; Helga Meyer: Besuch b. Robert 90; Helga u. Hansgeorg Meyer: Berggeschrei im Weihnachtsland 03 – sowie Musikus 1/2 (Ill.), Lehrbuch 93

Dettmann, Beatrice; Beim grünen Jäger 14, D-20359 Hamburg, *B.Dettmann@gmx.de*, *www.dettmann.de* (* Hamburg 30. 4. 57) – **VG:** Wien, Gal. Ariadne; Wiesbaden, Gal. 40 – **S:** 82–89 HBK Hamburg – **P:** Kunstpr. Altona 87 – **Ve:** BBK Hamburg seit 83 – **G/T:** figürliche Anlehnungen, Körperarb., informelle Malerei – **W:** Werke in versch. Privatslgn – **E:** 96 Hamburg, Gal. KÖ 1 u. Schaufenster; 97 Hamburg, Gal. Karsten; Hamburg, Kunsttreppe; 02 Chicago, Artemisia Gall.; 02, 06 Wien, Gal. Ariadne; 04 Wiesbaden, Gal. 40; 05 Hamburg, Gerdsen – **G:** zahlr. Ausst.bet. seit 96, u. a. 98 Brüssel, Europ. Parlament; 99 Chicago, A.R.C. Gall.; Bamako/Mali, Dt. Botschaft; 00 Berlin, Just Art Gal.; 01 Prora, Gal. f. aktuelle Kunst; Lübeck, Dräger-Stift.; 03 Los Angeles, Independent Art L.A.; Våsby, art exhibition hall; Stockholm, Gal. Infra – ***Lit:*** Charlotte Bünjer: Zum Tier in der zeitgenössischen Malerei 94; conFrontationen, Kat. Gal. KÖ 1 95; S. Benninghoff-Lühl: Zwischen Da-Sein und Nicht-Dasein, in: Der Kunstverein Bremen (Hrsg.): Der Punkt 97; Extraversionen, Kat. 98; Malerei – B. D., Gal. 40 04

Dettmann, Udo (Ps.: Schifkof), Maler, Objektkünstler; Alte Dorfstr. 12, D-19069 Lübstorf, Tel. (0 38 67) 61 21 70, Fax 61 21 72, *he.de@t-online.de*, *www.udodettmann.bildkunstnet.de* (* Kolberg/Pommern 5. 12. 50) – **VG:** Gräfelfing, Gal. für zeitgenössische Kunst – **S:** 76–81 HS f. Kunst u. Gest. Kiel (Freie Kunst) – **P:** Cité Intern. d. Arts Paris 84; Offener Kunstpr., Bad Nauheim 85; Atelierstip. Künstlerhaus Lauenburg 87; Stip. d. Dt. Akad. in Rom 96; Stip. Künstlerhaus Schloß Wiepersdorf 02 – **Ve:** Künstlerbund Meckl. u. Vorpommern seit 01 – **KGr:** Schifkof (seit 89) – **G/T:** Schaffung v. Wahrnehmungssituationen m. d. Mitteln d. Malerei; Multimedia-Install. – **W:** Schallplatten u. CDs; Ankauf u. a. durch d. Slgn d. Lder Meckl.-Vorp. u. SH – **M:** Schleswig, LM f. Kunst u. Kult.-Gesch. Schloß Gottorf; Windhuk, wiss. Ges. – **E:** zahlr. Ausst. seit 82, zuletzt 99 Hamburg, Westwerk; 00 Berlin, Waszkowiak; 02 München, Gal. f. zeitgen. Kunst; 05 Hamburg, Scorpion; 06 Heidelberg, Forum für Kunst – **G:** zahlr. Ausst.bet., zuletzt 99 Neumünster, Sagersche Hallen; 00 München, Haus d. Kunst; 03 Rostock, KH; Schwerin, Kunst- u. Mus.ver.; Berlin, Gal. Weisser Elefant – ***Lit:*** U. D. Bildobjekte und optophone Installationen 1987–1997, Kat. 97; U. D. In guten Händen, Kat. 99; Helbig, Dettmann, Sander u. Rickmann: Weisses Rauschen, Kat. 03; U. D. Rotverschiebung, Kat. 04

Dettwiler, Erik (Ps.: dewil), freischaffender Künstler; Tel. (041) 0 12 72 16 16, *4u@dewil.ch*, *www.dewil.ch* (* Helsinki 31. 8. 70) – **S:** 95–99 F+F Schule f. Kunst u. Mediendesign Zürich – **L:** seit 00 F+F Schule f. Kunst u. Mediendesign Zürich (Doz. f. Neue Medien) – **P:** Werkbeitr. Stadt u. Kt. Bern 98; Bourse Kiefer-Hablitzel 98, 99; Stip. d. Louise Aeschlimann u. Margareta Corti Stift. 00; Stip. Kunstkredit Basel Stadt 01; Werkbeitr. Kunstkredit Basel Stadt 03 – **Ve:** Visarte 98 – **G/T:** Performance, Video, Fotogr., Internet – **K:** Videoediting; Webpublishing – **M:** Bern, KM; Biel, Kunsthaus Centre PasquArt; Thun, KM; Zürich, Kunsthaus – **E:** u. a. 98 Bern, Kunstkiosk; 98, 01 Thun, KM; 01 Biel, Kunsthaus Centre PasquArt; 02 Thun, Bischoff; 04 Pfäffikon, Seedamm-Kulturzentrum – **G:** u. a. 98 Zürich, Kunsthaus; Frankfurt am Main, Schirn; 99 Paris, Centre Culturel Suisse; Siena, Centro Arte Contemp.; Thun, Hotel Beau Rivage; Bern, KH; Langenthal, Kunsthaus; 00 London, Chisenhale Gall.; Biel, Kunsthaus Centre PasquArt; Dresden, Kunsthaus; Basel, Videofestival; 02 Zürich, Videofestival; Erlach, Steiner; 03 Bern, Dampfzentrale; Solothurn, Künstlerhaus S11; Prishtina/Kosovo, 2nd Intern. Video Art Festival; Tirana, NG; 04 Kairo, Pal. of the Arts – **V:** Bernhard Bischoff, Rayelle Niemann u. Madeleine Schüppli: HighWays and LowWays 02 – **R:** Bernische Kunstges. (Hrsg.): The Green Story, Video 01 – (Red.)

Dettwiler, Regula, Mag. art.; Wehrgasse 24/17, A-1050 Wien, Tel. u. Fax (01) 5 87 83 58, *dettwiler@utanet.at*. Oberer Haselweg 18, CH-5727 Oberkulm, Tel. 62 7 76 26 59 (* Oberkulm 16. 3. 66) – **VG:** Frankfurt am Main, Reitz; Bern, Haldemann – **S:** 86–90 HS f. Gest. Luzern; 91–96 ABK Wien (Meisterkl. f. Bildhauerei Prof. B. Gironcoli) – **L:** 00 ABK Wien (LAuftr. Meisterkl. f. Graph. Prof. G. Damisch) – **P:** Graph.-wettb. Öst. (4. Pr.) 97; Graphikpr. d. Griffelkunst-Vrg Hamburg 98; Ausldsstip. d. Min. f. Kunst Öst. (f. Chicago) 98; Cité Intern. d. Arts Paris 98; Atelierstip. d. Merian-Stift. (f. Montréal); Auslandsstip. d. Bundeskanzleramtes Öst. (f. Japan) 04 – **Ve:** Visarte Aargau 98 – **G/T:** Zeichn., Install., konzeptuelle Fotogr. – **M:** Frankfurt am Main, Städel; Wien, Kpst.-Kab. d. ABK – **E:** 99 Graz, LM Joanneum; 00, 02, 04 Frankfurt am Main, Reitz; 02 Montéal, Skol; 03 Salzburg, Salzburger KV; 04 Bern, Haldemann – **G:** 98 Bonn, KV; 99 Bern, KH; Aarau, Aargauer Kunsthaus; 00 Delmenhorst, StG; Neuenkirchen, KV Springhornhof; 01 Luzern, Kunstpanorama; 02 Baden, StG; 03 Basel, Klingental; Berlin, Künstlerhaus Bethanien; Weimar, ACC Gal. Weimar – ***Lit:*** R. D. Florilegium, Ausst.kat. 99 – (Red.)

Detzner, Reinhard (Ps.: erde), Maler, Gebrauchswerber, Galerist, Kunsttherapeut, Dipl.-Mathematiker; Georgstr. 24, D-09111 Chemnitz, Tel. (0371) 42 55 04. c/o Galerie im Rittergut, Schloßallee 11, D-09577 Lichtenwalde (* Chemnitz 1. 12. 40) – **G/T:** Malerei (Aqu., Lsch.); Zchng (Lsch.) – **K:** Wandern, Zeichnen, Aquarellieren – **W:** zahlr. Arb. in Privatbes., im Bes. v. Unternehmen u. div. Praxen – **Ö:** Freiberg, Stadtwerke – **E:** seit 98 ca. 15 Ausst. in Sa. u. Meckl.

Deus, Gustav Adolf, Maler, Graphiker, Architekt; Rheinstr. 1a, D-50996 Köln, Tel. (0221) 35 36 75 (* Köln 5. 2. 31) – **S:** 45–63 Kölner Werkschulen (Malerei, Archit.); Archit.lehre im väterl. Atelier (Abschlußprüfung Bund Dt. Architekten); 54 Ass. b. Neufert in Locarno; 59/60 Ass. b. Oppliger in Locarno; seit 64 freischaffender Maler u. Graphiker – **G/T:** Malerei (Aqu., Tempera, Öl); Beton-Sandmalerei; Materialplast.; plast. Wandgest.; Zchng; abstrahiert figurat.; Lsch. u. Stadt-Lsch. – **W:** Werke in Marburg (Ankauf Wettb. Neue Wandgest.) u. im Bes. d. Stadt Köln; 99 Internet-Projekt Millenium, Cyber Gal. Köln – **M:** Köln, KV – **E:** 63 Gelsenkirchen, Kunstkab. Funke; 65, 69 Köln, Dom-Gal.; 71 Köln, Gal. Glaub; 72 Rodenkirchen, RH; 72, 78 Rodenkirchen, Haus Siegel; 88 Köln, Praxis Dr. Zepp – **G:** 58–67 Köln, KV: Jahresausst. Kölner Künstler; 66, 72, 81 Frechen, KV; 72 Rodenkirchen, Künstler z. Thema Umweltschutz; 82 Bilbao, Intern. graph. Kunst; 82–83 Bad Säckingen, Schloßpark Pavillon; Wanderausst. Mail Art – Kunst auf Postkarten; 83 Seoul, NM of Mod. Art: Zeitgen. Künstler aus Dtld

Deutesfeld, Ilka, Malerin, Objektkünstlerin; Alter Kirchweg 23, D-28717 Bremen (* Cuxhaven 53) – **S:** 72–75 HS f. Gest. Bremen (Malerei); 76–82 Univ. Bremen (Lehramt Kunst u. Technik) – **P:** Kult.förd.pr. d. Stadt Buxtehude 87; Stip. d. Hansestadt Rostock 87 – **G/T:** Malerei (Öl, Acryl, zunächst figürliche Motive, später Archit.- u. Ldschaftselemente, Arb. m. Nägeln, Netzen, Lappen, Ton, Sand o. Graphit); Objekte – **W:** u. a. in Bes. d. Stadt Blagnac u. d. Bez.reg. Lüneburg – **M:** Osterholz-Scharmbeck, Graphothek – **E:** u. a. 98 Brüssel, Europ. Parlament (m. Beatrice Dettmann u. Angela Preusz); 03 Buxtehude, Marschtorzwinger – **G:** zuletzt u. a. 03 Jülchendorf, Herbstausst. – ***Lit:*** AKL – (Red.)

Deutsch, Alexandra, Künstlerin; Franz-Abt-Str. 4, D-65193 Wiesbaden, *alexandradeutsch@gmx.de*. Ulmenstr. 8, D-76751 Jockgrim, Tel. (07271) 55 95 (* Karlsruhe 24. 5. 68) – **VG:** Neustadt an der Weinstraße, Gal. Up-Art – **S:** 88–95 Johannes-Gutenberg-Univ. Mainz (Bild. Kunst); 92 Éc. des Beaux Arts Dijon (Gast) – **P:** Stip. d. Stift. z. Förd. d. Kunst in d. Pfalz 93; Perron-Kunstpr. 96; Arb.urlaub im Künstlerbahnhof Ebernburg 02; Art To Nature 02; Stip. Zehnthaus Jockgrim 03; Zonta-Kunstpr. Mainz 04 – **Ve:** BBK Rh.-Pf. 97; VG Bild-Kunst 01 – **KGr:** Pfälzische Sezession – **G/T:** Objekte aus geschöpftem Papier, Monotypien – **Ö:** Berlin, Vertretung d. Ldes RP; Germersheim, DaimlerChrysler; Mainz, Staatstheater; ebda, integrierte Gesamtschule – **E:** u. a. 00 Darmstadt, Lenk; Essenheim, KV; 01 Wiesbaden, Bellevue-Saal; 02 Novi Vinodolski, Grad Ska Turnal; Neustadt an der Weinstraße, Gal. Up-Art; 03 Bruchsal, KV Das Damianstor; Ansbach, Gal. am Schloß; 04 Nieder-Olm, Schmiede Wettig – **G:** zahlr. Auss.bet. seit 89, zuletzt 02 Koblenz, Künstlerhaus Metternich; Breslau, Awangarda; Labin, Alvona; Kaiserslautern, Pfalz-Gal.; 03 Ludwigshafen, Wilhelm-Hack-Mus.; Speyer, Stadthalle; 04 Speyer, KV; Wiesbaden, Kunsthaus – ***Lit:*** A. D. Objekte aus geschöpftem Papier, Ausst.kat. 04 – (Red.)

Deutsch, Britta, Holzbildhauerin; Am Irscher Hof 36, D-54294 Trier, *deutsch@junge-kunst-trier.de*, *www.junge-kunst-trier.de/kuenstler* (* Trier 13. 3. 68) – **VG:** Trier, Gal. Junge Kunst – **S:** 88–92 Johannes-Gutenberg-Univ. Mainz (Kunsterziehung u. Phil.); 89–90 Paris; 92–96 Johannes-Gutenberg-Univ. Mainz (Bild. Kunst b. Prof. Adam W. Löffler, Dipl.) – **L:** 97–98 FHS Wiesbaden (LAuftr. f. Künstler. Graph.); seit 00 Saarpf. Sommerakad. Blieskastel (Doz.); 04 Europ. ABK Trier (Holzskulpt.) – **P:** Förd.stip. d. Johannes-Gutenberg-Univ. Mainz 96 – **G/T:** Holzplast. (abstr.-figürliche Darst., auch Treib-, Bau- o. Fundholz unter Wahrung v. Materialgesch. u. -charakter) – **M:** Mainz, Kultusmin. RP; Rockenhausen, Mus. Pachen – **E:** zuletzt u. a. 00 Trier, Tuchfabrik; 01 Mainz, Ldtag RP; 02 Trier, Kath. Akad.; Darmstadt, Netuschil; Bostalsee, Kunstzentrum Bosener Mühle – **G:** zuletzt u. a. 02 Mainz, Ldtag RP; Trier, Europ. ABK; Dresden, Festspielhaus Hellerau; Saarbrücken, Saarländisches Künstlerhaus; 03 Ludwigshafen, Wilhelm-Hack-Mus.; Trier, Gal. Junge Kunst – ***Lit:*** AKL – (Red.)

Deutsch, Karl-Heinz, Prof., Bildhauer; Ulmenstr. 6, D-76751 Jockgrim, Tel. u. Fax (0 72 71) 55 95 (* Karlsruhe 26. 3. 40) – **VG:** Ansbach, Gal. am Schloß – **S:** 54–57 Lehre als Keram-Modelleur; 60–65 ABK Karlsruhe (b. d. Prof. Kindermann u. Klemm) – **L:** 65–77 Heinrich-Hübsch-Schule Karlsruhe; seit 73 FHS Rh.-Pf., Abt. Kaiserslautern (Doz. f. Plast., seit 88 Prof.); 77–80 Erziehungswiss. HS Landau/Pfalz (LAuftr. f. Plast.) – **P:** Pfalzpr. f. Bild. Kunst (Plast.) 73; Kunstpr. m. Picasso-Med. d. Vrg Pfälzer Kunstfreunde 97 – **Ve:** Pf. Sezession (2. Vors.) – **G/T:** Skulpt. (Stelen, Köpfe u. Verknüpfungen in klaren, abstr. Formen) – **M:** Kaiserslautern, Pfalz-Gal.; Mainz, LM; Rockenhausen, Mus. Pachen – **E:** zuletzt 97 Rodalben, Helmut-Servas-KH; 99 Pirmasens, Karolinensaal; 03 Ansbach, Gal. am Schloß – **G:** zuletzt 03 Jockgrim, Zehnthaus – ***Lit:*** AKL – (Red.)

Deutschbauer, Julius, Konzeptkünstler, Graphiker, Maler; lebt u. arbeitet in Wien (* Klagenfurt 25. 12. 61) – **VG:** Wien, Steinek – **S:** Autodidakt – **KGe:** Deutschbauer/Spring (seit 00) – **E:** / G: zuletzt u. a. 00 Wien, KH; 01 Warschau, Zacheta; Graz, Rotor; Wien, Cult; Venedig, Bienn.; 02 Basel, KH; Bregenz, Künstlerhaus Palais Thurn und Taxis; Wien, Leopold-Mus.; New York, Elga Wimmer Gall.; 03 Wien, Steinek; Zürich, Shedhalle; Hamburg, Crone (insges. bisher weit über 100 Ausst.) – ***Lit:*** AKL – (Red.)

Deutschmann, Barbara, Bildhauerin; Sielwall 26, D-28203 Bremen, Tel. (04 21) 70 13 25, *bedeut@gmx.de* (* Coburg 27. 3. 61) – **VG:** Hamburg, Kammer – **S:** 82–85 Nat.theater Mannheim (Ausb. z. Bühnenplastikerin, Ass. d. Plast.abt.); 85–92 HS f. Künste Bremen (Bildhauerei, Dipl.) – **L:** 04, 06 Sommerakad. VHS Bremerhaven (Doz. d. Bildhauerkl.) – **P:** Förd.pr. f. Bild. Kunst d. Stadt Coburg 91; Wettb. Platzgest. Bremen-Hastedt (2. Pr.) 04; Berlin-Stip. 05 – **Ve:** BBK Bremen 96; VG Bild-Kunst 01 – **G/T:** bildhauer. Objekte (m. Materialkombinationen Stein, Beton, Paraffin, geometr., konkret) – **W:** zahlr. in Privatbes. – **M:** Bremen, Graphothek – **Ö:** Bremen, Hauptgesundheitsamt; ebda, Lagerhausges.; Coburg, Bauamt; ebda, Stadt- u. Kult.amt; Lohne, Stadtpark; Mörlenbach, Kunstpfad; Ottersberg, Stadtpark; Wald-Michelbach, Kunstpfad – **E:** zahlr. im In- u. Ausld, zuletzt: 01, 07 Hamburg, Kammer (Kat. 01); 02 Würzburg, Gal. im Malerfürstentum Wredanien; 03 Bremerhaven, Gal. 149; Bremen, Gerhard-Marcks-Haus (Pavillon, Kat.); 04 Berlin, Gal. Mani – **G:** zahlr. Bet. im In- u. Ausld, u. a. 03 Straßburg, St'art – ***Lit:*** Stadt Coburg (Hrsg.): Fördpr. Bild. Kunst 91; Bremen: Gal. im Park XVI 98; B.D. Skulpt., Ausst.kat. Bremen 99

Dewerth, Jochen; Hellmut-Harterstr. 51, D-67655 Kaiserslautern, Tel. (06 31) 3 11 55 17 (* Kaiserslautern 11. 4. 56) – **S:** 79–83 KA Stuttgart (b. Prof. Paul-Uwe Dreyer); 83–85 HdK Berlin (Gaststud.); 86–87 ABK Stuttgart – **P:** Pfalzpr. 00; Kunstpr. d. Kult.stift. Karlsruhe 06 – **W:** im Bes. d. Min. f. Forschung, Kult. u. Wiss. Mainz – **M:** Kaiserslautern, Pfalz-Gal. – **E:** Kaiserslautern, Pfalz-Gal.; Kaiserslautern, Theodor-Zink-Mus.; Kaiserslautern, Kult.amt – **G:** Bet. an d. Ausst. d. Akad.kl. Prof. Paul-Uwe Dreyer

dewil s. Dettwiler, Erik

DeWitt, Zos (Ps.: Michael DeWitt, weiteres Ps.: Zero Kama, eigtl. Michael Sperlhofer), Maler, Graphiker, Multimedia-, Objekt- u. Performancekünstler; Esplanade 14, A-4820 Bad Ischl, Tel. (0 61 32) 2 24 10, *michael@zosdewitt.com*, *www.zosdewitt.com* (* Wien 12. 3. 62) – **VG:** Wien, Gal. Ariadne; Bad Ischl, Esplanade – **S:** 82–84 HS f. Musik u. Darst. Kunst Wien (Elektroakustische Musik b. Prof. Dieter Kaufmann); 01–02 Intern. Sommerakad. f. Bild. Kunst Salzburg (Malerei b. Zhou Brothers) – **L:** seit 03 Intern. Sommerakad. f. Bild. Kunst Salzburg (Ass. Kl. Malerei b. Zhou Brothers) – **Ve:** IG Bild. Kunst 03; KV Salzburg 04 – **G/T:** Collagen aus Digitaldrucken, Kunststoff- u. Metallfolien (Thema: Zeit, Tod, Gesch. d. menschlichen Bewußtseins); Stelen u. Objekte aus Oriented Strand Board – **W:** in privaten Slgn – **E:** 02 Hallein, Gal. im Alcatraz; 03 Wien, Gal. Ariadne; 04 Salzburg, Garagengal.; Vöcklabruck/ObÖst., StG; Rheinfelden, Spiserhus; Bad Ischl, Esplanade – **G:** 03 Gent, Lineart; Linz, Kunstmesse; Wien, Gal. IG; Wien, Gal. Ariadne; Gmunden, Kammerhof-Gal.; Bad Ischl, Rytmogram – ***Lit:*** KAT.: Bilder und Zeichnungen 99; Stelen und Objekte 02; Code Avatar 03 – (Red.)

Di Martino, Sabine (geb. Sabine Wischum), freiberufl. Künstlerin, Malerin; D-50858 Köln, Tel. (02 21) 49 52 02, *atelier@sabine-dimartino.de; dimartino @netcologne.de*, *www.sabine-dimartino.de* (* Köln 24. 7. 63) – **S:** 92–95 Kum & Lük Sem. (Zeichnen u. Perspektive); 98–01 Kölner Malschule (Sem. Acrylmalerei); 02–03 Atelierstud.; 06–07 Freie KSch Köln (Kunst, Wochenendausb.) – **G/T:** gegenständl. u. naturalist. Malerei in Öl u. Acryl; Bleistift- u. Kreidezchngn – **K:** Ölmal- u. Zeichentechniken nach Bedarf – **W:** überw. in Privatbes. im In- u. Ausld – **Ö:** Köln, Steuerberatungskanzlei Scheiffarth – **E:** 04 Köln, Gal. Forum Lindenthal; 05 Köln, Schulungszentrum d. Caritas; 05, 06 Köln, Offene Ateliers – **G:** 03 Köln, Kunstmarkt; 04 Pulheim, Abtei Brauweiler: 16. KunstTage Rhein-Erft

Di Narda, Cesare; c/o Galerie Wicher, Gräfrather Str. 43a, D-42329 Wuppertal, Tel. (02 02) 73 82 17, Fax 73 84 40, *helga@wicher-galerie.de*, *www.wicher-galerie.de* – **G/T:** Malerei, Graph. – (Red.)

Diacont, Kerstin, Malerin, Illustratorin, Fotografin, Graphikerin, Autorin; Waldstr. 75, D-63263 Neu-Isenburg, Tel. (0 61 02) 2 33 80, Fax 2 18 28, *info@ diacontdesign.de; iacontdesign@onlinehome.de*, *www. diacontdesign.de* (* Neu-Isenburg 24. 4. 58) – **S:** HS f. Gest. Offenbach am Main (Dipl. Design) – **G/T:** Portr., Ldschaft (Acryl, Pastell, Bleistift, Mischtechnik); typographische Bilder, abstr. Ldschaften, Fotogr. u. Collagen sowie Verfremdungen üb. d. Computer – **E:** zahlr. Ausst. u. a. in Asslar, Langen, Sprendlingen, Rödermark, Babenhausen u. Karlstein – **G:** zahlr. Ausst.bet. u. a. in Frankfurt u. Neu-Isenburg – **V:** div. Bücher z. Thema Reitsport u. Pferdeausb. (Ill. u. Fotogr.) sowie weitere Bücher (Text); Künstlerkal. 99

Diaz Suarez, Mario (eigtl. Juan Mario Diaz Suarez), Maler; Tel. u. Fax privat (06 51) 4 43 58, *mario. diazsuarez@t-online.de*, *www.diazsuarez.de www. bbkrlp.de* (* Tucuman/Argentinien 1. 4. 40) – **VG:** Luxemburg, Gaasch – **S:** 53–59 Schule d. Schönen Künste Tucuman; 60–65 Univ. Tucuman (Kunst, Meisterkl.

Esquiel Linares) – **L:** 68–77 Sommerakd. Luxemburg (Doz.); 77–00 FHS Trier (Visuelle Kommunikation); Europ. ABK Trier (Graph.-Siebdruck) – **P:** Förd.pr. d. Jakob-Eschweiler-Stift. Köln – **Ve:** BBK Rh.-Pf.; Ges. f. Bild. Kunst Trier – **KGe:** 91–92: M. D. S. u. Gerda Lepke (Dresden); M. D. S. u. Arlt (Dresden, Berlin); M. D. S. u. Farbe-Struktur-Form – **G/T:** Malerei (bis 76 Öl, dann Acryl); Siebdruck (67–02) – **W:** u. a. in Bes. d. Städte Eschede u. Strassen/Lux. – **M:** Brenne, Mus. Mezières; Dresden, Kultusmin.; Frankfurt am Main, Mus. f. Kommunikation; Mainz, Kultusmin. RP; Mainz, Landtag; Paris, Bibliothèque Nat.; Trier, StM Simeonstift – **Ö:** Donauwörth, Spk.; Frankfurt am Main, Dt. Post; Koblenz, Oberpostdir.; Köln, Verb. Kommunaler Unternehmen; Luxemburg, WBZ-Bank; München, Pro Sieben; Panama-City, Architektenkammer; Saarbrücken, PSD-Bank; Trier, Sparda Bank; ebda, Volksbank, Spk., Industrie- u. Handelskammer, Stadtwerke; – Kunst am Bau: Luxemburg, Soft Carrier; Paris, American Center; Trier, Berufsbild. Schulen; ebda, Friedrich Spee Gymnasium, Technologie Centrum – **E:** u. a. 84 Berlin, Lichtstudio an d. Oper; 88 Bonn, Ldesvertretung Rh.-Pf.; 89 Bologna, Gal. Unione cattolica artisti italiani; 90 Trier, Rheinisches LM; 93 Luxembourg, Nat.-Bibliothek; 94 Trier, RH; Solingen, Gal. Wipperkotten; 96 Luxemburg, Europ. Gerichtshof; 97 Nürnberg, Arauco; 97, 00 Luxemburg, Gaasch; 98 Trier, Tuchfabrik; 99 Dt. Post in Frankfurt am Main u. Koblenz; 00 Trier, Europ. Rechtsakad.; 01 Trier, Schloß Monaise; 02 Strassen, Gal. Spiren; Colmar, Broglin; 03 Luxemburg, Gal. SeriArt – **G:** zahlr. Ausst.bet. u. a. 92, 97 Luxemburg, Konschthaus b. Engel; 95 Singen, Gal. im Alten Haus; 00 Zofingen, Leupi; Ascona, Leupi; 01 Colmar, Koifhus – ***Lit:*** Kat. u. Bücher: Artistes Latino. Américains de Paris 74; Grands et Jeunes d'Aujourd'hui 84; Jeune Peinture une Histoire 1950–1983 84; Kunst und Künstler aus Rheinland-Pfalz 84; Querschnitt 86; Schwarz Weiß 89; Reale Landschaft – Imaginäre Landschaft 91; Badstüber: Farbe, Struktur, Form, Ausstkat. 92; Estuaires Luxemburg 93; Von Bild zu Bild – Pro Sieben 96; Art Galerie Armand Gaasch 97; – sowie zahlr. Beitr. in Ztgn u. Zss – (Red.)

Dibbets, Jan (Jan Gerardus Johannes Maria Dibbets), Prof., Konzept- u. Landartkünstler, Maler, Zeichner, Fotograf, Filmemacher; XXX, Loc. Pod. Vernano, I-53040 San Casciano dei Bagni (SI) (* Weert/Limburg 9. 5. 41) – **VG:** Düsseldorf, Fischer; Paris, Lelong – **S:** 59–63 Acad. voor Beeldende en Bouwende Kunsten Tilburg (Lehramt); 61–63 Malerei b. Jan Gregoor in Eindhoven – **L:** seit 84 Staatl. KA Düsseldorf (Prof.) – **P:** Stip. f. Freie Malerei 65; Stip. d. British Council 67; Cassandra Found. Award 71; Rembrandt-Pr. d. Johann Wolfgang v. Goethe-Stift. Basel 79; Sikkenspreijs d. Sikkens Found. Maastricht 95 – **M:** u. a. Adelaide, Art Gall. of South Australia; Amsterdam, Stedelijk Mus.; Basel, KM; Canberra, NG of Australia; Den Haag, Haags Gemeente-Mus.; Eindhoven, Van Abbemus.; Grenoble, Mus. de Grenoble; Groningen, Groninger Mus.; Hamburg, KH; Hartford/CT, Wadsworth Atheneum; Helsinki, Ateneum; Humlebæk, Louisiana Mus. of Mod. Art; Krefeld, Kaiser-Wilhelm-Mus.; Köln, Mus. Ludwig; Maastricht, Bonnefanten-Mus.; Minneapolis/MI, Walker AC; New York, Guggenheim; Paris, Centre Pompidou; Rotterdam, Mus. Boymans Van Beuningen; Turin, Mus. d'Arte Contemp.; Wolfsburg, KM; Wuppertal, Von der Heydt-Mus. – **E:** u. a. 72 Jerusalem, Israel Mus.; Amsterdam, Stedelijk Mus.; 73, 75 New York, Leo Castelli Gall.; 75 Luzern, KM; 76 Edinburgh, Scottish Arts Council; 78, 80 Maastricht, Bonnefanten-Mus.; 84 London, Waddington Gall.; 85 Belgrad, MSU; 87 New York, Guggenheim Mus.; 89 Paris, Lelong; 96 Rotterdam, Witte de With; 00 Wien, Bawag Found.; 01 Frankfurt am Main, Grässlin – **G:** u. a. 68 Paris, Mus. d'Art Mod. de la Ville; 70 Tokio, Bienn.; New York, New York Cultural Center; 72, 77, 82 Kassel, documenta; 72, 88 Venedig, Bienn.; 83 São Paulo, Bienn.; 96, 99 Amsterdam, Stedelijk Mus.; 97 Berlin, Martin-Gropius-Bau; 99 New York, MOMA; Eindhoven, Van Abbemus.; Wolfsburg, KM; 00 New York, Guggenheim; 02 Paris, Orangerie et Jardin du Luxembourg; Maastricht, Bonnefanten-Mus.; Düsseldorf, Parduhn; 03 Düsseldorf, KH; Düsseldorf, Fischer; Zürich, Migros Mus.; Minneapolis/MI, Walker AC – ***Lit:*** AKL; Contemp. Artists 96; Dictionary of Art 96 – (Red.)

†**Dick,** Axel; Lebte in Braunschweig. (* Dortmund 26. 10. 35, † 30. 1. 06) – **VG:** Wolfenbüttel, Mathea – **S:** 56–60 HBK Berlin (Kunstpädadogik b. Volker) – **L:** 70–72 HBK Braunschweig (Kunstpädagogik); 72–97 Staatl. Studiensem. Braunschweig – **Ve:** BBK Nds. 68; Dt. Künstlerbund 72–02; Westdt. Künstlerbund 72–02 – **G/T:** Malerei, Graph. (Siebdruck), Plast. (Neon- u. Plexiglas) – **W:** mehrere Werke in Privat- u. Museumsbes., u. a. in Berlin, Braunschweig, Essen, Frankfurt, Köln, Stuhlweissenburg u. Wolfsburg – **M:** u. a. Ingolstadt, Mus. f. Konkrete Kunst; Wolfsburg, StG – **Ö:** Braunschweig,Oberldesgericht; ebda, StM; Hamburg, Gymnasium Fischbeck-Neugraben – **E:** zahlr. Ausst. seit 63, u. a. 65 Baltimore, Studio North; Rockville, Joest Gall.; 66 Berlin, Haus am Wannsee; 68 Göttingen, Foyer Intern. Begegnungen; 69 Koblenz, Teufel; Köln, Kümmel; Wolfsburg, Rothe; 70 Wilhelmshaven, KH; 71 Bremen, KS Böttcherstraße – Paula-Modersohn-Becker-Mus.; 72 Köln, Gal. am Rhein; 73 Bielefeld, Gal. Jesse; Oldenburg, KV; 74 Bonn, Circulus; Amsterdam, Gal. van Hulsen; 75 Dortmund, v. Götz; Saarbrücken, Gal. Sankt Johann; 76 Wolfsburg, StG; Nordhorn, StG; 77 Berlin, Funkausst. Blaupunkt Pavillon; 95 Braunschweig, Torhaus-Gal.; 00 Wolfsburg, Volkswagen AG; 01 Hameln, Kunstkreis; 02 Kirchenkampus – **G:** zahlr. Ausst.bet. seit 61, u. a. 82 Kassel, documenta; Bonn; 83 Wolfsburg (Frieden); 84 Mannheim; 93 Ingolstadt, Mus. f. Konkrete Kunst; Maastrich, Graph.bienn.; Gelsenkirchen, Siegen, Dessau – **V:** zahlr. Veröff. u. a. Zu meiner Arbeit, Kat. 74; Vom Überwinden eines Systems, Kat. 74; Kunsterziehung heute 74; Räume – Organisation – Materie – Energie, Kat. 76; Goethes Farbenlehre und die Folgen 90; Was ist Kunst an der Fotografie? Einführung zur Ausstellung 94; Einführung zu Duane Michals 96

Dick, Georg, Graphiker, Maler; lebt in Chemnitz (* Karl-Marx-Stadt 30. 12. 71) – **VG:** Chemnitz, Gal. Borssenanger; Offenbach am Main, Artycon – **S:** 88–91 Abendschule d. FHS f. angew. Kunst Schneeberg – **P:** Villa-Casa-Baldi-Stip. d. Sä. Staatsmin. 93 – **KGr:** Oscar (seit 90) – **G/T:** Malerei u. Graph. (v. a. auf Leinwand aufgezogene, übermalte Hschn.) – **E:** / G: zuletzt 01 Leipzig, Artco; 01, 03 Chemnitz, Gal. Borssenanger; 02 Hamburg, Ernst Barlach Haus; Chemnitz, Volksbank; 03 Havanna, Mus. Humboldt; Houston/Tex., Redbud Gall.; 04 Offenbach am Main, Artycon – **V:** G. D. u. a.: Kreuzwege, Graph.mappe 02 – ***Lit:*** AKL – (Red.)

Dick, Inge, Malerin, Fotografin; Au 38, A-5311 Loibichl, Tel. u. Fax (0 62 32) 21 84 (* Wien 15. 1. 41) – **VG:** München, Bender; München, Walser; Wien, Lindner; Zug, Gal. Weber – **S:** 62–63 HS f. angew. Kunst Wien (b. Prof. Herberth) – **KGr:** MAERZ (89) – **G/T:** Malerei u. Fotogr. (konstruktiv-konkret, ser. Arb., u. a. Polaroid-Fotogr., z.T. Inszenierung d. Bildfolgen in Verbindung m. Glas, Auseinandersetzung m. d. Wahrnehmung v. Farbe u. Licht) – **M:** Amersfoort, Mondriaanhuis; Bonn, KM; Graz, LM Joanneum; Ingolstadt, Mus. f. Konkrete Kunst; Köln, Mus. Ludwig; Linz, LG; München, Lenbachhaus; New York, Guggenheim; Salzburg, Rupertinum; Schwäbisch Hall, Hällisch-Fränkisches Mus.; Wien, Albertina; Wien, MMK Stiftung Ludwig; Wien, Pal. Liechtenstein – **Ö:** Salzburg, Bildungshaus St. Virgil (Bildtafeln im Meditationsraum) – **E:** zuletzt u. a. 01 Zug, Gal. am See; Linz, LG; 02 Gießen, Wosimsky; 03 Graz, Mus. d. Wahrnehmung; Ilmenau, Kleine Gal.; London, Hirschl Contemp. Art – **G:** zuletzt u. a. 03 Erfurt, Forum Konkrete Kunst; Gießen, Wosimsky; Salzburg, Gal. Fotohof; Houston, Roesch; Wroclaw, Archit.mus.; München, Lenbachhaus; 04 St. Pölten, NdÖst. Ldesmus. – ***Lit:*** AKL – (Red.)

Dicke, Willy, Maler, Graphiker, Illustrator; Kniprodestr. 95–97, D-26388 Wilhelmshaven, Tel. (0 44 21) 5 13 82, Fax 77 18 53, *willydicke@t-online.de*, *www.willydicke.de* (* Wilhelmshaven 27. 12. 46) – **G/T:** Malerei, Graph., Ill.

Dickerhof, Maya, Fotografin; Langstr. 35, CH-8004 Zürich (* Zürich 7. 4. 70) – **S:** 90–95 Höhere Schule f. Gest. Zürich (Fotogr.); 94 Napier Univ. Edinburgh – **P:** Atelierstip. d. Stadt Zürich f. Paris 96; MAGAZIN-Fotopr. 02 – **G/T:** konzept. Fotoarb. (u. a. m. verdeckten Bildmotiven); z.T. ästhetische u. thematische Anlehnung an d. Amateur-Fotogr. – **G:** u. a. 95 Zürich, Höhere Schule f. Gest.; 96, 99 Zürich, Helmhaus; 97 Paris, Cité Intern. des Arts; 98 Uster, Spital; 02 Zürich, ewz-Unterwerk Selnau; 04 Lausanne, Mus. de l'Elysée; London, Hayward Gall. – ***Lit:*** AKL; BLSK 98 – (Red.)

Dickerhof, Urs, Maler, Graphiker, Schriftsteller; Quellgasse 8, CH-2502 Biel (* Zürich 14. 12. 41) – **S:** 59–63 KGS Bern – **L:** seit 79 Kantonale Schule f. Gest. Biel (Dir.) – **P:** u. a. Stip. d. Stadt Zürich 64, 70; Stip. d. De Harries-Stift. Bern 65; Stip. d. Kt. Zürich 65, 68, 71; Stip. d. Kt. Bern 66, 67; Eidgenössisches Stip. 68, 70, 71; Lit.pr. d. Kt. Bern 70; Stip. d. Louise-Aeschlimann-Stift. Bern 71; Künstler d. Jahres, Verb. Schweiz. Sportjournalisten 88; Ehrung f. kult. Verdienste, Stadt Biel 04 – **G/T:** Malerei, Graph., Collage, Assemblage, Objektkunst, Kunst im öff. Raum, Bühnenbild, Ausst.gest. – **W:** Co-Organisator d. Wanderausst. 'Tell 73' in 5 schweiz. Mus., d. Ausst. 'Tatort Bern' im Mus. Bochum sowie zahlr. Veranstaltungen, u. a. im KM Bern u. im KV Biel; – ZAHLR. SLGN, u. a. Schweiz. Eidgenossenschaft, Schweiz. Nat.bank, Philips Schweiz, Philip-Morris-Coll. USA, Stadtwerke Bochum, Ville de Lancy/Genf, Crédit Suisse, UBS, Stadt u. Kt. Bern, Städte Zürich, Basel, Burgdorf u. Biel – **M:** u. a. Basel, Kantonalbank; Berlin, Graphothek; Berlin, Kpst.-Kab.; Berlin, Schering KS; Bern, KM; Bern, Kantonalbank; Biel, Kunsthaus Centre PasquArt; Bocholt, Kunsthaus; Bocholt, StG; Bochum, Mus.; Brünn, Mus.; Grenchen, Kunsthaus; Lübeck, Overbeck-Ges.; New York, Michael Wainston Coll.; Thun, KM – **Ö:** u. a. Bern, Schulanlage Wittigkofen; ebda, Psychiatr. Univ.klinik, Haus d. Sportes, UEFA, Kantonale Zeughäuser; Biel, Altersheim Redernweg; ebda, Mikromechan. Schule, Publicitas, Druckzentrum W. Gassmann AG, Bundesamt f. Kommunikation; Bochum, Mus. (Wandmalerei); Genf, Inst. Dentaire; Grenchen, Haldenschulhaus; Interlaken, Berufsbildungszentrum; Meikirch, Sekundarschule; Pratteln/Basel, Coop-Forsch.zentrum; Saarbrücken, Klinik Sulzbach (Gest. Lichthof); San Abbondio, Via Crucis; Schwarzenburg, Kindergarten; Tavannes, Halle d. Sports; Thun, Ausb.-zentrum Seepark d. Schweiz. Bankver. – **E:** 64 Göppingen, Gal. am Hailing; 65 Stuttgart, Gal. am Berg; Zürich, Städt. Kunstkammer im Strauhof; 66, 91 Pforzheim, KV; 68 Dortmund, Knoll Intern.; Ascona, Gall. La Cittadella; 70 Grenchen, Brechbühl; Zürich, Coray; 71 Berlin, Modern Art Gal.; 75, 78 Bern, KM; 75, 86, 91 Bochum, Mus.; 76 Bern, KH; 78 Bocholt, Kunsthaus; 86, 92, 98 Bern, Krebs; 89 Basel, Mäder; 93, 98, 05 Biel, Kunsthaus Centre PasquArt; 97, 02, 04 Mönchengladbach, Noack; 05 Zürich, Wirth – **G:** u. a. 82 Bern, KH; 89 Bochum, Mus. – **V:** Ich U.D. undsoweiter, eine Art Bilderb. 69; D wie Dickerhof, Dok. 70; Mischa u. das blaue Feuer 71; Ein Journal für bessere Tage 73; Taschenbuch für W.T. 73; Die Bochumer Drucksache 75; Tatort Bern 76; Fingerübungen 78; Hefte 1–4 83–84; Große Freiheit Nr. 1 84; Die Funktion des Betrachters 86; Mein linkes Auge ist die Nacht 89; SpiegelSchriftBilder, Trilogie 91–93; Zeichen am Horizont 99; Schrift: Die Notizen vom Tal, Neuauflage 99; Willkommen in unbehinderten Welten 00 – ***Lit:*** AKL; BLSK 98

Diebel, Ursula, Diplomdesignerin, Bildhauerin; Kalmitstr. 8, D-68163 Mannheim, Tel. (06 21) 41 61 30 (* Frankfurt am Main 13. 12. 57) – **VG:** Ettlingen, Suciu – **S:** 78–84 FHS Niederrhein Krefeld (Produktdesign, b. Prof. Hans Joachim Albrecht) – **L:** 85–89 FS Karlsruhe (LAuftr. f. Werken); seit 92 FS Neckargemünd/Mannheim (LAuftr. f. Bildnerisches Gest. u. Werken); 94, 95 FHS Niederrhein (LAuftr. f. Plast. Gest.) – **P:** Richard-Bampi-Wettb. 87; Förd.pr. Die keramische Plast. Höhr-Grenzhausen 94 – **G/T:** Zeichn., Plast. – **W:** Kunstwerke in Privatbes. – **M:** Berlin, SMPK (KGM); Höhr-Grenzhausen, Keramik-Mus. Westerwald; Wiesbaden, Nassauische Spk. – **E:** 93 Pforzheim, Brötzinger Art; 01 Ettlingen, Suciu – **G:** 86 Freiburg, Schneider; 87, 89, 91, 99 Offenburg, StG im Spitalspeicher; 94 Bühl (Kunstpr. d. Stadt); 94, 97 Höhr-Grenzhausen (Ausst. z. Förd.pr.); 96 Mannheim, StKH; 00 Darmstadt, Vahle; 01, 02 Moers, StG; 02 Mannheim, Reiß-Mus. – **V:** Künstlerischer Gestaltungsprozeß und Rezeption, in: Keramos 131/91; Wandrelief/St. Elisabeth, in: In anderem Licht – Kunst in Darmstadts Kirchen 97 – ***Lit:*** u. a. Keramik-Design Krefeld 83; Die Skulptur aus Ton. Elisabeth Schneider Preis 86; Ulrich Philippi: Dok. z. Richard-Bampi-Pr., in: Keramos 117/87; Zeitgenössische Keramik. Wettbewerb und Ausstellung 87, 89, 91; Deutsche Keramik '92. Westerwaldpreis Höhr-Grenzhausen 92; Gustav Weiss: Die neue Materialästhetik, in: Neue Keramik 5/94; Eike Reuter: Die keramische Plastik, in: Keramik info Heft 2 94; Gabi Dewald: Vorfahrt für die Verhaltenheit, in: Keramik Magazin Heft 4 16/94; Kunstpreis der Stadt Bühl 94; Joachim Waldrich: Who's Who in Contemporary Ceramic Arts 96; Die keramische Fläche. Förderpreis Keramik 1997 der Nassauischen Sparkasse 97; Zeitgenössische Keramik. Wettbewerb und Ausstellung 99; Augenlust. Zeitgenössisches Kunsthandwerk in Deutschland mit europäischen Gastbeiträgen 99 – (Red.)

Dieckmann, Gabriele J.; 80 Rte des Colondalles, CH-1820 Montreux, Tel. 02 19 64 16 00, Fax 02 19 64 16 00, *gjdieckmann@freesurf.ch*, *www.gjdieckmann.ch* – **G/T:** Malerei – (Red.)

Dieckmann, Henry, Maler (* Verden/Aller 19. 6. 33) – **VG:** München, Gal. Hell; Amsterdam, Hamer – **G/T:** naive Malerei (Öl auf Holz, v. a. Darst. v. Menschen in Alltagssituationen in ländlicher o. städt. Umgebung, bes. Paris) – **M:** Berlin, Slg d. BRD; Bremen, Focke-Mus.; Hamburg, Altonaer Mus.; Laval, Mus. Henri Rousseau; Neuss, Clemens-Sels-Mus.; New York, UNESCO; Recklinghausen, Vestisches Mus.; Vicq/Yvelines, Mus. intern. d'Art naïf – **E:** zuletzt 04 Amsterdam, Hamer – **G:** zuletzt 03 Haaren, Gal. Studio in-art; Amsterdam, Hamer; Den Haag, Gal. Lijn 3 –

V: H. D. u. a.: Naive Malerei, Künstler-Kal. 04 – *Lit:* Schweers 02 – (Red.)

Diederich, Martina, Malerin, Graphikerin; Lavenstr. 6a, D-54290 Trier, *martina@die-der-ich.de, www.die-der-ich.de* (* Mayen 7. 4. 62) – **S:** 82–86 FHS Trier (Kommunikationsdesign-Graph.design, b. Prof. Kubern) – **L:** 02–06 Saarpf. Sommerakad. (Freie Doz., Drucktechniken) – **P:** Kunstpr. d. Stadt Kirn (f. Graph., 2. Pr.) 98 – **Ve:** BBK Rh.-Pf. 97; VG Bild-Kunst 01; Ges. f. Bild. Kunst Trier 04 – **G/T:** Aktzchng; Malerei (Öl, Acryl); Drucktechniken (vorw. Aludruck) – **K:** Drucktechniken, Aktzeichnen – **W:** zahlr. Gemälde u. Zchngn in Privatbes. – **Ö:** Trier, RH – **E:** u. a. 00 Oberwesel, DiDa Art; Mayen, Weingartz; 01 Koblenz, Kult.-fabrik; 03 Trier, Tufa; Trier, ERA; 04 Köln-Sürth, Alte Lederfabrik; 05 Speicher, arteform – **G:** zahlr. Bet., u. a. 01 Frankfurt am Main, BBK-Gal.; 02 Kirn, Kunstpr. d. Stadt; 04, 06 Mainz, Kunst-direkt; 06 Trier, Ges. f. Bild. Kunst

Diedering, Fritz, Prof. em., Maler, Graphiker; Am Ried 4, D-09117 Chemnitz (* Halle/Saale 24. 11. 31) – **S:** 51–53 HGB Leipzig (b. Elisabeth Voigt); 57–61 HS f. industr. Formgest. Burg Giebichenstein Halle/Saale (b. Kurt Bunge, Lothar Zitzmann, Willi Sitte u. Meinolf Splett) – **L:** 76–97 FS f. angew. Kunst Schneeberg; 92–97 Westsä. HS Zwickau (Prof. f. Naturstud., em. 97); z.Z. HITEC-Akad. – Fachoberschule f. Gest. u. Technik Chemnitz (objektorientiertes u. freies Gest., Schriftgest.) – **P:** Kult.pr. d. Bez. Karl-Marx-Stadt 72; Verdienst-Med. d. DDR 73; Johannes-R.-Becher-Med. in Gold 81; Vaterländischer Verdienstorden in Silber 83 – **G/T:** Malerei (Öl, Aqu.); Graph. (Lith., Hschn., Rad.); angew. Kunst (Wandbilder, Gobelins, Keramik, Glasfenster) – **M:** Chemnitz, KS; Unterwellenborn, KS Maxhütte – **E:** u. a. 98 Chemnitz, Rosenkranz; 91 Köln, Peveling; 02 Chemnitz, Neue Chemnitzer Kunsthütte – **G:** 97 Chemnitz, Neue Sä. Gal.; Köln, Peveling – *Lit:* AKL – (Red.)

Diehl, Edgar, Maler, Objekt- u. Installationskünstler; Adelheidstr. 86, D-65185 Wiesbaden (* Sprendlingen/Rheinhess. 29. 4. 50) – **VG:** Freiburg im Breisgau, Skulpt.-Kab.; Hanau, König – **S:** 70–72 TU Berlin (Archit.); 72–78 Städelschule Frankfurt am Main (Malerei u. Kunsttheorie b. Raimer Jochims, Meisterschüler) – **P:** Pr. f. Druckgraph. d. Städelschule 75 – **G/T:** v. a. Bildobjekte (monochrome Farbflächen auf Aluminium, Acryl auf MDF-Holz, Reliefs); archit.- u. raumbezogene Arb.; künstler. u. kunsttheoretische Auseinandersetzung m. Farbe (bes. Farbpsychologie) – **M:** Wiesbaden, Mus. – **Ö:** Darmstadt, Fa. 6/0/7 (Treppenhausgest.) – **E:** u. a. 91 Kaiserslautern, Pfalz-Gal.; 93 Neu Isenburg, Haack (m. Joachim Raab); 95 Kiedrich/Rheingau, Weingut Robert Weil; 98 Luzern, HS f. Gest. (Ausst. m. Vortrag); 01 Darmstadt, Regionalgal. Südhess. – **G:** u. a. 98 Hünfeld, MMA; 00 Darmstadt, Darmstädter Sezession – **R:** John Westerdoll: Drei synästhetische Skizzen, Kompositionen f. Streichertrio z. Arb. v. E. D., Uraufführung Atelier E. D. Wiesbaden 96 – *Lit:* AKL – (Red.)

Diehl, Hans-Jürgen, Prof., Maler, Graphiker; Halberstädter Str. 7, D-10711 Berlin, Tel. (0 30) 8 92 36 21 (* Hanau 22. 5. 40) – **S:** 56–59 Staatl. Zeichen-Akad. Hanau; 59–62 ABK München (Malerei b. Hermann Kaspar); 62–63 Éc. Nat. Supérieure des Beaux-Arts Paris; 63–66 HBK Berlin (Meisterschüler b. Hann Trier) – **L:** 73 HBK Braunschweig (Gastprof.); seit 77 HBK Berlin (Prof. f. Malerei) – **Ve:** Dt. Künstlerbund 72 – **KGr:** Grossgörschen 35 (Mitbegr. 64); Aspekte (72) – **M:** Berlin, Berlinische Gal.; Berlin, NG; Hannover, Sprengel Mus.; Kiel, KH; München, Haus d. Kunst; Witten, Märk. Mus. – **E:** / G: u. a. 77 Ulm, Ulmer Mus.; Hannover, KV; 84 Köln, Friedrich; 95 Berlin, Gal. T + B; 97 Köln, Limmer; 00, 02 Hannover, Kesselhaus; 03 Köln, Schröder – *Lit:* AKL; Contemp. Artists 96; Reclams Künstlerlex. 02; Schweers 02 – (Red.)

Diehl, Wolfram, Dipl. Maler, Bildhauer; Atelier: Bäderstr. 27A, D-65321 Heidenrod, Tel. Mobil: 0 17 07 36 97 51, *wolf.kunst@t-online.de, www.wolf-kunst.de* (* Bad Schwalbach 19. 2. 60) – **S:** 82–85 Wiesbaden (Schüler d. Malers Michael Schubert); 85–90 GesamtHS Kassel (Freie Malerei b. Prof. Kurt Haug, Dipl.); 86–87 Sommerakad. f. Steinbildhauerei Paris (b. Prof. Antans) – **L:** seit 88 VHS Wiesbaden (Doz. f. Zchng, Aqu. u. Ölmalerei) – **Ve:** BBK Wiesbaden 95; Die Galerie e.V. (Diel u. Kuschewitz, Gründungsmitgl.) 03 – **K:** Malerei u. Bildhauerei (Die Galerie e.V.) – **Ö:** Wiesbaden, Nassauische Spk.; ebda, Stadt – **E:** / G: u. a. 86 Mainz, Inst. Français; 88, 89 Kassel, Schaufenstergal.; 88 Willebadessen, Skulpt.park; 90 Wiesbaden, Möhring; Traben-Trarbach, Kult.amt; 91 Wiesbaden, Gal. d. EWZ; 92 Taunusstein, Glashaus Derix; Wiesbaden, Kult.amt; 93 Wilhelmshaven, Gal. Ambiente; Mannheim, Camue; 94 Wackernheim, Hutten-Ostermayer; 95 Bonn, Gästehaus d. Ldesvertretung Hess.; 95, 98 Jülich, KV; 96 Wiesbaden, Nassauischer KV; 96, 98, 00 Wiesbaden, Kunst im Weinberg; 97 Wiesbaden, Villa Clementine; Wiesbaden, Kuschewitz; 98 Jülich, KV; 99 Bad Schwalbach, Ausst.halle Eden Park; 00 Wackernheim, Gal. im Kirschgarten; 03 Idstein, Gerberhaus; 03, 04, 05 Lorch, Weingut Altenkirch; 05 Fürstenfeldbruck, Offene Ateliers; Idstein, Gal. Speicher – *Lit:* AKL

Dieker, Birgit, Bildhauerin; lebt u. arbeitet in Berlin (* Gescher/Westf. 69) – **VG:** Berlin, Diehl – **S:** 93–99 HdK Berlin (Bildhauerei b. Prof. M. Schoenholtz, Meisterschülerin) – **P:** Stip. d. Cusanuswerkes Bonn 97; Georg-Meistermann-Stip. 99; Bernhard-Heiliger-Pr. f. Skulpt. (Nachwuchsstip.) 01; Pr. d. Ilse-Augustin-Stift. z. Förd. bild. Künstler 02 – **E:** / G: u. a. 99 Münster, KV; Berlin, Busche; 02 Berlin, Diehl: Kardio (Kat.); 03 Manchester, Whitworth AG; Berlin, Märkisches Mus.; New York, Mus. of Arts & Design; Frankfurt am Main, MAK; – weitere: Wolfsburg, Junge Kunst e.V.: Die Autopsie des Schönen (Kat.) – **V:** Eckhart Britsch (Ess.): garde-robe 99

Diekmann, Dorsten, Bildhauer; Hengstheide 11, D-32657 Lemgo, Tel. (0 52 61) 6 63 81, *info@dorsten-diekmann.de, www.dorsten-diekmann.de* (* Osnabrück 4. 4. 60) – **VG:** Siegen, Gal. am Alten Garten; Berlin, Konzeptgalerie buepa.com – **S:** 82–85 WerkKSch Flensburg (Bildhauerei) – **P:** Kult.förd.pr. d. Ldesverb. Lippe 92 – **Ve:** BBK Ostwestf.-Lippe – **G/T:** Bildhauerei, Steinskulpt. – **Ö:** Angermünde, Skulpt.promenade am Mündesee; Büdelsdorf, Kic-Skulpt.park; Detmold, Telekom-Verwaltungsgebäude; ebda, Gedenkstein Lortzingstr.; Extertal-Bösingfeld, Altenzentrum; Lemgo, Staff-Ldschaftspark; ebda, Kirche St. Nicolai – **E:** 92 Lemgo, StG Eichenmüllerhaus; Frankfurt/Oder, Gallus; Brake, Schloßscheune; Bernau, Brandenburg Klinik; 96 Lichtenau, Klosterkirche Dahlheim; 97 Bielefeld, Lübbe; 99 Lemgo, Schloß Brake; 01 Siegen, Gal. am Alten Garten; 02 Schwalenberg, Robert-Koepke-Haus; 03 Oostduinkerke, De Muelenaere & Lefevere – **G:** u. a. 95 Lüneburg, Mus. f. d. Fürstentum Lüneburg; 97, 99 Höxter, Untermühle; 98, 99, 00, 01 Schwalenberg, Robert-Koepke-Haus; 00 Lemgo, Zumtobel-Staff-Lichtforum; 03 Büdelsdorf, Nord Art; Detmold, Kunstmarktver. – *Lit:* D. D. Steine – Skulpturen, Ausst.kat. 99; D. D. Reflexionen. Skulptur im Staff-Landschaftspark – (Red.)

Diekmann, Heinz, Bildhauer, Maler, Graphiker; Spitalgasse 4, D-63303 Dreieich-Dreieichenhain, Tel. (0 61 03) 8 28 25 (* Fürstenwalde/Spree 18. 2. 25) – **S:** 42–43 Meisterschule d. dt. Handwerks Berlin (Malerei); 49–55 HBK Berlin (angew. Malerei, Meisterschüler b. Prof. Hans Orlowski) – **P:** Studienfahrtenpr. d. Heussenstamm- Stift. 74; Kunstpr. d. Kr. Offenbach (m. Christel Diekmann) 80 – **Ve:** VG Bild-Kunst seit 84 – **KGr:** Xylon (seit 57); Deutsche Gruppe Textilkunst (79–91) – **KGe:** H. D. u. Christel Diekmann (seit 55 im Bereich Textilkunst) – **G/T:** Hschn.-Zyklen (Tierwelt, Mummenschanz, Stadtbild Berlin, Küchenbrettstilleben, Totentanz d. Bäume); Thema Baum u. Wald in Zeichn. Hschn., Materialdruck, Malerei, Plast., Tapisserie u. Objektkunst (Textil) – **W:** überw. in Privatbes. im In- u. Ausld. – **M:** Berlin, SMPK; Darmstadt, StKS; Dreieichenhain, Dreieich-Mus.; Düsseldorf, Heinrich Heine-Univ. (GrS); Frankfurt am Main, KS; Mainz, Gutenberg-Mus.; Offenbach am Main, Klingspor-Mus.; Rockenhausen, Mus. Pachen; Seligenstadt, Ldschaftsmus. – **Ö:** Bad Homburg, Post- u. Fernmeldeamt; Dieburg, FHS; Dreieich, Spk.; Dreieich, Volksbank; Kassel, Gewerbeaufsichtsamt; Langen/Hessen, Postamt; Mainz-Kostheim, Ev. Kirche Stephanusgemeinde; Manchester, Goethe-Inst.; Offenbach, Post- u. Fernmeldeamt; Wiesbaden, Behördenzentrum Schiersteiner Berg – **E:** 58 Berlin, Kunstamt Charlottenburg; 59 Braunschweig, KV; Osnabrück, StM; Münster, Die Schanze; 65 Göttingen, StM; 66 Pforzheim, KV; 73 Basel, Art; 85 Dreieichenhain, Dreieich-Mus.; 04 Seligenstadt, Ldschaftsmus.; – sowie: ab 06 Dreieichenhain, Kunststätte Diekmann (Dauerausst.) – **G:** zahlr. Auss.-bet. 48–61 in Berlin; 57–04 Bet. an Xylon Ausst.; 79–91 Ausst. Deutsche Gruppe Textilkunst; 57, 59, 65 Ljubljana, Intern. Graph. Bienn.; 61 Grenchen, Biennale f. farbige Graph.; 65 Lausanne, Intern. Tapisserie Bienn.; 75 Berlin, SMPK (KGM); Hamburg, MKG; Köln, KGM; 76 München, SM; Karlsruhe, Badisches LM; Frankfurt am Main, MAK; 85 Heidelberg, KV; 00 Tokio, NM; 01 Ulm, Stadthaus – **V:** Frederik Hetmann (Text): Madru. Das Märchen vom großen Wald (Hschn. u. Schrift), Mappenwerk 84 – ***Lit:*** Das große Buch der Tapisserie 65; Christel und Heinz Diekmann: Weben 81; Frederik Hetmann: Baum und Zauber. Diekmanns Totentanz der Bäume 88; Leonie v. Wilckens: Geschichte der deutschen Textilkunst 97

Diel, Max, Maler; Tel. (0 30) 6 92 32 33, *info@maxdiel.de*, *www.maxdiel.de* (* Freiburg im Breisgau 25. 4. 71) – **VG:** Bonn, Schneider; Berlin, MAE Gal. Eikmeier – **S:** 92–96 Gerrit Rietveld Akad. Amsterdam; 96–99 HdK Berlin (Malerei, 99 Meisterschüler) – **W:** zahlr. Werke in Privatbes. – **M:** Basel, Slg Kunstkredit; Bonn, Schneider; Freiburg im Breisgau, Morat-Inst. f. Kunst u. Kunstwiss.; Freiburg im Breisgau, Mus. f. Neue Kunst; Hamburg, Privatslg Siegmann; Köln, Privatslg Vennebusch – **Ö:** Berlin-Friedrichshain, Gürtelstr. (Fassadengest.) – **E:** 00, 02, 05 Bonn, Schneider; 03 Freiburg im Breisgau, Studio Südwestdt. RF; Berlin, MAE Gal. Eikmeier; 04, 05 New York, Raben; 06 Berlin, KV Tiergarten (m. Christian Hahn u. Georg Weise); Karlsruhe, Art Karlsruhe; Frankfurt am Main, Maurer; Basel, Graf & Schelble; 07, 08 Freiburg im Breisgau, Morat-Inst. f. Kunst u. Kunstwiss. – **G:** zahlr. Ausst.bet. seit 99, zuletzt 03 Hégenheim, FABRIKculture: Regionale Basel; 04 Freiburg im Breisgau, Mus. für Neue Kunst: konkret. schwarz. wald; 05 Bern, Stadt- u. Univ.-bibl.: Jean Gebser – ein Kult.phil. u. Dichter in Bern; New York, Space B Gall.: Natural Reaction; 06 Bonn, Schneider: Priceless Painting – ***Lit:*** Michael Schneider: Im Zwielicht, Ausst.kat. 02; – div. Ztgsrez., u. a. in Frankfurter Allg. Ztg, Bonner Generalanzeiger, Badische Ztg

DIELIE s. Liedtke, Dieter

Diem, Eduard; Höpflergasse 6, A-1230 Wien, Tel. (01) 8 65 37 66 – **VG:** Wien, Gal. am Salzgries – **G/T:** Bildhauerei, Malerei, Graph. – (Red.)

Diem, Hanna-Regina s. Uber, Hanna-Regina

Diemer, Annette, Silberschmiedin, Goldschmiedin; Peter-Sonnenschein-Str. 45, D-28865 Lilienthal, Tel. (0 42 98) 46 70 20, Fax (0 42 98) 46 70 25 (* Wittenfelde/Pommern 30. 8. 43) – **S:** ABK Nürnberg (b. Prof. Andreas Moritz) – **P:** Auszeichnung d. Senats d. Freien Hansestadt Hamburg 70; Auguste Papendieck-Pr. d. Spk in Bremen 72; Hessischer Staatspr. f. d. Dt. Kunsthandwerk Frankfurt 78; Pr. d. Justus-Brinkmann-Ges. Hamburg 83 – **Ve:** BK; Arb.kr. Angew. Kunst Bremen; AG Kunsthandwerk Hamburg – **G/T:** Gefäß u. Gerät (Silber, Gold, Bergkristall, Bronze, Eisen); Schmuck (Gold u. Silber) – **M:** Antwerpen, Zilvermus. Sterckshof Povincie Antwerpen; Bremen, Focke-Mus.; Flensburg, Museumsberg; Frankfurt am Main, MAK; Hamburg, MKG; Hannover, Kestner-Mus.; Karlsruhe, Badisches LM; Riga, Schwarzhäupterhaus; Schleswig, LM f. Kunst u. Kult.-Gesch. Schloß Gottorf – **Ö:** Bremen, Friedhof (Gest. d. Eingangsbereiches) – **E:** 83 Hamburg, MKG; 88 Bremen, Focke-Mus. – **G:** zahlr. Ausst.bet. im In- u. Ausland – ***Lit:*** Kat. (Mus. f. Kunst- u. Kult.geschichte Bremen) 88; div. Veröff. in Kunst- , Kult.- u. Fachzs

Diemer, Christoph, Gold- u. Silberschmied, Bildhauer; Am Mühlenbach, D-28865 Lilienthal, Tel. (0 42 98) 16 09, Fax (0 42 98) 65 43, *kontakt@ikon-plus.de*, *christoph-diemer.de* (* Demmin/Pommern 42) – **S:** 61–65 Lehre als Goldschmied; 65 WerkKSch Schwäbisch Gmünd; 65–69 ABK Nürnberg (b. Andreas Moritz, Meisterschüler- u. Abschluß-Dipl.) – **P:** Hess. Staatspr. f. d. Dt. Kunsthandwerk 78; Bay. Staatspr. (Goldmed.) 82; Pr. d. Justus-Brinckmann-Ges. 83; Auguste-Papendieck-Pr. 88, 00 – **KGe:** C. D. u. Annette D. (gemeinsame Wkst. seit 70) – **G/T:** Sakral- u. Gebrauchsgegenstände, Schmuck (meist in Gold m. Edelsteinen) – **M:** Berlin, KGM; Bremen, Focke-Mus.; Frankfurt am Main, MAK; Hamburg, MKG; Karlsruhe, Badisches LM; Schleswig, LM f. Kunst u. Kult.-Gesch. Schloß Gottorf – **E:** 83 Hamburg, MKG; Bremen, Focke-Mus. – **G:** zuletzt 03 Frankfurt am Main, MAK – ***Lit:*** AKL – (Red.)

Diener, Roger, Prof., Architekt; Salinenstr. 6, CH-4052 Basel (* Basel 7. 3. 50) – **S:** bis 76 ETH Zürich (Archit. b. D. Schnebli) – **L:** 85–86 ETH Lausanne (Gastprof.); 89–90 Harvard Univ. Cambridge/Mass. (Prof.); 92 Wiener Archit.sem. (Gastprof.); 96–98 ETH Lausanne (Prof. f. Entwurf u. Archit.theorie); seit 99 ETH Zürich (Prof.) – **KGe:** Diener & Diener: R. D. u. Markus Diener (Archit.büro) – **M:** Frankfurt am Main, Dt. Archit.-Mus. – **B:** Basel: Wohnbebauung Hammer-Str.; ebda: Wohnbebauung Bläsiring/Efringer-Str.; Biel: Centre PasquArt (Erweiterungsbau); ebda: St. Alban-Rheinweg 94/96 (Wohnhäuser mit Gewerberäumen), Steinentorberg/Innere, Margarethen-Str. (Bebauung), Domus-Haus (Umbau zum Archit.-Mus.), Synagoge (Umbau), Warteck-Gelände (Bebauung); Köln: Goethe-Str. (Gal. Gmurzynska); Salzburg-Lehen: Wohnsiedlung Hans-Sachs-Hof – **E:** u. a. 88 Lausanne, ETH; 89 Basel, Archit.-Mus.; 95 Luzern, Archit.-Gal.; 98 Zürich, ETH – **V:** Das Haus und die Stadt. Diener & Diener: Städtebauliche Arbeiten, Kat. 95 – ***Lit:*** AKL – (Red.)

Dienst, Rolf-Gunter, Prof., Maler, Zeichner, Kunstschriftsteller; Lichtentaler Str. 14, D-76530 Baden-Baden (* Kiel 18. 11. 42) – **VG:** Frankfurt am Main, Appel – **L:** 68 Univ. New York (Gastdoz.); 69 HBK Braunschweig; 70 Städelschule Frankfurt am Main; 76 Gippsland Inst. for Advanced Education, SchA Church Australien; 77 Alexander Mackie College of Advanced Education Sidney; 89–90 AK Stuttgart (Gastprof. f. Malerei); seit 92 ABK Nürnberg (Prof. f. Malerei) – **P:** u. a. Villa-Romana-Pr. 68; Förd.pr. Bild. Kunst d. Kult.kr. d. dt. Wirtschaft im BDI 69; Cité Intern. d. Arts Paris 71; Villa-Massimo-Stip. 79; BVK am Bande 91 – **KGr:** SYN (Mitbegr. 64) – **M:** Aachen, Ludwig Forum; Bochum, Mus.; Dortmund, Mus. am Ostwall; Freiburg im Breisgau, Mus. f. Neue Kunst; Kaiserslautern, Pfalz-Gal.; Karlsruhe, SKH; Karlsruhe, StG; Kiel, KH; Leverkusen, StM Schloß Morsbroich; Linz, Lentos; Ludwigshafen, Wilhelm-Hack-Mus.; Mannheim, StKH; Sindelfingen, StG; Stuttgart, SG; Ulm, Ulmer Mus.; Wolfsburg, StG – **E:** zahlr. Einzelausst. seit 63, u. a. 88, 02 Kiel, KH; 92, 01 Dortmund, Mus. am Ostwall; 92, 02 Leipzig, MBK; 94 Stuttgart, Wilhelm; 98, 02 Wuppertal, Von der Heydt-Mus.; 00 Frankfurt am Main, Appel & Troschke; 02 Karlsruhe, SKH; Freiburg im Breisgau, Mus. für Neue Kunst – **G:** seit 63, u. a. 75 Melbourne, Univ. Art Gall.; 77 Florenz, Pal. Strozzi; 87 San Francisco, Art Inst.; 91 Bolzano, MAM; 93 Karlsruhe, Bad. KV; 03 Berlin, AK – **V:** Rhinozeros, lit. Revue (Mithrsg. 60–65); Das Kunstwerk, Zs. (Red. 65–91); sowie zahlr. Veröff. z. mod. Kunst – ***Lit:*** AKL; Reclams Künstlerlex. 02; Schweers 02 – (Red.)

Dier, Joachim Vitus, Dipl.-Designer; Schubertstr. 9, D-66802 Überherrn, Tel. (0 68 36) 37 98, Fax 91 92 56 (* Solpke/Gardelegen 11. 1. 45) – **S:** FHS d. Saarldes (FB Graph./Design, Grundlehre b. Prof. Oskar Holweck, Design b. d. Prof. Robert Sessler, H. Popp, D. Adt, Kunstgesch. b. d. Prof. Folkelt u. Enzweiler) – **P:** Ausz. m. Entgeld d. Stadt Creutzwald/Frkr. (f. Kreidezchngn u. Fotogr.) 95 – **KGr:** Künstlergr. Bisttal (seit 05) – **G/T:** Kreidezchngn; Schwerpunkt: Bildanalysen; Fotogr./Fotografik; Entwicklung v. Firmenlogos – **W:** in Privatbes. u. a. in London, Thailand, Südfrkr. – **E:** 05 Überherrn, Gal. Schloß Überherrn-Berus; Saarlouis, Pfarrkirche St. Ludwig – sowie: Berviller/Frkr., Foyer Berviller; Wadgassen-Schaffhausen, Kunst-Café; 90 in eigener Gal. – **G:** 84 FHS d. Saarldes

Dierkes, Volker, Bildhauer, Maler; Adalbertstr. 82, D-10997 Berlin, Tel. u. Fax (0 30) 6 14 15 78, Mobil: 01 797 28 75 86 (* 7. 1. 42) – **S:** HdK Berlin; Akad. Mannheim; Sommerakad. Salzburg – **Ö:** Bad Salzuflen, Brunnen; Berlin, MZ, ebda, TU, Ldesbank, Spk.; Kreuzberg Mus.; – weitere: Denkmal einer Stadtsanierung; Grabstein f. Haus – **E:** 81 Berlin, 1. Mai Salon; 85 Ingelheim, Kunstamt; 87 Berlin, Ldesbank; 90 Sitges, Rojas; 95 Südtirol, Schloß Taufer; 98 Barcelona, Pratt; 00 Bückeburg, Gerntrup; 04 Berlin, Künstlerhaus Bethanien – **G:** Basel, Intern. Kunstmesse; 71–80 Berlin, Freie Berliner Kunstausst.; Hannover, Intern. Kunstmesse; München, Hartmann; Salzburg, Gal. Schloß Neuhaus; – weitere: 71–81 Gruppe Plastik 71er; Wanderausst. – (Red.)

Dieste, Hermann; Krähenbruch 16, D-44227 Dortmund, Tel. (02 31) 75 68 20, Fax 9 76 18 53 – **G/T:** Malerei – (Red.)

Dietberg, Gabi, Dipl. Soz.päd., Malerin; Hördemannshof 29, D-44359 Dortmund, Tel. (02 31) 3 33 81 63, *peter_dietberg@yahoo.de* (* Dortmund 27. 5. 53) – **G/T:** Malerei (Aqu. u. Mischtechniken, Landschaft, Städte u. Blumen) – **E:** 02–04 versch. kleine Ausst. u. a. in Banken u. Arztpraxen; 03 Dortmund, Stadtteilbibliothek Mengede; 04 Bochum, Univ.-Center – (Red.)

Dietel, Barbara, Dipl.-Designerin (FHS), Bild. Künstlerin (Dipl.); Clara-Zetkin-Str. 1, D-04668 Grimma, Tel. (0 34 37) 94 32 86, *info@ftw-mtl.de*, *www.farbton-werkstatt.de* (* Dornreichenbach 11. 9. 63) – **S:** 83–86 FHS f. angew. Kunst Heiligendamm (Produktdesign, Dipl.-Designer); 86–88 HS f. Kunst u. Design Burg Giebichenstein Halle/Saale (Außenstelle Bürgel, Töpferlehre u. Zeichenpraktikum, Töpfergeselle); 88–93 ebda (FB Plastik/Fachricht. Keramik, Dipl. f. Bild. Künste); 93–95 ebda (Zusatzstudium, FB Graph./Malerei b. Prof. Ruddigkeit); 94–97 HGB Leipzig (FB Fotogr., Fachkl. Fotografik b. Prof. Jansong, Meisterschülerin) – **L:** 97–02 Univ. Karlsruhe (wiss.-techn. Mitarb. Inst. f. Bild. Künste: zeichner. Grundlagen, Plastik, Projektbetreuung); seit 99 Umweltzentrum Trebsen d. Handwerkskammer Leipzig (Doz. f. Naturstudium) – **P:** Graduiertenförd. d. Ldes Sa.-Anh. 94/95 – **Ve:** BBK 03; VG Bild-Kunst 04 – **G/T:** keram. Objekte u. keram. Bilder; Kunst am Bau; Malerei (vorw. m. Pigmenten u. Aqu.); Fotografik – **K:** Grundlagen d. Zchng (Perspektive, Pflanzen, Figur/Akt, Darst.techniken); Aqu.malerei; Skizzieren in d. Lsch.; Fotogr. – **W:** Malerei, Graph., Keramik überw. in Privatbes. – **Ö:** Bremen, Ev. Kirche; Bürgel, Keramikmus.; Duisburg, Vorstandsgebäude RAG AG; Grimma, Krankenhaus; ebda, Berufsschule; Hohnstädt, Kirchgemeinde (Andachtshalle); Karlsruhe, Geschäftsgebäude; Leipzig, Altenpflegeheim – **E:** 94, 98 Grimma, StG; 97 Markkleeberg, RH-Gal.; Grimma, Frauenkirche; 98 Rochlitz, Mus. im Schloß; 99 Dresden, Dreikönigskirche; 02 Grimma, RH-Gal.; 04 Augustusburg, Turmgal.; 05 Naunhof, Stadtkirche; – weitere Ausst. 03 in Celle, 04 in Potsdam – **G:** u. a. 86–88 Ausst.bet. in Riga, Havanna, Berlin, Leipzig; 91–93 in Tauberbischofsheim, Grimma, Halle, Friedberg, Bremen; 95–97 in Weingarten, Friedrichshafen, Merseburg, Halle/Saale, Grimma, Großjena, Duisburg, Oldenburg; 97 Leipzig, HGB: Meisterschülerausst.; 00 Grimma, StG; – zuletzt 05 Plauen, Malzhaus: Grenzenlos; Prerow, Seemannskirche: Aqua animata; Leipzig, Keramikgal. Terra Rossa: Schwarzbrand; 06 Neuruppin/Lentzke, Lsch. in Licht u. Schatten; – Teilnahme an versch. nationalen u. intern. Symposien – **V:** ERD-AUGEN-BLICKE, Künstlerb. (Fotomontagen, Fotogr., Gest./Satz) 97, u. a. – ***Lit:*** Bildende Künstler in Leipzig 06

Dietel, Karl Clauss, Prof., Dipl.-Formgestalter, Ing. Kfz-Bau, Gestalter; Amselsteig 23, D-09130 Chemnitz, Tel. u. Fax (03 71) 72 04 07, 7 00 97 02 (* Reinholdshain b. Glauchau 10. 10. 34) – **S:** 56–61 HS f. bild. u. angew. Kunst Berlin-Weissensee (b. E. Vogenauer, R. Högner, T. Balden, S. Selmanagic u. K. Wittkugel) – **L:** 67–75 HS f. industr. Formgest. Halle-Burg Giebichenstein; 77–90 FS f. angew. Kunst Schneeberg – **P:** Kunstpr. Gewerkschaft DDR 76; Kunstpr. DDR 78; Nat.pr. Kunst u. Kult. 80; Sä. Staatspr. Design 92 – **Ve:** VBK 64–91; VG Bild-Kunst 91; BBK 92; Dt. Werkbund Sa. 97; Kunst f. Chemnitz 01; CKB – **KGr:** Kunst für Chemnitz – **KGe:** Ateliergemeinschaft C.D.: K. C. D. u. Lutz Rudolph (61–03, m. Dieter Amende 68–74, wieder ab 89) – **G/T:** Produkt-, Umwelt- u. Graph.gest.; Archit. (funktionale Poesie); Objektkunst (Metall u. andere Werkstoffe) – **W:** Grundentwurf WARTBUG 353; HELIRADIO-Geräte; SIMSON-, MZ-Zweiräder (m. L. Rudolph); ROBOTRON-Rechen-, Schreibtechnik; Gest. Nachfolgefahrzeuge PKW Trabant P 603, P Prognose, P 760, P 601Z; Gest. Nachfolgefahrzeuge LKW IWL 515; Install. Eisenzeit – **M:** Augustusburg, Zweiradmus.; Berlin, Dt. Technikmus.; Berlin, Slg industr. Gest.; Chemnitz, Neue Sä. Gal.; Dresden, Kunstgewerbeslg; Dresden, Technische Slgn; Dresden, Verkehrsmus.; Leipzig, GRASSI; Suhl, Fahrzeugmus.; Zwickau, August Horch Mus. – **Ö:** Chemnitz, Brückenstr.; ebda, Friedhof Wartburgstr., Hotel Mercure, Opernhaus, Stadtbad, Schmidtbankpassage; Chemnitz-Wittgensdorf, Flenderguß; Freiberg, Bergakad.; ebda, Obermarkt, Hotel Oberwiesenthal – **B:** Chemnitz: Schmidtbankpassage (Pavillonbauten); Chemnitz-Kleinolbersdorf: Haus Freitag; Hohenstein-Ernstthal: Thyssen Krupp Drauz (Eingang) – **E:** 79 Meerane, Kleine Gal.; 85 Karl-Marx-Stadt, StM; 98 Plauen, StG e.o. plauen; 02, 03 Berlin, Slg industr. Gest.; 04/05 Chemnitz, Industr.mus. – **G:** u. a. 62, 67, 72, 77, 82, 87 Dresden, Dt. Kunstausst.; 65, 72, 74, 85 Karl-Marx-Stadt, Bezirkskunstausst.; 66 Karl-Marx-Stadt, StM; 82 Helsinki (Archit.bezogene Kunst d. DDR); 88 Stuttgart, Design DDR; 89 Karl-Marx-Stadt (Ästhetik d. Dinge); 90, 94, 97 Chemnitz, Chemnitzer Kunstmesse; 03, 04 Leipzig, Mus. f. Kunsthandwerk; 04 Frankfurt am Main, MAK; 04/05 Darmstadt, Mathildenhöhe; 05 Hannover, Kestner-Mus. – **V:** Anfang und Ende einer Hoffnung in Zwickau; Fahrzeugzukunft mit Vernunft, in: Hundert Jahre Autoland Sachsen 01; Licht im Grenzlanddunkel?, in: Art Technika Schwarzenberg, Kat. 05 – ***Lit:*** u. a. R. Magerkord: c.d. – suche nach gestalt unserer dinge 83, 85; J. Kassner: c.d. – gestalter 01; J. Kassner: C. D., Lutz Rudolph – Gestaltung ist Kultur, Ausst.kat. 02; METROPOLIS New York 2/03; Gespräch m. C.D., in: Designreport 11/04; IMC Chemnitz: C.D. – Texte 04 – ***LitR:*** ZDF Blickpunkt, Fs.beitr. 91; Goldinger (Autor): Vom aufrechten Sitz zum aufrechten Gang, Fs.film 92; DAS!, Fs.beitr. N3 94; TV AKTIV, Fs.beitr. ORB 94; MDR Sachsenspiegel, Fs.beitr. 95, 98, 01, 03; DLF Feature 01; ARTOUR, Fs.beitr. MDR 02; NPS Hollandradio 02 – sowie: Sat 1, MDR-TV, n-tv 03; BR TV, MDR-TV 04; DLF Feature (zu MZ) 06

Dietrich, Charlotte, Malerin; Auf der Valem, Kegelsteinweg 1, D-83727 Schliersee, Tel. u. Fax (0 80 26) 65 57, *charlotte-dietrich@t-online.de* (* Schliersee 24. 9. 35) – **S:** 54–57 FHS f. Graph. München – **L:** seit 66 Lehrinst. f. Graph. München (Graph.-Design) – **P:** Seerosenpr. 94 – **Ve:** Schutzverb. Bild. Künstler seit 62; KV Rosenheim seit 63; Neue Münchener Künstlergenossenschaft – **G/T:** Malerei, Graph. (Körper-Portr.) – **W:** Stadt München, Stadt Rosenheim – **E:** zahlr. Ausst. seit 66, u. a. 69 Rosenheim, StG; 70, 74, 85 München, Kunstpavillon; 89 Mannheim, Alte Feuerwache; Nürnberg, Kunsthaus; 95 München, SM; 97 Gal. Brückmühl; 01 Rosenheim, KV – **G:** seit 64 jl. München, Große Kunstausst. im Haus d. Kunst; 84 Wien, Künstlerhaus; 86 Budapest, Ernst-Mus.; 88 Kairo, Intern. Bienn. – ***Lit:*** Maler im Pavillon 66 – (Red.)

Dietz, Alexander Arthur; Kraiham 21, A-5201 Seekirchen am Wallersee, Tel. (06 62) 45 51 95, mobil (06 99) 10 88 98 81, *info@axart-art.com*, *www.axart.com* (* Salzburg 13. 1. 65) – **G/T:** Malerei, Graph. – (Red.)

Dietz, Frank, Dipl.-Designer (FHS); Amundsenstr. 29, D-22767 Hamburg, Tel. (0 40) 24 18 11 73, Fax 24 18 11 74, *mail@frankdietz-fotografie.de*, *www.frankdietz-fotografie.de* (* Frankfurt am Main 16. 6. 77) – **S:** 00–05 FHS Bielfeld (Dipl. b. Prof. Roman Bezjak) – **KGe:** Pixelprojekt Ruhrgebiet (seit 05) – **G/T:** Dok.fotogr. – **W:** www.pixelprojekt-ruhrgebiet.de – **G:** 03, 05 Bielefeld, Gal. Lampingstr.; 05 Gelsenkirchen, Wiss.park – **V:** Toda la vida, Fotobuch 05

Dietz, Madeleine, Bildhauerin, Objektkünstlerin; Godramsteiner Hauptstr. 136, D-76829 Landau, Tel. Mobil: 01 72 74 00 44 1, *madeleine.dietz@gmx.de*, *www.madeleinedietz.de* (* Mannheim 11. 2. 53) – **VG:** Stuttgart, Harthan – **S:** 70–74 WerkKSch Mannheim (Buchgraph. u. -ill.) – **L:** 99–00 HBK Saarbrücken (LAuftr.) – **P:** Kahnweiler-Pr. 92; Cité Intern. d. Arts Paris 96; Villa-Romana-Pr. (Gaststip.) 97; Arb.stip. d. Ldes RP 98; Botho-Graef-Kunstpr. 98; Ernst Barlach Pr. 03 – **G/T:** Video, Performance, Rauminstall. – **M:** Würzburg, StG – **Ö:** Karlsruhe, Reg.präsidium – **E:** u. a. 88 Ludwigshafen, R.-Scharpf-Gal. d. Wilhelm- Hack-Mus.; 89 Heidelberg, KV; 91 Stuttgart, Hospitalhof; Kaiserslautern, Pfalz-Gal.; 93 Karlsruhe, Rottloff; 94 Berlin, Ermer; Poznań, Gal. Miejska Arsenal; Wiesbaden, Witzel; 96 Bochum, Mus.; 97 Speyer, HM d. Pfalz; 98, 02 Houston, Roesch; 99 Erfurt, Anger-Mus.; 00 Wien, Lindner; 01 Frankfurt am Main, Art Frankfurt; 03 Stuttgart, Harthan; Hagen, Schlieper – **G:** u. a. 89, 92, 95 Kaiserslautern, Pfalz-Gal.; 95 Stuttgart, Württembergischer KV; 97 Kassel, documenta X; 98 Jena, KV; 99 Aachen, Ludwig Forum; 01 Bremen, Gerhard-Marcks-Haus; Hagen, Karl-Ernst-Osthaus-Mus. – ***Lit:*** AKL – (Red.)

Dietz, Peter, Maler, Zeichner, Bildhauer, Installationskünstler; Im Gries 28, D-86919 Utting a. Ammersee, Tel. (0 88 06) 4 84, 28 07, *pd@p-dietz.de*, *www.p-dietz.de* (* Würzburg 13. 9. 41) – **S:** 69 Meisterprüfung als Graveur u. Medailleur; 78–81 ABK München (b. P. Zeiler) – **P:** Stip. Civitella D'Agliano/Ital. 88; Cité Intern. d. Arts Paris 89–90; Arb.stip. d. Kloster Irsee 91; Arb.stip. Casa Torre San Marco/Ital. 93 – **Ve:** BBK München u. Obb. 82; Künstlervrg 'Neue Gruppe' München 01 – **W:** zahlr. Bühnenbilder f. d. Tritonus Ensemble München 94–05 – **M:** München, Bay. Staatsgemäldeslgn – **Ö:** Bay. Arb.-Min. – **E:** u. a. 85 München, Gal. d. Künstler; 86 München, Sachs (Kat.); 87 München, Angst (Kat.); 88 München, Reile; Köln, Gal. am Buttermarkt; Baden-Baden, Zink (Kat.); 90 München, Dürr; 91 Gauting, KV; Klagenfurt, Slama (Kat.); 92 Châteaux-d'Oex, Gal. Paltenghi (Kat.); 93 Plana/Marienbad, Gal. Plana; 94 Landsberg am Lech, Neues SM; 95 Villach, Gal. Villach; 97 Fürstenfeld, Kloster; Paderborn, KV (Kat.) – **G:** 83–87 München, RH: Münchener Künstler im RH; 83–05 München, Haus d. Kunst: Große Kunstausst.; 86 Budapest, Ernst-Mus.: Bay. Kunst unserer Tage; 90 Köln, Art Cologne; Köln, Dürr; 94 Ingolstadt, KV (Kat.); 98 Bratislava, Bay. Kunst unserer Tage; 99 Nürnberg, Kunsthaus (Kat.); Basel, Zeichnen u. Schreiben – ***Lit:*** zahlr. Kat., u. a. zu d. Ausst. KV Heidenheim 88; AKL; Schweers 02 – sowie zahlr. Artikel u. Beitr. u. a. in Südd. Ztg, Heidenheimer Ztg, Münchner Merkur, Klagenfurter Ztg, Villacher Ztg, – ***LitR:*** Atelierbesuche Bay. Fs. (arte, Sat1) 99

Dietz, Pierre (Ps.: pdz, 51, pierre), Graphikdesigner, Fotograf, (Trick-)Filmemacher, Verleger; Thüringer Str. 26, D-65428 Rüsselsheim, Tel. (0 61 42) 83 64 12, Fax 83 64 14, *info@pierre-dietz.de*, *www.pierre-dietz.de* (* Rüsselsheim 31. 12. 63) – **S:** Merian KSch Rüsselsheim (b. Inge Besgen); Städelschule Frankfurt am Main (Bild. Künste) – **Ve:** ICOM 86; Dt. Presseverb. (DPV) 04 – **KGr:** Contrabasta – **KGe:** P.D., Ingrid Ruch u. Martin Fenske – **G/T:** 3D-Animationen u. Ill.; Fotogr. (Lifestyle); Layout; Akt-, Portr.-, Gebäude- u. Naturzchngn u. -malerei (Öl, Aqu., Kohle, Kreide, Bleistift) – **W:** div. Kurzfilme, Aktzchngn, Ölgemälde – **E:** Bet. an Kurzfilmfestivals in Dtld, Öst., Ital., GB u. Austral. – **G:** 02 Rüsselsheim, Momentaufnahmen – neue Sichtweisen durch digitale Fotogr. – **V:** LAYOUT u. ILL.: Opel Post (Art Dir.) 93–98; Start Mag. 93–98 – **R:** Sehen statt hören, Bay. RF (3D-Trickfilmmaterial f. Hintergrund u. Zwischentrailer) v. 29.1.05

Dietz, Traudi s. Dwinger, Traudi

Dietze, Annedore, MA, Malerin, Graphikerin; Jasmunder Str. 3, D-13355 Berlin, Tel. (0 30) 4 27 88 05, *annedoredietze@o2online.de* (* Großröhrsdorf 1. 5. 72) – **VG:** Berlin, KFA Gall. – **S:** 91–98 HBK Dresden (Malerei u. Graph., Meisterschülerin v. R. Kerbach); 98–99 Chelsea Univ. of Art & Design London (M.A.) – **P:** Live Art Kunstpr. 96; Dorint-Förd.pr. 96; Max-Ernst-Stip. 97; Sä. Ldesstip. f. Meisterschüler Dresden 97, 98; Arb.stip. Stift. Kult.fonds Berlin 98, 01; DAAD-Stip. f. GB 98, 99; Arb.stip. d. KV Röderhof 02 – **Ve:** VG Bild 00; BBK Berlins 00–03 – **G/T:** figurative Malerei, Rad., Arb. auf Papier – **W:** zahlr. Tafelbilder u. Arb. auf Papier, überw. in Privatbes.; Zeichn. u. Rad. in Privatbes. – **Ö:** Gera, Berufsgenossenschaft d. Versicherungen – **E:** 97 Berlin, Atelier Pintschstr.; 98 Bautzen, Gal. d. Bautzener KV; 01 Oldenburg, Kult.-speicher; Berlin, Vostell; 03 Dresden, Gal. Adlergasse; Berlin, Gal. TU; 06 Berlin, KFA Gall. – **G:** 00 Berlin, Vostell; Frankfurt am Main, Art Frankfurt; Santa Cruz, Casa Municipal de la Cult.; 02 Essen, Kiefer; 03 Berlin, Galgenhaus; 06 Berlin, KFA Gall. – **V:** Cave Canem, Kat. 97; m. Fine Art Rafael Vostell: A. D., Kat. 01 – **R:** Galerienrundgang (Info-Radio Berlin) 01 – ***Lit:*** Bautzener KV: Herbstsalon, Ausst.kat. 95–02; Autorenkollektiv: Eva und die Schlange, Ausst.kat. 02

Dietze, Rosina-Brunhilde (geb. Rosina-Brunhilde Hetzer), Malerin (8 Techniken); Bästleinstr. 10/144, D-04347 Leipzig, Tel. Mobil: 01 72–9 31 88 33, Tel. u. Fax: (03 41) 2 31 23 67 (* 23. 7. 50) – **S:** 92–99 Selbststud. in Malerei u. Gest. (eigenes Atelier); 99 Cranach-Wkst. Kronach – **Ve:** Künstlerverb. Ungarn (EM) 94; VG Bild-Kunst 95; Paul-Klinger-Sozialwerk 97 – **G/T:** Natur- u. Ldschaftsmalerei (v. Impressionismus bis Expressionismus, Acryl, Öl, Aqu., Pastell, chinesische Tusche); Montage; Modellage; Collagen; selbstentwickelte Acryltechnik – **M:** Leipzig, Industr.- u. Handelskammer – **Ö:** Brno, Indigo-Art; ebda, DEA Energeticka Agentur; Budapest, Gal. T. Geröly; Delitzsch, Ldratsamt; Ibiza, Kunstbodega Can Pinet; Leipzig-Engelsdorf, Schwergerüstbau Haußig; Leipzig, Industr.- u. Handelskammer; ebda, Isolierungen Leipzig GmbH sowie Reisebüro Scheibner; Nanjing/China, Drum Tower Hospital; Seattle/USA, Kunstwkst. Tiffany – **E:** u. a. 93, 94 Budapest, Gutenberg Gal.; Budapest, Geröly; 94 Frankfurt am Main, Architekten-Gal.; 96 Mühlberg, SM; Arzberg, Rittergut Adelwitz; Marienbad, Casino Bellevue; 97 Düsseldorf, Kunstmesse; Leipzig, Industr.- u. Handelskammer; 98 Ibiza, Kunstbodega; Torgau, Kunst- u. Kult.ver.; 02 Leipzig-Schkeuditz, Art-Kapella – **G:** u. a. Ver. z. Förd. d. ländlichen Raumes Dübener Heide; Kronach, Fränkische Gal.; – zuletzt: 05 Halle/Saale, Kunst-Markt – ***LitR:*** Ausst. in d. Gutenberg Gal. Budapest, in: ART, Ungarisches Fs. 94; Siegfried König u. Thomas Langhammer: Ausst.eröffnung im Mus. Mühlberg, Elbe-Elster TV 96; Frank Koschewsky: Das fliegende Kamera-Auge, in: MDR Spezial 01; Nadine Buzcek u. Tino Helbig: Interview u. Ausst. im St. Georg Klinikum Leipzig, in: MDR Drehscheibe 01

Diez, Hans-Jürgen; Arnsburger Str. 76, D-60385 Frankfurt am Main, Tel. (0 69) 49 47 92, *diez_artwork@yahoo.de*, *http://beam.to/diez* – **S:** 73–79 Städelschule Frankfurt am Main (Malerei u. Kunsttheorie); 79–82 HS f. Gest. Offenbach am Main (Gaststud.); Univ. Frankfurt am Main (Gaststud., Kunstphil. Sem.) – **L:** 85–89 HS f. Gest. Offenbach am Main (LAuftr.); seit 05 KSch Kronberg/Tschechien (Doz.) – **P:** Meisterschülertitel 82; New digital Art Award (Anerkennungspr.) 05 – **W:** seit 82 mehrere Projekte im öff. Raum (u. a. Intern. Jgd.zentrum Frankfurt am Main, U-Bhf. Zoo, ebda) – **E:** 89 Darmstadt, Thieme; Frankfurt am Main, Guiness; 93 München, Kult.dezernat; 94 Wiesbaden, Vogt; 95 Miltenberg, Scherer; 97 Frankfurt am Main, Fruchtig; 99 Frankfurt am Main, Ausst.halle 1a; 04 Kassel, Station 15 – **G:** u. a. 85, 91 Frankfurt am Main, KV (Kat.); 86 Zweibrücken, KV (Kat.); 89, 90, 91 Frankfurt am Main, Art Frankfurt (Kat.); 91 Frankfurt am Main, Auktionshaus Alte Oper: Artexchange (Kat.); 01 Dietzenbach, SkulpTOURENpark (Kat.); 02 St. Andreasberg, Nat.park Harz: Mensch – Natur (Kat.); 04 Frankfurt am Main, Ausst.halle 1a: Wertpapiere; 05 Rödermark, Digital Art: Feel safe, be free (Kat.); Worms, KV: Siegfriede; 06 Karlsruhe, Spk.: Zukunft als bildnerische Vision

†**Diez,** Helga (geb. Helga Fränkle), Malerin, Graphikerin; lebte in Stuttgart (* Stuttgart 4. 1. 30, † Stuttgart 16. 5. 06) – **S:** 49–53 ABK Stuttgart (u. a. bei d. Prof. G. Gollwitzer, W. Brudi, A. Appelhans) – **Ve:** GEDOK 80; VBKW 90; BBK 94; Dt. Scherenschnittver. 97 – **G/T:** gegenständl. Malerei u. Graph. (Mischtechnik, Gouache auf Papier); Scherenschnitt-Collagen; Portr.zchngn (Bleistift) – **W:** überw. in Privatbes.; Ev. Heimstift.; Stadt Burladingen; Stadt Stuttgart – **M:** Gal. d. Ldesgirokasse; Ludwigsburg, Kr.spk.; Stgl. Bank; Zuffenhausen, Volksbank – **Ö:** Klingenberg, WIKA; Stuttgart, Min. f. Wiss., Forsch. u. Kunst Bad.-Württ. – **E:** 82 Stuttgart, Städt. Frauenklinik; 83 Bad Urach, Haus am Gorisbrunnen; 88 Löwenstein, Ev. Tagungsstätte; Klingenberg, WIKA; 89 Ludwigsburg, Kr.spk.; 90 Zuffenhausen, Volksbank; 93 Stuttgart, Gal. Augustinum; 95 Kernen-Rommelshausen, RH; 96 Botnang, Bez.RH; 98 Stuttgart, Kunsthaus Schaller; 01 Heilbronn, Südwestbank; 03 Stuttgart, Cusanus Haus; 04 Oberderdingen, Aschingerhaus; Leonberg, Kult.center Pfeiffer; 05 Remshalden, Kult.forum – **G:** zahlr. Bet. seit 80, zuletzt 98 Stuttgart, Kunsthaus Schaller; 01 Leonberg, Kult.center Pfeiffer; 05 Stuttgart, RH – ***Lit:*** Ausst.kat. 1980–1995 u. 1995–2003; in: Schwarz auf Weiß, Zs. d. Dt. Scherenschnittver. 25/04

Differenz, Gudrun, Malerin; Auf der Körnerwiese 2, D-60322 Frankfurt am Main, Tel. (0 69) 55 83 10, Mobil: 01 72 69 49 1 54, Fax 5 97 38 78, *gd@gudrundifferenz.de*, *www.gudrundifferenz.de* (* Hamburg 3. 2. 42) – **VG:** Frankfurt am Main, Prestel; Wiesbaden, Kunstagentur Saalfrank – **S:** 74–79 Städelschule Frankfurt am Main – **P:** Pr. d. Frankfurter Spk. 81 – **G/T:** Ölmalerei, Zeichn., Arb. auf Papier – **W:** u. a. in Bes. d. Städte Frankfurt am Main u. Wetzlar; Kunstbahn-Malaktion Hamburg 87 – **M:** Buch am Ammersee, Dt. Post; Frankfurt am Main, Dt. Bank KS; Frankfurt am Main, Messe GmbH; Frankfurt am Main, Stadtspk.; Wiesbaden, Hess. Finanzmin. – **Ö:** Bad Vilbel, Berufsbildungswerk Südhessen; Büdingen, Amtsgericht; Frankfurt am Main, Deka/Despa; ebda, OFB-Gr., Standard & Poor's; Friedberg, Hess. Staatsbauamt; Wiesbaden, Volksbank – **E:** seit 78 zahlr. Ausst., u. a. 02 Wetzlar, Gal. Neues RH; Neu Isenburg, StG; 03 Frankfurt am Main, 1822-Forum Frankfurter Sparkasse; 04 Darmstadt, arteMis; – weitere: Frankfurt am Main, Offenbach, Wiesbaden, Luxemburg, Mühlheim, Kempten, Cecina – **G:** seit 76 Bet., u. a. 76 Wiesbaden, Mus.; 78 Frankfurt am Main, Marielies Hess-Stift.; 80 Frankfurt am Main, Prestel; 81 Darmstadt, Neue Darmstädter Sezession; Antwerpen, Akad. Royal; 84 Berlin, Neuer Berliner KV – ***Lit:*** Ulrike Evers: Deutsche Künstlerinnen des 20. Jahrhunderts 83 – ***LitR:*** Bernd Safarik: Atelierbesuche, Portr./Dok. HR 82 – (Red.)

Diffring, Jacqueline, Bildhauerin, Malerin; 6 place Courredou, F-06740 Châteauneuf (* Koblenz 7. 2. 20) – **S:** 46–48 Chelsea SchA London (Skulpt. b. H. Moore) – **L:** 50–53 Wisbech Highschool for Girls (LBeauftr.) – **E:** u. a. 79 Koblenz, Rost; 80 München, Seifert-Binder;

86 Florenz, Arno; 87, 91, 93, 95, 99 Frankfurt am Main, Hirschmann; 92 Paris, Gal. Martine Queval; 98 Hamburg, Raum+Kunst; 99 Château de Cabriès, Mus. Edgar Mélik – ***Lit:*** AKL – (Red.)

Dillen, Rainer, Maler, Graphiker; Am Gangsteig 51, D-83059 Kolbermoor/Rosenheim, Tel. (0 80 31) 29 98 80, Fax 29 98 82, *www.rainer-dillen.de* (* Kolbermoor 6. 8. 38) – **P:** Förd.pr. Bild. Kunst d. Stadt Rosenheim 68 – **Ve:** KV Rosenheim ca. 62–04; Künstlerverb. Neue Gr. München 79 – **G/T:** 60–73 Portr. (Öl u. Acryl), Zeichn. (auch Satire); Betonreliefs u. Wandgemälde in öff. Einrichtungen, anschließend Menschen- u. Pflanzenbilder (abstr., vegetativ figürlich) sowie Kosmos u. Polarität – **M:** Berlin, Kpst.-Kab.; München, Bay. Staatsgemäldeslgn; Rosenheim, StG – **Ö:** u. a. Rosenheim, Grund- u. Hauptschule Rosenheim-Fürstätt (Sonnenuhr m. Jahresschleife u. Datumsangabe); ebda, Mädchenrealschule (Betonrelief); Trostberg, Gymnasium (Betonfries, Relief) – **E:** 89 Rosenheim, StG (Retrospektive); weitere Einzelausst. in versch. reg. u. überreg. Gal. – **G:** vereinzelt Ausst.bet. – **V:** Uwe Dick: Viechereien, Gedichtbd (Ill.) 67 – ***Lit:*** Iris Trübswetter (Text): R. D. Mensch, Maler, Mystiker, im Kat. zur Ausst. in d. StG Rosenheim 89; Andreas Schalhorn (Text): Die Präzision der Poesie, im Kat. zur Ausst. in d. Gal. Villa Maria Bad Aibling 04 – Lebte u. arbeitete 91–05 teilw. in Amsterdam.

Dillenkofer, Sinje, Bild. Künstlerin; Fangelsbachstr. 30, D-70180 Stuttgart, Tel. (07 11) 6 40 60 66, Fax 60 48 73, *sinjed@aol.com* (* Neustadt/Weinstraße 2. 11. 59) – **VG:** Graz, Lendl – **S:** 81–87 Staatl. ABK Stuttgart (b. d. Prof. A. Ade u. P. V. Dreyer) – **L:** 92, 96 FHS f. Gest. Pforzheim; FHW Pforzheim; 93 Merz Akad. – HS f. Gest. Stuttgart; 00, 04 Staatl. ABK Stuttgart (Lehrvertretung) – **P:** Cité Intern. d. Arts Paris 92; Baldreitstip. d. Stadt Baden-Baden 95; Paul-Strecker-Med. u. Paul-Strecker-Pr. 95; Casa Baldi, Olevano di Romana 99; Artist in Residence 02 – **Ve:** VG Bild 96; Dt. Fotogr. Akad. 00; Dt. Künstlerbund – **G/T:** Bild. Kunst, Fotogr. – **K:** Bild. Kunst, Fotogr. – **E:** u. a. 96 Mainz, LM; 97, 00 Trier, KunstRaum; 97 Göttingen, Ahlers; Göttingen, KV; Halle/Saale, Staatl. Gal. Moritzburg; 98 Valencia, Gal. Visor; 01 Solingen, Dt. Klingen-Mus.; München, Dany Keller; 02 Villingen-Schwenningen, Städt. Gal. 87; Graz, Lendl; 03 Hamburg, MKG – **G:** u. a. 00 Lausanne, Mus. de l'Elysée; Karlsruhe, ZKM; 01 Wien, Fotogal. Wien; 03 Karlsruhe, Prinz-Max-Palais; Bonn, Kunst- und Ausst.halle d. BRD; Stuttgart, SG; 04 Ludwigshafen, KV – ***Lit:*** u. a. KAT.: Peter Weiermair: Reservate 92; Andreas Vowinckel: Illusionen keinen Raum lassen, in: S. D. 92; S. D. 96; Michael Stoeber: Zauber und Logik, in: Innocentia I–XXV 97; S. D. Photoobjekte 02; ZSS: Politiques du corps' Dominique Baqué, in: ARTpress 96; Neue Bildende Kunst 96; Artkaleidoskope 97; Schöne Bescherung, in: Frankfurter Rundschau 01 – ***LitR:*** u. a. Bizz 92; Ausst. Badischer KV 95; Kultur Südwest 96; Ausst. LM Mainz, Beitr. 96; Innocentia I–XXV, in: Stadtradio Göttingen, Ausst.bericht 97; Ruth Hofmann: Innocentia I–XXV, in: Figaro, Ausst.bericht MDR Kult. 98; Fazit, Dtldfunk u. Dtldradio 98 – (Red.)

Dillier, Monika, Kunsterzieherin; Rührbergerstr. 23, CH-4058 Basel, Tel. 0616818664, *monika.dillier@freesurf.ch* (* Sarnen/Obwalden 6. 3. 47) – **VG:** Basel, Stampa; Zürich, Gal. Art-Magazin – **S:** 68–71 Schule f. Gest. Luzern; 71–74 HdK Berlin (visuelle Kommunikation) – **L:** seit 87 F + F Kunst u. Medienschule Zürich; 90, 91 Malfachkl. Basel; 95 HdK Hamburg (Gastsem.) – **KGr:** Erstes Manifest großer u. angesehener Künstlerinnen – **KGe:** M. D. u. Helga Broll (seit 00) – **G/T:** Zeichn., Install., Zusammenarb. – **W:** u. a. in Bes. d. Slg Eidgenossenschaft d. Bundesamtes f. Kult. – **M:** Basel, Slg Kunstkredit; Glarus, Kunsthaus; Obwalden, Slg Erziehungs- u. Kult.departement; Stans, KM – **Ö:** Sarnen, Kt.spital – **E:** u. a. 90, 93 Luzern, Gal. O. T.; 91 Basel, Stampa; 96 Glarus, Kunsthaus; 99 Reinach, Gal. Wkst.; 02 Kapstadt, Coldroom; 95, 97, 99, 02 Zürich, Gal. Art-Magazin 03 Basel, KH – **G:** u. a. 95 Engelberg, Tal-Mus.; 96 Luzern, Gal. O. T.; 97 Basel, Stampa; 98 Baden, Gal. im Trudelhaus; 99 Zürich, Gal. Art-Magazin; 00 Basel, KH; 01 Sachseln, Mus. Bruder Klaus; Thun, KM – **V:** 23 Zeichnungen 87; M. D., Künstlerheft 95; 177 mal große Sehnsucht und große Angst 97 – (Red.)

Dillmann, Michael, Maler; Am Kleinfeld 8, D-82544 Thanning, Tel. (0 81 76) 99 78 51, Fax 99 78 52, *mdillmann@mac.com* (* München 11. 7. 62) – **VG:** Köln, Kunsthaus Binhold – **S:** 84–90 ABK München (b. Prof. Rudi Troeger) – **L:** 91–99 Atelierprojekt München (Wasserfarben, Aqu., Gouache) – **Ve:** BBK 91–06 – **G/T:** Malerei (Eitempera, zw. Realismus u. Abstr.); Figur, Raum, Fläche (Ldschaft); Handzeichn. u. Linolschnitte – **K:** ambulante Beratung f. Malerei o. Zeichn.; Zus.stellen v. Bewerbungsmappen f. KHS – **M:** Wien, Volpinum – **Ö:** Nizza, Four Seasons Resort Terre Blanche – **E:** 94 Berg, Ostufergal.; 95 München, Ira Stehmann Kunst; 96 Bietigheim-Bissingen, Otto-Rombach-Bücherei; 97 Leonberg, Kunstcenter, Klavierfabrik Pfeiffer; 98 München, Ruetz; 00 Aschau, Kunst u. Kult. z. Hohenaschau; 01 München, Rutzmoser; Kronach, KV; Köln, Inter Art Gal.; 05 München, Artothek; Zürich, Artefiz KH zeitgen. KünstlerInnen; 05, 07 München, Huber; 06 Bad Endorf, Chiemgau Thermen – **G:** zahlr. Ausst.bet. seit 91, u. a. 99, 01 München, Haus d. Kunst; 00 München, Rutzmoser; 02, 03, 05 München, Erwin v. Kreibig-Mus.; 02 Hartmannsberg, Schloß Hartmannsberg; 04 München, Autorengal. 1; 05 München, Mohrvilla; 05, 06 Köln, Kunsthaus Binhold – **V:** Via Aurelia (Folge v. 9 Farblinolschnitten in 2 Mappen zus.-gefaßt) 95 – ***Lit:*** Reinhard Müller-Mehlis (Vorwort): M. D., Kat. 00; Manuel Thomas (Vorwort): M. D. Eitemperabilder. Handzeichnungen, Kat. 01

Dimitra, Alessandra (geb. Alexandra Dimitrakopoulou), Dipl. Freie Bildende Künstlerin, Malerin, Konzeptkünstlerin, Illustratorin; Fehrbelliner Str. 50, D-10119 Berlin, Tel. u. Fax: (0 30) 44 05 09 79, Mobil: 0 17 18 46 84 65, *ales_dimi@yahoo.de*. Kalama 10, GR-15343 Ag. Paraskevi, Athen (* Korinth/Griechenl. 16. 10. 66) – **S:** 71–87, 91–99 Tanzelevin u. Kursleiterin in Athen, Wiesbaden, Mainz, Berlin; 82–84 K.E.T.E. Angew. Künste Athen (Dipl. Interior Decoration); 84–85 T.E. Inst. Athen (Graph.technologie, Innendekoration); Atelier Prof. T. Rigas Athen (Malerei); 85–87 FHS Wiesbaden (Innenarchitektur); 87–91 ebda (Kommunikationsdesign, Farbenlehre b. d. Prof. H. Bream u. H. Brost); 91–95 Johannes-Gutenberg-Univ. Mainz (Freie Bild. Kunst, Malerei b. Prof. K.J. Fischer); 96–97 ebda (Phil., Pädagogik, Ethnologie) – **L:** 88–89 Studio Wiesbaden (Doz. f. Zeichnen); 98–01 Orpheas Theater Berlin (Doz. f. Malerei, Zeichnen, Farbe); 98–02 Design Akad. Berlin (Doz. f. Visuelle Kommunikation, Farbenlehre); 99–03 BBW Berlin (Mediengest., Doz. f. Visuelle Kommunikation, Zeichnen, Farbenlehre, Kunstgesch.); seit 99 dab Kommunikationsmanagement (Doz. f. Visuelle Kommunikation u. Farbenlehre) – **P:** Stip. d. D.S.C. Athen u. R.A.D. London 82–85; Pr. d. Stadt Athen (2. Pr. f. Angew. Kunst) 83, 84; 2. Pr. d. Inst. f. Kernphysik Mainz 93; Intern. Art Award d. Jianluan Art House Peking (Hon. Mention) 05 – **Ve:** BBK Rh.-Pf. 97–98; IAA 97; BBK Berlins 98; VG Bild-Kunst

06 – **KGr:** Die Gestalter (94–95); Aulers Mühle (95–96) – **KGe:** ORPHEAS GbR (Gesellschafterin m. Daniel Monzer seit 96) – **G/T:** Malerei u. Zchng (expressiv., figürl. Szenen); Ill.; Graph.; Konzept- u. Objektkunst (Papier, Textil); Land-Art; Kunst am Bau – **K:** Malen; Zeichnen; Farbenlehre; Kunstgesch.; Visuelle Kommunikation; Entwurfsmethodik; Darstellungstechniken; Typo-Layout; CI & Print Design – **W:** Teiln. an zahlr. Wettb.; Werke überw. in Privatbes.; temporäre Land-Art-Install. – **Ö:** Florenz, Commune di Rignano sull'Arno; Healdsburg/USA, Plaza Art Coll.; Iowa Bienn. Exhib. Archives; London, Middlesex Univ.; Mailand u. Stuttgart, Slg A. Pasquali; Mainz, Ldtag Rh.-Pf.; ebda, Inst. f. Kernphysik; New York, N.Y.B. Center; Peking, Changain Art Fund; Stuttgart, KV – **E:** 93, 95 Mainz, IfBK; 97 Frankfurt am Main, Gr. Nat.-bank (Kat.); 99 Bad Homburg, Gal. Artlantis (Kat.) – **G:** u. a. 90 Mainz, Gal. im Kirschgarten; 92–95 Uni-Campus; 93 Mainz, IfBK; Mainz, Inst. f. Kernphysik; 93–95 Kult.sommer Rh.-Pf.; 94 Alte Ziegelei; 95 Mainz, Ldtag Rh.-Pf.; Rastatt, Alter Bahnhof; London, S. Mumberson School of Fine Arts; Darmstadt, HEAG-Halle; 98 Idar-Oberstein, Kaserne; Rüdesheim, RH; Cottbus, TU; 02 St. Rosa/USA, Sonoma Mus.; 02–03 Florenz, Creativa III–VII (Kat.); 03 Stuttgart, KV; Healdsburg/USA, Plaza Art Coll.; New York, N.Y.B. Center; 04 Mailand, Pasquali; Peking, Jianluan Art House; Nisyros/Griechenl., Volcano Area; 06 Chicago, Marx-Saunders; San Francisco, Ethical Metalsmiths Headquarters; London, Assoc. f. Contemp. Jewelry – **V:** Flüchtige Systeme; Panta Rhei; Wish – **R:** u. a. Tanzperformances (Metropol Theater Athen) 77–79, 81–85; m. V. Chantsibasiou: Rendez-vous in Dtld, Interview z. Ausst. in Frankfurt am Main (HR 4) 97; Online-Ausst.bet. seit 99 – ***Lit:*** AUSST.KAT. u. a.: K.J. Fischer (Hrsg.): Römisch I & II 95; Hildegard v. Bingen (Kunstkr. Bingen) 97; R. Held: Das kleine Glück (BBK Darmstadt) 97 – sowie Veröff. in: neue Binger Ztg 97, Binger Wochenblatt 97, Darmstädter Kurier 99, Frankfurter Rundschau 99 u. a.

Dimitrov, Nikola, Maler, Pianist, Musikpädagoge, Konzeptionsleiter; Postfach 1151, D-66259 Heusweiler. Atelier: Fabrikstr. 21, D-66265 Heusweiler, Tel. (0 68 06) 1 21 26, Mobil: 0 17 12 63 20 43, *atelier @nikoladimitrov.de*, *www.nikoladimitrov.de; www.art-konzepte.de* (* Mettlach/Saar 19. 2. 61) – **VG:** Homburg, Beck – **S:** 79–88 MusikHS d. Saarldes; 79–83 ebda (Musikerzieherstud., Hauptfach Klavier b. Prof. Sellier); 84 ebda (Examen als Musikerzieher); ab 84 ebda (Meisterkl. Prof. Micault); 88 Konzertreifeprüfung (Fortbildungssem. u. Kurse b. d. Prof. Perlmutter, Blankenheim u. Margulis, Freiburg u. b. Prof. Uhde, Stuttgart); 96 Europ. KA Trier (Rad. b. Maria Prigge) – **L:** 89–01 Ldkr. St. Wendel (Musikpädagoge u. freie künstler. Tätigkeit auf Gebiet d. Malerei); 96–97 Schule f. Kreatives Gest. Püttlingen/Saar (Doz.) – **P:** Künstleraustausch zw. Gal. Ventosa Barcelona u. Gal. Hanstein Saarbrücken (gefördert durch d. Kultusmin. d. Saarldes) 97; Stud.aufenthalte in Zadar (im Rahmen d. Intern. Workshop d. Croatian Academic Soc. of Artists) 99, 01, 03; Intern. Kult.austausch d. Ldkr. St. Wendel 00 – **Ve:** Saarländisches Künstlerhaus 99; BBK Saarland 03 – **G/T:** informelle Malerei (u. a. Acryl, Öl auf Papier u. Lw.); Graph. (Rad.); grenzüberschreitende Projekte als Maler u. Pianist m. d. anderen Künsten – **W:** u. a. kunstübergreifende Projekte als Maler u. Pianist; Werke überw. in Privatbes.; zahlr. Performances, Install. u. Ausst.dok.; seit 97 kunstübergreifendes Projekt (Worte in Stein u. Klang); Zus.arb. d. Duos Sounds Good m. d. Lyrikerin Felicitas Frischmuth u. d. Bildhauer Leo Kornbrust; Klangbilder-Bildklänge m. d. Pianisten Bernd Mathias; Völklinger Pl. Kunst (00–02, künstler. Auseinandersetzung m. d. Stadt u. ihren Menschen); 3 u. 30 Jahre Musik im 20./21. Jh. (03, Ausst.dok.); Livepainting zu Musik, u. a. in d. Stadtgal. Saarbrücken u. d. Tuchfarbik Trier (m. Bernd Mathias u. Stefan Scheib) – **M:** Illingen, Mus.; Saarbrücken, Slg Saarld Sport Toto; St. Wendel, Mus. Mia-Münster-Haus; St. Wendel, Stift. Kult.bes. d. Ldkr. – **Ö:** Losheim, RH; Saarbrücken, Bank 1 Saar; ebda, Ldtag d. Saarldes, DRK; Saarlouis, DRK; Völklingen, Altes RH; ebda, Neues RH; Zadar, RH – **E:** zahlr., u. a. 95 Saarbrücken, DRK; 96 Saarbrücken, Hanstein; Saarbrücken, Bank 1 Saar; 98 Eschweiler, Glaskuck; Gießen, Produzentengal. 42; 00, 01, 02, 03 Illingen, Mus.; 02 Zadar (Ausst. u. Performance); Sulzbach, Salzbrunnenhaus; 03 Saarbrücken, Ldtag d. Saarldes; Weimar, Studio II; Saarbrücken, Stadt-Gal.; Homburg, Beck; 04 Blieskastel, StG Orangerie; 05 Homburg, Beck; Zweibrücken, Karlskirche; Wintringer Kap. – weitere: 96 Kunstzentrum Bosener Mühle, Ldkr. St. Wendel; 00, 01, 02, 03 Völkinger Pl. Kunst – **G:** 92–02 Saarbrücken, Hanstein – weitere: St. Wendel, Kunst-Szene Saar: Visionen 2000; seit 95 Bet. in Barcelona, Dortmund, Eschweiler, Reinbeck, Saarbrücken, Saarlouis, Sofia, St. Paul de Vence, St. Wendel, Völklingen, Wien, Zadar u. Zagreb; 06 Trier, Tuchfabrik: Livepainting; St. Wendel, Mus. Mia-Münster-Haus: Alles Fußball – o. was? Saarländ. Künstler u. ihre Fußballversionen (Kat.) – **V:** Pierrot Lunaire: Bildtransformationen zu d. Musik Arnold Schönbergs 99; ders.: Nacht u. Enthauptung (2 Heliogravüren) 03; m. Boethius: Esse (4 Rad.) 04 – **R:** Immanenz u. Transzendenz, Kat. auf CD-ROM 04; Bernd Mathias: Klangbilder, 11 Kompositionen v. Bernd Mathias u. 11 Bilder v. N.D., CD – ***Lit:*** u. a. AUSST.KAT.: Andrea Berger: N.D. Malerei 96; Gassen: Kunstszene Saar – Visionen 2000 00; Commun 00; Stefan Fricke, Stefanie Risch, Stefan Litwin u. Werner Brück: Pierrot Lunaire. Bildtransformationen v. N.D. nach d. Musik v. Arnold Schönberg 03 – sowie: Eike Oertel-Mascioni: Projekt Völklinger Plätze Kunst, in: Mitteilungen 2000; Susanna Beck (Hrsg.): Stefanie Risch. Völklinger Plätze Kunst. Eine künstler. Auseinandersetzung m. d. Stadt Völklingen, ihren Stadtteilen u. ihren Menschen – ***LitR:*** u. a. Reiner Petto: N.D. in d. StG Blieskastel, Dok. 04

Dinnendahl, Ludwig; Regelkamp 20, D-59269 Beckum, Tel. (0 25 25) 37 54, *dinnendahl@tiscali.de* – **VG:** Ahlen, Fritz-Winter-Haus; Dießen am Ammersee, Winter – **G/T:** Bildhauerei – (Red.)

Dinnes, Manfred G., Prof., Maler, Graphiker; Atelier & Galerie Sankt Johann, D-93102 Pfatter, Tel. (0 94 81) 95 97 50, Fax 95 97 49, *dinnes@surfeu.de*, *www.dinnes.net* (* Regensburg 2. 10. 50) – **S:** 74–80 ABK Nürnberg (Freie Malerei b. Prof. F. Winzinger u. Prof. G. Wendland, ab 81 Meisterschüler); 88 HdK Berlin – **L:** 97 Dzemal Bijedic Univ. Mostar (Lehrstuhl f. Interkult. Zus.arb.); 97 Akad. d. Schönen Künste Sarajevo (Lehrstuhl f. Freie Malerei u. Glasgest.) – **P:** Kult.-förd.pr. d. Stadt Regensburg 80 – **M:** Düsseldorf, KS NRW; Nürnberg, KH; Regensburg, StG Leerer Beutel; Schwandorf, Oberpfälzer Künstlerhaus – Kebbel-Villa – **Ö:** Los Angeles, Univ. of Southern California; Passau, Univ.; Würzburg, Univ. – **E:** u. a. 75 Nürnberg, Mauthalle; 77 Nürnberg, Fränkische Gal.; 98 Regensburg, StG Leerer Beutel; 02 München, Gal. Nachtcafe – **G:** u. a. 92 München, Mayersche Hofkunstanstalt f. Glas- u. Mosaikgest. – **V:** u. a. Hommage an Mostar 97 – ***Lit:*** AKL – ***LitR:*** u. a. Reiner Thiele: Arkadische Spaziergänge – Wege zu Dinnes, Multivisionsshow 92 – (Red.)

Dirkling, Manfred, Dipl.-Designer, Bildhauer, Kunsterzieher; Berksen 3, D-59514 Welver-Nateln, Tel. (0 23 84) 31 55, *Dirkling1903@aol.com* (* Hamm/ Westf. 19. 3. 49) – **S:** 90–95 FHS Dortmund (Produktdesign, Bildhauerei b. Prof. Th. Uhlmann, Ill. b. Prof. Pitt Moog, Exper. Graph. b. Prof. H.D. Schrader, Neue Medien b. Prof. M. Jetelova) – **L:** seit 01 Gymnasium Schloß Heessen Hamm (Kunsterzieher) – **P:** 'Standorte' Stadt Dortmund, KA Düsseldorf (Stip.) 93 – **Ve:** KV Beckum-Warendorf 79; Hammer Künstlerbund 95; BBK NRW 96 – **KGr:** Grund (Gründungsmitgl., seit 93) – **G/T:** Bildhauerei; Neue Medien; Ill.; Hochdruck; Zchng; Pädagog. Kunstprojekte – **W:** Kurpark Bad Sassendorf; Maximilianpark Hamm; Ldesgartenschau Oelde; Performances; Acht großformatige Arb. im Hammer Stadtraum – **M:** Hamm, Schloß Oberweries; Oelde, RH; Wadersloh, Mus. Abtei Liesborn; Warendorf, Kr.haus – **Ö:** Hamm, Gymnasium Hammonense; ebda, Ldschulheim Schloß Heessen – **E:** 95 Berlin, Gal. am Scheunenviertel; 95, 97 Wadersloh, Mus. Abtei Liesborn; 96 Hamm, Maximilianpark; 99 Hamm, WA Presseforum; Hamm, Schloß Oberweries – **G:** zahlr., ständige Bet. im In- u. Ausld – ***Lit:*** Kunstforum, Bd 125 94, S. 348; – sowie zahlr. Kat.bet. z. Gr.ausst. – ***LitR:*** Werkvorstellungen in WDR-Programmen

Dirnaichner, Helmut, Maler u. Bildhauer; *mail @helmutdirnaichner.de*, *www.helmutdirnaichner.de* (* Kolbermoor/Bay. 15. 7. 42) – **VG:** Stuttgart, Mueller-Roth; Friedberg, Gal. u. Ed. Hoffmann; Köln, Ucher; Berlin, Dietrich; Basel, Ed. Fanal – **S:** 70–76 ABK München (Meisterschüler f. Malerei b. Prof. G. Fruhtrunk) – **P:** DAAD-Stip. (f. Mailand) 78; Arb.-stip. d. Stift. Kunstfonds Bonn (f. Mexiko) 85; Förd.pr. f. Bild. Kunst d. Stadt München 90 – **Ve:** VG Bild-Kunst 96 – **M:** Bergisch Gladbach, StG Villa Zanders; Berlin, Kpst.-Kab.; Bern, Schweiz. Ldesbibliothek (Graph. Slg); Cottbus, Brandenburgische KS; Dresden, GG NM; Düren, Leopold-Hoesch-Mus.; Hagen, Karl-Ernst-Osthaus-Mus.; Kaiserslautern, Pfalz-Gal.; Kiel, KH; Lüdenscheid, StG; Marl, Skulpt.-Mus. Glaskasten; Morlanwelz, Mus. royal de Mariemont; München, Bay. Staatsbibliothek; München, Lenbachhaus; New York, Public Library; Rosenheim, StG; Wolfenbüttel, Herzog-August-Bibliothek; Würzburg, StG; Zürich, Kunsthaus (Graph. Slg) – **Ö:** Berlin, Allianz-Versicherung; Bonn, Dt. Forschungsgemeinschaft Bad Godesberg; München, Dresdner Bank am Promenadepl. – **E:** u. a. 79 Graz, Forum Stadtpark; 86 München, Wittenbrink; 87, 05 Stuttgart, Mueller-Roth; 88 Eindhoven, De Fabriek; 89 Bern, Megert; Kiel, KH; 90 Nürnberg, Inst. f. mod. Kunst; 91 Bremen, Rabus; 93 Schwerte, KV; Zürich, Kornfeld & Cie.; 94, 04 Friedberg, Gal. u. Ed. Hoffmann; 94 Bergisch Gladbach, StG Villa Zanders; 97 Rosenheim, StG; 98 Dresden, GG NM; Marl, Skulpt.-Mus. Glaskasten; 99 Berlin, Dietrich; 00, 04 Köln, Ucher; 01 Cottbus, Brandenburgische KS; Mailand, Biblioteca Trivulziana; 02 Kaiserslautern, Pfalz-Gal.; Lüdenscheid, StG; 03 München, Bay. Staatsbibliothek; 04 Kaiserslautern, Wack; München, Kath. Akad.; 05 München, Bay. Staatsoper (Install. in d. Allerheiligen Hofkirche); Schwaz, Rabalderhaus (Kat.); 06 Basel, Espace Fanal – **G:** zahlr. Ausst.bet, u. a. 91 Bremen, KH; 01 Bonn, Kunst- und Ausst.halle d. BRD; 02 Berlin, Kpst.-Kab.; Alexandria, Bibliothek Alexandrina; 03 München, Haus d. Kunst; 04 Lecce, Ex Conservatorio Sant'Anna; Hanau, Schloß Philippsruhe: Zw. Malerei u. Objekt; 05 Speyer, KV: Zw. Malerei u. Objekt – **R:** Christian Mings: Oltre Mare (Musik f. ein Bild v. H. D.), Komposition 98; ders.: Komposition 98 u. 05 – ***Lit:*** – AUSST.KAT., u. a.: G. Jappe (Hrsg.): Ressource Kunst – die Elemente neu gesehen; H. Gercke (Hrsg.): Blau – Farbe der Ferne 90; W. Vomm: H. D. 94; H. Gercke, B. E. Buhlmann u. A. Prete: H. D., transparente Steine Lichtfelder Räume 97; P. v. Kraft: H. D., Erinnerung Erde 01; E. Hetrich, U. Montag, B. E. Buhlmann u. a.: H. D. ante mare et terras. Künstlerbücher 1979–2001, Ausst.kat. u. Werkverz. 01; – weitere: U. Bischoff: Die Gesichter der Erde, in: H. D. – Atla, Monogr. 86; A. Prete: Palude, azzuro – Sumpf, blau. Per H. D., Essays 03; – sowie zahlr. Beitr., u. a. G. Knapp: Zu den Tuchmalereien H. D., in: abstrakt konkret absolut, Ausst.kat. 78; P. Bosetti: H. D. – Tagebuch in Farben der Erde, in: Art 4/98 – ***LitR:*** FSF: U. Voswinckel: Konzept für eine Galerie, in: Kult.report Bay. Fs. 22.6.78; ders.: Das Blau der Erde – Ein Portrait des Malers H. D., Bay. Fs. 18.9.97; H. D. – Maler, in: Capriccio, Bay. Fs. 9.2.97; – RF: W. Warning: Kultur aktuell. H. D., Bay. 2 19.6.89 u. 16.1.97; B. Schossig: Kultur am Abend: H. D. 31.1.91; W. Warning: Kultur aktuell. Terra Mundi – Künstlerbücher von H. D. in der Bayrischen Staatsbibliothek, Bay. 2 21.1.03

Dirnhofer, Veronika, Malerin; Weinzettl 3, A-3143 Pyhra (* Horn/NdÖst. 22. 10. 67) – **S:** 87–92 ABK Wien (Meisterkl. Prachensky); 90–92 HS f. Musik u. Darst. Kunst Wien – **L:** 93 ABK Wien (LAuftr.); 02 KHS Linz (Gastprof.) – **P:** Würdigungspr. d. Bundesmin. f. Wiss. u. Forsch. 92; Kunstpr. d. Hypo-Bank 93; Arb.stip. d. Stadt Wien 96; Förd.gabe f. Kunst d. Ldes Vorarlberg 02 – **Ve:** Berufsvrg bild. Künstler Vorarlbergs – **G/T:** Malerei, Collage – **M:** Bregenz, Vorarlberger LM; St. Pölten, NdÖst. LM; Wien, Slg d. Bundes – **E:** u. a. 90 Dornbirn, Rüschwerke; 93 Dornbirn, Art-House; Wien, KH Exnergasse; 96 Wien, Kunstbüro 1060; 97 Linz, Portfolio-Kunst-AG; 03 Bregenz, Art House – **G:** u. a. 00 Wien, Krobath & Wimmer – ***Lit:*** AKL – (Red.)

Dirx, Jörn-Peter (eigtl. Jörn-Peter Dirks), Maler, Autor; Friedhofstr. 20, D-88368 Bergatreute, *dirxjoernpeter@aol.com* (* Bremen 26. 8. 47) – **S:** 66–67 KSch. Bremen (Vorstudium); 68–70 HS f. Gest. Bremen (Malerei/Flächengest. b. Prof. K.H. Greune); 70–72 HBK Düsseldorf (b. Prof. Beuys); 73–74 HS f. Gest. Bremen (Malerei, Examen als Designer grad.); 74–75 Meisterschüler b. Prof. K.H. Greune – **P:** Stip. d. Kunststift. Bad.-Württ. f. Lit. 87 – **G/T:** Malerei (Öl-Acryl-Gouache, Aqu.); Flächegest.; Wandbild; Kunst im öff. Raum; Buchill. – **W:** Bremen, Gaststätte 'Gerken'/Cornelius Cordes; Bremen/Travemünde Privatbes. – **M:** Bremen, Graphothek; Bremen, KH – **Ö:** Bremen, Parkhaus im Schnoor; ebda, Silouteenplast. Hemelingen, Jugendfreizeitheim Osterholz-Tenever, Obervieland, Wüste Stätte, Koblenzer Str., Drakenburger Str. (Wandbilder); Ravensburg, Kunststift. Weissenau (Wandbild Gwigg) – **E:** Bremen, Gal. Gruppe Grün; Bremen, Crash; Lilienthal, Gal. K; Oldenburg, Unart; Wilhelmshaven, Gal. M; Wildeshausen, Berlineke; Ravensburg, Ratsstube; Ravensburg, Gal. in d. Wollgasse; Ravensburg, fabbricia; Ravensburg, Theatercafé u. Kult.wkst.; Ravensburg, Buchhandlung 'Am Lederhaus'; Weingarten, d'Linse; Goslar, Kaphammel; Weingarten, Art-Hotel – **G:** Bremen, Gal. of. Modern Art; Bremen, Gal. Gruppe Grün; Bremen, Paula-Becker-Modersohn-Haus Böttcherstr.; Bremen, Weserburg; Bremen, StG; Bremen, KH; Bremen, Untere RH-Halle; Bremen-Vegesack, Kult.bhf.; Hamburg, KH (Forum); Hannover, KV; Hannover, KH (Forum); Göttingen, Kunstmarkt; München, Goethe-Inst.: Bremer Künstler in Bordeaux – **V:** Detlef Michelers: Goethemappe, 12 Bogen m. 5 handsign. Drucken nach Federzchngn 74 – ***Lit:*** KH Bremen (Hrsg.): Kunst in Bremen 28 Künstler 28 Objekte 74; Kunst im öff. Raum 1977–1980 80; Volker Barthelmeh: Wandbilder USA/Westeuropa 82; Herbert Albrecht u. H.J. Manske: Bremer Künstler in d. Kommunalen Galerie/Graphothek 84; H.J. Manske: Bremer Wände 86; ders. u. G. Opper: Kunst im öff. Raum in Bremen 93; StG Bremen (Hrsg.): Kinder des Olymp 98 – ***LitR:*** Interview auf d. Frankfurter Buchmesse (Sat1) 97; Interview m. Vita u. Werkschau (SeeTV) 02

Ditt, Jacqueline, Malerin, Graphikerin; Orffstr. 35 A, D-80637 München, Tel. (0 89) 13 42 45, Fax 13 48 37, *mail@universal-arts.de*, *www.universal-arts.de* (* München 2. 4. 60) – **VG:** www.universal-arts.de – **S:** Blochererschule München (Graph.design b. Prof. Teger) – **G/T:** Malerei (expressionistisch); Computergraph. (Ltd. Prints); Netzkunst (Animation) – **W:** ca. 90 Gemälde u. Graph. in Privatbes. – **E:** 93–01 Universal Arts Gal. Studio GmbH (jl. thematische Gemäldeausst.); 02–06 München, Universal Arts Gal. Studio GmbH (2 x jl. Graph.- u. Gemäldeausst.) – ***LitR:*** universal arts Gal. (Hrsg.): EDITION 03, EDITION 04, EDITION 05, jew. multimediale Bildkataloge 03–05

Ditteney, Michael, Maler; Hohlgasse 19, D-79199 Kirchzarten, Tel. (0 76 61) 90 35 60, *michael@ditteney.de*, *www.ditteney.de* (* Freiburg 24. 6. 65) – **S:** 89–95 ABK Karlsruhe (Malerei, Meisterschüler b. Prof. G. van Dülmen) – **P:** Caspar-von-Zumbusch-Pr. 95; DAAD-Stip. f. Dublin 96–97 – **E:** / G: u. a. 02 Kirchzarten, KV – (Red.)

Dittloff, Johannes Janusz, MA, Graphiker, Foto- u. Mediendesigner, Multimediakünstler; Esbjergweg 10, D-24109 Kiel, Tel. Mobil: 0 17 32 03 57 54, *info@dittloff-design.de*, *arte@dittloff-design.de*, *www.dittloff-design.de*. c/o BBK Schleswig-Holstein, *www.bbk-schleswig-holstein.de/dittloff/* (* Sosnowiec/Polen 2. 3. 51) – **S:** 70–76 KA Krakau (Graph. b. d. Prof. Labus, Kluska, Dutkiewicz, Chromy u. Gawron, Dipl. m. Goldmed.) – **L:** 80–82 FHS f. Werbung Katowice (Doz.); 82–85 Gymnasium f. Bild. Künste Dabrowa Górnicza (Leiter d. Abt. f. Ausst.wesen); 88–95 Christian-Albrechts-Univ. Kiel (Entwicklungsdesign); 00–02 FHS Kiel (Entwicklungs- u. Mediendesign, Projekt Mediendom) – **Ve:** BBK Schlesw.-Holst.; Multiple Art – **KGe:** Norddeutsche Künstler 5 – **G/T:** Graph. (Zeichn. u. Computergraph.), Fotogr., Objekte, Mediale Experimente – **K:** Graph., Zeichn., Fotogr. u. ComputerFoto – **W:** überw. in Privatbes. im In- u. Ausld, zahlr. Performances – **Ö:** Kiel, Hans-Henseleit-Stift.; ebda, Spk. u. Spk.-Stift., Stadtwerke; – Innenarchit. u. Mediendesign: Rendsburg, Elektro-Mus.; Kiel, Mediendom – **E:** Einzelausst. in Polen u. Dtld, z.B. 88 Kiel, StadtWerkSchau; 04 Kiel, Ldesbibliothek (Der Blick – fotogr. u. graph. Arb. 03–04) – **G:** mehrere Ausst.bet., u. a. 89, 03 Kiel, KONZEPT; 03–04 Taipei, Dt. Kult.zentrum; 04 Kiel, Innenmin. (Fortuna, weitere Stationen: Binneberg, u. Ahrensburg); Wedel, Barlach Mus. (Kat.); 05 Hamburg, ElbArt (Kat.); Hollfeld, Intern. Kunstausst.: Streifzüge (Kat.); Wiesbaden, Mus.: Wiesbadener Fototage (Kat.); Dömitz, Mus. Festung Dömitz: ARS MULTIPLICATA – multiple art; Lübeck, Burgkloster: (Kat.); 06 Büdelsdorf, Nord Art; – sowie Teiln. an d. 1.–5. Schau d. 1000 Bilder in Kiel – ***Lit:*** Johannes J. Dittloff. Zeichnungen und Collagen, Kat. z. StadtWerkSchau Kiel 78/88; Renate Paczkowski, Bernhard Schwichtenberg, Andreas von Randow u. Bernd Brandes-Druba (Texte): Ars-Borealis, Bildbd 6/04

Dittmer, Peter, Video-, Performance- u. Installationskünstler; *amme5@dieamme.de*, *www.dieamme.de* (* Potsdam 17. 4. 58) – **S:** 84–85 HBK Dresden (Malerei, Graph.) – **L:** 01 HBK Dresden (LBeauftr.) – **P:** u. a. Stift. Kult.fonds Berlin – **G/T:** Malerei, Graph., Objekte, Performance (audio, video), Install. (akustische Objekte, Computerarb.), Bühnenbild – **E:** / G: u. a. 92 Berlin, Gal. Art-Acker; 93 Berlin, Gal. Eigen + Art; 94 Leipzig, Medien-Bienn.; 95 Erfurt, Gal. EK-Tachrom; 96 Roskilde, Museet for Samtidskunst; 98 Berlin, Gal. nn.kunst.tmp; Zürich, MfG; 99 Weimar, Kunstkab.; Wolfsburg, KM; 00 Hamburg, KV; 01 Dresden, HBK – weitere in Basel, Genf, Köln, Paris, Rom, Zürich – ***Lit:*** AKL – (Red.)

Dittrich, Hanne (verh. Hanne Walther-Dittrich), Malerin, Illustratorin, Autorin; Ringstr. 32, D-73453 Abtsgmünd, Tel. (0 79 63) 7 38, *www.eine-welt-poesie.de*. Via Parlamento 30, I-18010 Montalto/Ligure, Tel. Mobil: 0 34 00 03 27 51 (* Teuplitz/Polen 14. 5. 40) – **VG:** Aalen, Wellandgal.; Russikon, Gal. z. Sommerau – **S:** 65–67 ETH Zürich (Gasthörer, Aktzeichn., Kunstgesch.); Akad. f. Werkkunst Berlin; ab 70 HdK Berlin (auch Meisterschülerin) – **P:** Stip. f. d. Atelierhäuser Worpswede 79, 80 – **Ve:** Zürcher Künstlervrg; BBK Worpswede 79–83 – **G/T:** Eitempera, Lasuraqu. u. Öl, Lasurmalerei, Fensteraussichten u. Ldschaften, Bildreihen im Stil d. Poetischen Surrealismus, Rohrschach-Bilder, Duftbilder, Ill., Layout, automatische Zeichn. – **K:** Farbe – Ausdruck, Symbolcharakter u. Wirkung; Komposition u. Bildaufbau in Gal., Ateliers u. in Bildungshäusern; Ldschaft; Pflanzen; Portr.; geometrische Abstr.; Wandbildinszenierungen – **W:** überw. in Privatbes.; 06 Eine Welt Poesie, Poesiekarten in einer Kassette – **Ö:** Aalen, Berufsschulzentrum; Abtsgmünd, Kochertalmetropole; Dt. Bank; Kr.spk.; Raiffeisenbank – **E:** u. a. 70 Berlin, Hilton; 71 Zürich, Burgdorfer-Elles; 76, 79 Zürich, Städt. Kunstkammer zum Strauhof; 83, 85 Gaildorf, Gal. am Schloßpark; 87 München, Transart; 84, 88 Aalen, Wellandgal.; 95 Lauchheim, Schloß Kapfenburg; 96 Zürich, Haus Karl d. Große; 99, 02 Abtsgmünd, Zehntscheuer; 00 Heuchlingen, Kunsthalle 2000; 04 Baden, Atelier Gal. B; Russikon, Gal. z. Sommerau – **V:** Bidpai und Dabschalim, indische Fabeln 74; Rosenkind ein altes Märchen, Bilderb. 83; m. Lena Bast: Zeitenwege, Jb. 85 – ***Lit:*** Hermann Wiesler: H. D. Weg in den abstrakten Raum 93; Rudolf Seitz: H. D. Überblick 00; – weitere: Pro Fumo-Bildreihe 96 – ***LitR:*** Landesschau, SWR 00

Dittrich, Simon, Maler, Graphiker, Zeichner, Illustrator; Rudolf-Weisser-Weg 15 A, D-70567 Stuttgart, Tel. (07 11) 7 80 32 22 (* Teplitz-Schönau 13. 1. 40) – **VG:** Borken, Kranenburg; Weinbach, Krupp – **S:** 59–61 WerkKSch Darmstadt u. Offenbach (Gebrauchsgraph.); 61–67 HBK Berlin (Malerei, Meisterschüler v. H. Trier) – **P:** Villa-Romana-Pr. 68; Förd.pr. d. Stadt München 71 – **Ve:** Darmstädter Sezession – **M:** Linz, Lentos; München, Bay. Staatsgemäldeslgn; Regensburg, Ostdt. Gal. – **E:** u. a. 67, 71 Ulm, KV; 73 München, Ketterer; 80 Bietigheim-Bissingen, Gal. im Unteren Tor; 04 Berlin, Gärtner – **G:** u. a. 97 Ulm, Slg Deschler – ***Lit:*** AKL; Schweers 02 – (Red.)

Divernois, Walter; Vorderer Rain 12B, CH-3068 Utzigen, Tel. 03 18 39 74 73, Fax 03 18 39 74 73 – **G/T:** Malerei – (Red.)

Dixi, Phillipp s. Eckhardt, Friedrich

Dlugos, Caroline, Prof., Fotografin; *caroline.dlugos@freenet.de; dlugos@fh-dortmund.de* (* Berlin 59) – **S:** 77–82 Univ. GesamtHS Kassel (Freie Kunst u. Visuelle Kommunikation b. Harry Kramer u. Floris M. Neusüss); 82–84 Éc. Nat. Supérieure des Arts Décoratifs Paris (Postgrad.stud.); 85–86 FU Berlin (Kunstgesch., Publizistik) – **L:** 92–94 FHS Potsdam (LAuftr. f. Fotogr.); seit 96 FHS Dortmund (FB Design, Prof. f. Fotogr.) – **P:** Stip. d. Dt.-Frz. Jgd.werkes 82–83 (Stud.stip.), 84

(Künstlerstip.); Arb.stip. f. Künstler. Fotogr. d. Berliner Senats 91; Gastkünstlerin am Inst. f. Bildmedien d. ZKM Karlsruhe 93 – **Ve:** DGPh; Dt. Künstlerbund – **KGr:** Graue Welle (Mitbegr. 80) – **M:** Berlin, Berlinische Gal. (Fotogr. Slg); Berlin, KS d. Dt. Bundestages; Dortmund, Mus. f. Kunst u. Kult.gesch.; Frankfurt am Main, FotoKS d. DG Bank; Karlsruhe, ZKM; Köln, Mus. Ludwig (Fotogr. Slg); Wien, MMK Stiftung Ludwig – **E:** u. a. 84 Paris, Goethe-Inst.; 87 Berlin, Gal. Spandow; 88 Köln, Krips; 89 Wien, Zumtobel; 91 Berlin, Wiensowski & Harbord; Wien, MMK Stiftung Ludwig; 92 Potsdam, FHS; Berlin, Kunstamt Tempelhof (Kat.); 94 Oslo, Gall. Wang; 95 New York, Bravin Post Lee Gall.; Berlin, ITP/Kunst-Werke; 96 Atlanta, Goethe-Inst. (Kat.); Houston, Goethe-Inst. (Kat.); Frankfurt am Main, Detterer – **G:** zahlr. Ausst.bet., u. a. 84 Bremen, KV: Kunstlsch. Bundesrepublik – Region Köln (Kat.); Flensburg, KV: Kunstlsch. Bundesrepublik – Region Köln (Kat.); Münster, Westf. KV: Im Mittelpunkt Kunst (Kat.); 85 New York, Pace McGill Gall.: Culture reviewed; 89 (Photogr. als Kunst – Kunst als Photogr.), 92 (Jahreslabor. Ein Bericht) Berlin, Berlinische Gal. (Kat.); 90 Glasgow, Collins: City Focus – six photographers from West-Berlin (Kat.); 91 Dublin, Hugh Lane Municipal Gall. of Mod. Art: Berlin!- The Berlinische Gal. Art Coll. visits Dublin (Kat.); 95 München, Haus d. Kunst: Der zweite Blick (Kat.); Karlsruhe, ZKM: MultiMediale 4 (Kat.); 96 Berlin, Haus am Waldsee: (Lsch.) m. d. Blick d. 90er Jahre (Kat.b.); 99 Aachen, Ludwig Forum: Natural Reality (Kat.b.); Köln, Mus. Ludwig: Video Virtuale – Foto Fictionale; 00 Oldenburg, LM: Lsch. in d. zeitgen. Fotogr.; 01 Dortmund, Mus. f. Kunst u. Kult.gesch.: Dortmund Forever (Kat.); 02 Innsbruck, Tiroler LM Ferdinandeum: Mo(n)umental (Kat.); 04 Hamburg, MKG: Natur ganz Kunst (Kat.) – **V:** Young European Photographers, In: European Photogr., Bd 41 90, S. 18, 38, 39; Fotografie als Skulptur, In: Jahreslabor. Ein Bericht, Ausst.kat. (Berlinische Gal.) 92; Von der Tiefe der Oberfläche, In: Zugänge z. einer Oberfläche. Vorträge z. Fotogr., Schriftenreihe d. HBK Braunschweig, Bd 15 95; MultiMediale 4, Statement im Ausst.kat. (ZKM Karlsruhe) 95; Fotografie nach der Fotografie, Statement im Ausst.kat. 96, S. 292 – ***Lit:*** sehr zahlr., u. a. – ZSS: Klaus Honnef: Inszenierte Fotografie, In: Kunstforum Intern., Bd 84 86, S. 158/59; Dieter Hildebrandt: Between Past and Future: New German Photography, In: Aperture, Bd 123 91, S. 36/37: Thomas Wulffen: C.D. Imaginäre Skulpturen, In: Zyma-Art Today, Nr. 1 92, S. 44; ders.: Aus fremden Gärten. Über Bildkultur und Virus, Interview in: Below Papers, Bd 3/94; Claudia Hart: Ouverture. C.D., In: Flash Art Intern., Mai-Juni 95; Thomas Wulffen: C.D. Fotografien 1992–1995, In: Kunstforum Intern., Bd 130, Mai-Juli 95; David Levi Strauss: review: C.D. at Bravin Post Lee, In: Artforum New York, Dez. 95; Michael Petry: A thing of beauty is..., In: Art & Design, Nr. 54 97; – AUSST.KAT.: u. a. Wilfried Wiegand (Beitrag): Mois de la photo 1984 Paris 84; Widersprüche '84. Sehnsucht nach dem Schönen (Gal. Wewerka Berlin) 84; Gruppe Kobalt 86; Einstellung 25 (Raab Gal. Berlin/London) 94; Werkschau 2 (Neues Kunstquartier Berlin) 94; Wewerka. Die Galerie 96; Photo- u. Konzeptkunst am Bau. Ein Projekt für den Deutschen Bundestag 00; Zwischenspiel III: Nach der Natur (Berlinische Gal.) 02; Epson art photo award: Beste Fotoklasse (Art Cologne) 05; – weitere: AKL; Kathrin Becker u. Klara Wallner (Hrsg.): Landschaft mit dem Blick der 90er Jahre 95; Contemp. Woman Artists 99

Dobberkau, Heide, Bildhauerin; Neufeldweg 9a, D-51427 Bergisch Gladbach, Tel. (0 22 04) 6 84 47 (* Celle 23. 1. 29) – **S:** 47–53 WerkKSch Hannover (Bildhauerkl. b. H. Scheuernstuhl) u. LdesKSch Hamburg (b. E. Scharff) – **G/T:** Med.; Bronzeskulpt. – **M:** Gelsenkirchen, SM; Halle/Saale, Staatl. Gal. Moritzburg – **Ö:** Aachen, Kurpark (Große Sitzende); Bergisch Gladbach, Eselsdenkmal v. Bechem; ebda: Fußgängerzone (Zwei Schafe u. Bäuerin); St. Augustin, Freiplast. Heuesel – **E:** u. a. 57 Köln, KV; 67 Köln-Mülheim, Stadthalle; 87 Bensberg, RH; 90 Stuttgart, Kunsthaus – ***Lit:*** AKL – (Red.)

Doberauer, Anke, Prof., Malerin; c/o Akad. d. Bild. Künste, Akademiestr. 2, D-88799 München (* Bad Homburg 62) – **VG:** Zürich, Mai 36 Gal. – **S:** 82–89 HBK Braunschweig; 91 ebda (Meisterschülerin b. Prof. B. Willikens) – **P:** Karl-Schmidt-Rottluff-Stip. 93; Cité Intern. d. Arts Paris 94–95; Artist in Residence (Collegium Budapest) 98–99 – **M:** Frankfurt am Main, MMK – **Ö:** Jena, Univ. – **E:** u. a. 94, 00 Zürich, Mai 36 Gal.; 96 Frankfurt am Main, MMK – **G:** u. a. 91 Rotterdam, Witte de With; 92 Münster, Städt. Ausst.halle; 95 Marseille, Mus. d'Art Contemp.; Düsseldorf, KH; 96 Turin, Castello di Rivoli; 97 Frankfurt am Main, MMK – ***Lit:*** AKL; Schweers 02 – (Red.)

Doberitzsch, Peter; Str. des Friedens 26, D-08645 Bad Elster, *info@peter-doberitzsch.de*, *www.peter-doberitzsch.de* (* Köthen 23. 3. 48) – **Ve:** KBD 92; VG Bild-Kunst 99 – **G/T:** Abstr. (Malerei, Papierschnitt) – **E:** / G: Ausst. u. Ausst.bet. seit 90

Dobler, Andreas, Maler, Zeichner, Illustrator, Musiker; Fabrikstr. 45, CH-8005 Zürich, Tel. 01 2 72 63 77 (* Biel 31. 1. 63) – **S:** 83–85 Schule f. Gest. Basel – **P:** Artist in Residence: P.S.1 Contemp. AC 90; Cité Intern. d. Arts Paris 00; Villa Arson Nizza 04 – **E:** zuletzt u. a. 02 Glarus, Kunsthaus; Basel, Wüthrich; 03 Grenoble, Magasin Centre Nat. d'Art Contemp.; 04 Paris, Brolly; 06 Genf, Evergreene; London, Alex Pollazzon – **G:** zuletzt u. a. 00 Thun, KM; 03 Berlin, Künstlerhaus Bethanien; Zürich, Van Orsouw; Zürich, KH; 05 Québec, manif d'art; 06 Paris, Centre Cult. Suisse – **V:** Argovian Sun 02 – ***Lit:*** AKL; BLSK 98

Dobocan, Dorél, Maler; Am Judensand 65, D-55122 Mainz, Tel. (0 61 31) 38 46 44, Fax 38 35 38, *atelier@dobocan.de* (* Temeschburg/Rumänien 9. 10. 51) – **S:** HBK Temeschburg – **P:** Förd.pr. d. Ldes RP f. Malerei – **G/T:** freie Arbeiten – **W:** u. a. in Bes. d. ZDF Mainz, d. Ldes Hessen, d. Städte Landau u. Mainz – **M:** Atlanta, Carter Presidential Center; Bonn, ehem. Bundeskanzleramt; Bukarest, MMK; Bukarest, Schillerhaus; Frankfurt am Main, Städt. Slg; Franklin Center/PA, Franklin Mint Mus.; Hagenau, Mus. Alsacien; Koblenz, LM; Koblenz, Mittelrhein-Mus.; Kronstadt, KM; Mainz, Kultusmin. Rh.-Pf.; Mainz, LM; Mainz, Slg d. Ldesbank Rh.-Pf.; Mainz, Spk; München, Slg d. Bay. Hypothekenbank; Neuwied, Akad. f. Kammermusik Schloß Engers; New York, Sander; Paris, Louvre (Pal., Dir. Mus. de France); Paris, MAM de la Ville Paris; Rio de Janeiro, Mus. de Arte Mod.; St. Petersburg, Russisches Mus. (Slg Ludwig); Timişoara, Muz. Banatului; Wiesbaden, Dt. Abbott – **Ö:** Berlin, ZDF-Hauptstadtstudio Zollernhof; Mainz, Dr. Martin-Luther-King-Pl. – **E:** zahlr., u. a. 73 Timişoara, Gal. Bastion; 78, 80 Mainz, Jottwedee; 81 Boppard, Mus.; 85, 94 New York, Sander; 86, 87 Zürich, Produzentengal.; 90 Grandville, Gal. Holland; 92 Bonn, Ldesvertretung Rh.-Pf.; 93 Frankfurt am Main, Schirn; 95 Mainz, Ldesbank Rh.-Pf.; 96 Brüssel, Ldesvertretung Rh.-Pf.; 96, 99 Paris, Métamorphose; 97 Neuwied, Akad. f. Kammermusik Schloß Engers; 99 Florenz, Pal. Pretario; 00 Berlin, Rumänisches Kult.inst.; 01 Paris, Gal. A Part; 02 London, New Art Gall.; Koblenz, LM; 04 St. Petersburg,

Russisches Mus. – **G:** zahlr. Bet. seit 75, zuletzt u. a. 91, 92 Paris, Gal. Le Cube; 93 Baden-Baden, Pages; 95 New York, Sander; 99 Mailand, Alpha; 02 Berlin, Auswärtiges Amt; Chemnitz, Neue Sä. Gal. – ***Lit:*** AUSST.KAT.: Pastell-Bilder 85; There is Music in the Air (Pastell-Bilder, Öl-Bilder, Aqu., Zchngn) 94; Klangfarben. Das Hören, das Sehen verschwistern (Pastell-Bilder, Öl-Bilder, Aqu., Skulpt.) 96 – sowie: Werkkat. (Pastell-Bilder, Öl-Bilder, Siebdrucke) 98; Dialog – D.D., Ausst.- u. Werkkat. (Pastell-Bilder, Öl-Bilder, Zchngn u. Graph.) 04

Döbereiner, Ursula; c/o Galerie Laura Mars Grp., Sorauer Str. 3, D-10997 Berlin, Tel. u. Fax (0 30) 61 07 46 30, *info@lauramars.de*, *www.lauramars.de; www.ursuladoebereiner.de* (* München 63) – **VG:** Berlin, Laura Mars Grp. – **S:** 89–95 HdK Berlin (b. Raimund Girke, 95 Meisterschülerin) – **L:** 05 Éc. des Beaux-Arts Toulouse (LAuftr.) – **P:** Stud.stip. d. Cusanuswerkes Bonn 92–95; Goldrausch Künstlerinnenprojekt Berlin 95; Stift. Kunstfonds – Arb.- u. Projektstip. (Arb.-stip.) 99; Stip. d. Förd.kr. Kunst auf Schloss Plüschow 00; Arb.stip. d. Senatsverwaltung f. Wiss., Forsch. u. Kult. Berlin 02; Projektförd. d. Senatsverwaltung f. Wiss., Forsch. u. Kult. Berlin (m. Aysun Bademsoy) 03 – **KGr:** Stadt im Regal (seit 96) – **E:** 92 Berlin, allgirls gall.; 98 (m. Katharina Schmid), 01 Berlin, Fricke; 99 Düsseldorf, Fricke (m. Katharina Schmid); 01 (Kat.), 04 Berlin, Laura Mars Grp.; 04 Berlin, Kunstbank (m. Barbara Steppe); 05 London, Frieze Art Fair (Install.) – **G:** zahlr., u. a. 93 Leipzig, Lang (Kat.); 95 (Kat.), 99 Berlin, Künstlerhaus Bethanien; 96 Frankfurt am Main, KV (Kat.); 97 Berlin, Parkhaus Behrenstr. (Kat.); 99 Vigo, Casa das Artes (Kat.); Mexiko-Stadt, La Panaderia; 00 Berlin, AK (Kat.); Berlin, Neuer Berliner KV (Kat.); 00 (Kat.), 06 Göttingen, KV; 00, 01 Berlin, Fricke; 01 Rostock, KH (Kat.); 02–05 Berlin, Laura Mars Grp.; 03 Zürich, Binz39 (Kat.); 05 Oberhausen, Ver. f. aktuelle Kunst; Paris, Public; 06 New York, Schlechtriem; Dresden, Kunsthaus Raskolnikoff; 07 Berlin, Martin-Gropius-Bau; Bonn, Frauen-Mus. – ***Lit:*** Peter Lang (Hrsg.): Die Letzte im Speckshof 92; Goldrausch VI 95; 10 Positionen, Kat. 96; PARKHAUS – STADT IM REGAL 97; Novos Caminos – Ameazas e promesas da arte electrónica 99; Berliner Accessoires, Kolumne (m. Elke Naters auf d. Berliner Seiten d. FAZ) 00; Neuer Berliner KV (Hrsg.): Ortsbegehung 6 – paper marks 00; Z 2000, Akad. d. Künste 00; Förd.kr. Schloß Plüschow (Hrsg.): willing refugees 01; KH Baden-Baden (Hrsg.): Freie Wahlen 01; AUTOS/FILME/FRAUEN/HÄUSER/MODE/WOHNEN 01; Sven Lager u. Elke Naters (Hrsg.): the buch – leben am pool 01; 100 Magazine (101–196) 02; arkitip, mag. ISSUE001–9 03

Döllel, Hannes, Prof., Maler, Illustrator; Zehentstr. 12, D-85445 Aufkirchen-Oberding, Tel. (0 81 22) 1 06 11, Fax 2 03 90 (* Aufkirchen/Obb. 16. 9. 49) – **S:** Meisterschule f. Mode München (Modegraph., Graph.-design, Dipl. 1976) – **L:** Lehrtätigkeit f. figürliches Zeichn. u. Darst.techniken an d. FHS Pforzheim, Trier, Stuttgart, München, Hannover u. Berlin – **G/T:** Porträt- u. Blumenmalerei (Aqu., Acryl, Öl, Pastell); Ill. (Sport, Menschen, Beauty, Mode); Akt- u. Menschendarst. – **K:** Kurse in Malerei u. Zeichn. (Aqu., Acryl, Öl, Pastell, Akt, Porträt, Perspektive) – **E:** Hamburg, Advertising Art – **G:** Rosenheim, StG; Erding, Ldratsamt; Erding, KV – **V:** Modegrafik (Arnold-Verl.); Fachwissen Bekleidung (Europa-Verl.); Modezeichnen (Europa-Verl.); Mode-Darstellung (Europa-Verl.) – ***Lit:*** Novum-Gebrauchsgrafik 87; Grafik-Design + Technik 88

Doempke, Boris, Maler u. Bildhauer; Atelier: Hafenweg 28, D-48155 Münster, Tel. (02 51) 66 10 18, *www.borisdoempke.de* (* Münster 6. 3. 55) – **VG:** Münster, Karstens; Köln, Wilbrand – **S:** 76–77 KA Münster; 77–83 HdK Berlin (Meisterschüler b. Prof. Hans-Jürgen Diehl) – **P:** Stip. d. Landschaftsverb. Westf.-Lippe 83; Atelierstip. d. Karl-Hofer-Ges. Berlin 84–86 – **Ve:** Westdt. Künstlerbund 95; VG Bild-Kunst 99 – **G/T:** Malerei; Install.; plast. Arbeiten – **W:** überw. in Privatbes. – **M:** Berlin, Artothek; Münster, KS; Schwäbisch Hall, Hällisch-Fränkisches Mus. – **Ö:** Düsseldorf, Freshfields Bruckhaus Deringer; Hanau, Heraeus Holding; Münster, Haus d. Gesundheit; Potsdam, Hasso Plattner Ventures; Walldorf, SAP – **E:** 85 Berlin, Quer-Gal.; 86 bis heute regelm.: Köln, Wilbrand; 88 Bochum, KV; 92 Bremen, Gal. im Künstlerhaus; 95 Köln, Kunstraum Fuhrwerkswaage; Emsdetten, KV; 97 Schwäbisch Hall, StG; 98 Paris, Gal. Carlebach.; 00 Münster, Stadthaus-Gal.; 01, 06 Münster, Karstens; 04 Wesel, KV; 05 Braunschweig, Allg. Konsumver. – **G:** 84 Bremerhaven, KV; 86 Berlin, NG (Kunstforum); 88 Lüdenscheid, StG; 91 Münster, Städt. Ausst.halle; 93 Berlin, Obere Gal.; 95 Arnsberg, KV; 98 London, Privat Houses; 03; Münster, Karstens; 04 Vlissingen, Watertoren; – 87–90 Basel, Art Basel; 87–05 Köln, Art Cologne; 95–05 Ausst. d. Westdt. Künstlerbundes – ***Lit:*** Heiner Stachelhaus: Malerei u. Install., Ausst.kat. 85; Bernd Finkeldey: West, Ausst.kat. 90; Gerhard Kolberg: Crosscut IV, Ausst.kat. 95; Stefan Rasche u. Burkhard Leismann: Bilder u. Räume 95; Ralf Christofori: Image Area, Ausst.kat. 00; Diethelm Röhnisch u. Gail Kirkpatrick: Combo, Ausst.kat. 04

Dörbaum, Martin, Bild. Künstler; *kapinos@kapinos.de; contact@doerbaum.com, www.kapinos.de; www.doerbaum.com* (* Berlin 71) – **VG:** Berlin, Kapinos – **S:** 93–99 HdK Berlin (Bild. Kunst) – **L:** 99–01 HdK Berlin (Doz.); seit 05 UdK Berlin (Doz.) – **P:** Dt. Künstlerbundpr. d. Spk. 97; DG Bank Kunststip. (f. Fotogr.) 99–00; MKK Stip. f. Bild. Kunst im Bereich Druckgraph. 05 – **G/T:** Computergraph. – **M:** Berlin, Berlinische Gal.; Berlin, DG-Bank; Charlotte/NC, Mint Mus. of Art; Paris, Caisse des depots; Paris, FNAC; Richmond/VA, Virginia Mus. of Fine Arts; Stuttgart, Dt. Spk. Verl.; Washington/DC, Hirshhorn Mus. and Sculpt. Garden – **E:** u. a. 97 Paris, Marian Goodman Gall.; 98, 05 Berlin, Kapinos; 00 Berlin, Künstlerhaus Bethanien; Mailand, Studio Massimo De Carlo; 01 Berlin, Kapinos; 03, 05 Düsseldorf, Bochynek; Berlin, Kapinos; 04 Schwerte, KV; 05 Tokio, Gal. Tokyo Humanité; 06 Iserlohn, StG – **G:** zahlr. Ausst.bet. im In- u. Ausld, u. a. 98 Salzburg, Gal. im Traklhaus; 99 Köln, Mus. Ludwig; Hamburg, Deichtorhallen; 99, 05 Wien, Krinzinger; 00 North Adams, Massachusetts MCA; Hyeres, Villa Noailles; 01 Rio de Janeiro, Centro Cultural Banco do Brasil; 02 Rom, Opera Paese; 03 Bonn, Kunst- und Ausst.halle d. BRD; 05 Berlin, Kapinos; Yokohama, BankART Studio NYK; 06 Aachen, Ludwig Forum; Bergen, KH; Düsseldorf, Bochynek – ***Lit:*** De Oliveira, Nicola Oxley u. Michael Petry (Hrsg.): Installation Art in the New Millenium. The Empire of the Senses 03; – KAT.: Peter Weiermeier (Hrsg.): Das Maß der Dinge 98; Notebook 00; Christine Macel u. Eric Mangion (Hrsg.): Que saurions-nous construire d'autre? 00; natürlich köstlich – Artificial Life 01; Hedi Slimane (Hrsg.): Visionaire 34. Paris 01; Herbarium der Blicke 03; Goethe-Inst. Tokio (Hrsg.): Global Players – Dt. u. jap. Kunst d. Gegenwart 05; post_modellismus 05; Rainer Danne (Hrsg.): Bookmarks 06

Dörck, Anneliese (geb. Anneliese Seidel), Graphikerin, Karikaturistin; Maxim-Gorki-Str. 10,

D-15738 Zeuthen, Tel. (03 37 62) 9 34 98, Fax 09 41 59 92 93 4 98, *anneliese.doerck@t-online.de*, *www.spottart.de* (* Berlin 25. 4. 34) – **VG:** Gera, Gal. am Markt; Bad Doberan, Gal. Severina; Warnemünde, Möller; Saalfeld, Saale-Gal.; Teterow, Gal. am Kamp; Stralsund, Hanse Gal.; Berlin, Studio-Gal.; Greifswald, Greifengalerie; Chemnitz, Schmidt-Rottluff – **S:** FS f. angew. Kunst Berlin (Gebrauchsgraph. b. Gregor Krauskopf, graph. Techniken b. Prof. Heinrich Ilgenfritz) – **P:** Plakatwettb. d. 5. Landwirschaftsausst. (1. Pr.) 57; 1. Pr. d. VBK f. Plastikatur (satir. Objekt) 77; 3. Pr. d. VBK f. Giebelgest. 80; Pr. d. Kapitäne, Schiffahrtsmus. Rostock 85 – **Ve:** VBK Berlin 72; BBK Berlins 90 – **G/T:** Rad.; Cartoons (in allen Techniken); satir. Objekte – **W:** im Bes. d. Amtes f. industr. Formgest. Berlin – **M:** Bonn, Haus d. Gesch. d. BRD; Greiz, Satirikum – **E:** 84 Berlin, Verb. d. Journalisten; 92, 97 Zeuthen, Gal. d. Verl.buchhandlung Carl; 92, 96, 04 Zeuthen, Kaiser; 02 Bad Doberan, Gal. Severina – **G:** 59 Kairo; 64 Berlin, Junge Künstler; 77 Berlin, Ökonomik; 79, 81, 84 Berlin, Karigrafie (Kat.); 84 San Antonio de los Baños/ Kuba; Greiz, Satirikum; 85 Rostock, Schiffahrtsmus.; Kruishoutem, 5. Eurocartoonale; 87 Gabrovo, Intern. Bienn. d. Humors in d. Kunst; 88 Montreal, Salon f. Karikatur – sowie Dresden, IX. u. XIII. Kunstausst. – ***Lit:*** div. Art. in d. Tagespresse, u. a. Neue Dt. Presse 77, Neue Berliner Illustrierte 79, Berliner Ztg 79, 96, Morgenpost 98, Wochenspiegel 04, Märk. Allg. 04

Dörfler, Roland, Prof. em., Maler u. Graphiker; Am Schwarzen Berge 28A, D-38112 Braunschweig, Tel. (05 31) 32 15 93. Atelier: Hamburger Str. 38, D-38114 Braunschweig, Tel. (05 31) 33 48 20 (* Silberbach/ Böhmen 14. 2. 26) – **VG:** Niederalfingen, SüdWest-Gal. – **S:** 48–50 KA Nürnberg (b. F. Griebel); 50–54 KA Stuttgart (b. H. Meid, M. Henninger u. W. Baumeister) – **L:** 57–60 KA Stuttgart (LAuftr. f. Zeichnen); seit 60 HBK Braunschweig (Prof f. Malerei) – **P:** Lovis-Corinth-Pr. 65; Kunstpr. Junger Westen 65 – **KGr:** Neue Württembergische Gruppe – **M:** Bonn, Kunst- und Ausst.halle d. BRD; Hamburg, KH; Karlsruhe, SKH; Regensburg, Ostdt. Gal.; Stuttgart, SG – **E:** u. a. 59 Stuttgart, Behr; 62 Stuttgart, Niedlich; 65 Stuttgart, KV; 67 Stuttgart, Gal. am Jakobsbrunnen; 81 Hannover, KV; 99 Braunschweig, Schmücking – ***Lit:*** AKL; Schweers 02 – (Red.)

Dörflinger, Johannes, Künstler; c/o Johannes Dörflinger Stiftung, Bachstr. 17, Ch-8280 Kreuzlingen, Tel. 07 16 72 29 55, Fax 07 16 72 89 73, *info @dörflingerstiftung.ch* (* Konstanz 12. 4. 41) – **VG:** Kreuzlingen, Dörflinger Stift. – **S:** 62–65 ABK Karlsruhe (Malerei); HdK Berlin (Malerei, Meisterschüler b. Prof. Hann Trier) – **L:** 69 New York Univ. (Doz. f. Malerei), 75–80 Royal College of Art London (Visiting Artist) – **P:** Stip. d. British Council f. London 66; Harkness Fellowship New York, Reisen USA 67–68; Research Grant d. Parapsychology Found. New York 70–73; Konstanzer Kunstpr. 86 – **G/T:** Acryl- u. Ölmalerei auf Lw.; Aqu.; Pastell; Zchngn; Siebdrucke; übermalte Polaroids; Klein- u. Großskulpt. in unterschiedl. Materialien – **M:** London, Tate Coll.; New York, Guggenheim; New York, Metropolitan Mus. of Art; Singen, Städt. KM – **Ö:** Konstanz, Kunstgrenze – Tarot Grenze; Kreuzlingen, Ensemble v. 22 farbigen Edelstahlsymbolen auf d. Ldesgrenze Dtld-Schweiz (Länge ca. 300 m, Höhe jeweils 8 m, Breite 6–12 m, 06–07) – **E:** / G: u. a. 68 New York, Goethe-Inst.; 74 London, Inst. of Contemp. Arts; 78 Köln, Gal. d. Spiegel; 81 London, Serpentine Gall. (Kat.); 83 London, Moeller; 84 New York, Cordier & Ekstrom; 90 Zürich, Haftmann; 94 Rolandseck, Stift. Hans u. Sophie Taeuber-Arp; 95 Singen, Städt. KM; 99 Konstanz, Städt. Wessenberg-Gal.; 03 Engen, SM u. Gal.; 04 Konstanz, Gal. im Turm – **V:** m. David Sylvester: Tarot (22 Granolithos u. Texte) 75; m. Siegfried Gohr: Lebenszyklus (12 große Handsiebdrucke m. eigenen Texten) 80; Tarot f. Oskar Schlemmer (22 Handsiebdrucke) 88 – ***Lit:*** Das Essende Quartett, Spielkarten (Mus. Bielefeld) 70; Baum u. Vogel, Kohlezchngn 89; In Gozo Skulpt. 95; Metamorphosen, Pastelle 96; Menschen-Spiele, Polaroidübermalungen 98; Siegfried Gohr (Hrsg.): Eine Monogr. 99; ders.: Bilderfindung 03; Baum-Idee 06; Tarot Grenze 07

Döring, Adam Lude (eigtl. Rudolf L. Döring), Prof. em., Maler; Häfnerstr. 2, D-74343 Sachsenheim, Tel. (0 70 46) 62 30 (* Dresden 21. 12. 25) – **VG:** Stuttgart, Gal. Keim – **S:** 50–53 Freie KSch Merz Stuttgart – **Ve:** VBK; Künstlerbund BW; Dt. Künstlerbund – **G/T:** Malerei (figurativ) – **Ö:** Kunst am Bau: u. a. Güglingen, Mauritiuskirche; Kirchheim unter Teck, Teckcenter; Neckarsulm, Verwaltungsgebäude Lidl & Schwarz; Stuttgart, Gesamtschule; ebda: Allianz Hauptverwaltung – **E:** zahlr. Ausst. seit 68, u. a. 70, 72, 75 Stuttgart, Maercklin; 96 Ludwigsburg, Kr.spk.; Dresden, Döbele; 03 Bad Mergentheim, Caritaskrankenhaus – **V:** zuletzt u. a. Homo ludens – Der spielende Mensch, Kat. 94 – ***Lit:*** AKL; Schweers 02 – (Red.)

Döring, Klaus, Maler, Graphiker u. Plastiker; Steenkamp 30, D-23669 Timmendorfer Strand, Tel. (0 45 03) 3 13 26, Fax (0 45 03) 70 71 18, *art-doering @t-online.de*, *www.atelier-klaus-doering.de*. c/o Artenvielfalt Kulturmanagement, Sylvia Fuchs, Blutenburgstr. 66, D-80636 München, Tel. (0 89) 25 54 67 65, Fax 25 54 67 68, *s.fuchs@artenvielfalt.de*, *www. artenvielfalt.de* (* Landsberg/Warthe 5. 3. 36) – **VG:** Knebel/DK, Babette; Osnabrück, Moser – **S:** vorw. Autodidakt, Schüler von A. Orro, Hamburg u. Hans Troschel, Delmenhorst (verstorben) – **Ve:** BBK Hamburg 97; BBK Schlesw.-Holst. 00 – **KGe:** Gruppe Ullinge (Gründ.mitgl., Ausst. in Schweden, Dtld, Schweiz) – **G/T:** Acrylmalerei nach Themen aus Literatur, Musik u. aktuellem Geschehen (z.B. Erddrucke e. Lofotenreise) – **W:** Werke in Privatbes. in Dtld, Dänemark, Norwegen, Österreich, Schweden, Australien u. Kanada – **M:** Otterndorf, Voss-Haus-Mus. (Arbeiten a. d. Odysseus-Zyklus) – **Ö:** Zweckverband Ostholstein; Spk. Holstein – **E:** u. a. 59 Berlin, Neue Wohnkultur Gleiser; 63 Hamburg, Bauzentrum; 72–00 div. Ausst. in Timmendorfer Strand; 82 Malmö, Hotel Kronprinsen; Teveltunet/Norw.; 92 Ebeltoft/DK, Gal. Sølballegard; 93 Lensahn, Gal. Altes Doktorhaus; 94 Hamburg, Gal. Integrata; 95, 03 Gotha, Gal. club parterre; 96, 02 Heringsdorf, Villa Irmgard; 97 Wien, Gal. Künette; 98, 01 Salzburg, Art View u. Performance; 99 Kirchnüchel, Fondermann (Kat.); 99, 01, 03 Salzburg, Kunstmesse; 00, 03 Otterndorf, Voss-Haus-Mus.; Wien, Fuchs; 00, 02 Knebelbro/Arhus, Babette; 01 Berlin, IKB; 02 Coolum Beach, Queensland/Austr.; 04 Timmendorfer Strand, Rotunde; Sandesneben, Eigen-art; Westerland, Stadt-Gal.; Scharbeutz, Gemeinde-Gal. – **G:** 64–68 Jahresschau Lübecker Künstler; 87 Burg auf Fehmarn, Amtsrichterhaus: Ostholst. Künstler; 90 Ebeltoft/DK, Kunst über Grenzen; 94 Bonn, Dt. Parlamentarische Ges.: Ostholst. Künstler; Florenz, Gal. ARTE DI/ Centro Arte Contemp.; 95 Eksjö/Schweden, Gal. Ulliana; Hofgeismar, Gal. am Markt; 96 Winterthur, Gal. Alte Kaserne; 03 Ried im Innkreis, Kultur Zentrum – ***Lit:*** Kat. anläßl. d. Ausst. 'ars et aqua', Gal. Fondermann Kirchnüchel 99; Vernissage, Mag. f. aktuelles Ausst.geschehen: Okt. 99 (S.45), Okt. 00, (S. 30–31), Juli/Aug. 03 (S.54); Dorotheum – Kunst d. 20. Jh., Nr.

294; AKL, Bd. 28 01 (S.249); Broschüre, erschienen z. Ausst. 'Die sieben Todsünden', Gall. Service Bassano del Grappa, Italien, April 04; Opera 2004–2005, Selezione europea d'arte contemporanea (S. 30–31); Kat. z. Musik-Zyklus 'Farbklänge' 04 – ***LitR:*** NDR-Fs. III. Progr. SH-Magazin, Kulturtip Frühjahr 96

Döring-Spengler, Herbert (eigtl. Herbert Döring), Foto- u. Polaroidkünstler; c/o In focus Gal., Tel. (02 21) 1 30 03 41, *galeriefoc@aol.com* (* Köln 10. 10. 44) – **VG:** Köln, in focus Gal.; Köln, Gal. Skala; Düsseldorf, OMC – **Ve:** BBK Köln 81 – **G/T:** Portr., Akt, Polaroid-Fotogr. – **M:** Bonn, LM; Dortmund, Mus. am Ostwall; Köln, Käthe Kollwitz Mus.; Köln, Mus. Ludwig; Köln, SM; Lübeck, Mus. f. Kunst u. Kultur-Gesch.; Oslo, Henie Onstad Kunstcenter – **E:** u. a. 90 Stettin, Stara Gal.; 92 München, Linhof; 93 Warschau, Polnocna; 96 Köln, SM; 98 Köln, Teutloff; Köln, In focus Gal. am Dom; 00 Siegburg, SM; 01 Oslo, Henie Onstad Kunstcenter; 03 Köln, Käthe Kollwitz Mus.; Lübeck, KH St. Annen; 04 Düsseldorf, OMC; Bonn, LM; Bergisch Gladbach, StG Villa Zanders; Köln, Gal. Skala; 05 Siegen, KV; 06 Pforzheim, Brötzinger Art – **G:** u. a. 00 Koblenz, Mittelrhein-Mus.; 02 Köln, Mus. Ludwig; Herford, KV; 02, 06 Köln, Gal. Skala; 03 Siegen, Siegerlandmus.; 04 Düsseldorf, OMC; Köln, In focus Gal. am Dom – **V:** Inspiration nach Edvard Munch, Mappe 86; Polaroid AND Nude 96; Work with Polaroid – ***Lit:*** AUSST.KAT.: Gert Fischer: Leben ohne!? 94; taublinder Menschen 96; Gert Fischer: Arbeiten mit Polaroid 98; Thorsten Rodik: Hommage an Edvard Munch 03; Frank Günther Zehnder: Sprechende Hände 04; – sowie: Rainer Budde: polo-asto-graphie, Mappe 90

Dörner, Gerhard; Gartenstr. 18, D-04746 Hartha, *G. Doerner@gmx.net*, *www.gerharddoerner.de* (* Hartha 54) – **P:** Kulturpr. d. Kulturraumes Mittelsachsen 04 – **G/T:** Malerei (Öl, Acryl, Aqu., Pastell, Tempera) – **E:** / G u. a. 00 Freiberg/Sa., @lpha Gall.; Waldheim/Sa., Gal. Bergmannshof; Schloß Augustusburg, Speicherböden-Gal.; 00, 01 Leisnig, 'Kunst im TGE'; 01 Torgau, Kunsthof Schmorkau; Chemnitz, Rosenkranz; 01, 02 Zürich, NEW art IST; 02 Berlin, Gal. im Neuen Kranzlereck; Riesa, Mittelsachsenschau; Hamburg, Intern. Kunstausst. FORM ART; Döbeln, Ausst. Kulturraum Mittelsachsen – (Red.)

Doerr, Rolf, Bühnen- u. Kostümbildner, Regisseur; Birkenfelderstr. 16, D-66113 Saarbrücken, Tel. u. Fax (06 81) 4 53 69, *www.duesseldorf.de/kuenstlerleben/suche/person.php* (* Saarbrücken 20. 7. 42) – **S:** 64–67 Staatl. KA Düsseldorf (Kl. f. Bühnenkunst b. Prof. Teo Otto) – **P:** Bühnenbildpr. d. 4. Bienn. von Paris (Mention Honorifique) – **G/T:** Bühnen- u. Kostümbild; Regie – **W:** ca. 100 Bühnenbild u. Kostümausstattungen f. d. Theater – **M:** Düsseldorf, Theatermus.; Köln, Theaterwiss. Slg. d. Univ.; Nürnberg, SM Fembohaus – **G:** 65 Paris, MAM de la Ville Paris: 4. Bienn.; 66 Baden-Baden, KH; Karlsruhe, SKH; 70 Düsseldorf, KH; 85 Sindelfingen, StG; 88 Düsseldorf, Theatermus.

Dörre, Jan, Maler u. Graphiker; Christianstr. 29, D-04105 Leipzig, *jandoerre@yahoo.de* (* Arnstadt/Thür. 27. 7. 67) – **S:** 91–96 HGB Leipzig (Fachkl. Prof. S. Gille); 96–98 ebda (Meisterschüler b. Prof. S. Gille) – **P:** Stip. Kunststation Kleinsassen 00; Aufenthaltsstip. Künstlerhaus Lukas, Ahrenshoop 04 – **Ve:** VG Bild-Kunst 00; SKB 02 – **G/T:** Malerei u. Film – **W:** überw. in Privatbes. – **M:** Leipzig, KH Spk.; Leipzig, KS d. Verbundnetz Gas AG – **E:** 01, 02 Kleinsassen, Kunststation – **G:** zahlr. Ausst.bet. seit 96, zuletzt 00 Leipzig, Grafikbörse; 02, 03 Brüssel, Coburg, Dresden u. Leipzig (100 Sä. Graph.); 03, 04 Chemnitz, Dresden u. Teplice (Pr.trägerausst. d. Dental-Shop-Kunstpr.) – **R:** Filme (m. St. Georgi): Versteck 01; Farbfilm 04 – ***Lit:*** J. D. Une place sur la terre, Ausst.kat. 01 – (Red.)

Dörrschuck-Hanke, Paul, Keramiker, Porzellankünstler; Von-Rosenbusch-Str. 9, D-93152 Nittendorf-Eichhofen, Tel. (0 94 04) 55 49 (* Steenwijk 27. 9. 45) – **S:** als Künstler Autodidakt; 71 HS f. Wirtschaft Bremen (Stud. z. Technologie v. Porzellan) – **L:** seit 85 Fachoberschule Bremen (Lehrer, FB f. Gest.) – **P:** Förd.pr. f. d. Kunsthandwerk d. Senators f. Wiss. u. Kunst Bremen 81; E.pr. Faenza 86 – **KGe:** P. D.-H. u. Gertrud Eck-Hanke (seit 75) – **G/T:** Porzellangefäße u. -objekte; Skulpt. (weißes Biskuitporzellan) – **M:** Frechen, Keramion (Slg A. Egner); Sögel, Emsland-Mus. Schloß Clemenswerth – **E:** u. a. 78 Nürnberg, Voigt; 79 Sögel, Emsland-Mus. Schloß Clemenswerth; Hamburg, Gal. L (zus. m. G. Eck-Hanke); 85 Hohenberg an d. Eger, Dt. Porzellanmus. – **G:** u. a. 77, 89 Höhr-Grenzhausen, Keramik-Mus. Westerwald; 78 Frechen, Keramion; 80, 88 Vallauris, Bienn. de céramique d'art; 82 Hannover, Handwerksform Hannover; 83, 85, 87, 89 Offenburg, StG im Spitalspeicher: 84 Oldenburg, SM; 85 Berlin, Gal. Kunsthandwerk; 86, 89 Nyon, Mus. hist. et des Porcelaines; 89 Mainz, Erbacher Hof; Faenza, Pal. del Espos; 95 Köln, MAK – ***Lit:*** AKL; WWCCA 96 – (Red.)

Dörsch, Waldo, Bildhauer; Kaltenwestheimerstr. 24, D-98634 Oberweid, Tel. u. Fax (03 69 46) 2 97 67 (* Oberweid/Rhön 31. 12. 28) – **VG:** Weimar, Gal. Profil – **S:** 48–51 HS f. Baukunst u. bild. Künste Weimar (Bildhauerkl. Prof. van Breek u. Prof. Tschierschky) – **P:** Max-Reger-Kunstpr. d. Bez. Suhl 68, 70 – **Ve:** VBK 52–90 – **KGr:** Erfurter Ateliergemeinschaft (63–74) – **G/T:** Skulpt. (Holz, Gips, Bronze, Stahl, geschweißt); Gest.elemente (konvertierbar u. multiple, Betonguß); Graph. (Zeichn. u. Hschn.); farbige Darst. (surrealistische Themen) – **M:** Erfurt, Anger-Mus.; Erfurt, Augustinerkloster; Gotha, Mus. d. Stadt; Meiningen, Meininger Mus.; Mühlhausen, Mus.; Weimar, Klassik Stift. – **Ö:** Berlin-Lichtenberg, Rheinstr.; Berlin-Pankow, Planetarium; Erfurt, Anger; Hamburg, Allbank (ehem.); Hildburghausen, Stadtverwaltung; Meiningen, Klinikum; Oberhof, Panorama-Hotel; Schmalkalden, Brunnen; Simmershausen, Dorfpl.; Sonneberg, Sternwarte; Suhl, Stahlplast.; ebda, Steinweg, Mühlpl., Stadtzentrum (Hochhausfassaden), Bezirkskrankenhaus (Fassade), Ringberg; Wasungen, Markt (Obertor) – **B:** Suhl, Treppenanlage (Zentrum) – **E:** 63 Erfurter Ateliergemeinschaft; 71 Suhl, Kunstkab.; 73 Potsdam, Potsdam-Babelsberg; 79 Gotha, Schloß-Mus.; 88 Meiningen, Meininger Mus.; 95 Oberweid (Retr.); 96 Weimar, Gal. Profil; Erfurt, Kaufmannskirche; 97 Bad Salzungen, Domäne; 98, 01 Suhl, Kongreßzentrum; 03 Meiningen, Klinikum – sowie: 05 Roßdorf – **G:** Ausst.bet. seit 70, u. a. in Bad Salzungen, Berlin, Dresden, Erfurt, Fulda, Gera, Gotha, Magdeburg, Meiningen, Suhl u. Weimar; zuletzt: 03 Gotha, Löfflerhaus; Weimar, Gal. Profil; Kleinsassen, Kunststation – **V:** Erfurter Ateliergemeinschaft: Jahresgaben, Mappenwerke (Graph.) 63–74 – ***Lit:*** Claude Keisch, Bronzetüren in der DDR – Dezennium 2 72; Plastik – Kunst am Bau – Grafik, Kat. (Werkübersicht 1949–1979); Diana auf der Jagd – in Suhl, in: Bildende Kunst 84; Sonderausst. z. 60. Geburtstag, Kat. (Mus. Meiningen) 88; Kunstdokumentation 1945–1990 96; Boheme und Diktatur in der DDR, Kat. 97; A. T. Mörstedt – Gespräche, Texte, Bilder 97; Die Erfurter Ateliergemeinschaft, Kat. 98; Aufstieg und Fall der Moderne 99; A. T. Mörstedt. Weimar – ein Beginn 00

Dohr, Günter, Prof., Maler, Lichtkünstler; Bahnhofstr. 60, D-47829 Krefeld, Tel. (0 21 51) 4 37 61 (* Münster/Westf. 7. 7. 36) – **VG:** Essen, Neher; Dortmund, Voss; Essen, Heimeshoff – **S:** 58–62 HBK Kassel (Lehramt, Kl. Prof. Arnold Bode) – **L:** 80–99 FHS Ndrh. (FB Design, Prof. f. Objekt-Design) – **P:** Förd.pr. Bild. Kunst d. Kult.kr. d. dt. Wirtschaft im BDI (Stip.) 76; Atelierstip. d. Djerassi-Found. 88 – **Ve:** Westdt. Künstlerbund 70; Dt. Künstlerbund 74; VG Bild-Kunst 89 – **KGr:** B 1 (68–72) – **G/T:** Malerei, Lichtobjekte, archit.bezogene Arb. – **M:** Gelsenkirchen, SM; Hagen, Karl-Ernst-Osthaus-Mus.; Herne, StG Strünkede; Ingolstadt, Mus. f. Konkrete Kunst; Ludwigshafen, Wilhelm-Hack-Mus.; Lüdenscheid, Slg d. StG in d. Mus. d. Stadt; Marl, Skulpt.-Mus. Glaskasten – **Ö:** Bad Nauheim, Kurgarten; Gelsenkirchen, Förd.turm Consol; Gelsenkirchen-Bismarck, Förd.turm Consolidation; Herne, Unterführung d. Bahnhofstr.; ebda, Boulevard Bahnhofstr.; Koblenz, Foyer d. Bundesarch.; Krefeld, Fußgängertunnel im Bahnhof; Marl, Paracelsusklinik; Reutlingen, Foyer d. Stadtwerke – **E:** 71 Ludwigshafen am Rhein, StKS; 73 Dortmund, Mus. am Ostwall; 75 Bonn, KM; Oberhausen, Ludwig-Gal.; Oldenburg, KV; 77 Hagen, Karl-Ernst-Osthaus-Mus.; 79 Essen, Heimeshoff; 82 Hannover, Sprengel Mus.; 87 Essen, StG im Mus. Folkwang; 88 Ludwigshafen, Wilhelm-Hack-Mus.; 91 Bochum, KV; 98 Reutlingen, StG; 99 Düren, Leopold-Hoesch-Mus.; 04 Bochum, Mus.; Oberhausen, Ver. f. aktuelle Kunst – **G:** 69 Recklinghausen, StKH; 70 London, Whitechapel Art Gall.; 71 München, Haus der Kunst; Münster, LM; 74 Bonn, KM; 76 Duisburg, Wilhelm-Lehmbruck-Mus.; 77 Nürnberg, KH; 81 Bottrop, Quadrat Bottrop; Lüdenscheid, StG; 85 Marl, Skulpt.-Mus. Glaskasten; 93 Essen, StG im Mus. Folkwang; 94 Dessau, Bauhaus; 00 Kassel, KV – ***Lit:*** Peter Kress: Jenseits d. Mechanik, Ausst.kat. Dortmund 73; Bernhard Kerber: G. D. Die Bilder v. 1986, Ausst.kat. Essen 87; Claudia Posca: Text z. d. Bildern v. 1992, Ausst.kat. Lüdenscheid 92; Tayfun Belgin, Angeli Janhsen-Vukicevic, Bernhard Kerber u. Rolf Sachsse: G. D. Bilder 1986–1991 92; Katja Blomberg: Leuchtstücke d. 90er Jahre, Ausst.kat. Reutlingen 98; Katja Blomberg, Hans Günter Golinski, Stefan Gronert, Claudia Posca, Rolf Sachsse: G.D. Farben d. Lichts, Ausst.kat. Bochum 04

Doka, Elin, Malerin, Bühnenbildnerin; Ameisenbergstr. 67, D-70188 Stuttgart, Tel. (07 11) 6 07 46 59, *elindoka@web.de* (* Mannheim 5. 4. 64) – **S:** 85–90 Staatl. ABK Stuttgart (Bühnenbildkl. Prof. Jürgen Rose) – **Ve:** Württ. KV Stuttgart 88 – **KGe:** Soft: E. D., Bea Bolesch u. Petra Mihm (seit 97) – **G/T:** Malerei, Objekt-Install., Murals, Bühnenbilder – **W:** überw. in Privatbes. – **E:** 87 Köln, Kunstwerft Rhenania; 94 Bermatingen, hist. Gewölbekeller; 95 Hamburg, Cosmix; 97 Stuttgart, GBH-Gal.; 01 Maichingen, Gal. d. Stadt Sindelfingen im alten RH; 02 Stuttgart, Lix – **G:** zahlr. Ausst.bet. seit 86, zuletzt 04 Hamburg, feld f. kunst e.V.; Stuttgart, Eigen + Art – ***Lit:*** Gregory Fuller: Kitsch-Art: wie Kitsch zur Kunst wird 92 – (Red.)

Dokoupil, Jiří Georg, Prof., Maler, Graphiker, Plastiker, Fotograf; Werderstr. 9, D-50672 Köln, Tel. (02 21) 5 10 43 47. lebt in New York, Madrid u. Teneriffa (* Krnov 3. 6. 54) – **VG:** Berlin, Haas; München, Pfefferle – **S:** 76–78 FHS f. Kunst u. Design Köln; Frankfurt am Main; Cooper Union New York (b. Hans Haake u. Joseph Kosuth) – **L:** 83–84 Staatl. KA Düsseldorf (LBeauftr.); 89 Círculo de Bellas Artes Madrid (Gastprof.) – **KGr:** Mülheimer Freiheit 110 (Mitbegr. 80) – **KGe:** Zus.arb. m. Walter Dahn – **M:** u. a. Aachen, Ludwig Forum; Basel, Mus. f. Gegenwartskunst; Berlin, Hamburger Bahnhof; Berlin, NG; Bonn, LM; Coburg, KS d. Veste; Dortmund, Mus. am Ostwall; Eindhoven, Van Abbemus.; Essen, Mus. Folkwang; Frankfurt am Main, Dt. Bank KS; Groningen, Mus. Voor Stad en Lande; Kiel, KH; Madrid, Mus. Español de Arte Contemp.; New York, Sonnabend Collection; Paris, Centre Pompidou; Rotterdam, Mus. Boymans Van Beuningen; Seoul, NM of Mod. Art; Stuttgart, SG; Ulm, Ulmer Mus.; Vaduz, SKS Liechtenstein; Valladolid, Patio Herreriano; Weimar, Klassik Stift.; Zürich, Kunsthaus – **E:** zahlr. Einzelausst. seit 81, zuletzt u. a. 97 Weimar, KS; Wien, MMK Stiftung Ludwig; Wien, Pal. Liechtenstein; 99 Chenonceau, Schloß; 00 Madrid, MNCARS (Kat.); Madrid, Pal. de Velázquez; Köln, Krips; 00, 05 München, Pfefferle; 00, 02 Zürich, Bischofberger; 02 Kopenhagen, Ottesen; Hannover, Kestner-Mus.; Utrecht, Centraal Mus.; 05 Hamburg, Deichtorhallen (Kat.) – **G:** u. a. 82 Kassel, documenta; 82, 93 Venedig, Bienn.; 84 Berlin, Martin-Gropius-Bau; 85 São Paulo, Bien.; 93 München, Pfefferle; 02 Gmunden, Gal. 422; Berlin, DaimlerChrysler Contemp.; 03 Wien, Wolfrum; New York, Zwirner; Karlsruhe, ZKM – ***Lit:*** AKL; Dictionary of Art 96; J. G. D. Kafkas Prag, Kat. 04 – (Red.)

Doll, Tatjana, Bild. Künstlerin; *www.tatjanadoll.de*. lebt u. arbeitet in Berlin (* Burgsteinfurt 1. 10. 70) – **VG:** Dresden, Gebrüder Lehmann; Paris, Brolly; Genf, Art & Public – **G/T:** Malerei, Install. – **E:** u. a. 01 Köln, Gal. Der Spiegel; 02 Gladbeck, StG; 03 Berlin, Europa-Center; Düsseldorf, Conrads (mit Rosemary Laing); 05 Paris, Brolly; Bremerhaven, KH – **G:** u. a. 03 Weimar, ACC Gal. Weimar; Konstanz, KV; Köln, Art Cologne; Paris, MAM de la Ville Paris – **V:** Doll 05; 100 Bilder aus der Slg. Schleich 06

Dollhopf, Günter (Ps.: Dollo), Prof., Maler, Kunsterzieher, Graphiker, Objektgestalter; Ammerthalerweg 22, D-92224 Amberg, Tel. (0 96 21) 2 21 97 (* Nürnberg 25. 5. 37) – **VG:** Nürnberg, Gal. m. d. blauen Tür; Nürnberg, Gal. in Zabo; Regensburg, Kleine Gal. – **S:** 58–64 ABK Nürnberg u. München – **L:** 73–96 ABK Nürnberg (Lehrstuhl f. freie Malerei u. Kunsterziehung) – **P:** Förd.pr. d. Freistaates Bay. 71; Kult.pr. Ostbay. 79; Kult.pr. Amberg 84; Grand Prix d. Intern. Graph. Triennale Krakau 91; BVK (1. Kl.) 94; sowie mehrere Stip. u. a. Stip. Bild. Kunst d. Studienstift. d. Dt. Volkes 61; Stip. d. British Council London 74 – **Ve:** VBK Ndb./Oberpfalz seit 75; Neue Münchner Künstlergenossenschaft seit 76 – **G/T:** Malerei, Graph., Objekt – **M:** Bergkamen, SM; München, Staatl. GrS; Nürnberg, Mus. d. Stadt; Regensburg, StG Leerer Beutel; Schweinfurt, StM; Sta. Croce sull'Arno (b. Pisa), Centro attivita espressive Villa Pacchiani – **Ö:** Amberg, Berufsschule; Amberg-Sulzbach, Staatsarchiv; Amberg, Stadtspk.; Nürnberg, Druckerei-Verl. Tümmels – **E:** zahlr. Ausst. im In- u. Ausld u. a. 75 Nürnberg, Albrecht-Dürer-Haus; 72, 76, 86 Köln, Inter Art Gal.; 97 Sta. Croce sull'Arno (b. Pisa), Centro attivita espressive Villa Pacchiani; 02, 03 Oldenburg, SM; 03 Nürnberg, Mus. der Stadt; Nürnberg, Mus. d. Stadt – **G:** zahlr. Ausst.bet. im In- u. Ausld u. a. 79 New York, Goethe Haus; u. a. 72, 74, 76 Frankfurt am Main, Art Frankfurt; Basel, Art Basel; Köln, Art Cologne; 00 Pisa, MN di S. Matteo – **V:** u. a. Theater (Rad. u. Texte); Ohne Schwanken (Rad. u. Textcollage); Die Nacht d. Trommlers (Farblith.) 86 – ***Lit:*** u. a. Werkverzeichnis d. Malerei 74; Werkverzeichnis d. Graph. 75; Verkörperung, Monogr. 88 Hackstücke, Monogr. 92; G. D. Malerei 1970–2002, Monogr. 02 – ***LitR:*** zahlr. Fs.filme u. Filme u. a. Walter Umminger: G. D. Muskelprotze, Fs. 71; Katarzyna Kotula u. Jeremi Grzwa: G. D. Hackstücke, Fs. 92

Dollinger, Simon Leonard (eigtl. Simon Leonhard Dollinger), Maler; Lindenstr. 6, D-91177 Thalmässing, Tel. Mobil: 01 51 12 71 46 91, *simonldollinger @mac.com; simondollinger@web.de, homepage.mac. com/simonldollinger/; www.kulturatlas-oberfranken.de*

(* Fürth 11. 10. 59) – **S:** 81–87 HdK Berlin (freie Malerei, Meisterschüler b. Prof. Klaus Fußmann 86) – **L:** 94–95 AC College of Design Pasadena/USA (Gastdoz. im FB Fine Art) – **P:** Förd.pr. d. Stadt Coburg 87; Karl-Hofer-Pr. (Atelierstip.) 88; Villa-Serpentara-Stip. d. AK Berlin 90; Stip. d. Senats f. Kult. Angelegenheiten Berlin (f. Pasadena) 94 – **Ve:** VG Bild-Kunst 88 – **G/T:** Farbe m. Referenz z. Lsch. – **M:** Berlin, Berlinische Gal.; Coburg, KS d. Veste (Kpst.-Kab.) – **Ö:** Berlin, Debis Potsdamer Pl.; ebda, Konsistorium; Coburg, Ämtergebäude – **E:** zahlr. seit 84, u. a. 87, 99 Coburg, KV; 99 Detmold, Schloß; 02 Berlin, Abguss-Slg Antiker Plastik – **G:** 99 Berlin, Haus am Waldsee – **V:** Christian Pricelius (Hrsg.): Bilderleben II, Hommage an Hermann Wiesler, Künstlerkassette (Gouache) 02 – ***Lit:*** m. Hermann Wiesler: S.L.D.: Bilder 1989–1997 97

Dollo s. Dollhopf, Günter

Domacinovic, Mirta (verh. Mirta Domacinovic-Hirt); Brandhöfchen 34, D-60437 Frankfurt am Main, Tel. u. Fax (0 69) 89 10 01, *d.mirta@gmx.de*, *www.bok-of.de; www.domacinovic.cjb.net* (* Vinkovci/Kroatien 22. 2. 61) – **VG:** Frankfurt am Main, Mühlfeld & Stohrer – **S:** 82–89 HS f. Gest. Offenbach am Main (Dipl.); 87–88 Staatl. ABK Stuttgart (als Gaststudentin b. Prof. Sonderborg); 92–94 Goethe-Univ. Frankfurt am Main (Phil.) – **L:** 93–95 HS f. Gest. Offenbach am Main (LAuftr. f. Zeichnen m. Prof. D. Lincke) – **P:** Intern. Senefelder-Pr. u. Lithografie-Förd. 87; Johannes Mosbach-Stip. Offenbach am Main 89–90; Otto-Flath-Stip. 96; Stip. d. Amts f. Wiss. u. Kunst Frankfurt am Main (f. Budapest) 02 – **Ve:** Bund Offenbacher Künstler seit 89 – **G/T:** Malerei (Eitempera, Acryl, Öl); Zeichn.; Stilleben, Portr.; Objektkunst (aus Nesselstoff, genäht) – **K:** Malerei (Acryl, Stilleben) – **W:** Werke u. a. im Bes. d. Dt. Bank sowie Performances b. d. Overbeck-Ges. in Lübeck u. d. Dt. Ledermus. in Offenbach – **M:** Frankfurt am Main, MAK; Offenbach am Main, Dt. Leder-Mus./Schuhmus. – **Ö:** Frankfurt am Main, Amt f. Wiss. u. Kunst; Offenbach am Main, Kult.amt d. Stadt; ebda, Energieversorgung; Wiesbaden, Hess. Min. f. Wiss. u. Kunst – **E:** 92 Frankfurt am Main, Gal. d. Künstler; 94 Frankfurt am Main, Gal. im Karameliterkloster; 03 Frankfurt am Main, Mühlfeld & Stohrer; 04 Budapest, Goethe-Inst.; Osijek, StG – **G:** zahlr. Ausst. seit 91, u. a. 91 Darmstadt, Darmstädter Sezession; 97 Lübeck, Overbeck-Ges.; Frankfurt am Main, MAK; Leipzig, Mus. f. Kunsthandwerk; Kyongju, Sonje Mus. of Contemp. Art; 97, 03 Frankfurt am Main, MAK; 03 New York, Mus. of Arts & Design; 04 Frankfurt am Main, Art Frankfurt – **V:** Ines v. Kettelhod u. M. D.: opus, Kunstb. (Fotogr. u. Lith.) 91; Bärbel Högner u. M. D.: anziehend, Kassette (Fotogr. u. Objekt) 96 – ***Lit:*** Ausst.kat.: 27. Darmstätter Sezession 91; Uliczka, Damacinovic, Kiekeben 91; M. D. Bilder/Wandinstallationen 92; M. D. Labyrinth d. Sammlung 94; Junge Kunst International 97; Mus. f. Kunsthandwerk Frankfurt am Main (Hrsg.): Deutschland und Korea 97; KV Germersheim (Hrsg.): M. D. Birgit Fischötter, Susann Gassen, Reinhard Kohler, Matz Schulten, Martin Wilhelm 98; nah dran 01; Corporal Identity – Körpersprache 03; moi et toi 03; M. D. 2003–2004 04 – (Red.)

Domay, Gabriele (geb. Gabriele Lutz), Graphikerin, Malerin, Papierobjekte; Atelier: Charles-de-Gaulle-Str. 7, D-76829 Landau, Tel. (0 63 41) 3 21 79, *erhard.domay@t-online.de* (* Sinn/Dillkr. 25. 2. 47) – **S:** 78–81 Sommerakad. Marburg; 81–83 Inst. f. Lernsysteme ILS Hamburg (Fernstudium Graphik u. Design m. Abschluß); 82 Sommerakad. Trier (b. Prof. Walter Henn); 83–86 Künstlerhaus Karlsruhe (Rad. b. Anita W. Steinert); 90 Atelier Otto Eglau Sylt (Farbrad. b. Yoshi Takahashi) – **P:** 2. Pr. d. Kunstgilde Bad Bergzabern (Thema: Grenzen) 90; Stip. d. Kunstförd.ver. Donnersbergkreis 92; Michael-Putman-Etching-Pr. London 93 – **Ve:** GEDOK Karlsruhe 90–96; BBK Rh.-Pf.; GEDOK Mannheim-Ludwigshafen 98; VG Bild-Kunst 99; JAPMA 02; Mentorin (Mentorinnenprojekt d. Kultusmin. u. Frauenmin. Rh.-Pf.) 04; regionale Arb.gruppe f. d. Mentorinnenprojekt 06 – **G/T:** Objektkunst (Papier); Rad. (abstr.); Acrylmalerei (abstr.) – **Ö:** Mutterstadt, Hallenbad (Deckengest., Preisträgerin d. Wettb. Kunst am Bau); Göcklingen, Kirche (Wandfries); Landau in der Pfalz, Buthenschoenhaus (Speisesaal); ebda, Studentengemeinde (Andachtsraum) – **E:** Auswahl aus 54 Einzelausst., u. a. 89, 97 Landau in der Pfalz, Villa Streccius; 90 Alzey, Burggrafiat; 91 Gießen, KH; 92 Obermoschel, Stipendiums-Ausst.; 98 Pforzheim, Brötzinger Art; Rockenhausen, Kahnweilerhaus; 00 Rottenburg, Kulturver. Zehntscheuer; 01 Neustadt an d. Weinstraße, KV; 02 Germersheim, KV; 04 Speyer, KV; Mainz, Min. f. Bildung, Frauen u. Jugend; 06 Gleisweiler, Papiermus.; – Performances: 97 Landau in der Pfalz, Villa Streccius: Brandopfer; 99 Landau in der Pfalz, Stiftskirche: Raumwandlung; 00 Kusel, Stadtkirche: Umwandlung – **G:** Auswahl aus 87 Gruppenausst., u. a. 89 Kaiserslautern, Pfalz-Gal.: 90 Wien, Gal. Art + Print; 91 Jockgrim, Zehnthaus; Dresden, Gal. Kunst d. Zeit; 92 Heidelberg, Alte Univ.; Bad Kreuznach, Schloßparkmus.; 93 London, Lyric Theatre; 95 Nancy, Poirel; Trier, Gal. Junge Kunst; Karlsruhe, Oberrheinisches Dichtermus.; 96 Bühl, Friedrichsbau; Bonn, Frauen-Mus.; 97 Heidelberg, Schloß / Ottheinrichsbau; Hamburg, bildwechsel e.V.; 99 Neustadt an d. Weinstraße, Casimirianum; 02 Bonn, Künstlerforum; Kassel, Mus. f. Sepulkralkult.; 03 Genf, FORUMEYRIN; 04 Wiesbaden, Frauen Mus.; Ludwigshafen, Peschhaus; Graz, Künstlerhaus; 05 Kaiserslautern, Wollmagazin

Domberger, Luitpold; Juchtlenstr. 18, D-72124 Pliezhausen, Tel. (0 71 27) 97 26 00, Fax 97 26 02, *dombergersenior@aol.com* – **G/T:** Graph. – (Red.)

Dombrowe, Peter, freischaffender Künstler; Semperstraße 66, D-22303 Hamburg (* Marl 8. 3. 66) – **VG:** München, Mosel & Tschechow – **S:** 91–97 HBK Hamburg – **P:** Förderpr. Bild. Kunst d. Unternehmensgr. Melitta 98; Stiftung Kunstfonds 00; Kunstpr. d. Stadt Nordhorn 00; Lichtwark-Pr. 01 Arb.stip. f. bild. Künstler d. Hansestadt Hamburg 01 – **G/T:** Fotogr., Install., Intervention – **W:** div. temporäre Interventionen im öff. u. nichtöff. Raum; Arb. u. a. in Bes. d. Slg d. Volksfürsorge – **M:** Hamburg, KH – **E:** 00 Hamburg, Dörrie & Priess; Nordhorn, StG; 01 Hamburg, KH; 04 München, Mosel & Tschechow – **G:** 99 Zürich, Schedhalle; 00 Hamburg, Kunsthaus; 01 Kiel, Stadt-Gal.; Bern, KH; Wien, KH; Marseille, Atelier d'Artistes; 02 Hamburg, KV; Berlin, Künstlerhaus Bethanien; Marl, Skulpt.-Mus. Glaskasten; 04 Hamburg, KH; Chicago, Mus. of Contemp. Photogr. – ***Lit:*** Dombrowe, Kat. 00; P. D.: Inlay, Bürogrün 01; P. D.: Projekte 01 – (Red.)

Domes, Diether F., Maler, Glasgestalter; Postfach 4166, D-88080 Langenargen, Tel. (0 75 43) 15 31, (0 75 41) 98 19 68, Fax 46 04, 98 19 70 (* Witteschau/Sudeten 1. 7. 39) – **S:** 59–63 Staatl. WerkKSchu Kassel; 64–66 ABK Karlsruhe (Meisterschüler b. Prof. Georg Meistermann) – **L:** 92 TU Dresden (Gastvorlesungen); 93 HS f. industr. Formgest. Burg Giebichenstein Halle/Saale; FHS f. angew. Kunst Schneeberg (Kl. Textil) – **P:** Staatspr. d. Ldes Bad.-Württ. (f. Glas) 68; Staatspr. d. Ldes Rh.-Pf. (f. Kunst am Bau) 84; Sudetendt. Kult.pr. (f. Kunst u. Archit.) 91; Kult.pr. d. Bodenseekr.-Stift. 03 – **Ve:** VG Bild-Kunst 80; DGfCK München; Kunstforum Rottweil – **G/T:** Glasgest.; Klangzchngn zu Live-Musik (Orgel, Saxophon, Jazz, Solisten); strukturelle Abstr.; Fassaden; Kunst im öff. Raum – **M:** Esslingen, Kr.spk.; Friedrichshafen, Gal. Bodenseekreis im Landratsamt; Friedrichshafen, Zeppelin Mus.; Karlsruhe, Badisches LM; Singen, Städt. KM; Stuttgart, LBS – **Ö:** Dresden, Frauenkirche; Eriskirch, Wasserturm; Freiburg, Reg.präsidium; ebda, St. Urban Kirche; Friedrichshafen, Finanzamt; ebda, Riedlepark-Unterführung; Ludwigshafen, Staatsphilharmonie Rh.-Pf.; Nürnberg, Kr.spk.; ebda, BFW; Oelde, ev. Kirche; Paderborn, Schloß Neuhaus, Christuskirche; Stuttgart, Debis-Verwaltungsgebäude; Tübingen, Reg.präsidium; Ulm, Telekom; Velbert, Friedenskirche – **E:** seit 66 in privaten Gal. u. öff. Mus. – **G:** zahlr. Bet. seit 66 im In- u. Ausld, u. a. in Jap., Russld, Frkr., Litauen, Ital., Öst. – **V:** Künstlerbuch m. 34 Graphitzchngn (DIN A3) 95 – **R:** Veröff. u. Interviews (SWR 2, Bay. Fs.) 05 – ***Lit:*** Werkverz. Mus. Langenargen 90; Spuren legen nach vorne 99; Suchbewegung (Kat. d. Meistermann-Mus. Wittlich) 03; Frauenkirchen-Nachrichten 06 – ***LitR:*** Heinze: Die Paramente f. d. Frauenkirche Dresden (Bay. Fs.) 05

Domke-Goschütz, Bernarda, freischaffende Kunstmalerin u. Kunstdozentin; Natorpstr. 29, D-44795 Bochum, Tel. (02 34) 47 21 54, *mail@atelier-b.info*, *www.atelier-b.info* (* Rumia/Polen 24. 7. 63) – **S:** 78–82 Staatl. KSch Gdingen/Polen (künstler. Fotogr.); 86–88 RWTH Aachen (Kunstgesch.); 96–97 Inst. f. Ausb. in bild. Kunst u. Kunsttherapie (Malerei u. Graph.) – **L:** seit 97 Inst. f. Ausb. in bild. Kunst u. Kunsttherapie (freie Kunstdoz. f. Malerei u. Graph.) – **Ve:** Verb. Freier Dt. Künstler 97 – **G/T:** Malerei (Öl, Pastell u. Aqu.); mediterrane u. florale Motive sowie Portr. – **K:** Ldesfachfortbildung d. Verb. Freier Dt. Künstler im Bereich Portr.malerei – **M:** Hamburg, Slg d. Montblanc Intern. – **G:** zahlr. Ausst.bet. seit 94, zuletzt 00 Frankfurt am Main, Tendence; 01 Bochum, Kunstzentrum; 02 Bochum, Kunst- u. Galeriehaus – **V:** zahlr. Kunstdrucke im Universal Prints Verl. – ***Lit:*** Universal Prints Pictures, Kat. 01, 02, 03 u. 04; Universal Prints Ed. 01 u. 02 – (Red.)

Domning, Joachim, Dipl. Designer; Prinzenkamp 9, D-49751 Sögel, Tel. (0 59 52) 35 08, *info@joachimdomning.de*, *www.joachimdomning.de* (* Berlin 3. 7. 34) – **S:** 52–56 WerkKSch Kassel (Staatsexamen Baumalerei, später als Dipl.-Designer anerkannt) – **Ve:** Oberhess. Künstlerbund 56–57; BBK Frankfurt 57–66; BBK Darmstadt 79–85 – **G/T:** alle Mal- u. Zeichentechniken; handwerkliche Techniken (u. a. Kreidearb., Lackmalerei, Vergoldungen); Seidenmalerei; Majolika; Graph. (Hochdruck, Steindruck, Ldschaft, florale u. lit. Themen) – **K:** Lith., Grundlagen bildnerischen Gestaltens in allen Mal- , Zeichen- , u. Graph.techniken – **Ö:** Meppen, Vituswerk (Mobile Kap.); Niefern-Öschelsbronn, Adolf-Ludewig-Haus (Fassadengest., Seidenmalerei im Innenraum); Sögel, Jugendbildungsstätte Marstall-Clemenswerth (Kap.) – **E:** 74 Oberursel; 75 Rüsselsheim; 78 Darmstadt; 81 Bamberg; 82 Stuttgart; 85 Bayreuth; Stuttgart; 87 Schleswig; 98 Lingen; 01 Freren/Emsland; 03 Haren/Ems – **G:** 56 Oberhess. Künstlerbund; 57–66 BBK Frankfurt 57–66; 98 Nordhorn/Lingen – **V:** Zur Technik der Höhlenmalerei im franco-cantabrischen Raum 71

Don Tomaso de la Vici s. Kuhr, Thomas

Donnan, Leiv W., Maler, Graphiker; Liebigstr. 13, D-30163 Hannover, Tel. (05 11) 62 93 84, Fax 62 93 87, *leiv@donnan.de*, *www.donnan.de* (* Bairnsdale/Austral. 23. 7. 38) – **S:** 59–64 HBK Berlin – **L:** 82/83 HBK Braunschweig (Aktzeichn.) – **Ve:** Dt. Künstlerbund 65 – **KGr:** argekunst Hannover (seit 90); PARADOX (seit 03) – **G/T:** 'human figure in motion', Malerei u. Graph., Fotogr. – **M:** Berlin, Kpst.-Kab.; Hannover, Sprengel Mus.; Wien, Albertina; Witten, Märk. Mus. – **E:** / G: zahlr. Einzelausst. u. Ausst.bet. seit 58 – ***Lit:*** Adam Seide: Der neue Egoist 75; Stationen der Moderne, Berlin 88; Landkr. Hannover (Hrsg.): L.W.D. Grafik 1965 bis 1995 95

Donner, Christa (geb. Christa Rüger), Dipl.-Bildhauerin; Gebirgsblick 6, D-01734 Rabenau/Karsdorf, Tel. (0 35 04) 61 82 59, *christa.donner@arcor.de* (* Dippoldiswalde 26. 1. 58) – **VG:** Dresden, Gal. Drei – **S:** 79–82 Abendschule an der HBK Dresden (Plast. b. Dietrich Nietzsche); 82–88 HBK Dresden (Plast. b. Helmut Heinze) – **Ve:** SKB; BBK seit 92 – **KGr:** Dresdner Sezession 89 (seit 89) – **G/T:** Sandsteinskulpt. (Figur); Objektkunst (Naturmaterial) – **K:** Steinbildhauerei – **M:** Dresden, Kunstfonds d. Freistaates Sa. – **Ö:** Dresden, am Kaitzbach; Geising, Wildpark Hartmannsmühle; Lauenstein, Schloßgarten – **E:** 91 Dresden, Kult.etage Prohlis; 96 Dresden, Gal. an d. Schwebebahn; 03 Hoyerswerda, Kunstmarkt – **G:** 94 Dresden, Gal. Rähnitzgasse; 99 Dresden, Sä. Ldtag; 02 Schwedt, Gal. Ermelerspeicher; Wroclaw, Gal. BWA Design; 03 Dresden, Gal. Drei – (Red.)

Dorfstecher, Andreas, Tischler, Holzgestalter; Wutiker Weg 3, D-16928 Rosenwinkel, *info@holzobjekte.de*, *www.holzobjekte.de* (* Berlin 20. 2. 59) – **S:** FHS f. angew. Kunst Schneeberg (b. d. Prof. Brockhage u. Schnürpel) – **Ve:** VBK Brandenburg – **G/T:** Objektkunst (Holz im freien u. angew. Bereich) – **Ö:** u. a. Berlin, Alt-Mahlsdorf (Skulpt.); Elstal, Eulenspiegelsiedlung (Stelen); Potsdam, Nuthemündung (Thron); Shovenhorst/Niederl. (Throne)

Dorgathen, Hendrik, Comiczeichner, Illustrator; Adolfstr. 54, D-45468 Mülheim/Ruhr, Tel. (02 08) 3 58 38, *hendrik@dorgathen.de*, *www.dorgathen.de* (* Mülheim/Ruhr 16. 6. 57) – **S:** ab 78 Univ. Duisburg (Ev. Theologie u. Kunstpädagogik); ab 83 GesamtHS Essen (Kommunikationsdesign) – **L:** KunstHS Kassel (Prof.) – **P:** Ruhrpr. f. Kunst u. Wiss. Mülheim/Ruhr 92; Pr. d. Stift. Buchkunst 92; Max-u.-Moritz-Pr. Erlangen 94; Art Directors Club Dtld (Bronze-Med. f. Ill.) 95; Prix du Lion Brüssel (Silber) 98 – **M:** Bonn, Haus d. Gesch. d. BRD – **E:** u. a. 90 Erlangen, Comic-Salon; 99 Tel Aviv, Ars Vital; Berlin, Schuster & Scheuermann; 00 Istanbul, Goethe-Inst.; München, Forum d. Süddt. Ztg; 01 Berlin, Gal. Shining; Oberursel, Streitenfeld; 02 Worms, Nibelungenmus.; 03 Berlin, Neurotitan; München, Comicfestival – **G:** u. a. 99 Düsseldorf (Mutanten – the german speaking Comic-Avantgarde) – **V:** Postcartoons 89; Präpostfluxoflex 92; Spacedog 93; Spore 00; Stomp 01; From the Secret Laboratory 01 – **R:** KURZFILME: Animationsfilm f. d. Themenpark d. Expo Hannover 00; Animationsfilm f. d. Smithonian Inst. Washington u. d. Haus d. Gesch. Bonn 01; Rache (f. d. Forum Worms) 03; – sowie: Michael Heicks: The Shape of Things (Videoprojektionen f. Neil LaBute) 02; Wes Anderson: Life Aquatic (Zeichn. u. Objekte) 03 – ***Lit:*** AKL – (Red.)

Dorn, Antje, Malerin, Videokünstlerin; *info@antjedorn.de*, *www.antjedorn.de* (* Aachen 9. 8. 64) – **VG:** Berlin, Wien; Köln, Rehbein – **S:** Folkwangschule Essen (b. Prof. Armbruster); KA Düsseldorf (Meisterschülerin b. Prof. A. R. Penck) – **P:** Arb.stip. d. Berliner Senats 92; Arb.stip. d. Stift. Kult.fonds Berlin 96; Balmoral-Stip. 97 – **G/T:** Malerei, Video, Graph. – **E:** u. a. 97 Berlin, Mus.akad.; 98, 04 Berlin, Wien; 99, 00 Essen, Mus. Folkwang; 03 Köln, Rehbein – **G:** u. a. 90 Berlin, Neuer Berliner KV; 91 Pusan/Korea, SA-IN Gall.; Krakau, Zderzak; 92 Nogoya/Jap., NAF Gall.; 95

Gent, Croxhapox – **R:** VIDEOARB.: IT-IT 89, Ahoi 89, DAS DUELL 90, ERROR 91 – (Red.)

Dorn, Joachim, Dipl.; Adam-Klein-Str. 7, D-90429 Nürnberg, Tel. u. Fax (09 11) 26 32 18 (* Hersbruck/Bayern 29. 5. 56) – **S:** 75–78 Lehre als Kunstglaser; 81–87 ABK Nürnberg (b. Prof. Stephan Eusemann, danach Meisterschüler); 86–87 Staatl. ABK Stuttgart (b. Prof. Ludwig Schaffrath) – **L:** 89–90 ABK Nürnberg – **Ve:** DGfCK; Albrecht-Dürer-Ges. – KV Nürnberg – **G/T:** Malerei (v. a. Glas), freie Textilkunst – **M:** Nürnberg, Spielzeug-Mus. – **Ö:** Bärnfels, Kath. Kirche Maria Schnee; Bückeburg, Kath. Kirche St. Marien; Dortmund, Ev. Stephanus Kirchengemeinde; Erlangen, Polizeiinspektion; Grünstadt-Sausenheim, Kath. Kirche; Hofheim/Taunus, Ev. Kirche Thomasgemeinde; Kassel, Ev. Gemeinde d. Friedrichskirche; Kleingesee, Kath. Kirche Herz Jesu; Mülheim/Ruhr, Kath. Kirche Heilig-Kreuz; Neuhof-Fulda, Ev. Kirche; Nürnberg, Kath. Kirche St. Wunibald; ebda, Altenheim St. Lorenz-Stift; Neustadt-Hambach, Altenheim; Nünschweiler, Kath. Kirche Marie Himmelfahrt; Rodenbach, Kath. Kirche Herz Jesu; Speyer, Ev. Ldeskirche d. Pfalz; Untertrubach, Kath. Kirche St.-Felicitas; Valendar, Wallfahrtsk.; Zweibrücken, Kath. Kirche Heilig-Kreuz – ***Lit:*** u. a. Albrecht Dürer Ges.: Druck u. Buch, Kat. 84; Vitralls. Hommage a Joan Miró 85; Andrew Moor: Contemp. Stained Glass 89; Dialog, Ausst.kat. (Kunstpal. Krakau) 89; Kunst u. Kirche. Textilien in d. Kunst 92; Lichteinfall. Zeitgen. Kunst in d. Kirche (Ev. Ldeskirche Hessen u. Nassau) 95; Andrew Moor: Architectural Glass Art (M. Beazley) 97; Kunst u. Kirche. Konstruktionen v. Welt 01; Das Münster, Sonderheft (Wettb. Fenster f. d. Dom z. Bamberg) 03

Dorner, Helmut, Prof., Maler; An der Waldschule 15, D-76149 Karlsruhe/Neureut, Tel. (07 21) 70 76 92 (* Gengenbach/BW 25. 10. 52) – **VG:** Düsseldorf, Fischer; Hamburg, Munro; Paris, Nelson – **S:** 76–82 KA Düsseldorf (b. G. Richter) – **L:** 88 ABK Karlsruhe (Gastprof.); seit 90 ebda (Prof.) – **P:** Förd.pr. Bild. Kunst d. Kult.kr. d. dt. Wirtschaft im BDI 84; Stift. Kunstfonds – Arb.- u. Projektstip. 85; Hans-Thoma-Pr. 01 – **M:** Karlsruhe, StG; Karlsruhe, ZKM; Krefeld, Kaiser-Wilhelm-Mus.; Wuppertal, Von der Heydt-Mus. – **E:** zahlr. Ausst. im In- u. Ausld seit 83, u. a. 83 Köln, Ricke; 84 Wuppertal, Von der Heydt-Mus.; 85, 88 Paris, Casini; 92 Paris, Saouma; 94 Toronto, Mercer Union; 96, 01 Hamburg, Munro; 98, 01 Frankfurt am Main, Grässlin; 00 Madrid, Ehrhardt; 01, 02 Karlsruhe, Meyer; 02 Düsseldorf, Fischer; 04 Paris, Nelson; 06 Winterthur, KM – **G:** zahlr. Ausst.bet. im In- u. Ausld seit 82, zuletzt u. a. 99 Stuttgart, KM; Paris, Gal. Frank; 01 New York, Brooke Alexander Gall.; 02 Mailand, A arte Studio Invernizzi; 04 Karlsruhe, ZKM; Porto, Mus. Serralves; Karlsruhe, ZKM Mus. f. Neue Kunst; Mailand, de Carlo – ***Lit:*** AKL – (Red.)

Dornier, Christoph, Maler, Graphiker; Flobotstr. 3, CH-8044 Zürich, Tel. 04 42 67 90 80, Fax 04 42 67 90 81, *christoph@dornier.ch*, *www.dornier.ch*

Dornik, Werner; Sulzbach 149, A-4820 Bad Ischl, Tel. (0 61 32) 2 19 90, *w.dornik@utanet.at* (* Wien 28. 12. 58) – **S:** 82 Meisterprüfung Fotograph; 85 ABK Salzburg (b. Dieter Appelt) – **P:** Staatspr. 'Die schönsten Bücher Österreichs' (Ehrenpr.) 93 – **Ve:** Kult.ver. Bindu seit 99 – **KGr:** Künstlergilde Salzkammergut – **G/T:** Malerei, Multimedia, Install., Fotogr., Film – **E:** zahlr. Ausst., u. a. 83 Bad Ischl, Mephisto; 89 Bad Ischl, Gal am Kreuzpl.; 90 Bad Ischl, Fotogr. u. Performance m. Ernst Klass; 91 Bassano di Grappa, Chiesetta dell' Angelo, Centro Culturale; 92 Wien, Kodak Haus; 95 Palermo, Pratti; 99 New Delhi, NG of Mod. Art; 00 Wien, Technisches Mus.; Salzburg, Goldstore; 02 Grieskirchen, Kult.ver. Rossmarkt; 03 Nürnberg, DB Mus. – **G:** u. a. 83 Bad Ischl, Gal. Pavillon; 85 Linz, Bruckner-Haus; 96 Linz, Gal. im Landhaus; 98 Meran, Forum Arte Contemp.; 98, 01 Gmunden, Kammerhof-Gal.; 02 Steyr, KH; Wels, Gal. Forum – **V:** u. a. Leben drittklassig, Fotobd 81; Perspektive, Zs (Mitarb.) 82–86; Otto Dornik bis Bilitis, Ausst.kat. 87; Grundlagen der Sivus-Methode (Fotogr.) 90; If you go you just go, Foto-Text-Bd m. handgeschöpften Papieren 93; Gesund alt werden 96 – **R:** The Journey from: Technic to: Techno, Kunstfilm, VHS, DVD 00; Lassen wir es vom Wasser bedeckt, Kunstfilm, VHS 02 – ***LitR:*** Die Schnelligkeit des Seins, Fsdok. m. Susanne Brandstätter ORF, 3SAT 00 – (Red.)

Dornis, Kurt, Maler u. Graphiker; Klostergasse 7, D-04109 Leipzig, Tel. (03 41) 9 60 62 77 (* Glogau/Schles. 7. 10. 30) – **S:** 46–49 Lehre als Dekorationsmaler; 49–52 FS f. Angew. Kunst Leipzig (b. Walter Münze) – **Ve:** VBK DDR – **G/T:** Malerei (vorw. Öl, Tempera auf Leinwand, Mischtechnik auf Hartfaser), Graph. – **M:** Altenburg, Lindenau-Mus.; Cottbus, Brandenburgische KS; Dresden, GG NM; Frankfurt/Oder, Mus. junge Kunst; Gera, KS; Leipzig, KH Spk.; Leipzig, KS d. Univ.; Leipzig, MBK; Leipzig, Stadtgesch. Mus.; Rostock, KH; Schwerin, Staatl. Mus. – **E:** 73 Leipzig, Gal. am Sachsenplatz – **G:** u. a. 61 Berlin, AK; 65 Leipzig, Wort u. Werk; 73 Leipzig, Gal. am Sachsenplatz; Rostock, KH; 73, 77, 82, 87 Dresden, Kunst-Ausst. d. DDR; 77, 85 Altenburg, Lindenau-Mus.; 88 Venedig, Bienn.; 97 Markkleeberg, Praxis Dr. A. Purschwitz; Nürnberg, Germanisches NM: Lust u. Last – Leipziger Kunst seit 1945; Leipzig, Lust u. Last – Leipziger Kunst seit 1945; 98 Schwerin, Staatl. Mus.: Weite u. Vielfalt; 00 Klagenfurt, Europahaus: Traktorist u. Liebespaar (Kat); 02 Cottbus, Brandenburgische KS – ***Lit:*** Lothar Lang: Sachlichkeit kontra Sinnlichkeit, In: Sonntag 13/72; Renate Hartleb: Künstler in Leipzig 76; Günter Meißner: Leipziger Künstler d. Gegenwart 77; Lothar Lang: Malerei u. Graphik in der DDR 78; Karin Thomas: Die Malerei in d. DDR 80; Frauke Hinneburg: Leipzig – Stadtansichten v. G. Thiele u. K.D., Diss. 90; AKL, Bd. 29 01; Lang 02; Reclams Künstlerlex. 02; Schweers 02; Bildende Künstler in Leipzig 06

Dornseif, Frank, Bildhauer; Berlin/Ld Brandenburg, Tel. (03 39 28) 7 08 28, Fax 7 13 16, *Vichelarium@t-online.de* (* Radevormwald 48) – **VG:** u. a. Freiburg im Breisgau, Gal. Pro Arte; München, Johnssen; Bielefeld, Teutloff – **S:** 70–77 HdK Berlin (Bildhauerei, Meisterschüler); 77–78 Florenz – **L:** 84–89 HdK Berlin (Bildhauerei) – **P:** u. a. DAAD-Stip. 77, 78; Villa-Romana-Pr. 81; Karl-Schmidt-Rottluff-Stip. 82–84; Arb.stip. d. Kunstfonds Bonn 82; Arb.stip. d. Kunstkr. im BDI Köln 82; Villa-Massimo-Stip. 85, 86; Olympiade des Arts Seoul 88; Jahresstip. London v. Senator f. kult. Angelegenheiten Berlin 89, 90; Wettb. Großplast. Berlin-Hellersdorf (1. Pl.) 95, 96; Dt. Botschaft Peking (1. Pl.) 99 – **KGr:** 1/61 (seit 79) – **G/T:** Beschäftigung m. plast. Möglichkeiten u. menschlichem Modell; Stahlplast. – **W:** Skulpt.boulevard Kurfürstendamm Berlin (87, 88); Ankauf u. a. durch d. Städte Reutlingen u. Wendlingen sowie d. Bay. Ldeszentralbank Augsburg, d. Dt. Botschaft Peking u. d. Deweer Art Found. – **M:** Berlin, Berlinische Gal.; Berlin, Kpst.-Kab.; Berlin, NG; Berlin, Schwules Mus.; Berlin, Slg d. BRD; Düsseldorf, SM; Ludwigshafen, Slg Hoechst; Mannheim, StKH; Scheveningen, Mus. Beelden aan Zee; Seoul, Olympia Park; Wuppertal, Von der Heydt-Mus. – **Ö:** u. a. Berlin, Großplast. Hellersdorf; ebda, Chausseestr.; Düsseldorf, Skulpt.park Seestern; Vichel, Skulpt.garten – **E:** u. a. 95, 98 Köln, Jöllenbeck; 95 Zürich, Wirth; Wuppertal, Von der Heydt-Mus.; 96, 98 Frankfurt am Main, Hirschmann; 96 Slubice, Province Gal.; 98 Freiburg im Breisgau, Gal. Pro Arte; 00 München, Johnssen – **G:** u. a. 88 Frankfurt am Main, Jahrhunderthalle Hoechst; Seoul, Olympiade des Arts; Esslingen, StG Villa Merkel; 89 Hannover, Sprengel Mus.; 90 Venedig, Bienn.; 90, 95 Budapest, Műcsarnok; 91 Riga (Interferenzen); St. Etienne, Mus. d'Art Mod.; 92 Köln, Jöllenbeck; 93 Halle/Saale, Staatl. Gal. Moritzburg; 94 Köln, Art Cologne; 95 Mannheim, StKH; Berlin, NG; 01, 02 München, Johnssen; 03 Berlin, Ldesvertretung BW – ***Lit:*** KAT., u. a.: Olympiade des Arts 88; Villa Romana. Preisträger und Gäste in der Villa Merkel 88; F. D. Zeichnungen 88; Michael Glasmeier: Schatten und Double, in: F. D. Zeichnungen 88, 90, 91; Korrespondenzen 89; F. D. Köpfe 90; Elke Judith Wagner: F. D. 90; Judith Gries: Der Blick dahinter, in: Ambiente Berlin, XLIV Esposizione Internazionale d'Arte La Biennale da Venezia 90; Ursula Prinz: Plastische Arbeiten in Eisen und Beton, in: Elke Judith Wagner und F. D. 91; Sean Rainbird: Transformation und Kinesis, in: Elke Judith Wagner und F. D. 91; Androgyn 96; Sabine Fehlemann (Hrsg.): F. D. Plastiken; – weitere: Heinz Ohff: Ich bin's. Die siebziger und achtziger Jahre, in: Sammlung Berlinische Galerie. Kunst in Berlin von 1870 bis heute 86; Ulrich Fernkorn: F. D. Arbeiten aus London 90; Claudi Posca: F. D. Arbeiten aus London, in: Kunstforum International 91 – ***LitR:*** Heinz-Peter Schwerfel: Künstlerportrait F. D., Film ZDF-Matinée 90; – sowie: Life-Sdg im Martin-Gropius-Bau Berlin m. 300 Gästen – (Red.)

Dóró, Sándor, Maler, Graphiker, Installations- u. Aktionskünstler; Pillnitzer Landstr. 59, D-01326 Dresden, Tel. (03 51) 2 68 46 96 (* Hajdúböszörmény/Ungarn 28. 5. 50) – **S:** 68–70 Gastronomielehre in Debrecen; 70–73 FS f. Weinbau in Gyöngyös; 79–84 HBK Dresden (FB Malerei u. Graph., b. Günter Horlbeck) – **L:** 84–85 HBK Dresden (Ass. im FB Künstleranatomie); 94 Gründung einer privaten Zeichenschule; 96–98 Abend-Akad. d. HBK Dresden (LAuftr.) – **P:** Stip. d. Kult.fonds Berlin 90 – **G/T:** Malerei (Acryl auf Papier, Gouache); Graph. (Zeichn., Druck); Collagen; Skulpt.; Dok. u. Aktion; Install. (zw. Ready Made u. Dada); Ld-Art-Projekte – **M:** Dresden, GG NM – **E:** u. a. 89 Dresden, HBK; 90 Budapest, Gal. Duna; 93 Dresden, Alte Feuerwache Loschwitz; Berlin, Gal. M; Köln, Schültke; 94 Berlin, Gal. Sophien-Edition; 95 Görlitz, Klinger; 95, 98 Dresden, Gal. am Damm; 97 Dresden, Kunst d. Zeit; Frankfurt/Oder, Gal. B; 99 Dresden, Leonhardi-Mus. – **G:** seit 83 zahlr. Ausst.bet. in Dtld u. Europa, u. a. 95 Florenz, Pal. Vecchio; Skopje, Art Gall.; Dresden, Kunsthaus; 00 Hannover, Hermannshof – ***Lit:*** AKL; Schweers 02 – (Red.)

Doro, Thea (eigtl. Dorothea Link), Dipl.-Textildesignerin, Malerin, Graphikerin; Falkenkorso 108, D-14612 Falkensee, Tel. u. Fax: (0 33 22) 21 98 17, *redaktion@kulturportal-brandenburg.de* (* Berlin 21. 7. 49) – **S:** 67–68 Amerika Haus Berlin (Praktikum im Work- and Artstudio); 68–73 HBK Berlin – **Ve:** BBK Berlins – **G/T:** Lsch.malerei (Aqu., Pastell, Seiden- u. Stoffmalerei); Rad. – **K:** VHS Havelland (gegenständl. Zeichnen) – **W:** im Bes. d. Stift. Stadtmus. Berlin – **Ö:** Charlottenburg-Wilmersdorf, Kunstamt – **E:** 84 Dt-Jugoslaw. Kult.ges.; 85 Berlin, BHI; 87, 89 Berlin, Maison de France; 87 Berlin, Gal. Magasin Provençal; 95 Berlin-Wedding, Stadtbücherei; 96 Berlin, Schneider; Berlin, Hotel Estrel; 97 Berlin, Schloß Biesdorf; 01 Ketzin, Amtsgal. – **G:** 74–95 Bet. an d. Freien Berliner Kunstausst.; 87 Berlin, Gal. Magasin Provençal; seit 00 regelmäßige Bet. am Tag d. offenen Ateliers – ***Lit:*** zahlr. Beitr. u. Artikel in Ztgn u. Zss, u. a. in Fuldaer Ztg v. 11.12.84, Tresen Mag v. Okt. 96, Marzahner Ztg 97, Berliner Morgenpost 01, Märk. Allg. Ztg v. 6.2.01, Brandenburger Wochenblatt v. 25.2.01, Der Preußenspiegel v. 28.2.01, Falkensee Stadt-J. 6 03

Dorra, Uta, Zeichnerin, Objektkünstlerin; Atelier: 16 Alte Sternwarte A 4,6, D-68167 Mannheim, Tel. (06 21) 37 33 34, 30 10 87, *www.suedwest-web.de/cardora* (* Ladenburg/Heidelberg 20. 7. 44) – **S:** 65–67 FHS Stuttgart (Textile Gest.); 72–78 ABK München (Szenographie b. Rudolf Heinrich) – **Ve:** Intern. Assoc. of Hand Papermakers and Paper Artists 95; Künstlergilde 97 – **G/T:** Zeichn.; Malerei (u. a. Aqu. auf Papier, abstr.); Install.; Plast. (Pappe, Papier); Collagen; Faltungen; Risse – **M:** Leipzig, Dt. Buch- u. Schrift-Mus. d. Dt. Nat.bibl.; Mannheim, LM f. Technik u. Arb.; Prag, Technisches NM – **Ö:** Karlsruhe, Oberpostdir. – **E:** seit 86, z.T. zus. m. P. Carlsbader 91 Koblenz, Haus Metternich; 92 Mannheim, LM f. Technik u. Arb.; 93 Ladenburg, Domhof; 94 Prag, Technisches NM; 95 Trebic, StG; 97 Ostrava, KH; 00 Mannheim, Reiß-Mus. – ***Lit:*** AKL – (Red.)

Dorsch, Hans-Lothar, Dr.; An der Ruthen 6, D-51061 Köln, Tel. (02 21) 66 30 61(abends) (* Stettin 5. 11. 35) – **S:** Autodidakt – **P:** Ausst.wettb. 'Künstler sehen Münster' (2. Preisträger) 79 – **Ve:** BBK Köln 77 – **KGr:** Arbeitsgemeinschaft Leverkusener Künstler – **G/T:** gegenständl. Malerei (Öl, Acryl, Aqu.); Zchng; Malaktionen – **M:** Leverkusen, StM Schloß Morsbroich – **E:** 80 Köln, Theater Kefka; 83 Leverkusen, Gal. am Werk; 87 Düsseldorf, Kö Gal. 'Scala Mobile'; 91 Köln, Gal. Weiße Stadt; 94 Leverkusen, Forum – **G:** 61 Burg Stettenfels, Happening 'Stettenfelser Nachtsitzung'; 78 Köln, Hahnentorburg: BBK-Eröffnungsausst.; 79 Düsseldorf, Große Kunstausst.; 80 Köln, Gal. Stein; Leverkusen, Malaktion 'Geschichten aus d. Driescher Wald'; 95 Köln-Mülheim, 'Offene Welten'; 97 Schwedt, 7. Landschaftspleinair; 05 Gütersloh, KV

d'Orville-Armbruster, Ludwiga Renate s. Armbruster, Ludi

Dorwarth, Rainer, Maler, Glaskünstler; Wölflinstr. 13, D-79104 Freiburg, Tel. (07 61) 28 62 21 (* Welver/Westf. 3. 10. 24) – **S:** 49–52 ABK Freiburg im Breisgau (b. Adolf Strübe); 53 Acad. André Lhote Paris – **G/T:** Malerei (Acryl, kreidig-pastöse Ölfarbe, Aqu., Gouache); Graph. (Monotypie, Hschn.); Glasfenster, Mosaike u. Wandbilder f. Kirchen – **Ö:** Bad Rippoldsau, Kath. Pfarrk.; Fautenbach, Kath. Pfarrk.; Freiburg im Breisgau, Kirche St. Josef; Freiburg-Opfingen, Kirche St. Nikolaus; Gausbach, Pfarrk.; Göhrwil, Pfarrk.; Heidelberg-Handschuhsheim, Kath. Pfarrk.; Karlsruhe, Kirche St. Franziskus; Sasbach, Kirche St. Konrad – **E:** u. a. 50 Frankfurt am Main, Franck; 62 Heidelberg, Graph. Kab. Griesebach (m. Else Reckort); 66 Freiburg im Breisgau, Schiessel; 82 Köln, Theater am Dom; Freiburg im Breisgau, BBK; 86 Freiburg im Breisgau, Augustiner-Mus.; 00 Freiburg im Breisgau, StG Schwarzes Kloster – **G:** u. a. 58 Freiburg im Breisgau, Stadthalle – ***Lit:*** AKL – (Red.)

Doss, Rainer, Keramiker, Porzellankünstler; Schloß Clemenswerth, D-49751 Sögel, Tel. (0 59 52) 4 15 (* Hamburg 25. 6. 41) – **S:** 57–60 Werkgemeinschaft Eigene Hand Hamburg (Töpferlehre b. Willi Molzberger); 60–63 ebda Geselle; 63–65 Staatl. Werkschule f. Keramik Höhr-Grenzhausen (Meisterkl. b. Hubert Griemert, Meisterprüfung) – **P:** Staatspr. Hamburg 79; Pr. d. Stadt u. d. Künstlerkr. Ortenau, Offenburg 83; Hess. Staatspr. f. d. dt. Kunsthandwerk, Frankfurt am Main 86; Johann-Michael-Maucher Wettb. Schwäbisch-

Gmünd (3. Pr.) 87 – **W:** Werke in Privatslgn, u. a. b. Hans Thiemann, Hamburg, Adolf Egner, Köln u. Monika u. Günther Czichon – **M:** Berlin, KGM; Coburg, KS d. Veste; Flensburg, Museumsberg; Frankfurt am Main, MAK; Frechen, Keramion; Hamburg, MKG; Hannover, Kestner-Mus.; Höhr-Grenzhausen, Keramik-Mus. Westerwald; Karlsruhe, Badisches LM – Mus. f. mod. angew. Kunst; Lübeck, Mus. Behnhaus/Drägerhaus; Oldenburg, SM; Schleswig, LM f. Kunst u. Kult.-Gesch. Schloß Gottorf; Stuttgart, Württembergisches LM; Sögel, Emsland-Mus. Schloß Clemenswerth; Wiesbaden, Nassauische Spk. – **E:** u. a. 77 Osnabrück, Illmer; 80 Hannover, Böwig; 89 Bonn, Aengenendt; 93 Baldham, Gal. C. Krempel; Leverkusen, Forum – **G:** u. a. 85, 91 Reinbek, Schloß; 87 Schwäbisch Gmünd, Mus. im Prediger; 90 Sögel, Emsland-Mus. Schloß Clemenswerth; 91, 94, 97 Schleswig, LM f. Kunst u. Kult.-Gesch. Schloß Gottorf; 92 Frankfurt am Main, MAK; 95 Köln, MAK – ***Lit:*** AKL; WWCCA 96 – (Red.)

Dossi, Ugo, Prof., Maler, Graphiker, Installations-, Objekt- u. Videokünstler; Grafinger Str. 6, Kultfabrik-Gelände, D-81671 München, *www.ugodossi.de* (* München 1. 11. 43) – **VG:** München, Jörg Heitsch; Stuttgart, March – **S:** 62–65 ABK München (b. Franz Nagel) – **L:** LAauftr.: 86–94 ABK München; 87 TU Berlin; Intern. Sommerakad. Salzburg; 91 Somaya Univ. Bombay; 92 Univ. of South Florida Tampa; Bauhaus Dessau; 92–94 KA Münster; 93 HdK Berlin; 93–94 HBK Saar Saarbrücken; 95 Acad. de Artă Bukarest; Akad. Belgrad; 97–99 ABK München (Prof.) – **P:** Förd.pr. d. Gabriele Münter Stift. 78; Kunstpr. d. Stadt München 79; Kunstpr. Glockengasse Köln 89; Risch-Art Kunstpr. München 91 – **M:** Bochum, Mus.; Bonn, KM; Dortmund, Mus. am Ostwall; Duisburg, Wilhelm-Lehmbruck-Mus.; Frankfurt am Main, Dt. Bank KS; München, Lenbachhaus; Ratingen, SM; Stuttgart, SG; Wien, MMK Stiftung Ludwig; Witten, Märk. Mus. – **E:** u. a. 74 München, Lenbachhaus; 75 Leverkusen, StM Schloß Morsbroich; 85 Stuttgart, Künstlerhaus; 87 Hannover, Wewerka; 87, 00 Stuttgart, March; 91 Witten, Märk. Mus.; 92 Paris, Masset; 93 Paris, Dorfmann; 94 Ratingen, SM; 95 Belgrad, Studentski Kulturan Centar; Bregenz, Hämmerle; 96 Augsburg, SKS; Wien, Sommer-Pal. Harrach; 97 Friedrichshafen, Zeppelin-Mus.; 98 Berlin, Fiebig; Bielefeld, Baumgarte; 99 Hannover, Böer; München, Jörg Heitsch – **G:** u. a. 74 Mailand, Bienn.; 75 Paris, Bienn.; 76, 87 Kassel, documenta; 86 Venedig, Bienn.; 97 Stuttgart, SG; Dresden, Schloß; 99 Kapfenberg, Kult.zentrum; 00 Klagenfurt, Stadthaus; Freising, Mus.; 02, 03 Stuttgart, March – ***Lit:*** AKL; Reclams Künstlerlex. 02 – (Red.)

Dost-Nolden, Dagmar (geb. Dagmar Dostálová, verh. Dagmar Nolden), akad. Malerin, Bildhauerin, Performance-Künstlerin; Eburonenstr. 16, D-50678 Köln, Tel. (02 21) 34 15 04, Fax 34 48 04, *art@dost-nolden.de*, *www.dost-nolden.de* (* Prag 3. 13. 48) – **VG:** Köln, Bont Art; Prag, Gambit; Isernhagen, Gal. Bohemica – **S:** 65–69 Fachoberschule f. bild. Künste W. Hollar Prag; 71–76 ABK Prag (freie Malerei, Meisterkl. f. Malerei b. Prof. Jan Smetana, Dipl. m. Ausz.) – **L:** 84–88 Gal.-wkst. Bayer-Dormagen (FB-Leiterin f. freie Malerei) – **P:** Stip. d. Kunstverb. Prag 78 – **Ve:** BBK Köln 80; Nove' sdruženi pražských uměleů Prag 97; GEDOK 00 – **G/T:** Malerei (Öl, Acryl, Mischtechniken auf Lw., Abstr.); Collage m. Zchng auf Papier; Skulpt. (Eisen, Holz, Mischtechniken); Themen: Energie u. ihre Formen in d. konkreten u. geistigen Realität, Verwandlung u. Fließen, Abstr. m. Andeutungen, Mensch – **W:** zahlr. in Privatbes.; viele Performances; Ankäufe durch d. Kultusmin. d. Tschech. Republik – **M:** Florianópolis, Fund. Catarinense de Cultura; Florianópolis, Mus. de Arte Santa Catarina; Kamenice nad Lipou/Tschech. Republik, SM – **E:** 35, u. a. 00 Bergneustadt, Gal. Neustadtfenster; 01 Köln-Rechtsrheinisch, KV; Erftstadt-Lechenich, Stadthaus; 02 Köln-Porz, Gal. d. RH; 03 Washington/DC, Art Windows; Köln, Kulturbunker Mülheim; 04 Köln, Stadtgarten; 05 Köln, Bont Art; 06 Prag, Gambit; Köln, Mus. Zündorfer Wehrturm; 07 Rheinbach, Glaspavillon – **G:** 80 Bet., u. a. 87, 04 Nümbrecht, Mus. Schloß Homburg; 97 Teplice, Schloß; 99 Benesov, Kr.mus.; 00 Caslav, SM; 00, 01, 02, 03 Prag, Kloster Strahov; 01, 03, 04 Budweis, Intersalon; 02 Siegburg, SM; Bonn, Künstlerforum; 03 Bonn, Frauen-Mus.; Bonn, KM; 04 Budweis, Jihoceske Mus.; Roßhaupten, Mus.; 05 Aachen, Ludwig Forum; St. Michielsgestel/Niederl., Oudheidkundig Mus.; 06 Innsbruck, Art Innsbruck (m. Gal. Bohemica Isernhagen); Köln, Neues Kunstforum; Köln, Kunstforum St. Clemens; Florianópolis, MMA; Kamenice nad Lipou/Tschech. Republik, SM; London, Bienn.; Edinburgh, Fringe Festival – ***Lit:*** Gisela Hoßmann: D.D.-N., Ausst.kat. (z. Ausst. in d. Gal. KunstWerk Wiesbaden) 01/02 – ***LitR:*** div. Beitr., u. a. Sebastian Kraft: D.D.-N. Lit. u. Kunst als Brücke zw. Tschechen u. Deutschen, Cesky rozhlas 7 (Radio Prag) v. 2.9.05

Dostálová, Dagmar s. Dost-Nolden, Dagmar

Dottore (eigtl. Wolfgang G. Lehmann), Dr. med., Künstler u. Arzt; Goernestr. 8, D-20249 Hamburg, Tel. u. Fax (0 40) 87 97 37 80, *www.atelier-dottore.de* (* Dresden 11. 3. 35) – **VG:** Berlin, Gal. der Berliner Graphikpresse; Dresden, Kühl; Dresden, art + form; Dresden, Gal. am Blauen Wunder; Kopenhagen, Kunstagentur Hoyholm – **S:** Autodidakt – **Ve:** VBK DDR Dresden 79–84; BBK Hamburg 84–00 – **G/T:** Zeichn., Malerei, Objektkunst, Plast. (Keramik, Bronze); Themen: Psychograph. Köpfe, sakrale Kunst, visuelle Musik, Landschaft, gegenständlich u. abstr., Strömungsbilder; Technik: Erfindung d. Guttismus (plast. Acryltropfen auf d. Malgrund) – **M:** Berlin, Kpst.-Kab.; Burgk, Schloßmus.; Dippoldiswalde, Lohgerbermus.; Dresden, Kpst.-Kab.; Gotha, Schloß-Mus.; Hannover, Wilhelm-Busch-Mus.; Leipzig, MBK; Rostock, KH; Schwerin, Staatl. Mus.; St. Petersburg, Eremitage – **Ö:** Dresden, GrS am Inst. f. Gesch. d. Medizin d. TU Dresden; Leipzig, Kreisärztekammer – **E:** 73, 81 Dresden, Kühl; 79 Dresden, Nord; Chemnitz, Gal. Oben; Berlin, Gal. Arkade; 82 Leipzig, Gal. am Sachsenplatz; 85 Hannover, Kühl; 89 Ahrensburg, Kunstfreunde; 94 Dresden, Neuer Sä. KV (im Leonhardi-Mus.) 98 Dresden, Gal. am Blauen Wunder; 01 Dresden, art + form; 02 Kronberg, Hellhof; 03 Dresden, Neuer Sä. KV; 05 Dresden, Villa Eschebach – **G:** 74, 90 Dresden, Skulpt.-Slg im Albertinum; 78 Breslau, Trienn.; 88 Hannover, KV; 89 Hamburg, Kunsthaus; 90 Hamburg, Deichtorhallen; 94 Dresden, Dt. Hygiene-Mus.; 99 Dresden, Kunsthaus; Hamburg, Speicherstadtmus.; 00 Kiel, Dt.-Japanische Ges.; 02 Meerane, Gal. Art – **V:** eins und doppelt, in: fama 3, 34 94; Dottore. Im Strom der Zeit, Kat. 03 – ***Lit:*** u. a. Hans-Ulrich Lehmann: Zeichnung in der Kunst der DDR, Kat. 74; Karin Thomas: Die Malerei in der DDR, 80; Gisela Schulz u. Fritz Löffler (Texte): Salut! Dottore 82; Peter Sager: Vertrieben, in: Zeitmagazin 42, 44 90; ders. (Text): Dottore, Kat. 94; Sigrid Walther (Hrsg.): Fritz Löffler 1899–1988, Kat. 99; Berührungen mit Japan, Kat. 00; A. Scholz, Peter Sager, Wolfgang G. Lehmann u. a.: Dottore. Im Strom der Zeit, Kat. 03 – ***LitR:*** Susanne Varga (Regie): Dottore, Fsf. mdr Sachsenspiegel 94; Ernst Hirsch u. Jürgen Köhler: Im Strom der Zeit, Dokf. 03

Douer, Alisa (Alisa Röhsler-Douer), Fotografin, Gestalterin, Regisseurin; Maderstr. 1/16, A-1040 Wien,

Tel. (01) 5 04 35 39, Mobil 06 99–10 43 45 94, Fax (01) 5 33 75 58, *alisa.douer@auer.at*, *www.alisa-douer.com* (* Tel Aviv 1. 5. 43) – **S:** Akad. f. Angew. Kunst Tel Aviv (Abschluß 71) – **P:** Theodor-Körner-Förd.pr. 93; Documentary – Media project for the creative, Kopenhagen (EU) 95; Staatspr. 'Das schönste Buch Österr.' 97; Bruno-Kreisky-Pr. 02 – **Ve:** Literar-Mechana; VDFS; VG Bild-Kunst – **G/T:** Porträtfotogr./Porträtserien; Theaterfotogr.; Platten- u. Buchcover; Fotoreportagen (u. a. für: Südd. Ztg, Der Spiegel, Wiener, Standard, Die Presse, Brigitte) – **E:** 92 Wien, Lit.-haus (m. Ursula Seeber, dann New York, Washington, Jerusalem, Mexiko, Sydney u. a.); 95 Wien, Lit.haus (m. Ursula Seeber, dann Lateinamerika, Paris, Washington u. a.); 97 Wien, Lit.haus (m. Ursula Seeber, dann Kanada, Dtld, Holland u. a.); Wien, Jüdisches Mus. (dann Jerusalem, Tel Aviv, Los Angeles u. a.); 00 Wien, Heldenplatz (Open Air, dann Moskau, Berlin, Polen, USA u. a.); Ingolstadt, SM (m. Theodor Straub); 01 Wien, Jüdisches Mus.; 02 Belgrad, NM; Steyr, Mus. Arbeitswelt; 03 Wien, ABK – **V:** Die Zeit gibt die Bilder 92; Wie weit ist Wien 95; Kleine Verbündete / Little Allies 97; Neuland 97; Wien, Heldenplatz 98; Frauen aus Wien 00; Ingolstädter Gesichter 00; Kladovo – Eine Flucht aus Palästina 02; Women at Work 02; Erika Pluhar. 21 Porträts 04; Eine indische Reise 04; Bilder aus Indien 05; Wiener Handwerkskunst 06 – **R:** FILMDOKUMENTATIONEN: Wien 38 – Heimkehr in e. fremdes Land 92; Wer ein Leben rettet, rettet die ganze Welt 93; Kladovo – Eine Flucht aus Palästina 01; Gombrich – Eine Gesch. unserer Zeit 02; Women at Work – e. Arbeitsdokumentation 02

Douma, Bert Jan, Bildhauer; Hauptstr. 39, D-79424 Auggen, Tel. (0 76 31) 70 54 23, *bertjandouma@web.de* (* Niederlande 8. 2. 66) – **G/T:** Bildhauerei (versch. Materialien); Zchng – **Ö:** Freiburg im Breisgau, Ldratsamt – **G:** 99 Bad Krozingen, Kr.gymnasium; 01 Freiburg im Breisgau, Haus Tobias; 06 Bern, St.-Michael-Kirche

Dózsa-Farkas, András; Altdorferstr. 12, D-80686 München, Tel. (0 89) 57 64 13, Fax 57 79 86, *dfdt@dfdt.de*, *www.dfdt.de* (* Budapest 7. 4. 44) – **S:** 63–64 HS f. Angew. Kunst Budapest; 64–66 KA Budapest – **P:** u. a. Braun-Pr. f. technisches Design 70; Intern. Farb-Design-Pr. 87; G-Zeichen in Japan f. d. beste ausländische Produkt f. d. Bürodrehstuhlsystem 44 f. d. Fa. Giroflex 88; Industr. Forum Design Hannover 94, 98 – **KGe:** dózsa-farkas design team: A. D.-F. u. Kinga Dózsa-Farkas (seit 70) – **G/T:** u. a. Wohn- u. Büromöbel, Haushaltsgeräte, elektronische Abrechnungssysteme, Brillen, Textildesign – **M:** München, Neue Slg – Staatl. MAK – **E:** u. a. 82 Budapest, Józsefvárosi Gal. – ***Lit:*** AKL – (Red.)

Draeger, Christoph, Installations- u. Objektkünstler; lebt u. arbeitet in New York (* Zürich 4. 8. 65) – **VG:** Genf, attitudes; Luzern, Meile – **S:** 86–90 Schule f. Gest. Luzern (Freie Kunst, Dipl.); 90–91 Éc. Nat. Supérieur des Arts Visuels de la Cambre Brüssel – **P:** u. a. Stip. d. Zuger Kult.stift. Landis & Gyr 90; Kiefer-Hablitzel-Stip. 94, 95; PS1 Stip. New York 96–97; Förd.pr. d. Bündner Reg. Chur 99 – **W:** zahlr. Videos – **M:** Chur, Bündner KM; Genf, Centre pour l'Image Contemp. St-Gervais; Luzern, KM; Neuchâtel, Mus. d'art et d'hist.; Zürich, KH – **E:** zahlr. Ausst., zuletzt u. a. 00 Luzern, Meile; 01, 03 New York, Roebling Hall; 02 Berlin, Müllerdechiara; 03 Solothurn, KM – **G:** zahlr. Ausst.bet., zuletzt u. a. 01 Zürich, Helmhaus; 02 Liverpool, Bienn.; Lausanne, Mus. de l'Elysée; 03 Orlando, Mus. of Art; 04 New York, Brooklyn Mus. of Art – ***Lit:*** AKL; BLSK 98 – (Red.)

Dragić, Nedeljko, Trickfilm- u. Comiczeichner, Karikaturist, Illustrator; Akademiestr. 2, D-80799 München (* Paklenica/Novska 13. 9. 36) – **S:** 55–60 Univ. Zagreb (Jura) – **L:** seit 94 ABK München (Animation) – **P:** zahlr., u. a. Pr. d. Weltfestivals f. Karikatur u. Comics Montreal 71; Grand-Prix Praxinoscope New York 72; Oskarnominierung 72; Gold-Med. Chicago 74; Golden Gate Award San Francisco 89; Ausz. f. d. Lebenswerk in Lucca 95 – **G/T:** Zeichn. (Buchill., Plakate, Bilderb. u. Comics f. Kinder); Film (Zeichner, Drehbuchautor, Regisseur); Werbespots – **W:** Maskottchen Vučko f. d. Olympischen Winterspiele v. Sarajevo u. Zagi f. d. Univ. Zagreb – **M:** Graz, LM Joanneum – **E:** u. a. 59 Zagreb, Društvo novinara Hrvatske; 74 Zagreb, Gal. Studentskog centra; 85 Zagreb, Prozori; 90 Zagreb, Studiogal. Forum – ***Lit:*** AKL – (Red.)

Dragset, Ingar s. Elmgreen & Dragset

Drahosch, Ludwig, Maler, Zeichner; Ausstellungsstr. 55, A-1020 Wien (* Wien 30. 3. 69) – **S:** ab 95 ABK Wien (Malerei, Meisterschüler v. Arik Brauer); seit 97 ebda (Meisterkl. Sue Williams); 01 Stud.abschluß als Mag. art. (b. Rosenblum u. Muntean) – **P:** Füger-Med. (Gold) 97 – **Ö:** Wien, Monument auf d. Mexikopl. – **E:** u. a. 96 Wien, Kult.zentrum Ottakring; Gumpoldskirchen, Stadthalle; 98 Eisenstadt, Maxime; 99 Schwechat, Körnerhalle – **G:** u. a. 00 Selm, Schloß Cappenberg; 01 München, Pasinger Fabrik; Wien, Vienna AC – ***Lit:*** AKL – (Red.)

Draper, Markus, Bild. Künstler; lebt u. arbeitet in Berlin (* Görlitz 69) – **VG:** Dresden, Gebrüder Lehmann – **S:** 91–96 HBK Dresden (Malerei); 98–00 ebda (Meisterschüler b. Prof. R. Kerbach) – **P:** DAAD-Stip. (f. London) 96–97; Philip Morris Kunstförd. New York 99; Marion Ermer-Pr. 01; Arb.stip. d. Kult.stift. d. Freistaates Sa. 01 – **E:** zuletzt u. a. 00, 02 Dresden, Gebrüder Lehmann; 03 Berlin, Art Forum – **G:** u. a. 00 Zwickau, StM; Gera, KS; 02 Cuxhaven, Schloß Ritzebüttel; 03 Oldenburg, KV – (Red.)

Drasdo, Ulrike, Dipl.-Textilgestalterin, Weberin; Im Dorfe 109, D-99448 Hohenfelden, Tel. u. Fax (03 64 50) 3 96 05, *www.ulrike-drasdo.de* (* Suhl 9. 7. 51) – **S:** 80–83 FS f. angew. Kunst Schneeberg (Textilgest.) – **P:** Arb.stip. f. Bild. Kunst d. Ldes Thür. 97 – **Ve:** VBK DDR 86–89; VBK Thür. 90; VG Bild 91; BK 91 – **KGr:** TAT – Textil-Art-Thüringen – **G/T:** überw. Wandbehänge f. sakrale u. profane Räume; Flachweberei m. fein gesponnenen Woll- u. Acrylfäden sowie Kettfäden; stilistisch v. Bauhaus beeinflußt – geometrische Abstr. (oft unter Verwendung v. Zeichen u. Symbolen, Suggestion v. Tiefenraum); leuchtende Farben in sanften Nuancen u. feinen Differenzierungen; intuitive Gest., meditative Wirkung – **K:** Bildteppichweberei; seit 87 1xjl. Projekt 'Klangteppich' – **M:** Erfurt, Anger-Mus.; Gera, MAK. Erfurt, Mus. f. Thür. Volkskunde; Gotha, Schloß-Mus.; Marburg, Univ.-Mus. – **Ö:** Arnstadt, Trauerhalle Friedhof; ebda, Herder-Gymnasium; Erfurt, Bundesarb.gericht; ebda, Thür. Min. f. Wiss., Forsch. u. Kunst, Thür. Energie AG, Ev. Martinigemeinde; Bildungszentrum St. Ursula, Edith-Stein-Gymnasium; Freising, Ldratsamt; ebda, Industr.- u. Handelskammer, Thür. Kultusmin., Landesversicherungsanst., Ev. Kirche Südost; Ichtershausen, Kath. Kirche; Jena, Jenoptik; Oslo, Grøner Ing.; Stuttgart, Hotel Residence Herrenberg; Unterwellenborn, Kath. Kirche; Weimar, Thür. Netcom GmbH – **E:** zahlr. Ausst. seit 87, u. a. 87 Dessau, Bauhaus; 91 Weimar, Dt. Nat.theater; 92 Vaduz, L'Arte; 93 Erfurt, Schauspielhaus; Marburg, Univ.-Mus.; 95 Erfurt, Industr.- u. Handelskammer; 98 Erfurt, Dorint Hotel; 99 Oslo, Grøner Ing.; 02 Erfurt, Ldesversicherungsanst.; 03 Erfurt, Hauptverwaltung d. Thür. Energie AG; ; 05

Wittenberg, Stadtkirche; 06 Erfurt, Kath. Krankenhaus; Alterstedt, St. Pancratius; Hohenfelden, Thür. Freilichtmus. – **G:** zahlr. Ausst.bet. seit 87, u. a. 87 Dresden, Kunstausst. d. DDR; 90 Weimar, Textil '90; 90 Erfurt, Gal. am Fischmarkt; 91, 98 Erfurt, Anger-Mus.; 92 Erfurt, Haus Dacheröden; 92 Gotha, Schloß-Mus.; 93 Erfurt, Gal. Johannesstr.; 95 Meiningen, Schloß Elisabethenburg; 96, 05 Erfurt, Krönbacken; 98, 00, 02, 04, 06 Erfurt, artthuer 01 Apolda, Kunsthaus Avantgarde; 02 Erfurt, Ldeskunstausst. Thür.; 02, 03 Erfurt, Thür. Energie AG; 06 Bad Kösen, KH Romanisches Haus – ***Lit:*** KAT.: Künstler in Thüringen 91; Gestalt und Funktion. Kunsthandwerk in Thüringen 93; J. Wittstock u. H. P. Jakobson: Gestalt und Funktion. Kunsthandwerker der neuen Bundesländer 93; Bund Thüringer Kunsthandwerker 98; Spielraum Kunst 99; – WEITERE: AMK 37/38 98; Das neue Bundesarbeitsgericht Erfurt 99; Arbeitsstipendium für Bildende Kunst in Thüringen 00; Kunst in Kirchen. Unstrut-Hainich-Kreis 00; Designzentrum Thür. (Hrsg.): Handbuch Thür. Designer, Nr. 2 03; Ulrike Kubelius: Altes Handwerk, Portr. (Panoramabilder u. Hörstücke) 05 – ***LitR:*** Werner Kohlert (Autorschaft u. Regie): U. D. Portrait, in: Unterwegs in Thüringen, MDR Januar 01

Drautz, Hermann Siegfriedrich, Raum-Skulpteur; Badgasse 2, A-3650 Pöggstall, Tel. (06 76) 7 82 79 39, *hsd@kreartivwohnen.com*, *www.kreartivwohnen.com* (* Melk/Nöst. 22. 9. 67) – **S:** Autodidakt – **Ve:** Berufsvrg Bild. Künstler Öst. 00; Kult.vernetzung NÖ 03 – **K:** Workshops – **W:** Skulpt. in Pöggstall – **Ö:** Palfau/Stmk, Bar d. Wasserlochschenke; Wien, Friseursalon – **G:** 03 Pöggstall, hotglass Atelier Faffelberger – **R:** Lebensräume Lebensträume, ORF 00; check it, Austria-TV 00 – (Red.)

Drebber, Magdalena, Bildhauerin, Installationskünstlerin; Westring 26, D-04519 Rackwitz, Tel. u. Fax (03 42 94) 7 32 39, *MdrebberLeipzig@aol.com* (* Soest/Westf. 3. 12. 56) – **S:** 77–84 Univ. Münster u. ETH Zürich (Geographie); 81–91 KA Münster (b. Johannes Brus u. Timm Ulrichs); ab 86 ebda (Meisterschülerin b. Timm Ulrichs) – **L:** 00–02 KA Münster (Gastdoz.); 05–06 HS f. Kunst u. Design Burg Giebichenstein Halle/Saale (Gastprof.) – **P:** Arb.stip. f. d. Éc. des Beaux-Arts Caen; Arb.stip. Schloß Ringenberg 91; Stip. Künstlerstätte Bleckede 92; Förd.pr. d. Wirtschaftsverb. Westf.-Lippe 92; Stip. d. Barkenhoff-Stift. Worpswede 93; Jahres-Stip. d. Ldes SH 94, 96; Stip. d. Stadt Bremerhaven 96; Dr.-Dormagen-Guffanti-Stip. Köln 00; Stip. Fundación Valparaíso 03; Merkunstpr. 06 – **Ve:** Westdt. Künstlerbund – **G/T:** Install. u. Objekte (u. a. aus Stahl, Holz, Ton, Blei, Glas, Hanf, Papier u. Mais) – **E:** Ausst. seit 87, u. a. Köln, Wieneke; 94 Recklinghausen, StKH (Studio-Gal.); Herford, StM Daniel-Pöppelmann-Haus; Baden-Baden, Ges. d. Freunde junger Kunst; Lemgo, StG Eichenmüllerhaus; 97 Bremerhaven, HM/Morgenstern-Mus.; 02 Leipzig, KV; 05 Gifhorn, KV – **G:** Ausst.bet. seit 83, u. a. 85 Bochum, Mus.; 86 Wolfsburg, StG; 90 Lüdenscheid, StG; 92 Hannover, KV; 95 Recklinghausen, KV; 96 Münster, KA; 97 Bonn, Frauen-Mus.; 98 Herne, StG Strünkede; 99 Aachen, Gal. S; 05 Tallinn, Archit.mus.; – sowie: 95 Slowenien, Intern. Kleinplast.-bienn. – ***Lit:*** AKL, Bd. 29 01; Bildende Künstler in Leipzig 06

Drechsel, Kerstin, Malerin; c/o Galerie Laura Mars Grp., Sorauer Str. 3, D-10997 Berlin, Tel. u. Fax (0 30) 61 07 46 30, *info@lauramars.de*, *www.lauramars.de* (* Reinbek b. Hamburg 66) – **VG:** Berlin, Laura Mars Grp. – **P:** Kritikerpr. d. Berliner Ztg f. 'La Finta Giardiniera'/ W.A. Mozart, Hebbeltheater Berlin 90; Goldrausch Künstlerinnenprojekt Berlin 97; Cité Intern. d. Arts Paris 05; Senatsstip. d. Senatsverwaltung f. Wiss., Forsch. u. Kult. Berlin 06 – **W:** seit 90 Bühne u. Kostüme f. Theater in Zus.arb. m. Friederike Feldmann, zuletzt 'Preiset!', Schaubühne Berlin (02) – **E:** 94, 95 Berlin, Giesler; 97 Berlin, Dirty Windows Gall. (m. Markus Strieder); 98 Berlin, Focus Mediport; 01 Frankfurt am Main, Gal. station im Mousonturm; 03 Berlin, Gehag-Forum; 03, 04, 05 Berlin, Laura Mars Grp.; 04 Braunschweig, Allg. Konsumver. – **G:** u. a. 92 Tallinn, HM; 97 Berlin, Kunstamt Treptow (Kat.); Berlin, Parkhaus d. Grandhotels (Kat.); 98 Berlin, Marstall (Kat.); 99 Mexiko-Stadt, La Panaderia; 99, 02 Berlin, Kunstamt Kreuzberg; 00 Berlin, AK (Kat.); 01 Berlin, Neues Kunstquartier; 03 Hoyerswerda, Superumbau (Kat.); Berlin, Bunker unterm Alexanderpl. (Kat.); Berlin, Haus am Waldsee (Kat.); 03, 04 Berlin, Laura Mars Grp.; 05 Berlin, Preview; 06 Brüssel, De Markten; Barcelona, La Capella; Köln, Mus. Ludwig; Bologna, Arte Fiera; Frankfurt am Main, Art Frankfurt – **V:** In Wärmeland 98; New German Painting 06

Drechsler, Klaus, Dipl. Tafelbildmaler, Graphiker, Plastiker, Lehrer; Wachwitzgrund 53, D-01326 Dresden, Tel. (03 51) 2 68 43 08 (* Ober-Dammer/Niederschlesien 24. 5. 40) – **VG:** Dresden, Kühl; Dresden, Gal. am Damm – **S:** 57–60 HBK Dresden (Arbeiter- u. Bauernfak.); 61–66 ebda (b. Prof. Paul Michaelis); 66–69 ebda (Aspirant b. Prof. Paul Michaelis) – **L:** seit 91 TU Dresden; 94–00 HBK Dresden – **Ve:** KBD; SKB; BBK – **G/T:** Malerei, Graph., Plast.; Ldschaft, Figur, Stilleben; Zeichn. z. Lit.; realistisch u. kritisch – **K:** Malerei, Graph. (Stilleben, Figur, Ldschaft) – **W:** Privatslgn – **M:** Bautzen, SM u. Reg.-Mus. d. sä. Oberlausitz; Berlin, Kpst.-Kab.; Dresden, Kpst.-Kab.; Dresden, Skulpt.-Slg im Albertinum; Schwerin, Staatl. Mus.; Senftenberg, Festungsanlage-Mus. – **Ö:** Geising, Schule (Außenfassade); Pirna, Kr.krankenhaus – **E:** über 80 Ausst. im In- u. Ausld seit 66, u. a. 67, 69, 74, 79, 83, 85, 91, 00, 02 Dresden; 83, 03 Berlin; 97 Mol; 98 Bornholm; 00 Bautzen – **G:** zahlr. Ausst.bet. im In- u. Ausld seit 72, u. a. in Bukarest, Leningrad, Warschau, Wien – ***Lit:*** zahlr. Kat., u. a. Senftenberg (Gal. am Schloß) 93; Bischofswerda (Gal. im Kult.haus) 94; mehrere Ausst.kat. 96; Bautzen (SM) 00 – (Red.)

Dreher, Peter, Prof., Maler; Wagensteig Str. 4, D-79274 St. Märgen, Tel. u. Fax (0 76 69) 14 35, *p-dreher@t-online.de*, *www.peter-dreher.de*. Birkwäldele 24, D-79299 Wittnau, Tel. u. Fax (07 61) 4 57 03 31 (* Mannheim 26. 8. 32) – **VG:** Stuttgart, Wehr; Köln, Hengesbach; Aalst, S65; München, Braunbehrens; Basel, Krohn; San Francisco, Sweetow; San Diego, Quint; Berlin, Herrmann & Wagner – **S:** 50–56 ABK Karlsruhe (b. Prof. Hubbuch, Schnarrenberger, Heckel) – **L:** 65–97 ABK Karlsruhe (Leiter einer Kl. f. freie Malerei); 68 ABK Karlsruhe (Prof.) – **P:** u. a. Villa-Massimo-Stip. 65; Reinhold-Schneider-Kult.pr. Freiburg 76; Hans-Thoma-Pr. 79; Erich-Heckel-Pr. u. Förd.pr. 95 – **Ve:** VG Bild-Kunst 03; Freunde junger Kunst Baden-Baden; Dt. Künstlerbund; Künstlerbund Bad.-Württ. – **G/T:** Malerei – **W:** KS d. Dt. Bank; Ldesbank Hessen-Thür. – **M:** Baden-Baden, Mus. Frieder Burda; Freiburg im Breisgau, Mus. f. Neue Kunst; Karlsruhe, SKH; Köln, Kolumba; Mannheim, StKH; Oldenburg, LM; Rastatt, StG – **E:** zahlr. Ausst., u. a. 54 Mannheim, StKH; 74 Oldenburg, LM; 75 Überlingen, StG; 77 Baden-Baden, SKH; 79 Leverkusen, StM Schloß Morsbroich; 81 Hameln, Kunstkreis; 83 Ludwigshafen, KV; 90 Frankfurt am Main, Oevermann; 92 Stuttgart, Wehr; 93 Darmstadt, Thieme; 96 New York, Knowlton; 97 Wuppertal, Räume f. Neue Kunst; 98 Kranenburg, Mus. Katharinenhof; San Diego, Robert Pincus, The Union Tribune;

00 New York, The City Univ. of New York, Hans Ulrich Obrist; 01 Aalst, Gal. S65; 02 San Francisco, Sweetow; 02, 04 (m. Thorsten Hallscheidt) Berlin, Herrmann & Wagner; 03 La Jolla/CA, The Athenaeum; San Diego, Quint; 05 Basel, Krohn; – sowie: 98 Ken Johnson, The New York Times – **G:** zahlr. Ausst.bet., u. a. 66 Baden-Baden, SKH; 68 Berlin, Xylon; 76 Düsseldorf, Mayer; 78 Düseldorf, Art in Progress; 86 Kassel, KV; 88, 93 Karlsruhe, Badischer KV; – zuletzt u. a. 04 Karlsruhe, StG: 150 Jahre KA Karlsruhe; Schwäbisch Hall, KH Würth: Landauf landab – ***Lit:*** zahlr. Veröff., u. a. Lotte Paepke: P. D. 64; Dieter Honisch: P. D., Kat. 74; Rolf Wedewer: P. D., Kat. 79; Herbert Wolfgang Keiser: P. D., Zs 81; Hans H. Hofstetter: P. D., Kat. 83; Ruth Händler: Gläser, die den Blick reinigen, Zs 90; Richard Schindler: P. D. Tag um Tag ist guter Tag 90; Christoph Vögele: P. D. Retrospektive im Badischen Kunstverein, Zs 93; Siegfried Rombach: Annäherung zwischen Malerei und Phänomenologie 04 – ***LitR:*** Heiner Hepper: P. D., Fsf. WDR III 79; Horst Brandenburg: P. D., Fsf. SWF III 90

3 Rooosen, Christian, Zeichner, Performer, Maler, Bildhauer; *3rooosen@gmx.de*, *www.3rooosen.de* (* Meldorf 11. 6. 69) – **S:** 94–00 FHS Hamburg (Ill. u. Kommunikationsdesign) – **P:** Stip. d. Stift. Starke 03; Europ. Bigstar-Pr.träger 03 – **G/T:** Einstrichzeichn.; Performances f. ges. Fortschritt – **W:** Performances, u. a. Menschen raus!, Geschenkeverbrennungen (Film), Bäume raus!, Genacktet, 3 Rooosen im Einstrich-Tannenbaumladen (Film) – **E:** 93–00 Wander-Ausst. in Berlin, Flensburg, Hamburg, Lüneburg (Performance 'Demo gegen Menschen'); 01 Düsseldorf, Gal. f. zeitgen. Kunst; 02 Hamburg, weltbekannt; 03 Dixförda, Kunsthaus Europa; Berlin, Kunstwelt – **G:** 97 Angoulême, Comic-Mus.; 98 Zürich, Stadthalle; Osnabrück, Industriemus.; Berlin, Künstlerhaus Bethanien; 99 Hamburg, KH; Ratzeburg, A. Paul Weber-Mus.; Nordhorn, StG; New York, Deep Dale Gall.; 00 Oldenburg, SM; Hamburg, Gal. Hamburger Kunstprojekt; 01 Frankfurt am Main, Art Frankfurt; 02 Frederikshavn/Dänemark, KM; Osnabrück, Stadtgal.; Lübeck, Nordische Filmtage; 03 Berlin u. Paris, Rencontres Internationales; Berlin, Stift. Starke; Hamburg, Kunsthaus – **R:** BUCH U. REGIE F. D. KURZFILME: 3 Rooosen im Einstrich-Tannenbaumladen 02; Kunst, bis die Polizei kommt 02; 3 Rooosen zeigt 1 Strich 02 – ***Lit:*** Genacktet, Kat. 01 – ***LitR:*** Dipl.arb. u. Demo gegen Menschen, Beitr. RTL aktuell 00

Dress, Andreas, Maler, Graphiker; Rosenstr. 19, D-01855 Sebnitz, Tel. (03 59 71) 5 37 84 (* Berlin 6. 1. 43) – **VG:** Dresden, Gal. Mitte – **S:** 63–69 Lehre u. Tätigkeit als Werkzeugmacher; HBK Dresden (künstler. Abendstud.); 69–74 HBK Dresden (Malerei u. Graph. b. Günter Horlbeck) – **P:** Jenaer Kunstpr. 91; Pr. d. Ausst. '100 sächs. Grafiken' 98 – **G/T:** Malerei; Graph. (Zeichn., Lith., Rad., graph. Zyklen); Trick- u. Animationsfilm; Künstlerb. – **W:** zahlr. in öff. Slgn u. in Privatbes. – **M:** Altenburg, Lindenau-Mus.; Bad Oeynhausen, Dt. Märchen-Mus.; Berlin, Kpst.-Kab.; Dresden, Kpst.-Kab.; Halle/Saale, Staatl. Gal. Moritzburg; Hannover, Sprengel Mus.; Leipzig, Dt. Buch- u. Schrift-Mus. d. Dt. Nat.bibl.; Leipzig, MBK; Lissabon, Gulbenkian-Mus.; Nürnberg, Germanisches NM; Offenbach am Main, Klingspor-Mus.; Schwerin, Staatl. Mus. – **Ö:** Pirna, Amtsgericht (Wandbild) – **E:** zahlr. Ausst. seit 73, u. a. 80 Leipzig, Leibniz-Klub; 81 Berlin, Gal. Arkade; 82 Dresden, Neue Dresdner Gal. (m. C. Weidensdorfer); 83 Leipzig, MBK; 87 Berlin, Gal. Unter d. Linden; 90 Berlin, Gal. Bellevue (m. R. Zille); 91 Dresden, Gal. am Blauen Wunder; Göttingen, Gal. Artiforum Schloß Löseck (m. Isabell Dress); 93 Berlin, Gal. am Strausberger Pl.; Halle/Saale, Hallescher KV; 94 Leipzig, agra-Messepark; Gera, Gal. am Markt; 95 Dresden, Leonhardi-Mus.; Magdeburg, Gal. Himmelreich (m. F. Behrendt); 96 Dresden, Friedrich-Ebert-Stiftung; 97 Jena, Gal. Schubert; Bautzen, KV; 98 Leipzig, Dt. Buch- u. Schrift-Mus. d. Dt. Bücherei (m. C. Weidensdorfer); 00 Dresden, KH im art'otel; Berlin, Gal. Hintersdorf; 03 Dresden, Gal. Mitte – **R:** Escaplantes, Trickfilm; A. D. u. Marion Rasche: Der lange Weg, Animationsf. 88 – ***Lit:*** AKL; Lang 02 – (Red.)

Dreßel, Heidemarie (geb. Heidemarie Prugger), Plastikerin; Wachwitzer Bergstr. 21, D-01326 Dresden, Tel. u. Fax (03 51) 2 68 41 61, *hartmut_dressel@web.de* (* Dresden 18. 7. 43) – **S:** 64–69 KHS Berlin-Weissensee (Archit. b. Prof. Selman Selmanagič) – **Ve:** SKB; Dresdner Sezession 89 e.V. 90–97; VG Bild seit 98 – **G/T:** Skulpt. (Terracotta); Install. (bevorzugt Wasser); Kunstaktionen im öff. Raum – **Ö:** Bad Gottleuba, Gesundheitspark (Rondo impulsiva); Cottbus, Heron-Vorpl. (Wassertor); Dresden, Nasses Haus; ebda, Schwerhörigenschule (Spielbrunnen), Univ.klinikum (Treppauftreppab), Ingenieurbüro EIBS (Schönwetterbrunnen); Dresden-Kaditz, Elbufer (Viva Fluvia) – **E:** 93 Dresden, Gal. Nord; 98 Dresden, Gal. Drei; Dresden, Zwingerteich (Install.); 00 Bremen, Zwischenzeitwerkstatt; 01 Dresden, Neuer Sä. KV; Dresden, Palaisteich Großer Garten – **G:** 79–89 alle Bezirkskunstausst. d. DDR; 82 Emmendingen, Psychiatrisches Ldeskrankenhaus; 85 Weimar, Textil 85; 87/88 X. Kunstausst. d. DDR; 90–97 alle Ausst. d. Dresdner Sezession 89; 92 Winnenden, Schloßpark; 95 Wroclaw, Triennale; 94–97 alle MNEMOSYNE Wasserkunstaktionen d. Dresdner Sezession 89; 98 Dresden/Bonn, Elisabeth-Montag-Stift.; 99 Hannover, Stadtpark; 00 Bremen, Gerhard Marcks-Haus; 03 Dresden, Pal. im Großen Garten – **V:** Im Überfluß 04 – ***Lit:*** Wasserspiele – Textile Skulpturen (Dresdner Sezession 89 e.V.) 93; Raumspiele 93; Mythos Wasser, Faltblatt im Ausst.kat. (Gerhard Marcks-Haus Bremen) 00; raumBlick – fixBad, Faltblatt (Sä. KV) 01

Dreßler, Dieter, Dipl.-Art; Kirchholzstr. 6, D-83457 Bayerisch Gmain, Tel. u. Fax (0 86 51) 6 51 70, *post@atelier-dressler.de*, *www.atelier-dressler.de* (* Dresden 27. 3. 32) – **S:** 50–53 u. 54–56 HBK Dresden (b. d. Prof. Erich Fraaß, Heinz Lohmar u. Rudolf Bergander); 58 AK Berlin (Meisterschüler b. H. Ehmsen) – **P:** Carl-Blechen-Pr. d. Stadt Cottbus 82 – **Ve:** VBK DDR – **G/T:** Graph. (Hschn., Rad., Lith.); Tafelmalerei (Tempera/Öl); Arb. auf Papier (Tempera, Aqu., Pastell) – **W:** u. a. in Bes. d. ehem. Braunkohlenkombinates Schwarze Pumpe – **M:** Berlin, AK; Cottbus, Brandenburgische KS; Dresden, Kpst.-Kab.; Frankfurt/Oder, Mus. Junge Kunst; Spremberg, Kr.-Mus. – **Ö:** Bad Reichenhall, Spk. Berchtesgadener Ld (Wandgest., Titel: 'Grenzsituation', auf Meißner Porzellan, 93); Cottbus, SM (Mosaik 'Sorbischer Markt', 72); Guben, Planetarium (Mosaik); Hoyerswerda, Schülerwohnheim (Fassade); ebda, ehem. Kombinat Schwarze Pumpe (heute Vattenfall, Wandmalerei auf Rapitz-Wand in Tempera, Titel: 'Übergabe d. Werkes', 64); Magdeburg, Sportgymnasium (Wandbild 'Sport', auf Meißner Porzellan, 82) – **E:** 58 Hoyerswerda, Kreis-Mus.; 68 Görlitz, StKS; Lübbenau, Spreewald-Mus.; 72 Potsdam, Kult.haus Hans Marchwitza; 73 Cottbus, Schloß Branitz; 77 Senftenberg, Schloß; 78 Cottbus, Gal. Carl Blechen; 80 Dresden, Neue Dresdner Gal.; 82 Cottbus, Brandenburgische KS; – zuletzt u. a. 01 Spremberg, Heidemus.; 03 Freilassing, SM; 04 Gengham, Atelierhaus (m. Ekkehard Wiegand); 05 Bad Reichenhall, Ldratsamt – **G:** 57 Dresden, Bez.-Kunst-Ausst.; 64 Berlin, NG; 65 Berlin, Intergrafik '65; –

weitere: Dresden, 4.–7. Kunst-Ausst. der DDR; Cottbus, alle Bez.-Kunst-Ausst. ab 60; – zuletzt: 04 Brieselang, Märkischer Künstlerhof – ***Lit:*** AKL; Eine winzige Chance. Briefe von und an die Schriftstellerin Brigitte Reimann

Dressler, Dorothea s. Stuffer, Dorothea

†**Dressler,** Otto, Bildhauer, Aktions-, Installations- u. Objektkünstler; lebte in Moosach/Obb., *www.kunstplattform.de; www.ottodressler.kulturserver.de; www.kunst-am-ammersee.de* (* Braubach/Rhein 1. 11. 30, † 11. 7. 06) – **S:** Steinmetzlehre in Oberlahnstein; 48–52 WerkKSch Wiesbaden (Bildhauerei) – **L:** LAuftr. f. Aktionskunst: HS der Bundeswehr Hamburg; Freie KA Mannheim; KA München – **P:** Pr. d. Ostsee-Bienn. Rostock 87; Pr. d. Intern. Bienn. Kairo 88; BVK I. Kl. 90; Bayer. Kulturmed. 'Pro meritis' 90; 'Goldener Lorbeer' d. Ges. Bild. Künstler Öst. 00; Pr. d. Kulturmin. Intern. Bienn. 'Satyre in der Kunst', Gabrovo/Bulg. 01; Kulturmed. 'Kyrill e Method' 1. Kl., Bulgarien – **Ve:** KSZE-Nachfolge-Konferenz Kulturforum Budapest 85; Friedensforum Moskau; Künstlerhaus Wien; Freie AK Mannheim; Dt. Künstlerbund; Intern. Künstlergremium; BBK (ehem. 1. Bundesvors. u. Sprecher) – **G/T:** Plast. (Denkmäler, Porträtbüsten, Reliefs – Holz, Eisen, Stein, Gips, Schaumstoff); Install. u. Environments (gesellschaftspolit. Themen) – **M:** u. a. Aachen, Ludwig Forum; Berlin, Berlin Mus.; Bonn, Villa Hammerschmidt; Budapest, NM; Hamburg, KH; Kairo, Mus. of Modern Art; Ludwigshafen, Wilhelm-Hack-Mus.; München, Bay. Staatsgemäldeslgn; Norrköping, Arbetets Mus.; Schleswig, LM f. Kunst u. Kult.-Gesch. Schloß Gottorf; Warschau, Muz. Niepodległości – **E:** Ausst. u. Kunstaktionen in über 250 Städten Europas, u. a. 68 Berlin, Gal. Casa; Braunschweig, Gal. Schmücking; 69 Berlin, Gal. Wirth; 72 Kassel, KV; 73 Berlin, Gal. S; 78, 82 Bergkamen, Kult.amt; 85 Saarbrücken, StG; 89 Bonn, Kunstraum; 92 München, Beck-Forum; 92, 98 Frankfurt/Main, Airport Gall.; 92–93 Kiel, StG im Sophienhof u. Regensburg, StG; 93 München-Grafing, Gal. Hans Dieter Wegmann; 96 New York, Kunstprojekt Trebeca Park; 98 Berlin, Gal. Ben Wargin; 99 Berlin, Mus. Haus am Checkpoint Charlie; Dortmund, Dt. Arbeitsschutzausst. DASA; 01 Bochum, Kulturmag.; 05 München, Gal. d. Künstler; 06 Berlin, Gal. Art y comunicación Rodolfo; Vaterstetten, RH – **G:** 74 Berlin, Gal. Wertheim; 79 Duisburg, Wilhelm-Lehmbruck-Mus.; 87 Berlin, Berlin Mus.; 90 Heidelberg, Schloß; 91 Rio de Janeiro, Mus. 'Dt. Grafik'; 98 London, Nat. Portr. Gall.; 99 Seoul, Nat. Mus. 'Dt. Kunst'; 05 Dachau, Schloß; Regensburg, Ostdt. Gal. – **R:** Der Karren – Kunst und Spiel auf Rädern, 8-tlg. ZDF-Aktionsserie von u. mit O.D. (Regie: Gerd Winkler, Drehort Berlin) – ***Lit:*** u. a. Gerd Winkler: Kunstergreifung. Der Verfremder O.D. u. seine Aktionen 75; Dieter Treeck: O.D., Verfremder. Volksausstellungen – Aktionen 82; Hilmar Hoffmann u. a. in: Unser Land. Kunstaktionen 1965 -1985 85; Manfred Schneckenburger, Knut Nievers, Herbert Schneidler, Ulrich Kavka u. a. in: Unser Land. Die Würde des Menschen ist unantastbar 92; Kulturrat Bergkamen (Hrsg.): Kunst als Provokation 03; Peter H. Schiller: O.D.s Verfassungswirklichkeit; Andreas Vowinckel: O.D. – Das Grundgesetz; Sven Jaax: O.D. – Verfechter d. deutlichen Kunst, in: art – das Kunstmag. – ***LitR:*** FERNSEHBERICHTE u. a.: ZDF (Knebusch, Kronewitter, Bohnes, von Dadelsen), ZDF-Studio Moskau; ARD: SDR (Bergmann, Witte), BR (Büssem, Beckel, Breitenstein), NDR (Jaax, Teubner, Gielow, Wolf), HR (Wilke, Alles), WDR (von Cube, Busmann), MDR (Gebhard), SWR (Wilkop), SFB (Lippki), SWF (Harnischfeger), ARD-Studios Moskau (Dr. Bauer), Kairo, Warschau, Budapest; ORF (Club 2, Dr. Huemer), ORF-Studio Wien; RTL München; Tele 5 (Elwart, Mayr); 1-A TV Berlin (Henkel); Bulgar. Fs. (Stoev); Poln. Fs. Studio Warschau; Polsat; Schwed. Fs. Studio Stockholm; Ägypt. Fs.

Dreux, Béatrice, Malerin (* Versailles 7. 9. 72) – **VG:** Wien, Winter – **S:** 91–93 Univ. f. angew. Kunst Wien (Gest.lehre b. Bernhard Leitner); 93 Éc. Superieure D'Arts Graphique Paris; 94–98 ABK Wien (Malerei b. Arik Brauer, Markus Prachensky u. Hubert Schmalix, Dipl.) – **P:** Arb.stip. d. ABK Wien (f. Neapel) 98, 99; MAK-Schindler Stip.programm im Mackey Apartment House Los Angeles 99, 00; Anton Faistauer-Pr. f. Malerei 02 – **G/T:** Malerei (Öl); Performance-Arb. – **M:** Wien, Kult.abt. d. Stadt; Wien, Slg d. Bundes – **E:** u. a. 01 Los Angeles, The Black Dragon Soc.; Zürich, Latal; Baden bei Wien, Menotti; 03 Wien, The Black Dragon Soc.; 04 Wien, Winter – **G:** u. a. 99 Graz, Schafschetzy; 00 Innsbruck, Thoman; 02 Kairo, Opera Art Gall.; Salzburg, Traklhaus; 03 Wien, Operation Figurini; Wien, Winter – ***Lit:*** AKL – (Red.)

Drews, Ingeborg, Dr. paed. f. Psychologie u. Kunsttherapie; Titusstr. 12, D-50678 Köln, Tel. (02 21) 38 61 82, *www.inspiredminds.de* (* Köln 26. 7. 38) – **S:** FHS f. Kunst u. Design Köln (Malerie, Graph. b. Prof. Sovak); bis 05 Univ. Köln (Psychologie, Kunsttherapie, Dipl. u. Promotion) – **P:** Satyrikon Legnica (2 Pr. f. satir. Fotogr.) 99, 05; House of Humour and Satire Grabovo/Bulgarien (Pr. f. Graph.) – **G/T:** heute mehr d. Fotogr. zugewandt; Malerei; Graph.; Zchng; Schwerpunkte: Portr. (auch literar.) u. Satire – **W:** Malerei u. Graph. in Archiven u. in Privatbes. – **M:** Marbach am Neckar, Dt. Literaturarchiv; Paris, Bibliothèque Nat. – **Ö:** Frankfurt am Main, Exil-Arch.; Köln, Histor. Arch. d. Stadt; New York, Leo Baeck Inst. – **E:** 05/06 Legnica, Satyrikon; 06 Köln, Lsch.verb. Rheinld (LVR, Kat.) – weitere Foto-Ausst. in Köln, Brühl – **G:** jl. Bet. an d. Ausst. Satyrikon in Polen seit 93 u. am Salon Intern. du Dessin de Presse et d'Humour in Saint Just/Limoges seit 95 – **V:** mehrere liter. Veröff. u. Art. in Ztgn u. Zss – ***Lit:*** u. a. Who's who 06 – ***LitR:*** u. a. I.D. Artist of the Week, Fs.film u. Reportage (Dt. Welle) 05

Drexler, Gabriele, Malerin; Am Kreuzanger 8, D-82335 Berg, Tel. (0 81 51) 97 07 10, Fax 97 07 12, *info@gabrieledrexler.de, www.gabrieledrexler.de* (* München 23. 9. 66) – **S:** 89 Ludwig-Maximilians-Univ. München (b. Prof. Daucher); 90–96 ABK München (b. Prof. Sauerbruch) – **P:** HSsonderprogramm d. Bay. Staatsmin. f. Wiss., Forsch. u. Kunst 01, 02, 03; Atelierförd. d. Bay. Kult.fonds 02, 04 – **Ve:** BBK Obb. Nord u. Ingolstadt 96; IG Medien 00 – **G/T:** Stadtldschaft, Portr., Fahr-Bilder (Öl) – **K:** Aktmalerei, Zeichn., freie Komposition, Portr., Ldschaft (Stadt, Genre) – **W:** in Privatbes. (Lohr/Main, Berlin, München u. Umgebung, Potsdam, Genf u. a.) – **M:** München, ADAC Slg Spuren; München, TÜV Forum Junger Kunst – **Ö:** München, Siemens AG; ebda, Kanzlei Nehls, Kanzlei Dr. Koppi, Kanzlei Graf von Stosch, Unternehmensgr. Eisenhut & Schwab, Theron Business Consulting – **E:** u. a. 94, 01 Taufkirchen, Miller; 96, 98 München, Reile; 99, 00 München, Siemens AG; 02 München, BMW Group – **G:** u. a. 95, 98 München, Reile; 95 München, Artothek; 98 München, Pasinger Fabrik; 99, 02 Wasserburg, KV; 02 München, Kunstpavillon; 03 Stuttgart, LM BW – ***Lit:*** A. Kühne (Beitr.): G. D. Malerei, Kat. 98 – ***LitR:*** G. D., in: Bayernj.; Portr. b. Sat.1; Münchner Stadtlandschaft 01 – (Red.)

Dreyblatt, Arnold, Installationskünstler; Marienburgerstr. 24, D-10405 Berlin, *www.dreyblatt.net* (* New York 53) – **S:** 74 State Univ. of New York (BA Communication Arts); 77 ebda (M.A. Media Studies); 82 Wesleyan Univ. (M.A. Komposition u. Musikwiss.) – **L:** 01–02 HBK Saarbrücken (Gastprof.) – **P:** u. a. Projektstip. d. Berliner Senats 95; Stip. Stift. Kult.fonds Berlin 96; Stip. d. Found. for Contemp. Performance Art New York 98; Artist in Residence d. Univ. Lüneburg 02 – **E:** u. a. 01 Bern, Bienn.; New York, Jewish Mus. – **G:** u. a. 01 Berlin, GG; Berlin, Hilgemann – (Red.)

Dreyer, Christiane (geb. Christiane Heidelk), Textilgestalterin; Zum Forsthof 18, D-19089 Bahlenhüschen, Tel. u. Fax (0 38 61) 76 21, *christianedreyer@web.de* (* Diedrichshagen 11. 6. 43) – **VG:** Wieck, Künstlerdeck; Schwerin, Berger – **P:** Pr. d. Norddt. Kunsthandwerks 97 – **Ve:** VBK DDR 80–90; Künstlerbund Meckl. u. Vorpommern seit 90 – **KGr:** Frauenart Steinstrasse Schwerin (seit 90) – **G/T:** Bildweberei, Reliefgewebe – **K:** Bildweberei – **M:** Schleswig, LM f. Kunst u. Kult.-Gesch. Schloß Gottorf; Schwerin, Staatl. Mus. – **Ö:** Arb. in zahlr. öff. Gebäuden u. Inst. – **E:** seit 80 zahlr. Ausst. in Norddtld u. a. 92 Wuppertal, BBK-Gal.; 98 Ahrenshoop, Kunsthaus Guttenberg; 01 Berlin, Gal. Ost-Art; 02 Berlin, Painen – **G:** zahlr. Ausst.bet. seit 80 u. a. 87 Dresden, Kunstausst. d. DDR; 90 Weimar, KH; 92 Freiburg, Gal.; 97 Saarbrücken; 03 Schleswig, Schloß Güstrow – **R:** C. D. Textilgest. 89; Dreyer. Das andere Gewebe 97; Sabine Fett: Triennale des norddeutschen Kunsthandwerks 97 – (Red.)

Dreyer, Paul Uwe, Prof. Dr. h. c., Maler, Graphiker; Schloß Solitude 19, D-70197 Stuttgart, Tel. (07 11) 69 12 51, Staatl. ABK: 28 44 01 00, Fax 28 44 01 02 (* Osnabrück 22. 9. 39) – **S:** 58–61 WerkKSch Hannover; 61–62 HBK Berlin – **L:** seit 72 Staatl. ABK Stuttgart (seit 74 Prof.); 87–91, 98–04 ebda (Rektor) – **P:** Stip. d. AK Berlin 68; Villa-Massimo-Stip. 70, 71; Intern. Graph.pr. d. Südwestdt. Ldesbank Stuttgart (1. Pr.) 85; Kunstpr. d. Lsch.sverb. Osnabrücker Ld 98; Verleihung d. BVK d. BRD 99; Ernennung z. Dr. h. c. d. Akad. f. Kunst u. Wiss. Vilnius 99, 00; Ernennung z. E.senator d. Kunstuniv. Bukarest 03; E.med. d. Akad. Szuk Pieknych Warschau 04; Verdienstmed. d. Ldes Bad.-Württ. 05 – **Ve:** Dt. Künstlerbund 70 – **G/T:** Zchng, Druckgraph., Ölmalerei – **M:** u. a. ; Berlin, Berlinische Gal.; Berlin, KS d. Dt. Bundestages; Berlin, NG; Berlin, Slg d. BRD; Celle, StKS; Coburg, KS d. Veste; Hannover, Sprengel Mus.; Ingolstadt, Mus. f. Konkrete Kunst; Kaiserslautern, Pfalz-Gal.; Karlsruhe, SKH; Kaunas, Slg d. Nat. KM; Ludwigshafen, Wilhelm-Hack-Mus.; Mannheim, StKH; München, Bay. Staatsgemäldeslgn; Osnabrück, Kulturgesch. Mus.; Stuttgart, SG; Stuttgart, Slg d. Staatl. ABK; Wolfsburg, StG – **E:** u. a. 98 Stuttgart, Harthan; Vilnius, StG; Kaunas, Čiurlionio dailės muz.; 00 Leonberg, Gal.ver.; Langenburg, KV Hohenlohe; 01 Singen, Städt. KM; Osnabrück, Felix-Nussbaum-Haus; Budapest, Kiscelli Múz., 02 Stuttgart, SWR Gal.; 03 Warschau, CSW; Bukarest, Gal. d. Kunstuniv. – **G:** u. a. 99 Köln, Art Cologne; Stuttgart, Harthan; 00 Schwetzingen, Schloß; Malsch, Zehntscheuer; Stuttgart, Ldtag; Stuttgart, Staatl. ABK; 01 Stuttgart, Valentien; Stuttgart, Ungarisches Kult.inst.; 03 Madrid, KM – ***Lit:*** u. a. KAT.: P.U.D. bei Jamileh Weber 84; Dreißig dt. Maler. Varianten – Sequenzen 84; P.U.D. Sequenzen 1982–1985 85; P.U.D. Neue Bilder u. Zchngn 1985–1988 88; P.U.D. 89, 95, 98; P.U.D. – opere recenti 90; P.U.D. Bilder u. Zchngn 1980–1990 91; abstrakt. Der Deutsche Künstlerbund in Dresden 93; Günther Wirth: Konkrete Malerei im dt. Südwesten 95; ders.: Räume, Innen – Außen, Räume 97; Heribert Schultz (Text): Hommage à Vordemberge-Gildewart 99 – ZTGN/ZSS: Heinz Ohff: P.U.D., in: das kunstwerk 85; Marcello Colusso: La costruzione dell'imagine di P.U.D., in: La Gazetta delle Arti 88; Nikolai B. Forstbauer: Entwürfe idealer Relationsprinzipien, in: Zyma 88; Reinhard Döhl: P.U.D. Afrikan. Serie Nr. 1, in: das kunstwerk 90; Nikolai B. Forstbauer: P.U.D., in: Zyma. Art Today 91 – weitere: Dieter Guderian: Mathematik in d. Kunst d. letzten dreißig Jahre. Von d. magischen Zahl über d. endlose Band z. Computerprogramm 90; Lothar Romain: Einblicke in d. Slg Robert Simon 97; Peter Fitz in: Valósag és Vagyérzet – Wirklichkeit u. Sehnsucht 01; Marlene Lauter in: Konkrete Kunst in Europa nach 1945 02; Danuta Wróblewska: Porzadek I obraz/Ordnung u. Bild, in: P.U.D. Rygor i Emocje 03

Dreysse, Wolfgang, Bildhauer; Tel. (0 39 46) 38 65, Mobil: 01 71 14 23 26 9, Fax 51 70 26, *W.Dreysse. Bildhauer@t-online.de*, *www.burg-halle.de/~dreysse* (* Sömmerda/Thür. 12. 6. 47) – **S:** 66–72 HS f. industr. Formgest. Burg Giebichenstein Halle/Saale (Industr.-form u. Bildhauerei b. Prof. Gerhard Lichtenfeld) – **L:** 91–94 TU Braunschweig (künstler.-wiss. Mitarb. b. Prof. Jürgen Weber); seit 94 HS f. Kunst u. Design Burg Giebichenstein (Fak. Design, Prof. f. bildnerische Grundlagen) – **P:** Gustav-Weidanz-Pr. 78; Pr. d. Intern. Jugend-Trienn. d. Zeichn. 79 – **Ve:** VBK DDR 73–90; VBK Sa.-Anh. 90 – **KGr:** Q-Art (seit 90) – **G/T:** Bildhauerei, Plast., Zeichn. in figürlichen Ausdrucksformen – **K:** Bildnerische Grundlagen, Plast., Portr., Akt – **W:** zahlr. plast. u. graph. Werke in Privatbes. – **M:** Frankfurt/Oder, Lyonel Feininger Gal.; Frankfurt/Oder, Mus. Junge Kunst; Quedlinburg, Klopstock-Haus – **Ö:** Bernburg, Eulenspiegel Brunnen; Friedrichsbrunn (Macht u. Ohnmacht oder d. Dreißigjährige Krieg); Halberstadt, Bildsäule z. Gesch. Halberstadts; Halle-Neustadt, Brunnen; ebda, Generationenbrunnen; Halle/Saale, Brunnen (Zither-Reinhold); Hameln, Bildsäule; Lutherstadt Eisleben, Knappenbrunnen; Minden, Martini-Kirche; Quedlinburg, Münzenberger Musikanten; ebda, Relief (Väter u. Söhne), Dorothea Erxleben Relief, Gedenktafel f. Otto III. – **E:** 76 Ballenstedt, Pädagogische FS f. Kindergärtnerinnen; 78 Halberstadt, SM; 90 Quedlinburg, Schloßmus.; 91 Erftstadt, RH; 94 Minden, Westfalen, SM; Minden, Westfalen, St. Martini-Kirche; 00 Quedlinburg, Lyonel Feininger Gal. – **G:** 77 Quedlinburg, Kunsthoken; 78, 79 Halle/Saale, Staatl. Gal. Moritzburg; 92 Hameln, Hochzeitshaus; 01 Paris, Frühjahrs-Salon; – weitere: 95 Gatersleben; 96, 03 Siebeldingen – ***Lit:*** Hans Georg Sehrt: W. D. Prozesshaftes Gestalten, Ausst.kat. 00 – (Red.)

Droescher, Gisela, Lehrerin außer Dienst (Gymnasium u. Realschule Sekundarstufe I); Doz. f. Aquarellmalerei; Hintenausweg 7, D-64625 Bensheim, Tel. (0 62 51) 3 99 44, Fax 3 99 45, *gisela @droescher.de*, *www.giseladroescher.de* (* Borgsdorf/Berlin 24. 3. 39) – **S:** 58–64 Albert-Ludwigs-Univ. Freiburg (Germanistik u. Frz., Staatsexamen); 88–93 Malakad. Schloß Goldegg (Meisterschülerin b. Prof. Fritz Itzinger); 80–97 Fort- u. Weiterbildung (u. a. b. Prof. Norbert Hornig, Prof. Rudolf Hradil, Oskar Koller, Martin Lutz, Bernhard Vogel, Lieselotte Steinbach-Vogel, Prof. Josef Winkel) – **L:** 64–70 Lehrtätigkeit an Realschulen u. Gymnasien (Dt., Frz., Kunst); seit 85 Aqu.kurse im eigenen Atelier u. auf Malreisen; seit 93 Malakad. Schloß Goldegg (Doz. f. Aqu.); 96–02 Akad. Faber-Castell Stein b. Nürnberg (Doz. f. Aqu.) – **P:** Pr. d. General-Anzeigers Bonn (1. Pr. f. Aqu.) 89; Pr. d. Stadt Alsbach-Hähnlein (3. Pr. f. Aqu.) 00 – **Ve:** KV Rhein-Sieg-Kr. 86–94; Kunstfreunde Bergstr. e.V. seit 97 – **G/T:** Zeichn. (Akt, Portr.); Malerei (Aqu., Acryl, Mischtechniken, gegenständlich u. abstr., Naturthemen u. Figürliches) – **K:** Aqu. (Landschaft u. Naturthemen, plein-air auf Malreisen); Acryl- u. Mischtechniken (Landschaft,

Natur u. Portr.), – **W:** überw. in Privatbes. im In- u. Ausland – **E:** u. a. 86 Düsseldorf; 87, 90, 92 Bonn; 88 Grenzach, Gal. Farbenpalette; 92 Nienburg, Weser, Kleine Gal.; 93 Penzberg; Köln; 96, 97, 98 Darmstadt; 98 St. Johann im Pongau; 00 Essen; 02 Goldegg, Schloß; Lampertheim, Gal. Keller – **G:** u. a. 84, 86 St. Augustin, Kunstmarkt; 88 St. Augustin, Schloß Birlinghoven; 89 Frankfurt am Main, Stadtspk.; sowie jl.: Ausst. d. Kunstfreunde Bergstr. e.V. u. Ausst. d. Doz. d. Malakad. Schloß Goldegg – (Red.)

Droese, Felix, Prof., Maler, Zeichner, Bildhauer; Diepensiepen 38, D-40822 Mettmann, Tel. (0 21 04) 1 66 08 (* Singen/Hohentwiel 19. 2. 50) – **VG:** Bad Münstereifel, Klein; Hamburg, Multiple Box Hamburg; Hamburg, Produzentengalerie; Köln, Krips – **S:** 70–76 Staatl. KA Düsseldorf (Kl. Peter Brüning, künstler. Arbeit auch in d. Kl. Joseph Beuys) – **L:** 86 Städelschule Frankfurt am Main (Prof. f. Malerei u. Graph.) – **P:** u. a. kunstKÖLN-Pr. 96 – **M:** u. a. Aachen, Ludwig Forum; Bonn, KM; Boston/MA, Mus. of Fine Arts; Bremen, Neues Mus. Weserburg; Darmstadt, Hess. LM; Den Haag, Haags Gemeente-Mus.; Hamburg, KH; Kaiserslautern, Pfalz-Gal.; Kiel, KH; Krefeld, Kaiser-Wilhelm-Mus.; Köln, Kolumba; Mönchengladbach, StM Abteiberg; New York, MOMA; Singen, Städt. KM; Stuttgart, SG; Washington/DC, NG of Art; Wolfsburg, StG; Wuppertal, Von der Heydt-Mus. – **E:** seit 80 mehr als 140 Einzelausst., zuletzt u. a. 98 Salzgitter, KV; 99 Gießen, KH; 00 Marl, Skulpt.-Mus. Glaskasten; Bonn, LM; 03 München, Versicherungskammer Bay.; Erfurt, KH; Mönchengladbach, Wunschik; Bietigheim-Bissingen, StG – **G:** seit 70 mehr als 300 Ausst.bet., u. a. 82 Kassel, documenta; 84 Sydney, Bienn.; 88 Venedig, Bienn.; 98 Baden Baden, KH; Berlin, Dt. Hist. Mus.; Bonn, KM; Stuttgart, KM; 99 Bonn, Kunst- und Ausst.halle d. BRD; 00 Köln, Diözesan-Mus.; Bad Salzdetfurth, KV; Düsseldorf, KH; 01 München, Lenbachhaus – ***Lit:*** AKL; Reclams Künstlerlex. 02; Schweers 02 – (Red.)

Droese, Irmel (geb. Irmhild Rodenacker), Malerin, Zeichnerin, Bildhauerin, Graphikerin, Puppenspielerin; Diepensiepen 38, D-40822 Mettmann (* Landsberg/Warthe 25. 5. 43) – **VG:** Bamberg, Kunst im Gang – **S:** 60–64 WerkKSch Mainz; 69–74 KA Düsseldorf (b. Joseph Beuys u. Erwin Heerich); 72 ebda (Meisterschülerin b. Joseph Beuys) – **L:** 75–78 Kunstlehrerin – **G/T:** Graph. (Zeichn., Lith.); Malerei (u. a. Aqu., Blumenstilleben); Plast. (u. a. Spielfiguren); Musik- u.Stimmimprovisation; Install. – **M:** Bonn, LM; Coburg, KS d. Veste – **E:** u. a. 95 Mutscheid, Klein; Bamberg, Gal. Kunst im Gang; Hamburg, Freie KSch; 99 Neuss, Kult.forum Alte Post; 01 Köln, Diözesan-Mus. – **G:** u. a. 76 Düsseldorf, KH; 86 Bonn, KV; 00 Bad Salzdetfurth, KV – ***Lit:*** AKL – (Red.)

Droste, Dào (geb. Dào Nguyen), Dr. Malerin, Bildhauerin, Installationskünstlerin; Wasserturmstr. 56, D-69214 Eppelheim, Tel. (0 62 21) 76 51 38, *dao.droste@t-online.de*, *www.daodroste.de* (* Saigon/Vietnam 25. 2. 52) – **VG:** Ehingen/Donau, Gal. Schloß Mochental; Rochefort, Gal. Royal – **S:** 71–80 Stud. d. Chemie in Stuttgart u. Heidelberg (Abschluß m. Promotion); 81–83 u. a. Keramik-Wkst. Ursula Droste Heilbronn (Selbststud. Freie Keramik) – **L:** Akad. Schloss Rotenfels (LBeauftr. Install. u. Bildhauerei) – **Ve:** VG Bild 96; BBK Heidelberg 96; GEDOK Heidelberg 86 – **KGr:** 79 (96) – **G/T:** u. a. Bodenplast.; Plast. (Bronze, Terrakotta, Köpfe u. Gesichter, Stelen, Symbolisierung d. Dualität v. Yin u. Yang); Install. (Video, Schwarzlicht); Objekte (Bettwäsche, Gummi, Papier d. asiatischen Ahnenkult-Tradition); Malerei (Öl, Acryl, Farbpigmente, großformatig, abstrakt-figurativ o. ungegenständlich, lebhaft strukturiert, Zyklen); Harmonie u. Polarität, Mensch u. Universum, Einheit u. Vielfalt, Leben u. Tod, Masse u. Individualität – **W:** zahlr. Werke in Privatbes., zahlr. Install. im öff. Raum (u. a. Kirchen); – sowie: Open-mindedness m. 500 Gesichtern; Terra Cantans m. 150 Köpfen; diesseits jensseits m. 12×7 Büsten aus Terrakotta – **M:** Burgrieden, Mus. Villa Rot; Karlsruhe, Badisches LM – **Ö:** Bremen, Haus d. Bauindustr. Bremen-NordNds.; Eppelheim, Günter-Rühle-Pl.; Graz, Roche Diagnostics; Heidelberg, Berufsgenossenschaft Chemie; ebda, Fa. Fairtrade; Karlsruhe, Reg.präsidium; Ludwigshafen, Berufsgenossenschaft-Unfallklinik; Monheim am Rhein, Theissendruck; Nürtingen, Volksbank Kirchheim-Nürtingen; Offenbach, Fa. Tack; Regensburg, Wilden AG; Sinnsheim, Spk. Kraichgau – **E:** 87 Schwetzingen, Pal. Hirsch; 97 Oxford, Christ Church College; 98–04 Bad Dürkheim, Esplanade; 99 Ettlingen, Mus.; Karlsruhe, Unterkirche d. Stadtkirche; Straßburg, St. Pierre le Jeune; 00 Crailsheim, SM; Frankfurt am Main, Dominikanerkloster; 01 Paris, Chapelle Salpêtrière; Reutlingen, StG; 02 Heidelberg, Stift. Willibald-Kramm-Pr.; Nancy, Goethe-Inst.; Ehingen, Donau, Gal. Schloß Mochental; Rapallo, Antico Castello sul Mare; Burgrieden, Mus. Villa Rot; 03 Coburg, KS d. Veste; 04 Heidelberg, Haus Maikammer d. Berufsgenossenschaft Chemie; Landau in der Pfalz, Villa Streccius; Stuttgart, Bankhaus Bauer; Rottenburg, Kulturver. Zehntscheuer; St. Augustin, Radicke; 05 Karlsruhe, Schrade; Kronach, Feste Rosenberg; 05, 06 Rochefort, Gal. Royal; 06 Pforzheim, Schloß Neuerbürg; Zürich, Gal. Perez Rojas – **G:** u. a. 95 Kassel, documenta-Hallen; 96 Bonn, Frauen-Mus.; 97 New York, Art Gall.; Falmouth, Gall. Szent-Györgyi; 99 Heidelberg, Kurpf. Mus.; 00 Heilbronn, KV; Heidelberg, Forum für Kunst; 03 Bonn, Künstlerforum; 04 Köln, Oberldesgericht; 06 Bad Ragaz, Schweiz. Trienn. d. Skulpt. – ***Lit:*** D. D. Eine Bodeninstallation 99; J. Raap, in: Kunstforum 99; G. Weiß, in: Neue Keramik 98/99; D. D. Das Tao, 00; S. Komm, in: Foyer 00/01; AKL 01; M. Ernould-Gandouet, in: La revue de la céramique et du verre 01; D. D. Lebendige Gesichter im Raum 01; D. D. Terra cantans. Zyklen des Lebens 02; K. Weschenfelder, in: Kunsthandwerk & Design 03; D. D. Das namenlose Nennbare 04; D. D. diesseits jensseits 05; W. Bornbaum, in: Neue Keramik 05; Viola Eigenbrodt: Klarheit u. Transparenz, in: Scala 06 – ***LitR:*** S. Frohriep: Terrakotta-Köpfe in Crailsheim, Film Südwest 3, Ldesschau BW 00; B. Schmidt-Sakic u. P. Dahmen: Kunststück – Fliegende Pinsel aus Fernost, KaMeRa-Report 00; Le thanh Thuy. Open mindedness – Une Installation de D. D. à la Chapelle Salpêtrière, Radio France Intern. 01; Open-mindedness, rtf-Fs. 01; Terra cantans, France 3 Fs. 02; Lo Spirito del Tempo, Entella TG Tigullio 03; diesseits jensseits, R.TV-Fs. 05; Radio termarine FM 06

Droste-Hülshoff, Hortense Freifrau von s. Gelmini, Hortense von

DRS s. Ranft-Schinke, Dagmar

Drühl, Sven, Maler; Corinthstr. 50, D-10245 Berlin, Tel. (0 30) 66 76 38 85 (* Nassau/Lahn 68) – **VG:** Zürich, gip contemp. – **S:** 91–96 Univ. Essen (Kunst u. Mathematik) – **L:** 97–99 Univ. Essen (LAuftr.); 99–02 Goethe-Univ. Frankfurt am Main (LAuftr.); 03–04 HBK Dresden (LAuftr.) – **P:** Projektstip. Rohkunstbau 03 – **E:** zuletzt u. a. 02 Chicago, Fassbender; Leverkusen, StM Schloß Morsbroich; Dortmund, Mus. am Ostwall; 03 Dresden, Büro f. Kunst; 04 Burgdorf, Gal. im Park; 05 Zürich, gip contemp.; Ludwigshafen, Wilhelm-Hack-Mus.; 06 Waldkraiburg, StG; Friedrichshafen, Zeppelin Mus. (Kat.); Ratingen, SM (Kat.) – **G:** zuletzt u. a. 01 Düsseldorf, Spiekermann; 02 München, Zink u. Gegner; 03 Köln, Mayer; Basel, Wüthrich; 04 Gladbeck, StG; 05 Karlsruhe, ZKM; London, Gall. The Nunnery; Bregenz, Künstlerhaus Pal. Thurn u. Taxis; 06 Solingen, Mus. Baden; Berlin, Künstlerhaus Bethanien

Druml, Helga, Malerin; Mag, Saak 53, A-9611 Nötsch (* Villach 72) – **S:** 90–97 HS f. angew. Kunst Wien (b. Frohner u. Oberhuber, Dipl.); 92–00 Univ. Wien (Phil., Dr. phil.) – **P:** Kunstwettb. d. HS f. angew. Kunst Wien (Hauptpr. Kunst u. Katze) 92; Förd.pr. d. Creditanst. Kärnten (2. Pr.) 98; Pr. d. Stadt Villach 99 – **E:** u. a. 98 Wien, Gabriel; Laibach, Schloß Fuzine; 99 Wien, SPÖ-Zentrale; 00, 03 Klagenfurt, Gal. 3; 02, 03 Wien, Michitsch – **G:** 00 Villach, Gal. Freihausgasse; Wernberg, Gal. Schloss Damtschach; 01 Wien, MAK (Kunstmesse); 02 Feistritz im Rosental, Rosenmus. – (Red.)

Drúskovič, Drago, Bild. Künstler; Saalhofstr. 1, A-5020 Salzburg, Tel. (06 62) 82 35 32, *dragoart@gmx.at.* Lessach 25, A-9183 Rosenbach (* Klagenfurt 16. 1. 50) – **VG:** Rosegg, Šikoronja – **G/T:** Malerei, Graph., Zeichn., Ill., Tapisserie, Skulpt. – **Ö:** St. Lorenz/Mondsee, Höribachhof – **E:** seit 77, u. a. in Düsseldorf, Genf, Graz, Innsbruck, Ljubljana, Paris, Salzburg, Triest, Warschau, Wien u. Zürich – ***Lit:*** Kat.: Angelica Bäumer: D. D. 91; Rad. 96; Reise ins Innere 04 – (Red.)

Duarte, Ángel (eigtl. Ángel Duarte Jiménez), Bildhauer, Maler; Rue du Parc 3, CH-1950 Sion (* Aldeanueva del Camino/Cáceres 22. 9. 30) – **S:** Ausb. als Goldschmied in Madrid; 45–48 Escuela de Artes y Oficios Madrid; 54–59 Éc. des Beaux-Arts Paris – **P:** Med. de estímulo a la investigatión d. Soc. des beaux-arts Martigny 70; Pr. d. Stadt Sitten 92; Gold-Med. 'Bellas Artes' Spanien 92; Pr. Picasso d. Junta de Andalucía u. d. Mus. Picasso Málaga 93 – **Ve:** Assoc. Valaisanne des Artistes (Mitbegr. 63); Séction Valaisanne d. Soc. des Peintres, Sculpteurs, Architectes Suisses (Mitbegr. 73); Assoc. Valaisanne pour la Promotion des Arts Visuelles pour les Ecoliers 77 – **KGr:** Equipo 57 (Mitbegr.); Y; Nove Tendencije – **M:** Århus, KM; Aarau, Aargauer Kunsthaus; Bern, KM; Cuenca, Mus. de Arte Abstracto Español; Fribourg, Mus. d'art et d'histoire; Gelsenkirchen, SM; Genf, Cab. des Estampes du Mus. d'Art et d'Histoire; La Chaux-de-Fonds, Mus. des Beaux Arts; Lausanne, Mus. cantonal des beaux-arts; Los Angeles, MCA; Lugano, Gottardo; Madrid, MNCARS; Montreal, Mus. des Beaux-Arts; Neuchâtel, Mus. d'art et d'hist.; Olten, KM; Paris, Bibliothèque Nat.; Sion, Mus. cantonal des beaux-arts; Skopje, Muzej na grad; Tel Aviv, Mus. of Art; Toulon, Mus. d'Art; Villafames, Mus. de Arte Contemp.; Zürich, Kunsthaus – **Ö:** Avenches, Complexe Scolaire; Baden, Centre de Recherches ASEA Brown Boveri; Bern, Département Fédéral des BA; Biel, Verwaltungsgebäude d. Allg. Schweiz. Uhrenindustr.; Bienne, Maison Biella; Ferden, Kath. Pfarrk. (Fenster); Langendorf, Pfarreizentrum (Apostelkreuze); Lausanne, Nouvelle Jetée d'Ouchy; Neuchâtel, Fabrique de Tabacs Réunies; Pully, Nouveau Port; Sierre, Centre Funéraire; Sitten, Bourgeoisie, Hotel Europa; ebda, Centre ORIPH, Schulzentrum St-Guerin; Tramelan, Schwimmbad – **E:** u. a. 92 Sion, Grenette; Cáceres, Centro de Expos; 93 Sion, Gal. des Vergers; 95 Lausanne, Iynedjian Art; 00 Paris, René – **G:** u. a. 73 Antwerpen, Middelheim Mus.; 03 Grenchen, Kunsthaus – ***Lit:*** AKL; BLSK 98 – (Red.)

Dubach, Margaretha (verh. Margaretha Willi-Dubach, auch Margaretha Dubach-Willi), Objekt-, Installations- u. Performancekünstlerin, Schmuckgestalterin, Malerin; Häldeliweg 31, CH-8044 Zürich, Tel. 0 12 61 69 22, Fax 0 12 61 69 14 (* Luzern 23. 12. 38) – **VG:** Zürich, Hufschmid – **S:** 55–60 KGS Luzern (b. Max v. Moos) – **W:** u. a. zahlr. Performances u. Theaterproduktionen – **Ö:** Zürich, Alterssiedlung u. Krankenheim d. Stadt; ebda, Mag. Medizin d. Univ. Irchel, Univ.-Spital, Psychiatrische Polyklinik Pfrundhaus d. Stadt, Hotel Widder – **E:** u. a. 85 Mannheim, StKH; Hannover, Artforum; 86 Köln, Hofmann; 87, 90, 95 Bern, Krebs; 89 Baden, Hans-Trudel-Haus; 93 Zürich, Mus. Bellerive; 94 Zürich, Medizinhist. Mus. d. Univ.; 95 Luzern, Kornschütte; Lindau, StM Haus Cavazzen; 96 Nyon, Fischlin & Cie; 97 Emmen, Gersag – ***Lit:*** AKL; BLSK 98 – (Red.)

Dubielzig, Jeanette (geb. Jeanette Marx), Dipl. Designerin, Malerin, Graphikerin, Illustratorin; Kirchstr. 23, D-88131 Bodolz, Tel. (0 83 82) 2 77 68 68, *info@agent-d.de, www.agent-d.de* (* Halle/Saale 16. 5. 73) – **S:** 97–02 FHS Dortmund (Kommunikations- u. Graphikdesign) – **L:** 02 Kinder- u. Jugendkult.projekt @rtich02 d. Stadt Berghammer (Doz. f. Neue Medien) – **P:** Pr. f. Wirtschaftsethik d. FHS Dortmund 01; Wettb. Covergest. ARD-Jahrb. 01; Kult.förd.pr. 'Der Bogen' d. Dortmunder Kult.bühne (Endrundenteilnehmerin) 02 – **Ve:** BBK Westf. 02; Hammer Künstlerbund 02 – **G/T:** Malerei, Graph., Ill., Neue Medien – **W:** überw. in Privatbes. – **G:** 01 Schwerte, Neu Philharmonie; 02 Dortmund, RH; Hamm, Gläserner Elefant; Bochum, Eco-Textil-Zentrum; 03 Dortmund, Torhaus Rombergpark; Witten; Hannover – **V:** Veröff. in d. Jahresmappen d. Hammer Künstlerbundes seit 02 – ***Lit:*** BBK Westf. (Hrsg.): Kunst & Sport – immer in Bewegung, Kat. 02; ders.: Menschenbilder – sichtbar greifbar, Kat. 02 – (Red.)

Duc de Su s. Bohnenberger, Stefan

Ducke, Elfriede, Bildhauerin; Lützner Str. 69A, D-04177 Leipzig, Tel. (03 41) 4 80 50 39 (* Leipzig 2. 4. 25) – **S:** 41–45 Meisterschule f. Gestaltendes Handwerk Leipzig (Plast. b. Alfred Thiele); 46–49 FS f. Angew. Kunst Leipzig (Plast. b. Alfred Thiele) – **P:** Kleinplast. Wettb. Berlin (2. Pr.) 62 – **Ve:** VBK DDR 52–90; BBKL 90; GEDOK Leipzig/Sa. seit 91 – **G/T:** Tierplast. (Sandstein, Frz. Kalkstein, Terrakotta, gebrannter Ton, Bronze) – **W:** zahlr. Werke in privatem u. öff. Besitz – **M:** Berlin, DHM; Dresden, Kunstfonds d. Freistaates Sa.; Görlitz, StSGGK; Halle/Saale, Staatl. Gal. Moritzburg; Leipzig, KH Spk.; Leipzig, MBK; Leipzig, Naturkundemus.; Magdeburg, KM Kloster Unser Lieben Frauen; Suhl, Bauerngal. Ringberghaus – **Ö:** Berlin, Tierpark; Leipzig, Brunnen; ebda, Wandgest. f. Kindereinrichtungen u. Kliniken; Markkleeberg, Agra-Park – **E:** 80 Dessau, Staatl. Mus. Schloß Mosigkau; 82 Leipzig, Wort u. Werk; 84 Wurzen, Kleine Gal.; 85 Bad Frankenhausen, Kr.-Heimat-Mus.; Magdeburg, Burggalerie; 88 Mölkau, Kult.haus; 99 Leipzig, Naturkundemus. (Kat.); 02 Leipzig, Kunstkaufhaus; 05 Leipzig, Gal. Süd – **G:** Ausst. in Dtld sowie im Ausland: UdSSR, ČSSR, Mongolei u. Polen; seit 52 regelmäßig Leipzig, Bez.-Kunst-Ausst.; 60, 63, 82–83, 87–88 Dresden, Kunstausst. d. DDR; 64, 68 Leipzig, Kunst d. Zeit; 65 Leipzig, MBK; 75 Kleinplast.-Wanderausst. d. VBK DDR; 82 Leipzig, Wort u. Werk; 83 Leipzig, Bildhauer d. Bez. Leipzig; 86 Markkleeberg, Agra-Park; 88 Suhl, Bauerngal. Ringberghaus; 89 Halle/Saale, FIDEM; 90 Leipzig, Bildermesse; 92 Leipzig u. Holzminden, Ausst. d. BBK Leipzig; 93 Leipzig, Kolonie Ost; jl. 94–98, 01–04, 06 Leipzig, Ausst. d. GEDOK Leipzig/Sa.; 96–97 Leipzig, Mus. f. Kunsthandwerk (Grassi-Mus.) – ***Lit:*** Günter Meißner: Künstler d. Gegenwart 77; E.D., Tierplastiken, Kat. (m. e. Beitr. v. Rita Jorek) 99; Bildende

Künstler in Leipzig 06; – weiterhin zahlr. Artikel in d. Tagespresse

Duckwitz, Jochen, Bildhauer, Lehrer; Pengelsweg 37, D-40489 Düsseldorf, Tel. (02 03) 74 04 00, Fax 7 48 15 88, *najo.duckwitz@t-online.de*, *www.jochen-duckwitz.de* (* Rs-Lennep 9. 3. 42) – **S:** 68–72 KA Düsseldorf (Meisterschüler b. Prof. Beuys) – **P:** Stip. d. Bundesverb. d. Dt. Industr. (BDI) 76–77; Förd.pr. d. Stadt Wilhelmshaven 81; Nana-Gest.wettb. d. Stadt Duisburg (1. Pr.) 01 – **Ve:** BBK 75; VG Bild-Kunst 82 – **KGr:** Duisburger Sezession (seit 88) – **G/T:** Zchng; Malerei (Tempera); Objektkunst (Holz, Eisen, Torf, Beton) – **W:** Aktionen in Dangast, Frankfurt, Hagen, Düsseldorf – **M:** Duisburg, Wilhelm-Lehmbruck-Mus.; Kaarst, Städt. Slg – **Ö:** Neuenkirchen, KV u. Stift. Springhornhof (Kunst-Lsch.) – **E:** zahlr. seit 69, zuletzt 06 Duisburg, Ges. f. Wirtschaftsförd. – **G:** zahlr. Bet., u. a. 72 Kassel, documenta (Kat.); 88 Steinfurt, Huck-Beifang-Haus (Kat.); 06 Duisburg, Wilhelm-Lehmbruck-Mus. (Kat.) – sowie: 76, 81 Ars Viva; Große Düsseldorfer Kunstausst. (Kat.) – ***Lit:*** H. Thiel: Kunstforum Bd 48 2/82; Neuenkirchen, KV u. Stift. Springhornhof 87; V. Neuhaus: Kat. d. Gal. ON Köln 96; S. Wollmeiner: Natur-Kunst 02

Duda, Juliane; Schwedter Str. 29, D-10435 Berlin, *juliane.duda@berlin.de* (* Berlin 67) – **VG:** Köln, Fiebach & Minninger – **S:** 91 HGB Leipzig; 93 HdK Berlin; 97 Meisterschülerin b. Katharina Sieverding; Sommerakad d. AK Berlin – **P:** Stip. Goldrausch Künstlerinnenprojekt Berlin 97; Moskau-Stip. d. Berliner Senatsverwaltung 98; Arb.stip. d. Berliner Senats 99; Marion Ermer-Pr. 02; Stip. d. Förd.kr. Kunst auf Schloss Plüschow 02; Arb.stip. d. Else-Heiliger-Fonds 03 – **G/T:** u. a. Fotogr. (basierend auf Videostills, die am Rechner bearb. werden) – **E:** zuletzt u. a. 01 Chemnitz, Voxxx Gal.; Berlin, Konrad-Adenauer-Stift.; Berlin, Capri; 02 Köln, Fiebach & Minninger; London, Rhodes + Mann – **G:** u. a. 01 London, Inst. of Contemp. Art; 02 Berlin, Raum f. aktuelle Kunst; Berlin, Art-On Club; Leipzig, HGB; 03 Köln, Fiebach & Minninger; Berlin, Kampl; Berlin, Koch & Kesslau – (Red.)

Dudesek, Karel, Medien-, Performance- u. Aktionskünstler; 4. Bez., Belvedereg. 40, A-1040 Wien (* Prag 27. 5. 54) – **S:** 72–74 HS f. angew. Kunst Wien (b. Herbert Tasquil); 74–75 ABK Wien (b. Wolfgang Hollegha); 75–77 KA Düsseldorf (b. Klaus Rinke); 77 Seemannsschule Hamburg (Abschluß) – **L:** LAuftr. f. Internetprojekte: 95 Univ. Lüneburg; 96 Univ. Innsbruck; seit 99 HS f. angew. Kunst Wien (Prof.) – **P:** Medienkunstpr. d. ZKM Karlsruhe 93; Prix Multimedia Art d. Univ. Salzburg (Nominierung) 96; Artist in Residence d. EMAC Rensselaer Polytechnic Inst. Troy/Ala. 99 – **KGr:** Minus Delta t (Mitbegr. 78) – **G:** u. a. 89, 90, 94, 96 Linz, Ars Electronica; 92 Kassel, documenta IX; 93 Graz (On line, Kunst im Netz); Innsbruck (On the air, Kunst im öff. Datenraum); 96 Budapest, Műcsarnok; Atlanta/Ga., Art festival; 97 Rotterdam, Dutch Electronic Arts Festival; Oberhausen, Intern. Kurzf.tage; Bern, Kunsthaus; Pamplona, Festival de Video de Navarra; 98 Skopje, MSU; Berlin, Elektron. Werke AG; Wien, HBK; Hannover, Sprengel-Mus.; 00 New Orleans, Sigraph 00, Art gall. – ***Lit:*** AKL – (Red.)

Dudler, Max, Architekt; Oranienplatz 4, D-10999 Berlin, Tel. (0 30) 6 15 10 73, Fax 6 14 50 71 (* Altenrhein/Schweiz 18. 11. 49) – **L:** 89–90 Archit.-fak. Venedig (LBeauftr.); 89 Sommerakad. f. Archit. Herne (Doz.); 90 Sommerakad. f. Archit. Mantova (Doz.); 96–99 Univ. Dortmund (Gastprof.) – **P:** Architecture in Stone – Intern. Award 98; Archit.pr. d. Bundes dt. Archit. (Anerkennungspr.) 00 – **E:** 96 Berlin, Hetzler – **G:** zuletzt u. a. 02 Berlin, IfA-Gal.; Berlin, Berlinische Gal. – ***Lit:*** AKL – (Red.)

Düblin, Lukas; Hauptstr. 47, CH-4107 Ettingen, Tel. 06 17 21 27 17. Atelier: Route de Courtavon 9, CH-2944 Bonfol, Tel. 03 24 74 40 89 (* Oberwil/Schweiz 2. 2. 33) – **VG:** Ettingen, Wegweiser – **S:** 48–51 Glasmalerlehre; 52–53 Paris – **P:** Kunstpr. f. bes. Leistungen in d. Glasmalerei d. Kt. Basel-Ld 87 – **Ve:** Ges. Schweiz. Maler, Bildhauer u. Architekten 65–73 – **G/T:** Glasmalerei, Malerei, Zeichn. (Farbstift), Bildhauerei – **M:** Basel, KM; Basel, Koechlin Stift.; Romont, Mus. Suisse du Vitrail – **Ö:** Flims-Waldhaus; Liestal, Gewerbeschule; Oberwil, Kath. Kirche; Muttenz, Kath. Kirche; Stans, Kirche; Zwingen – **B:** Bonfol: Mus.atelier – **E:** Ettingen, Wegweiser – **G:** Basel, KH; Romont, Mus. Suisse du Vitrail; Zürich, Kunsthaus – ***Lit:*** Das glasbildnerische Schaffen von Jacques u. L. D. in den kirchlichen Räumen Oberwil, in: Baselbieter Heimatblätter 2/01; Das Geheimnis scheint durch – (Red.)

Dülmen, Gerd van, Prof., Maler, Zeichner, Graphiker; Händelstr. 19, D-76185 Karlsruhe (* Cloppenburg 25. 10. 39) – **L:** seit 74 KA Karlsruhe (Prof. f. Malerei u. Graph.) – **M:** Oldenburg, SM – **E:** u. a. 74 Berlin, NG – ***Lit:*** AKL; Schweers 02 – (Red.)

Dünser, Jytte, Malerin u. Autorin; Kosaweg 15, A-6820 Frastanz (* Frastanz 5. 7. 31) – **VG:** Bregenz, Künstlerhaus Pal. Thurn u. Taxis – **S:** KSch Liechtenstein (12 Semester) – **Ve:** BBK Vorarlbergs – Thurn + Taxis Bregenz – **KGr:** Vorarlberger Autorenverb. (Lit. Vorarlberg); Intern. Dialektautoren IDI – **G/T:** z.Z. Arb. m. versch. Erden – **G:** Bet. u. a. in Wien, Bozen, Bayreuth, Schaan, Bregenz, Thüringen – **R:** im ORF

Dürnberger, Charlotte, Graphikerin; Im Weideland 21, A-4060 Leonding, Tel. (07 32) 77 84 68 (* St. Valentin/NdÖst. 21. 12. 36) – **S:** 51–55 KGS Linz (Werbe- u. Gebrauchsgraph.) – **Ve:** Oböst. Künstlerbund 84 – **G/T:** Druckgraph. (Lith., Monotypie); Ill.; Karikatur; Aktzchng; Kalligraphie – **W:** mehrere Lith. in Repräsentationsräumen: Amt d. Oböst. Ldesregierung Linz; Magistrat Linz; Krankenhäuser; Politiker; Privatbes. – **E:** 90 Linz, Hypobank; 97 Linz, Gal. d. Oböst. Künstlerbundes; – sowie: 03 Generali Gal. – **G:** mehrere Bet. seit 79 – **V:** Festschrift z. 50jähr. Bestehen d. Oböst. Künstlerbundes (Autorin u. a., Red., Gest., Druckorganisation) 00

Dürr, Rosmarie s. Reifenrath, Rosmarie

Dürrenfeld, Ulrich; Körnerstr. 85, D-50823 Köln, Tel. (02 21) 52 90 06, *ulrich.duerrenfeld@web.de*, *www.ulrich-duerrenfeld.de* (* Bückeburg 26. 5. 53) – **S:** 76–82 HBK Braunschweig (Freie Kunst) – **L:** 83–87 HBK Braunschweig – **P:** Stip. d. Dt.-Frz. Jgd.werkes in Angers 81–82; Arb.stip. d. Ldes Nds. 85–86; Stift. Kunstfonds – Arb.- u. Projektstip. 88 – **Ve:** VG Bild-Kunst 87 – **G/T:** Malerei; Fotogr.; Video; Install. – **E:** seit 85, u. a. 85 Hamburg, Barlach; Köln, Krings-Ernst; Wien, Tatgal.; 86 Braunschweig, Wallgal.; 87 New York, Dt. Generalkonsulat; 93 Gummersbach, Oberberg. KV; Köln, Stapelhaus; Lüdenscheid, StG; 94 Ulm, Gal. im Griesbad; Köln, Simultanhalle (m. Erwin Herbst); 96 Braunschweig, Gal. KK (m. U. Geitel u. R. Werner); 99 Santa Cruz de la Palma, Sala de Expos. (m. U. Geitel); 01 Hamburg, Künstlerhaus Hamburg-Bergedorf (m. U. Geitel) – **G:** seit 78, u. a. 78, 79 Stuttgart, Württembergischer KV: Selbstgespräche; 79, 85 Hannover, KV: Herbstausst.; 82 Bayreuth, KV: Idee u. Technik; 87 Lüneburg, Mus. f. d. Fürstentum Lüneburg: Stipendiaten d. Künstlerstätte Bleckede; 87 (Der Raum), 05 (Wer Visionen hat soll z. Arzt gehen) Bremen, Ges. f. aktuelle Kunst; 93 Thessaloniki, Goethe-Inst.; 95 Köln, KH: Köln Kunst; 96 Oberhausen, Ver. f. aktuelle Kunst:

Nord-Süd-Fahrt; 99 Reykjavík, Nýlistasafnið – Living AM: Nord-Süd-Fahrt

Düsel, René, Kunstschaffender, Künstler; Heuwiese, CH-9476 Weite, Tel. 0 792 52 97 57, *rene.duesel.art@bluewin.ch*, *www.reneduesel.ch*. ab Okt. 2007: Räfiser Feld, Ch-9470 Buchs/SG (* Sax/Sennwald 20. 12. 59) – **S:** 92 Sommerakad. f. Bild. Kunst Salzburg (b. Prof. H.J. Breuste); 95 u. 00 Europ. Akad. f. Bild. Kunst Trier (95 Kinet. Plast., 00 b. Christoph Lahl) – **Ve:** KV St. Gallen 86–05; Visarte 99 – **KGr:** Schichtwechsel (seit 85) – **G/T:** Metallobjekte; Eisen, Chromstahl, Acrylglas; Holzfräsbilder; Bearbeitete u. bemalte Bilder; Lichtobjekte – **K:** Schweißen u. Realisierung v. Werken m. Schülern – **W:** Ld Arte Kunst u. Natur, Rheintal (03); Ballett Bühnenbild (97, 99, 02, 04); Ruth u. Erwin Wanger Architekten, Rüschlikon – **M:** Lustenau, Rheinmus. – **Ö:** Balzers, Umicore; Buchs, Bibl.; ebda, RH, UBS Bank, Raiffeisenbank; Grabs, Verwaltungsgebäude; Nonnenhorn, Objektgarten H. Heller; St. Gallen, Fa. Steinemann Technology AG; Toggenburg, Klangweg (Objekt Glockenbühne); Walenstadt, Offizierskantine; Weite, Schulhaus; Werdenberg, Pflegeheim – **E:** seit 85, u. a. 87 Buchs, Gal. Teestube; 90 Wattwil, Wiss; 91 Frauenfeld, Al Primo; 91, 99 Eschen, Tangente; 92 Rheineck, Egg; 94, 03 Chur, Planaterra; 97, 02–06 Weite, Ateliertag; 97 St. Gallen, Prestige; 98 Azmoos, RH Wartau; 99, 03 Chur, Bertolo; 01 Arbon, Schloß; 04 Liechtenstein, Tangente; 04, 05 Buchs, Fabriggli; 06 Buchs, Atelierhaus m. Objektgarten – **G:** zahlr. seit 87, zuletzt u. a. 02, 03 St. Gallen, Visarte Katharinen; Neuchâtel, Expo; 02–05 Roveredo, Open Art; 03 Altstätten, Stadthalle; 04 Chur, Schöpf living; 05 Zug, Stadthalle; Toggenburg, Klangweg; 06 St. Gallen, Macelleria d'Arte; Buchs, Altes Pfarrhaus (Gewölbekeller); Bad Ragaz, Schweiz. Trienn. d. Skulpt.; Lustenau, Mus. Rheinschauen; Zürich, Kongresshaus: Art Intern. – **V:** Objekte u. Malerei, Dok. 94, 95; – sowie Publ. eines eig. Kat. 97 – **R:** Jürgen Neumann: Open Art 03; Ld Arte, Buch u. Video 04; Luigi a Marca: Open Art, Trii Roveredo, Video u. Kat. 04 – ***Lit:*** Portr., In: Kult.tip, 103 93, S. 22–23; Geschäftsbericht Bonk Warton-Sevelen, In: Bilanz 94, S. 12; In: Buchs Aktuell, 24 94, S. 16–17; Werdenburger Jahrb. 96, S. 270–272; Grafik Book 2 98, S. 44–45; Raum u. Wohnen. Schweizer Mag. f. Archit., Nr. 6/7 98, S. 55–60; Massiv v. Dez. 99, S. 62–67; Werbeagentur Festlond, Kat. 00, S. 66–67, 77; Regula Edelmann: www.reneduesel.ch 01

Düsterhöft, Jörg, Dr. Architekt; Kyffhäuser Str. 30, D-01309 Dresden, Tel. (03 51) 3 44 88 87, Fax 3 44 88 89, *jduesterhoeft@t-online.de*, *www.dresden-art.de; www.zdr-architekten.de* (* Dresden 1. 3. 59) – **S:** 97–84 TU Dresden; 01–03 HBK Dresden – **G/T:** Malerei (Acryl, Öl, Tempera); Graph.; Kunst im öff. Raum; Archit. – **W:** 15 Arb. in Privatbes.; 10 Arb. als Dauerleihgaben in Dresden u. Berlin – **B:** u. a. Dresden: Besucherzentrum d. Porzellanmanufaktur Meißen, Verwaltungsgebäude Dresdener Verkehrsberriebe AG, Stadtvillen Goetheallee 53a u. Käthe-Kollwitz-Ufer, Wohnheim f. Schwerstkörperbehinderte Max-Liebermann-Str., Wohnheim f. Körperbehinderte Kinder u. Jugendliche Fischaustr.; Schmiedeberg: Kapelle Winfriedhaus – **E:** 99 Dessau; 00, 02, 03, 05, 06 Dresden; 04 Berlin – **G:** 83 Räckeve; 05 Leipzig, Große Sä. Kunstausst. – ***LitR:*** Josephine Hoppe: J.D. Bild. Künstler u. Archit., Fs.-Dok. 05

Dütz, Karin; Albrecht-Dürer-Str. 13, D-90403 Nürnberg, Tel. (09 11) 2 44 74 83, Fax 44 30 28, *karin-duetz@t-online.de*, *www.karin-duetz.de* – **G/T:** Graph. – (Red.)

Duffing, Mechthilde s. Homberg-Duffing, Mechthilde

Duftner, Katja (verh. Katja Duftner-Menzhausen), Mag. art.; Pixisstr. 11, D-81679 München, Tel. (0 89) 98 66 95, Fax 98 39 92, *Katjaduftner@aol.com* (* Innsbruck/Tirol 24. 10. 66) – **VG:** Stuttgart, Gal. Königsblau – **S:** 87–91 ABK Wien (Meisterkl. f. Graph. Prof. Melcher) – **P:** Arb.stip. d. Karl-Anton-Wolf-Stift. 90; Würdigungspr. d. Bundesmin. f. Wiss. u. Forsch. 91 – **Ve:** Tiroler Künstlerschaft – **G/T:** Ölmalerei, Zeichn. u. Rad. (eigene Mythologie) – **K:** Rad. – **W:** Ankauf u. a. der Städte Wien u. Innsbruck, d. Ldes Tirol u. d. Südwest-Ldesbank Stuttgart – **M:** Innsbruck, Tiroler LM Ferdinandeum; München, Slg d. Siemens AG; Stuttgart, Allianz; Wien, Albertina; Wien, Bundesmin. f. Wiss. u. Forsch.; Wien, Slg Bank Austria; Wien, Slg d. ABK – **Ö:** Innsbruck, Krankenhaus – **E:** u. a. 91 Wien, Neue Gal.; 92, 94 Landeck, Elefant; 93 Landshut, StG; 93, 95 München, Reile; 95 Wertingen, StG; Stuttgart, Döbele; 96 Kapfenberg, Kult.zentrum; 00 Stuttgart, Gal. Königsblau – **G:** u. a. 91 Frankfurt am Main, ART Frankfurt; 91, 92 Basel, ART Basel; 96 Strasbourg, ART Strasbourg; 97 Köln, ART Cologne; 99 Innsbruck, ART Innsbruck; 03 München, Kunstmesse – ***Lit:*** K. D. – Neue Bilder, Kat. Gal. Döbele Stuttgart 95; Autonome Dialoge im Quadrat – K. D., Kat. Gal. Döbele Stuttgart u. Gal. Elefant Landeck b. Europ. Forum Alpach 97; K. D. – Zwischenwelten, Gal. Königsblau Stuttgart 00; Kinderzimmer – sexuelle Gewalt an Kindern, Gal. Reile München 02; Kat. Saale-Gal. Saalfeld 04 – (Red.)

Dufty s. Saalig, Heinz

Duiven, Friederike van (eigt. Friederike van Duiven-Petschel), Malerin, Graphikerin; Adamstr. 17, D-50996 Köln, Tel. (02 21) 35 32 85 (* Köln 15. 3. 62) – **VG:** Berlin, Grob – **S:** 82–84 Univ. Köln (Textile Gest.); 84–91 FHS Köln (Malerei u. freie Gest. b. Prof. Sovak); 92 Meisterschülerin – **P:** SW Ldesbank Druckgrafik Kunstpr. 93; Märkisches Stip. f. Bild. Kunst 99 – **G/T:** Malerei (u. a. Öl, Eitempera, Portr. u. Landschaft); Graph. (u. a. Linoldruck, Hschn.); Buchill. – **E:** u. a. 95/96, 97, 98 Köln, Mautsch; 99 Lüdenscheid, Atelier Kluser; (m. Rudolf de Crignis u. Christiane Rasch); 00 Berlin, Grob; 01 Bietigheim-Bissingen, StG; 02 Bergisch Gladbach, StG Villa Zanders – **G:** u. a. 97 Recklinghausen, KH – ***Lit:*** AKL – (Red.)

Duka, Peter, Maler, Konzeptkünstler; Berlin, *bittermann.duka@t-online.de*, *www.die-dritte-kammer.de*. Lebt u. arbeitet in Berlin (* München 1. 5. 54) – **VG:** Berlin, Stüber; Köln, Rehbein – **S:** 74–77 O.M. Theater Wien (b. Hermann Nitsch); 74–80 ABK München – **L:** 98–99 Bauhaus-Univ. Weimar (Fak. f. freie Kunst); 01 HBK Braunschweig (Fak. f. freie Kunst); Charter Highschool for Archit. & Design Philadelphia – **P:** u. a. Fritz-Terfloth Pr. Münster 02; Stift. Kunstfonds – Arb.- u. Projektstip. 92, 03 – **KGr:** Bittermann & Duka: P. D. u. Caroline Bittermann – **M:** Frankfurt am Main, Slg der Dt. Bank – **E:** u. a. 92, 97, 99, 01 (Kat.), 04 Köln, Thomas Rehbein Gal.; 93 Freiburg im Breisgau, KV (Kat.); 94 Mannheim, KV (Kat.); Brüssel, Mot & van den Boogaard; 95, 97 (Kat.) Amsterdam, Travo; 97 Hamburg, Gal. für Landschaftskunst (Kat.); 01 Reykjavik, The Corridor; 03 Berlin, Stüber; 05 Amsterdam, The Living Room – **G:** u. a. 90, 92 Brüssel, Gal. Marie Puck Broodthaers (Kat.); 97 London, Andrew Mummery Gall.: A Different View; 98 Bonn, KV: Es grünt so grün ... (Kat.); 00 Stuttgart, Kult.-Bahnhof: Offene Räume – Open Spaces (Kat.); Berlin-Köpenick: StadtKunstProjekte (im öff. Raum); Sindelfingen, StG: Die Gründung der Akad. (Kat.); 02 Aachen, Neuer Aachener KV: Jahresgaben; 03 Halle/Saale, Staatl. Gal.

Moritzburg: Landschaft_en; 04 Untergröningen, KV: What you see is what you get; 05 Berlin, Diehl: I Asked For – (Red.)

Dumler, Hans, Maler, Graphiker; Waldaweg 1E, D-86919 Utting, Tel. (0 88 06) 12 77 (* Köln 20. 4. 22) – **VG:** Ahlen, Fritz-Winter-Haus; Dießen am Ammersee, Winter – **S:** ab 39 Werkschule Köln (Malerei u. Graph.); 48–53 ABK München (Meisterschüler b. Franz Nagel); 54 Paris (b. Henry-Bernard Götz u. Gustave Singier) – **P:** Aufenthaltsstip. d. frz. Staates f. Paris 54; Förd.pr. f. Bild. Kunst, Angew. Kunst u. Archit. d. Stadt München 65 – **KGr:** Neue Gruppe München (seit 55) – **M:** Darmstadt, KH; Landsberg am Lech, Neues SM; München, Bay. Staatsgemäldeslgn; München, Lenbachhaus; München, Pin. d. Mod.; München, SM; München, Staatl. GrS – **Ö:** München, St. Nikolaus (Glasfenster); ebda, TU (Metallfries), Staatl. Bay. Mus. (Litfaßsäule), Klinikum Großhadern (Wandbild); Obernburg/Main, Kath. Pfarrk. (Glasfenster); Regensburg, Theol. Fak. d. Univ. (Wandbild) – **E:** u. a. 89, 92, 95 München, Produzentengal.; 95 Lindau, Gal. M; 97 München, SM; Landsberg am Lech, Neues SM; 97, 98, 99 Freising, Gal. 13; 98, 99 München, Pabst; 00 Dießen am Ammersee, Winter – **G:** u. a. 55, 56, 59–62, 64–70, 75, 76 München, Haus d. Kunst; 57, 62, 67 München, Staatl. GrS; 80 München, Gal. Alvensleben – ***Lit:*** AKL; Schweers 02 – (Red.)

Dunckern, Waltraut K. (Ps.: Jeanne, geb. Waltraut Kaethe Mauerhof), Malerin, Illustratorin, Verlegerin, Autorin, Dozentin, Therapeutin u. Gymnastiklehrerin; Ringstr. 2, D-82362 Weilheim, Tel. u. Fax (08 81) 4 91 44, Mobil: 01 71–7 36 60 34, *www.galerie-dunckern-verlag.de, www.filu-archiv.de/.* Dorfstr. 4 A, D-14469 Nattwerder (* Potsdam 28. 10. 29) – **VG:** Berlin, Filu – Archiv d. Zeichner – **S:** Existenzpsycholog. Bildungsstätte Todtmoos (Zertifikat Geführtes Zeichnen, grapholog. nach Dr. Maria Hippius, u. Jap. Kalligraphie) – **L:** 80–04 Volksbildungswerk (initiatische-existenzpsycholog. Arb.) – **P:** Bet. an Kunstausschreibungen, u. a.: 'Miteinander leben – Miteinander Arbeiten' d. IG Metall 98; 'Traumschiff d. Narren' d. KH Dominikanerkiche 00; 'City of Culture' Turin 02; 'Green Energy' Turin 02; 'Butterflies' Eaubonne 02; 'Water. Fascination arcane and vital resource' Turin 03; Bienal of Illustr. Bratislava 03 – **Ve:** VS (u. a. schriftsteller. Verbände); Filu – Archiv d. Zeichner, Berlin 95; Kunstforum Weilheim 00; Förd.ver. Junge Kunst 00–02 – **G/T:** Malerei (Aqu., Acryl, Seiden- u. Stoffmalerei); Graph. (Japan-Tusche, Kreide, Graphit, Kalligraphie); Multimedia-Install. – **K:** Geführtes Zeichnen; Integrale Körperbild-Therapie; Geometr. Schrift – Selbstportrait; Malen (Kalligr.); Malhappenings, Workshops, Kurse u. Sem. (Messe Leipzig u. Prag m. Psychologen u. Kindern); Initiatisches Zeichnen – **W:** Werke seit 95 vertreten im Filu – Archiv d. Zeichner auf Messen in Frankfurt/M., Leipzig, Bologna, Paris u. Warschau; Buchinformationszentren in Bukarest, Novosibirsk, Moskau, Peking u. Warschau – **Ö:** Bozen, Comune di Bronzolo; New York, German Book Office; Sankt Augustin, Adenauer-Stiftung – **E:** 92 Weilheim, Vereinigte Spk.; 93 Garmisch-Partenkirchen, Spielbank; Weilheim, RH; 94 Weilheim, Mus.; 95 Bad Wörishofen, Gal.; 96 Weilheim, Spk.; 99 Bad Wörishofen, Sonnengarten; Töplitz, Gal.; 06 Weilheim, eig. Atelier – **G:** 01, 05 Weilheim, Mus.; 01, 03, 05, 06 Weilheim, Kunstforum; 05 Osnabrück, KH Dominikanerkirche; 06 Leipzig, Villa Bösenberg – **V:** zahlr. Titel m. Ill. im W.K. Dunckern Verl., u. a.: Menschenskinder, Kunstb. 94; Lieder und Gedichte, Kunstb. 96, 97; Schau genau, Kinderb. 96; Themen des Tages 98; Mein Schulheft, Fachb. 97; Anruf aus der Barentsee 00; Wege des Lichts, Kunstb. 03, u. a. – **R:** FILM, u. a.: Baum und Mensch 97; Jeder ist ein Fremder, Schulfunk Babelsberg ORB 00; – DVDs (Produktion, Choreografie, Buch u. Regie): Anruf aus der Barentsee 00; Der Kosmos ruft 01; Lieder am Horizont 01, u. a. – ***Lit:*** s. auch Kürschners Dt. Literatur-Kalender

Dundakova, Maria (verh. Maria Hagmann, auch Maria Hagmann-Dundakova, geb. Maria Petrova Dundakova), Master of Art, Dozenzin, Mixed-Media-, Video-, Performance-, Computer-Print- u. Textil-Künstlerin, Malerin, Graphikerin, Fotografin; c/o Atelier f. Gestaltung, C.F. Ballystr. 34, CH-5012 Schönenwerd, Tel. u. Fax: 06 28 22 96 39. Bärenfelserstr. 20, CH-4057 Basel, Tel. 06 16 83 14 22, *maria.dundakova@gmx.ch* (* Sofia 14. 12. 39) – **S:** bis 66 HBK Sofia (Kunst am Bau, Dipl.); Meisterkl. (Kunst am Innen- u. Außenbau) – **L:** 98 HS f. Schauspielkunst Berlin (Gast-LAuftr.) – **P:** Tapisseriewettb. Sofia (1. Pr.) 66; Bulgarian Art Sofia (1. Pr.) 67; Wandteppich-Wettb. Paris (1. Pr.) 67; Stip. f. Weiterbildung in Textilgest. Prag 67, 68; Bienn. Zagreb (Pressepr.) 68; XI. u. XII. Salon Intern. Paris (3. Pr.) 70 u. (2. Pr.) 72; Ausz. d. Stadt Paris (Silber-Med.) 71 – sowie div. Sponsorenpreise, u. a. Bankver. Basel 87; TV Cult. Sofia 88; Möbel Pfister Stift. 91; Union Bank of Switzerland 92; Volkart Vision Fond. Winterthur 92; Neue Aargauer Bank u. Hans u. Lisa Blattner Stift. 02; Kt. Aargau 04 – **G/T:** Multimedia; Malerei; Objekte; Fotoserien; Choreographien u. Bühnenbilder; Videos; Install.; Zchng; Performance; Environment; Soundscape u. elektron. Musik; auch zykl. Projekte wie 'Communication art' u. 'Sun Rite'; Projekte oft in Zus.arb. m. Tänzern, Schauspielern, Musikern – **W:** zahlr. Projekte u. Fotozyklen sowie Performances; im Bes. d. Neuen Aargauer Bank, d. Slg Zürich Cyti u. Aarau sowie privaten Slgn in d. Schweiz, Dtld, Frkr., Ital., Schweden, d. USA, Kanada, Austral. u. Brasilien – **M:** Bern, Kornhaus; Emmenbrücke, Gersag; Łódź, Mus. of Mod. Tapestry; Lausanne, Mus. cantonal des beaux-arts; Paris, Bibliothèque Nat.; Prag, Mus. of Decorative Arts; Sofia, Nat. KG; Wolfsburg, StG – **Ö:** u. a. Aarau, Schweizer Bank (Wandbild); ebda, Aargauer Bank; Berkeley/CA, Berkeley Univ.; Frankfurt am Main, Ldesbank Hess.-Thüringen; Paris, Banque Americaine; ebda, Banque Nat.; Tokio, Schweizer Bank; ebda, Bank Leu; Zürich, Bank Leu – **E:** u. a. 80 Lausanne, Mus. hist.; 85 Grenchen, Brechbühl; 90 Horgen, Schneider; Oerlikon, Nievergelt; Kochi/Indien, Intern. Print Trienn.; 91 Dublin, Irish Mus. of Mod. Art; São Paulo, Bienn. (Kat.); Rio de Janeiro, Beach Apoidor; 92 Rio de Janeiro, Fund. Progreso; 93/94 Lanzarote, Performance in einem Vulkan; 95 Aarau, Gal. 6; 96/97 Cagliari, UNESCO Congress; Bern, KM u. Botan. Garten; 96/97, 98, 00 Bern, Frauenkunstforum; 99 Brugg, Zimmermannhaus; 00 Luzern, Kunstraum; 00, 01, 03, 06 Luzern, Borner; 01 Aarau, Gal. Goldenes Kalb; 02 Aarau, RH; Safenwil, Schützenhaus; 02, 03, 06 Bourges, Festival Intern. des Musiques; 05 Mailand, Centro Cult. Svizzero (Kat.) – **G:** u. a. 70, 71, 73 Paris, Salon intern. Paris-Sud; 76 Aarau (Aktion Blumenhalde); 90 München, Haus d. Kunst: Große Kunstausst. (Kat.); 91 Dublin, Intern. Assoc. of Women in the Arts – zuletzt: 03 Solothurn, KM; 04 Grenchen, Kunsthaus; 06 Südkorea, Art Bienn. – **R:** u. a. Berlin Tides, Videof. 99 Hey Wave!, Tanzperformance, Fotozyklus u. Video 01; What's your name? and How are You?, DVD 05 – ***Lit:*** seit 68 zahlr. Berichte in d. Schweiz u. im Ausld, in intern. Ztgn, RF, Fs. u. Internet sowie Kat., u. a. Peter Killer: Aktionen Blumenhalde, Kat. Aarau 76; Textil appliques, Kat. Mus. Château d'Annecy 76; Salon La Lettre et le Signe, Kat. Mus. du Luxembourg Paris 77 u. 78; Salon Ecriture, Kat. Grand Palais Paris 80 u. 81; Mod. Graphics Intern. 80; Sigrid Barten u.

Rosmarie Lippuner: Papierobjekte – Eine neue künstler. Sprache, Kat. d. Mus. Bellerive Zürich u. d. Mus. d'Art Décoratif Lausanne 83–84; Kat. Konstmàssan Stockholm Art Fair 87; + – 0 Bruxelles Dundakova, Bde 56–57 90–91; Die Welt u. ihre Zyklen. Ein Gespräch zw. M.D. u. Antonio Orlando, in: Turikum Bd 24 93–94; M.D., Sun Rite – Baptisme, in: Lettre Intern. Bd 14 97, S. 91–96; Annelise Zwez, in: Artis Okt./Nov. 96; BLSK 98; in: Paolo Bianchi (Hrsg.): Lebenskunstwerke 98, S. 130–139; World Architecture, The Intern. Acad. of Archit. Bd 23, S. 88–93; AKL, Bd 30 01

Dunkel, Brigitte, Installationskünstlerin, Malerin, Kostümbildnerin; Lupusstr.32, D-50670 Köln, Tel. u. Fax: (02 21) 7 20 07 36, *brigitte_dunkel@web.de* (* Altena/Westf. 20. 9. 54) – **S:** 73–78 FHS f. Kunst u. Design Köln (Kl. f. Bühnenkostüm b. Prof. E. Umberg-Vary, Dipl.) – **Ve:** Kölnischer KV 03 – **G/T:** installative Arb. in Kombination div. Medien; Malerei; Objektkunst; Fotoarb.; Kostümbild – **E:** 98 Köln, Krypta d. Kirche d. kath. HSgemeinde; 05 Bremen, Thealit Frauen Kult. Labor – **G:** Bet. seit 84, u. a. 84 Bonn, Frauen-Mus.; 85 Düsseldorf, Mus. Kunst Pal.; 94 Berlin, Fachhandel f. Ästhetik u. Kunst; 96 Köln, Hochbunker Ehrenfeld

Dunst, Heinrich, Maler, Objektkünstler; Währinger Str. 107/26, A-1180 Wien (* Hallein 16. 4. 55) – **VG:** Wien, Gal. nächst St. Stephan – **S:** 79–82 HS f. angew. Kunst Wien (b. Bazon Brock u. Peter Weibel) – **G/T:** Malerei (meist Acryl o. Öl auf Leinwand, Holz u. Aluminium) – **M:** Salzburg, Rupertinum; Wien, Kult.-abt. d. Stadt; Wien, MAK; Wien, MMK Stiftung Ludwig; Wien, Slg d. Bundes – **Ö:** Wien, Anderson Consulting – **E:** u. a. 92 Antwerpen, Gal. de Brock; 95 Wien, Gal. nächst Sankt Stephan; Nürnberg, Gal. Art In; 96 Braunschweig, HBK; Köln, Artothek; München, Tanit (m. Adrian Schiess); 97 Wien, MAK – **G:** u. a. 98 Bregenz, Kunsthaus; 01 Wien, Mus. auf Abruf; 02 Wien (Supersaat) – ***Lit:*** AKL – (Red.)

Durchdenwald, H. M. s. Maier-Hohenstein, Hannes G.

Durham, Jimmie, Zeichner, Bildhauer, Installations- u. Performancekünstler; c/o BüroFriedrich, Holzmarktstr. 15–18, S-Bahnbögen 53/54, D-10179 Berlin, *office-at-buerofriedrich.org*, *www.buerofriedrich.de* (* Washington/AR 10. 7. 40) – **VG:** Berlin, Wien – **S:** 72 Éc. Cantonale des Beaux-arts Genf – **P:** Stip. d. DAAD f. Berlin 97 – **M:** Antwerpen, Mus. van Hedendaagse Kunst; Denver/CO, AM; Dublin, Irish Mus. of Mod. Art; Gent, Stedelijk Mus. voor Actuele Kunst; New York, Whitney; Reims, Fonds Rég. d'art contemp. Champagne-Ardenne – **E:** u. a. 96 Reims, FRAC Champagne Ardenne; Wien, Haus Wittgenstein; 97 Mailand, Civico Mus. d'Arte Contemp.; 98 München, KV; 99 Bremen, Ges. f. Aktuelle Kunst – **G:** u. a. 99 Lissabon, Mus. do Chiado; 99, 00 Wien, König; 99, 01, 03 Venedig, Bienn.; 00, 03 Gent, Stedelijk Mus. voor Actuele Kunst; 03 Innsbruck, Taxis-Pal. – (Red.)

Durner, Jürgen, Maler; Potsdamer Str. 70, D-10785 Berlin, Tel. (0 30) 26 10 16 02, Fax 26 36 71 81, *dr.urne @gmx.de*. Balbierer Str. 6, D-90763 Fürth (* Nürnberg 3. 9. 64) – **VG:** München, Waßermann – **S:** 84–93 ABK Nürnberg (b. Christine Colditz); 88–92 Univ. Erlangen-Nürnberg (Gaststud.); 91 EBA Paris (b. Leonardo Cremonini); 92 Meisterschüler – **P:** Stip. d. Dt.-Frz. Jgd.-werkes 90; Lucas-Cranach-Pr. 92; Dt. Kunstpr. d. Volksbanken u. Raiffeisenbanken 92; Kunstpr. d. Spk. Karlsruhe 96; Debütantenpr. d. Freistaates Bay. 96; Kunstpr. d. Nürnberger Nachrichten 98; Kult.förd.pr. d. Stadt Fürth 98 – **W:** Bühnenbild z. Oper 'Die Briefe Van Goghs' im Neuen Musiktheater Erlangen; Arb. u. a. in Bes. d. Bay. Staatskanzlei München, d. Nürnberger Hypothekenbank u. d. Spk. Karlsruhe; Raumarb. f. Text, Bild u. Film (Video) z. Jubiläumsausst. 'Zeit' d. Stadt Fürth 00 – **M:** Bamberg, HM; München, Bay. Staatsgemäldeslgn; Nürnberg, SM Fembohaus – **E:** u. a. 98, 00, 03 Berlin, Stühler; 00 Bamberg, Gal. Kunst im Gang; Fürth, Seeling; 03 Würzburg, Spitäle; Fürth, Seeling; 05 Lenk, Gall. Graziosa; 06 München, Waßermann – **G:** u. a. 93 Bonn u. Leipzig: Bundes-Wettb. Kunststudenten stellen aus; 94, 97, 01 Nürnberg, KunstRaum-Franken; 96, 97, 98 Nürnberg, Kunstpr. d. Nürnberger Nachrichten; 97 München, Bay. Staatskanzlei; 99, 00 München, Haus d. Kunst: Große Kunstausst.; 01 Weiden, KV – **V:** ... bis ins Innere d. Spiegels (Künstlerbuch) 04 – ***Lit:*** Günther Wirth: Fensterräume 96; AKL

Duschat, Klaus, Bildhauer; Am Friedrichshain 8, D-10407 Berlin, Tel. (0 30) 4 28 91 02 (* Ventersdorp/ Transvaal, Südafrika 1. 4. 55) – **S:** 75–79 FHS Hannover (Bildhauerei b. Helmut Rogge u. Dietrich Klakow); 79–84 HdK Berlin (b. Bernhard Heiliger, auch Meisterschüler) – **KGr:** ODIOUS (Mitbegr. 82) – **G/T:** Plast. (Stahl, Schrott u. Rohmaterialien); Zeichn. (Mischtechnik, Graphit, Tusche, Plakatfarbe auf Papier) – **M:** Berlin, Berlinische Gal.; Bremervörde, Stadtspk.; Halle/ Saale, Staatl. Gal. Moritzburg; Istanbul, Resim ve Heykel Müz.; Mannheim, StKH; Neu Delhi, Lalit Kala Nat. Acad. of Art – **Ö:** Berlin, Freie Univ.; Braunschweig, Biologische Bundesanst.; Darmstadt-Kranichstein, HEAG-Wohnstift.; Hildesheim, Fernmeldestelle; Hofheim/Taunus, Ldratsamt; Istanbul, Resim ve Heykel Müz.; Leonberg, Stadtpark; Mannheim, Augusta-Anlage; Ulm, Magirushof – **E:** u. a. 84 Aalen, KV; 86 Frankfurt am Main, Hartje; 88 München, Villa Stuck; 89 Saarbrücken, Stadt-Gal.; Bochum, Mus.; 01 Würzburg, KV – **G:** zahlr. Ausst.bet seit 81, u. a. 93 Halle/Saale, Peißnitzer Hallen; 97 Katzow, Kunstscheune; Bad Homburg, Kurpark; Berlin, Haus am Kleistpark – ***Lit:*** AKL – (Red.)

Duschat, Ulf, Maler, Graphiker, Bildhauer; Hadlichtstr. 28, Seitenflügel I OG/re, D-13187 Berlin, Tel. (0 30) 47 53 04 91, 91 42 24 36, *DuschatSchaer @Compuserve.de*, *www.ulf-duschat.de* (* Lichtenburg/ Südafrika 13. 5. 56) – **S:** 76–78 FS f. Graph.-Design Berlin; 78–81 HdK Berlin (Visuelle Kommunikation); 81–84 ebda (Gasthörer b. Bernhard Heiliger); 84–89 ebda (Bildhauerei); 89 Meisterschüler b. Rolf Szymanski – **L:** 81–92 HdK Berlin (Ass. b. Bernhard Heiliger) – **P:** Künstlerförd. d. Berliner Senats 90, 93, 95–99; Stip. d. Notgemeinschaft Dt. Kunst 91; Kunstpr. d. Kr.spk. Esslingen-Nürtingen 94 – **G/T:** Plast. (Metall); Malerei (u. a. Ldschaft) – **M:** Berlin, Berlinische Gal.; Berlin, Slg Fa. Henning – **E:** u. a. 91 Berlin, Gal. im Turm; 94 Berlin, Obere Gal. d. Kunstamtes Tiergarten; 96 Berlin, Gal. Nord; 97 Berlin, Teehaus; 98 Berlin, Gal. DEVK – **G:** 97 Frankfurt am Main, Stadel; 98 Berlin, Gal. Pankow; 00 München, Haus d. Kunst (Große Kunstausst.); 02 Berlin, Artothek d. Zentral- u. Ldesbibliothek – ***Lit:*** AKL – (Red.)

Duschek, Karl, Dipl.-Designer, Maler, Graphiker, Verleger; Bebelstr. 121, D-70193 Stuttgart, Tel. (07 11) 65 48 44, Fax 65 02 12, *atelier@st-du.de*, *www.karl-duschek.de* (* Braunschweig 14. 3. 47) – **VG:** München, Storms – **S:** HBK Braunschweig (Design) – **L:** ABK Stuttgart; HBK Braunschweig – **P:** u. a. E.dipl. d. Intern. Buchkunst 82; Graph.-Design Dtld (Ausz.) 89; Design plus (Ausz.) 90; Förd.pr. d. Kunstfonds Bonn 91; Trophy and Sport (Pr.träger) 91; Pr. d. Stadt Wien 93; Dt. Pr. f. Kommunikationsdesign 93; Dt. Plakat Grand Prix 98; Die 100 besten Plakate d. Jahres 1999 (Ausz.) 99 – **Ve:** Dt. Werkbund; Ges. f. Kunst u. Gest. – **KGr:**

Konstruktive Tendenzen – **G/T:** Malerei, Install., Objekte, Graph., Graph.-Design – **E:** u. a. 93 Alpirsbach, Alpirsbacher Gal.; Bonn, Ges. f. Kunst u. Gest.; 94 Stuttgart, Wilhelm; 96 Gelsenkirchen, SM; Ingelfingen, Schloß; 98 Kornwestheim, Geiger; 00 Konstanz, Geiger; 02 Stuttgart, Mack; 03 Stuttgart, Design Center; Bad Saulgau, StG Die Fähre; Esslingen, Gal. d. Kr.spk. Esslingen-Nürtingen; Sulzburg, Konkret – **G:** u. a. 00 Bonn, Kunst- und Ausst.halle d. BRD; Ludwigsburg, KV; Remscheid, StG; 02 Aalen, RHgal.; Kirchheim unter Teck, Gal. d. Kr.spk.; Stuttgart, Mack; 02, 03 Bonn, Ges. f. Kunst u. Gest.; 03 Freiburg im Breisgau, E-Werk – **V:** u. a. Visuelle Kommunikation. Ein Design-Handbuch 89; Das Blau der Macher – Das Blau der Denker, in: Blau: Kaleidoskop einer Farbe 90; Technik und Kunst, Grafik, Design und Technik – die visuelle Kommunikation der Industrieunternehmen 94; Gestaltung in der Architektur und im öffentlichen Raum. Plastik, Reliefs und architekturbezogene Objekte, in: Anton Stankowski – Frei und Angewandt 1925–1995 96; Ist zeitlos noch zeitgemäß? 01; Alles ist Logo, in: design report 3/02; Unbekannte Fotos der 30er Jahre 03 – ***Lit:*** u. a. Dietmar Guderian u. Hans Heinz Holz: K. D. Bildkonzepte 91; Werner Meyer, Matthias Götz u. Stephan von Wiese: K. D. Installationen 1980–1991 91; Idee und Werk. Konstruktive Tendenzen 95; Günther Wirth: Konkrete Malerei im deutschen Südwesten 95; Kunst und Künstler in Württemberg 96; Gunther Thiem: Dank an Künstler 97; Günther Wirth: Esslinger Reden 98; Schwarz, Rot, Gold. Ein Symbol der Revolution 1848/49 in der zeitgenössischen Kunst 98, 99; Im Gehen sehen 99; Lebensstile: Kunst über Design. Über das veränderte Verhältnis der Freien zur Angewandten Kunst 00; Nicht Ruhe geben, bevor die Erde quadratisch ist! 00; 4:3 – Fünfzig Jahre italienisches und deutsches Design 00; Hans Heinz Holz: Seins-Formen 01; Gabriele Hoffmann: Mit Prinzipientreue neue Wege gehen – wie aktuell ist konstruktive Kunst im 21. Jahrhundert noch? in: Neue Züricher Ztg 02

Duss-von Werth, Marie Lou s. Werdt, Marie Lou von

Dussoix, André, Maler, Plastiker, Plurimedia-Künstler; Avenue Edmond-Vaucher 27, CH-1219 Châteleine, Tel. (0 22) 7 96 89 40, *www.karaart.com/dussoix*. 319 rte Chez Cortet, Fontaine-Vive, F-74570 Groisy, *www.francesculpture.com* (* Genéve 31. 7. 44) – **S:** 63 San Diego (California Certificate with special recognition in art); 65 Gymnasium Genf (Maturité latine); 69 Éc. Normale de Dessin u. Éc. des Beaux-Arts Genf; 88 Pratt Inst. New York (Advanced Certificate) – **L:** 73–04 Gymnasium Genf (Kunstunterricht) – **P:** Stip. d. Stadt Genf (f. d. Pratt Inst. New York) 88 – **Ve:** Visarte Genf; Tamalpa; Soc. Suisse des Beaux-Arts Genf; Maison des arts plastiques Rhône Alpes; UNESCO – **KGr:** Eutonie et Creation (74–84); Espace-Corps (85–98) – **KGe:** IDEA: Irène Dussoix u. A. D. (seit 90) – **G/T:** Malerei, Bildhauerei, Keramik, Install., Performances – **K:** Maltechniken, Zeichnen (lebende Modelle), Eutonie u. Schöpfung – **W:** Werke im Bes. d. Städte Annecy, Genf, Lancy, New York, Vernier u. Vevey sowie Performances – **M:** Annecy, Artothek; Köln, Cyber Mus. – **Ö:** Bern, Schweizer Nat.bank; Genf, Julius Baer Bank; Rümlang, Kaba Holding – **E:** 85, 87, 91 Genf, Calart Actual; 94, 95 Lausanne, Gal. Parti Pris; 95, 96 Genf; 96 Zürich, Nievergelt; 98 Tours, Atelier 19; 01 Lausanne, Shakan; 02 Grand-Lancy, Gal. de la Ferme de la Chapelle; 03 Thonon, Chapelle de la Visitation – **G:** u. a. 97 Philadelphia, Pentimenti; 99, 01 Gaillard (Quid Novi); 00 Köln (Millenium Ausst.); 01 Evian (Art Contemp.); Genf, Parc Stagni Chêne Bougeries; 04 Genf (Europart) – **V:** Croquis huichols 88 – **R:** Xavier Dussoix u. Matthieu Peteul. Ausstellungen 2002–2003, Film u. CD-ROM 04 – ***Lit:*** A. D. 1983–1990, Catalogue évolutif – (Red.)

Dutkewych, Andrew, Bildhauer, Zeichner; 2611 Chgowan, Hinchinbrook, P.Q. J0S 1K0/Kanada (* Wien 27. 11. 44) – **S:** bis 66 College of Art Philadelphia (b. David Hare u. Peter Agostini); bis 68 Slade School of Fine Art London (Weiterbildung b. Philip King u. Anthony Caro, Dipl.) – **L:** 84 Concordia Univ. (Fac. of Fine Art) – **KGr:** Véhicle Art (72, Mitbegr.) – **M:** Hamilton/Ont., Art Gall.; Montreal, Leonard & Bina Ellen Art Gall.; Montreal, Mus. d'Art Contemp.; Montreal, Mus. des Beaux-Arts; Montreal, Univ.; Ottawa, Canada Council Art Bank; Quebec, Mus. nat. des beaux-arts – **E:** u. a. 88 Hamilton/Ont., AG; 92, 97, 99, 01 Montréal, Chassey; 95 Saint-Hyacinthe, Centre d'Exposition – **G:** u. a. 88 Halifax/N.S., Dalhousie Art Gall.; 92 Saint-Hyacinthe, Centre d'Exposition; 93 Varsovie, Centre f. Contemp. Art; 97 Montréal, Chassey – ***Lit:*** AKL – (Red.)

Dutoit, Isabelle (eigtl. Isabelle Moeller-Dutoit), Freischaffende Malerin; Postfach 1708, D-68607 Lampertheim, Tel. (0 62 06) 9 41 30, Fax 94 13 21, *isabelle.dutoit@web.de*, *www.isabelle-dutoit.de* (* Zürich 11. 8. 52) – **VG:** Mannheim, Böhner – **S:** Privatunterricht b. namhaften Künstlern, Sem.besuche – **G/T:** Konkrete – Konstruktive Kunst (Öl auf Lw.) – **W:** überw. in Firmen- u. Privatbes. – **E:** zahlr. seit 95, zuletzt 05 Mannheim, Dorinthotel; Worms, Spk. (Hauptstelle) – **G:** zahlr. Bet. seit 99 im In- u. Ausld, z.B. in Barcelona, Bern, Straßburg, Bremen u. München, zuletzt 04, 05 Mannheim, Böhner – ***Lit:*** Ztgsart. (üb. Ausst.) im Mannheimer Morgen, Südhessen Morgen, in d. Lampertheimer Ztg, Wormser Ztg u. im Nibelungenkurier 03–05

Dutoit, Isabelle, Malerin; c/o Gal. Leuenroth, Fahrgasse 7, D-60311 Frankfurt am Main, Tel. (0 69) 92 03 99 71, Fax 92 03 99 72, *info@galerieleuenroth.de*, *www.isadu.de* (* Gross-Gerau 24. 9. 75) – **VG:** Frankfurt am Main, Gal. Leuenroth – **S:** 96–99 HS f. Gest. Offenbach am Main (Visuelle Kommunikation); 99–03 HGB Leipzig (freie Malerei b. Prof. Arno Rink, 03 Dipl. Bild. Kunst); 03–05 ebda (Meisterkl. Prof. Arno Rink, 05 Meisterschülerabschluß) – **P:** Esslinger Bahnwärter 04; Sä. Ldesstip. f. Meisterschülerinnen 04; Darmstädter Secession (1. Pr.) 05 – **KGr:** Darmstädter Sezession (seit 05) – **W:** überw. in Privatbes. – **E:** 01 Leipzig, Laden f. Nichts; 02 Leipzig, Kunstraum B/2; 03 Dresden, Baer; 04 Darmstadt, Kohl; 05 Bayreuth, Campus-Gal. (Kat.); 06 Frankfurt am Main, Gal. Leuenroth; Leipzig, KV – **G:** 03 Dresden, Baer; 04 Leipzig, Gal. Eigen + Art; 05 Darmstadt, Mathildenhöhe; Delmenhorst, StG (Kat.); Prag, Prague Bienn. 2 (Kat.); London, Dt. Botschaft; 06 Mailand, Marella Arte Contemp. – ***Lit:*** I.D. Tigerteich 06; Art. in Kunst-Zss, u. a. Interview im Kunstforum Bd 176; Art Mag. 12 04

Duttenhoefer, Thomas, Prof., Bildhauer, Maler u. Graphiker; Park Rosenhöhe 9, D-64287 Darmstadt, Tel. (0 61 51) 71 79 65 (* Speyer 50) – **VG:** Wiesbaden, Haasner; Darmstadt, Netuschil – **S:** 67–69 WerkKSch Wiesbaden; 69–72 FHS f. Gest. Wiesbaden (Bildhauerei b. Erwin Schutzbach, Ulrich Gertz u. Alo Altripp) – **L:** 75 Goldsmith-College d. Univ. London (Gastdoz.); 80–82 FHS Mainz (LAuftr. f. Plast. Gest. u. Figürl. Zeichnen); 84 Univ. Mainz (LAuftr.); ab 95 FHS Trier (Prof.); seit 03 FHS Mannheim (Prof., Fak. Gest.) – **P:** Stip. d. British Council (DAAD) f. London (St. Martin's SchA) 74; Pr. d. Neuen Darmstädter Sezession 76; Förd.pr. d. Ldes Rh.-Pf. 78; Hans-Purrmann-Pr. 81; Kunst u. Künstler aus Rh.-Pf. (1. Pr.) 85; Casa Baldi Olevano Romano (Ital.-Stip. d. Ldes Rh.-Pf.) 88; Kunstpr. d. Stadt Darmstadt 88; Jakob-Felsing-Pr. 00 – **Ve:** Neue Darmstädter Sezession 76 – **G/T:** Bildhauerei (u. a. Portr.köpfe, ganzfigurige Formungen d. menschl. Gestalt in Bronze, Terracotta, Gips u. Eisenguß), Bronzereliefs (v. a. Stier-Bischof-Thema), Eisen-, Hoch- u. Basreliefs; Graph. (Rad., Tusche-, Feder- u. Kohlezchngn); Aqu.; Papiers Collés – **E:** seit 72 üb. 150 Ausst. im In- u. Ausld, z.B. 98, 04 Wiesbaden, Haasner; 05 Bamberg, Diözesan-Mus. (Kat.) – **G:** seit 72 üb. 150 Bet. im In- u. Ausld, u. a. 85 Budapest, Trienn. f. Kleinplast. – (Red.)

Duwe, Johannes, Maler, Graphiker; Atelier: Leverkusenstr. 54, D-22761 Hamburg, Tel. (0 40) 8 50 85 82 (* Hamburg 6. 8. 56) – **S:** 76–86 HBK Hamburg (Freie Kunst) – **L:** 80–91 FHS f. Gest. Hamburg (LAuftr. f. zeichner. Grundlagen); 91 Sommerakad. Hamburg (Gastprof.); 94–96 FHS f. Gest. Hamburg (LAuftr.) – **P:** Stip. d. Ldes SH 85–86; Stip. d. Ver. z. Förd. junger Künstler in Hamburg 'Die Zwölf' 89–91; Pr. d. Toleranz d. Stadt Lübeck 99 – **M:** Schleswig, LM f. Kunst u. Kult.-Gesch. Schloß Gottorf – **E:** u. a. 81 Kiel, Fischer; 87 Hamburg, Hanseviertel; 90 Hamburg, Kampnagel; 96 Bonn, Hamburger Ldesvertretung; 01 Hamburg, Lichtwark-Haus; Hamburg, Mus. für Hamburg. Gesch. – **G:** u. a. 81 Hamburg, HBK 92 Hamburg, Rose; 91 Bad Oldesloe, Stormarnhaus; 96 Zürich, Medizinisches Inst. d. Univ.; 98 Schleswig, Drum; 99 Lübeck, Burgkloster; 06 Rotterdam, Albrecht – ***Lit:*** AKL

Duwe, Katharina, Malerin, Objektkünstlerin; Ausschläger Weg 68, D-20537 Hamburg, Tel. (0 40) 25 49 14 46 (* Hamburg 15. 9. 52) – **S:** 73–77 Univ. Hamburg (Kunstgesch. u. Archäologie); 75–81 HBK Hamburg (b. Hans Thiemann, Kai Sudeck u. Werner Bunz) – **L:** 86–89 u. 94–96 FHS f. Gest. Hamburg (Doz.); 96–97 Muthesius HS Kiel (Prof.) – **P:** Elysee-Pr. 86; Stip. d. Ldesbank Kiel 95; Ldesschaupr. v. SH 97; Villa-Romana-Pr. 99 – **W:** in Bes. zahlr. Slgn – **M:** Emden, KH – **E:** u. a. 97 Bonn, Hamburger Ldesvertretung; 98 Kiel, Brunswiker Pavillon; 99 Bad Segeberg, Villa Flath; Neumünster, Textil-Mus.; 03 Hamburg, Mey – **G:** u. a. 91 Bad Oldesloe, Stormarnhaus; 94 Hamburg, Kunsthaus; Emden, KH; 96 Kiel, Stadt-Gal.; 00 Kiel, Sophienhof; Bretten, Stadtwerke; 02 Hamburg, Lichtwark-Haus – ***Lit:*** AKL – (Red.)

Duwe, Tobias, Maler, Zeichner; Am Pfefferberg 4, D-22946 Großensee, Tel. u. Fax (0 41 54) 61 18, *www.bbk-schleswig-holstein.de/tobias-duwe*. 1 La Boisselle-rie, F-19130 St. Aulaire (* Bad Oldesloe 26. 8. 61) – **S:** 81–89 FHS f. Gest. Hamburg (Dipl.) – **Ve:** BBK Schlesw.-Holst. 95; Künstlersonderbund in Dtld 99 – **KGr:** Norddeutsche Realisten (seit 92) – **G/T:** u. a. Freilichtmalerei – **E:** u. a. 97 Bad Gandersheim, SM; Sögel, Emsland-Mus. Schloß Clemenswerth; 98 Hamburg, Hanseviertel; Hasselberg, Schuck; 99, 02 Stapelfeld, Kratzmannsche Kate – **G:** zuletzt u. a. Berlin, Kommunale Gal. Wilmersdorf; Berlin, Classico; Pinneberg, Alte Drostei; Salzau, Kult.zentrum d. Ldes SH; Kiel, Stadt- und Schiffahrts-Mus. – ***Lit:*** AKL – (Red.)

Duwenhögger, Lukas, Maler, Installationskünstler; c/o Galerie Daniel Buchholz, Neven-DuMont-Str. 17, D-50667 Köln, Tel. (02 21) 2 57 49 46, Fax 25 33 51, *post@galeriebuchholz.de*, *www.galeriebuchholz.de* (* München 56) – **VG:** Köln, Buchholz – **S:** 73–76 KA München; 86–91 KA Düsseldorf – **G/T:** Malerei, Install. – **E:** u. a. 94 Köln, Lukas & Hoffmann; 95 Stuttgart, Künstlerhaus; 95, 99, 02 Köln, Buchholz; 97 Malmö, Mus.; 04 Hamburg, KV Harburger Bahnhof – **G:** u. a. 94 München, KV; 98 Amsterdam, Stedelijk Mus.; 99 Istanbul, Bienn.; 00 Zürich, Shedhalle; 01 Istanbul, Karsi Sanat Calismalari; 03 Istanbul, MCA; Köln, Buchholz; 04 Dresden, Kunsthaus Dresden – **V:** m. Julian Göthe: Die unsagbare Hochzeit von Wort und Musik, in: Oh Boy...it's a Girl, Ausst.kat. 94; Mark Wigley: Smooth Operator? in: Texte zur Kunst 97; In Juwelen wühlen, in: A.N.Y.P. 97; Ein Schleier ist keine Krawatte, in: Texte zur Kunst 98; A Letter from Paris, in: From the Corner of the Eye, Kat. 98; Gefährliche Lidschatten, in: A.N.Y.P. 99 – ***Lit:*** ZSS/ZTGN: Manfred Hermes: Die Regenschirme von Berlin, in: Spex 95; Yilmaz Dziewior: L. D., in: Artforum 96; Juliane Rebentisch: Innuendo, in: Texte zur Kunst 97; Lars Bang Larsen: D.: The F-Room, Malmö Konst Museum, Malmö, in: Frieze 98; Collier Schorr: Men without Women, in: Frieze 99; Anke Kempkes: Offene Geheimnisse, in: Texte zur Kunst 00; Astrid Wege: L. D., in: Artforum Intern. 02; Anke Kempkes: Zuwanderung – L. D. in der Galerie Buchholz, Köln, in: Texte zur Kunst 02; Jürgen Hohmeyer: Der Kakadu von Istanbul, in: FAZ 04; Jan Verwoert: L. D., in: Frieze 04; Jens Asthoff: L. D. im Kunstverein, in: Kunst-Bulletin 04; – sowie: Pismanliklar, Hayaller, Degisen Gökler/Regrets, Reveries, Changing Skies, Ausst.kat. 01 – (Red.)

Duwentester, Wilfried, Architekt, Maler, Bildhauer; Görzhausen 3, D-17166 Hohen-Demzin, Tel. u. Fax (0 39 96) 18 29 10, *wilfried@duwentester.com*, *www.duwentester.com* (* Hamm/Westf. 8. 9. 46) – **VG:** Lutterbek, Lutterbeker – **S:** 66–70 Stud. Architektur; 79–85 Stud. Malerei (autodidaktisch) – **Ve:** Künstlerbund Meckl. u. Vorpommern; Ver. Skulpturenweg Burg Schlitz Görzhausen – **G/T:** Farbfeldmalerei (vorw. m. Kaffee u. Sand); Skulpt. (Holz, gebrannt); Aktfotogr., in Blau – **K:** Malen m. Materialien (Kaffee, Sand, Sägespäne); Sem. im Atelier u. auf Mallorca – **W:** überw. in Privatbes. – **Ö:** Berlin, Carl-Herz-Ufer; Bork/Meckl.-Vorp.; Görzhausen, Burg Schlitz (Skulpt.weg), ebda, Schafstall; Leipzig, NATO (Hof); Sylt, Keitum – **E:** div. Ausst. u. a. in Berlin, Leipzig, Mallorca, Teterow, Kiel, Essen, Baden-Baden, Teupitz u. Görzhausen – ***Lit:*** Kat. 97 – ***LitR:*** Gabi Hahnke: Künstler und sein Haus, Portr. N3 98; dies.: Duwentester auf Mallorca N3 99; Michael Krull: Skulpturenweg N3 03 – (Red.)

Dwinger, Traudi (geb. Traudi Dietz), Malerin, Redakteurin, Autorin; Hainbuchenstr. 57, D-82024 Taufkirchen, Tel. (0 89) 6 42 24 06, *www.kunst-auf-seide.com* (* München 11. 6. 42) – **S:** Miami, Tokio, München (b. Habermas, Zipser, Hagedorn); Akad. Salzburg – **L:** seit 88 Fachoberschule f. Kunst u. Gest. (Ausbilder); VHS Oberhacking – **G/T:** u. a. Textildesign, Aqu., Malerei (auf altem Holz), Install. m. Seide – **K:** Textildesign, Malen auf Seide u. anderen Textilien (Leinen, Baumwolle, Kanvas, Wände) – **W:** Arb. f. Fs. – **Ö:** Mühldorf, Kirche Ecksberg; Starnberger See, MS Klinik Berg (Kap.ausstattung); – sowie Arb. in div. Arztpraxen – **E:** 82 München, Bogner Haus; 83 München, Ärztehaus; 84 Gräfelfing, Bürgerhaus; 86 München, Mango; 98 Gal. Lie; 02 New York, Myriam – **G:** 85 München, Schloß Blutenburg; 01 Miami, Coconut Crove; 03 Detroit, Mamynia – **V:** Die Kunst auf Seide zu malen 90; Seidenmalerei nach japanischen Motiven 91; Seidenmalerei. Blumen 92; Seidenmalerei. Graphische Motive 92; Seidenmalerei. Accessoires; Lexikon der Seidenmalerei – (Red.)

Dyckerhoff, Rosmarie, Bildhauerin; Weierweg 10, D-79111 Freiburg im Breisgau, Tel. (07 61) 4 78 54 88 (* Blumenau/Wunstorf 7. 10. 17) – **S:** 36–38 Vorbereitungskurs b. Fritz v. Graevenitz; 39–40 KA Stuttgart (b. Fritz v. Graevenitz u. Hans Spiegel); 40–41 Akad. München (b. Bernhard Bleeker); 41–44 Meisterschülerin b. Fritz v. Graevenitz; in den 50er Jahren Weiterbildung b. Alfred Lörcher – **P:** Kunstpr. d. Jugend BW 54, 55 – **Ve:** Sezession Oberschwaben-Bodensee (Mitbegr.) 47 – **KGr:** Ellipse – **G/T:** Plast. (Bronze, Ton, Gips, Portr.köpfe, Einzelfiguren, Tiere, szenisch inszenierte Figurengr.) – **M:** Hannover, Sprengel Mus.; Stuttgart, SG; Tübingen, SM – **Ö:** Dettenhausen, Vogel; Stuttgart, Bürgerhospital; Tübingen, Dorfackerschule; ebda, Hügelschule, Reg.präsidium – **E:** u. a. 70 Friedrichshafen, Bodensee-Mus.; Stuttgart, Maercklin; 77 Kißlegg, Schloßhof-Gal.; 84 Freiburg, Scherer; 87 Bernau-Riggenbach, Römerhof; 90 Kirchheim unter Teck, StG im Kornhaus; Detmold, Weitzmann; 95 Wunstorf, KV; 96 Tübingen, SM – ***Lit:*** AKL – (Red.)

Dzubas, Silvia, Malerin, Fotografin, Poetin; c/o Ursula Karpowitsch, Mommsenstr. 33, D-10629 Berlin, Tel. (0 30) 3 23 81 19; Privat: (0 30) 7 06 55 49, *dzubas-berlin@freenet.de*, *www.dzubas.de* (* Berlin 5. 4. 46) – **S:** 80–82 Konsultationen b. Prof. Oppermann u. Friedel Dzubas/Boston – **L:** Ateliervorführungen m. eigenen Vorträgen – **P:** Casa-Baldi-Stip. 91; Villa-Massimo-Stip. 91; Stip. d. Käthe Dorsch Stift. 97; Stip. d. Stift. Kult.fonds 03; Aufenthaltsstip. f. Mojakar 03; Aufenthaltsstip. d. Ldes Sa.-Anh. – **Ve:** BBK Berlins 87 – **G/T:** abstr. Malerei (versch. Techniken) – **W:** Werkankäufe u. a. d. Neuen Berliner KV u. d. KV Schering Berlin – **M:** Berlin, KS d. Dt. Bundestages – **Ö:** München, Unternehmensberatung – **E:** 90 Batyam, Israel-Mus.; 93 Berlin, Künstlerhof Buch; 95 Berlin, Gal. im Körnerpark; 97 Berlin, Schering KV; 98 Prag, Goethe Inst.; Potsdam, Kult.haus; 99 Bielefeld, Gal. PIN; 01 München; Köln; Berlin, Storkower Bogen; 03 Luzern, Pigmento; 05 Halberstadt, Moses-Mendelssohn Zentrum; 06 Berlin, Nering + Stern; Krakau, Rostworowski – **G:** 86 Berlin, Scahart; 02 Berlin, Hulsch; 03 Berlin, Hallen d. Königlichen Porzellan-Man.; 05 Berlin, Nering + Stern; Berlin, Bundespresseamt – **V:** Bei sich sein, Gedichtbd 97; S. D. Malerei, Autobiogr. 98; Bernd-Lutz Lange: Mauer, Jeans und Prager Frühling 03 – ***Lit:*** Ausst.kat.: S. D. 95; S. D. Metamorphose in Blau 01; S. D. Malerei 06 – ***LitR:*** Querstraße, ORB v. 31.8.98; Liveinterview, Dtld.funk v. 16.9.98; Lange Nacht der Stipendiaten d. Villa Massimo, Dtld.radio v. 4.9.03

E-E (eigtl. Evgenij Kozlov), Bildender Künstler; c/o Fobo, Calandrellistr. 17 b, D-12247 Berlin, Tel. (0 30) 7 71 87 56, Fax 7 71 86 89, *halo.fobo@t-online.de*, *www.e-kozlov.com* (* St. Petersburg 6. 8. 55) – **P:** Arb.stip. art-contact St. Petersburg u. Berlin – **Ve:** VG Bild-Kunst 92 – **KGr:** New Artists Leningrad (82–89) – **G/T:** Malerei, Graph., Objektkunst – **M:** St. Petersburg, Russisches Mus.; Turku, Wäinö Aaltonen Mus. – **Ö:** Berlin, Abgeordnetenhaus – **E:** 95 Berlin, Siegessäule – **G:** zahlr. Ausst.bet. seit 84, zuletzt 01 St. Petersburg, Russisches Mus.; 03 Rottweil, Forum Kunst – **V:** Das Leningrader Album (erotische Zeichn., Monogr.) 03 – (Red.)

e. Twin Gabriel s. Gabriel, Else

eat mango ts s. Schneider, Tommy

Ebener, Wolf, Maler; Königstr. 3, D-53113 Bonn, Tel. (02 28) 21 58 36 (* Bonn 16. 7. 36) – **S:** 54–59 FHS Köln (Freie Malerei); 58 Meisterschüler v. Prof. Vordemberg – **P:** Kunstpr. d. Stadt Bonn (Stip.) 86 – **Ve:** BBK Köln 65–79; BBK Bonn Rhein-Sieg 80, 88; VG Bild seit 98 – **KGr:** Konkret (seit 81) – **G/T:** geometr. Abstr. u. konkrete Kunst, Objektkunst (Papier, Karton), Schraffurfrottage – **K:** exper. Malerei an d. VHS Köln u. Bonn – **W:** u. a. in Privatbes. sowie im Bes. d. Stadt Kyoto – **M:** Berlin, Kpst.-Kab.; Bonn, LM; Hünfeld, Mus. Modern Art; Köln, Mus. Ludwig; Marl, Skulpt.-Mus. Glaskasten – **Ö:** Berlin, Verwaltung d. Dt. Bundestages; Düsseldorf, Kultusmin.; Essen, Schule Curtiusstr.; Köln, Schule Kolkrabenweg; Köln, Ldschaftsverb. Rhld. – **E:** zahlr. Ausst. seit 68, u. a. 70 Köln, Neumarkt d. Künstler; 71 Duisburg, Pro Art; 72 Köln, Glaub; 73 Köln, Kunstkaleidoskop; 75, 77 Bonn, Circulus; 76 Bonn, Kurfürstl. Gärtnerhaus; Brühl, Informationszentrum; 77 Augsburg, Rehklau; 78, 79 Remagen, Rolandshof; 80 Wiesbaden, Walramstr.; 82 Ulm, Cuenca; 89 Remscheid, Friege; 90 Innsbruck, Stadtturmgal.; 91 Köln, Gal. 11; 95 Wien, Robol; 96 Bonn, Ges. f. Kunst u. Gest. – **G:** zahlr. Ausst.bet. seit 58, zuletzt u. a. 92 St. Petersburg, Manege; 00 Ljubljana, Jakopiceve; 01 Berlin, Künstlerhof Buch; 02 Soest, Wilhelm-Morgner-Haus; 04 Rehau, Kunsthaus – Inst. f. Konkrete Kunst u. Poesie – ***Lit:*** Werner Schulze-Reimpell: Zu den Cartonagen von W. E., in: Zs f. Kunst u. Gestalt, Circular 18 77; Hans-Peter Riese: Kontrollierte Materialität – zu den Arbeiten von W. E., in: Zs f. Kunst u. Gestalt, Circular 33/34 82 – (Red.)

Ebenhofer, Walter, Fotograf; Kirchengasse 4, A-4400 Steyr, Tel. (06 76) 3 74 43 80, *walter.ebenhofer@aon.at* (* Ernsthofen/NdÖst. 3. 12. 52) – **S:** Autodidakt – **P:** Römerquelle-Kunstwettb. 87; Staatsstip. f. künstler. Fotogr. 89; Oböst. Ldeskult.pr. f. Fotogr. 95; Paris-Stip. d. Bundeskanzleramtes 03 – **Ve:** Künstlervrg Maerz; Ndöst. Fotoinitiative FLUSS – **G/T:** seriell-konzeptionelle u. exper.-konkrete Ausrichtung – **W:** in Privatbes. sowie u. a. in Bes. d. Stadt Wien – **M:** u. a. Linz, LG; Linz, Lentos; Salzburg, Rupertinum (Slg d. Bundeskanzleramtes); St. Pölten, Ndöst. LM – **Ö:** Linz, Altes RH; Wien, Sozialmedizinisches Zentrum Ost – **E:** u. a. 83 St. Pölten, Ndöst. LM; 88 Salzburg, Fotohof; 91 Linz, Lentos; 93, 04 Linz, Maerz; 97 Bad Ischl, Rytmogram; Turin, Kunstmesse Artissima; 98 Wien, Faber; 00 Linz, Gal. im Adalbert Stifter-Haus; Salzburg, Traklhaus; 03 Linz, Gal. d. Oböst. KV; 06 Wels, Stadtgal. – **G:** Bet. seit 82, u. a. 90 Stockholm, Enkehuset; New York, Austrian Culture Inst.; 91 Krems, KH; 92 Genua, Studio Leonardi; 99 Moskau, Inst. of Contemp. Art; 01 Berlin, Künstlerhaus Bethanien – weitere in Belgrad, Berlin, Linz, Moskau, New York, Prag, Stockholm, Wels u. Wien; – sowie Teiln. an Kunstmessen in Athen, Turin, Wien u. Zürich – ***Lit:*** Walter Ebenhofer: Foto.Räume. Tragische Synchronismen, Ausst.kat. 89; ders.: Bildmischung 91; ders.: Schubladen mit Hund, Ausst.kat. 00

Eberhard, Jörg, Prof., Maler; Himmelgeister Str. 107B, D-40225 Düsseldorf, Tel. (02 11) 3 19 05 26 (* Bad Waldsee 6. 7. 56) – **S:** 75–82 KA Düsseldorf (b. Wintersberger, Kleemann, Götz u. Hüppi, Kunstgesch. b. Walter J. Hofmann u. Werner Spies, Meisterschüler b. Alfonso Hüppi) – **L:** 91–94 KA Düsseldorf (LAuftr.); 01 HBK Braunschweig; 02 Univ. Essen (Prof. f. exper. Gest.) – **P:** Stip. d. Kunststift. BW 84; Max-Ernst-Stip. 84; Villa-Romana-Pr. 89; Cité Intern. d. Arts Paris 95; Boesner Kunstpr. Bochum 98; Mainzer Kunstpr. Eisenturm 99 – **M:** Dresden, Kpst.-Kab.; Düren, Leopold-Hoesch-Mus.; Düsseldorf, Mus. Kunst Pal.; Kleve, StM Haus Koekkoek; Recklinghausen, StKH; Sindelfingen, StG; Ulm, Ulmer Mus. – **E:** zahlr., u. a. 89, 92, 94, 97, 01 Dortmund, Gal. da entlang; 90, 92, 97, 02 Weil am Rhein, Stahlberger; Aachen, Wohnzimmer; 03 Backnang, StG; Saulgau, StG; 04 Mülheim an der Ruhr, KM – **G:** seit 80, u. a. 96 Esslingen, StG Villa Merkel; 97 Augsburg, Zeughaus; 04 Düsseldorf, Mus. Kunst Pal. – ***Lit:*** AKL – (Red.)

Eberharter, Andreas (Ps.: AND_I), Schmuckdesigner, Product Designer, Bildhauer; Spaungasse 22/21, A-1200 Wien, Tel. Mobil: 06 64 22 46 2 86, *and.i@a1.net* (* Schwaz/Tirol 5. 2. 71) – **S:** 86–90 Höhere Technische Bundeslehranst. Steyr (Goldschmiede); 90–92 Höhere Technische Bundeslehranst. Graz (Bildhauerei) – **P:** Arb.stip. f. Bild. Kunst Stadt Wien 97; Arb.-stip. f. Bild. Kunst Ld Tirol 98, 03 – **G/T:** Schmuckdesign (alle Materialien, vorw. Aluminium); Product Design (alle Materialien) – **W:** div. Privatsammler; Schmuck-Constructions (Performance Schmuck am Catwalk im MAK Wien) – **M:** Wattens, Slg Swarowski; Wien, Artothek; Wien, BmfUK; Wien, MAK – **E:** 94 Innsbruck, Waltl; Villach, Gal. Unart; 98 Tirol, Apex; Wien, V & V; 00 Gmunden, Gal. 422; 03 Wien, MAK – **G:** zahlr. Ausst.bet. seit 92, zuletzt 01 Wien, Technisches Mus.; Zürich, Schmuckforum; München, Bay. Kunstgewerbever.; Barcelona, Hipotesi; Sheffield, Millenium Gall.; Genf, Mus. d'art et d'histoire; New York, Amer. Craft Mus.; 02 Tokyo, Yu; São Paulo, Fashion Week; Dubai, Fashion Week; New York, Fashion Days; Tokyo, Osaka, Seoul, Shanghai, Quingdao, Guangzhou u. Singapore (Swarovski Shows); Wien, Kids in Fashion – ***Lit:*** A. E. Schmuck, Ausst.kat. 98; Design_Entwicklung_Produktion_Produktionsleitung_Schmuck_Objekte_Produkt_Installation, Kat. 01 – ***LitR:*** C. Braunsteiner: Grecht-Show für Licht ins Dunkel, Öst. RF 02; Peter Koköfer: Schmuck-Constructions, in: Seitenblicke, Öst. RF 03 – (Red.)

Eberle, Urs, Bild. Künstler (Dipl.); Krügerstr. 24, CH-9000 St. Gallen (* Muolen 16. 2. 54) – **VG:** Kirchberg/St. Gallen, Schönenberger – **S:** 78–82 KHS Kassel – **P:** Förd.pr. d. Stadt St. Gallen 81; Werkzeitbeitr. d. Stadt St. Gallen 92 u. 98; Werkstip. Pro Arte Bern 94; Rom-Stip. d. Kt. St. Gallen 05 – **Ve:** Visarte – **G/T:** Objekte-Zchngn/Computer-Graph.-Install. – **Ö:** St. Gallen, UBS; ebda, Kantonales Hochbauamt, Kantonsschule; Zürich, Careum Ausb.zentrum – **E:** zahlr. u. a. 95 St. Gallen, KH; 96 St. Gallen, Katharinen (m. C. Bötschi); 99 Kirchberg/St. Gallen, Schönenberger; 06 St. Gallen, Ausst.saal d. Kt. (m. A. Corciulo) – **G:** zahlr. Bet. u. a. 93 Neuenburg, Schloß: Skulpt.ausst.; 95 Wil, KH; 97, 00 St. Gallen, KM: Ostschweizer Kunstschaffende; 03 Kirchberg/St. Gallen, Schönenberger; 05 Kassel, GG AM: Lichte Wege – **V:** U.E. Eine Nacht wach liegen, Bildbd 00 – ***Lit:*** U.E. Misurare Roma, Ausst.kat. 06

Eberle-Wessner, Rita, Malerin, Kunsterzieherin, Journalistin; Schlesierstr. 50, D-69509 Mörlenbach, Tel. (0 62 09) 79 43 52, *rita.eberle@wessner.net*, *www.wessner.net/rita.eberle* (* Mörlenbach 22. 3. 61) – **S:** 80–86 Johannes-Gutenberg-Univ. Mainz (Kath. Relig. u. Dt. f. Lehramt an Gymnasien); 82–86 ebda (Kunstgesch., Kunsterziehung) – **L:** 92 u. seit 03 Martin-Luther-Schule Rimbach (Kunsterzieherin) – **KGr:** Frauen-Kunst-Kultur im Kr. Bergstraße (Mitbegr., seit 00) – **G/T:** Malerei (Öl, Aqu., Mischtechnik); Zeichn.; Stilistische Schwerpunkte: Realismus, phantastischer Realismus, Surrealismus – **W:** zahlr. Werke in Privatbes. u. Privatslgn sowie in öff. Hand – **E:** zahlr. Ausst. im Raum Bergstraße, Odenwald, Rhein-Main-Gebiet, z.B. Weinheim, Viernheim, Heppenheim, Darmstadt; Wanderausst. zum 1200-jährigen Jubiläum d. Gemeinden Birkenau, Mörlenbach, Rimbach, Fürth – **G:** zahlr. Gr.ausst., u. a. seit 00 Heppenheim (Frauen-Kunst-Kultur im Kr. Bergstraße); 03 Lampertheim (Die 50 Besten) – ***Lit:*** Kr.verwaltung Bergstraße (Hrsg.): Frauen-Kunst-Kultur, Kat. 00 – (Red.)

Eberlein, Josef, Maler; Ismannsdorf 23, D-91575 Windsbach, Tel. (0 98 71) 74 69, *piwai.joe@gmx.de*, *www.kulturatlasoberfranken.de* (* Scheßlitz 30. 4. 65) – **VG:** Bamberg, Gal. f. Zeitkunst; Bamberg, KV; Bamberg, Senger – **S:** 95–01 ABK Nürnberg (b. Prof. W. Knaupp) – **G/T:** Malerei (Acryl) – **W:** überw. in Privatbes. – **Ö:** Ansbach, eger + eger Personalmanagement GmbH; Bamberg, Staatl. Bauamt (Bereich Straßenbau); ebda, Rechtsanwaltskanzlei Aumüller-Beickert – **E:** 03 Thierach, Rückert; 05 Bamberg, KV – **G:** zahlr. Bet. seit 87, zuletzt 03 Bamberg, Gal. am Stephansberg; Nürnberg, Kunsthaus; 04 Ulm, Stadthaus; Rottenburg am Neckar, Diözesan-Mus.

Eberlein, Karin, Künstlerin; c/o Gal. Schneider, Hohenzollernstr. 22, D-53173 Bonn, Tel. u. Fax (02 28) 35 14 10, *schneider@galerieschneider.de*, *www.galerieschneider.de* (* Uersfeld/Daun 13. 6. 46) – **VG:** Bonn, Schneider; Basel, Huber – **S:** Autodidaktin – **P:** Kunstpr. d. Stadt Bonn 86, 93; Artweek Intern. Artists 91; Intern. Plener 91; Atelierstip. d. Stadt Sankt Augustin 93–95 – **G/T:** Malerei, Install., Objektkunst (Werkstoff Fango) – **W:** zahlr. in privaten Slgn – **M:** Bonn, Slg d. DSL Bank – **Ö:** Sankt Augustin, Marktpl.; ebda, Standesamt – **E:** u. a. 86 Bonn, Kurfürstl. Gärtnerhaus; 87 Bonn, Frauen-Mus.; 89 Rolandseck b. Bonn, Gal. Rolandshof; 91 Berlin, Gal. im Kult.haus Treptow; 93 Biel, Kunsthaus Centre Pasquart; 94 Bonn, Gal. Steinmetz; 96–05 Bonn, Schneider; 99 Bielefeld, KV Mus. Waldhof; Siegburg, SM; 02 Siegburg (Kölner Stadtanzeiger); 05 Olten, Huber – **G:** u. a. 91 Hagen, Karl-Ernst-Osthaus-Mus.; Hamburg, Kampnagelfabrik; Zwickau, StM; 92 Budapest, St. Kristòf; 92–95 Bonn, Gal. Steinmetz; 96–04 Bonn, Schneider; 98, 02 Wien, Art Vienna; 02 Zürich, Kunst Zürich – **V:** div. Buchcover f. d. Weidle Verl. Bonn – ***Lit:*** Monogr.: Marianne Pitzen u. Ulrike Herrmann: K. E. – Objekte, Bilder 86, 87; Regine Pachner: Papierarbeiten 88; Marianne Pitzen: Wärmefelder 89; Hannelore Scholz: Oberflächiges 91; Andreas Denk: E.-Schwarz-Wegmann 93; Andreas Beaugrand u. Michael Schneider: Künstliche Bewässerung 99; Peter Daners u. Paulus Vennebusch: Arbeiten 1993–1999 99; – Ausst.kat.: Mus. of Mod. Art Oxford: Links-Verbindungen 89; Anne Hoormann: Das andere Gedächtnis 91 – (Red.)

Eberlein, Klaus, Graphiker, Illustrator, Keramiker; Stockmannstr. 3, D-81477 München, Tel. (0 89) 79 28 84, *kama.eberlein@freenet.de*, *www.klaus-eberlein.de* (* München 9. 2. 41) – **S:** 62–68 ABK München (Graph., Malerei, Meisterschule u. Dipl. 1968 b. Prof Hermann Kaspar) – **P:** Pr. d. Dannerschen Stift. 63; Pr. d. Richard-Seewald-Stift. in Ronco 82; Pr. d. Intern. Buchkunst-Ausst. Leipzig 89; Dt. Jgdb.pr. 77 – **Ve:** VG Bild seit 76; Künstlerver. Dachau seit 68; Ver. f. Orig.-Rad. München seit 74; Künstlerver. Münchner Zeichner seit 96 – **G/T:** Graph., Ill., Keramik, Glas – **W:** Ankauf d. Städte München, Worms, Rosenheim, Dachau, Wittlich, Dornbirn u. Eschwege, d. Auswärtigen Amtes Bonn, d. Min. f. Wissenschaft u. Kunst BW sowie d. Slg Freiherr Koenig-Faxenfeld – **M:** Bregenz, Vorarlberger Ldesbibliothek; Den Haag, Mus. Meermanno-Westreenianum; Frankfurt am Main, Dt. Nat.Bibl.; Hamburg, Staats- u. Univ.bibliothek; Jerusalem, Mus. of Jewish Art; Leipzig, Dt. Buch- u. Schrift-Mus. d. Dt. Nat.bibl.; London, British Mus.; Luxemburg, Nat.-Bibliothek; Marienbad, StM; München, Bay. Staatsbibliothek; München, Bay. Staatsgemäldeslgn; München, Staatl. GrS; Nürnberg, Germanisches NM; Rom, Mus. Vaticani; Saudi-Arabien, Wirtschaftsmin.; Stuttgart, Staatsbibliothek; Troisdorf, Mus. d. Stadt; Ulm, Stadtbibliothek; Wien, Öst. Nat.bibliothek; Wuppertal, Stadtbibliothek – **Ö:** Dachau, Ldratsamt – **E:** zahlr. Ausst. seit 65, zuletzt 02 Milano, Biblioteca Centrale; 03 Landshut, RH-Gal.; Ingolstadt, Gal. an d. Hohen Schule; Landsberg am Lech, Raasch; 04 Karis, Galleri fokus; 06 Mainz, KV Eisenturm – **G:** u. a. 99 Bonn, Friedrich-Ebert-Stift.; 00 München, Ruf; Barcelona, Fort – **V:** Anton Tschechow: Die Hexe (Hschn.) 68; Ludwig Tieck: Vittoria Accorombona (Lith.) 71; Else Lasker-Schüler: Mein blaues Klavier (Rad.) 83; van

Oyen: Auch Worte verfärben sich... (Rad.) 87; Norbert Göttler: Drachenfreiheit (Rad.) 93; Michael Groißmaier: Zwiegespräch mit einer Aster (Aquatinta) 94; Peter Wiechmann: Erinnerungen sind Geschichten (Linolschnitte) 00; Alfons Schweiggert: mädchen frauen mädchen (Rad.) 05 – ***Lit:*** u. a. R. Netzer: Gebrauchsgraphik 39 68; K. E. Werk: Katalog der Druckgraphik 1964–1979 79; Kießling: Begegnung mit Bildhauern 82

Ebersbach, Christine (geb. Christine Schwabe), Malerin, Graphikerin; Färbergasse 20, D-04808 Wurzen, Tel. (0 34 25) 92 56 95, *Holzschnitt@gmx.de* (* Strelln/Sa. 21. 5. 54) – **VG:** Oetjendorf, Jürgensen – **S:** 73–78 HGB Leipzig (b. Prof. Rolf Kuhrt u. Prof. Dietrich Burger) – **P:** Kunstpr. Eisenturm (3. Pr.) 92; Kunstpr. d. Ldkr. Delitzsch 99 – **Ve:** BBKL 91; GEDOK 91–03 – **G/T:** Malerei u. Graph. (Ldschaft); Acryl; Aqu.; Farbhschn. – **K:** VHS Muldental (Malerei u. Graph.) – **W:** zahlr. Werke in Privatbes. – **M:** Bergen/Rügen, Kulturstift.; Chemnitz, Neue Sä. Gal.; Dresden, SKS; Leipzig, KH Spk.; Leipzig, MBK; Schwerin, Kult.hist. Mus. – **Ö:** Delitzsch/Eilenburg, Spk.; Grimma, Krankenhaus; Leipzig, Verbundnetz Gas AG; ebda, Spk., IKB Dt. Industr.bank AG; Oschatz, Arb.amt; Wurzen, Lichtwer-Gymnasium – **E:** 91, 02 Bremerhaven, Wilke-Haus; 94 Sulzfeld, Bürgerhaus; 96 Grimma, Gal. am Markt; 99 Wurzen, StG; 00 Leipzig, Gal. Süd; 01 Oetjendorf, Holst-Jürgensen; Panitzsch, KV; 02 Leipzig, Königlich Norwegisches Konsulat; 06 Aschaffenburg, Gal. CasArte; Bautzen, KV – **G:** zahlr. Ausst.bet. seit 79, u. a. 00, 02 Chemnitz, Neue Sä. Gal.; 01 Weingarten, Klosteranlage; 01, 02 Bautzen, KV; 02 Leipzig, Grafikbörse; ebda (Jahresausst.) – ***Lit:*** Ina Gille u. Anneliese Hübscher: Bilder, Aquarelle, Holzschnitte, Kat. 99; Bildende Künstler in Leipzig 06

Ebersbach, Hartwig, Maler u. Graphiker; Am Lindenhof 10, D-04277 Leipzig, Tel. u. Fax (03 41) 3 01 34 69, *hartwig.ebersbach@web.de* (* Zwickau 17. 5. 40) – **VG:** Berlin, Gal. Berlin; Hamburg, Loeper – **S:** 58–59 Mal- u. Zeichenschule Zwickau; 59–64 HGB Leipzig – **L:** 79–84 HGB Leipzig (exper. Kunst) – **P:** Kunstpr. d. Künstler Düsseldorf 85; Jerg-Ratgeb-Pr. 06 – **Ve:** Freie AK Leipzig 92; Sä. AK Dresden 96; AK Berlin-Brandenburg 96 – **G/T:** Malerei u. Graph.; Thema: d. Figur Kaspar als Alter Ego; Wilde Malerei (frei u. expressiv) – **M:** Aachen, Ludwig Forum; Altenburg, Lindenau-Mus.; Berlin, NG; Bremen, KH; Budapest, Ludwig Múz.; Chemnitz, KS; Cottbus, Brandenburgische KS; Darmstadt, Hess. LM; Dresden, SKS; Erfurt, Anger-Mus.; Frankfurt/Oder, Mus. Junge Kunst; Hamm, Gustav-Lübcke-Mus.; Karlsruhe, StM im Schloss; Leipzig, Gal. f. Zeitgen. Kunst; Leipzig, KH Spk.; Leipzig, KS d. Univ.; Leipzig, MBK; Magdeburg, KM Kloster Unser Lieben Frauen; Marburg, Univ.-Mus.; Peking, Ludwig Mus.; Saarlouis, Mus. Haus Ludwig; St. Petersburg, Russisches Mus.; Wien, MMK Stiftung Ludwig – **Ö:** Berlin, Grundkreditbank Köpenicker Bank; ebda, Piepenbrock Unternehmensgr.; Frankfurt am Main, Dt. Bank; Leipzig, Dt. Bank; ebda, Dt. Bundesbank, Spk.; Lichtenwalde, Ostdt. Spk. u. Giroverb.; Potsdam, Ostdt. Ldesbauspk.; Singapur, Dt. Bank – **E:** zahlr. Einzelausst. im In- u. Ausland, u. a. 82, 01, 02 Altenburg, Lindenau-Mus.; 86, 89, 92, 94 Frankfurt am Main, Gierig; 87 Greifswald, Greifengalerie; 88, 90, 96 Düsseldorf, Zimmer; 88 New York, Prakapas Gall.; Leipzig, Gal. Eigen + Art; Bern, Maurer; 90, 91, 98, 03 Berlin, Gal. Berlin; 91, 02 Magdeburg, KM Kloster Unser lieben Frauen; 93 Darmstadt, KH; 95 Berlin, Schultz; 96 Leipzig, MBK; 98 Chemnitz, Neue Sä. Gal.; 00, 02, 04 Leipzig, Dogenhaus Gal.; Düsseldorf, Gal. Beethovenstraße; Berlin, AK; 01 Zwickau, StM; 02, 03 Hamburg, Loeper; 02 Magdeburg, KM Kloster Unser Lieben Frauen; 03, 05 Berlin, Gal. Berlin; 04 Leipzig, Dogenhaus Gal.; 05 München, Otto-Gal. Weimar, KH – **G:** zahlr. Ausst.bet. seit 81, u. a. 81 Paris, Mus. d'Art Mod. de la Ville; 85 Köln, Art Cologne; 95, 96 Düsseldorf, Große Kunstausst. NRW; 86 Aachen, Ludwig Forum; 87 Budapest, NG; 89, 97, 02 Leipzig, MBK; 89 Wien, MMK Stiftung Ludwig; 90, 92, 95 Oberhausen, Ludwig-Gal.; 90 München, Haus d. Kunst; 95 Berlin, Dt. Hist. Mus.; 96, 99 Magdeburg, KM Kloster Unser lieben Frauen; 97 Wien, Belvedere; Nürnberg, Germanisches NM; 98, 99 Berlin, Dt. Hist. Mus.; 03 Berlin, NG; Berlin, Martin-Gropius-Bau; 04 Grafenau/Württemberg, Schlichtenmaier; Chemnitz, KS – seit 85 Bet. an intern. Kunstmessen, z.B. in Basel, Berlin, Chicago u. Köln – **V:** MAPPEN: Ahnen (Hschn.) 92; Kleinkünstler (Hschn., übermalt) 93; Grotesken (Hschn., überzeichnet) 94; Wolfgang Hilbig: Passagen (Lith.) 01; – ILLUSTR.: Guntram Vesper: Die Krankheit zu Schreiben (Hschn.) 98; B. K. Tragelehn: Die Geschichte der Reise (Siebdruck) – **R:** Friedrich Schenker: Kammerspiel II/Missa Nigra (Regie u. Ausstattung), Fs. d. DDR 83 – ***Lit:*** H.R. Gemälde Installationen Plastiken, Kat. z. Ausst. im MBK Leipzig 96; H.E., Kat. z. Ausst. im Herz- u. Diabeteszentrum NRW 99; H.E. Kaspars Langenscheidt 01, 02; H.E. Haruspex 01; H.E. Blitzzeichen 02; Bildende Künstler in Leipzig 06 – ***LitR:*** div. Fs.beitr. in MDR, ARTE, Phönix usw. – (Red.)

Ebersbach, Wolfram, Maler, Graphiker; Färbergasse 20, D-04808 Wurzen, Tel. (0 34 25) 92 56 95, *Holzschnitt@gmx.de*. Atelier: Nordstr. 35/1007, D-04105 Leipzig (* Zwickau 16. 7. 43) – **VG:** Oetjendorf, Jürgensen – **S:** 66–71 HGB Leipzig (Fachkl. Prof. Wolfgang Mattheuer) – **L:** seit 92 HGB Leipzig (Maltechnologie u. Perspektive) – **Ve:** BBKL seit 91 – **G/T:** Malerei, Graph., Zeichn., Aqu.; 'Unterwegssein' d. Menschen in urbanen Räumen v. a. Leipziger Prägung (Passagen, Str., Höfe, Hallen) – **W:** überw. in Privatbes. – **M:** Altenburg, Lindenau-Mus.; Berlin, NG; Chemnitz, Neue Sä. Gal.; Gera, KS; Halle/Saale, Staatl. Gal. Moritzburg; Leipzig, KH Spk.; Leipzig, MBK; Oberhausen, Ludwig-Gal. – **Ö:** Leipzig, Ldeszentralbank Thür. u. Sa. – **E:** 83 Leipzig, MBK; 87 Altenburg, Lindenau-Mus.; 89 Berlin, Gal. am Chamissopl.; 01 Leipzig, MBK – **G:** 78, 79, 82 Berlin u. a. (100 ausgewählte Graph.); 82, 83, 87, 88 Dresden, Kunstausst. d. DDR; 89 Köln, Art Cologne; 91 Mainz, Dresden, Halle, Leipzig (Kunstzentren d. 80er Jahre in Europa); 97 Nürnberg, Leipzig (Lust u. Last – Leipziger Kunst seit 1945); 03 Leipzig, MBK – ***Lit:*** Günter Meißner: Leipziger Künstler d. Gegenwart 76; Karin Thomas: Die Malerei in d. DDR 1949–1979 80; Helmar Penndorf: Passagen, Ausst.kat. Lindenau-Mus. Altenburg 87; Grunhild Brandler: Passagen, in: Kunst der DDR 90; Peter Guth u. Jan Nikolaisen, Ausst.kat. 01; Bildende Künstler in Leipzig 06

Eberspächer, Gabriele, Malerin, Goldschmiedin; Alte Landstr. 36/1, D-72072 Tübingen, *Gabi.Eberspaecher@web.de* (* Großbettlingen/BW 9. 10. 60) – **VG:** Bebenhausen, atelier acht – **S:** 84–88 Freie KSch Nürtingen (Malerei b. Hilmar Braun) – **Ve:** Württ. KV Stuttgart 90; GEDOK 92; VG Bild-Kunst 04 – **KGe:** G. E. u. Serge Le Goff (seit 89) – **G/T:** Collagen; Mischtechniken; Malerei in Acryl-, Aqu.- u. Temperafarben; Copy Art; exper. Techniken; Rauminstall.; geometrische Abstr.; mehrteilige, variable Bilder; Entwurf u. Anfertigung v. Schmuck in Edelmetall-Legierungen – **W:** mehrere Werke in Privatbes.; öff. Ankauf durch d. Min. f. Fam., Frauen, Weiterbildung u.

Kunst BW – **E:** 90 Stuttgart-Vaihingen, Gal. A & m; 91 Tübingen, Max-Planck-Haus; 92 Jena, Wank; Tübingen, Schmuckstüble; 93 Reutlingen, Stadtbibliothek; Nürtingen, ProVisorium – **G:** zahlr. Ausst.bet. seit 87, u. a. 91 Wiesbaden, Kunsthaus; 92 Bonn, Frauen-Mus.; Stuttgart, Württembergischer KV; 92, 93, 03 Stuttgart, GEDOK-Gal.; 02 Mössingen, Altes E-Werk

Eberstadt, Stefan, Bildhauer; Westendstr. 30, D-80339 München, Tel. (0 89) 16 70 98, Fax 50 09 67 56 (* Hof/Saale 22. 3. 61) – **S:** 80–82 Ludwig-Maximilians-Univ. München (Kunstgesch.); 82–88 ABK München (Bildhauerei); 84 Bath Academy of Art (Bildhauerei); 87 ABK München (Meisterschüler b. Prof. Sir Eduardo Paolozzi) – **L:** 95–01 ABK München (Ass. f. Bildhauerei b. Prof. J. Reineking) – **P:** Debütantenpr. d. Bay. Staatsmin. f. Unterricht, Kultus, Wiss. u. Kunst 92; Kunststip. d. Bay. Akad. d. Schönen Künste München 93; Staatl. Förd.pr. f. Bild. Kunst d. Freistaates Bay. 93; USA Reise-Stip. d. Freistaates Bay. f. New York 94; Artist in Residence Edinburgh 97; Projektstip. d. Gisela von Steiner-Stift. München 97; Projektstip. d. GOLART-Stift. München 98 – **E:** u. a. 92 München, Gal. Masset; 97 Chicago, TBA Exhib. Space; 98 Basel, Kain; 01 London, Rocket Gall.; Köln, Fiedler; Berlin, IfA-Gal.; 03 Berlin, Richter; London, Rocket Gall. – **G:** u. a. 83 London, Royal College of Art; 84 Edinburgh, Royal Scottish Academy; 93 München, Kunstbunker Tumulka; 96 München, Gal. d. Künstler; 01 Bregenz, Künstlerhaus Pal. Thurn u. Taxis; 02 London, Rocket Gall. – **V:** KÜNSTLERHEFTE: m. S. Fritsch: Explanation in Art is not explanation 95; m. dems.: Do you take this! 96; sun. set. strip. 97; ...above white 99; – sowie: Grund Los, Kat. 96 – ***Lit:*** KAT.: u. a. Professionalität IX 90; S.E. – rubber and steel 92; Parklandschaft 94; A box in a box in a... 97; S.E. u. Stephan Fritsch – Layers 97; S.E. – Space Station 99 – (Red.)

Ebert, Gerda, Malerin, Dipl.-Gemälderestauratorin; Liselotte-Hermann-Str. 3, D-14542 Schwielowsee OT Geltow, Tel. (0 33 27) 5 61 95 (* Crimmitschau 27. 2. 46) – **VG:** Potsdam, Samtleben – **S:** 71–74 HBK Dresden (Abendstud. Malerei, Graph.); 74–79 ebda (Gemälderestaurierung, Dipl.) – **L:** 84–00 FS f. Werbung u. Gest. Potsdam (Restaurierung) – **Ve:** VBK DDR 79–89; Forum Künstlerinnen 94–01 – **G/T:** Malerei (Öl, Stilleben, Lsch., maritime Themen, Beschäftigung m. Afrika) – **W:** zahlr. in Privatbes. in Dtld, Amer., Ital., Südafrika – **M:** Potsdam, Mus.; Rostock, Schiffahrtmus. – **Ö:** Bad Wilsnack, Elbtalklinik – **E:** 93 Berlin, Dresdner Bank; 99 Potsdam, Sternkirche; 01 Rostock, Schiffahrtmus.; 04 Dresden, Diakon. Werk; 05 Potsdam, Umweltmin. – **G:** 90 Berlin, Kunstmesse; Gubbio; 91 Paris, EuropArt; 94 Potsdam, Umweltkonferenz; 96 Ville-Marie/Kanada, Bienn.; 96, 99, 01 Potsdam, Samtleben; 02 Berlin, Vertretung d. Ldes Brandenburg beim Bund

Ebert, Helmut, Maler, Autor; Sentmaringer Weg 87, D-48151 Münster, Tel. (02 51) 79 61 06 (* Groß Ottersleben/heute Magdeburg-Ottersleben 25. 6. 32) – **S:** 75–84 Autodidakt. Ausb./Stud. – **Ve:** VG Wort 96; Künstlerstammtisch Münster u. Umgebung 96–00; VG Bild-Kunst 97 – **G/T:** Malerei (Acryl, Gouache, Materialbilder, abstr./informel); bis 90 Lsch.malerei (Aqu., Gouache, Acryl, Zchng) – **W:** überw. in Privatbes. – **Ö:** Iserlohn, Ev. Erlöserkirche – **E:** zahlr., u. a. 92 Münster, Ev. Andreaskirche; 93 Münster, St. Josefskirche; Münster, Bürgerhaus; 95 Senden, Ärztehaus; 96 Iserlohn, Ev. Erlöserkirche; 98 Münster, Theatercafé; 02 Münster, Buchhandlung Herder/Poertgen; Münster, Phil.-Theol. HS; 03 Gelsenkirchen, Kleine Gal.; Münster, Medizin. Bibliothek – **G:** zahlr. Bet. seit 77, u. a. 91 Hamburg, Gedenkausst. Joachim Weigelt; 95 Hamm, Gustav-Lübcke-Mus.; 96 Münster, Heilig Kreuz-Kirche; 98 Münster, Krameramtshaus; 01 Gelsenkirchen, Atelier-Antenne; 03 Münster, UNICEF – **V:** Künstlerlex. f. Münster u. Umgebung, 96, 97, 98; Lex. d. Bild. u. Gestaltenden Künstlerinnen u. Künstler in Westfalen-Lippe 01, Ergänzungsbd m. Beilage (CD-Rom) 06 – ***Lit:*** AUSST.KAT.: Ein Engel f. Mexiko 96; UNTITLED 96 – sowie: AKL 02

Eberwein, Anton, Bildhauer; H 2 2, D-68159 Mannheim, Tel. (06 21) 10 38 89 (* Neuarad 25. 7. 36) – **S:** 50–55 Volks-KSch Arad; 56–62 HBK Bukarest – **L:** 88–01 FHS f. Gest. Mannheim – **P:** u. a. Ital. Staatspr. 70; Schwedischer Staatspr. 85; Bildhauersymposium Burgas (Ausz.) 78 – **M:** Costineşti, StKS; Mannheim, StKH – **Ö:** Bukarest, Ital. Kirche; ebda, Jgd.-Min., Kult.-Min. – **E:** u. a. 82 Bukarest, Simeza – **G:** seit 62, u. a. 75 Krakau, Fidem-Kongreß; 76 Venedig, Bienn. – ***Lit:*** AKL – (Red.)

Ebinger, Heinz, Keramiker; c/o Baukeramik Ebinger GmbH, Lindenbach 2, D-56130 Bad Ems, Tel. (0 26 03) 21 96, Fax 29 93, *info@baukeramik-ebinger.de*, *home.t-online.de/home/026032993-0001* (* Marburg/Lahn 24. 12. 27) – **S:** 50 ABK Stuttgart (Keramik b. Peter Otto Heim) – **P:** Bay. Staatspr. (Goldmed.) 69; Staatspr. f. d. Kunsthandwerk RP 80 – **M:** Bonn, Kunst- und Ausst.halle d. BRD – **Ö:** Bad Soden, Hundertwasserhaus; Darmstadt, Waldspirale; Koblenz, IHK; Limburg, Dom; ebda, Altes RH; Mainz, Kultus-Min.; Osaka, Müllverbrennungsanlage; Trier, Handelskammer; Uelzen, Hundertwasserbahnhof; Wien, Hundertwasserhaus; Wiesbaden, Katharinenstift – **G:** 75, 77, 82 Höhr-Grenzhausen, Keramik-Mus. Westerwald; 92 Koblenz, LM; 01 Bad Ems, Kur- u. SM – ***Lit:*** AKL; WWCCA 96 – (Red.)

Ebo s. Dänzer, Eberhard

Eck, Claudia, Akademische Malerin, Dipl. Textil-Designerin, DTP-Fachkraft, Multimedia-Designerin; Drausnickstr. 1, D-91052 Erlangen, Tel. (0 91 31) 5 45 79, *claudia-eck@t-online.de* (* Erlangen 7. 6. 60) – **S:** 79–84 FHS Coburg (Abt. Münchberg, Design u. Gest.); 85–91 ABK Nürnberg (Freie Malerei b. Prof. Oskar Koller u. Prof. Werner Knaupp) – **P:** Debütantenpr. d. Bay. Kultusmin. 99; Förd.pr. d. Bez. Mfr. 01 – **Ve:** KV Erlangen seit 91; BBK Nürnberg seit 91 – **KGe:** C. E. u. Bettina Lüdicke (seit 03) – **G/T:** Malerei (vorw. Öl u. Acryl, konkret konstruktiv); Objektkunst (Ton u. div. Materialien) – **W:** zahlr. Werke in Privatbes. – **Ö:** Ansbach, Bez. Mfr.; Bamberg, Erzdiözese; Erlangen, Siemens; ebda, Stadt; Nürnberg, Siemens; Würzburg, Industr.- u. Handelskammer – **E:** u. a. 91 Würzburg, Industr.- u. Handelskammer; 93 Fürth, Büro f. Kunst; Neustadt, KV; Bamberg, Pal. Schrottenberg; 94 Nürnberg, Kunsttreff Siemens; 97 Erlangen, Pal. Wildenstein; 01 Würzburg, Künstlerhaus; Köln, Kult.gal. Trägerwerk St. Georg; 04 München, Arka – ***Lit:*** Raus!, Ausst.kat. 92; Art Hypo Kunst: Junge Künstler Deutscher Akademien 92; C. E., Kat. z. Debütentenpreis 99; Knaupp & Co., Ausst.kat. 01; Im Bilde, Zs d. BBK Bay. 1/02; Zeitgenössische Malerei und Plastik in Franken 02; C. E., Kat. 04 – (Red.)

Eck, Ines, Kulturwissenschaftlerin, Künstlerin; Tel. 0 17 31 65 11 15, *eck@textlandschaft.de*, *www.textlandschaft.de* (* 11. 7. 56) – **VG:** u. a. Wien, Schaden; Jena, artcult – **S:** Mus.- u. Gal.besuche – **L:** während Ausst., Kunstmessen u. Wkst. – **P:** Pr.nominierungen – **KGe:** Textlandschaften: I. E. u. Torsten Kulick u. a. – **G/T:** Text, Zeichn., Graph., Fotogr., Video – **K:** nach Bedarf – **W:** u. a. Atelier Tacheles (Arb.raum); Wedding-Webseite – **E:** / G: im In- u.

Ausld – **V:** Steppenwolfidyllen, R. 91, 96; Gespensterzeit, szenarische Lesung 95; Dramatische Versuche 96; Dramen 96; Knasttrivial, Kurzprosa 96; Mauer ist mein Hoppepferd, Lyr. 96; Provinz 96; Regenbogengeschichten gebrannter Kinder 96; Revoluschen 96; Text für Analphabeten 96; Texte über Texte, Ess. 96; Alles wird gut 97; Romeo und Julia zwischen Tieren 98 – **R:** u. a. Webseite – (Red.)

Eckel, Anton, Mag., akad. Maler, Graphiker; Neue Perchtoldsdorferstr. 3E, A-2372 Gießhübl bei Wien, Tel. u. Fax: (0 22 36) 2 70 24 (* Brunn/Gebirge 16. 9. 39) – **VG:** Wien, Gal. am Salzgries – **S:** 60–65 ABK Wien; 68 ebda (Dipl. f. Malerei, Meisterkl. b. d. Prof. Franz Elsner u. Herbert Boeckl) – **L:** Mödling (Kunsterzieher); Pädagog. Inst. Baden (LAuftr.) – **P:** Dr.-Ernst-Koref-Pr. (Anerkennungspr.) 77; Öst. Graph.wettb. Innsbruck (Ankaufspr. d. BMfUK) 80 – sowie: 2 erste Pr. b. öff. Wettb. in NdÖst. 76 – **G/T:** Malerei (Öl, Aqu.); Kohlezchng; Rad.; vorw. Lsch. u. Portr. – **K:** VHS Mödling; mehrere Sommersem. am Attersee (Lsch.aqu.) – **W:** im Bes. d. BMfUK, d. Ndöst. Ldesreg., verschiedener Gemeinden in NdÖst. sowie in Privatbes. – **M:** Wien, Albertina – **Ö:** Gießhübl, Ortskindergarten (Mosaikwand); ebda, Friedhofskap. (Bronzeplast. u. Glasfenster), Sitzungssaal d. Gemeinde – **E:** zahlr. aufgrund öff. Einladung v. Gemeinden seit 73, u. a. 80 Wien, NdÖst. LM (Kat.); 02 St. Pölten, NdÖst. Ldesbibliothek – **G:** m. d. Dt.-Griech. Vrg Bild. Künstler 96 in Tübingen, 99 in Weimar u. 00 in Leipzig – ***Lit:*** Gottfried Layr u. Kurt Panzenberger (Hrsg.): Öst. Aquarellisten d. Gegenwart 84

Eckel, Ellen (geb. Ellengard Frost), Malerin, Druckgrafikerin, Fotografin; Sonnenhalde 52, D-78727 Oberndorf, Tel. (0 7423) 32 66, Fax 8 68 29 53 (* Königsberg/Ostpreußen 8. 3. 39) – **S:** 66–70 Wiesbaden (Malerei b. H. R. Müller, Graph. b. H. Rothfuchs u. Kleinplast. b. E. Altdorf); 99 Intern. Sommerakad. Salzburg (Rad. b. Prof. Dóra Maurer); 00 Intern. Sommerakad. Salzburg (Fotogr. u. Visual Culture b. Prof. Katharina Sieverding) – **Ve:** BBK Bad.-Württ. 97; GEDOK Reutlingen 97 – **G/T:** Malerei, Rad., Fotogr., Arb. auf Papier, Arb. vorw. in Bilderzyklen – **W:** Werke in öff. u. privaten Slgn sowie im Bes. d. Reg.präsidien Stuttgart u. Tübingen u. d. Ldratsamtes Reutlingen – **M:** Reutlingen, KS d. Kanzlei Dr. H. Völker & Partner; Sharjah/Vereinigte Arabische Emirate, AM; Stuttgart, KS d. Baden-Württembergischen Bank; Stuttgart, KS d. Innungskrankenkasse; Stuttgart, KS d. Postbank – **E:** u. a. 92 Mexiko-Stadt, Goethe-Inst.; Stuttgart, Postbank; 94 Stuttgart, Haus Birkach; 95 Stuttgart, Innungskrankenkasse; Bad Cannstadt, Ldesgirokasse; 96 Baden-Baden, Volksbank; Bad Boll, Ev. Akad.; Karlsruhe, Ldesgewerbeamt; Donaueschingen, Volksbank; 96, 03 Stuttgart, Künstlerhaus; 97 Strasbourg, Hilton; München, Stadtbibliothek Pasing; 98 Konstanz, Kleine Gal.; Villingen, Lichthof-Gal.; 00 Stuttgart, Atelierhaus-Gal. d. BBK; 01 Reutlingen, Stadtbibliothek; Stuttgart, Kult.amt; 02 Herrenberg, Gal. im Kult.zentrum; Reutlingen, Dominohaus; 03 Reutlingen, Gutekunst; 04 Pfullingen, StG; 05 Konstanz, forum art; Mössingen, RH; Kehl, Kunstforum; 06 Ebersbach, SM – **G:** zahlr. Ausst.bet., u. a. 92, 98, 01, 03 Stuttgart, Künstlerhaus; 97, 98, 03 Stuttgart, Atelierhaus-Gal. d. BBK; 98, 01 Tübingen, Kult.halle; Stuttgart, BBK Skulpt.park; 99 Pfullingen, StG; Kirchheim unter Teck, StG im Kornhaus; Eningen, GEDOK Gal.; 99–02 Reutlingen, Spitalhof; 00 Schwetzingen, Welde-Kunst-Pr.; Dresden, Kunstkonzept Manda; Herrenberg, StG; 01, 02, 05 Tuttlingen, StG; 02 Fellbach, Kult.amt; 03 Kempten, KH; 04 Leonberg, Pfeiffer; 04, 05, 06 Stuttgart, Atelierhaus BBK; 05 Schwäbisch Hall, St. Michael; Volkertshausen, KV; 06 Dußlingen, RH – **V:** BBK Stuttgart (Hrsg.): Bilderbücher f. I.K.H. Herzogin Diane v. Württemberg (m. 2 org. Monotypien) 05 – ***Lit:*** Edith Neumann: Künstlerinnen in Württemberg, Bd. II 99; Axel-Alexander Ziese: Kontemplative Fragmente, in: Kunst-aktuell, Kunstmag. 5/00; Helmut Orpel: Mit Rosen und Füssen. Fotoarbeiten von E. E., in: Artprofil 1/01; E. E. Bruchstücke, in: Rt Art Quartal 1/01; AKL, Bd. 32 02; E. E. Fotografie, Druckgrafik, Arbeiten auf Papier, in: Rt Art Quartal 4/02; Axel-Alexander Ziese: E. E. Nichts als Nasen, in: Kunst-aktuell 3/4 03; Dokumenta Artis, 4. Ausg. 04; – Kat.: 50 Jahre GEDOK Reutlingen 01; BBK Württembergs (Hrsg.): Schwerpunkte 02; Kunstförd. d.s Landes Bad.-Württ. Erwerbungen 1997–2000 u. 2001–2004; Edith Neumann (Text): E. E. Bruch- und andere Kunststücke 02 – ***LitR:*** Bericht z. Ausst. Bruchstücke in d. Stadtbibliothek Reutlingen, RTF 1 01; Allg. Lex. d. Kunstschaffenden in d. Bild. u. Gest. Kunst, DVD Nov. 04

Ecker, Bogomir, Prof., Objekt- u. Installationskünstler; Franklinstr. 34, D-40479 Düsseldorf, Tel. (02 11) 46 43 85, Fax 46 33 69 (* Maribor/Slowenien 29. 5. 50) – **VG:** Hamburg, Produzentengalerie – **S:** 71–73 AK Karlsruhe (b. Horst Egon Kalinowski); 73–79 Staatl. KA Düsseldorf (u. a. b. Fritz Schwegler, Irmin Kamp, Erich Reusch) – **L:** 93–01 HBK Hamburg (Prof.); seit 02 HBK Braunschweig – **P:** Karl-Schmidt-Rottluff-Stip.; Bernhard-Hoetger-Pr. 76; Cité Intern. d. Arts Paris 79; Stip. d. Dt. Kunstfonds 84; Förd.pr. Bild. Kunst d. Kult.kr. d. dt. Wirtschaft im BDI 86; Edwin-Scharff-Pr. 01 – **G/T:** Aktionen, Objekte, Install. u. Ausst.-Konzepte – **M:** Berlin, NG; Bonn, KM; Brooklyn/NY, Brooklyn Mus. of Art; Duisburg, Wilhelm-Lehmbruck-Mus.; Düsseldorf, Mus. Kunst Pal.; Essen, Mus. Folkwang; Hamburg, KH (u. a. 'Tropfsteinmaschine'); Hannover, Sprengel Mus.; Karlsruhe, SKH; München, Lenbachhaus; München, SG Mod. Kunst; Nürnberg, Neues Mus.; Paris, FNAC; Rostock, KH – **E:** u. a. 82, 83, 87, 89, 93, 99 Hamburg, Produzentengalerie; 86 Wien, Winter; 88, 90 Düsseldorf, Fricke; 91 Braunschweig, KV; 94 Passau, Kampl; 95 Düsseldorf, KV; 97 Hannover, Sprengel Mus.; 98 Regensburg, Ostdt. Gal.; Karlsruhe, SKH; 00 Bochum, KV; 01 Düsseldorf, Mus. Kunst Pal.; 02 Essen, KV Ruhr; 03 München, Ungar; Nürnberg, Neues Mus.; 06 Essen, Mus. Folkwang – **G:** u. a. 86 San Francisco, MMA; 87 Kassel, documenta; Brooklyn, Mus. of Art; 89 Montreal, MAC; 90 Duisburg, Wilhelm-Lehmbruck-Mus.; 93 Rotterdam, KH; Paris, Parc de la Courneuve; 96 Düsseldorf, KH; Rostock, KH; 99 Berlin, Hamburger Bahnhof; 00 München, Lehnbachhaus; München, Haus d. Kunst – ***Lit:*** AKL; Reclams Künstlerlex. 02 – (Red.)

Ecker, Christian, Maler, Objektkünstler; Thumegger Bezirk 9, A-5020 Salzburg, Tel. (06 50) 2 61 70 11, *mail @christian-ecker.com* (* Salzburg 21. 4. 61) – **VG:** Salzburg, Gal. Weihergut; Wien, Hrobsky; Bonstetten, Gal. für Gegenwartskunst; Würzburg, Klose – **S:** Ausb. z. Lithographen – **P:** Arb.- o. Auslandsstip. d. Bundes bzw. Ldes Salzburg (f. Krakau) 92, (f. Budapest) 95 u. (f. Vilnius) 99 – **G/T:** Malerei (Öl, Acryl); Wicklung; Objektkunst – **K:** Zeichn. u. Malen b. d. Intern. Hollerbacher Malerwochen (Kl.leitung); Digitale Skizze u. Malerei in d. Gal. Weihergut (Sem.leitung) – **W:** Werke im Bes. d. Magistrats d. Stadt Salzburg u. d. Bundesmin. f. Kunst d. Amtes d. Salzburger Ldesreg. – **M:** Budapest, Kiscelli Múz.; Seoul, NM of Mod. Art – **Ö:** Krakau, Öst. Generalkonsulat; Salzburg, Arthotel Blaue Gans; ebda, Kanzlei Dr. Claus Höllermeier; Schwechat, Kabelwerke – **E:** Hellbrunn, Landart Projekt; Salzburg, StG im Mirabellgarten

Ecker, Gottfried; Josefstädter Str. 16/2/39, A-1080 Wien, Tel. (01) 4020692 (*Linz 25.11.63) – **VG:** Wien, Chobot – **S:** Univ. Wien (Politikwiss., Gesch.) – **P:** Pr. d. Tiroler Spk. 95; Stip. d. Stadt Wien f. Budapest 97; Talentförd.prämie d. Ldes ObÖst. 98; Arb.stip. d. Stadt Wien 00; Öst. Graph.wettb. (Ankauf d. Bundesmin.) 03 – **Ve:** Künstlervrg Maerz 98 – **G/T:** Zchng, Malerei, Objekte (Holz, Karton u. a.) – **W:** in Privatslgn – **M:** Innsbruck, Tiroler LM Ferdinandeum; Linz, LG; Linz, Lentos; Linz, Nordico-Mus.; Wien, Bundesmin. d. Wiss., Forschung u. Kunst; Wien, Kult.amt d. Stadt – **E:** 93 Wien, Alte Schmiede; 95 Cuxhaven, KV; 97, 00 Linz, Maerz; 98 Cham, StG; 99 Stoob, Hametner; 00 Linz, Gal. im Stifterhaus; 01, 03, 05 Wien, Chobot; 05 Zwickledt, Kubinhaus – **G:** u. a. 92 Wien, Haus Wittgenstein; 95 Linz, LG; 97 Hallein, Kunstforum; Deggendorf, SM; 98 Wien, Lang; 99 Turin, il Salto del Salmone; Linz, Gal. im Stifterhaus; 01 Linz, Maerz; Spital am Phyrn, Mark; 02 Wien, Chobot; 03 Paris, Kunstmesse – sowie Teiln. an div. Symposien – ***Lit:*** Im Augenblick, Ausst.kat. 92; Zchngn – Mischtechniken 1991–1994 95; Nachtstimmungen, Ausst.kat. 98; Die Zchng im 20. Jahrhundert 99; Werksicht, Ausst.kat. 00; Lade-Lade, Ausst.kat. 00; Der Trick d. Spinne, Ausst.kat. 05

Ecker, Pamela, Mag., Malerin, Graphikerin u. Musikschullehrerin; P. Roseggerweg 7, A-4780 Schärding, Tel. (0650) 7477000, *pamelaecker@a1.net*. Rauscherstr. 7/19, A-1020 Wien (*Schärding 7.7.74) – **VG:** Passau, Ambulante Gal. – **S:** 93–99 ABK Wien (Meisterkl. Graph. Prof. Gunter Damisch); 93–98 HS f. Musik u. Darst. Kunst Wien (Instrumentalpädagogik u. Klavier b. Prof. Ursula Kneihs) – **P:** Junge Kunst Passau 98; Talentförd.pr. d. Ldes ObÖst. 99; Arb.stip. f. Budapest 03 – **Ve:** IG Bild. Kunst seit 02; Innviertler Künstlergilde seit 02 – **G/T:** Malerei (Öl, Landschaft, lyrische Abstr.); Druckgraph. (Rad.) – **W:** überw. in Privatbes., mehrere Ölbilder u. Rad. – **M:** Wien, Kpst.-Kab. d. ABK – **Ö:** Wien, Fa. Siemens; ebda, Fa. Osram – **E:** 99 Pilsen, Europagal.; 02 Wien, Alte Schmiede; 03 Passau, Ambulante Gal. – **G:** 98 Passau, St. Anna Kap.; 99 Linz, OK Centrum f. Gegenwartskunst; Wien, Gal. Station 3; 01 Nassereith, Hosp; 02 St. Pölten, Ndöst. Dok.-Zentrum f. Mod. Kunst; 03 Wien, Artlab; Zwettl/NdÖst., Blaugelbezwettl – ***Lit:*** Junge Kunst Passau, Ausst.kat. 98 – (Red.)

Eckerle, Eberhard, Prof.; Goethestr. 4, D-76571 Gaggenau, Fax (07225) 983143, *kontakt@eberhard-eckerle.de*, *www.eberhard-eckerle.de*. c/o Univ. Hannover, Tel. (0511) 7622104, Fax 7622141, *eckerle@exmo.uni-hannover.de* (*Baden-Baden 31.8.49) – **VG:** Karlsruhe, Knecht; Baden-Baden, Fischer – **S:** 71–76 ABK Stuttgart; 76–77 Royal College of Art London (Stip.) – **L:** 79–84 Univ. Karlsruhe; FHS Pforzheim; 85 Akad. Stuttgart; 94 Univ. Hannover (Prof.) – **P:** Rocal College of Art, London 77; Kunststift. BW 79; Cité Intern. d. Arts Paris 91 – **Ve:** Dt. Künstlerbund 79; Künstlerbund BW 79 – **G/T:** Bildhauerei – **W:** u. a. in Bes. d. Stadt Baden-Baden – **M:** Karlsruhe, Reg.präsidium; Karlsruhe, StG; Mannheim, StKH; Rastatt, StG; Sindelfingen, StG – **Ö:** Kunst am Bau in Baden-Baden, Berlin, Gaggenau, Gernsbach, Hannover, Lautenbach, Nürtingen, Offenburg, Sinsheim u. Villingen-Schwenningen – **E:** seit 79, u. a. 84 Stuttgart, Kunstraum; 87 Bad Säckingen, KV Hochrhein; 87, 92, 95 Karlsruhe, Gal. Art-Contact; 88 Gaggenau, Fischer; 89 Offenburg, Künstlerkreis Ortenau; 91, 00 Baden-Baden, Fischer; 92 Rastatt, KV; 94 Rottweil, Forum Kunst; 99 Karlsruhe, Knecht; 04 Karlsruhe, Art Karlsruhe – **G:** seit 75, u. a. 91 Wien, MMK Stiftung Ludwig; 95 Augsburg, KV; 97 Rottweil, Dominikanermus.; 00, 01 Guilin, Intern. Symposium; 01 Osaka, Trienn.; 02 Baden-Baden, SKH; Beijing, Intern. Symposium; 03 Guilin, Intern. Sculpture Award – **V:** Ateliers im Freien – Kunst im Leeren, in: das kunstwerk 3/81; Zwischen Schalter und Foyer, ebda 3/88; Das Urteil des Paris, im Kat. d. Ges. d. Freunde junger Kunst 89; Über die Rückbezüglichkeit der Kunst, Auszug im Kat. d. KV Rastatt 92; Keine Werte, bitte 93; Das Hämatom der Wörter 94; – weitere: Kunstbetrachtung und Betrachtung der Kunst, in: Die Wäscherei – 13 Jahre Künstlerkreis Ortenau – ***Lit:*** E. Neumann: Kunst an Staatlichen Bauten in Baden-Württemberg 80–95; R.-G. Dienst: Deutsche Kunst – Eine neue Generation, in: das kunstwerk 2/84; R. Händler: Natur wird Kunst (Kunstlandschaft BRD), in: art 1/85; C. von Kageneck: E. E., in: das kunstwerk 3/87; F. Rödiger-Diruf: Kat. 88; Braxmaier: E. E., in: das kunstwerk 2/89; K. Voigt: Das Schöne und das Tier, in: NIKE 37/91; dies.: Kunst als entropiemindernder Prozess 91; L. Hegyi: E. E. Vanitas III/91, in: das kunstwerk 4/91; T. Hirsch: E. E. 92 – ***LitR:*** Im Fluß der Zeit, Dokf. SWR 88; Knümann: Landschaft III, SWR 91; Wolfgang Temmel: At the Back of Beyond, Radiost. 95; – sowie: Arte Natura, Video – (Red.)

Eckert, Horst s. Janosch

Eckert, Lars, Installationskünstler; Saarstr. 2, D-38116 Braunschweig, Tel. (0531) 2062345, *info@flecma.de*, *www.flecma.de* – **S:** 88–94 HBK Braunschweig (b. d. Prof. Hinnerk Schrader u. Hermann Albert) – **KGe:** flecma: L. E., Susanne Fleischhacker u. Holger Manthey – **E:** u. a. 00 Braunschweig, Buch & Kunst; Braunschweig, Herzog Anton Ulrich-Mus.; 01 Braunschweig, Gal. auf Zeit – **G:** u. a. 00 Gifhorn, KV; 01 Braunschweig, Konsumver.; Braunschweig, Gal. auf Zeit; 02 Berlin, Bundesmin. f. Umwelt, Naturschutz u. Reaktorsicherheit; Braunschweig, Buch & Kunst – (Red.)

Eckhard, Mandir s. Tix, Mandir

Eckhardt, Frank, Maler, Graphiker, Buchgestalter; Pillnitzer Landstr. 59, D-01326 Dresden, Tel. (0351) 2689013, Fax 2689076, *f.eckhardt@t-online.de* (*Dresden 59) – **S:** 77–79 TU Dresden; 93, 94 AK Berlin (Meisterschüler) – **E:** u. a. 88 Dresden, Gebrüder Lehmann; 95 Dresden, Globus; 96 Dresden, Stadtarchiv; 97, 98 Dresden, Gal. Adlergasse; 99 Dresden, Leonhardi-Mus. – **G:** u. a. 93, 94 Dresden, Gal. Rähnitzgasse; 93 Leipzig, Bildermesse; 94 Frankfurt am Main, Buchmesse; 95 San José/Calif., Inst. of Contemp. Art; Leipzig, Globus Gal. – **V:** Akademie I 86; Ingeborg Bachmann u. Gabriele Syron: Psalm – Früher Mittag 88; Bardo Thödel. Tibetan. Totenbuch (Siebdrucke) 92; Aperçu flute (Siebdrucke) 93 – ***Lit:*** AKL – (Red.)

Eckhardt, Friedrich (Ps.: Phillipp Dixi), Mag. art., Bildermacher (*Wiener Neustadt 5.3.60) – **S:** 84–89 HS f. Angew. Kunst Wien (Meisterkl. f. Graph. Prof. Oberhuber u. Prof. Caramele) – **P:** Image Kohle (1. Pr.) 87; Förd.pr. f. Bild. Kunst d. BmfUK 90; Bgld. Wettb. Bild. Kunst (2. Pr.) 90; Öst. Graph.wettb. Innsbruck 91; Förd.pr. f. Bild. Kunst Bgld 92; Pr. d. Trend Art Spectrum 92; Förd.pr. f. Bild. Kunst NdÖst. 93 – **G/T:** Malerei, Zeichn., Fotogr., Objekte u. elektonische Medien – **M:** Eisenstadt, Bgld. LG; Salzburg, Rupertinum; St. Pölten, Ndöst. LM; Wien, Albertina; Wien, BMfUK – **E:** 89 Wien, Zumtobel; 91 Wien, Menachem Elias Found.; 92 New York, Gall. at the Austrian Cultural Inst.; 93 Wien, Philips Gal.; 94 Wien, Blau-gelbe Gal.; 95 Klagenfurt, Künstlerhaus – **G:** u. a. 89 Eisenstadt, Schloß Esterházy, LG; Wien, MMK Stiftung Ludwig; 90 Linz, Maerz; Hoorn/Niederl., KV; Wien, MAK; 91 Óbidos, Bienn.; 92 Krakau, Echolot; Krems, KH; Eisenstadt, Schloß Esterházy, LG; 93 Wien, Theuretzbach;

Wien, RHhalle; Budapest, Műcsarnok; 94 Linz, LG; 95 Klostermarienberg, Kloster; 96 Baden bei Wien, Menotti; Wien, Station 3; Krems, KH; Wien, NdÖst. LM; 97 Szombathely, Képtár; Klagenfurt, Künstlerhaus – **R:** RAMS – Radio: Das Geschlechtsleben der Adeligen – ***Lit:*** Kat. u. a. z. d. Ausst.: fünf künstler 89; Menachem Elias Foundation Wien 91; plural in singular 92; echolot 92; Kunst, Europa 93; Das andere Buch 93; Madame Eckhardt 93; zwischenbilder/zwischenräume 94; Sports – simple the truth 94; zelle/ schwarz auf weiß 94; Kunst im Burgenland nach 1945 95; printed matter 95; blance.akte 96 96; copy book art 96; Trafik, 97; 3 wege zum see 97 – (Red.)

Ecu, Wyny (eigtl. Werner Grosch), Maler, Bildhauer; c/o Kunstkammer, Kamminer Str. 27, D-10589 Berlin, Tel. (0 30) 34 50 39 60, *berlinerkunstkammer@surfeu.de; wyny@tiscali.de*, *www.wyny-ecu.de* (* Bochum 4. 6. 31) – **S:** KA Düsseldorf (Ass. v. Rudolf Belling); Werksem. Düsseldorf – **G/T:** eigene Erfindung EUROPID (keiner Kunstströmung zuzuordnen) – **M:** Berlin, Kunstamt Spandau; Duisburg, Wilhelm-Lehmbruck-Mus.; Düsseldorf, KS KA – **E:** 83 Berlin, Bildhauergal. Plinthe – sowie Dauerausst. in d. Kunstkammer Berlin – **G:** sporad. Bet. – **V:** Kunstbiografisches 04; Lächelnde Mona Lisa enträtselt 05

ED s. Lück, Edgar

Edelmann, Erika; Wollinerstr. 34, D-22143 Hamburg, Tel. (0 40) 6 47 44 80, Fax 64 86 16 06 – **G/T:** Malerei, Graph. – (Red.)

Edelmann, Hanno, Bildhauer, Maler, Graphiker; Wolliner Str. 34, D-22143 Hamburg, Tel. (0 40) 6 47 44 80, Fax 64 86 16 06, *www.hannoedelmann.de* (* Hamburg 18. 11. 23) – **S:** 37–38 HBK Hamburg (Abendkurse); 40–41 KSch Posen; 48–52 HBK Hamburg (b. Willem Grimm) – **Ve:** Sezession München – **KGr:** Tendenzen – **M:** Bielefeld, KH; Hamburg, Altonaer Mus.; Hamburg, KH; Rockenhausen, Mus. Pachen; Rostock, KH – **E:** zahlr., u. a. 80 Wyk auf Föhr, Ankora; 84 Wellington, Brandt; 88 Worpswede, Bollhagen; 92, 94, 98 Ahrensburg, Vivendi; 93, 94 Eutin, Schloßgarten-Gal. – **G:** seit 49, u. a. 55 München, Große Kunstausst.; 66 Halle/Saale, Staatl. Gal. Moritzburg; 67, 70 Berlin, Intergrafik – ***Lit:*** AKL; Schweers 02 – (Red.)

Edelmann, Heinz, Prof., Graphiker u. Illustrator; c/o Verlag der Buchhandlung Walther König, Ehrenstr. 4, D-50672 Köln. lebt in Stuttgart (* Aussig/Böhmen 20. 6. 34) – **S:** 53–59 Staatl. KA Düsseldorf (b. Otto Coester) – **L:** 59–60 Werklehrerseminar Düsseldorf (Doz.); 61–66 WerkKSch Düsseldorf (Lehrer f. Gebrauchsgraph.); 71–72 Freie Akad. Den Haag (Doz.); 76–79 FHS Köln; 79–81 Königliche ABK Den Haag; 84–86 FHS Düsseldorf (Prof. f. Graph.design); 86–96 Staatl. ABK Stuttgart (Prof.) – **G/T:** Graph. (Zeichn., Ill. f. Ztgn u. Zss, Buchill., Kinderb., Umschlaggest., Typogr., Plakatgest., Graph.design f. Trickfilme) – **E:** 68 München, MAM; 99 Chaumont, Festival d'Affiches – **V:** u. a. Peter Hacks: Kathrinchen ging spazieren (Ill.) 75; ders.: Meta Morfoss (Ill.) 75; Die 51 schönsten Buchumschläge 82; Hans Scheibner: Der Zug der Tiere (Ill.) 83; Helmut Heissenbüttel: Mehr ist dazu nicht zu sagen 83; Kenneth Grahame: Der Wind in den Weiden oder der Dachs läßt schön grüßen, möchte aber auf keinen Fall gestört werden (Ill.) 92; Das Buch der Bücher 97; Skizzenbuch 00; The Incredible! 04 – **R:** George Dunning: Yellow Submarine, Zeichentrickfilm (Design u. Art Director) 68 – ***Lit:*** AKL; Flemig 93; Contemp. Designers 97 – (Red.)

Edelmann, Michael, Kunstmaler, Graphiker, Bildhauer,; Schloßstr., D-48612 Horstmar, Tel. (0 25 58) 12 45, Fax 98 67 27, *post@artwing.de*, *www.michaeledelmann.de* (* Hamburg 22. 6. 57) – **S:** 75–84 HBK Hamburg (b. Thiemann, Hausner u. a.) – **Ve:** BBK Westf. – **G/T:** alle

Edelmann, Ralf (Ps.: WASH, weitere Ps.: WASHINGTON), Dipl.-Künstler, Maler, Bildhauer; Löwengasse 25/6, A-1030 Wien, Tel. (01) 7 14 81 61, *ralf.edelmann@chello.at*. Lebt u. arbeitet in Wien u. Aschaffenburg (* Aschaffenburg 15. 2. 68) – **S:** 89–97 HBK Braunschweig; 93–96 Städelschule Frankfurt am Main – **P:** Ausldsaufenthalt am San Antonio Art Institut 92; Erasmusstip. f. Helsinki 95 – **Ve:** Neuer KV Aschaffenburg 99 – **KGr:** 1. Komitee z. Erhaltung d. Mauer (89) – **G/T:** Holzplastik, Acrylmalerei, Objektkunst, Multiples – **W:** überw. in Privatbes. – **Ö:** Worpswede, Altes RH – **E:** 02 Offenbach, Fahrradhalle; 03 Aschaffenburg, Neuer KV – **G:** 90 Braunschweig, Gal. Komat; 99 Wiesbaden, Fluxeum; 01 Offenbach, Fahrradhalle; 02 Worpswede, Ruländer; Roskile, Gal. Nat.bibliothek; Frankfurt am Main, Art Box; 03 Hamburg, Bach & Partner; Frankfurt am Main, ART Frankfurt; Frankfurt am Main, Roland Berger; Berlin, Kühn; Lilienthal, Kühn – ***Lit:*** Neuer KV Aschaffenburg (Hrsg.): Warten auf die Konjunktur. R. E., Kat. 03

Eder, Christian, Mag. phil.; Fasangasse 53/14, A-1030 Wien, Tel. u. Fax (01) 7 96 99 69, Mobil: 06 50 7 96 99 69, *chriseder@aon.at*, *www.ederfend-vansoest.at; www.christian.eder.at.tf* (* Bregenz 1. 2. 64) – **VG:** Wien, Gal. Ariadne – **P:** London-Stip. d. BmfUK – **Ve:** IG Bild. Kunst Wien 02; Berufsvrg Bild. Künstler Bregenz 03; Künstlerhaus Wien 04 – **G/T:** Malerei (Öl, konkret, abstr.); Objektkunst (Gips); Fotogr. (ges. Recherchen) – **K:** Aktzeichn., Kunstpädagogik, Kunstvermittlung zu Schwerpunkten d. ma. Tafelmalerei – **Ö:** Bregenz, Voralberger Wirtschaftspark; Innsbruck, Kult.amt; Wien, Kult.kontakt – **E:** zahlr. Ausst. seit 95, u. a. 95 Lauterach, Alte Seifenfabrik; 96 Bregenz, Alte Spinnerei; 97 Innsbruck, Schafferer; 99 Innsbruck, Gal. im Andechshof; Innsbruck, Gal. im Taxispal.; 02 Wien (roomservice. kunst in privaten räumen); Wien (kunst in d. praxis I); 05 Wien, Allgemeines Krankenhaus (in Kooperation m. Künstlerhaus Wien); Wien, Gal. Ariadne; 06 Bratislava, Öst. Kult.forum; Wolkersdorf im Weinviertel, Forum Schloß Wolkersdorf; Feldkirch, Villa Claudia; 07 Wien, Gal. Artmark – **G:** zahlr. Ausst.bet. seit 91, u. a. 91, 92 Bregenz, Kupferdruckwkst. Leissing; 92 Götzis, Vorarlberger Wirtschaftspark; 02, 03, 04 Wien, Gal. Ariadne; 03 Wien, Museumsquartier; 04 Bregenz, Künstlerhaus Pal. Thurn u. Taxis: Neue Mitgl.; Wien, IG Bild. Kunst: That's New; Feldkirch, KV A4: horizontal vertikal; – sowie: 04 Artbodensee: Hypo-Kunstwettb. – ***LitR:*** Das Geheimnis des Wiener Neustädter Altars, Beitr. im ORF in d. Sdg Dimensionen 00

Eder, Hansjörg Maria, Maler; Rabenstr. 36, Tel. (0 73 71) 1 21 70 (* Riedlingen 3. 4. 56) – **S:** 76–79 Atelier Hans-Peter Kneer Munderkingen (Restaurierung); 81–86 Staatl. ABK Karlsruhe (Malerei u. Graphik b. Georg Baselitz, Albrecht von Hanke u. Horst Antes) – **KGe:** seit 96 Zus.arb. mit Ehefrau Ulrike Geiselhardt – **G/T:** Malerei (u. a. Fresco, Öl, Landschaft, Portr., Vögel); Restaurierung (Wandmalerei) – **K:** Akt u. Portr. – **Ö:** Neugest. v. Pfarrk., u. a. in Wiesbaden, Pfarrk. Heilige Familie; Fassadengest. u. a. in Nürnberg, Stuttgart u. Pforzheim; Karlsruhe, Kuppel d. Eingangshalle d. Herzklinik – (Red.)

Eder, Heinrich, Bildhauer, Maler, Graphiker; Sootbörn 22, D-22453 Hamburg, Tel. (0 40) 58 04 80 (* Salzburg 26. 3. 67) – **S:** 81–85 FS f. Holz- u. Steinbildhauerei Hallein; 84 Intern. Sommerakad. Salzburg (b. Josef Zenzmaier); 88–92 ABK München (Bildhauerei b. Prof. Hans Ladner, Meisterschüler) – **Ö:** u. a. Bürmos, Realschule; Hamburg, Musikhalle; Itzehoe, Holstein-Center; Michaelbeuern, Benediktinerabtei – **E:** u. a. 97 Glücksburg, Schloß; 98, 00 Hamburg, Alleetheater; 98 Hamburg, Musikhalle; 99 Hamburg, FHS; 02 Hamburg, Hanseviertel – **G:** u. a. 95 Hamburg, Kampnagel; 97 Hamburg, Künstlerhaus Sootbörn; Hamburg, Alsterpavillon; 99 Hamburg, Meißner; 00 Hamburg, Forum Alstertal – ***Lit:*** AKL – (Red.)

Eder, Martin, Maler (* Augsburg 68) – **VG:** Berlin, Gal. Eigen + Art; Leipzig, Gal. Eigen + Art – **S:** 86–92 FHS Augsburg; 93–95 ABK Nürnberg; 95–99 Gesamt-HS Kassel; 96–01 HBK Dresden (b. Prof. E. Bosslet) – **L:** 99 Univ. Witten-Herdecke; HBK Dresden; 00 Columbia Univ. New York – **P:** Philip Morris Kunstförd. New York 99; Arend Oetker Atelierstip. u. Projektstip. 00; Arb.stip. d. Kult.stift. d. Freistaates Sa. 01 – **Ve:** VG Bild-Kunst – **E:** u. a. 00 Leipzig, Gal. f. Zeitgen. Kunst; 01 Augsburg, StKS (Kat.); Dresden, Oktogon (Kat.); 02 New York, Freiser; 03 Leipzig, Gal. Eigen + Art; 04 Lingen, KV (Kat.); 06 Mannheim, StKH; Berlin, Gal. Eigen + Art – **G:** zuletzt u. a. 00 Frankfurt am Main, MMK; 01 Delmenhorst, StG; 02 Prag, NG; 03 Bremen, KH; 06 Mannheim, StKH: Gesichter einer Slg; Den Haag, Haags Gemeente-Mus. – ***Lit:*** AUSST.KAT.: Stifterkr. f. d. Kunstpr. d. Böttcherstr. Bremen (Hrsg.): Kunstpr. d. Böttcherstr. in Bremen 03; M.E. Memoirs of My Nervous Illness (Brandenburg. KV Potsdam) 03; Rolf Lauter (Hrsg.): Direkte Malerei (Die neue KH IV Mannheim) 04; Dt. Guggenheim (Hrsg.): Visuell 25. Fünfundzwanzig Jahre Slg Dt. Bank 05, S. 80

EDM s. Mersmann, Eleonore

Edoga, Mo, Environmentkünstler, Bildhauer, Arzt; *m@edoga.de*, *www.edoga.de* – **VG:** Weizelsdorf, Walker – **L:** 92 KHS Kassel (Gastdoz.); 01 The SchA Inst. of Chicago (Gastprof.) – **P:** Freie Akad. d. Künste Mannheim (Mitgl.schaft) – **M:** Warschau, NM – **Ö:** Rosegg, Drau-Schwemmholz Rekreat; Schriesheim, Kurpfalz-Gymnasium; Weizelsdorf, Schloßpark Ebenau – **E:** u. a. 91 Mannheim, KV – **G:** u. a. 92 Kassel, documenta; 00 Berlin, Haus d. Kulturen; 01 Hildesheim, Kunstkoffer; Bad Salzdetfurth, KV; Baden, KV – ***Lit:*** AKL – (Red.)

Edrich, Maria del Rosario (geb. Maria del Rosario Tabales Garcia), Malerin, Dozentin; Karlstalstr. 5, D-67707 Schopp, Tel. u. Fax (0 63 07) 60 55, *del. rosario.edrich@t-online.de*, *www.del-rosario-edrich. de* (* Peñarroya/Córdoba 7. 10. 44) – **S:** Hospitation u. freie Mitarb. b. versch. Malerinnen u. Malern in Madrid u. Cadiz bis 66; seit 85 KA Madrid (b. Artista Pintor Francisco Toro Iglesias u. Prof. Mariano f. geometrische Abstr.) – **Ve:** Kunstkr. Kusel 94; KV Zweibrücken 95; BBK Rh.-Pf. 98; Intern. Assoc. of Art Unesco 00 – **G/T:** Geometrische Abstr.; Exper. Malerei (Aqu., Öl); Objektkunst (Install.) – **K:** Exper. Malerei, versch. Sparten d. Malerei f. Erzieher u. Pädagogen, Aqu. – **W:** in Repräsentationsräumen v. Unternehmen, Rechtsanwälten, Ärzten, Notariaten, Banken u. Spk. – **Ö:** Kaiserslautern, Landgericht; ebda, Verwaltungsgebäude – **E:** u. a. Zweibrücken, Park-Gal.; Kaiserslautern, Ldesgartenschau; Kaiserslautern, Ldgericht; Kaiserslautern, RH; Trier, Stadtverwaltung – **G:** u. a. Mainz, Ldtag; Wiesbaden, Wilhelm-Kempf-Haus; Landau in der Pfalz, Villa Streccius; Villa Sachsen; Berlin, Ständige Vertretung Rh.-Pf. – **V:** m. Michael Dillinger: Fuentes – Bilder und Märchen 96

Edwin s. Hauptmann, Hans-Günter

Edzgveradze, Gia, Maler, Installationskünstler; Himmelgeister Str. 107F, D-40225 Düsseldorf, Tel. (02 11) 6 80 37 53. Max-Halbe-Str. 14, D-40470 Düsseldorf, Tel. (02 11) 63 78 34 (* Tbilisi 10. 6. 53) – **VG:** München, Nusser & Baumgart – **S:** 74–80 AK Tbilisi (u. a. b. Chita Kutateladze) – **L:** 96–00 KA Düsseldorf (LAuftr. f. Zeichn.) – **M:** Aachen, Ludwig Forum; Aix-La-Chapelle, Slg Ludwig; Bochum, Mus.; Budapest, Ludwig Múz.; Emden, KH; Esslingen, StG Villa Merkel (GrS); Genf, Mus. Barbier-Mueller; Heidenheim, KM; Madrid, Fond. Caja de pensiones; Moskau, Center of Contemp. Art; Moskau, Tret'jakov-Gal.; New Brunswick/NJ, Zimmerli AM; Stuttgart, Slg Daimler-Chrysler; Tbilisi, NM – **E:** seit 85, u. a. 99 St. Ives, Tate Gall.; München, von Lintel & Nusser; Triest, Studio Tommaseo; 00 Köln, von Lintel & Nusser; 01 Bochum, Mus. – **G:** seit 80, u. a. 89 Kassel, Mus. Fridericianum; 90 Köln, DuMont KH; 91 Aachen, Ludwig Forum; 97 Stuttgart, SG; 99 Berlin, NG – ***Lit:*** AKL – (Red.)

EESDRON s. Trampert, Hans-Peter

Effenberger, Herta (geb. Herta Voelkner), Dipl.-Graphikerin; Räthenweg 2, D-19063 Schwerin, Tel. (03 85) 2 01 32 42 (* Danzig 8. 6. 40) – **S:** 59–65 HBK Dresden (Dipl. b. Prof. Lea Grundig) – **M:** Leipzig, MBK; Lutherstadt Eisleben, Mansfeld-Gal.; Schwerin, Staatl. Mus. – **E:** u. a. 70 Schwerin, Staatl. Mus.; 78 Schwerin, Staatl. Kunsthandel; 89 Hagenow, Mus.; 00 Schwerin, Schlesw.-Holst.-Haus; 05 Schwerin, Berger – **G:** u. a. 72 Dresden, VII. Kunst-Ausst. d. DDR – ***Lit:*** AKL; Brigitta Meuche: Schönheit der Natur in zarten Zeichnungen, In: Ostsee-Ztg v. 30./31.8.03

Effenberger, Karlheinz, Graphiker; Räthenweg 2, D-19063 Schwerin, Tel. (03 85) 2 01 32 42 (* Raspenau 10. 8. 28) – **S:** 56–61 HBK Dresden (b. Erich Fraass, Hans Theo Richter u. Lea Grundig) – **P:** Fritz-Reuter-Kunstpr. 65, 68, 71; Archit.-Pr. d. DDR 88 – **Ve:** Schweriner Verb. Bild. Künstler 64–72 – **KGr:** Kollektiv Bannewitz (bis 63) – **G/T:** Graph. (Aquatinta-Rad., Montage-Rad., Zeichn.); Aqu. (v. a. Ldschaft) – **M:** Frankfurt/Oder, Mus. Junge Kunst; Lutherstadt Eisleben, Mansfeld-Gal.; Rostock, KH; Schwerin, Meckl. Volkskundemus.; Schwerin, Staatl. Mus.; Weimar, Klassik Stift. – **Ö:** Neustrelitz, Friedrich-Wolf-Theater; Sachsenhausen, Gedenkstätte d. Konzentrationslagers; Schwerin, Staatstheater – **E:** u. a. 66, 78 Schwerin, Staatl. Mus.; 70 Bydgoszcz, KH; 86 Pécs, Bibl.-Gal.; 98 Schwerin, Meckl. Volkskundemus. – **G:** u. a. 65, 79 Berlin, Intergrafik; 67 Dresden, 6. Dt. Kunst-Ausst.; 70 Krakau, 3. Intern. Graph.-Bienn.; 72, 77, 87 Dresden, 7.–10. Kunst-Ausst. d. DDR; 91 Majdanek, Intern. Graph.-Trienn. – **V:** polem., krit. Welt- u. Kunstbetrachtungen: In den Gezeiten 94; Umtriebiges 98 – ***Lit:*** AKL

Effenberger, Sibylle, Bildhauerin, Malerin; Forsthaus Bischofstein 1, D-99976 Lengenfeld unterm Stein, Tel. u. Fax: (03 60 27) 7 88 22, *sib.e@freenet.de*, *www. sibylle-effenberger.de* (* Mühlhausen/Thür. 15. 3. 72) – **S:** 02–04 Schnitzschule Empfertshausen (Ausb. z. Holzbildhauerin) – **Ve:** Kunstwestthüringer 04 – **G/T:** Bildhauerei (Holz); Objektkunst (Keramik, Beton); Malerei (Acryl); Portr.malerei – **K:** freies Töpfern – **W:** überw. in Privatbes. – **Ö:** Hildebrandshausen, GH Auf d. Heide; Lengenfeld unterm Stein, Atelier – **E:** 04 Lengenfeld unterm Stein, Schloß Bischofstein; 05 Weinbergen/Grabe, Kirche St. Georg

Egan, Joseph, Maler, Plastiker, Installationskünstler; Pestalozzistr. 46, CH-8032 Zürich (* Scranton/PA 15. 4. 52) – **VG:** Zug, Gal. Weber; Zürich, Verna – **S:** 70, 71 Univ. of Miami; 71–75 Kutztown State College; 75–77 Yale Univ. New Haven; 73–78 New York (Privatunterricht b. Bildhauer David Rabinowitch); 76–77 ebda (Ass. v. D. Rabinowitch) – **P:** u. a. Villa Waldberta München 88; Förd.pr. RP f. junge Künstlerinnen u. Künstler 94; Artist in Residence 94, 95 – **E:** zahlr. ab 76 in d. USA u. Europa, u. a. 97 Lahr, Bischoff; 98, 99, 01 Zug, Gal. am See; 99 Köln, Limmer; 00, 02 Konstanz, Geiger; 01 Neuhausen/Fildern, KV – **G:** zahlr., u. a. 00 Zürich, Barth; 01 Zürich, Verna; 03 Stuttgart, Mack – ***Lit:*** AKL; BLSK 98 – (Red.)

Egdmann, Michaela (geb. Michaela Wünsche), Dipl.-Bildhauerin; Bünaustr. 45, D-01159 Dresden, Tel. (03 51) 4 64 47 22, *michaela.egdmann@web.de* (* Dresden 58) – **S:** 77–82 HBK Dresden (Fachrichtung Plast.) – **P:** Förd.stip. d. Verb. Bild. Künstler 82–84; Cranach-Stip. Wittenberg 04 – **Ve:** KBD; BBK; SKB – **G/T:** Malerei, Zeichn. (bes. Portr., Tiere, Ldschaft); Plast. (Holz, Ton, Bronze); Materialcollagen – **K:** Kreative Gest., Zeichnen, Malen, Objekte, modellierendes u. skulptierendes Arb. – **W:** Holzbildhauersymposium Schellerhau (große Holzarb.) – **M:** Coswig, Stadtverwaltung; Cottbus, KM Dieselkraftwerk; Dresden, Inst. f. Gesch. d. Medizin; Dresden, SKS; Dresden, SLUB; Meißen, Ldratsamt; Meißen, SM – **Ö:** Dresden, Kult.amt; ebda, Reg.präsidium, Haus d. Presse (Bank(e)lese); Finsterwalde, Jgd.werkhof; Meißen, Elbstr. (Bronzerelief); ebda, Pflegeheim; sowie Elbldkliniken in Meissen, Radebeul u. Reichenbach – **E:** 92 Meißen, Theater; Waiblingen, Kleine Gal.; 94 Meissen, AOK; Dresden, Kreativwkst.; 95 Dresden, Gal. an der Schwebebahn; 99 Zittau, Volks- u. Raiffeisenbank; 00 Dresden, Diakonisches Werk; 02 Großenhain, Schloß – **G:** u. a. 93 Bamberg, Wanderausst. Schwäbisch Gmünd; Bonn, Insel Mainau; 95 Moritzburg, Kavaliershaus; 97 Waiblingen, Ldratsamt; 98 Dresden, KH im Art'otel; 99 Dresden, Sä. Ldesärztekammer; Chemnitz, Neue Sä. Gal.; 05 Dresden, Gal. art funerale – **V:** Spuren. Ein JahreBuch (Seitengest.) 99; Kerstin Bette: Schwanenacker (Einbdgest.) 03

Egerer, Evelyne, Mag. art., freischaffende Künstlerin; Zahnradbahnstr. 11/12, A-1190 Wien, *summerlyne @tele2.at*, *www.rediscoveringyunnan.com* (* Wien 29. 1. 55) – **S:** 77–82 HS f. Angew. Kunst Wien – **P:** Staatsstip.; Prix Lancome; Humanic Artist in Residence 84 – **Ve:** Wiener Secession – **KGe:** Die Damen (seit 87) – **G/T:** Install.; Objekt; Fotogr. – **M:** Wien, MAK – **Ö:** Baden, Bez.hauptmannschaft (BH); Wien (Pl.gest.) – **E:** u. a. 83 Wien, Kunsthandlung Hummel; 91 Wien, Generali Found.; 94 Wien, Fotogal. Wien; 05 Dali/China; 06 Krems, Gal. Stadtpark – **G:** u. a. 84, 85 Wien, Mus. des 20.Jh.; 86 Oslo, Kunstnernes Hus.; Mailand, Rotonda; 88 Wien, Kunst Raum; 91 Berlin, Neue Ges. für bild. Kunst; 03 Krems, KH – **V:** Künstlerb. 87 – ***Lit:*** Thomas Zaunschirm (Text): ISOLATION (Kat.) 91; Silvia Aigner (Text): MIMOSEN, ROSEN, HERBSTZEITLOSEN 03

Egg, Loys, Maler, Zeichner, Objektkünstler, Fotograf, Musiker; Schopenhauerstr. 38, A-1180 Wien, Tel. (01) 4 08 57 07 (* Bern 16. 3. 47) – **S:** ab 64 HS f. angew. Kunst Wien (b. Wilhelm Cermak u. Herbert Tasquil); ABK Wien (b. Franz Elsner u. Walter Eckert, 70 Malerei-Dipl.) – **L:** 72–86 HS f. angew. Kunst Wien (LAuftr.) – **Ve:** Wiener Secession 71; Vrg Bildender Künstlerinnen Öst.; Grazer Autorenversammlung – **KGr:** Hotel Morphila Orchester (ab 78); Orphila (seit 84) – **M:** Graz, LM Joanneum; Wien, Albertina; Wien, Kult.abt. d. Stadt; Wien, MMK Stiftung Ludwig; Wien, Slg d. Bundes – **E:** zahlr., u. a. 89 New York, Öst. Kult.inst.; 96 Wien, Wiener Secession; 98 Wien, Pal. Harrach; 03 Wien, Mus. auf Abruf; Wien, Alte Schieberkammer – ***Lit:*** AKL – (Red.)

Egg, Petra, Installations- u. Medienkünstlerin; Rotensterngasse 26/9, A-1020 Wien. Atelier: Preysinggasse 7–9/4, A-1150 Wien (* St. Johann/Tirol 30. 12. 60) – **S:** 80–82 Univ. Salzburg (Publizistik u. Kunstgesch.); 81–88 HS f. Musik u. darst. Kunst Salzburg (b. Peter Prandstetter u. Herbert Stejskal, Dipl. f. Malerei u. Graph.); 88–89 HS f. angew. Kunst Wien (b. Herbert Tasquil) – **L:** seit 01 Univ. f. angew. Kunst Wien (LAuftr.) – **M:** Innsbruck, Kult.abt. d. Ldes; Wien, Kult.abt. d. Stadt; Wien, Slg d. Bundes – **E:** zahlr., u. a. 98, 99 Wien, ars mobilis; 98 Salzburg, Eboran; 01 Wien, Cult; 03 Salzburg, KV – **G:** zahlr., u. a. 02 Wien, Cult; Pischelsdorf, KV Kulm; 03 Wien, Twin Tower; Salzburg, Gal. 5020; Wien, Praxisraum – ***Lit:*** AKL – (Red.)

Eggbauer, Hans; Leibenfelderstr. 74, A-8530 Deutschlandsberg, Tel. (0 34 62) 71 96, *hans.eggbauer @he-art.at*, *www.he-art.at* (* Kapfenberg/Stmk 21. 2. 60) – **S:** Autodidakt – **Ve:** Styrian-Art 03 – **G/T:** Objektkunst (Schrott); Malerei (Öl, Acryl, abstrakt, Landschaft, 3D-Bilder); Lyrik

Eggemann, Hildegard, Keramikerin; c/o Keramische Werkstatt Margarethenhöhe, In der Bullmannaue 19, D-45327 Essen, Tel. (02 01) 30 50 80, Fax 30 30 31 (* Essen 7. 7. 49) – **S:** 79–85 GesamtHS Kassel (b. Ralf Busz) – **M:** Frechen, Keramion; Hamburg, Slg Thiemann; Höhr-Grenzhausen, Keramik-Mus. Westerwald – **G:** 82, 85 Höhr-Grenzhausen, Keramik-Mus. Westerwald; 82 Leverkusen, Forum; Koblenz, Gal. Handwerk; 83 Offenburg, StG im Spitalspeicher; Hannover, Handwerksforum; 90 Frankfurt am Main, MAK – ***Lit:*** AKL; WWCCA 96 – (Red.)

Egger, Guenter, Mag. art., Maler, Graphiker; Friedrichstr. 8, A-2500 Baden, Tel. (0 22 52) 2 29 69 (* Villach/Öst.) – **S:** 76–81 ABK Wien (Meisterschule f. Graph. b. Prof. Maximilian Melcher) – **L:** 80–82 ABK Wien (LBeauftr.) – **P:** Graph.wettb. Innsbruck (Pr. d. Bundeshauptstadt Wien) 80; Würdigungspr. d. Bundesmin. f. Wiss. u. Forsch. 81; Förd.pr. d. Kärntner Spk. (Romstip.) 83; Graph.wettb. Innsbruck (Pr. d. Ldes ObÖst.) 86; Förd.pr. f. Graph. d. BmfUK 86; Anerkennungspr. d. Stadt Baden 02; sowie mehrere Akad.pr. – **Ve:** KV Kärnten – **G/T:** Rad., Aqu., Zeichn., Öl – **M:** Bregenz, Vorarlberger LM; Innsbruck, Tiroler LM Ferdinandeum; Klagenfurt, LM Kärnten; Vevey, Mus. Jenisch; Wien, Albertina; Wien, Öst. Tabakmus. – **Ö:** Wien, Allg. Krankenhaus; Wien, BMfUK – **E:** u. a. 79 Klagenfurt, Künstlerhaus; 82 Wien, Gal. in d. Künstlerhauspassage; 85 Klagenfurt, Gal. Carinthia; 87 Wien, Öst. Tabakmus.; 92, 95 Vevey, Gal. Arts et Lettres; 99 Ascha, Kunst u. Kultur – **G:** u. a. 77–81 Wien, ABK; 79–93 Graph.bienn. in Lublin, Alexandria, Riva del Garda, Frechen, Innsbruck u. Vaasa; 87 München, Große Kunstausst.; zuletzt 02 Györ, Akad. d. Wiss. – ***Lit:*** G. E. Aquarelle. Radierung, Kat. z. Ausst. in d. Gal. Carinthia Klagenfurt 85; G. E. Griechische Inseln: Aquarelle, Kat. z. Ausst. in d. Gal. Carinthia Ossiach 88; G. E. Radierungen, Kat. z. Ausst. in d. Gal. an d. Stadtmauer Villach 90 – (Red.)

Egger, Heinz, Maler, Zeichner, Graphiker, Illustrator; Bernstr. 5, CH-3400 Burgdorf/BE (* Aarwangen/Bern 12. 2. 37) – **VG:** Bern, Haldemann – **S:** KGS Bern u. Basel – **W:** Ankauf u. a. durch d. Kantonalbank Bern sowie Stadt u. Kt. Bern – **M:** Basel, KS d. Union Bank of Switzerland; Basel, Kpst.-Kab.; Bern, KM; Stuttgart, Hölderlin-Arch. – **E:** zahlr., u. a. ab 87 Basel, Mäder; 87 Biel, KV; 88 Bern, KH; 96 Langenthal, Kunsthaus; 02 Brugg, Zimmermannhaus – **G:** zahlr., u. a. 87–88 Rom u. Bern (La Lupa e l'Orso); 90 Bern, Bienn.; 94 New York, Roeder; 00 Grenchen, Trienn. f. Orig.graph.; 01 Bern, Haldemann – ***Lit:*** AKL; BLSK 98 – (Red.)

Egl, Herbert, Maler; Reitzensteinstr. 21, D-70190 Stuttgart, Tel. (07 11) 26 72 30 (* Stuttgart 12. 6. 53) – **VG:** Stuttgart, Sturm; Berlin, Grob; Mannheim, Zimmermann; Wiesbaden, Witzel; Wuppertal, Epikur; Boxmeer, Gal. Bastiaans – **S:** 73–80 Staatliche ABK Stuttgart u. Karlsruhe – **L:** 92–93 Staatliche ABK Stuttgart (Gastprof., Malerei u. Graph.) – **M:** Baden/Aargau, Trudelhaus; Bedburg-HAU, Mus. Schloß Moyland; Heilbronn, SM; München, Lenbachhaus; Nimwegen, Mus. Het Valkhof; Stuttgart, KM; Wuppertal, Von der Heydt-Mus. – **E:** u. a. 84 Stuttgart, Württembergischer KV; Bochum, Mus.; 90 Basel, KH; 94 Göppingen, StG; Nimwegen, Nijmeegs Mus.; Erfurt, Gal. am Fischmarkt; 00 Nimwegen, Mus. Het Valkhof – **G:** 83 Frankfurt am Main, KV; 86 Taipei, Fine Arts Mus.; 90 Hanau, Mus. Schloß Philippsruhe; Rio de Janeiro, Mus. Nacional de Belas Artes; 91 Mexiko-Stadt, MN de Arte; 94 Athen, NM; 03 Bonn, Kunst- und Ausst.halle d. BRD – ***Lit:*** u. a. Dr. Peter Spielmann: H. E., Kat. (Mus. Bochum) 84; Dr. Thomas Kellein: H. E., Kat. (KH Basel) 90; Werner Meyer u. Dr. Frank van de Schoor: H. E., Kat. (StG Göppingen) 94; Dr. Frank van de Schoor u. Dr. Christoph Schreier: Transformaties- H. E., Kat. (Mus. Het Valkhof) 00

Egloff, Anton, Bildhauer, Zeichner, Installationskünstler; Blumenrain 13, CH-6006 Luzern (* Wettingen/Aargau 11. 7. 33) – **VG:** Zug, Renggli – **S:** 57–59 KGS Luzern; 59–62 KA Düsseldorf (b. Manfred Sieler) – **L:** 64–95 KGS Luzern; Schule f. Gest. Luzern (bis 90 Leiter d. Abt. Freie Kunst) – **P:** Kunstpr. d. Stadt Luzern 84; Stip. d. Zuger Kult.stift. Landis & Gyr 91 – **M:** Aachen, Suermondt-Ludwig-Mus.; Aarau, Aargauer Kunsthaus; Luzern, KM; Schaffhausen, Mus. zu Allerheiligen – **Ö:** Ettiswil, Schloßhof; Horw, Technikum; Luzern, Kt.spital; ebda, Psychiatrische Klinik; Sursee, Obertor-Gest.; Wettingen, Platzgest.; Zollikon, Dreifaltigkeitskirche; Zug, Rigipl. – **E:** zahlr., u. a. 80 Glarus, Kunsthaus; 86 Schaffhausen, Mus. zu Allerheiligen; 93, 96 Zürich, Kornfeld & Cie.; 97 Kriens, Mus. im Bellpark; Kriens, Gal. Krienbach; 00 Sarnen, Hofmatt Gal. – ***Lit:*** AKL; BLSK 98; Schweers 02 – (Red.)

Ehlert, Simone s. Frieling, Simone

Ehm-Marks, Frank-Kirk, Maler, Zeichner, Schriftsteller; Oranienstr. 19 A, D-10999 Berlin (* Bad Kreuznach 28. 1. 61) – **S:** Autodidakt – **G/T:** Art Brut (oft Mischtechnik auf Papier, expressive Umsetzung subjektiver Symbol- u. Motivzusammenhänge, z.T. in Verbindung m. Textelementen), Mail Art – **E:** u. a. 88 Stuttgart, Buch Julius; Berlin, Pinox; 90 Berlin, CUBA; Leipzig, Gal. W 33; 91 Bremen, Schulze-Rumpold; Erfurt, Kulturförd. e.V Mainzer Hof; Ganderkesee, Gal. Roeschen; 92 Eitorf, Gal. Incontro; Hamburg, Liedigk; 92, 94 Berlin, Gal. endart; 95 Schleswig, Gal. S.; 97 Siegburg, Lange; 04 Köln, Zander – **G:** u. a. 89, 90 Frankfurt, Art; Weimar, Stift. Weimarer Klassik; 97 Zwolle, Mus. de Stadshof; Berlin, Gal. Werner Fischer; 01 Venedig, Bienn.; 03 Berlin, Gal. Berliner Kunstprojekt – **V:** Eisbox, Ged. 88; Kuli (Texte u. Bilder) 88; Wahnsinn (Texte u. Bilder) 88; F.-K. E.-M. u. Uwe Morawetz: Hunger schal schal Hunger (Ill.) 88; Mielachs Glocken 89; Sätze wie Fremde (Texte u. Bilder) 91; Der Katalog (Texte u. Bilder) 94; Das Glück auf der Hollywood-Schaukel (Lyr., Kurzprosa, Graph.) 98; Egowahn, Siebdruckb. (100 Zeichn.) 02; Eintöniges Leben in schmucklosem Raum (Texte u. Zeichn.) 04; – Mithrsg.: Artbrut-Wundertüte Nr.1 84; Mailart Ztg Nr.1 86; AutoHeroin, Nr.1–4 99, 00 – (Red.)

Ehmann, Ralf, Bildhauer, Maler, Graphiker; Kiebingerstr. 19, D-72108 Rottenburg-Kiebingen, Tel. (0 74 72) 4 27 28, *ralf.ehmann@t-online.de*, *www.ralfehmann.de* (* Tübingen 10. 7. 67) – **S:** 89–96 ABK Stuttgart (Bildhauerei b. Prof. Seemann u. Prof. Ullman, Malerei b. Prof. Schubert) – **G/T:** Figurat. Bildnerei; Bildhauerei (Stein, Bronze); Malerei (Öl); Graph. (Kohle, Druckgraph., Rad.) – **W:** zahlr. Werke in Privatbes.; Ankäufe durch d. Städte Rottenburg, Hachenburg, Lauffen, d. Kult.ver. Rottenburg, d. KV Buchet, d. ev. Stift Tübingen u. d. Reg.präsidium Tübingen – **M:** Cleversulzbach, Mörike-Mus. – **Ö:** Buchet, KV; Hachenburg, Stadtpark (Stele); Lauffen, RH; Mainz, Kolping-Büste; Rottenburg, Eugen-Bolz-Pl. (Denkmal); ebda, Kult.-ver. – **E:** 96 Stuttgart, Theaterhaus; Reutlingen, Gal. X; 97 Tübingen, Gal. in d. Psychiatr. Klinik d. Univ.; 98 Tübingen, Ldestheater; 99 Lauffen, Mus. d. Stadt; 00 Buchet, Skulpt.weg; 02 Mössingen, RH; Nürtingen, SM; Tübingen, Schloßhof; 04 Melchingen, Lindenhof; Trillfingen, Gal. Forum; Blaubeuren, Stadthalle; Cleversulzbach, Mörike-Mus.; Nürtingen, SM; Bad Mergentheim, Kult.forum; 05 Calw, Gal. Temporär – **G:** u. a. 84 Rottenburg, RHfoyer; 91 Wurmlingen, Bildhauersymposium; Mannheim, IG Metall; 95 Leipzig, Wettb. Goerdeler-Denkmal; 99 Rottenburg, Fahnenaktion; Frankfurt am Main, Metall-Gal.; 00 Hachenburg, Kunstwoche-Symposium; 01 St. Claude/Frkr.; 03 Trillfingen, Gal. Forum; Tübingen, Gal. am Pfleghof; 04 Tübingen, SM; Tübingen, ev. Stift; 05 Stuttgart, Württembergischer KV; Plauen, KV; Tübingen, Shedhalle; Rottenburg, Kulturver. Zehntscheuer; Süßen, Kunstgießerei Ernst Strassacker – ***Lit:*** u. a. R.E. Hölderlin Zyklus, Kat.broschüre 00; R.E. Skulpt., Druckgraph., Malerei, Zchng, Kat.broschüre 03; S. Kölbl u. N.J. Conard: Eiszeitschmuck – Status u. Schönheit, Mus.heft (d. Urgeschichtl. Mus. Blaubeuren) Nr. 6, 03 – zahlr. Art. in d. Presse, zuletzt u. a.: Heinz Böhler, in: Nürtinger Ztg 12.7.04; in: Plauener Ztg 12.4.05; Martin Schwämmle, in: Schwarzwälder Bote 9.5.05; Thomas Ziegler, in: Schwäb. Tageblatt 2.10.05 – ***LitR:*** Eugen Bolz (SWR 3) 22.1.05; Nano (3Sat) 4.3.05

Ehrenberger, Anton, Mag. art., Maler u. Graphiker, Kunsterzieher; Marktgasse 56, A-3571 Gars/Kamp, Tel. (0 29 85) 22 51, *anton.ehrenberger@ktv-gars.at* (* Horn/NdÖst. 14. 2. 53) – **S:** 76–81 HS f. angew. Kunst Wien (Meisterkl. Prof. Herbert Tasquil) – **L:** Kunsterzieher: Bundesgymnasium Krems; Oberstufenrealgymnasium Engl. Fräulein Krems – **P:** E.pr. d. Stadt Salzburg 80 (Intern. Sommerakad.) – **KGr:** Gal. Stadtpark Krems – **G/T:** Graph.; Aqu.; Acrylmalerei; Rad. – **W:** überw. in Privatbes. sowie Ankäufe d. Ldes NdÖst. – **E:** 82 Mödling, Gal. Arcade; 84 Horn, Gal. Thurnhof; Krems, Gal. Stadtpark; 86 Baden, Kleine Gal. am Hauptpl.; 88 Eichgraben, Ver. f. Kunst u. Kult.; 94 Krems, Göttlicher; 96 St. Pölten, Ndöst. Dok.-Zentrum f. Mod. Kunst; 00 St. Pölten, Hippolythaus; 01 Wien, AKH-Gal.; 02 St. Pölten, Ldhausgal. Ausst.brücke (m. Renate Moser); 03 Krems, Gronistergal.; 05 Wien, Gal. Wirtschaftskammer NdÖst.; 06 Schönberg, Gal. Alte Schmiede; Fels am Wagram, Schulgal – **V:** Kat. (Graph.) 84

Ehrenfeld, Siegfried, Maler, Graphiker, Objektkünstler; Römerstr. 16a, D-80801 München, Tel. (0 89) 66 35 13 (* Bromberg/Westpreußen 31. 1. 41) – **VG:** München, Gal. X – **S:** 61–66 ABK München (Malerei u. Graph., Prof. Ch. Crodel, Prof. J. Deyrolle u. R. Büder) – **P:** Intern. Graph.-Ausst. Den Haag (1. Pr.) 62 sowie versch. Wettb.pr. – **Ve:** BBK München u. Obb. 78; DGfCK 80–96; Freie Münchner u. Dt. Künstlerschaft 81 – **G/T:** neue Ausdrucksformen (vorw. Konkrete Kunst); Malerei u. Objektkunst (versch. Materialien, minimalistisch, meditativ); Faltzeichn. (Plastikfolie, Transparentpapier); Textilplast.; Glasfenster (seit 85) – **W:** überw. in Privatbes.; versch. Install.; weitere Arb. u. a. in Bes. d. Städte München u. Rottweil – **M:** u. a. Bad Winsheim, StM; München, Slg d. Freunde d. Hauses d. Kunst; Regensburg, Ostdt. Gal. – **Ö:** Allershausen, ev. Kirche; Augsburg-Haunstetten, Kirche Maria u. Martha; Dortmund, Kirche Maria Königin; Erfurt, St.-Severi-Kirche (Rosenfenster); Kairlindach, ev. Kirche; Mainleus, Christuskirche; München, Herz Jesu Kirche; ebda, Jubilate Kirche, Ldeskirchenamt; Stadtsteinach, ev. Kirche – **E:** u. a. 78 München, Antares; ebda, Werkstudio; 80 Memmingen, Mühleisen; München, DGfCK; 82 Nürnberg, Predigerseminar; 84 Feldkirchen-Westerham, IHK-Gal.; 90 Rhede, Kunstraum Alte Schule; 91, 94, 99 München, Gal. X; 93 Grafing, Wegmann – **G:** seit 62 mehr als 250 Ausst.bet., u. a. 74 Wasserburg, Große Kunstausst.; 75 Schwäbisch Gmünd, Mus. im Prediger; 78 Freiburg im Breisgau, StG; 80 Berlin, Haus am Lützowplatz; Osnabrück, Bienn. d. dt. Textilkunst; 81 Paris, Centre d'art de la cité; 82 Bamberg, KV; 84 Münster, Westfäl. LM; 86 Rom, Santo Stefano Rotondo; Luxemburg, Textures et textiles; 90 Hannover, Kubus; 96 Regensburg, Ostdt. Gal. ('Kunst als Konzept'); – sowie München, Haus d. Kunst – **V:** versch. Textbeitr. f. Kat., u. a. Rationale Konzepte 75, Kat. 75; Batik Handbuch, Gal. Smend Köln 80; Kunstforum Olympiadorf, Kat. München 85 – ***Lit:*** u. a. B. Bach: S. E. Farbe-Form-Material, in: Das Münster 4 90; F. Ficker: S. E., in: NIKE. Neue Kunst in Europa Nr. 37 91; Evelyn Vogel: S. E., Ausst.kat. 93; F. Grünke: Zeitgenössische Textilkunst 95; G. Leistner, in: Kunst als Konzept, Kat. Ostdt. Gal. Regensburg 96 – (Red.)

Ehrenfeld, Tania (geb. Tania Dangelmaier), Malerin, Graphikerin, Objekt- u. Textilkünstlerin; Römerstr. 16a, D-80801 München, Tel. (0 89) 66 35 13 (* Friedrichshafen 21. 3. 37) – **VG:** München, Gal. X – **S:** 55–61 ABK München – **P:** Förd.pr. d. Bay. Akad. d. Schönen Künste 80; Danner-Pr. München 84 – **Ve:** Freie Münchner u. Dt. Künstlerschaft – **G/T:** Malerei, Graph., Objektkunst (Textil) – **W:** überw. in Privatbes. – **M:** München, Danner Stift.; München, StG; Rottweil, Städt. Slg; Stuttgart, Württembergisches LM; Szombathely, Savaria múz. – **E:** 79 München, Antares; 88 Rhede, Kunstraum Alte Schule; 89, 91, 93, 95 München, Gal. X; 90 München, Digital Equipment; 95 Offenburg, Städt. Mus. – **G:** zahlr. Ausst.bet. 61–91, 78 München, Bienn. d. Dt. Tapisserie; 80 Osnabrück, Bienn. d. Dt. Tapisserie; 81 Hamburg, Hannover (Intern. Textilausst.); 84 Tilburg, Nederlands Textielmus.; München, Dt. Mus.; 86 Szombathely, Savaria múz.; 87 Aaschot, Staatl. ABK; 90 Chemnitz (Handzeichn. aus d. BRD); 91 Treucht-Lingen, Treuchtlinger Kunsttage – **V:** Oskar Wilde: Märchen (Zeichn. u. Gouachen) 58; Hauffs Märchen (Zeichn. u. Gouachen) 58 – ***Lit:*** Doris Schmidt, in: Süddt. Ztg 79; Dokumentation Bayerischer Künstler in Oberbayern 91; C. Jaeckel: Kunstforum Olympiadorf '85, Forum 2 Olympiadorf (Kulturverein) Nike 91; F. Grünke: Zeitgenössische Textilkunst 95; AKL 02 – (Red.)

Ehrentreich, Mobby H., Maler; Ziegeleistr. 11, D-86609 Donauwörth-Riedlingen, Tel. (09 06) 9 99 82 93, Fax 9 99 82 94, *mail@mobby-ehrentreich.de*, *www.mobby-ehrentreich.de* (* Nördlingen 16. 2. 40) – **S:** 58–61 WerkKSch Ulm; 61–63 HS f. Gest. Ulm (u. a. b. d. Prof. Max Bill, Otl Aicher u. Tomas Maldonato) – **Ve:** BBK – **G/T:** Entwicklung u. Arb. m. d. Mischtechnik hinter Acrylglas – **W:** zahlr. Werke in öff. u. privatem Bes. – **M:** Augsburg, Ldes- u. Univ.bauamt; München, Bay. Ldtag; Nördlingen, SM – **E:** 89 Augsburg, Ecke Gal.; Aalen, Dt. Bank; 92 Nürtingen, Gal. Die Treppe; 95 Düren, , RWE-Gal.; 99 Lindau, Gal. M – **G:** u. a. 84 Irsee, Kloster; 86 Esslingen, Spk.; 95, 00 Nördlingen, Spk.-Gal.; 98 Nördlingen, Stadtmauerausst.; 03 Nördlingen, Jahresausst. d. Spk. – ***Lit:*** AKL – (Red.)

Ehrismann, Walter, Maler, Radierer, Fotograf; Atelier: Feldstr. 49, CH-8902 Urdorf, Tel. u. Fax 0 17 34 01 87, *walter@ehrismann.com*, *www.ehrismann.com* (* Chur/Graubünden) – **VG:** Zürich, Howeg; Ottenbach, Hegetschweiler – **S:** 63–64 Univ. Zürich (Kunstgesch.); 64–66 FHS f. Gest. Zürich; 80–88 Kupferdruck-Atelier Peter Kneubühler Zürich – **L:** seit 70 Zürich u. Urdorf (Didaktik Kunstgesch. u. Zeichn., Teilpensum) – **P:** Steo-Stift. 82, 93; Ernst Göhner-Stift. Zug 92, 98, 02; Zürcher Kantonalbank 92; Cantrade Privatbank Zürich 92; Bloch-Stift. Zürich 98; Vontobel-Stift. Zürich 02 – **Ve:** Visarte 74; Autoren der Schweiz 06; Signat(h)ur 06 – **G/T:** Malerei (Öltempera), Tiefdruck (alle Techniken), Fotogr. – **W:** Ankäufe u. a. durch d. UBS, d. Crédit Suisse, d. Zürcher Kantonalbank sowie d. Bank J. Vontobel & Co. AG – **M:** Frankfurt am Main, Dt. Nat.Bibl.; Leipzig, Dt. Buch- u. Schrift-Mus. d. Dt. Nat.bibl.; Lugano, Mus. Cantonale d'Arte; Zürich, Kunsthaus – **Ö:** Frankfurt am Main, View Point Capital Partners; Zürich, Hirslanden Privatklinik; ebda, Cantrade Privatbank AG – **E:** 72 Luzern, Gilli; 81, 83, 92, 93 Zürich, Hufschmid; 85, 87, 91, 95 Kloten, Wullschleger; 91, 94, 98 Oetwil am See, Catrina; 94 Chur, Gal. Studio 10; 94, 98 Ottoberg, Steinemann; 97, 00 Ottenbach, Hegetschweiler; 99, 02 Wallisellen, Wagner; 01 Zürich, Gal. im Handelsgericht – **G:** u. a. 91, 00 Grenchen, Intern. Druckgraph.-Trienn.; 94 Zürich, Hufschmid; 95 Chur, Gal. Studio 10; 97 Stuttgart, Druckgraph.-Bienn.; 99 Berlin, Kuckei + Kuckei; Hamburg, Kammer; 00 Zürich, Wolfensberger; 01 Baden, Trudelhaus; Zürich, Helmhaus; 02 Prag, NG – **V:** u. a. Lovers Eternally Nearing 97; Fenster. Durch Sicht, Kat. 99; Sehnsucht. Körper Landschaften 02; Texte in den Wind 05 – ***Lit:*** Lexikon der zeitgenössischen Schweizer Kunst 81; Monogr. 83; Künstlerverzeichnis der Schweiz 1980–1990 91; Gut zum Druck 93, 01; Kunst als Lebenserfahrung 93; Biografisches Lexikon der Schweizer Kunst 98; AKL 01; www.sikart.ch 06 – ***LitR:*** Künstler zu Gast, Radio DRS 95

Ehrke, Karin s. Rüttimann, Karin

Ehrler, Ludwig, Prof., Maler, Formgestalter; Atelier: Gottesackerstr. 3, D-06108 Halle/Saale, Tel. (03 45) 2 03 09 45, Fax 2 09 09 56 (* Leipzig 20. 8. 39) – **S:** 58–65 HS f. industr. Formgest. Burg Giebichenstein Halle/Saale – **L:** seit 92 HS f. Kunst u. Design Burg Giebichenstein Halle/Saale (Prof., ab 01 Rektor) – **P:** Archit.pr. Halle/Saale 83; Kunstpr. d. Ldes Sa.-Anh. 92 – **G/T:** Malerei; angew. Kunst (Farb- u. Lichtgest., skulpturale Gest. v. Wänden, Decken, Säulen o.ä.); Install. – **M:** Halle/Saale, Staatl. Gal. Moritzburg – **Ö:** Halle/Saale, Dietrich-Bonhoeffer-Kap. d. Städt. Krankenhauses Martha-Maria (Altarwandgest.) – **E:** u. a. 94 Magdeburg, Gal. Himmelreich (m. Christina Brade); 96 Halle/Saale, Staatl. Gal. Moritzburg – **G:** u. a. 72, 77 Dresden, Kunst-Ausst. d. DDR; 99 Halle/Saale, Staatl. Gal. Moritzburg (Install.) – ***Lit:*** AKL; Schweers 02 – (Red.)

Ehrnsperger, Petra, Malerin; Layenhof, Gebäude 5879, D-55126 Mainz, Tel. (0 61 31) 9 71 87 00, Fax 9 71 87 01, *info@ehrnsperger.com*, *www.ehrnsperger.com* (* Nürnberg 20. 2. 63) – **VG:** Wiesbaden, Gal. 40 – **S:** 85–89 FHS f. Gest. Wiesbaden (Schwerpunkt Schrift u. Malerei) – **L:** seit 03 versch. Sommerakad. (Doz.); seit 04 FHS Wiesbaden (LAuftr. Freies Gest.) – **Ve:** BBK Wiesbaden 96; BBK Rh.-Pf. 02 – **G/T:** Malerei (gestische Abstr., Papier u. Leinwand); Holz-Wandobjekte – **K:** Freie Malerei – **W:** in privaten Slgn – **Ö:** Wiesbaden, Naspa; ebda, Handwerkskammer

Ehrt, Rainer, Dipl.-Graphiker, Maler, Illustrator, Cartoonist, Bildhauer, Autor; E.-Thälmann-Str. 64, D-

14532 Kleinmachnow, Tel. (03 32 03) 7 73 95, *edition.ehrt@t-online.de*, *www.edition-ehrt.de* (* Elbingerode/Harz 13. 8. 60) – **VG:** Rheinsberg, Zopf; Wernigerode, Gal. im Ersten Stock; Hamburg, Büchergilde – **S:** 83–88 HS f. Kunst u. Design Burg Giebichenstein (Gebrauchsgraph. u. Ill. b. Prof. Gerhard Voigt, Rainer Schade u. Prof. Günter Gnauck) – **L:** 91–93 Kult.haus Kammerspiele Kleinmachnow (Malen u. Zeichnen) – **P:** Pr. d. Gothaer Karikade 96; Helen-Abbott-Förd.pr. f. Bild. Kunst 96; New Statesman Cartoon Competition London (1. Pr.) 97; 100 Best Illustr. 2004 (3 × 3 Magazine) New York 05 – **Ve:** VBK Brandenburg 90; VG Bild-Kunst 91 – **KGr:** Osthand (seit 03) – **G/T:** freie Graph., Malerei, Ill., Cartoon, Künstlerb., Holzplast., satirische Graph. – **W:** zahlr. Zeichn., Drucke u. Künstlerb. in Privatbes.; Ankauf u. a. durch d. Stadt Göttingen – **M:** Berlin, Kpst.-Kab.; Berlin, Kunstbibliothek; Bern, Schweiz. Ldesbibliothek; Cottbus, SKS; Frankfurt/Oder, Kleist-Mus.; Greiz, Bücher- u. Kpst.-Slg; Göttingen, Univ.-bibliothek; Hannover, Wilhelm-Busch-Mus.; Nürnberg, Germanisches NM Bibliothek; Potsdam, Stadt- u. Ldesbibliothek; Rheinsberg, KV – **Ö:** Berlin, Vertretung d. Ldes Brandenburg; Potsdam, Ldesbauspk. – **E:** u. a. 98 Potsdam, Altes RH; 99 Berlin, Brecht-Haus; 00 Hiddensee, Inselmus.; 01 Schwedt, Ermelerspeicher; Rheinsberg, Schloß; Berlin, Cartoonfabrik; Berlin-Karlshorst, Kult.haus; Berlin, Ldesvertretung Brandenburg; 03 Falkensee, Gal. im Heimatmus.; Ratzeburg, A. Paul Weber-Mus.; Wernigerode, Gal. im Ersten Stock – **G:** u. a. 96, 99, 02 Kassel, Caricatura; 99 Potsdam, Altes RH; 99, 01, 03 Leipzig, Caricartoon; 01 Potsdam, Gal. im Turm; 02 Osnabrück, KH Dominikanerkirche; 03 Mannheim, KV – **V:** u. a. Preußisches Panoptikum, Bilderb. 01; Georg Christoph Lichtenberg: Sudelbuch nach Lichtenberg (Graph.) 93; Homer: Odysseeische Reise (Graph.) 94; Borussiana, Rad.zyklus in Kassette 96; Lagerfeld, originalgraph. Künstlerb. 01; Medusa, Mappenwerk 03; Holunderland, originalgraph. Künstlerb. 05 – ***Lit:*** u. a. Triennale Greiz, Kat. 93; Neue Konturen – Plakate aus dem Land Brandenburg 94; G. Lammelt: Deutsche Karikaturen vom Mittelalter bis zur Gegenwart 95; Vremd & Vertraut, Bilder- u. Leseb. 96; Triennale Greiz 1997 – Buchillustration & Buchkunst, Karikatur & Cartoon & komische Zeichenkunst, Kat. 97; Märkische Wandlungen, Kat. 99; forum book art 99, 02; Traumschiff der Narren, Kat. 00; Ouch!, Kat. 97; Martin Ahrends: Über den Zeichner R. E., in: Märkische Wandlungen, Ausst.kat. 99; Kornelia Löhrer: Zu den Zeichnungen von R. E., in: Wenn die Geschichte um eine Ecke geht 99; Herbert Kundler: R. E. Preußisches Panoptikum, in: LandSicht 1/01; Der Nabel der Welt 03; Best of 2004 Ill., Annual d. 3 × 3 Mag. 05; – weitere: seit 90 regelmäßig Publ. im Satiremag. Eulenspiegel u. »Cicero« Mag. f. polit. Kultur

EIAG, tim (Ps.: timE, eigtl. Tim Eiag), Dipl.-Bühnenbildner, Bildhauer, Freier Künstler; Himmelgeister Str. 107d, D-40225 Düsseldorf, Tel. (02 11) 31 64 54, 1 65 15 49, *eiag@gmx.de*, *www.bananenstau.de; cultd.net/eiag* (* Hamburg 9. 8. 45) – **S:** 65–68 ABK Wien (Bühnenbild b. Fritz Wotruba u. Lois Egg); 69–71 ebda (Bildhauerei b. Fritz Wotruba); 71–75 HBK Hamburg (Freie Kunst) – **L:** Lectures (Visiting Artist USA): 75–76 Harvard Univ. Cambridge; Univ. of Calif. Los Angeles; Calif. Inst. of Arts Valencia; Otis College of Art and Design Los Angeles; Berkeley Univ. of Calif. – **P:** Lois Egg-Pr. d. ABK Wien; Golden Award f. d. Kampagne 'Ich war eine Dose' (Weißblech/Stahl-Industr.) – **Ve:** ver.di – Fachgr. Bild. Kunst 96; VG Bild-Kunst 99 – **KGr:** Artship Lockerer (Zus.schluß versch. Künstler z. Förd. v. Gegenwartskunst im öff. Raum) – **G/T:** Install.; Skulpt.; Interaktive Verknüpfungen realer u. virtueller Räume; Performances; Multimedia; Foto – **K:** Interaktive Verknüpfungen v. virtuellen u. realen Erlebniswelten – **W:** überw. in Privatbes.; ELFSTEIN Skulpt. u. Videos; Slg Ld NRW – **M:** Barcelona, Fund. Joan Miro; St. Pölten, Ndöst. LM – **Ö:** Düsseldorf, Rheinufer; ebda, Ue52, Salzmannbau, RH; Duisburg, Ldschaftspark Duisburg Nord; Guaruja/Brasilien, Slg Tapiocs; Hamburg, Elbwanderweg; Köln, RH; Krastal, Skulpt.allee; Lindabrunn, Symposion – **E:** 71 Essen, Mus. Folkwang; 74 Wiesbaden, Mus.; Amsterdam, Stedelijk Mus.; 75, 85 Basel, Art Basel; seit 78 Lindabrunn, Elfstein (ganzjährig) – **G:** 72 München, Olympiade; 76 Berlin, AdK; 77 Brüssel, Mus. Royale des BA; 80 Barcelona, Fundació Joan Miro; 86 München, Kunstraum; Wien, Secession; 89 Düsseldorf, Künstlerver. Malkasten; 96 Düsseldorf, Mus. Kunst Pal.; 01 Baden-Baden, SKH; 05 Krems, KH; 06 Villach, Gal.; Stuttgart, Eigen + Art

Eiber, Reinhard, Bildhauer, Medailleur; Schottenfeld 6, D-90537 Feucht, Tel. (0 91 28) 31 21 (* Marktredwitz 13. 5. 53) – **S:** 72–73 FS f. Schreiner u. Holzbildhauer Garmisch-Partenkirchen; 73–74 Holzschnitzschule Bischofsheim/Röhn; 74–80 ABK Nürnberg (b. Wilhelm Uhlig) – **L:** seit 92 ABK Nürnberg (Fachlehrer, Leiter d. Stud.wkst. f. Gipsgießerei) – **P:** Akad.pr. Nürnberg 75, 76 – **Ve:** Künstlerbund Schwabach – **G/T:** Med.; Relief; Groß- u. Kleinplast. (Bronze, Keramik); Schriftgest. (Bronze nach Gipsschnitt); baugebundene Arb. – **W:** zahlr. Med., zuletzt 950 Jahre Nürnberg 1050–2000, Ver. f. Münzkunde Nürnberg – **M:** München, Bay. Staatsgemäldeslgn; Nürnberg, Albrecht-Dürer-Haus; Nürnberg, Germanisches NM – **Ö:** Bärnau/Oberpf., Vertriebenengedenkstätte Steinberg; ebda, Kath. Kirche, Granitstele Knopfstadt Bärnau, Brunnen Ludwig d. Bayer; Feucht, Friedhofsvorpl. (Brunnen); ebda, Reichswaldhalle, Grundschule, Kath. Pfarrheim, Ev. Gemeindehaus, Ev. Kirche; Marktredwitz, Altenzentrum; ebda, Feuerwehrgerätehaus; Nürnberg, Spitalbrücke (Synagogen-Gedenkstätte); ebda, Essenwein-Str. (Synagogen-Denkmal), Kobergerpl. (Gedenkstein), Wöhrder Wiese (Denkmal), Gedenktafel f. d. Heiligen-Grab-Kap., Lorenzkirche – **E:** 84 Nürnberg, SM Fembohaus; 85 Feucht, Raiffeisenbank; Schwabach, Gal. Bürgerhaus; 86, 91, 01 Feucht, Zeidel-Mus.; 87 Erlangen, Pal. Stutterheim – **G:** u. a. 77–85 München, Haus d. Kunst: Große Kunstausst.; 84 Coburg, KS der Veste; München, Ges. f. christl. Kunst; 88 Regensburg, Diözesan-Mus.; 90 Augsburg, Künstler sehen Kolping; 92 Erbach, Dt. Elfenbeinmus. – ***Lit:*** AKL; WWCCA 96

Eibl, Wolfgang, Zeichner, Maler, Dichter; Mertensstr. 18, A-5020 Salzburg, Tel. (06 62) 44 10 10, Fax 87 29 28, *www.upart.org* (* Salzburg 5. 1. 53) – **P:** Ost. Staatspr. f. Fotogr. 79; Stip. d. Ldes Salzburg f. Paris 93; Stip. d. Ldes Salzburg f. Tenno/Ital. 98; Stip. d. Bundeskanzleramtes f. d. Egon Schiele A. C. in Cesky Krumlov 01; Stip. d. Emma Ricklund Stift. in Saxnäs/Schweden 02 – **G/T:** Mischtechniken auf Karton u. Leinen, Tuschezeichn., Objektkunst (Holz u. Eisen), Fotogr. – **W:** überw. in Privatbes. sowie im Bes. d. Stadt u. d. Ldes Salzburg, d. Bundesmin. u. d. Nat.bank – **E:** 90 Grödig, Slavi; 93 Augsburg, KV; 94 München, Jaspers; 94, 03 Salzburg, Lit.haus Eizenbergerhof; 95 Rosegg, Gal. Rosegg; 97 Klagenfurt, Gal. 3; 98 Gmünd, Stadtgal.; 99 Ulm, Kunstschalter; 00 Salzburg, Gal. Weihergut; 01 Salzburg, Garagengal.; 02 Himmelberg, Winkler-Jerabek – **V:** Kopfleben (Fotogr. u. Texte) 84; Handzeichen (Zeichn., Malerei u. Texte) 88; Fußnoten (Tuschezeichn. u. Texte) 90; 50 Plus (Fotogr. u. Texte) 03; cometogether (Druckgraph.mappe, 1 Blatt pro Jahr) 91–00 – *Lit:* Ausst.kat. 93, 97, 00, 02 – (Red.)

Eiböck, Christian, Mag. Art., Maler; Leithagasse 16, A-2492 Zillingdorf, Tel. u. Fax (0 26 22) 7 40 30, *c.eiboeck@aon.at* (* Wiener Neustadt 1. 11. 62) – **VG:** Eisenstadt, Gal. 90 – **S:** 88–93 ABK Wien (Meisterkl. f. Malerei b. Prof. Arik Brauer) – **P:** Meisterschulpr. 93; Kult.förd.pr. d. Stadt Wiener Neustadt 94 – **Ve:** Wiener Neustädter Künstlervrg 92 – **KGr:** Art Diagonal (seit 98) – **G/T:** gegenständliche Malerei (auch unter Verwendung v. Sand u. Holz) – **W:** Werke in Privatbes. – **M:** St. Pölten, Ndöst. LM – **E:** 91 Eisenstadt, Gal. 90; 93 Wiener Neustadt, St. Peter an d. Sperr; 95 Wien, Kleine Gal.; 96 Wien, Welz; 98 Bad Fischau, Viertelsgal., Industr.viertel; 99 Mattersburg, Artbox; 00 Wiener Neustadt, Turmgal. – **G:** zahlr. Ausst.bet. seit 89, u. a. 90 Wien, Öst. Gal. Belvedere; 97 Bitola, Intern. Trienn. d. Druckgraph.; Wien, Haus Wittgenstein; 99 Steyr, Schloßgal.; 01 Wien, Vienna AC; 02 Tarcento/Udine, Pal. Fragipane; Turin, Circolo degli Artisti; 03 Barcelona, Espais d'Art Acea's; London, Mall Gall. – *Lit:* Philipp Maurer: C. E., Ausst.kat. 98; Enzo Santese: Mostra Int. – Materiali d'Ambiente 03 – (Red.)

Eichbaum, Erwin, Maler, Objektkünstler; Sittarder Str. 5, D-40477 Düsseldorf, Tel. (02 11) 4 92 01 95 (* Düsseldorf 29. 2. 28) – **S:** 44–53 KA Düsseldorf (b. d. Prof. Wilhelm Schmurr, Otto Pankok u. Ferdinand Macketanz); 51 ebda (Meisterschüler b. Teo Champion) – **P:** Stip. d. Kult.kr. d. dt. Wirtschaft im BDI 54; Villa-Romana-Pr. 61; Premio del Fiorino Florenz 67 – **KGr:** Künstler-Verein Malkasten – **G/T:** Malerei (z.T. Collage-Technik); Holzobjekte – **M:** Oberhausen, Ludwig-Gal. – **E:** / G: u. a. 76 Aachen, Suermondt-Ludwig-Mus.; 80, 82 Mönchengladbach, Gal. Obertor; 83 Freiburg im Breisgau, Gal. Sereno; 92 Meerbusch, StG; 95, 97 Düsseldorf, Tedden – *Lit:* AKL; Schweers 02 – (Red.)

Eichenberger, Claudia, Malerin, Zeichnerin, Objektkünstlerin; Müllheimerstr. 39, CH-4057 Basel, Tel. (0 61) 6 91 57 08, *info@c-eichberger-art.ch*, *www.c-eichenberger-art.ch* (* Basel 22. 5. 58) – **VG:** Basel, Gal. Eulenspiegel – **S:** 82–85 Schule f. Gest. Basel – **Ve:** Visarte Basel 95 – **G/T:** Malerei (Öl, Acryl); Zeichn. (Mischtechniken); Objektkunst u. Install. (versch. Materialien); figurativ, abstr., Reduktion; Performance – **K:** Mal.- u. Zeichenkurse im In- u. Ausland – **W:** u. a. in d. Slg 'Kulturelles' d. Kt. Basel-Landschaft – **E:** 94 Oberwil, KV; 96 Berlin, H & Kunst; 97 Basel, Hammer; Basel, Atelier Müllheimerstr.; 99 New York, Gal. arté; Riehen, Ost-West; 00 Berlin, Kult.haus Spandau; 02 Basel, Gal. Eulenspiegel; 05 (m. Liliane Csuka) Basel, Gal. Eulenspiegel; Basel, Projektraum M54; 06 Bali, Gall. Santa Putra Ubud (m. Karen Wightman) – **G:** zahlr. Ausst.bet., u. a. 90 Oberwil, Basellandschaftliche Kunstausst.; 91 Basel, Gal. zur Krähe; 93, 97, 98, 00, 01, 02 Basel, Kunst-Kredit; 94, 95 Basel, Projektraum M54; 95 Basel, KH; 98 Porrentruy, Art & cité; 99 Berlin, H & Kunst; 99, 01 Riehen, Ost-West; 03 Frauenfeld, KV; 04 Dubai, Intern. Art Symposium; 05 Arnstadt, KH; Berlin, twenty-four; Groß Glienicke, Atelierhaus Panzerhalle; 06 Basel, Gal. Eulenspiegel

Eicher, Margret, Künstlerin; c/o Digital Art Museum [DAM] Berlin, Tucholskystr. 37, D-01117 Berlin, Tel. (0 30) 28 09 81 35, *margret-eicher@t-online.de; info@dam.org*, *www.margret-eicher.de; www.dam.org/berlin*. c/o Galerie Sabine Salome Schwefel, Kübler Areal – Fuchseckstr. 7, D-70188 Stuttgart, Tel. (07 11) 2 48 81 93, *galerie-schwefel@gmx.de* (* Viersen 28. 2. 55) – **S:** 73–81 Staatl. KA Düsseldorf (b. Prof. Fritz Schwegler, Meisterschülerin v. Prof. Rolf Sackenheim) – **P:** Arb.stip. d. Ldes RP 89; Pr. d. rp. Lotto-Toto-Ges. 93; Kunststift. BW 94; Stift. Kunstfonds – Arb.- u. Projektstip. 95; Copy Art, Grenchen 96 – **Ve:** VG Bild-Kunst 92; Dt. Künstlerbund 00 – **KGe:** Sehen Sie! Sehen Sie? M.E. u. Simone Demandt – **G/T:** Rauminstall., Multimedia, Digitale Techniken, Tapisserien u. Gemälde ('gefälscht') – **W:** Ankauf u. a. durch d. Ldesbank BW – **M:** Aachen, Ludwig Forum; Bochum, Mus.; Kaiserslautern, Pfalz-Gal.; Karlsruhe, ZKM; Ludwigshafen, Wilhelm-Hack-Mus.; Mainz, Westdt. Immobilienbank; Stuttgart, SG – **Ö:** Mannheim, Medien- u. Kommunikationszentrum – **E:** u. a. 91 Kaiserslautern, Pfalz-Gal.; 92 Mannheim, KV; 94 Freiburg im Breisgau, KV; Mannheim, StKH; 95 Hamburg, MKG; 96 Wiesbaden, Nassauischer KV; Dortmund, KV; Bochum, Mus.; 98 Graz, Lendl; Mannheim, Falzone; 99 Wiesbaden, Buschlinger; Waiblingen, Mus. d. Stadt; 00 Ludwigshafen, Wilhelm-Hack-Mus.; Hannover, Böer; Wien, Fotogal. Wien; Stuttgart, SG; 02 Frankfurt am Main, MAK; 03 Dresden, Büro f. Kunst; 04 Aachen, Ludwig Forum; 05 Rottweil, Forum Kunst; 06 Berlin, Digital AM; Saarbrücken, Stadt-Gal.; 07 Mannheim, KV – **G:** zahlr. Bet. im In- u. Ausld, zuletzt 03 Lahr, KV; Frankfurt am Main, MAK; New York, Mus. for Art & Design – **V:** Nothing is real, Künstlerb. (Tapisserien) 06 – *Lit:* KAT.: Hans-Jürgen Buderer: Ornament – reine Form als Träger v. Bedeutung 92; Martin Stather: Die Kathedrale, d. Weg u. d. Technik 92; Stephan Berg: Verführung u. Zerstörung 94; Hubertus von Amelunxen: Minotaurus 94; Ludwig Seyfarth: Wahrnehmungsmuster 95; Hubertus v. Amelunxen: Spolien 95; Andreas Vowinckel: Begreifungskräfte 95; Karl-Siegbert Rehberg: Serielle Zentralität im Zeitalter d. Dezentralisierungen 97 – sowie: Hans Günter Golinski: Konkretum – Abstraktum. Ein Beitrag z. Architektur 96; Stephan Berg: Ornament u. Herrschaft, in: Kunstforum Intern. 97; Marianne Hoffmann: Dem Ornament verpflichtet, in: Kunstzeit 1/97; Angelika Beckmann: Überlegungen zu ausgewählten Werken v. Künstlerinnen im ZKM Karlsruhe, in: U. Paradoxa 98; Sigrid Feser: Society Dream – Gefälschte Gobelins im MAK Frankfurt, in: Kunstforum Intern. 03

Eichhöfer, Espen, Fotograf; *www.espen-eichhoefer.de* (* Nes/Norwegen 66) – **S:** 93–00 Folkwangschule Essen (Fotogr.) – **P:** Wüstenrot Förd.pr. 01 – **G/T:** Fotogr. – **E:** 03 Berlin, Morrison – **G:** 03 Leipzig, HGB; 04 Braunschweig, Mus. f. Photogr.; Essen, Mus. Folkwang – (Red.)

Eichhorn, Gerhard, Prof., Graphiker, Maler (* Judenbach/Thür. 3. 5. 27) – **S:** 42–43 u. 45–47 Industr.schule Sonneberg (Lehre als Keramikmodelleur); 50–55 HGB Leipzig (Fachkl. Graphik b. Elisabeth Voigt, Heinz Eberhard Strüning u. Heinz Wagner) – **L:** 55–92 HGB Leipzig (bis 58 Aspirantur b. Hans Mayer-Foreyt, 55–64 Lehrer f. Aktzeichn. an d. Abendakad., bis 76 Leiter d. Wkst. f. Rad. u. Kpst., 68–76 Leiter d. Abt. Malerei, 78 Prof.); 61–64 FS f. angew. Kunst Leipzig – **Ve:** VBK DDR (64–70 Vors. d. Bez.vorstandes) – **G/T:** Graph. (Lith., Rad., Hschn., z.T. hist. Themen in Zyklen); Malerei (Öl, Gouache, baugebundene Arb.) – **M:** Altenburg, Lindenau-Mus.; Leipzig, MBK; Schwerin, Staatl. Mus. – **E:** 77 Leipzig, Klub d. Intelligenz; 79 Leipzig, Kunst d. Zeit – **G:** seit 55 Leipzig, Bez.-Kunstausst.; 62, 67 Dresden, Dt. Kunstausst.; 72, 77 Dresden, Kunstausst. d. DDR; 90 Hannover, KV – *Lit:* AKL – (Red.)

Eichhorn, Maria, Künstlerin; Mittelweg 50, D-12053 Berlin (* Bamberg 19. 11. 62) – **VG:** Zürich, Presenhuber; Berlin, Weiss; Amsterdam, Andriesse; Tokio, Masataka Hayakawa Gall.; Kopenhagen, Ottesen; Rom,

Gall. Primo Piano – **S:** 82–83 Univ. Bamberg (Kunstgesch.); 84–90 HdK Berlin (b. Karl Horst Hödicke) – **L:** seit 93 intern. als Doz. tätig (Vorträge, Seminare, LAuftr., Gast- u. Vertretungsprof.); seit 03 HS f. Gest. u. Kunst Zürich (Prof. f. konzeptuelle Kunst) – **P:** George-Macunias-Pr. Wiesbaden 92; Arnold-Bode-Pr. Kassel 02 – **G/T:** gesellschaftskrit., konzeptuell, polit.; krit. Kunst; Projektkunst – **M:** Berlin, Berlinische Gal.; Berlin, Hamburger Bahnhof; Berlin, NG; Bern, KH; Eindhoven, Van Abbemus.; Wien, Generali Found.; Zürich, Kunsthaus – **E:** zahlr., u. a. 95 Leipzig, Hauptbahnhof (m. Douglas Gordon u. Lawrence Weiner); Zürich, Walcheturm; 96 Amsterdam, Andriesse; München, Kunstraum; 97 Wien, Generali Found.; 97, 03 Tokio, Masataka Hayakawa Gall.; 98 Salzburg, KV (Kat.); 99 Hannover, Sprengel Mus.; Frankfurt am Main, Portikus; 00 Rom, Gall. Primo Piano; 01 Bern, KH; Berlin, Weiss; 02 Zürich, Presenhuber; 03 Kassel, KV; München, Lenbachhaus; 04 Barcelona, Santa Monica; 05 Berlin, Weiss – **G:** u. a. 93, 01 Venedig, Bienn.; 95, 05 Istanbul, Bienn.; 01 Yokohama, Trienn.; 02 Kassel, documenta XI (Kat.); Berlin, Hamburger Bahnhof; 03 Hannover, Sprengel Mus.; Frankfurt am Main, KV (Kat.); Essen, Zeitgen. Kunst u. Kritik; Kokerei, Zollver.; 05 Eindhoven, Van Abbemus. – **V:** Wie entsteht eine Stadt/What is the origin of a city?, Skulpt., Projekte in Münster 97; Curtain (Denim)/Lectures by Yuko Fujita, Mika Obayashi, Center of Contemp. Art Kitakyushu 99; m. Hito Steyerl u. Nora Alter: Campus, Polit. Müdigkeit, Political Responsibility, Ztg 05 – **R:** m. S. Douglas u. M. Babias: Die Anteilscheine d. KH Bern/ Shares in the KH Bern, Kurzfilm (6min, Buch, Regie) 05; m. N. Mirze u. A. Istanbullu: Billboard Istanbul Bienn. 1995, Film (30min) 05 – ***Lit:*** Das Geld d. KH Bern/ Money at the KH Bern, Ausst.kat. (z. Ausst. in d. KH Bern) 2 Bde 01/02; Restitutionspolitik/Politics of restitution, Ausst.kat. (z. Ausst. im Lenbachhaus München) 03; AKL

Eichin, Bettina (eigtl. Bettina Konstanze Eichin, verh. Bettina Eichin-Hiesel), Bildhauerin; Atelier: Blumenrain 34, CH-4051 Basel, Tel. u. Fax 06 12 61 79 18. Talstr. 132, D-79194 Gundelfingen/Wildtal, Tel. (07 61) 5 34 51 (* Bern 16. 1. 42) – **S:** 60–64 KGS Bern; gleichzeitig Thun u. Münsterbauhütte Bern (Steinmetz- u. Steinbildhauerlehre, Abschlüsse 64 u. 67) – **P:** Kunststip. d. Kt. Bern 66; Kult.pr. d. Dt. Gewerkschaftsbundes 88; Kult.pr. d. Schweiz. Gewerkschaftsbundes 92 – **Ve:** SGBK – **G/T:** Plast. (Stein, Bronze, seit 80 Arb. in Wachs f. d. Bronzeguß in cire-perdue-Technik); Restaurierung (Stein, Keramik, Elfenbein) – **Ö:** Basel, Münsterkreuzgang (Markttisch); ebda, Münsterpl. (Bronze-Gedenktafel), Mittlere Rheinbrücke (Helvetia-Skulpt.); Bern, Bundeshaus (Schriftskulpt.); Freiburg im Breisgau, Univ. (Skulpt.gr.); Neuenburg am Rhein (Brunnen); Riehen, Zollfreistr. (Brunnen); Zurzach, Kurpark (Verena-Brunnen) – **E:** u. a. 91 Riehen, Berowergur (m. Regula Huegli); 94 Bern, HM; 94, 97 Berlin, Ägyptisches Mus.; Berlin, Abguss-Slg Antiker Plastik; 01 Stampa, Pal. Castelmur (Rimessa); 02 Basel, Forsch.-gemeinschaft 'Mensch im Recht'; 03, 04 Basel, Atelierausst. – ***Lit:*** AKL; BLSK 98 – (Red.)

Eichinger, Ernst, Maler, Zeichner; lebt in München (* Würzburg 27. 5. 29) – **S:** 50–55 ABK München (Malerei b. Prof. Franz Nagel, Dipl.) – **L:** 73–92 Univ. München (Doz. f. Bild. Kunst) – **P:** Stip. d. Stadt München 64; Seerosenpr. 64; Förd.pr. f. Malerei u. Zchng d. Freistaates Bay. 68; Med. Ill.-Wettb. d. Intern. Buchkunst-Ausst. Leipzig 72; Wettb. f. künstler. Ausgest. eines U-Bahnhofes in München (1. Pr.) 72; Kunstpr. d. Ldkr. Dillingen 91 – **Ve:** Münchner Secession 58 – **G/T:** Mischtechnik; Collage; Assemblage; Übermalungen; Ill. – **M:** München, Bay. RF; München, Bay. Staatsgemäldeslgn; München, Lenbachhaus; München, Pin. d. Mod.; München, Staatl. GrS – **E:** 97 Nördlingen, Spk.-Gal. (m. Josef Lang); Landau a. d. Isar, Schloß Wildthurn; 99 Augsburg, Gal. Kulturesk; Pfarrkirchen, Reiffenstuel-Haus (m. Marie Luise Wilckens) – **G:** seit 55 München, Große Kunstausst.; 84 Wien, KH Exnergasse; seit 87 Rosenheim, KV (Jahresausst.); 98 Bratislava, NG; 99 Wertingen, Schloß; 01 Budapest, Secession – **V:** Ingeborg Münzing: Chronik d. Hauses Loden-Frey (Zchng u. graph. Gest.) 67 – ***Lit:*** Richard Hiepe, in: Panorama Ztg f. Lit. u. Kunst 61; Jürgen Beckelmann, in: Tendenzen, Blätter f. engagierte Kunst 61; Remigius Netzer, in: Intern. Advertising Art 62; in: Dt. Graph., Graphis Zürich 64; Hans Kießling (Hrsg.) u. Ingrid Seidenfaden: Begegnung m. Malern: Münchner Kunstszene 1955–1980 80; Fritz Lagerow: Maler d. Münchner Kunstszene 82; m. Marie-Luise Wilckens: Zeitlang: E.E., Bilder u. Zchngn, Ausst.kat. (z. Ausst. in d. Münchner Secession) 99; Schweers 02; AKL

Eichler, Klaus-Dieter, Künstler; Atelier Schalkhausserstr. 24, D-90453 Nürnberg, Tel. (09 11) 63 03 70, Fax 6 37 06 85, *kdeichler@kunstundbauen.de*, *www.kunstundbauen.de* (* Eisfeld/Thüringen 12. 6. 54) – **S:** 75–81 ABK Nürnberg – **L:** HS f. Gest. Schwäbisch Gmünd u. Pforzheim; Univ. Erlangen-Nürnberg; Akad. Nürnberg; KMCA Seoul – **P:** u. a. Hessischer Staatspr.; Gebhard Fugel Kunstpr.; Renta-Pr. Nürnberg; Arb.stip. Schwäbisch Gmünd; Arb.stip. Nürnberg – **Ve:** BBK seit 79; Dt. Werkbund Bay. seit 81 – **KGe:** Atelier Arnold + Eichler (seit 95) – **G/T:** Archit.bezogene Kunst – **M:** Antwerpen, Zilvermus. Sterckshof Povincie Antwerpen; Hamburg, MKG; Schleswig, LM f. Kunst u. Kult.-Gesch. Schloß Gottorf; Schwäbisch Gmünd, Mus. im Prediger – **Ö:** zahlr. Werke in ganz Süddtld – **E:** zahlr. Einzelausst. u. Beteiligungen im In- u. Ausland – (Red.)

Eichler, Stefan, Kunstschaffender; Federburgstr. 33, D-88214 Ravensburg, Tel. (07 51) 3 52 58 37 (* Weingarten 20. 5. 64) – **S:** 89 Freie KSch Ravensburg; 90–92 ABK Wien (Meisterschule Prof. Hundertwasser); anschl.: KA Mailand (zeitweilig Gaststud.) – **L:** 92–93 Freie Ksch Ravensburg (Doz. f. Akt- u. Portr.zeichnen) – **G/T:** Freie Malerei (figürl.-ornamental in Öl, Seidenmalerei); Portr.malerei; Bildhauerei (Holzschnitzkunst) – **K:** Aktzeichnen, Portr.zeichnen; Malferien in Frkr. – **W:** überw. in Privatbes. – **Ö:** Aschaffenburg-Westerngrund, Bachmann; Haidgau, Kinderheim (künstler. Raumgest.) Ibiza, Il Pintor; Ravensburg, Gonzales; ebda, Stotz Immobilien – **E:** 90–95 München, Gal. Il Nome; 97 Memmingen, Gal. Artigiano; 00 Ibiza, Il Pintor; 03 Grünkraut, Gal. im RH (m. Karin Gostner) 04 Ravensburg, Gonzales; 05 Aulendorf, Gal. d. Kr.Spk. – **G:** 90–91 Melbourne, Wanderausst. d. Meisterkl. F. Hundertwasser Wien

Eichlinger, Pius, Prof., Keramiker, Bildhauer, Maler, Glasmaler; Nobelstr. 17, D-85055 Ingolstadt (* Ingolstadt 11. 2. 25) – **S:** 45–49 HBK München (Kunsterziehung); Keramikerlehre b. Karl Sittl (Gesellenprüfung 79) – **L:** seit 50 Kunsterzieher an versch. Gymnasien, zuletzt Scheiner-Gymnasium Ingolstadt – **P:** Kunstpr. d. Stadt Ingolstadt 95 – **G/T:** vorw. Gefäßkeramik (trad. Formen m. exper. Glasuren, neuere Formen v. z.T. skulpturaler Wirkung); Malerei (auch Glasur auf Scherben, Glasmalerei); Plast. (Keramik, Beton) – **M:** Frechen, Keramion – **Ö:** Ingolstadt-Oberhaunstadt, Kirche St. Peter (Betonplast.); Theising, Aussegnungshalle (Glasfenster); – baukeramische Gest.: Ingolstadt, Eingangshalle d. Klinikums; ebda, Nordfriedhof – **E:**

71, 79, 95 Ingolstadt, StG im Stadttheater; 85 Ingolstadt, SM; 98 Harderbastei – **G:** 87 Höhr-Grenzhausen, Keramik-Mus. Westerwald; 90 Valauris, Keramik-Bienn. – **V:** Gerd Forster: Stichtage, Lyr. (Orig.-Linolschnitte) 75 – ***Lit:*** AKL; WWCCA 96 – (Red.)

Eicken, Paul in den, Maler, Graphiker, Zeichner; Arrabal 109, E-07519 María de la Salut/ Mallorca, *indeneicken@mac.com*, *www.indeneicken.de* (* Bielefeld 1. 1. 45) – **S:** 62–68 WerkKSch Mannheim (Graph.-Design) – **L:** 68–74 FHS f. Gest. Mannheim (LAuftr. f. Graph.-Design); 80–85 ABK Karlsruhe (GastLAuftr. f. künstler. Schriftgest., Kalligraphie u. Typographie) – **P:** Pr. f. Graph.-Design d. Dt. Presseverb. 75; Pr. d. Darmstädter Sezession 78; Hans-Purrmann-Pr. 82; Fundación Miró Palma de Mallorca (Mención de Honor) 95 – **Ve:** Künstlerbund Speyer 84 – **G/T:** Malerei (Öl, Acryl, z.T. graph. u./o. strukturierende Elemente wie Putz o. Sand, auch relig.); Graph. (auch digitale Graph.); Plast. – **M:** Kaiserslautern, Pfalz-Gal.; Mannheim, StKH; Palma de Mallorca, Fund. Miró – **Ö:** Calw, Graf-Zeppelin-Kaserne (Wandbild); Mannheim, Werner-von-Siemens-Schule – **E:** u. a. 86 Germersheim, Stadt- u. Festungsmus.; 87 Frankfurt am Main, Lohr; 88 Herne, Seeler; zuletzt 03 Speyer, KV (m. Renate Valotta u. Gerhard Fuchs); Santanyi/Mallorca, Kunstmann (m. Sophie Lanctôt u. Horacio Sapere) – **G:** u. a. 96 Speyer, Alter Stadtsaal; 93, 94 Palma de Mallorca (Seleccionado del Premio de Barceló); 00, 01 Santanyi/ Mallorca, Kunstmann; 02 Speyer, Künstlerhaus – ***Lit:*** AKL; Schweers 02 – (Red.)

Eickworth, Hans, Bildhauer; Reesberg 12A, D-04934 Hohenleipisch, Tel. (0 35 33) 75 09 (* Gablenz b. Crimmitschau 8. 2. 30) – **S:** ab 45 Lehre als Dekorationsmaler; 48 Mal- u. Zeichenschule d. Robert-Schumann-Akad. Zwickau; nach 55 HBK Dresden (b. Walter Arnold, Hans Steger u. Gerd Jäger); 61–63 AK Berlin (Meisterschüler b. Fritz Cremer) – **P:** Max-Pechstein-Förd.- u. E.pr. 59, 60, 61; Theodor-Körner-Pr. d. Min.-rates d. DDR 71 – **G/T:** Plast. (Gips, Bronze, Beton, Kunststein, realistische Portr. u. Gr., auch Tierdarst., kleinere Arb. aus Porzellan); Wandmalerei – **Ö:** Berlin-Köpenick, Müggelheimer Str. (Bronzeplast.); Crimmitschau, Marktbrunnen (Bronzefigur); Doberlug-Kirchhain, Schillerpark (bemalte Betonplast.); Elsterwerda, Marktpl. (Bronzebrunnen); Finsterwalde, Fröbel-Kindertagesstätte (Tierplast. aus bemaltem Beton); Fürstenwalde, Stadtpark u. Schwimmhalle (Bronzeplast.) – **E:** 80 Elsterwerda, Kleine Gal. im Fachwerkhaus – **G:** seit 59 nat. Ausst., u. a. 64 Berlin (Unser Zeitgenosse); 66 Berlin, NG; 67 Berlin, Dt. AK – ***Lit:*** AKL – (Red.)

Eiden, Anni s. Hanke-Eiden, Anni

Eigenheer, Marianne, Prof., Malerin, Graphikerin; Birsigstr. 127, CH-4054 Basel, Fax 02 81 28 84, *mebasel@aol.com*. 107, Finborough Road, London SW10 9DV (* Luzern 20. 4. 45) – **VG:** Düsseldorf, Bugdahn & Kaimer; Wiesbaden, Hafemann; Berlin, Grob – **L:** seit 97 ABK Stuttgart (Prof.); seit 03 Research Inst. for Curatorship and Education (Dir.) – **P:** Pressepr. d. Stadt Luzern 75; Eidgenössisches Kunststip. 80, 81; Pr. d. Stadt Basel 96; Stip. d. Zuger Kult.stift. Landis & Gyr 01, 02 – **Ve:** Visarte Basel – **M:** Aachen, Ludwig Forum; Basel, KM; Bremen, Neues Mus. Weserburg; Darmstadt, Hess. LM; Frankfurt am Main, Dt. Bank KS; Graz, LM Joanneum; Köln, Mus. Ludwig; Luzern, KM; Münster, Slg Dobermann; Peking, Chinesisches Mus.; Philadelphia, Franklin Slg; St. Petersburg, Russisches Mus.; Stuttgart, SG; Tokio, Meguro Mus. of Art; Villeurbanne, Le Nouveau Mus. – **E:** u. a. 97 Perth, Inst. of Contemp. Art; 98, 02 Düsseldorf, Bugdahn & Kaimer; 98 Zürich, Serge Ziegler; Stuttgart, Haderek; 99, 04 Wiesbaden, Hafemann; 00 Weil am Rhein, Stahlberger; Stuttgart, Kuratorium f. Kunst; 01, 03 Berlin, Grob; 02 Genf, Rivolta; 03 Edinburgh, Sleeper; Brüssel, Caravan – **G:** u. a. 01 Frankfurt am Main, Mus. f. Kommunikation; 02 Berlin, Grob; Genf, Rivolta; New York, Guggenheim; 03 Düsseldorf, Bugdahn & Kaimer; Gaildorf, Schloß – **V:** 10 kleine Negerlein 86 – ***Lit:*** Kat., u. a. KM Luzern 77; CH '70-'80 81; Zeichnungen 1977–81 82; Bilder zur Lage 82, 83; Bilder und Objekte 83; KV u. Mus. zu Allerheiligen 85; Il sorriso di Don Giovanni 86; Tarot 87; Sieben Tage – Sieben Träume 88; Swiss Inst. 88; Das Land der tieferen Einsichten 89; History is an Angel 92; Gabriel or: My Dream is your Dream 96, 98; The Oxford Bar 99 – (Red.)

Eigner, Kirsten s. Plank, Kirsten

Eilbacher, Dietz, Bildhauer, Zeichner (* Miltenberg/ Main 27. 12. 52) – **VG:** Freiburg im Breisgau, Skulpt.-Kab. – **S:** 75–81 Städelschule Frankfurt am Main (Bildhauerei b. Michael Croissant) – **L:** 04 Thür. Sommerakad. Böhlen (Steinbildhauerei, Gipsplast., Zeichn.) – **P:** Villa-Romana-Pr. 86; Förd.pr. d. Bay. Akad. d. Schönen Künste 92 – **G/T:** Bildhauerei (v. a. Basalt, Basaltlava u. Muschelkalk, seltener Bronze, Figuren, Köpfe u. archit. Motive); Zeichn. (Fett, Graphit, Teer, Arb. auf Papier o. Karton) – **M:** Lübeck, Mus. Behnhaus/Drägerhaus; Sindelfingen, StG; Stuttgart, SG; Wendlingen/Neckar, StG – **Ö:** Bad Hersfeld, Stiftsruine; Frankfurt am Main, Spk.; Miltenberg, Ldratsamt – **E:** u. a. 91, 94 Lübeck, Linde (m. Max Neumann); 99 Greifswald, Schwarz (m. Max Neumann); Frankfurt am Main, Appel & Troschke (m. Dorothee Joachim); 01 Lübeck, Linde; 03 Frankfurt am Main, Appel; 04 Freiburg im Breisgau, E-Werk – **G:** u. a. 87–98 München, Große Kunstausst.; 87 Freiburg im Breisgau, Gal. Pro Arte; 96 Augsburg, Oberländer; 01 München, Bay. Akad. der Schönen Künste; 03 Dreieich, Kunsttage – ***Lit:*** AKL – (Red.)

Einhoff, Friedrich, Prof., Zeichner, Graphiker, Maler (* Magdeburg 20. 7. 36) – **VG:** Freiburg im Breisgau, Gal. Pro Arte; Hamburg, Levy – **S:** 57–62 HBK Hamburg (b. Alfred Mahlau u. Willem Grimm); 62–66 Univ. Hamburg (Phil., Lit.wiss.) – **L:** ab 78 FHS Hamburg (Prof. f. Gest.) – **P:** Pr. d. Werner-Otto-Stift. 79 – **Ve:** Freie AK Hamburg 85 – **G/T:** Zeichn.; Graph. (Rad., Aquatinta, Kaltnadel); Malerei (oft eingeleitet m. Zeichn.ser.) – v. a. menschliche Figuren u. -gr. – **M:** Coburg, KS d. Veste; Kisslegg, Mus. Expressiver Realismus; Magdeburg, Kulturhist. Mus.; Schleswig, LM f. Kunst u. Kult.-Gesch. Schloß Gottorf – **E:** zuletzt 01 Dachau, Künstlervrg; Hamburg, Levy; 02 Freiburg im Breisgau, Gal. Pro Arte; Hamburg, Freie Akad. d. Künste; 03 Bremen, Ohse – **G:** zuletzt 04 Hamburg, Levy – ***Lit:*** AKL – (Red.)

Eins, Stefan, Maler, Bildhauer, Performer, Konzepteersteller, Kurator; P.O. Box 33, Canal Street Station, New York City, NY 10013–0033/USA, Tel. (02 12) 9 87 97 49, Fax 7 22 98 88, *einsoneuno@aol.com*, *www.geocities.com/oneunoeins* (* Prag/Tschechische Republik) – **S:** 60–65 Univ. Wien (Theologie); 64–67 ABK Wien (Meisterkl. f. Bildhauerei b. Prof. F. Wotruba) – **P:** The Nat. Endowment, USA 80, 87; The New York Found. for the Arts 02; The Adolph and Esther Gottlieb Found. New York 04 – **KGr:** Collaborative Projects, Inc. (seit 76, Präsident 89–91 u. seit 01) – **G/T:** physikalische Korrelation v. Flüssigkeitsformation zu biologischen Formationsprozessen; Schüttungen (Vermischungen, Verrinnungen); Malerei auf zerbrochenen Holzplatten; Collagen; Fotogr.; Portr.; Pop-Bilder; Untersuchungen in Bereichen außerhalb v. Zeit u. Raum ('Die Physikal. Gegebenheiten in d. Sonne ließen notwendigerweise Leben entstehen [...]' 04 u. 'Immer Leben als eine notwendige Folge v. physikal. Gesetzen die noch nicht entdeckt sind' 05); innovative Bronzegußverfahren – **K:** Workshops (biologische Prozesse, Formation v. Flüssigkeiten in Vermischungen, Verrinnungen u. Schüttungen) – **W:** Freiheit (offizieller Beitr. d. Republik Öst. z. Hundertjahrfeier d. Freiheitsstatue); Ave Juno; One; Gravity Needless – **M:** Linz, Lentos; New York, The New Mus.; St. Pölten, Ndöst. LM; Wien, Belvedere; Wien, MMK Stiftung Ludwig; Wien, Slg d. Republik Öst.; Wien, Slg d. Stadt – **Ö:** Gresten, Projekt Wirbelsäule; New York, Pier 102, West 60's; ebda, Fifth Avenue, Fort Tyron Park – **E:** 73, 74, 75, 76 New York, 3 Mercer; 78, 81, 85, 91, 92 New York, Süd Bronx, Fashion Moda; 85, 87 Wien, Gal. Ariadne; 86, 88 New York, Now Gall.; 86 New York, ABC No Rio; 89 Oslip, Cselley Mühle; 91 Wien, Belvedere; 95 New York, Windows 10 on 8; 00 New York, Gall. X; 01 New York, Pfaffman – **G:** u. a. 76 New York, P.S.1 Contemp. AC/MOMA; 77 (m. Free Univ. for Intern. Studies), 82 Kassel, documenta; 80 New York, The Times Square Show; 80, 81 New York, The New Mus.: Fashion Moda; 99 Bronx, Bronx Mus. of the Arts; 00 New York, Gall. X; 01 Wien, Generali Found.; New York, Theater for the New City; 02 London, Barbican Centre; Linz, OK-Zentrum; New York, Sperone Westwater; Düsseldorf, Mode Messe; 03 New York, Columbia Univ.; New York, Howl Festival; New York, Lelong; New York, Dumbo Arts Festival – **V:** One Eins, Kat. 91 – ***Lit:*** Steve Hager: Hip Hop 84; Alan Moore, Marc Miller: ABC Rio 84; Suzi Gablik: Has Modernism Failed 84; Lucy Lippard: Get the Message 87; Peter Frank, Michael Mc Kenzie: New, Used, Improved 87; Phebe Hoban: Jean Michel Basquiat 98; Walter Seidl: Zwischen Kultur und Culture 01; Chris Townsend: Rapture. Art's Seduction by Fashion 02; Who's Who in American Art 04; Who's Who in America 06 – ***LitR:*** Making Coincidences, Fs.ser. (20 Episoden) 84

Einsele, Lukas, Foto- u. Videokünstler (* Essen 27. 5. 63) – **VG:** Frankfurt am Main, L.A. Gal. – **S:** 82–85 Freie Univ. Berlin (Phil. u. Lit.wiss.); 85–91 FHS Darmstadt (Fotogr. b. Prof. Hans Puttnies, Dipl.) – **L:** 99–00 Merz-Akad. Stuttgart (Gastprof.) – **P:** Arb.stip. d. Stadt Birmingham 91; Stip. Bild. Kunst d. Ldes Hess. 94, 95; Stift. Kunstfonds 96; Stip. d. Akad. Schloss Solitude 97, 98; Reisestip. d. Hess. Kult.stift. 01, 02; Karl-Hofer-Pr. 05 – **G/T:** Fotogr. (u. a. großformatige Stilleben m. exponierten Alltagsgegenständen); performative bzw. installative Arb. m. Dok.- u. Textmaterial – **M:** Frankfurt am Main, Dt. Bank KS; Stuttgart, SG – **E:** zuletzt u. a. 03 Madrid, Goethe-Inst.; Freiburg im Breisgau, E-Werk; 05 Krefeld, Haus Esters; Karlsruhe, Badischer KV; Rotterdam, Witte de With – **G:** zuletzt u. a. 99 Budapest, Pal. d. Kunst; Frankfurt am Main, Intern. Performancekonferenz; Baden-Baden, SKH; 00 Bielefeld, KV Mus. Waldhof; Melbourne, Brief Encounters – ***Lit:*** AKL – (Red.)

Einsiedel, Oswald Mathias s. Ungers, Oswald Mathias

Eisch, Erwin, Glaskünstler, Bildhauer, Maler, Zeichner; Moosaustr. 9, D-94258 Frauenau, Tel. (0 99 26) 18 08 76. c/o Glashütte Valentin Eisch GmbH, Am Steg 7, D-94258 Frauenau, *www.eisch.de* (* Frauenau 18. 4. 27) – **VG:** Baden-Baden, Gal. B – **S:** 45–47 Frauenau (Glasgravurlehre b. Valentin Eisch); 47–49 Staatl. Glas-FS Zwiesel (Industr.zeichn.); 49–52 ABK München (Innenarchit., Abt. Glas-Gest. u. -design b. Josef Hillerbrand); 54–58 ebda (Bildhauerei b. Heinrich Kirchner) – **L:** seit 88 Sommerakad. Bildwerk Frauenau – **P:** Coburger Glaspr. (E.pr.) 77, (1. Pr.) 85; E.mitgl.schaft d. Glass Art Soc. 82; Kult.pr. Ostbay. 87; Gold Award d. Amer. Interfaith Institute Philadelphia 92; Lifetime Achievement Award d. Glass Art Soc. 95; Lifetime Achievement Urban Glass 02 – **Ve:** BBK Bay. – **KGr:** SPUR (Gründungsmitgl. 57); RADAMA (Gründungsmitgl. 60) – **G/T:** v. a. Glaskunst (z.T. körperlich-figürliche Objekte, Gest. v. nicht funktionalen Alltagsgegenständen, auch Glasköpfe); Graph. (z.B. Glasrad.); Malerei (Acryl, Aqu.); Zeichn. (Feder, Tusche, z.T. karikaturistisch) – **M:** Berlin, KGM; Coburg, KS d. Veste; Corning/NY, Mus. of Glass; Darmstadt, Hess. LM; Düsseldorf, Mus. Kunst Pal.; Frankfurt am Main, MAK; Frauenau, Glasmus.; Freiburg im Breisgau, Augustiner-Mus.; Groningen, Groninger Mus.; Hamburg, MKG; Karlsruhe, Badisches LM; Kyōto, NM of Mod. Art; Kümmersbruck, Schloß Theuern; Köln, MAK; Lüttich, Mus. du Verre; Madison/WI, Elvehjem Mus. of Art; München, Bay. NM; Nancy, Mus. des Beaux-Arts; Palm Beach/FL, Lannan-Found.-Collection; Paris, Mus. des Arts Décoratifs; Rotterdam, Mus. Boymans Van Beuningen; Toledo/OH, Mus. of Art; Washington/DC, Smithsonian Amer. AM; Wertheim, Glasmus.; Wien, MAK; Yokohama, Mus. of Art; Zürich, Mus. Bellerive – **Ö:** Deggendorf, Comenius-Gymnasium (Kriegerdenkmal); Kötzing, Neues Krankenhaus (Malerei im Foyer) – **E:** zuletzt u. a. 94 Nagahama, Kurokabe-Mus.; 97 Schweinfurt, Städt. Slg; Schweinfurt, KV; 00 Frauenau, Gal. am Mus.; 03 Metten, Benediktinerabtei – **G:** zuletzt 99 Düsseldorf, Mus. Kunst Pal. – ***Lit:*** AKL – (Red.)

Eisel, Fritz, Prof. em., Maler, Graphiker, Zeichner; Kleefelder Str. 32, D-19067 Langen Brütz, Tel. (0 38 66) 7 29 (* Lauterbach/Hessen 27. 3. 29) – **S:** 47–50 HS f. Baukunst u. Bild. Künste Weimar (b. Hans Hoffmann-Lederer u. Fritz Dähn); 50–51 HBK Dresden (b. Fritz Dähn); 51–57 Repin-Inst. Leningrad (b. Boris Joganson) – **L:** 70–79 HBK Dresden (Doz.); 73 ebda (Prof., 75–79 Rektor); 85–94 FS f. angew. Kunst Heiligendamm – **P:** Kunstpr. d. DDR 75; Martin-Andersen-Nexö-Kunstpr. d. Stadt Dresden 77; Theodor-Körner-Förd.pr. 82 – **M:** Berlin, NG; Dresden, GG NM; Halle/Saale, Staatl. Gal. Moritzburg; Neu Delhi, NG of Mod. Art; Rostock, KH; Schwerin, Staatl. Mus. – **E:** zahlr., u. a. 69 Ulan Bator, Ausst.-Zentrum; 77 Dresden, HBK; 87 Lauterbach, Hohhaus-Mus.; 96 Basthorst, Schloß; 00 Fulda, Nüdling – **G:** ab 57 Dresden, Kunst-Ausst.; 98 Schwerin, Staatl. Mus.; 99 Rudolstadt, Thür. LM Heidecksburg; 03 Hermsdorf, Stadthaus; – weitere: ab 57 Bez.-Kunst-Ausst. – ***Lit:*** AKL; Schweers 02; NG Berlin 03 – (Red.)

Eisel, Paul, Maler; Kleefelder Str. 32, D-19067 Langen Brütz, Tel. 0 38 66/7 13 (* Dresden 24. 4. 55) – **S:** 80–82 HGB Leipzig (Malerei u. Graph. b. Bernhard Heisig); HBK Dresden; 85–90 AK Berlin (Meisterschüler b. Heisig) – **M:** Meiningen, Meininger Mus. – **G:** u. a. 87 Dresden, Kunst-Ausst. d. DDR; 90 Berlin, AK – ***Lit:*** AKL – (Red.)

Eisele, Johann, Prof., Architekt; Ehretstr. 14, D-64285 Darmstadt (* Sibbesse/Hannover 48) – **S:** 70–71 TH Darmstadt (Bau-Ing.-Wesen); 71–78 ebda (Archit.) – **L:** 79–84 TH Darmstadt (wiss. Mitarb.); 87 HS f. Kunst u. Musik Bremen (Gastprof.); 88 TH Darmstadt; 89 TU Braunschweig; seit 90 TU Darmstadt (Prof. f. Archit., Fachgebiet Entwerfen u. Baugest.) – **G/T:** u. a. Ausst.-Archit.; Objekt-Gest.; raumbildende Install.; archit.hist. Rekonstruktion – **W:** Objekt-Gest.: Frankfurt am Main, Möbelgeschäft Leptien; Hannover, EXPO – **M:** Bonn, Kunst- und Ausst.halle d. BRD – **B:** u. a. Berlin-Adlershof: Innovationszentrum f. Umwelttechnologie; Berlin-Buchholz-West: Bau-Ausst. Berlin (22 Häuser); Darmstadt: Bistro Kaisers-Café;

ebda: Gal. Sander, Haus Schrumpf; Darmstadt-Arheiligen: Unterführung; Darmstadt-Eberstadt: Heinrich-Delp-Str.; ebda, Kinder- u. Kult.zentrum; Frankfurt am Main: Ortsvermittlungsstelle d. Post; ebda: Saalgasse 12 (Wohnhaus); Frankfurt-Sossenheim: Haus Weber; Giessen-Launsbach: Umbau einer Tabak-Man.; Mainz-Gonsenheim: Haus Benker; Neckarsulm-Obereisesheim: Wohnanlage u. Kindergarten; Niederbeerbach: Haus Trischler; Ober-Ramstadt: Haus Bell-Broszeit; Zwingenberg: Scheuergasse – ***Lit:*** AKL – (Red.)

Eiselin, Rolf, Architekt; Résidence La Côte 60, CH-1110 Morges, Tel. 02 18 01 70 77, Fax 02 18 01 70 36, *rolfeiselin@aol.com*. 1868 Mountain View Drive, USA-94920–1810 CA Tiburon, Tel. (04 15) 4 35 11 98, Fax 4 35 12 38 (* Zürich 6. 11. 25) – **S:** 51 ETH Zürich (Dipl. Archit.); 56 Registered Architect State of Illinois/USA – **P:** Medal of Honour Jersey City Mus. (Prints) 60; Judges award for outstanding photography 89; Award of Excellence Santa Barbara 90; North American Intern. Exhib. (honorable mention, photography) 92 – **Ve:** société suisse des ingénieurs et des architectes 52; société des artistes visuels et architectes; California Soc. of Printmakers – **G/T:** Malerei, Graph., Skulpt., Design, Fotogr., Archit. – **M:** Brazil, Cabo Frio Collection; Gland, WWF photo-library; New York, UNICEF photo-library; Oakland/CA, Oakland Mus.; San Francisco, Achenbach Found.; San Francisco, MMA; Washington/DC, WWF photo-library; Zürich, GrS d. ETH – **Ö:** Tiburon/USA, Town Hall; San Anselmo/USA, San Domenico School – **B:** als Mitarbeiter versch. Archit.firmen: New York: Albert Einstein College of Medicine (studies for new campus); Greenville/SC: Univ. Campus (design of a master plan); Colorado Springs: U. S. Air Force Acad. (senior designer in team of architects); Paris: project for high-rise apartment buildings in prefabricated reinforced concrete construction – **E:** 67 San Francisco, MMA – **G:** Archit.: Zürich, Univ.; Lausanne, Gal. Labyrinthe; – Skulpt.: Oakland/CA, Oakland Mus.; San Francisco, Legion of Honor; – Malerei: San Francisco, MMA; Davis, Univ. of California; – Graph.: Washington/DC, US NM; San Francisco, De Young Mus.; San Francisco, Legion of Honor; Seattle/WA, AM; Toronto, R. Ontario Mus.; Rio de Janeiro, Mus. de Arte Mod.; Tokio, Japan Print Assoc.; Nottingham, Bertrand Russel Centennial; Zürich, Kunsthaus; Luzern, KM; – Fotogr.: San Francisco, Mus. of Mod. Art; New York, Nikon Gall.; Bath, R. Photogr. Soc.; Pully, Musée d'Art Contemp.; Fribourg, Mus. d'histoire naturelle – **V:** Schutz der Baudenkmäler, in: Neue Züricher Ztg v. 10.8.62; Couvaloup, in: Journal de Morges 6.8.93; Plakate, Einführung z. Ausst. ETH Zürich 03 – ***Lit:*** Art Bank San Francisco Art Institute 62/63, 64/66; Who's who in the world 76/77; Prints USA 84; Who's who in art; Dictionnaire des artistes suisses contemporains

Eiselstein, Felizitas s. Mentel, Felizitas

Eiselstein, Immanuel Victor, Bildhauer; Neuhöfer Str. 31, D-67065 Ludwigshafen-Rheingönheim, Tel. (06 21) 54 36 49, 54 38 94, *Immanuel@Eiselstein.de*, *www.eiselstein.de* (* Ludwigshafen/Rhein 15. 8. 78) – **S:** 98–03 Städelschule Frankfurt am Main (b. d. Prof. Georg Herold, Heimo Zobernig, Meisterschüler b. Hermann Nitsch) – **P:** Pr. d. Ver. d. Freunde d. Städelschule 03 – **Ve:** Arb.kr. Pfälzer Künstler (jüngstes Mitgl.) 00 – **KGe:** I. V. E. u. Felizitas Mentel (seit 98) – **G/T:** Bildhauerei (Stahl, Ton, Blei) – **E:** 99 Frankfurt am Main, Städelschule – **G:** 00 Dahn (Pfälzer Künstler: Malerei – Graph. – Bildhauerei); Offenbach (Junge Talente); 01, 02 Frankfurt am Main, Städelschule; 02 Kaiserslautern, Pfalz-Gal.; 03 Frankfurt am Main, Städelmus. – (Red.)

Eisenbarth, Pia (verh. Pia Eisenbarth-Schütz), Dipl.-Kommunikationsdesignerin, Illustratorin; Am Sonnenberg 8, D-55270 Schwabenheim, Tel. (0 61 30) 94 09 26, Fax 94 09 27, *pia.eisenbarth@t-online.de* (* Zweibrücken 15. 9. 60) – **S:** 79–84 FHS Wiesbaden (Kommunikationsdesign, Buchill., Buchgest.) – **L:** 99–00 FHS Wiesbaden (FB Ldschaftsarchit.: LAuftr. Zeichnen) – **Ve:** VG Bild-Kunst 90; IO – Illustratoren Organisation Dtld 05 – **G/T:** Ill. (vorw. Kdb., Bilderb.); Freie Ill. – **K:** Aqu.malerei, Aktzeichnen – **W:** Einzelne künstler. Ill. in Privatbes. – **M:** Bozen, Dok.zentrum f. zeitgen. Ill.; Branzoll, Dok.zentrum f. zeitgen. Ill. – **E:** 02 Mainz, Stadtbücherei – **G:** 04 Frankfurt am Main, Gallustheater (Foyer) – **V:** ILL.: u. a. Frederik Hetmann: Der Vogel m. d. goldenen Federn 88; Gerda Wagener: Klaus Nikolaus von nebenan 89; Werner Färber: Gesch. v. Gespenst Gundula 96; Gunter Preuß: Gespensterkrach um Mitternacht 98; Ulrike Kaup: Vampirgesch. 98; Anne Steinwart: Jakob in d. Räuberhöhle 98; Wilhelm Topsch: Das ist ja super! 99; Barbara Wendelken: Der letzte König v. Bremen 00; Karin Jäckel: Vampirellis gruselige Abenteuer 01; Anne Steinwart: Sei nicht traurig, kleiner Riese 01; Punkterätsel f. Gruselfreunde 01; Julia Volmert: Der kleine Ritter u. d. dumme Trotz 04; dies.: Mein Schatz. Nein, meiner! 05

Eisenköck, Hermann, Architekt; Jahngasse 9, A-8010 Graz. Körblergasse 100, A-8010 Graz, Tel. (03 16) 3 22 02 00, Fax 32 20 20 29, *office@eisenkoeck.com*, *www.eisenkoeck.com; www.archconsult.com* (* Salzburg 1. 3. 54) – **S:** 68–73 Höhere Technische Bundeslehranstalt Salzburg; 74–81 TU Graz (Archit.) – **L:** 94–96 TU Graz (LAuftr. Bauschäden) – **P:** Karl-Friedrich-Scheffel-Pr. 80; Salzburger Archit.-Förd.pr. 80; Auslds-Stip. d. Ldes-Reg. Stmk 83; Geramb-Dankzeichen f. gutes Bauen 90, 95, 97; Archit.pr. d. Ldes Stmk 96; Bauherrenpr. d. Zentralvrg 97 – **Ve:** Haus d. Archit. Graz 93; Architektenkammer f. Stmk u. Kärnten 98; Architekten Öst. 99; Designstift. Öst. (Gründungsmitgl.) 99; Bundeskammer d. Architekten 00 – **B:** u. a. Albersdorf: Temmel Transportlogistik; Berg: Grenzgendarmeriekommando; Bruck an d. Mur: Ldeskrankenhaus; Graz: Finanzldes-Dir. Stmk; ebda: Logistikzentrum Fa. Odörfer, Gebäude d. TU, Ldeskrankenhaus West, Büro- u. Lagergebäude Zultner, FHS-Zentrum-West I, FHS-Zentrum-West II, Unternehmerhaus Die Koloniale; Klagenfurt: Kundlichgasse (Wohnanlage); Kleinhaugsdorf: Grenzgendarmeriekommando; Leoben: Ldes-Ausst. u. Mus.-Erweiterung; Villach: Filiale d. Bank Austria; Werfenweng: Salzburger Ldes-Schi-Mus. – ***Lit:*** AKL – (Red.)

Eisenmayer, Ernst, Bildhauer, Maler, Zeichner, Möbeldesigner, Dichter, Juwelier, Werkzeugschlosser; 19. Bez., Bauernfeldg. 4, A-1190 Wien (* Wien 18. 9. 20) – **S:** 47 Camberwell SchA (b. Victor Pasmore) – **Ve:** Amsterdam Sculptor's Group – **M:** Terre Haute/IN, Swope AM – **Ö:** London, Wimbledon, Southlands College; London, Wiener Library; Nottingham, Carlton Forum Estate – **E:** zahlr., u. a. 68 Terre Haute, Sheldon Swope; 69 Salzburg, Welz; 70 Wien, Peithner-Lichtenfels; 97 Northwood, Etz Chayim Gall. and AC; 02 Wien, Jüdisches Mus. – **G:** u. a. 60 London, RA; 67 Edinburgh, Royal Scottish Academy; 75 London, Holland Park – ***Lit:*** AKL – (Red.)

Eisentraut, Wolf-Rüdiger, Prof. Dr., Architekt; Krumme Str. 75, D-10585 Berlin, Tel. (0 30) 2 64 16 28 (* Chemnitz 1. 12. 43) – **S:** 63–68 TU Dresden (Archit.) – **L:** 86 TU Dresden (Hon.prof., ab 88 Prof. f. Gesellschaftsbau) – **P:** zahlr., u. a. Archit.pr. d. Hauptstadt Berlin u. d. DDR; Nat.-Pr.; Goethepr.; Pr. d. Bienn. Sofia – **Ve:** Bau-Akad. d. DDR 86; BDA

(Vors.) 90 – **B:** u. a. Berlin: Pal. d. Republik (Mitarb.); Berlin-Friedrichshagen: Wasserwerk; Berlin-Hohenschönhausen: Prerower Platz, Handelshaus; ebda: Bibliothek Anna Seghers, Wohngebietszentrum Mühlengrund; Berlin-Lichtenberg: Körperbehindertenschule; ebda: Gaststätte Seeterrasse; Berlin-Marzahn: Kaufhaus Am Springpfuhl; ebda: Warenhauskomplex, Freizeitzentrum, Ringkolonnade, Helene-Weigel-Pl., Bibliothek, Hauptpostamt, Stadtbez.RH; Berlin-Springpfuhl: Wohnkomplex – ***Lit:*** AKL; Barth/Topfstedt 00 – (Red.)

Eisler, Christiane, Fotografin; Roßplatz 11, D-04103 Leipzig. c/o Transit-Archiv, Arndtstr. 63, D-04275 Leipzig, *transit@transit.de*, *www.transit.de* (* Berlin 9. 8. 58) – **S:** 79–83 HGB Leipzig (b. Harald Kirchner u. Evelyn Richter); 83–85 ebda Zusatz-Stud. b. Evelyn Richter – **G/T:** Fotogr. (u. a. Portr., Stadtmilieu-Studien, Ldschaft) – **M:** Cottbus, Brandenburgische KS; Halle/Saale, Staatl. Gal. Moritzburg; Köln, Mus. Ludwig – **E:** u. a. 83 Leipzig, Café vis à vis; 87 Leipzig, Moritzbastei; Potsdam, Gal. Blick; 89 Leipzig, Gal. Nord; Gera, Gal. Junge Kunst; 91 Lüdenscheid, RH; 92 Leipzig, Neues RH; 96 Zwickau, Gal. am Domhof; 01 Leipzig, Schaubühne Lindenfels; 05 Coswig, Herz-Zentrum – **G:** zahlr. seit 81, u. a. 89 Berlin, RH Schöneberg; 90 Berlin, Bahnhof Westend; Berlin, Kult.amt Tiergarten; 93 Leipzig, HGB; 96 Berlin, DHM – **V:** bildjournalist. Arbeiten f. versch. Zss., u. a. Spiegel, Stern, Focus u. Wirtschaftswoche – ***Lit:*** AKL, Bd. 33 02; Bildende Künstler in Leipzig 06 – (Red.)

Eisler, Walter, Maler u. Graphiker; Heinrich-Roller-Str. 16, D-10405 Berlin (* Leipzig 15. 9. 54) – **VG:** Berlin, Gal. Berlin – **S:** 77–78 TH Leuna-Merseburg (Verfahrenstechnik); 77–82 HGB Leipzig (Malerei b. Volker Stelzmann, Wolfgang Peuker, Arno Rink u. Bernhard Heisig); 82–84 Mitarb. im Atelier von B. Heisig; 82–84 Mitarb. v. Werner Tübke am Bauernkriegspanorama in Bad Frankenhausen; 86–89 KHS Berlin-Weißensee (Meisterschüler) – **G/T:** Malerei, Zeichn., Rad. – **E:** u. a. 91 Frankfurt am Main, Schwind; 92 Leipzig, Sgundek; 94 Leipzig, Konsulat d. USA; 95 Leipzig, Dresdner Bank am Augustuspl.; Leipzig, Gewandhaus; 96 Newcastle, Clayton Gall.; 98 Münster, Villa Werse; 99 Markkleeberg, Westphalsches Haus; 01 Düsseldorf, SM; 02 Berlin, Gal. Berlin – **G:** 89 Berlin, Neue Berliner Gal.; 90, 99 Berlin, Brusberg; 91 Berlin, Bahnhof Westend; 93 Leipzig, Gal. am Burgkeller; 00 Berlin, Gal. Berlin; 03 Aschaffenburg, Gal. CasArte – ***Lit:*** AKL – (Red.)

Eißfeldt, Dörte, Prof., Foto- u. Filmkünstlerin; c/o HBK Braunschweig, Postfach 2538, D-38015 Braunschweig, Tel. (05 31) 3 91 92 41, Fax 3 91 92 94, *de@doerte-eissfeldt.de*, *www.doerte-eissfeldt.de* (* Hamburg 1. 3. 50) – **S:** 70–76 HBK Hamburg (Kunsterziehung) – **L:** 83–84 HBK Hamburg (LAuftr. Fotogr.); 85 FHS f. Gest. Pforzheim (LAuftr. Video); 86 VHS Berlin-Kreuzberg (LAuftr. Fotowkst.); 87–90 Salzburg College (Doz. f. Fotogr.); 88 FHS f. Gest. Offenbach (LAuftr. Fotogr.); 89 FHS f. Gest. Bielefeld (LAuftr. Exper.film, m. T. Janßen); 89–90 HBK Hamburg (Gastdoz. Fotogr.); 90–91 Univ. Mainz (Prof. f. Fotogr.); seit 91 HBK Braunschweig (Prof. f. Freie Kunst u. Fotogr.) – **P:** Stip. d. Dt.-Frz. Jugendwerkes 81; Stip. f. Zeitgen. Fotogr. d. Krupp-Stift. 85; Dt. Leasing AG Frankfurt (1. Pr.) 85; Kunstpr. Altona (2. Pr.) 87; Stip. d. Barkenhoff-Stift. Worpswede 88; Künstlerstätte Bleckede 89; Stift. Kunstfonds – Arb.- u. Projektstip. 90, 99; Nds. Künstlerstip. 92 – **M:** Essen, Mus. Folkwang; Hamburg, MKG; Hannover, Sprengel Mus.; München, Goethe-Inst.; New York, MOMA; Paris, Bibliothèque Nat.; Paris, MAM de la Ville Paris; Paris, Maison Europ. de la Photogr.; Stuttgart, SG – **E:** zahlr., zuletzt u. a. 94 Hamburg, MKG; 95 Lüneburg, KV; 96 Lübeck, St. Petri; 99 Hamburg, Altonaer Mus.; 03 Braunschweig, Gal. d. HBK – **G:** zahlr., u. a. 03 Prag, City Gall.; Berlin, DHM; Moskau, Haus d. Fotogr.; Bochum, Mus.; Braunschweig, Mus. f. Photogr. – ***Lit:*** AKL – (Red.)

Eißner, Frank, Graphiker, Buchbinder, Verleger; Posadowskyanlagen 8, D-04317 Leipzig, Tel. (03 41) 8 61 47 28 (* Leipzig 16. 9. 59) – **VG:** Leipzig, Gal. Hotel Leipziger Hof – **S:** 76–78 Lehre als Offsetretuscheur; 84–89 HGB Leipzig (bei Rolf Kuhrt [freie Graph.], Günter Thiele u. Dietrich Burger) – **G/T:** Graph. (v. a. Hschn.), künstler. Bezugspunkte liegen im Expressionismus sowie in d. Kunst d. 50/60er Jahre, z.B. Farbgraph. v. HAP Grieshaber, im Mittelpunkt d. Graph. stehen bibliophile Künstlerdrucke in kleinen Auflagen, deren Gesamtgest. u. d. Binden v. F.E. ausgeführt werden; – sowie: 90 Gründung d. F.E. Handpresse; seit 92 Zus.arb. m. d. Ed. Fiebig, Berlin – **M:** Burgk, Schloßmus.; Dresden, SLUB; Leipzig, Dt. Buch- u. Schrift-Mus. d. Dt. Nat.bibl.; Leipzig, Gal. Hotel Leipziger Hof; Leipzig, MBK; Leipzig, Reg.-Präsidium; Nürnberg, Germanisches NM; Offenbach am Main, Klingspor-Mus.; Wien, Albertina – **E:** u. a. 92 Leipzig, Reg.-präsidium; Leipzig, Gal. Artefakt; Leipzig, Georg-Maurer-Bibl.; 93 Genthin, KV – **G:** u. a. 91 Mainz, Gutenberg-Mus.: Künstlerbücher aus d. DDR; 91, 92 Leipzig, Bildermesse; 92 Leipzig, Gal. Wort u. Werk: Opus; Leipzig, 1. Ausst. d. BBKL; Leipzig, GRASSI: Leipziger Künstler gegen Aids; 93 Leipzig, Allg. Ortskrankenkasse: Leipziger Kunst in d. AOK; 92 Bonn, Bundeshaus: Sä. Kunst; 93 Dresden, Graph.messe; Aying, Künstlerbücher u. Pressendrucke – **V:** HSCHN.: u. a. Novalis, 2. Hymne an die Nacht 91; 6. Hymne an die Nacht 93; Adagio Eleison (m. eigenem Text) 93; Arvo Pärt, De profundis; Paul Celan: Sink 97; Traum des Nebukadnezar (zum Buch Daniel, AT) 97; Marion Günther: Rauhreif 06 – ***Lit:*** KAT.: u. a. Musik und bild. Kunst (Univ. Leipzig), 94; Lust und Last. Leipziger Kunst seit 1945 97; S.Feiler u. a.: Neuerwerbungen des Dt. Buch- und Schrift-Mus. 1997–1999 00 – (Red.)

Eißner, Konstanze s. Feindt-Eißner, Konstanze

Eißner, Ulrich, Prof., Bildhauer; Beerenhut 13, D-01169 Dresden, Tel. u. Fax (03 51) 4 12 31 74, *www.dresden-art.de* (* Karl-Marx-Stadt (heute Chemnitz) 10. 9. 62) – **S:** 84–86 HBK Dresden (Abendstud., Plast. b. T. Franz); 86–89 ebda (Theaterplast. b. J. Waldöstel u. L. Beck, Dipl.) – **L:** ab 96 HBK Dresden (künstler. Mitarb., Leiter d. Fachkl.); seit 03 ebda (Prof. f. Theaterplast.) – **P:** Intern. Schneeskulpt.wettb. Hermsdorf (3. Pr.) 97; Intern. Schneeskulpt.wettb. Hermsdorf (1. Pr.) 00; Intern. Holzbildhauersymposium im Vogtland (2. Pr.) 00 – **Ve:** SKB seit 90 – **G/T:** Plast. u. Skulpt. (u. a. Bronze, Blei, Porzellan, Holz, Sandstein, Porphyr, Polymerbeton, Schnee, figürl., Portr., Reliefplaketten); Graph. (Hschn., Zeichn.) – **W:** zahlr. Arb. in Privatbes. – **M:** Chemnitz, Neue Sä. Gal.; Córdoba, Mus. im RH; Dresden, Neuer Sä. KV; Freital, Städt. Slgn – **Ö:** Chemnitz, Bildungs- u. Technologiezentrum; ebda, Kabarettkeller, Tierpark, Stadtbibl.; Dresden, Herkuleskeule; ebda, Schillergarten, Krankenhaus Friedrichstadt; Glauchau, Sachsenlandhalle; Kadan, Steinskulpt. (Kain u. Abel); Olbernhau; Oschatz, Kr.spk.; Rochlitz, Marktber.; Rodewisch, Göltzschtalklinik; Sebnitz, Parkanlage d. Bibliothek; Vejprty; Vintirov, Wallfahrtskirche; Zschopau, Kr.krankenhaus – **E:** 92 Chemnitz, Laterne; 96 Chemnitz, Gal. im Schauspielhaus; 99 Chemnitz, Wasserschloß Klaffenbach (m. Jens Büttner u. Konstanze Eißner); 03 Dresden, Schloß Albrechtsberg, Röm. Bad; 04 Dresden, Marcolini Pal. – **G:** u. a. 88, 89 Dresden, HBK (Frühlingssalon); 92 Leipzig, Reg.präsidium; 94, 01 Chemnitz, Chemnitzer Kunstmesse; 95 Chemnitz, Rosenkranz; Chemnitz, Opernhaus; 96 Córdoba/Argentinien, RH; 97, 02, 03 Chemnitz, Neue Sä. Gal.; 99 Rostock, KV; 02 Wien, Gal. Zentrum; Dresden, Oberldesgericht; Dresden, Gal. l'Villa; 02, 03 Mauerbach, Tulbingerkogel; 03 Berlin, Vagt; Dresden, Schauspielhaus; Rammenau, Barockschloss; 04 Freiberg, Mus. f. Naturkunde; Radeberg, Schloß Klippenstein; Washington u. Philadelphia, Fireworks; 04, 05 Dresden, Gal. T 3; Dresden, Gal. Mitte; 05 Halle/Saale, Kunstmesse; Leipzig, Große Sä. Kunstausst.

Eitel, Katharina Natalie (Ps.: Canei), Künstlerin; Postfach 1428, D-35004 Marburg/Lahn, Tel. u. Fax (0 64 21) 6 27 30, *canei@t-online.de* (* Marburg/Lahn 8. 5. 46) – **S:** HBK Hamburg; Royal College of Art, London – **Ve:** VG Bild-Kunst; VDID; Intern. Assoc. of Hand Papermakers and Paper Artists; Kunsthandwerk Hessen – **G/T:** Design f. Textil u. Papier; Papierkunst; Install. m. handgeschöpften Papieren, Plast., Objekten u. Bildern; Video – **M:** Frankfurt am Main, MAK; Kassel, Dt. Tapeten-Mus.; Leipzig, Dt. Buch- u. Schrift-Mus. d. Dt. Nat.bibl.; Offenbach am Main, Klingspor-Mus.; Tokio, Paper-Mus. – **E:** u. a. 71 London, Royal College of Art; 83 München, Gal. Spektrum; 84 Tokio, Harumi Exhib. Ground; seit 90 Frankfurt am Main, MAK; 92 Frankfurt am Main, Messe; 93 Marburg, Martinskirche; 94 Lauenförde, Tecta-Wewerka Pavillon; 96 Marburg (Sternenzelt); 02 Offenbach am Main, Klingspor-Mus. – **G:** u. a. 90, 91 Frankfurt am Main, MAK; Leipzig, Mus. f. Kunsthandwerk; Hannover, Kestner-Mus.; 91, 92 Budapest, Ernst Mus.; 92 Kassel, Handwerksforum; 92, 93, 94, 96, 98 Marburg, Univ.-Mus.; 97 Schlitz, Burg; 03 Offenbach am Main, Klingspor-Mus.; 05 Vöhl, Synagoge; 06 Marburg, Alte Synagoge – ***Lit:*** u. a. IAPMA 72; VDID Designer Portraits seit 83; Triennale Zeitgenössisches Kunsthandwerk, Kat. 90, 94; 2. Intern. Triennal of Patterns 91; Schwerpunkt Leichtigkeit 92; Zeitgenössisches Kunsthandwerk in Hessen 96; Imaginäre Galerie 96; Begegnungsraum Schloß 97; IAPMA Cavalcade 97; IAPMA Bulletin 24 98

Eitel, Tim, Maler; lebt u. arbeitet in Berlin u. New York (* Leonberg 71) – **VG:** Berlin, Gal. Eigen + Art; Leipzig, Gal. Eigen + Art – **S:** 93–94 Univ. Stuttgart (Romanistik, Germanistik u. Phil.); 94–96 HS f. Kunst u. Design Burg Giebichenstein Halle/Saale (Freie Kunst u. Design); 97–01 HGB Leipzig (Malerei, 01–03 Meisterschüler b. Prof. Arno Rink) – **P:** Ldesgraduiertenstip. d. Freistaates Sa. 02; Intern. Atelierprogramm d. Künstlerhauses Bethanien 02; Marion-Ermer-Pr. 03 – **KGr:** LIGA – **G/T:** Malerei – **M:** Baden-Baden, Mus. Frieder Burda – **E:** u. a. 00 Ulm, Künstlergilde; 02 Berlin, Künstlerhaus Bethanien (Kat.); Berlin, Liga; 03 Leipzig, Gal. Eigen + Art; 04 Schaffhausen, Mus. zu Allerheiligen (Kat.); Altkirch, CRAC Alsace; 05 St. Louis/MO, AM; Backnang, StG (Kat.); 06 Göttingen, KV; New York, Pace Wildenstein; 07 Tübingen, KH – **G:** u. a. 01 Stuttgart, Wehr; 02 Berlin, Liga; Leipzig, Gal. Eigen + Art; 03 Leipzig, MBK (Kat.); Dresden, Oktogon (Kat.); Kopenhagen, Wallner; Frankfurt am Main, KV (Kat.); Berlin, Kunstallianz (Kat.); 04 Stuttgart, SG; Miami, Rubell Fam. Collection; Baden-Baden, Slg Frieder Burda; 05 Cleveland/Ohio, Mus. of Art; Berlin, Hamburger Bahnhof; Nîmes, Mus. d'Art Contemp. (Kat.); Prag, Bienn.; 05–06 North Adams, Massachusetts MCA (Kat.); 06 Klosterneuburg/NdÖst., Slg Essl; Berlin, Gal. Eigen + Art; Baden-Baden, Mus. Frieder Burda; Portland, Reed's Cooley Gall.; Peking, Arario Beijing – ***Lit:*** Marion Ermer Preis 2003 – T. E. 03; Drei Positionen zur Malerei – T. E., Cornelius Völcker, Matthias Weischer, Ausst.kat. 03; Uta Grosenick (Hrsg.): Art Now Vol. 2 05; – sowie zahlr. Art. in Ztgn u. Zss – (Red.)

Eiting, Ernst, Maler; Gönningerstr. 37, D-72793 Pfullingen, Tel. (0 71 21) 75 42 48 (* Pfullingen 10. 10. 22) – **S:** bei Anton Geiselhart, d. Kunstmaler Wilhelm Kehrer, Fritz Ketz u. d. Bildhauer Heinrich Pfingsten – **G/T:** Malerei (Aqu., Pastell, Öl, Tempera, Acryl, abstr. u. naturalist.) – **K:** 75–98 VHS d. Region (Malerei in allen Techniken) – **W:** überw. in Privatbes.; in städt. und staatl. KS; in Frkr. u. Amer.; Kunst am Bau – **Ö:** Pfullingen, Feuerwehrhaus (Malerei) – **E:** 81, 90 Pfullingen, Klosterkirche; 82, 97 Reutlingen, Volksbank; 84 Reutlingen, Innungskrankenkasse (IKK); 87 Reutlingen, Kreisspk. (Kat.); – sowie: 75 Gal. Fauser; 92 Gal. Horwarth; 94 Haus Sontag – **G:** Bet., u. a. in Reutlingen, Lindau, Schwäbisch Gmünd, Ulm, Urach, Kirchheim Teck, Pfullingen, Graz u. Roanne

Eitle-Vozar, Maria; c/o Art Forum Ute Barth, Karthausstr. 8, CH-8008 Zürich, Tel. (0 41) 13 80 27 11, Fax 13 80 27 13, *info@utebarth.com*, *www.utebarth.com* (* Kosice/Slowakische Republik 29. 6. 52) – **VG:** Zürich, Barth – **S:** 69–74 KGS Zürich; 76–79 Accademia di Biera Milano (b. Prof. Cascella) – **Ve:** formforum Schweiz 93; Visarte Schweiz 02 – **KGr:** Artistimisti (seit 91) – **G/T:** Multiples, Objekte (Ton) – **K:** Modelieren – **E:** 83 Küsnacht, Gal. im Höchhuus; 89 Zürich, Kunstwkst Rehalp – **G:** Teiln. an div. jurierten Wettb., u. a. 92 Lausanne; 94, 98, 00 Yverdon-les-Bains, Hôtel de la Ville; 96 Bern, Kornhaus; 02 Neuchâtel, Mus. d'Art et d'Hist.; – seit 91 regelmäßig m. Artistimisti: 00 Genf, Gal. Aa; 00, 01 Zollikon, Villa Severini; 01 Uster, Villa am Aabach; Carouge, Mus. de Carouge; 02, 03 Zürich, Barth – (Red.)

EKS s. Stefanski, Ewa

El Aïdi, Abdelhadi, Maler, Graphiker, Bildhauer, Performance-Künstler, Schauspieler; Aachener Str. 39, D-40223 Düsseldorf, Tel. (02 11) 3 11 97 68, *elaidi@online.de* (* Safi/Marokko 20. 10. 58) – **VG:** Marrakesch, Arnott – **S:** 76–79 Safi/Marokko (Keramik-Design); KA Düsseldorf; 92 ebda (Meisterschüler b. Prof. Karin Rissa) – **P:** Stip. d. KA Düsseldorf (b. Prof. Michael Buthe) 87 – **W:** Performance Crieg im Rahmen v. 'Botschaft', Burgpl. Düsseldorf 05 sowie z. intern. Tag d. offenen Denkmals z. Thema Krieg u. Frieden in Düsseldorf u. im Friedensforum Hamburg 05; Düsseldorf, Achenbach; Stadt Düsseldorf; Ld NRW – **M:** Duisburg, Stadtspk.; Düsseldorf, Thyssen – **E:** 94 Duisburg, Stadtspk.; 95 Duisburg, Cubus KH; 96 Eckernförde, Meyer; 97 Düsseldorf, SM; 98 Düsseldorf, Walther; 01 Düsseldorf, RH; Düsseldorf, HWL-Gal. und Edition; 02 Düsseldorf-Eller, RH; Düsseldorf, Brüning; 03 Düsseldorf-Rath, RH; 05 Düsseldorf, Künstlerver. Malkasten; 06 Neuss, Hermann-Fischer-Haus; Casablanca, Goethe-Inst. Rabat; Düsseldorf, Glashaus – **G:** 00 Düsseldorf, Babun Atelier; 05 Bremen, Hertz; Düsseldorf, Atelier am Eck: Orient (Kat.) – **R:** Elfi Mikesch: Marocain, Fs.film (Hauptdarsteller, ZDF) 89; Crieg, DVD (Performance) 05

Elbe, Doris, Doz. f. Mediendesign; Lobuschstr. 14, D-22765 Hamburg, Tel. (0 40) 68 87 32 77, Fax 68 87 32 78, *doris@elbe-art.de*, *www.elbe-art.de* (* Wolfsburg 23. 5. 57) – **S:** 79–82 Braunschweig (Bild. Kunst u. Visuelle Kommunikation) – **L:** seit 90 Mediendesign – **P:** Tomas-Garrigue-Masaryk-Pr. d. KA Prag 93 – **G/T:** Computergraph. u. Mediendesign – **K:** Computergraph. u. Mediendesign – **M:** Prag, NG – **G:** 92 Bauska Bystrica, State Medium Gall.; 93 Prag (Computergraph. in Fine Arts); Rom, Tecnopolis Assoziazione

Culturale (Pixel Art Expo); 94 Gladbeck, StG; 94, 95 Pori, Jazz BIT; 94, 00, 06 Krakau, Intern. Print Trienn.; Nürnberg, Intern. Print Trienn.; 96 Gotland, Kunstmus.; 97 Dresden (ComtecART); 00 Chauny, Gal. d'art contemporain; 06 Krakau, Bunkier Sztuki; 07 Oldenburg, Horst-Janssen-Mus.; Wien, Künstlerhaus – ***Lit:*** Dokumenta Artis 95; directory of print 97/98, intern print triennal, CD-Rom

Elchlepp, Zoja, Malerin; Storchenweg 11, D-79211 Denzlingen, Tel. (0 76 66) 91 27 96, *zojaelchlepp@gmx. net*, *www.artprotis.com* (* Prag 5. 7. 53) – **S:** 75–81 HBK Hamburg (Freie Kunst b. d. Prof. Thiemann u. Bendixen) – **L:** 03–04 VHS Bonn (Vorbereitung auf d. Kunst-/Designstudium); 05–06 VHS Nördl. Breisgau (Zeichnen u. Pastellmalerei) – **G/T:** Zeichnen (figurativ); Pastell (Lsch., Stilleben); Tapisserie (Technik Art Protis, Lsch., großformatig, expressiv, figurativ, gegenständl.) – **K:** Zeichnen u. Malen (gegenständl., realist., Vorbereitung auf d. Kunst-/Designstudium) – **W:** Pastelle u. Tapisserien überw. in Privatbes.; auch Monumentalarb. f. Kunst am Bau – **M:** Waldkirch, Elztalmus. – **Ö:** Denzlingen, Georgskirche (Tapisserie); Dessau, Berufsgenossenschaft Maschinenbau (Tapisserie); Düsseldorf, Berufsgenossenschaft Maschinenbau (Tapisserie); Erstein, RH (Tapisserie); Waldkirch, in 2 Schulen (Tapisserie) – **E:** u. a. 74 Hannover, Kubus; Bonn, Nds. Ldesvertretung; 81 Osnabrück, StM; 83 Böblingen, Spk.; 84 Breisach, Zimmermann; Melsungen, Gal. an d. Kirche; 87, 98 Waldkirch, Georg-Scholz-Haus; 99 Straßburg, Pressezentrum d. Europa-Parlaments; 00 Freiburg, Solar-Fabrik; 01 Hannover, Turm 2; 03 Bonn, Bibl.; 05 Waldkirch, Kraftwerk; 06 Denzlingen, Mediathek – **G:** u. a. 77 Hamburg, KV: Open Air Kunst; 79 Kenzingen, RH: HBK Hamburg; 83 Bonn, Bundesmin. f. Bildung u. Wiss.: Hamburger Kunststudenten; 93, 98 Kult.kr. Bonn-Oberkassel; 98 Prag, Mánes: Tapisserien Art Protis – ***Lit:*** Kat. sowie zahlr. Art. in d. Bad. Ztg u. d. Generalanzeiger Bonn – ***LitR:*** Ivan Sekyra: Dok.film über d. Ausst. d. Tapisserien Art Protis in d. Gal. Mánes in Prag (Tschech. Fs., 24.9.98) 98

Eldarb, Gregor, Maler (* Bielsko-Biała/Polen 16. 9. 71) – **S:** 90–91 ABK Warschau (Graph.); 92–97 ABK Wien (Malerei, Meisterkl. Prof. Hollegha) – **P:** Josef-Mikl-Pr. 93; Füger-Med. 95; Meisterschulpr. 95 – **M:** Wien, Kult.abt. d. Stadt; Wien, Slg d. Bundes – **E:** u. a. 96 Wien, Tabakmus.; 99 Hall in Tirol, Schmidt; Hall in Tirol, Gal. Goldener Engl; 01 Bruck an d. Mur, Kunstmag. Hell; 02 Wien, Artlab – **G:** u. a. 99 Cagnes sur Mer, Maison des Artistes; 00 Wien, Artlab; 02 Salzburg, Gal. 5020; St. Pölten, Ndöst. Dok.-Zentrum f. Mod. Kunst; 03 Bruck an d. Mur, Kunstmag. Hell – ***Lit:*** AKL – (Red.)

Elfers, Wilfried, Prof. em., Maler, Buch- u. Papiergestalter; Hermann-Hesse-Str. 26, D-55127 Mainz, Tel. (0 61 31) 7 80 50 (* Darmstadt 21) – **S:** 45–47 Privatschüler v. Kay Heinrich Nebel; 47–54 HBK Kassel (Malerei u. Kunsterziehung, b. Arnold Bode, Ernst Röttger u. K. H. Nebel) – **L:** 53–60 HBK Kassel (Doz., Kl. f. Buch u. Papier); 68 WerkKSch Mainz (Aufbau d. Grundlagen-Stud.); 72 FHS Rh.-Pf. (Prof. f. Gest.-Grundlagen) – **M:** Kassel, Neue Gal. – **E:** 54 Kassel, LM; 59 Fulda, Gal. Junge Kunst; 60 Frankfurt am Main, Walldorf; – weitere: Mainz, Rehberg; Wuppertal, Von der Heydt-Mus. – **G:** 01 Kassel, Mus. Fridericianum – ***Lit:*** AKL; Schweers 02 – (Red.)

Elger, Gabriele, Malerin, Fotografin; Herner Str. 112, D-44791 Bochum, Tel. (02 34) 58 21 34 (* Kamen 22. 3. 43) – **S:** 63–66 WerkKSch Dortmund (freie Malerei b. Ulrich Knispel); 66–69 HdK Berlin (b. Hans Kuhn) – **Ve:** Bochumer Künstlerbund – **M:** Bochum, Mus.; Bonn, KM – **Ö:** Bonn, Spk. – **E:** zahlr., u. a. 86 Bochum, Bo 7; 90, 91 Bochum, Thürmer-Saal; 95, 96 Oberhausen, TZU:ZOOM; 95 Dortmund, Orthopädische Klinik; 97 Dortmund, Türke – **G:** zahlr., u. a. 87 Düsseldorf, Große Kunstausst. NRW; 92 Bochum, Zeche Lothringen; 94 Bochum, Bo 7; 99 Bochum, Mus.; – weitere: 98 Valparaíso u. a. (Europ. Künstler in Chile) – ***Lit:*** AKL; Schweers 02 – (Red.)

Elgner, Jens, Dipl. Maler u. Graphiker, Zeichner; Michaelsteiner Str. 4, D-38889 Blankenburg, Tel. u. Fax (0 39 44) 25 78, *Elgnerjens@web.de* (* Blankenburg/Harz 16. 5. 58) – **VG:** Berlin, Gal. Berlin; Magdeburg, Gal. Himmelreich; Magdeburg, Gal. im Kloster – **S:** 79–84 KHS Berlin-Weissensee (Malerei u. Graphik b. Prof. D. Nosky u. Prof. G. Brendel) – **P:** Pr. d. Intern. Trienn. d. Malerei u. Graph. Hanoi 87; Arb.stip. d. Stift. Kult.-fonds Berlin 91; Förd.pr. d. Oberbürgermeisters d. Stadt Magdeburg 92; Arb.stip. in Oslo 95; Erster Sa.-Anh. Kunstpr. d. Stadtwerke Haldensleben 00; Aufenthaltsstip. f. Schloß Wiepersdorf 01; Aufenthaltsstip. Künstlerhaus Lukas, Ahrenshoop 04; Ausst.projekt 'Faszination Strömung' d. Otto-Guericke-Univ. Magdeburg (1. Pr.) 05 – **Ve:** VBK Sa.-Anh. 84; VG Bild-Kunst 95 – **G/T:** Malerei (z.T. großformatig, Mischtechniken); Zeichn. u. Rad. – **W:** zahlr. Werke in Privatbes. – **M:** Berlin, GrS d. Bauten d. Bundes; Hanoi, Mus. d. Schönen Künste; Magdeburg, Mus. u. Slgn – **Ö:** Berlin, Dt. Kreditbank; Frankfurt am Main, Dt. Bank; Halberstadt, Gymnasium Martineum; ebda, Kr.spk.; Hamburg, Ver.- u. Westbank; Helmstedt, Avacon AG; Magdeburg, Dt. Kreditanst.; ebda, Univ., Min. f. Soziales, Wirtschaftsmin., Kultusmin. u. Finanzmin., RH, ÖSA Versicherungen; Schönebeck, Diakoniever. Heimverbund Burghof; Stendal, Str.bauamt – **E:** seit 84 zahlr. Einzelausst., u. a. 93 Magdeburg, Mus.; 95 Ekely/Norwegen, Gastatelier Künstlersiedlung; 96 Berlin, Gal. am Weißen See; 00 Magdeburg, Gal. Himmelreich; Dessau, Anhalt. KV; 01 Schmalkalden, Wilhelmsburg; 02 Halberstadt, Gal. im Kunsthof; 04 Wernigerode, Wernigeröder Kunst- u. Kulturverein (Gal. im I. Stock); 05 Quedlinburg, Lyonel-Feininger-Gal.; 06 Berlin, Gal. Berlin – **G:** seit 84 zahlr. Gr.ausst., u. a. 88 Leipzig, MBK; 94 Bonn, Ldesvertretung Sa.-Anh.; Brüssel, Ldesvertretung Sa.-Anh.; 97 Innsbruck, Ed. of Art; Magdeburg, KM Kloster Unser lieben Frauen; Düsseldorf, Art Multiple; 98 Kiew, Intern. Art Festival; 99–01 Berlin, Parochialkirche; 03 Köln, Kunst Köln; 04 Berlin, Gal. Berlin; 06 Karlsruhe, Art Karlsruhe – **V:** Common Sense. Almanach für Kunst und Literatur 96; Holger Benkel: Kindheit und Kadaver. Gedichte (Rad.) 95 – ***Lit:*** Norbert Eisold: J. E. Monogr. 01; Uwe-Jens Gellner: Eremit, Rad. 93; J. E. Malerei, Grafik, Zeichnung, Ausst.kat. 94; Steffi Koslowski: Innere Bilder als Versuch der Mittelbarkeit des Seins. Eine kunsthist. Untersuchung des malerischen Werkes u. der geistigen Position des Blankenburger Malers J.E., Erste Staatsprüfung f. Lehramt am Gymnasium 05 – ***LitR:*** Frauke Kambach (Autorin): Der Maler J. E., Portr. Reg.fs. Harz 02

Elias, Marion, Mag. art. Dr. phil., Malerin, Graphikerin, Fotografin, Publizistin; c/o Universität für angewandte Kunst Wien, Oskar Kokoschka-Platz 2, A-1010 Wien, Tel. (01) 7 11 33 26 14, 66 44 11 36 88, Fax 7 11 33 20 89, *marion.elias@uni-ak.ac.at*, *www. dieangewandte.at; www.elias-angewandte-malereigender.com* (* Wien 20. 8. 60) – **S:** 79–85 Univ. f. angew. Kunst Wien (Meisterkl. f. Malerei u. Graph. Prof. Wolfgang Hutter); 98–03 ebda (Doktoratsstud. d. Phil., b. Prof. R. Burger) – **L:** Univ. f. angew. Kunst Wien: 93–97 Ass., 99–05 Univ.-Ass., Inst. f. Bild. Kunst; seit 05 AProf., Inst. f. Bild. u. Mediale Kunst, Gender Studies, Objektstud., Maltechniken, Ästhetik d. Farben; 04–06 Kinderuni Kunst d. Angewandten – **P:** Intern. Druckgraph.wettb., Pardubice 90; Mini Print Intern., Cadaqués 92; Würdigungspr. d. Öst. Bundesmin. f. Wiss. u. Forsch. 95 – **KGr:** Quidditas (seit 00, Gründerin) – **G/T:** Malerei (Ei- u. Kaseintempera, Öl, Acryl, Aqu.); Druckgraph. (Rad.) u. Zchng; Graph.-Design; Reportagefotogr. (Städtebilder, Portr.); konkret-figurativer Bereich – **K:** Mal- u. Zeichenkurse (sämtliche Techniken, permanent), Malerei: von d. Techniken d. Renaissance bis heute – Praxis u. Theorie (Sem. u. Workshop) – **W:** zahlr. in Privatbes. – **M:** Wien, Bawag Found.; Wien, Slgn d. Univ. f. angew. Kunst – **Ö:** Neudorf, Fa. Palmers – **E:** u. a. 90 Mantes-la-Jolie, Mus. Victor Duhamel; 92 Baden, Zweymüller; Bad Vöslau, RH; 93 Mürzzuschlag, Bawag; Cadaqués, Taller Gal. Fort; 94 Namur (Öst.-Woche); Brüssel, Mots & Tableaux; Wien, GPA; 00 Grado (M.E. al Pal. dei Congressi); Meran, Kleiner Kunstpal.; Wien, GreCo; 01 Wien (Von Frau zu Frau) – **G:** u. a. 96 Prag, Neues RH; 97 Wien, TU; 98 Palermo, Akad. d. Schönen Künste; 00 Wien, Dorotheum; 01 Wien, Steffl; 02 Klagenfurt, Univ.; 03 Neulengbach, Gal. am Lieglweg – **V:** Engelsessel – Geschichte einer Aufregung, Kat. 98; Quidditas – Die Geschichte, Kat. 02; Niemandsland. Aus dem Notizbuch e. Malers, Diss., VDG Weimar 05 – ***Lit:*** Ausst.kat.: M.E. – Malerei u. Graphik 93; Die Meisterklasse f. Malerei Wolfgang Hutter d. HS für angewandte Kunst Wien 95, 96, 98; Die Meisterklasse f. Malerei Wolfgang Hutter d. HS f. angewandte Kunst Wien u. die Accad. di Belle Arti di Palermo 95, 96, 98 – ***LitR:*** Fs.-Beitr. zu Arbeit u. Ausst. d. Gruppe Quidditas: Kunst-Stücke, ORF 00, 01; Zeit im Bild 01; Treffpunkt Kultur 01

Eliasson, Olafur; c/o Neugerriemschneider, Linienstr. 155, D-10115 Berlin, Tel. (0 30) 28 87 72 77, Fax 28 87 72 78, *mail@neugerriemschneider.com* (* Dänemark 67) – **VG:** Berlin, Neugerriemschneider; New York, Bonakdar Gall. – **S:** Königlich Dänische KA Kopenhagen – **G/T:** Install. u. Fotogr. – **Ö:** Berlin, Ges. f. Techn. Zusammenarb.; München, Hypovereinsbank; ebda, Viscardihof, Eingangshof d. KPMG; Rostock, Max-Planck-Inst.; Stockholm, Physikzentrum d. Univ.; ebda, Statens Konstråd; Zürich, Amt f. Holzbauten d. Stadt – **E:** zahlr. Ausst. seit 91, zuletzt 02 Paris, Mus. d'Art Mod. de la Ville; 03 London, Tate Modern; 04 Wolfsburg, KM; Houston/TX, Menil Collection; Oslo, Astrup Fearnley MMK; Reykjavík, Hafnarhus AM – **G:** zahlr. Ausst.bet. seit 89, u. a. 98 Berlin, Berlinale; Sao Paulo, Bienn.; 99 Pittsburgh/PA, Carnegie Mus. of Art; 01 Yokohama, Trienn.; San Gimignano, Arte Continua; 03 Venedig, Bienn. (Dänischer Pavillon) – **V:** Einar Thorsteinn u. O. E.: To the habitants of space. In general and the spatial inhabitants in particular 02 – ***Lit:*** Ausst.kat., u. a.: O. E. Surroundings surrounded 01; Madeleine Grynsztejn u. a.: O. E. 02; O. E. Photographs 04; Your Lighthouse. Works with light 1991–2004 04 – (Red.)

Elingius, Jürgen, Architekt; Corinthstr. 14, D-22605 Hamburg (* Hamburg 17. 5. 12) – **S:** 31–34 TH Dresden; 35–38 TH Stuttgart (Dipl. b. Paul Bonatz) – **P:** Wettb. f. Hamburger Innenstadt (1. Pr.) 48; Wettb. City Nord (1. Pr.) 63, 64 – **B:** u. a. Düsseldorf: Dresdner Bank AG; Hamburg: Großmarkthalle; ebda: Ost-West-Str., Alsen-Haus, Hypothekenbank, Jungfernstieg, Streits-Kinosaal, Werkskasino DEA-Raffinerie; Hamburg-Othmarschen: Kindergarten u. Gemeindesaal – **V:** Bauten 1946–1972 72; E. E. Ein Architekt in Hamburg 89; Architektur betrachten, begreifen, beurteilen 98 – ***Lit:*** AKL – (Red.)

Elk, Britta van, Malerin; Amselweg 8, D-96114 Hirschaid, Tel. (0 95 43) 31 23, Fax 41 77 67, *brittavanelk@aol.com*, *www.galerie-im-net.de* (* Wolfenbüttel 12. 5. 56) – **S:** seit 95 autodidakt. Stud. – **L:** seit Sept. 05 Privatunterricht – **G/T:** Seidenmalerei (in vielen Techniken u. einer selbst entwickelten Technik); Malerei (Öl, Acryl, Aqu., Pastell, Bilder m. Strukturpasten u. a.); Collagen; Themen zw. Traum u. Realität – **K:** Kreativkurse m. Schwerpunkt (Interessengebiet d. Lernenden) – **W:** ca. 30 in Privatbes. u. privaten Slgn – **E:** zahlr. in Hotels, Banken, Kliniken – zuletzt: 06 Höchstadt an der Aisch, Gemeinschaftskanzlei f. Steuer u. Wirtschaftsrecht – **G:** 01 Scheßlitz, Giechburg; 02 Günzburg, OFF-ART Gal.

Elle, Klaus, Fotograf, Maler u. Installationskünstler; Groote Wischen 31, D-21147 Hamburg, Tel. u. Fax (0 40) 79 67 1 89, *kontakt@elle-elle.de*, *www.elle-elle.de* (* Leipzig 2. 1. 54) – **S:** 70–72 Lehre als Offsetretuscheur; 76–83 HGB Leipzig (bis 81 Fotogr. b. Joachim Jansong, ab 81 Meisterstud. f. exper. Malerei b. Heinz Wagner u. Hartwig Ebersbach) – **L:** seit 88 versch. LAuftr. u. Workshops (Kreativitätstraining, künstler. Prozeßbegleitung), Vorträge im In- u. Ausland – **P:** Kodak Nachwuchs Förd.pr. 85 – **Ve:** Dt. Fotogr. Akad. – **M:** u. a. Berlin, Berlinische Gal.; Cottbus, Brandenburgische KS; Dresden, Kpst.-Kab.; Halle/Saale, Staatl. Gal. Moritzburg; Hamburg, Deichtorhallen (Intern. Haus d. Photogr.); Hamburg, MKG; Helsinki, Finnisches Mus. d. Fotogr.; Köln, Mus. Ludwig; Leipzig, MBK; New York, Slg Robert Frank – **E:** u. a. 86 Leipzig, Gal. Eigen + Art; 87 Bremen, Fotoforum; 91 Bremen, Mus. f. Fotogr. u. Zeitkunst; Hamburg, PPS Gal. F.C. Gundlach; 92 Köln, Barthel & Tetzner; 95 Paris, Goethe-Inst.; 96 Hamburg, MKG; 99 Berlin, Gal. des KV; Halle/Saale, Staatl. Gal. Moritzburg; 00 Jena, StM u. KS; 02 Berlin, Gal. Aujourd'hui; 03 Erfurt, Predigerkirche – **G:** u. a. 94 Berlin, Studio bild. Kunst; 98 Erfurt, Gal. am Fischmarkt – **V:** u. a. Weltbilder 99; Erleuchtungen 00; Kunst Werte 02; Georges Bataille: Der Zauberlehrling (Fotogr.) 02; Gedichte und sechs Fotografien 03 – ***Lit:*** AKL – (Red.)

Ellenrieder, Wolfgang, Maler; *post@wolfgang-ellenrieder.de*, *www.wolfgang-ellenrieder.de*. c/o Galerie im Park, Platanenstr. 3, CH-3401 Burgdorf, Tel. 3 44 21 40 22, Fax 3 44 21 40 23, *info@galerieimpark.ch* (* München 7. 6. 59) – **VG:** Burgdorf, Gal. im Park; Aalst, In Situ; Goes, van den Berge; Graz, Lendl – **S:** 81–88 ABK München (Meisterschüler) – **L:** 95–97 FHS f. Gest. Augsburg (LBeauftr.); 98 ABK München (Leitung d. Studienwkst. f. Lith.); 00 Univ. Paderborn (Gastprof.) – **P:** DAAD-Stip. f. GB 90; Cité Intern. d. Arts Paris 92; Bay. Staatsförd.pr. f. Bild. Kunst 96; Arb.stip. d. Stift. Kunstfonds Bonn 97; Förderkoje Art Cologne 97 – **Ve:** VG Bild-Kunst – **G/T:** Malerei, Zeichn., Fotogr. – **M:** Amsterdam, Slg ABN Amro Bank; München, Bay. Staatsgemäldeslgn; München, Staatl. GrS; Stuttgart, SG (Graph. Slg.); Ulm, Ulmer Mus. – **E:** 98 Chicago, TBA; Dresden, Schloß Pillnitz; Leipzig, KV; 98, 03 Aalst, In Situ; 99 Freiburg, KV; Graz, Lendl; 99, 02 München, Albrecht; 00 Drochtersen-Hüll, KunstRaum; 01 München, Maximiliansforum; 03 Burgdorf, Gal. im Park; Vlissingen, deWillem3; Friedberg, KV; Goes, van den Berge – **G:** 95 München, Haus d. Kunst; 97 Aalst, In Situ; Jinan, Jinan Art Gall.; Shanghai, Shanghai Art Gall.; Peking, Beijing Art Gall.; 99 Sittard, Kunstcentrum; Ulm, KV; 01 Landshut, Neue Gal.; Zürich, Mus. Bellerive; Wien, Künstlerhaus; Breda, Stichting Idee-fixe; 02 's-Hertogenbosch, Noordbrabants Mus.; 04 Burgdorf, Mus. Franz Gertsch; Ismaning, Kallmann-Mus. – **V:** Thomas Palzer: Camping Rituale des Diversen (18 Abb.) 03 – ***Lit:*** W. E., Ausst.kat. Neue Gal. Dachau 94; W. E., Ausst.kat. Gal. im Marstall Neuburg a. d. Donau 96; W. E., Samples, Ausst.kat. TBA u. Goethe-Inst. Chicago 98; W. E., Super-Bunt, Ausst.kat. KV Freiburg 99; W. E., surrogate, Ausst.kat. KunstRaum Hüll 00; W. E., Cold Cut, Monogr. 04 – ***LitR:*** Beitr. in 'Capriccio' (Bay. RF) 31.8.00 – (Red.)

Eller, Fritz, Architekt; Simpelvelder Str. 48, D-52074 Aachen, Tel. (02 41) 87 04 04, Fax 87 04 07, *www.eller.at* (* Schwaz/Tirol 28. 2. 27) – **S:** 47–53 TH Graz – **L:** ab 62 TH Aachen (Dir. d. Inst. f. Schulbau) – **P:** BVK (1. Kl.) 02 – **B:** zahlr., u. a. Aachen: Ludwig Forum f. Intern. Kunst; ebda: TH; Berlin: Bundes-Min. d. Justiz; ebda: DHM (Um- u. Neubau); Bochum: Univ.; ebda: Hochbauten d. Botanischen Gartens; Bochum-Querenburg: Gesamtschule; Büttgen: RH; Duisburg: GesamtHS; ebda: Haniel-Akad. (m. Gästehaus); Düsseldorf: Thyssen-Hochhaus; ebda: Ldtag NRW; Essen: Klinikum; Hannover: Iduna Nova Versicherung; Köln: Rheinauhafen 1A; Leipzig: Barfußgäßchen 11–15; Leverkusen: Bayer-Hochhaus; Moskau: Daimler-Benz-Gebäude; Parow: Strelasundkaserne – ***Lit:*** AKL – (Red.)

Eller, Hermann, Kunstmaler, Graphiker; Plattlinger Str. 5, D-94469 Deggendorf, Tel. (09 91) 74 04 (* Zwiesel/Bay. Wald 20. 9. 25) – **S:** 47–48 Akad. Lens (Schwerpunkt Portr. u. Ldschaft) – **P:** Villa-Massimo-Stip. 64; Pygmalion-Med. d. Dt. Wirtschaft; Kult.pr. Ostbay.; Goldener E.ring Deggendorf – **Ve:** Münchner Künstlergenoss. kgl. privilegiert 1868 (Vorst.mitgl.); BBK Ndb.-Oberpf. – **M:** München, Bay. Staatsgemäldeslgn; München, Pin. d. Mod.; München, SG Mod. Kunst; Regensburg, StG Leerer Beutel – **Ö:** Natternberg, Filialkirche St. Urban – **E:** zahlr., u. a. 85 Deggendorf, Stadthalle; 86 Berlin, Steigenberger Hotel; 89 Unterlüß, Albert-König-Mus.; 90 Deggendorf, SM; Landshut, RH-Gal.; 96 Straubing, Gal. im Weytterturm – ***Lit:*** AKL; Schweers 02 – (Red.)

Eller, Thomas (Ps.: Sam Rose), Bild. Künstler; c/o Studio Thomas Eller (Nadine Dinter), Kalkreuthstr. 3, D-10777 Berlin, *studio@thomaseller.com*, *www.thomaseller.com* (* Coburg 8. 9. 64) – **VG:** Köln, Holtmann; Prato, Fornello – **S:** 85–86 HdK Berlin (Bild. Kunst); 86–90 FU Berlin (Kunstgesch., Phil. u. Religionswiss.) – **L:** 96 London Guild Hall Univ. (BA-Kurs); 99 ABK Nürnberg (LAuftr., 'The blind artist') – sowie: zahlr. Vorträge u. Podien, u. a. beim Kunstherbst Berlin – **P:** u. a. Förd.koje Art Cologne 90; Arb.stip. d. Berliner Senats 91; Stift. Kult.fonds 96; Karl-Schmidt-Rottluff-Stip. 96; Ldeskult.zentrum Salzau-Atelierstip. 97; Villa-Romana-Pr. 00; Art Omi Intern. Arts Center 02; Käthe-Kollwitz-Pr. 06 – **Ve:** VG Bild-Kunst 90; VG Wort 90 – **G/T:** vierdimensionale Fotogr.; Install.; Skulpt. – **W:** in zahlr. Slgn, u. a. Francis Greenburger, New York; Brad McCallum, New York; Douglas Oliver, New York; Defet, Nürnberg; Peter Raue, Berlin; Knauthe, Berlin; Bacher, Berlin – **M:** Berlin, Berlinische Gal.; London, Mus. of Install.; Ludwigshafen, Wilhelm-Hack-Mus.; Nürnberg, Neues Mus. – **Ö:** Coburg, HUK-Coburg; Dortmund, VBG; Fort Worth/TX, RadioShack; Ludwigshafen, Hypo-Bank; Matsudai Town, Echigo-Tsumari Prefecture; München, Allianz; ebda, Hypo-Bank; Niigata/Jap., Echigo-Tsumari-Trienn. (Siebdruck auf Aluminium u. Kletterpflanze); Stuttgart-Nußdorf, Fa. Rectus – **E:** u. a. 90 Berlin, Dreher; 90, 93, 97 Düsseldorf, ID-Gal.; 91 Berlin, Künstlerhaus Bethanien (m. Adib Fricke u. Georg Zey); 91, 98 Nürnberg, Defet; 92 Berlin, Gal. vier; 93 Aachen, Suermondt-Ludwig-Mus. (Kat.); 94 Ludwigshafen, Wilhelm-Hack-Mus. (Kat.); Vilnius, Center for Contemp. Art; 95 Wolfsburg, StG; Frankfurt am Main, Schütz; 98 Berlin, Neuer Berliner KV; 99 London, Mus. of Install. (Kat.); Seoul, Kitchen Gall.; 00 Chapel Hill/NC, Ackland AM; Turin, Nicola (m. Daniela De Lorenzo); 00, 02 Köln, Holtmann; 01 New York, Stewart; 02 Mexiko-Stadt, programa AC (m. Ch. Jankowski); 05 Nürnberg, Kunsthaus; 06 Berlin, AK (Käthe-Kollwitz-Pr., Kat.) – **G:** zahlr. Bet., u. a. 91 Riga, St. Petersburg, Interferenzen. Westberlin 1960–1990; Paris, Fond. Cartier: The Colours of Money; 92 Berlin, Berlinische Gal.; 94 Rauma/Finnl., Städt. KM (Kat.); 95 Berlin, Haus am Waldsee; 98 New York, Art in General; Bonn, Kunst- und Ausst.halle d. BRD; Pusan, Metropolitan AM; 00 Florenz, Villa Romana: Salone; Niigata, Echigo-Tsumari Trienn. (Kat.); Nürnberg, KH: I believe in Dürer (Kat.); Dresden, Akad.; Düsseldorf, KH; Stuttgart, SG: Brooklyn Zoo; Danzig, Center for Contemp. Art: All you need is love (Kat.); 01 Seoul, InfoArtKorea (Kat.); Salzau, Ldeskult.zentrum: Erinnerte Bilder; 02 Bregenz, Künstlerhaus Pal. Thurn u. Taxis: Das verwendete Bild; Berlin, Berlinische Gal.; 03 New York, Golden: Pop Rocks; Prato, Fornello: Libri e multipli d'artista; Vilnius, Center for Contemp. Art: 24/7: Wilno – Nueva York (visa para); 04 Gwangju/Südkorea, Bienn.; New York, Islip Art Mus.: Multi-Tasking; 05 Caracas, Centro Cultural Chacao: Manipulaciones (Kat.); Weimar, Neues Mus.: Ein Arkadien d. Mod.? 100 Jahre Villa Romana (Kat.); Ravensburg, StG: Sachgemäß (Kat.); 06 Berlin, Haus am Waldsee: Anstoß; New York, Roebling Hall: The Beautiful Game; Nürnberg, Inst. f. mod. Kunst: Die Schönheit d. Chance – **V:** u. a. Jan Winkelmann: Wer ist T. E.? 94; m. Michael Mayer: Armut Mutterbuch, in: neue bild. Kunst 4 96, S. 49–56; Karl Schmidt-Rottluff Stiftung: T. E. 00; Daniel Kletke: T. E., in: Pendergast, Sara and Tom: Contemporary Artists 01; Sam Rose: Es geht ums Ganze, in: Villa Romana 2000 01; Nicolas DeOliveira: Install. Art in the New Millenium 03; Petra Bopp u. T.E. (Hrsg.): Shadows of War: A German Soldier's lost photographs of World War II 04 – sowie zahlr. Art. in Zss u. Ztgn, u. a. Der Tagesspiegel, NYarts, Fränkischer Tag u. Veröff. unter www.artnet.de; www.artnet.com; www.blitzreview.de – ***Lit:*** Karl Schmidt-Rottluff-Stift. (Hrsg.): T.E. 00; in: Nicolas DeOliveira et. al.: Install. Art in the New Millenium 03; Jörn Merkert u. Anne Haun: Kunst, die in Berlin entstand: Meisterwerke aus d. Berlinischen Gal. 04; Ursula Prinz u. Anne Haun: Berlinische Gal. 04 – sowie zahlr. Beitr., Interviews u. Art. in Zss – ***LitR:*** u. a. Zu Gast (RBB Kult.radio) 05

Ellis, Vivian, Malerin; Hohenbrunner Str. 55, D-85521 Riemerling, Tel. (0 89) 6 09 02 65 (* New Orleans/Louisiana 19. 9. 31) – **S:** 63 Malschule Warka Zöllner München; 67 Sommerakad. f. Lith. Salzburg – **M:** Bielefeld, Hist. Slg; Bonn, KM; Recklinghausen, StKH; Recklinghausen, Vestisches Mus.; Zwolle, Stedelijk Mus. – **E:** u. a. 72 Zagreb, Gal. primitivne umjetnosti; 77 Bonn, KM; 89, 98 München, Amerika Haus; 99 Köln, Naive Kunst Gal.; Zwolle, Stadshof Mus. voor Naieve Kunst en Outsider Art – ***Lit:*** AKL; Schweers 02 – (Red.)

Ellmerer, Barbara, Malerin, Zeichnerin, visuelle Künstlerin; c/o Galerie Margit Haldemann, Brunngasse 14, CH-3000 Bern 7, Tel. u. Fax 03 13 11 56 56, *margithaldemann@bluewin.ch; barbara@ellmerer.com*, *www.artgalleries.ch/haldemann; www.ellmerer.com* (* Meiringen 27. 7. 56) – **VG:** Zürich, Lutz & Thalmann; Bern, Haldemann; Auvernier, Numaga – **S:** 81–85 F + F Schule f. exper. Gest. Zürich; 88–89 HdK Berlin – **P:** Pr. d. Steo-Stift. 87, 03; Pr. d. Bundesamtes f. Kult. 90; Pr. d. Burgauer-Stift. 97, 03, 05; Pr. d. Gubler-

Hablützel-Stift. 03; Werkjahr UBS Kult.stift. 04 – **Ve:** visarte Zürich 94 – **G/T:** Pflanzenstilleben, menschl. Figur, Lsch.; Zchng (Graphit, Buntstift, Tusche, Öl, Kohle, Kreide); Graph. (Lith., Heliogravur, Rad., Inkjet); Malerei (Öl, Aqu.); Kunst am Bau; Künstlerb.; Journal – **K:** Ölmalerei, Zchng, Recherchen z. Menschenbild – **W:** Ankauf u. a. durch Stadt u. Kt. Zürich – **M:** Bern, KS d. Mobiliar-Versicherung; Neuenburg, Mus. f. Kunst u. Gesch. – **Ö:** Zürich, Seminar Zeltweg – **E:** u. a. 88 Zürich, Produzentengal.; 90, 92, 94 Klagenfurt, Freund; 91, 93, 95 Wangen an der Aare, Gal. W; 93, 95 Zürich, Severina Teucher; 96 Basel, Mäder; 97 Zürich, Rubin; Neuchâtel, Mus. d'Art et d'Hist.; 98, 02, 05 Bern, Haldemann; 99, 00, 02, 05 Zürich, Lutz & Thalmann; 03 Langenthal, Kunsthaus; 04 Köln, Trinitatiskirche; Lima, Casa Mus. Mariátegui – **G:** u. a. 92 Biel, Kunsthaus Centre Pasquart; 93 New York, Swiss Inst.; 96 Bangkok, Goethe-Inst.; 96, 97, 00, 02, 06 Bern, Haldemann; 97 Basel, Mäder; 98, 99, 00, 01, 03, 04 Zürich, Lutz & Thalmann; 99 Zürich, ALG-Gebäude; 01 Colombier, Numaga; 02 Neuchâtel, Mus. d'Art et d'Hist. – **V:** Fleisch in Stein, Mappe (7Lith.) 91; Affenzahn, Tusche auf Schnee (Plast.skop m. 8 Dias) 94; Entblätterung, Kassette m. 5 Blättern (Aquatinta m. Pinselätzung) 97; Caro, Lith. 01 Andreas Fiedler: Die Mappe (sign. Serigraphien) 02; Irene, Heliogravur 03; Nils Röller u. Urs Faes (Texte): Boxenstopp. 7 Boxen (überarbeitete Inkjets) – ***Lit:*** Eva Kramis: B. E., Ausst.kat. 91; Paolo Bianchi: Die (Un)sichtbaren Köpfe, Ausst.kat. 97; Andreas Fiedler: Der Wunsch nach Leere, Ausst.kat. 97; Une Confrontation 97; Gabriele Lutz: Blue Girl, Ausst.kat. 99; Marianne Burki: B. E., Ausst.kat. 03; Blue Spanish Sky, Monogr. 05; Ulli Seegers: Die Verführung der Bilder – ***LitR:*** Ursula Wittwer: B. E. Portr., Video 95

Ellwanger, Volker, Prof. em., Keramiker, Maler, Bildhauer; Bonndorfer Str. 42, D-79853 Lenzkirch (* Baden-Baden 28. 6. 33) – **S:** 53–54 Werkakad. Kassel (b. Prof. Ernst Roettger u. Signe Pistorius); 55–56 WerkKsch Darmstadt (Keramik b. Friedrich Theodor Schroeder u. Margarete Schott, Bildhauerei b. Fritz Schwarzbeck); 56–57 Meisterschule f. d. Kunsthandwerk Berlin (b. Jan Bontjes van Beek) – **L:** 71–84 KGS Bern (Fachlehrer f. Keramik-Gest.); 84–00 Johannes-Gutenberg-Univ. Mainz (Prof., FB Bild. Kunst) – **P:** Westerwaldpr. f. freistehende Plast. 73; Staatspr. f. Kunsthandwerk d. Ldes BW 74, 80 – **M:** Berlin, Keramik-Mus.; Coburg, KS d. Veste; Darmstadt, Hess. LM; Düsseldorf, Hetjens-Mus.; Frechen, Keramion; Genf, Mus. Ariana; Gera, MAK; Hamburg, MKG; Höhr-Grenzhausen, Keramik-Mus. Westerwald; Karlsruhe, Badisches LM – Mus. f. mod. angew. Kunst; Köln, MAK; Mainz, LM; Mannheim, StKH; Marburg, Univ.-Mus.; München, Dt. Mus.; Stuttgart, Württembergisches LM; Sögel, Emsland-Mus. Schloß Clemenswerth – **E:** zahlr., u. a. 80 Deidesheim, Mus. f. mod. Keramik; 93 Gera, MAK; 03 Staufen, Keramik-Mus. – **G:** zahlr., u. a. 77, 79, 85, 89, 92 Höhr-Grenzhausen, Keramik-Mus. Westerwald; 01 Mannheim (Keramik an europ. HS) – **V:** u. a. Der Töpfer Jakob Stucki (Textbeitr.) 79; Akt 85; Ich schreibe kein Buch üb. Moore – Dr. U. Gertz zum 75. Geburtstag, In: Keramos, Heft 114 86; Worpswede, Hinterm Berg achtundzwanzig, Kat. (Textbeitr.) 88; Üb. das Gefäß o. ist das Zwecklose nutzlos, Kat. (Textbeitr.) 95; V. Ellwanger u. H.-P. Jakobson (Hrsg.): Jan Bontjes van Beek – Keramiker (Textbeitr.) 99; Die siebzehn Öfen v. Fujisawa, Essay 01 – ***Lit:*** AKL; WWCCA 96

Elmgreen & Dragset (eigtl. Michael Elmgreen, Ingar Dragset), Performance-, Installations- u. Konzeptkünstler; Schönhauser Allee 8, D-10119 Berlin, Tel. u. Fax (0 30) 24 72 75 79 (* M.E.: 25. 7. 1961 in Kopenhagen, I.D.: 16. 7. 1969 in Trondheim) – **P:** Pr. d. NG f. junge Kunst – **KGe:** Powerless Structures: M.E. u. I.D. (seit 95) – **G/T:** Projekte, Install. u. performative Arb. – **E:** u. a. 97 Kopenhagen, Gall. Campbells Occasionally; Odense, Gall. Tommy Lund; 98 Reykjavík, Listasafn Reykjavíkur – AM (Kat.); Reykjavík, Gal. i 8; 99 New York, The Project; 99, 01 Kopenhagen, Gall. Nicolai Wallner; 00 Sydney, Roslyn Oxley9 Gall.; Leipzig, Gal. f. Zeitgen. Kunst (Kat.); 01 Zürich, KH (Kat.); Kopenhagen, Statens Mus. for Kunst (Kat.); 01, 05 Berlin, Klosterfelde; 01, 03 New York, Tanya Bonakdar Gall.; Frankfurt am Main, Portikus (Kat.); 02, 05 Madrid, Gal. Helga de Alvear; 02 Barcelona, Sala Montcada & Fond. La Caixa (Kat.); Tokio, Taka Ishii Gall.; Santiago de Compostela, Centro Galego de Arte Contemp.; Mailand, Massimo de Carlo; 03 Paris, Perrotin; Kitakyushu, CCA; Mailand, Fond. Trussardi; 04 Hannover, Sprengel Mus.; London, Tate Modern; Essen, Mus. Folkwang; 05 Marfa/TX, Art Production Fund/ Ballroom Marfa; New York, Bohen Found.; Bergen, KH; Wien, Bawag Found. (Kat.); New York, Wrong Gall.; 06 London, Serpentine Gall.; Toronto, The Power Plant (Kat.) – **G:** u. a. 97 (Kat.), 04 Humlebæk, Louisiana Mus. of Mod. Art; 98 Berlin, Bienn. (Kat.); Wien, Secession: Junge Szene (Kat.); 99 Melbourne, Bienn. (Kat.); 00 Stockholm, Mod. Mus.: What If... (Kat.); Ljubljana, Manifesta 3: Borderline Syndrome (Kat.); Sydney, MCA: Sporting. Life (Kat.); 01 Rotterdam, Witte de With: Hortus Conclusus (Kat.); Istanbul, Intern. Bienn. (Kat.); 01, 03 Frankfurt am Main, KV (Kat.); 02 New York, New MCA; São Paulo, Bien.; Berlin, Hamburger Bahnhof: Pr. d. NG f. junge Kunst (Kat.); Frankfurt am Main, Schirn: Shopping (Kat.); Pontevedra, Bien. de Arte (Kat.); Mönchengladbach, StM Abteiberg: No return. Positionen aus d. Slg Haubrok (Kat.); 03 Münster, Skulpt. Bienn. Münsterld (Kat.); Frankfurt am Main, MMK: The Living Mus. (Kat.); Tokio, Mori AM: Happiness (Kat.); New York, New Mus.: Living Inside The Grid (Kat.); Venedig, Bienn. (Kat.); 04 Columbus/OH, Mus. of Art: Reordering Reality (Kat.); Kleve, Mus. Kurhaus: Slg Plum (Kat.); Dresden, Dt. Hygiene-Mus.: Die Zehn Gebote (Kat.); London, Inst. of Contemp. Art: Artists' Favourites (Kat.); 05 Chicago, MCA: Universal Experience (Kat.); San Francisco, CCA Wattis Inst. for Contemp. Arts: Monuments for the USA (Kat.); Karlsruhe, ZKM: Lichtkunst aus Kunstlicht (Kat.); Oslo, NM for Kunst: Kiss the Frog. The Art of Transformation (Kat.) – ***Lit:*** AKL; – ZAHLR. ART. IN ZTGN U. ZSS: u. a. Sophie Berrebi: Nuit Blanche, In: Frieze, 40 98; Daniel Birnbaum: Best of..., In: Artforum Intern., Dez. 00, S. 126/127; Jennifer Allen: M.E. & I.D. Klosterfelde, In: ders., Okt. 01, S. 167/168; Daniel Birnbaum: White on White, In: ders., April 02; Ellen McBreen: M.E. and I.D. at Emmanuel Perrotin, In: Art in America 03, S. 155–156; Michael Hierholzer: Das Mus. lebt. Menschen als Kunstwerke im MMK, In: Frankfurter Allg. Ztg v. 18.5.03; Sabine B. Vogel: Das lebendige Mus. MMK, In: Kunst-Bulletin, Juli/Aug. 03, S. 53; Michele Robecchi: E. & D. Out of Site, In: Flash Art, Nr. 231, Juli-Sept. 03, S. 90–93; Jonathan Jones: Watch the Birdie, In: Guardian v. 12.5.04, S. 3; Jennifer Allen: M.E. and I.D., Klosterfelde (Linienstr.), In: Artforum Intern., Okt. 05, S. 286–287; Barbara Novovitch: Vandal Hated the Art, but, Oh, Those Shoes, In: The New York Times v. 8.10.05, S. 11; Catrin Lorch: Hier bin ich hip, hier darf ich sein: Die 'Frieze Art Fair' in London, In: Frankfurter Allg. Ztg v. 22.10.05; Cordula Vielhauer: Prada, Texas, In: Süddt. Ztg v. 26.10.05,

S. 15; Jens Asthoff: E. & D. 'Not A Drop But The Fall', In: Kunstforum Intern., Bd 178, Nov. 05-Jan. 06, S. 301–302; Liza Zeitz: Die Suche nach der einbeinigen Frau, In: Frankfurter Allg. Ztg v. 17.11.05, S. 33; Rachel Campbell-Johnsto: We were only being bored, In: The Times v. 24.1.06, S. 17–18; Adrian Searle: The lost world, In: The Guardian v. 31.1.06, S. 18–20; Laura Cumming: Guard your sanity in the waiting room of life, In: The Observer v. 5.2.06; – MONOGR.: u. a. M. Kremer, H.U. Obrist, S. Kofod Olsen: E. & D. Powerless Structures 98; Sven Bjerregaard u. Marianne Torp (Hrsg.): E. & D. A Room Defined by its Accessibility 01; Chuz Martinez u. a. (Hrsg.): E. & D. Museum 02

Elsässer, Hubert, Bildhauer; Wildmoosstr. 22, D-82194 Gröbenzell, Tel. u. Fax (0 81 42) 54 01 57, *helsaesser@freenet.de*. Postfach 1309, D-82181 Gröbenzell (* Würzburg 14. 6. 34) – **S:** 55–61 ABK München (Meisterschüler b. Prof. Josef Henselmann) – **P:** Villa-Massimo-Stip. 64/65; Schwabinger Kunstpr. 84 – **Ö:** Kirchen: u. a. Bad Orb, St. Martin; Berlin, Hedwigskathedrale; Fritzlar, Dom; Gelnhausen, St. Peter u. Paul; Langeoog, St. Nikolaus; Limburg, Dom; Würzburg, Dom; – Öff. Pl.: München, Schützenstr. (Nymphenbrunnen); Würzburg, Kongreßzentrum; – Portr.: München, Max-Planck-Ges., ebda, TU, Dt. Mus. – **E:** regelmäßig in Gröbenzell, Bürgerhaus – **G:** 60–80 regelmäßig in München, Haus d. Kunst (Jahresausst.) – **V:** H. E., Fotobd. 86 – ***LitR:*** Atelier Elsässer, Kurzfilm 74 – (Red.)

Elsässer-Eckert, Julia, Malerin; Unterbregenbach 9, D-78120 Furtwangen (* München 13. 4. 65) – **S:** 89–95 ABK München (94 Meisterschülerin b. F. B. Weißhaar) – **P:** Kunstpr. d. Ldkr. Fürstenfeldbruck 95 – **Ö:** Abersfeld, Kath. Pfarrk.; Freiburg im Breisgau, Kap. d. Collegium Sapientiae; Gaildorf, Kath. Pfarrk.; Putzbrunn, Ev. Kirche; Ravensburg, Christkönigkirche – **E:** zahlr., u. a. 93, 96 Gröbenzell, Gal. im Bürgerhaus; 97 Kehl, Kunstkontor; 99 Hüfingen, SM – ***Lit:*** AKL – (Red.)

Elsasser-Staub, Vera s. Staub, Vera

Elsner, Gerhard, Maler, Kunstpädagoge; Theklastr. 1, D-80469 München, Tel. (0 89) 2 60 76 73 (* Senftenberg 30. 10. 30) – **S:** 52–54 ABK Freiburg (b. Wittmer Dischinger); 54–56 ABK Karlsruhe (b. Wilhelm Schnarrenberger) – **L:** 60–70 Bettinaschule Frankfurt am Main (Kunstpädagogik); 70–92 Gymnasium Überlingen/See (Kunstpädagogik) – **Ve:** Intern. Bodensee-Club (IBC) 72–97; BBK Bay. seit 97; vorher BBK Südbaden – **G/T:** Malerei (Tafelbilder, Öl, Acryl); v. Figuration z. Abstr. – **M:** Freiburg im Breisgau, Mus. f. Neue Kunst; Freiburg im Breisgau, Reg.präsidium; Konstanz, Stadt. Wessenberg Gal.; Tübingen, Reg.präsidium – **Ö:** Berlin, Bundestag; Kemberg, Pfarrk.; Magdeburg, Pfarrk. St. Michael; ebda, Pfarrk. St. Josef; Singen, Spk.; Überlingen, Spk. – **E:** u. a. 71, 80, 94 Überlingen, StG Fauler Pelz; 72 Konstanz, Villa Prym; 73, 76 Singen, Kunsthäusle; 76 Berlin, Gal. Das Bild; 77 Saarbrücken, Elitzer; 78 Konstanz, StG; 79 Lindau, StG; 80 Randegg, Harlekin; 83 Freiburg, Schwarzes Kloster; 91 Konstanz, KV; 94 Konstanz, Ebert; 96 Löffingen, StG; 98 Germering, Forum d. Stadthalle; 00 Tutzing, RH; 03 München, Rössler – **G:** u. a. 73, 80, 84 Feldkirch, Pal. Liechtenstein; 76 Bregenz, Künstlerhaus Pal. Thurn u. Taxis; 82 Basel, Atelierhaus Klingental; 84 Lodi, MCiv. Laudense; 85 Seloncourt/Belfort, Salle des Fêtes; 86 Ulm, Ulmer Mus.; 93 Karlsruhe, Künstlerhausgal.; 90, 91 Esslingen, StG Villa Merkel – **V:** Bodenseekunst, Kunstkal. 84; Bei uns am See, Kunstkal. 86; Wilhelm Schnarrenberger, Kat. (Beitr.) 92; Jo Rippier (Gedichte): Against the Stream (Aqu.) 99; Hermann Brich: Zur Mitte hin (Ill.) 99; Künstlerisches Schaffen rund um den Untersee, Mappe (Orig. Druckgr.) 91 – ***Lit:*** Bunte Blätter 77; E. Piel (Text): TW Neurologie, Psychatrie (Kunstbeitr.) 92; G. E., Kat. 99 – ***LitR:*** Sdg im Saarländischen Reg.programm 77; Prisma, RFsdg 83

Elsner, Irmgard, Malerin, Bildhauerin, Edelstahlplastikerin; Rheinstr. 14, D-26382 Wilhelmshaven, Tel. (0 44 21) 4 17 40 (* Wilhelmshaven 6. 7. 20) – **S:** 41–43 Akad. f. angew. Kunst München ('med.-naturwiss. Malen' b. Prof. Skell, 'dekorative Wandmalerei' b. Prof. Dallinger) – **G/T:** Portr.malerei (Öl, Pastell); Bilder m. 'galaktischen' Titeln; Glaswände; Keram. bemalte Wände; Edelstahlreliefs, -plastiken u. -brunnen – **Ö:** Bundesanstalt f. Arbeitsschutz u. Unfallforsch. (Gobelin); Bad Münder, Verwaltungsschule (Edelstahl-Glas-Brunnen 'Galakt. Rätsel'); Braunschweig, Physikal.-techn. Bundesanstalt (Edelstahlrelief); ebda, Taubstummenanstalt (Fliesenwand m. Glasobjekten u. Edelstahlreliefs); Bremen, Zollamt am Industriehafen (Keram. Wand m. aufgebrannten Gläsern); Bremen-Wasserhorst, Schöpfwerk (Mosaikwand); Burgsteinfurt, Finanzamt (5 Edelstahlreliefs); Düsseldorf, Fontanestr. 9 (Mosaiken 'Galakt. Einblicke'); Gelsenkirchen, Tossehof (Chromnickelstahl-Plast.); Schloß Gödens (Edelstahlplastik 'Galakt. Pfau'); Hohenkirchen, Flugraketenabwehrstation (Keram. Wand 'Galakt. Barbara'); Kaiserslautern, Fußgängerzone (Chromnickelstahl-Brunnenplast.); Meppen, Bundesgrenzschutz-II (Edelstahlrelief); ebda, Amtsgericht (Chromnickelstahlrelief); Münster, Univ.-Hautklinik (Edelstahl-Glas-Brunnen); ebda, LVM/Vorstandsetage (Edelstahl-Plast.); ebda, Landwirtschaftl. Versicherung; Osnabrück, Waldschule Lüstringen (Glaswand); Schöpfwerk Petershörn (2 Keram. Wände); Wangerooge, Leuchtturm (Fliesenwand 'Befeuerung d. Dt. Bucht'); – in Wilhelmshaven: Hepenserstr. (Edelstahlplast. 'Galaktische Segel'), Ölhafendamm/Ecke Freiligrathstr. (Stahlplast. 'Wind, Wasser, Segel'), Moselstr. 2+4 (bemalte Fliesenwände), Moselstr. 8 (Keramikrelief in Stahl), Fedderwardergroden (Edelstahlrelief); Spk. W.-Fedderwarden (Plexiglaslichtwand) – **G:** Münster, Oberfinanzdirektion; Wilhelmshaven, KH – ***Lit:*** Kunst u. Bau, Schriftenreihe d. Min. f. Landes- u. Staatsentwicklung d. Landes NRW 1967–79; Ursula Uber: Freiplastiken in Münster 77; Begegnungen mit d. Kunst: Nordseestadt Wilhelmshaven, III Bde 99; AKL, Bd. 33 02; Kunst – genau genommen. Kunst am Bau in d. PTB Braunschweig 1959–2003 04

Embach, Rainer, Dipl.-Designer, Grafiker, Maler; Dammstr. 19, D-68169 Mannheim, Tel. (01 76) 22 37 13 96, *r.embach@web.de* (* Mannheim 25. 3. 54) – **S:** 73–78 FHS f. Gest. Mannheim – **G/T:** Ill.; Portr.- u. Ldschaftsmalerei (Öl, Acryl) – **W:** überw. in Privatbes. – **E:** 02 Vila do Bispo/Portugal, Gal. Tiago; 04 Mannheim, Günderoth; 06 Mannheim, Airport

Emch, Nik, Zeichner, Aktionskünstler, Musiker; Seilergraben 53, CH-8001 Zürich (* Bern 29. 6. 67) – **S:** 84–88 Schule f. Gest. Bern (visuelle Gest.) – **P:** Eidgenössischer Pr. f. Freie Kunst 97–99; Kunststip. d. Stadt Zürich 98 – **KGe:** Minimetal: N. E. u. Laurent Goei (seit 94) – **M:** Zürich, Slg Bodmer; Zürich, Slg Züst; Zürich, Slg d. Stadt – **E:** zahlr., u. a. 91 Zürich, Kunsthaus Oerlikon; 92, 95 Zürich, Gal. Art-Magazin; 93 Zürich, Heilquell; 94, 97 Zürich, Eppstein; – sowie Soundskulpt., z.B. 02 Zürich, Kunstraum Walcheturm; 03 Zürich, Migros Mus.; 04 Zürich, Löwenbräuareal; 05 Zürich, Freitaghalle im Maag Areal (m. Richard Dorfmeister); Zürich, Tanzhaus Wasserwerk (m. Thomas Ritter); 06 St. Gallen, KH (m. Laurent Goei) – **G:** zahlr., u. a. 91 Zürich, MfG; 97 Zürich, Gal. Art-Magazin; 99 Zürich, Haus f. konstruktive u. konkrete Kunst;

98 Frankfurt am Main, Schirn; 00 Paris, Glasbox – *Lit:* AKL; BLSK 98

Emch, Peter, Prof., Künstler; Asylstr. 114, CH-8032 Zürich, Tel. u. Fax 0 14 22 80 03, *p.emch@bluewin.ch.* via Porbetto 39/41, CH-6614 Brissago (* Biel 26. 11. 45) – **VG:** New York, Roeder – **S:** 60–65 KGS Biel (Fachkl. f. Graph.) – **L:** seit 80 HS f. Gest. u. Kunst Zürich (Studienbereich Bildende Kunst) – **P:** Kunststip. d. Kanton Zürich 82; Eidgenössisches Kunststip. 82; New York Stip. d. Stadt Zürich 82; Kunststip. d. Stadt Zürich 79, 80 – **Ve:** visarte – **G/T:** Zeichn.; Malerei; Holz- u. Linolschnitt – **W:** Werke in Mus. in Schaffhausen, Lausanne, Zürich, Chur, Bieligheim-Bissingen u. Reutlingen – **E:** / G: Mus., Gal. u. KV in d. Schweiz, Dtld, Öst., d. Niederl. u. d. USA – *Lit:* P. E. Zeichnungen 1980–1984 85; P. E. Druckgraphik 1980–1989 90; P. E. Holzdrucke 01; P. E. Skizzen – Sketches 02

Emde, Thomas, Lichtdesigner, Objekt- u. Installationskünstler, Maler; Friedberger Landstr. 645, D-60389 Frankfurt am Main, Tel. (0 69) 47 88 50 84, Fax 47 88 50 81 (* Korbach 22. 3. 59) – **VG:** Sindelfingen, Lau Fine Art & Consulting; Wiesbaden, Witzel – **S:** 83–85 HBK Kassel (Freie Kunst); 85 HdK Berlin (b. Kuno Gonschior, 90 Meisterschüler); 88 Canterbury College of Art (Fine Art) – **P:** Atelierstip. Frankfurt 90, 91; Forum Junger Kunst (Pr.träger) 91 – **M:** Hannover, Sprengel Mus.; Mannheim, StKH – **Ö:** Berlin, Schönhauser-Allee-Arkaden; Frankfurt am Main, Commerzbank-Hochhaus; Kassel, EAM-Hauptverwaltung – **E:** zahlr., zuletzt u. a. 99, 03 Wiesbaden, Witzel; 99, 00 Brüssel, Centre d'Art Contemp.; 99 Mexiko-Stadt, MN de Arte; St. Petersburg, Russisches Mus.; 00 Riverside/Cal., Swaany Gall. – **G:** zahlr., u. a. 96 Essen, Neher; Neustadt an der Weinstraße, Hambacher Schloss; 97 Schiedam, Sted. Mus.; 97, 98, 99, 01 Wiesbaden, Witzel; 00 Kassel, Mus. Fridericianum – *Lit:* AKL – (Red.)

Emhardt, Erna (geb. Erna Wuck), Malerin; Wernecksfr. 35, D-80802 München, Tel. (0 89) 33 13 78 (* Malchin 14. 7. 16) – **S:** Autodidaktin – **G/T:** u. a. Hinterglasmalerei, Ill. v. Kdb. – **W:** Werke im Bes. d. Kath. Akad. u. d. Stadt München – **M:** Frankfurt am Main, Dt. Bank KS; Murnau, Schloß-Mus.; München, Bay. Staatsgemäldeslgn; München, Pin. d. Mod. – **E:** u. a. 79, 86, 94, 95 München, Kath. Akad.; 80, 82, 86 Schaan, Sonnegg; 84 Stuttgart, Schaller; 85 Amsterdam, Hamer; 86 München, Mus. f. Völkerkunde; 89 Nürnberg, Gal. Henny M. – **G:** u. a. 71 Düsseldorf, Zimmer-Gal.; 74 München, Gurlitt – *Lit:* AKL; Schweers 02 – (Red.)

EML s. Lankes, Erika Maria

EML s. Ludwig, Elke

Emmelmann, Stefan (eigtl. Stefan Georg Emmelmann), Keramiker, Maler, Zeichner; St. Leonhard am Hornerwald 69, A-3572 St. Leonhard am Hornerwald (* München 15. 7. 54) – **VG:** Stuttgart, Hoss & Wollmann – **S:** 72–74 Töpferlehre b. Inge Seeliger in Eichenlau b. München (Gesellenprüfung); 74–75 ABK München (b. Keramiker Franz Eska); 75–76 Gesellenzeit b. David Andrew Leach, Robin Welch u. David Heminsley; 79 Meisterprüfung; 90 Städelschule Frankfurt am Main (Gastsem., Bildhauerkl. v. Ulrich Rückriem) – **L:** seit 02 Univ. f. angew. Kunst Wien (LAuftr. z. Sprache u. Malerei) – **P:** Richard-Bampi-Pr. 75; Pr. Salzglasuren Koblenz (1. Pr.) 79; Pr. d. Ausst. Keramik heute in Bay. Coburg 84; Sonderpr. Salzbrand Keramik d. Handwerkskammer Koblenz 86; Stip. f. d. Intern. Exper. Ceramic Centre Kecskemét 89 – **M:** Coburg, KS d. Veste; Düsseldorf, Hetjens-Mus.; Höhr-Grenzhausen, Keramik-Mus. Westerwald; Karlsruhe, Badisches LM – Mus. f. mod. angew. Kunst – **E:** u. a. 01 Wien, Gal. Splitter Art – **G:** u. a. 77 Höhr-Grenzhausen, Keramik-Mus. Westerwald; 96 Mannheim, StKH; 00 St. Pölten, Ndöst. Dok.-Zentrum f. Mod. Kunst – *Lit:* AKL; WW-CCA 96 – (Red.)

Emmert, Gudrun, Malerin; Hafenstr. 32, D-34125 Kassel, Tel. u. Fax (05 61) 57 71 02, *emmert.gudrun@web.de, www.emmert-gudrun.de* (* Münnerstadt 15. 11. 59) – **VG:** Kassel, Melchior – **S:** 83–90 GesamtHS Kassel (Freie Kunst, Malerei) – **P:** Arb.stip. d. Fa. Braun Melsungen 90; Kasseler Kunstpr. 00, 06 – **G/T:** Malerei (Öl, Leinwand); Chemogramme (Fotopapier, Chemie, Licht) – **M:** Kassel, Neue Gal. – **Ö:** Bad Kissingen, Finanzamt; Kassel, Artothek; ebda, Fiducia AG – **E:** 90, 97, 03 Kassel, Melchior; 94 Gütersloh, Gal. Alte Weberei; 95, 98 Göttingen, Künstlerhaus mit Gal.; 96 Hofgeismar, Ev. Akad. d. Künste; Rimpar, Trux; 97 Freiburg, Blau; 98 Trier, KV; Frankenberg/Eder, Geismarer Tor; 00 Kassel, Neue Gal.; Bad Kissingen, Gal. Das kleine Haus; 07 Mellrichstadt, Städt. Kr.gal.; Altena, SM – **G:** u. a. 86, 95 Kassel, KV; 88, 92, 94, 95 Kassel, Produzentengal.; 94 Würzburg, Bürgerspital; 97 Würzburg, StG; 99 Bedburg-Hau, ArtToll; 01 Göttingen, SEB-Bank; 02 Kassel, Schloß Schönfeld; 03 Plön, KV Schloß Plön; Bologna, Arte Fiera; 03, 06 Kassel, Kult.bahnhof; 05 Münnerstadt, Hennebergmus.; 06 Bruchsal, KV

Emrath, Volkert (eigtl. Volker Ernst Emrath), Maler, Graphiker, Restaurator; Atelier: Helgolandstr. 5, D-14199 Berlin, Tel. (0 30) 8 81 99 58, *volker@emrath.de, www.emrath.de* (* Oberschwarzach 45) – **W:** u. a. in Mus. in Genf u. Leeds sowie in Privatslgn in Dänemark, Dtld, GB, Griechenld, Irld, Ital., Öst., Peru, d. Schweiz u. d. USA – **M:** Berlin, Berlinische Gal. – **E:** seit 65 u. a. Berlin, Lange; Berlin, Lietzow; Berlin, André; Frankfurt am Main, Sydow; – sowie in Düsseldorf, Genf, Hamburg, Karlsruhe, Leeds u. München – **G:** u. a. München, Hartmann; Hamburg, Commeter, Persiehl & Co.; Frankfurt am Main, Brumme; Berlin, Pels-Leusden; Berlin, Nierendorf; Berlin, Lietzow; – sowie Mus. in Berlin, Genf, Hamm, Iserlohn, Kiel u. Soest – *Lit:* AKL; Schweers 02 – (Red.)

Emsbach, Bea, Zeichnerin, Objektkünstlerin, Malerin; Ludwigstr. 156, D-63067 Offenbach, *bea_emsbach@web.de* (* Frankfurt am Main 21. 2. 65) – **VG:** Frankfurt am Main, Beckers – **S:** 91–98 HS f. Kunst u. Gest. Offenbach (b. Manfred Stumpf, Heiner Blum, Adam Jankowski u. Marianne Eigenheer, Dipl.) – **P:** Förd.pr. d. Stadt Maintal 90; Förd. d. Johannes-Mosbach-Stift. 94–97; Stift. Kunstfonds – Arb.- u. Projektstip. 99; Forsch.stip. Centro Tedesco Venedig 00; Aufenthaltsstip. Künstlerdorf Schöppingen 00; Pr. d. Darmstädter Sezession 03; Maria-Sibylla-Merian-Pr. 03/04; Balmoral-Stip. 04 – **M:** Frankfurt am Main, Dt. Bank KS; Kiel, KH (GrS); Wiesbaden, Hess. Min. f. Wiss. u. Kunst – **E:** u. a. 99 Frankfurt am Main, Beckers; 01 Frankfurt am Main, Forum 1822; 01 Nürnberg, Inst. f. mod. Kunst; 02 Stuttgart, Hospitalhof; 04 Kassel, Mus. Fridericianum; 06 Paris, Gal. RX – **G:** u. a. 99 Kiel, KH; 00 Avesta, Avesta Art; Bochum, Mus.; Düsseldorf, KV; 01 Frankfurt am Main, Beckers; 04 Darmstadt, Darmstädter Sezession – **V:** Manfred Rothenberger: B.E. Beutezüge im Bodensatz d. Wiss. (Ill.) 02; Christian Kaufmann u. Danièle Perrier: B.E. Fremde Frauen (Ill.) 05 – *Lit:* AKL

Enayat, Mona Ragy, Dipl.-Malerin u. -Graphikerin, Sängerin, Liedkomponistin; Kreuzstr. 41, D-04315 Leipzig, Tel. u. Fax: (03 41) 6 89 86 19, *mona.enayat@gmx.de, www.frauenkultur.leipzig.w4w.net/ragy_vi.html* (* Kairo 19. 7. 64) – **S:** 82–87 Helwan-Univ. Kairo (Fak. d. Bild. Künste, Dipl.); Solistin im El-Schams-Chor f. klass. arab. Musik Kairo; 88–92 HGB Leipzig (Malerei, Graph. u. Buchill., Dipl.); 92–

94 ebda (Meisterschülerin b. Prof. Rolf Kuhrt) – **L:** 02–03 Stockwerk-Kult.etage; 03–05 VHS Leipzig; seit 04 Freie Grundschule Clara Schumann Leipzig (LBeauftr.) – **P:** Stift. Kult.fonds (Stip.) 93; Margarethenstift. 94; Centre Cult. Français Kairo (2. Pr.) 96 – **Ve:** VG Bild-Kunst 94; VG Wort 94; Frauenkult. Leipzig 94; ver.di – Fachgr. Bild. Kunst 95; Zentrum f. Europ. u. Oriental. Kult. 04 – **G/T:** Malerei (Acryl, Öl, Pastell); Graph. (Tusche, Feder, Linolschnitt, Hschn.); Ill.; Fassadengest. – **K:** Malerei – **Ö:** Leipzig, Reg.präsidium; ebda, Trinitatis-Kindergarten (Wandbild) – **E:** über 30 Ausst., u. a. 94 Weimar, Lucas-Cranach-Haus; 95 Werdau, SM; Leipzig, Gal. Süd; Leipzig, Ver.bank; Gnandstein, Burg-Gal.; Dessau, Bauhaus; Torgau, Kleine Gal.; 96 Wittenberg, Gal. im Cranach-Haus; 02 Gütersloh, Hof Spexard; 04 Markkleeberg, Westphalsches Haus; 05 Frauenbibl. MONAliesA – **G:** über 20 Bet., u. a. 91 Paris, Post Office Mus.; 92 Kairo, KH d. Oper; 96 Leipzig, Brockhaus-Zentrum; Dessau, Gal. Ophir; 00 Leipzig, Gal. im Haus d. Buches – sowie: 96–97 Mail-Art gegen § 218 (Wanderausst.) – **V:** Volkssymbole in Religion u. mag. Tradition, In: papyri – Orient-Blätter f. Kunst u. Kult. (auch Titelgraph.), 6 94, S. 19–22; Metamorphosen 05 – ***Lit:*** Karin Wieckhorst: Frauenportr. 92, S. 22–23; Studiogal. Kaditzsch. Retrospektive 1993 bis 1998 98, S. 56, 154 u. 181; Die bunte Welt v. M.R.E., Interview, In: Simurgh – Kult.zs, 1, 1. Jg. 05 – ***LitR:*** ostART & Weise. Filmische Portr. v. sieben Frauen, Dokf. (DVD) 05

Ende, Margot (L I L I), Dr. med., freischaffende Malerin, Zeichnerin u. Graphikerin (seit 1989); Am Zehnpfennigshof 4, D-50996 Köln, Tel. Mobil: 0 16 26 49 93 21, (0 22 36) 6 21 44, Fax 3 15 35, *margotende@aol.com* (* Basel) – **S:** Violine b. Rodolfo Felicani in Basel (10 Jahre); Zeichnen u. Malen b. Fritz Kull in Basel (3 Jahre); Ballett b. A. Szendrö, M. Geczi u. R. Alexander (15 Jahre); WerkKSch Köln (Töpferei, 6 Monate) – **P:** Oskar-Kuhn-Pr. 06 – **Ve:** VG Bild-Kunst Bonn; Kulturfeld Wesseling 01 – **G/T:** Zchng; Malerei; Kunstgraph.; Themen: Akt (Stifte, Wachskreiden, Aqu., Gouache); sozial engagierte Malerei (Acryl, Lw.); Blumen (Wachskreide, Aqu.); Abstr. (Acryl, Mischtechnik); tastbare Reliefbilder u. -graph. f. Blinde (Thermokopierverfahren) – **W:** in Privatbes. in Dtld, Schweiz, Frkr., Türkei, Kanada, Dänemark, China – **Ö:** Basel, Univ.augenklinik; ebda, Hiltonhotel; Horw, RH; Indianapolis, Eli Lilly Company; Peking, Chinese Blind Person's Assoc.; ebda, Swisshotel – **E:** 90 Köln, Kunstkab.; 91 Istanbul, Bilim Sanat Gal.; 93 Wesseling, StG; 94 Luzern, Diebold-Schilling (m. Ruth Lindgren); Leverkusen, Gal. im Büro; Gütersloh, KV, 97 Münster, Stadthaus-Gal.; 99 Berlin-Spandau, Zitadelle (m. F. Egold u. D. Malkowski); 02 Peking, Capital Mus. (Kat.); 03 Wipperfürth, Gal. Kult.punkt (m. Mirza Artug); 04 Düsseldorf, Stadtmus.; Köln, Gal. Edenfeuer – sowie in zahlr. öff. Gebäuden in Aldenhoven, Basel, Bonn, Dortmund, Düsseldorf, Hamburg, Horw, Köln, Langnau, München, Paris, Siegen, Solingen, Stuttgart, Wiesbaden u. a. – **G:** Bet. u. a. 89 Köln, Kunstkab.; 89, 90 Luzern, Gal. 87; 92 Izmir, Belediye Sanat Gal.; 93 New York, Gall. Art 54; 97 Düsseldorf, CREart 3 Intern. Kult.festival; 99 Bonn, Frauen-Mus.; 00 Kranj, World Festival of Art on Paper; 01, 03, 04, 06 Wesseling, StG; 02 Lörrach, Gal. coq rouge; 03 Köln, Fotostudio Coelln Coloer; 04 Würzburg, Kult.speicher; 05 Köln, Wallraf Richartz-Mus. – sowie in öff. Gebäuden in Berlin, Horw, Karlsruhe, Köln, Neustadt, Wesseling, Bonn – **V:** Art that makes you feel, in: abilities 94 – ***Lit:*** zahlr. Art. in Ztgn, u. a. Rhein. Post Düsseldorf 24.4.92, Schweizer Revue 6 92, Kölnische Rundschau 18.8.92, Welt am Sonntag 17.8.97, Ärzteztg 11 03 – ***LitR:*** zahlr. INTERVIEWS, u. a.: m. Alina Kunz (Schweizer Radio Intern.) 23.4.95; Katrin Fromme: Echo West Gespräch m. M.E. u. Chr. Raabe, 25.5.95; Ursy Trösch: Persönlich (Schweizer Radio DRS2) 29.5.94; Sabine Ley: M.E. Bilder f. Blinde (Radio Rhein-Sieg) 1.12.93; Brücken d. Herzens (Radio Peking Intern.) Juni 02; Marianne Riefert-Miethke: Menschen in Köln (Freier RF Köln) Febr. 05 – weitere BEITR.: Eva Gümbel: Kunst f. Blinde (WDR3 TV) 92; Manfred Mainz: Blinde beurteilen d. Reliefbilder (Aktuelle Stunde, WDR3 TV) 93; M. Leuze u. a.: Portr. M.E.L., Video Juli 03; Fühlen, Tasten, Begreifen, Dok.-film (WDR) 3.5.04

Ende, Reiner, Dipl., Maler, Graphiker; Hauptstr. 28, D-99713 Friedrichsrode, Tel. (03 63 38) 6 27 21, *rende2000@aol.com* (* Bischofswerda 53) – **S:** 93 HS f. Kunst u. Design Burg Giebichenstein Halle/Saale (Malerei, Graph.) – **L:** seit 93 Kunsthof Friedrichsrode (Leiter) – **P:** Stip. d. Kunstförd.ver. Donnersbergkr. u. d. Kunsted. Waldherr Kirchheimbolanden 90/91; Pr. d. Spk.versicherung Thür.-Hess., Kunstmesse artthuer 02 – **Ve:** VBK DDR 81; VBK Thür. 91 – **KGr:** D 206 Thüringer Sezession (seit 90) – **G/T:** Graph. (Rad., Aquatinta); Aqu.; Email (freie Arb.); Plakate; Schrift (angew. Bereiche) – **K:** Kaltnadelrad.; Aquatinta – **W:** in Privatbes.; Teiln. an Mappened.; gerahmte Arb. in öff. Einrichtungen u. Behörden Thür. – **M:** Gotha, Schloß-Mus.; Mühlhausen, Mühlhäuser Museen; Sondershausen, Schloßmus. – **E:** seit 81, u. a. 99 Erfurt, Gal. d. Spk.versicherung Thür.-Hess.; 02 Erfurt, Michaeliskirche; 03 Leipzig, Krankenhaus St. Georg; 05 Creuzburg, Gal. auf d. Creuzburg – **G:** zahlr. Bet., seit 91 regelm. m. D 206 Thüringer Sezession; 98, 00, 02, 04 Erfurt, Kunstmesse artthuer; 02 Bet. an d. Ldeskunstausst. 'kunststoff' – **V:** Beitr. in Graph.ed. u. Mappen v. D 206, u. a. Zugvögel 93; Wege 95; Der Wald 98; J.S.B. 00; Meister Eckhart 02; Hasenbrot, Künstlerkochbuch 04 – ***Lit:*** Kat. z. Ausst. m. D 206 Thüringer Sezession, u. a. D 206 Thüringer Sezession-Chronogr. 1990–2005 05

Ende, Sylvana von (geb. Sylvana Rempke), Dipl.-Designerin, Malerin, Illustratorin; Saalfelder Str. 112, D-98739 Schmiedefeld, Tel. u. Fax (03 67 01) 6 11 57, *SylvanavonEnde@gmx.de* (* Gräfenthal/Thür. 30. 6. 61) – **S:** 81–84 FHS f. angew. Kunst Heiligendamm (Produktgest. b. G. Baumgart) – **L:** seit 94 freie Doz. f. Ölmalerei an d. VHS Sonneberg u. Saalfeld-Rudolstadt – **P:** Odset-Pokal (3. Pl.) 01; Thür. Staatspr. f. Qualität (2. Pl.) 02 – **Ve:** VBK DDR 88; BBK 91; VG Bild-Kunst 95; Förd.ver. Thür. Porzellanstr. 97; VG Wort 99 – **G/T:** Porzellanmalerei (lyrische u. geometrische Abstr.), Porzellanschmuckgest. u. bewegliche Porzellanminiaturen (Gliedertiere), Plattenmalerei u. Malerei (Öl, Kreide); Ill. (Kdb., Postkarten u. Kal.); Objekt (Porzellan, Beton, Glas, Stahl u. Kunststoff) – **K:** Porzellanmalerei, Ldschaftsmalerei, abstr. Acryltechniken, Ölmalerei – **W:** in Privatbes. (Gelbe Rosen, Pythagoras I); mailArt 03 – Mensch sein dürfen!; mailArt 05 – Alles Menschen Kinder! – **Ö:** Eisenach, REGE Motorenteile GmbH; Gräfenthal, Physio- u. Manualtherapiepraxis B. Haller; Nordhausen, FEUER powertrain GmbH & Co. KG – **E:** 94–99 Schmiedefeld, Mus. Morassina; Schmiedefeld, Volksbank; 95 Hohenberg an d. Eger, Dt. Porzellanmus.; 96–01 Schmiedefeld, Design-Studio; 97 Erfurt, Thür. Landtag; 02 Saalfeld, Kr.spk. Saalfeld-Rudolstadt; 03 Elsenfeld, Schimmel; 05 Bad Sulza, Histor. Inhalatorium – **G:** u. a. 99 Eisenach, REGE Motorenteile GmbH; 00 Eisfeld, Schloßmus.; Erfurt, Bilderhaus Krämerbrücke; 01 Weimar, Stadtbücherei; Gera, Stadt- u. Reg.bibliothek; Erfurt, Gal. d.

VBK Thür.; Meiningen, ada; 02 Erfurt, Stadt- u. Reg.-bibliothek; Jena, Ernst-Abbe-Bücherei; 03 Weimar u. Apolda, Gal. d. Lebenshilfe-Werkes; 04 Nordhausen, FEUER powertrain GmbH & Co. KG – ***LitR:*** Ulrike Nitschke: Hier ab 4, MDR 97; Robby Mörre, Beitr. üb. d. Porzellanstr. in Thür., in: Unterwegs, MDR 98; Tag der offenen Tür zum Thüringer Kunstsommer, in: MDR aktuell 99

Ender, Klaus, Fotograf; Stralsunder Str. 15c, D-18528 Bergen/Rügen, Tel. (0 38 38) 25 24 81, Fax 25 24 83, *www.klaus-ender.de; www.klaus-ender.com* (* Berlin 39) – **P:** über 60 Med., Urkunden u. Preise auf nat. u. intern. Fotosalons 64–80; E.nadel f. Fotogr. (Bronze, Silber u. Gold) 78; Intern. E.titel ARTISTE FIAP 79 – **G/T:** Fotogr. (Akt) – **E:** u. a. 75 Potsdam, Akt & Landschaft (Autorenausst., m. Gerd Rattei); 83 Dornbirn, Dekorative Fotogr.; 03 Sassnitz, Hafen-Mus.; 06 Warnemünde, Baltic Point; Wittenberge, Kult.- u. Festspielhaus; – sowie: 97–02 12 Fotoausst. auf Hiddensee, Rügen, in Malchow, Magdeburg u. bei Leica in Solms – **V:** Mein Modell 66; Gestaltung mit Filtern 90; Das Filterbuch für kreative Aufnahmen; Das Glück der späten Jahre (Fotogr.) 94; Eine romant. Reise durch Griechenland (Fotogr.) 94; Unter südl. Sonne (Fotogr.) 94; Filtertechnik – Filterkunst 95; Rügen – Insel im Licht (Text u. Bild) 97; Hansgeorg Stengel (Texte): Akt mit Takt (Fotogr.) 97; Rügen – Poesie einer Insel, Poesie-Bildbd (Text u. Bild) 03; Ein Samenkorn mit Zuversicht, Poesie-Bildbd (Text u. Fotogr.) 04; Die nackten Tatsachen des Klaus Ender, Autobiogr. 04; Loslassen (Text u. Fotogr.) 06; Herzklopfen (Text u. Fotogr.) 06; – weiterhin über 100 Poesie- u. Geschenkbücher u. dgl. sowie ca. 90 Foto-Kunstkal. – ***LitR:*** im FERNSEHEN: Außenseiter-Spitzenreiter, Fs. d. DDR 1 75; Ein Mann, der Bilder fühlt, Fs. d. DDR 2 75; Portr. K.E. in: Nordmag., N3 v. 5.4.97; Nackte Körper leuchten weit, NDR v. 21.12.98; Indiskret, MDR v. 14.11.98; Die Nackten auf Rügen, MDR v. 9.9.98; ZDF-Umwelt v. 10.8.03; MDR um 12, Juni 05; Unter uns, MDR 05

Enders, Katja, Dipl. Textildesignerin, Malerin, Graphikerin (* Marienberg/Sa. 8. 9. 71) – **S:** 92–96 FHS f. angew. Kunst Schneeberg; 96–02 HGB Leipzig (Malerei u. Graph.); seit 02 ebda (Meisterschülerin b. Prof. Arno Rink) – **Ve:** BBK seit 02 – **G/T:** Landschaftsmalerei (Öl), Zeichn., Rad. – **K:** Malerei, Zeichnen – **E:** 00 Leipzig, theologische Fakultät; 02 Leipzig, Capitol (Dipl. Ausst.) – **G:** 02 Leipzig, KH Spk.; 03 Leipzig, Oper; 04 Leipzig, Baumwollspinnerei (Werkschau) – ***Lit:*** Kunsthalle der Sparkasse Leipzig (Hrsg): Zweidimensionale. Competition für bildkunst, musik- und kunstkritik, Ausst.kat. 02 – (Red.)

Enders, Manfred; Kohl-Larsen-Str. 1, D-76829 Landau in der Pfalz, Tel. (0 63 21) 3 28 07, *info@manfred-enders.de, www.manfred-enders.de* – **G/T:** Fotogr. – (Red.)

Enders, Sieglinde; Kohl-Larsen-Str. 1, D-76829 Landau in der Pfalz, Tel. (0 63 21) 3 28 07, *info@enders-galerie.de, www.enders-galerie.de* – **G/T:** Malerei, Graph. – (Red.)

Endert, Guido, Designer; c/o Bergische Universität/FB Industrial Design, Hofaue 35–39, D-42103 Wuppertal, Tel. (02 02) 4 39 47 10, *endert@uni-wuppertal.de* (* Leverkusen 31. 10. 68) – **S:** 91–96 Gesamt-HS Wuppertal (Dipl.); 97–98 Design-Akad. Eindhoven – **L:** 98 Univ. of Lapland Rovaniemi (Gastprof.); sowie Gesamt-HS Wuppertal (wiss. Mitarb.) – **G:** u. a. 00 Solingen (Modellentwurf Schwebebahn zus. m. Patrick Demmer); 02 Paris, Louvre (Ausst. f. Design-HS) – ***Lit:*** AKL – (Red.)

Endhardt, Burga, Malerin, Graphikerin; Kirchenstr. 7, D-86647 Frauenstetten (* Günzburg 11. 4. 61) – **VG:** Augsburg, Gal. Noah; Bad Zwischenahn, Gal. Moderne; Koblenz, Gal. Tent – **S:** 84–90 ABK München – **P:** Kunstpr. d. Ldkr. Günzburg 95; Arb.stip. d. Univ. Augsburg (Meisterkurs b. M. Leipertz, Irsee) 95; Debütantenpr. d. Bay. Kultusmin. 99; Stip. d. HS-Förderprogramms 00; Schwäb. Kunstpr. Augsburg 02 – **Ve:** BBK Schwaben Nord u. Augsburg 92; Künstlervrg Die Ecke Augsburg – **G/T:** Malerei (Öl); Zchng – **K:** Aktzeichnen; freie Malerei – **M:** Augsburg, Städt. KS; Füssen, Städt. KS; München, Bay. Staatsgemäldeslgn; Wertingen, Städt. KS – **E:** 99 Augsburg, Abraxas (Kat.); 01 Füssen, Mus. d. Stadt; Augsburg, Ecke Gal.; 05 Luxemburg, Gal. Orfèo; Krumbach, Mus.; 07 Koblenz, Gal. Tent; Oberschönefeld, Mus.; Leeder, Gal. v. Fircks-Huth – **G:** 00 Augsburg, Neue Gal. im Höhmann-Haus; Augsburg, Oberländer; 02 Augsburg, Schwäb. Kunstpr.; Augsburg, Gal. Noah; 04 München, Gal. FOE; 05 Koblenz, Gal. Tent; Bad Zwischenahn, Gal. Moderne – **V:** B.E: Tagebuch 01

Endres, Claudia, akad. Bildhauerin; Atelier: Mittlere Kanalstr. 33, D-90429 Nürnberg, Tel. (09 11) 26 26 50, 26 26 36 (* Altdorf/Mfr. 1. 8. 56) – **S:** 79–82 Holzbildhauerschule Bischofsheim/Rhön; 82–88 ABK Nürnberg (b. Christian Höpfner); 87 Meisterschülerin – **P:** Debütantenpr. d. Bay. Kultusmin. 90; Förd.pr. d. Bez. Mittelfranken 94; Werkstip. d. Freistaates Bay. 94, 95 – **G/T:** Bildhauerei (Kunst im öff. Raum, Kunst u. Bauen) – **K:** Privatdoz. f. Steinbildhauerei – **W:** u. a. im Bes. d. Städte Nürnberg u. Fürth, Städt. Museen Nürnberg – **Ö:** u. a. Ansbach, Mfr. Reg.; Nürnberg, Hochbauamt; ebda, Tilly Park (Skulpt.), Haus Eckstein (Wandobjekt), Stift. d. Lions Club – **E:** u. a. 93 Dresden, Nord; 94 Herzogenaurach, Gal. im Herzogspark; 95 Schwabach, Gal. Bürgerhaus; 96 Nürnberg, Volkspark Marienberg; 97 Nürnberg, Gal. Pele Mele; 99 Nürnberg, Kunsthaus; 00 Fürth, Frenzel; 04 Nürnberg, Kr.gal.; 07 Dresden, Alte Feuerwache Loschwitz – **G:** u. a. 92 Nürnberg, Kunsthaus; 93 Gera, Plast. im Park; Pommersfelden, Fränk. Kunst-Ausst.; 01 Ingolstadt, StG Harderbastei; Nürnberg, Gal. Pinselfabrik im Nürbanum; 02 Nürnberg, Künstlerhaus: Wunschbilder; 04 Stuttgart, Diözese Rottenburg – ***Lit:*** AKL – ***LitR:*** Künstlerportr. im Bay. Fs.

Endriß, Lisa, Malerin, Zeichnerin, Konzeptkünstlerin; Rosenaustr. 6, D-83556 Griesstätt, Tel. (0 80 39) 13 76, *info@lisa-endriss.de, www.lisa-endriss.de* (* Landshut 47) – **S:** 67–74 Univ. München (Kunstgesch. u. Phil.); 89–95 ABK München (b. Hans Baschang) – **L:** 74–80 Lehrerin – **P:** Stift. Kunstfonds – Arb.- u. Projektstip. 85; Debütantenpr. d. Bay. Staatsreg. 87; Kat.förd. d. Lenbachhauses München 91; DAAD-Stip. f. New York 96, 97; Gabriele Münter Pr. 97 – **KGr:** Weibsbilder (78–88, Mitbegr.) – **G/T:** Malerei (häufig Acryl, u. a. abstr., sehr fein nuancierte Farbakkorde, oft aus kreisförmigen Zeichen, Flecken, geometrische o. assoziativ figürliche Formen, dominiert v. vertikalen Farbstreifen); Zeichn.; Fotogr. – **W:** u. a. in Bes. d. Hypo-Ver.bank München – **M:** Düsseldorf, Mus. Kunst Pal.; Frankfurt am Main, Dt. Bank KS; München, Artothek; München, Bay. Staatsgemäldeslgn; München, Pin. d. Mod.; München, SG Mod. Kunst; New York, Slg Rosenthal; Nürnberg, Artothek; Rosenheim, StM; Wien, Albertina – **Ö:** Bonn, Wiss.zentrum; São Paulo, Nat.bank; Düsseldorf, Achenbach; München, Achenbach; ebda, Telekom, Booz Allen & Hamilton, BMW, Kultusmin. – **E:** zuletzt u. a. 97 Düsseldorf, Mörger; 98 München, Lothringer 13; 99 New York, Art Resources Transfer; 99 München, Artothek; 00 München, Kunstbunker Tumulka – **G:** u. a. 97 Bonn, Frauen-Mus.; Osnabrück, KH Dominikanerkirche; New York, Brooklyn Mus. of Art; 98 Erfurt, Gal. am Fischmarkt; 99 Berlin, Neue Ges. für bild. Kunst – ***Lit:*** AKL; Schweers 02 – (Red.)

Engbarth, Otto, Maler, Graphiker, Zeichner; Besigheimer Str. 30, D-70435 Stuttgart, Tel. (07 11) 87 24 52 (* Kaiserslautern-Erfenbach 22. 2. 35) – **S:** 50–54 Meisterschule Druck u. Graph. Kaiserslautern; 59–65 ABK Stuttgart (b. d. Prof. H. Sohn, H. Trökes u. K. Wehlte) – **L:** 73–90 Graph. FS Stuttgart (Doz.); 75–76 FHS f. Gest. Pforzheim (LAuftr.) – **P:** Stip. Bild. Kunst d. Studienstift. d. Dt. Volkes 63; Villa-Massimo-Stip. 66, 67 – **M:** Heilbronn, SM; Stuttgart, KM; Stuttgart, SG – **Ö:** Hechingen, Spk.; München, Generaldir. d. Allianz; Tübingen, Univ.; ebda, Klinikum Schnarrenberg; Ulm, Arb.amt – **E:** u. a. 80 Heilbronn, KV; 93 Waiblingen, Gal. Druckhaus; 95 Fellbach, Classic Congress Hotel; 97 Spaichingen, VHS Kunstkr.; 98 Stuttgart, Hypobank – **G:** u. a. 78 Baden-Baden, SKH; 79 Konstanz, KV; 97 Reutlingen, Städt. KM Spendhaus; 99 Singen, Städt. KM – ***Lit:*** AKL; Schweers 02 – (Red.)

Engberding, Reinhold, Keramiker, Bildhauer, Landschaftsarchitekt; von-Siemens-Str. 21, D-48291 Telgte, Tel. (0 25 04) 65 52 (* Herten/Westf. 4. 6. 54) – **S:** 76–82 GesamtHS Kassel (Dipl. als Ldschaftarchitekt); 88–92 Muthesius HS Kiel (Freie Kunst u. a. b. Johannes Gebhardt); 92 ABK Den Haag (Bildhauerkl.) – **P:** Erasmusstip. f. Den Haag 92; Westerwaldpr. f. aufgebautes keramisches Gefäß 92; Stip. Künstlerhaus v. Lauenburg 94, 95; Stip. d. Hansestadt Hamburg 01 – **M:** Höhr-Grenzhausen, Keramik-Mus. Westerwald – **E:** u. a. 95 Lauenburg, Gal. Künstlerhaus; Brunsbüttel, Stücker; 97 Hamburg, Künstlerhaus Bergedorf; 98 Hamburg, Gehrke; 99 Berlin, Gal. Neue Anständigkeit – **G:** u. a. 96 Berlin, Kalkscheune; 97 Hamburg, Messberghof; 98 Kiel, CAP; Davos, Kinder-Albula – ***Lit:*** AKL; WWCCA 96 – (Red.)

Enge, Erich, Maler, Graphiker, Zeichner; Rathausgasse 6, D-99084 Erfurt, Tel. (03 61) 6 42 21 06 (* Rochlitz/Böhmen 11. 9. 32) – **S:** 51–52 u. 55–59 HS f. industr. Formgest. Burg Giebichenstein Halle/Saale (b. Willi Sitte u. Kurt Bunge, Dipl.) – **L:** ab 59 HS f. industr. Formgest. Burg Giebichenstein Halle/Saale (Aspirantur) – **P:** Kunstpr. d. Freien Dt. Jgd. (Stud.aufenthalt in München u. Augsburg) 66; Graph.-Wettb. d. Berufsverb. Bild. Künstler Karlsruhe (1. Pr.) 91 – **M:** Gotha, Schloß-Mus.; Halle/Saale, Staatl. Gal. Moritzburg; Łódź, Muz. Martyrologii i Walki – **Ö:** Bad Dürrenberg, Kaufhalle (Wandbild); Buchenwald, Gedenkstätte d. ehem. Konzentrationslagers; Erfurt, ehem. Bibl. d. Wohngebietes Rieth (Wandbild) – **E:** u. a. 73 Erfurt, Anger-Mus. – **G:** u. a. 67, 71 Dresden, Dt. Kunstausst., 67 Berlin, Altes Mus. (Intergrafik) – ***Lit:*** AKL; Schweers 02 – (Red.)

Engel, Elena, Bildhauerin, Malerin, Graphikerin; Angerstr. 5, D-40593 Düsseldorf, Tel. (02 11) 71 28 51 (* Mainz 22. 9. 38) – **S:** 69–75 KA Düsseldorf (b. Gerhard Hoehme) – **P:** Villa-Romana-Pr. 78 – **G/T:** Objekte (u. a. aus Holz, Eisen, Gips); Malerei u. Zeichn. (Acryl, Kreide, Graphit auf Nessel u. Papier) – **M:** Kiel, KH – **E:** u. a. 74 Düsseldorf, KA; 77 Kiel, KH; 77, 84 Düsseldorf, Nebelung; 81 Hagen, Karl-Ernst-Osthaus-Mus. – ***Lit:*** AKL; Schweers 02 – (Red.)

Engel, Lilli, Malerin; Knesebeckstr. 77, D-10623 Berlin, Tel. (0 30) 8 83 53 01 (* Solingen 18. 7. 39) – **S:** 59–60 HBK Berlin; 60–61 ABA Alexandria; 61–66 HdK Berlin (b. Hans Kuhn) – **P:** Pr. d. ICC-Wettb.; Istanbul-Stip. d. Berliner Senatsverwaltung 95 – **KGe:** Zus.arb. m. Raffael Rheinsberg – **G/T:** Malerei, Install. – **K:** Sommer-Akad. HS Wismar (Malerei, 95–01) – **E:** 82, 83, 85 Berlin, Quergalerie; Mainz, KV; 92 Schwäbisch Hall, StG; 99 Rottweil, Forum Kunst – **G:** 84 Oslo, Gal. Riis; 88 Berlin, SKH; 90 Venedig, Bienn.; 00 Berlin, Wewerka – ***Lit:*** AKL; Reclams Künstlerlex. 02 – (Red.)

Engel, Nanna s. Bauschert-Engel, Nanna

Engel, Stefan, Bildhauer, Maler; Kirchstr. 4, D-67808 Schweisweiler, Tel. (0 63 02) 58 80, *Atelier-engel@web.de*, *engelstefan.de* (* Mainz 13. 5. 60) – **S:** 80–86 Johannes Gutenberg Univ. Mainz – **L:** 88–91 FHS Mainz (LAuftr.); 90–92 Johannes Gutenberg Univ. Mainz (LAuftr.) – **P:** Förd.stip. d. Johannes Gutenberg Univ. Mainz 86; Einladung z. Pleinair Mirabel in Frkr. 02 – **Ve:** BBK Rh.-Pf. 96; Arb.gemeinschaft Pfälzer Künstler 99 – **G/T:** Keramische Großplast. u. Malerei (Multimediale Abstr.) – **W:** Bildhauersymposien m. temporärer Präsentation in Rockenhausen – **M:** Karlsruhe, Badisches LM; Kusel, Kr.verwaltung; Mainz, StKS; Rockenhausen, Mus. Pachen – **Ö:** Viernheim (Denkmal f. d. Zeit 1939–1945); Neckarsgemünd (Brunnen); Heidelberg (Sume-Brunnen); Schweisweiler (Hammerwerkrelief); Kusel (Denkmal f. eine Synagoge); Mainz, Umweltmin.; Hamburg, Blot City Skulpt.ldschaft – **E:** u. a. 86 Langenthal, Zeitgedanken; 91 Hannover, Böwig; Heidelberg, KV; 95 Essenheim, KV; 96 Rockenhausen, Kahnweilerhaus; 99 Darmstadt, Gal. in Blau; 00 Kusel, Stadtkirche; 01 Rockenhausen, Art-Depot; 02 Schweisweiler (anläßl. d. 1. Bildhauersympos. am Donnersberg); 03 Mainz, Umweltmin.; Rockenhausen, Schloß – **G:** zahlr. Ausst.bet. seit 85, u. a. 87 Mannheim, Wahrnehmung Frau; 89 Frankfurt am Main, FFK-Ausst.; 90 Hannover, Böwig; 92 SH Kulturtage; 99 München, Lenbachhaus; 01 Frankfurt am Main (BBK-RP zu Gast); 02 Darmstadt, Mathildenhöhe; 03 Basel, Projekte v. sun 21; Hamburg, Skulpt.ldschaft Neueng. Hausdeich – **V:** S. E. Arbeiten seit 1990 (Hrsg.) – **R:** Landes-Art, Fs. (SWR) 01; Yggdrasil, Fs., Filmreportage (SWR 2); Yggdrasil, RF, Reportage (SWR 1) – ***Lit:*** S. E., Kat. 90; Yggdrasil, Kat. – ***LitR:*** Kurzreportage (SWR) 90 – (Red.)

Engelage, Jutta, Foto Kunst Text; Augustastr. 32, D-48153 Münster, *www.juttaengelage.kulturserver-nrw.de* (* Nürnberg 60) – **Ve:** KünstlerinnenForum Münsterld (Gründungs- u. Vorstandsmitgl.); BBK – **KGr:** Freie Künstlergemeinschaft Schanze – **G/T:** Fotokunst; Fotoinstall. – **K:** Die Kunst d. S/w-Fotogr., Im Detail, Gest. m. Licht, Das gelungene Foto u. a. – **E:** 01 Schöppingen, Künstlerdorf; 02 Holle, Glashaus; Münster, Kult.stift. d. Westf. Provinzial; 04 Münster, Akad. Franz Hitze Haus; Billerbeck, Benediktinerabtei Gerleve; 05 Coesfeld, Kolping Bildungsstätte; 06 Bad Oeynhausen, Kunstforum d. Herz- u. Diabeteszentrums NRW (Kat.); Hamm, Gustav Lübcke-Mus. (Kat.) – **G:** zuletzt u. a. 02 Münster, KA: horizontal limits 1 (Kat.); Essen, Maschinenhaus d. Zeche Carl: horizontal limits 2 (Kat.); 03 Münster, Haus d. Niederl.: horizontal limits 2 (Kat.); Telgte, RH: Fragmente (Kat.); 04 Hamm, Gustav-Lübcke-Mus.: horizontal limits 2 – back from Egypt (Kat.); Berlin, Passionskirche: Monat d. Fotogr. (Kat.); Bad Oeynhausen, Kunstforum d. Herz- u. Diabeteszentrums NRW: Engelhaftes 'Der Traum v. einer Sache' (Kat.); 04, 05 Marburg, Schmalfuss; 05 Welbergen, Atelier an d. alten Kirche: Tatort Kunst; 06 Osnabrück, Gal. d. BBK – **V:** Poesie der Sinne 04; Poesie der Engel 05 – ***Lit:*** J.E. Arbeiten, Ausst.kat. 06

Engelen, Claudia, Malerin, Illustratorin; Von-Seeckt-Str. 38, D-45130 Essen, Tel. (02 01) 77 42 14, *claudia.engelen@gmx.de*, *claudia-engelen.illustration.de; www.artillus.de* (* Essen 22. 11. 68) – **S:** Studium d. Kommunikationswiss. (Dipl.); Studium d. Psychologie u. Pädagogik (ohne Abschluß); Kunsttherapie; autodidakt. Weiterbildung – **L:** 01–03 Kindermalschule Essen-Rüttenscheid – **Ve:** IO – Illustratoren Organisation; Filu – Archiv d. Zeichner u. Fotografen; VG Bild-Kunst – **G/T:** Malerei; Ill.; vorw. Fiktion, traditionell m. Stift u. Pinsel sowie digital – **E:** / G: wechselnde Ausst., zahlr. digitale Präsentationen – **V:** zahlr. Veröff. im Kinderbuchbereich, Coverill.

Engelhardt, Christa-Maria (geb. Christa-Maria Hassmann), Malerin; Plössberger Weg 19, D-95100 Selb-Erkersreuth, Tel. u. Fax (0 92 87) 40 20 (* Berlin 11. 11. 36) – **S:** 61–69 Sogetsu School London (Studium d. japan. Zen-Disziplin 'Ikebana' b. Prof. Stella Coe, Abschluß m. japan. Meisterdipl.); 69–85 Ikenobo Schule München (Forts. d. Studiums b. Prof. Shusui Komoda-Pointner u. Prof. Horst Nising, Dipl.abschluß) – **P:** 5. Pr. (von 500 ausstellenden intern. Malern) d. Bienn. Florenz 05 – **G/T:** Konkrete Kunst: Acryl m. Strukturmalerei auf Lw., Spiegelbilder; Objektkunst: Acryl auf Holz – **E:** 92 Hamburg, ZEN-Gal.; 93–98 versch. Ausst. in Berlin, Hameln, Bad Homburg, Eichstätt, Selb, Bayreuth, Rehau; 96 Lausanne, iynedjian art; 01 Selb, Europ. Industriemus.; 03 Chemnitz, Kanzlei Pößl-Wille-Mathern; 04 Wiesbaden, R+V Versicherung; 06 Nürnberg, Gal. Lauer; 07 Hamburg, RSH-Gal. – **G:** 93 München, Munich Art; 95 u. 96 Basel, Art Basel; 01 Rehau, Kunsthaus – Inst. f. Konkrete Kunst u. Poesie; Plauen, Malzhaus; Bad Kissingen, Visionen; 04/05 Hünfeld, Mus. Modern Art; 05 Łodz, Atlas Gal.; Wien, Austria Center Vienna: Motiva; Florenz, Bienn. – **R:** EURO-Herz, Hof 01 – ***Lit:*** AUSST.KAT.: Munich Art 93; Visionen, Bad Kissingen 01; Forum Konkrete Kunst, Erfurt 03; Modern Art, Hünfeld 04/05; Biennale, Florenz 05; Motiva, Wien 06; – ZSS.: Aktuelle Kunst 3/01; NIKE 63/02 – ***LitR:*** Bayer. Fernsehen 01

Engelhardt, Eugen Jo. (eigtl. Eugen Johannes Engelhardt), Fotograf, Handwerksmeister; Seelach 61, D-96317 Kronach, Tel. (0 92 61) 62 72 58, *info@eje24.de*, *www.eje24.de* (* Kronach 30. 4. 69) – **VG:** Paderborn, Kunst- u. Heimathaus Sande; Paderborn, Künstlerhaus Kiepenkerl – **S:** Fotografenlehre – **KGr:** Euro Blue Group (seit 92); Flip-Erlebnis Design (seit 92) – **G/T:** Fotogr. (Akt); Malerei (Öl auf Lw., Acryl auf Fleece) – **M:** Montbard, Mus. Buffon – **Ö:** Kronach, Spk. (Eingangsraum) – **E:** 90 Kronach, RHgal.; 91 Paderborn, Kunst- u. Heimathaus Sande; 92 Montbard, Mus. Buffon; 94 Kronach, FT Gal. – **G:** 92 Bad Lippspringe, Best Western Gal. (Euro Blue Group); 96 Kronach, RHgal.: Last Minute Kunst; 04, 05 Kronach, Art Kronach

Engelhardt, Fritz, Maler, Werbegestalter, Graphiker, Webdesigner, Soldat (1956–1988, in dieser Tätigkeit Entwicklung v. Medien f. Fs.übertragungen in Analog- u. Digitaltechnik), Leiter eines Fs.studios; Im Äuelchen 33, D-53177 Bonn, Tel. (02 28) 35 19 03, Fax 3 68 05 20, *info@atelier-engelhardt.de*, *www.atelier-engelhardt.de; www.galerie-engelhardt.de* (* Korbach/ Waldeck 15. 8. 35) – **S:** 46–50 Korbach (durch d. Kunstmaler Albers); 51–54 Kassel (Reklameatleier Knauf, Selbststudium); 88–91 VHS Bonn (künstler. Weiterbildung); 00–01 Ausb. in Webdesign – **Ve:** Bildverwertungsges.; DAV Sektion Allgäu-Kempten – **G/T:** Lsch.-malerei (Aqu., Acryl, Öl); Akt- u. Portr.malerei (Pastell, Öl); Graph.; Drucktechniken – **K:** Lsch.malerei; Webdesign – **W:** überw. in Privatbes. – **E:** 96 Wolkenstein/ Ital., Haus Waltoy; 98 Bad Godesberg, Bez.bibl.; Bonn-Bad Godesberg, BfG Bank; 00 Bonn-Bad Godesberg, Haus an d. Redoute; – sowie: im Internet unter www.atelier-engelhardt.de; www.galerie-engelhardt.de – **G:** 99 Bonn-Bad Godesberg, Haus an d. Redoute: Schwarz-Weiß 1999; 00 Bonn-Bad Godesberg, Haus an d. Redoute: Schwarz-Weiß 2000; Bonn-Bad Godesberg, Daniels Schenken u. Wohnen: Godesberger Gal.; Ittenbach, Heider Einrichten u. Wohnen: Lsch. in Aqu.; 01 Bonn-Bad Godesberg, Haus an d. Redoute: Schwarz-Weiß 2001; 02 Bonn-Bad Godesberg, Haus an d. Redoute: Schwarz-Weiß 2002; 02, 03, 04 Bonn-Bad Godesberg, Godesberger Gal.: Bonner Künstler; 03 Bonn-Bad Godesberg, Haus an d. Redoute: Schwarz-Weiß 2003; 04 Bonn-Bad Godesberg, Haus an d. Redoute: Schwarz-Weiß 2004; 05 Bonn-Bad Godesberg, Haus an d. Redoute: Schwarz-Weiß 2005; 06 Bonn-Bad Godesberg, Haus an d. Redoute: Schwarz-Weiß 2006 – ***Lit:*** Elke Gennrich in: Der Lsch.maler Paul Lehmann-Brauns. Biogr. 1885–1970 u. Werkverz. d. Gemälde 03

Engelhardt, Horst, Dipl.-Bildhauer, Graphiker, Maler; Jäckelsbruch 9, D-16269 Wriezen, Tel. u. Fax: (03 34 56) 28 43, *bildhauer.engelhardt51@web.de* (* Leuben b. Meißen 10. 2. 51) – **VG:** Berlin, Gal. der Berliner Graphikpresse – **S:** 71–76 HBK Dresden (b. d. Prof. H. Heinze u. G. Jaeger); 79–82 Akad. d. Künste d. DDR Berlin (Meisterschüler b. Prof. Werner Stötzer) – **P:** Intern. Archit.wettb. Martin-Gropius-Bau Berlin (3. Pr.) 83; Wettb. f. d. Brunnen Sieben Raben Franfurt/Oder (1. Pr.) 01 – **Ve:** VBK Brandenburg 76–93 – **G/T:** Arb. in Holz, Stein u. Bronze; Zchng; Graph. (Lith., Rad.) – **W:** zahlr. in Privatbes., u. a. in d. Schweiz, Ruhrgebiet, Berlin – **M:** Berlin, Münzkab.; Frankfurt/Oder, Mus. Junge Kunst; Halle/Saale, Staatl. Gal. Moritzburg (Münzkab.); Jena, KS; Magdeburg, KM Kloster Unser Lieben Frauen; Nürnberg, Germanisches NM; Salzburg, Gal. Schloß Neuhaus – **Ö:** Bad Freienwalde, Marktbrunnen; Bernau, Stadtsäule; Eberswalde, Forsch.inst. u. forstbotan. Garten (Statuette); Frankfurt/Oder, Europa-Univ. Viadrina (graph. Blätter); Möglin (Portr. Albrecht Daniel Thaer); Niederrathen, Klangterrasse (Akkordeonspieler); Seelow, Marktbrunnen; Wriezen, Lebensbrunnen – **E:** zahlr. u. a. 84 Fürstenwalde, Altes RH; 86 Frankfurt/Oder, Kabinett/Gal. Junge Kunst; 88 Dresden, Kühl; 91 Berlin, Bildhauergal. Messer-Ladwig; 98 Salzburg, Gal. Schloß Neuhaus; 00 Altranft, Gal. im Schloß; 01 Neuenhagen, Gal. unter d. Wasserturm; Altlangsow, Schul- u. Bethaus; 05 Berlin, Gal. der Berliner Graphikpresse; 06 Müncheberg, Stadtpfarrkirche St. Marien – **G:** zahlr. u. a. 79, 80 Dresden, Junge Bildhauerkunst d. DDR; 82 Berlin, Treptower Park: Plast. u. Blumen; 85 Moskau, Junge Bildhauer d. DDR; 88, 89 Syrien, Kleinplast.bienn.; 89 Bagdad, Die Miniatur; Dordrecht, Miniature 1989; Neu Delhi, Miniaturen; 90 Prag, KIZ: 12 Künstler aus d. Bez. Frankfurt/Oder; 92 London, Med.ausst. Fidem; 94 Budapest, Assoc. of Hungarian Fine Arts; 99 Reichenow, Schloß; 06 Oderbruch, Kunstloose Tage – **V:** H.E. Skulpt. u. Zchngn, Künstlerkat. – ***LitR:*** E. Görner: Von Breker bis Engelhardt (RBB) 95

Engelhardt, Michael, Maler, Zeichner; Kochstr. 7, D-91054 Erlangen, Tel. u. Fax (0 91 31) 89 88 67, Tel. 89 88 66 (* Erlangen 16. 10. 52) – **VG:** München, Rutzmoser – **S:** 73–78 ABK Nürnberg (b. d. Prof. Clemens Fischer u. Günther Voglsamer); 74–80 Ezinge/Niederl. (jl. Kurse b. Matthijs Röling); 78–80 ABK Wien (Meisterkl. b. Prof. Rudolf Hausner) – **L:** 89 ABK Wien (Ass. b. Prof. Rudolf Hausner) – **P:** Kult.förd.pr. d. Stadt Erlangen 76; Kunstpr. d. Nürnberger Nachrichten 97; Auszchng 'Recherche de la Qualite' d. Ordre de Saint Fortunat 01 – **Ve:** Assoc. du Salon d'Automne 93 – **KGr:** Künstlersonderbund in Deutschland – **G/T:** Stilleben, Interieurs, Lsch., Portr. (Öl, Aqu., Tuschezchngn, Lithogr.) – **M:** Erlangen, KM; Erlangen, SM; Fürth, SM; München, Bay. Staatsgemäldeslgn; Ulm, Mus. d.

Brotkultur – **Ö:** Ebermannstadt, Krankenhaus; Erlangen, Fraunhofer Inst. f. Integrierte Schaltungen; ebda, Slg. Siemens AG, Nicht-Operatives-Zentrum d. Univ.; München, Kultusmin. – **E:** zuletzt u. a. 93 München, Rutzmoser; 94 Erlangen, Gal. Hausers Tafel; 98 Erlangen, KV; 00 Nürnberg, Kunsthaus (m. Peter König); 02 Erlangen, KM: Retrospektive (Kat.); 05 Wien, AKUM – **G:** u. a. 01 München, Pasinger Fabrik; 01, 05 München, Rutzmoser; 02 Paris, Salon Comparaison; Honhardt, Schloß; London, Albemarle; 04 Chateauroux, Les Mus. de Chateauroux; 05 Berlin, Zitadelle Spandau; Berlin, Kult.zentrum Wilmersdorf; 06 Paris, Salon Comparaison – ***Lit:*** Martin Monestier: Trompe-l'oeil contemporain 93; Jean Monneret: Le Triomphe du Trompe-l'oeil contemporain 93; Medizin + Kunst (Hrsg.): Malerei heute 94; Comparasions – L'art actuel 96, 98, 02, 04, 06; SM Erlangen (Hrsg.): Phantastik am Ende d. Zeit 00; George Sand Interpretations 2004 04; Charlotte Heinrich: Sei (k)ein Narr 05; Künstlersonderbund 2003; Künstlersonderbund 2005; AKL; Schweers 02

Engelhart, Ulrike s. Zehetbauer, Ulrike

Engelken, Dierk, Maler, Bildhauer; Kurfürstenstr. 48, D-53115 Bonn, Tel. u. Fax (02 28) 21 53 73, *dierk-engelken@web.de*. Tel. Mobil: 01 6 34 08 14 35, Fax (02 28) 21 53 73 (* Elbing/Westpreußen 26. 7. 41) – **S:** 65–70 KA Düsseldorf (auch Meisterschüler) – **L:** 78–01 Univ. Bonn (Leiter d. Ateliers f. Bild. Kunst) – **Ve:** BBK 69; VG Bild 79; VG Wort 89; Europ. Vrg Bild. Künstler; Intern. Ges. f. Bild. Künstler – **KGr:** Bonner Künstlergruppe; Frequenzen (Europäische Künstlergruppe); Arbeitsgemeinschaft Bildender Künstler Mittelrhein – **G/T:** Druckgraph. u. Malerei (Figure and Space), Naturale Skulpt. – **W:** zahlr. Naturale Skulpt. zw. 79–01 – **M:** Berlin, KS d. Dt. Bundestages; Bonn, Haus d. Gesch. d. BRD; Bonn, KM; Bonn, LM; Regensburg, Ostdt. Gal.; São Paulo, Mus. de Arte Mod. – **Ö:** Köln, Skulpt. Zeittafel; Rodenkirchen, Gymnasium – **E:** seit 71 u. a. Belo Horizonte, Mus. d'Arte; Bonn, Kurfürstl. Gärtnerhaus; Brasilia, Mus. d'Arte; Köln, Glaub; Krakau, Sztuki Wspotczesnej; Münster, Westf. LM; São Paulo, Mus. de Arte Mod.; Wittich, alte Synagoge – **G:** Ausst.bet. seit 70, u. a. Bonn, KM; Düsseldorf, Große Düsseldorfer Kunstausst.; Haut-de-Cagnes, Mus. Chateau; Köln, Kölner Kunstkaleidoskop; ebda, KH; Krakau; München, Große Münchner Kunstausst.; Regensburg, Ostdt. Gal.; Seoul, NM of Mod. Art; Sofia, KH; ebda, Trienn. d. realistischen Malerei; Stuttgart, Kunsthaus; – sowie Graph.ausst. Köln-Südtirol-Meran – **V:** u. a. Kunstaktion. Künstler in Bürgernähe – Bürger in Künstlernähe 87; Künstleraustausch 89; Grundsätze und Leitlinien zur Durchführung von Wettbewerben und anderen Projekten auf dem Gebiet der bildenden Kunst 92 – ***Lit:*** u. a. D. E. Plastik und Graphik, Ausst.kat. 71; D. E. Graphische Arbeiten, Ausst.kat. 79; D. E. Trabalhos graficos..., Ausst.kat. 81; J.-J. Schuch (Red.): D. E. Zeichnung, Graphik, Plastiken, Gem., Ausst.kat. 84; Künstlerateliers in Köln 85; E. Bratke u. a.: Papierarbeiten..., Ausst.kat. 87; Künstler in Köln 89; G. Hörstensmeyer u. a.: Betonskulptur im 20. Jh. Visionen in Beton, Ausst.kat. 95; Künstlerverzeichnis der Region Bonn 97; H. M. Schmidt (Hrsg.): Die GrS des 20. Jh. im Rheinischen Landesmuseum Bonn, Kat. 97; Beziehungsgeflecht. Künstlerfreundschaften..., Ausst.kat. 98 – ***LitR:*** seit 69 zahlr. Interviews u. Fs.beitr. über d. künstler. Arb.

Engländer, Christiane s. Blackout, Moucle

Engler, Bernd, Maler, Zeichner, Graphiker, Objekt- u. Installationskünstler; Dorfstr. 31, D-17111 Kletzin-Ückeritz, Tel. (03 99 98) 1 39 16, 1 05 02 (* Güstrow 13. 9. 59) – **VG:** Schwerin, Brhel – **S:** 80–86 HS f. Kunst u. Design Burg Giebichenstein Halle/Saale (Malerei u. Graph., Dipl.) – **L:** 01 Caspar-David-Friedrich-Inst. Greifswald (LAuftr., FB Bild. Kunst) – **P:** Stip. d. Ldes Meckl.-Vorp. 98; Künstler-Stip. d. Stadt Neubrandenburg 99 – **Ve:** Künstlerbund Meckl. u. Vorpommern 93 – **M:** Frankfurt am Main, Dt. Bank KS; Stralsund, Kultur-hist. Mus. – **Ö:** Neubrandenburg, Ldesversicherungsanst.; ebda, Innungskrankenkasse; Schwerin, Kultus-Min.; Stralsund, FHS f. Maschinenbau – **E:** zuletzt u. a. 97 Verchen, Klosterkirche; Rostock, KH; 02 Greifswald, Projektraum im Bio-Technikum; Schwerin, Brhel – **G:** u. a. 00 Kühlungsborn, KV; Schwerin, Staatl. Mus.; 01 Güstrow, Schloß; 02 Wismar, Ldesgartenschau; Plüschow, Schloß; Köln, Kunst Köln – ***Lit:*** AKL; Schweers 02 – (Red.)

Engler, Jakob (Ps.: Joggl), Bildhauer,; Kiesweg 8, CH-4106 Therwil, Tel. u. Fax 06 17 21 17 45. Can Serra C. Hospital 18, E-17133 Ullastret/Girona, Tel. (9 72) 76 07 01, *www.artoffer.com/Engler* (* Basel 15. 3. 33) – **VG:** Basel, Gal. am Spalenberg; Flüh, Forum Flüh; Barcelona, Gal. Barcelona – **S:** 48–52 Holzbildhauerlehre; 54–55 Basel (Bildhauerkl.); 56 Éc. des Beaux-Arts Paris – **L:** Kursleiter in Basel (Holzschnitzen, Holz u. Linolschnitt); 70–77 Keramik – **P:** Kunstpr. BL Kantonalbank – **Ve:** BKG Basel; Visarte Basel – **G/T:** Skulpt. (Eisen kombiniert m. Stein u. Holz, Chromstahl, Keramik, Kunststoff); Druckgraph. (Rad., Lith., Siebdruck) u. Zeichn. – **W:** Großplast. an üb. 20 Standorten in d. Schweiz, Dtld u. in Spanien; Arb. in Mus. u. a. in Emden, Basel, St. Gallen, Moutier, Girona – **Ö:** u. a. in Basel, Binningen, Delemont, Herisau, Liestal, Lohn, Olten, Therwil, Hesch, Barcelona – **E:** zahlr. Ausst. in d. USA, d. Schweiz, Dtld, Öst., Frkr. u. Spanien – **G:** zahlr. Ausst.bet. im In- u. Ausld sowie Teiln. an Kunstmessen in d. USA, Dtld, d. Schweiz u. Spanien – ***Lit:*** J. E. Plastiken 73; J. E. Arbeiten aus den Jahren 1975–1985; J. E. Plastiken aus vier Jahrzehnten 96 sowie div. Ausst.kat. im In- u. Ausld – (Red.)

Engst, Georg, Bildhauer, Graphiker, Intarsiator, Medailleur; Langereihe 6, D-22941 Jersbek, Tel. u. Fax (0 45 32) 15 78 (* Hamburg 12. 5. 30) – **S:** 45–48 Lehre als Holz- u. Steinbildhauer; Privatschüler b. Irmgard Kanold; 50–52 ABK München (b. Anton Hiller); 54–56 HBK Hamburg (b. Edwin Scharff) – **L:** seit 59 VHS Hamburg (Doz.) – **M:** Hamburg, KH; Hamburg, MKG; Hannover, Kestner-Mus.; Schleswig, LM f. Kunst u. Kult.-Gesch. Schloß Gottorf – **Ö:** Hamburg, Krankenhaus Othmarschen (Intarsienwand); ebda, Meteorologisches Observatorium (Plast.), Ortsamt Poppenbüttel (Intarsienwand), Empore d. Kapernaum-Kirche Horn, Deichstr. (Brunnenplast.), Wohnsiedlung Jenfeld (zwei Aluminium-Reliefs); Kappeln-Ellenberg (Kugel-Plast.); Lübeck, Stein-Schule Moisling (Boden-Relief), Madrid, Dt. Kult.-Inst. (Relief) – **E:** u. a. 53 Hamburg, Hielscher; 84 Steinburg, Künstlerbund; 01 Goslar, Mönchehaus-MMK – **G:** u. a. 95 Neumünster, Gal. siebzehn – ***Lit:*** AKL – (Red.)

Enke, Barbara s. Bartel, Barbara

Ennemoser, Albert, Mag., BA, RI. Dipl., Maler, Designer, Kunsterzieher, Graphiker; Josef-Schöpf-Str. 3, A-6410 Telfs, Tel. (0 52 62) 6 89 09 (* Inzing/Tirol 26. 7. 48) – **S:** Rhodec Intern. Design (Dipl. 75); 78–82 Glasgow SchA (Drawing and Painting) – **L:** seit 83 Kunsterzieher in Tirol – **P:** Wüstenrot Design Pr. 90; Intern. Holz Design Pr. 91 – **G/T:** Ölbilder (figurativ u. abstr.) – **W:** Werke überw. in Privatbes. – **Ö:** Telfs, Sportzentrum – **E:** zahlr. Einzelausst. in GB u. Öst., zuletzt Tirol, DRF-Kult.haus – **V:** Ölzeichnungen, Bildband – (Red.)

Ennemoser, Roswitha (verh. Roswitha Ennemoser-Zschiegner), Mag. art., bildende Künstlerin; Praterstr. 42/1/8, A-1020 Wien, Tel. u. Fax (01) 2 12 05 66, *rel5987@i-one.at*, *www.basis-wien.at/cgi-bin/f/15130%20-* (* Inzing/Tirol 25. 12. 53) – **S:** 78–82 ABK Wien (Meisterkl. Bühnenbild Prof. Loys Egg) – **Ve:** IG Bild. Kunst – **G/T:** Objektkunst (Holz, mitteldichte Faser-Platten, Karton); Graph. (Computerprint) – **W:** Videos, Werke in Privatbes. – **M:** Erfurt, Forum Konkrete Kunst; Innsbruck, Slg d. Ldes Tirol; Nischnij Nowgorod, KS Messepal.; Nischnij Nowgorod, KS d. Univ.; Wien, Slg d. Stadt – **E:** 92 Wien, TU; 95 Nischnij Nowgorod, Messepalast; 96 Innsbruck, Gal. Orms; 99 Nischnij Nowgorod, Linguistische Univ.; 01 Wien, Russisches Kult.inst.; 03 Erfurt, Forum Konkrete Kunst – **G:** zahlr. Ausst. seit 94, u. a. 94 Innsbruck, Taxis-Pal.; 96 Innsbruck, Tiroler LM Ferdinandeum; 96, 97 Frankfurt am Main, Art Frankfurt; Nischnij Nowgorod, Festival d. Avantgarde; 97 Czernowitz, Plakatprojekt; Kiew, Plakatprojekt; Krakau (FORT azymut 00); 98 Lemberg (De Novo); Gars (Projekt Kunst in d. Natur); 99 Graz, Plakataktion; 00 Wien, Mus. auf Abruf; Gmunden, Symposium; 02 Wien, 4 Richtungen; 03 Erfurt, Forum Konkrete Kunst; Novosibirsk, Bienn. zeitgen. Graph.; – sowie: Symposiumsbet. in Dtld, Russld, Polen, Öst., d. Ukraine u. in d. Schweiz – **V:** Feoktistowa/Ledomskaja (Hrsg.): Poloca, Kat. (Beitrag) 96; Gertrude Moser-Wagner (Hrsg.): förmlich wörtlich (Beitrag) 99; Lingustische Universität Nischnij Nowgorod (Hrsg.): Das Eigene und das Fremde in der kulturellen Tradition Europas (Beitrag) 00 – **R:** Andreas Deiretsbacher u. R. E. (Regie u. Kamera): 9 Min. 15 Sek., Trickf. Super 8mm – ***Lit:*** u. a. B. Stefanek-Egger u. R. E.: FORUM.RAUM.FARBE., Kat. 95; A. Denisjuk (Hrsg.): DE NOVO, Kat. 99; Moroz u. Glazik (Hrsg.): FORT azymut 00, Kat. 00; Kult.abt. d. Stadt Wien (Hrsg.): !Strenge Kammer?, Kat. 00; A. Ryschow (Hrsg.), Kat. 00; Annemarie Türk, Gertrude Moser-Wagner, Alexander Belobratow, Rosa Hausleithner u. R. E. (Texte): Raum x 2. R. E. u. Ryschow, Kat. 02; J. Linschinger (Hrsg.): INNOVATION, konstruktiv, konkret, visuell, konzeptuell, Kat. 03; – weitere: Feoktistowa/Ledomskaja (Hrsg.): Garten. Maßstab 1:1, Kat.; Tiroler Landesmuseum Ferdinandeum (Hrsg.): Peripherie.Zentrum, Kat. – ***LitR:*** Fsbeitr. b. d. Dok. zu 'Tage Österreichischer Kultur in Nischnij Nowgorod', Ausst.gespräche 95 u. 99 – (Red.)

Enneper, Mic (eigtl. Michael Enneper), Installations-, Objekt- u. Land-Art-Künstler; Rolshover Str. 97, D-51105 Köln (* Unna 22. 7. 50) – **VG:** Düsseldorf, Bugdahn & Kaimer – **S:** 67–73 WerkKSch Köln (Malerei b. Karl Marx) – **P:** Stip. Franco-Allemand pour la Jeunesse 78; Villa-Serpentara-Stip. 81, 88; Stift. Kunstfonds – Arb.- u. Projektstip. 82, 91; Philip Morris Stip. 90 – **M:** Ingolstadt, Mus. f. Konkrete Kunst; Köln, Mus. Ludwig; Köln, SM; Leverkusen, StM Schloß Morsbroich; Mannheim, StKH; Marl, Skulpt.-Mus. Glaskasten – **E:** u. a. 97 Karlsruhe, Badischer KV; Marl, Skulpt.-Mus. Glaskasten; 00 Ulm, KV; 01 Mannheim, StKH; Ludwigshafen, KV – **G:** u. a. 92 Gotha, Schloß-Mus.; 93, 94 Leverkusen, StM Schloß Morsbroich; Berlin, Haus Waldsee; Mannheim, StKH – ***Lit:*** AKL – (Red.)

Enninga, Ubbo, Bildhauer; Alexanderstr. 106, D-70180 Stuttgart, Tel. (07 11) 2 36 07 89, Fax 2 36 07 90, *info@ubbo-enninga.de*, *www.ubbo-enninga.de* (* Biedenkopf 4. 2. 55) – **S:** 76–77 HBK Kassel; 77–83 Staatl. ABK Stuttgart – **L:** 83–86 Akad. Stuttgart (Bronzeguß); 92–93 Univ. Stuttgart (FB Archit., Zeichn.) – **P:** Kunststift. BW 83; Villa-Romana-Pr. 85; Stip. d. Ldes BW 91 – **Ve:** VBKW 83; BBK 83; VG Bild-Kunst 86 – **G/T:** Skulpt. (Metall, Holz); Install.; Zchng; Kopf, Figur u. Portr. – **M:** Florenz, Villa Romana; Scheveningen, Mus. Beelden aan Zee; Stuttgart, KM – **Ö:** Berlin, Hess. Ldesvertretung; Fritzlar, Dompl.; Stuttgart, Ldtag Bad.-Württ.; Stuttgart-Bad Cannstatt, Merkur, Wilhelmspl.; Radolfzell, El Niño; Wangen/Allgäu, Martinskirche – **E:** u. a. 84 Esslingen, Schwörhaus; Stuttgart, Kunststift.; 85 Marburg, KV; 91, 94 Stuttgart, Kunsthaus Bühler; 95 Geislingen, StG; 97 Stuttgart, Ldtag; 98 Stuttgart, Henn; Stuttgart, SWF-Studio; 99 Düsseldorf, Kaiserswerther Diakonie; 01 Böblingen, KV; 03 Radolfzell, Villa Bosch; 06 Stuttgart, KV; Berlin, Herrmann – **G:** u. a. 84, 05 Stuttgart, Württembergischer KV; 80, 83 Fellbach, Trienn. d. Kleinplast.; 83, 84, 85 München, Ges. f. Medienpädagogik u. Kommunikationskult.; 88 Bremen, Weserburg; 93 Heidelberg, Schloß; 94 Erfurt, Gal. am Fischmarkt; 96 Paris, Maison Heinrich Heine; 99 Luxemburg, KH; 01 Stuttgart, Reihe 22; 04 Erfurt, StG; 05 Speyer, StG – ***Lit:*** Portraits, Plastiken, Zeichnungen 84; Hubert Böhner u. a.: Skulpturen 95

Ensikat, Klaus, Prof., Illustrator, Zeichner, Buchgestalter; Anton-Saefkow-Platz 14, D-10369 Berlin (* Berlin 16. 1. 37) – **VG:** Oberursel, Streitenfeld – **S:** 51–54 Lehre als Dekorateur in Finsterwalde; 54–58 FS f. angew. Kunst Berlin-Oberschöneweide (Graph.) – **L:** 61–65 FS f. angew. Kunst Berlin (Lehrer); 95–02 FHS f. Gest. Hamburg (Prof.) – **P:** zahlr. Pr., u. a. Premio Grafico Fiera di Bologna 72, 92; Bienn. Bratislava (Goldener Apfel) 73, 91; Med. d. Intern. Buchkunst-Ausst. Leipzig 77, 89; E.plakette d. Premi Catalonia d'Illustracia Barcelona 84; Hans-Baltzer-Pr. 85; Gutenberg-Pr. d. Stadt Leipzig 89; Goldmed. d. 'Kniga' Moskau 89; mehrfach Ausz. b. Wettb. 'Schönste Bücher der DDR'; Sonderpr. z. Dt. Jgd.-Lit.-Pr. 95; Hans-Christian-Andersen-Pr. Groningen 96 – **G/T:** Ill. (Buchill., Ill. f. Ztng u. Zss, meist Feder-Zeichn.); Freie Graph. – **E:** 82 Leipzig, Georg-Maurer-Bibl.; Schwerin, Staatl. Mus.; 97 Berlin, Staats-Bibl.; München, Intern. Jgd.bibliothek – **G:** 72 Brno, Graph.bienn.; 77 Leipzig, Intern. Buchkunst-Ausst.; 79 Bratislava, Bienn. – **V:** zahlr. Ill. f. Verlage, u. a. Eulenspiegel-Verlag Berlin, Altberliner Verlag, Berliner Handpresse sowie zahlr. eigene Publ. – zuletzt u. a.: Peter Hacks: Der Flohmarkt. Gedichte f. Kinder (Ill.) 01; Katja Lange-Müller: Biotopische Zustände (Ill.) 01; Erwin Strittmatter: Der Weihnachtsmann in der Lumpenkiste (Ill.) 01; K. E.: Viele Jäger haben kurze Beine – Lügen sind des Hasen Tod 01; Barbara Kindermann: Faust nach Johann Wolfgang von Goethe (Ill.) 02; Jutta Raulwing: Auf der Brücke (Ill.) 02; Richard Bletschacher: Zirkus Malfatti, Zirkuslieder m. Bildern (Ill.) 03; Ulrich Janßen u. Ulla Steuernagel: Die Kinder-Uni (Ill.) 03; Perikles Monioudis: Die Engel im Himmel (Ill.) 03 – ***Lit:*** AKL; Flemig 93 – (Red.)

Enyedi, János (auch: János Ermesz), Dr. (Doctor of Liberal Arts seit 2001), Keramiker, Bildhauer, Maler, Graphiker, Fotograf u. Autor; c/o Gal. f. freie Kunst, Elbuferstr. 36, D-21423 Marschacht, Tel. (0 41 76) 94 96 56, *info@drermesz.de*, *www.drermesz.de* (* Budapest-Kispest 28. 10. 37) – **VG:** Hamburg, Plewisast – **S:** 57–70 KHS Hamburg (Keramik b. Otto Lindig, Bildhauerei b. Gustav Seitz); Univ. Hamburg (Kunstgesch., Archäologie, Finno-Ugristik u. Sportwiss.) – **L:** 69 VHS u. Gymnasium in Geesthacht (LBeauftr.); seit 77 Gymnasium Hamburg-Billstedt (Kunstpädagoge); seit 03 (Pensionierung) freischaffender Künstler (u. Mal- u. Zeichenkurse) – **P:** Pr. d. Bienn. Intern. de Céramique d'Art de Vallauris (Diplôme de participation) – **G/T:** Keramik u. Bildhauerei (Porzellan, Steinzeug, Grau- u. Bronzeguß, begehbare Holzskulpt., Gips, gewachstes Terrakotta, glasiertes Steinzeug, Gefäße m. skulpturalen Akzenten, Geometrisierung, Verfremdung); Themen u. a. Trauer, Tod, Geschlechterbeziehungen, Phantasiewelten, Menschen; Aqu.malerei u. Zchng (Portr., Stilleben) – **K:** Grundlagen d. Zchng, Malerei u. Bildhauerei – **M:** Lafayette/Indiana, KS d. Purdue Univ. – **Ö:** Hamburg, Kinderspielplätze; ebda, Julius-Vossler-Str. (Eulen-Labyrinth), Marschnerstr. (Plast.), Lohbrügger Markt (Marktschreier), Lohbrügger Friedhof (Storchengruppe); Reinbek/Hamburg, RH – **E:** zahlr. Ausst. v. a. in Dtld u. d. USA, u. a. 60 Hamburg, Haus d. Begegnung; 65, 67 Hamburg, Lichtwark-Haus; 70 Mölln, Ulenspegelhuus; 74, 79 Monte Carlo, Intern. Arts Guild; Kiel, KH; 75, 76, 79 Lübeck, Mus. BehnhausDrägerhaus; 75 Lübeck, Overbeck-Ges.; 75, 77 Höhr-Grenzhausen, Keramik-Mus. Westerwald; 76, 84 Reinbek, RH; 76 Kiel, Brunswiker Pavillon; Flensburg, Museumsberg; Lübeck, St.-Annen-Mus.; Paris, Gal. Mouffe; 79 Göttingen, Kunst u. Design; 82 Budapest, Műcsarnok; 82, 83, 84, 86 Hamburg, Palette 18; 87 Hamburg, Schnecke; 87, 88, 90, 92, 94, 02 Hamburg, Plewisast; 87, 88, 90 Glinde, Kunstzentrum; 88 Hamburg, Salon f. abstr. Kunst; 88, 92 Hamburg, Mus. im Bergedorfer Schloss; 89 Kiel, Schloß; 91 Lafayette/IN, Watsons's Crick Gall.; Lafayette/IN, Monon Depot Gall.; 91, 98 Lafayette/IN, Krannert Drawing Room; 92 Missoula/MT, Department of Art of the Univ. of Montana; Dillon/MT, Western Montana College; 94 Güstrow, Kunst u. Umwelt; 95 Lohne, Wassermühle; Hamburg, il Barbiere Marcello; 97 Hamburg, Atrium; 02 Hamburg, Spectrum; 03 Winsen/Luhe, Klein's Weindepot; 05 Marschacht, Gal. f. freie Kunst (Eröffnung); 06 Dresden, Dt. Meisterkeramik – **G:** zahlr. Bet., u. a. 89, 90 Lafayette/IN, Union Gall.; 89 Lafayette/IN, Watsons's Crick Gall.; 89, 98 Lafayette/IN, Krannert Drawing Room; 90 Vallauris, Bienn. Intern. de Céramique d'Art; Missoula/MT, Gall. of Visual Arts of the Univ. of Montana; Lafayette/IN, Monon Depot Gall.; 92 Bozeman/MT, Beall Park AC; 93 Great Falls/MT, Paris Gibson Square Mus. of Art; Missoula/MT, Paxon Gall. of the Univ. of Montana; Missoula/MT, Mansfield Library of the Univ. of Montana; 99 Konstanz, Gal. d. Univ.; Hamburg, Plewisast – **V:** Veröff. in d. Zs. farfarelli: Mäzenatentum in unserer Zeit 89, Die Reise nach Florenz 90–92, Technik, Umwelt, Kunst 92–93 – ***Lit:*** H. Sawitzky: Die J. E.-Keramik, in: farfarelli 2/89; ders.: J. E.-Biographie 89; Who's Who in Contemporary Ceramic Arts, Austria, Germany, Switzerland; Forschungsinst. Bild. Künste Berlin-Nürnberg: Allg. Lex. der Kunstschaffenden in der bildenden u. gestaltenden Kunst d. ausgehenden XX. Jahrhunderts; AKL, Bd 34 02

Enzensberger, Gundela, Keramik-Gestalterin; Immenstädter Str. 7 a, D-87527 Sonthofen, Tel. (0 83 21) 91 65 (* Sonthofen 14. 8. 47) – **S:** 71–74 FS f. Keramik-Technik u. Keramik-Gest. Höhr-Grenzhausen (Kl. f. Archit.keramik Prof. D. Crumbiegel, Kl. f. Glasur W. Matthies) – **P:** Kunstförd.pr. d. Spk. Sonthofen 95; Kult.pr. d. Ldkr. Oberallgäu 97 – **Ve:** BBK Schwaben Süd – **KGe:** Fritz Renner u. G. E. (sporadisch, seit 89) – **G/T:** Gefäß, Objekte u. Relief (Steinzeug u. Porzellan), Install. (Naturstein), Labyrinthe (Steinzeug) – **K:** Kreativer Ausdruck d. Selbsterfahrung; D. Lebensweg, ein Labyrinth – **M:** Frechen, Keramion; München, Dt. Mus. – **Ö:** Sonthofen, Krankenhaus; ebda, RH, Ldratamt Oberallgäu, Kalvarienberg – **E:** seit 76 Ausst. in Darmstadt, Essen, Kempten, Ludwigslust, München, Rädental b. Coburg, Sonthofen u. Stuttgart – **G:** seit 76 Ausst.bet. in Augsburg, Frankfurt am Main, Frechen, Höhr-Grenzhausen, Immenstadt, Kempten, Koblenz, Krefeld, Köln, Marktoberdorf, München, Oberstdorf u. Sonthofen – **R:** Keramik – G. E., Super8-Film (Regie; Kamera: Benita Auffinger u. G. E.) 82 – ***LitR:*** Margot Lehner: Vom Stein, aus Ton, mit Holz. Kunst in der Werkstatt – Atelierbesuche in Bayern, Bay. RF, Bay. Regional 83 – (Red.)

Enzweiler, Jo, Prof., Maler, Graphiker, Material- u. Objektkünstler, Galerist, Fachautor; Klostergartenweg 2, D-66798 Wallerfangen, Tel. (0 68 31) 6 05 81, Fax 6 26 70 (* Büdingen/Saar 16. 4. 34) – **VG:** Ettlingen, Suciu – **S:** 56–61 ABK München (Malerei, Frz., Kunsterziehung, u. a. b. Ernst Geitlinger); Éc. des Beaux-Arts Toulon (b. Olive Tamari); Univ. Aix-en-Provence; HS-Inst. f. Kunst- u. Werkerziehung Saarbrücken (b. Boris Kleint) – **L:** 72–78 PH d. Saarldes Saarbrücken (Akad. Rat); 79 FHS d. Saarldes (Prof.); 88 HBK Saar Saarluis (Gründungsbeauftr.); 89–91 ebda (Gründungsrektor); 89–99 ebda (Prof. f. Malerei); 93 ebda (Inst. f. aktuelle Kunst im Saarld, Gründer u. Dir.) – **P:** Villa-Massimo-Stip. 76, 77 – **KGr:** Neue Gruppe Saar; Deutscher Werkbund – **G/T:** Malerei; Aluminium-Bilder; Karton-Collagen; Graph. (Druckgraph., Stempeldruck, Zeichn., Copy-Zeichn.); Fotogr.; Kunst im öff. Raum (Wand- u. Raumgest., Portale, Reliefwände, Glaskunst, Brunnen) – **M:** Bergisch Gladbach, StG Villa Zanders; Chełm, Muz. Okregowe; Gelsenkirchen, SM; Hamburg, KH; Kaiserslautern, Pfalz-Gal.; Ludwigshafen, Wilhelm-Hack-Mus.; Neu-Ulm, Mus.; Saarbrücken, Saarland-Mus. (Mod. Gal.) – **Ö:** Mechern, Kath. Pfarrk.; Neunkirchen, Arb.amt.; Saarbrücken, Musik-HS d. Saarldes; ebda, Oberfinanzdir., Sparda-Bank; Saarluis, Kr.spk.; ebda, Ver.haus Fraulautern – **E:** u. a. 77 Oldenburg, KV; 79 Salzgitter, KV; 84 Marburg, KV; 88 Troyes, Centre Cult.; 91 St. Wendel, Mia Münster Haus; 94 Seligenstadt, Kunstforum; 99 Dillingen/Saar, KV im Alten Schloß; Saarbrücken, Stadt-Gal.; Neu-Ulm, Mus. – **G:** u. a. 01, 02 Saarbrücken, Gal. St. Johann – ***Lit:*** AKL; Schweers 02 – (Red.)

Epars, Ariane, Bild. Künstlerin, Plastikerin, 'in-situ-Künstlerin', Rauminstallationskünstlerin; Place du Temple 2, CH-1096 Cully/VD, Tel. u. Fax: 02 17 99 36 82, *arianepars@bluewin.ch*, *www.likeyou.com/ariane.epars.ch* (* Pompaples/Vaud 7. 10. 59) – **S:** 83–85 Éc. Cantonale des Beaux-Arts Sion (Bildhauerei); 85–90 Éc. des Beaux-Arts Genf (Abschluß Mixed Media) – **L:** 98, 99 Éc. des Beaux-Arts Genf (LAuftr.); 99, 00 HS f. Archit. Mendrisio/Tessin (Ass. v. Peter Zumthor) – **P:** Stip. d. Kultusmin. v. Schlesw.-Holst. 93; Eidgenössisches Kunststip. u. Atelier vaudois (f. d. Cité Intern. d. Arts Paris) 94; Manor-Kunstpr. Lausanne 96; Fond. Irène Reymond Lausanne 97; Artist in Residence d. Chinati Foundation Marfa/TX 03 – **G/T:** Install. u. Rauminstall.; Plast.; Fotogr. (kurzzeitig) – **W:** ca. 40 Rauminstall. in Ganderkesee, Hamburg, Bremen, Lausanne, Hannover, Neuchâtel, Paris, Genf, Zürich, Barcelona, Fribourg, München, Berlin u. Sydney – **M:** Schaffhausen, KV – **Ö:** Biel, Schweizer Bundesamt f. Wasser u. Geologie (entfernt); Genf, Union Interparlementaire; Penthalaz, Sozial-Medizin. Inst. (entfernt); Wil, Kantonsschule – **E:** 89 Genf, Akad.; 91 Köln, Moltkerei Werkstatt; Bremen, Gal. im Künstlerhaus (Kat.); 93 Lausanne, Espace d'art contemp.; 94 Berlin, Künstlerhaus Bethanien; 95 Flensburg, StM (Kat.); Zürich, Kunsthof; Genf, Centre d'Art Contemp.; 96 Barcelona, Stift. Joan Miro; 97 Hannover, Kunstraum Neue Kunst; 98 Liestal, KH Palazzo (m. Kees Visser, Kat.); 99 Genf, Mire; Schaffhausen, Mus. zu Allerheiligen (Kat.); 01 Adelaide, Art Gall. of South Australia;

Hobart, Contemp. Art Services of Tasmania; Porrentruy, Les Halles; 04 Bern, KH u. Projektraum – **G:** u. a. 91 Hamburg, Kunst im öff. Raum (Straßenkreuz); 94 Stuttgart, Wilhelmspal.: Die zweite Wirklichkeit; 95 Môtiers, Schweizer Plast.-Ausst.; 96 Fribourg, Centre d'Art Contemp.: Fri-Art; 97 Lausanne, Mus. cantonal des beaux-arts: Perspectives Romandes; 98 Sydney, Bienn. (Kat.); 99 Bordeaux, C.A.P.C. Mus. d'Art Contemp.: Efficace et commode; 01 Bonn, KM; 02 Bern, KH: Basics; 04 Neuchâtel, Centre d'Art; 06 Darmstadt, Mathildenhöhe; Lausanne, Espace Arlaud – ***Lit:*** P.-A. Lienhard in: Kunst-Bulletin 12 94; Pr.trägerinnen u. Pr.träger d. eidgen. Wettb. f. freie Kunst, Kat. KM Neuchâtel 95; R. Bier u. a. in: A.E., Kat. Ed. Placette Lausanne 96; T. v. Taschitzki in: Kunst-Bulletin 1/2 98; BLSK I 98; Kunst-Bulletin 12 99; B. Schwenk u. C. Schreier: Interview, in: Robert Ryman, e. Hommage, Kat. Haus d. Kunst München, KM Bonn 00; Kunst u. Bau. Ein Spannungsfeld 01; AKL, Bd 34 02

Epp, Leonard (eigtl. Leonhard Epp), Bildhauer, Keramiker; 4307 Brooke Road, Falkland BC V0E 1W0/AUS (* Heidelberg 29. 9. 32) – **S:** bis 50 Lehre als Steinbildhauer (Gesellenprüfung in Mannheim); 54–61 Vancouver SchA (Honour Graduate); Ausb. in Keramik b. Robert Weghsteen – **L:** u. a. 62–72 Vancouver SchA (Bildhauerei u. Keramik); 74–76 Okanagan College Kelowna/B. C. – **M:** Kamloops, Art Gall.; Vernon/BC, Public Art Gall. – **Ö:** Vancouver/B.C., Fisherman's Credit Union Building (Fassadenrelief); Victoria/B.C., Federal Manpower Building (Skulpt.) – **E:** u. a. 73 Vancouver, House of Ceramics Gall.; 89 Grandforks, Art Gall.; 91 Kelowna, Public Art Gall.; 98 Vernon/BC, Public AG; 99 Shuswap/BC, Salmon Arm Gall. of Art. – **G:** u. a. 64 Vancouver, Art Gall.; 01 Penpicton/BC, Gall. of the South Okanagan – ***Lit:*** AKL – (Red.)

Epple, Bruno, Maler, Schriftsteller; Am Rebberg 3, D-78337 Öhningen, Tel. u. Fax (0 77 35) 20 95 (* Rielasingen/BW 1. 7. 31) – **S:** Autodidakt – **P:** Pro Arte-Pr. (naive europ. Malerei) 73, 77; Henri Rousseau-Pr. 85; Schweizer Pr. d. primitiven mod. Malerei (1. Pr.) 89; Spezialpr. d. Stadt Morges 90 – **G/T:** Ölmalerei, Tonfiguren – **W:** überw. in Privatbes. – **M:** Auvers-Sur-Oise, Mus. Daubigny; Engen, SM u. Gal.; Freiburg im Breisgau, Mus. f. Neue Kunst; Konstanz, Städt. Wessenberg-Gal.; Nizza, Mus. d'Art Naïf Anatole Jakovsky; Paris, Mus. d'Art naïf Max Fourny; Singen, Städt. KM; Vicq, Mus. intern. d'Art naïf de l'Ile de France – **Ö:** Ermatingen, Schloß Wolfsberg; Freiburg, Reg.präsidium; Friedrichshafen, Ldratsamt; Konstanz, Ldratsamt – **E:** u. a. 69, 71, 75 Hamburg, Atelier Mensch; 73 Rio de Janeiro, Mus. de Arte Mod.; 74, 89 Morges, Gal. Pro Arte Kasper; 77 Konstanz, Städt. Wessenberg-Gal.; 80, 83, 89, 90, 98 Caracas, Contini; 82, 86, 88, 91, 94 Amriswil, Gal. 19; 84 Ermatingen, Wolfsberg Center; 94 Nizza, Mus. d'Art Naïf Anatole Jakovsky; 01 Radolfzell, Villa Bosch; 06 Doppelausst.: Singen, Städt. KM; Friedrichshafen, Gal. Bodenseekreis im Landratsamt (Kat.) – **G:** u. a. 80 Mailand, Pal. Donatello; 82 Nizza, Mus. d'Art Naïf Anatole Jakovsky; Paris, Salon des Indépendants; 83, 91 Genf, Mus. de l'Athénée; 86 Paris, Mus. d'Art naïf Max Fourny; 87 Auvers-Sur-Oise, Mus. Daubigny; 93 Firenze, Pal. Vecchio; 98 Konstanz, Kult.-zentrum; 98, 00 Freiburg im Breisgau, Mus. für Neue Kunst – **V:** u. a. Katalogbuch 88; Seesonntag – Bilder und Tagebuchblätter 88; Einbildungen – Lebensstationen in Bildern 90; Seegefilde – Bilder u. Texte 04 – ***Lit:*** u. a. Anatole Jakovsky: Peintres naïfs. Dictionnaire des peintres naïfs du monde entier 72; ders.: B. E., Kat. 73; ders.: Naive Malerei 76; Manfred Bosch: B. E. – Maler und Poet, in: Badische Heimat 4/77; Madeleine Gavelle: Les peintres naïfs – illuminés de l'instinct 77; Rüdiger Zuck: Der naive Maler B. E. – sein Leben, sein Werk sowie eine allgemeine Abhandlung über naive Malerei 77; Dino Larese: Besuch bei B. E., Monogr. 82; Martin Walser: Der E.-Effekt 83; Oto Bihalji-Mérin u. Nebojša-Bato Tomaševic: L'Art Naïf – Encyclopédie mondiale 84; Manfred Bosch: Über B.E. und seine Malerei (sämtl. Ausstellungen u. Bibliogr.) 01

Epstein, Gabriel, Prof., Architekt, Stadtplaner; 3, rue André Mazet, F-75006 Paris, Tel. 01 43 25 89 59, Fax 01 43 26 57 42 (* Duisburg 25. 10. 18) – **S:** 38–39 u. 46–49 Architectural Assoc. London – **L:** 49–56 Architectural Assoc. London; 78–88 TU Stuttgart; – sowie: Gastdoz. an versch. Univ. in Dtld, Frkr., Belgien u. d. USA – **P:** E.doktorwürde d. Univ. Lancester 70; – Ausz. f. Univ.- u. Wohnungsbauten: Civic Trust Award 66–82; Ministry Med. 68, 76; Pr. f. Gough Grove London 77; Intern. Archit.-Pr. 83 – **Ve:** RIBA (Fellow); Architectural Assoc. (Präs.) 63–64; KA Stuttgart 70; Franco British Union of Architects (Präs.) 76–77; Soc. des Architectes Diplomés par le Gouvernement Paris – **B:** Accra/Ghana: Univ.; Brüssel: Europ. Parlament (Planungsbet.); Kampala/Uganda: Univ.; Lancaster: Univ.; ebda: Central Hall, Verwaltungsgebäude, Lonsdale College, Bowland College, Bowland Residence, Drama Centre, FA Studios, Boiler House, Lonsdale Residence, Furness College, Furness Residence (m. Bridgewater, Shepheard & E.); Liverpool: Univ.; ebda: Studentenhaus, Princes Dock (Sanierungskonzept); London: Sozialer Wohnungsbau f. Camden, Newham, Poplar, Heston Street, Islington; ebda: Wohngebiete f. St. Pancras, Gough Grove u. Pigott Street, West Ham; Docklands: Interventionsplan; ebda: Limehouse Basin, Wapping Sports Centre (Um- u. Neubau); Louvain-la-Neuve/Belgien: Kath. Univ.; ebda: Fak.gebäude f. Archit., Städtebau, Bauing.wesen, Schiffsbau, Vorlesungsgebäude, Bibliothek (m. Roger Thirion); Milton Keynes/Bucks: Open Univ. (Interventionsplan); Oxford: College; Tlemcen/Algerien: Univ. (Bebauungsplan); Warwick: Univ. (Interventionsplan); ebda: Gebäude d. Sozialwiss. – ***Lit:*** AKL – (Red.)

Erb, Leo, Prof., Maler, Zeichner, Collagist, Bildhauer, Objekt- u. Papierkünstler; Wiesenstr. 4B, D-67707 Schopp (* St. Ingbert/Saar 21. 1. 23) – **S:** 40–43 KGS Kaiserslautern (b. Joseph Wack); 46–47 Schule f. Kunst u. Handw. Saarbrücken (Ittensche Bauhausgrundlehre b. Prof. Dr. Boris Kleint) – **P:** Albert-Weisgerber-Pr. St. Ingbert 88 – **KGr:** Neue Gruppe Saar (57, Mitbegr.); Como – **G/T:** Malerei (Öl, Tusche); Zeichn. (Graphit, Kreide, Bleistift); Plast., Reliefs u. Objekte (aus Holz, Plexiglas, Schaumstoff, Watte u. a.); Collagen u. Papierarb. (weißes Papier, Karton, Faltungen, Prägedrucke); kinetische Arb. – **W:** u. a. im Bes. d. Stadt Eschweiler u. d. Slg Dobermann in Münster – **M:** Bergisch Gladbach, StG Villa Zanders; Caracas, Mus. de Bellas Artes; Coburg, KV; Düren, Leopold-Hoesch-Mus.; Essen, Mus. Folkwang; Frankfurt am Main, Bank f. Wiederaufbau; Gelsenkirchen, SM; Graz, LM Joanneum; Guelph/Ont., Univ. of Guelph Art Gall.; Hamilton, Hamilton Mus.; Hannover, Sprengel Mus.; Ibiza, MAC; Kaiserslautern, Pfalz-Gal.; Ludwigshafen, Wilhelm-Hack-Mus.; Mannheim, StKH; Paris, Bibliothèque Nat.; Paris, MAM de la Ville Paris; Saarbrücken, Saarland-Mus. – **B:** Roissy-Haut: Wohnhaus – **E:** zahlr. Ausst., zuletzt u. a. 91 Weil am Rhein, Stahlberger; 92 Stuttgart, Kunsthaus Schaller; Leicester, Mus. and AG; 92, 01, 02 Ludwigshafen, Wilhelm-Hack-Mus.; 93 Saarbrücken, Saarland-Mus.; Stockholm, Gal. Konstruktiv Tendens; Bergisch Gladbach, StG Villa Zanders; 01 Marl, Skulpt.-Mus. Glaskasten; 02 Ingolstadt, Mus. f. Konkrete Kunst; Düren, Leopold-Hoesch-Mus. – *Lit:* AKL; Schweers 02 – (Red.)

Erbe, Ulli, Malerin, Graphikerin, Illustratorin, Designerin, Messingbildnerin, Glasmosaikverlegerin, Restauratorin, Galeristin, Astrologin, Numerologin, Schriftstellerin; Atelier: Berliner Damm 171, D-15831 Mahlow, Tel. (0 30) 28 38 43 17, (0 33 79) 3 89 38 (* Berlin 10. 6. 39) – **VG:** Berlin, city-Gal. – **S:** ARWIE Kunststudio, Arthur Wiesenberg Berlin; Meisterschule f. d. Kunsthandwerk – **Ve:** Wasserfest Berlin-Brandenburg 2000; Sportdenkmal Berlin-Grünau – **G/T:** Ill. (vorw. Federzeichn.); Gravurtechnik auf Glas u. Metall; Öl u. Acryl (symbolische Schwerpunkte vorw. aus d. Tierreich sowie antike Themen); Dichtkunst, Satire, Aufschlüsselung schwieriger Lebenslagen (auch m. Astrologie u. Numerologie) – **K:** Astrologie – **W:** überw. in Privatbes. – **E:** 86–89 Ausst. in Italien; seit 89 zahlr. Ausst. in Berlin, RH; ebda, Banken, Gal. u. eigene Gal. – **V:** ILL.: Stelldichein verwandter Geister 94; Riecher und Viecher 95; Schnuten und Knuten 95; Gedankenklo 98; Zweibeiner 02; Steinzeit 03 – *Lit:* Who's Who, Schmidt Römhild, Lübeck – (Red.)

Erben, Josef, Bildhauer, Zeichner, Fotograf; Corrensplatz 3a, D-14195 Berlin, Tel. (0 30) 8 32 70 17 (* Mährisch-Ostrau 36) – **S:** ab 57 HBK Berlin; 62 Meisterschüler – **L:** ab 66 Sophie-Charlotte-Gymnasium Berlin – **P:** Förd.pr. Bild. Kunst d. Kult.kr. d. dt. Wirtschaft im BDI 79; New York – P.S.1 (DAAD-Stip.) 80; Wettb.pr. Skulpt.-Höfe d. Rostlaube Berlin 81 – **M:** Bonn, KM; Duisburg, Wilhelm-Lehmbruck-Mus. – **Ö:** Berlin, Inst. f. organische Werkstoffe; ebda, Gelände d. Rostlaube d. Freien Univ., Kurfürstendamm/Ecke Bleibtreustr. – **E:** u. a. 80 New York, PS 1; 81 Münster, Westf. KV; Frankfurt am Main, Artforum; Frankfurt am Main, Loehr; 87 Bremen, Rabus – **G:** u. a. 71 Heilbronn, KV; 79 Bonn, KV; 86 Eindhoven, Apollohuis; – weitere: 75–77 Edinburgh, Berlin u. Bonn – *Lit:* AKL; Schweers 02 – (Red.)

Erben, Mischa, Fotograf; Hebragasse 9/12A, A-1090 Wien, Tel. u. Fax (01) 4 02 18 58, *erben@erben.at*, *www.erben.at/mischaerben* (* Wien 7. 12. 57) – **G/T:** Fotogr. – **W:** mehrere Werke in Privatbes. – **E:** mehrere Einzelausst., u. a. 04 Wien – **G:** versch. Gr.ausst. seit 03, u. a. in Feldkirch, Florenz, Gent u. Wien – **V:** P. Weinberger (Fotogr.) 03 – (Red.)

Erben, Ulrich, Prof., Maler; Kaistr. 10, D-40221 Düsseldorf, Tel. (02 11) 3 98 29 06, Fax 9 30 43 83 (* Düsseldorf 26. 3. 40) – **E:** Ausst. seit 70, u. a. 79 Leverkusen, StM Schloß Morsbroich; 81 Kiel, KH; Braunschweig, KV; Tübingen, KH; 84 Mannheim, StKH; 88 Kleve, StM Haus Koekkoek; 90 Düsseldorf, KV; 92 Münster, Westf. LM; 98 Lingen, KH; 99 Münster, Westf. KV; Otterndorf, Studio A; 02 Kleve, Mus. Kurhaus; 03 Cottbus, Brandenburgische KS; Wiesbaden, Mus. – *Lit:* Kat., u. a. z. d. Ausst.: StM Leverkusen 79; KH Tübingen 81; KH Mannheim 84; StM Haus Koekkoek Kleve 88; KV Düsseldorf 90; Westf. LM Münster 92; KH Lingen 98; Westf. KV Münster 99; Studio A Oberndorf 99; Mus. Kurhaus Kleve 02; Mus. Wiesbaden 03

Erbens, Wolfgang, Prof., Akad. Maler; Grimmgasse 36–38/2/7/21, A-1150 Wien, Tel. (01) 8 93 16 40, *www.erbens.at* (* Wien 8. 3. 27) – **S:** ABK Wien (zehn Semester b. Gütersloh, Dobrowsky u. Pauser); Akad. f. Angew. Kunst Wien (fünf Semester Graph. b. Herbert); Graph. Lehr- u. Versuchsanst. Wien (b. Ramzoni u. Quittarn); Académie de la Grande Chaumière Paris; Académie Ranson – **P:** Stip. f. Paris u. Rom 57 u. 58; Theodor-Körner-Förd.pr. 57; Pr. d. Wettb. 'pittori nella Piazza 1968' Lugano (Silberne Rom-Med. als bester abstr. Maler) 58; Silbernes E.-Zeichen d. Stadt Wien (f. Gesamtschaffen) – **E:** 04 Markt Piesting – **G:** Teilnahme u. a. an zwei Kunstmessen in Salzburg sowie einer Kunstmesse in Wien

Erber, Wolfram, Maler, Zeichner, intermediärer Künstler, Komponist; Düsseldorfer Str. 4, D-10719 Berlin, Tel. (0 30) 8 82 32 60 (* Berlin 39) – **VG:** München, Jahn – **S:** Autodidakt – **P:** New York – P.S.1 79, 80; Arb.stip. d. Ldes Berlin 84 – **G/T:** Malerei (u. a. Aqu. m. Spiritusbeize auf Jap.papier); Zeichn. (Pastellkreide, Graphit, Blei-, Bunt- u. Silberstift, Kohle, oft auf Schabkarton); Collagen; Objektensembles; Bodengest. (u. a. Mosaike, Metallzeichen in Asphalt); Klangkompositionen (auf Basis visueller Zeichenstrukturen, z.T. m. Lichteffekten) – **M:** Berlin, Berlinische Gal.; Frankfurt am Main, Dt. Bank KS; München, Hypo-Kult.stift.; Mönchengladbach, StM Abteiberg – **E:** u. a. 70 Leverkusen, StM Schloß Morsbroich; 72 Innsbruck, Graz, Wien u. Bregenz (Zeichen d. Avantgarde); 75 Edinburgh, Fruit Market Gall.; Berlin, Neuer Berliner KV; 76 Bonn, KM; 80 München, SM; 85 Berlin, Gal. am Körnerpl.; 86 Berlin, Kpst.-Kab.; 88 Berlin, Kutscherhaus; 92, 00 München, Jahn; 02 Berlin, Haus am Lützowplatz – *Lit:* AKL; Schweers 02 – (Red.)

Erbguth, Eckhardt, Maler u. Bildhauer; Lindenstr. 7, D-19406 Dabel, Tel. (03 84 85) 2 01 38, *eckhardt.erbguth@t-online.de*, *www.erbguth.com* (* Züsow/Meckl.-Vorp. 7. 3. 23) – **S:** 85 Intern. Ferienakad. f. Bild. Künste Brunek/Ital. (b. Prof. Herold); 86–91 Europ. ABK Trier (Bildhauerei u. Malerei b. Prof. Herold, Prof. Gassmann u. Prof. Krämer) – **L:** seit 96 VHS Parchim – **G/T:** Malerei (Öl, Aqu., Gouache, Landschaft, Portr.); Plast. (Bronze, Mensch u. Tier) – **K:** u. a. Landschaftsmalerei, Stilleben u. plast. Gest. m. Ton – **W:** Atelier-Gal. in Dabel – **Ö:** Bad Wurzach, Stadt; Dabel, Kirchenvorpl.; Leipzig, Steuerberaterpraxis Bahnhofstr.; Regensburg, Steuerberaterpraxis Brunnstr.; ebda, Donauschiffahrt; Woserin, Kirche; – sowie weitere Bilder in Dabel u. Satow – **E:** zahlr. Einzelausst., zuletzt Parchim, Ldratsamt – **G:** div. – (Red.)

Erbse (Ps. f. Eberhard Köpf), Freier Cartoonist, Illustrator; Ingelheimer Hof 23, D-74921 Helmstadt-Bargen, Tel. u. Fax (0 72 61) 4 08 97 80, *e.koepf@web.de*, *www.klettercomics.de; www.erbsencomics.de* (* Freiburg im Breisgau 8. 1. 68) – **S:** Autodidakt – **G/T:** Malerei (Aqu., Acryl); Graph. (Bleistift, Tusche); Karikatur, Cartoon, Comic u. Ill.; naturalistische Motive, Ldschaft – **K:** Workshops z. Flipchartgest. im Seminar- u. Trainingsbereich – **V:** KLETTERCOMICS: Sauber Onsight, Bd 1 96; Durchgerissen, Bd 2 98; Abgeschmiert, Bd 3 01; Ich komme!, Bd 4 03; Stromausfall, Bd 5 05

erde s. Detzner, Reinhard

Erde, Eberhard von der (eigtl. Eberhard Busch), Maler; lebt in Dresden, *buero@eberhard-von-der-erde.de*, *www.eberhard-von-der-erde.de* (* Potschappel/Freital 23. 3. 45) – **S:** 61–63 KHS Dresden; 03 HBK Dresden (Dipl.) – **P:** Stip. d. Stadt Dresden 74–77; Stip. d. Konrad-Adenauer-Stift. 00 – **M:** Dresden, GG NM – **E:** zahlr., u. a. 85 Dresden, Gal. Mitte; 88 Dresden, HBK; Dresden, Gal. Kunst d. Zeit; Freital, Haus d. Heimat; 02 Dresden, Sä. Ldesärztekammer; 03 Schloß Wendgräben

Erdem, Havva, Dipl. Künstlerin, Bildhauerin, Malerin u. Land-Art-Künstlerin; Kleverstr. 27, D-40477 Düsseldorf, Tel. Mobil: 01 78 46 30 2 79, *havva@malbildnerin.de*, *www.malbildnerin.de*. Atelierfenster ERDKERN, Birkenstr. 48, D-40233 Düsseldorf, Tel. (02 11) 9 68 31 62 (* Düsseldorf 19. 9. 74) – **S:** 94–02 KA Düsseldorf (Bildhauerkl. Prof. Rinke, 02 Meisterschülerin desselben, Akad.brief) – **Ve:** VG Bild 03 – **G/T:** Materialskulpt. (tierisch-pflanzliches Orig.material, surreal-phantastisch); Land-Art (großformatige Ur-Objekte in Zus.arb. m. d. Bevölkerung); Malerei (großformatig in Öl, kleinformatig in farbiger Tinte u. Filzstifttechnik, organisch-abstr.) – **W:** zahlr. Werke in Privatbes., frühe Land-Art-Objekte d. Natur überlassen – **Ö:** Waldstr. zw. Fresnes-au-Mont u. Louvent in Frkr. – **E:** 01 Düsseldorf, John-Doe-Kunstraum; 03 Düsseldorf, Künstlerver. Malkasten – **G:** 96 Dresden, AK; 99 Düsseldorf, Kunstmesse; 00 Frankfurt am Main, Ausst.raum de Light; 01 Pouges-les-Eaux/Frkr., Centre d'Art Contemp.; Nannay, Kunstfestival Ni vu ni connu; 02 Lahaymeix/Frkr., Symposium Le Vent des Forêts – ***Lit:*** Stephan v. Wiese u. Ursula Eisenbach (Hrsg.): Saldo, Ausst.kat. 97; Office Nat. des Forêts (Hrsg.): Le Vent des Forêts, Ausst.kat. 02 – ***LitR:*** Jean-Luc Ciber, L'Assoc. Montevideo: Le Vent des Forêts, Dok. 02 – (Red.)

Erdle, Anno; Cranachstr. 16, D-40235 Düsseldorf, Tel. (02 11) 68 26 48 – **G/T:** Malerei – (Red.)

Erdmann, Niklaus, Maler, Zeichner, Bildhauer; Thiersteinerallee 44, CH-4053 Basel (* Basel 15. 6. 51) – **S:** 67–72 Schule f. Gest. Basel (Ausb. als Steinbildhauer b. Jakob Weder u. Johannes Burla) – **L:** 81 Schule f. Gest. Basel (Lehrer f. Zeichn. u. räumliches Gest.) – **W:** u. a. im Bes. d. Kunstkredit Basel-Stadt, d. Schweizer Kreditanst., d. Univ. u. d. Hoffmann-La Roche AG Basel – **M:** Basel, KM – **E:** u. a. 78, 80, 82 Basel, Thommen; 81 Basel, Bitterlin; 87 Basel, Weder; 89 Wien, Gal. Ariadne; 95, 97, 99 Basel, Siegert 97 München, Rössler; 00 Linz, Brunnhofer – ***Lit:*** AKL; BLSK 98 – (Red.)

Erdmann, Siegfried, Bildhauer; Untere Pekingstr. 11, D-44269 Dortmund, Tel. (02 31) 45 53 74 (* Allenstein/Ostpreußen 27. 8. 26) – **S:** 47–49 Bildhauerei b. Fritz Viegener in Delecke; 49–52 WerkKsch Köln (b. Prof. W. Wallner u. Prof. Ludwig Gies) – **P:** Pr. d. Ausst. 'Eisen u. Stahl' Düsseldorf 52; Förd.pr. d. Jakob-Eschweiler-Stift. Köln 03 – **Ve:** BBK Westf. 53 – **KGr:** Westf. Künstlerbund Dortmund – **W:** Arb. im privaten u. öff. Besitz im In- u. Ausland – **Ö:** Bergkamen, Kap. in Heil; Dortmund, Kath. Kirche in Schüren; ebda, Schulzentrum Kreuzstr., Bonifatiushaus in Schüren, Kolpinghaus, Ev. Kirche Barop; Hagen, Haus Ruhwedel; ebda, Kindergarten Kuhlerkamp, Staatl. Ing.-schule, Kinderklinik, Altenpflegeheim Kuhlestr., Markuskirche, Kolpinghaus Boele; Hemer, Ev. Kirche Westig; Koblenz, Balduin-Brücke; Köln, Paramentenhaus Wefers; Münster, Lukaskirche – **E:** 55 Soest; 69 Herne; 76 Hörde; 77 Dortmund; 84 Castrop-Rauxel; 87 Schwerte; 89 Dortmund sowie in Bochum – **G:** zahlr. Ausst.bet. in Dtld, Dänemark, Frkr., Schweden, Holl., Öst. u. in d. UdSSR – **V:** Betonprisma, Zs (Abb.) 74; Straße und Autobahn, Kunstkal. (Abb.) 81 sowie in Ztgn, Ausst.berichte u. Kat.

Eren, Aysegül (verh. Aysegül Eren-Poschmann), Bildhauerin, Keramikerin; Ave. Louis Lepoutre 13, B-1050 Brüssel, *aeren@web.de*, *www.aeren.de* (* Istanbul 12. 8. 67) – **S:** 85–89 ABK d. Univ. Marmara Istanbul (freie Keramik); 91–98 HdK Berlin (Bildhauerei b. Prof. Schoenholtz, Meisterschülerin); 98–02 Inst. f. Kunst im Kontext d. UdK Berlin – **P:** Projektförd. d. HdK Berlin 94; Erasmus-Stip. f. d. Chelsea College London 94; Stip. d. Europ. Keramik Werk Zentrums S'Hertogenbosch 95; Pr. d. Live Art Gstaad (2. Pr.) 95; Pr. d. Plast.-Symposium Lutherstadt Wittenberg 98; Meisterschulpr. 98; Pr. d. Intern. Keramiksymposiums Klein-Pöchlarn 99; Stip. Junge Kunst d. Stadt Lemgo (2. Pr.) 99; Stip. d. Stadt Lauenburg/Elbe f. Bildhauerei 99–00 – **Ve:** BBK Berlins – **G/T:** Plast., Keramik – **E:** 95 S'Hertogenbosch, Europ. Keramik Werk Zentrum; 98 Berlin, Gal. Kultur am Nauener Pl.; 00 Lauenburg, Gal. Künstlerhaus; Berlin, KunstRaum; 03 Istanbul, Ares – **G:** u. a. 87 Istanbul; 92 Berlin-Steglitz, Bezirksamt; 92, 93 Frankfurt am Main, Gierig; 95 Berlin, Quergal.; 96 Paris, Acad. des Beaux-Arts; Berlin, Dt. Stift. f. intern. Entwicklung; Berlin, HdK; 99 Berlin, Blickensdorff; München, Große Kunstausst. im Haus d. Kunst; 00 Berlin, Wasserspeicher; Frechen, Keramion; 02 Istanbul, Ares; 04 Berlin, Gal. Berliner Kunstprojekt – ***Lit:*** Kat. d. HdK z. Verleihung d. Meisterschülerpr. 98 – (Red.)

Erhard, Christine, Künstlerin; Bachstr. 44, D-40217 Düsseldorf, *www.galerieadler.com* (* Crailsheim 28. 9. 69) – **VG:** Frankfurt am Main, Adler – **S:** 92–98 KA Düsseldorf (Bildhauerei b. Prof. Fritz Schwegler) – **L:** HBK Bremen – **P:** Stip. d. Alfried Krupp v. Bohlen u. Halbach-Stift. 96; Stip. Schloß Ringenberg 01; Stip. d. Kunststift. BW 02; Stip. f. Bild. Künstlerinnen d. Ldes NRW 02; Pr. f. künstler. Fotogr. d. intern. Bodenseekonferenz 05 – **Ve:** VG Bild-Kunst 96 – **G/T:** Fotogr., Bildhauerei – **Ö:** Düsseldorf, West-Ldesbank; Köln, AXA Art – **E:** 98 Köln, Schnitt (m. Anneke de Boer); 98, 01 Berlin, Niemann; 99, 01 Wiesbaden, Kunstadapter; 01 www.mmki.de, Mus. f. mod. Kunst im Internet; 02 Stuttgart, Kunststift. BW (m. Marc von Criegern); Mailand, Goethe-Inst.; 03 Aachen, Milwe; 04 Frankfurt am Main, Adler; 05 Stuttgart, SWR Gal. – **G:** 96, 03 Essen, Mus. Folkwang; 99 London, Architectural Assoc.; Wiesbaden, Nassauischer KV; 00 Düsseldorf, Kunstraum; 01 Mailand, Gal. Spazio Erasmus Brera; 02 Berlin, Niemann; Nijmegen, Mus. Het Valkhof; 03 Vilnius, Nat. Litauische GG; Riga, MM Arsenāls; Linz, LG; Duisburg, Mus. Küppersmühle – Slg Grothe; Olst, Gal. van Dedem; 04 Münster, Städt. Ausst.halle: Heute hier, morgen dort; 05 Stuttgart, Kunststift. BW: Fotosommer Stuttgart – **V:** Blick in die Ausstellung, 96 – ***Lit:*** Ute Eskilden: Raum/Zeit Bild/Raum 96; Michael Mack: Reconstructing Space. Architecture in recent german photography 99; LG am Oböst. LM Linz (Hrsg.): Modelierte Wirklichkeiten 03; Steidl Verlag u. Mus. Folkwang: Zeitgenössische deutsche Fotografie. Stipendiaten der Alfried Krupp von Bohlen und Halbach Stiftung 03; Frauenkult.büro NRW e.V. u. Mus. Küppersmühle Duisburg (Hrsg.): Wonderlands. Perspektiven aktueller Photographie 03

Erhard, Irmgard, Malerin u. Graphikerin; c/o BBK Schwaben Nord u. Augsburg, Sommestr. 30, D-86156 Augsburg, Tel. u. Fax (08 21) 4 44 33 61, *privat: info @irmgard-erhard.de*, *www.bbk-bayern.de*, *privat: www. irmgard-erhard.de* (* Lichtentanne/Thür. 23. 8. 34) – **S:** 53–57 FHS Nürnberg (Graph.); 82–84 München (Weiterbildung b. Prof. Karl Haberl); Sommerakad. Neuburg – **Ve:** Künstlervrg Die Ecke Augsburg seit 85; BBK Schwaben Nord u. Augsburg seit 92 – **KGr:** Künstlergilde Landsberg/Lech (seit 75) – **G/T:** Malerei (Aqu., Pastell, Öl u. Mischtechnik); Landschaft, Archit. u. freie Malerei – **K:** Aqu. u. Handdrucktechniken privat u. in d. Kunstwkst. Bad Wörishofen – **W:** überw. in Privatbes. – **Ö:** Augsburg, Hessingstift.; ebda, Medizinischer Dienst; Landsberg/Lech, Ldratsamt; ebda, Spk.; Pfronten/Allgäu, Forstverwaltung; Regensburg, Diakonisches Werk – **E:** u. a. 82 Sulzbach-Rosenberg, Lit.-arch.; 88 Dinkelsbühl, Kunstgewölbe; 92 Bruckberg, Ev. Diakonie im Schloß; 93 Rothenburg ob d. Tauber, Ev. Tagungsstätte Wildbad; 93, 98 Augsburg, Kath. Bildungszentrum Haus Tobias; 94 Augsburg, Treppenhausgal. b. Kröll + Nill – **G:** zahlr. Bet., u. a. seit 90 u. zuletzt 99 Donauwörth, Große Nordschwäbische Kunstausst.; 96 Irsee (Schwäbische Künstler in Irsee); 98, 00 Augsburg, Gal. Die Ecke; 03 Augsburg, Abraxas – **V:** Naturkundliches Arbeitsbuch f. d. Schuljahre 1 u. 2, 5 u. 6, 61 – (Red.)

Erhard, Petra (Petra Maria Erhard, Sign.: PE), Dipl. Grafik-Designerin, Malerin, Illustratorin, Leiterin e. eigenen Malateliers; Linaweg 10, D-28816 Stuhr, Tel. (0 42 21) 93 70 51, Fax 93 70 52, *petra.erhard@t-online.de; malatelier@blaueseinhorn.de*, *www.blaueseinhorn.de* (* Schweinfurt 19. 5. 60) – **S:** 85 FH Dortmund (Visuelle Kommunikation b. den Prof. Kirschner, Ziegenfeuter u. Boden, Dipl. Grafik-Design); Univ. Dortmund (Dipl. Päd. Studium) – **L:** bis 88 Fachprakt. Mitarbeiterin (Ass.) FB Architektur f. d. Fächer 'Grundlagen d. Gest.' u. 'Kunsttheorie; 00–02 Kunstschulleiterin in Stuhr – **P:** 1. Pr. im Bilderbuchwettb. 'Mädchen können mehr' (Frauengleichstellungsstelle, Lit.büro u. Stadtbibl. Düsseldorf) 88 – **Ve:** VG Bild-Kunst 86; VG Wort 90; BBK Bremen 02 – **KGr:** Künstlerinnen-Netz Stuhr (seit 98) – **G/T:** Malerei (Öl auf strukturierter Lw., abstrakt); Ill. (unterschiedl. Techniken, gegenständl. – Bilderbücher) – **K:** Malatelier f. Kinder, Jugendl. u. Erwachsene m. Einf. in künstler. Techniken, v. a. Zeichnen u. Malen in Pastell, Öl, Acryl – **W:** Ankauf e. Bildes durch d. Stadt Dortmund – **M:** Troisdorf, Bilderb.mus. Burg Wissem – **Ö:** Dortmund, Städt. Kliniken (Wandbilder); Varrel, Kreisspk. Syke (2 Originale Öl auf Lw.karton) – **E:** 88 Iserlohn, JZ; 97 Weyhe; 02 Syke, Kreismus.; 07 Hamm, Stadthausgal. – **G:** 84 Bielefeld, FH: Grundrechte; 86 Berlin, Köln, Dortmund u. a.: Wanderausst. 'Leben u. Wohnen'; seit 99 jährl. Stuhr, Künstlerinnen-Sommer; 01 Alice Springs/Austral., Kunstprojekt; 03 Gut Varrel/Landkr. Diepholz, Straße d. Kunst; 04 Alcala de Guadaira/Sevilla, Bremen, Stuhr; 07 Wittenberg – **V:** Illustrationen: Guck mal, was da kommt 86; Geschichten vom starken Balthasar 89; Neue Geschichten vom starken Balthasar 90; Der Wolkenmacher, m. A. Suchalla 03; Wie Emmi zu ihrer Familie kam, m. Gabi Selle-Drews 06 – ***Lit:*** Lex. d. Zeitgenöss. Illustratoren (Italien, Dtld, Öst., Schweiz) 01 – ***LitR:*** 1. Platz Bilderbuch 'Auf zu den Wilden Hummeln', WDR Regional Düsseldorf 89

Erhart, Johann Josef s. JOEË

Erismann, Marc, med. Psychoanalytiker, Ausdrucksanalytiker, Bildhauer, Druckgraphiker, Installationskünstler; Industriestr. 23a, CH-3076 Worb, *eris.marc@bluewin.ch* (* Bern 4. 3. 55) – **S:** 68–80 Konservatorium Bern; ab 74 autodidaktische Beschäftigung m. Plast. u. Malerei; 81–82 Ausb. in Tiefdruck b. Hansjürg Brunner u. in Steinbildhauerei b. Peter Jeker; bis 84 Univ. Bern (Medizinische Fak., Ausb. als wiss. Zeichner, Akt u. Anatomie) – **L:** seit 82 Sem. f. Ausdrucksanalyse u. Psychotherapie Bern (Begr. u. Leitung, Transdisziplinarität: Bildwiss., PSA, Neuroscience); 90–94 Scuola di scultura di Peccia (LBeauftr.); Univ. Graz (Skulpt. u. PSA); – sowie: Doz. an versch. Ausb.inst. d. Schweiz, d. Art Therapy Italiana u. am Pratt Inst. New York – **E:** u. a. 87 Bern, Huber; 94 Bern, Kulli; 97, 05 Worb, Gal. Farb; 99 Burgdorf, Bertram; 00 Bern, Gal. im Kramgasskeller; 03, 04 Burgdorf, Gal. Hohengasse – **G:** 95 Linz, Offenes Kult.haus; 98 Bern, Grauholz 98; 02, 04 Gersau, Kunst am See – **V:** Bild-Sprache, DEV Monogr. (Textbeitr.) 89; Rebus 12/13, Blätter z. PSA, Andere Körper (Skulpt. u. Fotogr.) 98, S. 57–63 – ***Lit:*** AKL; Sturm, Tholen u. a. (Hrsg.): Phantasma u. Phantome 95; Stift. Grauholz Zaugg, Ausst.kat. 98

Erjautz, Manfred, Mag. art., Objekt-, Foto- u. Installationskünstler; *erjautz@hotmail.com* (* Graz 2. 3. 66) – **VG:** Graz, Lendl; Wien, Insam; Salzburg, Ruzicska – **S:** 80–85 Höhere Technische Bundeslehranst. Ortwein Graz (Abt. Bildhauerei b. Prof. Nothnagel); 85–90 ABK Wien (b. Prof. Gironcoli, 90 Dipl.) – **P:** Stip. Chicago 92; Förd.pr. f. bild. Kunst d. Stadt Graz 94; Öst. Staatsstip. f. bild. Kunst 95; Otto Mauer-Pr. 99 – **Ve:** Wiener Secession; Forum Stadtpark Graz – **G/T:** Objekte (skulpturale Collagen, Puppen, auch Möbel, Schrift- u. Bildtableaus, Exper. m. Lego-Bausteinen); Raum- u. Lichtinstall.; Fotogr.; Kunst im öff. Raum – v. a. Auseinandersetzung m. Symbolen u. Reizen d. Konsumwelt – **W:** Dt. Bank – **M:** Graz, LM Joanneum; Linz, Lentos; Salzburg, Rupertinum; Wien, Albertina; Wien, Generali Found.; Wien, Kpst.-Kab. d. ABK; Wien, MAK; Wien, MMK Stiftung Ludwig; Wien, Slg d. Bundes; Wien, Thyssen-Bornemisza Contemp. Art Found – **Ö:** Bruck an d. Mur, Krankenhaus; Graz, Univ. (m. Michael Kienzer); ebda, Hof d. Priestersem.; Weiz, Gendarmeriekommando; ebda, Inst. f. Photonik; Wien, Austria Tabakwerke; ebda, Lainzer Pl., Thermensiedlung Oberlaa; Wolfsbach, Kap. – **E:** zuletzt 99, 01, 03, 06 Graz, Lendl; 04 (m. E. Wurm u. R. Göschl), 05 Salzburg, Rupertinum; 05 Salzburg, Ruzicska; Miami, Art Basel; Köln, Art Cologne; Villingen-Schwenningen, Gal.; – sowie: 06 Wien, Brüssel u. Bologna, Art Fair – **G:** zuletzt u. a. 03 Graz, Minoriten Gal.; Graz, LM Joanneum; Wiesbaden, Nassauischer KV; Paris, Ropac; 04 Wien, KH; 05 Karlsruhe, ZKM; 06 Linz, Lentos; Kraichtal, Ursula-Blickle-Stift.; Århus, KH; Linz, LG – **V:** m. Werner Fenz, Herrmann Glettler u. a.: Das Erforschen der Dauer/Searching into permanence, Brunneninstall. Priestersem. Graz – ***Lit:*** AKL; Rainer Fuchs: Codierungen, Monogr. 92; Dieter Sperl, Franz Niegelhell, Andreas Spiegel u. Rainer Fuchs In: FROM mmmh TO aaah 96; Christa Steinle, Gertrude Celedin u. a.: Unknown Territory 01; Matthias Herrmann: ME/WE 02; Rainer Fuchs, Günther Leising u. Rainer Metzger: Parallel 05

Erkens, Ro (Rolf Erkens), Kunstschaffender ('Seiteneinsteiger'); Wiedemannstr. 18, D-41199 Mönchengladbach, Tel. u. Fax (0 21 66) 60 22 62 (* Mönchengladbach 2. 8. 34) – **P:** Förd.stip. d. Stadt Mönchengladbach 80 – **Ve:** Kunst c/o Mönchengladbach seit 99 – **G/T:** Malerei (Themenbilder, lesbare Gemälde, Umsetzung lesbarer Bilder in Musik); Skulpt. (Holz) – **W:** Werke in Privatslgn sowie im Besitz d. Goethe-Inst. Bonn, d. Maison Belgique Köln sowie in den Botschaften d. Länder Dänemark, Griechenld, Großbrit., Israel, Jugoslawien, Niederlande, Norwegen, Polen, Russland, Tschech. Rep. – **Ö:** Guernica/Span., RH (seit 92) – **E:** 04 Mönchengladbach, Altes Mus. (Performance) – **G:** zahlr. Ausst.beteiligungen seit 85, zuletzt: 05 Mönchengladbach, StM Schloß Rheydt; 06 Schwalmtal, Tage der Kunst; Mönchengladbach, BIS-Zentrum: c/oncerning MG – **V:** Christmut Präger (Hrsg.): Blau – Farbe der Ferne. Zitatensammlung v. Andreas Bee, Heidelberger Kunstver. 90 – ***LitR:*** Lorenz Fandel: Atelierbesuch beim Kunstmaler Ro, Video 95; WDR-Fs.: Aktuelle Stunde, Dok. 05 (Farblettern-Alphabet u. lesbares Bild)

Erkmen, Aişe (auch Ayşe Erkmen), Graphikerin, Installationskünstlerin; Leibnizstr. 44, D-10629 Berlin (* Istanbul 49) – **S:** bis 77 Staatl. KA Istanbul (Skulpt.) – **L:** 98 Univ. GesamtHS Kassel (Gastdoz.); 00 Städelschule Frankfurt am Main (Gastprof.) – **P:** DAAD-Stip. f. Berlin 93; Triennale-Pr. d. Stadt Fellbach 93; Maria-Sibylla-Merian-Pr. 02 – **E:** zuletzt u. a. 01 Frankfurt am Main, Dt. Bank; 02 Wien, Secession; Essen, Zollver.; Berlin, Weiss; 03 St. Gallen, KM – **G:** u. a. 01 Kassel, Mus. f. Sepulkralkult.; 02 São Paulo, Bienn.; Wiesbaden, Kult.amt; 03 Innsbruck, Taxis-Pal.; Kassel, Mus. Fridericianum – ***Lit:*** AKL – (Red.)

Erlacher, Gertraude; Leinpaumgasse 15, A-3100 Sankt Pölten, Tel. (0 27 42) 7 68 78, *gertraude.erlacher*

@kstp.at, *members.kstp.at/gertraude* – **G/T:** Malerei, Graph. – (Red.)

Erlbruch, Wolf, Prof., Illustrator, Graphiker, Autor; Laurentiusstr. 20, D-42103 Wuppertal (* Wuppertal 48) – **S:** 67–74 Folkwangschule f. Gest. Essen (Graph.-Design) – **L:** 90–97 FHS Düsseldorf (Prof. f. Graph.-Design u. Ill.); seit 97 Bergische Univ. GesamtHS Wuppertal (Prof. f. Ill.) – **P:** Dt. Jgd.lit.pr. (Kinderb.) 93; Schnabelsteher-Pr. 96; Luchs 00; Troisdorfer Bilderb.pr. (1. Pr.) 00; Von-der-Heydt-Kult.pr. d. Stadt Wuppertal 03; Gutenberg-Pr. d. Stadt Leipzig 03; Dt. Jgd.lit.pr. (Sonderpr. f. d. Lebenswerk) 03; Intern. Hans-Christian-Andersen-Pr. 06; – sowie: div. Ausz. d. Art Directors Club New York – **G/T:** Ill. (v. a. Kinderbücher); Gest. (u. a. Bücher, Buchumschläge, -reihen, Plakate) – **V:** ILL. u. a.: James Aggrey: Der Adler, der nicht fliegen wollte 85; Werner Holzwarth: Vom kleinen Maulwurf, der wissen wollte, wer ihm auf den Kopf gemacht hat 90; Die fürchterlichen Fünf 90; Das Bärenwunder 92; Frau Meier, die Amsel 95; Thomas Winding: Zehn grüne Heringe 95; Nachts 99; Karl Philipp Moritz: Neues ABC-Buch 00; Die große Frage 04; Adressen 06 – ***Lit:*** AKL, Bd 34 02 – (Red.)

Erli s. Beutel-Windischbauer, Erli

Ermesz, János s. Enyedi, János

Ernert, Jörg, Dipl. Maler u. Graphiker, Meisterschüler, Objektkünstler; Dinterstr. 10, D-04157 Leipzig, Tel. (03 41) 9 12 46 40, *pragerernert@aol.com*, *www.ernert.ars5.com* (* Leipzig 5. 10. 74) – **VG:** Oetjendorf, Jürgensen; Leipzig, Laden f. Nichts – **S:** 91–96 HGB Leipzig (Fachkl. Malerei u. Graph.); 98–01 Meisterschüler b. Prof. S. Gille – **L:** seit 94 HGB Leipzig (LAuftr. im FB Malerei) – **P:** Eduard Bargheer Stip. 00; Stip. d. Freistaates Sa. 01 – **Ve:** BBKL seit 96 – **G/T:** expressive Raumbilder, Stadtlandschaft, Innenräume; malerische Transkription kunsthist. Werke; kinetische Objektkunst – **W:** überw. in Privatbes. – **M:** Cheonan/Südkorea, Arario Gall.; Herford, Mus. MARTa; Leipzig, KH Spk. – **Ö:** Hamburg, Dresdner Bank; Rügen, Kult.stift. – **E:** 00 Leipzig, Kleindienst; 05 Leipzig, Laden f. Nichts; 06 Oetjendorf, Jürgensen; Frankfurt am Main, Rothamel – **G:** zahlr. Ausst.bet. seit 93, zuletzt 05 Lemgo, StG Eichenmüllerhaus (Kat.); München, Kampl; 06 Leipzig, Red Stripe Gall.; Peking, Arario Gall. – **R:** Kinetische Objekte 1993–2003, Kurzfilm 03 – ***Lit:*** J.E. 1996–2002, Kat. 03; Nach – Bilder, Kat. 05; Kunstforum, Bd 175 05; Bildende Künstler in Leipzig 06

Ernesto (Ps. f. Ernst Stefan Mayer), Bildender Künstler; Salzburger Str. 31/24, A-5202 Neumarkt, Tel. (06 64) 4 32 44 38, (0 62 16) 4 06 29, Fax (0 62 16) 4 06 29, *ernesto@tele2.at* (* Wien 15. 1. 44) – **VG:** Burghausen/Salzach, Lorenz; Wien, Plank; Mödling, Vienna; Seeham, Drei-Seen-Gal.; Wien, Vanic – **Ve:** Cultura Venezia 95; Berufsvrg Bild. Künstler Öst. 86 – **KGr:** Fächer (seit 84) – **G/T:** Malerei (Öl); Graph. (Rad., Zeichn.); Skulpt., Mixed Media – **E:** u. a. Burghausen, Salzach, Lorenz; Burgstädt, Gal. Art Forum; Chemnitz, Villa Stern; Seeham, Drei-Seen-Gal.; Seekirchen, Gal. Con Animo; Velden, Casino; Venedig, Studio Palazzi; Wien, Gal. Artefakt; Wien, Lehar; Wien, Prisma – **G:** Chemnitz, Wasserschloß; Mosonmagyaróvar/Ungarn, Kult.zentrum; New York, Art Expo 96; Venedig, Scuola Calegheri – ***LitR:*** Künstler aus dem Burgenland, Fs.-Beitr. ORF 89 – (Red.)

Erni, Hans, Maler, Graphiker, Bildhauer; Eggen, CH-6006 Luzern, Tel. (0 41) 3 70 33 88, Fax 3 70 13 88, *www.hans-erni.ch* (* Entlebachtal/Luzern 21. 2. 09) – **S:** 27–28 KGS Luzern; 28–29 Acad. Julian Paris; 29–30 Vereinigte Staatsschulen f. freie u. angew. Kunst Berlin – **P:** Kunstpr. d. Stadt Luzern 68; UNO-Friedensmed. 83 – **KGr:** Abstraction-Création; Allianz (Mitbegr. 37) – **M:** u. a. Aachen, Suermondt-Ludwig-Mus.; Köln, SM; LA Chaux-DE-FONDS, Mus. intern. d'Horlogerie; Zürich, Schweiz. LM – **E:** u. a. 44, 72 Luzern, KM; 45 Winterthur, Gewerbe-Mus.; 48, 57, 62, 65, 69, 74, 80, 84 Genf, Mus. de l'Athénée; 63 Osaka, City Mus.; seit 79 Luzern, Hans Erni-Mus.; 84, 99 Lausanne, Mus. Olympique; 89, 98 Martigny, Mus. Fond. Pierre Gianadda; 90 Funabashi, Seibu Mus. of Art; 91 Neu Delhi, NG of of Mod. Art; 01 Paris, Bibliothèque Nat.; 02 Genf, UNO – **G:** u. a. 38 Basel, KH; 46 Paris, Mus. d'Art Mod. de la Ville; 53 London, Art Council; 59 London, Tate; 65 Warschau, NM; 89 Como, Pal. Volpi; 93 San Francisco, Pence Gall.; 98 Frankfurt am Main, KV; Salzburg, Rupertinum – ***Lit:*** AKL; Dictionary of Art 96; Contemp. Designers 97; BLSK 98 – (Red.)

Erni, Simone (verh. Simone Fornara-Erni); Kunst-Atelier: Waldstätterstr. 18, CH-6003 Luzern, Tel. 0 412 10 51 21, Fax 2 20 11 84, *simone@sli.ch*, *www.simone-erni.ch* (* Luzern 22. 6. 46) – **S:** Lehrersem. Luzern; Éc. des Beaux-Arts Genf – **P:** Offizielle Künstlerin d. 700 Jahre Bundesfeier 91; Beste Schweizer Künstlerin d. Special Art Buyer Intern. (Ausz.) 94; Ausz. f. d. Schönste Kunst-Kochb. im Rahmen d. Fs.-Sdg. Culinarium 96; Ehrung durch d. FIFA 98 – **G/T:** Malerei; Graph. (Zeichn., Lith.); Reliefs; Gest. v. Etiketten f. Weinflaschen, Pins, Telefonkarten, CD-Covern u. a. – **Ö:** Luzern, Gambrinushaus Mühlenpl. 12 (Fassadenfresco); ebda, Turf Pferde Rennclub – **E:** zahlr. Ausst. in Dtld, Frkr., d. Schweiz u. d. USA, zuletzt u. a. 01 Ettiswill, Schloß Wyher; 02 Luzern, Gal. d. Swissartgroup – ***Lit:*** AKL; BLSK 98 – (Red.)

Ernst, Almut, Architektin; Hackescher Markt 2–3, D-10178 Berlin, Tel. (0 30) 3 08 77 88, Fax 3 08 77 87, *mail@gea-berlin.de*, *www.gea-berlin.de* (* Stuttgart 66) – **S:** Univ. Stuttgart (Archit. u. Stadtplanung u. a. b. Peter v. Seidlein, Dipl.) – **L:** 93–97 HdK Berlin (LAuftr. f. Archit. u. Visuelle Kommunikation) – **P:** DAAD-Jahresstip. f. d. London Architectural Assoc.; Deubau-Pr. (zus. m. A. Grüntuch) 02; DuPont Benedictus Award 03 – **KGe:** Grüntuch Ernst Architekten: A. E. u. Armand Grüntuch (seit 91) – **B:** Berlin: Wohnhaus Nöldner-Str. 11; ebda: Sportstudio am Kurfürstendamm, Wohn- u. Geschäftshaus Hackescher Markt, Geschäftszentrum Triangel, Hotel Consul Knesebeckstr. 8–9 (Vordach u. Foyer); Berlin-Charlottenburg: Wohnungsausbau Clausewitz-Str.; Berlin-Hellerdorf: Förd.-schule; Berlin-Mitte: Wohn- u. Geschäftshaus Monbijou-Pl. 3–5; Hamburg-Neumühlen: Bürohaus; Köln: Gal. Duo-Dial (Ladenausbau); Potsdam: Sozialer Wohnungsbau Kirchsteigfeld; Wolfsburg: VW-Markenpavillon – **G:** u. a. 97 Berlin, Aedes; 01 Rotterdam, Netherlands Archit. Inst.; 02 Berlin, Architektenkammer am Potsdamer Pl. – ***Lit:*** AKL – (Red.)

Ernst, Rita; c/o Galerie Gudrun Spielvogel, Maximilianstr. 45, D-80538 München, *g.spielvogel@planet-intercom.de*, *www.spielvogel-galerie.de* (* Windisch 23. 3. 56) – **VG:** München, Spielvogel – **S:** 72–76 KGS Basel – **P:** Städt. u. Kantonale Kunststip 81–86; Premio Flash Art Mus. Trevi 96; Conrad Ferdinand Meyer-Pr. Zürich 91 – **Ve:** visarte Zürich seit 84 – **G/T:** Malerei (geometrisch-konstruktiv) – **W:** überw. in Privatbes.; Arb. in Mus. u. a. in Budapest – **M:** CHEŁM, Muz. Okregowe; Gibellina, Fondazione Orestiade; Ingolstadt, Mus. f. Konkrete Kunst; Mouans-Sartoux, Espace de l'Art Concret; Trevi, Flash Art Mus.; Veszprém, Vass Gyüjtemény – **Ö:** Dübendorf, Zürcher Kantonalbank; in Zürich: Univ.spital, Städt. Steueramt, Credit Suisse Astoria Haus – **E:** 92 Zürich, Kunsthaus; 96 Winterthur, KH; 98 Erfurt, Forum Konkrete Kunst; 98, 01 Zug, Gal.

am See; 99 Wroclaw, Gal. BWA Design; 00 Basel, Espace Fanal; 01 München, Spielvogel; 02 Freiburg im Breisgau, E-Werk; Saarbrücken, Gal. Sankt Johann; 03 Rapperswil/St Gallen, IG Halle Alte Fabrik; Mannheim, März; 04 Gibellina, Fondazione Orestiade; Graz, Mus. d. Wahrnehmung – **G:** seit 81 Ausst. in Belgien, Dtld, Frkr., Holl., Ital., Fürstentum Liechtenstein, Polen, Rumänien, Schweden, Ungarn u. in d. Schweiz – ***Lit:*** R.E., Monogr. 97; Progetto Siciliano 03; Fondazione Orestiade Gibellina (Hrsg.): R.E. 04 – (Red.)

Ernst, Sämi (Samuel Ernst), visueller Gestalter; Baslerstr. 32, CH-5200 Brugg, Tel. 05 64 41 42 85, *asse23@bluewin.ch* (* Zürich 3. 2. 65) – **VG:** Baden, Gal. zum kleinen Schwan – **P:** AKB-Kunststip. – **G/T:** Malerei (figurativ, Eitempera, Mischtechnik); Skulpt. (Holz); Objekt (Mixed Media) – **W:** in zahlr. schweizer Privatslgn, div. Performances – **Ö:** Stein am Rhein, Amtraum; Basler Versicherung – **E:** u. a. 87 Gal. Steiner; 93 Baden, Gal. zum kleinen Schwan; 92 Zürich, Virus; 03 Stein am Rhein, Atelier 21 – **G:** u. a. 90 Baden, Städt. Gal. im Amtshimmel; 91 Zagreb, Leave you trace; 91–92 Zürich, Kunsthaus Örlikon; 95–03 Baden, Gal. zum kleinen Schwan; 96 Zürich, tumb; 00 Zürich, Mus. Leuengasse; 01 Gundeldingen, KH; 04 Basel, Kunstraum Atelier-Archit.; 05 New York, Inside Out: The Red Hen

Ertel, Ulrike, Malerin, Objektkünstlerin u. Designerin; Lehnstr. 104 a, CH-9014 St. Gallen, Tel. (0 71) 2 72 13 41, Fax 2 72 13 45, *ue@ulrike-ertel.de*, *www.ulrike-ertel.de* (* Rumburg/ČSR 28. 7. 43) – **S:** HS f. Gest. Kiel (Innenarchit. u. Design) – **Ve:** BBK Bay. 76 – **G/T:** Malerei; Graph.; Collage; – Entwickl., Entwurf u. Design: Möbel, Mode, Gebrauchswaren, Medizintechnik, Medien, Spiele/Spielzeug, Verpackung, Ill. u. Grafikdesign; – Mit H. Ertel theoret. u. exper. Arbeiten über Wirkung u. Einfluss v. Raum-, Form- u. Farbgestaltungselementen. Auf d. Grundlage dieser Arbeiten Entwickl. d. Multimedia Kunstkonzepts 'Mind Experience Raumdramaturgien'. – 'Logische Abstraktionen' (72), Konzeptkunst 'Logische Abstraktions-Prozesse' (77), Rauminstallationen 'Mind Experience' (89) – **V:** alle folgenden Veröff. von H. u. U. Ertel: Wohnen mit Kindern 65, 72; Kinder-Möbelsystem Ekirlu 67; Das 3D-Wohnprogramm 71; Kindergarten d. Zukunft – Psycholog. Gestaltung u. Einrichtung 71; Schule d. Zukunft – Psycholog. Gestaltung u. Einrichtung 71; Baby-World – Babybett z. Förderung d. psychischen, geistigen u. sozialen Entwicklung 71; Logische Abstraktionen 72; Psychologischer Abenteuer-Spielplatz 72; WIGWAM – Kinder- u. Jugendmöbelprogramm – Wohnen, Spielen u. Lernen 72; IGLO – Kinderspielhaus 72; Krankenhaus d. Zukunft – Psycholog. Gestaltung u. Einrichtung 73; Logische Abstraktionsprozesse 77; Personality – Präsentationsausgabe 85 (Mitautor: v. Seggern); Erlebnisräume 86; Mind Experience Raumdramaturgie – Metakommunikative Kunsterlebnisräume 89 – ***Lit:*** alle folgenden Veröff. von H. Ertel: Kunstgesch. Stellenwert d. Logischen Abstraktionen 90; Emotionale u. kognitive Perception d. Logischen Abstraktionen 97; Raum, Zeit u. Bewegung in d. Logischen Abstraktionen 98; Brain-Music-Kompositionen mit. d. Permutationen d. Logischen Abstraktions-Prozesse 99

Ertl, Fedo (eigtl. Friedrich Ertl), Plastiker, Multimedia- u. Aktionskünstler; Netzg. 11, A-8020 Graz, Tel. (06 99) 19 48 32 80 (* Graz 5. 8. 52) – **S:** 68–72 Höhere technische Bundeslehranst. Graz (Gebrauchsgraph.) – **P:** Kunstpr. d. Ldes Stmk 81, 83; Kunstpr. d. Stadt Graz 86; New York – P.S.1 92; Landmark-Wettb. d. Steirischen Wirtschaftsförd. 00 – **KGe:** Teer: F. E. u. Wolfgang Temmel (85–94) – **M:** Graz, LM Joanneum – **E:** u. a. 93 New York, P.S.1 Contemp. AC; 95 Graz, Death Row; New York, Angel Orensanz Found. – Projekte: 03 Kunsttaxi Graz (zus. m. Christian Marczik) – **G:** u. a. 88, 99 Graz, steirischer herbst; 94 Graz, LM Joanneum; 99 Feldbach, KH; 02 Graz, Forum Stadtpark; Graz, Werkbund-Gal. und Art-Office – ***Lit:*** AKL – (Red.)

Ertz, Ursula, Malerin, Graphikerin, Objekt- u. Aktionskünstlerin; Wiembecker Str. 280, D-32657 Lemgo, Tel. (0 52 61) 98 00 40, *ursula@ertz-lemgo.de*, *www.ertz-lemgo.de* (* Oppeln 30. 9. 41) – **S:** 64 Kölner Werkschulen (Kl. Kirchen- u. Wandmalerei b. Prof. Teuwen); 68 Meister im Glasmalerhandwerk – **Ve:** BBK Ostwestf.-Lippe seit 76; Lippischer Künstlerbund seit 97 – **KGr:** Das Fachwerk (seit 92); Fünf Plus (seit 94) – **G/T:** Hauptthema: Strukturen (eigene Entwicklung d. Relieflinien-Strukturmalerei, eine Entwicklung d. Decalcomanie) – **W:** Performances, zahlr. Malereien u. Glasmalereien in Privatbes. u. städt. Slgn – **M:** Immenhausen, Glasmus. – **Ö:** Lemgo, Nikolaikirchpl. (Denkmal f. Maria Rampendahl, Stein d. Anstoßes) – **E:** 74 Kronberg, Kult.kr.; 77 Rothenburg ob der Tauber, Reichsstadt-Mus.; 79, 88, 91 Lemgo, Alte Abtei; 86, 93, 97 Bad Salzuflen, Das Fachwerk; 87 Erftstadt, Künstlerforum; 90 Bielefeld, Zentrum für interdisziplinäre Forsch.; 95 Detmold, Staatsarchiv; 98 Herford, Kunst Werk; 92, 02 Detmold, Industr.- u. Handelskammer Lippe; 05 Herford, Kunstwerk – **G:** 72 Köln, Univ.bibliothek; 87 Bielefeld, BBK-Atelier; Herford, Fernmeldebezirk; 95 Minsk, KH; 96 Detmold, Kr.haus; 97 Hannover, Künstlerfrühling; 00 Osnabrück, Stadthalle; 01, 03 Bielefeld, BBK-Atelier; 01, 02, 03 Lemgo, StG Eichenmüllerhaus; 06 Wernigerode, Altstadt Gal.

Erülkü, Ebru, Dipl.-Designerin, Fotografin, M. F. A.; Hammer Dorfstr. 65, D-40221 Düsseldorf, Tel. 0 16 34 47 59 05, *webmaster@ebru-eruelkue.de*, *www.ebru-eruelkue.de* (* Saarbrücken 17. 2. 73) – **S:** 94–01 Univ. Essen (Visuelle Kommunikation); 98 Elisara Escuola Superior de Disseny Barcelona; 03–05 Royal College of Art London (M. A. Fotogr.) – **P:** Erasmus-Stip. f. Spanien 98; DAAD-Stip. f. GB 03/04; Stip. d. Ldes NRW 04/05 – **G/T:** Fotogr. (Objekte, Personen u. Inszenierungen) – **E:** 01 Düsseldorf, Bach; 04 Essen, 20.21 Gal. Edition Kunsthandel; 07 London, Hoopers Gall. – **G:** 98 Saarbrücken, Saarland-Mus.; Bad Kreuznach, Schloßparkmus.; 02 Düsseldorf, Bach; 04 Bremerhaven, KV; Wolfsburg, StG; 04, 05 Essen, 20.21 Gal. Edition Kunsthandel; 05 London, Hoopers Gall.; 06 Brüssel, Aeroplastics Contemp. – **V:** Enklaven, theoretische Abhandlung z. eignenen Fotogr. 01

Erzgräber, Bettina, Graphikerin, Bildhauerin, Videokünstlerin, Kunsterzieherin; c/o Institut f. Grafik u. Design, Luisenstr. 25, D-40215 Düsseldorf (* Saarbrücken 8. 1. 64) – **S:** 86–91 Freie Graph. u. Bildhauerei b. Wolfgang Gäfgen u. Jürgen Brodwolf; 94 Paris; 95 New York – **L:** seit 99 Inst. f. Graph.design Düsseldorf (Doz. f. Kunstgesch. u. Freihandzeichn.); seit 00 Bauhaus-Univ. Weimar, Fak. f. Medien (Typografie u. Zeichen, zus. m. Anna Wesek-Bergner) – **P:** Salzburg-Stip. d. Stadt Mainz 86; Saar Ferngas Förd.pr. 88; Stip. d. Dt.-Frz. Jgd.werkes 94; Stip. d. Kunststift. BW 95 – **G/T:** u. a. Zeichn. (v. fotorealistischem Erfassen bis z. abstr. Liniengraph.); Plast. (oft außergewöhnliche Materialien, temporär) – **E:** u. a. 88 Stuttgart, Gedok – **G:** u. a. 88 Kaiserslautern, Pfalz-Gal.; 93 Geislingen, Bildhauersymposium Kl. Brodwolf; Singen, Umspannwerk; 94 Bad Säckingen, KV; Villingen-Schwenningen, StG; 98 Stuttgart (Downtown und andere unbekannte Orte); 00 Stuttgart, Württembergischer KV; 01 Weimar, E-Werk (backup Festival) – ***Lit:*** AKL – (Red.)

Es, Anja (geb. Anja Sühl), Performance-Künstlerin, Malerin, Galeristin; Hauptstr. 36, D-23898 Sandesneben, Tel. (0 45 36) 89 05 36, *bilder@anja-es.de, www.anja-es.de; www.galerie-eigen-art.de* (* Salzhausen 19. 4. 62) – **VG:** Sandesneben, Eigen-art – **S:** Privatschülerin b. Prof. Herman Degkwitz in Itzehoe – **Ve:** Art goes Public Hamburg – **G/T:** Portr.malerei (Öl, altmeisterlich); Neuer Realismus (Öl); Performance m. eigenen Bildern u. Texten – **K:** Einzelunterricht: alle Techniken d. Ölmalerei – **W:** Werke überw. in Privatbes., Performances – **Ö:** Kopenhagen, Verkehrsmin.; Sonderborg, RH in Hirtshals – **B:** Scandic-Hotels in ganz Dänemark – **E:** u. a. 98 Sonderborg, RH Hirtshals; Kopenhagen, Verkehrsmin.; 99 Lüneburg, Gal. am Markt; 00 Reinbek, Kühlbox; Hamburg, RH Wandsbek; 01 Hamburg, Umweltbehörde; Galleri Victor; 02 Hamburg, Althonaer Theater; Sandesneben, Eigen-art; 03 Fehmarn, Gal. Sonnenhof – **G:** 00, 01 Ausst. m. Galleri Harbo in allen Scandic-Hotels in Dänemark; Aabenraa, Banegården; 01–03 Hamburg, Form-Art; 03 Sandesneben, Eigen-art; Hamburg, Alter Elbtunnel – **V:** La Gonzesse, Kalender 04; Farbrausch, Leporello (7 Farben, 7 Texte) – **R:** Künstlerportr. im Kultursender Hamburg, Radio Zusa (Lüneburg), World Radio Network Intern. – (Red.)

Esche s. Leissing, Edgar

Eschefeld, Sonja, Bildhauerin, Malerin, Zeichnerin; Wegenerstr. 4, D-13088 Berlin (* Klein-Bünzow/Meckl. 20. 11. 48) – **S:** 65–67 Lehre als Stukkateurin in Berlin; 67–69 Kunstformerin u. Ziseleurin in d. Bronzegießerei d. VBK d. DDR Berlin; KHS Berlin-Weißensee (Abend-Stud. Malerei u. Plast.); 69–74 KHS Berlin-Weißensee (Plast. b. Karl-Heinz Schamal); 77–80 AK Berlin (Meisterschülerin b. Ludwig Engelhardt u. Wieland Förster) – **L:** 87–89 FS f. Restaurierungs- u. Museumskunde Berlin (LBeauftr.); 91–97 Humboldt-Univ. Berlin (Inst. f. Kunsterziehung) – **P:** Gustav-Weidanz-Pr. 78; Will-Lammert-Pr. d. AK Berlin 82 – **G/T:** Plast. (figürl.), Malerei, Zeichn. – **M:** u. a. Berlin, NG; Cottbus, Brandenburgische KS; Dresden, SKS; Gotha, Schloß-Mus.; Halle/Saale, Staatl. Gal. Moritzburg; Leipzig, MBK; Magdeburg, KM Kloster Unser Lieben Frauen – **Ö:** u. a. Berlin, Tierpark Friedrichsfelde; Berlin-Malchow, Am Gutshaus; Frankfurt/Oder, Klingetal; Gera, Haus d. Kult. (Kalksteinreliefs); Mildenberg/Brandenb., Ziegeleipark – **E:** u. a. 89 Leipzig, Wort u. Werk; 90 Berlin, Gal. Kult.haus Peter Edel; Schwerin, Gal. Schwerin (m. R. Metzkes); 91 Herborn/Hess., Gal. zum Einhorn; 93 Berlin, Gal. Inselstr.; 95 Berlin, Gal. Zunge; 98 Backnang, KV; 00 Berlin, Franz-Volhard-Klinik; Ahrenshoop, Strandhalle; 01 Berlin, Pohl – **G:** u. a. 77, 82, 87 Dresden, Kunstausst. d. DDR; 79 Berlin, Majakowski-Gal.; 83 Halle/Saale, Staatl. Gal. Moritzburg; Bonn, Frauen-Mus.; 85 Berlin, Gal. Mitte; 87, 88 Bonn, Mannheim, München, Bildhauerkunst d. DDR; 92 Lucca, Pal. Buonvisi; 93 Berlin, KV Weißensee; Darmstadt, Netuschil – ***Lit:*** AKL; NG Berlin 03 – (Red.)

Escher, Michaela, Malerin; Salmbacherstr. 5, D-75399 Unterreichenbach-Kapfenhardt, Tel. u. Fax: (0 72 35) 31 75, *atelier-escher@gmx.de, www.michaela-escher.de* (* Hamburg 4. 10. 56) – **VG:** Haigerloch, Forum Creativ – **S:** 80–82 HBK Hamburg (Malerei, Graph.); 82–87 ABK Stuttgart (Malerei, Graph.) – **Ve:** BBK Karlsruhe 99 – **G/T:** Bilder; Bildobjekte; Zchng – **M:** Calw, Hermann-Hesse-Mus. – **Ö:** Calw, Ldratsamt; Karlsruhe, Reg.präsidium; ebda, BB Bank; Nußdorf, Fa. Rectus AG (Slg Peter Klein); Pforzheim, Ldratsamt Enzkr.; ebda, Pforzheim Gal., Familienheim; Walldorf, SAP AG – **E:** 99 Neulingen, Schloß Bauschlott; 01 Esslingen, Gal. 13; 02 Nußdorf, Fa. Rectus AG (Slg Peter Klein); 03 Pforzheim, Hohenwartforum; Calw, Halle am Brühl; 04 Calw, Gal. Temporär; 06 Haigerloch, Forum Creativ; Calw, Ldratsamt – **G:** zahlr. Bet. seit 97, zuletzt 98–99 Ausst. Junge Künstler in d. Ldkr. (Kat.) in Walldorf, SAP AG; Waldshut, Mus.; Friedrichshafen, Zeppelin Mus.; 03 Heilbronn, Künstlerbund; 05, 07 Stuttgart, Künstlermesse Bad.-Württ.; 06 Bruchsal, KV Das Damianstor; Karlsruhe, Reg.präsidium – ***Lit:*** Ldratsamt Enzkr. (Hrsg.): Profil einer Slg. Zeitgen. Kunst im Enzkr., m. Texten v. Werner Burckhart, Gonn Mosny u. Günther Wirth 03; Olaf Mückain, in: die Drei 2 05; ders.: Bilder u. Bildobjekte 1996–2004, Werkkat.

Escher, Rolf, Prof., Zeichner, Graphiker; Am Hagenbusch 7, D-45259 Essen, Tel. (02 01) 46 14 24, Fax 46 14 21, *info@rolf-escher.de, www.rolf-escher.de.* Schröderstr. 7, D-10115 Berlin, Tel. (0 30) 28 04 22 74 (* Hagen/Westf. 4. 9. 33) – **VG:** St. Augustin, Radicke; Münster, Frye & Sohn – **S:** 56–60 KA Düsseldorf – **L:** 76–00 FHS Münster (Prof. f. Zeichn. u. Graph.) – **P:** Intern. Graph.-Bienn. Frechen (E.med.) 76; Ankaufspr. d. Graph.-Bienn. Ljubljana 77; Hans-Thoma-Med. Reutlingen 78 – **Ve:** VG Bild-Kunst; Dt. Künstlerbund – **G/T:** Handzeichn., Druckgraph., Ill. – **M:** u. a. Albstadt, StG; Bonn, LM; Brüssel, Bibliothèque Royale; Chicago, Art Inst.; Essen, Mus. Folkwang; Hagen, Karl-Ernst-Osthaus-Mus.; Herne, StG Strünkede; Konstanz, Städt. Wessenberg-Gal.; Recklinghausen, StKH – **E:** 73 Hagen, Karl-Ernst-Osthaus-Mus.; 76, 85, 94 Essen, Mus. Folkwang; 78 Hamburg, Loeper; 79 Stockholm, Grafiska Sällskapet; 80 Nürnberg, KV Dürer-Ges.; 86 Hildesheim, Roemer- u. Pelizaeus-Mus.; 89 Frankfurt am Main, Gal. Frankfurter Kunstkab. Hanna Bekker v. Rath; 95 Erfurt, Anger-Mus.; 03 Paderborn, StG Am Abdinghof; Mülheim an der Ruhr, KM; Leipzig, Dt. Bücherei; 04 Selm, Schloß Cappenberg – **G:** zahlr. Gr.ausst., u. a. 75 Mannheim, StKH; 76 Recklinghausen, StKH; 80 Montreal (Forms of Realism today); 96 Berlin, Martin-Gropius-Bau – **V:** Franz Kafka: Die Verwandlung (sieben Rad.) 73; Versuche einen Krebs zu begreifen 77; Alfred Polgar: Auf dem Balkon (zehn Lith.) 89; Thomas Mann: Das Eisenbahnunglück (drei Rad.) 96; W. Beckford: Venedig (18 Lith.) 97 – ***Lit:*** R. E. Zeichnungen, Radierungen mit einem Werkverzeichnis der Radierungen 82; R. E. Schauplätze Zeichnungen aus italienischen Städten 84; – weitere: R. E. Das Leben der Dinge; R. E. ZeitOrte. Zeichnungen aus 3 Jahrzehnten

Escher, Rolf, Bildhauer; Salmbacher Str. 5, D-75399 Unterreichenbach-Kapfenhardt, Tel. u. Fax: (0 72 35) 31 75, *atelier-escher@gmx.de, www.rolf-escher.com* (* Ehningen 2. 8. 48) – **VG:** Haigerloch, Forum Creativ – **S:** 69–75 ABK Stuttgart (Malerei, Graph.); 86–88 ebda (Bildhauerei) – **Ve:** BBK Karlsruhe 99 – **G/T:** Plast. u. Skulpt. (Holz, Keramik, Gips, Bronze, Eisen); Graph.; Objekt – **Ö:** Calw, Ldratsamt; Karlsruhe, Reg.-präsidium; Neuenbürg, Schloß; Nußdorf, Fa. Rectus AG (Slg Peter Klein); Pforzheim, Ldratsamt Enzkr.; ebda, Pforzheim Gal., Versandhaus Klingel; Stuttgart, Reg.präsidium – **E:** 99 Neulingen, Schloß Bauschlott; 01 Esslingen, Gal. 13; 02 Nußdorf, Fa. Rectus AG (Slg Peter Klein); 03 Pforzheim, Hohenwartforum; Calw, Halle am Brühl; 04 Calw, Gal. Temporär; 06 Haigerloch, Forum Creativ; Calw, Ldratsamt – **G:** zahlr. Bet. seit 97, zuletzt 02 Reutlingen, StG: Kunstförd. d. Ldes Bad.-Württ.; Untergröningen, KV KISS-Kunst im Schloss Untergröningen; 03 Heilbronn, Künstlerbund; 04 Esslingen, Calw u. Karlsruhe: Skulpt. aus d. Ldkreisen Bad.-Württ. 1960–2004; 05, 07 Stuttgart, Künstlermesse Bad.-Württ.; 06 Fürstenwalde, StG im Alten RH;

Bruchsal, KV Das Damianstor; Karlsruhe, Reg.präsidium – *Lit:* Ldratsamt Enzkr. (Hrsg.): Profil einer Slg. Zeitgen. Kunst im Enzkr., m. Texten v. Werner Burckhart, Gonn Mosny u. Günther Wirth 03; Olaf Mückain u. Uli Weise: Skulpt. 1999–2003, Werkkat. 04; Manfred Fath: Dreidimensional – Plast. u. Skulpt. aus d. Slgn d. Bad.-Württ. Ldkr., Kat. 04; Gabriele Hille, in die Drei 10 04

Escher, Thomas, Dipl.-Designer, Illustrator; Wexstr. 34, D-20355 Hamburg, Tel. (0 40) 43 25 31 64, Fax 43 18 34 34, *info@escher-illustration.com, www.escher-illustration.com* (* Essen 2. 10. 66) – **S:** 88–89 FH Düsseldorf; 89–94 Univ. Essen (Kommunikationsdesign); 94–96 School of Visual Arts New York (Ill., Master for Arts) – **P:** DAAD-Stip. f. d. School of Visual Arts New York 94 – **Ve:** FILU – Archiv d. Zeichner 98; VG Bild-Kunst 01; Illustratoren Organisation 02 – **G/T:** Ill. u. Graph.-Design; Aqu., Linolschnitt, Federzeichn. – **G:** 94 Berlin, ADC; 96 New York, ADC; 98 New York, Soc. of Illustrators; 03 New York, School of Visual Arts – **V:** Schlaraffen-Landschaften, Bilderb. (Text u. Ill.) 95

Escobar, Victor, M. A. Maler; *victor.escobar@mckinivan.com, www.escobar.ch* (* Neiva/Kolumbien 16. 7. 66) – **VG:** Bogotá, Klenner – **S:** 88–95 AK Surikov Moskau – **P:** Stip. d. Zuger Kult.stift. Landis & Gyr (Künstlerbeitr.) 91; Popstarz (Finalist d. 3. Videopr. Boswil) 04 – **G/T:** Video; Install. – **W:** mehrere Videofilme; zahlr. Werke in Privatbes. – **M:** Stans, KM – **E:** 98 Berlin, Wolf; 99 Zug, Kunstraum d. Forums Junge Kunst; 00 Erfurt, KV (Kat.); Luzern, Kunstraum; 02 Bogotá, Klenner (Kat.); Zug, Goote Gall. (Kat.); 05 Stans, KM (Kat.) – **G:** zahlr. Bet. seit 93, zuletzt 99 Frankfurt am Main, Art Frankfurt; Dresden, KM; 04 Zürich, Kult.stift. Binz 39; Cali/Kolumbien, Kult.zentrum; Boswil, Kult.zentrum; 05 London, Cinemascope Art Fair; London, Light Gall.; Bogotá, Nat. Salon of Contemp. Art – *Lit:* Adrian Hürlimann: Fernsehraum. Innenwende (Forum Junge Kunst Zug)

Eşdik, Şule s. Attems, Şule

Eska, Nandl, Bildhauerin, Keramikerin; Schellingstr. 42, D-80799 München, Tel. (0 89) 2 72 38 68, Fax 27 27 24 25, *nandl-eska@gmx.de* (* Weilheim 1. 11. 43) – **S:** 62–68 ABK München (Malerei b. Prof. Oberberger u. Prof. Nagel, Keramik b. Prof. Eska, Malereidipl. m. Ausz.); 71 Meisterprüfung im Keramikerhandwerk (Goldmed.) – **L:** 70–74 Kindermalschule Krailling (Leitung); 73–76 Univ. München (LBeauftr. am Lehrstuhl Kunsterziehung); seit 78 private KSch f. Kinder u. Erwachsene – **P:** Pr. d. Dannerstift. (Jahrespr.) 75; Bay. Staatspr. 78, 03; Pr. d. Dannerstift. (E.pr.) 84; Diessener Keramikpr. 02 – **Ve:** Bay. Kunstgew.ver.; BBK – **M:** Hamburg, MKG; Mino/Japan, Intern. Ceramics Festival; Taipei, Nat. Pal. Mus. – **Ö:** Darmstadt, Ges. f. Schwerionenforsch.; München, Grundschule am Wildtaubenweg; ebda, Krankenhaus Bogenhausen, Kindergarten Untere Länge, Kinderkrankenhaus Schwabing, – **E:** / G: zahlr. Ausst. im Inld, u. a. in Coburg, Düsseldorf, Frankfurt am Main, Frechen, Hamburg, Köln, München u. Stuttgart; sowie im Ausld, u. a. in d. CSSR, in England, Frkr., Ital., Japan, Jugoslawien, Polen, Öst., d. Schweiz, Taiwan, d. UdSSR, Ungarn und d. USA – (Red.)

España, Pepe (eigtl. José Luis España Jiménez), Maler, Zeichner; Seestrasse 35, CH-2572 Sutz, Tel. 0 323 97 16 75, *www.pepeespana.com* (* Málaga 1. 7. 30) – **VG:** Zürich, Hunziker – **S:** Autodidakt – **G/T:** Malerei (u. a. Acryl, Öl, Mischtechnik auf Lw.); Zchng – **W:** zahlr. in Privatslgn in Dtld, Spanien u. in d. Schweiz – **M:** Larrés, Mus. de Dibujo Castillo de Larrés – **E:** u. a. 73 Riehen, Schoeneck; 75 Málaga, Mus. Provincial; 87 u. 05 Meisterschwanden, Mese-Fischer; 93 Málaga, Gal. Nova; 01 Zürich, Hunziker; 02 Zofingen, Leupi – **G:** 01 Zofingen, Leupi – *Lit:* Andreas Röthlisberger: P.E. – Bilder u. Zeichnungen 1958–1979 79; Angelo Calabrese: Stationen auf dem Wege e. Künstlerlebens 87; A. Röthlisberger u. a.: P.E. Pintor 93; Peter Killer: P.E. – Licht u. Dunkel 05; – Lexika: BLSK 98; AKL, Bd. 35 02

Espenhain, Haike (geb. Haike Leischnig), Malerin; Brandiser Str. 7, D-04827 Machern, Tel. (03 42 92) 7 64 03, *haikeespenhain@haikesatelier.de, www.haikesatelier.de* (* Leipzig 12. 1. 67) – **S:** 83–86 Goldschmiedeschule Arnstadt; als Malerin Autodidaktin – **G/T:** Malerei (Lsch., Stilleben, großformat. Blumen in Öl) Zchng (Akt, Natur, versch. Themen, Bleistift, Pastell, Kohle, Tusche) – **W:** in Privatbes. – **E:** u. a. 00 Colditz, Schloß; 04 Barßel, KV Saterland; 05 Borsdorf, RH; Taucha, Lit.cafe; 06 Wurzen, Herrenhaus Röcknitz; 07 Naunhof, Gal. Kugel; Gößnitz, RH-Gal. – **G:** 02 Colditz, Schloß: Künstlerinnen d. Muldentals; 03 Leipzig, Messehof: Werkschau Xpose '3 Ars Avanti; 05 Machern, Schloß: Künstler f. Muckerns Kult.

EsRichter, Hermann (Hermann S. Richter), Zeichner, Fotograf, Konzept-, Objekt- u. Installationskünstler; Feldmannstr. 31, D-46045 Oberhausen, Tel. u. Fax (02 08) 8 83 12 46 (* Oberhausen 21. 4. 39) – **S:** 59–60 Folkwangschule Essen (Abendkurse); 60–61 Freie KSch Stuttgart; 61–65 Staatl. ABK Stuttgart (b. Hannes Neuner u. Rudolf Hoflehner); 68–69 Werksem. Düsseldorf (v. a. b. Erwin Heerich) – **P:** Wettb. um d. künstler. Gest. d. Berghalde Rungenberg Gelsenkirchen (Sieger, m. Klaus Noculak) 92 – **Ve:** Dt. Künstlerbund; Westdt. Künstlerbund – **KGr:** AKKU – **W:** Bet. an Symposien: Worpswede, Barkenhoff (81), Essen, Zeche Carl (83), Nürnberg, Vogelherd (84), Grenzüberschreitungen, versch. Orte im Ruhrgebiet (85), Rottweil, Rottweiler Sommer (92), Emmen, 7. intern. Stadsbeelden (93); – Außenarb. f. d. Ldesgartenschau in Mülheim an der Ruhr (92), IBA-Siedlung Schüngelberg, Gelsenkirchen (93) – **M:** Bremen, KH; Herne, StG Strünkede; Mülheim an der Ruhr, KM; Waiblingen, Mus. d. Stadt – **E:** seit 68, u. a. 74 Rom, Gall. Seconda Scala; 75 Mailand, Cenobio visualità; 81 Amsterdam, Multi Art Points; 82 Unna, KV; 85 Lüdenscheid, StG; Mülheim an der Ruhr, StM; 89 Essen, StG im Mus. Folkwang; 93 Herne, StG Strünkede; Herne, Emschertal-Mus.; 96 Emmerich, KV; 99 Waiblingen, Gal. d. Stadt; 02 Krefeld, KV; 04 Bochum, Kunst u. Kommunikation; 05 Krefeld, Weber; 06 Rottweil, Gerlich – **G:** zahlr. nat. u. intern. Bet., u. a. 73, 76 Recklinghausen, Ruhrfestspiele; 73–74 Belgrad, Zagreb, Warschau u. a., Inst. f. Ausldsbeziehungen d. BRD; 87 Graz, steirischer herbst; 89 Bremen, KH; 93 Dessau, Bauhaus; 99 Oberhausen, Ludwig-Gal.; 01 Dortmund, Dt. Arb.schutzausst.; Fellbach, Trienn. d. Kleinplast.; Cambridge/MA, Harvard Univ. AM: Territories. Contemp. Europ. Landscape Design; – weitere: Essen, Mus. Folkwang; Duisburg, Wilhelm-Lehmbruck-Mus.; Gelsenkirchen, SM; Gelsenkirchen, KV; – sowie Kunstmärkte u. Messen in Basel, Düsseldorf, Duisburg, Rom u. Tel Aviv – *Lit:* AKL

Essen, Mirjam (eigtl. Mirjam Angelika Essen), Malerin; c/o Schloß Stellenfleth, Stellenfleth 54, D-21732 Freiburg/Elbe, Tel. (0 47 79) 92 58 27, *mail@mirjamessen.de, www.mirjamessen.de* (* Schleswig 8. 4. 62) – **S:** 81–83 Kunststud. in Freien Ateliers in Hamburg u. Berlin; 83–85 FU Berlin (Phil.); 86–88 Alanus HS Bonn-Alfter (Grundstud. Malerie, b. Börte Schubert u. Wilfried Ogilvie); 88–94 KA Münster (Freie Kunst, Malerei b. d. Prof. Udo Scheel u. Ullrich Erben) – **Ve:** Kunsthaus Bochum 90–91 – **G/T:** Freie Malerei (Auftragsarb.); figürl. Malerei (Madonnen, Figur in Figur); Lsch. (impressionist., expressionist.); geometr. u. kosm. Abstr.; Bild u. freischwebende Säulen; Technik: Eitempera u. teilw. Applikation – **W:** überw. in Privatbes. – **Ö:** Hamburg, Foyer d. Vogthofes Ammersbek – **E:** 88 Hamburg, Rudolf-Steiner-Schule (Forum Junge Kunst); 90, 95 Hamburg-Groß-Flottbek; 95 Hamburg, Kunsttreppe; 96/97 Bonn, Ldesvertretung Hamburg; 97 Hamburg, Phönix Fabrikhallen; Bahlingen, KV; 98 Brüssel, Hanse-Office – **G:** 88 Hamburg, Waldorfschule Nienstedten (Forum Junge Kunst); 90 Bochum, Kunstachse Kortumstr. (Kat.); 91 Neu Darchau, Freie Akad. Sammatz: Kulturelle Landpartie; 97 Hamburg, Kunsttreppe: 10 Jahre – 101 Ausst. (Kat.); 98 Hamburg, GLS Blank; 99 Neetzendorf, Kulturelle Landpartie; 01 Neu Darchau, Darzau Hof: Kulturelle Landpartie – **V:** M.E. Malerei, Text : Bild – innerer Ort d. Verwandlung. Aphorist. Gedanken z. ungegenständl. Malerei (Kat., Text) 95 – ***Lit:*** Die Drei, Nov.heft 94; Daniela Skibbe: Foyer f. Junge Kunst 1986–2001. 15 Jahre Förd. zeitgen. Künstlerinnen u. Künstler aus Norddtld 01

Esser, Elger, Fotograf; Gladbacher Str. 54, D-40219 Düsseldorf (* Stuttgart 11. 5. 67) – **VG:** Köln, Johnen & Schöttle; München, Schöttle – **S:** 91–97 Staatl. KA Düsseldorf (b. Bernhard Becher, 96 Meisterschüler) – **P:** Förd.pr. f. Bild. Kunst d. Ldeshauptstadt Düsseldorf 98; DAAD-Stip. f. Italien 98; Pr. Dt. Stud.zentrum Venedig 01 – **G/T:** Fotogr. (Lsch., Veduten, Portr.) – **M:** New York, Guggenheim; Paris, FNAC – **E:** u. a. 97 Hagen, KV; 98 Siegen, KV; Neuss, Alte Post; 99 New York, Ileana Sonnabend Gall.; 00 Mannheim, Alte Feuerwache; Paris, Gal. 123; 00, 03 München, Schöttle; 01 Bologna, Gall. d'Arte Mod.; Köln, Johnen & Schöttle; 02 Siena, Mus. Pal. delle Papesse – **G:** u. a. 98 Tuttlingen, StG; 99 Turin, Bienn. della Fotogr.; Leeuwarden, Fries Mus.; Bremen, Mus. Weserburg; 02 Karlsruhe, ZKM; Düsseldorf, mus. kunst pal.; New York, Guggenheim – **V:** Veduten und Landschaften 00; Nach Italien 00; Cap d'Antifer – Etretat 02 – ***Lit:*** AKL; Koetzle 02 – (Red.)

Eßer, Uwe, Maler; Sengelsweg 61, D-40489 Düsseldorf (* Düsseldorf 3. 1. 60) – **VG:** Hannover, Drees – **S:** 81–87 Univ. Folkwang Essen (Kunst u. Gesch. b. Prof. László Lakner u. Franz Rudolf Knubel); 87–90 KA Düsseldorf (b. Prof. Beate Schiff) – **P:** Kunstpr. Grevenbroich 85; Pr. d. Darmstädter Sezession 95 – **E:** u. a. 98 Dortmund, Gal. da entlang; 99 Hannover, Drees; 01 Hamburg, Foyer f. junge Kunst; 02 Dortmund, Gal. da entlang; 03 Krefeld, ARTAX – **G:** u. a. 93 Recklinghausen, KH; 97 Krefeld, Gal. Ludwig; 00 Dortmund, Gal. da entlang; 03 Dortmund, Mus. am Ostwall; Köln, ARTicle; 04 Dortmund, Künstlerhaus – ***Lit:*** AKL – (Red.)

Essig, Karl Heinz, Maler, Graphiker; c/o Die Galerie – Sylvia Strüßmann, Krumme Str. 28, D-32756 Detmold, Tel. (0 52 31) 3 51 36, Fax 3 51 60, *info@diegalerie-struessmann.de*, *www.diegalerie-struessmann.de* – **VG:** Detmold, Strüßmann – **S:** WerkKSch Kiel – **Ve:** GbK – **G/T:** Malerei; Zchng; Graph. – **M:** Steinhagen, Slg d. Gemeinde; Waderslohn, Mus. Abtei Liesborn – **E:** u. a. Düsseldorf, Ldtag NRW – ***Lit:*** MONOGR.: Un-Sichtbar 00; Lebens-Wert 05

Esslinger, Astrid, Bildende Künstlerin; *astrid.esslinger@servus.at*, *www.servus.at/esslinger* (* Linz 3. 3. 58) – **VG:** Linz, Gal. Hofkabinett; Wien, Franzke; New York, Gall. Onetwentyeight; São Paulo, Casa da Xiclet – **S:** Univ. Salzburg (Publizistik, Kunstgesch.) – **G/T:** Acrylmalerei; Zchng; Collage; konzeptionelle u./o. redaktionelle Mitarb. an künstler. Projekten m. ges.polit. Fragestellungen – **W:** in Privatslgn in Öst., Dtld, GB, USA, Brasilien; Stadt Linz; Öst. Bundesmin.; Ld ObÖst. – **M:** Linz, Lentos; Linz, Raiffeisenbank; Linz, Spk.; Wien, Albertina; Wien, Raiffeisenbank; Wien, Wiener Städt. Versicherung – **Ö:** Gallneukirchen, Ev. Diakoniewerk; St. Agatha, Musikschule – **E:** zahlr. seit 87 in Öst., Schweiz, Ital., USA, Brasilien, Türkei, Tschechien, u. a. 04, 05 Linz, Gal. Hofkabinett; 05 Wien, Franzke; Krummau, Regionalmus.; Linz, Altes RH – **G:** u. a. 03 New York, Gall. Onetwentyeight: against the traffic; New York, Station One; 03, 05 Obermühl, Gal. Ruprecht; 04 New York, A.I.R.: Wish you were here; Piacenza, Babele Arte: Gastspiel; 05 Linz, BV Gal.: Stifter d. Ordnung halber; Linz, Radio FRO: Tune to build; 05, 06 São Paulo, Casa da Xiclet; 06 Wien, Franzke: Blickwinkel – ***Lit:*** Ausst.kat.: World now – Greetings from isolation tank 91; Muchachas – positions 95; Bilder ohne Titel 01 – ***LitR:*** Helga Schager: A.E., Portr. 03

Esslinger, Hartmut, Industriedesigner; c/o Frog Design, Kalkofenstr. 51, D-71083 Herrenberg, Tel. (0 70 32) 91 40, Fax 91 41 11, *info@frogdesign.com*, *www.frogdesign.com* (* Altensteig 5. 6. 44) – **S:** WerkKSch Schwäbisch Gmünd (Industr.design) – **M:** Chicago, Design Atheneum; London, Design Mus.; New York, Cooper-Hewitt Mus.; New York, MOMA; New York, Whitney; Nürnberg, Neues Mus.; Washington/DC, Nat. Design Mus. – **E:** u. a. 92 Hamburg, MKG; 94 Washington/D.C., Nat. Design Mus. – ***Lit:*** AKL; Contemp. Designers 97 – (Red.)

Esswein, Andrea, Bildende Künstlerin; G7, 22, D-68159 Mannheim, *eatwine@gmx.de* (* Germersheim 69) – **S:** 89–93 Univ. Landau (Kunst am Inst. f. Kunst u. Kunstwiss.) – **P:** Otto-Ditscher Pr. 94; Asterstein-Stip. d. Ldes RP 00–01; Kunstpr. Ldkr. Germersheim 01; Projektförd. d. Heny-Roos u. Dr. Werner-Ludwig-Fonds 02; Atelierstip. d. Ldes BW 03–05; Burgundstip. d. Stift. z. Förd. d. Kunst in d. Pfalz 06 – **G/T:** Kopigraphie u. künstler. Fotogr. – **W:** Ankäufe u. a. durch d. Ld RP u. d. Stift. d. Raiffeisenbank; Produktionsfotogr. f. d. Performanceprojekt 'INCUBATOR'; Portr.projekt f. d. Sozialdienst kath. Frauen u. Männer – **M:** Mainz, Slg d. Ldesbank RP; Stuttgart, SG – **Ö:** Karlsruhe, Reg.präsidium; Ludwigshafen, Kr.verwaltung; Mainz, Spk. – **E:** 00 Mannheim, Fotogal. Alte Feuerwache; 01 Eggenfelden, Schauraum; Koblenz, Haus Metternich; Mainz, Schloß Waldthausen; 02, 05 (Kat.) Ludwigshafen, Wilhelm-Hack-Mus.; 04 Stuttgart, Sozialmin. Bad.-Württ. (Kat.); Kaiserslautern, Pfalz-Gal. (Kat.); Köln, Dt. Tanzarchiv/SK Stift. Kult.; Kaiserslautern, Fruchthalle (mit Sabine Dehnel, Kat.); 05 Ulm, Stadthaus (Kat.); Heilbronn, Hagenbucher; Mannheim, Stadtgal. (m. Claus Stolz); Trier, Tufa; Mannheim, KV; 06 Berlin, c/o Gal.; Köln, Goethe-Inst. u. Dt. Tanzarchiv; New York, Goethe-Inst. – **G:** u. a. 98 Grenchen, Intern. Trienn. f. Orig.graph.; Kaiserslautern, Pfalz-Gal.; 99 Ludwigshafen, KV; Colombey, Forum d'Art; 00 Mainz, Staatskanzlei; 01 Berlin, Ldesvertretung; Brüssel, Ldesvertretung; Wien, KH Museumsquartier; Frankfurt am Main, Artbox Gal. d. Ed.; 02 Santiago de Chile, Dt. Botschaft; Ludwigshafen, Wilhelm-Hack-Mus.; 03 New York, Cynthia Broan Gall.; Ludwigshafen, KV; Ingelheim, Altes RH; 04 Mainz, Brückenturmgal.; 05 Braunau, Fotoforum – ***Lit:*** Thomas Schirmböck (Text): A. E. Kopigraphien 01

Esterer, Günther, Maler, Graphiker; Missongasse 15, A-2130 Mistelbach, Tel. (0 25 72) 58 80, Fax 5 88 04, *guenther@esterer.at*, *www.esterer.at* (* Mistelbach 25. 10. 42) – **S:** Autodidakt (Privat b. Prof. A. Haller u. Prof. Franz Kaindl) – **KGr:** ars98 – **KGe:** Weinviertler Künstler – **G/T:** abstr. Lsch. des Weinviertels (Öl, Acryl, Pastell, Aqu., Druckgraph.) – **K:** Malakad. Mittelbach (Kurse in Aqu., Druckgraph., Monotypie, Rad., Holz- u. Linolschn.) – **W:** private Ankäufe; NdÖst. Ldesregierung; Stadtgemeinde Mistelbach – **Ö:** Gaweinstal, VHS; Laa/Thaya, Thermenhotel – **E:** 96 Neumarkt, Kulturstadel; 03 Mistelbach, Barockschlössl; 05 Großrußbach, Bildungshaus; 06 Kirchstetten, Schloß; Mistelbach, Kunst im Krankenhaus – **G:** 81 Mistelbach, Barockschlössl: Künstler im Weinviertel; 03 Bratislava, Kult.haus; 04 Stockerau, Belvedereschlößl; 05 Břeclav/CZ, Graph. – **V:** Rudolf Weiß: Erdenbürger (Aqu.) 98

Estis, Nikolai; Berlinerstr. 23, D-25421 Pinneberg, Tel. (0 41 01) 7 37 35, Fax 7 22 01, *ESTIS@web.de*. Dubininskaja ul. 2/32, RUS-113054 Moskau, Tel. (00 70 95) 2 35 67 44 (* Moskau 8. 8. 37) – **VG:** Hamburg, Art goes public – **S:** 54–58 KHS Moskau (Meisterkl. Prof. A. Djudin) – **P:** zwölf versch. Stip. d. Künstlerverb. Russland 66–85; Stip. d. Ldes SH 96 – **Ve:** Künstlerverb. Russland 75; Intern. Künstlervrg 86; BBK Schlesw.-Holst. 97 – **KGe:** Künstler und Zeit: N. E. und Alexander Estis (seit 00) – **G/T:** Malerei (Tempera auf Papier o. Leinwand, meist in Zyklen); Graph. (Lith., Rad., Linolschnitt, in 60er-70er Jahren) – **K:** Graph., Zeichnen, Malerei, Aqu. – **W:** zahlr. Werke in Privatbes. im In- u. Ausland – **M:** u. a. Moskau, Puškin-MBK; Moskau, Tret'jakov-Gal.; Tallinn, Eesti KM; Washington, Slg d. Wiss.akad. – **E:** seit 66 mehr als 70 Einzelausst., u. a. 66 Moskau, Zentrales Haus d. Kunstschaffenden; 83 Tallinn, Eesti KM; 91 Helsinki, Gal. Leonardo; 94 Moskau, Zentrales Haus d. Künstler; 96 Oslo, Kult.haus; 99 Hamburg, Speicherstadtmus.; 02 Moskau, Haus d. Kinos; Hamburg, Michaelkirche – **G:** seit 60 zahlr. Ausst.bet., u. a. in Dtld, Griechenland, Israel, Ital., Kanada, Öst., Russland u. d. USA – **V:** in 60er u. 70er Jahren zahlr. Ill. belletristischer u. poetischer Werke, u. a. A. Platonov, A. Grin, M. Zoščenko u. R. Bradbury – ***Lit:*** E. Žukova: N. E., Monogr. 92; L. Annunskij: Chaos, Kosmos, Estis, Rezension 94; Russische jüdische Enzyklopädie, Bd. 3 01; Abstrakte Malerei im Russland des 20. Jh's, Bd I u. II 01; N. Beloglazova: N. Estis, in: Lexikon der Künstler der Welt, Bd. 33 03 – ***LitR:*** mehrere dok. Sdgn u. Interviews im russischen Fs. u. RF, z.B. Reportage aus dem Atelier, Portr./Dok., Rossijskoe Televidenje 95; V. Ivanov u. A. Kogon: Und es gibt kein Ende, Dok. 02

Estoppey, Pierre, Maler, Graphiker, Szenograph, Illustrator, Entwurfsgestalter, Architekt; Avenue de Savoie 4, CH-1003 Lausanne/VD (* Lausanne 29. 6. 11) – **S:** 27–30 Éc. cantonale de Dessin de Lausanne – **P:** Bourse fédérale des BA 41 – **M:** Aigle, Mus. de la Vigne et du Vin – **Ö:** Avully, Kirche (Glasfenster); Lausanne, Kirche Notre-Dame du Valentin: (farbl. Gest. v. Wänden, Fußböden u. Glasfenstern); – Wandmalereien: Lausanne, Collège du Belvédère; ebda, Druckerei Roth et Sauter (Fassadendekoration), Inst. de Médecine; Bibliotheque cantonale – **E:** u. a. 86 Lausanne, Mus. cantonal des beaux-arts; 91 Lausanne, Vallotton – **V:** livre d'art, Ed. du Verseau 86 – ***Lit:*** AKL; BLSK 98 – (Red.)

ÉTIEN (eigtl. Steven Jones), Maler u. Fotograph; Klausingweg 2, D-80797 München, Tel. (0 89) 30 65 99 28, *etienart@yahoo.com*, *www.etien-art.com*. 4803 Tallahassee Ave., Rockville MD 20853/USA, Tel. (03 01) 9 46 72 84 (* Takoma Park/Maryland 30. 8. 48) – **VG:** Köln, Clasen; Münster, Frye & Sohn – **S:** 67–71 Rutgers Univ. (Dipl. Meteorologie); 71–73 Art Students League New York (b. Julian Levi u. Robert Brackmann) – **P:** Pr. d. Festival Intern. de la Peinture Cagnes-sur-Mer (Mention Speciale) 87 – **W:** zahlr. Arb. in Privatbes.; künstler. Zus.arb. m. d. Bay. Spk.- u. Giroverb. (86), Siemens Nixdorf (94), Seat Volkswagen (95) u. Apple Computer (99) – **M:** Menton, Mus. de la Ville – **Ö:** Landshut, Spk.-Akad. Bay.; München, Bay. Spk.- u. Giroverb. – **E:** / G: 75 Lahaina/Hawaii, Art Society; 76 Vence, Found. Karolyi; 76, 77, 78 Nizza, Artpress Intern.; 77 Lahnstein, Stadthalle; 78 Toulon, Salon Intern.; Toulon, Gal. Franklin Roosevelt; Bolléne, Salon de Nöel; 78, 79, 80 Paris, Grand Pal.; 79, 80, 82, 84 Nizza, Clasen; 79 Lyon, Verriére; 80 Paris, Jacques Boulan; 81 Regensburg, Bäumler; München, Amerikahaus; Nizza, Gal. de la Marine; Worpswede, Bollhagen; 83 München, Haus d. Kunst; Stuttgart, Götz; 84 Nizza, Krivy; 85 New York, 112 Greene Street; 86 New York, Art Gall. 54; 87 Cagnes-sur-Mer, Festival Intern. de la Peinture; 87, 89 New York, Clasen; 87, 88 Menton, Pal. de l'Europe; 88, 96, 99 Münster, Frye & Sohn; 89 Boca Raton/Florida, Patrica Judith Gal.; Brignoles, Bienn. Intern. D'Art Contemporain; 90 New York, Amnesty Intern. Expo; 92 Ohio, Butler Inst. of American Art; 93, 94 Köln, Clasen; 93 Boston, Brenda Tylor – ***Lit:*** BUCHVERÖFF.: Jean-Robert Delahaut, Ewald B. Lensac u. Jackson Shaw: ETIEN 82; Bay. Spk.- u. Giroverb. (Hrsg.): Kunst in der Sparkassen Akademie Bayern 88; Les Krantz (Hrsg.): The New York Art Review, Third Ed. 88; Amnesty Intern.: Artists For Amnesty 90; – KAT.: Pierre-Jean Laspeyres (preface) 80; Michel Desforges (preface) 80; Jackson Shaw (preface), in: ETIEN 85; Michael Gaudet (preface), in: ETIEN 87; Michael Wessing (preface), in: ETIEN – 1988 88; Dennis Wepman (preface), in: ETIEN – Works on Canvas and Paper 1989–1991 91; Gisela Kleine (preface), in: ETIEN – Spielformen erlebter Kräfte 96; – sowie zahlr. Art. in Ztgn u. Zss, u. a. in Semaine des Spectacles 216 76, 242 76, (ETIEN-Metafacts) 78, 788 87; Patriote 480 76; Vision Sur les Art 118 78; Galerie Artpress International 78; Die Woche 81; Kurier Tageszeitung 12–13/9 81; Münchens feine Adressen 83; Artspeak VI 16 85, VII 5 85; UND 86; Nice Matin 14523 87; Le Figaro 57,984 87; Demeures + Chateaux 43 88; Münstersche Ztg 118 88, 155 96; Westphäl. Ztg 15/16. Nov. 88; Süddeutsche Ztg, Ausg. Starnberg 142 90; Kölner Stadt Anzeiger 255 94; Rhein Ztg 97; L'Amateur d'Art 620 98

Etter, Ueli (* Uhwiesen/Zürich 9. 6. 63) – **VG:** Zürich, Bächler – **S:** 82–83 HdK Berlin (freie Kunst) – **P:** u. a. Arb.stip. d. Berliner Senats 90; Atelierstip. d. Künstlerhauses Bethanien Berlin 91; Stift. Kult.fonds 95; sowie Förd. div. Projekte – **G/T:** Zeichn., Siebdruck, Install., Plast., Fotogr., Film- u. Fs.dekor – **W:** div. Install. u. Performances – **E:** /G: Install. u. Performances: u. a. 88 Schaffhausen, Haus Grünenberg; 89 Berlin, Kutscherhaus; 90 Kassel, Schmitz; 92 Berlin, Schwules Mus.; 96 Berlin, Zwinger Gal.; 99 Tel Aviv, Beit Ha'am; 00 Zürich, Bächler; 01 Zürich, Bächler; Grenchen, Kunsthaus – ***Lit:*** AKL; BLSK 98 – (Red.)

Ettl, Georg, Objektkünstler, Maler; Rahserstr. 14, D-41747 Viersen (* Nittenau/Bay. 31. 3. 40) – **S:** 60–68 Wayne State Univ. Detroit; Sorbonne Paris (Kunst, Phil., Lit.) – **L:** 66–73 Wayne State Univ. Detroit; Macomb College Detroit – **M:** u. a. Detroit/MI, Inst. of Arts; Kleve, Mus. Kurhaus; Krefeld, Kaiser-Wilhelm-Mus.; Limoges, Fonds Rég. d'Art Contemp.; Lyon, Fonds Rég. d'Art Contemp. Rhône-Alpes; Mönchengladbach, StM Abteiberg; Tokio, NM of Mod. Art – **Ö:** Euskirchen, Amtsgericht; Mönchengladbach, St. Albertus; Neuss, Heilig-Geist-Kirche; Viersen, Kr.haus – **E:** u. a. 77 Mönchengladbach, StM Abteiberg; 87 Cham, StG; 94 Aachen, KV; 95 Düsseldorf, Conrads; 00 Tübingen, Dacić – **G:** u. a. 69 Detroit/MI, Inst. of Arts; 88 Kassel, Fridericianum; 89–90 Tokio, NM; 01 Düsseldorf, Mus. Kunst Pal. – ***Lit:*** AKL – (Red.)

Ettlinger, Stefan, Maler; Aachener Str. 251, D-40223 Düsseldorf, *stefan.ettlinger@gmx.net* (* Nürnberg 28. 11. 58) – **VG:** Berlin, Stüber; Düsseldorf, Walbröl – **S:** 80–88 Staatl. KA Düsseldorf (Meisterschüler v. Alfonso Hüppi) – **P:** Lisa u. David Lauber-Pr. 89; Ringenberg-Stip. d. Ldes NRW 90; Balmoral-Stip. 00; Stift. Kunstfonds – Arb.- u. Projektstip. 01; Stip. d. Barkenhoff-Stift. Worpswede 04 – **M:** Krefeld, Kaiser-Wilhelm-Mus. – **E:** u. a. 91 Köln, Jablonka; 92, 94, 96 Düsseldorf, Langenkamp; 99, 01, 03, 05 Düsseldorf, Walbröl; 01 Basel, Zellweger; 02, 03, 04 Berlin, Stüber; 02 Krefeld, Haus Esters; 03 Baden-Baden, SKH – **G:** u. a. 86 Düsseldorf, Mus. Kunst Pal.; 90 Köln (The Köln Show); 95 Kleve, StM Haus Koekkoek; 96 Kornwertheim, StG; 99 New York, Greene Naftali Gall. – (Red.)

Etz, Klemens, Maler u. Kunstakademiker; Pfullendorfer Str. 4, D-89079 Ulm, Tel. u. Fax (07 31) 4 33 34 (* Bukarest 18. 7. 34) – **S:** 60–63 Pädagogische HS f. Bild. Kunst Bukarest; 77–82 KA Bukarest – **P:** Pr. d. Nat. Reining Horse Assoc. Germany (3. Pr.) 01 – **KGr:** Wiblinger Ring (Ulm, 95–99, Gründer, künstler. Leiter u. 1. Vors.) – **G/T:** Öl- u. Acrylmalerei, Landschaft, geometrische Abstr., konkrete Malerei – **K:** Zeichn. u. Malerei (Aqu., Öl, Acryl); Akt u. Landschaft – **W:** Gemälde in Privatbes. in Dänemark, Dtld, Engld, Frkr., Ital. Kanada, Öst., Thailand, Rumänien u. d. USA; – weitere Arb. in Bes. d. Städte Bukarest, Chauny, Öhringen, Ulm u. Neu-Ulm – **Ö:** Ulm, Familienbildungsstätte; Ulm-Wiblingen, Klosteranlage – **E:** zahlr. Einzel- u. Gruppenausst. in Rumänien, Öst., Dtld, Ital. u. Frkr. seit 64, u. a. 66 Giurgiu/Rumänien, Haus d. Kult.; 67–74 Ausst. im Jgdkr. d. Rumänischen Künstlerverb.; 72, 74 Weitendorf, Gregoritsch; 74–83 Bukarest, Salon Municipal (Ausst. d. Zeichenprof.); 85–94 Ulm, Herbstsalon; 87 Ulm, Steinhaus; 88 Ulm, Avantgarde; Ulm, Ulmer Mus.; 89 Blaubeuren, Erdmann; 91, 96 Neu-Ulm, Stadtbücherei; 91–98 Pistoia, Lanceole, Piteglio, Piteccio, Marliana, Montecatini Terme; 99 Herne, Lygnaß; 00 Chauny, Gal. d'art contemporain; Öhringen, Schloßgal.; Berlin, Kongreßhalle; Heilbronn, AOK Ausst.räume; Pforzheim, SM; 01 Holfeld, Mus.; Leipzig, Virtuelle Gal. Krüppe; Kreuth/Rieden, Ostbay.halle; Erfurt, Vostry; 01, 02 Prora, Russo; 02 Laon, Maison des Arts et Loisirs; Wilhelmsdorf, Gotthilf-Vöringer-Schule; Friedrichshafen, Plattform; 03 Ravensburg, Kult.laden Karacho; Kempten, KH; 03, 04 München, Haus d. Kunst; 04 Ulm-Wiblingen, Klosteranlage (Dauerausst.) – (Red.)

Etzer, Peter Apollonius, Maler, Graphiker; c/o Galerie Maegle im Palais Harrach, Freyung 3, A-1010 Wien, Tel. u. Fax (01) 5 35 45 90, *galerie@maegle.at*, *www.maegle.at* (* Zell am See/Salzburg 27. 5. 44) – **VG:** Wien, Maegle – **S:** Ausb. als Lithograph – **G/T:** Malerei (Öl, Landschaft, Stilleben); Hschn.; Orientierung am frz. Pointillismus – **W:** überw. in Privatbes. – **E:** 91 Rosenburg/NdÖst., Schloß-Mus.; 93 Kitzbühl, Gal. Pro Arte; 95, 96 Salzburg, Gal. Franziskanergasse; 95, 03 Wien, Maegle; 98 San Francisco, Gall. Europa – **G:** Ausst.bet. auf div. Kunstmessen in Öst. – **R:** Präsentation, ORF 93, 96 – ***Lit:*** Rudolf Maegle: Edith Hosp, P.A.E. – Künstlerische Zwischenbilanz 99 (Monogr. zur Kunst Österreichs im 20.Jh., 9); – sowie div. Kataloge

Eule s. Franz, Ulrike C.

Euler, Christoph (eigtl. Christoph Euler-Rolle), Graphiker, Konzeptkünstler; Heigerleinstr. 24, A-1160 Wien, Tel. 06 9 919 23 57 72 (* Wien 20. 10. 73) – **S:** 93–96 ABK Wien (Malerei b. Arik Brauer u. Graph. b. Gunter Damisch); 95 Univ. Complutense Madrid; seit 00 Univ. f. angew. Kunst Wien (Medientheorie b. Manfred Fassler) – **M:** Wien, Kult.abt. d. Stadt – **E:** / G: u. a. 98 Wien, Kpst.-Kab. d. ABK; 99 Wien, GG d. ABK; 00 Wien, Gal. Alte Schmiede; Götzis, Bildungshaus St. Arbogast; Wien, Artothek Gal.; 03 Wien, KH Museumsquartier – ***Lit:*** AKL – (Red.)

Eusebius s. Wirdeier, Eusebius

Eva & Adele; c/o Galerie Jérôme de Noirmont, 36–38, Avenue Matignon, F-75008 Paris, Tel. (01) 42 89 89 00, Fax 42 89 89 03, *info@denoirmont.com*, *www.denoirmont.com* – **VG:** Paris, Noirmont – **G/T:** Malerei, Graph., Skulpt., Install., Fotogr., Video, Performance – **W:** Werke in zahlr. Privatslgn – **M:** Berlin, Neuer Berliner KV (Video-Forum); Berlin, SMPK Kpst.-Kab.; Graz, Öst. Skulpt.park; Hannover, Sprengel Mus.; Helsinki, Kiasma MCA; Los Angeles, Frederick R. Weismann Art Found.; Paris, Maison Europ. de la Photogr.; Rotterdam, Mus. Boymans Van Beuningen – **E:** zahlr. Ausst., u. a. 97 Hannover, Sprengel Mus.; 98 New York, Generous Miracles Gall.; 99 Berlin, Neuer Berliner KV; 00 Saarbrücken, Saarland-Mus. Mod. Gal.; Lübeck, Overbeck-Ges.; 00, 01, 03 Paris, Noirmont; 03 Andratx/Mallorca, Centro Cultural; Zweibrücken, Villa Xpira; Graz, steirischer herbst; Skärhamn, Nordiska Akvarell-Mus.; 04 Toulouse, Les Abattoirs; – zahlr. Performances, u. a. 91 Berlin, Martin-Gropius-Bau; 92, 97, 02 Kassel, documenta; 93, 95, 97, 99, 01 Venedig, Bienn.; 99 Zürich, Kunsthaus; 02 Gateshead, BALTIC – The Center for Contemp. Art – **G:** zahlr. Ausst.bet., u. a. 98 Tokio, Hara MCA; 01 Rotterdam, Mus. Boymans Van Beuningen; 03 Luxemburg, Forum d'art contemp.; 04 Rio de Janeiro, Banco do Brasil; Nantes, Le Lieu Unique – ***Lit:*** AUSST.KAT. Eva & Adele: Ulrich Krempel u. Paolo Bianchi: Cum 97; Renate Puvogel, Robert Fleck, Thomas Wulffen u. Paolo Bianchi: Where Ever We Are Is Museum 99; Dietmar Kamper u. Bernd Rosner: Not-Licht auf Weimar 99; Thea Herold, Gesine Last u. Dietmar Kamper: Logo. Mediaplastic, Wings, Lingerie 00; Robert Fleck: Close up & Blow up 00; Bera Nordal, Andreas Schalhorn u. Sabine Kampmann: Day by Day-Painting 03 – (Red.)

Evers, Dunja, Bild. Künstlerin; c/o fiedler contemporary, Lindenstr. 19, D-50674 Köln, Tel. (02 21) 9 23 08 00, Fax 24 96 01, *info@ulrichfiedler.com*, *www.ulrichfiedler.com* (* Hamburg 63) – **VG:** Köln, Fiedler – **S:** 82–86 ABK Wien (Meisterkl. Arnulf Rainer) – **L:** 96–00 Univ. Dortmund (LAuftr. f. Fotogr.); 97 Univ. California St. Barbara (Gastprof. f. künstler. Fotogr.) – **P:** Arb.stip. d. Senators f. Kult. Angelegenheiten Berlin 89; Stip. d. Stift. Kulturfonds 94; Stip. f. Bild. Künstlerinnen d. Ldes NRW 97 – **Ve:** VG Bild 00 – **G/T:** Fotogr. (Mixed Media, künstler.); Malerei; Film – **M:** Berlin, Berlinische Gal.; Berlin, Slg d. BRD; Bonn, KM; Düsseldorf, Mus. Kunst Pal.; Frankfurt am Main, Slg d. Dt. Zentralgenossenschaftsbank; München, Lenbachhaus; München, SM; Winterthur, Foto-Mus. – **E:** 94, 96, 98, 00 Düsseldorf, Taubert; 99 Santa Barbara, Contemp. Art Forum; 00 Berlin, Wohnmaschine 01, 02 Winterthur, Foto-Mus.; Bonn, KM; Göttingen, KV – **G:** zahlr. Ausst.bet. seit 85 97 Berlin, Martin-Gropius-Bau; 97, 98 Mönchengladbach, StM Abteiberg; Krems, KH; Winterthur, Foto-Mus.; 99, 00 München, SM – Foto-Mus.; Kopenhagen, Nikolay Contemp. AC; 00 Nürnberg, KH; 02 Düsseldorf, Mus. Kunst Pal.; München, Dt. Mus. – ***Lit:*** Urs Stahel u. Stefan Gronert (Hrsg.): D. E. Zustände, Ausst.kat. 01 – (Red.)

Evita s. Gründler, Evita

Evrard, André, Maler, Zeichner, Graphiker; ch. des Saules 11, CH-2013 Colombier/NE, Tel. 03 28 41 15 16 (* La Chaux-de-Fonds 1. 4. 36) – **S:** 54–59 Éc. d'Art La Chaux-de-Fonds (b. Lucien Schwob) – **P:** Graph.pr.

66; Bourse fédérale des Beaux-Arts 68, 69, 70; Malereipr. d. MBA 72; Victor-Choquet-Pr. 71; Pr. d. Fond. Alice Bailly 71; Pr. d. Jury d. Mus. Jenisch 74; Pr. d. Inst. neuchâtelois 87 – **M:** Bremen, KH; Brüssel, Kpst.-Kab. d. Bibliothèque Royale; Genf, Cab. des Estampes du Mus. d'Art et d'Histoire; Karlsruhe, SKH; Kiel, KH; La Chaux-de-Fonds, MBA; Le Locle, MBA; Neuchâtel, Mus. d'art et d'hist.; Vevey, Mus. Jenisch – **Ö:** La Chaux-de-Fonds, Konservatorium; Neuchâtel, Univ. – **E:** zahlr., u. a. 91, 93, 94 Paris, Rouland; 91, 94, 98, 02 Biel, Steiner; 92, 96, 03 Vevey, Arts et Lettres; 95, 01, 05 Neuchâtel, Ditesheim; 97, 98 Locarno, Portico 3; 99 Vevey, Mus. Jenisch; Le Locle, MBA; 02 Egmond aan Zee/Niederl., Kasteel; 03 Cagliari, Mus. – **G:** zahlr., u. a. 69 Paris, Salon des Réalités nouv.; 83 Baden-Baden, SKH; 00 Grenchen, Intern. Trienn. f. Orig.graph. 05 Trubschachen, Schweizer Kunst – ***Lit:*** AKL; BLSK 98 – ***LitR:*** Evrard, Film (Obsidiane La Chaux-de-Fonds)

Ewers, Robbert, Maler; Am Ruhrstein 45, D-45133 Essen, Tel. (0201) 6158464, *info@robbert-ewers.de, www.robbert-ewers.de*

Ewgraf (Ps. f. Alexander Rykov, weiteres Ps.: Sibirsky), Kunstmaler, Plastiker, Objektkünstler; c/o BBK München u. Obb., Maximilianstr. 42, D-80538 München, Tel. (089) 220463, 2199600, Fax 21996050, *info@ewgraf.com; alexander@ewgraf.com, www.muenchen-oberbayern.bbk-bayern.de; www.ewgraf.com* (* b. Irkutsk/Sibirien 15.6.61) – **VG:** München, Moutier – **S:** 78–80 Städt. Ksch Irkutsk – **L:** 97–00 VHS München (Doz. f. Kunstunterricht) – **Ve:** BBK Bay. seit 93 – **G/T:** abstr. Malerei; Objektkunst (Gips, Holz, Metall) – **W:** überw. in Privatbes. – **M:** München, Bay. Staatsgemäldeslgn – **E:** zahlr. Ausst. in Dtld u. Frkr. – **G:** 03, 04 München, Große Kunstausst. im Haus d. Kunst – (Red.)

Exler, Stefan; c/o Wohnmaschine, Tucholskystr. 35, D-10117 Berlin, *info@wohnmaschine.de* (* Gießen 68) – **VG:** Berlin, Wohnmaschine – **S:** HBK Hamburg (b. S. Balkenhof, A. u. B. Blume, D. Graham) – **G/T:** Fotogr. – **W:** mehrere Werke in Privatbes. – **M:** Frankfurt am Main, Dt. Börse; Frankfurt am Main, MMK; Hamburg, KH; Nürnberg, Neues Mus. – **E:** 02 Berlin, Wohnmaschine; 05 Hamburg, KH – **G:** Ausst.bet. seit 94, zuletzt 99 Wolfsburg, KM; 01, 02 Frankfurt am Main, MMK; 01, 03 Hamburg, Produzentengalerie; 02 Hannover, KV; 03 Esslingen, StG Villa Merkel – (Red.)

Exner, Andreas, Objekt- u. Installationskünstler, Fotograf; Hanauer Landstr. 30, D-60314 Frankfurt am Main (* Gelsenkirchen 26.3.62) – **VG:** Düsseldorf, Schuler – **S:** 85–86 FHS Münster (FB Design); 86–87 FHS f. Kunst u. Design Köln (Malerei b. Franz Dank); 88–93 Städelschule Frankfurt am Main (b. Reimer Jochims u. Jörg Immendorff, 93 Meisterschüler) – **P:** Kunstpr. Ökologie 91; Villa-Romana-Pr. 94; Art Cologne-Pr. 97; Balmoral-Stip. 97; Hess. Arb.stip. 98; Stip. d. Barkenhoff-Stift. Worpswede 99 – **E:** seit 90, u. a. 97 Köln, Krips; Frankfurt am Main, Adamopoulos; 98 Rotterdam, Goethe-Inst.; 99 Frankfurt am Main, Dresdner Bank; 00 Nürnberg, Lindig – **G:** seit 90, u. a. 97 Esslingen, StG Villa Merkel; Berlin, shift; 98 Freiburg im Breisgau, KV; Gera, KS; 01 Nordhorn, StG – ***Lit:*** AKL – (Red.)

Export, Valie (eigtl. Waltraud Höllinger, geb. Waltraud Lehner), Prof., Medienkünstlerin; c/o Kunsthochschule f. Medien Köln, Peter-Welter-Platz 2, D-50676 Köln, Tel. (0221) 201890, Fax 2018917, *export@khm.de*. lebt in Köln u. Wien (* Linz 17.5.40) – **VG:** München, Gross; Wien, Fotogal. Wien – **S:** 56–59 KGS Linz; 60–64 Höhere Bundeslehr- u. Versuchsanstalt f. Textilindustr. Wien (Design) – **L:** 83–92 ABK München; San Francisco Art Inst. u. Inst. of Media Arts d. San Francisco State Univ.; Intern. Sommerakad. Salzburg; HS für angew. Künste Wien (alles Gastprof.); 89–92 Univ. of Wisconsin-Milwaukee, School of Fine Arts (Prof.); 91–95 HdK Berlin (Prof. im FB Visuelle Kommunikation, 94–95 Vize-Präs.); seit 95 KHS f. Medien Köln (Prof. f. Multimedia-Performance) – **P:** Gabriele Münter Pr. 97; Oskar Kokoschka-Pr. 00 – **KGr:** Wiener Aktionisten – **G/T:** Body Art, Expanded Cinema, Install., Film, Video, Fotogr., Medienkunst – **M:** Graz, LM Joanneum; Klosterneuburg/NdÖst., Slg Essl; Linz, LG; Salzburg, Rupertinum – **E:** zahlr. Einzelausst., u. a. 97 Wien, MMK Stiftung Ludwig; 96 Köln, Feminale; 98 Aachen, KV; 99 Frankfurt am Main, Tolksdorf; 00 New York, Klemens Gasser u. Tania Grunert, Inc.; Innsbruck, Gal. im Taxispal.; 01 Santa Monica, Mus. of Art; Los Angeles, Maltz Gall., Otis College of Art and Design; 03 Paris, Centre Nat. de la Photogr.; Berlin, AK; 05 Klosterneuburg/NdÖst., Slg Essl – **G:** u. a. 77 Kassel, documenta; 80 Venedig, Bienn.; 84 Berlin, Intern. Filmfestspiele; 00 Barcelona, Fundación Miró; 01 Wien, Generali Found.; 02 München, Friedrich & Ungar; Wien, Charim; Gmunden, Gal. 422; Wien, KH; Darmstadt, KH; 03 Minneapolis/MI, Walker AC; Linz, Lentos; Graz, LM Joanneum; Wien, Exner – weitere: New York, MOMA; Paris, Centre Pompidou; Wien, Gal. nächst Sankt Stephan; Wien, MMK Stiftung Ludwig; – Filmfestivals: Berlin, Cannes, Hongkong, London – **V:** Publ. z. zeitgen. Kunstgesch. – **R:** Invisible Adversaries 76; Menschenfrauen, Spielfilm (Regie) 79; Die Praxis der Liebe, Spielfilm (Regie u. Drehb.) 84; Lust 86 – ***Lit:*** AKL; Reclams Künstlerlex. 02 – (Red.)

Eyck, Veronika van, Bildhauerin, Graphikerin, Collagistin (* München 26.8.36) – **VG:** München, Dürr – **S:** KGS Zürich (u. a. b. Johannes Itten); 56–60 Akad. Brera Mailand (b. Giacomo Manzù u. Marino Marini) – **M:** Brasilia, Centro cultural; Braunschweig, StM; Kapstadt, Stuyvesant Found.; Mailand, Banca Poplare Comercio Industria; Mailand, Credito Italiano; Mountainville/NY, Storm King AC; München, Bankhaus Haug u. Aufhäuser; Remscheid, StG; Rio de Janeiro, Mus. Nacional de Belas Artes; Vaduz, Bürotel – **E:** zahlr., u. a. 91, 96 Mailand, Zunino; 91, 93, 94, 96 München, Dürr; 94 Mailand, Mus. della Basilica di S. Ambrogio; Corsica, La Pianta; 96 Mailand, Lombardo – **G:** zahlr., u.a 79 Mailand, Mostra Intern. di Scultura; 90, 00 München, Dürr; 94, 96 Köln, Art Cologne; Köln, Dürr; 95 Nürnberg, Dürr – ***Lit:*** AKL – (Red.)

eye-D-ear s. Illig, Constanze

eye-D-ear s. Illig, Norbert

Eyferth, Konrad, Dipl.-Illustrator; Plüschowstr. 9a, D-14165 Berlin, Tel. (030) 80909303, *eyferth@web.de, www.illustration.de* (* Hamburg 27.2.64) – **S:** FHS f. Gest. Hamburg – **P:** L+M Comicpr. 93; ADC Dtld (Bronzemed. f. Werbung) 95; Kath. Kinderbuchpr. 03 – **G/T:** Ill. – **V:** ILL.: Der Zauberschrank der Königin 01; Das Spiegellabyrinth des Königs 03; Da stimmt was nicht 04

Faaborg, Carin, Malerin; c/o Galerie von Loeper, Eppendorfer Landstr. 44, D-20249 Hamburg, Tel. (040) 453292, Fax 442996, *vonloeper@galerie.de, www.galerie-vonloeper.de; www.galerie.de/von-loeper* (* Maribo 19.9.43) – **VG:** Hamburg, Loeper – **S:** 61–64 Danish SchA and Design Copenhagen; 86–93 Univ. Kopenhagen (Theologie) – **L:** 90–00 Tätigkeit als Kunstlehrerin – **P:** Reisestip. d. Kultusmin. Norwegen 64; Reisestip. Knud Højgards Stift. (f. Griechenld u. Ital.) 96; Reisestip. d. Krista u. Viggo Petersens Stift. (f. Mexiko u. New York) – **G/T:** Beschäftigung m. Grabkunst: Rubbings o. Frottagen v. Grabsteinen; Kalligraphie – **E:** u. a. 80 Ribe, KM; 95, 98 Kopenhagen, Den Frie; 96 Aarhus, Künstlerhaus; 99 Amsterdam, Scandinavia Form Gall.; 00 Toscana, Congress d. Journal of the Amer. Podiatric Assoc.; Hamburg, Loeper – **G:** u. a. 02, 03 Hamburg, Loeper – **V:** Looking for the Sicilians – ***Lit:*** Danmark Til Hamborg 00 – (Red.)

Faber, Johannes, Fotograf, Kurator, Galerist; Brahmsplatz 7, A-1040 Wien (* Wien 25. 3. 52) – **VG:** Wien, Faber – **S:** Autodidakt – **P:** Staatsstip. f. künstler. Fotogr. 87; Staatsstip. f. Rom, Paris u. London 89, 93, 96 – **M:** Salzburg, Rupertinum; St. Pölten, Ndöst. LM; Wien, Kult.abt. d. Stadt; Wien, Slg Fotografis Länderbank; Wien, Slg d. Bundes – **E:** zahlr., u. a. 87 Wien, Heiligenkreuzer Hof; Graz, Kult.haus; 90 Gaweinstal/NdÖst., Gal. Brünner Str.; Wien, WUK; 95 Wien, Messepal. – ***Lit:*** AKL – (Red.)

Faber, Maria-Luise, Bildhauerin, Keramikerin; Dorfstr. 7, D-15838 Lindenbrück, *olt@macnews.de*, *www.zossen.de/index* (* Berlin 9. 9. 57) – **S:** 80–83 HBK Dresden (Bildhauerei); 83–85 KHS Berlin-Weissensee (Bildhauerei) – **P:** Stift. Kunstfonds – Arb.- u. Projektstip. 94, 01; Aufenthaltsstip. Künstlerhaus Lukas, Ahrenshoop 96; Arb.stip. f. Bild. Kunst 97 – **E:** zahlr., u. a. 93 Salzwedel, Mönchskirche; 97 Dessau, Winterquartier; 98 Rangsdorf, Seitenflügel; 02 Glashütte, Gal. Packschuppen; – weitere: 00 Kleine Gal. Zossen – **G:** zahlr., u. a. 98 Potsdam, Kunstspeicher; 99 Berlin, Kult.-forum Villa Oppenheim; Berlin, RH Schöneberg; 00 Berlin, Frankfurter Allee; 02 Berlin, Kunsthaus Flora – ***Lit:*** AKL – (Red.)

Faber, Ursula (geb. Ursula Postel), Malerin; Birkenweg 1, D-67259 Großniedesheim (* Ludwigshafen/Rhein 18. 1. 50) – **S:** 82–92 Europ. ABK Trier; Freie Akad. Mannheim (Malerei u. Graph.) – **Ve:** KV Die Treidler 91; BBK Rh.-Pf. 96 – **G/T:** Malerei (u. a. Öl, Aqu., Acryl, Gouache, semi-abstrakt); Handdruck; Collage; Zeichnung; inneres u. äußeres Spannungsfeld Mensch – **M:** Rockenhausen, Mus. Pachen – **Ö:** Mainz, Staatstheater; Mainz, Gutenberg-Klinik; Frankenthal, Stadtwerke; Frankenthal, Städtisches Krankenhaus; Ludwigshafen, Kr.spk.; Bobenheim-Roxheim, RH – **E:** zahlr. Ausst. seit 95, u. a. 94 Großkarlbach, KV Sieben Mühlen; 95 Rheinfelden, Mus. Salmegg; 00 Kleinniedesheim, Schloß Freiherr v. Gagern; 01 Worms, Mus. Kunsthaus Heylshof – **G:** zahlr. Ausst. seit 87, u. a. 96 Györ, Frauen-Mus.; 97 Bingen, Hildegard v. Bingen-Kunstpr.; 98 Mainz, Staatstheater; Mainz, RH; 99 Mainz, Landtag d. Bundesldes RP; Mainz, Kurfürstl. Schloß; 00 Mannheim, Reiß-Mus.; 01 Hofbieber, Kunststation Kleinsassen; 02 Berlin, Kleisthaus; Kaiserslautern, Pfalz-Gal.; 03 Frankenthal, RH – ***Lit:*** Dr. Helmut Orpel: Neue Perspektiven auf d. Leben, Art Profil 00; Jutta Hofmann: Porträt, Frankenthal Lokal 01; Allgemeines Künstler Lexikon, 02 – (Red.)

Fabian, Frank, Maler, Gemälderestaurator, Schriftsteller; c/o adp Künstlergruppe, Lohstr. 37, D-31785 Hameln – **VG:** Hameln, Gal. Künstlergruppe adp – **S:** Maler; Gemälderestaurator; Kunsthistoriker – **KGr:** adp – **G/T:** u. a. Landschaftsmalerei (Öl, Tempera, gegenständlich) – **M:** Hameln, Gal. Künstlergruppe adp – **E:** / G: ständige Ausst. in Hameln, Gal. Künstlergruppe adp – ***Lit:*** Werkkat.

Fabian, Hubert, Bildhauer; Klingelpütz 33/35, D-50670 Köln, Tel. (02 21) 13 82 30, Fax 12 58 27, *h.fabian@netcologne.de* (* Köln 10. 4. 55) – **S:** WerkKsch Köln; FHS Köln (FB Kunst u. Design) – **G/T:** Metallbildhauerei u. exper. Malerei – **W:** Werke in Privatbes. u. Bes. d. Stadt Köln Skulpt. – **Ö:** in Bielstein, Düsseldorf u. Köln – **E:** Ausst. seit 85 – (Red.)

Fabich, Peter J. (eigtl. Peter Jürgen Fabich), Kunsterzieher u. Lehrer an Sonderschulen; Bleibtreustr. 5, D-10623 Berlin (* Berlin 21. 2. 45) – **VG:** Glau b. Trebbin, Künstlerhaus Rollwenzelei – **S:** 65–69 PH Berlin (Malerei, Kunstpädagogik b. Prof. W. Gocksch, W. Kunde u. Gunter Otto) – **L:** seit 70 an Staatl. Sonderschulen – **G/T:** Malerei (Öl); Ill. (Zchng u. Linolschnitt) zu eigenen poetischen Werken (veröff. Bücher) – **W:** in Privatbes. – **E:** zuletzt 01 Glau b. Trebbin, Künstlerhaus Rollwenzelei – ***Lit:*** Jürgen Bieberstein (Hrsg.): Vom Frankenwald zu den Glauer Bergen. 25 Jahre Künstlerhaus Rollwenzelei (Abb. u. Text) 01; Hartmut F. Reck: Die Glauer Periode – Bilder d. Malerpoeten P.J.F., In: Haus mit Einfällen (Hrsg. Jürgen Bieberstein) 06

Fabritius, Tom, Maler, Graphiker; Spinnereistr. 7, D-04179 Leipzig, Tel. (03 41) 1 26 98 59 (* Radeberg 18. 5. 72) – **VG:** München, Kampl; Los Angeles, Sandroni Rey – **S:** 96–01 HGB Leipzig (Malerei u. Graph., Fachkl. Prof. Arno Rink, Dipl.); 01–03 ebda (Meisterschüler b. Prof. Arno Rink) – **G/T:** Malerei – **W:** überw. in Privatbes. – **E:** 01 Leipzig, HGB; Radeberg, Gal. im RH; 02 Leipzig, Laden f. Nichts; 03 Los Angeles, Sandroni Rey; 03, 05 München, Kampl; Chicago, Art Chicago; Frankfurt am Main, Art Frankfurt; Köln, Art Cologne; 03, 04 Berlin, Liga; 05 München, Open-Art-Gallery – **G:** 02, 03 Berlin, Liga; 03 München, Kampl; Neustadt am Rübenberge, KV; 04 Los Angeles, Sandroni Rey; München, Tanit – ***Lit:*** Bildende Künstler in Leipzig 06 – (Red.)

Fachard, Robert, Bildhauer; 10, rue des Clos Moreaux, F-92190 Meudon (* Paris 25. 6. 21) – **S:** 41–46 Éc. des Beaux-Arts Toulouse (b. Espinasse); Acad. de la Grande Chaumière Paris – **P:** Chevalier des Arts et Lettres 75 – **KGr:** Présence – **M:** Dunkerque, Mus. des Beaux-Arts; Paris, Centre Pompidou; Semart, Office Nat. des Forêts; Toulouse, Mus. des Augustins – **E:** zahlr., u. a. 88 Toulouse, Protée; 93 Plumelec, La Peupleraie; 94, 98 Meudon, MAH; 02 Bonneval, Logis des Trois Marchands; Chartres, MBA – **G:** zahlr., u. a. ab 58 Paris, Salon de la Jeune Sculpt.; 67–72 Paris, Salon des Réalités Nouv.; 72–79 Paris, Salon des Comparaisons; ab 73 Paris, Salon de Mars; 81, 82, 90, 96 Paris, Salon de Mai – ***Lit:*** AKL – (Red.)

Fähndrich, Walter, Installations- u. Performancekünstler, Publizist, Komponist, Bratschist; Piodina, CH-6614 Brissago/TI, Tel. 0917930070, *wf@musicforspaces.ch*, *www.musicforspaces.ch* (* Menzingen 1. 4. 44) – **S:** 65–71 Konservatorium Luzern – **G/T:** Großraumprojekte (Install. u. Aktionen in Außenräumen); Performances – **E:** / G: 99 North Adams, Massachusetts MCA; 00 Rom, Ist. Svizzero; 01 Lenzburg, Schweiz. LM; Ingolstadt, Mus. f. Konkrete Kunst; 02 Chicago, Lincoln Park Conservatory; Luzern, Performance-Tage – ***Lit:*** AKL; BLSK 98

Fährenkemper, Claudia; Fürstenhof 3a, D-59368 Werne, *claudia.faehrenkemper@t-online.de* (* Castrop-Rauxel 14. 10. 59) – **VG:** Frankfurt am Main, Poller – **S:** 79–86 Univ. Düsseldorf (Kunst u. Geographie, Ref. in Krefeld); 87–89 FHS Köln (Fotogr. b. Arno Jansen); 89–95 KA Düsseldorf (Fotogr. b. Bernd Becher u. Nan Hoover, Meisterschülerin v. Nan Hoover) – **L:** 93–96 Univ.-GH Siegen (LAuftr. f. Fotogr.); 00 Univ. of Canada, Ottawa (visiting artist) – **Ve:** VG Bild-Kunst 90; VG Wort 02 – **G/T:** Mikrofotogr. – **M:** Lausanne, Mus. de l'Elysée; Ottawa, NG of Canada – **E:** 93 Peine, Kreis-Mus.; Bochum, Dt. Bergbau Mus.; 00 Dortmund, Wenk; 01 Rotenburg/Wümme, Gal. f. Fotogr.; 02 Neuss, Kult.forum Alte Post; 03 Dortmund, Mus. für Kunst u. Kulturgesch.; 04 Köln, Alfred-Ehrhardt-Stift.; Frankfurt am Main, Poller; 05 Hamburg, Altonaer Mus.; Århus, Gall. Image; Jena, Ernst-Haeckel-Haus; 07 Bonn, KM – **G:** 95 Esslingen, Intern. Foto-Trienn.; 98 Köln, SK Stift. Kult.; 99 Lausanne, Mus. de l'Elysée; 02 Rotenburg/Wümme, Gal. f. Fotogr.; 03 Essen, Mus. Folkwang; 04 Ottawa, NG of Canada; Portland/OR, Blue Sky Gall.; 06 Arles, Rencontres de la Photogr.; Dresden, Technische Slgn – **V:** C. F. Fördergeräte im Braunkohlentagebau (Kat., Kreismus. Peine) 93; Bilder aus d. Mikrokosmos, In: Gottfried Jäger (Hrsg.): Die Kunst der Abstrakten Fotografie 02; Christiane Stahl, Alfred-Ehrhardt-Stift.(Hrsg.): C. F. – Photomicrographs 04; Rasterelektronenmikroskopie – Ein bildgebendes Verfahren unserer Zeit, In: Jörg Boström u. Gottfried Jäger (Hrsg.): Kann Fotografie unsere Zeit in Bilder fassen? 04

Färber, Michael, Maler; Elisabethstr. 22, D-80796 München, Tel. u. Fax (0 89) 2 72 10 63 (* Berlin 23. 6. 37) – **S:** Akad. f. d. Graph. Gewerbe München; ABK München; sowie privat b. Prof. van Hauth, Prof. Emil Steinert u. Oskar Kokoschka – **Ve:** BBK – **G/T:** gegenständliche Malerei (Aqu., Acryl) u. Graph. (versch. Techniken, u. a. Zeichn., Siebdruck, Lith.); Ill. u. angew. Kunst; Keramik; Portr. – **W:** Werke in Privatbes.; Wandgemälde in Firmen – **E:** / G: zahlr. Ausst. seit 68, u. a. in München, Heidelberg, Köln, Hamburg, Bordeaux, Cahors; zuletzt 03 München, Orangerie (Gruppenausst.) – **V:** Geschichte der O, Mappe (lith. Ill.); Alice im Wunderland, Mappe (15 Ill.) – **R:** Schiffe im Eis, Film 93

Faesi, Ernst, Maler; Minervastr. 113, CH-8032 Zürich, Tel. 01 3 83 87 39, 01 9 84 16 87 (* Zürich 17. 9. 17) – **VG:** Zürich, Arrigo – **S:** b. Otto Séguin (Kunstmaler); Académie de la Grande Chaumière Paris – **L:** Zürich/Rämibühl, MN Gymnasium (Zeichenlehrer) – **P:** Dep. d. Inneren Bern 55, 56; Kunstpr. d. Stadt Zürich 58, 59 – **Ve:** Ges. Schweiz. Maler, Bildhauer u. Architekten 50–03 – **G/T:** Malerei (abstr.) – **K:** Moderne Malerei (abstr.) – **M:** Zürich, Kunsthaus – **Ö:** Zürich/Rämibühl, MN Gymnasium – **E:** 59 Wuppertal, Von der Heydt-Mus.; 63 Bern, Gal. Schindler; Ascona, Gal. Schindler; 75 Männedorf, Kulturkr.; 77 Zürich, Kunstkammer im Strauhof; 88 Zürich/Hottingen Quartierver.; 92 Basel, Ciba-Geigy – **G:** 55 Berlin, HBK; 57 Neuchâtel, Mus. cantonal; 58 Winterthur, KM; Berlin, Kongreßhalle; 59 Mailand, Premio Lissone XI; 68 Zürich, Helmhaus – ***Lit:*** Spectrum Zürich, Linolschnitt – ***LitR:*** G. Schmidt: Ungegenständliche Malerei in der Schweiz

Fässer, Rolf, Maler; Willdenowstr. 4, D-13353 Berlin, Tel. (0 30) 4 62 42 89 (* Pforzheim 20. 6. 42) – **VG:** Berlin, Becker; Berlin, Bremer; Berlin, KunstRaum; München, Jaspers – **S:** 62–67 HdK Berlin (Freie Malerei) – **L:** 89–00 HdK Berlin (LAuftr. f. Zeichnen u. Malen) – **P:** Karl-Hofer-Pr. 66; Bienn. d. Ostseeländer Polen (Pr. f. Lith.) 96 – **Ve:** BBK Berlins 73; VG Bild seit Beg. – **G/T:** Freie Malerei (Mischtechniken); Objekte (Gips, Holz) – **K:** Zeichnen, Malen, freie Gest. – **M:** Berlin, Berlinische Gal.; Bonn, Kunst- und Ausst.halle d. BRD; Oldenburg, LM – **Ö:** Berlin, Bez.amt Wedding; ebda, Senat v. Berlin, Min. f. Arb. u. Sozialordnung (vormals Bonn), Wiss.zentrum, Ev. Johannesstift (Brunnen- u. Platzgest.), St. Michaelisheim (Brunnengest.), – sowie Giebelgest. in d. Köpenicker, Grüntaler u. Knesebeckstr. in Berlin – **E:** u. a. 82, 84, 86, 93, 95, 98, 00, 01, 04 München, Jaspers; 84 Zürich, Gal. Christoffers; 85 Bonstetten, Gal. f. Gegenwartskunst; 86 Luxemburg, Dada House; 87 Pforzheim, KV; 90, 94, 98, 03 Berlin, Bremer; 95, 99, 02 Berlin, KunstRaum; 03 Berlin, Gal. im Palazzo Farnese – **G:** u. a. 66, 67 Berlin, Große Berliner Kunstausst.; 81, 83 Düsseldorf, Große Düsseldorfer Kunstausst.; 81 Bonn, KM; Recklinghausen, StKH; 82 Berlin, KH; 84 Berlin, TU; 87 Wanderausst. 'Hommage an Berlin'; 96 Köln, Art Colgne; 97 Berlin, KH; 01 Venray/Holl., Odapark – ***Lit:*** Kunstamt Kreuzberg, Ausst.kat. 73; Gal. Jaspers, Ausst.kat. 82, 86; Petra Kathke: Wandlungen. Neue Bilder, Ausst.kat. 93; Petra Kathke: Einsichten in Unbedingtes 98 – (Red.)

Fahl, Menno, Dipl. Kunstmaler, Bildhauer; Rheinsberger Str. 41, D-10435 Berlin, *Menno.Fahl@gmx.de*, *www.Menno-Fahl.de* (* Hannover 14. 4. 67) – **VG:** Berlin, Dietrich; München, Lea; Halebüll-Schobüll, Lüth; Benz, Kunst-Kab. Usedom; Kötzting, Gal. im Woferlhof; Lübeck, El; Ehingen/Donau, Gal. Schloß Mochental; Bremen, Ohse; Ulm, Schrade – **S:** 88–92 Muthesius HS Kiel (Malerei b. Prof. Peter Nagel); 94–97 HdK Berlin (Bildhauerei b. Prof. Lothar Fischer, Meisterschüler) – **L:** 97–04 Muthesius HS Kiel (LAuftr. Malerei) – **P:** Stip. d. Ldes SH f. Tallin 90; Stip. d. Ldes SH f. Künstlerhaus Lauenburg 93–94; Stip. d. Ldesbank-Stift. SH 95; Pr. d. Dietrich-Schulz-Stift. 05 – **Ve:** BBK Schlesw.-Holst. 90; Graenselandsudstilingen 'Dänemark' 98 – **G/T:** figurative Malerei (div. Techniken); Bildhauerei u. Objektkunst (Schwerpunkt Holz, bemalt); farbige Druckgraph. – **W:** in Privatslgn, u. a. Slg Hurrle Baden-Baden, Ankauf durch d. Ldesreg. SH u. KS Neubrandenburg – **M:** Leipzig, MBK; Niebüll, Richard-Haizmann-Mus.; Schleswig, LM f. Kunst u. Kult.-Gesch. Schloß Gottorf – **Ö:** u. a. Dortmund, Hecker Glastechnik, ebda, Stadtwerke; Hannover, NordLB; Kiel, BIG-Bau, ebda, Provinzialversicherungen – **E:** u. a. 92, 93 Kiel, Prima Kunst; 92, 94, 95, 96, 04 Benz, Kunst-Kab. Usedom; 94, 96 Düsseldorf, Ilverich; 97, 00, 03 Halebüll-Schobüll, Lüth; 98, 00 Berlin, Schrade; 00, 01, 02, 03 München, Lea; 00 Lübeck, El; Düsseldorf, Schübbe; 02 Berlin, Georg-Kolbe-Mus.; 03 Niebüll, Richard Haizmann-Mus.; 03, 05 Berlin, Dietrich; 04 Frankfurt/Oder, Mus. Junge Kunst; 05 Schleswig, LM f. Kunst u. Kult.-Gesch. Schloß Gottorf; Karlsruhe, KH; Ehingen/Donau, Gal. Schloß Mochental; 06 Sydney, Ray Hughes Gall. – **G:** in zahlr. Gal., u. a. in Kiel, Berlin, München, Düsseldorf u. in öff. Häusern, KV, Mus. u. auf Kunstmessen – ***Lit:*** u. a. Bilder, Köpfe, Kopfloses, Kat. 92; Bilder, Texte, Plastiken, Kat.; M. F. Figuren 98; Winkelfigur und Stele 02; Zwischen Malerei und Skulptur 03; M. F. – Dr. Dietrich Schulz-Preis 05

Fahrländer, Adrian, Bild. Künstler; Chandossel, CH-1583 Villarepos/FR, Tel. 02 66 75 20 17, *adrian.fahrlaender@bluewin.ch* (* Basel 7. 3. 55) – **P:** Förd.-beitr. Kt. Aargau 81; Cité Intern. d. Arts Paris 83 – **W:** Ankäufe u. a. durch d. Kt. u. d. Stadt Bern, d. Kt. Freiburg u. d. Credit Suisse – **M:** Biberstein, Slg Max Amsler; Zofingen, Ver. Kunst im alten Schützenhaus – **Ö:** Bern, Schalterhalle d. Einwohnerkontrolle; Düdingen, Raiffeisenbank (m. H. Brülhart), Freiburg/Schweiz, Konservatorium; Marly/Frkr., Orientierungsschule; Murten, Orientierungsschule – **E:** zahlr., u. a. 87 Bern, Berner Gal.; 87, 92, 98 Zofingen, Kunst im alten Schützenhaus; 88 Zürich, Steiner; 89 Baden, Gal. im Amtshimmel; 89, 92 Bern, Suti Gal. und Edition; 93 Belfaux, Post-Scriptum; 99 Murten, HM; 04 Rubigen, Forum Rubigen – **G:** u. a. 83 Bern, KM; 92, 98 Brig, KV Oberwallis; 97, 02 Freiburg, KH: Fri-Art; 99 Budapest, Olof-Palme-Haus; 04 Tokio, Mori AM – ***Lit:*** AKL; BLSK 98

Fahrner, Barbara, Malerin, Schriftstellerin; Berger Str. 278, D-60385 Frankfurt am Main, Tel. (0 69) 58 47 77, Fax 46 00 69 66(MFahrner), *MFahrner@t-online.de*, *www.fahrnerandfahrner.com* (* Allenstein/Ostpreußen 1. 11. 40) – **VG:** New York, Granary Books – **S:** Medizin, Kunstpädagogik – **L:** Bundesakad. Wolfenbüttel (Doz.) – **P:** Stip. d. Herzog-August-Biliothek Wolfenbüttel 92 – **G/T:** Künstlerb. – **M:** Cambridge/MA, Harvard Univ. AM; Den Haag, Mus. Meermanno-Westreenianum; Düren, Leopold-Hoesch-Mus.; Frankfurt am Main, MAK; Frankfurt am Main, Stadt- u. Univ.bibliothek; London, Victoria & Albert Mus.; Madison/WI, Elvehjem Mus. of Art; Mainz, Gutenberg-Mus.; Mannheim, StKH; Miami Beach, Ruth and Marvin Sackner Arch.; München, Bay. Staatsbibliothek; New York, The Collection of Steven Clay; Nürnberg, Germanisches NM; Offenbach am Main, Klingspor-Mus.; Washington/DC, Library of Congress; Wolfenbüttel, Herzog-August-Bibliothek – **E:** 83, 89 Mainz, Gutenberg-Mus.; 84 Tübingen, Gal. Buch u. Druck; 85, 87, 95 Berlin, Gal. Horst Dietrich; 86 Nürnberg, KV Dürer-Ges.; 90 Den Haag, Mus. Meermanno-Westreenianum; 93, 95 New York, GRANARY BOOKS; 95 Burgk, Schloßmus.; Köln, Art Köln; 96 Gütersloh, Stadtbibliothek; 98 Frankfurt am Main, MAK; 99 Greifenstein, Gal. Sauer-Enke; 00 Berlin, Kunstbibliothek; 01 Wolfenbüttel, Bundesakad. f. kulturelle Bildg – **V:** Das Kunstkammer Projekt, Kat. 92 – ***Lit:*** Johanna Drucker: The Century of Artist's Books 95; Renée u. Judd Hubert: The Cutting Edge of reading 99; J. Rothenberg u. Steve Clay (Hrsg.): A Book of the Book 00 – (Red.)

Fahrner, Rüdiger, akad. Maler, Mag.; Haunspergstr. 17, A-5020 Salzburg (* Bad-Ischl 2. 2. 39) – **S:** 61–66 ABK Wien (Bildner. Erziehung, Malerei, Handarb., Dipl., Lehramt, b. Elsner, Gütersloh, Böckl); Studium d. Gitarre (b. Luise Walker f. 2 Jahre) – **L:** 66–73 Lehrer an Allgemeinbild. Höheren Schulen (AHS)/Gymnasium (f. Bildner. u. Leibeserziehung); 67 Institut f. Sportwiss. Salzburg (LAuftr. f. Gerätturnen) – **P:** TAKS Award f. d. bekletterbare Großplast. Kletterturm in Hallein Rif (3. Pr.) 92 – **W:** zahlr. Portr., Aqu., Zchngn u. Öl-Lsch. in Privatbes. – **M:** Salzburg, Salzburg Mus. – **Ö:** Hallein Rif, Univ.sportzentrum (Plast. Kletterturm u. Diskuswerfer); Salzburg, Festspielhaus (Portr. Clemens Holzmeister); ebda, Marionettentheater (Portr.), Raika (5 Portr.); Mozarteum (Portr. dreier Rektoren) – **E:** u. a. Salzburg u. Linz – **G:** u. a. Salzburg, Forum West; München, Haus d. Kunst (Club d. Privilegierten) – sowie: Kitzbühel – **V:** Ski total 72; Salzburg Amadeus Mozart 80; Sport, sporter, am sportesten 83; Bike total 93 – **R:** Christ in d. Zeit, 6 ill. Sdgn im ORF; Zachäus, Zeichenfilm (Text u. Bild) – ***Lit:*** Ausst.kat. Rif 91

Fahrnländer, Stefan, Maler, Designer, Graphiker, 3D-Künstler; Tel. (0 30) 62 73 45 44, Fax 62 90 42 61, *stefan@fahrnlaender.in-berlin.de*, *www.christina-paetsch.de*. c/o [DAM] Berlin, Tucholskystr. 37, D-10177 Berlin, Tel. (0 30) 28 09 81 35, *info@dam.org*, *www.dam.org* (* Dresden 21. 9. 59) – **VG:** Berlin, Digital AM; Erfurt, Kunsthaus – **S:** 92–95 HBK Dresden (Dipl. b. Prof. Ralf Kerbach); 95–97 ebda (Meisterschüler b. Prof. Ralf Kerbach) – **P:** Arb.stip. d. Senators f. Wiss. u. Kunst Berlin 92; Arb.stip. KJS Worpswede 94; Siemens München (Förd. Junge Kunst) 96; Sä. Ldesstip. 97 – **G/T:** Computerarb. (3D-Visualisierung, Animationsfilm, Fotogr., Virtuelle Plast.); Malerei; Kunst am Bau – **W:** überw. in Privatbes. – **Ö:** Berlin, Ldesbank; Berlin, Modellhut; Leipzig, Gewandhaus; Berlin-Hellersdorf (Wandbild) – **E:** Einzelausst. seit 90, zuletzt 02 Berlin, Triebwerk; 03 Berlin, Seyerlein; 04 Erfurt, Kunsthaus – **G:** Ausst.bet. seit 90, zuletzt 03 Bremen, KH; Berlin, Kunst- u. Medienzentrum Adlershof; Berlin, Digital AM; Erfurt, Kunsthaus – (Red.)

Fakler, Roland, Künstler, Maler; Wolfsbergstr.27, D-72119 Ammerbuch, Tel. (0 70 73) 36 47, *rolandfakler@gmx.de*, *www.fakler.de.vu* (* Leutkirch/Allgäu 6. 3. 53) – **S:** Autodidakt – **P:** Pr. im Fotowettb. Schönbuch 04 – **KGe:** Künstlervrg Ammerbuch – **G/T:** Malerei (Öl, Acryl, Mischtechnik); Komposition – **Ö:** Ammerbuch, Hartwald/Betteleiche (Fotomontage); Reusten, Bushaltestelle (Wandbild); ebda, Kirchberg (Infotafel) – **E:** 04 Reusten, Kelterkirche; 05 Reusten, Bergcafe – **G:** 90–02 Ammerbuch, Künstlervrg – **V:** Reusten u. seine Geschichte 05; Bilderbuch Ammerbuch 02; Kirchengeschichte u. Kirchenführer d. Kelterkirche in Reusten 05 – **R:** Reusten im Advent, Adventssdg m. d. SWR 4 04

Falk, Cecilia (geb. Cecilia Gmeiner), Mag. art.; Neubaug. 61/10, A-1070 Wien. c/o Atelier, Stuckgasse 11, A-1070 Wien, *c.falk@chello.at* (* Bludenz 4. 1. 63) – **S:** 82–87 ABK Wien (Meisterkl. Arnulf Rainer); 89–96 Aufenthalt in Rom – **P:** Dipl.-Pr. 89; Arb.stip. Rom 89; Theodor-Körner-Förd.pr. 90; Aufenthaltsstip. f. Paris 96 – **G/T:** Malerei (Öl auf Lw., Kasein, große Papierarb. in Eitempera); Objektkunst (div. Materialien) – **W:** Ölbilder überw. in Privatbes. u. in privaten Slgn – **M:** Bregenz, Vorarlberger LM – **Ö:** Bregenz, Spk. (Ölgemälde); ebda, Hypobank (Ölgemälde); Lauterach, Privatmus. Rohner – **E:** 98 Bludenz, AllerArt; 01 Bregenz, Hämmerle; 04 Bregenz, Art House – **G:** u. a. 88 Bregenz, Künstlerhaus Pal. Thurn u. Taxis: 4; 89 Wien, Messepal.: Kunst m. Eigensinn; 90 Meersburg, Schloß: Gedenkausst. Anette v. Droste Hülshoff; 92 Basel, Multipleausst. Sortiment; 94 Wien, KH Exnergasse: Details; 04 Wien, Wolfrum: Flora versus Fauna

Falken, Herbert, Maler, Zeichner, Priester (* Aachen 11. 9. 32) – **VG:** Bruck an der Mur, Gal. KuL – Kunst und Literatur – **S:** Autodidakt – **P:** Gebhard Fugel Kunstpr. 81; Kunstpr. Bibel u. Kult. 90; Villa-Romana-Pr. 90 – **G/T:** Zeichn. (Pastell, Kreide, Graphit, Blei- u. Farbstift); Malerei (Öl, Tusche) – **M:** Aachen, Suermondt-Ludwig-Mus.; Köln, Kolumba – **Ö:** Aachen, St. Gregorius – **E:** zahlr., u. a. 90 Regensburg, StG Leerer Beutel; 93 Köln, Käthe Kollwitz Mus.; Düren, Leopold-Hoesch-Mus.; 94 München, Gal. an d. Finnenstr.; 02 Köln, Diözesan-Mus. – **G:** zahlr., u. a. ab 81 Nürnberg, Dt. Künstlerbund; 82 Köln, Mus. Ludwig; 84 München, Gal. RHhalle; 85, 86 Nürnberg, Atelier-Gal.; 98 Baden-Baden, SKH; 99 Aachen, Ludwig Forum – ***Lit:*** AKL – (Red.)

Falkenberg, Sibylle, Objektkünstlerin, Gestalterin, Bildhauerin; Atelier: Hauptstr. 6a, D-58332 Schwelm, Tel. (0 23 36) 44 11 58, Fax 44 19 97 (* Hagen/NRW 5. 8. 68) – **P:** Intern. Stahlpr. Solingen (1. Pr.); Designpr. Bochum (2. Pr.); Skulpt.workshop Gevelsberg (1. Pr.); Kunstpr. d. Stadt Schwabach 05 – **Ve:** Künstlerbund Schwabach seit 06 – **G/T:** Objektkunst (Metall), Plast., bildnerische Darst. – **Ö:** Gevelsberg, RH (Stahlplast.) – **E:** seit 99 Schwelm, Atelierausst. – **G:** zahlr. nat. u. intern. Ausst.bet. seit 94, zuletzt 01 Kevelaer, Mus.; Ennepetal, Kluterhöhle; Bochum, HWK; 02 Hildesheim, Gal. Obornik; Wuppertal, Von der Heydt-Mus.; Gevelsberg, Stadtgarten; 03 Hannover, Gal. Machart; Dortmund, Dt. Arb.schutzausst.; 04 Ennepetal u. Gevelsberg, EN-Kunst 2004; 05 Zons, Kr.mus.; Aachen, KV; Schwabach, Ortung 4 (Kat.); Essen, Zeche Zollver.; Chungbuk/Südkorea; 06 München, Mohr-Villa (Kat.) – sowie Stahlarbeiten an verschiedenen Museumsorten in Dtld – ***Lit:*** u. a. In der Mitte der Tafel 97; Manufactum 01/03 u. 05; Stahlpreis Kolloquium NRW

Falkenhagen, Harald, Zeichner, Fotograf, Bildhauer, Musiker, Komponist; Industriestr. 21, D-27751 Delmenhorst, Tel. (0 42 21) 94 51 40, Fax 94 51 60, *falkenhagen@webmen.de*, *www.falkenhagen.webmen.de* (* Delmenhorst 56) – **S:** 78–84 GesamtHS Kassel (b. Harry Kramer) – **P:** Forum Junger Kunst (Pr.träger)

83; Stift. Kunstfonds – Arb.- u. Projektstip. 86; Stip. d. Akad. Schloss Solitude 90, 91; Arb.stip. d. Ldes Nds. 93; Arb.stip. d. Gemeinde Langenargen 97 – **M:** Bremen, KH; Budapest, MBK; Kiel, KH; Kiel, SH KV; Oldenburg, Artothek; Stuttgart, SG – **E:** zahlr., u. a. 97 Frankfurt am Main, Schütz; 98 Olevano Romano, Villa di Pisa; 98, 01 Bremen, Rabus; 99 Bremen, Neues Mus. Weserburg; 01 Drochtersen-Hüll, Kunstraum – **G:** zahlr., u. a. 00 Bremen, StG; Bremen, Rabus; Bremen, Neues Mus. Weserburg; 00, 05 Bremen, KH; 01 Prag, Universal Space NoD; 04 Hannover, KV – ***Lit:*** AKL; Schweers 02

Falkenthal, Wilfried, Maler, Zeichner; Nixenweg 28, D-04277 Leipzig (* Baruth/Brandenburg 25. 5. 42) – **S:** 62–66 Univ. Leipzig (Kunsterziehung u. Dt. b. Frank Ruddigkeit u. Hans Schulze); 66–71 HGB Leipzig (b. Werner Tübke u. Wolfgang Mattheuer) – **P:** Theodor-Körner-Förd.pr. 79; Kunstpr. d. Gewerkschaften 82 – **Ve:** VBK DDR 71–90; BBKL 92 – **KGr:** Künstlergenossenschaft Leipzig (85–90, Vorsitzender) – **G/T:** Malerei (Öl, Acryl, Mischtechnik, Aqu., Pastell); Zeichn. (Feder, Kreide) – **M:** Berlin, DHM; Berlin, Mus.-Congreß-Center; Gabrovo, House of Humour and Satire; Königstein, KS d. Freistaates Sa. – **Ö:** Berlin, Bundeswehr (Standort Strausberg); Hermsdorf, Rat d. Stadt; Leipzig, Gästehaus d. Bundeswehr – **E:** zahlr. seit 73, u. a. 85 Gera, Gal. am Markt; 90, 92 Prerow, Wolf; 95 Bad Klosterlausnitz, Gemeindezentrum; 99 Leipzig-Grünau, Dresdner Bank; 00 Leipzig, Atelier Chmelik – **G:** zahlr., u. a. 77–87 Dresden, Kunstausst. d. DDR; 79–83 Gabrovo, Bienn.; 91 Hettstedt, Mansfeld-Mus.; 95 Berlin, Dt. Hist. Mus.; 02 Berlin, Martin-Gropius-Bau – ***Lit:*** AKL – (Red.)

Faller, Max, Bildhauer, Goldschmied; Gotenstr. 1, D-81925 München, Tel. (0 89) 91 41 46 (* Neuburg an d. Donau 7. 7. 27) – **S:** 47–54 ABK München (Meisterschüler b. Josef Henselmann) – **P:** Münchner Kunstpr. – **Ve:** Münchner Secession – **Ö:** u. a. Augsburg, Dom (Portal); Freising, St. Johann Baptist; Friedberg, Wallfahrtssäule; Hildesheim, Dom; Landau-Queichheim, Kath. Pfarrk.; Ludwigshafen, Pfarrk. St. Joseph (Portale); München, Haus d. Rechts; ebda, Pfarrrk. St. Nikolaus; Speyer, Dom (Portal) – **G:** u. a. seit 55 München, Große Kunstausst.; 87 Freising, Vera Icon; 97 München, Lenbachhaus – ***Lit:*** AKL – (Red.)

Faller, Wolfgang, Maler, Bildhauer, Objektkünstler; c/o Gal. 40, Christine Rother, Bahnhofstr. 40, D-65185 Wiesbaden, Tel. (06 11) 37 99 67, Fax 3 90 74, *ch.r@galerie40.de*, *www.galerie40.de* (* Villingen/Schwarzwald 26. 4. 52) – **VG:** Wiesbaden, Gal. 40; Köln, Toennissen; Villingen-Schwenningen, Gal. zur alten Linde; Athen, Art-Project – **S:** 74–77 Accad. di Belle Arti di Brera, Mailand (Malerei b. Prof. Domenico Cantatore); 77–80 Éc. Superieure d'Expression d'Art Plast. de Lille/Tourcoing (b. Prof. Eugène Leroy) – **P:** Nat.stip. d. Kult.- u. Kommunikationsmin., Lille 78, 79; Ldesstip., Tourcoing 79, 80 – **Ve:** KV Empty Rooms 98 – **KGr:** Gras-Fressen (85–87); Inflartion (91–96) – **G/T:** Menschen- u. Kopfbilder (Öl, Acryl, Aqu., Tusche); Objektkunst (Holz, Metall, Ton, Fundstücke) – **M:** Bielefeld, Slg Dr. Oetker; Laverune, Mus. d'Art Contemp.; London, Mus. of Install.; Málaga, Mus. de Arte Contemp.; Vélez-Málaga, Fundación Zambrano – **Ö:** Berlin, Bankhaus Lampe; ebda, Nordstern-Versicherungen; Düsseldorf, Heinrich-Heine-Univ.; Hannover, Braun KG; Meerbusch, Klinik St. Mauritius; Wiesbaden, Nassauische Spk. – **E:** u. a. 92 Berlin, Reich; 95 Berlin, Broschwitz; 96, 98 Berlin, Schäfer; 98 Köln, Gal. On; 99 Berlin, Domizil im Berliner Dom; Berlin, Willy-Brandt-Haus; 99, 02 Wiesbaden, Gal. 40; 01 Freiburg, Inst. Français; 02 Athen, Art-Project; 03 Berlin, Nagel; Müllheim/Baden, Mediathek; 04 Freiburg, Elisabeth Schneider Stift. – **G:** u. a. 84 Paris, L'Arcade; 93 Berlin, RH Schöneberg; 95 Hannover, Cebit; 00 Reykjavik, Goethe-Inst.; 02 Ehingen, Donau, Gal. Schloß Mochental; Triest, Studio Tommaseo; 03 Dornbirn, Art Bodensee; Köln, Art Fair – **V:** Gerard Harleman: Ananke, Bibliophile Ausgabe (Zeichn.) 03 – **R:** Pascal Delage: Zugvögel – Juan & Mourad, Multimedia-Animationsfilm (nach Werken v. W. F.) – ***Lit:*** Matthias Harder: Der Kopf als Ausgangspunkt, Ausst.kat. 98; Matheos Pontikos: Expression et Idéal – Dialogue entre Peinture Pittoresque et Conceptuelle, Ausst.kat. 01 – (Red.)

Fallosch, Claudia, Malerin, Bildhauerin; Neufeldweg 75, A-8010 Graz, Tel. u. Fax (03 16) 21 49 47, *claudia.fallosch@artvillage.at*, *www.art-forum-graz.org* (* Graz 10. 12. 47) – **S:** KGS Höhere Techn. Bundeslehranst. Graz; Sommerakad. Salzburg – **Ve:** Art Forum Graz – **G/T:** Malerei; Bildhauerei; Install. – **M:** Graz, SM – **G:** Porto, Quinta de Ventozelo; Venedig, S. Vidal; – sowie: Portugal, Lugar do Desenho; Graz, Wien u. München

Fan, Shan, Prof., Maler; c/o Galerie Haas-Hoeppner, Huyssenallee 70, D-45128 Essen, Tel. (02 01) 22 28 80, Fax 22 87 19, *www.galerie-hoeppner.de* (* Hangzhou/China 59) – **VG:** Essen, Haas-Hoeppner – **S:** 77–82 ABK Zhejiang (trad. chinesische Malerei b. Zheng Dehan, Prof. Pan Yun u. Ding Zhengxian); 85–87 HBK Hamburg (b. Prof. K.P. Brehmer) – **L:** seit 90 Doz. an div. Kunst- u. Design-Akad.; seit 98 Design-Factory Intern. College of Communication Art and New Media Hamburg (Dir.); Univ. Zhuhai/China (Präs. d. Intern. School Of Communication Design); seit 02 Beijing Normal Univ. Zhuhai/China (Prof. an d. Intern. School of Communication Design) – **G/T:** Malerei – **E:** / G: 85 Hamburg, MKG; 87 Worpswede, KH; 88 Bonn, Künstlerhaus; Wuhan/China, KH; Hamburg, Hoeppner; 89 St. Gallen, Intern. Festival d. Künste; 90 Saarbrücken, Stadt-Gal.; 92 St. Petersburg (Vrg d. Mus. Leningrads); Alma Ata, Ausst.halle; Viburg/Rußland, Heimatmus.; Hongkong, Joint-Gal.; 95 Hamburg, Kampnagel Fabrik; 95, 00, 04 Essen, Hoeppner; 96 Frankfurt am Main, Hoeppner; Lüneburg, KV; 98 Jakarta, German Center; Jakarta, Regent; 00, 02 Singapur, Weterlin Teo; 01 Shanghai, Art Fair; 01, 03 Hangszhou/China, Jincai Gal.; 02 London, Gal. Millenium; Seoul, Roh Gal.; 03 Hongkong, Hanart-Gal.; Jakarta, Kol Gal.; 04 Shenzhen/China, Mus. f. Zeitgen. Kunst; Guangzhou/China, MMK; Macao/China, Mus. f. Zeitgen. Kunst – (Red.)

Fangmeyer-Ferrari, Christian, Maler, Bildhauer; Nr. 93, A-3730 Burgschleinitz, Tel. (0 29 84) 2 3854, *www.fangmeyer.at* (* Allentsteig 26. 3. 68) – **S:** Autodidakt – **P:** Förd.pr. f. bild. Kunst d. Bundes 97; Kunstpr. d. Spk. Karlsruhe 98; Offener Kunstpr. 98; Förd.pr. f. Künstler d. Förd.kr. Bild. Kunst Nürnberg (1. Pl.) 98; Copy Art Wettb. Grenchen 98; RBB-Bank AG Kunstpr. 99; Quattro Trophy 00; Römerquelle-Kunstwettb. – **Ve:** Berufsvrg d. bild. Künstler Öst. 99 – **G/T:** Öl- u. Acrylmalerei, Innendesign, Neue Medien (Computerkunst), Webdesign, Werbung – **W:** zahlr. in Privatbes. – **E:** / G: u. a. 99 Horn, Cinema Plexx Center; St. Pölten, Ldhaus; Gars am Kamp, Fangmeyer-Ferrari; 99, 00 Wien, Artelier Tatort Spittelberg; 00 Tautendorf, Mostheurigen Steiner; Gars am Kamp, Mus.ver.; Graz, Casino – (Red.)

Fani, Mario, Maler (* Poppi, Arezzo/Italien 20. 2. 50) – **VG:** Rom, il Polittico; Bern, Brügger – **S:** Autodidakt – **G/T:** Räume, Stilleben, Ldschaften (Öl) – **M:** Rom, KS d. Senats d. Republik Ital. – **E:**

90, 00 Poppi, Burg; 99, 03 Rom, il Polittico; 02 München, Rieder; 03 Bern, Brügger – **G:** zahlr. Bet. seit 97, u. a. 99 Rom, Mus. del Risorgimento; 03 London, Albemarle; Bern, Brügger; 04 Salerno, Complesso di Santa Sofia – **V:** Le Monde diplomatique (Ill.) 00; Alberto Asor Rosa: L'alba di un mondo nuovo (Titelblatt) 02 – ***Lit:*** Ausst.kat.: Marco di Capua u. Arnaldo Romani Brizzi: Conversationi in un interno 99; Arnaldo Romani Brizzi: La pittura ritrovata 1978–1998 99; Alberto Asor Rosa u. Arnaldo Romani Brizzi: Luoghi del tempo 00; Alessandro Riva: Alla luce del giorno 03; Edward Lucie-Smith, Alessandro Riva u. Arnaldo Romani Brizzi: Peramore. La raccolta Caggiano 04 – (Red.)

Fankhauser, Susanne, Multimedia-Künstlerin; lebt in Zürich (* Basel 12. 7. 63) – **S:** ab 85 Schule f. Gest. Basel; 87–89 ebda (Fachkl. f. freies räumliches Gest. u. Bildhauerei, u. a. b. Jürg Stäuble) – **L:** seit 03 HS f. Gest., Kunst u. Konservierung Bern (Ass., Studiengang Bildnerisches Gest.) – **P:** Künstlerstip. Stadt Basel 89, 93, 97; Cité Intern. d. Arts Paris 90, 91; Reisepr. d. KV Basel 97; Eidgenössischer Pr. f. freie Kunst 99; Intern. Graph.-Bienn. Langenhagen (Sonderpr.) 00 – **G/T:** räumliche u. install. Arb. im Frühwerk; seit 96 großformatige Zeichn. u. Fotomontagen am Computer – **M:** Basel, KH; Basel, KS d. Union Bank of Switzerland; Basel, Slg Kunstkredit – **E:** u. a. 91 Aarau, Kunstraum; 96 Basel, Kaskadenkondensator; 97 Müllheim, Räume f. Kunst; 98 Bern, KH; Basel, Wüthrich – (Red.)

Fantasio s. Wetter, Oliver

Farassat, Sissi, Fotokünstlerin; *sfarassat@hotmail.com* (* Teheran 16. 5. 69) – **VG:** München, Burger – **S:** 93 Sommerakad. Salzburg (b. Nan Goldin); 93–94 Schule f. künstler. Fotogr. Wien (b. Friedl Kubelka) – **P:** Paris-Stip. d. Min. f. Kunst 94; Cité Intern. d. Arts Paris 97; Förd.pr. d. Bundeskanzleramtes 98; Goldene Venus d. Creativ Club Austria 02; New York-Stip. d. Bundeskanzleramtes 03 – **Ve:** IG Bild. Kunst Wien 00 – **M:** Innsbruck, Tiroler LM Ferdinandeum; Linz, Slg d. Stadt; Salzburg, Rupertinum; Wien, Slg d. Stadt; Zürich, MfG – **E:** zahlr., u. a. 01 Wien, Fotogal. Wien; 02 Wien, Wolfrum; 03 Klosterneuburg/NdÖst., Slg Essl; Innsbruck, Taxis-Pal. – **G:** zahlr., u. a. 01 Salzburg, Gal. Fotohof; 02 Wien, Unit F – **V:** Sioseh, Kunst-Mag. seit 98 – (Red.)

Fark, Ilse, Malerin, Werklehrerin, Rel.lehrerin, Lehrerin Grund- u. Hauptschule u. Sonderschule, Restauratorin, Krankenschwester, Therapie Polyaesthet. Erziehung; Gräfin-Hildegardstr. 3, D-78354 Sipplingen, Tel. (0 75 51) 6 32 81. c/o Dr. Hans G. Fark, Salem, Tel. (0 75 53) 2 03 (* Dortmund 1. 5. 27) – **S:** 47 Meisterschule Dortmund; 51 Doerner Inst. München; ABK München (b. Prof. Gött, Prof. Haenselmann); Univ. München; 52 ABK Stuttgart (b. Prof. Hills); 65 Sorbonne Paris – **L:** Polyaesthet. Erziehung privat u. in Verbindung m. allg.bildender Anstellung – **P:** Kunstpr. d. Jgd. Baden-Baden 55; Förd.pr. d. Oberschwäb. Kunstpr. Saulgau 55; Cité Intern. d. Arts Paris 64–68 – **Ve:** BBK Bad.-Württ. seit 55; Section Oberschwaben-Bodensee (SOB) um 55; Intern. Bodensee-Club (IBC) bis 06 – **KGe:** Mozarteum Univ. Salzburg Ges. f. polyaesthet. Erziehung (m. Wolfgang A. Roscher; Willi Baumeister 52, Karl Pfahler, Erich Heckel 55, Kurt Badt 55) – **G/T:** Malerei; Graph.; Objekte; Performance; Polyaesthetik – **K:** Malen/Graph. versch. Techniken; Polyaesthet. Erziehung; Komposition; Figur-Portr. – **W:** Werke im Bes. d. Stadt Dortmund (Gr. Stilleben); Ankäufe durch Ldesreg. Freiburg/Tübingen/Heidelberg; – in den Slgn: Gralla Stechlin (aus d. Genesis cyclus); Fam. Textor (Materialbilder); Fam. Dr. Schweitzer Markdorf/Berlin/Villingen-Schwenningen (aus d. Ges.werk); – in Privatbes. (aus d. Provence u. Portr., Komposition, Weltraumbilder); – laufende Ausst. im Klavierhaus Faust, Konstanz – **Ö:** Friedrichshafen, Bodenseespk. Überlingen; Ludwigshafen, Christuskirche (Glasfenster 160 m^2, Altarwand, Metallkomposition, Betonrelief im Foyer); Schwäbisch Hall, Bauspk. (Materialbild 'Große Schöpfung') – **E:** zuletzt u. a. 94 Ludwigshafen, Zollhaus; 97–98 Lindau, Kunstmesse; 98 Maurach, Schloß; 01 Salem, Schloß; 02 Überlingen, Kunstnacht; 03 Sipplingen, Dialog Kirche-Kunst; 04 Stuttgart, Augustinum; 05–06 Aulendorf, Kunstfest – **G:** Ausst. im In- u. Ausland seit 50, zuletzt u. a. 95 Überlingen u. Friedrichshafen, Droste Tage Meersburg – IBC; Markdorf, Kirche u. Kunst – KV Konstanz; 03 Albstadt, Junger Süden – **V:** Lithogr. 'Genesis cyclus', limit. Aufl. Offizin Kuttruff (eine vollständige Reihe b. Gralla, Stechlin) – ***Lit:*** Wolfgang Schärle (Hrsg.): 50 Jahre Baden-Württemberg 'Junger Süden'. 50 Jahre Oberschwäbischer Kunstpreis d. Jugend, Kat., Ulm 03 – ***LitR:*** Atelier unterm Birnbaum, Dok., See tv magazin 29.4.98; K. u. H. Enslin: Ausst. Neues Mus. Salem 'Von der verfemten Kunst zur Neuzeit' Malerei – Graphik – Objekte. Orte und Zeiten 'Salem – Provence – Paris', Film, Stuttg./Sipplingen 01

Farklas, Doris, Malerin, Objekterin; Hauptstr. 134, D-55246 Mainz-Kostheim, Tel. (0 61 34) 2 19 20, *www.galerie-bausmann.de* (* Lübeck 24. 6. 60) – **VG:** Mainz, Bausmann; Wittlich, Bose – **S:** 80–87 Johannes-Gutenberg-Univ. Mainz (Kl. Klaus Jürgen-Fischer) – **L:** seit 99 Kunstwkst. Mainz (Leiterin) – **P:** Emy-Roeder-Pr. u. Förd.pr. 96; Burgund-Stip. 97 – **Ve:** VG Bild-Kunst – **G/T:** Objektkunst; Malerei (div. Techniken, geometrische Abstr.) – **K:** Freie Malerei – **W:** Werke in Privatbes. u. intern. Slgn – **Ö:** Mainz, Staatstheater; Kirn, Ges.haus – **E:** u. a. 94, 02 Wiesbaden, Gal. d. Gegenwart; 94, 95, 96, 97, 99, 00 Mainz, Bausmann; 95 Bonn, Ldesvertretung Rh.-Pf.; Mainz, Ars pro toto; 96 Mainz, Maison de Bourgogne; 97 Lübeck, Gal. Thilo Steiger; Jevenstedt, Gal.; 98 Dierdorf, Gal. Bortolotti; Biberach, Gal. Uli Lang; Frankfurt am Main, Gal. Wolfhard Viertel; 99 Wittlich, Bose; Köln, Mus. Ludwig; St. Petersburg, Eremitage; 00 Karlsbad, Nova Data GmbH; 03 Esch sur Alzette, Esch Théatre Gal. – **G:** 83 Bad Kreuznach, Kath. Bildungszentrum; 91 Kaiserslautern, Pfalz-Gal.; 92 Saarbrücken, Saarland-Mus.; 93, 97, 01, 02 Jockgrim, Zehnthaus; 94, 95, 96, 97, 98, 99, 00, 01, 02 Frankfurt am Main, Art Frankfurt; 96 Ludwigshafen, KV; Frankfurt am Main, Buchmesse; Mainz, Ldeszentralbank Rh.-Pf.; 97 Trier, Europ. ABK; Frankfurt am Main, Buchmesse; 98 Jockgrim, Ziegelei-Mus.; 99 Wiesbaden, Gal. d. Gegenwart; Mainz, Ldtag RP; 00 Köln, Kunst Köln 2000; 01 Frankfurt am Main, Buchmesse; Paris, Louvre; 02 Trier, Europ. ABK – ***Lit:*** D. F., Monogr. 95, 98; D. F., Ausst.kat. 99 – (Red.)

Farner, Chrigel (Ps.: Chrigel, eigtl. Christian Farner); *falkenpeter@gmx.ch* (* Oberstammheim 22. 10. 72) – **S:** 89–94 HdK Zürich (wiss. Zeichnen b. Prof. Ch. Göldlin) – **L:** 03–04 UdK Berlin (freier Doz. Ill., Kl. Wagenreth) – **P:** Cassinelli-Vogel Stift. (Unterstützung) 99 – **G/T:** Malerei (Öl, Aqu.) u. Zeichn. (Portr., Ill.); Filmmusik u. Musik u. a. f. Install. u. Performances; Comics, Plakate – **M:** Osnabrück, Mus. – **E:** zahlr. Ausst., u. a. 92–03 Zürich; 03 Luzern, Festival Fumetto – **G:** zahlr. Ausst.bet., zuletzt 03 Berlin, Neurotitan; Düsseldorf, NRW Forum f. Kult. u. Wirtschaft sowie in Rom, Kanada, Angoulême/Frkr. – **V:** Fliegenpilz Carlsen, Comicalbum 94; Operation an einer Figur, Siebdruckbd 95; dieser Hund kann nur wuff sagen, Siebdruckbd 95; Mutanten, Ausst.kat. 99; Twains Tierleben (Ill.) – **R:** Stefan Banz: Performance für Dresses, Kurzfilm 97; Pascale Wiedemann: Treibhaus, Videoinstall. (Musik); Tanja Stöcklin u. Anka Schmid: Das Engadiner Wunder, Kurzfilm (Musik) 01 – (Red.)

Farocki, Harun, Filmemacher; c/o Farocki Filmproduktion, Pfarrstr. 96, D-10317 Berlin, Tel. (0 30) 5 53 36 43, Fax 57 79 40 19, *Antje.Ehmann@freenet.de, www.farocki-film.de* (* Neutitschein 9. 1. 44) – **S:** 66–68 Dt. Film- u. Fs.akad. Berlin – **L:** 93–99 Univ. of California Berkeley (Visiting Prof.) – **W:** ca. 90 Filme u. 25 Videos sowie div. Install. – **M:** Karlsruhe, ZKM – **E:** / G: u. a. 97 Kassel, documenta; 00 Lissabon, Centro Cultural de Belém; 01 Karlsruhe, ZKM; Wien, KH Exnergasse; Paris, Centre Pompidou; 04 Lüneburg, Univ. – **R:** FILM: u. a. Jeder ein Berliner Kindl 66; Ihre Zeitungen 68; Die Teilung aller Tage 70; Etwas wird sichtbar 82; Wie man sieht 86; Leben BRD 90; Die führende Rolle 94; Stilleben 97; Gefängnisbilder 00; Auge/Maschine 01 – ***Lit:*** AKL – (Red.)

Farthofer, Anton, Möbel- u. Objektdesigner; Untere Zeile 5, A-3482 Gösing, Tel. (0 27 38) 21 08, Fax 2 10 84, *anton@farthofer.com, www.farthofer.com* (* Tulln 8. 1. 68) – **P:** u. a. Red Bull Kreativ-Wettb. (2. Pr.) 99; Europ. Pr. f. zeitgen. Kunst u. designorientierte Handwerke (3. Pr.) 98 – **E:** / G: u. a. 94 Innsbruck, Ambiente; 95, 98 Köln, Intern. Möbelmesse; 95 Wien, Salon Denzel; 96, 99 Wien, Hofburg; 97 Salzburg, Kunstsalon Lettner – ***Lit:*** AKL – (Red.)

Fasbender, Andreas, Maler u. Performer (* Hagen 1. 7. 57) – **S:** 77–85 Staatl. KA Münster – **P:** Atelierstip. d. Stadt Münster 85–86; Prix de la jeune peinture Lille 87; Atelierstip. d. Chaveldon School London 92; Atelierstip. Quai de la Batterie Arras 98 – **G/T:** Malerei u. Performance, perkussive Malerei seit 91 – **M:** Bonn, Haus d. Gesch. d. BRD; Hagen, Karl-Ernst-Osthaus-Mus.; Lille, Mus. Prouvost; Sydney, MCA – **E:** u. a. 90, 98 Lille, Septentrion; 91 Walderdorff, Gal. Pal.; Trier, KV; Paris, Espace 13; 92 Altena, StG; 93 Lille, Le Carré; Bretten, KV; 94 Soest, StG; Paderborn, Diözesan-Mus. und Domschatz; 95 Biberach, KV; 95, 97 Sydney, Beatty Gall.; 96 Hagen, Schloß Werdringen; Jülich, KV; 96, 97, 00, 03 Berlin, Deschler; 97, 00 Arras, Quai de la Batterie; 99 Paris, Goethe-Inst.; 00 Lille, Goethe-Inst.; 01 Hagen, Karl-Ernst-Osthaus-Bund; Bukarest, Goethe-Inst.; 02 Waldshut, Mus. Schloß Bonndorf; Neapel, Goethe-Inst.; 03 Berlin, Gal. im Körnerpark; 04 Wesseling, KV; Paris, UNESCO – **G:** u. a. 85 Münster, Westf. KV (Förd.pr.ausst.); 89 Lille, Septentrion; 90 Düsseldorf, Große Kunstausst. NRW; 91 Münster, SM; Brühl, KV; 92, 94, 99 Hagen, Karl-Ernst-Osthaus-Mus.; 93, 97, 00 Sydney, Beatty Gall.; 96 Recklinghausen, KH; 96, 97, 01 Berlin, Deschler; 98 Paris, Aricchi; Köln, DuMont KH; 00 Kassel, KV; 02 Berlin, Gal. Expo 3000; 03 Berlin, Gal. im Körnerpark; 04 Köln, Art Cologne – ***Lit:*** Anne Prouvost: A. F., Monogr. 89; Gérard Durozoi: A. F., Ausst.kat. 93; Waltraud Schwab u. Gunter Nimmich: A. F., Buch z. intern. Ausst.tournee 99 – (Red.)

Fasching, Bernd, Maler, Bildhauer; Komödiengasse 3/23, A-1020 Wien, Tel. (01) 2 16 31 31, Fax 2 12 76 30, *b.fasching@magnet.at, www.berndfasching.at* (* Wien 18. 7. 55) – **Ve:** Ges. bild. Künstler Öst. – **G/T:** Malerei, Mischtechnik, Licht-, Audio- u. Videoinstall., Skulpt., Aktion – **W:** zahlr. Projekte – **M:** Dortmund, Mus. am Ostwall; St. Pölten, Ndöst. LM; Wien, Slg d. Bundes – **E:** u. a. 83 Wien, MMK Stiftung Ludwig; 92 Zürich, Latal; 95 Rosegg, Schloß; 96 Mochental, Schloß; 97 New York, Multi-Arts Center – **G:** u. a. 85 Wien, Stammersdorf; 88 Wien, Pinx; 90 Wien, MAK; 94 Hochfelden, Wirth – ***Lit:*** AKL – (Red.)

Fasko, Igor, Architekt, Maler; Arthur-Strobel-Str. 44, D-09127 Chemnitz, Tel. Mobil: 0 17 01 93 08 30, *arch.fasko@web.de, www.designatelier.sk* (* Treuenbrietzen 3. 3. 67) – **S:** 85–91 TU Bratislava (Fak. Archit., Fachrichtung Design); 90 HS f. angew. Kunst Wien – **Ve:** Architektenkammer Sachsen 97; SBK 05 – **KGr:** Dekonstruktivisten (seit 91) – **G/T:** dekonstruktivist. Abstr.; Objektkunst; Innenarchit. – **W:** Ölgemälde u. Graph. in Privatbes.; Innenräume in Chemnitz u. Bratislava – **E:** 03 Banská Bystrica/Slowakei, Gal. Belus; 04 Bratislava-Devin, Gal. Kamrlik; Zvolen/Slowakei, Hotel Tenis; 05 Wien, Gal. Planet; Wien, Ver. Waluso; 06 Chemnitz, Gal. im Schauspielhaus – **G:** seit 91, zuletzt: 00 Chemnitz, Gewidmet Marianne Brandt; 01 Zvolen/Slowakei, NG; 02 Brezno/Slowakei, Mus.; 06 Bratislava, Salon SVVU

Fassel, Gerda, Mag. art., Univ.-Prof.; Bildhauerin; c/o Universität für angewandte Kunst Wien, Oskar Kokoschka-Platz 2, A-1010 Wien, Tel. (01) 7 11 33 64 00, Fax 7 11 33 64 02, *gerda.fassel@uni-ak.ac.at, www.angewandte.at; www.fauve.at* (* Wien 14. 8. 41) – **VG:** Wien, de Luca Management – **S:** 64–65 Art Students' League New York (Bildhauerei b. José De Creeft); 68–72 HS f. Angew. Kunst Wien (Bildhauerei b. Hans Knesl u. Wander Bertoni, Dipl.) – **L:** seit 96 HS f. angew. Kunst Wien (Prof. f. Bildhauerei) – **P:** Theodor-Körner-Förd.pr. 81; Arb.stip. d. Stadt Wien 81; Förd.-beitr. Kunstfonds Wien 81; Pr. d. Stadt Wien 82; Wiener Festwochen-Pr. f. Plast. 83; Öst. Staatsstip. f. bild. Kunst 84; Arb.stip. d. BmfUK 86; Öst. E.kreuz f. Wiss. u. Kunst I. Kl. 01 – **Ve:** Grazer Autorenversammlung 80; VBK Öst. 88 – **KGr:** Figur (91–96) – **G/T:** Neue Figur (Bronze, weibl. Torsi u. Fragmente); figurat. Plast. (fragmentiert, Bronze) – **K:** Akt- u. Portr.stud. (Zeichnen u. Modellieren) – **W:** im Bes. d. Slg d. Kult.rates d. Stadt Wien – **M:** Wien, BmfUK; Wien, MAK – **Ö:** Wien, Städt. Hallenbad Brigittenau (Plast.); ebda, Heinz Nittel-Hof (Plast.) – **E:** u. a. 81, 92 Wien, Gal. Artes; 87 Ulm, Künstlerhaus Ulm (Kat.); München, Lörch; 93 Velm, Gal. d. Begegnung; 94 Hallein, Gal. pro Arte; 98 Wien, Kleine Gal.; 99 Wien, Univ. f. angew. Kunst (Heiligenkreuzhof); 00 Bratislava, Öst. Kult.zentrum; 02 Salzburg, Weilinger; 03 Passau, MMK – Stift. Wörlen; 04 Wiener Neustadt, Hauptpl.; 05 Melk, RH u. RHpl. – **G:** u. a. 79 Philadelphia, Civic Center Mus.; 81 Wien, Europ. Skulpt.ausst. Anthropos; Wien, Hilger; Padua, Bienn. Intern. del Bronzetto; 87 Monte-Carlo, Fond. Prince Pierre de Monaco; 88 Berlin, Treptower Park; 89 Udine, Gal. Interno Quattro; 91 Bozen, Museion-MMK; 92 Wien, Wien Mus.; 94, 96 Budapest, Nemzetközi Szobrászrajz Bienn.; 95 Wien, BAWAG Foundation; 97 Wiener Neustadt, Internazionale dell'Arte; Wiener Neustadt, Hauptpl.: Europa Skulpt.; 00 Turin, Bienn.; 01 Klagenfurt, StG; 02 Salzburg, Kongreßhaus – **V:** Bildhauer zeichnen, Mappe 75; Abteilung Bildhauerei: Wintersemester 1996/97 bis Sommersemester 2006 (Hrsg.) 06 – ***Lit:*** Robert Schmitt: G.F., Ausst.kat. 87; Ingvild Birkhan u. a.: Weibsbilder, Werkskat. 96; Helmut Eisendle u. a.: Köpfe, Torsi & Fragmente, Ausst.kat. 99; Judith Keller: Irritationen, In d. Tiefen d. Oberfläche, Die Plastikerin G.F., Dipl.arb. 03; Elisabeth De Luca Bossa (Hrsg.): Weibströmmer, Die Bildhauerein G.F., Monogr. 03; dies.: G.F. Zchngn 06 – ***LitR:*** FILME: Wilhelm Gaube: G.F., Portr./Dok. 88; Traute Hansen: G.F., Portr. 90; Elisabeth Ernst: Köpfe, Torsi & Fragmente, Dok. 99; Wilhelm Gaube: G.F., Portr. 03

Faul, Christian, Maler, Objektkünstler; Friedrichstr. 17, D-90762 Fürth, Tel. (09 11) 7 49 93 54, Fax 9 74 94 08, *c.faul@honeywork.net* (* Erlangen 10. 11. 67) – **VG:** Nürnberg, Oechsner – **S:** 91–97

ABK Nürnberg (b. Prof. Hans Peter Reuter, d. Gastprof. Gerald Zschorsch u. Leni Hoffmann); 94 ebda (Meisterschüler b. Hans Peter Reuter); 94–95 Akad. d. Schönen Künste Krakau (b. Antoni Porczak, Stip.) – **L:** ab 00 ABK Nürnberg (Ass. b. Hans Peter Reuter) – **P:** Reisestip. d. Industr.- u. Handelskammer Nürnberg 95; Förd.pr. f. Studenten d. ABK Nürnberg 96; Absolventenpr. d. ABK Nürnberg 99; DAAD-Stip. Jap. 99–00; Bay. Staatsförd.pr. 99; Kult.förd.pr. d. Stadt Fürth 00; Cité Intern. d. Arts Paris 05–06 – **G/T:** Ölmalerei auf Aluminium/Holz- o. Acrylglaskästen (gegenständl., vornehml. Pflanzen, Fische u. Wolken, Menschen u. Stilleben); Objektbilder; Architekton. Modelle – **W:** im Bes. d. Continentale Versicherung München, Slg Defet Nürnberg, Siemens Erlangen, Vereinte Spk. Coburg u. d. Messeges. Nürnberg – **M:** Baden-Baden, Mus. Frieder Burda; Berlin, KS d. Dt. Bundestages – **E:** zuletzt: 00 Kyoto, Art Space Niji; 01 Nürnberg, KV Kohlenhof; 03 Erlangen, KM; 04 Dachau, Neue Gal. (Kat.); Nürnberg, Defet (m. Anne Sterzbach); Fürth, Kunstgal. (m. Sigrid Stabel u. Andreas Oehlert); 05 Drensteinfurt, KV Alte Synagoge; Bamberg, Kunstmühle Mürsbach (m. Andreas Oehlert); 06 Nürnberg, Oechsner – **G:** u. a. 97 (Kat.), 98 (Kat.) Bonn, Kunst- und Ausst.halle d. BRD; 98 Berlin, Kronprinzenpal.; Stuttgart, KV; 99 Nürnberg, Lindig; 99, 05 Nürnberg, Defet; 00, 01 München, Gal. d. Künstler; 01 Nürnberg, KH; Fürth, Schloß Burgfarrnbach; Frankfurt am Main, Kunstkab.; 04, 06 Fürth, Kunstgal.; 05 Baden-Baden, KV; 06 Baden-Baden, Slg Frieder Burda; Paris, Cité Intern. des Arts; Palma de Mallorca, Gal. Kunstmann – ***Lit:*** Kunstpr. d. Nürnberger Nachrichten 94; Karl-Heinz Schmidt, in: Informationsdienst Kunst 100/95; C.F. Die Dame im Spiegel 97; Iß was 98; Bazon Brock, in: Kunstforum Intern. 150/00; C.F. (Fürth) 99 u. 03; Neue Malerei, Frieder Burda 06; AKL

Faure, Nicolas, Fotograf; Avenue A.-F.-Dubois 70, CH-1217 Meyrin/GE (* Genf 1. 12. 49) – **S:** 68–71 Lehre als Goldschmied – **L:** 81–83 Univ. Genf (LBeauftr.); seit 01 Éc. cantonale d'Art de Lausanne – **P:** u. a. Eidgenöss. Stip. f. angew. Kunst 80, 86, 88 – **G/T:** Mode-, Werbe- u. Straßenfotogr., Portr.ser., Stadt- u. Lsch.fotogr., konzept. Bildzyklen – **W:** Ankauf u. a. durch d. Bundesamt f. Straßenbau Bern – **M:** u. a. Genf, Commune de Meyrin; Genf, Fonds cantonal de Décoration et d'Art visuel; Genf, Fonds municipal de Décoration de la Ville; Genf, Mamco; Lausanne, Mus. de l'Elysée; New York, MOMA; Winterthur, Foto-Mus.; Winterthur, Fotostift. Schweiz; Zürich, MfG – **E:** 78 New York, Suydam Gall.; 81 Genf, Gal. le Trépied; 92, 02 Genf, Gal. Andata-Ritorno; 95 Meyrin, Forum Meyrin; 98 Winterthur, Foto-Mus. – **G:** 81 Genf, MAH (Wander-Ausst.); 90, 92, 99 Zürich, MfG; 91 Lausanne, Mus. de l'Elysée; Fribourg, Mus. d'art et d'histoire; 92 Berlin, Berlinische Gal.; Rotterdam, Fotogr. Bienn.; 93 Winterthur, Foto-Mus.; 97 Aarau, Aargauer Kunsthaus; Wien, KH; 99 Budapest, Ludwig Múz.; 02 New York, MOMA – **V:** u. a. Citizens of the world 95; Weltenblicke, Kat. 97; Von einer Schweiz zur anderen, Kat. 98; Autoland, Kat. 99 – Fotogr. f. Ztgn u. Zss, u. a. Geo, Actuel u. L'Illustré – ***Lit:*** AKL; Koetzle 02 – (Red.)

Faust, Jeanne, Film- u. Videokünstlerin; Kleiner Schäferkamp 50D, D-20357 Hamburg (* Wiesbaden 25. 11. 68) – **VG:** Hamburg, Günther; Karlsruhe, Meyer Riegger – **S:** 98 HdK Hamburg (Fine Arts) – **P:** Förd.pr. Bild. Kunst d. Kult.kr. d. dt. Wirtschaft im BDI 04 – **G/T:** Fotogr., Film, Video – **M:** Vaduz, SKS Liechtenstein – **E:** u. a. 99, 00 Hamburg, Günther; 02 Vaduz, SKS Liechtenstein; Heilbronn, KV; Düsseldorf, KH – **G:** 98 Hamburg, KV; 01 Siena, Mus. Pal. delle Papesse; Frankfurt am Main, KV; 02 Frankfurt am Main, Manifesta; 03 Bradford, NM of Photogr., Film and Television; Düsseldorf, KH – **R:** VIDEOS: Rodeo 00, My private Satellite 02 – ***Lit:*** AKL – (Red.)

Faust, Steffen, Dipl. Designer, Graphiker, Illustrator; Fischzug 22, D-10245 Berlin, Tel. (0 30) 2 96 14 00, *Karla_Faust@yahoo.de*, *steffen-faust.illustration.de* (* Meißen 29. 6. 57) – **S:** 79–81 FHS f. Werbung u. Gest. Berlin (Graph.stud., Dipl.) – **G/T:** Ill. (u. a. Aqu., Feder m. chinesischer Tusche, Ätzrad., Kupferdruck, Collagen) – **M:** Bamberg, Bay. Staatsbibliothek Slg. E.T.A. Hoffmann; Berlin, Staatsbibliothek Slg Duske – **Ö:** Berlin, Brandenburgische Akad. d. Wiss. Akad.archiv – **E:** 96 Berlin, Assoc. Flamenca 'Flamenco' – **G:** 01, 02, 03, 04 Köln, Art Cologne; 02, 03 Bamberg, Bay. Staatsbibliothek – **V:** E.T.A. Hoffmann: Die Brautwahl, Rad.serie 01; Caroline de la Motte Fouqué: Der Delphin (Feder, Tusche, Aqu., Rad.) 01; E.T.A. Hoffmann: Klein Zaches genannt Zinnober (Mischtechnik Rad.) 02; Franz Fühmann: Im Netz des Hephaistos (Feder, chin. Tusche) 02; E.T.A. Hoffmann u. Klaus Deterding: Der Feind (Feder, chin. Tusche) 02; Paul Alfred Kleinert: Lust und Last (Rad., Federzeichn.) 03 – ***Lit:*** Illustration 63 03; Gernot Ernst: Stadtbild Berlin im Spiegel der Druckgrafik – (Red.)

Favre, Michel, Plastiker; Grand St-Bernard 44, CH-1920 Martigny/VS, Tel. u. Fax 027 722 55 08, *michelfavre@bluewin.ch*, *www.michelfavre.ch* (* Lausanne 10. 5. 47) – **VG:** Bonstetten, Gal. für Gegenwartskunst; Hauterive, Gal. 2016; Lugano, La Colomba; Sitten, Gal. Grande Fontaine – **S:** 62–65 Ausb. als Steinmetz; 67–71 Schule f. angew. Kunst Bern u. St. Gallen (Weiterbildung: dreidimensionales Schaffen); Praktikum in priv. Bildhauerateliers – **P:** Prix de la Fond. Gaspoz 88; MAC 2000-Pr. 98 – **Ve:** Visarte 83 – **G/T:** Bronzeplast. (gelegentl. Integration v. Glas, Stein, elektron. Bauteilen, CD); Schwerpunkt: überdimensionierte, geometr. Gebilde o. Gebrauchsgegenstände m. winzigen, ameisengleichen Menschenfiguren – **W:** in Privatbes. in d. Schweiz, Dtld, Frkr., Belgien, Holland, GB, Ital., Griechenl., Spanien, Schweden, Südkorea, Kanada u. d. USA – **M:** Antwerpen, Koninklijk Mus. voor Schone Kunsten; Athen, Skironio Mus.; Genf, Städt. Slg; Martigny, Städt. Slg; Meyrin, Städt. Slg; Paris, CSI Les Cèdres; Sitten, Kantonales KM; Sitten, Slg Nouvelliste; Versoix, Städt. Slg – **Ö:** Conches, Lombard; Martigny, UBS Parkhotel; ebda, Crédit Suisse; Sitten, Kt.spital; Süssen, Strassacker KG; Zürich, Finter Bank – **E:** zahlr. seit 77, u. a. 91, 95 Paris, Lefor Openo; Lausanne, Gal. Humus; 94 Brüssel, Gal. Contrast; St. Gallen, Merz; 96 Martigny, Mus. Fond. Pierre Gianadda (Kat.); 96, 01, 05 Hauterive, Gal. 2016; 99, 03 Sitten, Gal. Grande Fontaine; 99, 02, 06 Bonstetten, Gal. für Gegenwartskunst; 99 (Kat.), 03 (Kat.), 07 Lugano, La Colomba – **G:** zahlr. Bet. seit 80, u. a. 96 Seoul, AC; 97 Barcelona, Intern. Bienn.; 98, 99, 00, 04 Paris, MAC 2000; 99 Muri, Villa Mettlen; 99, 01 Hauterive, Gal. 2016; 02 Süssen, Strassacker KG; Sitten, Ferme Asile (Visarte); 03 Toulouse, Intern. Bienn. d. Skulpt.; Rosny-sur-Seine, Hospice Saint-Charles; 06 Bad Ragaz u. Vaduz, Intern. Trienn. d. Skulpt. – ***Lit:*** W. Ruppen u. J.M. Gard: M.F. Sculpteur – Plastiker – Scultore, Monogr. 88; Roland Mattes u. Georges Borgeaud: M.F. Sculpteur – Plastiker: itinéraire 1987–1995, Monogr. u. Ausst.kat. (z. Ausst. in d. Gal. 2016 Hauterive) 96 – ***LitR:*** div. Fs.beitr. f. Il Quotidiano (TSI) 88, 99, Nouvelles Rég. (TSR) 96; Tout chaud (Canal 9) 99

Favre, Valérie, Prof., Malerin; c/o Galerie Wohnmaschine, Tucholskystr. 35, D-10117 Berlin, Tel. (0 30) 30 87 20 15, Fax 30 87 20 16, *info@wohnmaschine.de*, *www.wohnmaschine.de* (* Biel 18. 8. 59) – **VG:** Berlin, Wohnmaschine; Paris, Obadia – **S:** Autodidaktin – **L:** 96–97 Éc. Nat. des Beaux-Arts Dunkerque (Prof. f. Malerei); seit 06 UdK Berlin (Prof. f. Malerei) – **G/T:** Malerei – **M:** Amiens, Mus. de Picardie; Angouleme, Fonds rég. d'art contemp. Poitou-Charentes; Clermont-Ferrand, Fonds Rég. d'art contemp. Auvergne; Nîmes, MAC; Paris, Centre Pompidou; Paris, FNAC; Paris, Fonds Rég. d'Art Contemp. d'Ile-de-France; Seoul, Hanlim Mus.; Sintra, MMK; Val-de-Marne/Vitry, MAC – **E:** 88 Paris, Usine Ephémère; 93 Paris, Obadia; 94 Herouville, Centre d'Art Contemp. Basse Normandie; 95 Charleville-Mezieres, Mus. Rimbaud; 96 Basel, Art Basel; 97 Amiens, Mus. de Picardie; Ivry, CREDAC; Paris, Centre Cult. Suisse; 98 Dresden, Kunsthaus; 99 Luckenwalde, KH; Clermont-Ferrand, FRAC Auvergne; 00 Dresden, Festspielhaus Hellerau; 01 Le Mans, Centre culturel de l'Espal; Berlin, Wohnmaschine; 03 Friedrichshafen, KV; Salamanca, Centro del Arte; 04 Münster, Westf. KV; 06 Berlin, Haus am Waldsee (Kat.) – **G:** zahlr. Ausst.bet. seit 87, zuletzt 96 Berlin, Künstlerhaus Bethanien; 97 Paris, Centre Pompidou; 98 Orlando, Mus. of Art; 99 Sintra, MMK; Berlin, Gal. Eigen + Art; 00 Mailand, Fond. Mudima; 01 Manila, Metropolitan Mus.; 03 Hongkong, Mus. of Art; Berlin, Kunstamt Kreuzberg/Bethanien; 04 Münster, Westf. LM; Val-de-Marne/Vitry, MAC; 04 Nîmes, MAC; 06 Weimar, Neues Mus.; Berlin, Martin-Gropius-Bau; Paris, Grand Pal. – **V:** Degel, Ed. Camomille Brüssel 92; Etoile de Mars, Ed. Yeos Paris 97 – **R:** Range ta chambre, Audio-CD 94 – ***Lit:*** u. a. KAT.: z. Ausst. im Centre d'Art Contemporain de Basse Normandie 94; T. de Duve z. Ausst. im Mus. Rimbaud Charleville Mézières 95; B. Chenique z. Ausst. im Mus. de Picardie Amiens u. im CREDAC Ivry 97; M. Deutsch u. E. Suchère z. Ausst. im Centre Culturel Suisse Paris 97; z. Ausst. im Kunsthaus Dresden 98; C. Tannert u. E. Gillen z. Ausst. in d. KH Luckenwalde 99; z. Ausst. im Centre cultural de l'Espal Le Mans 01; z. Ausst. im Mus. Picardie Amiens 03; C. Plath u. G. Jansen z. Ausst. im Westf. KV Münster 04; – sowie: C. Flohic in: Ninety Nr. 36 00

Federle, Helmut, Prof. KA Düsseldorf, Maler; c/o Galerie nächst St. Stephan, Rosemarie Schwarzwälder, Grünangergasse 1/2, A-1010 Wien, Tel. (01) 5 12 12 66, Fax 5 13 43 07, *galerie@schwarzwaelder.at*, *www.schwarzwaelder.at* (* Solothurn 31. 10. 44) – **VG:** Wien, Gal. nächst St. Stephan; New York, Peter Blum; Auckland, Andrew Jensen; Kopenhagen, Bjerggaard – **S:** 66–69 Allg. Gewerbeschule Basel – **L:** 81 Éc. supérieure des Beaux-Arts Genf (LAuftr.); 90 Staatl. KA Oslo (Gastprof.); ABK Trondheim u. Reijkyvik (Gastsem.); 99 Academia del'architettura Mandrisio (Gastdoz.) – **P:** Kiefer-Hablitzel-Stip. 74; Stip. d. Stadt Genf 81 – **G/T:** Geometr. Abstr. – **K:** Malerei – **W:** zahlr. Werke in Privatslgn in Europa u. d. USA – **M:** u. a. Aarau, Aargauer Kunsthaus; Basel, Mus. f. Gegenwartskunst; Berlin, SMPK; Bonn, KM; Bregenz, Kunsthaus; Buffalo/NY, Albright-Knox Art Gall.; Canberra, NG of Australia; Chur, Bündner KM; Den Haag, Haags Gemeente-Mus.; Dijon, Fonds Rég. d'Art Contemp. de Bourgogne; Genf, Mamco; Genf, Mus. d'art et d'histoire; Grenoble, MBK; Humlebæk, Louisiana Mus. of Mod. Art; Karlsruhe, ZKM; London, Tate Coll.; Luxemburg, Mus. d'art Mod.; Luzern, KM; Madrid, MNCARS; Mouans-Sartoux, Espace de l'art Concret; München, Slg Goetz; Nantes, MBA; New York, MOMA; Nürnberg, KH; Oxford, Ashmolean Mus.; Paris, Centre Pompidou; Pittsburgh/PA, Carnegie Mus. of Art; Reutlingen, Stift. f. Konkrete Kunst; Saint-Etienne, Mus. d'Art Mod.; Schaffhausen, Mus. zu Allerheiligen; St. Gallen, KM; Stockholm, Mod. Mus.; Valencia, Fund. Bancaja; Valencia, Inst. Valenciano de Arte Mod.; Wien, Albertina; Wien, MMK Stiftung Ludwig; Zürich, Kunsthaus – **E:** u. a. 71, 74 Basel, Gal. Riehentor; 75 Olten, Kaufmann; 76 Solothurn, Mus. d. Stadt; 78 Köln, Gal. Veith Turske; 79 Basel, KH; 81 Zürich, Stähli; 82 Reykjavik, Corridor gall.; 83 Lausanne, Mus. cantonal des beaux-arts; Fribourg, Mus. d'art et d'histoire; St. Gallen, Kulli; 84 New York, John Gibson Gall.; 85 Nevers, Assoc. pour l'art contemp.; 86 Wien, Gal. nächst St. Stephan; Köln, Gal. Rudolf Zwirner; Köln, Borgmann-Capitain; 87 New York, Gladstone Gall.; New York, Boone Gall.; 88 Chicago, Donald Young Gall. – **V:** zahlr. Veröff., u. a. Formen d. achten Jahrzehnts, in: Arb. d. neuen Ordnung 83; Eine andere Norm d. Wahrheit, in: Art, Nr. 3 89; Integrität u. Korruption in d. Geometrie – Das Ende d. Alternative, in: Abstr. Malerei zw. Analyse u. Synthese 93; Überlegungen z. Absenz o. Präsenz v. Farbe als Material in d. Archit., in: Archit. u. Farbe, Kat. 97: Gelehrtenstein, in: H.F., Kat. 99; Sprechen üb. Archit., in: suggestions auftakt/ prelude, Kat. 01; Von Kunst, Archit. u. Öff. Ein Wechselspiel, fragmentarisch, in: tech21, Nr. 5 02

Feest, Isabell, Prof., Architektin; c/o Dinse Feest Zurl Architekten, Klopstockstr. 23, D-22765 Hamburg, Tel. (0 40) 8 66 00 10, Fax 86 60 01 44, *info@dfz-hh.de*, *www.dfz-hh.de* (* Stuttgart 51) – **S:** 70–72 TU Stuttgart (Archit.); 72–75 TU Berlin (Dipl.) – **L:** 96 Muthesius-HS Kiel (Prof.) – **P:** Architekten- u. Ing.ver. Hamburg, Bauwerk d. Jahres 89, 95, 01; Archit.pr. d. BDA Hamburg (2 Ausz.) 02 – sowie zahlr. Pr. in Wettb. – **KGe:** DFZ Architekten: I. F., Peter Dinse u. Johann Zurl (Archit.büro seit 90) – **G/T:** Verwaltungs-, Gewerbe- u. Wohnbauten, Sanierung, Innenausbau – **B:** Berlin: Ldesvertretung Hamburg; Bremen: Theater am Goethe-Pl. (Neugest.); Hamburg: Verwaltungsgebäude Strom-Hafenbau; ebda: Kindertagesstätte Boltwiesen, Univ. (Umbauten in Hauptfoyer u. Hörsälen), Wohn- u. Gewerbe-Park am Osterbekkanal (4 Neu- u. Umbauten), Gewerbehof Bergedorf-West (Modul-Bau), Maihak-Montagegebäude Winterhude (Umbau), Curio-Haus (Sanierung u. Ausbau) – **E:** / G: u. a. 94, 97 Hamburg, Hamburger Archit.-Sommer; – weitere: 03, 04 Hamburg, Vejle, Kopenhagen, Tallinn, Berlin, Wien, Mailand u. Osaka (archHH – Archit. made in Hamburg) – ***Lit:*** AKL – (Red.)

Fehlhaber, Herdegen, Maler, Graphiker; Wildbahn 76, D-15236 Frankfurt/Oder, Tel. (03 35) 54 71 26 (* Prenzlau 3. 6. 35) – **S:** 51–54 Lehre als Schriftmaler u. Gebrauchswerber; 57–60 Mal- u. Zeichenschule Zwickau (Abendschule b. Prof. Carl Michel); 60–65 HGB Leipzig (u. a. b. Prof. Heinz Wagner); ab 65 freischaffender Künstler – **G/T:** Malerei (v. a. Lsch.); Graph.; Kunst am Bau (Wandmalerei, Metall-Gest., Glas- u. Steinmosaike) – **M:** Frankfurt/Oder, Mus. Junge Kunst; Leipzig, KS d. Univ. – **Ö:** Frankfurt/Oder, Siedlung Neuberesinchen; ebda, Sporthalle Sabinusstr. (Wandmalerei, Silikatfarbe) – **E:** / G: seit 60 in d. DDR u. im Ausld – ***Lit:*** AKL; Schweers 02

Fehr (eigtl. Ursula Fehr, gesch. Ursula Weber-Fehr); Weinbergstr. 20, CH-9508 Weingarten, Tel. u. Fax 05 23 76 22 02 (* Winterthur 23. 7. 40) – **VG:** Bonstetten, Gal. für Gegenwartskunst – **L:** 85–99 Sem. Weinfelden; 98–05 Sem. Gossau – **P:** Kult.pr. d. Kt. Thurgau 96 – **Ve:** Visarte; SGBK – **KGr:** Thurgauer KünstlerInnengruppe – **G/T:** Skulpt., Plast., Rad., Kunst im öff. Raum – **Ö:** u. a. Beromünster, Gemeindehaus; Bischofszell, Sekundarschule; Bonstetten, Oberstufenzentrum; Breitenbach, Ev. Kirchgemeindehaus; Bülach,

Kt.sschule Zürich; Egnach, Behindertenheim Neukirch; Frauenfeld, Reg.gebäude; Münchwilen, Primarschulhaus; Romanshorn, Pestalozzischulhaus; Weinfelden, Sekundarschule; ebda, Ev. Kirchgemeindehaus, Thurbrücke, Rössli-Felsen Areal – **E:** / G: 87 Stein am Rhein, Rehbock; 88 Konstanz, RH; 89, 01 Gottlieben, Art Gal.; 89 St. Gallen, Olma-Hallen; Widnau, Sonne; 90 Bülach, Gal. Sigristenkeller; 91 Radolfzell, Villa Bosch; Heiden, Kursaal; 93, 95, 98, 02 Bonstetten, Gal. für Gegenwartskunst; 93 Herisau, Windegg; 94 Zürich, Gal. Vista Nova; Rorschach, Gal. zum Kornhaus; 97 Konstanz, LM; Weinfelden, Gublerhaus; 98 Romanshorn, Mathis; Glattfelden, Gal. Quattro; 01 Kartause Ittingen, KM; Winterthur (KünstlerInnengr. TG) – ***Lit:*** U. F., Monogr. 01 – (Red.)

Fehr, H.R. (eigtl. Hans-Ruedi Fehr, geb. Hans-Rudolf Fehr); Postfach 4, CH-8735 St. Gallenkappel, Tel. (0 79) 3 45 07 05, Fax (0 55) 2 84 29 84, *hr.fehr@hrmetaldesign.com*, *www.hrmetaldesign.com* (* Zürich 27. 4. 52) – **VG:** Cuxhaven, Gal. Formart; Uznach, Gal. zur grünen Tür; Ballens, Roch – **S:** Schauspiel, Bühnenbild, Metallobjekte – **Ve:** Künstlerarch. – **G/T:** Möbel; Metallobjekte aus verschweißten Autoblechen – **K:** Schweißen f. Event-Management – **Ö:** Uznach, Kult.-treff Rotfarb (Metallbar) – **E:** 98 Fribourg, Physic 2000; 99 Zürich, Gal. am Schanzengraben; 99, 02, 05 Uznach, Gal. zur grünen Tür; 01 Garching, Gal. 17; Bern, Autoemotion; Cuxhaven, Gal. Formart; 03 Hasenweiler, Mod. Art Gall.; Ballens, Roch – **G:** Bet., u. a. Uznach, Gal. zur grünen Tür: Kunstspuren; Crissier, Car-Art; Frauenfeld, Shed im Eisenwerk; Ballens, Roch; Unterbözberg, Gal. Bopp-Art – sowie: Bike Emotion; Kunstforum Intern.

Fehr, Marc-Antoine, Maler (* Zürich 13. 1. 53) – **VG:** Zürich, Walter – **S:** Autodidakt – **P:** u. a. Kiefer-Hablitzel-Stip. 78; Stip. d. Stadt Zürich 80; Eidgenössisches Kunst-Stip. 80, 81, 82; Stip. d. Kt. Zürich 85 – **G/T:** Stilleben, Ldschaft, Interieur, Portr.; komplexe Themen (vorw. Großformat u. Bildzyklen) – **M:** u. a. Aarau, Aargauer Kunsthaus; Olten, KM – **Ö:** Lugano, Banca del Gottardo – **E:** zahlr. Ausst., u. a. 85 Winterthur, KM; 87 Zürich, StG Strauhof; 87, 94 Aarau, Aargauer Kunsthaus; 90 Olten, Stadthaus – **G:** zahlr. Ausst.bet., u. a. 86 Zürich, Spectrum; 88 St. Gallen, KM; 90 München, Künstlerwkst.; 91 Wiesbaden, Nassauischer KV; 93 Zürich, Kornfeld & Cie. – ***Lit:*** AKL; BLSK 98 – (Red.)

Fehr, René, Karikaturist, Illustrator, Gebrauchsgraphiker; Stodolastr. 10, CH-8053 Zürich (* Zürich 30. 9. 45) – **S:** 61–62 KGS Zürich (Vorkurs); 62–66 Fa. Georg Vetter (Graphikerlehre, Industr.-Reklame) – **G/T:** Zeichn. (Cartoon, Karikatur, Ill.); Graph.-Design (Motive f. d. Gest. v. Geschirr o.ä.) – **M:** Basel, Karikatur u. Cartoon Mus. – **E:** 97 Zürich, Piccola Galleria d'Arte – **G:** u. a. 86, 88, 90 Davos, Intern. Cartoon-Bienn.; 99 Leipzig, Stadtgesch. Mus.; 99, 00 Zürich, Piccola Galleria d'Arte; 05 Zürich (Teddy-Summer) – **V:** CARTOONS: Ink & Co. 75; Cartoons 77; Grand Hotel – bitte nicht stören 80; Guschti Fröhlich und seine Abenteuer... 95 – ILL.: Horst Vetten: Über das Klo – ein Thema, auf das jeder täglich kommt 80; Simon Aegerter: Computerchinesisch für Anfänger 84; Hans Gmür: Wahrhaft unwahre Geschichten 86; Elfie Casty: Mit einer Prise Leidenschaft, Kochb. 87; Winfried Hönes (Hrsg.): Alles über Dummheit – Eine intelligente Aphorismensammlung über die Stupidologie 93; Eurocard Switzerland (Verl.): Wein – kurzweilig im Ansatz und unvergesslich im Abgang 94; Walter Ludin: Wo sind die Freundbilder? Quergedanken 94; ...TastaBasta..., Tastaturlernprogramm 04; – sowie Karikaturen u. Ill. f. versch. Ztgn u. Zss, u. a. Nebelspalter, Stern, Capital – ***Lit:*** AKL; Flemig 93; BLSK 98 – (Red.)

†**Fehrenbach,** Gerson, Bildhauer, Objektkünstler, Maler; lebte in Berlin (* Villingen/Schwarzwald 18. 2. 32, † Berlin 20. 11. 04) – **VG:** Berlin, bildhauergal. f. kleinplast.; Berlin, Noack; Berlin, Bildgiesserei Noack – **S:** 46 Holzbildhauerlehre; 51 Kunsthandwerksschule Bonndorf (b. Prof. Walter Schelenz); 54–60 HBK Berlin (Bildhauerei); 59 ebda (Meisterschüler b. Prof. Karl Hartung) – **L:** 63–75 TU Berlin (am Lehrstuhl f. plast. Gest.); 78–80 ebda (LAuftr. f. plast. Gest.); 88 TU Istanbul (Gastdoz.) – **P:** Paris-Stip. d. KV Freiburg/Br. 54; Pr. d. Großen Berliner Kunstausst. 59; Stip. d. Kult.kr. d. dt. Wirtschaft im BDI 60; Villa-Romana-Pr. 62 – **G/T:** Plast. (Bronze, Gips, Stein, Beton, Keramik, auch Styropor, selten farbig gestaltet, meist an Figur u. Archit. angelehnte abstr., kompakte Formen); Malerei (Mischtechnik auf Karton u. Leinwand); Graph. (Rad., Lith., Linolschnitt) – **M:** Berlin, Berlinische Gal.; Berlin, Stift. f. Bildhauerei; Darmstadt, Hess. LM; Duisburg, Wilhelm-Lehmbruck-Mus.; Frankfurt am Main, Städel; Kassel, Neue Gal.; Otterndorf, MMK; Stuttgart, KM – **Ö:** Bad Schwalbach, Stadtpark (Plast.); Berlin, Arb.amt Nord Charlottenburg (Marmorgr.); ebda, Parkfriedhof Tempelhof (Gedenkstein), RH Tempelhof (Formengr., Beton), Schöneberg (Gedenkstein f. d. ehem. Synagoge); Brandenburg, Theater (Fassadenelemente); Frankfurt am Main, IBM-Zentrum (Plast.); Hessisch-Lichtenau (Brunnenplast.); Offenburg, Arb.-amt (Brückentor); Pforzheim, Stadttheater (Fassaden-Gest. m. Bodo Fleischer); Pfullendorf/Bodensee, Truppenunterkunft (Atompilz); Tunis, Dt. Botschaft (Säulenbrunnen); Villingen-Schwenningen, Theater am Ring (Plast.) – **E:** zuletzt u. a. 00 Berlin, Georg-Kolbe-Mus.; 04 Magdeburg, Gal. Himmelreich – **G:** zuletzt u. a. 03 Berlin, Bildhauersymposium Steine ohne Grenzen; 03, 04 Wiesbaden, Haasner – **V:** G. F. Ein Bildhauerleben, Reihe Wkst.gespräche 92 – ***Lit:*** AKL

Feichtinger, Dietmar, Architekt; 11, Rue des Vignoles, F-75020 Paris, Tel. 01 43 71 15 22, Fax 01 43 70 67 20, *contact@feichtingerarchitectes.com*, *www.feichtingerarchitectes.com* (* Bruck an d. Mur 18. 11. 61) – **S:** 81–88 TU Graz (Archit.) – **L:** 94–98 Univ. Innsbruck (Inst. f. Hochbau u. Entwerfen, LAuftr.); 94–99 UP6 Éc. d'Architecture de Paris La Villette (LAuftr.); 95 Univ. Innsbruck (Gastprof., Inst. f. Hochbau u. Entwerfen); 97 TU Wien (LAuftr., Inst. f. Hochbau u. Entwerfen); 99–00 TH Aachen (Gastprof., Inst. f. Gebäudelehre); 99–03 UP6 Éc. d'Architecture de Paris La Villette (Maître de Conference) – **P:** Kunstpr. Berlin (Förd.pr. f. Baukunst) 98; – sowie zahlr. Pr. in Wettb. – **G/T:** v. a. Glas- u. Brückenbauten – **B:** Douai: Rivage Gayant; Hannover: Expo-Halle; Innsbruck: Tilak-Laborgebäude; Krems: Bildungszentrum Campus (1. Pr. im Wettb., Fertigstellung ca. 05); Montreuil: Stadtzentrum (1. Pr. d. Wettb. 04); Paris: Fußgängerbrücke La Défense (1. Pr. d. Wettb. 04); ebda: Seine-Brücke f. Fußgänger; Salzburg: Wintereinhausung Hofbrunnen Residenzpl. (1. Pr. d. Wettb. 04); Weil am Rhein: Rheinbrücke – **E:** / G: zuletzt 03 Paris, Pavillon de l'Arsenal; Klagenfurt, Napoleonstadl – Haus d. Archit.; Muerz (Initiative Graz Kult.hauptstadt); Rotterdam, Intern. Archit.bienn.; Krems (Krems.Stadt im Aufbruch); Weiz (Architecture 1:10) – ***Lit:*** AKL

Feierle, Christian, Mag. art., Bildhauer; Residenzpl. 2, A-5020 Salzburg, Tel. u. Fax (06 22) 84 87 05 (* Salzburg 15. 5. 57) – **S:** 77–82 HS f. künstler. u. industr. Gest. Linz (Meisterkl. Bildhauerei) – **P:** Dr.-Ernst-Koref-Pr. (1. Pr.) 85; Förd.pr. f. junge Künstler d. Salzburger Wirtschaft 86; Pr. d. Salzburger Ldesregierung

(1. Pr.) 87; Bildhauersymposium Villany/Ungarn (1. Pr.) 88; Theodor-Körner-Förd.pr. 92 – **Ve:** KV Kärnten – **G/T:** konstruktive Steinbildhauerei (Marmor, Granit) – **Ö:** Apricena/Italien, Tower; Colorado, Tower; Fusch a. d. Großglocknerstr., Bergturm; Gulbarga/Indien, Tower; Maalot/Israel, Tower; Mayen, Turm; Rajastan/Indien, Tower of Sajal; Saskatoon/Kanada, Tower; Villach, Turm – **E:** 84 Helsinki, TU in Otaniemi; 86 Salzburg, Künstlerhaus; 88 Salzburg, Forum West; 99 Salzburg, Kunstmesse; 97 München, Kairos New Art Gal. – **G:** zahlr. Ausst.bet. seit 84, u. a. 93 Vicenza; Saskatoon/Kanada, Humanum Art Gall.; 98 Salzburg, Mefferhof; 03 Oberndorf, Gal. Junger

Feil, Andreas, Maler, Graphiker, Fotograf; Fromundstr. 20, D-81547 München, Tel. (0 89) 69 37 17 01, Fax 01 21 25 12 32 88 86, *info@andreasfeil.de*, *www.andreasfeil.de* (* München 67) – **VG:** Rottach-Egern, Hyna; Hohenaschau, Klinger; München, Baumgartl – **S:** 90–96 Univ. München (Archit.) – **P:** Premio Agazzi 01 – **G/T:** Lsch.; Stilleben; Fotogr.; Kunst am Bau – **W:** in privaten u. öff. Slgn – **E:** 95 Hamburg, Laurel; 98 München, Osram; 99, 04 Rottach-Egern, Hyna; 04 Fürstenfeldbruck, Gal. am Hauptplatz; 05 München, Leu; München, Gal. im Foyer d. Bez. Obb. (Kat.) – **G:** 91 München, Haus d. Kunst; 96 Bonn, Essig; 00 Achenkirch, Achenseekunstpr.; 01 Hannover, Koch; Bergamo, Premio Agazzi – ***Lit:*** Anne-Marie Pfeifer: A.F. Lsch. u. Stilleben, Ausst.kat. 99

Feiler, Manfred (Ps.: Botschafter des Vogtlandes), Maler, Graphiker, Illustrator; Richard-Hofmann-Str. 4, D-08523 Plauen/Vogtland, Tel. (0 37 41) 13 23 57 (* Plauen/Vogtland 22. 8. 25) – **VG:** South Naples/FL, De Bruyne Gall. – **S:** 39–43 KSch Plauen (Staatsstip.) – **L:** Unterr. f. Privatschüler – **Ve:** Leipziger Ausst.verein (ca. 4 Jahre); KV Hof; KV Plauen-Vogtland – **G/T:** Abstrakt (Öl, Aqu.); Impressionistisch (Öl, Aqu.); Graph. – **K:** Lsch.; Blumen; Porträt; Abstrakt. Zeichnen – **M:** Bernburg, Schloßmus.; Mylau, Schloßmus.; Oelsnitz, Schloß Voigtsberg; Plauen, Vogtland-Mus.; Washington, Freedom-Mus. – **E:** 48 Plauen, Kunsthandlung Fritz Geyer; 50–58 versch. Ausst. in Chemnitz, Berlin, Magdeburg; 90 Erfurt, Bethge; 91 Kiel, Kunsthaus; 92, 96 Bamberg, Gal. Burr; 94 Oelsnitz, Schloß Voigtsberg (Kat.); 95 Plauen, StG e.o. plauen (Kat.); 96 Erfurt, Thür. Landtag; 97 Bernburg, Schloßmus.; 98 Reichenbach, Neuberin-Mus.; 00 South Naples/FL, De Bruyne Gall.; – sowie in Salzwedel, Mallorca, Venezuela, Sylt, Nürnberg, Bad Gandersheim, Garmisch-Partenkirchen, Hof, Schleiz, Schilbach, Oelsnitz, Bad Elster, Mißlareuth, Bernburg u.v. a. – **G:** 00 Plauen, Malzhaus; 03 Mißlareuth, Festival Mitte Europa; – sowie in Hof, Singen, u.v. a. – **V:** Im Pilzwald, Märchenb. 90; Das Vogtland. Burgen, Schlösser, Landschaft, Kat. z. 70. Geb. 00; Botschafter des Vogtlandes, Kunstbildbd, Kat. z. 80. Geb. 05 – ***Lit:*** versch. Veröff., u. a. auch in den USA; Hans Vollmer: Allg. Lex. d. bildenden Künstler d. 20. Jh., Bd. 2 55; AKL, Bd. 37 03 – ***LitR:*** mehrere Filmbeiträge: Film u. Fernsehen zur Person; Vorträge im Funk u. Intern. Gartenschau u. Jubiläumsveranstaltungen – MDR

Feindt-Eißner, Konstanze (gesch. Konstanze Eißner), Bildhauerin, Zeichnerin, Dipl.-Designerin; Liliensteinstr. 2, D-01277 Dresden, Fax (03 51) 4 24 86 24, *keissner@aol.com*, *www.k-eissner-art.de* (* Dresden 16. 12. 66) – **VG:** Dresden, Kühl; Dresden, art + form; Bensheim, Böhler; Baden-Baden, Art Gal. No; Chemnitz, Weise – **S:** 82–86 HBK Dresden (Abendstud. u. Förd.kl., zunächst Malerei u. Graph. b. H. Hartung u. F. Panndorf, später Plast. b. T. Franz); 86–89 ebda (b. J. Waldöstel u. L. Beck, 91 Dipl.) – **P:** Sä. Staatspr. f. Design (Teampr. f. Spielpl.projekt) 95; Kunstwettb. d. Stadt Limbach-Oberfrohna (1. Pr.) 99; Kunstwettb. d. Stadt Pirna (1. Pr.) 03 – **Ve:** BBK 90; KBD 93; VG Bild-Kunst 03 – **KGr:** Dresdner Sezession 89 (99–04) – **G/T:** Bildhauerei in Marmor, Sand- u. and. Natursteine; Plast. in Bronze (auch Ton); Zchngn (eigenständig, meist großformatig, auch farbig, m. Bienenwachs); Kunst im öff. Raum (Plast., Skulpt., Wandmalereien, etc.) – **W:** im öff. Raum u. in Privatbes., Bad Salzhausen – **M:** Dresden, Kpst.-Kab.; Dresden, SKS; Dresden, StM f. Kunst – **Ö:** Berlin, Friedhof Wilmersdorf; Dresden, Friedhof Striesen; ebda, Friedhof Kleinzschachwitz, Friedhof Cotta; Graupa, Friedhof; Heidenau, Skulpt.park; Pirna, Stadtpark an d. Elbe; Radebeul, KBA Planeta GmbH; Taura, RHpl. – **E:** u. a. 92 Berlin, Dresdner Bank; 95 Chemnitz, Gal. im Schauspielhaus; 96 München, Krupan; Baden-Baden, Art Gal. No; 00 (m. A. Müller), 04 Dresden, Kühl; 01 Dresden, Villa Eschebach; Dresden, Volksbank; Dresden, Gal. Drei; 02 Chemnitz, Rosenkranz (m. Gudrun Trendafilov); Berlin, Vagt (m. K. Timner); 03 Brandenburg, Gal. am Dom (m. Gerda Lepke); 04 Wien, Tulpingerkogel; 05 Görlitz, KV (m. Reinhard Springer); Bensheim, Böhler (m. Reinhard Springer); 05, 06 Bautzen, Volksbank; 06 Dresden, art + form – **G:** zahlr. Bet. seit 88, u. a. 88, 89 Dresden, HBK: Frühlingssalon; 90 Chemnitz, Gal. am Brühl; 96 Córdoba/Argentinien, Hist. RH; München, Krupan; 99 Chemnitz, Regierungspräsidium; 00 Moritzburg, Käthe-Kollwitz-Gedenkstätte Rüdenhof; 01 Dresden, Neuer Sä. KV; 02 Wrocław, Gal. Design; Dresden, Gal. Mitte; 03 Berlin, Vogt; Frick, Gal. Kult.ver. Meck; Güstrow, StG Wollhalle; 04 Görlitz, Annenkap.; 05 Bensheim, Böhler; 06 Dresden, SM; Erlangen, Gal. (Kat.); Stuhr, KV – **V:** K.F.-E. – Skulpt., Zchngn, Graph. 03 – **R:** K7, Kunst im öff. Raum, CD-ROM (Künstlerbund Sa.) 04 – ***Lit:*** Wulf Kirsten u. Hans-Peter Lühr (Hrsg.): Künstler in Dresden im 20. Jh. 05 – ***LitR:*** Brotlose Kunst?, Radiobeitr. z. Podiumsdiskussion (MDR) v. 23.2.06; RFbeitr. auf MDR-Figaro v. 7.3.06

Feineis, Anne s. Rüede, Anne

Feiner-Žalac, Ana (geb. Ana Žalac, verh. Ana Feiner), Akad. Malerin, Graphikerin u. Zeichnerin; Hofmillerstr. 9, D-85055 Ingolstadt, Tel. (08 41) 5 93 67 (* Dol/Zagreb 17. 2. 45) – **S:** 65–69 ABK Zagreb; 69–71 Meisteratelier Prof. K. Hegedusic (postgraduell, Ill.-graph.) – **L:** 70–71 Schule f. angew. Kunst Zagreb; 92 ABK Nürnberg; 98 Univ. Regensburg (Vortrag); 01 HS f. Fs. u. Film München – **P:** Pr. d. Akad. Zagreb (f. Dipl.arb.) 69; Kroatischer Staatspr. Junge Künstler (f. Zeichn.) 70; Pr. d. Bienn. jugoslav. Zeichn. Zagreb 71; Stip. Zagreb (Skolskaknjiga) 69–71 – **Ve:** GEDOK München 01; Kroatischer Künstlerverb. 69 – **G/T:** Malerei (Öl); Zeichn. (alle Techniken, großformatig); Drahtplast.; Solopress (eigene Technik); Rotuli; Themen u. a. Gedächtnis d. Körpers, Frau-Körper-Dasein – **K:** Vorträge u. Sem. üb. 'D. Kunst d. Frau in fünf Jh.' u. 'D. Sprache d. Frau in d. Kunst'; Intuitive Zeichn. – **W:** Werke in Privatbes. in d. BRD, Kanada, Kroatien, Schweiz u. d. USA – **M:** Osijek, StG; Zagreb, Gal. Vladimir Nazor; Zagreb, Kab. grafike HAZU; Zagreb, Mod. gal.; Zrenjanin, Zeitgen. Gal. – **Ö:** Ingolstadt, Heilig-Geist-Spital (Kreuzweg m. Tabernakel) – **E:** 70 Zagreb, Gal. Inex; 73 Zagreb, Studiogal. Forum; 77 Zagreb, Gal. Vladimir Nazor; 89 Ingolstadt, StG; 96 Ingolstadt, SM; 98 Ingolstadt, Stadttheater; 00 Schrobenhausen, KV; 03 Zagreb, SM Jastrebarsko; 04 Zagreb, Akad. d. Kunst u. Wiss. (Kab. d. Graph.) – **G:** 70–71 Zagreb, Salon d. jungen Künstler; 70–81 Zagreb, Bienn. jugoslavischer Zeichn.; 72 Zagreb, Bienn. Graph.; 72–

74 Rijeka/Kroatien, Intern. Ausst. d. Orig.zeichn.; 95 Ingolstadt, Oktober ist eine Frau; 99 Regensburg, Salzstadel; 01 Deggendorf, SM; 02 Zagreb, Trienn. d. Zeichn.; Augsburg, Zeughaus – **V:** Lebensparallelen. Marieluise Fleißer und bildende Künstlerinnen 97; Schriftenreihe der MLF Gesellschaft; Künstlerinnen von der Renaissance bis heute, in: Frauen-Bilder in den Medien – zur Rezeption von Geschlechterdifferenzen 00 – ***Lit:*** Barbara Lipps-Kant: A. F.-Z. Malerei, Zeichnungen 96 – ***LitR:*** Fabian Feiner: Rotulus, 16mm-Film 00 – (Red.)

Feininger, T. Lux (eigtl. Theodor Lucas Feininger, Ps.: Theodore Lux), Maler, Zeichner, Fotograf, Bildhauer; 22 Arlington Street, Cambridge/MA, USA (* Berlin 11. 6. 10) – **VG:** Los Angeles, Sacks Fine Art; Boston, ACME Design & Fine Arts Gall. – **S:** 26–32 Bauhaus Dessau (b. Josef Albers, László Moholy-Nagy, Joost Schmidt, Paul Klee u. Wassily Kandinsky, 27–29 in d. Bühnenkl. von Oskar Schlemmer, 29 Bauhausdipl., bis 32 postgraduales Stud.) – **L:** 50–52 Sarah Lawrence College Bronxville/N.Y.; 53–62 Fogg AM, Harvard Univ. Cambridge/Mass.; 62–75 Mus. of Fine Arts School Boston – **M:** u. a. Berlin, Bauhaus-Arch.; Cambridge/MA, Harvard Univ. AM; Halle/Saale, Staatl. Gal. Moritzburg; Hamburg, Altonaer Mus.; New York, Guggenheim; New York, MOMA; Pasadena/CA, Norton Simon Mus.; Weimar, Klassik Stift. – **E:** u. a. 31 Erfurt, KV; 37 New York, Nierendorf Gall.; 47 New York, Julian Levy Gall.; 62 Cambridge/MA, Busch-Reisinger Mus. (Retr.); 80 New York, Prakapas Gall.; 86, 88, 90, 92 Lexington/MA, Gall. on the Green; 98, 05–06 Halle/Saale, Staatl. Gal. Moritzburg; 98 Hamburg, Altonaer Mus. – **G:** u. a. 40 New York, Julian Levy Gall.; 47 New York, MOMA; 51 Brooklyn/N.Y., Brooklyn Mus. of Art; 54 Boston/Mass., Mass. Inst. of Technology; Minneapolis/MI, Walker AC; 57 São Paulo, Bienn.; 83, 87 Stuttgart, Inst. f. Auslandsbeziehungen; 01 New York, Metropolitan Mus. of Art; Karlsruhe, StG – ***Lit:*** AKL; Dictionary of Art 96

Feinstein, Daniel Isaac s. Spoerri, Daniel

Feistmantl, Oliver, Maler; Mühlgasse 17/3 u. 19/3, A-1040 Wien, Tel. (06 99) 14 15 11 69, Fax (01) 9 20 85 67, *oliver@jellybrain.at*, *www.jellybrain.at* (* Wien 11. 3. 65) – **VG:** Wien, Augustin; Eisenstadt, Ippo; Augsburg, Gal. zwei Fenster – **S:** KSch Rosen, Kufstein; Wiener KSch, Wien (Siebdruck) – **Ve:** IGK 01 – **KGe:** Jellybrainstudio (mehrere Mitgl., Art, Graph., Design u. Musik) – **G/T:** Komix-Malerei – **E:** zahlr. Ausst.bet. seit 88 in Europa u. d. USA, u. a. New York, New Century Artists; Berlin, Beate Uhse Mus.; Wien, Augustin; Augsburg, Gal. zwei Fenster – **V:** The Art is Fun. Das Oliver Feistmantl Printbook 92; How to wou a dog. Sex sells, Buch (m. CD-ROM) 98 – **R:** Die Fantastischen Vier: Zu Geil für diese Welt, Video – (Red.)

Fekete, Gabriella, Bildhauerin, Zeichnerin; Schulstr. 64, D-47199 Duisburg, Tel. (0 28 41) 81 76 02 (* Budapest 2. 10. 44) – **S:** 69–75 KA Düsseldorf (freie Graph. u. Bildhauerei b. d. Prof. Sackenheim, Sieler, Kricke, Kamp) – **P:** Cité Intern. d. Arts Paris 75; Wilhelm-Lehmbruck-Stip. 76; Duisburger Kunstpr. d. Nixdorf AG (2. Pr.) 89; Kunstpr. d. Stadt Győr 89; Balmoral-Stip. 96 – **Ve:** BBK Düsseldorf 74 – **G/T:** Plast. (Gips, Kunstoff); Kunst im öff. Raum (Beton) – **M:** Dortmund, Dt. Arb.schutzausst.; Duisburg, Wilhelm-Lehmbruck-Mus.; Győr, StKM; Mannheim, LM f. Technik u. Arb.; Székesfehérvár, Szent István Király Múz. – **Ö:** Bochum-Langendreer, Gesamtschule (Skulpt.hof); Duisburg, Schule Salzmannstr. (Skulpt.hof); ebda, Landfermann-Gymnasium (begehbare Spuren), Biegerhof (Zeittafel); Duisburg-Kasslerfeld, Mahnmal (erfahrbare Wände); Lüdinghausen (Schachfiguren); Troisdorf (Fixpunkt d. Meditation); Velbert (Maschinen) – **E:** 83 Billerbeck, Kolvenburg; 85 Duisburg-Rheinhausen, Städt. Slg; 86 Oberhausen, Ludwig-Gal.; 89 Gladbeck, StG am RHpl.; 91 Székesfehérvár, Szent István Király Múz.; 05 Győr, StKM – **G:** 78 Bocholt, Kult.wettb.; 79 Duisburg, Wilhelm Lehmbruck Mus.; 80 Brühl, KV; 82, 95 Düsseldorf, Mus. Kunst Pal.; 85 Heilbronn, Skulpt.allee; 94 Bonn, Frauen-Mus.; 98 Moers, StG Peschkenhaus: Moerser Kunstpr. f. Arb. auf Papier; 00 Langenhagen, 99 Standpunkte; Kaiserslautern, Sickinger Kunstpr.; Moers, StG Peschkenhaus: Moerser Kunstpr. f. Plast. – ***Lit:*** Helga Meister: Menschen auch ohne Gesicht, in: Düsseldorfer Nachrichten v. 26.2.76; Walter Warnach: G. F. Bildhauerin im Dreigiebelhaus, in: Duisburger J. Nr. 2 78; Anna Tyszecka: Skulpt. 'Zeittafel' von G. F., in: Duisburger J. 12 81; Gerd Krönke: G. F. Geduldiges Modellieren an d. großen Hoffnung, in: Süddeutsche Zeitung 31.3/1.4.84; Marcel Joray: Le Beton dans l'Art Contemp. 87; Troisdorfer Künstlertreffen, Kat. 88; Mûvészet, Art Magazin Budapest 2 90

Feldengut, Gisela, Malerin; Wilseder Weg 40a, D-40468 Düsseldorf, Tel. (02 11) 4 22 90 25, *feldengut@t-online.de; g.feldengut@gmx.de*, *GiselaFeldengut.de*. Paris CD 10/11 Karaklidere, TR-06540 Ankara, Tel. (03 12) 4 24 18 94 (* Düsseldorf 24. 2. 49) – **S:** 69–72 Univ. Köln (Kunst, Deutsch, Gesch., Politik); 94–97 Washington/DC, Corcoran College of Art and Design – **G/T:** Malerei (Öl, Acryl, Portr., Lsch.); Zchng – **K:** Zeichnen; Ölmaltechniken; Lsch.; Portr.studien – **W:** überw. in Privatbes. – **Ö:** Neuss, 3M Deutschland GmbH (Bahamas) – **E:** versch. Wanderausst., u. a. seit 04 Düsseldorf, Siemens; seit 06 Krefeld, Hitachi – sowie: 03–05 Jahresausst. – **G:** 97 Wahington/DC, Foundry Gall.: Facing a new year – Portraits; 01 Hochdahl, Museum Lokschuppen: Lookinside; 05 Düsseldorf, Brenner: Mittsommer Special; 06 Ratingen, Trinsenturm: Art v. Licht u. Farbe

Feldmann, Eveline (verh. Eveline Feldmann Allred), Installations- u. Objektkünstlerin, Malerin, Architektur- u. Aktzeichnerin, Illustratorin, Graphikerin, Performancekünstlerin; 31–22 41st Street, Astoria, USA New York City NY 11103, Tel. (01) 71 89 30 72 83, Fax 71 82 67 77 67, *Line70@aol.com*, *www.licartists.org*. Mittelweg 7, CH-3303 Jegensdorf (* Muri-Gümligen 16. 11. 70) – **VG:** New York, Art Lofts – **S:** 86–90 Atelier 5, Architekten u. Planer Bern (Lehre als Bauzeichnerin); 91–94 HS f. Gest. Bern (Kunstabt.); 99–00 Parsons Univ. New York City (Graph.kurs) – **L:** 93–94 HS f. Gest. Bern (Ass. f. Doz, u. a. Ueli Berger, Peter Iseli, Andreas Meier, Rut Himmelsbach) – **P:** Kiefer-Hablitzel-Stip. 98; Werkbeitr. Stadt u. Kt. Bern 98, 00; Louise Aeschlimann-Stip. 00; Margareta Corti Stip. 00; SEVA Lotteriefonds 00 – **Ve:** Visarte 94; Long Island City Artists Inc. 00 – **KGr:** Kunstkanal (Bern, 97–99); EOD Team (seit 04) – **KGe:** E. F. u. John Allred (Kunst u. Musik, seit 92) – **G/T:** Installative Arb. m. Farbstoffen, Holz, Licht, Objekten (weiche Materialien); Malerei (Öl, organisch, abstr.); Ill. (hand- u. computermanipuliert); Fotogr. u. Videof. (Anwendung f. Objekte u. Install., Performances); Musik – **K:** Ausst.design, Printmediengest. u. -produktion, Freies Gest., Bauen u. Malen – **W:** Objekte, Malerei u. Zeichn. überw. in Privatbes. sowie zahlr. temporäre Rauminstall. u. Performances – **M:** Bern, Schweiz. Bundesarch.; Bern, Slg d. städt. Kunstkommission; Bern, Tobleronemus. – **Ö:** Bern, Große Schanze; ebda, Kleine Schanze – **E:** 94 Zürich, Raum für Neue Kunst; 96 Bern, Fachstelle f. d. Gleichstellung v. Frau u. Mann; 97, 98 Bern, Kiosk d. Kunstkanals; 00, 03 Bern, Schweiz. Bundesarch.;

02 Bern, Kabinett; New York, Federal Building for Social Security – **G:** 92 Mailand, Design Bienn.; 93, 94, 97, 00 Langenthal, Kunsthaus; Thun, KM; Biel, Kunsthaus Centre Pasquart; 96, 97 Bern, KH; 98 Bern, StG; Frauenfeld, Shed im Eisenwerk; 98, 99 Basel, Messe; 99 Bern, Alpines Mus.; 02 New York, Art Lofts; 03 New York, Swiss Inst.; 04 Queens/N.Y., Queens Mus.of Art; Brooklyn/N.Y., Brooklyn Mus. of Art – **V:** Kat. z. Dipl.ausst. 94; Safety-wise. Girl Scouts USA (Ill.) 01; Asian Family Guide (Graph. u. Ill.) 01 – **R:** Scrubbie, Performancevideo 99; The Ride, Performancevideo 00; I hear your voice, Audio 01 – (Red.)

Feldmann, Hans-Peter, Bild. Künstler (* Düsseldorf 17. 1. 41) – **VG:** Düsseldorf, Fischer; Berlin, Chouakri & Brahms; Berlin, Wien; Köln, Johnen & Schöttle – **P:** Camera Austria-Pr. f. zeitgen. Fotogr. d. Stadt Graz 99 – **G/T:** Fotogr. – **M:** u. a. Berlin, DaimlerChrysler Contemp.; Berlin, Slg d. BRD; Dijon, Le Consortium; Gent, Stedelijk Mus. voor Actuele Kunst; Weimar, Klassik Stift.; Winterthur, Foto-Mus. – **E:** zuletzt u. a. 00 Karlsruhe, Bad. KV; 01 Essen, Mus. Folkwang; Barcelona, Tapies Found.; 02 Paris, Centre Nat. de la Photogr.; Frankfurt am Main, MMK; Winterthur, Foto-Mus.; 03 Köln, Mus. Ludwig; Graz, Camera Austria International; 05 Berlin, Wien – **G:** zuletzt u. a. 01 Düsseldorf, KV; 02 Hamburg, Deichtorhallen; Düsseldorf, Mus. Kunst Pal.; 03 Berlin, Martin-Gropius-Bau; Hamburg, KH; Linz, LG – ***Lit:*** AKL; Schweers 02 – (Red.)

Feldmeier, Joachim, Maler, Graphiker; Gewerbestr. 15, D-86925 Fuchstal-Asch, Tel. (0 82 43) 34 84, Fax 34 83, *holzschnitt@joachim-feldmeier.de*, *www.holzschnitt-feldmeier.de* (* Altenstadt a.d. Iller 49) – **VG:** Fuchstal, Gal. Fuchstal – **S:** 70–72 Univ. München; 74 Staatsprüfung f. d. Lehramt Kunsterziehung; seit 74 Staatl. Realschule Kaufbeuren (Lehramt) – **G/T:** seit 83 intensive Arb. in d. Kunst d. Holzschneidens – **M:** Bedburg-Hau, Mus. Schloß Moyland; Szombathely, Képtár – **Ö:** Düsseldorf, Bay. Ldesbank; Kaufbeuren, Stadt; Landsberg, Spk.; ebda, Finanzamt; München, Bay. Staatsmin. f. Ldesentwicklung u. Umweltfragen; Ulm, Fa. Ratiopharm – **E:** zahlr. Ausst. seit 93, zuletzt 01 Fuchstal, Gal. Fuchstal; 02 Szombathely, Képtár; Worms, Mus. Kunsthaus Heylshof; Ortenburg, Gal. an d. Wolfach – **G:** zahlr. Ausst.bet. seit 83, u. a. Augsburg, Große Schwäbische Kunstausst.; Dresden, Graph.messe; Düsseldorf, Art Multiple; Frankfurt am Main, Tendence; Frankfurt am Main, Art Ambiente; Frechen, Intern. Graph.trienn.; Innsbruck, Kunstmesse; Mailand, Mi-Art; Marktoberdorf, Ostallgäuer Kunstausst.; Wertingen, Heimatmus.; Würzburg, Gal. am Grasholz – **V:** div. Mappenwerke m. Farbhschn. – ***Lit:*** J. F. – Farbholzschnitte, Ausst.kat. 99 – ***LitR:*** Winfrid Parkinson: J. F. Holzschnitte mit dem Computer, Dokf. Bay. Fs. 99

Feldmeier, Sonja; Sempacherstr. 17, CH-4053 Basel, Tel. u. Fax (0 61) 3 61 46 38, *sonjafeld@gmx.net* (* Zürich 5. 3. 65) – **S:** 85–86 Schule f. Gest. Luzern; 87–90 Schule f. Gest. Basel (Malfachkl.) – **P:** Stip. Kunstkredit Basel Stadt 92; Jurypr. Kunsthaus Aarau 00; Aufenthaltsstip. d. Erziehungs- u. Kult.dir. Baselland (f. Berlin) 00; Stip. Aargauer Kuratorium 01; Stip. Kunstkredit Basel Stadt 02; Projektbeitr. d. Eidgenössischen Bundesamtes f. Kult. Bern 02; Aufenthaltsstip. d. Christoph-Merian-Stift. Basel (New York) 04 – **G/T:** Malerei, Wand- u. Raummalerei, Fotogr., Multimedia-Install., Video – **W:** Werke überw. in Privatbes. – **M:** Basel, Slg Kunstkredit; Liestal, Kantons-Mus. Baselland; Schrozberg, Schloß Bartenstein – **E:** Ausst. seit 92, zuletzt u.a: 99 Düsseldorf, Horten; 00 Aarau, Aargauer Kunsthaus; 02 Basel, Krupp; 03 Los Angeles, Hollywood Hills House; Basel, Foyer Nat.versicherung – **G:** zahlr. Gr.ausst. seit 89, zuletzt u. a.: 99 Muttenz, Kunsthaus Baselld; Zürich, Helmhaus; 00 Vilnius, Center for Contemp. Art; Berlin, AK; 01 Los Angeles, Luckman Gall.; 02 Berlin, Villa Elisabeth u. Lisa Lounge; Liestal, KH Palazzo; Hasselt/Belgien, Z 33; 03 Freiburg im Breisgau, KV – **V:** SoDa # 21. ICONOCLASTIC DIGESTION SYSTEMS, Fotoserie 03 – ***Lit:*** Malerei und Fotografie, Mag. 99; S. F., Kat. 00; Z 2000, Kat. 00; V.I.P., Kat. 02; FREESPACE LIMBURG 2002. COLLECTED WORKS PRINTED 02 – (Red.)

Felger, Andreas, Maler, Holzschneider, Bildhauer; c/o Präsenz Kunst u. Buch, Abt. Präsenz Gal., Gnadenthal, D-65597 Hünfelden, Tel. (0 64 38) 8 12 76, Fax 8 12 70, *praesenz-galerie@t-online.de* (* Mössingen-Belsen/Dtld 1. 1. 35) – **VG:** Hünfelden, Präsenz Gal. der Jesus Bruderschaft – **S:** 50–53 Mössingen (Lehre als Musterzeichner); 54–59 KA München (u. a. Textilentwurf, Graph.) – **P:** Stip. d. Stipendienstift. d. Stadt München 58; ABK München (mehrere Ausz.) – **G/T:** Malerei (Öl, Aqu.); Graph. (Hschn.); Bildhauerische Arb. (gefaßte Holzreliefs, Holz-, Stein- u. Metallskulpt.); Glasfenster u. Paramente; abstr. Komposition, Blumenstilleben, Ldschaft u. Figur; – sowie Musik, Lit., Bibel u. Kult.gesch. – **W:** zahlr. in Privatbes.; Kompositionen v. Bertold Hummel nach Bildern v. A. F. (z.B. Acht Klangbilder); Ankauf u. a. durch d. Ld BW u. d. Stadt Tübingen – **M:** u. a. Albstadt, Mus.; Jerusalem, Gedenkstätte Yad Vashem; Künzelsau, Mus. Würth; Ludwigsburg, Kirchl. Mus. f. Kunst; Offenbach am Main, Klingspor-Mus.; Wheaton/IL, Billy-Graham-Mus. – **Ö:** u. a. Aachen, Caritaszentrale; Fröndenberg-Bausenhagen, Ev. Kirche; Hünfelden-Gnadenthal, Skulpt.weg; Mainz, Auferstehungskirche; ebda, Pathologisches Inst.; Mössingen, Ev. Gemeindehaus; Volkenroda, Kloster (Christus Pavillon); Wattenscheid-Höntrop, Ev. Versöhnungskirche – **E:** zahlr. Ausst. seit 73 in Dtld, d. Schweiz, Amerika, Israel u. Jap., u. a. seit 73 Hünfelden, Präsenz Gal. der Jesus Brüderschaft; 94 Bensberg, Thomas-Morus-Akad.; 95 Mössingen, RH; 96 Mainz, Haus am Dom; 97 Lüchow, St. Johannis; 01 Bochum, Ev. Stadt-Akad.; Wiesbaden, Ev. Kreuzkirche; 02 Ilmenau, Kleine Gal. – **V:** MAPPEN M. ORIG. HSCHN.: Schwäbische Alb 76, 77, 79, 80, 82, 85, 89, 91, 92; Abraham 78; Noah 79; Hohes Lied 81; Kohelet 82; Kreuzes Worte Jesu 85; Ein Überlebender aus Warschau 86; Kreuzweg 86; Le Boeuf Sur Le Toit 89; Werke der Barmherzigkeit 89; Ich-Bin-Worte-Jesu 95 – ***Lit:*** z.B. L. Krapf u. a.: A. F. Farb-Hschn., Bilder, Reliefs. Ein Querschnitt seines Schaffens 1973 bis 1985 85; R. Duffert, in: Das Münster 45 92; Kunst an staatlichen Bauten in Baden-Württemberg 1980–1995 95; F. Neumüller: Das Christusbild im Schaffen von A. F., Dipl.-Arb. 95; Wilhelmi 96; F. G. Zehnder: A. F. Hschn. 02 – ***LitR:*** Die Jesus Bruderschaft: Orte der Hoffnung, ZDF, 3sat 95 – (Red.)

Felix s. Firchau, Knut Norbert

Félix, Monique, Illustratorin; Avenue de Rochettaz 18, CH-1009 Pully, Tel. 0 217 29 48 30 (* Morges/Vaud 25. 4. 50) – **S:** Ecole d'Arts Appliqués Lausanne (Graph.) – **P:** Bienn. f. Kinderb.-Ill. Bratislava (Goldplakette) 81 – **E:** / G: u. a. 81 Bratislava, Bienn. – **V:** u. a. Was macht die kleine Maus am Meer? Kinderb. (Ill.) 83; Anne-Marie Chapouton: Emil ist verliebt (Ill.) 89 – (Red.)

Feller, Ludvik, Maler, Graphiker, Illustrator, Objektkünstler, Hochschullehrer; Art Director; ; Mehringdamm 119, D-10965 Berlin, Tel. (0 30) 6 92 72 44, *l.feller@volny.cz*, *www.dialog.stred.org*. Za Pohořelcem 11, CZ-16900 Praha 6, Tel. (04 20) 2 33 35 05 43 (* Černovice/Südböhmen 11. 9. 29) – **S:** Karls-Univ.

Prag (Malerei, Graph. u. Psychologie an d. Pädagogischen Fak.) – **L:** 69–72 Schiller Colleg Berlin (Doz. f. Ill. u. Bilderb.); 70–72 TU Berlin (Doz. f. Räumliche Darst. u. Ldschaftsplanung); 71–94 HdK Berlin (Doz. f. Angew. Semiotik u. Piktorik); seit 96 Univ. Jana Evangelisty Purkyně Ústí nad Labem (Doz. f. Visuelle Kommunikation) – **P:** zahlr. 1. Pr. auf d. Gebiet Graph. Zeichen u. Plakat, u. a.: Filmstudio Barandov, Tschechoslovakische Fluglinie 66, Liberec-Messe 66, Zeichen f. d. beste Produkt) – **Ve:** The Amer. Inst. of Graphic Arts 66; Wolke, Ver. d. Berliner Karikaturisten seit 75; Ver. Berliner Künstler 76; Dt. Ges. f. Semiotik 83; Czeck poetic Group 88, Syndicate of Journalists of the Czech Republic 92; Assoc. of applied graphic Art 93 – **KGr:** Q (59) – **G/T:** Angew. Graphik (Ill., Cartoon, Bilderb., Plakat, Piktogramm, Zeichensystem); Freie Kunst (Graph., Malerei, Objektkunst); Materialien m. abstr. o. wirklichkeitsgeleitetem Zeichencharakter – **K:** nonverbale bzw. visuelle Kommunikation; Bild als Hauptträger d. Information; Material-Form-Farbe-Zeichen als allg. Mittel d. Vergnügens u. d. Verständigung – **W:** überw. in Privatbes. – **M:** Prag, NG – **Ö:** Berlin, Neubau d. Physikal. Inst. d. TU (Orientierungssystem u. künstler. Ausstattung d. Eingangshalle) – **E:** zahlr. Ausst. in Europa u. d. USA, u. a. 62 Prag, Alšova Síň; 68 London, Gall. Morley; 70 Toronto, Gall. Hellene; 71 Amsterdam, Folk Airport; 74 Boulder, Public Library; 82 Gralum, Gall. Borg 80; 82 Paris, Gal. Siret; 91 Wroclav, Mus. architektury; 91 Prag, České Muzeum výtvarného umění; 92 Berlin, Tschechisches Kult.zentrum; 94 Berlin, HK; 96 Prag, Mánes; 01 Prag, Technisches NM; 06 Prag, Altan Klamovka – **G:** 64 Prag, Stará Radnice; 65 Moskau, Bienn.; 66 New York, Gall. AIGA; Sao Paulo, Bienn.; 67 Bochum, Tschechoslovakische Graph.; 80 Utrecht, Gal. Kunstliefde; 84 Paris, Salon des Indepedants; 89 Berlin, Gal. Haus am Lützowplatz; 95 Berlin, KH – **V:** Visualisation of teaching Programms in ALCU 71; AH-HA-Reflex 73; Nonverbale Kommunikation, Visuelle Kommunikation 74; Ich nehm' dich mit 79; Zeichensysteme 76; Piktorische Figuren 82; Orientierungssystem für ein Gebäude im Neubau der Physikalischen Institute, TU Berlin 86; Das poetische Denken, in: Czech Poetic Group 88; – sowie: Visible & Unvisible LN Prag – ***LitR:*** Human to Human 94; Mensch zu Mensch, Projekt L. F. 94; Ulrika Poock: L. F. Bilder 1985–1988 88; dies.: L. F. Bilder 1985–1989. Über den Sinn und Reiz der Zeichen und Materialien 89; Petra Hornung u. Ulrika Poock: Feller. Arbeiten 1989–1991 91; Martina Pachmanová: L. F. Materiál-Tvar-Znak 96; Jiří Machalický, Ivo Janoušek: Souvislosti 01

Fells, Angelika s. Jäkel-Fells, Angelika

Felten, Mike (Michael Erich Felten), Künstler, Maler; c/o Art-Factory, Dünnwalder Mauspfad 341, D-51069 Köln, Tel. (02 21) 9 92 44 79, *mike.felten@web.de*, *www.mike-felten.de* (* Köln 30. 11. 48) – **VG:** Barcelona, Punto Arte; Speyer, Seeler Consulting – **S:** 66–70 WerkKSch Köln (freie Graph.); 70–76 Studium Archit. (Dipl. Arch.); 82–87 KA Düsseldorf (freie Malerei) – **L:** seit 03 Art-Factory / Creativ Center (Malerei) – **P:** Intern. Kunstausst. Düsseldorf – **Ve:** KKr; BBK Köln; Arb.kr. d. Künstler Bergisch Gladbach (Beirat); Förd.ver. Junger Künstler – **G/T:** Malerei; Multimedia-Install.; Aktionen; Musikperformance – **K:** Malerei; Workshops; Freies Arbeiten; Raumbezogenes Arbeiten; Aktmalerei; exper. Diskussionen – **W:** Werke in d. Slgn Prof. Elger, Prof. Bauer, Prof. Reul; Werke in d. Slgn Bayer Leverkusen, Dt. Bank, Commerzbank, Friedrich Naumann-Stift. – **Ö:** Bonn, Telekom; Bonn, Medizin Center Bonn MCB; Bonn/Berlin, Bundesmin. d. Inneren; Düsseldorf, Thyssen Trade Center; Köln, Dresdner Bank; Köln, Stadtspk. – **E:** 82 Düsseldorf, Leuchter & Peltzer; 86 Köln u. Paris, Theater Kafke; Bonn, Bundesmin. d. Inneren; 87 Lissabon u. Porto, Gal. Bertrand; 90 Düsseldorf, Thyssen Trade Center; 91 Köln, Bayer Vertriebsdirektion; 93 Köln, Dresdner Bank; 94 Iserlohn, Gal. Die Welle; 95 Frankfurt am Main, DG-Hypothekenbank; 96 Düsseldorf, Mus. Kunst Pal.; Gummersbach, Friedrich-Naumann-Stift.; 97 Köln, RH; 98 Köln, Kunstraum-Lichthof; 99 Köln, Gal. am Nil; 00 Düsseldorf, Intern. Kunstausst.; 01 Bergisch Gladbach, StG Villa Zanders; 02 Altena, StG; 03 Köln, BBK; 05 Aktion Genesis; 06 Art Genossen; 08 Siegburg, SM – **R:** CD: Exper. Musik 'Crash'; Video: Exper. Malerei, Niederlande; Video: Exper. Malerei, Action Painting – ***LitR:*** Action Malerei, Video; Action Malerei, TV-Aufzeichn. d. Ausst. in Portugal; TV-Aufzeichn. Augenzeichen; TV-Aufzeichn. Augenzeichen BBK Köln

Fensch, Angela, Fotografin; Ausbau 2, D-17291 17291 Uckerfelde, OT Bertikow (* Schwerin 52) – **S:** 76–78 HGB Leipzig – **Ve:** Verb. Dt. Journalisten 84; GEDOK 97; VBK Brandenburg 02 – **G/T:** Fotogr. (v. a. Portr.) – **E:** zahlr. seit 74, u. a. 74 Berlin, Franz-Club; 80 Bad Düben, Fotoclub; 84 Ludwigslust, KV; 91 Berlin, Gal. Kreuzberg; 92 Paris, Gal. St. Germain; 97 Prenzlau, Kult.Arche; Potsdam, Altes RH; 99 Potsdam, Brandenburg. Ldeszentrale f. polit. Bildung; 00 Berlin, Gal. Jazztime; Kaliningrad, Dt.-Russ. Haus; 01 Gotha, Löfflerhaus; 02 Prenzlau, Dominikanerkloster; Angermünde, Lit.-Mus.; 03 Berlin, Schloß Charlottenburg; 05 Uckermark, Spk.; 06 Meyenburg, Schloß – **G:** zahlr., u. a. 99 Bonn, Brandenburg. Ldes-Vertretung; Köln, Gal. im Speicher; 00 Potsdam, Waschhaus; 01 Potsdam, Altes RH; 03 Potsdam, Gal. M; 04 Berlin, Martin-Gropius-Bau; Bonn, Frauen-Mus.; Osnabrück, KH Dominikanerkirche – **V:** Kind-Frau. Ein fotografisches Essay aus der DDR 89; Mann Frau, Foto-Essay 91; m. Adelheid Krause-Pichler: Komponistinnen im Portrait. eine Foto-Dokumentation über komponierende Frauen in Deutschland (Fotogr.) 01; m. Matthias Flügge (Einleitung): Portraits Frauen Kinder 1989 und 2005 05 – (Red.)

Fentrop, Christian, Maler; Bahrenfelder Str. 324, D-22765 Hamburg, Tel. (0 40) 39 90 35 18, *www.crizart.de* – **VG:** Hamburg, art goes public – **S:** KHS Hamburg (Freie Kunst, spez. Malerei) – **Ve:** Art goes Public Hamburg seit 05 – **E:** zahlr. Einzel- u. Gruppenausst.

Ferner, Michael, Maler, Zeichner, Bildhauer, Illustrator, Kabarettist; Atelier: Makartpl. 4, A-5020 Salzburg, Tel. (06 64) 4 31 09 67, 5 56 41 18, *www.michaelferner.at* (* Seekirchen/Salzburg 4. 3. 69) – **S:** Autodidakt – **K:** Atelier d. Künstlers Salzburg (Kinder-Workshops) – **E:** u. a. 91, 92 Salzburg, Triangel; 00 Bad Ischl, Gal. Villa Schodterer; 01 Graz, Kammerer; Wien, Stock; 02 Birmingham, Spring Fair; Wien, Vanic; 03 Gmunden, Gal. 10er Haus; Bologna, Arte Fiera – ***Lit:*** AKL – (Red.)

Fernkorn, Sabine, Malerin; *sfernkorn@aol.com*, *www.sabinefernkorn.com* (* Münster 9. 4. 61) – **S:** 83–90 KA Münster (Meisterschülerin b. Prof. L. v. Arseniew) – **P:** Atelierstip. d. Stadt Bonn 00–05; Hans-Thuar-Pr. 01 – **Ve:** BBK Bonn Rhein-Sieg – **G/T:** Malerei; Collage; freie Zchng – **M:** Kaliningrad, Staatl. KG; Leverkusen, StM Schloß Morsbroich – **E:** 94, 96, 98 Koblenz, Laik; 99 Köln, Gal. Forum Lindenthal; 01 Bonn, KM; 02 Trier, Reeh; 03 Bonn, Kurfürstl. Gärtnerhaus – **G:** zahlr. Bet., u. a. 98 Genf, Europ'Art; 99 Düsseldorf, Forum Kult. u. Wirtschaft; 00 Straßburg, Start 2000; Bad Salzdetfurth, KV; 01 Regensburg, Ostdt. Gal.; Kaliningrad, Staatl. KG; 04 Oberhausen-Dümpten, KV; 05 Bonn, Atelierhaus d. Bonner KV

Ferrari, Jean-Baptiste, Architekt; Galerie St-François B, CH-1003 Lausanne, Tel. 0213117272, Fax 0213233671, *info@jbf-arch.ch* (* Lausanne 16. 11. 48) – **S:** bis 72 Éc. Polytechnique Fédérale de Lausanne (Archit., Dipl.) – **P:** Pr. d. Société des Ing. et Architectes – **Ve:** Société des Ing. et Architectes vaudois – **G/T:** Archit., Ldschaftsarchit. – **B:** Avenches: Collège de Sous-Ville (Anbau); Chavannes-près-Renens: Bâtiment de service, Centre de sports; Lausanne: Éc. de Jazz et de Musique Actuelle; ebda: Wohnhäuser – **E:** u. a. 00 Hannover, Expo (Projekt PILSIM) – ***Lit:*** AKL – (Red.)

Ferré, Juan, Maler; Linprunstr. 44, D-80335 München, Tel. (0 89) 1 29 78 37 – **G/T:** Malerei

Ferrier, Marcel, Architekt; Marcel Ferrier Architekten AG, Davidstr. 44, CH-9000 St. Gallen, Tel. 0712232144, Fax 0712232146, *mail@marcelferrier.ch, www.marcelferrier.ch* (* St. Gallen 7. 4. 51) – **S:** 71–75 Ing.schule St. Gallen; 76–81 Éc. d'Archit. de Paris La Villette (Archit.) – **L:** 91–01 Zürcher HS Winterthur (Doz. f. Entwurf u. Konstruktion) – **P:** Eidgenössisches Kunststip. 82, 84 – **Ve:** Bund Schweizer Architekten 88 – **B:** u. a. Luzern: Großratssaal (Umbau u. Renovierung); St. Gallen: Erweiterung KM; Zürich: Griechisch-Orthodoxe Kirche – **E:** / G: u. a. 95 St. Gallen, KM – ***Lit:*** AKL – (Red.)

Fersterer, Evi, Malerin u. Bildhauerin; Hinterhagstr. – Atelier am Berg, A-5753 Saalbach 566, Tel. Mobil: 066428335 88, (06541) 7282, Fax 7995, *www.evifersterer.at; www.evifersterer.com.* Turmatelier: Castello di Panzano, Via Castellana 21, I-50020 Panzano, Fax (055) 852030; Atelier Burg Falkenstein: Pfaffenberg, A-98 21Obervellach (* Zell am See 31. 12. 48) – **VG:** München, Wimmer; Linz, Buchinger; Wien, Augustin – **S:** ABK Wien (b. Prof. Claus Pack); Royal Academy of Arts London (Meisterkl. Dir. Peter Greenham u. Anthony Eyton) – **L:** Landschaft (Toskana, Falkensteiner Landschaft, Pfingstrosen, Schneebilder); Klotzmenschen in d. Landschaft; Mystischer Realismus; Portr. – **P:** Member of the Russian Mus. St. Petersburg (EM) 89 – **M:** Obervellach, Atelier Burg Falkenstein; St. Petersburg, MANEGE – Ausst.halle f. mod. Kunst; St. Petersburg, Russisches Mus. – **Ö:** Falkenstein, Skulpt.garten (Klotz); ebda (aufgespießter Nerzmantel am Klotz); Hinterhagalm (Klötze im Schnee); New York (Spiegelbaum); Saalbach, Gal.haus Zentrum (Skulpt.); ebda, Dorfstr. (aufgespießter Nerzmantel am Klotz, Titel 'Abrechnung mit meinem früheren Denken'); Wien, RHpl. (Spiegelbaum) – **E:** 88 New York, Art 54; 90 Wien, Gal. Würthle; 93 Wien, Gal. Schillerpl.; 98 St. Petersburg, Russisches Mus.; Innsbruck, Augustin; 00 München, Wimmer; 02 Wien, Augustin; 04 St. Petersburg, MANEGE – Ausst.halle f. mod. Kunst – **V:** Die gelbe Lokomotive 97 – **R:** Portr. ORF 88 – ***Lit:*** Stefan Loos: Dir wächst ein Herz im Wald. E. F. 00; – sowie 7 Ausst.-Kat. – (Red.)

Ferstl, Nina (geb. Nina Löb), Dipl.-Kommunikationsdesignerin, Illustratorin; Meisenweg 11, D-93351 Painten, Tel. u. Fax (09499) 942478, *webmaster@nina-illustration.de, www.nina-illustration.de* (* Regen 17. 5. 79) – **S:** Nördlingen (2 Wochen b. Künstler); Amberg (1 Woche b. Prof. Raumberger); 00 Kunstinst. Neustadt an der Waldnaab (9 Mon.); 01–05 Georg-Simon-Ohm-FHS Nürnberg (Kommunikationsdesign, Dipl.) – **KGr:** Kunst (Kehlheim-Regensburg) – **G/T:** Acryl, Pastellölkreide, Bleistift, Tusche (abstr., farbig); Digital – **W:** Ill. (Aqu.) d. Fassade; Ausst. v. div. Bildern in Neumarkt in der Oberpfalz; Große Werbeplane über Fassade; Acryllw. (Farbspiele) in Privatbes.; Koniaków/Polen, Koniart (Ill. im Internet); Ill. unter www.-illustration.de (http://nina-illustration.de): Illustratorenportal – **G:** 06 Painten; Ihrlerstein; Regensburg, Marriot Hotel; Kehlheim – **V:** Kunstjahrb. 2003 (Graph. u. ill. Gest.) 03; – sowie: Produktill. f. Bienenkorb Meißen (auf allen Varianten ihrer Honiggläser) – **R:** Internetauftritt b. Filter (Lifestylemag. in Regensburg) 05 – ***Lit:*** In: Nürnberger Abendztg (Ber. üb. Dipl.arb.) v. 10.2.05

Feser, Ulrike, Künstlerin, Dipl. Foto-Designerin (FH); c/o Galerie Kamm, Almstadtstr. 5, D-10119 Berlin, Tel. u. Fax (030) 28386464, *galerie_kamm @snafu.de, www.galeriekamm.de* (* Bonn 2. 10. 70) – **VG:** Berlin, Kamm – **S:** 91–92 TH Aachen (Archit.); 92–98 FHS Bielefeld (Foto- u. Film-Design, Dipl.) – **P:** Reinhart Wolf-Pr. 95; Stip. Goldrausch Künstlerinnenprojekt Berlin 98; DAAD-Post-Graduate-Stip. f. Hawaii 99; Arb.stip. d. Berliner Senats 00; Intern. Medienkunst-Pr. d. ZKM Karlsruhe (Nominierung) 03 – **Ve:** IG Medien 95; VG Bild-Kunst – **G/T:** künstler. Fotogr., Videoarb. – **K:** Dt. Jugendfotopr. d. Akad. Remscheid – **M:** Aachen, Slg Schürmann – **E:** 98 Berlin, Bienn.; 01, 03 Berlin, Kamm; 03 Bologna, Arte Fiera; 04 Berlin, Brotfabrik; 06 Graz, SM – **G:** zahlr. Bet., u. a. 94 Gent, Gal. Lekri: Spinning ideas – a room; 95 Hamburg, MKG: Therapieräume (Kat.); Bielefeld, Gal. Artists Unlimited: Memory; 96 Dortmund, Mus. f. Kunst u. Kult.gesch.: Wunschmaschine. Das Bild d. Zukunft (Kat.); 98 Leipzig, HGB: foto.media.projekte (Kat.); 99 New York, St. Ann's Church: Five29Ninety9; Berlin, Raum f. aktuelle Kunst: Sechzehn Räume; Berlin, Edison Höfe (Kat.); 00 Berlin, U-Bahnhof Alexanderpl. (Kat.); Rotterdam, Fourty Minus One (Kat.); 02 Berlin, Haus am Waldsee (Kat.); Berlin, Künstlerhaus Bethanien; Bonn, Artothek im KV (Kat.); 03 A-Clip in Berlin, London u. Los Angeles; 04 Köln, SK Stift. Kultur: kurzdavordanach (Kat.); Frankfurt am Main, KV: Emotion Eins; 05 Berlin, Kamm; New York, The Vera List Center for Art and Politics; Montreal, Oboro; Berlin, Brotfabrik; Lüneburg, Halle f. Kunst; Helsinki, MUU; Kopenhagen, Nikólay Copenhagen Contemp. AC; Amsterdam, W139; 06 Graz, SM – **V:** Goldrausch Künstlerinnen Projekt (Hrsg.): Novaja Zemlja 99; Beatrice Foessel (Hrsg.): Repeat to fade 01 – **R:** Hollywood – or the soft fall of pragmatism, Kurzf. 02; A-Clip, Film 03; Radio_Copernicus_das deutsch-poln. Künstlerradio, RF-Sdg (Ukw 95,2) 3.11.05 – ***Lit:*** Martin Conrads, in: Kunstforum Intern., Nr. 7 99; Peter Funken, in: Kunstforum Intern., Nr. 12 99; Patrick Remy (Hrsg.): Paradise 99; Nicolas Siepen: Am Rand der Wirklichkeit, Frankfurter Allg. Ztg 25.7.01; Renate Möller (Hrsg.): Fotogr. 01; Martin Conrads: Slipknot trifft Eminem, in: Zitty Nr. 2 04; Fund. Nowej Kultury Bec zmiana/ Polen (Hrsg.): #23 notebook.for.the.next.6.weeks.international.issue 06 – sowie zahlr. Ausst.kritiken in d. Presse – ***LitR:*** Die 50 Besten, Intern. Medienkunst-Pr., Folge 5 (SüdwestRF) 03

Fessler, Cristina (verh. Cristina Fessler-Klaiber), Malerin, Zeichnerin, Plastikerin; Zollikerstr. 191, CH-8008 Zürich, *www.cristinafessler.ch* (* Ferno/Ital. 12. 1. 44) – **S:** Ende d. 60er-Anfang d. 70er Jahre Univ. Zürich (Kunstgesch.); als Künstlerin Autodidaktin; seit 72 freischaffend tätig – **L:** 95 Birla Acad. of Art and Cult. Kalkutta (Gastdoz.: Displacements and Transfers in Cult.); 98–99 HBK Kassel (Gastprof., Sem. Dialog m. d. Eigenen u. d. Fremden) – **P:** Eidgen. Kunststip. 75–76; Kunststip. d. Kt. Zürich 76–77; Stip. d. Steo-Stift. 77; Kunststip. d. Stadt Zürich 78; Aufenthaltsstip. d. Kult.stift. Landis & Gyr am Collegium Budapest f. Advanced Studies 04 – **G/T:** Malerei (u. a. Vulkan-Lsch. u. Abstr., Bitumen, Sand, Erde u. a. Materialien auf Lw., große Formate); Zchng; Plast. – **M:**

Kraichtal, Ursula Blickle-Stift.; Lausanne, UBS; Lugano, Banca del Gottardo; Zürich, Bank Baer; Zürich, Bank Leu; Zürich, Crédit Suisse; Zürich, Kunsthaus; Zürich, Zürcher Kantonalbank – **Ö:** Bern, Bdeskult.-amt d. Schweiz; Kalkutta, Birla Acad. of Art and Cult.; Pfäffikon, Alters- u. Pflegeheim (Wandmalerei); Uster, Bank Leu Schalterhalle (Schichtungsarb. 95); Zürich-Irchel, Univ.-Bibl. (mehrteilige Arb. Strickhof, Kinder d. Erde); ebda, UBS Stauffacher Schalterhalle u. Cafeteria (Große Schichtung 1990), Präsidialabt. d. Stadt, Erziehungsdirektion d. Kt. Zürich; Zug, Suva Versicherung (Geschäftshaus Baarermatte) – **E:** u. a. 76 Zürich, StG Strauhof; 77 Zürich, Produzentengal. (Kat.); 81, 84 Zürich, Gal. Gimpel-Hanover & Emmerich; 83, 87 Zürich, Kunsthaus (Kat.); 88 Konstanz, KV (m. Jörg Siegele u. Hans Thomann, Kat.); 89 Lausanne, Roy; 90 Schwetzingen, KV (m. M. Erdheim u. U. Pawlak, Kat.); 91 Wiesbaden, Ressel; 93 Zürich, Helmhaus (Kat.); 94 Berlin, Gal. Weisser Elefant; 95 Zürich, Stähli; Kalkutta, Birla Acad. of Art and Cult. (Kat.); 96 Bombay, Chemould Gall.; Arbon, KH (Kat.); 04 Budapest, Dorottya (Kat.); Zürich, Lutz & Thalmann; 05 Budapest, Várfok Gall. – **G:** u. a. 76 Venedig, Bienn.; 83 Le Landeron, Trienn.: La Femme et l'Art (Kat.); London, Gall. Gimpel Fils: 12 Swiss Artists; 94 Bonn, Frauen-Mus.: Stadt d. Frauen (Kat.); 96 Wien, GG d. ABK: Fragile – Handle with Care (Kat.); 97 Zürich, Stähli: Travellers; Fribourg, Mus. d'art et d'histoire: Saxifrage (Kat.); Bern, Schweiz. Ldesbibliothek: Indien Sehen (Kat.); 98 Sion, Mus. Cantonal des Beaux-Arts: Saxifrage; 04 Zürich, Lutz & Thalmann: Winterreise – ***Lit:*** u. a. Caroline Kesser: C.F. Kinder d. Erde, Gest. d. Univ.-Bibl. Zürich-Irchel, in: Werk 4 81; Mario Erdheim: C.F. Von d. Notwendigkeit d. Chaos, in: ARTIS April 91; Martin Kraft: C.F. Helmhaus Zürich, in: Kunst-Bulletin 3 94; Biograph. Lex. d. Schweizer Kunst 98; Hemrik Laszlo: Elet Es Irodalom, Budapest, v. 21.4.04 – ***LitR:*** Gilbert Bovay: C.F. Portr. – Das Leben m. ihren Kindern Thomas u. Isabelle u. ihren Bildern, Fs.beitrag (TV Suisse Romand) 77; André Ratti: C.F. Horizonte, m. Jura Brühschweiler über Ferdinand Hodler, Kult.sdg Schaupl. (TV-DRS) 81; Edith Jud, Joder Machaz u. Mario Erdheim: C.F. Malstrom, Video über 'Große Schichtung UBS 1989' 89 – (Red.)

Fessler-Klaiber, Cristina s. Fessler, Cristina

Fest, Rainer, Dipl.-Bildhauer, Kunsttischler; c/o Konzeptgalerie Buepa.com, Gleditschstr. 45, D-10781 Berlin, Tel. (0 30) 2 16 22 33, *post@buepa.com* (* Berlin 22. 6. 53) – **VG:** Berlin, Konzeptgalerie buepa.com; Storms, Dieperik; Köln, Neef Skulpt.garten Sürth; Essen, Gal. Obrist – **S:** 75–81 KGS Jurva/Finnld; 82–86 HS f. Kunst u. Musik Bremen (Bildhauerei b. Prof. Altenstein); 86–88 Acad. de Bellas Artes Madrid – **P:** Stip. d. Ev. Studienwerkes Villigst 81–88; Arb.stip. d. Kult.senates Berlin 93; Otto-Niemeyer-Holstein-Stip. 02; Aufenthaltsstip. d. Ldes Meckl.-Vorp. f. d. Gastatelier in Rostock 04 – **Ve:** Künstlerbund Meckl. u. Vorpommern – **G/T:** Skulpt., Objekt, Landart – **W:** zahlr. Arb. in privaten Slgn; Stadt Bleckede, Gorssel/Niederl., Communaute de Communes de L'Elle/Frkr.; Teiln. an zahlr. Symposien im In- u. Ausld – **M:** Thessaloniki, NM f. Mod. Kunst – **Ö:** u. a. Berlin, Konrad-Zuse-Inst.; ebda, Verwaltungszentrale d. Berliner Wasserbetriebe u. in Kreuzberg, Berlin-Neukölln, Mahnmal f. die Zwangsarbeiter d. christl. Kirchen Berlins; Göhren, Rehaklinik; Gützkow, Bischof Otto von Bamberg Gedächtnisbrunnen; Lutherstadt Wittenberg, Cranach-Hof; – weitere in Bergum u. Gorssel – **E:** u. a. 91 Berlin, Eisenhalle; Basauri, Casa de Cultura; 92 Bilbao, Vanguardia; 94 Berlin, Kutscherhaus; 97 Kühlungsborn, Kunstverein Ostseebad Kühlungsborn; 00 Warschau, Studiogal.; 03 Berlin, Büttner u. Partner; 05 Karlsruhe, Art Karlsruhe (m. Gal. Obrist); Rostock, StG – **G:** u. a. 88 München, Haus d. Kunst; 90 Madrid, Centro de Diseño y Volumen; 97 Thessaloniki, NM of Mod. Art; 99 Orońsko, Centrum Rzeźby Polskiej; Larissa, Neue Pin.; 00 Berlin, Willy-Brandt-Haus; 02 Shetland Islands, Bonhoga Gall.; 04 Rostock, KH; Schwerin, Schlesw.-Holst.-Haus; Motzen, Skulpturenpark Motzen; – weitere: 02 Nordart, Schlesw.-Holst. – ***Lit:*** div. Kat. zu Einzel- u. Gruppenausst.

Fetting, Rainer, Maler, Graphiker, Bildhauer, Filmemacher; lebt u. arbeitet in Berlin u. New York (* Wilhelmshaven 31. 12. 49) – **VG:** Berlin, Raab; Berlin, Zellermayer; Dresden, Gal. im Taschenbergpalais; München, Pfefferle – **S:** 69–72 Tischlerlehre; 72–78 HBK Berlin (Malerei b. Hans Jaenisch) – **P:** DAAD-Stip. f. New York 78; I.G. Metall Kunstpr. 89 – **M:** Aachen, Ludwig Forum; Basel, Mus. f. Gegenwartskunst; Berlin, Berlinische Gal.; Berlin, Hamburger Bahnhof; Berlin, NG; Essen, Mus. Folkwang; Kiel, KH; Oslo, NG; Schleswig, LM f. Kunst u. Kult.-Gesch. Schloß Gottorf; Ulm, Ulmer Mus.; Wien, MMK Stiftung Ludwig – **Ö:** Berlin, SPD-Zentrale Willy-Brandt-Haus (Willy Brandt Skulpt.) – **E:** zahlr. Einzelausst. im In- u. Ausland, zuletzt u. a. 98 Wuppertal, Von der Heydt-Mus.; München, KH im RH Marienplatz; 99 Berlin, Raab; Berlin, Neuer Berliner KV; 00, 04 Hamburg, Borchardt – **G:** u. a. 82 Venedig, Bienn.; 89 New York, Guggenheim; 97 Berlin, Willy-Brandt-Haus; Künzelsau, Mus. Würth; Berlin, Georg-Kolbe-Mus.; Wilhelmshaven, KH; 98 Potsdam, Waschhaus; Château de Cabriès, Mus. Edgar Mélik; 03 Riehen, Beyeler Mus. – **R:** zahlr. Filme – ***Lit:*** AKL; Contemp. Artists 96; Reclams Künstlerlex. 02; Schweers 02 – (Red.)

Fetz (eigtl. Leopold Fetz), Maler, Holzschneider; Kennelbacherstr. 30, A-6900 Bregenz, Tel. (0 55 74) 7 17 29 (* Reuthe/Vorarlberg 15. 11. 15) – **L:** Gymnasium Mehrerau Bregenz (Kunsterzieher) – **Ve:** Berufsvrg bild. Künstler Vorarlbergs 54; Ars Felix 55 – **G/T:** Hschn., Ölmalerei, Wandmalerei – **W:** Hschn.-verz. (Dok., 140 Blätter im Vorarlberger Ldes-Mus.), Wandmalereien in Vorarlberg – **M:** Bregenz, Vorarlberger LM; Wien, Albertina – **G:** u. a. Arbon, Friedrichshafen u. Sinc, Bodensee-Club – **V:** Lustenau, Bildbd 85; Selbverl. (Zeichn.) 95; Hschn.verz. 03; – weitere: Mappenwerke

Feucht, Sibylle, Dozentin; Elsässerstr. 248, CH-4056 Basel, *info@atworld.ch* (* Kaufbeuren/Allgäu 7. 11. 68) – **S:** 93–97 F+F Schule f. Kunst u. Mediendesign Zürich – **P:** Atelierstip. d. Stift. Binz 39 Zürich (f. Scuol/Nairs) 98; Atelierstip. d. Kt. Basel-Ldschaft (f. d. Cité des Arts Paris) 99; Atelierstip. d. Christoph Merian-Stift. Basel (f. Rotterdam) 02 – **G/T:** Fotogr., Video, Install., Schmelzperlen; inhaltliche Schwerpunkte: Ikonografie, Formen d. Repräsentation, Schnittstellen zw. Privatem u. Öffentlichem – **K:** auf Anfrage – **W:** div. Schmelzperlen-Objekte u. fotogr. Werke in Privatbes. sowie im Bes. d. Kunstkredites d. Kantone Basel-Stadt u. Basel-Ldschaft – **E:** 97 Basel u. Zürich, Install. in Zügen d. Schweiz. Bundesbahn; 03 Zürich, Staubkohler; Basel, Cargo Bar – **G:** zahlr. Ausst.bet. seit 96, zuletzt u. a. 00 New York, Swiss Inst.; 01 Bern, Kabinett; 02 Zürich, Coninx Mus.; Basel, Viper; 03 Prag, IN OUT – Intern. Festival of the Digital Image – **V:** Text, Bilder, Konzeption u. Umsetzung f.: Die Heilige 3-Faltigkeit, VorTrag Nr. 7 97; Definitionen 1 + 2, VorTrag Nr. 8 97; Dislokation – Eine Installation in Zügen 97; – sowie: passage (Text/Bild-Install.), in: Creatio Helvetica, Jahreszs f. literar. u. visuelles Schaffen 99; Andrea Saemann u. Annina Zimmermann: Helle Nächte – Die Vorstadt im Projektionsfeld filmischer Bilder (Fotogr.) 02 – **R:** My Family, Videoinstall. 02 – (Red.)

Feuchtenberger, Anke, Prof., Zeichnerin, Illustratorin; c/o HS f. Angew. Wiss. Hamburg, Armgartstr. 24, D-22087 Hamburg, *anke@feuchtenberger.de, www.feuchtenbergerowa.de* (* Berlin 25. 3. 63) – **VG:** Oberursel, Streitenfeld; Modena, Emilio Mazzoli – **S:** 83–88 KHS Berlin (Graph.) – **L:** seit 97 HS f. Angew. Wiss. Hamburg (Prof. f. Zeichnen u. Ill.) – **P:** Förd.pr. d. Intern. Plakatwettb. Osnabrück 97; e.o.plauen-Pr. 97; special award d. Icograda, Helsinki 03 – **G/T:** freie Zeichn.; Bilderromane in Buchform; Ill.; Plakat – **K:** Zeichnen, Comic, Ill. – **W:** Zeichn. in intern. Privatbes.; Plakate in Slgn in Toyama, Warschau, Helsinki u. Lathi, Ningbo, Cottbus, Berlin u. a. – **E:** 93 Paris, Goethe-Inst.; 95 Berlin, Gal. am Scheunenviertel; Leipzig, Moritzbastei; Emmerich, Plakatmus. am Niederrhein; 96 Dijon, Théatre du Parvis St. Jean; Berlin, Gotisches Haus; 97 Berlin, Humboldt-Univ., Gal.; Hamburg, Erotic Art Mus.; 98 Oberursel, Streitenfeld; Leipzig, Moritzbastei; 99 Berlin, Inselgal.; Osnabrück, Stadtgal.; 00 Hamburg, Westwerk; 01 Luzern (FUMETTO); 03 Modena, Gall. d'arte contemp. – **G:** u. a. 91, 95, 97 Berlin, Gal. am Chamissopl.; 00 Tel Aviv, Hamameh Gall.; 01 Bologna, Fiere; 02 Ningbo, Plakatbienn.; 04 Bastia (Comicfestival) – **V:** Herzhaft – lebenslänglich 93; Pas de pitié pour les poupées b. 94; Mutterkuchen 95; m. Katrin de Vries: Die Hure H 96; La petite Dame 96; m. Katrin de Vries: Die kleine Dame 97; Somnambule 98; Die Biographie der Frau Trockenthal 99; La Putain P 99; Der Palast 00; m. Katrin de Vries: W The Whore 01; Das Haus 01; Die Skelettfrau 02; Die Hure H zieht ihre Bahn 03 – **R:** Somnambule, Trickfilmanimation (Buch, Regie u. Zeichn.) 04 – ***LitR:*** Ute Marquardt: Das Thema bin ich selbst, Dokf. 94; Monika Gothe: feuchtenbergerowa, Dokf. 94 – (Red.)

Feuerbach, Barbara, Malerin; Quirinsstr. 13, D-60599 Frankfurt am Main, Tel. u. Fax (0 69) 62 45 43, Tel. Mobil: 0 17 54 75 43 29 (* Friedberg/Hessen 2. 4. 52) – **VG:** Frankfurt am Main, Arte Giani; Hamburg, Gehrke; Basel, Thorens – **S:** 75–80 Städelschule Frankfurt am Main (b. Prof. Thomas Bayrle u. Prof. Johann Georg Geyger) – **L:** 04 Pentiment Hamburg (Gastprof. f. Malerei) – **P:** Artlantis-Kunstpr. z. Herbstsalon (KV Bad Homburg) 05 – **G/T:** Malerei; Portr.malerei; Zchng; Objektkunst (Holz) – **K:** figürliche Malerei – **W:** Werke in d. Slgn v. Atlanta, Planta, David Bowie u. Michael Conrad Leo – **M:** Langenberg, Kunsthaus – **Ö:** Bad Vibel, Dresdner Bank; Frankfurt am Main, Dt. Bank; ebda, Saatchi & Saatchi, Burnett; Halle, Dresdner Bank; München, Microsoft; Rostock, Dresdner Bank – **E:** 87 Frankfurt am Main, Gal. 24; 91 München, Golart; 94, 96 Wiesbaden, Buschlinger; 95 München, Foraum; 96 München, Hotel Kempinski am Flughafen; 98, 00, 03 Frankfurt am Main, Arte Giani; 99, 01 Basel, Thorens; 00 Hamburg, Gehrke; 02 Frankfurt am Main, Hess. RF (Goldhalle); Selb, KV – **G:** 93 Dortmund, Mus. am Ostwall; 95 Obernburg, Gal. d. Stadt; 95, 99 Wiesbaden, Buschlinger; 96 Bonn, Frauen-Mus.; Bonn, LM; 99, 04 Frankfurt am Main, Arte Giani; 00 Selb, KV; Hamburg, Gehrke; 01 Basel, Thorens; – sowie seit 97 Bet. an Kunstmessen in Dresden, Frankfurt am Main, Köln u. Zürich – ***Lit:*** Thomas Röske u. Rosamunde Neugebauer, Kat. 92; Heike Sütter, Kat. 99 – ***LitR:*** Astrid Dermuth, Portr./Dokf. Hess. RF 02

Feuerfuchs s. Fuchs, Ernst

Feuerstein, Thomas, Dr. phil., Medialer u. Bildender Künstler; c/o Galerie Elisabeth & Klaus Thoman, Maria-Theresien-Str. 34, A-6020 Innsbruck, Tel. u. Fax (05 12) 57 57 85, *galerie.thoman@netway.at; feuerstein@myzel.net, www.galeriethoman.at; feuerstein.myzel.net; www.myzel.net; www.suisite.org* (* Innsbruck 29. 11. 68) – **VG:** Innsbruck, Thoman; Zürich, Lelong – **L:** seit 97 LBeauftr. u. Gastprof. (Medientheorie u. Medienästhetik) an d. Univ. f. angew. Kunst Wien; HS f. Musik u. Theater Bern; F+F Schule f. Kunst u. Mediendesign Zürich; FH Intermedia Dornbirn; Mozarteum Salzburg; 03–04 Univ. f. angew. Kunst Wien (Prof. f. Kommunikationstheorie) – **Ve:** medien.-kunst.tirol – **G/T:** Medienkunst; Konzeptkunst; Zchng; Install.; Skulpt.; Malerei; Fotogr.; Netzkunst u. Kunst im elektron. Raum – **W:** mehrere Videos, Performances, Netzarb.; zahlr. in Privatbes. – **M:** Bozen, Museion-MMK; Graz, LM Joanneum; Graz, Neue Gal.; Innsbruck, Tiroler LM Ferdinandeum; Wien, MMK Stiftung Ludwig – **Ö:** Innsbruck, Plattform mobiler Kult.initiativen (PMK) – **E:** zahlr. seit 89, u. a. 89 Innsbruck, KH 3; 94 Bregenz, KV Magazin 4; 97 Meran, Forum Arte Contemp.; 02, 04 Innsbruck, Thoman; 03 Bozen, Arge Mus.Gal.; Wien, Leopold-Mus.; 05 Zürich, Lelong – **G:** zahlr. Bet. seit 88, zuletzt 02 Linz, Ars Electronica; Bern, KM; Graz, Künstlerhaus; 04 Innsbruck, Tiroler LM Ferdinandeum; Wien, KH Exnergasse; 05 Graz, Neue Gal.; 06 Madrid, Centro Cult. Conde Duque; Ljubljana, 12. Intern. Festival of Computer Arts; Graz, Camera Austria International – **V:** m. M. Mer u. K. Strickner (Hrsg.): Translokation. Der ver-rückte Ort 94; m. R. Schuler (Hrsg.): Teletopologie Österreich. Materialien zu einer Kunst im elektronischen Raum, Medien. Kunst. Passagen 94; System-Daten-Welt-Architektur 95; m. G. J. Lischka (Hrsg.): Media-made. Wie kommen wir uns nahe? 01; Biophily. Better Dead than Read 02; m. G. J. Lischka (Hrsg.): Selbst: Darstellung 03; m. Stefan Bidner (Hrsg.): Sample minds. Materialien zur Samplingkultur 04; m. Stefan Bidner (Hrsg.): Plus ultra – Jenseits d. Mod. / Beyond Modernity 05 – **R:** Silkroad to NowHere (CD-ROM) 99; Biophily. Better Dead than Read (CD-ROM) 01 – ***Lit:*** H. Fuchs (Hrsg.): T. F. RoundupReady: Biogreen 02; R. Schuler (Hrsg.): T. F. fiat::radikale individuen – soziale genossen 03; H. Thoman (Hrsg.): T.F. Outcast of the Universe 06

Feuser, Astrid, Bild. Künstlerin, Autorin; Schwalbenweg 16, D-46459 Rees-Haldern, Tel. (0 28 50) 76 78, *astridfeuser@online.com, www.feuser-kunst.de.* Lindenstr. 10, D-46459 Rees, Tel. (0 28 50) 90 16 11, *net.galerie@online.de* (* Düsseldorf 15. 7. 51) – **S:** 70–77 KA Düsseldorf (75 Meisterschülerin) – **P:** Stip. d. Ernst-Poensgen-Stift. f. Florenz 75; Stip. d. Rijkscentrums Frans Masereel 77; Kunstpr. d. Großen Kunstausst. NRW Düsseldorf 86; Stip. d. Günther-Peill-Stift. 87; Reisestip. d. Stadt Düsseldorf nach Israel 89 – **Ve:** Ver. d. Düsseldorfer Künstler – **KGr:** Axiom (77–80) – **G/T:** Malerei; Zchng; Collage; 3-D-Collage; Tackerage; Künstlerb.; Pop-Up-Bücher; Linolschnitt; Digital Art – **W:** zahlr. in privaten Slgn; Stadt Wesel; Kunstarch. Peter Kerschgens – **M:** Düren, Leopold-Hoesch-Mus.; Düsseldorf, Artothek; Goch, Mus. f. Kunst u. Kult.-gesch.; Hürth, Kr.haus; Kleve, StM Haus Koekkoek; Nürnberg, Albrecht-Dürer-Haus; Rees, Conraad-Boesman-Mus.; Stuttgart, Artothek; Zutphen, Henriette-Polak-Mus. – **Ö:** Düsseldorf, Stadtspk.; Rees, Bürgerhaus; ebda, Stadtspk. – **E:** 77 Antwerpen, Campo; 78 Köln, Axiom; 84 Velbert, Mus. Schloß Hardenberg; 85 Düren, Leopold-Hoesch-Mus. (Kat.); 86 Münster, Akad.-forum; 87 Doetinchem/Niederl., Stadsmus.; Wesel, StM (Kat.); 88 Wuppertal, Epikur; Essen, Schütte; 89 Zutphen/Niederl., Mus. Polak (Kat.); 90 Düsseldorf, Walther; 92 Gummersbach, Kunstforum; 93 Saarbrücken,

Saarländisches Künstlerhaus (Kat.); 94 Emmerich, KV; 95 Goch, Mus. f. Kunst u. Kult.gesch. (Kat.); 99 Michelstadt, Kautsch; 06 Duisburg, Kontorhaus – **G:** zahlr. Bet. seit 77 – **V:** Der Herzschmerz-Prinz, Faksimiledruck eines Künstlerb. 93 – ***Lit:*** AUSST.KAT.: Euregio-Kunstkr. 84; StM Haus Koekoek Kleve 86; Leopold-Hoesch-Mus. Düren 89

Fichtner, Ralf Alex, Graphiker, Maler, Karikaturist; Friedrich-Engels-Str. 11, D-08340 Schwarzenberg-Neuwelt, Tel. u. Fax: (0 37 74) 2 36 33, *www.rafichtner.de* (* Aue 52) – **S:** Lehre als Werkzeugmacher u. Plakatmaler – **P:** Satiricum Greiz 80, 90; Wettb. d. 'Herkuleskeule' Dresden (1. Pr.) 95; Faber-Castell-Cartoon Award (3. Pr.) 95; Hauptpr. b. intern. Cartoon-Wettb. d. Goethe-Inst. z. EXPO 2000 Hannover 00; Spezialpr. in Kyoto 02 – **Ve:** Schwarzenberger Kunst- u. Kult.ver. 89 – **KGr:** ZONE (seit 93) – **G/T:** Malerei (Aqu., Thema: v. a. geheimnisvolle Landschaften); Schwarzhumorige Cartoons; Ill. – **Ö:** Nürnberg, SchmidtBank (Wandgest.) – **E:** u. a. 91 Hannover, Wilhelm-Busch-Mus. – **G:** 96 Kassel, Caricatura Gal.: Menschen-Medien-Mutationen (Kat.); 05 Leipzig: Bienn. d. satir. Zeichn. – **V:** zahlr., u. a. Ill. zu: Manfred Blechschmidt: Schwarzenberg: dich lob ich mir; zu Fuß durch eine Stadt 88; Jewgeni Guljakowski: Der Planet der weißen Nächte: wissenschaftlich-phantastischer Roman 88; Wolfgang Eckert: Dadrieber lachn mir Saggsn. ein humorvolles 'Widse'-Alphabet für alle, die eine Weltsprache nicht erlernen, sondern erlachen wollen 93; Helmut Eilenberger: Der Pastor auf der falschen Kanzel und andere lustige Geschichten aus dem Erzgebirge in Hochdeutsch 96; Manfred Hofmann: Das Geschenkbuch für den überzeugten Bartträger: das Mitbringsel für alle, die sich mit Schnauzer, Koteletten, Favoris, Drei-Tage- oder Vollbart sehen lassen können 97; Lämmchen Kralle: Der Struwwelpeter zur Wahl oder böse Struwweleien über drollige Politiker: für Kinder ab 18 Jahren, nach dem Original von Heinrich Hoffmann 98; ders.: Der ultimative Struwwelpeter oder Horror-Geschichten und gräßliche Bilder 99; Mario Ulbrich: Die Männer vom Revier Tief-Ost. Wachtmeister Drombuschs größter Fall 04 – (Red.)

Ficker, Klaus; Gabelsbergerstr. 22, A-5020 Salzburg, Tel. (06 62) 87 53 75, Fax 87 53 75 37, *ficker@bildhauer.com*, *www.bildhauer.com* – **G/T:** Bildhauerei – (Red.)

Fickinger, Matthias, Installationskünstler, Objektkünstler, Zeichner (* St. Ingbert/Saarbrücken 26. 10. 69) – **P:** Saar Ferngas Förderpr. (1. Pr.) 98 – **E:** u. a. 93 Pathan/Nepal, Goethe-Inst.; 96 Mainz, Kunstcontainer; 98, 00 Hamburg, Feinkunst Krüger – **G:** u. a. 97 St. Ingbert, Ldeskunstausst. Saar; 98 Cottbus, KM; 03 Hamburg, Feinkunst Krüger – ***Lit:*** AKL – (Red.)

Fiebig, Eberhard, Prof., Metallgestalter; Hannoversche Str. 4, D-34346 Hann Münden, Tel. (0 55 41) 98 94 65 (* Bad Harzburg 1. 3. 30) – **VG:** Münster, Steinrötter – **L:** 74–95 GesamtHS Kassel (Prof. f. Metallbildhauerei) – **KGr:** Die Taucher – **M:** Bonn, KM; Frankfurt am Main, MMK; Kassel, Neue Gal.; Ulm, Ulmer Mus. – **Ö:** Bonn, Bundesmin. f. Verteidigung (gefaltete Säule); Frankfurt am Main, Hess. RF (Faltskulpt.); Friedeberg, Amtsgericht (Stahlsäule); Kassel, Portal d. Univ.; Koblenz, Willi-Graf-Schule (Gedenkstele); Melsungen, Fa. Ludwig (Stahlsäule); Münster, Oberfinanzdir. – **E:** u. a. 96 Kassel, documenta; Nürnberg, Germanisches NM; 97 Erfurt, Gal. am Fischmarkt; 00 Berlin, Gal. am Wasserturm; Münster, Steinrötter – **G:** seit 60, u. a. 80 Fellbach, Trienn. d. Kleinplast.; 86 Marl, Skulpt.-Mus. Glaskasten; 90 Essen, Neher – **V:** versch. Publ. zu Themen d. Kunst – ***Lit:*** AKL – (Red.)

Fiechter, Hanspeter, Maler; Waldeckstr. 12, CH-3052 Zollikofen, Tel. 03 19 11 96 06, Fax 03 19 11 96 06, *ha_fiechter@bluewin.ch*

Fiederer, Georg, Maler, Zeichner; c/o Kunstkontor Westnerwacht, Weintingergasse 4, D-93047 Regensburg, Tel. (09 41) 56 07 72, Fax 56 07 73 (* Regensburg 58) – **VG:** Regensburg, Kunstkontor Westnerwacht – **S:** 80–86 ABK Nürnberg (Freie Malerei, Meisterschüler b. Prof. Ludwig Scharl) – **L:** seit 03 Akad. Regensburg (private KSch, Geschäftsführer) – **P:** Bay. Staatsförd.pr. 87; Kult.förd.pr. d. Stadt Regensburg 92 – **G/T:** figurative Malerei, Zeichn. – **K:** Schulungen u. Mappenvorbereitungskurse f. weiterführende künstler. Ausb. – **W:** überw. in Privatbes. – **M:** München, Bay. Staatsgemäldeslgn; Regensburg, HM – **Ö:** u. a. Regensburg, Presseclub – **G:** zahlr. Bet., u. a. München, Haus d. Kunst – **V:** Herbert Rosendorfer: F. und Rosendorfer im Orphee (Zeichn.) 00 – ***Lit:*** Kat.: Zeichnungen 1983–1987 87; Zeichnungen 1988–1994 94; Die Fahrten der Entdecker 98

Fiedler, Carola, Textilkünstlerin; Mönchmühlenstr. 6, D-16552 Schildow, Tel. (03 30 56) 8 90 04, *Carola-Fiedler@t-online.de*, *www.atelier-carola-fiedler.de* (* Berlin 4. 2. 55) – **S:** 88–91 Kult.akad. Berlin (Textilgest. b. Helga Graupner) – **Ve:** Textilwkst. Berlin 91 – **K:** Textile Collagen, Papierobjekte – **E:** 94 Berlin, Textilwkst.; 97 Berlin, Ringkollonaden; 00 Gransee, Gal. Heimatmus.; 04 Berlin, Ideenreich – **G:** 91–94 Berlin, Nagel; 91, 92, 93, 95, 00, 02 Berlin, Humboldt-Gal.; 92, 96, 99 Berlin, Forum d. Stadtbibl.

Fiedler, Jochen (f. Plakate u. Kat. auch: Jochen Fiedler Dresden), Dipl. Maler, Graphiker; Bockmühlenstr. 42, D-01848 Hohnstein/OT Cunnersdorf, Tel. (03 59 75) 8 09 72. Atelier: Bautzener Landstr. 78, D-01324 Dresden, Tel. (03 51) 2 68 69 09 (* Dresden 15. 7. 62) – **S:** 78–81 HBK Dresden (Abendstud); 83–88 ebda (b. J. Heisig u. H. Giebe); 88–89 Meisterschüler b. Prof. Gerhard Kettner – Stud.reisen nach Frkr., Ital., in d. Pfalz – **Ve:** SKB – **KGr:** Künstlersonderbund in Deutschland (seit 06) – **G/T:** überw. Malerei (Öl, Pastell, Aqu., Landschaft, Portr.); Graph. (Zchng, Druckgraph., Rad., Motive: Dresden u. Umgebung, Provence) – **W:** überw. in Privatbes. – **M:** u. a. Dittersbach, Quandt Ver.; Dresden, Kunstfonds d. Freistaates Sa.; Dresden, Neuer Sä. KV; Dresden, Reg.präsidium; Dresden, Slg d. Stadtspk.; Pirna, KV; Radebeul, Weingutmus. Hoflößnitz; Sebnitz, Heimatmus. – **E:** u. a. 90 Dresden, Nord (m. Arend Zwicker u. Petra Graupner); 91 Dresden, West (m. Olaf Pflug); 92 Dresden, Leonhardi-Mus.; 95 Chemnitz, Schmidt-Rottluff; Radebeul, StG; 96 Karlsruhe, Gal. im Schlachthaus; 96, 02 Radeberg, Schloß Klippenstein; 98 Bautzen, KV (m. Sebastian Glockmann); 99 Gräfelfing, Bürgerhaus (m. Andrea Türke); 00 Dresden, Weinbergkirche Pillnitz; 02 Dresden, Reg.präsidium; Dresden, Neuer Sä. KV; Schwarzheide, Gal. d. BASF; 03 Gotha, Finkbein; 05 Lohne, Wassermühle (Kunstkr.); 06 Landau in der Pfalz, Gal. Z u. StG (Kat.) – weitere in: Bautzen, Chemnitz, Hamburg, Karlsruhe, Radeberg, Radebeul, Pirna u. Sebnitz – **G:** Bet. u.a in: Altenberg, Bad Schandau, Bautzen, Berlin, Chemnitz, Dresden, Düren, Gotha, Hamburg, Liebstadt, Moritzburg, Pirna, Radebeul u. Wroclaw – ***Lit:*** Handzchng u. Kleinplast., Kat. 92; Katja Margarethe Mieth: Jahrhundert-Rückblick. Sä. Schweiz u. Umgebung im Spiegel d. Kunst d. 20. Jahrhunderts 01; Diether Schmidt, Katja Mieth u. a. (Texte): J.F., Ausst.kat., Monogr. 02; Richard W. Gassen (Text): J.F., Kat. 02

Fieger, Rupert, Steinbildhauermeister; Heidingsfelder Weg 88, D-85072 Eichstätt, Tel. (0 84 21) 49 88 (* Monheim 28. 4. 62) – **S:** 82–85 Lehre b. Bildhauer Franz Maurer in Inching; Meisterschule f. Handwerker Kaiserslautern (Steinbildhauerei) – **G/T:** Bilhauerei (Stein, Metall, Holz); sakrale Arb. (Altarraumgest.); Kunst am Bau u. im öff. Raum – **Ö:** Altarraumgest. u. a. in d. Diözesen Altenfeld, Eichstätt, Lustadt/Pf., Meilenhofen, Mannheim, Nennslingen Speyer, Weingarten/Pf.; Brunnen u. a. Berlin, Bay. Ldesvertretung (Löwe) – (Red.)

Figgemeier, Bernd, Bildhauer, Maler, Graphiker, Publizist; Im Großen Busch 20b, D-44795 Bochum, Tel. u. Fax: (02 34) 47 50 63 – **S:** 61–66 KA München (b. d. Prof. Geitlinger u. Meistermann); 66–68 KA Düsseldorf (b. Prof. Weber) – **L:** 79–96 Ev. FHS RWL Bochum (Doz. f. Medienpädagogik/Ästhetik u. Kommunikation) – **Ve:** Bochumer Künstlerbund 72; BBK Westf. 79; VG Bild-Kunst – **G/T:** Lsch.strukturen; Menschenbilder; freie u. angew. Arb.; Ill. (speziell Reliefbilder); Malerei (Öl, Acryl, Aqu.); Druckgraph.; Tusche; Kreide; Objekte; Kunst im öff. Raum – **W:** im Bes. d. Stadt Dortmund – **M:** Bochum, Mus.; Molmerswende, G. A. Bürger-Mus. – **E:** seit 64, u. a. 74, 85 Bochum, Mus.; 75 Herne, Emschertal-Mus.; 82, 92, 05 Dortmund, StG Torhaus Rombergpark; 86 Altena, StG; 93 Witten, Haus Herbede – **G:** seit 58, u. a. München, KV u. Gal. d. Künstler; Münster, Westf. LM; Bochum, Mus.; Hagen, Karl-Ernst-Osthaus-Mus.; Hamburg, Artoma-Gal.; Schwetzingen, Schloß; Düsseldorf, Messe; Bonn, Ldeshaus NRW; Wiesbaden, Kunsthaus; Soest, Wilhelm-Morgner-Haus; Seoul; Oviedo, MBA de Asturias; Donezk, Mus. – zuletzt: 02 Güstrow, StG Wollhalle; 03 Dortmund, Mus. f. Kunst u. Kult.gesch.; 04 Castrop-Rauxel, RHgal.; 05 Bochum, Mus.; Herne, Westf. Mus. f. Archäologie; 06 Gelsenkirchen, Wiss.park – **V:** Prinzip Hoffnung, Graph.mappe 83; m. Siegfried Krause (Text): Träume m. Luncaré (90 Ill.) 93; Gest., Hrsg. u. Leittexte in KAT., u. a. Kunst & Umwelt, global denken – lokal handeln (BBK Westf.) 01; Kunst & Sport – immer in Bewegung (BBK Dortmund) 02; Menschenbilder, sichtbar – greifbar (u. a. RH Dortmund) 02; 50 JA, Reflexionen – Reaktionen (Mus. f. Kunst- u. Kult.-gesch. Dortmund) 03; Kunst & Wirtschaft, WechselBeziehungen (BBK Westf. u. Kult.rat Bochum) 04; Momente – Fragmente: Kunst aus Westf. (u. a. Westf. Mus. f. Archäologie Herne) 05; Wandlungsprozesse 06 – ***Lit:*** Roland Altmann: Spuren d. Zeit 89; Klaus-Peter Busse: Blaues Firmament 00; Helmut Ebert: Künstlerlex. f. Münster u. Umgebung 01; Elisabeth Kessler-Slotta: Zwischenbilanz, Schwarz-Weiß 05; Christoph Kivelitz: Ansichten – Einsichten 05

Figl, Marianne; Atelier: Künstlerhausgasse 4, A-5020 Salzburg, Tel. (06 64) 1 91 53 97, Fax (06 62) 82 18 07, *mariannefigl@a1.net*, *halle4.printmaker.at* (* Wien 18. 9. 46) – **VG:** halle4.printmaker.at – **S:** 64–67 HS f. angew. Kunst Wien (Meisterkl. f. Buchgest. Larisch, Meisterkl. f. Graph. Herbert) – **Ve:** Berufsvrg Bild. Künstler Öst.; VBK Öst. – **G/T:** Acryl- u. Temperamalerei (Portr., abstr.); Aqu.malerei (Landschaft, Natur); Pinsel-, Feder-, Bleistift- u. Kreidezeichn. (Akt) – **W:** vorw. in Privatbes. (Auftragsarb.) – **E:** zahlr. Ausst. seit 90 in Wien, Salzburg u. NdÖst. – **G:** 04 Innsbruck, Art Innsbruck; Neusiedl/See, Art Pannonia; 05 Zürich, Art Zürich

Fillitz, Stephan (Sign.: St), Mag. Bildhauer, Graphiker, Designer, Goldschmied; c/o Galerie Gabriel, Seilerstätte 10, A-1010 Wien, Tel. u. Fax (01) 5 12 78 02; Tel. u. Fax privat (01) 7 12 67 89, *info@galerie-gabriel.com; stephan.fillitz@chello.at*, *www.stephanfillitz.com* (* Wien 30. 9. 50) – **VG:** Wien, Gabriel – **S:** 66–73 Goldschmied b. Sven Boltenstern in Wien u. in d. Schweiz; 73–77 ABK Wien (b. Fritz Wotruba); 72, 74, 76 Sommerakad. Salzburg (b. Ralph Brown u. Francesco Somaini) – **L:** 83–86 HS f. Angew. Kunst Wien (LAuftr.); 86–97 Univ. f. Angew. Kunst Wien (Ass.); seit 97 ebda (a.o. Prof.); 89 Zeichenkurs Fondazione Ratti in Como – **P:** E.pr. d. Stadt Salzburg 72, 74, 76; Anerkennungspr. d. ABK Wien 77; Pr. d. Wiener Festwoche 86 – **G/T:** Skulpt. (Bronze, Eisen, Lichtskulpt.); Graph. (organisch abstr. bis ca. 1990, dann geometrisch abstr.); Design; Schmuck (Golschmiederei, ab ca. 1975 Bildhauerei u. Designschmuck) – **W:** Werke im Bes. d. BmfUK Wien, d. Kult.amtes d. Stadt Wien, d. Öst. Nat.-bank sowie zahlr. Skulpt., Graph., Design- u. Schmuckarb. in Privatbes. – **M:** Austin/TX, Jack S. Blanton Mus. of Art; St. Pölten, Ndöst. LM; Wien, Albertina; Wien, Belvedere; Wien, MMK Stiftung Ludwig; Wien, MMK Stiftung Ludwig – **Ö:** Buonas, Hoffmann-Laroche-Park; Maubeuge/Frkr.; Wien, Eisnergasse 11–19; ebda, Uraniastr. 1 – **E:** 76 Wien, Brandstätter; 97 Vicenza, Casa des Paladio Incontro Arti Visive; Graz, Neue Gal. am LM Joanneum; 80 Salzburg, StG im Mirabellgarten; Wien, Gal. Ariadne; Wels, Gal. d. Stadt Wels; 83 Villach, Gal. an d. Stadtmauer; Villach, Kult.amt d. Stadt; 83, 94, 00 Wien, Gabriel; 95 Wien, Öst. Tabakmus.; 96 Wien, Belvedere; 97 Zürich, Spiess – **G:** div. Ausst.bet. seit 79, u. a. 84 Basel, Intern. Kunstmesse; 86 Wien (Ausst. f. d. Festwochenpr.); Padova, Bienn. Intern. del Bronzetto; 87 Brüssel, Fontainas; 89 Wien, Gabriel; 96 Bonn, Kunst- und Ausst.halle d. BRD; 02 Egmond van Zee, Gal. Conny van Kastee; Amersfoort, Mondriaanhuis – ***Lit:*** zahlr. Kat., u. a.: A. M. Hammacher (Beitr.): Europalia 87; Schule Wotruba 87; Siedlerschmuck 87; Disegnio per 21 giorni 87; Phantasie und Industrie 89; Amag Alu Award 91; Gestaltendes Handwerk in Österreich 93; S. F. Zeichnung, Skulpturen, Design, Installationen, Schmuck 96; Akademie für Angewandte Kunst in Wien Anfang der 90er 96; Kunst aus Österreich 1896–1996 96; Des Eisbergs Spitze – Museum auf Abruf 98; – sowie zahlr. Beitr. in Zss u. Publ. – ***LitR:*** Traude Hansen: S. F., ORF-Künstler-Lex. 91; Alexander Hesse (Regie), Volker Völkl (Kamera): S. F., Installation 96 – (Red.)

Finck, Wolfgang, Maler, Objektkünstler; Am Hochfeld 2, D-82392 Habach, Tel. u. Fax (0 88 47) 15 43 (* Neukloster/Meckl.-Vorp. 26. 6. 45) – **S:** 66–72 HBK Hamburg (b. H. Thiemann u. P. Wunderlich) – **L:** 82–85 FHS f. Gest. Hamburg (LAuftr.); 93 Sommerakad. PENTIMENT Hamburg (Gastprof.) – **P:** DAAD-Stip. f. d. Niederl. 73–74; Förd.pr. Bild. Kunst d. Kult.kr. d. dt. Wirtschaft im BDI 77; Arb.stip. d. Stadt Hamburg 81 – **G/T:** Objekt (handgeschöpftes Papier, Beton u. Glas) – **M:** Bremen, KH; Coburg, KS d. Veste; Hamburg, KH – **Ö:** Hamburg-Altona, Fischersallee (Brunnenanlage); Hamburg, Kaiser-Friedrich-Ufer (Gedenkstätte Bücherverbrennung) – **E:** u. a. 72 Hamburg, Kammer; 74, 78 München, Tanit; 82 Witten, Märkisches Mus.; 86 Neumünster, Textil-Mus.; 87 Hamburg, KH; 91, 93 Den Haag, Staten Gal.; 03 Dachau, Gal. d. Künstlervrg; Penzberg, SM – **G:** u. a. 85 Zagreb, Kult.- u. Informationszentrum – ***Lit:*** AKL; Schweers 02

Fink, Gabriela, Staatl. geprüfte Gestalterin, Goldschmiedemeisterin; Tumblingerstr. 7, D-80337 München, Tel. (0 89) 7 46 95 59, *info@gabrielafink.de*, *www.gabrielafink.de*. c/o Bayrischer Kunstgewerbeverein, Pacellistr. 6–8, D-80331 München (* München 5. 2. 70) – **VG:** Berlin, Schmucklabor Frank; München, Gal. f. angew. Kunst – **S:** 89–93 Lehre als Goldschmiedin in München; 93 Sommerakad. Neuburg/Donau (Silberschmieden b. Kerstin Becker); 96–98 Zeichenakad. Hanau (b. Franz Bette u. Hans-Joachim Härtel); 96–98 Ausb. z. staatl. geprüften Gestalterin, Schwerpunkt Edelmetallgest. u. Email – **L:** 95, 97 Kultur & Spielraum München (Goldschmiedekurse f. Kinder); 98 Workshops am Mus. f. Vor- u. Frühgeschichte Frankfurt am Main (Goldschmieden); 06/07 Musisch-kreative Wkst. f. Kinder u. Jugendliche München – **P:** Ausz. d. Sonderschau Form Frankfurt am Main 00, 01, 02; Atelierförd.stip. d. Ldeshauptstadt München 06 – **Ve:** Bay. Kunstgew.ver. 98; BK – **G/T:** Schmuckgest. (überw. in Silber); Objektkunst (Edelmetall u. Email); Themen: Natur u. Blüten sowie: Aqu.malerei; Zchng; Metallarb. u. Fotogr. – **W:** überw. in Privatbes. – **M:** Leipzig, GRASSI – **G:** zahlr. Bet., u. a. 98 Leipzig u. Bern: Midora Design Award; 99, 00, 01 Leipzig, Mus. f. Kunsthandwerk; 00, 01 Frankfurt am Main, MAK; 01 Sydney, Object Gall.; Adelaide, Art Gall. of South Australia; 06 München, Intern. Handwerksmesse IHM – **V:** ringsherum, Kat. d. Fachkl. Franz Bette (gemeinschaftl. Eigenproduktion) 98 – ***Lit:*** Grassimesse, Ausst.kat. 99, 00, 01; MAK Frankfurt am Main (Hrsg.): Craft from Scratch – Eine Spur v. Handarbeit 00 – sowie zahlr. Veröff. in Fachmag. sowie in reg. u. überreg. Tagesztgn

Fink, Tone (eigtl. Anton Fink), Maler, Graphiker, Bildhauer; Neubaugürtel 37, Stg 2, A-1150 Wien, Tel. u. Fax (01) 9 85 24 83, Mobil: 0 66 48 98 64 84, *www.tonefink.at* (* Schwarzenberg/Vorarlberg 1. 1. 44) – **VG:** Berlin, Nothelfer; Dornbirn, c.art Prantl + Boch; Wien, Gerersdorfer – **L:** 94–00 u. 04 Intern. Sommerakad. f. bild. Kunst Salzburg (LAuftr.) – **P:** Pr. d. Stadt Wien 99; E.gabe f. Kunst d. Ldes Vorarlberg 00 – **Ve:** Berufsvrg bild. Künstler Vorarlbergs; IG Bild. Kunst – **G/T:** Graph., Malerei, Bildhauerei, Film – **E:** u. a. 00, 04 Wien, Curtze; Wien, Lang; Bregenz, Künstlerhaus Pal. Thurn u. Taxis; 04 Salzburg, Traklhaus – **G:** u. a. 98 Darmstadt, Wullkopf; 00 Krumau, Egon Schiele Art Zentrum; 04 Salzburg, U.B.R Galerie-Raum für aktuelle Kunst – ***Lit:*** AKL – (Red.)

Finke, Jochen, Bühnenbildner; lebt in Berlin (* Glogau 3. 8. 41) – **S:** bis 69 KHS Berlin (Bühnenbild b. Heinrich Kilger); 69–71 AK Berlin (b. Karl v. Appen) – **L:** 74–89 FS f. Gest. Berlin; 77–79 KHS Berlin; 80–89 HS f. Schauspielkunst Berlin; 85 TheaterHS Helsinki; 94–00 Brandenburg. TU Cottbus – **P:** Goethe-Pr. 86 – **Ve:** VBK DDR 75 – **M:** Berlin, SM; Frankfurt/Oder, Kleist-Mus. – **E:** – Bühnenbilder u. a.: 71, 72, 75 Berlin, Dt. Theater; 76 Potsdam, Hans Otto Theater; 77 Berlin, Komische Oper; 79 Schwerin, Meckl. Staatstheater; 81, 85, 87, 88, 89 Berlin, Volksbühne; 82 Berlin, Berliner Ensemble; 84, 86 Dresden, Staatsschauspiel; 85, 06 Lissabon, Teatro Sao Carlos; 88, 92, 02 Lissabon, Teatro Aberto; 91 Wien, Burgtheater; 92 Frankfurt am Main, Schauspiel; 92–03 Cottbus, Staatstheater; 95, 97 Lissabon, Teatro D. Maria II.; 96, 00, 01, 02, 04 St. Gallen, Theater – ***Lit:*** Pietzsch u. a.: Bild u. Szene 88; Dorfstecher: Bühnenbilder aus d. DDR 90; Kranz: Erzählende Spielräume, in: Die Dt. Bühne 9/01; AKL; Contemp. Designers 97

Finke, Romain, Maler; Kanalstr. 37/1, D-88214 Ravensburg, Tel. u. Fax (07 51) 2 39 66, *romain.finke@t-online.de*, *www.romainfinke.com* (* Lörrach 7. 4. 50) – **VG:** München, Marquardt – **S:** 71–73 Schule f. Gest. Basel; 73–77 HdK Berlin – **L:** seit 98 PH Weingarten; seit 03 Berufsakad. Ravensburg – **P:** Kult.pr. d. Städte Ravensburg u. Weingarten 92 – **G/T:** abstr. Malerei, Multimedia Install. – **W:** Privatbes. (In- u. Ausld) – **M:** Freiburg im Breisgau, Reg.präsidium; Karlsruhe, Süd West Ldesbank; Ravensburg, Slg Ldratsamt; Ravensburg, Slg Stadt; Stuttgart, Ldesbauspk.; Stuttgart, Min. f. Wiss. u. Kunst; Tübingen, Reg.präsidium – **Ö:** Bad Saulgau, Stadtforum; Biberach, Kr.spk.; Laupheim, Kr.spk.; München, Media Gr.; Ravensburg, Kr.spk.; ebda, Ravensburger AG; Sigmaringen, FHS; ebda, Graf Stauffenberg Kaserne; Weimar, Spk. – **E:** u. a. 99 Ravensburg, Stadtkirche; 99, 00 Immenstaad, Orangerie Draenert; 00 Rottweil, Heilig Kreuz Münster; Ravensburg, Gal. d. Kr.spk.; 01 Donaueschingen, StG im Turm; Bad Saulgau, StG Die Fähre; 02, 03 Bernau, Stockkamp; 03 Bad Waldsee, Kleine Gal. Bad Waldsee; Überlingen/Owingen, Kunst bei Klöber; 04 München, Marquardt – **G:** u. a. 00 Weingarten, Städt. Kornhausgal.; Ravensburg, Ev. Johanneskirche; 01 Reutlingen, KV; 02 Reutlingen, StG; Singen, KV; 02, 03 Lindau, Wullkopf; 03 Rottweil, Forum Kunst; 04 Bad Schussenried, Neues Kloster; – weitere: 04 Künstlerbund BW – ***Lit:*** u. a. B. Stark u. A. Langenkamp (Hrsg.): See-Blick, Deutsche Künstler am Bodensee im 20. Jahrhundert, Kat. 98; B. Caesar: 1. Trienn. zeitgenössischer Kunst Oberschwaben, Kat. 98, 99; Malerei aus Baden-Württemberg, Kat. 99; F. J. Lay: Schwarz als spirituelles Medium, in: Südkurier 00; R. Köhnen: Mal/Spur, Arbeit an der Differenz, in: Künstler, Kritisches Lexikon der Gegenwartskunst, Ausgabe 50 00; R. Köhnen: Giotto, Michelangelo, Lippi und die ganze Bande, Kat. 00; B. Storz: 11 Positionen. Arbeiten mit Papier, Kat. 01; R. Finke u. R. Köhnen: Querdurch, Kat. 01; C. Emmert u. Ulrich Mellitzer: Die Nachfolge des Bauhauses in der Zeitgenössischen Kunst, Kat. 01; M. Brunner: Kunst 2002, Kat. 02 – ***LitR:*** R. Zerbst, in: Kultur aktuell, Südwestfunk Baden-Baden 87, 97 – (Red.)

Finster, Harald, Dr. Ing., Fotokünstler; Seffenter Weg 29, D-52074 Aachen, Tel. (02 41) 8 40 75, *hfinster@gmx.de*, *www.finster-stahlart.de* (* Düsseldorf 7. 1. 61) – **KGe:** Industriekult. Fotogr. (IKF) – **G/T:** Industr.- u. Archit.fotogr.; Multivision – **W:** s/w-Fotogr. in Privatbes. – **E:** 89 Düsseldorf, Rheinturm; 04 Zeebrugge/Belgien, Carcoke; 06 Heringen, Kalimus.; Dorsten, VHS – **G:** Ausst. Industr.kult. Euregio (Kat.) 02 Kerkrade/Niederl., Industrion; 03 Eupen, Radio BRF; Aachen-Alsdorf – **V:** regelmäßige Beitr. in d. Zs Industr.kult. – **R:** Stahl-Art, Audiovision (Diaschau m. 350 Mittelformatfotogr., m. Orig.geräuschen, 45 min)

Finsterbusch, Kristin, Freie Künstlerin, Dipl.; Am Weinberg 31, D-97076 Würzburg, Tel. (09 31) 4 04 66 00, Fax 4 04 66 02, *k.finsterbusch@mfh.de* (* Dresden 24. 9. 71) – **S:** 93–99 HBK Braunschweig (Stud. d. Freien Kunst b. Prof. Malte Sartorius u. Hartmut Neumann, Meisterschülerin b. Prof. Malte Sartorius) – **L:** seit 98 Julius-Maximilians-Univ. Würzburg (LAuftr. f. Kunstpädagogik) – **P:** Debütantenpr. d. BBK Unterfranken v. Bay. Staatsmin. f. Wiss., Forsch. u. Kunst 01 – **Ve:** BBK Würzburg – Unterfranken 99; KV Würzburg 06 – **G/T:** Druckgraph. (Rad., Lith.); Zeichn. – **K:** Zeichn., Künstlerb. – **M:** München, Staatl. GrS; Recklinghausen, KV; Wolfenbüttel, Herzog-August-Bibliothek – **E:** 01 Dresden, Neuer Sä. KV; 02, 06 Würzburg, Künstlerhaus – **G:** zahlr. Bet., u. a. 97 Recklinghausen, StKH; 99 Hannover, KV; Holzminden, Schloß Bevern; 01 München, Ldesvermessungsamt – **V:** Erzgebirge, Künstlerb. (Lith.) 97; m. Jin-Suk Kang: Mein Wald, meine Landschaft (Lith.) 98 – ***Lit:*** K. F., Ausst.kat. 01

Fiorito, Lino, Maler, Bühnenbildner; c/o Art Forum Ute Barth, Kartausstr. 8, CH-8008 Zürich, Tel. u. Fax 01 3 80 27 11, *info@utebarth.com*, *www.utebarth.com* (* Ferrara 29. 9. 55) – **VG:** Zürich, Barth; Rom, Magazzino d'Arte Moderna; Zürich, Pels-Leusden – **G/T:** Malerei (Aqu.) – **W:** Werke überw. in Privatbes.

Firchau, Knut Norbert (PS.: Felix), Maler u. Graphiker; Revaler Str. 15, D-10245 Berlin, Tel. u. Fax (030) 2925806, *www.kunstplattform.de.* c/o Bielak, Vranov 25, ČS-66432 v Brna, Tel. (05) 41239313 (* Allenstein/Ostpreußen 23.4.39) – **S:** 58–62 HBK Dresden u. Pädagog. Inst. Dresden; 64–66 Humboldt-Univ. Berlin (Externstud. f. Kunsterziehung, Lehrbefähigung a. d. Oberschule) – **L:** 62–64 Sebnitz (Kunsterzieher u. Mentor); 71–90 Kult.zentrum Berlin-Friedrichshain (künstler. Mitarbeiter); 90–95 Berlin-Friedrichshain (Gal.leiter); 96–99 Berlin-Friedichshain (Leiter d. Kreativwkst. GLATZKASTEN); ab 99 freischaffend tätig – **G/T:** Malerei (Öl, Aqu.); Graph. (Hschn., Rad., Zchng); alle Genres – **K:** Malerei, Hschn., Rad., Zchng (alle Genres) – **W:** künstler. Arb. in Privatbes. in Dtld, Finnland, Polen, Bulgarien, Estland, Norwegen, Spanien, Öst., Dänemark, Luxemburg, Mexiko, Kanada, Austral., China, Brasilien, Neuseeland, Schweden, Südafrika, Argentinien, Georgien u. d. Tschech. Republik – **M:** Eldorado/Argentinien, Mus. – **Ö:** Berlin, Reisebüro Albrecht; Plodiv/Bulgarien, Privatvilla Gentscher; Puérto Angel/Mexiko, Pension Ferber – **E:** in Auckland, Baden bei Wien, Berlin, Brno, Cottbus, Genthin, Halle, Jevisowitze, Leipzig, Podivin, Saskatoon, Strausberg, Vranovice, Zoppot, Pavlov, Waltice, Mikulov, Vranov, Znojmo, Prag – **G:** Bet. in Dtld in Berlin, Dresden, Radebeul, Erfurt, Suhl, Rostock, Neubrandenburg, Frankfurt/Oder u. Chemnitz – weitere in Rußland, Polen, Mexiko, Brasilien, Peru, d. Mongolei, d. Tschech. Republik u. versch. afrikan. Staaten – **V:** Katalog der eigenen Person 92 – ***LitR:*** Norbert Semsroth: Wie ein Hschn. entsteht, Video; Catrin Böhm: Span. Landschaften, nach Hschn. v. K.N.F., Kurzvideo

Firit, Günter, Maler, Zeichner, Graphiker; Rainerstr. 10, D-82178 Puchheim, Tel. (089) 801429 (* Westerhausen/Harz 28.4.47) – **S:** 69–70 HBK Dresden; 80–83 AK Berlin (Meisterschüler b. Bernhard Heisig) – **Ve:** VBK DDR 76 – **K:** VHS Gröbenzell (Malerei u. Zeichn.) – **M:** Altenburg, Lindenau-Mus.; Berlin, AK (Archiv); Berlin, NG; Leipzig, KH Spk.; Leipzig, MBK – **E:** zahlr., u.a. 92 Berlin, Gal. Pumpe; 93 München, Inter ART; 95 Altenburg, Lindenau-Mus.; 95, 96 Dresden, Leonhardi-Mus.; 02 Magdeburg, Gal. Himmelreich – **G:** zahlr., u.a. 77, 82 Dresden, Kunstausst. d. DDR; 88, 89 München, Haus d. Kunst; 94 Dresden, Dt. Hygiene-Mus.; 99 München, Lenbachhaus; 03/04 Leipzig, Gal. im Hörsalbau; 04 Weicht, Kult.tage – ***Lit:*** AKL; Lang 02; Schweers 02; NG Berlin 03 – (Red.)

Fischach, Hans (eigtl. Hans Egon Anton Robert Fischach), Maler, Graphiker, Illustrator; Großhesseloher Str. 18, D-81479 München, Tel. (089) 796248 (* Aschaffenburg 21.7.22) – **S:** Dt. Meisterschule f. Mode München (graph. Abt. b. Prof. Fleissner) – **L:** 72–89 Dt. Meisterschule f. Mode München (Lehrer f. Modezeichn., Graph.-Design, Layout, Akt) – **P:** Dt. E.ring f. Bildende Kunst; Pygmalion-Med. d. Dt. Kunststift. d. Wirtschaft; Poetentaler d. Turmschreiber – **Ve:** Münchner Künstlergenoss. kgl. privilegiert 1868 72; Roseninsel (seit 83, Gründungsmitgl.) – **G/T:** Malerei (Öl, Aqu., Mischtechniken); Ill. (versch. Techniken) – **W:** zahlr. Werke in Privatbes. – **E:** / G: 65 München, Krauss-Maffei; seit 72 jl. München, Künstlergenossenschaft königlich privilegiert 1868; seit 83 mehrmalig Ausst. d. Künstlergemeinschaft Roseninsel in Starnberg, Socking u. Feldafing; 89 Davos; 93 Neuhausen, Stadtviertelgal.; 03 München, Krankenhaus Martha-Maria; – weitere im Golf-Club Feldafing, Thurnau, Olching; – **V:** Golf. Kunst und Karikatur 87 – **R:** Textbeitr. f. d. Bay. RF 84–87 – (Red.)

Fischel, Achim, Maler, Objektkünstler; *achimfischel @arcor.de*, *www.achim-fischel.de* (* Esslingen/Neckar 24.12.41) – **VG:** Karlsruhe, Knecht; Ravensburg, Hölder; Ansbach, Gal. am Schloß – **S:** 63–68 Kunst- u. Werkschule Pforzheim (Meisterschüler b. Prof. Mosny) – **Ve:** VG Bild-Kunst 03 – **G/T:** exper. Malerei, Objektkunst (Holz u. Keramik) – **M:** Albstadt, StG; Karlsruhe, Badisches LM; Karlsruhe, Reg.-Präsidium Nordbaden; Karlsruhe, StG; Künzelsau, Mus. Würth – **E:** u.a. 83 Karlsruhe, Haus 11; 84 Pforzheim, Reuchlinhaus; 85 Germersheim, KV; 95, 04 Jockgrim, Zehnthaus; 00 Karlsruhe, Hilbur; 01 Karlsruhe, Knecht; 04 Ettlingen, Mus.ges. – **G:** Ausst.bet. seit 81, zuletzt 03 Karlsruhe, Badisches LM; 04 Hamm, Gustav-Lübcke-Mus.; Schwäbisch Hall, KH Würth – **V:** Über die Liebe, Publ. (m. Ill.) 84; Die Hochzeit der Dinge. A.F.s Bilder werden Worte (m. Texten v. Regina Kratt, Franz Littmann, Michael Scholz-Hänsel u.a.) 05 – ***Lit:*** Ruth Händler: Entdeckt, in: Art 12/83; Lutz Stehl: Pans Signale. Zu Bildern von A. F., in: Argos 86; Lutz Stehl: Laetitia ante und auch die Freude danach, Kat.text 02; Lutz Stehl: Filiale F., Bildbeschr. 02; Regina Kratt: Fantasie beflügelt Kommunikation, Portr./Dok. 04

Fischer, Arno, Prof. em., Fotograf (* Berlin 14.4.27) – **VG:** Berlin, Gal. argus fotokunst – **S:** Käthe-Kollwitz-Schule Berlin (Zeichn. u. Plast.); 47–48 KHS Berlin-Weißensee (Bildhauerei b. Heinrich Drake); 48–52 HBK Berlin-Charlottenburg (b. Alexander Gonda) – **L:** 56–71 Ass. v. Klaus Wittkugel; KHS Berlin-Weißensee (Oberass. m. LAuftr. f. Fotogr.); 72 HGB Leipzig (Gastdoz.); 83–84 ebda (LAuftr., 85–93 Prof.) 90 FHS Dortmund (LAuftr.); 94 FHS Brandenburg (LAuftr. f. digitale Medien) – **P:** Bronzemed. d. Fédération Intern. d'Art Photogr. 74; Dr. Erich Salomon-Pr. d. Dt. Ges. f. Photogr. 00 – **KGr:** Direkt – **M:** Berlin, Berlinische Gal.; Berlin, KS d. Dt. Bundestages; Calais, Centre Rég. de la Photogr. Nord Pas-de-Calais; Cottbus, Brandenburgische KS; Halle/Saale, Staatl. Gal. Moritzburg; Köln, Mus. Ludwig; Lausanne, Mus. de l'Elysée; Washington/DC, Slg Josua P. Smith – **E:** zahlr. Ausst., u.a. 79 Berlin, Gal. Berlin; 83 Berlin, Sophienstr. 8; 93 Berlin, Neue Ges. für bild. Kunst; 97 Halle/Saale, Staatl. Gal. Moritzburg – **G:** zahlr. Ausst.bet., u.a. 77 Halle/Saale, Staatl. Gal. Moritzburg; 86 Berlin, Marstall; 92 Berlin, Berlinische Gal.; 98 Düsseldorf, Zimmer; 00 Köln, Photokina – ***Lit:*** AKL; Contemp. Photographers 95; Kunst in der DDR 03 – (Red.)

Fischer, Christa; Wakenitzufer 4a, D-23564 Lübeck, Tel. (0451) 793115 – **G/T:** Malerei, Graph. – (Red.)

Fischer, Gabriele, Zeichnerin; Metzstr. 10, D-86157 Augsburg, Tel. (0821) 541569 (* Illertissen 20.12.55) – **VG:** Augsburg, Kulturesk – **S:** FHS f. Gest. Augsburg – **Ve:** Berufsverb. Bild. Künstler Schwaben-Nord – **G/T:** Menschenzeichn. – **Ö:** Augsburg, Univ.bauamt; Burghausen, RH; Dillingen, Lehrerakad.; Kaufbeuren, Bez.krankenhaus – **E:** 90, 94 Augsburg, Kulturesk; 98 Weßling, Risse; 99 Aidlingen, Schloß Deufringen; 01 Burghausen, RH – **G:** 83 Bonn, Berlin, Bremen, Große Frauenausst.; 98 Irsee, Bildungszentrum; – weitere: 99 Kafka, Augsburg u. Prag – (Red.)

Fischer, Gernot, Maler, Graphiker; Einsiedlerg 18–20, A-1050 Wien (* Villach 12.11.68) – **VG:** Villach, Gal. Unart – **P:** Kunststip. d. Stadt Villach 00 – **K:** Malforum Pfeiffer Enns (versch. Acrylmalerei-Kurse 03) – **E:** u.a. 95 Wien, Kulisse; 96 Salzburg, Künstlerhaus; 97 Wien, Wolfrum; 02 Wien, Exner; 97, 98, 00, 02, 03 Villach, Gal. Unart; 02 Havanna, Humboldt-Inst.; 03 München, Martinez – **G:** u.a. 01, 03 Villach, Gal. Unart; 03 Waidhofen an d. Ybbs, Schloß an d. Eisenstr. – ***Lit:*** AKL – (Red.)

Fischer, Helmut, Prof. Dr. theol. f. Predigt, Gottesdienst u. sprachl. Kommunikation (1976–1991), Pfarrer i. R. (1991), seit 1992 Ikonenmaler u. Autor; Arthur-Weber-Weg 34, D-61231 Bad Nauheim, Tel. (0 60 32) 21 45 (* Ölhütten/ČSR 4. 2. 29) – **S:** 83–92 b. Gerhard Wind, Khan-Leonhard u. b. d. Ikonenmalern Joannis Vranos, Angelika Heuser, Irina Globits u. Klaus Kegelmann – **L:** seit 92 Lehrer f. Ikonenmalerei – **K:** seit 94 Malkurse in Friedberg/Hessen, Fulda, Salzburg, Ilbenstadt u. Neustadt/Weinstr.; Ikonenmalerei – **E:** 94 Frankfurt am Main; 94, 99, 03 Bad Nauheim; 95 Offenbach; 96 Laubach; 99 Maintal; 01 Fulda; 02 Göppingen; Neustadt/Weinstr.; Darmstadt; 06 Altenstadt – **V:** Die Ikone. Ursprung – Sinn – Gestalt 88, 95; Die Welt der Ikonen 96, 03; Schnellkurs Christentum 01; Von Jesus zur Christusikone 05; Maria im Verständnis d. Kirchen u. die Gottesmutterikonen 06; Die Botschaft malen – betrachten – hören 06; div. Art. – ***Lit:*** Ztgsberichte z. d. Ausst.; Who is who in der Bundesrepublik Deutschland 02

Fischer, Lili, Prof. Dr., Künstlerin, Feldforscherin; Alsterkrugchaussee 584a, D-22335 Hamburg, Tel. (0 40) 59 65 02, Fax 59 87 26, *fidibus@lilifischer.de*, *www.lilifischer.de* (* Lübeck/Travemünde 11. 6. 47) – **VG:** Hamburg, Kammer – **S:** 66–73 HBK Hamburg (b. Dr. Helms, G. Graubner, F. E. Walther); 78 Univ. Hamburg (Promotion üb. Animation) – **L:** seit 80 Lehrtätigkeit an versch. Univ. u. Akad., u. a. Essen, Mainz, Kassel, Frankfurt am Main u. Berlin; seit 94 KA Münster (Prof. f. Feldforschung u. Performance) – **P:** Stip. Bild. Kunst d. Studienstift. d. Dt. Volkes 70–73; Karl-Schmidt-Rottluff-Stip. 78–80; Stip. d. Barkenhoff-Stift. Worpswede 81–82; Künstlerstätte Bleckede 84–85; Tree of life-Price London 89; Dt. Kritikerpr. Berlin 89; Gabriele Peters-Pr. f. Phantastische Wiss. Hamburg 94 – **Ve:** IKG – **G/T:** Feldforschung m. Zeichn., Fotogr., Objekt, Install., Performance, Künstlerb., Video – **K:** Feldforschung u. Performance – **W:** Performances u. Feldforschung; Ankauf u. a. durch d. Dt. Bundestag Berlin – **M:** Berlin, KS d. Dt. Bundestages; Duisburg, Wilhelm-Lehmbruck-Mus.; Hamburg, Altonaer Mus.; Hamburg, KH; Hamburg, Kult.behörde; Hamm, Gustav-Lübcke-Mus.; Kiel, KH; Offenbach am Main, Dt. Leder-Mus./Schuhmus.; Worpswede, Artothek – **Ö:** Hamburg, Rosengarten Bullenhuser Damm; Hamm, Hammer Herbarien; Ulm, Ulmer Herbarien; Wittgenstein, WaldSkulpt.Weg – **E:** zahlr. Einzelausst. (meist m. Performance), zuletzt 90 Delmenhorst, StG; Würzburg, StG; Lübeck, Overbeck-Ges.; 91 Hamburg, Kammer; 92 Schleswig, LM f. Kunst u. Kult.-Gesch. Schloß Gottorf; 95 Brunsbüttel, Stadtgal.; Leipzig, MBK; 96 Nürnberg, Kunsthaus; Duisburg, Wilhelm-Lehmbruck-Mus.; 97 Niebüll, Richard Haizmann-Mus.; Husum, Nissenhaus; 98 Bielefeld, KH; 99 Aachen, Ludwig Forum; 00 Gifhorn, KV; Hamm, Gustav-Lübcke-Mus.; 00, 04 Hamburg, Altonaer Mus.; 01 Schweinfurt, Mus. Georg Schäfer; 02 Offenbach am Main, Dt. Leder-Mus.; 03 Innsbruck, Tiroler LM Ferdinandeum; Marburg, KV; 04 Gravenhorst, Kloster; 05 Bremen, KH; Münster, SM – **G:** div. Gr.ausst., z.T. m. Performance, u. a. 89 Bonn, KV; 90 Oxford, Mus. of Mod. Art; 93 Dortmund, Mus. am Ostwall; 02 Albstadt, StG; 03 Halle/Saale, Staatl. Gal. Moritzburg; 05 Herford, MARTa – **V:** zahlr. Publ., u. a. Küchenlatein. Performance-Drehbuch 89; Meute im Museum 96; Fränkische Suite 96; m. Georg Jappe: Polare Gestade 97; m. dems.: Leporello-Arie 98; Milchmädchenrechnung 00; Primäre Ideen II 00; Herbarien 00; m. Georg Jappe: (Und meine Seele) spannte weit ihre Flügel aus 01; Hexenplatz 04; m. Georg Jappe: Torfes Träume 04; Die Werkgruppe Falter 05; m. Georg Jappe: Aus erster Hand 05 – **R:** L. F. u. Georg Japp: Der fließende Turm, DVD/Film – ***Lit:*** G. Rautenberg: Umrisse, Ausst.kat.; A. Ziesche: Das Schwere und das Leichte 95; G. Jappe: Unterwegs, Ausst.kat. 96; G. Heidrich, in: Weserkurier v. 27.2.98; F. Keil, in: Frankfurter Rundschau v. 11.1.01 – ***LitR:*** R. Kühn u. M. Schneede: Kraut & Zauber, ARD 10.11.83; H.-P. Herbst: Kultur aktuell, NDR 7.5.87; P. Magers u. R. Wyrwoll: Hausbesuch bei Rita Süssmuth, RTL plus 7.11.89; C. Krause: Buten & Binnen, ARD 8.2. u. 13.3.91; C. Auch-Schwelk: Schlipsgymnastik und Beziehungskisten, ARD 12.6.91; B. Gondolf: Aspekte, ZDF 4.2.93; L. M. Böhmer: Lili lacht, Nord 3/Hamburg 12.2. u. 17.11.94; S. Hagen: DAS!, Nord3/Hamburg 7.11.94

Fischer, Maja-Ev s. Römer-Fischer, Maja-Ev

Fischer, Michael s. Fischer-Art, Michael

Fischer, Michaela A., Bildhauerin; Im Mühlhof 9, D-74360 Auenstein/Ilsfeld, *MichaelaA.Fischer@t-online.de* (* Alpirsbach/Freudenstadt 14. 4. 53) – **S:** 74 Bundessieg f. Holzbildhauerei; bis 85 Aufbaustud.gänge u. mehrjährige Ausldsaufenthalte – **L:** 95–96 Pädagogische HS Ludwigsburg (Doz. f. Bild. Kunst) – **P:** Kunstpr. d. Ldratsamtes Ludwigsburg 00; Kunstpr. d. Stadt Pforzheim 00; Kunstpr. d. Stadt Marbach 01; – weitere: div. 1. Pr. b. öff. u. kirchl. Wettb.; Ausz. f. gute Bauten (f. RHplatzgest. in Kirchheim) – **Ve:** Bund freischaff. Bildhauer Bad.-Württ. 90 (seit 94 Vors.) – **KGe:** Skulptur und Tanz: M. A. F. u. K. Erdmann-Rajski (seit 03, Gemeinschaftsprojekt, Tanz u. Choreographie) – **G/T:** seit 87 vorw. Bronze u. Stein; meist Frauenakt u. Portr.; Arb. f. d. öff. u. sakralen Raum (Brunnen, Gedenkstätte, Chorraum) – **K:** Akt- u. Portr.zeichnen – **W:** Performance Skulpt.-Tanz-Musik m. Prof. Dr. Erdmann-Rajski (Blackbird) in Böblingen 03; Projekt Natur-Wasser-Kunst d. Bundes freischaffender Künstler BW 00; Aktion Kunst gegen Gewalt 02/03; Skulpt.weg 'eigenart am Venusberg' Aiblingen 02/03 – **M:** Böblingen, KS d. Ldratsamtes; Ditzingen, Artothek; Ludwigsburg, KS – **Ö:** Böblingen, Ldratsamt; Kirchheim, RHplatz (Gest. m. Brunnen); Leonberg, Kr.krankenhaus (Großskulpt.); Löwenstein (Tagungsstätte); Ludwigsburg, Ldratsamt (Großskulpt.); Pforzheim, Spk.; Stuttgart, Wiss.min.; – sowie Chorraumgest. im süddt. Raum – **E:** zahlr. Einzelausst., zuletzt 02 Brackenheim, Gal. Flüchttor; 02–03 Brackenheim, Skulp.weg eigenart Kunst u. Natur am Venusberg – **G:** Ausst.bet. seit 88, u. a. 02 Schildigheim, dt.-frz. Skulpt.bienn.; Rottenburg am Neckar, Diözesan-Mus.; – weitere: Freiburg im Breisgau, Augustiner-Mus.; Freiburg im Breisgau, Skulpt.-Kab.; Heilbronn, Städt. Mus.; Ludwigsburg, KV; Stuttgart, Württembergischer KV; Stuttgart, Künstlerbund BW; Stuttgart, Dorn – **R:** Stift. Europ. Kulturerbe (Hrsg.): Klaus Adam – M. A. F., Filmdok. 98; Jacob Abitbol: Dialoge eröffnen 00 – ***Lit:*** u. a. Synagoge Schwerte, Dok. 94; Gemeinschaft Christl. Künstler, Erzdiözese Freiburg 13/94 u. 15/00; Gerhard Hofmeister: Menschwerdung – Menschgefährdung 95; Heilige Kunst, 29. Jg. 97; Der Weg, Dok. z. Kunstwanderweg Mühlacher 98; Pressestelle d. Ldkr. Böblingen (Hrsg.): eigenart Kunst und Natur am Venusberg 02; Ldkr. Ludwigsburg (Hrsg.): Kunstsammlung des Landkreises Ludwigsburg 03 – ***LitR:*** Ausst. Fischer-Förch, SDR 2.2.98; Dialoge eröffnen, Interview SDR 19.3.00; Blackbird, z. Performance in Leonberg, Südwestfs. 7.9.03 – (Red.)

Fischer, Nina, Fotografin, Medienkünstlerin (* Emden 18. 2. 65) – **VG:** Berlin, Gal. Eigen + Art; Leipzig, Gal. Eigen + Art – **S:** 87–92 HdK Berlin (Dipl. Visuelle Kommunikation, Meisterschülerin b. Valie EXPORT); 89–90 Rietveld Akad. Amsterdam – **P:** Arb.stip. d. Berliner Senats (f. Fotogr.) 91; Arb.stip.

d. Berliner Senats (f. bild. Kunst) 97; Karl-Hofer-Pr. 98; Stift. Kunstfonds – Arb.- u. Projektstip. 98; Villa-Massimo-Stip. 99; DAAD-Stip. f. Tokio 02 – **KGe:** N. F. u. Maroan el Sani (seit 93) – **E:** u. a. 95 Köln, Art Cologne; 97, 01 Leipzig, Gal. Eigen + Art; 98 Tokio, Metrop. Mus. of Photogr.; 00 Paris, Goethe-Inst.; 01 Vaasa, Platform; 02 Berlin, Gal. Eigen + Art – **G:** u. a. 94 London, Independent Art Space; 96 Stockholm, Art Fair; Tokio, Big Sight; Kassel, KV; 99 Liverpool, Bienn.; Basel, Art Basel; 01 Jakarta/Java, MN; Haarlem, Frans Hals Mus.; Berlin, Hamburger Bahnhof; 02 Sydney, Bienn.; Seoul, Sungkok AM; 03 Berlin, Gal. Eigen + Art; 04 Moskau, Haus d. Fotogr.; Berlin, Kunstbank – **R:** FILME/VIDEOS: u. a. Be Supernatural 95; Familyland 96; Lumber 97; See you tomorrow 01 – ***Lit:*** AKL – (Red.)

Fischer, Regine s. Dapra, Regine

Fischer, Ricarda, Malerin; *ricafisch@t-online.de* (* Baden-Baden 15. 1. 58) – **S:** 75–79 ABK Karlsruhe; 79–83 HdK Berlin – **P:** Arb.stip. Kunstfonds 87; Arb.-stip. d. Senators f. kult. Angelegenheiten Berlin 90; Stip. d. Barkenhoff-Stift. Worpswede 97 – **Ve:** Dt. Künstlerbund 88 – **G/T:** Malerei; Install. – **E:** 85, 86 Hamburg, XPO Gal.; 89 München, Sachs; 91, 93, 95 Essen, Marré u. Dahms; 93 Essen, StG im Mus. Folkwang (Kat.) – **G:** 87 Bremen, Dt. Künstlerbund (Jahresausst.); 90 Venedig, Bienn.; 94 Heidelberg, KV – **V:** Wie man sieht 89 – ***Lit:*** Ges. d. Freunde Junger Kunst Baden-Baden: R.F. Künstler in Baden-Baden

Fischer, Roland, Fotograf, Graphiker (* Saarbrücken 21. 12. 58) – **VG:** München, Storms; Berlin, Raab – **G/T:** Fotogr. (Portr., Ser.) – **E:** zahlr. Ausst., u. a. 89 Paris, MAMVP; 92 Bielefeld, KH; 93 London, The Photographer's Gall.; 98 Luxemburg, Gal. Clairefontaine; Madrid, Gal. Helga de Alvear; 99 Berlin, Kampl; 00 Düsseldorf, Gmyrek; 03 München, Pin. d. Mod. (Retr.); München, Storms; Verona, Studio la Cittá – **V:** Portraits 1979–1983, Kat. 83; Portraits, Kat. 87; Fotoarbeiten 1984–1990, Kat. 90; Siemens Fotoprojekt 1987–1992 93 – ***Lit:*** AKL; Contemp. Photographers 95; Koetzle 02 – (Red.)

Fischer, Romi, Installationskünstlerin; Schauenbergstr. 52, CH-8046 Zürich, Tel. u. Fax 0443 71 62 28, Tel. Mobil: 07 63 75 43 07, *fischer@romi-fischer.ch, www.romi-fischer.ch* (* Zürich 12. 12. 50) – **S:** 72–78 HS f. Gest. u. Kunst Zürich (b. Rudolf Frauenfelder, Eidgen. Dipl. f. d. Höhere Lehramt f. Bildner. Gest.) – **L:** Lehrerin an Gymnasien; seit 00 freischaffend tätig – **P:** Werkbeiträge von: Dr. Adolf Streuli-Stift., Pestalozzi & Co. AG 95; KDS AG f. Kommunikation 01; ThyssenKrupp Stahl AG 02; VTG-Lehnkering AG 03 – **G/T:** Rauminstall. m. begehbaren Stahlkonstruktionen, Baustahl- u. Stahlplastiken, Skulpturfragmenten, Fotografie, Film, Licht, Klang, Wort- u. Bildtafeln – **Ö:** Duisburg, Kap. d. Klinikums (Gest. d. Altarraumes: Altar, Ambo, Osterkerzenständer, Kreuz); Egg, Veranstaltungsraum d. polit. Gemeinde (Wandbild); Fraubrunnen, Fassade d. Schule (Relief); Kleve, Stadtkirche Maria Empfängnis (Ambo, Rednerpult); Winterthur, Altersheim St. Urban (Wandrelief); ebda, Ver. f. Sozialpsychiatrie Sunnehus (Bilderserie, Ausgest. d. Besprechungsraumes); Zug, Außenfassade d. neuen Jgd.herberge (8 Reliefs, 2 Wandbilder im Innenbereich) – **E:** 95 Zürich, Kunsthaus (Kat.); 96 Hamburg, Schloß Pinneberg; 97 Duisburg, Salvatorkirche; 98, 02 Duisburg, Wilhelm-Lehmbruck-Mus.; 99, 02 Bonn, Frauen-Mus.; 00 Berlin, Kommunale Gal. (Kat.); 01 Duisburg, Glashalle Dt. Bundesbahn Netz AG; 02 Duisburg, Hauptverwaltung ThyssenKrupp Stahl AG (Kat.); La Chaux-de-Fonds, Mus. des Beaux Arts; 03 Duisburg, VTG-Lehnkering AG (Kat.); 04 Duisburg, Werksgelände ThyssenKrupp Stahl AG (Halle J, Werkschau); 05 Zürich, Großmünster (Kat.); 06 Duisburg, Pauluskirche (Duisburger Akzente, Kat.) – ***Lit:*** BLSK I 98

Fischer, Ruth Helena, Malerin; Via de Amicis 88–90, I-18024 Dolcedo/Imperia, Tel. u. Fax (01 83) 28 15 70, *ruthhelena.fisc@bluewin.de, www.ruthhelenafischer.com* (* Ravensburg) – **VG:** Meisterschwanden, Mese-Fischer – **S:** 70 Paris (b. Prof. Hathanson); 80 F+F Schule f. Kunst u. Mediendesign Zürich; 01 Freie KSch Wiesbaden; – sowie Workshops in Paris, Berlin u. Aix-en-Provence – **P:** 'New York, 11. Sept. 01', Gal. Mese-Fischer Meisterschwanden (1. Pr.) 02; Pr.trägerin 'Seetal 04' (Kunst-Forum-Intern. Meisterschwanden) – **Ve:** Schweiz. Inst. f. Kunstwiss. Zürich; Pro Litteris Zürich; Kunst-Forum-Intern. Meisterschwanden – **G/T:** Abstr. Malerei in Öl, Acryl, Mischtechnik; Eucaustic Collagen; Mixed Media; Glasmalerei – **K:** Einzelkurse in abstr. Malerei in Dolcedo – **W:** 'Être-Dien', Videofilm – **Ö:** Gramado/Brasilien, Gemeindehaus; La Paz, Schweiz. Botschaft – **E:** 05 Dolcedo, Arte Contemp. (dauernde Atelierausst.); Modena, Gall. Communale: Je Paradisino; Meisterschwanden, Kunst-Forum-Intern.: Kleinformat-Ausst. – **G:** 05 Florenz, Bienn. Intern.; 05, 06 Meisterschwanden, Kunst-Forum-Intern.; 06 Cannes, Le Monde de la Culture et des Arts; Meisterschwanden, Seetal-Wettb.; Leipzig, Art-Domain – **V:** ich hoffe das, Prosa (Ill.) 98 – **R:** Être-Dien, Videofilm 89 – ***Lit:*** Paola Trevisau: magica 02; Pr.träger Seetal 04, Kunst-Forum Intern. 04; Fabio Tedeschi: Futura 06

Fischer, Sabine s. Grundmann, Sabine

Fischer, Sandra Marie s. Santayana, Sandra Marie

Fischer, Sidonie s. Oeynhausen, Dona von

Fischer, Stefan, Musiker, Multimedia-Künstler, Musiklehrer; Fleischerstr. 3, D-80337 München, Tel. (0 89) 54 07 22 66, Mobil: 01 7 28 33 64 83, *mail@stefanfischer.com, www.stefanfischer.com; www.scelsi.de* (* München 13. 9. 60) – **S:** 85–91 Richard-Strauss-Konservatorium München (Querflöte); seit 87 Privatunterricht b. Hermann Klemeyer – **L:** seit 91 Städt. Musikschule Sonthofen (Lehrer f. Querflöte) – **P:** Urkunde b. Torneo Intern. di Musica 00 – **Ve:** Münchner Tonkünstlerverb.; Münchner Ges. f. Neue Musik – **KGe:** Scelsi Projekt: S. F. u. Andreas Leucht (seit 98); Multi Media Morphosen: S. F., Christoph Reiserer u. Hubert Jeromin (seit 01) – **G/T:** Malerei, Musik, Multimedia (Diaüberblendprojektionen m. Live-Musik) – **K:** Querflöte – **E:** 03 München, Kunstkeller – **R:** Konzert u. Interview im Feierwerk München 00; – CD-Produktionen: Giacinto Scelsi, Duo Nova, Zentraltonmusik f. Flöte solo, neue Musik f. Flöte u. Percussion; – DVD-Produktionen: Metamorphosen in Fels und Eis I, II, Abstraktionen der Natur – ***Lit:*** Giacinto Scelsi – complete works for flute and clarinet, in: neue musikzeitung 00, 01; – sowie: div. Konzertkritiken – (Red.)

Fischer, Steffen, Maler u. Graphiker; Mittelstr. 45, D-01833 Dürrröhrsdorf-Dittersbach, Tel. (03 50 26) 9 20 69, *kunst.freepage.de/stfischer/* (* Dohna 5. 5. 54) – **VG:** Dresden, Gal. Mitte; Berlin, Bischoff – **S:** 77–82 HBK Dresden (Malerei u. Graph.) – **L:** 92–98 HBK Dresden (künstler. Ass.) – **P:** Arb.stip. d. Walter Bischoff Gal. f. San Jose/USA 91 – **K:** Sommerkurs in d. Blauen Fabrik Dresden 01 – **W:** Ankäufe u. a. durch d. Sä. Ldtag, d. Nds. Spk.stift., u. d. Ndt. Handelsbank – **M:** u. a. Dresden, GG NM; Dresden, Kpst.-Kab.; Dresden, Kunsthaus Dresden; Erfurt, SM Haus z. Stockfisch; Hannover, Slg Ludwig – **E:** u. a. 89 Stuttgart, Bischoff; 92 Frankfurt am Main, Schwind; 94 Chemnitz, Weise; 95 Frankfurt am Main, Art Frankfurt; 98 Miami,

Art Miami; 03 Dresden, Gal. Mitte – **G:** u. a. 88 Venedig, Bienn.; 89 Köln, Art Cologne; 90 Leverkusen, StM Schloß Morsbroich; 93 San Francisco, Goethe-Inst.; 99 Dresden, Gal. Mitte; 02 Chemnitz, Weise – ***Lit:*** AKL; Schweers 02 – (Red.)

Fischer, Thomas Heinz, Dr., Maler, Graphiker u. Kunsthistoriker; Nonntaler Hauptstr. 28, A-5020 Salzburg, Tel. u. Fax (06 62) 84 37 86, Mobil: 06 6 43 76 07 34, *dr.fischer.thomas@aon.at* (* Salzburg 5. 1. 56) – **S:** Schule d. Sehens (Prof. R. Kortokraks, Rad. b. Prof. F. Meckseper) – **Ve:** KV Salzburg; Berufsvrg bild. Künstler Salzburg; Club d. Begegnung Linz – **G/T:** Malerei, Graph. u. Objektkunst (abstr.) – **W:** überw. in Privatslgn in Öst., Dtld, Ital. u. d. USA – **M:** Salzburg, Salzburg Mus. – **Ö:** Salzburg, Arbeiterkammer; ebda, Pädagogische Akad. – **E:** 88 Salzburg, Bellini; Salzburg, Romanischer Keller; 90 Salzburg, Mus.pavillon; 95 Salzburg, Dorotheum; 96 Salzburg, Berchtoldvilla; 97 Linz, Ursulinenhof; 99 Salzburg, Academia Art; 05 Salzburg, RH (Kult.amt); Salzburg, Oberbank; Salzburg, Chiemseehof; 06 Salzburg, Artport; 07 Hallein, Keltenmus.; Salzburg, Zwerglgarten (KH Pavillon) – **G:** zahlr. Ausst.bet. im In- u. Ausld – ***Lit:*** Kat. zu d. Ausst. im Romanischen Keller Salzburg 88; Kat. zu d. Ausst. in d. AK Salzburg 99 – ***LitR:*** Interview Ö-Regional 88; Beitr. in: Salzburg heute, ORF 03

Fischer, Urs, Installationskünstler; lebt u. arbeitet in Los Angeles u. Zürich (* Zürich 73) – **VG:** Zürich, Presenhuber – **S:** Schule f. Gest. Zürich (Fotogr.); de Ateliers Amsterdam – **P:** Eidgen. Stip. f. freie Kunst 95, 99; Kiefer-Hablitzel-Stip. 97; Providentia Pr. Young Art 99; – sowie: Artist in Residence (Delfina Studios London) – **G/T:** Fotogr.; Zchng; Plast.; Malerei; Objekte; Spiel m. d. Grenze zw. Häßlichkeit u. Schönheit – **M:** Bern, KM; Luzern, KM; Zürich, Kunsthaus; Zürich, Migros Mus. – **E:** u. a. 96, 97 Zürich, Walcheturm; 99, 01, 06 Zürich, Presenhuber; 00 Amsterdam, Stedelijk Mus.; London, Delfina (m. Amy Adler); Glarus, Kunsthaus; 02 Berlin, Contemporary Fine Arts; Santa Monica, Mus. of Art; 03, 04–05 London, Sadie Coles HQ; 04 Zürich, Kunsthaus; Paris, Centre Pompidou (m. Koo Jeong-a); 05 Berlin, Hamburger Bahnhof; London, Camden AC; Mailand, Fond. Trussardi; 06 Rotterdam, Mus. Boymans Van Beuningen; Houston/TX, AM of the Univ. – **G:** zahlr. Bet., zuletzt u. a. 05–06 Paris, Centre Pompidou: Big Bang; 06 New York, Whitney: Whitney Bienn. 2006; Paris, Pal. de Tokyo: Five Billion Years; London, Sadie Coles HQ: Prints; Mönchengladbach, StM Abteiberg: Strange I've seen that face before; 06–07 Amsterdam, Stedelijk Mus.: The Vincent 2006 – ***Lit:*** BLSK 98; – zahlr. Art. in Ztgn u. Zss, zuletzt u. a. Nicola Kuhn: Ich beiss' auf deine Witze, In: Der Tagesspiegel v. 2.6.05; Gabriela Walde: Flirt mit der Flamme, In: Berliner Morgenpost v. 2.6.05; Filippo Romeo: Review. U.F. – Fondazione Trussardi, In: Artforum Intern., Sept. 05, S. 313–314; Maria Cristina Didero: La Materia delle Favole, In: Ottagono, Mai 05, S. 30; Nicoletta Cobolli: Giocatotoli per adulti. Nella realtà senza consuetudini, In: Arte, Mai 05, S. 96; U.F., In: Tate Etc., Nr. 6 06, S. 38; Crème de Yvette, In: Another Mag., Nr. 10 06; Alison Gingeras: la collection François Pinault – le défi du choix, In: artpress, Mai 06, S. 50–55 – ***LitR:*** Inside Europe, CNN 00 – (Red.)

Fischer-Art, Michael (eigtl. Michael Fischer), Maler, Graphiker, Objekt- u. Aktionskünstler; Atelier: Brühlarkaden, Brühl 33, D-04109 Leipzig, Tel. u. Fax (03 41) 4 41 36 61, Mobil: 01 72–3 42 66 84, *michael@fischer-art.de*, *www.fischer-art.de* (* Leipzig 13. 3. 69) – **S:** 92–97 HGB Leipzig – **G/T:** Malerei (vorw. im öff. Raum, u. a. Bemalung v. Häuserwänden, Spielpl., Brunnen); Objekt- u. Aktionskunst – **W:** vorw. Arb. im öff. Raum – **M:** u. a. Bonn, Haus d. Gesch. d. BRD; Dresden, Kunstfonds d. Freistaates Sa.; Leipzig, KH Spk. – **Ö:** u. a. Berlin, Ldesvertretung d. Freistaates Sa.; Dresden, Hartmannstr. (Durchgangsgest. Wohnanlage); ebda, Neues Hörsaalgebäude d. TU (Wandmalerei); Essen, Ruhrgas; Mönchengladbach, Steinmetzstr. (Brunnenfigur, Säulen u. Deckengest.); Sebnitz, Fischer-Art-Haus (Fassadenmalerei); Staßfurt, Berufsförderungswerk; – in Leipzig u. a.: Brühlarkaden (Giebelbemalung), Café Paul, Elsterlofts, Essener Str./B2 (Brückengest.), Gutenberggal. (Stahlgitterplast.), Karl-Liebknecht-Str. (Hausbemalung), Neubau d. HS f. Technik u. Wirtschaft (Ausgest.), Prager Str. (Bemalung d. Giebelwand d. ehem. Kommissionsbuchhandel-Hauses), Richard-Wagner-Str.; Springerstr. 15 (Stuckgemälde), Berufsbildungswerk Knautnaundorf (Uhrenplast. u. Lichthof-Bemalung) – **E:** / G: u. a. 95 Nürnberg, Grafikbörse; Köln, Art Cologne; 95, 96 Leipzig, Restaurant Mövenpick; 96 Leipzig, Specks Hof; Leipzig, Galerie Internet Markets for arts pro urban; Dresden, Kunstmarkt; 97 Schleswig Holstein, Torhausgal. Panker; Wiesbaden, Gal. Modern Art; Dresden, Artis Hotel; 98 Leipzig, Gal. Leipziger Hof; Wiesbaden, Gal. Modern Art; 98, 00 Bad Dürkheim, Gal. Esplanade; 99 Barcelona, Euro-Art; Mönchengladbach, Casteel; Düsseldorf, Ott; 00 Mannheim, Gal. Angelo Falzone; New York, Gal. Okieh Jahr; Miami, Art Miami; Mönchengladbach, Spk.; Berlin, Rhein. Post; 01 Chemnitz, Gal. Okieh Jahr; 03 Berlin, Pfefferberg; 04, 05 Berlin, Hotel Adlon; 05 Köln, Kunst Köln – **G:** zahlr. Ausst.bet. – **V:** Der Weg zum Farbschock und zurück 95; Das Diplom und andere organisierte Verbrechen 97; M. F.-A. Gesammelte Werke 1996–2001 01; Leipziger Schule. Eine Interpretation 02; Kunst am Bau 02 – ***Lit:*** AKL, Bd. 40 04; Bildende Künstler in Leipzig 06 – (Red.)

Fischer-Beglückter, Ruth Rebecca; Hauptstr. 71/801, D-50996 Köln, Tel. (02 21) 39 56 61 – **G/T:** Malerei – (Red.)

Fischer-Gaaden, Heimar, Maler, Graphiker, Doz., Ausstellungsleiter; Aegidiendamm 7, D-30169 Hannover, Tel. (05 11) 9 80 57 25, *H@Fi-Ga.de*, *www.fi-ga.de* (* Hannover 22. 2. 23) – **VG:** Hannover, Koch – **S:** Autodidakt – **L:** seit 54 VHS Hannover (Zeichn., Malerei, Lith., Führungsvorträge); 78–84 FHS Hildesheim (LAuftr. f. Kommunikationsgest.) – **P:** Reisestip. d. KV Hannover 54; Förd.pr. d. Nds. Kunstpr. 65; Verdienstkreuz am Bande d. Nds. Verdienstordens 81 – **Ve:** BBK Nds. 48; Hannoverscher Künstlerver. 51 – **G/T:** Stadtldschaften, Bildnisse – **W:** in Privatbes.; Ankauf u. a. durch d. Ld Nds., d. Nds. Ldtag, d. Stadt Hannover u. d. Pelikan-Slg – **M:** Hannover, HM; Hannover, Hannoverscher KV; Venedig, Gal. Fucina degli Angeli – **E:** 52 Göttingen, Dt. Theater; 53 Braunschweig, KV; 69 Hannover, NDR Funkhaus; 73, 94 Hannover, Kubus; 78 Hannover, Gal. im Theater am Aegi; 79 Braunschweig, Gal. am Hagenmarkt; 98 Hannover, Koch; 99 Uelzen, KV; 03 Hannover, Gal. im Tiedthof – **G:** 78 Hannover, Orangerie Herrenhausen; 80 Bonn, Wiss.zentrum; seit 84 Hannover, Bienn. hannoverscher Künstler; 85, 96 Hannover, KV; 85 Hannover, HM; 88 Uelzen, Mus.- u. Heimatver. Schloß Holdenstedt; 89 Hannover, VHS; 99 Neustadt a. Rbge., Schloß Ldestrost; 01 Herrenhausen, Kunst- u. Antiquitätenmesse; – weitere: 83 Haneburg, Leer (Nds. Künstler) – ***Lit:*** KAT.: Kunstförderung – Kunstsammlung 68; Rudolf Lange: Der Maler H. F.-G. – Venezianische Bilder 1962–1969; Ludwig Schreiner: Die Gemälde des 19. und 20. Jahrhunderts 73; Rudolf Lange: H. F.-G. – Neue Venezianische Bilder 73;

Kunstauktionshaus Schloß Ahlden 86; Lothar Romain: H. F.-G. – Stadträume 94; Kastern – Das Kunst & Auktionshaus 94; – weitere: Verzeichnis Bildender Künstler in Hannover 79; Art Address – International Directory of Arts 85, 86; Giacomo Cacciapaglia: Scrittori di lingua tedesca e Venezia 85; Allgemeines Lexikon der bildenden Künstler des 20. Jahrhunderts 92; 150 Jahre Hannoverscher Künstlerverein 92; 40 Jahre 'Tage der Neuen Musik Hannover'. Dokumentation 1958–1998; Kunstkonturen – Künstlerprofile 98 – (Red.)

Fischer-Römer, Maja-Ev s. Römer-Fischer, Maja-Ev

Fischlhammer, Hubert, Prof., Maler u. Graphiker; Grillparzerstr. 6, A-4910 Ried (* Ried/Innkreis 11. 12. 25) – **VG:** Salzburg, Welz; Wien, Exner; Wien, Wolfrum – **S:** Graph. Lehr- u. Versuchsanst. Salzburg (b. Prof. Slavi Soucek) – **P:** Silbermed. d. XIII. Expos. de Arte Madrid 65; E.pr. d. Salzburger KV 66; Pr. d. Ausst. 'Europäische Graphik' Salzburg 75; Slavi-Soucek-Pr. 75 – **Ve:** KV ObÖst. 74; KV Salzburg 79 – **KGr:** Innviertler Künstlergilde Ried (seit 72); Zülow Gruppe Linz (seit 74) – **G/T:** Gouache; Mischtechniken; Lith. – **M:** Linz, LG; Linz, Lentos; Ried, SM; Salzburg, Rupertinum; Salzburg, Salzburg Mus.; Salzburg, Slg d. Ldesreg.; Schärding, SM; Wels, SM; Wien, Albertina; Wien, BMfUK – **E:** u. a. 69 Münster, Clasing; 72 Wien, Vienna Interkontinental; 78 Wien, Basilisk; 82 Salzburg, Künstlerhaus; 83 Ljubljana, Gal. Lerota; 85 Wien, Gabriel; 86, 89, 92, 95, 98, 05 Salzburg, Welz; 90 Wels, Gal. d. Stadt Wels; 93 Wien, Tiller; 94 Graz, Moser; 95 Wien, Gal. 13; 97 Wien, Gal. Sur; Wien, L'ART DE L'AFRIQUE NOIRE; 99 Wien, Wolfrum; 01 Naples/Florida, Gall. Ritter; 02 Wien, Exner; Wien, M-Art; 03 Wernstein, Kubin Haus Zwickledt; 05 Schärding, Schloßgal. – **G:** in: Recklinghausen, Paris, Madrid, Salzburg, Linz, Wien, Innsbruck, Florenz, Rom, Uppsala, Karlskoga, Botkyrka, Motala, Alingsas, Trollhättan, Partille, Stockholm, Västeras, Norrköping, Nizza, Lissabon, Luxemburg, Bernkastel, Dortmund, Mainz, Wiesbaden, Boston, Budapest, Brighton, Lüttich, Istanbul, Sofia, Torremolinos, Eggenfelden – **V:** Metaphern 95; Unterwegs nach Ose Uru 98; Faszination Afrika 05 – ***Lit:*** Markus Laiber, Thomas Rieger: Fischlhammer 92; Eva Krüger: Chercher l'Afrique 97; Maria Buchsbaum: Grenzüberschreitungen 99; Sur de Vienna, Eva Krüger: Eine Welt, die spricht u. schweigt, Jb. d. Innviertler Künstlergilde 99

Fischli, Peter, Fotograf, Videokünstler, Bildhauer; Neptunstr. 2, CH-8032 Zürich (* Zürich 8. 6. 52) – **VG:** Köln, Sprüth Magers; Zürich, Presenhuber – **S:** 75–76 Accademia di Belle Arti Urbino/Ital.; 76–77 Accademia di Belle Arti Bologna – **P:** u. a. Kunstpr. d. Conrad-Ferdinand-Meyer-Stift. 84; Stip. d. Vordemberge-Gildewart-Stift. 84; Kunstpr. d. Stadt Zürich 94 – **KGr:** Fischli/Weiss: P. F. u. David Weiss – **Ö:** u. a. Saarbrücken, Kraftwerk (Kunst am Bau); Zürich, Neue Börse (Kunst am Bau) – **E:** zahlr. Einzelausst., zuletzt u. a. 95 Venedig, Bienn.; 98 Rom, Villa Medici; 98, 01 Wolfsburg, KM; 01 Solothurn, KM; 01, 02 New York, Matthew Marks Gall.; 02 New York, Guggenheim; Zürich, Kunsthaus; Marseille, Galeries Contemporaines des Musées de Marseille; Köln, Mus. Ludwig – **G:** u. a. 88 Venedig, Bienn.; 88, 97 Kassel, documenta VIII, X; 89 São Paulo, Bien.; 90, 98 Sydney, Bienn.; 02 Paris, Lambert; London, Serpentine Gall.; 03 Karlsruhe, ZKM – **V:** P. F. u. David Weiss: Sichtbare Welt 00 – ***Lit:*** AKL; BLSK 98 – (Red.)

Fischötter, Birgit, Malerin, Zeichnerin; Textorstr. 112, D-60596 Frankfurt am Main, *birgit.fischoetter@t-online.de* (* Papenburg/Ems 7. 8. 57) – **VG:** Wiesbaden, Buschlinger; Frankfurt am Main, Arte Giani – **S:** 77–83 Staatl. ABK Stuttgart; HS f. Gest. Offenbach; 84–85 HS f. angew. Kunst Wien (Meisterkl. f. Graph. Prof. Oberhuber) – **L:** 04 Freie KSch Rhein-Neckar Mannheim (Gastdoz.) – **P:** DAAD-Stip. Wien 84, 85; Stip. Stadtzeichner Alsfeld 93, 94; Atelierstip. d. Stadt Frankfurt in Wien 06 – **G/T:** Malerei; Zeichn.; Fotogr. – **W:** zahlr. in privaten u. nicht öff. Slgn versch. Unternehmen – **M:** Düren, Leopold-Hoesch-Mus.; Frankfurt am Main, Amt f. Wiss. u. Kunst; Frankfurt am Main, MAK; Frankfurt am Main, MMK; Wiesbaden, Hess. Min. f. Wiss. u. Kunst; Wiesbaden, Kult.amt – **Ö:** Alsfeld, Stadtarchiv; Düsseldorf, Dt. Bank AG; Eschborn, VR Leasing GmbH; Frankfurt am Main, Aachener u. Münchener Versicherung AG; ebda, BHF-Bank, Consart, Dt. Bank AG, Dresdner Bank AG, Ldesbank Hessen-Thür., Ldessportbund Hessen, Mc Kinsey & Company Inc., Nassauische Spk., Union Investment; Mainz, Ldeszentralbank RP; Stuttgart, Stift. Ldesbank BW; Wiesbaden, Nassauische Spk. – **E:** 85 Wien, Ring; 88 Frankfurt am Main, Hartje; 89 Amsterdam, Bettini; 90 La Spezia, Carraio; seit 90 Wiesbaden, Buschlinger; 93 Düsseldorf, Sommers; 94 Alsfeld (Stadtzeichner Alsfeld); 95 Santa Fe, Lambert Gall.; seit 95 Frankfurt am Main, Arte Giani; 96 Frankfurt am Main, Karmeliterkloster; 99 Breslau, Ja Ptak; 00 Hannover, Böer; 01 Hamburg, Gehrke; Dresden, Büro f. Kunst – **G:** u. a. 97 Frankfurt am Main, MAK; 98 Germersheim, KV; 99 Marburg, Univ.-Mus.; seit 99 Zürich, Kunstmesse; 00 Visp, KV; 01 Frankfurt am Main, Mus. f. Kommunikation; 04 Bologna, Kunstmesse – **V:** m. Rudolf Matyschik: Nullpunkt (Zeichn.) 90; ders.: Maja, Mappenwerk (Zeichn.) 91 – ***Lit:*** KAT.: Die Ecke 86; Rudolf Schmitz: Ankopplungsmanöver 88; Gislind Nabakowski: Arbeiten 1990 90; Rudolf Matyschik: Eine Renaissance des Glasperlenspieles 92; Gislind Nabakowski: Das Bild ist ein Ort 92; Amt für Wissenschaft und Kunst der Stadt Frankfurt am Main: Judaskuß 96; – weitere: Claudia Giani-Leber: Die Malerei der 80er Jahre, in: Malwerke – Tendenzen zur Malerei 1992 92; Ariane Grigoteit u. Peter Weiermair (Texte): Fe203 – Die Schraubenbibliothek 94; Deutsche Bank: Zeitgenössische Kunst in der Deutschen Bank, Trianon 94; Rita Wind u. Thomas Röske (Texte): Arbeiten 1995 96; Peter Weiermair (Hrsg.): Art Frankfurt: Form und Funktion der Zeichnung heute 97

Fitzbauer, Erich, Mag. phil., Schriftsteller, Maler, Zeichner; Roseggerstr, 8, A-3032 Eichgraben (* Wien 13. 5. 27) – **G/T:** Malerei (Mischtechniken); Zchng (u. a. Lsch.- u. Archit.zchngn); Ill.; Montypien; Themen: Ernst u. Satire – **E:** u. a. 69 Wien, Öst. Staatsdruckerei; 70 Wien, Kleine Gal.; 71 Wien, Gal. am Alsergrund; 78 Wien, Bez.amt Josefstadt – **V:** Bücher m. Bildern u. Graph., teilw. handkoloriert, u. a.: Zikadenschrei u. Eulenruf, Neue griech. Impressionen 77; Durch Städte u. Lanschaften. Gedichte, Zchngn, Berichte 83; Nach Macchia u. Meer riecht d. Wind 85; Hieronymus Zyxens groteskes Tieralphabet 89, 91, 95; Herr Zyx reist nah – Herr Zyx reist weit 92; Blumen, Bäume, Blütentee – Zyxens Pflanzen-ABC 92; Im Mondboot reisen 99, 05 – zuletzt: Lakonische Notizen 02; Was ich noch sagen wollte 04; Bitteres Dessert 05; In alterprobter Orthographie 06; Wohin du auch siehst 06; Zeiten sind das 06

Fitzenreiter, Wilfried, Bildhauer, Medailleur; Greifswalder Str. 87, D-10409 Berlin, Tel. (0 30) 4 48 15 80 (* Salza b. Nordhausen 17. 9. 32) – **VG:** Magdeburg, Gal. im Kloster; Erfurt, Bilderhaus Krämerbrücke – **S:** 52–58 HS f. Kunst u. Design Burg Giebichenstein (b. Prof. Gustav Weidanz u. Gerhard Lichtenfeld); 58–61 Dt. AK Berlin (Meisterschüler b.

Prof. Heinrich Drake) – **P:** Will-Lammert-Pr. DAK Berlin 64; Kunstpr. d. Dt. Turn- u. Sportbundes 65; Käthe-Kollwitz-Pr. d. AK Berlin 79; Nat.pr. d. DDR 81; Kunstpr. d. Freien Dt. Gewerkschaftsbundes 86 – **Ve:** VG Bild-Kunst 91 – **G/T:** Figürl. Plast. (Med., Münzentwürfe, Gemmen) – **M:** Berlin, DHM; Berlin, NG; Berlin, SM; Dresden, SKS; Erfurt, Anger-Mus.; Frankfurt/Oder, Mus. Junge Kunst; Halle/Saale, Staatl. Gal. Moritzburg; Magdeburg, KM Kloster Unser Lieben Frauen; Rostock, KH; Schwerin, Staatl. Mus. – **Ö:** Berlin, Chemnitz, Erfurt, Eisenhüttenstadt, Frankenhausen, Frankfurt/Oder, Hoyerswerda, Halle/Saale, Magdeburg, Schwerin, Schwedt, Warnemünde – **E:** u. a. 62 Berlin, NG; 68 Stockholm, Kult.zentrum d. DDR; 78 Neubrandenburg, Haus d. Kult. u. Bildung; 79 Erfurt, Gal. Erph; 86 Prag, Bratislava; 90 Berlin, Gal. Unter d. Linden; 97 Stendal, Winckelmann-Mus.; 99 Waldaschaff, Dt. Med.mus.; 01 Wiesbaden, Schirmer; 02 Halle/Saale, KV Talstr.; 03 Magdeburg, Gal. Himmelreich – **G:** u. a. 60, 62, 65, 74, 77, 81, 83 Berlin, Bez.kunstausst.; 62, 67, 77, 82, 87 Dresden, Kunstausst. d. DDR; 63, 65, 67–88 Berlin, Treptower Park; 67 Berlin, NG; Gera, Plast. im Park; Budapest, Bienn. d. Kleinplast.; 87, 88 Bonn, München (Bildhauerkunst aus d. DDR); 92 London, FIDEM; 94 Budapest; 01 Gotha, Schloß-Mus. – **V:** m. W. Förster (Hrsg.): Bildner. Etüden 87 – ***Lit:*** Elmar Jansen: Ausst. Majakowski Gal. (Kat.) 85; W. Steguweit: Die Neujahrsmedaillen d. Berliner Medailleurs W. F., In: The Medal, Nr. 20 92

Fivian, Martin, Maler u. Illustrator; Thunstr. 26, CH-3074 Muri bei Bern, Tel. 07 93 35 91 07, *tinu@martin-fivian.ch*, *www.martin-fivian.ch* (* Bern 22. 7. 68) – **VG:** Bern, Krebs; Solothurn, Sommer; Zürich, Schedler – **S:** 95, 96 Schule f. Gest. Bern; 06 Graph.fachkl. Biel – **G/T:** Gegenständl. Malerei (Öl, Eitempera, Wachsemulsionsfarbe, Acryl), auch Portr., Lsch., Archit., Objekte; Ill. f. Werbung u. Zss (z.B. Food) – **E:** 91, 92, 95, 97, 99, 01, 03, 06 Bern, Krebs; 98 Burgdorf, KH (Kat.); 02 Zürich, Schedler – **G:** 91 Wiesbaden, Nassauischer KV; – sowie: Bern, KH (div.) – **V:** Kostprobe, Publ. m. Food-Ill. 97 – ***Lit:*** M. F., Ausst.kat. 98

Flach, Armin, akad. Maler, Bildhauer; Ruffinistr. 4, D-80637 München, Tel. (0 89) 1 68 93 27 (* Himmelstadt/Unterfranken 15. 8. 24) – **S:** 47–49 FS f. angew. Graph. Nürnberg; Akad. München (b. Prof. H. Kaspar, Keramik b. Prof. F. Eska, Rad. b. Prof. A. Thiermann, Anatomie b. Prof. Dr. T. Ritter v. Lanz) – **P:** mehrere Wettb.pr. im Aufgabenbereich – **Ve:** BBK München u. Obb. 57 – **G/T:** Malerei; Graph.; Bildhauerei; Keramik – **M:** München, Lenbachhaus – **Ö:** Allgäu, Gesamtschule Buchenberg; München, Anne Frank Schule Pasing; ebda, Mittelschule am Krehle Bogen; Thüngersheim, Weinberghaus – **G:** München, Haus d. Kunst: Große Münchner Ausst.; München, BBK

Flad, Wolfgang; lebt in Berlin, *Wolfgang.Flad@gmx.de*, *www.wolfgangflad.de* (* Reutlingen 23. 5. 74) – **S:** 95–00 FHS Reutlingen (Textildesign); 00–04 ABK Stuttgart (freie Malerei) – **P:** Nachwuchsförd.pr. d. Columbus Art Found. Ravensburg 05 – **G/T:** Malerei; Relief; Skulpt. – **M:** Ravensburg, Columbus Art Found. – **E:** 05 Essen, Kalthoff; Marseille, Ausst.raum Tangente; Gent, XI Gall.; 06 Bad Waldsee, Kleine Gal. Bad Waldsee – **G:** 04 Stuttgart, Wehr; Stuttgart, Sturm; 05 Ravensburg, Columbus Art Found.; Münsingen, Kunstraum Zehntscheuer; Esslingen, StG Villa Merkel (KV); 06 Burgdorf, Gal. im Park; Berlin, Krammig & Pepper Contemporary; 07 Berlin, Spielhaus Morrison; Düsseldorf, Sels – ***Lit:*** W.F., Einzelpubl. 03/04; Angelika Arendt, W.F., Philip Loersch – Hoch Drei, Ausst.kat. Villa Merkel Esslingen 05; W.F., Columbus Art Found. Ravensburg 06

Flaig, Angela M.; Pflumholzstr. 11, D-78628 Rottweil (* Schramberg 22. 6. 48) – **VG:** Leibertingen, Wohlhüter – **Ve:** Künstlerbund BW 03 – **M:** Freiburg im Breisgau, Slg d. Reg.präsidiums Südbaden; Rottweil, Slg d. Fernmeldeamtes; Rottweil, Slg d. Ldkr.; Rottweil, Slg d. Volksbank; Stuttgart, Slg d. Reg.präsidiums – **Ö:** Rottweil, Skulpt.feld KUNSTdünger; Pforzheim, Skulpt.weg Seehaus – **E:** 80 Villingen, Art u. Design; Würzburg, Otto-Richter-Halle (m. Josef Bücheler); 91, 97 Wiesenbach/Baden, 'art'erie; 93 Buchheim/Tuttlingen, Buchheimer Hans; 95 Kirchheim unter Teck, KV (m. Josef Bücheler); 98 Obermarchtal, Kirchl. Akad.; 02 Leibertingen, Wohlhüter (m. Josef Bücheler); Hägenau, Bildungshaus; Dürbheim, Gemeindehaus St. Maria – **G:** zahlr. Ausst.bet. seit 77, zuletzt 00 Leibertingen, Wohlhüter; 01–03 Ausst. d. Künstlerbundes BW in Esslingen, Karlsruhe u. Freiburg; 01 Haslach, KV Mittleres Kinzigtal; Wasserburg am Inn, Gal. im Ganserhaus; Düsseldorf, Große Kunstausst. NRW; 01, 02 Lüdenscheid, StG; 02 Rottweil, Skulpt.feld KUNSTdünger; 03 Pforzheim, Skulpt.weg Seehaus; Donaueschingen, Regionale f. Neue Kunst – (Red.)

Flake, Kriemhild (geb. Kriemhild Schwing), Malerin, Graphikerin; Bornkamp 15, D-22949 Ammersbek b. Hamburg, Tel. (0 45 32) 26 02 92 (* Wanne-Eickel/Westf. 21. 12. 35) – **S:** 56–60 WerkKsch Dortmund (8 Semester, Staatsexamen); seit 60 freischaffende Malerin u. Graphikerin – **Ve:** BBK Hamburg; BBK Schlesw.-Holst./Kiel – **G/T:** Zchng; Collagen; Ölmalerei (abstrakt) – **K:** Malschule (speziell Zeichnen) – **W:** Gest. v. Portalen, Kirchenfenstern, Betonreliefs, Buchill., Textil-Design – **Ö:** Hamburg, Gemeindehaus Friedenskirche (Betonrelief); Wanne-Eickel, Cranger Kirche (Kirchenfenster u. -tür) – **E:** über 90 Einzelausst. u. Ausst.bet. im In- u. Ausland, u. a. in Rom, Paris, Athen, Buenos-Aires, Carbonia, Iglesia, Monte Carlo, Kopenhagen, Brasilia, Recife, Bonn, Köln, Wuppertal, Osnabrück, Bremen, Hamburg, Heidelberg, Münster, Darmstadt

Flamm, Christian, Maler u. Graphiker; lebt in Berlin (* Stuttgart 74) – **VG:** Berlin, Kienzle & Gmeiner; Berlin, Neu; Berlin, Crone; London, Aspreyjacques – **P:** Förd.pr. Bild. Kunst d. Kult.kr. d. dt. Wirtschaft im BDI 99, 00 – **G/T:** Malerei, Graph. (u. a. Computergraph. u. Scherenschnitt) – **E:** u. a. 97 Stuttgart, Staatl. ABK; 98 Stuttgart, Künstlerhaus; 99 Frankfurt am Main, KV; 00 Berlin, Neu; 02 London, Aspreyjacques; Hamburg, Crone – **G:** u. a. 98 Hamburg, Nomadenoase; 99 Wolfsburg, KM; Luxemburg, Forum d'art contemp.; 00 Hamburg, Crone; Mailand, Marconi; Dresden, Kunsthaus; Moskau, Central House of Artist; 02 Hamburg, KV; 02, 03 Frankfurt am Main, KV; 03 Oldenburg, KV; 04 Santiago de Chile, MAC – (Red.)

Flatz (eigtl. Wolfgang Flatz), Prof., Konzept-, Aktions- u. Performancekünstler; Praterinsel 3, D-80538 München, Tel. (0 89) 2 28 95 08, Fax 21 94 96 29 (* Dornbirn 4. 9. 52) – **VG:** München, Kampl – **S:** 67–71 Lehre als Goldschmied u. Einzelhandelskaufmann in Feldkirch; 72–74 Höhere Technische Bundeslehranstalt Graz (Metalldesign b. Werner Schmeiser); 75 ABK München (Goldschmiedekunst b. Hermann Jünger, Malerei b. K. F. Dahmen u. Günter Fruhtrunk); Univ. München (Kunstgesch.) – **L:** 88 HfG Darmstadt (Gastprof.); 89–90 HS f. künstler. u. industr. Gest. Linz (Prof.); 90–91 Gastprof. in St. Petersburg, Moskau u. Tiflis – **P:** Amerika-Stip. d. Hilti Found. 76; Sonderpr. d. Jury 'Europa 79' 79; Förd.pr. d. Stadt München 88; Pr. Bester dt. Kurzf. d. Intern. Kurzfilmtage Oberhausen 92; Pr. Bester Dokf. d. Intern. Bochumer Video-Festivals d. Ruhr-

Univ. 97 – **KGr:** FLATZ-Syndikat (gegr. 85) – **G/T:** Malerei, Skulpt., Performance, Video, Computer, Film, Fotogr., Theater, Musik, Design, Bühnenbild, Archit. – **E:** zahlr. Ausst., u. a. 88 München, Dürr; 89 Wuppertal, Kunstraum; 90 Leningrad, Palast d. Jgd.; 91 München, KV; 92 New York, Art New York; 94 München, Kunstbunker Tumulka; 96 Rosenheim, KV; 97 Bochum, KS d. Ruhr-Univ.; 98 München, Aktionsforum Praterinsel; 02 Krems, KH; 03 Dornbirn, Kunstraum – **G:** u. a. 76, 93 Graz, steirischer Herbst; 77, 92, 02 Kassel, documenta; 88 Hamburg, Kunsthaus; 90 Linz, Ars Electronica; 97 Berlin, Martin-Gropius-Bau; 01 Hannover, Expo; 02 Aachen, Ludwig Forum – **R:** u. a. Mitarb. an Filmen v. Rainer Werner Fassbinder 78 – ***Lit:*** AKL – (Red.)

Flau, Tina, Dipl.-Künstlerin; Tel. Mobil: 01 6 07 23 50 70, *post@tina-flau.de*, *www.tina-flau.de* (* Scharnebeck 31. 10. 62) – **VG:** Ahrenshoop, Neues Kunsthaus – **S:** 94–01 HBK Dresden (Meisterschülerin b. Prof. U. Grossarth) – **P:** Hegenbarth-Stip. d. Kunst- u. Kult.stift. d. Stadtspk. Dresden 99; AEG Kunstpr. Ökologie (Preisträgerin) 00; Stip. d. Kult.stift. d. Freistaates Sa. f. d. Künstlerhaus Schloß Wiepersdorf 01; Kunstpr. Neues Kunsthaus Ahrenshoop (Preisträgerin) 01; Druckspechtpr. d. 100 Sä. Graph. (Preisträgerin) 02; Stip. d. Ldes Schlesw.-Holst. im Künstlerhaus Eckernförde 04; Künstlerb.pr. d. Neuen Kunsthauses Ahrenshoop (Preisträgerin) 05 – **Ve:** BBK 00; VG Bild-Kunst 02 – **KGe:** Kunst-Ldschaft – Atelier f. Ldschaftskunst: T.F. u. Ldschaftsplaner K.-E. Petersen (seit 03) – **G/T:** Farbtiefdruck; Künstlerb.; Install.; Kunst im öff. Raum; Kunst am Bau; Garten-Kunst – **W:** Temporäre Werke im öff. Raum: 98 Wachwitzer Park Dresden; 00 Zwickau bis Karlovy Vary; 01 Künstlerhaus Schloß Wiepersdorf; 02 Dessau-Wörlitzer Gartenteich Dessau; 03 Boddenwiesen Ahrenshoop; 05 Staudenhof Potsdam – **M:** Berlin, SMPK; Chemnitz, Neue Sä. Gal.; Den Haag, Mus. van het book; Dresden, Kpst.-Kab.; Dresden, Kunstfonds d. Freistaates Sa.; Dresden, SLUB; Frankfurt am Main, Dt. Nat.Bibl.; Halle/Saale, Franckesche Stift.; Leipzig, Dt. Buch- u. Schrift-Mus. d. Dt. Nat.bibl.; Nürnberg, Germanisches NM; Wolfenbüttel, Herzog-August-Bibliothek – **Ö:** Ammersbek, Kunsthaus am Schüberg – **E:** 00 Dresden, Kunsthaus Raskolnikoff; 02 Dresden, Gal. Drei; 04 Halle/Saale, Franckesche Stift.; 05 Chemnitz, Neue Sä. Gal. (Kat.); 06 Mainz, Gutenberg-Mus. – **G:** seit 89 zahlr. Bet., zuletzt 02 Dresden, Sä. Ldtag; Teplice, Reg.mus.; 03 Ystad/Schweden, KM; Wittenberg, Cranach-Stift.; 04 Glauchau, Mus. u. KS Schloß Hinterglauchau; 05 Ahrenshoop, Neues Kunsthaus – **V:** Das Quadrat der Existenz (8 Tiefdrucke, 9 eigene Gedichte) 96; Tabula rasa (9 Farbtiefdrucke u. eigene Gedichte) 97; binär (13 Tiefdrucke u. 13 eigene Gedichte) 99; Tiefdruckgebiet indigorosa (12 Farbtiefdrucke u. eigene Gedichte) 03; Relationes Curiosae (13 Farbtiefdrucke) 04; Wasserbuch 04; Goldbuch (Goldstiftzchngn) 04; Sandbuch (handgeschöpftes Papier, durch Formen rieselnder Sand) 04; Weltbuch, Unikat (8 Farbtiefdrucke z. Zitaten v. Stephen Hawking u. Umberto Eco) 05; Hausbesuch, Unikat (4 Farbtiefdrucke z. Zitaten v. Michael Glasmeier) 05; Paolo Bianchi (Zitate): Reisebuch (5 Farbtiefdrucke) 05; Sofabuch, Unikat (7 Farbtiefdrucke z. Zitaten v. Walter Graskamp) 05 – ***Lit:*** T.F., Ausst.kat. 00; T.F. Ambivalenz – gemischte Gefühle, Ausst.kat. 02; Das Künstlerbuch 3 – T.F. 05

Flechsenhar, Sven, Maler; c/o Galerie Laura Mars Grp., Sorauer Str. 3, D-10997 Berlin, Tel. u. Fax (0 30) 61 07 46 30, *info@lauramars.de*, *www.lauramars.de* (* Hamburg 64) – **VG:** Berlin, Laura Mars Grp. – **S:** 87–93 HdK Berlin; 93 ebda (Meisterschüler b. Prof. K. Gonschior) – **E:** 88 Hamburg, Gal. Preystr.; 05 Berlin, Laura Mars Grp. – **G:** 90 Berlin, HdK; 91 Berlin, Mulackstr. 23; 93 Berlin, Lukas & Hoffmann; 94 New York, Interart-Center; 97 Berlin, b. Kiesewetter; 00 Berlin, G7; 01 London, ICA: Berlin_London; Potsdam, Brandenburg. KV

Fleck, Ralph, Prof., Maler; Zasiusstr. 51, D-79102 Freiburg, Tel. (07 61) 70 92 48. Atelier: Freiburger Str. 6, D-79199 Kichzarten, Tel. (0 76 61) 25 77 (* Freiburg/Br. 23. 3. 51) – **VG:** Berlin, Brennecke; Karlsruhe, Rottloff – **S:** 73–78 ABK Karlsruhe (Meisterschüler b. P. Dreher) – **L:** ABK Nürnberg (Prof. f. Malerei) – **P:** Förd.pr. d. Spk. Karlsruhe 77; Villa-Massimo-Stip. 81 – **M:** u. a. Bedburg-Hau, Mus. Schloß Moyland; Böblingen, Dt. Fleischermus.; Duisburg, Wilhelm-Lehmbruck-Mus.; Freiburg im Breisgau, Mus. f. Neue Kunst; Hagen, Karl-Ernst-Osthaus-Mus.; Hannover, Sprengel Mus.; Karlsruhe, SKH; Leverkusen, StM Schloß Morsbroich; Madrid, Mus. Municipal; München, Pin. d. Mod.; Rattenberg/Inn, Augustinermus.; Salzgitter, StKS Schloß Salder; Stuttgart, SG – **E:** seit 77 zahlr. Ausst. u. a. 78 Frankfurt am Main, Amerika Haus; 79, 82 Düsseldorf, Gal. Art in Progress; 80, 82, 85, 87, 89 München, Hermeyer; 84, 95 Lübeck, Linde; 88, 93, 98, 02 Kirchzarten, KV; 90, 92, 93, 94, 96, 98 Darmstadt, Thieme; 95 Karlsruhe, SKH; 96, 97, 98, 00, 03 Berlin, Brennecke; 98, 00, 02 Amsterdam, Bokhoven; 00, 02 Frankfurt am Main, Schwind; 04 London, Purdy Hicks – **G:** seit 75 u. a. 77 Baden-Baden, KH; 84 Hannover, KV; 87 Augsburg, KV; 99 München, Braunbehrens; 02 Heidelberg, KV – ***Lit:*** AKL; Schweers 02 – (Red.)

Fleer, Fritz; Alsterhöhe 10, D-22397 Hamburg, Tel. (0 40) 6 07 12 13 – **G/T:** Bildhauerei – (Red.)

Fleig, Jáchym (eigtl. Joachim Fleig), Bildender Künstler; *fleig@volny.cz*, *www.fleig.cz* (* Villingen-Schwenningen 8. 9. 70) – **S:** 95–97 ABK Stuttgart; 98–03 HBK Dresden (Bild. Kunst, Meisterschüler b. Prof. Eberhard Bosslet, Dipl.); 97–98 Slade School of Fine Art London; 01–02 Royal College of Art London – **P:** Kunstpr. Zinzendorf 00; Hegenbarth-Stip. d. Stadtspk. Dresden 00; Aufenthaltsstip. am Dt. Studienzentrum Venedig 02; Arb.stip. d. VBK Sa.-Anh. 03; Aufenthaltsstip. Künstlerdorf Schöppingen 04 – **G/T:** Objektkunst u. Install. – **Ö:** Halle/Saale, Merseburgerstr. 111; Trossingen, Hohner-Areal KV Trossingen – **E:** u. a. 02 Trossingen, KV – **G:** u. a. 00 Dresden-Pieschen, Kleistkaree; 01 Dresden, Energieversorgung Sa. Ost AG; Tuttlingen, StG; Recklinghausen, StKH; 02 Trossingen, KV; Liverpool, Static Gall.; London, Barbican Curve; 03 London, Bloomberg Space (m. Mathieu Briand, General Idea, Jenny Holzer, Martin Walde u. a.); Halle/Saale, Intern. Symposium f. bild. temporäre Kunst; Dresden, HBK (Oktogon) – (Red.)

Fleischer, Lutz, Maler, Zeichner; lebt in Dresden (* Dresden 2. 6. 56) – **S:** 72–75 Lehre als Offsetretuscheur; HBK Dresden (Abendstud.) – **P:** Hans-Theo-Richter-Pr. d. Sä. AK Dresden 05 – **G/T:** expressive Malerei; Zchng; Collage – **W:** 83 Gründung d. Leitwolfverl. (m. Petra Kasten u. Andreas Hegewald), 91 Gründung d. Gal. Blaue Fabrik Dresden, 96 Gründung d. Schlüsselbundverl. (m. Petra Kasten), zahlr. Künstlerb. – **E:** 04 Dresden, Horschik; 05 Dresden, Alte Feuerwache Loschwitz; Dresden, Blockhaus (Foyer) – **G:** zahlr. Bet. seit 85 in Berlin, Frankfurt/Oder u. Dresden – **V:** m. Petra Kasten u. Andreas Hegewald: Restposten 88; m. Andreas Hegewald, Petra Kasten, Jörg Sonntag u. a.: Aber, Gedichte u. Graph. 88/89; m. Petra Kasten u. Eva Anderson: Gummilösung (Siebdruck) 89; m. Petra Kasten u. Andreas Hegewald: Briefe die ihn nicht erreichten (Siebdruck, Collage) 90; m. dens.: Eisenbahnehrenwort (Siebdruck) 91; m. Petra Kasten: Buch Jürgen 97 – *Lit:* Gabriele Gorgas: Ein Straßengeher aus Passion, In: Dresdner Neueste Nachrichten v. 1.9.05; Gregor Kunz: So macht man Entdeckungen, In: Sä. Ztg v. 30.8.05 – (Red.)

Fleischhacker, Susanne, Malerin; c/o Lars Eckert, Saarstr.2, D-38116 Braunschweig, Tel. (05 31) 2 06 23 45, *info@flecma.de*, *www.flecma.de* (* Erkelenz 68) – **S:** 88–96 HBK Braunschweig (b. Hinnerk Schrader u. Lienhard v. Monkiewitsch, Meisterschülerin v. Prof. Malte Sartorius) – **P:** u. a. Förd.stip. d. Stift. Nord/LB Öff. 98, 99; Schlaglicht Kunstpr. 99; Stip. Zitadelle 00, 01; Kunst f. Beck & Co Bremen (m. Holger Manthey) 01; Kunstpr. d. dt. Volks- u. Raiffeisenbanken (4. Pr.) 02 – **KGe:** flecma: S. F., Lars Eckert u. Holger Manthey – **E:** zahlr., u. a. 01 Berlin, Zitadelle Spandau; Essen, Troche; 02 Berlin, Garanin; 03 Braunschweig, Haus d. Diakonie; 04 Deinste, Art Studio 1; Köln, Schüppenhauer – **G:** zahlr., zuletzt u. a. 99 Wolfsburg, KM; 00 Hannover, Min. f. Wiss. u. Kult.; 01 Berlin, Garanin; 03 Braunschweig, Gal. auf Zeit; 04 Riddagshausen, MMI-Akad. – (Red.)

Fleischhauer, Tom (eigtl. Ralph Klaus), Maler; c/o Gal. Michael Schultz OHG, Mommsenstr. 34, D-10629 Berlin, Tel. (0 30) 3 19 91 30, Fax 31 99 13 50, *office@galerie-schultz.de*, *www.galerie-schultz.de* (* Dommershausen/Hunsrück 54) – **VG:** Berlin, Schultz; Düsseldorf, Tedden – **S:** 82–86 HdK Berlin (b. Prof. Dieter Appelt) – **G/T:** Malerei (Acryl, Öl, Aqu.) – **E:** 98 Berlin, Kult.brauerei; 00 Oporto, Artesis; 03 Berlin, Colour Space; 04 Berlin, Schultz; Düsseldorf, Tedden; Oberhausen, KV; 04 (Kat.), 05 Wien, Frey; 05 Oberhausen, KV; Berlin, schultz contemp. (Kat.); 06 Stuttgart, Schilling Contemp. – **G:** u. a. 02 Berlin, Künstlerhaus Bethanien; Fürstenwalde, StG im Alten RH; Halle/Saale, KV Talstr.; Ehingen, Donau, Gal. Schloß Mochental; 03 Berlin, Schultz; Berlin, Schwartzsche Villa; 04 Düsseldorf, Tedden; Wien, Frey; 05 Hamburg, KV Harburger Bahnhof: Meilenstein; Krefeld, Peerlings: Vier gewinnt; Dresden, KH im Art'otel: Back to the line (Kat.) – *Lit:* Gal. Artesis: Hesperides, Hesperiden 00; Gal. Peter Tedden: Flüchtig am Leopoldplatz 04

Fleischmann, Klaus, Dipl. Ing. Architekt; Seifengasse 12, D-99423 Weimar, Tel. (0 36 43) 90 53 80, Fax 74 86 89, *info@fleischmann-design.com*, *www.fleischmann-design.com* (* Neustrelitz 21. 9. 40) – **VG:** Bielefeld, Gal. im Ratscafe – **Ve:** VBK DDR 67–90; BBK Thür. 91; BK Thür. 91 – **G/T:** Kunst im u. am Bau; Kunst im Freiraum; individuelle Werbung; Plast. – (Red.)

Fleischmann, Monika, Medienkünstlerin u. -wissenschaftlerin, Regisseurin u. Kuratorin f. mediale Inszenierung; c/o Frauenhofer Inst. for Media Communication IMK, Schloss Birlinghoven, D-53754 St. Augustin, Tel. (0 22 41) 14 34 50, Fax 14 21 33, *fleischmann@imk.fraunhofer.de* (* Karlsruhe 50) – **S:** 66–68 Modeschule Zürich (Ausb. z. Modedesignerin); 76–82 HdK Berlin; PH Berlin; Inst. f. Spiel- u. Theaterpädagogik – **KGe:** Zus.arb. m. Wolfgang Strauss – **E:** / G: u. a. 92 Linz, Ars Electronica; 93, 96 Zürich, MfG; 94 Paris, Centre Pompidou; 95 Venedig, Bienn.; Toronto, Power Plant; Luxemburg, Kongreßzentrum; 97 München, Haus d. Kunst; Nagoya, City AM – *Lit:* AKL; Contemp. Woman Artists 99 – (Red.)

Fleischmann, Norbert, Akad. Maler; Eisengraberamt 53, A-3542 Eisengraberamt, Tel. (0 27 16) 8 02 75, *desk@eisengraberamtpp.at*, *www.eisengraberamtpp.at* (* Wien 25. 11. 51) – **VG:** Essen, Schütte – **S:** 71–73 HS f. angew. Kunst Wien; 72–75 ABK Wien (75 Dipl.) – **L:** 82 ABK Wien (LAuftr.) – **P:** Abgangspr. d. ABK Wien, Bundesmin. f. Wiss. u. Forsch. 75; Theodor-Körner-Förd.pr. 79; Anerkennungspr. d. Ndöst. Ldesreg. 81, 84 – **Ve:** Gal. Stadtpark Krems (seit 89 im Vorstand); Künstlerhaus Wien 01 – **G/T:** Konzeptuelle Malerei; Portr.; Typographie – **M:** St. Pölten, Ndöst. LM; Utrecht, Hof Hedendaagse Kunst; Wien, Albertina; Wien, BKA; Wien, Slg d. Stadt – **Ö:** St. Pölten, Ldhaus St. Pölten, Haus 1 – **E:** 84 Hamburg, Loeper; 85 Zürich, Lopes; 86 Düsseldorf, Walther; 88 Stuttgart, Harthan; 93 Wien, Stalzer; 01 Wien, K/Haus; 05 Essen, Schütte – **G:** 94 Malmö, MK II; 97 Szombathely, KH; 98 Brno, Mährische Gal.; 00 Essen, Surveillance; 01 Wien, Mus. auf Abruf; 05 Wiesbaden, Winter – **V:** Der Quelle schweigendes Stürzen (Farbrad.) 95; ich. Multiple 3 EX 97 – *Lit:* Josef Schweighardt: Die verschwiegene Kunst, Wolfgang Hilger: Mehr ahnend..., György Sebestyén: Der Maler der Traumzeit u. Jens Christian Jensen: Zuerst, alle In: N.F., Kat. (Hrsg. P. Prexler) 82; Helge Barthelt: Immer dunkler bis es hell wird. In die Stunde gesenkt (Hrsg. Ndöst. LM) 86; Peter Zawrel: ...das leere in jene Schwingung geriet... innewerden (Hrsg. Gal. Thurnhof) 89; Andreas Spiegl: Malerei an der Peripherie der Farbe u. Hans Scharnagl, N.F., beide In: N.F., Kat. (Hrsg. Angelika Harthan) 91; Christoph Becker: Nike. New Art in Europe, Bd 40; Johannes Meinhardt in: Kunstforum, Bd 116; Andreas Spiegl: Zeit-Zombies, Kat. (Hrsg. Gerd Schütte) 98; Rainer Fuchs: Rahmenbedingungen als Werkinhalte, Folder (Hrsg. Gerd Schütte) 02; David Komary: order by fluctuation 06

Fleissner, Richard; Lagergasse 1/14, A-1030 Wien, Tel. (01) 7 14 17 43 (* München 8. 4. 60) – **VG:** Wien, Steinek; Wien, Bucher – **S:** 87–92 ABK Wien (Bildhauerei b. Prof. Gironcoli) – **P:** Hans-Prinzhorn-Med. d. DGPA – **Ve:** VBK; Verb. Öst. Philatelistenvereine VÖPH – **G/T:** Graph.; Plast.; Skulpt. – **Ö:** Graz, Skulpturenpark – **E:** zahlr. Ausst. seit 82 u. a. 82 Turin, LP220; zuletzt 06 München, Univ.klinik – **V:** 3 Hefte m. Zchngn u. 1 Katalog

Fleury, Sylvie, Installations- u. Videokünstlerin; rue du Moléson 1, CH-1202 Genève, Tel. 0 223 44 98 55 (* Genf 24. 6. 61) – **VG:** Zürich, Presenhuber – **G/T:** Objekte, Install., Video – **M:** Berlin, DaimlerChrysler Contemp. – **E:** u. a. 91 Bonn, Magers; 92 Martigny, Centre d'Art Contemp.; Amsterdam, Gal. van Gelder; New York, Postmasters; Marseille, Gal. Porte Avion; 93 Antwerpen, Gal. 122; Graz, LM Joanneum; 93, 95 Paris, Brownstone; 94 Sydney, Cottiers; 97 Athen, Rebecca Camhi Gall.; 98 Tokio, Side 2 Gall.; 01 Karlsruhe, ZKM – **G:** zahlr. Ausst.bet., u. a. 99 São Paulo, Bien.; 01, 02, 03 Berlin, DaimlerChrysler Contemp. – *Lit:* AKL; BLSK 98 – (Red.)

Flexin und Fly Robin s. Germann, Monica

Flexin und Fly Robin s. Lorenzi, Daniel

Fliegener, Jula s. Rintelen, Jutta

Flierl, Inge, Malerin, Graphikerin, Bildweberin; Stedinger Weg 32, D-10407 Berlin, Tel. u. Fax (0 30) 4 23 39 71 (* Berlin 28. 1. 26) – **S:** 46–52 HBK Berlin (Kunstpädagogik, angew. Kunst) – **G/T:** Graph.; Collage; Bildteppiche (Karton u. Ausführung) – **W:** zahlr. Werke in Privatbes. – **M:** Berlin, KGM Schloß Köpenick; Berlin, Märkisches Mus.; Leipzig, GRASSI; Magdeburg, KM Kloster Unser Lieben Frauen – **Ö:** Berlin, Grand Hotel; ebda, Schauspielhaus; Chemnitz, Interhotel; Prenzlau, RH – **E:** 58 Magdeburg; 62, 64, 65, 80, 81, 83 Berlin; 73 dt. Kult.zentren in Krakau, Sofia u. Budapest; 74 Prag, dt. Kult.zentrum; 84 Schwedt; 90 Berlin, Zentrale d. Commerzbank; Anchorage/USA; 92 Oldenburg, Schloß; 95 Zehdenick, Klostergal.; 96 Berlin, Märkisches Mus.; 96, 00 Prenzlau, Dominikanerkloster – **G:** Ausst. in Berlin, Stockholm, Rom, Moskau, Warschau, Göttingen, Dresden, Erfurt, Łodz, Weimar, Leipzig u. Anchorage/USA – **V:** Fritz Kämpfer u. Klaus G. Beyer: Kunsthandwerk im Wandel 84 – ***Lit:*** I. F. u. Brigitte Hartel (Beitr.): I. F. Tapisserie, Kat. 90 – (Red.)

Flinzer, Jochen, Freier Künstler; Postfach 306140, D-20327 Hamburg, *jochen.flinzer@t-online.de* (* Bad Harzburg 16. 6. 59) – **VG:** Köln, Rehbein; Hamburg, Dörrie & Priess; München, Sachs – **S:** 77–82 HBK Hamburg – **L:** 02–03 ABK Nürnberg (Gastprof.) – **P:** Arb.stip. f. Bild. Kunst d. Stadt Hamburg 88; Ernst Barlach Pr. 96; Artist in Residence, Moriya/Jap. 97 – **G/T:** Zeichn. – **M:** Frankfurt am Main, MMK; Hamburg, KH; Hamburg, Slg Volksfürsorge – **E:** u. a. 99 Hamburg, Schlüter; München, Kunst u. Kommunikation; 01 Köln, Rehbein; 02 Hamburg, Dörrie & Priess; 04 München, Sachs; Frankfurt am Main, Beckers – **G:** u. a. 96 New York, Whitney; 97 Hamburg, KH; 98 London, Serpentine Gall.; Bregenz, Kunsthaus; 00 München, Haus d. Kunst; Frankfurt am Main, MMK; 03 Leverkusen, StM Schloß Morsbroich; 04 Baden-Baden, SKH – ***Lit:*** KAT.: Stipendiaten 1988 89; 53 Wochen Pech 90; – sowie: J. F. Schriften zur Sammlung des MMK Frankfurt am Main 96 – (Red.)

Flitner, Bettina, Fotografin; c/o Galerie Gabriele von Loeper, Eppendorfer Landstr. 44, D-20249 Hamburg, Tel. (0 40) 45 32 92, Fax 44 29 96, *vonloeper@galerie.de, www.galerie-vonloeper.de; www.galerie.de/von-loeper* (* Köln 61) – **VG:** Hamburg, Loeper – **S:** 82–86 WDR Köln (Ausb. z. Filmcutterin); 86–92 Dt. Film- u. Fs.akad. Berlin – **L:** 95–96 KHS Berlin (Gastprof.) – **P:** Förd.pr. d. dt. Filmkritik (f. d. Film 'Ich') 88; Pr. f. jungen Bildjournalismus Agfa/Bilderberg 91; Pr. du public b. Festival Films d. Femmes Paris 94, 95; Förd.pr. d. Ldes NRW 95; Sonderpr. f. politische Fotogr. (Rückblende) 01 – **G/T:** Fotogr.; Install.; Filme – **W:** Ankauf f. d. Slg Zeitgen. Fotogr. d. Nordstern-Versicherung – **M:** Bonn, Haus d. Gesch. d. BRD; Bonn, LM; Hamburg, MKG; Köln, Slg Vowinckel – **E:** u. a. 90 Berlin, Fotogal. Friedrichshain; 91 San Francisco, Art Gall.; 92 Warschau, zpaf; Atlanta, Goethe Inst.; Brüssel, Rotterdam, Lyon, Toronto (Mein Feind); Köln, Schildergasse; 93 Amsterdam, Melweg Gal.; 98 Aachen, Suermondt-Ludwig-Mus.; 99, 01 Hamburg, Loeper; 01 Art Cologne; 02 Taipei, MCA – **G:** u. a. 91 Berlin, Elefanten Press Gal.; 94 Köln, Rautenstrauch-Joest-Mus.; 95 Bonn, Dt. Fototage; 96 Antwerpen, Mus. of Contemporary Art; 99 Köln, Art Cologne; Hamburg, Loeper – **R:** Ich, Kurzspielfilm 88; Das Fest, Dokf., WDR 89; Mein Feind, Dokf. 94; Die Ministerin, Dokf., WDR 99 – ***Lit:*** Reportagen aus dem Niemandsland 91; Mein Herz – Mein Feind – Mein Denkmal, Fotoessays 95; Mitten ins Herz, Install. u. Reportagen 98; Portraits 99; 48 Europäerinnen 04 – (Red.)

Flöckinger, Gerda (auch: Gerda Flöckinger CBE, verh. Gerda Houghton), Designerin, Fotografin, Malerin; c/o Kathleen Slater, The Crafts Council, 44a Pentonville Road, London N1 9BY, Tel. (0 20) 72 78 77 00; 78 06 25 57; Tel. u. Fax: 0 20 76 07 17 58, *gerdaline@btconnect.com* (* Innsbruck/Tirol 8. 12. 27) – **VG:** London, Crafts Council; London, Electrum; Cambridge/MA, Mobilia – **S:** 45–50 St. Martin's SchA (Malerei); 50–56 Central SchA and Crafts London (Rad., Schmuckdesign u. Emaillieren) – **L:** 62–68 Hornsey College of Art (Schmuckdesign); 77 Schwäbisch Gmünd; 96–02 Goldsmith's Hall London (Postgraduierten-Programm) – **P:** Commander of the Order of the British Empire (CBE) 91; Freeman of the Goldsmiths Company 98; Honorary Fellow of the Univ. of the Arts London 06 – **KGr:** Crafts Council Index – **G/T:** Schmuckdesign; Fotogr. (exper., figurativ, Lsch., Schmuck); Malerei (figurativ, abstr.) – **W:** in priv. u. öff. Slgn – **M:** Boston/MA, Mus. of Fine Arts; Bristol, City Mus. and Art Gall.; Edinburgh, Royal Mus. of Scotland; London, Crafts Council; London, The Goldsmiths' Company; London, Victoria & Albert Mus.; Nottingham, Castle Mus. and Art Gall.; Paris, Centre Pompidou; Pforzheim, Schmuck-Mus. – **E:** 68 London, British Crafts Centre; 71 Bristol, City Mus. and Art Gall.; 71, 86, 91, 04, 05, 06 London, Victoria & Albert Mus. – **G:** u. a. 77 Dartington, Cider Press Gall. 98 EDINBURGH, Scottish NG of Mod. Art; Mailand, Dilmos; 99 Norwich, Sainsbury Centre for the Visual Arts; 99, 01, 02, 03 London, Electrum; 00, 03 London, Goldsmiths' Hall; 00 London, Craze; 01 Cambridge/MA, Mobilia; Racine, Colorado Springs AC; 03, 04 New York, Sofa; 03 New York, Intern. Art and Design Fair; Chicago, Sofa; Ruthin, AC – **V:** Nicki Jakowska: Letters to Superman (Ill.) 84 – ***Lit:*** u. a. Clare Phillips: Jewelry. From Antiquity to the Present 96; Ralph Turner: Jewellery in Europe and America – New Times, New Thinking 96; Janet Swarbrick: Jewelry 96; Tanya Harrod: Pioneers of Modern Craft 97; Dictionary of Women Artists 97; Tanya Harrod: Contemp. Applied Arts – 50 Years of Craft 98; Marguerite de Cerval: Dictionnaire Intern. du Bijou 98; Tanya Harrod: Crafts in Britain in the 20th Century 99; Sylvie Lambert: The Ring – Design Past and Present 99; David Watkins: Design Sourcebook: Jewellery 99; Clare Phillips: Jewels and Jewellery 00 – ART., u. a.: Alasteir Best: Sam and G., in: Design 71; Brian Beaumont Nesbitt: G. F.'s Jewellery, in: Connoisseur Mag. 73; Catherine McDermott: G., in: Crafts 86; Clare Beck: G. F. CBE, in: Goldsmiths Review 94 – ***LitR:*** Item Pathé Picturial 58; Cultural Film Project 61

Flois, Herbert (Herbert Johann Flois), Mag., Bildhauer; Jungstrasse 15/9/5, A-1020 Wien, Tel. Mobil: 06 7 63 34 65 82, *www.herbertflois.com*. Webergasse 76, A-8232 Grafendorf (* Grafendorf/Stmk 16. 3. 57) – **S:** 79–84 ABK Wien (b. Prof. Bruno Gironcoli) – **P:** Förd.pr. d. Ldes Stmk f. zeitgen. bild. Kunst 84 – **W:** Ankäufe durch: Gemeinde Wien, Generali Found., Bank Austria – **M:** Graz, LM Joanneum (Neue Gal.); Salzburg, Rupertinum; Wien, Albertina (Graph. Slg); Wien, MMK Stiftung Ludwig – **E:** u. a. 83 Graz, Bohemia; 84 Wien, Secession; 85 Graz, LM Joanneum (Neue Gal.); 86 Wiesbaden, Mus.; 87 Wien, Knoll; 90 Wien, Neue Gal. (Kat.); 90, 95 Linz, Figl; 91 Graz, Lendl (Kat.); 92 Budapest, Fészek (m. Andras Koncz, Kat.); 97 Wien, Chobot; 02, 06 Graz, Gal. Kunst & Handel; 03 Wien, Podium-Second Hand City – **G:** u. a. 77 Graz, Schmuckgal. Schullin; 83 Grafendorf, Junge Künstler; 84 Wien, Gal. am Graben; Graz, LM Joanneum (Kat.); 85 Berlin, Seibert-Philippen; 86 Wien, Das offene Auge; 88 Graz, LM Joanneum: Wandlung d. Skulpt. (Kat.); – zuletzt u. a. 04 Wien, MAK: Kunst Wien; Mondsee, Gal. Mondsee: Preview; Graz, Gal. Kunst & Handel; 05 St. Pölten, NöART – Ndöst. Ges. f. Kunst u. Kult.; Purgstall an d. Erlauf, RH; Weitra, Bürgerspitalkirche; St. Pölten, Ldesbibliothek; Böheimkirchen, Festsaal; 06 Wien, Chobot: Bruno Gironcoli, Alfred Hrdlicka u. deren Schüler H.F., Ben Siegel – ***Lit:*** u. a. H.F., Bd 1 85; H.F., Bd 2 90; Wotruba und die Folgen. Österreichische Plastik seit 1945 94; Kunst Wien 96. Messe für zeitgenössische Kunst 96; sponsoring guruplant. 45 Künstler gründen eine Baumfabrik 97; Vom Blühen und Reifen. Erotisches aus Kunst und Natur 01; H.F., Bd 5 02; Thomas Redl u. Heidulf Gerngross (Hrsg.): S/T/A/R Städteplanung/Architektur/Religion – ***LitR:*** Felix Breisach u. Dieter Mohr: Kunststücke (ORF 2)

Flora, Paul, Maler, Graphiker, Karikaturist; Gramartstr. 2, A-6020 Innsbruck, Tel. (05 12) 29 24 86 (* Glurns 29. 6. 22) – **VG:** Schörfling am Attersee, Zwach; Wien, Gerersdorfer; Zürich, Hauptmann u. Kampa – **P:** e.o.plauen-Pr.; Gr. BVK d. BRD – **Ve:** P.E.N.-Club Liechtenstein – **KGr:** Art-Club (47) – **M:** Basel, Karikatur u. Cartoon Mus. – **E:** / G: u. a. 92 Wien, HM (Retr.); 97 München, Bay. Akad. d. Schönen Künste – weitere: Bremen, KH; Essen, Mus. Folkwang; Hamburg, MKG; München, Gurlitt; München, SM; Venedig, Bienn.; Wien, Neue Gal.; Winterthur, KM – ***Lit:*** AKL; Flemig 93; Reclams Künstlerlex. 02 – (Red.)

Florez Baratto, Evaristo (Ps.: Julius Blumen), Mag. Art., Bildhauer; Rotensterngasse 16/10, A-1020 Wien, Tel. 6 55 01 67 06, *juliusblumen@yahoo.es*, *www.ibgasser.at* (* Santa fe de Bogotá D. C./Kolumbien 12. 11. 59) – **VG:** Wien, Gal. Sur – **S:** 88–91 Universidad politecnica de Valencia – **L:** seit 94 Universidad tecnologica de Pereira, Universidad decaldaz, Manizales/Colombia – **P:** Prize Bancaja, Valencia (Skulpt.) 91; Stip. d. Bundesmin. f. Wiss. u. Kunst Wien – **KGe:** E. F. B. u. Jan Sirius Albrecht (seit 98); E. F. B. u. Hernando Osorio (seit 96) – **G/T:** Zeichn.; Fotoskulpt.; Performances; Install. – **W:** Graph. u. Zeichn. in div. Privatslgn in Spanien, England, Ital., Kolumbien, d. USA, Dtld, Öst. u. Polen – **M:** Wien, Albertina – **Ö:** Valencia, Slg Bancaja – **E:** 87 Pereira, Alianza Colombo-Francesa; 91 Valencia, Salon de Primavera, Bancaja; 99 Wien; 01 Baden – **G:** 85 Pereira, Manizales, Medellin, Bogota; seit 91 Valencia, Mislata, Zaragoza; 95 Warschau; 96 Wien; zuletzt 01 Baden; 03 Torremolinos – **V:** La Calidad del Roce (Linolschnitte) 97 – (Red.)

Florian, Henriette (verh. Henriette Leopold), Malerin; Wohllebengasse 9/16, A-1040 Wien, Tel. u. Fax 5 05 88 11 (* Wien 18. 11. 38) – **G/T:** u. a. Malerei (Öl, Aqu.); Graph. (Zeichn., Farbhschn.); Portr., Komposition, Stilleben, Landschaft; religiöse u. mythologische Themen – **W:** in Privatbes. im In- u. Ausland, u. a. in Europa, Übersee, Afrika u. Asien – **M:** u. a. Alabama, Nasa Mus.; Klagenfurt, Kult.amt d. Stadt; New York, UN Headquarter; Paris, UNESCO; Wien, BmfUK; Wien, Kult.amt d. Stadt – **Ö:** Wien, Alte Univ. – **E:** u. a. 65 Wien, Künstlerhaus; 66 Rom, Gall. il Carpine; 67 München, Gal. Gurlitt; 68 Kopenhagen, Gal. Larsen; Stockholm, Gall. Modern Konst; 69 Paris, Gal. Weil; Tel Aviv, Synagoge Beth Zion; 71 Wien, Pressehaus; 72 Wien, Gal. Pramergasse; 75 Sidi Bou Said, Éc.; 88 Wien, Mus. f. Völkerkunde; 91 St. Pölten, SM; 93 Linz, Mus. Nordico; 94 Vorarlberg, SM; 03 Wien, Reiffenstein – **G:** 67 Klagenfurt, Slama (m. Maximilian Florian); 70 New York, Waldorf Astoria; 73 Wien, MAK; 74 Wien, Mus. f. Völkerkunde – ***Lit:*** u. a. Wilhelm Mrazek, Walter Zettel u. Aturo Bovi in div. Kat. – ***LitR:*** Wiener Wochenschau: Wir besuchen ein Atelier, ORF 66; Perspektiven. ORF Künstler-Lexikon, ORF 92; Schöner Leben, ORF 02 – (Red.)

Florian, Klaus, Dipl.designer; Brandenberg 28, D-45478 Mülheim an der Ruhr, *k.florian@gmx.de*, *www.klaus-florian.de* (* Mülheim/Ruhr 17. 4. 54) – **S:** 76–82 Folkwangschule Essen (freie Graph.) – **L:** ab 99 Univ. Duisburg u. Essen (FB Kunst & Design, Doz. f. zeichner. Grundlagen) – **P:** Ruhrpr. d. Stadt Mülheim an d. Ruhr (Förd.pr.) 82; Reisestip. d. Stadt Duisburg (f. Kasachstan) 90 – **Ve:** VG Bild-Kunst 90; Düsseldorfer Künstler 03 – **KGr:** Mütternacht (74–80) – **KGe:** Projektgr. Kunst (76–89) – **G/T:** Zchng; Graph.; Install. – **K:** zeichner. Grundlagen – **W:** in Privatbes. – **M:** Duisburg, Wilhelm-Lehmbruck-Mus.; Mülheim an der Ruhr, KM – **Ö:** Bonn, Friedrich-Ebert-Stift.; Duisburg, RH; Mülheim an d. Ruhr, Rhein.-Westf. Wasserwerk; ebda, Easy Software AG, Neumann Elektronik GmbH – **E:** / G: u. a. seit 76 Jahresausst. Mülheimer Künstler; 86, 91 (Kat.), 00 (Kat.) Duisburg, Wilhelm-Lehmbruck-Mus.; 89 Bonn, Kunstraum; Mülheim an d. Ruhr, Gal. S; 89, 04 (Kat.) Duisburg, Cubus KH; 90 Portsmouth, Mus. & Art Gall.; 91 Alma Ata, KM; Moskau, Zentrales Haus d. Künstler; seit 92 Bet. an Ausst. d. Westdt. Künstlerbundes; seit 93 Düsseldorf, Große Kunstausst. NRW; 93 Solingen, Dt. Klingen-Mus.; 94 Köln, Art Cologne (Kat.); 96 (Kat.), 99, 05 (Kat.) Mülheim an der Ruhr, KM; 97 Ahlen, KV; Dortmund, Mus. am Ostwall (Kat.); 01 Aachen, Suermondt-Ludwig-Mus. (Kat.); Kaarst, StG; 02 Solingen, Mus. Baden; Bergisch Gladbach, StG Villa Zanders; 04, 06 Mülheim an d. Ruhr, Gal. Plas_ma

Florian, Peter, Maler u. Graphiker; Rötzer Str. 11a, A-8111 Rötz, *office@peterflorian.com*, *www.peterflorian.com* (* Gmünd/NdÖst. 9. 6. 64) – **VG:** Wiener Neustadt, Domgal.; Wien, Gal. am Salzgries – **Ve:** Art Forum Graz 03 – **G/T:** Acrylmalerei (Portr., Landschaft, Erotik); Graph. (Rad., Hschn.); Mischtechnik; Collage; Multiples – **M:** Eisenstadt, Bgld. LG; Klosterneuburg/NdÖst., Slg Essl; Los Angeles, Mus. of Erotic Art (Tom of Finland Found.); St. Pölten, Ndöst. LM; Wien, Albertina (GrS); Wien, Wien Mus. – **Ö:** Steinabrückl, Empfangshalle d. Fa. Richter – Alu Profilsysteme; Wiener Neustadt, Hallenbad Aqua Nova – **E:** 89 Wien, Kunst im Keller; 90 Wien, Plank; 91, 01 Deutschlandsberg, Topolnik; 91, 93, 97 Wien, Gal. Zentrum; 92 Genf, Europ'Art; 92, 93 Mödling, Vienna; 92, 94, 00 Wiener Neustadt, Domgal.; 94 Krems, Maringer; 95, 96, 97 Wien, MAK; 97 Innsbruck, Art Multiple; 98 Innsbruck, Ed. of Art; Wien, United Art Gall.; 99 Leoben, Daghofer; 00 Graz, Gal. Dida; Salzburg, Kunstmesse; St. Leonhard am Forst, Kaiblinger; 01 Wien, Stubenbastei; 02 Eisenstadt, Gal. 7; 03 Graz, Gal. Art Forum – **G:** wichtigste: 92, 94 Wien, Gal. Zentrum; 92 Untergrub, Gal. Untergrub; 98 Mailand, Giacobbe Spazio – ***Lit:*** Helmuth A. Niederle: Mit Pinsel und Feder, Ausst.kat. 91; Heinrich Fuchs: Österreichische Maler des 20. Jahrhunderts, Lexikon 92; Gernot Fuckerieder: Eine Prospektive, Ausst.kat. 94; P. F. Arbeiten auf Papier 98; Klöckl u. Polansek: Steirische Künstler – Malerei, Grafik, Lexikon 02 – (Red.)

Florschuetz, Thomas, Fotograf; Kollwitzstr. 52, D-10405 Berlin, Tel. (0 30) 44 00 87 10 (* Zwickau 25. 7. 57) – **VG:** Berlin, Markus Richter; Berlin, Raab; Bochum, Gal. m Bochum – **P:** zahlr. Pr., u. a. Dorothea-von-Stetten-Kunstpr. 94; Stift. Kunstfonds – Arb.- u. Projektstip. 94; Förd.pr. d. Helmut-Kraft-Stift. 97 – **G/T:** Fotogr. (Portr., Selbstportr., Körperstud.) – **E:** zahlr. Einzelausst., u. a. 87 Essen, Mus. Folkwang; Arles, RIP; 88, 90, 92 Paris, Gal. du Jour; 89 Hamburg, PPS Gal.; 93 Graz, Forum Stadtpark; 96 Sheffield, Site Gall.; 98 Budapest, Műcsarnok; 99 Dresden, Albertinum; 01, 03 Köln, Schmidt; 02 Haarlem, Frans Hals Mus.; 03 Weimar, KH; Erfurt, Kleine Synagoge; 04 Bonn, KM – **G:** u. a. 89 New York, MMA; 92 Berlin, Berlinische Gal.; 93 Frankfurt am Main, KV; 98 Karlsruhe, ZKM; 99 Berlin, NG; 03 Halle/Saale, Staatl. Gal. Moritzburg; Coesfeld, KV Münsterland – ***Lit:*** AKL; Koetzle 02; Kunst in der DDR 03 – (Red.)

Floss, Ingrid, Malerin; Waldeckstr. 25, D-81543 München, *ingrid.floss@arcor.de*, *www.klassezeniuk.de* (* Köln 1. 11. 70) – **S:** 97–03 ABK München (Malerei b. d. Prof. Weißhaar, Lang u. Zeniuk, Meisterschülerin b. Prof. Zeniuk, Abschluß: Dipl.) – **P:** TAFE New South Wales Arts & Design Prize 00; Stip. Künstlerhaus Hohenossig 02 – **G/T:** Ölmalerei (abstrakt, v. a. Farbe, Form u. Raum m. Bezügen z. Natur u. Ldschaft); Zeichn. (Natur- u. Ldschaftsstud., Selbstportr.); Rad. –

K: Glyptothek München (Zeichn.); Atelierprojekt München – **W:** Werke in Privatbes. – **Ö:** München, Rechtsanwaltskammer; – weitere Arb. im Bes. d. Ldeszentralbank – **E:** 98 Burgrain/Garmisch, Pfarrei St. Michael (Install.) – **G:** 01 München, Otto; 02 Leipzig, Gal. im Hörsalbau; 03 Riga, Gal. d. lettischen Künstlerverb. – (Red.)

Floßmann, Marc (eigtl. Marc Alexander Floßmann-Kraus), Dipl. Kunstmaler, Bildhauer, Kulturagent; Stresemannplatz 11, D-01309 Dresden, Tel. Mobil: 01 7 93 25 53 32, *mediale-fuersorge@web.de*, *www.mediale-fuersorge.de* (* Detmold 17. 2. 75) – **S:** 97–02 HBK Dresden; 02–05 Meisterschülerstud. b. Martin Honert – **Ve:** VG Bild-Kunst 02 – **KGr:** Optischer Verkehr (seit 04); Basis u. Igel (seit 05)

Floto, Gisela (Ps.: Paula von Pückler), Fotodesignerin, Fotokünstlerin; Postfach 130362, D-20103 Hamburg, Tel. (0 40) 45 10 66, Fax 4 10 79 83, *floto@flotofoto.de*, *www.flotofoto.de* (* Teutendorf 8. 9. 46) – **S:** 60–62 Lette-Ver. Berlin (Ausb. als Fotografin); 65 Theaterfotogr. b. Rosemarie Clausen, Hamburg – **L:** seit 93 Univ. Hamburg (Doz. am Inst. f. Journalistik) – **Ve:** Bund Freischaff. Foto-Designer; DGPh; BBK Hamburg; BBK Schlesw.-Holst. – **G/T:** Fotogr. – **W:** Werke in Privatbes., u. a. in Düsseldorf, Gut Eckhorst, Hamburg u. Neu Wendorf – **M:** Hamburg, MKG; Kiel, Stift. SH Landschaft; München, Neue Slg – Staatl. MAK; Schleswig, LM f. Kunst u. Kult.-Gesch. Schloß Gottorf – **Ö:** Bad Oldeslohe, Kult.referat; Kiel, Spk.- u. Giroverb. – **E:** zahlr. Ausst., u. a. 86, 88 Hamburg, Olympus Gal.; 92 Hamburg, Gal. M 20; 95 Elmshorn, Dresdner Bank; 97 Friedrichstadt, Mus.; 97, 98 Preetz, Mus.; 99 Kiel, Lit.haus; 00 Petzow, Schinkelkirche; Schleswig, Zollhaus; 00, 01 Hamburg, Kanzlei Leimbach; 01 Hamburg, Volksbühne; Hamburg, MusikHS; 01, 02 Dömitz, Mus.; 02, 03 Hamburg, Dresdner Bank Rotherbaum; 03 Kiel, Kloster (Licht+Schatten); 04 Chicago, Goethe-Inst. – **G:** 91 Hamburg, KV; 98 Schleswig, LM f. Kunst u. Kult.-Gesch. Schloß Gottorf; 02 Hamburg, Burda-Verl.; 03 Hamburg, Kunsthaus; Dannenberg, Kunsthaus – **V:** Publikationen m. Fotogr. v. G.F. u. a.: Erde – Zeichen – Erde, WWF-Dok. 93; Portrait Heimat – Erzählte Landschaft, WWF-Dok. 95; Die Statik der Träume, WWF-Dok. 96; Lebenslinien, WWF-Dok. 96; F. Rast (Text): Landgang – Kulturlandschaft Ost-Friesland 96; Historische Gärten in Schleswig-Holstein 96; Gisela Graichen (Hrsg.): Schliemanns Erben 96, 98, 99, 02; Luftschlösser (Text u. Fotogr. G.F., Vorwort Adrian v. Buttlar u. a.) 97; Im Spiegel der Zeit. Readers Digest 00; Museumsführer Schloß Gottorf 01 – **R:** Internet-Gal.: Vietnam, www.illies.de – ***Lit:*** Thomas Gädeke: Spuren in Schleswig-Holstein 92 – (Red.)

Flottwell, Gerda von (eigtl. Gerda Mensching); c/o Galerie m beck, Schwedenhof, Am Roemermus., D-66424 Homburg/Saar, Tel. (0 68 48) 7 21 52, Fax 7 21 59, *galmb@comeback.com*, *www.galerie-monika-beck.de* (* Düsseldorf 28. 2. 41) – **VG:** Homburg, Beck – **S:** Autodidaktin – **G/T:** Ölbilder auf Holz; Objekte; Collagen; Großformatige Handzchngn – **M:** Saarbrücken, Saarland-Mus.; Wolfenbüttel, Herzog-August-Bibliothek – **Ö:** Cochem, Kr.verwaltung Cochem-Zell; Troisdorf, Stadtverwaltung – **E:** u. a. 75 Düsseldorf, Theune; 76 Siegburg, SM; 77 Köln, Zech; 78, 83, 94, 99, 04 Homburg, Beck; 80 Troisdorf, Bürgerhaus; 85 Springiersbach, Musiktage; 87 Traben-Trarbach, Villa Sonora; 95 Troisdorf, Foyer-Ausst.; 03 Mainz, Staatskanzlei; Moselkern, RH – **G:** zuletzt u. a. 98 Cochem, Kult.zentrum; 98, 99 Frankfurt am Main, Art Frankfurt; 00 Mainz, Gutenberg Pavillon; 05 Berlin, Ldesvertretung Rh.-Pf. – ***Lit:*** u. a. In: Das Kunstwerk, Zs f. Bild. Kunst, 33 88; Meinrad Grewenig (Einf.): G.v.F. präzise u. rauscharm (33 Collagen, Farbdruck) 94; – weitere: A. Biermann: Versuch zu einem Portr.; Juliana Roh: Zu Zchngn v. G.v.F.; G.v.F., Ausst.kat. (z. Ausst. Troisdorf u. Gal. Monika Beck Homburg); R. Schommers: Zu Bildern v. G.v.F. (z. Ausst. in Springiersbach) – ***LitR:*** Zu Bildern v. G.v.F., z. Ausst. in d. Gal. Monika Beck (TV Saarld) 83; Zu Bildern v. G.v.F., z. Ausst. in Springiersbach (SWF 3) 85; Zu Bildern v. G.v.F., z. Ausst. in d. Villa Sonora (SWfunk 1) 87; S. Armbruster: Zu Bildern v. G.v.F., Ausst. im Ldtag Mainz (SWfunk 2) 88

Flüchter, Norbert s. von Hoetmar

Flückiger, Edith, Prof. FHS Zentralschweiz, Doz. HS f. Gest. u. Kunst Luzern, Künstlerin, Journalistin Bay. RF; Sonnenrain 21, CH-6006 Luzern, Tel. u. Fax: 04 14 20 40 43, *edithflueckiger@freesurf.ch, eflueckiger@hgk.fhz.ch* (* Wien 18. 8. 60) – **S:** 93–96 HS f. Gest. Luzern (Höhere Fachkl. f. Visuelle Gest., FB Video) – **L:** seit 99 HS f. Gest. u. Kunst Luzern (Doz. FB Video) – **P:** Werkbeitr. d. Kantons u. d. Stadt Luzern (Bild. Kunst) 97; Stip. d. Louise Aeschlimann u. Margareta Corti Stift. 97; Studienprämie d. Bundesamtes f. Kultur (Videoessay) 97; Werkbeitr. d. Kantons u. d. Stadt Luzern (Film/Video) 99; Cité Intern. d. Arts Paris (Werkstip.) 00; Katalog-Stip. d. Komm. f. Kunst u. Archit. d. Kantons Bern 02; Stip. d. Zuger Kulturstift. Landis & Gyr (Werkstip. in Berlin) 03 – **Ve:** visarte zentralschweiz 99; Kunstges. Luzern 99; visarte bern 01; Bernische Kunstges. 01 – **KGe:** PAKT: E. F., Hildegard Spielhofer u. Hanspeter Giuliani (seit 00) – **G/T:** Video; Videoinstall.; Text – **W:** diverse Videobänder u. Video-Install., Ankäufe d. Stadt u. d. Kt. Luzern sowie d. Hochbauamtes Zürich – **G:** zahlr. Festival- u. Ausst.bet. seit 97, u. a. 97, 99 Langenthal, Kunsthaus Langenthal; 98 Kriens, Mus. im Bellpark; 99, 00 Basel, Viper (Intern. Film-, Video- u. Multimediafestival); 00, 01 Luzern, KM; Zürich, videoex (Video & Exper.film Festival); 01 Liestal, KH Palazzo; Medellin, MAM; 03 Santiago de Chile, Museo de Artes visuales; Luzern, KM – **V:** Komm. f. Kunst u. Archit. d. Kantons Bern (Hrsg.): There is no life jacket under your seat, Künstlerb. 02 – ***Lit:*** Kunsthaus Langenthal (Hrsg.): MediaSkulptur ’99 – Video-Kunst-Szene-Schweiz, Ausst.kat. 99; Susann Wintsch (Hrsg.): Inverse Probability, Ausst.kat. 01; sowie Bernische Kunstges. (Hrsg.): Lokaltermin Atelier II – 45 Künstlerinnen und Künstler. Das Louise Aeschlimann und Margareta Corti Stipendium 1988–1998 – (Red.)

Flury, Marianne, Malerin; Sierenzerstr. 36, CH-4055 Basel, Tel. 06 13 21 71 09 (* Basel 23. 8. 45) – **VG:** Basel, Mäder; Bern, Kunstkeller – **S:** 71–75 Éc. Nat. Supérieure des Beaux-Arts Paris – **L:** FHS NWschweiz (Abt. Kunst, Doz. f. Malerei) – **P:** Basler Kunstpr. 84, 86; Reisestip. d. Albert Friedrich His-Stift. Basel – **G/T:** Malerei (Umsetzung nach Naturstud. als Ausgangspunkt, Entwicklung d. Bildsprache m. abstr. o. reduzierten Elementen) – **K:** alle Maltechniken m. Pigmenten u. natürl. Bindemitteln, Grundaufbau d. Malerhandwerkes u. Kombinationen nach mod. u. künstler.-persönl. Gesichtspunkten – **W:** ca. 100 Werke in Privatbes.; mehrere b. d. Kunstkreditslgn Basel-Stadt u. Basel-Ld – **M:** Genf, Mamco – **Ö:** Basel, Sozialpädagog. Dienst (Wandbild) – **E:** / G: seit 75 regelmäßig in d. Schweiz

Fockner, Sabine; Schellingstr. 50, D-80799 München, Tel. (01 79) 8 93 40 24, Tel. u. Fax (0 89) 41 07 44 69, *SabineFockner@aol.com*, *www.gedok-muenchen.de/kuenstlerinnen/fockner/* (* Forchheim/Ofr. 24. 7. 62) – **S:** 84–85 KGS Zürich; 85–91 ABK Nürnberg (Textilkunst u. Flächendesign b. Prof. Stephan Eusemann u. Prof. Hanns Herpich, Meisterschülerin) – **P:** Projektstip. d. Bay. Min. f. Wiss., Forsch. u. Kunst 95, 96; Projektstip. d. Ldeshauptstadt München 97; Debütantenförd. d. Bay. Min. f. Wiss., Forsch. u. Kunst 99 – **Ve:** BBK München u. Obb.; GEDOK München; Neue Münchener Künstlergenossenschaft – **G/T:** Install., konzeptionelle Kunst, Objektkunst – **W:** Arb. u. a. in Bes. d. Bay. Staatskanzlei München – **M:** Nürnberg, SM Fembohaus – **E:** zahlr., u. a. 95 München, RHhalle; 97 Nürnberg, Pellerhaus; 99 München, Lothringer 13; 00 München, Kunstbunker Tumulka; 01 Wiesbaden, Frauen Mus. – **G:** zahlr., u. a. 94 München, Alter Botanischer Garten; 97 Wasserburg am Inn, Gal. im Ganserhaus; München, Bay. Staatskanzlei; 99 München, Haus d. Kunst; 00 Ismaning, Kallmann-Mus.; 01 Bonn, Kunst- und Ausst.halle d. BRD – ***Lit:*** AKL – (Red.)

Föhl, Helga, Bildhauerin; Schwalbacher Str. 2, D-65510 Idstein, Tel. (0 61 26) 28 80 (* Berlin 27. 6. 35) – **VG:** Frankfurt am Main, Rothe; Wiesbaden, Haasner; Darmstadt, Netuschil; Saarbrücken, Hanstein; Mannheim, Keller – **S:** 54–58 WerkKSch Darmstadt (Bildhauerei), HdK Berlin (Bildhauerei b. Prof. Hans Uhlmann) – **P:** Kunstpr. d. Stadt Darmstadt 65; Kunstpr. d. Böttcherstr. in Bremen 67; Triennale-Pr. d. Stadt Fellbach (Kleinplast.) 83; Daniel-Henry-Kahnweiler-Pr. f. Bildhauerei u. Bildhauerzeichn. 88; Kulturpr. d. Rheingau-Taunus-Kr. 93 – **Ve:** Darmtädter Sezession seit 62 – **G/T:** Metallbildhauerei (Eisen geschweißt) – **W:** u. a. in Bes. d. KS d. Rheingau-Taunuskr. – **M:** Berlin, Slg d. BRD; Bremen, KH; Coburg, KS d. Veste; Darmstadt, Hess. LM; Darmstadt, Industr.- u. Handelskammer; Darmstadt, StKS; Fellbach, Städt. Slg; Heilbronn, SM; Idstein, Städt. Slg; Karlsruhe, Slg d. Forschungszentrums Karlsruhe; Leverkusen, StM Schloß Morsbroich; Mannheim, StKH; Sindelfingen, StG; Wiesbaden, Städt. Slg – **E:** zahlr. Ausst. seit 59, zuletzt 89 Darmstadt, Gal. Wullkopf; 90 Wiesbaden, Gal. Stolanova; Idstein, Stadthalle; 91 Langenburg, Hohenloher KV; 92 Mannheim, Studio R; 94 Bad Schwalbach, Kr.haus Rheingau-Taunus-Kr.; Bad Soden, Kunstwkst.; 96 Heilbronn, SM; Darmstadt, KH; 97 Stadt Wiesbaden; 00 Breslau, Gal. Chodorowicz; 01, 05 Wiesbaden, Haasner; 03 Frankfurt am Main, Rothe; 05 Mannheim, Keller – **G:** seit 59 Bet. an d. Ausst. d. Darmstädter Sezession sowie zahlr. Ausst.bet. im In- u. Ausland, zuletzt 03 Aschaffenburg, Jesuiten Kirche; 06 Bad Zwischenahn, Edition Gal. Moderne – ***Lit:*** u. a. Bernd Krimmel: H. F. – Eisenplastiken, Zeichnungen 83; Ulrich Gertz: Die Eisenskulpturen von H. F. – Beobachtungen u. Gedanken 87; H. F., in: Allg. Lex. d. Kunstschaffenden (Bd. 4) 95; Hans-Jürgen Buderer: H. F. – Im Schnittpunkt von Figuration u. Abstraktion, in: H. F., Ausst.kat. (Städt. Mus. Heilbronn) 96; Andreas Pfeiffer: In der Schweißerwerkstatt bei H. F., in: H. F., Ausst.kat. (Städt. Mus. Heilbronn) 96; H. F. – Torsozeichen, Eisenskulpturen 1996–1999, Kat.; H. F. – Eisenskulpturen, Kat. (Gal. Haasner) 01; H. F. – Eisenskulpturen 2000–2003

Förch, Robert, Studienprof., Maler u. Graphiker; Sprollstr. 53, D-70597 Stuttgart, Tel. (07 11) 7 22 27 39 (* Künzelsau 4. 6. 31) – **S:** 51–55 Staatliche ABK Stuttgart (Kl. f. freie Graph. Prof. Karl Rössing, zuvor Grundausb. b. Prof. G. Gollwitzer) – **L:** 62–90 Graph. FS Stuttgart (Leiter d. Kl. f. Zeichnen u. angew. Graph.) – **P:** Studienstift. d. dt. Volkes 53–58; 2. Pr. 'Ecce Homo' Graph.pr. d. Ev. Kirchentages Frankfurt am Main 56; Ernst-Reuter-Gedächtnispr. Berlin (Dt. Künstler sehen Europa) 58; Rompr. Villa Massimo 61; Silbermed. 'Graph. aus 5 Kontinenten' Leipzig 64 – **Ve:** VBKW 60–04; Künstlerbund BW 60–04; Hans-Thoma-Ges. Reutlingen 60–04; Hohenloher KV 70–04; Ver. f. Orig.-Rad. München 80–04 – **KGr:** Secession München (59–06); XYLON Reutlingen (60–06) – **G/T:** Freie Zeichn.; Druckgraph. (v. a. farbiger Linolschnitt als Handdrück) – **W:** überw. in Privatbes. – **M:** Albstadt, StG; Bedburg-HAU, Mus. Schloß Moyland Berlin, Slg d. Dt. Bundestages (f. zeitgen. Kunst); Berlin, DaimlerChrysler Contemp.; Esslingen, SM; Freiburg im Breisgau, Reg.präsidium; Heilbronn, Mus.; Karlsruhe, Reg.präsidium; Marbach am Neckar, Dt. Literaturarchiv; München, Bay. Staatsgemäldeslgn; Ostfildern, Mus.; Reutlingen, Städt. KM Spendhaus; Schwäbisch Hall, Mus.; Stuttgart, KM; Stuttgart, Reg.präsidium; Stuttgart, SG; Stuttgart, Slg DaimlerChrysler; Tübingen, Reg.präsidium; Ulm, Ulmer Mus.; Weimar, Klassik Stift. – **Ö:** Bad Friedrichshall, Alberti-Gymnasium (Wandgest.); Bonn-Petersberg, Gästehaus d. Bundesreg.; Halle/Saale, Slg BW Bank; Karlsruhe, Kernforsch.zentrum; Künzelsau, Slg Würth; Stuttgart, Slg Schwäbische Bank (Königsbau); ebda, Univ. (Mensa im Pfaffenwald) – **E:** u. a. 59 Berlin, Kunstamt Charlottenburg; 62 München, Gurlitt; 64 Trier, StM Simeonstift; 67 Mannheim, KV; 81 Sindelfingen, StG; 87 Weil am Rhein, KV; 87, 97 Ostfildern, Gal. im Rathaus Ruit; 91 Albstadt, StG; 94 Kranenburg, Mus. Katharinenhof; 01 Reutlingen, KV; 03 Stuttgart, Künstlertreff; 05 Sulz am Neckar, Mus.zentrum Schloß Glatt (Retr.); Nürtingen, Kr.spk. (m. Günter Schöllkopf); 07 Ostrach, Laubach – **G:** Bet. an Ausst. in 35 Ländern, u. a. 61 Kairo, Alexandria, Beirut u. Damaskus, Goethe-Inst.; 63 New York, Carus Gall. (m. Janssen, Wunderlich u. Meckseper); 90 Bozen, Museion-MMK: Il Tirolo visto dagli altri; – weitere: 78 Wanderausst. v. 'XYLON' durch 15 norwegische u. 6 polnische Städte; – sowie an Goethe-Inst. in 8 ind. Großstädten – **V:** Die Reise nach Vicenza – Begegnungen und fruchtbare Momente auf einer Malerreise. Eine Art Tagebuch 90; Orte in Europa (Bildkal., 12 farbige Tafeln) 93; Menschen, Orte, Freunde, Kunstkal. (13 farbige Bildtafeln) 05/06 – ***Lit:*** R. F., Hans-Thoma-Ges. Reutlingen, Kat. z. Retrospektive 72; R. F., Kat. StG Sindelfingen 81; m. A. Hagenlocher u. G. Thiem (Beitr.): Künstler aus Baden-Württemberg arbeiten in Rom, Deutsche Akademie Villa Massimo 1957–1982 82; G. Thiem: Der deutsche Holzschnitt im 20. Jh. 82; R. F. 'Orte in Europa' (Kat.-B.) 91; A. Tietze: Der Linolschnitt 94; Zeichnungen, Gouachen, Aquarelle 97 – ***LitR:*** J. Pankau: 'Sensible Leidenschaft' – Der Graphiker R. F., Fs.-Sdg. SDR 81; Zur Retrospektive von R. F. in der Städtischen Galerie Albstadt, Fs.-Sdg. SDR 91; – sowie zahlr. RFbesprechungen im SDR v. Einzelausst.

Förg, Günther, Prof., Maler; le Bied, CH-2013 Colombier, Tel. (0 32) 8 41 19 73 (* Füssen 5. 12. 52) – **VG:** Bad Honnef, Rackey; Bad Münstereifel, Klein; Hamburg, Munro; München, Schöttle; Salzburg, Gal. Weihergut; Zürich, Lelong – **S:** 73–79 Akad. München (b. Karl Fred Dahmen) – **L:** 92–99 Staatl. HS f. Gest. Karlsruhe (Prof.); seit 99 ABK München (Prof. f. Malerei u. Graph.) – **P:** Mies van d. Rohe-Stip. 86; Wolfgang-Hahn-Pr. 96 – **G/T:** Malerei, Graph., Skulpt., Fotogr., Konzeptkunst – **M:** Berlin, Hamburger Bahnhof; Leipzig, MBK; München, Pin. d. Mod. – **Ö:** Den Haag, Gemeentmus. (Wandmalerei); Frankfurt am Main, MMK (Wandgest.) – **E:** zahlr. Einzelausst. im In- u. Ausland, zuletzt u. a. 98 Madrid, MNCARS; 99 Kopenhagen, Arken; 00 Berlin, Dt. Guggenheim; 01 Mailand, Ala; 02 Weimar, Schillerhaus; München, Kunstraum; 03 Köln, Capitain; Ettlingen, KV; Salzburg, Weihergut; Karlsruhe, SKH; München, Mayer; Berlin, Fahnemann – **G:** u. a. 92 New York, Guggenheim; Kassel, documenta; 96 Madrid, MNCARS; Köln, Mus. Ludwig; 00 Calcutta,

Birla-Academy; 03 Karlsruhe, ZKM; Berlin, Hamburger Bahnhof; Athen, Benaki-Mus.; Hamburg, Deichtorhallen – ***Lit:*** AKL; BLSK 98; Reclams Künstlerlex. 02; Schweers 02 – (Red.)

Foerster, Heidi, Malerin; c/o Gal. Valentien, Gellertstr. 6, D-70184 Stuttgart, Tel. (07 11) 24 62 42, Fax 24 62 41, *info@galerie-valentien.de*, *www.galerie-valentien.de* (* Singen 16. 8. 32) – **VG:** Stuttgart, Valentien – **S:** Staatl. ABK Stuttgart (angew. Malerei, Wandmalerei, Mosaik, Kirchenfenster b. Prof. R. Yelin) – **P:** Cité Intern. d. Arts Paris – **KGe:** H.F. u. Detlef Freudig (seit Anfang d. 1990er Jahre) – **G/T:** Malerei (Hinterglasmalerei, Acryl auf Lw.) – **M:** Coburg, KS d. Veste; Paris, Bibliothèque Nat.; Stuttgart, KM; Stuttgart, SG – **E:** seit 70 u. a., 70–06 Stuttgart, Valentien (17 Ausst.); 85 Köln, Gal. Orangerie-Reinz; Frankfurt am Main, Brumme; 01 Saint Germain de Calbert/Frkr., Gal. du Temple; 05 Lussan/Frkr., Schloß – **G:** 85, 86 Basel, Art Basel – ***Lit:*** W. Gall: Malerei d. 20. Jh., Slg Ldesgirokasse 79; G. Wirth: Kunst im dt. Südwesten von 1945 bis z. Gegenwart 82; U. Evers: Dt. Künstlerinnen d. 20. Jh. 83

Förster, Petra, Bildhauerin, Graphikerin; Sandgrubenweg 32, D-38126 Braunschweig, *petra-foerster@t-online.de* (* Wittingen/Lüneburg 27. 5. 64) – **S:** 84–87 HBK Braunschweig (Kunstpädagogik); 87–93 ebda (Freie Kunst b. Prof. Malte Sartorious u. Meisterschülerin b. Prof. Johannes Brus) – **L:** 97–01 HBK Braunschweig (Keramikwkst., Lehrtätigkeit); 01–03 ebda (Grundlehre, Gastprof. f. Bildhauerei); 03 SchA Wimbledon (Erasmus Doz.mobilität) – **P:** Stip. d. Dt.-Frz. Jgdwerkes f. Stud. in Nimes 91/92; Graduiertenförd. d. HBK Braunschweig 93/94; Wohn- u. Arb.stip. d. Gemeinde Stuhr 94/95; Förd.stip. d. Braunschweigischen Vereinigten Kloster- u. Stud.fonds 95; Pr. d. Wettb. 'Heinrich d. Löwe – Arb. am Mythos einer Region' 95; DAAD Stip. f. Rom 96; Pr. d. Wettb. d. Ldeskrankenhauses Celle 97; Pr. d. Wettb. 'Kunst am Wasser' d. Ldkreises Gifhorn 99; Arb.stip. d. Ldes Nds. 01 – **Ve:** VG Bild 97 – **G/T:** gegenständliche u. figürliche Plast. (Keramik, Beton, Aluminium, Glas, Wachs); themen- u. geschichtsbezogene Arb., Install., Portr. – **K:** keramische Plast., plast. Gest., Zeichn., Formenbau, Projekte im öff. Raum – **M:** Kamenz, Lessing Mus.; Rastede, Pal.; Wolfenbüttel, Herzog-August-Bibliothek – **Ö:** Braunschweig, Braunschweigischer Kloster- u. Stud.fonds; ebda, Staatstheater; Ldkr. Gifhorn, Schloßgraben; Helmstedt, Volksbank; Neckarsulm, Volksbank; Stuhr-Heiligenrode, Mühlenteich – **E:** 95 Braunschweig, Botanischer Garten; Stuhr-Heiligenrode, Künstlerstätte; 98 Göttingen, Gal. Apex; Wolfenbüttel, KV; 00 Neckarsulm, Volksbank; 01 Peine, Kreis-Mus.; Gifhorn, KV; Essen, Hypo-Bank; Neustadtgödens, Schlleper; 02 Wunstorf, KV; Goslar, Tiedt; Braunschweig, Buch & Kunst; 03 Brunsbüttel, StG im Elbeforum; Braunschweig, Herzog Anton Ulrich-Mus.; Saarburg, Mus. – **G:** seit 95 u. a. 95, 96, 98 Wolfsburg, KM; 97 Wilhelmshaven, KH; 98, 02 Darmstadt, Sezession; 99 Höhr-Grenzhausen, Keramik-Mus. Westerwald; Hannover, KV; 02 München, Haus der Kunst; Alcora, Mus. de Ceramica – **V:** Fischig, Künstlerb. 89; Die Reise oder mein Sargdeckel, Künstlerb. 90 – ***Lit:*** Gemeinde Stuhr (Hrsg.): P. F. Zwischen Himmel und Erde, Kat. 95; P. F. Das Leben ist schön, Kat. 00; P. F. Zweitausend bis Zweitausendeins, Kat. 01; StG Brunsbüttel (Hrsg.): P. F. Kleine Geschichten – meine Geschichten, Kat. 03 – (Red.)

Förster, Volkmar, Maler, Graphiker; Schönecker Str. 4, D-08261 Eschenbach, Tel. u. Fax: (03 74 64) 81 77, *landart-volkmar@web.de*, *www.galerie-landart.de* (* Chemnitz 5. 1. 39) – **VG:** Chemnitz, Laterne; Eschenbach, Gal. Landart – **S:** HBK Dresden (Dipl.-Bühnenbildner) – **P:** Kunst-Arche Schilbach (1. Pr.) 98 – **Ve:** SKB – **KGr:** Gal. Laterne Chemnitz – **G/T:** alle Techniken: Malerei; Graph. – **K:** Aqu. (seit 04) – **W:** Dresden, Unima Kongreß 84 (Jazz u. Malerei); Berlin, Pal. d. Republik 85 (Jazz u. Malerei) – **M:** Chemnitz, Neue Sä. Gal.; Dresden, SKS – **Ö:** Stadt Schöneck; Schöneck, IFA Hotel; ebda, Paracelsus Klinik, Spielpl. – **B:** Schöneck: Mus.café – **E:** 99 Halle/Saale, Neues Theater; Chemnitz, Schauspielhaus; 02 Bad Elster, KunstWandelhalle; 02 Heidelberg, Melnikow; 03 Chemnitz, Laterne; 04 Zwickau, Gal. am Domhof; Plauen, Malzhaus; Chemnitz, Wasserschloß Klaffenbach; 05 Augustusburg, Turmgal. – sowie: 03 Winterthur – **G:** 75 Prag, Quadrienn. 77, 82 Dresden, VIII. u. IX. Kunstausst. d. DDR; 80 Berlin, Fernsehturm 84 Magdeburg, Städt. Mus.; 90 Chemnitz, 1. Chemnitzer Kunstmesse; 02 Plauen, Malzhaus 06 Tampere/Finnl. – **V:** Julius Mosen: Bilder im Moose (Ill.), Novellen 00 – ***Lit:*** Die letzten Paradiese, Kat. d. Kult.amtes Zwickau 04

Förster, Walter, Maler, Zeichner; Rosenstr. 12, D-91083 Baiersdorf, Tel. u. Fax (0 91 33) 21 17 (* München 15. 3. 36) – **VG:** Nürnberg, Weigl; Nürnberg, Gal. m. d. blauen Tür – **S:** 56–62 ABK München – **P:** Otto-Grau-Kult.pr. 02 – **Ve:** KV Erlangen – **KGr:** Der Kreis Nürnberg (seit 77) – **G/T:** Zchng u. zeichner. Mischtechniken (freie Archit.darst., Lsch.) – **W:** Werke überw. in Privatbes. – **M:** Bayreuth, KM; Erlangen, KM; Erlangen, SM; Erlangen, StKS; Frechen, StKS; München, Bay. Staatsbibliothek; München, Bay. Staatsgemäldeslgn; München, Bay. Staatsmin. f. Unterricht u. Kult.; Nürnberg, StKS; Nürnberg, Stadtbücherei; San Francisco, MMA – **Ö:** Erlangen, Stadtwerke (Brunnenplast.); Erlangen-Büchenbach, Grundschule (Edelstahlplast.); ebda, Kindergarten (Holzplast.) – **E:** zahlr., u. a. 69 Bayreuth, Jean-Paul-Gal.; 75, 88, 93, 02 Erlangen, KV; 78 Nürnberg, Oper; 79 Schweinfurt, Gal. am Abend; München, Rutzmoser; 83 Gualtieri, Pal. Bentivoglio; 85 Zürich, Dornier; 87 Lippstadt, Trost; 90 Salzburg, Seywald; 94 Neumarkt, Gal. am Eck; 97 Höchstadt, Gal. 7; 99 Erlangen, KM; Nürnberg, Schrag; 02 Bamberg, Stadtgal.; 06 Nürnberg, Kr. Gal.; 07 Erlangen, Siemens-Forum – **G:** zahlr. Bet., u. a. 59–61 u. 74–86 München, Große Kunstausst.; 60 Rom, Pal. delle Esposizioni; 64 Graz, Künstlerhaus; 77 San Francisco, Graph.bienn.; 87 Köln, Kunstmesse; 88 Nürnberg, ConsumentArt; 01 Palermo, Centro culturale d'arte – **V:** u. a. Villon-Balladen (14 Lith.) 63; Sentimental Journey (12 Lith.) 73; Hommage à Canaletto, Mappe (5 Rad.) 75; W. P. Schnetz (Text): Reisen in die Vergangenheit (5 Ill.) 75; ders. (Text): Fränkische Suite, Mappenwerk (5 Lith.) 87; Günter Kunert (Text): Venedig, Bildbd (50 Zchngn) 88; Godehard Schramm (Text): Knoblauchsland, Bildbd 94 – ***Lit:*** Lisa Puyplat u. Johann Adam Stupp: W.F. Zchngn, Ausst.kat. 02 – ***LitR:*** W. Parkinson: Traumat. Meisterzchngn, Fsf. Bay. RF 89

Förster, Wieland, Prof., Bildhauer, Zeichner, Autor; Heinersdorfer Str. 9A, D-13086 Berlin (* Dresden 12. 2. 30) – **VG:** Berlin, Gal. am Gendarmenmarkt; Weimar, Gal. Profil – **S:** 53–58 HBK Dresden (Plast. b. Prof. W. Arnold u. H. Steger); 59–61 Dt. AK Berlin (Meisteratelier) – **L:** 74–90 AK d. DDR Berlin (Betreuung v. Meisterschülern in d. FB Bildhauerei, Zchng, Graph.); 85 Ernennung z. ordentl. Prof. d. AK d. DDR u. d. AK Sa. – **P:** Will-Lammert-Pr. d. Dt. AK Berlin 66; Käthe-Kollwitz-Pr. 74; Nationalpr. 76, 83; Heinrich-von-Kleist-Kunstpr. Frankfurt/Oder 77; Kunstpr. d. Stadt Dresden 96; BVK 1. Kl. 00 – **Ve:** VG Bild-

Kunst; VG Wort; Neuer Sä. KV; AK Sa. – **G/T:** Bildhauerei (Bronze, Stein, Torso, Portr., Stelen, Einblicke, Denkmale, Flugbilder, figurativ); Druckgraph.; Zchng; Malerei (Lsch., Paare, Einblicke); Themen v. a. Liebe u. Tod, Antike – **W:** Privatslgn in Dtld, Luxemburg u. d. Schweiz – **M:** u. a. Altenburg, Lindenau-Mus.; Berlin, SM; Berlin, SMPK; Budapest, NG; Dresden, SKS; Frankfurt am Main, Städel; Frankfurt/Oder, Mus. Junge Kunst; Halle/Saale, Staatl. Gal. Moritzburg; Kiel, KH; Magdeburg, KM Kloster Unser Lieben Frauen; Middelheim/Antwerpen, Openluchtmus. voor Beeldhouwerkunst; Moskau, Puškin-MBK; Oberhausen, Ludwig-Gal.; Prag, NG; Rostock, KH; Schwerin, Staatl. Mus.; Södertälje, KH; Wien, BAWAG Found. – **Ö:** Berlin, Bundestag – Hof d. Innenmin.; ebda, Bezirksamt Fröbelstr., Mensa d. Humboldt-Univ.; Chemnitz, Parkanlagen Zentrum; Dresden, Schloß; ebda, Ldtag, Leningrader-Str.; Franfurt am Main, Adickes-Allee; Frankfurt/Oder, Am Kleisthaus; ebda, Marienkirche, Oderanlage, Konzerthaus; Langenargen, Mus.; Leipzig, Parkanlage Schwanenteich; Potsdam, Glienicker Brücke; ebda, Lindenstr. 54; Speyer, Purrmann-Mus.-Hof; Weimar, Schillerhaus – **E:** u. a. 67 Schwerin, Staatl. Mus.; 69, 80, 90 Berlin, SMPK; 74 Potsdam, Zentrales Inst. f. Astrophysik; 82 Södertälje, KH; 85 Paris, Centre Culturel de la RDA; 86 Venedig, Bienn.; 88 Weimar, SM; 90 Wien, BAWAG Found.; 91 Stade, Schwedenspeichermus.; Lindau, StM; 92 Köln, WDR; 94 Berlin, Dt. Bank; 95 Magdeburg, KM Kloster Unser Lieben Frauen; Dessau, Staatl. Mus. Schloß Mosigkau, Orangerie; 98 Dresden, SKS; 99 Aurich, Kunstpavillon; 00 Marbach, Alexander Kirche; 03 Rheinsberg, Schloß; 04 Dresden, Sä. AK – **G:** seit 57 Teiln. an vielen nat. u. intern. Ausst. – **V:** u. a. Bildner. Etüden (Nachwort) 67; Tunesien-Mappe 68; Flugbild-Mappe 70, 71; Mappe v. Häusern nebenan 82; Einblicke 85; Rügen-Mappe 91; Labyrinth 95; Harmonie als Fragment, Kat. (Text) 97, 98; Religion als Motiv, Kat. (Text) 97, 98; Verborgene Botschaften, Kat. (Text) 98; Die Phantasie ist d. Wirklichkeit, Reisetageb. 00; Staatl. KS Dresden (Hrsg.): W.F. Im Atelier abgefragt 05 – **R:** Peter Voigt (Regie): Protokoll einer Gefangenschaft (Mitwirkung als Hauptdarsteller) 91; Eduard Schreiber (Regie): Unser täglich Brot gib uns heute (Drehb.) 92; ders.: Der große trauernde Mann (Drehb.) 93 – ***Lit:*** u. a. Claude Keisch: W.F., Monogr. 77; zahlr. Ausst.Kat. – ***LitR:*** Eduard Schreiber (Regie): W.F. Dezember ’79, Dokf. 80; Michael Trabitzsch (Regie): Ein stiller Rebell, Dokf. 92

Förtsch, Elvira s. Franz, Elvira

Fohrmann, Rainer, Kunstmaler, Graphiker; Buchnerweg 25, D-22159 Hamburg, Tel. (0 40) 6 43 02 82 (* Hamburg) – **KGr:** Berner Kunstmeile – **E:** u. a. Bad Berensen, Kurhaus; Hamburg, Parkresidenz – **G:** Hamburg, Handelskammer – **V:** Am Rande des Alltags 76 – (Red.)

Foldenauer, Henriette Katharina, Dipl.-Graphikdesignerin, Illustratorin, Redakteurin, Autorin u. Filzerin; Lechfeldstr. 25, D-86316 Friedberg/St. Afra im Felde, Tel. Mobil: 0 173 474 42 80, (08 21) 3 04 00, Fax 3 51 31, *mail@johndesign.de*, *www.filu-archiv.de* (* Augsburg 1. 10. 62) – **S:** 84–89 FHS Augsburg (Kommunikationsdesign, b. d. Prof. Haffner u. Palm sowie b. Lisa Beck) – **Ve:** Filu – Archiv d. Zeichner u. Fotografen; Illustration.de – **KGe:** Zus.arb. m. John Design: H.K.F. u. Bernhard John (seit 95) – **G/T:** Ill. (Kinder- u. Jgd.bereich, teilw. Sachill.); Pflanzenill.; Objektkunst (Filz, Filzbilder); Freie Kalligr.; Graph. – **K:** Filzworkshops – **V:** TEXT u. ILL.: Filzen f. Kinder 04; Filzen f. d. Schule 05; Bilder filzen (m. Co-Autoren) 05; Hüte u. Mützen filzen (m. Co-Autoren) 05; Filzen in d. Waschmaschine 06

Fonseca, Fernando, Kunstmaler; Brunnadernstr. 14, CH-3006 Bern, Tel. 03 13 51 59 89, *fonseca.fernando@gmx.ch* (* Coimbra/Portugal 25. 3. 58) – **Ve:** Visarte 03 – **G/T:** Malerei (geometrische Abstr.), Objektkunst, Install. – **W:** überw. in Privatbes. – **E:** / G: div. Ausst. in Zentral-, West- u. Südeuropa – ***Lit:*** auf Anfrage – (Red.)

Fontana, Corsin, Maler, Objektkünstler, Zeichner, Filmemacher; Kasernenstr. 23, CH-4058 Basel, Tel. 06 16 81 06 68 (* Domat/Ems 19. 4. 44) – **VG:** Basel, Wüthrich – **M:** Basel, Kpst.-Kab.; Bern, KM; Pfäffikon, Seedamm-Kulturzentrum; Zürich, Kunsthaus – **E:** seit 68, u. a. 68, 73 Lausanne, Gal. Impact; 71, 73 (Kat.), 76, 82 Basel, Stampa; 73 Wien, Gal. nächst St. Stephan (Kat.); 75 Chur, Bündner KM; 77 Zürich, Maurer; 77, 79, 81 St. Gallen, Buchmann; 82 Zürich, Emmerich; 85 Zürich, Kunsthaus (Kat.); 86 Zürich, Emmerich – Baumann; 91 Winterthur, KH; 93 Dortmund, KV; 97, 99, 00, 01 (Kat.), 04 (Kat.), 06 Basel, Wüthrich; 98 Muttenz, Kunsthaus Baselld – **G:** seit 69, zuletzt u. a. 01 Basel, Art Basel; Moutier, Mus. jurassien des Beaux-Arts; 06 Pontresina, Costa: Accrochage – ***Lit:*** LZSK 81; Matzner 87; KVS 91; Schweizer Lex. 91, II 92; Biogr. Lex. der Schweizer Kunst, I–II 98; – KAT.: C.F. Grün 80; Bibliogr. zur schweizer. Kunst und Denkmalpflege, 4 80/81 u. 7 84/85; W. Skreiner (Hrsg.): Neue Gal. am LM Joanneum. Gesamtkat. der Gem. 88 – (Red.)

Fonti, Ramiro; Basler Str. 319, CH-4123 Allschwil, Tel. 06 14 81 98 77, Fax 06 14 81 98 77, *fonram@bluewin.ch*, *www.ramiro-fonti.ch* – **G/T:** Malerei – (Red.)

Forck, Silja, Bildhauerin; Stettiner Str. 91, D-48147 Münster, Tel. (02 51) 8 92 01, *yokun@muenster.de* (* Münster 7. 10. 66) – **S:** 89–96 Johannes-Gutenberg-Univ. Mainz (Freie Bild. Kunst, Dipl. b. Prof. Ulrich Hellmann, Metallplast.) – **Ve:** VG Bild-Kunst 02; KünstlerinnenForum MünsterLd 02–04 – **G/T:** Zeichner. Plast. in Draht; Objektkunst (Holz, Metall, Glas, Stein) – **W:** überw. in Privatbes. – **M:** Münster, Villa ten Hompel – **E:** 96 Mainz, Univ.; 97 Wiesbaden, Kult.-schmiede; 00 Münster, Ellens Buchhandlung; 01 Münster, Marienschule (Gal.flur); 02, 03 Münster, Naturmöbelhaus E. Bald – **G:** 95 Mainz, Karmeliterkirche: 40 in 4. Kunst im Sakralen Raum (Kat.); 00, 01 Coburg, KV: Emaille-Bildobjekte; 02 Dortmund, Industr.mus. Zeche Zollern; 03 Münster, Villa ten Hompel: Ordnung in Unordnung in Ordnung – Der Stoff, aus dem die Provinz ist (Kat.); – sowie: 02 Telgte, Steinfurt, Ahaus, Lüdinghausen u. Münster

Forkel, Ariane, Glasgestalterin; c/o Künstlerhaus eins-eins, Lübbersmeyerweg 11, D-22549 Hamburg, Tel. (0 40) 39 46 22, *ariane.forkel@online.de* (* Worbis/Thür. 13. 7. 50) – **VG:** Drachselried/Bayr. Wald, Herrmann; Pilsach, Kurzendörfer; Wertheim, Mus.gal.; Wien, Neusser; Innsbruck, Glass Art; Ebeltoft, Glasmus. – **S:** 78–79 EBA Angers (außerordentl. Studentin); 80–87 Ec. des Arts et Métiers Paris (außerordentl. Studentin) 86 Praktikum in e. Glaswkst. in Hamburg – **Ve:** GEDOK Hamburg 98; VG Bild-Kunst 06 – **G/T:** Figürl. Glasplast.; Install.; Technik: Formgeschmolzenes Glas (Pâte de verre) – **K:** Fusing, formgeschmolzenes Glas – **M:** Ebeltoft, Glasmus.; Immenhausen, Glasmus.; München, Alexander Tutsek-Stift.; Rheinbach, Glasmus.; Wertheim, Glasmus. – **E:** 04 Rheinbach, Glasmus.; 06 Hamburg, Rosenthal-Studio – **G:** zahlr. Bet. seit 91, zuletzt: 04 Philadelphia, Liberty Mus. Auction (Kat.); 04 (Kat.), 06 Münster, Glasplast. u. Garten; 04 (Kat.), 06 Tubbergern/NL, Glasrijk; 06 Immenhausen, Glasmus.; München, Alexander Tutsek-Stift – **V:** Glasmuseum Im menhausen: 'Glas 2000' u. 'Glas 2003', Kat.; hier + heute. Glas aus Dtld, Kat.; Ruth Fabritius: A.F. – Neue Arb., in: GLASHAUS 3/04; Glasrijk Tubbergen 2005, Kat.

Fornara-Erni, Simone s. Erni, Simone

Forouhar, Parastou; Herrnstr. 5, D-63065 Offenbach, *parastou@parastou-forouhar.de*, *www.parastou-forouhar.de/portfolio* (* Teheran 2. 4. 62) – **S:** 84–90 Univ. Teheran (Kunst); 92–94 HS f. Gest. Offenbach (Aufbaustud.) – **P:** Reisestip. d. Hess. Kult.stift. 01; Stift. Kunstfonds – Arb.- u. Projektstip. 01; Balmoral-Stip. 04 – **G/T:** Zeichn., Install., Fotogr. – **E:** zahlr., zuletzt u. a. 02 Frankfurt am Main, de Light; Frankfurt am Main, Ausst.halle Schulstr. 1A; Offenbach am Main, Dt. Leder-Mus.; Teheran, Golestan Art Gall.; 03 Berlin, Hamburger Bahnhof – **G:** zahlr., zuletzt u. a. 03 Graz, LM Joanneum; Karlsruhe, Centre Cult. Franco-Allemand; Århus, Feast; Bonn, Frauen-Mus.; Aachen, RH – ***Lit:*** AKL – (Red.)

Forster, Hannes, Bildhauer; Mochlitz – Haus Nr. 1, D-15868 Jamlitz, Tel. (03 36 71) 3 13 06, *mail@hannes-forster.de*, *www.hannes-forster.de* (* Tuttlingen/Bad.-Württ. 58) – **S:** 79–86 HdK Berlin (Meisterschüler b. Prof. Herbert Kaufmann) – **P:** Förderkoje Art Cologne 88; Märkisches Stip. f. Bild. Kunst 88; Kunstpr. Junger Westen 89; Kunstpr. d. Kunstkreditbank Berlin 96 – **G/T:** archit. Skulpt., Grundrisse, Modelle im Skulpt.garten u. in d. Innenräumen d. Gal. Linneborn – **E:** / G: u. a. 83 Hamburg, Künstlerhaus Weidenallee; 84 Berlin, Der Standort; 86 Berlin, Förtsch; 87 Münster, Projekt Werkausst.; Berlin, Standort Zeughofstr.; 88 Lüdenscheid, StG; 89 Berlin, Menzel; Bochum, Januar; Mönchengladbach, StM Abteiberg; 90 Borkum, Gal. im Spieker; 92 Heilbronn, Neue Kunst im Hagenbucher; Schwäbisch Hall, StG; Frankfurt/Oder, Gallus; 94 Ravensburg, Kr.spk.; 95 Bialystok, Gal. Arsenal; 99 Tuttlingen, Artefakt; 01 Mönchengladbach, kunstraumno.10; 05 Berlin, Linneborn – (Red.)

Forster-Ströher, Christine s. Ströher, Christine

Foth, Detlev, Bildender Künstler, Maler, Zeichner; Wiesenstr. 72 B, D-40549 Düsseldorf, Tel. (02 11) 3 85 94 98, Mobil 01 73–5 30 26 74, *dfoth@foth-malerei.com*, *www.foth-malerei.com* (* Münster/Westf. 17. 9. 59) – **VG:** Meerbusch, Gal. Gutshof Haus Meer – **S:** 79–85 KA Düsseldorf (Freie Kunst, Meisterschüler v. Prof. K. Rissa) – **P:** Preisträger d. 'Aktion Kunstblatt' Rheinische Post Düsseldorf 78 – **G/T:** Ölmalerei, Zeichnung (Archit., Porträt, Akt, Lsch.); Papier; Ölcollagen – **W:** überw. in Privatbes. – **M:** Revin/Frankr., Staatl. Gemäldegal. – **Ö:** Düsseldorf, Heinrich-Heine-Inst.; ebda, Heine-Geburtshaus; Frankfurt/Main, Suhrkamp Verlag; Hilden, Repräsentanten-Gal. d. Stadt Hilden; Köln, TÜV-Akad. Rheinland; Oppeln/PL, Universität – **E:** zahlr. Ausst. seit 80, u. a. 81 Palma de Mallorca, Gal. d'Arte Sala Goya; 82 Revin, Gal. Intern. d'Art Contemp.; 90, 91 Luxemburg, Art Gall.; 99 Hattingen, KV; 01 São Paulo, Dt. Wirtschaftsclub; Oppeln/PL, Universität; Meerbusch, Gal. Gutshof Haus Meer; 02 Düsseldorf, Vodafone; 04 Angola, Portugies. Botschaft; 05 Köln, TÜV-Akad. Rheinland – **G:** zahlr. Ausst.bet., zuletzt 03 Strasbourg, Foire d'Art Contemp.; 05 München, whiteBOX; 07 (in Planung) Rastatt, StG (Slg Westermann) – ***Lit:*** Siebenlist, Grey & Partner GmbH: Arbeiten von D.F., Kat. d. Sammlung 98; AKL, Bd. 43 04

Foth, Ioana s. Luca, Ioana

Fraaz-Unterhalt, Anne (geb. Anne Fraaz), Zeichnerin, Malerin u. Kunsttherapeutin; Ohlmüllerstr. 5, D-81541 München, Tel. (0 89) 65 30 91 11, *AnneFraaz@yahoo.de* (* Trier 23. 11. 62) – **S:** 83–94 KA Münster (Zeichn. u. Malerei, Abschluß Freie Kunst); 88 ebda (Meisterschülerin v. Prof. L. v. Arseniew) – **P:** Stip. d. Ldschaftsverb. Westf.-Lippe (f. Gotland) 86; Förd.pr. Everswinkel 90; Kunstpr. Eisenturm (3. Pr.) 02 – **Ve:** BBK Göttingen 96–98; BBK München u. Obb. seit 99; GEDOK München seit 03 – **G/T:** Zeichn. u. Malerei (Mischtechnik, vorw. Arb. auf Papier) – **E:** 86 Visby, Gal. FGK – **G:** zahlr. Ausst.bet. seit 86, u. a. 86 Gronau, Kunstkr.; 88 Wadersloh, Mus. Abtei Liesborn; Brüssel, Ratssekretariat d. Europ. Gemeinschaft; 89 Selm, Burg Botzlar; 90 Everswinkel, RH; 97 Göttingen, Künstlerhaus mit Gal.; Göttingen, Musa Kult.zentrum; 01 Wasserburg am Inn, Gal. im Ganserhaus; 02 München, Ldwirtschaftliche Sozialversicherung Franken u. Obb.; St. Andreasberg, RH-Scheune; Mainz, Mainzer Volksbank; 03 Tutzing, Akad. f. politische Bildung – (Red.)

Fränkle, Helga s. Diez, Helga

Frahm, Barbara (geb. Barbara Knörrich), Freischaff. Bildende Künstlerin; c/o ATELIER HÜTTEN, Hütten 66, D-20355 Hamburg, Tel. (0 40) 3 19 43 25, Fax 3 19 43 11, *atelier.huetten@gmx.net*, *www.atelier-huetten.de*. c/o NF-Atelier, Beim Siel 29, D-25927 Neukirchen, Tel. u. Fax (0 46 64) 98 31 00 (* Hamburg 23. 4. 44) – **VG:** Hamburg, ATELIER HÜTTEN (eigene Vertretung) – **S:** ATELIER HÜTTEN (Ch. Schultz, R. Müller): Zchng, Malerei, Graph.; Kunstgesch. (Prof. Ch. Beutler) – **L:** 99 Ilmenau, Rad.kursus f. Schüler 'Selbstbildnisse' – **Ve:** BBK 78 – **KGr:** HAW Dt.-dänische Künstlergr. (seit 93) – **KGe:** ATELIER HÜTTEN: B.F., Renate Müller, Christel Schultz (seit 75) – **G/T:** Fotogr.; Aqu.; Acrylmalerei; Objektkunst; Install.; Porträtzchng u. -malerei; Ldsch.; Sakrale Themen; Umweltkrit. Themen – **W:** überw. in Privatbes. im In- u. Ausland – **Ö:** in Hamburg: Krankenhaus St. Georg, DRK-Station Allermöhe, Volksfürsorge – **G:** 79 Lübeck, Overbeck-Ges.: Intern. Moderne Grafik IX; 83 Hamburg, BP-Clubheim: Vorstellungs-Ausst.; Berlin, Förderkr. Kulturzentrum: 1. MAISALON; 84 Bonn, Ldesvertretung Hamburg; 86 Heidelberg, 5. Bienn. d. Europ. Grafik; 87 Madrid, Gal. Prinz: Grafik-Ausst. Alemania; 91 Ilmenau, Alte Försterei; 94 Lübeck, Künstlerzentrum; 95–06 6 Doppelkirchen-Ausst. im Grenzland Dtld/Dänemark: 95 'Ostern', 98 'Pfingsten', 00 'Hiob' 02 'Schöpfung', 04 'Gloria Dei', 06 'Paradies' – **V:** Selbstbildnisse 99 (künstler. Gest. d. 5. Ilmenauer Kinderbuches 'Wirklichkeit u. Traum', m. Originalrad.); Kopfzeit, Rad./Mappe, m. Renate Müller u. Christel Schultz 98/99 (beide gedruckt auf d. HÜTTENPRESSE) – **R:** Interview z. Ausst. 'Schattenzeit' in d. Gal. Altholzkrug, Flensburg, RSH 92 – ***Lit:*** Künstler in Hamburg, Lex. 82; Wulf Schadendorf (Red.): Atelier Hütten. B.F., Renate Müller, Christel Schultz – Aquarelle, Punktarbeiten, Zeichn., Farbrad., 1. Werkkat. 83; Lucy Schauer: Kat. z. 1. MAISALON 84; 5. Bienn. d. Europ. Grafik, Kat. 86; P.C. Mayer-Tasch: Ein Netz f. Ikarus 88; Ulrike Wolff-Thomsen: Lex. Schleswig-Holstein. Künstlerinnen 94; M. Presley: 20 Jahre ATELIER HÜTTEN, in: Kultur, Stadtmag. Hamburg 94; Kunst u. Kirche im Dialog, Kat. (Beiträge z. HAW-Kirchenausst. 'Hiob') 00; Kat. z. HAW-Kirchenausst. 'Schöpfung' 02

Frančik, Gabi (geb. Gabi Scholz), Malerin, Illustratorin; Karl-Tauchnitz-Str. 15, D-04107 Leipzig, *gayabi@compuserve.de*, *www.gabi-francik.de* (* Leipzig 9. 1. 64) – **P:** Stip. d. dt.-frz. Jugendwerks Paris ENSBA 91; Stip. Kult.stift. Leipzig 02 – **Ve:** BBK 95 – **G/T:** Collage; Malerei (Acryl, Mischtechnik, Kasein, Tempera); Ill. (Zeichn. coloriert); figürlich – **V:** G. Pohl: Klangbild-Gemeinwesen (Ill.) 04; Victor Kalinke: Erst die Linke dann die Rechte (Ill.) 04 – ***Lit:*** in: ejaculata, Zs 00; bei Leibe, Ausst.kat. 01; Ina Gille, in: Leipziger Blätter, Zs 02 – (Red.)

Franck, Katharina, Metallbildhauerin; c/o Werkstatt Galerie, Blockstr. 6, D-35117 Münchhausen, Tel. (0 64 23) 39 00, Fax 96 44 81, *www.katharina-franck.de* (* Landau/Bad Bergzabern 15. 11. 55) – **S:** 74–81 Univ. Oldenburg (Lehramt Kunst) – **L:** 81–91 div. Gymnasien u. Fachoberschulen – **G/T:** Metallbildhauerei; florale Objekte, oft in Verbindung m. Wasser, Licht u./o. Glas f. Innen u. Außen – **Ö:** Birkenbringhausen, Schmiede; ebda, Mus.; Ranischholzhausen, Brunnen v. Apotheke; Verden, Garten d. VHS; Weyhe, RHpl. – **G:** ständig vertreten in Münchhausen, Wkst. Gal. – ***LitR:*** Bilderbogen, Hess. RF 01; Hessentip 01, 03 – (Red.)

FRANEK (eigtl. Sabine Franek-Koch, geb. Sabine Koch), Malerin; Martin-Luther-Str. 78, D-10825 Berlin, Tel. (0 30) 7 84 37 68, Fax 7 84 32 93, *franek@snafu.de, www.franek-berlin.de.* Elbuferstr. 24, D-21354 Bleckede, Tel. u. Fax (0 58 57) 3 52 (* Potsdam 1. 9. 39) – **VG:** Berlin, Meinhold & Reucker; Hannover, Artforum; Bonn, Hennemann; Hamburg, Wiechern – **S:** 59–62 HdK Berlin; 63 Meisterschülerin – **L:** 86–87 HdK Berlin (Gastprof. f. Malerei); 89–90 HS f. Industriedesign Helsinki (Malerei); KSch. Lahti/Finnland (Malerei); 93 HS f. Kunst Bremen (Gastprof. f. Malerei) – **P:** Kunstfonds Bonn (Projektförd.) 81; Arb.stip. Berlin 81, 82; Künstlerstätte Bleckede 84; Resident Artist d. Djerassi Found. Woodside 91; Arb.stip. d. Casa da Cultura Madeira 95 – **Ve:** VG Bild-Kunst; BBK Berlins; Ver. Düsseldorfer Künstler – **KGr:** Neue Gruppe München – **G/T:** Malerei, Zeichn., Druckgraph., Fotogr., Film – **W:** zahlr. Werke in Privatbes. u. Slgn v. Banken, Versicherungen u. Unternehmen – **M:** Berlin, Berlinische Gal.; Berlin, Neuer Berliner KV; Berlin, SMPK; Berlin, Slg d. BRD; Bremen, KH; Duisburg, Slg Haniel; Hamburg, KS d. NDR; Hannover, Sprengel Mus.; Lahti, KM u. Poster Mus.; Mülheim an der Ruhr, KM; München, Haus d. Kunst; Salzgitter, StKS Schloß Salder; Witten, Märk. Mus. – **Ö:** Berlin, Auswärtiges Amt; ebda, Dt. Bundestag, Berliner Volksbank; Bonn, Auswärtiges Amt; Düsseldorf, Thyssen AG; Frankfurt am Main, Kreditanstalt f. d. Wiederaufbau; Hamburg, Hermes Kreditversicherung; Hannover, BHF Bank; Los Angeles, Goethe-Inst.; Lüneburg, Bez.reg.; Wiesbaden, DePfa-Bank AG – **E:** u. a. 00 Hannover, Artforum; 01 Uelzen, KV; 02 Heidelberg, KV; 02, 03 Witten, Märk. Mus.; 03 Neustadt am Rübenberge, Kloster Neusee; Hannover, Gal. v. Zufall u. v. Glück; 03, 04 Los Angeles, Goethe-Inst.; 04 Berlin, Meinhold & Reucker; 05 Berlin, KAP-Gal.; 06 Budapest, Erlin Gall. – **G:** zahlr. Ausst.bet. seit 68, zuletzt u. a. 98 Potsdam, Staatskanzlei Brandenburg; Köln, Art Cologne; Heidelberg, KV; Heidelberg, Kunsthist. Inst. d. Ruprecht-Karls-Univ.; 00 Düsseldorf, Große Kunstausst. NRW; 01 Berlin, Noack; Augsburg, Nationale d. Zeichn.; 01, 03 München, Große Kunstausst.; 03 Salzgitter, StKS Schloß Salder; Potsdam, Kunsthaus – **V:** Kreuz des Südens 88; Franek-Koch, Sabine: In den Zeichen. Nazca-Projekt. 82; dies.: Nazca 81; Senator für Wissenschaft und kulturelle Angelegenheiten (Hrsg.): Grenzüberschreitungen. 7 Arbeitsstipendiaten, Einzelkat. in d. Mappe 81 – **R:** Verzeichnis, 3/4 Zoll U-Matic Kassette 80; Fred Thieler – ein Filmspektakel, 16mm-Film; – Super8-Filme: In den Zeichen 1 81; In den Zeichen 2 – Hommage an Maria Reiche 81; Lakota Tagebuch 83; Die Zeit der Störche oder was macht ein Indianer an der Elbe – ***Lit:*** u. a. FRANEK. Heisterbusch 88; FRANEK. Legende Deutschland 90; FRANEK. Kalevala 91; FRANEK. Ringplanet 93; FRANEK. Muralpaintings 96; Kulturforum Lüneburg (Hrsg.): FRANEK. Einfangendeswindes 98; FRANEK. Allegorien der Sinne 01; Hans Gehrke u. Wolfgang Zemter (Hrsg.) FRANEK. Bergeversetzen 02; KAP Berlin (Hrsg.): FRANEK. Vampir im Rücken 05 – ***LitR:*** Karussel – die Berliner Malerin Sabine Franek-Koch, SFB 69; In den Zeichen – ein Porträt der Berliner Malerin Franek-Koch, SFB 83

Franjevic, Vlado, Zeichner, Maler, Objektkünstler; Dorfstr. 70, FL-9495 Triesen, *vlado@vlado.li, www.vlado.li* (* Martinac/Kroatien 4. 8. 63) – **S:** 82–85 Schule f. angew. Kunst Zagreb (Malerei) – **P:** Werkjahrstip. d. Kult.beirates d. Fürstlichen Regierung Liechtensteins – **Ve:** Kroatische Ges. f. Bild. Künstler (HDLU) 01 – **G/T:** Malerei u. Zeichn. (figurativ-abstr.); Multimedia-Install.; Wandobjekte u. -montagen; Objektkunst (Holz, Textil) – **K:** exper. Acrylmalerei (Kunstpostkarten u. -kal., Zss- u. Buchtitelseiten) – **W:** Werke in Privatbes. – **M:** Vaduz, Slgn d. Fürsten v. Liechtenstein – **Ö:** Ruggell, Gemeindegebäude; Triesen, Gemeindegebäude – **E:** 93 Monaco, Gal. de la Cattedrale; 01 Bjelovar, Gradski muz.; Vaduz, Artestade; 04 Triesen, Atelier 11 – **G:** 97 Zagreb, MGC (Croatian Horizons); 99 Männedorf (PoEthisches, Benefiz f. d. Kosowo); 00 Altstätten, Schollenmühle; 02 Yogyakarta, Gal. Taman Budaya; 03 Berlin, Berliner Kunstprojekt (Taking pictures & writing on the wall); Sofia, Kult.pal. (Second World Art Print Annual/ Mini Print); Nis, Gal. savremene likovne umetnosti; 04 Olten (use-go Art) – (Red.)

Franjo s. Basdera, Franz

Frank, Bernward, Kinetiker, Bildhauer; Viktoriaallee 27, D-52066 Aachen, Tel. Mobil: 01 79–6 60 26 27, Fax (07 21) 1 51 38 89 66, *info@kineticart.de, www.kineticart.de.* Süsterfeldstr. 99, D-52072 Aachen (* Hannover 7. 9. 59) – **S:** als Steinbildhauer – **Ve:** VG Bild-Kunst 98; BBK 01 – **KGr:** Kineticus (seit 01) – **G/T:** kinet. Kunst – **K:** kinet. Kunst; Exper.-werkstätten – **W:** in Slg kinet. Kunst; Hamburg, Gernot Huber-Stift.; Leeuwarden, Stift. Vijversburg – **M:** Erkelenz-Lövenich, Rhein. Feuerwehrmus. – **Ö:** u. a. Aachen, Tierpark (Gaukler); Hamburg, Wasserwerke (Kippzylinder); Leichlingen, Skulpt.park Murbachtal (WindTaumelScheibe); Vijversburg, Skulpt.park Bos van Ypey Stift. Beeldenpark (WindPendel); Würselen, Disply Intern. (Wasserwaage) – **E:** zahlr., u. a. 97 Porto/Portugal, Kinetikworkshop; 00 Rügen, Expo 2000 (Duwenbeekprojekt); 01 Abu Dhabi, Wirtschaftsmesse; 04 Engen, Schlachthof; – weitere: 96 Insel Ummanz – **G:** zahlr. Bet., u. a. 98 Hamburg, Gernot Huber-Stift.; Hamburg, Vierlanden: Kunst-Lsch.; 99 Leichlingen, Skulpt.-park Murbachtal: Die 4 Elemente; Ulm, Kinder- u. Jgd.-mus. auf Zeit: Maccinata; 00 Aachen, Am Bootsverleih Hangeweiher: WünschelRoute; 01 Mettingen, Schillingspark Düren-Gürzenich: SkulpTour2001; 02 Gegenbach, Mus.: Schau- u. Staunraum; Kerkrade, Industrion: Industr.zone II; 04 Stolberg, Burg: The Best of Heaven; – weitere: 00 Halifax/GB, Sculpt. Trail; 03 Leeuwarden, Art in Motion; 04 Kostroma, Kostroma Exchange; Geldern, Antistatic – **V:** zahlr. Art. z. kinet. Kunst; Bewegung u. Utopie, Art. (z. Kineticus) 04; Tendenzen d. letzten 30 Jahre, in: Kunst u. Unterricht, Kinetik-Art. 05 – ***Lit:*** B.F. Kinet. Kunst, Werkkat./DVD 05 – ***LitR:*** div. Reportagen

Frank, Erna (geb. Erna Schafranek), Mag. Art., Malerin, Bildhauerin, Zeichnerin; Liechtensteinstr. 20/28, A-1090 Wien, Tel. (01) 3 17 10 59, *www.artvienna.at/ernafrank.html* (* Wien 4. 4. 42) – **S:** 58–65 HS f. angew. Kunst Wien (b. d. Prof. Carl Unger u. Eduard Bäumer, Dipl. f. Malerei) – **P:** Pr. d. HS f. angew. Kunst Wien (f. Malerei) 65; Öst. Staatsstip. f. bild. Kunst 77; Theodor-Körner-Förd.pr. 80; Arb.stip. d. Kult.amtes d Stadt Wien 81; Würdigungspr. d. Stadt Wien (f. Malerei) 85 – **Ve:** VBK Öst. – **G/T:** Malerei; Zchng; Plast.; satir. Inhalte – **Ö:** Wien, Bundeskanzleramt; ebda, Gemeindebauten d. 13. u. 22. Bez. (Mosaike), Kult.amt

Kurbad Oberlaa (Mosaik), Rustengasse 9–11 (Mosaike), Sommerbad Simmering (keram. Sitzbucht), Unterrichtsmin. – **E:** zahlr. u. a. 72 Wien, Amerikahaus; 75 Wien, Secession; 80 Zug, Gal. Kolin; 89 New York, Natcon Art; 02 Wien, ÖBV-Atrium – **G:** zahlr. Bet. u. a. 75 Wien, Messepal.; 76 Eisenstadt, Schloß Esterházy, LG: Kunstszene Wien; 78 Wien, Secession; New York, Union Corbide Gall.; – zuletzt: 01 Wien, HM: Armut (Kat.) – ***Lit:*** u. a. Gerhard Jaschke u. I. Th. Wald: Freibord Wien 76; Beate Soltesz: Objekt Mann 86; Peter Gorsen: Sexualästhetik. Grenzformen d. Sinnlichkeit im 20. Jh. 87; in: Wespennest 89 92 u. 129 02; Pieter Schrage u. Philipp Maurer: Realist. Kunst in Wien 1945–1995 – ***LitR:*** Mario Hann: Überspitzt, Film (ORF heute) 95

Frank, Gisela; Döblinger Hauptstr. 20, A-1190 Wien, Tel. (01) 3 69 39 95, *www.kunstverkehr.at/* – **G/T:** Malerei – (Red.)

Frank, Karin, Bildhauerin, Objektkünstlerin; Birkenweg 28, A-2380 Perchtoldsdorf, Tel. Mobil: 06 7 69 24 35 03, *kfrank@mur.at*, *www.karinfrank.com* (* Wien 13. 6. 72) – **VG:** Salzburg, Gal. Academia – **S:** 92–97 ABK Wien – **P:** Anerkennungspr. f. Bild. Kunst d. Ldes NdÖst. – **Ve:** IG Bild. Kunst 99 – **G/T:** Objektkunst, Bildhauerei (Holz) – **W:** Privatslgn – **E:** 03 Wien (Klaus Engelhorn 20); 04 Graz, LM Joanneum – ***Lit:*** Neue Galerie Graz – Studio, Kat. 04 – (Red.)

Franke, Dagmar – photo-art (geb. Dagmar Schelzel), Fotografin; Fockestr. 9, D-04275 Leipzig, Tel. (03 41) 3 01 75 94, Mobil: 01 7 23 43 47 19, *musikcult@yahoo.de*, *www.engel-in-le.de* (* Leipzig 4. 5. 56) – **S:** 87–91 Selbststud. sowie div. Workshops u. Lehrgänge an versch. Einrichtungen u. b. unterschiedl. Fotografen – **Ve:** Neuer Leipziger KV 96–02 – **G/T:** FOTOGR.: Archit., geometr. Strukturen u. Linien, Alltagsportr., Friedhofs-Kult., Skulpt., Naturaufnahmen u. Spiegelungen – **W:** zahlr. Ausgestaltungen v. Trauerhäusern bzw. -räumen in Dtld – **Ö:** Chemnitz, Trauerhaus; Leipzig, Haus d. Begegnung; ebda, Hospiz Advena, St.-Elisabeth-Krankenhaus – **E:** 95 Leipzig, Hörsaalgebäude d. Univ.; 97 Leipzig, Reformierte Kirche; Leipzig, Hotel Adagio (Verkaufsausst.); 99 Dresden u. Chemnitz, Antea-Bestattungen; 99 Leipzig, Laurentius-Kirche; 00 Leipzig, Haus d. Buches; 02 Leipzig, Hospiz Advena; 03 Leipzig, St.-Elisabeth-Krankenhaus; 04 Leipzig, Ahorn-Grieneisen 'Haus d. Begegnung'; 05 Leipzig, Gal. photo-art & lyrik – **V:** FOTOGR.: Karin Quooß: Nekropolitanische Gesänge 99; Im Garten der Erinnerung, Kal. (Inst. Dresden) 00; Piätas, Kal. (Inst. Halle-Leipzig) 03; – sowie div. Trauer- u. a. Postkarten im Eigenverl. u. Veröff. in Werbeprospekten

Franke, Erich, Maler, Graphiker; Naunhofer Str. 11, D-04668 Parthenstein, Tel. u. Fax (03 42 93) 4 44 68 (* Borsdorf/Leipzig 3. 1. 44) – **S:** 66–71 HGB Leipzig (Fachkl. f. Freie Graph. u. Ill., b. Werner Tübke, H. Mayer-Foreyt, I. Holbeck-Kappler u. R. Kuhrt) – **P:** Graph.wettb. d. 'Sonntag' (1. Pr.) 73; Stip. als Zusatzstud. (Aspirantur) an HGB Leipzig 75–78; 100 ausgewählte Grafiken d. DDR (Anerkennung) 77 – **Ve:** VBK DDR 74–90; BBKL 91 – **G/T:** Wiedergabe konkreter Situationen u. Details; Einzelportr. v. Kindern u. Jugendlichen; Lsch.bilder; Arbeiten auf Papier: Aqu., Pastell, Zchng, Lith.; Handzchng – **M:** Chemnitz, KS; Frankfurt/Oder, Mus. Junge Kunst; Frankfurt/Oder, Stadtarchiv; Leipzig, MBK; Markkleeberg, WAMA; Weimar, Klassik Stift. – **E:** u. a. 76, 79 Grimma, Kunsthaus; 79 Machern, Schloß; 80 Merseburg, TH; 81 Leipzig, Gal. Wort und Werk; 99 Colditz, Mus.; Colditz, Fremdenverkehrsamt; 03 Golzern, Papierfabrik; 04 Grimma, Privatschule Karin Harnack – **G:** u. a. 71 Leipzig, IBA; 74, 76, 80 Frankfurt/Oder, Mus. Junge Kunst; 75, 77 Altenburg, Lindenau-Mus.; 79 Berlin, Altes Mus.; 83 Wurzen, RHgal.; 85 Leipzig, Gal. Wort und Werk; 89 Berlin, Akad.-Gal.; 92 Grimma, StG – ***Lit:*** G. Meißner: Leipziger Künstler d. Gegenwart 77; I. Leps: Pos. Verhältnis zu verändertem Bild, In: Union v. 5.12.79; L. Günther: Was treibt der eigentlich?, in: Sonntag, Nr. 50 84; E. Schulreich: Kontraste in d. Landschaft zusammenführen, in: Leipziger Volksztg 6.1.99; B. Warning: Farbenfrohe Bilder zeigen d. Landschaft d. Muldentals, in: ebda 8.9.99; U. Sander: Überschau aus vier Jahrzehnten, Laudatio 04; Bildende Künstler in Leipzig 06

Franke, Herbert W., Dr. phil.; Austr. 12, Puppling, D-82544 Egling, Tel. (0 81 71) 1 83 29, Fax 2 95 94, *franke@zi.biologie.uni-muenchen.de*, *www.herbert-w-franke.de;* *www.zi.biologie.uni-muenchen.de/~franke* (* Wien 14. 5. 27) – **L:** 73–97 Univ. München (LAuftr. f. kybernet. Ästhetik, später: Computergraph.-Computerkunst); 74 Intern. Musikforum Breitenbrunn (Leitung d. Arb.kr. 'Ist Kunst meßbar?'); 84–98 ABK München (LAuftr. Computergraph. u. Computerkunst) – **P:** Computerkunstpr. d. Vrg Dt. Software-Hersteller 87 – **Ve:** DGPh; Art Research Center Kansas; Künstlerhaus Wien; Inter-Society for Electronic Art Rotterdam; ARS MATHEMATICA Paris – **G/T:** Computergraph., Medienkunst – **E:** / G: u. a. 59 Wien, MAK; 68 Berlin, TU; 70 Venedig, Bienn.; seit 70 über 150 Ausst. d. Goethe-Inst. München in div. Ländern; 74 Breitenbrunn, Gal. Frenken; 75 Wien, Künstlerhaus; 89 München, Univ.; 94 Leipzig, Univ.; 00 Landau in der Pfalz, Villa Strecci-us; Wrocław, NM – **V:** u. a. Kunst u. Konstruktion 57; Phänomen Kunst 67; Computergraph. – Computerkunst 71; m. G. Jäger: Apparative Kunst. Vom Kaleidoskop z. Computer 73; Phänomen Kunst. Die kybernet. Grundlagen d. Ästhetik 74; Computergrafik-Galerie. Bilder nach Programm. Kunst im elektron. Zeitalter 84; m. H. Helbig: Die Welt d. Mathematik. Computergrafik zw. Wiss. u. Kunst 88; Wege z. Computerkunst 95; m. H.G. Frank: Ästhet. Information 97 – ***Lit:*** Gerhard Dotzler (Hrsg.): computer art faszination 92; Sozo Hashimoto: Sources of CG. Historical Research in Art and Technology until 1963 03; Penesta Dika: Die Computerkunst H.W.F.s, Dipl.arb. 03

Franke, Regina, Malerin, Graphikerin; Parkstr. 10A, D-08056 Zwickau, Tel. (03 75) 2 00 05 96, *malerei-grafik@reg-franke.de* (* Zwickau 27. 5. 53) – **S:** 69–71 Lehre als Schrift- u. Plakatmalerin; 73 intensive autodidakt. Arb. m. d. Techniken Zchng, Rad. u. Lith. – **P:** Förd.pr. d. Staatl. Kunsthandels d. DDR 85; Kunstpr. d. Stadt Riesa (1. Pr.) 91, (2. Pr.) 93; Stip. ARCI, Trento/Ital. 93; Künstlerwettb.-Exlibris (2. Pr.) 01, (3. Pr.) 03; Kunst am Bau (1. Pr. f. BGS Bad Düben u. Pr.trägerin f. Behördenzentrum Suhl) 01, (1. Pr. f. Robert-Koch-Inst. Wernigerode) 02; Christoph-Graupner-Kunstpr. 03 – **Ve:** Förd.studio f. Grafik Zwickau 73; VBK DDR 84; BBK 91; CKB (Vorstandsmitgl.) 98–04; Dt. Exlibris-Ges. 01 – **W:** Privatslgn u. a. in Belgien, Dänemark, Dtld, Ital., Kanada, Luxemburg, Niederl., Öst. u. d. Schweiz – **M:** Bad Steben, Graph.mus. Stift. Schreiner; Berlin, Bundesmin. d. Finanzen; Berlin, Bundesmin. f. wirtschaftl. Zus.arb. u. Entwicklung; Chemnitz, Neue Sä. Gal.; Dresden, Kunstfonds d. Freistaates Sa.; Dresden, TU (Med. Fak. Carl Gustav Carus); Frederikshavn, KM; Mainz, Gutenberg-Mus.; Rostock, KH; Wien, Öst. Nat.bibliothek; Zwickau, StM – **Ö:** Bad Düben, BGS (Wandgest.); Chemnitz, Volksbank; Flöha, Kr.spk. Freiberg; Suhl, Behördenzentrum (Wandgest.); Werdau/Crimmitschau, Kr.krankenhaus; Wernigerode, Robert-Koch-Inst. (Wandgest.); Zwickau, SchmidtBank; ebda,

Spk. (Finanz-Center), Cafe allinone (Wandgest.), Robert-Schumann-Haus – **E:** zahlr. seit 85, u. a. 85 Plauen, Gal. 75; 87 Glauchau, Kunst- u. Antiquitätengal.; 88 (m. Wolfgang Lehmann u. Werner Rauschhardt), 99 (m. Peter Schönhoff u. Matthias Stein), 03 (m. Christian Lang) Zwickau, Gal. am Domhof; 89 Olfen, KV; 90 Saalfeld, Gal. Das Bunte Lädchen; 91 (m. Erika Harbort), 93 Chemnitz, Gal. D 19; 92, 06 Meerane, Gal. Art-In; 93 Riesa, StG; 96 Chemnitz, Foyer-Gal. d. Schauspielhauses; 98 Bad Steben, Graph.mus. Stift. Schreiner; 01 Saalfeld, Saale-Gal. (m. Gerda Lepke); 02 Glauchau, Stadttheater; 03 Plauen, Malzhaus (m. Christian Lang); Chemnitz, Neue Chemnitzer Kunsthütte (m. dems.); 04 Frederikshavn/Dänemark, KM; Werdau, Ldratsamt Zwickauer Ld; 05 Oelsnitz, Bergbaumus.; Leverkusen, Gal. f. Kunst & Design – **G:** zahlr. seit 85, u. a. 85 Karl-Marx-Stadt, Bez.kunstausst.; Berlin, Cottbus, Dresden, Karl-Marx-Stadt, Leipzig, Rostock u. Suhl, 100 ausgewählte Graph.; 89 Leipzig, MBK: Quadrienn. Zchngn d. DDR; 90 Berlin, Cottbus, Dresden, Karl-Marx-Stadt, Frankfurt/Oder, Rostock u. Suhl, 100 ausgewählte Graph.; 92 Bonn, Frauen-Mus.: Seitensprung; 96, 98, 00, 02 Chemnitz, Neue Sä. Gal.: 100 Sä. Grafiken; 01, 05 Gliwice/Polen, Intern. Ex Libris Graph. Contest; 01, 04 Bratislava, Intern. Ex Libris Trienn.; 02 Malbork/Polen, Intern. Bienn. Exhib. of mod. Ex Libris; Koblenz, Haus Metternich: Kunst aus Chemnitz; 03 Chemnitz, Gal. im Schauspielhaus; Ostrów Wielkopolski/Polen, Intern. Bienn. of Small Forms and Ex Libris; 04 Bad Steben, Graph.mus. Stift. Schreiner; 05 Zwickau, Gal. am Domhof: Intern. Grafiksymposium ZEBRA 3; Leipzig, Große Sä. Kunstausst.; Sint-Niklaas/Belgien, Intern. Ex Libris Competition

Frankenstein, Wolfgang, Maler, Graphiker, Karikaturist (* Berlin 5. 5. 18) – **VG:** Dresden, Kühl – **S:** 33–37 KGS Berlin (b. Max Kaus); 41–42 KHS Berlin; 52–54 AK Berlin (Meisterschüler b. Heinrich Ehmsen) – **L:** 62 Univ. Greifswald; 68–83 Humboldt-Univ. Berlin (Leiter d. Bereichs Kunsterziehung, seit 77 Prof.) – **P:** Kunstpr. d. DDR 60 – **Ve:** Assoc. d'Art Plastique d. UNESCO (E.präs 79) – **KGr:** Freundeskreis der Galerie Gerd Rosen; Junger Westen; Der Ring (51) – **M:** Berlin, NG; Chemnitz, KS; Frankfurt/Oder, Mus. Junge Kunst; Oberhausen, Ludwig-Gal.; Schwerin, Staatl. Mus. – **E:** 03 Berlin, SM – weitere: Berlin, Raab – ***Lit:*** Flemig 93; Lang 02; Schweers 02; NG Berlin 03 – (Red.)

Franz, Ekkehard, Dipl.-Designer, Maler, Holzgestalter; c/o Verband Bildender Künstler Thüringen, Krämerbrücke 4, D-99084 Erfurt, Tel. (03 61) 6 42 25 71, Fax 6 42 25 63, *info@vbkth.de*, *www.kuenstler-thueringen.de* (* Dedeleben 16. 2. 47) – **S:** 70–75 HS f. industr. Formgest. Burg Giebichenstein Halle/Saale (b. Prof. Lothar Zitzmann) – **L:** 97–03 HWK Erfurt (Gest. im Handwerk, Farbgest.) – **Ve:** VBK Thür. 76 – **KGr:** Künstlergr. Hohenfelden – **G/T:** Objektkunst (Holz); Malerei (Öl, phantast.-realist.-illusor.) – **K:** Grundlagen d. Komposition – **M:** Mühlhausen/Thür., Mus. Allerheiligenkirche; Sonneberg, Dt. Spielzeugmus. – **Ö:** Ilmenau, Verwaltungszentrum – **E:** zahlr. seit 78, zuletzt 00 Rudolstadt, Gal. im Schillerhaus; 03 Berlin, Painen; 05 Suhl, Gal. im CCS – **G:** u. a. 02 Greifswald, Jantar; 03 Erfurt, Kult.hof z. Güldenen Krönbacken; 04 Döbeln, SM; 06 Liechtenstein, Gal. am Lindenpl.; Weimar, Kunstkab. am Goethepl.

Franz, Elvira (geb. Elvira Förtsch), Designerin, Malerin; c/o Verband Bildender Künstler Thüringen, Krämerbrücke 4, D-99084 Erfurt, Tel. (03 61) 6 42 25 71, Fax 6 42 25 63, *info@vbkth.de*, *www.kuenstler-thueringen.de* (* Bad Blankenburg 11. 5. 51) – **S:** 70–75 HS f. industr. Formgest. Burg Giebichenstein Halle/Saale – **Ve:** VBK Thür. 76 – **KGr:** Künstlergr. Hohenfelden – **G/T:** Konkrete Kunst (Malerei) – **W:** Slg d. Spk. Mittelthür. – **M:** Berlin, Bundesmin. f. Umwelt u. Reaktorsicherheit; Greiz, Mus. Unteres Schloß; Meiningen, Meininger Mus.; Sonneberg, Dt. Spielzeugmus. – **Ö:** Ilmenau, Verwaltungszentrum – **E:** zahlr. seit 78, zuletzt 00 Rudolstadt, Schillerhaus; 03 Berlin, Painen; 04 Erfurt, Gal. im Haus z. Bunten Löwen – **G:** zahlr. Bet. seit 78, zuletzt 00 Kassel, Kult.bahnhof; 02 Greifswald, Jantar; 03 Erfurt, Kult.hof z. Güldenen Krönbacken; 04 Döbeln, SM; Sondershausen, Schloß; 06 Liechtenstein, Gal. am Lindenpl.; Weimar, Kab. am Goethepl.

Franz, Herbert, Maler, Graphiker; Engelsdorfer Str. 10, D-04451 Borsdorf, Tel. (03 42 91) 2 22 36, Fax 2 31 32, *shen@herbertfranz.de*, *www.herbertfranz.de*. Atelier: Friedrich-List-Pl. 1, D-04103 Leipzig (* Wernigerode 31. 7. 53) – **VG:** Hagen, Nova; Leipzig, Kunstkaufhaus – **S:** 80–83 Abendakad. d. HGB Leipzig; 83–88 HGB Leipzig (Malerei u. Graph. b. V. Stelzmann u. A. Rink) – **L:** 00–01 VHS Grimma (Techniken d. Malerei); 01–02 Rahn + Partner Leipzig (Aqu.-malerei, freier Doz.); 01–03 Akad. f. Technik u. Wirtschaft Leipzig (freies u. objektorientiertes Darst.) – **Ve:** BBKL 90 – **G/T:** Malerei (Öl, Acryl); Zchng (u. a. Feder, farbige Tuschen); Graph.; Mischtechniken; auch auf großformat. Tafeln u. Lw.; umfangreiche Folgen z. Alten u. Neuen Testament/Exodus; figürl.-thematische Arb.; Faltblatt, Signet u. Plakat; Elektron-Medien (Webgest.) – **W:** zahlr. Arb. in privaten Slgn – **E:** 90 Leipzig, Südost; 92 Leipzig, KV Kolonie Ost; 94 Leipzig, Stadtverwaltung; 95 Wurzen, Gal. im Gang; 96 Wittenberg, Mundschenk; Quedlinburg, Kunsthoken; Leipzig, PC-Ware GmbH; 97 Engelsdorf, Gal. 4 × 10; 98 Torgau, Gal. im ehem. Jgd.werkhof; Leipzig, Gal. im Eitingon; 99 Leipzig, Kunstkaufhaus; Torgau, KV; Panitzsch, Ev. Gemeindezentrum; 99, 03 Hagen, Nova; 01 Leipzig, Peterskirche; Querfurt, Burg Querfurt; Grimma, RH-Gal.; 02 Leuna, Gal. im cCe; Leipzig, Verwaltung d. Dresdner Bank AG; Leipzig, Stadtbibl.; 04 Meißen, Dom; 05 Pirna, Kuratorium Altstadt Pirna; Leipzig, Kleine Europagal.; – weitere: 98 Verwaltungsgebäude d. Kassenärztl. Vrg Sa. – **G:** zahlr. Bet., zuletzt 03 Leipzig, XPOSÉ – **V:** Ute Franz: Gedichte (Federzchng) – ***Lit:*** A. Schierholz: Dix u. d. Reise durch d. Nacht, Mitteldt. Ztg 96; Carla Hanus: Klischees entkleidet, Mitteldt. Ztg 96; Isabella Galuschka: Bibl. Themen m. mod. Elementen, Westf.post 99; Jürgen Henne: Traditionelle Kunst m. breiten Schneisen f. neue Einflüsse, Leipziger Volksztg 99; Elke Jäger: 42 Blätter u. doch ein Bild zuviel, Mitteldt. Ztg 02; Jürgen Henne: Kunst als Inspiration, Leipziger Volksztg 02; Marianne Hoppe: Die Sichtweise d. Leipziger Malers H.F., Hagener Ztg 03; Bildende Künstler in Leipzig 06

Franz, Martin, Prof., Maler, Graphiker; Fleischmannstr. 2, D-17489 Greifswald, Tel. (0 38 34) 82 30 12 (* Hamburg 8. 7. 28) – **VG:** Greifswald, Greifengalerie – **S:** 50–54 Univ. Greifswald (Inst. f. Kunsterziehung, b. Prof. Wegehaupt) – **L:** 54 Greifswald (Inst. f. Kunsterziehung, zuerst als Ass., später Doz. u. Prof.) – **P:** Wismar Aufenthaltsstip. 90 – **Ve:** VBK DDR 69; BBK 93 – **G/T:** Naturstud., Farblehre, Malerei – **K:** Ldschaftsmalerei (Rügen) – **W:** überw. in Privatbes. sowie in Mus. in Greifswald, Kiel, Rostock, Stralsund u. Wolgast – **E:** u. a. 78 Rostock, KH; 82 Ballenstedt, Kleine Gal.; 87 Torun, Kunstgal.; 88 Sassnitz, Nord; 90 Osnabrück, Dominikanerkirche; 91 Schwerin, Pädagogische Schule; 95, 98 Greifswald, SM; 96 Rostock, Mönchentor; 97 Stralsund, Mus.; 99 Güstrow, Harff; 02 Griebenow, Schloß; 03 Wolgast, Kr.-Mus. – **G:** 56 Lund; 62 Grudziądz; 78 Riga; 80 Algerien; 84 Kotka – **V:** Wert und Bedeutung der wissenschaftlichen Hilfsdisziplinen beim bildkünstlerischen Gestalten 65; Dürers methodische Überlegungen zur Bewegungslehre 74; Charakter und Funktion des Naturstudiums bei Herbert Wegehaupt 76; Über meinen Lehrer Herbert Wegehaupt, Ausst.kat. 88 – ***Lit:*** Ausst.kat.: Ein Greifswalder Maler 79; M. F. 87, 98; Malerei und Graphik 89 – (Red.)

Franz, Ulrike C. (Ps.: Eule), Kunsthistorikerin, Autorin, Malerin, Illustratorin, Graphikerin, VHS-Dozentin; Kusterdingerstr. 16, D-72827 Wannweil, Tel. (0 71 21) 58 04 75, Fax 55 07 20, *eule@ulrikefranz.de, www.ulrikefranz.de.* c/o Atelier, Hauptstr. 94, D-72827 Wannweil, Tel. Mobil: 0 17 27 86 46 87, *ulrike.franz@supra-net.net* (* Reutlingen 3. 5. 61) – **S:** 80–88 Univ. Tübingen (Kunstgeschichte); Univ. Basel (Kunstgeschichte); Zeicheninst. d. Univ. Tübingen – **P:** Förd.gabe d. Hermann-Haake-Stift. 04; Arb.stip. in d. Künstlerkolonie Szolnok/Ungarn 05–06 – **Ve:** BBK Region Neckar-Alb; Hans Thoma-Ges.; KV Reutlingen – **KGe:** Ateliergemeinschaft Alte Spinnerei – **G/T:** Malerei (m. Wasserfarben auf Papier); Aqu.; Gouache; Acryl; Hschn.; Rad.; ornamentale Motive; Natur (Pflanzen u. Tiere); Abstr.; Farbespiele, Texte u. Wörter; Technik (Flug- u. Fahrzeuge); Fotogr. – **W:** KS d. Ldkr. Reutlingen; Privatslgn – **M:** Tübingen, Reg.präsidium – **E:** mehrere, u. a. 95 Balingen, RH; 98 Tübingen, Integrata-Gal.; 99 Wien, Integrata-Gal.; 01 Wannweil, RH; 02 Hechingen, RH; 06 Szolnok/Ungarn, Müvesztelep – **G:** Bet., u. a. 03, 04 Reutlingen, StG: Reutlinger Künstler; 04 Reutlingen, RH (m. d. Ateliergemeinschaft Alte Spinnerei)

Franzioch, Andrea, Malerin; c/o CAP-Cologne, Xantener Str./Tor 4, D-50733 Köln, Tel. Mobil: 01 7 43 09 06 53, *franzioch@aol.com, www.cap-cologne-online.de; www.kunstknall.de* (* Dresden 24. 10. 68) – **S:** 97–03 HBK Dresden (b. Ralf Kerbach); 00–01 KHS f. Medien Köln (Gaststudentin b. Jürgen Klauke); 03–05 HBK Dresden (Meisterschülerin b. Ralf Kerbach) – **G/T:** Malerei (Öl auf Papier); Papierschnitt; Zchng – **E:** 03 Köln, Clouth-Werke; 06 Dresden, Leonhardi-Mus. (Kat.); Köln, BBK-Stapelhaus (m. A. Brandthorst) – **G:** 03 Dresden, HBK (Kat.); 04 Freising, Diözesan-Mus. (Kat.); 05 Köln, Colonius Carré (Kat.) – ***Lit:*** Grit Mocci: Der reine Pinselstrich, In: SZ/Plusz 06; Heiner Protzmann: Abstrakte Figur u. Grund, In: Dresdner Neueste Nachrichten 06

Franzke, Georg Ernst (Ps.: Frau-Bee), Bildhauer; Bienenhäusel 31, A-3033 Altlengbach, Tel. (01) 52 17 72 60, Fax 52 17 72 30, *georg.franzke@nhm-wien.ac.at, www.nhm-wien.ac.at/NHM/anthro/moulagen.html.* c/o Naturhist. Mus. Wien, Burgring 7, A-1014 Wien (* Bludenz/Vorarlberg 30. 8. 53) – **S:** Artipus Akad. Utrecht – **L:** Laufende – **Ve:** Berufsverb. Bild. Künstler Öst.; Art Artig at. – **KGr:** RADERE.com; Fra-bee – **KGe:** Apikultursum (seit 94); sum herrum – **G/T:** Moulagen, Malerei, Objekte – **K:** ganzheitliches-Sein Natur-Ein – **M:** Eichgraben, Wienerwaldmus.; Wien, Naturhist. Mus. – **Ö:** Petronell, Nat.parkhaus – **B:** Altlengbach: Sum sum (Betrieb Bienenhäusel) – (Red.)

Franzke, Gudrun (geb. Gudrun Ciesielski); Borsbergstr. 30, D-01309 Dresden, Tel. (03 51) 8 02 56 62 (* Klettwitz 14. 8. 51) – **S:** 70–73 KHS Berlin-Weissensee; 73–77 HBK Dresden – **Ve:** SKB 03 – **G/T:** Malerei (Acryl, Öl, Aqu., Porträt / lit. Themen); Zchng – **E:** mehrere Ausst. in Dresden seit 2000

Franzky, Jürgen, Schmuckgestalter, Objektgestalter; Kasernenstr. 9, D-53111 Bonn, Tel. (02 28) 9 08 58 50, Fax 9 08 56 50, *info@franzky.de, www.franzky.de* (* Freiberg/Sa. 20. 3. 48) – **S:** Autodidakt, Anerkennung als Goldschmied durch Handwerkskammer Köln 95 – **Ve:** BBK Bonn Rhein-Sieg 94 – **G/T:** Objektkunst im Goldschmieden; Übertragung d. Darst. in großformat. Holz- u. Kunststoffarb. – **K:** Goldschmieden – **W:** in Privatbes. – **Ö:** Westerburg, Platz v. d. Bürgerhaus – **E:** 97 Wien, Tiller; – weitere: Bonn, Hamburg, Köln u. Siegburg – ***Lit:*** Ausst.kat. Bonn 82; Who is who in Deutschland 03

Frau-Bee s. Franzke, Georg Ernst

Freess, Maike, Bildhauerin, Installationskünstlerin; *www.maikefreess.com.* lebt u. arbeitet in Berlin (* Leipzig 65) – **VG:** Paris, Caminade – **S:** 85–91 HS f. Kunst u. Design Burg Giebichenstein Halle/Saale (b. Prof. I. Götze, Meisterschülerin); 91–92 Éc. Nat. Supérieure des Beaux-Arts Paris (b. C. Boltanski) – **L:** 97 Éc. Nat. Supérieure des Beaux-Arts Le Mans (LAuftr.) – **P:** u. a. Stip. d. Dt.-Frz. Jgd.werkes 91; Stip. d. Stift. Kult.fonds Berlin 93, 97; Stip. d. Ldes Sa.-Anh. 94; Pr. d. Osaka Trienn. (3. Pr.) 98; Video-Kunstpr. 99; Anerkennungspr. d. CYNETart 00 – **M:** Halle/Saale, Dt. Bank; Halle/Saale, Lukashof; Halle/Saale, Norddt. Ldesbank; Leipzig, STRABAG; Osaka, MCA; Paris, Fonds Rég. d'Art Contemp. d'Ile-de-France; Reykjavík, Nýlistasafnið – Living AM – **E:** u. a. 95 Leipzig, Grassi-Mus.; 96, 97, 98, 00 Paris, Caminade; 01 Ivry-sur-Seine, Le Crédac – **G:** u. a. 99 Reykjavik, The Living Art Mus.: 01 Buenos Aires, Centro Cultural Borges – (Red.)

Frei, Astrid (geb. Astrid Boberg), freischaffende Malerin; Däumlingsweg 15, D-31787 Hameln, Tel. (0 51 51) 10 77 79, Fax 10 77 76 (* Leipzig 2. 2. 64) – **S:** 86–90 HGB Leipzig (Malerei u. Graph. b. Jürgen Schäfer) – **L:** seit 00 KSch Hameln (freies künstler. Gest.) – **P:** Ital.-Kunststip. d. Kultusmin. Schwerin 93 – **G/T:** gegenständliche Öl- u. Acrylmalerei (vorw. Stilleben, Ldschaften u. Portr.) – **K:** kunsttherapeutische Kurse, Acrylmalerei, meditatives Malen, kreatives Gest., künstler. Arb. m. Kindern – **W:** zahlr. Gemälde in Privatbes. – **Ö:** Hamburg, Kinderchirurgische Praxis; Hameln, Diakonisches Werk; Schwerin, Kinderambulanz; ebda, Staatl. Krankenhaus – **E:** 92 Rostock, Gal. am Meer; 94 Hannover, Addicks, Trota & Partner; 00 Fyresdal, Fossum-Fyresdal; 03 Bad Münder, Schmidt – **G:** 92 Lübeck, Kunsthaus Lübeck; Hamburg, Alte Börse; 93 Berlin, Gal. am Fs.turm; Schwerin, Staatl. Mus.; 94 Hannover, Industr.- u. Handelskammer; – sowie: 01 Art-Quilt 2001 – (Red.)

Frei, Esti, Malerin; Rainstr. 91, CH-8143 Sellenbüren, Tel. (0 44) 7 00 20 18, *estifrei@bluewin.ch* – **VG:** Bonstetten, Gal. für Gegenwartskunst – **S:** Schule f. Gest. Zürich – **P:** Intern. Syrlin-Kunstpr. (Ausz.) – **Ve:** KV Solothurn – **G/T:** Malerei; Plast./Objekte – **Ö:** Affoltern am Albis, Kunstkommission – sowie: Gemeinde Subingen – **E:** 91, 94, 00, 04 Bonstetten, Gal. für Gegenwartskunst; 92 Horgen, Arte 2; 96 Zug, Altstadthalle; 97 Zürich, Vista Nova; 01 St. Gallen, Raubach; 03 Feldmeilen, Kulturschiene; 05 Freienbach, Künstlerhaus – **G:** 89/90 Zürich, Kunstszene (Präsidialabt.); 94/95 Zürich, Kunstszene Helmhaus; 00/01 Solothurn, KM; 04 Kappel am Albis, Aemtler Kult.wochen; 05 Olten, 21. Jahresausst.

Frei, Urs, Objektkünstler, Bildhauer, Plastiker; lebt in Zürich (* Zürich 1. 9. 58) – **VG:** Zürich, Müller; Zürich, Ver. f. Orig.graph. – **S:** 82–84 Städelschule Frankfurt am Main – **G/T:** Herstellung v. Gebilden aus Abfall u. alltägl. Gegenständen wie Holzbrettern, Eimern u. Säcken, die m. leuchtenden Farben bemalt u. entweder am Boden liegend, an d. Wand o. v. d. Decke hängend ausgestellt werden. Arb. sind weder als Malerei noch als Skulpt. erkennbar – **M:** Bregenz, Künstlerhaus Pal. Thurn u. Taxis – **E:** u. a. 82 Zürich, Raum 1+2 (Kat.); 88 Zürich, Gysin (Kat.); 89, 93, 97 Köln, Ricke; 90, 92, 94, 97 Zürich, Walcheturm; 91 Wien, Zumtobel (m. André Fritschi u. Stephan Melzl); Luzern, KH (Kat.); 93, 95 Lausanne, Roy; 94 Zürich, KH (Kat.); 95 Wien, Janda; 97 Venedig, Bienn. (Kat.); 99 Bregenz, Künstlerhaus Pal. Thurn u. Taxis (m. Dan Peterman u. Alexandra Ranner); Wien, Secession (Kat.); 00 Zürich, Hauser, Wirth & Presenhuber; Winterthur, Kunstkasten; 02 Luzern, Erfrischungsraum; 03 (m. Marcia Hafif), 05 (m. Karim Noureldin) Zürich, Müller; 04 Nürnberg, Birner – **G:** zuletzt u. a. 01 Frauenfeld, Shed im Eisenwerk: Extension; 02 ('spieglein, spieglein an d. wand...' ein gemälde will schön sein?!), 04 (Bilder d. Malerei) Zürich, Müller; 03 Zürich, KH: Durchzug/Draft, 20 Jahre Stift. Binz (Kat.); Liestal, KH Palazzo: Fragmente d. Paradieses; 04 Winterthur, kunstkasten winter-ausst.; 05 St. Gallen, KM: Sweet Temptations; 06 Esslingen, StG Villa Merkel: Minimal Illusions. Arb. m. d. Slg Rik Reinking; Biel, Kunsthaus Centre PasquArt: Nouvelles Coll. – ***Lit:*** KVS 91; Biograph. Lex. der Schweizer Kunst, I–II, Z. 98; Doris Krumpl: Das Phantom der Secession. Vom Horrorkabinett zur Video-Sauna. Vier Künstler im Olbrich-Baum, In: Der Standard v. 21.8.99; Ariane Grabher: U.F., Dan Peterman u. Alexandra Ranner, In: Vorarlberger Nachrichten v. 22.6.99; dies.: Puristen unter sich im Bregenzer Künstlerhaus. Ausstellung mit Arbeiten v. U.F., Dan Peterman u. Alexandra Ranner bis 27. Juni, In: Vorarlberger Nachrichten v. 1.6.99 – (Red.)

Freienthal, Godiva von, freischaffende bild. Künstlerin, Dipl.-Kunsttherapeutin; ; c/o atelier-querformat, Dorfstr. 8, D-16356 Weesow, Tel. (03 33 98) 68 77 60, Fax 68 77 61, *www.atelier-querformat.de* (* Braunschweig 4. 5. 64) – **KGr:** Voller Ernst & Ernst Voll (gegr. 04) – **KGe:** G.v.F. u. Michael H. Rohde (seit 03); G.v.F. u. Rita Zepf (seit 06) – **G/T:** transparente Malerei; Install.; Performance; Projekte; Text – **K:** Malerei (Aqu., Acryl), freies Arb., Lsch., Abstr., Farbgeschichten – **G:** 04 Berlin, Gal. Panketal; 04, 05 Brandenburg, KH Brennabor; 06 Eberswalde, Kleine Gal.

Freimann, Christoph, Bildhauer; Reitzensteinstr. 23, D-70190 Stuttgart, Tel. u. Fax (07 11) 28 14 14 (* Leipzig 29. 8. 40) – **Ve:** Dt. Künstlerbund – **E:** 70 Stuttgart, KV; 70, 85 Ulm, studio f; 71 Koblenz, Teufel; 71, 90 Köln, Teufel; 71, 73, 74 Stuttgart, Mueller-Roth; 72 Bochum, Gal. m Bochum; 83, 86 München, Gal. edition e; 85 Baden-Baden, Fischer; 87 Mannheim, StKH; Otterndorf, MMK; 92 München, Spielvogel; 93 Dresden, Teufel; Stuttgart, KM; 95 Kaiserslautern, Wack – **G:** zahlr. Ausst.bet. seit 70, u. a. Düsseldorf, Skulpt.-park; Frankfurt am Main, KV; Esslingen, StG Villa Merkel; Halle/Saale (Metallplast. in Dtld); – weitere u. a. in Duisburg, Stuttgart, Sao Paulo, Seoul, Manila, Tokio, Kuba, Brescia – (Red.)

Freisager, Katrin, Künstlerin; c/o lebt u. arbeitet in Zürich, *katrin.freisager@bluewin.ch*, *www.sikart.ch; www.medienkunstnetz.de* (* Zürich 9. 2. 60) – **S:** 83–87 HS f. Gest. u. Kunst Zürich (Fachkl. f. Fotogr.); Werk- u. Stud.aufenthalte in Berlin, Paris, South Dakota, New York u. London – **L:** seit 01 HS f. Gest. u. Kunst Zürich (Doz. f. Fotogr.); seit 04 HS f. Gest. u. Kunst Basel (Doz.) – **P:** Kunststip. d. Kt. Zürich 95, 99, 00; World Press Photo Award 95; Leistungspr. d. HS f. Gest. u. Kunst Zürich 95; Eidgenössischer Pr. f. Gest. 96; Werkjahr d. Stadt Zürich in New York 97–98; Kunststip. d. Stadt Zürich 99, 00; Kunst am Bau-Wettb. Price-Waterhouse-Coopers Zürich 02; Stip. d. Zuger Kult.-stift. Landis & Gyr (f. London) 04 – **G/T:** inszenierte Fotogr., Fotoinstall., zeitgen. Fotokunst – **W:** überw. in Privatbes.; Ankauf u. a. durch d. Stadt u. d. Kt. Zürich u. im Bes. d. KS UBS Wolfsberg, d. Slg Andreas Züst Aarau – **M:** Grand-Hornu, Mus. des arts contemp.; Luxemburg, Mus. d'Art Mod.; Pfäffikon, Seedamm-Kulturzentrum; Winterthur, Foto-Mus.; Zürich, Kunsthaus; Zürich, Slg d. UBS AG – **Ö:** Zürich, Hochbauamt; ebda, Gebäude Cityport, Zürich Development Center – **E:** 95, 98 Zürich, Gal. Art-Magazin; 00, 02 Brüssel, Gal. P; 00 Zürich, Kilchmann; 00, 02 Zürich, Kunsthof; 02 Bern, Kabinett; 04 Dresden, HBK – **G:** zahlr. Bet., u. a. 94 (Kat.), 99, 00, 02 Zürich, Helmhaus; 95, 96, 00 Zürich, Kunsthaus; 95, 00 Zürich, Gal. Art-Magazin; 96, 01 (Kat.) Zürich, MfG; 97 (Kat.), 00 (Kat.), 03 (Kat.), 05 Winterthur, Foto-Mus.; 98, 01 Pfäffikon, Seedamm-Kulturzentrum; 99 Bern, KM: Missing Link (Kat.); Graz, Forum Stadtpark: Giving the Self a Home (Kat.); 00 Arles, Rencontres Intern. de la Photogr. (Kat.); 01 Braunschweig, ARTmax; Zürich, Migros Mus.: M-Family (Kat.); Dresden, Gal. Rähnitzgasse: Missing Link; 02 Villingen-Schwenningen, StG: Zeitgen. Fotokunst aus d. Schweiz; Bochum, Mus.; Halle/Saale, Hallescher KV; Zürich, Coninx Mus.: Ikonen; Berlin, Neuer Berliner KV: Zeitgen. Fotokunst aus d. Schweiz (Kat.); 03 Wien, KH Exnergasse: drinnen ist's anders; New York, Grey Art Found.: Not Neutral; Madrid, Sala del Canal de Isabell II: We and the World Surrounding Us; 04 Dresden, HBK; Kopenhagen, Gimm eis: Body; Paris, Paris Photo; 05 Weimar, ACC Gal. Weimar: Polymorph; Lille, Mus. d'Art Mod.: Voisins Officiels; 06 Ascona, Mus. Communale d'Arte Mod.: Photosuisse; Biel, Kunsthaus Centre PasquArt; Rom, Ist. Svizzero – **V:** Labyrinth, Künstlerb. 85; Living Dolls, Ed. (Gal. Peter Kilchmann, Zürich) 00; Simon Maurer (Text): Untitled, Künstlerb. 02; Michèle 04; Urs Stahel, H.R. Reust u. Marion Ebinger (Text): Trilogie, Monogr. 04 – ***Lit:*** – AUSST.KAT., u. a.: Alice hinter den Spiegeln (KV Baselld) 97; Paul de Felice (Text): The 90s: A Family of Men? (Casino Luxemburg) 97; Le Beau Corps de la Memoire (MAC Grand-Hornu) 03 – Beitr. in KAT., u. a.: Paolo Bianchi: 100 Umkleidekabinen, in: Steirischer Herbst 94; La photgraphie traversée – Hybrid; Sybille Omlin (Text): Les trahisions du modéle (Semaines Europ. de l'Image, Café Creme Luxemburg) 00; K.F. gebaut – geschaut (Seedamm-Kult.zentrum Pfäffikon) 01 – sowie zahlr. Beitr. in Ztgn u. Zss sowie Publ., zuletzt u. a.: Gerhard Mack, in: art 11/00; in: Kunst-Bulletin 11/02; Nadine Olonetzky, in: NZZ am Sonntag 9.6.04; Loyse Pahud, in: Portfolio Type No. 4, Mai 04; Lisa Werner-Art, in: Dresdner Neueste Nachrichten 27.2.04; in: Das Mag. 4/06, 9/06 – ***LitR:*** Kaspar Kasics: K.F., Dok. 3Sat 95; Walter Aeschimann (Regie): K.F., Portr., in: TV-Feature üb. d. Fotomus. Winterthur (SF DRS) 9.11.03; Paolo Poloni (Regie): K.F., Fs.portr. (SF DRS) 04; ders.: K.F. Fs.portr. (SF DRS 1) 19.2.05

Freisager, Michael, Fotograf; Deinikonerstr. 44, CH-6340 Baar, Tel. 04 17 60 87 40, Mobil: 07 93 94 85 01, *freisager.photo@bluewin.ch* (* Zürich 64) – **S:** 82–83 Schule f. Farbe u. Form Zürich; 83–84 autodidakt. Auseinandersetzung m. Fotogr.; 84–88 HS f. Gest. u. Kunst Zürich (Fotogr., Dipl., BIGA-Fähigkeitsausweis); 88–91 Auslandsaufenthalte u. Assistenzen b. versch. Fotografen (u. a. Annie Leibovitz); ab 91 Arb. als selbständiger Fotograf – **L:** ab 94 HS f. Gest. u. Kunst Zürich (Doz. im FB Mode, ab 04 Schwerpunkt Style u. Design); ab 05 Stift. Märtpl. Freienstein (Lehrer f. Fotogr.) – **G/T:** Fotogr. (Portr., People, Reportage, Produkte, Archit.) – **M:** Engelberg, Tal-Mus.; Zürich, ETH (Departement f. Archit.) – **E:** 91 Adliswil, Gal. Krone 16; Adliswil, Kult.treff; 97 Engelberg, Tal-Mus.; 98 Frankfurt am Main, Airport Gall. 1 & 2; 99 Zürich, Theateratelier Stok; 00 Sarnen, Verwaltungsgebäude Hostett; 05 Freienstein, Stift. Märtplatz Stube – **V:** Pressefotogr. in: St. Galler Tagblatt 02–03; Bücher: Markus Britschgi: Kloster Engelberg. Gesichter im Licht – Gesichter im Dunkeln (Fotogr.) 97; Kunstschätze – sichtbar gewordene Spiritualität 03; Wohnbauten in Broëlberg 05; Doppelhäuser u. Reihenhäuser 06 – ***Lit:*** Gesichter d. Mönche werden zur Bildgal., in: Neue Luzerner Ztg 97; Der Bund: Die lebendige Stille d. Mönche – ***LitR:*** Gesichter im Licht – Gesichter im Dunkel, in: Kulturmag. Next, Fs.beitr. (SFDRS) 97

Freitag, Angelika, Malerin, Zeichnerin, Bildhauerin; Sittarder Str. 5, D-40477 Düsseldorf, Tel. (02 11) 4 93 19 39 (* Düsseldorf 3. 7. 52) – **S:** 73–80 KA Düsseldorf; 78–80 ebda (Kunstwissenschaft, Staatsexamen); 79 ebda (Meisterschülerin b. Alfonso Hüppi) – **L:** 94–96 KA Münster (LAuftr.) – **P:** Förd.pr. d. Klinik Flurstr. Düsseldorf 93 – **Ve:** Ver. Düsseldorfer Künstler 96; Ver. z. Veranstaltung v. Kunstausst. 96; Westdt. Künstlerbund 03 – **G/T:** Malerei; Zchng; Objektkunst (Draht, Papier, Bronze); Tier- u. Mensch-Tier-Thematik – **M:** Düsseldorf, Mus. Kunst Pal. – **Ö:** Dortmund, Pferderennbahn Wetthalle; Düsseldorf, Wielandstr./Wehrhahn (Bronzepferd); Kaarst, RHpl. (Pferd u. Reiter); Tübingen, Regierungspräsidium – **E:** 85 Düsseldorf, Städt. Keller-Gal. (Kat.); 88 Düsseldorf, Kraushaar; 89 Bad Waldsee, StG; 90 Düsseldorf, Ballhaus; 91 Kaarst, StG; 93 Düsseldorf, Klinik Flurstr.; 96 Salzburg, Kunstraum St.Virgil; 00 Osterrath, Mönter; 04 Duisburg, Künstler- u. Atelierhaus; 06 Duisburg-Meidrich, Kult.wkst. – **G:** 77, 79–81, 83, 86–05 Düsseldorf, Große Kunstausst.; 81 Basel, Handschin: Hammer II; 89 Freiburg im Breisgau, KV: Kunst im Container; 92 Düren, Leopold-Hoesch-Mus.: Bienn. Papierkunst; 93 Ratingen, SM: Das Pferd als Symbol; 01 Moers, StG Peschkenhaus; 02 Bochum, Mus.: Westdt. Künstlerbund; 02, 03, 05 Berlin, Kühn; 06 Duisburg, Gal. Rheinhausen – ***Lit:*** u. a. Werner Alberg: Künstlerleben in Düsseldorf: Künstlerhandbuch 91; Clemens v. Looz-Corswaren u. Rolf Purpar: Kunststadt Düsseldorf. Objekte u. Denkmäler im Stadtbild 96; H. Ebert: Künstlerlex. f. Münster u. Umgebung, Textbd. 97, in: Lex. d. bild. u. gest. Künstlerinnen u. Künstler Westfaeln-Lippe 01

Freitag, Ditmar, Glas-Spiegel-Licht-Künstler; Kriestorferstr. 18, D-94501 Aldersbach, Tel. u. Fax (0 85 43) 60 16 61, *contact@spiegelkunst-freitag.de*, *www.spiegelkunst-freitag.de* (* Gelsenkirchen 23. 6. 56) – **S:** Autodidakt – **Ve:** BBK Ndb. seit 91 – **KGr:** Vilshofener Neue Gruppe; Magla Mopho Gelsenkirchen (83–86) – **G/T:** Objektkunst (Glas, Kupfer, Licht) – **W:** überw. in Privatbes. – **Ö:** Lufthansa City-Center in Lingen, Nordhorn u. Rheine – **E:** 87 Vilshofen, eigene Gal.; 89 Vilshofen, Jazz Festival; 93 Aldersbach, Gal. Bachlerhof – **G:** seit 84 u. a. 85 Gelsenkirchen, SM; 93 Pfarrkirchen, Schloß Baumgarten; 01 Richterswil; 01 Erlenbach; 02 Osnabrück, Stadthalle – ***LitR:*** Tommy Dantel, zur Entstehung d. 'facettenreichen Frau', Fs.bericht (TR Passau) 92; Beatrice Hohler, Porträt, Fs. (Doman TV Deggendorf) 97; div. Kurzbeitr. 87–02 – (Red.)

Frensch, Norbert, Maler; Wormser Str. 12, D-60598 Frankfurt am Main, Tel. (0 69) 63 15 27 87, Fax 63 19 91 59. Tel. Atelier: (0 69) 4 90 93 45 (* Mainz 26. 8. 60) – **VG:** Bochum, Gal. m Bochum – **S:** 80–86 HBK Hamburg – **P:** Arb.stip. d. Freien u. Hansestadt Hamburg 89; Arb.stip. d. Hess. Min. f. Wiss. u. Kunst 94; Balmoral-Stip. 96 – **G/T:** Malerei – **M:** Berlin, Slg d. BRD; Bochum, Mus.; Kaiserslautern, Pfalz-Gal.; Wiesbaden, Mus. – **Ö:** Frankfurt am Main, Behördenzentrum – **E:** u. a. 94 Nizza, Nice Fine Arts; 95 La Colle sur Loup, Canus; 96 Köln, APC Gal.; Mannheim, KV; 99 Bochum, Gal. m Bochum; 00 Hamburg, Hengevoss Jensen; 02 Wiesbaden, Mus.; Solingen, Mus. Baden; Erfurt, KH; Saarbrücken, Saarland-Mus.; 03 Niebüll, KV; 04 Berlin, Matthäuskirche im Kult.forum; Greifswald, Schwarz; 05 Bern, Brügger; Koblenz, KH – **G:** u. a. 96 Bonn, KM; Bad Ems, Schloß Balmoral; 97 St. Pölten, Ndöst. Dok.-Zentrum f. Mod. Kunst; Darmstadt, Beckers; Koblenz, KH; 99 Krems, Gal. Stadtpark; Trier, Hinrichs; 00 Augsburg, KV; Augsburg, Zeughaus; 04 Bamberg, Dom: Ewige Weite; 05 Greifswald, Schwarz; 06 Esslingen, StG Villa Merkel: MINIMALILLUSIONS – **V:** Edition Galerie Stadtpark 94 – ***Lit:*** KAT., u. a.: 91 Tayfun Belgin: Zu N. F.'s neuen Bildern 91; Joachim Riedl: Energie und Eigensinn 93; Elisabeth Claus: N. F. Kunst in Frankfurt 94; Saar Ferngas Förderpreis Junge Kunst 1994 94; Fünf Bilder einer Schale in Nischen 95; Marianne Lindow: N. F. – Premieren 96; Martin Stather: Der Tod des Augenblicks als Geburt der Stunde 96; Tayfun Belgin: Versuch über die neueren Gemälde von N. F. 96; Deutscher Kunstpreis der Volksbanken und Raiffeisenbanken 1996/97 96; Christoph Kivelitz: N. F. 01; Klaus Gallwitz: Die Finsternis und das Licht. Eine andere Art des Malens 02; Ernst W. Uthemann: Einweihung ins Sichtbare 02; Thomas Wagner: Das Ereignis des Sichtbarwerdens 02; Ulrike Schick: N. F. 02; Christhard-Georg Neubert: Kulturstiftung St. Matthäus im Kulturforum 04; Kai Uwe Schierz: Offene Weite 04; – weitere: Jahrbuch Künstlerhaus Schloß Balmoral 96; Manfred de la Motte (Hrsg.): Guten Morgen Malerei, Begleitb. z. Ausst. 00

Fretwurst, Friedrich Wilhelm, Maler, Graphiker; See-Ende 3, D-18347 Dändorf, Tel. u. Fax (03 82 26) 8 06 17 (* Althagen/Fischland 19. 8. 36) – **VG:** Berlin, Gal. der Berliner Graphikpresse; Hamburg, Rose – **S:** 54–59 Univ. Greifswald (Dipl. Kunsterziehung); 66–70 KHS Berlin (Dipl. Malerei u. Graph.) – **L:** 70–75 KHS Berlin (LAuftr. im Grundlagenstud.) – **Ve:** VBK DDR 71; BBK Berlins 92–95; Künstlerbund Meckl. u. Vorpommern im BBK 97 – **G/T:** Malerei (Tafelbilder), freie Graph. (Rad.) – **W:** überw. in Privatbes. – **M:** Bergen/Rügen, Kulturstift.; Berlin, Akad. d. Wiss.; Schwerin, Ldesreg.; Schwerin, Staatl. Mus. – **E:** u. a. 76 Berlin, Gal. Berlin; 82 Berlin, Akad. d. Wiss.; 86 Berlin, Prater; 90 Berlin, Oberlicht; 91, 96, Berlin, Gal. am Strausberger Pl.; 98, 05 Gotha, Finkbein; 00 Berlin, Gal. der Berliner Graphikpresse; Frankfurt am Main, Bernauer-Berg; 01 Stralsund, Mus.speicher; 02 Berlin, Hintersdorf; 03 Hamburg, Rose; 06 Binz, Kult.stift. Rügen; Ahrenshoop, Kunstkaten; Berlin, Gal. Mitte – **G:** 72–88 Berlin, Bez.ausst.; 85–88 Hundert ausgewählte Graph. in sieben Gal. d. DDR; 92–95 Berlin, Freie Berliner Kunstausst.; 92, 93 Hamburg, Rose; 94 London, Leighton House; 95 Pietrasanta, Gal. Luigi Rosso; 98, 00, 01 Rostock, KH; 06 Wittenhagen, KH – ***Lit:*** F.W.F., Ausst.kat. (Malerei u. Graph.) 96; F.W.F., Ausst.kat. (Malerei, Zchngn) 06

Fretwurst-Colberg, Antje, Malerin, Graphikerin; See-Ende 3, D-18347 Dändorf, Tel. u. Fax (03 82 26) 8 06 17 (* Hamburg 5. 5. 40) – **VG:** Hamburg, Rose; Berlin, Gal. der Berliner Graphikpresse – **S:** 58–62 Univ. Greifswald (Dipl. Kunsterziehung); 67–71 KHS Berlin (Dipl. Malerei u. freie Graph.); 71–74 KHS Berlin (Aspirantin Malerei u. freie Graph.) – **P:** Berlin-Pr. f. Malerei 83 – **Ve:** VBK DDR 72–92; BBK Berlins 92–95; Künstlerbund Meckl. u. Vorpommern seit 97 – **G/T:** freie Graph., Rad., Tafelbildmalerei – **W:** überw. in Privatbes. – **M:** Bergen/Rügen, Kulturstift.; Berlin, Akad. d. Wiss.; Berlin, Kpst.-Kab.; Berlin, SM; Schwerin, Kpst.-Kab. – **E:** 76 Berlin, Gal. Berlin; 81 Cottbus, Gal. Carl Blechen; 86, 91 Berlin, Gal. am Savignypl.; 90, 96 Berlin, Inselstr.; 90, 03 Hamburg, Rose; 91 Berlin, Oberlicht; 96 Frankfurt am Main, Bernauer-Berg; 97, 00 Ribnitz-Damgarten, Gal. im Kloster; 97 Berlin, Gal. am Strausberger Pl.; 99, 07 Gotha, Finkbein; 99, 05 Berlin, Lux; 00 Berlin, Hintersdorf; 02 Berlin, Gal. der Berliner Graphikpresse; 05 Berlin, Gal. Mitte; 06 Berlin, Gal. 100; 07 Ahrenshoop, Kunstkaten – **G:** 72–88 Berlin, Bezirkskunstausst.; 85–88 'Hundert ausgewählte Grafiken' in sieben Gal. d. DDR; 92–95 Berlin, Freie Berliner Kunstausst.; 90 Berlin, Gal. Unter d. Linden; 92, 93 Hamburg, Rose; 94 London, Leighton House Mus.; 95 Pietrasanta, Gal. Luigi Rosso; 06 Wittenhagen, KH – ***Lit:*** KAT.: A.F.-C. Malerei u. Graph. 00; Hinterglasmalerei 04; Landesweite Kunstschau Meckl.-Vorp. 98, 01; – sowie: AKL 05

Freudenberg, Michael, Maler, Graphiker u. Objektkünstler; Königstr. 10, D-01097 Dresden, Tel. (03 51) 8 04 49 22 (* Dresden 27. 12. 49) – **P:** Pr. d. Intern. Trienn. of Patterns Budapest 88 – **Ve:** VBK – **E:** / G: zahlr. Ausst. seit 78, u. a. in Amsterdam, Anabour/USA, Arolsen, Berlin, Boston, Budapest, Chemnitz, Cottbus, Dresden, Kalkutta, Leipzig, München, New York, Pecs, Weimar u. Wroclaw – ***Lit:*** Lang 02 – (Red.)

Freudenreich, Eberhard, Graphiker; Kelterstr. 45, D-70199 Stuttgart (* Bad Urach/Württemberg 63) – **S:** 86–91 ABK Stuttgart (Freie Graph. b. d. Prof. Groß u. Schoofs); 90–93 ebda (Aufbaustud., Freie Graph. b. d. Prof. Schoofs u. Egl) – **P:** Erich-Heckel-Pr. u. Förd.pr. – **M:** Albstadt, StG; Bietigheim-Bissingen, StG; Nürtingen, Slg Domnick; Stuttgart, Min. f. Wiss. u. Kunst; Tübingen, Reg.präsidium – **E:** zahlr., u. a. 99 Tübingen, Gal. am Pfleghof; Freiburg, Künstlerwkst. Mehlwaage; 00 Reutlingen, KV; Essen, Forum Bild. Künstler; 02 Nürtingen, Kreuzkirche – **G:** zahlr., u. a. 99 Karlsruhe, Spk.; Reutlingen, Spendhaus; 00 Gundelfingen, Mus. u. Stift. Anton Geiselhart; Ludwigsburg, KSK; 01 Stuttgart, Kunststift. BW – (Red.)

Freund, Hans-Jürgen, Maler; Obere Klingengasse 7, D-97199 Ochsenfurt, Tel. (0 93 31) 21 32 (* Würzburg 5. 7. 44) – **VG:** Nürnberg, CREATIVE – **S:** 46–69 ABK Nürnberg (Malerei) – **L:** 74–89 FHS f. Gest. Würzburg (LAuftr.) – **Ve:** BBK Würzburg – Unterfranken seit 71 – **KGr:** Gruppe 7 (72–74) – **G/T:** Malerei (Acryl, konstruktiv-abstr., seit 03 auch gegenständlich – Akte u. Köpfe) – **W:** überw. in Privatbes. – **M:** München, Bay. Staatsgemäldeslgn; Schweinfurt, Städt. Slgn Alte Reichsvogtei; Würzburg, StG – **Ö:** Schweinfurt (Gest. v. zwei Hochhausfassaden); Würzburg, Univ.; ebda, FHS – **E:** u. a. 71 St. Gallen, Lock; 85 Würzburg, StG; 93 Schweinfurt, Städt. Slgn Alte Reichsvogtei; 00 Erlangen, KV – **G:** u. a. 74 Wasserburg, Große Kunstausst.; 75 Amsterdam, Gal. S.; 78 München, Große Kunstausst. im Haus d. Kunst; Nürnberg, KH; 93 Aschaffenburg, SG Schloß Johannisburg; 99 Frankfurt am Main, Artemishaus; 01 Baden-Baden, SKH – **R:** Projekt Malmaschine, Video-Kurzf. 00 – ***Lit:*** KAT. z. d. Ausst.: StG Würzburg 85; Städt. Slgn Schweinfurt 93 – (Red.)

Freund, Leonore s. Vahrson-Freund, Leonore

Freund, Thomas; Am Fürstenburgwall 11, Fünfgiebelhaus, D-25840 Friedrichstadt, Tel. (0 48 81) 93 66 88, Fax 93 66 89, *atelier.freund@t-online.de*, *www.malen-an-der-nordesee.de* (* Dortmund 49) – **G/T:** Malerei – (Red.)

Freundlinger, Kurt, Prof., Maler, Buchautor; Arsenal Objekt 7/8/13, A-1030 Wien, Tel. u. Fax (01) 7 99 18 25. Nr. 127, A-3662 Münichreith, Tel. (0 74 13) 2 82 (* Steyr/ObÖst. 5. 11. 30) – **VG:** Wien, Gal. am Salzgries; Großostheim-Ringheim, Gal. Capriola; Nendeln, Altesse – **S:** 45–50 Graph. Lehr- u. Versuchsanst. Wien (Meisterkl. Graph.) – **L:** div. Seminare f. Malerei – **P:** Kunstpr. 'Europa 24' 02 – **Ve:** Art Diagonal (seit 88 Präsident); Club d. Begegnung seit 73 (Mitgl. d. Vorstandes) – **G/T:** Ölbilder, Mischtechniken, Aqu., Abstr. m. Schwerpunkt Form u. Farbe – **K:** Malerei-Wege zur Abstr. – **W:** in öff. u. priv. Slgn in Öst., Dtld, Lichtenstein u. Italien – **M:** Bratislava, Danubiana Mus.; Linz, Mus.; St. Pölten, Ndöst. LM; Steyr, Mus.; Wien, Albertina – **Ö:** Hirtenberg, Kunstzentrum sowie div. Banken u. Firmen – **E:** 130 Ausst. in Europa, zuletzt Bratislava, Danubiana Mus. – **G:** zahlr. Ausst.bet. u. a. an Kunstmessen in Wien, Salzburg, Innsbruck sowie 20 Ausst.bet. m. art diagonal im In- u. Ausld – **V:** Die Kraft des Blassblauen, Erz.; Österreichische Aquarellisten; Die österreichischen Maler des 20. Jahrhunderts; 25 Jahre Dortmunder Künstlerbund; Homo-Homini-Lupus; Visionen 21; Berührungspunkte; Europa 24 Katalog 1, 2 und 3 sowie Kunstkal. v. Versicherungen u. art diagonal – **R:** Interviews u. Fs.beitr. über Ausst. – ***Lit:*** K. F. Leben für die Farbe, Kunstbd

Freusberg, Lieselotte, Malerin, Kunstpädagogin; Bernhardstr. 118, D-50968 Köln, Tel. u. Fax: (02 21) 3 79 76 59, *freusberg@freenet.de*. c/o Atelier, Mainzer Str. 51, D-50678 Köln, Tel. Mobil: 0 172 211 45 63 (* Köln 21. 7. 33) – **S:** 56–60 KA Düsseldorf (Zchng u. Malerei b. Prof. Robert Pudlich, Graph. b. Prof. Coester); 58 Intern. Sommerakad. f. Bild. Kunst Salzburg (b. Oskar Kokoschka) – **L:** 60–95 Gymnasium Köln (Kunstunterricht) – **Ve:** BBK Köln 60; GEDOK 70 – **KGr:** art mal acht (85–87); Kreuzwege (90–93) – **G/T:** Arb. auf Papier u. m. Pappe; Malerei u. Zchng (Bleistif, Tusche, Aqu., Acryl); Verknüpfen v. Gegenstand u. abstr. Zeichensystemen – **W:** überw. in Privatbes. – **M:** Köln, SM (GrS) – **Ö:** Köln, Stadtspk.; ebda, AOK – **E:** zahlr., u. a. 80 Köln, Kunsthistor. Inst.; 96 Köln, Gal. Kaos; 98 Köln, BBK; 05 Köln-Sülz, Kunstraum – **G:** zahlr. Bet. seit 67, u. a. 80 Aachen, Ludwig Forum (Neue Gal.); 82 Karlsruhe, BBK; 87 Köln, SM; 93 Wernigerode, KV; 06 Köln, Gal. im Turm; Taipei, Dt. Kult.-inst. – **V:** à propos Köln, Mappe (1 Rad.) 87; Sonnenaufgang/Sonnenuntergang, Diaserie m. Text 87; Kreuzwege, Mappe m. Text v. Bern Bohmeier (1 Rad.) 90; Johannes Eucker (Hrsg.): Kunstlex. Kompaktwissen f. Schüler u. junge Erwachsene (Mitarb.) 95 – ***Lit:*** Dt. Kunst nach 1945, Verl. Gerhard Theewen

Frey, Franziska, Freie Künstlerin, Bildhauerin; c/o Galerie Weisser Elefant, Auguststr. 21, D-10117 Berlin, Tel. (0 30) 28 88 44 54, Tel. u. Fax privat (0 30) 68 59 81 98, Fax 28 88 44 50, *mail@frey-raum.de*, *www.frey-raum.de* (* Dresden 8. 10. 68) – **VG:** Berlin, Gal. Weisser Elefant; Berlin, Quinque-Wessels – **S:** 91–93 HS f. Kunst u. Design Burg Giebichenstein Halle/Saale (Bildhauerei); 93–98 KHS Berlin-Weissensee (Meisterkl. f. Bildhauerei Prof. Berndt Wilde) – **L:** 97–98 KHS Berlin-Weissensee (Projektarb. m. Studenten im öff. Raum) – **P:** Erasmus-Stip. (f. Bilbao) 96; Mart-Stam-Förd.pr. Berlin 97; Meisterschülerstip. d. KHS Berlin-Weissensee 98; Nachwuchsförd.stip. d. Stadt Berlin 00, 01; Atelierstip. d. Senats Berlin 00, 02; Stip. d. Gemeinde Wangerland 03; Stip. d. Künstlergutes Prösitz 04 – **G/T:** Zeichn., Skulpt., Rauminstall. – **W:** zahlr. raumbezogene Arb. in Ausst.situationen – **Ö:** Berlin, RH Pankow (Skulpt.); ebda, Eingangsber. Charlottenstr.75/Krausenstr. 11 (Kunst-am-Bau) – **E:** 00 Berlin, Gal. Weisser Elefant; 01 Berlin, Gal. Neues Problem; 02 Berlin, Quinque-Wessels; 03 Hooksiel, Künstlerhaus; sowie Berlin, Projekte im öff. Raum – **G:** zahlr. Ausst.bet. seit 96, u. a. 96, 03 Berlin, Wasserspeicher; Bochum, Kulturmag. – ***Lit:*** F. F. Von der Linie zur Fläche in den Raum, Kat. 98; F. F. Neubezug, Ausst.kat. 00 – (Red.)

Frey, Harro, Keramiker u. akad. Bildhauer; Klingerweg 2, D-91338 Igensdorf, Tel. (0 91 26) 84 91, *www.kulturatlasoberfranken.de* (* Uffenheim 42) – **VG:** Sommerhausen, Gal. beim Roten Turm; Lingen, Blanke – **S:** Höhere FS f. Keramik Nürnberg (m. Gesellenprüfung); ABK Nürnberg (Meisterschüler b. Prof. Hermann Schorer) – **P:** Danner-Stip. 64–67; Pr. d. ABK Nürnberg 65; Kult.pr. d. oberfränk. Wirtschaft 96; Kult.pr. d. Ldkr. Forchheim 99; Kult.pr. d. Spk. Bayreuth 00 – **Ve:** Innung d. bay. Keramiker u. Töpfer 74; BBK Ofr. 75 – **G/T:** Salz- u. Feldspatglas, Klinkerskulpt.; figürlich frei, Bronzebrunnen (Tierplast.) – **M:** Coburg, KS d. Veste; Frechen, Keramion; Hannover, Slg Ludwig; Höhr-Grenzhausen, Keramik-Mus. Westerwald; Köln, MAK (Slg A. Egner); Nürnberg, Albrecht-Dürer-Haus; Nürnberg, SM Fembohaus; Sögel, Emsland-Mus. Schloß Clemenswerth – **Ö:** Coburg, Ldeskrankenhaus (Keramiksäulen); Ebermannstadt (Kailer, Stadtheilige, Bronzebrunnen, Steinbrunnen, Brunnen f. Melchior Freytag); Effeltrich, Wehrkirche (Chorraumgest.); ebda (Bauernpaar in Festtagstracht); Forchheim (Stelzenläufer, Forellenbrunnen, Sonne, Bronzetor 'Porta Vorchheimensis'); Fürth, Grüner Markt (Gauklerbrunnen); Herzogenaurach (Klinkerrelief); Hof/Ofr., Maxpl.; Lauf (Brunnen der Originale); Markt Eckental (Klinkerrelief); Markt Igensdorf (Georgsbrunnen, Klinkerrelief) Markt Wiesenttal (Taubenbrunnen); Nürnberg, kath. Akad. (Relieftafeln z. Gedenken an Caritas Pirkheimer); Obermichelbach (Klinkerrelief); Poxdorf (Marienbrunnen); Stöckach, Grundschule (Steinskulp. Stier u. Pferd); Veithsbronn (Klinkerrelief); Weißenohe (Klinkerrelief) – **E:** Ansbach, SM; Bonn, Aengenend; Bonn, Muffendorfer Gal.; Bonn, Bay. Ldesvertretung; Fehmarn, Burg; Mainz, ZDF; Nürnberg, Stadtgeschichtliche Mus.; Sögel, Emsland-Mus. Schloß Clemenswerth; – sowie in d. Gal. d. Städte Aschaffenburg, Bayreuth, Berlin, Düsseldorf, Erlangen, Fürth, München, Niederhofen/Koblenz, Nürnberg, Roth, Schweinfurt, Sommerhausen u. Würzburg – **G:** Berlin, Gal. Taube; Coburg, KS d. Veste; Faenza, Intern. Keramikausst.; Frechen, Keramion; Graz, SM; Hannover, Kestner-Mus.; Höhr-Grenzhausen, Keramik-Mus. Westerwald; Kirchheim unter Teck, Gal. für gegenständliche Kunst; Köln, Overstolzenhaus; Köln, MAK; München, Rietschel & Ruß; Nürnberg, KV Dürer-Ges.; Offenburg, Dt. Keramik; Schönberg, Gal. Schönberg; Spietz, Intern. Keramik; – sowie in Glasgow – ***Lit:*** Museum Albrecht Dürer Haus Nürnberg 89; Europäische Keramik. Sammlung A. Egner. Museum für angewandte Kunst Köln 95; E. Walter: Quellen und Brunnen in Oberfranken 98; – VERÖFF. IN D. FACHZSS.: Keramik, H. 4 79 u. H. 3 88; Present, Mai 80 u. Okt. 80 sowie April 83; Kunst u. Handwerk, Jan./Febr. 84 u. Aug. 88; Kunst im Keramion, H. 26 87; Neue Keramik, Juni 92; – sowie in: Gottfried Borrmann: Keramik der Welt – ***LitR:*** Hartwig Heinze: H. F. – Das neue Tor von Forchheim, in: Vom Spessart zum Karwendel, Bay. Fs. München – (Red.)

Frey, Magdalena, künstlerische Fotografin; Kapellenstr. 2, A-2126 Ladendorf, Tel. (06 50) 7 03 57 03, *frey@ma-frey.com*, *www.ma-frey.com* (* Graz 26. 3. 63) – **VG:** Wien, Hofstätter; Wien, Hummel; Neapel, Studio Morra; Graz, Gal. Kunst & Handel – **P:** Förd.pr. d. Ldes Steiermark f. zeitgen. bild. Kunst 88; Anerkennungspr. d. Ldes NdÖst. 98 – **Ve:** Fotofluss 89 – **G/T:** Fotogr. u. Fotomontagen (seit 85), digitale Bild-Montagen mit Computer (seit 96) – **M:** Graz, Neue Gal.; Salzburg, Rupertinum; St. Pölten, Ndöst. LM; Wien, Slg d. Stadt – **E:** 93 Budapest, Gal. Liget; 95, 99, 01, 03 Steyr, Gal. Pohlhammer; 97 Linz, moviemento art gall.; 99 Meran, Kleiner Kunstpal.; 00 Neapel, Studio Morra; 01 Barcelona, Gal. La Xina; 03 Steyr, Mus. d. Arbeitswelt; 04 Wien, Hofstätter; 06 Poznan, Gal. Piekary; Torun/Pol., StG Wozownia – **G:** zahlr. Ausst.bet., zuletzt u. a. 00 Thessaloniki, Foka; Athen, Helexpo; 01 Bologna, Arte Fiera; Mistelbach, Mus. M.; Wien, Hummel; Wien, Kosmos; Barcelona, Gal. La Xina; 02 Wien, Fotogal. Wien; Poznań, Gal. Miejska Arsenal; Warschau, Kult.forum; 03 Wien, Feichtner & Mizrahi; Krems, KH; St. Pölten, Ndöst. LM; 04 Aleppo, Lepont; 06 Budapest, Ernst-Mus.; Florenz, Studio Marangoni – sowie: 05 Finnland, Fototrienn. Backlight – ***Lit:*** Plot. Fotografische Exkursionen in den Alltag. M. F. 04; – Ausst.kat.: M. F. Landmeter 96; M. F. 97; M. F. Digitale Bildmontagen 1996–2000 00

Frey, Matthias, Keramiker, Bildhauer; Rixheimerstr. 7, CH-4055 Basel, Tel. 0 613 81 32 21 (* Lörrach 11. 7. 53) – **S:** 72–75 Lehre als Töpfer u. Keramiker b. Horst Kerstan, Kandern/Dtld; 75 Lehrabschlussprüfung (Gesellenprüfung) in Stuttg.; 76–81 Staatl. ABK Karlsruhe (Bildhauerkl. b. Prof. Wilhelm Loth); 81 Ernennung z. Meisterschüler – **L:** 84–94 Kantonales Lehrersem. Basel-Stadt, sowie Inst. f. Unterrichtsfragen u. Lehrerfortbildung; seit 94 Berufs- u. Frauen-FS Basel; seit 89 FHS-BB; seit 93 Dozent FH-BB, HS f. Kunst u. Gestaltung, Abt. Bild. Kunst – **P:** Pr. d. Jahresausst. ABK Karlsruhe 79; Pr. in d. Ausst. 30 junge Schweizer Plastiker, Pfäffikon 88; Stip. d. Kunststift. BW 90; Basler Künstler-Stip. 92, 99; Förderpr. d. Alexander-Clavel-Stift., Riehen 95; Internat. Austauschatelier d. IAAB in Montréal 97; Kulturpr. d. Gemeinde Riehen 02 – **KGr:** Fünf + 3 – **E:** zahlr. Ausst. u. Projekte seit 84, zuletzt u. a. 00 Mulhouse, Maison de la Céramique; Rastatt, Marstall d. Barockschlosses Rastatt (zus. m. Jörn Kausch); 00 Reinach, Gal. Wkst.; 01 Basel, Ausst.raum Klingental (zus. m. Jörn Kausch u. Peter Wenger); 02 Freiburg i. Br., Gal. Mehlwaage; Laufen, Chelsea; 03 Riehen, Berowergut – ***Lit:*** WWCCA 96 – (Red.)

freya s. Komma, Eva

Freybott-Zeitler, Justine (geb. Justine Zeitler), Dipl.-Kunstmalerin; Hochestieg 3, D-22391 Hamburg, Tel. u. Fax: (0 40) 5 36 59 21 (* Birkenstein 20. 3. 45) – **L:** 64–70 ABK München (b. Prof. Mac Zimmermann) – **Ve:** BBK Ndb.-Oberpf. 69–91; GEDOK Hamburg 76–87 – **G/T:** Malerei (Öl, Aqu.); Themen: phantast.-romant. Realismus; Portr.; Lsch.; Figürl. – **E:** 68 München, Gal. am Abend; Berlin, Gal. am Abend; 69 Regensburg, Kult.amt d. Stadt; 70 München, Holzinger; 71 Hamburg, Atelier Mensch – **G:** 68–76, jl. München, Haus d. Dt. Kunst; 68–90 BBK Ndb.-Oberpf.

Freyer, Achim, Prof., Bühnen- u. Kostümbildner, Maler, Regisseur, c/o Freyer-Ensemble e.V., Kadettenweg 53, D-12205 Berlin, Tel. (0 30) 8 33 93 14, *www.freyer-ensemble.de* (* Berlin 30. 3. 34) – **VG:** Berlin, Gal. der Berliner Graphikpresse – **S:** 51–55 Meisterschule f. Graph. Berlin; 54–56 AK Berlin (Meisterschüler b. Bertolt Brecht) – **L:** 76–99 HdK Berlin (Prof. f. Bühnenbild) – **P:** BVK I. Kl. 90; Theaterpr. d. ITI 99 – **Ve:** AK Berlin 89 – **KGr:** Freyer-Ensemble (gegr. 92) – **G/T:** Bühnen- u. Kostümbild, Regie (Schauspiel, Oper, Musiktheater, Film) – **E:** / G: zahlr. Ausst., u. a. 77, 87 Kassel, documenta; 90 Berlin, Schloß Charlottenburg; 92 Kornwestheim, Gal. d. Stadt; München, Leger; 94 Berlin, AK – weitere in Bonn, Brüssel, Florenz, Hamburg, Moskau, Venedig, Prag, Wien u. Tel Aviv – ***Lit:*** Contemp. Designers 97; Lang 02; Kunst in der DDR 03 – (Red.)

Frick, Anton, Fotograf, Objektkünstler; Kirchengasse 29, A-8990 Bad Aussee, Tel. (06 64) 3 57 56 80, *a.frick@artvillage.at*, *www.artvillage.at* (* Graz 16. 12. 50) – **VG:** Bad Aussee, Gal. im Mesnerhaus; Bad Aussee, artvillage.at – **Ve:** artvillage; Intern. Assoc. of Art Paris; BBK – **KGr:** Art Forum Graz – **KGe:** cadre 47/2 – **G/T:** Fotomonotypien, Install., Objektkunst (alle Materialien) – **W:** überw. in Privatbes. – **E:** zahlr. im In- u. Ausld, zuletzt: Graz, Künstlerhaus – **G:** zahlr. Bet. im In- u. Ausld seit 92 – **V:** zahlr. Fotobde über Archit., Lsch. u. Kultur – **R:** artvillage, Multimediadok. auf CD; EU-Sympos. Kunst + Arbeit, Dok. – ***Lit:*** zahlr. Kat.

Fricke, Adib (Ps.: The Word Company); *www.TheWordCompany.de; www.antonym.de* (* Frankfurt am Main 62) – **VG:** Berlin, Weiss – **S:** 82–87 HdK Berlin – **Ve:** VG Bild – **E:** zahlr. Ausst. u. a. 92, 94 Berlin, Dreher; 97 Oslo, Wang; 99 Cambridge/MA, Harvard Univ. AM; Cambridge/MA, Busch-Reisinger Mus.; 03 Berlin, Charité; 04, 99, 97 Berlin, Weiss – **G:** zahlr. Ausst.bet., u. a. 96 Kassel, KV; 98 Leipzig, Gal. f. Zeitgen. Kunst; 99 München, Haus d. Kunst; 00 Nürnberg, Inst. f. Mod. Kunst; Rotterdam, Witte de With; 02 Tokio, Hara MCA.; 03 Sharjah/V.A.E., Art Bienn. – **V:** zahlr. Künstlerb., u. a. AdibProp 88; Die Reise 88; Das Gesicht im Kühlhaus 92 – **R:** Das Raumschiff – Ein Film in Worten 89; Das Lächeln des Leonardo da Vinci – Ein Zufallsgenerator 89, 91; Die Nachtwache von Rembrandt (m. Blitzlicht) – Ein Zufallsgenerator 92; The Word Company – Digital Catalogue 96, 04 – (Red.)

Fricker, Hans-Ruedi, Fotograf, Installationskünstler, Konzeptkünstler, Objektkünstler, Aktionskünstler, Environmentkünstler; Hüttschwende 278a, CH-9043 Trogen, Tel. u. Fax 0713442249 (* Zürich 9. 8. 47) – **P:** Konstanzer Kunstpr. 02 – **G/T:** Mail-Art – **E:** / G: u. a. 89 St. Gallen, KV; 94 Bern, Mus. f. Kommunikation; 97 London, Hayward Gall.; 02 Bregenz, Vorarlberger KV; Konstanz, KV; 03 St. Gallen, KH; St. Gallen, KM; 04 Feldberg, Kunst.Vorarlberg – **V:** I am a networker (sometimes), Kat. 89 – (Red.)

Friebe, Wolfgang, Architekt; Fockestr. 1, D-04275 Leipzig, Tel. (0341) 3917727. c/o Architekturbüro Ilg/Friebe/Nauber, Lützowstr. 24, D-04155 Leipzig, Tel. (0341) 5641245, Fax 5641222, *AB_IFN@t-online.de*, *www.ilg-friebe-nauber.de* (* 25. 10. 44) – **P:** Archit.pr. d. Stadt Leipzig 03 – **Ve:** BDA – **B:** u. a. Leipzig-Grünau: Bischöfliches Maria-Montessori-Schulzentrum (Umbau) – **V:** Weltausstellungen im 19. Jahrhundert 73; Vom Kristallpalast zum Sonnenturm. Eine Kulturgeschichte der Weltausstellungen 83; Buildings of the World Exhibitions 85 – ***Lit:*** Barth/Topfstedt 00 – (Red.)

Fried-Heufel, Ulrike (geb. Ulrike Fried), Oberstudienrätin, Fachlehrerin f. Bild. Kunst; c/o Art Corner, Am Malschen 13, D-64673 Zwingenberg, Tel. (06251) 76949, Fax 939583, *fried-heufel_art-corner@web.de* (* Karlsruhe 27. 5. 51) – **VG:** Heppenheim, Eigen Art; Westhofen, Kaiserbad-Mühle – **S:** 71–77 Univ. Mainz (Bild. Kunst u. Kunstgesch., Zeichn. b. Prof. v. Saalfeld) – **L:** seit 79 Lehrtätigkeit am Gymnasium – **Ve:** BBK Rh.-Pf. 75; BDK RP 80 – **KGr:** ARTIB (seit 01) – **KGe:** U. F.-H. u. Archit.büro M. Slomski – **G/T:** Graph.; Malerei (Öl, Acryl); Ill. mod. Lyrik; Ton-Holz-Objekte; Bronze-Skulpt. – **K:** Plast. u. Malerei – **W:** Bronzen, Rad., Öl- u. Acrylbilder überw. in Privatbes. – **Ö:** Bensheim, Fa. Dr. Dorstewitz; Heppenheim, Archit.büro Slomski – **E:** 83 Bad Bergzabern, Südpfälzische Kunstgilde; 98 Bensheim-Auerbach, Kronepark; 01 Bensheim, Parktheater; 02 Zwingenberg, Remise 04 Bensheim, Schloß Schöneberg; 05 Frankfurt am Main, Sozietät Rittershaus; Mainz, Maria-Ward-Schule; 06 Bensheim, RH – **G:** 77 Salzburg, Traklhaus; 79 Valencia, Iberflora; 80 Trier, Kult.amt; 84 Lincoln, Usher Gall.; 86 Neustadt an der Weinstraße, Bez.reg.; 96 Lorsch, Mus.zentrum; 97 Bad Dürkheim, Haus Catoir; 04 Heppenheim, Hessentag – ***Lit:*** Gruppendokumentation BBK Rheinland-Pfalz; Who is Who (Arts and Literature) 82

Friedeberger, Klaus, Maler; 16, Coleraine Road, London SE3 7PQ/GB (* Berlin 23. 8. 22) – **S:** 47–50 East Sydney Technical College (Dipl. Malerei) – **L:** 57–65 Central School of Arts & Crafts London (Gastdoz.); 61–78 London College of Printing (Gastdoz.) – **P:** Mosman Art Prize 49; Europa Pr. Ostende (Goldmed.) 64 – **G/T:** Malerei (hauptsächlich Öl); gegenstandslos, expressionistisch, achromatische Bilder (seit 1965), mitunter metallische Farben (u. a. Gold, Silber) – **W:** in Privatbes. in Austral., England, USA u. Europa – **M:** Canberra, NG of Australia; London, British Mus.; Sydney, Mosman Art Gall.; Wollongong, Univ. – **E:** 63 Oxford; Belfast; 63, 86, 90, 92 London – **G:** zahlr. Ausst.bet. seit 44 – ***Lit:*** Charles S. Spencer: K. F., Kat. 63; 25 years Annely Juda Fine Art, Kat. 85; K. F. Biographical Notes 92; Surrealism 93; The Europeans 97; in: Who's Who in Art; Artists in Britain since 1945 98; in: The Dictionary of Art Online; Encyclopedia of Australian Art

Friedel, Lutz, Maler, Graphiker, Bildhauer; Kollwitzstr. 59, D-10435 Berlin, Tel. (030) 4421790, *www.lutzfriedel.de* (* Leipzig 16. 6. 48) – **VG:** Berlin, Gal. Berlin – **S:** 68–70 HBK Dresden (Malerei); 70–73 HGB Leipzig (Graph.); 80–84 AK Berlin (Meisterschüler b. Prof. B. Heisig) – **P:** Stift. Kunstfonds – Arb.- u. Projektstip. – **G/T:** Malerei; Graph. (Druckgraph.); Plast. (Holz) – **W:** zahlr. in öff. Slgn – **M:** Altenburg, Lindenau-Mus.; Berlin, AK; Dresden, SKS; Frankfurt/Oder, Mus. Junge Kunst; Leipzig, KH Spk.; Rostock, KH – **E:** 92 Berlin, Marstall; 98, 01 Berlin, Gal. Berlin; 01 Berlin, Frz. Friedrichstadtkirche; 02 Hannover, Markuskirche; Burgk, Schloßmus.; Ahrenshoop, Kunstkaten – **G:** 99, 00, 01, 03, 04 Berlin, Gal. Berlin; 02 Bielefeld, KV Mus. Waldhof; Frankfurt/Oder, Mus. Junge Kunst; – weitere Ausst. in Belgien, Dänemark, Frkr. u. Schweden – **V:** zahlr. Kat. – ***Lit:*** Lang 02; Schweers 02 – (Red.)

Friederichsen, Michael, Bildhauer; Tulpenweg 4, D-85551 Kirchheim/München, Tel. (089) 9032778, Fax 90139705 (* München 15. 11. 38) – **VG:** München, Thiess – **S:** Berufsbild.zentrum München (Meisterkl. f. Gold- u. Silberschmiede Prof. Rolf Goldschmidt, Lehrabschluß Silberschmied); Ausb. z. Bildhauer b. Roland Friederichsen; Aktstud. (b. J. Bosch); Baupraktika u. Bauleitung b. Architektin E. Theissing in München u. Architekt u. Graphiker Bernd Kösters in Westf. – **Ve:** BBK; DGfCK Obb. – **KGe:** Atelier & Werkstatt Mechthild & M. F.; Reinhard Fritz u. M. F.; Thomas Reuter u. M. F.; Maresi v. Zerboni u. M. F. – **G/T:** Kunst im kirchl. u. öff. Raum, Kunst in Garten u. Landschaft, Kunst u. Bauen, 'Mach mit Kunst', Glas u. Stein – **K:** 'Mach mit Kunst'-Projekte (Bronze, Stein, Mosaik u. a.); Privatunterricht Bildhauerei – **W:** einige Arb. in Privatbes. – **M:** München, Alpines Mus. – **Ö:** Ascheberg, Westf. Grund- u. Hauptschule; Cuxhaven, Seewasser Bad; Ebersberg, Ldratsamt; ebda, Ldwirtschaftsschule; Garching, Fußgängerzone; Grünwald/München, RHplatz; Hamburg, Spaldingstr. (Glas); Johanniskirchen/München, Schule f. Sprachförd.; Kirchheim/München, Collegium 00 (Glasinstall.); ebda, Lindenviertel, Grundschule III; Lauf, Kr.krankenhaus (Lichtzeichen I); Markt Schwaben/Ldkr. Erding, Grund- u. Hauptschule; München, Landshuter Allee (Lichtzeichen II – Stein u. Glas); ebda, Albrechtstr. (Lichtzeichen III), Nymphenburg Wiss.stift.

Siemens (Glas), Amt f. Maße u. Gewichte (Schalltoter Raum), Thomas-Dehler-Str. 25, Hauptmünzamt, Haar Jagdfeld, Wohnanlage am Harras; München-Perlach-Süd u. Zentrum; Neufahrn b. Freising; Oberhausen, Fußgängerzone; Oberschleißheim, Wohnsiedlung; Recklinghausen, Schwimmhalle; Berg/Starnberger See, Kinder u. Jgdpsychiatrie Rottmanns Höhe; – weitere: Skulpt. auf d. Gartenschauen in Hof (verlassener Garten), Ingolstadt (Rosengarten) u. Köln (Rheinaue); – Skulpt. in d. Revierparks in Herne, Mattlerbusch, Nienhausen u. Vonderort sowie in Gärten in Kirchheim/München, Lohn-Lissen (Grünzug), Neuss u. in div. Privatgärten; – weitere Arb. in kirchl. Raum in Anholt, Westf. Krankenhauskap.; München, St. Klara; ebda, div. Notkirchen, Hannersches Kinderspital; sowie in Bochum, Gernlinden/München, Salzweg/Passau u. Südkirchen/Münster, – **B:** Heimstetten: eigenes Wohnhaus m. Wkst. – **E:** 99 München, Intern. Immobilieninst.; 00 München, Klinikum Großhadern; 03–04 München, Thiess – **G:** Burgkirchen, Gal.; Mühldorf, Gewerbeschau; München, DGfCK; Regensburg, Gewerbeschau; Vaterstetten, RH; – sowie Industr.ausst. d. BRD in Budapest u. Daressalam – ***Lit:*** Festschrift z. Einweihung d. Neubaus d. bay. Hauptmünzamtes 86; 10 Jahre Kunstausstellungen im Rathaus Vaterstetten 1979–1989; Bay. Staatsbauverwaltung Reg. Obb.: Werke 1984–1989; Steffi Roettgen (Hrsg.): Skulptur und Plastik auf Münchner Straßen und Plätzen 00; – weitere: Intern. Immobilieninst. (Hrsg.): Lichtzeichen, Dok.; BBK: Vita M. F.; ders., Dok. d. Skulpt. 'fructus'; Salzweg bei Passau, Kirchenführer; – Beitr. in d. Zss: Steinmetz u. Bildhauer, Garten u. Landschaft, Das Gartenamt; div. Veröff. in Tagesztgn – (Red.)

Friederike & Uwe (Ps. f.: Friederike von der Weppen, Uwe Wulz), Objektkünstler; Atelier: Domagkstr. 33/Haus 50, D-80807 München, *uwerennt@yahoo.com; friederike.v.d.weppen@gmx.de, www.friederike-und-uwe.de* (* Friederike: Würzburg 9. 12. 1968, Uwe: München 8. 8. 65) – **VG:** München, just art; München, Kunst oder Reklame; Berlin, Völcker – **S:** Friederike: 89–96 ABK München (Malerei b. Prof. Gerd Dengler); Uwe: 93–99 ABK München (Malerei b. Prof. Weishaar u. Res Ingold) – **P:** Reisestip. d. Kult.referats München (f. d. USA u. Finnland) 00, 01; Erwin u. Gisela v. Steiner-Stift. München (Projektstip.) 01; Projektförd. d. Ldesförderbank München 01; Projektstip. d. Stadt München 01; Kunst am Bau München (1. Pr., Quivid) 03 – **Ve:** AKKU München 96; VG Bild-Kunst 01 – **KGe:** Friederike & Uwe (F&U): Friederike von der Weppen u. Uwe Wulz – **G/T:** Pixelbild, Objekt, Install., Fotoinszenierung, Video, Performance – **M:** München, Bay. Staatsgemäldeslgn; München, Pin. d. Mod. – **E:** 01 München, Kunst oder Reklame; 02 München, Lothringer 13; Berlin, Völcker & Freunde – **G:** zahlr. Ausst.bet. seit 97, u. a. in Berlin u. München; sowie 02, 03 Frankfurt am Main, Art Frankfurt; – Teiln. an zahlr. intern. Performance-Kongressen, u. a. in Berlin, Helsinki, Paris u. Sacramento – **V:** Friederike & Uwe, Kunstb. 05

Friedl, Friedrich, Dipl.-Gestalter; Blumenstr. 4, D-60318 Frankfurt am Main, Tel. (0 69) 55 40 52, *fritzfriedl@web.de*. c/o Hochschule f. Gestaltung, Schloßstr. 31, D-63065 Offenbach am Main, Tel. (0 69) 80 05 92 11 (* Wigstadl/Sudetenland 7. 9. 44) – **S:** 68–72 FHS Darmstadt – **L:** 72–82 FHS Darmstadt; 82 FHS Hildesheim; seit 83 HS f. Gest. Offenbach am Main – **G/T:** konkrete Kunst, konstruktivistische Gest. – **M:** Hofheim, KS Main-Taunus; Offenbach am Main, Klingspor-Mus.; Regensburg, Ostdt. Gal. – **E:** 76 Amsterdam, Print Gall. Pieter Brattinga; 77 Düsseldorf, Dawo; 84 Stuttgart, Leitner Ausst.; Friedberg, Gal. u. Ed. Hoffmann; 94 Frankfurt am Main, Karmeliter-Kloster – **G:** 86 Frankfurt am Main, KV; 87 Ludwigshafen, Wilhelm-Hack-Mus.; 92 Bergisch Gladbach, StG Villa Zanders – **V:** Nicolaus Ott, Bernhard Stein u. F. F. (Hrsg.): Typografie – wann wer wie 98 – ***Lit:*** Klaus Klemp u. a.: F. F. Exakte Gestaltung – Freie Arbeiten von 1964–1994 94; Gerhard Leistner u. a.: Kunst als Konzept 96

Friedl, Heribert, Mag. art., Bild. Künstler, Musiker, Soundartist; *heribert.friedl@aon.at, www.nonvisualobjects.com* (* Feldbach/Stmk 69) – **S:** 94–98 HS f. angew. Kunst Wien (Meisterkl. f. Bildhauerei) – **P:** Förd.pr. d. Ldes Steiermark f. zeitgen. bild. Kunst 99 – **G/T:** Install., Soundarb. – **W:** in Privatslgn in Arnsberg u. Menden; Ankauf u. a. der Stadt Wien – **M:** Graz, LM Joanneum – **E:** seit 94, u. a. 01 Essen, Mus. Folkwang; Arnsberg, KV; 03 Krems, Artothek – **G:** seit 94, u. a. 02 Berlin, Rudolph; Wien, Künstlerhaus; Graz, steirischer herbst; 03 Los Angeles, Post; Budapest, Karton; London, Cell Project Space – ***Lit:*** Kat., u. a. Die österreichische Vision 98; K.U.L.M. 98 Förderungspreis des Landes Steiermark 99; Einsiedler vorrübergehend 01 – (Red.)

Friedl, Peter, Installations- u. Videokünstler; lebt u. arbeitet in Berlin u. New York (* Oberneukirchen/Öst. 60) – **VG:** Wien, Hohenlohe & Kalb – **G/T:** Install., Video – **E:** zahlr. Einzelausst. im In- u. Ausld, u. a. 95 Prag, ABK; 97 Linz, LG; 98 Brüssel, Pal. des BA; 99 Berlin, Neuer Berliner KV; 00 New York, Meltzer; 01 London, Chisenhale Gall.; Berlin, Public White Cube; 02 Kapstadt, Inst. for Contemp. Art; Bremen, Ges. f. aktuelle Kunst; 03 Basel, Krupp – **G:** u. a. 97 Kassel, documenta; 99 Venedig, Bienn.; 01 Budapest, Trafó; Leipzig, MBK; Frankfurt am Main, KV; 02 Genf, Mus. d'Art Mod. et Contemp.; 03 Minneapolis/MI, Walker AC; Leipzig, Gal. d. HGB; Hannover, Sprengel Mus.; Bremen, KH; Rotterdam, Witte de With; 04 Berlin, Bienn. f. zeitgen. Kunst; Barcelona, Fundació la Caixa – **R:** VIDEOS: Kill And Go 95; FRACK 96; Mob 97; Dummy 97; La Bohème 97; P. F. 98 – (Red.)

Friedl, Sieglinde, Mag. art., freischaffende bildende Künstlerin; Hintenberg 45, A-4161 Ulrichsberg, Tel. (0 72 88) 87 19, *atelier@nusurf.at* (* Vöcklabruck/ObÖst. 19. 8. 62) – **S:** 90–95 HS f. angew. Kunst Wien (Meisterkl. f. Malerei u. Graph. Prof. Wolfgang Hutter) – **G/T:** Malerei (Öl, Strukturbilder); Zeichn. (Portr.); Ätzrad. (versch. Inhalte) – **Ö:** Ulrichsberg/ObÖst., Gebäude-Bild (Baumeister Höfler); ebda, RH (Bürgermeistergal.), Golfpark (Portr. d. Gründer), Foyer d. Altenwohnheims – **E:** u. a. 94 Wien, Kroatisch-Hist. Inst.; Wien, Celeste; 98 Vöcklabruck, Lebzelterhaus; Budweis, Gal. Pod kamennou Zabou; 00 Helfenberg, Burg Piberstein; 04 Weyregg am Attersee, Sternwarte Gahberg 06 Timelkam, Raiffeisenbank; – sowie. Galeriecafé Bindl in ObÖst. – **G:** 96 Wien, Prag u. Brünn (Wanderausst. d. HS f. angew. Kunst); 98 Ulrichsberg, Jazzatelier; 00 Neureichenau, RH; 04 Freyung, Kurhaus

Friedland, Heribert (eigtl. Heribert Glatzel), Prof., Maler, Graphiker, Bildhauer; Endersbacher Str. 10, D-73773 Aichwald, Tel. (07 11) 36 17 94, Fax 5 40 34 22, *HH.Glatzel@t-online.de* (* Friedland/Kr. Falkenberg, Schlesien 9. 8. 27) – **S:** 57–62 ABK Stuttgart (Malerei u. Maltechnik); Univ. Stuttgart u. Tübingen (Kunstgesch., Phil. u. Neutestamentliche Wiss.) – **L:** 86–88 Univ. Stuttgart (LBeauftr. f. Kunstgesch., v. a. Aqu.- u. Zeichenkunst) – **P:** Bürgerpr. d. Stadt Mülheim/Ruhr (Aqu.) 84; Lovis-Corinth-Pr. 87; August-Macke-Pr. d. Stadt Meschede 96; Esslinger Kulturpr. 98; – sowie intern. Pr. f. graph. Gest. – **G/T:** Aqu.malerei (Landschaft u. Stilleben), Glaskunst, Plastik, Wandgest., graph. Gest. – **W:** überw. in Privatbes. – **M:** Düsseldorf, Mus. Kunst Pal.; Esslingen, StG Villa Merkel; Frankfurt am Main, Städel; London, Victoria & Albert Mus.; Sindelfingen, StG (Slg Lütze I); Stuttgart, SG; Würzburg, Martin von Wagner-Mus. der Univ. – **Ö:** Aichwald, Hauptschule (Plastik); Bad Ditzenbach, kath. Kirche (Glasfenster- u. Altarraumgest.); Bietigheim, kath. Kirche (Glasfenster); Esslingen, Kundenzentrum Neckarwerke AG (Plastik); Esslingen, Merkelsches Bad (Keramik- u. Betonrelief, Glasfenster); Esslingen, Verwaltungsgebäude AOK (Glasfenster); Plochingen, kath. Kirche St. Johann (Glasfenster); Unterensingen, kath. Kirche (Glasfenster- u. Altarraumgest.); Wasseralfingen, Oratorium Altenheim (Glasfenster- u. Altarraumgest.) sowie Beratertätigkeit u. Farbberatung f. öff. Gebäude – **E:** 63 Stuttgart, Valentien; 66 Esslingen, StG Villa Merkel (GrS); 77 Düsseldorf, KM; 78 Stuttgart, SG; 78, 87 Regensburg, Ostdt. Gal.; 79 Kronberg, Hellhof; 81 Würzburg, M.-v.-W.-M.; 84 London, Victoria & Albert Mus.; 85 Düsseldorf, Förster; 87 München, Neue Pin.; 90 Pavlovsk, Schloß; 97 Meschede, Stadthalle; 97 Tegernsee, Olaf-Gulbransson-Mus.; 99, 05 Esslingen, Ldratsamt – ***Lit:*** Kurt Leonhard: Ausst.kat. Stuttgart 63; Friedrich W. Heckmanns, Kurt Leonhard u. Wend von Kalnein: Ausst.kat. Düsseldorf 77; Gunther Thiem u. Dieter Hoffmann: Ausst.kat. Stuttgart 78; Christian Lenz: Ausst.kat. Kronberg 79; Friedrich W. Heckmanns, Erich Hubala u. Christian Lenz: Ausst.kat. Würzburg 81; Erich Hubala, Christian Lenz, Friedrich W. Heckmanns, Keith Andrews u. Hubertus Falkner von Sonnenburg: Ausst.kat. München 87; Herwarth Röttgen: Ausst.kat. Stuttgart 87; Friedrich W. Heckmanns: Ausst.kat. Regensburg 87; Iwan Czeczot: Ausst.kat. Leningrad 90; Heinrich Dilly, Iwan Czeczot u. Kurt Leonhard: Ausst.kat. Meschede u. Tegernsee 97; Thomas Gädeke u. Günther Wirth: Ausst.kat. Esslingen 99; Keith Adrews, Friedrich W. Heckmanns u. andere: Friedland, Monogr. 05 – ***LitR:*** Dieter Hauser: Friedland der Aquarellist, Süddt. RF Stuttgart 63

Friedlos, Brigitte, Video-, Foto- u. Installationskünstlerin; Hardturmstr. 90, CH-8005 Zürich, *brigittefriedlos@bluewin.ch*, *www.likeyou.com/brigittefriedlos* (* Altendorf/Schwyz 29. 7. 65) – **S:** 89–93 HS f. Gest. u. Kunst Zürich; 89–90 Univ. Zürich (Kunstgesch.); 00–02 Univ. Bern (Nachdipl.stud. Kunst u. Gest., Dipl. b. Prof. Karl-Josef Pazzini v. d. Univ. Hamburg) – **P:** Atelierstip. d. Kt, Schwyz (f. d. Kunstraum Katzenstrick in Einsiedeln) 97; Atelierstip. d. Kt. Graubünden (f. d. Kult.zentrum Scuol/Nairs) 98; Atelierstip. Schweizer Jgd.herberge u. Visarte (f. Maloja) 01; Werkstip. d. Kt. Schwyz (f. d. Zentralschweizer Atelier in New York) 03 – **Ve:** Visarte – **G/T:** Video; Fotogr.; Install. – **W:** Werkankäufe durch d. Kt. Schwyz – **E:** 97 Einsiedeln, Kunstraum Katzenstrick; 06 Zürich, Buchhandlung Kunstgriff – **G:** 95 Wollerau, Kunstraum; Arth, Meier; 97, 02 (Werkbesprechung) Luzern, KM; 98 Rapperswil/St Gallen, IG Halle Alte Fabrik (Kat.); Scuol/Nairs, Kult.zentrum (Werkbesprechung); 01 Pfäffikon, Symposium am Zürichsee (Werkbesprechung); Einsiedeln, Panorama (Kat.); 04 Zürich, Laurin

Friedmann, Gloria, Bild. Künstlerin; 58 rue de l'Hôtel de Ville, F-75004 Paris, *gloria.friedmann@wanadoo.fr* (* Kronach 30. 3. 50) – **VG:** London, Juda Fine Art; Paris, Gal. Cent8 – **G/T:** alles, was d. Sache dient – **M:** Duisburg, MKM; Paris, Centre Pompidou; Paris, MAM de la Ville Paris – **Ö:** Hamburg, Mahnmal Hier + Jetzt; Rothaarsteig, Das Grünhaus; Villars-Santenoge, Carré Rouge – (Red.)

Friedrich, Hilmar, Maler, Graphiker, Bildhauer, Kunstlehrer; Carlstr. 70, D-24534 Neumünster, Tel. (0 43 21) 1 44 11 (* Stühlingen/Baden 8. 10. 38) – **S:** 59–64 HBK Karlsruhe (b. d. Prof. Walter Herzger, Fritz Klemm, Franzsepp Würtemberger u. Kurt Wehlte) – **L:** 66–04 Holstenschule Neumünster (Stud.dir. f. Kunst); VHS Neumünster (Doz.) – **Ve:** BBK Schlesw.-Holst. 70–05 – **KGr:** N (Begr.) – **G/T:** Graph.; Malerei; Plast. – **K:** Portr. u. Figürl. – **W:** zahlr. in Privatslgn – **M:** Freiburg im Breisgau, Augustiner-Mus.; Kiel, Slg d. Univ. – **Ö:** u. a. Freiburg im Breisgau, PH (Der reiche Fischfang); Kiel, Heilige Kreuzkirche (Keramiken); Neumünster, Emmauskap. St. Maria-St. Vicelin; ebda, Kath. Gemeindezentrum (Aluminiumguß), Bad am Stadtwald (Poseidon u. Nixen, Keramikmosaik), Kleiner Prinzenbrunnen (Bronze), Ansgarkirche (Abendmahl u. Kreuzigung, beide Öltempera); Schwaningen-Stühlingen, St. Martin (Ecce homo, Öltempera u. Gekreuzigter, Bronze) – **E:** 63 Karlsruhe, Lichthofgal. d. KHS; 73 Neumünster, Textilmus.; 88, 89 Wentorf, Freie Lauenburg. Akad. f. Wiss. u. Kult.; 92 Waldshut, Chilbiausst.; 05 Antalya, Staatl. NG – **G:** 80 Brüssel, Château St. Anne; 87 Berlin, Intergrafik (Kat.); – weitere: 67 Neue dt. Graph. in 80 dt. Städten; versch. Ldesschauen d. BBK Schlesw.-Holst. – ***Lit:*** Karl August Reiser: Dt. Graph. v. Leihl bis zur Gegenwart 64; Kürschners Graphiker-Handbuch 67; Liselotte Kinglewsky: Anders. 50 Jahre Griffelkunst 77; – sowie: Rotemund u. Gallwitzer: Graph. zur Bibel; Ottheinrich Schindler: Dokumente zur zeitgen. Kunst; Graph.-kat. 88; Malereikat. 03 – ***LitR:*** Antalya-Fs. 05

Friedrichs, Werner, Maler, Graphiker; Bayerischer Platz 7, D-10779 Berlin, Tel. (0 30) 85 72 68 51, Fax 85 72 68 52, *friedrichs@snafu.de*, *http://home.snafu.de/friedrichs* (* Detmold 2. 12. 36) – **VG:** Remagen-Rolandseck, Gal. f. figurative Kunst im Europ. Kult.zentrum; Frankfurt am Main, Ehrler – **S:** 56–58 HBK Hamburg (b. Prof. Ortner); 58–60 HBK Berlin (b. Prof. Blank) – **L:** 85–98 Privatakad. Leonardo Hamburg (Zchng, Form u. Farbe) – **G/T:** Zchng; Ill.; Malerei (Öl); Rad.; Steindruck – **K:** Stadtzeichnen, Lsch. – **W:** Lehrfilm üb. Steindruck, KH Düsseldorf – **M:** Berlin, KS d. Dt. Bundestages – **E:** 74 Hamburg, Altschwager; Münster, Gal. im Zimmertheater; 76 Detmold, Lippische Ges. f. Kunst; 77 Norderstedt, KV; 78 Berlin, Gal. Pariser Str.; 79 München, Marsyas; 79, 83, 86 Remagen, Rolandshof; 81 Berlin, Strompen; 84 Solingen, Alfermann; 88 Oerlinghausen, KV; Hamburg, Preuss; 93, 95, 03 Frankfurt am Main, Ehrler; 96 Hamburg, Amsa-Gal.; 99 Remagen, Europ. Kult.zentrum

Friedrichsen, Carsten (Ps.: CaFri, weiteres Ps.: T. Hobbs A.S.A.), Maler, Zeichner, Graphik-Designer; Sportzenkoppel 33, D-22359 Hamburg, Tel. (0 40) 6 03 34 89 (* Hamburg 12. 2. 58) – **VG:** Hamburg, art goes public – **S:** 77–81 KSch Alsterdamm Hamburg; 97–99 APAKT Hamburg (b. G. Bommersheim) – **L:** 98–99 Inst. f. Design Hamburg (Doz. f. Konzeption u. Art-Dir.); 00–05 Berufsförd.werk Hamburg (Doz. f. Mediengest.) – **P:** Elysee-Pr. 89 – **G/T:** Malerei (Öl, Acryl, Aqu.); Satir. Zchngn; Plast./Objekte (Holz, Kupfer); Install. – **K:** Kreativitätstrainings, Malerei-Workshops, Sem.reihe 'Malen aus d. Stille' (Meditation u. Kunst) – **W:** zahlr. in Privatbes. – **Ö:** Hamburg, Friedenskirche; ebda, Hotel Elysee; Großhansdorf, Krankenhaus – **E:** zahlr. seit 82, u. a. 82 Hamburg, Villon; 89 Hamburg, Bellmann; 91 Hamburg, Kunsttreppe d. Hamburger Abendblatt; Hamburg, Conrad; 93 Hamburg-Volksdorf, Rockenhofkirche; 94 Bad Oldesloe, BIZ; 94, 97 Hamburg, Friedenskirche; 97 Hamburg, Fa.ausst. Bon prix; 01 Hamburg, Fa.ausst. GFA; 02 Volksdorf, Mus.dorf – **G:** zahlr. Bet. seit 86, zuletzt 01 Hamburg, Norddt. Affinerie u. St. Jacobi; 04

Bergedorf, Radiologiezentrum; 05 Reinbek, Klinik Sa. Waldau – *Lit:* Isa Lohmann-Siems: CaFri, Ausst.kat. 86; Paul-Theodor Hoffmann: Woher-Wohin, In: Hamburger Abendblatt 91; 10 Jahre Kunsttreppe, Ausst.kat. 97

Friege, Gundis; Hindenburgstr. 122, D-42853 Remscheid, Tel. (0 21 91) 7 63 57, Fax 7 63 57 – **G/T:** Graph., Fotogr. – (Red.)

Friege, Heinz, Maler, Graphiker, Galerist; Hindenburgstr. 122, D-42856 Remscheid, Tel. u. Fax (0 21 91) 7 63 57, *gundis@gundis.de* (* Dresden 4. 8. 23) – **S:** 47–51 HS f. Werkkunst/KHS Dresden (Graph. u. Gebrauchsgraph.) – **P:** Wettb. 'Die Jungen' Dresden (1. Pr.) 48; Verdienstmed. z. BVK 98 – **Ve:** Westdt. Künstlerbund – **G/T:** zuletzt konkrete Malerei – **M:** Dresden, Kpst.-Kab.; Hünfeld, Mus. Modern Art; Remscheid, Städt. Slg – **Ö:** Kunst am Bau: div. in Bochum, Ennepetal, Remscheid u. Solingen – **E:** 54, 59, 61 Wuppertal; 59, 63, 72, 81, 85, 90, 97, 99 Remscheid; 62 Godesberg; 67 Düsseldorf; 79 Frankfurt am Main; Hagen; Gelsenkirchen; 83 Ennepetal; 85, 91, 01 Bonn; 87 Saarbrücken; 93, 01 Dresden; 96 Freiburg im Breisgau – **G:** seit 48 zahlr. Ausst.bet., u. a. Dresden, Kunstausst.; Solingen, Berg. Kunstausst.; Hagen, Westdt. Künstlerbund; Erfurt, Forum Konkrete Kunst; 94 Ludwigshafen, Wilhelm-Hack-Mus.; 97, 03 Freiburg im Breisgau, Mus. f. Neue Kunst; Hünfeld, Mus. Modern Art; seit 97 Bonn, Ges. f. Kunst u. Gest.; 99 Krakau; 05 Wien, Unesco – *Lit:* u. a. Monogr. 85; – AUSST.KAT. Leonhardi-Mus. Dresden 93; StG Remscheid 97

Friel, Gunnar, Medienkünstler; *gunnar@khm.de, www.the-symptom.net; www.gunnarfriel.de* (* Köln 6. 12. 68) – **S:** 93–97 KHS f. Medien Köln (Medienkunst b. d. Prof. David Larcher u. Valie Export) – **P:** Intern. Wettb. HELLGRUEN 01; Förd.pr. f. Bild. Kunst d. Ldeshauptstadt Düsseldorf 03; H. W. & J. Hector-Kunstpr. 04; Marler Video-Kunst-Pr. u. Video-Install.-Pr. (Förd.pr.) 06 – **KGe:** G.F. u. Anja Vormann (seit 01) – **G/T:** Multimedia-Install.; Videokunst – **W:** mehrere Videoarb.; zahlr. Multimedia-Install.; überw. in Privatbes. – **M:** Mannheim, StKH – **Ö:** Düsseldorf, Hofgarten (Napoleonshügel); Mannheim, Vorpl. d. StKH – **E:** 04 Remscheid, StG; 05 Bochum, KV; 06 Innsbruck, Medienkunst Tirol – **G:** zahlr. Bet. seit 00, u. a. 02 Düsseldorf, Hofgarten: HELLGRUEN (Kat.); 04 Mannheim, StKH; 05 Linz, Maerz – zuletzt: 06 Marl, Skulpt.-Mus. Glaskasten; Bochum, Mus.; Busan/Korea, Bienn. – **V:** Ralf Bohn u. G.F.: Atropa belladonna: Arbeiten am Film 95 – **R:** Transportkisten f. Spielzeugaffen, DVD 03; Pollock-Affe, DVD 03; Call of Flying Trees, DVD 06 – *Lit:* G.F., Ausst.kat. 03; Anja Vormann u. G.F. The Doors, Ausst.kat. 03; StKH Mannheim (Hrsg.): H. W. & J. Hector-Kunstpr. 2003, Ausst.kat. (z. Ausst. d. Preisträger in d. StKH Mannheim) 04

Frieling, Simone (verh. Simone Lamping, geb. Simone Ehlert), Malerin, Illustratorin; Alfred-Döblin-Str. 7, D-55129 Mainz, Tel. (0 61 31) 7 27 05, *simone-frieling.de* (* Wuppertal-Elberfeld 6. 8. 57) – **S:** Priv. Mal- u. Zeichenunterr. b. Paul Weißhuhn, Wuppertal – **Ve:** VG Bild-Kunst 03 – **G/T:** Pastell u. Aqu. (Lsch., Stilleben); Öl (ungegenständl.); Ill. (Tusche u. Bleistiftzchng) – **Ö:** Mainz, Univ.; ebda, Praxis Dr. Listmann, Ministerium – **E:** zahlr., zuletzt: 00 Wiesbaden, Aibachhaus; 05 Mainz, Univ.klinik; Mainz, Antiquariat Thomas Schröder; Mainz, Praxis Dr. Listmann – **V:** Der rebellische Prophet. Jona in der mod. Lit. (Hrsg. u. Bleistiftzchngn) 98; Gott, ich danke Dir. 24 Gespräche m. Gott aus d. Alltag einer Frau (Text u. Tuschezchngn) 06

Fries, Pia, Malerin; lebt in Düsseldorf (* Beromünster/Luzern 6. 10. 55) – **VG:** u. a. Zürich, Mai 36 Gal.; Paris, Nelson – **S:** 77–80 HS f. Gest. u. Kunst Luzern (Bildhauerkl. Anton Egloff); 80–86 KA Düsseldorf (Meisterschülerin b. Gerhard Richter) – **L:** 01 KA Karlsruhe (Gastprof.) – **P:** Eidgenöss. Kunststip. 89, 91, 92; Kunstpr. Münsterld 97 – **M:** Aarau, Aargauer Kunsthaus; Essen, Mus. Folkwang; Hannover, Nds. Spk.stift.; Nürnberg, Neues Mus.; Otterndorf, MMK; Stuttgart, SG; Winterthur, KM; Zürich, Cantrade Private Bank – **E:** seit 88, u. a. 88 München, Schöttle (mit M.A. Dewes); 92 Luzern, KM (Kat.); Bonn, KM; 94, 96, 99, 03 Zürich, Mai 36 Gal.; 97 Freiburg im Breisgau, KV (Kat.); Aarau, Aargauer Kunsthaus (Kat.); Kleve, Mus. Kurhaus (Kat.); 98 Göttingen, KV APEX (Kat.); Ulm, KV; 99 Göppingen, KH (Kat.); Aachen, Ludwig Forum; 99, 02, 05 Paris, Gal. Nelson; 00 Lübeck, Overbeck-Ges. (Kat.); Köln, Ricke; 01 Otterndorf, MMK (Kat.); Turin, The Box Assoc.; 01, 02 Brüssel, Janssen; 02, 05 Los Angeles, Grimes; 02, 04 New York, CRG Gall.; 04 Madrid, Distrito Cu4tro; 05 Lissabon, Soares; 06 London, Jacobson – **G:** Bet. seit 84, u. a. 86 Düsseldorf, KM: Treibhaus 4 (Kat.); 90 Mannheim, KV: Szene Schweiz (Kat.); 92 Kleve, StM Haus Koekkoek: Der Teppich d. Lebens (Kat.); 95 Aarau, Aargauer Kunsthaus: Stiftung Kunst heute (Kat.); 96 Sofia, Städt. KG: Nähe & Ferne (Kat.); 99 Kassel, KV: special offer (Kat.); Venedig, Bienn. (Kat.); 00 Moskau, Neue Manege: 2356 km, Kunst aus Düsseldorf; 01 Santa Fe/NM, Bienn. (Kat.); 02 Uddevalla/Schweden, Bohuslans Mus.: Sight Mapping; 03 Toulouse, Éc. Supérieure des Beaux-Arts: Total Pictural; 04 (Le syndrome de Babylone), 05 (Looping) Clermont-Ferrand, FRAC Auvergne; 05 Houston/Tex., Contemp. AM: Landscape Confection; Hannover, KV: Bilanz in zwei Akten; New York, Albright-Knox Art Gall.: Extreme Abstraction; 06 Bonn, KM: Von Doig b. Rabinowitsch/Provinzial – *Lit:* ZTGN U. ZSS: N. Oberholzer in: Luzerner Ztg v. 22.2.92; W. Speen in: Kunst Köln 2/95, S. 28–30; R. Beil in: Kunst-Bulletin, April 97, S. 26; Th. Hirsch in: Biograph 10/98, S. 50; J.-P. Koerver in: Noema 1/99, S. 62; D. Pagel in: Los Angeles Times v. 20.12.02; P. Frank in: LA Weekly v. 10.–16.1.03; – KAT.: K. Middendorff: d'APERTutto Venedig, S. 102; H. Liesbrock u. K. Heymer: Kunstpreis Münsterland 97; d'APERTutto, Venedig, S. 102; D. Friis-Hansen: Vitamin P 02, S. 110; Th. Heyden: Slg Rolf Ricke Nürnberg, S. 132; – SOWIE: P. Good: Minimalia zur Gegenwartskunst 98, S. 89; B. Wucherer: Biograph. Lexikon der Schweizer Kunst – (Red.)

Friese, Heinz-Gerhardt, Spiritus rektor, HonProf., Bildender Künstler, Maler, Graphiker; c/o Kunstschule – Akademie u. Jugendatelier, Schule an der Waldlehne 111, D-45149 Essen, Tel. Mobil: 01 51–19 02 95 10, *friese-kunst@gmx.de, www.hgfriese28.de* (* Berlin 3. 2. 28) – **S:** Maler, Plakatmaler, Fachabitur; 45 AK Berlin; 50 Staatl. KA Düsseldorf (Kunstwiss. u. Ästhetik b. Prof. Dr. Theissen, Portr. u. Akt b. Prof. Sackenheim, Rad. b. Prof. Klappeck, Restaurierung b. Prof. Althöfer); 85 Univ. Essen (Kunstphil. b. Prof. Kohn) – **L:** seit 76 Akad. u. KSch Essen (HonProf. f. Malerei u. Graph., speziell Pinselgraph.) – **Ve:** BBK 81; Künstlerkr.-Kunstver. la bohème e.V. (Gründer 45, E.vors. seit 95, Leiter d. Bildungsanst. 76–04, Umbenennung in 'Kunstlabor' 04) – **KGr:** Paradox (seit 99) – **G/T:** versch. Techniken: Malerei (Öl, Aqu., Portr., Akt, realist. sowie freie Abstr.); Ill.; Rad. (griech. Mythologie); Skulpt. (Holz u. Stein, Formenreduktion) – **K:** Portr., Abstr., Rad., Zeichn., Collage u. Pinselgraph. – **W:** ca. 150 Werke (Fundus) – **M:** Eberswalde, Stadt- u.

Kr.mus. – **Ö:** Berlin, Bundestag; Eberswalde, Kath. Kirche; Essen, Kath. Kirche (Altarbilder); Marburg, Landratsamt; Oranienburg, Schloß Oranienburg; ebda, Mittelbrandenburgische Spk. – **E:** 44–56 Berlin, Bernau, Essen, Leipzig, Nizza (Gal. Ruhl), Paris, Perpignan u. Poitiers; 76–79 Essen (16 Ausst.); 80–84 Biedenkopf, Kirchhain, Marburg, Essen (7 Ausst.); 85–91 60 Ausst. m. Aktionen, davon mehrere in d. Revierparks d. Ruhrgebietes; 91–92 Ruhrgebiet (9 Ausst.); 93–94 Wanderausst. Mark Brandenburg; 98 Helgoland; Potsdam, Landesreg.; 01 Dorsten, Marl; 02 Brüssel, EU-Parlament/Landesvertretung Brandenburg; 03 Essen, 'Euromachie' – **G:** mehrere Ausst.bet. in Essen, Frankreich, Marburg – **V:** u. a. Essener Kohleskizzen, Mappe u. Kalender; Kinder- u. Jugendbuch; – Zu den bekanntesten Werken zählen: 'Disparu de la fenêtre', 5 Ölgemälde u. 3 philos. Texte; 'Champione', 22 Acrylgemälde m. Texten (Stiftung f. Schule); 'L'ange gardien et son esprite', 22 Gemälde m. Texten; 'Pantha rhei', großformat. Ölgemälde, öff. Aktionsmalerei (anschließ. versteigert u. gestiftet); 'Rhino coris iracundus', Aktionsmalerei, Fotogr. u. Graph. m. Skript; 'Euromachie'-Zyklus u. 3 Serien, 70 Arbeiten Malerei u. Graph. (anschließ. gestiftet, m. Dokumentation); 'Sylter Skizzenbuch', Malerei, Graph. (u. Fotos); 'Kriegstagebuch', Malerei u. Skizzen; – div. kunstphilos. Essays; Lesungen u. Dia-Vorträge über Kunst (privat u. an Schulen/Gymn.) in NRW, Hessen u. d. Mark Brandenburg – **R:** Euromachie, MDR-Figurationen – ***Lit:*** la bohème e.V., Essen 83; Sommerakademie 93 (insges. 12 Sommerakad. 80–02); Kunstschule/Akademie u. Jugendatelier – 25-jähr. Jubiläum; Acryl 2000, Kat.; Künstlerkreis-Kunstverein la bohème e.V. – 50-jähr. Jubiläum 05

Friese, Holger; Studio: Brunnenstr. 192, D-10119 Berlin, Tel. (0 30) 44 02 44 44, Fax 28 04 79 00, *www.fuenfnullzwei.de/cv.html* (* Zweibrücken 68) – **VG:** Berlin, shift – **S:** 87–90 Fotografenausb.; 93–97 FHS Aachen (Visuelle Kommunikation) – **L:** 99–00 FHS Salzburg (Doz. FB Multi Media Art) – **P:** Arb.stip. d. Berliner Senats 99 – **G/T:** Internetprojekte, Install. – **E:** 98 Aachen, Neuer Aachener KV; 02 Berlin, bgf_mitte – **G:** 97 Kassel, documenta; 98 München, Lothringer 13; Aachen, Suermondt-Ludwig-Mus.; 99 Berlin, shift; Karlsruhe, ZKM; Berlin, Kunstbank; 00 Nürnberg, Kunstbunker; Aschaffenburg, Neuer KV; Genf, Sgg – (Red.)

Frisch, Mechthild (auch: Mechthild Nemeczek), Prof., Malerin; Stammstr. 10, D-50823 Köln (* Karlsbad 22. 4. 43) – **VG:** Stuttgart, Wahlandt; Düsseldorf, Hölzl – **P:** Villa-Romana-Pr. 79; Stift. Kunstfonds – Arb.- u. Projektstip. 81; Kunstpr. d. Böttcherstr. in Bremen 82; Stip. d. Barkenhoff-Stift. Worpswede 83; Förd.pr. Bild. Kunst d. Kult.kr. d. dt. Wirtschaft im BDI 84; Kunstpr. Glockeng. Köln 89; Lovis-Corinth-Pr. 00 – **Ve:** VG Bild-Kunst – **M:** Berlin, NG; Bremen, Neues Mus. Weserburg; Dresden, SKS; Duisburg, Wilhelm-Lehmbruck-Mus.; Gotha, Schloß-Mus.; Kiel, KH; Mönchengladbach, StM Abteiberg; Schwäbisch Hall, Hällisch-Fränkisches Mus.; Stuttgart, SG; Wiesbaden, Mus. – **Ö:** Erlangen, Univ.; München, Hauptverwaltung d. Siemens AG; Stuttgart, Inst. f. Auslandsbeziehungen – **E:** 92, 93 Wiesbaden, Mus.; 02 Ingolstadt, KV – **G:** 90 Barcelona; 91 Wien, MMK Stiftung Ludwig; 00 Mönchengladbach, StM Abteiberg; 01 Fellbach, Trienn. d. Kleinplast. – ***Lit:*** Kritisches Lexikon der Gegenwartskunst 91; Museum Wiesbaden (Hrsg.): Kat. m. Werkverz. bis 1992 92; Angela Ziesche: Das Schwere und das Leichte 95; Lovis Corinth-Preis, Kat. 00 – (Red.)

Fritsch, Herbert, Mag. art., (Akad.) Maler, Bildhauer u. Environmental Artist; Dorfstr. 45, A-6800 Feldkirch, Tel. u. Fax (0 55 22) 7 48 57, *Herbert.fritsch@cable.vol.at* (* Düns 24. 4. 45) – **S:** 74–81 ABK Wien (b. Prof. Melcher u. Prof. Köb) – **L:** LAuftr.: 98 KA Turku u. KA Rovaniemi in Finnland; Accademia di Belle Arti Venezia; Pädagogische Akad. Feldkirch – **P:** Graph.pr. d. Stadt Salzburg 74; Auslandsstip. f. Russland 92; Arb.-stip. f. d. 'Atelier 11' in Vaduz 93; Stip. d. Ldes Vorarlberg f. Rom 03 – **Ve:** Künstlervrg Vorarlberg Bregenz – **W:** Briefmarkenserie 'Walser Hauszeichen' f. d. Fürstentum Liechtenstein – **Ö:** Arromanches/Normandie (Environmental Projekt); Buyginess/Norwegen (Environmental Projekt); Dhulikhel/Nepal, Spital (Kunst am Bau); Düns (Wasserskulpt.); ebda (Environmental Projekt); Feldkirch, Johanniterkirche (Install.); ebda, Sozialzentrum Carina (Wandbild u. Skulpt.gr.), Weiher Tisis (Skulpt.gr., zus. m. Beat Stutzer), Bronzetor; Frastanz, Sozialzentrum (Wandbild); Lienz (Environmental Projekt); Mauren, therapeutische Wohngemeinschaft (Glasfenster); Paliano/Rom, Öst. Kult.forum (Skulpt.gr.); Rüthi (Environmental Projekt); Triesenberg (Bronzetor); Tessin (Segmente, (Environmental Projekt); Übersaxen (Bronzetor u. Siebdrucke an Häusern) – **V:** Briefe aus Schwarz-Indigo 87; Imago 90 90; m. Markus Büchel: Bericht über eine Malaktion, Beilage im Kultur-Journal 6/91; Begegnung Aare-Rhein, Künstlerhaus S11 94; Kristian Sotriffer: Berührungen, Lith.mappe 94; m. Josef Ebnöther: Kat. z. Ausst. im Pal. Hohenems 94/95; m. demselb.: Kat. z. Ausst. im Forum f. Archit. u. Kunst 94/95; PA-Berichte 4 96; Albert Ruetz: Gefrorne Thränen 98; Gisalz 98 98; Hermann Hassler: Walser Hauszeichen auf Briefmarken, im Kat. z. Ausst. im Postmus. Vaduz 99; m. Timo Jokela: Alps to the Arctic. Signs of the Living in the Landscape 01; m. Brunner u. Rabagliati: ARTEC 01; Eine Wächterskulptur am Eismeer in Norwegen, in: wort auf dem weg 02 – ***Lit:*** BUCHPUBL.: Rudolf Sagmeister: Zeichner aus Liechtenstein, Vorarlberg und Ostschweiz 85; N. David Denoval, Ausst.kat. 86 u. 87; Monika Helfer: Mit offenen Augen, in: Briefe aus Schwarz-Indigo 87; Kat. z. 13th Intern. Independante Exhibition of Prints in Kaganawa 87; Davidson: Kat. z. Ausst. in d. Fond. Prince Pierre de Monaco 87; Christine Spiegel: Gedanken wie Bilder, in: Imago 90 90; L. M.: Paper scrolls by H. F. 91; Kunstagenda der Liechtensteinischen Staatlichen Kunstsammlung 92 u. 95; Sich fügen heißt lügen. 20 Jahre Kulturkreis Feldkirch – 15 Jahre Saumarkt-Theater 92; 11 Zeichnerinnen und Zeichner am Bodensee, Österreich, Schweiz und Deutschland 92; Klaus Bodemeyer: Schrift-Spur-Bild – H. F. 94; Karlheinz Pichler: H. F. – Herbert Meusburger. Projekt Nepal 95; ders.: Ort der Pflege und Geborgenheit, Sozialzentrum Frastanz 96; ders.: Schwemmgut des Lebens – ein Wandbild von H. F. 96; Georg Malin, Bestandskat. d. Liechtensteinischen Staatl. KS 96; Albert Ruetz: Das Walsertor 99; m. Brunner: Pylos 99; Stefanie Dathe: H. F., Kat. z. Ausst. 'BLAU' 03; Eckhard Schneider: H. F. – Erdsignale, in: LandArte2003 04; Beat Stutzer: Von Land Art zu LandArte, ebda; – BEITR. IN ZTGN U. ZSS: in: Montfort Heft 3 83; Siegfried Gabrielli: gemalte Briefe von H. F., in: Kultur-Journal 4/89; Markus Büchel: H. F.s wortlose Dichtung, Parnass Heft 2 90; Ruth Gschwendtner: H. F. Papierobjekte – Stelen, in: Kultur – Zs. f. Kultur u. Gesellschaft 3/92; Markus Büchel: H. F.s Kunst-Sprachen, ebda 3/93; Christine Spiegel: Spurenbilder, Parnass Heft 2 93; Ines Wohlwend: H. F. Baumeister der Seele, Bodenseehefte 93; Karlheinz Pichler: Unternehmen Nepal, Parnass Heft 3 95; ders.: Wohnräume zum Pflegen und Pflegeräume zum Wohnen – Kunst am Bau, in: Kultur – Zs. f. Kultur u. Gesellschaft 3/96; Andrea Kühbacher: Spuren des Alterns. H. F.s Wandgestaltung in einem Sozialzentrum, Parnass Heft 3 96; Michael Kühl-Lenjer: Spuren wider das Vergessen ..., in: Intern. Bodenseeclub. Zs f. Lit., Bild. Kunst, Wiss., Musik 98; Beat Stutzer: Tradition und Innovation. Zu einem Werk von H. F., in: Übersaxen Heft 1 99; Kotula Studer: S. im Verborgenen, in: Kultur 5/00; Karlheinz Pichler: Archäologie der Zeichen und Spuren, in: Kultur – Zs. f. Kultur u. Gesellschaft 5/01; Beat Stutzer: Der Wasserschläfer. Zu einer Skulpturengruppe von H. F., ebda 5/02 – ***LitR:*** Ulrich Herburger: Gisalz, Videodok. 98; ders.: Im Gegenlicht, Videofilm 98; ders.: Zeichen – H. F. und das Val Camonica, Fs.-Film ORF 2 20.4.92; Ingrid Adamer: Wasserschläfer, Film 3sat 16.3.03

Fritsch, Karl, Goldschmied; Schulstr. 28, D-80634 München, Tel. u. Fax (0 89) 3 23 42 84, *schmuckfritsch @mac.com* (* Sonthofen/Allgäu 10. 3. 63) – **VG:** Amsterdam, Ra; Melbourne, Funaki; Washington/DC, Jewelers' Werk; Tielrode, Lachaert; Padua, Studio GR 20 – **S:** 87–93 ABK München (b. Prof. Hermann Jünger u. Prof. Otto Künzli) – **L:** 03–04 FHS f. Gest. Pforzheim (Schmuckgest.) – **Ve:** BBK Bay. – **G/T:** Schmuck – **W:** überw. in Privatbes. – **M:** Amsterdam, Stedelijk Mus.; Hamburg, MKG; München, Pin. d. Mod.; Pforzheim, Schmuck-Mus. – **E:** / G: zahlr. Ausst. u. Ausst.bet. – ***Lit:*** K. F. Schmuck; The Jewelry of K. F. 01 – (Red.)

Fritsch, Katharina, Prof., Bildhauerin; lebt in Düsseldorf (* Essen 14. 2. 56) – **VG:** Köln, Johnen & Schöttle – **S:** 77–81 Staatl. KA Düsseldorf – **L:** KA Münster (Prof. f. Bildhauerei) – **P:** u. a. Kunstpr. Aachen 96; Kunstpr. d. Stadt Wolfsburg 99; Konrad-von-Soest-Pr. 02 – **M:** Darmstadt, Hess. LM – **E:** u. a. 84 München, Schöttle; 94 Paris, Gal. Ghislaine Hussenot; 99 Wolfsburg, StG; 01 London, Tate Modern; 02 Düsseldorf, KS NRW – **G:** zahlr. Ausst.bet. im In- u. Ausld seit 82, u. a. 88 Sydney, Bienn.; 95 Berlin, IFA-Gal.; 99 Venedig, Bienn.; 02 Baden-Baden, SKH; 03 Lyon, Bienn.; New York, MOMA – ***Lit:*** Reclams Künstlerlex. 02 – (Red.)

Fritsch, Lutz, Bildhauer, Objektkünstler, Installationskünstler; Hardefuststr. 11, D-50677 Köln (* Köln 23. 8. 55) – **VG:** Bad Münstereifel, Klein; Bonn, Monreal & Poppen; Köln, Krips – **S:** 76–82 KA Düsseldorf – **L:** 95–96 KA Münster (LAuftr.); 98–00 ebda (Gastdoz.) – **P:** Stip. d. Kult.kr. d. Dt. Industr. 84; Stift. Kunstfonds – Arb.- u. Projektstip. 86; Stip. d. Stift. f. Kunst u. Kult. d. Ldes NRW 98–99 – **E:** u. a. 83 Ulm, Raum Griesbadgasse; 92 Frankfurt am Main, KV; Leverkusen, StM Schloß Morsbroich; 97 Bonn, KM; 98 Köln, Krips; 00 Bad Münstereifel, Klein – **G:** u. a. 81 Münster, Westf. KV; 86 Ludwigsburg, KV; Fellbach, Trienn. d. Kleinplast.; 97 Darmstadt, Beckers; 99 Duisburg, Wilhelm-Lehmbruck-Mus. – (Red.)

Fritsch, Marbod, Mag., Zeichner, Konzeptkünstler; Kirchstr. 45, A-6900 Bregenz, Tel. Mobil: 06 64 33 38 17 77, *marbod.fritsch@bregenznet.at* (* Bregenz 4. 12. 63) – **VG:** Bregenz, Art House; Dornbirn, Art-House; Graz, Glacis; Wiesbaden, Gal. 40; Wien, Peithner-Lichtenfels; Montreal, Devlin – **S:** 87–92 HS f. angew. Kunst Wien (Meisterkl. f. Malerei u. Graph. Prof. Piersol) – **L:** seit 97 Schule f. Kunsttherapie Wien (Doz.) – **Ve:** Berufsvrg bild. Künstler Vorarlbergs; IG Bild. Kunst – **G/T:** Zeichn., Glasobjekt u. Objekt f. d. öff. Raum – **W:** in privaten u. öff. Slgn – **Ö:** Feldkirch, Im Reichenfeld – **E:** u. a. 98, 00 Feldkirch, Gal. 60; 99 Graz, Glacis; Bezau, Brücke; 00 Graz, IGS CULT 2000; Wien, Raum 28/6; 01 Wien, Manik; Dornbirn, Art-House; Montreal, Devlin; 02 Feldkirch, Pal. Liechtenstein; Vaduz, Gal. am Lindenplatz; Langenfeld, Kunstraum; 03 Weistrach, Blaugelbe Gal.; Bregenz, Art House; Wiesbaden, Gal. 40; East Lansing/MI, Hankins Gall.; 04 Wien, Peithner-Lichtenfels; Dornbirn, Art Bodensee – ***Lit:*** Kat.: Zeichnungen 91; Sponsored by 94; M. F. Zeichnungen 1994–1996 96; – weitere: The Movin Earth Project 99; Konstruktionen. Zeichnungen 1996–1998; Schnittstellen 01; Raum. Beschreibungen 01; Neue Arbeiten 02 – (Red.)

Fritsche, Burkhard (Sign.: BURKH), Karikaturist; Niehler Damm 201 A, D-50735 Köln, *www.burkh.com* (* Mölln 52) – **S:** Staatl. KA Münster (Bild. Kunst, Meisterschüler b. Timm Ulrichs) – **L:** 85–90 Univ. Münster (Cartoon, Comic u. satir. Ill.); 94–97 FHS f. Design Münster – **P:** MEWA-Kunstpr. (1. Pr.) 00; 'Goldener Dreschflegel' d. Aktionsbündnisses Ökoldbau (2. Pr.) 02; Dt. Pr. f. polit. Fotogr. u. Karikatur (3. Pl.) 02, 04; Rückblende 2002 d. Bundesverb. Dt. Ztgsverleger (3. Pr.) 03; Swiss Cartoon Award (4. Pl.) 04 – **G/T:** Karikaturen (u. a. f. d. Zss Titanic, Eulenspiegel, Die Zeit, Süddt. Ztg, GEO, taz u. Stuttgarter Ztg); Ill. – **E:** zahlr., zuletzt u. a. 04 Erfurt, KH; 05 Kassel, Caricatura Gal.; 06 Nettetal-Lobberich, Gal. im RH – **G:** u. a. 03 Greiz, Sommer-Pal.: Trienn.; Bonn, Haus d. Gesch. d. BRD: Rückblende 2002; 04 Monschau, Kunst- u. Kult.-zentrum; 05 Recklinghausen, StKH (Kat.) – **V:** zahlr., u. a. Im Land des Lächelns: knallharte Geschichten und abenteuerliche Gestalten, vom Leben selbst gezeichnet 84; Kurt Bartsch: Weihnacht ist und Wotan reitet: märchenhafte Gedichte (Ill.) 85; Meisterhaft_324: Abenteuerliche Geschichten und knallharte Gestalten, vom Leben selbst gezeichnet 86; Ich fürchte mich vor nichts...: knallharte Gestalten und butterweiche Geschichten 88; Rainer Neutzling: Ey Mann, bei mir ist es genauso! Cartoons für Jungen – hart an der Grenze; vom Leben selbst gezeichnet (Ill.) 92; Dein ist mein ganzes Herz 93; Und ich Arsch gewöhn mir auch noch das Rauchen ab... 95; Alexander Tetzlaff: Fußball-Fan. ein fröhliches Wörterbuch für Zuschauer, die von Spiel zu Spiel mit ihrer Lieblingsmannschaft jubeln oder leiden (Ill.) 00; Wer wird Billionär? 02; Bernd Poloczek: Zivildienst. ein fröhliches Wörterbuch für alle Pflegefreaks, Betreuungsspezialisten, Allroundhandwerker, Top-Einkäufer, Superfahrer, Universalretter und sonstige Friedensengel (Ill.) 03; m. Harald Fischer u. Nikolaz: Cartoons für Fussballfans 04; m. Holger Jenrich: Planet Königsblau. Szenen aus 100 Jahren Schalke 04 04; m. dems.: Fussball ist unser Leben... Szenen aus 100 Jahren deutsche Nationalmannschaft 05 – (Red.)

Fritz, Isolde (geb. Isolde Barth), Graphik-Designerin, Illustratorin, Textilkünstlerin; Görbelheimer Mühle 1, D-61169 Friedberg, Tel. (0 60 31) 21 45, *isolde.fritz @free.fr*, *www.isoldefritz.de*. 7, Rte de St. Gervais, F-34240 Lamalou le Vieux, Tel. 04 67 95 71 59 (* Znaim/ Tschechien 26. 5. 34) – **S:** 50–52 Meisterschule f. Mode München; 52–56 ABK Stuttgart (Graphik-Design) – **L:** 88–92 FHS Fulda, Bereich Sozialwesen (LAuftr. Medien) – **G/T:** Design; Textiles Gestalten; Fotogr.; Buchgraph.; Zchng, Malerei; – Kunst als therapeut. Mittel – **Ö:** Friedberg, RH; Langenhain, Therapiezentrum/Inst.; Ursingen, Kapelle (jeweils Wandbehang) – **E:** zwischen 83 u. 99 mehrere Einzelausst. in Frankfurt/Main, Friedberg, Freiburg, Hof etc. – **G:** 83 u. 87 Krefeld, Dt. Textil-Mus.: 3. bzw. 5. Dt. Bienn. Textilkunst (Kat. 83); 84 Frankfurt am Main, Karmeliterkloster u. Hannover, Kestner-Mus.: Trienn. Zeitgenöss. Dt. Kunsthandwerk (Kat.); 85 Bad Nauheim, Künstlerwettb. 'B a d' (Kat.) – ***Lit:*** textilkunst, Zs. 82; kunst + handwerk, Zs. 84; Patchwork/Quilt. Galerie europ. Künstler, Bildbd

86; F. Grünke (Hrsg.): Zeitgenöss. Textilkunst im Wirkungsbereich Dtld, Österr., Schweiz, Bildbd 95

Fritz, K. Johanna (Kirsten Johanna Fritz), Illustratorin, Cartoonzeichnerin; Schlossstr. 129, D-12163 Berlin, Tel. Mobil: 01 7623 23 1975, *fritz@fred-spatz.de, www.fred-spatz.de; www.johanna-fritz.de* (* Gelsenkirchen 31. 5. 81) – **S:** 03–06 Techn. KSch Berlin (Kommunikationsdesign) – **Ve:** Illustratoren Organisation 06; ICOM 06 – **G/T:** Ill. (vorw. Kdb.); Cartoon; Graph.-Design – **W:** wöchentl. Veröff. eines Cartoons b. d. Axel Springer AG seit Feb. 05 (Funk Uhr); mehrere Kdb. – **V:** Der Sperling, Autoren- u. Graphikermag. (Backcover-Ill.) 06; Das Gebärdensuchbuch (alle Ill.) 06

Fritz, Kunibert, Kunsterzieher u. Maler; Görbelheimer Mühle 1, D-61169 Friedberg, Tel. (0 60 31) 24 45, *info@kunibertfritz.de, www.kunibertfritz.de.* 7, Rte. de St. Gervais, F-34240 Lamalou le Vieux, Tel. 04 67 95 71 59 (* Schwerin 15. 1. 37) – **VG:** Friedberg, Gal. u. Ed. Hoffmann; Ettlingen, Suciu; Basel, Ed. Fanal; New York, Minus Space – **S:** 58–62 HBK Kassel (Malkl. Prof. Fritz Winter) – **L:** 66–99 Kunsterzieher (Liebigschule u. Elisabethenschule Frankfurt/Main, intern. afcentschule Brunssum/NL, Henry Benrath-Schule Friedberg) – **G/T:** Konkret Konstruktive Malerei (Öl u. Acryl); analoge u. digitale Fotogr.; Computergraph. – **M:** Basel, das progressive Mus.; Cambrai, Mus. de Cambrai; Erfurt, Forum Konkrete Kunst; Hünfeld, Mus. Modern Art; Ingolstadt, Mus. f. Konkrete Kunst; Łódź, Muzeum Sztuki; Mâcon, Mus. des Ursulines; Mönchengladbach, StM Abteiberg; Otterndorf, MMK – **Ö:** Berlin, Allianz Versicherung; Berlin/Frankfurt, Kreditanstalt f. Wiederaufbau; Frankfurt am Main, Frankfurter Hypothekenbank; Friedberg, Dt. Bank; Zeitz, Dresdner Bank – **E:** 86 Saarbrücken, Gal. St. Johann; 87 Frankfurt am Main, Studio Berggemeinde; 89 Friedberg, Gal. u. Ed. Hoffmann; 91 Paris, Rèperes; Frankfurt am Main, Gal. d. Künstler; 92 Remscheid, Friege; Gmunden, Villa Toscana; 93 Dortmund, Voss; Freiburg im Breisgau, Hallen f. d. Kunst; Frankfurt am Main, Durhammer Gal.; 02 Ettlingen, Suciu – **G:** u. a. 92 Łódź, Muzeum Sztuki; Reutlingen, Stift. f. Konkrete Kunst; Zoetermeer, Konkrete Kunst; 93 Erfurt, Forum Konkrete Kunst; 93, 05 Schwerin, KV Schloß Wiligrad; 94 Frankfurt am Main, Karmeliterkloster; Ludwigshafen, Wilhelm-Hack-Mus.; Nancy, Goethe-Inst.; 95 Remscheid, StG; Freiburg im Breisgau, Mus. f. Neue Kunst; 01 Apolda, Kunsthaus Avantgarde; 02 Hünfeld, Mus. Modern Art; 03 Dresden, Altana Gal.; 05 Wien, Austria Center Vienna; 07 Tomé/Japan, Mus. of Satoru Sato – ***Lit:*** Hans-Peter Riese: Dokumentation Böhm, Fritz, Krieglstein 69; Herbert W. Franke: Norm u. Norm. Methoden konstruktiver Kunst 72; Dietmar Guderian: Von zwei Quadraten, Kat. 86; Eugen Gomringer: K.F., Kat. 89; Heinz Gappmayr: Werke von K.F. in Bild-Musik-Text 92; Patrick Beurard: Une sorte d'art coye, Kat. 94; Dorothea Strauss: Sinnlichkeit u. Strenge, in: Stadt Bild, Kat. 94

Fritz, Reinhard, Maler, Graphiker; Wörthstr. 45, D-81667 München, Tel. (0 89) 44 40 98 33, Fax 44 40 98 38, *reinhard.fritz@gmx.de, www.reinhard-fritz.de* (* Spornitz/Meckl. 21. 10. 46) – **VG:** Köln, Gal. Forum Lindenthal; Lindau, Holbein; Homburg, Beck – **S:** 67–74 ABK München (Dipl.) – **P:** Jahresstip. d. Stadt München 81; Cité Intern. d. Arts Paris 86; Seerosenpr. 02 – **Ve:** BBK Bay. seit 80; VG Bild-Kunst seit 90; Neue Gr. Haus d. Kunst München seit 95 – **G/T:** Farbfeldmalerei m. Zeichen u. Symbolen (Acryllasuren, Aqu.); Farbrad. (Aquatinta); Künstlerb. – **W:** ca. 100 großformatige Bilder in Privatslgn – **M:** München, Bay. Staatsgemäldeslgn; München, Lenbachhaus; Ulm, Ulmer Mus. – **Ö:** Brüssel, Vertretung d. Ldes Bayern bei d. EU; Erding, Kr.krankenhaus; München, Neues Bogenhausener Krankenhaus; ebda, Krankenhaus recht d. Isar, Bay. Staatsmin. f. Arb. u. Sozialordnung, Arb.-amt – **E:** zahlr. Ausst. seit 75, zuletzt 01 u. 05 Köln, Gal. Forum Lindenthal; 02 Homburg, Beck; 04 Lindau, Holbein – **G:** seit 77 München, Große Kunstausst. im Haus d. Kunst; 92 Darmstadt, Mathildenhöhe (Dt. Künstlerbund) – **V:** Liebeszauber 82; Weit von Mozart entfernt 84; ...denn vor dem Tod, da kommt erst die Liebe 92; Das Ding Erinnerung 01 – ***Lit:*** Rolf Legler: Das Malerbuch als künstlerische Aufgabe, Essay 89; R. F. Bilder u. Aquarelle 1975–1992, Ausst.kat.

Fritzsch, Annette (Veröff. unter: Auerbachpresse), Dipl.-Graphikerin, Illustratorin, Malerin; Ernst-Thälmann-Str. 121, D-08066 Zwickau, Tel. (03 75) 4 61 42 00, Fax 4 61 42 01, *auerbachpresse@gmx.de, www.auerbachpresse.de* (* Halle/Saale 25. 3. 61) – **S:** 82–87 HGB Leipzig (b. d. Prof. G. Wunderlich, R. Münzner, U. Hachulla, K.-G. Hirsch u. H. Korger); 92–95 ebda (Meisterkl. b. d. Prof. G. Wunderlich u. K.-G. Hirsch) – **L:** seit 95 Freie Lehrtätigkeit (Gest., Graph., Typographie, Neue Medien u. Corporate Identities) – **P:** Schönste Bücher Leipzig (f. Ill. u. Typographie) 88; Sä. Silberstr. (Signet, 1. Pr.) 91; Freiberger Zeichenwettb. (2. Pr.) 92; Hannah-Arendt-Inst. f. Totalitarismusforsch. (Signet, 1. Pr.) 93; Christoph Graupner (Signet, 1. Pr.) 94–03; Signet f. d. Stift. Sä. Gedenkstätten z. Erinnerung an d. Opfer polit. Gewaltherrschaft (1. Pr.) 96; Märchenwettb. Hameln 99–00; 100 Sä. Graph. (Anerkennung) 02; Hans-Meid-Pr.; – sowie div. Ausz. b. Plakatwettb. im In- u. Ausld 88–93 – **Ve:** VBK 87; BBK 90; KV Zwickau – **G/T:** alle graph. Techniken; Ill.; Buchgest.; Malerei; Corporate Identities; Plakate; Signets – **W:** in Privatbes.; Dt. Nat.bibl.; Ratsschulbibl. – **M:** Dresden, SLUB; Zwickau, KV; Zwickau, StM – **E:** zahlr. im In- u. Ausld – **G:** Bet. im In- u. Ausld, u. a. Leipzig, Buchmesse; Frankfurt am Main, Buchmesse – **V:** Das Pferd aus dem Meer (Gesamtgest.) 88; Gisela Griepentrog: Die goldenen Flachsknoten (Ill. u. Typographie) 88; La Fontaine: Die Frösche wollten einen König haben 93; Ines-Helga Hauptmann: Hoffnung (Gesamtgest.) 94; Gisela Kuboth: Nacht Traum 94; Peter Schonhof: Sieben ernste Lieder, Mappe 95; Lyrik 1996–2006, Reihe Zwickauer Autoren (Gesamtgest.); Ines-Helga Hauptmann: Muschellied 96; dies.: Papillon 97; Sisyphos der Zchute (Ill.) 00; Monika Hähnel: Aussichten auf Balance (Ill.) 04; Heidi Bergmann: Wenn Steine wandern am Meer (Ill.) 06; – weitere Ill. u. Gest. v. Fotobildbden – ***Lit:*** Gerd Wunderlich: Jap. Zs 'Intern. Advertising Art' 90; Anneliese Hübscher: Ill. Memmingen, 1 95; Zebra I–III, Kat. 97, 01, 05; Werner Ballarin: Sä. Poster u. Plakate 98; ders.: 100 Sä. Grafiken 00, 02; ders.: 25 Konzerte der Künste Chemnitz 05

Fritzsche, Peter, Bildhauer; Burgwartstr. 138, D-01705 Freital, Tel. (03 51) 6 50 24 30 (* Freital 30. 5. 38) – **S:** 55–58 VEB Elbenaturstein Dresden (Lehre als Steinbildhauer); 59–64 HBK Dresden (b. Walter Arnold, Gerd Jaeger, Hans Steger u. Hermann Naumann) – **P:** Kult.- u. Kunstpr. d. Stadt Freital 01 – **G/T:** u. a. Figurengr., Brunnen- u. Tierplast. – **M:** Berlin, NG – **Ö:** Chemnitz, Innenstadt (Die Lauschenden, Hochzeitsbrunnen); Dippoldiswalde, Schuhbrunnen; Dresden, Hauptstr. (Skulpt.); ebda, SM Vorpl. (Fabellöwe); Freital, Lebensbrunnen – **G:** u. a. Chemnitz (Kunstprojekt 'In Sicht') – ***Lit:*** NG Berlin 03 – (Red.)

Fröbel, Gerhard A., Maler, Redakteur, Lexikograph; Stolzingstr. 4, D-81927 München, Tel. (0 89) 91 66 22. 2–3641, Rue Ste Famille, Montréal, Kanada H2X2L5,

Tel. (05 14) 2 86 07 80 (* Saalfeld/Saale 9. 4. 36) – **VG:** Ottawa, Gal. Calligramme; Murnau, Maslowski – **S:** 56–59 Amsterdamse Grafische School; 59–60 Éc. nat. supérieure des beaux-arts Paris; 62–67 ABK München (Prof. Jean Deyrolle) – **Ve:** BBK München u. Obb. 67 – **KGr:** Gruppe 60 München – **G/T:** Lyrische Abstr. (Öl, Aqu.); Konzeptkunst u. thematische Dok. – **Ö:** München-Riem, Reitstadion (Zs. m. J. Leismüller u. M. Seitz); Riad, Hotel Intercontinental (Glasmalerei) – **E:** 67 München, Neuhaus; 73 Paris, Mouffe; München, Sophie-Barat-Haus; 92 München (Felix Arabia: Orientexpertisen) – **G:** 60 München, Haus d. Kunst (Herbstsalon); 67 München, Heseler; 67, 68 München, Schweizerhaus; 68 München, Subart; 95 Karlsruhe, TU; Paris, Spadem; 99 Rhede – **V:** Große Enzyklopädie der Malerei (Mitarb.) 75; Malerei, mehrbändige Ausg. Grammond, Genève 89; – Unikate: Atlas Mirabilis 95; Exlex-Lexex 96; Hommage à Alex Colville 00

Fröbel, Tomas s. KAESEBERG

Fröhlich, Elfi, Prof. f. Freie Kunst, konzeptuelle Fotografie, kontextuelle u. multimediale Installationen; Berlin, Tel. (0 30) 3 12 78 77, Fax 3 12 29 68, *elfi-froehlich@elfi-froehlich.de*, *www.elfi-froehlich.de*. c/o Bauhaus-Univ. Weimar, Fak. Gestaltung, Geschwister-Scholl-Str. 7, D-99423 Weimar, Tel. (0 36 43) 58 31 98, Fax 58 32 48 (* Lünen/NRW 51) – **S:** 68–71 WerkKSch Dortmund; College of Art Leeds; 71–76 HdK Berlin; 78–79 Modellversuch Künstler-Weiterbildung Berlin – **L:** 79–94 div. LAuftr. im In- u. Ausld; 81–89 HdK Berlin (Künstler. Mitarbeiterin); 90 ebda (Gastprof.); 91–92 Univ. Kassel (Gastprof.); seit 94 Bauhaus Univ. Weimar (Prof.) – **P:** Künstlerstip. d. Senators f. Kult. Angelegenheiten Berlin 80; Stip. f. zeitgen. dt. Fotogr. d. Alfried Krupp von Bohlen u. Halbach-Stift. 86; Kunstfonds Werkstip. Bonn 88, 89; Arb.stip. f. Fotogr. d. Senators f. Kult. Angelegenheiten Berlin 89; Arb.stip. d. Künstlerinnen-Programms d. Senatsverwaltung f. Kult. Angelegenheiten Berlin 92; Arb.stip. d. Stiftung Kult.-fonds Berlin 94 – **Ve:** Dt. Künstlerbund; BBK; VG Bild-Kunst – **KGe:** Kongeniale Momente: E.F. u. Toni Wirthmüller (seit 00) – **G/T:** konzept. Fotogr., kontextuelle u. multimediale Install. – **W:** Performances bis 85; Videoarb. u. temporäre Install. in Berlin, Weimar u. New York; zahlr. Fotoarb. in privaten Slgn – **M:** Berlin, Artothek d. Neuen Berliner KV; Berlin, Berlinische Gal.; Berlin, Slg d. BRD; Essen, Mus. Folkwang; München, Goethe-Inst.; Wien, MMK Stiftung Ludwig – **Ö:** Berlin, Bundesgebäude Unter d. Linden; Recklinghausen, Lohtorgal. d. Kreisspk. Recklinghausen; Weimar, Intern. Begegnungszentrum Graf Harry Kessler; ebda, Hufeld-Klinik – **E:** u. a. 91 Berlin, Berlinische Gal.; München, SM – Foto-Mus.; Wien, Pal. Liechtenstein; Essen, Mus. Folkwang; 92 Herblay, Gal. d'Art Contemp.; Hamburg, Dröscher; 93 Tokio, Tochoji Zen Temple; 97 Erfurt, KH; 98 Berlin, Atelier am Charlottenburger Ufer; 01 New York (Minimalistische Interventionen); 03 Greifswald, Projektraum f. kontextuelle zeitgen. Kunst; – sowie temporäre Install. 99 in Berlin u. Weimar – **G:** u. a. 90 Kawasaki, City Mus.; 91, 92 St. Petersburg, Marmorpal.; Esslingen, 2. Intern. Foto-Trienn.; 94 Berlin, NGBK-Gal.; Weimar, Schloß Belvedere; 97 Istanbul, Dolmabahce Pal.; 98 Erfurt, KH; 00 Berlin, Haus am Waldsee; 03 Essen, Mus. Folkwang; Wittenberg, Cranach-Stift. – ***Lit:*** Peter Hielscher: Dokumentar. Photographie – zu d. Punk-Porträts v. E.F., in: Großstadtdschungel 83; Ute Eskildsen: Die Bilder, die ich rief, in: E.F. – Inszenierung d. Authentizität 88; dies.: Overwhelming Imagery – A tendency to pathos in West German photoworks of the 80s, in: Questioning Europe 88; Helmut Hartwig: E.F. – Reflux 89; Überwindung d. Grausamkeit – Gespräche m. Breton 91; Stephan Wackwitz: E.F.s Paysan de Tokyo, in: E.F. – Das unfaßbare Gleichzeitige 93; E.F./Klaus Elle – Im Doppelpack 97; Barbara Straka: E.F., in: Dein Wille geschehe... Das Bild d. Vaters in zeitgenöss. Kunst u. Wissenschaft 00; dies.: Intimität u. Öffentlichkeit. Zu künstler. Arbeiten v. E.F., in: Ästhetisches Jb. 01; Silke Opitz: Cor-respond. E.F.s Videoobjekt Venus. Ein immerwährend erot. Fließen 1996 u. Richard Engelmanns Ruhende 1906, in: Thesis-Heft z. Ausst. Revision 2001: Leben u. Werk des Bildhauers Richard Engelmann (1868–1966) 01; Helmut Hartwig: E.F.s Calgon, in: Ästhetisches Jb. 03

Fröhlich, Fred, Medienkünstler, Fotograf; Berlin, *me@fredfroehlich.net*, *www.fredfroehlich.net* (* Suhl/Thür. 68) – **S:** 90–91 HS f. Kunst u. Design Burg Giebichenstein Halle/Saale (Industrial-Design); 91–97 HGB Leipzig (Dipl. Fotogr.); 97–99 ebda (Meisterschüler f. Medienkunst) – **L:** 00–06 HGB Leipzig (künstler.-wiss. Mitarb. f. Medienkunst) – **P:** on-Line LED-Medien Pr. Leipzig 96; Pr. d. COMTEC art 97; Förd.pr. f. Bild. Kunst d. Ldes Sa.-Anh. 02 – **G/T:** Multimedia-Install. – **W:** Install., Video- u. Filmarb., überw. in Privatbes. – **Ö:** Berlin, Vattenfall Medienfassade – **E:** 97 Leipzig, Projektgalerie Elsterpark; 00 Berlin, VEAG Hauptverwaltung; 02 Halle/Saale, Staatl. Gal. Moritzburg; 05 Leipzig, KV; – sowie: 05 Moskau u. 24 weitere Städte in Russld, Ledscreens – **G:** 94 Bonn, Videonale; Leipzig, Medienbienn.; 96 Berlin, Düsseldorf, Frankfurt, Hannover, Köln, Mainz u. München (Billboards); 96 Köln, Digitale; 97 Bergamo (Academia in Europa); 97, 98 Plauen, Dresden, Ludwigshafen u. Wroclav (Vitale Module); 99 Halle/Saale, Cinemaxx; 00 Halle/Saale, Staatl. Gal. Moritzburg; Vockerode (Künstlerworkshops im Rahmen d. EXPO); 03 Leipzig, MBK; 04 Halle/Saale, Werkleitz Bienn.; 05 Norwich, Making Things Better – ***Lit:*** Jutta Nachtwey: Aura des Banalen, in PAGE 5/97; Tim Sommer: Placebo, in: Vitale Module, Ausst.kat. 97; Joachim Penzel: PLASMA 13/05 99; Jutta Nachtwey: Bewegte Stills, in: PAGE 10/99

Frömmig, Peter, Zeichner, Maler, Illustrator; Niklastorstr. 20, D-71672 Marbach/Neckar, Tel. u. Fax (0 71 44) 81 93 85, Tel. 49 29 (* Eilenburg/Sa. 11. 6. 46) – **VG:** Marbach am Neckar, Schreiber – **S:** 73–74 Intern. Sommerakad. f. Bild. Kunst Salzburg – **P:** Arb.stip. d. Ldes Salzburg 73 – **Ve:** Freie Künstlergr. Freiburg 82–96 – **G/T:** Figur, Portr. (alle Zeichentechniken, Aqu.) – **K:** Objektzeichn., Portr. – **W:** überw. in Privatbes. – **M:** Salzburg, Slg d. Ldesreg.; Stuttgart, Slg d. VHS – **E:** 78 Moscow/USA, Fine Arts Gall. d. Univ. of Idaho; 81 Lewiston, Gal. 16; 82 Freiburg, Freie Künstlergr.; 84 Freiburg, Werkgal.; 00 Stuttgart, Carola Blume Saal; 05 Marbach, Schreiber **G:** 77 San Francisco, Will Stone Collection; Spokane/WA, Cheney Cowles Mus.; 84 Freiburg, Freie Künstlergr.; 01 Stuttgart, Carola-Blume-Saal – **V:** Hadayatullah Hübsch: Als die Wildblumen blühten (Zeichn.) 99; Fernsehen für Schlaflose (Aqu.) 03; Gesichter und andere Momente – Erfahrungsbericht eines Zeichners (Graphik 1967–2000) 03; Rainer Wedler: Via Ronco 40 (Zchng) 06 – ***Lit:*** Sybille Bock: P. F. Gemälde und Zeichnungen aus 12 Jahren 84; Cornelia Sattelmacher: Einblicke – Kunst und Lehre an der VHS Stuttgart 01

Frohner, Adolf, Prof., Bildhauer, Maler, Fotograf; Stephansplatz 6, A-1010 Wien, Tel. (01) 5 13 31 90, 7 1297 29. Atelier: Radetzkystr. 4, A-1030 Wien, Tel. (01) 7 13 90 38 (* Groß-Inzersdorf/NdÖst. 12. 3. 34) – **VG:** Berlin, Raab; Hall in Tirol, Gal. Goldener Engl; Reith im Alpbachtal, Schmidt; Rosegg, Šikoronja – **L:** ab 72 HS f. angew. Kunst Wien (ab 72 Prof., ab 85 Leiter d. Meisterkl., 89–91 u. 96–99 Prorektor); 00 Univ.-inst. f. Bild. Kunst Wien (Inst.vorstand) – **P:** u. a. Theodor-Körner-Pr. 66; Großer E.pr. d. Graph.bienn. Lüttich 69; Pr. d. Graph.bienn. Buenos Aires 71; Öst. Staatspr. f. Graph. 71; Kult.pr. d. Ldes NdÖst. 75; Öst. E.kreuz f. Wiss. u. Kult. 99 – **KGr:** Wiener Aktionisten (Mitbegr.) – **M:** Aachen, Ludwig Forum; Berlin, NG; Klosterneuburg/NdÖst., Slg Essl – **E:** / G: zahlr. Ausst. im In- u. Ausld seit 61, u. a. 87 Brüssel, Mus. d'Ixelles; 87, 01 Wien, Kunstforum; 95 Venedig, Museo Diocesano d'Arte Sacra; 96 Dortmund, Harenberg City-Center; 03 Innsbruck, Gal. 12; Graz, Glacis; St. Pölten, Shedhalle; 04 Breitenbrunn, Kult.haus Pannonia; – weitere in: Berlin, Bologna, Düsseldorf, Frankfurt, Jerusalem, Köln, London, Mailand, München, Rom, Salzburg, São Paulo, Shanghai, Stockholm u. Ulm – ***Lit:*** Reclams Künstlerlex. 02; Schweers 02 – (Red.)

Frommelt, Eva, Malerin; Im Bartledura 2, FL-9494 Schaan, *e.r.f@gmx.net*, *http://artnet.li/eva* (* Liechtenstein 20. 12. 68) – **S:** 90–93 Schule f. Gest. Luzern (Kl. f. Freie Kunst) – **P:** Liechtensteiner Werkjahrstip. 97, 98 – **G:** u. a. 04 Vaduz, Kunstraum Engländerbau; 05, 06 Feldkirch, Pal. Liechtenstein – **V:** E.F., Kat. 04 – ***Lit:*** BLSK 98

Frontzek, Anett, Bild. Künstlerin; lebt u. arbeitet in Kassel, *anettfrontzek@web.de* (* Uelzen 16. 4. 65) – **VG:** Heemstede, Artists' Books; Tübingen, Gal. Druck & Buch – **S:** 88–94 Univ./GesamtHS Kassel (Freie Kunst) – **L:** 97–04 Univ. Kassel (LBeauftr. f. Plast. Gestalten im FB Archit., Stadt- u. Landschaftsplanung) – **P:** Richard-Bampi-Wettb. (1. Pr.) 93; Stip. d. Förd.kr. Kunst auf Schloss Plüschow 95; Förd. d. siebenmonatigen Arb.- u. Atelieraufenthalts in Amsterdam durch d. Hess. Kult.stift. 99; Moldaustip. d. Hess. Min. f. Wiss. u. Kunst in Krumau 01; Aufenthaltsstip. Künstlerhaus Lukas, Ahrenshoop (Stip. d. Stift. Kult.fonds) 01; einjähriges Arb.stip. d. Hess. Min. f. Wiss. u. Kunst 01/02; Förd. durch d. Dr. Wolfgang-Zippel-Stift., Kassel 95, 02; Stip. d. Land. SH (Aufenthalt in Lübeck) 03; dreimonatiges Arb.stip. d. Albert Koechlin Stift. Schweiz 04; Kunststip. d. Werkleitzges. Halle/Saale (f. ein ortsbezogenes Projekt im Jahr 05) 04; Kunstpr. d. Stadt Nordhorn 05 – **Ve:** VG Bild seit 99 – **G/T:** Skulpt. (Keramik); Zeichn.; Papierschnitte; Künstlerb.; Kunst am Bau; Install.; Untersuchung v. urbanen, archit., geologischen o. soziologischen Strukturen – **M:** Basel, Univ.-Bibliothek; Berlin, GrS d. Bauten d. Bundes; Den Haag, Mus. Meermanno-Westreenianum; Frankfurt am Main, Dt. Nat.bibl.; Frankfurt am Main, Univ.bibl. Johann Christian Senckenberg; Frechen, Keramion; Gera, MAK; Höhr-Grenzhausen, Keramik-Mus. Westerwald; Karlsruhe, Badisches LM; Kassel, Artothek; Kassel, Hess. LM; Kassel, Neue Gal.; Kassel, Univ.bibliothek; Krumau, Egon Schiele AC; Leipzig, Dt. Buch- u. Schrift-Mus. d. Dt. Nat.bibl.; London, Chelsea College of Art & Design; London, Victoria & Albert Mus.; Manchester, Metropolitan Univ.; München, Bay. Staatsbibliothek; New York, Parsons School of Design; Rotterdam, Caldic Collection; San Francisco, Fine Arts Mus.; Wien, Slg d. ABK; Wien, Slgn d. Univ. f. angew. Kunst; Williamstown/MA, The Sterling & Francine Clark Art Inst.; Wolfenbüttel, Herzog-August-Bibliothek – **Ö:** Kassel, Justizbehörde d. Ldes Hess. (Glasgest.); Kassel, Georg-August-Zinn-Schule (Kunst-am-Bau-Arb.) – **E:** u. a. 99 Rotterdam, Gal. Phœbus; 00 Berlin, Gal. Nord; Kassel, Neue Gal.; 05 Nordhorn, StG; 06 Berlin, Gal. im Saalbau; 06 Tübingen, Gal. Druck & Buch – **G:** u. a. 93, 91 Offenburg, Spitalspeicher; 94 Calden, Schloß Wilhelmsthal; 94, 93 Frechen, Keramion; 95, 92 Höhr-Grenzhausen, Keramik-Mus. Westerwald; 95 Kassel, KV; 96 Lünen, Stadtgal.; Mannheim, St.K. 97 Plüschow, Schloß; 98 Gera, MAK; 98, 99 Hamburg, A.M.; 99 Korbach, Kunstwettb. Nhess.; 01 Kassel, Mus. Fridericianum; 01, 02 Krumau, Egon Schiele AC; 02 Fürstenwalde, StG; Bevern, Weserrenaissance Schloß; 03 Ribnitz-Damgarten, Gal. im Kloster; 03, 04 Wilhelmshaven, KH; 05 Kassel, Kult.bahnhof: Wir haben Ausst.; 06 Haarlem, De Vishal: Changing Horizons; Burgh-Haamstede, De Bewaerschole: Aan weerszijden van de weg/On both sides of the road – ***Lit:*** Holger Birkholz: Tortur & Methode, Ausst.kat. 00; Jens Asthoff: A.F. Kunstpr. d. Stadt Nordhorn 2005, In: Kunstforum Intern., Bd 179 06, S. 302–303; StG Nordhorn (Hrsg.): A.F. Kunstpr. d. Stadt Nordhorn

Frosch, Christian, Maler, Konzeptkünstler; c/o Galerie Werner Klein, Volksgartenstr. 10, D-50677 Köln, Tel. (02 21) 2 58 51 12, Fax 2 58 51 14, *GalerieWerner Klein@web.de*, *www.christian-frosch.de* (* Gräfelfing 30. 12. 68) – **VG:** Köln, Klein – **S:** 91–98 ABK München (u. a. b. Prof. Helmut Sturm); KA Düsseldorf (b. Prof. Magdalena Jetelová) – **L:** 00–03 Sommerakad. Neuburg an d. Donau (Doz.); seit 02 ebda (künstler. Leiter zus. m. Prof. Billmayer); seit 06 ABK München (künstler. Mitarb. v. Prof. Res Ingold) – **P:** Stip. d. Dt.-Frz. Jgdwerks (f. Frkr.) 94; Aufenthaltsstip. Künstlerhaus Lukas, Ahrenshoop 99; Bay. Atelierförd.programm f. Bild. Künstler 02; Villa-Romana-Pr. 03; Projektstip. d. Golart-Stift. München 03; Stift. Kunstfonds – Arb.- u. Projektstip. 03; Stip. d. Villa Vigoni Kollegs 04; EMF-Stip. d. Konrad-Adenauer-Stift. 06 – **Ve:** Anatomisch-pathologische Slg Malerei (Gründungsmitgl.) 97 – **G/T:** Malerei, Konzept- u. Objektkunst – **W:** überw. in Privatbes. sowie versch. Werkserien (Makros, Abstriche, Töpfe) – **E:** u. a. 00 München, Artothek; 00, 02, 03 Köln, Klein; 02 Landshut, Neue Gal.; 04 Aichach, KV im Kögelturm; 05 Hannover, KV; München, OSRAM Haus; München, Dina4 Projekte; 06 Friedberg, KV – **G:** u. a. 98 Regensburg, Lindinger + Schmid; 99, 03 München, KV; 01 Osnabrück, Demmel Kunstprojekte; 01, 03 Köln, Klein; 03 Friedberg, Gal. u. Ed. Hoffmann – ***Lit:*** Ausst.kat.: Justin Hoffmann: Christian Froschs Anatomisch-Pathologische Sammlung Malerei 98; Lutz Meier: Lauter Perverse 98; Jürgen Kisters: Der forschende Maler und die feinen Unterschiede 02; Jan Thorn-Prikker: Auf der Suche nach der verlorenen Malerei 04

Frossard, Claude, Maler; Ronzeru 11, CH-2024 Sauges, Tel. u. Fax 03 28 35 23 88, *claudefrossard@bluewin.ch* (* Neuchâtel 15. 10. 35) – **S:** 52–56 Académie Maximilien Mauron Neuchâtel (Atelier P.-E. Bouvier); 57 La Grande Chaumière Paris (Malerei, Atelier Goetz); Atelier Hayter Paris (Druckgraph.) – **P:** Bourse fédérale 70 u. 71; Prix de la Maison des artistes La Sarraz 71; Bay. Staatspr. (Goldmed.) 89 – **KGe:** C. F. u. Andrée Frossard (seit 68) – **G/T:** Malerei (v. a. Acryl, geometrisch, abstr., oft monochrom, perforierte Malgründe); Graph.; Webarb. aus Papier (z.T. übermalt) – **E:** zuletzt 90, 92, 96, 02 Lausanne, Filambule; 94 Fribourg, Hofstetter; Bern, Gal. P.S.; Neuchâtel, Arcane; Grand-Lancy, Ferme de la Chapelle; 96 Bern, Brugger; 00 Cortaillod, Jonas; 01 Genf, Turetsky; Rolle, Art Contact – **G:** u. a. 81, 92 Lausanne, Mus. cantonal des beaux-arts; 82, 85, 88 Krefeld u. Hamburg, Bienn. d. dt. Tapisserie; 88 Lodz, Trienn.; 89 Annemasse, Villa du Parc; Martigny, Manoir de la Ville; 94–95 Bern, Tallinn, Vilnius, Riga u. Moskau (Papierkunst Schweiz); 95 Beauvais, Festival intern. de la Tapisserie; 98–00 Jyväskylä, Turku, Rauma, Tornio, Helsinki, Winterthur u. Pully (Papers Worlds); 00 Chieri, Bienn. d'art textile; Como, Miniaturtextil – **V:** Écritures spontanées. C. et Andrée F.

96; Œuvres-objets. C. et Andrée F. 87; C. F. u. a.: Frossard 92 – ***Lit:*** C. et Andrée F. Tapisseries contemporaines, Ausst.kat. Gal. Faustus Genf 83; Pier-Angelo Vay: Frossard, Monogr. 00; Frossard. peintures, dessins, papiers tissés, Ausst.kat. Manoir de la Ville Martigny 03

Frost, Ellengard s. Eckel, Ellen

Frosting, Wilhelm, Maler; Wittbräucker Str. 197, D-44269 Dortmund, Tel. (02 31) 48 54 86, Fax 48 05 29, *www.wilhelm-frosting.de*. Selzerstr. 8, D-44269 Dortmund, Tel. (02 31) 48 23 13 (* Dortmund 8. 1. 35) – **L:** 00 Univ. Dortmund (Gastdoz.) – **G/T:** Malerei (Acryl, Aqu., Gouache, Landschaft, florale Themen, Erdbilder u. Materialbilder) – **K:** Atelier-Abende auf Anfrage – **W:** zahlr. Arb. in öff. Gebäuden – **M:** Unna, Hellweg-Mus. – **E:** 03 Bremen, Ziemann; Dülmen, Frins – **G:** zahlr. Ausst.bet., zuletzt Duisburg, Neumann-Weyer – **V:** Bildkunstbde: Nordische Impressionen (Aqu.) 85; Blumen im Licht 93; – weitere: Das Gespräch mit der Farbe; Die Erdbilder; Zurück ins Licht – ***Lit:*** Die Gartenbilder, Bildkunstbd (Leinwand u. Aqu.) 02; Impressionen eines Sommers, Bildkunstbd (Leinwand) 03; – weitere Veröff. v. d. Gal. Neumann-Weyer u. d. Gal. Frins – ***LitR:*** Dok. z. Ausst. im Westf.park 86

Fru (eigtl. Beat Frutiger), Lehrkraft f. Bildnerisches Gestalten, Make-up Artist; c/o PEP + NO NAME Galerie und Buchhandlung, unterer Heuberg 2, CH-4051 Basel, Tel. u. Fax (0 61) 2 61 51 61, *pepnoname@balcab.ch*, *www.pepnoname.ch* (* Bern 12. 11. 52) – **VG:** Basel, Pep & No Name – **S:** 77–81 KGS Bern; 79–80 Aqu.schule P. R. Riniker Bern; 85 Schminkschule 'Die Maske' Köln u. Basel – **L:** seit 81 Grundschule (Kunstlehrer); seit 87 Lehrerinnen u. Lehrerfortbildung Bern – **P:** KirchzARTener FOTOsalon (3. Pr.) 00 – **G/T:** Aqu.-Panoramas, Körpermalerei, Aktfotogr. – **E:** 90, 92, 95, 96, 99, 02 Basel, Pep & No Name; 05 Basel, Fotolabors Stutz Foto-Color-Technik AG; 06 Basel, Psi-Ver. – **G:** 84 Basel, Weihnachtsausst.; 86 Köln, Make-up Art; 88 Bern, Vita; Basel (Make-up Art); 89 Köln (Make-up Art); 92 Bregenz, Kunst- u. Antiquitätenmesse; 93 Bitburg, Offener Kunstpr.; 01 Kirchzarten; 05 Basel, Psi-Tage – **V:** Schminke, Maske, Körperkunst 91; Stilleben 95; Body Painting Trance Ritual Brevier 98, 01; M. Siegrist u. M. Stolt: Die neue Akt Fotoschule 00; Body Painting Trance Ritual Brevier 05 – **R:** Next, Fs. (Schweizer Fs.) 95

Frübing, Angela (geb. Angela Schumann), Dipl. Malerin, Graphikerin, Gemälderestauratorin; Wollestr. 74, D-14482 Potsdam, Tel. (03 31) 7 48 18 23 (* Dresden 6. 5. 55) – **S:** 74–81 HBK Dresden (Dipl. Tafelmalerei 79, Abschluß d. postgradualen Stud. Gemälderestaurierung 81) – **Ve:** BVBK; Neuer Sä. KV – **G/T:** Malerei (Öl, Mischtechniken, Aqu.); Zchng (div. Techniken); figürl.-sinnbildhafte Darstellungen, mehrteilig u. Bilderzyklen; Lsch.; Archit.; Schwerpunkt: Farbe u. Bewegung – **K:** Kurse u. Kunstprojekte f. Kinder, Jugendliche u. Erwachsene (auch Kleinkinder im Rahmen d. musischen Früherziehung); alle Genres d. Malerei u. Zchng; exper. u. großfläch. Gest.; Bühnengest. – **W:** überw. in Privatbes. – **M:** Potsdam, Potsdam-Mus. – **E:** 92 Taufkirchen, Ritter-Hilprand-Hof; 93 Potsdam, Gal. in d. Bibliothek; 95, 04, 06 Potsdam, Pomona Tempel; 96 Potsdam, Kult.haus Babelsberg; 99 Potsdam, Gal. d. Heimes Synchron GmbH; Wildenbruch, ev. Kirche; 00 Dresden, Hotel- u. Vitalzentrum Goldener Apfel; 01 Potsdam, Selbsthilfe-, Informations- u. Kontaktzentrum; Potsdam, Ldtag; Potsdam, Friedrichskirche; Kleinmachnow, Auferstehungskirche; 02 Dresden, Haus d. Kirche; Mittenwalde, Stadtpfarrkirche St. Moritz; Siegen, Martinikirche; Potsdam, Herr; Potsdam, Großes Waisenhaus zu Potsdam; 03 Berlin, Austral.zentrum – **G:** zahlr. Bet. seit 79, zuletzt u. a. 03 Potsdam u. Ludwigsfelde, Herr; 05 Potsdam, Art Brandenburg

Früh, Bernhard Arno, Schmuck- u. Metallgestalter; Brühler Str. 11, D-99084 Erfurt, Tel. (03 61) 2 25 22 22, *bernhard_frueh@web.de* (* Erfurt 26. 10. 49) – **VG:** Wien, Slavik; Pilsach, Kurzendörfer; Berlin, Werkstatt-Gal.; Castrop-Rauxel, Grosche – **S:** Autodidakt – **P:** Pr. b. Intern. Schmuckwettb. CAMELOT 96; Arb.stip. f. Bild. Kunst d. Ldes Thür. 03 – **Ve:** VBK Thür. 86; Bund Thür. Kunsthandwerker 91; Ges. f. Goldschmiedekunst 92 – **G/T:** Objektkunst (Metall); Kunst im öff. Raum; Schmuckkunst – **W:** in privaten Slgn – **M:** Berlin, KGM; Erfurt, Anger-Mus.; Hamburg, MKG; Mühlhausen, Mus.; Pforzheim, Schmuck-Mus. – **Ö:** Bad Langensalza, Hufeld Krankenhaus; Erfurt, Handwerkskammer; ebda, Gästehaus d. Stadt, Thür. Kultusmin., Spk.- u. Giroverb. Hess.-Thür.; Nordhausen, Südharz Krankenhaus – **E:** zahlr. seit 90, zuletzt 98 Delft, Martin; Berlin, Spandow; 99 Erfurt, KH; Marburg, Univ.-Mus.; Castrop-Rauxel, Grosche; 00 Zug, Gal. Schmuck_Kunst_Kult.; Berlin, Werkstattgal.; Pilsach, Kurzendörfer; 01 Hochheim, Gal. im Kelterhaus; Regensburg, Profil; 03 Frankfurt am Main, Aurum; 07 Hanau, Dt. Goldschmiedehaus – **G:** zahlr. Bet. seit 87, u. a. 88 Dresden, Albertinum; 91 Erfurt, Anger-Mus.; 92 St. Petersburg, Eremitage; 94 Sevilla, Dt. Pavillon; 96 Krakau, Ofir; 00 Frankfurt am Main, MAK; Neu-Delhi, Crafts Mus.; Mumbai, NG of Mod. Art; 01 Karlsruhe, Badisches LM; 02 London, Sotheby's; Erfurt, Anger-Mus.; 03 Pforzheim, Schmuck-Mus. – **V:** Zwischen Filz u. Tellerrand (Texte, Buchgest., Herstellung u. Hrsg.) 96 – ***Lit:*** Die Strenge d. Spiel u. d. Raum dazw. B.F. Schmuck u. Objekt 1989–1999, Ausst.kat. 99

Frutiger, Adrian, Graphiker, Illustrator, Holzschneider; Kunoweg 15, CH-3047 Bremgarten b. Bern, Tel. 03 13 02 51 58, Fax 03 13 02 68 75 (* Unterseen b. Interlaken 24. 3. 28) – **S:** 44–48 Schriftsetzerlehre; 48–50 KGS Zürich – **L:** 52–60 Éc. Estienne Paris; 54–68 Éc. des Arts Décoratifs Paris – **P:** Gutenbergpr. 86 – **M:** Offenbach am Main, Klingspor-Mus. – **V:** Veröff. üb. Schrift u. Zeichen – ***Lit:*** Contemp. Designers 97 – (Red.)

Frutiger, Beat s. Fru

Fuchs, Albrecht, Fotograf; Aachener Str. 28, D-50674 Köln, *a.fuchs@albrecht-fuchs.de*, *www.albrecht-fuchs.de* (* Bielefeld 64) – **VG:** Köln, Adamski, Frehrking & Wiesehöfer – **S:** 86–93 GesamtHS Essen (Fotogr.) – **E:** u. a. 00 München, Rid; 02 Amsterdam, Gelink; Köln, Adamski, Frehrking & Wiesehöfer – **G:** u. a. 97 Zürich, Hauser, Wirth & Presenhuber; 99 Köln, Reckermann; 00 Köln, KV; 01 Basel, Krupp; 02 Düsseldorf, Kraushaar; Zürich, Mai 36 Gal. – **V:** u. a. s.e.w.m.f. – someone else with my fingerprints, Kat. 97; Portraits, 30 Postkarten 01 – (Red.)

Fuchs, Bernhard, Fotograf; *fuchs.bj@web.de*. Lebt in Düsseldorf (* Haslach a. d. Mühl/ObÖst. 71) – **S:** 93–97 KA Düsseldorf (ab 94 Kl. f. Fotogr. b. Bernd u. Hilla Becher); 97–99 HGB Leipzig (Aufbaustud., Kl. f. Fotogr. b. Timm Rautert, Meisterschülerabschluß) – **P:** Talentförderprämie d. Ldes ObÖst. 92; Staatsstip. f. Fotogr. d. BmfUK 92; Förd.pr. d. Ldes NRW 97; Förd.pr. d. Bundesmin. 98 – **M:** Essen, Fotogr. Slg; Hannover, Nds. Spk.stift.; Köln, SK Stift. Kult.; Linz, LG; Salzburg, Rupertinum; Siegen, Mus. f. Gegenwartskunst – **E:** zahlr., u. a. 96 Münster, Westf. KV (Kat.); 00 Essen, Mus. Folkwang (Fotogr. Kab., Kat.); 02 Recklinghausen, KV; 03 Berlin, Gal. in d. Brotfabrik; Santa Monica, Luisotti; 04 Siegen, Mus. f. Gegenwartskunst; 05 Linz, LG; Bordeaux, Bree – **G:** zahlr., u. a. 00 Hannover, Sprengel Mus.; 02 New York, Erben; Düsseldorf, Mus. Kunst

Pal.; Linz, LG; Salzburg, Gal. Fotohof; New York, Boesky; Nürnberg, KH; 04 Passau, MMK – Stift. Wörlen; 05 Tampere/Finnld, Photogr. Centre Nykyaiku; 06 Warschau, Zacheta – **V:** Portrait Fotografien, Fotobd 03; Autos, Fotobd 06

Fuchs, Bernhard Maria, Maler (* Regensburg 59) – **VG:** Chemnitz, Weise – **S:** 83–90 ABK Nürnberg (Malerei b. Prof. Ludwig Scharl) – **P:** Kunstpr. d. Nürnberger Nachrichten 95 – **KGr:** Heller Glimmer (87) – **E:** u. a. 96 Wertingen, StG; Landsberg am Lech, Neues SM; 97 Bobingen, KV; 02 Erlangen, Pal. Stutterheim – (Red.)

Fuchs, David (auch: Metallatelier Fuchs), Kunsttechniker; Ziegeleiweg 8, D-88693 Deggenhausen, Tel. (0 75 55) 52 66, Fax 57 91, *post@metallatelier.de*, *www.metallatelier.de* (* München 30. 10. 62) – **S:** 76–80 Mithilfe b. Bau d. Bronzeskulpt. v. Prof. Heinrich Kirchner; 77–81 Inst. f. wiss. Fotogr. (Mikrofotogr., Rasterelektronenmikroskopie, Synthese v. Kunst u. Technik b. Manfred Klage); 80–81 Studienreisen USA; 83–84 Reise durch Brasilien, ldwirtschaftliches Praktikum; 85–95 Aufbau d. Metallateliers (Atelierneubau) – **KGe:** Metallatelier: D. F. u. Dominik Rothweiler (seit 96) – **G/T:** Arb. in d. Bereichen Kunst, Archit. u. Design; Schwerpunkt Metall (unter Einbeziehung v. Wasser, Glas, Licht, Klang, Mechanik u. Elektronik); Metallatelier als Schnittstelle zwischen Kunst u. Technik – **Ö:** Aschaffenburg, FH (Idyll); Hann. Münden, RHpl. (Klang/Lichtstehle); Meersburg, Kath. Kirche (Taufbecken u. Ambo); München, Städt. Kindergarten (Bronzeskulpt.); Überlingen/Rengoldshausen, Kaspar Hauser Schule (Foyergeländer); Zürich, Schulhaus im Gut (Klang-, Licht-, Wellenprojekt Brunnen, Solarspiegel) – (Red.)

Fuchs, Ernst (Ps.: Feuerfuchs), Prof., Maler, Graphiker, Bildhauer, Bühnenbildner, Architekt; *www.ernst-fuchs.at*. c/o Ernst Fuchs Foundation, Hüttelbergstr. 26, A-1140 Wien, Tel. (01) 9 1485 75, Fax 4 1626 22, *elias.fuchs@utanet.at*, *www.ernstfuchs-zentrum.com* (* Wien 13. 2. 30) – **VG:** Dresden, Gal. im Taschenbergpalais; Verden, Sabatier – **S:** 45–50 ABK Wien (b. Albert Paris Gütersloh u. R. C. Andersen) – **KGr:** Art-Club (47); Wiener Schule des Phantastischen Realismus (Mitbegr. 48); Die Hundsgruppe (Mitbegr. 50) – **G/T:** Malerei, Graph., Skulpt., Bühnenbild, Archit. – **B:** St. Veit: Fuchs-Pal.; Thal: Kirche St. Jakobus – **E:** / G: zahlr. Ausst. im In- u. Ausland seit 49, zuletzt u. a. 93 St. Petersburg, Russ. Mus.; 94 Venedig, Zitadelle; 99 Berlin, Zitadelle Spandau; 01 Moskau, Tret'jakov-Gal.; Wien, Pal. Harrach; 03 Nörvenich, Mus. Europ. Kunst; 04 Homburg, Beck; – zahlr. Bühnenbilder – ***Lit:*** Contemp. Artists 96; Dictionary of Art 96 – (Red.)

Fuchs, Gerhard, Fotograf, Plastiker, Install.künstler; Tel. (0 62 32) 7 88 34, *fuchschuf@yahoo.de*, *www.gerhardfuchs.de* (* Speyer 14. 6. 55) – **S:** 76–81 ABK Stuttgart (Malerei, Graph.) – **P:** Förd.pr. d. Gal. am Taubengarten, Grünstadt 90; 1. Pr. d. Sport-Toto GmbH Koblenz 95; Arb.stip. d. Ldes Schlesw.-Holst. 97; Förd.pr. d. Antonie-Besler-Stift. 97 – **G/T:** Foto-Decollagen; digitale Fotoarb.; exper. Plast. – **Ö:** Speyer, Skulpt.garten – **E:** seit 83 in Europa, u. a. in Dresden, München, Rastatt, St. Ingbert, Speyer u. Grünstadt – **G:** seit 83 in Dtld, Ital., Finnland, Frkr. sowie 00 Finnland, Bienn. – ***Lit:*** G.F. Ablichten – Ablösen, Fotoarb. 1995–1996 96; It's your turn 99

Fuchs, Karin Astrid, Dekorateurin, Raumgestalterin, Künstlerin, Malerin, Zeichnerin, Illustratorin; Handel-Mazzetti-Str. 4/15, A-4020 Linz, Tel. (06 99) 81 50 49 80. c/o Atelier creativ, Tegetthoffstr. 34, A-4020 Linz (* Linz 7. 8. 55) – **S:** 71–74 Ausb. als Dekorateurin; 74–75 HTL-Graph. Linz; Besuch zahlr. Kurse u. Workshops f. bild. Kunst; Marketing, Psychologie u. Kult.management; Ausb. in Tanzschulen – **P:** Auslds-stip. im Egon Schiele AC Krumau 03 – **G/T:** Zchng u. Malerei (Bleistift, Ölkreide, Kohle, Pastell, Wachskreide, Aqu., Acryl auf Papier, Karton, Leinen, Modegraph., Portr., Ill., Karikatur); Mischtechniken (vorw. auf Papier); Dekoration u. Raumdekorationen; figurale Keramik u. Gefäße; naturalist., gegenständl. bis emotional u. abstr. – sowie Organisation v. Eröffnungen u. Festen – **K:** Zeichnen; div. Techniken: Portr. u. Tanzskizzen; Akt; Blumen; Lsch. – sowie oriental. Tanz; Kostümherstellung u. Schminke; Kreativworkshops – **W:** ca. 300 Gemälde u. 20 Keramikplast. überw. in Privatbes.; Aufträge f. Bemalungen auf Textilien u. a. f. d. Firmen Resi Hammerer, Nina Ricci, Kettner, Sportalm, Moser – **E:** / G: u. a. 80 Linz, Kult.ver. Bindermichl; Linz, Tourotel; Linz, Allg. Krankenhaus; Linz, VKB-Bank; 80, 84 Linz, Hypo-Bank; 88 Linz, Nordico-Mus.; 95 Linz, Schillerpark; 03 Traun/ObÖst., StG; 04 Linz, Oböst. Ldesgericht – sowie zahlr. b. Fachmessen, Kunstmärkten, in Gal., Gastronomien, Banken u. Institutionen im In- u. Ausld – **V:** Die Moldau 04 – ***Lit:*** Who is Who seit 83; Künstlerkat. Österreich – ***LitR:*** Interviews im oböst. RF bezüglich d. Organisation d. ersten Linzer Altstadtfeste 82, 83, 84; Einzelausstellung Schillerpark, LT 1 Regionalfs. 95

Fuchs, Paul, Akad. Bildhauer (Dipl.); Pod. Pianuglioli, I-58020 Boccheggiano, Tel. u. Fax (05 66) 99 82 21, *paul.fuchs@tiscali.it*, *www.paulfuchs.com*. c/o Metallatelier David Fuchs, Ziegeleiweg 8, D-88693 Deggenhausen, Tel. Mobil: 01 71 44 87 6 43, (0 75 55) 52 66, Fax 57 91 (* München 29. 11. 36) – **S:** 58–64 ABK München (Meisterkl. Bildhauerei Prof. Heinrich Kirchner) – **G/T:** Skulpt. (Stahl, monumental); Klangkunst (Klangskulpt., Klangrealisationen, Konzerte) – **K:** Metallgest., Klangskulpt. – **W:** zahlr. Werke in Privatbes., Klangperformances (m. namhaften Musikern) – **M:** Ingolstadt, Mus. f. Konkrete Kunst – **Ö:** u. a. München-Neuperlach, Polizeidienstgebäude; Rosenheim, FHS; Rosenheim, Finanzamt; Rosenheim, Auerbachbrücke; Unna, Bornekamppark; Ingolstadt, Klinikum; Neuburg an d. Donau, Ostendschule; Neuburg an d. Donau, engl. Garten; München, versch. Kindergärten; Trostberg, städt. Gymnasium; Trostberg, städt. Kindergarten; Trostberg, Kult.zentrum; München, Luisengymnasium (Dachbekrönungen); Traunstein, Rathausbrunnen; Moers am Pumpeneck – **E:** 79 München, Gal. Loft; 83–85 zahlr. Performances in d. USA; 95 München, Kult.zentrum Gasteig; Traunstein, Klosterkirche; 99 Quarata, Bienn.; 00 Moers; 01–03 Grimma-Kaditzsch, Denkmalschmiede Höfgen; 04–06 Memmingen, Stadtpark; 06–07 Ingolstadt, Klenzepark – **G:** 65–85 zahlr. Ausst.bet. im Raum München; 68 Klangperformance in München, Circus Krone Bau; Zürich, Volkshaus; Essen, Saalbau; Köln, Radsporthalle; Stuttgart, Messehalle; 79 München, Rathaushalle; 84–85 Bristol, Arnolfini; Sheffield, Mapping Gall.; Huddersfield, City Art Gall.; London, Barbican Centre; 89 Rosenheim, Lockschuppen; 91 Kempten, Residenzhof; 96 Berlin, Intern. Klangkunstausst. – **R:** Ernst Schmitt: David und Zoro, Dok. 69 – ***LitR:*** ANIMA sound Musik für alle, Dok. d. SWF Baden Baden 71; ANIMA in Salzburg mit F. Gulda, Dok. d. SWF Baden Baden 72

Fuchs, Signe Anita, Dr. d. Gesch., MA Malerin; Hartäckerstr. 116 c, A-1190 Wien, Tel. (01) 3 67 00 64, Fax 3 19 61 59, *hj.fuchs@medicalnet.at*, *www.signe.at* (* Waidhofen a.d. Ybbs 29. 1. 44) – **S:** 70–75 HS f. angew. Kunst Wien (Meisterkl. Prof. Hutter, Malerei) –

Ve: Berufsvrg Bild. Künstler Öst. – **G/T:** Ölmalerei in altmeisterlicher Technik (Richtung Symbolismus, phantastischer Realismus, mythologische u. mystische Themen); Aqu.malerei; Tuschezeichn. – **M:** Wien, Mus. – **Ö:** Wien, Finanzmin.; Wien, Bank f. Arb. u. Wirtschaft; Bank Austria; Wien-Währing, SPÖ – **E:** zahlr. Ausst. u. a. 77 Wien, Prisma; 78 Wien, Creditanstalt-Bankver.; 81 Café Pavillon; 83 Mödling, Kursalon; Wien-Währing, Zentralspk.; 86 Wien, Bank f. Arb. u. Wirtschaft; Wien, Zentralspk.; 88 Hallein, Keltenmus.; 90 Wien, Aktiengal.; 96 Wien, Atelier Abstr. – **G:** zahlr. Ausst.bet. u. a. 77 Wien, Interkunst; Erlangen, Kunstkab.; 78 Wien, Künstlerhaus; 80 Traunreuth, Grütter; 84 Wien, United Art Gall.; Genf, Metropolis; 91 St. Pölten, NdÖst. Ges. f. Kunst u. Kult.; 93 Wiener Neustadt, Kult.amt; Wiener Neustadt, Karmeliterkirche – (Red.)

Führer, Artur K., Maler, Graphiker, Objektkünstler; In der Schanze 65, D-46242 Bottrop, Tel. (0 20 41) 2 39 20. c/o Galerie 7, Böckenhoffstr. 7, D-46236 Bottrop (* Großensee/Wartburgkr. 12. 10. 29) – **VG:** Bottrop, Gal. 7 – **S:** bildkünstler. Ausb. in Kassel u. Krefeld – **P:** Poem-Art-Pr. 70; Folkwang-Objekt-Stip. 73; Award for Pain 81; Pr. f. Köpfe (1. u. 2. Pr.) 83; Award for Lettern Art 88 – **Ve:** Künstlervrg Bottrop seit 68; VBK Thür. – **G/T:** Neokonstruktion, Objektkunst, poem-art – **W:** Werke f. d. Ldesgartenschau NRW – **M:** Werke in Artotheken, u. a. in Bergkamen, Artothek; Bottrop, Artothek; Köln, artothek; Neheim-Hüsten, Artothek – **Ö:** Bergkamen (Monoobjekt) – **E:** u. a. in Bad Hersfeld, Bonn, Essen, Gelsenkirchen, Gladbeck, Halle/Saale, Herne, Leipzig, Köln, Neumünster, Oberhausen, Samarkand, Taschkent u. Touircoing – **G:** Ausst.-bet. b. üb. 170 Kunstausst., u. a. 77 Kassel, documenta (Szene Rhein-Ruhr) – **V:** So war's. 1995–2004, Dekaeftalogie, Autobiogr., Roman-oid – (Red.)

Fürst, Albert, Maler; Holterweg 39, D-40629 Düsseldorf, Tel. u. Fax (02 11) 28 34 10 (* Homburg/Saar 20. 4. 20) – **VG:** Düsseldorf, Leuchter; Bonn, Acht P!; Stuttgart, Dorn; Saarbrücken, Elitzer – **S:** 39–40, 46–49 KA Düsseldorf; 48–51 Univ. Köln u. Paris – **P:** BVK 01 – **Ve:** Künstlerver. Malkasten (Vors. 75–90, E.mitgl. seit 90) – **KGr:** Gruppe 53 – **M:** Düsseldorf, Mus. Kunst Pal. – **E:** u. a. 54 Saarbrücken, Kunstpavillon Elitzer; 57 Lausanne, Gal. l'Entracte; 58 Wuppertal, Parnass-Jährling; 59 Stockholm, Sturegall.; 60 Istanbul, Gal. d. Dt. Kulturzentrums; München, Gurlitt; 62 Stockholm, Gal. Aestethica; 67, 75, 76, 80, 85, 90 Düsseldorf, Künstlerver. Malkasten; 68 Enschede, Tardi; 74 Düsseldorf, Gal. Fides; 78 Mönchengladbach, Strunk-Hilgers; 80 Düsseldorf, Lincke; Krefeld, KV; 82, 83 Düsseldorf, Studio Golzheim; 86 Düsseldorf, Förster; 87 Düsseldorf, Robert Schumann Inst.; 90 Lille, Gal. Jean van Oost; 90, 91, 93, 95 Düsseldorf, Walther; 90, 95 Homburg/Saar, StG; 91, 95 Stuttgart, Dorn; 92 Arnsberg, Nawrath; 96, 00, 04 Saarbrücken, Elitzer; 97 Oberhausen, Schloß Vondern / KV; 98, 00 Düsseldorf, Leuchter & Peltzer; 00 Château de Vaudrémont, Forum d'Art Franco Allemand; 00, 03 (Kat.) Düsseldorf, SM; 00, 04 Düsseldorf, Leuchter; 00, 05/06 Bonn, Acht P!; 02 Erftstadt, Gal. Glanz; 05 Düsseldorf, Heinrich Heine-Inst. – **G:** zahlr., v. a. in Düsseldorf (KH, Künstlerver. Malkasten, Mus. Kunst Palast, Gal. Walther); – sowie in Stuttgart, Gal. Dorn; Köln, Dielen-Gal. Vieth; München, Gal. Maulberger, u. a. – ***Lit:*** A.F. Bildzeichen im Farbklang 96; Andrea Schroyen in: 150 Jahre Künstler-Verein Malkasten 98; A.F. Traumzeichenschwebe 00; Werner Alberg (Hrsg.): A.F. Malerei u. graph. Arbeiten, Ausst.kat. 03; AKL, Bd 46 05

Fürst, Gudrun (verh. Gudrun Fürst-Uhland, geb. Gudrun Fürst), Malerin, Bildhauerin; Königsberger Str. 46, D-42897 Remscheid, Tel. (0 21 91) 94 97 33, Fax 2 60 04, *gudrun.fuerst@gmx.de* (* Berlin 28. 1. 45) – **S:** HdK Berlin – **L:** Yehudi Menuhin Stift.; Arb. im kreativen Gest. in Schulen – **P:** Aqu.stip. (Prof. Gassmann) 88; Fratell i Agazzi (2. Pr.) 93 – **G/T:** Aqu.malerei, Acryl auf Lw.; Skulpt.; Stahl (Schweißarb.) – **W:** Fassadengest. – **Ö:** Remscheid, Bahnhof Güldenwerth (Bemalung); ebda, Jgd.zentrum Kraftstation (Bemalung), Königsberger Str. 46 (eigenes Haus) – **E:** zahlr. ab 63 in Berlin – **G:** im In- u. Ausld, z.B. St.Petersburg, Florida/USA, Athen, Santorini/Griechenld, Sommières/Frkr. – **V:** Legov, Kdb.

Fürst-Uhland, Gudrun s. Fürst, Gudrun

Füß, Yvonne s. Wasmann, Yvonne

Fuest, Erica; Rathenaustr. 80, D-33102 Paderborn, Tel. (0 52 51) 3 59 45, Fax (0 40) 40 10 15, *mfuest@maramedia-online.de* – **G/T:** Malerei – (Red.)

Fuhr, Ellen, Malerin, Graphikerin; lebt in Berlin (* Berlin 58) – **VG:** Berlin, Leo.Coppi; Berlin, Gal. der Berliner Graphikpresse – **S:** 78–83 HBK Dresden; 86–89 AK Berlin (Meisterschülerin b. Gerhard Kettner) – **P:** Wilhelm-Höpfner-Pr. 86 – **KGr:** Bogen 3 (90–92); Vierter Hauptsatz (ab 98) – **G/T:** Malerei (u. a. Stadtbilder); Graph. – **W:** Ldesvertretung Sa., Graph.slg Bundesmin. – **M:** Berlin, Berlinische Gal.; Burgk, Schloßmus.; Cottbus, Brandenburgische KS; Frankfurt/Oder, Mus. Junge Kunst; Luxemburg, Dt. Bank; Stendal, Winckelmann-Mus. – **E:** / G: u. a. 94 Berlin, KH; 95 Berlin, Gal. am Strausberger Pl.; Berlin, Gal. Pankow; Berlin, Gal. der Berliner Graphikpresse; 95, 05 (m. Christina Renker) Berlin, Inselgal.; 96 Ulm, Spiegel Buch GmbH; 98 Dresden, Rogge; 98, 03, 06 Berlin, Leo.Coppi; 99 Berlin, Hintersdorf (m. Gudrun Frendafilov); Salzgitter, KV (Kat.); 00 Gotha, Finkbein; 01 Philadelphia, Berman Mus. of Art; New York, Dt. Generalkonsulat; Potsdam, Bauscher; Falun, Graph.trienn.; 02–03 Saarbrücken, Haus d. Unternehmensverbände (m. Markus Lüpertz); 03 Rheinsberg, Donnersmarck-Stift., Berlin, Pohl; 04–05 Berlin, Franz-Volhard-Klinik – **V:** Ekkehard Storck: Euromarkt – Finanzdrehscheibe der Welt (Ill.) 95 – ***Lit:*** Anita Wünschmann: Stadt u. Mensch. Neue Bilder v. E.F. u. Gudrun Trendafilov in der Gal. Hintersdorf, In: Berliner Ztg v. 16.4.99 – (Red.)

Fuhrmann, Roland (Ps.: rofu), Maler; Graschenfeld 10, D-33699 Bielefeld, Tel. (0 52 02) 8 20 51, *rfuhrmann@t-online.de*, *www.rofu.de* (* Bielefeld 17. 11. 56) – **S:** 95–96 KHS Paderborn – **Ve:** Offene Ateliers Bielefeld 95 – **G/T:** Malerei (Öl) – **W:** überw. in Privatbes. – **E:** zahlr. Ausst. seit 95, u. a. in Bielefeld, Herford, Würzburg – **G:** mehrere Ausst.bet. in Bielefeld – (Red.)

Fuhrmann, Roland, Plastiker, Fotograf u. Objektkünstler; c/o Spielhaus Morrison Gal., Berlin, Tel. (0 30) 28 04 05 77, Fax 28 04 18 98, *info@spielhaus-morrison.com*, *www.spielhaus-morrison.com; www.rolandfuhrmann.de* (* Dresden 66) – **VG:** Berlin, Spielhaus Morrison – **S:** 91–95 HS f. Kunst u. Design Burg Giebichenstein Halle/Saale; 95–97 Éc. Nat. Supérieure des Beaux-Arts Paris (b. Christian Boltanski) – **P:** DAAD-Stip. 95, 96; Stift. Kult.fonds Berlin 97; Graduiertenstip. Sa.-Anh. 97, 98; Kaiserring d. Stadt Goslar 00; Dt.-Frz. Kult.rat 00, 01; Publikumspr. Villa Kobe 03 – **Ve:** BBK 01; VG Bild-Kunst 04 – **G/T:** Krit., polit., wahrnehmungsphänomenal, iron. (Filmmaschinen, 3D-Fotogr.) – **W:** Produktivitätssimulator 02; Stausimulator STAUSI 1 04; Allg. Kapitulation 04; Großer Hampelmann 04; Fahneneid 05 – **M:** Goslar, Mönchehaus-MMK – **Ö:** Bitterfeld, Sandbank; Dresden, Palucca-Schule; Goch, RH; Halle/Saale, Martin-Luther-Univ.; ebda, Stadtwerke, Max-Planck-Inst. – **E:** 00 Goslar, Mönchehaus-MMK; 04 Berlin, Morrison; Berlin, Fassadengal.; 06 Goch, Mus. f. Kunst u. Kult.gesch. – **G:** zahlr. Bet., zuletzt 01 Poznan/Polen, Gal. Arsenal; 02 Paris, Pal. d. Congrès; Friedrichshafen, Zeppelin Mus.; Berlin, Pyrotektura; 03 Berlin, Martin-Gropius-Bau; Halle/Saale, KH Villa Kobe; 04 Athen, Artiade; Potsdam, Waschhausgal.; Berlin, Morrison; 05 Hall, Ldesausst. Tirol; Berlin, MAIS 6; Chemnitz, Neue Sä. Gal.; Wien, Kunstmesse; Belgrad, Oktobersalon; 06 Osnabrück, EMAF; Bregenz, KV; Berlin, Backfabrik

Fulland, Renate (geb. Renate Waser); Scheffelstr. 8, D-65187 Wiesbaden, Tel. u. Fax: (06 11) 81 07 75, *renate.fulland@t-online.de*, *www.kunstundkurse.de* (* Neudamm 7. 7. 40) – **S:** FHS Wiesbaden (FB Gest., Keramik u. Bildhauerei, b. Erwin Schutzbach u. Heinz Breloh) – **L:** 82–88 FHS Wiesbaden (LAuftr. Plast. Gest.); 91–05 Gymnasium Mainz (Kunst) – **P:** Arb.stip. d. Hess. Min. f. Wiss. u. Kunst f. Civitella d'Agliano u. Kfar Saba 89, 96 – **Ve:** BBK Hessen 78 – **G/T:** Keram. Plast. (Stelen, Raumlinien); Performances; Aktionen; Install.; Fotogr.; Schwerpunkt: Auseinandersetzung m. Körper, Raum, Licht u. Bewegung – **K:** Ton, Holz, Stein, Papier: Bild. Kunst – **W:** in Firmen- u. Privatbes., u. a.: Fa. Köllmann (Keram. Plast. im Delta-Haus) – **E:** einige Atelier- u. Wkst.ausst. – **G:** zahlr. Bet. im In- u. Ausld, u. a. 01 Venedig, Bienn.; Venedig, Garibaldi Kirche; 02 Aachen, Domschatzkammer; 04 Darmstadt, Orangerie – ***LitR:*** Fs.aufzeichnungen: Vips – ein roter Teppich f. d. Kinder d. Welt, Interviews (Hessenschau u. Radio Leverkusen) 05; Kunstausst. in d. Kommunalgal. Kfar Saba m. Interview

Funk v. Rosainsky, Jutta, Bildhauerin, freischaffende Künstlerin; Hans-Sachs-Str. 1 A, D-40721 Hilden, Tel. (0 21 03) 4 04 00 (* Dortmund 2. 7. 40) – **S:** 57–60 Dekorationslehre; Autodidaktin – **L:** seit 80 VHS Hilden-Haan (Doz. d. Bildhauerei); ab 93 Sommerakad. Koblenz (auch Wochenend-Sem.) – **G/T:** Skulpt. u. Objekt (Ton, Gips, Stein); Anatomielehre, Akt, Portr. – **W:** div. Skulpt. u. Objekte in Privatbes. – **Ö:** Halver, Stadtplast. – **E:** 60 Lüdenscheid, Kaufhof; 62, 63 Münster, Rinklake van Endert; 85 Hilden, Haus Hildener Künstler; Haan, Meltmann; Dortmund, Halver; Köln, Gal. Frankfurt; Paris, Gal.; – weitere: 98, 01 Bietigheim, Stuttgart, Ausst. Offenes Atelier im eigenen Haus – **G:** 02, 03 Hilden, Künstlermarkt; – weitere: Korschenbroicher Kunstfrühling; Mettmann, Ratingen u. London (Wanderausst.) – ***Lit:*** in: Medical Tribune 87 – (Red.)

Funk, Dagmar s. Halberstadt, Dagmar

Funk, Gottfried J., Maler, Graphiker, Skulpteur, zeitkrit. Buchautor u. Galerist; c/o Galerie am Brunnen, Schloßfeldweg 58, D-51429 Bergisch Gladbach-Bensberg, Tel. (0 22 04) 5 40 66, 5 40 67, *www.galerie-am-brunnen.de* (* Köln-Lindenthal 26. 8. 24) – **VG:** Bergisch Gladbach, Gal. am Brunnen – **S:** Selbststud. in Malerei, Graph., Skulpt. u. Archit. – **P:** Gest. v. Ver.-ztgn d. Dt. Turnerbundes (Höchste Note) 58; Gest. v. Ver.ztgn im Rhein. Turnerbund (1. u. 2. Pr.) 62; Emblem Naturpark Bergisches Ld (1. Pr.) 72 – **G/T:** teilw. zeitkrit. – **B:** Bergisch Gladbach: Gal. am Brunnen – **E:** zahlr. Ausst. in Bergisch Gladbach, Gal. am Brunnen – **G:** zahlr. offene Wettb. im In- u. Ausld – **V:** Mein Weg zur u. innerhalb d. bild. Kunst u. Archit. 1929–2005 4 Bde – ***Lit:*** Axel-Alexander Ziese: Meister bild. Künste Bd 3; Axel-Alexander Ziese (Hrsg.): Allg. Lex. d. Kunstschaffenden in d. bild. u. gestaltenden Kunst d. ausgehenden XX. Jh.; Das Gold. Buch hervorragender Persönlichkeiten d. Bundesrepublik Dtld 89

Funk, Peter, Maler; David-Mieser-Str. 5, D-88213 Ravensburg, Tel. (07 51) 9 38 68, *www.peterfunk.de* (* Weingarten 10. 4. 58) – **S:** 96 Freie KSch Ravensburg – **Ve:** Intern. Bodensee-Club (IBC) 92 – **G/T:** Mag.-/ Phantast. Realismus in Airbrush – **W:** Ankäufe durch Reg.präsidium Tübingen u. Ldratsamt Bodenseekr. – **Ö:** Ailingen, Gemeindeverwaltung; Grünkraut, Gemeindeverwaltung; Ravensburg, Energie Bad.-Württ.; ebda, Kr.spk. – **E:** 89 Ravensburg, Ldesgirokasse; 92, 97 Weingarten, Gal. d. Volksbank; 93 Überlingen, Gal. d. Volksbank; 94 Ailingen, StG; 94, 03 Ravensburg, Gal. d. Spk.; 96 Friedrichshafen, Graf-Zeppelin-Haus; 99 Überlingen, Buckenmaier; 00 Grünkraut, Gal. im RH; 04 Ravensburg, Golfclub; 05 Weingarten, Markin – **G:** zuletzt u. a. 01, 06 Ludwigshafen, Zollhaus; 03 Pfullendorf, StG Gremlich Haus; 05 Isny, Schloß: Kr.ausst. Ldkr. Ravensburg – sowie: 04 Kunstdorf Unterjesingen – ***LitR:*** Sat.1 Regional, Künstlerportr. 96

Funk, Rainer, Maler; Maxplatz 23, D-90403 Nürnberg, Tel. (09 11) 20 40 11, 9 40 41 40, Fax 9 40 41 50 (* Fürth 55) – **S:** 73–83 ABK Nürnberg (Freie Malerei b. Prof. Clemens Fischer) – **L:** 94 ABK Nürnberg (Leiter d. Stud.wkst. f. Maltechnik) – **P:** Kunstpr. d. Nürnberger Nachrichten; Debutantenkat. d. Freistaates Bay. – **Ve:** KVE Nürnberg – **G/T:** Malerei u. Graph. (Öl, Acryl: Horizonte; Rad.: Lsch.); Kunst im öff. Raum – **M:** München, Bay. Staatsgemäldeslgn – **Ö:** Fürth, Eckart Werke; Neustadt/Aisch, Amtsgericht; ebda, RH; Nürnberg, Spk.; ebda, IHK, Verlag Nürnberger Presse; Reichenbach/Vogtland, Schmidt Bank – **E:** / G: u. a. 82 Paris, Éc. des Beaux-Arts; 85, 86, 88, 90, 96 München, Haus d. Kunst; 91 Nürnberg, Kunsthaus; 95 Erlangen, Pal. Stutterheim; 99 Florenz, Assoc. Artisti Contemp.; 02 Nürnberg, Bürozentrum Frankenstr.; 05 Nürnberg, St. Sebald; Nürnberg, Gustav-Adolf-Kirche – **G:** 00 Nürnberg, Germanisches NM; 01, 02 Nürnberg, Kunsthaus – ***Lit:*** Schweers 02

Funke, Arno, Kunstmaler, Karikaturist, Fotograf; c/o Redaktion Eulenspiegel, Gubener Str. 47, D-10243 Berlin (* Berlin 14. 3. 50) – **S:** 65–66 Lehre als Fotograf (abgebrochen); 66–69 Lehre als Schilder- u. Lichtreklamehersteller – **G/T:** Malerei; Karikaturen (u. a. f. d. Zs Eulenspiegel); Fotogr. – **V:** Mein Leben als Dagobert. Die Bekenntnisse des Kaufhauserpressers, Autobiogr. 98; Ente kross. Cartoons und Geschichten 04 – ***LitR:*** The Heist, Reality Show (Channel 4) 04 – (Red.)

Funke, Sabine, Objektkünstlerin, Malerin, Zeichnerin (* Bochum 24. 10. 55) – **S:** 80–82 Städelschule Frankfurt am Main (Freie Malerei u. Kunsttheorie, Meisterschülerin b. Reimer Jochims) – **L:** 89 Städelschule Frankfurt am Main (LAuftr.) – **P:** Stip. d. Kunststift. BW 85; Förd.pr. f. Malerei d. Westf. KV Münster 95; Stip. d. Ldes Hess. 95; Hanna-Nagel-Pr. 05 – **M:** u. a. Frankfurt am Main, Dt. Bank KS; Giessen, Oberhess. Mus.; Hannover, Nds. Spk.stift.; Karlsruhe, SKH; Mannheim, StKH – **Ö:** Hannover, Foyer d. Datenverarbeitungsges. (Wandbild); München, Treppenhaus d. Allianz-Firmensitzes (Wandmalerei); Sigmaringen, Amtsgericht (Tafelbilder) – **E:** u. a. 98 Regensburg, Zink; Göppingen, Mack; 00 Ammerbuch, Hartl – **G:** u. a. 99 Karlsruhe, Rottloff; Nürnberg, KH – (Red.)

Furch, Thekla, Bildhauerin, Malerin; Alte Potsdamer Landstr. 60, D-14532 Stahnsdorf, Tel. (0 33 29) 6 22 98, Fax 61 03 25, *thekla@snafu.de* (* Quedlinburg 2. 3. 57) – **S:** 78–80 KHS Berlin-Weissensee; 80–82 HdK Berlin (b. Prof. Lothar Fischer) – **G/T:** Skulpt. (Terracotta, Metall); Malerei (Acryl, gegenständl. u. figürl.) – **W:** div. Kunst am Bau-Projekte – **Ö:** Beelitz, Feuerwehrtechn. Zentrum (Skulpt.gr.); Berlin, Handelszentrum (Wandrelief); Potsdam, S-Bahnhof Teltow (Skulpt.) – **E:** zahlr., zuletzt 06 Berlin, Club von Berlin/Jägerstr. – **G:** u. a. 05 Potsdam, Art Brandenburg; – weitere: Potsdam-Mittelmark, Art Event (jährl.)

Furler, Tine (Bettina Furler), Konzeptkünstlerin (* Offenburg 72) – **VG:** Berlin, Baudach – **S:** 93–99 KA Düsseldorf – **G/T:** Foto- u. Materialcollagen – **E:** zuletzt u. a. 01 Berlin, Maschenmode; 03 Köln, Ausst.raum Brotherslasher – **G:** zuletzt u. a. 01 Wolfsburg, StG; Karlsruhe, ZKM; 02 Berlin, Maschenmode; 03 Weimar, ACC Gal. Weimar – (Red.)

Furtwängler, Felix Martin, Buchkünstler, Maler, Graphiker; lebt in Berlin u. Dietratried/Allgäu (* Karlsruhe 54) – **S:** ab 77 HdK Berlin (Malerei u. Graph., Meisterschüler b. Gerhart Bergmann) – **G/T:** Graph. (Holz- u. Linolschnitt, Rad., graph. Blätter); Zchng; Buchübermalungen; Übermalungen eigener Werke; Malerei; Plast.; – sowie Gründung versch. Pressen, u. a.: Selbstverl. Feldweg, Forster Presse, Tyslander Presse, edition sub prosa u. Privatpresse Berlin – **M:** Burgk, Schloßmus.; Dresden, Sä. Ldes-, Staats- u. Univ.bibliothek; Leipzig, Dt. Buch- u. Schrift-Mus. d. Dt. Nat.bibl. – **Ö:** Edemissen, Martin-Luther-Kirche (Ausmalung d. Decke) – **E:** 02 Wolfenbüttel, Herzog-August-Bibliothek (Retr., Kat.); 03 Schweinfurt, Bibl. Otto Schäfer; 04 Stuttgart, Württembergische Ldesbibliothek; Leipzig, Dt. Buch- u. Schrift-Mus. d. Dt. Nat.bibl.; 05 München, Bay. Staatsbibliothek; 04–05 Jena, StM u. KS; 06 München, Ver. f. Orig.-Rad. – **G:** 05 (Der Hschn. lebt!) 06 (Gal. d. Buchkunst) Mainz, Gutenberg-Mus. – **V:** u. a. M. Buonarroti (Gedichtfragmente) u. R.M. Rilke (Übersetzung): Fragmente aus der Einsamkeit (Hschn.) 87; Gottfried Benn: Der Stadtarzt (Hschn.) 96; Achim Aurnhammer (Ess.): TORQVATVS TASSVS (12 Portr.versuche) 97 – (Red.)

Fußmann, Klaus, Prof., Maler; Grainauer Str. 19, D-10777 Berlin, Tel. u. Fax (0 30) 2 11 64 12 (* Velbert 24. 3. 38) – **VG:** Berlin, Lange; Berlin, Raab; Borken, Kranenburg; Dresden, Gal. im Taschenbergpalais; Düsseldorf, Ludorff; Hamburg, Multiple Art; Heidelberg, Ostendorff; Langenhagen, Depelmann; München, Baumgartl; Nürnberg, Weigl; Wetzlar, Gal. am Dom – **S:** 57–61 Folkwangschule Essen; 62–66 HBK Berlin – **L:** 74 HBK Berlin (Prof.) – **P:** Villa-Romana-Pr. 74; Pr. d. Stadt Darmstadt 79 – **Ve:** Freie AK Hamburg 89 – **KGr:** Künstlersonderbund in Deutschland – **G/T:** Malerei, Zeichn., Druckgraph. – **M:** u. a. Aachen, Suermondt-Ludwig-Mus.; Berlin, Berlinische Gal.; Berlin, NG; Bonn, LM; Bremen, KH; Darmstadt, Mus. Künstlerkolonie Ernst-Ludwig-Haus; Frankfurt am Main, MMK; Hannover, Sprengel Mus.; München, Pin. d. Mod.; Schleswig, LM f. Kunst u. Kult.-Gesch. Schloß Gottorf – **E:** / G: zahlr. Ausst. u. -bet. im In- u. Ausld, zuletzt u. a. 01, 03 Berlin, Kühn; 02 Darmstadt, Netuschil; 03 Berlin, Mönch – ***Lit:*** Contemp. Artists 96; Schweers 02 – (Red.)

Fussy, Hortensia (Ps.: Hortensia), Bildhauerin; Atelier: Georg Sigl-Gasse 9, A-1090 Wien, Tel. (06 64) 6 43 35 60, Fax (01) 3 17 57 71, *hortensia.fussy@gmx.at*, *www.hortensia.at* (* Graz 25. 3. 54) – **S:** 70–72 KGS Graz (b. Prof. Pillhofer); 72–75 ABK Wien (b. Fritz Wotruba) – **L:** seit 03 Zeichenschule f. Figur u. Landschaft Bad Gams – **P:** Theodor-Körner-Förd.pr. 87; Bareuther-Pr. 99 – **G/T:** Malerei; Zeichn. (Akt, Figur, Portr., Landschaft); Bildhauerei (Ton, Gips, Bronze) – **K:** Zeichenschule f. Figur u. Landschaft Bad Gams – **M:** Wien, Albertina (GrS); Wien, Theatermus. – **Ö:** Wien, Fassadengest. d. Volksschule; ebda, Denkmal auf d. Rudolf Salinger-Pl. – **E:** zahlr. Ausst., u. a. 84 Wien, Gal. Würthle; 90 Düsseldorf, Blaeser; 96 Prag, Neues RH; 97 Sarajevo, Intern. Festival; 98 Lagos, Forum; Graz, Kult.haus; 99 Saarbrücken, Union Krankenversicherung; 01 Kairo, Opera Art Gall.; 02 Groß Sankt Florian, Steirisches Feuerwehrmus.; 04 Washington, Öst. Kult.forum – **G:** zahlr. Ausst.bet., u. a. 90 Köln, Art Cologne; 97 Wien, Künstlerhaus; 99 Düsseldorf, Blaeser; 01 Zagreb – ***Lit:*** AUSST.KAT.: Forum Lagos (Hrsg.): Living Points 98; Steirisches Feuerwehrmuseum (Hrsg.): Form und Figur 02 – (Red.)

Fux, Andreas, Fotograf; Marienburgerstr. 18, D-10405 Berlin, Tel. (0 30) 4 42 55 01, *andreasfux@t-online.de*, *www.andreas-fux.de* (* Berlin 24. 1. 64) – **VG:** Berlin, Transition – **S:** 80–82 Ausbildung als Elektromonteur; seit 83 Annäherung an Fotogr.; seit 90 freier Fotograf – **Ve:** VG Bild 91 – **G/T:** Fotogr. (Portr.) – **E:** 87 Halle/Saale, Gosenschänke; 97 Köln, Gal. Objektiv; Kassel, Dembinski & Bittner; 98 Leipzig, Moritzbastei; Berlin, Gal. Choriner Str.; 99, 01 Berlin, Kult.brauerei; 02 Berlin, Transition – **G:** 96 Berlin, Wolf; 97 Berlin, AdK; 01 Frankfurt am Main, Auswärts; Berlin, Der mobile Raum; 02 Berlin, sensor.k; 04 Berlin, KV Tiergarten – **V:** Die Russen kommen, Fotogr. 92 – (Red.)

G.-Heinecke, Regine s. Heinecke, Regine

G.C.K. s. Kirchberger, Günther C.

Gabriel, Else (Ps.: e. Twin Gabriel, eigtl. Hanna-Elisabeth Gabriel), Aktions- u. Performancekünstlerin, Autoperforationsartistin; Flughafenstr. 46, D-12053 Berlin, Tel. (0 30) 68 80 92 33, Fax 68 80 92 34 (* Halberstadt 62) – **VG:** Berlin, Thumm – **S:** 82–87 HBK Dresden – **P:** u. a. Arb.stip. d. Berliner Senats 91; P.S.1 Contemp. AC-Stip. 91; DAAD-Stip. f. Pasadena 92; Arb.-stip. d. Senats f. Kult. Angelegenheiten 94; Arb.stip. d. Stift. Kult.fonds Berlin 94; Stift. Kunstfonds – Arb.- u. Projektstip. 94; DAAD-Stip. f. London 97; Otto-Dix-Pr. 98 – **KGr:** Auto-Perforations-Artisten (82–90) – **KGe:** (e.) Twin Gabriel/Plastische Planung: E. G. u. Ulf Wrede (seit 88) – **E:** zahlr. Ausst. im In- u. Ausld, u. a. 86 Dessau, Bauhaus; 91 Berlin, Gal. Weisser Elefant; Aachen, Ludwig Forum; 96 Berlin, Neuer Berliner KV; 99 Chicago, Bona Fide Gall.; 00, 01, 02 Berlin, Thumm – **G:** zahlr. Ausst.bet. im In- u. Ausld, u. a. 90 Malmö, KH; 93 Pittsburgh/PA, Carnegie Mus. of Art; 98 Nürnberg, KV Dürer-Ges.; 00 Karlsruhe, Badischer KV; München, KV; 01 Berlin, Künstlerhaus Bethanien; Esslingen, Intern. Fototrienn.; 02 Heidelberg, KV; 03 Dresden, StG f. Gegenwartskunst; Berlin, Martin-Gropius-Bau – (Red.)

Gabriel, Manfred, Dipl. Maler; Schartauer Str. 14, D-39288 Burg, Tel. (0 39 21) 98 49 91 (* Halle/Saale 22. 9. 39) – **VG:** Warnemünde, Möller; Halle/Saale, Zeitkunstgal.; Magdeburg, KV Freunde d. Himmelreichs; Wernigerode, Kunst- u. Kult.ver. – **S:** 59–62 FS f. angew. Kunst Magdeburg; HS f. Kunst u. Design Burg Giebichenstein Halle/Saale (FB Malerei b. Prof. H.-H. Wagner, 67 Dipl.) – **P:** Kunstpr. d. Ldes Sa.-Anh. 94 – **G/T:** Malerei (Strandbilder, Stadtansichten, Stilleben u. Ldschaft) – **M:** Frankfurt/Oder, Mus. Junge Kunst; Gera, KS (Slg d. Handzeichn.); Halle/Saale, Staatl. Gal. Moritzburg; Leipzig, MBK (Graph. Kab.); Magdeburg, Kulturhist. Mus. – **E:** zahlr., u. a. 00, 01, 04 Warnemünde, Möller

Gabriel, Margit s. Schötschel, Margit

Gabriel, Sieglind, Graphikerin, Fotografin; *members.chello.at/sieglindgabriel* (* Schwaz/Tirol 68) – **VG:** Wien, Hilger – **S:** 87–94 HS Mozarteum Wien (Kl. f. Malerei u. Graph. b. Herbert Stejskal); 91–92 Glasgow SchA (Printmaking Department); 94–98 ABK Wien (Meisterschule f. Graph. b. Gunther Damisch, Meisterschule f. Malerei b. Renée Green) – **P:** Förd.atelier Künstlerhaus Salzburg 90, 91; Arb.stip. d. Bundesmin. f. Wiss. u. Kunst 95, 96; Förd.pr. d. Ldes Tirol f. bild. Kunst 04 – **G/T:** Druckgraph., Fotogr., Zeichn., Rauminstall., Textarbeiten – **E:** / G: zahlr., zuletzt u. a. 01 Sarajevo, Riznica stare srpske pravoslavne crkve.; 02 Wien, Artlab; Mannheim, KV; 02, 03 Wien, Hilger; 03 Salzburg, Gal. 5020; Wien, Pal. Harrach; 04 Budapest, Studio Galeria – (Red.)

Gadliger, Werner (Ps. [selten verwendet]: WerGa), Fotograf, Zeichner, Radierer; Wagnergasse 14, CH-8008 Zürich (* Kehrsatz/Bern 27. 5. 50) – **S:** 66–69 Lehre als Fotograph in Basel – **G/T:** Zeichn., Rad., Mail Art, Collage, Fotogr. (u. a. Künstlerportr. u. Straßenfotogr.) – **W:** Werke in Privatbes. – **M:** Basel, Slg Peter u. Ruth Herzog; Bern, Schweiz. Ldesbibliothek; Lausanne, Mus. de l'Elysée; Winterthur, Fotostift. Schweiz; Zürich, StA; Zürich, Zentralbibliothek – **E:** zahlr. Ausst. seit 79, u. a. 79 Zürich, Zum Mathäser; 81 Schaffhausen, Gal. Einhorn; 82 Bülach, Gal. Sigristenkeller; 82, 84, 85, 86 Zürich, Lucy's Bar; 83 Zürich, Bollag; 86 Zürich, Rolf Bacher; 87 Zürich, Tina-Bar; Zürich, Restaurant Commi-Halle; 88, 89, 90 Zürich, Zunfthaus Zur Saffran; 88 Embrach, Klinik Hard; Zürich, Hotel Novotel; 88/89 Zug, Edition E+F; Neuchâtel, Restaurant Croq'Nature; 89 Zürich, Werbeagentur Rolf Golder; Zürich, Buchhandlung Schulthess; 89, 90 Zug, Kunsthandlung A. Hürlimann; 90 Zürich, Artagogo; Zürich, Zunfthaus am Neumarkt; – zuletzt: 00 Zürich, Gal. a16 (m. Margrith Bischof); 04 Zürich, Incontro (m. Urs Maltry); Zürich, Gal. Wengihof (m. Mariann Godon); 05 Zürich, Gal. Trittligasse (m. Anita Gentinetta) – **G:** zahlr. Ausst. seit 80, u. a. 80 Zürich, Holl; 88 Zürich, Gal. Cats; 89 Schaffhausen, Gal. Einhorn; Zürich, Kunstszene; 90 Hongkong, Rotunda Exchange Square; Zürich, Gal. Art Selection; – zuletzt: 00 Zürich, Gal. a16: 20 Jahre a16; 04, 05 Zürich, Incontro; Zollikon, Das kleine Format in Malerei u. Plast.; 05 Amsterdam, Psychonautic Landscape 4; 06 Bartenstein, Schloß (Kunstkammer): Nachtsonne – **V:** Fotografien, Fotobd 77; Begegnungen (Fotos, Zeichn., Kurzgesch.) 79; Traumfahrt (Rad., Zeichn., Texte) 82; Augen-Blicke (Zeichn., Rad., Fotogr., Künstlerportr. Mail Art, Kurzgesch.) 85; Nachtbubenwerk (Zeichn., Rad., Fotogr., Fotocollagen, Mail Art, Gesch.) 88; Flugwetter, Kat. (Bilder, Kurzgesch.) 90; – sowie etliche Sonderveröff. in kleiner Aufl. – ***Lit:*** Großartiges zeichner. Können. W.G. u. Urs Maltry in d. Gal. Incontro, In: Meilener Anzeiger v. 22.10.04

Gäbler, Gerhard, Fotograf, Chemiker; Lessingstr. 10, D-04109 Leipzig (* Leipzig 52) – **S:** 72–76 Karl-Marx-Univ. Leipzig (Chemie); HGB Leipzig (Fotogr.) – **G/T:** Fotogr. – **E:** zahlr., u. a. 94 München, SM – Foto-Mus. (Kat.); 99 Leipzig, HGB (Kat.); 01 Leipzig, Artco Gal.; Mannheim, Fotogal. Alte Feuerwache – **G:** zahlr., zuletzt u. a. 99 Köln, Mus. Ludwig; 04 Berlin, Dt. Hist. Mus.: Gesch. d. XX. Jh.s – Fotogr. z. dt. Gesch. 1880–1990; 05 Köln, Forum f. Fotogr., Berlin, Willy-Brandt-Haus: Utopie u. Wirklichkeit – Ostdt. Fotogr. 1956–1989 (Kat.); Leipzig, Kamera- u. Fotomus.: Die Ästhetik d. Lüste IV – **V:** u. a. Volker Braun: Die Erfahrung der Freiheit (Fotogr.) 90; Nicole de Vilder (Hrsg.): Broiler, Bürger und Bananen. ein Leipziger Gericht, (drei Leipziger Künstler vor und nach der Wende). G. G.: Fotografien. Bernd-Lutz Lange: Aphorismen. Rainer Schade: Satirische Zeichnungen. 91; Günter Kunert: Ostbad (Fotogr.) 91; Hans Dieter Huber (Vorw.): G. G. Fotogr. 1978–1999 00 – (Red.)

Gähler, Marcel; Frobergstr. 3, CH-8400 Winterthur, Tel. 05 22 12 96 16, *kontakt@marcelgaehler.ch*, *www.marcelgaehler.ch* (* Zürich 22. 1. 69) – **VG:** Zürich, Gal. Römerapotheke; Bern, Kabinett – **S:** 90–96 HS f. Gest. u. Kunst Zürich – **P:** Kunst- u. Werkbeitr. Kt. Zürich 99, 01; Kult.förd.pr. d. Stadt Wintherthur 03; Carl Heinrich Ernst-Kunstpr. 04; Förd.beitr. Kt. Appenzell AR 05 – **KGr:** Winterthur (seit 02) – **G/T:** Malerei (Öl, Acryl); Zchng (Bleistift) – **M:** Winterthur, KM – **Ö:** Romanshorn, Kt.schule; Winterthur, Alterszentrum Neumarkt – **E:** 00 Winterthur, Gal. GE; 01 Bern, Kunstkeller; 02, 04 Zürich, Gal. Art-Magazin; 02, 04, 05 Bern, Kabinett; 04 Winterthur, KH; 05 Friedrichshafen, KV; 06 Zürich, Gal. Römerapotheke – **G:** u. a. 01 Zürich, Binz39: und/oder/aber; 03 Bern, Kabinett: Schönes u. weniger Schönes; 04 Chur, Bündner KM: Weisse Wunderware Schnee; 05 Zürich, Gal. Römerapotheke: Aqua Reell; 06 Pfäffikon, Seedamm-Kulturzentrum: Vom Schweifen d. Linien – sowie: Winterthur, KM: jl. Teiln. an d. Dez.ausst. – **V:** Bleistif auf Papier, Pencil on Paper 04 – ***LitR:*** Silvia Lorenz: Nährwert Kult., Interview (Radio Lora Zürich) 04

Gänßler, Karla (geb. Karla Mudrack), Bildhauerin, Keramikerin, Graphikerin, Malerin; Gaudystr. 7, D-10437 Berlin, *gaenssler.fiss@gmx.de*. Friedenfelde 9, D-17268 Gerswalde, Tel. (03 98 87) 6 12 57 (* Rudolstadt/Thür. 5. 10. 54) – **S:** 73–77 Karl-Marx-Univ. Leipzig (Kunsterziehung u. Gesch., b. Günther Albert Schulz); 78–79 Steingutwerk Torgau (Facharbeiterin f. Keramtechnik); 79–85 KHS Berlin-Weissensee (Dipl. Bildhauerei b. Eberhard Bachmann) – **L:** 91–97 Humboldt-Univ. Berlin, Inst. f. Kunstpädagogik (LAuftr. f. Bildhauerei); 92–95 Freie KSch Berlin (Doz. f. Bildhauerei); 96–00 Weiterbildung brandenburgischer Lehrerinnen u. Lehrer e.V. Potsdam (Doz. f. Bildhauerei) – **Ve:** VBK DDR 88–93; BBK Berlins 93; GEDOK Brandenburg 02 – **G/T:** Bildhauerei (Stein, Holz, Bronze, Keramik, abstr. u. figürlich); Druckgraph. (Rad., Aquatinta, Lith.); geschöpfte Papiere, Collagen, abstr. u. figürlich assoziiert – **K:** Bildhauerei, Papierschöpfen, Tiefdruckgraph. – **W:** überw. in Privatbes. – **Ö:** Berlin, Schulmus.; ebda, VHS Berlin-Neukölln, Regus (Potsdamer Pl.); Hongkong, Univ. of Science and Technology – **E:** u. a. 95 Berlin, Am Köllnischen Park; 97 Berlin, Studio Bild. Kunst; 98 Berlin, Inselgal.; 00 Hongkong, Ping Yuan and Kinmay W Tang Gall.; 01 Potsdam, Berliner Impressionisten Gal.; 04 Leipzig, Kunstkaufhaus; Berlin-Buch, Campus – **G:** zahlr. Bet. seit 86, zuletzt 03 Rangsdorf, GEDOK-Gal. – ***Lit:*** Inventor e.V.: K. G. Papier und Stein, Ausst.kat. 97; Ping Yuan and Kinmay W Tang Gall.: Recent Works by K. G. 00 – (Red.)

Gärtner, Federica; lebt in Zürich, *www.likeyou.com/federicagaertner* (* Luzern 28. 6. 49) – **L:** 84–97 Schule f. Gest. Zürich (LAuftr.); seit 03 Schule f. Kunst u. Mediendesign Zürich – **P:** Werkbeitr. d. Matossi-Stift. 93; Stip. d. Stadt Zürich 04; Atelierstip. d. Kt. Zürich (f. Paris) 04 – **Ve:** visarte seit 98 – **G/T:** Multimediale Install. – **W:** Werke überw. in Privatbes., Ankäufe d. Stadt u. d. Kt.s Zürich – **Ö:** Zürich, Wässeri II (Brunnenanlage); ebda, Altersheim Bachwiesen – **E:** 91 Zürich, Kab. Brigitta Rosenberg; 92 Langenthal, Gal. Chrämerhus; 94, 98 Baden, Hans-Trudel-Haus; 96 Zürich, Gal. Bild-Raum; 97 Zürich, Binz39; 00 Zürich, Celeste & Eliot; Lenzburg, Staffelbach; Schaffhausen, Kult.zentrum Kammgarn; 02 Aarau, Kunstraum; Luzern, Kornschütte; Rapperswil/St Gallen, IG Halle Alte Fabrik; 03 Winterthur, KH; 06 Zürich, Landpartie; Genf, Cramer – **G:** 87 Liestal, KH Palazzo; 91 Zürich, Kab. Brigitta Rosenberg; Zürich, Shedhalle-Rote Fabrik; 95 Winterthur, Gal. Puls-Art; 98 Vevey, Toît du monde; Zürich, Morphing Systems; 00 Vevey, argos project; 01 Thalwil, Intervention Hotelzimmer; Zürich, Projekt Hohlraum; Zürich, Celeste & Eliot; Luzern, KM; 03 Altdorf/Uri, Haus f. Kunst Uri – ***Lit:*** Angelika Affentranger-Kirchrath (Text): F. G. Gift, Werkheft 03

Gärtner, Manfred, Maler, Restaurator; Oberweitersdorf 21, A-4211 Alberndorf, Tel. (0 72 35) 75 03, *manfred-gaertner@utanet.at*, *www.8ung.at/manfred.gaertner* (* Linz 1. 3. 52) – **S:** 78–79 KHS Linz (Prof.

Kubovsky); 91–93 HS f. künstler. u. industr. Gest. Linz (Prof. van Ess) – **L:** seit 99 Ars Electronica Center (Graph. Gestalten auf d. PC) – **KGr:** Autonome Werkstätten Traberg (seit 88) – **G/T:** Zeichn., Aqu., Öl, Acryl, Akt- u. Portr.malerei – **M:** Linz, Nordico-Mus. – **Ö:** Krumrau, Felsenmalerei – **E:** 83 Pelmberg, Freilichtmus.; 84 Linz, Donaugarage; Freistadt, Local-Bühne; 97 Perg, Johannas Kleine Gal.; 98 Linz, Smaragd; Gallneukirchen, Warschenhofer; 99 Linz, Unfaßbar; Bad Schallerbach, Ldesmusikschule; 00 Linz, Havanna; Perg, Kleine Gal.; 01 Gallneukirchen, Marktstübn – **G:** 87–98 in Linz, Nürnberg, Alberndorf, Traun u. Bad Zell – (Red.)

Gágyor, Tibor s. Gáyor, Tibor

Gaier, Ingrid, Mag., Bildende Künstlerin, Lehrerin; Edelhofgasse 1/14, A-1180 Wien, Tel. (01) 9 42 19 11, *gaier@gmx.at* (* Steyr 26. 1. 67) – **S:** 85 Intern. Sommerakad. f. Bild. Kunst Salzburg (Malereikl. Gerd Winner); 87 ebda (Malereikl. Grützke); 89–94 ABK Wien (Meisterkl. f. Malerei); 90 Intern. Sommerakad. f. Bild. Kunst Salzburg (Video- u. Performancekl. Valie Export); 93–94 Rijksacad. Maastricht (Malerei); 94–98 HS f. angew. Kunst Wien (Meisterkl. f. Malerei, Dipl.) – **L:** 98 KA Sofia (Graph. Workshop); 00 Inst. f. bildner. Erziehung KHS Linz (LAuftr.); seit 00 Modeschule Hetzendorf-Wien (Siebdruckwkst., LAuftr. f. Textildesign, Exper. Gest.); 04 Intern. Sommerakad. f. Bild. Kunst Salzburg (Ass., Kl. Tone Fink) – **P:** Kunststip. f. Kairo 92, 95/96; Stip. d. Emanuel u. Sofie Fohn Stip.stift. 97; Stip. d. Adlmüller Stip.stift. 97; Förd.pr. d. Stadt Wien 98; Förd.programm d. Traklhauses Salzburg 98; Arb.stip. f. Rom 99; Stip. d. Anni u. Heinrich Sussmann Stift. 99; Arb.stip. f. Krumau 02, 03; Ankaufspr. d. Innsbrucker Graph.wettb. 03 – **Ve:** IG Bild. Kunst 95; KV ObÖst. 05 – **G/T:** Zchng; Install.; Textilobjekte; Trickfilm (seit 05) – **W:** Werke im Bes. d. Städte Linz u. Wien sowie d. Artothek d. Bundes u. d. KS d. Bank Austria; Bühnenbild u. Kostüme f. d. Schauspielhaus u. Theater Drachengasse Wien f. 'Ich spucke auf euch' v. N. el-Saadawi – **M:** Frankfurt am Main, Gierig; Innsbruck, Tiroler LM Ferdinandeum; Wien, Alte Schmiede – **E:** u. a. 96 Kairo, Cairo Berlin Art Gall.; Wien, Cult; 97 Wien, Mus. f. Völkerkunde; 98 Salzburg, Traklhaus (Kat.); Wien, AAI-Gall.; 99 Sofia, Ata Ray (Kat.); 00 Rom, Lucio Da Sarro (m. Viviana Ravaioli, Kat.); Wien, Alte Schmiede (Kat.); 01 Frankfurt am Main, Dt. Bundesbank (Kat.); Salzburg, Eboran; 03 Wien, WUK; 05 Linz, KV ObÖst.; Salzburg, Traklhaus; 06 Salzburg, Papiergal. Aichhorn; 07 Feldkirch, Pal. Liechtenstein – **G:** zahlr. Bet. seit 90, u. a. 97 Wien, Tabakmus. (Kat.); 99 Frankfurt am Main, Gierig (Kat.); Wien, Pal. Harrach (Kat.); 99, 00 Wien, Mus. auf Abruf (Kat.); 00 (Kat.), 03 Linz, Nordico-Mus.; 00, 02 St. Pölten, Ndöst. Dok.-Zentrum f. Mod. Kunst; 01 Wien, MMK Stiftung Ludwig; Wien, Kult. Favoriten (Kat.); 01 (Kat.), 03 Linz, Brunnhofer; 03 Innsbruck, Gal. im Taxispal.; Wiener Neustadt, St. Peter an d. Sperr (Kat.); 04 Lienz, StG; Bozen, Südtiroler Kult.inst.; 05 Peking, MMK (Kat.); Łódź, Intern. Textiltrienn.; 06 Steyrermühl, Papiermachermus. (Kat.) – ***Lit:*** Kat.: I.G. 96, 97; Stall. Installation d. Überlebens 98; Traklhaus (Hrsg.): I. G. 98; I.G. Zeichen im Blickwinkel 99; I.G. 00, 01, 02

Gaiser, Jürgen, Graph.- u. Foto-Designer (dipl.); Luitpoldstr. 5, D-89264 Weißenhorn, Tel. (0 73 09) 54 34, Fax 67 60, *www.gaiser-foto-grafik.de* (* Neu-Ulm 1. 6. 42) – **S:** 63–67 FHS Aachen (Design); 66 Meisterprüfung als Schriftsetzer – **P:** Graph.pr. d. Schwäbischen Graph.ausst. 02 – **Ve:** BBK Schwaben Nord u. Augsburg – **G/T:** künstler. Fotogr.; fotogr. Industr.reportage; Graph.-Design – **M:** München, Neue Slg – Staatl. MAK; Nersingen, Mus. f. Bild. Kunst im Ldkr. Neu-Ulm – **E:** seit 77 zahlr. Ausst., u. a. 83 Augsburg, Große Schwäbische Kunstausst.; 87 Freiburg im Breisgau, Augustiner-Mus.; 88 Augsburg, Keller-Gal.; 96 Ulm, Gal. d. Volksbank; 01 Roggenburg, Zentrum f. Familie, Umwelt u. Kult.; 03 Neu-Ulm, Ldratsamt – **G:** seit 79, u. a. in Jap., Frkr., Kosovo, Ital., d. Schweiz, Aachen, Augsburg, Stuttgart u. Ulm – **V:** in: Fenster, Zs f. Lit. u. kult. Initiative 80; Am Wäggelche. Bilder aus d. Kneipe 80; in: Fotomag. 82; in: Sprachlos, Zs f. Lit. u. Kunst 83; in: Steck dir einen Vers, Anthologie 83; in: Crashendo, Zs f. Lit. u. Kunst 86; Kinder 88; Graph.mappe KV Senden 88, 98; AV-Tipp, Mag. f. Projektion u. kreative MultiVision 02

Gaissert, Martin, Medienkünstler (Dipl.); Mülheimer Freiheit 126, D-51063 Köln, Tel. (02 21) 4 73 42 17, Fax 4 73 42 16, *martin@khm.de*, *www.martin-gaissert.de* (* Göppingen 21. 9. 68) – **S:** 91–94 Folkwangschule Essen (künstler. Fotogr., b. Jürgen Klauke u. Rudolf Bonvie); 94–99 KHS f. Medien Köln (b. Jürgen Klauke u. Hans Ulrich Reck) – **P:** Arb.stip. f. d. Media Centre d'Art y Disseny, Barcelona 01 – **KGe:** Mülheimer Freiheit 126 (seit 02) – **G/T:** Fotokunst, digitale Kunst – **W:** Werke u. a. in Privatbes. – **M:** Berlin, Bundesmin. f. Bau- u. Raumordnung (GrS); Oberhausen, Rheinisches Industr.mus. (Fotogr. Slg); Rom, Mus. dell'Immagine Fotografica e delle Arti Visuali – **G:** u. a. 94 Lindlar, Kunstpl.; 96 Münster, Stadthaus-Gal.; 97 Düsseldorf, KH; Marl, Skulpt.-Mus. Glaskasten; Duisburg, Wilhelm-Lehmbruck-Mus.; Essen, Zollver.; 98 Köln, Josef-Haubrich-KH; Düsseldorf, KV; 99 Oberhausen, Rheinisches Industr.mus.; Cottbus, Brandenburgische KS; 00 Köln, Mus. Ludwig; Barcelona, Mus. de Terrassa; Rom, Pal. delle Esposizioni; 01 Köln, Inst. Français; Köln, BBK; 02 Ludwigshafen, Wilhelm-Hack-Mus.; 03 Trier, KV; 04 Essen, Ruhrland-Mus.; Lausanne, Jardins Trienn. – **V:** Raum der Erinnerung, in: Lab. Jahrbuch 1999 für Künste und Apparate 99 – ***Lit:*** Klaus Honnef: Neuer Elan und viel Distanz zum Fotomüll, in: art 9/94 Jürgen Kister: Wie man sieht, in: Kunstforum international Bd 152 00 – (Red.)

Galabova, Adriana (geb. Adriana Kisselitchka), Malerin, Graphik- u. Webdesignerin; Hietzinger Kai 71–73/12, A-1130 Wien, Tel. u. Fax (01) 9 66 09 96, *agalabova@chello.at*, *atelier-ag.nets.at* (* Kustendil/Bulgarien 19. 4. 65) – **VG:** Wien, Vernissage – **S:** 79–84 Schule f. Bild. Kunst Sofia; 94–00 Kunstgesch. Wien – **L:** 00 Kurse: Digitalfilm, 3D-Animation, Flash Animation – **G/T:** Malerei (Acryl, gemischte Technik, abstrakt; themat. Schwerpunkt: Schrift, Objekt, Zeichen), Collage, Multimedia-Animation – **K:** Graph.- u. Webdesign – **W:** ca. 40 Werke in Privatbes. – **Ö:** Wien, Repräsentationsräume d. Fa. Licona u. d. Fa. Ratio (jeweils 2 Werke) – **E:** 99, 00, 02 Ausst. in Wien – **G:** 89 Sofia; 01 Braunschweig; 03 Wien – **V:** Buchumschläge u. Ill. f.: Das Leben von Mahavira 92; Der Weg von Bodhisattva 94; Book of The Secrets, Bd. 1–4 94 – ***Lit:*** Neujahrskal. d. Fa. Tego – (Red.)

Galentz, Archi (eigtl. Harutiun Galentz), Bildender Künstler; Kaiser-Friedrich-Str. 28, D-10585 Berlin, Tel. Mobil: 01 79 54 75 31 2, *archigalentz@genion.de*. Kalents 18, Jerewan 33, Tel. 0 10 27 31 66 (* Moskau 20. 8. 71) – **VG:** Berlin, Gal. Taube; Berlin, Sandmann; Berlin, Prima Center – **S:** 89–91 HS f. Kunst u. Theater Jerewan/Armenien; 92–97 HdK Berlin (Meisterschüler b. Prof. Fussmann) – **L:** 91 M. Sebastatzi Realschule Jerewan (Einf. in die Kunst); 03 Sommerakad. d. UdK Berlin (Gastdoz.); 06–07 KA Jerewan (Gastdoz.) – **P:** DAAD-Kurzzeitdozenturstip. 06; Calouste Gulbenkian-Stift. (Reisestip.) 06 – **Ve:** 2001 – Moskauer Künstlervrg – **G/T:** Diskursive Malerei; Objekte; Install.; Foto; Druckgraph. – **K:** Struktur d. Tafelbildes – **W:** Wüsterwitz, Videodok. f. Armen. Pavillon b. EXPO 00 Hannover – **M:** Belgrad, MCA; Medellín, MAC; Sardarabad, Mus. f. Nat. Kunst; Skopje, MCA – **Ö:** Berlin, Prima Center; Jerewan, Lenz Spot; Skopje, Prima Center – **E:** 00 Berlin, Gal. Taube (Kat.); 01 Berlin, Südost-Zentrum; 04 Berlin, Berliner Liste; 05 Berlin, Prima Center – **G:** zahlr. seit 89 in üb. 10 Ländern, u. a. 00 Hannover, EXPO; 03 Berlin u. Bonn, ifa-Gal. (Kat.); 05 Berlin, Martin-Gropius-Bau; Helsinki, SM; 04 Skopje, MCA; Baden-Baden, SKH (Kat.) – **V:** Zu Dritt, Ausgewählte Projekte 05 – **R:** Kurator als Lehrer, Interviews, Videoarb. (Konferenz u. Web-Präsentation) 06 – ***Lit:*** B. Demitrievitch (Text): Situated Self, Ausst.kat. (z. Ausst. im MCA Belgrad) 05 – ***LitR:*** Kult.kreuzer, Arte 00; Fs.interview f. Prometevs TV Jerewan 03

Galert, Johannes; Benderstr. 170, D-40625 Düsseldorf, Tel. Mobil: 01637882307, *galert@gmx.de*, *www.galert.de* (* Sewrjukovo/Rußland 7. 8. 54) – **VG:** Essen, Hemsing; Moskau, Fotosojus – **S:** Katharinenburg (b. Meister Birjukow) – **Ve:** Verb. d. russ. Kunstfotografen Fotosojus 04; Künstlerver. Malkasten 05 – **KGe:** raumG: J.G. u. Georgi Guraspaschili (seit 05) – **G/T:** Fotogr. (Schwerpunkt Portr., Lsch.) – **K:** S/W-Fotogr. – **W:** vorw. in Privatbes. – **M:** Düsseldorf, SM – **E:** seit 82, zuletzt u. a. 99 Düsseldorf, SM; 04 Nischni Nowgorod, Wolga Bienn.; 06 Düsseldorf, Künstlerver. Malkasten; Paris, Temple des Billettes; Moskau, Fotosojus – **G:** seit 82, zuletzt 05 Wanderausst. 100 Bilder d. Jahres 2004; München, whiteBOX: All About Düsseldorf; Düsseldorf, Künstlerver. Malkasten: Kleines Format; 06 Essen, Hemsing – ***Lit:*** Deutschland Frankreich 1870/1871, Ausst.kat. 04; Volker Zass: Kö-Graben, Ausst.kat. 05

Gall, Bernd Erich, Maler; Herdeichen 11, D-75334 Straubenhardt, Tel. (07082) 415309, *gall@bernderichgall.de*, *www.bernderichgall.de* (* Birkenfeld/BW 2. 8. 56) – **VG:** Marburg, Terés – **S:** 76–83 Karlsruhe – **L:** seit 95 Oberschulamt Karlsruhe (LAuftr.) – **Ve:** BBK; VG Bild-Kunst; Royal Academy of Arts London – **G/T:** Malerei (großformatige Leinwandarb., geometrische Abstr., expressive Farbfeldtendenzen); Objekte (Buchobjekte, skulpturale Arb., Fundstücke); Install. (konzeptuelle thematische Arb.); Videokunst (Videoarb., Video-Rauminstall.) – **W:** Leinwandarb., Objekte u. Videoarb. überw. in Privatbes. – **M:** Karlsruhe, StG; Karlsruhe, ZKM; Pforzheim, StG; Stuttgart, KM – **Ö:** Karlsruhe, Reg.präsidium; ebda, RH; Ldratsamt Enzkr.; Pforzheim, RH – **E:** u. a. 97 London, Whitechapel Art Gall.; Pforzheim, Fabrik; 98 New York, Art 54; Pforzheim, RH; Wiesbaden, Moering; 99 Keltern, Alte Kelter; Hamburg, Gal. Basta; Karlsruhe, Kunstforum Schwarzwaldstr.; 00 Karlsruhe, Web.de; 01 Karlsruhe, Forsch.zentrum; 02 Marburg, Terés; 03 Berlin u. Frankfurt, KSM – **G:** u. a. 99 Ettlingen, SM; 01 Stuttgart, Württembergischer KV; Berlin, Frankfurt u. Marburg, KSM; Karlsruhe, KV; Baden-Baden, SKH; Karlsruhe, ZKM; 02 Solothurn, SK; Calw, Ldratsamt; Marburg, Hängung – **V:** wo-man, Kat. 93; WO-MEN II, Kat. 95; Flimmernde Sequenzen 95; Take Roses, Kat. 97; Zur Dialektik meiner Leinwandarbeiten 98; 8 Till Late Shop. How to come into being, in: Der Infant 98; The End of the Iron Age, Kat. 00; Discovery Channel – Click Here To Disappear Completely, Essay 01 – **R:** KURZFILME: Dow 01; Ben H. 01; Low Budget Men 01; Round Sick and Homeless 02; Stoned 02; A Fine Lie 02; Beach 02; Bebe 02; Me Show U A Good Time 02; Smile 02; JTR Or Butcher's Dream 02; How To Disappear 02; Blow 02; Bye-bye 02; Blow 2 02; Frisco Blow 2 02; Blow 4 03; Piétons 03; Le Flaneur – (Red.)

Gallarotti, Iris, Videokünstlerin; *iris.gallarotti@free.fr*, *www.gallarotti.com* (* Paris 75) – **S:** 94–99 Éc. Supérieure des Beaux-Arts Genf (Schwerpunkt Média-Mixte b. S. Defraoui, Dipl.); 00 ebda (Mention Complémentaire Histoire de l'Art); 00–02 Éc. Nat. Supérieur des Beaux-Arts Paris – **P:** Wettb.ausz. d. Fond. Cantonal d'Art Genf 99; Austauschstip. f. d. AC Pasadena Los Angeles 02 – **G:** zuletzt u. a. 99 Pfäffikon, Seedamm-Kulturzentrum; Paris, Centre Culturel Suisse; 00 Genf, Mire; Genf, Centre pour l'image contemp.; 00, 02 Paris, Gal. Gauche; 01 Basel, Viper; Genf, Espace d'Art Contemp.; Genf, Villa Bernasconi; Apeldoorn, Leienplein Square; London, Atlantis Gall. – (Red.)

Gallmann, Daniel, Maler; Furtbachstr. 8, CH-9565 Oberbussnang, Tel. 0716220792, *daniel.gallmann@bluewin.ch*, *www.daniel-gallmann.ch* (* Olten/Solothurn 2. 7. 59) – **VG:** Wiesbaden, Hafemann; Castrop-Rauxel, Schwenk – **S:** 76–80 Schule f. Gest. Basel; 81–88 KA Düsseldorf (b. Prof. Eugen Gomringer u. Prof. Franz Eggenschwiler) – **P:** Kunststip. d. Kt. Zürich 88, 90; Förd.pr. d. Schweizerischen Bankges. 93; Förd.beitr. d. Kt. Thurgau 96, 06 – **Ve:** Visarte 92 – **G/T:** konzeptuelle Malerei – **W:** überw. in Privatbes. – **M:** Singen, Städt. KM; Warth, KM d. Kt. Thurgau – **Ö:** Lugano, UBS AG; Radolfzell, Städt. Spk.; Romanshorn, Zeller Max Söhne AG; Zürich, Bank Julius Bär; Zürich, UBS AG – **E:** 86 Rehau, Gal. Go; 88 Tutzing, Ev. Akad.; 91 Dübendorf, StG; 92 St. Gallen, Mitschjeta; 93 Wiesbaden, Hafemann; 96, 99 Arbon, Bleisch; 97 Frauenfeld, KV; 00 Baden, Gal. im Amtshimmel; 00, 01 Singen, Städt. KM; 02 Wiesbaden, Hafemann; 03 Castrop-Rauxel, Schwenk; Ermatingen, UBS Wolfsberg; 04 Konstanz, forum art – **G:** 91 Olten, KM; 94 St. Gallen, KH; 98, 05 Singen, Städt. KM; 00, 05 (Kat.), 06 Ittingen, KM d. Kt. Thurgau – ***Lit:*** Eugen Gomringer: Die Mehrfachbilder von D. G., Ausst.kat. 86; ders., Ausst.kat. 91; Gottfried Hafemann (Text): Exploration 6, Ausst.kat. 94; Paolo Bianchi u. Christoph Bauer (Text): D. G., Ausst.kat. 00; Paolo Bianchi (Text): Monogr. in: Kunstforum 01

Gallmann, Rita (Ehename Rita Meyer), Schweizer. Malerin, Zeichnerin; Rue du Centenaire 6, Postfach 1707, CH-1227 Carouge/Genève, Tel. 022–3421069, *www.art-rita-gallmann.ch* (* Madrid 2. 9. 24) – **VG:** Carouge, Studio Rose Azur – **S:** 39–44 Ec. des Beaux-Arts Genf (b. Alexandre Blanchet u. Herbert Theurillat); 45–54 eigenes Atelier in Carouge; 51 ass. Herbert Theurillat (Wandmalerei); 56–62 gemeinsames Atelier m. d. Bildhauerin Charlotte Germann-Jahn, Zürich – **P:** Premier Prix avec mention 'très bien' de l'Ec. des Beaux-Arts 44; Bourse Holzer et Atelier dit de 5e année 44; Pr. d. Wettb. Künstler u. Illustrierte (5. Pr.) 45; Bourse Lissignol-Chevalier et Charles-Galland 46, 48, 49; Prix Fédéral d'Encouragement, Bern 52; L'Accad. Internaz. 'Greci-Marino' 96; L'Ordine Accad. Internaz. 'Greci-Marino' 98; Premio Ambiente del Centro Studi Europeo Ambientearte di Milano 99, 00; Publikumspr. d. Centre culturel Christiane Peugeot Paris 04 – **Ve:** GSMBA seit 46; S.M.A. Carouge 78–87; C.A.R.A.R. Genf seit 79; Schweiz. Inst. f. Kunstwiss. Zürich seit 80 – **G/T:** Malerei (Öl, Acryl, Aqu., Gouache, Tempera, Lavis, Mischtechnik); Zeichn. (Kreide, Tusche, Pastell, Kohle, Filz); Mosaik; Portr., Ldschaft, Stilleben, Akt, Kompositionen, Tiere, Zirkus u. Karneval, Alltagsszenen – **W:** überw. in Privatbes. in d. Schweiz u. im Ausld – **M:** Carouge, Mus. de Carouge; Carouge, Slg Iris Gallmann – **Ö:** u. a. Dübendorf, Stadtrats-Saal; Opfikon, Gemeindehaus; Zürich, Empfangsräume d. Zürcher Kantonalbank; – in Genf: Délégation du Saint-Siège auprès des Nations Unies; Ville et Etat de Genève; Banca della Svizzera Ital.; Services Industriels de Genève; Vicariat Episcopal catholique Romain; U.B.S. – **E:** zahlr. Ausst. seit 46, u. a. 49 Carouge, Palette Carougeoise; 50 Genf, Salle Communale; 77 Genf, Gal. d'Art Foresto; 77–78, 79–80 Genf, Hotel Beau-Rivage; 78 Carouge, Gal. Carougeoise Delafontaine; Pinchat, Battelle Memorial Inst.; Genf, Dr. Edelstein's Villa; 82 Biberist, Schlösschen Vorder-Bleichenberg; 84 Genf, C.E.R.N.; 88 Conches, Gal. La Primaire; 96–97 Genf, Cercle des Dirigeants d'Entreprises; 98 Genf, BioChem Immuno-Systems; 00 Genf, Hotel Noga-Hilton; 01 Carouge, Nationale Suisse Assurances; 05 Carouge, Studio Rose Azur: 65 Ans de Peinture – **G:** zahlr. Ausst.bet., u. a. 46, 51 Genf, Mus. d'Art et d'Histoire; 47 Luzern, KM; Winterthur, KM; 47, 51, 53, 77 Genf, Mus. Rath; 50 Bern, KH; Schaffhausen, Mus. zu Allerheiligen; 52 Genf, Gal. Motte; 55 Bern, KM; 57, 75 Zürich, Helmhaus; 87 Genf, Centre de Recontres, Cartigny: 100è anniversaire de la S.M.A.; 89 Neuchâtel, Neuchâtel-Arts; 90 Chicago, Intern. Gall. Invitational; Montreux, Centre Congrès et Expos; 90, 92, 93 Paris, Grand Pal.; 95 Genf, Europ'Art; 99 Gstaad, Grand Hotel Park; Genf, ICS Corporate Services; 00 Genf, Gal. Greuze; 04 Paris, Centre culturel Christiane Peugeot; Carouge, Mus. de Carouge: Vingtième Anniversaire – ***Lit:*** u. a. Eduard Plüss u. Hans Christoph v. Tavel: Künstler Lex. d. Schweiz XX. Jh. 58–61; Monographie, Florenz 76; Dix Années d'Activité du Fonds de Décoration de l'Etat de Genève 78–87; Who's Who in Intern. Art, Lausanne 89–06; Inst. f. Kunstwiss. Zürich: Répertoire des Artistes Suisses 1980–1990; Une Ville Collectionne 1950–1990, Genf 92; L'histoire du Salon d'Automne de 1903 à nos jours, Paris 92; Guide EMER, Paris 93–94; Annuario d'Arte Moderna Italiana-Artisti Contemp. '95 94; Europ'ART '95, Kat. 95; A.A. Ziese: Allg. Lex. d. Kunstschaffenden in d. bildenden u. gestaltenden Kunst d. ausgehenden XX. Jh., Bd 4, Berlin/Nürnberg 96; R.G. was conferred the title of Prof. and Associate Academician, Art sect., by the 'Accad. Internaz. Grezi-Marino del Verbano' 96; R.G. was conferred the title of Chevalier Académique, Art sect., by the 'Accad. Internaz. Grezi-Marino del Verbano' 98; Bénézit, Paris 99; AZ ART, No 8, Paris 04; Michael Bonel in: Tribune des Arts, No 330 05; Allg. Lex. d. Bildenden Künstler aller Zeiten u. Völker, Leipzig/München 06; ArchAKL (Dokumentation)/Genf, Bibl. d'Art et d'Archéologie: vollst. Dokumentation 1944–2007 – ***LitR:*** Pierre Gisling: Emission AGENDA avec Flash télévisé. R.G.'s Werke. Einzelausst. in d. Gal. Carougeoise Delafontaine 78; – Online: Homepage m. 450 Farb-Reprod. (s. oben)

Gallmeier, Heike, Fotografin, Filmerin; Hasenheide 67, D-10967 Berlin, Tel. (0 30) 6 91 54 38, *gallmeier@web.de* (* Berlin 29. 11. 72) – **S:** 94–99 Johannes Gutenberg Univ. Mainz, Akad. f. Bild. Künste (Malerei b. Prof. Friedemann Hahn); 99–01 KHS Berlin-Weissensee (Bildhauerei b. Prof. Inge Mahn); 02 KHS Berlin-Weissensee (Meisterschülerin b. Prof. Inge Mahn) – **L:** 02–03 ABK Mainz (LAuftr. Malerei) – **P:** Kunstpr. Junger Westen 99; NaFÖG Stip. d. Berliner Senats 03–04 – **G/T:** Fotogr., Film, Video – **M:** Göppingen, KH; Recklinghausen, StKH – **E:** 00 Lüdenscheid, Museen d. Stadt; 02 Frankfurt am Main, Metall-Gal.; 03 Mainz, Arsenal HKM 1; 04 Frankfurt am Main, Dom-Mus. – **G:** 96 Singen, ehem. Umspannwerk; 98 Lüdenscheid, Museen d. Stadt; Landau in der Pfalz, Villa Streccius; Göppingen, KH; 99 Recklinghausen, StKH; 01 Emsdetten, Gal. Münsterld; Dresden, Oktogon; 02, 03 Göppingen, KH; ; 03 Berlin, Projektraum d. dt. Künstlerbundes; Konstanz, KV; Wiesbaden, Kunsthaus – ***Lit:*** H. G. Irgendeiner wartet immer, Ausst.kat. 02; H. G. Irgendeiner wartet immer 2, Ausst.kat. 04 – (Red.)

Gamauf, Susanne, Mag. Art, Bild. Künstlerin, Galeristin, Kuratorin; Senefeldergasse 44, A-1100 Wien, Tel. (01) 6 41 02 23, *gamauf@gmx.at, fotogalerie-wien@wuk.at, www.fotogalerie-wien.at* (* Wien 4. 3. 60) – **S:** 78–83 HS f. angew. Kunst Wien (Meisterkl. Prof. Oswald Oberhuber); 85 ABK Wien (Meisterkl. Prof. Arnulf Rainer) – **P:** Fotostip. Rom d. Bundeskanzleramtes Kunst 91; Fotostip. New York d. Bundeskanzleramtes Kunst 96, 98; Fotostip. Paris d. Bundeskanzleramtes Kunst 01 – **Ve:** IG Bild. Kunst Wien seit 85; Intakt Wien 93–01 – **KGe:** Fotogal. Wien (seit 83) – **G/T:** Malerei, Graph., Fotogr., Install. – **W:** div. Werke in Privatbes. – **M:** Salzburg, Rupertinum; Wien, Kult.-amt d. Stadt; Wien, Slg Bundeskanzleramt – **Ö:** Mödling/NdÖst., Spital Mödling (Kunst am Bau); Wien, FS f. Gartenbau (Kunst am Bau) – **E:** zahlr. Ausst. u. a. 87 Chicago, Gleicher-Insam Gall.; 88 Bremen, Fotoforum; 90 Budapest, Gal. Liget; Wien, Fotogal. Wien; Graz, Kulturhaus; 93 Mödling, Gal. Arcade; Wien, Tiller; 96 Warschau, Gal. Mala; 02 Riga, Latvijas fotogrāfijas muz. – **G:** zahlr. Ausst.bet., u. a. 87 Charleroi, Mus. de la Photogr.; 88 Helsinki, Finnisches Mus. d. Fotogr.; 89 Köln, Gal. Lichtblick; Graz, LM Joanneum; 92 Wien, Fotogal. Wien; 95 Ljubljana, Mestna gal.; Horn, KV; 96 Wolkersdorf, Schloß; Innsbruck, Fotoforum West; Bozen, KH; 97 Bielefeld, KV Mus. Waldhof; 99 Steyr, KV; Stockholm, Gal. Konstakuten; 00 Wien, KH Exnergasse; 02 Hong Kong, Fringe Club; 04 Dubai, Total Arts Gall. – **V:** m. Lucas Cejpek (Text): Lianen (Monotypien) 92; m. Martina Kudlacek (Text): Thema und Variation (Monotypien) 93; m. Josef Wais (Text): Mandorla (Monotypien) 93 – ***Lit:*** zahlr. Publ. u. Kat. u. a. Forum 'Großstadtbilder', in: Camera Austria 85; Leo Kandl (Text): Erinnerungen an morgen, in: Wiener Ztg 85; Forum 'Tieridentifikationen', in: Camera Austria 88; S. G. – Metamorphosen, Kat. (Mala Gal. Warschau) 96 – (Red.)

GAMMA s. Terheyden, Thesa

Gangl, Max, Mag., Akad. Bildhauer, Maler, Graphiker, Designer; Ruthgasse 7/1/8, A-1190 Wien, Tel. (01) 3 69 79 59, (06 64) 3 55 75 73, Fax 3 69 87 77, *max.gangl@kronline.at, www.gangl.com/max; www.kunstkontakt.at* (* Mauthen/Kärnten 13. 7. 46) – **S:** 70–76 HS f. angew. Kunst Wien (b. Prof. R. Knesl u. Prof. W. Bertoni) – **P:** Arb.stip. d. Ldes Kärnten 74; Theodor-Körner-Förd.pr. 76, 82 – **Ve:** Art Diagonal; IG Bild. Kunst; Berufsvrg Bild. Künstler Öst. – **W:** zahlr. Werke in Privatbes. – **M:** u. a. Berlin, SMPK; Wien, Albertina – **Ö:** u. a. Casinos Austria; IBM; Wien, Gerot Pharm. – **E:** zahlr. Ausst. seit 72, u. a. 84 Klagenfurt, Slama; 87 Salzburg, Ateliergal. Nonntal; 90 Wien, Reiffenstein; 93 Villach, Gal. im Hof; 95 Wien, Haus Korotan; 97 Hamburg, Gal. Wiegele; 01 Wien, Bank Austria – **G:** zahlr. Ausst.bet. seit 72, u. a. 79 Klagenfurt, Künstlerhaus; 86 Berlin, RH Schöneberg; 92 Eberndorf, Gal. Schloß; 94 Lagos, Centro Cultural de Lagos; 95 Eisenstadt, Gal. am Oberberg; 96 Wien, Haus Wittgenstein; 98 St. Pölten, Karmeliterhof – **V:** u. a. Cafe Hawelka, Künstlermappe 83; Wiener Cafehaus I, II, Künstlermappe 88; Wagner Golf Trophy 92, 93, 94; Lebensbaum-Donaucity 01 – (Red.)

Gans, Leo, Maler u. Zeichner; Kuhlmannstr. 732, A-5412 Puch, Tel. (0 62 45) 7 75 45, *www.kunstverkehr.at* (* Wien 1. 5. 34) – **S:** 49–56 Salzburg (Bildhauerei, Kunsttheorie u. Kult.philosophie b. Prof. Gustav Resatz); 57–60 Wien (Malerei b. Prof. Hans Brunner, Akt b. Herbert Boeckl) – **L:** Pinzgauer Malgemeinschaft Maishofen (künstler. Leiter) – **Ve:** Berufsvrg Bild. Künstler Öst.; Berchtoldvilla – Bild. Künstler Salzburg (Vorstandsmitgl. seit 02) – **KGr:** Harmonia Classica (seit 96); at.-it. (seit 02) – **G/T:** Malerei u. Zeichn.; Techniken d. klassischen Malerei (u. a. Gold- u. Silbereinbindungen); Schwerpunkt: religiöse Kunst, daneben Figur, Akt, Landschaft u. antike Themen; Gegenständlichkeit bis Abstrahierung (keine reine Abstr.) – **W:** Werke untersch. Techniken überw. in Privatbes., Ankäufe durch. Privatsammler: Levi (New York), Sobell (Atlantic-City) u. Vian (Ital.) – **Ö:** Lenzing/Saalfelden, St. Hypolit (Kreuzwegfries); Salzburg, St. Elisabeth (Apokalypse-Altar) – **E:** zahlr. Einzelausst. ab 64 in Öst. u. Ital., zuletzt 03 Florenz, Bienn. Dell'Arte Contemporanea – **G:** zahlr. Ausst.bet. in Öst., Dtld u. Ital., u. a. mehrmals Salzburg, Berchtoldvilla; – zuletzt: 03 Öst. Kunst in Riga; 04 Vilnius (Salzburg-Litauen)

Gansen, Oliver s. Skysegel, Jack

Ganster, Daniela, Malerin, Graphikerin (* Trier 1. 8. 72) – **S:** 94–00 KA Münster (Malerei u. Graph. b. Prof. L. v. Arseniew; 01 Meisterschülerin b. Prof. L. v. Arseniew – **G/T:** Malerei (Acryl); Graph.; Collage (Papier) – **Ö:** Hamburg, Ges. f. Europ. Kommunikation mbH; Münster, Provinzialversicherung; Münster, Landwirtschaftsverlag – **E:** 99 Hamminkeln, Gal. Isshorst – **G:** zahlr. Ausst.bet. seit 96 zuletzt 03 Trier, Europ. KA Trier – (Red.)

Gansterer, Martina s. Schettina, Martina

Gansterer, Nikolaus (Ps.: Joseph Boys, weitere Ps.: Gemüseorchester, IFTAF, Institut für Transakustische Forschung), Mag. art., Installateur, Zeichner, Performer, Musiker, Netzwerker; c/o Institut für Transakustische Forschung (IFTAF), Theresianumgasse 35, A-1040 Wien, Tel. u. Fax (01) 5 03 69 13, *iftaf@iftaf.org*, *www.iftaf.org* (* Klosterneuburg/Wien 25. 3. 74) – **S:** 97–02 HS f. Angew. Kunst Wien (Inst. f. exper. Gest. u. Raumkunst, b. Prof. Brigitte Kowanz) – **P:** Artist in Residence – Mexico City 99; Artist in Residence – Damaskus 02; Öst. Staatsstip. f. bild. Kunst 03; Forumstadtpark Airport 03 – **KGr:** Institut für Transakustische Forschung (IFTAF, seit 98); Das Gemüseorchester (seit 98) – **G/T:** Mixed Media Install., Performance, Zeichn. u. Sound – **K:** Mindmapping, Trickfilmworkshops – **W:** überw. in Privatbes. – **M:** Klosterneuburg/NdÖst., Slg Essl – **E:** 00 Wien, Inst. f. Transakustische Forsch.; 01 Klosterneuburg/NdÖst., Slg Essl; 03 Salzburg, Gal. 5020; Wien, Engholm Engelhorn; 04 Wien, Gal. Auto-Space; Wien, Gal. Fluc – **G:** 00 Graz, Galminoriten; Linz, Ars Electronica; Wien, Engholm Engelhorn; 01 Wien, Herbert von Karajan Centrum; Berlin, Podewil; Paris, Placard; 02 Linz, Brucknerhaus; Wien, Engholm Engelhorn; Graz, Forum Stadtpark; Frankfurt am Main, Manifesta; Düsseldorf (Hell-Grün); 03 Graz, Forum Stadtpark; Wien, KH; Wien, Mus.quartier; Wien, König; Zürich, Art; London, Royal Festival Hall; Damaskus, Beitbarudi Center; 04 Wien, Wien Mus. – **V:** Reconstruct your Memory, Slg Essl 01; Silent Dances, Druckgraph. 02; Mykromap, Druckgraph. 03; Transacoustic Research (Forum Stadtpark) 03; Outpost, Graph. (Buch u. CD) 04 – ***Lit:*** Christian Reder (Hrsg.): Transfer Damaskus 02 – ***LitR:*** weltweit mehr als 50 TV-Beitr. über d. Gemüseorchester 90–04; Der Flügelfriedhof, TV-Beitr., in: Kunst-Stück, ORF 00; Transacoustic Research, Portr./Dok., in: Zeit-Ton, Ö1, ORF 03 – (Red.)

Gantner, Wolfgang, Aktions- u. Performancekünstler; Wielandgasse 16 / Atelier, A-1100 Wien, *wgantner @t0.or.at*, *www.gelitin.net* (* 9. 7. 68) – **VG:** Mailand, de Carlo; New York, Leo Koenig Inc.; Paris, Perrotin; Zürich, ArsFutura – **KGe:** gelatin: W. G., Ali Janka, Tobias Urban u. Florian Reither – **G/T:** Performance, Video, Aktionskunst – **E:** / G: zahlr. Ausst. im In- u. Ausld m. d. Gr. gelatin, zuletzt u. a. 99 Liverpool, Bienn.; Wien, Festwochen; 00 Hannover, Expo; Wien, Meyer Kainer; Krems, KH; 01 Madrid, ARCO; München, Marstall-Mus.; London, Royal College of Art; 02 Zürich, ArsFutura; Shanghai, Bienn.; Paris, Perrotin; St. Gallen, KH; 03 Frankfurt am Main, Schirn; New York, Leo Koenig Inc.; London, Frieze Art Fair – **R:** VIDEOS: u. a. i am the walnut 97; weecki wachee 97; why are the woman contributing? 97; penguin fiction 97; i like my job 98; pressure cooker 98; körperkult kultkörper 98; abbey road forever 98; b is for bears 98; insects 98; i like my job 2 99; naked cleaning 00; – DVD: grand marquis 02 – (Red.)

Ganzer, Leopold, Mag. art., Maler, Graphiker; Sobieskigasse 32/7, A-1190 Wien, Tel. (01) 3 67 73 15, *annemarie.ganzer@utanet.at*, *leopold-ganzer.at* (* Innichen/Ital. 7. 6. 29) – **S:** 52–58 ABK Wien (Meisterkl. f. Malerei b. Prof. R. C. Andersen, Abendakt b. Prof. Boeckl) – **L:** 78–87 Höhere Bundeslehranst. Wien 16 (Abt. Kunstgew., Prof. f. Farbenlehre u. Entwurf) – **P:** Abgangspreis d. ABK Wien 58 – **Ve:** Künstlerhaus Wien 73–76; Berufsvrg bild. Künstler Öst. 74–86; VBK 89 – **G/T:** Abstr.: Malerei (Acryl, Aqu.); Zeichn. (Tusche); Druckgraph. – **W:** zahlr. Werke in Privatbes. – **M:** Haarlem, Bank d. Niederl.; Innsbruck, Tiroler LM Ferdinandeum; Lienz, StM Schloß Bruck; Wien, Albertina; Wien, BMfUK; Wien, Kpst.-Kab. d. ABK – **E:** u. a. 51 Paris, Jordan; 59 Wien, Staatsdruckerei; 60 Klagenfurt, LM für Kärnten; 63 Innsbruck, Kunstpavillon Hofgarten; 65 Bozen, Gal. Goethe; 67 Lüdenscheid, Westf. Bücherstube; 73 Haarlem, Voor V; 74 Wien, Amerikahaus; 75 Wien, Gal. Stubenbastei; 89 Lienz, StM Schloß Bruck; 99 Lienz, StG – **G:** u. a. 56 Wien, Würthle; 58 Wien, Secession; 61 Paris, Bellechasse; 71 Mannheim, Symposion d. Künste; 72 Wien, Künstlerhaus; 90 Basel, Art Basel; Mailand, Mi-Art – **V:** Autobiogr. 99 – **R:** Braunegger: Steine, Felsen, Berge, Öst. RF/Ldesstudio Tirol – ***Lit:*** L. G. Akte, Ausst.kat. 79; Aktstudien, Kat. 83; Rössel-Majdan: Steine, Felsen, Berge, Kat. 84; Gertraude Haider-Grünwald: Die Wahrheit ist abstrakt, Kat. 99

Gappmayr, Heinz, Prof., Maler, Graphiker, Installations- u. Textkünstler; Liebeneggstr. 16, A-6020 Innsbruck, Tel. u. Fax (05 12) 56 42 32 (* Innsbruck 7. 10. 25) – **VG:** Mainz, Van der Koelen; Oslip, NN-fabrik – **G/T:** Malerei, Graph., Visuelle Poesie – **E:** zahlr. Ausst., zuletzt u. a. 00 Innsbruck, Gal. im Taxispal.; 00, 01, 03, 05 Wien, Lindner; 00, 05 Mainz, Van der Koelen; 01 Reutte, Dengel; 02 Linz, Kunstuniv.; Berlin, Kreditanstalt f. Wiederaufbau; 03, 05 Gießen, Wosimsky; Innsbruck, Widauer; 04 Berlin, Mies-Van-der-Rohe-Haus; 05 Innsbruck, Tiroler LM Ferdinandeum; – weitere in: Belgien, Frkr., GB, Ital. u. Ungarn – **G:** zahlr., z.B. 04 Bozen, Museion-MMK – ***Lit:*** u. a. Text-Bilder (Kunsthaus Zug) 96; Opus 2, Werkverzeichnis 1991–1996 97; Auf der Fläche – Im Raum 00; Raumstrukturen (Gal. & Ed. Artelier Graz) 00; Text Farbe Raum 00; Horizont 02; Reclams Künstlerlex. 02; Skizzen Entwürfe (Gal. Johann Widauer Innsbruck) 05; Opus 3, Werkverzeichnis 1997–2004 05; – MONOGR.: u. a. Peter Weiermair (Hrsg.): Von u. über H.G. 85; Dorothea van der Koelen: Das Werk H.G.s 94; Ingrid Simon: Vom Aussehen der Gedanken. H.G. u. die konzeptuelle Kunst 95; Siegfried J. Schmidt (Hrsg.): Zwischen Platon u. Mondrian. H.G.s konzeptuelle Poetik 05

Gapsi s. Ullrich, Gabi

Garbert, Bernhard, Maler; Hauptstr. 18, D-10827 Berlin, Tel. (0 30) 78 70 64 75 (* Vardingholt/Westf.

57) – **S:** 78–85 HdK Berlin (Kunst u. Kunsterziehung, Malerei b. Johannes Geccelli, Meisterschüler) – **L:** 96 KHS Malmö; seit 98 TU Berlin (LAuftr., FB f. Archit.) – **P:** Arb.stip. d. Kult.senats Berlin 88, 94; New York – P.S.1 89, 90; Förd.pr. d. Dt. Künstlerbundes 90; Kunstpr. d. Grundkreditbank Berlin 96; Stift. Kunstfonds – Arb.- u. Projektstip. 97 – **M:** Bonn, KM; Queens/NY, P.S.1-Mus.; Rio de Janeiro, Mus. de Arte Mod.; Skopje, Muzejot na Sovremenata Umetnost – **E:** zahlr., u. a. 97 Istanbul, Marmara Univ.; 99, 00 Berlin, Kondeyne; 00 Berlin, Robert-Koch-Hörsaal d. Charité; 02 Berlin, Gal. HO – **G:** zahlr., u. a. 00 New York, Roeder; Plüschow, Schloß; Berlin, Berlinische Gal.; 01 Karlsruhe, Rottloff; Berlin, Gal. Pankow; Neapel, Casino Pompeiana – (Red.)

Garbrecht, Alfred; Ernstgraben 1, D-84168 Aham, Tel. u. Fax (0 87 44) 81 11, *a.garbrecht@t-online.de, www.galerie-steinzeit.de* (* Rummelsburg/Pommern 20. 7. 42) – **S:** 68 Akad. Remscheid (Musische Bildungsstätte) – **P:** Bay. Staatspr. 78 – **Ve:** Schutzverb. Bild. Künstler; ver.di – **G/T:** künstler. Steinarb., Fotogr. – **M:** Ravensburg, Ravensburger Verl.mus. (Spielemus.) – **E:** zahlr. Ausst. seit 74, u. a. seit 85 Aham, Gal. Steinzeit; 87 München, SM – Foto-Mus.; 88 Dingolfingen, BMW; 94 München, Schloß Blutenburg – **G:** zahlr. Ausst.bet. – **V:** Fotokunstkal. (Siebdruck): Stein – In alle Zeit das Sein 87; Stein – Eine Fotografie wird dreimal geboren 87; Steinzeichen 87; Kiesel 95 – ***LitR:*** Sendung üb. d. Gesamtwerk, Bay. Fs. 86; Z.E.N. Stein – In alle Zeit das Sein 86

Garczynski, Evelyn von (Garczy, geb. Evelyn-Gabriele von Garczynski), Malerin, Graphikerin; Galerie/Atelier 'Im 13ten', Auf der Heide 6, D-61476 Kronberg/Ts., Tel. Mobil: 01 71–6 83 95 48, Fax (0 61 74) 59 95, *e.vongarczynski@t-online.de; garczy@hotmail.de*. An der Waldkapelle 26, D-23669 Timmendorfer Strand (keine Postadresse) (* Berlin 26. 5. 39) – **VG:** Kronberg/Ts., Gal. Im 13ten – **S:** 57–59 Acad. de la Peinture Paris (La Section D'OR; Akt, Zchng, Malerei, Prof. Frisson); Acad. Julian Paris (Akt, Malerei, Zchng, Prof. Souverbie); 59–61 ABK Karlsruhe (Akt u. Zeichnen, Prof. Meyer, Graphik u. Malerei, Prof. Gaensslen); 77–79 Pittsburgh AC (Aqu., Akt) – **Ve:** Frankfurter Kulturkr.; Städel; Kronberger Kulturkr. – **KGr:** Königsteiner Künstlergr. (aufgelöst) – **G/T:** Themenbilder; surrealist., symbolist., expressionist.; Öl, Aqu., Pastell, Acryl; Holzdrucke, Linolschnitt; Objekte in Holz, Stein, Ton; – künstler. tätig u. a. für die Werbeagenturen: Leo Burnett LPE (Düsseldorf): Layout / Reinzeichnung bis z. Druckvorlage; EBD+CDP (Düsseldorf): Layout / Reinzeichnung bis z. Druckvorlage, Illustration – **W:** Werke überw. in Privatbesitz sowie in Büroräumen, Hotels, Kanzleien; Schmuck+Designstudio MB, Schmuck+Designstudio CK; – Logos für: das Humanist. Gymnasium in Königstein/Ts., e. intern. Unternehmen d. Verpackungsindustrie, e. nationalen Sportverein (Hockey), e. intern. Werbeagentur; – Entwurf für 'Menschen für Menschen' (Karl-Heinz-Böhm-Stift.) – **E:** 86 Königstein/Ts., Villa Borgnis; 89, 95, 99, 04 Kronberg, Hellhof; 91 Baden-Baden, Brenner's Parkhotel; 92 Timmendorfer Strand, Hotel Golf + Sport; 93 Wiesbaden, Kurhaus – Muschelsaal; 95 Bad Hersfeld, Bank; 99 Budapest, Radisson/SAS Gal. – **G:** 58 Paris, Gal. Du Dragon; 61 Bad Bergzabern, Kurhaus; 85 Königstein/Ts., Villa Borgnis; 89 Gigondas/Frkr., Intern. Kunstfestival; 90, 92 Montreux, Centre des Congres (Galerist C. Nakache); 96 Martiny, Centre des Congres, Centre du Parc (Galerist C. Nakache) – **V:** Kunstkalender 2001 – Aquarelle aus Hofheim, Kronberg/Taunus, Königstein/Taunus (Gemeinschaftswerk m. zwei weiteren Künstlern); Design u. Illustration e. Werbespiels d. Unternehmens Fuji (Teil e. bundesweiten Marketing-Kampagne) – ***Lit:*** u. a. Dr. Lilla Szabo (Ungar. Nationalgal.): Nicht den Schein, sondern das Leben malen, in: Rivaldo, Budapester Kunstztg; E.S. Krah: Mit Gespür f. die Idee, in: Frankfurter Neue Presse 86; Michael Neumann: Dualität als Ausdrucksmittel, ebda 89; J. Bergengruen: Wesentliches m. kargem Strich. Der Malerin kommt es immer auf das 'Dahinterschauen' an, in: Bad. Tagblatt 91; Beate Giefer: Reduktion auf das Wesentliche, in: Bad. Ztg 91; Sabine Henrichs: Farbe weckt Bilder, in: Frankfurter Neue Presse 04; Taunus-Edition – Das Mag. f. Kultur u. Lebensart (Taunus – Frankfurt – Rhein-Main + Frankfurt International), darin: Farbe weckt Bilder, Herbst-Mag. 04, sowie G. Warnecke: Erst wenn in meinem Kopf

Garduño, Flor, Fotografin; Via Rianella 6, CH-6855 Stabio/TI, Tel. 09 16 41 71 11, Fax 09 16 41 71 10 (* Mexiko-Stadt 21. 3. 57) – **S:** 76–78 Escula Nacional de Artes Plasticas San Carlos UNAM Mexiko-Stadt – **P:** European Photography Award 93 – **M:** Chicago, Art Inst.; Houston/TX, Mus. of Fine Arts; Köln, Mus. Ludwig; New York, MOMA; Paris, Bibliothèque Nat. – **E:** u. a. 82 Mexiko-Stadt, Orozco; 86 Paris, La Chambre Claire; 88 Chicago, Public Library; 92 Lausanne, Musée de l'Elysée; 93 Zürich, Nikon Gal.; 95 Berlin, Niemann; 99 New York, Ramis Barquet Gall.; 03 Bologna, Gall. d'Arte Mod.; Los Angeles, Fahey Klein Gall.; 04 Naples/Florida, Naples Mus. – **G:** zahlr. Ausst.bet. – **V:** zahlr. Veröff. – ***Lit:*** Koetzle 02 – (Red.)

Garenne, Christine de la, Videokünstlerin; *www.christinedelagarenne.de*. c/o Galerie Beckers, Frankenallee 74, D-60327 Frankfurt am Main, Tel. (0 69) 73 90 09 67, *info@galerie-beckers.de; mail@jessicabeebone.de, www.galerie-beckers.de; www.jessicabeebone.de* (* Karlsruhe 15. 11. 73) – **VG:** Frankfurt am Main, Beckers; Bologna, Neon – **S:** 94–00 ABK Karlsruhe (Meisterschülerin b. Prof. Caramelle); 00–02 HS f. Gest. Karlsruhe (Medienkunst b. Prof. Kiessling) – **L:** 04 DAMS ABK Genua (Gastdoz.) – **P:** Pr. d. ABK Karlsruhe 98; Kat.stip. Bad.-Württ. Debütanten 2000 00; Ateliers d'Artistes Stip. Marseille 03; Heinrich-Hertz-Stip. Univ./Förd.ver. ZKM Karlsruhe 03; Ldesgraduiertenstip. Bad.-Württ. 03; Cité Intern. d. Arts Paris 04; Stip. Kult.stift. d. Bundes nach Peking 'Beijing Case' 05 – **G/T:** Videoinstall.; Zchng – **W:** überw. in Privatbes.; zahlr. Videoinstall., zuletzt: 04 MUSSOLINI SUCKS; BIG BOMBER; 05 BREEZER; HAZEOVER (m. Via Lewandowsky); ON-DIT; FAR; 06 BOKKER – **E:** 00 Karlsruhe, ABK (Kat.); 01 Karlsruhe, HS f. Gest.; Karlsruhe, Badischer KV; 02 Den Haag, De Ooievaar (m. Axel Reusch); 04 Mailand, Projectbox Gal. Neon; Düsseldorf, Parduhn (m. Via Lewandowsky); Genua, MAC di Villa Croce; 05 Berlin, Guardini; 06 Berlin, Glue (m. Cisca Bogman); Heidelberg, Forum für Kunst (m. Via Lewandowsky, Kat.) – **G:** zahlr. u. a. 00 Karlsruhe, ABK: Debütanten 2000 (Kat.); 01 Karlsruhe, Badischer KV: Seven Up Set (Kat.); Bruchsal, Schloß Bruchsal: TOP MeisterschülerInnen (Kat.); 03 Freiburg im Breisgau, E-Werk: Twilight Zone (Kat.); 04 Bonn, Bundeskunsthalle: Subduktive Massnahmen (Kat.); 05 Hall in Tirol, Ldesausst.: Hotel (Kat.); Cacak/CS, Gal. Nadezda Petrovic: Memorial (Kat.); Peking, Dayaolu Space: Converge at E116°/N40° (Kat.); Berlin, Martin-Gropius-Bau: Fokus ist Istanbul (Kat.); Peking, zero-Field: Informal City? (Kat.); – zuletzt: 06 Hongkong, Mus. 63/Artist Commune: Video; Berlin, Haus am Waldsee: Anstoss Berlin; New York, Chelsea AM: Viaggio Leggero Niente da Perdere; Hamburg, KH: Parcours. Bilder vom

Orient; Karlsruhe, ZKM: Totalstadt. Beijing Case; – FESTIVALS: 01 Brüssel, Argos F. Bruxelles (Kat.); Graz, Internat. F. f. electronic art and music; 02 Kassel, Kasseler Videof.; 03 Berlin, Amsterdam, Bern, Barcelona u. Zagreb, Movimento Filmf.; 05 Bochum, 15. Videof. Bochum; Yerevan/Armenien, Art in the Age of New Technologies; Novi Sad/CS, Festival of Flags Novi Sad/CS, Videomedeja 9 F.; New York, IFCT F. of Cinema and Technology – **V:** Jessica Beebone (Hrsg.): Propaganda, Monogr. (limited ed. Audio-CD: GLITTER) 02 – ***Lit:*** Artistiperalcamo, Ausst.kat (Castello dei Conti di Modica/Goethe-Inst. Palermo) 04; Il tempo inesatto. Transcodex 02, Ausst.kat (MAC di Villa Croce Genua) 04; Jörg Rudolph: Das Kunstprojekt [...], in: Deutschland Mag. 5/05; Joachim Schüring: Geschichte in Dosen, in: Abenteuer Archäologie 2/05; – sowie zahlr. Veröff. in Tagesztgn u. a. in: Rhein-Necker-Ztg, Der Tagesspiegel, Jungle World, FAZ, FASZ, Frankfurter Rundschau u. Badische Neueste Nachrichten

Garo, Bernard (GARO), Visueller Künstler (Dipl. ECAL/Kantonale HS f. Kunst, Lausanne); *www.garo.ch.* c/o Communication by Art, Friederike Schmid, Untere Haldenstr. 31, CH-5610 Wohlen, Tel. (0 56) 6 21 04 83, Fax 6 21 04 47, *f.schmid@combyart.ch*, *www.combyart.ch* (* Genf 11. 5. 64) – **VG:** Zürich, Barth; Lausanne, Synopsis m; Genf, Calart Actual; Segovia, Calart Actual – **S:** bis 89 ECAL/Kantonale HS f. Kunst Lausanne; Studienaufenthalte in versch. europ. Ländern, u. a. 98/99 im Atelier v. Tom Carr, Barcelona – **P:** Kunstpr. f. Malerei 87; Kunstpr. f. Hschn. an d. Kantonalen HS f. Kunst Lausanne 88 (in Verbindung m. d. ersten Ed. von acht Hschn.); Edy Serex-Kunstpr. f. Malerei 89; Prix artistique d. Stadt Nyon 94; Finalist b. FEMS-Pr. f. Malerei d. Sandoz-Stift. 99 – **Ve:** VISARTE 92 – **KGr:** Collectif de la dernière Tangente (seit 00) – **G/T:** Malerei, Install., textile Install., Fotogr., Hschn., Performance, Kunst am Bau – **W:** Werke in privaten u. öff. Slgn in Europa, Kanada u. in den USA; temporäre Install., vorw. in d. Schweiz u. in Frkr. – **M:** Lausanne, Slg d. Waadtländer Kantonalbank; Vevey, Slg Nestlé – **Ö:** Gland/CH, College (textile Install.) – **E:** 00 Paris, Festival International des Arts dans la rue; Paris, Maison des Arts; Genf, Calart Actual; Paris, Arquebusiers; 01 Assens, Centre Culturel; Nyon ('Usine à gaz', Install. in situ); 02, 03 Ballens, Gal.; 03 Zürich, Kunst Zürich; Zürich, Barth; Nyon, far Festival des Arts vivants; 04 Brüssel, Art Brussels; Barcelona, Segovia Issacs; Genf, Calart Actual; Segovia, Galeria La Granja de San Ildefonso; Lausanne, Theater Vidy (Monumentale Malerei in schwarz/weiss); 05 Brüssel, Faider; Lausanne, Synopsis m – **G:** zahlr. Ausst.bet. u. a. 00 Athen, Gal. H.A.U.; Paris, Schweizer Botschaft; Prangins, Mus. National du Château; Knokke, Gal. ABC; Paris ('Salon Grand et Jeunes d'aujour d'hui'); 01 Payerne, Mus. de la ville; Murten, Freiluftausst. 'Murtener-Fisch'; Courtrai, Kunstbienn.; Lausanne, Niederhauser; 02 Lausanne, Rez du Palais de Rumine; Lausanne, RH; Aubusson, Espace Philipps ('Träume'); Vevey, Mus. Jenisch; Paris, Salon d'Automne; Genf, Centre d'art en Ile; Beauvais, Bienn. intern. de la Tapisserie; Lausanne, CHUV; Genf, Europ'Art; Nyon, Festival des Arts vivants (Zusammenarb. m. A. Karcher) – **V:** Peintures, Werkkat. 96 – **R:** Temps Morts, interdisziplinäre Performance, Video/CD-ROM (zus. m. sechs anderen Künstlern), UA Nyon, Festival des Arts vivants 03 – ***Lit:*** Tapisserie d'Aubusson. 1933–1999, 66 ans de création perspectives suisses, Kat. 99; NET ART, Ausst.kat. 00; GARO – Barcelona Basel Berlin, frz./span./dt./engl. 02; – zahlr. Beitr. in Zss. u. Ztgn im In- u. Ausland seit 88, u. a.: Tribune de Genève; Quotidien de la Côte; La Côte; Artis Mag.; Stuttg. Nachrichten; La Montagne; Le Nouveau Quotidien; La Liberté; Le Temps; Tribune des Arts; Der Bund; Le Démocrate; Ph+; Saint Maur mag.; Aargauer Ztg – ***LitR:*** TV, u. a.: Yves Bussard: L'art à la piscine, Reportage TV Suisse 4, 3.9.96; C. Chastanet: Garo invité de Autour de Midi, TV FR3, 18.10.96; A. Dupasquier: Un métier de passion, TV Canal+Demain, 10.12.97; J.-P. Rapp in: Zig zag café, TV Suisse Romande, 6.5.99; versch. Interviews – (Red.)

Garom, Luis (Ps. f. Renate Graubaum), Kunstmalerin; Geschwister-Scholl-Str. 83, D-20251 Hamburg, Tel. (0 40) 48 33 62, Fax 47 59 86, *Luis.Garom@web.de*, *www.LuisGarom.com* (* Minden 9. 11. 44) – **VG:** Garmisch-Partenkirchen, Jaud – **S:** 64–66 Kunststud. in Kalifornien; 86–87 KSch Zürich – **L:** Carsten-Rehder-Schule Hamburg – **G/T:** Portr.malerei; Auftragsmalerei; Techniken: Steinspachtel, Sand, Öl – **K:** Ölmalerei – **W:** überw. in Privatbes. – **Ö:** Hamburg, Parkresidenz Rahlstedt; ebda, Petit Delice – **E:** 90 Hamburg, Gal. Häusser; 94 Westerland, Gal. Martens; 95 Wotersen, Schloß; 98 Buenos Aires, Graf Zitzewitz; 99 Garmisch-Partenkirchen, Jaud; 00 Hamburg, Gal. Chaco; 01 Hamburg, Gal. Airport; 02 Hamburg, Asche AG – **G:** u. a. 02 Hamburg; – sowie: Berlin, Otto-Stift.: Stadt d. Zukunft (Sonderausst.) – ***Lit:*** Alexander Jaud: Erbe und Auftrag, Ausst.kat. 99 – ***LitR:*** Fs.-Bilderpräsentation RTL 96

Garstka, Christoph, Zeichner, Webdesigner; Königsberger Str. 136, D-48157 Münster, Tel. Mobil: 0 17 29 20 47 44, *cgarstka@traluna.net*, *www.traluna.com* (* Hamburg 22. 2. 68) – **VG:** Eberbach, ARTgerecht – **G/T:** Zchng; Graph.; Malerei; Fotogr.; Computergraph.; Schwerpunkt: fotorealist. Bleistiftzchngn (Akt, Portr., Figur) – **E:** u. a. 99 Eberbach, ARTgerecht; 02 Darmstadt, Geibel'sche Schmiede; 05 Mannheim, Fetisch Treff Why Not; 06 Hamburg, Café SittsaM

Gartner, Hansjürgen, Maler, Textildesigner; Sanderstr. 4, D-86161 Augsburg, Tel. (08 21) 55 27 75, Fax 15 08 99, *www.bbk-bayern.de*. Voderer Lech 20, D-86150 Augsburg, Tel. (08 21) 51 27 11 (* Steinschönau (Böhmen) 16. 4. 45) – **S:** 59–63 Höhere Bundeslehr- u. Versuchsanstalt f. Textilindustrie Wien (Design) – **L:** 83–84 FHS f. Gest. Augsburg (LBeauftr. f. manuelle Drucktechnik); seit 77 VHS u. Sommerakad. – **P:** Kunstförd.pr. d. Stadt Augsburg 73; Förd.pr. d. Sudetendt. Ldsmannschaft 81; Lovis-Corinth-Pr. 84; Wettb. 'Akt' d. Gal. 'Die Ecke' Augsburg (1. Pr.) 86; Arb.-stip. d. Adalbert Stifter Vereins München 88; Gewählt f. d. Dt. Beteiligung am Internat. Symposium Grafica Norvegica in Stavanger 89; Pro-Arte-Med. d. Künstlergilde Esslingen 03 – **Ve:** BBK Augsburg 81; BBK München 96; Die Künstlergilde Esslingen 78; Adalbert Stifter Verein 90; Künstlerhaus Wien 92 – **KGe:** Gartner + Gartner – **G/T:** experimentell figurative Arb. (unterschiedl. Techniken, überw. auf Papier); inhaltlicher Schwerpunkt: der Mensch – **K:** Zeichensem. u. Rad.kurse – **W:** überw. in privatem u. öff. Bes. – **M:** Augsburg, GrS d. StKS; Lublin, Majdanek State Mus.; Regensburg, Ostdt. Gal.; Sofia, Mus. Ludmilla Siskova – **Ö:** Augsburg, Alter Ostfriedhof; ebda, Geriatrie d. Hessing-Stift., Finanzamt, Ldespolizeidir.; Bobingen, Hauptschule; Ingolstadt, AOK-Zentrale; München, Ldeszentralbank – **E:** u. a. 78 Amsterdam, Kamp; 81 Hamburg, Künstlerclub Die Insel; 90 München, Kubingal.; 91 Grevenbroich, StG Haus Hartmann; 94, 99 Augsburg, Holbeinhaus; 95 Moskau, AK; 96 Esslingen, Gal. d. Künstlergilde; 97 Wien, Künstlerhaus; 98 Bobingen, KV; 00 Deggendorf, SM; 02 München, Kunstpavillon – **G:** zuletzt u. a. 87 New York, Mussavi AC; Düsseldorf, Villa Engelhardt; 88 Stavanger, Gal. BfK; 199 Pilsen, Gal. Masne Kramy; 96 Düsseldorf, Art Multiple; 98 Dresden, Kunstmarkt; 00 Esslingen, StG Villa Merkel; 02 Cezky Krumlov, Bez.mus.; Wien, Künstlerhaus; 03 Regensburg, Ostdt. Gal. – **V:** Landesverband Bayern der Künstlergilde (Hrsg.): Wort Bild, Mappenwerk (Orig.graph.) 86 – ***Lit:*** Theodor Flemming, Ausst.kat. 80; Christoph Wiedemann, Ausst.kat. 85; Ivo Kranzfelder u. H. W. Maier, Ausst.kat. 89; Paolo Bianci: Künstlerpaare, in: Kunstforum Bd. 107 90; Paolo Bianci u. R. Jehl: Künstlerzwillinge 94; Reinhard Müller-Mehlis, Ausst.kat. 95; Lothar Romain u. Paolo Bianci, Ausst.kat. 95; Angelica Bäumer, Ausst.kat. 97; Dieter Ronte, Ausst.kat. 99 – (Red.)

Gartner, Joachim-Lothar, Maler, Graphiker, Textildesigner; Schönbrunnerstr. 81/5, A-1050 Wien, Tel. (01) 5 85 25 24, *www.k-haus.at* (* Steinschönau 16. 4. 45) – **S:** Höhere Bundeslehr- u. Versuchsanstalt f. Textilindustrie Wien (Design); 63 Dipl. – **L:** seit 89 Höhere Bundeslehr- u. Versuchsanstalt f. Textilindustrie Wien (LBeauftr. f. d. künstler. Zeichenfächer) – **P:** Kunstförd.pr. d. Stadt Augsburg 73; Silbermed. d. Künstlergilde Esslingen 79; Förd.pr. f. bild. Kunst d. S. L. München 81; Kunstpr. d. Bez. Schwaben 83; Lovis-Corinth-Pr. 84; Arb.stip. d. Adalbert-Stifter-Ver. 86; Goldene E.med. d. Künstlerhauses Wien 95 – **Ve:** Schutzverb. Bildender Künstler 70; BBK Schwaben Nord u. Augsburg 70–89; Berufsvrg Bild. Künstler Öst. 89; Ecke 89; IG Bild. Kunst Öst. 90; Ges. bild. Künstler Öst. 90 (seit 92 im Vorstand) – **KGr:** Künstlergilde Esslingen (78) – **KGe:** Gartner + Gartner – **G/T:** Abstr. (Acryl u. Rad.), Objektkunst – **K:** Rad.workshops u. Aktstudien – **W:** überw. in Privatbes. – **M:** Alexandria, Mus. of. Fine Arts; Augsburg, GrS d. StKS; Győr, Mus. f. zeitgen. Kunst; München, Bay. Staatsgemäldeslgn; Regensburg, Ostdt. Gal. – **E:** u. a. 74 Augsburg, Schaezler-Pal.; 78 Amsterdam, Kamp; 80, 85, 89, 94, 99 Augsburg, Holbeinhaus; 81 Hamburg, Künstlerclub Die Insel; 90 München, Kubingal.; 91 Grevenbroich, StG Haus Hartmann; 95 Moskau, AK; 97 Wien, Künstlerhaus; 99 Wien, Haslinger; 00 Deggendorf, SM; 01 Oberschönenfeld, Volkskundemus.; 02 München, Kunstpavillon – **G:** 67 München, Hartmann; 71 München, Kunstzone; 72 Brescia, Gal. d'Arte Brixi; 75 Wien, Peithner-Lichtenfels; 78 Milano, Gal. d'arte San Carlo; 79, 00 München, Haus d. Kunst; 82 Bamberg, Neue Residenz; 83 Augsburg, Toskanische Säulenhalle; 84 Regensburg, Ostdt. Gal.; 85 Esslingen, StG Villa Merkel; 86 Alexandria, Mus. of. Fine Arts; 87 New York, Mussavi AC; Düsseldorf, Villa Engelhardt; 88 Stavanger, Gal. BfK; 92 Leipzig, MBK; Wien, ABK; 93 Udine, Gall. d. centro; 94 Irsee, Kloster; 97, 02 Wien, Künstlerhaus; 98 St. Pölten, NdÖst. Dok.zentrum f. mod. Kunst; Erlangen, KV; 02 Krumau, Bez.mus.; 03 Regensburg, Ostdt. Gal.; Győr, Mus. f. zeitgen. Kunst; Alexandria, Mus. of. Fine Arts – **V:** WORT BILD, Mappenwerk (Orig.graph. u. Text) – ***Lit:*** u. a. Ivo Kranzfelder u. H. W. Maier, Ausst.kat. 89; Paolo Bianchi: Kunstforum 90; ders. u. Rainer Jehl, Ausst.kat. 94; Lothar Romain u. Paolo Bianchi, Ausst.kat. 95; Angelica Bäumer, Ausst.kat. 97; Dieter Ronte, Ausst.kat. 99; Carl Aigner, Ausst.folder 04 – (Red.)

Gasparin, Sonja, Mag. arch., Mag. art.; Seeufer-Landesstr. 34, A-9583 Faak am See, Tel. (0 42 42) 2 20 61, Fax 2 20 6 11, *arch@gasparinmeier.at, www.gasparinmeier.at* (* Villach 7. 2. 52) – **S:** 70–72 ABK Wien (Kunst- u. Werkerziehung, 74 Mag. art.); 74–82 ebda (Archit., 82 Mag. arch.) – **L:** 04–05 TU Wien (Grundkurs Archit. u. Darstellung, Gest.lehre) – **P:** Pr. d. Freunde d. ABK Wien 82; Kärntner Ldesbaupr. 1988 (m. d. Architekten E. Klaura) 88, 1995 96, 1996 97 u. Anerkennung 2002 03; Piranesi-Pr. (Anerkennung) 90; Förd.pr. d. Ldes Kärnten (f. d. Gruppe Junge Archit. Kärnten) 98; Geramb-Med. f. gutes Bauen 00; Kärntner Ldesholzbaupr. 00; Würdigungspr. d. Ldes Kärnten f. bes. Leistungen auf d. Gebiet d. Archit. u. Verdienste um d. Baukult. 03; Frauenkult.pr. f. Archit. u. Baukult. d. Ldes Kärnten 05 – **Ve:** KV Kärnten; Öst. Ges. f. Archit. – **G/T:** Baukunst; Objektkunst; Graph. Arb. – **B:** Afritz:Gemeindezentrum; Klagenfurt: Höhere Bundeslehranstalt f. wirtschaftl. Berufe (Generalsanierung), ebda: Betriebsgebäude, Gewächshäuser u. Arch. d. Botanischen Gartens, Heiligengeistpl. (Neugest.), Brücke K 3 (Möbelentwürfe u. -realisierung), Gynäkolog. Ordination, Geschäftslokal Vega Nova, Dachgeschoßwohnung K.; Kolbnitz: Volksschule Kolbnitz (Umbau, Sanierung, Erweiterung); ebda: Kindergarten, Sporthalle; Siflitz: Badehaus E., ebda: Zubau an ein Bauernhaus; Villach: Rondeau am Bahnhofpl., ebda: Glasbläserei Hechl, Markthalle Villach (Generalsanierung), Marktpl.gest., Kult.- u. Feuerwehrhaus Maria Gail, Ausst.gest. u. Konzeptbeitr. 'Zeitspirale Villach 45/95'; Weiz: Feuerwehrzentrum – **E:** 88 Klagenfurt, Künstlerhaus (Kleine Gal.); 92 Ljubljana, Gal. Dessa – **G:** 81 Basel, Art Basel; 89 Udine, Intart; 89, 90 Piran, Obalne Gal.; 95 Alpe Adria Archit.parallelen in Ljubljana, Klagenfurt, Udine, Zagreb, Eisenstadt, Graz, Trento, Meran u. Ferrara; 96–97 Junge Archit. Kärnten in Klagenfurt, St. Veit., Wolfsberg, Villach, Spittal u. Padua; 98 Ljubljana, Jakopiceva; Klagenfurt, Napoleonstadel; 00 Mailand, Trienn. Archit. di confine; 04 Ljubljana u. Zagreb, oris ideja (Kat.); 05 Wien, Ringturm; 06 Mostar – ***Lit:*** Napoleonstadl – Kärntner Haus d. Archit. (Hrsg.): Alpe Adria Archit.parallelen, mehrere Bde 95–97; Paola Gennaro u. Pierantonio Berté: Architetture di confine, Esperienze recenti nelle regioni di Alpe Adria 97; Helmut Pierer: Holzbau in Kärnten: mod. Holzbau im öff. u. gewerbl. Bereich sowie im Wohnbau 00; ders.: Holzbau in d. Steiermark 02; Anne Bauer (Hrsg.): Frauenarchitektouren: Arb. v. Architektinnen in Öst. 04; Otto Kapfinger: Neue Archit. in Kärnten: Ein Handbuch f. d. Alpen-Adria-Raum 06 – sowie zahlr. Beitr. in d. Zss Wettb. – Archit.j. 86–06; AB architektov bilten , 89, 95, 00; archit. aktuell 94–04 – ***LitR:*** Romana Ring u. Robert Reumann: Lebensträume 03

Gasser, Bruno, Kunstmaler, Bildhauer, Publizist; c/o Atelierhaus Klingental, Kasernenstr. 23, CH-4058 Basel, Tel. 06 16 93 41 19, Fax 06 16 93 41 19, *brunogasser@balcab.ch, www.brunogasser.ch.* Hirzbrunnenallee 29, CH-4058 Basel (* Winterthur 20. 5. 47) – **S:** 64–67 Ausb. z. Bühnenbildner; FHS f. Gest. Basel (Malfachkl.); Univ. Basel (Kunstgesch.); Ist. Svizzero di Roma; 74 Gerrit-Rietveld-Akad. Amsterdam (Design) – **P:** Kiefer-Hablitzel-Stip. 71; Eidgenöss. Kunststip. 71–73; Cité Intern. d. Arts Paris 73 – **Ve:** Visarte – **G/T:** Malerei ('Grasmalerei'); Graph. – **E:** 00 Basel, Graf & Schelble; 05 Liestal, Kantonale Psychiatr. Klinik (m. Eugen Leu) – ***Lit:*** Lexikon der zeitgenössischen Schweizer Künstler 81; Künstlerverzeichnis der Schweiz 1980–1990 91; Biografisches Lexikon der Schweizer Kunst 98 – (Red.)

Gaßmann, Katrin, Dipl.-Künstlerin; Pförtchenstr. 6, D-99096 Erfurt, Tel. (03 61) 2 25 25 13, Fax 2 25 25 16, *katrin-gassmann@gmx.de, www.katrin-gassmann.de* (* Sondershausen 15. 3. 67) – **S:** 93–99 HS f. Kunst u. Design Burg Giebichenstein Halle/Saale (Malerei, Dipl.); 00–01 ebda (Meisterschülerin b. Prof. Chr. Triebsch) – **L:** 05–06 Univ. Erfurt (LAuftr. f. Malerei) – **P:** Graduiertenstip. d. HS f. Kunst u. Design Halle 00–01; Stip. Künstlerhaus Willingshausen 02; Ldeskunstpr. d. Thür. Min. f. Wiss., Forsch. u. Kunst 02; Nordhäuser Ilsetraut-Glock-Grabe-Pr. (1. Pr. f. Graph.) 03; Arb.-

stip. d. Freistaates Thür. 05 – **Ve:** VG Bild-Kunst 00 – **G/T:** Textarb. (Konzept, Handzeichn., Spiegelobjekte, Install.) – **W:** überw. in Privatbes.; versch. Projekte im öff. Raum – **M:** Erfurt, Anger-Mus.; Marburg, KV (Artothek); Nordhausen, Meyenburg-Mus. – **Ö:** Erfurt, Thür. Min. f. Wiss., Forsch. u. Kunst; Ilmenau, Finanzamt; Jena, Arb.amt; ebda, Stadtwerke, Abbe-Zentrum Beutenberg; Nordhausen, Spk.; Willingshausen, Gemeinde – **E:** u. a. 97 Dresden, Kunstmarkt (Förd.koje); 97, 03 Erfurt, Rothamel; 98 Berlin, Heinrich-Böll-Stift.; Hannover, Drees; 99 Halle/Saale, Wasserturm Lutherpl.; 00 Marburg, KV; Erfurt, Anger-Mus.; 01 Magdeburg, Gal. Himmelreich; 02 Willingshausen, Gerhardt-v.-Reutern-Haus; 03 Jena, Zeiss-Planetarium; Weimar, Villa Haar; Frankfurt am Main, Art Frankfurt (Projektkoje) 03, 05 Berlin, Quinque-Wessels; 05 Erfurt, KH – **G:** u. a. 96 Venedig, Mus. Vetrario; 97 Leipzig, Mus. f. Kunsthandwerk; 99 Ebeltoft, Glasmus.; 00 Gera, Orangerie; Kassel, Kult.bahnhof; 01 Erfurt, Anger-Mus.; Erfurt, Rothamel; Berlin, Art Forum; 02 Erfurt, Ldeskunstausst. Thür.; Chemnitz, Neue Sä. Gal.; Köln, Kunst Köln; Frankfurt am Main, Art Frankfurt; 02, 03, 05 Köln, Art Cologne; 03 Nordhausen, Meyenburg-Mus.; Erfurt, Krönbacken; Berlin, MAE Gal. Eikmeier; 04 Jena, Justizzentrum; 05 Jena, KV; Berlin, Berliner Liste Messe; Berlin, Kunstsalon; Dresden, Pal. im Großen Garten – **R:** Animaratio – 93 Träume, Doppel-CD (Skript, Sprecherin u. Produktion) 03 – ***Lit:*** Peter Möller u. K. G. (Texte): K. G. Reden über Zeichnung, Kat. 97; Frank Hiddemann u. K. G. (Texte): K. G. Opera Aperta, Kat. 00; Ulrike Lorenz u. K. G. (Texte): K. G. Animaratio, Kat. 02

Gassner, Heidi (eigtl. Heidi Gassner Venetz), Fachlehrerin f. bildnerisches Gestalten; Bühlstr. 25, CH-3012 Bern, Tel. 03 13 05 82 46, Fax 03 13 05 82 48, *heidi@gassner.ch*, *www.gassner.ch* (* Amsoldingen 29. 2. 44) – **S:** 74–75 Schule f. Gest. Bern (Vorkurs); 94 Ausb. Zeichenlehrerin; 97–99 Fachpatent bildnerisches Gestalten – **L:** seit 79 Sekundarschule (Fachlehrerin f. bildnerisches Gestalten u. Werken) – **P:** Werkbeitr. d. Stadt u. d. Kt. Bern 85, 90; Werkbeitr. – Förd.pr. Esther Matossistift. Zürich 87; Bienn. d. Textilkunst Krefeld (2. Pr.) 90 – **Ve:** SGBK 82; Visarte 85 – **G/T:** Graph. (Zeichn., Bleistift, Graphit, Pigmente, Kaltnadel, Schrift) – **Ö:** Bern, Schweiz. Rotes Kreuz Zentrallabor; Kt. Bern; Laupen, Bibliothek; Lausanne, Bibliothek; Lietendorf, Bibliothek; Schweiz. Bankver. – **E:** 85–04 in Bern, Zürich, Lausanne, Genf-Carouge – **G:** 82, 87, 90, 91 Krefeld, Dt. Bienn. d. Textilkunst; 83 Hannover, Minitextilkunst; 84, 85 Wanderausst. d. Sgbk; 88 Sombathely, Intern. Trienn. of Tapestry; Lodz, Intern. Trienn. of Tapestry; 92 Kyoto, Intern. Textile Fair; Zürich, Helmhaus – **V:** Kann denn Liebe Sünde sein? (Ill.) 98 – ***Lit:*** in: Biografisches Lexikon der Schweizer Kunst u. in div. FachZss – ***LitR:*** Sdg Quer (Schweizer Fs.) 94 – (Red.)

Gasteiger, Jakob, Maler, Graphiker, Bildhauer; Westbahnstr. 26/2/12, A-1070 Wien, Tel. u. Fax (01) 5 22 86 58, *jakobgasteiger@hotmail.com* (* Salzburg 6. 9. 53) – **VG:** Baden bei Wien, Jünger; Hall in Tirol, Gal. Goldener Engl; Reith im Alpbachtal, Schmidt; Wien, Gerersdorfer – **S:** 69–73 HS f. Musik u. darst. Kunst Salzburg – **E:** zahlr. Ausst., u. a. 92 Klagenfurt, Kärntner LG; 95 Graz, Lendl; 00 Wien, Gal. nächst Sankt Stephan; 02 Salzburg, Rupertinum; 03 Düsseldorf, Hölzl – **G:** zahlr. Ausst.bet. u. a. 86 Berlin, Haas; 92 Wien, Albertina; 94 Salzburg, Traklhaus; Künzelsau, Mus. Würth; 01 Wien, MMK Stiftung Ludwig; 02 St. Pölten, NdÖst. Ldesmus. – (Red.)

Gastini, Marco, Maler; 37/3 Str. Vicinale del Nobile, I-10100 Torino, Tel. (0 11) 6 60 13 77 (* Turin 38) – **VG:** München, Storms – **M:** Bologna, Gall. d'Arte Mod. – **E:** zahlr., zuletzt u. a. 98 New York, Weber; 00 Turin, Martano; 00, 03, 04 München, Storms; 03 Düsseldorf, Storms – **G:** zahlr., u. a. 97 Köln, DuMont KH; 98 Bologna, Gall. d'Arte Mod.; Prato, Centro per l'Arte Contemp.; 99 Rom, Quadrienn.; 00 München, Lenbachhaus – (Red.)

Gather, Christa, Bildhauerin; Aachener Str. 39, D-40223 Düsseldorf, *christa.gather@gmx.de* (* Düsseldorf 19. 12. 60) – **S:** 84–91 KA Düsseldorf; 89–90 Chelsea College of Art & Design London; 91–92 Inst. d. Hautes Etudes en Arts Plast. Paris – **P:** DAAD-Stip. f. London 89–90; Inst. d. Hautes Etudes en Arts Plast. Paris 91–92; Stip. d. Ldes NRW Schloß Ringenberg 92–93; Intern. Keramikzentrum 's-Hertogenbosch/Niederl. 95 – **Ve:** VG Bild-Kunst; Künstlerver. Malkasten – **G/T:** Bildhauerei; Bodenplast.; Keram. Arb.; Zchng – **K:** Kunstprojekte m. Kindern, psych. Kranken u. alten Menschen – **M:** Düsseldorf, Kult.amt; Mönchengladbach, StM Abteiberg – **E:** 90 London, Chelsea College of Art & Design: MA Degree Show; 91 Köln, Gal. Schneiderei; 93 Hamminkeln, Gal. Schloß Ringenberg; 94 Mönchengladbach, StM Abteiberg (Kat.) – **G:** zahlr., zuletzt u. a. 01, 02 Massanet de Cabrenys/Span., Mac-Art; 02–05 Düsseldorf, Künstlerver. Malkasten; 04 Düsseldorf, Produzentengalerie: Handgemenge; Benrath, Kunst im Krankenhaus; 06 London, The Showroom

Gather, Peter (Ps.: J. Johanson Tatagatha), MA Affiliate (Skulpt.), Dipl.-Künstler, Freier Maler, Graphiker, Kurator, Ausstellungsmacher, Freier künstler. Mitarbeiter am ZKM Karlsruhe; Postfach 2753, D-76014 Karlsruhe. c/o Don Eachells, 27, Northampton SQ, London EC1 VOES/GB, Tel. (0 20) 22 53 27 39 (* Düsseldorf 14. 2. 63) – **S:** 89–96 ABK Karlsruhe (b. d. Prof. Antes u. Lois Weinberger); 94–95 ebda (Meisterschüler); 97–98 Slade School of Fine Art London (MA Sculpt. Department); 03–04 Cité Intern. des Arts Paris – **P:** Reisestip. d. 'Künstlerwege e.V.' f. Slowakei 92; Atelierstip. d. Ldes Bad.-Württ. 96–99; DAAD-Stip. f. Slade School of Fine Art London 97; Arb.stip. d. Konrad-Adenauer-Stift. 01; Cité Intern. d. Arts Paris 03–04 – **Ve:** BKV 89; BDD 91; VG Bild-Kunst 97; Neuer Kunstraum Karlsruhe (NKK) 03–06 – **KGr:** neuerkunstraumkarlsruhe (Mitinitiator, kurator. Tätigkeit, Organisator, 03–06) – **G/T:** Install.; Malerei; Collage; Fotogr. – **W:** in Privatbes. in Karlsruhe, Baden-Baden, Freiburg, Stuttgart, Bonn, Köln, Düsseldorf, London, Paris u. Kiew – **Ö:** Karlsruhe, Otto-Hahn-Schule (Kunst am Bau, Fahnenprojekt) – **E:** 92 Bratislava, Vysoka Skola Vyvarnich; 96 Karlsruhe-Rüppurr, Das Boudoir b. M. Tillier; 00 Landau, S-Gal. (Kat.); 03 Paris, Plate de Jour (Atelierprojekt) – **G:** 91 Freiburg, Morat Inst. (Kat.); 96 (Kat.), 02 Karlsruhe, Badischer KV; 96 Schwetzingen, KV: 1960ff (Kat.); 98 London, Slade: Slade Show (Kat.); 99 Ettlingen, Suciu: Constructive Art in Europe at The Threshold of the third Millennium; Straßburg, Lieux; 05 Karlsruhe, neuerkunstraumkarlsruhe: Gather&ngo – mo atelier; Karlsruhe, Centre Culturel Franco-Allemand: Retour de Paris; 06 Berlin, Appealing Home (Ausst.projekt m. Göllner, Rosz u. a.); – sowie: 03 Intershop SüdstattSüd: Intern. Projekte im Leerstand (m. Gästen aus São Paulo, Tokio, Taipeh, Wien u. London); 04 Intershop2: Intern. Projekte im Leerstand (m. Gästen aus Athen, Bogotá, London, Manchester, Sofia u. Wien) – **V:** A Combination of Concealment and Confusion (Both in Summer and Winter), In: Slade Journal, Vol. 2 98; Betr.: Künstler. Arb.vorhaben 346, Bewerbungsdok. 99–01 – *Lit:* Peter Keicher (Text), F. Baumgarten u. P.G. (Fotos): Meisterschülerkat. 95

Gattnarzik, Michael, Bildhauer, Zeichner; Löfftzstr. 10, D-80637 München, Tel. (0 89) 15 28 45, *gattnarzik @aol.com* (* München 25. 7. 60) – **S:** 82–88 ABK München (Bildhauerei, Meisterschüler b. Prof. H. Ladner) – **Ve:** BBK Bay. 89; Allotria München 93; DGfCK 92 – **G/T:** Zeichn. (Figur, Portr.); Skulpt. u. Plast. (3-D am Bau, Bronze, Holz, Stein u. Stahl) – **W:** Werke in Privatbes., Entwurf 'Golfspieler' f. d. Nymphenburger Porzellanman. sowie Plast. f. d. Erzdiözese München-Freising – **Ö:** Feldkirchen, Eingangsber. d. Fa. Riedl; Hofholding, Pfarrk. (Osterleuchter); Landshut, Kloster Seligenthal (Restaurierung d. Barockaltars); München, Künstlerhaus am Lenbachpl. (Bronzefigur) – **V:** seit 84 Ill. v. Gedichtbde im Verlag Anton G. Leitner – (Red.)

Gatzemeier, Thomas, Dipl. Maler u. Graphiker; Mathystr. 40, D-76133 Karlsruhe, Tel. Mobil: 0 17 26 10 25 35, *info@thomas-gatzemeier.de, www. thomas-gatzemeier.de* (* Döbeln 21. 12. 54) – **VG:** Köln, Krause; Mühlheim, Fox; Heilbronn, Rieker; Mannheim, Falzone; Leipzig, Gal. am Sachsenplatz – **S:** HGB Leipzig (Prof. Stelzmann u. Prof. Rink) – **G/T:** Malerei (Öl), Arb. auf Papier (alle Techniken), Plast. – **M:** Dresden, GG NM; Frankfurt am Main, Dt. Bank KS; Giessen, Oberhess. Mus.; Heilbronn, SM; Karlsruhe, Badisches LM; Karlsruhe, StG – **Ö:** Crailsheim-Onolzheim, Marienkirche; Düsseldorf, Ldesreg. NRW; Heilbronn, BW-Bank; Karlsruhe, Reg.präsidium; ebda, BW-Bank, Forschungszentrum, Ldeskreditbank; Kassel, Volksbank; Köln, Axa Colonia Versicherung; Mannheim, Städt. Klinikum; Siegen, Spk.; Stuttgart, Ldesbank BW – **E:** zahlr., u. a. 91 Siegen, KV; 94 Berlin, Reichstag; 95, 98 Mannheim, KV; 96 Hamburg, Chapel AC; Köln, Chapel AC; 97 Lübeck, Steiger; 98 Zwickau, StM; 00 Gießen, KH; Dresden, Döbele; Mannheim, Falzone; 00, 03 Essen, Fox; 01 Lippstadt, KV; Karlsruhe, Schrade; 03 Heilbronn, Rieker; 05 Halle/Saale, Univ.- u. Ldesbibliothek Sa.-Anh.; Karlsruhe, Bad. Ldesbibliothek; Leipzig, Gal. am Sachsenplatz; 06 Merseburg, Kunststift. ben zi bena (m. Peter Gilles, Kat.); Döbeln, SM; Bad Doberan, Müller – **G:** zahlr. Bet., u. a. 90 Florenz, Aglaia; 91 Hamburg, Deichtorhallen; 93 Karlsruhe, Badischer KV; 94 Nancy, Médiatheque; 96 Nürnberg, KH; 97 Landau, KV; Karlsruhe, Badischer KV; 00 Mannheim, KV; 03 Halle/Saale, Villa Kobe; 05 In Spirito do Largo/Ital.; 06 Leipzig, Graph.börse; Karlsruhe, StG – *Lit:* Kat.: Andreas Vowinkel (Text): T.G. 88; Eduard Beaucamp (Text): Gatzmeier 90; Gerhard Graulich (Text): In Spirit of Rubens 91; Martin Stather u. T.G. (Text): 17 Plastiken / polit. Arbeiten 95; Martin Stather u. Christian Soboth (Text): G. Malerei – Plast. – Zchng 98; Friedhelm Häring u. Christian Soboth: Das Bild hängt an d. Wand wie ein Jagdgewehr... 00 – ***LitR:*** Gerd Ries: T.G. – Der Maler, d. Stasi u. d. Vaterld, Portr./Dok. SWR 99

Gatzen, Erik, Dipl.-Ing. Architekt; Gräfestr. 22, D-34121 Kassel, Tel. (05 61) 2 88 74 60, *erikgatzen @raum-artisten.de, www.raum-artisten.de* (* Koblenz 12. 8. 71) – **S:** 93–96 Univ. Kassel (Ldschaftsarchit.); 96–99 ebda (Archit.); 99–01 Städelschule Frankfurt am Main (Postgraduierten Stud., Archit. – konzeptionelles Entwerfen) – **L:** 00 Univ. Kassel (LAuftr. Entwerfen im Grundstud., FB Prof. Dipl.-Ing. Frank Stepper) – **G/T:** Archit., Rauminszenierung, Performance – **W:** Soap Opera, Performance (Frankfurt, Jan. 01) – **G:** 97 Kassel, Forum K 10; 99 Kassel, Altes Capitol; 00 Essen, AOK Rheinland; Offenbach (Festival Junger Talente); 00, 01 Frankfurt am Main, Städelschule; 01 Frankfurt am Main, Dt. Archit.-Mus. – **V:** Soap Opera, in: Frankfurt+sessions, architecture class diplom projects 02; The Need for Imagination, ebda – *Lit:* Festival Junger Talente, Ausst.kat. 00 – (Red.)

Gauch, René; Huebacher 18, CH-8153 Rümlang, Tel. 0 18 17 22 02, *visualart@renegauch.com* – **G/T:** Graph. – (Red.)

Gaul, Barbara s. Annah

Gauss, Heidemarie s. Laimanee, Heidemarie

Gauß, Michael Robert, Kunstmaler, Dioramenbauer, Autor; c/o Kunsthäusle Markelsheim, Weingasse 26, D-97980 Bad Mergentheim, Tel. (0 79 31) 24 12, *mrg-kunst@art-mail.de* (* Stuttgart 28. 1. 72) – **S:** Autodidakt; 91–93 Freie Ksch Schwäbisch Hall – **P:** Intern. Dioramen-Wettb. d. Fa. Auhagen Marienberg (2. Pl.) 96 – **G/T:** Malerei (Öl, Acryl, Aqu., gegenständlich bis abstr., Landschaft, Portr., Akt. u. a.); Zeichn. (alle Techniken); Matte-Paintings (Film); Bühnenbild-Entwürfe; Archit.; Schwerpunkt: Dioramen (naturalistisch mit adäquaten Hintergründen) – **K:** Malerei (Öl, Aqu.); Zeichn.; Dioramen- u. Modellandschaftsbau-Techniken – **W:** Jubiläumsmotiv d. Richard-Wagner-Festspiele Bayreuth 01 – **M:** Bad Mergentheim, Deutschordensmus. – **E:** zahlr. Ausst. seit 95, u. a. 01 Bayreuth, Klassik-Fachgeschäft; – weiter: Creglingen, Romschlössle; Bad Mergentheim, Kult.forum – **G:** zahlr. Ausst.bet. seit 92, zuletzt 00 Röttingen, Burgfestspiele im Kult.-herbst – **V:** Beitr. z. Thema Dioramenbau in div. Ausg. d. Märklin-Bibliothek – **R:** Ein Jahr mit Märklin, Film 03, 04 – ***LitR:*** Interviews im RF, SWR – (Red.)

Gáyor, Tibor (eigtl. Tibor Gágyor), Dipl. Ing. Architekt, Bild. Künstler; Stefánia út 18, H-1143 Budapest, Tel. u. Fax (01) 2 51 08 67 (* Budapest 14. 4. 29) – **VG:** Friedberg, Gal. u. Ed. Hoffmann – **S:** 47–51 TU Budapest (Archit. b. Prof. F. Pogany); 56–59 TU Wien (Archit. b. Doz. Sekler) – **L:** 56–60 TU Wien (Wiss. Ass. am Inst. f. Baukunst) – **P:** Pr. d. Intern. Trienn. f. Farbgraph. Grenchen (3. Pr.) 73; Pr. d. Graph.wettb. Innsbruck 74 – **Ve:** Intern. Künstlergremium 89 – **KGr:** Sumus (seit 70) – **G/T:** Entwicklung d. 'Wiener Baukastens' f. Kinderspielpl., Tachismus (vorw. Gouache), Concept Art, Materialdruck, Faltbild u. -objekt, strukturale Arb., Environment – **M:** Berlin, NG; Bochum, Mus.; Brno, Slg Jiri Valoch; Budapest, Kunsthist. Mus.; Budapest, Ludwig Múz.; Budapest, NM; Christchurch/ Neuseeld, Mus.; Erfurt, Forum Konkrete Kunst; Essen, Mus. Folkwang; Graz, LM Joanneum; Győr, Städt. KM; Ingolstadt, Mus. f. Konkrete Kunst; Innsbruck, Tiroler LM Ferdinandeum; Krakau, KM; Łódź, Muzeum Sztuki; Oslo, NG; Pécs, Janus Pannonius Múz.; Sárospatak, Képtár; Szombathely, Képtár; Székesfehérvár, Szent István Király Múz.; Utrecht, Hedendaagse Kunst; Wien, BmfUK; Wien, MMK Stiftung Ludwig; Wien, Slg d. Stadt; Wien, Ver. z. Förd. konstruktiver Kunst Schloß Buchberg; Würzburg, Mus. im Kulturspeicher; Zagreb, StG – **Ö:** Budapest, Raiffeisen Bank; San Francisco, California College of Arts and Crafts – **E:** Einzelausst. seit 64, u. a. 64 Wien, Gal. im Nansenhaus; 75 Graz, LM Joanneum; Essen, Mus. Folkwang; 76 Székesfehérvár, Szent István Király Múz.; 77 Utrecht, Gamma; 80 Pécs, Gal.; 83 Bonn, Circulus; Utrecht, Hedendaagse Kunst; 86 Wien, MMK Stiftung Ludwig; 93 Szombathely, KH; 96 Nürnberg, Albrecht-Dürer-Ges.; 99 Budapest, Eri Gall.; 00 Budapest, Dorottya; 01 Győr, Städt. KM; 03 Budapest, Fészek – **G:** Gr.ausst. seit 64, u. a. 64 Wien, Europahaus; 71 München, Kunstzone; Graz, Trigon; 72 Wanderausst. Mus. Bradford, Oxford u. Exeter (Fluxshoe); 74 Wanderausst. Graz, Omaha, Reykjavik (A.R.T.); 97 Wanderausst. (Jenseits von Kunst) Budapest, Ludwig Múz.; Graz, LM Joanneum; Antwerpen, Hedendaagse Kunst; 00 Győr, Städt. KM; 02 Budapest, Zsidó Múz.; Berlin, Max-Liebermann-Haus; – sowie zahlr. Bet. an Intern. Graph.bienn., u. a. in Bradford, Krakau, Ljubljana, Rijeka, Fredrikstadt u. Frechen – **V:** Über die Falttektonik, in: Gáyor. Faltcollagen, Kat. 86; Eskalation oder Geometrie im Wind, in: Parallele Lebenswerke. Maurer – Gáyor 02 – ***Lit:*** Klaus Groh: Aktuelle Kunst in Osteuropa 72; Willem Sandberg: '73-'74. an annual of new art and artists 73; Dieter Bogner: Konstruktion der neuen Welt, in: Der Kunst ihre Freiheit 84; Dieter Ronte: Motto I–X für T. G., in: Gáyor. Faltcollagen, Kat. 86; Lóránd Hegyi: Notizen zu der Kunst von T. G., ebda; Heinz Gappmayr: Fläche, Raum, Struktur, ebda; Günter Braunsberg: Die Freiheit der konkreten Kunst. Zum Beispiel T. G., in: T. G. Streifenbilder, Kat. 96; Krisztina Passuth: Együtt és külön-külön. És 01; Anna Wessely: Zwei Künstler in einem Haushalt, in: Parallele Lebenswerke. Maurer – Gáyor 02; Dieter Honisch: T. G., in: Situation Ungarn 02; – sowie zahlr. Veröff. in Ztgn u. Zss, u. a.: Jürgen Weichardt: Variationen des Schweigens, in: Frankfurter Allg. Ztg 3.8.72; Norbert Lynton: The Motovun Meeting, in: Art Monthly 33/80; László Beke: Die geistig-materielle Konfrontation in T. G.s Arbeiten, in: Circular 37/83; Helga Köcher: Schloss Buchberg am Kamp, NÖ, Verein Exakte Tendenzen, in: Kunstforum 70/2/84 – (Red.)

Gebauer, Wolfgang Max Joseph (geb. Wolfgang Max Joseph Raschauer), Bildhauer u. Holzbildhauer (Meister); Dorfstr. 34, D-83623 Dietramszell, Tel. (0 80 27) 4 80 (* München 6. 10. 45) – **S:** 62–65 Lehre als Holzbildhauergeselle; 65–67 Meisterschule München (Abschluß als Jahresbestmeister); 68 FS f. Fassen u. Vergolden München; 69–72 ABK München (b. Prof. Heinrich Kirchner) – **P:** Pr. d. Dannerstift. – **Ve:** Ver. d. Krippenfreunde München – **G/T:** Altäre – **W:** viel Skulpt. in Privatbes. – **Ö:** München/Freising, Diözese (60 Altäre d. Kath. Kirche); sowie: Kreuzweg Maria Altenburg (750 m an d. Str.) – **G:** Neuried, Kult.tage; Wolfratshausen, Landwirtschaftsamt – **R:** Wenn ich den Tod soll leiden , Bay. Fs. – (Red.)

Gebert, Hansik, Maler, Zeichner, Bildhauer, Installationskünstler; Kempstr. 4, D-53721 Siegburg, *info@hansikgebert.de*, *www.hansikgebert.de* (* Kippsdorf/Sa. 26. 1. 47) – **VG:** Köln, Kewenig – **P:** Frkr.stip. d. Dt.-Frz. Jugendwerkes 77; Arb.stip. d. Kultusmin. NRW 78; Cité Intern. d. Arts Paris 80; Kunstpr. d. Stadt Bonn 86; Genossenschaftsverb. Rhld. (1. Pr. f. Malerei) 89 – **G/T:** Malerei, Plast., Zeichn., Multimedia-Inszenierung – **W:** zahlr. Arb. u. Werke aus d. Bereichen Fotogr., Film, Zeichn., Malerei, Plast. u. a.; Ankauf u. a. durch d. Rheinische Industr.-mus. sowie d. Stift. Konrad Adenauer Haus – **M:** Aachen, Ludwig Forum; Duisburg, Wilhelm-Lehmbruck-Mus.; Düsseldorf, Mus. Kunst Pal.; Siegburg, SM – **E:** u. a. 71 Bad Godesberg, Kessler; Bonn, Frenzel; 73 Bonn, LM (KV); Augsburg, KV; 74 Donrath, Hinrichs; 80 Düsseldorf, Porsch; 82 Karlsruhe, Badischer KV; 83 Düsseldorf, Mus. Kunst Pal.; Duisburg, Wilhelm-Lehmbruck-Mus.; Aachen, Ludwig Forum; 85 Siegburg, Raum f. Kunst; 89 Frechen, Kewenig; 91 Siegburg, SM; 93 Siegburg, Basementgall. – **G:** u. a. 86 Bonn, KM; 88 Köln, SM; Osnabrück, Kulturgesch. Mus.; Frechen, Kewenig; 91 Duisburg, Wilhelm-Lehmbruck-Mus.; 96 Troisdorf (Recherche/Plädoyer) – ***Lit:*** u. a. Lifetime, Publ.reihe 75, 76; G. J. Lischka (Hrsg.): Das Sofortbild Polaroid 77; G. F. Schwarzbauer in: Kunstforum Intern. 24/77; H. Gebert u. A. Bliese (Hrsg.): Who is Who, Publ.reihe 77, 78; S. D. Sauerbier in: Kunstforum Intern. 3/78; Walter Grasskamp in: ders. 5/79; Annelie Pohlen in: Katalog Schlaglichter, eine Bestandsaufnahme aktueller Kunst im Rheinland 79; Rainer Braxmaier in: Das Kunstwerk 4/82; ders. in: Salz, Werkb.; Der Spiegel 15/85; Christiane Vielhaber: Augen-Blicke 88; G. J. Lischka: Performance und Performance Art in: Kunstforum Intern. 96/88; Andreas Denk, H. G. und die neuen Medien 96, 97; – sowie Kat., u. a.: H. G. 80; Trigon 81 – Regionalismus 81; H. G.-Installationen 82; Die sich verselbständigenden Möbel 85; Steinhausmann 91 – (Red.)

Gebhard, Ludwig; Riemerschmidstr. 61, D-80933 München, Tel. u. Fax (0 89) 3 13 72 83 (* Tiefenbach/Oberpfalz 14. 8. 33) – **S:** ABK München (Abschlußdipl., Meisterschüler v. Prof. Ernst Geitlinger) – **P:** u. a. Europapr. f. Malerei Ostende (Award) 64 – **G/T:** Malerei u. Graph. (Lith., Rad., Linolschnitt) – **M:** Tiefenbach, Ludwig Gebhard Mus. – **E:** zahlr. Ausst., u. a. 63 München, Freunde d. Bild. Kunst; 67 Prag, Mánes; 69 Helsinki, Dt. Inst.; 76 Teheran, Goethe-Inst.; 78 Provo, Brigham Young Univ.; Mannheim, Büchergilde Gutenberg; 80 Grenchen, Brechbühl; 82 Köln, Symbol; 85 Nürnberg, Albrecht-Dürer-Ges.; 86 London, Eurogall.; 88 Stein, Faber-Castell; 89, 97 Bonn, Hansen; 90 Dresden, Hotel Dresdner Hof; 91 Prag, Gal. K; 93, 97 Zürich, Zähringer; 95 München, Foyer-Gal. Kleine Komödie am Max II; Landsberg am Lech, Kolping Bildungszentrum; 96 Budapest, Corvin Hall; 97 Garmisch-Partenkirchen, Jaud; seit 00 Tiefenbach, Ludwig Gebhard Mus. – **V:** Mappen m. Orig.-Textblättern: L. G.: Texte zu Ausstellungen mit Linolschnitten 87; L. G. Texte zu Ausstellungen mit Linolschnitten II 89 – ***Lit:*** u. a. AUS-ST.KAT. L. G.: Andrea Gensicke 90; Bernhard Graf 93; Johannes Hallinger 93; Reinhard Müller-Mehlis 95; Beate Noeke 97, 99; Monika Mayr 01; – weiter: Johannes Hallinger: Wir müssen uns doch auf ein Sprechen einigen – Interpretationen zu 12 Linolschnitten von L. G. 95; Beate Noeke: L. G. Landschaften 97; Eugen Gomringer: L. G. Streifenbilder 98; Luise Finger: L. G., Ausst.verz. 02; Horst Fleischer: L. G., Ausst.verz. 03

Geccelli, Johannes, Prof. em., Maler; D-15831 Jühnsdorf/Berlin, Tel. u. Fax (0 33 79) 37 31 39 (* Königsberg/Ostpreußen 14. 10. 25) – **VG:** Tübingen, Gal. Joho – **S:** 47–51 KA Düsseldorf – **L:** 64 HBK Hamburg (Gastdoz.); 65–88 HBK Berlin (Prof.); 80 Hunter College New York (Visiting Prof.) – **P:** Förd.pr. d. Ldes NRW 58; Villa-Romana-Pr. 60; Ruhrpr. 63; Lovis-Corinth-Pr. 98 – **M:** Berlin, Berlinische Gal.; Berlin, NG; Dresden, GG NM; Kiel, KH; Ludwigshafen, Wilhelm-Hack-Mus.; Mannheim, StKH; Mülheim an der Ruhr, KM; New York, Guggenheim; Oldenburg, LM; Recklinghausen, StKH; Soest, Wilhelm-Morgner-Haus; Ulm, Ulmer Mus.; Witten, Märk. Mus.; Wolfsburg, StG; Wuppertal, Von der Heydt-Mus. – **E:** / G: zahlr., u. a. 98 Köln, Wilbrand; 99 Chemnitz, KS; 01 München, Rieder; Cottbus, Brandenburgische KS; 01, 02 Mannheim, Zimmermann; 04 Tübingen, Gal. Joho; Frankfurt am Main, Rothe – (Red.)

Geck, Astrid, Malerin; c/o Federation of Canadian Artists, 1241 Cartwright Street, Vancouver, BC V6H 4B7/Canada, *tbrown@sfu.ca*, *www.freewebs.com/astridgeck* (* Lüdinghausen 39) – **S:** Staatl. ABK Karlsruhe (b. H.A.P. Grieshaber) – **W:** in Privatslgn sowie in Bes. d. Städte Karlsruhe u. Stuttgart – **M:** Oldenburg, LM; Oldenburg, SM – **E:** / G: zahlr., u. a. Karlsruhe, Badischer KV; Mannheim, StKH; Bremen, KH; Delmenhorst, Coburg; Hannover, Nds. LG; Istanbul, Resim ve Heykel Müz.; Reutlingen, Städt. KM Spendhaus – ***Lit:*** Schweers 02 – (Red.)

GEE s. Geerdts, Hans Werner

Geel, Jeroen, Maler; Sagenmattstr. 32, CH-6003 Luzern, Tel. 04 12 40 53 20, *hollaender@gmx.ch*, *www.kunst-forum.ch* (* Zürich 11. 9. 76) – **S:** 97–02 HS f.

Gest. u. Kunst Luzern – **P:** Atelierstip. d. Konferenz Schweizer Städte f. Kult.fragen (KSK) in Kairo 05/06 – **G/T:** figurat. Malerei (Öl); Objektkunst (Tierhäute, Brot); Lsch.fotogr. (camera obscura) – **E:** 00 Wädenswil, Gal. Brennpunkt; 02 Zug, Forum Junge Kunst – **G:** 01–04 Luzern, Kunstpanorama; 03 Luzern, KM; 05 Zürich, Zeichengal. Grenacher; Wien, Raum f. Kunst; Zug, Renggli

Geelhaar, Jens, Prof., Video- u. Performancekünstler; c/o Bauhaus-Univ., Berkaer Str. 11, D-99423 Weimar, *jens.geelhaar@medien.uni-weimar.de*, *www.geelhaar.de* (* Dudweiler 63) – **S:** 91–96 HBK Saar (Freie Kunst); 98–99 AK Berlin (Abt. Bild. Kunst) – **L:** seit 99 Bauhaus-Univ. Weimar (Prof. f. Interface Design) – **P:** Dt. Jugendphotopr. (3. Pr.) 80; Kunstpr. Ökologie (1. Pr.) 94; AEG-Kunstpr. (1. Pr.) 94, 95; Stip. d. AK Berlin 98, 99 – **E:** / G: 95 Berlin, ifa-Gal. Karlsruhe, ZKM; 97 Heidelberg, Kunstverein; 98 St. Ingbert, Rischbachstollen; 99 Potsdam, Hans Otto Theater; Leipzig, Kunstraum B/2; 00 Mainz, Gutenberg Pavillon; Berlin, Wasserspeicher – (Red.)

Geerdts, Hans Werner (Sign.: GEE), Maler u. Schriftsteller; 51, Derb El hammam, 40008 Marrakesch-Mouassin, Tel. (0 02 12 44) 39 04 44, Fax 44 48 41 (* Kiel 23. 1. 25) – **S:** 47–51 Ausb. z. Werklehrer; ABK Stuttgart (b. Prof. Willi Baumeister); 70–71 Kloster Eihedji Japan (sumi-e Ausb.) – **Ve:** VG Bild um 70 – **G/T:** Acrylmalerei (figurativer Tachismus, konkrete Kunst); Ill. (schwarz-weiß Tusche); Objektkunst (Ton, Schiefertafeln); Felsbilder-Abreibungen – **W:** üb. 500 Arb. weltweit in Privatbes. – **M:** u. a. Düsseldorf, Stadtgal.; Kiel, KH; Marrakesch, dar fenan; Reinbek, Gee-Stift. (üb. 2500 Arb.); Rom, Mus. Vaticani – **Ö:** Martfeld, Gal. von der Thüsen; Marrakesch, dar marjana – **E:** / G: Ausst. v. 53–00 in Alexandria, Augsburg, Bagdad, Basel, Beyrouth, Bonn, Casablanca, Damaskus, Düsseldorf, Erftstadt, Hamburg, Henne-Wanne, Istanbul, Kairo, Kiel, Köln, Kyoto, London, Los Angeles, Madrid, Mailand, München, New York, Osaka, Paris, Reinbek, Rom, Salzburg, Stuttgart, Teheran, Worpswede, Zürich – **V:** zahlr. eigene Texte, Übersetzungen u. Buchgest., u. a.: Leporello Abrisse Din A 5 80; Rolf Italiaander: Wiedersehen mit Marrakesch (Ill.) 82; Yahia Marrakesch (Es lebe Marrakesch) (Text u. Ill.) 84; Wo bist du, Enkidu?, Buch 89; Inanna (Übersetzung u. Ill.) 92; Landeinwärts (Text u. Ill.) 97; Juan Goytisolo: Xamaa el Fna, Texte (Ill.) 97; Petroglyphen – Homochiffren 00; – sowie Blätter aus der Provinz. Die menschlichen Seiten, Mappenwerk (Offset-Lith.); Yahia Marrakesch (arabische Übersetzung), Ed. les i nfréquentables; Ill. in: Zeichen u. Wunder. Zs f. Kult.; Serigraphien, veröff. in d. Wiss. Buchges.; Lith., veröff. b. Grafica Uno Mailand – ***Lit:*** Kat. u. a. mit Texten v. Idris Shah Badidi, Ullrich Bischoff, Françoise Fabian, Rudolf Gaska, Ulrich Gertz, Juan Goytisolo, Lucette Heller-Goldenberg, Liz Hiller, Josef Hodin, Gerda Kaltwasser, Christof Leisten, Roy Marc, Mario de Michele, Knut Nievers, Rainer Reichert, Edouard Roditi, Christiane Saltiel, Rainer Schwinge, Heide Seele Evelyn Weiss; – KAT. u. a.: Von Gee bis Gee ein Blick über 30 Jahre 85; Le monde dans le monde, z. Ausst. in d. Stadtgal. Kiel 90; DIE gee ZEIT, z. Ausst. im SM Düsseldorf 95; – zahlr. Veröff. in arabischen Ztgn u. Zss sowie zahlr. Ztgs-Kritiken in dt., engl. u. frz. Sprache; Veröff. Texte in: Merian, Inst. f. Ausldsbeziehungen – ***LitR:*** audiovisuelle Beitr. v. Gerd Becker, Andre Bockelmann, Axel Bulthaupt, Shiva Fruitman, Bodo Hütten, Montenbruck, Silke Stöterau (Mag.arb.), VOX u. RTL – (Red.)

Gees, Johannes, Internetkünstler; Ankerstr. 3, CH-8004 Zürich, *gees@johannesgees.com*, *www.johannesgees.com* (* Romanshorn 17. 2. 60) – **S:** 80–85 Univ. Zürich (Ethnologie, Gesch.) – **G/T:** Internetprojekte, Install. – **E:** / G: u. a. 00 Bludenz, Remise; 02 São Paulo, Bienn.; Buenos Aires, Bienn. – (Red.)

Gefeller, Andreas, Fotograf; Halskestr. 10, D-40215 Düsseldorf, Tel. (02 11) 7 80 20 37, *www.andreasgefeller.com* (* Düsseldorf 17. 7. 70) – **VG:** Köln, Rehbein – **S:** 92–00 Univ. Essen (Kommunikationsdesign m. Schwerpunkt Fotogr., Dipl. m. Ausz. b. Prof. Bernhard Prinz) – **P:** Europ. Archit.fotopr. (Anerkennungspr.) 99, 01; Reinhart Wolf-Pr. 01; Nachwuchswettb. d. ADC (Ausz.) 02; Peter Keetmann-Pr. f. Industriefotogr. (Ausz.) 02; Europ. Archit.fotopr. (Anerkennung) 03; KunstRAI Prize Amsterdam (Nominierung) 03; Umbo Fotopr. (Nominierung) 03; Phase One Prize Vevey 04 – **Ve:** Dt. Fotogr. Akad. 01 – **E:** 02 Düsseldorf, Eikelmann; Hamburg, Hohmann; 03 Amsterdam, Loerakker; 04 Köln, Rehbein – **G:** zahlr. Ausst.bet. seit 94, zuletzt 02 Nürnberg, Meier; 03 Bologna, Arte Fiera; Stuttgart, Gal. 14–1; Leinfelden, StG; Kaufbeuren, Kunsthaus; Groningen, Noorderlicht Photofestival; Berlin, Art Forum; Düsseldorf, Mus. Kunst Pal.; Lippstadt, StG; 04 Liège, Bienn.; Brüssel, Art; Frankfurt am Main, Art Frankfurt; Wolfsburg, StG; Vevey, Festival d'Images; Braga, Photofestival – **V:** Soma. Fotografien eines konstruierten Paradieses, Fotobd 02 – (Red.)

Gehrer, Liz, Malerin, Bildhauerin, Objektkünstlerin; Sonnenhaldenstr. 27a, CH-9008 St. Gallen, Tel. 07 12 45 72 19, Fax 2 28 00 40, *www.lizgehrer.ch* (* St. Gallen 7. 9. 49) – **VG:** Bonstetten, Gal. für Gegenwartskunst; Wien, Hrobsky; Lenzburg, Art Atelier Aquatinta; Bern, Brügger – **S:** Autodidaktin – **P:** Reg.konferenz d. Ostschweizer Kt. (au'art) 00; Publikumspr. Weihnachtssalon Ostschweiz/Bodensee; Stadtgemeinde Gmünd (Projekt Begrenzte Wasser) 05 – **Ve:** Visarte; Intern. Assoc. of Hand Papermakers and Paper Artists (IAPMA) – **G/T:** Bildhauerei (Karton, Eisen, Zement); Malerei (meist Mischtechnik auf Karton); Install. (u. a. m. gehärtetem Papier o. Kunststoffen u. Wasser) – **W:** in öff. u. privaten Slgn, überw. in Privatbes. – **Ö:** Gmünd, RHpl.; St. Gallen, Saal d. Versicherungsgerichts; ebda, Quimby Haus – **E:** u. a. 92 St. Gallen, Art Forum; 94 Appenzell, Ziegelhütte; 96 Siena, Centro Cult. Didee; 96 (m. Georges Wenger), 99 (m. Ursula Pfister), 02 (m. Etienne Krähenbühl), 05 Bonstetten, Gal. für Gegenwartskunst; 97 Eichgraben, Ver. f. Kunst u. Kult. (m. Henriette Leinfellner); 99 (m. Carlo Pizzichini), 03 Lenzburg, Art Atelier Aquatinta; 00 Ried im Innkreis, Ammering; 00 (m. Veronika Stefanini), 06 (m. Louis v. Marissing) Bern, Brügger; 01 Hauterive, Gal. 16 (m. Gerhard Sauter); Brüssel, Mira (m. Th. Chotteau, M. Favre, J. Fontaine u. Haîm Kern); 02 Wien, Hrobsky (m. Volker Lauth); 03 St. Gallen, Atelier-Gal. (b. Max u. Margrit Oertli); 04 Carouge, Guidi; 06, 07 Gmünd, Stadtgemeinde – **G:** u. a. 93 St. Moritz, Kult(o)ur im Pal.; 97, 97 Wien, MAK: Kunst Wien; 99 Eichgraben, Ver. f. Kunst u. Kult.: 25 Jahre Kunst in Eichgraben; St. Pölten, Ndöst. Dok.-Zentrum f. Mod. Kunst; St. Pölten, SM; 00 Bischofszell, SM: 850 Jahre Stadt u. Kult.; 01 St. Gallen, Chur, Schaffhausen, Säntis, Glarus u. Weinfelden, au'art; 02 Frauenfeld, Shed im Eisenwerk: Weihnachtssalon Ostschweiz/Bodensee; 03 Uznach, Begegnungszentrum: Uznacher Kunsttage; 05 Schüpfen, LETZTKUNST 05 (Schweizer Skulpt.weg); Basel, Papiermühle; Zürich, Gal. für Gegenwartskunst: Kunst Zürich

Gehret, Armin, Maler u. Graphiker; Silcherstr. 15, D-87730 Bad Grönenbach, Tel. (0 83 34) 10 01, Fax 98 67 79, *Armin.Gehret@x-software.com* (* Karlstadt 26. 10. 23) – **L:** 60–79 VHS (Doz.) – **P:** Johann-Georg-

Fischer-Pr. 86 – **Ve:** BBK Augsburg; BBK Süd-Kempten 69–79; Inter-Art+Kr. 69; VG Bild 72 – **KGr:** Karikade 90–00 – **G/T:** farbige Zeichn. (satirisch), Karikaturen – **M:** u. a. Bonn, Haus d. Gesch. d. BRD; München, Bay. Staatsreg.; Saarbrücken, Saarländischer Landtag – **Ö:** in Wirtschaftsunternehmen, Versicherungen, Banken u. Behörden – **E:** u. a. in Augsburg, Berlin, Düsseldorf, Frankfurt am Main, München, Stuttgart, Würzburg, weitere in Ital. u. d. USA – **G:** u. a. in Berlin, Bonn, Düsseldorf, Göttingen, Hamburg, Hannover, Köln, London, Mainz, München, Paris, Stuttgart, Weimar, Wien, weitere in Ital., Japan u. d. Niederl. – **V:** Eine feine Gesellschaft; Kleines Welttheater; Kunst darf alles – nur nichts kosten – ***Lit:*** div. Art. in Ztgn, Zss, eigenen Kat. u. Bet. – ***LitR:*** 4 Fsf. Bay. Fs.; 1 Fsf. SWF

Gehrhus, Margrit, Bild. Künstlerin, Schwerpunkte: Malerei u. Zchng; Wahlershäuser Str. 20, D-34130 Kassel, Tel. (05 61) 6 97 61, *margrit-gehrhus@web.de*, *www.gehrhus.com* (* Lüneburg 10. 10. 50) – **S:** 88–93 GesamtHS Kassel (Kunstwiss.) – **Ve:** BBK Hessen; VG Bild-Kunst – **G/T:** Malerei u. Zchng; Seit ca. 2000 konzeptuelle Arb. m. Haut- u. Fleischfarben (Farben aus d. Künstler- u. Hobbybedarf wie Acryl- u. Ölfarben, Pastelle etc. m. d. Bezeichnung 'Haut, Hautton, Fleisch, Fleischfarbe' etc.) – **K:** Portr.- u. Aktzchng, Malerei – **M:** Kassel, Documenta Arch. (Artothek) – **Ö:** Kassel, Spk.; ebda, Hess. Verwaltungsgerichtshof – **E:** 96 Eppstein/Taunus, Sauveur; 00 Lüneburg, Heinrich-Heine-Haus – **G:** 94 Wiesbaden, Mus.; 97 Essaouira/Marokko, Espace des Arts Plast.; 98 Wiesbaden, Bellevuesaal; 00 Genf, Europ'Art; 01 Kassel, Neue Gal.; 02 Gießen, Hessiale; 03 Plön, KV; 03, 06 Kassel, Kult.bahnhof

Gehrig, Helmut J.; Treibgasse 20, D-63739 Aschaffenburg, Tel. (0 60 21) 2 83 32, Fax 2 90 87 – **G/T:** Malerei, Graph. – (Red.)

Gehrke, Eva-Maria (geb. Eva-Maria Speck), Malerin; Alte Poststr. 13, D-85598 Baldham, Tel. (0 81 06) 79 75, Fax 30 44 65, *jürgen.gehrke@t-online.de*, *www.eva-maria-gehrke.de* (* Oeventrop 9. 1. 49) – **VG:** Erding, Gal. der Sinne – **S:** seit 74 autodidaktische Ausb., Teiln. an div. Workshops u. Lehrgängen – **P:** Publikumspr. d. Ebersberger KV 98 – **Ve:** KV Ebersberg 94; Münchner Künstlergenossenschaft 98 – **G/T:** Malerei (Aqu., Acryl, figürlich, gegenständlich); Schwerpunkt: Akt, malerische u. zeichnerische Umsetzung v. antiken Skulpt. – **E:** 93 Aying, Die Schmiede; Wuppertal, Gal. Poliprint; 94 München, Art Quadrat; 95, 02 Vaterstetten, RH; 99 Glonn, Stegmühle; 01 Ebersberg, Zentrale d. Spk.; 02 München, Schloß Blutenburg; seit 03 Erding, Gal. der Sinne; sowie div. Ausst. in Firmen – **G:** 96–99 München, Dt. Mus. (Forum d. Technik); 98 Hirschbichl, Schloß; 00–04 München, Haus d. Kunst; sowie Jahresausst. im KV Ebersberg – ***Lit:*** Ausst.kat. d. Münchner Künstlergenossenschaft 96–04

Gehrmann, Eckhard, Maler, Steindrucker; Hugenottenstr. 90, D-61381 Friedrichsdorf, Tel. (0 61 72) 7 95 24 (* Bad Homburg 2. 5. 57) – **VG:** Frankfurt am Main, Prestel – **S:** 82–89 Städelschule Frankfurt am Main (b. T. Bayrle, K. Bohrmann, C. Kruck u. W. Schmidt) – **P:** Intern. Senefelder-Stift. Offenbach (1. Pr.) 91 – **G/T:** Malerei, großformatige Steindrucke, Rad. – **K:** Lith., Zeichn. – **M:** Frankfurt am Main, Dt. Bank KS; Frankfurt am Main, Städel (Graph. Slg); Goch, Mus. f. Kunst u. Kult.gesch.; Kaiserslautern, Pfalz-Gal. – **Ö:** Offenbach, MAN Roland; Wiesbaden, Eckelmann Industr.automation – **E:** 90 Frankfurt am Main, Gal. im Leinwandhaus; 93 Düsseldorf, Art Multiple; 96 Frankfurt am Main, Marielies Hess-Stift.; 97 Stuttgart-Hohenheim, Kunst-Raum-Akad.; Frankfurt am Main, Taeger; 99 Goch, Mus. f. Kunst u. Kult.-gesch.; 00 Göpfersdorf, Slg Lichtenstein – **G:** zahlr. Ausst.bet. seit 86, u. a. 99 Kaiserslautern, Pfalz-Gal.; Erfurt, Waidspeicher; 00, 01 Frankfurt am Main, Prestel – ***Lit:*** Handbuch der Editionen Langenhagen 96, 97; J. M. Calleen, S. Mann, A. Taeger: Steindrucke, Ausst.kat. 97; H. Höfchen: Pfalzgalerie Kaiserslautern. Marianne-und-Heinrich-Lenhardt-Stift. 99; Grafik Art e.V. Erfurt: Hommage à Senefelder 99

Gehrmann, Winfried, Bildhauer, Maler; Arensdorfer Str. 5, D-15518 Madlitz-Wilmersdorf, Tel. (03 36 35) 31 09 (* Pulverkrug 25. 1. 42) – **P:** Pro Brandenburg, Pr. f. Kunst im öff. Raum 04 – **Ve:** VBK Brandenburg; KV Frankfurt – **Ö:** Bad Saarow, Plast.; Frankfurt/Oder, Hanse Club (Plast.); Fürstenwalde, Jgd.club (Plast.); Groß Leuthen, Kirche (Apsis-Gest.); Kalkwitz, Kirche (Innengest.) – **E:** seit 84, zuletzt u. a. 99 Friedersdorf, Gutspark Marwitz; 01 Frankfurt/Oder, Witzleben; 02 Frankfurt/Oder, Marienkirche – **G:** sehr zahlr. seit 85, zuletzt 02 Friedersdorf, Kunstspeicher: An-Probe 02; Frankfurt/Oder, Zwischen Poznan u. Potsdam

Geiblinger, Gudrun (Ps.: GG Design), Mag. Art., Designerin, Graphikerin, Fotografin, Malerin, Illustratorin; Mauthausener Str. 6, A-4222 St. Georgen an der Gusen, Tel. (0 72 37) 24 89, Fax 6 31 91, *design@geiblinger.at*, *www.geiblinger.at* (* Linz 24. 9. 68) – **S:** 79–83 Schule d. Kreuzschwestern Linz; seit 79 Bruckner-Konservatorium Linz (Cello); 83–88 Höhere Bundeslehranst. f. Kunstgew. Linz; 88–95 UdK Linz (Meisterkl. f. Visuelle Medien, Graph.-Design u. Fotogr. b. Prof. Marek Freudenreich, Film u. Video b. Prof. Janosz Kondratiuk); seit 02 Univ. f. angew. Kunst Wien – **P:** Intern. Glasses Design Wettb. (Spezialpr. d. Jury) 93; Design Oskar d. Dt. Surf Mag. 94; Intern. Plakat-Trienn. Trnava 95; Internet Graph.-Design Wettb. 96; Intern. Design Wettb. 97; Novum Cover Wettb. (Finalistin) 98; Intern. Bienn. f. Graph.-Design, Brno 98 – **Ve:** Design Austria 88; Icograda 88 – **G/T:** u. a. Ill., Industrial u. Graph.-Design, Fotogr., Typogr., Multimedia, Computerkunst – **W:** zahlr. – **E:** 90 Hellmonsödt, Dunzendorfer; 92 Linz, Ldhaus; 99 Salzburg, Ldes-Skimus. – **G:** u. a. 88 Linz, Art & Fashion; Antwerpen, Bienn.; 90 Linz, Kiwa-Junior Club; 93 Barcelona, Bienn.; Linz (Sakrale Kunst); 99 Baden, Congress Casino; – weitere: Atlanta Super Show; Frankfurt am Main, Messe; Wien, Inst. f. Sportwiss.; Brno, Bienn. – ***LitR:*** 100.000 DM-Show, RTL; Magic Sports, Live-Show DSF; – sowie Beitr. b.: KBC TV, Pro 7, RTL II, Niederl. RF, ORF, Sky Sport, MCM-France, TV München, RTV, TV 3; – Radiosdg: Ö3 (Snowboard-Design), RADIODROM, Ö1 (Design), Radio ObÖst., Bay. Welle 3, Radio Melody – (Red.)

Geiersberger, Margareta s. Rottensteiner, Margareta

Geiger, Erich, Kunstmaler, Ingenieur; Waldstr. 10, D-91616 Neusitz, Tel. (0 98 61) 49 10, Fax (0 98 61) 93 61 88 (* Detwang/Rothenburg o.d.T. 19. 6. 29) – **VG:** eigene Gal. in Neusitz, Waldstr. 10 – **S:** 59–60 ABK Nürnberg; Studien b. Kunstmaler Wilhelm Schacht, Rothenburg o.d.T. – **P:** 2. Pr. bei e. Ausst. naturalist. Maler d. Gegenwart im Künstlerdorf Barbizon b. Paris 89 – **Ve:** Kunstkreis Rothenburg o.d.T. e.V. 90–97 (Gründ.- u. Vorst.mitgl.) – **G/T:** Naturalist. Malerei in Öl auf Lw. (Lsch., Tiere, Blumen, Stilleben, Städte); Rad. – **Ö:** Athis Mons/Frkr., RH; Kissing, Spk.; Neusitz, RH; Rothenburg o.d.T., Spk. – **E:** 79 Bad Windsheim, Hotel Residenz; Ansbach, Gewerbebank; 84 Kissing, Spk.; 85 Lauda-Königshofen, Gal. Das Auge; 86 Rothenburg o.d.T., Spk.; 88 Rothenburg o.d.T., Fa. Bergmann; Uffenheim, Gal. Hauschel; 91, 92 Nordenberg, Nordenberger Landgasthof (ehem. Schule); 94, 95, 97, 00 Neusitz, Autohaus BMW; 98 Rothenburg o.d.T., Autohaus Opel;

03 Eröffnung e. eigenen Gal. in Neusitz – **G:** 79–84 Rothenburg o.d.T., Gal. Exclusiv, Dezsery; 79–86 Feuchtwangen, Kleine Gal.; 79 Erlangen, Bez.krankenhaus; 79, 91 Rothenburg o.d.T., Fa. Wohlfahrt; 79 Ansbach, Bez. Mittelfranken; 79, 80 Roßtal, RH; 83 Augsburg, Moritzsaal; Heilbronn, Harmonie; Leinfelden-Echterdingen, Filderhalle; 88 Athis Mons/Frkr., RH; 89 Barbizon/Frkr., Salon Municipal de Painture; 90, 92 Rothenburg o.d.T., RH – **V:** Emilie Geiger: Erich F. Geiger, ein fränkischer Maler, künstler. Biogr./Fotobd 04 – ***Lit:*** Ausst.kat. Kunstkreis Rothenburg o.d.T. 94

Geiger, Rupprecht, Prof., Maler; *rupprecht.geiger @gmx.de* (* München 26. 1. 08) – **VG:** München, Storms – **S:** 26–29 KGS München (Archit. b. Eduard Pfeiffer); 33–35 Staatsbauschule München; 41–44 autodidaktisches Stud. d. Malerei in Rußld u. Griechenld als Kriegsmaler – **L:** 65–76 Staatl. KA Düsseldorf – **P:** u. a. Domnick-Pr. 51; Pr. d. Intern. Trienn. f. Farbgraph. Grenchen (1. Pr.) 58; Salomon-Guggenheim-Pr. 59; Burda-Kunstpr. 68; Norwegian Intern. Print Bienn. Fredrikstad (Goldmed.) 85; Kunstpr. d. Berliner AK 88; Kult. Ehrenpr. d. Ldeshauptstadt München 89; Rubenspr. d. Stadt Siegen 92; Kult.pr. d. Bay. Ldesstift. 92 – **M:** Berlin, SMPK; Bonn, KM; Bonn, LM; Essen, Mus. Folkwang; Hannover, Sprengel Mus.; Karlsruhe, StG; Kiel, KH; Leipzig, Gal. f. Zeitgen. Kunst; Ludwigshafen, Wilhelm-Hack-Mus.; München, Bay. Staatsgemäldeslgn; München, Lenbachhaus; Ulm, Ulmer Mus.; Wolfsburg, StG; Wuppertal, Von der Heydt-Mus.; Würzburg, Mus. im Kulturspeicher – **Ö:** Kunst am Bau: u. a. Bottrop, Stadthalle (Foyer); Ibbenbüren/Westf., Kirche St. Ludwig (Apsis); Bochum, Ruhr-Univ. (Wandgest.); München, Hauptbahnhof (Gest. d. Fassade); München, Gasteig (Gerundetes Blau); München, U-Bahn-Haltestelle Machtlfinger Str.; München, FHS (Farbkomposition Rot); Rom, U-Bahn-Haltestelle EUR-Fermi; Berlin, Dt. Bundestag (Gest. d. Reichtagsgebäudes) – **E:** u. a. 64 Wolfsburg, Stadthalle; 65 Wuppertal, Kunst u. Mus.ver.; 66 Siegen, StG Haus Seel; Berlin, Haus am Waldsee; 67 Hannover, Kestner-Ges.; 75 Essen, Mus. Folkwang; 76 Düsseldorf, Städt. KH; 77 Bottrop, Mod. Gal.; 78 München, Lenbachhaus; 82 Mannheim, StKH; 85 Berlin, AK; 86 Tokio, Seiji Togo KM; 88 München, Haus der Kunst; 90 Saarbrücken, Saarland-Mus.; 92 Siegen, StG Haus Seel; 94, 95 Dresden, SKS; 98 München, Lenbachhaus; 00 Landshut, Spitalkirche Heiliggeist – **G:** zahlr. Ausst.bet. u. a. 48 Paris, Salon des Réalités Nouvelles; 59, 64, 68, 77 Kassel, documenta; 65 Leverkusen, StM Schloß Morsbroich; 67 Nürnberg, KH; 74 Bonn, KM; 77 Brüssel, Europalia '77; 83 Berlin, AK; 86 Baden-Baden, SKH; 96 Recklinghausen, KH; 98 Ludwigshafen, Wilhelm-Hack-Mus.; 03 Berlin, Martin-Gropius-Bau – **V:** Farbe ist Element, Ausst.kat. 75 – **R:** Herbert Kansy: Porträt Geiger. Neues Rot für Gorbatschow 90 – ***Lit:*** Monika Geiger: R. G. Werkverzeichnis Druckgraphik 1948–1972 72; R. G. Farbe als Botschaft, Kat. 95; R. G. MorgenRot AbendRot, Kat. 00; Franz Ackermann, R. G., Kat. 02; Pia Dornacher u. Julia Geiger: Rupprecht Geiger. Werkverzeichnis 1942–2002. Gemälde und Objekte. Architekturbezogene Kunst 03 – ***LitR:*** Bernhard Dörries u. W. Pöhlmann: R. G. Ein Porträt 85 – (Red.)

Geiler, Friedrich, Künstler; Hauptstr. 113, D-77694 Kehl, Tel. (0 78 51) 7 52 53, Fax 48 14 16, *info@ friedrichgeiler.de*, *www.friedrichgeiler.de*. Ab März 2005: Goldschever Str. 29, D-77694 Kehl (* Brühl/ Baden 3. 9. 46) – **G/T:** konstruktive Kunst: Malerei, Skulpt. u. Kunst am Bau – **W:** Werke u. a. in d. Slg Hans Braun, Stuttgart u. d. Slg Jack Waser, Zürich – **M:** u. a. Baden, Slg d. Holderbank; Ernetschwil-Zürichsee, Raiffeisenbank; Frankfurt am Main, Dt. Bank KS; Grenchen, Kunsthaus; Hamburg, Springer Verl.; Leverkusen, Bayer; Lübeck, Slg d. Spk.; Zürich, Privatbank von Ernst; Zürich, Slg Credit Suisse Bank; Zürich, Slg d. UBS AG; Zürich, Slg d. Züricher Ztg – **Ö:** u. a.: Andernach, Vollmer & Doll; Emmendingen, Messmer; Frankfurt am Main, Lufthansa; Hamburg, Hoch-Tief; Hermsdorf, Fa. Tridelta; Kehl, RH; ebda, Stadthalle, Spk. Hanauerld, Rheinhafen, Hotel Rebstock, Badische Stahlwerke; Köln, Wirts & Kraneis; Lörrach, Fluid; Nussloch-Heidelberg, Olympiahalle; Wettingen, Raiffeisenbank; Willstädt-Sand, Mehrzweckhalle; Wöhlen, Fa. Montana; Zürich, Flughafen; ebda, Eurocard, Ernst & Yong – **E:** / G: 74–93 Basel, Art Basel; 74–77 Kehl, Gal. im Kronenhof; 79 Kehl, Stadthalle; Köln, Gal. am Rhein; 80 New York, Doyle; 82 Amsterdam, Bettini; 82, 84 Zürich, Waser; 82, 84, 85, 95 Hamburg, Meißner; 85 Grenchen, Brechbühl; 86 Basel, Perrig; 93 Baden-Baden, Elwert; 98 Miami, Art; Basel, Gal. ArtePiu; 98, 99, 03 Zürich, Kunstmesse; 99, 01 Kehl, StG Stadthalle; 00 Kehl, Gal. d. Spk.; 01 Esslingen, Gal. Spk.; 02 Bühl, Gal. d. Volksbank; 03 Tübingen, Gruber; Kehl, Liedtke – **V:** F. G. u. Henry Meseck: Metamorphosen 93 – (Red.)

Geilsdorf, Monika, Malerin; Floßplatz 24, D-04107 Leipzig, Tel. (03 41) 9 83 34 66, Fax 9 83 34 90 (* Aue 28. 7. 49) – **S:** 70–75 HGB Leipzig (b. Irmgard Horlbeck-Kappler, Fritz Fröhlich, Karl-Georg Hirsch u. Volker Stelzmann) – **Ve:** VG Bild-Kunst – **M:** Frankfurt/ Oder, Mus. Junge Kunst; Leipzig, KH Spk.; Leipzig, MBK – **E:** u. a. 85 Leipzig, Kleine Gal. Süd; 90 Leipzig, Wort u. Werk; 92 Leipzig, Gal. Theaterpassage; 94 Grimma-Kaditzsch, Denkmalschmiede Höfgen (Studiogal.); 01 Leipzig, Kunstkaufhaus – **G:** u. a. 77, 88 Dresden, VIII. u. IX. Kunst-Ausst. d. DDR – ***Lit:*** Bildende Kunst 2/78; Bildende Künstler in Leipzig, Kat. 94; Schweers 02; Bildende Künstler in Leipzig 06

Geipel, Baldur, Bildhauer u. Graphiker; Triester Str. 40, D-81669 München, Tel. u. Fax: (0 89) 49 33 70 (* Reichenbach/Vogtld 24. 12. 33) – **S:** 48–52 BerufsFS Oberammergau (Ausb. z. Holzbildhauer Kl. H. Schweighofer); 53–59 ABK München (Meisterschüler v. Prof. J. Henselmann) – **L:** 77–96 BerufsFS f. Bildhauer u. Schreiner Garmisch-Partenkirchen (Fachlehrer f. Fachpraxis, Fachtheorie, Zeichnen u. Kunstgesch.) – **P:** Pr. d. Dannerstift. (Förd.pr.) 56; DAAD-Stip. f. Frkr. 61; IDZ-Pr. 'Kind und Umwelt' Berlin 71; Seerosenpr. 74; Seerosenkr. Nadel 75; Pro Art Intern. (Graph.pr.) 94; Seerosenkr. Ring 01 – **Ve:** BBK München u. Obb. 64–88; Neue Münchener Künstlergenossenschaft seit 70; Künstlerbund Garmisch-Partenkirchen 79; VG Bild-Kunst 80 – **KGr:** Künstlergilde Esslingen (seit 72) – **G/T:** beziehungsreiche, figurbezogene Gest. (Holz, Eisen, Bronze); Zchng u. Kaltnadelrad. – **W:** zahlr. Arb. außerhalb öff. Slgn – **M:** Esslingen, Musikarch. d. Künstlergilde – **Ö:** Dachau, Behindertenwkst. (Skulpt. u. Baum); München, St. Johannes d. Evangelist (Relief u. Leuchter); ebda, Spielplätze, St. Helena (Relief); Unterdürrbach (Altarkreuz); Warmensteinach, Kreuzweg – **E:** 87 Esslingen, Die Künstlergilde; 90 Rosenheim, Couleur; 95 Seeon, Kloster; 97 Oelsnitz, Schloß Voigtsberg; 99 Garmisch, Marktgal.; Bruckmühl, Gal. Markt Bruckmühl; 00 München, Bundespatentgericht; München, Künstlerhaus (m. S. Rosenberg); 01 Oberammergau, Pilatushaus; München, Frank; 02 Plauen, Vogtland-Mus.; 03 Netzschkau/Vogtld, Schloß; 05 München, Üblacker-Häusl – **G:** 59 München, Haus d. Kunst (Olympia-Wettb.-Ausst.); ab 63 München, Haus d. Kunst (Große Kunstausst.); 65 München, Haus d. Kunst u. KV (Junge Künstler d.

Akad.); 72, 74–76 Wasserburg am Inn, Kunstausst.; 73 Passau, Europ. Wochen; 75 Bonn, Bay. Ldesvertretung; 77 Regensburg, StM; 77, 96 Garmisch, Marktgal.; 90 Rosenheim, Lokschuppen; 95 Bad Reichenhall, Skulpt. im Quellenbau; 96, 99 Passau, KV; 97 Bad Wörishofen, Kunstfrühling; 01 Rosenheim, KV; 05 Bruckmühl, Gal. Markt Bruckmühl: Künstlerfamilien; Oberdießen, Malura-Mus.: Hommage an Oskar Malura; Garmisch-Partenkirchen, 40 Jahre Künstlerbund Garmisch-Partenkirtchen; Benediktbeuren, Kloster: Künstlerbund Garmisch-Partenkirchen; 05, 06 München, Große Kunstausst.; 06 Rheinsberg, Schloß: Künstlerbund Garmisch-Partenkirchen – **V:** Graph.mappen (Kaltnadelrad.) 89 u. 98–99 – ***Lit:*** Kunst composée München 70; Hans Kiessling: Begegnung m. Bildhauern Münchner Kunst 1955–1982 82; Reinhard Müller-Mehlis: B.G. Skizzen, Zchngn, Modelle u. Plastiken 1961–1989 90; Bez. Obb. (Hrsg.): Skulpturen, Möbel, Räume 94; Angelika Bäumer: Angerer d. J. Skulpturen im Quellenbau 95; Kult.-referat d. Ldkr. Rosenheim: Künstler zeigen Künstler 98; Künstlerhaus München (Hrsg.): B.G., Susi Rosenberg 00 – KAT.: Nat. Olympisches Komitee (Hrsg.): Sport in d. Kunst 60; z. Ausst. im Haus d. Kunst München ab 63; z. Ausst. d. Künstlergilde Esslingen ab 72; z. Ausst. d. Künstlerbundes Garmisch ab 79; Stefan Mekiska: B.G. Graph. u. Plast. aus 4 Jahrzehnten. Eine Ausw. 1955–1995 95; Kult.referat d. Ldeshauptstadt München (Hrsg.): 55 Jahre Seerosenkreis 03 – weitere Veröff.: IDZ, 2 Dokumente 'Kind u. Umwelt' 71; München Mosaik Heft 1 90 – ***LitR:*** Krausenbacher: Skulpturen im Kloster Seeon, Dok. TV Chiemgau 95; Bernd Walter: B.G. Graph. – Plast. Schloss Voigtsberg Vogtland, Dok. im reg. Fs. TV3 97; Stefan Mekiska: B.G. Graph. – Plast., in: Kultur aktuell, Bay. RF 99

Geipel, Hermut K., Maler, Graphiker; Allgäuer Str. 108, D-81475 München, Tel. (0 89) 75 69 04, Fax 75 69 04, *mail@h-k-geipel.de*, *www.h-k-geipel.de* – **G/T:** Malerei, Graph. – (Red.)

Geisberger, Anton, Bildhauer; Blumenhöhe 30, D-84347 Pfarrkirchen, Tel. (0 85 61) 67 31, *webmaster@geisberger-skultpuren.de*, *www.geisberger-skulpturen.de* (* Stinglham 18. 11. 52) – **S:** Autodidakt – **G/T:** Holzbildhauerei – **M:** Bönnigheim, Mus. Charlotte Zander – **Ö:** Pfarrkirchen, Reiffenstuel-Haus – **E:** 95 München, Zander; Pfarrkirchen, Heimatmus.; 97 Heiligenberg, Gal. 7; Pfarrkirchen, Gal. Panik; 98 München, Holzinger – **G:** 01 Wien, Hundertwasser Kunsthaus; 02 Recklinghausen, StKH; Mannheim, Reiß-Mus.

Geiselhart, CHC (eigtl. Curt Hans Chrysostomus Geiselhart); Luppachstr. 30, D-72147 Nehren, *chc.geiselhart@t-online.de*, *www.chcgeiselhart.de* (* Tübingen 31. 8. 49) – **S:** 69–74 Staatl. ABK Stuttgart (b. Prof. Gunter Böhmer, Prof. Horst Bachmeier u. Prof. Peter Grau); 70–76 Univ. Stuttgart u. Tübingen (Kunstgesch.) – **L:** seit 74 Lehrtätigkeit – **Ve:** Künstlerbund BW; VBKW; XYLON – **G/T:** Malerei, Objekt, Druckgraph. u. Buch – **M:** Bietigheim-Bissingen, StG; Heilbronn, SM; Marbach am Neckar, Dt. Literaturarchiv; Ostfildern, StG Ruit; Reutlingen, KS Landratsamt; Reutlingen, KS d. Kr.spk.; Reutlingen, Städt. KM Spendhaus; Stuttgart, KM; Stuttgart, Min. f. Wiss. u. Kunst; Stuttgart, Reg.präsidium; Tübingen, Reg.präsidium; Ulm, Ulmer Mus. – **E:** zahlr. Ausst., u. a. 75 Tübingen, Kleine Gal.; 76 Schwäbisch Gmünd, Gal. Renaissance; 78, 94 Nürnberg, Decus; 79 Bamberg, die galerie; 81 Horb, Fütterer; 87, 96 Ostfildern, Gal. im Rathaus Ruit; 89 Laupheim, Fetscher; 91 Reutlingen, Städt. KM Spendhaus; 95 Tübingen, SM; 98 Bad Boll, Ev. Akad.; 00 Ochsenhausen, Fruchtkasten; 01 Ulm, Gal. im Griesbad; 02 Plochingen, StG; 03 Tübingen, Gal. in d. Psychiatrischen Klinik d. Univ.; 03 Weil der Stadt, Wendelinskap. – **G:** zahlr. Ausst.bet. seit 73, zuletzt u. a. 03 Kyoto, Seika Univ.; 03, 04 Tübingen, Atelier Ugge Bärtle; 04 Reutlingen, ekz-Bibliotheksservice; Prag, Kloster Strahov – ***Lit:*** Helmut G. Schütz: Sich ein Bild machen 81; Der Robinson-Effekt. Denkpflöcke – Inseln im Meer der Zeit 87; – Reden z. Ausst.eröffnungen: Bernd Storz: CHC G. Arbeiten auf Papier. Abbild und Zeichen 90; Dieter Göltenboth: CHC G. Malerei, Objekte, Druckgraphik 92 – (Red.)

Geisler, Kirsten, Medienkünstlerin; lebt u. arbeitet in Haarlem/NL (* Berlin 6. 1. 49) – **VG:** Berlin, Schulte – **S:** 84–85 Freie Akad. Den Haag; 85–89 Rietveld Akad. Amsterdam – **L:** 96–97 KHS Utrecht (Gastvorlesung, Abt. Neue Medien) – **P:** u. a. Stip. d. Berliner Senats 98 – **M:** Karlsruhe, ZKM – **E:** / G: u. a. 00 Amsterdam, Gal. Akinci; Leverkusen, StM Schloß Morsbroich; 01 Jena, StG; 02 Berlin, Schulte; 03 Leipzig, HGB; Karlsruhe, ZKM; 04 New York, Cohan Gall.; Chicago, Klein Artworks – (Red.)

Geissler, Florian; Hörlkam 63, D-84144 Geisenhausen, Tel. (0 87 43) 26 71, Fax 74 17, *geissler-hoerlkam@t-online.de* (* Erding 3. 4. 68) – **VG:** Fleetmark, Wüstekamp – **P:** Danner Pr. 89 – **Ve:** BBK Ndb.-Passau 97; Bay. Kunstgew. Ver. 00 – **Ö:** Hannover, Norddt. Ldesbauspk. Berlin-Hannover (Innenraum u. Gest. 01, 02) – **E:** jl. Atelier-Ausst. m. Ehefrau Michaela Geissler seit 96 – **G:** Frankfurt am Main, Messe (Das Ornament heute); Erding, Frauenkircherl; Fleetmark, Wüstekamp – weitere: Ausst. z. Danner Pr.; seit 97 Bet. an Ausst. d. BBK Ndb. – ***LitR:*** Sabine Frühbuss: Zwischen Spessart und Karwendel, Dok. Bay. RF 03 – (Red.)

Geissler, Jeanette, Malerin, Graphikerin, Collagistin; Maiglöckchenweg 11, D-85521 Ottobrunn, Tel. (0 89) 6 01 51 18, *info@geissler-art.de*, *www.geissler-art.de* (* Potsdam 3. 5. 52) – **S:** 71–75 FS f. Werbung u. Gest. Berlin; 77–83 ABK München – **P:** Kunstpr. d. Stadt Ottobrunn 02 – **Ve:** GEDOK München 84 – **G/T:** Expressiver Realismus (Acryl, Tempera, Ölkreide, Collage) – **W:** 80 Werke in Privatbes. – **M:** Karlsruhe, StG – **E:** 84 München, Übelackerhaus; 88 Bad Tölz, Alte Knabenschule; 90 München, Inter ART; 97 München, Gal. Schmuck-Kunst-Design; 98 München, Gal. Lit.büro; 99 München, Industr.gelände Moosfeld; 02 Waging am See, Atelier 4; 03 Erlangen, Gal. Kunstraum – **G:** 79–95 München, RHgal.; 82, 89, 90 München, Lothringer 13; 82, 03, 04 München, Haus d. Kunst; 84–86 Rosenheim, StG; 86 Berlin, KH; 89 München, Pasinger Fabrik – ***Lit:*** H.-J. Sauermost: Zwischen Menschlichkeiten, Ausst.kat. 90; J. G. Das kleine Format, Ausst.kat. 03 – (Red.)

Geissler, Michaela (geb. Michaela Seidl); Hörlkam 63, D-84144 Geisenhausen, Tel. (0 87 43) 26 71, Fax 74 17, *geissler-hoerlkam@t-online.de*, *www.bbk-bayern.de/ndb/verzeichnis/detail2.phtml?kunr=1472* (* Burglengenfeld/Bay. 17. 8. 66) – **VG:** Fleetmark, Wüstekamp – **S:** 90 Gesellenprüfung z. Keramikerin; 92–94 FS f. Keramik (Meisterprüfung) – **P:** Danner-Stip. 94 – **Ve:** BBK Ndb.-Oberpf. 96; BBK Ndb.-Passau 03 – **Ö:** Norddt. Ldesbauspk. Berlin-Hannover – **E:** seit 96 Atelierausst. m. Ehemann Florian Geissler – ***LitR:*** Sabine Frühbuss: Zwischen Spessart und Karwendel, Dok. Bay. RF 03 – (Red.)

Geist, Martina, Graphikerin; lebt in Stuttgart (* Stuttgart 61) – **VG:** Landau in der Pfalz, Ruppert – **S:** 81–89 ABK Stuttgart; 85–87 Univ. Stuttgart (Gesch.) – **P:** DAAD-Stip. f. Wien 87–88; Wettb. 'Linolschnitt heute' Bietigheim-Bissingen (1. Pr.) 89; Kunstpr. '89 Südwestdt. Ldesbank (2. Pr. Druckgraph.) 89; Stift. Kunst, Kult. u. Bildung d. Kr.spk. Ludwigsburg (1. Pr.)

91; Stip. d. Kunststift. Bad.-Württ. 92; Arb.stip. d. Ldes Schlesw.-Holst. im Ldeskult.zentrum Salzau 94; Cité Intern. d. Arts Paris 95 – **G/T:** Graph. (u. a. Hschn. u. Druckstöcke) – **M:** Göppingen, KH; Karlsruhe, ZKM – **Ö:** Stuttgart, Seniorenzentrum Martha-Maria; Tauberbischofsheim, Finanzamt – **E:** u. a. 86 Kirchheim unter Teck, StG im Kornhaus; 87 Stuttgart, GEDOK-Gal. (m. Bettina Bürkle); 90 Baden-Baden, SKH; 91 Bietigheim-Bissingen, StG; 91, 93 Düsseldorf, Walbröl; 92 Göppingen, KH (Kat.); Bochum, KV; 93 Wendlingen/Neckar, StG; 94 Stuttgart, Kunststift. BW (m. Bettina Bürkle); 95 Freiburg, Künstlerwkst. Mehlwaage; Stuttgart, RH; 96 Landau in der Pfalz, Ruppert; Bruchsal, KV Das Damianstor (m. Rolf Urban); 97 Stuttgart, Inst. Français; 98 Bad Boll, Ev. Akad.; 00 Bad Saulgau, StG Die Fähre (m. Martin Noel u. Werner Pokorny); 01 Geislingen, Gal. im Alten Bau; 02 Reutlingen, Städt. KM Spendhaus (Kat.); Zeitz, Mus. Schloß Moritzburg (Kat.); 03 Leverkusen, StM Schloß Morsbroich (Kat.); 06 Niebüll, Richard-Haizmann-Mus. (Kat.); 07 Singen, Städt. KM (Kat.) – **G:** zahlr., zuletzt 01 Bochum, Mus.: In Holz geschnitten – Dürer, Gauguin, Penck u. d. Anderen; 04 Freiburg im Breisgau, Künstlerwkst. im L6 – ***Lit:*** In: art – Das Kunstmag. 9/89; Herbert Eichhorn: M.G. 91; Werner Meyer: M.G. 92; ders.: Raumfelder. Zehn Holzschnitte 98; Georg Reinhardt: M.G. Raumordnung 02 – (Red.)

Geist, Peter, Maler, Graphiker, Holzbildhauer, Textildesigner; Dorfstr. 16 A, D-04618 Göpfersdorf, Tel. (03 76 08) 2 81 79, *petergeist@t-online.de* (* Hohenstein-Ernstthal 18. 7. 56) – **VG:** Chemnitz, Neue Sä. Gal.; Glauchau, Art Gluchowe – **S:** Autodidakt – **P:** 100 Sä. Graphiken (Pr.träger) 02 – **Ve:** SKB; Neue Chemnitzer Kunsthütte; CKB 94 – **KGe:** P.G. u. Siegfried Otto Hüttengrund (seit 96); in Göpfersdorfer Art (seit 04) – **G/T:** Malerei; Graph.; Holzbildhauerei; Textildesign – **W:** zahlr. in Privatbes., Slg Sä. Ldtag, Slg Lichtenstein, Buchheim-Slg, Haus Labyrinth – **M:** Chemnitz, Neue Sä. Gal.; Dresden, Kpst.-Kab.; Leipzig, Kustodie d. Univ. – **Ö:** Glauchau, BMG; Zwickau, Schmidt-Bank – **E:** zahlr. seit 95, u. a. 95, 04 Hohenstein-Ernstthal, Kleine Gal.; 97 Eisenach, LoMo; 98 Stuttgart, Waldenburg; Weida, Gal. Osterburg; 99 Auerbach, Göltzschtal Gal.; Chemnitz, Laterne; 00 Limbach-Oberfrohna, Fronfeste; 02 Glauchau, Art Gluchowe; 04 Zwickau, Gal. am Domhof; Burgstädt, Art Forum; Augustusburg, Turmgal.; 06 Gersdorf, Tetzner-Mus. – **G:** u. a. seit 94 Chemnitz, Neue Sä. Gal.: Kunstmesse; 96, 00, 04 Glauchau, Mus. u. KS Schloß Hinterglauchau; 97 Chemnitz, Wasserschloß Klaffenbach; 00, 01 Plauen, Malzhaus; 00, 05 Glauchau, Art Gluchowe; 01 Kleinsassen, Intern. Bienn. 'Neues Aqu.'; 05 Oelsnitz, Heinrich-Hartmann-Haus; – sowie seit 00 Holzbildhauer-Pleinair – **V:** Vor dem Tor 05; Pro arte Saxoniae 06 – ***LitR:*** Testimonia, Statement z. Ausst. (MDR Figaro) v. 14.1.02

Geister, Gilbert, Maler, Zeichner, Objektkünstler; Sachsenring 53, D-50677 Köln, Tel. (02 21) 2 71 85 10, Mobil: 0 16 36 71 35 00, *post@gilbertgeister.de*, *www.gilbertgeister.de* (* Bochum 10. 7. 73) – **VG:** Bochum, Gal. am RH – **S:** 96–01 HdK Berlin (Meisterkl. f. Freie Kunst b. Prof. Katharina Sieverding) – **G/T:** gegenständliche Malerei u. Lichtkunst, Portr., kinetische Objekte, Ill. – **W:** überw. in Privatbes.; zahlr. temporäre Install. – **E:** 02 Rotterdam, de Aanschouw; 02, 03, 04 Bochum, Gal. am RH; 03, 04 Bochum, Kulturrat; 04 Essen, Zionskirche; 06 Bochum, TZR Gal. – **G:** zahlr. Ausst.bet. seit 00, zuletzt 01 Berlin, Stift. Starke; Bochum, TZR Gal.; 02 Rotterdam, Mandos; 03 Berlin, Kampl; Frankfurt am Main, Art Frankfurt; 04 München, Kampl; Prag, Kampl; 06 Bochum, Mus.; 07 Dortmund, KV – ***Lit:*** Ausst.kat.: TZR Gal. Bochum 01; G. G. Leuchtbilder, Kult.rat Bochum 03

Geister, Werner, Künstler, Pädagoge; Ludwig-Thoma-Str. 5, D-95447 Bayreuth, Tel. (09 21) 5 27 43, *WERNER.GEISTER@gmx.de*, *www.werner-geister.de* (* Bremen 2. 3. 52) – **S:** 70–75 FHS Ottersberg; 86–87 FHS Basel (b. B. Assenza) – **L:** Fachoberschule Bayreuth; Staatsinst. f. d. Ausb. v. Fachlehrern Bayreuth – **Ve:** BBK Ofr. 93 – **KGr:** Maler-Tage-Bayern – **G/T:** Malerei, Pädagogik, Fotogr., Archit., Design – **E:** in Bremen, Kassel, Göttingen, Badenweiler, Basel, Hamburg, Schloß Löseck, Nürnberg u. Bayreuth – **G:** u. a. in Kronach

Geitel, Matthias, Zeichner, Maler, Installationskünstler; Regierungsstr. 49 A, D-99084 Erfurt, Tel. u. Fax (03 61) 5 40 19 37, *geitel.anonymus@freenet.de*, *www.matthias-geitel.de*. Hagelberger Str. 48, D-10965 Berlin (* Jena 22. 4. 62) – **S:** Autodidakt – **P:** Arb.stip. d. Stift. Kult.fonds 93; Stip. Künstlerhaus Schloß Wiepersdorf 95; Casa-Baldi-Stip. 96; Arb.stip. d. Ldes Thür. (f. New York) 97; Stift. Kunstfonds – Arb.- u. Projektstip. 00; Reisestip. d. Golart-Stift. München 01 – **Ve:** VBK Thür. 91; VG Bild-Kunst 97 – **G/T:** Zchng; Malerei; Install.; Künstlerb. – **W:** umfangreiches Zchng.werk Anonymus Pi – **M:** Altenburg, Lindenau-Mus.; Dresden, Kunstfonds d. Freistaates Sa.; Erfurt, KS d. Min. f. Wiss., Forschung u. Kunst Thür.; Gera, KS; Recklinghausen, StKH – **Ö:** Erfurt, Oberfinanzdir.; Jena, Fraunhofer-Ges.; Nordhausen, FHS; Sonneberg, Amtsgericht – **E:** zahlr. seit 91, u. a. 94 Nürnberg, Gal. Interim; 97 Erfurt, Kunsthaus; 98, 01 Erfurt, Rothamel; 99 Erfurt, Michaeliskirche; 00 Kirchheim unter Teck, StG im Kornhaus; 06 Erfurt, KH; Frankfurt/Oder, Mus. Junge Kunst – **G:** zahlr. Bet. seit 91, u. a. 94 Frankfurt/Oder, Mus. Junge Kunst; 98 Zwickau, KV Freunde Aktueller Kunst; 99 Gera, KS; Weimar, ACC Gal. Weimar; 00 Kassel, Kult.bahnhof; 01, 06 Erfurt, Kunsthaus; 01 Erfurt, KH; 05 Dresden, Pal. im Großen Garten; Bad Salzdetfurth, KV – **V:** u. a.: Erfurter Trilogie 94–96; Eine Wanderung durch d. Campagna 97; Die Anomalie d. Dinge 97; Walk – Don't Walk 98; Das Lächeln d. Forsythie (zus. m. Geyersbach) 99; Isistris Akbar 02

Geitel, Ulrike, Malerei, Graphikerin, Objektkünstlerin; Körnerstr. 85, D-50823 Köln, *ulrike.geitel@web.de*, *www.ulrike-geitel.de* (* Rotenburg/Wümme 24. 2. 58) – **S:** 76–82 HBK Braunschweig (freie Kunst) – **L:** 83–87 HBK Braunschweig – **P:** Stip. Künstlerstätte Bleckede 85/86; La Vie des Formes, Chalon sur Sâone 05 – **Ve:** VG Bild-Kunst 87; BBK NRW 95 – **G/T:** Malerei; Künstlerbücher; Install. – **K:** Malerei u. Graph. – **M:** Reykjavík, Nýlistasafnið – Living AM – **Ö:** Chalon sur Sâone (La Vie des Formes); Frankfurt/Oder, Telekomhaus – **E:** 91 Singapur, Goethe-Inst. (Kat.); 94, 02 Ulm, Sebastianskap. – **G:** 93 Hamburg, Kampnagel: Nord-Süd-Fahrt; 96 Oberhausen, Ver. f. aktuelle Kunst; 97 Kalbe, Bahnhof: Remise; 99 Reykjavík, Nýlistasafnið – Living AM; Köln-Deutz, Bahnhof; Aschersleben, Lokschuppen 4 – **V:** div. Künstlerbücher – **R:** Hommage à Lucas Cranach, Multimedia-DVD 03

Gelbert, Ralph, Maler; Atelierhaus Königsbach: Deidesheimer Str. 16, D-67435 Neustadt an der Weinstraße, Tel. (0 63 21) 96 81 65, Fax 96 81 66, *www.gelbert.com* (* Landau/Pfalz 23. 7. 69) – **VG:** Darmstadt, Netuschil – **S:** 90–91 Europ. ABK Trier (b. Erich Kraemer); 92 Hamburg; 93–95 Accad. di Belle Arti Florenz (Kunst u. Design); 98 Stud.aufenthalt in Irland; 99 Stud.aufenthalt auf Capri; 02 Meisterkl. b. Bernd Zimmer – sowie weitere Stud.reisen nach Südafrika, Rom, Island, Oman, Frkr., Irland, Schottland, Syrien, Stromboli – **L:** 06 KA Bad Reichenhall (LAuftr.) – **P:** Pfalzpr. f. Bild. Kunst 00 – **Ve:** Arb.kr. Pfälzer Künstler; BBK – **G/T:** Linie, Farbe u. Fläche als autonome künstler. Ausrducksträger; strenge geometr. Formen werden harmonisierend m. emotionsgeladenen, gestisch gemalten Farbpartien kombiniert (ein bis zwei Farben); Bildanregungen u. a. durch Lichtbrechungen u. emotionale Impulse (Gedichte, Musik) – **M:** Frankfurt am Main, Dt. Bank KS – **Ö:** Berlin, Luxemburg. Botschaft; Florenz, Banca di Roma; Germersheim, Spk.; Piacenza, Banca di Roma; Speyer, Spk. – **E:** / G: u. a. 99 München, Haus d. Kunst: Große Kunstausst.; 00 Frankfurt am Main, Art Frankfurt; Mannheim, Zimmermann; Darmstadt, Netuschil; Kaiserslautern, Pfalz-Gal.; 01 Germersheim, KV; Speyer, Kult.raum; Turin, Pal. Nervi; Jockgrim, Zehnthaus: Albert-Haueisen-Pr.; 01, 02, 04 Wiesbaden, Art Gallery; 02 Großkarlbach, Orangerie; Graz, Künstlerhaus; Minden, Culture & Economics (Kat.); 03 Piacenza, Mus. di Pal. Farnese; Rockenhausen, Kahnweilerhaus (Kat.); 04 Bad Bergzabern, Artgalerie am Schloss; 05 Karlsruhe, Art Karlsruhe; Neustadt an d. Weinstr., KV (Kat.); 06 Mannheim, Gal. Jaudes (Kat.); Dublin, Jorgensen Gall. (Kat.) – ***Lit:*** V. Eigenbrodt: Scala. Kult. im Rhein-Neckar-Dreieck 6 02; A. Reich: Das Bild muß in sich leben. Zur Malerei v. R.G., Ausst.kat. (z. Ausst. in d. Gal. Rathert u. Culture & Economics Minden) 03; AKL; div. Art. in d. Presse, u. a. Frankfurter Allg. Ztg v. 8.9.00, Mannheimer Morgen v. 28.11.03, Mindner Tagebl. v. 25.3.03, Panorama arte 7 03, Kunsthandel 3 04

Gelbhaar, Klaus, Maler, Graphiker; Im Geyer 18, D-35781 Weilburg/Lahn, Tel. u. Fax (0 64 71) 22 76 (* Leipzig 28. 2. 20) – **S:** F. B. v. Joeden Frankfurt am Main – **Ve:** Friedrich-Bödecker-Kr. Hessen; VG Bild-Kunst – **G/T:** Buchgest. (Kinder- u. Jgd.b., Sachb., Lexika); Presseill. – **K:** Mus.fahrten u. -führungen; VHS (Gesch. vor Ort) – **V:** Immer hübsch im Bilde bleiben; Liebeserklärung an eine Landschaft; Geliebtes Weilburg – ***Lit:*** Ein Leben ohne Netz gewagt, Jb. Limburg-Weilburg 99 – (Red.)

Geldermans, Eleonore; Banatstr. 9, D-66450 Bexbach, Tel. (0 68 26) 80 03 08, Fax 80 03 08 – **G/T:** Malerei – (Red.)

Geldmacher, Klaus; Schlossberg 2, D-45479 Mülheim an der Ruhr, Tel. (02 08) 7 57 88 25, *klausgeldmacher@aol.com*, *www.klausgeldmacher.de* – **G/T:** Bildhauerei, Malerei – (Red.)

Gelmini, Hortense von (verh. Hortense Freifrau von Droste-Hülshoff); c/o Kulturstiftung Libertas per Veritatem, Schwabentorring 12, D-79098 Freiburg/Br., Tel. (07 61) 79 68 57, Fax 7 20 81, *mail@L-P-V.de*, *www.L-P-V.de* (* Bozen 14. 4. 47) – **VG:** Freiburg im Breisgau, Libertas per Veritatem – **S:** Staatl. HS f. Musik Freiburg – **L:** Vortragstätigkeit – **P:** AWMM-Buchpr. 81 – **G/T:** künstlerische Gest. v. Kirchen (außen u. innen), Entwurf u. Produktion insbesondere v. Altar-Retabeln, Gemäldezyklen, Zeichn., Atelierkunstdruck – **K:** thematische Vorträge zum Œuvre in d. Stift. Libertas per Veritatem Freiburg – **W:** Computergraph. in virtueller Gal. www.Hortense-von-Gelmini.de sowie Werke in Privatslgn – **M:** Freiburg im Breisgau, Libertas per Veritatem – **Ö:** Kirchzarten, Friedhofskap. (Chorraum); Meersburg, Burg (Schloßkap.) – **B:** Rheinfelden, Pfarrk. St. Michael – **E:** ständige Ausst. seit 94 in Freiburg im Breisgau, Libertas per Veritatem; zuvor Ausst. in städt. Gal., Mus. u. Bildungsinst. – **V:** Einblicke 81; Mit offenen Armen 87; Die Friedhofskapelle am Giersberg 88; Maria, Frau der Frauen 94; Das Vater Unser 94; Die Kunst Gott zu loben, 9 Bde (Leporelli m. Texten) 02 – **R:** zahlr. themenbezogene Video-Filme (Bild-Meditationen); Die Kunst Gott zu loben, Multimedia-CD 02 – ***Lit:*** F. Würtenberger: Malerei und Musik 79; Freiherr Droste-Hülshoff: Einführung, in: Einblicke 81 – ***LitR:*** Holger Hillesheim: Die Kunst Gott zu loben, Fsf. 02 – (Red.)

Gelpke, André, Prof., Dozent, Fotograf; Seefeldstr. 64, CH-8008 Zürich, Tel. u. Fax (01) 4 22 81 38, *a.gelpke@gmx.net* (* Beienrode/Gifhorn 15. 3. 47) – **VG:** Berlin, Kicken – **S:** 69–75 Folkwangschule f. Gest. Essen – **L:** 86–88 FHS Dortmund (Fotodesign); seit 89 HS f. Kunst u. Gest. Zürich (Professur f. Fotogr.) – **M:** Amsterdam, Polaroid Intern. Collection; Amsterdam, Stedelijk Mus.; Braunschweig, Mus. f. Photogr.; Essen, Mus. Folkwang; Frankfurt am Main, DG Bank; Hamburg, MKG; Houston/TX, Mus. of Fine Arts; München, Goethe-Inst.; München, Neue Slg – Staatl. MAK; München, SM – Foto-Mus.; Paris, Bibliothèque Nat.; Paris, Centre Pompidou – **E:** zahlr. Ausst., u. a. 74 Aachen, Kicken; 77 Amsterdam, Stedelijk Mus.; 80 Essen, Mus. Folkwang; 84 Paris, Centre Pompidou; 86 Tarragona, Forum Galeria; Coimbra, MN de Machado de Castro; 86, 89 Braunschweig, Mus. f. Photogr.; 87 Oslo, Fotogalleriet; Turin, Goethe-Inst.; 88 Houston/TX, Fotofest; Hamburg, Fotoforum; 90 Hannover, Sprengel Mus.; 92–96 Ausst. 'Heim-Weh' d. Goethe-Inst. München in versch. Mus. u. Gal. – **G:** zahlr. Ausst.bet. seit 75, zuletzt u. a. 94 Nordhorn, StG; 96 Zürich, Mus. f. Gest.; 03 Essen, Mus. Folkwang; Riga, MM Arsenāls; Vilnius, Center for Contemp. Art; Stuttgart, KM – **V:** Sex-Theater 81; Fluchtgedanken 83; Der schiefe Turm von Pisa 86 – ***Lit:*** Kat.: A. G. 75; Karneval in Gürzenich 81; Heim-Weh 87; Kontamination 91; – Publ. in Büchern, u. a.: Les Cahiers de la Photographie 81; Encyclopedie Internationale des Photographes 1883–1983 84; Glanz und Elend des Körpers 88; Photographie des 20. Jahrhunderts 96; Inszenierung und Geltungsdrang 98; – Publ. in Kat., u. a.: Gesamtkatalog Galerie Schürmann und Kicken 75; Portraits aus Nachkriegsdeutschland 82; Steinert und Schüler 90; Antwerpen93 93; Zeitgenössische Deutsche Fotografie 03; Was ich von ihnen gesehen und was man mir von ihnen erzählt hatte 03

Gems-Manz, Gaby (verh. Gaby Manz, geb. Gaby Gems), Dipl. Designerin; Kantstr. 1, D-67549 Worms, Tel. (0 62 41) 5 53 31 (* Worms 6. 2. 54) – **S:** 72–76 FHS Mainz (visuelle Kommunikation); – Stud.aufenthalte: 87, 90 Ohio; 88 Florenz, Mailand; 90 Israel; 90, 91 Kalifornien – **P:** Förd.pr. f. junge Künstler d. Stift. Hans Sprung – **Ve:** BBK Rh.-Pf.; Der Anker Ludwigshafen; AG bild. Künstler am Mittelrhein – **G/T:** Malerei, Graph. – **K:** Aqu.malerei – **W:** in privaten u. öff. Slgn – **E:** u. a. 92 Kleinniedesheim, Schloß; 93 Bonn, Min. f. Bundesangelegenheiten u. Europa d. Ldes RP; Worms, Mus. im Andreasstift; 95 Schifferstadt, Gal. im alten RH; 96 Worms, Heylshof; 99 Kleinniedesheim, Schloß – **G:** u. a. 85 Jockgrim, Zehnthaus; 86 Fußgönheim, Schloß; 87 Landau in der Pfalz, Villa Streccius; 90 Breisach, Radbrunnen; 91 Halle/Saale, Pfälzer Künstler; 92, 96 Koblenz, Künstlerhaus Metternich; 95 Ludwigshafen, Wilhelm-Hack-Mus.; Worms, Haus z. Münze; 96 Worms, Schloß Herrnsheim; 97 Ldkr. Ludwigshafen – **V:** Werkkat. 98 – (Red.)

Genhart, Gertrud, freischaffende, bildende Künstlerin; Laufenstr. 9, CH-4053 Basel, *genhart@gmx.ch* (* Luzern 67) – **S:** 92–93 HS f. Gest. u. Kunst Luzern (Vorkurs); 95–98 HS f. Gest. u. Kunst Basel (Fachkl. f. freies räumliches Gest.) – **L:** 00–01 VHS Basel (plast. Gest.) – **P:** Förd.pr. d. Kunstkredit Basel-Stadt 00; Intern. Austausch-Atelier Basel (Atelieraufenthalt Edinburgh) 01; Konferenz d. Schweizer Städte f. Kult.-fragen (Atelieraufenthalt Kairo) 04 – **KGr:** OneNight-Stand ein Kunstprojekt (00–03) – **G/T:** Install., Fotogr.

u. Video zu Landschaft, Archit. u. Portr. – **W:** überw. in Privatbes. sowie ortsgebundene, temporäre Install. – **Ö:** Zürich, Zentralbibliothek – **E:** 01 Edinburgh, Sleeper; 02 Basel, Tweaklab – **G:** seit 97 versch. Ausst.bet., vorw. in d. Schweiz – **V:** Irene Schubiger (Text): G. G. bei Tweaklab, Ausst.broschüre 02; Dorothea Strauss u. Franziska Baetche (Text): OneNightStand – ein Kunstprojekt, Broschüre 04 – (Red.)

Genie Egidius s. Golob, Egidius

Genkinger, Fritz, Maler u. Graphiker; Bergstr. 8, D-72525 Münsingen-Böttingen, Tel. (0 73 81) 42 16 (* Tübingen 17. 6. 34) – **S:** 57–61 KA Karlsruhe (Malerei b. HAP Grieshaber u. Herbert Kitzel) – **L:** 70 ABK Stuttgart (Gastdoz.) – **P:** Cité Intern. d. Arts Paris 72/73 – **M:** Karlsruhe, StG; Stuttgart, KM – **E:** 99 Karlsruhe, Schrade; 04 Ehingen/Donau, Gal. Schloß Mochental – **G:** 98 Karlsruhe, Bad. KV; 02 Grafenau/ Württemberg, Schlichtenmaier – ***Lit:*** Reclams Künstlerlex. 02; Schweers 02 – (Red.)

Geno s. Gerstenberger, Norbert

Genschke, Josette s. Maréchal-Genschke, Josette

Gensicke, Wolfgang; Linkstr. 46, D-80933 München, Tel. (0 89) 3 14 67 68 – **G/T:** Malerei, Graph. – (Red.)

Genßler, Peter, Dipl.-Bildhauer, Maler, Graphiker; Burgstr. 29, D-99752 Bleicherode, Tel. u. Fax (03 63 38) 4 26 20, *kontakt@petergenssler.de*, *www.petergenssler.de* (* Nordhausen 14. 3. 57) – **S:** 78–80 KHS Berlin (Fachkl. Prof. R. Grüttner); 80–83 HBK Dresden (Fachkl. Prof. Kettner); 83–86 HBK Dresden (Abt. Bildhauerei, Fachkl. Prof. Heinze) – **L:** an Volkshochschulen u. d. Jugendkunstschule Nordhausen (figürl./räuml. Zeichnen, Keramik, Druckgraph., Malerei) – **Ve:** VBK Thür. 03 – **G/T:** Malerei (div. Techniken, Lsch., Portr., Stilleben, Tiere); auch Graph. u. Zchng; Skulpt. (Stein, Holz, Bronze, Keramik, figürl.: Mensch u. Tier, nichtfigürl.) – **Ö:** Nordhausen, Lutherpl. (Bronzebüsten); ebda, Kindergarten 'Tierhäuschen' (Fassadengest. m. Tierplast.) – **E:** 01 Nordhausen, Spk.; Sangerhausen, Europa-Rosarium – **G:** 04, 05 Ausst. 'Sinn d. Sinne' m. Archit.büro Factus2 Erfurt, div. Stationen in Thür.; 05 Nürnberg, ConsumentArt – ***Lit:*** Jürgen Dawo u. Diana Henkel-Trojca: Kunst am Nationalpark Hainich, Broschüre 04

Genzken, Isa, Bildhauerin, Malerin, Fotografin, Filmemacherin; c/o Gal. Daniel Buchholz, Neven-DuMont-Str. 17, D-50667 Köln, Tel. (02 21) 2 57 49 46, Fax 25 33 51, *post@galeriebuchholz.de*, *www.galeriebuchholz.de* (* Bad Oldesloe/SH 27. 11. 48) – **S:** 69–71 HBK Hamburg; 71–73 HdK Berlin; 73–75 Univ. Köln (Kunstgesch. u. Phil.); 73–77 KA Düsseldorf – **L:** 77–78 KA Düsseldorf (LAuftr. f. Bildhauerei); 78–79 FHS Niederrhein Krefeld (Gest.-lehre); 90 HdK Berlin (Gastprof. f. Bildhauerei); 91–92 Städelschule Frankfurt am Main (Gastprof. f. Bildhauerei) – **P:** Reisestip. d. KA Düsseldorf 77; Karl-Schmidt-Rottluff-Stip. 78–80; Kunstpr. Berlin 80; Wolfgang-Hahn-Pr. 02 – **W:** Münster (Skulpt. Projekte 87, 97) – **M:** u. a. Berlin, NG; Kiel, KH; Köln, Mus. Ludwig; München, Lenbachhaus; Rotterdam, Mus. Boymans Van Beuningen; Stuttgart, SG; Wien, Generali Found.; Winterthur, KM – **Ö:** u. a. Antwerpen, Middelheim Park; Bielefeld, Willy-Brandt-Pl.; Deurle, Nähe Mus. Dhondt-Dhaenens; Innsbruck, RH; Leipzig, Messe – **E:** u. a. 88, 94, 98 Köln, Buchholz; 92 Chicago, Renaissance Soc.; Frankfurt am Main, Portikus; 93 Brüssel, Pal. des BA; München, Lenbachhaus; 96 Wien, Generali Found.; 00 Frankfurt am Main, KV; Braunschweig, KV; 02 Köln, Mus. Ludwig; Mönchengladbach, StM Abteiberg; 03 Zürich, KH; 07 Venedig, Bienn. (Gestaltung d. Dt. Pavillons) – **G:** zahlr. Bet., u. a. 92, 02 Kassel, documenta; 99 Berlin, NG; 99, 03 München, Lenbachhaus; 01 Graz, KV; Istanbul, Bienn.; 03 Venedig, Bienn.; Bonn, Kunst- und Ausst.halle d. BRD; Frankfurt am Main, KV – **V:** Der Spiegel, Künstlerb. 03 – **R:** Zwei Frauen im Gefecht, 16mm-Film 74; Chicago Drive, 16mm-Film 92; Meine Großeltern im Bayerischen Wald, Video 92; Empire/Vampire, Who Kills Death, DVD 03 – ***Lit:*** AUST.KAT.: I.G. 88, 89, 02, 03; I.G. Jeder braucht mindestens ein Fenster 92, 93; I.G. Met Life 96; I.G. Sie sind mein Glück 00; I.G. Urlaub 00 – (Red.)

GEORGUS, Freier Künstler; Auf dem Loh 20, D-30167 Hannover, *georgus@georgus.com*, *www.durchden.de* (* Bremen 17. 5. 47) – **S:** 80–86 HBK Braunschweig (Freie Kunst b. d. Prof. Siegfried Neuenhausen, Herrmann Albert u. Christiane Möbus) – **P:** Kunstfonds Bonn (Forsch.auftrag) 84; Arb.stip. d. Ldes Nds. 94; Stip. d. Barkenhoff-Stift. Worpswede 96 – **Ve:** BBK Nds. 84 – **KGr:** ArtGe – Kunst (seit 91) – **KGe:** KUB: G. u. Siegfried Pietrusky (seit 92); DU: G. u. Cornelia Konrads (seit 01) – **G/T:** Malerei (Entwicklung eigener Inhalte u. Techniken u. Darst. eigener Realitäten) – **W:** div. multimediale Install. u. Performances (Zentrum f. Kunst u. Medientechnologie Karlsruhe); Arb. in Privatslgn; Ankauf u. a. durch d. Ld Nds. sowie d. Min. f. Wiss. u. Kunst Nds. u. d. Slg Eon – **M:** Perm, Mus. – **E:** u. a. 94 Hannover, Kubus; Oldenburg, Karg; 96 Berlin, HO Gal.; Hannover, Kesselhaus; 97 Worpswede, Altes RH; 03 Hannover, Eisfabrik – **G:** u. a. 89 Minsk, Pal. d. Republik; 91 Karlsruhe, ZKM; Hamburg, Kunsthaus; Hildesheim, Roemer- u. Pelizaeus-Mus.; 92, 02 Hannover, Orangerie; 93 Osnabrück, KH Dominikanerkirche; Magdeburg, Gal. Himmelreich; Halle/Saale, Gal. Marktschlößchen; 94 Kyoto, NEC Gall.; 96 Worpswede, Forum f. zeitgen. Kunst; 99 Hannover, KH Faust; 00 Perm, SG; – weitere: 90, 91 Wanderausst. in 16 KV (Junge Kunst aus Nds.) – (Red.)

Georgy, Samir, Kunstmaler, Maler, Karikaturist, Fotograf; Dünkirchener Str. 2, D-47839 Krefeld, Tel. u. Fax: (02 51) 73 10 14, Mobil: 0 17 32 68 20 75, *info@samir-georgy.de*, *www.samir-georgy.de*. Liefergasse 7, D-40213 Düsseldorf, Tel. (02 11) 3 23 70 11 (* Assiut/Ägypten 18. 5. 56) – **VG:** Willich-Neersen, Gal. Willicher Kult.forum – **S:** 81–84 ABK Rom (freies Kunststud., Zchng, Malerei) – **Ve:** VG Bild-Kunst 05 – **G/T:** Malerei u. Zchng (Abstr., Portr., Karikaturen); Fotogr. – **K:** Karikaturen-Schnellzchngn in 3–5 Minuten – **W:** in Privatbes. – **M:** Düsseldorf, SM – **Ö:** Düsseldorf, Fa. Henkel (Ölgemälde) – **E:** 76–77 Kairo, Univ.; 83 Rom, ABK; 90 Braunlage, Mercedes-Benz AG; 92 Düsseldorf, Bibl. d. VHS; 94 Oslo, Glamox AS; Birmingham, Glamox AS; 96 Amstelveen, Restaurant De Jonge Dikkert; 99–05 Düsseldorf, Kunstpunkte – **G:** 92 Recklinghausen, Ruhrfestspielhaus; Düsseldorf, Mus. Kunst Pal.; 99 Düsseldorf, SM; 06 Tönisvorst, action medeor – ***LitR:*** Fs.-Sdg im KuK (WDR) v. 14.7.93

Gepp, Gerhard, Prof., Satirischer Zeichner u. Maler, Illustrator; Siedlungsstr. 20, A-3021 Pressbaum, Tel. u. Fax (0 22 33) 5 27 03 (* Pressbaum b. Wien 20. 4. 40) – **VG:** Wien, Peithner-Lichtenfels; Wien, Gal. am Salzgries; Wien, Wolfrum; Salzburg, Welz; Innsbruck, Flora; Graz, Haus d. Kunst – **S:** Autodidakt – **P:** zahlr. Pr. u. Ausz. b. intern. Wettb. in Belgien, Holl., Ital. u. Tschechien sowie Öst. Staatspr. f. Ill.; Satyrikon Polen (Silber) 93, 95, (Gold) 02 u. a. – **G/T:** Malerei (Acryl auf Karton u. Leinwand), Rad. (handcoloriert), Ill., Kleinskulpt.; thematischer Schwerpunkt: Satire – **W:** Werke in zahlr. Privatslgn – **M:** St. Pölten, Ndöst. LM; Warschau, Muz. Karykatury; Wien, Albertina; Wien, Kult.-amt d. Stadt; Wien, Leopold-Mus. – **E:** Ausst. u. a. auf

Kunstmessen in Barcelona, Basel, Gent u. Köln; sowie u. a. Wien, Peithner-Lichtenfels; Salzburg, Welz; Innsbruck, Flora; Graz, Haus d. Kunst; Wien, Gal. am Salzgries; Wien, Wolfrum; Köln, Inter Art Gal.; Salzburg, StG im Mirabellgarten; Wien, Tiller; Krakau, Intern. Kult.zentrum; Hamburg, Kramer; München, etcetera; Udine, Artesegno di Roberto Rizzi; Islamabad, Nat. Art Gall.; Lahore, Nat. College of Art; Delhi, All India Fine Arts Soc.; St. Pölten, Ndöst. Dok.-Zentrum f. Mod. Kunst; Warschau, Öst. Kult.inst. – **G:** u. a. München, RHgal.; Budapest, Intern. Cartoonfestival; Bratislava, Bienn. d. Ill.; Brünn, Intern. Bienn.; Krems, Karikaturmus. – **V:** Poetische Satiren: Arbeiten 1990; Neue Arbeiten 1993–1996; Arbeiten 1997–2000; Arbeiten 2001–2003 – (Red.)

Geppert, Renate s. Becker, Renate

Gerard, John; Auf dem Essig 3, D-53359 Rheinbach-Hilberath, Tel. (0 22 26) 21 02, Fax 91 34 37, *info@gerard-paperworks.com*, *www.gerard-paperworks.com* (* Michigan/USA 9. 3. 55) – **VG:** Werfen, Signum Hohenwerfen – **S:** 74–77 Kalamazoo College Michigan (BA) – **L:** 95 HS f. Kunst u. Design Burg Giebichenstein; 00–03 Sommerakad. Innsbruck; 03–06 Alanus HS Alfter (Gastdoz.) – **G/T:** Collage, Papierkunst, Künstlerb. – **K:** Künstlerb. – **M:** Düren, Leopold-Hoesch-Mus.; Eutin, Ldesbibliothek; Frankfurt am Main, Dt. Nat.Bibl.; Luxemburg, Nat.-Bibliothek; Mainz, Gutenberg-Mus.; Nürnberg, Germanisches NM; Offenbach am Main, Klingspor-Mus.; Paris, Bibliothèque Nat.; Washington/DC, Library of Congress – **E:** zahlr. seit 81, zuletzt 97 Mainz, Gutenberg-Mus.; 98 Düren, Leopold-Hoesch-Mus.; 01 Wolfenbüttel, Herzog-August-Bibliothek; 02 Minden, KV; 03, 05 Werfen, Signum Hohenwerfen – **G:** zahlr. seit 77, zuletzt 00 Köln, Editionale; Leipzig, Dt. Buch- u. Schrift-Mus. d. Dt. Bücherei; 01 Esslingen, Kr.spk.; 02 Nürnberg, Druck u. Buch; 03 Ahrenshoop, Neues Kunsthaus; Bonn, Künstlerforum; 04 Köln, Editionale; Köln, Kunst- u. Museumsbibliothek; 05 Werfen, Signum Hohenwerfen; 06 Apeldoorn, Holland Papier Bienn.; Hannover, Handwerksform – **V:** zahlr. Künstlerb. seit 86 – ***Lit:*** Schöpfungen in Papier 97; J. G., Ausst.kat. 00; J. G., Künstlerb. u. Ausst.kat. 03 u. 05

Gerber, Gabriela, Installations- u. Videokünstlerin; *gg_lb@bardillgerber.ch*, *www.bardillgerber.ch* (* Schiers 30. 8. 70) – **VG:** Zürich, Staubkohler; Chur, Fasciati – **S:** 94–95 Schule f. Gest. Luzern; 99–03 HS f. Gest. u. Kunst Zürich – **P:** u. a. Cité Intern. d. Arts Paris 00 u. 01; VID-Festival Bern (Pr. f. bestes Video) 01; CH-Wettb. Videoex Zürich (Pr. f. bestes Video) 01; Kult.- u. Medien-Pr. d. Kt. Graubünden; Swiss Art Awards 04; Wettb. f. professionelles Kult.schaffen 05; Manor-Kunstpr. Chur 05; – sowie zahlr. Werkbeitr. – **KGe:** G.G. u. Lukas Bardill (seit 97) – **G/T:** Video; Install.; Fotogr.; Wandzchngn; Thema: Lsch. – **W:** Teiln. an zahlr. Festivals seit 94, u. a.: Dumbo Arts Festival, Videoparadiso, Videoex u. Viper – **M:** Chur, Bündner KM; Zürich, Kunsthaus; Zürich, Migros Mus. – **Ö:** Chur, Graubündner Kantonalbank; ebda, Kieswerk Calanda; Zürich, Credit Suisse – **E:** 00 Grüsch, Kult.haus Rosengarten; 02 Zürich, Park; 03 Dortmund, Künstlerhaus; 04 Zürich, Staubkohler; 05 Chur, Fasciati; Rhäzüns, Tankstelle Via Nova; 06 Chur, Bündner KM – **G:** seit 95 zahlr. Ausst.bet. in d. Schweiz, Frkr., Dtld sowie Öst., u. a. 00 Paris, Centre Culturel Suisse; 01 Winterthur, KH: Ort der Ausst. (Kat.); Zürich, Migros Mus.; 02 Marseille, Gal. de La Friche; 03 Linz, Ars Electronica (Kat.); 04, 05 Basel, Messe: Swiss Art Awards; 05 Zürich, Les Complices: Mus. Coco (Kat.); Thun, KM: hoch hinaus (Kat.); 05, 06 Chur, Fasciati; 06 Zürich, KH; Davos, transit Wintersport – **V:** m. Lukas Bardill: Lärche 06 – ***Lit:*** u. a. Gerald Sigmund: Die Körper in der Medienwelt, in: FAZ v. 12.4.98; Gabriel Bauret: Regard Critique. Jeune Création 01; Andreas Vogel (Hrsg.): Rapid 101, Swiss Art Awards 04; Dominique von Burg: Ideale Projektionsfläche, in: Neue Zürcher Ztg v. 5.1.05; Gisela Kuoni: Maschinenpark, in: Kunstbulletin 6/05; Kathleen Bühler u. Beat Stutzer: See how the Land Lies, Ausst.kat. 06 – ***LitR:*** Kathrin Messerschmidt: Die Tankstelle als Kunstwerk, in: Kompass, Dtldradio Kult. v. 8.6.05

Gerber, Heinz; Chilchweg 2, CH-3422 Kirchberg (Bern), Tel. 03 44 45 14 56, 03 44 22 54 89, Fax 03 44 22 54 04, *hz.gerber@mydiax.ch* – **G/T:** Bildhauerei, Malerei – (Red.)

Gerber, Tobias, Maler, Zeichner; Teutoburger Str. 1, D-50678 Köln, Fax (02 21) 3 10 09 64, *Tobgerber@web.de*, *www.g-e-r-b-e-r.com* (* Düsseldorf 14. 3. 63) – **S:** Autodidakt; 70–80 Zeichenunterricht b. Karl Eberhard Gerber – **L:** 06–07 HS f. Gest. Offenbach am Main (Vertretungsprof. Zeichnen u. Ill.) – **P:** Villa-Romana-Pr. 98; Stift. Kunstfonds – Arb.- u. Projektstip. 98 – **M:** Molsberg, Pavillon Schloß Molsberg – **E:** zahlr., u. a. 95 Köln, Schipper & Krome (m. Karl Holmqvist); 96 Minneapolis, Thomas Barry Fine Arts; Hamburg, Westwerk; 98 Rotterdam, Goethe-Inst.; 99 Köln, Parking Meters; 00 Bonn, KV; 01 Molsberg, Pavillon Schloß Molsberg; 02 Nürnberg, Birner + Wittmann – **G:** zahlr., zuletzt u. a. 02 Gent, Mus. Dr. Guislain: Tweeling; Köln, Kult.allianzen: Raum ohne Raum (Kat.); Düsseldorf, Parduhn: Urban Views II; 03 Bonn, Kunst- und Ausst.halle d. BRD: Herbarium d. Blicke (Kat.); 04 Berlin, Laura Mars Grp.: B2B and back again

Gerdes, Etta, Fotografin; Neuer Graben 80, D-44139 Dortmund, Tel. Mobil: 01 79 13 60 92 0, *mail@etta-gerdes.de*, *www.etta-gerdes.de* (* Krefeld 11. 7. 74) – **VG:** Vancouver, Elliott Louis Gall. – **S:** 98–04 FHS Dortmund (FB Design) – **Ve:** Pixelprojekt 04; BFF-Juniorin 05 – **G/T:** Naturfotogr. – **K:** Schülerworkshops z. Fotogr. – **M:** Ottawa, NG of Canada – **E:** 05 Kreuzlingen, Rebhüüsli; 06 Montréal, Canadian Centre for Archit.; Vancouver, Elliott Louis Gall.; Jüchen, Schloß Dyck; Berlin, Dt. Zentrum f. Archit.; 07 Braunschweig, TU – **G:** zahlr. seit 02, zuletzt 05 Montréal, Univ.; 06 Dortmund, HMKU in d. Phoenix-Halle – **V:** Mechthild Manus (Hrsg.): Bilder Kanad. Ldschaftsarchit. Die Werke v. Cornelia Hahn Oberlander fotografiert v. E.G. 06

Gerdes, Ludger, Maler, Bildhauer; c/o Galerie Ute Parduhn, Kaiserwerther Markt 6a, D-40489 Düsseldorf, Tel. (02 11) 40 06 55, Fax 4 06 70, *galerie@parduhn.de*, *www.pw6.de/parduhn* (* Lastrup/Lindern 54) – **VG:** Düsseldorf, Parduhn – **S:** 75–82 KA Düsseldorf (b. L. Baumgarten, T. Ulrichs u. G. Richter) – **P:** Förd.pr. Bild. Kunst d. Kult.kr. d. dt. Wirtschaft im BDI 86; Sprengel-Pr. f. Bild. Kunst 94 – **M:** München, Pin. d. Mod. – **E:** seit 82, u. a. 84 Hamburg, Produzentengalerie; 95 London, Gimour; Bordeaux, MAC – **G:** u. a. 82 Kassel, documenta – ***Lit:*** Schweers 02 – (Red.)

Gerhardt, Elfriede s. Besuden, Elfie

Gerhart, Nikolaus, Prof.; Türkenstr. 68 a, D-80799 München, Tel. u. Fax (0 89) 2 80 08 50, *www.adbk.mhn.de* (* Starnberg 30. 11. 44) – **VG:** München, Storms – **S:** 69–75 ABK München – **L:** seit 98 ABK München (Prof. f. Bildhauerei) – **P:** Cité Intern. d. Arts Paris 77; Kunststip. d. Märk. Kult.konferenz 78; Arb.stip. im Bundesverb. d. Dt. Industr. 81; Förd.pr. d. Ldeshauptstadt München 83; Arb.stip. d. Stadt Budapest 92 – **Ve:** Bay. Akad. d. Schönen Künste 04 – **G/T:** Skulpt. (u. a. Granit, Marmor, Muschelkalk); Kunst im Freiraum – **M:** Berlin, SMPK; Hannover, Sprengel Mus.; Ingolstadt, Mus. f.

Konkrete Kunst; München, Lenbachhaus – **Ö:** München, Europ. Patentamt; München-Riem, Ort d. Weltreligionen (Messepark) – **E:** 89 München, Storms; 92 Lüdenscheid, StG; Göppingen, StG; 01 München, Storms (m. A. Lachauer) – **G:** 85 Berlin, NG; 89 Hannover, Sprengel Mus.; 91 Kirchheim unter Teck, StG im Kornhaus – weitere: Düsseldorf, Messe; München, Hypo-KH – ***Lit:*** A. Sagerer: Von hier aus. Neue Dt. Kunst in Düsseldorf 84; Peter Anselm Riedl: N.G., David Nash, Robert Schaad (Mus. Schwäbisch Gmünd) 00; Reclams Künstlerlex. 02

Gerich, Isabella R., Mag. (rer. nat.), Professorin am Gymnasium; Moosstr. 77c, A-5020 Salzburg, Tel. (06 64) 4 25 01 67, *isabella.r.gerich@web.de* (* Salzburg 29. 4. 57) – **S:** Autodidaktin; ab 89 Workshops f. Künstler. Fotogr. (u. a. b. Verena von Gagern, Roger Palmer, Joan Fontcuberta, Lewis Baltz); ab 99 Intern. Sommerakad. f. Bildende Kunst Salzburg (b. Rivka Rinn) – **G/T:** Fotogr. (s/w u. Farbe); Abstr. u. Verfremdung durch mehrere Überarb. u. stark reduzierte Bildausschnitte; formale Strenge im Bildaufbau, assoziative Weite im Bildinhalt; aufeinander Beziehen v. Bildern – **W:** einige Werke in Privatbes. – **E:** 89 Salzburg, Winterthur Versicherungen; 95 Salzburg, Mozarteum; 02 ebda, Petersbrunnhof – **G:** 96 Salzburg, College; 99 Salzburg/Hallein, Intern. Sommerakad.; 00, 01 Salzburg, Gal. Fotohof – (Red.)

Gerkan, Meinhard von, Prof., Architekt; Elbchaussee 139, D-22763 Hamburg, Tel. (0 40) 8 80 22 78 (* Riga 3. 1. 35) – **S:** 56–60 TU Berlin (Archit.); 60–64 TU Braunschweig – **L:** seit 74 TU Braunschweig (Prof. f. Archit.); 88 Nikon Univ. Tokio (Gastprof.); Univ. of Pretoria (Gastprof.) – **P:** u. a. Dt. Stahlbaupr.; Balthasar-Neumann-Pr.; Peter-Joseph-Krahe-Pr.; Fritz-Schumacher-Pr. 00 – **B:** u. a. Algier: Flughafen; Berlin, Pariser Platz: Dresdner Bank; ebda: Flughafen Tegel, Lehrter Zentralbahnhof; Bochum: Hauptverwaltung d. ARAL; Chemnitz: Hörsaalzentrum d. TU; Hamburg: Verwaltungsgebäude d. Lufthansa; ebda: Thalia-Theater (Restaurierung); Hannover: Messehalle; Leipzig: Neue Messe; München: Europ. Patentamt; Oldenburg: Hörsaalzentrum d. Univ.; Peking: Dt. Schule; Peking: Chinesisches Nationalmuseum – **E:** 02 Marburg, Univ.-Mus.; 03 Hamburg, MKG – **G:** 02 Berlin, Berlinische Gal.; 02, 03 Berlin, IFA-Gal. – **V:** mehrere Bücher u. zahlr. Aufss. z. Thema Archit. – ***Lit:*** Contemp. Architects 94; Reclams Künstlerlex. 02 – (Red.)

Gerling, Christoph, Maler u. Graphiker; Deckersberg 47, D-91230 Happurg, Tel. u. Fax (0 91 51) 76 14, Mobil: 01 7 12 00 55 89, (00 39) 3 201 81 97 75, *christoph-gerling@arcor.de*, *www.Christoph-Gerling.de* (* Würzburg 24. 8. 37) – **VG:** Eibelstadt, Gal. Schulgasse 18; Nürnberg, art concept; Nürnberg, CREATI VE – **S:** 57–62 KA München (Meisterschüler b. Erich Glette) – **L:** 74–02 ABK Nürnberg (Doz. f. Malerei, Zeichn. u. Druckgraph.) – **P:** Kunstpr. d. Nürnberger Nachrichten 03 – **Ve:** BBK Nürnberg – **KGr:** Der Kreis Nürnberg (seit 68) – **G/T:** Malerei (abstr. Figuration); Druckgraph. (Rad., Siebdruck); Zeichn. (Bleistift, Kohle); Keramik (Majolika, v. a. Köpfe, Fliesen, Teller) – **W:** zahlr. Arb. in Privatbes.; Anfertigung v. 16mm-Filmen im Auftrag f. d. KH Nürnberg sowie d. Nürnberger Stadttheater – **M:** Abenburg, Slg d. Bez. Mfr.; Bayreuth, Univ.; Erlangen, Univ.; Fürth, Städt. Slg; München, Bay. Staatsbibliothek; München, Bay. Staatsgemäldeslgn; Nürnberg, Germanisches NM; Nürnberg, Neues Mus.; Nürnberg, SM Fembohaus – **Ö:** Landau/Isar, Foyer d. Fa. Reichl; Würzburg, Kopfklinik d. Univ.klinik (Kopf) – **E:** u. a. 85, 97 Nürnberg, Kunsthaus; 86 Nürnberg, KV Dürer-Ges.; 87 Schweinfurt, Städt. Slgn Alte Reichsvogtei; 88, 93 Würzburg, Otto-Richter-Halle; 91 Landau in der Pfalz, Villa Streccius; 96 Nürnberg, Gal. im Kohlenhof; 99 Eibelstadt, Gal. Schulgasse 18; 01 Frankfurt am Main, Commerzbank; 02 Zirndorf, act.art; 03 Nürnberg, Kr.gal. im Germanischen NM; 07 Hersbruck, Dt. Hirtenmus. (m. Michaela Moritz, Kat.); Nürnberg, Fembohaus (Kat.) – **G:** seit 57 Bet. an intern. Graph.bienn., z.B. in Bitola, Frechen, Ljubljana, Krakau, Paris u. Tuzla sowie Reykjavik, GRAFÍK/MYND; – zuletzt: 03 Troina/Ital., Signum – Intern. Ausst. f. Rad.; Bagheria, Degustazione d'arte; 03 (Kunstpr. d. Nürnberger Nachrichten), 07 (Kreis) Nürnberg, Kunsthaus; 04 Krakau, Ethnographisches Mus.; 06 Nürnberg, N-ergie: Kreis; 07 Ahrenshoop, Kreis – **V:** Die Ordnung ist das Chaos der Ordnung, Kassette (12 Kaltnadelrad.) 91; Siamo in Corso, Künstlerb. (Siebdruckorig.) 93; m. R. Funk: Ilbono, Künstlerb. (Siebdruckorig.) 96; m. Maria Piazza: Kunst ist, wenn dein Bauch lacht, Künstlerb. (Siebdruckorig.) 04 – **R:** KAMERA, REGIE u. PRODUKTION d. 16MM-FILME: m. Werner Knaupp: LISA/ROSA/Waldemar, Filmtage Würzburg 75; Kleiner Kreuzgang, Filmtage Würzburg 83; – KAMERA u. REGIE: m. K. H. Brandmann: Schuh Sein, 16mm, KH Nürnberg 75 – ***Lit:*** KAT.: C. G. Zeichnungen und Radierungen, z. Ausst. in d. Gal. in Zabo Nürnberg 79; C. G. Zeichnungen, z. Ausst. in d. Albrecht-Dürer-Ges. Nürnberg 83; C. G. Objekte und Collagen, z. Ausst. in d. Otto Richter KH Würzburg 85

Germann, Monica (Ps.: Flexin und Fly Robin), Bild. Künstlerin; c/o Gal. Staubkohler, Rotwandstr. 53, CH-8004 Zürich, Tel. u. Fax (01) 2 40 30 55, *www.staubkohler.com* (* St. Gallen 30. 11. 66) – **VG:** Zürich, Staubkohler; Chicago, Gupta – **S:** 86–91 HS f. Kunst u. Gest. Zürich – **P:** Eidgenöss. Pr. f. bild. Kunst 98; Atelierstip. Stift. Binz39 Zürich 98, 99; Atelieraufenthalt Istituto Svizzero di Roma 99, 00; Cité Intern. d. Arts Paris 01, 02; Werkjahr UBS Kult.stift. 02 – **KGe:** M. G. u. Daniel Lorenzi (seit 95) – **G/T:** Zeichn., Wandzeichn., Multimedia – **W:** Zeichn., Multiples, Video, Audio, Ankauf durch d. Stadt Zürich u. d. Kt. Zürich – **Ö:** Kunst am Bau: Rüfenach, Kantonale Kinderstation Rüfenach AG; Zürich, Univ. – **E:** 99 Zürich, Stift. Binz 39; 00 Chicago, Vedanta; Zürich, Siemens; 01 Chicago, Vedanta; 02 Altdorf/Uri, Haus f. Kunst Uri; Zürich, Staubkohler; 03 Berlin, Wieland; Basel, Kaskadenkondensator; Zürich, Anker; Bern, StG; Luzern, Raum für Aktuelle Kunst – **G:** u. a. 97 Zürich, Kunstraum; 98 Zürich, Helmhaus; Zuerich, Stift. Binz 39; 99 New York, Swiss Inst.; 00 Zürich, Helmhaus; 01 Paris, Espace d'Art; Berlin, Thumm; 02 Chicago, Vedanta; 03 Zürich, KH; St. Gallen, KM; 04 Zürich, Kunsthaus Oerlikon; Solothurn, KM; – KUNSTMESSEN: 00 Berlin, Art Forum; 00, 01, 02 Chicago, Art Chicago; 02 Basel, Art Basel – **V:** Leuchtfigur, T-Shirts 95; Zeichenheft 97; 18 Stickers, Kleberset 98; Marvellous Motion, Prospekt 98, 99; His Masters Voice, Plakat 00; Silence Studios, Heft 01; On Mouse up, Monogr. 02 – (Red.)

GERMAR s. Speckin, Horst-Germar

Gerner, Rolf, Maler; Schöneberger Str. 21, D-34128 Kassel, Tel. (05 61) 88 50 39 (* Kassel 2. 3. 41) – **S:** 61–63 Staatl. WerkKSchu Kassel (Graph. u. Visuelle Kommunikation) – **Ve:** BBK Nordhessen – Kassel seit 65 – **KGr:** Gruppe R5 (71–76) – **G/T:** Malerei u. Graph. (Ölbilder, Aqu., Mischtechniken) im Stil d. Realismus, Schwerpunkt: Ldschaften – **W:** Werke in Firmen-, Behörden- u. Privatbes. – **M:** Coburg, KS d. Veste; Kassel, Staatl. Mus. – **E:** 75 Gütersloh, Mühlen-Gal.; Kassel, Studio Kausch; 77 Fulda, Kunststation Faber; Wiesbaden, Panorama Gal.; 80 Coburg, KV;

81 Kassel, Schloß Bellevue; 86 Bückeburg, Harmening; 89 Kassel, Ständehaus; 91 Bad Salzuflen, Bürgerhalle; 92 Helmstedt, Kult.verein; 93 Soest, Kunstpavillon; 01 Fuldatal, Die Realismusgalerie; 03 Lohfelden, Kulturfitüre; 05 Baunatal, RH; 06 Söhrewald, Altes Forstamt – **G:** 86 Helmstedt, Schürmann; 73, 77 Göttingen, Kunstmarkt; 74, 88, 98 Kassel, KV; 76 Marburg, KV; 90 Hofgeismar, Ev. Akad. d. Künste; 96 Alsdorf, KV; 99 Kassel, Kult.bahnhof; 05 Kassel, Hessiale – **V:** Der Elsa kommt. Kindheitserinnerungen aus d. Nachkriegs-Kassel, Biogr. (Text u. Ill.) 97 – ***Lit:*** Katy Gerner u. R.G.: R.G., Malerei, Kat. 89

Gerner, Wolfgang, Maler, Graphiker, Objektemacher; Inderstorferstr. 14, D-80689 München, Tel. (0 89) 5 80 59 57. Atelier: Hübnerstr. 3, München (* Parsberg a. d. Schwarzen Laaber 26. 8. 42) – **VG:** München, Sachs; München, Braunbehrens; Karlsruhe, Rottloff; Weiden, Hammer & Herzer; Bad Aibling, Villa Maria – **S:** 61–64 Rabenbauerschule f. Graph. München; 68–74 ABK München (b. Prof. Zimmermann) – **L:** 75–80 Akad. U5 (Akt u. Naturzchng); 93–96 FHS Augsburg (LAuftr. f. Lith.) – **P:** Ecke-Pr. 81; Schwabinger Kunstpr. d. Stadt München 88; Il Centauro d'Oro 88; Premio Agazzi 91 – **Ve:** KV München; Rad.ver. München; Dolina-Riedenburg; Kunstgilde Parsberg – **G/T:** konzeptionelle Malerei (Lw.lief); Steinrelief; Handzchng; Papierarb. u. Druckgraph.; Lith.; Steinrad.; Hochdruck – **K:** Workshops f. Lith. (gelegentl.) – **M:** Alexandria, Echnaton-Mus.; Augsburg, SG am Schaezler-Pal.; Berlin, Freilichtmus. Domäne Dahlem; Berlin, Graphothek; Bremen, Artothek; Catania, Mus. Contemp.; Frankfurt am Main, Dt. Nat.Bibl.; Kairo, Echnaton-Mus.; Leipzig, Dt. Buch- u. Schrift-Mus. d. Dt. Nat.bibl.; München, Artothek; München, Bay. Staatsbibliothek; München, Lenbachhaus; München, Rad.ver. Arch.; München, SM; São Paulo, NG – **Ö:** Collegno, Musikverl.; Greding, Raiffeisenbank; Hemau, Raiffeisenbank; Kempten, Dresdner Bank; Landsberg, Dresdner Bank; Landshut, Schulungszentrum d. Bay. Spk.- u. Giroverb.; München, Xenia Forum; ebda, Dresdner Bank, Ldesbauspk.; Oberschleißheim, Organon – sowie: Slg Zirkus Roncalli – **E:** u. a. 76 München, KV; 80 Augsburg, Schaezler-Pal.; 82 Karlsruhe, Rottloff; 85 München, Lothringer 13; 87 Siegen, KV; Bonn, Dt. Kult.rat; 89, 92 München, Sachs; 93 Neumarkt, StG im Reitstadel; 96 Weiden, Hammer & Herzer; 97 München, Gal. im RH; 01 Hof, KV; 04 Fürstenfeld, Kloster; Bad Aibling, Villa Maria; 05 München, Olympiazentrum; 06 München, St. Martin am Glockenbach – **G:** zahlr. Bet. seit 69, u. a. Berlin, Berliner Festwochen; München, Große Kunstausst.; München, Haus d. Kunst; Wien, Künstlerhaus; Darmstadt, Neue Darmstädter Sezession; Budapest, Ernst-Mus.; Köln, Art Cologne; Frankfurt am Main, Art Frankfurt; Berlin, Parlamentar. Ges. im Reichstag – weitere: Afrika u. Asien, Goethe-Inst.; Ibiza Graph. – **V:** Parterre, Mappenwerk (Steindrucke) 75, 78; Der Herr d. Tiere, Mappenwerk (Steindrucke) 90; Das Pferd d. Nacht 93; Zu meiner Arbeit, in: Laubacher Feuilleton 94 – ***Lit:*** KAT.: Gode Krämer: Ausst. Schaezlerpalais 80; Gal. Karin Sachs 89; Ivo Kranzfelder: Alkmona 94 – ***LitR:*** Kurzportr.: Lokalsender Haidhausen 85; Lokalsender Regensburg 96 – sowie: K1 J., Beitr. Kabel 1 03

Gerner, Wolfgang, Bildhauer, Marionettenspieler; Zur Heide 1, D-33775 Versmold, Tel. (0 54 23) 69 22, *zirkusgelinde@aol.com*, *www.zirkusgelinde.de* (* Enger/NRW 30. 6. 54) – **Ve:** Union Internationale de la Marionnette – (Red.)

†**Gernhardt,** Robert, Maler, Zeichner, Karikaturist u. Schriftsteller; lebte in Frankfurt/Main (* Reval 13. 12. 37, † Frankfurt/Main 30. 6. 06) – **S:** 56 Malerei u. Germanistik in Stuttgart u. Berlin – **L:** 02 Univ. Essen (Doz.) – **P:** zahlr. Pr., u. a. Bertolt-Brecht-Pr. 98; Göttinger Elch 99; Erich-Kästner-Pr. 99; Prix Pantheon, Bonn 00; Schubart-Lit.pr. 01; Rheingau-Lit.pr. 02; Dt. Kleinkunstpr. 03; Ringelnatz-Pr. 03 – **Ve:** Dt. Künstlerbund – **E:** u. a. 03 Fellbach, Stadtgal. – weitere in Basel, Berlin, Frankfurt am Main u. Regensburg – **V:** zahlr. Publ., u. a. Innen und außen. Bilder – Zeichnungen – Über Malerei 88; Über Alles. Ein Lese- u. Bilderb. 94; Hier spricht der Zeichner 96; Vom Schönen, Guten, Baren 97; Septemberbuch, Zeichn. zu Gedichten 97; Unsere Erde ist vielleicht ein Weibchen 99; Der letzte Zeichner. Aufss. zu Kunst u. Karikatur 99 – ***Lit:*** Flemig 93

Geronimo der Sachenmacher s. Anglberger, Carlos Michael

Gerosa, Gabriella, Videokünstlerin; Blauenweg 7, Ch-4102 Binningen (* Mendrisio 64) – **S:** 90–93 Schule f. Gest. Basel (Bildhauerfachkl.) 95–99 ebda (Gaststud., Videofachkl.) – **P:** Bourse Kiefer-Hablitzel 93; Kult.-förd.pr. d. Alexander Clavel Stift. 96; Eidgenössischer Pr. f. Kunst 01, 02; ZONTA regio Kunstpr. 03 – **E:** u. a. 02 Riehen, Kunstraum; 03 Aarau, Kunstraum; 04 Basel, Krupp – **G:** seit 94, u. a. 96 Zürich, Helmhaus; 00 Basel, Kaskadenkondensator; 02 Solothurn, Kantonales Kult.zentrum – (Red.)

Gerresheim, Bert, Bildhauer, Pädagoge; Hüttenstr. 115, D-40227 Düsseldorf, Tel. (02 11) 77 44 64 (* Düsseldorf 35) – **VG:** Berlin, bildhauergal. f. kleinplast. – **S:** 56–68 KA Düsseldorf (b. Otto Pankok); ab 60 Univ. Köln (Kunstgesch.) – **L:** Lessing-Gymnasium Düsseldorf (Dt. u. Kunst) – **P:** Villa-Massimo-Stip. 67–68; Villa-Romana-Pr. (fast jl. f. mehrere Monate) 74–78 – **G/T:** am europ. Manierismus orientierte Vexierplast. (in Bronze, char. sind bildhafte Zitate aus Kunst, Natur u. v. a. Bibel) – **W:** Edith-Stein-Denkmal, Herbert-Wehner-Büste – **Ö:** Düsseldorf, Schwanenmarkt (Heinrich-Heine-Denkmal); ebda, Stadterhebungsmonument, Rochuskirche (Turm, Christus am Kreuz); Düsseldorf-Kaiserswerth, Spee-Epitaph; Düsseldorf-Oberbilk, Josefs-Denkmal; Kevelaer, Marienbasilika (Portal d. Versöhnung); ebda, Apokalypse (Großrelief); Niederwenigern, Dom (Nikolaus-Groß-Memorial); Wesel, St. Martini (Kreuzweg) – ***Lit:*** Helga Meister: Die Kunstszene Düsseldorf 79; Die Plastik als Protokoll der Wahrnehmung, In: Das Düsseldorfer Heine-Monument 81; Helga Meister: Kunst in Düsseldorf 88; Hugo Weidenhaupt: Düsseldorf, Geschichte von den Ursprüngen bis zum 20. Jh. 88; Friedrich Hofmann: Keine irdische Macht bleibt als Sieger. Gedanken zum bronzenen Fassadenbild v. B.G. an der Marienbasilika zu Kevelaer, In: Die Tagespost v. 4.7.02; KV für die Rheinlande u. Westfalen: B.G. Vexierplastiken, Vexierbilder. 1968–1978; Werner Schwerter u. Inge Zacher: Das Stadterhebungsmonument – (Red.)

Gerson, Rainer, Maler; Wickenweg 1, D-12623 Berlin, Tel. (0 30) 5 66 52 75, *rainer-gerson@web.de* (* Wolfen 9. 5. 59) – **VG:** Lenting, Kurz – **S:** 82–87 HS f. Kunst u. Design Burg Giebichenstein (Malerei u. Graph.) – **G/T:** abstr. Malerei (Öl, Acryl, Wasserfarben auf Papier u. Leinwand) – **Ö:** Berlin, Integrationsschule Schönwalder Str. – **E:** 92, 94, 96, 98, 00 Lenting, Kurz; – weitere: Halle, Gal. Alter Markt; Berlin, Gal. Grünstr.; Bitterfeld, Gal. am Ratswall; Dessau, Anh. KV; Helmstedt, Gal. im Kr.haus – **G:** Düsseldorf, Mus. Kunst Pal.; Frankfurt/Oder, Mus. Junge Kunst; Berlin, Gal. HO; Halle/Saale, Villa Kobe; München, Haus d. Kunst – ***Lit:*** Nike – New Art in Europe 93; Kunststadt/Stadtkunst 97; R. G. – Malerei, Ausst.kat. 00; Justus Wertmüller: Kunst für's Kind? – (Red.)

Gerstenberger, Norbert (Ps.: Geno), Maler, Graphiker; Pognerstr. 3, D-81379 München, Tel. (0 89) 7 23 56 41, *geno-art@t-online.de* (* Iserlohn 9. 5. 48) – **S:** FHS München (Graph.design) – **L:** seit 03 FHS Salzburg (LAuftr. Ill.) – **G/T:** figurat. Malerei; Zchng – **K:** VHS München (Freies Zeichnen) – **W:** überw. in Privatbes. – **M:** München, Staatl. GrS – **E:** / G: seit 76 im In- u. Ausld, zuletzt 06 München, Weltraum-Gal. – **R:** Giant Steps, DVD-Kurzf. m. Musik 06 – ***Lit:*** versch. Art. u. Beitr. in Mag., Jb., Zss, Kat. u. a.

Gerster, Georg, Dr. phil., Publizist, Fotograf; Tobelhusstr. 24, CH-8126 Zumikon, Tel. (01) 9 18 10 25, *georg.gerster@bluewin.ch*, *www.georggerster.com* (* Winterthur 30. 4. 28) – **VG:** Cincinnati/OH, Carl Solway – **P:** Die goldene Blende, Dtld 73; E.gabe d. Kt. Zürich 74; Prix Nadar, Paris 76; Pictures of the year competition, Columbia/MO, 1. u. 2. Pr. 76, 2. Pr. 80; World understanding through photography (Special recognition) 76; Anerkennungsgabe d. Stadt Winterthur 77; Zürcher Journalistenpr. 84 – **M:** Halle/Saale, Techn. Mus. Halloren- u. Salinemus.; Lüneburg, Dt. Salzmus. Tokio, Mus. for Salt and Tobacco; Zürich, Kunsthaus (Schweizer. Stift. f. d. Photogr.) – **Ö:** Dayton/OH, Third National Bank Ohio; ebda, Duriron; Mason/OH, Procter and Gamble, Health Care Research Center; Miami, Celebrity Cruises; Rochester/MN, Mayo Clinci; Winterthur, Paul Reinhart AG; Zumikon-Zürich, Spectrasearch Amrop Hever; – in Zürich: Zürich Financial Services, Bank Leu, Swiss Re, Universitätsspital, Zürcher Kantonalbank ZKB, Center for International Studies CIS – **E:** 65–71 SWISSAIR's Muba (Basel Muster-Messe) Pavillon – Bilder u. Texte – über Nordamerika (65), Afrika (66), Südamerika (67), Nordamerika (68), Japan (69), Swissair Weltweit (70), USA (71); 68–69 Zürich (u. weitere Schweizer Städte) 'Kirchen im Fels'; 75–83 'Der Mensch auf seiner Erde' in Kunstmuseen in d. Schweiz, in Dtld u. Österr.; 79 Paris, Centre Kodak 'Le pain et le sel'; New York, Swiss Center 'U.S. Farmlands'; 89 Lüneburg, Dt. Salzmus. 'Salz in Afrika' (im Anschluß auch in Braunschweig, Mus. f. Photogr. sowie im Scunthorpe Mus. and Art Gall., England); 90 Tokio, Mus. for Salt and Tobacco 'Grand Design drawn by the Earth and Man' (im Anschluß auch in Osaka, Nagoya u. Chiba); 92 Bordeaux, 'Le pain et le sel'; Mailand, Trienn. (60 prints, 95 in Verona, 01 in Florenz, 05 in Lucca u. in weiteren ital. Städten); 96–01 'Über Siebenbürgen' in München, Stuttgart, Hamburg, Berlin u. weiteren dt. Städten; 00 London, Focus-Gall. 'The earth from above'; 03–07 'Flug in die Vergangenheit': 03–04 Essen, Ruhrland-Mus.; 04–05 Århus, Moesgård Mus.; 05 Karlsruhe, Badisches LM; Zürich, Schweiz. LM; 06–07 London, British Mus. – **G:** 79–81 Washington/DC, Nat. Air and Space Mus. 'Our beautiful earth' (m. Robert Bucknam, William Garnett u. George Hall); 91 Fleurance, 1. Festival Intern. du Ciel et de l'Espace – **V:** u. a.: Sahara. Reiche fruchtbare Wüste 59; Sinai. Land der Offenbarung 61; Augenschein in Alaska 61; Nubien. Goldland am Nil 64; Faras. Die Kathedrale aus d. Wüstensand 67; Die Welt rettet Abu Simbel 68; Kirchen im Fels 68, 2. erg. u. erw. Aufl. 72; Frozen Frontier (nur engl.) 69; Countdown für die Mondlandung 69; The Nubians (nur engl.) 73; Äthiopien. Das Dach Afrikas 74; Der Mensch auf seiner Erde. Eine Befragung in Flugbildern 75; Brot und Salz, Flugbilder 80; Flugbilder. 133 aus der Luft gegriffene Fundsachen 85; Die Welt im Sucher 88; Siebenbürgen im Flug 96; Flug in die Vergangenheit 03; Flugbilder aus Syrien 03; Weltbilder 04; Mit den Augen der Götter 04; Swissair Posters 06 – ***Lit:*** Contemp. Photographers 95

Gerstner, Karl, Maler, Graphiker, Plastiker; Postfach, CH-4024 Basel, Tel. 06 13 61 24 74 (* Baden 2. 7. 30) – **VG:** Zürich, Weber – **S:** 37–44 Allg. Gewerbeschule Basel – **Ve:** AK Berlin – **KGr:** Nove Tendencije – **G/T:** Malerei, Graph., Zeichn., Objekte, Kunsttheorie – **M:** Düren, Leopold-Hoesch-Mus.; London, Tate Coll.; Lörrach, Mus. am Burghof; New York, MOMA; Nürnberg, KH; Solothurn, KM; Stuttgart, SG – **E:** u. a. 67, 74, 82, 86 Paris, Gal. Denise René; 92 Basel, Mus. f. Gegenwartskunst; Basel, Littmann; Tübingen, KH; 92, 94 Zürich, Gal. APC; 93 Solothurn, KM; Weimar, KH; Wuppertal, Von der Heydt-Mus. – **G:** u. a. 65 New York, MOMA; 68 Kassel, documenta; 77 Hamburg, KH; 86 Venedig, Bienn. – ***Lit:*** Contemp. Artists 96; Contemp. Designers 97; BLSK 98; Reclams Künstlerlex. 02; Schweers 02 – (Red.)

Gerstner, Tobias Gereon, Bildhauer, Kunstmaler; Oberbilker Allee 170, D-40227 Düsseldorf, Tel. (02 11) 7 88 85 05, *tobiasgerstner@yahoo.de*. c/o Familie Gerstner, Lindenstr. 18, D-91126 Schwabach, Tel. (0 91 22) 47 05 (* Schwabach/Franken 6. 9. 68) – **S:** 91–96 ABK Nürnberg (Bildhauerei b. Prof. Wilhelm Uhlig und Prof. Tim Scott, 93 Meisterschüler v. Prof. Wilhelm Uhlig); 96–97 KA Düsseldorf (Malerei u. Bildhauerei b. Prof. Markus Lüpertz) – **P:** Kl.pr. d. ABK Nürnberg 93; Akad.pr. Nürnberg 94; Kunstpr. d. Nürnberger Nachrichten 98; Ida Gerhardi-Pr. 99; Förd.pr. d. Großen Kunstausst. Düsseldorf 01; Förd.pr. d. Bez. Mfr. 02; Stip. d. Konrad-Adenauer-Stift.; Else-Heiliger-Fonds 03; Kunstpr. d. Europ. Olympischen Ges. Leipzig 04 – **Ve:** KV Schwabach seit 93; Kunstforum Fränkisches Seenland seit 96; Ver. Düsseldorfer Künstler seit 01 – **G/T:** Skulpt. (Ton, Stein, Holz, großformatig); Portr.; Kunst am Bau – **K:** Bildhauerei am Hetjens-Mus. Düsseldorf – **W:** zahlr. Werke in Privatbes. – **M:** Düsseldorf, Hetjens-Mus.; Schwabach, StM; Schweinfurt, Slg f. zeitgen. Kunst – **Ö:** Georgensgmünd, Planetenweg; ebda, Skulpt.weg; Weißenburg, Hof d. Neuen RH; ebda, Ringfeld am Süd-Tor – **E:** 94 Nürnberg, Gal.tage; Nürnberg, Reim; 97 Sipplingen, Haus d. Gastes; 98 Bonn, Palästinensische Generaldir.; 99 Bonn, Südafrikanische Botschaft; 00 München, Lea; 02 Düsseldorf, Hetjens-Mus.; 03 Essen, Kunstraum; Essen, Klose – **G:** zahlr. Ausst.bet. seit 93, zuletzt 00 Nürnberg, Deutschherren Karree; 03 Berlin, Konrad-Adenauer-Stift.; Düsseldorf, Mus. Kunst Pal.; Wittenberg, Altes RH; Nürnberg, Kunsthaus; 04 Leipzig, Ldesbank Sa. – (Red.)

Gertsch, Franz, Maler, Graphiker u. Holzschneider; Hüslistätt, CH-3154 Rüschegg-Heubach, Tel. 03 17 38 87 17 (* Mörigen 8. 3. 30) – **S:** 47–50 Malschule 'Max von Mühlenen' Bern; bis 52 Studien b. Hans Schwarzenbach – **P:** Louise Aeschlimann-Stip. 67; DAAD-Stip. 74; Kaiserring d. Stadt Goslar 97 – **G/T:** Vertreter d. Fotorealismus – **M:** Aachen, Ludwig Forum; Berlin, NG; Frankfurt am Main, MMK; Hannover, Sprengel Mus.; Kiel, KH; Köln, Mus. Ludwig; München, Pin. d. Mod.; Wolfsburg, StG – **E:** zahlr. Einzelausst. seit 70, zuletzt u. a. 97 Berlin, Hamburger Bahnhof; Goslar, Mönchehaus-MMK; 99 Kleve, Mus. Kurhaus; Thun, KM; 00 London, Hess Collection at Vinopolis; 01 Paris, Centre Culturel Suisse; 00 München, Haus d. Kunst; 06 Burgdorf, Mus. Franz Gertsch; Bern, KM; Aachen, Ludwig Forum; Tübingen, KH – **G:** u. a. 72 Kassel, documenta V; 78, 99 Venedig, Bienn.; 80 New York, MOMA; 97 Lyon, Bienn.; Kwangjiu/Korea, Bienn.; 00 Aarau, Aargauer Kunsthaus – ***Lit:*** Flemig 93; Contemp. Artists 96; BLSK 98; Reclams Künstlerlex. 02; Schweers 02; Angelika Affentranger-Kirchrath: F. G. Die Magie des Realen 04 – (Red.)

Gertsch, Silvia, Künstlerin, Malerin; c/o Galerie Jamileh Weber, Waldmannstr. 6, CH-8001 Zürich, Tel. (01) 2 52 10 66, Fax 2 52 11 32, *info@jamilehweber.com; ach-gertsch@gmx.ch, www.jamilehweber.com* (* Bern 27. 7. 63) – **VG:** Zürich, Weber – **S:** Autodidaktin – **P:** Louise Aeschlimann-Stip. 90; Anerkennungspr. d. Vordemberge-Gildewart-Stift. 97; Conrad Ferdinand Meyer-Pr. Zürich 98; Pr. d. Bürgi-Willert-Stift. 98; Werkbeitr. d. Kt. Zürich 01–03 – **KGe:** S.G. u. Xerxes Ach (seit 92) – **G/T:** Hinterglasmalerei (Öl hinter Glas) – **M:** Bern, KM; Zürich, Kunsthaus – **Ö:** Basel, Novartis; Bern, Berner Holding; Winterthur, Winterthur Versicherung; Zürich, Credit Suisse; ebda, Bank Julius Bär, UBS, Allianz – **E:** zahlr. seit 86, zuletzt 96 Zürich, Helmhaus; 98 Burgdorf, KH; 99 Winterthur, KH; 99, 01, 02 Bern, Kabinett; 00 Zürich, Semina Rerum; 01 Wiesbaden, Weber; 03 Zürich, Weber – **G:** zahlr. Bet. seit 86, zuletzt 96 Bern, KH; 97 Zürich, Helmhaus; Zürich, Semina Rerum; 98 Zürich, Kunsthaus; Frankfurt am Main, Schirn; 00 Thun, KM; 01 Burgdorf, Gal. im Park; 02 Basel, KH; Lugano, Mus. Cantonale d'Arte; 03, 04 Zürich, Weber; 04 Biel, Kunsthaus Centre Pasquart – ***Lit:*** Xerxes Ach. S.G., Ausst.kat. 98; From Dusk Till Dawn, Monogr. (m. Xerxes Ach) 03 – ***LitR:*** Susanne Läng: B-Mag., Fs.beitr. SFDRS 03

Gerum, Reinhild, Malerin, Bildhauerin, Maltherapeutin; Marschnerstr. 41d, D-81245 München, Tel. (0 89) 8 34 24 50, *reinhildgerum@mnet-online.de* (* München 23. 9. 55) – **S:** 77–81 ABK München (Malerei b. K.F. Dahmen); 81–83 ebda (Aufbaustud. Kunst u. Archit. b. Erich Schneider-Wessling) – **L:** 85–86 ABK München (LAuftr. f. exper. Zeichnen); seit 01 Georg-Simon-Ohm-FHS Nürnberg (LAuftr.); seit 00 FHS München (LAuftr.) – **P:** Stip. d. Inst. f. Bildung u. Kult. Remscheid (f. Seniorenkult.arb.) 89; Arb.förd. d. Kunstfonds 94; Kurzstip. f. Haus Rissen Hamburg 02; KV Bad Wörishofen (1. Pr.) 05 – **Ve:** BBK 88; GEDOK (Fachbeirätin f. Malerei seit 06) 97; KV Aichach 01; Schutzverb. Bild. Künstler 04 – **KGr:** Offene Ateliers Pasing (seit 99) – **G/T:** Zchng (gegenstandslos); Objekte (Erde, Papier, Holz); Install. (Stahl, Draht, Folie) – **K:** regelmäßig Projekte m. psychisch Kranken im Bezirkskrankenhaus Haar b. München (Maltherapie) – **W:** überw. in Privatbes. sowie temporäre Install. m. Erde, Glas, Draht u. a. – **M:** Bayreuth, KM – **Ö:** München, Logics Software; ebda, Steuerkanzlei Marie-Luise Peissinger, Office Concept – **E:** 83, 87 München, Anais; 85 Bonn, Hennemann; 88, 91 Stuttgart, Harthan; 89 Landshut, Gal. am Maxwehr; 91, 93, 96 München, Produzentengal.; 95 Nürnberg, Schreiter; Freiburg, Vallentin; 96 München, Lothringer 13; 97 München, Erzdiözese; 99 Mönchengladbach, Kult.zentrum BIS; 02 München, Gal. Z; 03 München, Pasinger Fabrik; Bayreuth, KV; Köln, Freiraum; 04 Fürstenfeldbruck, Kult.wkst. Haus 10; 05 München, Obersteiner; Burghaun, Liebau; München, Kunstpavillon – **G:** 86 Kempten, Allgäuer Künstlersymposium; 88 Augsburg, Bienn. d. Zchng; 94 Stuttgart, Gal. unterm Turm; 96, 06 (Kat.) München, Pasinger Fabrik; seit 97 Tutzing, Akad. f. politische Bildung; 99 Freising, Lindenkeller; Passau, KV; seit 00 Bayreuth, KV; 01 München, Reg. v. Obb.; 02 München, Lenbachhaus; Freiburg im Breisgau, StG Schwarzes Kloster; Augsburg, Zeughaus; Aichach, KV; 03 Ebersberg, KV; Uddevalla, Bohus Galleriet; 03, 05 (Kat.) Bad Wörishofen, Kunstfrühling; 04 Fürstenfeldbruck, Kult.wkst. Haus 10; 05 Nowosibirsk, Dt. Generalkonsulat; Nowosibirsk, Gal. Chernoff; Trutnov, Gal. Mesta Trutnova: Spolecna Evropa II (Kat.); 06 München, Amerikahaus: Perspektivwechsel; Cincinnati/OH, DAAP Gall. Univ. of Cincinnati (Kat.); Burghausen, KV: serienweise (Kat.); Kleinsassen, Kunststation: Briefe aus Nowosibirsk; 07 Sofia, Goethe-Inst.: Kunst aus d. Koffer – **V:** Günther Watzinger: Miez u. Muz (Linoldruck) 91; Das Regenbogennilpferd (maltherapeut. Projekt) 96; Felix Tretter u. Wolfram Bender (Hrsg.): Kunsttherapie in der Psychiatrie 95; Werner Kraus (Hrsg.): Die Heilkraft d. Malens 97; Bettina v. Jagow u. Florian Steger: Repräsentation v. Medizin u. Ethik in d. Kunst u. Lit. d. Mod. 04; m. Teresa Dietrich: Briefe aus Nowosibirsk (Auflage: 100, signiert u. nummeriert) 06 – ***Lit:*** AUSST.KAT.: Alessandro Lauri: Raster 88; Stephan Graupner: Oberfläche 94; Thomas Elsen: Es ist nur eine Haaresbreite, 02; Thomas Linsmeyer: Alles Klar, Alles Klar 03 – sowie: Johanna Kerschner, in: UND, das Münchner Kunstj. Nr. 16 02

Gervé, Johannes, Maler; Marienstr. 73, D-76137 Karlsruhe, *www.gerve.de* (* Karlsruhe 7. 2. 65) – **VG:** Wuppertal, Janzen; Karlsruhe, Bode; Stuttgart, Fischinger – **S:** 84–91 KA Karlsruhe (Meisterschüler b. Prof. Klaus Arnold) – **G/T:** Malerei, Lsch. – **W:** überw. in Privatbes. – **M:** Karlsruhe, Reg.präsidium; Karlsruhe, StG; Stuttgart, Reg.präsidium – **Ö:** Langensteinbach, Klinik (Betonskulpt.) – **E:** 92 Rastatt, KV; 94 Karlsruhe, Gal. Akzente; 96 Nonnenhorn, Probst; 97 Bühl, Friedrichsbau; 98, 00, 03 Stuttgart, Fischinger; Landau, KV Villa Streccius; 01 Karlsruhe, Gal. 10; 02 Gondelsheim, Steiner; 04 Baden-Baden, SWR; 06 Mannheim, KV; Karlsruhe, Bode – **G:** zahlr. Bet. im In- u. Ausld – ***Lit:*** J.G. Bilder 00; Arb. auf Papier 04; Landschaften/Landscapes 06 – ***LitR:*** Martina Klug: Üb. d. Karlsruher Maler J.G., In: Kult.café, Filmportr. SWR 04

Gerwers, Martin, Maler; Hildebrandtstr. 13, D-40215 Düsseldorf, Tel. (02 11) 34 05 05, Fax 3 18 05 05 (* Velen 4. 7. 63) – **VG:** Glarus, Tschudi – **S:** 84–89 FHS Aachen (Visuelle Kommunikation); 89–93 KA Düsseldorf (Meisterschüler b. Prof. Jan Dibbets) – **Ö:** Berlin, DaimlerChrysler Contemp. – **E:** u. a. 89 Aachen, Blume; 93 Düsseldorf, Fischer; 96 Glarus, Tschudi; 98 Köln, Campaña; 99 Leipzig, Gal. f. Zeitgen. Kunst; 02 Berlin, Heimer u. Partner – **G:** u. a. 88 Aachen, Neuer Aachener KV; 96–97 Erfurt, Gal. am Fischmarkt; 97 Bonn, KM; 99 Glarus, Tschudi; 02 Berlin, DaimlerChrysler Contemp. – (Red.)

Gerwin, Linde, Dipl.-Designerin, Illustratorin; Untertorstr. 21, D-56294 Münstermaifeld, Tel. (0 26 05) 96 27 47, *info@99ps.de, www.99ps.de; www.nibelungenkunst.de* (* Marburg/Lahn 26. 6. 73) – **S:** 96–01 FHS Trier (Kommunikationsdesign); ab 03 Univ. Koblenz (Bild. Kunst) – **L:** 01–02 FHS Trier (Werkvertrag Konzeption Neue Medien); 05 Univ. Koblenz (Werkvertrag Plakatgest.); 06 Jugendkunstwkst. Koblenz (Workshop Collage) – **G/T:** Buchill. (Aqu., Collage, histor. Themen, Märchen u. Sagen, Kdb.); Graph. Gest. von Büchern, CD-Artwork, Layout, Logogest. – **W:** 30 Bilder: Buchill. 'Die Nibelungen' in Privatbes. – **M:** Worms, Nibelungenmus. – **E:** 05 Worms, Nibelungenmus. – **G:** 06 Marburg, Kunst in Marburg – **V:** Baal Müller u. L.G.: Die Nibelungen – nach alten Quellen neu erzählt (30 Buchill.) 05

Gerz, B.; Waldstr. 12, D-56412 Nomborn, Tel. (0 64 85) 3 73, Fax 91 12 28 – **G/T:** Bildhauerei – (Red.)

Gerz, Jochen, Prof., Künstler, Schriftsteller; c/o Atelier Jochen Gerz, 105, avenue Maurice Thorez, F-94200 Ivry-sur-Seine, Tel. (01 46 71) 27 96, Fax 24 52, *atelier@gerz.fr, www.gerz.fr* (* Berlin 4. 4. 40) – **S:** 58 Univ. Köln (Sinologie, Germanistik u. Anglistik); 62 Univ. Basel (Urgesch.) – **L:** 94–95 HGB Leipzig (Prof.); 99–00 Chelsea College of Art and Design London; 01–04 Coventry Univ.; 05 Nat. College of Art and Design Dublin – **P:** u. a. Pr. d. Glockengießergasse Köln 78; Pr.

d. Videonale Bonn 80; Roland-Pr. 90; Peter-Weiss-Pr. d. Stadt Bochum 96; Pr. d. dt. Kunstkritik 96; Pour le mérite 96; Grand Prix National des Arts Plastiques 98; Festival of films on art Montreal (Artistic contribution award) 99; Pr. d. Helmut-Kraft-Stift. 99; Künstlerpr. Hannover 05 – **Ve:** AK Berlin – **G/T:** Videokunst, Install., Performance – **M:** u. a. Altenburg, Lindenau-Mus.; Bonn, KM; Canberra, NG of Australia; Düsseldorf, Mus. Kunst Pal.; Kiel, KH; Livorno, Mus. Progressivo d'Arte Contemp.; Ludwigshafen, Wilhelm-Hack-Mus.; Luzern, KM; Paris, Bibliothèque Nat.; Paris, Centre Pompidou; Toronto, Art Gall. of Ontario; Wiesbaden, Mus.; Zürich, Kunsthaus – **Ö:** Biron, Le Monument vivant de Biron; Coventry, The Future Monument; Hamburg-Harburg, Monument against Fascism (m. Esther Shalev-Gerz); Karlsruhe, The Square of the Fondamental Rights; Paris, Les Mots de Paris; Saarbrücken, 2146 Stones – Monument against Rascism – **E:** zahlr. Einzelausst. im In- u. Ausld, zuletzt u. a. 02 Paris, Centre Pompidou; Essen, Mus. Folkwang; Vaduz, KM Liechtenstein; 04 Berlin, AK; 05 Karlsruhe, ZKM; 06 Bonn, Kunst- und Ausst.halle d. BRD – **G:** u. a. 76 Venedig, Bienn.; 77 Kassel, documenta; 79 Sydney, Bienn.; 96, 05 Paris, Centre Pompidou; 98 Los Angeles, MCA: Out of Actions; New York, Guggenheim: Premises (Art in France 1960–2000); 99 Berlin, NG: Das 20. Jh. – ***Lit:*** Contemp. Artists 96; Reclams Künstlerlex. 02; Schweers 02

Gesicki, Stefan s. STEGEART

Gewissler, Gabriele s. Reinemer, Gabriele

Geyer, Bernhard, Prof., Dr.-Ing., Architekt u. Hochschullehrer; Mellenseestr. 53, D-10319 Berlin, Tel. (0 30) 5 09 02 63 (* Weimar 16. 10. 29) – **S:** 48–53 HAB Weimar – **L:** 69–90 KHS Berlin-Weissensee (Archit. u. künstler. Perspektive) – **Ve:** BDA 61–90 – **B:** u. a. Berlin: Haus d. Lehrers m. Kongreßh. (m. Prof. H. Henselmann) – **G:** 67 Berlin, Haus d. Lehrers m. Kongreßh. – **V:** Das Stadtbild Alt-Dresdens – Baurecht u. Baugest. 64; Scheinwelten – Die Geschichte d. Perspektive 94

Geyer, Birgid s. Helmy, Birgid

Geyer, Nikolaus, Dipl. Designer; *Nikolaus.Geyer@web.de*, *www.nikolausgeyer.de* (* Hannover 27. 2. 68) – (Red.)

Gfall Schramek, Eva (geb. Eva Schramek, verh. Eva Gfall), Malerin; Friedrich-Ebert-Str. 5, D-64823 Groß-Umstadt, Tel. (0 60 78) 49 73, *eva@gfall.de*, *www.gfall.de* (* St. Pölten/NdÖst. 10. 6. 50) – **VG:** Groß-Umstadt, Gal. im Hof – **S:** 64–68 Ausb. im Zeichnen durch Vater Otmar Schramek; 81–83 KSch Darmstadt (Portr. u. Aktzeichn.) 84–85 Weiterbildung in Kunstgesch. – **P:** Kunstpr. b. intern. Wettb. in Revin 87 – **G/T:** abstr. Malerei m. aktuellen Inhalten (Öl, Acryl u. Aqu.) – **Ö:** Darmstadt, Posttechnisches Zentralamt – **E:** 80 Gross-Umstadt; 84 Otzberg, Veste; Otzberg, Studio f. Kunst; Darmstadt, Treppengal.; 85 Dieburg, Bücherwinkel; Wiesbaden, Möhring; 86 Seeheim-Jugenheim, Sonne; 90 Groß-Umstadt, Gal. im Hof; 91 Groß-Umstadt, Säulenhalle; 92 Mülheim, KM; 93 Eichenau, Künstlerkr.; 95 Darmstadt, Software AG; 96 Neckargmünd, Schröck-Schmidt; 97 Seeheim-Jugenheim, Schloß Heiligenberg; 03 Frankfurt am Main, Commerzbank – **G:** u. a. 87 Charleville, Salon Intern.; 79–89 Seeheim-Jugenheim, Kunstmarkt; 84–89 Gross-Umstadt, Kunstmarkt; 84–89 Pfungstadt, Kunstmarkt; – weitere: 88 Paris, Espace Delpha – ***Lit:*** Helmut Orpel, in: Art Profil, Zs. 99 – (Red.)

GG Design s. Geiblinger, Gudrun

Giebe, Hubertus, Maler, Graphiker, Plastiker, Dozent; Herkulesstr. 4, D-01277 Dresden, Tel. (03 51) 2 56 14 53, Fax 2 59 88 61, *hubertus.giebe@t-online.de*, *www.giebe.info* (* Dohna/Sa. 15. 11. 53) – **VG:** Berlin, Brusberg; Dresden, Döbele; Frankfurt am Main, Gal. Frankfurter Kunstkab. Hanna Bekker v. Rath – **S:** 69–72 HBK Dresden (Abendstudium d. Malerei u. Graph. b. Ursula Rzodeczko u. Gerhard David); 74–76 HBK Dresden (Malerei u. Graph., Exmatrikulation auf eigenen Wunsch); 76 vorläufige, befristete Arbeitserlaubnis als freiberufl. Maler u. Graphiker; 78 HGB Leipzig (externes Dipl.); 78–79 ebda (Meisterschüler b. Prof. Bernd Heisig) – **L:** 79–82 HBK Dresden (Ass. f. Malerei u. Graph. b. Günter Horlbeck); 82–86 ebda (Leitung d. künstler. Grundlagenstudiums d. Malerei u. Graph. m. Johannes Heisig); 87–91 ebda (Doz. f. Malerei u. Graph., Leitung einer Fachkl. 88–91); 90–91 ebda (Wahl u. Berufung z. künstler. Prorektor, Niederlegung d. Amtes 91); seit 91 freischaffende Tätigkeit; 04 Univ. Dortmund (Vertretungsprof. f. Malerei) – **P:** 100 ausgewählte Graph. d. DDR 1983 (Kritikerpr.) 83; Trienn. d. realistischen Malerei Sofia (Hauptpr.) 85; 'Nordwestkunst' KH Wilhelmshafen (1. Pr. f. Graph.) 97 – **Ve:** VBK DDR 80–89; SKB 91; BBK – **G/T:** Malerei; Graph. (vorw. Lith. u. Rad.); Skulpt. (Bronze); Fotogr. – **M:** u. a. Albstadt, StG; Altenburg, Lindenau-Mus.; Berlin, DHM; Berlin, KS d. Dt. Bundestages; Berlin, Kpst.-Kab.; Berlin, NG; Berlin, Neue NG; Bratislava, Slovenská NG; Chemnitz, KS; Chemnitz, Neue Sä. Gal.; Coburg, KS d. Veste; Cottbus, Brandenburgische KS; Dresden, GG NM; Dresden, Kpst.-Kab.; Dresden, Kunstfonds d. Freistaates Sa.; Dresden, SLUB; Dresden, StG; Duisburg, Wilhelm-Lehmbruck-Mus.; Düsseldorf, Heinrich Heine-Inst.; Essen, Dt. Plakat Mus.; Frankfurt am Main, Dt. Nat.Bibl.; Frankfurt/Oder, Gal. Junge Kunst; Freital, Städt. Slgn; Halle/Saale, Staatl. Gal. Moritzburg; Hannover, Sprengel Mus.; Leipzig, Dt. Buch- u. Schrift-Mus. d. Dt. Nat.-bibl.; Leipzig, MBK; Leipzig, Zeitgesch. Forum; London, British Mus.; Mainz, Akad. d. Wiss. u. d. Lit.; Marbach am Neckar, Dt. Literaturarchiv; Muncie/USA, Ball State Univ. Art Gall.; Oberhausen, Ludwig-Gal.; Offenbach am Main, Klingspor-Mus.; Oldenburg, LM; Schwerin, Staatl. Mus.; Wolfenbüttel, Herzog-August-Bibliothek; Würzburg, Diözesanmus. – **Ö:** Berlin, Bundestag; Leipzig, Stift. Haus d. Gesch. d. BRD; Mainz, Akad. d. Wiss. u. d. Lit. – **E:** u. a. 78 Potsdam, Wiss. Allg.bibl. (m. Ulrich Richter); 80 Dresden, Comenius; 81 Dresden, HBK; 83 Berlin, Studio Bild. Kunst; 84 Karl-Marx-Stadt, Gal. Schmidt-Rottluff (m. Johannes Heisig u. Walter Libuda); 84, 95 Dresden, Gal. Mitte; 85 Berlin, Gal. Unter d. Linden (Kat.); 88, 92, 97 Bech-Kleinmacher/Luxemburg, Gal. Sunnen (m. Johannes Heisig 88); 90 Venedig, Bienn. (Bild-Raum-Install.); Dresden, Neue Dresdner Gal.; Frankfurt am Main, Gierig; London, Raab; 94, 96, 01, 03 Berlin, Raab; 94 Frankfurt am Main, Gal. Frankfurter Kunstkab. Hanna Bekker v. Rath; 94–95 Wolfegg, Alte Pfarr; Berlin, Brusberg (m. Wolfgang Petrick); 96 Frankfurt am Main, Büchergilde Gutenberg; Jekatarinenburg, Wiss. Belinski-Bibl.; 97, 00 Mainz, Akad. d. Wiss. u. d. Lit. (Kat. 97, m. Gerhard Marcks u. Ernst Hassebrauck 00); 97 Iserlohn, Bengelsträter; Chemnitz, Weise; 98 Frankfurt am Main, Gal. Weise (Art Frankfurt); Wilhelmshaven, KH; Dresden, SM (m. Frank Maasdorf); 99 München, Rössler; Gera, KS (Retrosp.); Pforzheim, KV; Osthofen, Gedenkstätte Osthofen; 00 Duisburg, Wilhelm-Lehmbruck-Mus. (m. Michael Morgner u. Jirí Tichỳ, Kat.); Freital, Städt. Slgn; Stendal, Winckelmann-Mus.; 03 Oldenburg, LM (Retrosp., Kat.); 04 Berlin, Forum Amalienpark; Dresden, Neuer Sä. KV; Chillain/Chile, Mus. d. Graph. – **G:** zahlr. Ausst.bet. seit 76, u. a. 84–85

London, Barbican Gall.; Oxford, MMA; 89 Tokio u. Nagano, Zeitzeichen – zuletzt: 99 Berlin, Grundkreditbank; Köln, Art Cologne; Frankfurt am Main, Gierig; 00 Frankfurt/Oder, Mus. Junge Kunst; 01 Berlin, Brusberg; Brüssel, Kunstzentrum; Chemnitz, Neue Sä. Gal.; 02, 03 Berlin, NG; 02 Leipzig, MBK; 03 Leipzig, Zeitgesch. Forum – **V:** druckgraph. Mappenwerke in kleinen Aufl. zu mod. Lyrik u. Prosa seit 82, u. a. Graph. z. Lyr. v. Apollinaire u. a., Graph.-Mappe 84; Günter Grass: Die Blechtrommel, bibliophile Ausgabe (Rad.) 90; Dieter Hoffmann: Pulvis et umbra (Lith.) 92; Astrid Volpert: H.G. Texte zu H.B. 1978–1994 95; Têtes et lettres, Leporello-Buch (Lith.) 96; m. Axel Reitel: Paris, Paris (Gemäldereprod.) 96; Über Malerei, Texte z. Beckmann, Hofer, Kokoschka u. über Expressionismus 02 – ***Lit:*** H.G. Geschichtsbilder, Kat. Dresden 90; Malerei, Zeichnung 92; Handzeichnungen 1973–1993 93; Neue Bilder 1990–1994 94; Astrid Volpert: Texte zu H. G. 95; Bernd Weise: H. G. Malerei 1974–1997, Ausst.kat. 98; Geschichtsbilder – Memorial, Ausst.kat. 99; Bernd Lindner (Hrsg.) u. Carmen Lutz: Klopfzeichen, Kunst u. Kult. d. 80er Jahre in Dtld 02; Jörg Makarinus: H. G., Monogr. 03; Kai Artinger: H.G. Graphiken z. d. Roman 'Die Blechtrommel' v. Günter Grass 05 – ***LitR:*** zahlr., u. a. Werner Preuß: Gespräch mit H. G., Interview Radio DDR II 78; Interview z. Beckmann-Ehrung d. DDR m. Bernd Heisig, Joachim John u. H.G. (Fs. d. DDR Kult.mag.) 10.2.84; Astrid Kuhlmey: Man muß d. Frage nach d. Woher u. Wohin stellen, Gespräch mit H. G., Interview (Radio DDR II) 28.10.85; Henrik Ole Moe u. Georg Schneider: H. G., Portr. u. Interview (NRK-TV/Norwegen) 27.10.85; Stig Andersen: Kein Krieg, kein Frieden, Film u. Interview m. H.G., Angela Hampel u. Johannes Heisig (NRK-Radio-TV Norwegen) 86; Joachim Hellwig: H. G. u. a. auf der X. Kunstausstellung in Dresden, Interview u. Dokf. 88; Karla Sponar u. Thomas Eutmann: Interviews m. H.G. z. Ausst. 'Die Brücke in Dresden 1905–1911' (DtldRadio Berlin, ZDF heute-J.) 2.11.01 u. 5.12.01

Giebel, Hans-Berthold, Stud. Dir. i. R., Graphiker, Maler, Illustrator; Karuschenweg 40, D-26127 Oldenburg, Tel. u. Fax. (04 11) 6 04 29, *kulturbuero@stadt-oldenburg.de*, *www.oldenburg.de/kulturdatenbank* (* Wesermünde (heute Bremerhaven) 30. 4. 27) – **S:** 48–50 KSch Bremen (b. K. G. Weinert, Prof A. Schreiber u. Dr. H. Keller); 50–54 HBK Hamburg (b. Prof. E. Hartmann, Prof. K. Kluth, Prof. Tietze u. Dr. W. Haftmann); 54–56 Univ. Hamburg (Germanistik) – **L:** 56–92 Neues Gymnasium Oldenburg (Kunsterzieher); 72–92 Staatl. Studiensem. Oldenburg (Fachleiter f. Kunst); 78–80 Carl v. Ossietzky Univ. Oldenburg (Studienkurse Zeichnen im FB Kunst); 92–94 Lebendiges Mus. d. Landesmus. Oldenburg (Zeichenkurse) – **Ve:** BBK Oldenburg 60–89 – **KGr:** Junge Gruppe (Oldenburg) – **G/T:** Malerei (Stilleben, Landschaft, Figur, Portr., informell); Graph. (Monotypie, Lith., Rad.); Collage; Ill. wiss.-medizinischer Veröff. – **K:** Zeichenkurse ('Bewältigung d. Wirklichkeit' u. Aktzeichn.) – **W:** überw. in Privatbes. – **M:** Bremerhaven, KV; Hamburg, Schulverwaltungsamt; Oldenburg, Artothek; Oldenburg, KV; Oldenburg, LM; Oldenburg, SM – **E:** 71 Oldenburg, Kleine Gal. Bültmann & Gerriets; 74, 75 Wittmund, Interstudio; 75 Oldenburg, Schumann; 76 Delmenhorst, Van Staden; 77 Oldenburg, Gal. Centro; 97, 02 Oldenburg, SM; 78 Bremerhaven, KV; 80 Kiel, Schwichtenberg; 96 Jade, Jan Oeltjen-Haus; 98 Oldenburg, Zeit-Raum – **G:** 54 Bremerhaven, KV; 56, 57 Bremen, Neues Forum; 60–85 Hannover, Orangerie Herrenhausen; 61 Hannover, KV; 65 Oldenburg, Wendtorf; 74 Oldenburg, KV; 74 Delmenhorst, StG Haus Coburg; 75 Wilhelmshaven, KH; 78 Wilhelmshaven, KV; Cloppenburg, Burg Arkenstede; Varel, Heimatmus.; 80 Tåstrup/Dänemark, Freizeitzentrum; 87 Como, Centro Congressi; 94, 95 Oldenburg, Kult.zentrum PFL – **V:** Hartmut Kretzer (Hrsg.): Gymnasium in Niedersachsen zwanzig Jahre nach der Oberstufenreform 92; O. Wicki, F. Largrader u. A. Sturm (Hrsg.): Checkliste R. Hoffmann. Handchirurgie (Zeichn.) 97 – ***Lit:*** Gerhard Wietek: 200 Jahre Malerei im Oldenburger Land 86; Elke Grapentin: Künstler und Künstlerinnen in Bremerhaven und Umgebung 1827–1990 91; H.-B. G. Retrospektive 1949–2002. Veröffentlichung des Stadtmuseums Oldenburg Bd. 44 02; – Ausst.kat. u. a. 55. Herbstausstellung niedersächsischer Künstler 67; Junge Gruppe im BBK Oldenburg 70/71; BBK Landesgruppe Oldenburg 75; H.-B. G. Zeichnungen 77; Menschenbild in der gegenwärtigen Kunst. Malerei, Grafik, Plasik von Künstlern aus dem Raum Weser-Ems 78; 15 Oldenburger Künstler in Tåstrup 80; Im Dialog mit der Kunst 98

Giebner, Friederike s. Wagner, Friederike

Giencke, Volker, Univ. Prof., Architekt DI; c/o Univ. Innsbruck, Institut f. Entwerfen – Studio 3, Technikerstr. 13, A-6020 Innsbruck, Tel. (05 12) 5 07 66 51, Fax 5 07 27 90, *volker.giencke@uibk.ac.at*, *www.giencke.com* (* Wolfsberg/Kärnten 27. 6. 47) – **S:** 67–75 TU Graz (Zus.arb. m. Merete Mattern u. Günther Domenig) – **L:** 80–89 TU Graz; 92 Univ. Innsbruck (Prof. f. exper. Archit.); 96 YALE School of Archit. New Haven (Davenport Prof.); 02 UCL Bartlett School of Archit. London (External Examiner); 03 Lichtakad. Bartenbach Aldrans – **P:** u. a. Josef-Frank-Pr. 75; Friedrich-Zotter-Pr. 76; Pr. d. Zentralvrg. d. Archit. Öst. 87, 89, 91, 95, 98; Staatsstip. f. bild. Kunst 98; Großer Öst. Wohnbaupr. 92; Pr. Mensch im Raum 99; Dedalo-Minosse-Pr. 02, 05; Geramb Rose f. gutes Bauen 03 – **Ve:** VBK Öst.; Forum Stadtpark Graz 67; Öst. Ges. f. Archit. 75; Zentralvrg d. Architekten Öst. 81; BDA (E.mitgl.) 97 – **KGe:** Giencke & Company; Mies Bar der Rohe Sevilla – **G/T:** Archit. u. Phil. – **Ö:** Alpbach, Pavillon b. Archit.forum; Wien, Mus.quartier (temporärer Archit.pavillon) – **B:** u. a. Aldrans: Lichtakad. Bartenbach; Barth: Hotel Speicher; Graz: Gewächshäuser; Ischgl: Designhotel Elisabeth; Liepaja/Lettld: Konzerthaus; Seckau: Abtei; Sevilla: Öst. Pavillon (Expo 92) – **E:** u. a. 92 Sevilla, Expo; 93 Wien, Buenos Aires, New York (Ausst. anläßlich d. Bienn. in Venedig); 98 Graz, Treiber Mus.; 99 New York, Acad. of Arts; 02 Graz, LM Joanneum (Neue Gal.) – **G:** u. a. 03 Mürzzuschlag, Kunsthaus; Graz, Out of Graz; 04 Wien, Künstlerhaus; 05, 06 Graz, Kunsthaus; 06 Vicenza, Basilica Palladiana – **V:** u. a. Toppings (Hrsg.) 99; The Ethical Function of Architecture 00; Projekte. Projects, Monogr. 01 Lost Sight (Hrsg.) 03 – ***Lit:*** u. a. Eeva Liisa Pelkonen: Achtung Architektur 96; Holzbau in der Steiermark 01; Zehra Kuz u. Deborah Gans: The Organic Approach 02; Atlas of Contemporary Architecture 02; Architektur Graz. Architekturführer 03; Angelika Fitz u. Klaus Stattmann: Reserve d. Form 04

Giers, Walter, Electronic Artist, Installationskünstler, Jazzmusiker; c/o Büro für Licht u. Klang im öff. Raum, Badmauer 14, D-73525 Schwäbisch Gmünd, Tel. (0 71 71) 92 96 53, Mobil: 01 73 34 02 56 3, Fax 92 96 54, *post@walter-giers.de*, *www.walter-giers.de* (* Mannweiler 37) – **VG:** Friedberg, Gal. u. Ed. Hoffmann; Stuttgart, Wahlandt – **S:** bis 63 WerkKSch Schwäbisch Gmünd – **L:** ab 63 WerkKSch Schwäbisch Gmünd; 92–93 HS f. Gest. Karlsruhe – **P:** Maria Ensle-Pr. 03 – **KGe:** Büro f. Licht u. Klang im öff. Raum: W.G. u. Berthold Beuthe (seit 90) – **G/T:** Electronic Art (elektron. Klang-Bild-Objekte), Verwandlung opt. u. akust. Elemente techn. Bausteine in Licht-Ton-Kunstwerke; Lichtinstall. – **W:** zahlr. Licht- u. Klanginstall. im öff. Raum – **M:** Greifswald, Pommersches LM; Karlsruhe, ZKM – **Ö:** u. a. Asperg, Feste Hohenasperg (Licht- u. Klangkonzeption); Calw, Innenstadt (Lichtkonzeption); Esslingen, Roßmarkt (Lichtkonzeption); Göppingen, Oberhofenkirche (Lichtkonzeption); Heilbronn, Große Bahngasse; ebda, Am Wollhaus, Kleiner Torbrunnen; Heubach, Stadthalle (Lichtkonzeption); Hirsau/Calw, Klosteranlage (Licht- u. Klangkonzeption); Ludwigsburg, Hinterer RHpl. (Medien- u. Lichtkunstkonzeption); Schwäbisch Gmünd, Boxgasse 2 (Licht- u. Medienkunstideen); ebda, Marktpl. (Entwurf d. Leuchtenfam.), Ahrenhaus (Lichtkonzeption), Hallenbad (Licht- u. Tonkonzept); Stuttgart, Bahnhofsturm (Beleuchtung); ebda, Innenstadt (Lichtkonzeption); Tübingen, Marktpl. (Lichtkonzeption) – **E:** seit 69, u. a. 69, 74 Köln, Reckermann; 71, 74, 77, 79, 81, 84 Schwäbisch Gmünd, Wahlandt; 71, 78, 83, 00 Saarbrücken, Gal. St. Johann; 73 London, Milton; Bochum, Gal. m Bochum; Basel, Gal. D'Art Mod.; 74 Heilbronn, KH; Gelsenkirchen, StKS; Bern, Megert; 75 Toronto, The Electric Art Gall.; Rom, Goethe-Inst.; 78 Bremen, KH; 80 Stuttgart, Württembergischer KV; 82 Karlsruhe, Südwest-Gal.; Ulm, cuenca; 83 Amsterdam, Stedelijk Mus.; 85 Ludwigsburg, KV; 87 Esslingen, StG Villa Merkel; Schwäbisch Gmünd, Mus. im Prediger; 87, 91, 94, 96, 04 Stuttgart, Wahlandt (Kat.); 90 Hamburg, Mus. Electrum; 92 München, Dt. Mus.; Sindelfingen, StG; 93 Schwäbisch Gmünd, KV; 94 Nürnberg, Schickler; 95 Ditzingen, StG am Laien; 97 Köln, Gal. f. Holographie u. neue Visuelle Medien; 98 Immenstaad, Orangerie Draenert; 00 Strausberg, Stadtwerke; 01 Düsseldorf, Stift. 'Lebendige Stadt'; 02 Mannheim, KV (Kat.); 03 Friedberg, Gal. u. Ed. Hoffmann; 04 Aalen, Ldratsamt; 05 Schwäbisch Gmünd, GEK; 06 Halle/Saale, Gal. im Volkspark – **G:** seit 68, zuletzt u. a. 04 Böbingen, Skulpt.pfad; 04 (Meisterwerke d. Medienkunst aus d. ZKM_Slg), 05 (Lichtkunst aus Kunstlicht) Karlsruhe, ZKM – (Red.)

Giese, Jost, Maler, Graphiker; Groitzscher Str. 8, D-04179 Leipzig, Tel. u. Fax (03 41) 3 91 39 85, *jo.gois@web.de* (* Meißen 19. 4. 53) – **S:** 75–80 HGB Leipzig (Malerei u. Graph. b. Prof. Rink, Fachkl. Prof. Heisig); 80–83 ebda (Meisterschüler b. Prof. Heisig) – **G/T:** Malerei (Kaseinemulsion, Öl); Graph. (Rad., Lith.); Zeichn.; plast. Arb. u. Objekte – **K:** div. Arb.gebiete – **W:** überw. in Privatbes. – **M:** Altenburg, Lindenau-Mus.; Berlin, AK (Graph. Slg); Dresden, Kpst.-Kab.; Frankfurt am Main, Dt. Bank; Kornwestheim, Salamander KS; Leipzig, Dresdner Bank am Augustusplatz; Leipzig, KH Spk.; Leipzig, MBK; Quedlinburg, Lyonel Feininger Mus. – **Ö:** Leipzig, Spk. Dresdner Str. – **E:** 80 Meißen, Kunst d. Zeit; 81 Oschatz, Gal. Oschatz; Wermsdorf, Gal. Hubertusburg; 82 Berlin, Studiogal. Baumschulenweg; 83 Leipzig, Kleine Gal. Süd; 84 Leipzig, Gal. d. TH; 85 Leipzig, Gal. am Thomaskirchhof; 86 Berlin-Karlshorst, Buchhandlung Tannert; 87 Erfurt, Gal. erph; 88 Leipzig, Gal. am Sachsenplatz; Hamburg, Felix; 91 Mainz, Gal. Nr. 48; 92 Hannover-Laatzen, Kr.spk.; 93 Burgsteinfurt, Rolinck; 94 Eppendorf, Design- u. Konferenzhotel; 95 Leipzig, Schneider; Erfurt, Gal. Johannesstr.; Frankfurt am Main, Flughafen (Transit VIP-Lounge); 95, 00 Leipzig, Gal. Blüthner im Alten RH; 96 Glesien, HUF Haus; Königstein, Michelangelo; 97 Leipzig, Spk. Dresdner Str.; 00, 03 Leipzig, Friedrich-Ebert-Stift.; 00, 01 Leipzig, Hauptstelle d. Spk.; 01 Leipzig, Offenes Atelier; Rostock, Ärztekammer Meckl.-Vorp.; 02 Berlin, REGUS; Rostock, Provinzialversicherung Ldesdir. Meckl.-Vorp.; Berlin-Steglitz, Arztpraxis Dr. Seidel; 02, 03 Leipzig, Anwaltskanzlei Benedikt v. Ammon; 03 Berlin, Gemeinschaftspraxis Etzold, Seidel, Wintgen; 04 Meißen, bps Studio f. Wohnen u. Büro; 04 Anklam, Ev. Gemeindezentrum; 05 Leipzig, Ing.büro Velebil; – weitere: 02 Praxis Matthias Seelmann – **G:** 82, 83 München, RHhalle; Bonn, Friedrich-Ebert-Stift.; 85–91 Leipzig, Grafikbörse; 85 Leipzig, Bez.kunstausst.; 86 Altenburg, Lindenau-Mus.; 89 Schwerin, Gal. Schwerin; Berlin, AK d. DDR; 90 Leipzig, Gal. am Kraftwerk; 91 Köln, Art Cologne; Nürnberg, Art Nürnberg; 92 München, Kunstbunker Tumulka; 00, 02 Leipzig, KH Spk.; – weitere: 82 IX. Kunstausst. d. DDR; 86 Warschau u. Berlin (Ldschaftsveränderungen – Junge Graphiker d. DDR u. VR Polen) – ***Lit:*** ZTGN: B. Röske in: LVZ 83; M. Heyder in: ders. 85; P. Guth in: Sä. Tageblatt Leipzig 85, 88; C. Plattner in: Hamburger Abendblatt 88; Hannoversche Allg. Ztg 92; H. von den Driesch in: Münstersche Ztg 93; C. Hildebrandt in: ders. 93; H. Möcklingshoff in: ders. 93; R. Klostermann in: Steinfurter Kr.blatt 93; Katrin Koch in: Freie Presse (Flöhaer) 94; R. Winzer in: LVZ-Bühne 95; – sonstiges: Michael Heyder: Farben und Formen, die zum Dialog einladen 85; ders.: unbenutzter Text für ein Faltblatt gedacht 86; Christoph Wielepp: Das nichtvergängliche, das dreizehnte Jahr 87; Andreas Lübbers: Text für ein Faltblatt 91; Michael Josipovic: Rede z. Ausst. Gal. Rolinck 92; Uwe Schierz: Rede z. Ausst. Gal. Johannesstr. Erfurt 93; Andreas Lübbers: ÜBER-IN-SICHTEN, Rede u. Text 95; Henning Kraudzun: Rede z. Ausst. Friedrich-Ebert-Stift. 00; ders.: Rede z. Ausst. im Rergus Business Centre Berlin 01

Gigauri, Angelika (geb. Angelika Hofmann), Malerin; Langgasse 14, D-95326 Kulmbach, Tel. (0 92 21) 8 16 97 (* Kulmbach 9. 9. 52) – **P:** Bay. Atelierförd.programm f. Bild. Künstler 00; Kult.pr. d. Wählergemeinschaft Kulmbach 99 – **Ve:** BBK – **G/T:** gegenstandslose Malerei – **K:** Malkurse an der VHS; LAuftr. an der Malschule – **E:** 01 Erlangen, KV – **G:** 99 Gunzenhausen, Kunst im Zuber; Bamberg, Kreuzgang d. Doms; 04 Bamberg, Villa Dessauer

Giger, Hans-Ruedi (auch: H. R. Giger), Bildhauer, Maler, Graphiker, Designer; Grubenackerstr. 5, CH-8052 Zürich, Tel. 0 13 02 74 02, *www.hrgiger.com* (* Chur 5. 2. 40) – **S:** 62–65 KGS Zürich (Archit. u. Industr.design) – **P:** Oscar for Best Achievements for Visual Effects 80 – **G/T:** Malerei; Graph. (Zeichn., Ill.); Skulpt.; Möbel; Film – **W:** Design f. zahlr. Filme, u. a. Alien, Dune, Species, Kondom d. Grauens sowie Cover f. Schallplatten u. CDs – **M:** Aarau, Aargauer Kunsthaus; Chur, Bündner KM; Gruyères, Château St-Germain Mus. Giger; Lugano, Gottardo – **Ö:** Chur, Giger Bar – **E:** zahlr. Ausst., u. a. 76 Frankfurt am Main, Sydow-Zirkwith; 80 Zürich, Baviera; 88 Berlin, Jes Petersen, 90 Gruyères, Giger-Mus.; Chur, Kunsthaus; 91 Zürich, Gal. Art-Magazin; Basel, Art; 93 Büren zum Hof, Herzog; New York, Alexander Gall.; 96 Mailand, Pal. Bagatti Valsecchi; 97 Basel, Hilt; 02 New York, Fuse; 03 New York, Fletcher Gall.; 04 Bern, Loeb; – weitere: Zürich, Gal. Benno – **G:** zahlr. Ausst.bet., u. a. 68 Zürich, Stummer – **V:** u. a. Necronomicon 1 78; Necronomicon 2; Biomechanics 88; The Mystery of San Gottardo 90 – ***Lit:*** zahlr. Publ. – (Red.)

Gilfert, Dieter, Maler, Graphiker; Kefersteinstr. 9, D-06110 Halle, Tel. (03 45) 2 90 82 06 (* Landsberg 22. 3. 53) – **VG:** Kitzbühel, Zeitkunstgal.; Halle/Saale, Kunst im Keller; Halle/Saale, fineARTconnection; Halle/Saale, Kunst im Bild; Magdeburg, Gal. Himmelreich; Leipzig, Kunstkaufhaus; www.interartshop.de; Berlin, Nering + Stern; Berlin, Kube – **S:** 73–76 HS f. Kunst u. Design Burg Giebichenstein (Malerei u. Graph. b.

Prof. H. H. Wagner) – **P:** Pr. d. Bürgermeister d. Stadt Halle 90; Kunstwettb. d. Stadt Halle (Hauptpr.) 93; Aufenthaltsstip. Künstlerhaus Lukas, Ahrenshoop 95; Kunst am Bau-Soziokult. Zentrum Pusteblume Halle (1. Pr.) 96; Plakatwettb. Laternenfest Halle (2. u. 3. Pr.) 97; Graph.wettb. Halle u. Salz d. Erde (Ehrenpr.) 00; Kunstpr. d. Ldes Sa.-Anh. (Stip.) 93, 94, 01; Stip. Altes Spital Solothurn 96; Kunststip. Wilhelm von Kügelgen 03 – **Ve:** VBK Sa.-Anh.; Hallescher KV seit 95; KV Leimen '81 seit 99; Erster Kunstkr. Sa.-Anh. seit 98; Vrg Hallescher Künstler seit 98 – **G/T:** Malerei (Tafelmalerei, Aqu. Zeichn. u. Druckgraph. (Rad., Lith., Siebdruck); Buchgest.; Ill.; Objekt; Kunst am Bau – **M:** Bernburg, Schloßmus.; Halle/Saale, SM; Hildesheim, SM; Karlsruhe, StG; Quedlinburg, Lyonel-Feininger-Gal. – **Ö:** Bayreuth, AOK; Bernburg, Spk.; Halle/Saale, Bezirksreg.; Karlsruhe, Ldgericht; Karlsruhe, Reg.präsidium; Kronach, Frankenwaldklinik; Leuna, Leuna-Werke GmbH; Halle/Saale, Martin-Luther-Univ.; Halle/Saale, Mitteldt. Energie AG; Hamburg, Ver.- u. Westbank AG; Magdeburg, Ernst-Reuter-Haus – **E:** u. a. 90, 92 Frankfurt am Main, Grimm; 93 Halle/Saale, Marktschlößchen; München, Busch; 95 Bernburg, Schloß-Mus.; Dessau, Anh. Theater; Naumburg, Gal. im Salztor; 96 Bitterfeld, Gal. am Ratswall; Mannheim, Büchergilde Gutenberg; Heidelberg, Büchergilde Gutenberg; Kronach, Kunst im Krankenhaus; 96, 98 Bayreuth, AOK; 99 Leimen, KV; Halle/Saale, Künstlerhaus 188; 01 Halle/Saale, KV; Magdeburg, Gal. Himmelreich; 97, 03 Halle/Saale, Zeitkunstgal.; 04 Halle/Saale, InterArtShop; Berlin, Kube – **G:** zahlr. Ausst.bet. u. a. 91 Ludwigshafen, Wilhelm-Hack-Mus.; 93 Karlsruhe, Kunstmesse; Düsseldorf, Art Multiple; 95 Venedig, Segno Grafico; 96 Solothurn, Impress; 97 Halle/Saale, Gal. Talstr.; 01 Leimen, KV; 02 Halle/Saale, Villa Kobe; 03 Quedlinburg, Gal. Feininger – **V:** M. Lemmer: Der Saalaffe. Sagen aus Halle und Umgebung (Ill.) 87; H. Hübsch: Meininger Haikus (8 Rad.) 93; G. Billowie: Hänschen Klein und die Lawine (8 Zeichn.) 98; m. W. Bartsch: Hallorenkugelrund und federleicht (Ill.) 01; Das Alte u. Neue Testament (Ill.) 01; Deutsche Sprichwörter (Ill.) 00; A. Lose: Der Löwenzahn hat Karies (Ill.) 03; – sowie Bet. an zahlr. Künstlermappen u. Künstlerb. – ***Lit:*** Müller: D. G., Ausst.kat. 93; Müller: D. G. Gralsuche, Ausst.kat. 95; Sehrt: D. G. Malerei, Zeichn., Ausst.kat. 01 sowie zahlr. Publ. in Tagespresse u. Kat.

Gille, Sighard, Prof., Maler, Graphiker, Fotograf; Silbermannstr. 3, D-04229 Leipzig, Tel. (03 41) 4 79 02 22, *www.sighard-gille.de* (* Eilenburg 25. 2. 41) – **S:** 60–65 Ausb. z. Portr.fotografen; Abend-Akad. d. HGB Leipzig; 65–70 HGB Leipzig (Kl. Bernhard Heisig u. Wolfgang Mattheuer) 74–76 AK Berlin (Meisterschüler v. B. Heisig) – **L:** 77–80 u. seit 86 HGB Leipzig (bis 80 Ass., ab 86 Doz. f. künstler. Grundlagenstud., ab 89 Leiter e. Mal-Kl., ab 92 o. Prof.) – **P:** u. a. Nat.pr. 82; Intergrafik 87 – **Ve:** VBK DDR (73–90) – **G/T:** Malerei, Graph., Fotogr., Objekte – **M:** u. a. Altenburg, Lindenau-Mus.; Berlin, NG; Dresden, GG NM; Erfurt, Anger-Mus.; Halle/Saale, Staatl. Gal. Moritzburg; Leipzig, Dt. Buch- u. Schrift-Mus. d. Dt. Nat.bibl.; Leipzig, MBK; London, Tate Coll.; Oberhausen, Ludwig-Gal. – **Ö:** u. a. Leipzig, Gewandhaus (Deckengemälde) – **E:** zahlr. Einzelausst. seit 66, u. a. 73, 88 Leipzig, Gal. am Sachsenplatz; 77 Berlin, Gal. Berlin; 86 Frankfurt/Oder, Gal. Junge Kunst; 90 Berlin, Waszkowiak; 94, 97 Lippstadt, Trost; 95 Potsdam, Gal. am Neuen Pal.; Eilenburg, Schloßmus.; 96 Frankfurt am Main, Bankhaus Lübbecke; 05 Halle/Saale, KV Talstr.; 06 Hamburg, Rose – **G:** zahlr. Ausst.bet. im In- u. Ausland – **V:** u. a. Big Sur 92; Pinholecamera 96; White New York. Lochkamerafotos (m. e. Text v. Peter Gosse) 99 Ferdinand Ullrich (Hrsg.): Auswildern. Leib, Bildbd 01 – ***Lit:*** Lang 02; Schweers 02; NG Berlin 03; Bildende Künstler in Leipzig 06 – (Red.)

Gilly, Friederike s. Schwab, Friederike

Gironcoli, Bruno, Prof., Bildhauer, Maler; c/o Akad. d. bildenden Künste, Meisterschule f. Bildhauerei, Böcklinstr. 1, A-1020 Wien (* Villach 27. 9. 36) – **VG:** Baden bei Wien, Jünger; Feldkirch, Gal. 60; Frankfurt am Main, Appel; Innsbruck, Thoman; München, Pfefferle; Salzburg, Altnöder; Wien, Gal. bei der Albertina – **S:** 51–56 Goldschmiedelehre in Innsbruck; 57–59 u. 61–62 HS f. Angew. Kunst Wien (Meisterkl. Eduard Bäumer) – **L:** seit 77 ABK Wien (Prof. u. Leiter d. Bildhauerschule) – **P:** Großer Öst. Staatspr. 93; Kult.pr. d. Stadt Villach 95 – **M:** Graz, LM Joanneum; Linz, LG; Salzburg, Rupertinum; Wien, MMK Stiftung Ludwig – **E:** / G: zahlr. Ausst., u. a. 68 Wien, Gal. nächst Sankt Stephan; 71 São Paulo, Bien.; 81 Frankfurt am Main, KV; 90 Wien, MMK Stiftung Ludwig; 95 Bregenz, Künstlerhaus Pal. Thurn u. Taxis; 97 Wien, MAK; 99 Wien, Generali Found.; 01, 03 Innsbruck, Thoman; 03 Venedig, Bienn.; Lyon, Bienn.; München, Pfefferle; Wien, Exner – ***Lit:*** Contemp. Artists 96 – (Red.)

Gíslason, Olafur, Installationskünstler; Güntherstr. 98b, D-22087 Hamburg, Tel. u. Fax (0 40) 2 50 52 09, *olafur-gislason@drid.de*, *www.drid.de/gislason4* (* 62) – **S:** 80–83 Icelandic College of Art and Craft Reykjavik; 83–88 HBK Hamburg – **P:** Hamburger Arb.stip. f. Bild. Kunst 90; Richard Serra Pr. Isld 92; Stift. Kunstfonds – Arb.- u. Projektstip. 97; Arb.stip. f. Bild. Künstler Isld 02 – **E:** u. a. 90 Hamburg, XPO; 92 Zürich, Shedhalle; 02 Hannover, Sprengel Mus. – **G:** 02 Hamburg, KH – (Red.)

Gisler, Pia, Künstlerin, Installationskünstlerin; Kannenfeldstr. 85, CH-4056 Basel, Tel. u. Fax 0 613 21 05 07, *www.pol5.com* (* Luzern 22. 5. 59) – **S:** Schule f. Gest. Luzern (Abt. Freie Kunst, b. A. Eglott) – **L:** Schule f. Gest. Basel (LAuftr., Abt. Freie Kunst) – **P:** Eidgenöss. Kunststip. 85 (Lugano), 87 (Montreux); Förd.pr. d. Danioth-Stift. 86, 91–92, 94 (Werkjahr); Istituto Svizzero di Roma 88–89; Cité Intern. d. Arts Paris 91–92; Künstleraustausch in Bratislava 95; Stud.-aufenthalt in Dakar 98; Intern. Austauschatelier Basel in Bamako/Mali 00; Stip. d. Stadt Basel 00; Stud.-aufenthalt in Gao/Mali 04 – **Ve:** Visarte – **KGr:** Pol 5 (seit 97) – **G/T:** Install.; Objektkunst; Video – **Ö:** Basel, Psychiatr. Univ.klinik; ebda, Anwaltskanzlei Spalenberg (m. Architekt Rolf Furrer); Eschenbach, Betagtenzentrum Dösselen; Escholzmat, PTT-Gebäude; Füllinsdorf, Motorfahrzeugkontrolle; Hergiswil, Schulhauspl. Dorf; Huttwil, Coop-Gelände; Knutwil-Bad, Behindertenheim (Licht- u. Farbkonzept m. Alice Haener u. Architekt Marc Steiger); Luzern, Alterspflegeheim Steinhof (m. Alice Haener); ebda, Stadthaus, CKW Rathausen, Betagtenzentrum Rosenberg; Weggis, Schulhaus Kirchmatt – **E:** zahlr. seit 86, u. a. 86 Luzern, Gal. Pro(s) Art; 90 Luzern, Apropos; 91 Aarau, Gal. auf dem Rain; 91, 95, 99 Luzern, Partikel; 94 Zug, Forum Junge Kunst; 95 Langenthal, Chrämerhus; 96 Genua, Leonardi (m. A. Amodei, Kat.); Zürich, Bildraum (m. Gasser); 97 Aarau, Kunstraum; Zürich, Kunstautomat (m. Gasser); 97, 99 Basel, Linder; 01 Aarau, Staffelbach (m. Maurice Ducret); Luzern, Kriens; 03 Muttenz, Kunsthaus Baselld; 04 Giswil, Kunstkoordinate (m. Gasser); 05 Wolhusen, Gästezimmer – **G:** zahlr. seit 88, zuletzt u. a. 01 Basel, Cargo Bar; Basel, KH; 02 Luzern, Kunsthaus; Basel, The Young Art Fair; 03 Uri, Haus f. Kunst; 04 Riehen, Kunstraum: Regionale.5; Basel, Art Basel; 05 Basel, Linder; – sowie m. d. Gr. Pol 5:

03 San Miguel de Allende/Mexiko, cambiarteclima; 04 Altdorf, Geschiebe; 05 Basel, Kaskadenkondensator: frontflipping; 06 Iran, Swiss Transit Esfahan – Visual – ***Lit:*** Niklaus Oberholzer: Freies Ab- u. Ausschweifen der Phantasie 93; Bernhard Comment: P.G. suit sa ligne, In: Opus Intern., 131 93, S. 34–35; Martin Dean: Der nomadische Blick 96; Lutz Windhöfel: Das geordnete Chaos 96; Marco Gazzano: La strategia dell intreccio 96; Martin Dean: Haarwuchernde Rhizome, In: Basler Mag. v. 17.2.96; Raphael Suter: Von Bleistiftzeichnung zu Draht und Haar, In: BAZ v. 15.1.97; Niklaus Oberholzer: Vernetzungen u. Verknüpfungen, In: Neue Luzerner Ztg 99; Maria Vogel: Kunst aus Luzern nach Westafrika gebracht, In: dgl. 01; Mohomodau Houssouba u. Niklaus Wyss (Texte): Pol 5. Kunstkoffer 01; Niklaus Oberholzer: Licht im Dunkeln ermöglicht ein neues Raumerlebnis, In: Neue Luzerner Ztg v. 24.12.02; Sybille Ryser (Text): Hybride Zonen. Kunst u. Architektur in Basel u. Zürich 03; Christian Fink: Metro. Zwischen zwei Handlungen, In: BAZ v. 15.11.03; – sowie div. Kat.

Giuliani, Stefan s. Kraft, Stefan

Giwolies, Rosalinde s. Weber-Hohengrund, Rosalinde

Glade, Karin s. Marks, Karin

Gladenbeck, Hermann; Am Paulshof 3, D-53127 Bonn, Tel. (02 28) 28 16 86, Fax 28 16 86, *hermann.gladenbeck@t-online.de, home.t-online.de/home/hermann.gladenbeck* – **G/T:** Bildhauerei, Malerei – (Red.)

Glaeser, Gertrud s. Miko, Gertrud

Gläser, Markus, Dipl.-Bildhauer; Claudiusstr. 1, D-04157 Leipzig, Tel. (03 41) 9 11 45 79, Fax 9 12 21 02, *glaeser-bildhauer@t-online.de* (* Leipzig 28. 1. 60) – **S:** 81–88 HS f. industr. Formgest. Halle Burg Giebichenstein (Fachkl. Bildhauerei, Plast. b. Prof. B. Göbel) – **L:** 88–92 Denkmalpflege Leipzig (Ausb. im künstler. Bereich); 91–98 Ausb. Steinmetz u. Bildhauermeister – **Ve:** VBK DDR 88–91; BBK seit 91; BBKL seit 91; Arb.gemeinschaft d. Restauratoren seit 97 – **G/T:** freie Plast. (Naturstein, Bronze, Holz, Keramik u. Steinguß); Figur, Gruppen, Portr., Med., Reliefs; baugebundene Arb.; Neuerstellung, Neuschöpfung verschollener u. zerstörter Kunstwerke – **W:** überw. in Privatbes. – **Ö:** Grimma, Kath. Altenpflegeheim (Kapelle); Leipzig, Bundesverwaltungsgericht; ebda, Dresdner Bank, Gohliser Schlößchen, Nikolaikirchhof, Petershof, Plast.park; Markkleeberg, Kirche sowie zahlr. bauplast. Arbeiten – **E:** 88 Leipzig, Metallgußwerk; 00 Leipzig, Industr. u. Handelskammer; 01 Leipzig, Gohliser Schlößchen; Potsdam, Brandenburgisches Bildungswerk; 04 Chemnitz, Renaissance-Hotel – **G:** zahlr. Ausst.bet. m. d. BBKL 99 bis 02 – **V:** M. G. Plastik und Zeichnungen – ***Lit:*** Bildende Künstler in Leipzig 06 – (Red.)

Gläsker, Horst; Lierenfelder Str. 39, D-40231 Düsseldorf, Tel. (02 11) 7 33 82 50, *info@horst-glaesker.de, www.horst-glaesker.de* (* Hiddenhausen 49) – **VG:** Düsseldorf, Zimmer – **S:** 73–79 KA Düsseldorf (Malerei b. L. M. Wintersberger, Prof. Gerhard Richter u. Prof. K.O. Götz) – **L:** 88–91 KA Münster (Gastprof.); 95–97 HBK Braunschweig (Gastprof.); seit 98 KHS Kassel – **G/T:** Malerei, Zeichn., Mosaik, Install., Klangskulpt., Projekte, Aktionen, Kunst am Bau – **W:** zahlr. Aktionen – **M:** Aachen, Ludwig Forum; Wuppertal, Von der Heydt-Mus. – **Ö:** u. a. Erfurt, Am Anger (Brunnenmosaik); Frankfurt am Main, Ldeszentralbank (Wand- u. Brunnenmosaik); Kassel, Königsgal. (Granit-Intarsienboden); Langenfeld, Kult.haus (Wandrelief); Magdeburg, Arb.amt (Wandmalerei); Marl, Paracelsus-Klinik (Säulen- u. Wandbemalung) – **E:** zahlr. Ausst., u. a. 80 Mönchengladbach, Löhrl; 84 Berlin, Haas; 90 Hamm, Gustav-Lübcke-Mus.; 98 Düsseldorf, Mus. Kunst Pal.; 03 Düsseldorf, Mayer – **G:** zahlr. Ausst.bet., u. a. 80 Aachen, Slg Ludwig; 85 Bonn, LM; 92 Recklinghausen, KH; 98 Düsseldorf, KH; 03 Lago Maggiore, Isola Bella – ***Lit:*** Schweers 02 – (Red.)

Glässer, Matthias, Maler; Hauptstr. 47, D-55767 Leisel, Tel. (0 67 87) 97 16 94, *m-glaesser@arcor.de, www.matthiasglaesser.de* (* Birkenfeld 2. 4. 70) – **VG:** Homburg, Beck – **P:** Kunstpr. d. Spk. Idar-Oberstein 04 – **Ve:** VG Bild-Kunst 96; Ges. d. Freunde junger Kunst 00–02 – **G/T:** Abstr. Malerei (Öl) – **Ö:** Birkenfeld, KSG KS; Homburg, Slg Gal. Beck – **E:** 05 Homburg, Beck; 06 Trier, SWfunk – **G:** zahlr. seit 95, u. a. 99–01 Trier, Tuchfabrik; 00 Frankfurt am Main, BBK-Gal.; 01 Baden-Baden, SKH; Baden-Baden, KH Altes Dampfbad; 04 Trier, Europ. KA

Glagau, Uta s. Zaumseil, Uta

Glanz, Frank (eigtl. Franz Peter Glanz), Innenarchitekt, Maler; Aglassingerstr. 13, A-5023 Salzburg, *www.frankglanz.com; www.galerie-gondolph-zink.de* (* Salzburg 20. 10. 49) – **VG:** Sonthofen, Gondolph-Zink – **S:** Meisterprüfung (Innenarchit. u. Malerei) – **P:** Premio Velca d'Oro (Pr. d. Stadt Rom, Empfehlung d. Akad.) – **G/T:** altmeisterl. Maltechnik (Öl auf Holz bzw. Lw.); Lasurtechnik; Symbolismus; naturrealist. Darst.weise – **W:** intern. in privaten Slgn, v. a. in d. USA u. Austral. – **E:** Brescia; Kitzbühel; München; Reims; Rom; Salzburg; Wien; 06 Brüssel, Europ. Parlament; Bozen, Hotel Schloß Korb – **G:** Ausst.-bet. in Innsbruck u. Luxemburg – **V:** F. G., Monogr.; Adam und Eve (Ill.) – ***Lit:*** Monogr., div. Kritiken u. Ausst.besprechungen

Glasmeyer, Astrid s. Hülsmann, Astrid

Glass, Ingo, Dr., Bildhauer u. Kunsthistoriker; Preysingstr. 58, D-81667 München, Tel. u. Fax (0 89) 4 80 76 79, *ingoglass@web.de*. Dob. u. 46/b, H-1072 Budapest, Tel. (00 36–1) 3 41 05 13 (* Temeschburg/Timisoara, Rumänien 9. 4. 41) – **VG:** Washington/DC, ALEX; München, Waßermann; Bukarest, Luchian 12 – **S:** 61–67 ABK Ion Andreescu Klausenburg-Cluj (Meisterkl. Bildhauerei Prof. Artur Vetro) – **P:** Seerosenpr. 84; Lovis-Corinth-Pr. 85; Pr. f. Bildhauerei d. Fond. Brancusi Montreal 86; Pr. d. Intern. Bienn. f. Bildhauerzeichn. Budapest 92; Donauschwäb. Kunstpr. d. Ldes Bad.-Württ. 95; Kunstpr. d. Nürnberger Nachrichten 97; Kultureller Verd.orden Rumäniens f. Bild. Kunst im Rang e. Offiziers 04 – **Ve:** VBK Rumänien UAP 68; BBK München u. Obb. 83; Verb. ungarischer Bildhauer Budapest 98 – **KGr:** Künstlergilde Esslingen (81); Neue Gruppe München (03) – **G/T:** Konstruktivismus, konkrete Kunst – **M:** Amersfoort, Mondriaanhuis; Budapest, Intern. MADI Mus.; Budapest, MBK; Budapest, Vasarely Mus.; Bukarest, Mus. Arta Contemp. Romaneasca; Bukarest, Muzeul Nat. de Arta; Bukarest, NM; Canberra, NG of Australia; Chełm, Muz. Okregowe (Slg Konkrete Kunst); Cluj, NM; Duisburg, Wilhelm-Lehmbruck-Mus.; Erfurt, Forum Konkrete Kunst; Galaţi, Muz. de artă contemp.; Gelsenkirchen, SM; Ingolstadt, Mus. f. Konkrete Kunst; Montbeliard, Mus. du Château des Ducs de Wurttemberg; München, Lenbachhaus; Neu-Ulm, Edwin Scharff Mus.; Oradea/Rumänien, StM; Orońsko, Mus. f. zeitgen. Kunst; Paris, UNESCO; Querceta/Ital., Museo Gilardi; Regensburg, Ostdt. Gal.; Sapporo, Mus. f. mod. Bildhauerei; Taverna, Mus. Civita Pal. S. Domenico; Ulm, Donauschwäb. Zentralmus.; Veszprém, Vass Gyüjtemény – **Ö:** Dunaujvaros/Ungarn, Donauufer; Frankenthhal, RH-Platz; Galatz/Rumänien, Donauufer; Günzburg, Fa. Küchle; Hünfeld, Autobahnkreuzung A7/B27; Lugoj/Rumänien, Kr.verwaltung; Mannheim, Skulpt.park; Moinesti/Rumänien, DADA-Denkmal; München, Thomas-Wimmer-Ring; Neu-Ulm, Verkehrsring; ebda, Donauufer sowie Verkehrskreisel; Nürnberg, Nürnberger Nachrichten; Oberhausen, MAN-Aktienver.; Timisoara, Soseaua Martirilor; Ulm, vor d. Donauschwäb. Zentralmus.; Vaterstetten, Skulpt.-pfad I. Glass; Waldkraiburg, Stadtpark – **E:** 68 Galaţi, MAC; 74 Bukarest, Simeza; 80 Köln, Glaub; 82 München, Herbergenmus. d. SM; 85 Regensburg, Ostdt. Gal.; Paris, La Forge; 91 Neu-Ulm, Edwin Scharff Mus.; 96 Budapest, Vasarely Mus.; Bukarest, NM; 97 Oberdießen, Malura-Mus.; 98, 00 Washington/DC, ALEX; 98 Vaterstetten, Skulpt.pfad I. Glass; 99 Sarvar, KV im Schloß; 01 Ulm, Donauschwäb. Zentralmus.; Frankenthal, KV; 02 Budapest, StG; 03 Timisoara, Fundatia Triade; Oradea, Muz. Crişurilor; Cluj, NM; Deva/Rumänien, Forma; Sibiu, Muz. Brukenthal; Bukarest, MN de Artă; 04 Debrecen, Medgyessy Ferenc Mus.; Kosiče/Slowakei, Muz. Vojtecha Löfflera; Łodz, Akad. d. Bild. Künste; 05 Amersfoort, Mondriaanhuis – **G:** 68 Mexiko-Stadt, Olympiade; 74 Versailles; 82 Sapporo, Mus. f. mod. Bildhauerei; Amsterdam, Floriade; 83 Hamburg, Kunst u. Archit.; 84 Wien, KH; München, BMW Gal.; 85 München, Künstlerwkst.; 86 Budapest, Ernst-Mus.; Montreal, Fond. Brancusi; Rosenheim, KV; 87 Linz, Maerz; London, Mery-at-Hill; 87, 03, 04, 05 München, Haus d. Kunst; 88 Kairo, Echnaton-Mus.; Alexandria, Mus. of. Fine Arts; 89 Madrid, Centro Cultural de la Villa; Wrocław, Archit.mus.; Stuttgart, Gal. unterm Turm; 90 Rom, Kunstmesse; München, Künstlerwkst.; 91 München, Villa Stuck; 92 Leipzig, MBK; 94 Hünfeld, Mus. Modern Art; Warschau, Aspecty; Wrocław, Gal. Avantgarda; Klatovy, Okresní muz.; 96 Regensburg, Ostdt. Gal.; Budapest, Goethe-Inst.; 97 Ingolstadt, Mus. für Konkrete Kunst; 98 Esslingen, StG Villa Merkel; Greiz, SM; 00 Gmunden, Villa Toscana; Amersfoort, Mondriaanhuis; 01 Budapest, Mücsarnok; 02 Montbeliard, Mus. du Château des Ducs de Wurttemberg; 06 Wien, Collegium Hungaricum u. Kongresszentrum; Moskau, MMK Petrovka – **V:** Constantin Brancusi und sein Einfluss auf die Skulptur des 20. Jahrhunderts 93 – ***Lit:*** Octavian Barbosa: Lex. d. Zeitgenöss. Rumänischen Kunst 76; Siegfried Salzmann: Das Wilhelm-Lehmbruck-Mus. 81; Gerhard Theewen: Deutsche Kunst nach 1945 (ca. 83); Ionel Jianou: Romanian Artist in the West 85; Lex. d. Kunst, Bd 5 88; Christoph Brockhaus: Skulpturen. Wilhelm-Lehmbruck-Mus. Duisburg 91; Gerhard Leistner: Kunst als Konzept (Schriften d. Mus. Ostdt. Gal. Nr. 15) 96; ders.: Schaukatalog d. Mus. Ostdt. Gal. 97; Eugen Gomringer: zur sache der konkreten, ed. splitter 00; Steffi Roettgen: Skulptur u. Plastik auf Münchens Straßen u. Plätzen 00; Constantin Prut: Dict. de Arta Moderna si Contemp., Bukarest 02; Josef Linschinger: INNOVATION – konstruktiv konkret visuell konzeptuell 03; Dan Grigorescu: Dictionarul Avantgardelor, Bukarest 03; – KAT. ZU EINZELAUSST.: Siegfried Salzmann: Lovis-Corinth-Förderpreis 85; z. Ausst. in d. Ostdt. Gal. Regensburg 85; Anton Schwob: I.G., Bd 32 91; Eugen Gomringer u. Gerhard Leistner: I.G. – Vasarely Mus. Budapest 96; m. Gerhard Leistner: I.G. im Donauschwäb. Zentralmuseum Ulm 01; Claus Stephani: I.G. u. sein Bezug zu Rumänien 01

Glaswinkler, Paulus, Kunstmaler; Haidwang 17, D-86687 Kaisheim, Tel. (0 90 99) 92 19 71, *paulusglaswinkler@onlinehome.de*, *www.paulus-bilder.de* (* Aichach 23. 8. 47) – **Ve:** BBK Schwaben Nord u. Augsburg seit 03; Münchener Künstlergenossenschaft seit 93 – **G/T:** Malerei (gegenständlich, abstr.); Zeichn; Fotogr.; Altmeisterliche Öllasuren – **W:** überw. in Privatbes. – **E:** div. Ausst. in d. Reg. seit 90 u. a. München, TU; München, Begegnungszentrum d. Wiss.; Augsburg, Justizgebäude; Binswangen, Synagoge – **G:** zahlr. Ausst.bet. in d. Reg. u. a. München, Haus d. Kunst; Augsburg, Zeughaus (Große Schwäbische Kunstausst.)

Glattfelder, Hansjörg, Maler, Plastiker, Graphiker; lebt in Paris (* Zürich 10. 7. 39) – **VG:** Düsseldorf, Lausberg; Zürich, Schlégl; Zug, Gal. Weber – **S:** 58–62 Univ. Zürich (Jura, Kunstgesch. u. Archäologie); KGS Zürich (Vorkurs) – **P:** Eidgenöss. Kunststip. 66–68; Camille-Graeser-Pr. 87 – **KGr:** Atoma; Nove Tendencije – **G/T:** Konkrete Malerei (Erfindung einer neuen Bildform: Nicht-Euklidische Metaphern); Reliefplast.; Kunst im öff. Raum; Objekt; Multiple; Graph. – **M:** Bern, KM; Genf, Chase-Manhattan-Bank; Genf, Mus. d'art et d'histoire; Genua, Villa Croce MAC; Luzern, KM; Otterndorf, MMK; Stuttgart, SG; Turin, MAC; Zürich, Kunsthaus – **Ö:** Zürich, Hotel Nova Park; Zug, Einkaufszentrum Metalli – **E:** seit 66, u. a. 66 Mailand; 68 Zürich, Kunsthaus; 84 Bern, KM; 86 Venedig, Bienn.; Humlebæk, Louisiana Mus. of Mod. Art; 90 Köln, Teufel; 91, 93, 96, 99, 02 Zug, Gal. am See; 91 Immenstaad, Orangerie Draenert; 92 Bottrop, Josef-Albers-Mus.; 93 Otterndorf, MMK; 94, 00 Düsseldorf, Schoeller; 94, 95, 97 (m. Hans Hinterreiter), 01, 06 (m. Klaus Staudt) Zürich, Schlégl; 98 Studen, Fond. Saner; La Chaux-de-Fonds, Villa Turque; 99 Ingolstadt, Mus. f. Konkrete Kunst; 00 Saarbrücken, Gal. St. Johann; Stuttgart, Mack; 06 Düsseldorf, Lausberg – **G:** zuletzt u. a. 03 Halle/Saale, KH Villa Kobe: Konkrete Kunst. Einheit u. Vielfalt; Zürich, Schlégl: Concrete Reality and Reflection; 06 Düsseldorf, Lausberg: stets konkret... – **V:** Nicht-Euklidische Metaphern, In: Temporale. Rivista d'Arte di Cultura, I 83; m. Christoph von Tavel u. a.: Die Sprache der Geometrie. Suprematismus, De Stijl und Umkreis – heute 84; H.G. Hauptsätze und Nebensätze 94; H.G. Reliefs. Werkübersicht 1963–1996 (Text) 96; Hans Hinterreiter: Konstruktionszeichnungen (Text) 97; Ut poesis pictura?, In: Logik + Poesie. Erfurter Kolloquium v. 21.–23. Juni 01, Dok. d. Ergebnisse (Schriftenreihe d. Forums Konkrete Kunst Erfurt 5) 01, S. 17–21; Exakte Versuche im Bereich konkreter Ding- u. Zeichenwahrnehmung 04–05; Alexandre Kojève: Die konkrete Malerei Kandinskys (Übersetzung, Hrsg.) 05 – ***Lit:*** Hans Heinz Holtz (Text): H.G. 92; Willy Rotzler: Aus dem Tag in die Zeit. Texte zur modernen Kunst 94; Eugen Gomringer: Zur Sache der Konkreten 00; Hans Heinz Holz: Seins-Formen. Über strengen Konstruktivismus in der Kunst 01; – LEX.: Lex. d. zeitgenöss. Schweizer Künstler 81; Künstlerverzeichnis der Schweiz 1980–1990 91; Biografisches Lexikon der Schweizer Kunst 98; Bénézit 99 – (Red.)

Glattfelder-Knöbl, Helga (geb. Helga Knöbl, verh. Helga Glattfelder), Malerin, Video- u. Computerkünstlerin; Atelier: Raab 79, A-8321 St. Margarethen, *helga.glattfelder-knoebl@utanet.at* (* Graz 30. 11. 62) – **S:** 81–86 Univ. Wien (Inst. f. Grund- u. Integrativwiss., Soziologie u. Germanistik); 86–87 Univ. Zürich (Soziologie); seit 87 Zürich (Kunst, b. Mathias Gentinetta); 88–90 Fa Synchro Video Wien (Video-Postproduktion); 92–93 Univ. Graz (Empirische Statistik); seit 97 VHS (Autodidaktik, Malerei) – **L:** 96–97 Univ. f. Musik u. darst. Kunst Graz (LBeauftr. f. Film, Video u. Fs.); 97–03 Mittelschulen in d. Stmk (Produktion v. Kurzfilmen v. u. m. Kindern) – **P:** Pr. d. BmfUK u. Sport f. zeitgen. bild. Kunst in d. Stmk 93 – **G/T:** Malerei (expressiv, gegenständlich, duftig); Kupferdruck (märchenhaft, surreal, klar); angew. Video- u. Computerkunst ('Bockschauen' – interaktives Ges.spiel); Skulpt. (Holz, Metall, groß); Aktionskunst (Pizzaportr.) – **K:** Drehort Klassenzimmer, praktische Medienpädagogik – **W:** Portr., Gemälde, Reproduktionen in Linz, Wien, Graz, Hamburg, Zürich u. d. Oststmk; Skulpt. in Gleisdorf u. St. Margarethen – **M:** Graz, LM Joanneum – **Ö:** Gleisdorf, Gemeindeamt; ebda, Praxis Dr. Schmid, Bistro Lizzi, Privatgarten; St. Margarethen, Atelier – **E:** 91 Wien, Computergal.; 93 Graz, Neue Gal. Studio; 04 Neudorfberg/Prebuch, Wkst. Klauber – **G:** 91 Wien, Ndöst. LG; 95 Český Krumlov, Okresní vlastivědné; 00 Gleisdorf, Garten d. Riesen; 01 Gleisdorf, Heimatmus.; St. Ulrich i. Greith, Kult.haus; Maribor, Rotovz; – weitere: 02 Graz lebt auf; 03 Tag d. offenen Tür d. freischaffenden bild. Künstler Land Stmk u. Graz – **V:** Christian Müller (Hrsg.): Karmen 12?3 – Ein Buch über Rapsodivadlo/Musiktheaterfestival (Bericht über d. Leitung d. Videowkst.) 95; Politicum – Josef Krainer Haus Schriften – Frauen in der Kunst, Arbeit und Kunst – Ein Drehbuch 99; Peter Stachl: Steirische Künstler – Malerei und Grafik, Portr. 02 – **R:** LIEBE-ZEIT-UND-TON, Computerinstall. Uhr (Idee und Kooperation) 91 BOCKSCHAUEN, Video-Interaktion (Idee u. Kooperation) 04 – ***Lit:*** Neue Galerie am Landesmuseum Joanneum Graz: Förderungspreis des Landes Steiermark für zeitgenössische bildende Kunst, Kat. 93 – (Red.)

Glatzel, Heribert s. Friedland, Heribert

Glauber, Hans; Aystettstr. 2, D-60322 Frankfurt am Main, Tel. (0 69) 59 22 80, *haus.glauber@tin.it* – **G/T:** Malerei – (Red.)

Glende, Jürgen W., Kunstmaler; Prenzlauer Chaussee 227a, D-16348 Wandlitz, Tel. u. Fax (03 33 97) 7 21 99, *j.w.g@t-online.de*, *www.glende.net* (* Wernigerode/Harz 16. 11. 45) – **VG:** Wandlitz, Glende – **S:** Hospitant b. Hans Belthoff – **L:** Malkurse u. Reisen – **KGr:** Künstlerclub – **KGe:** Galerienring – **G/T:** geometrische Abstr.; Ölmalerei – **K:** mod. u. gegenständliche Malerei – **E:** Berlin, Dorint Hotel; Magdeburg, Schwerdner; Kellinghusen, Spk. Westholstein; Berlin, DAS; Schwerin, DAS; Hamburg, Meissner; München, Bierwirth; Wandlitz, Kult.bahnhof – ***Lit:*** virtueller Künstlerclub – ***LitR:*** zahlr. Veröff. in Ztgn u. a. in Berliner Morgenpost, Norddeutsche Rundschau, Sonntagszeitung, Kurier

Gliech, Andre s. Manecke, Andre

Glockmann, Sebastian, Maler, Graphiker; Rißweg 29, D-01324 Dresden, Tel. (03 51) 2 68 93 99 (* Berlin-Pankow 24. 4. 63) – **S:** 83–88 HBK Dresden (Malerei u. Graph. b. Hubertus Giebe u. Johannes Heisig, Dipl.) – **Ve:** SKB seit 91 – **G/T:** Malerei (Öl, Aqu.) u. Zeichn.; Gegenstände: Landschaft, Stilleben, selten Figuren – **W:** Werke überw. in Privatbes. – **Ö:** Dresden, Kr.krankenhaus Friedrichstadt – **E:** u. a. 94, 95 Burgheßler, Gal. im Gotischen Haus; 95 Dresden, Kult.etage Prohlis; 96 Radeberg, Schloß Klippenstein; 97 Dresden, Gal. in d. Jugendbibliothek; 97, 03 Pirna, Richard-Wagner-Mus. Graupa; 98 Bautzen, KV (m. Jochen Fiedler); 01 Dresden, Zentrum f. zeitgen. Musik; 02 Dresden, Fraunhofer-Inst.; Dresden, Verwaltungsgericht; 03 Dittersbach, Gal. im Hofmannschen Gut; Dresden, DREWAG-Treff; Jena, Roter Turm – **G:** u. a. Zeitz, Mus. Schloß Moritzburg; Pirna, SM; Liebstadt, Mus. Schloß Kuckuckstein; 03 Radebeul, Weingutmus. Hoflößnitz – **V:** S. G., Postkartenmappe – ***Lit:*** Begleitheft z. Ausst. im Drewag-Treff Dresden 03; – sowie div. Rezensionen in versch. Ztgn – (Red.)

Gloger, Margrit (geb. Margrit Waschkau), Graphikerin, Bildhauerin, Doz. in d. Erwachsenenbild.; Stolpmünder Str. 16, D-53119 Bonn (* Berlin 25. 6. 38) – **S:** Humboldt-Univ. Berlin (Kunsterziehung, Germanistik); Freie Univ. Berlin (Kunstgesch., Psychologie); Weiterbild. b. mehreren Künstlerinnen u. Künstlern – **L:** b. versch. Trägern d. Erwachsenenbild. (u. a. Kirche, Vereine) – **Ve:** BBK Bonn Rhein-Sieg; GEDOK; Frauen-Mus. Bonn – **G/T:** Graph. (Rad. u. a. Drucktechniken, figural, abstr.); Bildhauerei (Holz, Objekte) – **M:** Bonn, KM – **E:** 95 Dresden, Gal. in d. Tonne; 96, 00 Bonn, Gal. d. ev. Kirche; 02 Bonn, Thomas Morus; 07 Bonn, Kurfürstl. Gärtnerhaus – **G:** zahlr. Bet., u. a. 95 Dresden, Graph.markt; 99 Bielefeld; 00 Budapest-Budafok; 02 Bonn u. Landau, Graph. d. Gegenwart; Siegburg, Pumpwerk; Bonn, Schloßkirche; 03 Bonn, Frauen-Mus.: Kunstmesse; 04 Lübeck, Kult.forum Burgkloster; Brno, Muz. města; 05, 06 Bonn, Frauen-Mus.; 05 Köln, Maternushaus; 06 Neuwied, Kr.mus.; Köln, 4. Editionale; Katowice, KV – sowie mehrmals in Bonn, Künstlerforum; Bonn, Haus an d. Redoute – **V:** 8 Unikat-Künstlerbücher 05 – ***Lit:*** in: Junge Kunst Heft 27 96; Graph. d. Gegenwart, Kal. (AWO) 03; Gotthard Fermor u. Reinhard Schmidt-Rost (Hrsg.): Amen: Beten als Projekt 04; div. Ausst.kat.

Gloyer, Frauke, Malerin; Hauptstr. 41a, D-25899 Niebüll (* Flensburg 26. 1. 61) – **VG:** Schleswig, Sebastian Drum – **S:** 80–86 HBK Braunschweig (Malerei u. Graph. b. Prof. L. v. Monkiewitz, Dörfler) – **Ve:** Norddt. Realisten seit 94 – **G/T:** Malerei (gegenständlich, Freilicht, Ldschaft, Figur, Interieur, Stilleben) – **M:** Husum, Nissenhaus; Husum, Schiffahrtsmus.; Schleswig, LM f. Kunst u. Kult.-Gesch. Schloß Gottorf – **E:** zahlr. Einzelausst. u. a. 84 Niebüll, Stadtbücherei; 85 Ulm, Fischerplatz-Gal.; 86, 96 Flensburg, Ver.- u. Westbank; 89, 91, 95, 99 Schleswig, Sebastian Drum; 92, 97, 02 Husum, Nissenhaus; 93 Apenrade, Dt. Zentralbibliothek; 94 Itzehoe, Prinzeßhof; 99 Wyk/Föhr, Haeberlin-Friesen-Mus.; 00 Rendsburg, Mus. im Arsenal – **G:** 88, 98 Schleswig, Sebastian Drum; 95 Eckernförde, Kr.- u. Stadtspk. – **V:** Sechs Ansichten von Skagen, in: Skagen (Abb.) 98 – ***Lit:*** Klaus Lengsfeld(Hrsg.): Die Malerin F. G. 92; Gerhard Röper (Hrsg.): F. G. Jahreszeiten 94; Klaus Lengsfeld (Hrsg.): F. G. Kinderkram 97; Kult.stift. d. Kr. Schleswig-Flensburg (Hrsg.): Künstler in Unewatt 94 – (Red.)

Glück, Gerhard, Karikaturist, Illustrator; c/o Lappan Verlag, Postfach 3407, D-26024 Oldenburg (* Bad Vilbel 44) – **S:** 66–70 Werk-KSch Kassel (Graphikdesign); 72–75 Gesamt-HS Kassel (Kunsterziehung f. Gymnasien) – **L:** ab 76 Kunsterzieher an Gymnasien; 84–85 Gesamt-HS Kassel (Karikatur u. Ill.) – **P:** Dt. Karikaturenpr. d. Sä. Ztg (1. Pr.) 05 – **G/T:** Karikaturen (u. a. f. die Zss Stern, Zeit, Neue Zürcher Ztg u. NZZ Folio); Ill. (z.B. f. Schulb.) – **G:** u. a. 05–06 Dresden, Haus d. Presse – **V:** zahlr., u. a. Ansichtssache 94; Aus dem Leben von Mona & Lisa und anderen 97; Gezeiten 01; Papan: Der neue Pullover (Ill.) 03; Phyllis Theroux: Das wundersame Schneefeuer. eine Weihnachtsgeschichte (Ill.) 03; Der Pizzakönig von Pisa 04; Heinz Erhardt: Viel Glück! (Ill.) 04; ders.: Lach mal wieder! (Ill.) 05; ders.: Alles Liebe! (Ill.) 05; m. Rolf Wagner (Hrsg.): Lieber Célestine Freinet: Was ich Dir schon immer sagen wollte 06 – (Red.)

Glück, Gesa, Architektin; Handjerystr. 1, D-12159 Berlin, Tel. Mobil: 01 72 30 25 46 2, *welcome@rude-architecture.de*, *www.rude-architecture.de* (* Kassel 76) – **S:** 95–02 UdK Berlin (Visuelle Kommunikation, Archit.) – **L:** 02–03 Bauhaus Dessau (Workshop) – **KGe:** rude_architecture: G. G., Friedrich von Borries u. Tobias Neumann – **G/T:** urban research, exper. Design – **W:** Berlin, U-Bahnhof Alexanderpl. (Projektion vom 15.11.01 bis 22.2.02); weitere temporäre Projekte im Stadtraum – (Red.)

Glückstein, Stuart Alexander, Maler, Bildhauer; c/o Atelier Stuart A. Glückstein, CH-2500 Biel, *info@glueckstein.ch*. c/o Atelier Stuart A. Glückstein, CA-94403 San Matteo/USA (* Fislisbach/Kt. Aargau 71) – **VG:** Chur, Arboreus – **S:** 75 freie Einführung in d. Malunterricht (Moderne, Portr.); 76–87 Rudolf-Steiner-Schule (u. a. Mal- u. Kunstunterricht); 85 freie Einführung in d. Bildhauerei; 87–97 freie Einführung in Cartoon u. Trickfilmanimation – **Ve:** Pro Litteris 04; KV Biel 05 – **G/T:** Zchng; Portr. – **W:** überw. in Privatbes. u. Stift., zahlr. Performances – **M:** Pully, Fond. Sandoz; Trin, Stift. Bergwaldprojekt – **Ö:** Aarau, Kt.spital; Chur, Forstinspektorat; ebda, Fürstenwald, Swisscom; Davos, Kirchnerpark; Fideris, GEFAG AG; St. Moritz, See St. Moritz – **B:** Biel u. Stetten: Prototyp Atelierhaus – **E:** 96–05 Chur, Arboreus; 98, 02, 03 Davos, Kirchnerpark; 99 St. Moritz, See St. Moritz; 02 Aarau, Kuratorium; 02, 03 Chur, Fürstenwald; 03 Fideris, GEFAG AG; 05 Mailand, Designausst. Fuori Salone del Mobile; Mailand, Colombo – **G:** 96, 97, 98 Chur, Swisscom; 03 Aarau, Kt.spital – **V:** KUNSTTHEORET. SCHRIFTEN: Intellekt in d. bild. Kunst 96; Kunst u. Kunsterkennen 96; Transformationen 98; Konfusion d. Bild. Künstlers 01 – ***Lit:*** Simon de Fries: Bildl. Installation St. Moritz, Monogr. 97; Alexander Schibli u. David Goldblum: Träger, Monogr. 98; diess.: Holzschalen, Monogr. 02; Marianne Frey-Hauser: Mich interessiert, wie 'Büez' z. Kunst wird, Ausst.kat. 03; David Goldblum: Sterne, Ausst.kat. 04 ders.: Zur Portr.malerei v. S.A.G., Ausst.kat. 04; Silvia Kessler: Ich lasse mich nicht in eine Kunstszene einspeisen 05; Olivier Berger: Glückstein in Mailand im Glück 05; David Goldblum: Das Atelierhaus v. S.A.G. 06; ders.: Architekton. Skulpt. Schnittpunkt Archit. u. Skulpt. im Schaffen v. S.A.G. 06

Glutting, Klaus, Dipl. Designer, Bildhauer, Maler; Stolberger Str. 60, D-52068 Aachen, Tel. (02 41) 50 51 36, Fax 5 41 11 84, *KGlutting@t-online.de*. Rudolfstr. 48, D-52070 Aachen (* Zweibrücken 16. 6. 53) – **S:** 79–84 FHS Aachen (FB Design – Kunst im öff. Raum) – **L:** VHS Alsdorf/Baesweiler (Steinbildhauerei); Schulprojekte (z.B. Ganztagsschulen) – **Ve:** BBK Aachen-Euregio – **KGe:** HOM4: K. G., Heinz Ginkel, Madeleine Mangold u. J. N. R. Wiedemann – **G/T:** Bildhauerei (Bronzeguß, Gips, Keramik, Stahl); Install.; Malerei (div. Techniken) – **Ö:** Bronzeplast.: Homburg, Kr.spk. Saarpfalz; Homburg, Marktpl.; Ilmenau – **E:** / G: zahlr. Einzel- u. Gr.ausst. im In- u. Ausld seit 83 – ***Lit:*** Ausst.kat.: HOM 4 95; ENERGY – ART 02 – (Red.)

Gmeiner, Alois (Ps.: LUI), Graphiker, Fotograf, Autor; Rembrandtstr. 23/5, A-1020 Wien, Tel. u. Fax (01) 3 32 02 34, *ideenmanufaktur@chello.at, www.kunstmanufaktur.de; www.ideenmanufaktur.info; www.whitetrash.info* (* Klagenfurt 1. 9. 64) – **S:** Ausbildung – **Ve:** IG Autoren Wien – **G/T:** Foto-Graphik (Abstr. m. d. Mitteln d. Fotogr.); Fotogr. (Menschen, Akte, Landschaften); Graph.-Design (Werbegraph.); Modedesign (Label White Trash Fashion) – **K:** Seminar Fotogr.; Seminar f. Autoren – **W:** überw. in Privatbes. – **M:** Wien, Designslg; Wien, MAK – **Ö:** Wien, Rechtsanwaltskanzlei (Fotograph.) – **E:** www.kunstmanufaktur.de; www.-wiesenmarkt.at.tt – **G:** zahlr. Ausst.bet. seit 83 – **V:** Menschen am Wiesenmarkt, Fotob. 02; Nach-Saison, Foto-Bildbd 04 – **R:** Werbung 2000 – Kreative in der Werbung, Dok., W1 (Buch u. Regie) 98 – ***LitR:*** Anti-Potter, Portr./Dok., ORF 02 Martin Wolfram (Regie): Potter-Hasser, Portr./Dok., ATV Wien, 02 – (Red.)

Gmeiner, Cecilia s. Falk, Cecilia

GMÜ s. Mühl, Gerda

Gmür, Martina, Performancekünstlerin; c/o STAMPA, Spalenberg 2, CH-4051 Basel, Tel. 06 12 61 79 10, Fax 06 12 61 79 19, *info@stampa-galerie.ch, www.stampa-galerie.ch* (* Münster/Schweiz 79) – **VG:** Basel, Stampa – **S:** 96–99 Éc. Cantonale d'Art du Valais Siders; 99–02 HS f. Gest. Basel (Bild. Kunst u. Medienkunst) – **P:** Stip. Kunstkredit Basel Stadt – **KGe:** GABI: M. G. u. a. (seit 99) – **G/T:** Performance – **E:** / G: u. a. 01 Basel, KH; 02, 05 Basel, Stampa; 03 St. Gallen, Projektraum exex; 04 Muttenz, Kunsthaus Baselld – (Red.)

Gnatz, Sylvia (Ps.: Sygna), Dipl.-Ing. (FHS) Innenarchitektur, Künstlerin, Multimediadesignerin; Ganharting 9, D-94529 Aicha vorm Wald, Tel. u. Fax (0 85 04) 91 88 85, *office@sygna.de, www.gnatz.de; www.sygna.de* (* Landshut/Ndb. 26. 1. 63) – **VG:** Breitenberg, Atelier Wildland – **S:** 87–92 FHS Rosenheim (Innenarchit., Plast. Gest. b. Akad. Dir. Endriß, Filmarchit. b. Prof. H.F. Wirth) – **L:** 99–00 MultimediaAkademie Bay. (Doz. f. Multimedia) – **Ve:** BBK Bay. seit 94 – **G/T:** Zchng; Multimediadesign; Holzbildhauerei; Storyboardzchng – **M:** Bad Griesbach, Stadtgal.; Regensburg, KS d. Spk. – **Ö:** Passau, Communicate Messezentrum; ebda, Gründerzentrum – **E:** zahlr. seit 90 u. a. 91 München, Kunstforum; 95, 98 Passau, Domschatz- u. Diözesanmus.; 96 Weil, Kunstforum d. Stadt; 96–00 Jahresausst. BBK; 97 München, VAK-Domakateliers; 98 Bad Griesbach, Stadtgal. 02 Passau, Tanzforum; 04–06 Passau, Communicate Messezentrum; 05 Passau, Gründerzentrum; Breitenberg, Atelier Wildland; 06 Passau, Kult.modell – sowie: Akita/Jap. u. Goethe-Inst. Sibirien – **G:** 00 Asbach, Kloster – **R:** Hallo Welt, Kurzfilm 04

Gnauck, Kerstin (geb. Kerstin Burchardt), Malerin, Zeichnerin, Kunst am Bau; Judithstr. 12, D-98527 Suhl, *atelier@kerstin-gnauck.de, www.kerstin-gnauck.de* (* Halle/Saale 63) – **S:** 84–89 HS f. Kunst u. Design Burg Giebichenstein Halle/Saale (b. Prof. I. Götze) – **P:** Arb.aufenthalt Christoph-Merian-Stift. Basel (Stip.) 92; Arb.stip. d. Stift. Kult.fonds Berlin 92, 94, 95; Cité Intern. d. Arts Paris 96; Stip. f. Bild. Kunst d. Freistaates Thür. 02 – **Ve:** VBK Thür. 90–05 – **G/T:** Malerei (vorw. konkret, abstr., analytisch); Kunst am Bau; Install.; Zeichn. – **W:** raumbezogene Install., Werke in öff. u. privatem Bes. – **Ö:** Arnstadt, Kr.krankenhaus; Apolda, Amtsgericht; Ilmenau, Finanzamt; Jena, Neurochirurgische Klinik; Suhl, Arb.amt – **E:** 92 Liestal, Atelier- u. Gewerbehaus; 93 Schmalkalden, Wilhelmsburg; 97 Zella-Mehlis, Gal. im Bürgerhaus; 02 Schmalkalden, Bibliothek d. FHS; 04 Suhl, Gal. im Atrium – **G:** zahlr. Ausst.bet. seit 89, zuletzt 99 Erfurt, Gal. am Fischmarkt; 00 Kassel, Kult.bahnhof; 01 Dresden, Reg.präsidium; 02 Erfurt, KH; Mühlhausen, Mus.-Gal. Allerheiligen; 03 Kleinsassen, Kunststation; 06 Wien, Motiva

Gnirke, Lilo s. Schaab, Lilo

Gnüchtel, Dietrich, Maler, Graphiker; Engertstr. 10–12, Hintergebäude, D-04177 Leipzig, Tel. (03 41) 4 79 33 70, *gnuechtel-art@web.de* (* Leipzig 28. 8. 42) – **S:** Autodidakt; seit 84 freischaffend tätig – **P:** Else-Heiliger-Stip.pr. 01 – **Ve:** BBKL seit 91; VG Bild-Kunst seit 90; SKB seit 91; Mitgl. Freiluftgal. Stötteritz, 1. Leipziger Autoren-Gal. seit 94; ARCUS-Künstlervrg Leipzig 95–97 – **G/T:** abstr. Malerei (Mischtechnik); Graph. (vorw. Druckgraph., auch Serigraphie); Install. im Innen- u. Außenraum – **W:** Kunst im urbanen Raum, audio-visuelle Install. – **M:** Altenburg, Lindenau-Mus.; Berlin, NG; Leipzig, MBK – **Ö:** Dresden, Sä. Staatsmin. f. Wiss. u. Kunst; Hannover, Preussag AG; Hannover, Neues Kr.haus; Leipzig, Bay. Ver.bank; ebda, Dresdner Bank, BW Bank AG, Kult.-

amt, Ldratsamt, World Trade Center, Reg.präsidium, Airport (Windrose Air); Magdeburg, Spk. Hauptverwaltung – **E:** u. a. 77 Zeitz, Kleine Gal.; 88, 92, 93 Leipzig, Gal. am Sachsenplatz; 87 Halberstadt, Gal. St. Florian; 90 Hannover, Preussag AG; 92 Frankfurt am Main, Gal. v. Kupsch; 94 Leipzig, Artco; 95 Stuttgart, BW Bau AG; 97 Leipzig, Leipziger Hof; 99 Leipzig, Dresdner Bank AG; 02 Leipzig, Kunstkaufhaus; 05 Halle/Saale, Kunstmesse; 06 Hof, Theater; Chemnitz, Weise – **G:** zahlr. Ausst.bet. seit 77 im In- u. Ausld, u. a. 87 Altenburg, Lindenau-Mus.; 88–93 Bildermessen; 89 Leipzig, Gal. am Sachsenplatz; 91, 92, 93 Köln, Art Cologne; Hannover, Kunstmarkt; 91 Nürnberg, Art Nürnberg; 92, 93 Dresden, Kunstmarkt; 93 Tel Aviv, Goethe-Inst.; Rheda-Wiedenbrück, Internat. Kunsthaus Artes; 94 Dresden, Schloß; 97 Leipzig, MBK; Duisburg, KH; 00 Essen, Bonn, Brüssel; 06 Leipzig, Bildermesse – **V:** Kurt Drawert: Zweite Inventur (Titelill.) 87; Karl Kralow: Wenn die Schwermut Fortschritte macht (Titelill.) 93; Kurt Drawert: Tauben in unwirtlicher Landschaft (Hschn.) 96 – ***Lit:*** D.G. Natur Material Bilder. Werke aus 15 Jahren, Kat. 95; D.G. Die Stille im Bild, Kat. 96; D.G. Gesammelte Bilder, Kat. 99; D.G. Aufbrüche-Durchbrüche, Kat. 03; Bildende Künstler in Leipzig 06 – ***LitR:*** Vor Ort, Fs. (NDR) 90; Ausstellung ARTCO-Galerie im Depot, Fs.-Interview 94; Swantje Vogel: Interview m. d. Künstler, Radio Mephisto 97; Beitr. anläßlich d. Ausst. z. 60. Geburtstag, MDR Kultur 02; Atelier von D.G., Kurzfilm 03

Godthart, Sarah, freischaffende Bild. Künstlerin; Hauptplatz 3, A-8010 Graz, Tel. (03 16) 82 73 85, *sarah-godthart@gmx.at*, *www.sarah-godthart.com* (* Villach/Kärnten 26. 3. 56) – **VG:** Graz, Schafschetzy – **S:** KGS Graz (Abt. Keramik u. Ofenbau); Malerei autodidaktisch – **P:** Ausldsstip. d. Ldes Stmk – **KGr:** EVA & CO (90–94) – **G/T:** Malerei (Aqu., Öl u. Eitempera); Graph. (Rad., Pastell); Das tägliche Drama; Portr.; Mensch u. Tier; expressiv, subjektiv, meditativ – **W:** vorw. in Privatbes., Min. f. Wiss. u. Kunst – **M:** Wien, Wien Mus. – **E:** 83 Graz, LM Joanneum; 84 Graz, Gal. Steirische Mod.; 86, 02 Graz, Forum Stadtpark; 88 Poitiers, Carnot; 91 Graz, steirischer herbst; 95 Graz, Yin Yang; 99 Graz, Josef Krainer Haus; 00 Hannover, Cocolore; 01 Shanghai, Bond; 03 Graz (Woment!) – **G:** 90 Glasgow (Eva & Co); 92 Madrid (Autonomia); 94 Dublin, Guinness Hopstore; 00 Wien, Parlament; 02 Graz, Forum Stadtpark; 03 Florenz, Bienn. intern. dell'Arte contemp. – ***Lit:*** steirischer herbst 91, Kat. 91; Die Brücke, Kärntner Kult.zs 91; Via Airport 00, 04; Steirische Künstler 01; Eva & Co, feminine Kult.zs – (Red.)

Goeb, Heino, Maler; Dresdener Str. 122, D-10999 Berlin, Tel. (0 30) 6 15 99 35, Fax 6 19 99 35, *Heino.Goeb@planet-interkom.de*, *www.malreisen.de* (* Nüdlingen/Unterfranken 23. 1. 52) – **VG:** Berlin, Zelinski; Hamburg, Osterwalder – **S:** 74–80 GesamtHS Kassel (Freie Kunst b. Prof. Manfred Bluth u. Tom Gramse) – **L:** 79–80 FHS f. Graph. Dortmund (LAuftr. f. zeichnerische Darst.) – **P:** Aufenthalt in Grizzana Morandi 82–85 – **Ve:** VG Bild 01 – **KGe:** H. G. u. Peter Limpinsel (seit 92) – **G/T:** Malerei, Install., Konzeptkunst, Film – **K:** Ldschaftsmalerei in Ital., Spanien, Griechenld u. Dtld – **Ö:** Hannover, Bundeswehrverwaltung; Osnabrück, Hotel Remarque – **E:** 79 Bad Kissingen, Gal. Moderna; 82 Bologna, Centro Intern. delle Belle Arti; 83 Venedig, Scoleta San Zaccaria; 86 Grevenbroich, KV; 87 Delmenhorst, StG Haus Coburg; 93, 95 Hamburg, Zelinski; 01, 04 Hamburg, Osterwalder – **G:** 94 Kassel, Mus. Fridericianum; 95, 97 Berlin, Zelinski; 95 Kassel, Freibank; 02, 03 Hamburg, Osterwalder; – weitere: 96 Christel Zelinski Collection – **R:** m. Peter Limpinsel u. Wolfram der Spyra: Blind, Film-Projekt im Bali-Kino Kassel 95 – ***Lit:*** Kurt Weichler: H. G. Maler: Ein Hotelzimmer in Frankreich oder Kunst und Kurse, in: Arbeitsfeld Kultur 88 – ***LitR:*** Ingrid Schwappach: Ausst.portr. NDR 95 – (Red.)

Göbel, Bernd, Prof., Bildhauer; Schiepziger Str. 1, D-06120 Halle/Saale, Tel. (03 45) 5 50 41 13 (* Freiberg/Sa. 15. 10. 42) – **S:** HS f. Kunst u. Design Burg Giebichenstein Halle/Saale (Skulpt.) – **L:** seit 84 HS f. Kunst u. Design Burg Giebichenstein Halle/Saale – **P:** Rietschel-Pr. (3. Pr.) 98; Saltus-Award d. Amer. Numismatischen Ges. 00 – **KGr:** Künstlersonderbund in Deutschland – **Ö:** u. a. Freiberg (Fortuna-Brunnen); Halle/Saale, Leipziger Str.; Halle/Saale, Hallmarkt (Brunnen); sowie in Arnstadt, Dessau u. Leipzig – **E:** 02 Halle/Saale, SM – (Red.)

Göbel, Hans Günter (Ps.: HGG), Maler, Graphiker; Muzenbruch 3, D-53545 Linz, Tel. (0 26 44) 26 46, Fax 80 93 22, *h.g.goebel@t-online.de; hggoebel@linz.li; info@linz.li, www.hggoebel.de; www.hggoebel-stars.de; www.hgg-animation.de; www.linz.li; www.kulturland.rlp.de* (* Breslau 5. 2. 40) – **S:** Kölner Werkschulen (Malerei, Graph. b. Prof. Vordemberge) – **G/T:** Malerei u. Graph. (Sport, Mode, Stadt- u. Lsch., Eat Art, Autos, Karikatur, Karneval, sakrale Darst., Sterne) – **E:** ganzjährige Ausst. im offenen Atelier

Göbel, Heinz, Mag. art.; Marktplatz 3, A-4873 Frankenburg, Tel. u. Fax (0 76 83) 82 29, *heinzgoebel@hotmail.com, www.heinz-goebel.com.* Neustiftg. 94, A-1070 Wien (* Salzburg 8. 8. 47) – **VG:** Wien, Gal. Contact; Salzburg, Welz; Langenhagen, Depelmann – **S:** 67–72 ABK Wien (Meisterkl. f. Graph. Prof. Melcher) – **P:** Stip. f. Ägypten 74, 75; Staatsstip. f. bild. Kunst 78; Pr. d. Graph.wettb. Innsbruck 80; Goldenes Vedienstzeichen d. Republik Öst. 83; Kiwanis Druckgraph.wettb. 92 – **Ve:** KV ObÖst. – **G/T:** Malerei (Öl, Gouache, Abstr.); Rad. (Abstr.) – **M:** Linz, LG; Salzburg, Rupertinum; Stuttgart, SG; Wien, Albertina – **Ö:** Linz, Fa. Polyfelt; ebda, ObÖst. Ldesreg.; Paris, Fa. Polyfelt; Wien, BMfUK – **E:** u. a. Wien, Gal. Contact; Düsseldorf, Walther; Salzburg, Welz; Bonstetten, Gal. für Gegenwartskunst; Langenhagen, Depelmann – **G:** Köln, Art Köln; Wien, Kunstmesse; Innsbruck, Kunstmesse – **V:** Zum Beispiel Landschaft, Graph.mappe (6 Farbrad.) 98 – **R:** Treffpunkt Kultur, ObÖst. Ldesstudio 00 – ***Lit:*** Otto Breicha u. H. G.: Arbeiten 1978–1985; Otto Breicha: Neue Arbeiten auf Leinwand und Papier 90; Lucien Kayser: Erdlebenbilder 93; Otto Breicha: Zum Beispiel Landschaft1998; Peter Assmann: Landschaftliches 02 – (Red.)

Göbel, Käte (Katja), Malerin, Schriftstellerin, Lehrerin; Kastanienallee 26, D-31224 Peine, Tel. (0 51 71) 1 53 01, *KatjaGoebel@t-online.de, KatjaGoebel.bei.t-online.de* (* Pr.Mark/Ostpr. 6. 6. 28) – **S:** 90–93 FernKSch Paris in Hamburg; 93–99 HBK Braunschweig – **Ve:** Hannoverscher Künstlerver. 95; BBK Hannover 99; Verb. dt. Schriftsteller; ver.di Fachgr. Lit. – **G/T:** Malerei (abstr., fantastisch, surreal), Öl u. Eitempera – **K:** freie Malerei, 90 Malkurse an d. VHS Peine, Malen m. Ölkreiden, Gal. am Herzberg – **Ö:** Braunschweig, Art O Thek; Peine, Ballettschule Musil; ebda, Kr.VHS – **E:** zahlr. Ausst. seit 82, zuletzt 86 Peine, Festsäle; 95 Peine, RH; 96 Gifhorn, RH; 97 Hannover, Künstlerhaus; Schöningen, Schloß; 99 Celle, Verl.-Gal. Allerzeitung; Peine, Verl.-Gal. Peiner Allg. Ztg; 02 Peine, Gal. am Herzberg – **G:** zahlr. Ausst.bet. seit 82, u. a. 82 Lehrte, Stadtbibliothek; Peine, Stadtbibliothek; 84 Peine, Forum; Peine, Kreis-Mus.; 88 Bad Harzburg, Winiwuk; 99 Hannover, Haus Wülfel; Hannover, Potbi-Park; 00 Celle, Treff-Gal.; 01 Hannover, BBK; Wiesbaden, Villa Clementine; Wiesbaden, Haus Kempf; 02 Hannover, Künstlerhaus; Braunschweig, HBK – **V:** Begreife den Sinn (Text u. Ill. zur Haiku-Dichtung) 86 – ***Lit:*** Natur und Mensch, Internat. Ausst.kat. (Bet.) 99, 00; Who is Who/EU 98, 02; s. auch Kürschners Dt. Literatur-Kalender

Goebel, Sylvia (verh. Sylvia Sondermann), Malerin; Andreasstr. 31, D-22301 Hamburg, Tel. (0 40) 27 58 83, Fax 2 71 95 23, *shgoebel@aol.com*, *www.sylviagoebel.de* (* Köln 15. 6. 52) – **VG:** Hamburg, Meißner; Allschwil, Aphold; London, Woolff – **S:** 70–73 Cambridge, Lausanne (Studienaufenthalte); 74–77 KA Bezaleel Jerusalem (exper. Arb. in versch. Künstlergr.) – **Ve:** BBK Hamburg 86; VG Bild 98 – **G/T:** Acrylmalerei, Abstr., Zeichn., Mischtechnik – **W:** ca. 230 Arb. in Privat- oder Firmenbes. – **Ö:** Berlin, Albingia Versicherung; Hamburg, Hypover.bank; ebda, Techno Nord, Hotel Hyatt, Price Waterhouse Coopers, Jones Lang Lasalle; Köln, AKB Privat- u. Handelsbank; Paris, Gr. France Abo. – **E:** 91 Hamburg, Kunsttreppe; 92 Aix-en-Provence, Gal. des amis des arts; 95 Hamburg, Scholz & Friends; 96 Hamburg, B.A.T. Kunstfoyer; 97 Bonn, Hamburger Ldesvertretung; 99 Hamburg, Stilwerk; 00 Hamburg, Meißner; 01 Hamburg, Mus. d. Arb.; 02 London, Woolff; 03 Ludwigsburg, Veith; Eckernförde, Heimat-Mus.; 04 Basel, Aphold – **G:** zahlr. Ausst.bet., u. a. in Basel, London, Quebec, St. Petersburg, Stockholm, Toronto u. Venedig – ***Lit:*** S. G. Malerei, Ausst.kat. 95, 97, 00 – (Red.)

Göbel-Groß, Uta, Künstlerin; Haus-Heyden-Str. 201, D-52134 Herzogenrath, Tel. (0 24 07) 1 86 20, *erbanundgoebelgross@t-online.de*, *www.utagoebelgross.de* (* Leipzig/Sa. 18. 4. 58) – **VG:** Borken, Open Art – **S:** 80–87 RWTH Aachen Aachen u. Bonn; 92–95 Düsseldorf u. Köln (Kunsttherapie) – **L:** seit 85 Univ. Bonn (Lehrer- u. Doz.tätigkeit im Kunststudio); Energiekolleg Würselen; Viktoriaschule Aachen; Forum Eltern u. Schule Dortmund – **Ve:** Dreieck.Triangle.Driehoek 96; Frauenmuseum Bonn 00; BBK Aachen 02 – **KGr:** SWAPs (seit 00) – **G/T:** Malerei, Zeichn., Objekt, Skulpt., Install., Performance, Text (Figuration in Misch-Techniken) – **K:** kreative Selbsterfahrung, Malerei, Kunst, Tanz – **W:** Werke überw. in Privatbes.; Performances – **Ö:** Würselen, Kult.zentrum Altes RH – **E:** zahlr. Ausst. seit 86, zuletzt 00 Hannover, Apostelkirche; 01 Heerlen, Andreaskerk; Heidelberg, Stadthalle; 02 Herzogenrath, Kunst Forum; 03 Hannover, Messe; Blankenheim, Eifelmus.; 04 Würselen, Kult.zentrum Altes RH – **G:** zahlr. Ausst.bet. seit 86, zuletzt 95 Borken, Open Art; 99 Bonn, Frauen-Mus.; 00 Millingen aan de Rijn, Werf; Berlin, Kommunale Gal. Wilmersdorf; 01 Aachen, SPD-Haus; 02 Kapstadt, Greatmore Studios; 03 Hellenthal, St. Antonius; 04 Dreiländereck Belgien-Dtld-Niederl. – (Red.)

Göd, Theresia (geb. Theresia Kronister), Pflegehelferin; Aumühlgasse 6/2/10, A-2020 Hollabrunn, Tel. u. Fax (0 29 52) 2 03 58, Mobil: 06 64 5 18 91 84, *theresia.goed@don.at*, *members.e-media.at/autoditakt/* (* Loibersdorf/Pöggstall 21. 9. 55) – **S:** Autodidaktin – **Ve:** Kult.vernetzung Weinviertel seit 03 – **G/T:** Öl- u. Acrylmalerei (vorwiegend abstr.) – **W:** überw. in Privatbes. – **E:** 03 Groß Weikersdorf, Raika; 06 Maria Dreieichen, Seniorenresidenz; Hollabrunn, Schipal – **G:** 03 Hollabrunn, Kult.sommer; 05 Frauenmühle Wunsch, Tag d. offenen Ateliers; 06 Ebenfurth, Straßengal.; Lengenfeld, Kult.vernetzung

Goedecke, Stephan, Bildhauer; Dasselstr. 24, D-50674 Köln, Tel. (02 21) 2 40 96 69, Fax 2 40 96 69, *info@stephan-goedecke.de*, *www.stephan-goedecke.de* (* Cali/Kolumbien 13. 11. 59) – **VG:** Köln, Jansen; Zürich, art felchlin – **S:** 85–88 Alanus KHS Alfter b. Bonn (Bildhauereistud.) – **Ve:** Neuer Aachener KV seit 02; Kunst Salon Köln seit 04 – **KGe:** S. G. u. Anita Kontrec (seit 96) – **G/T:** Bildhauerei (einfache, stille Skulpt. m. zeitloser Ausstrahlung, überw. Stein, Wasserklang-Skulpt., Steinstelen m. Thema 'Sonne u. Mond') – **K:** Bildhauerei f. Kinder u. Erwachsene – **W:** überw. in Privatbes. – **Ö:** Berlin, Stein (INSIDE-OUT); Bergisch Gladbach, Skulpt.projekt (m. Gal. Jansen Köln); Köln, Granit-Plast. (TOY-JOY); Krefeld, Stein (Sonnen-Stele); Lerbach, Schloßhotel Park; Schwyz, Skulpt.park; Zürich, art felchlin – **E:** 04 Köln, Skulpt. Draussen – **G:** 92 Poznan; Gelsenkirchen; 95 South Korea; 00 Krefeld; 01 Luzern; 02 Elm, Dorn'scher Garten; Köln, Skulpt.-garten; 03 Luzern; Bergisch Gladbach, Schloßhotel Lerbach; Köln, Jansen; 04 Zürich, art felchlin; Schwyz, Skulpt.park – **V:** HAGIA CHORA, Zs f. Geomantie 00 – ***Lit:*** Sylvia Demme: Goldener Schimmer lockt im üppigen Grün, Ztg (Kölner Stadtanzeiger) 02; Astrid Ludwig: Hans Dorn vereint Garten und Skulptur zu einem Gesamtwerk, Ztg (Frankfurter Rundschau) 02; Petra Diederichs: Steine mit einer Seele aus Gold, Ztg (Rheinische Post) 03

Goedicke, Claus; lebt u. arbeitet in Köln (* Köln 66) – **VG:** Köln, Fiedler – **S:** 89 KA Düsseldorf; 95 Meisterschüler b. B. Becher – **P:** Reisestip. d. KA Düsseldorf 94; Förd.pr. d. Ldes NRW 99 – **G/T:** Fotogr., Computerdruck, Install. – **W:** Ankauf u. a. durch d. Bundesmin. d. Innern Bonn – **M:** Amsterdam, Heiting Collection; Essen, Mus. Folkwang; Frankfurt am Main, Dt. Bank KS; Göppingen, KH; Zürich, Slg d. UBS AG – **E:** zuletzt u. a. 01 Göttingen, KV; Paris, Ropac; 02 Bochum, KV; Köln, Fiedler; 03 Seoul, Seomi Gall.; 04 Madrid, Estrella; Salzburg, Ropac; Kleve, Mus. Kurhaus – **G:** u. a. 01 Amsterdam, RM; Bologna, Gal. D'Arte Moderna; Fellbach, Trienn. d. Kleinplast.; 02 Düsseldorf, Mus. Kunst Pal.; 03 Köln, Fiedler; 04 Lausanne, Mus. de l'Elysée – (Red.)

Goehlen, Gabriele, Malerin; Mühlental 52, D-56077 Koblenz, Tel. (02 61) 70 23 82 (* Brake/Oldenburg 58) – **S:** 78–83 FHS Ottersberg (u. a. b. P. Pollock); 88–89 Freie Malschule Freiburg (b. P. Pollock) – **G/T:** ungegenständl. Malerei (Goauche, Wachs, Collage); Altarbilder – **Ö:** Berlin, DBB Forum – **E:** u. a. 94 Krefeld, Michaelkap.; 98 Oldenburg, Lamberti-Kirche; 01 Nordenham, KV; Kassel, Kult.initiative; 03 Hamburg, St. Lukas Kirche; 05 Koblenz, Kleine Kunstklause; 06 Berlin, DBB Forum – **G:** zahlr. Bet. seit 89, u. a. 95 Oldenburg, Gal. 42; 99 Ammersbek, Kunsthaus am Schüberg; 05–06 Koblenz, Mittelrhein-Mus.

Goehlen, Peter, Bildhauer, Plastiker, Zeichner; Mühlental 52, D-56077 Koblenz-Ehrenbreitstein, Tel. (02 61) 70 23 82 (* Koblenz 6. 7. 54) – **S:** 78–83 FHS Ottersberg – **Ve:** AG bild. Künstler Mittelrhein (AKM) 05 – **KGe:** Freie Werkgemeinschaft (seit 98) – **G/T:** Bildhauerei (ungegenständl.); organ. Plast. u. Skulpt. (Stein, Holz, Bronze, Beton, Eisen); Zchng – **Ö:** Berlin, DBB Forum – **E:** u. a. 94 Mönchengladbach, BIS-Zentrum; 96, 01 Duisburg, Klangfarbe; 00 Bernkastel-Kues, Cusanus-Haus; 01 Nordenham, KV; 02 Herdecke, Nikodemus-Kirche; 03 Koblenz, Kleine Kunstklause; 04 Aachen, St. Michael; 06 Königswinter, DBB Forum Siebengebirge – **G:** u. a. 99 Hamburg, Haus am Schüberg; 03–06, zweimal jl. Koblenz, Künstlerhaus Metternich; 04–06 Koblenz, Ehrenbreitsteiner Kult.tage; 05 Prüm, Abtei; Koblenz, Mittelrhein-Mus.

Göhringer, Armin, Bildhauer; c/o Galerie Winter, Parkstr. 24, D-65189 Wiesbaden, Tel. (06 11) 3 08 27 80, Fax 3 08 27 82, *info@galerie-winter.de*, *www.galerie-winter.de* (* Nordach 54) – **VG:** Wiesbaden, Winter – **S:**

76–82 HS f. Gest. Offenbach am Main (Stud.) – **P:** Pr. d. Johannes Mosbach Stift. d. KHS Offenbach am Main (1. Pr.) 82 – **G/T:** Plast. – **G:** 91 Rastatt, Pagodenburg; 93 Müllheim, Mus.; 97 Kirchzarten, KV; 98 Gengenbach, Mus. Haus Löwenberg 99 Hamm, Maximilianpark; – weitere: 84 Leonberg, KV; 87 Kinzigtal, KV; 93 Mulhouse, Euros; 94 Tuttlingen, StG; Überlingen, StG; 95 Limburg, StKS; 96 Halslach, Kloster; 97 Gutach, Freilichtmus.; 00 Offenburg, Mus. im Ritterhaus; 01 Langenburg, KV Hohenlohe; Wiesbaden, Winter; 02 Niederalfingen, SüdWestGal.; Kitzbühl, Zeitkunstgal.; Regensburg, Kunstkab. – (Red.)

Göltenboth, Irmela s. Röck, Irmela

Gölzenleuchter, Horst Dieter, Maler, Illustrator, Holzschneider, Drucker, Autor; Hustadtring 31, D-44801 Bochum, Tel. (02 34) 70 44 91 (* Freiburg/Br. 15. 4. 44) – **VG:** Lünen, Anders – **S:** Autodidakt – **P:** Wettb. 'Weltbilder, Kosmopolitarier' d. Zs 'Die Brücke' (1. Pr.) 01 – **Ve:** VG Bild-Kunst; VG Wort; ver.di – Fachgr. Bild. Kunst – **KGe:** H. D. G. u. Hermann Naumann (seit üb. 20 Jahren Zus.arb. u. Austausch) – **G/T:** Malerei; Graph. (Hschn., Rad.); Skulpt. (Stahl); Arb.weise: realistisch, poetisch, genständlich – **K:** Hschn. – **M:** Bad Bergzabern, Slg Willibald Gänger; Bochum, Mus.; Bochum, Slg d. Spk.; Iserlohn, SM; Mülheim an der Ruhr, KM; Wittenberg, Slg Gerd Gruber – **Ö:** Stahlskulpt.: Bochum-Langendreer u. Iserlohn-Barendorf – **E:** u. a. 88 Mülheim an der Ruhr, KM; 91 Bielefeld, KH; 92 Dorsten, StG; Essen, die galerie; 94 Oberhausen, Schloß (Gedenkhalle); 95 Dortmund, StG Torhaus Rombergpark; 96 Madras, Art Gall.; 99 Bochum, Mus.; 03, 04 Iserlohn, SM; 04 Mülheim an der Ruhr, KM – **G:** zahlr. Ausst.bet. seit 69, u. a. 69 Rostock, KH; 83 Dortmund, Mus. am Ostwall; 85 Wuppertal, Von der Heydt-Mus.; 90 Halle/Saale, Staatl. Gal. Moritzburg; 95, 96, 97 Düsseldorf, Art Multiple; 97 Witten, Märkisches Mus.; 01 Münster, Gal. am Dompl.; Bochum, Mus.; 02 Dittersbach, Quandt Ver.; Hattingen, Henrichshütte; 04 Mülheim an der Ruhr, KM – **V:** u. a.: H. D. G. (Texte, Rad., Linol- u. Hschn.) 83; Immer die anderen (Texte u. Zeichn.) 84; Aus meiner Zettelkiste. Verse und Zeichnungen für Kinder 93; Zeit-Zeugnisse (Zeichn., Linol- u. Hschn.) 94; Und mal die Sonne bunt (Verse u. Linolschnitte f. Kinder) 98; Gespräche mit dem Holz (Hschn.) 98; Purzelbäume (Orig.-Serigraphien) 01; – sowie zahlr. Buchill. – ***Lit:*** AUSST.KAT., u. a.: Jutta Hülsewig-Johnen u. Gerhard Ribbrock: H. D. G. – Holzschnitt 91; Gerhard Ribbrock: Druck im Kopf – H. D. G. 96; Klaus Wengst u. Thomas Schäfers: Schattenmenschen – Menschenschatten 97; Mus. Bochum (Hrsg.): In Holz geschnitten 01; SM Iserlohn (Hrsg.): H. D. G. Zeitzeugnisse – Radierungen 03 – (Red.)

Göpfert, Edeltraud Maria (geb. Edeltraud Maria Brunner), Bildhauerin; Knadlarn 6, D-94496 Ortenburg, Tel. u. Fax: (0 85 41) 79 11, *goepfert.edel@web.de*, *www.goepfert-edel.de* (* Eberhardsberg/Passau 17. 2. 53) – **S:** 87–89 Stud. d. Bildhauerei u. d. Bronzegusses b. Prof. Zenzmaier in Salzburg; Akad. Esslingen (Silikon-Formenlehrgang); Schweißerausb. d. Handwerkskammer Pfarrkirchen; Sem. in Rad. u. Lith.; seit 88 freischaffende Bildhauerin – **P:** Symbolfigur d. Ld.kr. Passau f. Kunst, Kult. u. Wiss. (1. Pr.) 92; Ostbay. Kult.förd.pr. d. E.ON Bay. 02 – **Ve:** BBK Ndb. 90 – **G/T:** Portr.bildhauerei (bevorzugt Bronze, Stahl, Glas); Druckgraph.; Kunst am Bau – **W:** zahlr. in Privatbes. u. Slgn im In- u. Ausld, u. a. in Luxemburg, Frkr. u. Austral. – **Ö:** Ortenburg, AWO-Seniorenheim; Passau, Klinik-Park; Straubing, Klinik-Park; Vilshofen, Stadtpfarrkirche; ebda, Stadtpl., Donaugasse, Burg, RH, Stadt-Friedhof, Berufsschule – **E:** 92/93 München, Gal. im Bild.werk d. Bay. Wirtschaft; 96 Asbach, Gal. d. Ldkr. Passau; 97 Plattling, Gal. im Bürgerspital; 99 Straubing, Gal. d. Raiffeisenbank; 04 München, Gal. d. Bay. Ldesbank (Kat.) – sowie Teiln. an zahlr. Wettb. (Kunst im öff. Raum u. Kunst am Bau) – **G:** u. a. 91 Rosenheim, Lokschuppen; 96 Vilshofen, Skulpt.park; 00 Passau, Domschatz- u. Diözesanmus.; 02 München, K-Gal.; Erbach, Dt. Elfenbeinmus.; 03 Düsseldorf, CastArt 4; 03/04 München, Baumgartl; München, Open-Art-Gallery; 05, 06 München, Haus d. Kunst – ***LitR:*** Atelierbesuch b. E.M.G., in: Halbjahresprogramm KV Passau 22 98

Göpfert, Simone, Malerin, Ergotherapeutin; Mittelstr. 4, D-98617 Neubrunn, Tel. (03 69 47) 5 06 99, *info@atelier-goepfert.de*, *www.atelier-goepfert.de*. Auf der Mauer 4, D-98527 Suhl, Tel. (0 36 81) 80 60 07 (* Meiningen 11. 6. 67) – **S:** 96–98 Stud.gemeinschaft Darmstadt (Freie u. angew. Graph.) – **G/T:** Meditative Malerei (Aqu., Acryl) – **K:** Graph., Aqu.- u. Acrylmalerei; Aktive Entspannung durch meditative Malerei; Therapeut. Arb. – **M:** Römhild, Mus. Schloß Glücksburg – **E:** 97 Oepfershausen, Kunststation; 00 Meiningen, Rhön-Rennsteig-Spk. (Kat.); 02 Römhild, Mus. Schloß Glücksburg; 05 Suhl, Philharmonie – **G:** 99 Meiningen, ada; 02, 04 Bad Königshofen, Archäolog. Mus. Schranne – ***Lit:*** Badacsonyörs, Kunstdruck (Beilage z. Geschäftsbericht d. Rhön-Rennsteig-Spk. Meiningen) 00

Gördes, Beate (eigtl. Beate Haasch), Malerin, Objekt- u. Multimediakünstlerin; Graditzer Str. 22, D-50735 Köln, Tel. (02 21) 72 71 60, *beate.goerdes@netcologne.de*, *www.beategoerdes.kulturserver-nrw.de* (* Herten/NRW 27. 2. 61) – **VG:** Stralsund, Hanse Gal. – **S:** FHS Köln (freie Kunst, Malerei) – **P:** Förd.pr. 2. intern. Bienn. Neues Aqu. Kunststation Kleinsassen 01; Stip. Kunststation Kleinsassen 02 – **Ve:** VG Bild 95; ver.di – Fachgr. Bild. Kunst 95 – **G/T:** Zeichn.; Graph.; Malerei (Akt, Portr., Ldschaft); Objekt (Mixed Media); Fotogr.; Video; Multimedia – **K:** Akt- u. Portr.malerei; exper. Drucktechniken – **W:** überw. in Privatslgn, KS d. Colonia-Versicherung – **E:** zahlr. Ausst. seit 89, zuletzt Köln, Kunstraum3; 05 Frechen, Kunstraum/Praxis Marlies Bockhorn; 07 Stralsund, Hanse Gal. – **G:** zahlr. Ausst.bet. seit 85, u. a. 98 Köln, Gal. im Turm; 03 Varanasi, ABC Art Gall.; 04 Denderleeuw, Kruispunt; 04 Frechen, KV; Tuzla, 14. Intern. Bienn. Portr.; Maribor, Gal. Dlum; Ptuj, Pokrajinsli Muzej; 06 Bruchsal, KV Das Damianstor; Fürstenwalde, 7. Miniatur in d. bild. Kunst – **R:** kleine ostseewlle, Kurzfilm/Video (Regie) 06

Goering, Bernd, Bildhauer; Basler Str. 54, D-79540 Lörrach, Tel. (0 76 21) 1 68 72 17, *kontakt@goering-bernd.de*, *www.goering-bernd.de* (* Basel 62) – **VG:** Basel, Ueker & Ueker; Weil am Rhein, Stahlberger; Hamburg, Wiechern – **S:** Schule f. Gest. Basel; seit 88 freischaffender Künstler – sowie: Studien in Freiburg im Breisgau – **P:** Kunst- u. Kult.förd.kr. Lörrach (Förd.pr.) 93, 94; Kunstpr. Wildenstein 93; Stip. Künstlerhaus Selk 94; Markgräfler Kunstpr. 98 – **W:** Stadt Lörrach; Ldkr. Lörrach; Stadt Weil am Rhein; Stadt Ravensburg; Spk. Markgräflerland; Spk. Lörrach-Rheinfelden; Spk. Südl. Weinstr.; Karlsruhe, Oberfinanzdirektion – **M:** Lörrach, Dt. Bank; Senigallia, Mus. dell'Informazione; Weil am Rhein, StG Stapflehus – **Ö:** Freiburg, Reg.präsidium; Haltingen (Paar); Herten, St. Josefs Haus; Köln, Fa. Omya; Lörrach, Grundschule Salzert; ebda, Fußgängerzone, Bad. Gas AG, Kult.zentrum Burghof, Ldratsamt (Jh.plast.), Arbeitsamt, Amtsgericht; Münchenstein/CH, Birshofklinik; Nesselwang,

Fa. Endress + Hauser; Niederrimsingen, Gustl-Birkenmeier-Pl.; Rotkreuz/CH, Fa. SDS Relais AG; Schopfheim, Im Winkel – **E:** über 30 im In- u. Ausld, u. a. 88 Lörrach, Klein; 90, 94, 98, 00, 02 Weil am Rhein, Stahlberger; 92 Lörrach, StG Villa Aichele; 93 Meerane, StG; 94 Schleswig, Schlesw.-Holst. Künstlerhaus; 94, 96, 00, 04 Hamburg, Wiechern; 96 Gunzenhausen, Markgraf; 97 Senigallia, Museo dell'Informazione; Glauchau, KV; Lübeck, Bornemann; 98 Müllheim, Markgräfler Mus.; 99 Eckernförde, Heimat-Mus.; 99, 01, 03 Basel, Carzaniga & Ueker; 01 Weißenburg, Römer-Gal.; 03 Lörrach, Stadtkirche; 04 Rheinfelden, Haus Salmegg; 05 Staufen, Gal. Fluchtstab; 06 Basel, Ueker & Ueker; – sowie: 94 Hohenstein-Ernstthal, Metallbildhauer Symposium; 99 Herten, St. Josefs Haus, Symposium; 01 Breisach-Niederrimsingen, Birkenmeier Steinguss Symposium – **G:** zahlr. Bet., u. a. 86 Basel, Ciba-Geigy; 87 Basel, KV; 89 Tuttlingen, StG; 89, 94 Lörrach, StG Villa Aichele; 91 Wiesbaden, Kunsthaus; 92 Mulhouse, Cour des Chaînes; 94 Lefkada/Griechenld, StG; 95 Braunschweig, StG: Lemniskatische Prozesse; Stockholm, 15. Kunstmesse; 96 Straßburg, Art Straßburg; 96, 05 Weil am Rhein, StG Stapflehus: Menschesmensch; 98 Budapest, Art Expo – zuletzt: 05 Mulhouse, Gal. Courant d'Art: Accrochage; Weil am Rhein, StG Stapflehus: Regionale 4; 06 Staufen, Gal. Fluchtstab: Das Wort liebt Bilder

Görke, Johanna, Malerin, Graphikerin; Schleusenstr. 40, D-15569 Woltersdorf, Tel. u. Fax (0 33 62) 2 58 03 (* Berlin 10. 5. 42) – **S:** 61–66 HBK Berlin (Graph. b. Prof. Behrens-Hangeler u. Prof. Arno Mohr) – **Ve:** VBK DDR 68–84 – **G/T:** Malerei (expressiv, ldschaftlich u. figurativ); Zeichn.; Graph. – **M:** Berlin, SMPK; Dresden, SKS; Frankfurt/Oder, Kleist-Mus.; Frankfurt/Oder, Mus. Junge Kunst; Schieder, Stadtverwaltung; Schwerin, Staatl. Mus. – **Ö:** großflächige Arb. im Innen- u. Außenbereich f. Kindereinrichtungen, u. a. in Frankfurt/Oder, Fürstenwalde, Rüdersdorf u. Spreenhagen – **E:** 78 Berlin, Club d. Kult.schaffenden; Gera, St. Johannis Kirche; Fürstenwalde, RH; 79 Schwedt, Klubgal.; 81 Eberswalde, Kult.bundgal.; 82 Berlin, Gal. am Prater; 86 Hannover, Diakonisches Werk; Bielefeld, Puppentheater; 87 Schwalenberg, StG; 89 Lemgo, Alte Abtei; 90 Wunstorf, Prien; 93 Frankfurt/Oder, Gallus; 98 Berlin, Inselgal.; 03 Woltersdorf, Antiquariat an d. Schleuse; 05 Berlin, Bi-Ber GmbH – **G:** 90 Dresden, Skulpt.-Slg im Albertinum; 91 Hamburg, Deichtorhallen; 92 Detmold, Stadthalle; 94 Potsdam, Staudenhofgal.; 01 Fürstenwalde, StG; – sowie zahlr. Ausst.bet. seit 70 in Berlin, Bilbao, Dresden, Erfurt, Frankfurt/Oder, Jap., Leipzig, Polen u. Schwerin

Goertz, Christa (geb. Christa Heyn), Malerin; Friedrich-Hecker-Platz 5, D-74918 Angelbachtal/Eichtersheim, Tel. (0 72 65) 13 26, Mobil 01 73–6 65 88 34, Fax (0 72 65) 70 20, *studio@christa-goertz.com* (* Karlsruhe 15. 6. 50) – **S:** 67 Erste künstler. Unterweisungen durch d. Bildhauer Jürgen Goertz; 69 Stud.aufenthalt in London (als Gast d. Camberwell School of Art); 72–73 Aufenthalt in d. Villa Massimo, Rom (m. d. Preisträger Jürgen Goertz) – **M:** Heilbronn, Slg d. Spk.; KS Rhein-Neckar-Kreis; Karlsruhe, Reg.präsidium; Karlsruhe, SKH; Schwäbisch Hall, Slg d. Bauspk.; Stuttgart, Reg.präsidium; Stuttgart, Slg d. Ldesbank Bad.-Württ.; Tokio, Slg Suzuki; Waldshut, Slg d. Spk. – **Ö:** Brüssel, Informationsbüro d. Landes Bad.-Württ.; Heidelberg, Landratsamt; Karlsruhe, Gesellschaft f. Kernforsch.; Stuttgart, Kultusmin. u. Oberfinanzdirektion – **E:** u. a. 82 Karlsruhe, Gal. 11; 83 Landau in der Pfalz, Villa Streccius; 85 Karlsruhe, SKH (m. Hede Bühl, Ev Grüger, Hetti Krist); 86 Heilbronn, KV (m. Gerda Bier, Wolfgang Bier, Jürgen Goertz); 87 Kornwestheim, Gal. d. Stadt (m. Jürgen Goertz); 90 Heidelberg, Gal. Rothe; 91 Budapest, Bartók Gal. (m. H.-M. Franke, Hans Münch, Werner Pokorny); 92 Seligenstadt, Kunstforum; 93 Luxemburg, Art Gall. 97 Bietigheim-Bissingen, StG; Engen, SM u. Gal.; 00 Pforzheim, Kunstforum Hohenwart; 03 Ulm, Sebastianskap.; 04 Mannheim, Gal. Keller – **G:** u. a. 73 u. 75 Gesellschaft d. Freunde junger Kunst; 75–79 Künstlerbund Bad.-Württ.; 78 Karlsruhe, Bad. KV: Künstlerehen; 80 u. 82 München, Große Kunstausst. (Neue Gruppe); 80 Darmstadt, KH: Liebe – Dokumente aus unserer Zeit; 84 Oldenburg u. Karlsruhe: Kunstlandschaft BR, Region Baden; 85 Düsseldorf, Große Kunstausst.; 90 Darmstadt, KH: Flucht – Problemkreis seit Menschengedenken; 91 Stuttgart, Hospitalhof: Lebensspuren; 93 Wehr u. Stuttgart, Hospitalhof: Wege; Montpellier: Dt.-Frz. Kunstausst. d. Rhein-Neckar-Kreises; 94 Iserlohn, Kassel, Hannover, Berlin: Der neue Adam; 95 Rastatt, StG: Slg Westermann; 00 Wehr: Fließende Zeit; 02 Sharjah/V.A.E., 2. Art Bienn.: Women and Art – A global Perspective – ***Lit:*** Künstlerehen, Kunstforum 4/78; Liebe – Dokumente aus unserer Zeit, KH Darmstadt 80; Kunstlandschaft BR – junge Kunst in deutschen KV, Kat. 80; Ulrika Evers: Deutsche Künstlerinnen d. 20. Jh. – Malerei, Bildhauerei, Tapisserie 83; C.G., Kat. KH Darmstadt 85; Flucht – Problemkreis seit Menschengedenken, KH Darmstadt 90; Lebensspuren, Kat. Hospitalhof Stuttg. 91; Atelier u. Künstler, Landratsamt Heidelberg 91; Paul Gräb (Hrsg.): Wege 93; Der neue Adam, Kat. Ev. Begegnungsstätte Hohenwart 94; Kunstsammlung Rhein-Neckar-Kreis 95; Sammlung Westermann, Kat. Städt. Gal. Rastatt 95; C.G., Kat. Städt. Gal. Bietigheim-Bissingen u. Städt. Mus. Engen 97; Women and Art, Kat. Sharjah Art Mus. V.A.E. 02

Goertz, Jürgen, Prof. h. c., Bildhauer; Friedrich-Hecker-Platz 3–5, D-74918 Angelbachtal/Eichtersheim, Tel. (0 72 65) 13 26, Fax (0 72 65) 70 20, *studio@juergen-goertz.com, www.juergen-goertz.com* (* Albrechtshagen/Posen 13. 3. 39) – **S:** 63–66 ABK Karlsruhe (Bildhauerei b. Prof. Loth, Examen f. Kunsterziehung) – **L:** 71–72 ABK Karlsruhe (LAuftr.); 05 Studio School New York (Gast-LAuftr.) – **P:** Stip. d. Studienstift. d. Dt. Volkes 66–68; Aufenthaltsstip. d. DAAD (Camberwell School of Art London) 68–69; Villa-Massimo-Stip. 72–73; XXI. Bienn. Intern. dell'Arte Florenz (Pr. d. BRD) 73; Arb.stip. d. Kulturkr. im BDI 75; Kunstpr. Berlin 78; Haueisen-Pr. d. Ldes Rh.-Pf. (1. Preisträger) 79; Verleihung d. E.titels Prof. h.c. durch d. Bad.-Württ. Min.Präs. E. Teufel 10.5.04; – sowie Gewinn u. Ausführung zahlr. Kunstwettb. u. Direktaufträge seit 75 – **G/T:** Skulpt. (u. a. realist. Kopfskulpt., abstrahierende Kopfarchitekturen); Klein- u. Großplastiken; Objekte; Design – **M:** Regensburg, Ostdt. Gal. – **Ö:** u. a. Alfeld, Marktpl. (Die Zeit u. ihre Geister); Angelbachtal-Eichtersheim, privater Skulpt.park (seit 04); Ansbach, Schloßpl. (Anscavallo); ebda, Ans-Bach-Säule (Großplastik); Augsburg, am Neuen Staatsarchiv (Archivia); Bad Pyrmont, Curriculum Vitae (Wasserachse m. mehreren Skulpt. sowie Brunnenanlage, Beiprogramm z. EXPO 2000); Bad Schönborn, vor d. Rathaus (Der Wagenlenker); Berlin-Lichtenrade, vor d. Feuerwache (Der Schrei); Biberach, vor d. FHS f. Archit. (Architektura); Bietigheim-Bissingen, Hillerpl. (Turm d. grauen Pferde); ebda, Kronenplatz (Kuh-Riosum); Bietigheim-Bissingen, Hillerpl. (01–03: Kunstkonzept 'mehrere hundert Kopfgestalten unterschiedlich stilist. Varianten für d. Haus d. Köpfe 'Villa Visconti', 01: Kunstbau inkl. Gartenanlage als Gesamtkunstwerk – in Zusammenarb. m. d. Architekten Prof. Jo Frowein u. Dieter Schäffer); Borken, Marktpl. (Janusbrunnen); Bremen, Ansgarikirchhofpl. (Besselei); Bruchsal, Technologiedorf TED (Großplastik Pegasus); Coesfeld, Markt (Konferenz d. Elemente); Dortmund, Am Fernmeldeamt 2 (Wellenspiel 80); ebda, Mallinckrodtstr. Eingang Bundespost (Porta Globalica); Engen, Marktpl. (Martinssäule); Freiburg, vor d. Techn. Rathaus (Archidee); Freudenstadt, Stadtkirche (Großer Gerichtsengel); Gerlingen, Brunnenstr. (Johann-Caspar Schiller); Gelsenkirchen, Environment Klostergasse 12 – Hommage an den Bergbau (Glück auf); Göppingen, vor d. Neuen Berufsschule (Schabkarren); Heidelberg, vor d. Print Media Acad. gegenüber Hauptbhf (Großplastik S-Printing Horse); ebda, Auditorium d. FHS d. SRH (Projekt Herzstück I- u. II+); ebda, Kopfklinik (Im Morgenmantel); Heilbronn, Kilianspl. (Christophorus): in Karlsruhe: Platz vor d. Staatstheater (Musengaul, sowie später: Muse), auf d. Kaiserstr. (Der Karlsruher), Waldhornpl. (Eva im Glashaus), vor d. Europahalle (Europa); Langen, Bahnhofspl. (Europabrunnen); Lohne b. Oldenburg, Marktpl. (Ego-Lohne); München, Leopoldstr. vor d. Univ. (Allegorie d. Lehre); Nürnberg, Tiergärtnertorpl. (Hase nach Dürer); Rastatt, Bahnhofsvorpl. (Das Rastatter Rätsel); ebda, Rossitor (Hommage à Picasso); Rotenburg/Wümme, Neuer Markt (Paar-Oh-Die); Schwäbisch-Hall, Altstadt (Drei Gnome); Stuttg.-Bad Cannstatt, vor d. Oberpostdirektion (Tele-Party); Stuttg.-Vaihingen, Univ.gelände (Multimissionar); Ulm, Zeughausgelände (Einstein); Waldshut, Conrad-Gröber-Pl. (Grenzgänger); Waldshut-Tiengen, Spk. Hochrhein (Ergänzung); Wehr, Storchenpl. (Viola); Yokohama/Jap., Eingangsbereich Business-Park (Tele-Party) – **E:** 74 Karlsruhe, Bad. KV (Kat.); 75 München, Buchholz; 77 Rottweil, Forum Kunst; Heidelberg, Rothe; 78 Berlin, Poll; 81 Darmstadt, KH (Kat.); 92 Luxemburg (J.G. Bronzeskulpt. u. Bilder); 94 Berlin, Platz vor d. Reichstag (Monuments' Moments, Kat.); 97 Eltville, Mumm Akad. (Großplastiken, Kat.); 01 Ulm (J.G. Werke aus d. letzten 20 Jahren); 06–07 Ausst. 'moments of movements' in d. Porsche-Zentren Stuttgart, Frankfurt/Main, München, Leipzig, Berlin; – sowie: 01–03 Kunstkonzept 'mehrere 100 Kopfgestalten f. d. Haus d. Köpfe Villa Visconti', Bietigheim-Bissingen; Ansbach, Altstadt (15 Bronzeplast.) – **G:** u.a 86 Darmstadt, KH: Neun Schüler von Wilhelm Loth (Kat.); 89 Montreal, Intern. Bildhauerausst. ART-LUMINIUM (drei Großplastiken) – **R:** Gerd Winkler: Jean Paul Katzenbergers Badereise, Fs.film (Mitwirkung) 78 – ***Lit:*** u. a. AUSST.KAT.: Jörg Walter Koch: J.G. Skulpturen, Objekte, Zeichnungen 1966–1974 74; J.G. Polychrome Plastik 1971–1981 81; Monuments' moments, J.G. Großplastiken vor dem Reichstag Berlin 94; Bernd Goldmann: J.G. – Plastiken. Im Park d. Mumm-Akademie, Eltville 97; – sowie: Einstein-Brunnenplastik von P.G. in Ulm 84; Kuh-Riosum von Bietigheim 87; J.G. – Ergolohne '88 88; J.G. – Das Rastatter Rätsel 1980–1984 89; Turm der grauen Pferde 93 – ***LitR:*** Zu Besuch bei J.G., Film v. Ingeborg Euler (ZDF) 85

Göschel, Eberhard, Maler, Graphiker, Plastiker, Aktionskünstler; Rietzstr. 14, D-01139 Dresden, Tel. (03 51) 8 49 13 10, *rietz14@gmx.net*, *bildkunstnet.de; www.obergrabenpresse.de* (* Bubenreuth 28. 3. 43) – **VG:** Düsseldorf, Gal. Beethovenstraße; Dresden, Hieronymus – **S:** 59–61 Abitur u. Ausb. z. Gebrauchswerber; 62–63 KHS Dresden (Abendschule b. Gerhard David); 64–69 HBK Dresden (Malerei b. Herbert Kunze); 77–80 AK Berlin (Meisterschüler b. Theo Balden) – **Ve:** Sä. AK Dresden 96 (Sekretär d. Kl. Bild. Kunst bis 98) – **G/T:** Malerei; Graph.; Plast.; Install.; Performance u. Aktion; Rakelzchng (seit 03); Porzellan in d. Meissner Manufaktur (seit 06) – **W:** Ankauf u. a. durch d. Bundesmin. d. Innern Bonn – **M:** Aachen, Ludwig Forum; Altenburg, Lindenau-Mus.; Barcelona, Mus. d'Art Mod.; Berlin, AK; Berlin, KS d. Dt. Bundestages; Berlin, Kpst.-Kab.; Berlin, NG; Budapest, MBK (Kpst.-Kab.); Budapest, NG; Chemnitz, KS; Cottbus, Brandenburgische KS; Dresden, GG NM; Dresden, Kpst.-Kab.; Dresden, SLUB; Dresden, Skulpt.-Slg im Albertinum; Dresden, Slgn d. TU; Dresden, Sä. Staatsmin.; Frankfurt/Oder, Mus. Junge Kunst; Köln, Mus. Ludwig; Nürtingen, SM; Offenbach am Main, Klingspor-Mus.; Rossendorf, Zentralinst. f. Kernforsch.; Warschau, NM (GrS); Wien, Albertina – **E:** zahlr. Ausst., u. a. 73 Berlin, Kleine Gal. Pankow (m. Peter Graf u. Peter Herrmann); 74 Halle/Saale, Atelier Fotis Zaprasis (m. Peter Herrmann); 75 Rossendorf, Zentralinst. f. Kernforsch.; 75, 81 Dresden, Leonhardi-Mus.; 75, 78 Berlin, Schweinebraden; 77 Ahrenshoop, Bunte Stube; 78 Magdeburg, Klubgal.; 79 Berlin, Arkade; 80 Erfurt, Gal. im Flur; Dresden, Gal. Mitte (m. Butzmann, Möhwald, Morgner); 82, 94 Chemnitz, Gal. Oben; 82 Erfurt, Gal. Erph; 82, 91 Dresden, Obergrabenpresse; 86 Wernigerode, Jüttners Buchhandlung; Leipzig, Gal. Theaterpassage; 87 Dresden, Gal. im Verl. d. Kunst (m. Michael Morgner); 88 Dresden, Jazzclub Tonne; Dresden, Neue Dresdner Gal.; 89 Chemnitz, Klub der Intelligenz Pablo Neruda; 90 Berlin, Neuer Berliner KV (m. Wolfgang Smy); 90, 93, 95, 97, 00, 03 Düsseldorf, Gal. Beethovenstraße; 90, 93 Frankfurt am Main, Ostertag; 92 Calcutta, Birla-Academy (m. Max Uhlig u. Michael Freudenberg); 93 Köln, Barthel u. Tetzner; 94 Dresden, Albertinum; Aachen, Ludwig Forum; 97 Erfurt, Gal. am Fischmarkt; 04 Chemnitz, KS; – AKTION/PERFORMANCE: jl. 78–80, 85 Fürstenau; 83 Dresden, Kreuzkirche; 85 Cascina del Sole; Lecco; 87 Dresden, Dt. Hygiene-Mus.; 89 Kiel, KH; Dresden, Projekttheater; 92 Calcutta – **G:** zahlr. Ausst.bet. u. a. 74 Helsinki, KH; 74, 77, 82, 87 Dresden, Albertinum; 77, 79, 82 Dresden, Leonhardi-Mus.; 80 Berlin, Gal. Mitte; Berlin, NG; 82 Chemnitz, Gal. Oben; 84 Strasbourg, Press Papier; 85, 86, 87 Dresden, Gal. Rähnitzgasse; 86 Prag, NG; Ravensburg, Döbele; Ulm, KV; 88 Venedig, Bienn.; 90 Köln, Josef-Haubrich-KH; Offenbach am Main, Klingspor-Mus.; 91, 92 Aachen, Ludwig Forum; 91 Ljubljana, Intern. Graph. Bienn.; Oberhausen, Ludwig-Gal.; 92 Altenburg, Lindenau-Mus.; 93 Düsseldorf, Große Kunstausst. NRW – **V:** Mappenwerke: grafik lyrik 78; Besteigung des Ätna 87; Gegenlicht 88; Rost & Rouge 88/89; Partitur (Aquatintarad.) 93; Piratensegel 00; – sowie: E.G. Ölbilder u. Terrakotten (Textbeitr.) 81; Staatl. Mus. Schloß Burgk (Hrsg.): Druckgraphik aus Dresden (Textbeitr.) 87; Brief an Willi Sitte, in: Neue Berliner Illustrierte 22.11.90; Gedenkstätte im Reichstagsgebäude in Berlin zum Andenken an die ermordeten u. die verfolgten Mitglieder d. Reichstages d. Weimarer Republik, Ausst.kat. (Textbeitr.) 91; Der Künstlerbund – ein Hoffnungsträger, in: Kunstreport 6/92 – ***Lit:*** u. a.: Henry Schumann: Ateliergespräche 76; Lothar Lang: Malerei u. Graphik in d. DDR 78; Klaus Werner, in: E.G. 1978/79, Ausst.kat. 78; Der Kuß. Liebespaare in Graphik u. Plastik d. 20. Jh. 80; Akad. d. Künste d. DDR. 11 Meisterschüler. Graphik-Malerei-Plastik 81; Gabriele Muschter in: E.G. Ölbilder u. Terrakotten 81; Klaus Werner, im Kat. z. Ausst. in d. Gal. Oben Chemnitz 82; Lothar Lang: Malerei u. Graphik in d. DDR 83; Karin Thomas: Zweimal deutsche Kunst nach 1945 85; Dresden heute. Malerei u. Graphik nach 1945 86; Malerei aus Dresden 1945–1985. 100 Künstler – 100 Werke 86; Staatl. Mus. Schloß

Burgk (Hrsg.): Druckgraphik aus Dresden 87; Fritz Jende: Sammlung der Gemälde, in: 10 Jahre Staatl. Kunstsammlungen Cottbus. 1977–1987 87; Rudolf Mayer: E.G. Besteigung d. Ätna, in: Neue Dresdener Galerie (Hrsg.): E.G. Gemälde Skulpturen 88; J.R. Bernhard Theilmann: Bilder des E.G., ebda; Gunter Ziller: Die Malerei E.G.s, ebda; Gunhild Brandler: Kunst in Dresden, in: BASF-Feierabendhaus Ludwigshafen (Hrsg.): Neue Bilder aus Dresden 89; Hans Jürgen Buderer: Eindrücke aus Dresden, ebda; Hans Brinkmann: Göschels 'Ätna', in: Kulturbund der DDR (Hrsg.): Grafik. Klub d. Intelligenz Pablo Neruda, Ausst.kat. 89; Eckhart Gillen u. Rainer Haarmann (Hrsg.): Kunst in d. DDR 90; Lucie Schauer: Abschied vom Thema, in: E.G. Bilder aus den Jahren 1986–1990 90; Werner Schmidt, ebda; Brigitte Wagner: Introversion. Blickpunkte zeitgenöss. Kunst in Deutschland. Hommage an die empfindsamsten Außenseiter deutsch-deutscher Kunst 90; Gunter Ziller: Bilder aus Deutschland. Kunst d. Slg Ludwig 90; Ludwig-Inst. Oberhausen (Hrsg.): Bilanz. Deutsche Kunst aus Ost u. West 1945–1990 91; Ludwig Forum f. intern. Kunst (Hrsg.): Ostkunst – Westkunst 91; Blickwechsel. 13 Künstler aus Sachsen 91; International Biennial of Graphik Art Ljubljana 91; Ludwig Forum f. intern. Kunst Aachen (Hrsg.): Der Deutsche Künstlerbund in Aachen 92; Erhard Frommhold: Dresden – Calcutta!, in: Birla Acad. of Art & Culture (Hrsg.): Artists from Dresden 92; Hanne Loreck: At first glance ..., ebda; abstrakt. Der Deutsche Künstlerbund in Dresden 93; Große Kunstausst. NRW 93; Nicola Kuhn in: E.G. Horizonte, teilweise gespiegelt. Malerei 1990–1992 93; Rudolf Mayer: Wirkliche Malerei, ebda; Staatl. Kunstsammlungen Dresden. Vom Expressionismus z. Gegenwart 93; Kupferstichkab. Dresden (Hrsg.): Unter Druck. 20 Jahre Obergrabenpresse 99; Chemnitzer Konvolut, Kunstslg Chemnitz 04; – BEITR. IN PERIODIKA: Lothar Lang: Jünge Künstler 76, in: Die Weltbühne 15.6.76; ders.: Unsere jüngste Kunstszene, ebda 21.8.73; Holger Eckermann: Menschenbilder, in: Niemandsland Heft 1 87; Hanne Loreck: E.G. embraces painting, in: Contemporanea 11/90; Martin Tschechne u. Jens-Uwe Sommerschuh: Deutsche Maler nach d. Vereinigung, in: Art 11/90; – sowie zahlr. weitere Artikel in Ztgn u. Zss.

Goeschl, Roland, Prof. em., Bildhauer; Prater 246, A-1020 Wien (* Salzburg 25. 11. 32) – **VG:** Salzburg, Altnöder; Wien, Gal. bei der Albertina – **S:** 56–60 ABK Wien (b. Fritz Wotruba); 62 Royal College of Art London – **L:** seit 72 TU Wien (Prof. f. zeichn. u. maler. Darst.) – **P:** Pr. d. Bienn. v. Paris 65; Wettbew. d. BASF Ludwigshafen (1. Pr.) 70; Wettbew. Staatsbad, Wildbad (1. Pr.) 71 – **KGr:** St. Stephan – **E:** zahlr. Einzelausst. seit 62, u. a. 84 Salzburg, Altnöder; 90 Wien, Stalzer; 93 Innsbruck, Orms; 94 Schaan, Gal. am Lindenplatz; Wien, Secession; 97 Wien, Belvedere – **G:** zahlr. Ausst.bet., u. a. 64, 68 Kassel, documenta; Venedig, Bienn.; 89 Bozen, Museion-MMK; 93 Wien, Albertina; 94 Wien, BAWAG Found.; 01 Innsbruck, Schloß Ambras – ***Lit:*** Dictionary of Art 96 – (Red.)

Gösselbauer, Herbert (Ps.: goess.design.group.), Dipl. Designer, Innenarchitekt; Burenstr. 67, A-8052 Graz, Tel. Mobil: 06 5 05 06 04 00, Fax (03 16) 67 82 52, *goess.design@aon.at* (* Langenwang/Stmk) – **L:** Sem., Vorlesungen u. Referate zu: Design, Interior Design, Corporate Design, Designmanagement; Projekte m. Schulen, Ausb.stätten, Kindergärten u. div. Institutionen z. allen Themen d. Gest. – **Ve:** Technische Büros/Ing. Büros f. Innenarchit.; Technische Büros/Ing. Büros f. Design u. Produktgest.; WIFI – Berater- u. Expertenpool – **G/T:** Objektkunst; Raumkunst; Kunst am Bau u. im öff. Raum; Ausst.inszenierung; Unternehmensdarst.; sakrale Projekte; Altarraumgest. – **K:** Projekte, Sem., Vorlesungen u. Referate f. Schulen, versch. Ausb.stätten, Kindergärten u. Ver. z. allen Themen d. Gest. – **W:** mehrere Install., temporäre Raumkunst, temporäre Unternehmensinszenierungen; viele Archit.-, Innenarchit.- u. Raumkunstprojekte in ganz Europa; mehrere Altarraumgest. in Öst. – **Ö:** Altarraumgest. in Deutsch Kaltenbrunn; Langenwang; Rudersdorf; Wald/Schoberpass – ***Lit:*** Modo, Designmag.; Wohnen, Archit.mag.; Habit Butik, Designmag.; Portal, Innenarchit.mag.; Display, intern. Shop-Design-Mag.; stores & shops, Shop-Design-Mag.; Textilwirtschaft, Fachmag.; Kleine Ztg; Bauamt d. Diözese Eisenstadt (Hrsg.): Orte f. lebendige Liturgie 04 – sowie: versch. Fach-, Wochen- u. Tageszten

Göthe, Julian, Bild. Künstler; Schlesische Str. 19, D-10997 Berlin, Tel. (0 30) 81 49 28 06 (* 66) – **VG:** Köln, Buchholz – **G/T:** Install. – **E:** / G: u. a. 01, 03, 04 Köln, Buchholz – **G:** 04 Dresden, KH im Art'otel – (Red.)

Göthner, Christl Maria, Malerin, Graphikerin; Kurt-Eisner-Str. 92, D-04275 Leipzig, Tel. (03 41) 9 80 37 52, Fax 5 90 60 40, *arterhaltung@t-online.de* (* Bad Lausick 4. 12. 57) – **VG:** Leipzig, Gal. am Sachsenplatz; Unkel, Oltmanns – **S:** 78–84 HGB Leipzig (Malerei u. Graph. b. Prof. Bernhard Heisig); 90–93 AK Berlin (Meisterschüler b. Heisig u. John) – **Ve:** Leipziger Jahresausst. (Gründungsmitgl.) 93 – **KGe:** arterhaltung: C. M. G. u. Stephan König (seit 04) – **G/T:** Ölmalerei; Graph. (Mappen); Objekte (Keramik, Buchobjekte); Install. – **M:** Leipzig, Dt. Buch- u. Schrift-Mus. d. Dt. Nat.bibl.; Leipzig, GRASSI; Leipzig, KH Spk.; Leipzig, MBK; Magdeburg, KM Kloster Unser Lieben Frauen; Schwerin, Staatl. Mus. – **E:** zahlr. Ausst. u. a. in Leipzig, Hannover, Bonn, Berlin, Paderborn, Mainz, Wilhelmshafen, Hamburg, Köln, Bielefeld u. Erfurt – **G:** 86, 87 Altenburg, Lindenau-Mus.; 87, 88 Dresden, Albertinum (Kunstausst. d. DDR); 92 Altenburg, Lindenau-Mus.; 93 Berlin, Marstall; 94 Dresden, Schloß; 96 Leipzig, Mus. f. Kunsthandwerk; 98 Leipzig, HGB; 93, 94, 97, 99, 00, 03 Leipzig, Leipziger Jahresausst. – **V:** Welcome, Buchprojekt 97 – **R:** m. Stephan König: Künstlereingang, DVD 04 – ***Lit:*** Körper-Welten-Reisen, Kat. 95; Befreiung von der Erden Schwere, Kat. 99 – (Red.)

Goettl, Helmut, Bild. Künstler; Franz-Schnabel-Str. 1, D-76139 Karlsruhe, Tel. (07 21) 68 59 71 (* Tetschen 11. 3. 34) – **S:** 54 Staatl. ABK Freiburg (b. Rudolf Dischinger); 55 ABK Karlsruhe (b. Karl Hubbuch); 55–59 HBK Berlin (b. Max Kaus, Adolf Hartmann u. Bernhard Doerries) – **L:** 76 HBK Berlin (Gastdoz.); 80–84 FHS f. Gest. Mannheim (LAuftr.) – **P:** Cité Intern. d. Arts Paris 77; BVK am Bande 94 – **Ve:** BBK Karlsruhe seit 60 (Vors. 80–90) – **KGr:** Künstlerbund BW (seit 59); tendenzen (63–81); Realisten Karlsruhe (66–72); Die Unzeitgemäßen (84); Künstlersonderbund in Deutschland (90–02) – **G/T:** Malerei (Tafelbild, figürlich); Graph. (Zeichn. u. Druckgraph.); kritisch-realistische Darst. – **W:** überw. in Privatbes.; Ankauf u. a. durch d. Bundestag Bonn – **M:** u. a. Berlin, DHM; Freiburg im Breisgau, Augustiner-Mus.; Halle/Saale, Staatl. Gal. Moritzburg; Karlsruhe, SKH; Karlsruhe, StG; Salzgitter, Amt f. Kult. u. Öff.arb.; Stuttgart, KM; Stuttgart, SG – **E:** u. a. 64, 67, 69 München, Neue Münchner Gal.; 65, 76, 81 Karlsruhe, Badischer KV; 74 Berlin, Neue Ges. für bild. Kunst; 77 Frankfurt am Main, KV; 85 Heidelberg, Kurpf. Mus.; 91 Halle/Saale, Gal. Marktschlößchen; 00 Ettlingen, Schloßmus. – **G:** u. a. 55 Baden-Baden, SKH; 70, 71 Karlsruhe, Badischer KV; Frankfurt am Main, KV; Wuppertal; Basel; 74 Hamburg, KV;

77–78, 93, 99 Berlin, Poll; Amersfoort; Paris; 81 Havanna, Auswärtiges Amt d. BRD; 89 Donaueschingen, Ldeskunstwochen; 95 Berlin, Gal. am Strausberger Pl.; 98 Berlin, Pels-Leusden – ***Lit:*** Michael Schwarz: H. G. – Zeichnungen und Aquarelle von 1970–1980 81; Richard Hiepe: Der Maler H. G. 87; Hans Georg Sehrt: H. G. – Grafik und Malerei 91; Barbara Bessel u. a.: H. G. – Eigene Schlachtung 00 – (Red.)

Götz, Anton (Ps.: T. G.), Prof., Mag. art.; Schubertstr. 33, A-7210 Mattersburg, Tel. (0 26 26) 6 25 80, *goe_a@lycos.de* (* Mattersburg/Bgld 20. 5. 50) – **S:** ABK Wien (Meisterkl. f. Malerei b. Prof. Anton Lehmden) – **L:** Bundesgymnasium u. Bundesrealgymnasium Mattersburg; künstler. VHS Mattersburg – **Ve:** Kult.vrg Modell Mattersburg – **KGr:** Künstlervereinigung KOMET; Mattersburger Kreis – **G/T:** Malerei, Graph., Bildobjekte z. Thema Stilleben – **W:** zahlr. Werke in Privatbes. u. privaten Slgn in Öst., Dtld, Ital., England, Ungarn, Schweiz u. d. USA; Ankauf u. a. durch d. Ld Bgld – **M:** Eisenstadt, Bgld. LG; Wien, KS Pal. Schwarzenberg; Wien, MMK Stiftung Ludwig; Wien, Öst. Nat.bibliothek – **E:** 75 Eisenstadt, Szirmay; 77 Wien, Pal. Kinsky; Mattersburg, Kult.zentrum; 79 Salzburg, Bad Gastein; Mattersburg, Bank Austria; 86 Siena, Zefiretti; 89 Aarau, Alte Zuckermühle; 95 Neusiedl, Gerbgrube – **G:** 80 Graz, Forum Stadtpark; Güssing, Kult.zentrum; Mödling, RHsaal; Eisenstadt, Burgenländ. LG; 81 Moldawa (Bgld Künstler in Kischijow); 85 Mannheim (Mattersburger Kr.); 87 Kapuvar, Kult.zentrum; 99 Lockenhaus/Bgld, Paul Anton Keller-Mus.; 02 Mattersburg, Schinner; – sowie 81 Dok.ausst. '60 Jahre Kunst Im Bgld' – (Red.)

Götz, Axel; Kreuzdornweg 5, D-81547 München, Tel. (0 89) 6 90 50 24 (* Griesbach/Rottal 18. 9. 52) – **S:** 76–83 ABK München (b. Prof. R. Jakobsen, Meisterschüler); München (Aufbaustud. Reale Archit. u. bild. Kunst) – **P:** Pr. d. ABK München 81; DAAD-Stip. f. London (b. A. Caro) 81–82 – **Ve:** BBK – **G/T:** Stahlplast. – **Ö:** München, Behinderten-Einrichtung 'Regens-Wagner' Traunsteiner Str. (Weggest.); ebda, Dt. Patentamt (Wandgest.); Vöhringen, Brunnen – **E:** / G: zahlr. Einzel- u. Gr.ausst. seit 76 – (Red.)

Goetz, Hannes L. (Ps.: HLG, eigtl. Johann Ludwig Götz), Bildhauer; Eschenrieder Str. 18, D-82194 Gröbenzell, Tel. (0 81 42) 91 62, Fax 50 66 12, *hannesbildhauer@aol.com*, *www.hannes-goetz.de* (* München 22. 6. 34) – **VG:** Strömstad, Gal. 88 – **S:** 94 Accademia Firence; 95 Bildhauerwkst. Elbigenalp; 96–98 Münchner Bildungswerk; 97, 98 Sommerakad. Salzburg – **P:** Fédération Intern. Société Artistiques (Goldmed.) – **Ve:** Schutzverb. Bild. Künstler 98; Kunstkr. Germering 98; German Section of Fine Arts 98 – **G/T:** Bildhauerei (Stein, Holz, Metall) – **K:** Mentortätigkeit f. Studenten, Bildhauer-Workshops – **Ö:** Bad Feilnbach, Berggipfel; Cannole, Stadtpl.; Emmering, im Hölzl; Fürstenfeldbruck, Gedenkstätte Terroropfer Olympische Spiele 72; Germering, Max-Born-Gymnasium; Mattighofen, Vogelpark; Strömstad, Vorpl. Gal. 88 – **E:** 96, 98 Gröbenzell, Gal.; 98 Germering, Stadthalle; Strömstad, Gal. 88 – **G:** zahlr. Bet., u. a. Korntal/Stuttgart, Stadthalle; Karlsfeld, Korneliuskirche; ebda, Seh am See; Budapest, Kult.haus; Fürstenbrunn, Steinbruch; Salzburg, Kunstmesse; Portoroz, Villa Abitanti; Koper/Slowenien, Stadthalle – **V:** Kunstreise durch China, bebilderte Tageb.aufzeichn.; – sowie eigener Kat. 00 – ***Lit:*** Dokumentation Landkreis Fürstenfeldbruck, Gedenkstätte Olympische Spiele 72 – (Red.)

Götz, Johann Ludwig s. Goetz, Hannes L.

Götz, K. O. (eigtl. Karl Otto Götz), Prof. f. Malerei; Fax (0 26 38) 67 33 (* Aachen 22. 2. 14) – **S:** 32 KGS Aachen; 41 KA Dresden – **L:** 59–79 Staatl. KA Düsseldorf (Prof. f. Malerei) – **P:** Kunstpr. Junger Westen 48; Kunstpr. d. Ldes RP 96; Binding Kult.pr. 02; E.ring d. Stadt Aachen; EM d. KA Münster u. Düsseldorf – **Ve:** VG Bild-Kunst seit 98 – **KGr:** COBRA (45); Quadriga (Mitbegr. 52); Phases – **G/T:** Malerei (v. a. informell); Film (abstr.); – ab 95: Plast. (Bronzen, Keramik, Eisenreliefs); Holzvögel – **M:** u. a. Aachen, Suermondt-Ludwig-Mus.; Berlin, NG; Bonn, LM; Chemnitz, KS; Dresden, Skulpt.-Slg im Albertinum; Duisburg, Wilhelm-Lehmbruck-Mus.; Düsseldorf, Mus. Kunst Pal.; Hamburg, KH; Köln, Mus. Ludwig; Leipzig, MBK – **E:** zahlr. Ausst., zuletzt 04 Aachen, Suermondt-Ludwig-Mus.; Aachen, Ludwig Forum; Saarbrücken, Saarland-Mus. – **G:** zuletzt 04 Duisburg, Mus. Küppersmühle – Slg Grothe – **V:** Erinnerungen und Werk, Monogr. 83; – Gedichtbde: Lippensprünge 85; Zungensprünge 92; Spuren der Maler 00; Blutwinde 02; Asphaltgewitter 03; Ely 03 – ***Lit:*** KAT., u. a.: W. Frohmann, E. Jaquer u. a.: K. O. G. 62; Cobra 82; 1945–1985. Kunst in der Bundesrepublik Deutschland 85; K. O. G. Malerei 1935–1993 94; Seitensprünge. Keramik von 1995–2001 02; Hommage an K. O. G. 04; K. O. G. 04 – (Red.)

Götz, Silvia, Malerin; Arminiusstr. 20, D-81543 München, Tel. (0 89) 65 58 85 (* München 60) – **VG:** München, Otto-Gal. – **S:** 82–89 ABK München (Malerei b. Prof. Horst Sauerbruch u. Helmut Sturm) – **L:** 90–96 künstler. Ass. b. Helmut Sturm – **G/T:** Malerei (u. a. Ldschaft, Stilleben, Tiere u. Köpfe) – **E:** u. a. 94 Seefeld, Toerring – **G:** u. a. 02 München, Otto-Gal. – (Red.)

Götze Regenbogen, Thilo, Graphik-Designer grad., Maler, Graphiker, Redakteur, Publizist; Kurhausstr. 2, D-65719 Hofheim am Taunus, Tel. u. Fax (0 61 92) 4 32 09, *TGR1vlg@aol.com*, *www.tgregenbogen.de*. c/o Raum 1 Forschungsinst. f. Gegenwartskunst, Postfach 1137, D-65825 Hofheim am Taunus, *Raum1Info@domeus.de* (* Lehnin/Brandenburg 24. 3. 49) – **VG:** Hofheim am Taunus, Raum 1 – **KGr:** Phönix Omnibus (69–74); Raum 1 (seit 92) – **G/T:** MailArt; CopyArt; Aktionskunst/Performance; Install.; Pastell; Mischtechnik; Objektkunst; Multiples

Götze, Ekkeland, Konzeptkünstler; Gotzinger Str. 52B, D-81371 München, *ekkeland@ekkeland.de*, *www.ekkeland.de* (* Dresden 14. 8. 48) – **VG:** München, Storms; Zürich, Semina Rerum – **S:** 75–76 Abendschule d. KHS Dresden – **L:** 77–85 KHS Dresden (LAuftr. f. Serigrafie); 88–90 FHS Würzburg (LAuftr. f. Serigrafie) – **Ve:** BBK Bay. 88 – **G/T:** Terragrafien (konzeptionelle Arb. m. Erde, gedruckt; vorstellbarer, aber unerreichbarer Abschluß d. Arb. ist ein vollständiges Bild d. Erde, dessen geistige Dimension üb. d. graph. Repräsentation d. Erde hinausgeht) – **W:** Werke im Bes. d. Deka Bank Luxembourg – **M:** Berlin, Ethnologisches Mus.; Berlin, Kpst.-Kab.; Berlin, Märkisches Mus.; Dharamsala, Library of H. H. XIV Dalai Lama; Dheradun, Songtsen Gampo Library; Dresden, Kpst.-Kab.; München, Bay. Staatsbibliothek; New York, MOMA; Ondini, Cultural Mus.; Rotorua, Mus. of Art & History; Wellington, Alexander Turnbull Library; Wolfenbüttel, Herzog-August-Bibliothek – **E:** u. a. 97 Washinton, Goethe-Inst.; Tutzing, Ev. Akad.; Rotorua, Mus. of Art & History; 00 Zürich, Semina Rerum; Osnabrück, Städtische Bühnen; 01 São Paulo, Goethe-Inst.; 01, 02 München, Storms; 02 Eislingen, KV; München, St. Lukas; Brenner, Altes Öst. Zollhaus; 03 Dresden, Gal. am Blauen Wunder; 04 München, Siemens AG; München, Storms; 05 Prince Edward County/Kanada, Blizzmax Gall. – **G:** u. a. 90 Dresden, Skulpt.-Slg im Albertinum (Ausgebürgert, Große Wasserburger Kunstausst.); 90, 91, 94,

95, 98, 04, 06 München, Haus d. Kunst (Große Kunstausst.); 91 Hamburg, Kleine Deichtorhalle (Ausgebürgert); 94 Aachen, Altes Kurhaus (terra vita) – **V:** Künstlerb.: Die Berliner Mauer 90; Terra di Siena 90; Værøy 92; Berliner Mauer – Todesstreifen 92; Atlantis 93; Elefanten im Schnee 94; L'Ocre 95; Ruaumoko 97; Lapalala 98; Kokowai 99; Kailas 99; Gang Rimpoche 99; Das Schneejuwel 99; Amazonas 01; – Mappenwerke: Berliner Mauer – Todesstreifen 92; Atalntis 93; Salz 94; Aotearoa 96; Pounamu 99; Go West – The North American Line 02 – ***Lit:*** Inst. f. Bagonalistik München (Hrsg.): Fragmente III 89; Fragmente IV 93; Fragmente X 00; Werner Arnold: Das Malerbuch des 20. Jh. 04

Götze, Moritz, Maler, Graphiker, Zeichner, Kunsthandwerker; Grellstr. 10, D-06120 Halle/Saale, Tel. (03 45) 5 50 63 72 (* Halle/Saale 26. 7. 64) – **VG:** Erfurt, Rothamel; Niederalfingen, SüdWestGal.; Warnemünde, Möller – **S:** als Künstler Autodidakt – **L:** 91–94 HS f. Kunst u. Design Burg Giebichenstein Halle/Saale (LAuftr. f. Serigraphie); 94 Éc. Nat. Supérieure des Beaux-Arts Paris (Gastprof. f. Serigraphie) – **P:** Förd.pr. f. Bild. Kunst d. Ldes Sa.-Anh. 96; Grafikpr. d. f6 Zigarettenfabrik Dresden 97; Graph.-Kunstpr. d. Philipp-Morris-GmbH 97; Dt. Kunstpr. d. Volksbanken u. Raiffeisenbanken 99 – **W:** u. a. Gest. d. Erscheinungsbildes f. d. Leipziger Buchmesse – **Ö:** Leipzig, Specks Hof (keramische Wandgest. Lichthof) – **E:** zahlr. Ausst., u. a. 90 Berlin, Gal. Weisser Elefant; 92 Altenburg, Lindenau-Mus.; 94 Hamburg, MKG; 95 Hannover, Sandmann & Haak; 96 Salzgitter, KV; 98 Siegburg, SM; 99 Dresden, SM; 01 Jena, Rothamel – **G:** u. a. 92 Cottbus, Brandenburgische KS; 94 Hamburg, Kunsthaus; 97 Berlin, Dt. Hist. Mus. – (Red.)

Götze, Wasja, Maler, Graphiker, Bühnenbildner, Liedermacher; Burgstr. 61, D-06114 Halle/Saale (* 41) – **S:** 62–68 HS f. industr. Formgest. Burg Giebichenstein Halle/Saale (Innenarchit. u. Gebrauchsgraph.) – **W:** div. Bühnenbilder u. Kostümarb. f. d. Volksbühne Berlin, d. Dt. Theater Ost-Berlin u. d. Ldestheater Halle/Saale – **Ö:** Halle/Saale, Neues Theater (Wandbild) – **E:** zahlr. Ausst. u. -bet. – ***Lit:*** Schweers 02 – ***LitR:*** W. G. – kein Held. Porträt des halleschen Malers, Liedermachers, Wanderers und Radfahrers Wasja Götze, Video – (Red.)

Gogel, Martine s. Rhyner, Martine

Gohari, Hardy, freischaffender Künstler; Roonstr. 12, D-45657 Recklinghausen, Tel. (0 23 61) 18 11 33, Fax 93 92 47, *hardygohari@web.de*, *www.hardygohari.de*. Tel. Atelier Glashütte, Mobil: 01 6 096 48 03 74 (* Essen/NRW 22. 6. 61) – **VG:** Sineu/Mallorca, Estació – **S:** 90–92 Willem de Kooning Acad. van beeldende Kunsten and Music Rotterdam; 00–02 Bochum (Stud. d. freien Malerei u. zeichn. Darst. u. Meisterschüler b. Prof. Dr. Qi Yang) – **P:** Förd.pr. Junge Kunst d. Stadt Hamm 02 – **Ve:** Vestischer Künstlerbund 02; BBK Westf. 03 – **KGr:** Freiraum – Kunst gegen Gewalt (seit 01) – **KGe:** Carrefour: H. G. u. Jems R. Koko Bi (seit 03) – **G/T:** Malerei, Objektkunst – **W:** zahlr. in Privatbes. – **M:** Hamm, Gustav-Lübcke-Mus. – **Ö:** Bochum, GEA AG; Düsseldorf, Ldtag NRW; Essen, Thyssen-Krupp; Sineu/Mallorca, Estació Centre d'Art Collectiva – **E:** / G: zahlr. Ausst. seit 98, u. a. 01 Bochum (Junge Kunst im Ruhrgebiet); Düsseldorf, Ldtag NRW; Essen, Dt. Plakat Mus.; Essen, Zollver.; Palma de Mallorca, L'Unico; Krefeld, L'Unico; Münster, Gal. PP; 02 Hamm, Gustav-Lübcke-Mus.; Recklinghausen, Kenkmannshof; Lübben, Schloß; Castrop-Rauxel, StG; 03 Düsseldorf, Große Kunstausst.; Florenz, Bienn.; Bochum, Gal. d. GEA AG; Sineu, Estació; Recklinghausen, StKH – ***Lit:*** AUSST.KAT.: Ldtag NRW: Freiraum – Kunst gegen Gewalt 01; KV Hamm: Ground.Zero 02; GEA AG: Carrefour 03 – (Red.)

Gojowczyk, Hubertus, Bildhauer, Graphiker; Windmühlenstr. 41, D-47800 Krefeld, Tel. (0 21 51) 59 40 07 (* Oels/Schlesien 43) – **S:** 67–71 KA Düsseldorf (b. Rolf Sackenheim, Diter Rot u. Joseph Beuys) – **L:** 65–97 Kunstlehrer – **P:** Förd.pr. d. Ldes NRW 78; Villa-Romana-Pr. 79; Pr. d. Francis-J.-Greenburger-Found. New York 90 – **G/T:** Objekte m. Büchern, Ztgn, Noten – **W:** überw. in Privatbes. – **M:** Dessau, Anhalt. Ldesbücherei; Halle/Saale, Franckesche Stift.; Kiel, KH; Krefeld, Kaiser-Wilhelm-Mus.; Mainz, Gutenberg-Mus.; Wolfenbüttel, Herzog-August-Bibliothek – **E:** u. a. 71 Köln, Siebrasse; 72 Bochum, KV; 73 Kassel, KV; Hamburg, MKG; 75 Krefeld, Kaiser-Wilhelm-Mus.; Kiel, KH; 77 Mailand, Gall. del Naviglio; 78 Düsseldorf, KV; 79 Ulm, Ulmer Mus.; 80 Mainz, Gutenberg-Mus.; Wolfenbüttel, Herzog-August-Bibliothek; 81 Brüssel, Camomille; Hannover, Sprengel Mus.; 94 Tübingen, Hölderlinturm; 01 Halle/Saale, Franckesche Stift.; 03 Leipzig, Dt. Buch- u. Schrift-Mus. d. Dt. Bücherei – **G:** u. a. 70, 71, 72, 98, 99 Frankfurt am Main, Buchmesse; 72, 77 Kassel, documenta; 81 Ljubljana, Mod. gal.; 93 Wien, Volkshalle d. RH; 02 Aalst, Centre Cultureel de Werf – **V:** Gisela Fiedler, Kat. z. Ausst. im Kaiser-Wilhelm-Mus. Krefeld 75; Jens Christian Jensen u. Eberhard Freitag, Kat. z. Ausst. in d. KH Kiel 75; Karl-Heinz Hering u. Werner Schmalenbach, Kat. z. Ausst. im KV Düsseldorf 78; Werner Schmalenbach, Kat. z. Ausst. im Ulmer Mus. 79; Paul Raabe, Kat. z. Ausst. in d. Herzog-August-Bibliothek Wolfenbüttel 80; Gisela Fiedler-Bender u. Gerhard Kurz, Kat. z. Ausst. in d. Pfalzgal. Kaiserslautern 83; Paul Wember u. Helmut Heißenbüttel, Kat. z. Ausst. im Mus. Quadrat Bottrop 85; dies., Johann Froberger u. Joachim Büchner, Kat. z. Ausst. im Sprengel-Mus. Hannover 86; Gerhard Kurz u. H. G., Kat. z. Ausst. im Hölderlinturm Tübingen 94; Jan-Hendrik Olbertz, Petra Larass, Paul Raabe u. Lovise Herz, Kat. z. Ausst. in d. Franckeschen Stift. Halle/Saale 01; Hannelore Schneiderheinze, H. G., Paul Raabe u. Mauricio Kagel, Kat. z. Ausst. in d. Dt. Bücherei Leipzig 03

Gold, Hermine, Malerin, Filz- u. Objektkünstlerin; Eichenwaldstr. 20, D-91361 Pinzberg, Tel. (0 91 91) 6 71 81, *h.gold@fonline.de* (* Oberrodach 22. 5. 45) – **VG:** Erlangen, Kammerer – **S:** Autodidaktin – **P:** Anerkennungspr. Le Chassy d'Or Château-Chinon 96; AnsBACHwoche, KV Ansbach (2. Pr.) 01 – **G/T:** Enkaustikmalerei; Filzkunst; Objektkunst (Wachs, Gips); Textil – **W:** überw. in Privatbes. – **Ö:** Schnaittach, Kirche St. Kunigund – **E:** 02 Neunkirchen, Felix-Müller-Mus.; 03 Erlangen, KV (m. Doris Kabutke) – **G:** zahlr. Bet. seit 94, zuletzt 00, 01 Karlsruhe, Badisches LM; 01 Krefeld, Dt. Textil-Mus.; Dresden, LM f. Vorgesch.; 02 Jyväskylä, Craft Mus. of Finld; Aschaffenburg, Gal. Jesuitenkirche; 03 Nürnberg, Kunsthaus; 05 Weißenohe, Kunstraum; 06 Erlangen, Schloßgarten – ***Lit:*** Beitr. in: Felt/Filz, (Hrsg. Katharina Thomas) 00

Goldbach, Marie-Luise s. Hänel, Ursula

Goldbeck, Gerten, Meisterschülerin, Graphikerin, Zeichnerin, Objektkünstlerin, Kuratorin; Friedensallee 44, D-22765 Hamburg, Tel. (0 40) 33 31 02 37, Fax 43 19 76 59, *GertenGoldbeck@gmx.de*, *www.druckwerkstattev.de; www.netzwerk-druckgrafik.de* (* Neunkirchen/Seelscheid 27. 3. 67) – **S:** 91–98 HBK Bremen (Freie Kunst, Meisterkl. Prof. Wolfgang Schmitz); 98 ebda (Ernennung z. Meisterschülerin) – **L:** 01 HS f. Kommunikationsdesign Hamm (Lith.); seit 02 Mus. d. Arb. Hamburg (freie Doz. f. Lith. u. Buchdruck) – **P:** Erasmusstip. (Academie Minerva

Groningen) 93; Stip. d. Dt.-Frz. Jugendwerks (Éc. des Beaux-Arts Caen) 95; Stip. d. Freundeskr. d. HBK Bremen (Wimbledon School of Arts) 97; Stip. d. Bremer Senats (Künstlerhaus Vallauris) 02; Art meets Großneumarkt (1. Pr.) 02; Otto-Flath-Stip. 05 – **Ve:** VG Bild 00; GEDOK Hamburg 02; BBK Hamburg 04; Netzwerk Druckgrafik (Organisatorin); Druckwerkstatt e.V. Hamburg – **G/T:** Graph. (Zeichn., Lith.); Buchdruck; Objekte, Objektkunst (Papier) – **K:** Lith., Buchdruck, Zeichn., Gesch. d. manuellen Druckgraph. – **M:** Baia Mare, Florean-Mus.; Cuxhaven, Gal. K; Herne, StG Strünkede; Riesa, KV; Tetovo, Mus. of Tetovo – **Ö:** Bremen, Bremer Lagerhaus-Ges. – **E:** seit 95 div. Einzelausst. im In- u. Ausld – **G:** 01, 02, 04 Hamburg, DruckKunst – Intern. Messe f. Orig.graph.

Goldberg, Undine, Freie Künstlerin; Christinenstr. 21, D-10119 Berlin, Tel. (0 30) 41 71 74 99 (* Brannenburg 62) – **S:** 90–95 ABK München (Freie Kunst, Dipl.) – **KGr:** 01 No5: U. G., Manuel Bonik u. a. (intern. Projekt) – **E:** / G: seit 94, u. a. 98 Berlin, Art Forum; 99 Berlin, Martin-Gropius-Bau; 00 Aschaffenburg, KV; München, Spiegel – (Red.)

Goldhahn, Harald, Dipl.-Designer, Maler, Graphiker, Musiker; Bahnhofstr. 63, D-95168 Marktleuthen, Tel. (0 92 85) 55 69, Fax 65 06 (* Schöneck 16. 7. 55) – **VG:** Marktleuthen, Künstleredition coq – **S:** 82–84 Fachoberschule f. Gest. Nürnberg; 84–89 HS f. Gest. Offenbach am Main (Malerei b. Prof. Kurt Steinel, Graph. b. Prof. Dieter Lincke) – **L:** 96–97 Staatl. SteinFS Wunsiedel (Lehrer f. künstler. Schriftgest.); 99 Schulzentrum E. O. Plauen Plauen/Vogtld (Lehrer f. graph. Gest.) – **P:** FDI-Plakatwettb. Bad Vilbel (3. Pr.) 89; Stip. d. Landkr. Wunsiedel (Kult.austausch Veszprem/Ungarn) 96; Pr. d. Karikaturenwettb. Exile Essen 97 – **Ve:** VG Bild-Kunst 90; BBK Bay. 94 – **G/T:** Malerei; Graph. (Zchng, Hochdrucktechnik) – **W:** zahlr. Graph., Künstlerb. u. Gemälde in Privatbes. – **M:** Bamberg, Bay. Staatsbibliothek; Berlin, Bundesmin. f. Verkehr, Bau- u. Wohnungswesen; Dresden, SLUB; Frankfurt am Main, Dt. Nat.Bibl.; München, Bay. Staatsbibliothek – **Ö:** Bayreuth, RH; Einbeck, Marktbistro (Wandbild); Neualbenreuth, Sybillenbad (Malerei) – **E:** 91 Dresden, Gal. in d. Tonne; 92 Bayreuth, Internat. Kult.zentrum; 95 Bad Frankenhausen, Panorama Mus.; Veszprem/Ungarn, Kunsthaus; Wunsiedel, Ldratsamt; 97 Bayreuth, BAT Casino Gal.; 03 Bad Steben, Bay. Spielbank; Selb, Rosenthal Theater – **G:** 86 Wiesbaden, Amt f. Wiss. u. Kunst; 89 Bonn, Haus d. Gesch. d. BRD; 90 Frankfurt am Main, Airport Gall.; 94 Cheb/Eger, SG; 97 Mainz, Gal. am Fischtor; 98 Köln, DuMont KH; 00 Brno, Intern. Graph. Bienn. – **V:** Warum...Deshalb. Joseph Conrads 'Geheimagent' (Rad.) 01; Reaktionen. Was darf Kunst? (Materialdrucke, eigene Texte) 01; Ingo Cesaro: Ein Blauer Montag (Linoldrucke) 01; Philo sophische Leporelloreihe (Schopenhauer, Pascal, Wittgenstein, Gainsborough, Adorno, Linoldrucke) 02/03 – ***Lit:*** Wolfgang Rudloff: Hochland Blues, Ausst.kat. 98

Goldhoff, Johannes s. Angerbauer, Johannes

Goldmann, Petra, Bildhauerin; Talstr. 19, D-55218 Ingelheim, Tel. (0 61 32) 8 46 99, Fax 89 76 99, *www.petragoldmann.de* (* Trier 5. 5. 60) – **S:** 81–86 Univ. Mainz (bild. Kunst, Anglistik, Staatsexamen); 87–94 ebda (Freie bild. Kunst, Dipl. im Fach Metallbildhauerei) – **Ve:** BBK Rh.-Pf. – **Ö:** Hünstetten/Taunus, VG-Zentrum (Brunnenlsch.); Frankfurt am Main, Hilton-Hotel (Wasserskulpt.); Mainz, Ministerial- u. Abgeordnetenhaus (Glas-Stahl-Skulpt.); Neustadt an d. Weinstr., Caritas Seniorenzentrum (Sandstein-Bronzetor)

Golkowski, Heike (Ps.: Hand), Bildhauerin; Lenggrieser Str. 6, D-83646 Bad Tölz (* Münster 16. 9. 68) – **VG:** San Juan de la Rambla, Bibliotheca Contemporanea Antonin Artaud – **S:** 96–99 private Meisterschule auf La Gomera (b. Fred Donaut) – **L:** Seminare an d. Isar f. Interessierte u. Kinder – **Ve:** Wasserburger KV seit 68; KV Tölz – **KGr:** Kunst im Fluss – **KGe:** Handfluss: H. G. u. Maximilian Fließbach – **G/T:** skulpt. Gest. in Steinen, abstr. Bewegungen – **K:** Steinbildhauerei (Seminare u. Kurse nach Absprache); Kunst im Fluss – Gest. u. Erarbeitung v. 'landart' an d. Isar – **Ö:** Bad Tölz, Kunstwerke an d. Isar; Bad Tölz, Eislaufhalle – **E:** / G: Ausst. in La Gomera 98, Teneriffa, Zeeland/ Holl., Ottersberg, Rosenheim, Wasserburg, Bad Tölz u. Irschenhausen – (Red.)

Golla, Monika, Dipl.designerin, künstler. Fotografin; Atelier MOMArt, Ludwigstr. 6, D-63067 Offenbach/M., *www.monikagolla.de* (* Bytom/Polen 7. 5. 66) – **S:** 87–89 Johann Wolfgang Goethe Univ. Frankfurt am Main (Kunstgesch.); 89–98 HS f. Gest. Offenbach am Main (Visuelle Kommunikation b. Rudolf Bonvie) – **P:** Arb.stip. d. Univ.stift. Augsburg 98 – **Ve:** BBK Darmstadt 02; Bund Offenbacher Künstler 03 – **KGe:** go2Art: M.G. u. Christoph Golla (seit 04) – **G/T:** künstler. Fotogr. (alle Techniken); Multmedia-Install.; Objektkunst (versch. Materialien) – **W:** mehrere temporäre Install.; zahlr. Video-Raumprojektionen; viele Werke in Privatbes. – **M:** Offenbach am Main, Dt. Leder-Mus./Schuhmus. – **Ö:** Bensheim, QESAR GmbH; Iserlohn, Fa. Hermann Schwerter Iserlohn; Koblenz, Linnig & Partner Werbeagentur GmbH; Schwäbisch Hall, Optima GmbH – **E:** u. a. 97, 99 Frankfurt am Main, Hübner; 99 Bochum, TZR Gal.; 04 Offenbach am Main, Gal. Brenner; 06 Offenbach am Main, Dt. Leder-Mus. – **G:** u. a. 99 Flensburg u. Berlin, Beate Uhse Erotik-Mus.; Heppenheim, SM; 99, 03 Marburg, KV; 00 Offenbach am Main, Messe; Oldenburg, SM; 01 Oldenburg, Kult.zentrum PFL; Klausdorf, Studiogal.; 03 Worms, KV; 04 Darmstadt, Farbraum; Offenbach am Main, Gal. Brenner; Neu-Isenburg, Gal. Zwischenzeit; Neu-Isenburg, SM; 05 Kassel, Kult.bahnhof; Liepaja, Lett. Haus; Offenbach am Main, Haus d. Stadtgesch.; 06 Leipzig, VORORTOST; Plock/Polen, Darmstadt-Haus; Darmstadt, Orangerie; 07 Braunschweig, Torhaus-Gal.

Goller, Michael (Ps. als Autor bis 2005: Mike Wassermann), Maler, Zeichner, Autor; Postfach 900142, D-09037 Chemnitz, Tel. Mobil: 01 60 45 54 41 42, *info @michaelgoller.com*, *www.michaelgoller.com* (* Karl-Marx-Stadt 12. 2. 74) – **VG:** Chemnitz, Weise; Hamburg, Carstensen – **S:** 95–99 HS Mittweida (Medientechnik, Multimedia) – **L:** 00 HS Mittweida (Doz. f. Mediendesign) – **KGr:** Malfront (seit 03); Querschlag (seit 03) – **G/T:** Malerei (Öl auf Leinwand, teilfigurativ u. expressiv); Zeichnung; Collage; Assemblage – **K:** Grundlagen Mediendesign – **W:** Werke in öff. u. privaten Slgn (Dtld, Schweiz, Öst., Niederl., GB, Schweden, Argentienien, Ital. u. Norwegen) – **M:** Mittweida, HS u. Mus. – **Ö:** Chemnitz, Reg.präsidium; ebda, Abresys GmbH; Plauen, Spk. Vogtland; Weinheim, Stadtbibliothek; Leipzig, Edition u. Gal. Erata – **E:** zahlr. Ausst. seit 95, zuletzt 01 Chemnitz, Weise; 03 Weimar, Gal. Markt; 04 Chemnitz, HeckArt Gal.; Meerane, KV; 05 Chemnitz, Voxxx Gal.; 06 Heidenheim, KV; Hamburg, Carstensen; – **G:** zahlr. Ausst.bet. seit 96, zuletzt 02 Chemnitz, Neue Sä. Gal.; Halle/Saale, Villa Kobe – sowie 05 in Berlin, Halle u. Hamburg – **V:** Mike Wassermann: Labyrationen. Lyrik (Malerei) 03; Malerei 05; Peter Piek u. M.G.: Das Malbuch 05 – **R:** M. G. Malerei, CD-Rom (Malerei, Texte, Programmierung) 98; Vier Elemente, multimediale Aufführung (Malerei, Co-Autor Drehb.) 99 – ***Lit:*** Mike Wassermann: Labyrationen, Ausst.kat. 03 – ***LitR:*** Dirk Hanus: Malfront 1, Fotodok. 31.8.03; Christian Hirschlipp: Malfront 2, Video 26.10.03

Gollner, Christel, Malerin; Austr. 1, D-95445 Bayreuth, Tel. (09 21) 7 93 19 66, Fax 2 24 50, *chagoll@yahoo.co.uk*

Gollner, Sabine, B. Arch. (Bachelor of Archit.), Video- u. Multimediaproduzentin, Malerin; 59 Brandwood Park Road, Birmingham B14 6QY/GB, Tel. (01 21) 2 44 53 69, *info@itsabouttime.org.uk*, *www.itsabouttime.org.uk*. Siegmundstr. 11, D-95445 Bayreuth, *www.rentanartist.co.uk* (* Bayreuth 3. 10. 68) – **S:** 87–92 TH Darmstadt (Archit., Schwerpunkt: Zchng u. Malerei b. Prof. H. Böhm); 92–94 Univ. of Newcastle/Tyne; 96–97 Birmingham (TV u. Video Produktion) – **L:** 98–00 Univ. of Central England, Birmingham Inst. for Art & Design (Tutorin f. Aktzchng u. Zchng); 99 South Birmingham College (Tutorin f. Video Produktion) – **P:** Erasmus-Stip. f. Newcastle Upon Tyne 92; Fresh Youth Film Festival Birmingham (Bester Dokf.) 03; Stip. f. Malerei in d. Bretagne (Arts Council Engld) 04 – **KGr:** Central Collective (96–97); Birmingham Artists (seit 97) – **KGe:** It's About Time Productions: S.G. u. Nigel Amson (seit 96) – **G/T:** 'Sozialkunst-Projekte' (Video, Archit., Kunst) m. versch. Gr. (z.B. Jugendliche, Obdachlose); Figürl. Malerei auf abstr. Hintergründen – **W:** überw. in Privatbes., z.B. in Bayreuth, Darmstadt, Mainz, Dresden u. Birmingham (Malerei) – **M:** Birmingham, Mus. and Art Gall. – **Ö:** Coleshill, Skelter – **E:** 99 Bayreuth, British Amer. Tobacco Casino Gall. – **G:** zahlr. Bet. seit 99 in Birmingham u. Umld, u. a. 00 Doncaster, Mus. an Art Gall.; 03 Kronach, Oberfränk. Malertage; Bayreuth, Kunst, Eremitage – **R:** seit 96 zahlr. Dokf. üb. Künstler, Ausst. etc., zuletzt: How Art is Made (Regie, f. Birmingham Mus. and Art Gall.); seit 99 mehrere interaktive Multimedia-Projekte (CD-ROM, Regie)

Gollwitzer, Hatta, Malerin, Graphikerin, Diplom-Psychologin; *hatta.gollwitzer@freenet.de* (* Babenhausen/Schwaben 1. 11. 43) – **VG:** Graz, Haus d. Kunst – **S:** 74–77 West Surrey College of Art and Design, Farnham (Spezialisierung in Druckgraphik) – **Ve:** BBK München u. Obb. seit 89; VG Bild-Kunst seit 94 – **G/T:** Schwerpunkt: Malerei (Acryl, Aqu.) u. Farbrad. (Aquatinta) – **M:** München, Bay. Staatsgemäldeslgn – **E:** u. a. 83 München, Hanfstaengl; Otzberg, Veste; 85 Thurnau, Gal. im Markt; Borken, Kranenburg; 86 Groß-Gerau, Groth; Köln, Literart; 87 Euskirchen, Rathaus Gal.; Kronenberg, Stiess; 88 Ismaning, Gal. im Schloßpavillon; 89 Wien, Gal. am Stubentor; 90 Düsseldorf, Conzen-Slg; 93 Koblenz, Laïk; 94 Hachenburg, Christ; 95 München, Osram; 97 Aschheim, Kulturelles Gebäude; 99 München, Gal. d. Bay. Beamten-Versicherung – **G:** u. a. 81–84, 88–90 Marktoberdorf, Ostallgäuer Kunstausst.; 82 Wasserburg, RH; 83–88 Augsburg, Große Schwäbische Kunstausst.; 89 Kempten, Festwoche – **V:** H. G. Lichträume, Kunstkal. 96, 97

Golob, Egidius (Ps.: Genie Egidius), Maler, Graphiker; August Jakschstr. 3/1/11, A-9020 Klagenfurt, Tel. 06 64 52 10 44 7 (* Klagenfurt 9. 1. 31) – **S:** Malerei/Graph. (Gebrauchsgraph.) – **P:** zahlr. Symposien; Stud.-Aufenthalte in Ungarn, Rumänien, Rußland u. Shanghai – **G/T:** Schwerpunkt d. letzten 10 Jahre 'Satirischer Bildzyklus' – **E:** u. a. Wien, Gal. im Weinkeller; Salzburg; Klagenfurt; Nagykanisza; Szeged; Shanghai – **G:** zahlr. Ausst.bet. u. Teiln. an Symposien in Ungarn, Rumänien, Rußland u. Shanghai – **V:** Der Ruf in der Wüste Gohbi, satirischer Bildbd; Vom Federvieh zum Superhuhn – ***Lit:*** Shanghai ART (4-Farb-Report, 4 Seiten) – (Red.)

Golter, Marcus, Bildhauer; Böcklinstr. 2, D-14467 Potsdam, *heckelgolter@aol.com*, *www.marcus-golter.de* (* Stuttgart 7. 2. 66) – **VG:** Halle/Saale, Gal. Dr. Stelzer u. Zaglmaier – **S:** 91–00 HS f. Kunst u. Design Burg Giebichenstein Halle/Saale (Meisterkl. f. Bildhauerei b. Prof. B. Göbel) – **Ve:** Bund freischaff. Bildhauer Bad.-Württ. 02; VBK Brandenburg 03 – **G/T:** Plastik; Bildhauerei – **W:** zahlr. Werke überw. in Privatbes. – **Ö:** Berlin, Langenbeck-Virchow-Haus Luisenstraße; Halle/Saale, Stadtgottesacker; ebda, Berufsförderungswerk f. Blinde u. Sehbehinderte sowie Technologie- u. Forschungszentrum; Konstanz, Wessenbergstraße; Lichtenstein, Engl. Garten; Potsdam, Glienicker Brücke – **E:** 01 Heilbronn, Schloß Klingenberg; 03 Stuttgart, Haus d. Abgeordneten d. Ldes Bad.-Württ.; Halle/Saale, Gal. Dr. Stelzer u. Zaglmaier; 05 Potsdam, Min. f. Wiss., Forsch. u. Kult. d. Ldes Brandenburg; Berlin, Stift. St. Matthäus – **G:** zahlr. Ausst.bet. seit 97, u. a. 01 Bielefeld, Sennestadt-Haus; Berlin, Flierl; 02 Heilbronn, Mus. Hagenbucher; Ludwigsburg, Kunstzentrum Karlskaserne; 03 Witten, Märkisches Mus.; Leonberg, Kult.-center Pfeiffer; 04 Potsdam, Gal. M; Berlin, Gal. Mutter Fourage; Frankfurt am Main, Gal. BBK; Halle/Saale, Gal. im Neuen Theater; Halle/Saale, Gal. Dr. Stelzer u. Zaglmaier; Heilbronn, KV; 05 Brandenburg, Gal. am Dom; Halle/Saale, KV; Potsdam, Gal. am Neuen Pal. – ***Lit:*** M.G. Kopfgeburten, Ausst.kat. 03

Goltzsche, Dieter, Prof., Maler, Graphiker, Illustrator (* Dresden 28. 12. 34) – **VG:** Berlin, Brusberg; Berlin, Leo.Coppi; Dresden, Döbele; Chemnitz, Weise; Düsseldorf, Gal. Beethovenstraße; Berlin, Graphikpresse – **S:** 52–57 HBK Dresden; 58–59 Dt. AK Berlin (Meisterschüler) – **L:** 78–80 KHS Berlin-Weißensee (Oberass. f. Graph.); 80–92 ebda (Doz. f. Malerei u. Graph.); 92–00 ebda (Prof. f. Malerei u. Graph.) – **P:** Käthe-Kollwitz-Pr. 78; Hannah-Höch-Pr. 98 – **Ve:** AK Berlin-Brandenburg 90; VG Bild-Kunst 00 – **G/T:** Zchng; Druckgraph.; Malerei (Aqu., Tempera, Acryl); Ill. (Prosa, Lyrik); freie, assoziative Gest. – **W:** Werke in Privatbes. – **M:** u. a. Altenburg, Lindenau-Mus.; Basel, KM; Beeskow, Kunstarchiv; Berlin, Berlinische Gal.; Berlin, Märkisches Mus.; Berlin, SMPK; Cottbus, Brandenburgische KS; Dresden, HBK; Dresden, SKS; Frankfurt/Oder, Mus. Junge Kunst; Gera, KS; Halle/Saale, Staatl. Gal. Moritzburg; Hannover, Sprengel Mus.; Leipzig, MBK; London, British Mus.; München, Staatl. GrS; Nürnberg, Germanisches NM; Rostock, KH; Schwerin, Staatl. Mus. – **E:** u. a. 68 Görlitz, StKS; 73 Potsdam, Babelsberg; 82 Berlin, Kpst.-Kab.; 87 Rostock, Gal. am Boulevard; 93 Berlin, Brecht-Haus; 95 Dresden, SM; 96 Düsseldorf, Gal. Beethovenstraße; 97 Leverkusen, StM Schloß Morsbroich; 98 Rheinsberg, Schloß; 99 Berlin, Leo & Coppi; 00 Düsseldorf, Gal. Beethovenstraße; 01 Berlin, Brusberg; 02 Berlin, AK; 04 Dresden, Leonhardi-Mus. (Kat.) – **G:** u. a. 65 Dresden, Leonhardi-Mus.; 82 Bradford, British Intern. Print Bienn.; 87 Bordeaux, Gal. des Beaux-Arts; 92 Köln, Käthe Kollwitz Mus.; 96 Berlin, Berlinische Gal.; 00 Überlingen, StG – **V:** u. a. Köpenicker Fischer, Mappe (Rad.) 64; Märkische Blätter, Graph.mappe 66; Dresden – Berlin, Mappe (Lith.) 72, 73; Robert Schumann-Suite, Folge v. Lith. 73; Weintal Unstrut, Mappe (Lith.) 74, 75; Dresden, Graph. 78; Faust II, Mappe (Lith.) 81–84; Elefantenträume, Mappe (Lith.) 91; Arno Schmidt: Leviathan (Siebdrucke, Umschlag) 92; André Schinkel: Ödland nachts (Lith.) 95; Dieter Hoffmann: Neue Nymphen (Strichätzungen, teilw. aquarelliert) 00; D.G. Kupferne Erzählungen. Jean Paul – Quintus Fixlein u. einige Jus de tablette (plus etwas P wie Preußen), Kassette mit 19 Kaltnadelrad. 01; Helga M. Novak: Aus Wut. Gedichte (Lith. teilw. aquarelliert) 05 – *Lit:* u. a. Lothar Lang, in: Weggefährten. 25 Künstler der DDR 70; Gudrun Schmidt: D.G. Werkverzeichnis d. Rad., Hschn., Linolschnitte 1956–1977 78, 03; Lothar Lang: Malerei u. Graphik in der DDR 78; Gudrun Schmidt: D.G. (Maler u. Werk) 88; dies.: D.G. als Illustrator, in: Illustration, Zs. 89; Matthias Flügge: Kunst in d. DDR (hrsg. v. Eckhart Gillen u. Rainer Haarmann) 90; Lothar Lang in: Berliner Montmartre-Künstler v. Prenzlauer Berg 91; Beatrice Vierneisel: D.G. Zchngn d. leichten Hand, auch Literarisches, Ausst.kat. 94; Karin Thomas: 'Man hatte keine Wahl...' D.G. Studienjahre in Dresden u. Berlin 1952–1959, in: Kunstdok. SBZ/DDR 1945–1990 96; Anke Scharnhorst: D.G. Werkverzeichnis d. Lith. 1954–1996 96; Werner Schade: D.G. Hannah-Höch-Preis 1998, Ausst.kat. 98; Lothar Lang in: Buchill. u. Künstlerbuch in d. DDR 00; Gudrun Schmidt u. Stift. Arch. d. AK Berlin (Hrsg.): D.G. Werkverzeichnis d. Rad., Hschn. u. Linolschnitte 1977–2000 01; AK (Hrsg.): D.G. Zuletzt wird d. Form selbst z. Erlebnis 06 – ***LitR:*** Christian Schneegass u. Veit-Lup: D.G. Sehen u. Denken, ABK Berlin-Brandenburg, Dok.film 02

Golz, Dorothee (verh. Dorothee Golz-Wurm), Malerin, Objekt- u. Installationskünstlerin; Moritzstr. 102, D-45476 Mülheim/Ruhr (* Mülheim/Ruhr 60) – **S:** 81–86 Éc. Municipale des Arts Décoratifs de Strasbourg (Département Art b. SARKIS); 82–85 Univ. Freiburg (Parallelstud. Kunstgesch. u. Ethnologie) – **P:** Stip. f. Bild. Künstlerinnen m. Kindern d. Ldes NRW 97 – **E:** u. a. 96 Wien, Secession; 98 Berlin, Arndt & Partner; Düsseldorf, Maier-Hahn; 99 Köln, KV; 00 Tokio, NM of Mod. Art; 01 Yokohama, Portside Gall.; 02 München, Lothringer 13; Wien, Hohenlohe & Kalb – **G:** zahlr. Ausst.bet., u. a. 90 Budapest, Trienn.; 97 Kassel, documenta – (Red.)

Gombar, Carla (geb. Carla Müller, Sign.: CÁRLÀ), Malerin; Eulenberg 13, D-73249 Wernau, Tel. Mobil: 01 73–7 93 19 86, *artdecoartist@aol.com*, *www.ateliergombar.de* (* Pforzheim 13. 12. 68) – **VG:** Kirchheim unter Teck, Gal. f. gegenständl. Kunst – **S:** 85–89 Goldschmiede m. Uhrmacherschule Pforzheim (Ausb. zur Juwelen-Goldschmiedin); ab 91 Wechsel zur Malerei (Autodidaktin) – **P:** Bronzemed. d. Frz. Republik 03; Europ. Silbermed. 04; Silbermed. d. Frz. Republik 04; Platz 5 'Nouveaux Talents' – **Ve:** Künstlergilde seit 01; Féd. Nationale de la Culture Française (FNCF) seit 03 – **KGr:** EUROPEAN ART GROUP EAG (seit 03) – **G/T:** Poetische Bilder, beeinflußt durch frz. Art Nouveau u. Art Déco (vorw. in Öl, Frauenportr., Blumen, Ldschaften, Ornament Bilder, harmonische Farb- u. Linienführung); Stil: Poetismus – **W:** Verkäufe: 'La Chambre bleue' (Salon des Indépendants' 03), 'In the Forest', 'In the Garden' (alles Öl auf Lw.) – **E:** 94 Unterreichenbach/Ldkr. Calw, Kr.spk. – **G:** 01 Chicago, Woman Made Gall.; 02 München, Kairos New Art Gall.; 03 Puget sur Argens, Grand Concours Intern.; Roquebrune sur Argens, Salon des Leopards; 04 München, Alfred-Kubin-Gal.: Bildende Künstler portraitieren Künstler; 05 Paris, Salon des Indépendants – *Lit:* Who is Who in Visual Art, Ausg. 06/07 (Leipzig)

Gomberg, Ryta s. Ostrowskaja, Rita

Gong, Yu s. Yang, Enlin

Gonschior, Kuno, Prof., Maler; Blankensteiner Str. 194, D-44797 Bochum (* Wanne-Eickel 10. 9. 35) – **VG:** Frankfurt am Main, Appel – **S:** 57–61 KA Düsseldorf (b. K. O. Götz); bis 63 Univ. Köln – **L:** seit 82 HdK Berlin (Prof. f. Freie Malerei) – **KGr:** B 1; ZERO – **W:** Werke in öff. Slgn u. in Privatbes. – **M:** Berlin, DaimlerChrysler Contemp.; Berlin, NG; Bochum, Mus.; Bonn, KM; Hannover, Sprengel Mus.; Kiel, KH; Leverkusen, StM Schloß Morsbroich – **E:** / G: u. a. 86 Bonn, Hennemann; Bochum, KV; 89 Lüdenscheid, StG; 90 Dortmund, Mus. am Ostwall; 94 Lüneburg, KV; 98 Witten, Märkisches Mus.; 99, 00, 01 Köln, Schröder; 02 San Francisco, Sweetow; 03 Düsseldorf, Storms – *Lit:* Reclams Künstlerlex. 02; Schweers 02 – (Red.)

Goralik, Ingeborg s. Machacek, Ingeborg

GORDON (Ps. f. Ute Köhler), Meisterschülerin; Lothringer Str. 29, D-90461 Nürnberg, Tel. (09 11) 44 63 06 (* Fürth 7. 3. 64) – **S:** 83–84 Praktikum b. Prof. Gerhard Wendland; 84–90 ABK Nürnberg (freie Malerei u. Graph. b. Prof. G. K. Pfahler) – **P:** Kl.pr. der ABK Nürnberg 86; Wiedereinstiegsstip. d. HSsonderprogramms 02/03 – **Ve:** BBK Bay. seit 01 – **G/T:** Zeichn. (vorw. Tusche u. Ölpastellkreide, farbig) – **E:** 89 Nürnberg, Kult.laden Röthenbach; 96 Stuttgart, Hospitalhof; 98 Nürnberg, Gal.haus; Weiden, Hammer & Herzer – **G:** zahlr. Ausst.bet. im In- u. Ausland, u. a. 87, 88 Nürnberg, Noris-Halle; München, Gal. d. Künstler; 89 Krakau, Kunstpal.; 96 Dresden, Leonhardi-Mus.; 02 Litomerice, KM; Erlangen, KM; 03 Nürnberg, Kunsthaus; Hamburg, Kunsthaus – *Lit:* Helmut A. Müller (Hrsg.): Wenn die Seele Trauer trägt 96; Ute Köhler, Kat. 96

Gordon, Edward B.; Torstr. 97, D-10119 Berlin, *gordon@gordon.de*, *www.gordon.de* – **G/T:** Malerei – (Red.)

Gorischek, Marianne s. Prisco, Marianne

Gosewitz, Ludwig (Ps.: Luis de Morales), Prof., Schriftsteller, Astrologe, Kunstglasbläser, Graphiker; Claudiusstr. 8, D-06618 Naumburg, Saale, Tel. (0 34 45) 23 34 36, Fax 23 34 37 (* Naumburg 20. 1. 36) – **S:** 56–57 Akad. f. Tonkunst Darmstadt; 57–65 Univ. Frankfurt am Main u. Philipps Univ. Marburg/Lahn (Musikgesch., Germanistik u. Phil.); 72 GlasFS Zwiesel (Glasbläserei) – **P:** Will-Grohmann-Pr. 74; AK Berlin 74; Kunstpr. u. Förd.mittel d. Heitland Foundation 81 – **KGr:** Fluxus – **M:** Berlin, Berlinische Gal. – **E:** u. a. 85 Köln, Hundertmark; Amsterdam, Gal. A; 85, 88, 94, 97, 98 München, Jahn; 86 Zürich, Frei; Berlin, Petersen; 95 München, Albrecht; 99 Köln, Buchholz – **G:** u. a. 63, 70 Amsterdam, Sted. Mus.; 78 London, Whitechapel Art Gall.; 87 New York, MOMA – *Lit:* Contemp. Artists 96; Schweers 02 – (Red.)

Gosse, agii, Malerin, Objektkünstlerin; Gottesweg 106, D-50939 Köln, Tel. (02 21) 41 50 75, *agiiundsailor @netcologne.de* (* Berlin 56) – **VG:** Köln, Locus-Caementitium – **S:** 74–75 KA Düsseldorf (b. Josef Beuys); 76–78 FHS Siegen (Malerei b. Prof. Pramann u. Fotogr. b. Prof. J. Krahl) – **L:** 06 Freie Akad. Köln (Doz. f. freie Kunst) – **Ve:** BBK Köln 92; VG Bild-Kunst seit 95; FJK 00–05 – **KGr:** Akteins (seit 03) – **KGe:** Leuchtfeuer: a.G., Rosemarie Koenig u. Diana Marschall (seit 05) – **G/T:** Konzeptkunst; serielle Malerei; Install. (vorw. Ready-Mades); Objektkunst (Papier) – **W:** versch. Kunstprojekte: BAUdirdeinHAUS 03: 1. FC Kunst 04; MachdirdeineigenesBild 05 – **M:** Köln, Dt. Sport- u. Olympia-Mus. – **Ö:** Köln, RH; ebda, Agentur f. Arbeit, Dt. Sporthochschule – **E:** 03 Köln, Dt. Sport- u. Olympia-Mus.; 07 Köln, Jap. Kult.inst. – **G:** zahlr. Bet. seit 92, zuletzt: 04 Rüsselsheim, Opel; Blankenheim, Eifelmus., 05 Köln, Bienn.; Dresden, Kulturrathaus; 06 Köln, RH Span. Bau; Istanbul, KH – **V:** Cultu-ralaffairs.Heimweg, Kunstb. (Malereien) 04 – *Lit:* Polylog, Ausst.kat 06; Adelheid Kilian trifft a.G., in: Zs. palette 06

Gossolt, Marcus (verh. Marcus Gossolt-Guggenheim, Ps.: Com & Com), Künstler u. Eidgenössischer Dipl. Architekt; Hochwachtstrasse 15, CH-9000 St. Gallen, Tel. u. Fax 0 71 277 11 88, *gossolt@com-com.ch*, *www.com-com.ch*. Lagerstr. 95, CH-8004 Zürich, Tel. u. Fax 01 2 41 07 92, *info@com-com.ch* (* St. Gallen/Schweiz 26. 11. 69) – **VG:** Zürich, Gysin – **S:** 89–93 Schule f. Gest. St. Gallen; 93–96 Höhere Schule f. Gest. Basel (Archit.); 98–99 KHS f. Medienwiss. Köln (Medienkunst) – **L:** seit 02 FHS Aarau (Gastdoz. f. Medienkunst) – **P:** Maurice Rohrbach-Found 97; Bourse Kiefer-Hablitzel 98; Werkzeitbeitr. d. Stadt St. Gallen 98; DAAD-Stip. f. Berlin 99; Yvonne Lang-Chardonnens Stip. f. Los Angeles 01; Anerkennungsbeitr. d. Bundesamtes f. Kult. Bern 01; Kunststip. d. Kt. Zürich 02; Kunst am Bau (1. Rang f. Bahnhofspl.gest. Romanshorn) 02 – **Ve:** Visarte Schweiz 97 – **KGe:** Com&Com: Johannes M. Hedinger u. M. G. (seit 97) – **G/T:** Konzept- u. Strategiekunst, Multimedia-Install., Film, Publ. – **K:** Medienkunst – **W:** Ankäufe d. Slgn Ruedi Bossi Zürich, Lista Erlen, Göldi Zürich, Barbara Thumm Berlin, Pichler Zürich, Camel Move Dagmersellen – **M:** St. Gallen, KM; St. Gallen, KS d. Kt.; St. Gallen, Slg Hauser u. Wirth; Zürich, KS d. Kt. Zürich; Zürich, Kunsthaus – **Ö:** Nürnberg, Schmidt Invest; Romanshorn/Thurgau, Bahnhofpl. (Denkmal u. Wandbild) – **E:** 98 Nürnberg, Sima; 99 New York, Gall. Scott Thatcher; Luzern, Raum für Aktuelle Kunst; 00 Zürich, Kunsthaus; 01 Frauenfeld, Shed im Eisenwerk; New Plymouth, Brewster Art Gall.; 02 Zürich, Gysin; Luzern, Meile; 03 Ittingen, KM d. Kt. Thurgau; Berlin, KW Kunstwerke – **G:** 97, 98, 00, 01, 03 St. Gallen, KM; 98, 01 Nürnberg, KV Dürer-Ges.; 98 Porrentruy, Gaxotte; St. Gallen, Ges. Schweizer Maler Bildhauer u. Architekten/VISARTE; 99 Linz, OK Centrum f. Gegenwartskunst; New York, Swiss Inst.; Berlin, Linienstr. 155; Basel, Heuwaage; Luzern, Raum für Aktuelle Kunst; 00 Berlin, AK; Helsingborg, M Art; Zürich, Kunstszene; Zürich, Kunst 02; 00, 01 Berlin, Thumm; 01 Zürich, Gysin; Berlin, Kunst- u. Medienzentrum Adlershof; Zürich, Van Orsouw; Zürich, Migros Mus.; Venedig, Bienn.; 02 Turin, BIG Torino – Bienn. of Young Art; Biel, EXPO.02; Kiew, Center of Contemp. Art; 02, 03 Ittingen, KM d. Kt. Thurgau; 03 Kassel, KV; Genf, Bienn. de l'Image en Mouvement; Los Angeles, Kontainer Gall.; Los Angeles, MAK – Center for Art & Archit. – **V:** Die Odyssee, Künstlerb., Ed. Fink 98 The Book of COM & COM, Künstlerb. u. Kat., 2. Aufl. 99/00; Re public, Künstlermag., Spezialed. Saiten 12/99; C-Files: Tell Saga – Das Buch zum Film, Künstlerb. u. Ausst.kat., 2. Aufl., Ed. Fink 00/01; The Odyssey, Künstlerb., Ed. Fink 01; I LOVE YOU, Künstlerb., 2 Bde, Ed. Fink 02 – **R:** DREHBUCH U. REGIE: C-Files: The Rütli, Video 99; C-Files: Tell Saga. Making of, Video 00; C-Files: Tell Saga. Trailer, Video 00; Interview, Video 02; m. Dieter Meier: Side by Side, Musikvideoclip 02; I Love Switzerland, Video 02; – sowie Tell Star, Popmusical am Luzerner Theater (Buch, Regie u. Bühnenbild) 02 – ***Lit:*** AUSST.KAT.: Anstadt 98 98; Promotion 99; Gottfried Hattinger u. a. (Texte): Sozialmaschine Geld 99; Rüdiger Lange u. a. (Texte): Z2000 00; Kunstklasse 01; Harald Szeemann, Tobia Bezzola u. a. (Texte): Plateau of Humankind 01; Gregory Burke u. a. (Texte): Feature. Life & Cinema 01; Markus Landert u. a. (Texte): Blick und Bild. Fotografie am Bodensee 02; Lena Holger u. a. (Texte): Identity. Trademarks, Logotypes and Symbols 02; Harald Szeemann u. a. (Texte): Geld und Wert – das letzte Tabu 02 – ***LitR:*** TAF LIVE, Live-Talk-Sdg SF DRS 6.9.00; C-Files, in: Next, News-Sdg SF DRS 10.9.00; Die Kunst des Lügens, in: Star TV, Dok. 5.10.00; z. Bienn. Venedig, in: 10 vor 10, News-Sdg SF DRS 10.6.01; z. Ausst. im Mus. New Plymouth, in: TV One, New Zealand National TV 15.12.01; z. Ausst. im KM Ittingen, in: Tagesschau SF DRS, News-Sdg 29.4.02; Side by Side, in: Lifestyle, News-Sdg Tele Züri 24.5.02; VIP, Talk Star TV 31.5.02; Side by Side, in: Hotel B, Dok. SF DRS 2.6.02; Tell Star, in: B-Magazin, Dok. SF DRS 11.8.02; Side by Side, in: Star News, News-Sdg Star TV 20.8.02 – (Red.)

GoSu (eigtl. Gottfried Supersaxo), Koch, Hotelier HF, Maler; Atelier GoSu, Hotel Alphubel, CH-3906 Saas Fee, Tel. 0 792 83 36 74, Fax 0 279 58 63 64, *godisupersaxo@yahoo.co.uk*, *www.gosu.ch; www.hotelalphubel.ch* (* Saas Fee 1. 3. 74) – **VG:** Saas Fee, Gal. Escalier d. Hotels Mistral; Saas Fee, Gal. d. Hotels Waldesruh; Saas Fee, Gal. d. Hotels Schweizerhof; Saas Fee, Gal. GoSu im Hotel Alphubel – **S:** Mal- u. Zeichenausbildung an d. Scuola Leonardo da Vinci in Florenz – **Ve:** Ver. f. Kulturförd. Saas Fee 98–04; KV Oberwallis 06 – **KGr:** swissart.net; artnet.com; kunstforum-international – **KGe:** G.S. u. Dominic Brunner – **G/T:** Abstr.; Kubismus; Expressionismus – **K:** Mal-Anlässe in Schulen Englands; für Firmen, Klassen, Vereine, Hotelgäste u. Kinder; am Dorfmarkt in Saas Fee – **Ö:** in Saas Fee: Eispalast, Hotel Alphubel, Hotel Waldesruh, Hotel Schweizerhof, Hotel Mistral – **E:** 99–09 Saas Fee, Hotel Alphubel; 00–01 Saas Fee, Gal.: From Sarah with love; 00–10 Saas Fee, Hotel Waldesruh; Saas Fee, Hotel Mistral; Saas Fee, Hotel Schweizerhof; 01 Wermatswil b. Zürich, Puurehuus; 01–02 Saas Fee, Bar Gal.: Happy Bar – **G:** 02–05 Saas Fee, Eispalast Mus.; 06 Genf, Artist Contemp. – ***Lit:*** Gefühlsdurchfall, Ausst.kat. u. DVD 03

Gottfried, Udo W.; Schulberg 10, D-65183 Wiesbaden, Tel. (06 11) 52 66 81, Fax 52 66 81 – **G/T:** Bildhauerei, Malerei – (Red.)

Gottschalk, Willi, Maler; Alte Schule, D-19303 Heidhof, Tel. (03 87 58) 2 04 34, *info@artlantikgalerie.de*, *willigottschalk@aol.com*, *www.artlantikgalerie.de* (* Bernburg/Saale 19. 11. 46) – **G/T:** Marine-Art; Seestücke; Hafenszenen; Aqu., Acryl, Öl – **W:** überw. in Privatbes. – **E:** / G: zahlr. Ausst. u. Ausst.bet. seit 75, u. a. 99 Schwerin, Landtag; 00 Klütz/Boltenhagen, Marienkirche; Lübz, Mus.; Boizenburg, Mus.; Kirchdorf auf Poel, Inselmus.; 02 Grömitz, Naturkundemus.; 03 Rostock, BALTIC POINT – (Red.)

Gowin, Wolf (eigtl. Wolfgang Gowin), Dr., Bildhauer u. Plastiker; Christinenstr. 36, D-10119 Berlin, *wolf@wolf-gowin.de*, *www.wolf-gowin.de*. c/o Australien (* Zwickau 14. 6. 51) – **VG:** Los Angeles, LA Artcore – **P:** Stip. d. Otto Benecke-Stift. Berlin 75–77; Hochbegabtenstip. d. Friedrich Naumann-Stift. Bonn 77–80; Pr. d. Alligator Gall. San Francisco 87; Pr. d. Arts and Cultural Center Peoria 90; CRASHarts Culture Award Phoenix 91; Pr. d. Long Beach Arts 91; Pr. d. Gall. 57 Fullerton/CA 92; Pr. d. City of Brea Gall. Brea 93; Discovery 1993 d. Art of California 93; LA Artcore Annual Award 01 – **Ve:** BBK Berlins 95–05; Intern. Society for Art, Sciences and Technology – ISAST 98 – **KGr:** Theatre of Outrage & Excellence (Phoenix, Mitbegr., Performances); Readings at Houle's (Phoenix, Mitbegr.) – **G/T:** Plast., Großprojekt, Land-Art, Public Art, Druck, abstr. Fotogr. u. exper. Klang – **M:** Tempe/AZ, Univ. AM; Tucson/AZ, GrS d. Department of Art; Zwickau, StM – **Ö:** Friedersdorf, Kunstspeicher (Innenplast. m. Gedicht); San Jose/Costa Rica, Ding-Pl. im Parque La Amistad (Parkgest. m. Außenplast.); Wünsdorf, Spitzbunker-Projekt (19 Lsch.skulpt.) – **E:** 87 Medford/OR, On the Wall Gall.; Phoenix, Eleven East Ashland Gall.; 88 Tuscon/AZ, Hall of Fame d.

Univ. of Arizona; Phoenix, Little Theatre Art Gall.; 88, 90 Phoenix, Fina Cocina; 89 Tempe/AZ, Univ. AM; 90 Phoenix, Mystery Gall.; 91 Phoenix, CRASHarts Icehouse; 92 Irvine/CA, Irvine Civic Center; 93 Santa Ana/CA, The Caged Chameleon Gall.; Hollywood, Daily Planet Bookstore; Santa Ana/CA, Orange County Center for Contemp. Art; 94, 97, 02 Los Angeles, LA Artcore; 95 Zwickau, Gal. am Domhof; 96 Friedersdorf, Kunstspeicher; 97 Berlin, Steglitzer Kunsttage Platanenallee; Berlin, Gal. M; 98 Berlin, Univ.klinikum Benjamin Franklin; Wünsdorf, Spitzbunker; 01 Berlin, Ibero-Amer. Inst. Preußischer Kult.bes. – **G:** 80 Berlin, Kleine Gal.; 81–84 jl. Berlin, Messehallen am Funkturm; 86 Berlin, RH Charlottenburg; 87 Tempe/AZ, School of Art d. State Univ.; Tempe/AZ, AC; Cedar City/UT, Braithwaite Fine Arts Gall. d. Southern Utah State College; Tempe/AZ, Fountainhead Corporate Park; Tempe/AZ, Oblique Design Gall.; Tuscon/AZ, Dinnerware Artists Gall.; Phoenix, Mid-Day Cafe; Phoenix, Tell Gall. d. Grand Canyon College; San Francisco, Alligator Gall.; Tucson/AZ, Union Gall. d. Univ. of Arizona; Phoenix, Pueblo Grande Mus.; 87, 88, 89 Tempe/AZ, AC; 87, 88, 89, 90 Phoenix, Fina Cocina; Phoenix, Eleven East Ashland Gall.; 87, 88, 89, 90, 91 Phoenix, MARS Gall.; 87, 88, 90, 92 Downey/CA, Mus. of Art; 88 Sun City/AZ, AM; Phoenix, Janet's Shoe Store; Phoenix, Humana Hospital Desert Valley; Lancester/CA, Lancester Mus. and Art Gall.; 88, 89 Phoenix, New Metropolis Architects Inc.; 88, 90, 91 Phoenix, Alwun House; 89 Phoenix, Public Library Crafts Gall.; Mesa/AZ, West First Street Gall.; Buffalo/NY, Clary-Miner Gall.; 90 Long Beach/CA, Art Assoc.; Peoria/AZ, Arts and Cultural Center; Lake Charles/LA, Abercrombie Gall. d. Mc Neese State Univ.; Phoenix, Shemer AC; Phoenix, Visual Expression Gall.; Tucson, Department of Art d. Univ. of Arizona; 91 Tuscon/AZ, Mus. of Art; Phoenix, Church of the Beatitudes; Tempe/AZ, Phase Four Studios; Long Beach/CA, Long Beach Arts; 91, 92 Fullerton/CA, Gall. 57; 92 Santa Ana/CA, Nese Gall.; Irvine/CA, Fine Arts Center; Brea/CA, Fred Hartley Center; Santa Ana/CA, Orange County Center for Contemp. Art; Irvine/CA, Bistango Gall. Restaurant; 92, 93, 94 Santa Ana/CA, The Caged Chameleon Gall.; 93 Tempe/AZ, Nelson Fine Arts Center; Venice/CA, 48 Market Street Gall.; Brea/CA, City of Brea Gall.; Santa Ana/CA, Zoo; 93, 94 Los Angeles, Convention Center; 94 Torrance/CA, South Bay Contemp. Mus. of Art; La Mirada/CA, Arts Gall.; Venice/CA, Correira; Venice/CA, Art Walk; 94, 95 Los Angeles, County Mus. of Art; 94, 98 Los Angeles, Biltmore Hotel; 95 Berlin, Gal. M; Los Angeles, LA Artcore; Berlin, Univ.klinikum Benjamin Franklin; 96 Los Angeles, Art Bank; 97 Hamburg, Freie AK; 98 Münster, Westf. LM; 99 Wünsdorf, Hist. Pferdestall; Rostock, Kurhaus Warnemünde; 02, 03 Friedersdorf, Kunstspeicher; 03 Lehnin, Gal. am Klostersee – **R:** TONKASS.: Kunze/Gowin: EXPI: Musique ALE poor anALE 83; Sculptural Sounds (Produktion) 92 – ***Lit:*** Michael Foedrowitz: Die Luftschutztürme d. Bauart Winkel in Dtld 1936 bis heute, Waffen-Arsenal Bd 175 98; Reiner Dreher: Kunst u. Kongress 99 – zahlr. BEITR. in dt. ZTGN u. ZSS, u. a.: Klaus Tippmann: Treffen m. Ex-Zwickauern, in: Freie Presse Zwickau 28.1.95; Olaf Meyer: Ehem. Zwickauer stellt in Gal. aus, in: Zwickauer Tagebl. 24.4.95; Kathrin Hunger: Die Heimkehr d. Wolf Gowin, in: Chemnitzer Morgenpost 24.4.95; Klaus Tippmann: Bombe plus Karren zum Paradies, in: Freie Presse Zwickau 24.4.95; Judith Kunz: Weckt d. Panther, in: Kontouren 26.4.95; Christina Dreger: Der Panther, ebda April-Juni 95; Reinhold Lindner: Geheiligtes Instrument wird z. Ge-Flügel, in: Freie Presse Zwickau 11.5.95; Doris Steinkraus: Der alte Speicher lockt erneut m. Kunst & Musik, in: Märkische Oderztg 21.3.96; Silke Müller: Getreide, Pastelle u. ein Erlebnis aus der Luft, ebda 28.3.96; Maros Gittis: Hitlers Schrott soll zu Kunst werden, in: BZ 26.6.97; Littwin: Herr d. Trümmer, in: Der Tagsspiegel 27.6.97; Alexej Korinenko: Wünsdorf. Die Russen sind weg. Was weiter?, in: Echo d. Planeten Moskau, Juni/Juli 97; Susanne Hopf: Kreativer Mediziner, in: Berliner Morgenpost 20.9.97; Nimmich u. Naumann: W.G., in: Marzahner Hefte 20/97; Schlage: Natur contra Kriegssymbole, in: Märkische Allg. 18./19.10.97; Rainer Schubert: Hand in Hand: Kunst-Galerie u. China-Restaurant, in: Berliner Wochenbl. 23.10.97; Oberst: Da machte d. Turm krawumm, in: Berliner Kurier 24.10.97; Susanne Ziegert: ...five, four, three, two, one – and lift off!, in: Bild 24.10.97; Bernd Gartenschläger: Bisher einzigartiges Stück Konversion, in: Märkische Allg. 24.10.97; Lisa Inhoffen: Ein Weltstar... in Wünsdorf, üb. Robert De Niro, in: General-Anzeiger Bonn 4./5.4.98; Elke Höhne: Raritäten u. Kostbarkeiten, in: Märkische Allg. 12./13.9.98; Jochen Clemens: Bücherstadt in Waldstadt eröffnet, in: Berliner Morgenpost 13.9.98; Corinna Budras: So eine Bücherstadt dient d. Humanismus, in: die tageszeitung 14.9.98; Hannes Hansen: Gottverlassen, aber literaturselig, in: Kieler Nachrichten 19.9.98; ders.: Eine Bücherstadt zw. Bunkern, in: Freie Presse Chemnitz 22.9.98; Harald Olkus: Betonzigarren u. Sozialistika, in: Tagesspiegel 26.9.98; Robby Kupfer: Der lange Weg von d. Garnison z. Bücherstadt, in: Hamburger Abendbl. 13.10.98; ders.: Bücherstadt u. Bunkerkunst, u. a. in: Dresdner Neueste Nachrichten 6.11.98 u. Leipziger Volksztg 6.11.98; Tilman Spreckelsen: Bücher u. Bunker, in: Die Zeit 26.11.98; Heidi Borchert: Sonne, Mond u. Bunker, in: Märkische Allg. 22.6.00; Anita Wünschmann: Die Jh.krankheiten d. Menschen, in: Berliner Ztg 29.8.00 – zahlr. BEITR. in ZTGN u. ZSS in d. USA, zuletzt: LA Artcore at the Brewery Annex. Tandem Solos: W.G. and Eileen Shahbazianm in: New Times Los Angeles 28.8.97; Jan Otakar Fischer: Beating Swords Into Suburbs in East Germany's Bunker Capital, in: The New York Times 16.3.00; Architecture and Tissues, in: LA Artcore Quart., Jan.-April 02 – ***LitR:*** FS.-BEITR. in Dtld: Ticket, SFB 30.3.95; Ab jetzt, ORB 15.4.96; in: Kult.spiegel, SAT1 18.4.96; in: Brandenburg Aktuell, ORB 13.12.96 u. 23.10.97; in: Tagesschau, ARD 23.10.97; A. Oehler (Produktion), üb. d. Bücherstadt u. d. Spitzbunker, Dt. Welle TV 21.9.98; Patenschaft zu vergeben, Waldstadt TV 10.6.–13.6.00 – FS.-BEITR. in d. USA: Channel 11 FOX News Los Angeles, FOX TV 15.5.94; Art Chameleon, KCOU Channel 53 August 94 – RADIO BEITR.: Interview, Radio Zwickau 23.4.95; Kult.j. üb. Ausst.eröffnung im Kunstspeicher Friedersdorf, Antenne Brandenburg 1.4.96; SFB 14.12.96; Boulevard, Dtldfunk 18.12.96; Kult.szene, Radio Brandenburg 19.12.96; Metro, SFB 4 MultiKulti 11.11.97; z. Eröffnung d. Sonnen- u. Mondbunker, Antenne Brandenburg 20.6.00

Gräfe-Tübke, Angelika s. Tübke, Angelika

Grämer, Peter, Maler; Düppelstr. 27, D-14163 Berlin, Tel. (0 30) 80 49 94 45, Fax 80 10 87 04, *www.peter-graemer.de* (* Chemnitz 12. 4. 39) – **VG:** Luxemburg, Artium Art Gall. – **S:** 60 HBK Berlin (Meisterschüler b. Prof. Peter Janssen) – **Ve:** Dt. Künstlerbund 75 – **G/T:** Malerei (Aqu., Öl, Acryl); Zchng (Bleistift); gegenständl. Malerei – **M:** Berlin, Berlinische Gal.; Berlin, Friedrich-Ebert-Stift.; Wiesloch, Mus. d. Stadt – **Ö:** Berlin, Kindergarten Bundesallee 80; ebda, Kindergarten Fehlerstr. 2–4 – **E:** 72, 76 Berlin, Schüler; 76 Oldenburg, Mus.; 79 Los Angeles, Gall. Untitled; 90 Brandenburg, Dom-Mus.; 91 Potsdam, Altes RH (Kat.); 95 Berlin, Tafelski (Kat.); 04 Luxemburg, Artium Art Gall.; 05 Chemnitz, Laterne – **G:** Bet. u. a. 72 Hannover, KV; 73, 76, 77. 78, 80 München, Große Kunstausst.; 79 Berlin, Neuer Berliner KV: Entfremdung d. Stadt; Darmstadt, Darmstädter Sezession: 21. Jahresausst.; 88, 89 Kraichgau, Kunstkr. – sowie 71–83 mit d. Dt. Künstlerbund – ***Lit:*** Grete Bergdolt: P.G. Ölbilder u. Zchngn, Ausst.kat. (z. Ausst. m. Karel Fron im Kulturhaus Wiesloch) 82 – sowie zahlr. Kat., u. a. z. Ausst. in d. Gal. Merkin-Möws Hannover 76, Gal. Piorr in Hamburg 77, Gal. Krone Berlin 85

Graesel, Friedrich, Prof., Bildhauer, Graphiker, Objektgestalter; Wirmerstr. 23, D-44803 Bochum, Tel. (02 34) 35 15 75, Fax 9 76 57 90 (* Bochum 26. 5. 27) – **S:** 52–56 KA München u. Hamburg – **L:** 70 PH Münster (Prof.); 72 Univ. Essen; 79–84 Helwan-Univ. Kairo (Gastprof.) – **P:** Konrad-von-Soest-Pr. 70; Villa-Massimo-Stip. 88 – **Ve:** Dt. Künstlerbund 72 – **KGr:** B 1 – **G/T:** Graph., Keramik, Bauplast. – **W:** Arb. in öff. u. priv. Slgn – **M:** Bonn, KM – **Ö:** zahlr. Skulpt. im öff. Raum – **E:** u. a. 67 Münster, Wilbrand; 85 Nürnberg, Germanisches NM; 93 Essen, Mus. Folkwang; 98 Münster, Westf. LM – **G:** u. a. 72, 88 Venedig, Bienn.; 83 London, Goethe-Inst.; 84 Washington/DC, Hirshhorn Mus. and Sculpt. Garden; 97 Venedig, Archit.bienn. – ***Lit:*** Reclams Künstlerlex. 02; Schweers 02 – (Red.)

Graesli, Emilio s. Wiedmann, Willy

Graf, Annatina; St. Urbangasse 38, CH-4500 Solothurn, Tel. 0 326 21 57 55, *info@annatinagraf.ch, www.annatinagraf.ch* (* Zürich 23. 2. 65) – **VG:** Amsterdam, Gal. BMB; Laufen, Chelsea – **Ve:** Visarte; SGBK – **G/T:** Malerei; Fotogr.; Video; Install. – **M:** Grenchen, Kunsthaus; Solothurn, KM – **Ö:** Solothurn, Baloise Bank Soba; ebda, Bar Hotel Baseltor – **E:** 95 Breitenbach, Forum; 97 Laufen, Gal. Brauerei Chäller; 98 Flüh, Forum Flüh; 99 Aarwangen, Gal. 89; Basel, Gal. Hubbuch; 00, 07 Balsthal, Rössli; 01, 04 Laufen, Chelsea; 02 Solothurn, Künstlerhaus S11; 04 Amsterdam, Gal. BMB – **G:** zahlr. Bet. seit 94, zuletzt: 03 Chur, KM; Olten, KM; 03, 05, 06 Solothurn, KM; 04 Grenchen, Kunsthaus (Kat.) – **R:** Video auf DVD: unverblümt 03; Garten Eden 03; Wasserzeichen 04; Idylle 05 – ***Lit:*** Roswitha Schild: Cosi bello, cosi pericoloso, Ausst.kat. 04; Julie Hengeveld u. Aurel Schmidt: In Amsterdam u. überall 05

Graf, Barbara (verh. Barbara Graf Elmestikawy), Mag. art.; c/o Galerie Atrium ed Arte, Lerchenfelderstr. 31, A-1070 Wien, Tel. (01) 5 22 87 38, Fax 52 28 73 84, *office@atrium-ed-arte.at; bar.graf@aon.at, www.atrium-ed-arte.at* (* Winterthur 22. 9. 63) – **VG:** Wien, Gal. Atrium ed Arte – **S:** 85–90 HS f. angew. Kunst Wien (Meisterkl. f. Gest.lehre u. exper. Gestalten b. Prof. M. Lassnig) – **L:** 03–04 HS f. Gest. u. Kunst Basel (Mode-Design, Gastdoz.); seit 04 Univ. f. angew. Kunst Wien (LBeauftr. f. Textiles Gest.) – **P:** Werkbeitr. d. Kt. Zürich 85, 86, 87; Förd.pr. d. Stadt Winterthur 90; Stip./Atelier d. Stadt Winterthur f. Kairo 96; Cité Intern. d. Arts Paris 98 – **Ve:** IG Bild. Kunst seit 90; Visarte Zürich seit 96 – **KGr:** Winterthur (seit 94); Vrg. Kairo-Atelier-Ägypten (seit 01) – **G/T:** Körperkunst; Install.; Skulpt. (Karton, Textil); Zeichn. u. Fotogr. – **K:** Körperkunst, Textil – **W:** überw. in Privatbes. u. Ankauf durch d. Kult.abt. d. Stadt Wien, d. Slg d. Univ. f. angew. Kunst Wien u. d. Stadt Winterthur; seit 04 Projektmitarb. in 'CorpoRealities' (Projektleitung Dr. Christina Lammer) – **E:** 88, 91, 94, 97, 01 Winterthur, Gal. & Edition GE; 98, 02, 06 Wien, Gal. Atrium ed Arte; 99 Zürich, Wirth; 01 Wien, Projektraum Werkstätten- u. Kult.haus (WUK); 04 Uster, Villa am Aabach; 05 Winterthur, Kunstkasten – **G:** 88 Graz, steirischer herbst; 91, 04 Olten, KM; 95 Hangzhou/China, Sino-Austrian Exhib.; Wien, Sino-Austrian Exhib.; Graz, Sino-Austrian Exhib.; 96 Glarus, Kunsthaus; 97 Linz, LG; 98 Mendoza, Intern. Bienn.; 99 Kairo, Ekhnaton-Gal. im Center of Arts; 01 Kairo, Intern. Bienn.; Meran, Frauenmus.; 02 Zürich, Mus. Bellerive; 03 Györ, Budapest, Syros, Athen u. Eisenstadt, Ausst. d. Slg f. angew. Kunst Wien; 05 Winterthur, Oxyd Werkhalle; 06 Kairo, Mashrabia; Wien, Slg Essl – **R:** www.artwomen.org (online-Ausst.); – DIGITALE VERÖFF.: www.corporealities.org; www.frauenkunstwissenschaft.de; www.-kuenstlergruppe.ch – ***Lit:*** AUSST.KAT.: u. a. Daniela Hammer-Tugendhat: Figuren 1989–91 91; Jumping out of one's skin-anatomical garment III 96; Segment Suit-Anatomical Garment VI 98; Sculpture Compositions 99; Yvonne Höfliger: Anatomische Gewänder 04; – weitere: Christina Lammer: Die Puppe – eine Anatomie des Blicks 99; dies.: Schnittmuster 99; Adrian Mebold: B. G. künstlerische Erkundungen über Körper und Skulptur 98 – ***LitR:*** Treffpunkt Kultur: Kunstwerk des Monats, Film-Beitr. (ORF) 01

Graf, Gudrun, Malerin; *info@gg7.de, www.gg7.de* (* 62) – **VG:** Fürth, artoz – **S:** Sinologie u. Kunstgesch.; 93 praktische u. theoretische Malerei b. Prof. Li Jian Dong China – **P:** Kunstpr. d. Nürnberger Nachrichten (Anerkennungspr.) 98 – **G/T:** Malerei (Schwerpunkt Portr.) – **E:** u. a. 86 Nürnberg, Hemdendienst; 91 Hof, Gal.haus Weinelt; 96, 98 Nürnberg, Germanisches NM; 00 Erlangen, Articum; 01 Fürth, Amtsgericht; Nürnberg, Künstlerhaus K4; Erlangen, Café con Leche; 02 Fürth, EuromedClinic; Heroldsberg, Schwan Stabilo; Fürth, Hotel Pyramide; 03 Fürth, Wöhrl; Fürth, artoz – (Red.)

Graf, Peter, Maler; lebt u. arbeitet in Dresden (* Crimmitschau 4. 6. 37) – **VG:** Dresden, Beyer – **S:** 56–57 KHS Berlin-Weissensee (b. Toni Mau, 57 Exmatrikulation) – **P:** Bautzner Kunstpr. 99; Egmond-Schaeffer-Pr. f. Zeichn. 00; Hans-Theo-Richter Pr. d. Sä. AK Dresden 01 – **KGr:** nedserd – **W:** Arb. in öff. u. privatem Bes. – **M:** Berlin, NG; Chemnitz, KS; Dresden, GG NM; Dresden, Kpst.-Kab.; Leipzig, MBK – **E:** / G: u. a. 77, 79, 82, 00 Dresden, Leonhardi-Mus.; 88 Dresden, Comenius; 91 Nürnberg, KH; Frankfurt am Main, Oevermann; Altenburg, Lindenau-Mus.; 00 Bautzen, SM u. Reg.-Mus. d. sä. Oberlausitz; Dresden, Horschik & Schultz; Berlin, Gal. im Turm; Zittau, KH – weitere in Budapest, Gelsenkirchen, Moskau, Odessa, Toulouse, Ulm – ***Lit:*** Lang 02; Schweers 02; Kunst in der DDR 03; NG Berlin 03 – (Red.)

Grafenberg (eigtl. Heinrich Untergantschnig), Bildhauer; Grafenberg 20, A-9831 Flattach, Tel. u. Fax (0 47 85) 3 39, *bildhauer@grafenberg.at, www.grafenberg.at* (* Grafenberg 15. 6. 59) – **S:** 74–78 FS f. Bildhauerei Hallein; 91–93 Meisterschule München – **Ve:** Berufsvrg d. bild. Künstler Öst. 78 – **G/T:** Bildhauerei, Konzeptkunst, Skulpt. – **G:** zahlr. Ausst.bet. seit 78, u. a. 02 1. Intern. Bienn. of Contemp. Art Austria – **V:** H. U. Ein Mölltaler Bildhauer, Kunstbildbd 02 – ***Lit:*** Internationale Biennale für bildende Kunst Austria

Graff, Carin, Bildhauerin, Malerin; Mittelstr. 52–54, D-50672 Köln, Tel. (02 21) 2 57 97 17, Fax 2 57 34 97 – **G/T:** Bildhauerei, Malerei – (Red.)

Graffenried, Michael von, Fotokünstler; c/o Galerie Esther Woerdehoff, 36, Rue Falguière, F-75015 Paris, Tel. (01) 43 21 44 82, Fax 43 21 45 03, *galerie@ewgalerie.com; graffenried@mvgphoto.com, www.ewgalerie.com; www.mvgphoto.com* (* Bern 7. 5. 57) – **VG:** Paris, Woerdehoff – **G/T:** Fotogr., Dokfotogr., Foto-Install., Multimedia-Install. – **M:** Bern, KM; Lausanne, Mus. de l'Elysée; Neuchâtel, Mus. d'art et d'hist.; Paris, Bibliothèque Nat.; Paris, Maison Europ. de la Photogr.; Winterthur, Foto-Mus.; Zürich, MfG – **E:** u. a. 94 Hongkong, AC; 97 New York, Witkin; Zürich, Scalo Gal.; Bern, Kabinett; 98 Castres, Centre Nat. et Mus. Jean Jaurés; 99 Winterthur, Foto-Mus.; Luzern, Arlecchino; 00 El Hamma, Nat.bibliothek; Paris, Woerdehoff; 02 Zürich, MfG; Schaffhouse, Gal. O; 03 Bern, KM – **G:** u. a. 88 Zürich, Kunsthaus; 93 Paris, Inst. du monde arabe; 97 Winterthur, Foto-Mus.; 98 Toulouse, Gal. Mun. du Château d'Eau; New York, Witkin; 99 Charleroi, Mus. de la Photogr.; 00, 02 Neuchâtel, Mus. d'Art et d'Hist. – **V:** u. a. Unter Berns Lauben 80; Folkfestival Gurten 81; Berner Beizen-Porträts 82; Kramgasse Berne 83; Bundeshaus-Fotografien 84; Un photographe au coeur du Palais-Fédéral 85; Der blaue Berg, Literatur in der Schweiz 86; Liebe zu Kaufen. 10 photographes regardent la prostitution 87; Markt 88; Swiss People 91; Algérie. Le rêve brisé de la démocratie 93; Soudan 95; Naked in Paradise 97; Weltpanorama 98; Algerien, der unheimliche Krieg 98; Freie Sicht aufs Bundeshaus 98; Im Herzen Algeriens 02; Swisspanorama 02 – **R:** Mohammed Soudani: Guerre sans images – Algérie, je sais que tu sais, Dokf. 01 – ***Lit:*** u. a. Harald Szeemann u. A. D. Coleman: Naked in Paradise u. Nackt im Paradies 97; Philippe Dagen: Les équivoques du paradis, in: Le Monde 97; Images of a war in Algeria, in: Time Magazine 99; Ich habe einen Traum, in: Die Zeit 99; Tom Hundley: Stolen moments, in: Chicago Tribune 00; Daniele Muscionico: Ein Krieg frißt seine Bilder – zur Ausstellung im Herzen Algeriens, in: Neue Zürcher Ztg 02; Konrad Tobler: Der Fotograf ist mitten im Bild, in: Berner Ztg 02 – ***LitR:*** u. a. Téléjournal, TV Algérie 00; Echo der Zeit, Radio DRS 1 (Guerre sans images) 02 – (Red.)

Grahn, Volker, Maler, Galerist; Heinrich Hoffmann Str. 6a, D-99891 Tabarz, Tel. u. Fax: (03 62 59) 5 80 01 (* Wittenberge/Brandenburg 8. 12. 41) – **S:** 84 erste Malversuche; Friedrichroda (Förd. durch Werner Schubert Deister); 85 Weimar (Malerei b. Hans Winkler); ansonsten Autodidakt – **Ve:** Kunstwestthüringer 93–97 – **G/T:** Malerei (Aqu., Material- u. abstr. Bilder); Collagen; außerdem: Bau eines Hauses m. Atelier u. Gal. in Tabarz (96) – **W:** nur in Privatbes. – **E:** 04 Eisenach, Lutherhaus; 06 Gelnhausen, Gal. Dr. Deichmann; 07 Schmalkaden, Kunsthaus am Markt; – sowie in: Hamburg, München, Frankfurt am Main, Kassel, Potsdam, Weimar, Gotha u. a. – **G:** 06 Ahrenshoop; Prerow

Gramer, Markus, Maler, Graphiker; Feldmannstr. 32, D-66119 Saarbrücken, Tel. (06 81) 58 12 59. Werkstattgalerie, Wiesenstr. 31, D-90765 Fürth (* Saarbrücken 5. 4. 63) – **S:** 83–86 Lehre als Steinmetz in Nürnberg; 87–93 Ec. des Arts Décoratifs Strasbourg (Gravur u. Malerei); 92 Dipl. in Lith. u. Rad. – **M:** Nürnberg, Germanisches NM – **Ö:** Nürnberg, Spk.; Mainz, Ldeszentralbank in RP u. im Saarland; Saarbrücken, Min. f. Bildung, Kult. u. Wiss. – **E:** zahlr. Ausst. seit 88, zuletzt 00 Nürnberg, RH (E.halle); 01 Saarbrücken, RH (Hauberrisser Saal); 03 Zweibrücken, Gal. in d. Parkvilla; Blieskastel, Orangerie; 06 Augsburg, Toskan. Säulenhalle – **G:** zahlr. Ausst.bet., u. a. 91 Strasbourg, Rouge et Noir; 94 Strasbourg, Buck; 01 Willich, Hüter; 04 Saarbrücken, Saarland-Mus. – **V:** 12 Radierungen zu 12 Gedichten von Johannes Kühn 92; 12 Lithographien zu 12 Gedichten von Johannes Kühn 92; Günter Scharwath (Hrsg.): M. G. – Lithographien, Johannes Kühn – Gedichte 01 – ***Lit:*** Yvonne Schülke (Hrsg.): M. G. Bildprozesse 00

Gramsma, Bob, Installationskünstler; Nussbaumstr. 10, CH-8003 Zürich, Tel. 03 00 29 59 (* Uster 63) – **VG:** Zürich, Gysin; New York, Haswelledinger – **S:** 91–93 ABK Arnheim; 93–94 ebda (Aufbaustud.) – **P:** u. a. Eidgenössischer Pr. f. Kunst 95, 96; Werkstip. d. Stadt Zürich 98, 00, 01; Artist in Residence d. Grand AC Los Angeles 01; New York – P.S.1 03 – **Ö:** Magglingen, Bundesamt f. Sport; Waid, Stadtspital; Winterthur, Zürcher HS; Zürich, Hochbauamt Kt. Zürich – **E:** u. a. 02 Bern, StG; 03 Ulm, KV; 04 Biel, Kunsthaus Centre Pasquart; Zürich, Gysin – **G:** u. a. 00 Venedig, Bienn.; 01 New York, Swiss Inst.; Tirana, Bienn.; 02 Bern, KM; 03 Bellinzona, Centro d'Arte Contemp. Ticino; Sindelfingen, StG; Genf, Bienn. de l'Image en Mouvement – ***Lit:*** Annette Herrmann u. Brigitte Hausmann: B.G. 03; Dolores Denaro u. Andreas Münch (Hrsg.): B.G. works 2003 04

Grand, Sofie s. Höpken, Ullah

Granz, Doris, Malerin, Meisterschülerin; Dresden, *dorisgranz@web.de* (* Kappeln an der Schlei 18. 4. 66) – **S:** 92–97 HBK Dresden (Freie Malerei, Dipl. b. Prof. Horst Hirsig); 97–99 ebda (Meisterschülerstud. b. Prof. Günther Hornig) – **Ve:** SKB 99; Neuer Sä. KV – **KGr:** Schichtwechsel 01 (seit 01) – **G/T:** Malerei – **W:** in Privatbes. (u. a. Beratungsgr. Finanzdienstleistungen Dresden, Steuerberaterbüro Müller-Greven Dresden) – **Ö:** Dresden, TU; ebda, Stadtspk.; Leipzig, Arb.amt – **E:** u. a. 97 Dresden, HBK; 99 Dresden, Beratungsgr. Finanzdienstleistungen; Dresden, Horschik & Schultz; 01 Meißen, Ev. Akad.; 03 Dresden, Blitzgal.; Dresden, Gal. am Alaunpl.; 04 Dresden, Steuerberaterbüro Müller-Greven; Dresden, Gal. im Reg.präsidium – **G:** u. a. 96 Dresden, Schloß Pillnitz, Orangerie; 97 Dresden, HBK; 99 Dresden, Horschik & Schultz; 03 Dresden, Blitzgal. – ***Lit:*** ZTGN: Lisa Werner: Auf der Suche nach der Mitte, in: Dresdner Neueste Nachrichten 99; Katja von Nagy: Frage der Woche, in: Welt am Sonntag 00; Alexander Keuk: Kraftvolles Gelb in der Blitzgalerie, in: Dresdner Neueste Nachrichten 03; Lisa Werner-Art: Bildwelten einer Minimalistin, in: Dresdner Neueste Nachrichten 04 – (Red.)

Grass, Günter, Dr. hc., Schriftsteller, Graphiker, Bildhauer; c/o Sekretariat Günter Grass, Glockengießerstr. 21, D-23552 Lübeck, Tel. (04 51) 79 48 00, *www.guenter-grass.de* (* Danzig 16. 10. 27) – **VG:** Rheine, Beckmann; Berlin, Gal. Berlin; Dresden, Gal. im Taschenbergpalais; Hamburg, Multiple Art; Lübeck, Kunsthaus Lübeck; Sindelfingen, Lau Fine Art & Consulting; Wetzlar, Gal. am Dom – **S:** 47–48 Steinmetzlehre in Düsseldorf; 48–52 KA Düsseldorf (Graph., Bildhauerei b. d. Prof. Otto Pankok u. Sepp Mages); 53–56 HBK Berlin (Bildhauerei b. Karl Hartung) – **L:** 90 Univ. Frankfurt am Main (Gastdoz. Poetik) – **P:** Förd.pr. d. Kult.kr. im Bundesverb. d. Dt. Industr. 58; E.doktorwürde d. Univ. Poznán 90; Stiftung d. Daniel-Chodowiecki-Pr. 92; Plakette d. Freien AK Hamburg 92; E.doktorwürde d. Univ. Danzig 93; E.bürger d. Stadt Danzig 93; E.doktorwürde d. Freien Univ. Berlin 05 – sowie zahlr. Lit.pr., nat. u. intern. Ausz., u. a. Lit.-Nobelpr. 99 – **Ve:** P.E.N.-Zentr. BRD; Lit. Ges. Lüneburg; AK Berlin 63–89 (Präs. 83–86) – **KGr:** Malerpoeten – **KGe:** Zus.arb. m. d. Gal. u. Radierwkst. Anselm Dreher/Gal. Andre Berlin (seit 72); Zus.arb. m. d. Drucker Fritze Margull (seit 77) – **G/T:** Zchng; Aqu.; Druckgraph. (Rad., Lith.); Kleinplast. (Gips, Bronze, Terracotta, z.B. Pr.skulpt. d. Dt. Lit.pr.) – **W:** zahlr. literar. Veröff., Theateraufführungen, Herausgabe v. Zss, Lesungen; Eröffnung d. G.G.-Hauses in Lübeck als Forum f. Lit. u. Bild. Kunst 02 – **E:** zahlr., u. a. 56 Stuttgart; 57 Berlin; 69 Düsseldorf, KH u. KV (Kat.); 75 Berlin, Schloß Charlottenburg (Orangerie, Kat.); 79 Stockholm, NM (Kat.); 83 Ulm, KV (Kat.); 86 Homburg,

Beck; 87 Kiel, KH (Retr. z. 60. Geburtstag, Kat.); Regensburg, Ostdt. Gal. (Kat.); Berlin, Gal. im RH Tempelhof (Kat.); 88 Bremen, KH (Kat.); 90 Frankfurt am Main, Stadt- u. Univ.bibliothek (Begleitheft); 92 Berlin, SKH (Kat.); 97 Aachen, Ludwig Forum (Kat.); 98 Hürth; 99 São Lourenco/Brasilien, Centro Cult. (Kat.); Tübingen, Univ.-Bibliothek (Bonatzbau); 01–02 Havanna, Mus. Nac. de Bellas Artes; 02 Rom, Casa di Goethe (Kat.); Bremen, Stadtwaage (Kat.); Lübeck, Günter Grass-Haus; Berlin, AK (Kat.); München, Altbau d. Psychiatr. Klinik d. Ludwig-Maximilian-Univ.; 02–03 München, Lit.haus (Kat.); 03 Berlin, Haus am Lützowplatz; Tavira/Portugal, Palácio da Gal.; 04 Oberhausen, Ludwig-Gal.; Sulzbach-Rosenberg, Lit.arch.; Weimar, Goethe-NM (Kat.); Lübeck, Günter Grass-Haus (Kat.); Göttingen, Paulinerkirche; Budapest, Goethe-Inst.; Dakar, Goethe-Inst.; 05 Oldenburg, Horst-Janssen-Mus. (Kat.); Bremen, Stadtwaage; Hamburg, Zoologisches u. botanisches Mus. d. Univ.; Dortmund, Dresdner Bank; Leipzig, MBK; 05–06 Lübeck, Günter Grass-Haus; 06 Meersburg, StG Neues Schloß – weitere: Bremen, Stadtwaage (Dauerausst.) u. zahlr. wechselnde Ausst. in Lübeck, Günter Grass-Haus – **G:** 74–75 London, The National Book League (Kat.); Glasgow, McLellan Gall. (Kat.); Dublin, Bank of Ireland (Kat.); Manchester, Peterloo Gall. (Kat.); 87 Wiesbaden, Nassauischer KV: Schriftsteller als Bild. Künstler (Kat.) – **V:** u. a. Die Vorzüge d. Windhühner (Gedichte u. Graph.) 56; Gleisdreieck (Gedichte u. Graph.) 60; Ausgefragt (Gedichte u. Zchngn) 67; Mariazuehren (Gedichte u. Graph.) 73; Liebe geprüft (Gedichte u. 7 Rad.) 74; Mit Sophie in d. Pilze gegangen (Gedichte u. Lith.) 76; Der Butt (Umschlagzchng) 77; Als v. Butt nur noch d. Gräte geblieben war (Gedichte u. 7 Rad.) 77; m. Anselm Dreher (Hrsg.) u. Sigrid Mayer: Zeichnen u. Schreiben, Das bildner. Werk d. Schriftstellers G.G., Bd 1: Zchngn u. Texte 1954–1977 82; Vatertag, Mappe (22 Lith.) 82; Ach Butt, dein Märchen geht böse aus (Gedichte u. Rad.) 83; m. Anselm Dreher (Hrsg.) u. Sigrid Mayer: Zeichnen u. Schreiben, Das bildner. Werk d. Schriftstellers G.G., Bd 2: Rad. u. Texte 1972–1982 84; Die Rättin (Umschlagzchng) 86; Fritze Margull (Gest.): In Kupfer, auf Stein, Werkverzeichnis d. Rad. u. Lith. 86; Mit Sophie in d. Pilze gegangen. Zunge zeigen. Calcutta, Mappe (Rad.) 88; Ingeborg Bachmann: Ein Ort f. Zufälle (Zchngn) 88; Zunge zeigen. Ein Tagebuch in Zchngn 88; Skizzenbuch (Bildnotizen u. Tagebuchaufzeichnungen eines Calcutta Aufenthaltes) 89; Kahlschlag in unseren Köpfen, Mappe (Lith.) 90; Tierschutz (Gedichte u. 10 Rad.) 90; Totes Holz – Ein Nachruf (Zchngn) 90; Meine grüne Wiese (Gesch. u. Zchngn) 92; Lothar Lang (Hrsg.) u. Dieter Goltzsche (Ill.): Zweimal drei (Text) 92; m. Joachim Peter Kastner (Hrsg.): Ludwig G. Schrieber 1907–1975, Ausst.kat. (Texte z. Ausst. in d. StG Viersen) 95; Fundsachen f. Nichtleser (Gedichte u. Aqu.) 97; Meine grüne Wiese (Kurzprosa u. Zchngn) 97; Mein Jahrhundert (auch als v. Autor m. Aqu. ill. Ausgabe) 99; Auf einem anderen Blatt, ein Querschnitt d. Zchngn aus Grass'scher Wkst. 99; Mit Wasserfarben (Aqu.) 01; Dirk Reinartz (Hrsg.): Gebrannte Erde (Fotogr. v. Terracotta-Arb.) 02; Giulia Bartrum: Albrecht Dürer and his legacy. The graphic work of a Renaissance artist, Ausst.kat. (Texte z. Ausst. d. British Mus. London) 02; Letzte Tänze (Gedichte u. Zchngn) 03; Der Schatten. Hans Christian Andersens Märchen – gesehen von G. G. (Ill.) 04; Lyrische Beute. Gedichte u. Zchngn aus fünfzig Jahren 04; Beim Häuten der Zwiebel (m. Rötelvignetten) – **R:** u. a. G.G. Der polit. Literat, CD 99; m. Gabriele Intemann u. Dorothee Schmitz-Köster: G.G. 'Als ich 32 Jahre alt war, wurde ich berühmt'. Eine akust. Collage aus Orig.tönen, CD u. Booklet (Radio Bremen) 01; Meißner Tedeum, komponiert aus Anlaß d. 1000jährigen Bestehens d. Meißner Doms 67/68, CD (m. einem antiphonischen Text v. G.G.) 03; m. Peter Rühmkorf: G.G. u. Peter Rühmkorf lesen Komm, Trost d. Nacht – Barocklyrik, CD (NDR) 04 – ***Lit:*** zahlr. u. a. Anselm Dreher: G.G. – Rad. 1972–1975, Werkverzeichnis 75; Werner Stein: Berliner Malerpoeten: Günter Bruno Fuchs, G.G. u. a. 75; Klaus Stallbaum: Kunst u. Künstlerexistenz im Frühwerk v. G.G. 89; Thomas Kornbichler: G.G. Ein Maler-Poet 91; Cornelia Gerner, Fritze Margull u. SKH Berlin (Hrsg.): G.G. Vier Jahrzehnte. Ein Werkstattbericht 92; Kult.amt d. Stadt Hürth (Hrsg.) u. Frauke Meyer: Wörtl. Bilder: Zum Gesamtkunstwerk v. G.G. als sinnl. Erlebnis, Ausst.dok. (z. Ausst. in Hürth) 99; Jörg W. Ziegenspeck: Fundsachen f. Nichtleser, Rückblick auf eine Ausst. u. Hommage an d. Lit.-Nobelpr.träger G.G. 99; Jürgen Wertheimer (Hrsg.): G.G. – Wort u. Bild: Tübinger Poetik-Vorlesung & Materialien 99; Peter Joch: Zaubern auf weißem Papier. Das graph. Werk v. G.G. Deutungen u. Kommentare 00; Reinhard Göltl: Künstler. Doppelbegabungen: Dichtung, Musik, Malerei, Phil. – Goethe, Mendelsohn, Nietzsche, Schönberg, Grass 02; Thomas Schauerte: Rezension z. Albrecht Dürer and his legacy. The graphic work of a Renaissance artist, in: Kunstchronik 57 04, S. 169–175; Peter-Christian Wegner, in: Keramos Nr. 188 05, S. 43–50; m. Martin Kämpchen (Hrsg.): My broken love. Ich will in d. Herz v. Calcutta eindringen. G.G. in Indien u. Bangladesch 05 – s. auch Kürschners Dt. Lit.-Kal. – ***LitR:*** u. a. Jürgen Bevers: G.G. in zehn Kapiteln – en dix chapitres, Filmportr., Video (Arte) v. 14.10.97; Feder u. Stichel. G.G. wird 70, Videofilm; m. Wilhelm v. Sternburg: Die Provinz ist d. Geburtsstätte d. Lit. G.G. im Gespräch üb. Heinrich Böll, Videofilm (WDR) 05 sowie zahl. Interviews u. weitere Veröff. – (Red.)

Gratz, Harald Reiner, Dipl. Maler, Graphiker; Stiller Gasse 15, D-98574 Schmalkalden, Tel. (0 36 83) 40 51 70, Fax 40 51 72, *gratz_marion@yahoo.de*, *www.kunst-geniessen.de* (* Schnellbach 16. 7. 62) – **VG:** Berlin, Gal. Berlin; Erfurt, Rothamel; Frankfurt am Main, Rothamel – **S:** 85–88 HS f. Kunst u. Design Burg Giebichenstein Halle/Saale; 89–91 HBK Dresden (Freie Malerei u. Graph.) – **P:** Villa-Romana-Pr. (Gastkünstler) 96 – **KGr:** D 206 Thüringer Sezession – **G/T:** Malerei; Graph. – **W:** überw. in Privatbes. – **M:** Altenburg, Lindenau-Mus.; Berlin, KS d. Dt. Bundestages; Berlin, SMPK; Dresden, Kpst.-Kab.; Florenz, Villa Romana; Frankfurt/Oder, Mus. Junge Kunst; Jena, KS – **Ö:** u. a. Bad Salzungen; Berlin, Dt. Kreditbank Stift.; ebda Siemens; Erfurt, Bundesarb.gericht; Schmalkalden, Klinikum; Seligenthal, Ev. Gemeindezentrum – **E:** u. a. 06 Erfurt, KH (Kat.); Sondershausen, Schloßmus. (Kat.); Erfurt, Rothamel; Rudolstadt, Thür. LM Heidecksburg (Kat.); Sonneberg, StG; Berlin, Dt. Kreditbank; Erfurt, Thüringer Ldtag; Stuttgart, SV–Versicherungen – **G:** Bet. u. a. 06 Bielefeld, Jesse; Augsburg, Oberländer; Stuttgart, ABTart; Rheda-Wiedenbrück, Kopf – ***Lit:*** Thür. LM Heidecksburg (Hrsg.): H.R.G. Werkverzeichnis Malerei 1993–2005 05 – ***LitR:*** Anne Schmidt: H.R.G. (MDR)

Grau, Pascale; Atelier Grenze, Elsässerstr. 248, CH-4056 Basel, *www.pascalegrau.ch* (* St. Gallen 9. 4. 60) – **S:** 86–92 HBK Hamburg; 92–94 ebda (Meisterschülerin v. Marina Abramovic) – **L:** ab 96 versch. LAuftr. an Schweizer KSch. u. FHS (FB Performance) – **P:** Stip. d. Louise Aeschlimann u. Margareta Corti Stift. 96; Atelierstip. d. Stift. Binz 39 Zürich (f. Scuol/Nairs) 98; Foto-Video-Filmkredit Basel-Stadt 01 – **Ve:**

Visarte Schweiz 96 – **G/T:** Multimedia-Install., Video u. Performance – **E:** 96 Bern, Berner Gal.; 02 Reinach, Gal. Wkst.; 03 Freiburg im Breisgau, Foth – **G:** 96 Biel, Kunsthaus Centre Pasquart; 97, 02 Langenthal, Kunsthaus; 97, 98 Bern, KH; 00 Romanshorn, Symposium Übersee; Basel, KH; St. Gallen, KM; 01 Basel, Regionale 01 plug in; 02 Riehen, Kunstraum; Basel, Klingental; 03 St. Gallen, Exex – PERFORMANCES: zahlr., u. a. 95 München, ProT Theater; Basel, Performance-Index; 97, 99 Odense, Performancefestival; 98 Malmö, KH: Body Act; 99 Berlin, KULE: Fortpflanzung; 01 Paris, Centre Pompidou; 02 Langenthal, Kunsthaus: in between; 03 Madrid, MAD03; 04 Luzern, Kunstpanorama; Zürich, Projektspace k3; Valencia, incuentro internat. de performance; Bern, Naturhist. Mus. – **V:** Andrea Saemann u. P.G.: Chines. Beschimpfung d. Bilder, in: monitor. Ztg z. Mediaskulpt. 96; Katrin Gögel, Andrea Saemann, P.G. u. a. (Hrsg.): Selbst ist d. Kunst. Kunstvermittlung in eigener Regie. Kaskadenkondensator seit 1994 04 – **R:** Mittwochs immer d. Gummihose 96; Ovation 02

Grau, Werner, Dipl.künstler, seit 2000 Betreiber d. Projektraum ArtCorner Köln; Vorgebirgstr. 1, D-50677 Köln (* Köln 7. 6. 63) – **S:** 87–92 TU Berlin (Kunstwiss. u. Philosophie); 97 FHS f. Kunst u. Design Hannover (Dipl.künstler) – **P:** E.plakette d. Kr. Ahrweiler (als Mitgl. d. AreGilde) – **Ve:** ver.di – Fachgr. Bild. Kunst; AreGilde Bad Neuenahr-Ahrweiler; Arb.kr. d. Künstler Bergisch Gladbach; 3/4 e.V. Köln; Maler d. Eifel (Gründ.mitgl., hier Sekt. verstorbene Künstler) – **G:** u. a. 03 Köln, Lange Museumsnacht; 04 Bonn, Bundesumweltmin.; 05 Bergisch Gladbach, StG Villa Zanders; Köln, KH Lindenthal – **V:** Walter Wittkämper: weg vom Geist. Angelus (Ill.) 04

Graubaum, Renate s. Garom, Luis

Graubner, Gotthard, Prof., Maler; Gut Hombroich, D-41472 Neuss, Tel. (0 21 82) 20 80 (* Erlbach/Vogtland 13. 6. 30) – **VG:** Berlin, Raab; Köln, Greve; München, Thomas – **S:** 47–48 HBK Berlin; 48–49 Staatl. KA Dresden; 54–59 Staatl. KA Düsseldorf – **L:** 69–72 ABK Hamburg (Prof.); 76–97 Staatl. KA Düsseldorf (Prof. f. Malerei); 96 AK Hamburg – **P:** August-Macke-Pr. d. Stadt Meschede 87; Otto-Ritschl-Pr. Wiesbaden 01 – **Ve:** AK Berlin 83–92, 02; Sächs. AK 96 – **KGr:** ZERO – **M:** Aachen, Ludwig Forum; Berlin, NG; Bielefeld, KH; Bochum, KS d. Ruhr-Univ.; Bochum, Mus.; Bonn, KM; Dortmund, Mus. am Ostwall; Dresden, GG NM; Düsseldorf, KS NRW; Düsseldorf, Mus. Kunst Pal.; Frankfurt am Main, MMK; Frankfurt am Main, Städel; Hagen, Karl-Ernst-Osthaus-Mus.; Hamburg, KH; Karlsruhe, SKH; Kiel, KH; Krefeld, Kaiser-Wilhelm-Mus.; Köln, Mus. Ludwig; Leverkusen, StM Schloß Morsbroich; Ludwigshafen, Wilhelm-Hack-Mus.; Mannheim, StKH; München, Pin. d. Mod.; Mönchengladbach, StM Abteiberg; Recklinghausen, StKH; Ulm, Ulmer Mus.; Wiesbaden, Mus.; Wolfsburg, StG; Wuppertal, Von der Heydt-Mus. – **Ö:** 88 Ausstattung d. Amtssitzes d. dt. Bundespräs. in Berlin, Schloß Bellevue – **E:** zahlr. Einzelausst. seit 60, zuletzt u. a. 99 Coesburg, KV Münsterland; Saarbrücken, Mod. Gal.; 01 Karlsruhe, SKH; 01, 02 Wiesbaden, Mus.; 02 Köln, Greve; 03 Hannover, Kestner-Ges. – **G:** u. a. 68 Kassel, documenta; 71 São Paulo, Bienn.; 77 Kassel, documenta; 82 Venedig, Bienn.; 01, 03 Stuttgart, Wahlandt; 02 München, KH Hypo-Kulturstiftung – ***Lit:*** Contemp. Artists 96; Dictionary of Art 96 – (Red.)

Graumann, Hervé (Ps.: Raoul Pictor); c/o Galerie Guy Bärtschi, 3a rue du Vieux-Billard, CH-1205 Genf, Tel. 02 23 10 00 13, privat: 07 86 11 66 90, Fax 02 23 10 08 54, *bartschi@worldcom.ch; graumann@ave.ch, www.bartschi.ch; www.graumann.net* (* Geneva 26. 2. 63) – **S:** 85–89 Éc. supérieure des Beaux-Arts Genève – **L:** seit 00 Éc. supérieure des Beaux-Arts Genève (Prof. f. Neue Medien) – **P:** Bourse de la Fondation Irène Raymond 90; Bourse Lissignol-Chevalier-Galland 90; Bourse Patiño, Cité Intern. des Arts 91; Bourse Kiefer-Hablitzel 91, 92, 93; Bourse de recherche du Fonds Cantonal d'art contemporain 93; Prix Moët & Chandon Suisse pour l'art 93; Prix Fédéral des Beaux-Arts 93, 94, 95; Prix Manor Genève 03; Prix Meret Oppenheim, Office fédéral de la culture 03 – **G/T:** Malerei, Fotogr., Install., Multimedia – **W:** u. a. in d. KS d. Kt. Basel-Landschaft – **M:** Aarau, Aargauer Kunsthaus; Basel, KS d. Union Bank of Switzerland; Bern, Mus. f. Kommunikation; Bern, Office fédéral de la culture; Biel, Kunsthaus Centre PasquArt; Genf, Fonds cantonal d'art contemp.; Genf, Fonds municipal d'art contemp.; La Chaux-de-Fonds, Collection de la fond. Hermine Maurer; Neuchâtel, Mus. Cantonal des Beaux-Arts; Sion, Mus. cantonal des beaux-arts; Sélestat, Fonds Rég. d'Art Contemp. Alsace – **E:** u. a. 89 Genf, La Régie; 92 Genf, Pal. de l'Athénée; 94 Amsterdam, Art Hotel; Leipzig, Gal. f. Zeitgen. Kunst; Genf, Gal. Andata/Ritorno; 95 Grenoble, Nouvelle Gal.; Bern, Krebs; 97 Sierre, Forum d'Art Contemp.; 00 Genf, Centre pour l'image contemp.; Lyon, La BF15; Grenoble, Éc. des Beaux-Arts; 01 Genf, Meier; 03 Brüssel, Art-Brussels 03 – **G:** u. a. 95 Lyon, Bienn. d'art contemp.; Aachen, Neuer Aachener KV; Montréal, ISEA; 96 Berlin, Haus am Waldsee; Burgk/Saale, Mus. Schloß Burg; Zürich, MfG; Bâle, Gal. Meier; Lucerne, VIPER (int. Film-, Video- u. Multimedia Festival); Langenthal, Szene Schweiz; Genf, Art & Public; 97 Konstanz, KV; Biel, Kunsthaus Centre PasquArt; Bâle, Gal. Art & Public; New York, Gal. Lombard-Freid; Basel, MfG; Kassel, documenta; Lyon, MAC; 98 New York, Swiss Inst.; Mechelen, Gal. Transit; Berlin, AdK; Rotterdam, KH; Bern, KH; Genf, Art & Public; Berlin, shift; Fribourg, Fri-Art; 99 Langenthal, Kunsthaus Langenthal; Aarau, Kunsthaus; Kriens, Mus. im Bellpark; 00 Genf, Centre pour l'image contemp.; Zürich, Helmhaus; 01 Bern, KM; Ittingen, KM d. Kt. Thurgau; 02 Kiev, Center for Cont. Art; Lausanne, Mudac; 02, 03 Genf, Mus. d'Art Mod. et Contemp. – **V:** ... de l'ordre alphabétique des nombres 92; Vocal drawings 92; Raoul X. Pictor cherche son style ... 94 – ***Lit:*** François-Yves Morin, in: Kunst in d. Schweiz 91; ders.: Le monde et son hypothèse, Kat. 92; ders.: Étiquette: couleur, Kat. 92; ders.: Tableaux (monochromes) d'une exposition (informatique), Kat. 93; ders.: Une journée dans la vie de Raoul X. Pictor 94; Hervé Laurent: Sur deux œuvres de Hervé Graumann, Kat. 94; Zapp Magazine, Nr. 1, Art Hotel Amsterdam 94, Françoise Nyfenegger, in: Kunstbulletin 94; Kathrin Becker, in: (Landschaft) mit dem Blick der 90er Jahre, Ausst.kat. 95; Art Suisse, Kunst und Kommunikation 95; Laurence Pythoud, in: L'œil magazine 95; Philippe Grand, in: 3ème Biennale d'art contemporain, Kat. u. CD-Rom 95; Daniel Baumann et Olivier Kaeser: In vitro / In vivo, Kat. 96; Erika Keil: Ich & Du, Kat. 96; Marietta Rohner: MediaSkulptur '96, Kat. 96; Simon Lamunière: H. G., Ausst.kat. z. documenta X 97; Andreas Meier: H. G., Ausst.kat. (Nonchalance de l'attitude) 97; Gabrielle Boller: Le caractère éphémère des images rapides 97; Barbara Basting: Digitale Flugobjekte, in: Weltwoche, Nr. 6 00; Gauthier Huber: L'écheveau de la représentation, in: Kunstbulletin 01; Hans-Rudolf Reust, in: Artforum 03; Philippe Cuenat: Jeux de langage, in: dialogues2 03; Véronique d'Auzac, in: Kunstbulletin Nr. 3 03 – (Red.)

Grave, Egon, Dr. d. Phil., Bildhauer u. Psychoanalytiker; Grund 2, D-84556 Kastl/Obb., Tel. (0 86 79) 22 10 (* Münster 11. 7. 28) – **VG:** Marcigny, Mus. d'Art les Figurations – **S:** 54–57 KA München (b. Prof. A. Hiller) – **Ve:** BBK Bay.; Dt. Ges. f. Psychotherapie, Psychosomatik u. Tiefen Psychologie DGPPT – **KGe:** E. G. u. Mechtild Grave (Malerin) – **G/T:** Bildhauerei (Stein, Holz, Bronze) – **E:** 78 München, Gal. am Alten Hof; 92 München, Skulpt.-Gal.; 97 Seeon, Kloster; 99 Wien, Austria Center Vienna; 02 Altötting, StG; 03 Mühldorf, Kult.zentrum; Mühldorf, SM – **G:** 64 München, SM; 87 Burbach, Hering-Konzern; 89 Münster, Kult.zentrum F. Hilze; 92 Altötting, StG; 03 Augsburg, Naturmus. d. Stadt – **V:** Skulptur und Psyche, Bildbd 99 – **R:** Welt unserer Kinder, Fs.-Serie (wiss. Leitung) 72 (Adolf Grimme-Pr.) – ***Lit:*** Kat. z. Ausst. in Altötting 02; Kat. z. Ausst. in Mühldorf 03 – (Red.)

Grawitter, Nora (geb. Nora Tantsch), Dipl.-Designerin; *NoraGrawitter@aol.com* (* Gera 23. 2. 65) – **S:** 93–97 FB Angew. Kunst Schneeberg (Stud. Textilkunst) – **P:** Design f. Spitzen u. Stickereien d. Frz. Fachverb. (1. Pr.) 95, 96; Eurostitch-Wettb. 99, 00, 04; Europ. Wettb. f. Textil- u. Modedesign, Apolda 99; Designpr. Thür. 01 – **Ve:** VBK Thür. 99 – **KGr:** TAT – Textil-Art-Thüringen (seit 99); [schassen galerie] (seit 99) – **G/T:** Textile Arb. in Fläche u. Raum (vorw. m. transparenten Materialien), eigene Techniken u. Stickerei, exper. Arb. – **M:** Gera, MAK – **Ö:** Erfurt, Min. f. Wiss., Forsch. u. Kunst – **E:** 99–03 Erfurt, Gera, Greiz, Jena, Zickra – **G:** 95–03 Portugal, Öst., Erfurt, Apolda, Gera, Jena, Leipzig, Weimar, Hannover, Nettetal – ***Lit:*** Ausst.kat.: Hans Peter Jakobson: Spiel raum kunst 99; Beate Luger-Goyer: Durchblicke 99; Arb.gr. Design: 3. Europäischer Wettbewerb für Textil- u. Modedesign 99; Gruppe TAT: 2000 Zeichen 00; Thür. Min. f. Wirtschaft, Arb. u. Infrastruktur: Designpreis Thüringen 01; – sowie: Designzentrum Thür.: Handbuch Thüringer Designer Nr. 02 – (Red.)

Grcic, Tamara, Fotografin; Passavantstr. 8, D-60596 Frankfurt am Main (* München 64) – **VG:** Berlin, Kuckei + Kuckei – **S:** 83–86 Univ. Wien (Kunstgesch.); 86–88 Johann Wolfgang Goethe Univ. Frankfurt am Main (Kult.anthropologie); 88–93 Städelschule Frankfurt am Main (b. Prof. P. Kubelka) – **P:** Roy Lichtenstein-Pr. d. Kunstfonds Bonn 96; Dorothea-von-Stetten-Kunstpr. 98; Alfred Krupp v. Bohlen u. Halbach Stift. Essen (Kat.förd.pr.) 98; Maria-Sibylla-Merian-Pr. 00; Kunstpr. d. Leipziger Volksztg 01; Von-der-Heydt-Förd.pr. Wuppertal 03 – **E:** London, Goethe-Inst.; Mannheim, KV; München, Gross; 02 Frankfurt am Main, Reitz; 03 Bochum, KV; Hannover, Sprengel Mus.; Lübeck, Overbeck-Ges.; Ulm, Ulmer Mus. – **G:** zuletzt u. a. 01 Frankfurt am Main, Schirn; Gent, Witte Zaal; Nürnberg, KH; 02 Bern, KH; Potsdam, Casino; 03 Lübeck, Overbeck-Ges. – (Red.)

Gredler, Rupert, Maler, Zeichner, Druckgraphiker, Illustrator; Weiher-Wiesbachstr. 4, A-5023 Salzburg, Tel. u. Fax: (06 62) 64 59 85, *atelier@rupert-gredler.at, www.rupert-gredler.at.* c/o Atelier, Gstättengasse 15, 4. Stock, A-5020 Salzburg, Tel. (06 69) 10 92 66 95 (* Salzburg 8. 10. 55) – **VG:** Salzburg, Gal. Weihergut; Berlin, Junger; Berlin, Gal. in d. Lith.wkst.; Wien, Wolfrum – **S:** 82–85 Wien (Malerei b. Prof. Franz Luby, Privatausb.) – **P:** u. a. Stip. d. Ldes Salzburg f. d. Intern. Sommerakad. f. bild. Kunst 73; Ankaufspr. d. Sommerakad. Salzburg 79; Atelierstip. f. Budapest 93; Malersymposium Rudolfshütte 94, 00; Salzburger Kult.-fonds (Hauptpr.) 97, 01; Salzburger Kult.fonds (4. Pr.) 98; Arb.stip. Wkst. f. künstler. Lith. Berlin 99, 04 – sowie Teiln. an zahlr. Symposien – **Ve:** Wkst. f. künstler. Lith. 03 – **KGr:** ODD (seit 90) – **G/T:** Realismus; Figurenbilder u. Portr. (Öl u. Tempera auf textilen Bildträgern, Holz, Papier u. Karton, Aqu.); Zchngn u. Lith. (Pinselzchng) – **K:** Reichenhaller Akad., Akad. Stift Geras, Art Akad. Weihergut, Workshops Erika Lindner, Zeichen- u. Malereikurse – **W:** überw. in Privatbes.; Slg Sommerakad. Salzburg; Kult.amt d. Stadt u. d. Ldes Salzburg; Kult.amt d. Ldes Stmk; Kult.ämter d. Städte Gleisdorf, Berlin-Treptow, Wien; Ev. Pfarrgemeinde Salzburg; Slg Gal. Kunst d. Gegenwart; Öst. Handelskammer; Slg ÖAV – **M:** Albstadt, StG (Slg Hartmann); Budapest, Kiscelli Múz.; Graz, LM Joanneum; Salzburg, Rupertinum; Salzburg, Univ.; Tel Aviv, The Artists Mus.; Wien, BmfUK – **Ö:** Salzburg, Ev. Pfarrgemeinde Salzburg Süd (Eingangsportal); ebda, Fa. Gramiller (Präsentationsraum) – **E:** zahlr., u. a. 79 Salzburg, Gal. im Studentenhaus; 89 (Kat.), 90 Salzburg, Gal. Dimo; 90, 94 Graz, Lang; 90 Salzburg, RH; 92 Venedig, Pal. Cappello (Kat.); 92 (m. Gruppe ODD), 05 Salzburg, StG im Mirabellgarten; 93 Modena, Gal. Aperta; 94, 00 Salzburg, Traklhaus (Graph. Wkst.); 95 Budapest, Budapest Gal. (m. Gruppe ODD, Kat.); Marostica/Ital., Kirche S. Marco; 95, 98 Linz, Nibelungengal.; 95, 97 Salzburg, Altnöder; 96 Tel Aviv, Ehrat Gal. (Kat.); Salzburg, Rupertinum (Kat.); 97, 00, 01 Graz, Gal. I&AC; 97 Dannenberg, Westwend. KV (m. Gruppe ODD, Kat.); 98 Salzburg, Basistage Salzburg (m. Gruppe ODD, Kat.); 99 (Kat.), 01 (Kat.), 03, 06 (Kat.) Salzburg, Gal. Weihergut; 00 Berlin, Gal. in d. Lith.wkst.; 02 Bad Reichenhall, Gal. im Alten Feuerwehrhaus (Kat.); 03, 06 Berlin, Kult.bund Gal. Treptow; 04 Wildshut, Kunstraum Schloß Wildshut; 05 Padula/Ital., Certosa (m. Carmeli Di Feo); 06 Berlin, Junger – **G:** sehr zahlr. seit 87, zuletzt u. a. 02 Salzburg, StG im Mirabellgarten: Kunst nach 45 in Salzburg (Kat.); Salzburg, Gal. Weihergut: Kunst nach 45 in Salzburg; Kleinsassen, Kunststation: Vom Stein (Kat.); Berchtesgaden, Symposium Koppenleiten: Land Art (Kat.); 02, 04 Innsbruck, Art Innsbruck (Kat.); 02 (Kat.), 04, 05, 06 Salzburg, Traklhaus; 02 Salzburg, Altes RH; 03 Nova Gorica/Slowenien, Gal. Artes: Medana 2003 (Kat.); Mondsee, Höribachhof: 50 Jahre Höribachhof (Folder); Berlin, Wkst. f. Künstler. Lith.: Faszination Stein; 04 Gümse, Westwend. KV: Plötzlicher Tod (Kat.); Salzburg, Kunstmesse; 04, 05 Berlin, Gal. in d. Lith.wkst.: Druckfrisch; 05, 06 Salzburg, Garagengal.: Sack&Pack; 05 Zürich, Art Zürich (Kat.); Wien, Exner: 50 Jahre Graph. Wkst.; 06 Lana/Ital., Obstbaumus.: Der Apfel in d. Kunst – **V:** ILL.: Barbara Wally, Anselm Wagner u. a.: Zweimal der Neumensch o. Die Rache d. Phantasie, Bilderbuch z. Lesen 94; Lisl Pollstätter: Lebensspuren. Gedanken-Gedichte-Geschichten in Flachgauer Mundart 98; Horst Kaltenegger: D'einwendig Freid. Gedanken-Gedichte in Salzburger Mundart 99; Horst Deutl: A b'sondere Zeit, Gedichte 99 – ***Lit:*** Gruppe ODD (Hrsg.): Gruppe ODD 95; R.G. Gezeichnet 01; R.G. Gezeichnet 2 06; Siegfried Karrer: Stilleben: Ansichten einer gewöhnlichen Ordnung, in: Vernissage 23 03, S. 36–39; Hiltrud Oman, Wolfgang Graninger u. a.: R.G. Slg Wolf, Ausst.kat.

Green, Renée, Prof., Installationskünstlerin; lebt in Wien, Barcelona, Santa Barbara u. New York (* Cleveland/Ohio 59) – **VG:** Wien, Kargl; Köln, Nagel – **L:** zahlr. Gastprof., u. a. 92–93 HS f. angew. Kunst Wien; 93–94 HdK Berlin; seit 97 ABK Wien (o. Prof. f. Konzept. Kunst); 98 Yale Univ. – **G/T:** Install., Film – **E:** zahlr. Einzelausst. im In- u. Ausland, zuletzt u. a. 99 Los Angeles, Felsen Gall.; Wien, Secession; 00 Lissabon, Centro Cultural de Belém; New York, Swiss Inst.; New York, Pat Hearn Gall.; Barcelona, Fundació Antonio Tàpies; 02 Frankfurt am Main, Portikus; 04 Cincinnati/OH, The Contemp. AC – **G:** u. a. 93 Venedig, Bienn.; 97 Johannesburg, Bienn.; Kwangjiu/Korea, Bienn.; 01 New York, Bronx Mus. of Art; Los Angeles, MCA; Wien, Secession; 02 Paris, Centre Pompidou; Köln, Mus. Ludwig; Kassel, documenta XI; 03 Wien, KH; Berlin, AK; New York, Intern. Center of Photogr. – **R:** Filme, u. a.: Flow 96; Some Chance Operations 98; Paixao Nacional 99; Between and Including 99; Shadows and Signals 00 – (Red.)

Green, Walter, Bildhauer; Bergstr. 11, D-19217 Klein Rünz (* Eckernförde 19. 2. 52) – **G/T:** Bildhauerei (Skulpt. z. Befassen, überw. aus alten Eichenbalken) – **Ö:** Bayreuth, Stadtkirche; Bayreuth, Friedenskirche; Eutin, Krankenhaus; Fretzdorf, Freie Heide e.V.; Hamburg, Kirche St. Matthäus; Hamburg-Barmbek, Bugenhagenkirche; Herdecke, Konzerthalle; Hørsholm/DK, Skovbrugsmus.; Leeuwarden, Grote Kerk; Lübeck, Hospitz; Magdeburg, St. Sebastian; Magdeburg, Spk.; Preetz, Diakonie; Ratzeburg, Dom; Rostock, Univ.klinik; Schwerin, Dom; Wenningsen, Klosterkirche; Wuppertal-Wichlinghausen, Ev. Kirche – **E:** u. a. 99 Kronshagen, Christuskirche; 00 Hamburg, Gal. Chaco; Eutin, Bibliothek; Bad Segeberg, Villa Flath; Wuppertal, Evangelistenschule Johann; 01 Potsdam, Frz. Kirche; Wismar, St. Nikolai; 02 Erfurt, St. Severi; Boizenburg, Mus.; Berlin-Mitte, Frz. Friedrichstadtkirche; Hildesheim, Citykirche St. Jacobi; Beeskow, St. Marien; 03 Gadebusch, Alter Feuerwehrturm; Schwerin, Dom; Magdeburg, Dom; 04 Wörlitz, St. Petri Kirche; Uppsala, Dom; Hørsholm/DK, Skovbrugsmus.; Osnabrück, St. Marien Kirche; 05 Hamburg-Bergedorf, Schloß; Bayreuth, Stadtkirche; Greifswald, Dom; 06 Lüneburg, St. Nikolai Kirche; Gernrode, St. Cyriacus Kirche; Kiel, Pauluskirche; Ringstedt/DK, Gall. Emmaus; 07 Eckernförde, St. Nikolai Kirche; Hamburg, Ev.-Reformierte Kirche; Bamberg, St. Stephan Kirche; Bielefeld, Neustädter Kirche – **G:** 06 Silkeborg/DK, Kunstcentret

Gregoritsch, Lucia s. Vogler, Lucia

Greinecker-Morocutti, Hannelore; Bayerhamerstr. 35, A-5020 Salzburg, Tel. Mobil: 06 64 12 08 60 09, *morolimo@hotmail.com* – **S:** Fotogr. u. Graph.-Design – **P:** Contec Creative Contest Kiel (2. Pr.); Trienn. f. Avantgardegraph. Prag (3. Pr.); Muestra Plástica de Ex Libris José Hernández/Argentinien (4. Pr.) – **Ve:** IG Bild. Kunst Öst.; Berufsvrg d. bild. Künstler Öst. – **K:** Abstr. (Schloß Kuenburg); Ars Motion Project (m. 2000 Schülern aus Berchtesgaden u. dem Tennengau) – **W:** Ld Salzburg; Stadt Linz; Private Sammler – **Ö:** Salzburg, Sportstudentenheim – **E:** 03 Jena, Friedrich-Schiller-Univ.; – weitere: Hallein, Gal. pro Arte; Bressanone/Ital., Kunstladen; Gmunden, Villa Archkogel; Linz, Nibelungengal. – **G:** u. a. 03, 05 Graz, Künstlerhaus; 03 Kempten, KH; Salzburg, Traklhaus; 04 München, Haus d. Kunst; – weitere: Barcelona, Fundació Joan Miro; Salzburg, Künstlerhaus; Girona/Span., Fort; Seoul, AC; Bages/Frkr., L'Etang d'Art; Gabrovo, House of Humour and Satire; Majdanek/Polen, State Mus.; Washington/DC, NM of Women in the Arts; Wien, MAK – ***Lit:*** Anton Gugg: Kunstschaupl. Salzburg 03; Der Heimweg 04; – sowie: Barbara Wally: Künstlerinnen in Salzburg

Greiner, Ingeborg s. Prein, Ingeborg

Grelo s. Herr, Gretelore

Grenzemann, Jürgen (Werkstatt-Gal.), Maler, Graphiker; An den Tannen 33, D-23823 Seedorf-Weitewelt, Tel. (0 45 55) 6 43, Fax 1 42 47, *grenzemann-weitewelt @t-online.de*, *www.weiteweltart.de* (* Schwerin 8. 6. 41) – **VG:** Gorinchem, Hartman & Hartman; Seedorf, Weite Welt – **S:** 59–61 Lehre f. Gartenbau; 61–63 Gaststud. d. Schwedischen Kunstakad. Turku; 63–67 Kunstpädagogische Ausb. in Fulda; seit 71 HS Kassel u. Akad. s'Hertogenbosch (Graph.) 75 Erstes Examen; 77 Zweites Examen – **L:** 67–71 Kunsterzieher im Schuldienst; 75–77 Kunsterzieher in Kiel – **G/T:** Malerei (Realismus); Graph. (Zchng) – **M:** Frankfurt am Main, Dt. Nat.Bibl.; Kiel, SH Ldesbibliothek; Leipzig, Dt. Buch- u. Schrift-Mus. d. Dt. Nat.bibl. – **E:** zahlr. in In- u. Ausld, u. a. in Amsterdam, Eindhoven, Hamburg, Kiel u. München sowie Bad Oldesloe, Stormarnhaus; Beirut, Goethe-Inst.; Fulda, Vonderau-Mus. – **G:** u. a. 96 Moravany, Graph.-Symposium; Athos (Wanderausst.); 98 Pölva; 99 Elbląg, Mus.; Hohenlockstedt, Kunsthaus Boskamp; 00 Riihimäki; 02 Stocieniec (Graph.-Workshop); 03 Hamburg, Mus. d. Arb. – **V:** Mappenwerke: Nachdenken üb. Venedig (6 Rad.) 85; Lieber Lü-Ji (6 Rad.) 85; Nordwind-Südwind (12 Graph. u. Text) 90 – sowie: Toscana, Bildbd (Graph.-Ed.) 88; Musikalisches, Rad.zyklus 89; Das Buch, d. keiner lesen kann, Künstlerb. (6 Rad.) 93; Eine Musikkonferenz (17 Graph. u. Text) 94; Die nördl. Reise d. Herrn Lü-Jing, Buchkassette (10 Rad. u. Textblätter) 98; Jahreskal. 2000 (12 Rad.) 99

Grenzer, Eckart, Bildhauer; Friedhofsweg 53, D-26121 Oldenburg/Oldb, Tel. u. Fax: (04 41) 8 25 77, Mobil: 0 17 24 35 85 88, *eckart.grenzer@t-online.de*, *www.eckartgrenzer.de* (* Oldenburg 15. 2. 43) – **S:** Ausb. als Steinbildhauermeister; Schüler v. Anatol u. Joseph Beuys – **G/T:** Steinbildhauerei; – sowie: Gründung d. Freien Akad. Oldenburg (75) – **Ö:** u. a. Rastede, Pal.-Garten; Oldenburg, Innenstadt; ebda, Schloßgarten – **E:** u. a. 75 Oldenburg, KV; Düsseldorf, KH; Gelsenkirchen, KV; 76 Frankfurt am Main, KV; Baden-Baden, KH; Düsseldorf, KH; 78 Goslar, Mönchehaus-MMK; 81 Hagen, Karl-Ernst-Osthaus-Mus.; – zuletzt: 05 Dangast (Der Friesendom); 06 Bad Zwischenahn – **G:** 77 Kassel, documenta

Grenzhäuser, Nathalie, Bild. Künstlerin; *grenzhaeuser@gmx.de*, *www.grenzhaeuser.com* (* Stuttgart 69) – **VG:** Hamburg, Art Agents Gallery – **S:** 91–97 Städelschule Frankfurt am Main (Interdisziplinäre Kunst b. H. Nitsch, Meisterschülerin) – **L:** 01 Johannes-Gutenberg-Univ. Mainz (LAuftr.) – **P:** Hess. Kult.stift. 98 – **G/T:** Fotogr. – **E:** zuletzt u. a. 99 Neapel, Studio Morra; 00 Frankfurt am Main, Beckers; 02 Karlsruhe, Bad. KV – **G:** u. a. 00 London, Transit Project Space; Rom, Gal. Sala 1; 01 Leipzig, Kunstraum B/2; 02 Frankfurt am Main, Beckers; 03 Berlin, Kampl; San Francisco, Nicholson – (Red.)

Greser u. Lenz s. Greser, Achim

Greser u. Lenz s. Lenz, Heribert

Greser, Achim (Sign.: Greser u. Lenz), Karikaturist; Leiderer Stadtweg 62, D-63741 Aschaffenburg, *www.greser-lenz.de* (* Lohr/Main 20. 5. 61) – **S:** FHS Würzburg (Graph.) – **P:** Karikaturenpr. d. dt. Ztgn 00 (1. Pr.); Landauer Karikaturistenpr. 02; Dt. Karikaturenpr. d. Sä. Ztg (1. Pr.) 04 – **KGe:** Greser & Lenz: A. G. u. Heribert Lenz – **G/T:** Karikatur (v. a. polit., u. a. f. d. Zss Titanic, FAZ u. Stern) – **E:** u. a. 00 Frankfurt am Main, Mus. f. Komische Kunst im HM; Bocholt, Kunsthaus; 02 Kassel, Caricatura Gal.; Berlin, Cartoonfabrik; 03 Graz, Steir. Ges. f. Kult.politik, Orpheum; 04 Göttingen, Altes RH; 05 Neuwied, Gal. Mennonitenkirche; Lohr/Main, Altes RH; 06 Frankfurt am Main, Romanfabrik – **G:** u. a. 90 Erlangen, Intern. Comic-Salon; 01 Berlin, Rp. Ldesvertretung; 04–05 Dresden, Haus d. Presse – **V:** zahlr., u. a. Albert Hefele: Hannelore, Helmut und die Bubb'm (Ill.) 94; Hans Zippert: Ein Bier geht um die Welt (Ill.) 95; Rettet die Faustkeilindustrie 98; Hausschatz des goldenen Humors 99; Der Führer privat 00; Aufstand der Anständigen 01; Der Aufschwung ist da!

04; Lesen? Das geht ein, zwei Jahre gut, dann bist du süchtig (Ill.) 04; Jasper von Altenbockum: Deutschland in Sorge. Die Chronik eines Jahres (Ill.) 05; Ich lach dich tot. Cartoons über den Sensenmann 06

Gretenkort-Singert, Ingrid (Ingrid Singert), Malerin, Graphikerin, Autorin; Kelleratelier, Parkstr. 1, D-30880 Laatzen, Tel. u. Fax: (05 11) 87 27 26 (* Stolzenberg/Pommern 26. 10.) – **S:** Stud. in Flensburg, Kiel u. ABK Stuttgart – **L:** 64–67, ab 80 VHS Flensburg (Doz.) – **P:** Ernenn. z. Rengameisterin 93; Graph.-Pr. Baden-Baden (1. Pr.) 93 – **Ve:** u. a. Hannoverscher Künstlerver.; Dt. Haiku-Ges. (Gründ.mitgl.); Federation of Intern. Poetry Assoc.; Haiku Intern. Assoc. Tokio; Humboldt-Ges. f. Wiss., Kunst u. Bildung – **G/T:** auch Gedichte u. Kurzprosa – **M:** Regensburg, Ostdt. Gal. – **Ö:** Bad Oldesloe, Kult.amt; Bremerhaven, Amt f. Agrarstruktur; ebda, Finanzamt Wesermünde, Kr.spk. Wesermünde-Hadeln; Cuxhaven, RH; ebda, Verkehrsver., Stadtspk., Artothek, Kr.haus Ldkr., Amtsgericht, Polizeikommissariat; Hannover, Min. f. Bundesangelegenheiten; ebda, Continental AG; Niestetal-Sandershausen, ev. Gemeindezentrum; Nordholz, RH; Otterndorf, Arb.amt – **E:** zahlr. im In- u. Ausld, u. a. 63 Kiel, Erichsen & Nichrenheim; 64 Büdelsdorf, Gemeindebücherei; 67 Neumünster, Textil-Mus.; 69, 70, 71, 72, 73 Cuxhaven, Kelleratelier; 70 Syke, Kr.mus.; Glückstadt, Brockdorff-Pal.; 71 Stuttgart, Lämmle; Kopenhagen, Gal. 14; Stuttgart, GEDOK-Gal.; 73 Tåstrup/Dänemark, Art Assoz.; 75 Stuttgart, Kunsthöfle; 76 Wuppertal, Gal. Palette Röderhaus; 80 Bochum, Atelier Theis; 81 Washington/DC, Radicke; 82 Neumünster, Fabrik; Cuxhaven, BBK-Kab.; 87 Wien, United Art Gall.; Westerland, Eisen; 89 Hannover, Künstlerhaus; Vannes, Pal. des Arts; 90 Saßnitz, Jgd.klubhaus Lindenhof; 92 Hannover, Continental AG; Niestetal-Sandershausen, ev. Gemeindezentrum; 93 Leer, Kult.speicher; 93, 00 Kiel, Gal. Akzente; 96 Visselhövede, Gal. Eigenart; 00 Hannover, Freizeitheim Dören; 02 Hannover, Hannoverscher Künstlerver. – sowie zahlr. Lesungen – **G:** zahlr. u. a. 64, 67 Flensburg, StM; 69, 84, 85, 87, 89, 93 Cuxhaven, BBK 70 Buxtehude, BBK; 71, 72, 73 Hofgeismar, Kunstkr. Hofgeismar; 72 Pont-Aven, Gauguin Mus.; 73, 82 Goslar, Mus.; 73 Esslingen, RH; Itzehoe, Malerboden; 73, 77, 88 Regensburg, Ostdt. Gal.; 75 Timisoara/Rumänien, Gal. Paleta; Resita/Rumänien, Uniunea Artistilor Plastici; 73, 76, 77, 79 Hofgeismar, Kunsthaus; 78 Kavala/Griechenl., Gal. d. schönen Künste; 80 Bukarest, Caminul Artei; Herne, Kunstkr.; Delmenhorst, Haus Coburg; 80, 85, 87 Stade, Schwedenspeichermus.; 84 Rotenburg, Heimatmus.; 85 Penzance/GB, Newlyn Art Gall.; 86 Karlshamn, KH; 87 Hannover, Orangerie Herrenhausen; Göttingen, Gal. Apex; 88 Esslingen, Villa Merkel; 89 Lüneburg, Ostpreuß. LM; 93 Schönebeck/Bad Selzelmen, Mus.; 96, 98 Hannover, Cebit; 04 Hannover, Hannoverscher Künstlerver. – sowie weitere Ausst. m. d. BBK u. d. Künstlergilde – **V:** seit 82 zahlr. Veröff. m. eigenen Ill. (Malerei u. Graph.) – ***LitR:*** Beitr. in Bukarest 80, (NDR) 81, in Jap.91

Grewenig, Leo; Lessingstr. 4, D-64625 Bensheim, Tel. (0 62 51) 7 39 76, Fax 7 39 76 – **G/T:** Malerei – (Red.)

Greyn, Martin, Maler, Multi-Media-Designer, Musiker; Manteuffelstr. 77, D-10999 Berlin, Tel. (0 30) 6 12 64 92, *MartinGreyn@gmx.de*, *www.martingreyn.de* (* St. Tönis 9. 11. 56) – **S:** 80–86 HdK Berlin (Meisterkl. f. Malerei b. Prof. H. Bachmann) – **L:** seit 76 Lehrer f. Gitarre (privat) – **Ve:** BBK Berlins 82 – **G/T:** abstr. Malerei, Objektkunst, Multimedia, musikalische Improvisation – **W:** zahlr. bildnerische u. musikalische Werke in Privatbes.; Ankauf u. a. durch d. Berliner Senat – **M:** Berlin, Graphothek; Berlin, Kpst.-Kab.; Berlin, Ldes- u. Zentralbibliothek; Berlin, Neuer Berliner KV – **E:** / G: zahlr. Ausst. – ***Lit:*** Ausst.kat.: M. G. Zeichnungen 1988 89; G., Jansen, Lindemann, Valenta 97 – (Red.)

Grieder, Lorenz; Alemannengasse 42, CH-4058 Basel, Tel. 06 16 81 99 74, Fax 06 16 81 99 64, *lorenz.grieder@bluewin.ch* (* Basel 13. 9. 51) – **S:** KGS Basel; HS f. angew. Kunst Wien; Die Grafische Wien – **G/T:** Ölmalerei; Zchng; Aqu.; Cartoon; Karikaturen – **E:** Wien, Gal. Alte Schmiede; Wien, Un'art; Basel, Lüdin; Genf, Les Nomades; Basel, Die Aussteller; Basel, Lilian Andrée – **G:** Basel, KH

Grieger, Jürgen, Bildhauer, Maler, Performer; Georg-Elser-Str. 3d, D-79100 Freiburg im Breisgau, *info@grieger-kunst.de*, *www.grieger-kunst.de* (* Fulda 25. 4. 59) – **S:** 84–85 Weißenseifen (privates Stud. b. Günther Manche); 86–89 Alanus HS der musischen u. bild. Künste (Bildhauerei) – **P:** Ernst Strassmann-Stift. (2 mal Stip.) – **Ve:** BBK Südbaden 91–98; ver.di – **KGr:** E-Werk-Freiburg-Hallen für Kunst – **G/T:** Stahlplast. (konkrete Kunst); Install.; Performance; Malerei; interdisziplinäre Projekte; Symposien – **W:** Zeitenläufe (interdisziplinäres Tanzobjekt in Kornwertheim), zahlr. Performances – **M:** Freiburg im Breisgau, Reg.präsidium; Freiburg, Slg d. BW Bank; Kehl am Rhein, Badische Stahlwerke – **Ö:** Bad Dürrheim, Kurpark; Eichstetten, Gärtnerei Hiss; Freiburg, Wohnpark am Hirzberg; Karlsruhe, Christopheruskirche; Kirchberg/Jagst; Rheinau-Freistett, Stadthalle; Strodehne, Skulpt.weg – **E:** seit 98, u. a. Bielefeld, KV Mus. Waldhof; Bad Ragaz, Trienn. f. Skulpt.; Helgøya (Genius Loci 2) – **G:** div. Bet. – ***Lit:*** M. Klant: Skulptur in Freiburg 98; Dirk Levsen: Gegen Vergessen – Für Demokratie 98 – (Red.)

Griesbach, Lothar, Maler u. Graphiker; Holbeinstr. 17, D-69469 Weinheim/Bergstr., Tel. (0 62 01) 7 58 17 (* Hemsbach/Bergstr. 14. 3. 29) – **S:** ab 45 Frankfurt/Main (Unterricht an einer privaten Zeichenschule); 47–48 WerkKSch Darmstadt (b. Prof. Thesing) – **Ve:** BBK Mannheim 70 – **G/T:** Malerei u. Graph. (konstruktiv, konkret) – **W:** Stadt Weinheim – **M:** Karlsruhe, Reg.präsidium – **E:** zahlr., u. a. 73–74 Heppenheim, Haus am Maiberg; 77 Fulda, Bonifatiushaus; 82 Zwingenberg, RH; 84 Weinheim, Gal. Zet; 90 Heppenheim, RH; 92 Worms, Mus. Kunsthaus Heylshof; 96 Bensheim, Gal. Haus am Markt; 98 Viernheim, RH-Gal.; 00 Bensheim, Bilderkab. im Wambolter Hof; 04 Laudenbach, RH (Kunstkr.); 05 Jerichow, Klostermus.; Leitzkau, Schloß Hobeck – **G:** zahlr., zuletzt u. a. 04 Heppenheim, Ldratsamt: Hessentag; 05 Weinheim, Kult.büro: Kunstankäufe d. Stadt Weinheim seit 84. Eine Dok. – weitere: 01 Rhein-Neckar-Kr., 12. Kr.-Kult.woche: Natur u. Umwelt als Themen d. Kunst heute (Wanderausst.); 04 Rhein-Neckar-Kr., Der Kr. in d. Bild. Kunst – **V:** K.F. Schmidt-Mâcon: Zwischenräume, Gedichte (Ill.) 75; Zeichnungen in Tusche 1993–1995, Graph.bd 97

Griese, Helmut, Kupferschmiedmeister, Gürtler u. freischaffender Silberschmied; Stadtfreiheit 5, D-99094 Erfurt, Tel. u. Fax (03 61) 2 22 87 21. c/o Margarita Feih Art Consulting, Kalbsburg 3, D-34582 Borgen, Tel. u. Fax (0 56 22) 3 45 82, *mfeih@feihkunst.de*, *www.feihkunst.de* (* Freist/Mansfelder Seekr. 5. 1. 25) – **VG:** Kalbsburg, Feih Kunstagentur – **S:** HS f. industr. Formgest. Burg Giebichenstein Halle (b. d. Prof. K. Müller, Post, Cimmek sowie b. Kunsthistoriker u. Pfarrer Sacks, 48–50 Metallkl.) – **P:** Pr. d. Intern. Ausst. Opemak Bulgarien 81 – **Ve:** Bund d. Kunsthandwerker Thür. 57–98 VBK Thür. 73; OB ART Ateliers d'Art de France 94; Ges. f. Goldschmiedekunst 95 –

KGr: Künstlergruppe Hohenfelden – **G/T:** sakrales Gerät (Kirchenausst.), profanes Tafelgerät (Silber) – **M:** Antwerpen, Zilvermus. Sterckshof Povincie Antwerpen; Berlin, Mus. f. Vor- u. Frühgesch.; Greiz, Mus. – **Ö:** Kirchenausstattung u. a. in Bleicherode Dörna, Erfurt/Hochheim, Prenzlau, Ranis u. Treffurt; – sowie weitere einzelne Geräte im In- u. Ausld – **E:** 66 Erfurt, Predigerkloster Kunstdienst d. ev. Union; 74 Weimar, Herderkirche; 94 Mühlhausen, Mus.; 95 Bad Frankenhausen, Mus.; 97 Bad Wildungen, Mus.; 00 Erfurt, Gal. d. Stadtwerke – **G:** zahlr. Ausst. im In- u. Ausld seit 60, u. a. 61 Erfurt, Intern. Gartenbauausst. (Thür. Genossenschaft Kunsthandwerk); 62 Erfurt, Intern. Gartenbauausst. (Kunsthandwerk d. Bez. Erfurt, Gera, Suhl); 63, 64 Erfurt, Intern. Gartenbauausst. (Erfurter Genossenschaft Kunsthandwerk); 64, 66, 78 Erfurt, Predigerkloster Kunstdienst d. ev. Union; 66, 69 Erfurt, Intern. Gartenbauausst. (Zentrale Kunstausst. d. DDR); 74 Gera, KG u. Otto Dix-Haus; Weimar, Herderkirche; 74, 78, 82, 86 Erfurt, Quadrienn. Kunsthandwerk sozialistischer Länder; 75 Apolda, Glockenmus.; 75, 80 Erfurt, Anger-Mus.; 76 Banská Bystrica (Kunsthandwerk Bez. Erfurt); 77 Kosice (Kunsthandwerk Bez. Erfurt); 78 Meiningen, Kirchentag; 79, 85, 92 Erfurt, Gal. am Fischmarkt; 80 Plovdiv (Erfurter Kunsthandwerk); 81 Opemak/Bulgarien, Intern. Ausst. Kunsthandwerk; 84, 92 Gotha, Schloß-Mus.; 87 Erfurt, Intern. Gartenbauausst. (Kunsthandwerk VBK Thür. Erfurt); 90 Mainz, Handwerkskammer Rheinhessen; Erfurt, Intern. Gartenbauausst. (Handwerkskunst aus Erfurt); 91 Erfurt, Intern. Gartenbauausst. (Bund d. Kunsthandwerker in d. Burgkeller-Gal.); Frankfurt am Main, Sonderschau u. Messe Ambiente; 92 Erfurt, Intern. Gartenbauausst. (Dt. Kunsthandwerker-Treffen); Sevilla, Dt. Pavillon d. WA; 92, 95, 97 New York, Intern. Gift Fair; seit 92 jl. Frankfurt am Main, Ambiente Halle f. Kunsthandwerk; seit 93 jl. Paris, Maison & objet – Ob Art France; 94 Istanbul, Kunsthandwerk Intern.; 95 Dubai, Ambiente Arabia; Paris, Louvre (Salon Europeen de l'objet d'art); Monaco, Kunsthandwerk Intern.; seit 95 jl. Hannover, Messe (Bereich Kunsthandwerk); 96 Tokio, Asia Intern.; New York, Koloseum (Kunsthandwerk Intern.); Mailand, Messe (Bereich Kunsthandwerk); 97 Nakoja, Messe (Bereich Kunsthandwerk); Straßburg, Europa-Parlament; 98 Madrid, Euro Art im Kristallpal.; Schaan/Liechtenstein; 00 Florenz, KH – EXPO VISIONI; 03 Feldkirch, Kamart; Antwerpen (Kunstevent) – **V:** Rigourous Lines, in: European Trade News, Dez. 93; Claudia Tutsch u. Rolf Luhn (Red.): Gestalt und Funktion. Kunsthandwerk in Thüringen 93; Dana Fürnberg (Red.): Thüringer Designer Handbuch, Nr. 1 02 u. Nr. 2 02; Kultur der Strenge, in: Table & Cadeau Intern., Nr. 340 – ***Lit:*** Claudia Tutsch (Red.): H. G. Metallgestaltung, z. Sonderausst. in d. Städt. Mus. Bad Wildungen 97; Ingrid Scholz (Red.): Kunst Ausstellung Bezirk Erfurt 75; Rainer Vordank (Red.): Sonderausstellung Kunsthandwerk in der DDR 79; Auftrieb, z. Ausst. d. Künstlergr. Hohenfelden im Turmhotel Gotha 99; nim din ... selbst wahr. Arbeiten der Künstlergruppe Hohenfelden Krönbacken Erfurt zu Meister Eckart 03 – (Red.)

Griesel, Bruno, Maler, Graphiker; Dorfstr. 3, D-39264 Straguth, Tel. (03 92 48) 9 41 36, Fax 9 41 37. c/o Atelier-Trifugium, Bartußgäßchen 11, D-04109 Leipzig, Tel. (03 41) 9 61 77 53, *Atelier.Griesel@T-Online.de*, *www.bruno-griesel.de* (* Jena 17. 2. 60) – **VG:** New York, ALP-Gall. – **S:** 81–86 HGB Leipzig (b. Prof. Stelzmann, W. Penker u. Prof. Heisig); 86–89 ebda (Meisterschüler b. Prof. Heisig) – **M:** Leipzig, KH Spk.; Leipzig, MBK – **Ö:** Leipzig, Specks Hof (Innenhof) – **E:** zahlr., u. a. 00 Leipzig, Schloß Püchau; 03 New York, Alp Gall.; Barcelona, Popegall.; Hamburg, Hotel Gastwerk; 04 Leipzig, Stadtbau AG; 06 Leipzig, Verbundnetz Gas AG – **G:** zahlr., u. a. 86 Altenburg, Lindenau-Mus.; 87 Dresden, Kunstausst. d. DDR; Tokio, Shiseido Art Space Gall. – ***Lit:*** Bildende Künstler in Leipzig 06 – (Red.)

Grieshaber, Friedemann (Friedemann Andreas Grieshaber), Bildhauer; Berlin (* Ravensburg 3. 1. 68) – **VG:** Berlin, Breitengraser; Frankfurt am Main, Rothe; Ulm, Schrade; München, Lea; Darmstadt, Netuschil – **S:** 92–94 Staatl. ABK Stuttgart (b. Prof. Micha Ullman); 93 KHS Berlin-Weissensee (b. Prof. Inge Mahn); 94–98 HdK Berlin (b. Prof. Lothar Fischer, Meisterschüler b. Prof. Rebecca Horn) – **L:** 06 Intern. Sommerakad. Dresden – **P:** Graduiertenstip. d. Konrad-Adenauer-Stift. (EHF) 99; Darmstädter Sezession (1. Pr. f. Bildhauerei) 00; Förd. d. Stift. Kult.fonds Berlin (im Rahmen eines Symposiums) 01; Kunststift. Pro Arte (zweijähriges Atelierstip.) 02; Wettb. f. Kunst im öff. Raum d. Stadt Auerbach/Oberpfalz (1. Pr.) 02; Stip. d. AK Berlin/Brandenburg u. d. Bundes f. d. Villa Serpentara Olevano Romano/Ital. 05 – **Ve:** Darmstädter Sezession 01 – **G/T:** Bildhauerei, Baukörper u. Plast. Gestalt, Betonplast., Figurationen d. Gegenwart, Graue Inhalte; Betonguß (themat. zw. Baukörper u. plast. Gestalt) – **W:** Ankauf u. a. durch d. Dt. Bundestag Berlin u. d. Ldkr. Ravensburg; Ld Bad.-Württ. – **M:** Berlin, Georg-Kolbe-Mus.; Berlin, KS d. Dt. Bundestages; Berlin, Stift. f. Bildhauerei; Biberach, Stift. S BC Pro Arte; Eppingen, SM; Heidelberg, KS Heidelberger Zement; Neu-Ulm, Edwin Scharff Mus.; Neumarkt/Oberpfalz, Mus. Lothar Fischer; Schweinfurt, Städt. Slgn Alte Reichsvogtei; Stuttgart, Ldesbank Bad.-Württ.; Ulm, Kunststift.; Ulm, Pro Arte; Ulm, Ulmer Mus. – **Ö:** Ulm, HNO-Klinikum (Ulmer Figurengr.); ebda, Univ. – **E:** seit 98 in Gal., KV u. Mus., u. a. 99 Berlin, Breitengraser; 00 München, Lea; 01 Bühl, Friedrichsbau; 02 Berlin, Georg-Kolbe-Mus., Stift. f. Bildhauerei; 03 Bamberg, Mus. d. Stadt; 05 Frankfurt/Oder, Mus. Junge Kunst – **G:** zahlr. Bet., zuletzt 03 Ulm, Ulmer Mus. (Trienn. Ulmer Kunst); 06 Dresden, Projektzentrum f. zeitgen. Kunst (MOHA) – ***Lit:*** Einzelkat.: Bernd Künzig: Figurationen der Gegenwart 01; ders.: Wie die Zeit vergeht 01; Lothar Romain: F. G. 02; Josephine Gabler: Graue Inhalte 04; Erich Schneider: Nach Art des Hauses, In: Schweinfurter Mus.schriften, 136 05

Grigat, Ulla Maria (geb. Ulla Maria Ruprecht), Malerin, Illustratorin; Martinstr. 38, D-41063 Mönchengladbach, Tel. (0 21 61) 20 53 66, *www.co-mg.de* (* Freital 27. 10. 43) – **S:** 63–65 Kunst- u. Werkschule Pforzheim (Malerei b. Prof. Rothe); 65–68 KA Karlsruhe (b. Prof. G. Meistermann); 68–71 KA Düsseldorf (Malerei b. den Prof. J. Beuys u. R. Geiger, Meisterschülerin b. Prof. Geiger) – **Ve:** Westdt. Künstlerbund 87 – **G/T:** Konkrete Kunst (Öl, Acryl); geometr. Abstr. (Ellipsen) – **M:** Aachen, Suermondt-Ludwig-Mus. (Slg Lacroix); Bedburg-Hau, Mus. Schloß Moyland; Gelsenkirchen, SM; Lüdenscheid, Gesch. Mus.; Lüdenscheid, SM; Mönchengladbach, Slg Hiltrud Neumann; Mönchengladbach, Slg Jürgen Essers; Mönchengladbach, StM Abteiberg – **Ö:** Lich-Steinstraß/Jülich, Kirche St. Andreas u. Matthias; Mönchengladbach, Stadtspk.; Mönchengladbach, Probstei; Ratingen, Marienkrankenhaus – **E:** 69 Aachen, Gal. Spektrum; 72 Düsseldorf, Mölzer; 77 Gelsenkirchen, Szepan; Aachen, Burtscheider Schule; Recklinghausen, Ausst.raum Obier; 80 Bonn-Holzlar, Ev. Gemeindezentrum; 81 Haltern-Flasheim, Atelierhaus Wieck; 89 Aachen, Monochrom; 92 Kyoto, Bijutsu-Kogei-Gal.; 98 Roermond, Kunstinitiatief L 5; 01 Mönchengladbach, Noack; 04 Niederkrüchten, Gal. HKV; 06 Brüggen, Gal. 4 Null 4 – **G:** zahlr. Bet. seit 70, u. a. 73 Mönchengladbach, StM Abteiberg: Slg Etzold (Kat.); 76 Bonn, Circulus: Frauen u. rationale Kunst; 91 Paderborn, StG / Westdt. Künstlerbund; 05 Mönchengladbach, StM Schloß Rheydt: Ei u. Werk – die Slg (Kat.); 06 Aachen, Suermondt-Ludwig-Mus.: Eine andere Slg – Peter u. Trude Lacroix (Kat.) – **V:** Illustrationen zu: Taras Schewtschenko: Ausgewählte Gedichte 94; Fritz Reutemann: Urula & Lyrisches 95; Fritz Reutemann: Wilde Gedichte 00 – ***Lit:*** Ausst.kataloge: Haus d. Kunst, München 72; Städt. Kunsthalle, Recklinghausen 81; Frauenmuseum, Bonn 85; Werner Jäger-Halle, Nettetal 88; Museum Schloß Rheydt, Mönchengladbach 05; Suermondt-Ludwig-Museum, Aachen 06

Grill, Anna Maria (auch: Anna Maria Rajčević, geb. Anna Maria Wess), Malerin, Zeichnerin, Fotografin; Wiesenstr. 72, D-40549 Düsseldorf, Tel. u. Fax (02 11) 63 61 92, *4u@annamariagrill.de*, *www.annamariagrill.com.* c/o Grill-Rajčević, Molunat 23, HR-20219 Molunat, Tel. (05 20) 79 43 54 (* Essen/NRW 13. 9. 37) – **VG:** Dubrovnik, Ars Longa; Düsseldorf, KulturOFEN – **S:** 58–63 Staatl. KA Düsseldorf (Freie Malerei b. Prof. Macketanz, Graph. b. Prof. Coester u. Prof. Pankok, Kunstgesch. b. Prof. Schmidt u. Phil. b. Prof. Krahl); Univ. Köln (Germanistik) – **L:** 63–00 Gymnasien in Opladen u. Düsseldorf (Kunst, Fotogr., Lit. u. Theater) – **P:** Pr. d. BBK Düsseldorf 91 – **Ve:** BBK 87; VG Bild 90; Kult.ofen NRW 01 – **KGr:** Arbeitsgemeinschaft Düsseldorfer Künstlervereinigungen (87–01); KUK (seit 00) – **G/T:** Malerei (Öl, Aqu., figurativ u. gegenständlich); Zeichn. (Kohle, Feder, Rad., figurativ u. gegenständlich); Akt; Stilleben, Interieur, Ldschaft, Hauptthema: Figur im Raum – **W:** ca. 100 Werke überw. in Privatbes. – **Ö:** Düsseldorf, Praxis Dr. Sautré; ebda, Fa. Carmet; Erkrath, Praxis Dr. Lindemann; ebda, Archit.-büro Thesing – **E:** 87 Burscheid, Haus d. Kunst; 89 Rom, Il Saggiatore; 90 Köln, Living Media; 91 Grevenbroich, KV; 92 Düsseldorf, BBK; 92, 93 Düsseldorf, LM Volk u. Wirtschaft; 92 Düsseldorf, Mus. Kunst Pal.; Bensberg, Bildungsakad.; Düsseldorf, Kult.bahnhof Eller; 94 Düsseldorf, Alte Dorfschmiede; 01 Düsseldorf, BBK Kunstforum; 02 Düsseldorf, Kult.ofen; 03 Dubrovnik, Informations-Center; 04 Porto, Escola das Artes – **G:** zahlr. Bet. seit 86, u. a. 90, 96 Düsseldorf, Mus. Kunst Pal.; 91–03 Düsseldorf, BBK Kunstforum; 94 Aachen, Krönungssaal; 95 Düsseldorf, Thyssen Trade Center; seit 99 Düsseldorf, Kult.ofen; seit 00 Dubrovnik, Ars Longa; 02 Düsseldorf, Tanzhaus – ***Lit:*** Ausst.kat.: Kunstspektrum 90; Kunst 94; Sperr-Gut 95; Die Farben Weiß 97; – weitere: Kulturhandb. d. Kreises Mettmann 91; Werner Alberg: Künstlerleben in Düsseldorf 91; BBK-Dokumentation 92; More than a Bank 01; Bei Null angefangen 03 – ***LitR:*** Bericht über d. Ausst. in d. Gal. Il Saggiatore, Ital. Fs. 89; Berichte über Fotoausst. Dubrovnik, in: Schaufenster Düsseldorf, WDR 92, 93 – (Red.)

Grill, Walter, Bildhauer; Riesstr. 76, D-80993 München, Tel. (0 89) 1 41 52 38. D-82401 Rottenbuch (* Altrohlau/Karlsbad 15. 1. 37) – **VG:** Brüssel, Amaryllis; Damme/Belgien, Amaryllis; Puurs, Hoof – **S:** 66–72 ABK München (Kl. v. Prof. Georg Brenninger, Plast. in Verbindung m. Archit.) – **P:** Lovis-Corinth-Pr. (Förd.pr.) 79; Seerosenpr. d. Ldeshauptstadt München 84; Sudetendt. Kult.pr. f. bild. Kunst u. Archit. 90; Kult.pr. d. Kult.stift. Kr.spk. Schongau 02 – **Ve:** Neue Münchener Künstlergenossenschaft 74 – **G/T:** Bildhauerei (vorw. Stein u. Stahl) – **M:** München, Bay. Staatsgemäldeslgn; Regensburg, Ostdt. Gal. – **Ö:** Bad Tölz, Versorgungskrankenhaus; Erding, Polizeidir.; München, Flurbereinigungsdir.; Neuburg/Donau, Jgd.strafvollzugsanst.; Peiting-Schongau, Lechtalbrücke; Pürten, Kirche; Regensburg, Dr.-Martin-Luther-Str.; Starnberg, Bay. Ldesanst. f. Fischzucht; Weilheim, Berufs- u. Fachoberschule; Wielenbach, Bay. Ldesanst. f. Wasserforsch. – **E:** u. a. 78 München, Bay. Versicherungskammer; 79 Regensburg, Ostdt. Gal. (Kat.); 89 Schongau, SM (Kat.); 92 Karlsbad, Kursanatorium Thermal (Kat.); Prag, Techn. NM (Kat.); 01 Brüssel, Goethe-Inst. (Kat.); Brüssel, Amaryllis (Kat.); 02 Puurs, Hoof; 03 München, Gal. d. Bay. Ldesbank – **G:** zahlr. Bet., u. a. seit 70 München, Große Kunstausst.; 84, 85 Tokio, Ausst. d. Metallbildhauer; 88 Sofia, Aus Ateliers d. BRD; 91 Pilsen/Tschechien, Kontakte; 97 Zürich, Kunst Zürich; Wien, Kunst Wien; 98 Straßburg, St'Art 98; 05 Damme/Belgien, Amaryllis; 06 Leper/Belgien, Bienn. – **V:** Arbeiten bis 1975, Kat. 75; Raum-Gewicht-Raum, Kat. 98

Grimm, Paul-Leonhard, Bildhauer u. Feuerplastiker, ObStudR, Gastprofessor; Nordstr. 1, D-65620 Waldbrunn-Fussingen, Tel. u. Fax (0 64 79) 4 10 (* Waldbrunn-Fussingen 29. 6. 26) – **S:** 47 privater Zeichenunterricht b. Prof. Neundlinger; 47–49 WerkKSch Offenbach; WerkKSch Kassel; 49–51 KA Düsseldorf (Malkl. Prof. Goller); 51–58 ebda (Bildhauerkl. Prof. Matarè, Meisterschüler); 62–63 Werksem. Düsseldorf (Werklehrexamen); 67–69 Ausb. z. Lehrer an Berufsfach- u. Berufsaufbauschulen in Mayen (Abschluß Staatsexamen f. d. Höheren Dienst) – **L:** 63–66 Gymnasien in Limburg u. Hadamar (Kunsterzieher); 69 Berufsschule Mayen (Lehrtätigkeit); 70 Gymnasien in Andernach (Lehrtätigkeit); 70–90 Gymnasium Westerburg (Lehrtätigkeit); 73 FHS d. Ldes RP (LAuftr.); 81 Dt. Goethe-Inst. Bangkok; 81, 82, 89 Königlich-Thailändische Srinakharinwirot-Univ. Bangkok (Gastprof. m. LAuftr., üb. Feuerplast.) – **P:** Kunstpr. d. Staatl. KA Düsseldorf 51, 56; Jahrespr. d. Stadt Düsseldorf 54; Wettb. um die Ausf. eines Wandbildes f. d. Neue Univ. Münster/Westf. 58; Paternoster Corner Acad. London (Goldmed. u. EM) 72; Grand Prix d'Arts Plastiques Lyon 74; Goldmed. d. Acad. Italia delle Arti e del Lavoro Salsomaggiore 79; Wettb. 'Preis von Italien' 80; Goldmed. d. Intern. Parlaments d. USA 80; Premio Centauro d'Oro d. Acad. Italia 82; Weltpr. d. Kult. d. Centro Studi e Ricerche delle Nazioni Calvatone 84; Oskar d. Künste d. Acad. Italia 85; Goldene Palme Europas d. Europ. KA 86; Pr. d. Osaka Trienn. d. Prefectural Government Osaka 93 – **G/T:** Bildhauerei, Feuerplast. – **W:** Werke im Bes. d. Kultusmin. v. NRW u. Hessen sowie d. Stadt Frankfurt am Main; Feuerplast. im Bes. d. Bertrand Russel Peace Found. London – **E:** / G: u. a. 51–57 Düsseldorf; 60–70 Frankfurt am Main, Jahresausst. d. BBK; 64 Wetzlar; 72 London, Paternoster Corner Acad.; 79 München, SM; 80–82 Salsomaggiore, Terme, Parma (Pinakotheka Internationale d'Arte Antica e Moderna); 91 Hachenburg; 91, 94 Westerburg, Ratssaal; 93 Montabaur, RH; Bad Marienberg, Stadthalle, 94 Weilburg, RH; Ehringhausen, Stadthalle; 95 Westerburg; Rottweil, Ldratsamt; 96 Köln, Reg.präs.; Westerburg, Stadthalle; Limburg, Schloß am Dom; Hachenburg, Schloß; 97 Höhr-Grenzhausen, Keramik-FS; 99 Zweibrücken, Parkgal.; 99–02 Hachenburg, Schloß: Westerwald TV; 06 Mainz, Ldtag; Limburg/Lahn, Ldratsamt; – sowie Feueraktionen: 97, 98 Westerburg; Montabaur; Bad Marienberg; 99 Rottweil; Wetzlar; Köln; Düsseldorf; Gießen; Frankfurt am Main, vor d. Alten Oper; 00 Mainz; Ransbach-Baumbach; Baden-Baden; Hachenburg; Siershahn; Höhn; Trier, vor den Thermen; Wetzlar, Kult.sommer auf d. Lahninsel; 01 Siegen, Stuttgart; 02 Berlin; 05 Büderich Meerbusch – ***Lit:*** International Who's Who in Community

Service 76, 77; Who's Who of Intellectuals 78; Who's Who in Foto, Film und Fernsehen 79; Ldratsamt Limburg (Hrsg.): Wesen d. Plast. 02 – sowie Beitr. in zahlr. Ztgn – ***LitR:*** Beitr. im Fs.: Sdg üb. d. Feuerplast., SWF Mainz 73; Sdg üb. d. Feuerplast., Television Bangkok 89; Westerwald TV 95, 96, 99, 00

Grimmeisen, Franz Josef, Maler, Rentner; Veddershang 17, D-45138 Essen, Tel. (02 01) 25 25 79 (* Köln 14. 1. 21) – **VG:** Köln, Kühn – **S:** Autodidakt – **P:** Pr. d. Reg.mus. Xanten 75; Eisenmann-Pr. Böblingen 77; Kult.pr. 'Der Pott' Oer-Erkenschwick 81; E.pr. im Wettb. '250 Jahre Duisburger Hafen' 91; Naif Paintres Guiglia/Modena 99; Premio Intern. Varenna/Ital. (1. Pr.) 04 – sowie Erdal-Rex-Pr. Mainz; Pr. d. Drehscheibe d. ZDF – **G/T:** Acryl- u. Temperamalerei; frei erfundene Straßen- u. Hinterhofszenerien aus d. Nachkriegszeit; detailfreudiger, poetischer Realismus – **M:** Böblingen, Slg Eisenmann; Orenburg, MBK; Recklinghausen, Vestisches Mus. – **E:** 78, 83 Köln, Kunstmarkt; 80, 82 Basel, Art Basel; 84 Köln, Art Cologne; 94 Orenburg, MBK; 00 Oberhausen, Ludwig-Gal.; 04 Dortmund, Mus. f. Kunst u. Kult.gesch. (Kat.) – **G:** weltweit Ausst.bet., v. a. üb. d. Slg 'Deutsche Naive Kunst' d. Inst. f. Auslandsbeziehungen (in 46 Ländern) – **V:** KUNSTKAL.: Weisbecker-Verl. 80–93; Caesar ART-Kunstkalender 84; Pacific Press Service Tokio 91–96; Ackermann-Verl. 94 u. 95; Shinsendo Tokio 03; – weitere: Gesamtkal. d. Merc-Banyu Co./Japan; Gesamtkal. d. Nippon Oil Co./Japan – ***Lit:*** Das Revier, Kat. d. Ruhrfestspiele 90; Essener Künstler, Kat. d. Kunsthauses Essen 94; Rudolf Billetta, Mosaic Publications 94; Orthodoxes Russisches Kloster Panteleimon auf d. Berg Athos (Hrsg.): Der heilige Berg Athos 96; M. Kühn: Jubiläumsband Galerie für Naive Kunst 99; Ludwig-Gal. Schloß Oberhausen (Hrsg.): Naive Kunst im Ruhrgebiet 00; Vestisches Mus. Recklinghausen, Bildbd z. Slg Kühn 03; Manfred Becker-Huberti: Der heilige Martin 03; – weitere: Drei Museen in Recklinghausen; Otto Bihalji-Merin u. Nebosja-Bato Tomasevic: World Encyclopädia of Naive Art; Thomas Grochowiak: Deutsche Naive Kunst; Deutsche naive Malerei, Kat. d. Bundesslg; H. Wiesner: Naive Kunst heute; Deutsche Naive Malerei, Kat. d. Inst. f. Auslandsbeziehungen z. Wanderausst. (mehrsprachig); – BEITR. IN PERIODIKA: Welt am Sonntag, Silvesterausgabe 89 u. 95; Westdt. Allg. Ztg, Silvesterausgabe 94; Ruhritäten-Mag. 98; Da Capo, Theater-Zs Essen 98; Jahresalmanach d. Univ. Orenburg/Russland 03; – weitere: Kult. an Rhein u. Ruhr, Mag.; Thomas Grochowiak: Deutschland, ein Wintermärchen, in: Weltbild

Grimmling, Hans-Hendrik, Maler u. Graphiker; Lindower Str. 18, D-13347 Berlin, Tel. (0 30) 46 50 71 31 (* Zwenkau 13. 7. 47) – **VG:** Dresden, Utz; Oetjendorf, Jürgensen – **S:** HGB Leipzig (freie Malerei b. Wolfgang Mattheuer); HBK Dresden (Meisterschüler b. Gerhard Kettner) – **M:** Altenburg, Lindenau-Mus.; Cottbus, Brandenburgische KS; Dresden, Kpst.-Kab.; Frankfurt/Oder, Mus. Junge Kunst; Köln, Mus. Ludwig; Lausanne, Mus. de l'Elysée; Leipzig, MBK; Marburg, Univ.-Mus.; Paris, Bibliothèque Nat. – **E:** u. a. 00 Dresden, Utz – **G:** u. a. 99 Berlin, Konrad-Adenauer-Stift.; 03 Berlin, NG – ***Lit:*** Lang 02; Schweers 02; Kunst in der DDR 03 – (Red.)

Grinn, Rina, Malerin; Märzstr. 37/6, A-1150 Wien, Tel. u. Fax (01) 9 20 85 13, *grinn@gmx.net*, *www.grinnphoto.com* (* Moskau/Rußland 28. 11. 64) – **VG:** Wien, Essential; Moskau, Glaz – **S:** 82–86 FHS f. angew. Kunst Moskau (Meisterkl. f. Malerei); 92–93 KA Moskau; 94–00 Univ. Wien – **Ve:** IFA Moskau 98; IG Bild. Kunst Wien 03 – **G/T:** Archit.fotogr., Fotocollage, Malerei (Öl, Acryl) – **K:** Synthese v. Malerei u. Fotogr. in d. Kunst – **W:** in Privatbes. – **M:** Moskau, Haus d. Fotogr. – **E:** 95 Wien, Gal. am Sterng.; 99 Brescia, Gal. ADA – **G:** zahlr. Bet. seit 87, zuletzt 98 Wien, Künstlerhaus; 99 Moskau, Art Manege; 00, 04 Moskau, Photobienn.; 01 Moskau (Fashion and Style in Photography); 04 Wien, Gal. IG – ***Lit:*** AUSST.KAT.: Raum! 98; Photobiennale 00, 04 – (Red.)

Gripp, Torsten (Ps.: Agonist), Maler; Ehlenstr. 17, D-50389 Wesseling, Tel. (0 22 36) 59 50 63, *mail@atelier-gripp.de*, *www.widp.eu* (* Kellinghusen 17. 1. 60) – **VG:** Köln, Kunsthandlung Wefers; Köln, DRAI – **Ve:** VG Bild-Kunst 00 – **KGr:** Künstlergruppe Kulturfeld (seit 96) – **KGe:** DRAI: T. G. u. Renáta Mussett u. Katja Walter – **G/T:** Relig. Objektkunst; Informelle Malerei; Künstler. Fotogr. – **Ö:** Köln, Bundesgrenzschutz; Wesseling, DEA Ausb.werk – **E:** zahlr. Ausst., zuletzt 03 Köln, Bundesgrenzschutz; Köln, DRAI; – weitere: Wesseling, Ev. Gemeinde: Das Kreuz – **G:** zahlr. Ausst.bet., zuletzt 03 Pontiry, StG; Köln, Coeln Coloer; Köln, Dt. Welle; 05 Köln, Hauptbahnhof: Kunst auf dem Weg! (Install.); 06 Wesseling, StG: Wo ist das Paradies?

Grissemann, Otmar, MA, Graphik-Designer, Illustrator; Theresiengasse 48, A-1180 Wien, Tel. u. Fax (01) 4 06 93 65, *grissemanndesign@aon.at*, *www.grissemanndesign.com*. A-6555 Kappl 250, Tel. u. Fax (54 45) 67 74 (* Kappl/Tirol 28. 8. 50) – **S:** Univ. f. Angew. Kunst Wien (Meisterkl. f. Gebrauchs- u. Fotograph. u. Ill. b. Prof. Schwarz) – **Ve:** Design Austria – **G/T:** geometrische Abstr., Portr.malerei (Öl, Aqu., Ill.), Cartoons, Acrylmalerei, mod. Medien – **E:** div. intern. Plakatwettb. – **V:** KDB.: Karolin und Knuddel (Ill.) 85; Die Wassertropfenreise (Text u. Ill.) 89; Wo Tiere sich wohlfühlen (Autor u. Ill.) 95 – ***Lit:*** Ciraphis Design 96; Society of Illustrators 38; IDEA. 200th Commemorative Issue; Design Journal. International Magazine for Design – ***LitR:*** Präsentation d. Kinderbuches 'Die Wassertropfenreise', Fs.-Sdg (ORF) 89 – (Red.)

Gritsch, Stefan, Maler; Bifang 5, CH-5600 Lenzburg (* Bern 8. 11. 51) – **VG:** Köln, Krips – **S:** 73–76 Schule f. Gest. Luzern (Zeichenlehrerpatent) – **L:** seit 86 Schule f. Gest. Luzern (LBeauftr.) – **P:** Cité Intern. d. Arts Paris 79; Atelierstip. in Boswil 80; Manor-Kunstpr. Aarau 89 – **G/T:** Plast., Objektkunst, Zeichn. – **Ö:** Reinach, Wynenhof; Widen, Mehrzweckhalle; ebda, Schulhaus; Zürich, Inst.gebäude d. ETH – **E:** / G: u. a. 98, 01, 04 Zürich, Müller; 00 Köln, Krips; 04 Kriens, Mus. im Bellpark – ***Lit:*** BLSK 98 – (Red.)

Grochowiak, Martin, Art Director, Fotograf, Graphiker; Marienstr. 98, D-76137 Karlsruhe, Tel. (07 21) 3 18 32, *KHBK@grochowiak.de*, *www.grochowiak.de* (* Recklinghausen 28. 2. 58) – **S:** 78–84 FHS f. Design Münster (Visuelle Kommunikation, Fotogr. b. Manfred Schoon, Zeichnen b. Prof. Günter Drebusch) – **Ve:** Vestischer Künstlerbund 90 – **G/T:** Fotogr.; digitale Medien – **W:** Slg Guerin, Cruis/Paris; Slg Schubert, Düsseldorf; Casa Las Ninas, Fuengirola; Slg Meller, Karlsruhe; Slg Dörmann, Köln; Slg Oldach, Lemförde; Slg Schoon, Münster; Slg Ullrich, Recklinghausen; Dt.-Frz. KUNST FORUM D'ART Franco-Allemand, Château d'Vaudrémont; Slg Steinkämper, Wörthsee – **M:** Kuppenheim, Bildergal. G. – **E:** 84 Münster, Torhaus-Gal.; 85 Recklinghausen, Stadtspk.; 99 Kuppenheim, Bildergal. G. – **G:** 06 Kuppenheim, Bildergal. G. – **V:** FOTO-MAPPEN: Andalusien – Im Rausch der Farbe 89; Spuren und Strukturen 91: Zauber der Bewegung 95; Illusion und Wirklichkeit – Schattenseiten 03; Pariser Stationen 06 – **R:** Thomas Grochowiak – Im Klang der Farben, Video, Kamera u. Regie 06 – ***Lit:*** Manfred Schoon:

Peking – Der Einzelne u. die Masse, Ausst.kat. 84; Peking als Inspiration, Ausst.kat. 84; Bildergal. G: Vernissagen, Ausst.kat. 99

Grochowiak, Thomas, Prof., Maler; Rheinstr. 33, D-76456 Kuppenheim, Tel. (0 72 22) 94 96 05, Fax 94 96 06, (0 72 21) 6 68 10, *thomas@grochowiak.de*, *www.grochowiak.com* (* Recklinghausen 2. 12. 14) – **VG:** Stuttgart, Dorn; Essen, Heimeshoff; München, Knabe; Baden-Baden, Pages – **S:** 38 WerkKSch Dortmund – **L:** 50–54 Staatl. Frhr.-vom-Stein-Schule Recklinghausen (Zeichenlehrer) – **P:** E.ring d. Ruhrfestspiele 77; Großes BVK 80; E.gast Villa Massimo Rom 85; Villa Romana Florenz 87; Verd.orden d. Ldes NRW 88; E.bürger d. Stadt Recklinghausen 95 – **Ve:** Westdt. Künstlerbund WKB; Ges. d. Freunde junger Kunst Baden-Baden; ifa Inst. f. Auslandsbeziehungen; Lippischer Künstlerbund 46; Vestischer Künstlerbund 49; Dt. Künstlerbund DKB 54; Darmstädter Sezession 61; Goethe-Inst. München 70; AICA Paris 73; ICOM Paris 78; IGBK 84 – **KGr:** junger westen (48–62); neue gruppe rheinland-pfalz (61–65) – **G/T:** Informel, oft von Musik ausgehend; viele Mal- u. Zeichentechniken, bevorzugt farbige Tusche – **M:** Aachen, ehem. Reichsabtei Kornelimünster KS NRW; Bedburg-Hau, Mus. Schloß Moyland; Berlin, Slg d. BRD; Bochum, KS d. Ruhr-Univ.; Bochum, Mus.; Dortmund, Mus. am Ostwall; Durbach, Slg Hurrle; Frankfurt am Main, Slg d. Kreditanst. f. Wiederaufbau; Freiburg im Breisgau, Mus. f. Neue Kunst; Gelsenkirchen, SM; Hamburg, KH; Hamm, Gustav-Lübcke-Mus.; Hannover, Nds. LM; Herne, StG Strünkede; Karlsruhe, SKH; Köln, Mus. Ludwig; Lüdenscheid, StG; Mülheim an der Ruhr, KM; Münster, Westf. LM; Neu Delhi, NG of Mod. Art; Oberhausen, Ludwig-Gal.; Rastatt, StG; Recklinghausen, Ruhrfestspiele; Recklinghausen, StKH; Stuttgart, Inst. f. Auslandsbeziehungen; Stuttgart, SG; Witten, Märk. Mus. – **Ö:** Bonn, Bundespräsidialamt; ebda, Dt. Bundesrat u. Min. d. Innern; Brüssel, Baronin Lambert; Darmstadt, Sylvia & Ulrich Ströher; Düsseldorf, Landtag NRW; ebda, Kultusmin.; Karlsruhe, Reg.präsidium; Kuppenheim, Neues RH; Mailand, Dr. Paolo Marinotti; Münster, Landesbank f. Westfalen; Recklinghausen, RH; Stuttgart, Min. f. Wiss. u. Kunst Bad.-Württ.; Slg d. Belgischen Staates – **E:** u. a. 46, 47 Detmold, Buch- u. Kunsthandlung E. Hammann (Th.G. Jahre d. Werdens – aus d. Schaffen d. jüngsten Zeit); 59 Brüssel, Gal. Les Contemporains; Münster, Gal. Clasing; 59, 62, 66 Düsseldorf, Gal. Gunar; 60 Hannover, Gal. Seide (Kat.); 60–61 München, Gurlitt (Kat.); 84–85 Witten, Märk. Mus. (Retrosp., Kat.); 85 Baden-Baden, Fischer; Oberhausen, StG / KV (Kat.); 86, 91, 00 Recklinghausen, KH (Kat. 86 u. 91); 90 Ankara, Goethe-Inst.; 91 Bremen, HS f. Künste; Mußbach, Herrenhof; 91, 94 Frankfurt am Main, Knabe; 91, 95 Berlin, Jahnhorst & Preuss; 92 Gerlingen, RH; 93 Kuppenheim, Altes RH; 94 Oberhausen, StG Schloß Oberhausen; Hamm, Gustav-Lübcke-Mus. (Retrosp.); Karlsruhe, SKH; Baden-Baden, Ges. d. Freunde junger Kunst (Kat.); 94, 97, 04 Essen, Heimeshoff; 95 Frankfurt am Main, Art Frankfurt (Gal. Knabe); 95, 97, 00, 04 Baden-Baden, Pages (Kat. 97); 96 Detmold, Lipp. Künstlerbund; 00 Rastatt, StG (Retrosp., Kat.); Stuttgart, Dorn; Gelsenkirchen, Schloß Horst (Kat.); 01 Uelzen, KV / Schloß Holdenstedt (Kat.); Bochum, Mus. Bochum / WKB; Berlin, Knabe; 04 Offenburg, StG / KV; 05 Gelsenkirchen, SM; Baden-Baden, Zentrum Hurrle; Karlsruhe, art Karlsruhe; 06 Paris, Gal. Gana-Beaubourg – **G:** u. a. 47 Horn, RH (Lipp. Künstlerbund); Recklinghausen, Warenhaus Althoff; 48 Recklinghausen, Engelsburg (erste Ausst. 'junger westen'); 50 München, Collecting Point; 50, 51, 53, 54, 56–59, 61, 62 Recklinghausen, StKH (junger westen); 52 Düsseldorf, 'Eisen u. Stahl'; 52 Köln, Staatenhaus (DKB); 52, 53, 75 Recklinghausen, Ruhrfestspiele; 52, 55, 79, 83, 85 Hagen, K.-E.-Osthaus-Mus. (WKB, 87–05 in div. Städten); 53 Hamburg, KH (DKB); 53, 54, 59 Amsterdam, Stedelijk Mus.; 54 Amsterdam, Gal. Le Canard: Rotterdamse Kunststichting; Eindhoven, Stedelijk Mus.; 55 Wiesbaden, Neues Mus./Gemäldegal.; Linz, Neue Gal. d. Stadt/Gurlitt-Mus.; Karlsruhe, ABK; Mannheim, Ahlers; Paris, Arnaud; 55, 59, 60 Baden-Baden, SKH (55 u. 60 DKB); 56 Leverkusen, StM Schloß Morsbroich; 57 Berlin, HBK (DKB); 58 Dalarna/Schweden; 58, 66 Essen, Gruga-Halle (DKB); 59 Basel, KH; Paris, MAM de la Ville de Paris; 59, 63, 66, 69–05 Recklinghausen, StKH (Vest. Künstlerbund); 60 München, Haus d. Kunst (DKB); Bochum, Städt. Kunstgal.; Gal. Buchholz Bogotá, Buenos Aires, Montevideo, Santiago; Münster, LM f. Kunst- u. Kulturgesch.; Hannover, KV; 61 Charleroi, Gent u. Antwerpen; Ljubljana, Graph.-Bienn.; Lima, Mus. de Arte; Hannover, Kestner-Ges.; Lille, Hospice Comtesse; Frankfurt am Main, KV (neue gruppe rheinland-pfalz); 61, 63–65, 85, 87, 91–05 Darmstadt, KH u. Mathildenhöhe (Neue Darmstädter Sezession); 62 Düsseldorf, Gal. Gunar; 63 Stuttgart, Württembergischer KV (DKB); 64 Hamburg, Kunsthaus; 65 Mainz, Röm.-german. Zentralmus.; 68 Nürnberg, KH (DKB); 69 Duisburg, Wilhelm-Lehmbruck-Mus.; 70 Warschau, NM; 71 Lugano, Mus. Civico di Belle Arti/Villa Ciani; 72 Essen, Mus. Folkwang; 76 Oldenburg, KV; 79 Eindhoven, 'Stichting de Krabbedans'; 80 Nürnberg, Germanisches NM (DKB); Münster, Westf. KV; 83 Berlin, AK; Neu Delhi, NG of Mod. Art; Berlin, Martin-Gropius-Bau (DKB); Wien, Secession; 84 Frankfurt am Main, Paulskirche (DKB); 85 Bonn, LM; Berlin, NG; 86 London, Sotheby's; 87 Bremen, KH (DKB); Darmstadt, KH (Villa Massimo Rom); 87, 92, 93–06 Düsseldorf, Kunstpalast u. Messehallen; 91, 92 Frankfurt am Main, Art Frankfurt (Gal. Knabe); 92 Düsseldorf, LM Volk u. Wirtschaft (WKB); Aachen, Ludwig Forum (DKB); 94 New York, Art New York Intern. (Gal. Pages); 94–05 Baden-Baden, SKH (Ges. d. Freunde junger Kunst); 96 Miami Beach, Art Miami (Gal. Pages); Köln, Art Cologne (Gal. Heimeshoff); Cannes, Art Cannes (Gal. Knabe); 96–99 Straßburg, Art Strasbourg (Gal. Pages); 98 Heidelberg, Kurpf. Mus. u. KV; Mannheim, KH; 99 Paris, Art Paris/ Caroussel du Louvre; 01 Stuttgart, Valentien; 02 Berlin, Martin-Gropius-Bau; Albstadt, StG; 03 Pilsen, StG; 04 Kiel, KH; Zürich, Kunst 04 (Gal. Pages); Brünn, Haus d. Kunst; 05 Herne, Flottmann-Hallen; Düsseldorf, Mus. Kunst-pal.; 06 Offenburg, Mus. im Ritterhaus; Lemgo, Schloß Brake; Karlsruhe, art Karlsruhe – **V:** u. a. Hans Werdehausen, Gemälde u. Zeichngn, Ausst.kat. Städt. KH Recklingh. 58; Über die Monteure, in: Jaap Mooy, Jaap Wagemaker. Plastiken, Bilder, Zeichngn, Ausst.kat. Recklingh. 59; Synagoga. Kultgeräte u. Kunstwerke, Ausst.kat. Städt. KH Recklingh. 60 (Bericht d. Ausst.leitung); Arts de la Ruhr, Vième Nuits de Flandre Festival du Nord, Ausst.kat. Lille 61 (Einf.-text); Th.G. in: Das Meisterwerk – Kunstbetrachtung in Einzelinterpretationen, 3 Bde 63–65; Josef Hegenbarth, Ausst.kat. KH Recklingh. 64; Ludwig Meidner, Monogr. 66; Über Friedrich Gerlach, in: Kat. z. Ausst. Friedrich Gerlach, Gal. f. naive Kunst Bruno Bischofberger, Zürich 68; 20 Jahre Kunstpreis Junger Westen d. Stadt Recklingh. 68 (Vorw.); Biennale Venedig 1968. Der Deutsche Beitrag. Richard Oelze – Horst Janssen – Gustav Seitz 68; Bemerkungen z. jungen dt. Kunst, in: 40 Deutsche unter 40, Ausst. in Oslo, Trondheim, Helsinki, Tampere, Turku 70; Remarques sur le 'B1', in:

'B1' – vingt peintres allemands, Ausst.kat. Liège 70; II. Triennale-India Neu-Delhi 1971: Federal Rep. of Germany. Seven German Painters 71 (Kat. u. Vorw.); aktiva '71: Kunst d. jungen Generation in Westdeutschland, Ausst.kat. f. Haus d. Kunst München u. Landesmus. Münster 71 (m. Einf.); Report Ruhrfestspiele Recklinghausen. 1946 bis 1971 71 (Hrsg. m. Karlgeorg Matthes); Kunstschätze in Recklinghausen 72 (Hrsg.); Junger Westen – Weg u. Wirkung e. Gruppe, in: Szene Rhein-Ruhr '72, Mus. Folkwang Essen 72; Thomas Bayrle, in: Westermann Monatsmag. 7/72; Formen d. Realismus heute, Kat. f. Graphik-Ausst. im Auftrag d. Inst. f. Auslandsbeziehungen, Stuttg. 72 (in mehreren Sprachen); Multiples, Kat. m. Einf.text z. Ausst. f. d. Inst. f. Auslandsbeziehungen 73 (in mehreren Sprachen); Hedendaagse Duitse grafische kunst. Tentoonstelling 1974–1975, Kat., Text in holl. 74 (Einf.); In den Rahmen hinein, über d. Bild hinaus gemalt, Kat. Recklingh. 74; Poesie durch Material, Licht u. Bewegung. 27 Objektkünstler a. d. Bundesrep. Dtld, Recklingh. u. Stuttg. 74 (Kat. u. Vorw.); Bildgeschichten in Kästen montiert, Kat. z. Ausst. v. Michael Sauer u. Petit Frère in d. KH Recklingh. 74 (m. Einf.); Naive Art in the German Fed. Rep., in: Oto Bihalji-Merin, N.-B. Tomašević: World Encyclop. of Naive Art, Belgrad 75 (dt. Ausg.: Weltenzyklopädie Naive Kunst 89); Hans Werdehausen, in: Kindlers Malerei-Lexikon im dtv, Bd 12 76; Principally White, Kat. z. III. Triennale-India, Neu-Delhi 76; Deutsche naive Malerei, Recklingh. 76; Über Anton Rooskens, in: Rooskens, Ed. Wingen Venlo 76; Über Bayrle, in: Adam Seide (Hrsg.): Der neue Egoist 2 76; Über Vivian Ellis, in: Kat. z. Ausst. d. SM Bonn 77; Zum Werk v. Klaus Vogelgesang, in: Neun Bewerber um d. Annemarie- u. Will Grohmann-Stip., Kat. Staatl. KH Baden-Baden 77/78; Kunstverein Oberhausen, Das Revier als Faszination, Ausst.kat. Städt. Gal. Oberhausen 77/78; Deutschland – ein Wintermärchen. Begegnungen m. Laienmalern, in: Weltbild 1/78; Der Künstlerbund ist keine Sezession. Ein Gespräch m. Th.G. zum Selbstverständnis d. Dt. Künstlerbundes am Beginn d. 80er Jahre, in: Kunstreport 1/80; Gustav Deppe. Bilder, Zeichngn, Druckgraphik, Ausst.kat. Städt. Gal. Oberhausen 80; Durch Papier inspiriert – vom Papier fasziniert, in: Kulturtage d. Bundesrep. Dtld, Kat. z. Ausst. Ljubljana 81 (m. Einl.); In Memoriam HAP Grieshaber, in: Kunstreport 1/81; Unterwegs zu e. Sammlung, in: Kunst f. den Bund, Kat. Städt. Kunstmus. Bonn 81; Zur Entwickl. d. Kunst in den Westzonen u. Berlin nach 1945, e. komment. Interviewmontage, in: Grauzonen – Farbwelten, Kat. NGBK, Akad. d. Künste Berlin 83; Varianten – Sequenzen. Dreißig dt. Maler, Ausst.kat. Athen Nationalpinakothek 84 (m. Vorw. u. Einf.); Im Umgang mit Kunst u. Künstlern, in: Heiterkeit u. Härte, Festschrift f. Walter Scheel z. 65. Geb. 84; Temperament, von Wolken überflaggt, in: Die Welt 18.4.84 (z. 100. Geb. d. Malers u. Dichters Ludwig Meidner); Gabriele Lueg: Interview m. Th.G., in: Aus den Trümmern. Neubeginn u. Kontinuität, Bonn 85; Wege z. Abstraktion – junger westen, in: Kunst in d. Bundesrep. Dtld 1945–1985, Ausst.kat. NG Berlin 85; Zeitgenöss. dt. Kunst im Ausland – Sympos. d. Inst. f. Auslandsbeziehungen (IfA), Zs. f. Kulturaustausch 85; Kohle f. Kunst – Kunst f. Kohle, in: Der Lokomotive in voller Fahrt die Räder wechseln. Geschichte u. Geschn. aus NRW 87; junger westen, ebda; Naive Painting, in: Kat. z. Ausst. 'naiví '87', Zagreb 87; Im Brennpunkt Villa Massimo, in: Das Kunstwerk 2/88; Gerd Presler: Warum brauchen wir Künstler, Herr Grochowiak?, Interview in: FAZ Mag., H.527 6.4.90; Neuanfänge '45 aus d. Sicht d. Künstlers, in: '45 u. die Folgen. Kunstgeschichte e. Wiederbeginns 91; Im Blick zurück... Die Gründerjahre d. Westdt. Künstlerbundes, in: 25. Ausst. Westdt. Künstlerbund 92; Malen nach Musik, in: Hochschuljb. 91/92 d. HS f. Künste Bremen; A. Zweite/H.A. Große-Sender: Der junge westen u. d. Wiederbelebung d. Bauhaus-Idee, Interview m. Th.G., Ausst. Zeitzeugen, Landtag NRW 96; Das Tor in die Welt d. Barock, in: Augenkitzel. Barocke Meisterwerke u. d. Kunst d. Informel, Ausst.kat. KH Kiel 04; – Kataloge d. Ruhrfestspielausstellungen von 50 bis 70 (m. Vorw. u. Einf.); Kataloge 'junger westen' von 50 bis 62, Städt. KH Recklingh. (m. Vorw. u. Einf.) – **R:** Wir sehen Kunst, Sendereihe WDR-Hörfunk 63–65; Filminterview m. Christoph Blase, Beitr. d. documenta V 72 – ***Lit:*** LEXIKA u. a.: Hans Vollmer: Allg. Lex. d. Bildenden Künstler d. 20. Jh. 53; Phaidon Dict. of Twentieth-Century Art 77; Reclams Künstlerlex. 78; Malerei. Lex. von A bis Z, Köln 86; – BÜCHER u. a.: Albert Schulze Vellinghausen/Anneliese Schröder: Dt. Kunst nach Baumeister. Junger Westen, Anthol. 58; A. Schulze Vellinghausen: Anspielungen 62; A. Schröder: Th.G. (Monographien z. rhein.-westfäl. Kunst d. Gegenwart, Bd 33) 67; Kurt Dörnemann: Über Th.G. Anmerkungen z. Leben e. Wißbegierigen 84; Heiner Stachelhaus: Auf den Punkt gebracht. Kunstkritiken 1963–1985 85; Heinrich Hahne: Orphisch, in: Weltkunst 87; Franz Joseph van der Grinten: Das Berühren d. Ferne – Spuren Ostasiens in d. westl. Kunst von heute, in: das kunstwerk 87; Ferdinand Ullrich: 'junger westen', die Geschichte e. Künstlergruppe 88; H. Hahne: Wort u. Bild 90; Claudia Posca: Th.G. Lust auf Farbe – von Mozart inspiriert, in: Kunstforum 91; Sibylle Rößler-Lelickens: Die Kunstausstellungen d. Ruhrfestspiele d. fünfziger Jahre in d. Städt. KH Recklingh. (Europ. Hochschulschrr., Reihe 28, 122) 91; H. Stachelhaus: Nicht nur Verrisse 94; Doris Schmidt (Hrsg.): Th.G. Monographie u. Werkübersicht m. Beiträgen u. a. von D. Schmidt, F.J. van der Grinten, Gerd Presler, D. Schönbach 94; Thomas Hirsch: Der Maler Th.G., in: Heimatbuch Landkr. Rastatt 98; H. Hahne: Hinsichten 98; Friedrich-Wilhelm Geiersbach: Th.G. Künstler u. Museumsmann – der junge westen u. die Kunst an Rhein u. Ruhr nach 1945, in: Hagener Heimatbuch 05; Jörg Loskill/Ferd. Ullrich: Th.G. (Revier Atelier 3) 06; Walter Grasskamp: Th.G 06/07; – AUSST.KATALOGE u. a.: Franz Große Perdekamp: Th.G. Bilder 1950–1952 52; Th.G., Hannover 60; Erwin Sylvanus: Th.G. Bilder u. Tuschezeichnungen, München 60; Wolfgang Zemter u. a. (Text): Retrospektive Th.G., Witten 84; H. Hahne (Text): Römische Reflexionen u. Rückschau 1932 bis 1985, KV Oberhausen 85; Ferd. Ullrich (Text): Th.G., Recklinghausen 86; Hans Jürgen Schwalm (Text): Th.G. Lust auf Farbe – von Mozart inspiriert, Recklinghausen 91; Ferd. Ullrich, Walter Israel (Text): Aus dem Westen. Abstrakte Kunst nach 1945, Essen 94; F.J. van der Grinten (Text): Th.G., Baden-Baden 94; ders. (Text). Th.G. Bilder wie Musik u. Reisebilder, Baden-Baden 97; Ingeborg Ströle/Thomas Hirsch: Th.G. Retrospektive z. 85. Geb., Rastatt 00; Dirk Teuber: Über die Unmöglichkeit u. das Trotzdem, ein Bild nach Musik zu malen, Ausst. 'Hommage an L. Schuncke', Baden-Baden 01; ders.: Th.G. – Werkstrategie u. Werkprozess u. die Werke zu Friedrich Kuhlau, Ausst. 'Malerische Kompositionen zu Kuhlau', KV Uelzen 01 – ***LitR:*** Jörn Staeger: Filmporträt über Ludwig Meidner m. Th.G. als Zeitzeugen, WDR 90; Ingrid LaPlante (Baden-Baden): Lust auf Farbe – von Mozart inspiriert, Film über Th.G., ARD 91; Ivonne Weindel: Portrait Th.G. im 'Kulturcafé', SWF 2 Baden-Baden 00; Th.G. im Gespräch m. Günter Schehl in 'Zeitgenossen', SWR 2, 20.11.05

Groebli, René, Fotograf; Morgentalstr. 115A, CH-8038 Zürich, Tel. (01) 4 82 69 96, *mail@groebli.com*, *www.groebli.com* (* Zürich 9. 10. 27) – **S:** 43 Zürich (Fotografenlehre b. Theo Vonow); 45 KGS Zürich (Fachkl. f. Fotogr. b. Hans Finsler u. Alfred Willimann); Ausb. z. Kameramann b. d. Züricher 'Central-Film' (48 Dipl. als Dokf.-Kameramann) – **P:** Fotowettbew. d. Zs. Camera (3. Pr.) 47 – **G/T:** Fotogr. (Reportage, Bildessay, Lsch., Portr.) – **E:** 49 Bern, Anliker-Keller; 78 Arles, RIP; 92 Genf, Centre de la Photogr.; Paris, Mois de la Photo; 93 Cottbus, Brandenburgische KS; 99 Zürich, Kunsthaus – **G:** u. a. 55 New York, MMA; 74 Zürich, Kunsthaus – **V:** u. a. Das Auge der Liebe 54 – ***Lit:*** Contemp. Photographers 95; Koetzle 02 – (Red.)

Gröger, Marie-José (geb. Marie-José von Meurs), Mag. art.; Wankham 36, A-4800 Attnang-Puchheim, Tel. u. Fax (0 76 74) 6 23 08, *www.groeger.at.gs* (* 's Gravenhage 11. 11. 36) – **VG:** Wien, Gal. am Salzgries; Arnhem, Vlasblom – **S:** 56–61 Königliche ABK Den Haag (Malerei, Kunsthistorik); 61–62 Akad. f. Angew. Kunst Wien (Buchbinderei u. Schrift b. Prof. Larisch); 74–75 Ausb. z. Glasbläserin in London; 78–79 KHS Linz (Meisterschülerin, Schwerpunkt Rad.) – **L:** 69–74 Lehrtätigkeit an versch. Gymnasien in d. Niederl.; 91–92 Akad. geras (Radierkl.) – **P:** Begabtenpr. d. Stadt Wien 65; Pr. im Portr.wettb. Linz 80; Pr. d. Rauriser Malertage 80; Pr. d. Wettb. d. Salzburger Wirtschaft 85; Pr. d. Stadt Kirn 90; Stip. d. BMfWK Wien (f. Jerusalem) 95; Stip. d. belgischen Min. f. Kult. (f. Kasterlee) 97, 98 – **Ve:** Künstlergilde Salzkammergut 79; KV Salzburg 80–87; Berufsvrg Bild. Künstler ObÖst. 81; KV ObÖst. 82 – **G/T:** Malerei (Aqu., Acryl, Öl, Portr. u. abstr. Expressionismus); Graph.; Objektkunst – **W:** Werke in Privatslgn, Ankäufe u. a. durch d. Kunstbezit Brabants in Den Bosch – **M:** Antwerpen, Koninklijk Mus. voor Schone Kunsten; Brüssel, Intern. Grafikcentrum – **Ö:** Ålesund, Sunnmorsposten; Wien, BMfUK – ***Lit:*** zahlr. Kat. – ***LitR:*** Portrait M.-J. G., Dokf. 97; sowie zahlr. Fs.beitr. zu Vernissagen (zuletzt 02) – (Red.)

Gröhling, Thomas; Bughof 4, D-96049 Bamberg, Tel. u. Fax (09 51) 5 60 40 (* Bamberg 70) – **S:** 88–91 Holzbildhauerlehre; 92–99 ABK Nürnberg (b. Prof. Wilhelm Uhlig u. Prof. Tim Scott, Kunst im öff. Raum b. Johannes Peter Hölzinger) – **P:** Reisestip. d. Industr.- u. Handelskammer Nürnberg 96; Kunstpr. d. Nürnberger Nachrichten (Anerkennungspr.) 98; Bay. Atelierförd.programm f. bild. Künstler 98–99; Debütantenpr. d. Freistaates Bay. 00 – **Ve:** BBK Ofr. – **G/T:** u. a. Bildhauerei, Ldschaftsarb., Kunst im öff. Raum – **Ö:** Burgebrach, Steigerwaldklinik (Brunnenskulpt.); Gundelsheim, Ldschaftsskulpt.; Kronach, Brunnenskulpt.; Lohndorf, Fränkische Str. d. Skulpt. (Ldschaftsplast. u. Skulpt.); Stegaurach, Raiffeisenbank (Brunnenskulpt.) – **E:** 00 Kronach, KV; 01 München, Ldratsamt – **G:** u. a. 98 Nürnberg, Germanisches NM; 98–00 Bamberg, Stadtgal.; BILDHAUERSYMPOSIEN: 94 Münchsteinach; 94, 95 Lohndorf; 96 Schäferstadt; 97 Treuchtlingen – (Red.)

Gröne, Friedrich, Maler, Graphiker; Schloßstr. 10, D-91289 Schnabelwaid, Tel. u. Fax (0 92 70) 16 11. Trautenwolfstr. 6, D-80802 München, Tel. (0 89) 34 89 26 (* Bamberg 20. 9. 32) – **S:** 58–63 ABK München (Freie Malkl. b. Prof. Erich Glette, Abschlußdipl. f. bes. künstler. Leistungen) – **Ve:** BBK Ofr. 72; KV Erlangen 73; Bund Fränk. Künstler 74–05; VG Bild-Kunst 78; KV Bayreuth 80 – **KGr:** Freie Gr. Bayreuth (seit 76) – **G/T:** Malerei u. Graph.: Lsch., Stilleben, Archit.-darst., Sakralfenster (Öl, Acryl, Rad., Lith.) – **Ö:** Altenkunstadt, Seniorenzentrum (innenarchit. u. künstler. Gest. d. Andachtsraumes); Bayreuth, Seniorenstift am Glasenweiher (innenarchit. u. künstler. Gest. d .Kap.) – **E:** 77 München, BBK; 78 Wien, Gal. Tangente; 80 Salzburg, Traklhaus; 90 Nürnberg, Albrecht-Dürer-Haus (Kat.); 01 Bayreuth, KV – **G:** zahlr. Bet., u. a. 63–67, 69, 71–75, 78, 80–87 München, Haus d. Kunst; 70–05 Bayreuth, KV; 74 Paris, Salon Intern.; 74–04 Erlangen, KV; 75, 77 Paris, Grand Pal.: Salon d'Automne – ***Lit:*** Christel Frank: F.G. – Trauer um verlorene Schönheit, In: Festspielnachrichten 77; Johann Schuierer (Vorw.): F.G., Kat. (KV Bayreuth) 93

Gröne-Trux, Barbara (geb. Bärbel Trux), Malerin, Graphikerin, Illustratorin, Fotografin; Schloßstr. 10, D-91289 Schnabelwaid, Tel. u. Fax (0 92 70) 16 11, *b.groene-trux@web.de*. Trautenwolfstr. 6, D-80802 München, Tel. (0 89) 34 89 26 (* Aussig/Böhmen 17. 11. 41) – **S:** 60–63 ABK München (Freie Malkl. b. Prof. Erich Glette) – **Ve:** BBK Ofr. 72; KV Erlangen 73; Bund Fränk. Künstler 74–05; VG Bild-Kunst 78; Künstlergilde Esslingen 79; KV Bayreuth 80; Albrecht-Dürer-Ges. – KV Nürnberg 83; GEDOK (Gr. Franken) 01 – **KGr:** Freie Gr. Bayreuth (seit 76) – **G/T:** Malerei: Lsch., Stilleben, Portr. (Öl, Acryl, Aqu.); Rad.; Lith.; Fotogr. – **W:** zahlr. in Privatbes. – **M:** Bonn, ehem. Dt. Bundestag; Hamburg, Slg B.A.T.; München, Bay. Staatsgemäldeslgn; Regensburg, Ostdt. Gal. – **Ö:** Altenkunstadt, Seniorenzentrum (Wandgest. Aufenthaltsräume, innenarchit. u. künstler. Ausgest. d. Aufbahrungsraumes); Bayreuth, Seniorenstift am Glasenweiher (innenarchit. u. künstler. Ausgest. d. Krypta); ebda, Alten- u. Pflegeheim Lisztstr. (Wandgest. Speisesaal); Schnabelwaid, Grundschule (Fassadengest.) – **E:** zahlr., u. a. 79 Salzburg, Traklhaus; 83 Nürnberg, Albrecht-Dürer-Ges. Studio d. KH (Kat.); 93 Bayreuth, KV Altes Schloß (Kat.); 00 Bayreuth, KV Kunstkab. Altes RH – **G:** zahlr. Bet., u. a. 64–89, 94 München, Haus d. Kunst; 74 Paris, Salon Intern.; 74–05 Erlangen, KV; 75, 76 Paris, Grand Pal.: Salon d'Automne; 76 Paris-Villeneuve, Salon de l'Imaginaire; 77 Istanbul, Sanat; 79 Krakau, Przymat; 80–05 Bayreuth, KV; 83 Bedford, Mus.; 95 Regensburg, Ostdt. Gal. – **V:** Martin Gregor Dellin: Ludwigs künstl. Paradiese (Umschlag- u. Vorsatzblattgest.) 86; Friedrich Gröne: Bommels symmetr. Liebe (Ill.) 89; ders.: Festspielzeit (Ill.) 96

Gröszer, Clemens, Prof., Maler u. Graphiker; Uhlenhorster Str. 15, D-12555 Berlin, Tel. (0 30) 65 48 96 44 (* Berlin 20. 4. 51) – **S:** 72–76 KHS Berlin-Weißensee (Restaurierung u. Malerei b. Kurt Robbel); 80–83 AK Berlin (Meisterschüler b. Wieland Förster) – **L:** 95 Sommerakad. Hamburg (Gastprof.) – **KGr:** NEON-REAL (Mitbegr. 81) – **G/T:** Malerei, Graph., Materialcollage, Kurzf., Klangexper. – **M:** u. a. Berlin, AK; Berlin, Märkisches Mus.; Berlin, NG; Cottbus, Brandenburgische KS; Frankfurt/Oder, Mus. Junge Kunst; Halle/Saale, Staatl. Gal. Moritzburg; Oberhausen, Ludwig-Gal.; Schwerin, Staatl. Mus. – **E:** u. a. 86 Berlin, Niemann; 97 Uelzen, KV; Chemnitz, Weise; Karlsruhe, Kirrmann; 98 Magdeburg, KM Kloster Unser lieben Frauen; 99 Cottbus, Blobel; 00 Berlin, Gal. Berlin; Hamburg, Zwang – **G:** seit 76 Ausst.bet. im In- u. Ausland, u. a. in Kopenhagen, Neu Delhi, Paris, Peking, Solothurn, Tokio u. Venedig – ***Lit:*** Lang 02; Schweers 02; NG Berlin 03 – (Red.)

Gronen, Bruno; Mainzer Str. 71, D-50678 Köln, Tel. (02 21) 37 57 13, Fax 37 57 13, *brunogronen@netcologne.de* – **G/T:** Malerei – (Red.)

Grosch, Werner s. Ecu, Wyny

Grosclaude, Philippe; 43 Rue Vautier, CH-1227 Carouge, Tel. 02 23 42 45 77, Fax 02 23 42 45 77, *p.grosclaude@worldonline.ch*, *www.philippegrosclaude.com* – **G/T:** Malerei – (Red.)

Gross, Andrea, Dipl.-Designerin (FH); Beim Ziegelstadel 19a, D-86391 Stadtbergen (* Altdorf/Nürnberg 4. 3. 60) – **VG:** Erlangen, Sutter-Kress – **S:** 79–83 FHS Augsburg (Graph.design, Umweltgest., Denkmalpflege) – **P:** Stip. d. Dt.-Frz. Jugendwerkes 87 – **Ve:** BBK Schwaben Nord u. Augsburg 84 – **G/T:** Linoldruck – **W:** versch. in öff. Besitz – **Ö:** Donauwörth, Kr.krankenhaus – **E:** zahlr. seit 84, u. a. in Stuttgart, Bonn, Berlin, zuletzt 99 Passau, Kulturzentrum ZACK; 00 München, PGM Kunstkeller im Asamhof; Nürnberg, Kleine Meistersingerhalle; 01 Augsburg, Abraxas; Harburg, Kulturwoche; 02 Erlangen, Articum; Gersthofen, RH; 03 Friedberg, Archivgal.; 04 Darmstadt, Zentrum Bildung; 05 Erlangen, Gal. Kunstraum – **G:** zahlr. Bet. seit 84, zuletzt 99 Dornbirn, Spielboden; 99, 06 Augsburg, Ruetz; 00–03 jährl. Augsburg, Abraxas: Kunstmesse d. BBK; 01 Augsburg, Kunstothek; 06 Friedberg, Archivgal.

Gross, Anne Liese s. Liese

Gross, Christian s. Kriki

Gross, Dietmar, Maler, Zeichner; Rheinstr. 14, D-55276 Dienheim/Rhein, Tel. u. Fax (0 61 33) 37 91, *grossdienheim@aol.com*, *www.dietmargross.com* (* Bexbach/Saar 11. 6. 57) – **VG:** Essen, Gal. KK – **S:** 78–84 Univ. Mainz (Malerei, Zeichn.) – **L:** seit 02 HS f. Gest. Wiesbaden (LAuftr. f. Rad.); 04/05 FHS Mainz (FB Gestaltung, Gastprof. f. Zeichnen); 06 Oppenheimer Sommerakad. f. bild. Kunst (Leiter u. Gründer) – **P:** Stip. f. Malerei 83; Kahnweiler-Pr. 84; Arb.urlaub im Künstlerbahnhof Ebernburg 85; Ldeskunstausst. RP (1. Pr.) 86; Kunstpr. d. Stadt Neunkirchen 87; Sowjetunion-Stip. d. BBK u. d. Ldes RP 87 – **Ve:** BBK Rh.-Pf. 84; VG Bild-Kunst 89 – **KGr:** Künstlersonderbund in Deutschland (seit 97) – **G/T:** Ölmalerei, realistische Menschendarst. – **W:** zahlr. in Privatslgn – **M:** Frankfurt am Main, Mus. f. Kommunikation (Postmus.); Mainz, Gutenberg-Mus. – **E:** zahlr. seit 76, zuletzt 02 Dortmund, Mus. am Ostwall; 03 Berlin, Reichstagspräs.pal. – ***Lit:*** Volker Kühl u. Peter Lietz: D. G. 02, 03 – ***LitR:*** zuletzt: Hermann Steinfeld-Götz: Der Maler D. G., Fsf./Portr. SWR 03

Gross, Gisela, Malerin; Steinfelder Str. 9, D-53947 Nettersheim/Eifel, Tel. (0 24 86) 80 17 16, *webmaster @atelier-gisela-gross.de*, *www.atelier-gisela-gross.de* (* Wismar/Meckl.-Vorp. 19. 12. 46) – **VG:** Bergheim, Weiter – **S:** Amsterdam (b. Bessel Kok); Autodidakt. Stud. – **Ve:** BBK Köln 96–03; ver.di – Fachgr. Bild. Kunst 96; KV Köln rechtsrhein. 96–03 – **G/T:** Malerei (Stadtldschaften, Lsch. [abstrahiert] in Öl, Acryl); Abstrakte Malerei – **K:** Freie Malerei f. Erwachsene u. Kinder (Ldschaft, Stilleben, Blumen, Gebäude u. Abstrakt) – **E:** 95 Wismar, Kleine Gal.; 96 Köln, Gal. in d. Mütze; 99 Köln, VPV; 00 Köln, Gal. am Buttermarkt; 01 Köln, VHS-Gal.; 02 Köln, PR-Partner; 03 Bedburg, Weiter; 05 Euskirchen, RH-Gal.; 07 Nettersheim, Kunst- u. Kult.forum – **G:** seit 86, u. a. 95, 97, 99 Köln, KV Köln rechtsrhein.; 96, 97 Köln, KAOS-Gal.; 98, 99, 00 Köln, Reich; 99 Köln, Kartause: mamaok-Projekt; 02 Köln-Stammheim, Schloßpark (Openair-Dauerausst.); 05 Gemünd, Bildergarten; Köln, Lutherturm; 06 Blankenheim, Eifelmus.; Nettersheim, Kunst- u. Kult.-forum

Gross, Ingrid s. Knaus, Ingrid

Groß, Lothar, Bildhauer; Am Altmerberg 3, D-97618 Strahlungen, Tel. (0 97 33) 66 30, Fax 46 42, *gross.lothar@gmx.de* (* Görlitz 11. 8. 50) – **P:** Förd.pr. d. Karl-Reich-Stift. 97 – **Ve:** Malerdorf Kleinsassen e.V. 96 – **M:** Mellrichstadt, Städt. Kr.gal. – **Ö:** Hammelburg, Natursteinwerk Herterich – **G:** 91, 93, 95 Nürnberg, Stonetec; 94, 97, 98 Mellrichstadt (Bilder-Skulpt.-Objekte); 96 Kleinsassen, Kunsttage; 97 Bad Neustadt/Saale (Malerei. Graph. Bildhauerei) – (Red.)

Gross, Rainer, Maler; c/o Gal. Michael Schneider, Hohenzollernstr. 22, D-53173 Bonn, Tel. u. Fax (02 28) 35 14 10, *schneider@galerieschneider.de; rg@rainergross.com*, *www.galerieschneider.de; www.rainergross.com* (* Köln 23. 4. 51) – **VG:** Köln, Benden & Klimczak; Viersen, Benden & Klimczak; New York, Raben; Amsterdam, Parade; Bonn, Schneider; Basel, Graf & Schelble; Hannover, Koch – **S:** 71–74 FHS f. Kunst u. Design Köln – **L:** visiting artist an versch. HS in Europa u. USA – **KGe:** Zus.arb. m. Howard Konovitz, Larry Rivers, Jean Tinguely u. Robert Motherwell (74–80) – **G/T:** Malerei (u. a. Contact-Paintings) – **M:** Bergisch Gladbach, StG Villa Zanders; Champaign/IL, Krannert AM; Köln, SM; Leverkusen, StM Schloß Morsbroich – **E:** u. a. 96 Hamilton/Ont., Art Gall.; 97 New York, Earl McGrath Gall.; Champaign/IL, College of Fine and Applied Arts; 98 Frankfurt am Main, Gal. Frankfurter Kunstkab. Hanna Bekker v. Rath; 99 Sun Valley, Wilson; 00 Kopenhagen, Egelind; Atlanta/GA, Marcia Wood Gall.; 01 San Francisco, Sitcoste; 02 Münster, Schauspielhaus; 03 Düren, Leopold-Hoesch-Mus.; Mülheim an der Ruhr, KM; 03, 04 Viersen, StG im Park – **G:** u. a. 93 New York, Drawing Center; Mexiko-Stadt, Fundación para el Arte Contemp.; 96 Bonn, Kunst- und Ausst.halle d. BRD; 97 Madrid, Mus. de la Ciudad; 01 Darmstadt, KH; Trier, AK; Bergisch Gladbach, StG Villa Zanders; 02 Wiesbaden, KV – ***Lit:*** u. a. Ztgn: Helen A. Harrison: He improves on the past, in: New York Times 79; H.F. Debailleux in: La liberation 83; Christa v. Helmolt: Die schöne Gegenwart, in: FAZ 91; Christine zu Mecklenburg: Kontaktbilder m. kosm. Dimensionen, in: Bonner General-Anzeiger 02 – weitere: Carl Haenlein (Text): Momentbild 82; Stephen Westfall: Art in America 83, 88; Uli Bohnen (Text): Hommage – Demontage 88; Joachim Heusinger v. Waldegg (Text): Der Künstler als Märtyrer 89 – KAT.: David Moos, Paul Hemrend u. Peter Frank: LUXUS 88; Leslie A. Brothers: Without Words – Private Stories 93; Gerhard Finckh: Ohne Worte – Persönl. Geschichten 93; Twins 98

Groß, Renate, Malerin; Landsbergerstr. 37, D-82205 Gilching, Tel. (0 81 05) 77 51 55, Fax 77 51 54 (* Bad Tölz 20. 3. 49) – **S:** 71–76 Univ. München (Kunststud. Lehramt b. Prof. Hans Daucher); 92 Akad. d. Schönen Künste München (Gaststud. b. Thierry Boissel) – **L:** 92–95 Akad. d. Schönen Künste München (Leiter Glaswkst. u. Ass. v. Thierry Boissel) – **P:** Kunstpr. d. Landkr. Fürstenfeldbruck 93; Weru-Glaskunstpr. 03 – **G/T:** u. a. Malerei, Zeichn., Bleiverglasung, Glasmalerei, Glasobjekte – **W:** Kirchen- u. Kapellenfenster – **M:** Frauenau, Glasmus.; Immenhausen, Glasmus.; Linnich, Dt. Glasmalerei-Mus.; Wertheim, Glasmus. – **Ö:** u. a. Bremen, Kath. Kirche St. Antonius; Fürstenfeldbruck, Spk. (Kunst am Bau); Weilheim, Kirchen- u. Kapellenfenster – **E:** u. a. 84 Augsburg, Ecke Gal.; 95 Rheinbach, Glasmus.; 98 Sinzheim, Glasgal. B; 99 Seattle, Traver Gall.; 00 Weiden, Der Gläserne Turm – **G:** u. a. 97 Arnbruck, Glasgal.; 98 Linnich, Dt. Glasmalerei-Mus.; 99 Dachselsried, Herrmann; 00 Immenhausen, Glasmus.; Wertheim, Glasmus. – (Red.)

Groß, Sabine, Medien- u. Objektkünstlerin; Viktoria-Luise-Platz 9, D-10777 Berlin, Tel. (0 30) 32 60 55 34, *sabine.gross@t-online.de*, *www.sabinegross.com* (* Ulm 22. 1. 61) – **VG:** Berlin, Markus Müller – **S:** 85–91 ABK München – **P:** DAAD-Stip. f. New York 92–93; Cité Intern. d. Arts Paris 94–95; Förd.pr. d. Stadt München 96; Arb.stip. d. Kunststift. Bad.-Württ. 98 – **M:** Berlin, Kunstbibliothek; Berlin,

Neuer Berliner KV; Essen, Mus. Folkwang; München, Lenbachhaus; Ulm, Mus. – **Ö:** Berlin, Hotel Künstlerheim Luise; München, Vodafone Pilotentwickl.; München, Stadtteilkulturzentrum Milbertshofen – **E:** u. a. 92 München, Kampl; 99 Berlin, Künstlerhaus Bethanien; Leipzig, KV; 00 Stuttgart, Kunststift. BW; 01 Göppingen, KH; 02 Wilhelmshaven, KH; 03 Dortmund, Mus. am Ostwall; 04 Berlin, Neuer Berliner KV; 05 Ulm, Stadthaus; 06 Berlin, Magnus Müller – **G:** u. a. 94 Kaiserslautern, Pfalz-Gal.; 94, 97 München, Haus d. Kunst; 97 Stuttgart, Staatsgal.; Berlin, NG/Sonderausst.halle Kulturforum; 98 Düsseldorf, Mus. Kunst Pal.; New York, PS 1; Seattle, Henry Art. Gall.; 99 Berlin, Neue Ges. für Bild. Kunst NGBK; Berlin, Kunstbibliothek; 00 Düsseldorf, KS NRW; Hamburg, KH; 01 Baden-Baden, KH; Nordhorn, StG; Kassel, KV; 02 Wien, KH; 03 Stuttgart, Württembergischer KV; 05 Kassel, Mus. Fridericianum – ***Lit:*** Justin Hofmann, S.G. in: Kunstforum Intern., Bd. 121 (S.438); Heinz Schütz: Auf d. Bahnhof vor den Leuchtkästen, in: Ausst.kat. Hauptbahnhof München/Frankfurt 95; Thomas Dreher: Im Vierwegesystem, in: Ausst.kat. Galerie FOE, München 95; ders.: S.G. – Textpräsentationen auf transparenten u. festen Körpern, in: Monogr.reihe, Ausst.kat. Kulturreferat München 96 (S.7 ff.); Brigitte Kölle in. Deep Storage – Arsenale d. Erinnerung, Kat. 97 (S.146 f.); Magie der Zahl, Ausst.kat. Staatsgal. Stuttg. 97 (S.191, 269); Thomas Wulffen: Im Modell, in: Begleitbl. z. Ausst. Künstlerhaus Bethanien, Nov. 99; Andrea Domesle, S.G.: Künstlertypen, in: Die Lesbarkeit d. Kunst (Das XX. Jh., ein Jh. Kunst in Deutschland), Ausst.kat. Staatl. Mus. zu Berlin/Kunstbibliothek 99 (S.257 f.); Bernhart Schwenk, S.G.: Ego.Location, in: Ich ist etwas Anderes. Kunst am Ende d. 20. Jh.s, Ausst.kat. Kunstslg NRW 00 (S.248 f.); Petra Reichensberger in: ein|räumen. Arbeiten im Museum, Ausst.kat. Hamburger Kunsthalle 00 (S.53, 90, 167); Knut Ebeling: Die stille Kammer, in: Best of ... einige Präsentationstechniken u. -effekte, Ausst.kat. 00; Thomas Wulffen, S.G.: Im Modell, in: Kunstforum Intern., Bd. 155 (S.144 ff.); Marcus Lütkemeyer: Hausarbeiten – der Alltag daheim, ebda, Bd. 156 (S.394); Kunst u. Kur, Ausst.kat. 01 (S.170 f., 211 f.); Hausarbeiten – Der Alltag daheim, Ausst.kat. Städt. Gal. Nordhorn 01 (S.12 f.); Peter Herbstreuth: Spurlos im Kommunikationssystem. Zwischen Konstruktion u. Erfahrung, in: S.G. Fashionloop, Goldrausch Künstlerinnenprojekt u. Kunsthalle Göppingen 01; Wiedervorlage d5 – Eine Befragung d. Archivs z. documenta 1972, Ausst.kat. 01 (S.109 ff.); Ronald Berg, in: Die Quelle als Inspiration, Ausst.kat. 02 (S.32 ff.); Stefanie-Vera Kockot: Willkommen, bienvenue, welcome ..., in: S.G. Software Mensch – Hardware Kunst 02; Ingo Bartsch: Kunstbetrieb Digital gespiegelt, ironisch gebrochen, ebda (S.9 ff.); Thomas Elsen: Über S.G., ebda (S.13 ff.); Interview mit S.G. von Ute Riese: Vom Milky Way zum Müsliriegel, ebda (S.65 ff.); Sight-Seeing, 4. Österr. Trienn. z. Fotografie, Ausst.kat. 03 (S.162 ff.); Der silberne Schnitt – Kunststift. Bad.-Württ., Ausst.kat. Kunststift. Bad.-Württ. u. Württ. KV 02 (S.32 f.); Nicola Kuhn, Wolf Singer in: Cahiers critiques 2; Kunst muss aus der Stille kommen / Sabine Groß; critic's choice / Nicola Kuhn, Neuer Berliner Kunstverein 04; Inge Lindemann in: S.G. Psychofone, Artcircolo Kunstprojekt u. Vodafone Group R&D 04; Michael Glasmeier, Christoph Lange: Die Dinge d. Ordnung, in: archive in motion – 50 Jahre documenta, Kat. 05 (S.130 ff., 143 f.)

Groß, Ulrike, Dr., Bildhauerin, Exper. Künstlerin; Sittarder Str. 5, D-40477 Düsseldorf, Tel. (02 21) 5 13 64 88, *amp05@uni-koeln.de*, *www.duesseldorf.de/kuenstlerleben* (* Köln) – **S:** Akad. Beeldende Kunsten Maastricht; Hogeschool Zuid; Goldsmiths College, Univ. of London – **P:** DAAD-Stip. f. Ghana 95; Arb.-stip. f. FLACC (Centrum voor Kunsten en Beeldcult.) Gent 04 – **Ve:** Ver. Düsseldorfer Künstler; Conseil Intern. de la Danse (CID)-UNESCO – **G/T:** Multimedia Install.; Install.; Objektkunst – **W:** mehrere Arb. in Privatbes. – **M:** Lophem, KH – **Ö:** Düsseldorf, Künstleratelierhaus – **G:** zahlr. Bet. seit 95, z.B 99 Köln, Univ.; 03, 04 Düsseldorf, Große Düsseldorfer Kunstausst.; 04 Gent, FLACC; 05 Brugge, Corpus Brugge 05; Düsseldorf, Künstleratelierhaus – **V:** Analyse u. Deskription textueller Gestik im Adogbo, unter Berücksichtigung kommunikationstheoret. Aspekte 97 – **R:** Anna Blume u. zurück. Sprachkomposition in sieben Sprachen, Audio CD (Idee u. Komposition) 04 – ***Lit:*** Tussen Huid en Orgasme – het alchemist. lichaam, Ausst.kat. 05

Grossarth, Ulrike, Prof., Performance- u. Aktionskünstlerin; Justinenstr. 9, D-01309 Dresden, Tel. (03 51) 3 14 01 94 (* Oberhausen 52) – **VG:** Berlin, Zwinger Gal.; München, Gross – **S:** 69–72 Else-Lang-Schule Köln (Künstler. Tanz); 72–74 Folkwangschule Essen (Tanz); 74–75 Palucca-Schule Dresden – **L:** 98 HBK Dresden (Prof. f. Übergreifendes künstler. Arb.) – **G/T:** Performance, Aktion, Film, bildnerische u. plast. Werke – **E:** u. a. 87 Berlin, Künstlerhaus Bethanien; 89, 92 Berlin, Zwinger Gal.; 91, 94 München, Gross; 92 Hoorn, Stichting de Achterstraat; 93 Berlin, Kunst-Werke; 96 Frankfurt am Main, Portikus; 96, 01 Berlin, Borgemeister; 98 Kassel, Neue Gal.; 99 Wien, MAK; Hannover, Sprengel Mus.; 01 Wien, KH – **G:** zahlr. Ausst.bet., u. a. 97 Kassel, documenta X – **R:** Künstlerfilme: Kohlenstraße 70 84; Der Ofen 85; Die ideale Starre 87; Die Küche des Boris Jelzin 91 – (Red.)

Große Wilde, Ludger Theodor, ObStudR, Kunsterzieher, Maler, Bildhauer, Graphiker; Königswinterer Str. 586, D-53227 Bonn, Tel. (02 28) 44 24 31, *ludger.grosse.wilde@web.de*, *www.ludgergrossewilde.de* (* Beckum/Westf. 18. 2. 44) – **S:** 69–75 KA Düsseldorf (Bild. Kunst, Kunstgesch. u. Kunstwiss. b. d. Prof. Beate Schiff, Karl Bobek u. Rolf Sackenheim); Univ. Köln; Akad. d. Schönen Künste Florenz; 75 KA Düsseldorf (Meisterschüler b. Prof. Karl Bobek) – **P:** Reisestip. d. Poensgenstift. 75; DAAD-Stip. f. Florenz 75–76 – **Ve:** BBK Bonn Rhein-Sieg 89 – **KGr:** Oberkasseler Kult.tage (seit 89) – **G/T:** Malerei; Bildhauerei; Graph.; Lithostrotographie; Hypherpse; Entripse – **K:** Künstler. Gest. im eigenen Atelier (seit 00) – **W:** überw. in Privatbes. – **Ö:** Bonn, Archit.büro Becker & Laß-Adelmann – **E:** 79 Düsseldorf, Pal. Wittgenstein; 90 Köln, Reg.präsidium; Wesel, Lipski; 91 Bonn, Alte Ev. Kirche Oberkassel; 95 Bonn, DARA; 96 Bonn, Bahnhof Oberkassel; 99 Bonn, DETECON; 00 St. Peter-Ording, Meiforth; 01 Siegen, SEB Bank; 02 Bonn, Drachengal.; 03, 04 Bonn, Atelierausst.; 07 Bonn-Bad Godesberg, AOK Geschäftsstelle – **G:** 72, 73, 90 Düsseldorf, Mus. Kunst Pal.; 76 Düsseldorf, KH; 96, 97 Bonn-Bad Godesberg, Haus an d. Redoute; 97 Bonn, Künstlerforum; 98 Hennef, Messe; 05 Bonn, Arboretum Herle Oberkassel

Grosse, Barbara; Unterfeldstr. 13, D-44797 Bochum, Tel. (02 34) 79 18 42, *b.s.grosse@gmx.de* (* Stuttgart 28. 10. 38) – **VG:** Iserlohn, Bengelsträter – **S:** 59–60 KA Stuttgart (b. Prof. Gollwitzer); 60–61 KA Karlsruhe/Freiburg (b. Prof. Meyboden); 68–75 Musisches Zentrum Univ. Bochum (b. H.-J. Schlieker) – **L:** 89–03 Univ. Bochum (LAuftr., Leitung d. Druckwkst.) – **P:** Pr. d. Intern. Graph.-Trienn. Frechen (1. Pr. 86; Kunstpr. d. IG Metall 95 – **Ve:** Bochumer Künstlerbund 73; Künstlervrg Düsseldorf 86; Westdt. Künstlerbund 98 – **KGe:** Atelier de Gravure T. B. Halbirk Paris 96 – **G/T:**

Rad., Install. – **M:** Bochum, Mus.; La Coruña, Mus. de Asturia; Paris, Bibliothèque Nat. – **Ö:** Düsseldorf, Ldtag NRW – **E:** Einzelausst. seit 81, u. a. 87 Bad Oeynhausen, StG; 96 Herne, Zeche Unser Fritz 2/3; 97 Hattingen, RH – **G:** seit 83 Düsseldorf, Große Kunstausst. NRW; 89 Grenoble; 90 Berlin Ost; 99 Guangzhou u. Peking; 01 Bochum, Mus.; 03 Wégimont/Belgien, StG – ***Lit:*** Ausst.kat.: Eva-Maria Schöning: Zeichnung und Druckgrafik 87; Hans-Günter Golinski: Die gedruckte Zeit 96; Sepp Hiekisch-Picard: Gesteuerter Zufall 01 – (Red.)

Große, C.G. (eigtl. Catrin Große), Dipl.-Malerin u. -Graphikerin; Schloßplatz 1, D-03253 Doberlug-Kirchhain, Tel. (03 53 22) 3 42 65, *cggrosse@gmx.de*, *www.cggrosse.gmxhome.de* (* Finsterwalde 22. 7. 64) – **S:** 84–89 HBK Dresden (Dipl.); 91–93 ebda (Meisterschülerin b. Prof. G. Horlbeck); 94–95 Royal College of Art London (b. Prof. Mara) – **L:** 95–97 Univ. of Art and Design Coventry (Vorträge üb. das 95 entwickelte Amboß-Druckverfahren); seit 03 Gesamtschulen, Gymnasien, Ver. (Weiterbildung f. Kunsterzieher, Entwicklung v. Angeboten f. Erweiterung d. Kunstunterrichts) – **P:** Philip Morris Stip. 93, 94; DAAD-Stip. f. London 94, 95; Aufenthaltsstip. Künstlerhaus Lukas, Ahrenshoop 99; Keramik d. CTA-Kult.ver. Fürstenwalde (Aufenthaltsstip.) 03 – **Ve:** VBK Brandenburg 91–06; GEDOK 02 – **G/T:** Malerei; Graph.; Objektkunst (Holz, Keramik); Wandmalerei; Film – **K:** Kreativtechniken (Vorträge, Workshops, Arb.blätter); Vorträge u. Workshops zu Amboßdruck u. a. graph. Techniken (inkl. Computergraph.) – **W:** zahlr. Performances, zahlr. Werke in Privatbes., Install. (temporär); Kunstfonds Sa.; Kult.-stift. d. Freistaates Sa. – **M:** Bonn, DAAD-KS; Coventry, Herbert Art Gall.; Dresden, Kpst.-Kab.; Dresden, Kult.amt; Dresden, Reg.präsidium; Dresden, Sä. Aufbaubank; London, GrS d. Royal College of Art; Luxemburg, Mus. 00; Stuttgart, Ldtag – **Ö:** Cottbus, Vattenfall (Holz-Reliefs); Doberlug, Schloßpl. (Windrad: opt. Effekt); Dresden, Altmarkt (Holz-Objekt) – **E:** zahlr. seit 84, zuletzt 04 Finsterwalde, Kreismus.; Berlin, Inselgal.; Cottbus, Vattenfall (Kat.); 05 Soest, Alter Schlachthof; Moskau, designer showroom: MT Project – **G:** zahlr. Bet. seit 84, zuletzt 04 Chemnitz u. Dresden, Innenstädte: Objekte auf Pl.; Frankfurt am Main, BVBK-Gal.; 05 Dresden, Schauspielhaus; Dresden, Pal. im Großen Garten; 06 Cottbus, Brandenburgische KS; Potsdam, Gal. M – **R:** Blickwinkel I u. II, Kurzf. 05, 06 – ***Lit:*** C.G.G. Torf u. Pantone. Arb. v. 1989–2001; – AUSST.KAT.: Philip Morris Kunstförd. Vier in Dresden 94; C.G.G. Druckstöcke (z. Ausst. im Leonhardi-Mus. Dresden) 02 – ***LitR:*** Kohl u. Herbrig: Künstler des Elbe-Elster-Kr., Portr./Dok. 00

Große, Erwin, Freischaffender Bildender Künstler, Maler, Objektkünstler; Atelier Viktoriastr. 72, D-52066 Aachen, Tel. (02 41) 54 37 84, Mobil: 01 77 60 71 800, *erwin.grosse@gmx.de* (* Kiel 7. 3. 49) – **VG:** Aachen, Hexagone; Luxemburg, Schortgen – **S:** 72–77 HBK Berlin (Freie Malerei, Meisterkl. Prof. Heinz Trökes) – **L:** 74–77 HdK Berlin (Tutor b. Prof. Ulrich Knispel, Grundlehre); 02–03 Montessori Gesamtschule Aachen (Kunstprojekt) – **Ve:** BBK Köln seit 85–02; BBK Aachen-Euregio seit 96 – **G/T:** Exper. Kunst: Malerei (Öl-Kunstharzgemisch, Gouache-Kunstharz, Aqu.); Objektkunst (Lw., Papier, Steine, Metall) – **K:** exper. Malen in versch. Techniken – **W:** Werke in Privatbes. u. im Bes. d. Stadt Aachen, d. Spk. Leverkusen, d. Raiffeisenbanken in Bechen-Kürthen, Bernkastell-Kues u. Kaarst sowie d. Firmen Datus Aachen, Consulting Plus Troisdorf u. d. Art-Hotels Aachen; Projekt: >au contraire<, begehbare KUNSTlandschaft – **Ö:** Aachen, Stadtbetriebe am Madridter Ring; Bernkastell-Kues, Raiffeisenbank; Essen, Geno-Bank – **E:** 96 Aachen, Bernardi; 97, 98 Köln, Böhm; 99, 01, 04, 06 Aachen, Hexagone; 00 Dresden, KH im Art'otel; Hannover, Kunstmesse Forum f. Kunst; Stolberg, StG; 00, 01 Osnabrück, Kunstmesse Impulse; 01 Aachen, Kult.inst. Française; 02 Luxemburg, Schortgen; 04 Willich, Temporäre Gal. Schloß Neersen; Herzogenrath, KV Forum f. Kunst; 05 Köln, Gal. RWE Power – **G:** 98 Brunssum, Cult. Zentrum; Düsseldorf, EP Gal.; 99 Monschau; StG. Au-Kloster; 00 Chauny, Gal. Jaques Cartier; Halle/Saale, SM; Aachen, Ludwig Forum; 01 Esch-Sur-Alzette, Art u. Passion; 02 Kerkrade, Industrion-Mus.; 03 Kempten, KH; 04 Duisburg, Cubus KH; Linselles, Cult. Centrum M. Boutry; 05 Schleiden-Gemünd, KV Schleiden – **V:** au contraire. Industrie und Landschaft. Malerei als Installation und Bodeninstallation, Fotobd u. Arb.ber. 01 – ***Lit:*** Ralf Kulschewskij: E. G. Bilder 1995–1998, Ausst.kat. 98; ders.: Die wiedergewonnene Natur, Künstlerportr., in: Kunstzeit 2/98; Gabriele Teuteberg: über Land, Ausst.kat. 98; Hans-Georg Sehrt: Halle und das Salz der Erde, Ausst.kat. 00; zu 'au contraire': ArtefACt. Kunst im Westen 5/04; E. Pasche: Der Anschnitt. Kunst u. Kult. im Bergbau 04; ders.: ANNA. Ein Kunstprojekt – Bergbaumus. Wurmrevier e.V. Alsdorf 04; Kulturamt Willich: au contraire, Ausst.kat. 04 – ***LitR:*** Künstlerportr., Radio 100,1 Aachen

Grosse, Hannes, Maler; Box 116, Mansons Landing, BC V0P 1K0, Tel. (2 50) 9 35–67 60, *irisst@oberon.ark.com*, *www.hannesgrosse.com* (* Berlin 10. 12. 32) – **S:** 54–60 KA München – **P:** Studienstift. d. dt. Volkes 57–60; Bay. Staatsförd.pr. 67 – **Ve:** Dt. Künstlerbund 65 – **W:** überw. in Privatbes. – **M:** München, Pin. d. Mod.; Nürnberg, Neues Mus. – **Ö:** Mexico-Stadt, Camino Real (Wandbild); Regensburg, Univ.; ebda, Brunnengest. – **E:** 68 Nürnberg, Defet; Godesberg, Nickel; München, Seyfried; 68, 69 Frankfurt am Main, Kleine Gal. 68, 70 (Kat.) München, Van de Loo; 69 Washington/USA, Nickel; New York, Turtle Gall.; 70 Berlin, Gal. im Kubus; Bremen, Antpoehler; 72 Mexiko-Stadt, Studio Jutrzenka; 01 Seattle, Studio M. + S. Torrance; 04 Olhao/Portugal, Gal. da Restaurato – **G:** 67 Mailand, Gall. de il Giorno; San Marino, 6. Bien. San Marino; 68 L'Aquila, Alternative Actuale; 69 Baden-Baden, Staatl. KH: 14 × 14 Eskalation; 70 Hannover, Dt. Künstlerbund; 76 Dubrovnik, Neue Graphik; 02 Nürnberg, Neues Mus. – sowie: 71 Dt. Graphik in Kopenhagen, Göteborg u. Stockholm – **V:** The Necessary and the Possible 65; Edition X Taroshehuen 75; Graphik Verlag Slutzky 75; Galerie + Edition Luepke 76; Edition E 76; Schöner Wohnen 76 – ***Lit:*** Die Kunst u. das Schöne Heim, Mag.; Neue Ornamentik, Art Mag.; Nina Keller: Report über junge Künstler; D'Ars, KunstZs.; Goya, KunstZs.; alle 1970 – ***LitR:*** Rolf Gunther Dienst: 5 Junge Dt. Künstler (NWDR) 70; 30 Jahre später, TV Show (NWDR) 85

Grosse, Katharina, Malerin; Tel. (02 11) 7 30 88 79, Fax 7 33 25 02, *studio@katharinagrosse.com*, *www.katharinagrosse.com* (* Freiburg im Breisgau 61) – **VG:** Düsseldorf, Conrads; München, Gross; Auckland, Gow Langsford Gall.; Wien, Gal. nächst St. Stephan; Zürich, Müller; Los Angeles, Grimes – **S:** 86–90 KA Düsseldorf (Malerei) – **L:** seit 00 KHS Berlin-Weißensee (Prof.) – **P:** Villa-Romana-Pr. 92; Karl-Schmidt-Rottluff-Stip. 93; Arb.stip. d. Stift. Kunstfonds Bonn 95; Stip. Künstlerhaus Edenkoben 98; Dt. Kunstpr. d. Volksbanken u. Raiffeisenbanken 99; Artist in Residence d. Chinati Foundation Marfa/TX 99; Artist in Residency Progr. Auckland 01; Andy Warhol Residency Award Headlands Found. (San Francisco) 02; Fred Thieler Pr. f.

Malerei 03 – **W:** Werke im Bes. d. Dresdner Bank – **M:** Berlin, DaimlerChrysler Contemp.; Berlin, KS d. Dt. Bundestages; Berlin, Slg d. BRD; Bonn, KM; Düsseldorf, KS NRW; Düsseldorf, KS WGZ-Bank; Frankfurt am Main, Dt. Bank KS; Frankfurt am Main, Industriekreditbank; Hannover, Sprengel Mus.; München, Lenbachhaus; München, Slg d. UBS AG; Riehen, Slg Richterich; Stockholm, Magasin 3 Stockholm KH; Stuttgart, Bosch Stift.; Wesel, Telekom; Zürich, Kunsthaus; Zürich, Slg d. UBS AG – **Ö:** Frankfurt am Main, DEKA Bank (Wallpiece); Toronto, Greater Toronto Airports Authority (Wallpiece); Zürich, Staatsarch. (Wallpiece) – **E:** u. a. 96 Lübeck, Overbeck-Ges.; 97 New York, Bungert; 98 Bern, KH; 99 Bonn, LM; 01 Gyeongju, Artsonje Mus.; Los Angeles, UCLA Hammer Mus.; 02 Birmingham, Ikon Gall.; München, Lenbachhaus; St. Gallen, KM; 03 Berlin, Berlinische Gal.; 04 Stockholm, Magasin 3 Stockholm KH (Kat.); Odense, KH Brandts Klaedefabrik (Kat.); Houston/TX, Contemp. AM; 05 Paris, Pal. de Tokyo; Bergen, KH; 06 Amsterdam, De Appel (Kat.) – **G:** zahlr. Bet., u. a. 95 Düsseldorf, KH; 99 Nürnberg, KH; 00 Berlin, Hamburger Bahnhof; 02 Paris, Mus. d'Art Mod. de la Ville; São Paulo, Biennale.; 03 Leverkusen, StM Schloß Morsbroich; München, Lenbachhaus – ***Lit:*** AUSST.KAT. u. a.: Andreas Denk (Text): K.G. 95; Justus Jonas-Edel (Text): Farbe – Malerei der 90er Jahre 96; Roman Kurzmeyer (Text): Ausloten – Fünf Positionen autonomer Malerei: K.G. 99; Nikola Doll u. Christoph Schreiner (Text): K.G. 99; Peter Friese (Text): K.G. 02; Jonathan Watkins, Marion Ackermann, Roland Wäspe u. Beate Ermacora (Text): K.G. Cool Puppen 02 – weiter u. a.: Eric de Chassey (Text): Vitamin P. New Perspectives in Painting 02; K.G. Location. Location. Location. 02; Armin Zweite (Laudatio): K.G. Fred Thieler-Preis für Malerei, Festschrift 03; Gregory Volk, in: Parkett Nr. 74 05, S. 118–123; Hans Ulrich Obrist, in: ebda, S. 126–133; Roman Kurzmeyer, in: ebda, S. 140–143

Grossert, Stefan, Fotograf; Föhrenstr. 3, CH-4054 Basel, Tel. 0 613 02 01 70, *inzwischendazwischen@web.de*, *www.fmp.ch/visarte/; www.dokustellebasel.ch/t3_doku/index.php?id=2* (* Zürich 19. 6. 65) – **P:** Ilford Anitec (Werkbeitrag) 97 – **Ve:** Visarte seit 98 – **G/T:** Fotogr.; Video; Druckgraph./Multiples – **E:** 97 Basel, Gewerbemus. Schule f. Gest.; 00 Basel, LKK; 05 Basel, Shift F11 – **G:** 97 Muttenz, Kunsthaus Baselld; Sissach, Untere Fabrik; 98, 99, 00, 04 Basel, Projektraum M54; 98 Däniken, Kult.fabrik Takatuka; Porrentruy, Cité et Arts; 99, 02 Basel, Ausst.raum Klingental; 02 Basel, Art Liste 02 – **V:** Kontakt – Ein Portrait, Fotobd 97

Großmann, Erhard; Friedberger Weg 11, D-17099 Brohm, Tel. (0 39 68) 21 06 37 (* Dresden 17. 1. 36) – **S:** 56–61 HBK Dresden (b. d. Prof. E. Fraaß, H. Th. Richter u. Prof. R. Bergander) – **P:** Fritz Reuter Pr. 66, 72 – **Ve:** VBK DDR 63–89; Künstlerbund Meckl. u. Vorpommern 90 – **G/T:** Malerei (Öl, Aqu., Gouache); Graph.; Akt, Portr. u. Landschaft (figürlich) – **W:** malerische u. graph. Arb. in Privatbes. im In- u. Ausld – **M:** Alt Schwerin, Agrarhist. Mus.; Dresden, Kpst.-Kab.; Frankfurt/Oder, Mus. Junge Kunst; Gera, KS; Halle/Saale, Staatl. Gal. Moritzburg; Neubrandenburg, KS; Neustrelitz, KS d. Ldrates; Schwerin, Staatl. Mus.; Tellow, Thünen-Mus. – **Ö:** Berlin, Foyer d. Pal. d. Republik (Tafelbild); Neubrandenburg, Außenfassade in d. Oststadt (Kermik-Wandbild); ebda, Krämerstr. in d. Oststadt (Wandmalerei), Verkehrsunternehmen (Wandmalerei) – **E:** 69 Schwerin, Staatl. Mus.; 70 Frankfurt/Oder, Gal. Junge Kunst; 72 Rostock, KH; 74 Neubrandenburg, Gal. am Friedländer Tor; 75 Röbel; 77 Neustrelitz, Mus.; 86 Neubrandenburg, Haus d. Kult. u. Bildung; 93 Zislow, Dorfkirche; Neubrandenburg, Gal. am Friedländer Tor; 96 Neubrandenburg, KS – **G:** seit 65 zahlr. Gr.ausst. im In- u. Ausld, u. a. 67 Dresden, Dt. Kunstausst.; 69 Amsterdam, Kristaan; 72 Florenz, Biennale.; 73, 77, 87–88 Dresden, Kunstausst. d. DDR; 92 Collogne/Ital.; 01 Schwerin, Schlesw.-Holst.-Haus; 02 Greifswald, Gal. im Max Planck Inst. – ***Lit:*** Petra Metzmacher: E. G. Aquarelle, Handzeichnungen, Radierungen, Kat. 86; R. Hoffmann: E. G. Arbeiten auf Papier, Kat. 93; KS Neubrandenburg (Hrsg.): Arbeiten auf Papier. Kat. 96 – (Red.)

Grossmann, Helene B., Malerin; Nördliche Auffahrtsallee 50, D-80638 München, Tel. u. Fax (0 89) 1 70 85 31, Mobil: 01 7 28 51 01 19, *helenebgrossmann@aol.com*, *www.helenegrossmann.com* (* Königsbrück 12. 11. 43) – **VG:** München, Thomas; Dresden, Nütt; Graz, Tazl; Riehen, Mazzara u. Mollwo; Küßnacht, Reichlin – **S:** 81–85 HBK Dresden – **L:** 93 Ludwig-Maximilians-Univ. München (Doz.) – **P:** Förd. d. Ldeshauptstadt München 94; Kunstpr. f. Malerei d. Erwin v. Kreibig Mus. München 05 – **Ve:** IGBK 99; Freie Münchner u. Dt. Künstlerschaft 03 – **G/T:** Lichtenergetische Malerei (Acryl/Lw.); Plast. (Bronze); Freskomalerei – **W:** in Privatbes. sowie im Bes. d. Bay. Ldesbank München, d. Münchner Rückversicherung München u. d. Allianz Leben Stuttgart; mehrere Spielfilme z.B. Doris Dörrie 'Nackt' – **M:** Dresden, SKS; Höhr-Grenzhausen, Keramik-Mus. Westerwald; München, Bay. Staatsgemäldeslgn – **Ö:** München, Biologisches Inst. d. Ludwig-Maximilians-Univ.; ebda, Dibag (Sitzungsraum), Klinikum Innenstadt d. Ludwig-Maximilians-Univ. – **E:** u. a. 79, 80 Berlin, Gal. Berlin; 80 Cottbus, Blechen; 82 Dresden, Neue Dresdner Gal.; 84 Jena, Gal. im Stadthaus; 85 Görlitz, Gal. Am Schönhof; 89 Stuttgart, Kunsthaus Schaller; 93 Erlangen, StG; 97, 98, 99 München, Heynig; 98 Berlin, Waszkowiak; 00 Moskau, Intern. Malewitsch Found. (Kat.); Leipzig, Beck u. Eggeling; Weilheim, Mus.; 02 Zürich, Schönenberger-Kyrimis; 04, 06 Dresden, Nütt; 04 München, Thomas; 05 Ibiza, Mus. Espacio Eduard Mieus; Graz, Tazl; 06 Meißen, Dom (Kat.); Küßnacht, Reichlin; 07 Riehen, Mazzara u. Mollwo – **G:** u. a. 90, 01–06 München, Haus d. Kunst; 91 Hamburg, Deichtorhallen; 93 Dresden, Kühl; 97 Köln, Art Cologne; 98–05 München, Erwin v. Kreibig-Mus.; 03–05 Basel, Art Basel; 04–06 Madrid, ARCO; 04 Maastricht, Tefaf; Budapest, Gal. d. Künste; Békés, MMK; 05 Arnstadt, KH; Zürich, Kunst 05; New York, Art of the 20th Century; 06 Bielefeld, Baumgarte – ***Lit:*** KAT.: Rupert Schreiner: H. B. G. Bilder und Skulpturen 91; H. B. G. Farbe-Raum-Licht 97; Respiro 05; H. B. G. Kunst ohne Grenzen – ***LitR:*** Fs.-Beitr. (RTL) 00

Grosz, Peter, Maler, Bühnenbildner; Isabellastr. 29, D-80798 München, Tel. (0 89) 28 80 72 50, *peg@petergrosz.net*, *www.PETERGROSZ.NET* (* Dresden 3. 3. 59) – **S:** 85–88 HBK Dresden – **P:** Arb.stip. d. Berliner Senats 92 – **Ve:** BBK München u. Obb. – **G/T:** informelle Malerei – **W:** in Privatbes., Ld Sa. – **Ö:** Dresden, Polizeipräsidium – **E:** zahlr. Ausst. u. Theaterausstattungen – **G:** 03 Halle/Saale, Villa Kobe: Große Kunstausst. – (Red.)

Grotegut, Einhart, Dipl.-Ing. Architekt, Maler, Graphiker; Alte Meißner Landstr. 67, D-01157 Dresden, Tel. (03 51) 4 22 33 01, Mobil 01 73–2 72 51 40, Fax (03 51) 4 22 33 02, *grotegut.e@web.de* (* 30. 4. 53) – **S:** 74–79 TU Dresden; 77–79 HBK Dresden – **P:** Stip. d. Kunstfonds Berlin 90 – **Ve:** SKB 89 – **G/T:** Collage; Zchng; Objektkunst; Install. – **W:** zahlr. Werke in Privatbes. – **M:** Dresden, Kpst.-Kab.; Dresden, Kunstfonds d. Freistaates Sa.; Dresden, Slg d. Ostsächs. Spk. – **Ö:** Dresden, Sophienkirche (Gedenkinstall.); ebda, Altmarkt (Gedenkinstall. Leichenverbrennung); ebda, Frauenkirche (Aufstellung hist. Turmkreuz); Leipzig, Großes Windspiel – **E:** 89 Suhl, Gal. am Herrenteich; 93 Augustusburg, Schloß Augustusburg; 96 Straßburg, Art Straßburg (Standausst.); Dresden, Schloß Pillnitz; 98 Dresden, Gal. im Taschenbergpalais; 00 Dresden, Haus am Zwinger – **G:** 92 Potsdam, Avantgarde, Reflex Ost-West; 93 Rotterdam, World Trade Center; – bis 06 div. Beteiligungen, zuletzt 06 in Oelsnitz – ***Lit:*** Ästhetik der Vergänglichkeit, Kat. 98

Grothe, Kristin (verh. Kristin Wuttke), Malerin, Graphikerin; Bahnhofstr. 42, D-24534 Neumünster, Tel. u. Fax (0 43 21) 25 34 84, Mobil: 01 7 95 68 45 39, *info @kristingrothe.de*, *www.kristingrothe.de* (* Hamburg 6. 5. 72) – **S:** 91–93 HBK Kassel; 95–96 Bath (6-monatiges Stud.); 93–99 HBK Braunschweig (Meisterkl. f. Graph. b. Prof. K.-C. Schulz); 99–02 Arb.aufenthalt Mailand u. Academia Brera; Werkstatt Giorgio Upiglio – **P:** Wilhelm-Höpfner Pr. d. Winckelmann-Ges. 98; Meisterschülerpr. d. HBK Braunschweig 99; DAAD-Jahresstip. f. Mailand 01–02; Reisestip. Provence d. Aldegrever Ges. 02; Dr.-Hans-Hoch-Stift. (Förd.) 03–04; Ldeskult.zentrum Salzau-Atelierstip. 03, 04 – **Ve:** BBK Schlesw.-Holst. 02; VG Bild 03 – **G/T:** Graph. (Zeichn., Rad., HSchn.); Malerei; Computer; Licht; Kunst im öff. Raum; Themen: Archit. (gebauter Raum: Antike bis heute), ldschaftlicher Raum – **W:** überw. in Privatbes., div. Projekte im öff. Raum – **M:** Braunschweig, Artothek; Cremona, Mus. Civico Ala Ponzone; Kiel, Spk.stift. Schlesw.-Holst.; Stendal, Winckelmann-Mus. – **Ö:** Bergamo, Commune di Seriate; Bonn, Bundesmin. f. Umwelt, Naturschutz u. Reaktorsicherheit; Braunschweig, Kloster- u. Studienfonds; Hannover, Nord LB – **E:** 97 Plön, Schloßschwimmhalle; 98, 01 Stendal, Winckelmann-Mus.; 99 Braunschweig, NDR; 00 Hameln, Gal. Arche; Bad Gandersheim, Kunstkr. Kloster Brunhausen; 01 Neumünster, Textil-Mus.; 04 Schleswig, St. Michaelskirche; Salzau, Kult.zentrum Schloß Salzau; 05 Halebüll-Schobüll, Lüth – **G:** zahlr. Ausst.bet. im In- u. Ausld seit 98, zuletzt 02 Bergamo; Berlin, Bundesmin. f. Umwelt; Mailand, Venti Correnti; Mailand, Eera; Vaasa, Grafinnova; Neumünster, Textil-Mus.; 03 Varna, Print Bienn.; Büdelsdorf, Nord Art; Neumünster, Papierfabrik; Schleswig, Schloß Gottorf – **V:** Römische Brunnen (Rad.) 98; Von Perge bis Patara, Mappenwerk (Rad.) 99 – ***Lit:*** K.G., Ausst.kat. 01, 06; Elena Biaggio, in: Graphische Kunst, Zs 03

Grothkopp, Jörn, Maler; c/o Spielhaus Morrison Gal., Reinhardtstr. 10, D-10117 Berlin, Tel. (0 30) 28 04 05 77, Fax 28 04 18 98, *info@spielhaus-morrison.com*, *www.spielhaus-morrison.com* (* Bergen/Rügen 69) – **S:** 92–99 HBK Dresden (Meisterschüler b. Prof. Max Uhlig) – **P:** VEAG-Kunstpr. f. Malerei 01 – **Ö:** Potsdam, Ostdt. Ldesbauspk. – **E:** 01 Berlin, Vereinigte Energiewerke AG; 02, 04 Berlin, Morrison; 04 Cuxhaven, Höhne – **G:** 00 Worms, Mus. Kunsthaus Heylshof; 03 Berlin, Morrison; 04 Cottbus (Vattenfall Pr.träger) – (Red.)

Grozß, Andre, Maler, Zeichner; c/o Künstlergruppe adp, Lohstr. 37, D-31785 Hameln – **G/T:** Karikaturen; Zchngn – ***Lit:*** Straßenleben, Werkkat.

Grube-Heinecke, Regine s. Heinecke, Regine

Gruber, Bettina, Fotografin, Videokünstlerin; Florastr. 66, D-50733 Köln, Tel. (02 21) 9 72 51 93, *Bettina Gruber@Photography-now.com*, *www.photography-now.com/artists/K06766.html* (* 47) – **VG:** Köln, Delank – **P:** Marler Video-Kunst-Pr. u. Video-Install.-Pr. 88 – **KGe:** B. G. u. Ulrich Tillmann (seit 85) – **E:** zuletzt u. a. 03 Köln, Stützer – (Red.)

Gruber, Christine, Malerin; Kleberstr. 53, D-96047 Bamberg, Tel. (09 51) 2 86 95, *christine.gruber@tiscalinet.de*, *www.kulturatlas-oberfranken.de* (* Bobingen 24. 7. 54) – **S:** 74–82 ABK München (Kunsterziehung b. Prof. Sauerbruch u. Malerei b. Prof. Tröger, Staatsexamen u. Dipl.) – **L:** seit 82 Gymnasium Bamberg (Kunsterziehung) – **P:** Förd.stip. d. Stadt München 81; Stip. d. Ldes Nds. (f. Woprswede) 87–88; Paul-Ernst-Wilke-Atelier Bremerhaven 90, 96, 00; Anerkennungspr. d. Nürnberger Nachrichten 96; Volker-Hinniger-Pr. f. Malerei 96; Frauenförd.pr. d. Ldkr. Augsburg 00 – **Ve:** BBK Ofr. 83; KV Bobingen 96 – **KGr:** Die Welle (seit 99) – **G/T:** von d. Lsch.- u. Portr.malerei z. autonomen Farbe (Öl, Pastell, Kreide, meist rechteckige Farbkörper aus wachsenden Farbschichten, pulsierend, transparent, narbig, darin zeichenhafte, gegenständl. Formen) – **M:** Bremerhaven, Dt. Schiffahrts-Mus.; Bremerhaven, HM/Morgenstern-Mus. – **Ö:** Ansbach, Staatl. Hochbauamt (Öl, Maltuch); Bamberg, Stadtbücherei (Öl, Maltuch); ebda, RH (Ölbilder); Eggolsheim, RH Markt (Öl, Maltuch); Würzburg, Univ.klinik (Öl, Maltuch) – **E:** 88 Düsseldorf, Leuchter (m. Bettina Mauel u. Inge Schmidt); 90 München, Gal. f. Neue Kunst; 92 Bamberg, Gal. am Stephansberg (m. Bernhard Ritter); 94 Bamberg, Villa Dessauer (m. Ela Bauer u. Bernd Wagenhäuser); 95 Ulm, Künstlerhaus Ulm (m. Ela Bauer); 96 Bamberg, Gal. f. Zeitkunst; Bobingen, Gal. im Schloß; 98 München, Orangerie; 99 Würzburg, Orangerie d. Hofgartens d. Residenz (m. Bernd Wagenhäuser); 00 Bremerhaven, Paul-Ernst Wilke-Haus (m. Sonja Krebs); 01 Würzburg, IHK (m. Bernd Wagenhäuser); 02 Bamberg, Collegium Oecomenicum; 06 Rattelsdorf, Kunstmühle Mürsbach (m. Christina Jüttner u. Bernd Wagenhäuser) – ***Lit:*** www.kulturatlas-oberfranken.de

Gruber, Erich, Maler, Graphiker, Objekt- u. Installationskünstler; Mettener Str. 63, D-94315 Straubing, Tel. (0 94 21) 6 14 75, *verena.gruber@t-online.de*, *www.erich-gruber.de* (* Straubing 21. 11. 53) – **S:** Autodidakt – **Ve:** BBK Ndb.; ver.di – Fachgr. Bild. Kunst – **KGr:** Deggendorfer Künstlergr. – **KGe:** Gemeinschaft Bild. Künstler Straubing – **G/T:** Malerei; Graph.; Objekte; Install. – **W:** Kult.stift. Ostbay.; Stadt Straubing; Stadt Passau – **M:** München, Bay. Staatsgemäldeslgn; Straubing, Raiffeisenbank; Straubing, Spk. – **B:** Straubing, Volksschule St. Josef (Sporthalle) – **E:** 93, 97 Griesbach, StG; 94, 03 Straubing, Gal. im Weytterturm; 94 Vilshofen, Stadtgal.; 99 Straubing, DB-Forum; 03 Domažlice/Tschechien, Gal. bratří spillarů – **G:** zahlr. Bet. im In- u. Ausld – zuletzt: 05 Deggendorf, Kapuzinerstadl; 06 München, Kunstpavillon; Straubing, Gal. im Weytterturm – ***Lit:*** Bilder 1988–1990 Gedanken 91; Bilder nach Gedichten v. Reiner Kunze 94; Fensterfliegenfang 97; Fliegenpein 98; Franz Niehoff: Gegenwartskunst u. Stadtgeschichte im Dialog, (Schriften aus d. Mus. d. Stadt Landshut) 04 – ***LitR:*** Kunstwerker – Künstlerportr. E.G. (DonauTV) 05

Gruber, Hetum (Ps.: htmrbr), Prof.; Seerainweg 11, D-76534 Baden-Baden, Tel. (0 72 21) 76 86 (* Tilsit 37) – **VG:** Karlsruhe, Rottloff – **S:** 57–61 ABK München – **L:** 80 HS f. Gest. Pforzheim (Prof.) – **P:** Förd.pr. d. Stadt München 77; Arb.Stip. d. Kult.kr. im Bundesverb. d. Dt. Industr. 77 – **G/T:** u. a. Plast., Install., Fotogr., Zeichn. – **M:** Düsseldorf, Mus. Kunst Pal. – **E:** u. a. 93 Heilbronn, SM; 94 Regensburg, StG Leerer Beutel; 96 Bonn, KM; 98 Erlangen, StG; 99 Ingolstadt, Gal. d. Theaters – ***Lit:*** Schweers 02 – (Red.)

Gruber, Mara, Akad. Textilkünstlerin; Krugstr. 12, D-90419 Nürnberg, Tel. (09 11) 39 08 88 (* Metten/Bay. 1. 5. 56) – **S:** 78–84 ABK Nürnberg (Textilkunst b. Prof. Ensemann, Meisterschülerin) – **P:** Förd.pr. Mittelfranken 95; Kunstpr. d. Stadt Schwabach 99 – **Ve:** KV Schwabach seit 86 – **G/T:** textile Materialbilder u. Objekte – **W:** in Kunstslgn in Mittelfranken sowie überw. in Privatbes. – **Ö:** Ansbach, Bay. Verwaltungsgerichtshof; Bad Bocklet, Kursaal (textile Gest.); Feucht, Spk. – **E:** 95 Schwabach, KV; 96 Nürnberg, Brunner – **G:** zahlr. Ausst.bet. seit 81, u. a. 81 Darmstadt, Mathildenhöhe; 84 Passau, KV; 85 Hamburg, MKG; 97 Abenberg, Burg; 99 Schwabach; 01 Nürnberg, Lorenzkirche; 02 Erlangen, SM – ***Lit:*** in: F. Grünke (Hrsg.): Zeitgenössische Textilkunst im Wirkungsbereich Deutschland-Österreich-Schweiz – (Red.)

Gruber, Maria (geb. Maria Herndler), Malerin, Graphikerin, Künstlerin; Hauptstr. 33, A-4673 Gaspoltshofen, Tel. (0 77 35) 74 74. Brennerstr. 14a, A-4820 Bad Ischl (* Gaspoltshofen 3. 6. 46) – **VG:** Wien, Gal. am Stubentor; Linz, Gal. Club d. Begegnung; Wien, Kleine Gal. – **S:** 77–82 Malerei b. Prof. Toledo in Salzburg; 83–84 Rad. b. Prof. Trautner in Linz; 84–88 Lith. b. Prof. Billy in Linz – **P:** Dr.-Ernst-Koref-Pr. (f. Lith.) 90; Kiwanis Druckgraph.-Pr. 95; Pr. d. Fédération des Beaux Arts Abbey Sorère Toulouse (1. Pr. f. Aqu.) 02; Pr. f. Malerei Versailles (2. Pr.) 02; Grand Concours Intern. Puget sur Argens (1. Pr. f. Malerei) 03 – **Ve:** Club d. Begegnung Linz 85 – **KGr:** Gruppe 30 (seit 92); Innviertler Künstlergilde (seit 01) – **G/T:** Malerei (vorw. Aqu.) u. Graph. (vorw. Druckgraph.); Genre: Landschaft bis Abstr., Portr., lith. Arb.zyklen zu Thomas Bernhard, Friederike Mayröcker u. Ingeborg Bachmann; Umsetzung malerischer u. graph. Arb. in Glasobjekte (vorw. Schmelztechnik) u. Metallskulp.; Kunst am Bau (Entwürfe f. Glasmalerei, Wandgest. u. Tapisserie u. a. für d. sakralen Raum) – **K:** 89 ObÖst. Ldesausst. Lambach (Workshop Lith.); seit 00 Leitung v. Aqu.-Workshops in versch. Bildungshäusern – **M:** Grieskirchen, Raiffeisen-Slg; Passau, MMK – Stift. Wörlen; Wien, Bmf UK – **Ö:** u. a.: Altenhof, Kult.zentrum Hausruckwald; Gaspoltshofen, Hauptschule; ebda, Spielraum (Fassade), Aufbahrungshalle (Fenster u. Innengest.), Konferenzraum Fa. Gea, Andachtsraum im Altenheim Grieskirchen (Fenster- u. Innengest.), Skulpt.- u. Lichtergarten im eigenen Atelierhaus; Linz, Kult.zentrum Ursulinenhof – **E:** zahlr. Ausst. im In- u. Ausld seit 83, zuletzt u. a. Bad Fischau, Gal. im Schloß u. Skulpt.park; Bad Ischl, Rytmogram; Innsbruck, Kass; Linz, Gal. Club d. Begegnung; Port Frejus, Gamart; Traun, RHGal.; Wels, Burg; Wien, Gal. am Stubentor; Wien, Kleine Gal. – **G:** u. a. 95, 97, 99, 01, 03 Intern. Maler- u. Graphikersymposium Nds. (m. Wanderausst., u. a. in Budweis); 96 Passau, MMK – Stift. Wörlen; 97 Mailand, Giacobbe Spazio; Verona, Linea; 98, 00, 02 Luxemburg, Théâtre des Capucins; 99 Offenbach am Main, HS f. Gest. (Intern. Lith.ausst.); Passau, Univ. (Intern. Lith.ausst.); seit 02 in Frkr.; 03 Korneuburg (m. Hans Staudacher); 04 Ried u. Schärding (80 Jahre Innviertler Künstlergilde); Wien, Stadtgal. Vienna (z. Todestag Erwin Ringels) – **V:** u. a. Milleniumskal. m. Lyrik v. Friederike Mayröcker (Aqu.) 01; Kalendarium, immerwährende Monatsblätter in gebundener Mappe, m. Prosatexten v. Friederike Mayröcker 02; – sowie: Sommerfrische, Druckgraph.-mappe (Steindruck); Mappenwerke in Vorbereitung – ***Lit:*** Karl Pömer: Die Botschaft der Grafik, anläßlich d. ObÖst. Ldesausst. 89; Walter Koschatzky (Essay): M. G. Landschaftsaquarelle 1981–1996, Monogr. 97; Wieland Schmied (Hrsg.): Geschichte der Bildenden Kunst in Österreich, Bd. VI – Das 20. Jahrhundert 02; – Aufsätze in versch. Kat., Kunstzs u. Kult.berichten, u. a. v. Roswitha Reichart, Gottfried Reichart, Wilhelm Koller, Hannah Köppel, Prof. Wolfgang Graninger u. Prof. Gertrude Haider Grünwald – ***LitR:*** u. a. v. Christian Schrenk: Ins Land einischaun, ORF Ldesstudio ObÖst. 95; z. Ausst. in d. Gal. Hausruck, reg. Fs. 01; z. Projekt 'Kunstraum Gallspach', ebda 04 – (Red.)

Gruber, Richard, Bildhauer; Gregor-Mendel-Str. 38, D-86529 Schrobenhausen, Tel. (0 82 52) 8 31 68, Fax 88 32 23, *miessl.gruber@t-online.de*, *www.richardgruber.de*. Werkstatt, Obermühlstr. 27, D-86529 Schrobenhausen, Tel. u. Fax (0 82 52) 82 04 90 (* Apfeldorf am Lech 6. 11. 54) – **S:** 82–89 ABK München (b. Prof. Eduardo Paolozzi u. Prof. Alois Gangkofner) – **P:** Kunstpr. d. Stadt Schrobenhausen 00 – **Ve:** KV Schrobenhausen 89; BBK Obb. Nord u. Ingolstadt 94 – **G/T:** plast. Arb. (Stein, Stahl, Bronze, Holz u. Glas); lit. Produkte u. Aktionen – **W:** Bronze-, Stahl-, Gips-, Stein- u. Holzskulpt. sowie Steinbrunnen überw. in Privatbes. – **Ö:** Ingolstadt, Str.meisterei; ebda, Prinzenbrunnen; Landsberg, Sprachheilschule; Schongau, Berufsschule; Schrobenhausen, Volksbank; ebda, Spargelmus.; Weilach, Dorfpl.; Zweibrücken, Schloßpl. – **E:** zuletzt 02 Schrobenhausen, KV – **G:** zahlr. Ausst.bet seit 83, zuletzt 02 Zweibrücken, KV u. Bildhauersymposium; 06 Leipzig, Projektgal. d. BBKL

Grubinger, Eva, Medienkünstlerin; Zehdenicker Str. 28, D-10119 Berlin, Tel. (0 30) 44 35 91 17 (* Salzburg 30. 12. 70) – **S:** 89–95 HdK Berlin (Visuelle Kommunikation, b. Prof. Valie Export, Prof. Joachim Sauter u. Prof. Katharina Sieverding); 95–96 KHS f. Medien Köln (Gastkünstlerin) – **P:** u. a. Stift. Kult.fonds Berlin (Arb.stip.) 95; Arbeitsstip. d. Berliner Senats 96; Förd.pr. Bild. Kunst d. Kult.kr. d. dt. Wirtschaft im BDI 97; Projektstip. d. Centre Genevois de Gravure Contemp. Genève 00 – **W:** div. Projekte, u. a. Netzbikini – **E:** zahlr. Ausst., u. a. 96 Mönchengladbach, StM Abteiberg; 99 Berlin, Nourbakhsch; 01 Helsinki, Kiasma MCA; 02 Leipzig, Gal. f. Zeitgen. Kunst; 03 Gateshead, BALTIC – The Center for Contemp. Art – **G:** zahlr. Ausst.bet., u. a. 95 Venedig, Bienn.; 96 Wien, MMK Stiftung Ludwig; 00 Krems, KH; 02 Hamburg, Deichtorhallen; 03 Berlin, Koch & Kesslau – (Red.)

Gruchot, Hilla Talmon (Ps.: Hilla Talmon), Malerin, Lyrikerin, freie Journalistin f. Kunst u. Lit., Presselektorin; Solothurner Str. 22, D-81475 München, Tel. (0 89) 7 55 13 64, *www.bbk-bundesverband.de; www.gedok.de; www.kuenstlergilde.de* (* Ruit auf d. Fildern/Stuttgart) – **VG:** Mannheim, märz gal.; Ulm, cuenca; München, Pabst; Saarbrücken, Gal. St. Johann – **S:** 58–59 Univ. Tübingen (Phil. u. Kunstgesch. b. Prof. Bollnow u. Eschenburg); ab d. 60er Jahren private Malstud. u. Stud.aufenthalte in Genf, Paris, Holl. u. Südfrkr. – **P:** Villa-Massimo-Stip. 91 – **Ve:** Künstlergilde Esslingen 86; Autoren-Gal. München 88; Bay. Journalistenverb. 88; GEDOK München 89; BBK München u. Obb. 90; Dt. Journalistenunion 90; Mondriaanhuis Amersfoort 90; IDAC Zoetermeer 90; VS Schriftstellerverb. 90; Freundeskr. Konkrete Kunst Ingolstadt 92; Geitlinger Ges. München 94; KV München 94; GEDOK Rhein-Main-Taunus 96; KV Gauting 00 – **KGr:** horizontal-vertikal-diagonal (Gründung 96) – **KGe:** versch. Projekte m. Heinz u. Henry Gruchot sowie m. Franca Cogoni (90er Jahre) – **G/T:** konkret-konstruktive Kunst: Acrylmalerei, Collagen, Zeichn., Acrylplast., Serigraph.; TextArt, visuelle Poesie, Lyrik, Texte z. Bild. Kunst/Lit., wort-bild, Fahnenkunst, mailart, Buchobjekte u. Künstlerbücher, LandArt, Steinsetzungen – **W:** Fahnenkunst, mailart-Aktionen, Steinsetzungen; 'nacht-' u. 'natur'-Projekt am Gymnasium Hildesheim; Arb.

in zahlr. privaten u. öff. Slgn – **M:** Amersfoort, Mondriaanhuis; Antwerpen, Schuhmus. (Slg Künstlerschuhe); Augsburg, Ges. f. Gegenwartskunst; Birsfelden (Slg Fahnenkunst); Bonn/Berlin, Bundespostmin. (Slg mailart); Calgary, Found. Constructive Art of the Univ.; Chełm, Muz. Okregowe (Slg Konkrete Kunst); Cuxhaven, StKS; Fulda, Mus. Zeichen d. Zeit; Genk/Belgien, Stedelijk Hoger Inst.; Hünfeld, Mus. Modern Art (Slg Blum); München, Bay. Staatsbibliothek; München, Monacensia; New York, Mus. Zwicker; Paris, Bibliothèque Nat.; Rastatt, StG (Slg Westermann); Swieradow Zdroj/Polen, Fundacja Gerarda Kolekcja Sztuki Konkretnej; Székesfehérvár, Szent István Király Múz.; Tel Aviv, Mus. Nes Ziona; Waldenbuch, Mus. Ritter (Slg Quadrat); Wrocław, Archit.mus. (Slg Konkrete Kunst); Zoetermeer, Stichting IDAC (Slg Konkrete Kunst) – **Ö:** Hünfeld (open book – TextArt an Fassaden in Zus.-arb. m. d. Mus. Mod. Art u. d. Fond. Blum Swieradow Zdroj/Polen); Tölzer Ld (Steinsetzungen) – **E:** / G: zahlr. Einzel- u. Gr.ausst. seit 69 im In- u. Ausld (in üb. 100 Städten), u. a. 80 München, Gal. an d. Herrnstr.; 82 Birsfelden, Säckingen; 83 Wasserburg, RH; Minden; Gaggenau, RH; 84 Krakau, Osaka u. Bergkamen (Stadt zum Leben); 85 Ludwigshafen, Wilhelm-Hack-Mus.; 85, 86 Hildesheim, Goethe-Gymnasium; 87 Székesfehérvár, Szent István Király Múz.; New York, Zwicker; München, Üblacker-Häusl; Augsburg, Brechthaus; Pforzheim, Brötzinger Art; 88 Ingolstadt, StG; Esslingen, StG Villa Merkel; Berlin, Dtldhaus; Ottobrunn, RH; München, Autorengal.; 88, 89, 90 München, RHhalle; 88, 91 Regensburg, Ostdt. Gal.; 89 Wrocław (Hommage à Henryk Stażewski); Genk/Belgien, Stedelijk Hoger Inst.; Paris, Bibliothèque Nat.; Fellbach, Slg Westermann; 90 Florenz, Pal. Pinucci; Liechtenstein, KV Tangente; Gräfelfing, RH-Gal. (13 Künstlerinnen); Zoetermeer, Gal. l'Idée; 90, 91 Basel, art Basel; 90 Fulda, Mus. Zeichen d. Zeit; 90, 95, 96, 99 Hünfeld, Mus. Modern Art; 91 Wiesbaden, Kunsthaus; Nürnberg, Art Nürnberg; Cagliari, StG; Hagen, Karl-Ernst-Osthaus-Mus.; 91, 95–07 jl. München, Gal. d. Künstler; 92 Krumau, Bez.mus.; München, Stifterver.; Giussano, Stadtbibliothek; Heidelberg, Alte Univ.; Wrocław, Stadtgal.; München, RH-Gal.; Zoetermeer, IDAC Gal. (konkrete kunst international, Projekt 30 × 30); München, Künstlergilde; Karlsruhe, Suciu; 92, 93, 94 Saarbrücken, Gal. St. Johann; 93 Sindelfingen, StG; 93–95 jl., 99, 00–07 jl. München u. Wien, Pabst; 94 Wertingen, Schloß; Ludwigshafen, Wilhelm-Hack-Mus.; Fulda, Mus. Zeichen d. Zeit (Wanderausst. Polen, Rußld, Dtld u. Israel); 95 München, Haus d. Kunst (Neue Gruppe); Den Haag, Vrije Academie; Franeker, Mus. 't Coopmanshûs; Warschau, StG; Rastatt, StG (Slg Westermann); München, Wassermann; Wanderausst. 'Koffer' Flughafen München-Erding, Irland, u. in d. USA; Köln, Gal. 68elf; Mannheim, März; Chicago, Contemp. AG; Wanderausst. Köln, Lüttich, Paris (matchbox/konkret); Erfurt, forum konkrete kunst; Tel Aviv, Mus. Nes Ziona; Waldkraiburg, Haus d. Kult. (Musik-Bild); 95, 96 Hünfeld, Mus. Modern Art; 95, 03, 04 Tutzing, Akad. f. Politische Bildung; 96 Ulm, cuenca; Deggendorf, GEDOK im Kult.viertel; Passau, KV; Wrocław, Archit.mus. (Slg Konkrete Kunst); Chełm, Muz. Okregowe; 96, 97 München, Kunstpavillon; 97 Kairo, Intern. Drucktrienn.; Swieradow Zdroj/Polen, Fundacja Gerarda Kolekcja Sztuki Konkretnej; 98 Augsburg, Ges. f. Gegenwartskunst; Augsburg, Bukowina Inst.; 99 Calgary, Univ.; Passau, KV; Esslingen-Nürtingen, Kunstpr. d. Spk.; Traunstein, StG; 99, 00 Gauting, KV; 00 Swieradow Zdroj/Polen, Mus. f. reduktive Kunst; Emsland, Nordwestdt. Kult.hof; Köthen, Anhaltischer Kunstpr. 'Visuelle Poesie'; Cuxhaven (Kunst im Leuchtturm); 00, 01 Amersfoort, Mondriaanhuis; London; 01–07 München, Gal. d. Künstler; 04 Hamburg, Studio 22 (Malerpoeten); München, Sudetendt. Haus; 06 Burghausen; 07 Landshut, RH – **V:** wort/bild, Siebdruck u. Gedichte, Kassette 86; stabiles rot, Lyr. m. Graphik v. Heinz Gruchot, Vorzugsausg. 87; herzjoker, Lyr. 88; open book, TextArt 99; hängemattenpoesie, Lyr. 04; nomadenzeilen, Lyr. m. Graphik v. Heinz Gruchot 05; regenbogenzeit, Lyr. 06/07; sommerdreieck, Lyr. m. eigenen Collagen; – sowie zahlr. Serigraphien, Lyrik- u. Kunstpostkarten, Wort/Bild-Collagen, Buchobjekte u. Künstlerbücher seit d. 70er/80er Jahren – **R:** Lesungen im Bay. RF – ***Lit:*** KAT: z. GEDOK-Ausst. 'Labyrinthe' in d. RH-Gal. München 88; z. GEDOK-Ausst. 'An-/Ab-/Aussichten' in d. RH-Gal. München 89; z. GEDOK-Ausst. 'Erde' in d. RH-Gal. München 90; art 21'90 Basel; z. Ausst. '13 Künstlerinnen' in d. RH-Gal. Gräfelfing 90; art 22'91 Basel; ART Nürnberg 91; konkrete unbegrenzte kunst, z. Ausst. in d. StG Wroclaw 92; konkret konstruktiv, z. Ausst. d. Künstlergilde München 92; projekt 30 × 30 – konkrete kunst international, z. Ausst. Zoetermeer 92, Hack-Mus. Ludwigshafen 94 u. Den Haag 95; konstruktiv-konkret, z. Ausst. im Schloß Wertingen 94; Jürgen Blum (Einf.): Mus. Zeichen d. Zeit Hünfeld z. Wanderausst. 94; z. 2. Intern. Künstlerbücher-Ausst. im Szent István Király Múz. in Székesfehérvár 94; Große Kunstausst./Neue Gruppe im Haus d. Kunst München 95; 20 Jahre Slg Westermann, z. Ausst. in d. StG Rastatt 95; Hansjürgen Gartner (Geleitwort): Musik – Bild, z. Ausst. Waldkraiburg 95 u. Passau 96; z. Ausst. d. Künstlergilde Bay. im Bukowina-Inst. (Bild/Wort/Musik) Augsburg 98; Visuelle Poesie, Anhaltischer Kunstpr. Köthen 00; – weitere Veröff.: hillatalmonfrancescacogoni: ICH-DU/IO-TU/ITCUH-DIUO vom diptychon zum licht-spiegel-koffer-objekt oder: du bist ich / ich bin du?, Loseblatt-Einzeldok. z. Ausst. d. GEDOK in d. RH-Gal. München 92; round-about, Information z. Ausst. in d. Gal. Wassermann München 95; Information z. Koffer-Ausst. im Flughafen München-Erding, in Irland u. d. USA 95, in: Bulletin 'konkret' (Gal. St. Johann Saarbrücken) 92 ff.; – BEITR. IN ZTGN u. ZSS. u. a.: Augsburger Allg. 14.11.87; Ernst Schremmer: Herbe phrasenlose Poesie – absolute Farb- u. Formgeometrie, in: Künstlergilde 7–9/88; Oscar Wolfbauer: Klare, aufs Wesentliche reduzierte Sprache – meditative farbige Graphiken, in: Süddt. Zeitung 26.2.88; Reinhard Müller-Mehlis: Beobachtungen im Barock-Garten, in: Münchner Merkur 4.11.89; Carin Steinlechner: Dialog-Ergebnisse von je zwei Künstlerinnen – Ich&Du-Projekt der GEDOK-Gruppe wird in d. Gal. d. Münchner Rathauses präsentiert, in: Münchner Merkur 14.10.92; Matthias Brück: Kompositionsvielfalt künstler. Gestaltung, in: Rheinpfalz 26.10.92; Susanne Hable: Spektrum e. Stils, in: Münchner Merkur 20.11.92; Alt-Neuöttinger Anzeiger 22.12.95; Freja Oliv: Eine Chance verpaßt – Künstlerinnen d. GEDOK stellen in d. Polit. Akademie (Tutzing) aus, in: Starnberger Merkur 28./29.6.03; – DOK.: BBK-Dok. d. Künstler in München u. Obb. 91; Europ. Künstlerlex. 95; Slg Konkrete Kunst Stichting Mondriaanhuis Amersfoort 00; Kunstadreßbuch Deutschland, Österreich, Schweiz 00/01; Dt. Schriftstellerlex. 02; BBK-Künstlerdatenbank Bay. 04; Akademie-Report d. Akad. f. Polit. Bildung Tutzing 04; Literatur-Kürschner 04/05 ff.; Kroll Pressetaschenb. f. Kunst Architektur Design 05/06; – sowie Bay. Staatsbibliothek München, Monacensia-Lit.arch. München, Nat.bibliothek Paris, Pressearch. d. Bay. RF

Grüger, Ev, Malerin; Hermann-Löns-Str. 3 a, D-65719 Hofheim am Taunus, Tel. (0 61 92) 57 48 (* Altenburg 10. 4. 28) – **S:** Bauhaus-Univ. Weimar; 51–57 HBK Berlin (Meisterschülerin b. Prof. K. Schmidt-Rottluff) – **P:** Paris-Stip. d. DAAD 57; Studienfahrtenpr. d. Heussenstamm-Stift. 74; Intern. Senefelder-Pr. u. Lithografie-Förd. (1. Pr.) 77; Kult.pr. d. Landes Hessen 87 – **KGr:** Neue Darmstädter Sezession; Freie Gruppe Hofheim – **G/T:** Glasfenster f. sakrale Bauten; Druckgraph.; Zchng; Malerei – **E:** /G: zahlr. Ausst. u. Bet. – ***Lit:*** div. Kat. zu Einzelausst.

Grün, Erich, Gymnasiallehrer; Wedekindstr. 8, D-30161 Hannover, Tel. (05 11) 31 26 70. Feuerschützenbostel 4, D-29303 Bergen, Tel. (0 50 54) 16 29 (* Pyschminskoje/Rußland 20. 12. 15) – **S:** 33 Reimann-Schule Berlin (Kunst b. Moritz Melzer); 47–51 WerkKSch Hannover (b. Prof. Erich Rhein u. Adolf Vogel) – **L:** 75–81 Bismarck-Gymnasium Hannover; 57–67 WerkKSch Hannover – **P:** Reisestip. d. Fa. Bahlsen 54; Pr. d. Hannoverschen Presse 55; Ernennung z. ausländischen Mitgl. d. finnischen Kalevala-Ges. – **Ve:** BBK 50–77; Hannoverscher Künstlerver. um 50 – um 85; Kalevala-Ges. Finnland (EM) – **G/T:** Malerei (Öl u. Aqu.), Enkaustik, Zeichn. – **W:** zahlr. Zyklen z. biblischen Themen; Antikriegsbilder 95; Aqu. u. Ölbilder 95; Gesichter 96; Melodien in Farbe 97, 98; Sphärenklänge 99; Bilder ohne Titel 00, 03; Enkautik-Bilder 04, 05; Mythos u. Farbe – E.G. zum 90. Geburtstag 05 – **M:** Hannover, KS d. Ev. Lutherischen Ldeskirchenamtes – **Ö:** Cottbus, Ev. Lutherkirche; Loccum, Ev. Akad. – **E:** 61 Kalix/Schweden; 66 Hannover, Krankenhäuser; 68 Hannover, NDR Funkhaus; 70 Hannover, Schulen; 76 Hannover, Dresdner Bank Filiale Rathenaustr.; 78, 83, 89 Loccum, Ev. Akad.; 78 Bad Bevensen, Wandelhalle d. Kurhauses; 79 Hofgeismar, Ev. Akad. d. Künste; 80 Hannover, Foyer z. Kleinen Sendesaal im NDR; 82 Hamburg, Seemannskirche; Wiesbaden, Panorama; Hannover, Hauptverwaltung d. Fa. Bahlsen; 83 Hannover, Industr.pfarramt; Hannover, Niels Stensen Haus; 84 Wolfsburg, Gal. Haus Rhode; Hannover, Marktkirche; Laatzen, Arche; 86 Bomba/Finnland; 87, 89 Berlin, Kirche am Hohenzollernpl.; 87 ff. Frankfurt am Main, Fritz Elbert Anlage; Frankfurt am Main, Arthur Andersen & Co.; Frankfurt am Main, Wirtschaftsprüfungsges.; Frankfurt am Main, Steuerberatungsges.; 87–88 Berlin, Matthäuskirche; 88 Hannover, Kanapee; Metz, Gal. d'Art; 88, 89 Spiekeroog, Ev. Gemeindehaus; 89 Greetsiel, Kirche; 90 Hoisbüttel, Tagungszentrum; Hoisbüttel, Haus am Schüberg; Celle, Kilian; Lohne, Kolpinghaus; Lohne, Wassermühle; 91 Osnabrück, Marienkirche; Burgwedel, Petrikirchen; 93 Hohenlockstedt, Kunsthaus Boskamp; Hannover, Amt f. Bau- u. Kunstpflege; Hannover; Nienburg, Beringkirche; 94 Jena, Stadtkirche; weitere: Hannover, Ev.-luth. Ldeskirchenamt; Arnum, Friedenskirche; Hannover, Marktkirche; Hannover-List, Matthäuskirche; Ehlershausen, Martin-Luther-Kirche – **G:** 52 Düsseldorf, Ausst.pal.; Düsseldorf, Maschinenhalle; 60 München, Haus d. Kunst; 72–73 Béziers/Frkr.; 73 Alfeld, Kr.verwaltung; Willenburg; 75 Frankenberg, Praxis Dr. Renninger; 78 Bremerhaven, KH; 85 Hannover, Marktkirche; – sowie Teiln. an d. Jahresausst. d. Künstlergilde Esslingen 56–77 u. d. BBK 57–77 – **V:** zahlr. Publ. u. Kat., u. a. Bilder aus Afrika 1954–1967 68; Kalevala 80; Das alte Testament 81; Das neue Testament 83; E. G. Zeichnungen, Aquarelle, Ölbilder 87; Holzplastiken 88; Griechische Mythologie 91 – ***Lit:*** Hasso von Poser (Hrsg.): Bilder zum alten Testament 95; ders. (Hrsg.): E. G. Graphische Arbeiten 95

Grünauer, Harald, Mag. art; A-1190 Wien, Tel. (06 76) 4 51 52 79, *h74120@hotmail.com*, *www.haraldgruenauer.de.vu* (* Dornbirn/Vorarlberg 68) – **VG:** Wien, Wolfrum; Wien, Böck – **S:** 94 Intern. Sommerakad. Salzburg (b. Prof. Eisler); 94–95 Wiener KSch; 96–01 Univ. f. angew. Kunst Wien (b. Prof. Oswald Oberhuber, Prof. Gerda Fassel u. Prof. Brigitte Kowanz) 01 Abschluß (Mag. art) – **P:** Leistungsstip. d. Univ. f. angew. Kunst 98; Anerkennungspr. d. Wirtschaftskammer Wien 99; Ausldsstip. d. Univ. f. angew. Kunst Wien 00; Förd.pr. d. Sussmann Stift. Wien 01 – **Ve:** IG Bild. Kunst; VBK Wien – **G/T:** Zeichn., Malerei, Skulpt., Objekt, Install. – **W:** Ankauf durch Gemeinde Götzis, Gemeinde Hard u. Stadt Bludenz – **Ö:** Neudörfel, Fa. Homogen – **E:** 97 Hard, Kult.haus Kammgarn; Götzis, Kult.zentrum; Wien, Univ. f. angew. Kunst; 04 Gumpoldskirchen, Kunst im Berghaus – **G:** u. a. 94 Salzburg, Sommerakad. Burg; 98 Wien, Küniglberg; 99 Wien, Univ. f. angew. Kunst; 00 Wien, Dorotheum; Wien, ABK; 01 Budenz, Gal. aller Art; 02 Wien, Afro-Asian-Gall.; Wien, Wolfrum; 03 Wien, IG Bild. Kunst; Wien, Wiener Festwochen; Wien, Inst. f. Textiltechnologie; Wien, RH Mauer – ***Lit:*** div. Art. in Ztgn – (Red.)

Gründler, Evita (Ps.: Evita, geb. Evelin-Roswitha Gundlach), Malerin, Illustratorin u. Fotografin; Schöneberger Str. 1, D-93053 Regensburg, Tel. (09 41) 7 14 46 (* Nienburg/Weser 14. 1. 45) – **VG:** München, Selmer – **S:** 85–88 b. Prof. Heribert Losert; 92–93 b. Prof. Rudolf Ortner – **P:** Eintrag ins Guinness-Buch (f. d. Ill. d. Alten u. Neuen Testaments) 98 – **Ve:** BBK Ndb.-Oberpf. 91 – **G/T:** Bibel-Illustratorin – **W:** viele Werke in Privatbes. – **Ö:** Dresden, Ldeskirchenamt Sa.; Horgen/Schweiz, Altenheim; Neumarkt, Klinik-Kapelle; Oberhausen, Paulus-Kirche; Regensburg, Neupfarrk.; ebda, Kinderzentrum St. Martin; Regenstauf, Christuskirche; Spiegelau, Gesamtschule; Tegernheim, Kindergarten; Weiden, Verwaltung d. Justizvollzugsanst.; ebda, Ämtergebäude – **E:** 95 Regensburg, Univ.-Krankenhaus; 97 Regensburg, Krankenhaus d. Barmherzigen Brüder; 98 Oberhausen, Paulus-Kirche; Amberg, St. Amberg; Bad Salzuflen, Ev. Kirche; 99 Regensburg, Bruderhaus Kirche; Hirzel, Art-Gal.; Usingen, Forum; Zwiesel, Kr.krankenhaus; Rain, Kath. Kirche; 00 Hannover, Expopav. Hoffnung; Nürnberg, Freikirche; Peine, Freikirche; Springe, Freikirche; Bad Reichenhall, Stadtkirche; 02 Bad Gögging, Ev. Kurkirche; Regenstauf, Christuskirche; Wuppertal, Citykirche; 03 Landshut, St. Nicola; Hannover, Ev. Kirche; Wenzenbach, Kath. Kirche; 03 Neumarkt, Krankenhaus; 04 Forchheim, Diakon. Werk; Regensburg, Ev. Kirche St. Martin; Oberwiehl, Paul-Schneider-Haus; Nürnberg, Kath. Kirche Menschwerdung Christi; 05 Dornbirn, Kirchenmesse Gloria; Freiburg, Fachakad.; 06 Köln, Kirchenmesse Ecclesia; Hannover-Isernhagen, Ev. Kirche St. Marien – **G:** div. Ausst.bet. seit 79 – **V:** Malerei Heute 94; E.-G.-Bibel 96; Gebetbuch 99; Sternenwunder 99; Bilder zur Bibel, Kal. seit 99; Das Geheimnis 03; Zentrale Texte der Bibel 03; Sonne u. Schild seit 05; Engel bei uns 05; Engelkal. 06; – sowie: Bilder zur Bibel, Kal. u. Künstlerkarten jl. seit 99; Kal.-titelbild f. d. Bechauf-Verl. 00 u. d. Ev. Verl.anst. 05; Titelbildill. f. d. Güterloher Verl.haus seit 02 u. f. d. Pustet-Verl. seit 04 – ***LitR:*** versch. RF- u. Fs.beitr. seit 96

Grünfeld, Thomas, Prof., Künstler; Hansaring 3, D-50670 Köln, Tel. (02 21) 51 68 08 (* Opladen 56) – **VG:** Genf, Mitterand; Köln, Janssen – **S:** 78–82 HBK Stuttgart – **L:** ab 97 Goldsmith's College London (Prof.); seit 02 Nat. College of Art Dublin (Prof.) – **E:** zahlr. Einzelausst. im In- u. Ausld, zuletzt u. a. 98, 02 Berlin, Haas & Fuchs; 99 Mailand, Massimo de Carlo; 00 Köln,

Janssen; New York, Boesky; München, Monika Sprüth & Philomene Magers; 01 Paris, Jousse Entreprise; London, Chapman Fine Arts; 03 Köln, Fiedler – **G:** zuletzt u. a. 01 Duisburg, Wilhelm-Lehmbruck-Mus.; 01, 03 Köln, Sprüth; 02 Nîmes, MAC; Bologna, Gal. No Code; Saloniki, Contemp. Art Centre; Milano, Massimo de Carlo; 03 Stuttgart, Kunststift. BW – (Red.)

Grünfelder, Urban, Mag. Art., Maler, Bildhauer, Video-Künstler; c/o art position wien, Reisnerstr. 48/2, A-1030 Wien, Tel. (01) 9 20 96 10, Privat: (06 69/1) 9 56 11 34, *office@artposition.at, ideenbuero @hotmail.com, www.8ung.at/urbangruenfelder; www. gruenfelder.at* (* Brixen 10. 1. 67) – **VG:** Wien, art position; Düsseldorf, Brenner; Bozen, ARGE Kunst Gal. Mus. – **S:** 89–95 ABK Wien (89–90 Meisterkl. f. Bildhauerei Prof. B. Gironcoli, 90–93 Meisterkl. f. Malerei Prof. M. Prachensky, 93–95 Meisterkl. f. Malerei Prof. A. Rainer, Dipl., sowie Inst. f. Neue Medien, b. Prof. Kogler) – **P:** Arb.stip. d. Bundeskanzleramtes (f. d. Egon-Schiele-Centrum in Tschechien) 00 – **KGr:** Ideenbuero (Gründung m. M. Gentner u. H. Dobler 96) – **G/T:** Malerei, Bildhauerei, Multimedia – **W:** zahlr. Werke in Privatbes. in Öst., Dtld u. Ital. – **M:** Wien, Artothek d. Kunstsektion; Wien, Slg d. Stadt – **E:** / G: zahlr., u. a. 92 Wien, TU-Club; 93 Bozen, Panorama: Menschenverkettung; 93, 94 (Bau e. kleinen Paradieshauses), 95 Wien, ABK; 95 München, Gal. am Gasteig: Dance 95; 97 Marl, Skulpt.-Mus. Glaskasten: Artomaten – Kunstobjekte in Zigarettenautomaten; Essen, Zollver.; Düsseldorf, KV; Wien, Semperdepot: Progetto Arte; 98 Düsseldorf, KH: Gr.ausst. IRR; 99 Wien, Song; 00, 02, 03 Krumau, Egon Schiele AC; 00 Wien, Siemens Art Lab: Die Neuen; Wien, Hilger; 00, 01, 02 Wien, Soho in Ottakring; 01 Paris, Espace Ernst Hilger: Young Austrian Art; Wien, Mus.quartier: Central – Neue Kunst aus Mitteleuropa; Salzburg, Schüttkasten; Leverkusen, StM Schloß Morsbroich; 02 Ulm, Stadthaus; Wien, Mus. auf Abruf: In Südtirol, lebt in Wien; New York, Tokio, Aachen, Wien, Transwien, D'Art 2001; Köln, Binz & Krämer: Neue Kunst aus Wien; Wien, Pal. Porcia: Global Fusion 2002; Wien, Shinergy: Spiegelzone; 03 Wien, Sotheby's: art position at Sotheby's; Bozen, ARGE Kunst Gal. Mus.: Idee Corporee; Wien, Innenmin.: art position at Innenmin.; Klosterneuburg/NdÖst., Slg Essl; München, Storms: Junge Wiener Kunst; Wien, Dorotheum: Auktion SWI; Wien, Mus.quartier: Carribean Winter; 04 Bozen, Gal. Prisma: Künstler. Graph. Südtirol; Wien, art position; Eisenstadt, Bgld. LG: Grafics; Wien, Akad.hof: 25 Jahre Ges. d. Freunde d. bild. Künste; Baden, KV: Papierarbeiten; Città della Pieve, Gal. Fox: Zchng; Düsseldorf, Brenner: Malerei; 05 Korbach, Kr.haus: Grafics; Bozen, Südtiroler Kult.inst.: In Südtirol, lebt in Wien; Nürnberg, Gal. 2000; Wolkersdorf, Schloß (m. Paul Justus Lück); Bodenburg, KV Bad Salzdethfurt: Hand in Hand; Hildesheim, KV: Entsorgungspark f. funktionslose Kunst im öff. Raum; 05, 06 Bozen, Gal. Goethe2; 06 Hannover, Univ.: Entsorgungspark f. funktionslose Kunst im öff. Raum – ***Lit:*** KAT.: artlab (Hrsg.): CENTRAL. Neue Kunst aus Mitteleuropa 01; Hana Jirmusova (Hrsg.): works from the studios 01; B. Ecker u. W. Hilger (Hrsg.): in Südtirol, lebt in Wien 01; M. Mc Cormik u. C.M. Luenig (Hrsg.): Global Fusion 02; Kolja Kramer (Hrsg.): art position 2002. Almanach z. jungen Kunst in Wien 02; ders.: art position 2003. Konflikt/ Konfliktlösung 03; ders.: art position 2003. Almanach z. jungen Kunst in Wien 03; Joachim Baldauf u. Agnes Feckl (Hrsg.): Vorn 2004. Das Mag. f. freie Gestaltung 04; U.G. (Hrsg.) 04; Hubert Egger, Norbert Hilbig u. Hans-Werner Kalkmann: La Main dans la Main 05; Sabine Gamper u. AR/GE Kunst (Hrsg.): 20 Jahre AR/GE Kunst Bozen 06; – sowie zahlr. Beitr. in Ztgn u. Zss. – ***LitR:*** Fs.beitr., in: artposition, ORF 02

Gruenwald, Ute (geb. Ute Corves), Master of Fine Arts, Malerin; Vor dem Tore 10, D-37130 Gleichen, Tel. (0 55 08) 99 98 06, Fax 99 98 07, *gruenwaldbbl@ aol.com* (* Berlin 15. 1. 43) – **S:** 65–67 ABK Stuttgart (Malerei, Kunst am Bau); 82 California State Univ. Long Beach (Zeichnen, Malerei); 82–85 Univ. of California Los Angeles (Art Department, Hauptfach: Malerei, 85 Master of Fine Arts) – **L:** 84 Univ. of California Los Angeles (Ass. f. Malerei u. Zeichnen); 86–91 Santa Monica Fine Art Studios (Dir., LAuftr. f. Zeichnen u. Malerei) – **P:** Certificate of Excellence d. Rosecrans Art Exhib. 81; Stip. d. Nat. Art Assoc. 82, 83; Joe Hesslein Scholarship Award 82; Art Council Temple Award d. Univ. of California Los Angeles 83 – **Ve:** BBK Göttingen 92 – **G/T:** Ölmalerei (vorw. großformat. bis z. 300 × 500 cm); Objektkunst; Fotogr. – **K:** Malerei (Öl, Acryl); Zchng; Aktzchng; Diavorträge üb. Gegenwartskunst – **W:** überw. in Privatbes. in Los Angeles, Chicago, Sydney, Kassel, Göttingen u. Hannover – **E:** 88 Chicago, Villa; 91 Santa Monica, City College Art Gall.; 93 Göttingen, Altes RH; Essen, Kunsthaus; 95 Kassel, Mus. Fridericianum; 96 Göttingen, Gal. Apex; 05 Göttingen, Künstlerhaus mit Gal. – **G:** 81 Rosecrans/ CA, Rosecrans Art Exhib.; 82 Los Angeles, California Mart Center: First American Intern. Art Competition; Los Angeles, Jeffrey Inst.: Benefit Show Jeffry Found.; 83 Beverly Hills, Gall. 350; 84 Los Angeles, Wayne; 85 Los Angeles, White Gall. d. Univ. of California; 87 Riverside/CA, Art Mus.; 88 Los Angeles, Dushane Fine Arts: 90 Hollywood, Municipal Art Gall.: Newcomers Show; 91 Hollywood, Director's Guild; 94 Göttingen, Altes RH; 95 Göttingen, Kunst in d. Paulinerkirche; 01 Göttingen, Gal. Apex

Grüssl, Stefanie, Mag., Keramikerin, Designerin, Malerin, Zeichnerin, Illustratorin, Fotografin; Währingerstr. 113/12, A-1180 Wien, Tel. (06 76) 3 74 36 73, *galerie@stefanie-kunst.at, www.stefanie-kunst.at* (* Graz 24. 7. 60) – **S:** 75–82 Höhere Technische Bundeslehranst. Graz (Abt. Keramik); Meisterschule f. Keramik u. Ofenbau Graz (b. Prof. Anna Losert); 82–85, 90–94 Univ. f. angew. Kunst Wien (Produktgest., Design b. Prof. Matteo Thun) – **G/T:** Malerei (Mischtechnik, Gouache, Aqu., Ölkreiden, Farbstifte); Themen: tiefsinnige, psycholog. u. humorvolle Inhalte, realist.; Fotogr. (Auftragsarb. u. Bildgesch.); Themen: Alltag, Natur, Archit., humorvolle Auseinandersetzung m. d. Umgebung – **W:** in Privatbes.; Jurybet.: Staatspr. Vorbildl. Verpackung 99, 05; Adolf Loos Staatspr. Design 01, 03, 05; Ndöst. Wasserpr. 03; Jugend Innovativ, seit 04; Impulsprogramm d. Kreativwirtschaft 05, 06 – **M:** Wien, Univ. f. Angew. Kunst – **E:** u. a. 75 Graz, Sparkassenpl.; 95 Klagenfurt, Teeladen; 97 Feldkirchen, Amthof; Bad Kleinkirchen, Hotel Ronacher; Wien, Fa. Zeithammer; 01 Wien, Bundesmin. f. Wirtschaft u. Arbeit; 03 Wien, 3. Weltkongress f. Psychotherapie; Pernegg im Waldviertel, Kloster Pernegg – sowie weitere in Wien u. Vorträge b. Symposien, u. a. 01 Graz, Kunstsymposium; 04 Wels, Techn. Tagung; 05 Stoob, Ldesfachschule f. Ofenbau u. Keramik – **G:** 78, 82 Deutschlandsberger Kult.tage; 81 Graz, LM Joanneum Ecksaal: Keramik im Blickpunkt; 84 Wien, Café Demel: A new Coffee Landscape; 85 Eibiswald, Spk.; 86 New York, Contemp. Porcelain; 92 Wien, Schloß Halbturn: Scheinbar Keramik; Salzburg, Berchtoldvilla: Design Weeks; 93 Frankfurt, Herbstmesse; Wien, Fa. Henn: Henn Gourmet Degustation; 94 Budapest, MAK; 96 Steindorf, Saugal.; 99 Feldkirchen, Amthof:

1. Öst. Karikaturenfestival; 00 Wien, Öst. Beamtenversicherung ÖBV: Öff. Dienst ist... (Wettb.bet.) – **V:** Beitr. in div. Zss, u. a. in Wiener J., Schöner Wohnen, Keram. Rundschau; Veröff. v. Postkarten u. a. b. Freecart; Beitr. in Fachbüchern, u. a.: Gebhard Schatz u. Jana Wisniewski: Feuer u. Kunst (Fotobeitr.) 96; Reiner Zettl u. Nina Heydorn (Hrsg.): Industrial Happenings: A Discovery. Matteo Thun als Prof. 98; ÖBV u. Johann Hauf (Hrsg.): Öff. Dienst: Menschen wie Du u. Ich 02; Arnulf Haderer: Die Mariensäule zu Hainburg; 1. Öst. Karikaturenfestival: Feldkirchen bläst – **R:** www.univie.ac.at/constructivism/HvF/festschrift; www.mind-the-gap.at (Fotobeitr.)

Grütz, Reinhard, Bildhauer, Maler; Am Schulacker 2, D-64846 Groß-Zimmern, Tel. u. Fax (0 60 71) 7 40 89, *www.art-steelsculpture.de*. Lotharstr. 9, D-09113 Chemnitz, Tel. (03 71) 3 36 11 60, *s.simolka@freenet.de* (* Berghöfen 26. 4. 38) – **VG:** Frankfurt am Main, Wild; Wiesbaden, Gal. im Schloß Freudenberg Heier; Chemnitz, Gal. Borssenanger; Darmstadt, Kappler – **S:** 59–64 HS f. Kunst u. Design Burg Giebichenstein Halle/Saale (Design, bildnerische Fächer u. a. b. d. Prof. Karl Müller, Lothar Zitzmann, Willi Sitte u. W. Nauhaus) – **P:** Voluma-Pr. St. Gallen 83 – **Ve:** Paul-Klinger-Sozialwerk 83; Die Künstlergilde Esslingen 85; KV Darmstadt 86; Kunstarchiv Darmstadt 87; Neue Chemnitzer Kunsthütte seit 04 – **G/T:** konstruktive Skulpt. in Metall (Edelstahl, Stahl u. Bronze); flächige Bildwerke in konstruktiver u. freier Ausformung – **W:** zahlr. Skulpt. in Privatbes. – **Ö:** u. a. Darmstadt, Blockierte Messer (Edelstahl); ebda, berufliches Schulzentrum (Pyramide); Duisburg, Lehnkering AG (Gelbe Wächter); Frankfurt am Main, Stanley-Morgan (Continuum u. Ischtar); Reinach, Endress und Hauser; Savannah/Georgia, Lichtgitter III (Edelstahl) – **E:** / G: 83 Brüssel-La Hulpe, IBM; 86 Darmstadt, Mathildenhöhe; 88 Darmstadt, KH; Hofbieber, Kunststation Kleinsassen; 90 Frankfurt am Main, Agora Art Gall.; 92 Chemnitz, Gal. D19; 93 Frankfurt am Main, Wild; 94 Zuidwolde, Greenwich Village Gall.; 97 Wiesbaden, Inselgal. Rettbergsaue; Duisburg, Kunst z. Gast; 98 Wiesbaden, Hess. Min. f. Wiss. u. Kunst; 99 Friedrichshafen; Weimar, Bauhaus-Univ.; 01 Chemnitz, Gal. Borssenanger; 06 Mühltal, Lattemann – ***Lit:*** Roland Held: R. G. Metallplastiken, Kat. 93; Barbara Röhner: R. G. Platonische Exkursionen 03

Grützke, Johannes (Ps.: Dr. Gudrun Seydigk), Prof., Maler, Graphiker, Bildhauer, Bühnenbildner, Dichter u. Musiker; c/o Ladengalerie Karoline Müller, Brunnenstr. 5, D-10119 Berlin, Tel. (0 30) 69 40 91 24 (* Berlin 30. 9. 37) – **VG:** Berlin, Ladengal.; Hamburg, Brockstedt; Essen, Gal. KK; Münster, Steinrötter; München, Gunzenhauser; Darmstadt, Gal. Artis – **S:** 58–64 HBK Berlin (b. Prof. H. Orlowski, Prof. Peter Janssen, Meisterschüler) – **L:** 73–74 Hamburg (Gastdoz. f. Malerei); 92–02 ABK Nürnberg (Prof.) – **P:** Künstlerpr. d. großen Kunstausst. Düsseldorf 84; Pr. d. Heitland Found. Celle 86; Kunstpr. d. Stadt Wolfsburg 92; Wilhelm-Loth-Pr. 02 – **Ve:** Schadowges. Berlin 93 – **KGr:** Schule der Neuen Prächtigkeit (73); Künstlersonderbund in Deutschland (seit 90); Freie Akademie Hamburg (seit 03) – **KGe:** Erlebnisgeiger (seit 65) – **G/T:** Malerei (figürlich); Graph. (alle Techniken); Zeichn. (Bunt- u. Bleistift); Skulpt. (Keramik); Portr. – **W:** überw. in Privatbes. – **M:** Aachen, Ludwig Forum; Basel, KM; Berlin, Berlinische Gal.; Berlin, NG; Dresden, Kpst.-Kab.; Düren, Leopold-Hoesch-Mus.; Frankfurt am Main, Mus. f. Kommunikation; Hamburg, KH; Hannover, Sprengel Mus.; Kiel, KH; Nürnberg, Germanisches NM; Oberhausen, Ludwig-Gal.; Paris, Centre Pompidou; Stuttgart, SG; Wolfsburg, StG – **Ö:** Berlin, Martinuskirche im Märkischen Viertel; Frankfurt am Main, Paulskirche; Gifhorn, Schloßkap.; Konstanz, Stadthaus – **E:** seit 64 zahlr. Ausst., u. a. 64 Bad Godesberg, Gal. Pro; 68 Kassel, wegen documenta; 73 Hannover, Brusberg; 74 Berlin, Schloß Charlottenburg; Freiburg; Nürnberg; Mannheim; 76 Frankfurt am Main, Sydow; 77 Braunschweig, KV; 78 Wolfsburg, StG; 81 Paris, E. de Causan; 82 Berlin, Ladengal.; Berlin, Kunze; 83 Hamburg, Brockstedt; 84 München, Gunzenhauser; Berlin, NG; Wien, Hilger; 97 Aachen, Ludwig Forum – **G:** 82 Venedig, Bienn.; 78 Berlin, Schule d. neuen Prächtigkeit; London, Whitechapel Art Gall.; 85 Wiesbaden, Mus.; Oldenburg, LM; 86 Hamburg, KH; 89 Nürnberg, KH; 93, 96 Berlin, Gropius-Bau – **V:** Vierzig Steinzeichnungen (40 Lith.) 85; Aus dem Leben R. Wagners (8 Rad.) 87; Hedwig (6 Lith.) 87; Pauvre Bobo (11 Lith.) 89; Aus dem Leben des Marquis de Sade (7 Rad.) 90; Mein Körper (7 Lith.) 93; Frauentunnel (17 Lith.) 95; Die Kathedrale des Künstlers (8 Lith.) 96; Episoden aus dem Heckerzug (10 Lith.) 97; Der arme Heinrich (9 Rad.) 98; Tod in Weimar (16 Lith) 99; Hauke Trinks forscht im Eis nach dem Leben (8 Lith.) 01; Tod am Wannsee (10 Lith.) 02; Schubart (6 Lith.) 03; 7 Pamphlete, den Begriff Kunst abzuschaffen 00 – ***Lit:*** Tilmann Lehnert: Das Leben ist doch schön, Kat. 74; B. Holeczek u. P.O. Krückmann: J.G. Werkverz. d. Druckgrafik 1964–1975; B. Holeczek: J.G. Werkverz. d. Gemälde 1964–1977; Jiri Svestka: Der Figurenmaler J.G., Kat. 84; Ladengal.: Die Verbeugung 87; Ladengal.: J.G. Werkverz. d. Druckgrafik 1978–1998; Günter Kunert: Grützkes Sphinx 94; Jutta Bacher: J.G. Selbstverständlich, Monogr. 95; Martin Walser: Das normale Entsetzliche als das außergewöhnlich Schöne, Kat. 98; Dietmar Wolter: Das Wandbild 02

Grumbach, Helga, Malerin, Fotografin, Holz- u. Druckkünstlerin; Hanns Vetter Weg 11, D-84036 Landshut, Tel. u. Fax (08 71) 4 18 74, *helga.grumbach@t-online.de* (* München 14. 2. 48) – **S:** HSstud. (Fotogr., Keramik u. Kunstoffe) – **Ve:** GEDOK; BBK; Assoc. intern. des arts plastiques (aiap); Intern. assoc. of art (iaa) – **G/T:** Malerei (Acryl, mittlere u. größere Formate v. 100–270 cm, aufgebaut in bis zu 30 transparenten Schichten); Drucke (großformatig); Holzobjekte; Audio-Install.; Video (selten) – **W:** überw. in Privatbes. – **G:** ausschließlich jurierte Ausst., u. a. in Berlin, Frankfurt am Main, Leipzig, Passau u. Rosenheim sowie 03 Köln, Fotokina – ***Lit:*** Lexikon für zeitgenössische Textilkunst; – sowie Beitr. in div. Kat. u. in kunstbezogenen Zss, u. a. Amsterdam – ***LitR:*** Bay. Fs. 00

Grund, Annelie, Malerin; Lanker Weg 40, D-16348 Wandlitz, Tel. (03 33 97) 6 79 67, Fax 67 15 50, *www.tonundklang.de/glasbilder* (* Berlin 28. 6. 53) – **VG:** Drachselried/Bayr. Wald, Herrmann; Berlin, Gal. Workshop; Wandlitz, Gal. Hollebusch – **S:** 72–76 Humboldt-Univ. Berlin (Kunsterziehung, Malerei b. Prof. Frankenstein); 83 Meisterbrief als Glasmalerin – **Ve:** BVBK 90; VG Bild-Kunst 90; GEDOK 97 – **KGr:** Kraftfelder (seit 98); Peripherie (seit 05) – **G/T:** Mag. Realismus; Kunst im öff. Raum; gläserne Bilder u. Objekte; Hinterglasbilder – **W:** zahlr. Glas-Licht-Klang-Performances; in Privatbes., in Arztpraxen, Kanzleien u. a. – **Ö:** KIRCHENFENSTER u. a.: Berlin, Martin-Luther-King-Kap. im Hotel Albrechtshof; ebda, Krematorium, kath. Schwesternwohnheim, Begräbniskap. Charlottenburg; Bernau (Denkmal f. d. Opfer d. Hexenverfolgung); Eisenhüttenstadt-Fürstenberg, Nikolaikirche; Eisleben, Kloster St. Marien zu Helfta; Frankfurt/Oder, ev. Gemeindezentrum; Lünow, Dorfkirche; Malchow, kath. Kirche; Nauen, Havellandklinik; Oderberg,

Nikolaikirche; Teschendorf, Kirche; Wiesenburg, Bergfried d. Schlosses (Rauminstall.) – **E:** 95 Berlin, Gal. im Wartesaal; 96 Eberswalde, StG; 97 Berlin, Ölbergkirche; Templin, Gal. im neuen Gymnasium; 01 Wiesenburg, Schloß; 02 Oderberg, Nikolaikirche; 03 Berlin, Gal. form & stil; 04 Fürstenberg, Gal. im Alten RH; 06 Müncheberg, Stadtkirche – **G:** zahl. Bet. seit 79, u. a. Berlin, Altes Mus.; Frankfurt/Oder, Marienkirche; Dresden; 93, 95 Imperia/Ital.; 94 Posio/Finnland; 98 Chorin, Kloster; 00 Bonn, Ldesvertretung Brandenburg; Brüssel, Eurofeu; Munster, Glasplast. u. Garten (Kat.); 01 Dresden, Gal. im Reg.präsidium: Cocoon; 03 Potsdam, Kultusmin.; Plauen, Malzhaus; 05 Potsdam, Art Brandenburg – ***Lit:*** u. a. Stained Glass 96; Positionen, Veröff. d. GEDOK 97 – ***LitR:*** Klaus Lampe: Denkmal f. d. Opfer d. Hexenverfolgung in Bernau (RBB) 05; M. Steierhoffer: Hexen (RBB Radio Kult.) 06

Grundler-Klauhsecker, Ingrid s. Picca, Ingrid

Grundmann, Sabine (geb. Sabine Fischer), Dipl., Textilkünstlerin; Postfach 1217, D-17102 Demmin (* Leipzig 13. 5. 62) – **S:** 86–91 HS f. Kunst u. Design Burg Giebichenstein Halle/Saale (Dipl., Textilkunst b. Prof. Götze) – **L:** 00–01 Grafik + Design-Schule Anklam (Leiterin FB Textildesign); ab 00 ebda (Doz. Mode- u. Textildesign) – **P:** Förd.stip. f. junge Kunst d. Stadt Neubrandenburg 95; Arb.stip. d. Ldes Meckl.-Vorp. 97; Baltic Fashion Award Modepr. 02 – **Ve:** Künstlerbund Meckl. u. Vorpommern – **G/T:** Wandgest. u. Raumobjekte (Pergament, Wolle, Seide), experimentelle u. individuelle Mode in handgefärbten Materialien, Korsagen (u. a. Pergament), Stoffe (Shibori-Technik) – **K:** Shibori (Grundkurs, Kurs f. Fortgeschrittene), Zeichnen (Ldschafts-Plain-Air, figürlich, Collagieren) – **M:** Halle/Saale, Slg Händelhaus – **E:** 96 Rosenow; 00 Schwerin, Min. f. Bildung, Wiss. u. Kult. Meckl.-Vorp.; 01 Anklam, KH; 04 Röbel u. Waren, Spk. – **G:** u. a. 92 Berlin, GEDOK; München, Talentbörse; 93 Hannover, Kunst+Form; Schwerin, Schloß Wiligrad; 94 Neumünster; 95 Neubrandenburg, KH; 96 Salzwedel; Travemünde, Pommernzentrum; 97 Güstrow, Schloß; Güstrow, StG Wollhalle; 99 Schwerin; 00 Kansas City/KS; 00, 01, 02 Heringsdorf, Modenschau; 01 Chemnitz; 02 Heringsdorf, Kaiserhof (Baltic Fashion Award); 03 Güstrow, Schloß; Leipzig, Mus. f. Kunsthandwerk Grassi-Messe; 04 Schwerin, Schlesw.-Holst.-Haus – ***Lit:*** Dorothea Roth: Kleider zum Träumen, Süddt. Ztg 00; Barbara Mundt: Vom Handwerk zum Kunstwerk, Kat. – ***LitR:*** div. Beitr. d. Senders N3, u. a. 00 sowie in: Schaubudengala 00; Aktuelle Schaubude 00, 01; Tips und Trends (3 Sat) 01; Nordmagazin (NDR) 02; Heringsdorf goes Fashion 02, 03; Blitz (Sat 1) 03

Gruner, Gottfried; Schafblumenheide 40, D-72160 Horb, Tel. (0 74 51) 81 84, Fax 66 35 – **G/T:** Bildhauerei – (Red.)

Gruner, Paul-Hermann, M. A., Redakteur, freier Autor, Gestalter; Heidelberger Str. 123, D-64285 Darmstadt, Tel. u. Fax (0 61 51) 6 58 84 (* Rüsselsheim 28. 9. 59) – **VG:** Darmstadt, Trigon; Darmstadt, Klein – **S:** Autodidakt – **G/T:** Collage, Montage, Objekt-Montage u. Objekt (Papier, Holz, Metalle); Install.; abstr. u. gegenständliche Bearbeitung politisch-ges. Kontexte m. d. Mitteln Ironie, Satire, Sarkasmus; Auftragsarb.: Design, Layout, Covergest. (Plakat, Buch, Schallplatte, CD) – **W:** überw. in Privatbes.; zahlr. terminierte Install. im öff. Raum – **E:** 82, 94 Rüsselsheim, Gal. im Theaterfoyer; 85, 86, 87 Darmstadt, Perspektive; 96 Darmstadt, Kommunale Gal.; 97 Frankfurt am Main, Gal. d. Romanfabrik; 99 Darmstadt, Keller-Klub; 01 Darmstadt, Trigon; 02 Darmstadt, Gal. d. Reg.präsidiums – **G:** zahlr. Ausst.bet. seit 88, u. a. 94 Darmstadt, Mathildenhöhe; 94 Reinheim, Bundesdt. Satirewoche; 95 Obernburg, Rohrbach; 96 Darmstadt, Atelierhaus Vahle; 99 Düsseldorf, Haus d. Wirtschaft u. Industr.; 00 Wiesbaden, Brüssel, Mail-Art-Projekt; 01, 02 Kelkheim, Rosenborn-Gal.; 03, 05 Darmstadt, Kommunale Gal.; 04 Plock/Polen, E.T.A. Hoffmann-Haus; Darmstadt, Bewohnte Kunstinstall. (bki); 05 Darmstadt, Inst. f. Neue Techn. Form; 06 Darmstadt, Klein; Frankfurt am Main, Univ.bibliothek – ***Lit:*** P.-H. G.: KUAZWANJA. Kunst aus zwanzig Jahren. 1982–2002, Ausst.kat. 02

Grunert, Andreas, Maler; Bismarckstr. 8, D-72379 Hechingen, Tel. (0 74 77) 2 44 (* Chemnitz 47) – **VG:** Augsburg, Oberländer; Heilbronn, Rieker; Seattle, Seders – **S:** 69–75 Staatl. ABK Stuttgart (Malerei b. Prof. Peter Grau); 70–75 Univ. Stuttgart u. Wien (Kunstgesch.); 73–74 ABK Wien (Malerei b. Prof. Max Weiler) – **L:** 00–01 HS f. Künste Bremen (Gastprof.) – **P:** u. a. DAAD-Stip. f. Wien 73–74; Stip. d. Kunststift. BW 79–81; Cité Intern. d. Arts Paris 81; Villa-Romana-Pr. 86; Lovis-Corinth-Pr. (Förd.pr.) 89 – **KGr:** Künstlerbund BW (seit 84); Neue Gruppe München (seit 98) – **W:** im Bes. d. Goethe-Inst. Boston, d. Daimler-Benz Stift. Stuttgart – **M:** u. a. Frankfurt am Main, Dt. Bank KS; Freiburg im Breisgau, Mus. f. Neue Kunst; Heilbronn, SM; Künzelsau, Mus. Würth; München, Staatl. GrS; Stuttgart, Gal. d. Stadt; Stuttgart, SG (GrS); Vancouver, Art Gall. – **Ö:** Aalen, Finanzamt; Möglingen, St. Maria; Passau, Neue Gewerbl. Berufsschule; Weilheim/Teck, Neues RH – **E:** zahlr. seit 71 in Dtld, Öst., GB, Belgien, Ital., Kanada, d. USA, zuletzt u. a. 97 Rottenburg, Diözesanmus. (Kat.); 99 Seattle, Seders; 00 Omaha, Bemis Center for Contemp. Arts; 02 Osfildern, StG (Kat.); Wien, Kunsthist. Mus. im Pal. Harrach (Kat.) – **G:** zahlr. Bet. seit 71, zuletzt u. a. 95 München, Haus d. Kunst: Große Kunstausst.; 97 Würzburg, KV; Friedrichshafen, Zeppelin Mus.; 00 Freiburg im Breisgau, Mus. f. Neue Kunst; 04 Schwäbisch Hall, KH Würth – ***Lit:*** Klaus Michael Hinz, in: A.G., Kat. (Gal. Below Stuttgart) 82; Sibylle Maus, in: A.G. – Malerei unter d. Erde, Zapata – Kunst&Kult. Stuttgart 94; Wolfgang Hartmann, in: A.G. – Lavierte Zchngn, Kat. (KV Wilhelmshöhe) 94; Jochen Hörich, in: A.G., passagen 17, Kat. (Gal. Huber-Nising Frankfurt am Main) 95; Schweers 02; Eva-Marina Froitzheim, in: A.G., Figuren u. Nichtfiguren, Kat. (Südwestbank Stuttgart) 04

Grunewald, Daniel, Maler, Graphiker; Karl-Tauchnitz-Str. 17/087, D-04107 Leipzig, Tel. (03 41) 9 62 56 59 (* Leipzig 23. 10. 79) – **S:** Autodidakt – **G/T:** Federzeichn. (Tusche); Malerei (Wasserfarbe, Gouache); Ölmalerei; surrealistisch – **Ö:** Kohren-Sahlis, HeimVHS (Leihgabe) – **E:** 00 Leipzig, Univ.klinik; 01 Leipzig, Jgd.haus; 03 Leipzig, KSG; 04 Kohren-Sahlis, HeimVHS – **G:** 00 Chemnitz, Jgd.KunstBienn.; Plauen, Alternative Kunsttage; 01 Stötteritz, Kunstbienn.; 03 Zwickau, Gasometer – **V:** ILL.: Zwickau – Ein Kinderstadtführer; Herr Wassermann ist ein Wassermann. Oder: Die Nixe im Bad, Eine Umweltgeschichte für Kinder; Constanze John: Vom Schwein, das Schlittschuh lief; Grimma – ein Landschaftsführer für Kinder; Tanja Heinze: Der Schnee des letzten Sommers – (Red.)

Grzimek, Sabina, Bildhauerin, Malerin, Graphikerin; Marienburger Str. 33, D-10405 Berlin, Tel. u. Fax (0 30) 4 42 45 83, *sabina.grzimek@web.de*, *www.sabinagrzimek.de* (* Rom 12. 11. 42) – **VG:** Berlin, Poll; Mannheim, Kasten – **S:** KHS Berlin-Weissensee (Graph. b. Heinrich Drake u. Arno Mohr); AK Berlin (Meisterschüler b. Fritz Cremer) – **L:** 97 Sommerakad. in Thüringen (Bildhauerei); 98 Sommerakad. in Anklam (Bildhauerei); 00 Sommerakad. Norden (Bildhauerei); bis 03 Anklam (Lehrtätigkeit, Zeichenkurse) – **P:** Gustav-Weidanz-Pr. 72; Käthe-Kollwitz-Pr. 83; Pr. d. Kunstförd.ver. Weinheim 94; Rietschel-Pr. 96 – **Ve:** BBK; ver.di – Fachgr. Bild. Kunst – **G/T:** Skulpt. (Bronze), Malerei, Graph. (vorw. Rad.), Zeichn. – **K:** Zeichenkurse – **M:** u. a. Aachen, Ludwig Forum; Altenburg, Lindenau-Mus.; Berlin, Kpst.-Kab.; Berlin, Märkisches Mus.; Berlin, NG; Cottbus, Brandenburgische KS; Erkner, Gerhart-Hauptmann-Mus.; Frankfurt/Oder, Mus. Junge Kunst; Halle/Saale, Staatl. Gal. Moritzburg; Heilbronn, SM; Magdeburg, KM Kloster Unser Lieben Frauen; Rostock, KH; Schwerin, Staatl. Mus. – **Ö:** u. a. Anklam, Friedhof; Berlin, AK; ebda, Pratergarten (Figurengr. Bronze), Lützopl.; Berlin-Lichtenberg, Freyapl.; Berlin-Pankow, Friedrich List-Oberschule; Berlin-Prenzlauer Berg, Thälmann-Park; Berlin-Weißensee, Ostseestr.; Berlin, Poll; Chemnitz, Stadthalle; Erfurt, Rat d. Stadt; Erkner, Gerhart Hauptmann Mus. (Garten); Heilbronn, Frauenklinik; ebda, Hafenmarktturm; Magdeburg, Mus.park; Potsdam, Rat d. Stadt; Weinheim, Fußgängerzone – **E:** u. a. 70 Halle/Saale, Staatl. Gal. Moritzburg; 79 Dresden, Leonhardi-Mus.; 86 Venedig, Bienn.; 91 Köln, Käthe Kollwitz Mus.; 92 Wesel, Städt. Mus.; Berlin, NG; 94 Berlin, Poll; 98 Mannheim, Kasten; 00 Anklam, KH; 03 Heilbronn, SM; 04 Potsdam, Sperl – **G:** u. a. 75 Stendal, Winckelmann-Mus.; 82 Heringsdorf, Kunstpavillon; 90 Toulouse/Villeneuve D'Ascq; 91 Berlin, KV Weißensee; 92 Basel, KM – **V:** KÜNSTLERMAPPEN: u. a. Baikalseemappe (Lith.) 72; Berlinblätter (Lith., Rad., Aquatinta) 73; Muttererde unterm Hammer (Graph. u. Lyrik) 80; Lothar Lang u. Hans Marquardt (Hrsg.): Barlach zu Ehren. Bildhauergraphik 88; Uwe Kolbe (Text): Erstes Graphikbuch aus der Werkstatt der Berliner Graphikpresse (Rad., Ätzung, Aquatinta, Kaltnadel) 90; Christa Wolf: Kein Ort. Nirgends 90; Oskar Wilde: Der glückliche Prinz (Graph.) – ***Lit:*** Lothar Lang: Junge Kunst: S. G., in Die Weltbühne, Ztg 72; ders.: S. G., in: Künstler in Berlin, Reihe Welt d. Kunst 79; Helmut Netzker: 'Mutter und Kind' von S. G., in: Helmut Netzker: Formen-werten-wirken. Zum bildhauerischen Schaffen in der DDR 1965 bis 1982 85; Hermann Raum: S. G., in: Katalog XLII. Biennale Venedig 86; Hedwig Döbele: S. G., in: S. G., Kat. 88; Paul Otto Schulz: Wahrheit suchen. Zum Werk von S. G., in: die Kunst Zs 88; Karin Thomas: Das unbestechliche Auge. Die Bildhauerin S. G., in: Eckhart Gillen u. Rainer Haarmann: Kunst in der DDR 90; Hans Scheib: S. G., in: S. G., Kat. 92 – (Red.)

Gschwandtner, Walter, Mag. art., Bildhauer; c/o Atelier beim Schneiderbauern, Rufling 31, A-4060 Leonding, Tel. (07 32) 68 06 26 (* Niederneukirchen 27. 8. 56) – **S:** 79–81 HS f. künstler. u. industr. Gest. Linz (Meisterkl. f. Bildhauerei b. Prof. Erwin Reiter) – **P:** Arb.stip. d. BmfUK 82; Ausldsstip. f. Akad. d. Schönen Künste Lissabon 88; Talentförd.prämien d. Ldes ObÖst. 88 – **Ve:** Künstlervrg Maerz 84 – **KGe:** W.G. u. Herbert Christian Stöger (zahlr. Projekte, seit 92) – **G/T:** Objekte (Plast.) aus weichen Mat. wie Leder, Stoff u. Planen aus PVC; zahlr. Schaust. (Install. m. Sinnkontext ähnl. einem Theaterst.); Zchng u. Fotogr./Kopiegraphie (Naturstud. im weiteren Sinn) – **W:** Agrarinnovationspr. d. Ldes ObÖst. (Bronzeskulpt.), zahlr. Standorte, da zahlr. Pr.träger, vergängl. Beitr. b. Symposien, Feuerperformances in Budweis (91) u. Leonding (01), in öff. Slgn d. Staates u. Ldes Öst., d. Städte Linz, Caldas da Rainha/Portugal sowie Innsbruck – **Ö:** Linz, RH – **E:** SCHAUST., u. a. 91 Linz, Offenes Kult.haus (Kat.); Budweis, Kult.haus (Kat.); 93 Linz, Stifterhaus; Hamburg, Schloß Reinbek; 95 Leonding, H.A. Geburtstag-Todestag J.d.T.; 97 Berlin, Haus am Kleistpark; 99 Landau an d. Isar, Mus. f. Vorgesch.; 00 Linz, Maerz; Graz, Minoriten Gal.; 01 Leonding, Krähenfuß. Eine Nachstellung eines kelt. Brandopfers; 04 Gmunden, Hipphalle; 05 Julbach, TIEFseh – auf d. Suche nach einem Zugang zu Stifter (m. H.Ch. Stöger); – sowie: 95 Linz, Braunau u. Berlin, F.J. an/auf dem Seelenseziertisch (m. d. Dramatiker Harald Kislinger); 05 Linz u. Schärding, Ursulinenkrypta – **G:** zahlr. Bet. an Ausst. u. Symposien im In- u. Ausld 02 Daechong-Lake/Korea, Nine Dragon Heads (Symposium u. Ausst.); 03 Graz, Intern. Textilkunstausst. (ITS); 04 Bergkvara/Schweden, Artmeeting; 05 Altreichenau, Intern. Holzbildhauersymposium; – sowie: 99 art-communication-tour austria moscow: act 99 – **V:** Werkkat. 98, 06 – ***Lit:*** Textile Objekte Rückblick Standort Ahnung, Werkkat. (Ed. Maerz) 87; Überfahrt (Öböst. Ldeskult.referat) 93 – ***LitR:*** KUNSTVIDEOS z. d. Schaust.: C.B. Schneider: Der süße Tod 91; Überfahrt 93; Siegfried Pruscha: Krähenfuß. Eine Nachstellung eines kelt. Brandopfers, Dok.video 01

Gsellmeier, Margarethe (geb. Margarethe von Schuh), Malerin u. Graphikerin; Kobelstr. 14a, D-86356 Neusäß, Tel. (08 21) 48 14 22 (* Bichlbach/Tirol 29. 7. 25) – **S:** Akad. Nürnberg (b. Prof. O. M. Schmitt u. Wendland) – **L:** 80–90 FHS Augsburg (Schriftschreiben u. Zeichnen) – **P:** Schubingerpr. d. Stadt Augsburg – **Ve:** BBK Schwaben Nord u. Augsburg – **G/T:** Malerei (Aqu., Ölpastell, Öl, Portr.) – **E:** Kempten, Kunstkab.; Landsberg am Lech, Raasch; Lindenberg, Volksbank; Moosbach, Schmuckgal.; München, Hypo-Ver.bank; Neckarsulm, Spk.; Neusäß, RH; Pichler, Schmuckgal.

Gsellmeier, Michael, Maler u. Graphiker; Kobelstr. 14a, D-86356 Neusäß, Tel. (08 21) 48 14 22 (* Kempten/Allgäu 15. 1. 25) – **S:** 48–54 KSch. Augsburg – **L:** 80–90 FHS Augsburg (Schriftschreiben u. Zeichnen) – **P:** Kunstpr. d. Stadt Neusäß – **Ve:** BBK Schwaben Nord u. Augsburg – **G/T:** Malerei (Aqu., Ölpastell, Öl, Portr.) – **E:** Augsburg, Keller-Gal.; Augsburg, Lilos Schatzinsel; Augsburg, Holbeinhaus; Augsburg, Haus Tobias; Augsburg, Kr.spk.; Nürnberg, Universahaus – **G:** Augsburg, Große Schwäbische Kunstausst.; Kempten, Festwoche; Tierhaupten

Gspandl, Ulrike s. ULMA

Gsteu, Corona (verh. Corona Davit-Gsteu), Malerin, Zeichnerin, (Grün)raumplanerin (im öff. Raum); *www.q202.at; www.gebietsbetreuungen.wien.at; www.basis-wien.at; www.igbildendekunst.at* (* Wien 12. 6. 64) – **S:** 85–92 HS f. angew. Kunst Wien (b. Prof. Spalt); 86–87 Parsons School of Design New York; 90–91 HS f. angew. Kunst Wien (b. Prof. Hans Hollein); 91–93 ebda (b. Prof. Wolf D. Prix, Coop Himmelb(l)au) – **Ve:** IG Bild. Künstler Öst. 05; Bassena 05; Basis-Wien – **KGr:** Q202 (seit 03); Stuwart Kunst im 4tel – **G/T:** Ill.; Graph.; Comics; Aqu.; Aktionen im öff. u. sozialen Raum; Grünraumplanung u. Planungen im öff. Raum; Kult.arbeiterin u. Kuratorin – **W:** überw. in Privatbes. in Öst., d. USA, Dtld, Ital., Korea, Rumänien, GB u. Ungarn – **E:** / G: auf Bienn., in Gal., Museen u. Firmen in Öst., d. USA, Dtld, Ital., Korea, Rumänien, GB, u. a. 01 Wien, Paganini – Wolkenkitzler, Wiener Hochhaus Archit.aqu.; Seoul, Kunstprojekt ASROPA (Kat.); 03 Wien, Schraubenfabrik; Florenz, Bienn. Dell'Arte Contemporanea (Kat.); Wien, Kuwimex Kult.projekt; 04 Wien, Planungswkst. (Bilderwettb. Zu Fuß in Wien); Wien, Kunstauktion SOS Mitmensch; Salzburg, Samson Art Award; 04, 05 Bukarest u. Sibiu, Wientage; 05 Wien, Gal. vor Ort; Wien, Kult.spaziergang Stuwerviertel; Wien, Wildwuchs + Riedel; 06 Wien, Gal. Studio 38 – sowie Bet. 05 Leopoldstäfter Kult.tage; 06 Archit.-

tage – ***Lit:*** in Zss u. Ztgn, u. a. Sterz, Zs f. Lit., Kunst u. Kult.; Zwischenwelt 2002, Zs f. Lit., Kunst u. Kult. – sowie Handbuch d. bild. KünstlerInnen Öst.; EU Folder Ziel 2 Gebiet; Stuwart Folder

Gubsch, Dietmar, Maler, Bildhauer; *gubschart@arcor.de*. Burkhardswalder Str. 35, D-01809 Müglitztal/OT Burkhardswalde, Tel. (03 50 27) 6 28 39 (* Bischofswerda/Sa. 11. 12. 41) – **S:** 58–61 u. 63–68 HBK Dresden – **Ve:** VBK DDR 68–90; KV Pirna 01; KBD 92; SKB 92 – **G/T:** Malerei, Zeichn., Skulpt. (Stein) – **M:** Dresden, Kunstfonds d. Freistaates Sa.; Dresden, SKS – **Ö:** Arnsdorf b. Dresden, Sä. Krankenhaus; Grossnaundorf, Alte Schule; Heidenau b. Dresden, Drogenmühle; Lauenstein, Schloßhof – **E:** 75, 78 Dresden, Kunst d. Zeit; 81 Dresden, Kühl; 93 Walldorf, Gal. d. SAP AG; 97 Dippoldiswalde, Haus Krone; 04 Tharandt, Kuppelhalle – **G:** zahlr. Ausst.bet. seit 72

Gudjónsdóttir, Anna, Malerin; Sülldorfer Landstr. 186 c, D-22589 Hamburg, Tel. (0 40) 41 62 32 08, Fax (0 40) 8 70 48 98, *annag@gmx.com* (* Reykjavik 28. 1. 58) – **S:** 93 HBK Hamburg (Freie Kunst b. Prof. Franz Erhard Walther, Dipl.) – **L:** 03–04 HBK Hamburg (Gastprof. f. Malerei) – **P:** AEG Kunstpr. 90; Hamburg Stip. 98; Edstrandska Stiftelsen Kunstpr. Schweden 99; LV-Kunstpr. d. Stadt Münster 99; Reisestip. d. Ver. 'Neue Kunst in Hamburg' 00; Kunstpr. d. Stadt Nordhorn 02 – **KGe:** A.G. u. Till Krause: Museum ferner Gegenden (93–04) sowie: Gal. f. Landschaftskunst (93–04) – **G/T:** Malerei (Öl), Install. u. Fotogr. – **Ö:** Neuenkirchen, Stift. u. KV Springhornhof (Dauerinstall.) – **E:** 98 Hamburg, Gal. f. Landschaftskunst; 00 Neuenkirchen, KV Springhornhof; 02 Nordhorn, StG; 06 Reykjanesbær/Island, Suðsuðvestur – **G:** u. a. 91 Köln, Kölnischer KV; 93 Stuttgart, Künstlerhaus; 98 Paris, MAM de la Ville Paris; Kópavogur/Island, Listasafn Kópavogs-Gerðarsafn; 99, 01 Hamburg, Kunsthaus; 99 Malmö, Rooseum; 00 Bad Oeynhausen, Kurpark; Hamburg, Deichtorhallen; Münster, Geologisch-Paläontolog. Mus.; 01 Bergen, White Cube; 02 Hagen, Karl-Ernst-Osthaus-Mus.; 03 Halle/Saale, Staatl. Gal. Moritzburg; Hamburg, KH; Hamburg, KV; Berlin, Stüber; Neuenkirchen, KV Springhornhof – ***Lit:*** u. a. Kulturbehörde Hamburg (Hrsg.): Verz. d. Rabenhügel 1–29 98; Jens Asthoff: A.G., in: Kunstform International, Bd 155 Juni-Juli 01; ders.: A.G. Artist Kunstmag., H.48 März-Okt. 01; – AUSST.KAT.: Beatrice von Bismarck: Brooooom u. Wrmmmmmrmmm 00; Safnasafnid u. das Phänomen Nordlandfahrt 01; Unsicheres Terrain 02; Cosima Rainer: Helligkeits- u. Dunkelheitskartierungen Düsseldorf, in: Hell-gruen. 30 Kunstprojekte im u. um den Düsseldorfer Hofgarten 02

Güdel, Helen (geb. Helen Moser), Malerin, Illustratorin, Autorin; Oberdorf, CH-3923 Törbel, Tel. u. Fax 02 79 52 26 35, *helen.guedel@bluewin.ch*, *www.helenguedel.ch*. c/o Zytglogge Verlag, Schoren 7, CH-3653 Oberhofen am Thunersee, Tel. 03 32 44 00 30, Fax 03 32 44 00 33, *info@zytglogge.ch*, *www.zytglogge.ch* (* Zürich 31. 8. 35) – **VG:** Bern, Ramseyer & Kaelin – **S:** Autodidaktin – **L:** ab 96 St. Nikolaus u. Mörel (Erwachsenenbildung); Zermatt (Lehrerfortbildung) – **P:** Concours intern. Morges (Publikumspr.) 81, (Beste nat. Einsendung) 82, (Prix Henri Rousseau) 87, (Prix femina) 88; Bienn. d. Ill. Bratislava 93 – **Ve:** autillus – Ver. Kd.- u. Jgdb.schaffender d. Schweiz 93 – **G/T:** naive Malerei (Dorfleben im Wallis, Städtebilder v. Bern); Ill. (Kinderb. m. Gesch. aus d. Wallis) – **E:** ca. 30 Einzelausst. in d. ganzen Schweiz seit 76 – **G:** 79 London, Hamilton; 80 Mailand, Bienn.; 82 Paris, Salon des Indépendants; 85 Johannesburg, Sacks; 94 Bratislava u. Nürnberg, INSITA Trienn. f. naive Kunst, Art Brut u. Outsider Art – **V:** Autorin u. Ill. f. Kdb.: Berner Bilderbuch 83; Lieber Alex, Bd I 91, Bd II 93, Bd III 99; Vicky 97; Célestine und Polykarp 03

Güler, Mehmet, Maler, Graphiker; Johann-Hermann-Schein-Str. 8, D-34131 Kassel, Tel. (05 61) 3 45 19, Fax 31 14 45, *mehmetgueler@aol.com*, *www.mehmetgueler.de* (* Malatya/Türkei 2. 3. 44) – **VG:** Berlin, Sievi; St. Augustin, Radicke; Euskirchen, Spectrum; Istanbul, Binyil – **S:** HS Ankara (Malerei); HBK Kassel – **L:** 74–77 HS Ankara (Lehrer) – **P:** u. a. Pr. DYO Malerei Wettb. Türkei 74, 83; Pr. Vakko Malerei Wettb. Türkei 83; Pr. Intern. Graph. Trienn. Frechen 86, 90; Pr. Intern. Graph. Wettb. Bergamo 91 – **G/T:** Malerei, Graph. (figürlich, abstr., Rad., HSchn.); Skulpt. aus Holz – **M:** u. a. Berlin, Verb. d. dt. Banken; Göttingen, Intern. Begegnungszentrum; Huddersfield, Kirklees Metropolitan Council Mus.; Istanbul, Akbank Koleksiyonu; Istanbul, Grafik Müzesi; Istanbul, Vakko Koleksiyonu; Kassel, Graphotek; Kassel, Sparda Bank; Kassel, Spk.; Kassel, Staatl. Mus. GrS; Wiesbaden, Hess. Hauptstadtarch.; Wiesbaden, Min. f. Wirtschaft u. Kunst – **E:** u. a. 70, 71, 72, 74, 77 Ankara, Devlet Galerisi; 78 Ankara, Alman Kültür Merkezi; 80, 88 Izmir, Gal. Vakko; 83 Ahlen, Rossbach; 86 Istanbul, Gal. Cumali; Berlin, Jungfernstieg; 90 Dortmund, Gal. Ruhrgold; 92 Berlin, Jungfernstieg; 98 Euskirchen, Spectrum; 00 Berlin, Sievi; Istanbul, Binyil; 03 Ankara, Nurol; 04 Istanbul, Binyil – **G:** u. a. 71, 74 Ankara, KV; 75 Kassel, KV; 80 Darmstadt, Ed. KH; 82 Karlsruhe, Künstlerhaus BBK; 90 Izmir, Temizocak; 92 Istanbul, Benadam; 94 Wiesbaden, Mus.; 95, 99 Istanbul, Tem; 97 Düsseldorf, Mus. Kunst Pal. – ***Lit:*** zahl. Publ., u. a. Gültekin Elibal: Sieben türkische Künstler in Österreich 77; Henriette Hörmann: Traumlandschaften 80; 300 Jahre danach, z. Ausst. im 20. Jh. Mus. Wien 83; Cumhuriyet Ekmekci Mustafa: Die Frau in Bildern von M. Güler 83; Eva Weber: In zwei Welten. Migration und Kunst 88; Bircan Ünver u. Hürriyet Gösteri Dergisi: Erste Begegnung 88; Melsunger Kunsttage, Kat. 88; Jürgen Thomas: Die wilde Welt des M. Gülers, in: Berliner Morgenpost 93; in: Artium. Das Internationale Kunstmagazin 98; in: Türkische Kunst im 75. Gründungsjahre der Republik 98; Markus Angebauer: Kulturmagazin, Kat. 99 – (Red.)

Gündisch, Bibi (geb. Erdmute Berger), Kunsterzieherin, Malerin; Achter Lüttmoor 35, D-22559 Hamburg, Tel. (0 40) 81 52 11, Fax 81 95 68 98, *bibi.guendisch@hamburg.de* (* Swinemünde 26. 9. 36) – **S:** 57–65 HBK Hamburg (Assessor); 61 Cornell Univ. New York (freie Malerei); 99, 04 Pentiment Hamburg (b. Zhou Brothers, Eu Nim Ro) – **L:** bis 66 Kunsterziehung; seit 76 Malschule Rissen f. Kinder u. Jugendliche; seit 94 VHS (Leiterin u. Doz.) – **Ve:** BBK Hamburg; GEDOK Hamburg – **KGr:** Abbruch u. Aufbruch 03 (Organisation) – **G/T:** Malerei (Aqu., Acryl, Mischtechnik, Lsch., abstr., themenorientiert: Gerechtigkeit, Cusanus Persönlichkeit-Ausst.); Install. – **K:** Malerei (Gärten, Wolken, Sonnenuntergänge, Blumen-Filz-Farbe, eat-art, Portr., Fotogr. als Bildanreger) – **W:** in Privatbes. u. im Bes. d. Kult.behörde Hamburg – **E:** / G: u. a. 61 Ithaca/New York; 84 Wedel, Reepschlägerhaus; 88, 93 Hamburg, GEDOK; 89 Hamburg, Thalia Theater; Innsbruck, Tiroler LM Ferdinandeum; 90 Hamburg, Gal. Blankenese; 91, 97 Hamburg, Kunsthaus; 95 Hamburg, St. Jacobikirche (Kat.); 97 Hamburg, St. Katharinenkirche; Lübeck, GEDOK-Atelierhaus; 98 Leipzig; 99 Hamburg, Amtsgericht Blankenese (Kat.); 00 Hamburg, Börse (Handelskammer); 01 Hamburg, Ziviljustizgebäude; Reinbek, Mus. Rade am Schloß; 03 Hamburg, Speicherstadtmus.; 05 Hamburg, Kath. Akad. (Kat.) – sowie Bet. in Hamburg-Rissen; im GEDOK-Forum; Kunstmeile Rissen; 01, 02, 03, 06 Offene Ateliers; 06 Hamburg, St. Petri: Fußballhimmel – *Lit:* zahlr. AUSST.KAT. u. Leporellos z. Ausst. 91, 94, 01, Beitr. u. a. in d. Rissener Rundschau 97, Hamburger Abendblatt 97, div. Berichte u. 'Kunst auf Karten' (GEDOK Schuber) sowie Kay Rump (Hrsg.): Der neue Rump. Lex. d. Bild. Künstler, Hamburgs, Altonas u. d. näheren Umgebung 05

Günther, Bernd, Dipl.-Fachgestalter, Designer, Maler, Graphiker, Illustrator; Friedrich-Engels-Str. 6, D-13156 Berlin, Tel. (0 30) 4 77 45 17, Fax 47 75 58 05, *barni-org@t-online.de*, *www.neueskunstquartier.de* (* Zwenkau b. Leipzig 20. 9. 44) – **VG:** Berlin, Neues Kunstquartier – **S:** 70–75 HS f. Kunst u. Design Burg Giebichenstein Halle; 78–79 ebda (b. Prof. Frank Rudigkeit) – **Ve:** BBK 90 – **G/T:** Ölmalerei, Lasurtechnik, Rad. (Strichätzung, Aquatinta) – **M:** Berlin, Jüdisches Mus. – **Ö:** Berlin, Bundesmin. f. Wirtschaft; ebda, Jüd. Gemeinde – **G:** 89, 90 Berlin, Ephraim-Pal.; Berlin, Martin-Gropius-Bau; 95, 96 Berlin, Bundesmin. f. Wirtschaft – sowie Bezirkskunstausst. Berlin; Kunstausst. Dresden – **V:** zahlr. Kdb. sowie: Das verzauberte Pferd. Chassidische Erzählungen

Günther, Herta, Malerin, Graphikerin; Josephinenstr. 5, D-01069 Dresden, Tel. (03 51) 4 95 52 29 (* Dresden 9. 5. 34) – **VG:** Berlin, Gal. der Berliner Graphikpresse; Dresden, Döbele – **S:** 51–56 HBK Dresden (b. Hans Theo Richter u. Max Schwimmer) – **Ve:** VBK DDR 56 – **G/T:** Malerei (Öl, Aqu.); Graph. (Zeichn., Lith., Rad.) – **M:** Dresden, GG NM; Oberhausen, Ludwig-Gal. – **E:** u. a. 76 Halle/Saale, Staatl. Gal. Moritzburg; 78 Dresden, Glockenspielpavillon; 85 Schwerin, Staatl. Mus.; 89 Frankfurt/Oder, Mus. Junge Kunst; 99 Chemnitz, Neue Sä. Gal. – **G:** u. a. 81 Baden-Baden, Bienn. d. europ. Graph. – *Lit:* Lang 02; Schweers 02 – (Red.)

Günther, Ingo, Prof., Bildhauer u. Videoinstallateur (* Bad Eilsen 57) – **VG:** Hamburg, Produzentengalerie – **S:** 77 Univ. Frankfurt am Main (Ethnologie u. Kult.-anthropologie); 78–83 Staatl. KA Düsseldorf (b. Fritz Schwegler, Günther Uecker u. Nam June Paik) – **L:** 85–86 KA Münster u. Braunschweig; 90–94 KHS f. Medien Köln (Prof.) – **P:** u. a. New York – P.S. 1 83; Stip. d. Stud.stift. d. Dt. Volkes 84, 86; Stift. Kunstfonds – Arb.- u. Projektstip. 87; Ars Viva-Stip. d. BDI 88; Kunstpr. Glockengasse Köln 88; Förd.pr. d. Ldes NRW 91; Siemens-Medienkunstpr. 97; Sprengel-Pr. f. Bild. Kunst 03 – **E:** zahlr. Einzelausst. im In- u. Ausld, u. a. 86 Essen, Mus. Folkwang; 87 San Francisco, New Langton Arts; 90 Tokio, P3 Alternative Mus.; 93 Hamburg, Produzentengalerie; 95 Münster, Wewerka-Pavillon; 96 Kopenhagen, Cisternen under Sondermarken; 97 Rom, Sala 1; 98 Düsseldorf, KH; Bremen, Neues Mus. Weserburg; 99 Den Haag, Stroom – **G:** u. a. 84 Venedig, Bienn.; 87 Kassel, documenta; 91 Fukui/Jap., Bienn.; Tokio, Kanto Präfektur; 92 Brüssel, Mus. d'Ixelles; Sydney, MCA; 93 Karlsruhe, ZKM; 94 Lissabon, Centro Cultural de Belém; 95 Hiroshima, City MCA; 99 Bonn, KV; 03 Bremen, Neues Mus. Weserburg – *Lit:* Reclams Künstlerlex. 02 – (Red.)

Günther, Marcus, Maler; Prinz-Georg-Str. 40, D-40477 Düsseldorf, Tel. Mobil: 0 172 53 44 20 2, Fax (02 11) 5 14 44 80, *MarcusGuenther67@aol.com* (* Solingen 19. 3. 67) – **VG:** Malaga, Punzmann Gall. – **G/T:** figurative Malerei; Abstr.; Performance – **W:** zahlr. Performances – **E:** 95 Düsseldorf, Art Attack Gal.; 99 Mönchengladbach, Noack; 02 Karlsruhe, Poly-Gal.; 04 Langenfeld, Amtsgericht; 06 Düsseldorf, Arts are us-Gal. – **G:** 96, 03, 04, 06 Düsseldorf, Mus. Kunst Pal.; 97 Düsseldorf, NRW-Forum; 98 Köln, Graph.wkst.; 99 Düsseldorf, Salon 52; 00 Köln, Gal. 68elf; Frankfurt am Main, Mousonturm; 01 Berlin, Tiefbunker in Wedding; 02 Liverpool, Bienn.; 03 Berlin, Tiefbunker Alexanderpl.; 04 St. Petersburg, Graph.bienn.; 05 Düsseldorf, Brenner; Malaga, Punzmann Gall.

Günther, Monika, Performancekünstlerin; Tel. u. Fax: 04 12 40 15 78, *schillguenther@bluewin.ch*, *www.kunst-forum.ch* (* Bad Hersfeld 20. 2. 44) – **VG:** Luzern, Apropos – **S:** 66–71 KA Düsseldorf (Freie Malerei, Meisterschülerin v. Prof. G. Hoehme) – **L:** Gastdoz. f. Performancekunst: 00 KHS Kassel; 01, 03 Éc. Supérieure des Beaux-Arts Genf; 01–05 HS f. Kunst u. Gest. Luzern; 05 FHS Hannover – **P:** Transfer-Stip. Rostock 91; Künstlerdorf Schöppingen 91, 92; Stip. d. Förd.kr. Kunst auf Schloss Plüschow 92; Kunst- u. Kult.pr. d. Stadt Luzern (m. Ruedi Schill) 04; Haus am See, Horw 06 – **KGe:** M.G. u. Ruedi Schill (seit 95) – **G/T:** Fotogr.; Zchng; Install.; Kunst im öff. Raum; Performancekunst – **K:** Performancekunst – **W:** Ölbilder u. Zchngn überw. in privaten Slgn; zahlr. Performances in Kanada, Mexiko, Vietnam u. Europa; Stadt Essen (Ankäufe) – **M:** Hagen, Karl-Ernst-Osthaus-Mus.; Leverkusen, StM Schloß Morsbroich (Artothek) – **Ö:** Essen, Grillotheater Foyer (Nördl. Umgang: Scripta Manent); ebda, Wilder Garten (Varnhorst Kreisel, Wandgest.); Herne, Gelände Zeche Teutoburgia (Projekt 'Steine' u. Skulpt. 'Fußgänger'); Frankfurt/Oder, Spk. (Glasarb.) – **E:** seit 83, u. a. 98 Luzern, Apropos; 00 Zürich, Kunsthof – m. Ruedi Schill: 04 Yucatán/Mexiko, Encuentro Intern. de Performance; Québec, Rencontre Intern. d'Art Performance; 05 Polen, Intern. Art Action Festival 'interakcje'; 06 Brüssel, Monumentum; Minsk, Navinki: Intern. Performance Art Festival; Saigon, Intern. Performance Art Conference – *Lit:* Das Pferd im Mond. Malerei, Ausst.kat. (z. Ausst. in d. StG im Mus. Folkwang Essen) 89; Ulrich Deuter: Stipendiatin Künstlerdorf Schöppingen 93; Stipendiatin Aufzeichnungen. Förd.kr. auf Schloß Plüschow 93

Günther, Uwe-Karsten, Medienkünstler, Galerist; c/o Laden für Nichts, Katharinenstr. 17, D-04109 Leipzig, Tel. Mobil: 0 17 43 24 97 23, *ukg@hgb-leipzig.de* (* Gotha 62) – **S:** 90–95 HS f. Musik Franz Liszt Weimar; 96–02 HGB Leipzig (Medienkunst) – **W:** 98 Gründung d. Laden f. Nichts in Leipzig – **E:** / G: ca. 80 Ausst. seit 98 in Leipzig, Laden f. Nichts – weitere: 03 Leipzig, HGB (Nachbau d. Laden f. Nichts); Berlin, Kunstraum Plattform (Raumtausch m. d. Laden f. Nichts); Leipzig, Kunstraum B/2 (Auf-Laden!); 04 Frankfurt am Main, Art Frankfurt; London, Union Gall. – (Red.)

Gütschow, Beate; c/o Produzentengal. Hamburg, Admiralitässtr. 71, D-20459 Hamburg, Tel. (0 40) 37 82 32, Fax 36 33 04, *info@produzentengalerie.com*, *www.produzentengalerie.com* (* Mainz 11. 8. 70) – **VG:** München, Gross; Hamburg, Produzentengalerie; London, Franck Fine Art; Düsseldorf, Schuler – **S:** 93–00 HBK Hamburg – **P:** Pixel Award (2. Pr.) 00; Otto-Dix-Pr. 01; Stip. Villa Aurora Los Angeles 01; Kunstpr. d. Stadt Nordhorn 01; Hubertus-Wald-Stip. Hamburg 02; Senatsstip. d. Stadt Berlin 04 – **G/T:** Fotogr. – **M:** Amsterdam, Huis Marseille – Stichting voor fotogr.; Los Angeles, County Mus. of Art; New York, Slg Stern – **E:** 00 Hamburg, Westwerk; Düsseldorf, Schuler; 01 Nordhorn, StG; Hamburg, Produzentengalerie; 02 London, Goethe-Inst.; 03 Berlin, Future 7; Köln, Förd.koje Art Cologne – **G:** 00 Recklinghausen, KV; St. Petersburg, Media Art Festival; 01, 04 Bonn, Kunst- und Ausst.halle d. BRD; 01 Gera, KS; 02, 04 München, Gross; 03 Hamburg, Kunsthaus; Essen, Mus. Folkwang; 04 Chicago, Mus. of Contemp. Photography; Kopenhagen, KV Overgaden – *Lit:* Martin Köttering: B. G., Ausst.kat. 01 – (Red.)

Güttsches, Ursula, Dipl.-Bildhauerin; Hohnsteiner Str. 5, D-01099 Dresden, *ursula@guettsches.de*, *www.guettsches.de* (* Bonn 19. 6. 71) – **S:** 90–95 FHS Düsseldorf (Graph.-Design); 93–94 sechsmonatig. Auslds-stud. Sculpt. in GB; 95 Dipl.-Design u. Ill. (b. Prof. Wolf Erlbruch); 96–99 HBK Dresden (Bildhauerei b. Prof. Helmut Heinze, 99 Dipl. Bildhauerei b. Prof. Detlef Reinemer) – **Ve:** ver.di – Fachgr. Bild. Kunst 00; BBK 00 – **G/T:** figurative Bildhauerei (Sandstein, Bronze, Keramik u. Draht); Malerei (Sandsteinpigment u. Tusche); Zchng (Aqu., Tusche: Lsch. u. Figur) – **Ö:** Lauenstein, Schloß (Sandsteinskulpt. Uhu); Zehdenick, Hausfassaden (Sandsteinskulpt. Najade u. Chamäleon) – **E:** u. a. 02 Aachen; Köln; 03 Dresden, World Trade Center, DREWAG; 05 Bergisch Gladbach, Plast., Malerei u. Graph.; 06 Schongau, SM – **G:** u. a. 01 Ostritz, Neuer Sä. KV: Ergebnisausst. d. 6. Bildhauer-Symposiums; 03 Bergisch Gladbach, Schröder & Dörr: Ortsbesichtigung III; Zehdenick, Klostergal.: Hausgeister; 04 Pirna, SM: Echo d. Steine; Pirna, KV: Skulpt.; 06 Berlin, Inselgal.: Ergebnisausst. d. Sä. Sandstein-Symposiums f. Bildhauerinnen – **V:** Buchill.: Der Hund im Auto; Königsgold

Guggenheim, Gilgi (eigtl. Gilgi Guggenheim Gossolt, geb. Gilgi Gilith Guggenheim), Künstlerin; Hochwachtstr. 15, CH-9000 St. Gallen, Tel. u. Fax 07 12 77 11 88, *info@gilgi.com* (* Haifa/Israel 2. 4. 73) – **S:** 94 Florenz (Stud.aufenthalt); 95 Freie KA Den Haag; 98–99 KHS f. Medienwiss. Köln (Medienkunst) – **L:** seit 99 FHS Rorschach (Gastdoz.) – **P:** Förd.pr. d. Stadt St. Gallen 98; Anerkennungspr. z. Intern. Jahr d. Berge 02; Förd.gabe d. Intern. Bodenseekonferenz 02; Werkbeitr. d. Kt. St. Gallen 03 – **Ve:** Visarte 99 – **G/T:** Zeichn., Malerei, Multimedia-Install., Konzept-Kunst, Film – **K:** Kunstpädagogik – **M:** St. Gallen, KS d. Kt. – **Ö:** St. Gallen, Kt.spital; ebda, Garten 38; Ueberlingen, Naturata; Uznach, Begegnungszentrum – **E:** 95 Winterthur, Franxa; 98 St. Gallen, Gal. vor d. Klostermauer; 99 Arbon, KH Prisma; 02 Rorschach, Schloß Wartensee – **G:** 94 Thurgau, Kunstplattform; Aargau (Werkbeitr.); 95 St. Gallen, KH; 96 Vevey, Toit du monde; 97 Basel, KH; 98 St. Gallen (Anstadt 98); St. Gallen, Marcus' Raum; 00 Ermatingen, Villa Ulmberg; 01 Herisau, Altes Zeughaus; Kartause Ittingen, KM; 02 Vaduz, Kunstraum Engländerbau; 03 Walenstadt, Mus. Bickel; 04 Schruns, Kunstforum Montafon; Hohenems/Vbg, Jüd. Mus.; – weitere: 93 Kunstschaffen St. Gallen – **V:** The Perfect Storm 01 – **R:** It's my life, Kurzfilm 00 – ***Lit:*** Soziale Arbeit, Zs f. Soziokult. Animation 98; Kernfühlung 98; St. Gallerland 99; Malerei? Malerei! 01; Kult Kunst Kultur. Höhenrausch und Fernsicht 02; St. Galler Frauen – 200 Portraits 03; – KAT.: ansadt 98; 24 bilder/sekunde 99; Kunst-ConTakt 99 – (Red.)

Guggisberg, Anders, Installationskünstler; Zentralstr. 156, CH-8003 Zürich (* Biel 66) – **VG:** Basel, Friedrich – **P:** Manor-Kunstpr. St. Gallen 02; Eidgenöss. Wettb. f. Kunst 99 – **KGe:** A. G. u. Andres Lutz (seit 86) – **G/T:** Install. – **E:** u. a. 02 Basel, Friedrich; 03 Esslingen, StG Villa Merkel – **G:** u. a. 03 Buenos Aires, Mus. de Arte Mod. – (Red.)

Guglielmo, Pierluigi, Maler, Gastprof. an d. Univ. of Nationalities Peking; Annabergerst.169, D-53175 Bonn, *studio@guglielmo.de*, *www.guglielmo.de* (* Rom 15. 7. 57) – **VG:** Bonn, Drachengal. – **S:** Autodidakt; Ausb. als Restaurator b. Fontanini in Rom; Ausb. b. Otello Casagrande (Malerei); Meisterschüler b. Gentilini – **L:** 00–04 Univ. of Nationalities, Fak. f. bild. Kunst Peking (Gastprof.) – **P:** Bild des Monats d. Graph.börse 02; Auszeichnung d. Stadt Königswinter 95; Auswahl f. d. WDR-Internetgal. auf d. Art Cologne 95 – **Ve:** Eastern Foundation of Modern Art seit 00; KV Königswinter 92–97 – **KGr:** Nerveus (88–90) – **KGe:** Dt.-Chinesisches Kult.austauschprojekt: P. G. u. Wang Cheng (00–03) – **G/T:** Malerei (expressionistisch, v. d. Graffiti-Bewegung d. 80er Jahre beeinflußt, Öl, Acryl, Mixed Media auf Leinwand) – **M:** Jiang, Eastern Mus. of Mod. Art – **Ö:** Bonn, CLS-Interservice; ebda, Nordrheinwestf. Stift. f. Umwelt u. Entwicklung; Königswinter, RH – **E:** 98 Bonn, Kippconcept; Bonn, CLS-Interservice; 00 Peking, AM of the Capital Univ.; 02 Bonn, Nordrheinwestf. Stift. f. Umwelt u. Entwicklung; 03 Bonn, Gal. Kult 41; Köln, Turtle Vision Fine Art Gall. – **G:** zahlr. Ausst.bet. seit 85, zuletzt 00 Nanking, Jangsu AM; Bonn, Goethe-Inst.; 01 Bonn, Univ. – ***LitR:*** Babylon, Reportage über d. Maler (WDR) 00 – (Red.)

Guhl, Andy, Bild. Künstler, Architekt, Musiker; Steigerstr. 8, CH-9000 St. Gallen, *andy@guhl.net*, *andy.guhl.net* (* 52) – **KGe:** Voice Crack: A. G. u. Norbert Möslang (86–02) – **G/T:** Soundinstall. – **E:** zuletzt u. a. 04 Basel, Archit.-Mus. – **G:** zuletzt u. a. 01 Venedig, Bienn.; 04 Chrudim, Gal. im Mus. f. Puppenspielkultur

Guhle, Brigitte, Malerin; Ostpreußenstr. 66, D-65207 Wiesbaden, *brigitte@guhle.portrait.de*, *www.brigitteguhle.de*

Guhlmann, Axel-Koyo (Ps.: rosa blaulicht, eigtl. Axel Guhlmann, geb. Bernd Guhlmann), Graphiker, Verleger, Autor, Dipl.-Psychologe; Daumierstr.6, D-04157 Leipzig (* Leipzig 31. 10. 66) – **S:** Univ. Leipzig; HGB Leipzig; künstler. vorw. Autodidakt – **L:** Autodidaktie, Kreativitätstraining – **Ve:** BBKL 94; Leipziger Jahresausst. 96 – **KGr:** Edition Heimarbeit (seit 98); The Oval Language (seit 98) – **G/T:** freies Künstlerb. u. Graph., konzeptionelles Künstlerb. – **W:** zahlr. Künstlerb., weltweit in Privatbes. u. öff. Slgn; Arb. u. a. im Bes. d. Reg.präsidiums Leipzig – **M:** Altenburg, Lindenau-Mus.; Basel, Papiermühle; Chemnitz, KS; Dresden, Buchmus. d. SLUB; Dresden, Kunstfonds d. Freistaates Sa.; Frankfurt am Main, Dt. Nat.Bibl.; Hamburg, KH Graph.-Slg; Kochi, INO.CHO Paper Mus.; Leipzig, Dt. Buch- u. Schrift-Mus. d. Dt. Nat.bibl.; Leipzig, GRASSI; Leipzig, KS d. Univ.; Leipzig, Stadtgesch. Mus.; Leipzig, Zeitgesch. Forum; Los Angeles/CA, Getty Research Inst. for Rare Books; Marbach am Neckar, Dt. Literaturarchiv; München, Bay. Staatsbibliothek; Nagasaki, Atomic Bomb Mus.; Nürnberg, Germanisches NM; Offenbach am Main, Klingspor-Mus.; Tokio, Machida Intern. Mus. of Graph. Arts; Tokio, URAWA AM Saitama; Wolfenbüttel, Herzog-August-Bibliothek – **Ö:** Leipzig, Allianz AG; ebda, Augustuspl. (Install. Paulinerkirche), Botanischer Garten (Skulpt.), Spk.; Nordhausen, Spk. – **E:** zahlr. Ausst. seit 90, u. a. 99 Aachen, KV Jülich; Leipzig, Dt. Buch- u. Schrift-Mus. d. Dt. Bücherei; Leipzig, Dt. Bank; 00 Frankfurt am Main, Art; Leipzig, Globus Gal.; Leipzig, Staatsanwaltschaft; 01 Leipzig, Dt. Buch- u. Schrift-Mus. d. Dt. Bücherei; Dortmund, Polizeipräsidium; Leipzig, Reg.präsidium; Hilversum, Gal. T-Gooi; Stuttgart, HS f. Musik u. Ldgericht; 02 Schmalkalden, Wilhelmsburg; Riesa – **G:** zahlr. Ausst.bet. seit 90, u. a. Frankfurt am Main, Art Frankfurt; Leipzig, Univ.; Prettin, Schloß Lichtenburg; 99 Leipzig, Dt. Buch- u. Schrift-Mus. d. Dt. Bücherei; Grimma-Kaditzsch, Denkmalschmiede Höfgen (Intern. Klangfestival); 00 Lübeck, Mobiles Büro f. Erdangelegenheiten; Leipzig, Südraum; Mühlhausen, Opfermoor Vogtei; 01 Leipzig, Univ. Kustodie; Ingolstadt, StG; Frankfurt am Main, Stadtbibliothek; Würzburg, KH; Leipzig, Botanischer Garten; Portland/OR, Contemp. Crafts Gall.; Leipzig,

Kontorhaus; 02 Gießen, KH; Tokio, Inter. Miniprint Trienn.; 03 Burgk, Schloßmus.; Nürnberg, Germanisches NM; Dresden, Sä. Ldtag; – weitere: Leipzig, Univ.; Prettin, Schloß Lichtenburg – **V:** zahlr. (ca. 45) Buchpubl. u. a. eros und tod 96; trans-missionen 97; trancemissionen 98; immer wieder winter 98; raumflaneure 98; Installation Paulinerkirche 99; vorrat 99; TROPF SCHLAG 00; nat.log. 00; Die Glocke 02; Linnéar 02; transitive archive 02; Transmitter-ein Gegenstromlauf 03; Lotungen 03; grünbishoch 04; nachtschatten 04; electric flow 05; radar to the infinite 05; w & w generator 05; Durchlicht 05; Epilogos 05; Kundalini travel 06; Resonanz.Raum 06; Die Elemente 06 – ***Lit:*** u. a. H-W. Heck (Einf.): A.G. transmissionen 95; S. Strasser: Denkmal auf Zeit, in: FAZ 98; R. Behrends: Ein Zeichen setzen..., in: Installation Paulinerkirche 98; A. Weiland: A.G. Begegnung mit d. Werk e. Leipziger Künstlers, Ausst.kat.; F. Blanck: staub und, in: transitive archive passage 02; C. D. Hölzig: Künstlerbücher zu nat.-log., in: nat.log. 03; L. Petrowsky: Durchsichten, ebda 03; ders.: tag und nacht gleiche Pilgerwege, in: IAKH HB 05; ders.: fluss und, fluss und nichts, in: Kundalini travel 06; Bildende Künstler in Leipzig 06 – ***LitR:*** trancemissionen, MDR Fs. 98; Installation Paulinerkirche, ARD 98; Fs.-Beitr. MDR 02; – sowie zahlr. Radio-Beitr.

Gumnitz, Sabine, Malerin, Graphikerin; Förstereistr. 31, D-01099 Dresden, Tel. (03 51) 4 12 84 86. Dornblütenstr. 14 A, D-01277 Dresden (* Dresden 7. 11. 52) – **VG:** Dresden, Gal. Mitte; Dresden, Gal. am Damm; Dresden, Gal. Drei – **S:** 74–79 HBK Dresden (Malerei u. Graph.) – **P:** Stip. Graph.symposium Hohenossig 92; Paul-Ernst-Wilke-Atelier Bremerhaven 95, 99; 3. Dresdner Förd.wkst. Druckgraph. 95; Frans Masereel-Graph.zentrum 00; Stud.aufenthalt in Czestochowa 01 – **Ve:** SKB; Neuer Sä. KV – **G/T:** Malerei; künstler. Druckgraph. (Rad., Lith., Serigraphie); Zeichn.; Collage – **W:** überw. in Privatbes. – **E:** 92 Dresden, Gal. Mitte; 94 Dresden, Kult.etage Prohlis; 95 Dresden, Sillack; 96, 97 Dresden, Jugendbibliothek; 98 Dresden, Drewag; 99 Dresden, Heinrich-Schütz-Konservatorium; Loschwitz, Gal. an d. Schwebebahn; Dresden, Ausländeramt; 00 Dresden, Gal. am Damm; 03 Dresden, Werkgal. Kreative Wkst. – **G:** u. a. 93 Dresden, Rähnitzgasse; 94 Lublin, Intern. Trienn. d. Kunst; 95, 96, 01 Dresden (Dresdener Rad.tage) 00 Bremerhaven (Fahnenprojekt-Bet.); 03 Panschwitz-Kuckau, Kloster Marienstern; 03, 04 Nossen, Kloster Altzella; – sowie 89 Junge Dresdner Künstler – ***Lit:*** Blaues Wunder. Arbeitsausstellung Junger Dresdner Künstler 88; 100 Ausgewählte Grafiken 89; Augenhöhe 92; 2. Sächsisches Druckgrafiksymposium in den Werkstätten für Künstlerische Druckgrafik von Jeanette und Reinhard Rössler in Hohenossig 92; 3. Dresdner Förderwerkstatt 95 – (Red.)

Gumpert, Christiane (geb. Christiane Rahnenführer), Malerin; Hammanstr. 6, D-60322 Frankfurt am Main, Tel. (0 69) 55 24 92 (* Königsberg/Ostpreußen 12. 12. 35) – **S:** 62–64 ABK Karlsruhe (Malerei); 64–68 HBK Berlin – **P:** Villa-Romana-Pr. 81; Stip. Casa Baldi Olevano 81, 82; Reinhold-Kurth-Kunstpr. Frankfurt am Main (Förd.pr.) 81 – **G/T:** Acrylmalerei; Objekte aus Stahlstäben – **W:** Städte Hannover u. Frankfurt am Main, Dt. Bahn AG u. a. – **M:** Nürnberg, Mus.; Wiesbaden, Mus. – **E:** u. a. 82, 93 Frankfurt am Main, Stadtspk.; 84 Frankfurt am Main, Bernauer-Berg; 85 Frankfurt am Main, Dt. Bundesbank; 87 Frankfurt am Main, Gottschalk-Betz; 88 Frankfurt am Main, Dt. Bundesbahn; 91 Paris, Condé (Kat.); Frankfurt am Main, Kommunale Gal. im Leinwandhaus (Kat.); Frankfurt am Main, Art Frankfurt; 92 Frankfurt am Main, McCann-Erickson; 94 Wiesbaden, Reuss – **G:** u. a. 65 Bremen, KH: Neues Forum 65; 74–76 Nürnberg, KH; 81 Hannover, KV; 82 Bonn, Hess. Ldesvertretung; Bonn, Frauen-Mus.; 83 Wiesbaden, Hess. LM; 90 Frankfurt am Main, Karmeliterkloster: Zur Kunst in Frankfurt 1990; 01 Bad Säckingen, KV Hochrhein – ***Lit:*** Hans-Kurt Boehlke: Zchngn aus dem Turm, Kat. (Ser. z. halbjährigen Gastaufenthalt im Messeturm Frankfurt am Main)

Gundlach, Evelin-Roswitha s. Gründler, Evita

Gundlach, F. C. (Franz Christian Gundlach), Prof., Fotograf; Parkallee 33, D-20144 Hamburg, Tel. (0 40) 41 83 48 (* Heinebach/Hess. 16. 7. 26) – **S:** 47–49 Höhere Lehranstalt f. Photogr. Rolf Nehrdich, Kassel – **L:** seit 88 HdK Berlin (Prof.) – **P:** u. a. BVK 97; Kult.pr. d. DGPh 01; Dr.-Erich-Salomon-Pr. d. DGPh 01 – **Ve:** BFF (Vorstandsmitgl. 76–87); DGPh (Vorstandsmitgl. 76–96) – **G/T:** Fotogr. (Reportage, Portr., Theater, bes. Mode) – **E:** u. a. 86 Bonn, Rhein. LM; 87 Berlin, HdK; 89 Graz, LM Joanneum; 99 Braunschweig, Mus. f. Photogr.; 01 Berlin, Kicken; 03 Iserlohn, StG (Retr.) – **G:** zuletzt: 00, 01 Mannheim, Knaus; 02 Münster, SM; 03 Berlin, Dt. Hist. Mus.; Ulm, KV; Hamburg, Deichtorhallen – **V:** ModeWelten 86; Die Pose als Körpersprache 01 – seit 52 fotogr. Arb. f. Zss., u. a. Brigitte, Film und Frau, Twen, Annabelle, Neue Mode, Stern u. Frankfurter Illustrierte – ***Lit:*** Dictionary of Art 96; Koetzle 02 – (Red.)

Gurevitsch, Larissa s. Strunowa-Lübke, Larissa

Gursky, Andreas, Fotograf; c/o Monika Sprüth / Philomene Magers, Wormser Str. 23, D-50677 Köln, Tel. (02 21) 38 04 15/16, Fax 38 04 17, *art@monikasprueth.com*, *www.spruethmagers.com* (* Leipzig 15. 5. 55) – **VG:** München, Sprüth Magers; Köln, Sprüth Magers; New York, Matthew Marks Gall. – **S:** 78–81 Folkwangschule Essen (Visuelle Kommunikation b. Otto Steinert u. Michael Schmidt); 81–87 KA Düsseldorf (Meisterkl. Bernd Becher) – **P:** Renata-Pr. 91; Photogr.-Pr. d. Citibank 98; Wilhelm-Loth-Pr. 03 – **G/T:** Fotogr. – **M:** u. a. Chicago, MCA; Köln, Mus. Ludwig; London, Tate Coll.; Madrid, MNCARS; New York, Guggenheim; New York, MOMA; Paris, Centre Pompidou – **Ö:** Berlin, Dt. Bundestag – **E:** zahlr. seit 87, zuletzt u. a. 00 Cambridge/MA, Busch-Reisinger Mus.; Cambridge/MA, Harvard Univ. AM; 01 New York, MOMA (Retr.); Chicago, MCA; Madrid, MNCARS; Wolfsburg, KM; 01, 02 Paris, Centre Pompidou; 03 San Francisco, Mus. of Mod. Art; München, Schöttle; 04 New York, Matthew Marks Gall.; Köln, Sprüth Magers; 05 Darmstadt, StKS – **G:** zahlr. seit 85, zuletzt u. a. 01 Frankfurt am Main, MMK; Cottbus, Brandenburgische KS; 02 Frankfurt am Main, Schirn; Hamburg, Deichtorhallen; São Paulo, Bienn.; 03 Berlin, Martin-Gropius-Bau; St. Louis/MO, AM; Essen, Mus. Folkwang; 04 Boston, Inst. of Contemp. Art; Bonn, Kunst- und Ausst.halle d. BRD (Kat.); New York, Guggenheim; 05 Karlsruhe, ZKM (Kat.); Amsterdam, Stedelijk Mus.; Berlin, Intern. Messe f. Gegenwartskunst (Kat.); 06 München, Haus d. Kunst; Brüssel, Pal. des Beaux-Arts – (Red.)

Gustas, Aldona; Elßholzstr. 19, D-10781 Berlin, Tel. (0 30) 2 16 56 75 – **G/T:** Graph. – (Red.)

Gustavs, Jorinde (geb. Jorinde Müller), Diplom-Textildesignerin; Weberhof, Kirchstr. 11, D-18437 Stralsund, Tel. u. Fax (0 38 31) 49 66 66, *jorinde@svea-gustavs.de* (* Leipzig 21. 10. 41) – **VG:** Stralsund, Hanse Gal. – **S:** 62–66 FHS f. angew. Kunst Schneeberg (Textilgest.) – **Ve:** Künstlerbund Meckl. u. Vorpommern seit 91; Kunsthandwerk Meckl.-Vorpommern – **KGr:** Erdfrauen (92–96) – **KGe:** J. G. u. Alf Wandenelis (88–95); J. G. u. Svea Gustavs (seit 89) – **G/T:** Zeichn., Bildgewebe, Textilobjekte, Nähmaschinengrafik, Schablonendruck, Texte auf in Wachs getauchten Textilien, Install. (Textilien auf Sand o. Metall) – **K:** Textile Bilder, Pflanzenfarben, Psychologie d. Farben – **W:** überw. in Privatbes., u. a. in Stralsund – **M:** Berlin, Slg d. Kunstdienstes d. Ev. Kirche – **Ö:** Kirchen in Eberswalde-Finow, Middelhagen u. Niepars – **E:** 85 Brandenburg, Dom; 86 Berlin, Dom; 89–92 Stralsund, Hanse Gal.; 91 Bremen, Medienhaus; 92 Berlin, HdK; 92–96 Stralsund (Erdfrauen, Ldesweite Ausst.); 01 Stralsund, Mus. – **G:** Ausst.bet. seit 80, u. a. 86 Dresden; 89 Berlin; 90 Leipzig; 92 Hamburg; Bonn; 93 Rostock; 97, 04 Schwerin, BBK; 99 Silkeburg/Dänemark; 99, 01 Stralsund; 00 Greifwald; 01 Rotterdam, Kunstmesse – **V:** Kreuzweg der Frauen (Abb. v. Werken) 99 – ***Lit:*** Text auf Textil (Abb. v. Werken) 04 – (Red.)

Gutbrod, Helmut, Maler, Graphiker; lebt u. arbeitet in Berlin (* Nürnberg 58) – **VG:** Berlin, Emerson gallery – **S:** 78–86 Erlangen u. Berlin (Stud. Musik- u. Theaterwiss.) – **P:** u. a. Projektförd. d. Senators f. Kult. Angelegenheiten Berlin 89; Stip. d. Cranachstift. 97; Förd.pr. Traunreut 97; Stip. d. Jakob u. Emma Windler Stift. 02 – **G/T:** u. a. Zeichn., Malerei, Farblinolschnitt, Folienschnitt – **M:** u. a. Berlin, Berlinische Gal.; Essen, Mus. Folkwang; München, Bay. Staatsgemäldeslgn; Nürnberg, Artothek; Nürnberg, SM Fembohaus; Stuttgart, SG – **E:** zahlr. Ausst., zuletzt u. a. 99 Berlin, Petersen & Partner; 00 Amsterdam, Tribal Art; 01 Erlangen, Neue Gal.; 02 Stein am Rhein, Mus. Lindwurm; 03 Hannover, Drees – **G:** zahlr. Ausst.bet., zuletzt u. a. 99 Hamburg, Mus. d. Arb.; 00 Berlin, Gal. im Körnerpark; 01 New Jersey, Center for Visual Arts; 02 Berlin, Märkisches Mus.; 04 Berlin, Otto-Nagel-Gal. – (Red.)

Gutbrod, Inge, Bildhauerin; *igutbrod@web.de*, *www.inge-gutbrod.de* (* Nürnberg 28. 11. 63) – **S:** 83–90 ABK Nürnberg (Malerei b. Prof. Werner Knaupp, 88 Meisterschülerin) – **P:** Esslinger Bahnwärter 93; Förd.pr. f. Künstler d. Förd.kr. Bild. Kunst Nürnberg 99; Wkstpr. d. Kunststift. Erich Hauser 00; Stip. d. Konrad-Adenauer-Stift. 01; Cité Intern. d. Arts Paris 04 – **Ve:** VG Bild-Kunst 00 – **G/T:** Install. (vorw. m. Paraffin); Objekte; Malerei in Wachs – **W:** Fürth – **M:** Esslingen, StG Villa Merkel; Frankfurt am Main, Dt. Bank KS; München, Bay. Staatsgemäldeslgn; Nürnberg, SM Fembohaus; Schweinfurt, Städt. Slgn Alte Reichsvogtei – **E:** 97 Essen, Kunsthaus; 99 Esslingen, Bahnwärterhaus (Kat.); Valenciennes/Frkr., Assoc. d.'Arts Plastiques; 00 Nürnberg, Flughafen; Omaha, Eppley Airfield; Glasgow, BAA Glasgow Intern. Airport; 02 Nürnberg, Zumikon; 03 Bamberg, Gal. Kunst im Gang; 04 Weingarten, Kunstraum Akad. d. Diözese Rottenburg-Stuttgart; 06 Heidelberg, KV; Fürth, Kunstgal.; Neumarkt i. d. Obpf., Mus. Lothar Fischer – **G:** 97 Lübeck, Overbeck-Ges.: Junge Kunst Intern. '97; 00 Fürth, Kult.ring C: Zeit; Schweinfurt, Skulpt.projekt Weg – Zeichen; 03 Nürnberg, Kunst in Franken: positionen + tendenzen – **V:** Welt aus Wachs 02; I.G. 123 06

Gutbub, Edgar, Bildhauer; Roßstr. 14, D-50823 Köln (* Mannheim 40) – **VG:** Heilbronn, Rieker; Kaiserslautern, Wack; Köln, Müller; Stuttgart, Mueller-Roth – **S:** 61–63 ABK München (Bildhauerei); 63–69 HBK Berlin (68 Meisterschüler) – **L:** 90–92 HBK Braunschweig (Gastprof. f. Bildhauerei); 94–95 HS f. Gest. Offenbach am Main (Gastprof.) – **P:** Villa-Romana-Pr. 72; Arb.stip. d. Kult.kr. im Bundesverb. d. Dt. Industr. 73; Cité Intern. d. Arts Paris 75–76; Stip. d. Aldegrever-Ges. Soest 78; Stip. d. Hand Hollow Found. u. d. DAAD (Aufenthalt in East Chatham New York) 81; Stift. Kunstfonds – Arb.- u. Projektstip. (Arb.-stip.) 82; Werkstip. d. Kunstfonds Bonn 86; Trienn. f. Kleinplast. Fellbach (1. Pr.) 86 – **G/T:** Bildhauerei (konkret-konstruktiv); Wandobjekte – **M:** Otterndorf, MMK – **Ö:** Erlangen, Univ. (Techn. Fak.); Schwäbisch Hall, Schiedgrabenbrücke (Brückenplast. 13+13a, Metall, Edelstahl); ebda, Hotel Adelshof am Marktpl. (Bodenplast., Metall) – **E:** u. a. 68 Berlin, Mikro; 71, 82, 85 Stuttgart, Müller; 72, 90 Saarbrücken, Gal. St. Johann; 73, 90 Essen, Mus. Folkwang; 75, 90 Stuttgart, Mueller-Roth; 81 Villingen-Schwenningen, StG; 84 Nürnberg, Inst. f. mod. Kunst; 85, 90 München, Walser; 86 Köln, Artothek; 87 Köln, Moltkerei Werkstatt; 88 Frankfurt am Main, Loehr; 89 Köln, Fuhrwerkswaage; 89, 92 Nürnberg, Defet; 90 Kiel, KH (Kat.); 91 Otterndorf, MMK (Studio A, Kat.); Schwäbisch Hall, Hällisch-Fränkisches Mus. (Kat.); 91, 99 Badenweiler, Krohn; 92, 94, 99 Frankfurt am Main, Durhammer; 93 Hannover, Böer; 97 Kaiserslautern, Wack; 98 Paderborn, Hoffmann; 99–00 Köln, Müller; 02 München, Spielvogel; 05 Heilbronn, Rieker (m. Erwin Herbst u. Alf Schuler) – **G:** zuletzt u. a. 01 Salzgitter, StKS Schloß Salder: Das entgrenzte Bild; Bonn, Ges. f. Kunst u. Gest.: Das entgrenzte Bild; Otterndorf, MMK (Studio A): Veränderung; 07 Duisburg, Wilhelm-Lehmbruck-Mus.: Was ist Plast.? 100 Jahre – 100 Köpfe – Das Jh. mod. Skulpt. – ***Lit:*** Bernd Schulz (Vorwort) u. a.: Form & Farbe – Farbe & Form. Konkrete Farbformen heute, Kunstkat. 88 – (Red.)

Guth, Peter, Graphiker; Abt-Kuno-Str. 11, D-73479 Ellwangen (* Mengen 57) – **VG:** Niederalfingen, SüdWestGal.; Stuttgart, Hoss & Wollmann; Zürich, Hauptmann u. Kampa – **S:** 77–83 Staatl. ABK Stuttgart (b. Prof. Peter Grau, Bildhauerei b. Prof. Herbert Baumann u. Graph. b. Prof. Rudolf Schoofs); 78–81 Univ. Stuttgart (Kunstwiss.) – **L:** 92–97 Haller AK Schwäbisch Hall (Doz. f. Hschn. u. Zeichn.) – **P:** Stip. Kunststift. BW 85 – **G/T:** u. a. Hschn., Holzdruck – **E:** u. a. 97 Ulm, Stadthaus; Singen, Städt. KM; 98 Mannheim, StKH; Darmstadt, Netuschil; 99 Sindelfingen, StG; 00 Niederalfingen, SüdWestGal.; 02 Schwäbisch Hall, KV; Nördlingen, KV – (Red.)

Gutmann, Gabriela s. Brüchert, Gabriela

Gutruf, Gerhard; Hamburger Str. 11, A-1050 Wien, Tel. (01) 5 87 12 28, Fax 5 87 12 28, *gutruf.art@vienna.at*, *www.gutruf.at* – **G/T:** Malerei, Graph. – (Red.)

Gygi, Fabrice, Objekt- u. Installationskünstler (* Genf 65) – **VG:** Paris, Crousel – **S:** 83–84 Éc. des Arts Décoratifs Genf; 84–90 Éc. Supérieure d'Art Visuel Genf – **P:** Bourse Lissignol-Chevalier-Galland (Stip.) 95; Pr. d. Intern. Bienn. Kairo (2. Pr.) 96; Bundesstip. d. Schweiz 96, 97, 98 – **G/T:** Objekt, Install., Performance – **E:** / G: u. a. 00 Grenoble, Magasin Centre Nat. d'Art Contemp.; 01 New York, Swiss Inst.; 02 São Paulo, Bienn.; 03 Biel, Kunsthaus Centre Pasquart; Zürich, Van Orsouw; 05 St. Gallen, KM – (Red.)

Györfi, Alexander, Installationskünstler; Tel. 01 7 43 00 70 54, *alex@gyoerfi.de*, *www.gyoerfi.de* (* Sindelfingen 14. 9. 68) – **S:** 91–98 Staatl. ABK Stuttgart (Kunsterziehung) – **L:** 99 Kunstsem. Metzingen (Doz. f. Audio- u. Videotechnik) – **P:** Akad.pr. 94; Atelierstip. d. Ldes BW 98; DAAD-Reisestip. New York 99; Kunststift. BW 01; Cité Intern. d. Arts Paris 04 – **E:** / G: u. a. 95 Kassel, Stellwerk; 98 Ludwigsburg, KV; 99 Wolfsburg, KM; 00 Stuttgart, Wehr; Mailand, Marconi; Wolfsburg, KV; 01 Pordenone, Rosso; Bonn, KV; 01, 02 Paris, Pal. de Tokyo; 03 Leipzig, Gal. f. Zeitgen. Kunst – **R:** VIDEOS: u. a. Jahdance 98; Beatballs and flukes 98; The clinton-tape 99; Temporary items 99; Boys dont cry 1+2 00; Ramone Sister 00; Pimui tele music 01; Pimui home recordings 01; La ballade des gens heureux 02; I'll give you television 03; Pimui home recordings 2 03 – (Red.)

György-Fetty, Johann; Rathausstr. 35, D-72401 Haigerloch, Tel. (0 74 74) 29 23, *mail@lurko-art.de, www.lurko-art.de* – **G/T:** Bildhauerei – (Red.)

Gysin, Béatrice s. Hofer-Gysin, Béatrice

H.-Desrue, Marie-Hélène (Marie-Hélène Hanitsch-Desrue), Malerin; Brückstr. 12, D-76327 Pfinztal, Tel. (07 21) 46 23 43, *mahe@h.-desrue.de, www.hanitsch-desrue.de* (* Guérigny/Frkr. 23. 11. 50) – **S:** 83–89 HdK Berlin (visuelle Kommunikation) – **L:** 97 Jgd.KSch Karlsruhe (Malerei, Zeichn.); seit 05 TH Karlsruhe (LAuftr.) – **Ve:** BBK Bad.-Württ. 90; GEDOK 93; KV Karlsruhe 94 – **G/T:** Malerei, Performances – **K:** u. a. Aqu., Akt, Ldschaft, Portr. (im Atelier) – **W:** im öff. u. im privaten Bes. – **Ö:** u. a. Karlsruhe, Ldratsamt; ebda, Reg.präsidium – **E:** seit 90, zuletzt 06 Baden-Baden, Ldgericht – **G:** seit 92, zuletzt 05 Marmoutier/Frkr., Stiftkirche – **V:** Ursula Merkel u. Dietlind Knipper (Text): M.-H. H.-D. 1996–1997, Kat. (Gest.); Konrad Dussel (Text): M.-H. H.-D. 2000–2001, Kat. (Gest.) – ***Lit:*** KAT.: R. Zytowski (Text): Malerei-Peinture 02–05; NOK (Text): Réaction

H.-Klein, Anat (eigtl. Anat Hollaender-Klein, geb. Anat Hollaender), Dipl.-Designerin, Freie Skulpturistin; c/o Kunst Treff Krefeld, Leyentalstr. 55, D-47799 Krefeld, Tel. (0 21 51) 3 86 82 50, *info@arteam.de, www.arteam.de; anat.meinatelier.de* (* Tel Aviv 4. 10. 57) – **VG:** Düsseldorf, Gal. Arts are Us! – **S:** Design-Studium m. Abschluss in Tel Aviv – **KGr:** Multiple-Art Krefeld (seit 05) – **KGe:** ARTeam: A. H.-K. u. Wolfgang Tekook (seit 05) – **G/T:** Skulpt. aus versch. Materialien; Elektron. Bildverarbeitung – **W:** überw. in Privatbes. – **E:** 06 Krefeld, Kunst Carrée – **G:** 99, 00 Köln-Kalk, Kalker Kunstmeile; 04 Amern, Mühlenturm; 04, 05 Geldern, Mühlenturm; 04, 05, 06 Krefeld, SUEDGANG; 05 Kempen, 3. Kempener Kunsttage; Venlo, De Maaspoort: Ouverture; 06 Düsseldorf, Gal. Arts are Us!: Nacht d. Museen

H.R. REY (eigtl. Heidrun Reymann-Bürger, geb. Heidrun R. Bürger), Dipl. Pädagogin, Malerin; Heinrichstr. 41, D-44805 Bochum, Tel. u. Fax (02 34) 8 90 75 92, *reykunst@gmx.de, www.h-r-rey.de*. Atelier: Lothringer Str. 36c, Tel. (02 34) 86 20 12, Fax 5 16 58 50, *info@Kulturrat-bochum.de, www.Kulturrat-bochum.de* (* Flensburg 10. 1. 50) – **VG:** Fröndenberg, Regelin – **S:** 66–69 Kirchenmusikerin; 69–75 Univ. Dortmund (2. Staatsexamen Kunst, Germanistik, Theol.); 78–80 Univ. Dortmund (Dipl. Malerei u. Kult.-pädagogik b. Prof. Schubert) – **L:** 69–89 Aufbau u. Leitung d. Ruhrgal. Herdecke; seit 85 Lehramt f. Kunst – **P:** Aufenthaltsförd. Südafrika, Mpumalanga 00 – **Ve:** BBK seit 96; Kult.politische Ges. e.V. seit 75 – **KGr:** Ultramarin (95–01) – **G/T:** Malerei; Enkaustik (mythologische Themen); Kunstgesch.; Lichtobjekte (Symbole im europ. u. afrikanischen Kontext); Performances m. Ultramarin u. Jazz-music – **W:** zahlr. Performances m. d. Gr. Ultramarin; Jazz 'n Art sowie zahlr. Werke in Privatbes. – **M:** Herdecke, Werner Richard-Dr. Karl Dörken-Stift. – **Ö:** u. a. in div. Spk., Kanzleien u. Praxen in Hagen – **E:** 80–82 Witten, Werk-Stadt; 95, 99 Herdecke, Ruhrgal.; 98 Hagen, Schloß Werdringen; 00 Nelspruit, Mus.; 01 Hagen, Hagenring Gal. – **G:** 95 Gießen, Produzentengal. 42; Kamen, RHgal.; 96 Witten, Haus Herbede; 97 Köln, Gal. am Buttermarkt; 98 Hattingen, StG Altes RH; 99 Landau in der Pfalz, Villa Streccius; 00 Barberton, Südafrika; 01 Marburg, KH; Dortmund, RH; 03 Bochum, Synergie; Dortmund, Mus. f. Kunst u. Kult.gesch.; 04 Dortmund, Industr. u. Handelskammer – **V:** Clair obscur. Geheimnisse und Gewißheiten 98; Espaces trouvés. Gefundene Orte 99; Liebe an Unorten 00; Herzschläge 01 – ***Lit:*** W. Scheel u. K. Bering (Hrsg.): Ästhetische Räume 00; Kunibert Bering: Espace trouvés. Aspekte einer Performance 04 – (Red.)

HA WEBE (eigtl. Hans-Werner Berretz), Maler; Blumgasse 10, D-52156 Monschau-Konzen, Tel. Mobil: 01 7 31 61 72 38 (* Würselen b. Aachen 26. 7. 51) – **VG:** Tokio, Tsubaki; Allschwil, Aphold; Zürich, Art Selection – **P:** Distinguished Leadership Award 00 – **KGr:** Avantiere (Gründer d. Intern. Künstlergr.) – **G/T:** Malerei, Arb. an einer Synthese musikalischer Vorgänge in Malerei, abstr., Objekte, Videoinstall., Zus.arb. m. klassischen zeitgen. Komponisten (Dinescu u. Denhoff) – **W:** weltweit in Privatslgn – **M:** Coburg, KS d. Veste; Erfurt, Forum Konkrete Kunst – **Ö:** Aachen, Synagoge; Alsdorf, Warner Music Manufacturing Europe; London, General Electric – **E:** u. a. 92 Tokio, Tsubaki; 94 Rottach-Egern, Maulberger; Aachen, Altes Kurhaus; 95 Zürich, Art Selection; 96 Erfurt, Haus Dacheröden; Köln, Nilius; München, Waldrich; 97 Aachen, Synagoge; 99, 02 Basel, Aphold; 00 Landshut, RH; Bonn, Arithmeum – **G:** 87, 95 Eschweiler, StKS; 89, 99 Köln, Larsson; 91 Köln, Koppelmann; 92 Berlin, Dt.-Jap. Zentrum; Tokio, TOTO Superspace; 95 München, SM; 97 Paris, Espace de Nesle; 99 Aachen, Ludwig Forum; – sowie zahlr. Bet. an Kunstmessen in Dtld, Belgien u. Frkr. – ***Lit:*** L. Finscher u. J. Jewanski: Musik in Geschichte und Gegenwart, Bd 6 96; Theo Buck: Blut und Trauer – zum Todesfugenbild von H.-W. B. 93; Edith Silbermann: Erinnerungen an Paul Celan 93; Gerhard Effertz: la sombra del caminante, Ausst.kat. 94 – ***LitR:*** Fuhrmann: Die Künstlergruppe Avantiere, in: Kulturfenster WDR 87; Dagmar Herzsprung: Portrait HA WEBE, WDR 01 – (Red.)

Haack, Renate s. Maak, Renate

Haacke, Hans, Prof., Künstler; 463 West Street, A 1012, New York, NY 10014–2010/USA (* Köln 12. 8. 36) – **S:** u. a. 56–60 Staatl. Werkakad. Kassel – **L:** u. a. 66–67 Univ. of Washington Seattle; Rutgers Univ. New Jersey; Philadelphia College of Art; 67–02 Cooper Union New York (Prof.); 73, 94 HBK Hamburg (Gastprof.); 79 GesamtHS Essen (Gastprof.); 94 HBK Hamburg (Gastprof.); 97 Univ. of Calif. Berkeley (Doz.) – **P:** u. a. DAAD-Stip. 60; Fulbright Stip. 61; Stip. d. John Simon Guggenheim Found. New York 73; Dt. Kritikerpr. 91; E.doktorwürde d. Oberlin Colleges 91; Goldener Löwe d. Bienn. Venedig 93; Kurt-Eisner-Pr. 97; E.doktorwürde d. Bauhaus-Univ. Weimar 98; Peter-Weiss-Pr. 04 – **KGr:** ZERO – **G/T:** u. a. Malerei; Install.; Fotogr. – **M:** u. a. Barcelona, MAC; Bonn, KM; Bonn, KM; Canberra, NG of Australia; Eindhoven, Van Abbemus.; Gent, Mus. van Hedendaagse Kunst; Jerusalem, Israel Mus.; Krefeld, Kaiser-Wilhelm-Mus.; London, Tate Coll.; Münster, Westf. LM; New York, MOMA; New York, New MCA; Ottawa, NG of Canada; Paris, Centre Pompidou; Paris, MAM de la Ville Paris; Philadelphia, Mus. of Art; Stockholm, Mod. Mus.; Toronto, Art Gall. of Ontario; Utrecht, Mus. Hedendaagse Kunst; Wien, Generali Found. – **Ö:** Berlin, Reichstag (Der Bevölkerung) – **E:** zahlr. Einzelausst. im In- u. Ausld, u. a. 66, 68, 69 New York, Wise; 71, 74, 81 Köln, Maenz; 72 Krefeld, Mus. Haus Lange; 73, 75, 77, 79, 81, 83, 85, 88, 90, 92, 94 New York, Weber; 77, 78 Paris, Durand-Dessert; 78 Oxford, MMA; 79 Eindhoven, Van Abbemus.; 84 Berlin, Neue Ges. für bild. Kunst; London, Tate Britain; 86 New York, New MCA; 89 Paris, Centre Pompidou; 93 Venedig, Bienn.; 95 Barcelona, Fundació Antonio Tàpies; 96 Rotterdam, Mus. Boymans Van Beuningen; 00 Frankfurt am Main, Portikus; 01 Wien, Generali Found.; London, Serpentine Gall.;

05 New York, Cooper – **G:** u. a. 68, 70, 88, 99 New York, MOMA; 70 Tokio, Bienn.; 70, 94 New York, Jewish Mus.; 72, 82, 87, 97 Kassel, documenta; 76, 78 Venedig, Bienn.; 80 Gent, Mus. van Hedendaagse Kunst; 81, 89 Paris, MAM de la Ville Paris; 84, 90 Sydney, Bienn.; 85, 97 São Paulo, Bienn.; 87, 89, 90, 92, 96, 00 Paris, Centre Pompidou; 87, 01, 04 Los Angeles, County Mus. of Art; 95, 04 Los Angeles, MCA; 97, 03–04 Berlin, Martin-Gropius-Bau; 99, 00 New York, Whitney; 00, 04 Barcelona, MAC; 00, 05 London, Tate Modern; München, Haus d. Kunst – ***Lit:*** Contemp. Artists 96; Dictionary of Art 96

Haag, Gudrun; Hinter der Heck 7, D-65760 Eschborn, Tel. (0 61 96) 4 17 60, 77 91 78, Fax 77 77 92, *HaagG@t-online.de* – **G/T:** Malerei, Graph. – (Red.)

Haak, Willen van den (eigtl. Willem Cornelis van den Haak), Maler, Plastiker; *willen.van.den.haak @web.de*. Atelier: Alte Salzstr. 2, D-04179 Leipzig (* Bloemendaal/Niederl. 23. 7. 49) – **VG:** Leipzig, Kleine Kulturwerkstatt – **S:** 96–01 Freie Waldorfschule Leipzig (Kunstlehrer, Oberstufe) – **Ve:** BBK 01 – **KGe:** Freie Werkstatt für Bildende Künste und praktisches soziales Handeln: W. v. d. H. u. Thomas Gerdes (seit 96); Kleine Kulturwerkstatt: W. v. d. H. u. Nils Heyn, Philipp Tok (seit 04) – **G/T:** Kopfstud. u. Portr. (Öl, Aqu.); Akt, Stilleben (Öl); Kleinplast. (Kopf, Akt, Bronze); Objektkunst m. Klangkörper (Projekt) – **K:** praktisches Gest. (Ton, Stein, Wachs-Bronze) – **W:** überw. in Privatbes. – **E:** 00 Leipzig, Baumwollspinnerei Villa; Leipzig, Gal. im Lottohaus; 04 Hamburg, Christengemeinschaft; Leipzig, Villa (ehem. TheaterHS) – **G:** 04 Leipzig, Baumwollspinnerei (Werkschau) – ***LitR:*** Micha Andrès (Regie): Gogh's Arbeit, Videodok. 04 – (Red.)

Haas, Gabriele s. Haslinger, Gabriele

Haas, Siegfried; Wilischstr. 5, D-01279 Dresden, Tel. Mobil: 01 72 35 22 17 0 (* Erlabrunn 10. 3. 58) – **VG:** Gräfelfing, Kempe-Wolter – **Ve:** SKB seit 97 – **G/T:** Skulpt. (Holz u. Metall), Objekt, Assemblage, Fotogr. – **Ö:** Dresden, Arb.amt; ebda, Volksbank; Meißen, Kr.klinikum; Pirna, Spk.; Sebnitz, Spk. – **E:** seit 91 u. a. Düsseldorf, Mersmann; Dresden, Reg.präsidium; Graupa, Richard-Wagner-Mus. – **G:** 95, 96 Dresden, Graph.-messe; seit 02 Gräfelfing, Kempe-Wolter – (Red.)

Haas, Willibrord; Friedbergstr. 14, D-14057 Berlin, Tel. (0 30) 3 23 97 03, Fax 3 23 45 03, *info@ willibrordhaas.de*, *www.willibrordhaas.de* – **VG:** Borken, Kranenburg; Hagen, Westfalen, Correia – **G/T:** Malerei, Graph., Fotogr. – (Red.)

Haasch, Beate s. Gördes, Beate

Haase, Christiane; c/o Spielhaus Morrison Galerie, Reinhardtstr. 10, D-10117 Berlin, Tel. (0 30) 28 04 05 77, Fax 28 04 18 98, *info@spielhaus-morrison. com*, *www.spielhaus-morrison.com* (* Berlin 74) – **VG:** Berlin, Spielhaus Morrison – **S:** 95–01 Bauhaus-Univ. Weimar; 01–02 Nagoya Zokei Univ./Japan – **P:** Graduiertenstip. d. Freistaates Thür. 03, 04; Stip. d. Nagoya Zokei Univ. 01, 02 – **G/T:** Zeichn., Malerei, Multi-Media-Install. – **E:** 02 Kobe; Nagoya, Kigustu; 03 Jena, Phyletisches Mus.; 04 Berlin, Morrison – **G:** 01 Bonn, Kunst- und Ausst.halle d. BRD; 03 Berlin, Künstlerhaus Bethanien – (Red.)

Haase, Volkmar, Bildhauer; Prenzlauer Str. 10, D-17326 Brüssow, Tel. (03 97 42) 8 63 53, Fax 8 63 42, *kontakt@volkmarhaase.de*, *www.VolkmarHaase.de*. Sakrower Kirchweg 4, D-14089 Berlin, Tel. (0 30) 3 65 48 68 (* Berlin 27. 12. 30) – **VG:** Berlin, Brockstedt – **S:** HBK Berlin (Malerei b. Prof. Max Kaus) – **P:** Stip. d. Bundesverb. d. Dt. Industr. 60 – **G/T:** Skulpt. (Edelstahl u. Bronze); Handzchng; Rad. – **M:** Berlin, Stift. SM; Göttingen, KS d. Univ.; Nürtingen, Slg Domnick; Schleswig, LM f. Kunst u. Kult.-Gesch. Schloß Gottorf (Stift. Horn); Zollikon, Stift. f. Eisenplast. – Slg Hans Koenig – **Ö:** Berlin, PH (Freiplastik m. Strahlungszentrum); Brissago (Freiplast. Il Progresso); Witten, Kulturzentrum (3 Plast. im Raum); Oldenburg (Laokoon II); Hannover, Bundesleistungszentrum (Säulenplast.); Berlin, Tiergarten (Mahnmal Putlitzbrücke); Berlin-Charlottenburg, RBB (Homage à Kolbe); Berlin-Mariendorf, Fa. Selux (Licht-Raum-Dynamik) – **E:** 58 Osnabrück, Mus.; 59 Witten, Märkisches Mus.; 60 Lübeck, Overbeck-Ges.; 62 Braunschweig, KV; Litchfield/CT, Litchfield Gall.; 63 Köln, KV; 65 München, Thomas; 68 Berlin, Gal. S (Kat.); 69 Zürich, Agentur Ruperti; 72 Berlin, Kunstamt Charlottenburg; 73 Bonn, Villa Hammerschmidt; 76 Hannover, Ahrens; 87 (Kat.), 90 (Kat.), 93, 96 (Kat.), 00 (Kat.), 05 Berlin, Bremer – ***Lit:*** Kat. zur Ausst. im Kunstamt Spandau Berlin 89; Perspektiven, Kat. Ev. Johannesstift Berlin 99

Habedank, Jörgen, Maler, Glasmaler, Zeichner; Hauptstr. 83, D-25482 Appen, Fax u. Fax (0 41 01) 20 00 42, 9 67 07 96, *art@joergenhabedank.de*, *www. joergenhabedank.de* (* Münster 25. 8. 61) – **VG:** Bielefeld, Jesse – **P:** Bischof-ten-Humberg-Pr. 01 – **Ve:** BBK Schlesw.-Holst. 94; Künstlerbund Steinburg 90 – **G/T:** Farbmalerei, Malerei zum Licht, Collagenmalerei, Glasmalerei; Bildinstall. (Acryl u. Mixed Media); Wandmalerei; Musikerzchngn – **K:** Kurse u. Unterricht in div. Kunstschulen in d. Jugend- u. Erwachsenenbildung – **Ö:** Arnsberg-Herdringen, Kirche; Flensburg-Jarplund, Bonhoeffer-Kirche; Holm, Platzgest. – **E:** u. a. 93 Hameln, KV Aerzen; Moskau, Lenin-Mus.; 94 Düsseldorf, Gal.haus; 95 Bremen, Atelierhof Gal.; Heide, KV Holstein; 96 Schenefeld, Kunstkr.; Hamburg, Kunsttreppe; 97 Rendsburg, Mus. Hohes Arsenal; Telgte, Mus. Heimathaus Münsterld; 99 Würzburg, Otto-Richter-Halle; 01 Euskirchen, Spectrum; 02 Bourgogne/Frkr., Chateau Les Arcys; Stuttgart, Akad Art; Rellingen, Schlesw.-Holst.-Musikfestival; 04 Paderborn, KV – **G:** 02 Hamburg, Erotic Art Mus.; Gees/Niederl., Skulpt.park; Linnich, Glasmus. – **V:** flächenlicht – dichter klang, Grafiked. 89; Mit kindlicher Kompetenz, Ed. 04 – ***Lit:*** Kunstwerk – Tendenzen d. zeitgen. Kunst, Bd. 1 der Ed. Galerie Kunstwerk 02; G. Zehnder, in: Reden für Künstler 03

Haber, Tina, Malerin; c/o Galerie Laura Mars Grp., Sorauer Str. 3, D-10997 Berlin, Tel. u. Fax (0 30) 61 07 46 30, *info@lauramars.de*, *www.lauramars.de; www.tinahaber.de* (* Marburg/Lahn 70) – **VG:** Berlin, Laura Mars Grp. – **S:** 95 Columbia Univ. New York City (Stud.semester); 98 UdK Berlin (Meisterschülerin) – **G/T:** Malerei – **W:** Goldrausch Künstlerinnenprojekt Art IT, Berlin (Kat. 06) – **E:** 99 Berlin, Torstr. 102; 04 Berlin, Projektraum Capri; 06 Berlin, Laura Mars Grp. – **G:** 96 Berlin, Naturwiss. Slg: Horst; Washington/DC, Corcoran Gall. of Art: Looking Abroad; 97 Braunschweig, KV (Studiogal.); Berlin, Kunststiftung Poll: Looking Abroad; 06 Berlin, Projektraum Greifswalderstr. 218: Lametta; Berlin, Künstlerhaus Bethanien: Ausst. d. Goldrausch-Stipendiatinnen (Kat.) – ***Lit:*** Oliver Koerner v. Gustorf (Text): T.H. Der Mai ist vorbei, Kat. 06

Haberkorn, Falk, Fotograf (* Berlin 74) – **S:** 95–02 HGB Leipzig (Fotogr. b. Prof. Timm Rautert); seit 02 ebda (Meisterschüler b. Prof. Timm Rautert) – **P:** Ars Lipsiensis 02; Arb.stip. d. Kult.Stift. d. Freistaates Sa. u. d. Stud.stift. d. Dt. Volkes 03 – **E:** / G: u. a. 02 Essen, Gal. 20.21; Glückstadt, KV; 03 Essen, Mus. Folkwang; Wolfsburg, StG; Berlin, Quicksilver; 04 Leipzig, Gal. Eigen + Art – (Red.)

Habermann von Hoch, Christine, Bildhauerin, Graphikerin u. Malerin; Am Stiftungswald 3, A-3341 Ybbsitz, Tel. u. Fax (0 74 43) 8 72 14, *christine.habermann @seznam.cz, www.habermann.czweb.org*. Znojemská 2, CZ-58600 Jihlava (* Datschitz/Dačice 3. 9. 80) – **S:** 99–01 Holzschnitzschule Bruneck/Brunico; seit 01 Palacký Univ. Olomouc/Olmütz (Phil. u. Pädagog. Fak., Kunst u. Germanistik) – **L:** 06 Univ. of Art and Design Kyoto/Jap. (Ass. v. Prof. Alfred Habermann) – **P:** Stipendiatin an d. Univ. Dresden 05 u. d. Univ. Florenz 05–06 – **G/T:** Metallbildhauerei (Metallgraph., Eisen, Kupfer usw.); Plast., Objekte, Bilder – Metall in Korrespondenz m. Zchng, Malerei (Acryl, Leucht- u. Filzstift, etc.); Metallbilder (Entwicklung einer neuen Technik: 'Metallzchng'); Holzskulpt. – **K:** 04 Missouri/USA (Workshopleiterin eines Kupfertreibkurses); ABANA-Konferenz Kentucky/USA (Demonstration d. Reliefkupfertreibens m. Slideshow u. Vortrag); 05 Ybbsitz (Kupfertreibkurs); 06 Belgien (Workshop in Reliefkupfertreiben); – sowie weitere Kupfertreibkurse – **W:** in Privatbes.: u. a. Das menschl. Schauspiel (02, Kupferblech); 1–3 Kosm. Energien (03, Kupferblech); Auge (03, Kupferblech); Männl. Torso (04, gespaltenes Eisen); Die schöne Marlene (04, Graph.druck); – METALLZCHNG: Tryptichon (04), Drei Grazien (04), Das Heer d. Argonauten (04), Arthemiden am Tor z. Welt (04), – weitere: Omnipräsenz (05, Eisen m. Leuchtstiften), Le Madonne del Chianti (06, Xeroxpapier, Collage) – **Ö:** Bruneck, Cafe/Pub Da Capo (Wandbild); Gresten, Kr.verkehr (Plast., Entwurf u. Glasscheibe) – **E:** 03 Ybbsitz – **G:** 01 Olomouc, Výpad; 02, 04, 06 Ybbsitz, Ferraculum; 03 Stia, Bienn. Europ. d'arte Fabbrile; 03 (Kat.), 04, 06 Hefaiston, Burg Helfstýn; 03, 05 Náměšť nad Oslavou, Intern. exhib. in the castle (Kat.); 04 Richmond/VA, East Kentucky Univ.; Vittorio Veneto, Mostra Intern. del Ferro; Paris, Art & pur creation; 04, 06 (Kat.) Klášterec nad Ohří, Eurokov; 06 Kolbermoor, Metallgest.bienn.; Rabenstein, Gal. 3K; – weitere: 05 Ndöst. Tage d. offenen Ateliers – **V:** Max Zweig: Vzpomínky – Erinnerungen (Titelbild, Umschlag) 04 – ***Lit:*** Hefaistos, 11/12 03, 9/10 04 u. 1/2 05; Karel Gona, Pavel Revay u. Simon Vondruška: Umélecke Kovárství 05

Habermann, Ibi (eigtl. Ibolya Habermann, geb. Ibolya Mádai), Dr., Malerin; Monte Piano Str. 20, A-6020 Innsbruck, Tel. (05 12) 26 47 27, *i.habermann@chello. at* (* Pápa/Ungarn 17. 3. 24) – **VG:** Innsbruck, Kass – **S:** Stud. Pädagogik f. Zeichenunterricht; 94–95 HS f. Angew. Kunst Budapest (Meisterkl. Prof. Paul Gerzson) – **L:** Malerei (Öl, Acryl, Landschaft, Portr., Abstr.) – **Ve:** Turmbund – **KGr:** Gruppe 30 – **W:** ca. 200 Werke im Atelier Habermann Innsbruck – **G:** mehr als 40 Ausst.bet. seit 88 in Tirol, Ital., Luxemburg u. Ungarn, zuletzt 03 Innsbruck, Siebenkap.areal (30 Jahre Malerei); 04 Innsbruck, Art Innsbruck; – sowie: Nîmes, Art é Nim; Malmö, Svenska Konstgall.; Innsbruck, Kass: Ausst. Gruppe 30 – ***Lit:*** Amt d. Tiroler Ldesreg. u. Ver. Effi Briest (Hrsg.): Künstlerinnen in Tirol. Ein Handbuch für Interessierte 94; Tutti Insieme Spensieratamente 1997–1999 – ***LitR:*** Beitr. im ORF: Interview 90; Kunst, Wissenschaft Tirol 92; Bericht üb. Arb. v. I. H. 92

Haberpointner, Alfred, Mag. art., Arb.bereich: Skulpt.; Vorderschroffenau 30, A-5323 Ebenau, *alfred @haberpointner.net, www.haberpointner.net*. Sonnwendweg 3, A-4060 Leonding, Tel. u. Fax (07 32) 67 54 63 (* Salzburg 13. 2. 66) – **VG:** Salzburg, Gal. Academia; Köln, Reckermann; Wien, Chobot – **S:** 86–91 Univ. f. Gest. Linz (b. Prof. Erwin Reiter) – **G/T:** Objektkunst – **G:** zahlr. Bet. seit 91, zuletzt: 02 Köln, Reckermann; Köln, Kunstraum Fuhrwerkswaage (Kat.); 04 Künzelsau, Mus. Würth (Kat.); Salzburg, Gal. Academia; Wien, Chobot – ***Lit:*** Margit Zuckriegl, Lucien Kaiser u. Hanne Weskott: Bilder u. Skulpturen (Gal. Academia, Gal. Reckermann) 96; Michael Bockemühl in einer Publ. d. Huberte Goote Gall. Zug 97; Peter Weiermair u. Hanne Weskott: Bilder Skulpturen 99 – ***LitR:*** Theresa Grösslinger: A.H. (Salzburg, Linz) 04

Haböck, Susanne s. Kittel-Haböck, Susanne

Habsburg, Gabriela von, Bildhauerin; Am Waldweg 21, D-82541 Münsing, Tel. (0 81 77) 4 23, Fax 87 05, *Gabriela@habsburg.de, www.habsburg.de* – **VG:** München, Autoren Gal. 1 – **S:** KA München (b. R. Jacobsen u. E. Paolozzi) – **L:** KA Tbilissi/Georgien (Prof. f. Bildhauerei u. Skulpt.); Sommerakad. Neustadt an d. Donau (LAuftr.); Bad Reichenhall (LAuftr.) – **G/T:** Bildhauerei (Edelstahl u. Stahl)

Hach, Christine, Bildhauerin; Holunderstr. 7, D-67578 Gimbsheim, Tel. (0 62 49) 63 94, *christinehach @aol.com, www.christinehach.de* (* Worms 17. 7. 66) – **S:** 85–92 Johannes-Gutenberg-Univ. Mainz; 87–88 College of Art and Design Exeter – **Ve:** BBK Rh.-Pf. 01 – **G/T:** Keramische Großplast. – **K:** plast. Gest., Aktzeichn. – **Ö:** Eich, Kindertagesstätte; ebda, Grundschule; Riedstadt-Erfelden, Rheininsel Kühkopf – **E:** 01 Worms, StM; 02 Venray, Gal. Rooyart; 03 Nieder-Olm, Schmiede Wettig – **G:** 96 Darmstadt, Darmstädter Sezession; 96, 99, 02 Herrnsheim, Schloßpark (Blickachse); 02 Frankfurt am Main, McNair Kaserne; 03 Frankfurt am Main, Edwards Gardens; Ebertsheim, Alte Papierfabrik – **V:** Kreise, Zackenbänder, Spitzorale und Eichblätter. Die Bodenfliesen der Pfarrkirche Maria Magdalena in Hangen-Wahlheim, in: E. Eckert, G. Mahlerwein u. K. Spies (Hrsg.): Die Kirchenruine Maria Magdalena Hangen-Wahlheim 03 – (Red.)

Hachulla, Ulrich, Prof., Maler u. Graphiker; Eisenacher Str. 9, D-04155 Leipzig, Tel. (03 41) 5 64 43 27 (* Heydebreck/OS 30. 5. 43) – **VG:** Frankfurt am Main, Schwind – **S:** 63–68 HGB Leipzig (b. Bernhard Heisig, Harry Blume, Hans Mayer-Foreyt u. Werner Tübke); 72–74 Aspirant u. Meisterschüler b. W. Tübke – **L:** seit 76 HGB Leipzig (Leiter d. Wkst. f. Kpst. u. Rad., seit 78 Doz. f. Portr.-Malerei, seit 92 Prof. f. Graph.) – **P:** Kunstpr. d. Stadt Leipzig 78; Kunstpr. d. DDR 83 – **Ve:** VBK DDR 68–90 – **KGr:** Künstlersonderbund in Deutschland (seit 90) – **G/T:** Malerei, Zeichn., Graph. (vorw. Rad.) – **W:** Werke in öff. Slgn u. in Privatbes. – **M:** Berlin, NG; Frankfurt/Oder, Mus. Junge Kunst; Halle/Saale, Staatl. Gal. Moritzburg; Jena, KS; Leipzig, MBK; Magdeburg, Kulturhist. Mus.; Oberhausen, Ludwig-Gal.; Rostock, KH; Schwerin, Staatl. Mus. – **E:** u. a. 70 Leipzig, MBK; 74 Leipzig, Gal. am Sachsenplatz; 76 Magdeburg, Kulturhist. Mus.; 86 Dresden, Neue Dresdner Gal.; 90 Jena, Gal. im Stadthaus; 92, 95 Frankfurt am Main, Schwind; 96 Heppenheim, RH; 97 Seeheim-Jugenheim, Kunsthaus Poorhosaini – **G:** seit 69 zahlr. Ausst.bet. im In- u. Ausland, u. a. 79 Heidelberg, Graph.-Bienn.; 83 Basel, Kunstmesse; 93 Berlin, Martin-Gropius-Bau; 96 Coburg, KV; 98 Leipzig, Haus d. Buches – ***Lit:*** Lang 02; Schweers 02; NG Berlin 03 – (Red.)

Hack, Hermann Josef, Maler, Aktionskünstler, Medienkünstler; Gartenstr. 23, D-53721 Siegburg, Tel. (0 22 41) 9 76 26 60, *info@Hermann-Josef-Hack. de, www.Hermann-Josef-Hack.de* (* Hövel 20. 6. 56) – **VG:** München, Heitsch – **P:** Prix Ars Electronica (Honorable Mention) 97; Kunstpr. d. Rhein-Sieg-Kr. (lobende Erwähnung) 99; Excellent Artist Machida Mus. of

Graphic Arts Tokio 99 u. 00; Nominierung f. d. Bonner Kunstpr. 00; Atlantis Kunst- u. Kult.pr. Arona-Tunez/Teneriffa (später zurückgegeben) 03; Kopf d. Monats August Öst. Min. f. Lebenswissenschaften 05 – **G/T:** Malerei; Aktionskunst; Medienkunst – **W:** überw. in Privatbes. – **M:** Siegburg, SM – **Ö:** Berlin, Bundesmin. f. Verkehr; ebda, Bundesmin d. Justiz; Bonn, Bundesmin. f. Bildung u. Forschung; Tokio, Inst. f. Japanstudien – **E:** 94, 00 (Kat.) Siegburg, KM; Bonn, Mus. Alexander Koenig; 97 Bonn, Kunst- und Ausst.halle d. BRD; Los Angeles, Convention Center; 98 Bonn, KM; 99 Dortmund, Dt. Arb.schutzausst.; 01 Siegburg, Pumpwerk; 01, 02 (Kat.), 03 München, Heitsch; 03 Teneriffa, Mariposa; 04 Athen, Goethe-Inst.; Frankfurt am Main, Europäische Zentralgalerie – **G:** 92 Kassel, Documenta IX; 93 Hamburg, Mediale: Global Brainstorming Project Arts & Science; 94 Hamburg, Kunsthaus; 96 Oberhausen, Gasometer: Ich, Phoenix; 97 Linz, Ars Electronica; 01 München, Heitsch: Mirror Africa; 03 Wiesbaden, Nassauischer KV – **V:** H.J.H. u. Andreas Pohlmann (Hrsg.): Ultimedia. Bilder u. Texte zur künstlerischen Arbeit; Ulla Döhnert u. Dieter Kübbeler: An die Arbeit (Ill. v. Titel u. Seiten) – **R:** Internetkunstwerke: Das Virtuelle Dach – www.hack-roof.de; Entschleunigung – www.hack-i.de – ***Lit:*** zahlr. Artikel in Kunst-Zss. z.B. Kunstforum International

Hack, Klaus, Bildhauer, Maler; c/o Galerie Gabriele v. Loeper, Eppendorfer Landstr. 44, D-20249 Hamburg, Tel. (040) 453292, Fax 442996, *vonloeper@galerie.de* (* Bayreuth 66) – **VG:** Hamburg, Loeper – **S:** HdK Berlin (b. Prof. Rolf Szymanski u. Lothar Fischer, Meisterschüler) – **P:** Stip. d. Nachwuchs-Förd.-Gesetzes d. Berliner Senates; Stip. d. Kult.stift. Offenburg; Rüdiger-Hurrle-Kunstpr. Offenburg; Stip. d. Stift. Kult.-fonds; Aufenthaltsstip. Künstlerhaus Lukas, Ahrenshoop; Förd.pr. Bild. Kunst d. Ldes Brandenburg; Kunstpr. d. Stadt Limburg – **G/T:** Malerei, Arb. auf Papier, Leinwandarb., Hschn. u. Bildhauerei (Holzskulpt.) – **M:** Berlin, Berlinische Gal.; Berlin, Gal. im Willy-Brandt-Haus; Füssen, Mus.; Mannheim, StKH; München, Bay. Staatsgemäldeslgn; Reutlingen, Städt. KM Spendhaus; Scheveningen, Mus. Beelden aan Zee – **E:** 96 Berlin, Georg-Kolbe-Mus.; 97 Offenburg, Mus. im Ritterhaus; 98 Osnabrück, KH Dominikanerkirche; 99 Füssen, Mus.; Limburg, StKS; 00 Frankfurt am Main, IG-Metall-Gal.; Berlin, Brecht-Haus; Frankfurt/Oder, Mus. Junge Kunst; 01 Bremen, Gerhard-Marcks-Haus; Bielefeld, KV Mus. Waldhof; München, Van de Loo; 02 Emsdetten, KV; 03 Reutlingen, Städt. KM Spendhaus; 04 Schweinfurt, StKS; Erfurt, KH – **G:** 00 Berlin, KH Karlshorst; Hamburg, Loeper; 02 Marburg, KV – ***Lit:*** Kat. z. d. Ausst. im Mus. Füssen, Georg-Kolbe-Mus. Berlin u. in d. KH Dominikanerkirche Osnabrück; – weitere Kat.: Die Braut – Reifrock und 2 Kreuze; Totentanz – (Red.)

Hack, Sabine, Malerin; *www.markus-platz.de* (* Vierwinden 63) – **VG:** Ascona, Leupi – **L:** Workshops u. Kurse im Atelier Augenweide Eitorf – **G/T:** Malerei, Install., Objekt – **E:** u. a. 04 Eitorf, Gal. Incontro – **G:** 04 Eitorf, Markuspl.halle – (Red.)

Hacker, Dieter, Prof., Maler, Zeichner, Bildhauer; Schaperstr. 19, D-10719 Berlin, Tel. (030) 8817431 (* Augsburg 4. 8. 42) – **VG:** Berlin, Raab; Berlin, Zellermayer – **S:** 60–65 ABK München (b. E. Geitlinger) – **L:** seit 90 HdK Berlin (Prof.) – **KGr:** Nove Tendencije – **G/T:** Malerei, Graph., Film (Fsf.), Fotogr., Bühnen- u. Kostümbild – **M:** Berlin, Berlinische Gal.; Berlin, Hamburger Bahnhof; Berlin, NG; Dortmund, Mus. am Ostwall; Frankfurt am Main, MMK – **E:** zahlr. Ausst. seit 60, zuletzt 99 Berlin, Raab; 02 Berlin, Zellermayer; 03 Frankfurt am Main, Die Gal. – **G:** u. a. 90 Venedig, Bienn.; Leipzig, MBK – weitere in London, Neapel, New York, Paris, St. Petersburg – ***Lit:*** Dictionary of Art 96 – (Red.)

Haddad, Hassan, Maler; Erich-Zeigner-Allee 88, D-04229 Leipzig, Tel. (0341) 6019720, Mobil: 01627286751, *reuterhaddad@t-online.de*, *www.hassanhaddad.de*. Atelier: Spinnereistr. 7, D-04179 Leipzig (* Balad/Irak 4. 1. 62) – **S:** 80–86 Acad. of Fine Arts Bagdad (Graph.design) – **Ve:** BBKL 00 – **G/T:** Malerei (vorw. Öl auf Lw.); Graph. (u. a. Zeichn.); gegenständlich-expressiv – **E:** 99, 00 Leipzig; 04 Dresden; 06 Lohne, Wassermühle – **G:** 91–94 Bagdad; 95 Bukarest; 01 St. Petersburg; Wien; 02 Leipzig; Lübeck; 05 Leipzig, Große Sä. Kunstausst.; 06 Büdelsdorf, Nord Art; Halle/Saale, Villa Kobe – ***Lit:*** Bildende Künstler in Leipzig 06

Haderer, Gerhard, Karikaturist; c/o Verlag Carl Ueberreuter Ges.m.b.H., Alser Straße 24, A-1090 Wien. lebt in Linz (* Leonding/ObÖst. 51) – **S:** FS f. Gebrauchsgraph. Linz – **P:** Pr. d. Gothaer Karikade; 'Salzburger Stier', Kleinkunstpr. d. ORF 88; Dt. Karikaturenpr. d. Sä. Ztg 01 – **G/T:** Karikaturen (u. a. f. die Zss Wiener, Titanic, Stern, Geo u. Trend); Cartoons; Graphik; Ill. – **E:** zahlr., u. a. 89 Salzburg, Seywald; 97, 02 Kassel, Caricatura Gal.; 99 Wien, Ulysses (Kat.); 01 Osnabrück, KH Dominikanerkirche; 02–03 Basel, Karikatur u. Cartoon Mus. (Retr.); 02 Graz, Orpheum; 04 Krems, Karikaturmus.; 05 Wien, Albertina – **V:** zahlr. seit 87, u. a. m. Josef Hader: Sehr ver(r)ehrte Österreicher 87; H.s Wochenschau: gezeichnete Kommentare 94; Think positive: die besten Cartoons aus 10 Jahren 96; Elisabeth Menasse: Die letzte Märchenprinzessin (Ill.) 97; Leo Lukas: Jörgi, der Drachentöter. Ein Bilderbuch für Kinder und Erwachsene (Ill.) 00; Die ersten zehn Jahre im Stern 01; Das Leben des Jesus 02; Von Hunderln und Menschen 03; Die glorreichen Drei 03; Alles Essen 05; Alles Liebe 05; Danke gut 05; m. Stefan Sigwarth (Hrsg.): Die besten Zitate aus der dritten Halbzeit 06 – (Red.)

Hadiak, Theo (verh. Theodora Handiak-Christophe), Malerin; Sonnenbichl 17, D-86971 Peiting, Tel. (08861) 1241, Fax 258500, *mail@hadiak.de*, *www.hadiak.de*. c/o Ateliergal., Christophstr. 1, D-86956 Schongau, Tel. Mobil: 01711433896 (* Berlin 9. 7. 42) – **S:** Autodidaktin – **Ve:** BBK 97 – **KGr:** Schongauer – **G/T:** Malerei (Öl, Acryl, Pastell, Portr., abstrahierte Lsch.) – **W:** Werke in Privatbes. in Dtld, Öst., Ital., Frkr., Spanien, Tschechien, Ungarn, Luxemburg, Dänemark, Norwegen, GB, Japan, China, Mexiko, d. Schweiz, Kanada u. d. USA – **Ö:** Abington, RH; Eze-Village, Stadtgal.; München, Kanzlei Prof. H. Mayer; Peiting, Spk.; Schongau, Kr.krankenhaus; ebda, RH, Kr.spk., Notariat, Treuhand GmbH Hana & Bartels – **E:** u. a. 91 Tutzing, Ev. Akad.; 91, 92–01 Ambronay, Tour des Archives; 91, 93, 94 Schongau, Ballenhaus; 92 Herrsching, Bay. Bauern-Verb.; Tutzing, RH; 93 München, Gal. d. Europ. Patentamtes; Diessen, Augustinum; 94, 98 Poncin, Maison des Arts; 96 Lyon, RH; 97 München-Pasing, Gal. d. Tiefbaugenossenschaft; Zürich, Gal. d. Handelsgerichtes; 98 Zürich, Sheraton Hotel; 98, 00 Eze-Village, Maison d'exposition; 99, 00 Murnau, Gal. Die Tür; 02 Georgeville, La Grange de l'Eléphant; Grimsby, Doran House; Haddonfield, AC; Le Bourget du Lac, Le Prieuré; Macon, Vitrine des Arts; 02, 03, 04, 05 Ambronay, Maison Christophe; 03 Amberieu, RH; 05 Bamberg, Ldratsamt; 06 Thonon-les-Bains, Chapelle de la Visitation – **G:** u. a. 77 Augsburg, Große Schwäb. Kunstausst.; München, Haus d. Kunst; 93 Schongau, Mus.; 95, 96 Lyon, Salon de Printemps;

95 Hauteville, Bienn.; 97 Oberammergau, Pilatushaus; 98 La Dombes, Golf du Gouverneur – *Lit:* Jean Paul Pontvianne (Text): Hadiak, Kat. 99

Hadraba, Regina, Zeichnerin, Objektkünstlerin; Mozartgasse 1, A-2511 Pfaffstätten, Tel. (0 22 52) 4 69 97, *atelier@hadraba.at, www.hadraba.eu* (* Waidhofen an d. Thaya 9. 9. 64) – **VG:** Bonstetten, Gal. für Gegenwartskunst; Graz, Lendl; Wien, Wolfrum; Perg, Pehböck; Klagenfurt, Gal. 3 – **S:** 83–86 Pädagogische Akad. (Graph. b. Prof. E. Skricka, Malerei b. Prof. E. Kummer) – **P:** Ldesatelier Künstlerhaus Salzburg 92; Anerkennungspr. d. Ldes NdÖst. 94; Römerquelle-Graph.wettb. (Ankaufspr.) 95; Innsbrucker Graph.wettb. (Pr. d. Ldes NdÖst.) 96; Bauholding Kunstforum (2. Pr.) 98; Aufenthalt Webster Univ. St. Louis 00; – weitere: Graph.wettb. 'Pro Natura' (Anerkennungspr.); 'Anläßl. Stefan Zweig' (Ankaufspr.); Kult.pr. d. Stadt Baden – **Ve:** KV Baden; Intern. Aktionsgemeinschaft Bild. Künstler Öst.; KV Zwettl – **KGr:** VAKUUM (90–93) – **G/T:** Zchng (Monotypie), Zchng im Raum – **K:** Papierschöpfen, Zchng, Monotypie – **W:** u. a. in Bes. d. Städte Wien u. Klagenfurt, d. Bank Austria Wien, d. UBS Zürich, d. Öst. Bundesmin. sowie d. Länder NdÖst. u. ObÖst. – **M:** Innsbruck, Tiroler LM Ferdinandeum; St. Pölten, Ndöst. LM; Wien, Albertina – **Ö:** Wien, Bundesländer Versicherung – **E:** u. a. 90 Wien, Gal. Luftbad; 91 Wien, Stalzer; Salzburg, Traklhaus; 93 Klagenfurt, Slama; 94 Horn, Gal. Thurnhof; 96 Mödling, Gal. Arcade; 97 Wien, Blau-Gelbe Gal.; 98 Wien, Tiller; 98, 02, 05 Perg, Pehböck; 99 St. Louis, Cecil Hunt Gall.; Tokio, Sodo; 99, 01, 05 Wien, Wolfrum; 00, 05 Bonstetten, Gal. für Gegenwartskunst; 03 Klagenfurt, Gal. 3; 04 Wien, Hrobsky; 06 Solothurn, Artesol – **G:** u. a. 91 Innsbruck, Kunstpavillon Hofgarten; 93 Hallein, Gal. pro Arte; 94 Steyr, Pohlhammer; 96 St. Louis, Cecil Hunt Gall.; 97 Baden, KV; 98 Horn, Gal. Thurnhof; 99 Düsseldorf, Art Multiple; 99, 00 Frankfurt am Main, Art Frankfurt; 00 Krakau, Intern. Graph.trienn.; 01 Innsbruck, Art Innsbruck; Wien, Art Vienna; 03 St. Pölten, Ndöst. Dok.-Zentrum f. Mod. Kunst; Grenchen, Intern. Trienn. f. Orig.graph.; 04 Zürich, Kunst Zürich; 05 Wien, Lit.haus; – sowie: 05 Kult.verb. Favoriten: über die linie – **V:** u. a. Barbara Neuwirth (Text): Blumen der Peripherie (Offsetlith.) 94; Sylvia Treudl (Gedichte): Scherbengericht (Offsetlith.) 98; Elisabeth Schawerda (Gedichte): Echo 2006 (Zchngn); Margarete Hannsmann: Januskopf. Buchprojekt (Kupferdruckbütten u. Holz); Ingeborg Bachmann (Text): Schatten Rosen Schatten (Kupferdruckbütten u. Holz); Märchen I, II (Kupferdruckbütten u. Holz); Mythos I, II, III (Kupferdruckbütten u. Holz) – **R:** m. Sue Alice Okukubo: text impuls bild, DVD 04 – *Lit:* u. a. Peter Zawrel u. Roman Baumgartner: Abends singen die Matrosen, Kat. 92; Roman Baumgartner: Schlangenbändiger. 9 ZeichnerInnen, Buch 93; Angelica Bäumer: Zeichnungen, Kat. (Gal. Thurnhof Horn) 94; Barbara Neuwirth: Aus Mohnblumenkelchen fließt mein Rot, Ausst.kat. 97; Peter Pawlowsky: Paradiese – die Welten der Gegenwelten, Ausst.kat. 98; Andrea Christa Fürst: Zeichnung ist Verlängerung des Gedankens (J. Beuys). Arbeiten 2000–2002 02; Das alchimistische Werk, Ausst.kat. 03; Tenzone 2005, Kat. neue Arb. 05

Hadwich, Ulrike s. Bühler, Ulrike

Häcker, Dieter; Schickstr. 9, D-70182 Stuttgart, Tel. (07 11) 24 43 43 – **G/T:** Malerei – (Red.)

Häfner, Guido (Ps.: Brothers in Art), Bildhauer, Graphiker, Verleger; c/o Swan Panasia Co., Ltd., 3, Hsin-Sheng S.Rd., Taipei/Taiwan, Tel. 09 18 22 79 94, *info@swanpanasia.com, www.swanpanasia.com* (* Forchheim/Ofr. 26. 8. 68) – **S:** Ausb. z. Feingerätemechaniker; Staatl. Berufsoberschule Nürnberg; TU München – **Ve:** KV Coburg 00; Druck & Buch 05 – **G/T:** Figurative Kunst unter Verwendung d. Archetypen v. Johannes u. Guido Häfner (z.B. Königskasper, Kopfrüssler, Olimpia, Peregrinus); Schwerpunkte: Kettensägenhschn. (Handpressendruck); Stahl- u. Holzskulpt.; Multiples in Stahl – **W:** zahlr. in Privatslgn; Dt. Kult.-zentrum Taiwan – **M:** Augsburg, Stadt- u. Staatsbibl.; Bamberg, Bay. Staatsbibliothek; Bamberg, E.T.A. Hoffmann Theater; Bamberg, Slg E.T.A. Hoffmann Ges.; Berlin, KS d. Dt. Bundestages; Berlin, SM; Berlin, SMPK; Berlin, Staatsbibliothek; Frankfurt am Main, Dt. Nat.Bibl.; Leipzig, Dt. Buch- u. Schrift-Mus. d. Dt. Nat.bibl.; Mainz, Stadtbibl.; München, Bay. Staatsbibliothek; Nürnberg, Germanisches NM – **Ö:** Berlin, Struppe & Winckler; Frankfurt am Main, Büchergilde; ebda, Buchmesse; Kronach, Skulpt.reihe; Lamspringe, Skulpt.weg; Nürnberg, DATEV eG – **E:** u. a. 98 Berlin, SM Ephraimpal.; 98, 03 Bamberg, Bay. Staatsbibliothek; 01–06 Taipei, World Trade Center; 03 Berlin, SM Nikolaikirche; 03, 04 Taipei, Europ. School; 04 Taipei, Siemens; Mainz, Stadtbibl.; Nürnberg, Stadtbibl. (Kat.); 05 Hsindian City/Taipei County, Bitan Artist's Square; Coburg, KV; Taipei, Dt. Kult.zentrum; 06 Hamburg, Mus. d. Arb.; Mainz, Gutenberg-Mus. (Druckladen); Augsburg, Toskan. Säulenhalle – **G:** 98 Düsseldorf, Art Multiple; 04 Wiesbaden, Art Forum; – sowie jl.: Frankfurt am Main, Buchmesse; Taiwan, Buchmesse TIBE – **V:** m. Johannes Häfner: Im Schatten der Engel, Künstlerb. 05 – *Lit:* 7 Ausst.kat. seit 01 – ***LitR:*** Seit 98 versch. Kurzbeitr. üb. d. Arb. d. Brothers in Art, u. a. Bay. RF: Hfk 99, 04, 06 u. Fs. 96, 04, 05; Bamberg TV 98, 01; ETTV Taiwan 03–06; Niandai Taiwan 04–06; Da Ai Taiwan 04–06; GTV Taiwan 05, 06; FTW (Formosa Television) Taiwan 05, 06; USTV Taiwan 05, 06; PTS Television 05

Häfner, Johannes (Ps.: Brothers in Art), Bildhauer, Graphiker, Verleger; c/o Swan Panasia Co., Ltd., 3, Hsin-Sheng S.Rd., Taipei/Taiwan, Tel. 09 18 22 79 94, *info@swanpanasia.com, www.swanpanasia.com* (* Schlaifhausen/Ofr. 61) – **S:** 82 FHS f. Kommunikationsdesign Nürnberg – **Ve:** KV Coburg 00; BBK Bay. 04; Druck & Buch 05 – **G/T:** Figurative Kunst unter Verwendung d. Archetypen v. Guido u. J. Häfner (z.B. Königskasper, Kopfrüssler, Olimpia, Peregrinus); Schwerpunkte: Malerei; Graph. (Handpressendruck, digitaler Druck); Computergraph.; Künstlerb.; Unikatb. – **W:** zahlr. in Privatslgn; Dt. Kult.zentrum Taiwan – **M:** Augsburg, Stadt- u. Staatsbibl.; Bamberg, Bay. Staatsbibliothek; Bamberg, E.T.A. Hoffmann Theater; Bamberg, Slg E.T.A. Hoffmann Ges.; Berlin, KS d. Dt. Bundestages; Berlin, SM; Berlin, SMPK; Berlin, Staatsbibliothek; Frankfurt am Main, Dt. Nat.Bibl.; Leipzig, Dt. Buch- u. Schrift-Mus. d. Dt. Nat.bibl.; Mainz, Stadtbibl.; München, Bay. Staatsbibliothek; Nürnberg, Germanisches NM – **Ö:** Berlin, Struppe & Winckler; Nürnberg, DATEV eG – **E:** u. a. 98 Berlin, SM Ephraimpal.; 98, 03 Bamberg, Bay. Staatsbibliothek; 01–06 Taipei, World Trade Center; 03 Berlin, SM Nikolaikirche; 03, 04 Taipei, Europ. School; 04 Taipei, Siemens; Mainz, Stadtbibl.; Nürnberg, Stadtbibl.; 05 Hsindian City/Taipei County, Bitan Artist's Square; Coburg, KV; Taipei, Dt. Kult.zentrum; 06 Hamburg, Mus. d. Arb.; Mainz, Gutenberg-Mus. (Druckladen); Augsburg, Toskan. Säulenhalle – **G:** 98 Düsseldorf, Art Multiple; 04 Wiesbaden, Art Forum; – sowie jl.: Frankfurt am Main, Buchmesse; Taiwan, Buchmesse TIBE – **V:** Brechts Totentanz Variation 1–14, Künstlerb. 04–06; – seit 91 Aufl. v. über 100 Künstlerb., u. a. üb. E.T.A. Hoffmann, Franz Kafka, Heinrich Heine, Dr. Friedhelm

Auhuber, Prof. Dr. Bernhard Schemmel u. Ingo Cesaro (m. Orig.graph. v. Guido u. Johannes Häfner) – ***Lit:*** 7 Ausst.kat. seit 01, z.B. Brothers in Art (Stadtbibl. Nürnberg) 04 – ***LitR:*** Seit 98 versch. Kurzbeitr. üb. d. Arb. d. Brothers in Art, u. a. Bay. RF: Hfk 99, 04, 06 u. Fs. 96, 04, 05; Bamberg TV 98, 01; ETTV Taiwan 03–06; Niandai Taiwan 04–06; Da Ai Taiwan 04–06; GTV Taiwan 05, 06; FTW (Formosa Television) Taiwan 05, 06; USTV Taiwan 05, 06; PTS Television 05

Hähner-Springmühl, Gitte, Malerin, Zeichnerin, Gitarristin; Eulitzstr. 21, D-09112 Chemnitz, *Sepia109 @gmx.de* (* Zwickau 9. 10. 51) – **VG:** Chemnitz, Gal. Oben; Magdeburg, Art Opening; Morsum, ART Gal. Scheel – **L:** refugia Chemnitz (eigene KSch, Lehrtätigkeit aller Kunstkurse) – **KGr:** Kartoffelschälmaschine (bis 94) – **G/T:** alle bildkünstler. Genres u. Techniken, multimediale Aktionen (Kunst, Musik), Ldschaftsprojekte, Raumobjekte – **K:** bildkünstler. Grundlagen, Die Macht d. Farben – **W:** überw. in Privatbes., zahlr. Performances – **M:** Zwickau, StM – **Ö:** Birkenfeld, Umwelt-Campus; Trier, FHS; Zwickau, Dresdner Bank – **E:** u. a. 88 Karl-Marx-Stadt, Gal. Hermannstr.; 91, 95 Chemnitz, Gal. Oben; 92 München, Heitsch; 95 Zwickau, StM; 96 Magdeburg, Art Opening; Gütersloh, Atelier; 98 Sylt, Kamp's Gal.; 99 Sylt, Art Conzept; 01 Chemnitz, Heck-Art-Haus; 03 Birkenfeld, Campus; 04 Chemnitz, Spk. – **G:** u. a. 81 Krakau, Zeichenbienn.; 81, 82 Pécs; 86 Leipzig, Gal. Eigen + Art; 86, 87 Budapest; 89 Leipzig, Moritzbastei; 90 München, Praterinsel; 92 Bonn, Frauen-Mus.; 94 Iserlohn, StG; – sowie: 05 Keitum/Sylt, Kunstbad: Art Concept, B. Scheel (Install.) – ***Lit:*** Unterflug – Überflug. Bilder und Zeichnungen 95

†**Hähner-Springmühl,** Klaus, Maler, Zeichner, Fotograf; lebte in Chemnitz u. Leipzig (* Zwickau 19. 1. 50, † Leipzig 15. 7. 06) – **VG:** Berlin, Barthel + Tetzner; Chemnitz, Gal. Oben – **S:** 69–72 Stud. Bauwesen in Cottbus (abgebr.) – **E:** 80 Karl-Marx-Stadt, Gal. Clara Mosch; 83 Karl-Marx-Stadt, Klub d. Intelligenz Pablo Neruda; 86 Karl-Marx-Stadt, Gal. Oben; 87 Leipzig, Gal. Theaterpassage; 88 Leipzig, Gal. Eigen + Art; Berlin, Gal. Weisser Elefant (Kat.); 91 Hanau, gal. '88; Bremen, Fotoforum; 97 Leipzig, Artco; Chemnitz, Voxxx Gal.; 99 Berlin, KV Herzattacke; 05 Chemnitz, Gal. grounded; – sowie zahlr. Aktionen u. Performances – **G:** zahlr. seit 80, u. a. 82 Dresden, Leonhardi-Mus.: Frühstück im Freien; 84 Karl-Marx-Stadt, Mus. am Theaterpl.: Retr. 1945–1984; 89 Frankfurt/Oder, Mus. Junge Kunst: Stand d. Dinge; Dresden, Kpst.-Kab.: 40 unter 40; 90 Leverkusen, StM Schloß Morsbroich: 40 unter 40; Hamburg, KH: 40 unter 40; 93 Frankfurt am Main, Fotomus.: Das letzte Jahrzehnt. Ostdt. Photogr. d. achtziger Jahre; 97 Berlin, DHM: boheme u. diktatur in d. ddr; 02 Cottbus, Brandenburgische KS: Nach 25 Jahren. Meisterwerke d. Graph. Slg; 04 Berlin, Neue NG: Kunst in d. DDR; 05 Bonn, Kunst- und Ausst.halle d. BRD: Kunst in d. DDR; Jena, StM u. KS: Aletheia; Nürnberg, Neues Mus.: Künstlerplakate aus d. DDR; Chemnitz, Gal. grounded: Neue Bilder – **V:** Heiner Müller (Text): Kommentar 85; u. a. m. Kerstin Hensel, Jan Kummer, Steffen Volmer: A DREI 2/86/9 86; u. a. m. Frank Bretschneider, Jan Kummer, Florian Merkel, Steffen Volmer: A DREI 2/87/12 87; Karl-Marx-Städter Graph.kal. 88 – ***Lit:*** Joerg Waehner (Text): second hand 86; Gunar Barthel: Masse, Kat. 87; Fünf Künstler aus Karl-Marx-Stadt in Düsseldorf, Kat. 90; K.H.-S., Kat. 91; Blickwechsel. 13 Künstler aus Sachsen, Kat. 91; Barbara Köhler (Text): K.H.-S., Kat. 92; dies. in: Neue Bildende Kunst, Zs f. Kunst u. Kritik 92; Joerg Waehner (Text): Amerika ist ein U-Boot im Goldfischteich 92; K.-G. Kuehn: Caught. The Art of Photogr. in the German Democratic Republic 97; Christoph Tannert: K.H.-S., In: Herzattacke, Kunst- u. Lit.zs, IV/99; Klopfzeichen, Kunst u. Kult. der 80er Jahre in Dtld 02; Lang 02; Kunst in der DDR 03

Hämmerle, Franz, Akad. Bildhauer, Dipl. Theologe; Sandweg 13, D-86949 Windach, Tel. (0 81 93) 66 41, Fax 45 11, *haemmerle-bartl@t-online.de*, *www. haemmerle-tusculum.de* (* Lengenfeld/Obb. 49) – **S:** 73–80 ABK München (Meisterkl. Bildhauerei b. Prof. H. Ladner, Abschl. m. Dipl.); 82 Staatsexamen f. Kunsterziehung – **P:** Pr. d. Wettb. 'Opfer d. Nationalsozialismus' München (3. Pr.) 84; Vera Icon Freising (E.pr.) 87; Pr. d. Intern. Skulpt.-Trienn. Osaka (4. Pr.) 87; Pr. d. Grand Pal. Paris (2. Pr.) 87 – **Ve:** Reg.verb. Bild. Künstler Landsberg; DGfCK – **G/T:** Stein, Bronze u. Holz; großformatig, expressiv, figürlich u. abstr.; religiös bzw. menschlich engagiert – **K:** Stein- u. Holzbildhauerei, Bronzeplast., Stein- u. Holzskulpt. – **M:** Freising, Diözesan-Mus. – **Ö:** zahlr. Arb. f. Kirchen, u. a. in Augsburg, Mozarthaus (Büste); Bad Krumbad (Chorraum); Bissingen/Donauwörth; Dachau (ehemaliges Konzentrationslager, Pappel); Donauwörth; Haberskirch/Friedberg; Heidenheim (Heilige Dreifaltigkeit); Heuchelheim; Immenstadt, St. Nikolaus; Kempten, St. Mang; Marktl, Gedenk- u. Taufsteinergänzung; München, Heilige Fam. (Bronze); Münster, St. Johann; Puchheim; Ranfels/Bay. Wald (Gesamtgest.); Sandbach/Passau (Relief u. Kreuz, Linde); St. Ottilien (Bronze, Muschelkalk); ebda (14 Orgelfiguren, Linde); Stuttgart; – sowie weitere in: Bissingen (Stationenweg, Jura); Eggolsheim (Ölberg); Hofstetten, Schulhof (Rebecca-Brunnen, Astir-Marmor); Landsberg, Stadtbücherei (Lesende, Bronze); München, Asamhof (Liebesharfe, Pappel); Puchheim, Bahnhofsvorpl. (Tor der Einheit, Eiche); ebda (Begegnung, Bronze); Stuttgart, Vorpl. Haus St. Martin (Skulpt., Pappel) – **E:** 84 Ansbach, Karlshalle; 85 Altenmünster, Haus Maria Ward; 90 Coburg, Kath. Bildungswerk; 92 Puchheim, Kult.-zentrum; Memmingen, Gedenkstätte d. ehemaligen KZ; 00 Weilheim, Spk.; 05 Lautrach, Schloß; – weitere Ausst. u. Aktionen: 73 Landsberg, Künstlergilde; 79 Rattenbach, Ldakad. (Choreographie); 79, 81, 82, 83, 84 München, Haus d. Kunst; 80 München, Berlin, Hamburg, Bremerhaven; 81 München, ABK; 82, 84, 91 St. Ottilien; 82 München, Gal. d. Künste; 84 Barentin u. Yvetot; Paris, Grand Pal.; München, Bay. Ldesbank; 85 Innsbruck, SIAC; 86 Barentin; 87 Freising, Diözesan-Mus.; 87, 91 Augsburg, Kolping Bildungsstätte; 88 Wiesloch; 92 Altötting; München, Olympiazentrum; 93 Regensburg, Diözesan-Mus.; Schweinfurt, Kunst u. Garten; 93, 94 Normandie; 94, 96 Friedberg/ Bay., Skulpt.pfad; 95 Landsberg; 97 Holzhausen, Bienn.; Seeon, Kloster; 97, 98, 02 Rottenburg am Neckar, Diözesan-Mus.; 98 Stuttgart, Fußgängerzone; Augsburg, Haus Algovia; 98, 99, 00 München, BBK; 99, 01 Bad Wörishofen, Kunstfrühling; 99 Schorndorf, Seepromenade; Friedberg/Bay., Skulpt.pfad; 00 Bamberg, St. Gangolf; Schorndorf, Heilig Kreuz; 00, 01, 02 Landsberg, Reg.verb. Bild. Künstler; 01 Scheuring, Glaswkst. Sattler; Friedberg (100 Werke und ihre Meister): 02 Gräfelfing, Kunst im Kies; München, Siemens-Park; Lunenburg/Kanada (Colour and light); 05 Eggisried; Laufen – **V:** Bilder des Lebens – Bilder des Glaubens, Kat. (Autor) 84; Botschaften, Kat. (Hrsg.) 84; Stationenweg (Autor) 90; XIV Artexoten – Artistes ex Ottilien, Kat. (Hrsg.) 91; Täglich Advent – Bildhauerzeichnungen und Meditationen, Monogr. (Autor u. Zeichn.) 00 – ***Lit:*** Herbert Schindler: Bayrische Bildhauer 85; Portrait und Gestaltung, in: Naturstein, Fachzs. 5/91; Steffi Roettgen (Hrsg.): Auf Münchens Straßen und Plätzen 00;

– sowie: Deutsche Kunst nach 1945, Biogr. – ***LitR:*** Der Bildhauer F. H., Künstlerportr. SAT 1 01

Händler, Rolf, Maler u. Graphiker; Straße 73, Nr. 8, D-13125 Berlin, Tel. (0 30) 9 43 03 53 (* Halle/Saale 13. 2. 38) – **VG:** Berlin, Raab – (Red.)

Hänel, Ursula (Ps.: Marie-Luise Goldbach), Malerin, Dichterin, Poetin; Elbvillenweg 5E, D-01139 Dresden, Tel. u. Fax (03 51) 8 47 15 53, *ursulahaenel @gmx.de*, *www.ursulahaenel.gmxhome.de* (* Ebertann/ Ostpreußen 15. 9. 40) – **VG:** Mgarr/Malta, Tempra-Gall. – **S:** 89–91 HBK Dresden (Szenographie); 91 FHS Hannover (Graph. b. Prof. Hornig) – **P:** Stadtkult.pr. Hannover 95; – MALTA INTERN. ART BIENN.: First-Install.-Pr. 99; Special-Distinction-Award (Graph. u. Poesie) 99 – **Ve:** BBK Hannover 91; VG Bild-Kunst 93; Féderation Intern. Culturelle Féminine 93; IGBK 98 – **G/T:** Malerei; Collagen; Install.; Objekte; Multimedia-Install.; Performance; Videos; Gedichte ('Außer Zeit u. Raum') – **K:** Arb. m. Kindern, Kunst- u. Theaterprojekte 'Das Zauberboot' 96, 'Windgeflüster' im Wald, 'Traumhaus', 'Traumstadt' – **W:** Tanzprojekte 'Interferenzen' u. '7 Tänze zum Buch Esther'; zahlr. Performances; Werke in Privatbes.; Weimar, Wolfsburg u. Bad Honnef (temporäre Install.) – **M:** Bayonville, Tempra Acad. Found. France; Mgarr/ Malta, Villa Tempra Mus.; Nossen, Schloß; Stockholm, Olof-Palme-Gedächtnisfond – **Ö:** TEMPORÄRE INSTALL.: Ahrenshoop, Kunstkaten; Dresden, Theater Junge Generation; Duderstadt, RH; Hannover, Waldseekirche; ebda, Freiluftgal. Günterstr., VVK-Gal., Kunstmeile Limmer, Podbipassage, A.-Hermes-Pl.; Hildesheim, Ld-Art Ostseeküste; Weinheim, Sarlat IF – **E:** u. a. 90 Wiesbaden, Pariser Hoftheater; 91 Hannover, Eisfabrik; Hannover, VVK-Gal.; 92 Dresden, Theater Junge Generation; 93 Weimar, Gal. Am Schlachthof; 94 London, St. Martin's in the Fields-Gall.; 95 Hannover, Künstlerhaus; 96 Hannover, Kröpke-Uhr; 97 Nossen, Schloßkap.; 98 Weinheim, Schloßpark; Heidelberg, Heiliggeistkirche; 01 Mariensee, Kloster; 02 Hannover, Merztheater; – sowie zahlr. Kunstprojekte m. Kindern, Tanzprojekte m. Tänzern u. Multimedia-Install. – **G:** u. a. 86 Szombathely, Intern. Bienn.; 94 Hannover, Opernhaus; San Francisco, Airportgall.; 94, 95 Hannover, Freiluftgal.; 95 Fürstenberg, Schloßmus.; 98 Paris, Mairie du Marais; 99 Bonn, Adenauer-Stift.; Sarlat/ Frkr., Centre d'Art; Rabat/Malta, Wignacourt Mus.; Valletta/Malta, Nat.theater; 00 Bonn, Frauen-Mus.; 01 Uelzen, KV; Athen, RH; 02 Bad Honnef, Intern. Pr.träger Malta; – sowie: 92 Intern. Ld-Art Ostseeküste – ***Lit:*** Licht u. Transparenz, In: Textilkunst Intern., 4 91; Sichtbarmachen, In: ab 40, 2 99; Brücken bauen, Kat. (Konrad-Adenauer-Stift.) 99 – ***LitR:*** Wintergärten, Fs.beitr. (ZDF Nds.) 95; Der Klang der Stille, Dokf. (MDR) 97

Haener-Caloja, Marion, Seidenmalerin, Glaskünstlerin, Galeristin; atelier mp80, Unterrotenweg 7, CH-4208 Nunningen, Tel. 0 617 91 92 35 (* Wuppertal 17. 4. 52) – **S:** seit 72 künstler. Ausb. bei Prof. Rudolf Caloja, St. Johann/Öst. (Malerei) u. bei Andrea Oppel, Rheinfelden (Seidenmalerei) – **Ve:** Zähner-Club Breitenbach; Brauerei-Chäller Laufen; Tiroler Künstlerbund – **K:** f. Kinder u. Erwachsene (Primarschule Nunningen, VHS Klubschule Migros in Basel, Chäller-Atelier Agnes Borer, Breitenbach) – **Ö:** Nunningen, Bettingen, Grenzach-Wyhlen (Karaffen, geritzt f. d. Gemeinden) – **E:** 83, 87, 93 Nunningen, atelier mp80; 83 Innsbruck, Rahmengal. Hofinger; 85 Kitzbühel, Weihnachtsausst. in d. Stadt; 94 Breitenbach, Alterszentrum Bodenacker; 98 Nunningen, Zähnteschür – **G:** 94 Nunningen, Zähnteschür: Künstlergruppe 'art-N'; 95 Kunst im Schloss Angenstein; 98 Bern, Swiss Artists Forum; 02 Binningen, Arte 2002 – **V:** Glasritzen mit Marion Haener, Arb.mappe 83 – ***Lit:*** Das Glasritzen als vollwertige Kunstgattung, in: Wochenbl. f. d. Schwarzbubenland u. d. Laufental 83; Bildende Kunst im Kanton Solothurn 94

Hänke, Frauke, Dipl. Foto-Designerin; Augustenburger Str. 33, D-22769 Hamburg, Tel. (0 40) 8 51 39 03, Fax 28 41 99 85, *fhaenke@heim-herd.de*, *www.heim-herd.de* (* Hildesheim 10. 11. 64) – **VG:** Brüssel, l'Usine Gal. photo – **S:** 87–93 FHS Bielefeld (Fotogr. b. Prof. Gottfried Jäger) – **L:** 94 HS f. Archit. u. Bauwesen Weimar (LAuftr. Fotogr., FB Freie Kunst) – **Ve:** VG Bild-Kunst 95; BBK Hamburg 96 – **KGe:** Heim und Herd: F. H. u. Claus Kienle (seit 93) – **G/T:** Gummigrafie (Fotogr., konzept. Arb.) – **K:** Gummigrafie – **W:** u. a. in Bes. d. Stadt Dudelange/Luxembourg – **M:** Hamburg, MKG – **E:** Einzelausst. m. Claus Kienle, u. a. 94 Berlin, Fotogal. Friedrichshain; 95 Hamburg, Gal. 13; 96 Oldenburg, LM; Braunschweig, Mus. f. Photogr.; 97 Innsbruck, Fotoforum West; Hamburg, MKG; Wien, Fotogal. Wien; 98 Köln, Lichtblick; 99 Luxembourg, Gal. Nei Liicht; 01 Köln, Gal. 68elf; 02 Brüssel, l'Usine Gal. photo; Paris, café au lit; Hamburg, Gal. f. aktuelle Kunst; 03 Hamburg, Plattform 45; Bitterfeld, Gal. am Ratswall – **G:** u. a. 93 Dortmund, Mus. f. Kunst u. Kult.-gesch.; 96 Berlin, Gal. im Scheunenviertel; 97 Hamburg, Meßberghof; 98 Agathenburg, Schloß; Hannover, Eisfabrik e. V.; 99, 02 Hamburg, Kunsthaus; 01, 02 Hamburg, Altonaer Mus.; 02 Brüssel, l'Usine Gal. photo; Hamburg, MKG; 03 Luxembourg, Lang – **R:** F. H. u. Claus Kienle: Gummigrafie, CD-ROM 00; dies.: Neue Gummigrafien, CD-ROM 02 – ***Lit:*** Ausst.kat.: Point of View, Mus. f. Photogr. Braunschweig u. LM Oldenburg 96; F. H. u. Claus Kienle: Heimspiel 98 – (Red.)

Hänsch, Wilhelm, Maler, Porzellangestalter, Fotograf; Hohlweg 7, D-01662 Meißen (* Meißen 22. 12. 66) – **VG:** Berlin, Meißen Gal.; Köln, Meißen Haus; Meißen, Fieber – **S:** bis 87 Staatl. Porzellanmanufaktur Meißen (Ausb. z. Porzellanmaler); 94, 95 Abandakad. d. HBK Dresden; ab 98 HBK Dresden (4 Gastsemester f. Malerei u. Graph.) – **G/T:** Gruppenbild, Akt, Lsch. (Öl, Aqu., Tusche); Informel; Blumen u. abstr. Dekor auf Porzellan (Engobe, Aufglasurmalerei, Diamantriss); Portr., Lsch., Reportage (s/w Fotogr.) – **M:** Hohenberg an d. Eger, Dt. Porzellanmus. – **E:** 98 Braunschweig, Torhaus-Gal. – **G:** 00 Meißen, Porzellan-Man.; Dresden, Hotel Hilton; 01 Meißen, Albrechtsburg; Meißen, SM; Köln, Meißen Haus; 02, 06 Berlin, Meißen Gal.; 02 Dresden, Trinitatiskirchruine; 05 Meißen, Fieber; – sowie: 01 III. Kunstausst. d. Ldkr. Meißen – ***Lit:*** Qualität u. Nachhaltigkeit, Kult. Report, 12 03

Hänsch, Wilko, Maler, Grafiker, Keramiker; Tel. (03 84 23) 5 48 54, *wilko.haensch@web.de*, *www.mweb.de/kdb/maler/haensch/index.html*; *www.kuenstlerbund-mv.de* (* Görlitz 6. 10. 44) – **S:** Autodidakt – **Ve:** VBK DDR 84–90; Künstlerbund Meckl. u. Vorpommern seit 90; Kunst u. Form 90–02; KV Wismar 90 – **G/T:** Malerei (Öl, Acryl); Unterglasmalerei; Handzeichn.; Collage; Hoch- u. Tiefdruck; Keramik (getöpfert, gebaut); Themen: Landschaft, Interieur, Figur, Portr. – **W:** zahlr. Werke in Privatbes. – **M:** Magdeburg, KM Kloster Unser lieben Frauen; Römhild, Mus. Schloß Glücksburg; Schwerin, Staatl. Mus.; Wismar, Stadtgesch. Mus. Schabbellhaus – **E:** 75, 77 Dorf Mecklenburg, Kleine Gal.; 77 Bützow, Schloß; 81 Greifswald, Greifengalerie; 82 Schwerin, Gal. Schwerin; 83 Strausberg, Mus.; 85 Gadebusch, Gal. am Schloßberg; 91 Eutin, Hoffmann; 92 Syke, Kreismus.; Berlin, Painen; 94 Wismar, Stadtgeschichtl. Mus. Schabbellhaus; 95 Kiel, Hansen-Possehl; 96 Wismar, Gal. d. Gemeinschaft Wismarer Künstler; Schwerin, Dom; 99 Wismar, Gal. Hinter d. RH; 01, 02 Ahrenshoop, Strandhalle; 02 Güstrow, Harff; 03 Uppsala, Kleine Gal. – **G:** zahlr. Ausst.bet., u. a. 85, 89 Rostock, KH (Bez.kunstausst.); 86 Römhild, Mus. Schloß Glücksburg; 86, 89 Magdeburg, KM Kloster Unser lieben Frauen; 91, 01, 02 Lübstorf, KV Schloß Wiligrad; 94 Erfurt, Gal. am Fischmarkt; 99 Ahrenshoop, Strandhalle; 00 Rostock, KH; 03 Ribnitz-Damgarten, Spk.; Barth, Spk. – ***Lit:*** mehrere Kat. z. Gr.ausst. – (Red.)

Hänsch, Wolfgang, Architekt (* Königsbrück b. Dresden 11. 1. 29) – **S:** 48–51 Staatl. Ing.schule f. Bauwesen Dresden – **P:** Kunstpr. d. Stadt Dresden 79; Nat.pr. Kunst u. Lit. 85 – **Ve:** BDA – **B:** Dresden: Haus d. Presse, Wohnbebauung in d. Johannstadt, Kult.pal., Schauspielhaus (Rekonstruktion) – **E:** 03 Berlin, IFA-Gal. – **V:** Gottfried Semper und die dritte Semperoper 78; Die Semperoper. Gesch. u. Wiederaufbau d. Dresdner Semperoper 86 – ***Lit:*** Barth/Topfstedt 00 – (Red.)

Hänsch, Wolfhild, Dipl. Malerin, Graphikerin; Waldhornstr. 98, D-82110 Germering. Siebeneichener Str. 54, D-01662 Meißen (* Dresden 15. 2. 78) – **S:** 95, 96 Paluccaschule Dresden (Akad. f. künstler. Tanz, Choreographie); 99–04 HBK Dresden (Malerei u. Graph. b. d. Prof. Uhlig u. Bömmels, Dipl.); 04–06 ebda (Meisterschülerin b. Prof. Hopfe) – **G/T:** Lsch., Archit., Stilleben, Figur, Portr. (Öl, Tempera, Pastell, Zchng, Rad., Hschn.) – **Ö:** Meißen, Ev. Akad. – **E:** 99 Plauen, Vogtland-Konservatorium – **G:** 01, 02 Dresden, Jahresausst. d. HBK; 02 Meißen, Ev. Akad.; 04 Radebeul, KV; Dresden, Dipl.ausst. d. HBK (Kat.); 05 Röslau, Gemeindeamt; Burgwedel, KV

Hänsch, Wolfram, Dipl. Maler, Graphiker; Siebeneichener Str. 54, D-01662 Meißen, Tel. (0 35 21) 45 41 34 (* Meißen 9. 3. 44) – **VG:** Berlin, Graphikpresse; Chemnitz, Schmidt-Rottluff – **S:** 61–66 HBK Dresden – **L:** seit 93 HBK Dresden (LAuftr.) – **P:** Kunstpr. d. Stadt Meißen 82 – **G/T:** Interieur; Portr.; Akt; Stilleben; Lsch.; Ill.; Öl, Tempera; Zchng; Hschn.; Rad.; Kirchenraumgest.; Glasfenster; Sgrafitto – **M:** Berlin, Kpst.-Kab.; Chemnitz, KS; Columbus/Ohio, Slg d. Univ.; Kassel, Mus. f. Sepulkralkult.; Leipzig, MBK (GrS); Marbach am Neckar, Dt. Literaturarchiv; Rostock, KH; Senftenberg, Festungsanlage-Mus.; St. Petersburg, Eremitage; Weimar, KH; Weimar, Nat. Forsch.- u. Gedenkstätten; Wolfenbüttel, Herzog-August-Bibliothek – **Ö:** Dresden, Kathedrale; ebda, Hofkirche; Netzschkau, Kirche St. Josef; Sebnitz, Pfarrk. (Glasfenster) – **E:** 70 Berlin, Köpenicker Pädagogenclub; 72 Magdeburg, Kult.bund; 74 Hoyerswerda, Kult.bund; 75, 93 Dresden, Leonhardi-Mus.; 77 Chemnitz, Gal. Oben; 79 Ahrenshoop, Bunte Stube; 80 Leipzig, Leibniz-Klub; Meißen, Kunst d. Zeit; 81 Dresden, Gal. Nord; 82 Berlin, Humboldt-Gal.; 83 Bautzen, Budysin, 84 Jena, Gal. am Stadthaus; 85 Neubrandenburg, Zentrum f. Bild. Kunst; 86 Rossendorf, Kernkraftwerk; 89 Dresden, Kunst d. Zeit; 90 Wunsiedel, Fichtelgebirgshalle; 91 Erfurt, Predigerkloster; 96 Meißen, Schloß Siebeneichen; 97 Meißen, Albrechtsburg; 00 Columbus/Ohio, Offerbein College; 03 Zella-Mehlis, KV; 04 Dresden, Gal. am Blauen Wunder; Dresden, Kult.RH – **G:** 81, 87 Dresden, Kunstausst. d. DDR – **V:** Türen u. Tore, Graph.b. 79; Grabmale, Graph.mappe 86 – ***Lit:*** Lothar Lang: Malerei u. Graphik in der DDR 78; Hütt: Grafik in der DDR 79; Lothar Lang: Der Graphiksammler 79; D. Schmidt: Leibniz-Klub Leipzig 80; ders.: Junge Dresdner Kunst 81; Wulf Kirsten: Kunstgal. Budysin Bautzen 83; G. Clausnitzer: Künstler in Dresden 84; 1. Quadriennale, Mus. d. Bild. Künste Leipzig 89; Die Stillen im Lande Hoyerswerda 91; Kirchliche Kunst in Sachsen 02; Lang 02; Schweers 02; Künstler in Dresden im XX. Jahrhundert 05 Lothar Lang: Malerei u. Graphik in der DDR 78

Hänsel, Volkmar; Eichenallee 5, D-18337 Marlow-Dänschenburg, Tel. u. Fax (03 82 24) 8 02 28 (* Dresden 15. 3. 49) – **VG:** Ribnitz-Damgarten, Gal. im Kloster; Rostock, Mönchentor – **Ve:** Künstlerbund Meckl. u. Vorpommern; BBK – **G/T:** Malerei (Öl, Aqu.); Graph. (Tief- u. Hochdruck); Kreide, Mischtechnik; Portr., Ldschaft, Menschen- u. Tierdarst. – **K:** Ldschaft, Mensch u. Tier, vorrangig Aqu. u. Kreide, Öl in begrenztem Umfang, Druckkurse – **W:** überw. in Privatbes. u. in div. öff. Räumen u. Einrichtungen – **E:** / G: div. Ausst. u. Ausst.bet. in Dtld u. Skandinavien

Häring, Max P., Maler u. Zeichner; Ringental 5/1, D-89537 Giengen, *max.haering@onlinehome.de*, *www.freecomic.de* (* Giengen 31. 3. 51) – **VG:** Aalen, Wellandgal.; Niederalfingen, SüdWestGal. – **S:** 73–79 ABK München (Prof. Mac Zimmermann) – **P:** Graph.pr. KV Senden 06 – **Ve:** BBK Ulm – **G/T:** fantastische Malerei (Acryl); Ill. – **E:** u. a. 81 Flein, Gal. PS; 83 Offenburg, Hagen; 89 Aalen, Ostalb-Kr.haus; 90 Ostfildern, StG; 93 Wetzlar, KV; 97 Aalen-Ebnat, Rup; 98 Giengen, Bürgerhaus Schranne; 99 Crailsheim, SM; 05 Aalen, Wellandgal.; Ulm, Gal. im Griesbad

Härtel, Hermann, Mag. Art., Akad. Maler, Graphiker, Flugobjektebauer; Zeillergasse 38, A-1170 Wien, Tel. u. Fax (01) 4 85 80 22, *hermann@haertel.at*, *www.haertel.at* (* Klosterneuburg/NdÖst. 7. 8. 43) – **VG:** Wien, Wolfrum – **S:** 67–72 HS f. Angew. Kunst Wien (Meisterkl. f. Malerei) – **P:** 3. Öst. Graph.-Wettb. Krems 73; Förd.pr. d. Ldes NdÖst. 74; Dr.-Ernst-Koref-Pr. 77; Theodor-Körner-Förd.pr. 78; Franz Rumpler-Med. 79; 17. Öst. Graph.-Wettb. Innsbruck 80 – **Ve:** Künstlerhaus Wien 94 – **KGr:** Künstlerbund in Klosterneuburg (seit 72) – **G/T:** Malerei (Aqu. Öl); Mischtechniken; Rad. (Berechnungen); Flugobjekte (Messingrohr, -blech, Leinen, Papier); Vedute, Ldschaft, Ill. u. Akt – **W:** überw. in Privatbes., BmfUK, IBM, Zürich Kosmos, Fa. Endress u. Hauser – **M:** Klosterneuburg, Stifts-Mus.; Klosterneuburg/NdÖst., Slg Essl; St. Pölten, Ndöst. LM; Wien, Albertina; Wien, MMK Stiftung Ludwig – **Ö:** Hadersdorf, Volksschule; Wien, Fernwärme – **E:** u. a. 87 Wien, Zentrum; 88 Wien, Mus. mod. Kunst; 89 St. Pölten, Karmeliterhof; 90 Leoben, Montan Univ.; 91 Luxemburg, Fontaine; 92 Wien, Marschalek; 93 St. Pölten, NdÖst. Dok.zentrum f. mod. Kunst; 95 Wien, NdÖst. LM; 96 Baden, Frauenbad; 98 Wien, Kult.raum David; 99 Klosterneuburg, Künstlerbund; 00 Wien, Pal. Palffy; 01 St. Pölten, NdÖst. Ldesbibliothek; 02 Langenlebarn, Fliegerhorst Brumowski; 03 Klosterneuburg, SM; 04 Wien, Fernwärme – **G:** Ausst.bet. im In- u. Ausld, u. a. in Amsterdam, Baden-Baden, Bonn, Krakau, Luxemburg, New York, Perugia, Rom, Seoul, St. Pölten, Triest, Washington u. Wien – **V:** H. Bisanz (Text): Otto Wagner – Bauten 77; Kurt Kahl (Text): Die Ballonfahrt 78; K. Sotriffer (Text): H. H. Radierungen 80; Unterm Leopoldsberg, Kassette m. 12 Rad. 84; Sievering, Mappe m. 7 Rad. 85; R. Hackermüller (Text): Die Wachau, Kassette m. 14 Rad. 86; Hatschi Bratschis Luftballon, Mappe m. 10 Rad. 86; H. Niederle: Der Zug der Einhörner 87; Paula Kühn (Text): Die Ballonfahrt 88; H. Niederle (Text): Der Schreiber 97; Das Christkindl Geheimnis 03 – **R:** Alles was Flügel hat, fliegt, Bild CD (Fotos Ernst Schauer) 03 – ***Lit:*** W. Hilger (Text): Flugobjekte 82; E. Ringel, W. Schmidt-Dengler u. D. Ronte (Texte): Die Stiege 88; F. Kaindl u. K. Sotriffer (Texte): Zihalaviatische Apperzeptionen 92; P. Zawrell, K. Sotriffer u. a. (Texte): Alles was Flügel hat, fliegt 95

Härter, Ulrich, Prof., Freier Maler; Ravensweg 11, D-44287 Dortmund, Tel. (02 31) 4 46 02 26. Hameau de Fauzan, F-34210 Cesseras, Tel. (04 68 91) 20 30 (* Berlin 28. 3. 25) – **S:** HBK Berlin (heute UdK, Freie Malerei, Meisterschüler v. C. Hofer) – **L:** FHS Dortmund (Prof. f. Objekt-Design, Freie u. Angew. Malerei, Exper. Malerei u. Akt-Zeichnen) – **P:** Stip. d. frz. Hochkommissariats f. Paris (b. Fernando Léger) 50, 51; Villa-Serpentara-Stip. d. Berliner AK 64, 65 – **G/T:** Bildnisse, Lsch. u. Stilleben (Öl, Acryl) – **W:** überw. in Privatbes. in Berlin, Bonn, Aachen, München, Stuttgart, Toulouse, Bordeaux, Béziers, d. USA u. a. – **M:** u. a. Berlin, NG; Berlin, Senat; Frechen, Mus.; Oberhausen, Ludwig-Gal.; Rheine, Falkenhof-Mus. – **Ö:** u. a. Berlin, Kirchengemeinde Alt-Buckow; ebda, Bewag (jetzt Vattenfall Europe Berlin) – **E:** 48 Berlin, Gal. Der Teekessel; 52 Berlin, Centre Cult. Franco-Allemand; Berlin, Rosen; 60, 64 Berlin, Bassenge; 64 Ludwigsburg, Voelter; 65 Algier, Goethe-Inst.; Braunschweig, KV; 67 Oberhausen, StG Schloß Oberhausen; 71 Gütersloh, KV; 91 Hagen, Gal. 1740; 00 Béziers, Boris – **G:** u. a. 48 Braunschweig, KV: Berliner Künstler d. Gegenwart; 49 Berlin, Schüler; 50 Köln, Kölnischer KV; 56 Hamburg u. Berlin, Junge Generation; 60 Berlin, Haus am Waldsee; 63, 66 Berlin, AK; 70 Nordhorn; 87, 91 Dortmund; 88 Lünen, Kunstraum; 89 Dortmund, Gal. Ostentor – **V:** In die Kunst (u. das schöne Heim) 61; Er, für Eduard Reifferscheid 69; Panorama Berlin, Kal. 70 – ***Lit:*** Künstlerportr. U.H., In: Praxis Mag. 96; Berlin im Bild seiner Maler

Haese, Günter, Prof., Bildhauer, Objektkünstler; Sittarder Str. 5, D-40477 Düsseldorf, Tel. (02 11) 4 92 07 95 (* Kiel 18. 2. 24) – **VG:** Hamburg, Sfeir-Semler; München, Thomas – **S:** 50–57 Staatl. KA Düsseldorf (Malerei b. Bruno Goller, Skulpt. b. Ewald Mataré) – **P:** Kunstpr. d. Schlesw.-Holst. Wirtschaft 02 – **Ve:** AK Berlin – **M:** Schleswig, LM f. Kunst u. Kult.-Gesch. Schloß Gottorf – **E:** u. a. 99 Hamburg, Sfeir-Semler – **G:** u. a. 66 Venedig, Bienn.; 02 Stuttgart, Dorn; 04 Düsseldorf, Große Kunstausst. – ***Lit:*** Dictionary of Art 96 – (Red.)

Häsler, Albert, Maler, Graphiker; Wasserwerkgasse 37, CH-3011 Bern, Tel. 03 13 11 06 51, *admin@haeslergrafik.ch*, *www.haeslergrafik.ch* (* Grindelwald 5. 12. 47) – **VG:** Grindelwald, Gal. Gerbi – **S:** 67–70 KGS Bern (u. a. b. Moser, Furrer) – **L:** 82–97 Bergmalkurse Grindelwald – **Ve:** Swiss Graphic Designers 73; Gilde Schweizer Bergmaler Grindelwald 92 – **G/T:** Öl, Aqu., Pastellkreide (überw. Ldschaftsmalerei, Bergwelt) – **W:** überw. in Privatbes. – **E:** 81, 83, 85 Grindelwald, Gydris; seit 92 Grindelwald, Gal. Gerbi – **G:** zahlr. Ausst.bet. seit 92, u. a. 95 Bern, Alpines Mus.; 99 Bätterkinden, Krone; 02 Unterseen, Gal. KS – **V:** G. Conns: Aus meinem Skizzenblock (Aqu.) 97 – (Red.)

Häuser, Harald, Maler; *haraldhaeuser@aol.com*, *www.harald-haeuser.de; www.electricmuseum.de* (* Marburg/Lahn 57) – **VG:** Essen, Haas-Hoeppner – **S:** 78–83 Staatl. ABK Karlsruhe (b. Prof. Kirkeby) – **P:** Kunstpr. Friedrichshafen 89; Stip. d. Konrad-Adenauer-Stift. 96; Stip. d. Else-Heiliger-Fonds 98 – **KGr:** Kriegfried (80–95) – **E:** 83 München, Engelhornstift.; 89 Atlanta, Tew; 90 Friedrichshafen, Bodensee-Mus.; 92 Atlanta, Goethe Inst.; 93 Gießen, Oberhess. Mus.; 94 Schweinfurt, Mus.; Paris, Dt. Botschaft; 95 St. Paul-de-Vence, StM; 97 Tunis, Dt. Kult.inst.; 98 Paris, Maison de la Sarre; Marburg, Univ.-Mus.; 99 New York, Dt. Haus; Colombo, Goethe Inst.; 04 Dubai, German Pavillon Global Village; Salem, Schloß – **G:** 83 Kassel, Mus. Fridericianum; London, Gulbenkian Hall; Edinborough, Royal Acad.; 94 Atlanta, Kennesaw State College; 04 Sharjah, AM – ***Lit:*** Die Gangart des Phänomenalen, Ausst.kat. (Text v. Prof. Siegfried Wichmann) 83; Lutz Tittel, Jürgen Wittstock u. Hermann Burger: Bilder 1980–1990 90; Bilder aus 25 Jahren. 1974–1998 98

Häusler, Jürg, Bildhauer, Maler, Doz. Schule f. Gest. Biel; Spiegelbergstr. 9, CH-4059 Basel, Tel. u. Fax 0 613 31 28 01. Atelier: Schlachthofstr. 10, CH-4056 Basel, Tel. 07 96 79 75 08 (* Olten 13. 6. 46) – **VG:** Basel, Carzaniga & Ueker; Zürich, Gal. Proarta – **S:** 62–66 KGS Biel (Graph.); 66–68 HBK Berlin u. Hamburg (Bildhauerei) – **L:** seit 83 Schule f. Gest. Biel (LAuftr.) – **P:** Pr. b. mehreren Wettb. im In- u. Ausld; Eidgenöss. Kunststip. 81; Cité Intern. d. Arts Paris 93 – **Ve:** Visarte; Pro Litteris; KV Basel; KV Biel; KV Solothurn – **G/T:** angew. Kunst, Bau- u. Umweltgest., Graph. (versch. graph. Techniken), Plast. u. Objekt, Zeichn. – **W:** Ankauf u. a. durch d. Kt. Solothurn – **M:** Basel, Slg Kunstkredit; Olten, KM – **Ö:** u. a. Basel, Musikakad. (i tempi versi, Eisen, Farbe); Biel, Kinderspital Wildermeth (Garten mit Tieren, Holz); ebda, Wirtschaftsgymnasium (Westwand, Eisen, trompe l'oeil); Freiburg im Breisgau, Chemische Ldes-Untersuchungsanst. (Großplast. Schmetterling, Stahl, Beton, Farbe); Herbetswil, Gemeindehaus (Wandplast. Blaues Gesicht, Metall); Isleten, Urnersee-Ufer (Tor, Stahl, Stein); Muttenz, Bildungszentrum Coop (Stahl, Farbe); ebda, UBS Bank (Brücke u. Paravent); Niederbipp, Friedhof (Grabmal, Stein, Holz) – **E:** u. a. 78 Grenchen, Brechbühl (m. Rolf Spinnler); 82 Solothurn, Künstlerhaus S11 (m. Marius Rappo); 83 Basel, Ausst.raum Kaserne; 85 Basel, Mäder; 85, 92 Chur, Gal. Giacometti; 87 Basel, Gal. zem Specht; 87, 90, 93, 95, 98 Basel, Carzaniga & Ueker (zuletzt m. Peter Vogel); 92 Moutier, Mus. jurassien des Beaux-Arts; 93 Corcelles, Martinet de Corcelles; Aarwangen, Gal. 89; Zürich, Gal. Proarta; 96 Olten, KM; 97 Biel, SAP AG (Eisenskulpt. u. Zeichn.); 98 – **G:** u. a. 76 Schwarzenburg, VHS; 83 Vira (Plast.); 85, 91 Olten, KM; 87 Locarno (Plast.); 87, 90, 93 Bex (Plast.); 89 Frenkendorf (Schwellentore); 90 Olten, Städt. Schwimmbad; 92, 94, 95, 97, 99, 00 Basel, Carzaniga & Ueker; 93 Biel, Kunsthaus Centre Pasquart; 96 Herzogenbuchsee, Kornhaus; Vira, Intern. Skulpt.-ausst. im Freien; Bex, Grundstück de Szilassy; 97 Liestal, Stadtraum; Basel, Park d. Claraspitals; 98 Bern-Schönbühl, Skulpt.weg Grauholz; 99 Bex, Trienn. de Sculpture; Aarwangen, Gal. 89; 01–02 Lausanne, Espace d'une sculpture – **V:** Eisen müssen sie einem geben (Kaltnadel/Aquatinta u. Siebdruck) 97 – ***Lit:*** LzSK 81; Erziehungsdir. Baselld (Hrsg.): Schwellentore 89; Peter Killer (Text): Sechs Räume – sechs Künstler, Dok. z. Ausst. im KM Olten 91; KVS 91; Dok. z. Ausst. im Centre PasquART Biel 93; BLSK 98; – KAT.: z. Bienn. Schweizer Kunst Olten 85; z. Ausst. in d. Gal. Franz Mäder Basel 85; z. Plast.ausst. Bex 87; Peter Killer (Text), z. Ausst. in d. Gal. zem Specht Basel 87; Tadeus Pfeifer (Text), z. Ausst. in d. Gal. Carzaniga & Ueker Basel 90; z. Ausst. 'Die Bildhauer der Galerie Carzaniga & Ueker, Basel' 92; Willy Rotzler (Text), z. Ausst. in d. Gal. Carzaniga & Ueker Basel u. Proarta Zürich 93; Robert Schiess (Text), z. Ausst. in d. Gal. Carzaniga & Ueker Basel 95; Peter Killer (Text), z. Ausst. im KM Olten 96; z. Intern. Skulpt.ausst. im Freien in Vira 96; Die Bildhauer der Galerie, z. Ausst. in d. Gal. Carzaniga & Ueker 97; z. Skulpt.-Ausst. im Park d. Claraspitals 97; Mémoires – paysages intérieurs, Fond. Bex & Arts Bex 99; – sowie zahlr. Ausst.berichte in Ztgn u. Zss. – (Red.)

Häusser, Robert, Prof., Fotograf; Ladenburger Str. 23, D-68309 Mannheim, Tel. (06 21) 73 38 59,

Fax 72 11 84, *www.artists-net.de/robert-haeusser* (* Stuttgart 8. 11. 24) – **VG:** Berlin, Kicken; Mannheim, Forum Intern. Photogr. – **S:** 40–41 Volontariat in Stuttgart (Pressefotografen); 41–42 Ausb. z. Fotografen (Dipl.); 50–51 KSch Weimar – **L:** 89 Prof. f. Fotogr. – **P:** zahlr. nat. u. intern. Ausz., u. a. Med. d. Bienn. Internazionale della Fotografia (Gold) 61; Schillerplakette d. Stadt Mannheim 78; Kunstpr. d. Stadt Nordhorn 84; BVK (1. Kl.) 85; Kult.pr. d. DGPh 00 – **Ve:** Bund Freischaff. Foto-Designer (EM); Darmstädter Sezession; DGPh (EM); Dt. Fotogr. Akad. (EM); Dt. Künstlerbund – **G/T:** Fotogr. – **W:** 72 Bühnenbild: So eine Liebe (Nationaltheater Mannheim u. Luzerner Festwochen, R: Michael Hampe) – **M:** Werke in zahlr. nat. u. intern. Mus., d. gesamte Nachlaß in Mannheim, Forum Intern. Photogr. – **Ö:** Berlin, Abgeordnetenhaus d. Dt. Bundestages – **E:** bisher über 100 Einzel-Ausst. in Mus. u. Inst. in Dtld, Europa, d. USA, Südamer. u. Ostasien – **G:** Teiln. an mehreren hundert Gr.-Ausst. – **V:** R. H., aus dem photographischen Werk 1938–2004, Monographie (mit Beitr. v. Leo Fritz Gruber) 00 – ***Lit:*** zahlr. Ausst.-Kat. – ***LitR:*** zahlr. Fs.- u. Hfk-Beitr., u. a. Georg Bense: Sprache aus Licht und Zeit, Fs.-Portr. 72; Rudolf Werner: Das Unsichtbare sichtbar machen, Fs.-Portr. 84; Kerstin Achenbach: Fs.-Portr. (ZDF, 3Sat) 05

Häußler, Heinz Georg; Brauhausgasse 15, D-99423 Weimar, Tel. u. Fax (0 36 43) 77 23 46. c/o Accademia di Santa Maria, I-50060 Diacceto/Ferrano, Tel. Mobil: 0 33 92 39 85 78 (* Göppingen/Württemberg 24. 1. 39) – **S:** Bildhauerlehre; ABK Stuttgart; Sem. f. Waldorfpädagogik; Werklehrer u. Kunsterzieher – **L:** 73–85 Alanus HS (Mitbegr., Leitung d. Bildhauer-Ausb.) – **KGr:** Goetheanum Dornach (Sektion Bild. Künste) – **G/T:** Kupfer, Holz, Marmor – **K:** Accademia di Santa Maria (Bildhauerei) – **Ö:** Diacceto/Ferrano, Accademia di Santa Maria (Toskanischer Säulenkreis); Weimar, R.-Steiner-Haus (Variationen z. Schlangenstein); Hannover, Bürohaus d. Berneburg-Stiftung (Stele u. 3 Säulen) – **E:** 78 Stuttgart, Rudolf-Steiner-Haus – **G:** m. Mitgliedern d. Sektion Bild. Künste d. Goetheanum Dornach – **V:** Das Formgeheimnis Michelangelos. Die Figuren der Medici-Kapelle, 98; Die Drei. Zs f. Anthroposophie (versch. Veröff. z. d. Themen Kunst, Künstler u. Ästhetik) seit 73 – ***Lit:*** Thomas Krämer: Das Formgeheimnis Michelangelos, Rez. in 'Die Drei' 98 – (Red.)

Haff, Peter, Maler, Schriftsteller; c/o Galerie Winter, Parkstr. 24, D-65189 Wiesbaden. lebt u. arbeitet in d. Schweiz u. in Südfrkr. (* München 22. 6. 38) – **VG:** Wiesbaden, Winter – **G/T:** Bilder auf Leinwand, Collagen, Skulpt. – **E:** / G: u. a. Nabern, Strauss; Emmen, de Lange; Wien, Tiller; Göteborg, Gal. Galax; Fiskebäckskil/Schweden, Gal. Galax; Troisdorf, Donath; Tübingen, Gottschick; Luzern, Diebold-Schilling; Basel, Gal. ArtePiu; Lünen u. Münster, Anders; Uelzen, KV; Biedenkopf, Kunsthaus; Schaffhausen, StG Kraftwerk; Schaffhausen, Gal. O; Brunnen, Gal. am Leewasser; Wien, Gal. T & E; Hamburg, Kunsthaus Wellingsbüttel – (Red.)

Haffner, Sarah, Malerin u. Autorin; Uhlandstr. 168, D-10719 Berlin (* Cambridge 27. 2. 40) – **S:** 56–57 Meisterschule f. d. Kunsthandwerk; 57–60 HBK Berlin (b. Emil Schumacher); 73 Meisterschülerin (Dietmar Lemcke) – **L:** 70–71 Watford School of Art London (Doz. f. Farbe); 80–86 HdK Berlin (LBeauftr. f. Farbe) – **G/T:** Malerei (abstrahierter Realismus, Köpfe, Stadt, Landschaft) – **W:** Werke in privaten Slgn in Dtld, GB, Frkr., Irland, Ital., d. Niederl., d. Schweiz u. d. USA; weitere Ankäufe u. a. durch d. Dt. Bundestag Berlin – **M:** u. a. Berlin, Berliner Ztg; Berlin, Berlinische Gal.; Berlin, DHM; Berlin, SM; Heidelberg, KS Heidelberger Zement; Wien, Bawag Found. – **E:** u. a. 65 Berlin, Gal. Katz; 81 Graz, steirischer herbst; 88 Eisleben; Schwarzheide; Berlin; 89 Oberhausen, Ludwig-Gal.; Freiburg, KV; 90 Wien, Bawag Found.; 91 Szczecin, Schloß; 92 Berlin, Gal. am Pariser Pl.; Berlin, AK; 94, 95 Salzburg, Kunstraum St.Virgil – **G:** 67 Dt. Künstlerbund; 76 Hamburg, Kunsthaus; 80 Mexiko-Stadt; San Francisco (The exchange show); 82 Berlin, Staatl. KH (Wanderausst.); 88 Berlin, Das verborgene Mus. (Wanderausst.) – **V:** Graue Tage. Grüne Tage (Gedichte, Siebdrucke) 82; Bilder und Texte 86; Erich Fried (Text): Drinnen und Draußen 88; Bilder 1979–1989 89; Unterwegs – Bilder und Texte 95; Im blauen Raum (Bilder u. Geschichten) 00; Eine andere Farbe. Geschichten aus meinem Leben 01, 03 – ***LitR:*** – RF: Eckehard Pohlmann: Gespräch um drei, SFB; Eine Pendlerin zwischen Ost und West 11.8.84; C. Ruschig: S. H. Malerei, Radio Bremen 2.12.87; Doris v. Drateln: Funkportrait 31.10.94; E. Herze: Brandenburg 2.10.94; dies.: Im Gespräch mit S. H., NDR 94; Ursula Schwarzer: Über den Tag hinaus – S. H., Malerin und Autorin, Bay. RF 26.9.02; Sabine Küchler: Gespräch m. S. H., Zwischentöne DLF 9.2.03; – FS: Hans-Georg Palmowski: Fs.portr., SFB 30.5.80; Lilo Bombitzki: Fs.portr., Dt. Welle 21.12.93; Laß Dir das Schöne nicht entgehen, Zeitzeugen TV, Fs. aus Berlin 10.11.96 – (Red.)

HAFIS s. Bertschinger, Hafis

Hagebölling, Wilfried, Bildhauer; Theodorstr. 24, D-33102 Paderborn, Tel. u. Fax: (0 52 51) 2 65 28, *info@wilfriedhageboelling.de*, *www.wilfriedhageboelling.de* (* Berlin 9. 6. 41) – **VG:** Paderborn, Hoffmann – **S:** 63–67 ABK München (b. Robert Jacobsen) – **L:** 77–86 Univ. GesamtHS Paderborn (LAuftr. im FB Archit./Ldespflege) – **Ve:** BBK Ostwestf.-Lippe – **G/T:** Skulpt.; Zchng – **M:** Berlin, Slg d. BRD; Bielefeld, KH; Bochum, Mus.; Bremen, KH; Dortmund, Mus. am Ostwall; Duisburg, Wilhelm-Lehmbruck-Mus.; Essen, Mus. Folkwang; Gelsenkirchen, SM; Herne, StG Strünkede; Kassel, Neue Gal.; Leverkusen, StM Schloß Morsbroich; Ludwigshafen, Wilhelm-Hack-Mus.; Lübeck, Mus. f. Kunst u. Kultur-Gesch.; Mainz, LM; Mannheim, StKH; Münster, Westf. LM; Oldenburg, SM; Paderborn, StG; Reutlingen, Städt. KM Spendhaus; Saarbrücken, Saarland-Mus.; Stuttgart, Inst. f. Auslandsbeziehungen; Ulm, Ulmer Mus. – **Ö:** Bielefeld, Zollamt; Bonn-Bad Godesberg, Ldesvermessungsamt; Borken, FDG; Detmold, Bez.reg.; Düsseldorf, Kultusmin.; Hamm, Santa-Monica-Pl.; Hofheim, Brühlwiesen; Minden, Martini-Kirchhof; Münster, Oberfinanzdir.; Paderborn, Sportzentrum; ebda, Franz-Stock-Pl.; Selm-Bork, Berufsschule Polizeiausb.inst.; Soest, Brunowall; Sunden, Realschule (Aulawand) – **B:** Paderborn: Atelier – **E:** zahlr., u. a. regelmäßig 81–03 Paderborn, Hoffmann; 86 (Kat.), 02 (Kat.) Mannheim, StKH; 86 Bochum, Mus.; Lübeck, Mus. f. Kunst u. Kultur-Gesch. (Kat.); 89 Fribourg, KV; Gelsenkirchen, SM; 91 Paderborn, StG; 93 Herne, Emschertal-Mus. (Kat.); Dortmund, Mus. am Ostwall (Kat.); Herford, StM Daniel-Pöppelmann-Haus; Oldenburg, SM (Kat.); 98/99 Essen, Mus. Folkwang (Kat.); 99 Siegen, Siegerlandmus.; 01 Paderborn, StG Am Abdinghof (Kat.); 03 Augsburg, Neue Gal. im Höhmann-Haus (Kat.) – **G:** zahlr. Bet. seit 74, u. a. 84 Tokio, NM of Mod. Art; Duisburg, Wilhelm-Lehmbruck-Mus.; 88 Wakefield, Yorkshire Sculpt. Park; 88/89 Bremen, KH; 90 Hannover, Georgengarten; 91 Leverkusen, StM Schloß Morsbroich; 93 Halle/Saale, Staatl. Gal. Moritzburg; 00 Mannheim, StKH – ***Lit:*** AUSST.KAT., u. a.: Felix Zdenek: Im Belagerungszustand 81; John Anthony Thwaites: Dok. W.H. 81; Ingo Bartsch: Schöpferisch Einflußnehmen auf d. Geradesosein 86; Jenns E. Howoldt: Von d. Fläche z. Raum – Vom Raum z. Handlung 86; Manfred Schneckenburger: Skulpt., die nach innen gehen 88; ders.: Konstruktion u. Raumenergie 91; Thomas Köllhofer: Expansion u. Konzentration 02

Hagedorn, Alfried, Maler; Eduard-Schmid-Str. 13, D-81541 München, Tel. (0 89) 65 65 90, Fax 6 51 94 65, *finearts@alfried-hagedorn.com*, *www.alfried-hagedorn.de*. Rua Santa Rita No. 2, 23970–000 Paraty-RJ/Brasilien, Tel. (0 24) 33 71 30 49 (* Bremen 7. 10. 40) – **S:** 62–64 HS f. Gest. Bremen; 64–65 ABK Wien 65–71 ABK München (Meisterschüler u. Dipl.); 72–74 Geijutsu Daigaku Kyoto – **L:** 71–72 ABK München; 76–84 FHS f. Design Aachen; 84 Univ. of Northern Illinois (Salzburg-College) – **P:** DAAD + Mombusho-Stip. f. Kyoto 72–74; Seerosenpr. 80 – **G/T:** Malerei u. plast. Projekte – **K:** Workshops u. Kurse (76–97) – **M:** u. a. München, Lenbachhaus; München, Pin. d. Mod.; München, SG Mod. Kunst – **Ö:** Düsseldorf, Wirtschaftsvrg Eisen u. Stahl; München, Reg.krankenhaus Bogenhausen; Tokyo, Neumann & Partner; Traunstein, Municom – **E:** u. a. 80 München, Lenbachhaus; 82 São Paulo, Mus. de Arte Mod. (Kat.); 82–98 München, Haus Wiegand; 86 Mannheim, StKH (Kat.); 87 Kanton, Guangzhou Inst. of Fine Arts; 88 Hongkong, Joint-Gal.; 91 New York, Cast Iron Gall.; Tokyo, East Asian Soc.; 94 Taunusstein, Glashaus Derix; 96 Setúbal, Gal. Cogito; 97 São Paulo, Club Transatlantico; 99 Viechtach, Weber; 02 München, D.A.S. Versicherungen – **G:** u. a. 74 Tokyo (Kat.), Kyoto u. Kobe: Intern. Joint Exhib. of Japan-Germany; 83 München, Lothringer 13: Singular-Plural (Kat.); 88 Bangkok, NG (Kat.); 97 Portland/Ore., AM: Intern. Print Exhib.; 03 München, Kult.referat: 25 Jahre Seerosenpr.träger – **V:** Der Innere Raum (9 Farbholzschnitte) 93–00 – ***Lit:*** Horst Ludwig: Vom Blauen Reiter zu Frisch gestrichen. Malerei in München im 20 Jhd. 97

Hagedorn, Mina, Gestalterin; *minah@bigfoot.com*, *strom@kontakt-strom.de* (* Berlin 5. 3. 72) – **S:** 92–95 Bildo Akad. f. Kunst u. Medien Berlin; 96–98 Royal College of Art London (Computer related Design) – **P:** ID Mag. Annual Design Review (Design Distinction) 96; New Voices New Visions 96; Ars digitalis d. HdK Berlin (3. Pr.) 96 – **KGr:** STROM – **E:** u. a. 96 Berlin, Schwarzenberg; Hamburg, Gal. 13; 97 Hongkong, Goethe-Inst.; Berlin, Imstall – **G:** u. a. 96 London, Pandaemonium Festival; 97 Osnabrück, European Media Art Festival; 98 Melbourne, Intern. Film Festival; Sheffield, Lovebytes Festival – (Red.)

Hagedorn, Petra, grad. Designerin, Illustratorin, Malerin; c/o Agentin Bärbel Blunck, Am Wiesengrund 35, D-21255 Kakenstorf, Tel. (0 41 86) 4 65, *Blunck.baerbel@hamburg.de*, *www.elbArt-hagedorn.de* (* Hamburg 6. 8. 50) – **S:** 70–74 FHS f. Gest. Hamburg (Buchill. b. Wilhelm M. Busch) – **Ve:** VG Bild-Kunst 73; BBK Hamburg – **KGr:** ART-PLACEMENT (seit 03) – **G/T:** Ill.; Fotogr.; Mixed Media; Digital-Art – **W:** mehrere, überw. in Privatbes. – **Ö:** Hamburg, Unternehmensberatung Schlarmann, Kilian, Niemeyer – **E:** Hamburg, Helms-Mus.; Hamburg, Gal. Morgenland; Bonn, Parlamentarische Ges.; Hamburg, Schauraum Schwarzenbergstr.; Winsen, Juraschek – **G:** Hamburg, Pocket-Art-Gall.; Hamburg, KV Harburger Bahnhof; Hamburg, Künstlerhaus Weidenallee; Hamburg, Altonaer Mus.; 06 Jesteburg, Kunstwoche; Hamburg, Harburger Kult.tag; – weitere: Teiln. Hafensafari3 – **V:** Das Energiesparbuch (Ill.) 06; Das Tommschi Malbuch (Ill.) 06 – **R:** Landnahme, Powerpointpräsentation (KV Harburger Bahnhof) 05 – ***Lit:*** Ralf Busch (Text): P.H. Invitation; – sowie: Veröff. d. Helms-Mus., Hamburger Mus. f. Archäologie u. d. Gesch. Harburgs, Stift. ä.R., Nr. 82

Hagedorn, Ronnith s. Neumann, Ronnith

Hagen, B. s. Schneider, Andreas-Christoph

Hagen, Beatrix von, M. A.; Connollystr. 29, D-80809 München (* Kehl 19. 3. 44) – **S:** 64–70 Ludwig-Maximilians-Univ. München (Kunstgesch., Archäologie u. Volkskunde) – **Ve:** BBK München u. Obb. 90 – **G/T:** Malerei, Zeichn., Fotogr., Video – **M:** München, Artothek – **E:** 84–98 u. a. München, Schiessel; München, Friedrich & Ungar – **G:** 85–01, u. a. 96 Berlin, Kunstforum; München, Friedrich & Ungar – (Red.)

Hagen, Eva-Maria, Schauspielerin, Sängerin, Autorin, Malerin; c/o Hagen-Promotion, Papenhuderstr. 16, D-22087 Hamburg, *www.eva-maria-hagen.de* (* Koeltschen/Hinterpommern 19. 10. 34) – **S:** ab 50 Bahnbetriebswerk Wittenberge (Lehre als Maschinenschlosserin); ab 52 Ostberlin (Schauspiel); ab 56 Fritz-Kirchoff-Akad. Westberlin (Schauspiel) – **P:** Carl-Zuckmayer-Med. 99 – **E:** 99 Templin: Traumbilder in Öl; Auerstedt, Schloß; Bad Windsheim; 02 Zürich, KH Artefiz – **V:** Eva und der Wolf 98; Evas schöne neue Welt 00; Eva jenseits vom Paradies, Autobiogr. 05 – **R:** als Schauspielerin SPIELFILME, u. a.: Kurt Maetzig: Vergesst mir meine Traudel nicht 57; Ware für Katalonien 58; Das Kleid 60; Der schweigende Stern 61; Dr. Schlüter 64; Meine Freundin Sybille 66; Brot und Rosen 67; Heroin 67; Zum Beispiel Josef 74; Liebesfallen 75; Gibbi. West-Germany 79; Die zwölf Stühle 80; Heimkehr nach Deutschland; Trauma 83; Die geschwätzigen Frauen 87; Herzsprung 91; Die blaue Blume 93; Ein Mann für gewisse Sekunden 98 – Fsf., u. a.: Das standhafte Fräulein 59; Dr. med. Hiob Prätorius 60; Heinrich der VIII. 61; Jean Barras große Chance 62; Die Entführung aus dem Serail 63; Hotel du Commerce 64; Wolf unter Wölfen 64; Der Fall Rohrbach 67; Die spanische Fliege 69; Moral 72; Boccaccio, Fs.-Ser. (6 Folgen) 74; Mit dem Feuer spielen 75; Die Seherin 99; Für die Liebe ist es nie zu spät 99; Der Verleger 01 – BÜHNE, u. a.: My Fair Lady 66; Georgio Strehler (Regie): Die Kameliendame 77; Woyzeck 77; Medea 94; Mutter Courage 95; Cabaret – Das Musical 06 – CD: Das mit den Männern und den Frau'n 85; Wenn ich erstmal losleg... 96; Joe, mach die Musik von damals nach 97; E.-M. H. singt Wolfslieder 99; Eva und der Wolf, Hörb. 01 – LP: Nicht Liebe ohne die Liebe 79; Ich leb' mein Leben 81 – (Red.)

Hagmann, Maria s. Dundakova, Maria

Hagmann-Brummer, Hilde, Malerin; Bläsiring 154, CH-4057 Basel, Tel. 06 16 91 15 20, *www.visarte-basel.ch* (* Möhlin 19. 10. 56) – **S:** 85–89 Schule f. Gest. Basel (Kurse) – **Ve:** Visarte 04 – **G/T:** Malerei (Acryl, Öl); Collage; Zchng; figürl. Themen – **E:** 01 Basel, Projektraum M54; Barceloma, Gal. Zero; 03 Oberwil, Sprützehüsli – **G:** 05 Basel, Projektraum M54

Hagyo, Romana, Mag. art., Bild. Künstlerin, Workshopleiterin; Mostgasse 9/15, A-1040 Wien, *hagyo@t0.or.at*, *www.t0.or.at/~hagyo; www.plueschow.de/frames/frameset_service.html* (* Wien 14. 1. 66) – **S:** Wiener KSch; HS f. angew. Kunst Wien – **L:** KHS Linz (Kl.übergreifende Workshops, Bezugnahme z. Arb.situation v. Künstlerinnen); KSch Wien (Leitung d. Kl. f. Malerei u. prozessorientierte Kunstformen, Vortragende f. Morphologie, Berufsbild Künstlerin u. Gest.lehre) – **P:** Kleingraph.wettb. Fingerprints (1. Pr.); Förd.pr. d. Anni u. Heinrich Sussmann-Stift.; Anerkennungspr. Trend Profil Verl.; Arb.stip. d. Stadt Wien; Artist in Residence; Reisestip. d. Bundeskanzleramtes Kunst; Stip. d. Ldes Meckl.-Vorp. – **Ve:** Berufsvrg d. bild. Künstler Öst.; Berufsvrg bild. Künstler Vorarlbergs – **KGr:**

Duo Rosa (96–97) – **KGe:** fem-matic (filmcoop Öst.) – **G/T:** Malerei, Zeichn., konzeptionelle Fotogr., Rauminstall., Performance, Internetarb., Text – **K:** künstler. VHS Wien; Kunstvermittlung: KH Wien, Albertina Wien, Wiener Kindermus., Kunstforum Bank Austria – **W:** INTERNETARB.: Your hands feel like cotton; madness seems to be artificial; gliedmassenvermessung – **M:** Wien, Albertina; Wien, Artothek; Wien, Artothek d. Bundes; Wien, Wien Mus. – **E:** 94 Wien, Gal. Alte Schmiede; 99 Wien, Gabriel – **G:** u. a. 96, 98 Wien, FrauenHetz; 96 Bregenz, Frauengetriebe; Wien, WUK; 97 Wien, Esterhazypark; Linz, KHS; 97, 00 Berlin, Humboldt-Univ., Gal.; 97, 99 Plüschow, Schloß; 99 Wien, KH Exnergasse; Wien, Gabriel; 99, 00 Wien, Kosmos Frauenraum; 01 Wien, Generali Found.; Braunschweig, Torhaus-Gal.; Wien, Artmosphere; 03 Lübeck, Burgkloster – **R:** VIDEOS: Freudenau Übertragung 91; Abdeckung 92; ROSA: Welcome Presents – What More 96; ROSA: So What 97; Week of Tolerance 97; Wirklich Wahnsinnig – ***Lit:*** Frauenräume in Vorarlberg, Kat. – (Red.)

Hahlweg, Doris, Malerin, Bildhauerin; Auenstr. 37, D-85521 Riemerling, Tel. (01 63) 3 57 75 31, Fax (0 89) 66 55 77 41, *hahlweg@af-i.de* (* São Paulo 1. 3. 57) – **VG:** München, Heitsch – **S:** 78–86 ABK München (b. Prof. Rudi Tröger u. Prof. Hans Ladner, Meisterschülerin) – **P:** Förd. nach d. HSsonderprogramm II 94 – **Ve:** BBK München u. Obb. 97; GEDOK München 85–96 – **G/T:** Abstr. – **W:** überw. in Privatbes. sowie b. Mc Kinsey München u. d. Oberbank München – **M:** München, Bay. Staatsgemäldeslgn – **Ö:** München, Guldeinschule (Kunst am Bau) – **E:** 92 München, Studio Knöbelstr.; 93 Darmstadt, Foyergal.; 93, 94, 96, 98, 02 München, Heitsch; 94 Regensburg, Zink; 96 Landshut, Neue Gal.; 98 Ulm, Gal. im Griesbad; 00 Freiburg, Meister; 03 Bremen, Grün – **G:** zahlr. Ausst.bet. seit 86 – ***Lit:*** Ausst.-kat.: D. H. Gefüge. Bilder 1991–1994 94; D. H. Farbkartografien 02 – (Red.)

Hahn, Bernd, Maler, Graphiker; lebt in Burgstädtel b. Dresden (* Neustadt/Sachsen 54) – **VG:** Deinste, Art Studio 1; Berlin, m:a Contemporary; Düsseldorf, Gal. Beethovenstraße – **S:** 75–79 HBK Dresden (Malerei u. Graph.) – **P:** Stip. d. Nds. Spk.stift. 90; Villa-Massimo-Stip. 94 – **Ve:** Dt. Künstlerbund 94 – **KGe:** B 53: B.H., A.P. Kammerer, A. Küchler u. J. Wenzel (Wkst.-gemeinschaft, seit 84) – **E:** 90 Erfurt, Gal. erph; 91 Gifhorn, KV; 91, 93 Frankfurt am Main, Oevermann; 91, 02 Deinste, Art Studio 1; 91, 96, 98, 02 Düsseldorf, Gal. Beethovenstraße; 92 Bielefeld, Salustowicz; Chemnitz, Weise; Neustrelitz, Refugium; 92, 95 Bremen, Hartwig; 94 Stuttgart, Wilhelm; Tübingen, KH (m. A.P. Kammerer u. J. Wenzel); 95 Rostock, Refugium (Kat.); 95, 00 Bonn, Kunstraum MI Posselt; 00 Neubrandenburg, KS; 01 Dresden, Neuer Sä. KV (Kat.); Dresden, Leonhardi-Mus. (Kat.); Berlin, Brecht-Haus; 04 Berlin, m:a Contemporary – **G:** 89 Berlin, Künstlerhaus Bethanien (Kat.); 94, 95, 98, 06 Deinste, Art Studio 1; 02 Braunschweig, Nord/LB Gal.; – sowie: 88 Nds. Spk.stift. (Wanderausst., Kat.) – (Red.)

Hahn, Friedemann, Prof.; Wiesenstr. 6, D-79674 Todtnau-Brandenberg, Tel. (0 76 71) 89 22, Fax 88 94 (* Singen am Hohentwiel 24. 5. 49) – **VG:** München, Hermeyer; Berlin, Bischoff – **S:** 70–74 Staatl. ABK Karlsruhe; 74–76 Staatl. KA Düsseldorf, Außenstelle Freiburg (Malerei b. Prof. Peter Dreher) – **L:** seit 91 Johannes-Gutenberg-Univ. Mainz (Prof. f. Malerei) – **P:** Stip. Bild. Kunst d. Stud.stift. d. Dt. Volkes 74–76; Karl-Schmidt-Rottluff-Stip. 77–79; Kunstpr. Junger Westen 77; Villa-Romana-Pr. 79; Förd.pr. Bild. Kunst d. Kult.kr. d. dt. Wirtschaft im BDI 80; Villa-Massimo-Stip. 81; Kunstpr. d. Kr.spk. Esslingen 82; Förd.pr. d. Ldes BW 84; Max-Lütze-Med. 92 – **G/T:** Malerei (u. a. Filmstills, Übermalungen); Graph. (Rad., Hschn.) – **M:** Augsburg, SG in d. KH; Berlin, NG; Freiburg im Breisgau, Mus. f. Neue Kunst; Göppingen, KH; Karlsruhe, SKH; Kiel, KH; Leverkusen, StM Schloß Morsbroich; Wiesbaden, Mus.; Wolfsburg, StG; Würzburg, StG – **E:** u. a. 00 Bergisch Gladbach, StG Villa Zanders; London, Flowers; 02 Konstanz, KV; Würzburg, KV; Speyer, Kult.-hof Flachsgasse; 03 München, Hermeyer; 04 Ettlingen, KV Wilhelmshöhe; Hinterzarten, Skimus. – **G:** 03 Konstanz, KV – ***Lit:*** Schweers 02 – (Red.)

Hahn, Horst (geb. Horst Fritz Hahn), Restaurator, Maler, Fotograf; Mauenheimer Str. 32, D-50733 Köln, Tel. u. Fax (02 21) 7 60 49 44, Fax 7 52 25 15 (* Bergisch Gladbach/Rheinisch Bergischer Kr. 21. 7. 37) – **S:** Autodidakt; 64–66 Otto Klein Inst. Köln (Restauratur); Malerei b. Prof. O. Criegel – **L:** 81–85 GesamtHS Essen (Gastdoz., Maltechnik); seit 90 GesamtHS Wuppertal (Gastdoz., Maltechnik) – **P:** Begabtenförd. f. d. Ld NRW 64–66 – **Ve:** DGPh 95; VG Wort 95; Ges. f. Fotogr. 99; VG Bild-Kunst 01; Ges. Photo-Archiv 03; BBK Rh.-Pf. – **G/T:** Malerei (geometrische Abstr.); Fotogr. (Reportage- u. Reisefotogr., Portr.) – **W:** 25–30 Privatsammler; Ankauf u. a. durch d. Bundesverkehrsmin. Bonn – **M:** Bedburg-Hau, Mus. Schloß Moyland; Kleve, Mus. Kurhaus; Konstanz, Slg Caritas; Kranenburg, Mus. Katharinenhof; Köln, Letter Stift.; Köln, Mus. Ludwig; Köln, Slg Gruber; Rockenhausen, Mus. Pachen; Weilburg/Lahn, Bergbau- u. SM – **E:** u. a. 97 Solingen, Cobra; 98 Potsdam, Begegnungsstätte Leistikowstr.; Köln, Büro f. Fotos; 99 Krefeld, Fotogal. in d. Fabrik Heeder; Kleve, Fotogal. in d. Schwanenburg; 00 Dresden, Lichtbild-Ladengal.; Zeil/Main, Foto- u. Filmmus.; 00, 02 Rommerskirchen, Kult.zentrum; 02 Heringsdorf, Usedomer KV; 03 Konstanz, Caritas Fotogalerie; Köln, Kunst Raum 3; 04 Katowice, Z.P.A.P. (Kat.); 05 Kranenburg, Mus. Katharinenhof (Kat.); Weimar, Stadtbücherei – **G:** u. a. 99 Bad Wildbad, 2. Fotoforum Schwarzwald; Köln, Kult.zentrum IGNIS; 00 Köln, Ital. Kult.inst.; 02 Bad Wildbad, 5. Fotoforum Schwarzwald; 03 Köln, Lichtblick; Berlin, TU; Brüssel, l'usine; Frankfurt am Main, St. Katharinen Kirche; 04 Arnheim/NL, Gal. de Buytensael: Lsch.; Köln, Paul-Gerhardt-Kirche: Italia (Kat.); Köln, Christuskirche: Wohnen in Dtld; 05 Leverkusen, Gal. am Werk: Menschsein; Bad Wildbad, 8. Fotoforum Schwarzwald: Südäthiopien (Kat.); Katowice, Mus. Hist.: Plener Katowice (Kat.); 06 Borken, SM: Fotogr. aus Carrara u. d. Sahara (Kat.); Rommerskirchen, Kult.zentrum Sinsteden: Unterwegs in Äthopien (Kat.) – **R:** Friedrich Riehl: Reportage über d. Freilegung d. verschollenen Wandmalereien v. Heinrich Campendonk in d. Villa Merländer, Westdt. RF 99 – ***Lit:*** Kathrin Wappenschmidt u. Rolf Sachsse: Salz, Ausst.kat. 01; Rolf Sachsse: Carrara, Kat. z. Ausst.reihe 05–07; Rainer K. Wick (Hrsg.): Blickwinkel – Sichtweisen, Schriftreihe z. Kunsterziehung

Hahn, Joseph; 6 Gorham Lane, Middlebury, VT 05753/USA (* Bergreichenstein/Süd-Böhmen 20. 7. 17) – **S:** Stud. Kunst u. Lyrik – **L:** Professur in Prag, Brünn, Oxford u. New York – **P:** Stip. d. Zeichenschule Oxford u. London 44–45 – **G/T:** Malerei (Gemälde), Zeichn. (meist Feder, Pinsel-Tusche) – **W:** Werke im Bes. v. Gal. in Wien u. Prag sowie d. AK – **M:** Pasadena/CA, Norton Simon Mus.; Wien, Albertina – **E:** versch. Ausst. in d. USA sowie 53, 54 New York, Artist's Gall.; 68 Honolulu, AK (m. Francisco Goya) – **G:** Ausst.bet. in d. USA – **V:** vier Lyrikpubl. m. Reproduktionen v. Zeichn. – **R:** Über meine Kunst, Kurzf. – ***Lit:*** versch. Biogr. üb. Leben, Kunst u. Dichtung – (Red.)

Hahn, Magdalena s. Parée-Hahn, Magdalena

Hahn, Siegbert, Maler; Friedrich-Schmidt-Str. 54, D-50933 Köln, Tel. (02 21) 4 91 23 54, Fax 4 91 23 49, *nm@natura-mystica.info*, *www.natura-mystica.info* (* Breslau 22. 5. 37) – **G/T:** Ölmalerei, Sinnbilder d. Natura mystica – **W:** ca. 5 Gemälde in Privatbes. – **E:** mehr als 80 Einzelausst. seit 63, u. a. 76, 91 Würzburg, KH; Würzburg, StG; 86, 98 Bad Hersfeld, SM; 90, 93, 95, 97 Hambach, Schloß; 93, 01 Bernkastel-Kues, Cusanus-Haus; 94 Gießen, KH; 99 Görlitz, Schlesisches Mus.; 03 Bad Wildungen, Mus.; 06 Stralsund, Kulturhist. Mus.; Starkow, Kirche – **G:** mehr als 50 Ausst.bet. seit 91, u. a. 86 Bonn, BfWi; Bonn, Dresdner Bank; Düsseldorf, Verb. beratender Ingenieure; sowie weitere in: Aachen, Augsburg, Köln u. München; 90 Dortmund, Bundesanst. f. Arb.schutz; Trier, Uni; 93 Mannheim, LM f. Technik u. Arb.; Norrköping, Arbetets Mus.; ab 99 Görlitz, Nicolaikirche – **V:** Notizen zu meiner künstlerischen Entwicklung/Notes on my Development as an Artist, Art. in: Guckel (Hrsg.): Natura mystica – Die Bildwelt von S. H./S. H.'s World of Images 01 – ***Lit:*** Kat. 70, 72 u. 75; Holländer u. Guckel: S. H. – Ölbilder/Oil paintings, Kat. 78; Schiwy, Muth: S. H. – Ölbilder/Oil Paintings, Kat. 88; Türk: Bilder der Arbeit, Ikonographische Anthologie 00; Guckel: Unter dem Orion, Biogr. 00; Guckel (Hrsg.): Natura mystica – Die Bildwelt von S. H./S. H.'s World of Images 01

Hahn, Sigmund (Sign.: Sicus), Maler, Graphiker; Heilmannring 55, D-13627 Berlin, Tel. (0 30) 3 81 34 31 (* Berlin 2. 5. 26) – **S:** 46–52 HdK Berlin (Meisterschüler b. Max Kaus, Carl Hofer u. Paul Strecker) – **P:** Kunstpr. d. Stadt Berlin 54 – **G/T:** Ölmalerei (Lsch., Akt, abstr.) – **Ö:** Glasfenster: Alt-Buckow, Dorfkirche; Alt-Rudow, Dorfkirche; Alt-Tegel, Dorfkirche; Alt-Hermsdorf, Dorfkirche; Bad Kissingen, Rhön-Klinik; Berlin, Martin-Luther-Krankenhaus; Berlin-Charlottenburg, Jona-Kirche; Berlin-Mitte, St. Lukaskirche; Berlin-Neukölln, Taborkirche; Berlin-Spandau, St. Nikolai-Kirche; ebda, Petruskirche; Berlin-Tiergarten, St. Matthäuskirche; Berlin-Wilmersdorf, Kirche am Hohenzollernpl. – **E:** u. a. in Berlin, München, Hamburg, Paris

†**Hahnemann,** Gino, Dipl.-Ing. Architekt, Bühnenbildner, Fotograf, Filmemacher, Medien- u. Aktionskünstler, Autor; lebte in Berlin (* Jena 24. 9. 46, † Berlin 17. 4. 06) – **P:** Stip. d. Akad. Schloss Solitude 90; Alfred-Döblin-Stip. 91; Villa-Massimo-Stip. 97 – **G/T:** multimediale Install. – **W:** zahlr. Performances – **M:** u. a. Berlin, Slg Ex Oriente Lux – **E:** u. a. 92, 97, 98 Berlin, Brecht-Haus; Stuttgart, Schloß Solitude; 94 Berlin, Zentral- u. Landesbibliothek; 95, 96 Berlin, Dom – **G:** zahlr. Ausst.bet. seit 85, zuletzt 03 Berlin, Martin-Gropius-Bau; 04 Moskau; Berlin, Bienn. f. zeitgen. Kunst – **V:** Exogene Zerrinnerung (Texte, Fotos) 94 – **R:** Gegenbilder, VHS-Video; September, September, Film (Regisseur) 95 – ***Lit:*** Fritzsche u. Löser: Gegenbilder 96

Hahnenkamp, Maria, Bild. Künstlerin, Graph.-Designerin; Pfeilgasse 34/11, A-1080 Wien, Tel. u. Fax (01) 4 09 25 64 (* Eisenstadt/Bgld 59) – **VG:** Wien, Krobath Wimmer; Paris, Praz-Delavallade – **S:** Autodidaktin – **P:** Förd.pr. f. künstler. Fotogr. d. Bundes 94; Otto Mauer-Pr. 95; Römerquellepr. f. künstler. Fotogr. 98; Pr. d. Ldes-Hypothekenbank Tirol 99; Förd.pr. d. Stadt Wien 99 – **Ve:** IG Bild. Kunst 82; Vrg Bild. Künstler Wiener Secession 00 – **G/T:** konzeptuelle Fotogr., Objektkunst, Diaprojektion, Rauminstall. – **M:** Admont, Stifts-Mus.; Amiens, Mus. de Picardie; Caen, Mus. de Normandie; Eisenstadt, Bgld. LM; Innsbruck, Tiroler LM Ferdinandeum; Linz, LG; Nantes, Fons rég. d'art contemp. des Pays de la Loire; Paris, Centre Nat. des Arts plastiques; Paris, Maison Europ. de la Photogr.; Salzburg, Rupertinum; Wien, Albertina; Wien, MMK Stiftung Ludwig; Wien, Slg d. Stadt – **Ö:** Bruck an d. Glocknerstr., Ländliche Hauswirtschaftsschule; Graz, Ldeskrankenhilfe West; Innsbruck, Ldeskrankenhilfe; Paasdorf, Kult.ldschaft; Wien, Monte Laa – **E:** u. a. 93, 98 Paris, Praz-Delavallade; 95 New York, Klagsbrun Gall.; 96 Graz, LM Joanneum; Krems, Gal. Stadtpark; Salzburg, Gal. Fotohof; 97 Wien, König & Lettner; Caen, Frac Basse-Normandie; 01 Saarbrücken, Stadt-Gal.; 02 Linz, LG; Wien, MAK; Wien, Krobath & Wimmer – **G:** zahlr. Ausst.bet. seit 91, zuletzt 02 Wien, Fotogal. Wien; 03 Wien, KH Exnergasse; St. Pölten, Ndöst. LM; Krems, KH; Manchester, Whitworth AG; 04 Wien, Generali Found.; Tilburg, Nederlands Textielmus.; Linz, LG – **V:** Künstlerbuch 96 – ***Lit:*** Johanna Hofleitner: Der Blick des Begehrens 93; Ami Barak: Schneewittchen for ever, u.w., Kat. 93; Silvia Eiblmayr: Zur Dialektik der methodischen Wahrnehmung bei M. H. 96; Christian Kravagna: Die Frau, die Wahrheit und der fotografische Körper, Kat. 96; Friedrich Tietjen: Bildmaterial, Kat. 00; Silvia Eiblmayr: La femme blanche et la cube blanc. A propos de l'œvre de M. H., Slgskat. 01; Martin Hochleitner: M. H. – Ikonographische Körper 02; Berthold Schmitt: Photoarbeiten und Installationen, u.w., Ausst.kat. 02 – (Red.)

Haider, Johannes, Mag. art.; Sachsenweg 18, A-7064 Oslip, Tel. (0 26 84) 28 84, Fax 2 88 42, *nn-fabrik@nn-fabrik.at*, *www.nn-fabrik.at* (* Eisenstadt 21. 10. 54) – **VG:** Wien, Exner; Langenhagen, Depelmann; Graz, Kammerer – **S:** HS f. angew. Kunst Wien (b. P. Weibel, Bazon Brock u. W. Cermak) – **P:** Staatspr. f. d. besten Wirtschaftsfilm 95, 96; Maecenas-Pr. 98; Kunst am Bau offener künstler. Wettb. f. d. Gest. d. Kreisverkehrs Leinnerkreuzung Eisenstadt (1. Pr.) 03 – **Ve:** Kunst = Ziel 1 = Kunst – **G/T:** Malerei, freie Druckgraph. (Rad.) – **W:** Ankauf u. a. durch d. Ld Bgld – **M:** Grenchen, Kunsthaus (GrS); Kaiserslautern, GrS Marianne u. Heinrich Lenhardt Stift.; Kaiserslautern, Stift. Ludwig – **Ö:** Bad Tatzmannsdorf, Kurbad AG; Blaubeuren, GrS Merckle GmbH – **E:** / G: u. a. 95–99 Bonn, KH; Rio de Janeiro, Centro Cultural Banco do Brasil; Wien, Wolfrum; Judenburg, Gal. G; Bad Sauerbrunn, Stricker; Ljubljana, Graph.-Bienn.; 00 Siegendorf, Gal. aNNa; 01 Linz, Brunnhofer; 02 Wien, Exner; Eisenstadt, Leinnerhaus; 03 Graz, Kammerer; 04 Wien, Exner; Schorndorf, Gal. Kunst auf 87 qm; – KUNSTMESSEN: 95–99 Düsseldorf, Art Multiple; 00, 01, 02, 03, 04 Innsbruck, Art Innsbruck; 00 Dresden, Kunstmarkt; 01, 02 Wien, Art Vienna; 02, 03 Dornbirn, Art Bodensee – (Red.)

Haike, Heide, Künstlerin, Installationskünstlerin, Malerin; Fichtenweg 1, D-32760 Detmold, *heidehaike @web.de*, *www.heide-haike.de*. c/o Atelier, Birkenallee 35a, D-32760 Detmold (* Berlin 27. 8. 34) – **S:** 81–86 FHS Bielefeld (Malerei b. Prof. J. Dörries-Höher) – **L:** 01 Lehrveranstaltungen an d. Univ. Bielefeld – **P:** Künstlerhausstip. d. Ldesverb. Lippe 92–93; Kunstpr. d. Stadt Lohmar (Teiln.) 95; Brunnen u. Förd.pr. d. Bad Meinberger Mineralbrunnen AG 97; Kat.förd. 99; ars et flora-Förd.pr. 03 – **Ve:** GEDOK Berlin 91; BBK Ostwestf.-Lippe 97; GEDOK Ostwestf.-Lippe (Gründerin u. 1. Vors.) 98; IGBK – **G/T:** Malerei; Install. u. Videoinstall.; Objekt – **W:** Werke in Privatbes.; Ankäufe z.B. durch d. Stadt Nienburg u. d. Kr. Lippe-Detmold – **M:** Bytow, Mus. Zachodnio-Kaszubskie; Lemgo, Inst. f. Lippische Ldeskunde – **E:** 93 Schieder-Schwalenberg, Künstlerhaus; 96 Detmold, Kreis Lippe Kr.haus; Detmold, Lippische Ldesbibliothek; 97 Bielefeld, Studiogal. d. WDR; 98 Düsseldorf, Schloß Benrath; 99 Berlin, Verborgenes Mus.; 02 Bytow, Mus. Zachodnio-Kaszubskie; 03 Rheda-Wiedenbrück, Orangerie; 04 Bielefeld, Zentrum f. interdisziplinäre Forschung d. Univ. (Kat.); 06 Detmold, GEDOK-Gal.; 07 Kaunas, Čiurlionio dailės muz. – **G:** 95 Wanderausst. (Übersicht II – Kunst in NRW); 96 Bonn, Kunst- und Ausst.halle d. BRD; Berlin, RH Schöneberg; 97 Berlin-Fürstenwalde, Körnerpark; Bonn, Parlamentarische Ges.; 98 Solingen, Mus. Baden; Wuppertal; 99 Berlin, Mus. f. Naturkunde; Bonn, Frauen-Mus.; 03 Gütersloh, Parkbad; Werenzhain, Atelierhof; Bielefeld, Univ.; 06 Hamburg, MKG: Scharf – 80 Jahre GEDOK – **V:** Erotik 84, Kat.-bet. 83; Postkartendok. d. GEDOK Berlin 93; Experiment Mensch, Postkartendok. d. GEDOK Berlin 99 – **R:** VIDEOINSTALL. u. a.: Flüssige Zeit 94, Kreuzspuren 95, Verlust d. Dauer 95, Hüterin d. Erinnerung 95, Tragbares Kleid 96, Zwischen-Ort 97, Hauptsächlich ich 97, Art-Gewand 97, Die Brüste d. Wahrheit 98, Im Feuer d. Taube 98, Artemnis 99, errare humanum est 99, Brust – Lust – Frust 99, sub rosa 99 – ***Lit:*** Inst. f. Lippische Ldeskunde (Hrsg.): Vierfalt, Kunst in Schwalenberg 94 94; dass. (Hrsg.): H.H. Videoinstallationen 95; Kult.sekretariat Gütersloh (Hrsg.): Übersicht II, Kat. 95; GEDOK Berlin: Zeitbogen, Kat. 96; GEDOK Brandenburg: Hauptsächlich ich, Kat. 97; Schnittpunkte, Broschur z. Ausst. im Verborgenen Mus. Berlin 99; Brust-Lust-Frust, Kat. z. Ausst. im Frauen-Mus. Bonn 99 – ***LitR:*** Künstlerportr. H.H., Studio-Gal. d. WDR Bielefeld 97

Haimerl, Barbara (Ps.: Zier-Art), Schmuckgestalterin, Goldschmiedemeisterin; Ludwigstr. 31, D-94405 Landau a. d. Isar, Tel. (0 99 51) 69 07 70, Fax 60 20 41, *barbarahaimerl@zier-art.de*, *www.zier-art.de* (* Englmar 16. 9. 52) – **S:** FHS Schwäbisch Gmünd (Meisterkl. f. Schmuck b. Prof. Schlevogt) – **P:** Cloisonné-Wettb. 97; Award of Encouragement Tokio 97; Pearl Design Contest Tokio (3. Pr.) 97 – **Ve:** BBK Ndb. seit 95; Ges. f. Goldschmiedekunst seit 96 – **G/T:** Schmuckkunst – **W:** überw. in Privatbes., div. Performances – **G:** 90 München, Avantgard; 95 München, Manufact; 96 Landau an d. Isar, Prähist. Mus.; Hanau, Goldschmiedehaus; 97 Tokio; 99 Landau an d. Isar, Prähist. Mus.; 00 München, Reithalle; München, Inhorgenta; Landshut, Pavillon; Frankfurt am Main, Ges. f. Goldschmiedekunst; – weitere: 99–04 Jahresausst. d. BBK Ndb. – ***Lit:*** Ebano & Avorio. Das zweite Leben eines Klaviers, Kat. 99 – ***LitR:*** Claudia Stern, Fs.-Beitr. (Donau TV); Diana Simeth: Zierart seit 33 Jahren, Portr. 03

Hain, Alois (geb. Alois Reiter), Maler; Sternwaldstr. 10, A-4170 Haslach an d. Mühl, Tel. u. Fax (0 72 89) 7 20 35, *hain@hainAG.com*, *www.hainAG.com* (* Gmunden/Traunsee 8. 9. 61) – **S:** 80–84 ABK Wien (Meisterkl. f. Malerei b. d. Prof. Walther Eckert u. Markus Prachensky) – **P:** Japan-Stip. d. BmfUK 93 – **Ve:** Künstlergilde Salzkammergut 86 – **KGe:** Gabriele Hain u. A. H. (seit 92) – **G/T:** gestische u. geometrische Abstr. (Eitempera auf Leinwand, Papier u. Holz); Malerei u. Dekor auf Porzellan; Steinzeug – **W:** Werke in privaten Slgn; Ankauf u. a. durch d. Ld ObÖst. u. d. Stadt Gmunden – **M:** Attnang-Puchheim, Gal. Schloß Puchheim; Linz, LG; Linz, Lentos; Wien, Albertina; Wien, Artothek d. Bundes; Wien, Slg Zürich Kosmos – **Ö:** Kirchdorf/Krems, Stiegenhaus d. Ldeskrankenhauses – **E:** u. a. 88, 93 Ulrichsberg, Jazzatelier; 89 Wels, Gal. A4; Linz, Hypogal.; 95 Wien, Zürich Kosmos Gal.; 98 Graz, Preiner; 02 Attnang-Puchheim, Gal. Schloß Puchheim; Eichgraben, Ver. f. Kunst u. Kult.; 03 Urfahr, Stadtpfarrkirche – **G:** u. a. 88, 90 Vorchdorf, Spitzbart; 90 Salzburg, Künstlerhaus; 91 New York, Austrian Cultural Inst.; 92 Paris, Inst. Autrichien; 93 Linz, LG; 95 Linz, Neue Gal.; 98, 01 Gmunden, Kammerhof-Gal.; 99 Schwanenstadt, Stadtturmgal.; 01 Freyung, Schloß Wolfstein; Ulrichsberg, Jazzatelier; 02 Spital am Pyhrn, Artmark Gal.; 03 Attnang-Puchheim, Gal. Schloß Puchheim; – Teiln. an Kunstmessen u. Symposien: 88 Gmunden, Hallenluft; 99, 00, 01 Linz, Linearte; 00 Lackenhäuser/Dtld, Dreiländer-Künstlersymposium Adalbert Stifter – **V:** Dieter Scherr: Kleines Zoologisches Kompendium für die Unterstufe (Satz u. Ill. m. Gabriele Hain, Aufl. teilw. handkoloriert) 89 – ***Lit:*** A. H. Bilder 1996 und 1997, Werkkat. 98

Hain, Gabriele (geb. Gabriele Öller), Mag. art., Bildhauerin, Malerin; Sternwaldstr. 10, A-4170 Haslach, Tel. u. Fax (0 72 89) 7 20 35, *hain@hainAG.com*, *www.hainAG.com* (* Aigen 31. 5. 55) – **VG:** Hamburg, Craft2eu; Villach, Gal. Unart; Leeuwarden, St. Joseph's Gall.; Bremen, Keramikgal. Holstein – **S:** 75–80 HS f. künstler. u. industr. Gest. Linz (Meisterkl. Keramik); 84, 87 Workshops im Studio v. Contemp. Porcelain New York – **P:** u. a. Auslandsstip. f. Helsinki 80; Förd.pr. d. ObÖst. Ldesreg. 80; Würdigungspr. d. Bundesmin. f. Wiss. u. Forschung 80; Artist in Residence (b. Bing & Grøndahl Kopenhagen) 81–85; Paul Simonsens Jubiläumslegat d. Fa. Bing u. Grøndahl 83; Internat. Ceramics Festival Mino (Honorable Mention for Design) 86, 89; Reisestip. d. Hypobank 87; Jap.stip. d. Bundes 93; Kiwanis Kleinplastikwettb. (3. Pr.) 97; Keramikpr. d. Ldes Salzburg (2. Pr.) 98; Grassipr. Leipzig 02; Artist in Residence (Seto/Jap.) 03; Kult.pr. d. Stadt Rohrbach 05; 7. Intern. Ceramics Competition Mino/Jap. (Special Judges Award u. Honorable Mention for Design) 05; Margret-Bilger-Stip. 06 – **Ve:** Künstlergilde Salzkammergut 86–02; IG Bild. Kunst 02 – **KGe:** G.H. u. Alois Hain (seit 92) – **G/T:** Porzellan: Kleinserien u. Unikate f. d. Gebrauch (Becher, Vasen u. a.) sowie Skulpt. – **W:** Werke im Bes. d. Städte Rohrbach, Villach, d. Ldes ObÖst. sowie in Privatslgn – **M:** Attnang-Puchheim, Gal. Schloß Puchheim; Frechen, Keramion; Gera, MAK; Gifu, Mus. of Mod. Ceramic Art; Hamburg, MKG; Hamburg, Slg Thiemann; Kopenhagen, Kunstindustrimuseet; Kopenhagen, Royal Kopenhagen; Leipzig, GRASSI; Linz, LG; Linz, Lentos; Linz, Univ. f. Gest.; Paderborn, Slg Welle; Seto, City AM; Tajimi, Gifu Prefectural Ceramik Mus.; Werl, Slg Bambus & Fächer; Wien, Artothek d. Bundes; Wien, MAK; Wien, Zürich Kosmos Gal. – **E:** 83 Kopenhagen, Bing & Grøndal; 84 New York, Scanform Gall.; 84, 87, 91 New York, Contemp. Porcelain; 85 Wien, MAK; 86 Linz, Figl; 87 Linz, Hypogal.; 89 Wels, Gal. A4; Gmunden, Volkskreditbank; 92 Attnang, Delta; 93 Ulrichsberg, Jazzatelier; 94 Klagenfurt, Künstlerhaus; 95 Wien, Zürich Kosmos Gal.; Bregenz, Kleine Gal. in d. Oberstadt; 97 Wien, Loos-Haus; Kopenhagen, Kunstindustrimuseet; 98 Graz, Preiner; 99 Villach, Gal. Freihausgasse; 02 Eichgraben, Ver. f. Kunst u. Kult.; Attnang-Puchheim, Gal. Schloß Puchheim; 05 Linz, Tuchfabrik; Krems, Göttlicher – **G:** zahlr. Bet. seit 81, zuletzt u. a. 03 Gifu, Mus. of Mod. Ceramic Art; Passau, KV; Strobl, Deutschvilla; Attnang-Puchheim, Gal. Schloß Puchheim; 03, 05 Seto, City AM; 04 München, Gal. Handwerk; Tokio, Gall. 1 One; Leeuwarden, St. Joseph's Gall.; 05 Mino/Jap., 7. Intern. Ceramics Competition (Kat.); Bremen, Keramikgal. Holstein; 06 Hannover, Handwerksforum (Kat.); Madrid, Gal. Ab Origine; Paris, Carlin Gall. – Bet. an zahlr. Bienn., Trienn., Messen u. Wettb. u. a. 84, 86 Vallauris, Keramikbienn. (Kat.); 89 Nyon, Porzellantrienn.; 90 Auckland, Fletcher Challenge Ceramics Award Exhib.; 99, 00, 02 München, Messe Heim u. Handwerk; 01–04 Leipzig, Grassimesse; 04, 06 Mamer, Bienn. de la Sculpt. et Ceramique (Kat.) – ***Lit:*** zahlr. Kat., u. a.: Selected

Works from Mus. of Mod. Ceramic Art Gifu 02; The Legacy of Mod. Ceramic Art Gifu 03; 500 Bowls 03; 10 Jahre Gal. Freihausgasse Villach 03; Retr., 10 Jahre Galerie Schloß Puchheim; Sasha Wardell: Porcelain and bone china 04 – zahlr. Beitr. in Zss, u. a.: Gustav Weiß: Kontrapunkte, in: Neue Keramik 5 98; G.H., in: Ceramics Monthly 10 98; Gabi Dewald: Warten auf Godot?, in: Keramikmag. 6 01; Hans-Peter Jacobs: Anstoß nach allen Seiten, in: Keramikmag. 6 01 – zuletzt: Sabine Wipl, in: Neue Keramik 1 06

†**Hajek,** Otto Herbert, Prof. Dr., Bildhauer; lebte in Stuttgart (* Kaltenbach/Böhmen 27. 6. 27, † Stuttgart 29. 4. 05) – **S:** 47–54 Staatl. ABK Stuttgart – **L:** 80–92 Staatl. ABK Karlsruhe (Prof., Leiter e. Bildhauerkl.) – **P:** u. a. E.senator d. Eberhard-Karls-Univ. Tübingen; Dr. h.c. Päd. Fak. d. Westböhmischen Univ. Pilsen; Dr. h.c. ABK Preßburg; Prof. h.c. ABK Preßburg u. Moskau; Verdienstmed. d. Ldes Bad.-Württ.; Bürgermed. d. Ldeshauptstadt Stuttgart; Großes Verdienstkreuz d. Verdienstordens d. BRD; E.bürger d. Stadt Prachatitz; Kunstpr. 01; Kunstpr. d. Versöhnung; Verleihung d. Verdienstordens Cavaliere dell'Ordine al Merito della Repubblica Italiana; Verleihung d. Komturwürde d. Silvesterordens – **Ve:** Adalbert Stifter Verein; Dt. Künstlerbund; Badischer KV; Künstlergilde Esslingen; Dt.-Frz. Kulturrat; Dt.-Tschechische u. Slowakische Ges. Bonn; Europ. Akad. d. Wiss. u. Künste Salzburg; Freie Akad. d. Künste Mannheim; Kult.stift. d. Länder; Ver. f. intern. Kult.austausch – Künstlerwege – **G/T:** Bildhauerei – **M:** Berlin, NG; Berlin, SMPK; Berlin, Slg d. BRD; Kaiserslautern, Pfalz-Gal.; Kaliningrad, KG; Karlsruhe, StG; Krefeld, Kaiser-Wilhelm-Mus.; Mainz, LM; Mannheim, StKH; Prag, NG; Saarbrücken, Saarland-Mus.; Stuttgart, Inst. f. Auslandsbeziehungen; Stuttgart, KM; Stuttgart, SG; Stuttgart, Slg d. Ldesgirokasse – **Ö:** u. a. Adelaide, Festival Centre Southern Plaza; Ankara, Hergelen Meydani; Bonn, Bundesmin. f. Ernährung, Ldwirtschaft u. Forsten; Lomé, Botschaft d. BRD; Montevideo, Botschaft d. BRD; Mülheim/Ruhr, Viktoriapl.; Saarbrücken, Univ. d. Saarldes; Stuttgart, Mineralbad Leuze; ebda, Sparda-Bank – **E:** / G: u. a. 87 Florenz, Forte di Belvedere; Nürnberg, Germanisches NM; 88, 04 Prag, NG; 89 Moskau, Zentrale KH; 91 Saarlouis, Mus. Haus Ludwig; 92 Kiel, Gal. Spk.; 94 Cheb, GVU; 95 Pforzheim, Kunst- u. Kunstgewerbever.; 97 Rottenburg am Neckar, Diözesan-Mus.; 98 Bad Vilbel, Lahmeyer Intern.; 99, 03 Stuttgart, Sparda-Bank; 00 Bonn, Kunst- und Ausst.halle d. BRD; 01 Prachatitz, Kult.zentrum O. H. H.; Esslingen, Kr.spk.; Stuttgart, Gal. SüdwestRF; 02 Mülheim an der Ruhr, Service & Info Center; Karlsruhe, Sparda-Bank; 03 Rehau, Kunsthaus – Inst. f. Konkrete Kunst u. Poesie – ***Lit:*** Eugen Gomringer (Hrsg.): Kunst stiftet Gemeinschaft. O. H. H. – Das Werk und seine Wirkung 93; ders.: O. H. H. Zeichen setzen – Zeichen für Menschen 97; Kunst- u. Ausst.halle d. BRD (Hrsg.): O. H. H. Eine Welt der Zeichen 00; Martin Rupps u. Johanna Stulle (Hrsg.): O. H. H. Ein Leben im öffentlichen Raum 02

hajobad. s. Baderschneider, Hans-Jo.

Hakenbeck, Harald, Maler u. Graphiker; Friedastr. 16, D-10317 Berlin, Tel. (0 30) 5 29 24 56 (* Stettin 20. 9. 26) – **S:** 47–53 KHS Berlin-Weißensee (b. Arno Mohr u. Bert Heller); 54–57 AK Berlin (Meisterschüler b. Heinrich Ehmsen) – **L:** 65–68 Univ. Greifswald (LBeauftr. am Inst. f. Kunstgesch.); 74–79 KHS Berlin-Weißensee (Doz.) – **M:** Berlin, NG; Dresden, GG NM; Frankfurt/Oder, Mus. Junge Kunst; Leipzig, MBK; Magdeburg, Kulturhist. Mus.; Stralsund, Kulturhist. Mus. – ***Lit:*** Schweers 02; NG Berlin 03 – (Red.)

Halat, Eva (geb. Eva Rudolf), Malerin, Scrimshawkünstlerin; Obere Dorfstr. 30, D-71576 Burgstetten, Tel. u. Fax (0 71 91) 8 50 33, *info@evahalat.de, www.evahalat.de; www.evahalat-scrimshaw.com* (* Stuttgart 28. 12. 53) – **S:** 70–73 Johannes-Gutenberg-Schule Stuttgart (Zeichenkl. b. Prof. Förch, Manfred Sayer, Otto Wolff) – **P:** 1. Pr. f. Lackdesign auf Fahrzeugen beim 1. Autosalon Stuttgart 84 – **Ve:** VBKW 78; VG Wort 03; VG Bild-Kunst 06 – **G/T:** Minimalismus; Akt; Scrimshaw – **E:** zahlr. seit 78 – **G:** zahlr. Bet. seit 80 – **V:** Modernes Scrimshaw; Scrimshawtechnik, Fachb. 03; Contemp. Scrimshaw 06 (in engl. Sprache)

Halberg, Julian, Maler u. Bildhauer; Freesenhof, D-49751 Spahnharrenstätte, Tel. (0 59 52) 17 90, Fax 33 90, *service@julian-halberg.de, www.julian-halberg.de* (* Artern/Unstrut 21. 4. 49) – **VG:** Spahnharrenstätte, art-land-form – **Ve:** dju – **G/T:** informelle Malerei; sozialkritische Zeichn. u. Fotogr.; prozessuale Install.; Objektkunst (Materialmix) – **W:** Werke fast ausschl. in Privatbes. – **Ö:** Spahnharrenstätte, Skulpt.park Freesenhof – **E:** 88 Büren/Westf.; Paderborn; 90, 92 Haarhof; 94 Struthbach, Hof – **G:** 76 Schwerte, Kath. Akad.; 93 Berlin, Tiergarten – ***LitR:*** Zwei Fs.-Beitr. z. prozessualen Gesamtkunstwerk 92

Halberstadt, Dagmar (geb. Dagmar Funk), Malerin, Graphikerin, Collageurin; Kolpingstr. 79, D-86916 Kaufering, Tel. (0 81 91) 96 66 49 (* Sensburg/Ostpreußen, Masuren 12. 8. 34) – **S:** 68–69 ABK Stuttgart (Abendkurse b. Prof. Hugo Peters); 70–71 ABK Stuttgart (Malerei u. Graph. b. Prof. Hugo Peters) – **Ve:** BBK Bad.-Württ. bis 01; BBK München u. Obb. seit 01; VBKW – **G/T:** Malerei (Abstr.) – **K:** Malen f. Kinder u. Erwachsene – **W:** viele Werke in Privatbes. sowie sieben Werke im Bes. d. Ldes Bad.-Württ. u. d. GEDOK – **E:** Freiberg/Neckar, Gundel; Stuttgart, GEDOK; Stuttgart, RH; Stuttgart, BBK; Stuttgart, Renitenztheater – **G:** Kirchheim unter Teck, StG im Kornhaus; Mark-Gröningen, Klinik; München, Gal. d. Künstler; Murnau, Gelbes Haus; Stuttgart, Württembergischer KV; Stuttgart, Banken; – sowie jedes Jahr im BBK München u. Obb. u. im RBK (Reg.verb. bild. Künstler, Landsberg am Lech) – ***Lit:*** Veröff. v. Reinhard Döhl, Internet

Halbscheffel, Stefan, Maler u. Dozent; Leberstr. 2, D-10829 Berlin, *shalb@web.de, www.shalbscheffel.de* (* Braunschweig 25. 5. 54) – **S:** 78–86 HdK Berlin (Meisterschüler b. Prof. H. Kaufmann) – **L:** 79–86 Atelier Rh. Berlin (Malerei); 86–02 Freie KSch Berlin (Malerei u. Projekte); seit 02 Freie Akad. f. Künste Berlin (Malerei u. Projekte) – **G/T:** Malerei (konkret, konstruktivistisch), Pop-Art, komplexe künstler. Projekte – **K:** Malerei, Zeichn., Druckgr., Projekte – **W:** in Privatbes. – (Red.)

Halfar, Peter, freischaffender Künstler, Zeichner, Illustrator, Maler; Forstenrieder Allee 148, D-81476 München, Tel. (0 89) 7 55 62 45, *www.teamart.de/halfar.htm* (* Troppau 4. 9. 35) – **S:** 53–56 Kölner Werkschulen (Vorbereitungssemester b. Dr. Wolff, Dekorative Malerei b. Prof. Schröder) – **P:** Kieler Kunstwoche (1. Pr.) 84; Beate-Uhse-Kunstpr. 99 – **Ve:** BBK München u. Obb. 82–01; Kult. im Münchner Süden 02; VG Bild-Kunst – **G/T:** Zeichn. u. Druckgraph. (Linoldruck, Rad., Monotypie); Ill.; Malerei (Aqu., Tempera, Acryl, Öl, auch auf Terrakotta); Skulpt. – **K:** 1970er Jahre VHS München (Gebrauchsgraph.); 92 Pullach/München (Rad.) – **M:** Berlin, Marlene-Dietrich-Mus.; Krakau, Mus.; Landsberg am Lech, Neues SM; Lublin, Muz. Lubelskie; Paris, Min. f. Jgd. u. Freizeit – **E:** 65 München, Grohmann; 85 Wien, UNART Gal.; 86 Paris, Foyer Intern. d'Accueil, Rue Cabanis; 91 'Fasching in Haidhausen' (m . Karikaturen v. Lothar G. Buchheim;

97, 99 München, Orangerie; 00 München, Alter Botanischer Garten – **G:** 54 Krefeld, Werkschulen; 94 Majdanek, Trienn.; 96 New York, Agora; 01 Berlin, RH Schöneberg; Ljubljana, World Festival 'Art on Paper' – **R:** Ein Zeitalter, Videofilm z. Ausst. in d. Orangerie München – ***Lit:*** Einzelkat. d. Künstlergr. 'WIR', Gal. Wallenfels Kiel 83 – ***LitR:*** Marlene Dietrich in der Kunst, Beitr./Gespräch z. Gr.ausst. im Friedrichstadt-Pal. Berlin, Berliner Fs.; Marlene Reminiszenzen, Kommentar z. Gr.ausst. im Kult.pal. Dresden, Dresdner Fs. – (Red.)

Halfar, Wolfgang, ObStudR i. R., Maler, Autor, Dozent, Mus.leiter; Südstr. 11, D-34466 Wolfhagen, Tel. (0 56 92) 23 41 (* Gleiwitz/ObSchlesien 7. 9. 25) – **VG:** Wolfhagen, Gal. Zehntscheune – **S:** 31–39 OberFS Hindenburg (b. d. Prof. J. Szezesz u. Hilde Halfar-Dammen) – **L:** 51–86 Kunsterzieher – **P:** AWMM Pr. Brügge 83; Kult.pr. d. Stadt Wolfhagen 93 – **Ve:** Regionalmus. Wolfhagen; Stift. Kult.werk Schlesien, Würzburg – **G/T:** Malerei (Lsch.abstr. in Öl, Aqu., Mischtechnik) – **W:** 748 Werke überw. in Privatbes. – **M:** u. a. Hofgeismar, SM; Korbach, Mus.; Visby/Schweden, Mus.; Wolfhagen, Mus. – **Ö:** u. a. Kassel, Spk.; Uffenheim, Ev. Kirche; Wolfhagen, Spk. – **E:** 34 Ausst. seit 58, u. a. Visby/Schweden, Gotlands Fornsal; Hofgeismar, SM; Fritzlar, Reg.mus.; Korbach, Mus.; Kassel – **G:** 33 Bet. seit 58 – **V:** Gotland. Glück u. Unglück einer Insel 90; Die Oberschlesischen Schrotholzkirchen 90; Geschichte d. Hauses u. d. Fachwerkarchitektur in d. Region Wolfhagen 93; Historischer Holzbau in Europa 99 – ***Lit:*** Tasso Minkner: Kunst in d. Region, Mus. Wolfhagen 90

Halfmann, Michael, Maler, Zeichner; Bahnhofstr. 8, D-56281 Emmelshausen, *michael.halfmann@t-online.de*, *www.michael-halfmann.de* (* Koblenz 15. 5. 61) – **S:** 84–91 ABK Mainz – **P:** Stip. Haus Rissen Hamburg 02; Arb.urlaub im Künstlerbahnhof Ebernburg 06 – **Ve:** BBK Rh.-Pf. 86; Assoc. des Artistes Taylor Paris 96 – **G/T:** Malerei; Zchng – **E:** 97 Rockenhausen, Kahnweilerhaus; 98 Ludwigshafen, Ldeszentrale f. Private RF-veranstalter (Kat.); Landau, Kr.haus Südl. Weinstr.; 99 Bad Kreuznach, KV; Mainz, MVB-Gal. (Kat.); Frankfurt am Main, Integrata Gal.; 00 Gummersbach, Kunstforum; 02 Lingenfeld, KV; Ratheim, Altes RH; Peine, Gal. Atelier 23; 06 Bad Münster am Stein, Künstlerbahnhof Ebernburg – **G:** zahlr. seit 86, u. a. 94 Bourg-en-Bresse, Salon d'Art Contemp. (Kat.); 95–97 Paris, Salon Grands et Jeunes d'Aujourd'hui (Kat.); 96 Paris, Fond. Taylor; 99 Köln, Gal. am Buttermarkt: ArtVenir – ZuKunst; 02 Wiesbaden, Kunstwerk (Kat.); 04 Mainz, Kunstmesse Rh.-Pf. (Kat.) – ***Lit:*** KAT.: M.H. Zchngn, Objekte, Décalcomanien 98; Gal. Kunstwerk (Hrsg.): M.H. Zchngs-Objekte 01

Hallauer, Till Felix, Maler, Graphiker; Mozartstr. 17, D-66111 Saarbrücken, Tel. Mobil: 01 78 54 95 88 3, *co@till-hallauer.de*, *www.till-hallauer.de* (* Neunkirchen/Saar 22. 7. 66) – **VG:** Ottweiler, Gal. Atelier libre – **S:** 85–95 Osnabrück (Stud. Bild. Kunst, Malereikl. b. Prof. Reiner G. Mordmüller, Graph. bzw. Druckgraph. b. Thomas Rohrmann, H. Girke, R. Mordmüller) – **L:** seit 96 LAuftr. an versch. Gymnasien im Saarld u. Kaiserslautern – **G/T:** Malerei (vorw. figürl. Darst., Thema: Figur im Raum); (Druck)graph. (figürl. Darst., z.T. m. mytholog. Bezug); Objektkunst (Holz) – **K:** 97–99 Freie KSch Ottweiler (Akt- u. Objektzeichnen, Malerei) – **W:** zahlr. Gemälde (Öl bzw. Tempera auf Lw.), Rad. u. Handzchngn in Privatbes.; mehrere Auftragsarb., z.B. Deckengemälde, Nassauer, Ottweiler – **M:** Neunkirchen/Saar, Volksbank; Osnabrück, Univ. (Graph. Slg) – **E:** seit 91 zw. Osnabrück u. Ottweiler, u. a. 94 Osnabrück, Gal. im Fenster; 98 Ottweiler, Gal. Atelier libre; 05 Saarbrücken, Atelier Mozartstr. 17 – **G:** seit 89 zahlr. Bet., u. a. 99 Lippstadt, Orrú (Figur im Raum); – sowie: 95 Osnabrück, Nominierung f. Piepenbrock-Förd.pr.

Hallebach, Bianca, Schmuckgestalterin, Goldschmiedemeisterin; Altmarkt 7, D-08523 Plauen, Tel. (0 37 41) 14 70 70, Fax 14 70 71, *info@goldschmiede-hallebach.de*, *www.goldschmiede-hallebach.de* (* Plauen 3. 7. 69) – **VG:** Warnemünde, Gal. am Strom – **S:** 86–89 Goldschmiedelehre in Crimmitschau; 89–91 Wanderjahre in Mülsen, St. Jacob, Hof, Freiberg; 92 Meisterabschluß in Dresden; 97 Workshop b. Bernhard Schobinger; 99–00 Akad. f. Gest. u. Denkmalpflege Ebern/Bamberg (Gestalten im Handwerk) – **P:** Meisterpr. d. Bay. Staatsreg. 00 – **Ve:** Verb. d. Kunsthandwerker 94–04; SKB 04; KV Plauen-Vogtland 04 – **KGr:** ARTA (seit 01) – **G/T:** Schmuckunikate; Trauringe; Produktdesign (f. Fremdfirmen, Entwurf, Modellbau, Werbegraph.); Werbegraph.; Freie Arbeiten – **W:** überw. in Privatbes. – **E:** 02 Gera, Mus. f. Naturkunde; Warnemünde, Möller; 06 Plauen, Vogtland-Mus. (Kat.) – **G:** 01 Plauen, Malzhaus: Stein – Variation eines Themas; Chemnitz, Kult.-fabrik Schönherr: Kunstprojekt Sichten; 02 Chemnitz, Wasserschloß Klaffenbach: Metamorphose – Schmuck, Metallgest., Interieur; 03 Chemnitz, Wasserschloß Klaffenbach: Form folgt Funktion – Hommage an Marianne Brandt; 04 Dresden, Ldtag: Zukunft; Plauen, Malzhaus: Werkschau d. KV Plauen; 05 Warschau, Dt. Botschaft: Kunst-Hand-Werk – sowie Bet. an Messen in Frankfurt am Main, München, Zürich, Luzern, Erkrath, Chemnitz u. Plauen – ***Lit:*** Spk. Vogtland (Hrsg.) u. Ulrik Meier: Zeitgen. Kunst aus d. Vogtland 00

Haller Tharin, Brigitte s. Tharin, Brigitte

Haller, Brigitte von; Hauptstr. 4, D-82237 Wörthsee, Tel. (0 81 53) 77 67 – **G/T:** Malerei – (Red.)

Haller, Fritz (Fritz P. Haller), Prof., Architekt u. Designer; c/o fritz haller bauen & forschen gmbh, Friedhofplatz 5, Postfach, CH-4500 Solothurn, Tel. 0 326 22 39 58, Fax 6 22 62 79 (* Solothurn 23. 10. 24) – **L:** 66–71 Univ. of South California, Los Angeles (Gastprof.); 74 Univ. Stuttgart (Honorarprof.); 77–90 Univ. Karlsruhe (o. Prof.) – **P:** zahlr. Ausz., u. a. Kunstpr. d. Stadt Solothurn; Amer. Pr. f. bestes Design in Stahl – **Ve:** BSA 55; AK Berlin 74 – **B:** u. a. Bellach: Fabrik Agathon; Bühl: Betriebsanlage USM; Münsingen: Wohnhaus Schärer; ebda: Baubeschlägefabrik Schärer; Solothurn: Kt.schule (Erweiterungsbau) – **V:** Die totale Stadt; Allgemeine Lösungen in der Bautechnik – ***Lit:*** Dictionary of Art 96 – (Red.)

Halmágyi, Ursula; Gassner Gasse 18, A-2020 Hollabrunn, Tel. (0 29 52) 2 00 55, Fax 2 00 55 – **G/T:** Malerei, Graph. – (Red.)

Halter, Marianne, Doz., Videodocumentarist; Hardturmstr. 315, CH-8005 Zürich, Tel. 07 88 19 84 92, *nett@datacomm.ch*, *www.likeyou.com/mariannehalter* (* Ebmatingen/Zürich 27. 6. 70) – **S:** 91–93 HS f. Gest. u. Kunst Luzern; 93–94 School of Visual Arts New York (Mixed Media, Video); 95–97 HS f. Gest. u. Kunst Luzern – **L:** seit 97 an div. HS in Luzern (Kunstunterricht); seit 98 HS f. Gest. u. Kunst Luzern, Inst. f. Graph.design (Ill., Mixed Media Projekte) – **P:** VIPER Pr. 96; Stip.Videost/Kubox 98; Kunstpr. d. Stadt u. Kt. Luzern 02; Stip. Chicago 03; Cité Intern. d. Arts Paris 03 – **Ve:** Visarte Zentralschweiz 02 – **KGr:** HANS (seit 99) – **KGe:** Halter/Hofer: M. H. u. Susanne Hofer (seit 96) – **G/T:** Install. (Mixed Media: u. a. Video, Zeichn., Diaprojektionen); Video, Fotogr.; Zeichn. (Buntstift) – **W:** in Bes. d. Slg d. Kt. Luzern (Video) – **E:** 01 Basel, Kunstfenster Kino Kamera; Luzern, Meile; 02 Bern, StG – **G:** u. a. 98 Luzern, Ausst.raum; ; 99, 01 Liestal, KH Palazzo; Basel, Art Basel; Ittingen, Karthause; 02 Luzern, KM; Baden, Gal. im Amtshimmel; 03 Luzern, Marinemus.; Hamburg, Hinterconti; 04 Luzern, Kunstpanorama; Beckenried, Ermitage; – PERFORMANCES/FESTIVALS: u. a. 96 Luzern, VIPER; 99 Hamburg, Kurzfilmfestival; 00 Luzern, Neue Gal.; 01 Kriens, Mus. im Bellpark; 02 Aarau, Tuchlaube – (Red.)

Hamak, Herbert, Maler; Weiherstorstr. 8, D-97762 Hammelburg (* Obereschenbach 52) – **VG:** Berlin, Springer & Winckler; Frankfurt am Main, Hübner – **M:** Frankfurt am Main, MMK – **E:** / G : u. a. 99, 00, 02, 04 Los Angeles, Grimes; 99, 02 Berlin, Springer & Winckler; 00, 02 Tokyo, Taki Gall.; 02 Köln, Art Cologne; Krefeld, Kaiser-Wilhelm-Mus.; 03 Verona, Studio la Cittá – ***Lit:*** Schweers 02 – (Red.)

Hamann, Volker W.; Fasanenweg 7, D-70794 Filderstadt, Tel. u. Fax (07 11) 7 77 89 42 (* Stuttgart 30. 9. 62) – **VG:** Stuttgart, Gal. Keim; Neckarsulm, Pickroth; Ansbach, Gal. am Schloß; Ravensburg, Hölder – **P:** Atelierstip. d. ABK Karlsruhe 93–95; Stip. d. Zeppelin Museum Kunststift. Friedrichshafen 04 – **G/T:** Skulpt., Fotogr. – **Ö:** Böblingen, Ldratsamt; Freiburg, Reg.präsidium; Kirchheim, Kr.baugenossenschaft; Pforzheim, Ldratsamt Enzkr.; Stadt Bad Rappenau; Stadt Filderstadt; Stuttgart, Reg.-präsidium – **E:** / G: zahlr. Ausst. im In- u. Ausld seit 92 u. a. 97 Kirchheim unter Teck, Kunstkab.; 98 Reutlingen, Gal. Planie; 99 Piotrków Tribunalsky, BWA Gal.; 00 Kirchzarten, KV; 01 Stuttgart, Gal. Keim; 02 Rottenburg, Kult.ver. Zehntscheuer; 03 Überlingen, Badgarten; Waldenbuch, KV; 04 Filderstadt, StG; Ravensburg, Hölder; Friedrichshafen, Zeppelin Mus. – **R:** Von der Reisegeschichte der blechernen Frösche zu den Stadtkörpern und Körperstädten (Idee u. Realisation), Video 02 – ***Lit:*** Raum und Unraum, Kat. 99; Körperstädte und Stadtkörper 02; Urbane Module, Raumzellen und Zellraumfaltungen 04 – ***LitR:*** Jürgen Fischer: Kontemplation, Dok.kunstfilm 93; Jürgen Fischer: Sieben Tage = sieben Skulpturen, Dok.kunstfilm 97 – (Red.)

Hamdi, Omar s. Malva

Hamer, Hartwig, Maler u. Graphiker; Jahnstr. 9, D-19055 Schwerin, Tel. (03 85) 56 42 05 (* Schwerin 4. 7. 43) – **S:** 62–66 Pädagogische HS Erfurt; Anregungen durch Hans Theo Richter (Dresden) u. Gerhard Marcks (Köln) – **L:** 66–04 Kunsterzieher in Lalendorf/Güstrow, seit 68 in Schwerin – **Ve:** VBK DDR seit 81; Künstlerbund Meckl. u. Vorpommern seit 90 – **G/T:** Aqu., Zeichn. u. Rad.; urbane u. freie Landschaft sowie Portr. – **W:** zahlr. Werke in privaten Slgn sowie in Repräsentationsräumen v. Unternehmen – **M:** Bergen/Rügen, Kulturstift.; Berlin, NG (GrS u. Kpst.-Kab.); Bremen, KH; Gera, KS; Leipzig, MBK; Neubrandenburg, KS; Rostock, KH; Schwerin, Staatl. Mus. – **Ö:** München, Kunst am Promenadenpl. – Dresdner Bank – **E:** zahlr. Personalausst. seit 68, u. a. 68, 93 Schwerin, Staatl. Mus.; 78 Dresden, Comenius; 82 Bremen, Gerhard-Marcks-Haus; 94 Güstrow, Schloß; 96 London, Cadogan Contemp.; 98, 04 Berlin, Gal. Sophien-Edition; 01 Lübeck, Kunsthaus Lübeck; 03 Rostock, Katharinenstift – **G:** zahlr. Ausst.bet. im In- u. Ausld seit 70, zuletzt 03 Granitz, Jagdschloß (Meisterblätter aus der Kunstsammlung der Insel Rügen) – **V:** Nähe und Weite. Bilder aus Norddeutschland 96; Himmel Erde Horizonte, Monogr. 99; Meine Landschaft, Graph. Blätter 03; Von Ahrenshoop bis Antwerpen. 100 ausgewählte Skizzen 03 – ***Lit:*** Hela Baudis, Diether Schmidt, Werner Timm u. a. (Beitr.): H. H. Aquarelle, Zeichnungen und Radierungen, Kat. z. Ausst. im Staatl. Mus. Schwerin 93

Hamm, Gabi, Malerin; lebt u. arbeitet in Frankfurt am Main (* Stuttgart 56) – **VG:** Düsseldorf, Conrads – **S:** 81–86 Städelschule Frankfurt am Main – **P:** Ernst-Töpfer-Pr. 83; Bundeswettb. 'Kunststudenten stellen aus' Bonn (Pr.) 87; Reisestip. d. Hess. Kult.stift. 98; Arb.stip. d. Stift. Kunstfonds Bonn 04 – **G/T:** Malerei (Öl) – **W:** Gest. eines Zimmers im Art-Hotel Robert Mayer, Frankfurt am Main – **M:** Frankfurt am Main, MMK – **E:** u. a. 99, 01 Frankfurt am Main, Hübner; 01 Düsseldorf, Conrads; 03, 04 Zürich, Kabinett; 04 Friedrichshafen, KV – **G:** u. a. 01 Frankfurt am Main, Hübner; 03 Frankfurt am Main, KV; 04 Düsseldorf, Mus. Kunst Pal. – ***Lit:*** Schweers 02 – (Red.)

Hamm, Manfred, Fotograf; Reichstr. 78, D-14052 Berlin, Tel. (0 30) 30 09 98 00, Fax 30 09 98 01, *Hamm-Photgraphie@t-online.de* (* Cainsdorf/Zwickau 13. 5. 44) – **VG:** Berlin, Raab; Berlin, Nothelfer; Greifswald, Schwarz – **S:** 61–63 fotogr. Ausb. in Ulm u. München – **P:** Kodak Fotob.pr. 78, 79 – **Ve:** DGPh 84; VG Bild-Kunst 95 – **G/T:** Fotogr. (Archit. u. Portr.) – **M:** Berlin, Berlinische Gal.; Dortmund, Mus. f. Kunst u. Kult.gesch.; Dortmund, Westf. Industr.mus.; Oberhausen, Rheinisches Industr.mus. – **Ö:** Budapest, Dt. Botschaft; Berlin, S-Bahnhof Savignipl. – **E:** 77 Lyon, Group d'action Photographique; 78 Düsseldorf, Mus. f. Volk u. Wirtschaft; 79 Freiburg, KV; Nürnberg, Kult. zentrum; Kassel, HS; 81 Berlin, Berlinische Gal.; 89 Mailand, Fond. Correntej; 91 Ratingen, SM; 92 Berlin, Nothelfer; 95 Potsdam, Sanssouci Bilder-Gal.; 96 Mailand, Mus. di Storia Contemp.; 00 Berlin-Teltow, Mühlendorf; 03 Berlin, Raab; 04 Zwickau, StM; 05 Donostia/San Sebastián, Sociedad Fotográfica de Guipúzcoa; Hamm, Gustav-Lübcke-Mus.; 06 Delmenhorst, Mus. d. Stadt – **G:** 84 Paris, Centre Pompidou; 86 Paris, La Villette; Mailand, Trienn.; 94 Berlin, Raab; 01 Dortmund, Mus. f. Kunst u. Kult.gesch.; 05 San Sebastián, Fundación Coff: Edificio Tabacalera; Greifswald, Schwarz: Triplet – **V:** Berlin. Landschaften einer Stadt 77; Berlin. Denkmäler einer Industrielandschaft 78; Caféhäuser Europas 79; Tote Technik 81; Sterbende Zechen 83; Industriegeschichte des Wassers 85; Industriegeschichte des Textils 88: Backsteinbauten zwischen Lübeck und Stralsund 90; Ludwig Persius. Architekt des Königs 93; Die Berliner Vorstadt-Geschichte und Architektur eines Potsdamer Stadtteils 95; Architektur und Schönheit. Die Schinkelschule in Berlin und Brandenburg 97; Berlin. Photographien 00; Die antiken Stätten von morgen 03; Markthallen 07 – ***Lit:*** Manfred de la Motte: Archetypen der Utopie 92

Hamm, Nils (Ps.: Nilson), Illustrator, Künstler, Comiczeichner; Flügelstr. 13, D-40227 Düsseldorf, Tel. (02 11) 7 88 62 84, *nils@raketula.de*, *www.raketula.de* (* Ratingen 10. 1. 73) – **S:** 94–99 Ruhrakad. Schwerte (Graph.design u. Ill. b. Prof. Gerd Aretz) – **P:** Silver Award (f. beste unveröff. Arb. im Jahrb. 'Spectrum 9. Best in Contemp. Fantastic Art') 02 – **KGr:** Roughouse (02–05) – **G/T:** Figürl. Malerei; Ill.; Collagen; Comics – **W:** Cathy u. Arnie Fenner: Spectrum 7 – Best in Contemp. Fantastic Art, Kunstjahrb. 00; dies.: Spectrum 9 – Best in Contemp. Fantastic Art, Kunstjahrb. 02; dies.: Spectrum 10 – Best in Contemp. Fantastic Art, Kunstjahrb. 03; dies.: Spectrum 12 – Best in Contemp. Fantastic Art, Kunstjahrb. 05; Astro, Graphic Novel 06

Hammann, Pit (eigtl. Peter Hammann), Illustrator, Web- u. Graph.designer, Autor; Alexanderstr. 36, D-60489 Frankfurt am Main, Tel. (0 69) 5 96 72 24, *pit@pithammann.de*, *www.pithammann.de; www.promikatur.de; www.starfucker-online.de* (* Bad

Mergentheim 15. 11. 69) – **S:** 91–94 Akad. f. Kommunikation u. Design Frankfurt am Main (Kommunikationsdesign) – **G/T:** Ill.; Karikatur; Cartoon – **W:** nur virtuell, siehe websites

Hammerer, Wendelin; Grossdorf, A-6863 Egg, Tel. (0 55 12) 35 35, Fax 3 53 55, *holzschnitzerei@hammerer.com*, *www.hammerer.com* (* 5. 8. 52) – **VG:** www.kreativkurse.kurse.at – **L:** Univ. Bamberg (Bildungslehrgang) – **Ve:** Wirtschaftskammer Öst. – **K:** Schnitz- u. Kult.-Erlebniswochen sowie Kreativwochenenden – **W:** Entwurf d. Vorarlberg-Unternehmens-Oskars 00 – **Ö:** Balderschwang, Pfarrk. (Altäre); Irschingen, Pfarrk. (Kirchenkrippe); – sowie Marterl, Weg- u. Grabkreuze – **E:** 01 Eisenstadt, Schloß Esterházy, LG – **G:** 95 Dornbirn, Ulmer; Wien, Wirtschaftskammer Öst.; 95, 97 Gumpoldskirchen, Bergerhaus; 02 Bregenz, Kongreßhaus – ***LitR:*** 50 Jahre Holzschnitzerei Wendelin Hammerer 02 – (Red.)

Hammerstiel, Robert F., Kontextkünstler; Otto Bauergasse 18/17, A-1060 Wien, Tel. u. Fax (01) 5 87 87 86, *hammerstiel@chello.at*, *www.hammerstiel.net* (* Pottschach 21. 10. 57) – **VG:** Frankfurt am Main, L.A. Gal.; New York, Cristinerose Gall.; Paris, Palix – **S:** 79–83 HS f. angew. Kunst Wien (Meisterkl. f. Graph. b. Prof. Oswald Oberhuber) – **P:** Theodor-Körner-Förd.pr. 83; Anerkennungspr. d. Ldes NdÖst. 84; Öst. Staatspr. (f. d. Monogr. An Bord) 86; Öst. Staatsstip. f. bild. Kunst 89; Rom-Stip. d. BMf UK Wien 93; Cité Intern. d. Arts Paris 95; Kult.pr. d. Ldes NdÖst. 98; Stip. d. Bundeskanzleramtes Wien (f. New York) 99 – **Ve:** Fotoinitiative NdÖst. seit 89 (Gründungsmitgl.); IG Bild. Kunst seit 03 – **G/T:** Fotogr., Konzept- u. Kontextkunst, Install., Video – **W:** Ankauf u. a. durch d. Nordstern-Versicherung Köln – **M:** u. a. Bad Homburg, Dt. Leasing; Braunschweig, Mus. f. Photogr.; Cordoba, Photographic Stock of the City Council; Frankfurt am Main, Dt. Bank KS; Gieraltow, Slg; Horten, Norwegisches Mus. f. Fotogr. – Preus Fotomus.; Jyväskylä, Center of Creative Photography; Linz, LG; Linz, Lentos; New York, Ledel Gall.; Odense, Mus. for Fotokunst; Paris, Bibliothèque Nat.; Paris, FNAC; Paris, Maison Europ. de la Photogr.; Salzburg, Rupertinum; St. Pölten, Ndöst. LM; Sélestat, Fonds Rég. d'Art Contemp. Alsace; Wien, Artothek; Wien, Kult.amt d. Stadt; Wien, Slg Bank Austria; Wien, Slg Bundeskanzleramt; Wien, Slg Römerquelle; Wrocław, Slg Galeria ef – **Ö:** Linz, Seniorenzentrum Neue Heimat; Mönchengladbach, ResMed; Sydney, ResMed; Wien, Frames – **E:** zahlr. Ausst., u. a. 85 Wien, MMK Stiftung Ludwig; 90, 92 Odense, Mus. for Fotokunst; 91 Braunschweig, Mus. f. Photogr.; 94 Bremen, Focke-Mus.; Wien, Chobot; 96 Tornio, Aine KM; 97 Paris, Palix; 98 Saarbrücken, Stadt-Gal.; Ivry-sur-Seine, Le Crédac; 99 Sélestat, Fonds Rég. d'Art Contemp. Alsace; 00 Frankfurt am Main, L.A. Gal.; Steyr, KV; 01 Wien, MAK; New York, Cristinerose Gall.; 02 Wien, Fotogal. Wien; 06 Wien, Leopold-Mus. – **G:** u. a. 95 Jyväskylä, Alvar Aalto Mus.; 96 Frankfurt am Main, Schirn; 02 Pouges-les-Eaux/Frkr., Centre d'Art Contemp.; 03 St. Pölten, Ndöst. LM – **V:** An Bord. Photographien 85; Glücksfutter 98 – ***Lit:*** Stand-Orte. R. F. H., in d. Reihe Medium 8 88; R. F. H. Der Stand der Dinge 91; make it up. R. F. H. Photographische Arbeiten 94; Aine Art Museum (Hrsg.): R. F. H. 96; The Photography Book 98; Fonds régional d'art contemporaine Alsace (Hrsg.): R. F. H. 99; Wolfgang Denk (Hrsg.): Milch vom ultrablauen Strom 00; Frauenbild. Das Bild der Frau in Kunst und Literatur 03 – (Red.)

Hampe, Susanne, Malerin, Bühnenbildnerin; Sternstr. 2, D-24116 Kiel, *mail@susannehampe.de*, *www.susannehampe.de* (* Dresden 21. 8. 67) – **VG:** Dresden, Sillack; Dresden, art + form – **S:** 89–92 HBK Dresden (Bühnenbild u. a. b. Prof. Günther Hornig); 92–94 KHS Berlin-Weissensee (Dipl. Bühnen- u. Kostümbild b. Prof. Volker Pfüller) – **P:** Jurors Choice Award d. San Diego Art Assoc. 98; Werkvertragsprogramm z. Förd. d. künstler. Nachwuchses d. Senats Berlin 98 – **Ve:** GEDOK Berlin 01–02; BBK Schlesw.-Holst. 02; VG Bild-Kunst 05 – **G/T:** Malerei; Install.; Bühnenbild (z.B. Manfred Karge: Killerfische, Mecklenburg. Staatstheater, Schwerin) – **W:** überw. in Privatbes. (ca. 180 Werke) – **M:** Berlin, Neues Kunstquartier – **E:** zahlr., u. a. 00 Freiberg, Mittelsächs. Theater; Dresden, Sillack; Berlin-Treptow, Kulturbund-Gal.; 01 Grimma-Kaditzsch, Denkmalschmiede Höfgen; 03 Magdeburg, Gal. Himmelreich; – weitere: Berlin, Darmstadt u. Potsdam – **G:** zahlr. Bet. seit 94, u. a. 98 San Diego/CA, Art Assoc.; 01, 05, 06 Dresden, Kreuzkirche: Dresden stromaufwärts; 02 Dithmarschen, LM: Meldorfer Culturpreis; 03 Kiel, Innenmin.: Konzept 03; 04 Brüssel u. Berlin: Konzept 03; 04 Kiel, Ostseehalle: Schau d. 1000 Bilder; 05 Kiel, RH-Bunker: kunst gebunkert (Install.); Plauen, Malzhaus: Grenzenlos; Halle/Saale, Villa Kobe: Große Kunstausst.; Mainz, MVB Forum: 21. Kunstpr. Eisenturm

Hampel, Angela, Malerin u. Graphikerin; lebt in Dresden (* Räckelwitz 16. 2. 56) – **VG:** Dresden, Gal. Mitte; Berlin, Leo.Coppi; Leipzig, Gal. am Sachsenplatz – **S:** 75–76 Bautzen (künstler. Abendstud.); 77–82 HBK Dresden (Malerei u. Graph. b. Jutta Damme u. Dietmar Büttner) – **P:** Marianne v. Werefkin-Pr. 90 – **Ve:** VBK 85 – **KGr:** Dresdner Sezession 89 (Mitbegr.) – **G/T:** Malerei, Graph., Performance, Install., Environments – **M:** Berlin, NG; Dresden, GG NM – **E:** u. a. 84, 94, 00 Dresden, Gal. Mitte; 86 Leipzig, Gal. Eigen + Art; 91 Stuttgart, Döbele; 92, 00 Berlin, Leo & Coppi; 95 Oldenburg, Kult.speicher; 96 Ilmenau, Kleine Gal.; 00 Frankfurt am Main, Büchergilde Gutenberg; 06 Dresden, Gal. L'Villa – **G:** u. a. 02 Dresden, Döbele; Bad Salzdetfurth, KV; 03 Berlin, Leo & Coppi; – weitere in: Basel, Bern, Biella, Bonn, Boston, Brüssel, Dresden, Florenz, Glasgow, Hamburg, Helsinki, Kansas, Kopenhagen, Leipzig, Nijmegen, Paris, Salzburg, Skopje, Strasbourg u. Tokio – ***Lit:*** WWCCA 96; Lang 02; Schweers 02; NG Berlin 03 – (Red.)

Hamsea, Christian Lucian, Bildender Künstler, Maler; Kosbacher Weg 23a, D-91056 Erlangen, *studio@hamsea.com*, *www.hamsea.com* (* Brasov-Kronstadt/Rumänien 13. 4. 62) – **S:** 85–88 KSch. Kronstadt (Freie Graph.); 93–94 Univ. Erlangen-Nürnberg (Kunsterziehung); 94–99 ABK Nürnberg (Freie Malerei) – **L:** 98–02 Univ. Erlangen-Nürnberg (LBeauftr. f. d. Technik d. Malerei) – **P:** Pr. d. Dannerstift. (Thema Kreuz) 96; Austauschstip. f. Lyon 98; Kl.pr. d. ABK Nürnberg 98 – **Ve:** VG Bild-Kunst 02; BBK Bay. 03 – **KGr:** Artisti Liberi Europei (02) – **G/T:** Malerei; Graph.; Skulpt.; Kunst im öff. Raum u. am Bau; Fotogr.; Gebrauchsdesign; Objektkunst (Glas, Stein, Holz, Stahl) – **W:** Werke im Bes. v. Prof. Ilea (Berlin), in d. Slg Fricke Berlin sowie im Bes. d. Bay. Hypobank München u. d. Commerzbank Nürnberg – **M:** Avellino, Fond. Intern. Arti Visive; Kronstadt, Geschichtsmus.; Vladimir, Slg f. Zeitgen. Kunst – **Ö:** Berlin, Botschaft v. Rumänien; Berlin, Rumänisches Kult.inst. Titu Maiorescu; Marburg, Praxis Dr. Maywurm; Nürnberg, Stadtpark Süd; Tula/Mexiko, Univ.; Vladimir, Erlangen-Haus – **E:** 94 Kronstadt, Altes RH; 95 Kronstadt, Victoria Gal.; Bukarest, Caminul Artei; 98 Nürnberg, Gal. d. HS; 03 Berlin, Rumänisches Kult.inst.; Berlin, Genthiner Elf; 04 Berlin, Büsch – **G:** 94 Avellino, Europart; 96 Quebec, Bienn. Intern. d'Art

Miniature; 00 Fürth, Stadttheater; Salzburg, Kunstmesse; 01 Vladimir, VBK Rußlands; 01 Viterbo; 02 Berlin, Auswärtiges Amt; Erlangen; 03 Berlin, Rumänische Botschaft – **V:** C. L. H., Kat. 00 – ***Lit:*** ABK Nürnberg (Hrsg.): Danner-Wettbewerb, Kat. 96; Junge Künstler Deutscher Akademien. Hypo-Art 97, Kat. 97; Erlangen – Vladimir 2002. Vertrautes im Fremden, Kat. 02; Ovidiu Consuleto: C. L. H. Fluxul Orfice 02 – (Red.)

Han, Erik, Maler; c/o Künstlergruppe adp, Lohstr. 37, D-31785 Hameln – **G/T:** Malerei, Zchng, Aqu. (gegenständl.)

Hananuntasuk, Somyot, Maler; Horemansstr. 25, D-80636 München, Tel. u. Fax (0 89) 1 23 33 10, *somyot_han@web.de* (* Bangkog 12. 6. 49) – **VG:** Weiden, Hammer & Herzer; Kötzting, Gal. im Woferlhof; Hong Kong, Chouinard; Chicago, Chouinard; Bangkok, 100 Tonson Gall. – **S:** 72–78 ABK München (b. Prof. Günter Fruhtrunk, Dipl.) – **L:** 01–03 Sommerakad. Neuburg an d. Donau (Malerei) – **P:** DAAD-Stip. 72–74 – **Ve:** BBK München u. Obb. – **G/T:** abstr. Malerei – **W:** überw. in Privatbes. – **M:** Nürnberg, Slg Schmidt Bank – **Ö:** München, Polizeipräs. (Wandgest.) – **B:** Chiengmai/ Thailand (Hausobjekt in 'The Land') – **E:** 76 München, Gal. B.O.A. 84 München, Atelier Horemansstr.; 94 München, Gal. Burgstr.; München, Gal. d. Lutherkirche; 95 München, Prinz Myshkin; 96 Cham, StG; Bangkok, NG; 96, 97 Chiengmai, KH d. Univ.; 99, 02 München, Otto-Gal.; 99, 01 Bangkok, Surapon; 00 Silvaplana, Diehl & Partner; 02 Hongkong, Chouinard; 03 Neuburg a. d. Donau, StG – **G:** zahlr. Gr.- u. Gemeinschaftsausst. seit 68, zuletzt u. a. 00 München, Otto-Gal.; Wettzell, Gal. im Woferlhof; Mainz, Gutenberg Pavillon; 01 Weiden, KV; 02 Atlanta/GA, Ayutthaya Gal.; Chicago, Chouinard; 03 Bangkok, 100 Tonson Gall. – ***Lit:*** Hanne Weskott u. Somporn Rodboon (Text): S. H. Paintings 1971–1996 96; Jochen Meister (Text), Leporello z. Ausst. 02; Hanne Weskott u. Josef NG (Text), Ausst.kat. 03 – (Red.)

Hand s. Golkowski, Heike

Handelmann, Ina, Graphikerin, Dipl.-Informatikerin, Graphik-Designerin; Pasenow 47, D-17349 Helpt, Tel. (0 39 67) 41 01 75, *baeckerberg47@gmx.de*, *atelier-caroline.de*. c/o Atelier Caroline, 4. Ringstr. 429, D-17033 Neubrandenburg, Tel. (03 59) 5 68 34 60 (* Wurzen 24. 10. 63) – **VG:** Wittenhagen, KH; Heringsdorf, Stilart; Neubrandenburg, Gal. am Neuen Tor – **KGe:** I.H. u. Matthias Jaeger (seit 05) – **G/T:** Zchng (Rohr-, Stahlfeder, Rapidograph, Füllhalter); Lsch. u. Ortsansichten; Skurilles; Ill. – Lyrik, Wortspiele – **K:** Archit.zeichnen; Zeichnen in d. Lsch.; Arb. m. Strukturen – **Ö:** Ueckermünde, Tierproduktion Haffküste GmbH (Gläserner Kuhstall) – **E:** 05 Rattey, Park Hotel Schloß Rattey; Neustrelitz, Mus.; Helpt, Gutsspeicher (Heimat fremde Schönheit, m. Carolin Große, Fotogr. u. Ulrike Rösner, Plast.); 06 Neubrandenburg, Gal. am Neuen Tor; Stavenhagen, Fritz-Reuter-Literaturmus. – sowie: 06 Gal. Ludwigshof – **V:** Marianne Beese: Die Erkundung d. Räume (Zchngn) 04

Handiak-Christophe, Theodora s. Hadiak, Theo

Hanel, Octavia, Bildhauerin, Objekt- u. Installationskünstlerin, Graphikerin; Paul-Egleder-Weg 8, D-83052 Bruckmühl, Tel. (0 80 62) 66 24, *oh@octavia-hanel.de*, *www.octavia-hanel.de* (* München 28. 4. 45) – **VG:** Innsbruck, Egger; Grünwald, Müller – **S:** 76–83 ABK München (b. Eduardo Paolozzi) – **L:** 98 Ev. Akad. (Leitung d. Bildhauerkl.) – **Ve:** KV Bad Aibling 95–98; KV München 95; VG Bild-Kunst 98 – **KGr:** Josephine Beuys Forum (93–03) – **G/T:** Skulpt. (Holz, organ. Abstr.); Objekt-Install. (versch. Materialien); Graph. (Papierschneidetechnik, Tuschezchng) – **E:** 94, 95 Bad Aibling, Kunst im Abrißhaus; 99 Bad Aibling, KV; 03 München, Janik – sowie Innsbruck, Egger – **G:** zahlr. Bet. seit 83, zuletzt 02 München, KV; Bruckmühl, Gal. Förd.ver.; 04 Bad Aibling, KV – sowie Straubing, Gal. im Weytterturm (Gemeinschaft bild. Künstler) – **V:** Skulpt. – Objekt – Install. – Grafik, Kat. 02 – ***Lit:*** u. a. Stefanie Hanel: Stören Sie Umwege? Ausst.kat. 89; Helmut Schneider: Formen im Raum, in: Nike Kunstj. special Sculpture 92, 93; Beatrice Lavarini: Mit d. Linie üb. d. Begrenzung d. Raumes hinaus, Ausst.kat. 02 – ***LitR:*** u. a. Martin Offer, Jochen Hägle: Mit d. Linie üb. d. Begrenzung d. Raumes hinaus, Portr./Dok. RFR, RTL 95; Lilly Streng, Christian Frania: Kunstportr., RTL u. Bay.-alpha 99; Stefanie Rassow, Thomas Käser: geteilter Raum – geteilter Traum, RFR, RTL 03

Hanel, Walter, Zeichner, Karikaturist; Kastanienallee 11, D-51427 Bergisch Gladbach, Tel. (0 22 04) 6 39 25, Fax 96 19 99 (* Teplitz-Schönau/Tschechien 14. 9. 30) – **S:** 53–59 WerkKSch Köln (Meisterschüler f. Freie Graph.) – **P:** Wilhelm-Busch-Pr. 87; Thomas-Nast-Pr. 93; Cartoonfestival Legnica (Goldmed.) – **Ve:** VG Bild 80 – **G/T:** Ill., Karikatur, Zeichn. – **M:** Bonn, Haus d. Gesch. d. BRD; Hannover, Wilhelm-Busch-Mus. – **E:** 87, 02 Hannover, Wilhelm-Busch-Mus.; 94 Warschau, Muz. Karykatury; 95 Köln, Käthe Kollwitz Mus. – **V:** Demaskierungen 92; Pointiert 95; Charaktere und Karikaturen – Der Zeichner W.H. 02; – MAPPEN: Die Vögel 83; Basso continuo 88; H. Bestiarium 90; Literarisches Oktett – ***Lit:*** Ausst.kat.: Commedia dell arte 87; Charaktere u. Karikaturen 02; Pointiert, Ausst.b. – ***LitR:*** Wie entsteht eine politische Zeichnung? WDR 85; Und Köpfe u. Krähen u. Kröten – der Zeichner W.H., in: Menschen in NRW, WDR 87 – (Red.)

Hanf-Dressler, Heide s. Lauterbach, Heide

Hangen, Heijo, Maler u. Graphiker; Goebensiedlung 7/1, D-56077 Koblenz, Tel. (02 61) 7 52 67 (* Bad Kreuznach 29. 4. 27) – **VG:** Friedberg, Gal. u. Ed. Hoffmann; Saarbrücken, Gal. St. Johann – **P:** Villa-Massimo-Stip. 76; Kult.pr. d. Stadt Koblenz 91; Kunstpr. d. Ldes RP 91; E.gast Villa Massimo Rom 97 – **G/T:** Vertreter d. Konstruktivismus – **M:** Bochum, Mus.; Bonn, KM; Bonn, LM; Düsseldorf, Mus. Kunst Pal.; Hannover, Sprengel Mus.; Humlebæk, Louisiana Mus. of Mod. Art; Koblenz, Mittelrhein-Mus.; Köln, Mus. Ludwig; Ludwigshafen, Wilhelm-Hack-Mus.; Stuttgart, KM; Tel Aviv, Mus. of Art; Wiesbaden, Mus.; Wuppertal, Von der Heydt-Mus.; Würzburg, Kult.speicher – **E:** 94 Koblenz, Mittelrhein-Mus.; 98 Ludwigshafen, KV – **G:** 77 Kassel, documenta VI – ***Lit:*** Reclams Künstlerlex. 02; Schweers 02; H., Werkverz. d. Serigraphien; H. Selbstportr., s/w-Werk u. Lebensdaten

Hangert, Ilse (geb. Ilse Lay-Koebe, Ps.: Minou Yal); Am Murbach 5, D-42799 Leichlingen, Tel. (0 21 75) 28 06 (* Köln 6. 11. 25) – **S:** 45–49 Leichlingen (b. Kunstmaler Theo Hangert) – **Ve:** VG Wort; VG Bild-Kunst 89 – **KGr:** Leichlinger Künstler – **G/T:** Malerei (Öl auf Leinen, impressionistisch u. modern) – **G:** 88–98 ca. 19 jurierte Ausst. Leichlinger Künstler – (Red.)

Hanghofer, Wolfgang; Ottensheimerstr. 34, A-4040 Linz, Tel. (06 99) 17 73 32 37. 14, Rue de Chartres, Tel. (01 42) 55 59 85 (* Linz 2. 4. 55) – **G/T:** Malerei, Graph. – **M:** Linz, LG; Linz, Lentos; Linz, Nordico-Mus. – **V:** Der Punkt denkt, Broschüre (I.–IV. Teil) 88, 89, 90, 92 – ***Lit:*** Linz – Berlin – N.Y. 1984–1986, Kat. 86 – (Red.)

Hanimann, Alex, Prof., Zeichner, Video- u. Installationskünstler; lebt in St. Gallen u. Zürich (* Mörschwil/ St. Gallen 18. 2. 55) – **VG:** Basel, Stampa; Köln, Hengesbach; Nürnberg, Sima; Genf, Skopia; Zürich, Ver. f. Orig.graph. – **S:** 71–75 Lehrersem. Rorschach; 77–

81 HS f. Gest. u. Kunst Zürich (höheres Lehramt im Zeichnen) – **L:** 87–90 HS f. Gest. u. Kunst Zürich (Stud.bereich Bild. Kunst, Gastdoz.); seit 98 ebda (Doz. im Stud.bereich Visuelle Gest.); seit 03 ebda (o. Prof., Leitung d. Stud.schwerpunktes 'Bildlabor' m. Kurt Eckert) – **P:** Kiefer-Hablitzel-Stip. 84; Förd.pr. d. Stadt St. Gallen 88; Manor-Kunstpr. St. Gallen 92; Werkbeitr. d. Kt. St. Gallen 94; Straubenzeller Kunstpr. 03 – **Ve:** Eidgenöss. Kunstkommission 97–04 – **G/T:** Zchng (Blei- u. Filzstift, Figuren aus Tier- u. Menschenwelt, Schemata u. Wortskizzen, auch Erstellung v. Zchngn am Computer sowie mittels fotokopieren, scannen u. pausen eigene Bearbeitung, z.T. auch Entfremdung); Video; Install. – **W:** Mitbegr. d. KH St. Gallen u. Mitarb. im Vorstand bis 98 – **M:** Aarau, Aargauer Kunsthaus; Genf, Mamco; Solothurn, KM – **E:** u. a. 81 St. Gallen, St. Gal.; 82 Basel, Kunstraum Filiale; 83 Lausanne, Rivolta; 85 Fribourg, Fri-Art; 86, 93 Luzern, Raum für Aktuelle Kunst; 86, 89, 01 Kreuzlingen, Kunstraum; 86, 89, 94, 98, 02, 04 Basel, Stampa; 88 St. Gallen, KV (Kat.); Frankfurt am Main, Hilger; 88, 90 Zürich, Rosenberg; 89 Schaffhausen, Mus. zu Allerheiligen (m. Peter Kamm, Kat.); 89, 93, 02 Nürnberg, Sima; 90 St. Gallen, KH (m. Manfred Stumpf u. Silvia Bächli); 91 Marburg, KV; 92 Ludwigsburg, KV; 92 (Kat.), 03, 04 St. Gallen, KM; 93 Gais, Mus. Robert Walser; Nürnberg, Albrecht-Dürer-Ges.; 94 Hannover, Forum Kesselhaus; Genf, Centre Genevois de Gravure Contemp.; 95, 97, 98, 01, 04, 05 Genf, Skopia; 95, 98, 01 Wuppertal, Hengesbach; 96 Bern, Friedrich (Kat.); München, Gögger; 98 Sierre, Forum d'Art Contemporain; 99, 05 Ticino, Centro d'Arte Contemp.; 00 Nürnberg, Inst. f. mod. Kunst; Düren, Leopold-Hoesch-Mus.; Kosiče/Slowakei, Muz. Vojtecha Löfflera; 00, 04 Solothurn, KM; 01, 03, 06 Genf, Mus. d'Art Mod. et Contemp.; 02 Münster, Westf. KV; 03 Baden, Hans-Trudel-Haus; Paris, Rencontrer Paris; 04 St. Gallen, Neue KH (Kat.); 05 Nürnberg, Neues Mus.; Mexiko-Stadt, Mus. de Arte Carrillo Gil; Köln, Hengesbach; 06 Bern, KM – **G:** zahlr., zuletzt u. a. 03 (Heimspiel), 04 (Kunst f. d. Welt) St. Gallen, Neue KH; 04 Solothurn, KM: Von Menschen u. Tieren, Schwarz auf weiß – Zeichner. Realismus heute; 05 Mexiko-Stadt, Mus. de Arte Carrillo Gil: Birdwatching; Ticino, Centro d'Arte Contemp.: Une Journée Particuliere; 06 Genf, Mus. d'Art Mod. et Contemp.: Condensations; Bern, KM: Reisen m. d. Kunst – ***Lit:*** sehr zahlr., zuletzt u. a. Barbara Basting: Hier ist nichts, außer ich sehe was, In: FAZ v. 16.2.00; dies.: Durchgepaust u. abgekupfert, In: Weltwoche v. 24.2.00; Angelika Affentranger: Versuche im Labyrinth, In: NZZ v. 28.1.00; Rich: Denkt mit, In: Dürener Kult. Mag. v. 26.9.00; Sven Drühl: Denker-Zeichner, In: Kunstbulletin, 2 01; Cornelia Kesper: Spiel mit komischen Bilderrätseln, In: Wuppertaler Ztg v. 31.1.01; Adrian Searle: I'll get my jacket, In: The Guardian/10 Visual arts, Dez. 01; Ursula Badrutt-Schoch: Nach dem großen Preis, In: St. Galler Tagblatt v. 6.3.02; Carina Plath: A.H. im Westf. KV, In: Kunstbulletin, 5 02; A.H. Horsepark 02 – ***LitR:*** Franziska Bethke: z. Ausst. im KM Solothurn, In: DRS aktuell, Radio DRS v. 3.2.00 – (Red.)

Hanke-Eiden, Anni (geb. Anni Eiden), Malerin, Plastikerin; Rosenstr. 27, D-51427 Bergisch Gladbach, Tel. (0 22 04) 6 39 27, Fax (02 21) 2 58 24 89, *www.kunstplattform.de; www.hanke-eiden.de* (* Köln) – **VG:** Köln, Inter Art Gal.; Bergisch Gladbach, Schröder & Dörr; Aachen, Hexagone – **Ve:** Künstler-Union-Köln 00 – **G/T:** surrealist. Malerei (Öl, Aqu., Gouache, Graphit, Mischtechnik); Plast. – **E:** 82, 93 Köln, Dt. Bank; 95, 98 Bergisch Gladbach, Schröder & Dörr – sowie: Aachen, Hexagone; Bensberg, Gal. am Brunnen; Bensberg, Kölner Bank; Bergisch Gladbach, Therapiezentrum Remedium; Bergisch Gladbach, VHS; Köln, Kolpinghaus – **G:** u. a. 86 Berlin, RH Charlottenburg; seit 87, jl. Köln, Inter Art Gal.; 89–96, jl. Toronto, Del Bello Gall.; Toronto, Metro; seit 91, zuletzt 02 Bergisch Gladbach, Schröder & Dörr; seit 96, alle 2 Jahre Köln, Kr.spk.; 98–05 Nideggen, Gal. Scheune – sowie: Aachen, Hexagone; Bensberg, Gal. am Brunnen; Berlin, Dt. Bundestag; Dortmund, Gal. UnArt; Köln, Roesinger; Kronach, RH; Siegburg, Kult.amt; Wiesbaden, Kult.amt; Wipperfürth, Stadthaus – **V:** M. Hanke: Tal d. vergessenen Blumen, Lyrikbd (Ill.) – ***Lit:*** E. Heinen: Künstlerportr. in: Kirchenztg f. d. Erzbistum Köln 88; E. Coester: Portr., in: Rhein.-Berg. Jb. 06; Günther Ott: A.H.-E. Malerei-Zchng-Plast., Kat.; Dieter J. Baumgart, Kat.; Kölner Woche; Art Adress – sowie im Kölner Stadtanzeiger: Michaela Paus 96; Karin E. Erdtmann 01 u. 02; Cl. Pahlich 04; in: Kölnische Rundschau: Claus Boelen-Theile 01, 03, 05 – ***LitR:*** hier + heute, Fs.beitr. (z. Ausst. Kr.spk. Köln, 3. Programm) 96

Hannak, Karin (geb. Karin Schuschnigg), Capillographin, Konzeptkünstlerin; Rosenau 18, A-4600 Wels, Tel. (0 72 42) 4 75 32, Fax 4 10 76, *hannak@capilloart.at, www.capilloart.at* (* Wels/ObÖst.) – **S:** 85 Intern. Sommerakad. f. Bild. Kunst Salzburg (Malerei b. Prof. A. Lehmden); 88 Scuola di Visione Rom (Malerei b. Prof. R. Kortokraks) – **Ve:** Atelier Wels 90; IntAkt 91; Künstlergilde Wels 00; Künstlerhaus Wien 00 – **G/T:** Kunstobjekte m. menschlichem Haar (Capillographie, CapilloArt, Capillo Collection Intern.); Projekte in Weiß (Install., Konzeptkunst, Computeranimation); Themen: Leid, Vergänglichkeit, Zeit, Ewigkeit – **W:** in Privatbes., Plakatwände, Fahnen – **M:** Thessaloniki, Cultural Centre of Stavroupoli Municipality; Wels, Gal. d. Stadt Wels – **Ö:** Wels, Friedhof – **E:** 90 Lancut, Schloß; 93 7els, Öff. Raum; 94 Wien, Votivkirche; Wien, WUK; 00 Wels, Gal. Forum; 02 Wien, Haslinger; 03 Wien, Künstlerhaus – **G:** u. a. 00 Linz, Posthof; 01, 02 Wien, Künstlerhaus; Wels, Gal. Forum; Wien, AKH-Gal.; 02 Wien, Haslinger; Thessaloniki, Cultural Centre of Stavroupoli Municipality; Schwaz/Tirol, StG; Halle/Saale, Hallescher KV; Wien, freecard Halle; 03 St. Pölten, Ndöst. Dok.-Zentrum f. Mod. Kunst; Lesvos, Chamber of Lesvos; Zürich, Kongreßhaus; 04 Gallspach, Kunstraum – **V:** AUSST.KAT.: Capillographie 93; 10 m Plakatwand vor der Votivkirche Wien 95; CapilloCollection International 99; Im Zentrum Diskurs 02; – weitere: Healthy Mind in a Healthy Body, Kunstkal. 04 – **R:** m. U. Stiller: Wider dem Fortschritt, Ö 1 Radiokolleg 03; Alle sieben Sekunden, Computeranimation 04 – ***Lit:*** Gesellschaft Bild. Künstler Öst.: Künstlerhaus SALON 02; Wolfgang Müller-Thalheim: K. H. – CapilloArt, Ausst.kat. 03 – ***LitR:*** 10 m Plakatwand vor der Votivkirche in Wien, in: Heute, ORF 95; CapilloCollection International, Kult.bericht WT1 00 – (Red.)

Hanner, Gabi, Bildhauerin, Malerin, Graphikerin; Winterberger Str. 13, D-94078 Freyung, Tel. (0 85 51) 62 29, *info@gabi-hanner.de, www.gabi-hanner.de* (* München 18. 12. 50) – **VG:** München, Krupan; Passau, Wildner – **S:** 71–74 Stud. Pädagogik m. Schwerpunkt Kunst – **L:** 74–91 Volksschule Hohenau; 91–03 KV Wolfstein (Workshopleiterin); 02–04 Gymnasium Freyung (Kunstlehrer) – **Ve:** BBK Ndb.-Oberpf.; KV Wolfstein; KV Passau – **G/T:** Bildhauerei (Terrakotta, Holz, Stein); Acrylmalerei; Land-Art; Graph. (Aquatintarad., Lith.); Thema: menschliche Figur – **K:** plast. Gest., freie Malerei, Land-Art (Workshops) – **W:** überw. in Privatbes., div. Land-Art-Projekte – **M:** Frauenau, Glasmus.; Freyung, Schloß Wolfstein; München, Bay.

Staatsgemäldeslgn; Passau, KS – **Ö:** Freyung, Buchhandlung Lang; ebda, Skulpt.weg, Kr.bücherei; Platting, Spitalgarten – **E:** u. a. 02 Passau, St. Anna Kap.; Grafenau, Nat.park Bay. Wald; 03 Freyung, Skulpt.weg; 04 Passau, Stauber – **G:** zahlr. Ausst.bet. seit 91, zuletzt 01 Berlin, Intern. Kunstmesse; 03 Deggendorf, Große Ostbay. Kunstausst.; Regensburg, Jahresschau KV – **V:** Edition Druckgraphik (Aquatintarad.) 94; Club der jungen Dichter (Ill., Tuschezeichn.) 01 – ***Lit:*** Kunst aus Ostbayern 95; Stadtbuch Freyung 01; Galerieführer Schloß Wolfstein 03 – ***LitR:*** Andreas Werner u. Christian Repa: Tonkünstlerin, Portr. Tele Reg. Passau 01 – (Red.)

Hannes, Rolf, Maler, Graphiker; Jacob-Burckhardt-Str. 11, D-79098 Freiburg, Tel. (07 61) 2 45 04, *mail@rolfhannes.de*, *www.rolfhannes.de* (* Kall/Eifel 9. 12. 36) – **S:** 69–73 HS f. Gest. Basel (Malerei b. Franz Fedier, Lith. b. Kurt Meier) – **Ve:** BBK Südbaden 72; VG Bild-Kunst 85 Europ. Vrg bild. Künstler aus Eifel u. Ardennen – **G/T:** Malerei u. Graph. – **W:** überw. in Privatbes. sowie im Bes. d. Reg.präs. Südbaden – **E:** 72 Basel, Kantonalbank; 82 Bombay, Hasting's; 85 Wasenweiler, Studio; 89 Freiburg im Breisgau, Rugby Club; 95 Konstanz, K9; 96 Neustadt, Kunstherbst; 02 Niedereggenen, Kampe; 03 Freiburg im Breisgau, StG Schwarzes Kloster; 04 Waldkirch, KV; 06 Wasserburg, KV – **G:** 72 Bradford, Bienn.; 75 Mannheim, Kubus; 83 Basel, Kaserne; 86 Freiburg im Breisgau, StG Schwarzes Kloster; 91 Freiburg im Breisgau, KV Freiburg; 92 Schwetzingen, KV; Maastricht, Bienn.; 93 Karlsruhe, Ldesgewerbemus.; Heidelberg, Schloß; Athen, Goethe-Inst.; 94 March, KV; 95 Paris, Maison Heinrich Heine; 97 Oldenburg, Carl v. Ossietzky-Univ.; 00 Trier, SWR-Studio; 05 Reutlingen, Städt. KM Spendhaus; Ludwigsburg, Spk. – **V:** Es gibt nur einen imaginären Raum 73; Für Djuna Barnes, Mappenwerk (5 Rad.) 94; Zeichen, Mappenwerk (9 Hschn.) 95; alpha & omega, Buch-Unikat (26 Rad., Holz- u. Linolschnitte) 96; Venexia, Buch (11 Lith.) 97; Das Buch vom Sehen (15 Hschn.) 99 – **R:** Der Tanz der Ariadne, Stück für 2 Darsteller und Tonbandaufzeichnung 75; Schwarzweiß, szenisches Happening für 4 Darsteller 75 – ***Lit:*** Herbert M. Hurka: Zeichenspur 97; ders.: Essay übers Sehen 99; Petra Kamphoff (Text): Radierungen, Kat. 03

Hanreich, Georg, Dipl. Ing., Architekt, Zeichner; Feldegg 1, A-4742 Pram, Tel. (0 77 36) 6 26 10, Fax 6 26 14 (* Wien 22. 10. 39) – **S:** 57–61 TU Wien (b. Prof. Eisenmenger, Aqu.sem. b. Reiner Schiestl, Harald Ebster u. Roman Haller) – **Ve:** Innviertler Künstlergilde (Vorsitzender 94/95) 65 – **G/T:** Zeichn., Objekte (Metall) – **Ö:** Pram, Schloß Feldegg – **E:** zahlr. Ausst., u. a. in Kärnten, ObÖst. u. Wien – **G:** Bet. an d. Jahresausst. d. Innviertler Künstlergilde – **V:** Scottish Sketches, Mappenwerk 80; Mexiko, Reiseskizzen 93; Umbrien – Toscana 94; Indien 96; Baugeschichte von Schloß Feldegg, Festschrift 03

Hanrieder, Ralf, Lithograph; Münchnerstr. 38, D-85221 Dachau, Tel. (0 81 31) 5 47 55, *hanrieder@magischesquadrat.de*, *www.magischesquadrat.de* (* München 30. 9. 57) – **VG:** München, Reile – **S:** 79–81 Ausb. z. Lithographen – **Ve:** BBK Bay.; Künstlervrg Dachau – **G/T:** Konzeptkunst nach magischen Quadraten in: Graph. (vorw. Druckgraph.), Install., Objekt u. gezeichneten Kurzfilmen – **K:** Lith. – **M:** Calw, Hermann-Hesse-Mus. – **Ö:** Dachau, Ldratsamt; ebda, RH; Fahrenzhausen, Volksbank Raiffeisenbank; Garching, RH; Germering, Artothek; Karlsfeld, Volksbank Raiffeisenbank – **E:** 90 Dachau, Gal. d. Künstlervrg; 93 München, Produzentengal.; 94 Garching, Bürgerhaus; 95 München, Kunstpavillon; 97 München, Notwehr; 98 Dachau, Neue Gal.; Augsburg, Kulturesk; 99 Germering, Bürgerhaus; 00 Dachau, RH; 01 Beijing, Laide Art; 03 München, Reile – **G:** 87–99 Dachau, Schloß; 96 Bonn, Botschaft v. Paraguay; 97 München, Reg. v. Obb.; 99 Augsburg, Univ. (Avantgarde Nacht); 00 Bremen, Kult.bahnhof Vegesack; 00, 02 München, Große Kunstausst. im Haus d. Kunst, 03 Wertingen, Schloß – **R:** m. Horst Wieser: Transformationen, gezeichneter Kurzfilm (Zeichn. u. Regie) 01; m. Qiu Zhenzhong: Boundless, Kurzfilm 01; Strukturen, Install., Videoprojektion (Idee) 02 – ***Lit:*** R. H., Kat. (Werkschau) z. Ausst. in d. Neuen Gal. Dachau 98; KV Bobingen (Hrsg.): R. H. / Qiu Zhenzhong. Neue Gemeinschaftsarbeit, Leporello 04 – (Red.)

Hans s. Hauptmann, Hans-Günter

Hansche, Werner, Maler; Bagelstr. 119, D-40479 Düsseldorf, Tel. (02 11) 4 69 56 46, *hansche@t-online.de*, *www.werner-hansche.de* (* Mannheim 7. 5. 28) – **S:** 47–48 Freie Akad. Mannheim (Malerei u. Bildhauerei, Prof. Trummer u. Prof. Cherlé); 72–74 Nepal u. Sri Lanka (Studienaufenthalt) – **Ve:** BBK Bad.-Württ. 70–84; VG Bild-Kunst 01 – **G/T:** Malerei (Acryl, Mischtechnik/Lw., Papier, figurative, expressive, geometr. Abstr.) – **W:** überw. in Privatbes. – **M:** Frankfurt am Main, Heinrich-Hoffmann-Mus.; Göppingen, KH; Mainz, Kultusmin. RP; Recklinghausen, Vestisches Mus.; Reinbek, Mus. Rade am Schloß; Sindelfingen, StG; Worms, Mus. Kunsthaus Heylshof – **Ö:** Colombo/Sri Lanka, Botschaft d. BRD; Essen, Friedrich-Ebert-Sozialzentrum; ebda, Kurt-Schumacher-Sozialzentrum; Montabaur, Akad. Dt. Genossenschaften – **E:** u. a. 71 Frankfurt am Main, Rahmhof; 72 Würzburg, Villinger; 74 Colombo, Goethe Inst.; 75 Heidelberg, Melnikow; 77 Göppingen, StG; 78 Koblenz, Mittelrhein-Mus.; 79 Wiesbaden, Moering; Köln, Runhof; Tucson, Sand-Gall.; 81 Mannheim, Reßmann; 82, 83, 85 Basel, Art Basel; 84 Berlin, Wölfer; 86 Essen, Kennedy-Haus; Siegburg, Lange; 87 New York, Alena-Adlung-Gall.; 88 Heidelberg, Friedmann-Guinness-Gall.; 90 München, Kunstförderkr. Bamberger Haus; 93 Gevelsberg, Appelt; 99 Weinheim, Gal. der Volksbank – **G:** 78 Frankfurt am Main, Heinrich-Hoffmann-Mus.; 79 Mailand, Commune di Milano; 80 Frankfurt am Main, Paulskirche; 90 Koblenz, Mittelrhein-Mus. – **V:** Rolf Italiaander: Kiri-Geister d. Südsee, Kdb. (Ill.) 75; G.H. Herzog (Hrsg.): Struwwelpeter (Kaltnadelrad.) 78; Karl Heinz Bieler: Miteinander, Lehrb. (Ill.) 79, 81

Hansen, Beate, Bildhauerin; Am Straußenkreuz 55, D-40229 Düsseldorf, Tel. (02 11) 2 09 17 74, Fax 2 09 17 73, *info@ennenundhansen.de*, *www.duesseldorf.de/kuenstlerleben* (* Wuppertal 10. 7. 57) – **VG:** Düsseldorf, Link – **S:** 88–95 FHS Hannover (Stud. Freie Kunst/Plastik) – **P:** Symposion Künstlergut Prösitz (Kat.) 98, 01; Wettb. Modell f. ein Kunstobjekt in d. Hülser Fußgängerzone Krefeld (2. Pr.) 02 – **G/T:** Plast.; Objekte; Zchngn – **K:** freie Mitarb. am Kaiser-Wilhelm-Museum Krefeld (97–03) – **W:** überw. in Privatbes. – **E:** 95 Hannover, Gal. BAKu; 98 Vechta, KV Kaponier; Neuss, Wehrhahn; 01 Krefeld, Dt. Bank; 05 Düsseldorf, Jokisch – **G:** mehrere Bet., u. a. 96 Krefeld, ehem. Stadtbad: Statt-Bad-Kunst; 99, 02 Grimma, Klosterkirche; 99 Neuss, Wehrhahn; 01 Krefeld, St. Cyriacus Kirche; 02 Dresden, Kreative Wkst.; 04 Gutsherrinnen: Potsdam, Panzerhalle; Bonn, Frauenmus.

Hansen, Gerrit (Ps.: Ohnekopf-Illustration u. Grafik), Illustrator, Graphiker; Dorfstr. 60, D-24232 Tökendorf/Dobersdorf, Tel. (0 43 48) 91 91 55, Fax 91 91 73, *10meter@ohnekopf.de*, *www.ohnekopf.de* (* Kiel 27. 3. 75) – **Ve:** VG Bild-Kunst 99; IO – Illustratoren Organisation 03 – **G/T:** Ill. f. Werbung u. Verlage (stilübergreifend)

Hansen, Mathias, Dipl. Maler u. Graphiker; Theodor-Brugsch-Str. 8, D-13125 Berlin, Tel. (0 30) 9 49 62 26 (* Neindorf/Bördekreis 13. 1. 61) – **S:** 80–85 HBK Dresden; 85–87 HBK Dresden (Meisterschüler b. Prof. Jutta Damme) – **L:** 89–91 HBK Dresden (Ass. FB Malerei, Graph.) – **P:** Stadtkünstler in Wilhelmshaven 90 – **Ve:** VBK DDR 87–90; KBD 90–02 – **G/T:** Malerei (alle Techniken); Graph. (Zeichn.); Plast. (realistisch, gegenständlich, figürlich) – **M:** Hamburg, Erotic Art Mus. – **E:** 90 Dresden, Gal. d. HBK; 01, 03 Hamburg, Erotic Art Mus. – **G:** 88 Dresden, Gal. am Blauen Wunder; 89 Berlin, Haus d. Dt. Sowjetischen Freundschaft; 90, 95 Stuttgart, Döbele; 91, 92 Turning Points Ausst. an div. Orten in GB; 95 – ***Lit:*** Blaues Wunder, Ausst.kat. 88; Dresdner Hochschullehrer, Ausst.kat. 90 – (Red.)

Hansing, Ernst Günter, Prof., Maler, Graphiker, Bildhauer; Am Zoperich 1, D-53604 Bad Honnef, Tel. (0 22 24) 55 72, Fax 96 18 25 (* Kiel 15. 6. 29) – **S:** Autodidakt; 48–52 Goldschmied in Flensburg; 52–53 b. André Lhote u. Fernand Léger in Paris; 54–55 HBK Berlin – **P:** Grand Prix New York 70; Großer Kunstpr. d. Ldes Schlesw.-Holst. 76 – **Ve:** VG Bild-Kunst 05 – **G/T:** Bildkomposition in abstr., expressivem Surrealismus; Portr.malerei; Graph.; Glasfenstergest.; keram. Wandgest.; Metallplast. – **W:** überw. in Privatbes., Wand- u. Fenstergest. in Kirchen u. Schulen – **M:** Bonn, Haus d. Gesch. d. BRD; Flensburg, StM; Rom, Coll. d'Arte Religiosa Mod. im Vatikan; Schleswig, LM f. Kunst u. Kult.-Gesch. Schloß Gottorf – **Ö:** Bonn, Beueler Rheinufer (Stahlplast.); Kiel, LEG (Stahlplast.); Neumünster (Industr.plast.) – **E:** 57 Kiel, KH; 58 Köln, Französ. Inst.; 59 Schleswig, LM f. Kunst u. Kult.-Gesch. Schloß Gottorf; 61 Flensburg, StM; 66 Paris, Goethe-Inst.; 72 Bonn, Beethoven-Haus; 74 Rom, Vatikan; 82 Florenz, Ausst. Il Punto; 86 Hannover, Nds. LM (Forum); 99 Bonn, Kunst- und Ausst.halle d. BRD; 06 Bad Honnef, Adenauer-Haus – ***Lit:*** Anton Henze: E.G.H. 76; Ellen Redlefsen: E.G.H. in Schlesw.-Holst. 79; Wilfried Hansmann u. Hans Nitsche: E.G.H. Menschenbild u. Abstraktion 97 – ***LitR:*** E.G.H. Werke im Vatikan u. in Ital., Kult.mag. Aspekte (ZDF) 83

Hanske, Andreas; Biedermannstr. 70, D-04277 Leipzig, Tel. (03 41) 3 02 84 54, *andreas.hanske@web.de*, *www.hanske-atelier.de* (* Radebeul 17. 1. 50) – **VG:** Leipzig, Gal. am Sachsenplatz – **S:** als Künstler Autodidakt, ab 78 ausschl. künstler. tätig; 01 Ausbild. z. Multimediagestalter – **P:** Transfer-Stip. f. Köln 90 – **Ve:** VBK DDR 84–90 – **KGr:** Mobiles Büro für Erdangelegenheiten (seit 91, Mitbegr.) – **G/T:** Malerei, Zeichn., Graph., Install., Holzplast., Bühnenbild, Performance – **W:** zahlr. in Privatbes. – **M:** Altenburg, Lindenau-Mus.; Dresden, Kpst.-Kab.; Leipzig, Dresdner Bank am Augustusplatz; Leipzig, MBK – **Ö:** Leipzig, Kult.amt d. Stadt; Berlin, Wirtschaftsmin. – **E:** u. a. 85 Leipzig, Klubhaus Steinstr.; 86 Leipzig, Gal. Eigen + Art; 88 Leipzig, Gal. Theaterpassage; 90 Bern, KM; 91 Leipzig, Gal. Stöckart; 92 Worms-Hochheim, Bergkirche; Leipzig, Gal. am Dittrichring; 93 Leipzig, Gal. Artefact; 00 Leipzig, Dresdner Bank am Augustuspl. – **G:** 86, 91 Altenburg, Lindenau-Mus.; 90 Paris (L'autre Allemanne hors les murs); 91 Hameln, KV; Rostock, KH; 93 Köln-Ehrenfeld (Hommage á John Cage); 96, 00 Leipzig, Gal. am Sachsenplatz; 99 Lübeck, Künstlerzentrum – ***Lit:*** Schweers 02; Bildende Künstler in Leipzig 06 – (Red.)

Hanzlová, Jitka, Fotografin; Ahornstr. 12, D-45134 Essen, Tel. (02 01) 78 25 27. Hölderlinstr. 20, D-45128 Essen, Tel. (01 73) 2 81 55 44 (* Náchod 58) – **VG:** Frankfurt am Main, Reitz – **S:** 87–94 Univ.-Gesamt-HS Essen (Kommunikationsdesign, Schwerpunkt Fotogr.) – **P:** Otto-Steinert-Pr. 93; Kunststip. d. DG Bank Frankfurt/Main 95; European Photography Award 95; Stip. d. Stift. f. Kunst u. Kult. d. Ldes NRW 98 – **E:** u. a. 94 Köln, Gal. Lichtblick; 96 Frankfurt am Main, KV; 97 Velbert, Mus. Schloß Hardenberg; 00 Hamburg, Deichtorhallen; 01 Winterthur, Foto-Mus.; Amsterdam, Stedelijk Mus.; Essen, Ed. Kunsthandel – **G:** zuletzt: 02 Düsseldorf, Kraushaar; 03 London, The Photographer's Gall.; Düsseldorf, Mus. Kunst Pal.; Zürich, Mai 36 Gal. – ***Lit:*** Koetzle 02 – (Red.)

hapé (eigtl. Hans-Dieter Pfundtner), Bildhauer, Maler; Hornbergstr. 105, D-70188 Stuttgart, Tel. (07 11) 4 89 56 78, *pfundtner@t-online.de*, *www.hapeskulptur.de; www.kunstausstuttgart.de* (* München 16. 8. 46) – **S:** Autodidakt – **Ve:** Württ. KV Stuttgart 80 – **G/T:** Materialbilder; Skulpt.; Acrylmalerei – **M:** Stuttgart, Graphothek; Stuttgart, SG – **E:** u. a. 80 Neu-Ulm, KV; 81 Dortmund, Univ.bibl.; 84 Jagsthausen, Gal.; 94 Rottenburg, KV; 96 Stuttgart, geno; 98 Ostfildern, StG; 99 Stuttgart, Max-Planck-Inst.; 00 Esslingen, Schwörhaussaal; 02 Stuttgart, Crédit Suisse – **G:** 82 Ludwigsburg, Ldratsamt; 83 Esslingen, Kr.spk.; 92 Neuenburg, Künstler bekennen Farbe; Bonn, Ldesvertretung Bad.-Württ.

Hapel, Regina, Illustratorin, Redakteurin, Zeichnerin; Nostitzstr. 19, D-10961 Berlin, Tel. (0 30) 31 50 61 91, Fax 31 80 88 65, *info@hapeldesign.de*, *reginahapel.illustration.de*. Rungestr. 22–24, D-10179 Berlin (* Berlin 13. 8. 69) – **S:** Lette-Ver. Berlin (Graph.-Design, Abschluß als staatl. geprüfte Designerin) – **G/T:** Malerei (Aqu., Acryl auf Lw., Tusche); Comic; Digital-Ill.; Wandmalerei; vorw. farbenfroh, kinderfeundl., detailliert – **W:** div. Veröff.: Breitkopf-Härtel-Verlag, Schwarzer Turm, Ed. Con Brio – **Ö:** Heiligendamm, Kindertagesstätte Grand Hotel Heiligendamm Kempinski (Wandbemalung) – **E:** 99 Berlin, Kunsthof – **G:** 05 Berlin, Designmai (Josettihöfe) – **V:** Vier Stunden zu früh (Mischtechnik) 04; Aqu. u. Kinderbuchill.: Melli Maulwurf 04; Schnupperkurs f. Anfänger 05; Musikalische Rätselreise 05

Harather, Jutta; Raxstr. 21/4/27, A-1100 Wien, Tel. (01) 9 74 10 42, *creative@design01.at*, *www.jutta.harather.de.vu* (* Neunkirchen 68) – **S:** Autodidaktin; College f. Multimedia-Design Wien – **L:** 03–04 Inst. Online Wien (Graph. u. Screendesign) – **P:** Pr. d. Tiroler Tourismus 80; Jugendstaatspr. 82 – **Ve:** IG Bild. Kunst 00 – **KGr:** Die Vorturner (seit 03) – **KGe:** J. H. u. Martha Stamenov (seit 03) – **G/T:** Malerei, Graph., Multimedia – **K:** Multimedia-Design, CD-Roms, Videobearb., Graph., Screendesign – **W:** in Privatbes., Performances im Rahmen v. H.A.P.P.Y. Wien – **E:** 99 Wiener Neustadt, Gal. Brasil; 00 Wiener Neustadt, Ferstl; 03 Wien, Tiempo; Graz; Barcelona; 04 Graz, Kunst + Wein – **G:** 00 Pitten, KUK; 03 Amstetten, RH – **R:** 3 Taps, Video 94; Nichts im Fernsehen. Festival Um Minuta Brasilien 94 – ***Lit:*** Ausst.kat. 00; Nebel-Leben, Ausst.kat. 03 – (Red.)

Harbort, Erika (geb. Erika Decker), Bildhauerin, Malerin; c/o Kunst + Kontakte Christine Bitterlich, Im oberen Forst 5A, D-55776 Frauenberg, Tel. u. Fax (0 67 87) 17 17 (* Chemnitz 28. 3. 54) – **VG:** Leipzig, Gal. am Sachsenplatz – **S:** 74/75 Steinbildhauerlehre Dresden; 75–80 HBK Dresden (Dipl.) – **P:** Wettb. 'Ldschaft in Sa.' (1. Pr. f. Graph.) 93; Wettb. Kunst am Bau 'Botanischer Garten Leipzig' d. Sä. Staatsmin. f. Kunst u. Wiss. (1. Pr.) 03 – **Ve:** SKB; BBK – **G/T:** Stein (v. a. Marmor); Bronze; Arb. auf Papier (Mischtechnik); Figuratives Arb. m. Themen aus d. griechischen Mythologie – **K:** 01, 02, 03, 04 Jgd.kunstbienn. Sa. u. Bay. (Sandstein-Seminare) – **W:** zahlr. Marmorskulpt. in Privatbes.; zahlr. Arb. archit.bezogen im öff. Raum – **Ö:** Marmor- u. Bronzeskulpt.: Chemnitz, Schwimmhalle; Torgau, Marktpl. (Brunnenanlage); Werdau, Schmidt-Bank; Zwickau, Krankenhaus; Zwickau, Spk.; Zwickau, Stadtzentrum (Brunnenanlage) – **E:** zahlr. Einzelausst. seit 81, zuletzt 94 Meerane, Gal. Art-In; 94, 97 Chemnitz, Rosenkranz; 95 Rügen, Schmidt; Chemnitz, KI-OXX; Halle/Saale, Gal. 5ünf Sinne; 96 Rothschönberg, Appenhof; 98 Chemnitz, Gal. Design u. Kunst; 99 Chemnitz, Gal. Borssenanger; 01 Chemnitz, Laterne; Glauchau, Art Gluchowe – **G:** zahlr. Ausst.bet. seit 84, u. a. 92 Berlin, Raab; 92, 93, 94, 95, 97 Dresden, Kunstmesse; 98 Chemnitz, Gal. Design u. Kunst; 00 Dresden, Gal. Königstr.; 01 Toyamura/Japan, Intern. Sculpture Bienn.; 01, 02 Frankfurt am Main, Art Frankfurt; 02 Chemnitz, Gal. Borssenanger; Plauen, Str. d. Skulpt.; 03 Leipzig, Botanischer Garten (Ausst. z. Kunst-am-Bau-Wettb.) – Projektarb.: 98 'Mythos Licht-Erde-Stein'; 99 'ARCHAIK-SYMBOLE-ZEICHEN'; 01 Chemnitz, 'IN SICHT'; 02 Koblenz, Mainz u. Chemnitz, Kunstpfade Sa./RP – ***Lit:*** zahlr. Presseinformationen – (Red.)

Harder, Johannes, Maler, Zeichner, Lyriker; Böckenrad 33, D-23569 Lübeck, Tel. (04 51) 30 67 08 (* Königsberg/Ostpreußen 8. 10. 33) – **VG:** Lübeck, Rothenstein – **S:** Autodidakt – **Ve:** BBK Frankfurt 82–95; BBK Schlesw.-Holst. 97 – **E:** 77 Bremen, Rothenstein; 87, 96 Frankfurt am Main, Kunst in Epiphanias; 93 Frankfurt am Main, Dominikaner-Kloster; 94 Frankfurt am Main, Gal. Baby-K.; 96 Worms, Mus. Kunsthaus Heylshof; 97 Lübeck, St.-Johannes-Kirche; 98 Lübeck, Kreuzkirche; 01, 03 Lübeck, Ostsee-Akad.; Travemünde, Ostsee-Akad. – **G:** u. a. 71 Bremen, KH; 77–84 Frankfurt am Main, Paulskirche u. Steinernes Haus; 87 Frankfurt am Main, Leinwandhaus; 98 Lauenburg, F. Naumann-Stift.; Lübeck, St.-Johannes-Kirche; 00 Reinbek, Mus. Rade – **V:** Situationen Menschenbilder (Lyrik u. Zeichn.) 86; Bilder-Texte-Zeichnungen, Kat. (Kat.erstellung) 93 – (Red.)

Harder, Jutta Natalie (geb. Natalie Harder), Bild. Künstlerin, Schriftstellerin, Marionettenspielerin u. Bäuerin (eigenes Theater 'Die blaue Perle'); Freiligrathstr. 1, D-10967 Berlin, Tel. (0 30) 6 94 22 22, *www.natalie-harder.de*. wohnhaft in Berlin, Tel. (0 30) 6 94 22 22, *www.natalie-harder.de* (* Fehrbellin/Mark 14. 7. 34) – **S:** 53–58 HBK Berlin (Meisterschülerin b. Prof. Alexander Camaro) – **L:** freie Doz. in Berlin – **P:** Kunstpr. d. Kult.kr. im Bundesverb. d. dt. Industr. 57; Pr. d. Stadt Bochum f. Laienmarionettenspiel 74 – **Ve:** BBK Berlins seit 70 (EM seit 99); Neue Ges. f. Lit. Berlin seit 76; Freier Dt. Autorenverb. Berlin 99 – **G/T:** Malerei (Aqu., Öl); Kreidezchng; Holzmetallrelief; Collage; Stoffbilder; vegetative Motive, Gestalten, sakrale u. bibl. Themen – **K:** Malen nach d. Phantasie f. Senioren, Deckfarbe, Aqu., Kreide; Wegbegleitung in initiatischer Therapie (geführtes Zeichnen, Tonarb.) – **W:** zahlr. Arb. in Privatbes. – **E:** u. a. 69 Berlin, Hammer; 82 Berlin, Neuer Berliner KV; 91 Berlin, Ballhaus Naunynstr.; 03 Berlin, Heilig Kreuz Kirche; Berlin, Epiphanienkirche; Hildesheim, St. Vinzenz Bildungshaus; 04 Berlin, Alte Feuerwache; 06 Berlin, Gotisches Haus – MARIONETTENSPIELE: u. a. 80 Berlin, AdK; 82 Berlin, Künstlerhaus Bethanien; 94 Berlin, Max-Beckmann-Saal – **G:** u. a. 76 Berlin-Schöneberg, RH; 01 Berlin, IKB Dt. Industr.bank – **V:** Der Weg. Bilder-Lyrik-Marionetten, Bildbd. 95 – **R:** Hermann Harder (Regie): Recht mitten hindurch. Parzival, Videof. 86 – ***Lit:*** Collagen u. Reliefs, Kat. 82 – ***LitR:*** div. Fs.-Beitr.

Hardy, freischaffender Künstler; Preliebler Str. 18, A-9071 Köttmannsdorf, Tel. (06 76) 5 65 66 71, Fax (0 42 20) 27 72, *hardy@hardy.at*, *www.hardy.at* (* Klagenfurt/Kärnten 30. 11. 63) – **VG:** Köttmannsdorf, Ars Artis – **S:** Autodidakt – **Ve:** Bundesverb. Öst.; Austrian art-assoc. – **E:** zahlr. Ausst. – **G:** in Dtld, d. Schweiz, Spanien, Venezuela, Kolumbien, Bolivien u. Öst. – (Red.)

Harmer, Alice, Zeichenschreiberin; Zur Spinnerin 53/8/3, A-1100 Wien, Tel. u. Fax (01) 6 07 58 22 (* Mönchhof/Bgld 20. 12. 45) – **S:** Autodidaktin – **Ve:** GAV 93; IG Autoren Wien 95 – **E:** 95 München, U-Bahn-Gal. – **G:** 91 Neydharting, Heilmoorbad; 93 Wien, Wasserturm; – weitere: 92 Arbeiterheim Favoriten – **V:** Pfeffer mit Schlag 93; Inga Wißgott: Medizinisches und Menschliches (Ill.) 93; ders.: Medizinisches Menschliches Musikalisches (Ill.) 94; m. Barbara Mehlstaub: seidenweich gefaltet oder durchgeätzt 94; einStrich, WortBilder 95; Thomas Northoff: vergebliche VERSUCHE (Ill.) 96; Oma Drachin 96, 97 – ***Lit:*** A. H. hartnäckig. Zeichnungen 1998–2003, Kat. 03 – (Red.)

Harms, Zandra, Malerin; Tel. (02 21) 2 04 38 04, Mobil: 0 16 24 90 75 85, *ZandraHarms@reitzwerck.de*, *www.reitzwerck.de* (* Hamburg 68) – **VG:** Köln, Fiebach & Minninger – **S:** 89–91 Univ. Köln (Kunst b. Peter Buchholz); 91–96 KA Münster (Kunst b. Joachim Bandau) – **G/T:** Malerei, Zchng, Fotogr. – **E:** 97, 98 Köln, Projektraum Annostr.; 01 Köln, Fiebach & Minninger – **G:** 93 Aachen, Suermondt-Ludwig-Mus.; 94 Marl, Skulpt.-Mus. Glaskasten; Lippstadt, Schloß Overhagen; 95 Köln, Ateliergemeinschaft Unter Krahnenbäumen; Münster, Förd.pr.ausst. d. Ldes NRW; Köln, Rhenania; 96 Münster, KA (Torraum); Kassel, Kult.-haus Dock 4; 99, 04 Köln, Fiebach & Minninger; 04, 05 Köln, Bildraum Oskar-Jäger-Str.; 05 Düsseldorf, Tedden; Herne, Zeche Unser Fritz; Bremen, Gal. Gruppe Grün

Harprecht, Gisela s. Bartels, Gisela

Harrenkamp, Andrea, Malerei; Bonner Str. 87, D-50677 Köln, Tel. (02 21) 34 15 65, *info@kinderkunstwerkstatt.de*, *www.KinderKunstwerkstatt.de* (* Köln 11. 5. 65) – **S:** 86–92 FHS f. Kunst u. Design Köln (Graph.kl. Prof. Sovak) – **Ve:** BBK 01 – **G/T:** Materialbilder; Collagen (Lw. m. Holz); Mischtechniken; geschichtete Arb. – **K:** Malerei; Kinderangebote; Materialarb.; Collagen – **E:** 99 Köln, Bürgerhaus Stollwerck; 02 Köln, Kinderkrankenhaus; Köln, Stadtbibl.; 04 Köln, BiPis Kult.gal.; 06 Bonn; Verb. dt. Papierfabriken

Hart, Margit; Türkenschwanzstr. 1, A-1180 Wien, Tel. (01) 9 24 82 00, *margit.hart@i-one.at*, *www.margithart.at* – **G/T:** Bildhauerei – (Red.)

Harten, Beate von, Textildesignerin, Textilrestauratorin; Atelier: Stiftgasse 33, A-1070 Wien, Tel. (01) 5 22 96 8 35 23 87 68, *beatevonharten@A1.net*, *www.beatevonharten.at*. Tel. (01) 5 22 96 83 (* Neumünster 26. 10. 53) – **S:** 73–78 FHS Hamburg (FB Gest., Textil-Design); 78/79 ABK Stuttgart (Innenarchit.) – **L:** Ausb. v. Praktikanten in eigener Wkst.; Polycollege Wien; WIFI St. Pölten (Interior Design) – **P:** 'ART AND DESIGN' Europa (Nominierung) 99 – **Ve:** TKF Textil-Kunst-Freunde 86; Design Austria 86; Öst. Restauratorenverb. 88 – **KGe:** B. v. H., Axel Kramer u. Celina v. H. seit 01 – **G/T:** Tapisserien (gewebt); Teppiche – **K:** Polycollege Wien (Weben) – **W:** div. Arb. in Privatbes. (v. a. Tapisserien) – **M:** Stuttgart, Brenz-Kirche; Wien, MAK – **Ö:** Wien, Phillips-Haus (Tapisserie); Wien, World Trade Center (Tapisserie) – **E:** 90 Wien, Gal. Alpha; 92 Neumünster, Textil-Mus.; 93 Mödling, Kult.haus; Wien, Marschalek; 94 Purkersdorf, RH; 95 Wien, Allg. Krankenhaus; ebda, Gal. SIS, 96 Palmenhaus, 97 RH – **G:** 88 München, Dt. Mus.; Wien, Graz u.

Dornbirn, Junges Design Öst.; 89 Wien, Designers Saturday; Designkonferenz Europa; 95 Nierstein/Dtld; 96 Hollabrunn, Hofmühle; 98 Wien, Öst. Inst. f. Formgebung; Wien, ATP; 99 Europäische Kunst + Design; 01 Wien, Dt. Botschaft; 02 Peking, Tapisserie-Bienn.; 03 Wien, Verdandi; 04 Wien, MAK; 05 Neulengbach, Gal. am Lieglweg; 06 Linz, Gal.halle Scheutz

Harth, Klaus, Maler, Zeichner; Türkismühler Str. 20, D-66113 Saarbrücken, Tel. (0681) 9600071, *klaus_harth@web.de* (* Neunkirchen/Saar 3.3.64) – **S:** 90–96 Univ. Mainz (Zeichn. b. Prof. D. Brembs) – **Ve:** BBK Saarland 04 – **KGe:** Büro für angewandte Ideen: K. H. u. Stephan Flommersfeld – **G/T:** Arb. in thematisch/konzept. orientierten Serien (v. a. Malerei u. Zeichn., auch Erprobung lit. u. musikalischer Möglichkeiten) – **W:** überw. in Privatbes.; seit 97 Arb. an d. Serie 'Das ideale Rotkehlchen'; seit 03 Arb. am Honecker-Mus. – **M:** Merzig, Mus. Schloß Fellenberg – **Ö:** Saarbrücken, Kultusmin. – **E:** 01 Postkartenaktion '100 Tage – 100 Zeichn.'; 02 Merzig, Mus. Schloß Fellenberg; Wien, Hilger; Wiesbaden, Atelier Oliver Schulz (m. Stephan Flommersfeld); 03, 06 Mannheim, Rosenrot; 05 Kleinblittersdorf, RH; Kirkel, Kunststall; 06 Saarbrücken, Kult.foyer; Saarbrücken, Künstlerhaus (m. Alwin Alles u. Michael Mahren) – **G:** 93–04 Saarlouis, Saarbrücken, Merzig u. St. Ingbert, Kunstszene Saar; 03 Saarbrücken, Künstlerhaus; 04, 06 Mannheim, Rosenrot; 05 Saarbrücken, Einladung zum Robert-Schumann-Pr.; 06 St. Wendel, Mus. Mia-Münster-Haus – **V:** m. Stephan Flommersfeld: Gelbe Seiten (4 Chinoiserien) 99; Die Reise zum Ayers Rock, Postkarten u. Beiheft im Schuber 99; Hörspiel-Programmheft d. Saarländischen RF (Ill.) 2/02; m. Sabine Graf: Raum f. Notizen 05; Herr Heinz 05; – sowie: Vogelliste 06 – ***Lit:*** Plakate und Schreibarbeiten, Ausst.kat. Künstlerhaus Saarbrücken 95

Hartig, Jorg, Mag. Art., Prof.; c/o Wiener Secession, Friedrichstr. 12, A-1010 Wien, Tel. (01) 4315875307 0, Tel. u. Fax privat (01) 5137105, Fax 43158753 0734, *office@secession.at*, *www.secession.at* (* Morchenstern 14.2.32) – **VG:** Wien, Secession – **S:** 48–52 Ortweinschule Graz (Bau-Kunst-Design, Meisterkl. Fresco, b. Prof. A. v. Wickenburg); 52–54 ABK Wien (Dipl. b. Prof. Paris Gütersloh – **L:** 68–93 ABK Wien (Ass.prof. f. Malerei); 71–72 ebda (provisor. Leiter d. Meisterschule f. Malerei) – **P:** Stip. d. Stadt Graz (1. Pr.); Kunstmed. d. Stadt Graz; Kunstpr. d. Ldes Stmk; Theodor-Körner-Förd.pr.; Intern. Festivals v. Cagnes sur mer (Jury-Pr.); Verleihung d. Berufstitels Prof. durch d. Öst. Bundespräs. 82 – **Ve:** KV Stmk 49–56; Künstlerbund Graz 56–72 (Vorstandsmitgl.); Berufsverb. Bild. Künstler Öst. (Vizepräs.) 67–80; Neuer Hagenbund (Präs.) 71–75; Wiener Secession seit 75 (83–93 Vorstandsmitgl.); Neue Darmstädter Sezession seit 83 – **G/T:** Malerei (Öl, Acryl); Graph. (Zchng, Druckgraph.); Plast. (Holz, Drechselstelen); Gegenstände: figurale u. meditative Abstr., Umweltreflexionen – **K:** Malerei an d. VHS Graz u. Wien sowie an d. ABK Wien – **W:** Werke im Bes. d. Ldes Stmk u. d. Gemeinde Wien sowie in privaten Slgn – **M:** Graz, LM Joanneum; Graz, Slg d. Merkur-Versicherung; Kaufbeuren, Kunsthaus; München, Slg d. Münchner Rückversicherung; Sofia, MMK; Wien, Belvedere; Wien, BmfUK; Wien, MMK Stiftung Ludwig; Wien, Slg d. ABK; Wien, Slg d. Allianz Versicherung – **Ö:** Marktgemeinde Pernitz, Neue Kirche (u. a. Altar, Objekte u. Glasfenster); ebda, SOS Kinderdorf (Sgraffitto); Graz, RH – **E:** zahlr., u. a. 61 Wien, Gal. Junge Generation; Graz, Forum Stadtpark; 69 Wien, Gal. Café Mus.; 75, 86 Wien, Secession; 77 Graz, Klement; 84 Wien, Messepal. (Bosch-Investa); 87 Graz, SM – **G:** zahlr. Bet, u. a. 60 Athen, Bienn.; 62 Karlsruhe, Künstlerhausgal.; 66 Bregenz, Künstlerhaus Pal. Thurn u. Taxis; 68 Esslingen, RH; 80 Darmstadt, Staatstheater; 82 Cagnes sur Mer, Intern. Festival; 85 Sofia; Kustendil; Tiflis; 85 Sofia, Trienn.; 88 Wien, ABK; 89 Bratislava, Kult.haus; 91, 95, 99, 03 Darmstadt, Mathildenhöhe; 92 Wien, RH; New York, Öst. Botschaft; 93, 95, 01, 03 Darmstadt, Mathildenhöhe: Darmstädter Sezession; 93 Krakau, Pawillon Wystawowy; 94 Washington/DC, Zu Papier gebracht; 95 Düsseldorf, Mus. Kunst Pal.: Große Kunstausst.; 97 Wien, VHS; 98 Moskau, Puškin-MBK: Zu Papier gebracht – ***Lit:*** Hartig (m. 96 Farbabb. u. Beitr. v. Claus Pack u. O. Rychlik) 86; Europ. Künstlerlex. 96 – sowie zahlr. Ausst.kat, Beitr. in Kat. u. div. Beitr. in Kunstzss – ***LitR:*** Traute Hansen: ORF Künstlerlex., Personalvorstellung – sowie mehrere Beitr. in: Kulturj., ORF RF/Fs.

Hartinger, Werner, Mag. art.; Landstraßer Hauptstr. 146/6/10, A-1030 Wien, Tel. (01) 7130559, *www.kunstverkehr.at/modul/bereich=kuenstler/letter=h/ID=102515* (* Bludenz/Vorarlberg 10.1.49) – **Ve:** Büchereiverb. Öst. – **G/T:** Tapisserien, versch. Maltechniken wie Ölmalerei, geometrische Reliefs, Gouachen – **M:** St. Pölten, Ldesreg.; St. Pölten, NdÖst. LM; Wien, Artothek – **Ö:** Bludenz, Spk. (Filiale Vandans) – **E:** u. a. 92 Wien, X-ray; 93 Wien, Kunstdepot; 94 Mödling, Gal. im Stadtamt; 95 Brüssel, Mots & Tableaux; New York, Multi Media Art Gall.; 96 Wien, Wohlleb; 97 New York, Art-Expo; 98 Hohenems, Pal. Hohenems; 99 Bludenz, Schloß Gayenhofen; 00 New York, New Century Artists, Inc.; 01 Mödling, Gal. Sala Terrena; 03 Wien, VHS 3 – **G:** zahlr. Ausst.bet. im In- u. Ausld, u. a. in Brüssel, Kiew, New York, Orlando u. Paris – (Red.)

Hartl, Margrit s. Margrit

Hartmann, Anna Regula s. ANNA

Hartmann, Ariane, Schmuckkünstlerin, Dipl.-Designerin; c/o Gal. V&V, Bauernmarkt 19, A-1010 Wien, Tel. u. Fax (01) 5356334, *vundv@aon.at* (* Düsseldorf 8.6.71) – **VG:** Wien, Gal. V&V; Berlin, Stühler – **S:** 94–01 FHS Düsseldorf (Produkt- u. Schmuckdesign); 99 Gal. V&V Wien (Praktikum) – **Ve:** Künstlerkarte Düsseldorf 04; GEDOK Köln 06 – **E:** 01 Düsseldorf, Sternverlag; 02–03 Düsseldorf, Schnabelewopski; 04 Wien, Gal. V&V; Domburg, Gal. Art Aurum; 05 Bonn, Krick – **G:** 00 Wien, Künstlerhaus; 01 Almelo, Kunsthal Hof 88; 02 Wien, Gal. V&V; 05 Nationalpark Eifel; Peine, Kreis-Mus.; Idar-Oberstein, Villa Bengel – sowie: 04, 05 kommensienachhause – **V:** 1000 Rings 04 (S. 174); 500 Brooches 04; 500 Bracelets (S. 167)

Hartmann, Erika, Malerin (* Leipzig 6.5.41) – **VG:** Leipzig, Gal. Hotel Leipziger Hof – **S:** 55–58 Lehre als Negativretuscheur; 64–66 Abend-Akad. d. HBG Leipzig; 66–71 HGB Leipzig (Freie Graph. u. Ill., b. Fritz Fröhlich, Harry Blume, Hans Mayer-Foreyt u. Rolf Kuhrt) – **Ve:** VBK DDR 76–90; BBKL 91; GEDOK Leipzig 92 – **G/T:** Malerei (Öl, Stilleben u. Figürliches); Ill. – **M:** Krakau, BBK; Leipzig, MBK – **Ö:** Eutritzsch, Kindergarten – **G:** u. a. 72 Apolda, Glockenmus.; 76 Leipzig, Informationszentrum am Sachsenpl.; 79, 84 Leipzig, Bez.kunstausst.; 84–89 Leipzig, Kunst d. Zeit; 88 Leipzig, Univ.; 90 Hofgeismar, Kunstwettb. Reinhardswald – Thür. Wald; 92 Holzminden, Ausst. d. BBKL; 93 Leipzig, Wort u. Werk; Bonn, Künstlerforum (Ars Lipsiensis) – ***Lit:*** Schweers 02 – (Red.)

Hartmann, Iris s. Thürmer, Iris

Hartmann, Klaus (* Eisleben 69) – **VG:** Köln, Borgmann & Nathusius – **S:** 91–97 HBK Hamburg (Freie Kunst b. Prof. Werner Büttner); 94 ABK Wien – **P:** Eduard Bargheer Stip. 98; Lichtwark-Pr. 01 – **G/T:** Malerei (Öl) – **E:** zuletzt u. a. 99 New York, Klagsbrun

Gall.; Köln, Art Cologne (Förd.koje); 00, 01 Hamburg, Becker; 02 Bremerhaven, KV; 03 Köln, Borgmann & Nathusius – **G:** u. a. 02 Köln, Borgmann & Nathusius; Hamburg, Günther; Itzehoe, Wenzel Hablik Mus.; Luxembourg, Alimentation Generale Art Contemp.; 03 Frankfurt am Main, KV – (Red.)

Hartmann, Luise, Dr. phil., Kunstwissenschaftlerin, Malerin; Kolumbusring 10, D-18106 Rostock, Tel. (03 81) 1 20 08 38, Fax 1 21 84 85 (* Hamburg 16. 7. 43) – **VG:** Rostock, Art Fuhrmann – **S:** 62–67 Univ. Greifswald (Kunsterziehung; Malerei b. W. Frankenstein, H. Hakenbeck u. M. Franz) – **G/T:** Stadtldschaft, Ldschaft u. Stilleben (Öl, Acryl); Wandbilder – **W:** Werke in Privat- u. Firmenbes., u. a. DSR lines, WIRO GmbH, sh. Ldesbank Kiel – **Ö:** Wandbilder: Rostock-Toitenwinkel; Rostock-Evershagen, Haus 'Rasmus'; Rostock-Warnemünde, Scandlines-Gelände; Rostock-Schmarl, Haus 12; Schwaan, Mühlenstr. – **E:** 99, 02, 03 Rostock, PwC Dt. Revision AG; ebda, Gal. am Alten Markt, Nikolaikirche; 00 Marburg, Heider; 03 Bad Doberan, Münster; 05 Norderstedt; 06 Quedlinburg, Pal. Salfeldt – ***Lit:*** Brigitta Meuche: Malend auf der Suche nach der Poesie im Alltag, in: Kunstbörse 2000, Beilage d. Ostsee-Ztg Rostock 18./19.11.00, Gemeinschaftskat.

Hartmann, Thomas, Maler; lebt u. arbeitet in Berlin (* Zetel 50) – **S:** 74–79 HS f. Gest. Bremen (b. Karl Heinrich Greune) – **L:** 94 FHS f. Kunst u. Gest. Hamburg (Gastprof.); 99 Ernst-Moritz-Arndt-Univ. Greifswald (LAuftr.) – **P:** Cité Intern. d. Arts Paris 79; Villa-Massimo-Stip. 84, 85; Overbeck-Pr. 88; Stip. Künstlerstätte Bleckede 90; Leeraner Kunstpr. 92; Kunstpr. d. Künstler d. Großen Kunstausst. Düsseldorf 96; Aufenthaltsstip. f. d. Künstlerhaus Leschwitz 98; Willi-Oltmanns-Pr. f. Malerei Delmenhorst 00 – **G/T:** Malerei (zw. struktureller Abstr., Informel u. Realismus) – **W:** u. a. im Bes. d. Slg d. Dt. Bank u. e.on – **M:** Berlin, Gal. im Willy-Brandt-Haus; Lübeck, Overbeck-Ges.; Wilhelmshaven, KH – **E:** u. a. 99 München, Johnssen; 99, 03 Berlin, Nothelfer; 01 München, Braunbehrens; Cottbus, Brandenburgische KS – (Red.)

Hartnick, Evelyn (vor 1982 Evelyn Nitzsche-Hartnick, verh. Evelyn Hartnick-Geismeier), Dipl. Bildhauerin u. Medailleurin; Schloßallee 24, D-13156 Berlin, Tel. (0 30) 4 76 22 78 (* Finsterwalde 17. 7. 31) – **S:** 48–49 KGS Leipzig (Malerei b. Max Schwimmer); 49–51 HGB Leipzig (Graph. b. Prof. Elisabeth Voigt u. Plast. b. Walter Arnold); 51–56 KHS Berlin-Weißensee (Bildhauerei b. Heinrich Drake) – **P:** Dipl. d. intern. Kunstausst. z. d. Weltfestspielen d. Jgd u. Studenten Warschau 55 – **Ve:** VBK DDR seit 57; KV Pankow seit 90; BBK seit 93; Dt. Ges. f. Med.kunst seit 93 – **KGr:** Berliner Medailleure (seit 93) – **G/T:** Bronzeplast. (realistisch, figürlich, vorw. Figurengr. u. Brunnenplast.); Relief (vielfigurig, groß, Portr. hist. Persönlichkeiten); Münzen u. Med. (Prägung, Bronzeguß, Münzentwürfe) – **M:** Berlin, DHM (Münzslg); Berlin, Käthe-Kollwitz-Mus.; Berlin, Mus. Münze Berlin; Berlin, Münzkab. d. SMPK; Berlin, SM; Dresden, Münzkab. d. SKS; Finsterwalde, Kreismus.; Halle/Saale, Staatl. Gal. Moritzburg (Münzslg); München, Staatl. Münzslg; Münster, SM (Münzslg); Nürnberg, Germanisches NM (Münzkab.); Stollberg, Mus. Alte Münze; Waldaschaff, Dt. Medaillen-Mus.; Weimar, Goethe-NM (Münzslg) – **Ö:** Berlin, Inst. f. Pharmakologie u. Toxikologie Charité d. Humboldt-Univ.; Berlin-Buch, Seniorenheim; Berlin-Mitte, Berolinahaus; Berlin-Niederschönhausen, Waldstr.; Berlin-Pankow, Stiftsweg-Mendelstr.; Berlin-Prenzlauer Berg, Bezirksamt; Berlin-Wedding, Seestr.; Berlin-Wilhelmsruh, Pankow-Park; Finsterwalde, Berliner Str.; Gera, Seniorenheim – **E:** 04 Finsterwalde, Kreismus. – **G:** 55 Warschau, Weltfestspiele; 59 Wien, Weltfestspiele; von 56–89 regelmäßig Bet. an Ausst. in Berlin, an d. Kunstausst. d. DDR in Dresden sowie an d. Ausst. d. Skulpt.parks Gera; – weitere: 81 Mexico City, Pal. de Bella Artes; 87 Paris, Kult.zentrum d. DDR; 95 New York, Soho Art Gall.; – Ausst. m. d. Dt. Ges. f. Med.kunst: 92 Halle/Saale, Staatl. Gal. Moritzburg; 93 Bonn, Frauen-Mus.; 94, 96 Nürnberg, Germanisches NM; 95 Bonn, Wiss.-zentrum; 96, 00 Gotha, Schloß-Mus.; 97 Waldaschaff; – Ausst. m. FIDEM 96 Neuchâtel; 98 Den Haag; 00 Weimar; 02 Paris; 04 Portugal; Solingen, Gal. Rheinland – ***Lit:*** Eva Wipplinger: Medaillenkünstlerinnen in Deutschland, Ausst.kat. 92/93; Wolfgang Steguweit u. a.: Die Kunstmedaille in Deutschland, Bde 2/94, 4/96, 7/97, 10/99 u. 14/00; W. Steguweit: Europ. Medaillenkunst von d. Renaissance bis z. Gegenwart 95; Forsch.-inst. Bild. Künste Nürnberg (Hrsg.): Allg. Lex. d. Kunstschaffenden in d. bildenden u. gestaltenden Kunst, Bd 4 96; A. Ziese: Dokumenta Artis. Zeitgenöss. Bildende Kunst 99/00; W. Steguweit: Die Gedenkmünzen d. DDR u. ihre Schöpfer 00; Rainer Grund: Dresdener Kunstblätter 4/03; Heinz-W. Müller: Berliner Bildhauer u. Medaillenkunst einst u. jetzt, Ausst.kat. 05; Gerd Dethlefs u. W. Steguweit: GeldKunst KunstGeld. Deutsche Gedenkmünzen seit 1949, Gestaltung u. Gestalter 05; – sowie div. Kat. d. Intern. Med.kunstausst. FIDEM 96–04 – ***LitR:*** ORB TV Dok. z. Finsterwalder Sängerlieddenkmal: Heike Hartung (Regie), Diskussion z. Entwurf, Red. Brandenburg aktuell 13.4.99; Angelika Haas (Regie), So schön ist Brandenburg, Präsentation d. Entwurfs 22.5.99; Mathias Dautz (Regie), Arb. am Tonmodell, Wochenmarkt 10.7.00; Britta Wulf-Thamke (Red. u. Regie), Bronzeguß, Abendjournal 3.4.02; Dagmar Lembke (Nachrichten-Red.), Montage u. Enthüllung, ORB Nachrichten 15.5.02; Peter Eckenigk, Stellungnahme z. Entwurf, ORS TV Studio Finsterwalde 21.2.99; Dok. d. Gipsmodelle 27.7.01; Bronzeguß 18.12.01; Montage u. Enthüllung 15.5.02

Hartung, Georg, Installationskünstler; *hartung@webmen.de*, *www.hartung.webmen.de* (* Münster 56) – **S:** 78 KA Münster; 86 Meisterschüler, Staatsexamen; 92 KA Münster (Freie Kunst, Abschluß) – **L:** 97–99 KA Münster (Gastdoz.) – **P:** Förd.pr. d. KA Münster 86; Stip. d. Barkenhoff-Stift. Worpswede 88; Förd.pr. f. Bild. Kunst d. Bundesmin. f. Bildung u. Wiss. 89; Stip. d. Akad. Schloss Solitude 90, 91; Aufenthaltsstip. Künstlerdorf Schöppingen 95, 96; Stift. Kunstfonds – Arb.- u. Projektstip. 97 – **G/T:** Lichtinstall., Skulpt., Objekte, Projektion – **E:** u. a. 94 Bremerhaven, KV; Köln, Gal. Schneiderei; 95 Bremen, Gal. im Künstlerhaus; 96 Delmenhorst, StG Haus Coburg; 98 Kaiserslautern, Pfalz-Gal. – **G:** zuletzt u. a. 00 Wien, Semperdepot; Velbert-Langenberg, Körperkonturen; 01 Prag, Goethe-Inst.; Heinsberg, KV; 02 Lüdenscheid (Lichtrouten) – (Red.)

†**Hartwahn,** Marina, Dipl. Lehrerin f. Malerei, Dipl. Bühnenbildnerin; lebte in Saarbrücken, *www.marina-hartwahn.de* (* Moskau 24. 12. 35, † Saarbrücken 05) – **S:** 54–59 KunstFS Taschkent (Malerei); 59–65 KA Taschkent (Bühnenbild) – **L:** 73–84 PH, KS, KunstFS Taschkent (Doz. f. Malerei) – **P:** Kunstzentrum Moskau, Künstler aus Usbekistan (2. Pr.) 74; E.titel 'Verdiente Künstlerin Usbekistans' d. Usbekischen Kultusmin. 83 – **Ve:** BBK Saarland; Saarländisches Künstlerhaus Saarbrücken – **W:** zahlr. Werke in Privatbes., u. a. in Usbekistan, Russland, Japan, Korea, Frkr., Öst., Dtld u. d. USA – **M:** Saarbrücken, Kultusmin. d. Saarlandes; Saarbrücken, Saarländischer Landtag; Tasch-

kent, Mus. f. Zeitgen. Kunst – **E:** seit 67 zahlr. Einzelausst., u. a. 79, 85 Taschkent, Künstlerverb. u. Kultusmin. v. Usbekistan; 95 Saarbrücken, Gal. Sankt Johann; 96 Mainz/Bretzenheim, RH-Gal.; Freyming/Frkr., Maison des Cultures Frontières; Köln, Alte Feuerwache; 97 Mainz, Gal. am Süd-Bahnhof; 98 Metz, Hissler; 98, 01 Biesingen, Gal. am langen Tal; 99 Aachen, Kornelius-Gal.; 00 Dudweiler, Stadtbibliothek; Marpingen, Kunstzentrum Alte Mühle – **G:** seit 62 Teiln. an zahlr. staatl. Kunstausst. in Taschkent u. Moskau; 74 Moskau, Messezentrum; 94 Bonn, Ldesvertretung BW; 97, 99 Saarbrücken, Saarländisches Künstlerhaus; 00 Saarbrücken, Landtag d. Saarlandes – ***Lit:*** Künstlerverb. d. UdSSR (Hrsg.), Zs 10 72; Künstlerverb. u. Kultusmin. v. Usbekistan (Hrsg.): Malerei, Kat. 79; Ogoniox, Journal 79; Künstlerverb. u. Kultusmin. v. Usbekistan (Hrsg.): Malerei, Kat. 85; Werkverzeichnis von 1956 bis 2001 01; M. H. – Malerei von 1956–2001, Kat. 01

Hartwig, Eberhard, Maler und Graphiker; c/o Druckgraphik-Atelier, Immanuelkirchstr. 33, D-10405 Berlin, Tel. (0 30) 44 04 34 21, Fax 44 04 92 56, *eberhard-hartwig@kulturserver.de*, *www.druckgraphik-atelier.de*, *www.e-hartwig.de* (* Berlin 28. 10. 57) – **VG:** Berlin, Gal. Studio Bild. Kunst; Wieck, Künstlerdeck; Berlin, BilderWelten – **S:** 84–89 Werkstudio Grafik (Malerei u. Graph. b. W. Leber, M. Hegewald u. W. Sailer); 88–89 Bez.kulturakad. Berlin (Graph. b. M. Seidemann u. M. Kukutz); 95–97 UdK Berlin (Künstlerweiterbildung b. Hoffmann, Prof. H. Hartwig u. W. Knapp) – **L:** seit 98 Doz. an versch. Bildungseinrichtungen, u. a. indisoft, Media Design – **P:** Arb.aufenthalt d. Stift. Kulturfonds in Ahrenshoop/Darss – **Ve:** Fachverb. Freie Kunst 93; BBK Berlins 94; INVENTOR – Verein Berliner Grafikfreunde 97 – **G/T:** Malerei (Öl u. Mischtechniken, auf Leinwand u. Papier); Collage; Zeichn.; Arb. m. Schrift-Bildern; Druckgraph. (Kaltnadel- u. Ätzrad., Lith., Bücher u. Mappen) – **K:** Druckgraphik (Rad., Lith., Holz- u. Linolschnitt); Arb. m. Schrift; Stilleben, Figur u. Landschaft in Zeichn. u. Malerei – **W:** Malerei, Druckgraph. u. Plast. in privaten Slgn in Dtld, Öst., d. Schweiz u. d. USA – **M:** Berlin, SM; Budapest, Found. for Graphic; Cluj/Rumänien, Mus. of Mod. and Contemp. Graphics; Frankfurt am Main, Dt. Nat.Bibl.; Leipzig, Dt. Buch- u. Schrift-Mus. d. Dt. Nat.bibl.; München, Slg Dt. Bank; Sofia, Mus. for Graphic Arts – **Ö:** Tuscania/Ital., RH (Skulpt.) – **E:** zahlr. Einzelausst. seit 89, u. a. 97 München, VAK-Gal.; 98 Berlin, Bel Etusch; 99 Berlin, Gal. Mitte; 00, 01 Berlin, Gal. Studio Bild. Kunst; 03 Eisenhüttenstadt, StM u. StG; 04 Berlin, Gal. am Prater; Falkensee, Mus.; Ahrenshoop, Strandhalle – **G:** zahlr. Ausst.bet. seit 88, u. a. 89 Berlin, Sowjetisches Kult.zentrum; 97 Dresden, Kunstmesse; 98 Stuttgart, FHS f. Druck – Forum book art; Horn/Öst., Bibliophilen-Trienn.; 01 Grenchen, Intern. Trienn. f. Orig.graph.; 02 Budapest, Gall. of Ujpest; 04 Esslingen, Gal. am Kronenhof – **V:** Ed. Keller-Druck seit 95, u. a. Holzschnitte 1995, m. Zitaten v. Cézanne bis Schwitters (13 Orig.-Graph.); Radierungen 1996 bis Radierungen 2002, Kal. (orig.-graph. Beitr.); flügel schlag, Gedicht- u. Graph.slg (Orig.-Künstler-Handdruck) 96; Nicht ganz ernst gemeinter Versuch, Handdruck m. Texten v. J. Ringelnatz (15 Holz-Linolschnitte) 97; Narben, Handdruck Mappe m. einem Text v. S. Thielke (Rad.) 00 – ***Lit:*** u. a. S. Bartkowiak: forum book art, Intern. Jahrb. zeitgen. Handpressendrucke 98; S. Hegewald: E. H. – Malerei und Graphik, Kat. 02; A. Volpert: E. H. – Radierungen, Kat. 02; LOS Beeskow: Kunstfenster Landkreis Oder-Spree 2003, Ausst.kat. 03 – (Red.)

Hartwig-Schulz, Ute, Bildhauerin; c/o Künstlergut Prösitz, Dorfstr. 1, D-04688 Mutzschen, Tel. (03 43 85) 5 13 15, Fax 5 24 47, *KGP.Schulz@t-online.de*, *www.kuenstlergut-proesitz.de* (* Berlin 14. 8. 63) – **VG:** Baden-Baden, Art Gal. No – **S:** 86–91 HBK Dresden (b. Prof. Heinze); 95–96 HBK Dresden (Meisterschülerin b. Prof. Reinemer) – **L:** Künstlergut Prösitz (künstler. Leitungstätigkeit) – **P:** u. a. Stip. d. Ldes Sachsen 96 – **Ve:** BBKL 93; GEDOK 96; ver.di – Fachgr. Bild. Kunst seit 96 – **KGr:** Kunst statt Kohle (seit 99) – **G/T:** Bildhauerei, keramische Plast., Install. u. Objektkunst, Schneeskulpt. – **K:** Bildhauerei u. Plast. – **Ö:** Großenhain, Stadtpark; Güldengossa, Schloßpark – **B:** Leipzig-Süd, Tagebau (VINETA) – **E:** 99 Leipzig, Dt. Bank; 04 Leipzig, Kunstkaufhaus – **G:** zahlr. Ausst.bet. in Sachsen seit 91, zuletzt 00, 04–05 Bonn, Frauen-Mus.; 02 Leipzig, Univ. – **V:** Bildhauerinnen mit Kindern, Jahresausgaben 93–04; Tom Koesel: Sächsische Künstlerhäuser 04 – **R:** Harald Schluttig: VINETA, Kurzfilm 03 – ***Lit:*** Rundblick, Jahrb. 96 u. 02; Kulturarbeit mit Mädchen 00; Bildende Künstler in Leipzig 06 – (Red.)

Hartzsch, Erich Wolfgang; Fritz-Wagner-Siedlung 39, D-09116 Chemnitz, Tel. (03 71) 3 36 15 75, *wolfgang-hartzsch@web.de* (* Chemnitz 23. 10. 52) – **VG:** Chemnitz, Gal. Oben; Berlin, Barthel + Tetzner – **S:** 71 erste autodidakt. Erfahrung (Druckgraph., Malerei, Zchng); 76–79 HBK Dresden u. Oederan (Malerei u. Graph.); seit 78 auch Fotogr. u. frei improvisierte Musik (Cello, Saxophon) – **G/T:** Ölmalerei (magischer Realismus bis 88); seitdem meditative Tafelwerke organischer Abstr.; seit 86 Arb. m. Erde, Asche, Holz; plast. Objekte (Holz, Pergament, Fotogr.); Experimentalfilm; Aqu.; Drucktechniken (u. a. Rad.); Fotogr.; Zchng u. keramische Elemente; Kunstbücher – **W:** in privaten Slgn; in Bes. d. Intern. Experimentalfilmverleihs Brotfabrik Berlin u. Bonn; Depo Oudenaarde/Belgien – **M:** Chemnitz, KS; Chemnitz, Neue Sä. Gal.; Dresden, Kpst.-Kab.; Dresden, Kunstfonds d. Freistaates Sa.; Düsseldorf, KS NRW; Rostock, KH; Schwerin, Staatl. Mus. Kpst.-Kab. – **Ö:** Chemnitz, Dt. Bank; ebda, Dresdner Bank, Envia, Opernhaus, Schmidt Bank – **E:** 78 Dresden, Theaterclub; 79 Königswalde, Kirchentag; 85 Karl-Marx-Stadt, Gal. Clara Mosch; 85, 86, 91 (Kat.), 95, 02 Chemnitz, Gal. Oben; 88 Annaberg, Gal. am Markt; 89 Karl-Marx-Stadt, Gal. im Schauspielhaus; Karl-Marx-Stadt, Pablo Neruda Klub; Karl-Marx-Stadt, StM; 94 Hanau, gal. '88; 98 Augustusburg, Gal. im Lindenhaus; 00 Riesa, StG; Chemnitz, Schloßkirche; 05 Pullach, Theolog. Werk München – **G:** u. a. 84–89 Budapest u. Pécs, Internat. Handzchngn; 84 Dresden, Gal. Mitte: Künstler fotografiern, fotografierte Künstler; 85 Bratislava, Intern. Hschn.ausst.; 86 Banska Bystrica, Hschn.bienn.; 87, 88 Dresden, Filmfestival; 88 Leipzig, Filmfestival; Osnabrück, Media-Art-Festival; 90 München, Praterinsel; Bremen, Europ. Bilderfries; Leipzig, Wort u. Werk; Düsseldorf, Gal. Stadtwerke; 91 Berlin, Gal. Spandau: Graph. aus Ost u. West; 92 Köln, TransArt; Köln, Barthel u. Tetzner: Blickwechsel; Schwerin, Staatl. Mus.: Deutsches v. Altenburg b. Zickelbein, Dt. Mod. Ackermann b. Winter; 93 Brüssel, Goethe-Inst.; 94, 95 Augsburg, 9./10. Nat. Handzchng; 95 Dresden, Schloß; 96 Potsdam, Film-Mus.; Chemnitz, Industr.mus.: Kunstpr. Sachsen d. IG Metall; 96, 98, 02 Chemnitz, Neue Sä. Gal.: 100 ausgewählte sä. Graph.; 97, 00, 02, 03 Chemnitz, Gal. Oben; 97 Berlin, Martin-Gropius-Bau: Exper.filme; Berlin, Barthel; 97, 06 Kairo u. Alexandria, Ägypt. Druckgraph. Trienn.; 99 Velbert-Neviges, Fuchs: Orig. Hand-Schriften dt.-sprachiger Künstler d. 20. Jh.; 99, 01, 02, 04 Chemnitz, Envia; 03 Berlin, NG: Kunst in d. DDR; Berlin, Barthel

& Tetzner: zügellos, die andere Kunst in d. DDR; 04, 06 Berlin, Barthel & Tetzner; 05 Sharjah, Arts Mus.: The Artcart – sowie: Bet. seit 90 Basel, Art Basel; Köln, Art Cologne; Frankfurt am Main, Art Frankfurt; Düsseldorf, Art Multiple; Dresden, Kunstmarkt; Madrid, ARCO – **V:** KUNSTBÜCHER: Einbuch, Unikat 88; Gedichte u. Fotogr., Sammelbd 96; Gedichte u. Fotokoppelungen, Sammelbd 98 – sowie: 81–03 zahlr. Mappenwerke d. Gal. Oben; Ill. z. eigenen Gedichtbden: u. a. Liebesnester im Eis (Tuschzchngn) 99; Luna (Tuschzchngn) 99; Zahnersatz 00; Konkav. Konvex 01; Zwischen Berg und Tal 02 – **R:** EXPERIMENTALFILME u. a.: seit 85 Grünauge; Himmelsleiter; Gelena; Der Zauberer I u. II; Feldlinien 87; Kulturpyramide 87; Menschen dieser Stadt 89; Fisch. Wasser. Kopf 89; Menschen dieser Stadt (aufgeführt im Voxxx Chemnitz u. in d. KS Cottbus) 97 – ***Lit:*** Irma v. Trockau: Neuerdings Chemnitz 90; Ausst.kat. d. Gal. Oben 90

HARUKO, Multimedia Künstler; Seestrasse 66, CH-8700 Küsnacht, Fax 01 9 12 06 70, *pneumonautik@ haruko.ch*, *www.haruko.ch* – **S:** 86–90 HS f. Gest. u. Kunst; 88–89 Chiba Univ. Japan (b. Prof. Tadao Shimizu) – **P:** AKKU Atelier Stip. Uster 99 – **G/T:** Multimediale Install., Pneumonautik, Video, Photo, Skulpt. – **Ö:** Küsnacht, Gemeindehaus (Die Wolkentrommel); Küsnacht, Heslihalle (Trilith) – **E:** 90 Zürich, HS f. Gest.; 92 Zürich, Weiss; 96 Zürich, Segmüller; 98 Baar, Billing; 99 Wil, KH; Uster, Stadthaus; 01 Schaffhausen, Kammgarn; 02 Zürich, Helmhaus; Aarau, Kunstraum; 03 Zürich, Depot Kunst im Automaten – **G:** u. a. 95 Zürich, Kunsthaus Örlikon; Zürich, Helmhaus; 98 Zürich, Mus. Bellerive; 99, 00 Baar, Billing; 01 Thalwil, Hotel Thalwilerhof; Basel, Art Basel; Moskau, Intern. Filmfestival; 02 Bern, KH; 03 Aathal, Kunstraum 'das Loch'; Zürich, Kunstszene; 04 Altstätten, Mediacampus – **R:** Raumfahrung, DVD 02; Tendenzen der Gegenwartskunst, Secret Garden, Kunstraub, Video 03; Installationen Pneumonautik, Dok., DVD 03 – ***Lit:*** Frank Nieverselt, Ausst.kat. 99; Arbeiten aus dem Hinterhalt 99; Roger Fayet: Unter Wasser 01; Oliver Kielmayer: Artificialities 02 – ***LitR:*** Raumfahrung mit Joseph Loretan 02; Grounded Car, im Zusammenhang m. d. Ausst. 'Unter Wasser' im Mus. Bellerive Zürich, Dok. (SF, ORS) 03

Harus, Nicole; c/o Verein art.Galerie, Breitenlohe 43, A-5152 Michaelbeuern, Tel. (06 76) 4 65, *kunst @powerbit.at*, *kunst.powerbit.at* (* Wien 12. 12. 70) – **G/T:** Malerei (Aqu., Acryl, Mischtechnik); Zeichn. (Kohle, Kreide, Tusche); dekorative Papierobjekte – **E:** 96 Gars/Kamp, Bio-Hotel Dungl; Wien, Ringstr.gal.; 97 Gmünd, Palmenhaus; Wien, Ega; 98 Wien, Gartenhotel Glanzing; 99 Wien, Stadtgartendir.; 00 Wien, Theater Akzent; 01 Wien, Studio Gal. – (Red.)

Harvey, Lucy, Fotografin; Hüttenstr. 97, D-40215 Düsseldorf, Tel. (02 11) 3 11 00 41 (* Nantwich/GB 67) – **S:** 95 College of Art Auckland (Bachelor of Visual Arts, Bildhauerei); 96–00 KA Düsseldorf (b. M. Jetelová) – **P:** DAAD-Stip. 96–98; Peter Mertes Stip. 00–01; Stift. Kunstfonds – Arb.- u. Projektstip. 01–02 – **E:** u. a. 02 Berlin, Fricke – **G:** u. a. 02 Berlin, Künstlerhaus Bethanien – (Red.)

Haselhuhn, Werner, Maler, Graphiker; Sonnenblumenweg 8, D-01159 Dresden, Tel. (03 51) 4 12 50 63, *haselhuhn@fricki.de*, *www.werner-haselhuhn.de* (* Bad Frankenhausen/Thür. 24. 10. 25) – **S:** 53–55 Arbeiter- u. Bauernfak. Weimar; 55–60 HBK Dresden (b. Erich Fraaß, Herbert Kunze u. Paul Michaelis) – **G/T:** Malerei (Gouache, Aqu., Pastell); Graph. (Zeichn., Hschn.) – **M:** Dresden, GG NM – **E:** u. a. 85 Dresden, Rähnitzgasse; 96 Hamburg, Kunstkab. d. LBK; 00 Bad Frankenhausen, Kr.-Heimat-Mus.; 01 Dresden, Villa Eschebach – ***Lit:*** Schweers 02 – (Red.)

Hasenauer, Gerald (Gerald Viktor Hasenauer), Malerei u. Objektkunst; Lindengasse 2a, A-1070 Wien, Tel. (01) 9 24 23 42, *gerald.hasenauer@chello.at* (* Wien 10. 2. 70) – **VG:** Imst, Gal. 22a; Wien, Reiffenstein; Wien, Hofstätter – **Ve:** VBK; Öst. Urheberrechtsges. f. bild. Künste seit 04 – **G/T:** Objektkunst u. Malerei, Auseinandersetzung m. Zeichen, arte cifra – **W:** ca. 2000 Arb. seit 86, überw. in Privatbes. sowie im Atelier d. Künstlers, Verbreitung intern. in zahlr. Unternehmen, Privatslgn u. Gal. – **E:** u. a. 95 Wien, Amerlinghaus; Wien, Raum Hellmer; 96 Wien, Gal. im Freihaus; Wien, Austrian Airlines Art section; Salzburg, Seywald; 97 Wien, Fa. Aspekta; Eisenstadt, Thomschitz; Bordeaux, Varga Darlet; St. Etienne, Centre Boris Vian; 98 Imst, Gal. 22a; Wien, Fa. Kapsch; 99 Wien, Reiffenstein; Wien, Fa. Mc Kinsey & Company; 00 Wien, Fa. Trust consult; Sofia, Kult.min.; Sofia, ABK (Vortrag üb. Kunst u. Menschenrechte); Wien, Haus Wittgenstein; Wien, Hofstätter; Salzburg, Fa. CA-VIP event; Wien, U-Bahnen (Infoscreens m. Gemälden z. Kunst u. Menschenrechten); 01 Wien, Große Atelierschau; 02 Wien, AKH-Gal.; 03 St. Gilgen/Wolfgangsee, Schlumberger u. Hotel Post – **G:** 96 Wien, Kunst Wien; 97 St. Petersburg, Bienn.; 97, 99–04 Innsbruck, Art Innsbruck; 98 Wien, Gewinnmesse Kunst u. Kapital; 01 Wien, Art Vienna; 03 Dornbirn, Art Bodensee; Florenz, Bienn. – **V:** Telefonwertkarte u. Jahreskal. f. d. Fa. Kapsch Wien 98; Kunstkarte Boomerang supports art 98, 99 – ***Lit:*** Karl Irsigler: Kontroverse, Kat. 96; Menschenrechtsbuch, Europe for human rights u. Amnesty Intern. (Autor) 00 – ***LitR:*** Sabine Maier: Urbilder, Video, gezeigt b. Ausst. u. im Internet 00 – (Red.)

Hasenauer, Siegfried, Maler, Designer, Webdesigner, Textildesigner; Pfarrhofgutweg 5, A-5400 Hallein, Tel. (09 70) 6 50 36 67, *atelier@artmode.at*, *www. artmode.at* (* Mittersill 16. 9. 63) – **VG:** Hallein, FreiRäume – **S:** 92–97 Hellas Arts School Hydra (b. German Bolter u. Werner Steininger) – **P:** Golden Web Award for Design 02, 03 u. 03, 04 – **KGr:** FreiRäume (seit 01) – **G/T:** Aqu., Acryl, Stoffdesign (vorw. im darst. Bereich) – **K:** Aqu.malerei im Atelier u. in d. freien Natur – **E:** / G: zahlr. Ausst. u. Ausst.bet. seit 82, u. a. in Hydra, Antwerpen u. Hallein; – weitere: 01, 02 Trans-Atlantic-Painting-Projekt; seit 01 zahlr. Ausst. m. FreiRäume – ***LitR:*** zahlr. Interviews im ORF – (Red.)

Haslin, Hermann (eigtl. Hermann Haslinger), Mag. art., Cartoonist, Karikaturist, Illustrator, akad. Maler, Literat; Lustenauerstr. 20, A-4020 Linz, Tel. u. Fax (07 32) 79 65 72 (* Neumarkt am Hausruck/ObÖst. 16. 9. 52) – **S:** 72–77 HS f. künstler. u. industr. Gest. Linz (Malerei, Freie Graph.); 76 ebda (Dipl.); 77 Wkst. f. Siebdruck (Meisterjahr) – **P:** Bierkistl-Künstlerwettb. 'Bier...in Bewegung' (2. Pr.) 88; Siegfried-Marcus-Wettb. f. Karikaturisten d. Öst. Automobil-, Motorrad- u. Touring Clubs (Cartoon-Anerkennungspr.) 99; Pr. b. Klavier-Karikaturen-Wettb. d. Oböst. Nachrichten 05 – **Ve:** VBK Öst. 02 – **G/T:** Cartoon, Karikatur, Ill., Malerei, Graph. – **E:** 89 Ebelsberg, Volksheim; 93 St. Marien/ObÖst. (Cartoons & Boogie); 98 Linz, Ursulinenhof (Club d. Begegnung) – **G:** 77 Linz, Hypogal.; 80 Linz, Neue Gal.; 85 Linz, Ursulinenhof (Club d. Begegnung); 86 Linz, Nordico-Mus.; 93 Linz, Siemens-Forum; 98 Wien, Öst. Tabakmus.; Linz, Posthof – **V:** W. Blumberger u. D. Nemeth (Hrsg.): Der Technologische Imperativ (Collagen) 92; Linz im Griff, cartoonistisches Begriffslex. (cartoonistische Ill.) 93 – ***Lit:*** Pressebeitr.: W. Cervicek: HAS LINZ BEGINZ, Was ist los Nr. 3, Aug. 98; sigma: 'Haslin'-

Cartoons im Linzer CdB. Pointierte Zeitlauf-Zeugen, ObÖst. Nachrichten 17.9.98; s.f.: Für wen fliegt der?, Die Presse Wien 11.9.98; G. Reichart: Auf den Punkt gebracht, Neues Volksblatt Linz 3.10.98; Auszeichnung für zwei 'Presse'-Karikaturisten, Die Presse Wien 24.11.99; Reinhold Gruber: H. Der Jongleur der Worte, Oböst. Nachrichten 14.11.04

Haslinger, Gabriele (geb. Gabriele Haas), Kunstmalerin u. Bildhauerin; Dabetsweiler 2, D-88239 Wangen im Allgäu, Tel. (0 75 28) 78 64, 72 29, Fax 62 64 (* Wangen im Allgäu 9. 12. 58) – **G/T:** Bildhauerei (in Bronze: Wildtiere, Pferde u. a.); Kunstmalerei (Darst. v. Tieren in Pastell u. Öl) – **W:** in Privatbes. – **E:** seit 99 Enschede, Wild in d. Natur; Dortmund, Westfalenhalle: Jagd u. Hund; München, Messe: Jagen u. Fischen; Offenburg, Messe: Euro-Cheval; 06 Süßen, Kunstgießerei Ernst Strassacker

Haslinger, Hermann s. Haslin, Hermann

Hassan, Elfriede Friederike s. Reiter, Elfriede

Hasselbach, Karola s. Hinckel, Karola

Hasselt, Lydia, Kunstmalerin; c/o Künstlerbund Schwabach, Hubert Vogel, Reichenbacher Str. 7, D-91126 Schwabach, Tel. privat (09 11) 3 78 85 54, Fax 46 16 97, *hasselt@freenet.de*, *www.kuenstlerbund-schwabach.de* (* Nürnberg 31) – **S:** ABK Nürnberg (Meisterschülerin v. Prof. Hermann Wilhelm) – **Ve:** Künstlerbund Schwabach – **W:** im Bes. d. StKS v. Bamberg, Erlangen, Fulda, Kulmbach u. Nürnberg, d. Univ. München u. Bayreuth, d. Reg. Mittelfranken, d. Bay. Treuhand AG sowie in Privatbes. in Europa u. d. USA – **M:** Erlangen, StKS; München, Bay. Staatsgemäldeslgn; München, Pin. d. Mod.; Nürnberg, StKS – **E:** zuletzt u. a. 82 Karlsruhe, Apfelbaum; 85 Erlangen, Pal. Stutterheim; 89 Schwabach, Gal. Bürgerhaus; 92 Wien, Atelier MS 10; 93 Zwickau, Gal. am Domhof; Kleinsassen, Kunststation; 96 Nürnberg, Kunsthaus; 99 Trautskirchen, Eignerquot; 00 Nürnberg, Deutschherren Karree; 01 Erlangen, Neue Gal. – ***Lit:*** Schweers 02 – (Red.)

Hassler, Nicole (auch: Nicole Hassler Zaugg), Malerin; c/o Atelier/Studio, 43, Avenue de Chatelaine, CH-1203 Genf, *contact@nicolehassler.com*, *www.nicolehassler.com* (* Basel 53) – **P:** Stip. d. Zuger Kult.stift. Landis & Gyr – **G/T:** Malerei (Malmaterial aus d. Kosmetikindustr.); Fotogr. – **E:** / G: u. a. 99 Genf, Mus. Rath; Moutier, Mus. jurassien des Beaux-Arts; Sierre, Forum d'Art Contemporain; 00 Genf, Rivolta; 01 Genf, Movid art

Hassmann, Christa-Maria s. Engelhardt, Christa-Maria

Hattan, Eric, Bildhauer, Installations-, Konzept- u. Objektkünstler; Haltingerstr. 36, CH-4057 Basel, Tel. 0 616 92 59 06, *e.ha@filialebasel.ch*, *www.hattan.ch* (* Wettingen 10. 10. 55) – **VG:** Basel, Krupp; Genf, Skopia – **P:** Cité Intern. d. Arts Paris 80, 86; Förd.beitr. Kt. Aargau 82; Kunststip. Basel-Stadt 84; Kunstpr. Schweiz. Eidgenossenschaft 85, 87; Werkjahrbeitr. Kt. Aargau 85, 93; Werkjahraufenthalt Künstlerhaus Bethanien Berlin 95, 96; Anerkennungspr. d. Basler Ztg 98 – **E:** u. a. 00 Aarau, Aargauer Kunsthaus; 01 Genf, Mus. d'Art Mod. et Contemp.; 02 Genf, Attitudes; 03 Buenos Aires, Mus. de Arte Mod.; New York, Swiss Inst. (SI); Muttenz, Kunsthaus Baselld; 04 Bremerhaven, KV; 05 Sélestat, Fonds Rég. d'Art Contemp. Alsace – **G:** u. a. 01 Paris, MAM de la Ville Paris; 02 Graz, Pal. Wildenstein; Basel, KH; 03 Madrid, MNCARS; 04 Venedig, Archit. Bienn.; 06 New York, PS 1 – **V:** Sabine Schaschl-Cooper (Hrsg.): Ideeavoir, Künstlerb. 02; et moi et moi et moi, Künstlerb. 05 – ***Lit:*** BLSK 98; Lars Müller u. Aargauer Kunsthaus (Hrsg.): Beton Liquide, Ausst.publ. 00

Haubert, Ran, Malerin, Graphikerin, Autorin; Gartengasse 9–11/3/11, A-1050 Wien, *r.haubert@chello.at* (* Waidhofen an d. Ybbs) – **S:** Höhere Graph. Bundeslehr- u. Versuchsanstalt Wien; Univ. f. angew. Kunst Wien – **P:** Salon Intern. Paris-Sud in Juvisy (Bronzemed.) 71; Premio Agazzi (Silbermed.) 91 – **Ve:** IG Bild. Kunst – **KGr:** Der Kreis – **KGe:** IntAkt (Intern. Aktionsgemeinschaft Bild. Künstlerinnen) – **G/T:** Malerei, Graph. – **W:** in öff. u. privaten Slgn – **E:** 73 Wien, Clubgal. Secession; 84 Wien, Neue Gal.; 90 St. Pölten, Ndöst. LM (m. d. Blau-Gelben Gal. Wien) – **G:** u. a. 71 Graz, Forum Stadtpark; Paris, Salon Intern.; 72 Wien, Künstlerhaus (m. d. Gruppe 'Der Kreis'); 75 Wien, Gal. im Griechenbeisl (Retr.); Wien, Secession: 2. Wiener Graph.bienn. (Kat.); Innsbruck, Tiroler LM Ferdinandeum; 76 Wien, Künstlerhaus: 30 Jahre Gruppe 'Der Kreis'; 96/97 Krems, KH (Kat.); 05 Wien, Gal. am Park: Kult.projekt Europa (m. IntAkt, Kat.) – **V:** In unbekanntem Auge ruhend, Gedichte 1979–1983 (Texte u. Zchngn) 84; Tore des Ianus, Gedichte 1986–1993 (Texte m. 9 Zchngn aus d. Zyklus 'Die Zitadelle') 93 – ***Lit:*** AUSST.KAT. d. Künstlergruppe 'Der Kreis' im Künstlerhaus Wien 74, 75, 76 sowie Beitr. in Ztgn

Haubitz + Zoche s. Haubitz, Sabine

Haubitz + Zoche s. Zoche, Stefanie

Haubitz, Sabine (auch: Haubitz + Zoche), Bild. Künstlerin; Kobellstr. 3, D-80336 München, *mail@haubitz-zoche.de*, *www.haubitz-zoche.de* (* Nördlingen 4. 9. 59) – **VG:** München, Storms – **S:** 84–86 HdK Berlin; 86–92 Akad. München – **L:** 93–96 Akad. München (Ass. b. A. v. Weizsäcker) – **P:** Kodak Nachwuchs Förd.pr. 88; Projektstip. d. Ldeshauptstadt München 96; Projektstip. Kult.werk 05 – **Ve:** VG Bild 94 – **KGe:** Haubitz + Zoche: S. H. u. Stefanie Zoche (seit 96) – **G/T:** Fotogr., Install., Bildhauerei – **W:** temporäre Install. im öff. Raum; fotogr. Werke überw. in Privatbes. – **Ö:** Hamburg, Bankhaus Wölbern; Luxemburg, DekaBank; Martinsried, Univ. f. Biologie; München, Allianz Hauptverwaltung; ebda, Seidl 24, Schwabinger Krankenhaus; Unterschleißheim, Microsoft – **E:** 98 Rotterdam, Fotomania; 99 Regensburg, Zink; 00 München, Storms; 01 Dachau, Neue Gal.; New York, Magidson Fine Art; 02 München, Maximiliansforum; 03 Rotterdam, stichting noname; 04 Verona, Studio la Cittá (Kat.); 05 Nürtingen, KV; Düsseldorf, stadtraum.org; 06 München, SM – Foto-Mus. (Kat.); München, montags bei petula (Veranstalter: Lenbachhaus); Aichach, KV; Modena, Foro Boario – **G:** 97 München, Lothringer 13; 98 Lissabon, Expo, Mus. da Agua; 99 Hamburg, PPS Gal.; 01 Essen, Kunsthaus; Zürich, Mus. Bellerive; 02 Eslöv; New York, Danese; Santa Fe, Art Inst.; Denver, Western Gall.; Linz, LG; Chemnitz, KS; 05 München, KV; 06 Graz, SM – **V:** Ulrich Pohlmann, Stephan Berg u. Michael Zinganel: Sinai Hotels (Fotogr.) 06 – ***Lit:*** AUSST.KAT.: Michael Hauffen: Arbeiten im Raum 99; Eugen Gomringer u. Patricia Drück: Zwischenraum 99; Wapke Feenstra u. Jochen Meister: Spion 01; Rupert Pfab: Springer und Wasserspiegel 02

Hauck, Elmar s. Matani

Hauck, Harry; c/o Galerie Herrmann & Wagner, Koppenplatz 6, D-10115 Berlin, Tel. (0 30) 27 59 49 25, Fax 27 59 49 23, *office@herrmannwagner.com*, *www.herrmannwagner.com* (* Düren 64) – **S:** ab 90 HdK Berlin (97 Meisterschüler b. Prof. Schoenholtz, 99 1. Staatsexamen f. Bild. Künste) – **P:** Erasmus-Stip. f. Central Saint Martins College of Art London 93; Bernhard-Heiliger-Pr. f. Skulpt. 97; Kunstpr. Berlin 99; Kunstpr. d. Stadt Bad Wimpfen 01; Pr. d. Intern. Skulpt. Bienn.

Poznań 04 – **M:** Berlin, Slg Hoestermann – **E:** u. a. 95 Berlin, HdK (m. Ruudi Beier); 98 Berlin, AK; 00 Berlin, Constanze Pressehaus (Kat.); 01, 03 Köln, Jansen; 02 Rottweil, Kunstforum; Berlin, sensor.k (m. Andreas Fux); 04 Berlin, Herrmann & Wagner; 05 Neubrandenburg, KS – **G:** zuletzt u. a. 04 Lübeck, Overbeck-Ges.: Kunst im kleinen Format; Poznań, Intern. Skulpt. Bienn.; Darmstadt, Darmstädter Sezession; Köln, Fuhrwerkswaage: privatgrün; Würzburg, Klose: Volumen-Wasser; 05 Düren, Lions-Club: Kult.tage; Leonberg, Gal.ver.: sachgemäß – ***Lit:*** KAT.: u. a. Blickachsen 4 03; sachgemäß. Über die Erfahrung der (alltägl.) Dinge in der Kunst der Gegenwart (Kunst Raum Dornbirn/Stadt u. Gal.ver. Leonberg) 03; – weitere: Ort u. Stellungnahme – Bildhauerei/Install./Objekt 96; SOMA 1999. Die Verabredung. Ein Buch nach einem Jahr Montagstreffen 99; Gummipuppen, In: Die Tagesztg v. 7.7.04, S. 28; Berühren Bitte, In: Der Tagesspiegel v. 8.7.04, S. 9; Säulen u. Pyramiden aus Luft, In: Berliner Morgenpost v. 8.7.04, S. 24; Stefanie Bickel: A Hunger for Bodies, In: Sculpture Mag. v. Mai 04, S. 51–54

Hauck, Horst s. Rosenklee, Franz

Hauenstein, Susanne (Ps.: Su Hau), Bild. Künstlerin, Malerin, Dozentin f. Malerei, Autorin, Hakomi-Therapeutin (Zertifikat); Bergfeiler Weg 4, D-82346 Andechs, Tel. (0 81 52) 32 87, *Susanne.Hauenstein@t-online.de*, *www.susanne-hauenstein.de* (* Königstein/Taunus 25. 11. 58) – **S:** 78–80 Insel Elba (Ital. b. Fritz Hagl); 80–84 ABK München (b. d. Prof. Mac Zimmermann, Robin Page u. Daniel Spoerri, 87 Dipl. b. Prof. Daniel Spoerri) – **L:** u. a. VHS; Pädagog. Inst. d. Ldeshauptstadt München; Kr.spk. München-Starnberg; Buchheim-Mus. Bernried; 99–06 Andechser Malschule; Paint & Spirit Events f. versch. Fa. – **Ve:** Hakomi Inst. of Europe 02; LAG Spuk Bay. 05; VG Bild-Kunst 06 VG Wort 06; Kult.ver. Herrsching 06 – **G/T:** insgesamt große handwerkl., stilist. u. inhaltl. Vielfalt; assoziative, spontane u. prozeßorientierte Herangehensweise; zunehmend konzeptionell-intellektuell ('Gemalte Worte' sowie 'ruhig & einfach', Schüttbilder); seit 84 auch Auftragsarb. (u. a. zahlr. illusionist. Wandmalereien, Tromp l'œil-Malerei) – **K:** Kunstpädagog. ausgereifte, auf eigenen Erfahrungen aufgebaute Unterrichtskonzepte f. versch. Zielgr.; kunsttherapeut. Interventionen bei Bedarf; individuelle Talent-Analyse m. gezielten Weiterbildungsempfehlungen f. nicht akadem. Malerinnen u. Maler; Informationen siehe www.susanne-hauenstein.de – **W:** in Privat- u. Firmenbes. – **Ö:** Frankfurt, Kommunikationsfabrik; Isny, Praxis Dr. Zähringer; München, Klink Liedig Werbeagentur – **E:** gelegentl. in eigenem Atelierhaus in Andechs – **G:** u. a. 84, 90 München, Lothringer 13; 92 München, Mayersche Hofkunstanst.; 95 Bonn, Frauen-Mus.; 95, 97, 99 Starnberg, Schloßberghalle; 99 Seefeld, Schloß; Garatshausen, Schloß; 00 Diessen, Taubenturm; Memmingen, Keil & Heel; 06 Kamnik/Slowenien, Staatl. Gal. Veronika – **V:** MALEN als WEG, Vortragsmanuskript – ***Lit:*** Salute – Daniel Spoerri. Freunde und Studenten 83–89; Bradford Kunstpreis 95; Claus Landwehr: Profile aus dem Landkreis Starnberg, Bd 1 96; Der Taubenturm zu Diessen – vom Torturm zum Kunstturm 00

Hauer, Karina Marianne, Malerin, Keramikerin, Autorin, Buchhaltungsreferentin; Kielmannsegg-Gasse 10, A-2100 Korneuburg, *k.hauer@kabsi.at*, *www.galeriekarina.at* (* Korneuburg 1. 6. 57) – **Ve:** Kunstförd.ver. Stockerau – **G/T:** Malerei (Öl, Pastell, Aqu.); Keramik – **G:** zahlr., zuletzt 05 Wien, Kult.vrg NdÖst. (Vernissage im Rahmen d. Tage d. offenen Ateliers)

Hauf, Hans-Peter, Maler; Hölderlinstr. 40, D-70193 Stuttgart, Tel. (07 11) 29 26 19, Fax 48 17 32, *Hauf-Stuttgart@at-online.de*, *www.hp-hauf.de* (* Trebur/Hessen 9. 9. 46) – **S:** 71–72 Freie KSch Stuttgart; 72–77 ABK Stuttgart (Malerei b. Prof. H.G. v. Stockhausen u. Rudolf Haegele) – **P:** 2. Akad.pr. 74; Graph.pr. d. Dt. Leasing AG Frankfurt am Main 74; Stip. d. Kunststift. Bad.-Württ. 79–81; Stip. d. Stadt Stuttgart f. Cardiff/Wales 81; Cité Intern. d. Arts Paris 82 – **Ve:** Künstlerbund Bad.-Württ.; IG Kunst Gaildorf; BBK Bad.-Württ.; Württ. KV Stuttgart – **G/T:** Abstr. Malerei in Acrylfarbe – **M:** u. a. Bietigheim-Bissingen, StG; Ostfildern, Slg d. Stadt; Schwäbisch Gmünd, Slg d. Stadt; Stuttgart, Gal. d. Stadt; Stuttgart, Min. f. Wiss. u. Kunst; Stuttgart, Reg.präsidium; Tübingen, Reg.präsidium; Ulm, Städt. Slg; Waiblingen, Bürgergal. (Slg); Waiblingen, Städt. Slg – **Ö:** Bad Friedrichshall, Kr.krankenhaus (künstler. Wandgest. im Eingangsbereich m. M. Spellenberg); Murrhardt, RH; ebda, Festhalle; Stammheim, Ev. Kinderwohnheim; Stuttgart, RH; Trebur, RH – **B:** Stuttgart-Weilim Dorf: Bez.RH (Fassade u. Treppenhaus) – **E:** zahlr. seit 76, zuletzt u. a. 97 Luxemburg, Gal. d'Art Sunnen; 97, 06 Murrhardt, StKS; 99, 06 Gaildorf, Gal. im Alten Schloß; 00 Schöntal, Kloster; 01, 06 Stuttgart, Bankhaus Bauer; 02 Łódż, Centralne Muz. Włókiennictwa (Kat.); Krakau, Pałac Sztuki (m. Adam Lude Döring, Kat.); 03 Wörth am Rhein, StG Altes RH; 05 Stuttgart, Eckhaus; 06 Stuttgart, Erdmannsdörfer – **G:** seit 77 Stuttgart, Staatl. ABK; Stuttgart, Jahresausst. d. Württ. KV; – weitere: seit 78 Jahresausst. d. Künstlerbundes Bad.-Württ.; Cardiff, NM of Wales; Biberach an d. Riß, Braith-Mali-Mus.; Hamburg, KH; San Francisco, Horvath Gall.; Karlsruhe, StG: 50 Jahre Künstlerbund Bad.-Württ. – ***Lit:*** KAT.: u. a. H.O. Rothfuss u. Günther Würth: z. Ausst. im SM Hornmoldhaus Bietigheim-Bissingen 85; Z. Ausst. in d. Kr.spk. Göppingen 92; Sybille Maus: z. Ausst. in d. Gal. d. Stadt Stuttgart 94; Stephan A. Dudeck: z. Ausst. im Opel Forum Rüsselsheim 96; 20 Jahre H.-P.H. 97; Z. Ausst. in d. Sanat Gal. Antalya/Türkei 97

Haug, Illa (eigentl.: Ilse Ida Else Marianne Haug, Sign.: Illa), Malerin, Graphikerin; Holzstr. 37, D-55116 Mainz, Tel. (0 61 31) 4 19 24 (* Lüneburg 22. 11. 34) – **S:** 52–56 Gebrauchsgraph. in Bremen; Modegraph. u. Design Paris – **P:** Wettb. d. Karstadt AG Bremen (Förd., 3 × 1. Pr.) 52–55; Stip. d. Fa. Christian Knigge Uelzen (Paris) 55/56 – **Ve:** KV Eisenturm Mainz 98 – **W:** überw. in Privatbes. (Ankäufe, Auftr. vorw. Portr.) – **E:** 95, 96, 98, 00 Mainz, Hilton Münsterstr.; 96 Bad Ems, Kurhaus; Wiesbaden, Musikbibliothek; 98 Disibodenberg an d. Nahe, Freifrau v. Racknitz; Bingen, Hildegard von Bingen-Forum; 99 Bingen, Spk.; 00 Mainz, Gal. Univ.-Klinikum; 02, 04, 07 Eltville, Kurfürstl. Burg; 02, 05 Gabsheim, Thomas Kohl Kl. Gal.; 06 Mainz, RH Gonzenheim – **G:** 98, 99, 00, 05 Mainz, KV Eisenturm; 03 Mainz, RH: Weihnachtsbasar; 05 Mainz, Gal. Chidi – ***LitR:*** KV Eisenturm MVB-Galerie Gruppenausst., Fs.beitr. (K3 Mainz) 00; I.H. Ausst. im Hilton, Fs.beitr. (K3 Mainz) 00

Haugk, Olaf, Maler, Graphiker, Bildhauer; Erzberger Str. 58, D-16515 Oranienburg, Tel. (0 33 01) 70 13 24, Fax 70 13 36, *info-oha@web.de*, *www.olafhaugk.de* (* Oranienburg 19. 7. 62) – **S:** 87–02 Brandenburgische Kommunalakad. (Malerei, Graph.) – **L:** 85–88 Zeichenlehrer – **Ve:** VBK Brandenburg 98; Artist in Nature International Network 03 – **KGr:** Briesetal (89–94) – **G/T:** Ldschaftsmalerei u. -gest.; Holzplast.; Wandbild – **K:** Malerei, Jugendförd.kurse – **Ö:** Birkenwerder, Asklepiosklinik; Oranienburg, Kindertagesstätte; ebda, Stadtwerke – **E:** zahlr. Ausst. seit 87, u. a. 93 Berlin, ROHO; 94 Oranienburg, Hypo Bank; 96 Hennigsdorf, Storchengal.; 97 Birkenwerder, Asklepiosklinik; 01 Ballenstedt, Gal. im Schloß – **G:** zahlr. Ausst.bet. seit 87, u. a. in Bonn, Berlin, Kleinmachnow, Naju/Korea, Oranienburg u. Potsdam – ***Lit:*** Detlev Wallenschus: Zeitzeichen, Ausst.kat. 91 – (Red.)

Hauke, Olaf (f. Orig.-Ed.: Curtius & Hauke), Maler, Graphiker; Wilhelm-Thoerle-Str. 9, D-63456 Hanau, Tel. u. Fax (0 69) 59 59 45, *me@drcurtius.de* (* Breslau (Wrozław) 21. 2. 35) – **VG:** Essen, Gal. KK – **P:** Kunstpr. u. Förd.mittel d. Heitland Foundation 83; Kult.pr. Mainz-Kinzig 93; Roeder-Pr. Hanau 98 – **G/T:** real-surreale Gemälde, Zeichn., Orig.-Ed. – **W:** Werke in Privatbes.; Ed. in Mus. sowie in Bibliotheken in Frankfurt am Main, Offenbach, Mainz, Hanau, Marbach, Wolfenbüttel, Leipzig u. a. – **M:** Frankfurt am Main, Mus. f. Kommunikation (Postmus.); Hanau, HM Schloß Philippsruhe – **E:** 73 Frankfurt am Main, KV; 79, 89, 98 Hanau, HM Schloß Philippsruhe; 82 Darmstadt, KH; 83 Celle, Schloß; 85, 86, 89, 92 Essen, Gal. KK – **G:** 50 Ausst.bet. im In- u. Ausld seit 70 – **V:** Ed. Curtius & Hauke: Sprichwörter 89; Wortbilder 91; Miniaturen 93; Private Provinzen 96; Pasticci & Capricci 99; Blautopf 01; Krumau – Schöne Stelle 01; Grabgabe 03 – ***Lit:*** Ausst.kat. KV Darmstadt 82

Hauke-Sommer, Renate; Neuwiesenstr. 21, D-73312 Geislingen an der Steige, Tel. (0 73 31) 6 07 17, Fax 6 07 17, *hauke-sommer@freenet.de* – **G/T:** Graph. – (Red.)

Haun, Susanne (geb. Susanne Zeidler), Acrylmalerin, Graphikerin; Schlieperstr. 54, D-13507 Berlin, Tel. (0 30) 43 00 45 72, 46 06 10 72, *info@susannehaun.de*, *www.susannehaun.de*. c/o Atelier, Martin-Opitz-Str. 1A, D-13357 Berlin, Tel. Mobil: 0 17 72 32 80 70, *mail_k02@yahoo.de*, *www.k-02.de* (* Berlin 8. 4. 65) – **VG:** Hamburg, Carstensen; Bergkamen, Gal. Zeitlos; Berlin, Eichler; Bützow, Gal. Stine – Kunst u. Genuß; Neubrandenburg, Torgal. – **S:** 94 chines. Tuschemalerei b. Ping Qiu; 97–02 Malschule Berlin – **P:** World Art Print Annual Lessedra/Bulgarien (Sonderpr.) 04 – **Ve:** Netzwerk Druckgrafik; BBK Berlins 06 – **KGe:** K-02: S. H. u. Andreas Mattern (seit 03) – **G/T:** Thema: Menschen u. ihre Umwelt; Graph. (Handzchng, Rad., Linolschnitte, Hschn.); Malerei (Acryl, Ölkreide auf Lw. u. Papier) – **K:** Acryl- u. Zeichenkurse in Berlin-Wedding – **W:** in öff. u. privaten Slgn – **M:** Berlin, Graphothek Reinickendorf – **Ö:** Palma de Mallorca, Hotel Palau Sa Font – **E:** u. a. 02 Berlin, Aktiv-Gal.; 03 Berlin, Kunstamt Mitte; Berlin, Teehaus im Englischen Garten; Berlin, Autohaus Winter; 04 Berlin, Schloß Biesdorf; München, Hotel Mercure; Berlin, Maritim ProArte; 05 Berlin, Gal. WeibArt; Berlin, Schloßparktheater; Berlin, Kult.haus Spandau; 05, 06 Bergkamen, Gal. Zeitlos; 06 Berlin, Gal. Storchenturm; Bützow, Gal. Stine – Kunst u. Genuß – **G:** u. a. 02 Berlin, Kunstzentrum Tegel-Süd; 03 Frankfurt/Oder, Fort Gorgast (Kat.); Leipzig, Oper; Augsburg, Gal. Victoria Passage; 04 Hamburg, Mus. d. Arb. (Kat.); Berlin, Zone F; Berlin, Gal. Taube: Dez.salon; Bonn, Frauen-Mus. (Kat.); Berlin, Gal. Arcus; Osnabrück, Impulse (Kat.); 04, 05 Sofia, Nat. Pal. of Culture (Kat.); Berlin, Gal. Storkower Bogen; 04, 06 Berlin, Pillango; 05 Düsseldorf, Gal. ArtRoom; Oschatz, KV; Berlin-Steglitz, Große Berlin-Steglitzer Kunstausst. (Kat.); Innsbruck, Kass; Schwerin, Sternwarte; Grimma, Klosterkirche; Berlin, Gal. Storchenturm; Borken, Dt.-Niederl- Graph.börse; 06 Visselhövede, Wasserturm; Hamburg, Carstensen; Potsdam, Friedrich Naumann Stift.; Berlin, Gal. Kunstkr. Treptow-Köpenick; Fürstenwalde, StG im Alten RH; Güstrow, StG Wollhalle; Berlin, Graphothek; New York, German House Gall. (Kat.) – **R:** virtuelle Ausst.: www.diplo.de/virtuelle-ausstellung – ***Lit:*** Art. u. Beitr. in Ztgn u. Zss, u. a. Eva Lienemann, in: Rhein. Post; Christian Schindler, in: Berliner Woche; in: Palette; Werner Stockfisch, in: Schweriner Volksztg; Bauersachs, in: Süddt. Ztg; Rica Jalowietzki, in: Märk. Oderztg; Irene Marx, in: Singapure Art Gall. Guide

Haupeltshofer, Bernhard (Ps.: Beluha), Zeichner u. Maler; Seeriederstr. 9, D-81675 München, Tel. (0 89) 4 70 58 90 (* Offingen/Donau 16. 5. 55) – **VG:** Stuttgart, Franke; München, Gal. Westend – **S:** ab 76 Ludwig-Maximilians-Univ. München (Kunstgesch. u. Phil.); 95 AG f. psychoanalyt. Kunsttherapie (Apakt) München (Dipl. in Kunsttherapie) – **L:** 93–95 AG f. psychoanalyt. Kunsttherapie (Apakt) München (Kalligraphie u. freie Zchng.) – **Ve:** BBK Bay. 86; VG Bild-Kunst – **G/T:** Zchng; Kalligraphie; Gedichte; Arb. im Grenzber. d. Schrift – **W:** Werke in Privatslgn sowie Slg Klewan – **M:** München, Bay. Staatsgemäldeslgn; München, Staatl. GrS; Stuttgart, SG – **E:** 86, 90 München, Übelackerhaus; 92 München, Popp; 06 München, Gal. Westend; Nürnberg, Gal.haus – **G:** 84, 91, 98 München, Aspekte; 91 München, Gal. d. Künstler; 93, 94, 98 München, Autoren Gal. 1; 94 Augsburg, Brechthaus; 96, 98 München, Klewan; 00, 01 München, KV; 03 Stuttgart, Franke; 05 Nürnberg, Gal.haus

Hauptmann, Hans-Günter (Ps.: Hans, weitere Ps.: Hpt., Edwin, A-Z ♣, eigtl. Janrich Bredtner), Kunstmaler, Illustrator u. Designer; Finkensteig 22, D-01109 Dresden, Tel. u. Fax (03 51) 8 80 89 16 (* Dresden 2. 12. 44) – **VG:** Dresden, Kunst- u. Antikcafé an d. Frauenkirche; Dresden, Hellerauer Gemäldegal. – **S:** Autodidakt – **G/T:** Malerei (vorw. Öl) u. Ill.; Landschaft, Stilleben, Portr., Maritimes u. a. Themen u. Genres; Spezialist f. Dresden Gemälde – **W:** zahlr. Werke in Privatbes. u. in Bes. versch. Kunsthandlungen im Raum Dresden; Buchveröff. d. Verl. Readers Digest, Bastei, Titania, Kelter u. Pabel Moewig (vertrieben in Europa u. Übersee) – **E:** Dresden, Hotel Kempinski – ***Lit:*** Europäisches Künstlerlexikon – Bereich Malerei, Ausgabe Dtld, Bd 2 95 – (Red.)

Hauptmann, Mike (Ps.: Mike, weitere Ps.: M. Hpt., M. H. Graf, M. Hauptmann), Kunstmaler, Illustrator u. Graphiker; Finkensteig 22, D-01109 Dresden, Tel. u. Fax (03 51) 8 80 89 16, *hpt.kunst@gmx.de* (* Dresden 11. 2. 65) – **VG:** Dresden, Kunst- u. Antikcafé an d. Frauenkirche; Dresden, Hellerauer Gemäldegal. – **S:** 85–87 Gutenberg Univ. Mainz (Kalligraphie); später autodidaktische Stud. – **P:** Kunstpr. d. Ldes SH Husum 89; Pr. d. SPD SH (1. Pr. u. Sonderpr.) – **G/T:** Malerei (Genre, Landschaft); Ill. zu allen Themen f. d. Kelter Verl. Hamburg, Bastei-Lübbe u. d. Titania-Verl. – **W:** Privatbes. im In- u. Ausland; Ill. veröff. in Europa u. Übersee – **Ö:** Kunsthandlungen im Raum Dresden – **E:** Bredstedt, RH; Dresden, Kempinski Hotel – ***Lit:*** Europäisches Künstlerlexikon, Bereich Malerei, Ausgabe Dtld, Bd 2 – (Red.)

Hauptvogel, Frank, Maler, Graphiker, Meisterschüler, Theatermaler; Mühlenweg 58, D-04827 Machern, Fax (03 42 92) 7 67 75, *F.Hauptvogel@web.de* (* Lutherstadt Eisleben 18. 7. 59) – **S:** 82–90 HGB Leipzig (Fachkl. f. Malerei u. Meisterschüler b. Prof. A. Rink) – **Ve:** BBKL 87–93 – **G/T:** Malerei, Graph., Druckgraph., angew. Graph. (Plakat), Bühnenbild, Bildhauerei, Möbel Design (Holz, Metall) – **K:** Malerei (Ldschaft, Akt); Bühnenbild-Entwurf – **W:** in Privatbes.; Bühnenbild (Maritim Hotel Bonn) – **E:** u. a. 96 Wittenberg, Raenger; Leipzig, Alte Messe; – sowie 95 Aral – **G:** Ausst.Bet. in Berlin, Dresden, Hamburg, Köln, Leipzig, München, Velbert – **V:** Christa Giessler: Sonny im Dunklen, Erz. (Ill.) – (Red.)

Hauri, Thomas, Maler, Zeichner; *haurith@bluewin.ch* (* Lenzburg 26. 9. 74) – **S:** 96–99 Malfachkl. Basel – **P:** Förd.beitr. d. G. u. F. Rentsch-Stift. Olten 99; Beitr. an d. künstler. Schaffen d. Aargauer Kuratoriums 04 – **Ve:** Visarte – **G/T:** Malerei; Zchng – **M:** Schaffhausen, Mus. zu Allerheiligen – **E:** u. a. 05 Basel, F. Hoffmann-La Roche AG; 06 Basel, Linder – **G:** u. a. 02 Basel, KH; 04 Aarau, Kunsthaus; Freiburg, KV

Hausemer, Georges, Zeichner, Maler, Schriftsteller, Übersetzer, Reisejournalist; B.P. 368, L-4004 Esch/Alzette (* Differdingen/Lux. 1. 2. 57) – **S:** Autodidakt – **Ve:** Cercle Artistique de Luxembourg 91 – **G/T:** Mercurochromie; Collagen; Zchngn; Mixed Media – **W:** überw. in Privatbes. – **M:** Luxemburg, Gemeindeverwaltung d. Stadt; Luxemburg, Mus. Nat. d'Hist. et d'Art – **G:** seit 91 Luxemburg, Salon du Cercle Artistique de Luxembourg

Hauser, Peter s. Nieblich, Wolfgang

Hauser, Susanne (geb. Susanne Hunold), Malerin; Aubrigstr. 23A, CH-8800 Thalwil, Tel. 0 447 21 16 31, *hauser@connect-people.ch*, *www.susanne-hauser.com* (* Oberurnen/Kt. Glarus 24. 1. 46) – **VG:** New York, T.A.G.; Philadelphia, Pentimenti; Zürich, Hohl; St. Moritz, Curtins; Wien, Bells and Fillies; Köln, Gal. am Markt Art Consulting – **S:** Autodidaktin – **P:** Shooting Stars d. Swiss Inst. New York 99; Werkbeitr. d. Kt. Glarus 00; Olympiade Athen (1. Pr. f. Malerei) 04; Kunsthaus Glarus – Fokus Einzelausst (1. Pr. f. Malerei) 06 – **Ve:** SGBK 03 – **G/T:** Malerei (Öl), Spannungsbogen Ornamentik bis Figuration – **W:** überw. in Privatbes. in Dtld, Ital., d. Schweiz u. d. USA sowie in Banken, Hotels u. Akad. in Glarus, St. Moritz u. Zürich – **M:** Glarus, Kunsthaus; Lausanne, Mus. Olympique – **E:** Köln, Gal. am Markt Art Consulting; Langnau am Albis, Die Halle; Lausanne, Mus. Olympique; Lugano, Poltera; St. Moritz, Curtins; New York, Gall. 54; New York, Tag; Zürich, Hohl – **G:** Domzale, Festival Art on Paper; Falmouth, Gall. Szent-Györgyi; Genf, Europ'Art; Glarus, Kunsthaus; New York, Swiss Inst.; Philadelphia, Pentimenti; Scuol; Wien, Bells and Fillies; Zürich, Binz39; Zürich, Galeristenver. – ***Lit:*** Kristina Piwecki: S. H. Eine Werkübersicht 92; Arte ieri, oggi et domani 93; Europ'Art, Kat. 94; Internationales Auktionsjahrbuch. Actors 97; Swiss Institute (Hrsg.): Old World – New World 98; M. Kraft: Mythologie der Bergwelt und Impressionen aus New York 98; Schweizer Künstlerlexikon 99; Beatrix Ruf: Netzwerke 00; Nadia Schneider: Flächenräume 06 – ***LitR:*** S. H. Mythologie der Bergwelt und Impressionen aus New York, Videoclip 98

Hauser, Thomas; c/o Galerie Laura Mars Grp., Sorauer Str. 3, D-10997 Berlin, Tel. u. Fax (0 30) 61 07 46 30, *info@lauramars.de*, *www.lauramars.de; www.thomashauser.net* (* Witzenhausen 61) – **VG:** Berlin, Laura Mars Grp. – **S:** 81–86 ABK Stuttgart – **P:** Atelierstip. d. KA Stuttgart 86–88; Arb.stip. d. Senats f. Kult. Angelegenheiten Berlin 95 – **G/T:** Malerei; Archit.gebundene Arb. (Kunst am Bau); Fotogr.; Zchng – **Ö:** Adorf-Diemelsee, Städt. Leichenhalle; Berlin, Leibniz-Gymnasium; ebda, Victoria Bar, Green Door; Braunschweig-Heidberg, St. Thomas Kirche; Heidelberg, Neubau d. Univ.klinik; München-Ottobrunn, Bürgerzentrum; Stuttgart-Feuerbach, Fernmeldezentrum – **E:** 91 Berlin, Gal. Exhibit; 92 Berlin, Permanent-Auguststr.; 94 Berlin, Hotel-Pension Nürnberger Eck; 95 Berlin, Oranienstr. 6 (Projekt m. Andreas Pfab); 97 Gent, Croxhapox; 98, 00 Freiburg, Gal. Malakoff; 98 Berlin, Green Door; 99 Berlin, Kamm; Berlin, Dirty Windows Gall.; 02 Frankfurt am Main, Gal. Station (Kat.); 03 Gent, Colle (m. Yves Velter); 04 Barcelona, Espai Pupu; 05 Berlin, Laura Mars Grp. – **G:** 86 Stuttgart, Künstlerhaus; 93 Darmstadt, Pr. d. Darmstädter Sezession f. Malerei (Kat.); Stuttgart, Ldespavillon Bad.-Württ.; 96 Berlin, Neuer Berliner KV (Kat.); 98 Berlin, Kamm; Lüneburg, Halle f. Kunst (Kat.); 98–99 Kassel, Stellwerk; Leipzig, Ausst.raum; 98–99, 04 Berlin, Künstlerhaus Bethanien; 00 Berlin, Manzini Ost; 01 Berlin, Gal. Weisser Elefant; 05 London, Campbell Works – **V:** T.H. – Dazwischen, Kat. 00; T.H. – Bilder aus State One u. Mädchen, Kat. 03; T.H. – Photogr. 06 – ***Lit:*** zahlr. Ztgsart., u. a. Claudia Sedlarz: Der Künstler ist anwesend, In: TAZ v. 28.1.92; Brigitte Werneburg: Rasante Bikinimädchen, In: ders. v. 25.2.95; Peter Herbstreuth: Wie eine Armee v. Gartenzwergen, In: Tagesspiegel v. 20.8.96; Dorothea v. Hantelmann: Das Bild vom Bild vom Bild, In: ders. v. 19.2.98; Gunnar Lützow: Kunst geht ins Höschen, In: Frankfurter Rundschau Mag. v. 2.9.00; Herbert M. Hurka: Fragen der Auflösung, zu T.H.s Bildser. Neue Mädchen, In: Ästhetik & Kommunikation, Bd 112 01; Silke Hohmann: Willige Patriotinnen in Öl, In: Frankfurter Rundschau v. 22.1.03; Meike Jansen: Skandal im Sperrbezirk, In: TAZ v. 8./9.4.04; Tobias Timm: Kunst in Unterhosen, In: Süddt. Ztg v. 10.4.04; Werner Bebber: Kunst kann immer, In: Tagesspiegel v. 14.4.04; Bettina Klix: Groteske Ensembles, In: Junge Welt v. 13.4.04; Hermann Pfütze: When Love Turns To Poison, In: Kunstforum Intern., Bd 170; Detlef Kuhlbrodt: Kalte Körpersprache, In: U-Spot, Heft 03/04; – sowie div. Kat. – ***LitR:*** Pornografie in der bild. Kunst, In: Polylux, TV-J. RBB 04

Hausmann, Brigitta s. Landgraf-Hausmann, Gitta

Hausmann, Christina, Malerin; Eichendorffstr. 2, D-92655 Grafenwöhr, Tel. (0 96 41) 92 57 95, Fax 92 57 96, *christina-hausmann@t-online.de*, *www.christina-hausmann.de*

Hausmann, Gerhard; Agnesstr. 38, D-22301 Hamburg, Tel. (0 40) 27 43 11, 47 46 46, Fax 47 46 46 – **G/T:** Bildhauerei, Malerei – (Red.)

Hausner, Xenia, Malerin,; c/o Galerie Deschler, Auguststr. 61, D-10117 Berlin, Tel. (0 30) 2 83 32 88, Fax 2 83 32 89, *info@deschler-berlin.de*, *www.deschler-berlin.de; www.xeniahausner.de* (* Wien 7. 1. 51) – **VG:** Walchwil, Kämpf; Berlin, Deschler; New York, Forum Gall.; Wien, Charim – **S:** 72–76 ABK Wien; Royal Acad. of Dramatic Art London (Bühnenbild) – **L:** 98, 99, 01, 04 Intern. Sommerakad. f. Bild. Kunst Salzburg – **P:** Ernst Barlach Pr. 00 – **Ve:** VG Bild 02 – **G/T:** figurative Malerei; Mixed Media Arb. unter Verwendung v. Fotogr.; Graph. (Originallith., Rad.) – **M:** Schwäbisch Hall, KH Würth; Wien, SM – **E:** / G: u. a. 96 Berlin, Martin-Gropius-Bau; 97 Leipzig, MBK; Wien, KH; 98 Koblenz, KH; Hallein, Kunstforum; 99, 01 Salzburg, Rupertinum; 00 Berlin, Käthe-Kollwitz-Mus.; Hamburg, Ernst-Barlach-Mus.; St. Petersburg, StM; 03 Berlin, Deschler; 04 Salzburg, StG im Mirabellgarten; Weimar, KH; KUNSTMESSEN: 96, 97, 98, 00, 01, 02, 03 Köln, Art Cologne; 97–99, 01–04 Basel, Art Basel – ***Lit:*** Rätselraum Fremde Frau 90: Liebesfragmente 97; Figuration 99; W. Schmied (Hrsg.): Kampfzone 00; Heart Matters 03; Damenwahl. Berichte aus dem Labor 03; C. Aigner: X. H. Von der Malerei zur Photographie und retour, in: Eikon, Zs 03 – ***LitR:*** in: Metropolis, Portr./Dok. (Arte) 03 – (Red.)

Haussmann, Michael, Maler, Bildhauer; Schellingstr. 96, D-80798 München, Tel. (0 89) 52 59 71, Fax 52 77 36, *mail@michaelhaussmann.com*, *www.michaelhaussmann.com* (* Berlin 21. 5. 40) – **VG:** Grünwald, Hettlage – **S:** 58–62 Städelschule Frankfurt am Main (figürliche Malerei u. Wandmalerei b. Prof. Albert Burkart); 77–79 TU München (Archit.) – **P:** Förd.pr. d. Gemeinde Prien-Chiemsee; Matthias-

Pschorr-Stift. München – **Ve:** BBK München u. Obb. seit 69; VG Bild-Kunst seit 87; Gesellige Vrg Die Mappe seit 90 – **G/T:** realistische Malerei u. Bildhauerei (psychologische u. kunsttheoretische Thematik) – **K:** Realismus – **M:** Brive, Bibliothèque Municipale; Burgk, Schloßmus.; Frankfurt am Main, Dt. Nat.Bibl.; Mainz, Gutenberg-Mus.; München, Bay. Staatsbibliothek; München, Bay. Staatsgemäldeslgn; München, Intern. Jgd.bibliothek Schloß Blutenburg; München, Staatl. GrS; München, Valentin-Karlstadt Musäum – **Ö:** Aschaffenburg, Klinik am Hofgarten (Relief u. Eingangsgest.); Augsburg, Hypobank (Glasfenster); Ehrenkirchen, Paul-Gerhardt-Kirche (Gobelins); Kitzingen, Hypobank (Glasfenster); München, Kerschensteiner Berufsbildungszentrum (Holzskulpt. u. Reliefs); Wiesbaden, Hypobank (farbiges Relief) – **E:** u. a. 73 München, Lörch; 75 München, Neue Münchner Gal.; 77 Basel, Art Basel 78 München, Arndt; 79 München, Frz. Kult.inst. 87 München, Hierling; 99 München, Goethe-Inst.; 03 Grünwald, Hettlage – **G:** u. a. 94 Maastrich, Intern. Graph.-Bienn.; 97 München, Neue Slg – Staatl. MAK; 99 München, Ruf; 00 Flims, Mus.; Dortmund, Mus. f. Kunst u. Kult.gesch.; 00, 01 München, Rutzmoser; 02 München, Crédit Suisse; 03 Innsbruck, Art Innsbruck – **V:** Parsifal (Kpst., Bibliophiles) 72; Edition 77 (farbiger Kpst.) 77; Karl-Valentin (Rad.) 80; Alchemie der Linie (Kpst.) 87; Wittgenstein (Kpst.) 94 – **R:** Jochen Kronjäger: M. H., CD-Rom 98; Beate Behaim-Schwarzbach: Rund ums Buch (Bay. RF) 00 – ***Lit:*** u. a. Peter Heiligenthal: Die Realität der Bilder, in: Tendenzen 79; Heinz Jürgen Sauermost: M. H., in: Novum 81; Wilhelm Deinert: Alchemie der Linie 87; Das Schöne, das Nützliche und die Kunst, Ausst.kat. 96; Axel Winterstein: Zeichnender Portraitist und Bildhauer, in: 'und' 98; Joseph Kiermeier-Debre u. Fritz Franz Vogel: Menschenalphabete 01 – ***LitR:*** Vera Grötzinger: Köpfe, Bay. RF 87 – (Red.)

Haustein, Jörg, Facharbeiter Reprotechnik, Fotograf; Altenburger Str. 58, D-08058 Zwickau OT Oberrothenburg, Tel. (03 76 04) 45 89 (* Crimmitschau 31. 12. 59) – **VG:** Glauchau, Art Gluchowe – **S:** Mal- u. Zeichenzirkel d. Spinnstoffwerke in Glauchau (Leitung: Johannes Feige) – **Ve:** BBK; KV Art Gluchowe – **G/T:** Graph.; Fotogr.; Malerei; Keramik; Themen: seel., menschl. Zustände, die durch Einzelfiguren, Kopfsituationen u. Lsch.formationen expressiv-surreal dargestellt werden – **W:** zahlr. Werke, vorw. Graph. in Privatbes. – **M:** Chemnitz, Neue Sä. Gal. – **Ö:** Glauchau, Sachsenlandhalle (Graph.trilogie) – **E:** 92, 00 (Kat.) Glauchau; 94 Zwickau; 96 Glauchau, Ratshof; Hohenstein-Ernstthal, Kleine Gal.; 99 Blankenhain, Schloß – **G:** 84–87 Bet. in Glauchau u. Chemnitz; 91 Zwickau, Breuer: Sommerausst.; 94, 97 Chemnitz, Kunstmesse; 95 Bonn, Präsentation d. Ldkr.; 97 Glauchau, Art Gluchowe: Ausst. d. KV; 98 Wolfsburg, Glauchauer KV; 00 Osnabrück, Impulse; Chemnitz, 100 Sä. Graph. – **V:** Mappenwerke; 18 Graph. zu Franz Kafka: 'Betrachtung' – ***Lit:*** zahlr. Presseart.

Hauswirth, Ralph, Kunstschaffender; Laufenstr. 9, CH-5053 Basel, *r.hauswirth@gmx.net*, *www.report.ch/genhartundhauswirth* (* Chur 29. 9. 48) – **S:** Schule f. Gest. Luzern (b. Anton Egloff); HdK Berlin (b. Rolf Szymanski) – **P:** Atelierstip. Stift Binz39 (f. Nairs in Scuol) 91; Atelierstip. d. Konferenz Schweizer Städte f. Kult.fragen (KSK) in Kairo 04 – **Ve:** Visarte 97 – **G/T:** Fotogr., Install., Konzepte – **Ö:** Berlin, Pankehallen Bildhauerwkst.; Engen, KV; Luzern, Bhf (Bodenplatte 90) – **E:** u. a. 93 Berlin; 95 Luzern, Lukaskirche (Kat.); 97 Engen, Mus. (Kat.); 00 Nairs, Kult.-zentrum (Kat.); Luzern, Bushaltestelle v. d. Lukaskirche – **G:** seit 85, u. a. 92 Berlin, Stil + Bruch: Steinzeit (Kat.); 94 Sarnen, Hofmatt Gal.: Durchblicke (Kat.); 97 Luzern, KM: Vier Positionen (Kat.); 00 Basel, Peter-Merian-Haus: gastspiel; 01 Kwangmyŏng City/Korea, KV: Kwangmyŏng Fine Arts Festival (Kat.); 04 Kairo, Maschrahbia Gall.: NOUBAR/3; 05 Kairo, Townhouse Gall.: ACTUAL POSITION; 06 Nairs, Kult.zentrum

Havekost, Eberhard, Maler; c/o Galerie Gebrüder Lehmann, Görlitzer Str. 16, D-01099 Dresden, Tel. (03 51) 8 01 17 83 (* Dresden 67) – **VG:** Dresden, Gebrüder Lehmann; Köln, Johnen & Schöttle – **S:** 91–96 HBK Dresden (Dipl.); 97 ebda (Meisterschüler b. Prof. Kerbach) – **P:** Karl-Schmidt-Rottluff-Stip. 99 – **M:** Dresden, GG NM – **E:** u. a. 99, 00, 01, 03 Dresden, Gebrüder Lehmann; 00, 02 New York, Kern; 01, 03 Köln, Johnen & Schöttle; 03 Paris, Centre Pompidou; London, White Cube; 05 Wolfsburg, KM (Kat.) – **G:** u. a. 92, 95 Dresden, HBK; 98 Budapest, Studio Gall.; Wiepersdorf, Schloß; 99 Berlin, Neuer Berliner KV; 00 New York, Cohan Gall.; Düsseldorf, KH; 01 Paris, Flay; Madrid, Centro Cult. Conde Duque; Bonn, KV; 02 Leipzig, Gal. f. Zeitgen. Kunst; Köln, Scheibler; 03 Wolfsburg, KM; Frankfurt am Main, KV – ***Lit:*** Schweers 02 – (Red.)

Havekost, René, Maler; c/o Gal. Elbchaussee Acht, Elbchaussee 8, D-22765 Hamburg, Tel. (0 40) 39 19 85 02, Fax 39 19 85 29, *galerie@elbchaussee-acht.de* (* Hamburg 7. 6. 50) – **VG:** Hamburg, Elbchaussee Acht; Frankfurt am Main, Poller – **S:** 76–81 HBK Braunschweig (Malerei b. Peter Voigt u. Hermann Albert, Meisterschüler v. Lienhard v. Monkiewitsch) – **L:** 97, 98 FHS f. Gest. Hamburg (LAuftr. f. Malerei) – **P:** Kunstpr. d. HBK Braunschweig 80; Rudolf-Lodders-Stip. 83; Künstler zu Gast in Harburg 86 – **G/T:** Malerei (gegenständlich in Verbindung m. monochromen Farbfeldern); Objekt; Rauminstall. (medienübergreifend); Fotoarb. (Magie d. Dinge, soziologische, phil. u. psychologische Hintergründe) – **W:** überw. in Privatbes., einige Performances m. Sprache, Musikinstrumente – **M:** Berlin, Slg Dt. Angestellten Gewerkschaft; Erfurt, Slg Commerzbank; Frankfurt am Main, Dt. Bank KS; Hamburg, Slg DaimlerChrysler; Hamburg, Slg Geyso v. Dierkes (Schwerin); Hamburg, Slg Kr.spk. Hamburg-Buxtehude; Hamburg, Slg Vogel; Hamburg, Slg d. Kulturstift.; Hannover, Slg d. Ndt. Landesbank; New York, Slg Dorothea Keeser – **E:** u. a. 84 Hamburg, Produzentengalerie; 90 Hamburg, DaimlerChrysler; 92 Hannover, Schreiber; Hamburg, Keeser; Frankfurt am Main, Poller; 94, 96, 97 Hamburg, Chapel AC; 02 Hamburg, KV Harburger Bahnhof; 02, 03 Aachen, Suermondt-Ludwig-Mus.; 03, 04 Hamburg, Elbchaussee Acht – **G:** u. a. 91 Miami, Miami-Art-Fair; 94 Madrid, ARCO; Frankfurt am Main, Art Frankfurt; 95 Köln, Chapel AC; 96 Hamburg, Kunsthaus; Nürnberg, Gal. im Kohlenhof; Dresden, Kunstmarkt, 00 München, New-Art-Gal. – ***Lit:*** Stanislaw Burakowski u. Petra von der Osten Sacken: Künstler zu Gast in Harburg, Kat. 87; Gunnar F. Gerlach u. Bazon Brock: Kunst gegen den Golfkrieg 91; Hans-Dieter Sommer: Die Zeit der Kunstideologen ist vorbei, Interview in: Apex Köln 92; Hans-Dieter Sommer: Mythenschmiede und die Irritation des Blops 92; Hans-Dieter Sommer: R. H. 1992–1994, Kat. 94; Hans-Dieter Sommer: R. H. Festival de Sculpture 97; Peter Thurmann: In guten Händen, Kat. 99; Ulrich Schneider: R. H., Kat. 03 – ***LitR:*** Katrin Felix-Müller: Interview mit dem Maler R. H., Norddt. RF-Radio 86; Jazzwelle Plus, Radio Hamburg (Interview) 93; Lucas-Maria Böhmer: Dinge nehmen gefangen. Der Maler R. H., Filmportr. 97 – (Red.)

Havertz, Roman (eigtl. Roman Maria Havertz); c/o nonin Webdesign, Bundesstr. 139, D-52159 Roetgen, *rh@nonin.de*, *noninWeb.de/sign* (* Aachen 18. 11. 68) – **S:** 86–89 RWTH Aachen, Inst. f. Bergbaukunde (Ausb. z. Mechaniker); 91–92 KSch Blankenese Hamburg; 93–97 FHS Aachen (Produktdesign) – **Ve:** BBK Aachen-Euregio 03 – **G/T:** Malerei (Acryl); Skulpt.; Objekte; Material-Farb-Montagen – **E:** / G: zuletzt u. a. 99, 00 Aachen, Rudolfstr.; 01 Aachen, König; Aachen, Inst. Français; Dresden, cynetArt; 02 Aachen, Schloßpark Rahe; Kerkrade, Industrion-Mus.; Aachen, Markt 1–3; 03 Buchet, KV Artemedia; Aachen, Büchel 50; Jülich, RH-Passage – (Red.)

Havlik, Ingrid s. Kamper, Ingrid

Hawel-Wölfer, Michaela, Malerin, Schmuckdesignerin; Sandleitengasse 9–13, 1/17, A-1160 Wien, Tel. (01) 4 84 74 01, *members.telering.at/Ludwig_II; members.telering.at/bildergalerie-mhw* (* Wien) – **S:** Höhere Bundeslehranst. f. Kunstgew. Wien; VHS Wien (b. d. Mag. Walter Czuvala u. Herbert Pasiecznyk) – **P:** Öst. Schmuckdesigner-Wettb. d. Fa. Waiglein Wien (1. Pr.) 98 – **G/T:** Portr.malerei (Öl, Aqu., Eitempera, Gouache); Genrebilder (speziell über König Ludwig II. v. Bay.); Portr.büsten (Gipskeramik, Ton); Kopistin im KHM Wien (Alte Meister) – **W:** überw. in Privatbes. u. Slgn – **M:** Wien, Ottakringer Bez.museum – **Ö:** Schwangau, Schloßverwaltung Neuschwanstein; Wien, Villa Aurora – **E:** zahlr. seit 98 in Wien, Schwangau, München, Zwettl, u. a. 98 Wien, Ausst. z. Eröffnung d. Festwochen; 01 Schwangau, Schloß Neuschwanstein – **V:** Kunstkal. König Ludwig II. (Portr.) 00; Programmhefte d. Schloßkonzerte in Neuschwanstein (Ill.) 01, 02 – sowie: Kunstdrucke, Kunstkarten – **R:** König Ludwig II., Dok. (Bildbeitr., Die Zeit-TV, arte, ZDF) 00

Hawemann, Cosima (Ps.: Alaska Lade), Malerei, Collage, Installation; c/o Atelier Alte Feuerwache, Melchiorstr. 3, D-50670 Köln, *cosimahawemann@kulturserver-nrw.de*, *www.cosimahawemann.kulturserver-nrw.de; www.frontmaler.de/cosima.htm* (* Köln 16. 10. 71) – **S:** 97–04 KA Düsseldorf (freie Kunst/Malerei b. d. Prof. Jörg Immendorf u. A.R. Penck, 03 Meisterschülerin, 04 Akad.brief) – **Ve:** VG Bild-Kunst 05 – **G/T:** Malerei; Collage; Zchng; Rauminstall. – **W:** überw. in Privatbes. – **M:** Krefeld, Artothek – **E:** 01 Köln, Kunstraum Burgund; 04 Köln, Stapelhaus (m. Simon Schubert); 05 Krefeld, Artothek; Wuppertal, Ausst.raum Verdi; 06 Köln, Wotsch-Da-Windo; Köln, Alte Feuerwache – **G:** seit 97 regelm. Bet., u. a. 98 Düsseldorf, Kunstförd.pr.; 00 Bedburg-Hau, KV; 03 Düsseldorf, Kunstforum; 04 Düsseldorf, Messe; 05 Köln, KölnKunst; Solingen, Mus. Baden; Remscheid, StG; Köln, DuMont Studio

Hawoli, Bildhauer; Springhornhof, D-29643 Neuenkirchen, Tel. u. Fax: (0 51 95) 6 70, *info@hawoli.de*, *www.hawoli.de* (* Bleckede 13. 9. 35) – **Ve:** Dt. Künstlerbund – **G/T:** Skulpt.; Fotogr. – **E:** seit 63, zuletzt u. a. 93 Schöningen, Kunstförderverein (Kat.); Mannheim, StKH (Kat.); 94 Bremen, StG (Kat.); 95 (Kat.), 05 Neuenkirchen, KV Springhornhof; 98 Ganderkesee, KV (Kat.); 99 Lüneburg, Kunstforum (Kat.); 02 Braunschweig, Botan. Garten d. TU; 03 Zeven, StG (Kat.); 05 Lüneburg, Kult.forum (Kat.) – **G:** zahlr., zuletzt u. a. 97 Rottweil, Forum Kunst: Künstler machen Schilder f. Rottweil (Kat.); 00 Langenhagen, Kult.stift.: 99 Standpunkte – Skulpt. (Kat.); 02 Heidelberg, KV: Der Berg (Kat.)

Haypeter, Werner, Bildhauer, Maler; Oberhausener Str. 15, D-40472 Düsseldorf, *www.haypeter.de* (* Helmstedt 55) – **VG:** Düsseldorf, Hölzl; Friedberg, Gal. u. Ed. Hoffmann; London, Juda Fine Art; Stockholm, Konstruktiv Tendens; Stuttgart, Sturm; Kaiserslautern, Wack – **S:** 78–85 KA Düsseldorf (Meisterschüler b. Prof. Erwin Heerich) – **P:** Reisestip. d. KA Düsseldorf f. Ital. 82; Kunstpr. d. Stadt Bonn 86; Stip. d. Stadt Bonn 86; Transfer-Stip. d. Ldes NRW 91; Atelierstip. Kunstkäfig 94; Stift. Kunstfonds – Arb.- u. Projektstip. (Arb.stip.) 94, 95; Piepenbrock Pr. f. Skulpt. 96 – **M:** Aachen, ehem. Reichsabtei Kornelimünster KS NRW; Bedburg-Hau, Mus. Schloß Moyland; Bergisch Gladbach, StG Villa Zanders; Bonn, KM; Bonn, LM; Düsseldorf, Mus. Kunst Pal.; Essen, Mus. Folkwang; Kaiserslautern, Pfalz-Gal.; Karlsruhe, ZKM; Ludwigshafen, Wilhelm-Hack-Mus.; Mannheim, StKH; München, Bay. Staatsgemäldeslgn; Mönchengladbach, StM Abteiberg; New York, MOMA; Saarbrücken, Saarland-Mus.; San José/Cal., Mus. of Art – **E:** u. a. 85 Bonn, KV; 90 Mönchengladbach, StM Abteiberg (Kat.); 94 Ludwigshafen, Wilhelm-Hack-Mus. (Kat.); 95 München, SG Mod. Kunst (Kat.); 96 Osnabrück, Mus. Akzisehaus; 98 Winterthur, KH (Kat.); Saarbrücken, Saarland-Mus. (Kat.); 99 Heidelberg, KV; Frankfurt am Main, Lüpke; 00, 05 Kaiserslautern, Wack; 01 Stuttgart, Sturm; Aschaffenburg, Neuer KV; 01, 02 Düsseldorf, Hölzl; 03 London, Juda Fine Art (Kat.); Stockholm, Konstruktiv Tendens; 04 Ingolstadt, Alf Lechner Mus. – ***Lit:*** Erwin Heerich, Stephan Schmidt-Wulffen, Hans van der Grinten, Ulrich Krempel, Annelie Pohlen, Rolf Wedewer, W.H. u. Marianne Hennemann (Hrsg.), Taschenb.-reihe, Bd 33 87; – AUSST.KAT.: Friedemann Malsch: In the Picture's Realm ('t leerhuys gal. Brügge) 89; Gerhard Finckh, Elisabeth Claus, Bernhard Holeczek, Klaus Schrenk: W.H. – Bilder (StG im Mus. Folkwang Essen, A. Sutter Essen, Wilhelm-Hack-Mus. Ludwigshafen, Neuer KV Aschaffenburg) 94; Elisabeth Claus, Thomas Röske: Von der Fläche in den Raum (Neuer KV Aschaffenburg) 95; Annelie Pohlen, Joachim Kaak u. Wolfgang Vomm: W.H. (StG Villa Zanders Bergisch Gladbach) 95, 96; Joachim Kaak: W.H. (KV Krefeld) 96; Ernest W. Uthemann: W.H. – Kunststoff u. Papier (KV Heidelberg) 98; Thomas Köllhofer: orten (Brückenturm Mainz) 00

Hebenstreit, Manfred, Maler; Oberes Brunnenfeld 13, A-4722 Peuerbach, Tel. (0 72 76) 39 72, Fax 2 92 72, *www.hebenstreit-manfred.at* (* Altheim/ObÖst. 10. 12. 57) – **VG:** Berlin, Bischoff; Luxemburg, Grédt – **S:** 78–84 Kunstuniv. Linz (Meisterkl. f. Malerei) – **P:** Kult.pr. d. Ldes ObÖst. 02 – **Ve:** KV Salzburg seit 88; Künstlervrg Linz seit 87 – **KGr:** Maerz – **G/T:** Malerei auf verschiedenen Bildträgern (Papier, Glas, Eisen, Leinwand, Holz); Graph. (Kaltnadel, Lith.) – **M:** Gelsenkirchen, SM; Künzelsau, Mus. Würth; Linz, Lentos; Salzburg, Rupertinum – **Ö:** Bonn, Verkehrsmin. (Eingangshalle); Düsseldorf, Handwerkskammer (Liftgest.) – **E:** 95 Frankfurt am Main, Ostertag; Düsseldorf, Walther; Künzelsau, Mus. Würth; Salzburg, Rupertinum; 97 Luxemburg, Grédt; 02 Berlin, Bischoff; 03 Zell am Harmersbach, Villa Haiss; Passau, MMK; Wien, Kunsthist. Mus. im Pal. Harrach – **G:** Malo, Mus. Casabianca; 93 Künzelsau, Mus. Würth; Darmstadt, KH; Linz, Lentos – **V:** zahlr. Mappenwerke (Lith.), teilw. schwarz-weiß, u. a. Otto Breiche (Hrsg.) – **R:** div. Kurzberichte im ORF 87–03 – ***Lit:*** Hebenstreit 95; Sonnengeflecht 98; Corpus Callosum 03 – ***LitR:*** Claus Arnno Schneider. Porträt, California Cut 90; Johannes Jetschgo, Portr. üb. Hebenstreit, ORF 03 – (Red.)

Heck, Mathias, Silberschmied, Metallgestalter, Restaurator; Wasserschlossweg 6, D-09123 Chemnitz, Tel. u. Fax (03 71) 2 60 59 49, Mobil: 0 16 05 50 60 49, *info@silberschmiede.com*, *www.silberschmiede.com* (* Plauen 6. 10. 67) – **S:** 84–87 Berufsschule Arnstadt

(Ausb. z. Silberschmied); 92–94 FS f. Schmuck u. Gerät Pforzheim (Ausb. z. staatl. geprüften Gestalter u. Silberschmiedemeister) – **P:** Stip. d. Henry u. Wilhelmine Herion Stift. 93 – **Ve:** KBD; Verb. d. Restauratoren – **G/T:** profane u. sakrale Raumobjekte; Tafel- u. Altargerät (Silber, Edelstahl, Aluminium, Stein, Glas u. deren Kombinationen); Außenobjekte; Wandgest. – **K:** Wasserschloß Klaffenbach Chemnitz (Silberschmiedekurse) – **W:** Werke z.T. in Privatbes. u. Kirchen – **M:** Dresden, KGM Schloß Pillnitz – **Ö:** Bösenbrunn, Friedhof (Doppelgrabmal); Dresden, Raum d. Stille im Sä. Ldtag; Plauen, Musikschule Clara Wieck (Wandgest.) – **E:** 97 Dresden, KGM Schloß Pillnitz; 03 Chemnitz, Schloß Klaffenbach – **G:** Ausst.bet. in Auerbach, Berlin, Chemnitz, Dormagen, Erfurt, Hamburg, Hannover, Hanau, Koblenz, Leipzig, München, Pforzheim, Plauen, Prag, Schwäbisch Gmünd, Solingen – ***Lit:*** Goldschmiedeztg Dez. 97; – div. Veröff. in: Freie Presse Chemnitz, 'Vogtlandanzeiger' Hof u. Plauen – ***LitR:*** Beitr. in Fs.-Sdgn d. Mitteldt. RF: Sa.spiegel, Dez. 97; So klingt's bei uns im Arzgebirg, März 98; Glaubwürdig, Dez. 00; Unterwegs in Sa., Juni 01; Geschichte u. Geschichten, Feb. 04 – (Red.)

Hecke, Gabriele s. Strehle, Gabriele

Hecker, Rike (Ps.: Rohr-Hecker München, geb. Rike Rohrmüller, verh. Rike Hecker), Akad. Kunstmalerin, Gebrauchsgraphikerin; Sonnenblumenstr. 53, D-81377 München, Tel. (0 89) 7 14 19 39 (* München 4. 7. 26)

Heckert, Michael, Maler; Philippstr. 3, D-50823 Köln, *michael.heckert@netcologne.de*, *www.michael-heckert.de* (* Halle/Saale 29. 10. 50) – **S:** 76–82 HBK Braunschweig (b. Monkiewitsch u. Winter-Rust, Meisterschüler b. P. Voigt) – **P:** Künstlerpr. d. HBK Braunschweig 80; Nds. Nachwuchsstip. Hannover 82; Förd.pr. d. Großen Kunstausst. NRW Düsseldorf 86; Stip. 'Künstler zu Gast in Hamburg-Harburg' 87; Optica (3. Pr.) 97 – **KGr:** Weißes Pferd (seit 81) – **W:** u. a. im Bes. d. Ldesreg. Hannover – **M:** Frankfurt am Main, Dt. Bank KS; Köln, Mus. Ludwig; Marburg, Univ.-Mus. – **E:** zuletzt u. a. 98 Mülheim an der Ruhr, Villa Thyssen; 98, 01 Bad Hönningen, Schloß Arenfels; 00 Köln, VHS; 02 Marburg, Behringwerke; 03 Marburg, LOG – **G:** u. a. 82–91 Düsseldorf, Große Kunstausst. NRW; 88 Hamburg, Kunsthaus; Köln, Josef-Haubrich-KH; 99 Bonn, Hauptverwaltung d. Dt. Post AG – ***Lit:*** Schweers 02 – (Red.)

Heckh, Barbara s. Noculak, Barbara

Heckner, Peter (Ps.: HPH), Dr., Maler; Abt Vitus Str. 4, D-88682 Salem, Baden, Tel. Mobil: 0 17 92 75 10 39, Fax (0 75 53) 78 04, 04 03 60 35 02 5 44, *hecknerpeter@aol.com*, *www.peterheckner.com*. Jokai utca 40, H-1066 Budapest, Tel. 3 02 46 09 11, *hecknerpeter@freemail.hu* (* Konstanz 25. 12. 48) – **S:** 69–72 u. 74–76 ABK München (u. a. b. d. Prof. Zacharias, Sauerbruch u. Dromberger) sowie: Ludwig-Maximilians-Univ. München (Politikwiss.); Univ. Augsburg (Sozialwiss.) – **P:** Goldene Verdienstmed. (Ungarn) 98; Silberner Verdienstorden (Slowenien) 99; Legion of Merit 03 – **G/T:** Malerei (Öl, Aqu.); Graph. (Filzstift) – **K:** Malerei; Eventmalerei – **W:** ca. 2500 in Privatbes.; zahlr. Bilder b. Ebay – **Ö:** Budapest, Stefánia palota – **E:** 75 Konstanz, KV; 75 Ravensburg; 89 Überlingen, Gal. d. Volksbank; 90 Salem, Spk.; 01 Budapest, Verteidigungsmin. – **G:** 84 Fürstenfeldbruck, Künstlervrg; 74–77 München, Bunter Kr. (m. Rudolf Reiter); – sowie: Konstanz, KV (mehrere Weihnachtsausst.); Düsseldorf, Slg Esser: Ei u. Werk (Kat.) – ***Lit:*** Südkurier Überlingen v. 13.5.75; Junge Kunst v. Bodensee 75; Südkurier Überlingen v. 31.3.90; Pester Lloyd, Ztg v. 11.4.01; Die Slg Esser Düsseldorf 05

Hector, Jannina (geb. Jannina Neubauer); Braugasse 11, D-97491 Aidhausen, Tel. (0 95 23) 95 05 58 (* Weitramsdorf b. Coburg 15. 3. 63) – **VG:** Volkach, Mari-jo – **S:** 88–91 Neue KSch Zürich (Zeichn. u. Malerei) – **Ve:** BBK Ofr. – **G/T:** Öl, Aqu., Hschn., Linolschnitt, Ornamente, Mensch, Tier – **K:** Linolschnitt im Atelier, schöpferisches Gest. – **M:** Fürstenwalde, StG im Alten RH; Schweinfurt, Städt. Slgn Alte Reichsvogtei – **E:** u. a. 90–02 Ebern, Ossarium; Hildburghausen, SM; Bamberg, Gal. f. Zeitkunst; Heringsdorf, Villa Irmgard; Bayreuth, Gal. am Schloß; Coburg, Kunst & Rahmen; Königsberg, Gal. im Bauernhaus; Schweinfurt, Spk.gal.; Jesserndorf, Keramikwkst.; Eibelstadt, Gal. Schulgasse 18; Haßfurt, Spk.gal.; Bad Kissingen, Hirnickel; Erlangen, Neue Gal. – **G:** u. a. 88, 90, 99, 00, 02 Coburg, KV; 92, 93, 94, 96 Bamberg, BBK; 95 Erlangen (Kunst im MDK); 98 Rügheim, Schüttbau; 00 Schweinfurt, Städt. Slgn Alte Reichsvogtei; Erlangen (Malerei fränkischer Künstler) – **V:** Charaktere (Kaltnadelrad.); Vom Sein (Linolschnitt) – ***Lit:*** Erich Schneider: Zu einer Ausstellung der Malerin J. H. 00

Hedinger, Johannes M. (Johannes Martin Hedinger, Ps.: Com & Com), Dipl., Künstler; Lagerstr. 95, CH-8004 Zürich, Tel. u. Fax 0 12 41 07 92, *hedinger@com-com.ch*, *www.com-com.ch*. Hochwachtstr. 15, CH-9000 St. Gallen, Tel. u. Fax 07 12 77 11 88 (* St. Gallen 6. 6. 71) – **VG:** Zürich, Gysin – **S:** 92–94 Schule f. Gest. St. Gallen; 94–03 Univ. Zürich (Kunstgesch., Filmwiss.); 97–01 HS f. Gest. u. Kunst Zürich (Bild. Kunst, Dipl.); 99–00 Humboldt Univ. Berlin (Kult.wiss., Film); 02–03 Univ. of California Los Angeles (Abt. Kunst, Postgraduiert) – **L:** seit 02 FHS Aarau (Gastdoz., Medienkunst) – **P:** Maurice Rohrbach-Found 97; Kiefer Hablitzel Stip. 98; DAAD-Stip. f. Berlin 99; Yvonne Lang-Chardonnens Stip. f. Los Angeles 01; Anerkennungsbeitr. d. Bundesamtes f. Kult. Bern 01; Kunststip. d. Kt. Zürich 02; Kunst am Bau (1. Pl.) 02 – **Ve:** Visarte 99 – **KGe:** Com & Com: J. M. H. u. Marcus Gossolt (seit 97) – **G/T:** Konzept-Kunst, Strategie-Kunst, Multimedia-Install., Film, Publ. – **K:** Medienkunst – **M:** St. Gallen, KM; St. Gallen, KS d. Kt.; St. Gallen, Slg Hauser u. Wirth; Zürich, KS d. Kt. Zürich; Zürich, Kunsthaus – **Ö:** Berlin, Slg Thumm; Dagmersellen, Camel Move Collection; Erlen, Lista Collection; Nürnberg, Schmidt Invest; Romanshorn, Bahnhofpl. (Denkmal u. Wandbild); Zürich, Slg Ruedi Bossi; ebda, Slg Göldi, Slg Pichler – **E:** 98 Nürnberg, Sima; 99 Luzern, Raum für Aktuelle Kunst; New York, Thatcher Projects; 00 Zürich, Kunsthaus; 01 Frauenfeld, Shed im Eisenwerk; New Plymouth, Brewster Art Gall.; 02 Zürich, Gysin; Luzern, Meile; 03 Warth, KM d. Kt. Thurgau; Berlin, KW – **G:** u. a. 01 Zürich, Migros Mus.; Venedig, Bienn.; 02 Kiew, Center of Contemp. Art; 02, 03 Warth, KM d. Kt. Thurgau; St. Gallen, KM; 03 Los Angeles, MAK – Center for Art & Archit.; Los Angeles, Kontainer Gall.; Genf, Bienn. de l'image en Mouvement; Kassel, KV – **V:** Die Odyssey, Künstlerb. 98, 01; Republic, Künstlermag. 99; Daniel Baumann, Daniel Binswanger, Konrad Bitterli u. a.: The Book of Com & Com 99, 00; C-Files: Tell Saga – Das Buch zum Film 00, 01; Tobia Bezzola, Paolo Bianchi u. a.: I LOVE YOU, Künstlerb. 02 – **R:** VIDEO: C-Files: The Rütli 99; C-Files: Tell Saga. Making of 00; C-Files: Tell Saga. Trailer 00; Interview 02; Side by Side, feat. Dieter Meier 02; I Love Switzerland 02; – sowie: Tell Star, Popmusical 02 – ***Lit:*** AUSST.KAT., u. a.: Anstadt 98; Promotion 99; Gottfried Hattinger u. a.: Sozialmaschine Geld 99; Rüdiger Lange u. a.: Z2000 00; Kunstklasse 01; Harald Szeemann, Tobia Bezzola u. a.: Plateau of Humankind 01; Gregory Burke u. a.: Feature. Art, Life & Cinema 01; Markus Landert, Christoph Bauer, Helga Sandl u. a.: Blick und Bild. Fotografie am Bodensee 02; Lena Holger, Martin Schibli u. a.: Identity. Trademarks, Logotypes and Symbols 02; Harald Szeemann u. a.: Geld und Wert – das letzte Tabu 02 – ***LitR:*** u. a. Star News: Side by Side, Star-TV 02; B-Magazin: Tell Star, Dok. SF DRS 02; Hotel B: Side by Side, Dok. SF DRS 02 – (Red.)

Heeb, Niklaus (verh. Niklaus Heeb-Zimmermann), Wiss. Illustrator, Dipl.-Biologe; CH-7545 Guarda, *www. niklaus-heeb.ch* (* Basel 4. 9. 65) – **S:** 86 Schule f. Gest. Basel; 87–91 HS f. Gest. u. Kunst Zürich (wiss. Ill.) – **L:** 96–02 Schule f. Gest. Basel (Doz.); seit 03 HS f. Gest. u. Kunst Zürich (Doz., Mitgl. Leitungsteam d. FB Scientific Visualization) – **P:** Förd.pr. d. HS f. Gest. u. Kunst Zürich 00 – **Ve:** Assoc. Europ. des Illustrateurs Médicaux et Scientifiques (AEIMS) – **KGe:** N.H. u. Gregori Bezzola (seit 04) – **G/T:** Zchng; Ill.; Malerei – **M:** Basel, Naturhist. Mus.; Bern, Naturhist. Mus. – **Ö:** Basel, Zoo (2 Wandbilder); Kintzheim, Affenpark; Roccamadour/Frkr., Affenpark; Salem, Affenberg (Beschilderung) – **E:** Wanderausst. m. Rekonstruktionszchngn: 93 Basel; 99 Stuttgart; 01 Berlin; 02 Zürich – **V:** Marc Nussbaumer: Barry v. großen St. Bernhard (Ill.) 00

Heeling, Ineke s. Burg, Ineke van der

Heer, Carolyn, Malerin, Plastikerin; Wildsbergstr. 10, CH-8606 Greifensee, Tel. 0 19 41 66 27, 07 95 66 61 54, *carolynheer@bluewin.ch*, *www. carolynheer.ch* (* Onitsha/Nigeria 30. 3. 60) – **VG:** Waltenschwil, ArteNa; Baar, Gal. im Hof; Davos, Gal. Eule Art; München, Dorfgal. – **S:** 81 HS f. Gest. u. Kunst Zürich – **L:** seit 87 Unterricht im bildner. Gestalten – **G/T:** Abstr. Malerei (Acryl, Mischtechniken); Skulpt. in Bronze (Thema menschl. Figur) – **K:** Basiskurse bildner. Gestalten, Akt – **W:** überw. in Privatbes. (u. a. auch Privatslgn) – **E:** zahlr. seit 87 in Dtld u. d. Schweiz, zuletzt 07 Greifensee, Kunstges.; Davos, Gal. Eule Art – **G:** zahlr. seit 87, u. a. 05, 06 Karlsruhe, Art Karlsruhe

Heere, Heribert; Schönstr. 12a, D-81543 München, Tel. (0 89) 44 24 99 56, Fax 44 24 99 56, *heribert@ heere.de*, *www.heere.de* – **G/T:** Malerei – (Red.)

†**Heerich,** Erwin, Prof., Bildhauer, Graphiker; lebte in Meerbusch (* Kassel 29. 11. 22, † Meerbusch-Osterath 6. 11. 04) – **VG:** Kollerschlag, Werkstatt Kollerschlag – **S:** 45 Staatl. KA Düsseldorf (b. E. Mataré) – **L:** 69 Staatl. KA Düsseldorf (Prof.) – **P:** Will-Grohmann-Pr. 78; Max-Beckmann-Pr. 87; Anton-Stankowski-Pr. 95; Harry Graf Kessler-Pr. 95; Piepenbrock Pr. f. Skulpt. 96; Villa-Massimo-Stip. 96 – **Ve:** Bay. Akad. d. Schönen Künste; AK Berlin 74–93 – **G/T:** Plast., Zeichn., Druckgraph. – **W:** zahlr. Werke in öff. Slgn u. im öff. Raum – **M:** Berlin, NG; Bonn, LM; Duisburg, Wilhelm-Lehmbruck-Mus.; Eindhoven, Van Abbemus.; Mönchengladbach, StM Abteiberg – **E:** zahlr. Einzelausst. seit 64, zuletzt 96 Wiesbaden, Mus.; 99 Edinburgh, College of Art; 01 Berlin, AK; Duisburg, Wilhelm-Lehmbruck-Mus.; 03 Heidelberg, Staeck – **G:** u. a. 68 Kassel, documenta IV; 73 São Paulo, Bien.; Budapest, Bienn. d. Kleinplast.; 77 Kassel, documenta VI; 89 Tokio, Yokota Shigeru; 01 Fellbach, Trienn. d. Kleinplast.; 03 Neuss, Mus. Insel Hombroich – ***Lit:*** Contemp. Artists 96; Reclams Künstlerlex. 02; Schweers 02

Heerklotz, Dirk, Installationskünstler (* Radebeul 69) – **VG:** Dresden, Gebrüder Lehmann – **S:** 95–02 HBK Dresden (Meisterschüler b. Prof. Bosslet) – **P:** Stip. Schloß Wiepersdorf 03; Stip. d. KV Röderhof 03 – **E:** u. a. 96, 97 Dresden, HBK; 99, 02 Dresden, Büro f. Kunst; 03 Dresden, Gebrüder Lehmann; Röderhof, KV – (Red.)

Heger, Albrecht, Dipl.-Designer, Maler u. Graphiker; Kalkstr. 40, D-06712 Zeitz, Tel. u. Fax (0 34 41) 21 96 65, Mobil: 01 77 744 90 43, *info@ malerei-grafik-heger.de*, *www.malerei-grafik-heger.de* (* Zeitz 12. 8. 58) – **VG:** Zeitz, Heger – **S:** 84–86 HGB Leipzig (Vorstud.); 86–89 HBK Dresden (Dipl.-Malerei u. -Plast., b. H.-J. Petzold) – **G/T:** Malerei (Lsch., Stilleben, Portr., Öl u. Mischtechniken); Graph. (Rad., Zchng, angewandte Graph.); Wand- u. Fassadenmalerei; Theatermalerei – **W:** zahlr. Bilder in Privatbes., versch. Fassadenbilder im Raum Zeitz – **Ö:** Berlin, Landwirtschaftsmin. d. DDR (Gest. einer Großfläche); Karlsruhe, Sandkorn Theater (Bühnenbild u. -malerei z. Rocky Horror Show); Leipzig, Eingangsbereich f. Brockhausstr. (Gesamtentwurf, Ausarbeitung, Decken- u. Wandmalerei, Marmorimitation); Zeitz, Geschäftshaus (Restaurierung, Gest., Entwurf, Deckenmalerei d. Barockdecke); ebda, Gal. Heger – **E:** / G: 87, 88 Dresden, HBK; 87 Zeitz, Kleine Gal.; 89 Dresden, Brühlsche Terrasse; Zeitz; 92 Zeitz, G&W Elektronik GmbH; 94 Leipzig-Böhlitz/Ehrenberg, Business Center; Zeitz, Stamm- u. Klubhaus 'Konrad Eckhof' d. Theaters; 95 Freyburg, Künstlerkeller; 96 Weißenfels, Kunstausst. Südl. Sa.-Anh.; 96, 00 Zeitz, Theater; 99 Zeitz Moritzburg, Kunstausst. Südl. Sa.-Anh.; 02 Merseburg, Kunstausst. Südl. Sa.-Anh. – sowie ständige Ausst. in Zeitz, Gal. Heger

Heger, Thomas, Freier Künstler u. Dozent; Reinsburgstr. 116 A, D-70197 Stuttgart, Tel. (07 11) 62 58 49, *atelier@thomas-heger.de*, *www.thomas-heger.de; www.maximal-web.de* (* Giengen an d. Brenz 26. 10. 61) – **VG:** Stuttgart, Naumann; Köln, Jansen; Dortmund, Brummel – **S:** 84–90 Staatl. ABK Stuttgart (b. d. Prof. Grau, Bachmayer u. Haegele) – **L:** seit 87 Freie KSch Stuttgart, Akad. f. Kunst u. Design (Doz.); 06 HS f. Kunst u. Design Burg Giebichenstein Halle/ Saale (Gastprof.) – **P:** Jugendkunstpr. d. Künstlergilde Ulm (1. Pr.) 87; Pr. d. Nürnberger Hypothekenbank (1. Pr.) 88; Pr. d. Staatl. ABK Stuttgart 90; Kurt u. Vera Deschler-Pr. Ulm/Söflingen 91; Atelierstip. d. Staatl. ABK Stuttgart u. d. Ldes Bad.-Württ. 91–93; Kunstwettb. Das Musical (Pr. träger) 94; Förd.gabe d. VBK Bad.-Württ. 95; Kunstpr. d. Kr.spk. Esslingen-Nürtingen 96; Hans-Helmut Baur-Pr. Heidenheim 99; Stip. Kavalierhaus Langenargen am Bodensee 03; Flowerroom d. KM Heidenheim 05 – **Ve:** BBK Bad.-Württ. 92; Künstlerbund Bad.-Württ. 00 – **KGr:** maximal (94, Gründung) – **G/T:** gegenstandsbezogene Malerei, Graph. u. Objektkunst (Seife u. Bronze) – **M:** Essen, Colosseum Art Collection; Frankfurt am Main, Dt. Bank KS; Heidenheim, KM; Neu-Ulm, Edwin Scharff Mus.; Stuttgart, KS d. Baden-Württembergischen Bank; Stuttgart, SG; Ulm, Ulmer Mus. – **Ö:** Stuttgart, Robert Bosch-Krankenhaus – **E:** div., u. a. 93 Tuttlingen, StG; 97 Kirchheim unter Teck, Gal. Kunstkab.; 98 Stuttgart, Gal. Königsblau; 99 Luxemburg, Schlassgoart; 00, 02 Stuttgart, Naumann; 00, 03 Köln, Jansen; 02 Dortmund, Brummel; 01, 02, 03 Frankfurt am Main, Art Frankfurt – **G:** u. a. Baden-Baden, SKH; Durban, AG; Heidelberg, KV; Karlsruhe, StG; Mannheim, StKH; Meran, Kunsthaus; München, Haus d. Kunst; Stuttgart, Württembergischer KV; Venedig, Barchessa di Villa Merosini – ***Lit:*** Albrecht Werwigk: Vom Verschwinden d. Dinge 93; Petra Mostbacher-Dix u. Wolfgang Heger: Von Bildern u. Räumen 97; Wolfgang Heger: Transparenz 99; ders. u. Rita Täuber: lichthaltig 00; Franz-Xaver Schlegel: Malerei, Papierschnitt, Seifenplast. 03

Hegetusch, Rolf, Maler, früher Architekt; Gräfstr. 62, D-81241 München, Tel. (0 89) 83 74 10, *hegetusch @web.de*, *www.hegetusch.de* (* Ambach/Starnb. See

28. 10. 48) – **VG:** Bonstetten, Gal. für Gegenwartskunst; Zug, Gal. zur Münz; Stuttgart, MB-Art; Bernried, Marschall – **S:** FH München (Archit., Dipl. 72) – **G/T:** zwischen Abstr. u. Konkreter Kunst; Wachstafeln, Bilder auf Leinwand m. vielschicht. Papieraufbau; bis 95: Skulpturen (Holz) – **M:** Ingolstadt, Mus. f. Konkrete Kunst – **Ö:** Oberhausen, StG/Skulpt.park; Paris, Slg Le Meridien; Burghausen, RH; München, Paul-Gerhard-Kirche; Zürich, Stift. Arta; München, Slg Dt. Bank – **E:** zahlr. Ausst., u. a. 88, 91 (Kat.) Köln, Kippenberger; 90 Budapest, Gal. Obuda im Zychi Schloß; Regensburg, Gal. Sennebogen; 91 Paris, art-venir, espace Keller; 92 Wien, Robol; 93 Wörth/Donau, Schloßgal.; New York, Michael Walls Gall.; 93 (Kat.), 94 München, Mielich-Bender; 94 Oberhausen, KV/StG (Kat.); 95, 00, 04 (Kat.) Stuttgart, Marlies Breitling; 95, 98, 00 (Kat.) München, Renate Bender; 00 Seoul, Seoul Arts Center (Kat.); München, SM; Dresden, Kunst- u. Kulturver. (Kat.); 01, 03 Bern, Altstadt-Gal.; 02 Kühlungsborn, KH (Kat.); Saarlouis, Mus. Haus Ludwig; Zürich, Gal. für Gegenwartskunst; 03 Celles sur Ource/ Frkr., art-millésime; Heidenheim, KV; 04 Zug, Gal. zur Münz; Ellwangen, Atelier 13; 05 Bern, Kunstreich (gemeins. m. Yeunhi Kim); München, Gal. im Foyer (m. Thomas August Günther, Kat.); 05, 06 Hünfeld, Mus. Modern Art; (Kat.); 06 Bernried, Marschall – sowie: KV Neckar-Odenwald – **G:** zahlr. Messebet., u. a. Chicago, Art fair; Köln, Art Cologne; Frankfurt am Main, Art Frankfurt; Zürich, Kunst Zürich; Madrid, ARCO; Bologna, arte fiera – zahlr. Gruppenausst., u. a. Wien, Volkshalle d. RH; Ingolstadt, Mus. f. Konkrete Kunst; München, Große Kunstausst.; 06 Wien, Motiva (Kat.) – ***Lit:*** u. a. Stadt Wien (Hrsg.): Das andere Buch 83; Reisen mit d. Seele, in: NIKE Nr. 37 91; Ausst.kat. d. Musée d'Art contemp. Paris 99/00; Blue-art, Kunstkal. 04/05/06; Künstler – Werk – Material, 77 Künstlerwege 04; Bezirk Obb. (Hrsg.): Vitreus, Ausst.kat. 05; Auktionskat. Ketterer Kunst, 233. Auktion 06

Hegewald, Heidrun, Malerin, Graphikerin, Zeichnerin u. Publizistin; Schräger Weg 14, D-13125 Berlin, Tel. (0 30) 9 43 21 38, Fax (0 30) 94 79 58 55, *heidrun.hegewald@gmx.de*, *www.hhegewald.de* (* Meißen 21. 10. 36) – **S:** 55–58 Ing.schule f. Bekleidungsindustr. (FB Modegest.); 58–60 KHS Berlin-Weißensee (FB Graph.); 71–74 AdK der DDR Berlin (Meisterschülerin b. Prof. Werner Klemke) – **P:** Eines d. schönsten Bücher 65 (Peter Hacks: Der Flohmarkt); Eines d. schönsten Bücher 66 (Peter Hacks: Der Schuhu und die fliegende Prinzessin); Förd.pr. d. Min. f. Kult. d. DDR (f. Gest. d. Buches Der Fausthandschuh) 74; Verdienter Aktivist d. DDR 76; Kunstpr. Berlin 79; Max-Lingner-Pr. d. AdK 80; Kunstpr. d. DDR 83; Vaterländischer Verdienstorden der DDR (Silber) 84; Kunstpr. d. Freien Dt. Gewerkschaftsbundes 88; Eines d. schönsten Bücher 88 (Bruno Apitz: Esther); Nat.pr. d. DDR III. Kl. 89 – **Ve:** VBK d. DDR 67; VG Bild 90; BBK Berlins 93; VG Wort 93; intern. assoc. of art – assoc. intern. des arts plastiques UNESCO 94; – weitere: ver.di – Fachgr. Bild. Kunst; Förd.ver. Berlinische Gal. – **KGr:** Künstlersonderbund in Deutschland 90 – **G/T:** Malerei (Öl, Pastell); Graph. (Lith., Kaltnadelrad.); Zeichn. (Graphit, Kohle, Mischtechnik); thematischer Realismus – HAUPTWERKE: Malerei: Spielendes Kind (74), Kind und Eltern (76), Schlaf (77), Gespräch (79), Mutter-Verdienst-Kreuz in Holz (79), Die Tanzmeister, ein Bild über die falschen Töne (81), Kassandra sieht ein Schlangenei (81), Die Mutter mit dem Kinde (83/84), Pietà (84), Prometheus bemerkt das Spiel mit dem Feuer (86), Die Rosa (87), Entropie, Sisyphos im Schoß (88/89) Zeichnung: Befehl und Anatomie (76), Irritierte Schutzengel (80), Bindung (80), Mutter, Kind II (82), Kassandra. Der verschluckte Schrei (83), Am Anfang war der Schrei – Gebärende (87), Drogen-Pietà – Furiosa (90), Freiheit – das deutsche Schindluder (91), Falle der Einsamkeit (91), Biographischer Befund (00) – **K:** freies Zeichnen – **M:** Beeskow, Kunstarchiv; Berlin, AK; Berlin, SMPK; Berlin, Stift. SM; Gera, KS; Gotha, Schloß-Mus. u. Gal. f. mod. Kunst; Halle/Saale, Staatl. Gal. Moritzburg; Leipzig, MBK; Oberhausen, Ludwig-Gal.; Schwerin, Staatl. Mus. – **Ö:** in Berlin: Berlin-Brandenburgische Akad. d. Wiss., Charité Campus Mitte Berlin, Kulturbund, Senatsverwaltung f. Wiss., Forsch. u. Kult. d. Ldes. Berlin; Leipzig, Gewandhaus – **E:** 80 Potsdam, Gal. im Bez.mus.; Halle/Saale, Staatl. Gal. Moritzburg; 82 Berlin, TiP-Gal. im Pal. d. Republik; 84 Frankfurt am Main, Gal. im Bunker (m. Nuria Quevedo); 87 Berlin, Ausst.zentrum am Fernsehturm; 88 Berlin, Dt. Theater; 89 Weimar, SM; 89–90 Gera, Kunstgal.; 90 Berlin, Das Verborgene Mus.; 91 Gotha, Gal. am Hauptmarkt; 91, 92, 93 Berlin, Zunge; 92 Ochtrup, Villa Weiner; 93 Berlin, Club Spittelkolonnaden; 95 Berlin, Max-Delbrück-Centrum; 98 Berlin, Frauenzentrum Paula Panke; 00 Wernigerode, Kunst- u. Kult.ver.; 01 Berlin, Ges. zum Schutz v. Bürgerrecht u. Menschenwürde; 02–03 Berlin, Karl-Liebknecht-Haus (m. Rolf Biebl); 03 Berlin, Inselgal. – **G:** Bet. an Ausst. seit 66; seit 74 Bet. an: Dresden, Kunstausst. d. DDR; Berlin, Bez.kunstausst.; seit 74 Bet. auch an intern. Ausst., u. a.: 74 Prag; 78, 83 Worpswede; 79 Zagreb, Moskau u. Warschau; 80 Genua; 82, 88 Venedig, Bienn.; 83 Bremen u. Stockholm; 84 Berlin-West u. Aquila; 84, 86 u. 92 Oberhausen; 85, 86 Stuttgart; – sowie zuletzt: 93 Berlin, Realismus-Trienn.; 95 Berlin, HdK; 99 Potsdam; 00 Berlin; 01 Unna, Schloß Cappenberg; 02 Albstadt – **V:** BILDKÜNSTLER. BEITRÄGE: Peter Hacks: Der Flohmarkt (Buchgest. u. Ill.) 65; ders.: Der Schuhu und die fliegende Prinzessin (Buchgest. u. Ill.) 66; Der Fausthandschuh, ukrain. Volksmärchen (Buchgest. u. Ill.) 74; zu Bruno Apitz: Esther (Buchgest. u. Ill.) 88; Luther (Aquatinta), in: Luther zu Ehren, Graph.mappe versch. Künstler 83; zu Johannes R. Becher: Das Gerücht I u. Das Gerücht II (Kaltnadelrad.), in: Vom Aufstand im Menschen, Graph.mappe versch. Künstler 84; zu Ilja Ehrenburg: 9. Mai 1945 (Aquatinta), in: Blumen auf Stein, Graph.mappe versch. Künstler z. 40. Jahrestag d. Befreiung vom Faschismus 84; Begegnung (Kaltnadelrad.), in: GRAFIKKALENDER 85; zu Georg Maurer: Gedanken der Liebe (Rad.), in: Berührungen. Grafische Blätter zu zeitgenöss. Dichtung, Graph.mappe versch. Künstler 86; Entropie, Sisyphos im Schoß (Lith.), in: Stärker als sein Fels. Texte um Sisyphos, Graph.mappe versch. Künstler 90; zu Bruno Apitz: Esther (Lith.), in: Bruno Apitz: Esther 88; v. l. n. r.: Der Kopf eines Propheten u. eine Zwangsjacke (Lith.), in: Kunstkalender der Taborpresse 93; Holde-Barbara Ulrich: Komm zu mir. Es ist kalt (6 Kaltnadelrad.) 90; zu Anna Seghers: Überfahrt (Lith.), in: Anna Seghers: Überfahrt 01; – KUNSTTHEORET. BEITRÄGE: Die Wächter sind stehengeblieben, in: Vertiefung d. Geschichtsbewußtseins u. die Aufgaben d. VBK der DDR, in: Bildende Kunst 11/79; Weibliche Kunst als authentischer Anteil von Wirklichkeitssicht, u. a. in: tendenzen 158 87; Musik und bildende Kunst – Gedanken zum Dualismus dieser Kunstgattungen, in: Musik in der bildenden Kunst der DDR. Malerei Grafik Plastik, Kat. 85; Realität des Realismus, in: Dokumentation d. VBK der DDR. X. Kongreß 88; Am Anfang war der Schrei – sechs Visionen für eine Utopie aus alten Geschichten, in: drehpunkt. Die Schweizer Lit.zs. 70 88; Öffentlicher Brief vom 13.10.89 zu den Ereignissen um die Gethsemane-Kirche, in: FÜR DICH 44/89; Die Geschichte der DDR geht zu Ende. Künstlerinnen wenden sich in einem offenen Brief an die Fraktionen der Volkskammer der DDR, in: Neues Deutschland 23.5.90; Mich ängstigt dieses laute Leben. Über die Gefahren für die Welt u. für die Kultur, in: Berliner Ztg 7./8.7.90; Diese deutsche Einheit hat nicht nur einen Preis, u. a. in: Neues Deutschland 15./16.9.90; Die europäische Wahrheit kommt an den Tag, in: Wilhelm Doring u. Regina Girod (Hrsg.): 3. Oktober 90. Gedanken u. Gefühle 91; Kulturauskunft – weibliche Erfahrung – DDR posthum. H.H. Malerin u. Graphikerin in Berlin Ost, in: Frauen in der Kunst. Kolloquium z. Frauenförderung, in: Gebildete Weibsbilder 91; Das Kunstwerk läßt sich nicht wie ein Schuh vom Leisten ziehen. Gespräch mit Peter Berger, in: Neues Deutschland 24.5.91; Meine Sehnsucht nach Gerechtigkeit ist krisenfrei, in: Gerlinde Förster: Es zählt nur, was ich mache 92; Frau K. Die zwei Arten zu erbleichen 93 – **R:** Für Willi Sitte zum 65. Geburtstag, Radio DDR 28.2.86 – ***Lit:*** Angelika Haas u. Bernd Kuhnert (Hrsg.): H.H. Zeichnungen, Malerei, Graphik, Texte, Monogr. 04; – KATALOGE: Hermann Raum: Eine unverzichtbare Herausforderung. Zur Arbeit von H.H. 80; Astrid Kuhlmey: Das Gespräch. Faltblatt z. Ausst. H.H. im TiP Berlin 82; John Erpenbeck: Stumme Schreie, Wolfgang Heise: Laudatio für H.H., Ulrike Krenzlin: Für H.H., alle in: H.H. Malerei, Graphik u. Handzeichnungen 87; Birgit Spanier: H.H. – Gemälde u. Zeichnungen, in: Kat. z. Ausst. d. SM Weimar 89 u. in d. Kunstgal. Gera 90 – ***LitR:*** u. a. Astrid Kuhlmey: Fragen an H.H., in: Spektrum, Berliner RF 74; dies.: Eine Frau, die Sensibilität nicht als Refugium betrachtet, in: Sdg Kulturpolitik/Spektrum, Berliner RF 13.3.80; Torsten Unger: Interview mit H.H. vom 12.10.89, in: Sdg Dialog, Radio DDR 21.10.89; Dietmar Hochmuth: Versprengte Szene, Dok.film Ostdt. RF Brandenburg 31.1.94; Thomas Grimm: Interview mit H.H., in: Zeitzeugen TV, Dt. Hist. Mus. Berlin 95; Gespräch Hermann Raum, Julia Schöning u. Thomas Hengstenberg z. Ausst. 'Kassandrarufe und Schwanengesänge', in: Lokalzeit im Revier, WDR 15.2.01; Christoph Tannert, Besprechung d. Ausst. 'Kontinuum' in d. Inselgal. Berlin, in: Zeitspiegel, Radio Drei 22.10.03

Heibel, Axel, Bildender Künstler; Pionierstr. 63, D-40215 Düsseldorf, Tel. (02 11) 37 17 16, *axelheibel @gmx.de*, *www.kunstplattform.de; www.artlimit.de* (* Lahnstein 23. 9. 43) – **VG:** Dortmund, Friedrich; Düsseldorf, Buchgalerie – **S:** 68–72 HBK Hamburg – **L:** 91–93 FHS Düsseldorf – **P:** Paris-Stip. d. Kultusmin. NRW 81, 82 – **G/T:** Wandobjekte (konstruktiv, konkret, dreidimensional); Buchobjekte; Zeichn.; Fotogr. – **M:** Austin/TX, Humanities Research Center d. Univ. of Texas; Bergisch Gladbach, StG Villa Zanders; Berlin, SMPK (Kunstbibliothek); Bonn, LM; Bremen, Neues Mus. Weserburg; Cambridge/MA, Fogg AM; Düsseldorf, Mus. Kunst Pal.; Edmonton, Univ. of Alberta Collections; Gelsenkirchen, SM; Hagen, Karl-Ernst-Osthaus-Mus.; Hamburg, KH; Herne, StG Strünkede; Kaiserslautern, Pfalz-Gal.; London, Tate Coll.; Mainz, Gutenberg-Mus.; New York, MOMA; New York, Public Library; Northhampton/MA, Smith College (William Allan Neilson Library); Nürnberg, KH; Paris, Bibliothèque Nat.; Richmond/VA, Cabell Library d. VA Commonwealth Univ.; Stuttgart, Inst. f. Auslandsbeziehungen; Stuttgart, SG; Tübingen, KH; Wiesbaden, Mus.; Zürich, KH – **E:** u. a. 73 Hamburg, KH; 82 Duisburg, Wilhelm-Lehmbruck-Mus.; New York, Center for Book Arts Gall.; 84 Washington/DC, Project for the Arts; Düsseldorf, Niepel bei Morawitz; 86 Stuttgart, Wilhelm; 87, 03 Ulm, Cuenca; 90 Mainz, Gutenberg-Mus.; 92, 02 Düsseldorf, Buchgalerie; 93 Luxemburg, Art Gall.; 94, 05 Dortmund, Friedrich; 98 Aachen, Suermondt-Ludwig-Mus.; 06 Köln, Stracke; Bonn, Ges. f. Kunst u. Gest. – **G:** zahlr. Ausst.bet., u. a. 77 Kassel, documenta; sowie in Hamburg, Zagreb, Gent, Berlin, Reykjavik, Stockholm, Mexico-City, Paris, Barcelona, Lissabon, Amsterdam, Tokyo, Malmö, New York, Montreal, Singapur, Seoul, Hongkong, Bangkok, Weimar, Sydney, Sofia, Santa Fé, Frankfurt am Main, Oaxaca, Budapest, Leipzig u. a. – **V:** Werner Hofmann: A. H., Kat. 73; Erwin Heizmann: A. H., Kat. 78; Werkbericht, Kunstnachrichten 80; Jürgen Morschel: A. H., Kat. 80 – ***Lit:*** Dieter Honisch: Mus. Folkwang Essen, Ausst.kat. 72; KV u. StKS Gelsenkirchen, Ausst.kat. 75; Joh. Heinrich Müller: Osthaus Mus. Hagen, Ausst.kat. 78; Stephan von Wiese: KM Düsseldorf, Ausst.kat. 79; Siegfried Salzmann u. Renate Heidt: Lehmbruck Mus. Duisburg, Kat. 82; Ulrich Schneider u. Dominique Moldelm: Suermondt Ludwig Mus. Aachen, Kat. 98; Gal. Fochem Krefeld, Ausst.kat. 01

Heidacker, Stephanus, Maler; lebt u. arbeitet in Berlin u. Chicago (* Ostercappeln 59) – **VG:** Berlin, Raab – **S:** 79 HBK Braunschweig (Malerei b. Hermann Albert u. Peter Voigt) – **E:** / G: u. a. 82 Braunschweig, HBK; 84 New York, Sander; 85, 98 Berlin, Raab; 86 München, Wiese; 88 München, Haus d. Kunst; Lingen, KV; 94 Berlin, KPMG; 98 London, Raab Gall.; – weitere in: Chicago, Los Angeles, Mailand – ***Lit:*** Reclams Künstlerlex. 02 – (Red.)

Heide, Marlies s. Obier, Marlies

Heidecker, Gabriele; Werner-Voß-Damm 54/III, D-12101 Berlin, Tel. (0 30) 7 85 11 10, Fax 7 85 24 69, *info @kunstkaserne.de*, *www.kunstkaserne.de* – **G/T:** Bildhauerei, Fotogr. – (Red.)

Heidelk, Christiane s. Dreyer, Christiane

Heidenheim, Hanns-H., Maler u. Holzschneider; Kaiserswerther Str. 272, D-40474 Düsseldorf, Tel. (02 11) 43 19 03, Fax 4 96 34 83, *majuha.heidenheim@ t-online.de* (* Düsseldorf 18. 11. 22) – **S:** 45–50 Paris u. Düsseldorf (Privatunterricht b. Xavier Braun); London u. Düsseldorf (b. Ron Zechwasser) – **L:** 89 Sommerakad. Luxemburg (Doz. einer Meisterkl. f. Aqu.) – **G/T:** Großstadt (Acryl, Öl, Pastell); Portr.malerei (Acryl); Hschn. z. Bibel – **M:** Jerusalem, Israel Mus.; Sondershausen, Schloßmus.; St. Petersburg, Eremitage – **E:** zahlr. Ausst. seit 66, u. a. 69, 72, 73, 74 London, Hatfield Gall.; 70 San Francisco, Capricorn Gall.; Moraga/ Calif., College of Holy Names; Omaha, Jewish Federation of Omaha; Boston, Book and Art; 75 Mailand, Angolare; Urbino, Gall. Mazza; Mantova, Gall. Teatro Minimo; 76 Düsseldorf, Schloß Benrath Orangerie; 77 Bonn, Wünsche; Mülheim an der Ruhr, Kunstsalon v. Sonntag; 77, 80, 85 Regensburg, Kunstkab.; 78, 83 Königswinter, Wünsche; 87 Nümbrecht, KV; 88 Esch-sur-Alzette/Luxemburg, Maison de la culture; Luxemburg, Thomas-Mann-Inst.; 89 Jerusalem, Städt. Gal.; 89, 00 Brilon, RH; 90 Düsseldorf, Gal. Ursus-Presse; 92 Bayreuth, Gal. an d. Stadtkirche; 93 Nümbrecht, Haus d. Kunst; 95 Esch-sur-Alzette/Luxemburg, Schortgen – **G:** 67, 72, 73 Wanderausst. d. Börsenver. d. dt. Buchhandels; 70 Wanderausst. B'nai B'rith; 74 London u. Irld, German Facets – German Faces – German Facts (Wanderausst. m. d. Goethe-Inst. in London, Irld u. zahlr. Städten d. USA); Wanderausst. m. d. Goethe-Inst. in südamer. Städten; 74–75 Wanderausst. d. englischen Städte (German Facets, German Facts); 75 Goethe-Inst. in Washington, New York, Boston, Atlanta, Houston, Los Angeles, San Francisco; 01 (Die schönsten Bücher d. Welt), 02, 03 St. Petersburg, Eremitage; 06 Sondershausen, Schloßmus.: Retr. 1950–2006 – **V:** HSCHN.:

Hans Janberg (Text): Auf der goldenen Schaukel 61; Andreas Wolff (Text): Een Boekverkoper in St. Petersburg (Frontispiz) 65; Ijob 65, 66; Das Lied der Lieder 69, 70; Jesaja 71; Am Anfang 98; Ursprung 02; – weitere: Rechne mit. Rechenfibel Bd 1+2 59; Kirche am Rhein, Fotobildbd (Fotogr.) 84 – *Lit:* u. a. Helmut Möller, Kat. 74; Castor Seibel, Ausst.kat. (Gal. Wünsche) 77; Kat. Galeria Angolare Milano 75; Castor Seibel u. a.: Großstadtbilder 80; Almin Diemes, Kat. 87

Heider, Vivi (eigtl. Viviane Heider, geb. Viviane Mathyshek), Malerin, Illustratorin, Autorin; D-93093 Donaustauf (* Regensburg 4. 9. 49) – **S:** Akad. Faber-Castell Nürnberg (Bild. Kunst) – **Ve:** Regensburger Schriftsteller Gr.; IG dt.sprachiger Autoren; Europ. Märchenges. – **G/T:** Ill. f. Kdb., phantastische Malerei – **E:** 99 Regensburg, Wirtschaftsschule; Wiesent, Hudetzturm; 01 Bad Abbach, Kurzentrum; Regensburg, Stadtbücherei; Lappersdorf, RH; 03 Regensburg, St. Josefs-Krankenhaus; Regensburg, Fona-Laden; Regensburg, City Gal.; Regensburg, Gal. Kunst – **R:** Betthupferl, Bay. RF u. Südwestfunk (Kindergeschichten) seit 94 – ***LitR:*** TVA Regensburg, reg. Berichterstattung ab 94 – (Red.)

Heidolph, Horst Georg, Maler; Landauer Str. 2, D-91126 Schwabach, Tel. (09 11) 6 32 01 24 (* Nürnberg 23. 3. 36) – **VG:** Freising, Gal. 13 – **S:** 54–58 Berufsoberschule Nürnberg (Abschluß als Dekorationsmaler, Meisterprüfung); 58–62 ABK Nürnberg (Sem. b. Prof. Itten) – **L:** 71–80 Meisterschule f. Maler Nürnberg (Fachlehrer) – **G/T:** geometrische Abstr. – **W:** Stadt Schwabach, Bez. Mittelfranken, in Privatslgn, zahlr. Fassaden – **M:** Nürnberg, Artothek – **Ö:** Schwabach, Wirtschaftsschule; ebda, Nordschule, Stadtbibliothek – **E:** 77 Canale di Tenno, Gal. Europa; 79 Nürnberg, Fränkische Gal.; 91, 94, 96, 98, 01 Freising, Gal. 13; 96 Nürnberg, Kunsthaus; 97 Garmisch-Partenkirchen, Gal. d. Marktgemeinde; Schwabach, Gal. Bürgerhaus; 98 Erlangen, Pal. Stutterheim; 01 Erlangen, KM; 02 Gunzenhausen, SM; 03 Kallmünz, Gal. am Fels; 04 Neumarkt, Oberpfalz, KH im Reitstadel – **G:** zahlr. Bet., u. a. 85–03 Schwabach, Gal. Bürgerhaus; 92 Leipzig, Gal. am Sachsenplatz; 93, 99 Pommersfelden (Fränkische Künstler); 94 Nürnberg, ConsumentArt; 96 Karlsruhe, Spk.; 98 Bratislava, Slovenská NG; 01 München, Haus d. Kunst; 01, 03 Nürnberg, Kunsthaus – *Lit:* H. G. H. Arbeiten 1968–1997, Kat. 97 – ***LitR:*** Nordbayerntag, Franken Fs. 01; Ausst.eröffnung KM Erlangen im Loewenichschen Pal. – (Red.)

Heigel, Karl, Hauptschullehrer; Berghofstr. 21, A-3180 Lilienfeld, Tel. (0 27 62) 5 39 90 (* Wilhelmsburg 27. 12. 47) – **S:** Autodidakt – **L:** bis 04 Kreativschule Hohenberg (Aqu., Portr.) – **P:** Annaberger Aqu.wettb. (3. Pr.) 94 – **Ve:** Berufsvrg d. bild. Künstler Öst. 97 – **KGr:** Kunstprisma Lilienfeld (seit 93) – **KGe:** Malkr. Hohenberg (Portr.) – **G/T:** Aqu.; Zchng (Portr.); vor 90 auch Rad. – **W:** in Privatbes.; Ankauf durch: Ndöst. Ldes-Reg. u. Stadt St. Pölten – **E:** zahlr. seit 85, zuletzt 00 St. Pölten, Gal. d. Stadtbücherei; Wien, Club Danube; 05 St. Pölten, Gal. d. Bez.hauptmannschaft – **G:** m. Kunstprisma Lilienfeld: 99 Lemberg; 00 Mosonmagyaróvár; 01 Krakau; Brno; 03 Pezinok; 04 Györ; 05 St. Pölten, Ldhaus

Heigl, Anneliese s. Hirschvogl, Anneliese

Heijermans, Hubertine (Ps.: Hubertine, weiteres Ps.: Tineke), Malerin, Graphikerin (* Amsterdam 8. 1. 36) – **VG:** Aigle, Farel – **S:** Akad. Foor Beeldende Kunsten Amsterdam (Meisterkl. Prof. Röling); 57–58 Villa Schifanoia Florenz (M. A., Ätzen b. Swetlan Kraczyna u. Lith. b. Dennis Olsen); 81 Luis Camnitzer New York (Foto-Etching) – **P:** Premio Brunellesco Florenz (Erwähnung) 72; Premio Via Maggio Florenz (8. Pr.) – **G/T:** Ölmalerei, Aqu. (Ldschaft, Figur, Portr.); Conceptual Art (Mischtechnik, Graph., Ätzung); Eigenabdruck (Heliotechnik) – **M:** Aigle, Mus. de la Vigne et du Vin; Bex, Mus. du Chablais; Lausanne, Mus. de l'Elysée; Venlo, Mus. Van Bommel-Van Dam; Vevey, Mus. Jenisch – **Ö:** Bouquet, U.B.S. Bank; Gruyère, Mus.; Martigny, Gal. Latour; Ollon, RH; Orbe, P.T.C. Center Nestlé; St. Triphon, Botanischer Garten – **E:** u. a. 60 Lausanne, Gal du Château; 63 Morges; 64 Scheveningen, Gal. Cojean; 69 Florenz, Cennini; Florenz, Mazzucchelli; 70 Delft, Gal. de Fiets; 72 Florenz, Premio Brunwellesco; 73, 74, 76 Aigle, Farel; 77 Freiburg, Gal. de la Cathedrale; Sion, Gal. de la Grande Fontaine; 79 Lausanne, Gal. Etraz; Bulle, Gal. des Pas Perdus – **G:** 80 Villars-sur-Ollon, Grande Salle; 84 Bex, Bex a Arts; 85 Montreux, Rue Stravinsky; 86 Leiden, Fenix; 87 River Forest/IL, Archives Dominican Univ.; 94, 95 Singapore, Roach – **R:** CD-ROM: u. a. Ölmalereien 'Circus'; Graphic Work 1957–1997; Oil Paint Show 1 1993–2003. Ölmalereien Landschaft; Oil Paint Show 2 1993–2003. Ölmalereien Travel Impressions; Rom People 1993–2003 Ölmalereien Circus Knie Ölmalereien 1997–2003 – *Lit:* div. Publ. – (Red.)

Heilmann, Horst, Maler; Bodmanstr. 25, D-87439 Kempten, Tel. (08 31) 2 85 70 (* Kempten 44) – **VG:** Steffeln, Blaeser – **P:** Bürgerpr.-Thomas-Dachser-Gedenkpr. 75; Kunstpr. d. Stadt Kempten 85 – **G/T:** Malerei (z.T. großformatig) – **E:** u. a. 01, 02 Kempten, Allgäu-Mus. – (Red.)

Heimann, Thomas, Maler; Kleinhüningerstr. 109, CH-4057 Basel, Tel. 07 63 68 76 14, Fax 06 16 31 18 39, *theimann@tiscalinet.ch*, *www.thomasheimann.ch* (* Hasliberg 2. 7. 57) – **S:** 79–86 Schule f. Gest. Bern, Biel (Zeichenlehrer) – **L:** 86–04 Schule f. Gest. Bern, Biel (Farbunterricht, Ill.) – **Ve:** Visarte Biel seit 97; Visarte Basel seit 98 – **G/T:** Malerei (Figur, Ldschaft, ästhetisches Erscheinen d. Farbe) – **W:** überw. in Privatbes. – **Ö:** Magglingen, Bundesamt f. Sport – **E:** 90 Bern, Kult.raum 'die Quelle'; seit 92 regelmäßige Werkpräsentationen im Atelier – **G:** 93 Lengnau, KV; 97 Biel, Alte Krone; 00 Basel, M 54; 02 Magglingen, artplace – **V:** Farbiges Licht und farbige Dinge, in: Stadtlicht 02 – *Lit:* artplace, Kat. 02 – ***LitR:*** artplace, Portr. DVD, CD-Rom 02 – (Red.)

Heimann, Timo, Maler, Objektkünstler, Dipl.-Designer; Gundlitz 20 a, D-95235 Stammbach, Tel. (0 92 56) 18 64, Fax 96 05 21, *HeimannAtelier@t-online.de*, *www.kulturatlasoberfranken.de; www.bbk-bayern.de/obf* (* Freudenthal/Ostsudeten 25. 9. 33) – **S:** 55–59 Staatl. WerkKSch Kassel (b. d. Prof. Jupp Ernst, Heinrich Wehmeier, Karl Oskar Blase u. Georg Paul Heyduck) – **P:** 2000 Jahre Mainz (3. Pr.) 65; Pr. d. Intern. Trienn. f. Zeichn. Wroclaw 78; Grand Prix f. Malerei EUKKO 87; 1. Concorso Nazionale di Pittura e Grafica, Mapello 90 – **Ve:** BBK Nordhessen – Kassel 79 02; VG Bild-Kunst 84; BBK Ofr. 93 – **KGr:** Die Künstlergilde Esslingen (seit 86); Bund Fränkischer Künstler (seit 98) – **G/T:** konkrete u. konstruktive Malerei (Acryl, Öl); Zeichn.; Serigraphie u. Objektkunst – **W:** Werke vielfach in Privatbes. – **M:** Erfurt, Forum Konkrete Kunst; Hünfeld, Mus. Modern Art; Kassel, Staatl. Mus.; München, Bay. Staatsgemäldeslgn; Wrocław, Archit.-mus. – **Ö:** Bayreuth, Univ.; Berlin, Dt. Bundestag; Filderstadt, Stadt; Frankfurt am Main, Ges. f. Zahlungssysteme mbH; Hof, Schmidtbank; Kassel, Spk.; Marburg, Univ.klinikum; Münchberg, Schmidtbank; Wunsiedel, Fichtelgebirgshalle – **E:** seit 71, u. a. 76 Wesel, Schloß Ringenberg; 88 Filderstadt, StG; 93 Remscheid, Friege; 96 Erlangen, KV; 97 Selb, KV; 99 Hünfeld, Mus.

Modern Art; 00 Erfurt, Forum Konkrete Kunst; 01 Marburg, KV; Rehau, Kunsthaus – Inst. f. Konkrete Kunst u. Poesie (Slg Gomringer); Frankfurt am Main, Jessen; 02 Wunsiedel, Fichtelgebirgshalle – **G:** seit 69, u. a. 99 Kapstadt, Global Gall.; 00 Gmunden, Gmundner Symposium; 01 Erfurt, Forum Konkrete Kunst; Plauen, Zentrum f. Gest.; 02 Erlangen, KV; 03 Wiligrad, KV; Halle/Saale, Villa Kobe; Regensburg, Kunstforum – **V:** Konkreter Bilderbogen, Mappe (Graph.) 76; Curt Grützmacher: Von der Poesie des Konkreten, begleitender Essay z. Graph.mappe 86 – ***Lit:*** A. Gabrielli: Beelden van T. H. 'Kleuren de levende taal van het licht', in: Bres 77; Axel-Alexander Ziese (Hrsg.): Allgemeines Lexikon der Kunstschaffenden in der bildenden und gestaltenden Kunst des ausgehenden XX. Jahrhunderts, Bd 3 93; Werkstatt konkreter Kunst. 10 Jahre Galerie Gundis und Heinz Friege, Remscheid, Kat. 95; Kunst als Konzept. Konkrete und geometrische Tendenzen seit 1960 im Werk deutscher Künstler aus Ost- und Südosteuropa, Kat. 96; T. H. – Die Kraft der Linie, Kat. 99; Eugen Gomringer: Zur Sache des Konkreten, Bd 3: Eine Auswahl von Texten und Reden über Künstler und Gestaltungsfragen 1958–2000 00; Double Feature 1 – konkret T. H. – Hans Günter Dienst, Kat. 01 – (Red.)

Heimbach, Paul; Venloer Str. 240, D-50823 Köln, Tel. (02 21) 52 04 24, *heimbach@artype.de*, *www.artype.de* (* Euskirchen 25. 12. 46) – **VG:** Düsseldorf, Mergemeier; Düsseldorf, Parduhn; Tübingen, Gal. Druck & Buch – **P:** Förd.stip. d. Stadt Köln 81 – **KGe:** P. H. u. ArtCube (seit 02) – **G/T:** Tuschebilder, Farbsysteme, Bücher – **W:** in privaten u. öff. Slgn – **E:** seit 68, u. a. 79, 88 Köln, KV; 88 Bonn, Ges. f. Kunst u. Gest.; 89 Würzburg, SG in der Residenz; 89, 96 Düsseldorf, Parduhn; 95, 03 Düsseldorf, Mergemeier; 04 Tübingen, Gal. Druck & Buch – **G:** Bet. seit 70 – ***Lit:*** P. H. u. Jakob Altmeyer: Klang-Reihen, Ausst.kat. 89

Heimmerl, Helmut, Zeichner, Illustrator; c/o Kunstkontor Westnerwacht, Weintingergasse 4, D-93047 Regensburg, Tel. (09 41) 56 07 72, Fax 56 07 73, *info@westnerwacht.de*, *www.westnerwacht.de* (* München 39) – **VG:** Regensburg, Kunstkontor Westnerwacht – **G/T:** Satirische Zchngn u. Ill. – **W:** in Privatbes. – **E:** 05, 06 Regensburg, Kunstkontor Westnerwacht – **V:** zahlr. Buch- u. Ztgsill. seit 68, zuletzt: Bayerns Könige – Geschichte des Weiß-Blauen Königreichs (160 Abb.) 06

Hein, Brigitte, Malerin, Graphikerin; c/o Dt. Künstlerbund Berlin (* Neu Bentschen, Provinz Posen/Polen 30. 6. 38) – **VG:** Potsdam, Bauscher – **S:** 58–60 Studienaufenthalt in Paris; 63–70 HBK Berlin (Malerei, Meisterschülerin b. Hermann Bachmann) – **L:** 72–73 HBK Berlin (LBeauftr.) – **P:** u. a. Hugo-von-Montfort-Pr. 66; Stip. d. Luftbrückengedenkfonds (f. Frkr.) 72; Stip. Künstlerstätte Bleckede 82; Arb.stip. d. Ldes Nds. (f. Woprswede) 83; Atelierstip. d. Senats f. Kulturelle Angelegenheiten Berlin 84–87; Arb.stip. d. Ldes NRW in Schwalenberg/Lemgo – **Ve:** BBK Berlins 70–90; Dt. Künstlerbund 74 (seit 92 Mitgl. d. Vorstandes) – **W:** in privaten Slgn im In- u. Ausld; im Bes. d. Dt. Bundesrates, d. Dt. Bundestages, d. Bundesbaudirektion Berlin, d. Senats f. Kulturelle Angelegenheiten Berlin, d. Lder Nds., Bad.-Württ., Berlin, Brandenburg, d. ZDF Mainz, d. Intern. Congress-Centrums Berlin, d. Städte Köln, Bregenz, Göppingen u. Schwedt – **M:** Berlin, Artothek d. Neuen Berliner KV; Berlin, Berlinische Gal.; Berlin, Dt. Bank; Berlin, Graphothek; Berlin, Mus. Checkpoint Charlie; Berlin, Slg d. BRD; Berlin, Stift. Deutschlandhaus; München, Siemensstift.; Nordhausen, Meyenburg-Mus.; Stuttgart, Gal. d. Stadt; Stuttgart, Graphothek; Stuttgart, Ldesgirokasse – **E:** u. a. 73 Berlin, Haus am Lützowplatz (Faltblatt); 78, 83 Mannheim-Ladenburg, Herzog; 79, 82, 86, 88 Stuttgart, Fischinger; 80 Los Angeles, Gall. Untitled (Kat.); 83 Lüneburg, Mus. f. d. Fürstentum Lüneburg (Kat.); 84 Osterholz-Scharmbeck, KV; 86 Hameln, KV (Kat.); 91, 93 Utrecht, Gal. Jas (Kat.); 94 Lindau, Schrade; 95 Wittenberg, Cranach-Höfe – **G:** zahlr. Bet., u. a. 65–84 regelm. Bet. an d. Großen bzw. Freien Berliner Kunstausst.; 67 Hannover, KV: Frühjahrsausst.; seit 73 Bet. an d. Großen Münchner Kunstausst.; 73–76 Berlin, Haus am Lützowplatz: Maisalon Berliner Realisten; 76, 77, 81 Regensburg, Ostdt. Gal.; Esslingen, StG Villa Merkel; 78 Los Angeles, Gall. Untitled: Group Show; 80 (Kat.), 84, 89, 95 Berlin, Schloß Charlottenburg (Kleine Orangerie); 82 Bonn, Kunst- und Ausst.halle d. BRD; Recklinghausen, StKH; 88 Augsburg, Nationale d. Zchng; 89 Bonn, Wiss.zentrum: Berlin-Worpswede; 90 Berlin, Berlinische Gal.: Kunstszene; 91, 93 Berlin, Dtldhaus; 91 Esslingen, Altes RH; Gorzow/Polen, Mus. w Gorzowie; 94 Schwedt, Gal. Ermelerspeicher – sowie zahlr. Bet. m. d. Dt. Künstlerbund – ***Lit:*** u. a. Otto Sandner: Bregenz baut f. seine Jugend 74; Helmut Börsch-Supan: Kat. z. Ausst. in d. Gal. im Zentrum Berlin 76; Ulrika Ewers: Dt. Künstlerinnen d. 20. Jh. Malerei – Bildhauerei – Tapisserie 83 – weitere zahlr. Kat. sowie Beitr. in Ztgn u. Zss – ***LitR:*** Gerd Winkler: ZDF-Jgd.-Kult.programm 4.4.78; Archiv-Künstlerfilm Ldesbildstelle Berlin 79

Hein, Günter, Dipl. Maler u. Graphiker; Nentmannsdorf 34, D-01819 Bahretal, Tel. (03 50 25) 5 10 76 (* Badersleben/Kr. Halberstadt 11. 11. 47) – **VG:** Dresden, Refugium; Berlin, Vagt; Görlitz, Klinger – **S:** 72–77 HBK Dresden (b. Prof. Kettner, Herbert Kunze, Prof. Michaelis) – **P:** Stip. d. Stadt Dresden – **Ve:** SKB – **G/T:** figurative Malerei (Öl, Aqu. Mischtechnik, Akt, biblische Themen, Ldschaft); Rad. – **W:** Werke in Privatslgn – **M:** Dresden, Dt. Hygiene-Mus.; Dresden, GG NM; Frankfurt/Oder, Mus. Junge Kunst; Leipzig, MBK (GrS) – **E:** 88 Dresden, Gal. Nord; Gadebusch, Gal. am Schloßberg; 90 Kiel, Gal. am Alten Markt; 94 Dresden, Kult.etage Prohlis; Dresden, Medienzentrum Kathedrale; 97 Bautzen, KV; 97, 03 Medingen, Kunst Raum – **G:** 79, 85, 89 Dresden, Bez.kunstausst.; 80 Junge Kunst d. DDR; 82 Dresden, Kunstausst. d. DDR; 88 Leipzig, Bienn. d. Handzeichn.; 92 Weinheim, KV; 91, 92 Dresden, SM; 93 Engen, SM u. Gal.; 94 Dresden, Dt. Hygiene-Mus. – ***Lit:*** Axel Schöne (Text): G. H. Malerei. Farbige Blätter 94 – (Red.)

Hein, Jeppe, Installationskünstler; Oranienstr. 185, D-10999 Berlin, *www.jeppehein.net* (* Kopenhagen 74) – **VG:** Berlin, König; Paris, Lambert; Kopenhagen, Wallner – **S:** 97 Royal Danish Acad. of Arts Kopenhagen; 99 Städelschule Frankfurt am Main – **E:** sehr zahlr., u. a. 00, 05 Berlin, König; 01 Frankfurt am Main, Neff; 02 München, Lenbachhaus; 03 Heilbronn, KV (Kat.); Kopenhagen, Wallner; 04 Hannover, Sprengel Mus.; New York, P.S.1 Contemp. AC; 05 Kopenhagen, Arken; Helsingborg, Dunkers Kult.hus; Paris, Centre Pompidou (Kat.); Sydney, Art Gall. of New South Wales; Paris, Lambert – **G:** zahlr., u. a. 01 Frankfurt am Main, KV (Kat.); Århus, KM (Kat.); 02 Uppsala, KM (Kat.); Mönchengladbach, StM Abteiberg; 03 Venedig, Bienn.; London, Royal College of Art; 03 (Kat.), 06 Frankfurt am Main, Schirn; 04 Liverpool, Tate Gall.; Baden-Baden, SKH (Kat.); Leipzig, Gal. f. Zeitgen. Kunst; 05 Los Angeles, MCA; Turin, Trienn. of Contemp. Art (Kat.); Vilnius, Baltic Trienn. of Intern. Art; Bremen, Ges. f. aktuelle Kunst: Kunst findet Stadt; Metz, Fonds Rég. d'Art Contemp. de Lorraine: Wall to be destroyed; Chicago, MCA: Universal experience. art, life, the tourist eye; 06 London, Bloomberg Space: Backdrop; Hannover, Sprengel Mus.: play station; Paris, Centre Pompidou: Le mouvement des images; Liverpool, Bienn.; Kopenhagen, Statens Mus. for Kunst; Kopenhagen, Wallner; 07 London, Barbican AC; Honolulu, MMA; London, Tate Modern; New York, Sculpt. Center – **V:** m. Finn Janning (Hrsg.): The Vital Coincidence 03 – ***Lit:*** ZTGN U. ZSS: u. a. Raimar Stange: Like a Rolling Stone? Zur künstler. Strategie v. J.H., In: Kunstbulletin, 11 02; Ingeborg Wiensowski In: Kult.SPIEGEL, 7 02; Kira Van Lil: Immer in einem anderen Licht, In: Art, 2 03; Jutta Göricke: Dänen lügen nicht, In: Süddt. Ztg v. 12.5.04, S. 12; Niklas Maak: Das Ausst.wunder v. Berlin, In: FAZ v. 22.12.05; Muriel Denet: J.D. Labyrinthe Invisible, In: PARISart, Okt. 05; Anmeldelse: J.H. på Centre Pompidou, In: Kunstportalen v. 30.9.05; Tomas Saraceno: Top Ten, In: Artforum Intern., März 05, S. 100; Dialog zw. dem Betrachter, den Räumen u. den Kunstobjekten, In: Kunstforum Intern., Bd. 178 05–06, S. 147–155; – sowie zahlr. Kat.

Hein, Jochen, Maler; Güntherstr. 51, D-22087 Hamburg, Tel. (0 40) 25 61 62, Fax 2 50 40 58, *contact @jochenhein.com*, *www.jochenhein.com* (* Husum 17. 12. 60) – **S:** 83–85 FHS f. Gest. Hamburg – **E:** 03 Hamburg, KH – (Red.)

Heine, Frank W., Maler, Zeichner, Illustrator, Dipl. Kunstpädagoge; Zöllnitzer Str. 1, D-09306 Seelitz/ OT Zöllnitz, Tel. (0 37 37) 4 89 79, Fax über (03 71) 30 31 07, *info@kunsthof-heine.de*, *www.kunsthof-heine.de* (* Grüna/Sa. 10. 10. 45) – **VG:** Chemnitz, Gal. GiS; Chemnitz, Gal. Lehmanns Café; Seelitz, Gal. im Kunsthof Zöllnitz – **S:** 65–69 Univ. Leipzig (Kunstgesch., Kunstpädagogik, Malerei u. Graph., u. a. b. Heinz Olbrich sowie d. Prof. Hans Schulze u. Siegfried Ratzlaff) – **L:** 75–78 Inst. f. Lehrerbild. Rochlitz (Doz. f. künstler. Praxis u. Kunstgesch.); seit 00 Gastdoz. an versch. künstler. Ausb.stätten, vorw. in Sa.; 03, 04 HS Mittweida/Roßwein (LAuftr. f. Kreatives Gest.) – **KGe:** F.W.H. u. Archit.büro Tino Kunze Penig (seit 06) – **G/T:** Malerei (vorw. Öl, auch Mischtechniken), freie Zchng, Ill., bevorzugt Portr. u. Lsch. – **K:** fast alle bildkünstler. Bereiche, v. a. Lsch.- u. Portr.malerei, freie Graph. u. Monotypie – **W:** überw. in Privatbes., darunter Slg Kiermayr, Phoenix-Tempe/Arizona, USA u. Slg Rödel, Karlstein/BRD – **M:** Bonn, Haus d. Gesch. d. BRD; Leipzig, Zeitgesch. Forum – **Ö:** Chemnitz, St. Pauli-Kreuz Kirche; Rochsburg/Lunzenau, Feierhalle; Seelitz, Waldhotel (Foyer); ebda, Kirche – **E:** 77 Chemnitz, Gal. Roter Turm; 82 Chemnitz, Gal. Hermannstr.; seit 86 Chemnitz, Gal. GiS (regelm. Werkschau); 87 Berlin, Gal. EINS; 89 Chemnitz, Gal. im Schauspielhaus; 89, 92 Chemnitz, Lehmann; 94 Berlin, Schildow; 98 Rochlitz, RH; seit 05 Seelitz, Kunsthof Zöllnitz (Dauerausst. in eigener Gal.) – **G:** 83 Frankfurt am Main u. Darmstadt, priv. Wanderausst. ostdt. Künstler; 92, 93 Dresden, Graph.messe; 00 Augustusburg, Schloß: Kunstraum Mittelsa.; 01, 02 Döbeln, Kunstraum Mittelsa.; 06 Rochsburg, Schloß: Kunstraum Mittelsa. – ***Lit:*** KAT.: Eichler u. Wiemer: Graph.messe Dresden 93; F.W.H. MenschenLdschaften (Gal. GiS Chemnitz u. Kunsthof Zöllnitz) 94; F.W.H. Auswahl 1998–2000 (Gal. GiS u. Lehmann Chemnitz) 00; Weber: Kunstraum Mittelsa. 01, 02; Hammerschmidt u. Zwarg: Wege z. Kunst in Sa. 01–03 – ***LitR:*** KR Mittelsa. (Hrsg.): Kunstraum Mittelsa., Filmdok. auf Video z. Ausst.

Heinecke, Regine (auch: Regine Grube-Heinecke, Regine G.-Heinecke), Malerin, Graphikerin, Illustratorin; Am Pfaffenberg 3, D-08606 Bobenneukirchen, Tel. (03 74 34) 8 05 51 (* Zwickau 20. 8. 36) – **VG:** Plauen, Malzhaus – **S:** 54–56 HGB Leipzig (b. Prof. Neroslov) – **P:** Schönste Bücher d. Jahres Leipzig 76, 80; Schönste Bücher d. DDR 81 – **Ve:** VBK DDR 57–89 – **G/T:** Spezialgebiet Buchill. (versch. graph. Techniken, Belletristik u. Kinderb.); freie graph. Blätter z. Lit.; Graph. (Lith., Rad.); Malerei (Öl, Pastell, Mischtechnik); Trickfilm; Reginarien; Thomasken; Fotografik; Kalligr. – **M:** Wurzen, Ringelnatz-Mus. – **Ö:** Adorf, Waldkrankenhaus; Herford, Rat d. Kr.; Leipzig, Rat d. Bez.; Oelsnitz, Ldratsamt – sowie in öff. Einrichtungen d. Vogtlandkr. – **E:** div. Ausst. 57–01, u. a. in Erfurt, Halle, Herford, Jena, Leipzig, Neubrandenburg, Oelsnitz, Plauen, Rudolstadt, Weimar u. Wurzen – zuletzt: 06 (Kat.) Plauen, Vogtland-Mus.; Plauen, Vogtlandbibliothek; Zwickau, StM – **G:** div. Bet. 57–01, u. a. Dresden, Kunstausst. d. DDR; Hof; Leipzig, Bez.kunstausst. – sowie Teiln. an Ausst. f. Ill., u. a. in Berlin, Bologna, Bratislava u. Troisdorf – **V:** Julius Mosen: Kunstbuch (Hrsg. u. Ill.) 03; ders.: Verwunschene Liebe (50 signierte u. nummerierte Exemplare); Labé: O Lust und Wahn, graph. Mappe (Hrsg. u. Ill., signiert u. nummeriert) 04; – AUSST.PLAKATE: Liebe z. Einhorn 97; Die Schöpfung 01; Mutabor. Bilder zwischen Traum u. Wirklichkeit 01; R.H. O Lust u. Wahn. Bilder – Worte – Illustrationen 06 (f. Mus. Plauen u. Zwickau); – zahlr. BUCHILL., u. a.: Altow: Der Hafen d. steinernen Stürme; Feustel: Zirkus Munkepunke; ders.: Als d. Riese Moritz heiraten wollte, Jule u. d. 77 Lügen, Robbi u. d. Bumsstiefel; Gebr. Grimm: Das tapfere Schneiderlein; diess.: Dornröschen, Frau Holle, Der gestiefelte Kater, Rumpelstilzchen; Hauff: Zwerg Nase; Hebbel: Schmock u. a. Geschichten; ders.: Amors Zeugnis; Hornbogen: Mein Unbuch. 5 Unzen zum Weiterspinnen; Keller: Romeo u. Julia auf d. Dorfe; Kleist: Michael Kohlhaas; Koch: Pintlaschk u. d. goldene Schaf; ders.: Jan u. d. größte Ohrfeige d. Welt; Kožik: Tausendundzweite Nacht; Könner: Weine nicht, sagte d. Baum; Labé: Die Liebesgedichte einer Lyoneser Seilerin; Mosen: Weiß u. rot d. Moose blühn; Mucke: Der Dunkelmunkel; ders.: Von Affenstall bis Ziege, Das Nilpferd u. d. Heupferd u. d. Seepferd, Die Lichtmühle, Die Sorgen d. Teufels; Petrow: Bevor ich zur Welt kam u. danach; Pieske: Vom viel zu kleinen Glückspfennig; Raabe: Fabian u. Sebastian; Scholem Alejchem: Methusalem; Tieck: Der Runenberg; Völlger: Der Windhahn; Werner: Abenteuer im Havelland; – weitere: Die Königsbraut (Romant. Märchen); Die Streiche des Trubert u. a. Schelmengeschichten; Mein Liebchen hat ein Etwas (Volksreime); Eine Wanne voll Kaviar (Sowjet. Humor u. Satire); Fingerspiele u. Rätsel (Volksgut); Spaß u. Spiel (Volksreime); Rauhnachtzauber (Jagdsagen) – **R:** Trickfilm-Gesamtausstattung f. d. DEFA-Trickfilm-Studio Dresden: Der Trommler; Die Rakete v. Bummelsburg – ***Lit:*** zahlr. Art. in Ztgn, Zss. u. Kat.; KATALOGE: R.G.-H. 86; Min. f. Wiss. u. Kunst u. Ldratsamt Oelsnitz (Hrsg.): R.H. Malerei. Grafik. Illustration 94; Spk. Vogtld (Hrsg.): Zeitgen. Kunst aus d. Vogtland, Kat. 99; R.H. O Lust u. Wahn. Bilder – Worte – Illustrationen 06; – weitere: Für Kinder gemalt. Buchill. d. DDR 75; Harald Kretzschmar: Eulenleute – Portr.karikaturen 80; Spk. Vogtld (Hrsg.): Das sympath. Grau. Porträt d. vogtländ. Künstlerin R.H., in: Viadukt Mag. 01; Reichenbacher Kal. 2006; Wolfgang Rudloff: Hoch sensibilisiert f. d. reicher machende Lit. (Kat.), Kunstbeitr. v. Frank Weiß, Wolfgang Rudloff u. Peter Gröbel

Heinecke, Wolf (Ps.: Wolf M. Roda), Maler; Am Hügel 11, D-67098 Bad Dürkheim, Tel. (0 63 22) 6 22 52 (* Friedrichroda/Thür. 13. 5. 29) – **VG:** Weimar, Gal. Profil – **S:** 46–50 Staatl. HS f. Baukunst u. Bild. Künste Weimar – **P:** Intern. Miró-Pr. f. Zeichn. 69; Willibald-Kramm-Pr. 73; Varnholt-Pr. 84 – **Ve:** BBK Heidelberg seit 52; Künstlerbund Rhein-Neckar seit 68; Neue Darmstädter Sezession seit 74 – **KGr:** Heidelberger Künstlergr. 79 (seit 79) – **G/T:** vorw. Arb. auf Papier, Mischtechniken – **W:** überw. in Privatbes., Ankäufe u. a. durch d. Länder BW, RP u. Hess. – **M:** Augsburg, GrS d. StKS; Dresden, GrS; Karlsruhe, GrS; Lausanne, Mus. cantonal des beaux-arts; Ludwigshafen, StKS; Mannheim, StKH; München, Staatl. GrS – **Ö:** in Mannheim, Speyer, Oftersheim, Nagold u. Heidelberg – **E:** u. a. 66 Mannheim, Lauter; 77, 85 Mannheim, StKH; 83 München, Gal. v. Laar; 89, 99 Mannheim, KV; 90 Speyer, Feuerbachhaus; 93 Trier, KunstRaum; 96 Ludwigshafen, Wilhelm-Hack-Mus.; 98 Frankfurt am Main, Gal. im Forum SIEMENS; 99 Gera, Otto-Dix-Haus; 00 Darmstadt, Reg.gal. Südhess. – **G:** u. a. 58 Düsseldorf, Ludwigshafen, Gr. 53; 64 München, Lenbachhaus; 66 München, KV; 67 Darmstadt, Mathildenhöhe; 68 Neue Darmstädter Sezession; 72 München, Große Kunstausst.; 90 Dresden, Albertinum; 94 Darmstadt, Lattemann; 97 Pirmasens, Künstler im Messestand; 99 Speyer, Feuerbachhaus – ***Lit:*** W. H., Ausst.kat. 67; Kat. d. Mannheimer KH 77; Kunstbd d. Ver. z. Förd. v. Kunst u. Kult. an d. südlichen Weinstr. e.V. 80; Kat. d. Mannheimer KV 89; Kat. d. Wilhelm-Hack-Mus. Ludwigshafen 96; Kat. d. Reg.gal. Südhess. Darmstadt 00 – (Red.)

Heinen-Ayech, Bettina (geb. Bettina Heinen, eigtl. Bettina Ayech), Malerin; Neuenkamperstr. 163, D-42657 Solingen, Tel. (02 12) 81 02 17, *harounayech@hotmail.com*, *www.brocon.de/BettinaHeinen-Ayech*. Boite Postale 315, 24000 Guelma/Algerien, Tel. (37) 26 30 41 (* Solingen/NRW 3. 9. 37) – **S:** erste künstler. Ausb. durch Erwin Bowien; 54–57 Kölner Werkschulen (monumentale Wandmalerei b. Prof. Otto Gerster); 57 ABK München (monumentale Wandmalerei b. Prof. Herrmann Kaspar); 58 KA Kopenhagen (b. Prof. Paul Soerensen) – **P:** Grand Prix de la ville d'Alger 76; Kult.pr. d. Bürgerstift. Baden 93; Ehrung durch die Stadt Constantine/Algerien 98 – **Ve:** BBK; Solinger Künstlerklub; Freundeskreis Erwin Bowien (Präs.) – **G/T:** Malerei (Aqu., Tusche, Graphit, Ldschaft, Portr.) – **M:** Algier, Mus. Nat. des Beaux-Arts; Algier, StG; Borken, StKS; Damaskus, NM; Düsseldorf, Min. f. Kult. d. Ldes NRW; Husum, Nissenhaus; Solingen, Mus. Baden; Springe, Kr.heimatmus. – **E:** zahlr. Ausst. seit 55, u. a. 57 Husum, Nissenhaus; 60 Kopenhagen, Petersen; 62 Höxter, Mus. Höxter-Corvey; 63 Solingen, Dt. Klingen-Mus.; 64 Paris, Duncan; 67 Berlin, von Kalkstein; 68, 71, 75, 77, 83 Bern, Münster; 73 Springe, Kr.heimatmus.; Rabat, Goethe-Inst.; Casablanca, Goethe-Inst.; 80 Remscheid, StM; 82 Köln, Gal. MAP; 84 Damaskus, Goethe-Inst.; Aleppo, NM; 85 Algier, Centre culturel de la Wilaya d'Alger; Solingen, Stadtspk.; 87 Wien, Arabbank; 90 Würzburg, Otto-Richter-Halle; 90, 98 Paris, Centre Culturel Algérien; 93 Algier, Mus. Nat. des Beaux-Arts; 96 Tunis, Espace Sophonisbe; 99 Borken, SM; 00 Solingen, Mus. Baden (Retr.) – ***Lit:*** E. M. Fallet v. Castelberg: Bettina Heinen, Monogr. 67; Hans Karl Pesch u. Ali Elhadj-Tahar: B. H.-A. 82; Marianne Kopatz: B. H.-A. Aquarelle und Zeichnungen aus Algerien, Ausst.kat. 85; Diana Millies, Malika Bouabdellah u. Bernhard Zimmermann: B. H.-A. Retrospektive 1951–1992 92; Malika Bouabdellah: Bettina 93 – ***LitR:*** Hassan Bouabdellah (Regie): B. H.-A. Lettre à Erwin Bowien 92 (auch dt.) – (Red.)

Heiner s. Koch, Heinrich H.

Heinisch, Barbara (geb. Barbara Kotte), Performance-Malerin; Luisenstr. 8, D-61231 Bad Nauheim, Tel. (0 60 32) 93 26 36, Fax 92 76 38, *BHeinischART@aol.com*, *www.barbara-heinisch.de* (* Rathenow/Mark Brandenburg 16. 7. 44) – **VG:** Düsseldorf, Anders Gal.; Düsseldorf, Zimmer – **S:** 69 KA Düsseldorf (Prof. J. Beuys); 73–78 HdK Berlin/West (Meisterschülerin v. Prof. K. H. Hödicke) – **L:** 84 Staatl. KA Oslo (Prof. f. Malerei); 85–86 HdK Berlin (Prof. f. Malerei); 95 Johannes-Gutenberg-Univ. Mainz (Prof. f. Malerei) – **P:** Dt. Kritikerpr. Berlin 79; P. S. 1. New York-Stip. Berlin 82, 83; Kunstfonds-Stip. Bonn 85 – **G/T:** Dialog-Malerei (Interaktion zw. versch. Künsten, auch als Performance, Bühnenausstattung u. Fotoübermalungen) – **W:** zahlr. Gemälde in Privatbes. in Dtld, Frkr. u. d. Niederl.; zahlr. Performances in Europa u. Amer.; zahlr. Fernsehauftritte; Interviews im RF – **M:** Aachen, Suermondt-Ludwig-Mus.; Berlin, Berlinische Gal.; Darmstadt, Hess. LM; Düsseldorf, Mus. Kunst Pal.; Görlitz, StSGGK; Hamm, Gustav-Lübcke-Mus.; Kiel, KH; Ludwigshafen, Wilhelm-Hack-Mus.; Mannheim, StKH; Ulm, Ulmer Mus.; Wuppertal, Von der Heydt-Mus. – **Ö:** Berlin, Innenmin.; Düsseldorf, Ldtag; ebda, Ldesversicherungsanstalt, WGZ-Bank; Hamm, Dt. Bank; Krefeld, Pax-Christi-Kirche; Stuttgart, Ldesgirokasse; Worms, Martin-Luther-Haus – **E:** 77–82 Berlin, Zellermayer; 78 New York, Brooklyn-Mus.; 79 Amsterdam, Fundatie Kunsthuis; 80 Paris, Arc-Mus. D'Art Moderne; 82 München, Gal. Thomas; 84 Witten, Märkisches Mus.; 85 Braunschweig, KV; Ulm, Ulmer Mus.; Mannheim, KV; 89 Düsseldorf, Zimmer – **G:** 78 Warschau (Performance Festival); 80 Los Angeles, Wight-Gall.; 81 Berlin, AK; 87 Berlin, KH; 90 Heidelberg, KV; 94 Linz, Offenes Kult.haus; 96 Kairo, Intern. Kunstbienn.; – weitere: 83, 84 Künstlerbund Jahresausst. – **V:** Heinz Ohff u. B. H. (Texte): Bildnisse – Auf den Leib gemalt, 77–79; Aktion im Fundatie Kunsthuis 79; Françoise Metz u. B. H. (Texte): Malerei als lebendiger Prozess 80 – ***Lit:*** Influx – Konzept New York 83; Arbeiten 1975–1984, Retr. Wanderausst. 85; VBK (Hrsg.): Neue Bilder und Fotoübermalungen 86; Konnrad-Adenauer-Stift. (Hrsg.): Bilder vom Anderen 93 – ***LitR:*** Berliner Fenster, SFB III 78, 82; Performance, ein Grenzbereich?, WDR III 79; III nach Neun, RB III 81; Lyrics, WDR III 88; Live-Kunst, ZDF-Matinée 92

Heinl, Annegret, Malerin, Performancekünstlerin; Birkenweg 13, D-50997 Köln, *Ak.heinl@t-online.de*, *www.aheinl.de* (* Bonn 21. 1. 46) – **Ve:** BBK NRW – **KGe:** A.H. & Jan Steklík: Konzepte u. Aktionen (seit 97); MAMU, Malerei u. Musik (m. Chao-Ming Tung, seit 01) – **G/T:** exper. Malerei, Zchng, Collage; Konzepte: Objekt, Install.; intermediäre u. interaktive Performance – **W:** Installationen, zahlr. Performances, Videos; Werke in Privatbes. – **Ö:** Hünfeld, 'Das offene Buch' (zwei Hauswände) – **E:** 94 Köln, Emmanuel-Kirche; 97 Zlín/CZ, Staatsgal.; 99 Prag, Gambit (m. K. Nepraš, B. Patterson, Jan Steklík); 00 Köln, Gal. Kunstgewinn (m. Jan Steklík); 01 Prag, Gambit; Köln, Kunstkeller Klingelpütz (m. K. Nepraš, B. Patterson, Jan Steklík); 02 Opava/CZ, Haus d. Kunst (m. Jan Steklík); 03 Offenbach am Main, Siemens; Pardubice/CZ, Gal. Fons (m. Jan Steklík); Köln, Künstlerforum (m. Ch.-M. Tung); 04 Los Angeles, Villa Aurora; Valencia, CalArts (m. Ch.-M. Tung); 05 Opava/CZ, Haus d. Kunst (m. Jan Steklík) – **G:** u. a. 99 Nové Zámky/CZ, 4. intermediäres Festival; 00 Hünfeld, Das offene Buch; 01 Bedburg-Hau, ArToll-Sommerlabor; 02 Zlín/CZ, Gal. f. bildende Kunst; 03 Prag, Mánes Ausst.halle; 04 Bonn, Künstlerforum / Bienn.; Hamburg, Staats- u. Univ.bibliothek; Köln, Deutzer Brücke; Mahares/Tunesien, Festival Intern. des Arts Plastiques; 05 Wrocław/PL, Gal. Awangarda; Drôme/Frankr., in situ; Bonn, Künstlerforum; Amsterdam, streetlight; 06 Nitra/Slowakei, Nitrianska gál.; Hradec Králové, Intern. Jazz-Festival – **V:** Margot Scharpenberg: Gegengaben und Widerworte, Gedichte (Collagen) 95; dies.: Von Partituren, Lesezeichen und so weiter (optische Partituren) 03 – *Lit:* Jiří Machalický: A.H., Jan Steklík, Ausst.kat. 98; Jiří Valoch: A.H., Ben Patterson, Jan Steklík, Ausst.kat. 99; ders.: Zusammenflüsse und Quellen, Ausst.kat. 01; Jiří Fiedor: Nesting, Ausst.kat. 05; Martin Klimeš: A.H. & Jan Steklík leave the House of Ariadne's Rope, Ausst.kat. 05 – *LitR:* Peter Butterly u. Lenka Sikulova: Zusammenflüsse u. Quellen. Zusammenarbeit von A.H., Karel Nepraš, Ben Patterson u. Jan Steklík, Doku 01

Heinrich, Emil Georg s. Saalig, Heinz

Heinrich, Gerhard s. DellaCroce

Heinrich, Sabine (Ps.: Ina Wolf), Malerin, Graphikerin; Böhmische Str. 27, D-01099 Dresden, Tel. u. Fax 03 51 80 12 23 8, *ina.wolf1@gmx.de* (* Dresden 8. 4. 66) – **S:** 89–94 HBK Dresden (b. Prof. Horlbeck); 94–96 ebda (Meisterschülerin b. Prof. Hirsig) – **P:** Pr. d. DKV-ART-Dresden 93; Arb.stip. d. Stift. Kult.fonds Berlin 95; Sä. Ldesstip. 96; Kunstpr. d. Stadtspk. Magdeburg (Arb.stip.) 97 – **Ve:** BBK 99; SKB 99 – **G/T:** Ldschaftsmalerei (meist Öl auf Leinwand); Zeichn.; Graph.; Kleinplast.; Fotogr. – **W:** überw. in Privatbes. – **M:** Dresden, Slg d. Stadtspk.; Dresden, Slgn d. TU; Magdeburg, Stadtspk. – **Ö:** Dt. Krankenversicherung – **E:** 97 Dresden, Rahmen + Bild; Dresden, Maria Arlt; 04 Dresden, Gal. Adlergasse – **G:** zahlr. Ausst.bet. seit 92, u. a. 96 Wilhelmshaven, Stift. Burg Kniphausen; 98 Magdeburg, Stadtspk.; Dresden, Leonhardi-Mus. – *Lit:* Henry Puchert: Stiftung Burg Kniphausen, Ausst.kat. 96; vier/7, Ausst.kat. 98 – (Red.)

Heinrich, Wolfgang, Kunsterzieher; Vogelstromweg 9, D-32052 Herford, Tel. (0 52 21) 7 02 69 (* Berlin 16. 1. 28) – **VG:** Detmold, Busche – **S:** 49–52 Pädagogische HS Berlin (Kunsterziehung b. d. Prof. Jacob u. Stöcker) – **L:** als Kunsterzieher; VHS Herford (Aqu.malerei) – **P:** Stip. d. Aldegrever-Ges. Münster 70; Stip. d. Stadt Herford 70; Orden 'Member of the British Empire' MBE, verliehen durch Königin Elisabeth II. v. England 95; Verdienstmed. d. Verdienstordens d. BRD 02 – **G/T:** vorw. Aqu.malerei, desweiteren Ölmalerei, Linolschnitt u. Rad.; Landschaft u. Stilleben; gegenständliche, vereinfachte Form bis Abstr. – **W:** Arb. in privatem u. öff. Bes. – **E:** 83 Einzelausst., u. a. in Berlin, Bielefeld, Bonn, Bremen, Detmold, Hameln, Herford, Lemgo, London, Sylt u. Worpswede – **G:** ca. 20 Ausst.bet. – **V:** BUCHVERÖFF.: Herford – Portrait einer Stadt (Malerei u. Graph.) 85; Porta Westfalica (Malerei u. Graph.) 86; Bielefeld – Stadt am Teutoburger Wald (Aqu. u. Zeichn.) 88; Lipperland (Aqu.) 89; Die Insel – Sylt in Aquarellen 92; Worpswede und das Teufelsmoor (Aqu.) 94; Das Weserbergland (Aqu.) 97; Landschaft an der Oberweser (Aqu.) 99; Blumen und Gärten (Aqu.) 99; Wittekindsland Kreis Herford – Eine Region in Aquarellen 01; – weitere Veröff.: Kal. m. Herforder Stadtmotiven (Linolschnitt) 72, 79 u. 81; Mappen m. Motiven d. Stadt u. d. Kr. Herford sowie d. Stadt Lemgo (Rad. u. Zeichn.) 73, 74 u. 75; Zwölf Aquarelle, Ed. Büscher 91; Vier Aquarelle, Ed. May 93; Veröff. im Kempener Albert-Roussel-Kal. 92, 94, 95 u. 96; Sechs Aquarelle, Ed. Rehberg 95 – **R:** LEHRFILME (in Zus.arb. m. d. Verl. Gerstäcker, Video 00): Aquarellmalen im Garten, Malen nach Skizzen 'Weser', Naturstudium Blumenstillleben, Vorstellen des Materials – *Lit:* W. H. Kompositionen, Ausst.kat. 93; W. H. 60 Jahre Malerei und Grafik, Ausst.kat. 03 – *LitR:* Atelierbesuch bei W. H., WDR 3 93; Atelierbesuch bei W. H., WDR 3 97; Malen an der Weser u. z. Ausst. in Corvey, NDR 3 99; Verleihung d. Verdienstmed., BFBS (GB) 02; W. H. malt in der Galerie Trolldenier, Wesermarsch Fs. WMF 03 – (Red.)

Heinsdorff, Sebastian, Bildhauer, Meisterschüler Dipl.; Irschenhauserstr. 88, D-82057 Icking, Tel. u. Fax (0 81 78) 95 52 77, *S.Heinsdorff@gmx.de* (* Düsseldorf 23. 1. 53) – **S:** 79–87 ABK München (b. Prof. Lachner) – **P:** Bundeswettb. d. Min. f. Bild. u. Wiss. Bonn (1. Pr.) 87; Debütantenpr. d. ABK München 89 – **G/T:** Kinet. Plast. (windgetrieben, v. a. f. d. Freiraum); Großplast. im öff. Raum; Kleinplast.; Zchngn – **W:** div. Werke in Privatbes., Ed./Multiple/Zchng – **Ö:** Berlin, Bundesgartenschau; Bieberach, Spk.; Dürnast/Freising, TU Weihenstephan; Gießen, Fernmeldeamt; München, Klöpfer u. Königer (Foyerwand); ebda, H.H. Gymnasium, Kindertagesstätte Grünwald, Kindertagesstätte Glasunowstr.; Starnberg, Ldratsamt; Wolfratshausen, periphäre Install. auf d. Loisach (Zeitfluß) – **E:** 85 Landshut, Gal. am Maxwehr; 01 Dießen, Taubenturm; – sowie: seit 00 jl. Sommerausst. im eigenen Atelier – **G:** zahlr. seit 82, z.B. 87 Bonn, KV; 88 München, Lothringer 13; München, Haus d. Kunst: Große Kunstausst.; 89 Hannover, U-Bahn (Transfer im öff. Raum); 06 Landshut, Marstall

Heinze, Frieder, Maler, Graphiker, Bildhauer, Buchbinder; Großpelsen 1, D-04703 Bockelwitz, Tel. (03 43 62) 3 28 49 (* Leipzig 50) – **S:** 69–74 HGB Leipzig; 74–77 ebda (Meisterschüler b. d. Prof. Werner Tübke u. Bernhard Heisig) – **Ve:** KV Röderhof – **M:** Altenburg, Lindenau-Mus.; Leipzig, MBK; Magdeburg, KM Kloster Unser Lieben Frauen; Oberhausen, Ludwig-Gal. (Ludwig-Inst. f. Kunst d. DDR); Rostock, KH – **E:** zahlr., u. a. 96 Leipzig, Dresdner Bank; 97 Frankfurt am Main, Hänel – **G:** 84 Leipzig, 1. Herbstsalon; 89 Dresden, Neue Dresdner Gal.; 90 Altenburg, Lindenau-Mus.; 92 Kaiserslautern, Pfalz-Gal.; 03 Frankfurt/Oder, Mus. Junge Kunst – **V:** unaulutu 83–86; Hans-Ulrich Prautzsch: Terra Inkognita: neun Traumgeschichten (Hschn.) 92; Theo Breuer: Der blaue Schmetterling (Hschn.) 93 – *Lit:* Schweers 02 – (Red.)

Heinze, Helmut, Prof., Hochschullehrer, Bildhauer; Blaubergweg 11, D-01731 Kreischa-Gombsen, Tel. (03 52 06) 3 19 99 (* Mulda/Sa. 25. 4. 32) – **S:** 50–53 HBK Dresden; 53–55 Steinbildhauerwkst. Werner Hempel; 55–57 HBK Dresden (Bildhauerei b. Prof. Arnold, Doz. Steger) – **L:** 61–72 TU Dresden (LBeauftr., Doz.); 72–79 HBK Dresden (Doz.); 79–97 HBK Dresden (Prof. f. Bildhauerei) – **P:** Kunstpr. d. DDR 80; Martin-Andersen-Nexö-Kunstpr. d. Stadt Dresden 84; Ernst-Rietschel-Kunstpr. f. Bildhauerei (3. Preistr.) 93 – **Ve:** SKB seit 92; Neuer Sä. KV seit 91 – **G/T:** Portr. u. Figur (Gips, Bronze, Stein); Zchng (Akt, Lsch.) – **W:** mehrere Bronzearb. u. Zchngn in Priv.bes. – **M:** Berlin, SMPK; Chemnitz, KS; Dresden, SKS; Dresden, StG; Duisburg, Wilhelm-Lehmbruck-Mus.; Halle/Saale, Staatl. Gal. Moritzburg; Leipzig, MBK; Magdeburg, KM Kloster Unser Lieben Frauen – **Ö:** Dresden, TU Dresden; ebda, Fritz-Löffler-Gymnasium, Rosa-Luxemburg-Pl., Staatsmin. f. Wiss. u. Kunst; Heidelberg, Park d. Thorax Klinik; Hoyerswerda, Lessing-Gymnasium – **E:** 81 Dresden, Gal. HBK; 93 Dresden, Kühl; 97 Dresden, Schloß Pillnitz; Dresden, Alte Wache; Görlitz, Klinger; 98 Rostock, Gal. am Alten Markt; 02 Pulsnitz, Gal. im Geburtshaus Ernst Rietschels; Heidelberg, Gal. d. Thorax Klinik – **G:** zahlr. Bet. seit 56, zuletzt 87 Bonn, LM; München, SG Mod. Kunst; 88 Mannheim, Städtische KS; Berlin, NG; 01 Dresden, SKS; 02 Neustrelitz, Schloßkirche Plast.gal. – **V:** Das Lebenswerk Wilhelm Gerstels 79; Lehmbruck in Paris 84; Der Bildhauer Hans Wimmer, in: Bild. Kunst, Zs 87; Hans Steger, in: Bild. Kunst, Zs 80; Fritz Löffler u. Bernhardt Kretzschmar, Ausst.kat. (Fritz Löffler Gedenkausst.) 99 – **R:** Gerhard Richter u. Dresden, Vortrag, Hirsch-Film – *Lit:* Heiner Protzmann: H.H. – Plastiken 81; ders.: H.H. – Plastiken, Zchngn, Fundstücke 97;

Dietrich Schubert: H.H. Plastiken – Zchngn 02; ders.: Künstler in Dresden 05 – ***LitR:*** Wolfram Klieme (Regie): Jeder malt seine eigene Wahrheit (Mitwirkung), HBK Dresden 93; W. Smerling (Regie): Geblieben sind Erinnerungen (Mitwirkung) 94

Heinzmann, Thilo, Installationskünstler (* 69) – **VG:** München, Mayer; Berlin, Baudach; Frankfurt am Main, Neff – **S:** 92–97 Städelschule Frankfurt am Main – **E:** zuletzt u. a. 02, 04 München, Mayer; 02 Berlin, Maschenmode; Frankfurt am Main, Neff; 03 Madrid, Ehrhardt – **G:** zuletzt u. a. 00 Mailand, Marconi; New York, Thread Waxing Space; 01 Karlsruhe, ZKM; Wolfsburg, StG; 02 Berlin, PAZIFIK; 03 Oldenburg, KV; Frankfurt am Main, KV – (Red.)

Heise, Almut, Malerin; Paulinenallee 28, D-20259 Hamburg, Tel. (0 40) 43 31 18 (* Celle 44) – **S:** 65–67 Staatl. HSInst. f. Kunst u. Werkerziehung Mainz (Malerei b. Günter König u. Klaus-Jürgen Fischer); 67–70 HBK Hamburg (Malerei b. Gotthard Graubner, Paul Wunderlich, Allen Jones u. David Hockney); 70–71 Royal College of Art London (Malerei b. Peter Blake) – **L:** seit 78 FHS Hamburg (Prof. im FB Gest.) – **P:** DAAD_Stip. London 70–71; Edwin-Scharff-Pr. Hamburg 75; Villa-Massimo-Stip. 78–79; Kunstpr. Finkenwerder 00 – **Ve:** AK Hamburg 89 – **KGr:** Künstlersonderbund in Deutschland – **G/T:** Malerei (Interieurs, Portr.) – **M:** Baden-Baden, Mus. Frieder Burda; Kiel, KH – **E:** u. a. 69, 74 Hamburg, Hauptmann (Kat. 74); 70, 74 Baden-Baden, KH (Kat. 70); 74 Stuttgart, Württembergergischer KV (Kat.); 75 Hamburg, Kunsthaus; 88, 94 Hamburg, Zwang (Kat.); 90 Freiburg im Breisgau, KV (Kat.); 98, 03 Grafenau/Württ., Schlichtenmaier (Kat.); 00 Hamburg, Handelskammer (Kat.); 01 Berlin, Kunsthandel Werner (Kat.); 05 Berlin, Crone (Kat.) – **G:** 90 Hamburg, RH: 40 Jahre AK Hamburg; 98, 99 Grafenau/Württ., Schlichtenmaier; 00 Hamburg, RH: 50 Jahre AK Hamburg; 04 Hamburg, KH: Kunst in Hamburg. Heute – Von A.H. bis Rupprecht Matthies – ***Lit:*** u. a. Rolf-Gunter Dienst: Dt. Kunst: Eine neue Generation, in: Das Kunstwerk 6 71; Hans-Theodor Flemming: Konsumwelt u. Talmi-Eleganz, in: Weltkunst 6 74; Petra Kipphoff: Das Portr. Archit. u. Wohnen 75; Jens Christian Jensen: Museen begründen ihre Erwerbungen, in: Kunstmag. 98 83; Barbara Fischer: Zur Person, in: Ambiente 6 84; Dieter Hoffmann: Neckend, adorierend, in: Franfurter Allg. Ztg 94 – (Red.)

Heisig, Bernhard, Prof., Maler u. Graphiker; Dorfstr. 8, D-14715 Havelaue, Tel. (03 38 75) 3 14 22 (* Breslau 31. 3. 25) – **VG:** Berlin, Brusberg; Berlin, Gal. Berlin; Düsseldorf, Ludorff – **S:** 41–42 KGS Breslau; 48 FHS f. angew. Kunst Leipzig; 49–51 Akad. f. graph. Kunst u. Buchgewerbe Leipzig – **L:** 54–68, ab 76 HGB Leipzig (seit 61 Prof., 61–64 Rektor, 64–68 Leiter d. Abt. Graph. u. Malerei, 76–87 erneut Rektor) – **P:** Pr. u. Goldmed. d. Intern. Buchkunstausst. IBA 65; Kunstpr. d. Stadt Leipzig 70; Nat.pr. 2. Kl. d. DDR 72; Nat.pr. 1. Kl. d. DDR 78 – **Ve:** VBK Leipzig (Vors. 56–59, 72–74); AK d. DDR 72; VBK DDR (Vizepräs. 74–88) – **M:** Altenburg, Lindenau-Mus.; Berlin, NG; Chemnitz, KS; Dresden, GG NM; Emden, KH; Erfurt, Anger-Mus.; Frankfurt am Main, Städel; Frankfurt/Oder, Mus. Junge Kunst; Halle/Saale, Staatl. Gal. Moritzburg; Hamburg, KH; Hannover, Sprengel Mus.; Jena, KS; Kassel, GG AM; Köln, Mus. Ludwig; Leipzig, MBK; Magdeburg, Kulturhist. Mus.; Mainz, LM; Oberhausen, Ludwig-Gal.; Regensburg, Ostdt. Gal.; Weimar, Klassik Stift. – **E:** zahlr. Einzelausst. im In- u. Ausland, u. a. 66 Erfurt, Anger-Mus.; Würzburg, KV; 66, 73 Leipzig, MBK; 68, 72 Leipzig, Kunst d. Zeit; 71 Berlin, Klub d. Kulturschaffenden; 73 Dresden, Staatl. Museen; Berlin, Neue Berliner Gal.; 74 Frankfurt/Oder, Mus. Junge Kunst; Moskau, Staatl. Gal.; Rom, Gall. Alzaia; 89 Berlin, Martin-Gropius-Bau; 02, 03 Berlin, Gal. Berlin; 05 Düsseldorf, KS NRW – **G:** u. a. 77 Kassel, documenta; 00, 02 Berlin, Gal. Berlin; 02 Berlin, Graphikpresse – **V:** Der faschistische Alptraum (Lith. u. Texte) 89; Hugo Ball: Der Henker von Brescia. Drei Akte der Not und Ekstase (6 Orig.-Lith.) 93; Johann Wolfgang v. Goethe: Faust. Der Tragödie erster Teil (Ill.) 02; Georg Büchner: Woyzeck (Ill.) 04 – ***Lit:*** Dictionary of Art 96; Lang 02; NG Berlin 03 – (Red.)

Heisig, Johannes, Prof., Maler, Graphiker; Fuldastr. 40, D-12045 Berlin, Tel. (0 30) 28 04 60 35, *joh@johannes-heisig.de*, *www.johannes-heisig.de* (* Leipzig 23. 4. 53) – **VG:** Berlin, Tammen; Erfurt, Rothamel; Essen, Gal. KK – **S:** 73–77 HGB Leipzig (Stud. d. Malerei u. Graph., Mitarb. in d. Werkstatt d. Vaters Bernhard Heisig); 78–80 HBK Dresden (Meisterschüler b. Gerhard Kettner); 79–80 F + F Schule f. exper. Gest. Zürich (eidgenössisches Stip.) – **L:** 80–91 HBK Dresden (Lehrtätigkeit); 88 HBK Dresden (Prof. u. Lehrstuhl f. Malerei u. Graph.); 89–91 HBK Dresden (Rektor); seit 91 Gastseminare: Univ. Dortmund, FHS f. Gest. Hamburg ('Pentiment') u. KHS Trondheim; 03, 04 Univ. Dortmund (Prof. f. Malerei) – **P:** Eidgenössisches Stip. an d. 'F + F Schule f. exper. Gest. Zürich' 79–80 – **G/T:** Malerei (weites thematisches Spektrum); Portr.malerei; Graph. (vorw. Lith.) – **M:** u. a. Altenburg, Lindenau-Mus.; Berlin, Berlinische Gal.; Berlin, Kpst.-Kab.; Berlin, NG; Bonn, LM; Chemnitz, KS; Cottbus, Brandenburgische KS; Dresden, GG NM; Dresden, Kpst.-Kab.; Frankfurt/Oder, Mus. Junge Kunst; Gera, KS; Halle/Saale, Staatl. Gal. Moritzburg; Laugharne, Dylan Thomas Mus.; Leipzig, MBK; London, British Mus.; Moskau, Puškin-MBK; Nürnberg, Germanisches NM; Oberhausen, L.–I.K.; Oldenburg, LM; Rostock, KH; Schwerin, Staatl. Mus.; Sczeczin, Mus. Sczeczin; Stuttgart, Inst. f. Auslandsbeziehungen; Stuttgart, SG – **Ö:** Berlin, Abgeordnetenhaus Gal. d. Ehrenbürger; Berlin, Bundestag; Berlin, Willy-Brandt-Haus (SPD-Bundesvorst.); Dresden, Semperoper; Dresden, Paluccaschule; Gelliehausen-Gleichen, Ev.-Luth. Kirche (Altarbild); Leipzig, Zeitgesch. Forum; München, Max-Planck-Ges., Präsidium; Washington, German Historical Institute – **E:** u. a. 84 Dresden, Gal. d. HBK Dresden; 85 Heringsdorf, Kunstpavillon; 87 Erfurt, Gal. erph; 88 Esslingen, StG Villa Merkel; 93, 97 Berlin, Tammen & Busch; 94 Wilhelmshaven, KH; 96 Aschaffenburg, StG Jesuitenkirche; 98 Alsbach, KV Bergstraße; 00 Oldenburg, Kult.speicher; 03 Eisenach, Thür. Mus.; 04 Osnabrück, KH Dominikanerkirche; Göttingen, Gal. Apex; 05 Marburg, Univ.-Mus. – **G:** seit 78 Ausst.bet. national u. intern. – **V:** zahlr. Publ. u. a.: Neue Medien und traditionelle Malerei-Ausbildung, in: Synthesis, Dok.Bd. 87; Die Akademie – ein Ort der Suche nach der Ganzheit des Menschen, in: Bildende Kunst, Zs. 89; Phasenverschiebung, in: Publizistik & Kunst, Zs. d. IG Medien 93; Unfrisierte Gedanken. Nachtrag und Vorschau, in: FESTSPIELHAUS HELLERAU 98; Schönheit im Überfluß, in: Transatlantik 02; Dresdner Elegien, in: Berliner Zeitung, Ztgsart. 03; O Du von Gott erhöhte Kreatur, Graph.mappe 05; F. Schiller: Der Verbrecher aus verlorener Ehre (Ill.) 05 – ***Lit:*** zahlr. Publ. u. a.: Gunhild Brandler (Text): J. H., Kat. (HBK Dresden) 84; Sabine Langer: Bequemen wir uns zum Streit. J. H., neuer Rektor in Dresden, in: Neue Berliner Illustrierte, Zs. 89; Michael Freitag (Text): J. H., Kat. (Frankfurter Kunstkab. Hanna Bekker vom Rath) 91; Birgit Lahann: Salto mortale in zwei Diktaturen, in: Väter und Söhne 96; J. H., Kat. (Gal. Tammen & Busch); Günter Bersch u.

Ilona Rühmann: Startbahn Ost: 10 Lebensbilder 00; J. H., Aus der neuen Welt. Bilder seit 89, Kat. (Gal. Tammen & Busch) 04; Ich geh' und suche mit Verlangen – J.H. als Stadtgast in Eisenach, Kat. 05 – ***LitR:*** Das Ende der großen Belehrung, ZDF u. arte 00; Dorfbild mit Aposteln, NDR u. arte 03; Claus Krüger: Der Auftrag, Autorenfilm 05

Heitmann, Adriano, Fotograf; Via Rianella 6, CH-6855 Stabio/TI, *info@immagina.ch*, *www.immagina.ch* (* Zürich 17. 8. 51) – **S:** 80 Workshops u. a. m. D. Stock u. R. Depardon – **P:** Eidgenössisches Stip. 81, 87 – **G/T:** anfänglich Sportfotogr.; v. a. Foto-Reportagen (Europa, Lateinamer. m. Schwerpunkt Mexiko, Japan) – **E:** 86 Biel, Kunsthaus Centre Pasquart; 02 Porto, Centro Português de Fotografia (m. Carel van Hees u. Miguel Chikaoka) – **G:** zuletzt 04 Frankfurt am Main, Airport Gall. 1 & 2 – **V:** L'alluvione. Immagini e testimonianze del 7–8 agosto 1978 nella Svizzera italiana 78; Rigi. Berg mit vielen Gesichtern 82; Mexiko heute, Fotobd 85; Elisabeth Hörler: Vous comprare? Der afrikanische Traum vom europäischen Glück (Fotogr.) 94 – Arb. f. d. Zss GEO, Stern, Merian, Zeit-Mag., Epoca, Neue Zürcher Ztg – ***Lit:*** Contemp. Photographers 95 – (Red.)

Heitmann, Christine (geb. Christine Kanis), Bildhauerin u. Graphikerin; Tolkewitzer Str. 73, D-01277 Dresden. c/o Galerie Drei, Prießnitzstr. 43, D-01099 Dresden, Tel. u. Fax (03 51) 8 02 67 10, *info@sezession89.de*, *www.sezession89.de* (* Dessau 13. 7. 37) – **VG:** Dresden, Gal. Drei – **S:** 62–66 HBK Dresden (Plast. b. Hans Steger) – **P:** Kunstpr. d. Ldeshauptstadt Dresden (Förd.pr. f. d. Dresdner Sezession '89) 96 – **Ve:** VBK DDR 74; SKB 90 – **KGr:** Dresdner Sezession 89 (Gründungsmitgl.) – **G/T:** figürliche Plast., Medaille, Papierschnitt, Collage; mytholog. Themen u. Künstlerporträts – **W:** Med., Plast. u. Collagen in privaten Slgn; Ankauf u. a. durch d. Sä. Landtag Dresden – **M:** Dresden, Kunstfonds d. Freistaates Sa.; Dresden, Kügelgenhaus; Dresden, SKS; Dresden, StG; Gotha, Schloß-Mus.; Halle/Saale, Staatl. Gal. Moritzburg – **Ö:** in Dresden: Parkanlage Neustädter Ufer (Knabenplast.), HS f. Verkehrswesen (List-Ehrung), TU (List-Collage); Hannover, Konferenzraum d. Ev. Kirche in Dtld (Schmerzensmann) – **E:** 83 Zittau, SM; Leipzig, Wort u. Werk; 90 Dresden, Kunst d. Zeit; 91 Dresden, Comenius; Berlin, orbis pictus; 94, 97 Dresden, Leonhardi-Mus.; 02 Dresden, Gal. Drei – **G:** Berlin, orbis pictus; Bonn, Frauen-Mus.; Brandenburg, Dom; Braunschweig, LM; Dresden, Albertinum; Erfurt, Kunsthaus; Erlangen, Pal. Sutterheim; Fellbach, RH; Gotha, Schloß-Mus.; Güstrow, StG; Halle/Saale, Staatl. Gal. Moritzburg; Hamburg-Harburg, RH; Helsinki, FIDEM Weltkonkreß; Leipzig, Mus. f. Kunsthandwerk; Leningrad, Intern. Kult.zentrum; Magdeburg, KM Kloster Unser lieben Frauen; Meißen, Albrechtsburg; Nürnberg, Germanisches NM; Rostock, KH; Salzburg, StG im Mirabellgarten; Schwedt, StM; Speyer, KV; Warschau, Biuro Wystaw Artystycznych; Zittau, SM – ***Lit:*** Gal. Kunst d. Zeit (Hrsg.): C.H., Ausst.kat. 90; Ev. Hauptbibelges. Berlin u. Altenburg (Hrsg.): Werk deiner Hände – Plastik aus d. DDR im Dialog mit d. Bibel 90; Herbert Dellwing (Hrsg.): Kunstzentren d. 80er Jahre in Europa, Ausst.kat. 91; Leonhardi-Mus. Dresden (Hrsg.): C.H., Ausst.kat. 94; Leonhardi-Mus. Dresden (Hrsg.) u. Jürgen Paul (Text): C.H. Collage – Plastik, Ausst.kat. 97; Dresdner Sezession '89 (Hrsg.): Kat. I 92, Kat. II 99

Heitmann, Jutta, Fotografin (Fantasy Art), Aktionskünstlerin, Illustratorin; Hinterm Berg 95, D-27726 Worpswede, Tel. Mobil: 01 7 73 72 70 24 (* Worpswede 12. 3. 61) – **G/T:** Lsch.- u. Objektfotogr.; Fotoinstall. (Fantasy Art); Ill. Worpsweder Mythen; Aktionskunst (Performance, Spendenaktionen) – **K:** Integrierte Gesamtschule Osterholz-Scharmbeck (Fotogr. u. Performance); Kunstkreativ in Osterholz-Scharmbeck – **W:** in Privatbes., Spendenaktionen, zahlr. Performances – **Ö:** Worpswede, Ludwigs – **E:** 03 Worpswede, Girschner; 05 Osterholz-Scharmbeck, Gal. d. Igs; 05–07 Worpswede, Ludwigs – **G:** 01 Essen, Gal. auf Zeit – ***Lit:*** Agenda-Gruppe Kunst u. Kult. d. Gemeinde Worpswede: Kunst u. Kunsthandwerk Worpswede 05

Heitmann, Til s. Saalfeld, Luc

Hejlek, Ossi, Buchautor u. Kunstschaffender; Obkirchergasse 7/25, A-1190 Wien, Tel. (06 99) 10 50 65 86, *oskar.hejlek@chello.at* (* Wien 16. 10. 68) – **G/T:** Malerei (Acrylmischtechnik, u. a. Mikroskop-Aufnahmen) – **E:** u. a. 01 Wien, Haslinger; Wien, Rechtsanwaltskanzlei Dr. Deschka; 02 Klosterneuburg, SAP Business School Klosterneuburg – (Red.)

Helbig, Thomas, Maler (* Rosenheim 67) – **VG:** München, Schöttle – **S:** 89–96 ABK München u. Goldsmiths College London – **E:** / G: seit 94, u. a. 99 London, Long Lane Studios; 01 Wolfsburg, StG; Berlin, Maschenmode; 02 Köln, Schweins; Berlin, PAZIFIK; 03 Mönchengladbach, StM Abteiberg – (Red.)

Helbig, TO, Maler, Performer, Klangkünstler; Kuckucksallee 13a, D-19065 Pinnow, Tel. (0 38 60) 86 28, *to_rte@hotmail.com*, *www.kuenstlerbund-mv.de; www.mvweb.de/kdb/maler/torte* (* Frankenberg/Sa. 9. 7. 61) – **VG:** Schwerin, Gal. Urpresse – **S:** Autodidakt – **L:** seit 97 Musik- u. KSch ATARAXIA Schwerin (Kunstunterricht f. Jgdliche u. Erwachsene) – **Ve:** Künstlerbund Meckl. u. Vorpommern seit 99; Die Kammer seit 99 – **KGr:** VIER (seit 99) – **KGe:** Weisses Rauschen: T. H., Udo Dettmann, Thomas Sander u. Ulf Rickmann (seit 02) – **G/T:** Malerei (Öl, Collagetechniken); Install. (raumbezogen); Objektkunst (Kunststoffe); Performances (teilweise klangbezogen); Klangkunst, bildkünstl. Arb. u. Objekte (unter Einbeziehung eigener Texte); Material- u. Relieftechniken b. Bildern u. Objekten – **W:** zahlr. Performances (oft ausst.gebunden), Klangperformances – **Ö:** Parchim, Ldratsamt; Schwerin, Mercedes-Benz-Niederlassung – **E:** / G: u. a. 84 Dresden, Wendel KHS Brühlsche Terrasse; 85 Dresden, Artefact; 93 Radebeul, Foyergal. d. Ldesbühnen Sa. (Klangperformance u. Bilder); 95 Radebeul, Gal. Ost; Schwerin, Dom (Tanzbilder im Kreuzgang); 98 Schwerin, Gal im Speicher; 99 Lübeck ('Tortenheber'-Neue Bilder 'Feuerwerk'); Parchim, Ldratsamt; 00 Güstrow, StG Wollhalle; Performance-Projekt m. Künstlerinnen u. Künstlern d. Musik- u. KSch Ataraxia Schwerin; Schwerin, Ver.- u. Westbank; 01 Lübeck, Burgkloster; 02 Schwerin, littera et cetera; Greifswald, Gal im Max Planck Inst.; 00–02 versch. Ausst. m. Künstlergruppe Vier, u. a. in Güstrow, StG Wollhalle; Kühlungsborn, KH; Braunschweig, Torhaus-Gal.; 03 Rostock, KH; Wiligrad, Sommersalon Aufgehoben; Klangkunstprojekt m. Künstlergemeinschaft Weisses Rauschen innerhalb d. Schweriner Kult.sommers; Schwerin, Schlesw.-Holst.-Haus – **V:** TUO, Künstlerb. (Text u. Graph.) 02 – ***Lit:*** Aufgehoben, Ausst.kat. KV Wiligrad 03; Weisses Rauschen, Ausst.kat. Gal. Urpresse u. Kunst- u. Mus.-ver. Schwerin 03; Bildobjekte und drei Silber LKW, Ausst.kat. Gal. Urpresse 03 – ***LitR:*** Vincent Braun: VIER in d. Wollhalle Güstrow, NDR 1 Radio Meckl.-Vorp. 01; VIER – Ausstellungstip Kühlungsborn und Zinnowitz, Fs. NDR 3 02 – (Red.)

Helbing, Volker (Ps.: Mannaananda), Sozialer Plastiker; Baurat-Wiese-Str. 129, D-21255 Königsmoor (* Hamburg 28. 4. 49) – **S:** 65–67 FHS f. Gest. Hamburg; 67–71 HBK Hamburg – **KGr:** Little Tiwi (seit

02) – **KGe:** V. H. m. Gode Schilf (88–93) – **G/T:** Soziale Plast. – **M:** Rotenburg, RH (Leihslg) – **E:** 91 Rotenburg, RH; 92 Tostedt, Bibliothek; 93 Berlin, Kommunale Gal. Steglitz – **G:** 70 Hamburg, HBK; 71 Kassel, Mus. Fridericianum – **V:** Omnibus '79 (Osterwalder's Office Gal. Hamburg) 79 – **R:** Previewvideos: Königsmoor, Vorbeifahrend, Free Key Festival, Unsterblichkeit u. Hajo's Bus; Amrad 2 – 8, Videoj. – ***Lit:*** Asche, Ausst.kat. (Kunstamt Berlin-Steglitz) 93 – ***LitR:*** Mick Jagger u. Guru Maharaji: Der Maler m. d. goldenen Pinsel (ohne Genehmigung) 68

Helbling, Andreas, Künstler; Sihlfeldstr. 164, CH-8004 Zürich, Tel. 04 32 43 80 77, *zahm98@hotmail.com*, *www.likeyou.com/marusic.helbling* (* Schaffhausen/Schweiz 28. 1. 67) – **S:** 87–90 HS Winterthur (Archit.); 97–01 HS f. Gest. u. Kunst Zürich (Bild. Kunst) – **P:** re:view, Video- u. Filmpr. 01; Atelierstip. Paris 02; Stip. d. Zuger Kult.stift. Landis & Gyr 02; Förd.beitr. Kult.raum Stadt u. Kt. Schaffhausen 02; Eidgenössischer Pr. f. Kunst 02, 03; Manor-Kunstpr. Schaffhausen 04 – **KGr:** balkanTV (seit 01) – **KGe:** A. H. u. Zeljka Marusic (seit 01) – **G/T:** begehbare Rauminstall. m. Video; Videoskulpt. – **W:** balkanTV mobil-studio (Belgrad, Schaffhausen, Basel, Iz, Kairo, Zürich u. Lüneburg) – **M:** St. Gallen, KM – **Ö:** Schaffhausen, Kt.schule; Zürich, Allg. Baugenossenschaft – **B:** Guayaquil: Straßenkinderheim; Zürich: Schrebergartenhaus – **E:** 98 Schaffhausen, Vebikus; 00 Winterthur, MusikHS; 01 Zürich, Park; Zürich, Kunsthof; 04 Schaffhausen, Mus. zu Allerheiligen; – weitere: 01–04 Reise- u. Aktionsprojekt m. balkanTV mobil studio in Serbien u. Montenegro, Kroatien, Bosnien u. Herzegowina, d. Schweiz, Dtld u. Ägypten – **G:** zahlr. Bet. seit 98, zuletzt 03 Kairo, Bienn.; St. Gallen, KM; Genf, Saint-Gervais; Kairo, Pal. of the Arts; Nyon, Visions du Réel; Lyon, Cinéma Numérique; Zürich, Migros Mus.; Paris, Cité Intern. des Arts; Basel, Swiss Art Awards; La Chaux de Fonds, one night stand; 04 Lüneburg, Halle f. Kunst; Zürich, Binz39 – **R:** svemir#1, Kurzfilm (SF1 Schweizer Fs. DRS u. TVE Television Español) 00, 01 – ***Lit:*** Andreas Münch: The lovely grotto of the eyes. Zeljka Marusic/A. H. 03; Markus Stegmann: nada das Reiseorakel. Zeljka Marusic/A. H. 04 – (Red.)

Helbock, Christian, Mag. phil., Künstler; Hernalser Hauptstr. 36/2/6, A-1170 Wien, Tel. (01) 4 03 81 00, *christian@helbock.at*, *www.helbock.at* (* Bregenz 15. 4. 62) – **Ve:** Berufsvrg bild. Künstler Vorarlbergs; Austrian Filmcooperative – **G/T:** Malerei, Fotogr. – **E:** / G: u. a. 96, 00, 04, 06 Bregenz, Künstlerhaus Pal. Thurn u. Taxis; 97, 98, 99 Wien, Cult; 98 Graz, Diagonale; Linz, Ars Electronica Center; 99 Wien, Generali Found.; 01 Wien, Mus. auf Abruf; 03 East Lansing, Michigan State Univ.; St. Gallen, Projektraum exex – **V:** play EGGE 01 – **R:** SUPER-8: u. a. Forsicht 91; Kreml 92; Blau 94; Lichtspiel 97; Kaplan 97; Politik d. Chaos 99; – NOTO-ED. (VHS): u. a. C 1 98; D 2 98; V 3 98; G 9 98; M 10 99; S 12 99 – FILMART-ED. (DV): u. a. Leo Schatzl Interview 02; Heimo Zobernig Interview 02; Edgar Honetschläger Interview 02; Thomas Steiner Interview 02; Baumann/Kaltner Interview 02; – sowie: Renate Kordon Interview, DVCpro 03; Granular Synthesis Interview, DVCpro 03; Sitting, DVD 03; Cooking, DVD 06

Held, Eike (geb. Eike Bahresel), Bildende Künstlerin; Waldstr. 46, D-82110 Germering, Tel. (0 89) 84 44 49, Fax 89 45 98 36. Atelier: Ringstr. 34, D-82223 Eichenau (* Hamburg 7. 2. 43) – **P:** Kunstpr. d. Ldkr. Fürstenfeldbruck 93 – **Ve:** BBK München u. Obb. seit 91; Kunstkr. Germering; Künstlervrg Fürstenfeldbruck – **G/T:** Bilder, Bildobjekte u. Objekte – **W:** zahlr. öff. Ankäufe, u. a. Stadt, Ldratsamtes u. Spk. Fürstenfeldbruck – **E:** / G: div. Ausst. – (Red.)

Hellenthal, Walter, Bildhauer; Weg zum Poethen 173, D-58313 Herdecke, Tel. (0 23 30) 7 40 78, Fax 80 17 75, *hellenthal.wm@t-online.de* (* Dortmund 26. 4. 46) – **S:** 59–62 Lehre im Schlosserhandwerk; 71–75 FHS Dortmund (Bildhauerei); 77–81 Univ.-GesamtHS Essen (Staatsexamen in Kunstpädagogik u. Gest.technik) – **L:** 77–79 Univ.-GesamtHS Essen (LAuftr. f. plast. Gest.); 88–89 Univ.-GesamtHS Wuppertal (LAuftr. f. plast. Gest. im FB Kunst- u. Kult.-pädagogik); 95–96 Univ.-GesamtHS Essen (LAuftr. f. Gest.lehre im FB Ldschaftsarchit.) – **Ve:** Westf. Künstlerbund Dortmund – **G/T:** Bildhauerei, Zeichn. – **Ö:** Arb. im öff. Raum: Castrop-Rauxel, Park Goldschmieding; Dortmund, Petrikirche; Gelsenkirchen, Schule f. Ldesfachkl.; Herdecke, Ruhrwiesen; ebda, Hauptpost; Ibbenbühren, Stadtpark; Lübbecke, Burgmannshof; ebda, Besta Hauptverwaltung; Lünen, Stadtpark; Porta Westfalica, Ufer d. Großen Weserbogens; Vamalla/Finnland, Stadtpark – **E:** 78 Herdecke, Böttcher; 84, 90 Dortmund, StG Torhaus Rombergpark; 88, 89 Dortmund, Ambiente; 89, 90 Lübbecke, KV; 95 Warburg, Ev. Kirche; 98 Bielefeld, KV Mus. Waldhof; 00 Iserlohn, StG; 01, 03 Castrop-Rauxel, Schwenk; 02 Frankfurt/Oder, Mus. Junge Kunst (m. C. Schwens) – **G:** 76 Kopenhagen, Charlottenborg; 77, 79, 81, 88 Dortmund, Westf.park; 80 Brühl, Schloß Augustusburg; 83 Herdecke, Ruhrgal.; Hagen, Karl-Ernst-Osthaus-Mus.; 85 Dortmund, Mus. f. Kunst u. Kult.gesch.; Dortmund, Gal. da entlang; 87 Odense, Gal. im RH; 91 Dortmund, Mus. am Ostwall; 95, 96 Düsseldorf, Große Kunstausst. NRW; 00 Hagen, Hagenring Gal.; – sowie zahlr. Teiln. an Bildhauersymposien seit 72, zuletzt 95 Vammala, Intern. Symposion Finngranit; 96 Lünen, Bildhauersymposion d. Ldesgartenschau – ***Lit:*** AUSST.KAT., u. a.: Franz Schwenk: W. H. Skulpturen, Zeichnungen 1982–1994 94; Franz Schwenk u. Helmut Wöllenstein: W. H. Skulpturen. Communicare Kunst und Kirche 95; Andreas Beaugrand, Christa Schwens u. Rainer Danne: W. H. Skulpturen und Wandobjekte 00; Andreas Beaugrand u. Edgar Wipf: W. H. Skulpturen und Wandobjekte 02 – (Red.)

Heller, Alfred, Maler u. Graphiker; Rothofleite 4, D-96049 Bamberg, Tel. (09 51) 5 54 60 (* Bamberg 3. 4. 24) – **S:** 44 Akad. Prag; 46–48 Akad. Nürnberg (b. Prof. Körner u. Prof. Griebel); 49 Privatunterricht b. d. Maler Gratz – **P:** Kult.pr. d. ofr. Industr.- u. Handelskammer 78; zahlr. weitere Pr. b. Wettb. – **Ve:** DGfCK 50–95; BBK Ofr.-Bay. 55; Société Intern. des Artistes Chrétiens 60–95; KV Bamberg 50 – **G/T:** Malerei (Aqu., Glasmalerei, Fresco); Zeichn.; Mosaik; Keramik; figural u. abstr. – **W:** Werke in Privatbes. in Bamberg, Saarbrücken, Esslingen, Olten/Schweiz usw. – **M:** Bamberg, Bay. Staatsbibliothek; Bamberg, HM – **Ö:** Bamberg, Univ.; ebda, St. Wolfgang, St. Josef; Coburg, Ernestinum; Bayreuth, Aussegnungshalle; Erlangen, Waldkrankenhaus; Esslingen, St. Elisabeth; Feuerstein, Jgdburg; Lichteneiche, Heilig Geist; Vierzehnheiligen, Diözesanhaus u. Brunnen – **E:** 50 Bamberg, Amer.haus; – sowie: Bamberg, Villa Dessauer – **G:** 56 Rom, Pal. Lateranense; 60 Bamberg (Christl. Graph. d. Gegenwart); 64 Düsseldorf, Mus.; Darmstadt, KH; 65 Basel, Gewerbemus.; 70 Nürnberg; 91 Augsburg, Kolping Bildungsstätte; – sowie Wanderausst. in Nord- u. Südamer., Holl., Spanien, Indien, Irland usw. – **V:** Béla Just: Der Mondfischer (Ill.); T. Budenz: Maitre de Plaisir (Ill.) – ***Lit:*** zahlr. Veröff. u. Ausst.kat., u. a. Friedhelm Hofmann: Zeitgenössische Darstellungen der Apokalypse seit 1945 82

Heller, Axel; Dorfstr. 6a, D-17237 Zippelow, Tel. (03 98 24) 2 06 42 (* Rostock 1. 4. 62) – **P:** Stip. d. Dt.-Frz. Kult.rates in Paris 95; Stip. in d. Casa Baldi in Olevano Romano 96; Stip. im SHhaus Rostock 99; Reisestip. d. Kultusmin. Meckl.-Vorp. nach Guatemala – **Ve:** Künstlerbund Meckl. u. Vorpommern 94; Meckl.-Vorp. Foto 94 – **E:** 92 Rostock, KH; 94 Neubrandenburg, KS; 95 Hamburg, Ldesbildstelle; 96 Lübstorf, KV Schloß Wiligrad (Kat.); 98 Ludwigshafen, Scharpf-gal.; 02 Dresden, Leonhardi-Mus.; 03 Düsseldorf, Gal. Bach – **V:** Olaf Reis: A. H. Photographie – Bilder aus Lateinamerika, Ausst.kat. (z. Ausst. d. KS Neubrandenburg) 94; Lutz Roewer: Paris-Paris (Fotogr.), Ausst.kat. (z. Ausst. d. KV Schloß Wiligrad) 96; Maik Buttler: Photografien 1988–1999 (Fotogr.) 00; Mara Maroske: Denkmale in Mecklenburg-Stelitz (Fotogr.) 05

Heller, Rudolf, Mag., Maler, Graphiker; Obere Amtshausgasse 45/8, A-1050 Wien, *office@rudolf-heller.at*, *www.rudolf-heller.at*. c/o Atelier f. Bild. Kunst, Zinckgasse 2/Hof, A-1150 Wien (* Innsbruck 20. 7. 66) – **VG:** Köln, Art Gal. 7 – **S:** 85–87 ABK Wien (Meisterkl. f. Graph. b. Prof. M. Melcher) – **P:** Öst. Graph.wettb. Innsbruck (Hauptpr.) 86; Meisterschulpr. d. ABK Wien 88; Kult.pr. d. Ldes NdÖst. (Anerkennungspr.) 88; Kunstpr. d. Stadt Innsbruck 88 – **Ve:** Künstlerhaus Wien 87; IG Bild. Kunst 02 – **G/T:** abstr. Malerei m. figürl. Elementen (Öl, Acryl) – **W:** im Bes. d. Städte Wien, Innsbruck, d. Lder Tirol u. NdÖst. – **M:** Innsbruck, Tiroler LM Ferdinandeum; Wien, Albertina – **Ö:** Innsbruck, Univ.klinik; Wien, Allg. Krankenhaus; ebda, Roche Austria, Shell Austria – **E:** 92 Wien, Würthle; 93 Hall in Tirol, Gal. Elefant; 97, 07 Innsbruck, Flora; 00 Düsseldorf, Berrinlord; Wien, Pal. Modena; 02 Wien, Mus. auf Abruf; 03 Waidhofen an der Ybbs, KulturPendel; 04, 06 Köln, Art Gal. 7; 05 Wien, Künstlerhaus; Mistelbach, Barockschlössl – **G:** u. a. 90 Wien, Gal. Ariadne; 93 Salzburg, Altnöder; 96 Klosterneuburg/NdÖst., Slg Essl; 04 Köln, Art Gal. 7; Wien, IG Bild. Kunst – **R:** Ich bin d. Zeit, DVD m. Film, Performance 06 – ***Lit:*** KAT.: Raskolnikow 92; Sehende Zeit 93; Dichotomien 94/95 95; Ada Brant (Hrsg.): R.H. 1998–2005: Bilder z. Parallelität 05 – ***LitR:*** Johanna Feuerstein (Regie): R.H., Kurzportr. (ORF) 05

Heller, Sonja, Illustratorin; Twiete 27, D-58706 Menden, Tel. (0 23 73) 1 74 65 01, *heller@freudenhaus-kunst.de*, *www.freudenhaus-kunst.de* (* Hemer 19. 4. 68) – **S:** FHS Dortmund (Objekt-Design) – **Ve:** VG Bild-Kunst 03 – **KGr:** Freudenhaus (seit 03) – **G/T:** visuelle Poesie (künstler. Fotogr., Bildelemente, Text, div. Materialien) – **W:** 23 in Privatbes. – **G:** zahlr. Bet. seit 92, zuletzt: 05 Lüdinghausen, BurgART; 06 Bonn, Artium Kunstsalon

Heller, Wolfgang; Klostergang 10, D-27404 Zeven, Tel. (0 42 81) 8 07 70, *phy_evol@web.de*, *www.phy_evol.beep.de*; *www.kunst-fuer-alle.de* (* 17. 6. 51) – **S:** Autodidakt – **G/T:** Geometr. Abstr. (PC, Internet, Physikal. Evolution); Ölmalerei; Relief; Mischtechnik – **Ö:** Zeven, RH – **B:** Energiebaum (Solarzelle m. integriertem Wasserkreislauf)

Heller, Yvette, Objekt- u. Glaskünstlerin; Jodok Finkweg 13, A-6858 Dornbirn, Tel. (06 99) 10 01 59 50, *contact@hellerulmer.com*, *www.hellerulmer.com*. Atelier: Brühlstr. 34, A-6922 Wolfurt (* Sternberk/ Tschechien 14. 2. 66) – **VG:** Prag, Pyramida; Memmingen, Neuendorf; Innsbruck, Gal. 12; Basel, Huber; Feldkirch, KV A4 – **P:** Tatun Kunstpr. (1. Pr.) 04 – **Ve:** IG Bild. Kunst Öst. 02; Berufsvrg bild. Künstler Vorarlbergs 04 – **KGe:** Y. H. u. Gabriele Ulmer (seit 98) – **G/T:** Wachsbildobjekte, Install., Glasobjekte (formgeschmolzene Technik) – **M:** Santiago de Chile, Mus. Nac. de Bellas Artes; Wien, BMfUK – **Ö:** Feldkirch, Kult.amt; Lustenau, RH; Schwarzach, Gemeindezentrum; Wolfurt, Fa. Doppelmayr – **E:** 01 New York, Greeley Square Gall.; Prag, Pyramida; 02 Feldkirch, Villa Claudia; 03 Lustenau/Vbg, Gal. Stephanie Hollenstein; 04 Salzburg, Hypo Gal. Romanischer Keller; La Massana, Departamento Cult.; Barcelona, MX Espai; 05 Innsbruck, Gal. 12; 06 Feldkirch, KV A4 – **G:** zahlr. Ausst.bet. seit 98, u. a. seit 99 Bregenz, Feldkirch, Wien u. Linz, Kunst- u. Antiquitätenmessen; 00 Aalen, KV; Münster (Glasplast. u. Garten); 01 Memmingen, Neuendorf; Stuttgart (Weru Glaskunstpr.); 02 Miami, Ara Gall.; 02, 04 Barcelona, MX Espai; 03 Hittisau, Frauenmus.; Santiago de Chile, Mus. Nac. de Bellas Artes; 04 Bregenz, Künstlerhaus Pal. Thurn u. Taxis; Olten, Huber; Zürich, Kunst Zürich; Taichung/Taiwan, Tatun Gall.; 06 Innsbruck, Art Innsbruck – ***Lit:*** Y. H. u. Gabriele Ulmer: Zwischen den Zeilen/ Between the Lines, Kat. 01

Hellmuth Eichner s. Der Eichner

Hellwig, Helene Charlotte Adelheid s. Jaenisch, Adelheid

Helm, Bogomil, Photographiker; Kleine Homeyerstr. 26, D-13156 Berlin, Tel. (0 30) 4 42 20 94, *bogomilen@aol.com* (* Freiberg/Sa. 31. 7. 54) – **S:** Ästhetik, Kunstwiss. – **Ve:** BBK – **W:** in Privatbes. – **E:** u. a. 89 Salzwedel, Havelberg; 90–93 Gorleben; Havelberg; Osterburg; Berlin; 02 Berlin, Akad. f. Kult. u. Bildung – **G:** u. a. in Brasilien, Dänemark, Frankreich, Großbritannien, Israel, Japan, Jugoslawien, Kanada, Mexico, Norwegen, Schweden, Spanien, Ungarn, Uruguay u. d. USA – ***Lit:*** S. Mensching (Text): B. H. Schattenbilder. Plastik – Grafik 1983–2002; B. H. Nestbeschmutzer. Auf Spurensuche. Freiberg 02; Hilmar Frank (Text): B. H. Lecheln und hecheln lassen – Postkunst gegen verordnete Ruhe 03; B. H. Bombenstimmung. Fotogramme. Trauerarbeit 04 – (Red.)

Helmer, Roland, Maler, Graphiker; Schulstr. 34, D-82223 Eichenau, Tel. (0 81 41) 74 68, Fax 3 73 25, *atelier@roland-helmer.de*, *www.roland-helmer.de*. Schillerstr. 1, D-82256 Fürstenfeldbruck, Tel. (0 81 41) 1 88 61, Fax 3 73 25 (* Fischern b. Karlsbad 16. 3. 40) – **VG:** Freising, Gal. 13; Augsburg, Gal. Noah; Saarbrücken, Gal. St. Johann; Zwingenberg, Schumacher – **S:** 54–58 Blochererschule München; 61–67 ABK München (Meisterschüler b. G. Meistermann) – **L:** 72–78 KA München (Ass. b. G. Fruhtrunk); 84–85 ebda (Prof. f. Malerei) – **P:** Förd.pr. d. Freistaates Bay. 78; Kunstpr. d. Landkreises Fürstenfeldbruck 97, 01 – **Ve:** BBK München u. Obb. 59; VG Bild-Kunst 98 – **KGr:** Neue Gruppe München (94–04) – **G/T:** Konkret-konstruktive Malerei u. Graph., Collagen – **M:** Berlin, NG; Cholet, Mus. d'Art et d'Hist.; Dortmund, Mus. am Ostwall; Ingolstadt, Mus. f. Konkrete Kunst; München, Bay. Staatsgemäldeslgn; München, Lenbachhaus; Otterndorf, MMK – **Ö:** Puchheim, Kult.zentrum PUC; München, Süddt. Verl. – **E:** 72, 04 Saarbrücken, Gal. St. Johann; 75, 78, 80 Fürstenfeldbruck; München, Hermanns; 94 Weiden, Hammer & Herzer; 97, 05 Freising, Gal. 13; 99 Landsberg am Lech, Neues SM; 02 Neu-Ulm, Edwin-Scharff-Haus; 03 Ingolstadt, Mus. f. Konkrete Kunst – **G:** zahlr. Ausst.bet. seit 62, zuletzt 03 Saarbrücken – ***Lit:*** Fritz Dettenhofer (Hrsg.), Ausst.kat. 97; Ursula Mosebach (Hrsg.): Werkverzeichnis 1960–2003 03

Helmus, Roland, Maler, Zeichner, Objektkünstler; Sootbörn 22, D-22453 Hamburg, Tel. (0 40) 4 22 55 12, *rolandhelmus@freenet.de* (* Darmstadt 18. 10. 52) – **VG:** Riehen, Lilian Andrée; Hamburg, Meiner – **S:** 72–78 HBK Hamburg (Malerei); 74 ABK Wien (Meisterkl. Prof. R. Hausner) – **L:** 94–95 FHS Hamburg (LBeauftr. FB Gest.); 95–96 ebda (Gastprof. f. Malerei u. Zeichn.) – **P:** Pr. d. Erdwin-Amsinck-Stift. 77; Villa-Massimo-Stip. 81–82 – **Ve:** BBK Hamburg 94 – **G/T:** Malerei (Öl, figurativ); Zeichn.; Graph.; Objektkunst (Plast.) – **W:** überw. in Privatbes. – **M:** Recklinghausen, StKH – **E:** 93 Brüssel, Contrast Gall.; 96, 02 Riehen, Lilian Andrée; 98 Bern, Schindler; 02 Offenburg, KV; 04 Vechta, KV Kaponier; 05 Lüneburg, KV; 06 Husum, Mus.verbund Nordfriesland – **G:** zahlr. Ausst.bet. seit 80, zuletzt 97 Hamburg, Kunsthaus; 99 New York, Vorpal Gall.; 01 Hamburg, KV Harburger Bahnhof; 06 Riehen, Lilian Andrée – ***Lit:*** Anne Rüegsegger: R. H. Malerei, Zeichnung 1993–1996, Ausst.kat. 96; Uwe Haupenthal: R. H. Malerei, Zeichnung, Ausst.- u. Werkkat. 02 – ***LitR:*** Lucas Maria Böhmer: Faszination Mensch – Der Maler R. H., Portr. Sendereihe Kunststreifzüge Ndt. Fs. 97

Helmy, Birgid (geb. Birgid Geyer, verh. Birgid Helmy-Becker), Bildhauerin, Künstlerin; Hopfgartenstr. 5, D-65203 Wiesbaden, Tel. (06 11) 66 76 84, *kunst @birgidhelmy.de*, *www.birgidhelmy.de* (* Wiesbaden 5. 12. 57) – **VG:** Frankfurt am Main, Gering; Wiesbaden, Weber – **S:** FHS Wiesbaden (Sozialpädagogik u. -arbeit, Schwerpunkt Theaterpädagogik); kunsttherapeut. Weiterbildung; 95–00 Univ. Mainz (Bildhauerei, Meisterkl. Prof. Biederbick, Dipl. 01) – **P:** Förd.stip. d. Johannes Gutenberg-Univ. Mainz 00; Mainzer Kunstpr. Eisenturm (2. Pr.) 02 – **Ve:** BBK Hessen 00; VG Bild-Kunst 05 – **G/T:** realist. Bildhauerei; soziokulturelle Projekte – **Ö:** Bad Wildungen, Skulpt.weg (Raben); Flörsheim, Mülldeponie (Krähe); Gelnhausen, Finanzamt (Kunst am Bau); Lunjano in Teverino/Ital. (Luisa); Rüsselsheim, Stadttheater (Raben); ebda, VHS (Vögel), Stadtkrankenhaus (Stelzengänger); Wiesbaden, Staatskanzlei (Skater); ebda, Rheinufer Biberich (Froschkönigin) – **E:** 99 Köln, Schule f. Kunsttherapie; 00 Mainz, KV; 03 Wiesbaden, Weber; Wiesbaden, Marktpl. (temporäre Intervention im öff. Raum); 03, 04 Rüsselsheim, KV; 04 Rostock, KV; 05 Frankfurt am Main, Gering – **G:** 97 Mainz, Ldtag Rh.-Pf.: Gemeinschaftsausst. d. Kl. Biederbick; 00 Mainz, Spk.; 01 BBK, Neuaufnahmen; Rüsselsheim, Stadt(s)kul(p)tur; 02 Ingelheim, Altes RH: Wahnsinn; Gießen, Hessiale; Bischofsheim, Gangart; Mainz, Kunstpr. Eisenturm; 03 Marburg, KV: Selbst – im weitesten Sinne; 03, 04 Köln, Art Fair (Gal. Weber, Wiesbaden); 04 Wien, Kunstmesse (Gal. Gering, Fankfurt am Main); 05 Kassel, Kult.bahnhof: Hessiale – sowie: 04, 06 Teiln. an der Künstlermesse d. BBK Rh.-Pf. u. an Symposien, u. a. in Wiesbaden u. Salamanca – ***Lit:*** Dunkle Räume, Skulpt. – Inszenierungen 03

Helnwein, Gottfried, Maler, Graphiker, Fotograf, Objekt- u. Performancekünstler; lebt in Irland und Los Angeles, *www.helnwein.de* (* Wien 8. 10. 48) – **VG:** Essen, Gal. KK – **S:** 65–69 Höhere Graph. Lehranst. Wien; 69–73 ABK Wien (Malerei) – **P:** Meisterschulpr. 70; Kardinal-König-Pr. 71; Theodor-Körner-Förd.pr. 74 – **KGr:** Zötus; Wiener Schule des Phantastischen Realismus – **G/T:** Malerei (in d. 70er Jahren hyperrealist. Bilder, wobei Darst. d. Kindes zentrales Thema bildet; Technik: Aqu.-, Acryl- u. Ölmalerei sowie Mischtechniken); Zeichn.; Graph.; Plakate; Fotogr. (seit 80er Jahren wichtigstes Medium, oft in Verbindung m. Performancearbeiten, seit 90er Jahren auch digitale Fotogr.); Installationen (großformatig im öff. Raum); Videos; – Bühnenbilder, z.B. f.: Los Angeles Opera (Der Rosenkavalier, 05, m. Maximilian Schell), Hamburg. Staatsoper (Rake's Progress, 01, Regie: Jürgen Flimm), Volksbühne Berlin, Dt. Schauspielhaus Hamburg, Robert Schumann-Festival Düsseldorf – **M:** u. a. Aachen, Ludwig Forum; Aachen, Ludwig Forum; Bremen, KH; Düren, Leopold-Hoesch-Mus.; Essen, Mus. Folkwang; Frankfurt am Main, DG Bank; Hamburg, MKG; Köln, Mus. Ludwig; Lausanne, Mus. de l'Elysée; Little Rock, Arkansas AC; London, Guinness Collection; Los Angeles, County Mus. of Art; Montreal, Centre Internat. d'Art Contemp.; München, SM; San Francisco, Fine Arts Mus.; San Francisco, MMA; St. Petersburg, Russisches Mus. (Slg Ludwig); St. Pölten, Ndöst. LM – **E:** zahlr. im In- u. Ausld, u. a. 85 Wien, Albertina; 89 Essen, Mus. Folkwang; 94 Montreal, Centre intern. d'art contemp.; 95 Houston/Tex., Centre for Photography; 96 Otaru, Fine Arts Mus.; 97 St. Petersburg, Russisches Mus. (Kat.); 98 Turku, Wäinö Aaltonen Mus.; 98, 00, 02 San Francisco, Modernism Gall.; 00 London, Robert Sandelson Gall.; San Francisco, Mus. of Mod. Art; Los Angeles, County Mus. of Art (Kat.); 01 Kilkenny, Butler House (Kat.); 03 Los Angeles, Mus. of Tolerance, Simon Wiesenthal Center (Kat.); 04 San Francisco, Fine Arts Mus. (Retr., Kat.); 05 Oberhausen, Ludwig-Gal.; Hannover, Wilhelm-Busch-Mus.; Peking, Nat. KM (Retr.); 06 Linz, Lentos – **G:** u. a. 97 Peking, MFA; 00 San Francisco, Mus. of Mod. Art; Köln, Mus. Ludwig; Los Angeles, County Mus. of Art; 01 Budapest, MBK; Wien, Albertina (Kat.); 02 Dublin, Lead White Gall.; Klosterneuburg/NdÖst., Slg Essl; 04 Lausanne, Mus. de l'Elysée: Gesichter machen; 05–06 Wien, KH: Superstars (Kat.); Klosterneuburg/NdÖst., Slg Essl: IR/REAL; 06 Hamburg, Kunsthaus: Marilyn Monroe – **V:** Der Untermensch. Selbstbildnisse 1970–1987 88 – ***Lit:*** u. a. Peter Gorsen: Die Verwandlungskunst des Doppelgängers. Zum Selbstbildnis bei G. H., In: G. H. Selbstbildnisse 1970–1987 88; Ingried Brugger u. Klaus Albrecht Schröder (Hrsg.): Das Jahrzehnt der Malerei 91; Andreas Mäckler: H. 92; William S. Burroughs, Heiner Müller u. Reinhold Mißelbeck (Text): H. Faces 92; Alexander Borovsky, Klaus Honnef u. a.: H., Monographie – G. H., Retrospektive 1997 99 – ***LitR:*** Peter Hajek (Regie): H., Fdok. 84 – (Red.)

Helsper-Christiansen, Inge, Malerin, Graphikerin; Marbachweg 59 d, D-60435 Frankfurt am Main, Tel. (0 69) 54 53 61, Fax 55 82 63, *Helsper-Christiansen@t-online.de*. Colina del Sol, Casa 603, Reina Sofia 26, E-35510 Pto del Carmen, Lanzarote (* Frankfurt am Main 10. 7. 42) – **VG:** Oberursel, Wolf-Bütow; Köln, Mronz; Frankfurt am Main, Spektrum; Lanzarote, Punto de Encuentro – **S:** 63–67 Éc. des Beaux Arts Paris; 68–69 Frankfurt am Main (Rad. b. Thomas Bayrle) – **L:** 69–70 VHS Frankfurt am Main (Doz.) – **P:** Ausländerpr. d. EBA Paris 66; Stip. f. Seguret, Frkr. 67; Künstleraustausch Frankfurt/Main – Tel Aviv 83; Jürgen Ponto-Pr. 85; Stud.förd.pr. d. Heussenstamm-Stift. – **Ve:** BBK Frankfurt 67; GEDOK 91–03; Frankfurter Künstlerges. 98 – **KGr:** PRISMA (seit 74) – **G/T:** Gegenstandsmalerei (großformatig, abstr., konstruktiv); Graph. (kleinformatig, m. meditativem lyrischen Charakter) – **W:** in Privatbes.; Ankauf u. a. durch d. Ld Hessen u. d. Stadt Frankfurt am Main – **Ö:** Frankfurt am Main, Hotel Arabella Sheraton; Hamburg, Hotel Alsterkrug; Heidelberg, BG Haus; Hürth, Therapiezentrum f. Schilddrüsenerkrankungen; Ludwigshafen, BG Klinik; München, Arabella Hotel; Sellin auf Rügen, Hotel-Park Ambiance – **E:** u. a. 75 Frankfurt am Main, Rahmhof; 80 Oberursel, Wolf-Bütow; 83 Tel Aviv, Haus Frankfurt; 84 Luxembourg, Gal. d'Art de la Ville; 85 Frankfurt am Main, Dresdner Bank; 86 San Rafael, Gildering Art Gall.; 87 Frankfurt am Main, Alte Oper; 88 Landau, Frank-Loebsche-Haus; 89 Frankfurt am Main, Leinwandhaus; 89, 94, 99, 02 Frankfurt am Main, Gal. im Kempinski; 90 Wiesbaden, Hess. Ldtag; 91 Köln, Dt. Heeresamt;

00 Lanzarote, Punto de Encuentro; 04 Sellin auf Rügen, KV – **G:** u. a. 85 Peking, Arb.pal.; 98 Frankfurt am Main, Alte Oper; 99 Kleinsassen, Kunststation; 00 Frankfurt am Main, HM; 01 Frankfurt am Main, BBK-Centrum; Wiesbaden, Villa Clementine; Bingen, HM am Strom – ***Lit:*** Biographische Enzyklopädie 78; Art, Kunstmag. 84; I. H.-C., Ausst.kat. 85; Kunst in Frankfurt 88; Moderne Grafik, Avantgarde Kal. 89; GEDOK Kontrapunkt 92; Commerzbank Journal 92, 93; Handbuch der Editionen 1992–1994 und 1994–1996; North Dakota State University Magazine 01 – ***LitR:*** Ausstellung Galería Punto de Encuentro, Portr./Dok. Tele 5 00 – (Red.)

Heming, Karl-Heinz, Bildhauer, Kunstpädagoge; Roermonderstr. 119, D-41068 Mönchengladbach, Tel. (0 21 61) 83 81 54, *www.co-mg.de/html/kuenstler/heming.html.* Atelier: Kapitelshof, Berverath 25, D-41812 Erkelenz (* Gladbeck/Westf. 26. 7. 48) – **VG:** Mönchengladbach, Wunschik – **S:** 69–75 KA Düsseldorf (b. Prof. Beate Schiff u. Prof. Erwin Heerich) – **Ve:** Gemeinschaft Krefelder Künstler 91 – **G/T:** Skulpt. u. Objekte (Holz); freie Typogr. – **W:** Install., temporäre Großskulpt., Werke überw. in Privatbes. – **M:** Goch, Mus. f. Kunst u. Kult.gesch.; Krefeld, Artothek – **Ö:** Brüggen, Volksbank; Erkelenz, KV; Krefeld, Kap. d. Papst-Johannes-Hauses; Mönchengladbach, Stadtverwaltung; Nettetal, Spk.; ebda, Haus Bey – **E:** zahlr. Einzelausst., u. a. 95 Düsseldorf, Jasim Gall.; 96 Mönchengladbach, Grahn; 97 Krefeld, Bischöfliche Akad.; 98 Krefeld, Kunstspektrum GKK; 99 Erkelenz, KV; 00 Mönchengladbach, Kult.amt; 01 Köln, kjubh KV; 02 Kempen, Städt. Kramer-Mus.; 03 Köln, Seidel – **G:** zahlr. Ausst.bet. seit 72, u. a. 96 Roermond, Kunststichting L5; 97 Duisburg, Wilhelm-Lehmbruck-Mus.; 99 Mönchengladbach, StM Schloß Rheydt; 00 Heinsberg, KV; Regensburg, Neuer KV; Goch, StM; 01 Moers, StG; 02 Würzburg, Otto-Richter-Halle; 03 Mönchengladbach, Wunschik; 04 Duisburg, StG Rheinhausen – **V:** m. Bernd Kebelmann: Hommage à Caspar David Friedrich (Hschn., Strichätzungen) 93; Franz Kafka: Der Kreisel, Einblatted. (Frottage) 96; m. H. P. Trampert: Lose Verbindung (Siebdruck auf Holz u. Papier) 03 – **R:** Interview m. Alfons Musolf, Hfkbeitr. Radio Welle Ndrh. 13.6.93; Stefan Oswald: Kunst zum Anfassen, Ostdt. RF Brandenburg 20.9.94 – ***Lit:*** Von der Leichtigkeit und Schwere des Holzes, Ausst.kat. KV Erkelenz 99; K.A. Janßen und K.-H. H. Themen mit Variationen, Ausst.kat. Kempen 02 – ***LitR:*** Frank Essers: K.-H. H. '4 Elemente' Installation, Dok.video 95 – (Red.)

Hemmerling, Peter (Ps.: Pierri Hemmrling), Maler, Poet; Via R. Simen 82, CH-6648 Minusio (* Zürich 20. 9. 43) – **VG:** Pontarlier/Frkr., Salon des Annonciades – **S:** Freie KSch Walter Oskar Grob; ETH Zürich (Altertumsforsch.) – **Ve:** Schweiz. Schriftstellerver.; Lit.klub Dr. Koller Zürich 65–75 – **G/T.** Impression – **E:** 77 Locarno, Buchhandlung Biéri; 80 Zürich, Preyerhofgasse – **V:** Die Jahreszeiten (Karlsruher Bote) 77; Jahrbuch Deutscher Dichtung (Verse) 77–81; Lyrikschublade 78 – (Red.)

Hemmert, Hans; c/o Inges Idee, Lindower Str. 18, D-13347 Berlin, *hemmert@ingesidee.de*, *www.ingesidee.de* (* Hollstadt 13. 2. 60) – **VG:** Berlin, Carlier Gebauer – **S:** 83–89 HdK Berlin; St. Martins SchA London – **P:** Pr. d. Jürgen-Ponto-Stift. 89; Arb.stip. d. Berliner Senats 91, 98; Stift. Kunstfonds – Arb.- u. Projektstip. 96 – **KGr:** Inges Idee (seit 92) – **G/T:** Zeichn., Install. (u. a. Video), Fotogr. – **E:** zahlr. Ausst., zuletzt u. a. 99 Essen, Mus. Folkwang; 00 Nürnberg, Schmidt Bank Gal.; Berlin, Neuer Berliner KV; 01 Köln, Rehbein; 03 Berlin, Carlier Gebauer – **G:** u. a. 00 Nantes, MBA; Chicago, Vedanta; München, Haus d. Kunst; Winterthur, Foto-Mus.; Berlin, Berlin-Pavillon; 01 Steinfurt, Skulpt.-Bienn. Münsterland – (Red.)

Hempel, Sebastian, Bildhauer; c/o Galerie Baer, Sebnitzer Str. 55, D-01099 Dresden, Tel. (03 51) 6 46 50 33, Fax 6 46 50 32, *kontakt@galerie-baer.de*, *www.galerie-baer.de* (* Dresden 71) – **VG:** Dresden, Baer – **S:** 87–90 Lehre als Steinbildhauer; 93–98 HBK Dresden (Bildhauerei); 98–00 ebda (Meisterschüler b. Prof. Ursula Sax); Slade School of Fine Art London (Meisterschüler) – **P:** Dorint-Förd.pr. 98; Auslandsstip. London 99; Robert-Sterl-Pr. 00; Künstlerstip. Willinghausen (1. Pr. b. Wettb. um Kunst-am-Bau-Projekt d. Max Planck Inst.) 01; Kunst-am-Bau-Projekt an d. TU Dresden 05; Drewag-Pr. f. Gegenwartskunst 06 – **E:** / G: u. a. 97, 99 Dresden, Kalinka; 98 Dresden, street level; 00 London, ATP-Gall.; 01 Dresden, Kunsthaus Raskolnikoff; 02 Prag, NG; 03, 04, 05 Dresden, Baer; 03 Dresden, Pal. im Großen Garten; 04 Leipzig, Projektgal. d. BBKL; Wien, Inst. Français; 05 Usti nad Labem, StG; Zwickau, StM; 05, 06 Dresden, StG; 06 Oschatz, Ldesgartenschau; Leipzig, MBK – (Red.)

Hendricks, Jochem, Installationskünstler; *studio@jochem-hendricks.de*, *www.jochem-hendricks.de* (* Schlüchtern 17. 3. 59) – **VG:** Ettlingen, Weigand; Köln, Rehbein – **S:** 80–86 Städelschule Frankfurt am Main – **P:** Jahresstip. d. Ver. f. Frankfurter Künstlerhilfe 88; Villa-Romana-Pr. 93; Reisestip. d. Hess. Kult.stift. 95; Atelierstip. in Burgdorf 00 – **M:** Frankfurt am Main, MMK – **E:** / G: u. a. 90 Nürnberg, KH; 91, 00, 01 Frankfurt am Main, MMK; 93, 96, 01 St. Gallen, KH; 99 Berlin, Martin-Gropius-Bau; 00 Hannover, EXPO; Köln, Rehbein; 01 Frankfurt am Main, Schirn; San Francisco, Mus. of Mod. Art – **V:** Zeitung, Rotationsdruck einer gelesenen Frankfurter Allg. Ztg 94; Kunst-Kalender für einen Monat (Publ. anläßlich einer Ausst. b. attitudes in Genf) 98; EYE, Rotationsdruck eines gelesenen EYE (wöchentliche Kulturbeilage d. San José Mercury News) 01 – (Red.)

Henkel, Friedrich B., Bildhauer (* Zella/Rhön 26. 7. 36) – **VG:** Berlin, Hintersdorf – **S:** 50–52 Holzbildhauerlehre b. Nikolaus Gille in Kirstingshof/Rhön; 53–58 FS f. angew. Kunst Leipzig (Abt. Plast.); 56–58 KHS Berlin-Weißensee (b. Theo Balden u. Waldemar Grzimek); 66–69 AK Berlin (Meisterschüler b. Fritz Cremer) – **L:** 69–70 KHS Berlin-Weißensee (Ass., Abt. Plast.); 78–80 KHS Berlin (LAuftr., Abt. Plast.) – **P:** Will-Lammert-Pr. d. AK Berlin 71; Kunstpr. d. DDR 76; Winckelmann-Med. d. Stadt Stendahl 86; Arb.stip. d. Kunstfonds Bonn 92 – **KGr:** Achse Nord (Mitbegr. 93) – **G/T:** Plast. (v. a. Verarb. antiker Archit.formen in Marmor, Speckstein u. farbigem Sandstein) – **M:** Berlin, NG – **E:** u. a. 97 Berlin, Gal. am Strausberger Pl. (m. Gerda Lepke); 02 Berlin, Gal. Mitte – **G:** u. a. 03 Berlin, Franz-Volhard-Klinik; Berlin, Gal. im Turm – ***Lit:*** Fritz Jacobi (Text): Berliner Bildhauer II 94; Lang 02; NG Berlin 03 – (Red.)

Henn, Ulrich Dieter, Bildhauer; Auf der Hell 3, D-54579 Üxheim. c/o Galerie Andreas Henn, Eberhardtstr. 31–33, D-70173 Stuttgart, *www.henn-kunst.de* (* Schwäbisch Hall 6. 3. 25) – **VG:** Stuttgart, Henn – **S:** Autodidakt – **Ve:** KV d. Diözese Rottenburg-Stuttgart 50; VBKW 50–62; BBK Rh.-Pf. 62–00; Künstler Union Köln – **G/T:** Plast. (Holz, Wachs f. Bronzeguß) – **W:** 30 Bronzetüren in Dtld – **M:** Mainz, LM – **Ö:** Hohenems; Rankweil, Wallfahrtskirche; Seattle, St. James Cathedral (3 Bronzeportale 99); Washington, Nat. Cathedral (3 Doppelportale 75–87) – **E:** 74 London, Roland, Browse and Delbanco – ***Lit:*** R. Biedrzynski: Kirchen unserer Zeit 58; H. Keller: Pforten Gottes in unserer Zeit 62; H. Scheel: Schmiede- und Schlosserarbeiten 65; E.-E. Pfannschmidt: Wasserspiele 67; Altes Testament für die Neue Welt – Der Bildhauer U. H., in: ZDF Jahrbuch 1981 82; R. T. Feller: Completing Washington Cathedral for the Great Glory 89; sowie P. Poscharsky, in: Theologische Realenzyklopädie, Bd II; Jackie O'Ryan: Seattle St. James Cathedral; Heinz Althöfer (Hrsg.): Informel. Die Plastik – Gestus und Raum – ***LitR:*** Zundel: Altes Testament für die Neue Welt, Zweites Dt. Fs. 8.11.81; Abendschau, Südwestfunk 25.9.87; Kölner Fenster, Westdt. RF Okt. 87; Heinke: Die Bibel in Bronze, Westdt. RF 16.10.88 – (Red.)

Henne, Wolfgang, Maler, Graphiker, Illustrator, Kunstschriftsteller, Verleger u. Galerist; Scharnhorststr. 5, D-04275 Leipzig, Tel. (03 41) 3 01 10 51 (* Leipzig 9. 6. 49) – **S:** 75–80 HGB Leipzig (b. Irmgard Horlbeck-Kappler); 83–85 AK Berlin (Meisterschüler b. Werner Klemke) – **G/T:** Malerei; Graph. (Zeichn., Farb-Lith., Linolschnitt, Collage, Serigraph., Siebdruck); Ill. u. Buchgest.; Aktionskunst u. Happening – **M:** u. a. Altenburg, Lindenau-Mus.; Berlin, AK; Berlin, Kpst.-Kab.; Berlin, Staatsbibliothek; Dresden, Kpst.-Kab.; Erfurt, Anger-Mus.; Frankfurt am Main, Dt. Bank KS; Frankfurt/Oder, Mus. Junge Kunst; Halle/Saale, Staatl. Gal. Moritzburg; Kaiserslautern, Pfalz-Gal.; Leipzig, Dt. Buch- u. Schrift-Mus. d. Dt. Nat.bibl.; Leipzig, MBK; Offenbach am Main, Klingspor-Mus.; Rostock, KH; Schwerin, Staatl. Mus.; Zwickau, StM – **E:** u. a. 82 Leipzig, Gal. im Leibniz-Klub; 87 Frankfurt/Oder, Gal. Junge Kunst (m. Armin Hauer); Hainichen, Gal. 926; 88 Leipzig, Gal. Süd; Leipzig, Gal. am Thomaskirchhof; 89 Zwickau, Breuer; München, Gal. Alversleben; 90 Leipzig, Gal. am Kraftwerk; Berlin, Roepke; 92 Hamburg, Gal. Dito; Nürnberg, Inst. f. mod. Kunst; 93 Berlin, Gal. Sophien-Edition; Erfurt, Gal. Johannesstr. – **G:** zahlr. Ausst.bet., u. a. 86 Bonn, Friedrich-Ebert-Stift.; 89 Berlin, AK; 90 Frankfurt/Oder, Gallus – **V:** A. Rimbaud: Vokale und Voyelles (11 Lith.) 79/80; G. Apollinaire: Bestiarium (23 Graph.) 80; A. Mombert: Tag und Nacht (Graph.) 83; Anstaltsstempel, Künstlerb. (Klischeedrucke, Lith., Linolschnitte, Farbserigrafien, Texte) 91; W. H. u. Steffen Volmer: ABC – Drucksachen, Künstlerb. (Lith., Linolschnitte) 93; Adolf Endler: Trotzes halber. Neue poetische Texte (20 Linolschnitte) 99 – ***Lit:*** Lang 02 – (Red.)

Henneken, Uwe; c/o Meyer Riegger Galerie, Klauprechtstr. 22, D-76137 Karlsruhe, Tel. (07 21) 82 12 92, Fax 9 82 21 41, *info@meyer-riegger.de*, *www.meyer-riegger.de* (* Paderborn 74) – **S:** 97–01 Staatl. ABK Karlsruhe; seit 01 HdK Berlin – **G/T:** Malerei (Fantasy) – **E:** 01 Roma, roma roma roma; 01, 03, 04 Karlsruhe, Meyer Riegger; 03 Karlsruhe, Kaiserpassage 21a; 03, 06 Berlin, Nourbakhsch; 04, 06 Köln, Capitain; 05 München, Schöttle (m. A. Reyle u. T. Zipp); 06 New York, Kreps; Athen, the breeder – **G:** zahlr. Bet., u. a. 01 Wolfsburg, StG: Viva November (Kat.); Karlsruhe, ZKM: Circles°5: Berlin – Mein Parnass, dein Parnass (Kat.); 01, 03 Karlsruhe, Meyer Riegger; 02 Berlin, Maschenmode: Freiheit..; München, Lothringer 13: Event horizon; 02, 03 Berlin, Nourbakhsch; 03 Berlin, Stüber: Malerei; London, MW projects: Selected paintings; London, The Approach Gall.: Dirty Pictures; Düsseldorf, Überbau: The White Show; Düsseldorf, Hobby Pop Mus.: Moon White Future; Berlin, G7: Genre Painting; Frankfurt am Main, KV: deutschemalereizweitausenddrei (Kat.); Konstanz, KV: Bis ans Ende d. Welt (Kat.); Mainz, Arsenal HKM 1; Wiesbaden, Kunsthaus; 04 Paris, Toasting Agency: Holiday for Plywood (Aus-st.projekt in Spielfilm); Lake Worth/USA, Palm Beach Inst. of Contemp. Art (ICA): I feel mysterious today; Graz, KV: Gelegenheit u. Reue; Saratoga Springs/USA, The Tang Teaching Mus. and Art Gall. at Skidmore College: About Painting; 05 Frankfurt am Main, Schirn: Wunschwelten – Neue Romantik in d. Kunst d. Gegenwart; Berlin, Gagosian Gall.: The Addiction – **V:** Anke Kempkes: Rising Angles, in: Modern Painters Bd 15, Nr. 4 02; Michael Hübl: Tauch ein in d. Meer, in: Bad. Neueste Nachrichten (BNN) v. 18.2.03 – (Red.)

Hennet, Franz H., Maler, Graphiker; Oed 1, D-83623 Dietramszell, Tel. (0 80 27) 6 43, *www.hennet-art.de* (* Köln 28. 6. 46) – **S:** 64–67 Rabenbauer Schule f. Gebrauchsgraph. München (Graph.); 67–69 ABK München (Malerei, Graph. b. Prof. Hermann Kaspar, Lith. u. Drucktechnik b. Prof. K. Lohwasser); 69–72 ebda (b. Prof. Ernst Weiers) – **P:** Arb.urlaub im Künstlerbahnhof Ebernburg 83 – **Ve:** BBK München u. Obb. 76–82; VG Bild-Kunst 92 – **G/T:** abstr. Reduktionen; Tafelbilder; Graph. (Rad., Lith.) – **W:** überw. in Privatbes.; Slg d. Ldes Rh.-Pf. u. Slg Langen Düsseldorf – **Ö:** Mainz, Therapiezentrum d. Ldes Rh.-Pf. (Farbgest.) – **E:** / G: u. a. München, Düsseldorf, Berlin, Mainz, Wiesbaden, Frankfurt am Main, Bonn, Southampton, New York – **V:** LITH.MAPPEN: Herbstabend (10 Blätter); Winterstille (10 Blätter); Frühlingsmorgen (10 Blätter); Nachtwasser (6 Blätter)

Hennig, Angelika s. Tübke, Angelika

Hennig, Angelika s. Weigelt, Angelika

Henniger, Barbara, Karikaturistin, Autorin; c/o CARTOONCOMMERZ NI&CO, Andreas Nicolai, Seestraße 37, D-15711 Zeesen, *www.barbarahenniger.de* (* Dresden 9. 11. 38) – **S:** 56–58 TH Dresden (Archit.); 59–67 Dresden (Ausb. u. Arbeit als Journalistin an einer Dresdener Tagesztg) – **P:** Kunstpr. d. DDR 84; Goldener Hut 85; Goldener Gothaer 91; Silberner Gothaer 99; Dt. Karikaturenpr. d. Sä. Ztg (Publikumspr.) 01 – **G/T:** Karikaturen (f. d. Zss Eulenspiegel, Tagesspiegel u. Märk. Oderztg); Buchill.; Plakate; Kal. – **E:** zuletzt 98–99 Dresden, Verkehrsmus. (Kat.); 05 Bonn, Frauen-Mus.; 06 Arneburg, Goldener Anker – **G:** u. a. 00 Frankfurt am Main, Mus. f. Komische Kunst im HM; 01–02 Potsdam, Brandenburg. Ldeszentrale f. polit. Bildung: Karikaturen, Collagen, Malerei u. Fotogr. f. Zivilcourage u. gegen Gewalt; 03 Berlin, Rp. Ldesvertretung; 04 Nordhausen, Meyenburg-Mus.; Berlin, Heinrich-Zille-Mus.: Die traun sich was!; 05 Leipzig, Stadtgesch. Mus.: Bienn. d. satir. Zeichn.; Reinheim, Kult.-zentrum: Lachende Frauen (Kat.) – **V:** zahlr., u. a. Barbaras praktische Linke 81; Im Paradies und anderswo 90; Wolfgang Eckert: Sachsen. Der fröhliche Reiseführer für alle, die Nachfahren des starken August an Elbe, Pleisse und Mulde sowie die 'säggssche Gemiedlichkeed' aufspüren wollen (Zeichn.) 92; Unsere Deutsche Demokratische Republik. Ein Bilderbuch aus dem Jenseits 98; Klaus Steffen: Essen wie Erich. Das schmeckt uns... und unseren Gästen! (Ill.) 02 Rolf Lonkowski u. Andreas Prüstel (Hrsg.): Hallo, Herr Nachbar... 03; Christian Klötzer: Ossi bei Osiris. Ein sächsischer Satiriker im Land am Nil (Zeichn.) 04 – (Red.)

Henning, Anton, Maler, Foto-, Objekt- u. Videokünstler; Pariser Str. 11, D-10719 Berlin, Tel. (0 30) 8 81 82 40, *info@antonhenning.com*, *www.antonhenning.com* (* Berlin 64) – **VG:** Berlin, Wohnmaschine – **M:** Frankfurt am Main, MMK – **E:** / G: zahlr. Ausst., u. a. 99 Berlin, Wohnmaschine; 00 Hamburg, Schlüter; Frankfurt am Main, MMK; 01 Wien, Hilger; München, Lothringer 13; Graz, Lendl; 02 Santa Monica, Grimes; München, Aktionsforum Praterinsel; Tilburg, De Pont Found.; 03 Aachen, Ludwig Forum; Berlin, Arndt & Partner; Luzern, KM; 04 Zürich, Van

Orsouw; 05 Frankfurt am Main, MMK; Herford, Mus. Marta – ***Lit:*** Schweers 02 – (Red.)

Henning, Sabine Olga (geb. Sabine Irene Henning, verh. Sabine Henning-Dettl), akad. Malerin, Designerin, Kunsterzieherin; Ollenhauerstr. 11, D-81737 München, *sabinehenning@freenet.de*, *www.sabine-henning.de*. c/o Berufsverband Bildender Künstler, Maximilianstr. 42, D-80538 München, Tel. (0 89) 22 04 63 (* Ehrwald/Tirol 27. 3. 43) – **S:** 61–65 KA Düsseldorf (b. Prof. Joseph Beuys); 73–76 Univ. München – **P:** akad. Austauschstip. 64 – **Ve:** Schutzverb. Bild. Künstler München; BBK München u. Obb. seit 95 – **KGr:** Josephine Beuys Forum (seit 92) – **G/T:** Malerei (Öl, Aqu., Acryl); Collage (u. a. Acryl) – **K:** Maltherapie – **Ö:** u. a. Ingolstadt, Klinikum; München, Univ.klinik – **E:** u. a. 92 München, Univ.klinik; 93 Garching, Stadtbibliothek; 94 München, Gal. Herda; 00 München, GAP 34 – **G:** u. a. 68 Düsseldorf, Große Kunstausst.; 83 München-Neuperlach, Lätarekirche; 88 Pasing, Ritterweihe; 02 BBK – (Red.)

Henrich, Aminta (Ps.: Aminta, eigtl. Maria Aminta Henrich Nonone), M. Sc.; c/o KV Soest, *amintahenrich@gmx.de*, *www.aminta-henrich.de* (* Peru 10. 5. 59) – **Ve:** KV Soest – **G/T:** Malerei (Öl, Mischtechnik, Acryl); Collage; Themen: ethnische Malerei; Abstr.; Figuration; Ges.kritik – **E:** 00, 05 Soest, Musikschule; 01 Soest, St. Bank; 06 Berlin, Peruan. Botschaft – **G:** 06 Soest, Wilhelm-Morgner-Haus

Hentrich, Ralf, Graphiker; Seestr. 10 a, D-16775 Altglobsow, Tel. (03 30 82) 7 05 62 (* Zehdenick 18. 05. 65) – **VG:** Halebüll-Schobüll, Lüth – **S:** 97–99 Muthesius HS Kiel (Gast in d. Graph.kl, auf Einladung v. Prof. Ekkehard Thieme) – **P:** Förd.pr. d. Ldkr. Oberhavel 94; Arb.stip. d. Stift. Kult.fonds 99; Aufenthaltsstip. Künstlerhaus Lukas, Ahrenshoop 03; Stip. Künstlerhaus Lauenburg (Druckgraph.) 06 – **Ve:** VG Bild-Kunst 95 – **G/T:** Rad.; Zchng – **W:** in zahlr. privaten Slgn – **M:** Berlin, Kult.forum Villa Oppenheim; Fürstenwalde, StG im Alten RH (Slg Miniatur-Kunst) – **E:** zahlr. seit 90, u. a. 98 Bergsdorf, Mus.; 99 Halebüll-Schobüll, Lüth; 02 Rheinsberg, Schloß; 04 Glashütte, Gal. Packschuppen; 06 Alt-Langsow, Schul- u. Bethaus; Lauenburg, Künstlerhaus – **G:** zahlr. Bet. seit 90, u. a. 95 Potsdam, Ldeskunstausst.; 97 Berlin, Gal. im Turm; 98, 00 Berlin, Parterre; 98, 02, 06 Fürstenwalde, StG im Alten RH (Miniatur in d. Bild. Kunst); 99, 05 Halebüll-Schobüll, Lüth; 04 Neubrandenburg, KS; 06 Berlin, Gal. Grünstr. – ***Lit:*** R.H. – Radierungen, Kat. (m. einem Text v. Petra Hornung) 00

Henze, Volker, Prof. Univ. Dortmund, Maler; Jablonskistr. 37, D-10405 Berlin, *volk.henz@freenet.de* (* Halle/Saale 29. 9. 50) – **VG:** München, Otto-Gal.; Berlin, Kondeyne – **S:** 69–70 HS f. Kunst u. Design Burg Giebichenstein Halle/Saale 72–77 HBK Dresden (Malerei b. Paul Michaelis, Gerhard Kettner u. Christian Haase) – **L:** seit 99 VHS Hohenschönhausen-Lichtenberg in Berlin (Doz. f. Malerei u. Zeichnen); seit 01 KHS Berlin-Weissensee (LBeauftr. Malerei); seit 04 Univ. Dortmund (Prof. f. Malerei) – **P:** mehrere Stip., u. a. Stip. d. Stift. Kulturfonds 92 – **G/T:** Malerei – **M:** Berlin, Berlinische Gal.; Berlin, Kpst.-Kab.; Berlin, NG; Collegeville/USA, Philip and Murial Berman Coll.; Dresden, Kpst.-Kab.; Schwerin, Kpst.-Kab. – **E:** u. a. 87 Görlitz, Gal. Am Schönhof; 94 Potsdam, Gal. Mittelstraße; 95 Berlin, Gal. Mitte; 95 (Kat.), 03 Berlin, Gal. im Turm; 97 Berlin, Gal. parterre; 98 München, Otto-Gal.; Silvaplana, Diehl & Partner; 99 Luckenwalde, KH – Vierseithof (m. Hans Scheib); 00 Berlin, Gal. im Brechthaus (Kat.); 01 Berlin-Treptow, Kulturbund-Gal.; Dresden, Leonhardi-Mus.; 02 Erfurt, Kunsthaus (m. Klaus Fuchs u. Ted Marschall); Dresden, Neuer Sä. KV; Berlin, Gal. Gesellschaft; 04 Brandenburg, Gal. am Dom (m. Peter Haller u. Karl Manze); Berlin, Gal. M (m. Peter Haller); 05 Brugg, Zimmermannhaus (m. Peter Haller) – **G:** u. a. 94 Berlin, Kult.brauerei u. Sacramento/Cal.: Hauptstadt Sacramento – Capital Berlin (Kat.); 97 Wrocław, Quellen der Freiheit (Kat.); 00 Artbridge London – Berlin (Kat.); 01 Ljubljana, II. World Festival of Art on Paper (Kat.); Collegeville/USA, Philip and Muriel Berman Mus. of Art: Beyond the wall; New York, German House Gall.: Beyond the wall II (Kat.); 02 Leipzig, MBK: Klopfzeichen (Kat.); 03 Berlin, Neue NG: Kunst in d. DDR (Kat.); 04 Bonn, Bundeskunsthalle: Kunst in d. DDR; Halle/Saale, Villa Kobe: Gr. Hallesche Kunstausst. (Kat.); Berlin, Kondeyne: Farbensehen – **V:** Stille Post, Künstlerb. 99; Quadri, Künstlerb. 00 – ***Lit:*** Schweers 02; NG Berlin 03 – (Red.)

Heppner, Ingeborg (geb. Ingeborg Seidel, bis 2000 verh. Ingeborg Baumgarten-Heppner), Malerin, Plastikerin, Objektkünstlerin, Mediengestalterin, Webdesignerin; Hauptstr. 63, D-16515 Wensickendorf, Tel. (03 30 53) 7 13 25, *ingeborgheppner@gmx.de*, *www.ingeborgheppner.de* (* Arnsberg/Westf. 1. 1. 54) – **S:** Autodidaktin; 88–89 HBK Braunschweig (Gast); 90–92 Akt u. exper. Malerei b. Georg Ystein; 01–02 hpcom Braunschweig (Multimedia-Weiterbildung) – **L:** seit 96 Kult.haus d. IG Metall Lage-Hörste (Referentin Malerei u. Objekte); Inst. f. Kunst u. Medien Lage-Hörste; Sommerakad. Goslar – **Ve:** BBK Harz 99; VBK Brandenburg – **KGr:** Permanent 11+ (97, Gründungsmitgl.) – **G/T:** Malerei u. Zeichn. (Acryl, Tusche, Aqu., Pigmente, Asche, figürlich/neoexpressiv); Kopfschriften; Plast., Ton, Gipsfiguren u. Objektkunst (Material z.B. pflanzlicher Herkunft); Fotogr.; Mediengest. – **K:** exper. Malerei; Aqu.; Atelierkurse – **W:** überw. in Privatbes.; Ankauf u. a. durch d. Slg d. Nordt. Ldesbank – **Ö:** Wendeburg/Nds., ev. Kirche (Passionsaltar) – **E:** seit 94 u. a. Vienenburg, Kloster Wöltingerode; Wernigerode, FHS Harz; Goslar, Forum Kr.haus; Bad Harzburg, RH; Braunschweig, Courtyard Marriott Hotel; ebda, Haus d. Diakonie; Berlin, Architekt Baumgarten; Wendeburg, Meinecke – **G:** seit 98 Ausst.bet. m. d. Künstlergr. Permanent 11+ in Braunschweig, Goslar, Holzminden, Gifhorn u. Hannover; seit 99 Goslar, Ausst. d. BBK Harz; 00 Hannover, Braunschweig, Wolfsburg u. Wolfenbüttel, Ausst. z. Expo – (Red.)

Herbrand, Michael, Maler; c/o Riedel Art Gallery, Allscheidt 16, D-40883 Ratingen, Tel. (0 21 02) 6 78 14, Fax 6 69 76, *artgallery-service@t-online.de*, *www.M-Herbrand-Kulturlandschaften.de* (* Dortmund 37) – **VG:** Ratingen, Riedel – **S:** seit 67 freischaffender Maler – **G/T:** Ölmalerei auf Lw. u. Monotypien aus europ. Kult.lsch. – **W:** in privaten u. industr. Slgn – **Ö:** Dinslaken, Gesundheitszentrum; Essen, Bank im Bistum Essen; ebda, Thyssen Gas; Frankfurt am Main, Dt. Ges. f. Investment-Fonds; Gummersbach, Kult.stift. Oberberg; ebda, Aggergas; Köln, Vivacon AG; Wiehl, Spk. – **E:** zahlr. Ausst. seit 00, u. a. in Dinslaken; Düsseldorf; Frankfurt am Main; Gummersbach, Aggergas; Haan/Rhld., Ekotec; Niederberg, Forum; New York, Art Expo; Nümbrecht; Wiesenburg, Schloß; Köln, Vivacon AG; Köln, UBS; Perigeux; Ratingen; Turckheim-Colmar/Frkr.; Wiehl; Wiesenburg, Schloß – sowie ständige Ausst. in d. Riedel Art Gall. Ratingen – ***Lit:*** M.H. 94; H. Froning: M.H. (Mus. Folkwang Essen) 99, 06; M.H. 2 x Lsch. 01

Herfurth, Egbert, Dipl.-Graphiker, Illustrator; Rosentalgasse 17, D-04105 Leipzig, Tel. u. Fax (03 41) 9 83 21 09 (* Wiese/Schlesien 5. 4. 44) – **VG:** Berlin,

Gal. Taube; Oberursel, Streitenfeld – **S:** 64–69 HGB Leipzig (Kl. Prof. Mattheuer); 72–74 KHS Berlin-Weißensee (Aspirant u. Ass.); 74–77 HGB Leipzig (Meisterschüler b. Prof. Dr. Albert Kapr) – **P:** Intern. Board on Books for Young People (Aufnahme in d. Hans-Christian-Andersen-E.liste) 80; Bienn. d. Gebrauchsgraph. Brno (Bronzemed.) 80; Kunstpr. d. Stadt Leipzig 83; Intern. Buchkunstausst. Leipzig (E.pr. u. Silbermed.) 89; Hans-Baltzer-Pr. 90; Hans-Meid-Pr. 95; Pawel-Steller-Med., Katowice 02 – **Ve:** Verb. d. Graph.-Designer 90; VG Bild-Kunst 90 – **KGr:** Gruppe der Leipziger Bilderbogenmacher (76–90) – **G/T:** Ill., Graph. (Hst. u. Acrylstich), Plakat – **K:** 'Was ist eine Idee?' (Vortrag m. Bildbsp.) – **W:** viele Arb. in Privatbes. – **M:** Altenburg, Lindenau-Mus.; Berlin, Staatsbibliothek; Leipzig, Dt. Buch- u. Schrift-Mus. d. Dt. Nat.bibl.; Leipzig, KH Spk.; Leipzig, KS d. Univ.; Leipzig, Stadtbibliothek; Mülheim/Ruhr, Slg Imma Wick; München, Intern. Jgd.bibliothek Schloß Blutenburg; Schwerin, Staatl. Mus.; Troisdorf, Bilderb.mus. Burg Wissem – **E:** zahlr. Einzelausst., zuletzt 91 Berlin, Gal. Taube; 93 Berlin, Bertolt-Brecht-Bibliothek; 94 Leipzig, HGB; München, Schloß Blutenburg; Leisnig/Sa., Burg Mildenstein; 96 Frankfurt am Main, Büchergilde Gutenberg; Marburg, Arb.gericht; 97 Magdeburg, Lit.haus; 02 Oberursel, Streitenfeld; 04 Halle/Saale, Neues Theater – **G:** zahlr. Ausst. m. Ehefrau Renate Herfurth, insgesamt ca. 300 Ausst.bet. in 25 Ländern, u. a. 73 Leipzig, Gal. am Sachsenplatz; 78 Gera, Gal. am Markt; 88 Mülheim/Ruhr, Gal. f. Buchkunst Imma Wick; 93 Limburgerhof, Gemeindebücherei; 98 Memmingen, Antonierhaus; Bad Pyrmont, Mus. im Schloß; 02 Posterstein, Burg; Leipzig, Ldgericht – **V:** Wolfgang Polte (Hrsg.): Alter Wein in neuen Schläuchen (kolorierte Hst.) 75, 00; Franz Fühmann: Die dampfenden Hälse der Pferde im Turm von Babel (kolorierte Federzeichn.) 78; Horst Seeger: Die große Liedertruhe (kolorierte Federzeichn.) 84; E. H. u. Walter Petri: Das Derdiedasbuch (gezeichnete Wortspielereien, kolorierte Federzeichn.) 91; – Acrylstiche: Albert Kapr: Hans Gentzfleisch an der Pleiße 92; Kurt Kusenberg: Jedes dritte Streichholz 95; Erich Kästner: Herz auf Taille 98; Friederike Kempner: Poesie ist Leben 01 – **R:** Ute Andresen (Text): Ein Haus wird gebaut (Ill.), in: Dieter Hermann (Regie): Das Rattenschloß, Fs.reihe 'Siebenstein' ZDF 94 – ***Lit:*** Gudrun Scholtz-Knobloch u. Anneliese Hübscher: Da staunst Du! Kinderbuchillustr. von E.H. 90; Michael Faber (Hrsg.): Bücherwürmer tragen Brillen. Ein E.-H.-Bilderbuch 93; Bildende Künstler in Leipzig 06; – AUSST.KAT.: Lothar Lang u. Ute Willer: Illustrationen von E.H. (m. Bibliogr.) 86; Hannelore Perge: E.H. Kinderbücher 89; Klaus Hofmann: Spuren. Renate Herfurth. E.H. 02 – ***LitR:*** Dieter Hermann: Kinderbuchillustr. von E.H. im Spielzeug- u. Kinderweltmus. Steinhude, Ausst.besprechung, Fs.mag. 'Hallo Nds.' ARD 90; Originelle Einladungskarten von d. Graphiker E.H., Fs.mag. 'Hier ab vier', MDR 18.11.98; Frank Bechert: Rettet den Hermann, Fs.dok. Kult.mag. 'artour' 99

Herfurth, Renate (geb. Renate Hoffmann), Malerin, Graphikerin; Rosentalgasse 17, D-04105 Leipzig, Tel. u. Fax (03 41) 9 83 21 09, *herfurth@uni-leipzig.de* (* Guben/Niederlausitz 30. 7. 43) – **S:** 67–72 HGB Leipzig (b. Dietrich Burger, Karl Georg Hirsch u. Irmgard Horlbeck-Kappler) – **L:** seit 82 Univ. Leipzig, Inst. f. Kunstpädagogik (Malerei, Graph., transklassische Verfahren); 91 Dommelhof/Belgien (Leitung e. intern. Sommerkurses f. Aquarellieren) – **P:** Schönste Bücher 69, 71, 73; Plakatwettb. d. X. Weltfestspiele Berlin (1. Pr.) 73; Robert-Schumann-Haus Zwickau (1. Pr.) 74; Pr. d. Otto-Nagel-Hauses Berlin 75 – **Ve:** VBK DDR 74–90; GEDOK 91; BBKL 92 – **G/T:** Malerei (Aqu.); Graph. (Hschn., Lith., Rad.); Ill.; früher Plakate u. Buchgest. (Musikalien) – **K:** Malerei, Graph., transklassische Verfahren, Malen zu Musik, Aqu.malerei – **W:** überw. in Privatbes. – **M:** u. a. Altenburg, Lindenau-Mus.; Frankfurt/Oder, Mus. Junge Kunst; Leipzig, KH Spk.; Leipzig, MBK; Posterstein, Burg; Schwerin, Staatl. Mus. – **E:** seit 73, u. a. 93 Wilhelmshaven, KH; 94 Maastricht, Stadtbibliothek; Zwickau, Gal. am Domhof; 95 Leipzig, Stadtbibliothek; 96 Brno, Bienn.; Dresden, Sä. Ldtag; 00 Leipzig, Dresdner Bank am Augustusplatz; 02 Gießen, KH; 03 Nürnberg, Germanisches NM; 04 Dresden, Graph.markt – **G:** u. a. 88 Leipzig, Dt. Buch- u. Schrift-Mus. d. Dt. Bücherei; 89 Leipzig, Gal. Augenblick; 92 Hamm, Spk.; 93 Leipzig, Stadtbibliothek; 94 Gießen, Spk.; 98 Hannover, Nds. Kult.min.; Plauen, Malzhaus; 99 Leisnig, Burg Mildenstein; 03 Posterstein, Burg; Leipzig, Ldgericht; Leipzig, Haus d. Buches – **V:** Georg Maurer: Fünf ausgewählte Gedichte, Mappenwerk (Lith.) 86; – ILL.: Madlena Nasticyna: Hanka im Märchenland 79; Hanza Bjensowa: Jnak und Bärbel 82; Johannes Lischke: Das Kachelbuch 82; Margarete Neumann: Der Wunderbaum 82; Wolfgang Polte: Lachender Kindermund 83; Lene Voigt: Bargarohle, Bärchschaft un sächs'sches Ginsdlrblud 83; Ein Sachsenbuch 85; François le Goullon: Der elegante Theetisch 85; Sergej Prokofjew: Peter und der Wolf 87; Ralph Grüneberger: Stadt Name Land 89; Barbara Renate Reinhardt u. Ralf Gohlis: Gleenes Göchelverzeichnis 90; Schmankerl mit Charme, Österreichische Mehlspeisen 91; m. Katrin Ludwig: Herr Fuchs lernt fliegen 92; Andrea Pabel: Wo ist Nahini? 92; Ev.-Luth. Ldeskirche Sa.: Wurzeln und Flügel, Heft 1–4 94 – ***Lit:*** KAT.: u. a. Anneliese Hübscher: Ausstellung Augenblick 89; dies.: Buchgrafik und Illustration 93; Rainer Behrends: Ortswechsel 93; Ulrike Meier: Baum 98; Harald Kunde: Insel stillen Charmes 98; Klaus Hofmann: Spuren 02; – sowie: Richard Pietraß: Horizonte, Faltblatt Ausst. Leibnitz-Klub 81; Volker Zschäckel: Kongeniale Gedichtblätter, in: Union 81; World Graphic Design Now 88; Gert Klitzke in: Börsenblatt f. d. Dt. Buchhandel 88; Petra Lux, ebda 89; Herbert Sandberg: Buch-Zeichen, in: Mag. 8/89; Annemarie Verweyen: Illustrationen, in: novum 10/90; Lothar Lang: Von Hegenbarth zu Altenbourg 00; Andreas Bode: Grafische Kunst u. Illustrationen, in: Marginalien, H. 137; Bildende Künstler in Leipzig 06 – (Red.)

Herger, Helga, Mag. art., Akad. Malerin; Atelier: Lindauergasse 36, A-1238 Wien, Tel. u. Fax (01) 8 88 20 23 (* Linz/Donau 5. 2.) – **S:** bis 85 ABK Wien (Malerei u. Graph., Abschl. m. Dipl. Akad. Malerei, Mag. art.); 75, 76 Stud.aufenthalt Ital. (u. a. Rom, Turin, Florenz) – **L:** 81, 82 Intern. Sommerakad. Salzburg (Ass.prof. f. Ölmalerei); 85 Intern. Sommerakad. f. Malerei Wien (Prof.); 02, 03, 04, 05, 06 Malakad. Goldegg Salzburg (Doz. f. Aqu.malerei) – **P:** Fügerpr. d. ABK Wien 77; Stip. d. belgischen Kult.min. (f. Druckgraph.) 79; Pr. d. BmfUK 80; Theodor-Körner-Förd.pr. 83 u. 97 – sowie Intern. Dipl.pr. d. Centropa-Film (f. Malerei) – **Ve:** IG Bild. Kunst Öst. 83; Künstlerhaus Wien seit 85 – **G/T:** Graph. (Pastell- u. Graphitzchng, Rad., Lith.); Malerei (Öl, Tempera, Acryl, Aqu., Gouache); Entwicklung eigener Mal- u. Graph.techniken, Beschäftigung m. Prinzipien d. Malmaterialien u. Farbtheorie; Auseinandersetzung m. Video u. Fotogr.; Themen: Menschenbild (übergroße Gesichts- u. Körperteile, Augenlsch.en – Darst. v. Augen); Vegetationsbilder (kleine Blätter v. Pflanzen u. Unkraut); Portr. u. Install. bedeutender Persönlichkeiten aus Politik, Wirtschaft, Wiss., Kirche u. Kult.; Beschäftigung m. gegenwärt. Kunstentwicklung in Europa u. Übersee sowie m. fernöstl. Kult.; Gest.grundlage: Wahrnehmung d. Auges (statt Umsetzung d. Fotos) in Bezug auf Erinnertes u. Erlebtes – **K:** div. Workshops u. Sem.; Zchng u. Gouache; Acryl., Aqu.- u. Öl-Temperamalerei; alle Themenbereiche – **W:** div. öst. Sonderpostmarken, u. a. m. d. Portr. v. Bundespräs. Dr. Thomas Klestil, Franz Werfel, Marianne Hainisch, Ernst Mach sowie z. Serie 'Naturschönheiten in Österreich', '1000. Todestag des Heiligen Gebhard' u. '100 Jahre Wiener Volksoper'; zahlr. Portr., u. a. v. Kardinal Franz König, Univ.prof. Eduard Gitsch, Bruno Kreisky u. Otto Mayrhofer, Fürstin Melinda Eszterházy, Bürgermeister Helmut Zilk, Bischof Dieter Knall u. Prof. Francisco Ferrero Campos; Arb. in nat. u. intern. Slgn; Ankauf u. a. durch d. Slgn d. Öst. Postspk., d. Öst. Postgeneraldir., d. Belgischen Kult.min. sowie div. Banken, Versicherungen u. Institutionen – **M:** Klosterneuburg/NdÖst., Slg Essl; Wien, Albertina; Wien, Kult.amt d. Stadt; Wien, Slg Infeld – **Ö:** Lienz, Gal. d. Stadt; Steyr u. Wattens/Tirol, Slg Swarovski; Wien, Burgtheater; ebda, Erzbischöfliches Pal., Ev. Oberkirchenrat, Börse, Allg. Krankenhaus – **E:** u. a. 83 Wien, Eternit-Werke; 85 Wien, Infeld; 86 Wien, IBM; 88 Wien, Dorotheum; 93 Wien, Künstlerhaus (Haupthaus); 95 Kuenburg; Wien, Künstlerhaus – **G:** u. a. 74 Wien, Secession; Wien, Gerold; 77 Tel Aviv, Kunstmesse; 79 Wien, Alte Schmiede; Stockholm, Gal. Intern.; 81, 82 Hohensalzburg, Festung; 85 Wien, Kunstmesse; Wien, Stubenbastei; 85, 87 Ljubljana, Intern. Graph. Bienn.; 86 Tuzla, Intern. Bienn.; 86, 87 Taipei, Intern. Graph.-bienn.; 87 Trecastagni, Intern. Graph.ausst.; 88 Sofia, Trienn. d. realistischen Malerei; 89 Wien, Künstlerhaus; 89, 92 Kanagawa, Graph.-Trienn.; 93 Maastricht, Intern. Graph.-Bienn.; 94 Venedig, Zitadelle; 95 New York, Multi Media Art Gall.; 96 Klosterneuburg/NdÖst., Slg Essl – **R:** G. Kayder: H.H. u. d. Ölportr. v. Kardinal Franz König – ***Lit:*** KUNSTLEX.: Heinrich Fuchs (Hrsg.): Die Öst. Maler d. 20. Jh. 86; Axel-Alexander Ziese (Hrsg.): Allg. Lex. d. Kunstschaffenden in d. bild. u. gestaltenden Kunst d. 20. Jh. 96 – Veröff. in zahlr. Ztgn, Kunstzss u. Kunstkat., u. a. in: Wiener Ztg, Die Presse, Wochenpresse, Salzburger Tagblatt, Salzburger Nachrichten, Standard, Wirtschaftswoche, Trend, Artspeak New York, Parnass u. Vernissage – ***LitR:*** H.H., Portr. in: Galerie, Fs.-Sdg d. ORF 1 85; H.H., Beitr. in: Öst. heute, anläßlich d. Graph.bienn. Laibach, ORF 85; Beitr. anläßlich d. Ausst. im Dorotheum Haupthaus Wien, in: Seitenblicke, ORF 2 88; Portr. in: Wurlitzer, ORF 88; Beitr. anläßlich d. Ausst.eröffnung im Künstlerhaus Wien, in: Seitenblicke, ORF 2 95

Hermann, Elisabeth s. Newzella, Elisabeth

Hermann, Josef-Walter, Maler, Graphiker, Plastiker; c/o Online Gal. Birner, Altdorferstr. 13, D-93049 Regensburg, Tel. (09 41) 2 68 90, *www.onlinegalerie-birner.de* (* Nenderoth/Westerwald 16. 4. 48) – **VG:** Regensburg, Birner – **S:** HS f. Gest. Offenbach am Main (freie Graph., Malerei u. Lith. b. Hans Schminke, Kurt Steinel u. Eberhard Behr) – **L:** Lahn-Dill-Akad. Dillenburg (freier Doz.) – **P:** Intern. Senefelder-Pr. u. Lithografie-Förd. 84; Italia 00; Arb.stip. f. Lith. d. Westhyp Bank Dortmund – **Ve:** Arb.kr. Egerländer Kulturschaffender AEK; Oberhess. Künstlerbund; KV Wetzlar – **KGr:** Künstlergilde Esslingen – **G/T:** Acryl, Aqu., Zeichn., Lith., Künstlerhanddruck, Stein-, Bronze- u. Stahlplast. – **K:** Malen, Zeichnen – **W:** Privatslgn; Marktredwitz, Egerland Kulturhaus-Stift.; München, Auktionshaus Karl + Faber (Kat. Auktion 04 + 05) – **M:** Ilmenau, StG; Marktredwitz, Egerland-Kulturhaus; Weilburg/Lahn, SM; Wetzlar, Lahn-Dill-Akad.; Wetzlar, Slg Lemmers-Danforth – **Ö:** Dreikirchen, Romanische Kirche; Greifenstein, Burg; Herborn, Ldeskirche Hessen-Nassau; ebda, RH; Nenderoth, Kirche; Wetzlar, Werner-v.-Siemens-Schule; ebda, Stadthalle; – sowie Lahn-Dill-Klinikum – **E:** u. a. Neapel, Vanvitelli; Marktredwitz, Egerland-Kulturhaus; Frankfurt am Main, Daberkow; Wiesbaden, Moering; Roth, KV; Wiesbaden, Hess. Min. f. Umwelt; Wendlingen, StG; Wetzlar, StG; Ilmenau, StG – **G:** Frankfurt am Main, Kunstkab. Hanna Bekker vom Rath; Offenbach, Büsing Pal.; Bonn, LM; Offenbach, KV; Fulda, Vonderau-Mus.; Erlangen, KV; Biarritz, Gal. Vallombreuse; Köln, Art Cologne; Kaiserslautern, Pfalz-Gal.; 04/05 Stendal, Winckelmann-Mus. (Wanderausst.); 'Ost-Westlicher Ikarus' – sowie Wanderausst.: 'Neue Dt. Graphik' – **V:** Werkverz. d. Lithographien 1967–1997; Stadt Ilmenau: Thüringer Kataloge der Ausstellungsfahnen; Predigtbilder – ***Lit:*** Italia 2000, Ausst.kat. – ***LitR:*** Bilderbuch Deutschland. Zwischen Lahn u. Dill, Hess. RF

Herndler, Maria s. Gruber, Maria

Herold, Georg, Prof., Maler, Fotograf, Bildhauer; c/o Kunstakademie Düsseldorf, Eiskellerstr. 1, D-40213 Düsseldorf (* Jena 26. 7. 47) – **VG:** Berlin, Wewerka; Köln, Krips – **S:** 69–73 HS f. Kunst u. Design Burg Giebichenstein Halle/Saale; 73 ABK München (b. Karl Fred Dahmen); 77–81 HBK Hamburg (b. Franz Erhard Walther) – **L:** 93 Städelschule Frankfurt am Main (Prof.); derzeit Staatl. KA Düsseldorf (Prof., Dekan FB Kunst) – **P:** Günter Fruhtrunk-Pr. 97 – **G/T:** Malerei, Fotogr., Skulpt., Bühnenbild – **M:** Berlin, DaimlerChrysler Contemp. Kunstmuseum Wolfsburg Kunstsammlung im Ständehaus, Düsseldorf Museum Junge Kunst, Frankfurt/Oder Museum of Contemporary Art, Los Angeles Neue Galerie, Graz Sammlung der Bundesrepublik Deutschland, Berlin SMAK Gent Stedelijk Museum, Amsterdam – **E:** zahlr. Einzelausst. seit 77, zuletzt 00 Bad Münstereifel, Klein; Madrid, Gal. Juana de Aizpuru; Innsbruck, Tiroler Spk.; 01 München, Knust; Sevilla, Gal. Juana de Aizpuru; Köln, Capitain; 02 Frankfurt am Main, Grässlin – **G:** zahlr. Ausst.bet., u. a. 92 Kassel, documenta; zuletzt 03 Düsseldorf, KS NRW; Berlin, Hamburger Bahnhof; Baden-Baden, SKH; Berlin, Neue Ges. für bild. Kunst; Berlin, Martin-Gropius-Bau; Hamburg, Deichtorhallen; Wolfsburg, KM; 04 Münster, Westf. LM; Leipzig, Gal. f. Zeitgen. Kunst; Liverpool, Tate Gall.; Sevilla, 1. Internat. Bienn. Zeitgenöss. Kunst – (Red.)

Herold, Hermann, Maler, Graphiker; Friedrichstr. 24, D-68199 Mannheim, Tel. (06 21) 85 70 26 (* Lenterode 15. 7. 48) – **S:** 71–79 ABK Karlsruhe (Malerei u. freie Graph. b. Prof. Klaus Arnold); 77–79 ABK Karlsruhe (Meisterschüler v. Klaus Arnold) – **Ve:** BBK seit 77; Künstlerbund Rhein-Neckar seit 85 – **G/T:** Malerei (Öl, Aqu.); Graph. (Zeichn., Monotypie, Rad.); Holzbildhauerei; Collage; Objekt – **W:** zahlr. Werke in Privatbes. im In u. Ausld – **Ö:** Mannheim, Commerzbank; Neckarau, Spk. Rhein-Neckar-Nord sowie in div. Behörden – **E:** 78 Heidelberg, Büchergilde Gutenberg; Worms, Gransche; 79 Wiesbaden, Büchergilde Gutenberg; 80 Offenbach am Main, Büchergilde Gutenberg; Mannheim, Forum d. Jugend; 85 Mannheim, Kabarett Klapsmühl; 86 Bremen, Villa Ichon; 87, 90, 92 Ludwigshafen, Gal. Hartmannstr.; 96, 99, 00 Mannheim, Gehring's Kommode; 96 Ludwigshafen, Softwarenhaus Engelhardt; 00 Ludwigshafen, BASF-Ingenieurgebäude; 02 Mannheim, Cultig 7 – **G:** zahlr. Ausst.bet. seit 76 u. a. in Karlsruhe, Heidelberg, Mannheim, Bamberg, Dortmund, Bangkok, Singapur, Berlin – **V:** Antonio Amurri: Wie beseitige ich Vater und Mutter (Ill.) 81; Menschenbilder, Rad.zyklus 84 sowie div. Ill. in Anthologien u. div. Karikaturen in versch. Ztgn u. Zss – ***Lit:*** zahlr. Aufsätze u. Bilderveröff. in versch. Zss u. a. in Harvard Business Manager 95 – ***LitR:*** Feature, RF (Radio DDR) 82

Herold, Jörg; lebt in Berlin u. Rothspalk (Meckl.-Vorp.) (* Leipzig 3. 5. 65) – **VG:** Berlin, Gal. Eigen + Art; Leipzig, Gal. Eigen + Art – **S:** Ausb. z. Stukkateur; 87–90 HGB Leipzig; KHS Berlin-Weißensee – **P:** u. a. Pr. d. Jürgen-Ponto-Stift. 91; Preisträger ars viva 'Gestaltete Räume' 91; Villa-Serpentara-Stip., Olevano Romano 94; Stip. f. Gomera 95; Balmoral-Stip. 96; Kunstpr. d. Leipziger Volksztg 99; Stip. f. d. Krim 00; Kunstpr. d. Stadt Wolfsburg 05 – **G/T:** Aktionen, Performance, Install., Objekte, Malerei, Graph., Fotogr., Film – **M:** Berlin, KS d. Dt. Bundestages; Bremen, KH; Köln, Mus. Ludwig; Leipzig, Dt. Buch- u. Schrift-Mus. d. Dt. Nat.bibl.; Schwerin, Staatl. Mus.; Wolfsburg, StG – **Ö:** Berlin, Dt. Bundestag/Paul-Löbe-Haus ('Datenschlüssel') – **E:** 87, 91, 93–98, seit 00 jährl. Leipzig/Berlin, Gal. Eigen + Art; 92 Bologna, Centro Mascarella; 94 Magdeburg, KM Kloster Unser Lieben Frauen (m. Annelies Štrba, Kat.); Düsseldorf, Kraushaar; Leipzig, Dresdner Bank am Augustusplatz; 96 Bonn, KM; 97 Rostock, KH; Frankfurt am Main, ART Frankfurt; Porto Allegre/Bras., Torreâo; 99 Leipzig, MBK (Kat.); Osnabrück, Gal. im Dreikronenhaus (Kat.); 00 Wuppertal, Von der Heydt-Mus. (Kat.); 01 Halle/Saale, Staatl. Gal. Moritzburg; Lübeck, Overbeck-Ges.; Magdeburg, Kulturhist. Mus.; Kassel, Kult.bahnhof; 02 Simferopol/Ukraine, Hist. Mus.; 05 Wolfsburg, StG (Kat.); Bielefeld, KV (Kat.); 06 Kabul, NM; 07 Brüssel, Goethe-Inst. – **G:** zahlr. Ausst.bet. seit 85, u. a. 90, 95 Venedig, Bienn.; 92 Sydney, Bienn.; 94 Dresden, 1. Sä. Kunstausst.; 96 Bonn, KM; 97 Kassel, documenta X; Istanbul, 'Berlin Grenzenlos. In media res'; 98 Caracas, Goethe Institut u. Museo Jacobo Borges; 99 San Francisco, CCAC Inst.; 00 Warschau, Centre for Contemp. Art; Hannover, EXPO (Projekt ARCHOPLAST 2000, Kat.); 02, 05 Berlin, Fraktale III u. IV; 04 Frankfurt/Oder – Slubice, Intern. Kunstprojekt Goetzen; 06 Peking, Arario Bejing – **R:** Beiwerk (Super 8) 86; Wurstfilm (Super 8) 86; Völkerschlacht bei Leipzig (Super 8) 88; Der Traum des bruderschlagenden Indianers (16 mm) 89, Körper im Körper (Super 8) 89; Baader in Leipzig (Super 8) 90 Dreie kommen durch die ganze Welt (U-matic) 90; Engel jagen (8 mm) 98 – ***Lit:*** AUSST.KAT. u. a.: J.H. – Kaspar Hauser kehrt zurück, Eigen + Art Leipzig 91; J.H., Uwe Kowski, Olaf Nikolai, A.C.R.-Gal. Eltville/Rhein 91; KM Kloster unserer Lieben Frauen (Hrsg.): Mythos Leben. J.H., Annelies Štrba 94; Kulturreferat München (Hrsg.): J.H., Kaeseberg, Uwe Kowski, Maix Mayer, Carsten Nicolai, Olaf Nicolai in d. Künstlerwerkstatt Lothringerstraße (anläßl. d. Ausst. 'Leipzig kommt') 94; Peter Guth (Text): J.H., Kaeseberg, Maix Mayer, Carsten Nicolai, Olaf Nicolai. Eine Ausst. d. Neuen Sä. KV in d. Gal. Rähnitzgasse Dresden 95; Treibsand, Staatl. Mus. Schwerin 95; Eisen – Johanna Bartl, Heinz Breloh, J.H., KV Schloß Röderhof, Fürst-Stolberg-Hütte Ilsenburg 96; Filmbox. Sechs Schmalfilme von 1985 bis 1989, Kat. Künstlerhaus Schloß Balmoral 96; J.H. Zeichnungen, Künstlerhaus Schloß Balmoral 96; Dorothea-von-Stetten-Kunstpreis. Ana Axpe, J.H., Gregor Schneider, Martin Schwenk, Guang Xao Wu, KM Bonn 96; Thea Herold (Text): J.H. Piktografisches Alphabet 1997–1999 99; J.H. Kunstpreis d. Leipziger Volkszeitung 1999, dt./engl. 99; Kornelia v. Berswordt-Wallrabe (Hrsg.): Archoplast 2000, dt./engl. 00; Roger Sonnewald (Hrsg.): Heldenfriedhof – Ein Tag aus d. Leben d. Josef B. 01; 1000 Jahre Schönheit, Kulturhist. Mus. Magdeburg 01; J.H. Kunst f. den Dt. Bundestag, der Datenschlüssel 03; G. Udo Cortes (Hrsg.): Goetzen, ich u. die Anderen 04; Susanne Pfleger (Hrsg.): Zeugnisse u. Schriften d. Reise e. Dokumentararchäologen 2000–5 (anläßl. d. gleichnamigen Ausst. in d. Städt. Gal. Wolfsburg u. dem KV Bielefeld) 05; – WEITERE: Ich, J.H., bin Zeitzeuge (... erscheint als Arbeitsheft z. Biennale Sidney) 92; Isabell Schwenk-Weininger: Krieg Medien Kunst, Diss. 04; Dt. Ges. f. Christl. Kunst München (Hrsg.): Weltinnenräume – die Slg Hanck 05; Bildende Künstler in Leipzig 06; – PRESSE u. a.: Peter Guth: Brunnen d. Geschichte, in: FAZ 21.12.99; Eduard Beaucamp: Die bastelnde Erinnerung, in: FAZ 21.12.00; Gabriele Hoffmann: Erlebte Zeit, in: NZZ 12.1.01; Eva-Maria Magel: Tatarenlegenden u. Reishäufchen, in: FAZ 17.8.02; P. Guth: Brandaktuelle schmerzhafte Fragen an d. Weltgesch., in: Leipziger Volksztg 16./17.11.02; Henrike Thomsen: Erinnerung verschwimmen, in: Die Tagesztg 12.6.03; Dirk Peitz: Die deutscheste Stadt aus d. Jahr 1938, in: SZ Journal 30./31.07.05; Anonymus: J.H. – Wolfsburger Skizzen, in: Bauwelt 14.10.05; Dirk Peitz: Wir tun nur so, in: SZ 27.3.06; Kunst u. Kultur, Nr. 1/2 Febr. 06 – ***LitR:*** pega, 3 DVD 98; ARCHOPLAST 2000, DVD 00 – (Red.)

Herr, Gretelore (Ps.: Grelo, geb. Gretelore Reusch); Emser Str. 26, D-65582 Diez, Tel. (0 64 32) 8 26 17, *wugherr@t-online.de*, *www.bilderherr.de* (* Zollhaus/Nassau 30. 5. 40) – **S:** 86–88 Wiesbaden (b. Marc van den Broeck); 00–03 Sommerakad. Bildwerk Frauenau (klass. Malerei u. Portr. b. Tom S. Buechner) – **Ve:** LA-Lahn-Artists Diez/Limburg 00; Maler d. Eifel 04; Kult.kr. Rhein-Lahn 04 – **KGe:** G.H. u. Willi Herr (seit 60) – **G/T:** Zchng u. Ölmalerei (Portr., Akt) – **E:** u. a. 86 Diez, Kult.haus (alle zwei Jahre); 99 Zollhaus, Kult.-haus Kreml; St. Goar, Burg Rheifels; 04 Gmünd, Eifelmaler in Gmünd; 04–05 Limburg, RH – **G:** u. a. 00 Dortmund, Revierpark Wichlingen; 02 Diez, Kult.sommer Rh.-Pf. – sowie: 02 Ldschaftspark Loreley – **V:** Jagdkal. 02, 03; Diezer Ansichten u. Personenportr., Kal. 04 – ***Lit:*** Berichte in Regionalztgn

Herr, Willi (Ps.: Bilderherr); Emser Str. 26, D-65582 Diez, Tel. (0 64 32) 8 26 17, *wugherr@t-online.de*, *www.bilderherr.de* (* Diez/Lahn 7. 10. 37) – **S:** 00–04 Sommerakad. Bildwerk Frauenau (klass. Malerei b. Tom S. Buechner) – **Ve:** LA-Lahn-Artists 00; Animaler – Interessengemeinschaft d. Tiermaler in Dtld (vorher IGT, Gründungsmitgl.) 03; Maler d. Eifel 04; Kult.kr. Rhein-Lahn 04 – **KGe:** W.H. u. Gretelore Herr (seit 60) – **G/T:** Natur- u. Lsch.gemälde, Tierportr.; Archit. Malerei; Ehrenscheiben auf Massivholz in fast allen Techniken – **E:** u. a. ab 86 Diez, Kult.haus (alle zwei Jahre); 90 Bad Camberg, Amthof Gal.; seit 92 Bregenz, Schindlersaal; 01 Vaduz, RH Schaan – **G:** u. a. 95 Wildbad Kreuth, Hanns Seidel-Stift.; 96 Bad Kreuznach, Parkhotel-Kurhaus; seit 98 Dortmund, Messe: Jagd u. Hund; 98 Lindau, Inselhalle; 00 München, Jagd u. Fischerei; Innsbruck, Messehallen – **V:** u. a. Jagdkal. (jährl.) erstmals 02; Stadtansichten, Kal. 04 – ***Lit:*** Berichte in Jagd-Fachzss: Wild u. Hund; Pirsch; Jäger; Jagd u. Natur, 4 05; Vorarlberger Jagd u. Fisch, 9 01

Herrmann, Eckhard, Dipl. Metallgestalter u. Metallbildhauer; Erich-Mühsam-Str. 26 a, D-16225 Eberswalde, Tel. u. Fax (0 33 34) 23 53 98, *info@herrmannart.de*, *www.herrmannart.de* (* Finowfurt 24. 7. 49) – **S:** 69–74 HS f. industr. Formgest. Burg Giebichenstein Halle/Saale (FB Metallgest.) – **Ve:** VBK Brandenburg 91; VG Bild-Kunst 03 – **G/T:** Plast. (Stahl/Edelstahl, Kupfer, Messing, Aluminium u. Stein) – **Ö:** u. a. in: Birkenwerder, Delmenhorst, Eberswalde, Eisenhüttenstadt,

Frankfurt/Oder, Kleinmachnow, Marienwerder, Nauen u. Schwedt – **E:** / G: seit 74 Ausst. u. Ausst.bet. in Dtld – ***Lit:*** Herrmann Metall. Kunstb. d. KV 'Die Mühle' 02 – (Red.)

Herrmann, Frank, Dipl. Ing., Fotoarbeiter, Installationskünstler; Hechtstr. 77, D-01097 Dresden (* Karl-Marx-Stadt 17. 8. 55) – **VG:** Berlin, Bischoff; Wurzbach, Müller – **S:** Autodidakt – **L:** seit 94 TU Dresden (LBeauftr. f. Lith.) – **P:** Ahrenshooper Kunstpr. 97; Bautzner Kunstpr. 98; Stip. d. Sekretariats f. gemeinsame Kult.arb NRW Essen 90, 91; Arb.stip. d. Stift. Kult.-fonds Berlin 93, 94; Stip. d. Stift. Kult.fonds Berlin (f. Ahrenshoop) 96; Stip. d. Stift. Kult.fonds Berlin (f. New York) 97; Stip. d. Kult.amtes Dresden (f. Cleveland/OH) 00; Stip. d. KV Röderhof 04 – **Ve:** SKB 90; VG Bild-Kunst 93 – **G/T:** Fotoarb., Install., Mischtechnik u. Collage – **K:** Lith. – **W:** Werke in Privatbes. – **M:** Burgk, Schloßmus.; Charleroi, Mus. de la Photogr.; Cottbus, Brandenburgische KS; Dresden, Buchmus. d. SLUB; Dresden, DG-Bank; Dresden, Kpst.-Kab.; Halle/Saale, Staatl. Gal. Moritzburg; Leipzig, KS d. Ldesbank Sa. – **E:** 87 Berlin, Kr.kult.haus Treptow; 89 Leipzig, Gal. Eigen + Art; Wismar, Mus.gal.; 90 Halle/Saale, Gal. Alter Markt; Cottbus, Haus 23; Berlin, Gal. in d. Brotfabrik; 91 Wrocław, Gal. Avantgarda; Dresden, Gal. Adlergasse; 92 Leipzig, Lang; 93 Chemnitz, Weise; 94 Großpösna, Müller; Nijmegen, Gal. Het Hermetisch Zwart; 96 Dresden, Gal. Mitte; 98 Leipzig, Sä. Ldesbank; Dresden, Leonhardi-Mus.; 01 Berlin, Gal. Pankow; 03 Dresden, Kunst Raum Saite Gal. – **G:** zahlr. Ausst.bet. seit 87, u. a. in Antwerpen, Bautzen, Berlin, Bottrop, Bozen, Charleroi, Chemnitz, Cottbus, Dresden, Frankfurt am Main, Hamburg, Jena, Köln, Leipzig, Leverkusen, Neubrandenburg, Oberhausen, Rostock, San Francisco San Jose, Stuttgart, Tampere, Wrocław – **V:** Silberblick 2 (Fotoübermalung) 89; Kassette und Dokumentation der EIGEN + ART 1988–1989 (Offset) 89; Gert Neumann: Dresdner Vorlesungen (Serigraph.) 99; Wie Gras im Wind (Lith.) 90; Edition B53, Mappe 7 (Offset) 90; – sowie seit 82 Bet. an Orig.graph. Publ., u. a. UND, u.s.w.; ENTWERTER/ODER; ADREI; Herzattacke – ***Lit:*** Matthias Flügge: Manuale, Ausst.kat. 93; Joachim Buthe: Hinter den Oberflächen. Neue Bildende Kunst 97; Karin Weber: F. H. Spurensuche 98; Uwe Warnke, Matthias Flügge, Karin Weber u. Joachim Buthe: F. H. – Arbeiten 1984–1997 98 – (Red.)

Herrmann, Gunter, Maler, Graphiker; Paradiesstr. 68, D-01445 Radebeul, Tel. (03 51) 8 38 71 21 (* Bitterfeld 7. 8. 38) – **S:** 58–61 HBK Dresden (Malerei b. Gerhard David, Hans Mroczinski, Herbert Kunze u. Prof. Rudolf Bergander) – **P:** Stip. Künstlerhaus d. Stadt Salzburg 90; Kunstpr. d. Stadt Radebeul 98; Helen-Abbott-Förd.pr. f. Bild. Kunst 99 – **Ve:** VG Bild-Kunst 90; SKB 90 – **G/T:** Malerei (Acryl m. farbigen Sanden u. Erden, vorw. Ldschaft); Druckgraph. (Rad. m. Sand u. weiteren Naturmaterialien, vorw. Ldschaft u. Sinnbildhaftes) – **W:** Werke d. Malerei, Handzeichn. u. Druckgraph. überw. in Privatbes. – **M:** u. a. Chemnitz, Neue Sä. Gal.; Dessau, Anhaltische GG; Dresden, GG NM; Dresden, KS d. Univ.; Dresden, Kpst.-Kab.; Dresden, SKS; Erfurt, KS; Frankfurt/Oder, Mus. Junge Kunst; Greifswald, SM; Görlitz, StSGGK; Hainichen, Gellert-Mus.; Neubrandenburg, KS; Radebeul, StKS; Radebeul, Weingutmus. Hoflößnitz; Rostock, KH; Schwerin, Staatl. Mus.; Senftenberg, KS Lausitz – **Ö:** Radebeul, KBA-Planeta AG – **E:** u. a. 83 Jena, Gal. im Stadthaus; 85 Radebeul, Kleine Gal.; 87 Berlin, Kleine Humboldt-Gal. d. Univ.; Greifswald, Greifengalerie; 88 Dresden, Neue Dresdner Gal.; 91 St. Ingbert, RHgal.; 94 Chemnitz, Schmidt-Rottluff; Chemnitz, Gal. im Schauspielhaus; Dresden, Kühl; 98 Dresden, Leonhardi-Mus.; Radebeul, StG; 98, 03 Radeberg, Schloß Klippenstein – **G:** u. a. 72 Berlin, Köpenicker Pädagogenclub; 75 Berlin, EP-Gal.; 76, 80 Dresden, Gal. Nord; 82 Chemnitz, Schmidt-Rottluff; 92 München, Siemens-Foren; 93 Frankfurt am Main, Dresdner Bank; 97 Mol, Mols Pierement; 00 Dresden, Residenzschloß – **V:** Kretische Landschaften, Kat. 00 – ***Lit:*** KAT.: Gunter Ziller (Textbeitr.) 88; Gitta Kristine Hennig (Text) 93; Heinrich Magirius, Diether Schmidt, Gabriele Werner u. Gunter Ziller (Text) 98 – ***LitR:*** Frank Hruschka: G. H., Portr. 01; Roland Urban: G. H. Maler und Grafiker. Zu Gast im Atelier..., Dok. 02; – weitere: Beitr. z. Einzelausst., Dresden-Fs. 98, 01 – (Red.)

Herrmann, Heiko, Maler; Giselastr. 22, D-80802 München, Tel. u. Fax (0 89) 33 36 62, *www.heiko-herrmann.org* (* Schrobenhausen 22. 2. 53) – **VG:** Bremen, Ohse; Berlin, Barthel + Tetzner; Frankfurt am Main, Slutzky – **S:** 71–73 Neugablonz (Glasmalerlehre); 76–81 ABK München – **P:** Staatl. Förd.pr. f. Malerei Bay. 85; USA-Stip. d. Freistaates Bay. 86; Cité Intern. d. Arts Paris 95 – **Ve:** BBK Bay. 83 – **KGr:** Neue Gruppe München 88; Kollektiv Herzogstraße (75–82) – **G/T:** Malerei, Plast., Druckgraph. – **W:** in privaten Slgn in Europa – **M:** Engen, SM u. Gal.; Giessen, Oberhess. Mus.; Mannheim, StKH; München, Bay. Staatsgemäldeslgn; München, Lenbachhaus; Schweinfurt, Städt. Slgn Alte Reichsvogtei – **E:** / G: zahlr. Ausst. u. Ausst.bet. in Europa – **V:** H.H. 1976–1990. Malerei; H.H. 1990–1995; H.H. 1995–2000. Malerei u. Plastik – **R:** Peter Buchka: Wege aus der Gruppe, Film (Bay. RF) 94 – (Red.)

Herrmann, Peter, Maler u. Graphiker; lebt u. arbeitet in Berlin (* Großschönau/Sa. 18. 5. 37) – **VG:** Berlin, Gal. am Savignypl. – **S:** 51 Lehre als Chemigraph; 54 VHS Dresden (Malkurse b. Jürgen Böttcher) – **P:** Arb.-stip. d. Senators f. Kult. Angelegenheiten Berlin 87; Villa-Romana-Pr. 98; Stip. d. Konrad Adenauer Stift. 99; Fred Thieler Pr. f. Malerei 01 – **Ve:** VBK DDR 72 – **M:** Altenburg, Lindenau-Mus.; Berlin, NG; Dresden, GG NM; Dresden, Kpst.-Kab.; Köln, Mus. Ludwig; Leipzig, MBK – **E:** u. a. 91, 97 Berlin, Gal. am Savignypl.; 96 Jena, StM u. KS; 97 Schwetzingen, Gal. Rotes Haus; 98 Dresden, Horschik & Schultz; 99 Dresden, Utz; 03 Köln, Mus. Ludwig – **G:** u. a. 95 Rio de Janeiro, MAM; 03 Berlin, NG – ***Lit:*** Lang 02; Schweers 02; NG Berlin 03 – (Red.)

Herrmann, Ralph, Maler, Bildhauer; Unterstr. 14, D-45659 Recklinghausen, Tel. u. Fax (0 23 61) 18 39 75, *Kenkmannshof@t-online.de*, *www.Kenkmannshof.de* (* Gelsenkirchen 23. 9. 49) – **VG:** Recklinghausen, Kenkmannshof; Hamm, Gal. Kley – **S:** 64–67 Lehre (Schriftsetzer u. Buchdrucker); 68–70 Pädagogische HS Essen (Kunst- u. Werkerziehung); 70–74 HBK Düsseldorf (b. Prof. Joseph Beuys) – **Ve:** Bergische Kunstgenossenschaft Wuppertal; Genossenschaft Bildender Künstler Weimar – **G/T:** Malerei, Graph., Audiovisuelle Performance – **Ö:** u. a. Dorsten, Stadt; Essen, Nat.-bank; Herten, Stadt; Recklinghausen, Knappschafts-Krankenhaus; Recklinghausen, Spk. Vest – **E:** / G: zahlr. Ausst. seit 72, u. a. 73 Essen, Ruhrland-Mus.; 73, 74 Gelsenkirchen, StKS; 75, 76, 97, 98, 01, 03 Hamm, Gal. Kley; 89 Valencia, La Copola; 91 Datteln, Hermann-Grochtmann-Mus.; 91, 92, 02, 03 Schmalkalden, Wilhelmsburg; 91, 93, 94, 95, 96, 97, 99, 00, 01, 03 Recklinghausen, Kenkmannshof; Weimar, Gal. im Cranachhaus; 91 Unna, Gal. Haus Opherdicke; 92, 96, 97, 98, 00 Weimar, Gal. im Cranachhaus; 92 Weimar, Bauhaus HAB – **V:** u. a. Kunstpreis Gelsenkirchen, Kat. 77; Rolf Blaeser: Landschaft und Wolken, Kat. 78;

125 Jahre Kreissparkasse Recklinghausen, Kunstkal. 80; Manfred Bourée: Großer Kultur- und Freizeitführer Ruhrgebiet 87; Hans-Rudolf Thiel: Spiegelungen. Bildende Kunst in Gelsenkirchen 94

Herrmann, Reinhold, Maler, Graphiker; Am Steinberg 16, D-01326 Dresden, Tel. (03 51) 2 68 42 54, *kaiserherrmann@gmx.de* (* Dresden 1. 11. 42) – **VG:** Dresden, Gal. am Damm – **S:** Autodidakt – **P:** Graph.-wettb. Chemnitz 87 (1. Pr.) – **Ve:** SKB – **G/T:** Malerei, Graph. (vorw. Hschn., Collagen, Rad.) – **M:** Chemnitz, Neue Sä. Gal.; Frankfurt/Oder, Mus. Junge Kunst – **Ö:** Dresden, Körnerpl. (Wandbild-Braustübel) – **E:** u. a. Löbau, Arkadenhof; Hainichen, Gal. 926; 91 Emmendingen, StG; 92 Dresden, Gal. am Blauen Wunder; 94 Dresden, Gal. an der Schwebebahn; 95 Pirna, Gal. d. Niesche; 97 Dresden, Gal. im Kult.RH; 98 Kamenz, Haus d. Kult.; 98 Berggießhübel, Neue Gal.; 00, 02, 03 Dresden, Gal. am Damm; Dresden, Leonhardi-Mus.; Dresden, Marcolini Pal. – **G:** zahlr. Ausst.bet. seit 78, zuletzt 97, 99, 00 Bautzen, Herbstsalon; 00 Herrnhut, Kunstbahnhof; Skopje, Project 00 Virtual Colony with Interactive Exhibition; 00, 02, 06 Chemnitz, 100 Sä. Graph.; 01 Pled, World Festival of Art on Paper; 05 Leipzig, Große Sä. Kunstausst.: Das Neue Jh. – ***Lit:*** Regina Niemann: R. H. Bilder und Grafiken, Ausst.kat.

Herrmann, Sabine, Malerin; Kreuzstr. 7, D-13187 Berlin, Tel. u. Fax (0 30) 4 85 69 54, *herrmann @magnetberg.de*, *www.magnetberg.de* (* Meissen 10. 3. 61) – **VG:** Berlin, Raab – **S:** 81–82 HBK Dresden; 82–86 KHS Berlin (Dipl. Malerei u. Graph. b. Prof. Diether Goltzsche u. Prof. Heinrich Tessmer) – **L:** art-school intern. Berlin (Mitbegründerin u. Doz. f. Malerei bes. Komposition u. Techniken) – **P:** Stip. d. frz. Reg. Villa Arson Nizza 92; Kunstpr. d. Grundkreditbank Berlin 93; Stip. d. Jürgen Ponto Stift. Frankfurt am Main 93; Dt. Kunstpr. d. Volksbanken u. Raiffeisenbanken 96; Stip. d. AK Olevano Romano 96; Kunstpr. d. VEAG Berlin 97 – **Ve:** Ver. d. Berliner Künstlerinnen 1867 94; BBK Berlins 98; VG Bild 99 – **KGe:** S. H. u. Klaus Killisch (seit 86) – **G/T:** Malerei (Abstr., Farbschichten, Lasuren) – **W:** überw. in Privatbes. – **M:** Berlin, Berlinische Gal.; Berlin, Märkisches Mus.; Frankfurt am Main, KS Dresdner Bank; Potsdam, Slg LBS – **Ö:** Berlin, Vattenfall Europe (Hauptgebäude, Foyer); Birkenwerder, Asklepios Kliniken; Hannover, Intern. Neuro Science Inst. – **E:** zahlr. Ausst. seit 86, u. a. 89 Warschau, Gal. TEST; 93 Frankfurt am Main, Dresdner Bank AG; 94 Chemnitz, VOXXX-Gal.; 96 Olevano, Villa Serpentara; 97 Leipzig, Dogenhaus Gal.; 99 Berlin, Wolf; 01 Köln, Herzog; 02 Berlin, Paul-Gerhardt-Kirche; 00, 03 Berlin, Raab – **G:** zahlr. Ausst.bet. seit 86, u. a. 88 Leipzig, Gal. Eigen + Art; 89 Berlin, Künstlerhaus Bethanien; 90 Paris, La Villette; 91 Berlin, Berlinische Gal.; 92 Glasgow, School of Arts; 93 Frankfurt/Oder, Mus. Junge Kunst; 94 Berlin, Haus am Lützowplatz; 95 Zwickau, StM; 96 Bonn, KM; 98 Berlin, Konrad Adenauer Stift.; 99 Tokio, Plaza Gall.; 00 Philadelphia, Berman Mus.; 01 Washington, Goethe-Inst.; 02 Berlin, Bundeskanzleramt; 03 Cottbus, Brandenburgische KS; – KUNSTMESSEN: Stockholm, Art Fair; Zürich, Kunstmesse; Frankfurt am Main, Art Frankfurt; Dresden, Kunstmesse; Köln, Art Cologne; Madrid, ARCO; Köln, art-fair – **V:** zahlr. Orig.graph. Bücher, u. a. z. Gedichten v. Brigitte Struzyk u. Rainer Schedlinsky (Serigrafie), Karen Margolis (Collage) u. Robert Fittermann (Lith.) – **R:** S. H. in Ausst.kat. d. Dogenhausgal. 95 – ***Lit:*** Mathias Flügge: Test, Ausst.kat. 88; Ina Gille: S. H., Ausst.kat. 89; Lothar Lang: Berliner Montmartre, Kunstb. 91; Christine Wagner: S. H. 93; Mathias Flügge: in rot, Ausst.kat. 94; Jörg Sperling: Figureinlösen. S. H. Max-Pechstein-Preis, Ausst.kat. 96; Jörn Merkert: Malertraum oder ein Fest für die Farbe, Ausst.kat. 97; Jörn Merkert: Zauberei und Zähneklappern, 98 – ***LitR:*** Alexander Ris: Kunst als Freiraum. Bilder der anderen deutschen Kultur, Fs.-Dok. (WDR) 90

Herrschaft, Sabine Charlotte, Bildhauerin; Kirchgasse 40, D-79291 Merdingen, Tel. u. Fax: (0 76 68) 9 41 24, *s.herrschaft@gmx.de*, *www.herrschaft. kulturserver-bawue.de* (* Berlin 29. 10. 57) – **S:** 76–82 PH Berlin (Technik/Al, pädagog. Psychologie, 1. Staatsexamen); als Künstlerin Autodidaktin; seit 92 freischaffende Künstlerin – **L:** Schule f. Ergotherapie Zell a.H. (Lehrerin f. Holz u. Metall) – **Ve:** BBK Südbaden 05; GEDOK 05; VG Bild-Kunst 06 – **G/T:** Skulpt.; Objekte (Stahl) – **K:** Gest. m. Stahl (Wochenendkurse u. Projekttage an Schulen) – **W:** überw. in Privatbes. – **Ö:** Freiburg, Rottler KG; Freiburg-Vauban, Grünspange; Kirchzarten, Testo Industrial Services AG; Munzingen, Sportpl. – **E:** u. a. 99 Münster, Allwetterzoo; Freiburg, Gal. Alyce (m. Jürgen Burkhart); 03 Freiburg, Baden-Auto GmbH; 05 Kirchzarten, Testo Industrial Services AG (m. Jürgen Burkhart); 06 Freiburg, Badenova AG & Co. KG; Freiburg, Adelhausermuseum – **G:** 96 Sasbach, L 7 (u. a. m. R. Rinker, F. Bohle, K. Jehn de Witt); 99 Münster, Allwetterzoo; Freiburg, Aldi-Halle: Bildnisse d. Menschen (m. G. Stellino, P.O. Hammann, P. Kounadis u. a.); Freiburg, Stadtbibl.: denk mal; 02 Endingen, Kornhalle im RH: Malerei u. Plast.; St. Andreasberg, Natur – Mensch; 04 Breisach a. Rhein, Martin-Bucer-Kirche: Zeitgen. Kunst u. Kirche begegnen sich; Hégenheim/Frkr., Fabrikculture: Regionale 5; 05 Stuttgart, KV: 1. Künstlermesse Stuttgart d. BBK; Hilden, 8. Kleinplast. Hilden; Lemwerder, 8. Kunstmarkt Lemwerder

Hersberger, Lori, Installationskünstler, Maler; Kernstr. 27, CH-8004 Zürich, Tel. 01 2 42 22 13 (* Basel 21. 12. 62) – **VG:** Zürich, Van Orsouw – **S:** 91–95 Schule f. Gest. Basel (Fachkl. f. audiovisuelle Gest. u. Fachkl. f. freie räumliche Gest.) – **G/T:** Plast., Objektkunst, Video – **M:** Basel, Mus. f. Gegenwartskunst; Marseille, Fonds rég. d'art contemp. Provence-Alpes-Côte d'Azur; Neuchâtel, Centre d'Art – **E:** zahlr., u. a. 02 Berlin, Grieder & von Puttkamer; Salzburg, Ropac; Wien, Mezzanin; New York, Brownstone; New York, Swiss Inst. for Contemp. Art – **G:** zahlr., u. a. 98 Berlin, AK; Zürich, Kunsthaus; Frankfurt am Main, Schirn; 99 Venedig, Bienn. – ***Lit:*** BLSK 98 – (Red.)

Hersberger, Marguerite, Malerin, Graphikerin, Objektkünstlerin; lebt in Zürich (* Basel 29. 8. 43) – **VG:** Bielefeld, Baumgarte; Zug, Gal. Weber – **S:** 64–66 KGS Basel – **P:** Kunststip. d. Stadt Zürich 74–75; Kunststip. d. Kt. Zürich 75–77; Conrad Ferdinand Meyer-Pr. 78 – **Ve:** Kunsthaus Zürich (Mitgl. im Beirat) 81–89; Kunstförd.-Kommission d. Kt. Zürich 82–94; Zürcher Kunstges. (Mitgl. d. Vorst.) 89–02 – **G/T:** konkrete Malerei (geometr. Formen in vielfältigen Farbkontrasten, Acryl u. Pigmente); Objektkunst; archit.bezogene Projekte u. Kunst am Bau; Lichtkunst – **M:** Zürich, Kunsthaus – **Ö:** u. a. Ascona, Casa di Residenzia cantonaccio; Basel, Intercontainer AG; ebda, Hoffmann-La Roche AG; Dresden, Dresdner Bank AG; ebda, Sa.milch AG; Frankfurt am Main, AXA Colonia Nordstern Immobilien; Herrliberg, Alterszentrum; Leipzig, Allianz AG; Schaffhausen, Reg.gebäude d. Kt. Schaffhausen; Winterthur, Bahnhof (Personenunterführung u. Hauptgebäude Schweiz. Bundesbahnen); Zürich, Telekurs AG; ebda, Verwaltungsgebäude Fremdenpolizei, Flughafen, Univ.spital (Wartehalle), Banque General du Luxembourg, Commerzbank Schweiz AG; Zürich-Altenstetten, Schweiz. Bankver. – **E:** u. a. 91 Basel, Graf

& Schelble; 95 Zürich, Haus f. konstruktive u. konkrete Kunst; 96 Brugg, Zimmermannhaus; 97, 01 Bielefeld, Baumgarte; 97, 00, 02 Zug, Gal. am See; 98 Kilchberg, Fossati – **G:** zahlr. im In- u. Ausld, zuletzt u. a. 03 Zürich, Kunsthaus; 06 Rapperswil/St. Gallen, IG Halle Alte Fabrik – ***Lit:*** LZSK 81; KVS 91 – (Red.)

Hertel, Arnold Ulrich (geb. Martin Ulrich Hertel), Dipl. Bildhauer, Maler u. Graphiker; c/o BBK Braunschweig, Torhausgal.: Humboldtstr. 34, D-38106 Braunschweig, Tel. (05 31) 34 61 66, Fax 33 77 26 (* Weimar/ Thür. 6. 10. 37) – **S:** 54–58 LdesKSch Mainz; 59–64 ABK München – **P:** Humboldt-Med. Berlin 02 – **Ve:** BBK München u. Obb. 64; BBK Braunschweig 71 – **G/T:** Freie Skulpt.; Keramikrelief, Wandbilder; Bronze; Stein; Holz; Portr. – Aqu.; Zchngn; Graph.; Rad.; Hschn.; Linolschnitt; Schriftbilder – **K:** Modellier-, Keramik-, Holschnitz- u. Drucksem. – **W:** Therapie-Projekte u. Kunst am Bau in Berlin-Hermsdorf (seit üb. 22 Jahren); Kunst am Bau im öff. Raum in Braunschweig, München, Heidelberg, Hildesheim, Bad Liebenburg, Berlin-Hermsdorf u. Kreuzberg, Hamburg, Starnberg u. Seeshaupt – **M:** Braunschweig, StM; München, MMK – **Ö:** Braunschweig, Berlin, Hildesheim, Esbeck-Helmstedt u. Liebenburg/Harz – **B:** Lebendige Mauern: Berlin-Hermsdorf: Trullidorf u. Fassadengest.; München: Ldeskriminalamt (Betonmauer); – sowie in Liebenburg u. Esbeck – **E:** München, Haus d. Kunst; – sowie in Berlin, Braunschweig, Hamburg, London u. Siena – **G:** in München, Hamburg, Braunschweig, Bregenz, Augsburg, Mannheim, Heidelberg, Kassel, Baden-Baden, Karlsruhe, Frankfurt u. Mainz – **V:** Trulli in Berlin 86; Kat. 76, 86 – ***Lit:*** Unesco-Zss 86–95 – ***LitR:*** Trulli in Berlin – Kunst am Bau u. Therapie im Humboldt-Krankenhaus Wiesengrund – Kinder- u. Jugendpsychiatrie, Kurzfilm Fs.

Hertel, Bernd, Maler, Graphiker; Atelier: Nikischplatz 1, D-04109 Leipzig, Tel. (03 41) 9 61 11 90. c/o Burg Giebichenstein, Hochschule für Kunst und Design Halle, Neuwerk 7, D-06108 Halle/Saale, Tel. (03 45) 7 75 18 65 (* Erfurt 12. 12. 40) – **VG:** Erfurt, Kunsthaus – **S:** 61–66 HGB Leipzig (b. Prof. Heisig u. Prof. Tübke) – **L:** seit 83 HS f. Kunst u. Design Burg Giebichenstein Halle (Doz. f. Naturstud. u. Akt, Bildnerische Grundlagen) – **Ve:** VBK DDR 66–91 – **G/T:** Malerei, Graph. (gegenstandsbezogen, figürlich) – **K:** zeichnerisches Naturstud., Aktzeichnen, Gestaltlehre – **W:** zahlr. Werke in Privatbes. – **M:** Berlin, SMPK; Dresden, Militärhist. Mus.; Frankfurt/Oder, Mus. Junge Kunst; Leipzig, KS d. Univ.; Neubrandenburg, KS; Rudolstadt, Museen; Schwerin, Staatl. Mus. – **Ö:** Leipzig, Schulkomplex an d. Querbreite (Fassadengest.) – **E:** u. a. 86 Genossenschaft Bild. Künstler Weimar; 87 Jena, Gal. im Stadthaus; 91 Magdeburg, Gal. Kunst d. Zeit; Erfurt, Gal. erph – **G:** u. a. 80 Dresden, Kunstausst. d. DDR; Berlin, Kunstausst. d. DDR; 78 Moskau; 86 Sofia; 88 Bukarest; 91 Stuttgart; 92 Bundesbank; 01 Brüssel; 02 Leipzig, Grafikbörse; 03 Dresden – **V:** CUM FIGURIS PRESSE, Mappenwerk (Rad.) 84–90 – ***Lit:*** Bildende Künstler in Leipzig 06

Hertel, Irene s. Bösch, Irene

Hertenstein, Axel; Mathystr. 36, D-75173 Pforzheim, Tel. u. Fax: (0 72 31) 2 70 84, *hertensteina@ freenet.de* (* Pforzheim 8. 11. 37) – **S:** 58–63 ABK Karlsruhe (Kl. f. Graph. Prof. Gaensslen); seit 63 freischaffend tätig – **P:** VO Stomps-Pr. 99 – **G/T:** Malerei (Druckfarbe, Ölkreide, figurativ); Buchkunst (Hertenstein-Presse, gegründet 67) – **K:** Druck; Buchdruck – **W:** im Bes. d. Ldratsamt Enzkr. Pforzheim, d. Spk. u. Volksbank Pforzheim, d. Stadt Pforzheim sowie in Reg.präs. in Stuttgart u. Freiburg – **M:** Berlin, KS d. Dt. Bundestages; Berlin, Staatsbibliothek; Den Haag, Reichsmus.; Karlsruhe, Bad. Ldesbibliothek; Kiel, Schlesw.-Holst. Ldesbibliothek; Köln, Univ.- u. Stadtbibliothek; Lenningen, Mus. f. Buchkunst; Mainz, Gutenberg-Mus.; München, Bay. Staatsbibliothek; Offenbach am Main, Klingspor-Mus.; Pforzheim, Gal. Pforzheim; Stuttgart, Bad.-Württ. Ldesbibliothek; Waterloo/Kanada, Univ.bibliothek; Weimar, Herzogin Anna Amalia-Bibliothek; Wolfenbüttel, Herzog-August-Bibliothek; Zürich, Zentralbibliothek – **E:** u. a. 64 Mannheim, KV; 68, 97 Pforzheim, Reuchlinhaus; 71 Bremen, Gal. Dodenhof; 73 Haiding, Schloß; 76 Toronto, Goethe-Inst.; 81 Böblingen, Kr.spk.; 86 Straßburg, Gal. Engel; 89 Karlsruhe, Bad. Ldesbibliothek; 96 Schwabach, Gal. Bürgerhaus; 98 Horn, Gal. Thurnhof; 00 Mainz, Gutenberg-Mus.; 02 Ludwigsburg, Studiengal. d. PH; Pforzheim, Spk.; 03 Osnabrück, Gal. im Treppchen; 04 Pforzheim, Gal. d. Volksbank; 05 Frankfurt am Main, Büchergilde Gutenberg – **V:** sehr zahlr. bibliophile Bücher, HANDPRESSENDRUCKE u. Veröff., zuletzt u. a. A.H.: Jakob (5 Linolschnitte, Umschlaggest., 40 Exemplare, z.T. handsigniert u. nummeriert) 01; J.W.v.Goethe, H. Heine, E. Mörike, Novalis, Th. Storm: Fünf Gedichte (5 Linolschnitte, Umschlaggest., 65 Exemplare, z.T. signiert u. nummeriert) 02; L. Uhland: Einkehr, Gedicht (3 Linolschnitte, Umschlaggest., 100 Exemplare, z.T. signiert u. nummeriert) 03; N. Lenau: Waldlied, Gedicht (2 Linolschnitte, Umschlaggest., 80 Exemplare, z.T. signiert u. nummeriert) 03; A.H.: Clara (6 Linolschnitte, Umschlaggest., 45 Exemplare, z.T. signiert u. nummeriert) 03; E. Mörike: Begegnung, 5 Gedichte (5 Linolschnitte, Umschlaggest., 88 Exemplare, z.T. signiert u. nummeriert) 04; J.v.Eichendorff: Der frohe Wandersmann, Gedicht (4 Linolschnitte, Umschlaggest., 66 Exemplare, z.T. signiert u. nummeriert) 04 – ***Lit:*** zahlr. Veröff. u. Beitr. in Fachzss, u. a. in: Illustration 63 Nr. 3 68, Nr. 3 71, Nr. 1 88, Nr. 2 97; Klaus Rödel in: Intern. Grafik 2 72; Henning Wendland in: Der Druckspiegel 2 72; in: Börsenblatt v. 2.1.76, Nr. 18 87; Klaus Waltermann: Hertenstein-Presse oder: Die Narretei, schöne Bücher zu machen, Kat. d. 12. Mainzer Minipressen-Messe 93/94; Karl Riha: VO Stomps-Pr. d. Stadt Mainz. Hertenstein-Presse Pforzheim, Kat. d. 15. Mainzer Minipressen-Messe 99; Eduard Isphording: SeitenAnsichten, Buchkunst aus dt. Handpressen u. Verlagen seit 1945. Die Slg d. Germanischen NM Nürnberg 99; Egisto Bragaglia, Teresa Grossi: Dizionario degli illustratori contemporanei 01; Michael Koch: Buch-Kunstwerke, 35 Jahre Hertenstein-Presse in Pforzheim, in: Schönes Schwaben Mai 02; Wolfgang Graetz: Die Hertenstein-Presse, 122. Frankfurter Grafikbrief d. Büchergilde 05

Hertrampf, Martin, Diplomfotograf; Zur Pappritzmühle 7, D-01328 Dresden, Fax (03 51) 8 02 70 33, *Katja.Froelich@tu-dresden.de* (* Gotha 30. 6. 64) – **VG:** Berlin, Bischoff – **S:** 92–98 HGB Leipzig (Fotogr. b. A. Fischer u. T. Rautert) – **L:** seit 94 HS f. soziale Dienste Dresden (LAuftr. Fotogr.) – **P:** DAAD-Jahresstip. 99, 00; Projektförd. d. Kult.stift. Sa. 02 – **Ve:** KBD 98 – **G/T:** Portr.fotogr. – **W:** zahlr. in Privatbes. – **M:** Gröbzig, Mus. Synagoge – **E:** u. a. 92 Dresden, Militärhist. Mus.; 94 Leipzig, HGB; 98 Gröbzig, Mus. Synagoge; 99 Dresden, Kunsthaus Raskolnikoff; 01 Kiew, Gal. d. ukrain. Künstlerverb.; 02 Minsk, KA; 05 Berlin, Dt.-Russ. Mus. (Kat.) – **G:** u. a. 01 Stuttgart, Bischoff; 05 Leipzig, Sä. Kunstausst.

Hertwig, Eberhard, Lithograph, Maler, Graphiker, Graphik-Designer; Liselotte-Herrmann-Str. 20, D-04318 Leipzig, Tel. u. Fax (03 41) 6 89 33 62 (* Leipzig 26. 5. 38) – **VG:** Wurzbach, Müller; Leipzig, Gal. Süd;

Leipzig, Kunstkaufhaus – **S:** Autodidakt – **L:** seit 94 Handwerkskammer Leipzig (Prüfungsausschuß f. Steindruck) – **P:** Silbermed. d. Ges. f. Dt.-Sowjet. Freundschaft 72; Dipl. Festiwal Sztuki Amatorskiej Krajów Socjalistycznych 75; Theodor-Körner-Förd.pr. 79; Zentraler Grafikwettb. Karl-Marx-Stadt (1. u. 2. Pr.) 81, 85 – **Ve:** VBK DDR 86–90; BDG 90–03 – **KGr:** Leipziger Blauer Reiter (90–03) – **G/T:** Gebrauchsgraph. (Entwürfe, Plakate, Anzeigen); freie Malerei u. Graph. (Lith., Rad., Exlibris, Airbrush); surreal-figurative u. abstr. Motive (vorrangig geometr.-konstruktiv) – **K:** Computerkurse Graph.-Design (privat) – **W:** Leipzig, ehem. Fundus Zentralhaus f. Volkskunst; ebda, Spk., Dresdner Bank; Markkleeberg, Kult.amt; weitere Werke überw. in Privatbes. – **M:** Frankfurt/Oder, Mus. Junge Kunst – **Ö:** Borna, Spk.; Leipzig, Univ.; Markkleeberg, Seniorenheim – **E:** 84 Borna, Gal. Torladen; 86, 89, 90, 02 Delitzsch, Eis-Café am Markt; 91 Markkleeberg, Westphalsches Haus; 93 Leipzig, Autohaus Hinze & Sohn; 93, 98 Leipzig, Anwaltskanzlei Hager, Weidauer, Zebisch u. Zirnstein; 01 Leipzig, Adagio; 02, 03 Leipzig, Hotel Atrium; 02 Markkleeberg, Seniorenheim; 03 Leipzig, Kunstkaufhaus – **G:** u. a. 68–89 Leipzig, sämtl. Bez.kunstausst.; 90–94 Leipziger Blauer Reiter: Leipzig, Gal. 3; Leipzig, Gal. Theaterpassage; Leipzig, Gal. Süd; Halle/Saale, Univ.; Hamburg, Kult.luft; Mönchengladbach, Jugendzentrum Step; Wasserburg am Inn, Gal. im Ganserhaus – ***Lit:*** Kat.: VII. Kunstausst. d. DDR 73; Bildnerisches Volksschaffen sozialist. Länder 76; 1. Zentrale Grafikausst. Karl-Marx-Stadt 81; Bildnerisches Volksschaffen DDR 86; Künstlergruppe 'Leipziger Blauer Reiter' 92; – weitere: Mitten im eiskalten Winter..., in: LVZ 85; M. Martin d. J.: E.H., in: Leipziger Blauer Reiter 90, 91; Bildende Künstler in Leipzig 94; Bildende Künstler in Leipzig 06 – ***LitR:*** Künstler in der Leipziger Lichtdruck Werkstatt, Video 97 – (Red.)

Herz, Rudolf, Dr. phil., Künstler; Tel. (0 89) 54 64 32 10, Fax 54 64 32 31, *info@rudolfherz.de*, *www.rudolfherz.de* (* Sonthofen 20. 10. 54) – **S:** 74–81 ABK München; 85–94 Ludwig-Maximilians-Univ. München; Carl-v.-Ossietzky Univ. Oldenburg; 94 Carl-v.-Ossietzky Univ. Oldenburg (Promotion) – **L:** 84–03 ABK München, Univ. Hamburg, Univ. Trier (Lehrauftr.); 94–95 GesamtHS Kassel (Vertretungsprof. f. Theorie u. Praxis d. Visuellen Kommunikation) – **P:** Projektstip. d. Stift. Kunstfonds Bonn 82, 85; Stip. d. Alfried Krupp v. Bohlen u. Halbach-Stift. (f. zeitgen. Dt. Fotogr.) 89; Förd.pr. d. Stadt München f. Fotogr. 90; Künstler. Förd.pr. d. Freistaats Bay. 91; Villa-Massimo-Stip. 95; Wettb. f. d. 'Denkmal für die ermordeten Juden Europas' Berlin (Preisträger) 97 – **Ve:** Dt. Künstlerbund – **G/T:** Konzept. Kunst – **M:** Berlin, NG; Essen, Mus. Folkwang; Hamburg, KH; Hamburg, Slg Hans Barlach; München, Kunstbunker Tumulka; München, Lenbachhaus; New York, Jewish Mus.; New York, MOMA; Wien, MMK Stiftung Ludwig – **Ö:** Skulpt. in: Augsburg, Ldesversicherungsanst.; Engen-Welschingen, Bauhof; Karlsruhe, Bundesgerichtshof; Konstanz, Campus d. Univ.; München, U-Bahnhof Olympiapark Nord (Gest.) – **E:** 88 München, Lenbachhaus; 93 Baden-Baden, Alte Polizeidir.; 95 Rom, Villa Massimo; Essen, KV Ruhr; 96 Karlsruhe, Badischer KV; 97 Berlin, Neue Ges. für bild. Kunst; Bremen, Neues Mus. Weserburg; Hamburg, Halle K; 98 München, Kunstbunker Tumulka; 00 Konstanz, KV; 02 Kassel, KV – **G:** Ausst.bet. seit 83, zuletzt 99 Düsseldorf, KH; 00 München, Haus der Kunst; 01 New York, MOMA; Paris, Patrimoine photographique; 02 New York, Jewish Mus.; Karlsruhe, ZKM; Luxembourg, Casino; Rom, Ostia Antica; 03 Essen, Mus. Folkwang; Bremen, StG; Bremen, Neues Mus. Weserburg – ***Lit:*** Otto Karl Werckmeister (Essay): R. H. Schauplatz 91; Dirk Teuber (Text): R. H. – Thomas Lehnerer. Rot ist dann nur noch die Farbe des Blutes. Gemeinsame Arbeiten 1979–1993 93; R. H. Lenins Lager. Entwurf für eine Figur in Dresden 93; Peter Friese u. Georg Bussmann (Texte): R. H. Zugzwang 95; Dirk Halfbrodt u. Peter Friese (Hrsg.): Herz. 98; Matthias Reichelt (Hrsg.): 99 R. H., Reinhard Matz. Zwei Entwürfe zum Holocaust-Denkmal 01; Matthias Reichelt: R. H. Künstlerische Bildstörung, in: Kunstforum 169 04 – (Red.)

Herzau, Andreas, Fotograf, Fotojournalist; Schanzenstr. 6, D-20357 Hamburg, Tel. Mobil: 01 72 412 36 94, *letter@andreasherzau.de*, *www.andreasherzau.de* (* Mainz 29. 5. 62) – **S:** Ausb. z. Typografen; Volontär (Politredakteur) – **L:** 99–01 FHS Bielefeld (LAuftr. f. Fotogr.) – **P:** Europ. Fuji Press Photo Award 97, 02; Pr. d. Fotosymposiums f. Dok.fotogr. (3. Pr.) 99; Hansel-Mieth-Pr. 99; Stip. Kult.werk d. VG Bild-Kunst 02 – **Ve:** laif Agentur f. Photos u. Reportagen Köln seit 98 – **KGr:** signum (95–97, Gründungsmitgl.) – **G/T:** Reportage- u. Essayfotogr. – **E:** 01 Rotterdam, Goethe Inst.; 02 Hamburg, Mus. d. Arb.; Köln, Photogal. laif; 03 Bangladesh, Goethe Inst. – **G:** u. a. 97 Hamburg, Verlagshaus Gruner u. Jahr; 98 Hamburg, RH; Berlin, Künstlerhaus Bethanien; 00 Yucatan/ Mexiko, Mes Intern. de la Fotografia; 02 Hamburg, Altonaer Mus. – (Red.)

Herzberg-Jochum, Birgit (geb. Birgit Jochum), Dipl. Ing., Textildesignerin (FHS), Malerin, Dozentin, Designerin; c/o True Colours, Römerstr. 89, D-70180 Stuttgart, Tel. (07 11) 6 40 94 41, Fax 6 40 94 42, *info@truecolours.de*, *www.truecolours.de* (* Marbach am Neckar 20. 10. 69) – **VG:** Stuttgart, Gal. True Colours – **S:** 90–91 Freie KSch Stuttgart; 91–96 HS Reutlingen (Malerei b. Prof. Manfred Schweiss u. Textildesign b. Prof. Eckard Aheimer) – **L:** seit 00 KA Esslingen (Dozentin f. Malerei) – **Ve:** Württ. KV Stuttgart 04 – **G/T:** Freie Malerei (Acryl); Zchng; Monoprints; Collage – **K:** Grundlagen d. Malerei; Acryl; Zchng; Grund- u. Fortbild. – **W:** Performance Blickfang: Action! 06; private Ankäufe – **M:** Leinfelden, StG – **E:** 01 Leinfelden, StG; 03 Stuttgart, True Shop; 05 Stuttgart, Marienpark – **G:** 05 Stuttgart, RH; Rechberghausen, Kult.mühle

Herzele, Margarethe (eigtl. Margarethe Kraus-Herzele, geb. Margarethe Herzele, Ps.: MHK), Mag. art., freischaffende Malerin, Schriftstellerin, Illustratorin, Kunsterzieherin in d. Schweiz, journalist. Tätigkeit in Öst.; Aslangasse 13/2, A-1190 Wien, Tel. (01) 3 20 83 38 (* St. Veit an der Glan 2. 8. 31) – **VG:** Wien, Künstlerhaus – **S:** 51–55 Univ. Wien u. ABK Wien (Malerei u. Kunsterziehung b. R.C. Andersen) – **P:** 1. Pr. d. Ldesreg. Kärnten 50; 1. Pr. d. ABK Wien 51, 52, 53, 54; Buchprämie d. BMfUK 89 – **Ve:** Künstlerhaus Wien; Öst. P.E.N.-Club u. a. – **KGe:** m. Ehemann Günther Kraus – **G/T:** Malerei (v. Abstr. u. Tachismus in d. 1950er Jahren z. Figuralen u. Erzählerischen, auch Lsch.malerei); Techniken: Aqu.; Öl; Kunstharz; Farbstiftzchng (1960er-1970er Jahre); Kugelschreiberzchng; Ill. eigener u. fremder Bücher, Ztgn etc.; Graph. (Eisenrad., Lith., Seriegr.); Kleinplast. (Guß); Entwürfe f. Reliefs; Lichtskulpt.; Vorträge; seit den 1980er Jahren vorw. literar. Arb., u. a. 9 veröff. Bücher – **W:** in Banken in Öst.; in Bes. d. Slg Weinberg New York, Slg Norico; Werke d. 1960er Jahre im öff. Raum (Wandgest., Skulpt. u. a.) wurden abgerissen – **M:** u. a. Agram, Mus.; Kavardaci, Mus.; Klagenfurt, Kärntner LG; Klagenfurt, MMKK; Wien, Albertina; Wien, BMfUK; Wien, Belvedere; Wien, Kpst.-Kab. d. ABK – **E:** u. a. in Wien, Graz, Rom, Mailand, New York, Tokio, Rußland, Cincinnati, Regensburg, Berlin, Stockholm, Agram u. Linz – **G:** Bet. u. a. in Berlin, Tokio, München, Mailand, Moskau, Bienn. in Bozen, Niederl. u. Belgien – **V:** zahlr. Kunstberichte in d. Presse (Ztgn, Zss, ORF); ILL. u. a.: Carinthian Love Songs, Gedichte u. Zchngn I 76, II 79; Reflexionen gelben Lichtes, Aphorismen u. Zchngn 83; O Glanz d. m(w)ilden Mondes, Erz. u. Zchngn 89; Helene Cixous: Das Buch v. Promethea 90; Gedichte (Podium Portr. 3) 01; Florica Madritsch-Marin: Nocturne 03

Herzer, Klaus; Sternbergstr. 45, D-72116 Mössingen, Tel. (0 74 73) 87 87, *www.klaus-herzer.de; www.holzschnittmuseum.de* (* Göppingen 23. 3. 32) – **VG:** Mössingen-Öschingen, Herzer – **Ve:** Künstlerbund Tübingen seit 72; Künstlergilde Hechingen seit 75 – **G/T:** Holz- u. Metalldrucke, Monotypien – **M:** Albstadt, StG; Lenningen, Mus. f. Buchkunst; Mössingen-Öschingen, Herzer; Reutlingen, Städt. KM Spendhaus; Rottenburg am Neckar, Diözesan-Mus.; Stuttgart, SG – **Ö:** Mössingen, RH; ebda, RH-Pl. – **E:** über 70 Ausst. seit 70, u. a. Stuttgart, Inst. f. Ausldsbeziehungen; Tübingen, KH sowie in Albstadt, Basel, Bochum, Göppingen, Karlsruhe, Reutlingen u. Saulgau – **G:** über 200 Ausst.bet. seit 72, u. a. in Albstadt, Basel, Belfast, Berlin, Budapest, Durham, Gent, Joné-les Tours, Ljubliana, Lodz, Madrid, Peking, Reutlingen, Rom, Stuttgart, Tübingen, Warschau – ***Lit:*** K. H. Farbholzschnitte, Monotypien, Dispersionsbilder, Ausst.kat. 82; Das Landschaftsbild der Schwäbischen Alb II, Kat. 87; Hans Nun: Ein Holzschneider als Maler. K. H.s Variationen des Holzschnitts, in: Graphische Kunst, Zs 87; K. H. Holz- u. Metalldrucke, Ausst.kat. 92; K. H. Der große Tag 93; K. H. Druck und Ausdruck, Ausst.kat. 99 – (Red.)

Herzig, Wolfgang, Akad. Maler; Ausstellungsstr. 1/18, A-1020 Wien, Tel. (01) 7 28 59 24, Mobil: 06 7 67 23 85 12, *wolfgangherzig@yahoo.de, www.wolfgangherzig.org* (* Judenburg/Stmk 24. 10. 41) – **S:** 55–59 KGS Ortwein Graz; 59–65 ABK Wien (b. Sergius Pauser) – **L:** Univ. f. angew. Kunst Wien (Prof. f. Malerei, Leiter einer Meisterkl.) – **P:** Würdigungspr. d. Stadt Wien f. Malerei 81; Würdigungspr. d. Ldes Stmk 02 – **Ve:** Secession Wien 68 – **KGr:** Künstlersonderbund in Deutschland Berlin; Wirklichkeiten (seit 68) – **G/T:** Tafelbild, konstruktive Figuration – **W:** Werke in privaten in- u. ausländischen Slgn – **M:** Graz, LM Joanneum; Klosterneuburg/NdÖst., Slg Essl; Salzburg, Rupertinum; Wien, Belvedere; Wien, GG d. ABK; Wien, MMK Stiftung Ludwig – **Ö:** Wien, Schwimmbad; ebda, Etablissement Ronacher – **E:** u. a. 66–96 Wien, Univ. f. angew. Kunst (Werkschau); 70 Basel, Secession Wien Art 6; 75 Amsterdam, Siau; 78, 95 Salzburg, Rupertinum; 87 Wien, Bawag Found. – **G:** u. a. 68, 88 Wien, MMK Stiftung Ludwig; 92 Manchester, Salford Mus.; 93 Berlin, Realismus-Trienn.; 96 Lissabon, Pal. Galveias; Dublin, Hugh Lane Mun. Gall. of Mod. Art; – sowie Bonn, KH – **V:** Erinnerungen, Graph. Mappenwerke 80; Otto Breicha: Odysseus im Schattenreich (Hrsg.) 98 – ***Lit:*** u. a. André Heller: Die Ernte der Schlaflosigkeit in Wien 75; Wolfgang Bauer, Otto Breicha u. Irene Nierhaus: H., Monogr. 95; Barbara Denscher u. Christian Brandstätter: Kunst und Kultur in Österreich. Das 20. Jahrhundert 99; – zahlr. weitere Publikationen, v. a. Ausst.kat. m. Texten v. Otto Breicha – ***LitR:*** Heinz Dieckmann: Heldenberg und Watschenmann, Film ZDF 72; Wilhelm Gaube: W. H. oder wenn man genau hinschaut, Portr. 87 – (Red.)

Herzog, Frank, Maler, Bildhauer (* Bückeburg 29. 12. 49) – **VG:** München, Dany Keller – **S:** WerkKSch Bielefeld (Freie Graph. u. Malerei) – **L:** 78–84 FHS Bielefeld (LAuftr. f. zeichnerische Gest., Grundlagen u. Aktzeichn.) – **P:** Stift. Kunstfonds – Arb.- u. Projektstip. 00 – **KGr:** Kunst und Politik (71, Mitbegr.) – **W:** Werke in Privatslgn in Bielefeld, Düsseldorf, Hannover, Mönchengladbach, München, Münster, Paris, Schwerte u. Würzburg sowie in Luxemburg u. d. USA – **M:** Bielefeld, KH – **Ö:** Radolfzell, Allweiler AG; Köln, Stadtspk. – **E:** zuletzt u. a. 99 Köln, Lüdke; 00 Köln, 68elf Förd.ver. junger Kunst; 01 Köln, Artothek; 01, 02 München, Dany Keller; 02 Berlin, Tammen & Busch – **G:** u. a. 02 München, Dany Keller; München, Artothek; Köln, Haferkamp; Aalst, In Situ; Graz, LM Joanneum – (Red.)

Herzog, Heike (geb. Heike Hoffmann), Dipl. Kostüm- u. Bühnenbildnerin, Dipl. Kunsttherapeutin; c/o art + form, Bautzner Str. 11, D-01099 Dresden, Tel. (03 51) 8 03 13 22, Fax 8 03 13 23, *info@artundform.de, www.artundform.de* (* Dresden 7. 9. 64) – **VG:** Dresden, art + form – **S:** 80–83 HBK Dresden (Abendstud.); 88–93 ebda (Bühnen- u. Kostümbild); 94–96 ebda (Kunst-Therapie) – **L:** 96–00 HBK Dresden (Kunst-Therapie, künstler. Gest.techniken); 99–00 Ev. FHS f. soziale Arb. (Medienkurs) – **Ve:** Kunstraum 91–03 – **KGe:** H. H. u. Susanne Graup (seit 92); H. H. u. Ines Lehmann (seit 00); H. H. u. Weckeßer (seit 04) – **G/T:** Malerei, Graph., Raumgest., medienübergreifende Inszenierungen – **K:** JugendKSch Schloß Albrechtsberg (Malkurse f. unterschiedl. Altersstufen) – **Ö:** Dresden, Café Scheune (Innenraum- u. Fassadengest.) – **E:** 98 Dresden, art + form; 99 Dresden, Kreativstudio Zschertnitz; 01 Dresden, Kleine Szene; 02 Dresden, Kaufpal.; 03 Dresden, Derevo-Laboratorium; 04 Dresden, Neue Gal. Pillnitz; Dresden, Café Clara; Dresden, Weißer Hirsch; 05 Radeberg, Schloß Klippenstein; Weißig, Tonzeit; 06 Dresden, Café Scheune – **G:** 92, 93, 95, 96 Dresden (open-air-Inszenierungen); 96 Oschersleben, Ldratsamt; 98 Saint Ingbert; 99 Radebeul, StG; Freiberg, @lpha Gall.; 04 Dresden, art + form

Herzog, Helmut, Dipl.-Ing., Maler, Dozent, Trainer f. EDV; Panoramaweg 2, D-36280 Oberaula-Ibra, Tel. (0 66 28) 91 90 46, *herzog-ibra@onlinehome.de, www.herzog-art.de* (* Hagenau/Elsaß 26. 6. 44) – **S:** Autodidakt – **G/T:** realistische u. surrealistische Arb. (Aqu., Acryl, Öl, Mischtechniken); Schwerpunktthemen: Der Mensch, Kinder der Welt, Portr., Ldschaften, Stilleben, Blumen, Tiere, Phantasien – **W:** Multimediashow-hherzog-art_pgpräs.pps – **G:** 99 Kleinsassen – **V:** Ernst Ferstl: Zusammen sind wir herzzerreißend (Cover) 03 – **R:** Werkverzeichnis – H. H., PPS 03 – ***Lit:*** Ernte, in: Die Gemeinde 03 – (Red.)

Herzog, Walter, Dr.; Köpenicker Str. 95, D-10179 Berlin, Tel. (0 30) 2 75 07 93 (* Dresden 20. 9. 36) – **VG:** Chemnitz, Schmidt-Rottluff; Dresden, art + form; Greifswald, Greifengalerie; Warnemünde, Möller; Leipzig, Gal. Süd – **S:** 57–60 TU Dresden (Archit.; Malerei u. Graph. b. Georg Nerlich) – **Ve:** VBK DDR 74–90 – **G/T:** Landschaft u. Archit., Stilleben, künstler. Adaption hist. Kunst, Graph. (Zeichn., Rad.) – **M:** Berlin, Kpst.-Kab.; Dresden, Kpst.-Kab.; Leipzig, MBK; Oberhausen, Ludwig-Gal.; Stendal, Winckelmann-Mus. – **B:** u. a. Berlin-Mitte: Umbauung d. Fernsehturms – **E:** über 200 Einzelausst., überw. in Ostdtld, u. a. 86 Berlin, Unter d. Linden; Isny, KH im Schloß; 01 Berlin, Gal. M; 02 Beeskow, Burg – **V:** u. a. W. H. Radierungen. Gesamtverzeichnis 1971–1983; W. H. Werkverzeichnis d. Radierungen. 1983–1997; W. H. Werkverzeichnis d. Radierungen. 1998–2002 – (Red.)

Heser, Hans, Rektor, Maler, Graphiker; Irreler Str. 7, D-54310 Menningen, Tel. (0 65 25) 72 31, Fax 4 11, *dh.heser@web.de* (* Menningen 7. 9. 50) – **S:** 70–74 Erziehungswiss. HS Koblenz (b. Prof. H. Altmeier u. Klauer-Simonis) – **Ve:** BBK Rh.-Pf. 98 – **G/T:** Symbolcollagen mit narrativem Charakter – **W:** Gemälde u. Graph. in Privatbes. – **E:** seit 98 Ausst. in offenen Ateliers in RP – **G:** 93 Simmern, Schloß (Gal.tage RP); 95, 97 Pirmasens (Kunst u. Künstler im Messestand) – ***Lit:*** Norbert Härtl: Imago, Ausst.kat. 02 – (Red.)

Hess, Elmar, Video- u. Installationskünstler, Filmemacher; lebt in Hamburg u. Berlin (* Saarbrücken 66) – **S:** 88–90 Staatl. ABK Stuttgart; 90–95 HBK Hamburg; 98–00 Univ. Hamburg (Spielfilmregie) – **P:** u. a. Stip. d. Werkleitz-Ges.; Stip. d. HBK Hamburg 96; Produktionspr. Intern. Videofest Berlin 96; Stip. Neue Kunst in Hamburg 97; Stift. Kunstfonds – Arb.- u. Projektstip. 98; Künstlerstätte Bleckede 03 – **E:** / G: u. a. 91 Hamburg, Kunsthaus; 94 Wien, Museumsquartier Kunstraum; 95, 02 Hamburg, Kampnagel; 99 Wolfsburg, KM; 00 Oldenburg, Edith-Ruß-Haus f. Medienkunst; Berlin, Gebauer; Moskau, Intern. Filmfest; 02 Hamburg, Barlach-Halle; Hamburg, KH; 04 Wels, Gal. d. Stadt Wels – **R:** u. a. Relation Ship, Film-Install. 92; Kriegsjahre, Video 94; Super-Lotti, Kurzf. 98; Herr schafft Pleiten, Video 99; Sülze, Video 00; Frozen in Time 01; Freedom Is Not For Free, Videos 02 – (Red.)

Hesse, Margareta, Prof. FH Dortmund, Malerin, Objektkünstlerin; *hesse.grawe@t-online.de*. Richard-Wagner-Platz 1, D-10585 Berlin (* Duderstadt 23. 6. 56) – **VG:** Hagen, Schlieper; Hamburg, Gal. Hamburger Kunstprojekt; Stuttgart, Braun; Feldmeilen, Global Art Source – **S:** 75–82 Univ. Siegen u. Paderborn (Kunsterziehung u. Romanistik); 81 Éc. Nat. Supérieure des Beaux-Arts Paris (Stip., freie Malerei b. Prof. Caron) – **L:** 91–95 FH Dortmund (LBeauftr. f. Grundlagen d. künstler. Gest.); seit 95 ebda (Prof. f. Grundlagen d. künstler. Gest. u. Ill.) – **P:** Stip. d. Univ. Paderborn (f. Stud. d. freien Malerei in Paris) 81; Kult.förd.pr. Göttingen 90; Hoesch-Künstlerstip. (Projekt 'Werkkunst') 91/92; Pr.d. Darmstädter Sezession (Malerei) – **Ve:** Neue Darmstädter Sezession 95; Westdt. Künstlerbund 02; Dt. Künstlerbund – **G/T:** Malerei (Postminimalismus); seit 99 'Transluzide' (Arb. auf semitransparenten Polyesterplatten); Install.; Objekte (Stahl, Holz u. Leinwand); 'Tubes' (Postminimalismus, Arb.schwerpunkt bis 94) – **M:** Allendorf, Viessmann Werke; Düsseldorf, KS WGZ-Bank; Düsseldorf, Kultusmin. NRW; Düsseldorf, Ldtag; Frankfurt am Main, KS Dresdner Bank; Frankfurt am Main, Mus. f. Kommunikation; Halle/Saale, Staatl. Gal. Moritzburg – **Ö:** Dortmund, Install. vor d. Hoesch-Mus. – **E:** zahlr. Einzelausst. seit 89, u. a. 92 Frankfurt am Main, Mousonturm; 93 Bern, Gal. Tanner; 94 Herne, Flottmann-Hallen (m. H. Reusche); Emmerich, KV; 95 Unna, KV; 97 Paderborn, StG; 98 Hagen, Schlieper; 99 Gütersloh, KV; Wadersloh, Mus. Abtei Liesborn; Siegen, KV; 00 Gal. Hamburger Kunstprojekt; 01 Kaarst, StG; 02 Stuttgart, Braun; Würzburg, KV; 04 Feldmeilen, Global Art Source – **G:** zahlr. Gr.ausst. seit 82, u. a. 88 Hannover, KV; Deventer, Bergkirche; 90 Los Angeles, Art-L.A. '90; 90–03 Düsseldorf, 'Große Kunstausst. NRW'; 93 Darmstadt, K; 95 Darmstadt, Mathildenhöhe; 96 Sofia, SM; 99–02 Frankfurt am Main, Art Frankfurt; Zürich, Kunst Zürich; 001 Frankfurt am Main, Mus. f. Kommunikation; 002 Bochum, Mus.; 003 Tübingen, Shedhalle – **V:** Stefan Gross (Hrsg.): Mélisandes Lieder (15 Bilder) 85 – ***Lit:*** Kulturamt Brilon (Hrsg.): M. Hesse. Objekte, Kat. 88; Fa. Hoesch AG (Hrsg.): M. Hesse. Objekte. Installationen – Projekt Werkkunst, Kat. 93; Stadt Herne, Emschertalmus. (Hrsg.): M. H. – wooden tubes, Kat. 94; Schloßgal. Nordkirchen (Hrsg.): M. H. – plans et contreplans, Bilder 1994/95, Kat. 95; Gal. Michael Schlieper (Hrsg.): M. H. – tubes, Kat. 99; ders. (Hrsg.): Structure fields – M. H., Kat. 99; ders. (Hrsg.): Structure fields – Transluzide – M. H., Kat. 00; Gal. Hamburger Kunstprojekt u. Gal. Michael Schlieper (Hrsg.): einmal auf dem Wasser gehen und in die Tiefe sehen, Kat. 02 – (Red.)

Hesse, Thesa s. Terheyden, Thesa

Hessling, Rosa M, Malerin, Fotographin; Tel. u. Fax (02 21) 24 31 60, *R.M.Hessling@t-online.de*, *www.rosamhessling.de*. c/o Galerie Renate Bender, Hohenzollernstr. 122, D-80796 München, Tel. (0 89) 30 72 81 07, Fax 30 72 81 09, *www.galerie-bender.de* (* Zell/Mosel 54) – **VG:** München, Bender; Sydney, Conny Dietzschold; New York, Raben; Ladenburg, märz gal. – **S:** 81–86 KA Düsseldorf (b. d. Prof. Christian Megert u. Nam June Paik, Meisterschülerin) – **L:** 91–92 KA Düsseldorf (Vermittlung künstler. Druckgraph.) – **P:** Wagner-Stip., Bayreuth 85; DAAD-Stip. f. Lanzarote 87/88; Reisestip. d. Kultusmin. NRW (f. Progetto Cicitella d'Agliano/Ital.) 90 – **Ve:** VG Bild-Kunst 95; Dt. Künstlerbund 06 – **G/T:** Malerei, Fotogr. – **W:** Ankäufe in Köln u. a. durch d. Central Krankenversicherung u. d. Nordstern-Versicherung – **M:** Aachen, ehem. Reichsabtei Kornelimünster KS NRW; Amersfoort, Mondriaanhuis; Düsseldorf, Min. f. Stadtentwicklung, Kult. u. Sport NRW; Frankfurt am Main, Mus. f. Kommunikation; Hagen, Karl-Ernst-Osthaus-Mus.; Ingolstadt, Mus. f. Konkrete Kunst; Köln, artothek; Lüdenscheid, Slg d. StG in d. Mus. d. Stadt – **Ö:** Bonn, Dt. Akad. Austausch Dienst; ebda, Dt. Telekom; Darmstadt, Merck KGaA; Düsseldorf, Hotel Nikko; Euskirchen, Ldeszentralbank; Köln, Reynolds Tabaco; ebda, Rheinbraun Brennstoff GmbH, Domhotel, Stadtspk.; Königswinter, Amtsgericht; Mülheim an der Ruhr, Dresdner Bank; München, C + L Dt. Revision; ebda, Hotel Kempinski Vier Jahreszeiten, Dorint Novotel; New York, Alliance Capital Management L.P.; Schweinfurt, Hypobank; Stolberg, CAE Elektronik GmbH; Warstein, Warsteiner Brauerei Haus Cramer; Zell/Mosel, ehem. Synagoge – **E:** zahlr. seit 81, zuletzt 02, 05 (Kat.) München, Bender; 02 Ingolstadt, Mus. f. Konkrete Kunst (Kat.); Mülheim an der Ruhr, KM (Kat.); Siegburg, SM (Kat.); Dortmund, KV (Kat.); 03 Graz, Mus. d. Wahrnehmung; 04 New York, Raben; Sydney, Conny Dietzschold; 05 Ladenburg, März (m. Shizuko Yoshikawa); 08 Bonn, LM – **G:** zahlr. Bet. seit 83, u. a. 89, 96, 98, 00, 01, 03 Köln, Art Cologne; seit 94 Zürich, Kunst Zürich; 02, 03, 04, 05 Bologna, Arte Fiera; Melbourne, Art Fair; 02 Sydney, Conny Dietzschold; Budapest, Műcsarnok; 03 Bergisch Gladbach, StG Villa Zanders; New York, Hunter College/Time Square; Spital am Pyhrn, Artmark Gal.; 04 Plön, KV Schloß Plön; Plüschow, Schloß; 05 Sydney, Univ. of Sydney u. Tin Sheds Gall.: minimal approach... concrete tendencies; New York, Raben: Abstractions; Santa Fe, Art Santa Fe; 06 Ladenburg, März: WEISS; Bonn, Künstlerforum: Touched by India; Miami Beach, Art Miami; Chicago, Art Chicago – ***Lit:*** AUSST.KAT.: u. a. Eugen Gomringer: R. M H. 89; Katharina Hegewisch: Spürflächen (Mus. d. Stadt Lüdenscheid) 92; Eugen Gomringer, in: drei frauen konkret? (Gal. Bender München) 95; Karin Stempel u. Andrea Bergmann: Deyle-Emde-Hessling (KM Ahlen) 95; Karin Stempel: R. M H. (Mus. f. Lackkunst Münster) 98 – KAT.B.: Peter Volkwein u. Anne Rossenbach: Garden of Light 1 02; Gabriele Uelsberg, Sabine Müller u. Andrea Bergmann: Garden of Light 2 02 – ZSS u. ZTGN: u. a. Thomas Wulffen, in: Kunstforum Intern. Bd 97 88; Gabriele Rivet, in: Bijutsu Techo Nr. 1 90; Reinhard Ermen, in: Kunstforum Intern. Bd 110 90; Wolfgang Speen, in: Kunst Köln 3 91; Karin Stempel, in: Nike 41 92; Ulrike Jagla-Blankenburg, in: Kunst 3 95; Thomas Hirsch, in: Choices 7 02; Sabine Müller, in: Kunstforum Intern. Bd 164 03; Grace Glueck, in: The New

York Times 18.4.03; Peter Volkwein, in: Innovation X 03 – ***LitR:*** Isabella Kreim: R. M H., RF-Interview Kult.-kanal Ingolstadt 02

Hetz, Konrad, Maler, Graphiker; Kolumbusstr. 5 s, D-81345 München, Tel. (0 89) 43 77 95 60, Fax 43 77 95 61, *konrad.hetz@gmx.de* (* München 25. 9. 46) – **S:** 66–71 München (Privatstud. b. Prof. Heinrich Baudisch, Malerei u. Graph., anschl. b. d. Prof. Friedbert Ficker u. Hans Soyka) – **P:** Linolschnitt heute – Grafikpr. 89; Seerosenpr. 96 – **Ve:** Schutzverb. Bild. Künstler; BBK – **KGr:** Freie Münchner und Deutsche Künstlerschaft – **M:** München, Bay. Staatsgemäldeslgn; München, Lenbachhaus – **E:** / G: zahlr. Ausst. im In- u. Ausld, u. a. München, Haus d. Kunst; Berlin, Intergraph. Ost-Berlin; Ottobrunn, RH; – weitere: Kunstpavillon, Mitterfels, Ostfriesld – (Red.)

Heublein, Madeleine, Malerin, Graphikerin; Abtnaundorfer Str. 1, D-04347 Leipzig, Tel. (03 41) 2 31 36 32, *heublein@his.de* (* Leipzig 8. 10. 63) – **P:** Kult.stift. d. Freistaates Sa. 00; Stip. d. Aldegrever Ges. 03 – **G/T:** Malerei, Graph. – **W:** Arb. u. a. im Bes. d. Reg.präsidiums Leipzig sowie in Privatbes. – **M:** Chemnitz, Neue Sä. Gal.; Leipzig, KH Spk.; Münster, Westf. LM – **E:** 94, 96 Leipzig, Artco; 97 Altenburg, RHgal.; 98 Nürnberg, Gal.haus; 99, 03 Hannover, Leibnitzhaus; 00 Leipzig, Gal. Hotel Leipziger Hof; 02 Dessau, Feiningerhaus; 04 Leipzig, Mus. für Druckkunst; 05 Naumburg, Dom – **G:** 94 Bremen, StG; 95 Leipzig, Mus. f. Kunsthandwerk; 96 Nürnberg, Germanisches NM; Jena, StM u. KS; 97 Chemnitz, StG; 98 Krakau (Künstler d. Graph.symposiums); 99 Essen, Bonn u. Brüssel (Sa.-heute); 00 Coburg, KH; Passau, Schloß Vornbach; 01 München, Mohrvilla Freimann; 02 Leipzig, KH Spk.; 03 Teplice (100 sä. Graph.) – ***Lit:*** AUS-ST.KAT.: Hans Zitko: Zeugen 96; Hubert Obkirchner: Was ist der Mensch? 01; Harald Kunde: Goldsucher 02; – sowie H. Kunde: Genius loci. Aspekte v. Nähe u. Ferne 95; Bildende Künstler in Leipzig 06 – (Red.)

Heuchel, Christian, bild. Künstler, Dipl.-Ing. Architekt; c/o bHK bureau Heuchel Klag, Hauptstr. 129, D-76756 Bellheim, Tel. Mobil: 0 17 75 62 04 79, Fax (0 72 72) 7 61 58, *info@christianheuchel.de*, *www.christianheuchel.de* (* Germersheim/RP 1. 5. 66) – **VG:** Düsseldorf, Krüger Art-Consulting – **S:** 87–96 Univ. Karlsruhe (Fak. f. Archit. b. Prof. Jo Coenen); 97–00 KA Düsseldorf (Kl. Baukunst Prof. Laurids Ortner) – **L:** 92–96 Univ. Karlsruhe (Inst. d. Bild. Künste, wiss. Lehrkraft f. Freihandzeichn. u. Druckgraph.); 00–04 KA Düsseldorf (LAuftr. f. Kunst u. Archit.); 05/06 KH Düsseldorf (Kl. Baukunst, kuratorische Assistenz) – **P:** Heinrich von Zügel-Kunstförd.pr. (2. Pr.) 93; 'Junge Architekten zeichnen Stadt Frankfurt' (1. Pr.) 94; ERICC-SON-Förd.pr. Düsseldorf (2. Pr.) 99; Meisterschüler m. Ausz. KA Düsseldorf 00; Stip. d. Akad. Schloss Solitude 01; Förd.pr. d. Ldes NRW 05 – **Ve:** BBK Rh.-Pf. 98; Architektenkammer NRW 00 – **KGe:** bHK bureau Heuchel Klag: C. H. u. Gunter Klag (seit 91); rheinflügel baukunst (seit 99) – **G/T:** Archit., Kunst am Bau, Rauminstall., Druckgraph. (Buchkunst) – **K:** bHK bureau Heuchel Klag Bellheim (Druckgraph.) – **W:** überw. in Privatbes., temporäre Arb. im öff. Raum; Ankäufe durch d. Ld RP in Mainz sowie d. Slg Hewlett-Packard USA – **M:** Düsseldorf, Slg. Handelszentrum; Zug, Kunsthaus – **Ö:** Lauterburg/Ldkr. Südliche Weinstr., Grenzübergang BRD/Frkr. – **B:** Bauwerke in Arb.gemeinschaft rheinflügel baukunst: Düsseldorf: KH (Umbau 02); Düsseldorf: kleines Dreieck Pl. an d. Oper (02); Zug: Kunsthaus Zug mobil, Minimus. (02) – **E:** zahlr. Ausst.bet. seit 91, zuletzt 01 Stuttgart, Schloß Solitude (Erweiterung d. Akad.); – zahlr. Kunst-am-Bau-Wettb. – **G:** 01 Baden-Baden, SKH (Freie Wahlen); 02 Ettlingen, SM (Projekt Grenze) – **V:** bHK Buchkunst: Habitation II (7 Orig.zeichn.) 01; dies.: Nachtstücke (16 Hochdrucke, Text im Bleisatz) 02; dies.: DER RHEIN von der Quelle zur Mündung (16 Hoch- u. Tiefdrucke, Text im Bleisatz) 03; com_positum – Heinrich Heine u. Robert Schumann (25 Hochdrucke, Text im Bleisatz) – ***Lit:*** Baukunst, Kat. z. Ausst. in d. KA Düsseldorf 04; Dt. Archit.blatt 04; Köln 05; Plan 06

Heuer, Ute, Dipl. Malerin, Meisterschülerin; Voltmerstr. 71 D, D-30165 Hannover, *whats-her-name@t-online.de*, *www.uteheuer.de* (* Braunschweig 12. 5. 64) – **VG:** Köln, Schüppenhauer – **S:** 83–90 HBK Braunschweig (Meisterschülerin b. Prof. R. Dörfler) – **L:** seit 98 Bundesakad. Wolfenbüttel (Doz.); seit 00 HBK Braunschweig (LAuftr.) – **P:** DAAD-Stip. f. London 88, 89; Stip. d. Barkenhoff-Stift. Worpswede 90, 91; Arb.stip. d. Stiftung Ludwig 92; Nds. Nachwuchspr. 93; Künstlerstätte Bleckede 97; Nds. Jahresstip. 98 – **Ve:** VG Bild-Kunst 90 – **G/T:** konzeptuelle Farbmalerei – **M:** Schwerin, Staatl. Mus. – **E:** u. a. 99 Celle, KV; Dortmund, Petermeier u. Kühr; San Lorenzo/Gran Canaria, Espacio de Arte; 00 Wilhelmshaven, Schieper; München, Siemens Kult.programm; 01 Köln, Schüppenhauer; Hannover, Haus Harig; 02 Basel, Kämpf; 03 Plön, KV Schloß Plön; Coesfeld, KV Münsterland; Wismar, KV – **G:** u. a. 97 Celle, Bomann-Mus.; 98 Emden, KH; Herne, Westdt. Künstlerbund; 99 Köln, Schüppenhauer; 00 Oberhausen, Ver. f. aktuelle Kunst; Lüdenscheid, SM; 01 Hannover, Nds. Toto-Lotto Stift.; 02 Halle/Saale, KH; 03 Plön, KV Schloß Plön – **R:** u. a. m. Gerd Gockell u. Sabine Bürger: Busy Body – Das Interesse am Nachbarn war nie größer, 16mm 90; m. Gerd Gockell: Tossing Pies, 35mm 95; ders.: The Innocent Abroad, 35mm 98; ders.: Muratti & Sarotti 99; K.U.E.S.S.E., Computeranimation 01; Kampf dem Kino, 35mm 02 – (Red.)

Heuermann, Klaus, Maler; Von-Seeckt-Str. 22, D-45130 Essen, Tel. (02 01) 78 08 18, *kukheuermann@t-online.de* (* Essen 9. 1. 34) – **S:** 56–59 Folkwangschule f. Gest. Essen (Stud.); 62–66 HBK Berlin (b. Prof. Mac Zimmermann u. Prof. Gerhard Fietz) – **L:** 67–98 Lehrtätigkeit am Gymnasium – **Ve:** Ver. Düsseldorfer Künstler seit 73; Ruhrländischer Künstlerbund seit 69 – **G/T:** konzeptionelle Malerei u. Objekte (ausgehend v. Goldenen Dreieck) – **M:** Oberhausen, Ludwig-Gal. – **Ö:** Essen, Kult.amt u. Standesamt – **E:** u. a. 70 Berlin, Rero; 72 Paris, Goethe-Inst.; 73 Coesfeld, StG; 80 Gelsenkirchen, Halfmannshof; 87 Oberhausen, Schloß; 93 Essen, Forum; 95 Bad Essen, KV; 98 Bottrop, StG: 99 Trier, Tuchfabrik; 04 Essen, Forum f. Kunst u. Archit. – **G:** 65 Berlin, Große Berliner Kunstausst.; 66 Berlin, Carl Hofer Ges.; 69 Düsseldorf, Große Kunstausst.; 79 Krakau; Essen, Kunstszene; 81 Gelsenkirchen, Kunstpr. d. Stadt; 85 Hagen, Westdt. Künstlerbund; 92 Oberhausen, Schloß; 95 Berlin, Entwürfe f. d. Holocaust-Mahnmal; 98 Oberhausen, Künstler d. Reg. – ***Lit:*** R. Volp u. M. Nuehen (Textbeitr.): TAG und NACHT, Ausst.kat.

Heuft, Dieter; Ernteweg 67, D-56743 Mendig, Tel. (0 26 52) 29 10, Fax 18 27, *dieter.heuft@web.de* – **G/T:** Bildhauerei – (Red.)

Heuser, Ingrid; Blücherstr. 38, D-65195 Wiesbaden, Tel. (06 11) 4 09 05 16, *mail@ingrid-heuser.de*, *www.ingrid-heuser.de* (* Alfeld/Leine 31. 7. 47) – **VG:** Tokio, Gall. Toki Art Space – **S:** 77–82 Johannes-Gutenberg-Univ. Mainz (Kunsterziehung u. Kunstgesch. f. d. Lehramt an Gymn.) – **P:** Stip. d. Nihon Univ. Tokio 83–85 – **Ve:** BBK Hessen 05; VG Wort 05 – **KGe:** butoh und Objekt (86–91) – **G/T:** Malerei (Aqu., assoziativ figürl.); Skulpt./Objekt/Install. (Textil, Ton, Papier) – **K:** Zeichnen mit der Nadel: Textilmischtechniken – **W:** Werke in Privatbes. in Japan u. Dtld – **M:** Wiesbaden, Artothek – **E:** zahlr. Ausst. seit 81 überw. in Tokio sowie in Dtld, u. a. 81 Wiesbaden, Charivari; 84 Tokio, Dt. Kult.-zentrum; 86 Berlin, Gal. Kunstlicht; 89 Tokio, Gall. Lunami; 90 Mainz, StG; Wiesbaden, StG; 92, 00 Tokio, Gall. Shoto; 93–98 jährl. Tokio, Gall. Tomos; 99 Tokio, Gall. Space 21; 06 Wiesbaden, Gal. Westend – **G:** zahlr. Ausst.bet. seit 85, zuletzt 88 Tokio, Spiral Hall; 91 Bandung/Indon., Gall. Decenta: Rupa-Gerak-Bunyi; 00 Tachikawa, Intern. Art Festival 2000; 06 Wiesbaden, Kunsthaus – **V:** Japanische Jahre – Tagebuch einer Künstlerin 1983–2000 05 – ***LitR:*** Nishimori Shinzo: I.H. – Eurasia, Fs.-Sdg 93

Heuser-Hickler, Ortrud (geb. Ortrud Hickler, verh. Ortrud Heuser), freiberufl. Bildhauerin; Elsternweg 11, D-65527 Niedernhausen, Tel. (0 61 27) 31 64 (* Darmstadt 26. 7. 25) – **S:** 37–45 private Ausb. in Bildhauerei b. Luise Federn Staudinger u. Well Habicht, Darmstadt, sowie b. Prof. Geibel u. Prof. Schürer, TH Darmstadt; 46–48 Töpferlehre b. Starkenburg-Keramik, Heppenheim/Bergstr.; 48–51 Studium WerkKSch (b. Prof. F. Schwarzbeck u. Fr. Th. Schröder in Darmstadt, b. E. Kuhn in Wiesbaden) – **L:** 72–78 VHS d. Rheingau-Taunus-Kr. (LAuftr. 'Entwicklung d. Formen u. ihre Gestaltung') – **P:** Euro-Pr.-Goldmed. 95, Euro-Pr.-Bronzemed. 97 d. Euro-Preis e.V. Bitburg; Förd.pr. u. 2. Pr. d. 'Gal. am Brunnen' Bergisch Gladbach 97/98; E.urkunde d. Gem. Niedernhausen 01 – **Ve:** BBK Hessen 74; Soc. Européenne de Culture SEC 03 – **KGr:** Kunst und Farbe, Niedernhausen (74–91, Gründ.-mitgl.) – **G/T:** Objekt-Kunst (abstr. Holzskulpturen u. -reliefs) – **W:** überw. in Privatbes. – **M:** Rockenhausen, Mus. Pachen – **Ö:** Darmstadt, Hess. Elektrizitäts-AG (Repräsentationsraum); Fulda, Überlandwerke (Repräsentationsraum); Lorsbach/Ts., Ev.-Methodist. Kirche (Altar); Serres Haute-Alpes/Frkr., RH – **G:** zahlr. Ausst.bet. seit 73, u. a. 73 Niedernhausen, RH; 74 Wiesbaden, Brunnenkolonnade; Bad Schwalbach, Alten- u. Jugendzentrum; Bad Homburg, Stadthaus; 75 Rom, Gall. San Marco; 76 Wiesbaden, Kopp; Gelnhausen, Ohly; Heidelberg, Vogel; 77 Dietzenbach, Wagner; 79 Frankfurt am Main, Paulskirche; 80 Wilryk/Antwerpen, Stadthaus; 81 Darmstadt, Saalbau-Gal. Netoschil; Bad Homburg, Stadthaus; 84 Starnberg, Weihs; 86 u. 87 Bensberg, Gal. am Brunnen; 90 Wiesbaden, Gal. Pablo; 92 Geisenheim, Rheingauer Dom; 94 u. 95 Bitburg, Gal. Haus Beda; 95 Trier, Kurfürstl. Palais; 01 Wiesbaden, Gal. d. Ev. Kirche Am Schelmengraben – **V:** Kirsten Kötter: O.H.-H. – eine Bildhauerin. Bewegung in Harmonie, Künstlerkat. 99 – ***Lit:*** Toni Bonavita: Werke d. Bildhauerkunst 75; Axel-Alexander Ziese: Allg. Lexicon d. Bild. Kunst d. ausgehenden XX. Jh. 93; ders.: Dokumenta Artis 95; ders.: Meister bildender Künste, Bd 5 97; Brigitte Schellmann: Who's Who in German 99/00, 01; – Alle folgenden Bücher von Günter Stahl (Hrsg.): Blätter um die Freudenberger Begegnung, Bd 3 91, Bd 4 92, Bd 5 97, Bd 6 01; Hauch, Nichtigkeit 00; Gesicht zeigen gegen Rechts 01; Leben, Reisen, Wissen, Schauen 01; Frühjahr-, Sommer-, Herbst-, Winter- u. Weihnachtsanthologien 03, 04, 05; POEME, Texte, Fragmente zu e. Politik d. Kultur 05; – in ZSS. u. ZTGN: Toni Bonavita: Werke d. Bildhauerkunst, versch. Dimensionen, in: Il Tempa Rom 75; Klaus Ackermann: Viel Kraft u. Fantasie, in: Offenbacher Post 77; Axel Michael Sallowsky: Schöne Formen, starke Bewegung, in: Oberhess. Presse 77; Kultur in Wiesbaden, ABP-Presse 81; Petra Dahms: Bewegendes Holz, in: Medical tribune 83; Carmen Jakobs: Der Mensch u. die Kunst ihn darzustellen, in: Starnberger Merkur 84; Anneliese Griebler: Auf der Suche nach Logik in wirren Zeiten, in: Kölner Stadtanzeiger 87; Regina Schmack: O.H.-H. – ein Leben für d. Bildhauerei, Rheingau-Taunus-Kr. 01 – ***LitR:*** Klaus R. Metze: Portrait e. Bildhauerin, Fs.-Reportage, Hessenschau, HR 77

Heusinger, Katharina, Keramikerin, Kultur-Managerin; Spitalweg 2 Auf der Spek, D-94377 Steinach, Tel. (0 99 61) 76 59, Fax 94 28 39, *mail@heusingerwaubke.de*, *www.heusingerwaubke.de* (* München 24. 1. 64) – **S:** 83–87 Keramiklehre (b. M. Winter-Andres, Angela Becher, Deidesheim u. Hans Dollinger, Rohrbach); 87–88 Ludwig-Maximilian-Univ. München (Kunstgeschichte); 88 Praktikum (b. Jörg von Manz); 88–91 Gesellenzeit in Glentleiten (b. Joseph Breu); 91 Meisterprüfung (Keramik); 91–95 Ludwig-Maximilian-Univ. München (Kunsterziehung) – **P:** Carl Duisburg Ges. (in Irland b. Jim Turner, Etain Hickey) 89 – **Ve:** Kalkspatz 85 – **KGe:** Keramik Auf der Spek: K.H. u. Martin Waubke (seit 95) – **G/T:** Keramik; Acrylmalerei – **K:** Keramik – **W:** überw. in Privatbes. – **G:** 88 Pfaffenhofen, Banane; 92–93 Pfaffenhofen, Querformat; 95 Straubing, Gal. im Weytterturm; 05 Steinach, Auf der Spek – sowie: 04 Stallwang; 05 Pfaffenhofen

Hevicke, Reinhart, Maler, Zeichner, Privatgelehrter; Rollettweg 8, D-12487 Berlin, Tel. (0 30) 6 31 73 29, Fax 6 31 48 46 (* Weimar 16. 12. 49) – **S:** 70 KHS Berlin-Weissensee (Abendstud. Malerei); 72, 73 ebda, Inst. f. Baugebundene Kunst (Volontär); 73–75 KHS Berlin-Weissensee (Malerei) – **Ve:** VBK DDR 80; BBK Berlins seit 91 – **G/T:** Figurative u. Porträtmalerei (lasierende Techniken); Stilleben; Berliner Stadtlsch. – **K:** u. a. Beratungs- u. Lehrangebote zu hist. Mal- u. Zeichentechniken – **W:** Malereien in Privatbes. in Europa, Süd-Amer., Kanada u. in kommunalem Bes. d. Bez. Berlin-Treptow sowie Ausstattungen f. d. Ldestheater Parchim u. d. Spielfilm NVA (Regie: Leander Haußmann) – **M:** Berlin, Berlinische Gal. – **E:** 84 Berlin, Studio Bildende Kunst; 92 Berlin, Kult.bund-Gal. J. Resch – **G:** 82, 87 Dresden, Kunstausst. d. DDR; 91 Berlin, Alexanderpl. (Aktion: Künstler zeigen Flagge); 91, 92 Berlin, Berlinische Gal.; 96 Berlin, Sophienstr. 8; 97 Berlin-Adlershof (Local 01); 02 Fürstenwalde/Spree, Miniatur in d. bild. Kunst – **V:** José Saramago: Die Stadt der Blinden (Titelbild f. d. frz. Ausg.) 97; Paul Alfred Kleinert (Hrsg.): Die Nessing'schen Hefte, Nr.3 (Ill., Portr., Bleischnitte) 03 – sowie Abb. in Schulb. – ***Lit:*** Olaf B. Rader: Kleine Geschichte Dresdens (S. 116) 05; Rezensionen u. Beitr. in Ztgn u. Zss, u. a.: ART 5/97

Heyder, Jost, Maler u. Graphiker; Melanchthonstr. 6, D-99084 Erfurt, Tel. (03 61) 2 22 58 99 (* Gera 54) – **S:** 75–80 HGB Leipzig (Malerei u. Graph. b. Arno Rink u. Bernhard Heisig); 82–84 HBK Dresden (Meisterschüler b. Gerhard Kettner); 89–91 AK Berlin (Meisterschüler b. Wieland Förster) – **L:** 87 PH Erfurt (LBeauftr. f. bildkünstler. Gest.); 93 GesamtHS Wuppertal (Sem.leiter f. Malerei u. Graph.); 94 Sommerakad. Marburg (Kursleiter f. figürl. Zeichn.) – **Ve:** VBK DDR 83; VBK Thür. 90; Kunstwestthür. e.V. 91 – **M:** u. a. Eisenach, Thür. Mus.; Erfurt, Anger-Mus.; Erfurt, Dresdner Bank; Erfurt, Min. f. Wiss., Forschung u. Kunst; Gotha, Schloß-Mus.; Göttingen, KS d. Univ. – **E:** u. a. 91 Mühlhausen/Thür., Mus. Allerheiligenkirche; 92 Marburg, KV; 94 Erfurt, Zimmermann; 96 Schmalkalden, Wilhelmsburg; 97 Apolda, Kunsthaus Avantgarde; 99 Mühlhausen, Villa Theresa – **G:** u. a. 93 Erfurt, Gal. am Fischmarkt; Sevilla, Dt. Pavillon d. WA; 97 Gera, KG – ***Lit:*** Schweers 02 – (Red.)

Heyduck, Brigitta, freie Malerin u. Graphikerin; Hammerwerkstr. 16, D-90592 Schwarzenbruck, Tel. (0 91 28) 46 10 (* Breslau 13. 11. 36) – **VG:** Nürnberg,

Weigl; Athen, Art Gall. – **S:** 55–61 ABK Nürnberg (b. Prof. H. Wilhelm); Salzburg (Meisterkl. Oskar Kokoschka); Florenz (b. Daniel Milhaud) – **P:** Kult.förd.pr. Nürnberg 61; Kult.pr. Schlesien d. Ldes Nds. (Förd.pr.) 82; Kunstpr. d. Nürnberger Nachrichten (Großer Pr.) 02; Otto-Grau-Kult.pr. 04 – **KGr:** Künstlergruppe Der Kreis Nürnberg – **G/T:** Portr.- u. Ldschaftsmalerei (Öl, Acryl, Gouache) – **W:** Ankauf durch Bonner Bundesmin. – **M:** Athen, DADA ART Gall.; Coburg, KS d. Veste; Erlangen, KM; Feucht, Slg Raiffeisenbank Altdorf-Feucht; Johannesburg, KM; Mannheim, StKS; München, Bay. Staatsgemäldeslgn; New York, St.-Albert-Univ.; Nürnberg, Germanisches NM; Regensburg, Ostdt. Gal.; Rostock, KH – **E:** 62 München, Gurlitt; 64 Nürnberg, KH; 66 Berlin (Ost), Kult.bund; 72 München, Neue Münchner Gal.; 74 München, Studio Kuhlenkampf; 78 Bremen, Khoury; 79 Nürnberg, Albrecht-Dürer-Haus; Windhuk, KV; Kapstadt, KV; Durban, Mus.; 80 Rostock, KH; 82 Athen, DADA ART Gall.; 85 Köln, Osper; 91 Wiesbaden, Dresdner Bank; 04 Nürnberg, SM Fembohaus; Luxemburg, Artium Art Gall. – **G:** zahlr. Ausst.bet. seit 72, u. a. München, Haus d. Kunst; – Teiln. an Graph.bienn. im In- u. Ausld – **V:** Hermann Glaser (Vorw.), bibliophile Mappe (12 Kaltnadelrad.) 65 – **R:** 3 Fs.portr. im Bay. RF – ***Lit:*** Günter Feist: B. H. Malerei und Zeichnung 1956–1991, Monogr. 91; – Kat.: J. Tschöke: B. H. Weltentiefen 95; C. Pose u. M. Mende: Einblicke 04 – (Red.)

Heyduck, Nikolaus, Medienkünstler, Klang- u. Videokünstler; Kranichsteiner Str. 110, D-64289 Darmstadt, Tel. (0 61 51) 9 71 21 00, *nikolaus-heyduck@web.de*, *www.nikolaus-heyduck.de* (* Kassel 25. 10. 57) – **S:** 79–85 Städelschule Frankfurt am Main (b. T. Bayrle, Bernhard Jäger, P. Klasen u. H. Schwöbel, Film b. Peter Kubelka); 90–95 Akad. f. Tonkunst Darmstadt (Komposition b. Toni Völker) – **L:** 97 HS f. Gest. Karlsruhe (LAuftr. Filmmusik) – **P:** Stip. d. Intern. Ferienk. f. Neue Musik Darmstadt 86; Kunstpr. d. Frankfurter Ver. f. Künstlerhilfe 89; Arb.stip. d. Hess. Kult.stift. 96; Comtec Art Award Dresden 99; Atelierstip. Wacker-Kunst Mühltal 00; Pleinair Mirabel 04 – **Ve:** Neue Darmstädter Sezession 04; Frankfurter Ges. f. Neue Musik 04 – **KGr:** GLASOTRONIK (seit 91) – **KGe:** Buettner & Heyduck – fine experiments: N. H. u. Reinhart Buettner (seit 96) – **G/T:** Multimedia-Install. – **W:** zahlr. Install. – **E:** 06 Darmstadt, Ziegelhütte – **G:** zahlr. Bet. seit 82, zuletzt 06 Darmstadt, Wagenpl. Klabauta – **V:** Walter Zimbrich: Gemütsmuskel (Kopiergraph.) 03

Heyne, Maren (verh. Maren Werthmann), Fotografin; Alte Landstr. 223, D-40489 Düsseldorf, Tel. (02 11) 40 22 73, Fax 2 00 83 15, *werthmann-heyne@t-online.de*, *www.heyne-fotografie.de* (* München 4. 8. 41) – **S:** 61–62 TU München (Archit.); als Fotografin Autodidaktin – **L:** 95, 96 Sommerakad. Sifnos – **P:** Schweizer Buchpr. 73; Kodak Fotob.pr. 77; Wettb. d. schönsten 50 Bücher 79 – **Ve:** Dt. Werkbund NRW; DGPh; Künstlerver. Malkasten – **G/T:** Fotogr. (Kunst, Archit., Landschaft) – **M:** Duisburg, Slg König Pils; Düsseldorf, SM – **E:** zahlr. Ausst., u. a. 73 Duisburg, Wilhelm-Lehmbruck-Mus.; 75 Antwerpen, Fotogal. Paule Pia; 76 Zürich, Fotogal. Stampfenbachstr.; 77 Düsseldorf, Niepel; 80 Nürnberg, Sterngasse; Dorsten, Wulfen; 83 Mainz, Brückenturmgal.; Münster, Westf. LM; 84 Hamburg, Staatl. Ldesbildstelle; Marl, Skulpt.-Mus. Glaskasten; 85 Mülheim an der Ruhr, Städt. Mus.; 86, 91, 94 Düsseldorf, SM; 94 München, Seidlvilla; 98 Mönchengladbach, StM Schloß Rheydt; 99 Dorsten, Jüdisches Mus. Westf.; 00 Krefeld, Fellner von Feldegg; 02 Venedig, Pal. Albrizzi – **V:** Guido Hildebrand: Landschaft hinter Glas, Lyrikbd (Ill.) 69; Wegweiser durch das jüdische Rheinland (Fotoarb.) 90, 91; Gresso 999 m.s.m. (Bild-Text-Dok.) 91; Stille Gärten – Beredte Steine. Jüdische Friedhöfe im Rheinland 94; Wegweiser durch das jüdische Sachsen-Anhalt (Arb.) 97, 98; Schloss Benrath, Bildbd 98, 99; – Bildbde: Ilionissia 73; Taubentürme in Tinos 77; Fenster 79; Auf den Antillen – Spuren kolonialer Architektur 86 – ***Lit:*** AUS-ST.KAT.: Land- Wand- und Wasserschaften. Fotografien von M. H. 74; M. H. Fenster & Türen 84; Architektur und Kunst. Kunst und Architektur 88; M. H. Finestre – Fenster 02

HGG s. Göbel, Hans Günter

Hicklin, Jörg, Lichtkünstler (v. a. im plast. Bereich tätig), Fotograf; Niederfeldweg 17, CH-4124 Schönenbuch, Tel. u. Fax: 06 14 81 04 35, *j.hicklin@gmx.ch*, *www.visarte-basel.ch* (* Schwyz 25. 12. 32) – **VG:** Basel, Hilt; Riehen, Lilian Andrée – **S:** 55–59 KGS Basel – **L:** 59–94 Dipl.mittelschule Basel (DMS-BS, als Lehrer f. Malen, Zeichnen, plast. Gest. u. Kunstbetrachtung) – **P:** Kunstkredit d. Stadt Basel (Miete zweier Lichtobjekte f. d. Theaterpl.) 82/83 – sowie: Teiln. an Wettb. – **Ve:** Ges. Schweiz. Maler, Bildhauer u. Architekten (GSMBA) 79; Künstlervrg Kt. Schwyz (Gründungsmitgl.) 92 – **G/T:** Fotogr.; Plast.; Objekt- u. Lichtkunst; kinet. Kunst; Zchng – **W:** zahlr. in Privatbes. (v. a. Lichtobjekte u. -skulpt.); Kt. Basel – **Ö:** Aesch, Alterszentrum Im Brüel (Hängeobjekte u. Wandfiguren); Allschwil, Pl. v. d. Kirche St. Peter u. Paul; Genf, Univ.-kinderspital (Lichtskulpt.); Liestal, Lehrersem. (Lichtskulpt. transluzider Nagel); Schwyz, Friedhof (Skulpt.); Sursee, Friedhof (Skulpt.) – **E:** zahlr., u. a. 77 erste Ausst. v. Plast., Lichtobjekten u. fotogr. Arb.; 80 Basel, Gal. Art Shop; 85 Basel, Art 16/85; 87 Basel, Kunsthaus St. Alban 89 Barcelona, Barcelona Intern. Art Forum (BIAF); 96 Basel, Lilian Andrée; 98 Basel, Hilt – sowie: 93 Engelberg – **G:** zahlr. Bet., u. a. 77 Schönenbuch; 80 Basel, KH: Weihnachtsausst.; 81 Freiburg im Breisgau, StG Schwarzes Kloster; Delémont, Exposition Suisse; 82 Gambarogno, Nat. Plast.ausst.; Liestal, Kantons-Mus. Baselland: Basellandschaftl. Kunstausst.; 84 Zürich, Helmhaus: Kunst aus Basel u. Zürich; 87 Bad Säckingen, Kunst aus Kunststoff; 93 Einsiedeln, Kult.schaffende im Kt. Schwyz; 97 Liestal, Skulpt. u. Install. im Stadtraum; 99 Basel, Garten d. Kt.spitals: Skulpt.ausst.; Basel, Carzaniga & Ueker; 03 Bad Ragaz, Trienn. f. Skulpt. – ***Lit:*** div. Ztgreportagen u. Kat.; Lex. d. schweizer. Künstler; Dok. d. Kult.schaffenden d. Kt. Schwyz; Heimatkunde Schönenbuch, Künstler unseres Dorfes; Robert T. Stoll: J.H. 96 – ***LitR:*** Fs.beitr. z. Ausst. in d. Gal. Hilt, Basel (TeleBasel) 98

Hidalgo, Heike, Malerin; Thomaeweg 3, D-38300 Wolfenbüttel, Tel. (0 53 31) 4 26 11, Fax 4 54 08, *heike.hidalgo@t-online.de*, *www.heikehidalgo.de* (* Königslutter) – **S:** 87–91 HBK Braunschweig – **Ve:** BBK Braunschweig seit 93 – **KGr:** Permanent 11+ (seit 98) – **G/T:** Abstraktion/Assoziation zu Lyrik – **W:** zahlr. in Privatbes. – **M:** El Puerto de Santa María/Span., Fundación Rafael Alberti; El Puerto de Santa María/Span., Mus.; Guanajuato/Mex., Mus. Iconográfico del Quijote; Helmstedt, Kreismus.; Silos, Kloster Silos – **Ö:** Slg NORD/LB in: Hamburg, Hannover, Braunschweig, Riga, Vilnius; Braunschweig, TU; ebda, öff. Versicherung; Hannover, Nds. Ldtag; ebda, Nds. Staatskanzlei Hannover; Northeim, Kr.Spk.; Helmstedt u. Wolfenbüttel, Volksbank – **E:** u. a. 94 Braunschweig, Kult.amt Brücke Gal. (Kat.); 95 Ischia, Castello Araponese; 96 Hannover, Marktkirche; Rastede, Pal.; 00 Hannover, Nord-LB Art; 01 El Puerto de Santa María/Span., Fundación Rafael Alberti u. städt. Kult.amt; 03 Braunschweig, ARTmax (KH); 04 Schöningen, KV;

Wolfsburg, VW Design-Center; 05 Wunstorf, KV – **G:** 95 Oldenburg, BBK Ldesausst.; 99 Leverkusen, Dt.-Mex.- Ges. 01 Ljubljana, II. World Festival of Art on Paper; 02 Burgdorf, Gal. im Kontext Unicef; 03 Goslar, Mönchehaus-MMK; – sowie ständ. Bet. an BBK Jahresausst. Braunschweig seit 93 – ***Lit:*** Betrix Nobis: Körperlandschaften, Ausst.kat. 96; Heinz Thiel: 'jenseits von dir, von mir', Ausst.kat. 00 – ***LitR:*** H.H. volar sin nadie, Ausst.ber. (El Puerto de Santa Maria) 01

Hieke, Bernd, Maler u. Graphiker; Moschwitzer Str. 3, D-07985 Elsterberg, Tel. (03 66 21) 85 74, *bernd_hieke@hotmail.com*, *www.kupferstecher.4t.com* (* Plauen 23. 6. 44) – **Ve:** KV Plauen-Vogtland 95 – **G/T:** Kpst.; Steindruck; Malerei; Thema: Natur/Mensch – **K:** Radierung – **W:** zahlr. in Privatbes. – **Ö:** Berlin, Kanzleramt; Elsterberg, Rat d. Stadt; Greiz, Rat d. Stadt – **E:** zahlr. in Dtld u. a. Nürnberg, München, Plauen, Quedlinburg – **G:** zahlr. in Dtld u. a. 02 Berlin, Bundeskanzleramt (Kat.) – ***Lit:*** u. a. Bsp. zeitgen. Kunst aus d. Neuen Bundesländern, Kat. 05; Das neue Jhd., Kat.

Hien, Albert, Prof., Bildhauer, Objektkünstler; Wörthstr. 42, D-81667 München, Tel. Mobil: 0 17 03 42 45 95, Fax (0 89) 4 80 26 86, *alberthien@gmx.de*, *www.alberthien.com* (* München 29. 4. 56) – **VG:** München, Storms; Heilbronn, Rieker; Stuttgart, Wehr – **S:** 76–81 ABK München – **L:** 97–01 HBK Braunschweig (Prof.); seit 01 ABK München (Prof. f. Bildhauerei im FB Kunsterziehung) – **M:** Antwerpen, Mus. van Hedendaagse Kunst; Duisburg, Wilhelm-Lehmbruck-Mus.; Friedrichshafen, Zeppelin Mus.; Hannover, Sprengel Mus.; Heidenheim, KM; Kiel, KH; Luzern, KM; München, Bay. Staatsgemäldeslgn; München, Lenbachhaus; München, Pin. d. Mod.; Prato, Centro per l'Arte Contemp.; Schwäbisch Hall, KH Würth – **Ö:** Essen, Rüttenscheider Markt; München, Swiss Re Germany AG; ebda, Heckscher-Klinik, Pfarrer-Steiner-Pl.; Salzgitter, Bundesamt f. Strahlenschutz; Ulm, Stadtbibl.; Villingen-Schwenningen, Ldratsamt Schwarzwald-Baar-Kr. – **E:** 84 Mönchengladbach, StM Abteiberg; 96 Köln, Josef-Haubrich-KH; 91 München, Lenbachhaus; 94 Heidenheim, KM – **G:** 82, 87 Kassel, documenta; 85 São Paulo, Bienn. Berlin, NG; Bern, KM; 87 Madrid, MNCARS; Antwerpen, Mus. van Hedendaagse Kunst; 88 Prato, Centro per l'Arte Contemp.; München, KH Hypo-Kulturstiftung; 90 Utrecht, Centraal Mus.; 91 Bozen, Museion-MMK; Oslo, Mus. for Samtidskunst – ***Lit:*** Reclams Künstlerlex. 02; Schweers 02

Hien, Alto, Maler u. Bildhauer; Neumühle 24, D-84567 Perach, Tel. (0 86 70) 4 93, Fax 98 53 88, *alto@hien.de*, *www.altohien.de* (* München 10. 2. 41) – **S:** 60–65 ABK München; 61 Hans Purrman Montagnola/Lugano; 62 Éc. des Beaux Arts Paris – **L:** 83–88 LAuftr. ABK München; seit 91 Sommerakad. Neuburg a. d. Donau (Doz.); seit 03 Sommerakad. Hohenaschau (Doz.); seit 06 Akad. Bad Reichenhall u. Akad. Stift Geras – **Ve:** Münchner Secession; BBK Ndb.-Oberpf. – **KGr:** Die Burg – **G/T:** Öl auf Lw. (Lsch., Stilleben, Portr.) – **K:** Lsch., Stilleben, Portr. – **W:** in Privatbes. u. Slgn; Ankauf d. Städte Altötting, Burghausen, Neuburg an d. Donau, Pfarrkirchen u. Regensburg sowie d. Reg. v. Obb. u. d. Ldkr. Altötting – **Ö:** Mainz, Degussa; München, Ordinariat; Stuttgart, KPMG; Traunstein, Staatsanwaltschaft; Wacker-Burghausen – **E:** / G: 85 Tübingen, Hölderlinturm; 86 München, Gal. d. Künstler; 88 Burghausen, Liebenweinturm; 89 Salzburg, Gal. Weihergut; 90 München, Casetta; 93 Burghausen, RHgal.; Passau, Produzentengalerie; 95 Heidelberg, Wkst.gal.; 00 Traunstein, ARTS-Kunstraum Klosterkirche; 02 München, Pavillon; 03 Neuburg an d. Donau, RHpl.; 04 Altötting, StG; Neuötting, SM – **V:** Nur wer d. Sehnsucht kennt. König Ludwig II. Fundstücke, Kat. 86; Wasserfarbenfrauen, Kat. 89; Amo il colore blu, Kat. 92; Horizonte, Kat. 02; Der nahe Blick – der weite Blick, Kat. 04

Hiepler, Esther, Künstlerin; c/o Galerie Stampa, Spalenberg 2, CH-4051 Basel, Tel. 06 12 61 79 10, Fax 06 12 61 79 19, *info@stampa-galerie.ch*, *www.stampa-galerie.ch* (* Stuttgart 13. 6. 66) – **VG:** Basel, Stampa; Dresden, Büro f. Kunst – **S:** 85–86 Schule f. Gest. Basel; 94 KA Düsseldorf – **L:** seit 03 Schule f. Gest. Basel (Gest. u. Methode); 04 HS f. Gest. u. Kunst Basel (Workshops) – **P:** Reisepr. d. Basler KV 90, 92; Basler Künstlerstip. 95, 01; Eidgenössischer Pr. f. freie Kunst 96, 01; Bank Heusser Pr. d. KH Basel 97; Atelierstip. d. Kt. Basel-Ld (f. Berlin) 01 – **G/T:** Fotogr., Video, Kunst im öff. Raum – **W:** Sortiment, Ladenprojekt 92; Auftritt für zwei Schlagzeuge, Performance 96–00; O.T., 4-Kanal-Videoinstall. 97; Sammlung, Fotoprojekt seit 98; Bilderbühne, Video-Performance u. Install. 99; Rückwand d. KH Basel, Install. 99; Studio 2000, Atelierprojekt u. Video 00; Gespiegelter Raum, Projekt 01; Teegarten, Projekt 01; Sammlung/Môtiers, Buchprojekt 03; Fenster/Dur, Fotoprojekt 03 – **M:** Berlin, DaimlerChrysler Contemp. – **E:** u. a. 99 Basel, KH; 00 Köln, Schnitt; 00, 04 Basel, Stampa; 01 Reinach, Gal. Wkst.; 02 Riehen, Kunstraum; 04 Dresden, Büro f. Kunst – **G:** u. a. 94, 04 Basel, Filiale; 97 Basel, KH (Jahresausst. Neue Medien); Basel, Stampa; 00 Basel, Viper; Düsseldorf, Mus. Kunst Pal.; 01 Berlin, Gal. im Parkhaus; Basel (Projekt Teegarten); 02 Liestal, KH Palazzo; Strasbourg, Forum Itinérant; Langenthal, Kunsthaus; 03 Berlin, DaimlerChrysler Contemp.; Môtiers, art en plein air; Dresden (Modern Islands); Baden, Hans-Trudel-Haus – **V:** Sammlung/Môtiers 03 – **R:** zwei Figuren, Rot und Blau, Film (16 mm) 95; New York Wände, Videoserie 00 – ***Lit:*** KAT., u. a.: Eidgenössischer Preis für freie Kunst 96, 01; KH Basel 31/99; Modern Islands 03; – sowie weitere Veröff., u. a.: L. Cassens, P-Form Mag. 42/96 – (Red.)

Hiery, Oswald, Bildhauer; Weinbachstr. 17, D-66798 Wallerfangen, Tel. u. Fax (0 68 37) 5 87, *oswald.hiery@t-online.de*, *oswald-hiery.homepage.t-online.de* (* Ensdorf/Saarld 21. 5. 37) – **S:** KSch Saarbrücken; Nationaal Hoger Inst. en Koninklijk Academiee voor Schone Kunsten Antwerpen; Accademia di Belle Arte Eliceo Artistico di Firenze – **P:** Rembrandt Bugatti-Prÿs Antwerpen 57; Kult.pr. Saarlouis 82; Pr.d. College of Arts and Design Loughborough 85; Villa-Massimo-Stip. 92 – **G/T:** Bildhauerei (Ton, Metall, Stein, Keramik, Holz) – **Ö:** u. a. Homburg, Univ. Urologie (Bronze); Saarbrücken, Alte Brücke (Stahlplast.); ebda, HTW (Aluminiumskulpt.), Markt (Brunnen, Bronze), Schulzentrum Rastbachtal, Univ. (Aluminium u. Stahlskulpt.) Willi Graf Gymnasium (Wandgest.) – **E:** zahlr. Ausst., u. a. in Saarbrücken, Berlin u. Brüssel – **G:** zahlr. Ausst.bet., u. a. in Saarbrücken, Florenz, Homburg u. Marl – sowie: Antwerpen, Bienn. Middelheim; 92 Toyamura, Intern. Sculpture Bienn.; 92, 01 Osaka, Bienn. – ***LitR:*** Alfred Gulden: Ikarus, Kurzfilm (Saarländischer RF) 83; Wolfgang Koch: Ein Porträt des saarländischen Bildhauers Oswald Hiery (Saarländischer RF) 89

Hiestand, Ernst, Designer, Graphikdesigner; c/o Ernst Hiestand & Partner AG, Resirain 1, CH-8125 Zollikerberg/ZH, *hiestand@hiestanddesign.ch*, *www.hiestanddesign.ch* (* Zürich 16. 9. 35) – **S:** Schule f. Gest. Zürich – **L:** Schule f. Gest. Zürich (Leiter d. Fachkl. f. Graph.); Gastdoz. im In- u. Ausland – **Ve:** Art Directors Club Schweiz; Alliance Graphique Intern.; AG Schweiz. Graphiker; Schweiz. Graphiker Verb.;

Schweiz. Werkbund – **G/T:** Industr.-, Graph.- u. Foto-Design – **G:** u. a. 02 Murten, Expo (Videoinstall.) – ***Lit:*** Contemp. Designers 97 – (Red.)

Hiestand, Ursula, Graphikdesignerin, Fotografin; c/o Atelier für visuelle Gestaltung, Chüpliweg 6, CH-8702 Zollikon, Tel. 0 13 91 43 13, Fax 0 13 91 26 95 (* Zürich 4. 4. 36) – **S:** Graph.design in Zürich u. Paris – **KGe:** U. H. u. Ernst Hiestand – ***Lit:*** Contemp. Designers 97 – (Red.)

Hildebrandt, Volker, Maler; Weidengasse 64, D-50668 Köln, Tel. (02 21) 13 13 39, *volkerhildebrandt@t-online.de*, *www.volkerhildebrandt.com; www.bildstoerung.com; www.in-halt.com* (* Duisburg 10. 7. 53) – **VG:** Wuppertal, Epikur; München, Jörg Heitsch; Bielefeld, Teutloff – **W:** u. a. im Bes. d. Slg d. Slg Dt. Bank – **M:** Chemnitz, KS; Gelsenkirchen, SM; Hamburg, Kult.stift. Phoenix Art – Slg Falckenberg; Heidenheim, KM; Karlsruhe, ZKM; Leverkusen, StM Schloß Morsbroich; Stuttgart, Slg Ldesbank BW – **E:** u. a. 80 Bremerhaven, KV; 83 Duisburg, Städt. Slgn Rheinhausen; 86 Mülheim an der Ruhr, StM; 90 Leverkusen, StM Schloß Morsbroich; 91 Unna, KV; 94 Chemnitz, StKS; 95 Regensburg, Ostdt. Gal.; 96 Kassel, Neue Gal.; 01 Hamburg, Erotic Art Mus.; 02 München, MMK; – weitere: 89 Welcome to Hotel Rasputin, Bildschirmtext – **V:** zeit-schrift hildebrandt 1 80 u. 2 81; Thomas Strauss: Versuch um einen neuen Spielraum in Richtung Wissenschaft, in: zeit-schrift hildebrandt 3 82; zeit-schrift hildebrandt 4 83 u. 5 84, Anette Fulda: Bildstörungen, in: zeit-schrift hildebrandt 6 85 – **R:** M dna, SVCD 02; HK vs RB, SVCD 04 – ***Lit:*** u. a. KAT.: Chaotische Strukturen Himmlische Figuren 90; Stoffmuster 91; Spektakuleer 91; V. H. 93; Pictory – Der Sieg der Bilder 94; M 130 94; Cross Dressing 96; 10. Kasseler Versuchung 96; Ulrike Lehmann (Hrsg.): Das neue Gesicht 97; Susanne Anna (Hrsg.): Standort Deutschland 97; Eva-Maria Kentner u. Oliver Zybok (Hrsg.): Kunst der Gegenwart deutscher Künstler 97; Christiane Zangs (Hrsg.): Heimspiel, Fußball – Kunst und Kult 98; biltshtöroong 99; Zoom – Ansichten zur deutschen Gegenwartskunst, Sammlung LBBW 99; Susanne Anna (Hrsg.): Global Fun 99; Barbara Könches u. Peter Weibel (Hrsg.): bilder codes 02; Thomas Levy u. Alexander Sairally (Hrsg.): Marilyn 03; – ZSS/ZTGN: Jürgen Raap: V. H., in: Kunstforum Intern. 91; ders.: Verblindung, in: Kunstforum Intern. 91; Regina Wyrwoll: Wahriabel, in: Neue Bildende Kunst 2/94; – weitere: Der Saal der Sammlung und Das Zimmer des Sammlers 90; Karlheinz Schmid: Kunst-Geschichten 92; Du sollst Dir kein Bildnis machen 94; René Hirner u. Marlene Lauter (Hrsg.): FarbLicht 99; Oliver Zybok (Hrsg.): Von Angesicht zu Angesicht 00 – (Red.)

Hildur, Ines (geb. Ines-Hildur Müller), Dipl.-Ing. Architektin, Malerin; Pölitzstr. 10, D-04155 Leipzig, *info@ines hildur.de*, *www.ines-hildur.de* (* Freiberg/Sa. 4. 3. 59) – **VG:** Paris, Nicole Ferry; Saarbrücken, Hanstein; Berlin, Spandow; Baden, Wameling Richon; Dresden, Gal. am Damm – **S:** 77–82 TU Dresden (Archit. m. Dipl.); 91 KHS Saarbrücken (Gasthörerin); 91, 92, 95, 96, 98 Sommerakad. f. Bild. Kunst Salzburg (b. Strawalde, Paolo Piva, Gunter Damisch, Nancy Spero u. Leon Golub) – **L:** seit 02 KSch Wameling Richon Baden (Mischtechnik); 05 Thür. Sommerakad.; Sommerakad. Gut Rheinau/Schweiz; seit 05 eigenes Malatelier – **Ve:** BBK Saarland 99; KV Coburg 04 – **G/T:** Malerei, Informel, Mischtechnik – **K:** Schule d. Sehens u. Malens, Kurse f. Mischtechnik u. Informel – **Ö:** Chemnitz, Erfurth + Partner; Dresden, Commerzbank; Glauchau, Commerzbank; Leipzig, Buntgarnwerke (Triptichon); ebda, Slg Verbundnetz Gas, mdr Ticketgal. (Großes Gelb), Mohns Tintelnot Pruggmayer (Triptichon); Rüti, Altenstift Sandbühl (Diptichon) – **E:** zahlr. Ausst. seit 94, u. a. 00 Dresden, Gal. im Reg.präsidium; 02 Baden, Wameling Richon; 03 Frankenthal, KV Die Treidler; 03, 05 Paris, Nicole Ferry; 04 Hannover, Drive; 05 Untersiggenthal b. Baden, Wameling Richon; Schwalmtal, Wittek; 06 Ebersberg, KV – **G:** u. a. 96 Dresden, Gal. am Damm; 97 St. Ingbert, Ldeskunstausst. Saar; 99 Saarbrücken, Künstlerhaus; 03, 04, 05 Paris, Nicole Ferry; 04 Baden, Wameling Richon; Leipzig, Art Consult: Melange de Noël; 04, 05 Wasserburg am Inn, Große Kunstausst.; 04, 05, 06 Coburg, KV: Jahresausst.; 05 Große Sä. Kunstausst. – **V:** Werkausgabe, handgebunden m. Original, sign. 99 – ***Lit:*** Bildende Künstler in Leipzig 06

Hilgendag, Klaus, Maler, Graphiker; Schulstr. 30 a, D-80634 München, Tel. u. Fax (0 89) 16 25 29 (* Braunschweig 7. 1. 48) – **VG:** Allschwil, Aphold – **S:** Autodidakt – **P:** Kunstpr. Dillingen 85; Kunstpr. d. Stadt Kirn 85; Kunstpr. d. Diözesan-Mus. Freising 87; Kunstpr. d. Stadt Ebersberg 87 – **Ve:** BBK Bay. 82; VG Bild-Kunst 95; Münchner Secession seit 86 – **G/T:** Malerei (abstr.), Graph., Install. – **W:** u. a. im Bes. d. Bay. Ldesbank München – **M:** München, Haus d. Kunst (Stift.); München, Münchner Secession; München, Staatl. GrS; Sofia, Mus. f. Westliche Kunst; Wertingen, Städt. KS – **E:** u. a. 91 Augsburg, Schaezler-Pal.; 93 Loipfing, Hofkunst; 96 München, Kunstetage; 97 Straubing, Gal. im Weytterturm; 99 München, Ver. f. Orig.-Rad.; 00 Fürth, Seeling; Bad Aibling, KV; 02 Fürstenfeldbruck, Kult.-wkst; Wasserburg am Inn, Gal. im Ganserhaus; Braunschweig, Torhaus-Gal.; 03 München; 04 Erlangen, KV; Passau, KV – **G:** zahlr. Ausst.bet., u. a. seit 79 München, Haus d. Kunst; 96 Düsseldorf, Mus. Kunst Pal.; 97 Wien, Künstlerhaus; 00 Pfarrkirchen; 02 Weiden, KV; sowie Ausst.bet. in Budapest, Kairo, Sofia u. Wien – **V:** Strukturen (Fotokopien) 98 – ***Lit:*** AUSST.KAT.: Andrea Heesemann: Bilder, Grafik, Installationen 98; Gerhard Wohlmann: gegenüber 00; Andreas Kühne: Leben und Forschung 02; Anne Maier: Expedition 03 – (Red.)

Hill, Ole; Handwerkerstr. 9, D-56070 Koblenz, Tel. (02 61) 80 42 98, *info@olehill.de*, *www.olehill.de* – **G/T:** Malerei – (Red.)

Hille, Anne, Bildende Künstlerin; c/o Forum für aktuelle Kunst e.V., Grafensteig 11, D-18469 Starkow, Tel. (03 83 24) 6 59 90(privat), *annehille@aol.com*, *www.annehille.de* (* Essen 5. 2. 68) – **VG:** Berlin, Zeisler – **S:** 89–97 UdK Berlin; 97 ebda (Meisterschülerin) – **L:** seit 99 UdK Berlin (freie Doz.); 04 Moritz-Arndt-Univ. Greifswald (freie Doz.) – **P:** NaFÖG Stip. d. Ldes Berlin 98–00; Bernhard Heiliger Stip. 98; Aufenthaltsstip. Künstlerhaus Lukas, Ahrenshoop 98; DAAD-Stip. Japan 00; Stift. RP 01; Karl-Hofer-Pr. (Stip.) 01–03 – **Ve:** VG Bild – **G/T:** Bildhauerei, Objekte, Install. (Metall, Holz, Textilien) – **K:** Bildhauerei, Land Art – **W:** überw. in Privatbes. – **Ö:** Barcelona-Calaf, Plaça Barcelone; Berlin-Adlershof, Berliner Elektronen-Speicherring Ges. f. Synchrotronstrahlung – **E:** u. a. 97 Berlin, Glücksbox; 98 Ahrenshoop, Künstlerhaus Lukas; 99 Berlin, AdK; 01 Kyoto, Sowaka; 02 Mannheim, KV Viernheim; 04 Salzburg, Eboran – **G:** zahlr. Ausst. in Öst., Dtld, Polen, Spanien, Japan, d. USA u. in England – ***Lit:*** u. a. Tuzin-Dozen (z. 3. Intern. Bildhauersymposium) 95; Wilhelm-Zimolong Förderpreis für junge Künstler aus dem Ruhrgebiet 96; 3. Strausberger Bildhauerprojekt 97; Vor Ort 98; Wien-Berlin. Sechs Bildhauerinnen, Ausst.kat. 99; A. H., Ausst.kat. 01 Stipendiaten der Karl Hofer Gesellschaft, Ausst.kat. 03 – (Red.)

Hille, Mike, Musiker, Maler, Komponist; Wesendahler Str. 18, D-15345 Altlandsberg OT Buchholz, Tel. u. Fax (03 34 38) 6 05 86, *mikevanhille@freenet.de*, *www.malergruppe.wom.homepage.ms* (* Görlitz 28. 2. 64) – **S:** 85–89 HS f. Musik Berlin (Hauptfach Schlagzeug); Autodidakt in d. Malerei – **KGr:** Malergr. WOM Altlandsberg (Wolfgang Arnold, Otto Edel u. M.H.) – **G/T:** gegenständl. Malerei m. impressionist. Tendenz (v. a. Pastelle aber auch Acryl, Aqu. u. Öl, Lsch., Stilleben, Portr.) – **W:** überw. in Privatbes. – **Ö:** Altlandsberg, Gutshaus; ebda, Zahnarztpraxis Rosenberg; Obersdorf, Physiotherapie Kunze – **E:** 95 Berlin, Hypovereinsbank Quedlinburger Str.; 01 Strausberg, Entreegal.; 02 Gerswalde, Gal.café; Altlandsberg, Kleine Gal.; 04 Neuenhagen, Arche – **G:** 05 m. Malergr. WOM: Friedersdorf, Kunstspeicher; Buckow, Altes Warmbad; Letschin, Haus am Birkenweg; Altlandsberg, Kleine Gal.; Petershagen, Försterklause – **V:** Malergr. WOM: Altlandsberger Ansichten, Kal. 06; Impressionen, Kunstkal. 07

Hille, Yon, Dipl.designer; Philosophenweg 5, D-34121 Kassel, Tel. (05 61) 9 22 30 34 (* Potsdam 23. 11. 53) – **S:** 74–78 KHS Kassel – **G/T:** Primaten (Vollstrichzchngn) – **E:** u. a. 89 Göttingen, Ges. f. Primatologie im Max-Planck-Inst.; 91 Hamburg, Ges. f. Säugetierkunde; Bochum, Ges. f. Primatologie; 92 Straßburg, Intern. Primatologenkongreß; Hofgeismar, Brandkasse; 05 Göttingen, Dt. Primatenzentrum – **G:** 96 Bonn, Mus. Alexander Koenig

Hillmann, Hans (Johannes Hillmann), Prof.; Egenolffstr. 9, D-60316 Frankfurt am Main, Tel. (0 69) 43 12 28 (* Nieder-Mois/Schlesien 25. 10. 25) – **VG:** Oberursel, Streitenfeld; Güstrow, Rambow – **S:** 49–52 Staatl. Werkakad. Kassel (b. Prof. H. Leistikow) – **L:** 61–89 Univ. GesamtHS Kassel (Prof. f. Graph.); 04 Tongji Univ. Shanghai (Gastdoz.) – **P:** Grand Prix Toulouse-Lautrec Paris 62; ADC New York (Goldmed. f. Ill.) 92 – **Ve:** Dt. Werkbund 60; Alliance Graphique Intern. 61 – **G/T:** Filmplakate, Bilder-Gesch., Ill. – **K:** Filmplakate, Bilder-Gesch., Ill. – **M:** Berlin, Kunstbibliothek; Emmerich, PAN Kunstforum Ndrh.; Hamburg, MKG; Kassel, KV; München, Neue Slg – Staatl. MAK – **E:** 70 Poznań, MN; 74 Berlin, Neuer Berliner KV; 82 Darmstadt, Inst. f. Neue Technische Form; 84 München, SM; 05 Offenbach am Main, Klingspor-Mus.; Nürnberg, Neues Mus.; 06 Toruń, Gal. Sztuki Wozownia – **G:** 83 Storrs/USA, Univ. of Connecticut – **V:** Ich hab geträumt, ich wär ein Hund, der träumt 70; Fliegenpapier 82; A Joggers Dream of San 'Demonica 89 – ***Lit:*** Lin Jiayang: Visual master H.H. 05

Hilmar, Jiri; Halfmannsweg, D-45886 Gelsenkirchen, Tel. (02 09) 2 90 43 – **G/T:** Bildhauerei – (Red.)

Hilmer, Heinz, Architekt; c/o Hilmer & Sattler u. Albrecht, Sophienstr. 33A, D-10178 Berlin, Tel. (0 30) 2 84 95 40, Fax 2 80 71 33. Georgenstr. 15, D-80799 München, Tel. (0 89) 3 80 15 50, Fax 38 01 55 19, *info@h-s-a.de*, *www.h-s-a.de* (* Münster/Westf. 13. 3. 36) – **S:** 57–63 TH München (Archit.) – **Ve:** BDA – **KGe:** Hilmer & Sattler u. Albrecht, Ges. v. Archit.: H. H., Christoph Sattler u. Thomas Albrecht – **B:** zahlr., u. a. Berlin: Neue Gemäldegal.; ebda: Potsdamer Pl. (Masterplan), Leipziger Pl., Martin-Gropius-Bau (Generalsanierung), Altes Mus. (Grundinstandsetzung); München: Passage Kaufinger Tor; ebda: U-Bahnhof Prinzregentenpl., Stadtspk. Werinherstr., Oberfinanzdir. (Erweiterungsbau); Münster: Picasso Mus. (Neubau); Pforzheim: Stadtbücherei; ebda: Jgd.musikschule – **E:** / G: u. a. 78 München, Lenbachhaus; 79 Berlin, AK; 80 Venedig, Bienn.; 85 Frankfurt am Main, Dt. Archit.-Mus.; 88 London, Royal Inst. of British Architects – **V:** H. H. u. Christoph Sattler: Hilmer und Sattler. Bauten u. Projekte. Buildings and Projects 00 – ***Lit:*** Contemp. Architects 94 – (Red.)

Hilpert, Walter, Diplombildhauer; *Walter-Hilpert@gmx.de* (* Hildburghausen 14. 12. 46) – **S:** HS f. bild. u. angew. Kunst Berlin-Weißensee (b. Prof. Heinrich Drake) – **G/T:** Tierplast. (Bronze, Holz); Pferdeportr. (Bronze, Holz) – **Ö:** Bad Bevensen, Gestüt Klosterhof Medingen; Elmshorn, Reit- u. Fahrschule; Lanaken, Gestüt Zangersheide; Moritzburg, Ldgestüt; Sottrum, Gestüt Fährhof; Warendorf, Ldgestüt NRW – **E:** 96 Recklinghausen, Spk.; 98 Verden, Europameisterschaften d. Dressur – ***Lit:*** W. H. – Pferdeplastik, Kat. 00 – ***LitR:*** W. H.: Kurschinsky – Moritzburger Hengste, Bericht 03

Hils, Claudio, Dipl. Kommunikationsdesigner; Waldhof 1, D-88512 Mengen, Tel. Mobil: 0 17 15 46 84 03, *info@claudio-hils.com*, *www.claudio-hils.com* (* Mengen/BW 6. 1. 62) – **VG:** Berlin, Heckenhauer – **S:** 85–93 GesamtHS-Univ. Essen (Kommunikationsdesign, Schwerpunkt Bildjournalistik) – **L:** 98–01 Freie Schule f. Gest. Ravensburg (Doz. f. d. Grundlagen d. Fotogr.); 03–04 FHS Vorarlberg (Doz. im FB Intermedia); seit 05 ebda (Hochschullehrer); 06 HS f. Gest. Schwäbisch Gmünd (LAuftr.) – **P:** Fotogr.-als-Kunst-Pr. d. Spk. Pforzheim 89, 90, 94; Gestaltungswettb. d. Bundesmin. f. Bildung u. Wiss. Bonn 91; Stip. d. Arts Council of Northern Ireland 03; Archäologiepr. d. Ldes Bad.-Württ. 04 – **Ve:** VG Bild-Kunst 93; Dt. Fotogr. Akad. 99; DGPh 04 – **G/T:** Fotogr. (dokumentar. u. journalist.); Ausst.konzeption – **W:** überw. in Privatbes. sowie im Bes. d. Ver.- u. Westbank AG Hamburg, d. Union Krankenversicherung Saarbrücken u. d. Spk. Pforzheim – **M:** Aachen, Suermondt-Ludwig-Mus.; Bonn, Haus d. Gesch. d. BRD; Charleroi, Mus. de la Photogr.; Essen, Mus. Folkwang; Leipzig, Zeitgesch. Forum – **E:** zahlr. seit 90, u. a. 90 Leipzig, Gal. Augenblick; 91 Barcelona, Goethe-Inst.; Barcelona, Eude; 92 Valencia, Gal. Visor; 99 Halle, KV; Leipzig, Bibl.; Iserlohn, SM; Brüssel, Goethe-Inst.; Rotterdam, Goethe-Inst.; Biberach an d. Riß, Braith-Mali-Mus.; 99 (Kat.), 02 Aachen, Suermondt-Ludwig-Mus.; 99, 00, 02/03 Köln, Schmidt; 99, 00 Berlin, Fotogal. Friedrichshain; 00, 01 Köln, Art Cologne; 00 Paderborn, HM im Marstall; Lemgo, Schloß Brake; Charleroi, Mus. de la Photogr.; Berlin, Willy-Brandt-Haus; 01 Paris, Paris Photo; Ulm, Stadthaus; 01, 04 Belfast, Exposed Gall.; 02 Erlangen, StG; 03 Krakau, MN; Brüssel, Europ. Parlament; Meersburg, Gal. Bodenseekr.; Poznan, Kult.-zentrum Zamek; Breslau, Städt. Mus.; Tallinn, Eesti KM; Ljubljana, NG; 03/04, 04/05 Berlin, Heckenhauer; 03, 04/05 Marienborn, Gedenkstätte Dt. Teilung; 05/06 Friedrichshafen, Zeppelin Mus. – **G:** zahlr. Bet. seit 87, zuletzt 03 Prag, City Gall.; 03, 04 Berlin, DHM; 04 Moskau, Haus d. Fotogr.; Bochum, Mus.; Paris, Paris Photo; 06 Houston/TX, Fotofest; Remseck-Hochberg, Alte Kelter; Basel, Buch Basel; Brüssel, Ldesvertretung Bad.-Württ.; Karlsruhe, Reg.präsidium; Heidenheim, Ldesgartenschau – **V:** C.H. (Hrsg.): Von Königskindern u. a., Fotogesch. (Gesamtkonzeption) 97 – FOTOBDE (Fotogr.), u. a.: Uwe Zahlaus (Hrsg.): Neuland, Fotogr. v. C.H. 1989–1999 99; C.H. (Hrsg.): Red Land – Blue Land 00; Max Stemshorn (Hrsg.): Die Inszenierung d. Freizeit 00; ders.: Dream City, Zur Zukunft d. Stadträume 01; Europ. Zentralbank u. Suermondt Ludwig Mus. Aachen (Hrsg.): The Making of the Euro 01; Vera Lüpkes (Hrsg.): Im Fluss 01; Regina Bittner (Hrsg.): Urbane Paradiese 01; Von Körpern u. a. Dingen 03; Archive_Belfast 04; m. Roger Sonnewald: INDUSTRIE, ZEIT, RAUM 05 – FOTOBDE (Textbeitr.), u. a.: m. Thomas Knubben (Hrsg.): der, die, das 01; dies.: Begrenzte Übersicht 02; dies.: Vor d. Tür 03 – **R:** Tokyo Urban Space, Videoarb. (Buch u. Regie) 99; Dream City, Videoarb. (Buch u. Regie, zus. m. Ede Müller) 01; Pöhlers Passagen, Semidokumentar. Spielf., basierend auf 'Von Königskindern u. a.' (ZDF, arte) 02 – ***LitR:*** PORTR./DOK.: Oliver Becker: Red Land – Blue Land (3SAT) 19.1.00, (WDR) 6.3.00; ders.: Dream City (arte) 3.3.01, (SWR) 4.5.01, (WDR) 30.1.03; The Making of the Euro (WDR) 18.4.02, 8.5.02, (Public Polish TV) 4. u. 29.4.03, (TV Toya Polen) 10.4.03

Hilsbecher, Klaus U., Instrumentalpädagoge, Glaskünstler; Wupperstr. 45, D-40219 Düsseldorf, Tel. u. Fax: (02 11) 39 65 39, *klaus.hilsbecher@t-online.de*, *www.glaskunst-nrw.org*. c/o Atelier-Galerie, (0211) 9943589 (* Wuppertal 4. 7. 49) – **VG:** Oisterwijk, Etienne & van den Doel – **S:** 71–72 WerkKSch Wuppertal (Graph., Design); 72–75 MusikHS Rhld. – **P:** Intern. Exhib. of Glass Kanazawa/Jap. (Honorable Mention, Kat.) 98; Intern. Exhib. of Glass Kanazawa/Jap. (Atsushi Takeda Pr., Kat.) 01; Corning Mus. of Glass (New Glass Review 23) 03 – **Ve:** Glass Art Soc. 02–04 – **KGr:** Glaskünstlervrg NRW (seit 98, Vors.) – **G/T:** Objektkunst (Glas); Skulpt.; Install.; Malerei – **W:** Leverkusen, Slg Gaede (ca. 30 Werke) – **M:** Coesfeld-Lette, Glasmus. Alter Hof Herding; Ishikawa/Jap., Design Center – **E:** 95 Krefeld, Haus Greiffenhorst; 96 Rijswijk, Gal. Artischock; 97 Düsseldorf, Kunstpunkte; 00 Düsseldorf, Atelier Gal.; 02 Sommerhausen, Gal. beim Roten Turm; 03 Kevelaer, Ndrh. Mus. – **G:** zahlr. in Dtld, Belgien, Niederl., Jap., USA; 06 Coesfeld-Lette, Glasmus. Alter Hof Herding: Neuerwerbungen 2005 (Kat.); Rheinbach, Glasmus.: Rheingold – Von d. Lust auf Glas; Oisterwijk, Etienne & van den Doel: Oisterwijk Sculpt. 2006; 07 Frauenau, Glasmus.: Transportabel – ***Lit:*** KAT., u. a.: manu factum (z. Ausst. im Solinger Klingenmus.) 99; Glas 2000 (z. Ausst. im Glasmus. Immenhausen) 00; Glasplast. u. Garten (z. 4. Intern. Ausst. in Munster) 02; – außerdem: Dr. U. Hoppe-Oehl: K.U.H. u. FLOAT Arbeiten aus Glas, in: Glassplitter 1, S. 4 05; Polifonia en vidrio, in: Vidrio Plano 88

Hinckel, Karola (Ps.: Karola H., geb. Karola Hasselbach), Malerin, Performerin, Textwriterin, Seminarleiterin; Langstr. 3, D-65558 Gückingen, Tel. (0 64 32) 80 11 99, *info@kh-art.de*, *www.kh-art.de* (* Bergisch Gladbach 15. 9. 53) – **S:** 93–95 Freie KSch Wiesbaden (Malerei b. Wolfgang Becker); 95–98 Johannes-Gutenberg-Univ. Mainz (Kunsttheorie u. phil. Aspekte b. Prof. Jörg Zimmermann) – **Ve:** Dt. Ges. f. Ästhetik Hannover 97–02; GEDOK Rhein-Main-Taunus 97–01; BBK Rh.-Pf. 98; Lahnartists 01 – **KGr:** RADAdoll (99–03); Mysterious Moesis (seit 03) – **KGe:** K.H. u. Renate Kuby u. Steve Whitton (seit 01); LAKaB (seit 02) – **G/T:** Malerei (abstr., gest., Mixed Media, Öl, Aqu., Acryl); Rauminstall. (Mixed Media); Performance (satir., dadaist., eigene Texte); Kunst am Bau (Wandmalerei, Mosaik) – **K:** Kreativität; exper. Malerei u. Zchng – **W:** überw. in Privatbes., zahlr. Performances – **Ö:** Kunst am Bau: Birlenbach, Grundschule; Hahnstätten, Reg. Schule – weitere: Koblenz, Fa. Kretzer (Materialbilder) – **E:** 97 Siershahn; 99 Zollhaus; 04 Limburg; 05 Montabaur; 07 Bad Ems – sowie seit 99 Offene Ateliers m. d. BBK Rh.-Pf. – **G:** zahlr. Bet. seit 92, zuletzt 02 Wiesbaden; 02, 06 Diez; 03, 04, 05, 06 Limburg; 03 Herold; 04, 06 Prag; 06 Alzey

Hinkel, Ludwig, Maler; Joßstr. 2, D-66953 Pirmasens, Tel. (0 63 31) 6 36 69, *ludwig.hinkel@gmx.de*, *www.galerie-art-szene-c.de*

Hinrich Claußen, Christian s. Hinrich, Christian

Hinrich, Christian (eigtl. Christian Hinrich Claußen), Bildermaler; Wattweg 19, D-25999 Kampen/Sylt, Tel. (0 46 51) 4 29 24, Fax 4 65 96, *christian-hinrich@com.de*, *www.christian-hinrich.de* (* Hahnenklee/Bockswiese, heute Goslar II 2. 5. 45) – **S:** 63 Meisterschule f. Mode Hamburg (heute HS f. Gest.) – **Ve:** BBK Schlesw.-Holst. 73–82; Sylter Kunstfreunde (Gründer) 75 – **G/T:** Öl auf Lw.; Pastell; Aqu.; Rad. – **E:** / G: u. a. 85, 87, 92, 95, 99 Westerland, Alte Post; 86 Westerland, Städt. Kurbetrieb; 87 Flensburg, Carstens; 88 Hamburg, Ortlepp; Frankfurt am Main, Touristika; 90, 93, 99 Westerland, Nordseeklinik; 90 Westerland, Spielbank; 91 Frankfurt am Main, Messe; Westerland, Café Seeblick; seit 92 Westerland, BASF Heim; 94, 97, 98, 05 Kaamp Hüs; 97 Lübeck, SAS Hotel; 99 Hamburg, Winter; Sylt, Flugpl.; 01 Sylt, Asklepius Klinik; 02 Sylt, Teekontor; 03 Sylt, Nordfriesische Kunstwkst.; Wenningstedt, Friesenkap.; 03, 04 Westerland, Spk.; 04 Kampen, 40 Jahre Kampener Gal.; 05 Kiel, Staatskanzlei; – sowie: 05 30 Jahre Unicef Sylt – ***Lit:*** Sylter Rundschau u. Sylter Spiegel seit 64; Wolfgang Pongracz: Romantiker von Sylt 88; Sylt à la carte seit 95; Feine Adresse 96; Constanze Wilken: Der Maler C.H. 01; Natürlich Sylt, Reisemag. 01; – sowie zahlr. Publ. in Ztgn – ***LitR:*** Erwin Kruse: Interview m. C.H., ARD

Hinsberg, Katharina; c/o Raketenstation Hombroich, Vockrather Str. 0, D-41472 Neuss, *k.hinsberg@hfk-bremen.de* (* Karlsruhe 1. 4. 67) – **S:** 89 ABK München; 90–96 HBK Dresden; 93–95 EBA Bordeaux – **L:** seit 03 HS f. Künste Bremen (Prof. F.) – **P:** Akad. Schloß Solitude Stuttgart 96; The Chinati Foundation Marfa 00 – **Ve:** VG Bild-Kunst 99; VG Wort 03 – **M:** u. a. Bonn, KM; Cambridge/MA, Busch-Reisinger Mus.; Cambridge/MA, Harvard Univ. AM; Kraichtal, Ursula-Blickle-Stift.; München, Pin. d. Mod.; München, Staatl. GrS; New York, Ann and Werner H. Kramarsky Coll.; Stuttgart, SG; Wien, Kult.abt. d. Stadt – **E:** 98 Agen, Mus. des Beaux-Arts; 99 Bonn, KM; 00 Marfa/TX, Chinati Found.; 01 Freiburg, KV; 02 Velbert, Mus. Schloß Hardenberg; 03 Ravensburg, KV; 04 Düsseldorf, Kunstraum; 05 Wiesbaden, Nassauischer KV – **G:** 96 Nürnberg, Germanisches NM; 99 Hannover, Sprengel Mus.; 00 Wien, KH Project Space; 03 Stuttgart, Württembergischer KV; 04 Baden-Baden, SKH (Kat.) – **V:** Oswald Egger 99 – ***Lit:*** Ruth Diehl: K.H., Ausst.kat. 99; Martin Engler: K.H., Zs 01; K.H., Hors Champ, Ausst.kat. 02; Johannes Meinhardt: Zchng als Spaltung, Zs 03; Krit. Lex. d. Gegenwartskunst Bd 74 06

Hintenlang, Martin, Bildhauer; Neckarstr. 15, D-69518 Abtsteinach, Tel. (0 62 07) 92 09 19, *info@bildhauer-hintenlang.de*, *www.bildhauer-hintenlang.de* (* Heppenheim 7. 1. 63) – **S:** 90–93 Freie KSch Bad Kleinkirchheim (b. Egon Gruber, Meisterschüler b. Prof. Moroder); Staatsexamen am Wirtschaftsförd.inst. Salzburg – **P:** Jurypr. d. Großen Kunstausst. Bürstadt (1. Pr.) 00; Realisation d. 1. Kunstweges im vorderen Odenwald (seitdem jl. Fortsetzung) – **G/T:** Bronze, Stein, Holz, Beton u. Gips; vorw. gegenständlich, auch leichte Abstr. – **K:** Bildhauerei im eigenen Atelier, im Naturparkzentrum o. über UNESCO-Geopark Odenwald – **W:** zahlr. Werke in Privat- u. Firmenbes. – **Ö:** Abtsteinach, UNESCO-Geopark; ebda, Kirchpl., Kunstweg; Bad Zwesten, Fürth, Steinbachwiesen; Gorxheimer Tal, Spk.; Heppenheim, Spk.-Garten; Mödenbach, Kunstweg; Neckarsteinach, zw. d. Burgen; Ober-Laudenbach, Kirche; Rimbach, Kunstweg; Spangenberg, Kunstweg; Viernheim, Tivoli Park; Wald-Michelbach, Stadtzentrum zw. d. Kirchen; ebda, Kunstweg, Am Einhaus; Weinheim/Bergstr., Fußgängerzone – **E:** zahlr. Ausst. seit 93, zuletzt 00, 03 Frankfurt am Main, Degussa-Hüls AG; 02 Augsburg, Gal. zwei Fenster; 03 Zetten/Niederl., De Sleedorn; Persingen/Niederl., Kirche –

G: zahlr. Ausst.bet. seit 93, zuletzt 00 Bürstadt, Große Kunstausst.; Mannheim, RH; 01 Fürth, RH; 04 Mannheim, Vogelstang-Gal. – ***LitR:*** Nina Pater, Dok. in Hessen aktuell d. Hess. RF 02; Josef Kirchmayer, Dok. im Hess. RF 03; Hessen Tip, Hess. RF 05

Hinterberger, Margret s. Beckmannshagen, Margret

Hintzenstern, Matthias von; Ortsstr. 3, D-07980 Kühdorf, Tel. (03 66 25) 2 03 51, Fax 2 03 51 – **G/T:** Malerei – (Red.)

Hinz, Johann-Peter, Metallbildhauer; An der Pfeffermühle 40, D-38820 Halberstadt, Tel. (0 39 41) 44 39 60 (* 41) – **S:** Lehre als Betonbauer u. Kunstschmied; HS f. Kunst u. Design Burg Giebichenstein Halle/Saale – **P:** E.bürger d. Stadt Halberstadt 01 – **Ö:** Werke u. a. in Halberstadt; Magdeburg, Kloster; Moritzburg b. Halle/Saale; Leipzig; Stralsund – (Red.)

Hinz, Johannes, Maler, Graphiker, Illustrator; Dehlinger Weg 13, D-50767 Köln-Lindweiler, Tel. u. Fax (02 21) 79 87 00, *www.kunstplattform.de/Kuenstler/Hinz* (* Lauenburg/Pommern 2. 3. 36) – **S:** 57–58 Städelschule Frankfurt am Main (Abendschule) – **P:** Pommerscher Kulturpr. 06 – **Ve:** Die Künstlergilde seit 72; KV Frechen seit 78; BBK NRW 70–77 – **G/T:** Archit. u. Lsch. (Öl, Buntstift, Farbhschn.) – **M:** Dormagen, Kr.mus. Zons; Frechen, KV; Greifswald, Pommersches LM; Regensburg, Ostdt. Gal. – **Ö:** Köln, Allianz Versicherung; Kult.stift. Rügen; Monheim, Sanolwerk; Stadt Bergheim-Erft; Stadt Dortmund – **E:** u. a. 71 Medebach, Becker; 72 Zürich, Ino; 73 Geldern, Nieting; 76, 82, 95, 01 Kleve, Kellergal. 195; 77 Karlsruhe, Schillerstr.; 79 Worms, SM; 79 Köln, Gal. Karstadt; 80 Bremen, KS Böttcherstraße; 85 Köln, Kunst in d. Bank; 86 Soest, Kunstpavillon; 87 Düsseldorf, MusikHS; 92 Greifswald, SM; 01 Putbus/Rügen, Gästehaus; Stralsund, Morgenstern; 04 Köln, Heilig Geist Krankenhaus; Düsseldorf, Gerhart Hauptmann-Haus; 05 Köln, Knauf; 06 Köln, Kath. Arbeitnehmner-Bewegung (KAB) – **G:** zahlr. Ausst.bet., u. a. in Köln, Düsseldorf, Berlin, Regensburg, Esslingen u. Frechen – **V:** G. Hermanowski: Ostpreussen Wegweiser (Zchngn) 83; H. Fritsche: Schlesien Wegweiser (Zchngn) 85; Pommern Wegweiser (Text u. Ill.) 88; R. Hemmerle: Sudetenland Wegweiser (Zchngn) 93; Pommern Lexikon (Text u. Zchngn) 94; Daheim u. Anderswo (Text u. Farbhschn.) 96; Bilder u. Geschichten aus Pommern (Text u. Zchngn) 01

Hinze, Reinhard, Maler, Graphiker; Ruhrtalstr. 121, D-45239 Essen, Tel. (02 01) 4 90 17 58 (* Elmlohe/Nds.) – **W:** überw. in Privatbes. – **E:** zahlr. Ausst., zuletzt 03 Gladbeck; Essen; Lautern; Mülheim an der Ruhr; 04 Bochum – (Red.)

Hipp, Nikolaus (eigtl. Claus Hipp), Prof. Dr., Unternehmer; *www.nikolaus-hipp.de* (* München 22. 10. 38) – **VG:** Nottwil, Leupi – **S:** 59 München (künstler. Ausb. b. Heinrich Kropp) – **G/T:** Ölmalerei (abstr.) – **K:** Bühnenbild, Lith. – **W:** u. a. in Bes. d. Stadt Bethlehem – **M:** u. a. Budapest, Ernst Mus.; Kiev, MBK; München, Bay. Staatsgemäldeslgn; München, Dom; Skopje, StM – **Ö:** Bayreuth, Industr.- u. Handelskammer; Freyung-Grafenau, Ldratsamt; Hamburg, Industr.- u. Handelskammer; München, Industr.- u. Handelskammer; ebda, Dom; Pfaffenhofen, Stadt; Tiblis, Stadt – **E:** u. a. 02 München, Kunstforum Urban u. Fischer; St. Petersburg, Dostojewski Mus.; Sofia, Mus. für angew. Kunst; Athen, Goethe-Inst.; 03 München, Zoologische Staatsslg; Voronež, Kramskoy-Mus.; Solothurn, Schloß Vorderen Bleicherberg; Ahrenshoop, Strandhalle; Sofia, Mus. für Kirchen-Gesch. und Archäol.; Freyung, Schloß Wolfstein; Valjevo, Intern. Art Studio; München, Lit.haus; 04 Wasserburg am Inn, Gal. im Ganserhaus – **G:** u. a. 01 Wasserburg am Inn, KV; 02, 03, 04 München, Haus d. Kunst; 02 Jesteburg, Kunstwoche; Wasserburg, AK 68; 03 München, Industr.- u. Handelskammer; 04 Budapest u. Bekes, Freie Münchener u. Dt. Künstlerschaft – ***Lit:*** KAT.: Galerie Rieder 87, Kunstpavillon München 89, Gallery Art 54 New York 90, Museum der Bildenden Künste Kiev 90, Katalog 1996–1997 97; KAL.: Lyrische Lebenswelten I, III, IV, V 00, 02, 03; – sowie: Rainer Crone, Petrus Graf Schaesberg: Lyrische Lebenswelten 98; Ricardo Caldura: Levitas 00 – (Red.)

Hirn, Gerold, Prof. Dr.; Ardetzenbergstr. 60, A-6800 Feldkirch, Tel. (0 55 22) 7 57 01, Fax 7 79 03, *gerold.hirn@aon.at, www.hirn.cc* (* Raggal/Vorarlberg 30. 5. 45) – **S:** Autodidakt – **L:** 69, 70 Bdesgymnasium Bludenz (Kunsterziehung) – **P:** Staatspr. f. d. schönste Kunstb. Öst. 89; E.gaben f. Kunst d. Ldes Vorarlberg 96 – **Ve:** Künstlerhaus Wien – **G/T:** gegenstandslose Malerei (Lacke, Beizen, Collagen, Bienenwachs u. a.) – **W:** überw. in Privatbes. – **M:** Ankara, Türkische SG; Ekaterinburg, MBK; Istanbul, Türkische SG; Jerusalem, Al-Wasiti-Kult.zentrum; Moskau, Puškin-MBK; Moskau, Tretjakov-Gal. – **E:** zahlr., u. a. 92 Ekaterinburg, MBK; 94 Istanbul, Türkische SG; 95 Moskau, Tretjakov-Gal.; 99 Ankara, Türkische SG; 01 Taragona, MMK – sowie in New York; Rom; Madrid; Prag u. Ljubljana – **V:** Einblicke, Monogr. 89; Ex Tempore, Monogr. u. Ausst. im Pal. Liechtenstein Feldkirch 05 – sowie weitere zahlr. Ausst.kat.

Hirsch, Karl-Georg, Prof., Maler-Graphiker, Illustrator; Kleiststr. 121, D-04157 Leipzig. Atelier: Dorfstr. 34, D-04657 Narsdorf-Dölitzsch (* Breslau 13. 5. 38) – **S:** 60–65 HGB Leipzig (Dipl. b. Prof. Gerhard Kurt Müller) – **L:** 67–03 HGB Leipzig (ab 70 Leiter d. Holzschnitt-Werkst., 76 Dozent f. Grafik u. Ill., 89 Prof.) – **P:** zahlr. Preise, u. a. Kunstpr. d. DDR 76; Nat.pr. d. DDR 83; Hauptpr. d. 'Intergraphik Berlin'; Gold- u. Silbermedaillen f. 'Schönste Bücher'; Hans-Grundig-Med.; div. Medaillen b. Grafikbienn. – **Ve:** Königl. Akad. f. Wiss., Lit. u. Schöne Künste Belgien 93 – **G/T:** u. a. Graph., Ill. (gegenständl.); Puppentrickfilm – **K:** Hschn., Holzstich, Zchng, Malerei, Ill. – **M:** Altenburg, Lindenau-Mus.; Berlin, AK; Berlin, Kpst.-Kab.; Burgk, Schloßmus.; Chemnitz, KS; Coburg, KS d. Veste; Cottbus, Brandenburgische KS; Dresden, Kpst.-Kab.; Frankfurt/Oder, Mus. Junge Kunst; Halle/Saale, Staatl. Gal. Moritzburg; Hamburg, KH; Leipzig, Dt. Buch- u. Schrift-Mus. d. Dt. Nat.bibl.; Leipzig, MBK; Magdeburg, KM Kloster Unser Lieben Frauen; Rostock, KH; Schwerin, Staatl. Mus. – **E:** seit 67 über 100 Ausst. im In- u. Ausland, u. a. in Amsterdam, Budapest, Bukarest, Brüssel, Helsinki, Istanbul, Kraków, Łodz, Luxemburg, Strasbourg – **G:** seit 65 ca. 400 Bet. im In- u. Ausland – **V:** über 100 ill. Bücher, ca. 20 Graphikmappen sowie ca. 2000 Graphiken u. originalgraph. Illustrationen – ***Lit:*** über 900 Veröff., darunter zahlr. Kataloge sowie u. a.: Günter Meißner: Leipziger Künstler d. Gegenwart 77; U. Willer: K.-G.H., Diss. Univ. Halle-Wittenberg 84; H.G. Bulla in: die horen 4/92; Hiltrud Lübbert u. Herbert Kästner: K.-G.H., Bibliografie 93 (2. Bd erscheint 08); Bildende Künstler in Leipzig 94 u. 06

Hirsch, Klaus, Maler, Graphiker u. Dipl.-Designer; Untere Hauptstr. 35, D-09385 Lugau, Tel. u. Fax (03 72 95) 6 78 84 (* Stollberg/Sa. 19. 1. 41) – **VG:** Chemnitz, Weise – **S:** 60–63 FS f. angew. Kunst Magdeburg (Angew. Malerei) – **P:** mehrere Preise – **Ve:** BBK Sachsen 91 – **G/T:** Graph. (vorw. Lith. u. Holzschn., gegenständlich); Malerei (vorw. Gouache); Baugebundene Arbeiten (z.T. sakraler Raum) – **M:** Altenburg, Lindenau-Mus.; Chemnitz, Neue Sä. Gal.; Dresden, Kpst.-Kab.; Dresden, Slg Sä. Ldtag; Dresden, Slg ev.-

luth. Ldeskirche; Feldafing, Buchheim-Mus.; Glauchau, Mus. u. KS Schloß Hinterglauchau; Greiz, Bücher- u. Kpst.-Slg; Hainichen, Gellert-Mus.; Leipzig, KS d. Univ.; Magdeburg, Kulturhist. Mus.; Neubrandenburg, KS; Oelsnitz/Erzgeb., Bergbau-Mus.; Plauen, Vogtland-Mus.; Schlettau, Slg Erzgebirg. Landschaftskunst im Schloß; Zwickau, StM – **E:** über 50 Einzelausst. – **G:** ca. 50 Ausst.beteiligungen, z.T. im Ausland – **V:** Zueinander, Lyrik, Graphik K.H. 06 – ***Lit:*** Werner Ballarin: K.H., Personalkat. f. Neue Sächs. Gal. Chemnitz 00; Kulturraum Erzgebirge (mehrere Autoren): K.H., Personalkat. 06 – ***LitR:*** Katrin Hänschen: K.H. – Künstlerporträt, Fs.-Beitr. Kanal I 03; Horst Liebig: K.H. – Porträt, Fs.-Beitr. Kulturraum Erzgebirge 06

Hirschbeck, Rubin, Maler, Zeichner; Christoph-Weiß-Str. 6, D-90419 Nürnberg. Atelier: Stephanstr. 12 RG, D-90478 Nürnberg, Tel. (09 11) 9 40 50 71, Mobil: 01 605 70 61 96 (* Fürth/Bay. 20. 8. 68) – **VG:** Nürnberg, Gal. m. d. blauen Tür; Nürnberg, Landskron-Schneidzik – **S:** 94–01 ABK Nürnberg (Meisterschüler f. freie Malerei b. Prof. Grützke); 03–04 ABK Stuttgart (Aufbaustud. Malerei b. Prof. Bunk) – **L:** seit 04 ABK Nürnberg (LAuftr. f. Aktzeichnen – Abendakt) – **P:** Kl.pr. d. ABK Nürnberg 96, 00; Erasmus-Stip. f. Krakau 98, 99; Kunstpr. d. Weldebrauerei 01; Debütantenpr. d. BBK Mittelfranken 03; Kat.förd. d. Bay. Staates 03 – **Ve:** IG Medien 00–04; BBK Mittelfranken 02 – **G/T:** figurative Malerei; Portr.malerei (Öl, Acryl); figurative Zeichn. (Graphit); Druckgraph. – **K:** Aktzeichn. – **W:** öff. Ankauf durch staatl. KS d. Bez. Mittelfranken, zahlr. private Ankäufe – **Ö:** Nürnberg, Inst. f. Gehörlose – **E:** 99 Krakau, ASP Gal.; 02 Schwabach, Gal. Bürgerhaus; 04 Erlangen, KV; 05 Nürnberg, Gal. m. d. blauen Tür; 06 Nürnberg, Gal.haus e.V.; 07 Nürnberg, Bernsteinzimmer – **G:** zahlr. Bet. seit 00, u. a. 00, 01, 02, 03, 05 Nürnberg, Kunsthaus; 01 Schwetzingen, KV; 01, 04, 06 München, Haus d. Kunst; 01, 02, 03 Nürnberg, Bernsteinzimmer; 05 Nürnberg, Landskron-Schneidzik; Halle/Saale, Kunst Halle e.V.; 06 Bruchsal, KV – **V:** Druckgraph., Jahresgabe (Kunsthaus Nürnberg) 03 – ***Lit:*** R. H. Malerei, Ausst.kat. 03; Mein heimliches Auge 03, 04

Hirschhorn, Thomas, Maler u. Installationskünstler; 30 rue Henri Murger, F-93300 Aubervilliers (* Bern 57) – **VG:** St. Gallen, Kulli; Berlin, Arndt & Partner; Zürich, Arndt & Partner; Paris, Crousel; London, Stephen Friedman; New York, Gladstone Gall. – **S:** 78–83 Schule f. Gest. Zürich – **P:** Pr. f. junge Schweizer Kunst 01; Marcel-Duchamp-Pr. 01; Roland-Pr., Bremen 02; Joseph-Beuys-Pr. 04 – **G/T:** Install., Environment, Kommunikationsobjekte, Stadtraumkunst, Plast., Collage, Video, Malerei – **M:** Düsseldorf, KS NRW; Gent, Stedelijk Mus. voor Actuele Kunst; Herzliya, Herzliya-Mus.; Leon, MAC; Madrid, ARCO Found. Coll.; Malaga, Centro de Arte Contemp.; Metz, Fonds Rég. d'Art Contemp. de Lorraine; Minneapolis/MI, Walker AC – **E:** zahlr. Ausst. im In- u. Ausld seit 86, u. a. 86 Köln, Gal. Kaos; 94 Paris, Gal. nat. du Jeu de Paume; 95 Berlin, Künstlerhaus Bethanien; 98 Köln, Mus. Ludwig (Kat.); Frankfurt am Main, Portikus (Kat.); 00 Chicago, Art Inst.; London, Whitechapel Art Gall.; 01 Barcelona, Mus. d'Art Contemp. et Beaux-Arts; Paris, Centre Pompidou; 02 New York, Gladstone Gall.; Berlin, Arndt & Partner; 03 Málaga, CAC; Aubervilliers, Les Laboratoires; 03–04 Frankfurt am Main, Schirn (Kat.); Paris, Crousel; 04 London, Stephen Friedman; 04–05 Paris, Centre Cult. Suisse; 05 München, Pin. d. Mod.; Maastricht, Bonnefanten-Mus.; 05–06 Boston, ICA; 06 San Francisco, CCA Wattis; Hannover, Kestner-Ges. – **G:** u. a. 95 Johannesburg, Bienn.; 99 Genf, Bienn.; Venedig, Bienn.; 00 Lyon, Bienn.; 01 Marseille, MAC; New York, MOMA; 02 Kassel, documenta XI; Zürich, Kunsthaus: Public Affairs; 03 Paris, Pal. de Tokyo: GNS (Global Navigation System); Venedig, Bienn.; Kiel, KH: Accessoiremaximalismus; London, Tate Modern: Common Wealth (Kat.); 04 Vaduz, KM Liechtenstein: Durchleuchtet; – zuletzt u. a. 05 Berlin, Art Forum; Köln, Art Cologne; 06 Codroipo, Villa Manin CCA – ***Lit:*** T. H. – Material. Public works – the bridge, 2000 01; B.H.D. Buchloh/A.M. Gingeras/C. Basualdo: T. H. 04 – (Red.)

Hirschinger, Liselotte s. Kreft-Hirschinger, Lilo

Hirschmann, Nikolaus, Maler u. Fotograf; Bernkasteler Weg 68, D-56841 Traben-Trarbach, Tel. (0 65 41) 51 18, Fax 81 19 82, *info@schnabeltiere.de*, *www.nikolaus-hirschmann.de* (* Bad Königshofen 29. 11. 53) – **S:** 73–75 Bay. Staatslehranst. f. Photogr. München; 91–93 Akad. f. Werbung Bonn – **G/T:** Malerei (Acryl, Schnabeltiere, Schamanen); Fotogr. – **W:** zahlr. Gemälde, davon ca. 70 in Privatbes. – **E:** 93 Dortmund, RH; 98 Wien, Gabriel; 00 Cas Concos/Mallorca, Casa de Artes; 02 Wien, Stomach; 03 Düsseldorf, Vodafone – **G:** 75 München (Abschlußausst. d. Bay. Staatslehranst. f. Fotogr.); 95 Koblenz, Stg (Dt.-Japanische Ges.); 04 Berlin, LGT-Bank – (Red.)

Hirschvogl, Anneliese (geb. Anneliese Heigl), Malerin, Objektkünstlerin; Zeppelinstr. 2c, D-86415 Mering, Tel. (0 82 33) 46 08, Fax 74 30 86, *anneliese@hirschvogl.de*, *www.hirschvogl.de* (* Dachau 7. 6. 48) – **P:** Anerkennungspr. Aichach 96; 1. Kunstpr. Diözese Augsburg 97; 1. Kunstförd.pr. Kissing 03 – **Ve:** BBK Schwaben Nord u. Augsburg 99; KV Bobingen 98; KV Aichach 93 – **G/T:** Malerei (meist themenbezogen); Collage (Öl, Acryl); Objektkunst (Holz, Leinen, Metall); Zchng (Tusche, Kohle) – **Ö:** Aichach, RH; Kissing, RH; Obergünzburg, Altenheim; Krumbach, Staatl. Hochbauamt – **E:** 99 Schwabmünchen, Gal. d. Spk.; 02 Wittelsbach, Schloß 06 Stadtbergen, RH – **G:** zahlr. Ausst.bet. seit 98, zuletzt 02 Weida, Schloßgal.; 03 Bobingen, Schloßgal.; Aichach, Kunstpr.ausst.; 05 Bobingen, Gal. Unteres Schlößchen

Hirsig, Horst, Prof., Maler; Schöneberger Ufer 71, D-10785 Berlin, Tel. (0 30) 2 62 12 49 (* Lantow/Pommern 29) – **S:** HBK Berlin – **L:** 71–93 HdK Berlin (Prof.) – **M:** Berlin, NG – **E:** zahlr. Ausst. seit 65, zuletzt u. a. 99 Frankfurt am Main, Taeger; 01 Augsburg, KV; 03 Berlin, MAE Gal. Eikmeier – **G:** zahlr. Ausst.bet. seit 60, zuletzt u. a. 99 Bayreuth, Art-Gal. an der Stadtkirche; 02 Plön, KV Schloß Plön – ***Lit:*** Schweers 02 – (Red.)

Hirster, Maria, Künstlerin, Lehrerin; Morellstr. 23, D-86159 Augsburg, Tel. u. Fax (08 21) 99 27 72, *hirster@yahoo.de*, *www.bbk-bayern.de* (* Aindling 12. 8. 65) – **S:** 92–94 GesamtHS Kassel (b. Prof. B. Hammann u. Prof. Alf Schuler); 94–98 ABK München (b. Prof. J. Zeniuk) – **Ve:** BBK Bay. 99 – **G/T:** abstr. Malerei u. Zeichn. – **W:** 12 Werke in Privatbes. – **M:** Augsburg, SG am Schaezler-Pal. – **E:** 99 Augsburg, Edwards; 00 Ingolstadt, Hirte; 01 – **G:** 99 Augsburg, Nationale d. Zeichn.; 01 Leipzig, Kult.fabrik – (Red.)

His, Andreas, Kunstmaler; Ob den Reben 16, CH-4108 Witterswil, Tel. 0 617 21 23 20 (* Basel 23. 5. 28) – **VG:** Basel, Carzaniga & Ueker – **S:** 45–50 Schule f. Gest. Basel (Fachkl. Graph. Armin Hofmann, Walter Bodmer, Theo Eble u. Emil Ruder) – **L:** 55–93 Schule f. Gest. Basel (Lehrer f. Ill., figürl. Zeichnen, Graphikfachkl.) – **P:** Pr. f. Malerei d. Kt. Solothurn 93 – **Ve:** Ver. d. Freunde d. KM Basel; KV Basel; KV Solothurn – **G/T:** Städtebilder (Paris, Venedig); Figürl. Bilder (Figuren im Raum, Akt); Öl; Zchng; Hinterglasbilder (bis 80) – **W:** überw. in Privatbes. – **M:** Basel, KM; Solothurn, KM – **Ö:** Kleinhüningen, Primarschule (Wandbild) – **E:** 63, 67 Basel, Handschin; 69 Zürich, Orell Füssli; 72, 74 Rheinbach, Atrium; 72, 85 Zürich, Gal. Trittligasse; 76, 78, 80, 82, 84, 88, 92, 93, 98, 01, 03, 08 Basel, Carzaniga & Ueker; 80 Zürich, Kunstsalon Wolfsberg; 89 Bonn, Friedrich-Ebert-Stift.; 97, 00 Flüh, Forum Flüh; 07 Zürich, Gal. Frankengasse – sowie weitere Ausst. in Chur, Arlesheim, Göteborg 77 – **V:** A.H., Kat. 03 – ***Lit:*** Dorothea Christ: A.H., Monogr. 78; Kataloge 88 u. 93; Aurel Schmidt: A.H., Kat. 84; Roswitha Schild: A.H., Kat. 98

Hitzler, Franz, Maler, Graphiker, Objektkünstler, Buchgestalter, Keramiker; c/o Galerie Fred Jahn, Maximilianstr. 10, D-80539 München, Tel. (0 89) 22 07 14 (* Thalmassing 29. 8. 46) – **VG:** München, Jahn; München, Van de Loo; München, Biedermann; Regensburg, Knyrim; Issing, Josephski-Neukum; Augsburg, Oberländer; Berlin, Barthel + Tetzner – **S:** 62–64 KSch Augsburg; 67–72 ABK München (Meisterschüler b. Prof. Franz Nagel) – **L:** seit 92 freie Kurse an versch. Ausb.stätten (Malerei, Graph.); Reichenhaller Akad. Bad Reichenhall (Freier Doz.) – **P:** Bay. Staatsförd.pr. f. Bild. Kunst 81 – **Ve:** Bay. Akad. d. Schönen Künste (o. Mitgl.) 97 – **G/T:** Arb. m. allen künstler. Techniken zw. Figuration u. Abstr. – **K:** Erarbeitung individueller Ausdrucksmöglichkeiten – **M:** Berlin, NG; Dresden, Kpst.-Kab.; Emden, KH; Leipzig, MBK; Leverkusen, StM Schloß Morsbroich; München, Pin. d. Mod.; München, Staatl. GrS; New York, MOMA; New York, Visual AM; Regensburg, StG Leerer Beutel; Sydney, MCA; Wien, Volpinum – **E:** 79 München, Lenbachhaus; 80 Bonn, KV (Kat.); 82, 87 Leverkusen, StM Schloß Morsbroich; 83 New York, Visual AM (m. Troels Wörsel); 86 München, SG Mod. Kunst (Kat.); 89 München, Staatl. GrS (Kat.); Augsburg, KV (Kat.); 90 Reutlingen, KV; 93 Leipzig, MBK (Kat.); 01 Berlin, St.-Matthäus-Kirche; München, RHgal. (m. H. M. Bachmayer, Kat.); 02 Weingarten, Kunstraum Akad. d. Diözese Rottenburg-Stuttgart (Kat.); 03 Berlin, Neue NG (Kat.); 04 Ingolstadt, SM (m. Norbert Eberle u. Annette Lucks); 05 München, Pin. d. Mod. (Kat.) – **G:** zahlr. Ausst.bet. im In- u. Ausld seit 78, zuletzt 04 Emden, KH (Kat.); 05 Tokio, Intern. Mini-Print-Trienn. – **V:** KÜNSTLERB.: Katharina Ponnier: Fließen heißt (Rad.) 86; dies.: Lautlos (Hschn.) 93, Nacht (Offsetlith.) 99, Pilgerreise (Offsetlith., teilw. signiert u. m. eingebundenem Orig.) 03 – ***Lit:*** Andreas Franzke: Galerie Jahn. Arbeiten 1993–1995 95; – AUSST.KAT.: SG Mod. Kunst München 86; MBK Leipzig 93 – ***LitR:*** Jacqueline Kaess (Regie) u. Katharina Ponnier (Text), Fsf. 86

HKS s. Schlegel, Hans K.

Hladky, J. M. (eigtl. Jaroslav Hladky), Maler, Graphiker, Filmemacher; Steinacker 4, A-6811 Göfis, Tel. (06 64) 4 77 86 65, Fax (0 55 22) 7 83 56, *jh@new-media.at*, *www.art-passage.com* (* Stražisko/ Tschechien 18. 2. 37) – **S:** Höhere KSch in Tschechien (b. Prof. Zamazal, Ranny u. K.O. Hruby) – **P:** Hauptpr. Tschechien 65, Dtld 84, Gold 89, Silber Illinois/USA; Staatspr. Öst. (Anerkennungspr.) 87, 88 – **Ve:** VBK 04 – **KGr:** Ländle X (seit 00) – **G/T:** Malerei (Lsch., Portr., Öl, Pastell, Aqu.); Fotogr. (bes. Fototechniken); Film-Video – **E:** u. a. in Tschechien u. Öst. (Hohenems, Feldkirch, Dornbirn), Tirol, Zürich – **G:** u. a. in Austral., Illinois/USA, Brünn

Hlavka, Nadja-Dominique, Mag. Art., Malerin; Platanengasse 18, A-2333 Leopoldsdorf, Tel. (0 22 35) 4 23 90, *nadja_hlavka@hotmail.com* – **VG:** Wien, Hrobsky; Bonstetten, Gal. für Gegenwartskunst – **S:** 84–89 Univ. f. angew. Kunst Wien – **P:** Anerkennungspr. Ld NdÖst. 89; Stip. d. Sussmannstift. Künstlerhaus Wien 95; Dr.-Ernst-Koref-Pr. (3. Pr.); Silvretta-Atelier 00; Paliano-Atelier d. Ldes Vorarlberg 02 – **G/T:** Abstr. Malerei (Öl auf Lw.); Graph. (Öl-Kreide Mischtechnik) – **W:** Slg d. Ldes NdÖst. – **M:** Wien, Albertina; Wien, Slg d. Stadt – **Ö:** Wien, Allg. Krankenhaus – **E:** 95, 00 Eichgraben, Gal.; 96 Wien, Gal. 13; 97 Wien, Eco-Art; 98, 01, 04 Bonstetten, Gal. für Gegenwartskunst; 99 Wien, CA-Gal. im TZ; 00 Wien, Gal. Artefakt; 02, 05 Zug, Gal. zur Münz; 03, 05 Wien, Hrobsky – **G:** zahlr. Bet. seit 88, u. a. 88 Wien, Technisches Mus.; 89 Wien, Messepal.; Wien, Heiligenkreuzerhof; 92 Krems, KH; 95, 98 Wien, MAK; 00 St. Pölten, Ndöst. Dok.-Zentrum f. Mod. Kunst; 03 Haifa, Castra Art Gall.; Zürich, Kunst Zürich; 06 Karlsruhe, Art Karlsruhe; Zwettl, Blaugelbe Gal. – ***Lit:*** KAT.: Ein Blau 97; Spiegelbilder 04

HLG s. Goetz, Hannes L.

Hobusch, Bianca, Fotokünstlerin; lebt in Hamburg, Tel. (0 40) 31 79 47 57, *bianca-hobusch@hamburg.de* (* Hamburg 1. 12. 70) – **S:** 93–99 HBK Hamburg (Freie Kunst b. Prof. F. E. Walther); 99–01 ebda (Aufbaustud. Freie Kunst) – **P:** Gaststip. Villa Romana 02; Stip. Künstlerstätte Bleckede 02 – **G/T:** Fotogr.; Rauminstall. – **W:** überw. in Privatbes. – **Ö:** Hamburg, Bibliothek d. kunstgesch. Seminars d. Univ. – **E:** 00 Lüneburg, Halle f. Kunst; 01 Nürnberg, KV Dürer-Ges.; 02 Ribnitz-Damgarten, KV; 03 Leipzig, Bach-Mus. – **G:** 00 Hamburg, Kunsthaus; 01 Bern, KH; Saarbrücken, Saarland-Mus.; Wilhelmshaven, KH; 02 Marseille, Atelier d'Artistes – ***Lit:*** Stephanie Bunk: Lichtgestalten – Raumerscheinungen, Monogr. 03; – Ausst.kat: Elize Bisanz u. Simone Buuck: West-östlicher Salon 00; Monika Wagner: Meta Barock 01; Kerstin Wiese: Resonanzräume 03 – (Red.)

Hoch, Matthias, Fotograf (* Radebeul 58) – **VG:** Leipzig, Dogenhaus Gal. – **S:** 83–88 HGB Leipzig (Fotogr.); 91 ebda (Meisterschüler) – **L:** 93–98 HGB Leipzig (künstler. Ass.) – **P:** DAAD Stip. Univ. Essen 90; DAAD Stip. GB 93; Villa-Massimo-Stip. 03 – **E:** u. a. 95 Berlin, Kunst-Werke; 95 (Kat.), 98 (Kat.), 01, 02 Leipzig, Dogenhaus Gal.; 96, 06 Aachen, Ludwig Forum (Kat.); 97 Köln, Nagel; 97, 01, 02, 06 San Francisco, Bransten; 98 Paris, Goethe-Inst. (Kat.); 99 London, Goethe-Inst.; 00 Wolfsburg, StG; Aachen, Suermondt-Ludwig-Mus. (Kat.); 00, 01 London, Rocket Gall.; 01 Stockholm, Gal. Nordenhake; 01, 03 Amsterdam, Gal. Akinci (m. Edwin Zwakman); 02 Bremen, KH; Ravensburg, StG (Kat.); 03 Essen, Ed. Kunsthandel; 05 Altenburg, Lindenau-Mus. (Kat.); Heilbronn, KV (Kat.); 06 Berlin, Guardini; Rom, Studio d'Arte Contemp. Pino Casagrande – **G:** u. a. 90 Berlin, Staatl. KH; 94, 95 Aachen, Ludwig Forum; 00 Köln, Mus. Ludwig; Bonn, KM; 01 Boston, Massachusetts College of Art; Kansas City, Soc. f. Contemp. Photogr.; San José/Calif., Inst. of Contemp. Art; Winterthur, Foto-Mus.; 02 Leipzig, MBK; 03 Brüssel, Rodolphe Janssen; 04, 05 Berlin, Intern. Messe f. Gegenwartskunst (Kat.); 05 Mannheim, Intern. Fototage; Berlin, Willy-Brandt-Haus (Kat.); 06 Klosterneuburg/NdÖst., Slg Essl; Rochester/NY, Intern. Mus. of Photogr. and Film – ***Lit:*** F. C. Gundlach (Hrsg.): Zwischenzeiten – Bilder ostdeutscher Fotografen 1987–1991 91; Zustandsberichte – Deutsche Fotografie der 50er bis 80er Jahre in Ost und West 92; Michael Mack (Hrsg.): Reconstructing Space – Architecture in Recent German Photography 99; Susanne Pfleger u. Thomas Seelig (Hrsg.): Yet untitled – Sammlung Bernd F. Künne 03; M. H. Fotografien 05 – (Red.)

Hoch, Susann (geb. Susann Knoch), Dipl. Graphikerin, Kunstpädagogin; Lindenthaler Str. 2, D-

04155 Leipzig, Fax (03 41) 4 80 94 07, *sushoch@web.de* (* Lobenstein/Thür. 28. 6. 63) – **S:** 83–89 HGB Leipzig (freie Graph./Ill. b. d. Prof. R. Kuhrt u. K.-G. Hirsch); 89–93 ebda (Zusatzstud., Meisterschülerin b. R. Kuhrt) – **P:** Arb.stip. Bomlitz/Lüneburger Heide 92; Schwalenberg-Stip. d. Ldesverb. Lippe/NRW 93/94; Grafikpr. '100 sächs. Grafiken' d. Spk. Chemnitz 04 – **Ve:** BBKL 90–02 – **G/T:** Zeichn.; freie Graph./Ill. (Hschn., Lith., Rad.); Fotogr.; Künstlerb.; Kinderb. – **K:** Graph. (Acrylstich, Hschn.); Buchkurse (Satz, Ill., Buchbinden) – **M:** Brüssel, Kpst.-Kab. d. Bibliothèque Royale; Leipzig, Dt. Buch- u. Schrift-Mus. d. Dt. Nat.bibl.; Leipzig, KH Spk.; Leipzig, MBK; Nürnberg, Germanisches NM – **Ö:** Schieder, RH – **E:** Einzelausst. seit 89, zuletzt 99 Leipzig, Kleindienst; 00 Herford, Kr.haus; 01 Schieder-Schwalenberg, KV; 05 Burgk, Schloßmus. (m. Thomas Henniger) – **G:** zahlr. Ausst.bet. seit 90, u. a. seit 95 Leipzig, Grafikbörse; 97 Nürnberg, Germanisches NM; Leipzig, MBK; 98, 03 Leipzig, Jahresausst.; 99 Brüssel, Euro-Theater; 01 Leipzig, Leipziger Hof; 03 Leipzig, Kontorhaus; 04 Leipzig, Webers Hof; 04 u. 05 Chemnitz, Neue Sä. Gal.; 05 Leipzig, Große Sä. Kunstausst. – **V:** A. M. Matute: Seltsame Kinder (Plexiglasstiche u. Gesamtgest.) 89; U. Ackermann: Amselmonat (Hschn. u. Gesamtgest., Druck) 90; Samuel Feijóo: Guanaroca (Steindrucke, Druck, Bindung) 93; Frohes Blut bis in den Zeh (Linolschnitte, Schrift, Bindung) 94; C. Morgenstern: Gruselett (Holz- u. Materialdrucke) 98; H. Domin: Gleichgewicht (Hschn., Schrift, Bindung) 02; rotundare (Hschn., Schrift, Bindung) 04; Idylle-Pastoral (Handsatz, Hschn.) 05; Nachtgedanken (Hschn., Handsatz) 05; Splitter-Odštepky (Rad., Holzdruck) 06 – ***Lit:*** S. H.: Übergang 99; dies.: Schwebe 00; Sabine Schemmrich: Gen Wald S. H., Kat. (z. Ausst. im Schloßmus. Burgk) 05

Hoch-Deutschmann, Roberta, Malerin, Graphikerin; Ballgasse 4, A-1010 Wien, Tel. (01) 5 13 49 39 – **G/T:** Malerei, Graph.

Hochedlinger, Willi, Maler; Panoramaweg 6, A-4210 Unterweitersdorf, Tel. u. Fax (0 72 35) 6 76 76, *willi.hochedlinger@aon.at*, *www.kunstforum.at* (* Liebenau b. Freistadt 16. 6. 49) – **S:** 64–67 Ausb. z. Maler (b. Prof. Willy Hengl) – **P:** Berndorfer Kunstpr. 'FUSS & UMWELT' 92 – **G/T:** Malerei (Aqu., Öl, Airbrush); Collage; Ill. (Festschriften, Internet) – **Ö:** Unterweitersdorf, Dorfkap. (Renovierung v. Altar u. Inneneinrichtung) – **E:** / G: u. a. 88 Liebenau, Kult.-tage; 89 Kefermarkt, Schloß Weinberg; 91 Linz, RH; Aschach, Kult.tage; 92, 01 Unterweitersdorf (Kreative Unterweitersdorfer); 93, 96 Linz, Volkskreditbank; 94 Künstlerwettb. 'Europa d. Regionen'; 97 Mühlviertel, Messe (Region-Sonderschau); 99 Gallneukirchen, Kunstmarkt; Linz, Ursulinenhof; – 90–03 Teiln. an d. 'Tagen d. offenen Ateliers' d. oböst. Kult.referats

Hochenauer, Ingrid, Malerin; Hauptstr. 19, A-3380 Pöchlarn, Tel. (0 27 57) 2 13 56, *ingridhochenauer@hotmail.com*, *www.in-grid.at* (* Ornding 4. 12. 56) – **S:** Sommerakad. Goldegg, Geras u. Leiben (div. Kurse); VHS St. Pölten – **G/T:** Acryl u. Mischtechnik (Lsch., Blumen u. Abstr.) – **K:** VHS Melk, Pöchlarn u. Mank (Acryl- u. Ölmalerei, Acrylworkshops) – **E:** Melk, Forsthaus; Pöchlarn, OK-Haus; – sowie Wiener Ringstr.gal. – **G:** Salzburg, Kunstmesse; Florenz, Bienn.; – sowie Wiener Ringstr.gal.

Hochmann, Carmen, Illustratorin, Autorin; Rohrteichstr. 66 A, D-33602 Bielefeld, Tel. (05 21) 6 70 71, Fax 3 25 84 57, *carmen-hochmann@web.de*, *www.carmen-hochmann.de* (* Bielefeld 21. 6. 70) – **S:** 92–96 FHS Bielefeld (Graph.-Design, Schwerpunkt Ill.) – **KGr:** Offene Ateliers Bielefeld (seit 97) – **G/T:** Ill. (vorw. f. Kinder); Portr.malerei – **K:** Zeichn. (f. Erwachsene) – **E:** / G: 92–99 div. Ausst. in Bielefeld – **V:** Ill. u. Text f. Kindersachb.: Tierpark Olderdissen Bielefeld 01; Olderdissen. Kennst du diese Tiere? 03; Sparrenburg-Geschichte(n) für Kinder 04; Mein Arminia Geburtstag 05; Schatzsuche in Bielefeld 06

Hochrein, Mia, Freie Künstlerin, Keramikerin, Freie Dozentin; Goethestr. 140, D-34119 Kassel, *miahochrein@hotmail.com* (* Münnerstadt/Bay. 55) – **S:** 83 Meisterprüfung als Keramikerin; 94–00 KHS Kassel (b. Prof. Ralf Busz u. Prof. Urs Lüthi); 01 ebda (Meisterschülerin b. Prof. Ralf Busz); 01–05 ebda (Visuelle Kommunikation b. d. Prof. Christof Gassner u. Urs Lüthi) – **L:** seit 01 Akad. f. Gest. Ebern (freie Doz.) – **P:** Stip. d. Dannerstift. 82, 83; Prämie d. Stift. f. Begabtenförd. im Handwerk 84; Pr. RhönSalon 00; Prämierung d. Künstlerb. 'ORTE' durch d. Stift. Buchkunst 05; Arb.stip. d. Studiefrämjandet Uppsala/Schweden 05 – **KGr:** Provokation der Harmonie (88–89) – **G/T:** Keramik; Objektkunst (div. Materialien); Projektkunst; Install. – **W:** überw. in Privatbes. – **M:** Bangkok, NG; Berlin, Kunstbibliothek; Kassel, Hess. LM; Kleinsassen, Kunststation; Offenbach am Main, Klingspor-Mus.; Tokio, Printing Mus. – **E:** 00 Kassel, Naturkundemus.; 05 Münnerstadt, Deutschordensschloß; 06 Uppsala, Gall. 1; – sowie: 04 Ldkr. Rhön u. Grabfeld, Aktion Schritte – **G:** zahlr. Bet. seit 88, zuletzt 00, 02 Kleinsassen, Kunststation; 01 Calden, Schloß Wilhelmsthal; Fulda, Vonderau-Mus.; 03 Danzig, Na Wiezy – **V:** Agua-mmiri-Wasser. Kunst als Mittlerin, Ausst.kat. 94; Gehen. Wege. Orte 00; Jeden Tag gehe ich mit meiner Tasche 04; ORTE 05

Hochreither-Schünemann, Bettina s. Schünemann, Bettina

Hochreutener, Cécile s. Stadelmann, Cécile

Hochwarter, Hubert, Mag. art., Künstler, Kunstvermittler; Wiener Str. 37–39, A-2352 Gumpoldskirchen, Tel. u. Fax (0 22 52) 6 29 38, *h.hochwarter@kabsi.at*, *www.8ung.at/hochwarter* (* Mödling/NdÖst. 6. 5. 62) – **S:** 81–86 HS f. Angew. Kunst Wien (Meisterkl. Prof. H. Tasquil) – **Ve:** KV Süd-Ost seit 97 – **G/T:** Malerei, Graph., Objekte, Mixed Media; einfache Ausgangssituationen m. universeller Bedeutung, serielle Gest. – **K:** Ndöst. Malakad. Baden – **W:** in Privatbes. in Öst., Dtld, Frkr., Mexiko – **E:** seit 82 u. a. 97 Baden, Kreativzentrum; 99 München, Bouton; 01 Paris, Assoc. IFLF – **G:** seit 82 u. a. 97–03 St. Pölten, SM; 99 Wien, Austria Center Vienna; 01 Wiener Neustadt, St. Peter an d. Sperr; 03 Baden, KV – **V:** m. Georg Bydlinski: Lindas Blues, Ndöst. Lit.ed. 04; m. dems.: Schattenschaukel 06

Hoderlein, Stefan, Video- u. Installationskünstler (* Düsseldorf 60) – **VG:** Bielefeld, Baumgarte – **S:** 82–89 Staatl. KA Düsseldorf (b. Bernhard Becher u. Nam June Paik, Meisterschüler); 89–90 Saint Martin's SchA London (Postgraduate Department) – **P:** DAAD-Stip. 88; Krupp v. Bohlen u. Halbach Katalogförd.pr. 97; Stift. Kunstfonds – Arb.- u. Projektstip. 98 – **E:** / G: u. a. 88 Düsseldorf, Planet Gal.; 89 Köln, Jablonka; 94 Düsseldorf, KH; Düsseldorf, Mus. Kunst Pal.; 95 Wien, Secession; 95, 97 Aachen, Neuer Aachener KV; 96 Stuttgart, Württembergischer KV; Wien, KH; 97 Berlin, shift; Berlin, Fricke; 00 Düsseldorf, KS NRW; 00, 01 Baden-Baden, SKH; 01 Köln, Mus. Ludwig; Duisburg, Wilhelm-Lehmbruck-Mus.; 02 Heinsberg, KV; Düsseldorf, Mus. Kunst Pal.; Sakura/Jap., Kawamura Mus. – (Red.)

Höch, Janine, Malerin; Trattengasse 26 / 13, A-9500 Villach, Tel. (06 64) 5 33 56 92, *janine@galerie-hoech.com*, *www.galerie-hoech.com* (* Villach 13. 11. 76) –

S: 04 Meistersem. f. altklass. Mischtechnik b. Michael Fuchs – **G/T:** Fotosurrealismus (Öl, Eitempera auf Lw.) – **Ö:** Weissensee, Raiffeisenbank Oberdrautal – **E:** zahlr., u. a. Wien, Gal. Village – **G:** u. a. Bonn, Villa Rolandseck: An d. Quellen d. Phantastik; 05 Friesach, Die Spur d. Einhorns

Hoeck, Richard, Projekt- u. Installationskünstler (* Hall/Tirol 65) – **VG:** Frankfurt am Main, Neff; Wien, Engholm Engelhorn – **S:** 83–90 HS f. angew. Kunst Wien (b. Ernst Caramelle u. Oswald Oberhuber) – **P:** Blinky-Palermo-Stip. – **M:** Bregenz, Künstlerhaus Pal. Thurn u. Taxis; Frankfurt am Main, Mus. f. Kommunikation; Mönchengladbach, StM Abteiberg – **E:** u. a. 91 Graz, Forum Stadtpark; 91, 98 (m. John Miller) Graz, Artelier; 92 Berlin, Bruno Brunnet Fine Arts (m. Erwin Kneisl); 94 Amsterdam, Welters; 96 Basel, Krinzinger; Chicago, Resource Room; 96, 02 Wien, MAK; 97 Graz, steirischer herbst (m. Heimo Zobernig); Berlin, Künstlerhaus Bethanien; 97, 99 Karlsruhe, Meyer Riegger; 98 Genf, Mus. d'Art Mod. et Contemp.; Wien, KH Exnergasse; 99 Karlsruhe, Meyer Riegger; Innsbruck, Kunstraum; Berlin, Kunstwerke (m. John Miller); 00 Paris, Rein; Leipzig, Gal. f. Zeitgen. Kunst (Kat.); Schwaz/Tirol, StG; 02 Venedig, Archit. Bienn.; 03 Hohenems, Trans-mitter (m. John Miller); Wien, Engholm; 05 Wien, Engholm Engelhorn (m. John Miller); 06 London, Peacock Gall. (m. John Miller) – **G:** zahlr., zuletzt u. a. 05 Wien, MMK Stiftung Ludwig: Entdecken u. Besitzen. Einblicke in öst. Privatslgn; Berlin, Martin-Gropius-Bau: Urbane Realitäten. Fokus Istanbul (Kat.); 05–06 London, Peacock Gall.: This Art is Your Art; Eindhoven, Van Abbemus.: EindhovenIstanbul; Wien, KH: Superstars; 06 Hamburg, Deichtorhallen: Bildarchiv d. SPIEGEL (Kat.); Lahr, StG im Alten RH: Nice Fine Art – ***Lit:*** zahlr. Art. in ZTGN u. ZSS: u. a. Mark Kremer: The Rebirth of Drama, In: Kunst und Museum Journal v. 5.2.93; Hans von Seegen: Texas mit der Seele suchen, In: Tagesspiegel v. 18.8.99; Krabbelnde Leidenschaften, In: Der Spiegel, 41 99; Claudia Aigner: Die ham uns a Haus herbaut, In: Wiener Ztg v. 20./21.12.02; Rainer Metzger: Besuch bei Adam und Eva, In: artmag. v. 29.11.02; Doug Harvey: The Noise of Art, In: LA Weekly v. 14.2.02; Karin Pernegger: On Austrian Sculpture Today, In: Praesens, 2/03; Sonke Gau: Sam Durant, Tobias Hauser, R.H., John Miller. A Country Lane, In: Camera Austria Intern., 81/03, S. 73–74; Claudia Aigner: Engholm Engelhorn Galerie: Kick it like Beckham, In: Wiener Ztg v. 8.4.05; Aus dem Leben eines UPS-Biediensteten, In: Der Standard v. 22.3.05; – zahlr. KAT: zuletzt Magazin im Magazin Vol. 2 (Vorarlberger KV Bregenz) 02; Precise Models (Gall. Remont Belgrad) 03; Go Between (KV Bregenz) 05 – (Red.)

Höck, Toni (Ps.: Toni), Prof., Dipl.-Pädagoge, ObStudR.; *t.hoeck@aon.at*, *members.aon.at/toni.art* (* Innsbruck 5. 7. 36) – **VG:** Innsbruck, Augustin – **S:** Lehramt f. bildner. Erziehung – **L:** 83–01 Pädagogische Akad. Innsbruck (Prof. f. bildner. Erziehung) – **P:** Kulturehrenzeichen d. Stadt Innsbruck 04 – **KGe:** Tiroler Künstlerschaft (seit 75); Ges. d. Freunde d. Bild. Künste (seit 95) – **G/T:** Malerei; Graph.; Lsch.; figurale Themen; Portr. – **M:** Innsbruck, Stadtarch. – **Ö:** u. a. Innsbruck-Amras, Kindergarten – **E:** u. a. 77 Innsbruck, Stadtturmgal.; 78 Bozen, Dominikanergal.; 81 Lienz, StG; Salzburg, Traklhaus; 82 Pforzheim, StG; 85 Salzburg, Gal. über d. Cafe Mozart; 88 Innsbruck, Kunstpavillon Hofgarten; 94 Linz, Ldeskult.zentrum Ursulinenhof; 01 Innsbruck, Congress; 04 Bozen, Schloß Prösels – **G:** u. a. 85 Schaan/Liechtenstein, Gal. Sonnegg; 87 Dakar, Öst. Botschaft; Dakar, Gal. Teranga

Hödicke, Karl Horst (K. H. Hödicke), Prof., Maler, Filmemacher, Objektkünstler; Joachim-Friedrich-Str. 48, D-10711 Berlin, Tel. (0 30) 8 91 95 99. Dessauer Str. 6, D-10963 Berlin, Tel. (0 30) 2 62 31 36, Fax 8 91 71 51 (* Nürnberg 21. 2. 38) – **VG:** Berlin, Raab; München, Baumgartl; Berlin, Bischoff – **S:** 59–64 HBK Berlin (b. Fred Thieler) – **L:** seit 74 HdK Berlin (Prof.) – **P:** Dt. Kunstpr. d. Jgd 64; Villa-Massimo-Stip. 68; Fred Thieler Pr. f. Malerei 98 – **Ve:** AK Berlin-Brandenburg 80 – **KGr:** Vision (61); Grossgörschen 35 (Mitbegr. 64) – **G/T:** Malerei, Graph. (Zeichn., Lith.), Objekte, Install., exper. Filme – **M:** Berlin, Berlinische Gal.; Berlin, Hamburger Bahnhof; Berlin, NG; Bochum, Mus.; Kassel, Neue Gal.; Kiel, KH; Leverkusen, StM Schloß Morsbroich; Mannheim, StKH; München, Pin. d. Mod.; Ulm, Ulmer Mus. – **E:** 64 Berlin, Gal. Großgörschen 35; 99 Düsseldorf, Gmyrek – **G:** 64 Berlin, Gal. Großgörschen 35; 90 Leipzig, MBK; 00 Berlin, Schultz; Düsseldorf, Gmyrek; 02 Berlin, Poll – **V:** zahlr. Publ. – ***Lit:*** Dictionary of Art 96 – (Red.)

Hödlmoser, Romana; Peilsteiner Str. 3, A-5020 Salzburg, Tel. (06 76) 9 39 91 43 – **G/T:** Malerei – (Red.)

Hoedt, Axel, Fotograf; c/o Scout Gallery, 1–3 Mundy Street, London, Tel. 0 2077 49 09 09, *mail@scoutgallery.com*, *www.scoutgallery.com* (* Freiburg) – **VG:** London, Scout Gall.

Höfer, Candida, Prof., Fotografin (* Eberswalde 4. 2. 44) – **VG:** München, Schöttle; Hamburg, Produzentengalerie; Köln, Johnen & Schöttle; Berlin, Bischoff; Wien, Insam; Zürich, Presenhuber – **S:** 64–68 Kölner Werkschulen; 73–82 Staatl. KA Düsseldorf (Film b. Ole John u. Fotogr. b. Bernd Becher) – **L:** 97–00 Staatl. HS f. Gest. Karlsruhe – **M:** u. a. Basel, KH; Bonn, LM; Essen, Mus. Folkwang; Hamburg, KH; Madrid, MNCARS; New York, MOMA; Paris, Bibliothèque Nat.; Paris, Centre Pompidou; San Francisco, MMA; St. Louis/MO, AM – **E:** zahlr. Ausst. im In- u. Ausld seit 75, zuletzt u. a. 00 Nürnberg, KH; 01 New York, Sonnabend Gall.; 02 Kassel, documenta; Hamburg, Altonaer Mus.; 03 Venedig, Bienn.; San Francisco, Bransten – **G:** zuletzt u. a. 01 Wien, MAK; Madrid, MNCARS; Ōsaka, NM of Art; 02 Düsseldorf, Mus. Kunst Pal.; Emden, KH – ***Lit:*** Contemp. Woman Artists 99; Koetzle 02 – (Red.)

Höfer, Friedrich, Bildhauer, Graphiker; Winterkastener Str. 32, D-64385 Reichelsheim, Tel. (0 61 64) 7 21 (* Jößnitz im Vogtland 1. 10. 40) – **S:** 60–65 Städelschule Frankfurt am Main (Bildhauerei b. Prof. Hans Mettel) – **L:** 89, 90, 94 Sommerakad. Bosen (Leitung d. Steinbildhauerkurse) – **P:** Bildhauersymposium in Rochlitz (1. Pr.) 92; Holzbildhauersymposium Oberes Vogtland (1. Pr.) 97 – **Ve:** SKB – **G/T:** Freie Figuration: Arb. in Stein, Holz, Terracotta; Zchngn; Hschn. – **M:** Chemnitz, Neue Sä. Gal.; Kaditzsch, Denkmalschmiede Höfgen (Jutta-Park) – **Ö:** Aschaffenburg, Kirche Mariä Geburt (Kreuzweg); Bensheim (Nibelungenbrunnen); Frankfurt am Main, Seilerstr. (Bronzeportal); Ingelheim (Brunnen Vier Jahreszeiten); Moritzburg, Schloßteich (Figur); Rochlitz (Figur); Schulpforta (Choral Sandstein); Theuma, Vogtld. Spk. (Hand); Weischlitz, Vogtld. Spk. (Bronze) – **E:** seit 87 u. a. Reinheim, Gal. 9; 92 Chemnitz, Gal. im Schauspielhaus; 93 Rothschönberg, Appenhof; 94 Radebeul, Stadtgal.; 95 Plauen, StG e.o. plauen; 96 Auerbach, Göltzschtalgal. Nicolaikirche; 97 Meerane, Gal. Art-In; 98 Červený Hrádek b. Jirkov/CS; 99 Grimma-Kaditzsch, Denkmalschmiede Höfgen; 01 Darmstadt, Kellergal. im Schloß – **G:** 81 Freiburg u. Nürnberg, Katholikentag: Kreuz; 91 Dresden, Neuer Sä. KV: Künstler aus Sachsen; 94–06 Plauen, KV: Werkschauen; 96, 98, 04 Chemnitz, Hundert Sä. Graphiken; 02, 03 Plauen, Straße d.

Skulpturen – **V:** Skulptur u. Plastik; Holzschnitte; F.H. – Bildhauer – Zeichnungen

Höfer, Jürgen, Dipl.-Ing.; Maler, Graphiker; Baikonurweg 50, D-08066 Zwickau, Tel. (03 75) 47 58 00, *www.art-sixx.de/hoefer.html* (* Zwickau 14. 2. 40) – **VG:** Zwickau, Gal. am Domhof; Zwickau, art-sixx.de – **S:** Autodidakt – **P:** Christoph-Graupner-Kunstpr. d. Ldkr. Zwickauer Ld 99 – **Ve:** SKB 00; CKB – **G/T:** Malerei (Öl, Mischtechnik, Lsch., Stilleben); Collage u. Rad. (Metamorphosen) – **M:** Wildenfels, Schloßgal. – **Ö:** Werdau, Pleißentalklinik; ebda, Ldratsamt; Zwickau, Caritas-Sozialwerk; ebda, Arbeitsgericht – **E:** u. a. 97, 00, 04 Zwickau, Business and Innovation Center (BIC); 02 Burgstädt, Gal. Art Forum; Schmölln, RHgal.; Chemnitz, Gal. im Schauspielhaus; 03 Auerbach, Göltzschtalgal. Nicolaikirche; Meerane, Gal. Art-In; 05 Schleiz, Gal. Alte Münze; Wildenfels, Schloßgal.; 06 Zwickau, Gal. am Domhof; 07 Oelsnitz, Bergbaumus. – **G:** u. a. 96 Kronach, Alte Markthalle; Montpellier, Maison de Heidelberg Centre Culturel Allemand; 00 Zwickau, Gal. am Domhof; 02 Pirmasens, Kunstdialog Sa. – Rh.-Pf.; 05 Leipzig, Große Sä. Kunstausst.; 01 Chemnitz, Neue Sä. Gal. – ***Lit:*** Dammann u. Wagner: J.H. Mischtechniken auf Papier, Ausst.kat. 03

Höft, Roland, Bildhauer; Leopoldstr. 55, D-32657 Lemgo, Tel. (0 52 61) 66 61 27, Mobil: 01 7 14 81 28 89, Fax 66 76 17, *info@atelierhoeft.de*, *www.atelierhoeft.de* (* Warendorf/Westf. 20. 8. 71) – **VG:** Oelde, Weber; Velp, Driessen – **S:** 88–91 Ausb. z. Steinbildhauer, Everswinkel (Bestprüfling); 93 Fachoberschule f. Gest. Münster (Abschluß als Bestprüfling) – **L:** 02–03 VHS Halle (Doz. f. Bildhauerei); 04–05 VHS Lemgo (Doz. f. Bildhauerei) – **P:** Intern. Obernkirchner Bildhauersymposium 03; Intern. Bildhauersymposium Borkelen Schaft/Niederl. 04; Bildhauersymposium Arneburg 05; Symposium of Stone Sculpt. Vilnoja/Litauen (Silver Dipl.) 06 – **Ve:** Kunstför.ver. Pit Weber 99; VG Bild-Kunst 03; BBK Westf. 05 – **KGr:** REFLEX (seit 04) – **G/T:** Bildhauerei (figürlich, in Stein u. Bronze) – **W:** überw. in Privatbes. – **Ö:** Arneburg, Skulpt.pfad; Obernkirchen, Skulpt.pfad; Vilnoja/ Litauen, Skulpt.park; – Rekonstruktionen: Berlin, Tympanonrelief d. Ostfassade d. Zeughauses; Eberbach, Johannes Kloster; Ludwigsburg, Schloß (Pan u. Syrinx) – **E:** zahlr. Ausst. seit 96, u. a. 99 München, Schloß Blutenburg; Essen, Dielmann; 01 Oelde, Ldesgartenschau; Telgte, Gal. Kornbrennerei; 02 Halle/Westf., Remise; 03 s'Hertogenbosch, Art and Antique Fair; – weitere: Beek en Donk/Niederl., Gal. Donkersvoort – **G:** zahlr. Ausst. seit 96, u. a. 97 Düsseldorf, Artefakt; 99 Castrop Rauxel, Dielmann; 03, 05 Kamen, Art; 05 Ahlen, Medienhaus; Kamen, Gal. im Technopark; 06 Glinde, Intern. Kunstausst. FORM-A(R)T

Höhler, Katharina; Am Mühlberg 57, D-64354 Reinheim, Tel. (0 61 62) 8 13 99, Fax 91 90 34, *artfantasia@gmx.de* – **G/T:** Malerei – (Red.)

Hoehn, Helmut, Illustrator; Spitalplatz 10, D-93413 Cham, Tel. u. Fax (0 99 71) 46 35. Gesandtenstr. 18, D-93047 Regensburg, Tel. (09 41) 5 51 89 (* Steinenhausen/Bay. 3. 5. 47) – **VG:** Regensburg, Kunstkontor Westnerwacht – **Ve:** Verb. Dt. Schrifststeller 82 – **G/T:** Ill. (Kinderb.) – **E:** 03 Regensburg, Kunstkontor Westnerwacht – **G:** 01 Weiden, KV; 03 Regensburg, Kunstkontor Westnerwacht – **V:** Kinderb. (Text u. Ill.): Der Wurstkuchlhund 99; Der Wurstkuchlhund in Nürnberg 01

Höhn, Wolfgang, Maler, Graphiker; c/o Henrike Höhn Galerie, Zimmerstr. 11, D-10969 Berlin, Tel. (0 30) 25 89 89 44, Fax 85 96 34 07, *info@henrike-hoehn-kunstprojekte.de*, *www.henrike-hoehn-galerie.de* (* Bochum/Westf.) – **VG:** Berlin, Höhn – **S:** 51–56 HBK Hamburg (Malerei b. Prof. K. Kluth u. Graph. b. Prof. Titze) – **L:** 62–93 Lehrtätigkeit in Braunschweig – **Ve:** Bochumer Künstlerbund 58; BBK Nds. 69; VG Bild-Kunst 03 – **G/T:** Malerei (Öl, Eitempera, Mischtechniken); Handzchng; Druckgraph. – **W:** in Privatbes. – **M:** Braunschweig, Bez.reg.; Braunschweig, StM; Taichung, Nat. Taiwan Mus. of Fine Arts – **E:** zahlr. Ausst., zuletzt 01, 03, 06 Berlin, Höhn; 01 Braunschweig, Staatsanwaltschaft; 05 Berlin, AC – **G:** zahlr. Ausst.bet. im In- u. Ausld seit 60, zuletzt 00 Halle/Saale, KV Talstr.; Perm, SG; 03 Bevern, Schloß: Graph. Trienn. f. Zchng; Frechen, Intern. Trienn. f. Graph.; Grenchen, Intern. Trienn. f. Orig.graph.; 04 Mailand, Flash Art Fair Milano; Taichung, Nat. Taiwan Mus. of Fine Arts: Intern. Bienn. for Print and Drawing 05 Rostock, KH; Bologna, Arte Fiera

Höhne, Wolfram, Freier Künstler; Lisztstr. 7, D-99423 Weimar, Tel. u. Fax (0 36 43) 77 29 36, *info@kunstseiten-thueringen.de*, *www.kunst-basis.org* (* Dresden 27. 4. 74) – **S:** 95–00 Bauhaus-Univ. Weimar (Freie Kunst b. Prof. Fritz Rahmann) – **L:** 01–04 Univ. Erfurt (Phil. Fak., wiss. Mitarb. Vgl. Lit.wiss. u. Medien) – **P:** Postgraduiertenstip. d. Bauhaus-Univ. Weimar 01; Pr. 'Kunst am Bau' d. Polizeidir. Dresden 03 – **Ve:** VBK Thür. 03 – **KGr:** Kooperative Kunstpraxis (seit 97) – **KGe:** W. H., Jens Herrmann u. Andreas Paeslack (seit 97) – **G/T:** Kunst in d. Öff., situatives Produktionsverständnis – **W:** Ankauf großformatiger Farbfotogr. durch d. Slg d. Ldeszentralbank – **Ö:** Dresden, Ernemannturm d. Technischen Slgn; Rothenburg/Oberlausitz, FHS d. Polizei; Weimar, Reiterstandbild Carl August (Sporen) – **E:** 99 Jena, Panoramatische Kunstvitrine; 01 Hof, Pakethalle – **G:** 00 Moritzburg, Barockhaus; 01 Moritzburg; 01–03 Frankfurt am Main, Art Frankfurt; 02 Dresden; Jena; Weimar, Neues Mus.; 03 Tel-Aviv; Dtld; Ital.; Rumänien; Dresden, Kunsthaus – **V:** Barockhaus, Leporello 00; Simultane Perspektiven, Faltplan z. Projekt 02; Katzengold, Kat. 02; Kooperative Kunstpraxis, Faltblatt 03; Thesen zu Kunst und Öffentlichkeit, Faltplan 03 – **R:** www.kunstbasis.org – ***Lit:*** Iris Kretschmann: Inspiration Moritzburg, Ausst.kat. 01 – (Red.)

Hölbling, Wolfgang; Gallgasse 2–4, A-1130 Wien, Tel. (01) 8 02 25 02, Fax 8 02 25 02, *w.hoelbling@akbild.ac.at* – **G/T:** Malerei – (Red.)

Hoeld, Nicholas s. Ulrich, Matthias

Höller, Barbara; Zentagasse 38, A-1050 Wien, *barbara.hoeller@chello.at*, *www.barbarahoeller.at* – **G/T:** Malerei – (Red.)

Höller, Carsten, Dr. habil., Agrarwiss., Video- u. Konzeptkünstler; lebt in Köln u. Stockholm (* Brüssel 61) – **VG:** Berlin, Schipper; Zürich, ArsFutura; New York, Kaplan; Hamburg, Helga Maria Klosterfelde; Wien, Janda – **P:** Gottfried-Brockmann-Pr. d. Ldeshauptstadt Kiel 89; Peter Mertes Stip. 95 – **G/T:** Install.; Video – **M:** Århus, KM; Berlin, Kunstwerke; Gent, Stedelijk Mus. voor Actuele Kunst; Kanazawa, 21st Cent. Mus. – **E:** u. a. 91 Kiel, Stadt-Gal. (Kat.); 94 Zürich, ArsFutura; Köln, Schipper & Krome; 94, 97, 02 Paris, Air de Paris; 96 Hamburg, KV (Kat.); Köln, KV; Utrecht, Centraal Mus.; Wien, Secession (Kat.); 97 Hannover, Sprengel-Mus. (Kat.); 97, 01 Berlin, Schipper & Krome; 98 London, Camden Art Centre; Basel, Mus. f. Gegenwartskunst (Kat.); 99 St. Gallen, KH; Stockholm, Mod. Mus. (Kat.); Paris, Mus. d'Art Mod. de la Ville (Kat.); 00 Mailand, Fond. Prada (Kat.); Helsinki, Kiasma MCA (Kat.); 01, 04 New York, Kaplan; 02 Rotterdam, Mus. Boymans Van Beuningen; 03 Stockholm, Färgfabriken; Boston, Inst. of Contemp. Art; 04 Anvers, Szwajcer; Dijon, Le Consortium; Mailand, Massimo de Carlo; Marseille, Mus. d'Art Contemp.; 05: Berlin, Schipper; Tokio, Shugoarts; 06 London, Tate Modern – **G:** u. a. 90 Berlin, Künstlerhaus Bethanien; 93 Berlin, Neue Ges. für bild. Kunst; Moskau, A3 Gall.; Venedig, Bienn.; 94 Paris, Mus. d'Art Mod. de la Ville; Hamburg, Produzentengalerie; 96 Hamburg, KV; Köln, KV; Kiel, KH (Kat.); Bonn, KV (Kat.); 97 Kassel, documenta X; Istanbul, Bienn. (Kat.); Otegem, Deweer AG (Kat.); Basel, Mus. f. Gegenwartskunst (Kat.); 98 Berlin, Dt. Hist. Mus. (Kat.); Bonn, KV (Kat.); Berlin, Bienn. (Kat.); Leipzig, Gal. f. zeitgen. Kunst (Kat.); Luxemburg, Manifesta 2 (Kat.); 99 London, Chisenhale Gall.; Utrecht, Centraal Mus.; Istanbul, Bienn.; Santa Fe, Bienn.; Duisburg, Wilhelm-Lehmbruck-Mus. (Kat.); 00 Hannover, Expo; Hamburg, Deichtorhallen (Kat.); Bordeaux, C.A.P.C. Mus. d'Art Contemp. (Kat.); Humlebæk, Louisiana Mus. of Mod. Art (Kat.); Lyon, Bienn.; 01 Meran, KV (Kat.); Leipzig, Gal. f. Zeitgen. Kunst; Yokohama, Trienn.; Marseille, Mus. d'Art Contemp.; 02 San Francisco, Art Inst.; Sao Paulo, Bienn.; Frankfurt am Main, MMK; Köln, Mus. Ludwig; 03 Göteborg, Bienn.; Venedig, Bienn.; Stockholm, Mod. Mus.; London, Tate Modern; 04 Reims, Domaine Pommery (Kat.); Pittsburgh, Carnegie Mus. of Art (Kat.); Dresden, Dt. Hygiene-Mus. (Kat.); Bordeaux, C.A.P.C. Mus. d'Art Contemp. (Kat.); Lugano, Mus. Cantonale d'Arte; 05 Brüssel, Pal. des BA; Santander, Fund. Botin; Frankfurt am Main, MMK; Turin, Fond. Sandretto Re Rebaudengo; Lyon, Bienn. – **V:** Hans-Ulrich Obrist (Hrsg.): Carsten Höller's Spiele-Buch 98 – (Red.)

Höller, Klaudia; Wienerstr. 4, A-3370 Ybbs/Donau, Tel. (06 76) 3 99 20 64, *info@atelier-klaudia.at, www.atelier-klaudia.at* (* Melk/Donau 7. 5. 64) – **S:** b. Prof. Franz Wlcek, ansonsten Autodidaktin – **G/T:** impressionist. Acryl- u. Ölmalerei; 'Bäume d. Lebens' (surrealist.) – **K:** auf Einladung versch. Schulen; Kinder u. Jugendlichen-Malakad. (jeweils Oktober) – **W:** überw. in Privatbes. – **Ö:** St. Martin am Ybbsfeld, Kirche ('Lichtstrahl im Wald', Acryl auf Leinen) – **E:** zahlr. seit 86, u. a. 00 Wien, Hofburg; 03 Bobbio; 04 Schallaburg – sowie: 02 Mostviertelfestival – **G:** zahlr. Bet. seit 86 – **V:** Gedankenvoll 03

Höller, Stefan, Maler – **VG:** Düsseldorf, Parduhn – **P:** Stift. Kunstfonds – Arb.- u. Projektstip.; Kunstpr. d. Böttcherstr. in Bremen 95; Stip. f. d. Europ. ACC-Atelierprogramm Weimar 97 – **G/T:** Malerei, Install. – **E:** u. a. 98 Düsseldorf, KV; 99 Berlin, Poll; 99, 00, 01, 03 Düsseldorf, Parduhn; 00 Köln, Rehbein – (Red.)

Höllinger, Waltraud s. Export, Valie

Hoellwarth, Gottfried (eigtl. Gottfried Höllwarth), Prof., Mag. art., Bildhauer; Piaristengasse 32/18, A-1080 Wien, Tel. (01) 4 07 48 93. c/o Atelier, Goldgrabenweg 3, A-3170 Hainfeld, Tel. (0 27 64) 22 39 (* Salzburg 10. 2. 45) – **VG:** Wien, Künstlerhaus – **S:** 59–64 Studium f. Maschinenbau in Salzburg; 64–70 HS f. angew. Kunst Wien (Meisterkl. f. Bildhauerei b. Prof. H. Knesl) – **L:** 78–97 Kunstuniv. Linz (Lektor f. Steinbildhauerei); 88–89 TU Innsbruck (Lektor f. plast. Formen); 98 Kunstuniv. Linz (Ernennung z. Prof. f. Steinbildhauerei) – **P:** Großer Bildhauerpr. d. Ldes Salzburg 81; Wiener Festwochen-Pr. f. Plast. 83; Ges. bild. Künstler Öst. (Große Goldene E.medaille f. Bild. Kunst) 99; E.mitgliedschaft d. russ. Akad. d. Schönen Künste 04; Golden Academican d. russ. Akad. d. Schönen Künste 04 – **Ve:** Künstlerhaus Wien; Ges. bild. Künstler Öst.; Intern. Creative Artists Assoc. Seoul (21C ICAA) – **G/T:** Bildhauerei (Stein, Stahl); Platzgest.; Land Art Projekte – **M:** Genf, Mamco; Moskau, MMK; Salzburg, Rupertinum; St. Pölten, Ndöst. LM; Wien, MAK; Wien, MMK Stiftung Ludwig – **Ö:** Hainfeld (City-Plaza); ebda (Sculp-Park); Langenstein (Crossing B3); Leonding (City-Plaza); Linz, Kunstuniv. (temporär); Schladming (City-Plaza) – **E:** 70 Wien, Gal. Tao; 74 Wien, Neue Gal.; 78, 86 Wien, Gal. Zentrum (Kat. 86); 80 Linz, Gal. d. Oböst. KV; 82 Wien, Künstlerhaus; 84 Düsseldorf, Nebelung; 85 Quakenbrück, StG; 87 Trier, Reeh; 88 St. Pölten, Maringer; 91 Schwaz, Gal. Angerer; 94 Linz, Kunstuniv. – **G:** 69 Wien, Secession; 70 Wien, MAK: Tangenten 70; 80 Wien, Künstlerhaus: Skulpt. live; 83 Lindau, StM Haus Cavazzen; Köln, Art Cologne; 83, 89 Basel, Art Basel; 86 Stuttgart, Gal. Geiger; 89 Linz, LG: Skulpt. u. Raumkonzerte; Gent, Line Art; 94 Künzelsau, Mus. Würth; 05 Seoul, Chosunilbo Art Mus.; 06 Harbin/China, Yushun Mus. – sowie: Teiln. an zahlr. Symposien – **V:** HS f. künstler. u. industr. Gest. Linz (Hrsg.): Zukunft in d. Steinzeit: Granitskulpt. RTD 94 – ***LitR:*** Traude Hansen: Künstlerpaare – G.H. u. Isolde Joham, Fs.film (ORF) 87; dies.: Künstlerlex. – G.H., Fs.film (ORF) 90

Hoenerloh, Stefan, Maler, Objektkünstler, Musiker; Alt Stralau 4, D-10245 Berlin, Tel. (0 30) 2 80 85 23 (* Karlsruhe 60) – **VG:** Berlin, Architektur Gal. Berlin – **S:** 80–86 Freie Univ. Berlin (Phil., Kunstgesch., Musikwiss. u. Germanistik) – **KGr:** Künstlersonderbund in Deutschland – **E:** u. a. 86 Berlin, Parnasse; 90, 92, 95, 96 Berlin, Maralt; 99 Basel, Aphold; 02, 03 Düsseldorf, Voss – **G:** u. a. 90 Hamburg, Art Hamburg; 93 Berlin, Martin-Gropius-Bau; 93, 94, 96, 99, 00 Köln, Art Cologne; 94, 96, 98, 99, 00 Frankfurt am Main, Art Frankfurt; 95 Stockholm, Art Stockholm; Straßburg, Art Straßburg; 98, 99, 00 Brüssel, Art Brussels; 00 Berlin, Maralt; 03 Emsdetten, KV – (Red.)

Hönig, Manfred, Kunstmaler; Torweg 6, D-91413 Neustadt an d. Aisch, Tel. u. Fax (0 91 61) 87 65 02, *manfredhoenig@onlinehome.de, www.manfredhoenig.de* (* Stuttgart 25. 4. 61) – **S:** ABK Nürnberg (Gasthörer); Autodidakt – **L:** 87–00 VHS Erlangen u. Nürnberg; seit 97 Kurse f. Firma Fa. Schmincke – **P:** Academie Europeen Des Arts Luxembourg (Silbermed.) 91; Prix Robert Vrinat Metz (Goldmed.) 91; Vittelius D'Argent Vittel (Silbermed.) 91; Stadt Nancy (Goldmed.) 91: Wettb. Europas Meister d. Spritzpistole (1. Pr.) 93, 94; Arb.stip. Künstlerbahnhof Ebernburg 94; Intern. Airbrush Award (4. Pr.) 95; Kunstpr. d. Nürnberger Nachrichten (Anerkennungspr.) 95; Jahresausst. Schloss Werthingen (Publikumspr.) 97; Kunstpr. d. Nürnberger Nachrichten (Anerkennungspr.) 00 – **Ve:** KV Erlangen; VG Bild – **G/T:** realistische bis hyperrealistische Malerei (Acryl, Öl, Aqu., Airbrush); Graph. (Rad., Zeichn.); Themen: Ldschaft, Portr., Akt, Stilleben, – **K:** freie Malgr., alle Techniken, Aqu.-Malreisen – **W:** zahlr. Arb. in privaten Slgn – **M:** Fürth, SM; Mainz, Kultusmin. RP – **E:** zahlr. Ausst., u. a. 88, 95, 01 Nürnberg, Siemens AG; 91 Mexico City, Goethe Inst.; 90 Luxemburg, Art Gall.; München, Neue Münchner Gal.; 92 Nürnberg, Gal. Phantastica; 93 Erlangen, Pal. Stutterheim; 95 Frankfurt am Main, Ehrler; 96 Bayreuth, Luvre; 99 Kirchheim unter Teck, Gal. für gegenständliche Kunst; 02 Erlangen, KV – **G:** zahlr. Ausst.bet., u. a. 90 Hannover, Grohe; 91 Vittel, Palais de Congress; Nancy, Poirel; Paris, Grand Pal.; 92, 93 Paris, Salon d'Automne; 93 Paris, Boulet; 87–03 Erlangen, Fränkische Kunst; Nürnberg, Fränkische Kunst; 94 Erlangen, SM; 89, 97, 99 Werthingen, Schloß; 03, 06 London, Albemarle – **V:** MALB.: Zeichnen 02; Aquarellieren 02; Oberflächen und Strukturen 03; Acryl: Hilfsmittel und Medien 03; Acryl: Workshop 03; Bilderrahmen 03; Aktzeichnen 04; Perspektive 06; – weitere: Ölbilder und Radierungen 93 – ***Lit:*** AUSST.KAT.: u. a. Martin Monestier: Le Trompe. L'Oeil Contemporain 93; Jean Monneret: Le Triomphe du Trompe. L' Oeil 93

Höpfner, Michael, Fotograf; Ullmannstr. 24/18, A-1150 Wien, Tel. (01) 8937575, Mobil: 06991258 7611, *mic.hoepfner@web.de*, *www.galeriewinter.at* (* Krems 9.3.72) – **VG:** Wien, Winter – **S:** ABK Wien (Malerei u. Graph.); Glasgow School of Art (Fine Art Photogr.); seit 95 zahlr. Reisen in Asien, Afrika u. Europa – **L:** HS f. angew. Kunst Wien (Projektbet. am Inst. f. Kunst u. Wissenstransfer) – **P:** Stip. d. Emanuel u. Sofie Fohn Stip.stift. 00; Kult.pr. NdÖst. 05 Reisestip. d. Kunstsektion im BKA u. d. Fohn Stift. – **E:** u.a. 01 Krems, Gal. Stadtpark; 02, 05 Wien, Winter; 05 Wien, KH; Warschau, Zacheta; Warschau, Öst. Kult.inst.; 06 Zürich, Gal. visual drugs; Graz, Neue Gal. – **G:** u.a. 01 Wien, Slg Fuchs; 01, 03 Wien, Winter; 02 Seoul, NG; Innsbruck, LM Ferdinandeum: Monumental; Hallein, KV: current settings; 03 Wien, Steinek: aus 9; München, Storms: junge wiener kunst; Wien, Krobath Wimmer: zeichnen-sprechen-schreiben; 04 Wien, KH: Sahara; St. Pölten, Ndöst. LM: Phänomen Lsch.; Kopenhagen, Appendiks: definitely provisional; 05 Wien, Kunstraum: arrete; Passau, MMK – Stift. Wörlen: Die Ordnung d. Natur; Linz, OK Centrum f. Gegenwartskunst; 06 Wien, Kunstbüro: genuine happiness; Wien, Gal. dreizehnzwei: transistor_transformer

Höpken, Ullah (Ps. Sofie Grand, Geb. Ulla Höpken), Malerin; Bockholter Str. 20, D-45659 Recklinghausen, Tel. u. Fax (02361) 183975, *kenkmannshof@t-online.de*, *www.kenkmannshof.de* (* St. Goarshausen/Rhein 12.3.43) – **VG:** Recklinghausen, Kenkmannshof; Hamm, Gal. Kley – **S:** 61–64 Staatl. GlasFS Hadamar; 65–68 ABK Stuttgart (Graph. b. Prof. Brudi) – **Ve:** KG Hechingen 79; Genossenschaft Bildender Künstler 92–00 – **G/T:** Malerei (Öl, freier Impressionismus, Archit., Lsch., Theater-Bühnen-Motive, Mensch, Tier, Portr.); Glasgest. (Fenster in Kirchen u. Profanbauten, archit.bezogen u. frei) – **Ö:** Datten, Spk. Vest (Malerei); Horb/Neckar, Fa. Pleva (Glasgest. im Treppenhaus); Recklinghausen, Spk. Vest (Malerei); ebda, Aussegnungsraum im Altenzentrum Karl Pawlowski (Glasgest.); Ruhr, EON Kraftwerke (Malerei); Steinheim/Heidenheim, Aussegnungshalle (Glasgest.); Tübingen, Integrata AG (Glasgest. Foyerfenster) – **E:** u.a. 83 Hechingen, Gal. Weißes Häusle; 84 Albstadt, Paulusgalerie; Bisingen, Hohenzollernhalle; 85 Landshut, Kunstkr.gal.; 86 Lüdinghausen, Münsterland-Mus.; 87 Herten, Gal. im Südflügel; Bonn, Ldesvertretung BW; 89 Essen, Reimus; 91 Unna, Gal. Haus Opherdicke; 93 Recklinghausen, Kenkmannshof; 94 Datteln, Herrmann Grochtmann Mus.; 96 Weimar, Gal. im Cranachhaus; 98 Witten, Gal. Haus Herbede; 01 Hamm, Gal. Kley; 02 Bielefeld, Kap. Johanneswerk; 03 Schmalkalden, Wilhelmsburg – **G:** 91 Hamburg, Art Hamburg; Unna, Gal. Haus Opherdicke (audiovisuelle Performance); 94 Wuppertal, KH Barmen; Recklinghausen, Kenkmannshof; 95 Weimar, Gal. im Cranachhaus; 99 Weimar, Kult.stadtprojekt; Allenstein/Polen, Künstler-Symposium; 00 Gelsenkirchen, Kunstprojekt Auf-GE-zäumt – **V:** u.a. U.H. u. Wolf Rudolf: Wie eine Säule aus Glas, Lyrik-Bildbd 84; Kunstkalender Integrata Galerie 85, 93; Das Glasfenster nach 1945, Kal. m. Großdias 87; VEBA Kraftwerke Ruhr AG 97; U.H. u. Ralph Herrmann: Zwischenräume, Kunstkal. 01 – **R:** www.Event-Design.de 98

Höpker, Thomas, Fotograf; 250 E 63rd Street, New York (* München 10.6.36) – **S:** 56–59 Göttingen u. München (Kunstgesch. u. Archäologie) – **P:** Photokina Award 55, 57; Kult.pr. d. DGPh 68; BVK 75 – **G/T:** Bildess., Reportage, Portr. – **E:** u.a. 56 Hamburg, Ldesbildstelle; 75 Lübeck, Overbeck-Ges.; 77, 06 München, SM; 86 Frankfurt am Main, Fotogr. Forum; 04 München, Hoffman; Köln, SM; New York, Pace/MacGill Gall.; 05 Hamburg, Ritthaler – **G:** u.a. 66 Hamburg, Weltausst. d. Photogr.; 79 Kassel (Dt. Fotogr. nach 45); 88 Köln, Photokina; 96 Hamburg, Deichtorhallen; 97 Bonn, Kunst- und Ausst.halle d. BRD; 04 Frankfurt am Main, Kommunale Gal. im Leinwandhaus; New York, Staley + Wise – **V:** u.a. Ansichten 85; New Yorker, Foto- u. Textportr. 87; – sowie zahlr. Arb. f. Ztgn u. Zss., u.a. Stern, Geo, Münchner Illustrierte – ***Lit:*** Contemp. Photographers 95; Koetzle 02 – (Red.)

Hoeppe, Brigitte, Malerin, Grapkikerin; Rudolf-Herzog-Weg 9, D-37213 Witzenhausen, Tel. u. Fax (05542) 1083

Höppner, Berndt, Maler, Objektkünstler; Atelier: Oberdorf 53, CH-2512 Tüscherz-Alfermée, Tel. 0323254346 (* Chemnitz 25.9.42) – **L:** bis 99 Schule f. Gest. Zürich (Doz. f. freie Kunst) – **G/T:** Video, Zeichn., Skulpt., Fotogr. u.a. – **E:** / G: u.a. 02 Biel, Centre PasquArt; 04 Winterthur, KH – (Red.)

Hörauf, Fritz, Maler u. Bildhauer; Ursulastr. 10, D-80802 München, Tel. (089) 399781, *info@fritz-hoerauf.de*, *www.fritz-hoerauf.de* (* Eggenfelden 17.4.49) – **S:** 69–75 ABK München (Meisterkl. f. Malerei b. Prof. Mac Zimmermann) – **KGr:** Labyrinthe – **G/T:** Ölbilder; Rad.; Zchngn; Plast. (Bronze) – **B:** Eggenfelden: Aussegnungshalle (Entwurf, 83) – **E:** u.a. 74 München, Delfs; 76 München, Eichinger; 78 Passau, KV; Bonn, Hennemann; 79 Linz, Ursulinenhof; Wels, SM; 80 Freising, Asamtheater; Traunstein, StG; Mühldorf, Gal. am Inn; 81 Schweinfurt, Städt. Slgn Alte Reichsvogtei; Bayreuth, Neues RH; 83 München, Dürr; 85 Erlangen, Gal. in d. Friedrichstr.; 86 Asbach, Kloster; 89 Köln, Die weiße Gal.; 90 Wolfegg, Alte Pfarr; 93 München, Ldesbankgal.; 99 München, Hartmann; 00 Augsburg, Toskanische Säulenhalle; 02 Eggenfelden, Got. Kasten; 04 Hamburg, Schloß Reinbek – **G:** u.a. 71 München, Haus d. Kunst: Große Kunstausst.; 73 Berlin, Mac Zimmermann. Freunde u. Schüler; 77 München, Dürr: 18 Subjektivisten; 84 Pittsburgh/PA, Intern. Images; 87 München, Transart Gal.: Stille Räume; 91 Hamburg, Wechselwirkung; 94 New York, Dimensions, Temples, Beeings; 98 Musbach, Der Faden d. Ariadne; 00 München, Hartmann: Vom unendlichen Universum u. d. Sein; 04 Honhardt, Schloß: Labyrinthe; 05 Berlin, Zitadelle Spandau: Fantast. Welten – ***Lit:*** KAT.: F.H. Ölbilder, Zchngn, Rad. 77; F.H. Horns Zyklus, Einhorn Zyklus 79; F.H. Bilder, Plast., Archit. 83; F.H. Verborgene Orte. Bilder, Plast. u. Archit. 1977–1991 – ***LitR:*** Marc Hofer, Bernd Meyer u. Franziska Parschau: F.H., Künstlerportr. 03

Hörbelt, Berthold, Bildhauer; Niddastr. 57, D-60329 Frankfurt am Main, *mail@winter-hoerbelt.de*, *www.winter-hoerbelt.de* (* Coesfeld 58) – **VG:** Frankfurt am Main, Voges & Partner; München, Nusser & Baumgart; Stockholm, Milliken – **S:** 84–89 KHS Kassel – **L:** 93–98 FHS Münster (LAuftr. Plast. Gest.); 99, 02 Univ. of Fine Arts Hanoi (DAAD-Doz.); 01 HGB Leipzig (Vertretungsprof. 'Licht u. Raum') – **P:** 1822-Kunstpr. 04 – **KGe:** B.H. u. Wolfgang Winter – **G/T:** Plast. Gest. – **W:** zahlr. plast. Gest. im Rahmen v. Einzelpräsentationen u. Gr.ausst. – **M:** Frankfurt am Main, MMK; Long Island/NY, Ellen and Jerome Stern Collection; Münster, Westf. LM; Skärhamn/Schweden, Nordiska Akvarellmus.; Umea, Umedalen Sculpt. Park; Wolfsburg, StG; Yorkshire, Sculpt. Park – **Ö:** Billerbeck, Kap. d. Friedfertigkeit; München, Pl. d. Menschenrechte – **E:** u.a. 97, 01 Frankfurt am Main, Voges + Deisen; 98 Berlin,

Künstlerhaus Bethanien; 99 Hanoi, Univ. of Fine Arts; 00 Houston/TX, Rice Univ. Gall. (Kat.); Umea, Andersson (Kat.); 02 Münster, Westf. LM (Kat.); Fribourg, Fri-Art (Kat.); 03 München, Lenbachhaus; 04 Yorkshire, Sculpt. Park (Kat.); Frankfurt am Main, MMK; 05 Stockholm, Milliken; München, Nusser & Baumgart – **G:** zahlr., zuletzt u. a. 01 Frankfurt am Main, Schirn: Frankfurter Kreuz (Kat.); Kassel, Mus. f. Sepulkralkult.: Salto Mortale (Kat.); 02 Hanoi, Goethe-Inst.: Sáp Dát Màu Xanh; Obihiro/Jap., Tokachi Intern. Art Exhib. (Kat.); Liverpool, Bienn. (Kat.); Salamanca, Centro de Arte: Comer o no comer; 03 Ostende, Beaufort 2003 Trienn. for Contemp. Art at the Seafront (Kat.); Chiba/Jap., Kawamura Memorial Mus.: Purloined Nature (Kat.); Utrecht, Parasite Paradise; 04 Nürnberg, Neues Mus.: Engagierte Kunst (Kat.); 05 Karlsruhe, ZKM: Lichtkunst aus Kunstlicht; Yokohama, Trienn. (Kat.); Tilburg, AaBe Fabrieken: Space now and then – art and archit. (Kat.); Anyang/Korea, Anyang Public Art Project (APAP) – ***Lit:*** u. a. Florian Matzner (Hrsg.): Wolfgang Winter/B.H. 99; ders.: Wolfgang Winter/B.H. Kastenhäuser 99; Szeemanns Apertutto, In: Kunstforum Intern., Bd 147 99; Florian Matzner (Hrsg.): Public Art. Kunst im öff. Raum 01; Bernhard Schwenk (Red.): AIDSMEMORIAL (Revolver Arch. f. Aktuelle Kunst Frankfurt am Main) 02; Liesbeth Melis (Hrsg.): Parasite Paradise. A Manifestation for temporary Archit. and flexible urbanism 03; Florian Matzner, Hans-Joachim Manske u. Rose Pfister (Hrsg.): no art = No City. Stadtutopien in d. zeitgen. Kunst 03; Jonathan Harris (Hrsg.): Art, Money, Parties. New Institutions in the Political Economy of Contemp. Art 04; – KAT.: u. a. Ausst. d. Bildhauerkl. Michael Croissant 26.5.–24.6.88 (Städelschule Frankfurt am Main) 88; Wolfgang Winter/B.H. Same Same 1993–94 (Gal. Tabea Langenkamp Düsseldorf) 94; Dem Herkules zu Füßen (z. Ausst. im Mus. Fridericianum Kassel) 95; Klaus Bußmann, Kasper König u. Florian Matzner (Hrsg.): Skulpt. Projekte in Münster 1997 (z. Ausst. im Westf. LM) 99; Kunstpr. d. Böttcherstr. in Bremen 1999 (z. Ausst. in d. KH Bremen) 99; Harald Szeemann u. Cecilia Liveriero Lavelli (Hrsg.): d'Apertutto. La Biennale di Venezia. 48. Esposizione Intern. d'Arte 99; ein|räumen. Arb. im Mus. 61 aktuelle Projekte in d. Hamburger KH 00; Kult.dezernent d. Stadt Wolfsburg (Hrsg.): zwischenzeit – zwischenraum (Ausst. Junge Kunst e.V. Wolfsburg) 00; Lighthouse (z. Ausst. im Nordiska Akvarellmus.) 00; Friederike Wappler (Hrsg.): Winter/H. (z. Ausst. im Westf. LM f. Kunst u. Kult.gesch. Münster) 03 – ***LitR:*** Hess. RF 01; Demeter 02

Höritzsch, Jürgen, Maler, Graphiker; Annaberger Str. 73, D-09111 Chemnitz, Tel. (03 71) 51 57 64, Fax 4 44 55 73, *mail@juergen-hoeritzsch.de*, *www.juergen-hoeritzsch.de* (* Karl-Marx-Stadt/heute Chemnitz 16. 4. 58) – **VG:** Chemnitz, Gal. Borssenanger – **S:** Autodidakt – **P:** Arb.stip. d. Stift. Kult.fonds Berlin 94; Arb.aufenthalt im Künstlerhaus Cuxhaven 97 – **Ve:** VBK DDR 87–90; VG Bild 90; Neuer Sä. KV 02; CKB 90–03 – **G/T:** Graph. (Rad., Reservage); Malerei (vorw. eigene Mischtechnik: Tuschezeichn. auf Seidenpapier, Applikation m. Schellack auf Leinwand, Überarb. m. Öl) – **M:** Chemnitz, KS; Chemnitz, Neue Sä. Gal.; Chemnitz, Reg.präsidium; Dresden, Kpst.-Kab.; Dresden, Kunstfonds d. Freistaates Sa. – **E:** 89 Chemnitz, Mus. am Theaterpl.; Quedlinburg, Kult.zentrum Reichenstr.; 90 Berlin, Gal. 85; Annaberg-Buchholz, Gal. am Markt; 91 Chemnitz, Dresdner Bank AG; 92, 00 Chemnitz, Gal. Laterne; 93, 02 Chemnitz, Gal. im Schauspielhaus; 94, 96 Chemnitz, Hofgal.; 95 Dresden, Alte Feuerwache Loschwitz; 97 Cuxhaven, Künstlerhaus; 98, 01, 05 Chemnitz, Gal. Borssenanger; 99 Zschopau, Schloß Wildeck; 02 Weimar, Gal. am Markt 21; 04 Meerane, Gal. Art-In; Meerane, KV; Berlin, Gal. Ost-Art; 05 Zittau, Gal. Kunstlade – **G:** u. a. 89 Chemnitz, Gal. Oben (Kat.); Chemnitz, Gal. am Brühl; 90 Berlin, Haus d. Jungen Talente; Chemnitz, Neue Sä. Gal. (Kat.); 91 Singen, Gal. DARA; Calw, Wohlleben; 92 Dresden, Graph.messe; München, Autoren Gal. 1; Glauchau, Mus. und KS Schloß Hinterglauchau; Chemnitz, Weise; 93 Łódź, Gal. Manhattan; Łódź, Muzeum Sztuki (Kat.); Chemnitz, Dt. Bank; 94 Belgrad, Bienn. d. Graph. Kunst (Kat.); Dresden, Sä. Kunstausst. (Kat.); 95, 96 Chemnitz, Gal. im KIOX; 96 Chemnitz, Neue Chemnitzer Kunsthütte (Kat.); 98, 04, 05 Chemnitz, 100 Sä. Grafiken (Kat.); 00 Glauchau, Schloß Forderglauchau (Kat.); Markkleeberg, Temporäre Gärten; 01 Chemnitz, Kunst im öff. Raum (Kat.); 04 Allschwil, Aphold; 05 Leipzig, Große Sä. Kunstausst. – **V:** A3, unabhängiges Projekt (Text, Graph.), versch. Ausg. 83–88; Entwerter/Oder, orig.graph. Zs, versch. Ausg. 84–86; Der Hase, Künstlerb. (Orig.graph.) 1/86 u. 2/87; Laterne, Graph.mappe 90; 14, Künstler aus Łódz und Chemnitz, Gaph.mappe 93; Jagdszenen, Graph.mappe (Eigened.) 94; mentale fauna. Hommage à Carlfriedrich Claus, Graph.mappe 05 – ***Lit:*** Neue Sä. Gal. Chemnitz (Hrsg.): j.h. – arbeiten bis 2002 02

Hörl, Ottmar, Bildhauer, Installations- u. Fotokünstler; Kembacher Str. 9, D-97877 Wertheim, Tel. (0 93 97) 3 28. c/o Stöckmann/Seifert/Hörl, Mörfelder Landstr. 72, D-60598 Frankfurt am Main, Tel. (0 69) 61 99 15 43 (* Bad Nauheim 7. 6. 50) – **VG:** Wien, Hilger; Wiesbaden, Witzel – **S:** 75–79 HBK Frankfurt/Main; 79–81 HBK Düsseldorf (b. Klaus Rinke) – **L:** 92–93 TU Graz (Gastprof.); seit 99 ABK Nürnberg (Prof. f. Bild. Kunst) – **P:** u. a. kunstKÖLN-Pr.; Stip. d. Studienstift. d. Dt. Volkes 78–81; Förd.pr. f. Baukunst d. AK Berlin (m. Formalhaut) 94; Wilhelm-Loth-Pr. 98; Intermedien Award ZKM Karlsruhe 02 – **KGr:** Formalhaut (Mitbegr. 85) – **W:** Werke in öff. Slgn, Kunst am Bau u. im öff. Raum – **M:** u. a. Frankfurt am Main, Dt. Bank KS; Frankfurt am Main, MMK; Mannheim, StKH; Ravensburg, StG; San Francisco, MMA; Schwäbisch Hall, Hällisch-Fränkisches Mus.; Stuttgart, Graphothek; Stuttgart, SG; Stuttgart, Slg d. Ldesgirokasse – **Ö:** u. a. Bad Vilbel, Amtsgericht (Wandobjekte); Bonn, Bundesverteidigungsmin. (Tribünenüberdachung); Darmstadt, Finanzamt (Skulpt. u. Wandmalereien); ebda, Polizeipräsidium; Frankfurt am Main, Bankakad.; ebda, Innenstadt (Euro Skulpt.) – **E:** zahlr. Einzelausst. seit 80, zuletzt 02 Viersen, Benden & Klimczak; 02, 03 Wiesbaden, Witzel; 03 Amsterdam, Gal. Parade; Mannheim, Zimmermann; Würzburg, KV – **G:** zuletzt: 01 Aschaffenburg, Neuer KV; 02 Düren, Leopold-Hoesch-Mus.; Plön, KV Schloß Plön; 03 Groß-Gerau, SM – ***Lit:*** Reclams Künstlerlex. 02; Schweers 02 – (Red.)

Hoerler, Karin, bild. Künstlerin; Heinrich-Seliger-Str. 91, D-60528 Frankfurt am Main, *art@karin-hoerler.net*, *www.karin-hoerler.net*. c/o Galerie Erhard Witzel, Kaiser-Friedrich-Ring 63, D-65185 Wiesbaden, Tel. (06 11) 8 76 96, Fax 8 12 09 90, *erhard.witzel@galerie-witzel.de*, *www.galerie-witzel.de* (* Frankfurt am Main 52) – **VG:** Wiesbaden, Witzel – **S:** 81–87 Städelschule Frankfurt am Main (Film, Meisterschülerin b. Prof. P. Kubelka); 88 School of the Art Inst. of Chicago – **L:** 90, 94 HS f. Gest. Offenbach/Main (LBeauftr. bild. Kunst) – **P:** Förd.pr. f. Bild. Kunst d. Bundesmin. f. Bildung u. Wiss. 86; Kunstpr. d. Frankfurter Ver. f. Künstlerhilfe 90; Stip. d. Ldes Hessen (Stud.aufenthalt in Olevano Romano) 92; Kunstpr. d. Frankfurter Spk. 96 – **G/T:** Cryptographic Art: Zchng, Collage, Malerei, Lichtkästen, Projektion, Film (gegenständlich) – **W:** Werke in Privatbes. u. staatl. Slgn – **M:** Frankfurt am Main, MMK – **Ö:** Frankfurt am Main, Dt. Bank; ebda, Dresdner Bank – **E:** zahlr. Einzelausst. seit 87, u. a. 90 Frankfurt am Main, Gal. ak; 94 Frankfurt am Main, MMK im Mousonturm; 96 München, Sachs; 97 Nürnberg, Schmidtbank-Gal.; 98 Frankfurt am Main, KV; Heilbronn, KV; Regensburg, Lindinger + Schmid; 04 Frankfurt am Main, Deka-Bank – **G:** zahlr. Ausst.bet. u. Filmvorführungen/Projektionen seit 86, u. a. 90 Freiburg, KV; 91 Basel, Mus. f. Gegenwartskunst; 93 Rom, Pal. Ruspoli; 00 Frankfurt am Main, MMK; 01 München, Pasinger Fabrik; 02 Frankfurt am Main, Schirn; 03 Berlin, Filmkunsthaus Babylon; 06 Frankfurt am Main, Luminale; Frankfurt am Main, HM; Frankfurt am Main, DrKW; Frankfurt am Main, Dresdner Bank – **V:** Lindinger + Schmid: Größenwahn. Kunstprojekte für Europa 93; Inst. f. mod. Kunst Nürnberg (Hrsg.): Grenzgänge der Zeichnung 96; Stephan Trescher: Light Boxes. Leuchtkastenkunst 99 – **R:** frisch, 16 mm-Film 87; deti-stars, Dia-Doppelprojektion 02; Wiedergefundene Zeit, Dia-Projektion, work in progress 06; Immer nur in Afrika, Video 06; Matrjoschka, Video 06 – ***Lit:*** K.H. Serielle Arbeiten auf Papier 97; K.H. Heliografien 04; K.H. Erotomanie 04 – ***LitR:*** Astrid Dermutz: Kulturtipps, Portr./Dok. Hess. RF 00

Hörwarter s. Weratschnig-Hörwarter, Elisabeth

Höss, Dieter, Graphiker, Schriftsteller; Marsdorfer Str. 58–60, D-50858 Köln, Tel. (02 21) 48 81 50 (* Immenstadt/Allgäu 9. 9. 35) – **S:** 53 Kölner Werkschulen; 54–56 Graph. Lehre – **Ve:** VG Bild-Kunst; VG Wort – **G/T:** Ill. (Zeichn., Collage) – **G:** 57, 58 Köln, Kölnischer KV; 76 Nürnberg, Germanisches NM; 98 Köln, Mus. Zündorfer Wehrturm – **V:** Höss, ... an ihren Büchern sollt ihr sie erkennen (Collagen) 66, 67; Gespensterkunde (Karikaturen) 69; Kölner Limericks (Zeichn.) 94; Ein Imi in Köln (Zeichn.) 04; Wer war's (Vignetten) 04 – (Red.)

Hoetschl, Christian Friedrich, Maler; Schwanthaler Str. 113, D-80399 München, Tel. (0 89) 50 55 72 (* Wien IX 9. 5. 53) – **VG:** München, K Gal. – **S:** 81–82 Aqu. b. Ruth Lynen (Meisterschülerin v. Beuys); 82–92 Freie Malerei u. Aktzeichn. b. Claus P. Frank, München; 92 Gastschüler b. Nancy Spero u. Leon Golub, New York; 93 Gastschüler b. Prof. Ingeborg Lüscher, Schweiz – **Ve:** BBK München u. Obb. 95 – **G/T:** Malerei (Aqu., Öl, Acryl, Mischtechniken, expressionistische u. graph. Abstr.) u. Collage – **W:** 118 Bilder überw. in Privatbes. – **Ö:** Amberg, Fa. Grammer; Mojøen, Kath. Pfarramt; München, Musikverl.; ebda, Arztpraxen u. Gastronomie – **E:** 88 Isle of Wight, Weston; 89 München, Beck; 98 Grünwald, Kunstforum Römerschanze; 00 München, PGM Art World; 01 Karlstal/Trippstadt, Gal.; 02 München, Sasch; 03 München, Aidshilfe – **G:** zahlr. Ausst.bet. seit 86, u. a. 86 München, Forum II; 88 Rocca di Papa; 90 Amberg, SM; 91 Wiesbaden, Kunsthaus; 93, 94 München, Autoren Gal. 1; 95 München, Aspekte; München, Kult.zentrum Gasteig; seit 96 jl. München, Jahresausst. d. BBK – ***Lit:*** Applaus, Kult.mag. 6/98; Theo, Lifestyle-Mag. Nr. 3 99/00 – (Red.)

Höttger, Ursula, Porträt- u. Landschaftsmalerin; Im Rottfeld 5, D-40239 Düsseldorf, Tel. (02 11) 61 26 91 (* Düsseldorf) – **S:** 59–62 Privatstud. b. J. Jäger u. Prof. R. Schwarz; 77–82 Privatstud. b. W. Thelen, B. Finkeldei u. Prof. H. G. Lenzen; 81–84 KA Düsseldorf (b. Prof. R. Sackenheim) – **G/T:** Ölmalerei (Portr., Lsch.), Zchng (Portr.) – **W:** zahlr. Portr., u. a. v. Bundespräs. Prof. Karl Carstens, Königin Elizabeth (Queen Mother), Lord Yehudi Menuhin, Marcel Marceau u. Alfred Brendel – teilw. in Privatbes. – **M:** Düsseldorf, SM; Liverpool, Univ. of Liverpool Art Gall.; London, Victoria & Albert Mus.; London, Wigmore Recital Hall; Marbach am Neckar, Dt. Literaturarchiv; Southampton, Turner Sims Concert Hall; Stockholm, Schwedisches Königshaus; Windsor, Guildhall – **E:** zahlr., u. a. 82 Essen, Klein; Münster, Ostendorff; 83 Hamburg, Mensch; Hannover, Gal. v. Francheville; München, Schöninger; 84 Zürich, La Rocca; 85 San Francicso, Goethe-Inst.; Mailand, Baguttino; 86 London, Madden Gall; 89 Düsseldorf, Tonhalle – sowie 90–05 div. Ausst. im eigenen Atelier – **G:** 84 Düsseldorf, Theatermus.; 85 London, Bishopsgate Found. – ***Lit:*** Rolf Sackenheim (Text): Landschaftsimpressionen 85; ders.: Portraits 86; ders.: Zchngn u. Gemälde 91

Hoever, Lisa, Malerin; Sandrainstr. 3/2, CH-3007 Bern, Tel. 03 13 11 06 23 (* Münster 52) – **VG:** Stuttgart, Wehr – **M:** Düren, Leopold-Hoesch-Mus. – **E:** / G: u. a. 01 Langenthal, Kunsthaus; 02 München, Albrecht; Aarau, Staffelbach; 03 Basel, Friedrich – ***Lit:*** BLSK 98; Schweers 02 – (Red.)

Hoevermann-Castelli, Friederike s. Hofmann, Friederike

Hof, Gert, Lichtdesigner, Pyrodesigner, Choreograph, Regisseur; c/o Büro Gert Hof, Chausseestr. 8/E, D-10115 Berlin, Fax (0 30) 53 00 02 15, *info@gert-hof.de*, *www.gert-hof.de* (* Taucha b. Leipzig 51) – **G/T:** Lichtinstall., oftmals in Verbindung m. pyrotechn. Effekten; Bühnenshows; multimediale (Mega-)Shows – **W:** Inszenierungen (Regie, Bühne, Lichtdesign, Performances) an versch. Theatern in d. DDR, darunter in Altenburg, Karl-Marx-Stadt, am Dt. Theater, an der Volksbühne Berlin, in Schwedt, später auch in München, Tübingen, Stuttgart; Bühnenshows f. versch. Bands/Künstler, v. a. f. 'Rammstein'; seit Ende d. 90er Jahre versch. DVD-Produktionen (Bühne u. Lichtdesign) – **E:** große Licht-Install. u. a. 94 Conquet/Frkr.; 95 Sidney; Neunkirchen; Jahreswechsel 99/00 Athen, Akropolis u. gleichzeitig Berlin, Siegessäule; 00 EXPO 2000, Stadt aus Eisen/Ferropolis; Budapest; Jahreswechsel 00/01 Peking; 02 Dresden, Semperoper; 03 Athen, Akropolis; Atlantic City, Trump Taj Mahal; Moskau, Roter Platz; Piräus, Hafen; 04 Berlin, Gendarmenmarkt; La Valetta/Malta (EU-Beitrittsfeier); 05 Gallipoli Bucht, Türkei; Magdeburg; Muscat/Oman – **V:** Gert Hof – Obsessions 03

Hofbauer, Stephan Antonius, M. A., Lehrer; Lederergasse 30, D-94032 Passau, Tel. (08 51) 26 96 (* Passau 26. 5. 75) – **S:** 95–01 Univ. Passau (Malerei, Graph. u. Plast.) – **P:** Pr. f. Plakat- u. Kat.gest. d. Großen Ostbay. Kunstausst. 00 – **Ve:** KV Passau 94; BBK Ndb.-Oberpf. 98; Kunst- u. Gewerbever. Regensburg 00 – **G/T:** exper. Techniken im Grenzgebiet v. Malerei, Graph. u. Fotogr. – **K:** Kunsterziehung – **W:** zahlr. Werke in Privatbes., u. a. v. Axel Schulz sowie d. Oberbürgermeister d. Stadt Riesa – **M:** Passau, Oberhaus-Mus. – **Ö:** Passau, Univ.; ebda, Spk., Bau- u. Kunstreferat d. Diözese Passau, Staatl. Hochbauamt – **E:** zahlr. Einzelausst. seit 97, zuletzt 02 Riesa, Städt. Zentrum f. Gesch. u. Kunst; 02–03 Landshut, Reg. v. Ndb. – **G:** zahlr. Ausst.bet. seit 97, zuletzt 02 Salzburg, Berchtoldvilla; Veszprém, StG; 03 München, Autoren Gal. 1; 04 Weiden, KV – ***Lit:*** Reg. v. Ndb. u. BBK Ndb.-Oberpf. (Hrsg.): S. A. H. Stationen 1997–2002, Ausst.kat. 02; Katlen Trautmann: Ex-Boxer Axel Schulz. Maler macht aus ihm Kunst, in: BILD 22.4.02 – (Red.)

Hofer, Bernhard, Maler, Graphiker; Atelier-Gal., Burgplatz 1, Rheintor, D-53545 Linz, Tel. (0 26 44) 41 16 (* Koblenz 25. 1. 37) – **S:** 58–62 Kölner Werkschulen (b. d. Prof. Anton Wolf, A. G. Strack u. H. Hußmann) – **P:** Kult.förd.pr. d. Stadt Linz 97 – **Ve:** VG Bild-Kunst 77; BBK Rh.-Pf. 85; KV Linz 88 – **G/T:** abstr. bis gegenständlicher Konstruktivismus; Öl- u. Acrylmalerei; Tuschezeichn.; Farbgraph. in spezieller Öl-Tuschetechnik – **K:** Vorbereitung auf HSstud. (Kunst, vorw. Praktikanten), z.B: Basel, Hannover, Kassel, Köln, Krefeld, Mainz u. Trier – **W:** zahlr. in Privatbes. u. in öff. Slgn (z.B. Kult.min. RP) – **Ö:** Unkel am Rhein, Neues RH – **E:** u. a. 91 Bonn, Ldesvertretung Rh.-Pf.; 97 Neuwied, Kr.mus.; Köln, Fa. Madaus AG; – weitere: seit 88 Jahresausst. in eigener Wkst.gal.; Aachen, FEV Motorentechnik; Arnsberg, Bogen – **G:** zahlr., u. a. in Arnsberg, Bonn, Güstrow, Höhrgrenzhausen, Mainz, Neuwied, Prüm, Trier – ***Lit:*** Europäisches Künstlerlexikon, Bereich Malerei und Zeichenkunst; Mitgliederkatalog des BBK Rheinland-Pfalz – (Red.)

Hofer, Evelyn, Fotografin; c/o Galerie m Bochum, Schloßstr. 1a, D-44795 Bochum, Tel. (02 34) 43 11 50, Fax 9 43 22 28, *galerie@m-bochum.de*, *www.m-fotografie.de* (* Marburg/Lahn 21. 1. 22) – **VG:** Bochum, Gal. m Bochum – **G/T:** Fotogr. – **W:** Werke im Bes. v. David Rockefeller Jr., McKinsey & Comany, Nynex Corporation, Prudential Insurance Company sowie in d. Slg Manfred Heiting, Amsterdam – **M:** Essen, Mus. Folkwang (Fotogr. Slg); Houston/TX, Mus. of Fine Arts; Mexiko-Stadt, Centro Cultural Arte Contemp.; New Orleans/LA, Mus. of Art; New York, Metropolitan Mus. of Art; South Hadley/MA, Mount Holyoke College AM; Vermont, Middlebury College – **E:** zahlr. Ausst., v. a. in d. USA – sowie: 04 Aarau, Aargauer Kunsthaus; 06 Den Haag, Fotomus. – **G:** 87 New York, Intern. Center of Photogr.; San Francisco; Mexiko-Stadt; 89 New York, Pfitzer Corporation; 94 Ames, Iowa State Univ. (College of Design); 02 Berlin, NG im Hamburger Bhf.; 05 Hamburg, Altonaer Mus.; Nizza, Théâtre de la Photogr. et de l'Image – **V:** The stones of Florence (m. Mary Carthy) 59; London perceives (m. V. S. Pritchett) 62; The Presence of Spain (m. James Morris) 64; New York Proclaimed (m. V. S. Pritchett) 65; In Evidence of Washington (m. W. Walton) 66; Dublin, A Portrait (m. Evelyn Barish) 89 – ***Lit:*** E. H. Photographs, Ausst.kat. 94; E. H. Fotografien 04

Hofer, Raquel, Malerin; Max-Nadler-Str. 5, D-81929 München, Tel. (0 89) 93 88 81, Fax 93 95 07 40, *raca@gmx.de*, *www.raquelhofer.de* (* Bucaramanga/Kolumbien) – **VG:** München, Ruf – **S:** 60–63 Ölmalerei b. M. Leonarda; 65–68 Univ. Industrial de Santander Bucaramanga; 71–73 Ludwig-Maximilians-Univ. München (Kunstgesch.) – **L:** 70–71 Gymnasium Bucaramanga (Lehrerin f. Ölmalerei) – **P:** Stip. f. Kunstgesch. (Ludwig-Maximilians-Univ. München) 71 – **Ve:** Cooperartes – Bogotá 80; BBK Bay. 86–04; IG Medien 97; Bartkowiaks Forum Book Art 00 – **KGe:** ARTE Gal. N München (87–05) – **G/T:** Malerei; Graph.; Install.; Bookart; Papierschöpfung; Inhalt: Natur-sozialpolit.; Stil: abstr. – **K:** Unterricht z. 'Förd. d. kreativen Fantasie', Malerei u. Modellierung – **W:** KUNSTAKTIONEN: Zu Besuch b. d. Göttern, Lagune Iguaque/Kolumb.; Die Kinder d. Regenwaldes, ArteGaIN München 89; Umwelt-Mitwelt-Lebenswelt, Gasteig München 89; Umwelttage, RH Ismaning 90; Mahnmal f. d. Natur, Kult.zentrum Gasteig 91; Das Labyrinth d. Gaia u. Bachue, ArteGaIN München 91; Frauen in Bosnien, München 93; Plakatwand 'Wir sind da', U-Bahn Marienpl. München 94; Trümmerfrauen, ArteGaIN München 95; Codices Pacis, Arte Gal. N 98; 50 Jahre Menschenrechte, U-Bahn Marienpl. München 98; Die sechste Sonne, Sonnenpyramide Teotihuacan/Mexiko 06; – weitere: Bauminstall., Casa de Mais/Valley (gefördert v. Baureferat München) – **M:** Bogotá, Slg Uniandes; Ismaning, RH; Lublin, Majdanek State Mus.; Wolnzach, Mus. Gesch. d. Hand – **Ö:** Bucaramanga, Öko-Park La Flora (Skulpt.-Install.); ebda, Wasserwerk; Frankfurt am Main, Dt. Ges. f. Techn. Zus.arb. (GTZ); Tegernsee, Festsaal Hotel Bay. – **E:** u. a. 75 Bogotá, Eucaliptus; 80 Bucaramanga, Gal. de la Cámara de Comercio; 83 Bogotá, San Lucas; 87 Cognac, Couvent des Recollets; 90 München, Goethe 53; 92 Bucaramanga, Florez; Bogotá, Gartner y Torres; Ravensburg, Wyss; 92, 95 Frankfurt am Main, Goethe-Inst.; 93 Athen, Goulandris-Horn; 99 München, Ruf; 01 Bogotá, Espacio Alterno; Landshut, RH – **G:** u. a. 89 Niort, Mus.Arthur Taire; 89–91 Lublin, Majdanek State Mus.; 89 München, Svetlana; 92 Frankfurt am Main, Goethe-Inst.; Ingolstadt, Harderbastei; Bonn, Kult.forum; 93 Bogotá, Gartner y Torres; 94 Hamburg, Segelschulschiff Gloria; 95 Bochum, Kunsthaus Pinx; 99 Kehlheim, Archäolog. Mus.; 02 Schwetzingen, Schloß Hirsch; 03 Budweis, Intersalon; 06 München, Ruf – **V:** Terre des Hommes, Kal. (Veröff.) 81; Es ist Freitag (Ill.) 98 – ***Lit:*** Experiencias Plásticas con la Naturaleza, In: Vanguardia Liberal v. 7.6.92; Ausst.kat. (Vorw. v. Hanne Weskott) 92; H. Haufe: Mythen einer Identität, In: Humbolt, 106 92; In: La Prensa, Portr. v. 3.3.93; Fremde Heimat, zwei Welten miteinander vereinen. Zur Gesch. der Ausländer in München 02; Myung sook Lee: Pädagog. Buch 04 – ***LitR:*** Christine Wolfrum: Kunst aus Lateinamerika, Portr. Bay. RF v. 22.9.92; Die Hand, Pädagog. Dokf. 00

Hofer, Susanne, Videokünstlerin; Lessingstr. 13, CH-8002 Zürich, Tel. 08 17 69 04, *susannehofer@gmx.net*, *www.susannehofer.ch* (* Luzern 29. 7. 70) – **S:** 90–95 HS f. Gest. u. Kunst Luzern – **L:** laufend an versch. Mittelschulen (Kunstunterricht) – **P:** Werkbeitr. Stadt u. Kt. Luzern 96, 01, 05; Cité Intern. d. Arts Paris 01; Atelierstip. Chicago 03 – **Ve:** Visarte 03 – **G/T:** Video; Video-Install. – **M:** Luzern, KM; Luzern, KS d. Kt.; Luzern, KS d. Stadt – **E:** 99 Liestal, KH Palazzo (m. Marianne Halter); 01 Luzern, Meile (m. Marianne Halter); 02 Bern, StG (m. Marianne Halter); 03 Fribourg, Fri-Art; Fribourg, La Vitrine; 04 Luzern, Raum für Aktuelle Kunst; 05 Willisan, RH – **G:** Bet. seit 97, u. a. 02 Mannheim, Fotogal. Alte Feuerwache; 04 Freiburg, Künstlerhaus; 05 London, Cafe Gal.; Basel, Messehallen; 06 Zürich, Gal. Artrepco; Zürich, Gal. Römerapotheke – **R:** 60 Spots f. die Expo 00 (SRGSSR Idée Suisse) 02; Aufnahmen (SFDRS) 05; Art-Clips.ch.at.de, DVD Edition (ZKM Karlsruhe) 06

Hofer, Volkhard, Zeichner u. Fotograf; Kleine Neustadt 8, D-31185 Söhlde, Tel. (0 51 29) 12 10 (* Königsberg 15. 3. 41) – **S:** bis 76 GesamtHS Kassel (Graph.- u. Fotodesign) – **L:** seit 80 FHS Hildesheim/Holzminden (Prof. f. Fotogr.) – **P:** Intern. Kodak Calendar Award 83, 90 – **Ve:** DGPh 89 – **M:** Paris, Bibliothèque Nat. – **E:** 70 Nürnberg, KH; 78, 80, 81 Hildesheim, Stadtspk.; 82 Lehrte, Fotogal. Jausthof; 88 Hannover, Gal. im Keller; 99 Hamburg, Haus Eimsbüttel – **G:** u. a. 80 Randersacker, Gal. am Zebrastreifen; 84 Hildesheim, Roemer- u. Pelizaeus-Mus.; 89 München, Gal. Linhof – **V:** Stonelines 96 – ***Lit:*** Contemp. Photographers 95 – (Red.)

Hofer-Gysin, Béatrice (geb. Béatrice Gysin), Malerin; Lauenenweg 18, CH-3600 Thun, Tel. 03 32 22 43 07, *beatrice-hofer@bluewin.ch*, *www.mypage.bluewin.ch/beatrice-hofer* (* Thun 20. 4. 46) – **VG:** Thun, Gal. Rosengarten – **S:** 62–66 Staatl. Lehrerinnenseminar Thun (b. Gottfried Tritten); 75–86 Schule f. Gest. Bern (Weiterbildung b. Thomas Demarmels, Fausto Sommer, Paul Riniker); Intensivakad. Bern (b. Oskar Koller, Irene Curiger); seit 95 Workshops in Solothurn (b. Sonja Friedrich); Workshop Monotypie Bern

(b. Tom Blaess) – **L:** seit 90 Thuner Malschule (Lehrkraft, Kinderatelier) – **Ve:** SGBK – **G/T:** abstr. Malerei (v. Beobachtungen in d. Natur inspiriert, Acryl, Mixed Media); Monotypien; Aqu. – **W:** überw. in Privatbes. – **M:** Thun, KM – **Ö:** Bern, Auskunftsstelle d. bernischen Anwaltsverb. – **E:** 94, 98 Thun, Röntgeninst.; 96 Münsingen, Gal. Wagenrad; 01 Bern, BFF; 04 Urtenen, Atelier Terrielle; 05 Bern, Ramseyer & Kaelin – **G:** 89 Bern, Vita; 91–99 Thun, KM (Jahresausst.); 02 Thun, KM; 00–06 Thun, Gal. Rosengarten (Jahresausst.)

Hoferick, Ines (geb. Ines Rubein), Keramikerin; Borstr. 14, D-01445 Radebeul, Tel. (03 51) 8 38 55 42, *hoferick@t-online.de* (* Karl-Marx-Stadt 3. 6. 63) – **S:** 87–89 Ausb. z. Töpferin in Binz/Rügen; 95 Raku-Kurse in Dresden – **L:** VHS Radebeul – **K:** Keramik u. Raku, u. a. Freibrandtechniken – **E:** 00 Bad Malente, Kunstkate; 01 Meißen, Kunstausst. d. Landkreises – **G:** 98 Radebeul, Weingutmus. Hoflößnitz; 02 Radebeul, Hotel Steigenberger; 03 Radebeul, Villa Sonnenhof; Coswig, Villa Teresa – (Red.)

Hoffmann, Alexandra M. (Ps. als Journalistin: Elisabeth Hoffmann), Dipl.-Künstlerin; Sommerstr. 2 b, D-85354 Freising, Tel. (0 81 61) 49 87 82, Fax 49 87 84 (* Burghausen/Salzach 21. 12. 59) – **S:** 80–81 FHS f. Gest. Trier (Visuelle Kommunikation); 81–86 Univ. GesamtHS Kassel (FB Kunst, Freie Kunst b. Prof. Harry Kramer); 84–89 ebda u. Univ. München (Mag.stud. Kunstgesch., Gesch. u. Volkskunde) – **L:** seit 88 Privatdoz.; seit 93 VHSdoz.; seit 04 eigene Schule f. Malerei u. Plast. – **Ve:** BBK München u. Obb. 95–03; ver.di – Fachgr. Bild. Kunst 03 – **G/T:** Malerei; Bildhauerei; Objekte; Install. zum Themenbereich Mensch-Gesch.-Spurensicherung; Portr.miniaturen; Lw.bilder; Holzskulpt.; Steininstall. – **K:** Farblehre, Ölmalerei, Plast. Gest., Kunstsalon, Öff.arb. – **W:** einige Werke in Privatbes. – **M:** Kassel, Hess. Brandversicherungsanst.; Schweinfurt, Städt. Slgn Alte Reichsvogtei – **Ö:** Altomünster, Skulpt.garten an d. Loretto-Kap.; Darmstadt, Alter Friedhof; Eching, Bürgerhauspl.; Freising, Viehmarktpl. – **E:** zahlr. seit 84, u. a. 84 Bonn, Kunsthist. Inst. d. Univ.; 85 Schweinfurt, Städt. Slgn Alte Reichsvogtei; 88 (Kat.), 89, 94 (Kat.) München, Autoren Gal. 1; 94, 96 Kassel, Studio Kausch; 04 Freising, Altes Gefängnis; Eching, Bürgerhauspl.; – zudem: 86 Portugal (Einladung d. Goethe-Inst. z. Tournee durch d. Ld) – **G:** zahlr. Bet. seit 82, u. a. 82 Marl, Skulpt.-Mus. Glaskasten (Kat.); 83 Bonn, Frauen-Mus. (Kat.); 89 Nürnberg, Art Nürnberg (Kat.); 91 Kumamoto, Mus. (Kat.); Hamburg, Art Hamburg (Kat.); 93 Berlin, Künstlerhaus Bethanien (Kat.); 97 Kassel, documenta (Rahmenprogramm); 00 Ismaning, Skulpt.park (Kat.) – ***Lit:*** u. a. Renate Steinchen: Kunst kommt von Putzen, In: Courage, 9 82, S. 14; Gislind Nabakowski: Kleinsassen u. d. Kunst, In: Kunstforum Intern., Bd 67 11 83, S. 164–165; Harry Kramer: Portr.miniaturen u. Michaela Hoffmann: Ei, das, Keimzelle, beide In: Zs f. Kunstpädagogik, 5 83, S. 2–5; Cornelia Weinberger: Interview A.M.H., In: Vox, 4 85, S. 30–31; Zur Gesch. d. Kunsthandels, Bd 1 89, S. 275; Birgit Gatermann (Hrsg.): Kunstführer München 92, 93; Lilo Wirth: Wahlverwandtschaften, In: München Mosaik, 1 95; – sowie div. Art. in d. jeweiligen Tagespresse, u. a. Süddt. Ztg u. Westdt. Allgemeine – ***LitR:*** u. a. Hier u. Heute, zur Marler Ausst. (WDR Köln) 83; Unterwegs in Hessen (HR I Studio Kassel) 84; Kult. Aktuell, zur Frankfurter Ausst. (HR-TV) 86; Radio-Televisao-Portuguese, z. Ausst. 86; Antenne Bay., Studio Nürnberg 88; Z. Ausst. im naturRAUM (FiB – Freising im Bild) 01

Hoffmann, Andreas, Bildhauer, Graphiker; Albstr. 17, D-72800 Eningen, Tel. (0 71 21) 8 32 82, Fax 37 05 04, *hoffmann@hoffmann-kunst.de, www.hoffmann-kunst.de* (* 2. 1. 61) – **VG:** Ammerbuch, Gal. Kunst m. Photographie – **G/T:** Plast., Multimedia-Install., Kunst m. Fotogr., Performance (überw. Auseinandersetzung m. d. Körper) – **K:** bild. Kunst, darstellende Kunst u. Performance – **W:** zahlr. Performances u. Bühnenbilder – **M:** Engen, KV; Offenbach am Main, Dt. Leder-Mus./Schuhmus.; Schwäbisch Hall, StG – **Ö:** Reutlingen, Kr.spk.; Tübingen, Reg.präsidium – **E:** u. a. 93 Böblingen, KV; 94 Sindelfingen, StG; 95 Reutlingen, Städt. KM Spendhaus; 97 Biberach, KV; 98 Offenbach am Main, Dt. Leder-Mus.; Schwäbisch Hall, StG; 99 Dresden, KV Loschwitz; Engen, KV; 01 Heidenheim, Michaeliskirche; 03 Limburg, Diözesanmus.; Ammerbuch, Gal. Kunst m. Photographie – **G:** 92 Reutlingen, Städt. Gal im RH; 93 Köln, Gal. 68elf; 94 Kassel, Dock 4; 95 Reutlingen, Geiselhart; 97 Bebenhausen, Kloster; Reutlingen, StG; 98 Reutlingen, KV; 00 Köln, Abtei Brauweiler; 03 Reutlingen, StG; Rottenburg, Kulturver. Zehntscheuer – **V:** Klaus Möller: Wandlungen, Ed. (Gest.) 00 – ***Lit:*** Barbara Lipps-Kant (Text): Körperstücke-Salzstücke, Kat. 98; Klaus Möller u. Otto Pannewitz (Text): Stückfeld, Kat. 00 – (Red.)

Hoffmann, Bettina; 5645 Waverly, Montréal, P.Q. H2T 2Y2, Tel. u. Fax (5 14) 2 77 55 70, *b@bettinahoffmann.net, bettinahoffmann@hotmail.com, www.bettinahoffmann.net* (* Berlin) – **S:** 85–92 HdK Berlin; 87 Rijksakad. van Beeldende Kunsten Amsterdam (Gaststud.); 89–90 California Inst. of the Arts Los Angeles (Gaststud.) – **P:** u. a. Stip. f. d. Europ. ACC-Atelierprogramm Weimar 95; Projektstip. d. Stift. Kult.fonds Berlin 97; Arbeitsstip. d. Berliner Senats 98; Kunstpr. d. IG Medien 00; Stip. d. Conseil des arts des lettres du Québec 01 – **G/T:** Video, Fotogr., Objekt, Install. – **W:** Werke in privaten Slgn in Berlin, Hamburg, Los Angeles, New York, Toronto u. Montreal – **M:** Berlin, Berlinische Gal. – **E:** zuletzt u. a. Montréal, Optica; 01 Toronto, Zsa Zsa Gall.; 03 Toronto, TPW Gall. – **G:** u. a. 93 Potsdam, Kunstspeicher; Berlin, Fischer; 94 Berlin, Neuer Berliner KV; 95, 96 Hamburg, Kunsthaus; 97 Weimar, ACC Gal. Weimar; 99 Hall IN Tirol, KH; 03 New York, Pelmham AC – (Red.)

Hoffmann, Claudia, Bildhauerin; Thadenstr. 130 A, D-22767 Hamburg, Tel. (0 40) 63 60 89 73, *cmmhoffmann@web.de* (* Bad Pyrmont 22. 4. 56) – **VG:** Hamburg, Sachse; Hamburg, Hengevoss-Duerhopp; Köln, Locus-Caementitium – **S:** 76–83 HBK Hamburg (b. F. E. Walther) – **G/T:** Skulpt. aus Beton – **M:** Hamburg, Slg d. Volksfürsorge – **Ö:** Ascheberg, Tombusch + Brumann; Hamburg, Ver.- u. Westbank; ebda, Hotel Le Royal Meridien – **E:** u. a. 86 Hamburg, KX; 88, 90, 94 Hamburg, Jensen; 89 Nürnberg, Art Nürnberg; 99 Buxtehude, Mus.; 00 Trittau, KV; 01 Hamburg, Gal. Einstellungsraum; 04 Bad Oldesloe, Kr.tag; 05 Hamburg, Gal. einseins – **G:** 92 Hamburg, Kunsthaus, Wiesbaden, Kunsthaus; 98 Hamburg, Univ.; 01 Essen, KV Ruhr; 01 Chicago, Arc Gall.; 03 Hamburg, Hengevoss; 04 Köln, Locus-Caementitium; 06 Hamburg, KV Harburger Bahnhof; 07 Lüneburg, Heinrich-Heine-Haus – ***Lit:*** AUSST.KAT.: P. Schwanewilms: C.H. 88; D.R. Strauss: Gestaltungen zur Odyssee 90; Susanne Mayerhofer: Gleichzeitig 00; D. Bremer: Concrete Age 03; H. Schiff: Das Eckige als Zustand des Fließenden 04; v. Bassewitz: Pflanzenarchitektur 05; – weitere: M. Schatz: Natur und künstl. Räume 92; R. Stratenschulte: C.H., In: NIKE special sculpt., 5 92

Hoffmann, Elisabeth s. Hoffmann, Alexandra M.

Hoffmann, Frank, Maler, Graphiker, Animationsfilmer; Löwenstr. 10, D-01099 Dresden, Tel. (03 51)

8 04 54 52, *kontakt@art-f.de*, *www.art-f.de* (* Görlitz 17. 1. 72) – **VG:** Dresden, Nütt – **S:** 91–97 TU Dresden (Kunsterziehung u. Germanistik) – **L:** seit 99 TU Dresden (LAuftr. f. Animationsfilm) – **G/T:** menschl. Figur u. Portr. – **W:** überw. in Privatbes. – **Ö:** Dresden, Ges. f. Wissens- u. Technologietransfer d. TU; ebda, Verwaltungsgericht – **E:** 00 Meißen, Kult.zentrum Hafenstr.; 01 Dresden, 4 D; 01, 02 Dresden, Bärenzwinger; 03 Dresden, Treibhaus; 04 Dresden, Verwaltungsgericht; Dresden, Blaue Fabrik; Berlin, V 17; 05 Dresden, Nütt – **G:** mehrere Bet. seit 96, zuletzt 04 Dresden, Krauss Erben; 05 Leipzig, Große Sä. Kunstausst.; Halle/Saale, Villa Kobe; 06, 07 Dresden, Nütt – **R:** mehrere Animationskurzfilme seit 96, u. a. Aoëde 02; Ewiger Frieden 04 – ***Lit:*** AUSST.KAT.: F.H. Sie 03; F.H. Malerei 05

Hoffmann, Heike s. Herzog, Heike

Hoffmann, Klaus, Maler, Graphiker, Objektkünstler; Tuchbleiche 9, D-72768 Reutlingen, Tel. (0 71 21) 62 07 12 (* Görlitz 28. 9. 41) – **S:** 58–61 gewerbl.-techn. Ausb. z. Gebrauchsgraphiker; 64–66 Stuttgart (staatl., kunstwiss. Ausb. z. Kunst- u. Werkpädagogen) – **L:** 66–05 LAuftr. Kunsterziehung im staatl. Schuldienst – **P:** Wettb. f. ein Logo d. Hauptstadt-Kult.fonds (2. Pl.) 03 – **Ve:** VBKW 93–05 – **G/T:** Hschn., Collage, Assemblage, Kastenbild, Malerei (vorw. Letternkunst) – **W:** überw. in Privatbes. – **M:** Reutlingen, Stadtbibliothek; Reutlingen, Städt. KM Spendhaus; Tübingen, Reg.präsidium – **Ö:** Baden-Baden, Fa. Argus Observer (Letternkunst/Hschn. u. Collagen); Heilbronn, Religionspädagog. Inst. d. Diözese Rottenburg-Stuttgart; Wankheim b. Tübingen, ev. Gemeindehaus (Buntglasfenster); Wannweil, kath. Kirche St. Michael (Westportal) – **E:** zahlr. in Süddtld seit 74 – **G:** Bet. seit 79 – **V:** UMWELT, Mappe (7 Farbhschn.) 76; M. Spohn: Wenns leidet, mach e nemme auf! Schwäb. Gedichte (Hschn.) 76; W. König: Hond ond Kadds. Schwäb. Gedichte, Sprüche u. Aphorismen (Ill.) 82; Linien, Zeichen, Lettern (Texte m. Orig.-Farbhschn.) 85; Feinäugle u. Eha: Mei Sprooch – dei Red. Mundartdichtung in Bad.-Württ. (Ill.) 89; Reichert: wunderfitz & alefanz. Lyrik u. Prosa in alemann. Mundart (Ill.) 93 – ***Lit:*** Reutlinger Künstlerlex. 99 – ***LitR:*** K.H. – Grafik u. Malerei v. 1976–2004. Eine Auswahl, DVD 04

Hoffmann, Kurt Rudolf s. Sonderborg, K. R. H.

Hoffmann, Leni, Prof., Freischaffende Künstlerin; Uhlandstr. 23 A, D-40237 Düsseldorf (* Bad Pyrmont 62) – **VG:** Düsseldorf, Taubert – **S:** 82–87 ABK Nürnberg (b. Prof. G. K. Pfahler); 87 ebda (Meisterschülerin); 89 Cité Intern. des Arts Paris – **L:** 96 Éc. Nat. des Beaux-Arts de Lyon (Gastprof.); 97 ABK Nürnberg (Gastprof.); 97 HBK Kassel (Doz.); 99–00 Städelschule Frankfurt am Main (Gastprof.); 01–02 HBK Karlsruhe (Gastprof.); seit 02 ebda (Prof. f. Malerei) – **P:** u. a. Kat.pr. d. Ldes Bay. 90; Bay. Staatsförd.pr. f. Bild. Kunst 92; Alfred Krupp v. Bohlen u. Halbach Stift. (Kat.stip.) 93; Förd.pr. Bild. Kunst d. Kult.kr. d. dt. Wirtschaft im BDI (ars viva Pr.) 93–94; Artist in Residence 94; Stift. Kunstfonds – Arb.- u. Projektstip. 94; Günther-Peill-Stift. (Förd.stip.) 95; Reisestip. d. Ldes Bay. (f. d. USA) 95; Villa-Massimo-Stip. 97; Förd.pr. f. Bild. Kunst d. Stadt Nürnberg 98 – **G/T:** Rauminstall. (Knetmasse) – **E:** / G: u. a. 98 Canberra, Contemp. Arts Space; 01 Düsseldorf, Tauber; 02 Hannover, Sprengel Mus.; Siena, Mus. Pal. delle Papesse; 03 Bremerhaven, KV; 04 Hannover, KV – (Red.)

Hoffmann, Martin, Maler, Graphiker, Buch- u. Ausstellungsgestalter; lebt in Berlin (* Halle/Saale 48) – **VG:** Wernigerode, Gal. im Ersten Stock – **S:** 68–75 Mathematik in Halle/Saale u. Berlin; 72–75 KHS Berlin-Weissensee (Abendstud., Graph.kl.) – **M:** Berlin, SM; Leipzig, Zeitgesch. Forum – **E:** u. a. 03 Berlin, TU – (Red.)

Hoffmeister, Johanna, Malerin, Graphikerin; Starenweg 2, D-89278 Nersingen, Tel. (0 73 08) 75 45, *johanna.hoffmeister@arcor.de*, *www.bbk-bayern.de* (* Memmingen/Bay. 2. 8. 44) – **VG:** Memmingen, Neuendorf; Krumbach, Rakel – **S:** 67–71 Univ. München (Germanistik u. Geschichte); 88 Europ. ABK Trier (freie Malerei); 89, 93, 95 Schwäbischer Kunstsommer Irsee (Meisterkurse b. Helmut Rieger, Bernd Zimmer, Prof. Vogelsang); 99–03 Sommerakad. Schwalenberg/Lemgo (Intensivseminare b. Pavel Richter) – **P:** Mittelschwäbische Kunstausst. Türkheim (1. Pr.) 90; Kunstpr. d. Stadt Senden (Graph.) 96; Kunstpr. d. Ldkr. Günzburg 99; Donauwörther Kunstpr. 01 – **Ve:** BBK Schwaben Nord u. Augsburg seit 91; KV Ulm seit 86; Künstlergilde Ulm seit 86 – **G/T:** freie exper. Malerei (Acryl), auch themenbezogene Mischtechnik, Collage, Zeichn., Rad., Hschn., Linolschnitt, Lith. – **M:** Augsburg, Staatl. Ldwirtschaftsamt; Donauwörth, SM; Neu-Ulm, Ldratsamt; Oberfahlheim, MBK; Tübingen, Reg.präsidium – **Ö:** Augsburg, Hessingsche Klinik; ebda, Zentralklinikum, Oberforstdirektion; Kempten, Staatl. Hochbauamt; Neu-Ulm, RH; Senden, RH; Ulm, Spk.; ebda, Stadtwerke, Gal. d. Volksbank, Merckle ratiopharm – **E:** zahlr. Ausst. seit 86, u. a. 94 Ulm, Gal. d. Volksbank; 95 München, Mohrvilla; 96 Neu-Ulm, KV (Stadtbibl.); 98 Biberach, Höhn-Gal.; 00 Augsburg, Treppenhausgal. b. Kröll + Nill; Langenau, Stadtbibl.; 02 Krumbach, Rakel; 03, 04 Bobingen, KV Schloßgal.; Ulm, Spk.; 05 Ulm, Gal. d. Volksbank; 06 Heilbronn, KH – **G:** zahlr. Ausst.bet. seit 85 im In- u. Ausld, u. a. 86–06 Kempten, Hofgartensaal; 91 Augsburg, Gal. Die Ecke; 91, 95, 00, 01 Ulm, Ulmer Mus.; Augsburg, Große Schwäbische Kunstausst.; 91, 93, 97 Wertingen, Schloß; 92 Tokio, Yanagizawa; Innsbruck, Stadtturmgal.; 93 Augsburg, RH; 95–06 Irsee, Kloster (BBK Schwaben Süd); 96 Bern, Vita; 97 Toronto, Del Bello Gall.; 98, 04 Mayenne/Frkr., BBK-Ausst.; 99 Padua, Bienn.; 91–05 Donauwörth, Große Schwäbische Kunstausst.; 00 Ichenhausen, Schulmus.; 05 Chioggia, Mus. Comunale

Hofmaier, Johann B., Maler, Graphiker; Herzogstr. 110, D-80796 München, Tel. (0 89) 3 08 82 90 (* Halfing Kr. Rosenheim 31. 12. 41) – **VG:** Koblenz, Steinhaus – **S:** 63–68 ABK München (Malerei, Graph., Ill.) – **L:** 92–95 VHS München (freier Doz.) – **Ve:** BBK München u. Obb. seit 82; VG Bild seit 83 – **G/T:** Malerei (Öl, Gouache, Abstr.); Fotorealismus (72–80); Graph. (Ill.) – **K:** wiss. Zeichn. – **M:** München, Lenbachhaus – **E:** 70 München, Gal. Form im Raum; 94 München, Gasteig; 98 München, Gal. Christofstr.7 – **G:** 68 in div. Städten in d. USA; 75 München, Gal. 54; 77 München, Collage 77; Düsseldorf, Collage 77; 80 Stuttgart, Junge Kunst; 82, 03 München, Gal. d. Künstler d. BBK – **V:** Ill. z. Publ. d. Archäologischen Staatsslg München seit 72 – (Red.)

Hofmann, Angelika s. Gigauri, Angelika

Hofmann, Armin, Prof., Graphiker, Bildhauer; Museggstr. 28, CH-6004 Luzern, Tel. 04 14 10 46 04, Fax 04 14 10 62 71 (* Winterthur 29. 6. 20) – **S:** Stud. in Zürich – **L:** 46–86 Allg. Gewerbeschule Basel; weitere Lehrtätigkeit im In- u. Ausland, u. a. in Indien u. d. USA – **P:** Kult.pr. d. Stadt Basel 97 – **Ve:** Schweiz. Werkbund; Alliance Graphique Intern.; Verb. Schweiz. Graphiker – **G/T:** Graph., Plakat, Fotogr., Kunst am Bau, Bühnenbild – **M:** New York, MOMA – **E:** / G: u. a. 83 Basel, Gewerbemus.; 84 Minneapolis/MI, Walker AC; 86 Philadelphia, Moore College of Art; 03 Basel, Hutter – weitere: New York, MOMA; Essen, Dt.

Plakat Mus. – ***Lit:*** Contemp. Designers 97; BLSK 98 – (Red.)

Hofmann, Benjamin-Novalis (Ps.: Jan von Geyer/Incitatus, eigtl. Benjamin Hofmann), Maler, Zeichner, künstler. Fotograf; Karolinger Str. 133, D-40223 Düsseldorf, Tel. (02 11) 3 88 55 90, *info@Benjamin-Novalis.de*, *www.Benjamin-Novalis.de* (* Vilsbiburg/Bay. 6. 9. 78) – **VG:** Düsseldorf, Reimann Le Begue – **S:** 96–01 KA Düsseldorf (Meisterkl. Prof. Dr. M. Lüpertz, 01 Meisterschüler b. dems.) – **P:** Prof.-Winkler-Stip. – **G/T:** Malerei; Fotogr. – **M:** Düsseldorf, Dt. Bank; Frankfurt am Main, Dt. Bank KS – **E:** 04 Düsseldorf, Fischers Frische; 05 Düsseldorf, Reimann Le Begue; – sowie: 06 Gal. YjA – Öst. – **G:** 01 Bonn, Kunst- und Ausst.halle d. BRD; 04 Berlin, Prof.-Winkler-Stip.; 05 Düsseldorf, Chosen View – Überbau; 06 Tirana, NM

Hofmann, Christian, Mag. Art., Maler, Kurator; Waaggasse 17–19/16, A-1040 Wien, Tel. (01) 5 81 23 35, *chrhofmann@gmx.at*, *www.christianhofmann.at* (* Wien 15. 10. 57) – **S:** 79–85 HS f. Angew. Kunst Wien (Meisterkl. f. Malerei, Prof. W. Hutter) – **Ve:** IG Bild. Kunst – **G/T:** Ölmalerei, Rad. – **W:** Werke in Privatbes. sowie in versch. Firmenslgn; Ankauf u. a. der Stadt Wien, d. Bundes Stmk u. d. Fernwärme Wien – **M:** Eisenstadt, Bgld. LG – **Ö:** Bruck a. d. Mur, RH – **E:** u. a. 80 Wien, Kudernas Endl- u. Plissieranst.; 82 Wien, Gal. im Persilhaus; 84 Wien, IBM Gal.; 88 Wien, Urch; 92 Wien, Naturhist. Mus.; 93 Krems, Dominikanerkirche; 95 Tulln, Altmann; 96 Freiburg, Aphold; 98, 04 Bruck an d. Mur, Kunsthaus; 99 Wien, Skandia AG; 00 Mondsee, Schloß-Gal.; 01 Villach, Gal. Unart; 03 Waidhofen an d. Ybbs, SM; Allentsteig, Schüttkasten; Baden bei Wien, Frauenbad; 05 Schärding, Tumler; 06 Hongkong, Sotagall.; Milan, Austrian Art Forum – **G:** zahlr. Ausst.bet seit 79, zuletzt 03 Waidhofen an d. Ybbs, Baden b. Wien u. Wien, Exner (Reality Check) – **R:** Im Wandel der Zeiten, Video 92 – ***Lit:*** KAT.: Im Zeichen des Kreuzes 92; Eine Dekade 95 – ***LitR:*** div. Fs.beitr. anläßlich d. Ausst. 'Mikado im All'

Hofmann, Friederike (geb. Friederike Hoevermann-Castelli), Malerin, Objektkünstlerin, Dipl.-Handelslehrerin, Stud.rätin i. R.; Ahornweg 6, D-85640 Putzbrunn, Tel. (0 89) 60 39 02, Fax 0 18 0 50 60 33 45 76 30, *wolhof@gmx.de* (* Bad Bevensen 21. 5. 39) – **S:** 59–60 HBK Hamburg (b. Prof. Hopf); 85–87 Gasteig München (b. Meister Jigang Xing); 03 Akthof München (b. E. Deberdeeva) – **Ve:** KV Ottobrunn 95 – **KGr:** Kreuz & Quer (seit 95); Z A K Zukunftswerkstatt 2000 (seit 00) – **G/T:** Stilleben (Aqu.); mod. chinesische Malerei (chinesische Tusche); Objektkunst (Moulage: eigenständig entwickelte Abformtechnik m. chinesischem Papier); Install. (vorw. Vogelfedern, Federb.) – **W:** überw. in Privatbes. – **Ö:** Mandelieu La Napoule, Hotel de Ville; München, Rechtsanwaltskanzlei Lovells; Putzbrunn, RH – **E:** 01 Uelzen, Gartenhaus Hoeverman; 02 Putzbrunn, Gemeinderat; 03 Ottobrunn, Dt. Bank – **G:** zahlr. Bet. seit 82, u. a. 84 München, Siemens; seit 96 Ottobrunn, KV; 00 Mandelieu La Napoule, RH; Freising, KV; 01 München, Ldratsamt; 02 München, ZAK 2000; Pullach, Bürgerhaus; 04 Ottobrunn, RH; Krakau (Krzeszowice u. Niepolomice) – ***Lit:*** KV Ottobrunn: Kunst hat viele Gesichter, Kat. 99; Ldratsamt München: Weibliche Lebens(t)räume, Ausst.kat. 01; R. Grosse: Die geheimen Schubladen, in: Süddt. Ztg 01; ders.: Reise in die Welt der Märchen und der Fantasie, in: Süddt. Ztg 03 – (Red.)

Hofmann, Gerald, Maler, Dipl. Architekt; Fenitzerstr. 31, D-90489 Nürnberg, Tel. (09 11) 46 72 65 (* Fürth/Bay. 20. 5. 62) – **S:** Autodidakt – **Ve:** Erlanger KV 89; Albrecht-Dürer-Ges. – KV Nürnberg 92 – **G/T:** reliefartige Malerei; Acryl-Mischtechnik (Gips, Zement, Bitumen, Sand); Themen: Prinzip Leben, d. Mensch als Mittelpunkt d. Welt, d. Welt als Produkt d. Geistes – **W:** überw. in Privatbes. – **E:** 95 Wiesbaden, Moering; 98 Nürnberg, Höfler; 00 Nürnberg, Living Room; 01 Nürnberg, Schloß Almoshof – **G:** zahlr. Ausst. d. Erlanger KV seit 89, u. a. 94 Erlangen, Kult.-börse; 01 Nürnberg, Z-Bau – (Red.)

Hofmann, Gert Maria, Maler u. Graphiker; Schmiedgasse 36, A-8010 Graz, Tel. (06 64) 2 23 11 09, Fax (03 16) 83 24 34, *www.virtual-gallery.net* (* Wien 15. 1. 44) – **VG:** Salzburg, Gal. Franziskanergasse; Bern, Dressler – **S:** Autodidakt, Weiterbildung – **P:** Josef Krainer-Heimatpr. Stmk 00 – **G/T:** Malerei (Mischtechnik, Öl u. Acryl); Handbemalte Eigendrucke (Ölkreide); Farbkomposition, Akt u. Portr. – **W:** überw. in Privatbes. u. Bes. v. Institutionen – **Ö:** Bern, EEB Graz, Volksbank; Hamburg, Wünsche; Kaprun, Steigenberger; Limone/Gardasee, Capo Reamol; Salzburg, Bank Austria; Wien, Bayer – **E:** / G.: zahlr. Ausst. seit 80, zuletzt 03 Wien, Öst. Tabakmus.; Chayofa/Teneriffa, Finca del Arte; – weitere in: Berlin, Bern, Chayofa/Teneriffa, Feldkirch, Graz, Innsbruck, Klagenfurt, Köln, Leoben, Limone/Ital., London, München, New York, Salzburg, St. Gallen, Stockholm, Wels u. Wien – **V:** Kunstbuch G. M. H., Art Studio Verl. – ***Lit:*** Die österreichischen Maler des 20. Jahrhunderts, Bd II 88; Bildkunst Österreich 97; Styrian Window 99; Steirische Künstler 01; – sowie div. Kat. – (Red.)

Hofmann, Hanspeter; c/o Galerie Jamileh Weber, Waldmannstr. 6, CH-8001 Zürich (* Mitlödi/Kt. Glarus 60) – **VG:** Zürich, Weber; Köln, Ricke; Wien, Engholm Engelhorn – **M:** Linz, Lentos; Marseille, Fonds rég. d'art contemp. Provence-Alpes-Côte d'Azur – **E:** zahlr. Ausst. seit 90, zuletzt 00 Zürich, Walcheturm; Wien, Mezzanin; 01 Basel, KH; Esslingen, StG Villa Merkel; 02 Miami Beach, Art Statements; Wien, Engholm Engelhorn; Basel, Wüthrich; 03 Glarus, Kunsthaus; 04 Zürich, Weber; Freiburg im Breisgau, KV – **G:** zahlr. Ausst.bet. seit 90, zuletzt 00 Tokio, Tomio Koyama Gall.; Zürich, GrS d. ETH; 01 St. Gallen, KM; Schaffhausen, Mus. zu Allerheiligen; 02 Hamburg, Sfeir-Semler; Basel, Stampa; 03 New York, Max Protetch Gall.; Madrid, Alcala; Köln, Ricke; Zürich, Van Orsouw; 04 Muttenz, Kunsthaus Baselld; Zürich, Weber – ***Lit:*** AUS-ST.KAT.: H. H. 00, 01; H. H. – Thomas Rentmeister 01; – weiter: H. H. Supercritical Fluids 03; H. H. Lost, Lonely and Vicious on Planet Meanus 04 – (Red.)

Hofmann, Kai (Ps.: Bildbad), 3D-Designer, Illustrator, Graphik-Designer (FHS); c/o Claudia Schönhals, Wilhelmstr. 14, D-80801 München, *www.schoenhals.de* (* Saarbrücken 29. 11. 72) – **S:** 94–99 FHS Trier (Kommunikationsdesign) – **L:** 01–02 The German Film School Berlin (Doz. f. 3Ds Max Animation); seit 02 Mediadesign HS f. Desig u. Informatik Berlin (Doz. f. 3Ds Max, 3D Design); seit 03 Games Academy Berlin (Doz. f. 3Ds Max, 3D Game Design) – **P:** u. a. Oral B-Design-Pr. 98; Förd.pr. d. FHS Trier 99 – **Ve:** AGD 02; VG Bild-Kunst 03 – **KGr:** Bildbad (02) – **G/T:** Ill.; 3D Design; Animation – **B:** Kassel, Brunnen auf d. Königspl. (3D-Entwickl. d. Wasserspeiers v. Kamel Louafi) – **G:** 97 Trier, Tuchfabrik: Trierer Künstler; 98 Blieskastel, Orangerie: Junge Künstler – **R:** Hilario Regueiro-López u. K.H.: Kurz&Klein, Animation (Buch u. Regie) 99; Assur, Beitr. zu: In den Katakomben d. Pergamonmus., ZDF (Animation) 03; die Maut, Beitr. zu: Die Maut, die Macht d. Manager, ZDF (Animation) 04; Curzco, Beitr. zu: Faszination Erde, ZDF (Animation) 05; Beamter A,

Beitr. zu: Wo steht Deutschland, ZDF (Animation) 05 – *Lit:* Freistil 04, Illustration Now 05 (beides Illustratorenkat.)

Hofmann, Margit s. MAGH Stronzki

Hofmann, Michael, Dipl. Maler u. Graphiker; Winzerstr. 52 B, D-01445 Radebeul, Tel. (03 51) 4 72 25 16, Fax (03 51) 8 62 69 03, *www.hofmann-art.de* (* Chemnitz 9. 9. 44) – **VG:** Bietigheim-Bissingen, Gal. im Unteren Tor; Chemnitz, Schmidt-Rottluff; Detmold, Strüßmann; Dresden, Gal. am Damm; Dresden, Kühl; Dresden, Schulz; Götzis, Kurzemann; Volkach, Mari-jo; Zaberfeld, Kunstkab. – **S:** 61–65 Berufsausbildung als Gebrauchswerber u. Reproduktionsfotograf; 69–74 HBK Dresden; 74–77 ebda (Meisterschüler b. Prof. Bondzin); seit 77 freischaffend – **P:** Graph.pr. d. Sparkassen d. Reg.bez. Chemnitz '100 Sächs. Grafiken' 02 – **Ve:** SKB 91 – **W:** in Privatbes. – **M:** Altenburg, Lindenau-Mus. (Graph.-Slg); Dresden, GG NM; Dresden, Kpst.-Kab.; Dresden, Slg d. Stadtspk.; Dresden, Slgn d. TU; Dresden, StG; Freital-Pirna, Spk.; Greiz, Bücher- u. Kpst.-Slg; Leipzig, Dt. Buch- u. Schrift-Mus. d. Dt. Nat.bibl.; München, Bay. Staatsbibliothek; Nürnberg, Germanisches NM (Stift. Schreiner); Radebeul, StKS; Tübingen, Reg.präsidium – **Ö:** Dresden, IHK Bildungszentrum (Wandmalerei u. Collagen m. Hans-Volker Mixsa); Hamburg, Hapag-Lloyd (zwei großformatige Tafelbilder auf d. Schiff 'Dresden Express'); – GLASFENSTER f. Kirchen: Dresden-Kleinzschachwitz, Kath. Gemeindehaus; Gera-Lusan, Kath. Pfarrei 'Hl. Maximilian Kolbe' u. Hauskapelle Gertrude Stein; Gera-Langenberg, Kath. Kirche; Halsbrücke, Ev. Kirche St. Lorenz; Schleiz, Kath. Kirche – **E:** / G: 76 Berlin, Junge Künstler; 78 Frankfurt/Oder, Junge Künstler; 79, 85, 89 Dresden, Bez.kunstausst.; 79, 82, 86, 87, 88 '100 Ausgew. Grafiken d. DDR'; 81 Görlitz, Gal. Am Schönhof; 83, 96 Chemnitz, Schmidt-Rottluff; 84 Dresden, Kunst d. Zeit; Bautzen, Gal. Budysin; 86 Dresden, Gal. West; 88 Halberstadt, Gal. St. Florian; 90 Neuhausen, Kunst im Schloß; Dresden, Haus d. Bildung u. Kultur; Schwetzingen, Xylon Mus. (Künstler d. DDR zeigen Holzschnitte); 91 Bünde, Kunst im RH u. Kunst im Ev. Krankenhaus; Wels, Gal. Nöfa; Aachen, Kunst in d. Ausst.halle d. FHS Aachen; 91, 97, 04, 05 Dresden, Kühl; 92 Sarstedt, Lindemann; 92–96 Dresden, Graph.messe; 92, 96, 98 Dresden, Arthur Andersen; 93 Oldenburg, Büchergilde; Buchenbach b. Freiburg, Gal. im Höllental; Leipzig, Bildermesse; 93, 95, 96 Chemnitz, Arthur Andersen; 93, 96, 97, 01 Bietigheim-Bissingen, Gal. im Unteren Tor; 93, 97, 02 Dresden, Gal. am Damm; 94 Bad Essen, Schafstall; Hannover, Funkhaus; Dachau, Schloß; Dresden, Kult.etage; Dresden, Jazzclub Tonne; 94, 02 Berlin, Studio Bildende Kunst; 95 Schwarzheide, Gal. d. BASF; Esens, Petersen; 95, 97, 03 Götzis, Kurzemann; 96–00 Dresden, Kunstmesse; 96, 01 Leipzig, Arthur Andersen; 96, 01 Dresden, Sillack; 97 Sontheim/Brenz, Fetzer; München u. Augsburg, Ruetz; 97, 99, 00, 02, 04 Volkach, Mari-jo; 98 Dresden, Jugendbibliothek; Meißen, Schloß Siebeneichen; Deggendorf, SM (m. P. Zaumseil u. K. Schmid); Pirna, KV; Düsseldorf, Art Multiple; 99 Tübingen, Oberschulamt; Görlitz, Klinger; 00 Pirna, Grossmann; 01 Stuttgart, Marienstift; Bad Steben, Graph.mus. Stift. Schreiner; Glauchau, Art Gluchowe; Passau, Spectrum Kirche; Greiz, Theater d. Stadt; Görlitz, Klinger: Gemeinschaftsausst. Sä. Holzschneider; 02 Dresden, Ldeskirchenamt; Leipzig, Michaelis-Kirche; Schmiedeberg, Skell; Bautzen, Domschatzkammer St. Petri; Plauen, Malzhaus; 02, 04, 06 Chemnitz, Neue Sä. Gal.: 100 Sä. Grafiken; 03 Dresden, Kreuzkirche: Zum Sonnengesang d. Franz v. Assisi; Dresden, art + form; Meißen, Frauenkirche; Burghausen/Salzach, Lorenz; Stade, KV; 04 Radebeul, StG; 05 Meißen, KV; Dresden, art + form u. Gal. Ines Schulze: Gemeinschaftsausst. 'Stadtlandschaften Dresden'; Hannover, Marienkirche; Dresden, Kühl u. Lauda-Königshofen, FabrikGal. Wobser: Gemeinschaftsausst. 'Paradiesgarten'; 06 Döbeln, Gal. 5; Chemnitz, St. Nepomuk – **V:** mehrere Buchprojekte m. Peter Zaumseil u. Konrad Schmid seit 94 – *Lit:* Volkhard Böhm: M.H. – Botschaften u. Wahrheiten u. das Fenster zur Welt. Graphik aus d. letzten Jahren, in: Grafische Kunst, Zs., Memmingen 03; M.H. – Holzschnitt u. Malerei, Kat., Dresden 04; Alexander Stoll: M.H. – Engel, Kat. Neue Sä. Gal. Chemnitz 06

Hofmann, Paul, Maler, Graphiker; Schubertstr. 27, D-01307 Dresden, *mail@paulhofmann.de*, *www.paulhofmann.de* (* Dresden 4. 11. 75) – **S:** 95–97 TU Dresden (Werkstoffwiss.); 97–99 Kunstgießerei Ihle Rabenau (Arb. als Gehilfe); Arb. als Siebdruckgehilfe in Magdeburg (b. Ulrich Grimm), als Gal.aushilfe in d. Gal. Döbele Dresden u. b. Ulrich Grimm Magdeburg; 99–05 HBK Dresden (Malerei u. Graph., Dipl.); 01 ebda (Fachkl. v. Prof. Max Uhlig); seit 03 ebda (Fachkl. Lutz Dammbeck); 05 ebda (Beginn d. Meisterschülerstud. b. Prof. Lutz Dammbeck) – weitere wichtige Lehrer: Wolfram Hänsch, Frank Walther, d. Prof. Siefried Klotz, Elke Hopfe u. Günther Hronig – **P:** Hegenbarth-Stip. d. Kunst- u. Kult.stift. d. Stadtspk. Dresden 06 – **Ve:** Gal. treibhaus e.V. (Mitbegründer) 01 – **G/T:** Malerei; Graph.; Schrift in d. Graph. u. Schrift als Graph. u. Bild; Beschäftigung m. Dante's Göttlicher Komödie u. d. SATOR-Quadrat – **Ö:** Dresden, Radiolog. Gemeinschaftspraxis am Schillerpl. (Bronzerelief); ebda, Univ.klinik Carl Gustav Carus (Holzreliefs, Türbeschilderung in d. Kinderklinik) – **E:** / G: 00 Medingen, Kunst Raum; 01, 02, 03, 04, 05 Dresden, Gal. treibhaus; 01 Großenhain, Stadtpark (Bildhauersymposium); 03 Landstuhl, Naffouj (m. Veit Hofmann); 04, 05 Dresden, Spk. am Sachsenpl.; 05 Dresden, Kühl; Dresden, HBK; Dresden, MDR-Ldesfunkhaus; Dresden, Schauspielhaus; 06 Dresden, HBK (m. Nadja Schütt); Chemnitz, Neue Sä. Gal.; Meiningen, Meininger Mus. (m. Olaf Amberg u. Peter Hofmann) – *Lit:* Andreas Keller, in: Rheinpfalz 6.3.03; Nora Arnold, in: Fritz Juli 05; in: Dresdner Neueste Nachrichten 14.7.05 u. 8.2.06; in: Sä. Ztg 21.7.05, 26.1.06, 1.2.06; Gerd Grießbach, in: Elbhang Kurier Sept. 05; in: Canaletto Febr. 06

Hofmann, Rotraud (geb. Rotraud Schönbohm), Bildhauerin; Hermann-Hesse-Str. 8, D-70734 Fellbach, Tel. (07 11) 58 89 22 (* Aalen/Württ. 7. 3. 40) – **VG:** Göppingen, Kränzl; Gaienhofen, Kränzl – **S:** 60–66 ABK Stuttgart (b. d. Prof. Heim, Baum, Hoflehner u. Baumann) – **P:** Akad.pr. 66; Wettb.pr. f.: Brunnenanlage Berufsschulzentrum Aalen 79; Mahnmal Waldfriedhof Stuttgart 85; Brunnen Winnenden 86 – **Ve:** VBKW; VG Bild-Kunst; Künstlerbund Bad.-Württ. – **G/T:** Stein; Graph.; Collage – **W:** Stadt Fellbach; Stadt Aalen; Min. f. Wiss. u. Kunst; Psychiatr. Ldeskrankenhaus Emmendingen; Slg Lütze; Min. f. Weiterbildung u. Kunst; – Teiln. an zahlr. Symposien, u. a. in Wehr (88), Filderstadt (89), Bad Waldsee (90), Rodalben (95), Winterbach (01) u. Mühlacker (03) – **M:** Stuttgart, SG; Tübingen, Reg.präsidium; Waiblingen, Ldratsamt – **Ö:** u. a. Aalen, Arb.amt (Wasserplast., Wand- u. Bodengest.); ebda, Markuskirche (Eingangsportal), RH (Freiplast.); Backnang, Totenkirchlein (Prinzipalien); Fellbach, RH (Bodenplast.); Jungholzhausen, Ev. Kirche (Kanzel); Karlsruhe, Neues Postscheckamt (Relief); Kirchheim unter Teck, Kr.krankenhaus (Freiplast.); Mühlacker, Pl.gest. m. Bodenplast. u. Wasser; Nürtingen, RH (Freiplast.); Pécs/Ungarn (Freiplast.); Reutlingen, Berufsschulzentrum (Freiplast. u. Bodengest. sowie Trennmauer); Waiblingen, Johanneskirche (Prinzipalien) – **E:** seit 79, zuletzt u. a. 99 Stuttgart, Neckarwerke; Burghaun, Liebau (m. L. Marx); 00 Heidenheim, Gal. Zeitlupe (m. B. Wilhelm u. G. Riel); Stuttgart, Univ.; Weil der Stadt, Ernst; 02 Waiblingen, Gal. d. Stadt; Pécs/Ungarn, Kisgal.; 04 Plochingen, StG; 05 Göppingen, Kränzl (m. Iris Flexer); 06 Leonberg, Grußendorf (m. Iris Flexer); Karlsruhe, Art Karlsruhe – **G:** seit 66, zuletzt u. a. 01, 04 Meißen, Albrechtsburg; 05 Karlsruhe, ZKM: Künstlerbund Bad.-Württ.; Achberg, Schloß: Zeit/Raum/Zeichen; Schwäbisch Hall, Michaeliskirche: Wüsten u. Gärten; Gaienhofen, Kränzl: Kleines Format; 06 Sulz, Künstlerbund Bad.-Württ. – ***Lit:*** u. a. Günther Wirth: Stuttgarter Kunst d. 20. Jh.; ders.: Kunst d. Dt. Südwesten von 1945 bis zur Gegenwart; Ulrike Evers: Künstlerinnen d. 20. Jh.; Kunstszene Ostwürtt. 93; Die KS d. Rems-Murrkr. 01; Helmut Herbst: R.H. Steine 02

Hofmann, Veit, Maler, Graphiker; Pillnitzer Landstr. 59, D-01326 Dresden, Tel. (03 51) 2 68 33 87, Fax 2 65 47 05, *Veit_Hofmann@web.de*, *www.veithofmann.de*. Fenyvesalja 2, H-9090 Pannonhalma, Tel. (0 96) 47 12 39 (* Dresden-Loschwitz 30. 4. 44) – **VG:** Düsseldorf, Gal. Beethovenstraße; Berlin, Bischoff; Dresden, Kühl; Cuxhaven, Alte Wache; Dresden, Kunstkanon; Berlin, Gal. Sophien-Edition; Dresden, art + form – **S:** 67–72 HBK Dresden – **P:** Aufenthaltsstip. Columbus/OH 94; 100 Sä. Graph. (1. Pr.) 04 – **Ve:** SKB 98 – **G/T:** Malerei, Druckgraph., Install. – **M:** Chemnitz, Neue Sä. Gal.; Cottbus, Brandenburgische KS; Dresden, Buchmus. d. SLUB; Dresden, GG NM; Dresden, KGM Schloß Pillnitz; Dresden, Kpst.-Kab.; Frankfurt/Oder, Mus. Junge Kunst; Leipzig, MBK; Neubrandenburg, KS; Schwerin, Staatl. Mus. – **E:** 95 Dresden, Kunst d. Zeit; 00 Speyer, Alter Stadtsaal; 01 Berlin, Vagt; 02 Kaiserslautern, Theodor-Zink-Mus.; 03 Berlin, Gal. Sophien-Edition; 04 Dresden, Kühl – **G:** 89 Berlin, AK; 96 Berlin, Dt. Hist. Mus.; 00 Groß Leuthen (Rohkunstbau); 04 Frankfurt/Oder, Kunstprojekt Goetzen; – sowie 92 USA (Big Prints) – **V:** Dieter Hoffmann: Elbgedichte (Buchrolle) 02; Huldigung zum 100. Geburtstag von Erhart Kästner (Text, Hschn., Fotos) 04 – ***Lit:*** Kat.: Gunther Ziller: Gal. am Schönhof 86; Wolfgang Holler: Kreatives Fließen 99; Herbert Dellwing: BILD-RAUM, RAUM-BILD 00; Karin Weber: V. H. Serigrafien 1988–2000; – sowie: Reinhild Tetzlaff: ANEMOPHILE 02

Hofmann-Breckner, Christine (Ps.: CHB), Dipl.-Designerin; Industriestr. 7, D-95126 Schwarzenbach/Saale, Tel. (0 92 84) 67 11, 9 49 90 06, 9 41 36, Fax 67 24, *chb@webartservice.com*, *www.webartservice.com*. Oberwang 74, A-4882 Oberwang, Tel. Mobil: 06 5 06 32 46 56 (* Hof 14. 11. 60) – **S:** FHS Augsburg (FB Gest., Abschl. als Dipl.-Designerin) – **L:** 90–00 KSch d. Hofer Symphoniker Hof – **Ve:** Salzburger KV 02 – **G/T:** Öl, Aqu.; Ill.; Textilobjekte

Hofmann-Ginsburg, Sina, Malerin; Aschaffstr. 36, D-63741 Aschaffenburg, Tel. (0 60 21) 42 32 04, *sina.hofmann@freenet.de*, *www.sina-hofmann.de*. Wilhelmshavener Str. 62, D-10551 Berlin (* Aschaffenburg 35) – **S:** beide Eltern Künstler d. 'verschollenen Generation'; ab 65 Aschaffenburg (Kurse b. Siegfried Rischar u. Christian Schad); Städelschule Frankfurt am Main (Gaststud., Kunsttheorie b. Prof. Reimer Jochims, Lith. b. Christian Kruck); Städel-Abendschule Frankfurt am Main (Akt b. W. Hergenhahn); Sommerakad. Trier (b. Prof. Krämer); Südfrkr. (Atelier Langlet, Séguret) – **L:** 74–81 VHS Aschaffenburg (LBeauftr.); 81–84 eigene Malschule – **P:** Pr. d. Salon Intern. de la Femme Nizza (Goldmed.) 70; Bay. Atelierförd.programm f. Bild. Künstler 98; Stip. d. Stift. 'Zurückgeben' Berlin 98 – **G/T:** Malerei (Öl, Aqu., Acryl); Graph. (v. a. Rad.); Objekte; Wandgest.; Themen: u. a. Frauenakte, Köpfe, Menschenbilder – **W:** Werke u. a. im Bes. d. Amtes f. Wiss. u. Kunst, d. Hess. Kultusmin. u. d. Stadt Frankfurt sowie d. Arb.min. Bonn u. d. Artothek Berlin-Kreuzberg – **M:** Aschaffenburg, Schloß-Mus.; Berlin, Kpst.-Kab.; Frankfurt am Main, Artothek; Frankfurt am Main, Dt. Bank KS; Lübeck, St.-Annen-Mus.; München, Bay. Staatsgemäldeslgn; München, Pin. d. Mod.; Nürnberg, KV Dürer-Ges. – **Ö:** Berlin, Europ. Frauenakad. (EFAK) – **E:** ca. 50, u. a. Mainz, Gutenberg-Mus.; Beirut, Gall. One; Stockholm, Goethe-Inst.; Aschaffenburg, StG Jesuitenkirche; Marktheidenfeld, Franckhaus – zuletzt: 97 Hanau, HM Schloß Philippsruhe; 00 Berlin, Gal. Katze 5; 01 Erkner, Gerhart-Hauptmann-Mus.; 02 Berlin, Heilandskirche; 03 Berlin, Inselgal. – **G:** u. a. 01 London (Jewish Artist of the Year Award); Bled/Slowenien, World Festival of Art on Paper – **V:** Eine dt.-jüd. Künstlerfamilie 05 sowie zahlr. Graph.editionen – **R:** Video: Frauenbewegung 92; Geschichte einer jüdischen Künstler-Familie 01 – ***Lit:*** in: Graph. Kunst 25/85 u. 29/87; Junge Kunst Bonn Jan. 97; Kunst aktuell Nürnberg 9/99; Schweers 02

Hofschen, Edgar, Maler; Neuenherweg 13, D-42499 Hückeswagen, Tel. (0 21 92) 8 39 23 (* Tapiau/Ostpreußen 41) – **VG:** Berlin, Nothelfer; Bremen, Rabus; Düsseldorf, Gal. Art 204; Essen, Heimeshoff; Köln, Mronz; Münster, Karstens – **S:** 61–64 Wuppertal (Pädagogik); 65–71 Köln (Kunstgesch. u. Phil.); 72–75 KA Düsseldorf (Malerei) – **L:** 73 Univ. Mainz (Gastprof.) – **M:** Aachen, Ludwig Forum; Bremen, KH; Düsseldorf, Mus. Kunst Pal.; Frankfurt am Main, MMK; Hamburg, KH; Kiel, KH; Krefeld, Kaiser-Wilhelm-Mus.; Leverkusen, StM Schloß Morsbroich; Mannheim, StKH; Neuss, Clemens-Sels-Mus.; Nürnberg, Germanisches NM; Oldenburg, LM; Otterndorf, MMK; Regensburg, Ostdt. Gal.; Stuttgart, SG; Ulm, Ulmer Mus.; Wien, MMK Stiftung Ludwig – **E:** zahlr. Einzelausst. seit 70, zuletzt u. a. 94 Hongkong, Goethe-Inst.; Nürnberg, Art In; 95 Lörrach, Gal. Stettener Schloß; 96 Ludwigsburg, Gal. Kunst u. Design; Rottweil, Forum Kunst Rottweil e.V.; Lüdenscheid, StG; Lüdenscheid, Friebe; 97 Köln, Müller; 98, 00 Köln, Mronz; 99, 03 Düsseldorf, Gal. Art 204; 00 Ammerbuch, Hartl; 02, 03 Essen, Heimeshoff; 04 Bremen, Rabus – **G:** zahlr. Ausst.bet. im In- u. Ausld seit 70, u. a. 77 Kassel, documenta VI; 84, 88 Chicago, Neville-Sargent Gall.; 87 San Francisco, Dunev; 99 Bremen, Rabus; Ulm, Ulmer Mus.; Hagen, Karl-Ernst-Osthaus-Mus. (Kat.); Leverkusen, StM Schloß Morsbroich; 01 Wien, Exner; Münster, Kemper; 02 Budapest, Műcsarnok; 03 Berlin, Nothelfer; New York, Hunter College Art Gall.; 04 Ammerbuch, Hartl; Essen, Heimeshoff; 04, 05 Düsseldorf, Gal. Art 204; 05 Berlin, Bleibtreugal.: Situation 22 – ***Lit:*** u. a. Dietrich Zillessen: Sehlandschaft u. Weltkonzept. Zugänge zu Arbeiten v. E.H., in: Der ev. Erzieher 43 91, S. 114–125; Heinrich Hahne: Hinsichten auf Sammelausst. u. auf einzelne Künstler. Fr.Staats GmbH Wuppertal 99 98, S. 529–548; Reclams Künstlerlex. 02; Schweers 02; Klaus Honnef: Modifikationen in d. Malerei, in: Künstler – Krit. Lex. d. Gegenwartskunst, Ausgabe 74 06 – sowie: zahlr. Publ. u. Kat. zu Einzel- u. Gruppenausst.

Hogère, Jean-Paul, Maler, Dozent; Tessenowstr. 40B, D-13437 Berlin, Tel. (0 30) 4 11 67 14 (* Erfurt/Thür. 11. 6. 37) – **G/T:** Malerei

Hohenbüchler, Christine; Gärtnerstr. 8, A-3032 Eichgraben. Joachim-Friedrich-Str. 2, D-10771 Berlin (* Wien 3. 10. 64) – **VG:** Basel, Stampa – **S:** 84 HS f. Angew. Kunst Wien (Bildhauerei b. Wander Bertoni);

89 Jan van Eyck-Akad. Maastricht (b. Guillaume Bijl u. Henk Vish) – **P:** Stip. d. Öst. Bdesmin. f. Unterricht u. Kultur 91; DAAD-Stip. 94; Mies van d. Rohe-Stip. 94 – **KGe:** C. H. u. Irene Hohenbüchler – **G/T:** Skulpt., Fotogr. – **E:** u. a. 93 Basel, Stampa; 95 London, Inst. of Contemp. Art; 96 Amsterdam, Andriesse; Dublin, Hyde; 97 Salzburg, Salzburger KV; 97, 01 Wien, Janda; Berlin, Weiss; 02 Warth, KM d. Kt. Thurgau – **G:** u. a. 89 Wien, Secession; 94 Paris, Mus. d'Art Mod. de la Ville; 97 Kassel, documenta; 01 Barcelona, Mus. d'Art Contemp. et Beaux-Arts; 03 Boston/MA, Inst. of Contemp. Art – (Red.)

Hohenbüchler, Irene, Prof., Malerin; Gärtnerstr. 8, A-3032 Eichgraben. Joachim-Friedrich-Str. 2, D-10771 Berlin (* Wien 3. 10. 64) – **VG:** Basel, Stampa – **S:** 84 HS f. Angew. Kunst Wien (Malerei b. Maria Lassnig u. Hubert Schmalix); 89 Jan van Eyck-Akad. Maastricht (b. Guillaume Bijl u. Henk Vish) – **L:** seit 03 ABK Wien (Gastprof. f. Tapisserie) – **P:** Stip. d. Öst. Bdesmin. f. Unterricht u. Kultur 91; DAAD-Stip. 94; Mies van d. Rohe-Stip. 94 – **KGe:** Christine u. I. Hohenbüchler – **E:** u. a. 93 Basel, Stampa; 95 London, Inst. of Contemp. Art; 96 Amsterdam, Andriesse; Dublin, Hyde; 97 Salzburg, Salzburger KV; 97, 01 Wien, Janda; Berlin, Weiss; 02 Warth, KM d. Kt. Thurgau – **G:** u. a. 89 Wien, Secession; 94 Paris, Mus. d'Art Mod. de la Ville; 97 Kassel, documenta X; 01 Barcelona, Mus. d'Art Contemp. et Beaux-Arts; 03 Boston/MA, Inst. of Contemp. Art – (Red.)

Hohenegger, Hermine, Malerin; Hofbergerstr. 12, D-85579 Neubiberg, Tel. (0 89) 6 88 85 76, *HE_ART @web.de* (* Ottobrunn/München 7. 7. 51) – **S:** 96–99 Werkhalle München (Aktzeichnen b. Claudia Steurer); 99–01 Atelierprojekt München (Portr. b. Silke Blomeyer); 01–03 Akthof München (Akt in Bewegung b. Swetlana Naboka); 02–04 Sommerakad. Reichenhall (abstr. Malerei b. Barbara Pflanz-Nagasawa) – **Ve:** KV Ottobrunn 99 – **KGr:** ZAK Zukunftswerkstatt 2000 (seit 00); PYRAMIDE (seit 95) – **KGe:** Artso.Künstlerinnen Südost 00 – **G/T:** Acrylmalerei, Kohle; Sujets: Akt u. Portr.; Abstr.; Objektkunst; Skulpt. (Draht, Gips, Pappmaché) – **W:** überw. in Privatbes. – **Ö:** Cannes-Mandelien, Hotel de ville; München-Neubiberg, Praxis; ebda, RH; Ottobrunn, Büro; Wien, Büro – **E:** 96 München-Neubiberg, Haus f. Weiterbildung; München, PEP; 97, 98 München, Heim- u. Handwerksmesse; 99 Ottobrunn, Einrichtungshaus; 00 München, Lenbachpal.; 02 München-Unterhaching, Praxis – **G:** zahlr. Ausst.bet. seit 95, u. a. 98 München, Ldratsamt; 99 München, Bay. Staatsmin.; 00 Cannes-Mandelien, Hotel de ville; Dresden, Schloß Klippenstein; 01 Freising, Salzstadl; 02 Ottobrunn, Gal. Treffpunkt Kunst; Pullach, Bürgerhaus; 03 Krakau, Mus. Krzeszowice – ***Lit:*** Kunst hat viele Gesichter, Kat. 99; Weibliche Lebens(t)räume, Ausst.kat. 01; Art. in d. Süddt. Ztg z. Ausst. in München-Neubiberg 96 – (Red.)

Hohensee, Teja, Maler, Illustrator, Karikaturist, Gemälderestaurator, Humorist, Schriftsteller; c/o adp Galerie/Künstlergruppe, Lohstr. 37, D-31785 Hameln – **VG:** Hameln, Gal. Künstlergruppe adp – **S:** Ausb. als Maler, Gemälderestaurator u. Kunsthistoriker (Gemäldeexperte) – **KGr:** Gal. Künstlergr. adp (Die Passionisten); Kontra – **G/T:** Malerei (Öl, Tempera, gegenständlich, auch Figuren, Landschaft, Akt, Portr., Karikaturen u. Miniaturen); Graph. (Akt, Landschaft, Mappenwerke); Ill. (Kdb., Karikaturenalben, Romane) Plast. – **M:** Hameln, Mus. – **E:** / G: ständige Ausst. in Hameln, Gal. Künstlergruppe adp – **V:** u. a. Kunsthist. Werkverz.: Johanna Otto-Florenz, Fritz Gebhardt-Rathenow, Louis Krevel, Franz Xaver Lang, Hans Müller-Strelar; Künstlerkolonie Hameln; Will Bär; – Mappenwerke üb. die Karikaturisten Carl Spitzweg; Toulouse-Lautrec; Daumier; – sowie: Grafikkat. in 2 Bden zu allen Mappenwerken; Die Knirpse, Karikaturenalbum in 4 Bden; Straßenleben, Karikaturenalbum/Mappenwerk; Der wilde Peter (Jolli Filius Dideldumdei), Karikaturenalbum/ Mappenwerk – ***Lit:*** Werkkat. in 2 Bden

Hohl, Claude; Zälgli 18, CH-3315 Bätterkinden, *claude.hohl@bluewin.ch*, *www.claudehohl.ch* (* Zürich 31. 10. 73) – **P:** Werkjahrbeitr. d. Kt. Solothurn 03; Stip. d. Louise Aeschlimann u. Margareta Corti Stift. 04 – **G/T:** Abstr. Malerei (Öl) – **E:** 01, 03, 06 Solothurn, Künstlerhaus S11; 01 Bern, Kunstkeller; 03 Biel, Alte Krone; 04 Bern, KM; 07 Biel, Quellgasse – **G:** 00 Basel, Messe (Kiefer-Hablitzel-Stip.); 00, 01, 04 Biel, Kunsthaus Centre PasquArt; 00, 02, 04 Solothurn, KM; 02 Moutier, Mus. jurassien des Beaux-Arts; 04 Genf, Centre d'Art Contemp. – ***Lit:*** Material 06, Mag. 02; Bidoun: Issue 07, Mag. 06; Tirdad Zolghadr: Ethnic Marketing, Ausst.kat. 06

Hoischen, Christian, Maler; Gartenstr. 1, D-10115 Berlin, Tel. (0 30) 28 38 45 55 (* Köln 66) – **VG:** Berlin, Thumm – **S:** HS f. Kunst Bremen; HdK Berlin – **P:** Postgraduiertenstip. NaFöG 97; Bremer Förd.pr. f. Bild. Kunst 98; Arb.stip. d. Berliner Senats 00 – **E:** u. a. 97 Berlin, SOMA Gal.; 98 Berlin, Bischoff; 99 Aachen, Neuer Aachener KV; 00 Berlin, Kapinos; 01 Berlin, Senatsstipendiaten Bild. Kunst; 04 Berlin, Thumm – **G:** u. a. 98 Berlin, Marstall; 99 Wolfsburg, KM; Bremen, StG; Berlin, Kunst-Werke; 02 Berlin, Künstlerhaus Bethanien; Perth, Inst. of Contemp. Arts – (Red.)

Hoitz, Sandra-Nicole, Bildhauerin; c/o Atelier Interim, Hammer Dorfstr. 105–107, D-40221 Düsseldorf, *interim@kulturserver.de; sandra@hoitz.de*, *www. artadapter.kulturserver.de; www.interim.kulturserver. de* (* Düsseldorf 14. 7. 72) – **VG:** Aachen, Gal. rot; Dortmund, ART-isotope; Düsseldorf, Tedden – **S:** 95–02 KA Düsseldorf (Meisterschülerin v. Christian Megert) – **P:** Kleinskulpt.wettb. d. Landesanstalt f. Medien NRW (1. Pr.) 05 – **Ve:** VG Bild-Kunst 04 – **KGe:** Acker204: temporäre Ausst. junger Künstler (02–03); Kunstmarktforschung Interim: Videoarb. v. S.-N.H. u. Stefanie Purschler (seit 04); Atelier Interim: Arbeitsort u. Präsentationsraum junger Kunstschaffender (seit 04) – **G/T:** Bildhauerische Techniken (Kunststoff, Metall, Holz); Videoarb.; Install.; Beschäftigung m. Formreduzierter Kunst – **W:** Video Allegro; Video Special Guest, u.v. a. (z.B. Kubuskeimlinge 99, Rahmenbedingungen 01) – **Ö:** Himmerich/Heinsberg (Metall-Plexiglas-Skulpt.: Boulespielende); Ludwigshafen, Fa. Laquatec (Wasserfallkonstrukt) – **G:** zahlr. Bet. seit 98, zuletzt: Köln, Kunst Köln (Gal. Tedden): Kubuskeimlinge, Entdeckungsreisende

Hoke, Giselbert; Werkhaus, Schloss Saager, A-9131 Grafenstein, Tel. (0 42 21) 22 00, Fax 22 00 12, *hoke. giselbert@aon.at* – **G/T:** Malerei, Graph. – (Red.)

Holdener, Katharina s. Kunz-Holdener, Katharina

Hollaender-Klein, Anat s. H.-Klein, Anat

Holle, Hans, Maler, Druckgraphiker, Skulpteur; Tel. (0 30) 85 60 06 11, (00 45) 62 57 27 22, *contact@ avotum.de*, *www.hansholle.de* (* Hameln 20. 12. 34) – **S:** Ausb. zum Künstler – **G/T:** Malerei; Druckbilder; Aqu. – **W:** weltweit in zahlr. Privatslgn – **M:** Berlin, Berlinische Gal.; Berlin, Kpst.-Kab.; Hameln, Kult.amt; London, Marlborough; Stuttgart, SG

Hollein, Hans, Prof., Architekt, Designer, Graphiker; Argentinierstr. 36, A-1040 Wien, Tel. (01) 5 05 51 96, Fax 5 05 88 94 (* Wien 30. 3. 34) – **S:** bis 56 ABK Wien (b. Clemens Holzmeister); 56–59 Illinois Inst. of Technology Chicago (Archit. u. Städtebau); Univ. of California Berkeley – **L:** 63–63 Washington Univ. St. Louis (Gastprof.); 67–76 Staatl. KA Düsseldorf (Prof.); seit 76 HS f. Angew. Kunst Wien (Leiter d. Meisterkl. f. Industr.-Design, d. Inst. f. Design u. d. Meisterkl. f. Archit.) – Gastprof. u. a.: Univ. of California Los Angeles; Yale Univ. New Haven; Ohio State Univ. Columbus/OH – **P:** zahlr. Pr., u. a. Pr. d. Stadt Wien 74; Großer Öst. Staatspr. 83; Dt. Archit.pr. 83; The Chicago Archit. Award 90; Öst. Staatspr. f. Consulting 96 – **Ve:** BDA 96 – **G/T:** Archit., Städteplanung, Design, Ausst.gest., Skulpt., Graph., Zeichn. – **B:** zahlr. Bauwerke, Aus- u. Umbauten, u. a. Berlin: Öst. Botschaft; Berlin: Tiergarten, Stadtvilla an d. Rauchstr.; Florenz: Villa Strozzi (Umnutzung); Frankfurt am Main: MMK; Mönchengladbach: StM Abteiberg; München: Siemens Hauptniederlassung (Inneneinrichtung); Saint-Ours-les-Roches: Europ. Zentrum f. Vulkanismus; Salzburg: Guggenheim Mus.; Wien: Haas-Haus, 1. Bez.; ebda: Lichtforum Zumtobel, Michaelerpl., Kerzengeschäft Retti im 1. Bez. – **E:** umfassende Ausst. in: Paris, Centre Pompidou; Berlin, NG; Wien, Wien Mus.; New York – ***Lit:*** Dictionary of Art 96; Contemp. Designers 97 – (Red.)

Hollenbeck, Andreas, Kunstmaler; Naumburger Str. 34, D-34513 Waldeck-Netze, Tel. Mobil: 01 71 38 73 56 4, (0 56 34) 99 34 10, Fax 99 34 11, *andreas@ah-kunst.de*, *www.ah-kunst.de* (* Möhnesee-Körbecke 4. 11. 61) – **VG:** eigene Gal.räume in Waldeck-Netze – **S:** Autodidakt – **P:** 5 Prämierungen f. LKW-Airbrush-Arb. (Kaunitz, Bremen, Schleiz, Speditionen Haller-Kurierdienst u. D. Klethe) – **G/T:** Malerei (Lsch., Portr., Wandgemälde); KfZ-Airbrushing; Reliefarb. airbrush – **K:** Ldschaftsmalerei (Öl, Acryl); Airbrush – **W:** Werke in Privatbes.; Arb. in mehreren Discotheken u. Gaststätten in Soest, Düsseldorf, Korbach u. Saalburg – **Ö:** Düsseldorf, Autolackiererei Thedens (Wandbild); Neumagen-Dhron, Weingut Kettern-Bollig (gemalte Werbeschilder); Soest, Fitneß-Club Gold's Gym (Wandbemalung) – ***Lit:*** Bildberichte: Soester Anzeiger 5.3.97; Super Trabi 19 99; Soester Anzeiger 26.7.00 – (Red.)

Hollerer, Johann, Graphiker, Maler, Illustrator; Reitingau 11, A-8774 Mautern/Stmk, Tel. (0 38 45) 26 03, *zirbe@aon.at* (* Mautern/Stmk 20. 2. 55) – **S:** 70–74 Höhere technische Bundeslehranst. Graz, FS f. Gebrauchsgraph. – **P:** Pr. d. Werkstatt Graz 99 – **G/T:** Graph. (Ill., Tuschfeder-Zeichn., Siebdruck, Rad.); Malerei (Öl, Tempera, Mischtechnik, realistisch, Gebirgsldschaft, Portr.); Objekt, Schnitzwerk, Kasperlfigur, Kirchenbank, Schützenscheibe, Panoramatafel, Abzeichen, Urkunde – **W:** zahlr. Arb. in Privatbes. in Dtld, Öst. u. d. Schweiz, Panoramatafeln in div. Gemeinden – **Ö:** u. a. Kaisersberg, Schießstätte (Schützenscheibe); Matreier Tauerntal, Raneburg Alm (Steintisch); Mautern, Gotstalalm (Almtisch); ebda, Ldesaltenpflegeheim, Prinz Heinrich Kap. (Kirchenbänke) – **G:** u. a. 75 Zirl/Tirol; Graz, Glockenspielkeller; 80 Mautern, Kult. Begegnung; 83 Mautern, Liesingtalerhof; 92 Mautern, Konvent d. Schulschwestern; 03 Leoben, Stadt-Ld-Fest; 04 Leoben, Caritas Reg.stelle – **V:** u. a. Rudolf Lantschbauer: Das Buch vom Steirischen Wein (Ill.) 85; Festschrift 100 Jahre d. Höheren Bundeslehranstalt f. Forstwirtschaft Bruck/Mur (Titelbl., Ill.) 00; Dora Schafhuber: Die Reitingau. Eine obersteirische Talschaft im Wandel (Graph.) 01; Martin Czerwinka: Zirbengeist und Steirerstiefel (Ill.) 03; Martin Czerwinka: Murgeflüster (Ill.) 03; Josef Taucher u. Christine Hollerer: Die Mineralien des Bundeslandes Steiermark, Bd 1, 2 (Graph.) – (Red.)

Hollich, Stephan, Illustrator, Zeichner, Graphiker; Schrahörnstr. 53, D-26629 Großefehn, Tel. (0 49 45) 91 21 55, *stephan.hollich@comic-kunstwerkstatt.de*, *www.comic-kunstwerkstatt.de* (* Leonberg 22. 7. 69) – **VG:** Reutlingen, Kleine Gal. – **S:** 99–01 Fernakad. Hamburg (Graph.); – ansonsten Autodidakt – **L:** 02–06 KVHS Aurich; Malschule d. KH Emden (Zeichnen u. Comiczeichnen) – **G/T:** Ill. (Bleistift, Kohle, Kreide, vorw. kindgerechte Motive); Comiczchng; Objektkunst (Fundkunst); abstr. Fotogr. – **K:** Zeichnen u. Comiczeichnen – **W:** 11 Werke aus d. Ser. 'Grafische' in Privatbes. – **Ö:** Aurich, Inst. f. Erwachsenenbildung; Hamburg, Praxis Dr. Haroske; Leer, Praxis Dr. Brinkmann – **E:** 99 Westgroßefehn, Sommergal. – **G:** 05 Emden, Ostfriesisches LM Emder Rüstkammer (Pelzerhäuser) – **V:** Harry Christ u. Gisela Anger: Nusskindergeschichten, Kdb. (Ill., Tuschezchng) 05; m. Meike J. Bockermann: Spaß muß sein!, Comicalbum (Ill., Tusche/Bleistift) 05

Hollmann, Manfred, Prof. f. Malerei; Herzog Spital Str. 9, D-80331 München. Atelier: Adalbertastr. 19, D-80799 München, Tel. (0 89) 2 80 24 24 (* Hermannseifen/Böhmen 29) – **VG:** Kötzting, Gal. im Woferlhof – **S:** 51–57 ABK München (Malerei b. Josef Oberberger); 57–58 Studienaufenthalt in Paris (b. André Lhote) – **L:** 73–95 ABK München (Prof. f. Malerei) – **P:** Pr. d. ABK München 51–57; Stip. Bild. Kunst d. Studienstift. d. Dt. Volkes 56; Stip. d. Frz. Staates (f. Studienaufenthalt in Paris) 57–58; Förd.pr. d. Stadt München 61 – **G/T:** Malerei (freie u. archit.bezogene) – **W:** Werke u. a. im Bes. d. Dt. Bank u. d. Dresdner Bank; Ankauf u. a. durch d. Auswärtige Amt Bonn – **M:** München, Bay. Staatsgemäldeslgn; München, Lenbachhaus; München, Neue Slg – Staatl. MAK; München, Staatl. GrS – **Ö:** Gest. v. Glasfenstern in Kirchen, u. a. in Donauwörth, Kitzingen, Traunreut, Waldkrailburg, Welkers u. Woffenbach; – weitere Arb.: Kirchheim, Heimstätten (Farbgest.); München, Theater d. Jugend (m. Studenten); ebda, U-Bahn Brudermühlstr.-Fürstenried (m. Gerhard Berger u. Franz Xaver Lutz) – **E:** 81 München, Lothringer 13; 82 Frankenthal, RH; 92, 96 München, Druck u. Publ. GmbH; 93 München, Nimbach Ing.; 93, 94, 96, 97, 99, 03 Freising, Gal. 13; 96 München, Gal. im RH; 99 Kötzting, Gal. im Woferlhof; 01 Landsberg am Lech, Neues SM – **G:** 53 Mailand, Accad. di Brera; 60–68 München, Haus d. Kunst (Herbstsalon); 68 München, Sub-Art U-Bahn; 69 Karlsruhe, TU; 70 München, Haus d. Kunst; 92 Rosenheim, KV; 95–97 Wasserburg, KV; 03 Leipzig, Graph.angebot Müller – **V:** Mappe (m. 6 Lith. u. Texten v. M. H. u. Wolfgang Wunderlich) 92 – **R:** Margarethe Hastings (Regie): Bauhaustänze. Oskar Schlemmer, Film (Mitarb. b. Konzeption u. Realisierung) 67/68; Licht und Raum, exper. Kurzf. (Entwicklung u. Realisierung) 68 – ***Lit:*** m. Helmut Schneider (Texte): M. H. Malerei und Graphik, Ausst.kat. 81; m. Rudolf Härtl u. Peter Ulrich Hein (Texte): M. H. Bilder Collagen 99; Allgemeines Lexikon der Kunstschaffenden in der bildenden und gestaltenden Kunst des ausgehenden 20. Jahrhunderts 99 – (Red.)

Hollmann, Ulrich, Bildender Künstler; Rotewartestr. 43, D-37115 Duderstadt, Tel. (0 55 27) 32 38, Fax 97 98 58, *ullrich.hollmann@t-online.de*, *webgalerie-hollmann.de* (* Patschkau) – **S:** 57–62 ABK Karlsruhe – **L:** 63–99 künstler. Lehramt an Gymnasien – **Ve:** BBK; Die Künstlergilde – **G/T:** künstler. Druckgraph.; Malerei – **M:** Göttingen, KS d. Univ.; Göttingen, StM; Regensburg, Ostdt. Gal. – **E:** 62 Karlsruhe, ABK; 74, 03 Göttingen, StM; 75 Göttingen, Kunstmarkt; 79, 97, 02 Göttingen, Künstlerhaus mit Gal.; 84 Worms, Gal. KUK; 85 Zürich, Gal. RA; Werne, Stadthaus; 86 Oldenburg, BBK; 86, 87, 92, 97, 05 Duderstadt, Altes RH; 86

Koblenz, Mittelrhein-Mus.; 87 Göttingen, Dt. Theater; 01 Northeim, Kr.spk.; 03 Duderstadt, Spk.; 04 Hann-Münden, Kult.ring; 05 Lindau, Max-Planck-Inst.; Hildesheim, St. Vinzenz Bildungshaus – **G:** zahlr. Bet., u. a. Karlsruhe, Badischer KV; Göttingen, Künstlerhaus mit Gal.; Göttingen, StM; Hannover, Orangerie Herrenhausen; Wrozlav; Nordenham, KV; Braunschweig, Altes RH; Góra (früher Grünberg), Zielona; Tauberbischofsheim, KV; Torun, Mus.; Esslingen, Villa Merkel; Kartuzy, Kunstakad.

Hollmig, Bernhard; Untere Dorfstr. 8, D-38122 Braunschweig, Tel. (05 31) 87 49 11 – **G/T:** Malerei, Graph. – (Red.)

Hollweg-Hacker, Claudia (geb. Claudia Hollweg), Malerin, Designerin, Objektkünstlerin; Randstr. 1, D-90552 Roethenbach an d. Pegnitz, Tel. (09 11) 9 50 26 79, Fax 9 50 26 83 (* Neuenmarkt 6. 5. 54) – **S:** 75–81 ABK Nürnberg (Textilkunst u. Flächendesign b. Prof. Stephan Eusemann) – **L:** seit 04 Werkbund Wkst. Nürnberg (Doz. f. textile Gest.) – **P:** ABK Nürnberg (Anerkennungspr.) 78 – **Ve:** VG Bild-Kunst seit 90; BBK Bay. seit 98; ver.di, FG Bildende Kunst seit 99 – **G/T:** Eiweißlasur, Gouache; Abstr. u. geometrische Abstr.; Objektkunst (Textil) – **K:** VHS Röthenbach (abstr. Malerei) – **W:** überw. in Privatbes. – **Ö:** Nürnberg, Büropark Bartholomäusstr. – **E:** 81, 82 Nürnberg, Mobilia + Reim; 01 Röthenbach, Bankinst. – **G:** 85 Nürnberg, Bauer + Blösel; 91 Stein, Schloß; 01, 02 Nürnberg, Kunsthaus – (Red.)

Holweck, Oskar, Prof. em., Maler, Papierkünstler; Bahnhofstr. 90, D-66386 St. Ingbert, Tel. (0 68 94) 55 78, Fax (06 81) 37 64 67 (* St. Ingbert 19. 11. 24) – **L:** HBK Saar Saarbrücken (Prof. f. Grundlehre) – **P:** Albert-Weisgerber-Pr. St. Ingbert 94 – **KGr:** Neue Gruppe Saar; Nouvelle école européenne; ZERO – **M:** Berlin, DaimlerChrysler Contemp.; Bonn, KM; Mönchengladbach, StM Abteiberg; Stuttgart, SG; Ulm, Ulmer Mus. – **E:** / G: zahlr. Ausst. u. Ausstbet. im In- u. Ausld, zuletzt u. a. 01 Bergisch Gladbach, StG Villa Zanders; Stuttgart, Wahlandt; 03 München, Dany Keller; Saarlouis, Mus. Haus Ludwig; Wedel, Barlach Mus.; 04 Saarbrücken, Stadt-Gal. – ***Lit:*** Schweers 02 – (Red.)

Holzapfel, Olaf, Maler; Clayallee 275, D-14169 Berlin, Tel. (0 30) 8 13 80 81 (* Görlitz 69) – **VG:** Dresden, Gebrüder Lehmann – **S:** 92–96 TU Dresden (Archit.); 96–01 HBK Dresden (Freie Kunst u. Malerei); 01–03 ebda (Meisterschüler b. Prof. R. Kerbach) – **P:** Hegenbarth-Stip. d. Stadtspk. Dresden 01; Philip Morris Stip. 02; DAAD-Stip. (f. Indien) 02–03 – **E:** / G: u. a. 99; 00 HBK Dresden; 03 Dresden, Oktogon; Dresden, Gebrüder Lehmann; 04 Köln, Johnen & Schöttle – (Red.)

Holzbauer, Monika (geb. Monika Wittrich), Keramikkünstlerin, Hauptschullehrerin; Austr. 7, A-2632 Grafenbach, Tel. u. Fax (0 26 30) 3 34 19, *monika.holzbauer@aon.at*, *monika.holzbauer.net* (* Hardegg/Thaya 16. 8. 52) – **S:** 70 Maturaprüfungsfach Bildnerische Erziehung Mödling; 75 Lehramt f. Hauptschulen in Bildnerischer Erziehung Eisenstadt; 80 Kurs b. Charlotte Seidl in Ternitz (Freies Formen m. Ton) – **Ve:** Kult.ver. Neunkirchen 01; IG Bild. Kunst seit 03 – **G/T:** Keramik (Objekte, Reliefs – Impressionen v. d. schönsten Pl. d. Erde) – **E:** zahlr. Ausst. in NdÖst., u. a.: 00 Neunkirchen, Gal. am Stiergraben; 04 Wiener Neustadt, Cafe Siegl; 06 Mödling, Gal. Sala Terrena – **G:** 82 Linz, Ursulinenhof; 03 Gmunden, ÖbÖst. Kunstmesse Toscana Art; 04 Salzburg/Bergheim, Kunstmesse; Gloggnitz/NdÖst., Schloß Gloggnitz

Holzbauer, Wilhelm, Prof., Architekt; Haydngasse 11–13, A-1060 Wien (* Salzburg 3. 9. 30) – **S:** 45–49 Staatsgewerbeschule Salzburg; 50–53 ABK Wien (Meisterkl. Prof. Clemens Holzmeister); 56–57 Massachusetts Inst. of Technology Cambridge/MA – **L:** 57–58 Univ. of Manitoba Winnipeg (Gastprof.); 58–59 Yale Univ. New Haven (Gastprof.); 67–68 Univ. of Illinois; 74–76 TH Graz (Gastprof.); 77–98 HS f. Angew. Kunst Wien (Leiter einer Meisterkl. f. Archit., 87–91 Rektor) – **P:** zahlr. Ausz., u. a. Füger-Med. 52; Theodor-Körner-Förd.pr. 54; Pr. d. Stadt Wien f. Archit. 72; Salzburger Archit.pr. 86; Goldene E.med. d. Stadt Wien 91; Großes Goldenes E.zeichen 97 – **Ve:** BDA 92 – **KGr:** Arbeitsgruppe 4 (Mitbegr. 52) – **B:** u. a. Amsterdam: Oper; Baden-Baden: Festspielhaus; Budapest: Buda-Gate (Projekt); Linz: Siemens-Gebäude; Salzburg: Bürogebäude; ebda: Mozarthaus (Projekt), Naturwiss. Fakultät d. Univ.; Wien: Andromeda-Turm; ebda: Bank Austria, U-Bahn – **E:** / G: Ausst. in Connecticut, Düsseldorf, Graz, Moskau, New Haven, Oslo, Stuttgart, Washington/DC u. Wien – ***Lit:*** Dictionary of Art 96 – (Red.)

Holzbaur, Erwin, Maler, Graphiker, Kunsterzieher; Frundsbergstr. 12–14, D-87719 Mindelheim, Tel. (0 82 61) 84 18 (* Mindelheim 8. 4. 27) – **VG:** Krumbach, Rakel – **S:** 49–55 ABK München (Meisterkl. Prof. Hermann Kaspar) – **L:** 53–90 Kunsterzieher am Maristenkolleg Mindelheim – **Ve:** Dt. Ges. f. Christl. Kunst 46; KV Mindelheim 93 – **G/T:** Wandmalerei; freie u. angew. Graphik; freie Malerei in versch. Techniken; christl. Themen u. a. – **K:** Aqu.kurse an d. Kath. Akad. Augsburg (bis ca. 95) – **W:** in Privatbes. – **M:** Mindelheim, Mus. d. Stadt – **Ö:** Altargestaltung: Mindelheim, St. Stephan; Mar Quarteira/Port., San Pedro; Bourg-de-Péage, Hospitalkapelle – **E:** u. a. Mindelheim, Mus.; Augsburg, Kath. Akad. – **G:** u. a. Mindelheim, KV; Türkheim, Kleines Schloß; Kempten, Festwoche

Holzer, Adi, Akad. Maler; Skovbovaenget 30, DK-3500 Vaerlöse, Tel. 0 44 98 72 23, *holzer@mail.dk*, *www.adiholzer.com*. Römerweg 132, A-9841 Winklern, Tel. (0 48 22) 4 86, Fax 73 06 (* Stockerau 21. 4. 36) – **VG:** Salzburg, Gal. Weihergut; Berlin, Kühn; Wien, Peithner-Lichtenfels – **S:** ABK Wien (b. d. Prof. R. C. Andersen u. H. Boeckl) – **L:** 98–03 Art Akad. Rosental – **P:** Goldene Fügermed.; Intart-Pr. Ljubljana; Öst. Graph.pr. Krems; Intern. Kunstausst. Noto (1. Pr.); Pr. f. Malerei Madrid; Print Trienn. Kairo (Bronzemed.) – **Ve:** Kärntner KV – **G/T:** Malerei, Graph., Objektkunst, Skulpt. – **M:** Goslar, Mönchehaus-MMK; Holstebro, KM; Kopenhagen, Mus. f. Mod. Glaskunst; Lissabon, Gulbenkian-Mus.; Wien, Albertina – **Ö:** u. a. Braunschweig, Marienstift; ebda, Emmaus Kirche; Glückstadt, Friedhofskap.; Hopfgarten/Brixental, Friedhofskap.; Kopenhagen, Univ.park; ebda, Husum Kirche, Anna Kirche, Diakonissenstift Fredriksberg, Hospice St. Lucas; Lustenau, St. Antonius Kap.; Paalegarden, Kindergarten; Reintal, Feuerwehrhaus; Vaerlöse, RH; Winklern, Pflegeheim – **E:** u. a. 99 Berlin, Kühn; 99, 02 Hamburg, Lochte; 00 Salzburg, Gal. Weihergut; Wien, Peithner-Lichtenfels; Næstved, KV; Stockerau, Bez.mus.; 01 Dornbirn, Turmgal.; Retz, SM; Herlev, Kult.center Gammelgaard; Regensburg, Bäumler; Lienz, Kunsthaus Rondula; Kopenhagen, Grønlund; 02 Lund, Ängeln – **G:** u. a. 97 Düsseldorf, Art Multiple; Krakau, Intern. Print Trienn.; 98 Kagawa, Art Festival; 99 Riga, Mus. of Foreign Art; Rio de Janeiro, Trienn.; Cadaques, Mini Print Trienn.; 00 Laxenburg, Schloß (Kunstmesse); Kaliningrad, Bienn.; Klagenfurt, MMK; 01 Kopenhagen, Mus. f. Mod. Glaskunst – ***Lit:*** u. a. Birte Andersen u. a.: A. H.s Glasfenster und Fresken im Marienstift in Braunschweig 89; Franz Winzinger: Clown 90; Erika A. Nielsen: Variationer over det elementaere 91; Fogtdals Kunstlexikon 91; A.H. Tauerngold 92; A.H. Durch die Blume 93; A.H. Hamburg Variationen 94; Handbuch der Editionen 94; Weilbachs Kunstlexikon 95; A.H. Zwischen Himmel und Erde 97; – KAT., u. a.: A.H. Idomeneo 90; Genoveva Nitz u. Peter Bäumler: Teufelsfratze – Himmelsbote 01; Elisabeth Uldal: Israel – heiliges Land 02; S. Karrer: A.H. Lebensbilder 03; Ursula Müller: Verliebt in Goslar 05; Glasskulpt., Berengo Fine Arts Murano Venezia 06; Gertraud Patterer: A.H. Die Kosakentragödie

Holzer, Hansueli, Kunstmaler, Holzschneider, Filmemacher; Oberdorf 191, CH-8262 Ramsen, Tel. 0 527 43 14 77, Fax 0 527 43 14 21, *holzer.ramsen@dplanet.ch*, *www.holzerart.ch* (* Neukirch-Eguach 7. 6. 47) – **S:** Berufslehre als Graphiker; HS f. Kunst u. Gest. Zürich (Kunsterzieher u. Zeichenlehrer) – **L:** versch. Lehrtätigkeiten an Gymnasien in Glarus, Zürich u. Schaffhausen (Kunsterziehung); PH Zürich – **P:** Schaffhauser Kunstpr. 77 – **Ve:** Visarte – **KGr:** TG. Künstlergr. – **G/T:** Ölmalerei; Hschn.; Ill.; Film – **K:** Hschn.; Malerei (Aqu., Öl); Film – **W:** Schaffhausen, Winterthur – **E:** zahlr. seit 72 in Gal. d. Schweiz u. Dtlds – **V:** Armin Schibler: The Midnightspecial (Hschn.) 76; An der heißen Quelle (Text u. Ill.) 92 – **R:** Ein Hschn. entsteht, Lehrfilm (Video); 6000 Jahre Perspektive, Video (Kunstgesch.) – ***LitR:*** H.H. Ein Hschn. entsteht, Dok. 96; H.H. Am Rande eines Lilienfeldes, Dok. 96; H.H. Herbst am Nussbaumersee, Dok. 99; H.H. Briefe aus Griechenland, Dok. 98

Holzfeind, Heidrun, Mag., Künstlerin; 127 Henry St, New York, NY 10002/USA, Tel. (2 12) 3 49 00 33, Fax (7 18) 6 28 11 29, *heidrun@thing.net* (* Lienz/Osttirol 29. 9. 72) – **S:** 91–96 ABK Wien (Meisterkl. Bildhauerei Prof. M. Pistoletto); 95 Cooper Union New York (b. Hans Haacke u. Rita Myers) – **P:** Atelierstip. d. Bundeskanzleramtes 97 (New York), 01 (Rom), 05 (Mexiko-Stadt) u. 06 (London); Staatsstip. d. Bundeskanzleramtes 01 (Bild. Kunst) u. 06 (Fotogr.) – **G/T:** Video, Fotogr. – **E:** 02 Rom, Öst. Kult.forum; 04 Amsterdam, W139; 05 Mexiko-Stadt, Mus. Universitario de Ciencias y Arte (Lado B); New York, Artists Space – **G:** Ausst.bet. seit 94, zuletzt 02 Rom, Fondazione Adriano Olivetti; Mexiko-Stadt, Art & Idea; New York, Swiss Inst.; Zürich, VideoEx; Rom, romadocfest; 03 Utrecht, BAK – basis voor actuele kunst; Berlin, Transmediale; Tokio, Image Festival; 03, 04 Graz, Diagonale; 04 Bronx, Bronx Mus. of the Arts; Aarhus, Festival of contemp. art; Halle/Saale, Werkleitz Bienn.; Rotterdam, TENT; 05 Duisburg, Duisburger Filmwoche; Utrecht, Impakt Festival; St. Petersburg, SKIF Festival; 06 Salzburg, Gal. Fotohof

Holzhäuser, Karl Martin, Prof. f. Fotografie u. Medien; Stephanusweg 4, D-33617 Bielefeld, Tel. (05 21) 1 49 14, Fax 1 49 71, *mail@kmholzhaeuser.com*, *www.kmholzhaeuser.com* (* Gardelegen/Altmark 18. 2. 44) – **VG:** Köln, In focus Gal. – **S:** 65 WerkKSch Darmstadt; 65–66 WerkKSch Saarbrücken (b. Oskar Holweg); 66–69 HBK Hamburg (Kl. Prof. Kilian Breier) – **L:** seit 71 FHS Bielefeld (Prof. f. Fotogr. u. Medien) – **Ve:** BBK Ostwestf.-Lippe seit 73; DGPh seit 71; Dt. Fotogr. Akad. seit 77; VG Bild seit 83; Bund Freischaff. Foto-Designer seit 72 – **KGr:** Konkrete Fotografie (seit 03) – **G/T:** Konkrete u. Generative Fotogr.; Lichtmalerei – **K:** Inszenierte u. Konkrete Fotogr. – **W:** Arb. überw. in Privatbes. – **M:** Bielefeld, Artothek d. Bielefelder KV; Bielefeld, KH; Fribourg, Mus. d'art et d'histoire; Leinfelden, Slg d. Stadt Leinfelden-Echterdingen; Marburg, KV; Würzburg, Konkrete KS Peter C. Ruppert; Würzburg, Mus. im Kulturspeicher; Würzburg, Slg Schuppmann – **Ö:** Bielefeld, Stadthalle; Gütersloh, Bertelsmann AG/Sonopress; Detmold, Stadt Detmold – **E:** seit 69, u. a. 93 Marburg, KV (Kat.); 95 Herford, Daniel-Pöppelmann-Haus (Kat.); 97, 03 Köln, In focus Gal.; 97–98 Hildesheim, Roemer- u. Pelizaeus-Mus.; 00–01 Bielefeld, Gal. PIN; 01–02 Siegen, Siegerlandmus. (Kat.); 04 Bielefeld, KH; 05 Speyer, KV – **G:** zahlr., zuletzt u. a. 00 Berlin, Kunst- u. Medienzentrum Adlershof: Positionen d. Farbfotogr. III – die Abstrakten; Bielefeld, KH: Abstr. Fotogr. (Kat.); 06 Würzburg, Mus. im Kulturspeicher: Fotogr. Konkret – Konkrete Fotogr. (Kat.); 06–07 Yorkshire, Harwood House: Alchemie. Photographic Processes; Kendal, Abbot Hall Art Gall.: Alchemie. Photographic Processes; Nottingham, Djangoly: Alchemie. Photographic Processes; London, Hicks: Alchemie. Photographic Processes – **V:** mit G. Jäger: Generative Fotografie (Text u. Fotogr.) 75 – **R:** mit G. Jäger, W. Steffens u. a.: Multimedia-Performance, Graph.mappe, Film 77–88; mit G. Jäger, A. Dress, D. Hahne u. a.: Animato. Das Kunstwerk im Zeitalter seiner elektronischen Multiplizierbarkeit, Multimedia-Performance, Video 95; mit G. Jäger, A. Dress, J. A. Garavaglia, P. Serocka u. a.: Color Code, Konzertinstall., Video 98 – ***Lit:*** Gerhard Glüher: Lichtmalerei, Monogr. 90; Andreas Beaugrand: Blau/Grün/Rot, Ausst.kat. 00; Gerhard Glüher: K. M. H. – Mech. opt. Untersuchungen u. Lichtmalerei, Ausst.kat. 92; Theodor Helmert-Corvey: K. M. H. – Konkrete Gesten, Monogr. 95; Ursula Blanchebarbe: Lichtmalerei – Neue Arbeiten, Ausst.kat. 01

Holzner, Sebastian, Dipl. Bildhauer; Wilhelm-Doles-Str. 7, D-97246 Eibelstadt, Tel. (0 93 03) 87 16 (* Tilsit (Ostpreußen) 13. 8. 40) – **VG:** Würzburg, Gabriele Müller – **S:** 62–66 ABK München (Bildhauerei b. Prof. Henselmann) – **Ve:** BBK Würzburg – Unterfranken seit 76 – **G/T:** Zeichn. (versch. Techniken); Bildhauerei (Bronze, Holz, Stein) – **W:** Werke in Privatbes. sowie als Leihgaben in versch. Geschäfsräumen – **Ö:** Eibelstadt, Brunnen; ebda, Werk im RH; Gerbrunn, Wandgest. einer Mehrzweckhalle; Würzburg, Unterhalb d. Festung Marienberg; ebda, Hausfassade – **E:** 85 Gerbrunn; 90 Würzburg u. Hirschaid, Fa. Neubert; 95 Eibelstadt, RH; 97 Würzburg, Otto-Richter-Halle; 00 Randersacker, Gal. am Zebrastreifen – **G:** zahlr. Ausst., u. a. 72–89 München, Haus d. Kunst (Große Kunstausst.); seit 76 Bet. an Ausst. d. BBK in Würzburg; 03–04 Würzburg, Botanischer Garten (Natur & Kunst-Ausst.)

Holzwarth, Gerd; Kastanienallee 88, D-10435 Berlin, Tel. (0 30) 44 04 25 12, *gerdholzwarth@cs.com* (* Stuttgart 70) – **VG:** Berlin, Scholz – **S:** 93–97 HBK Bologna – **P:** Stip. f. Medienwiss. 96 – **G/T:** Performance, Video – **E:** zuletzt u. a. 98, 00 Berlin, Scholz – **G:** u. a. 98 Stuttgart, Fluxus; 00 Kopenhagen, Nikólay Copenhagen Contemp. AC; 01 Berlin, Gal. Sparwasser HQ; 02 Berlin, Gal. im Parkhaus – (Red.)

Homberg-Duffing, Mechthilde (geb. Mechthilde Duffing, verh. Mechthilde Homberg), Malerin, Graphikerin; Dorfstr. 31, D-17498 Klein-Zastrow, Tel. (0 38 34) 50 21 25 (* 14. 2. 37) – **S:** 56–59 Univ. Greifswald (Kunsterziehung u. Slawistik); Autodidakt. Weiterbildung b. Herbert Wegehaupt, Mucchi, Konrad Homberg u. Martin Franz – **L:** 64–90 Greifswald (Leitung eines Volkskunstzirkels); 75–91 Univ. Greifswald (Inst. f. Kunsterziehung, LAuftr.); 91–96 Projekte m. Schülern – **Ve:** VBK DDR 73–90; Künstlerbund Meckl. u. Vorpommern 90 – **G/T:** Malerei (Acryl, Öl, Tempera, Aqu.); Zchng (Graph. Techniken: Pastell, Ölkreide, Farbstift); Portr.zchng; Lsch.; Stilleben; Variationen; Abstr. Stud. – **K:** Zchng u. Malerei im Baltic-Frauenprojekt Greifswald; Kurse f. Seniorenakad., Pleinairs HeimVHS Lubmin – **W:** Auftragswerke v. Freien Dt. Gewerkschaftsbund (FDGB) u. Demokrat. Frauenbund Dtld (DFD) – **M:** Greifswald, Pommersches

LM – **Ö:** WANDBILDER: Gützkow, Schule; Neuenkirchen, Schule; Rostock-Lichtenhagen, Kindereinrichtung; Rostock-Schmarl, Kindereinrichtung – **E:** / G: u. a. 90 Greifswald, Ldratsamt; 92 Berlin, Gesundheitsmin.; 97 Greifswald, Pommersches LM; Wolgast, Mus.; 98 Anklam, Ldratsamt; 00, 05 Greifswald, Pommernhus; 06 Greifswald, Schawi; 07 Lubmin, Schawi; – sowie: Schwerin, Sozialmin.; Bad Doberan; Heringsdorf, Kunstpavillon; 78, 79 Ahrenshoop; 95 Neubrandenburg – **V:** ILL.: Spurensuche; Wendetreppe; – sowie z. Gesundheitsheften – ***Lit:*** Drachenfels, Kindermalb. 94; Haese: Aufzeichnen, Kat. 97 – ***LitR:*** Fs.beitr. im Greifswalder Sender 97, 06

Homes, Gert; Große Str. 77, D-24937 Flensburg, Tel. (04 61) 1 36 41, Fax 1 36 41, *atelier-homes@foni.net*, *www.atelier-homes.de* – **G/T:** Malerei – (Red.)

Homolka, Emil Jo; August-Heisler-Weg 11, D-78126 Königsfeld im Schwarzwald, Tel. (0 77 25) 76 01 – **G/T:** Bildhauerei, Graph. – (Red.)

Honegger, Gottfried, Maler, Bildhauer; c/o Sybil Albers, Lindenstr. 35, CH-8008 Zürich, Tel. 1 3 83 15 42 (* Zürich 12. 6. 17) – (Red.)

Honert, Martin, Prof., Bildhauer, Objektkünstler; Kronprinzenstr. 71, D-40217 Düsseldorf, Tel. (02 11) 39 15 17 (* Bottrop 26. 5. 53) – **VG:** Köln, Johnen & Schöttle – **S:** 75–81 Lehramtsstud. (Kunst- u. Designpädagogik, Textiles Gest.); 81–88 KA Düsseldorf (Kl. Fritz Schwegler) – **L:** seit 98 HBK Dresden (Prof. Fachkl. f. Dreidimensionales Arb., Schwerpunkt Plast. u. Skulpt.) – **W:** Werke in öff. Slgn u. in Privatbes. – **M:** Frankfurt am Main, MMK; New York, MOMA – **E:** u. a. 88, 90, 98, 01 Köln, Johnen & Schöttle; 88, 91, 99 München, Schöttle; 91 Bonn, Artothek im KV; 95 Venedig, Bienn., Dt. Pavillon (m. K. Fritsch u. Th. Ruff); 99 New York, Matthew Marks Gall.; 00 Dresden, Gebr. Lehmann – **G:** u. a. 92 Sydney, Bienn.; Paris, Mus. d'Art Mod. de la Ville; 97 London, The Saatchi Gall.; 99 Kiel, KH; Nürnberg, KH; 00 Hannover, Expo; 01 Düsseldorf, KH – ***Lit:*** Reclams Künstlerlex. 02; Schweers 02 – (Red.)

Hopf, Angela (eigtl. Angela Hopf-v. Denffer, geb. Margrit-Angela, v. Denffer), Malerin, Graphikerin, Illustratorin; Friedrichstr. 6, D-80801 München, Tel. (0 89) 34 73 47 (* Göttingen 5. 10. 41) – **S:** 61–65 HBK Berlin (b. Prof. Mac Zimmermann u. Prof. Fred Thieler); 65–67 KA München (Abschluß: Staatsexamen f. d. höhere Lehramt); 67–68 Meisterschülerin b. Prof. Mac Zimmermann – **L:** 00–02 AZ Bogenhausen (freie Doz.) – **Ve:** P.E.N. 77; VG Bild-Kunst 95; VG Wort 95; BBK Bay. 96 – **KGe:** Dialog: A. H. u. Sophie Weiss (seit 98, Wkst. München) – **G/T:** Malerei (Acryl, Bilderzyklen); Buchill. (u. a. Bilderb.); Exlibris – **W:** überw. in Privatbes. – **M:** München, Bay. Staatsgemäldeslgn – **E:** zahlr. Ausst.bet. seit 71, zuletzt 95 Bayreuth, Steingräber; München, Univ.; 03 München, Mugolone – **V:** Fabeljahn 68; Pling Plang Plung 69; Die große Elephantenolympiade 72; Der Feuerdrache Minimax 73; Minimax Comix 74; Minimax und seine Freunde 77; Jetzt hast du ja mich 90; – sowie zahlr. Bücher z. Thema Exlibris – ***Lit:*** K. Feilchenfeld: Rahel Varnhagen im Blickpunkt einer Münchner Malerin, in: Literatur in Bayern Nr. 43, März 96 – ***LitR:*** H. Bechert: Lieben – Leiden – Schreiben, Dok. 99; Bitte antworten Sie mir, Film über Rahel Varnhagen – (Red.)

Hopfe, Einhard, Dipl. Maler, Plastiker, Kunstpädagoge; Jahnstr. 13, D-07743 Jena, Tel. u. Fax (0 36 41) 82 83 94 (* Arnstadt/Thür. 18. 1. 38) – **S:** 56–59 FHS f. angew. Kunst Berlin, Potsdam; 69–70 HBK Dresden; 76–80 HS f. industr. Formgest. Burg Giebichenstein Halle/Saale (Meisterschüler b. Prof. W. Sitte) – **P:** Kunstpr. Bezirk Gera 80; Kunstpr. d. FDGB 80; Walter-Dexel-Stip. Jena 98 – **Ve:** VBK Thür. – **G/T:** Malerei, Plast. – **K:** Malerei, Plast., Objekt, Install. – **M:** Jena, KS – **Ö:** Aachen, Rheinisch-Westfälische Technische HS; Jena, Friedrich-Schiller-Univ. – **B:** Gera, Kult.- u. Kongreßzentrum – **E:** 98 Jena; Weida; 02 Jena; Rudolstadt – **G:** 70–77 Dresden, Jena, Bezirkskunstausst.; 77–89 Gera, Bezirkskunstausst. 82 Kunstausst. d. DDR; 89 Quadrienn. Zeichn. d. DDR – ***Lit:*** Ausst.kat. d. KV Jena 98 – (Red.)

Hopfe, Elke, Prof., Graphikerin; c/o HfBK Dresden, Brühlsche Terrasse 1, D-01067 Dresden, Tel. (03 51) 4 92 67 26 (* Limbach-Oberfrohna 3. 4. 45) – **VG:** Dresden, Beyer – **S:** 63–65 Lehre als Gebrauchswerberin; 65–70 HBK Dresden (Graph., Dipl.); 70–71 Aspirantur b. Prof. Günther Horlbeck; 76–79 Meisterschülerin b. Prof. Gerhard Kettner – **L:** seit 88 HBK Dresden (Lehrtätigkeit im Grundlagenstud., seit 92 Prof.) – **E:** u. a. 98 Dresden, Gal. Drei; 02 München, Otto-Gal. (m. H. Deparde u. D. Reinemer); Dresden, Kunst Raum Saite Gal.; 04 Dresden, Wkst.gal. Hellerau – **G:** zuletzt 04 Braunschweig, Herzog Anton Ulrich-Mus. – ***Lit:*** Lang 02 – (Red.)

Hopferwieser, Herbert, Maler; Bergerbräuhofstr. 38, A-5020 Salzburg, Tel. (06 64) 5 30 10 09, Fax (06 62) 87 74 71 19, *Herbert.Hopferwieser@aon.at*, *www.herberthopferwieser.at* (* Amstetten/NdÖst. 24. 7. 25) – **VG:** Salzburg, Gal. h für die Kunst – **S:** Stud. b. Prof. Eduard Böhler u. Prof. Ady Fuchs, Salzburg – **Ve:** Berufsvrg d. bild. Künstler Öst. – **G/T:** Malerei (Öl, expressiv, Spezialisierung auf Landschaften) – **K:** Ölmalerei – **E:** zahlr. Ausst. in Öst., Dtld, Kanada u. d. Schweiz

Hoppach, Eva, Malerin; Neu-Bergedorfer-Damm 38f, D-27726 Worpswede, Tel. (0 47 92) 15 64 (* Cetki/Rippin 40) – **S:** 73–77 Meisterschülerin b. Willi Vogel – **G/T:** Malerei (Öl, Aqu., Rötel, Pastell, romantisch, impressionist.); Zchng – **W:** in öff. u. privaten Slgn im In- u. Ausld – **E:** / G: zahlr. Ausst. u. Bet. u. a. Bonn, Parlamentarische Ges.; Bremen, Ldesvertretung; Ahlden, Schloß; Bremen, Ritterburg Haus Blomendahl; St. Moritz, Worpswede, Baden-Baden – ***Lit:*** div. Art. in Ztgn u. Künstlerlexika, u. a. Worpsweder Kunst- u. Kunsthandwerk Heute 89; Kunstmarkt, Ztg 91; Das Goldene Buch 93; Dokumenta Artis 95; Europäisches Künstlerlex., Bd 2 95, 96 – ***LitR:*** Buten u. Binnen, Fs. 81; Titel Thesen Temperamente, Fs. 89

Hoppmann, Frank, Zeichner, Karikaturist, Illustrator, Graphiker,; Hohenzollernring 17, D-48145 Münster, Tel. (02 51) 3 74 07 24, *mail@frankhoppmann.de*, *www.frankhoppmann.de* (* Lingen/Ems 2. 4. 75) – **S:** 95–02 FHS Münster (Design, Schwerpunkte: Zeichnen, Ill. u. Druckgraph.) – **P:** e.o.plauen-Pr. 05; Vinum et Litterae (1. Pl.) 05; Karikaturenpr. d. dt. Ztgn (2. Pr.) 06 – **G/T:** Zchng (Skizzen, Gerichtszchng); Ill. (z.B. Kinderb.- u. Charakterill.); Karikaturen (z.B. f. Die Welt, Handelsblatt, Eulenspiegel, Rolling Stone o. Max, außerdem f. versch. Tagesztgn u. Fs.-Sender); Graph. (u. a. Kaltnadel, Lith. u. Rad.) – **E:** u. a. 05 Emsbüren, Musiktage 2005; Plauen, Malzhaus – **G:** u. a. 05 Berlin, Rp. Ldesvertretung; 06 Greiz, 5. Trienn.

Horak, Bernd D. A., Maler, Graphiker; c/o Gal. Kunst.im.puls im Haus Canon, Samstr. 52/1, A-5020 Salzburg, Tel. (06 99) 10 20 92 54, *kunst@kunstimpuls.com*, *www.kunstimpuls.com* (* Salzburg 11. 10. 64) – **VG:** Salzburg, Kunstimpuls; Frankfurt am Main, Point of Art; Hannover, Gal. Prisma; Wien, Gal. Quell; Siebeldingen, Akad. Werkstätten – **S:** 85–88 Privatschule (klass. Zeichnen b. David Garde); 89 Intern. Sommerakad. f. Bild. Künste Salzburg (b. Prof. Jörg Immendorff); 90 ebda (b. Prof. C. L. Attersee) – **L:** 93–95 VHS Salzburg (freier Doz. f. Malerei); 06–08 Akad. Werkstätten Siebeldingen (freier Doz. f. Malerei) – **P:** Stip. d. Stadt Salzburg 89; Förd.pr. d. Stadt Salzburg 90; Salzburger Kult.fond (3. Pl.) 98 u. (5. Pl.) 00 – **Ve:** Austrian Art Assoc. 96; VBK Öst. 00 – **KGr:** Kunstimpuls 87 – **G/T:** Malerei; Bildkunst; Möbeldesign; Graph. – **W:** Gemeinde Hof b. Salzburg; Stadt Salzburg; Salzburg, Slg Wagner; Wien, Slg Canon; Wien, Slg R.+R.Ind (40 Werke); Bellheim, Slg Reiner Jäckle; Frankfurt am Main, Slg Sommerauer; Los Angeles, Slg Feichtinger; Altheim, Peter Klingler Coll.; Bangkok, D. Spitzer Coll.; Spielfilm in Privatbes. – **M:** u. a. Karlsruhe, Slg Daimler Chrysler; Linz, Slg AWD; Wien, Slg AWD; Wien, Slg Siemens – **Ö:** u. a. Marxzell, Hotel Marxzeller Mühle; Salzburg, Canon GesmbH (Kunstkuh, Klangpunkte); Wien, Canon GesmbH (Teile eines Ganzen) – **E:** zahlr., u. a. 94 Peking, Open Art Univ.; Osaka, Trienn.; 95 Salzburg, Schloß Kleßheim; 96 Karlsruhe, Schloßhotel; 97 Frankfurt am Main, Burger + Krier; 99 New York, VGA; 00 Los Angeles, Brentwood Art; 01 San Francisco, Hanks Gal.; 02 Salzburg, Canon; Hannover, Gal. Prisma – sowie: 95 Verona; 97 Wien; 02 St. Martin; 04 Paris; 05 Nürnberg, Dresden; 06 London, Durham, Wien, Salzburg, Berlin – **G:** zahlr. Bet., u. a. 94 Shanghai, Open Art Univ.; 95 Peking, Open Art Univ.; 00 Tokio, Digital Creators Contest; 04 Hongkong, Repulse Bay; 05 Wien, Design Center – **V:** u. a. Biotronic Performance (Mappenwall u. computeranimierte Druckgraph., limitierte Aufl.) 93/94 – **R:** Futurum Senex, Multimediawerk, DVD (über d. 92 entstandene Schauspiel) 92; Biotronic Performance, digitale Dok. 94; appleman, DVD (computeranimierter Kunstfilm) 95; Horak in Action, Kurzf. 03; m. Sabine Zehner: Beziehung, Dok.film 05 – ***Lit:*** Futurum Senex, Kunstdrucke 91; B.H. – Mimikry, Ausst.kat. 02; H. – Retrospect 03; ad hoc Multiversum, Ausst.kat. 04; H. – Das Kunstmultiversum 05 – ***LitR:*** u. a. Cornelia Heine: H. die Malmaschine, Portr. DVD 04

Horky, Dieter; Alteburger Str. 43, D-50678 Köln, Tel. (02 21) 31 27 50, Fax 2 58 21 88, 31 27 43, *dieterhorky@surfen.de* – **G/T:** Malerei – (Red.)

Horlbeck, Günter, Prof., Maler, Zeichner u. Graphiker; Gottschedstr. 18, D-04109 Leipzig, Tel. (03 41) 9 80 07 75 (* Reichenbach/Vogtland 2. 9. 27) – **VG:** Köln, Gal. am Markt Art Consulting – **S:** 47–51 HGB Leipzig (b. d. Prof. Ernst Hassebrauk u. Max Schwimmer) – **L:** 52–94 HBK Dresden (Prof., Leitung d. Fachkl. Malerei u. Graph.) – **P:** Med. d. Intern. Buchkunstausst. Leipzig 65; Pr. d. Bienn. Brno 66; Kunstpr. d. Stadt Leipzig f. Malerei u. Graph. 80 – **Ve:** VBK DDR 51–90; SKB seit 90 – **G/T:** Malerei (Öl, Aqu.); Graph. (Zchng, Lith., Rad, auch auf Lw.); Poet. Psychorealismus: weitgehend abstr. zeichendurchsetzte, autonome Bildwelten – **W:** zahlr. Gemälde in Privatbes., u. a. in Bonn, Dresden, Kassel, Köln, Leipzig, Machern, München u. Putbus – **M:** Altenburg, Lindenau-Mus.; Bergen/Rügen, Kulturstift.; Berlin, AK; Berlin, DHM; Berlin, Kpst.-Kab.; Berlin, SMPK; Berlin, SMPK (Slg Handzchngn); Brno, Moravská gal.; Chemnitz, KS; Cottbus, Brandenburgische KS; Dresden, GG NM; Dresden, Kpst.-Kab.; Dresden, Kunstfonds d. Freistaates Sa.; Eisenach, Thür. Mus.; Freiberg, Stadt- u. Bergbaumus.; Gera, KS; Hamburg, KH; Leipzig, Dt. Buch- u. Schrift-Mus. d. Dt. Nat.bibl.; Leipzig, KH Spk.; Leipzig, KS d. Univ.; Leipzig, MBK; Leipzig, Stadtgesch. Mus.; London, British Mus.; New York, Slg ICTA; Paris, Slg A-Typ-I; Rostock, KH; Stendal, Winckelmann-Mus.; Weimar, Goethe-NM; Weimar, Schloß-Mus.; Wolfenbüttel, Herzog-August-Bibliothek – **E:** 59 Leipzig, Kunsthandlung Engewald; 61 Altenburg, Lindenau-Mus.; 62 Ahrenshoop, Bunte Stube; 63 Reichenbach, Kr.-mus.; 66 Eisenach, Thür. Mus.; Berlin, Klub Die Möwe; 67 Warschau; Krakau; Wrocław; 69, 77, 82, 03 Leipzig, MBK (Günter-Horlbeck-Stift.); 72 Chemnitz, Agricola; 73 Rostock, KH; Leipzig, Kunst d. Zeit; 74 Freiberg, Stadt- u. Bergbaumus.; 75 Leipzig, Wort u. Werk; 79 Dresden, Gal. HBK; 80 Leipzig, Stadtgeschichtl. Mus.; 85 Dresden, Neue Dresdner Gal.; 92 Köln, Gal. am Markt Art-Consulting; Solingen, Bergisches Mus. im Schloss Burg an d. Wupper; Stendal, Winckelmann-Mus.; 99 Leipzig, Ausst.zentrum Kroch-Haus; 03 Binz, Jagdschloss Granitz – **G:** zahlr. Bet. seit 52, u. a. in Wien, München, Karlsruhe, New York, Paris, Lyon, Baden-Baden; 90 Sindelfingen, StG; Stuttgart, Döbele; 91, 02 Leipzig, MBK; 92 Schwerin, Staatl. Mus.; 94, 00 Dresden, Schloss; 00 Coburg, KH; Leipzig, Handelshof; 01 Leipzig, Gal. im Hörsalbau; 03 Binz, Jagdschloss Granitz – **V:** u. a. Lukian: Das Urteil d. Paris, bibliophile Ausg. (Zchngn) 62; Paul Eluard: Ich bin nicht allein, Mappenwerk (Lith.) 65; Diderot: Über d. Frauen, bibliophile Ausg. (Zchngn) 67; Christian Morgenstern: Neue Bildungen, der Natur vorgeschlagen, Mappenwerk (Rad.) 78; Profile, Radierfolge 76–78; Metamorphosen im Dialog m. Goethe (Rad.) 81–82 – ***Lit:*** Kürschners Graphiker-Handbuch 67; Horst Zimmermann: Einführung G.H., Ausst.kat. 73; Diether Schmidt: Üb. G.H. – Neue Bildungen, Mappe 78; ders.: Zum Schaffen v. G.H. 87; Karl-Heinz Mehnert: Werkverzeichnis d. Graph. v. G.H. – Lithographien u. Radierungen v. 1953 bis 1981, Ausst.kat. 81; Rainer Behrends: Der Maler G.H., Ausst.kat. 92; Karin Thomas: G.H. Ein Wanderer in Grenzbereichen 92; Forsch.inst. Bild. Künste Nürnberg (Hrsg.): Allg. Lex. d. Kunstschaffenden in d. bild. u. gestaltenden Kunst d. ausgehenden XX. Jh., Bd. 4 96; dass.: Meister Bildender Künste, Bd 3 96; Der Maler G.H. Mit e. Werkverzeichnis d. Malerei v. 1967 bis 1999, Monogr. 99; G.H.-Stift. Ankäufe (Jahreshefte) 02/03; Hans-Werner Schmidt u. Karl-Heinz Mehnert: G.H.-Stift. Gemälde, Aquarelle, Zchngn, Ausst.kat. (MBK Leipzig) 03; Karl-Heinz Mehnert: G.H.-Stift. 04; Barbara Hentschel: Alptraum e. Genetikers, Mus.führer 04; Frauke Berchtig: StG Dresden, Mus.führer 05; Horst Riedel: Stadtlex. Leipzig v. A-Z 05; Bildende Künstler in Leipzig 06

Horlbeck-Kappler, Irmgard, Prof., Malerin, Zeichnerin u. Graphikerin; Gottschedstr. 18, D-04109 Leipzig, Tel. (03 41) 9 80 07 75 (* Leipzig 6. 8. 25) – **VG:** Würzbach, Graph.angebot Müller – **S:** 48–52 HGB Leipzig (Meisterkl. Prof. Egon Pruggmayer) – **L:** 52–57 Univ. Leipzig (LAuftr. am Inst. f. Kunsterziehung); 53–85 HGB Leipzig (Prof., Leitung d. Fachkl. Skripturale Graph.) – **P:** Kunstpr. d. Stadt Leipzig 78 – **Ve:** VBK DDR 52–90; SKB 90–95; Förd.kr. d. GfZK Leipzig (Gründungsmitgl.) 90–01 – **G/T:** Malerei (Öl, Aqu.); Graph. (Zchng, Lith., Rad.); konstruktiv-konkrete Malerei u. skripturale Graph. – **W:** malerische Werke in Privatbes., u. a. in Berlin, Bonn, Köln, München, Leipzig, Liebertwolkwitz u. Weimar – **M:** Altenburg, Lindenau-Mus.; Bergen/Rügen, Kulturstift.; Berlin, AK (Slg Kalligraphien); Berlin, DHM; Berlin, Kpst.-Kab.; Berlin, SMPK; Berlin, SMPK (Slg Zchngn); Braunschweig, Herzog Anton Ulrich-Mus.; Brno, Moravská gal.; Chemnitz, KS; Dresden, GG NM; Dresden, Kpst.-Kab.; Dresden, Kunstfonds d. Freistaates Sa.; Eisenach, Thür. Mus.; Erfurt, Kunstdienst d. Ev. Kirche; Gera, KS; Jena, KS; Leipzig, Dt. Buch- u. Schrift-Mus. d. Dt. Nat.bibl.; Leipzig, KS d. Univ.; Leipzig, MBK (Stift. Irmgard Horlbeck-Kappler); Leipzig, Stadtgesch. Mus.; Mainz, Gutenberg-Mus.; Offenbach am Main,

Klingspor-Mus.; Rehau, Kunsthaus – Inst. f. Konkrete Kunst u. Poesie (Slg Gomringer); Rostock, KH; Stendal, Winckelmann-Mus.; Stuttgart, Inst. f. Auslandsbeziehungen; Warschau, NM; Weimar, Goethe-NM; Weimar, Schloß-Mus.; Wolfenbüttel, Herzog-August-Bibliothek – **E:** 59 Leipzig, Kunsthandlung Engewald; 62 Ahrenshoop, Bunte Stube; 65 Warschau, Kult.- u. Informationszentrum; 66 Eisenach, Thür. Mus.; Berlin, Klub Die Möwe; 68 Leipzig, Leibniz-Klub; 70 Rostock, KH; 74 Leipzig, Dt. Buch- u. Schrift-Mus. d. Dt. Bücherei; 75, 05 (I.H.-K.-Stift.) Leipzig, MBK; 83 Leipzig, Wort u. Werk; 87 Leipzig, Gal. d. HGB; 93 Leipzig, Graph.angebot Müller; 95 Siegburg, SM; Leipzig, Ausst.zentrum Kroch-Haus; 99 Braunschweig, Herzog Anton Ulrich-Mus.; 00 Leipzig, Gal. im Hörsaalbau; 03 Binz, Jagdschloss Granitz – **G:** zahlr. Bet. seit 52, u. a. in München, New York, Paris u. Wien; – sowie zuletzt 90 Hannover, KV; Berlin, SMPK; Oberhausen, Ludwig-Gal.; 92 Schwerin, Staatl. Mus.; 94, 00 Dresden, Schloss; Berlin, SMPK; Oberhausen, Ludwig-Gal.; 00 Coburg, KH; 01 Leipzig, Gal. im Hörsaalbau; 02 Leipzig, MBK; 03 Binz, Jagdschloss Granitz; 04 Putbus, Gal. d. Ldkr. Rügen in d. Villa Lottum – **V:** u. a. Mappenwerke: Brecht – Vier Psalmen (Lith.) 62–63; Paul Eluard: Ich bin nicht allein (Kalligraphien) 65; Das Hohelied Salomos (Lith.) 68–69; Das Lied v. Sturmvogel (Lith.) 70–71; Hommage à Friedrich Hölderlin (Lith.) 82 – ***Lit:*** Kürschners Graphiker Handbuch 59, 67; – AUSST.KAT.: Fritz Funke: Über skripturale Graph. v. I.H.-K. 75; ders.: Geschriebene u. gemalte Bilder v. I.H.-K. 87; Elisabeth Klabunde: Werkverzeichnis d. Graph. v. I.H.-K. Litographien, Radierungen v. 1958–1986 87; Eugen Gomringer: Konstruktiv m. Gefühl u. Intuition 93; Rainer Behrends: Konstruktiv-konkret-dynamisch. Zur Malerei v. I.H.-K. 95; Karin Thomas: Die skripturale Bildwelt v. I.H.-K. 95; Claus Baumann: Leipzig u. d. konstruktive Kunst 05; – weitere: Forsch.-inst. Bild. Künste Nürnberg (Hrsg.): Allg. Lex. d. Kunstschaffenden in d. bild. u. gestaltenden Kunst d. ausgehenden XX. Jh., Bd 4 96; Horst Zimmermann u. Rainer Behrends: I.H.-K. – Sonne im Gestein – Malerei. Mit e. Werkverzeichnis d. Malerei v. 1956 bis 1999, Monogr. 00; Axel-Alexander Ziese, in: Kunst Aktuell 6/04; Karl-Heinz Mehnert: G.H.-Stift. 04; Dietulf Sander: I.H.-K.-Sonde, Mus.führer 04; Hans-Werner Schmidt, Eugen Gomringer, Horst Zimmermann, Rainer Behrends, Karl-Heinz Mehnert: I.H.-K.-Stift. 100 Gemälde, Gouachen, Zchngn, Aquarelle, Mono-Lithographien, Bestandskat. 05; Horst Riedel: Stadtlex. Leipzig v. A-Z 05; Bildende Künstler in Leipzig 06 – ***LitR:*** Ursula Minsel: Per Funk unterwegs. Interview mit Prof. I.H.-K., Radio DDR/ Sender Leipzig 26.8.75

Horlemann, Angie, Malerin; Hasenstr. 13, D-67731 Otterbach, Tel. u. Fax (0 63 01) 40 28, *HORLEMANN-THEO@t-online.de*, *www.bbkrlp.de* (* Otterbach/RP 7. 8. 55) – **VG:** Speyer, Kulturraum; Santa Fe, Chiaroscuro – **S:** 94–97 Europ. KA Trier (Malerei u. freie Gest. b. Claude Mancini) – **L:** seit 01 Univ. Kaiserslautern (LAuftr. Stud. integrale, Kunstkurse) – **P:** Offener Kunstpr. 98 – **Ve:** BBK Rh.-Pf. 98 – **G/T:** informelle Malerei (Acryl, Mischtechniken) – **K:** experimentelle Malerei – **W:** überw. in Privatbes., Performances – **M:** Rockenhausen, Mus. Pachen – **Ö:** Mainz, Ldesreg.; Pirmasens, Stadthaus; Weinheim, RH – **E:** 86 Melchnau, Ölmühle; 98 Rockenhausen, Kahnweilerhaus; 99 Ludwigshafen, Ldeszentrale f. private RF-Veranstalter; 00 Kaiserslautern, Gal. d. Univ.; Berlin, Gal. im Gericht; 98, 03 Bochum, Gal. im Luisenhof; 02 Mainz, BBK Gal.; 06 Bad Kreuznach, KV; Bad Dürkheim, Vogtart – **G:** 00 Santa Fe, Chiaroscuro; Speyer, Kulturraum; Stuttgart, Götz; 03 Berlin, Dikmayer; – PERFORMANCES: seit 86 Berlin, Gal. im Gericht (Tanzplattenperformance); 00 Longwy, Romane; 01 Thionville, Conservatoire de Musique; – MESSEN: 97, 99 Pirmasens, Kunst + Künstler im Messestand – ***Lit:*** in Kunst + Aktuell, Zs 97; Werkkat. 2001–2003; Gal. Kulturraum Speyer (Hrsg.): Mysterium Erde, Kat. 05

Horlitz, Andreas; St. Jakobsplatz 10, D-80331 München, Tel. (0 89) 2 60 83 50, Fax 23 03 23 10, *andreas.horlitz@t-online.de*, *www.andreas-horlitz.de* (* Bad Pyrmont 11. 6. 55) – **VG:** Berlin, Raab; München, Paal – **S:** 75–76 FHS f. Gest. Hannover (b. Heinrich Riebesehl); 76–80 GesamtHS Essen/Folkwang (b. Otto Steinert u. Erich v. Endt) – **L:** 86–89 FHS f. Kunst u. Design Köln; 85–90 Europ. ABK Trier – **P:** Otto-Steinert-Pr. 81; Frkr.-Stip. d. dt.-frz. Jugendwerkes 83 – **G/T:** Fotokunst (Montagen u. Leuchtkästen); Install. – **M:** Essen, Mus. Folkwang; Hannover, Sprengel Mus.; München, Pin. d. Mod.; Paris, Bibliothèque Nat. – **Ö:** Kerpen, Uniplan Intern. Art Collection; München, Europ. Patentamt; München, Zentralinst. f. Kunstgesch. – **E:** 80 Essen, Mus. Folkwang; 83 Graz, Forum Stadtpark; 86 Amsterdam, Ton Peek; 96 Hannover, Sprengel Mus.; 00 Berlin, Raab; 05 Münster, Hachmeister – **V:** A.H. Arbeiten. Works 05

Horn, Günter, Maler, Graphiker; c/o Galerie Das Gehöft, Dorfstr. 151, D-17153 Grammentin, Tel. (03 99 52) 25 10, Fax 2 39 57, *guenterhorn@galerie-das-gehoeft.de*, *www.galerie-das-gehoeft.de* (* 13. 8. 35) – **Ve:** VBK; Künstlerbund Meckl. u. Vorp. 90 – **G/T:** Malerei u. Graph. (Mecklenburger Ldschaften, Stilleben u. Stadtldschaften) – **M:** Berlin, Kpst.-Kab.; Berlin, Märkisches Mus.; Jena, KS; Schwerin, Staatl. Mus.; Stavenhagen, KS – **E:** u. a. in Baden-Baden, Berlin, Bremen, Cottbus, Dresden, Gera, Rostock, Schwerin, u. Wittenberg; 03 Herrnburg, Altes Zollhaus; – weitere: u. a. in Baden-Baden, Berlin, Bremen, Cottbus, Dresden, Gera, Rostock, Schwerin, u. Wittenberg – **G:** u. a. Teiln. an d. 8. Kunstausst. d. DDR sowie in Brüssel, Lissabon, Lugano, Moskau u. Tokio – ***Lit:*** Schweers 02 – (Red.)

Horn, Peter, Bildweber, Studiendirektor i. R.; Holtenauer Str. 63, D-24105 Kiel, Tel. (04 31) 56 79 89, Fax 5 60 14 16, *horn.tapestry@t-online.de*, *www.tapestry.dk* (* Kiel 1. 6. 36) – **S:** 58–59 Muthesius-WerkKSch Kiel; 58–62 Christian-Albrechts-Univ. Kiel; 69 Staatsexamen als Kunsterzieher – **L:** 70–01 PH Kiel u. Christian-Albrechts-Univ. Kiel (Lehrerausb. im Fach Kunst, graph. Techniken, Fotogr., Bildweberei) – **P:** 1. Preise anläßl. d. Ausst. Inspiraćje in Gdynia/Polen 88, 91; Intern. Trienn. f. Tapisserie Łódź (Bronzemed.) 95 – **Ve:** BBK Schlesw.-Holst. 72–92; European Textile Network 89; American Tapestry Alliance 98; European Tapestry Forum 01 – **G/T:** Bildweberei; freies Zeichnen; Fotogr. – **K:** Bildweberei – **W:** Tapisserien in Privatbes. – **Ö:** Neumünster, Foyer d. Theaters in d. Stadthalle; Osterholz-Scharmbeck, Kr.spk. – **E:** 90 Neumünster, Textil-Mus.; 91 Łódź, Bałucka; 92 Reinfeld, Gal. Alte Schule; 00 Osterholz-Scharmbeck, Gut Sandbeck; 05 Bourglinster/Luxemburg, Schloß – **G:** zahlr. Bet. seit 70, zuletzt u. a. 97 Kyoto; 98 Szombathely, KH; 00 Reinbek, Schloß; 01 Budapest, MBK; Łódź, Intern. Trienn. d. Tapisserie; 02 Vancouver, Richmond; 05–07 'Artapestry' in Aalborg; Krefeld; Angers; 07 Stade, Schwedenspeichermus. – **V:** Weltbilder – Bildwelten: Werkkat. d. Bildwebereien v. P.H. (m. Beitr. v. P.H., Manfred Korte, Gerd Mettjes, Karls Uphues) 04

Horn, Rebecca, Prof., Objekt- u. Installationskünstlerin, Filmemacherin; Im Neuroth 29, D-64732 Bad König, Tel. (0 60 63) 54 39, Fax 29 97 (* Michelstadt

24. 3. 44) – **VG:** Zürich, Weber – **S:** 64–70 HBK Hamburg – **L:** 74 California Art Inst. Los Angeles (Gastdoz.); Univ. of San Diego/CA; seit 89 HdK Berlin (Prof.) – **P:** DAAD-Stip. 71; Dt. Kritikerpr. 75; Kunstpr. Glockengasse 77; Kunstpr. d. Böttcherstr. in Bremen 79; Arnold-Bode-Pr. 86; Carnegie-Pr. 88; Kaiserring d. Stadt Goslar 92; Siemens-Medienkunstpr. 92; Wilhelm-Loth-Pr. 93; The Barnett and Annalee Newman Award, New York 04; Hans-Molfenter-Pr. 05 – **Ve:** Bay. Akad. d. Schönen Künste – **G/T:** Aktionen, Install., Objekte, Video, Film – **M:** Amsterdam, Stedelijk Mus.; Baden-Baden, SKH; Eindhoven, Van Abbemus.; Hamburg, KH; Köln, KV; New York, MOMA; Stuttgart, Inst. f. Auslandsbeziehungen – **E:** zahlr. Einzelausst. seit 73, zuletzt u. a. 98 New York, Marian Goodman; 98, 00, 05 Paris, Gal. de France; 01 Magdeburg, KM Kloster Unser lieben Frauen; Zürich, Weber; Dublin, Irish Mus. of Mod. Art; 02 New York, Kelly; 03 Liverpool, Tate Gall.; Berlin, Schulte; 04, 06 Berlin, Martin-Gropius-Bau (Kat.); 04/05 Düsseldorf, KS NRW (Retr.); Lissabon, Centro Cultural de Belém (Kat.); London, Hayward Gall. (Kat.) – **G:** zahlr. seit 72, u. a. 72, 77, 82, 87 Kassel, documenta V, VI, VII, VIII; 03 Kiel, KH (Kat.); Köln, Zander; Berlin, Martin-Gropius-Bau (Kat.); Moskau, Staatl. HM; Eindhoven, Van Abbemus.; 04 Barcelona, Fundació Joan Miro (Kat.); Basel, Mus. Jean Tinguely; Berlin, Neue NG; 05 Kassel, Mus. Fridericianum (Kat.); Stuttgart, KM (Kat.); Bremen, Neues Mus. Weserburg (Kat.); Frankfurt am Main, MAK; Berlin, Berlinische Gal. (Kat.); Berlin, Dt. Guggenheim (Kat.); Odense, Mus. for Fotokunst (Kat.) – **V:** La Lune Rebelle 93; Tailleur du Cœur 99; Notebook Samarkand 01 – **R:** Künstlerfilme u. a.: Einhorn 70; Die chinesische Verlobte 76; Der Eintänzer 78; La Ferdinanda. Sonate für eine Medici Villa 81; Buster's Bedroom 90; Cutting Through the Past 95 – ***Lit:*** Contemp. Artists 96; Dictionary of Art 96; Contemp. Woman Artists 99; Mondspiegel, Monogr. 05 – (Red.)

Hornig, Günther, Prof. em., Maler, Graphiker, Objekt- u. Performancekünstler; Pillnitzer Landstr. 59, D-01326 Dresden, Tel. (03 51) 2 68 79 70 (* Bitterfeld 5. 3. 37) – **VG:** Dresden, Art Acad. – **S:** 57–62 HBK Dresden (Malerei u. Graph. b. Prof. Michaelis); 63–66 ebda (Meisterschüler b. Prof. Michaelis) – **L:** 67–68 HBK Dresden (Grundlagenstud., Fachlehrer); 68–93 ebda (Grundlagenstud. Bühnenbild, Doz., Prof.); 93–02 ebda (Prof. f. Malerei u. Graph.) – **Ve:** VBK DDR 63–89; KBD 90; Dt. Kunstverbund 93; VG Bild-Kunst 94 – **G/T:** Malerei; Graph.; Objektkunst; Performance; Trickf. – **W:** Dresden, Mein-Dein-Unser, Trickf.studio; Chemnitz, Kunstwaggon – **M:** Berlin, NG; Chemnitz, Neue Sä. Gal.; Cottbus, Brandenburgische KS; Dresden, GG NM; Dresden, Kpst.-Kab.; Dresden, SKS; Dresden, Slgn d. TU; Frankfurt/Oder, Mus. Junge Kunst; Halle/Saale, Staatl. Gal. Moritzburg – **Ö:** Dresden, Schule (Glasfenstergest.); ebda, Justizmin. (Innenhofgest.), Bürogebäude Semperstr. (Wandgest. Foyer), Dorint, Kempinski, ESAG, Stadtspk.; Schwerin, Freifläche Großer Dreesch (Seilplast.) – **E:** seit 63, u. a. 94 Cottbus, Brandenburgische KS; Frankfurt am Main, Dresdner Bank; 98 Jena, KV; 00 Bitterfeld, Gal. am Ratswall; 02 Dresden, Leonhardi-Mus.; Dresden, HBK; 05 Dresden, Art Acad.; 06 Annaberg-Buchholz, Kunstkeller – **G:** u. a. 75, 78, 03 Berlin, NG; 87 Dresden, Kunstausst. d. DDR; 91 Bottrop, Josef-Albers-Mus.; 93 Köln, Art Cologne; Dresden, Dt. Künstlerbund; 04 Bonn, Kunst- und Ausst.halle d. BRD; 05 Wien, Austria Center Vienna; 06 Dresden, Altana-Gal. – ***Lit:*** Johannes Zielke: G.H., Ausst.kat. 94; Kult.amt d. Ldeshauptstadt Dresden (Hrsg.): G.H. – Einblicke, Ausst.kat. 02 – ***LitR:*** Timo Dillner u. Helmut Richter: G.H. – Werke im Mus., Dok. 93; dies.: Kunst-Waggon 'Emanzipation', Dok. 93; Jens Arndt: Mythos Amerika, Dok. 93; Iris Fischer u. Thomas Claus: Haus der leisen Töne, Dok. 98

Hornig, Sabine, Bild. Künstlerin, Bildhauerin; c/o Galerie B. Thumm, Dircksenstr. 41, D-10178 Berlin – **VG:** Berlin, Thumm; New York, Bonakdar Gall. – **S:** 86–92 HDK Berlin (Bildhauerei, b. Isa Genzken, Meisterschülerin); 95 Univ. of California Los Angeles (visiting Scholar, Artist in Resident) – **L:** 97 Johannes-Gutenberg-Univ. Mainz (LAuftr. Fotogr.); 01, 02 Staatl. ABK Karlsruhe (Gastprof. Bildhauerei) – **P:** Stift. Kunstfonds – Arb.- u. Projektstip. 96; Karl-Schmidt-Rottluff-Stip. 98; Arbeitsstip. d. Berliner Senats (f. P.S.1 Contemp. AC New York) 99, 00 – **G/T:** Bildhauerei, Fotogr., Install. – **W:** Werke u. a. in d. BundesKS – **M:** Baltimore/MD, Mus. of Art; Malmö, KM – **Ö:** München, Grundschule Theresienhöhe (Fassadengest.); Münsterland, Skulpt.bienn. zw. Ibbenbühren u. Dörenthe – **E:** 92 Berlin, HDK (Anlage Lichtschacht); 93 Berlin, Kunst-Werke; 95 Köln, Lukas & Hoffmann; 96 Malmö, KM; 98 Berlin, Wiensowski & Harbord; 00, 02, 03 Berlin, Thumm; 01, 02, 04 New York, Bonakdar Gall.; 03 New York, MOMA (Queens); 04 Stockholm, Bohmann – **G:** Ausst.bet. seit 90, u. a. 95 Baden-Baden, SKH; 99 Atlanta, Nexus Contemp. AC; 00 New York, Clocktower; Düsseldorf, KH; Hamburg, KH; Dresden, KA; 01 Ridgefield/CT, Aldrich MCA; Münsterland, Skulpt.bienn.; New York, Bonakdar Gall.; 02 Berlin, Mendelson Haus; 03 Madrid, Slg Telefonica; São Paulo (A Nova Geometria) – ***Lit:*** KAT., u. a.: Markus Stegmann: S. H. Einbauten. Urbane Legenden Berlin 95; KH Hamburg (Hrsg.): ein/räumen 00; Cay Sophie Rabinowitz: S. H. u. Christian Rattemeyer. Unmasking the Wall. Karl Schmidt-Rottluff Stipendiaten 00; Astrid Mania: Gegenstände werden da sein... 01; – sowie zahlr. Beitr., u. a.: Cay Sophie Rabinowitz: Configuring Virtual Space, in: Art Papers Jan./Feb. 99; dies.: The Split Wall, in: Grand Street Nr. 69 99; Dominic Eichler: Space Invader, in: Frieze Okt. 01; Jorden Cantor: Art Forum No. 10 02; Blind Spot, Issue 21 02 – (Red.)

Hornsteiner, Johannes, Bildhauer; Steinweg 14, D-94032 Passau, Tel. (08 51) 3 13 80 (* Passau 27. 9. 20) – **S:** 56 Univ. of Colorado Denver (2 Semester Kunstgesch. u. Bildhauerei); 61 Nat. Academy School of Fine Arts New York (2 Semester Bildhauerei) – **Ve:** KV Passau – **G/T:** Objektkunst (Holz, Acryl, Öl) – **W:** Werke in Privatbes. – **E:** 96 Passau, KV; 98 Deggendorf – **G:** 56 Denver/CO; 61 New York – ***Lit:*** Beitr. in d. Passauer Neuen Presse 96, 98 – ***LitR:*** Reg. Fs. Passau (zwei Kurzf.) 96

Hornsteiner, Ursula, Malerin; Steinweg 14, D-94032 Passau, Tel. (08 51) 3 13 80 (* Lipine/Oberschlesien (Polen) 22. 2. 22) – **VG:** Passau, Wildner – **S:** 43–44 KA Kattowitz (Klassisches Zeichnen) – **Ve:** KV Passau 90 – **G/T:** Malerei (Öl, Acryl, abstr.); Entwurfzeichnen f. Spielkarten – **Ö:** Passau, RH – **E:** 95 Bad Nauheim, Ausst.pavillon; Offenbach am Main, Jean-Gebser-Akad.; Frankfurt am Main, Berger; 96 Passau, Anna Kap.; Luxemburg, De Lorenzi; 98 Deggendorf, Kapuzinerstadl; 99 Passau, Wildner; Neuburg am Inn, Landhaus Gal. – **G:** zahlr. Ausst.bet. im In- u. Ausland seit 89, zuletzt 94 Bitburg, Mus. – ***Lit:*** Offener Kunstpreis, Kat. 93; Axel-Alexander Ziese: U. H., Monogr. 94; Kunstlexikon Bd. 4 94; Kunst-Aktuell 96 – ***LitR:*** Zwei Fsf. üb. d. große Ausst. in d. Annakap., Reg.fs. Passau 96

Hornung, Hartmut, Prof., Maler, Graphiker, Bildhauer; Ludwigshof 7, D-17375 Ahlbeck, Tel.

0 17 18 11 82 61 (* Zehdenick 14. 10. 52) – **S:** 74–78 Humboldt-Univ. Berlin (b. d. Prof. W. Frankenstein u. G. Richter) – **L:** 92–98 HS f. angew. Kunst Wien (Meisterkl. f. Bildhauerei, A. Hrdlicka); ab 99 Westsä. HS Zwickau (Prof. f. Grundlagen d. Gest.); ab 00 TU Braunschweig (Prof. am Inst. f. Elementares Formen) – **Ve:** VBK DDR 78–89; Künstlerbund Meckl. u. Vorpommern 91 – **G/T:** Malerei; Zchng (div. Techniken); Graph. (Rad., Lith., Hschn.); Bildhauerei (Holz, Stein, Gips, Metallguß); figürl.-expressiv – **W:** zahlr. in Privatbes., Andau, Friedland, Stavenhagen u. a. – **M:** Stettin, Nat.bibl.; Stuttgart, Spk.verl.; Wien, Albertina (Graph. Slg) – **Ö:** Berlin, U-Bhf. Magdalenenstr.; Neubrandenburg, Ldesversicherungsanst.; Rostock, Seetours – **E:** zahlr. seit 80 in Berlin, Dresden, Prag, Greifswald, Stettin, Rostock, Kiel, Hamburg u. a. – **G:** zahlr. seit 80, u. a. 82, 83, 87, 88 Dresden, Kunstausst. d. DDR; 85 Baden-Baden, Europ. Graph. Bienn.; 86 Berlin, Intergrafik; Ljubljana, Intern. Graph. Bienn.; 89 Berlin, NG: Konturen; 95 Salzau, Kunstforum Nord; 01 Ahrenshoop, Neues Kunsthaus; 02 Rostock, KH – weitere: 83, 84 Junge Künstler Berlin-Moskau; bis 87 100 ausgewählte Graph. d. DDR – **V:** Variationen zum Thema Stuhl (Hschn.) 95; Variationen zum Thema Kopf (Hschn.) 96 – ***Lit:*** u. a. Petra Rösner: H.H. in Bild. Kunst 82; Jörg Makerims: Temperamente – Berliner Künstler in Paris, Kat. 87; ders. in: Konturen, Kat. (NG Berlin) 88; Dr. Haje Eickhoff in: H.H., Kat. 97 – sowie Veröff. in Ztgn u. Zss

Horrig, Iris s. Kater, Iris

Horst, Anne, Malerin; Beetsweg 21, D-22765 Hamburg, Tel. (0 40) 39 90 78 05, *annehorst.illustration.de* (* Heiligenhafen 17. 2. 62) – **S:** 90–96 Muthesius HS Kiel (b. Prof. Schwichtenberg) – **P:** Lexmark Europ. Art Prize Mailand (Finalistin) 00 – **Ve:** BBK Schlesw.-Holst. – **G/T:** Malerei (Öl); Ill.; Install. – **E:** 01 New Orleans, Gal. Avancé; 05 Hamburg, Gemäldewerk – **G:** 02 Kaliningrad, Mus. f. Kunst u. Gesch.; 04 Mailand, Lexmark Europ. Art Prize; 05 Rendsburg, Nord Art; 06 Kiel, Brunswiker Pavillon; New York, Soc. of Illustrators: 48th Annual Exhib.

Horstkotte, Liselotte s. Crailsheim, Liselotte von

Horstmann-Czech, akad. Bildhauer; Kohlhof 9, D-69117 Heidelberg, Tel. (0 62 21) 16 25 01, Fax 16 25 08, *horstmann-czech@.t-online.de* (* Usti nad Labem (früher Aussig an. d. Elbe) 23. 6. 43) – **VG:** Heidelberg, Sacksofsky – **S:** 74–78 HdK Berlin (b. Prof. Bernhard Heiliger) – **L:** 79–84 VHS Berlin-Steglitz (Doz. f. Bildhauertechniken u. plast. Gest.) – **P:** Kunstpr. d. Stadt Salzburg 77; Reisestip. d. Senats v. Berlin 77; Arb.stip. d. Notgemeinschaft d. Dt. Kunst 78 – **Ve:** BBK Berlins – **G/T:** Bildhauerei (konkret, konstruktiv) – **W:** in Privatbes. im In- u. Ausld – **M:** Berlin, Bauhaus-Arch.; Heidelberg, Kurpf. Mus.; Mannheim, StKH; Schwäbisch Hall, KH Würth; Usti nad Labem, Mus. města – **Ö:** Heidelberg, Fußgängerzone (Brunnenplast. Flower); ebda, Springer Verl. (Skulpt.ensemble Dialog), Orthopäd. Univ.klinik (Brunnenanlage Atlantis), Krankenhaus Salem (Primavera); Silkeborg (Kosmos III); Ulm, Kunstlsch. Donau – **E:** München, Tanit; Salzburg, Roman. Keller; Berlin, KaDeWe; Bonn, Kurfürstl. Gärtnerhaus; Paris, Varnier; Weimar, SM; Heidelberg, KV; Collenata/Ital., Gall. Group; Darmstadt, KH; Rheinsberg, Schloß; Siegburg, SM; Usti nad Labem, Mus. města; Karlovy Vary, Gal. Umeni; Berlin, Bauhaus-Arch.; 00 Ludwigshafen, Wilhelm-Hack-Mus. (Kat.); Berlin, Lange; 04 Florenz, Accad. delle Arti del Disegno (Kat.) – **G:** zahlr., u. a. in Berlin, München, Kassel, Darmstadt, Paris, Ludwigshafen, Hamburg, Bologna, Baden-Baden, Carrara, Rufino, Wiesbaden, Vicenza, Augsburg, Karlsruhe, Montpellier, Heidelberg, Stuttgart, Ulm, Aarhus, Kyoto, Frankfurt am Main, Lüttich u. Sharjah – **V:** zahlr. Kat., u. a. 92, 95 – **R:** Min.-präs. Rau in d. Ausst. H.-C. im SM Weimar 91; Zum 50. Geburtstag v. H.C. Gall. Group (Antenna 3) 93; Edel sei d. Mensch. Weimarer Werte heute (3Sat, Die Zeit TV) 99 – ***Lit:*** 150 Jahre Springer Verl. Skulpt.ensemble Dialog v. H.-C.; Thomas v. Randow: Die Zeit 92; Martin Krsek u. Marie Pihrtova: Der Bildhauer H.-C. aus Usti nad Labem, in: Revue 96

Hortensia s. Fussy, Hortensia

Horwath, Michael, Cand. Dipl. Maler, Restaurator u. Graphiker; Seestr. 20, D-01640 Coswig, Tel. u. Fax (0 35 23) 7 37 08, *michael@horwath-design.de*, *www.horwath-design.de* (* Zwickau 27. 7. 48) – **VG:** Dresden, Refugium; Döbeln, Gal. Kunst Nr. 5 Rathauspassage – **S:** 69–74 HBK Dresden – **Ve:** BBK Dresden seit 74 – **G/T:** Malerei (Öl, Tafelbilder); Wandmalerei – **W:** überw. in Privatbes. – **E:** 79 Dresden, Leonhardi-Mus.; 83 Dresden, Glockenspielpavillon; 85 Kamenz, Gal.; 87 Potsdam, Gal.; 91 Coswig; Dresden; Cuxhaven; Ravensburg; 94 Naumburg, Ideenschmiede; 95 München, Akademiker-Centrum; 98 Medingen, Kunst Raum; 00 Dresden; Radebeul; Meißen; 01 Hoyerswerda; 02, 05 Schwarzheide, Gal. d. BASF; 03 Döbeln; Meißen; Kamenz; 04 Radebeul

Horwath, Wolfgang, Maler, Graphiker, Objektkünstler, Bühnenbildner; Buchschachen 110, A-7411 Markt Allhau, Tel. (0 33 56) 77 63, *hor.w@aon.at*, *www.horwathwolfgang.at* – **VG:** Oslip, NN-fabrik – **P:** Kery-Stift. (Förd.pr. f. Malerei) 01; Kery-Stift. (Anerkennungspr. f. Graph.) 06 – **Ve:** EU-Art-Network (Leitung) 01; Art Forum Graz 03 – **G/T:** Schriftbilder; Pigment; Pastell/Leinen; Rad.; Objekte m. div. Mat.; Bühnen- u. Raumkonzepte – **E:** 94 Bratislava, Gerulata; 00 München, Stiegenhaus; 01 Oslip, Cselley Mühle; 02 Seoul, Gal. Hong Eui; 03 Wien, M-Art; 03, 04 Oslip, NN-fabrik; 04 Klagenfurt, Ldhaus; Linz, ObÖst. KV; 06 Graz, Gal. K; Eisenstadt, Bgld. LG – **G:** 90 Toronto, World Bienn.; 97 Bayreuth, Bgld Künstler in Bayreuth; Bozen, Graph.bienn. Alpe-Adria-Udine; seit 01 Oslip, Europ. Workshop: Ziel1=Kunst; 02 Paris, Cité intern. des Arts; 03 Graz, Künstlerhaus: Zeitraffer; 03, 06 Grenchen, Intern. Trienn. f. Orig.graph.; 04 Wien, Kunst Wien; Oslip, NN-fabrik; 05 Eisenstadt, Bgld. LG: Skripturale Bilder; 06 Luxemburg, Gal. beim Engel – **V:** Male – poet. Tastaturen m. Siegmund Kleinl

Hosp, Edith, Malerin, Zeichnerin; c/o Gal. Maegle im Pal. Harrach, Freyung 3, A-1010 Wien, Tel. u. Fax (01) 5 35 45 90, *galerie@maegle.at*, *www.maegle.at* (* Wien 30. 12. 43) – **VG:** Wien, Maegle – **S:** Höhere Graph. Bundes-Lehr- u. Versuchsanst. Wien – **G/T:** Aqu.- u. Ölmalerei (Feldfruchtmotive, Landschaften); Zchng; Entwürfe f. Plast. – **W:** überw. in Privatbes. – **M:** Wien, Leopold-Mus. – **E:** 91 Rosenau/NdÖst., Freimaurer-Mus.; 92 Salzburg, Graph. Bildungsverb.; 93 Kitzbühl, Gal. Pro Arte; 95, 01 Wien, Maegle; 98 San Francisco u. Palo Alto, Gall. Europa – **G:** div. Kunstmessen in Öst. – **R:** ORF-Präsentationen 93, 96 – ***Lit:*** Rudolf Maegle: E.H., Peter A. Etzer – Künstlerische Zwischenbilanz 99 (Monogr. zur Kunst Österreichs im 20. Jh., 9); – sowie div. Kataloge

Hostettler, Sylvia, bild. Künstlerin, Objekt- u. Installationskünstlerin; Atelier: Looslistr. 14, CH-3027 Bern, Tel. 03 13 82 20 07, *sylhost@tiscalinet.ch*, *www.sylviahostettler.ch* (* Biel 24. 5. 65) – **S:** 88–92 Schule f. Gest. Bern (Ausb. z. Keramikerin, u. a. in d. Bereichen Portr. u. Fotogr.); autodidaktische Weiterbildung – **P:** BINZ 39, Kult.haus NAIRS Scuol 05; Werkpr. Kult.-fonds, Bundesamt f. Kult. 05 – **Ve:** SGBK 01 – **G/T:**

Objekt (Wachs, Papier, Kunststoffe, Naturobjekte, div. Materialien); Install.; Fotogr.; bearbeitete Fotogr. – **W:** Kunstarch., Slg d. Kt.s Bern – **E:** 95 Bern, Alter Fischermättelibahnhof; 03 Basel, Gundeldinger KH; 06 Bern, Marks Blond Project – **G:** 92 Wabern, Alte Fabrik Quelle; 93 Burgdorf, Maxe Sommer; 97, 01, 02, 04 Bern, KH; 98 Grauholz, Skulpt.weg; 02 Sihlwald, Naturzentrum (Install.); 04 Biel, Kunsthaus Centre PasquArt; 06 Klosterneuburg/NdÖst., Slg Essl

Houghton, Gerda s. Flöckinger, Gerda

†**Howard,** Walter, Prof. em., Kleinplastiker, Bildhauer; lebte in Reichenberg/Sa. (* Jena 4. 11. 10, † Friedewald/Moritzburg 9. 5. 05) – **S:** 46–51 KHS Berlin-Weißensee (Bildhauerei b. H. Drake, F. Koelle u. B. Heiliger); 51–53 Dt. AK Berlin (Meisterschüler b. G. Seitz u. F. Cremer) – **L:** 55–60 KHS Berlin-Weißensee (Ass. u. Doz.); 61–63 TU Dresden (LAuftr. f. Bauplast.); 63–69 ebda (Prof.) – **P:** Kunstpr. d. DDR 64 – **G/T:** Kleinplast., Skulpt. – **Ö:** Radebeul, Sternwarte (Sterngucker) – **E:** u. a. 85–86 Dresden, Neue Dresdner Gal. (Jub.ausst.); 00 Berlin, Hintersdorf; Radebeul, StG; 01 Dittelsdorf, Gal. im Umgebindehaus – **G:** 62 Berlin, Pavillon d. Kunst – ***Lit:*** Kunst in der DDR 03

Hoyer, Heinz, Bildhauer; Ella-Kay-Str. 30, D-10405 Berlin, Tel. (0 30) 4 25 83 75, Fax 42 85 92 51, *h.hoyer @berlin.de* (* Elxleben/Arnstadt 18. 6. 49) – **S:** 70–75 KHS Berlin-Weißensee (Dipl. Bildhauerei); 75–77 KHS Berlin-Weißensee (Aspirantur) – **L:** seit 89 Akad.-Mitarb. (künstler. Grundlagen, FB plast.-räumliches Gest.) – **Ve:** VG Bild-Kunst 91; Dt. Ges. f. Med.kunst – **KGr:** Berliner Medailleure – **G/T:** Guß- u. Prägemed., Münzgest. – **W:** überw. in Privatbes., Gest. v. div. Gedenkmünzen u. d. dt. 1- u. 2-Euro-Münze – **M:** Berlin, Münzkab.; Edinburgh, NM of Scotland; London, British Mus. – **Ö:** Baltschik, Dionisi (Marmorskulpt.); Berlin-Friedrichshain, Volkspark (Bronze, Leopard) – **G:** 92 London; 94 Budapest; 96 Neuchatel; 98 Den Haag; 02 Paris; – sowie Bet. an d. Intern. Med.ausst. d. Federation Intern. de la Med. – ***Lit:*** Wolfgang Steguweit: Die Schöpfer der Gedenkmünzen der DDR im Spiegel ihres künstlerischen Gesamtwerkes, Kat. 96; Meike Bruhns: Der Euro, in: Berliner Zeitung 98; Wilhelm Pauli: Die Ostlichterkette, in: Kommune, Zs 99 – ***LitR:*** Anja Ludewig: Porträt, Fs. (SFB) 98; E. v. Aster: Porträt, RF (Radio Bremen 2) 99

HPH s. Heckner, Peter

HPK s. Kohler, Heinz-Peter

Hpt. s. Hauptmann, Hans-Günter

Hpt., M. s. Hauptmann, Mike

Hrbek, Petr, Maler; Bismarckstr. 58, D-70197 Stuttgart, Tel. (07 11) 6 20 99 77 (* Dvur Králové 55) – **VG:** Berlin, Bischoff – **S:** 71–73 Freie KSch Stuttgart (b. G. Neiser); 73–79 Staatl. ABK Stuttgart (freie Malerei b. E. Mansen) – **L:** 92–93 Staatl. ABK Stuttgart (GastLAuftr. f. Malerei) – **P:** Stip. d. Kunststift. BW 83; Kunstpr. Junger Westen 85; Cité Intern. d. Arts Paris 85–86; Stift. Kunstfonds – Arb.- u. Projektstip. 87; Kunstpr. d. Kr.spk. Esslingen-Nürtingen (1. Pr.) 93 – **E:** seit 83 u.a 89, 91 Stuttgart, Wehr; 95 Prag, Ruce; 00 Ostrava, Kult.-haus Sokolska; Berlin, Asperger – **G:** u. a. 88 Brüssel, Haus d. Europ. Gemeinschaft; 91, 93, 94 Köln, Art Cologne; 99, 00 Berlin, Kondeyne – (Red.)

Hrdlicka, Alfred, Prof., Bildhauer, Maler, Graphiker; Kirchengasse 48, A-1010 Wien, Tel. (01) 9 33 05 64 (* Wien 27. 2. 28) – **VG:** Sindelfingen, Lau Fine Art & Consulting; Wien, Hilger – **S:** 46–57 ABK Wien (Malerei b. A. P. Gütersloh u. J. Dobrowsky, Bildhauerei b. F. Wotruba) – **L:** 63 Intern. Sommerakad. Salzburg (Leiter einer Bildhauerkl.); 71–73 u. 75–86 ABK Stuttgart; 73–75 HBK Hamburg; 86–89 HdK Berlin; seit 89 Univ. f. angew. Kunst Wien – **P:** u. a. E.pr. d. Stadt Wien 61; 1. Pr. d. Graph.bienn. Ljubljana 63; Graph.pr. d. Bienn. Tokio 66; Bildhauerpr. d. Stadt Wien 67; Öst. Staatspr. f. Bildhauerei 68 – **Ve:** Wiener Secession 62; AK d. DDR (korrespondierendes Mitgl.) 78 – **KGr:** Tendenzen – **G/T:** Skulpt., Graph. (Rad., Lith.), Malerei, Bühnenbild – **M:** u. a. Dresden, SKS; Stuttgart, SG – **Ö:** u. a. Wien, Albertinapl. (Mahnmal); Wien, Ring (Renner-Denkmal); Wuppertal (Engels-Denkmal) – **E:** zahlr. Einzelausst. seit 60, u. a. 65 München, Haus d. Kunst; 68 Nürnberg, Albrecht-Dürer-Ges.; 69 Wien, Albertina; 75 Berlin, KV; Köln, Wallraf-Richartz-Mus.; 87 Frankfurt am Main, Hilger; Zürich, Hodl – **G:** u. a. 61 Wien, Secession; 64 Venedig, Bienn.; 66 Tokio, NM of Mod. Art; 67 São Paulo, Bienn. – ***Lit:*** Flemig 93; Contemp. Artists 96; Dictionary of Art 96 – (Red.)

HRS s. Schlösser, Horst-Richard

HS s. Strub, Heiri

htmrbr s. Gruber, Hetum

Huala, Elke, Keramikerin; Burgeggerstr. 51, A-8530 Deutschlandsberg, Tel. (0 34 62) 24 87, *huala.elke.fritz @i-one.at* (* St. Georgen/Murau 22. 3. 43) – **VG:** Graz, Gal. Leonhard; Wien, Augustin; Innsbruck, Augustin – **S:** KSch. Graz (Bildnerische Formgebung Keramik, Prof. Hans Adametz); b. Prof. F. Stokar München; Magne Kvilstad Oslo; Od u. Kari Gjerstad Bergen – **L:** 92–98 Sommerakad. Frauenau (Keramik); 95–98 Schloß Puch Bildungshaus Wels – **P:** World Trienn. Exhib. of. Small Ceramics Zagreb 93; Bienn. Intern. Ceramica Artistica Aveiro 93; Artist in Residence Seto City, Japan 02 – **Ve:** Berufsvrg d. bild. Künstler Stmk. 90; Berufsvrg d. bild. Künstler Öst. – **G/T:** Konzeption v. fast Erlebtem; Umsetzung in Steinzeugton m. Porzellanglasuren u. Salzen sowie Malerei, Glas u. Metall – **W:** Gestern wie morgen (Zyklus Krieg m. Musik v. Bertl Müller), Antijäger-Zyklus, Lyrik in blau, Tonmöbel, Zwischen B + C Säulenkonvolut, Marias Spuren in d. Kunst, Zu Stein gewordens Leben, Tolstojs Leinwandmesser, Vasa Sacra Köpfe, Könige, Säulen – Stützen d. Ges.; Ankauf u. a. durch d. Städte Castelli-Teramo u. Tokoname – **M:** Beer Sheva, Univ.; Bergen, Volkskundemus; Graz, LM Joanneum; Graz, Ldesreg. Stmk.; Key West, Art College; Seto, Cultural Center; Tajimi, Gifu Prefectural Ceramik Mus. – **Ö:** Deutschlandberg, Stadtgemeinde; Kitzeck, Gemeinde; Vöcklabruck, Stadtgemeinde – **E:** 67 Bergen; 78, 79 Graz; 89 Zell an d. Pram, Schloß; 90 Vöcklabruck/ObÖst., StG; 90, 92 Wien, Alvares; 91 Klagenfurt, Gal. H-Punkt; 93 Klagenfurt, Kunstmesse; 93, 96 Wien, Palmenhaus; 94 Zürich, Pyramidenhaus Böhler; Graz, Minoriten Gal.; 96 Frauenau, Glasmus.; 97 Wien, artcurio; 02 Graz, Gal. Leonhard; Mattsee/Salzburg, Stifts-Mus.; 03 Reichenau, Boulevard – **G:** zahlr. Ausst.bet., u. a. 86 Minu/Jap., Intern. Ceramic Festival; 91 Graz, LM Joanneum; 94, 96, 98 Kairo, Bienn. for Ceramics; 97 Zagreb, World Trienn. exhib. of small ceramics; 98 Hilden, Bienn. d. Kleinplast.; 00 Key West – **V:** Neue Keramik: Key West, Tokoname, Seto City – ***Lit:*** Kaja Pfandler: E.H. (s/w Fotogr.) 91; dies.: E.H. Keramikskulpturen (Farbfotogr.) 01; – sowie Beitr. in: Welt d. Frau, Schöner Wohnen, Neue Keramik, Ceramics Monthly u. Keramikmagazin – ***LitR:*** Kurt Faudon: Steirische Toskana, Fs.beitr. – (Red.)

Hubbard, Teresa, Fotografin u. Installationskünstlerin; lebt u. arbeitet in Austin/Texas (* Dublin 20. 2. 65) – **VG:** Zürich, Van Orsouw; Berlin, Thumm; Hamburg, Munro – **S:** 85–88 Univ. of Texas Austin; 88 Yale Univ. SchA New Haven; 90–92 Nova Scotia College of Art and Design, Halifax – **KGe:** Hubbard & Birchler: T. H. u. Alexander Birchler (seit 89) – **G/T:** Video, Install., Fotogr. – **E:** zuletzt u. a. 00 New York, Bonakdar Jancou Gall.; Berlin, Hamburger Bahnhof; 01 Krefeld, Mus. Haus Lange; Amsterdam, Found. for Photogr.; Zürich, Van Orsouw; München, Slg Goetz; 02 Kiel, KH; St. Gallen, KM; New York, Tanya Bonakdar Gall.; 03 Berlin, Thumm; Hamburg, Vera Munro Gal. – **G:** zuletzt u. a. 02 München, Pin. d. Mod.; Hannover, KV; Esslingen, StG Villa Merkel; Zürich, Kunsthaus; Chicago, MCA; Solothurn, KM; 03 Madrid, La Casa Encendida; Basel, KM; Karlsruhe, ZKM – ***Lit:*** BLSK 98 – (Red.)

Huber, Bernadette, Bild. Künstlerin; Preuenhueberstr. 2, A-4400 Steyr, Tel. (0 72 52) 5 36 96, *office @bernadettehuber.at, www.bernadettehuber.at* (* Linz 15. 3. 62) – **S:** 97 KHS f. Medien Köln (Gasthörerschaft Kl. Medienkunst b. Valie Export) – **P:** Pr. b. Talentwettb. f. junge Kunst Linz 83; Ausldsstip. Öst. Atelier Krakau 97, 98; Ausldsstip. Öst. Atelier Krumau 99; Öst. Staatsstip. f. bild. Kunst 99; Förd.stip. d. Sussmann-Stift. 01; Ausldsstip. f. künstler. Fotogr. in London 04 – **G/T:** Digitales Video; Digital Imaging; Künstler. Fotogr.; Webprojekte; Install.; Objekte; Malerei; Kunst im öff. Raum – **M:** Linz, Amt d. Oböst. Ldesreg.; Linz, Nordico-Mus.; St. Pölten, Ndöst. LM; Steyr, Magistrat Steyr Kult.; Wien, Bundeskanzleramt; Wien, Medienkunst Arch.; Wien, Medienwkst. – **E:** u. a. 94 Wien, Blau-Gelbe Gal.; 97 Salzburg, Traklhaus; 98 Steyr, Werndldenkmal (Projekt f. eine Video-, Computer- u. Lichtinstall., m. Tassilo Blittersdorff); 03 Wien, ega: frauen im zentrum; 05 Linz, KV Paradigma – **G:** zuletzt u. a. 03 St. Pölten, Ndöst. LM: Frauenbild – Fotogr., Skulpt. u. Video; 05 Leonding, leonART; 06 Wien, Art Point: Czernowitzer Austria; Český Krumlov, Egon Schiele AC; Krakau, Bunkier Sztuki: Czernowitzer Austria – sowie Teiln. an versch. Film- u. Videofestivals, z.B.: 00–02 Kassel, Kasseler Dokf.- u. Videofest; 00, 01 Osnabrück, Europ. Media Art Festival; Graz, Diagonale. Festival d. Öst. Films; 01 New Media Scotld – **R:** VIDEOS (Kamera, Drehb. u. Schnitt): Wie böse ist Österreich? 97; SEX&ARTicles 98; Grüß Gott Österreich! 00; Český Krumlov. Povodeň 02; Hochwasser 02; Flood 02; Monika II 03; egon's blue sex box 06

Huber, Christine, Autorin; Albertgasse 34/13, A-1080 Wien, Tel. (01) 4 03 69 21, *ch.huber@magnet. at, www.oecoaccount.at/klienten/ch_huber* (* Wien 27. 7. 63) – **S:** künstlerische VHS Wien (Lith. b. Wojciech Krzywoblocki) – **Ve:** Lit. Verwaltungsges.; Staatl. genehmigte Ges. d. Autoren, Komponisten u. Musikverleger; VBK Öst.; GAV; IG Autorinnen Autoren – **G/T:** Lith. (Textilien), visuelle Poesie, Collage – **E:** 89, 90 Wien, Gal. im Amerlinghaus; 90 Amsterdam, Witzenhausen/Meijerink; 91 Wien, Atelier 96; 93 Wien, Lit.haus; 98 Wien, Kult.schmiede – **G:** zahlr. Ausst.bet., zuletzt 03 Wien, Siebenstern – **V:** Annahmeschluß (Gedichte u. Textgraph.) 90; und/was/ist/dem/schleier/.Verzeichnungen eines Gedichts, Künstlerb. 92, 93; das doch das bauschen kennt (Originalgraph.) 01; ein visueller roman, Künstlerb. 01; über maß u. schneller (m. Lith.) 06 – ***Lit:*** Christoph Schwarz: geigerad, Wortgraph. 90

Huber, Dieter, Mag. Art., Bild. Künstler; Am Heumarkt 9, A-1030 Wien, *mail@dieter-huber. com, www.dieter-huber.com; www.pleasurefiles. com* (* Schladming/Stmk. 4. 8. 62) – **VG:** Mailand, 1000eventi; Rom, Bonzano; Valencia, Adelantado – **S:** 80–85 Mozarteum Salzburg (Meisterkl. f. Bühnenbild, Kostümentwurf u. Theatermalerei Prof. B. Gallé) – **G/T:** Malerei, computergeneriertes Bild, Intervention im öff. Raum, Video, Texte – **W:** Werke in Privatslgn – **M:** Barcelona, Fund. Caixa de Pensions; Frankfurt am Main, DG Bank; London, Saatchi Collection; Madrid, Caixa de Pensions; Salzburg, Rupertinum (Fotoslg.) – **Ö:** Neumarkt (Hortus Conclusus); Salzburg, Fantoni – **E:** zahlr. Ausst., u. a. 89, 93, 04 Salzburg, Gal. Fotohof; 90 Graz, Minoriten Gal.; Salzburg, Eboran; 93 Salzburg, StG im Mirabellgarten; 95 Trier, KunstRaum; 98 Erlangen, StG; 01 Neumarkt (Hortus Conclusus); San Francisco (Textintervention Dio Ride); 02 München, Nusser & Baumgart; Wolkersdorf im Weinviertel, Forum Schloß Wolkersdorf; Linz, Eames; 03 Mailand, 1000eventi; Rom, Pal. Lancellotti; 04 Rom, Bonzano – **G:** zahlr. Ausst.bet. seit 86, zuletzt u. a. 99 Köln, Mus. Ludwig; 00 Sydney, Australian Centre for Photography; Karlsruhe, ZKM; 02 Minneapolis, Minneapolis College of Art and Design; 04 Heilbronn, Städt. Mus.; Athen, Olympia – **V:** Gottfried Goiginger (Text): Corpus delicti. Ein Kreuzweg in 12 Stationen (Abb.) 89; Joey Wimplinger (Text): Der Zahn der Zeit, Bilderzyklus 90; S. D. Sauerbier (Text): Atem 91; Karl-Markus Gauß (Text): RE-CYCLES 94; Klones, Leporello 96; Anselm Wagner (Text): Intervention 97; Gottfried Goiginger (Text): Autodafé 98; Barbara Hofmann, Ivo Kranzfelder, Bertram Turner u. Peter Weiermair (Texte): Landshapes. Computer Aided Works 99; Otto Neumaier (Text): Pleasurefiles 02; Maz Blaeulich, Dieter Huber, Bernulf Kanitscheider u. a. (Texte): and what are your PLEASURES? 04 – (Red.)

Huber, Edith s. Mostböck-Huber, Edith

Huber, Eva Maria s. Wolzt, Eva Maria

Huber, Felix Stephan, Foto- u. Objektkünstler; Marienburger Str. 32, D-10405 Berlin, Tel. (0 30) 44 34 11 08 (* Zürich 20. 9. 57) – **VG:** München, Zink; Zürich, Kilchmann – **P:** Eidgenöss. Stip. u. Kiefer-Hablitzel-Stip. 85; Stip. d. Kt. Zürich 85; Arb.stip. d. Kunstfonds Bonn 90; Kunstpr. d. Stadt Nordhorn 99 – **G/T:** Fotogr., Objektkunst, Install., Collage, Neue Medien (u. a. Fax, Computer) – **M:** Bern, KM; Mönchengladbach, StM Abteiberg; Pittsburgh/PA, Carnegie Mus. of Art; San Francisco, MMA; Solothurn, KM; Winterthur, Foto-Mus.; Zürich, Kunsthaus – **E:** u. a. 94 Los Angeles, Miller; Zürich, Kilchmann; 97 St. Gallen, KH; 99 Solothurn, KM; Heilbronn, KV; 00 Köln, Schweins; 01 München, Zink u. Gegner; 02 Bonn, Dt. Ausgleichsbank – **G:** u. a. 97 Kassel, documenta; 02 Paris, Pal. de Tokyo; Ulm, KV – ***Lit:*** BLSK 98 – (Red.)

Huber, Gerhard Karl, Bildhauer u. Objektkünstler; Haid-und-Neu-Str. 52, D-76131 Karlsruhe, Tel. (07 21) 61 57 28 (* Karlsruhe) – **S:** Meisterprüfung im Bildhauerhandwerk; FS f. Bildhauer Freiburg (Kunststud., u. a. b. Prof. Ralph Brown u. Prof. Eduardo Paolozzi) – **Ve:** BBK Karlsruhe; ver.di – Fachgr. Bild. Kunst; VG Bild-Kunst; Badischer KV – **G/T:** Kunst im öff. Raum (minimalist. geometr. Objekte, u. a. aus Holz, Stahl, Bronze u. Stein) – **Ö:** BRUNNEN IN KARLSRUHE: Sportschule Schöneck, Hauptfriedhof (Drei-Blumen-Brunnen), Spielstr. b. St. Bernhard, Lidell-Pl., Ettlinger Tor (Stundenbrunnen), Litzenhardstr. Bulach (Wäscherinnenbrunnen), Kolpingpl. – WEITERE ARB. in Karlsruhe: Stele z. Erinnerung an d. Synagoge Grötzingen, Bahnhofspl. Neureut (Große Steinblume), Ecke Wald- u. Hans-Thoma-Str. (Quellstein), Hauptfriedhof (Mahnzeichen), Marktpl. Ecke Kaiserstr. (Partnerschaftstafeln), Boden d. Marktpl. (Bronzetafeln), Bulach (Mahnzeichen gegen Gewalt), Badische Beamtenbank Zirkel, Generalbundesanwaltschaft, Günther-Klotz-Anlage (Windrose), Schückstr., Heinrich-Coblenz-Wohnanlage (Freiraumgest.), Albbrücke Belertheim/Bulach (Pylonen) – sowie: Bronzplatten an hist. Gebäuden u. Mahnsäule vor d. KZ Kieslau – **E:** 00

Karlsruhe-Neureut, Kunstraum – **G:** Bet., u. a. in: Basel, Bonn, Düsseldorf, Freiburg, Gernsbach, Kassel, Köln, Lörrach, Monaco, Moskau, Nancy, Nürtingen, Salzburg, Schwäbisch Hall, Stuttgart, Vaihingen-Enz u. Wiesloch

Huber, Jürgen, Maler, Kurator; Nibelungenstr. 13, D-93051 Regensburg, Tel. u. Fax (09 41) 3 48 72, Mobil: 01 7 11 46 45 43, *einbildungshaus@t-online.de*, *www.einbildungshaus.de* (* Altenstadt/Waldnaab 16. 7. 54) – **VG:** Berlin, Deschler; Zürich, Räber; Regensburg, ostwestkunst – **S:** Autodidakt – **L:** Sommerakad. Frauenau; Fachoberschule Regensburg; Univ. Passau; TU Dresden – **P:** Neumüller Stip. d. Stadt Regensburg; Kult.förd.pr. Regensburg – **Ve:** BBK Ndb.-Oberpf.; KV Graz – **G/T:** Malerei, Glasinstall. – **W:** in div. privaten Slgn – **M:** Regensburg, KS d. Spk.; Regensburg, Museen d. Stadt – **Ö:** Regensburg, Biopark; ebda, FHS, RH – **E:** zahlr. Ausst. u. a. in Dtld, Ital., d. Schweiz, Äthiopien, d. USA, Polen u. Tschechien – **V:** BilderLeseBücher u. zahlr. Kat. (Hrsg.) – ***LitR:*** div. RF-Beitr. u. TV-Features im Bay. RF u. Hess. RF

Huber, Korbinian, Bildhauer; Alkofen 6, D-93077 Bad Abbach, Tel. u. Fax (0 94 05) 96 35 92 (* Freising 13. 1. 65) – **S:** 82–85 Steinmetzgeselle; 90–96 ABK Nürnberg (Bildhauerei b. Prof. W. Uhlig u. Tim Scott) – **L:** seit 04 Bildwerk Frauenau (Bay. Wald) – **P:** Kult.-förd.pr. Ldkr. Freising 93 – **Ve:** BBK Ndb.-Oberpf. seit 98; HDLU Istrien seit 02 – **KGr:** INSTITUT (seit 03) – **G/T:** Bildhauerei (figürlich, Stein, Holz); Zeichn.; Install. – **W:** Zeichn. b. Knorr Bremse München, Skulpt. b. Südfinanz Regensburg sowie Werke in Privatbes. – **Ö:** Bad Abbach, Fußgängerzone (Kunst u. Bauen); Stadt Weissenburg – **E:** 97 Freising, Ldratsamt-Marstall; 00 Pula, Gallerie Diana; Grožnjan, Gallerie Fontikus; 02 Kanfanar, Kolonie Dvigrad; Regensburg, Schloß; 03 Schwabach, Ortung III (Schwabacher Kunsttage) – **G:** seit 99 Große Ostbay. Kunstausst.; 00 Landshut, Die Jungen; 03 Aichach, Trabanten; Bay. Eisenstein, Waldbahn – **V:** Kat. zur Ausst. in d. Gallerie Fontikus Grožnjan Kroatien 00 – (Red.)

Huber, Laurence; route du Grand-Lancy 163, CH-1213 Onex (* 14. 3. 67) – **P:** Eidgenöss. Wettb. f. Kunst – **G/T:** Film, Video, Fotogr. – **E:** / G: u. a. 01 Saint-Gervais Genève, Centre for Contemp. Images; 03 Madrid, MNCARS; 04 Vilnius, Center for Contemp. Art; Zürich, Helmhaus – ***Lit:*** BLSK 98 – (Red.)

Huber, Lisa, Malerin, Graphikerin; Schulstr. 35, D-13347 Berlin, Tel. (0 30) 8 55 14 65 (* Villach 9. 7. 59) – **S:** 79–80 KGS Graz (Malerei); 80–81 ebda (Bildhauerei b. Prof. Pillhofer); 82–88 HS f. angew. Kunst Wien (Malerei); 88–89 Meisterjahr b. Prof. Frohner; 90–93 HdK Berlin (b. Prof. Goltzsche u. Georg Baselitz) – **P:** DAAD-Stip. (Berlin) 90–91; Atelierstip. Paris 97; Öst. Graph.pr. des Ldes Tirol (1. Pr.) 99; Erwin Ringel Kunstpr. (1. Pr.) 99; Förd.pr. d. Ldes Kärnten (Bild. Kunst) 99; Bauholding Kunstpr. – **Ve:** IG Bild. Kunst 00; Künstlerhaus Klagenfurt; Künstlerhaus Wien – **G/T:** Malerei; Papierschnitt; Hschn.; vorw. zykl. Arbeiten; religiöse u. histor.-liter. Motive, Mensch – **M:** Linz, Lentos – **Ö:** Berlin, Kirche am Hohenzollernpl. (Fastentuch); Frankfurt am Main, St. Katharinenkirche (Totentanz); Wien, Augustinerkirche (Totentanz) – **E:** 95 Klagenfurt, Kunstforum Bauholding; Wien, Künstlerhaus (m. Behruz Heschmat); 97 Klagenfurt, Bischöfl. Ordinariat; Salzburg, Kunstraum St.Virgil; 98, 99 Klagenfurt, Carinthia (m. Gerit Loeschnig); 99 Spittal, Gal. Schloß Porcia; Potsdam, Staatskanzlei (m. Gal. Tammen u. Busch); 00 Wien, Wolfrum; 01 Villach, Gal. Freihausgasse (m. Karl Vouk); 02 Feldkirchen, Gal. Amtshof (m. Klaus Mertens); 03 Berlin, Tammen & Busch; 05 Gmünd, Gastatelier Maltator; Berlin, Art Center Friedrichstr.; Admont, Stifts-Mus.; St. Pölten, Ndöst. Dok.-Zentrum f. Mod. Kunst – **G:** u. a. 95 Köln, Art Cologne; 97 Wien, Kunstmesse; 98 Innsbruck, Kunstmesse; 99 Düsseldorf, Kunstmesse; 00 Kleinsassen, Kunststation; Gurk, Schloß Straßburg: Ich Gegenüber; 00, 02 Berlin, Tammen & Busch: Sommerausst.; 00, 01 Frankfurt am Main, Art Frankfurt; 02 Seeboden, Gegenüberstellung Otto Eder; Wien, Künstlerhaus: Salon 2002; Berlin, Konrad-Adenauer-Stift.: Sahara; 03 Villach, Gal. Unart: Aktuelle Druckgraph. aus Kärnten; 04 Klagenfurt, MMK: Blickwechsel. Aus d. Slg no. 1; 05 Klagenfurt, Künstlerhaus: Mitgl.ausst. Entgegnungen – **V:** Das Narrenschiff (Ill.) 01 – ***Lit:*** Elisabeth Nowak-Taller: L.H. Von verlockenden Paradiesen u. a. Kuriositäten, in: Vernissage 24 04; L.H. Schnitte 05 – (Red.)

Huber, Monika, Künstlerin; Homerstr. 10, D-80637 München, Tel. (0 89) 15 93 02 15, Fax 15 93 02 16, *art@monikahuber.com*, *www.monikahuber.com* (* Dingolfing 22. 1. 59) – **VG:** Hamburg, Dröscher; Düsseldorf, Friebe; Bern, Brügger; München, Gal. Westend – **S:** 79–85 ABK München (freie Malerei u. Graph. b. Prof. Fruhtrunk) – **P:** Stip. d. Ldeshauptstadt München 85; Arb.stip. d. Dt.-Frz. Jugendwerkes (f. Paris) 86; Stip. d. Innenmin. f. Venedig 92; Erwin u. Gisela v. Steiner- Stift. München 95; Förd. nach dem HS-Sonderprogramm II 96 – **G/T:** Malerei, Großformat-Siebdrucke im Industrieverfahren – **M:** Düsseldorf, Mus. Kunst Pal.; Freiburg im Breisgau, Mus. f. Neue Kunst; Ingolstadt, SM; Koblenz, Mittelrhein-Mus.; Ludwigshafen, Wilhelm-Hack-Mus.; Lübeck, Mus. f. Kunst u. Kultur-Gesch.; München, Artothek; München, Bay. Staatsgemäldeslgn; München, Lenbachhaus; Wuppertal, Von der Heydt-Mus.; Würzburg, StG – **Ö:** Augsburg, Treppenhaus d. Univ.; ebda, Foyer d. Stadtspk.; München, Passage d. Münchner Rück; ebda, Bay. Ldesbank f. Aufbaufinanzierung (Wandmalerei); Nürnberg, Georg-Simon-FHS (Wandarb.) – **E:** u. a. 83 München, Lothringer 13; 84 Hamburg, Gal. Kunst u. Archit.; 87, 90 München, Hermann; 89 Ludwigshafen, Wilhelm-Hack-Mus.; Bielefeld, KH; 90 Wuppertal, Von der Heydt-Mus.; Lübeck, Mus. f. Kunst u. Kultur-Gesch.; 92, 94, 97, 00, 02, 05 Bern, Brügger; 92 Badenweiler, Gal. Dr. Krohn; 95 München, Artothek; Schwerte, KV; 97, 00 München, Heitsch; 98 Weil am Rhein, Stahlberger; Regensburg, StG Leerer Beutel; 99 Nürnberg, Kunsthaus; 00 Basel, Gal. 4; 01 Hamburg, Dröscher; 02 München, Gal. Westend; 03 Dessau, Bauhaus; 04 Augsburg, Ges. für Gegenwartskunst – **R:** FINALE, Video (zus. m. Heribert Kansy, Musik Stephan Stiens, Choreographie Norbert Graf) 02 – ***Lit:*** M. H., Kat. (m. Bibliographie) 97 – ***LitR:*** Ursula Bushnell: M. H., Portr. Bay. Fs. 98

Huber, Sandra, Malerin; Lederergasse 49, D-94032 Passau, Tel. (08 51) 3 15 94, *info@huber-sandra.de*, *www.huber-sandra.de* (* Passau 2. 5. 68) – **VG:** Passau, Ausst.raum Stauber; Peuerbach, Pimmingstorfer – **S:** Autodidaktin – **G/T:** Öl auf Lw. (Stadt, Land, Flora) – **E:** 94, 96, 01 München, Art + Be; 95, 00, 01, 05 Passau, Ausst.raum Stauber; 96 Cham, Cordonhaus; Weiden, Hammer & Herzer; 99 Krems, Weinstadtmus.; 00 Straubing, Gal. im Weytterturm; Olpe, Peveling; 04 Peuerbach, Pimmingstorfer – **G:** 93 Linz, Ursulinenhof; 95 Regensburg, Kunst- u. Gewerbever.; 98 Bratislava, Slovenská NG; 99 Cagnes sur Mer, Maison des Artistes; 00 München, Dt. Mus.; 03 Deggendorf, Kapuzinerstadl; Köln, Kunst Köln; Passau, MMK – ***Lit:*** S.H., Ausst.kat. 97 – ***LitR:*** Wege aus d. Stille, Portrait BR 97

Huber, Stephan, Bildhauer u. Installationskünstler; Eduard-Schmid-Str 2, D-81541 München, Tel. (0 89) 65 28 16, *sh@shkunst.de*, *www.shkunst.de*

(* Lindenberg/Allgäu 27. 2. 52) – **S:** 72–78 ABK München – **L:** 89–90 KA Karlsruhe (Gastprof.); 03 ABK München (Gastprof.) – **P:** P.S.1-Stip. New York 80; Arb.stip. d. Kunstfonds Bonn 84; Förd.pr. d. Stadt München 84; Karl-Hofer-Pr. 85; Förd.pr. d. Freistaates Bay. 86; Kunstpr. Glockengasse Köln 86; W. Krafft-Pr. Stuttgart 99 – **G/T:** Skulpt., Install., Kunst im öff. Raum – **M:** Leipzig, MBK (Stiftermosaik); Wuppertal, Von der Heydt-Mus. – **Ö:** Konstanz, FHS; München, Neubau d. Versicherungskammer Bay. (Neoninstall.); München, Neue Messe; Münster, LVM Versicherungen – **E:** / G: 87 Kassel, documenta VIII; 90 Bonn, Magers; 94 Berlin, Carstens; Mannheim, StKH; 98 Neapel, Pompeiorama Villa Communale; Rom, La Nuova Pesa; 01 Hannover, KV; Leipzig, MBK; 02 München, Lenbachhaus; 03 Oberstdorf, Villa Jauss; Agathenburg, Schloß; Hannover, KV; Graz, Lendl – ***Lit:*** Reclams Künstlerlex. 02; Schweers 02 – (Red.)

Huber, Thomas, Maler (* Zürich 55) – **VG:** Berlin, Carlier Gebauer; Frankfurt am Main, Beckers – **S:** 77–78 KGS Basel; 79 Royal College of Arts London; 80–83 KA Düsseldorf – **L:** 92–99 HBK Braunschweig (Prof.) – **P:** Stift. Kunstfonds – Arb.- u. Projektstip. 84; Rheinbrücke-Pr. Basel 87; Förd.pr. Bild. Kunst d. Kult.kr. d. dt. Wirtschaft im BDI 89; NUR Reisestip. 90; Kunstpr. d. Stadt Zürich 93; Kunstpr. d. Stadtspk. Düsseldorf 93; Kunstpr. d. Ldes Nds. 95; Art multiple Pr. 98; Kunst am Bau-Wettb. 04; Kunstpr. u. Förd.mittel d. Heitland Foundation 05 – **E:** zuletzt u. a. 02 Barcelona, Fundacio Joan Miró; 03 Berlin, Carlier Gebauer; 04 Frankfurt am Main, Beckers; Aarau, Aargauer Kunsthaus; Utrecht, Centraal Mus. – **G:** u. a. 00 Biel, Kunsthaus Centre Pasquart; Nürnberg, KH; 01 Düsseldorf, Bach; Berlin, Carlier Gebauer; 02 Heidelberg, KV; Frankfurt am Main, Schirn; 03 Wien, Hilger; Berlin, Martin-Gropius-Bau – (Red.)

Huber-Thoma, Gabriele (geb. Gabriele Thoma), Malerin, Druckgraphikerin, Fotografin, Digitale Malerei; Mallnitzer Str. 20, D-80687 München, Tel. (0 89) 56 74 55, Fax 56 62 52, *art@huber-thoma.de*, *www.huber-thoma.de* (* München 16. 3. 47) – **S:** 67–72 ABK München (Malerei, Druckgr., Meisterschülerin b. Prof. H. Kaspar, Dipl.) – **L:** 89–95 VHS München (Doz.); 03–04 Mal- u. Zeichengr. Siemens (Doz.); 05–06 Kunstwerkstatt München-Freimann (Workshops Siebdruck in d. Mohr-Villa, Doz.) – **P:** Seerosenpr. 00 – **Ve:** VG Bild-Kunst; BBK München u. Obb.; GEDOK München; AK 68; KV Rosenheim; KV Die Roseninsel; KV Gauting; Kunstkr. Ammersee – **G/T:** Acrylmalerei, Mischtechnik, Druck u. Fotogr., Digitale Bildbearb.; – themat.: 4 Elemente, Mit allen Sinnen, Panorama, Vegetation, Lebenszyklen – **K:** Atelier-Workshops f. Malerei, Zeichnen u. Druckgr. – **W:** Ankäufe durch: Bay. Staatsmin. f. Unterricht u. Kultus München; Städte München, Rosenheim u. Starnberg; TU München; Staatl. Dt. Ges. f. Intern. Entwicklung Feldafing; – Werke in privaten Slgn im In- u. Ausland – **M:** Calw, SM; München, Bay. Staatsgemäldeslgn – **Ö:** Bad Reichenhall, Villa Glück (Jugendstilhaus); ebda, St. Nikolaus (Supraporte u. Bühnenarchit.); Jettingen-Scheppach, Franziskus Haus – **E:** u. a. 91 Augsburg, Gal. Die Ecke; 93 München, VHS; 94 Ludwigshafen, Kleinhenz; 96 München, Stadtviertel-Gal.; 97 Simbach/Inn, Lichthof im Kr.krankenhaus; 99, 04 Seefeld, Schloss; 00 München, Seidlvilla; 04 München-Pasing, RH; München, Forum Borstei; München, Üblacker-Häusl; 06 Herrsching, Beamten-FHS – **G:** u. a. 96 München, Ev. Akad.; 99 Traunstein, StG; 99 Passau, Kloster St. Anna; 00 München, Technologiezentrum; 01, 05 Deggendorf, SM; 02, 05 München, Pasinger Fabrik; 03 München, Kult.forum; 03, 05, 06 Starnberg, Schlossberghalle; 03, 04 Rosenheim, StG; 04 München, Siemens-Forum; 05 Halle/Saale, Villa Kobe: Große Kunstausst.; Gauting, RH; München, BBK; Moosburg, Zehentstadel; 05–06 München, Autoren Gal. 1; 06 München, Amerika Haus (Künstleraustausch München-Cincinnati); München, Kunstarkaden; Ingolstadt, Harderbastei; Herrsching, Beamten-FHS; Tutzing, Akad. f. politische Bildung; Cincinnati, Univ./DAAP Gall. (Künstleraustausch München-Cincinnati) – **V:** Werkkat. 00; G.H.-T., Traude Linhardt, Gabriele Stolz (Konzept u. Idee): A change of Perspective – Perspektivenwechsel 06 – **R:** mehrfach Besprechungen in Hörfunk u. Fs. – ***Lit:*** u. a. Hans Kiessling: Maler d. Münchner Kunstszene 1955–1982, Dok. 82; Wolfgang Nemec: Künstlerbiografien 84; Who is Who, seit 96; Dokumentation Malerei, BBK München 98; Der Seerosenpreis 2000, in: Und. Das Münchner Kunstjournal, Zs. 00; Art Address. Kunstadressbuch Deutschland, Österreich, Schweiz, seit 00; Kunst in München: G.H.-T., in: Fünf Künstlerinnen auf fünf Etagen, in: MGH, Ztg 01; EU-Who is Who, seit 02; Chefsache, Zs. 03; Der kleine Cicerone, Atelierführer 04–06; – weiterhin zahlr. Kat. m. Abb. zu d. Ausst.bet. sowie zahlr. Pressebesprechungen m. Abb.

Huber-Wilckens, Cordula, Dipl. Malerin; Hasenstr. 10, D-82166 Gräfelfing, Tel. (0 89) 17 46 59 (* Planegg 31. 12. 44) – **VG:** München, Produzentengal. – **S:** 62–65 Ausb. in Graph.design b. d. Prof. Ege u. Burke; 67–73 ABK München (Dipl., b. d. Prof. Nagel u. Fruhtrunk, Meisterschülerin) – **L:** 74–92 Fachoberschule München (LAuftr. f. Graph.design) – **Ve:** BBK München u. Obb. 89 – **KGr:** Produzentengal. München (seit 82); PART (seit 88) – **KGe:** C.H.-W. u. Rolf Leube (seit 74) – **G/T:** ungegenständl. Malerei (Acryl); Schwerpunkt: Farbe – **Ö:** Johanneskirchen, Schule; München, Bauberufsgenossenschaft – **E:** 82, 83, 85, 89, 90 (Kat.), 92, 96, 99, 03 u. 05 München, Produzentengal.; 83 Kronach, KV – **G:** 73–00 zahlr. Bet. in München, Haus d. Kunst: Große Kunstausst. – sowie u. a. 84 Bremen, Gal. Gruppe Grün; 85 München, Künstlerwkst. Lothringerstr.; 86 Zwingenberg, Schumacher (Kat.); 87 Trier, Pal. Walderdorff (Kat.); 88 Speyer, Heiliggeistkirche (Kat.); 89 Meran, Kleiner Kunstpal. (Kat.); 90 Offenburg, Gal. Alte Wäscherei; 04 Pfarrkirchen, Hans-Reiffenstuel-Haus (Kat.) – **V:** Künstlerwkst. Lothringer Str. 13 München: Unsereiner: Christine Häuser, C.H.-W., Susann Kretschmer u. a. 85 sowie Beitr. im Kat. Dachau KVD 91

Huber-Wilkoff, Rudolf, Bild. Künstler; Kottigstelzham 3, D-84359 Simbach/Inn, Tel. (0 85 72) 14 66, Fax 6 87, *kunst.noll@web.de* (* München 18. 6. 36) – **VG:** New York, Holland Tunnel Gall.; Passau, Ambulante Gal.; New York, Pierogi; Simbach/Inn, Schauraum K3 – **S:** 57–63 Graph. Akad. München – **P:** Atelierstip. f. Künstlerhaus Bethanien 90, 91; Stip. d. Senats v. Berlin 92 – **G/T:** Malerei, Zeichn., Install., Collage, Drucktechniken, Fotogr., Video, Objekt – **M:** Burghausen, Fotomus.; Frankfurt am Main, Dt. Bank KS; Krumau, Egon Schiele AC; Linz, LG; München, Bay. Staatsbibliothek; München, Bay. Staatsgemäldeslgn; New York, Public Library; Passau, MMK – Stift. Wörlen; Passau, Medienzentrum; Regensburg, HM – **E:** u. a. 89 Salzburg, KV; 90 München, Gögger; 93, 00 Passau, MMK; 97 Regensburg, StG Leerer Beutel; Berlin, Künstlerhaus Bethanien; Krumau, Egon Schiele AC; Linz, Stifterhaus; 97, 98 New York, MBM Gall.; 00 Linz, Maerz; 02 Cham, StG; New York, Art Resources Transfer; Luckenwalde, KH; Salzburg, Welz; 03 Burghausen, Liebenweinturm; 05 Burghausen, Fotomus.; 06 Linz, LG (Kubinhaus); Landshut, Neue Gal.; New York, Holland

Tunnel Gall. – **G:** u. a. 89 Köln, Art Cologne; Frankfurt am Main, Art Frankfurt; 94 Glasgow, Print Studio; 95, 00 München, RHgal.; 97, 03 Linz, LG; 99 Berlin, Lit.-haus; 99, 05 Passau, KV; 01 München, Gal. am Gasteig; 02 Salzburg, KV; 05 München, Ver. f. Orig.-Rad.; Mexiko-Stadt, Ex Convento de S. Lorenzo – **V:** Nicht Innen. Nicht Außen 87; Christian Gögger (Texte): Allein auf weiter Flur 89; Dädalus ist Fern, Fliegenztg 91, 93; Emmerich Hörmann (Text): Welt nach Maß 93; Die Sehnsucht des Bildes nach dem Wort 96; Wahres u. Schönes 01; Der Preis der Schönheit 05; Die andere Seite 06; Herrn Max Ernst; Hüllen für Assoziationen

Hubert, Gisela, Künstlerin; *gisela.hubert@web.de*, *www.gisela-hubert.de*. c/o Atelier Gisela Hubert, Salvianstr. 4, D-54290 Trier (* Trier 25. 11. 50) – **S:** 69–72 Erziehungswiss. HS Rh.-Pf. Worms (Kunsterziehung, Arbeitslehre, Techn. Werken, Lehrbefähigung f. Grund- u. Hauptschule); 78–84 Trier (Siebdruck b. Mario Diaz-Suarez); 85–86 ebda (Rad. b. Michael Wolf); 87–89 ebda (Acrylmalerei b. Guido Bidinger); 92 ebda (freie Malerei b. Christine Henn); 95–96 ebda (Aktzchng b. Anna Bulanda-Pantalacci); 99 Frankfurt am Main u. Malta (Arb. m. Stein b. Eva-Gesine Wegner) – **L:** 72–01 Lehrtätigkeit an Hauptschulen in Trier u. Umgebung – **Ve:** Ges. f. Bild. Kunst Trier; éd. trèves 92 – **KGe:** G.H. u. Lilo Schwab (Ateliergemeinschaft seit 98) – **G/T:** Malerei – **K:** freie Malerei – **W:** überw. in Privatbes. – **M:** Mainz, Ldtag Rh.-Pf.; Trier, Kult.zentrum Tuchfabrik (TUFA) – **E:** zahlr., u. a. 89 Trier, Europa Parkhotel; 02 Undenheim, Heimatmus.; 04 Trier, RH; 05 Gusterath, Heimathaus; Konz, Gal. Kloster Karthaus; 06 Trier, Dt. Richterakad.; Longuich, Alte Burg – **G:** zahlr. Bet., u. a. 81 Trier, Europa Parkhotel; 82 Bitburg, Gal. Haus Beda; seit 83 Trier, Jahresausst. d. Ges. f. Bild. Kunst; 87, 01, 02, 03, 05 Trier, Gal. im Pal. Walderdorff; 88, 90, seit 93 Trier, Tuchfabrik

Hubertine s. Heijermans, Hubertine

Hubinger, Maria, Mag. art., Malerin, Bildhauerin, Lehrerin; Lange Gasse 58/20, A-1080 Wien, Tel. (01) 4 06 58 80, Mobil: 06 99 12 60 79 78, *Maria.Hubinger@blackbox.at* (* Kirchdorf/Krems 9. 3. 66) – **S:** 86–93 HS f. Angew. Kunst Wien (Meisterkl. f. Gest.lehre b. Prof. H. Tasquil) – **L:** 88–98 Allg. bild. höhere Schule Wien (Bildnerische Erziehung) – **Ve:** IG Bild. Kunst seit 99; Servicebüro seit 03 – **G/T:** Malerei (Öl, Acryl); Bildhauerei (Stein, Gips, Terrakotta, Bronze) – **W:** überw. in Privatbes. – **E:** 96 Wien, Alpha; 98 Wien, CA-Gal. im TZ; 99 Wien, AKH-Gal.; 00 Haiding, Gal. im Schloß – **G:** zahlr. Ausst.bet. seit 87, zuletzt 01 Gasteil, Gal. Gut Gasteil; 02 Fürstenfeld; 03 Gallspach, Kunstraum; Salzburg, Kunstmesse – (Red.)

Hubmann, Franz, Prof., Fotograf, Mitbegr. d. Kulturzs. „magnum"; Wittegasse 8, A-1130 Wien (* Ebreichsdorf/NdÖst. 2. 10. 14) – **S:** 46–49 Graph. Lehr- u. Versuchsanst. Wien – **L:** 83–85 Univ. f. angew. Kunst Wien (Gastprof.) – **P:** zahlr. Ehrungen u. Pr., u. a. Kult.pr. d. Stadt Wien 72; Großer Öst. Staatspr. (Fotogr.) 94; Würdigungspr. f. Medienkunst u. künstler. Fotogr. d. Ldes NdÖst. 98 – **G/T:** Fotogr. (Künstlerportr., Bildessay); Film (Fsf.) – **E:** zahlr. Ausst., u. a. 59 Wien, Würthle; 92 Wien, Wien Mus.; 99 München, Klewan; Wien, Pal. Harrach; 00 Salzburg, Rupertinum; 04 Wien, WestLicht (Retr.) – weitere in Hamburg, Kopenhagen, Köln, Linz, Mailand, Neapel, New York u. Salzburg – **V:** zahlr. Publ. eigener Fotogr. u. z. fotohist. Themen, z.B. Mein Besuch bei Picasso 97; Künstlerporträts 99; F. H. – Das photographische Werk 99; Wie ich es sehe – Farbphotographien 02 – Arb. f. Zss, z.B. Austria International; magnum, Zs. (Mitbegr. 54) – **R:** 17 Fsf. f. d. Öst. RF – ***Lit:*** Koetzle 02 – (Red.)

Hudecek, Emy; Hetzendorferstr. 92a, A-1120 Wien, Tel. (01) 8 03 04 65, Fax 8 03 04 65 – **G/T:** Malerei, Graph. – (Red.)

Hübl, Alexander, MMag., Maler, Graphiker; Dörflergasse 41, A-2500 Baden bei Wien, Tel. (0 22 52) 8 61 63 (* Baden bei Wien 14. 2. 40) – **S:** 59–65 ABK Wien (b. Max Melcher u. Herbert Boeckl, Dipl. f. Malerei u. Graph.) – **P:** Begabtenstip. d. ABK Wien 60, 61 – **Ve:** KV Baden 67 – **G/T:** Malerei, Graph. (Lith.) – **W:** überw. in Privatbes. – **M:** St. Pölten, Ndöst. LM; St. Pölten, SM; Wien, Artothek d. Bundes – **E:** 91 Wien, Englisches Theater; 91, 95, 04 Baden, Schloß Leesdorf; 92 Wiener Neustadt, St. Peter an d. Sperr; St. Pölten, Dok.zentrum f. mod. Kunst; 95 Baden, Blaugelbe Viertelgal.; 96 Baden, Vinothek d. Hauercollegiums; 05 Wien, Artefakt (VBK Öst.) – weitere: 78, 79, 88 Ndöst. Ges. f. Kunst u. Kult. (Tage d. offenen Ateliers) – **G:** 88, 96, 98 St. Pölten, Dok.zentrum f. mod. Kunst; 91 Salzburg, Kongreßhaus; Fürstenfeld, StG; Cervia, Altes Salzmag.; 92 Rom, Öst. Kult.inst.; 97 Baden, Beethovenhaus; Budapest, Mamü; 98 St. Pölten, Dorotheum; 02 Baden, Rollett-Mus.; 05 Korneuburg, Stadtsaal: 2. Charity Kunstauktion; St. Pölten, Ndöst. Dok.-Zentrum f. Mod. Kunst u. St. Pölten, SM: 50 Jahre Ldesverb. d. Ndöst. Kunstvereine – weitere: seit 65 KV Baden; Ldesverb. d. Ndöst. KV; Ndöst. Kult.forum – ***Lit:*** KAT.: u. a. Alexander Hübl: Malerei in NdÖst. 1918–1988, Ndöst. Dok.zentrum für mod. Kunst. Malereien, Zchngn 91; ders.: Malerei u. Zchngn 03

Hübler, Christian, Prof., Künstler; *krcf@khm.de*, *www.krcf.org/krcfhome/* (* 62) – **S:** 91–93 KHS f. Medien Köln – **L:** seit 98 HS f. Gest. Zürich (Prof. f. Neue Medien, zus. m. A. Tuchacek u. Y. Wilhelm) – **P:** Prix Ars Electronica – Goldene Nica 94, 98; Intern. Medienkunst-Pr. d. ZKM Karlsruhe 97, 00; August-Seeling-Förd.pr. 98; Hermann Claasen-Pr. 01 – **KGe:** Knowbotic Research: C. H., Alexander Tuchacek u. Yvonne Wilhelm (seit 91) – **G/T:** große, begehbare Install., Computerkunst – **E:** / G: u. a. 95 San Francisco, Exploratorium; Hamburg, KV Harburger Bahnhof; 96 Rotterdam, DEAF; Oslo, Henie Onstad Kunstcenter; 97 Tokio, Hillside Plaza; 98 Madrid, Arco Electrónico; 99 Karlsruhe, ZKM; Venedig, Bienn.; 00 Köln, Mus. Ludwig; 01 Dessau, Bauhaus; 02 New York, New MCA; Seoul, Media Art Bienn.; 03 Barcelona, Inst. Cultura – (Red.)

Huebner, Birgit, Bild. Künstlerin, Lehrbeauftragte an HS, Künstler.-wiss. Mitarbeiterin im Mus. Kunst Pal. Düsseldorf; Bürgerstr. 28, D-40219 Düsseldorf, *birhuebner@web.de*, *www.the9.de* (* Bonn 27. 6. 66) – **S:** 86–91 FHS f. Kunst u. Design Köln (91 Meisterschülerin); 88–89 Éc. Nat. Supérieure des Beaux-Arts Paris; 89–93 KA Düsseldorf (b. Alfonso Hüppi, 93 Meisterschülerin) – **L:** 00–01 KA Düsseldorf (LAuftr.); 03–04 Univ. Wuppertal (LAuftr. f. künstler. Grundlagen); 05–06 Heinrich-Heine-Univ. Düsseldorf (LAuftr. f. Ausst.konzeptionen im Mus.) – **P:** Reisestip. f. Israel 98; Förd.pr. f. Bild. Kunst d. Ldeshauptstadt Düsseldorf 00; Projektstip. Rohkunstbau Groß Leuthen/Berlin 03 – **Ve:** Dt. Künstlerbund; VG Bild-Kunst; Künstlerver. Malkasten; Künstlerver. Onomato – **KGe:** B.H. u. Frauke Ratzke (seit 04); B.H., Hedwig Rogge u. Katrin Laade (seit 05) – **G/T:** Install.; Fotogr. – **W:** Vokalreport, Dokf. einer Performance 06 – **M:** Düsseldorf, Mus. Kunst Pal. – **Ö:** Heiligenhaus, Altsküche – **E:** u. a. 94 Münster, Wewerka-Pavillon (Kat.); 98 Bonn, KV; 99 Düsseldorf, Kunstraum; 00 Neuss, Kult.forum Alte Post (Kat.); 02 Brüssel, Kunstraum; Recklinghausen, StKH; 03 Krefeld, KV – **G:** u. a. 95 Düsseldorf, KM; Bonn, Kunst- und Ausst.halle d. BRD: Der scharfe Blick (Kat.); 00 Mönchengladbach, Sehstörungen

(Kat.); 02 Heiligenhaus, EUROGA-Projekt (Kat.); 03 Groß Leuthen u. Berlin, Rohkunstbau (Kat.); 05 Düsseldorf, Künstlerver. Malkasten; Oberhausen, Tedden: Paint it loud – Musik in d. and. Künsten (Kat.) – ***Lit:*** Thomas v. Taschitzki, Barbara Bongartz, Doris Dorner u. Rupert Pfab: 1994–1999. Memory B.H. 00; Katja Blomberg: Die Abtsküche in Heiligenhaus, Ausst.kat. 02

Hübscher, Etienne; Obere Wildeggstr. 15, CH-9000 Sankt Gallen, Tel. 071 222 65 13, Fax 071 222 65 40, *ecartoons@bluewin.ch* – **G/T:** Graph. – (Red.)

Hückstädt, Eberhard, Maler (* Potsdam 5. 3. 36) – **VG:** Stuttgart, Gal. Königsblau – **S:** 56–59 FS f. angew. Kunst Heiligendamm; 59–64 HBK Dresden (b. Prof. R. Bergander u. Prof. H. Lohmar) – **M:** Dresden, GG NM; Frankfurt/Oder, Mus. Junge Kunst – **E:** / G: u. a. 74 Frankfurt/Oder, Gal. Junge Kunst; 75 Dresden, Albertinum; 76 Schwerin, Staatl. Mus.; 97 Hannover, Stübler; 00 Carmel/USA, The Hart Gall. – ***Lit:*** Schweers 02 – (Red.)

Huegli, Regula, Malerin; Erlensträsschen 63, CH-4125 Riehen, Tel. u. Fax 061 641 38 94. Atelierhaus Klingenthal, Kasernenstr. 23, CH-4058 Basel, Tel. 079 522 15 49 (* Basel 20. 3. 36) – **VG:** Bern, Kunstkeller; Basel, Mäder – **S:** 56–60 KGS Zürich; 58–60 Univ. Zürich – **P:** Basler Künstlerstip. 81–87; Kult.pr. Riehen 87, 98 – **Ve:** Ges. Schweizerischer Malerinnen, Bildhauerinnen u. Kunstgewerblerinnen 74–99; Visarte – **KGr:** allerart (74–84, Zus.arb. v. a. m. Werner Merkofer u. Erich Münch) – **G/T:** Malerei (abstr., lyrisch expressiv); Künstlerb. – **W:** überw. in Privatbes. sowie im Bes. v. Kunstkredit Baselland u. -stadt – **Ö:** u. a. Basel, Univ.; Bern, Ldesbibliothek; Freiburg, Univ. – **B:** Basel: Friedhof Hörnli – **E:** 72, 74 Basel, Brambach; 79, 89 Zürich, Wiedenkeller; 84 Imst, Gal. Ost-West; 91 Riehen, Berowergut; 96, 99 Bern, Kunstkeller; Basel, Gogniat; 02 Basel, Mäder – **G:** div. Ausst. im In- u. Ausland – **R:** die Begegnung der Parallelen im Unendlichen, CD-ROM 99 – ***Lit:*** Kreuz-Tasse-Becken 91; Riehener Jahrbuch 94, 98 – (Red.)

Hüller, Edwin, Bildhauer; Ferdinand-Dirichs-Weg 8, D-60529 Frankfurt am Main, Tel. (069) 35 01 51 (* Hochgarth 4. 11. 19) – **S:** 33–39 Bildhauerlehre; KSch Teplitz-Schönau/Sudetenland – **Ve:** BBK Frankfurt 46; Frankfurter Künstlerges. 78 (1. Vorsitzender 83–98) – **G/T:** Arbeiten in Stein, Holz, Bronze, Kunststoff u. Keramik – **W:** Brunnen, Skulpt. u. Gedenktafeln im öff. Raum u. in Privatbes. – **Ö:** u. a. Frankfurt am Main, Brunnen v. d. Alten Oper (Lucae-Brunnen); ebda, Liebfrauenschule (Seehund-Brunnen), Bornheimer Brunnen; Kronberg, Opel-Zoo (Georg v. Opel-Gedächtnisbrunnen); Rüdesheim (Marktbrunnen); Worms (Lederwäscherdenkmal) – **E:** zahlr. – **G:** zahlr. Bet. m. d. Frankfurter Künstlerges. u. d. BBK Frankfurt

Hülsbömer, Frank, Fotograf; Chauseestr. 56, D-10115 Berlin, *www.magda-gallery.com* (* Münster 68) – **VG:** Paris, Danysz – **S:** 89–92 Ausb. z. Fotogr. b. H. Kröger in Münster – **E:** 03 Berlin, BDA; Paris, Danysz; 05 Warschau, Gall. Melon; 06 Berlin, DAZ – sowie: E: / G: 00 Warschau, Goethe-Inst.; 01 Berlin, Wieland; 02 Paris, Danysz – **G:** 00 Hannover, EXPO; Hongkong, Festival of Visions; 02 Berlin, Urban Drift; 03 Köln, MAK; Bonn, Kunst- und Ausst.halle d. BRD; 06 Ahaus, KV Arthaus

Hülsen, Hinrich van, Dipl.-Designer, Maler, Graphiker, Illustrator; Lotter Str. 110, D-49078 Osnabrück, Tel. (0541) 4 99 11, *hvhuelsen@web.de*, *www.leotaurus.de* (* Hage/Kr. Aurich 26. 7. 57) – **VG:** Potsdam, Gal. am Neuen Pal.; Osnabrück, Clasing – **S:** 81–86 FHS Münster (FB Visuelle Kommunikation) – **Ve:** BBK Osnabrück 85–90; IG Medien, Fachgr. Bild. Kunst 90; VG Bild-Kunst 98 – **KGr:** Melpomene (seit 93) – **KGe:** Atelier Leotaurus: Gabriele Teckemeier u. H. v. H. (seit 02) – **G/T:** Malerei (Acryl, surrealistisch); Graph. (Linol- u. Hschn.); Zeichn. (Bleistift, Tusche) – **W:** mehrere Werke in Privatbes. – **M:** Osnabrück, Kulturgesch. Mus. – **Ö:** Fassadengest.: Osnabrück, Grundschule Hellern; ebda, Gesamtschule Eversburg; Troisdorf, Niederkasseler Str. – **E:** zahlr. Ausst. seit 83, zuletzt 93 Osnabrück, Gal. an d. Bocksmauer; 94, 99, 03 Potsdam, Gal. am Neuen Pal.; 96 Herten, Schloß; Berlin, Gal. Studio 3; 96, 97, 00 Osnabrück, Clasing; 04 Melle-Oldendorf, Orangerie Gut Ostenwalde – **G:** zahlr. Ausst.bet. seit 82, u. a. 82 Magdeburg, Kulturhist. Mus.; seit 85 Ausst. m. d. BBK Osnabrück, u. a. in Berlin u. Hannover; 86 Anger, Salles du Parc des Haras; seit 90 Ausst. m. d. Fachgr. Bild. Kunst d. IG Medien, u. a. 92 Moskau, Haus d. Künstler; seit 93 Ausst. m. d. Künstlergr. Melpomene, u. a. 94 Berlin, Gal. Studio 3; 96 Moskau, Haus d. Künstler; 97 Pau, Gal. Henry – ***Lit:*** KAT.: Kunstwerk Bildende Kunst. v. H. 92; Es ist nicht geheuer auf der Welt 93 – (Red.)

Hülshoff, Frieder, Graphiker, Objektkünstler; Atelier im Kulturmagazin, Lothringer Str. 36c, D-44805 Bochum, Tel. (0234) 9 58 60 21, *frieder.huelshoff.kunst@t-online.de; info@frieder-huelshoff.de*, *www.atelier-frieder-huelshoff.de* (* Pforzheim 20. 9. 43) – **Ve:** VG Bild-Kunst 93 – **G/T:** Druckgraph. (vorw. Rad., thematisch: Mensch, Natur u. Zeit); Objektkunst (Holz, Stahl, Fundstücke) – **K:** projektbezogene künstler. Arb. m. begabten Menschen m. Behinderung sowie didaktische Konzepte f. Schulen – **W:** Werke im Bes. d. Stadt Pforzheim – **M:** Ebergötzen, Europ. Brotmus. – **Ö:** Essen, Filiale d. Dt. Post in d. Hachestr.; Essen-Werden, Kardinal-Hengsbach-Haus; Hannover, Bildungsstätte Kirchröder Turm – **E:** zahlr. Einzelausst. seit 87, u. a. 96 Berlin, Gal. Mutter Fourage; Zürich, Alte KH-Theater Hora; Bochum, Prinz-Regent-Theater; 97 Werl, StM; Herne, StG Haus am Grünen Ring; 98 Bochum, Musikschule; 00 Bochum, Gal. in d. Zeche Lothringen; 02 Witten, Gal. im Stall; 05 Hannover, Bildungsstätte Kirchröder Turm; 06 Bochum, Kiosk u. Kunstpfad – **G:** zahlr. Gr.ausst. seit 80, u. a. 92, 94 Bochum, Mus.; 93 Dortmund, RH; 95 Bochum, Stadtarchiv; 98 Düsseldorf, Diakonisches Werk d. Ev. Kirche; Stuttgart, Württembergisches LM; Hannover, Kirchenamt d. Ev. Kirche Dtld; 01 Bochum, Musikschule; Willich, Hüter – ***LitR:*** Zeitraum, im: WDR Reg.programm NRW Juni 02

Hülsmann, Astrid (geb. Astrid Glasmeyer), Bildhauerin; Kirchweg 77, D-34119 Kassel, Tel. (0561) 7 39 76 15, *astrid@steinstaub.de*, *www.steinstaub.de*. c/o Atelier: Alte Hammerschmiede, Wolfhagerstr. 109, D-34127 Kassel (* Hamm/Westf. 26. 4. 66) – **S:** 87–88 Univ. Osnabrück (Lehramt Kunst); 92–94 HBK Braunschweig (Lehramt gest. Werken u. Kunst) – **Ve:** BBK Nordhessen – Kassel seit 01 (seit 03 im Vorstand) – **G/T:** Bildhauerei (Stein, Ton, Thema Mensch); Aktzeichn. – **K:** seit 98 LBeauftr. an versch. Schulen f. plast. Gest., Workshops Bildhauerei – **E:** 03, 04 Kassel, Alte Hammerschmiede; 04 Kassel, Gal. Hess Optik; Hann. Münden, Kleine Kellergal.; – / G: zuletzt u. a. 05 Kassel, Schloßhotel: Einzig-ARTig; Ölshausen, DORF-eigen-ART; 05, 06 Kassel, Kunst-Werk; 06 Český Krumlov, Art over the City – **G:** 98 Kassel, Gal. L'art brut; 99, 06 Kassel, Kult.bahnhof; 00 Kassel, Deutschmann; 02 Bad Karlshafen, Kunstherbst; 02 Eschwege, Hochzeitshaus; 03 Kassel, Gal. 108; Vellmar, RHGal.; Bad Wildungen, Kurmus.; 04 Fritzlar, Reg.mus.; Lohfelden, Freiraumgal. – ***Lit:*** Kat. 03; Who is Who 05

Huemer, Markus, Künstler; c/o Galerie Michael Janssen, Norbertstr. 14–16, D-50670 Köln, Tel. (02 21) 1 30 08 30, Fax 1 30 08 31, *office@galeriemichaeljanssen.de; huemer@khm.de, www.galeriemichaeljanssen.de* (* Linz 68) – **VG:** Graz, Gal. u. Ed. Artelier; Köln, Janssen; München, Friedrich & Ungar – **S:** HS f. künstler. u. industr. Gest. Linz; KA Düsseldorf – **L:** Johann Wolfgang Goethe Univ. Frankfurt am Main (LAuftr. am Inst. f. Neue Medien) – **P:** Stip. d. KHS f. Medien Köln 99; Oböst. Talentförderungspr. 00; Artist in Residence d. ZKM Karlsruhe 01; Intern. Studio Programm Künstlerhaus Bethanien Berlin 02; Stip. XI. Rohkunstbau 04 – **G/T:** Computer- u. DVD-Install., Malerei, Zeichn., Objekt – **W:** in zahlr. Privatslgn – **M:** Berlin, DaimlerChrysler Contemp.; Bonn, Slg zeitgen. Kunst d. BRD; Karlsruhe, ZKM; Köln, KS d. Stadt; Linz, Slg d. Ldes ObÖst.; Linz, Slg d. Stadt; Mönchengladbach, StM Abteiberg; Nordhorn, StG; Saarbrücken, Saarland-Mus.; Stuttgart, Slg DaimlerChrysler; Wien, Artothek d. Bundes; Wien, MMK Stiftung Ludwig – **E:** u. a. 95 Wien, Gal. Trabant; 97 Graz, LM Joanneum; 98 Bregenz, Künstlerhaus Pal. Thurn u. Taxis; Wiesbaden, Nassauischer KV; 98, 00, 01, 04 Köln, Jansen; 99 Nürnberg, KV Dürer-Ges.; 01 Köln, Art Cologne (Förd.koje); 02 Berlin, Künstlerhaus Bethanien; Muttenz, Kunsthaus Baselld; Wien, Mezzanin; 02, 03 Berlin, Jacky Strenz Gall.; 03 Bregenz, Künstlerhaus Pal. Thurn u. Taxis; 03, 05 Dresden, Büro f. Kunst; 04 Düsseldorf, Malkasten; 05 Graz, KV Medienturm; Graz, Gal. u. Ed. Artelier; Saarbrücken, Saarland-Mus.; 06 Otterndorf, MMK/Studio A; München, Friedrich & Ungar – **G:** u. a. 92 Linz, ARS Electronica; 93 Köln, Grunert; 94 Düsseldorf, Slg Brinkmann; 95 Linz, Ars Electronica; 97 Klagenfurt, KH; 99 Bologna, Gall. d'Arte Mod.; Graz, steirischer herbst; 99, 04 Karlsruhe, Center of Art and Media; 99, 01 Wien, Winter; 00 Mönchengladbach, StM Abteiberg; Köln, Art Cologne (10 Years Academy of Media Arts); Innsbruck, Taxis-Pal.; 01 Bregenz, Künstlerhaus Pal. Thurn u. Taxis; Basel, Art Basel (Art Unlimited); Esslingen, StG Villa Merkel (Intern. Photo Trienn.); Oldenburg, Edith-Ruß-Haus f. Medienkunst; Berlin, Kubinski; 02 Mannheim, Knaus; Berlin, DaimlerChrysler Contemp.; Basel, Viper; 03 London, Whitechapel Art Gall.; Detroit/MI, Inst. of Arts; Köln, Mayer; Berlin, Hamburger Bahnhof; Berlin, Jacky Strenz Gall.; Karlsruhe, MCA; 04 Kapstadt, South African NG; Spreewald (XI. Rohkunstbau); Hydra, PREMAcultURE; Kopenhagen, Appendiks; Johannesburg, Mus. Africa; St. Petersburg, Russisches Mus. – **V:** VERÖFF. IN BÜCHERN U. KUNSTKAT.: Ihr Diskurs [M.H.], in: Karl Gerbel u. Peter Weibel (Hrsg.): Mythos Information – Welcome to the Wired World 95; Sein-zum-Bild; Sei(n)-im-Bild, in: Kunst- u. Ausst.halle d. Bundesrepublik Dtld (Hrsg.): Der elektronische Raum – 15 Positionen z. Medienkunst 98; The Rules are no Game, in: Peter Weibel u. Timothy Druckrey (Hrsg.): net_condition – art and global media, Cambridge 00; To be more precise: webcam piracy, ebda; Polke's Pasadena Stones, in: Hans-Jörg Bullinger, Thomas Renner u. Anette Weisbecker (Hrsg.): Net Art Guide, Stuttg. 00; Haeven is Only a Step Away, in: Sabine Schaschl (Hrsg.): .arcadia, Basel 03; M.H., in: Werkstrategien, Mus. Folkwang Essen 03; Algorithmische Revolution. Zur Gesch. d. interaktiven Kunst, Media Mus. Karlsruhe 04; Lichtkunst aus Kunstlicht, Mus. for Contemp. Art Karlsruhe 05; Postmediale Kondition, Neue Gal. am Landesmus. Joanneum Graz 05; 10 YEARS! Galerie Michael Janssen, Köln 05; What doesn't fit, Nunnery Gall. London 05; My Private Idaho, Büro f. Kunst Dresden 05; Austrias, Städt. Gal. Nordhorn 05; Expanded Painting, 2. Prague Biennale, Prag 05; 11th Intern. Festival of Computer Arts (MFRU), Maribor 05; Private/Corporate III, DaimlerChrysler Contemp. Berlin 05; Colours & Trips, Mus. Ratingen 05; Sound Museum, Zerynthia, Rom 05; Colours & Trips, Künstlerhaus Pal. Thurn u. Taxis Bregenz 05; Und es bewegt sich doch! Das Quadrat in Malerei, kinet. Kunst u. Animation, Mus. Ritter Waldenbuch 06; The Sublime is Now, Franz Gertsch Mus. Burgdorf 06; KLF, I-20 Gall. New York 06; Biennale Cuvée, Offenes Kulturhaus Linz 06; Postmediale Kondition, centro Cultural conde duque Madrid 06; Conversation with Art, on Art. Bauhaus to Contemp. Art – DaimlerChrysler Collect., Tokyo Opera City Gall. Tokyo 06; Thomas Locher, 21.10.99–4.12.99, in: Georg Kargl – Fine Arts since 1988, Box since 2005, Wien 06; – BEITR. IN ZTGN U. ZSS: If (Wall = White Cube; Symbolkultur?; 0), If (Wall = Soziale Umraumgestaltung; Symbolkultur?; 0), in: Kunst-Bulletin, Apr. 95; Dass die Basis der Grundrechte auf Gewalt aufbaut, ist ein Skandal, ebda, Dez. 95; Peter Weibel. Der lange Marsch, in: Zyma Art Today 95; Phantasia, in: Parnass 97; Peter Weibel. Vom Outlaw zum Politikum, ebda 99; Vom Maler zum Alchemisten – Sigmar Polke, in: Parnass, Sept./Okt. 99; Tragische Ereignisse, in: Camera Austria Intern. 02; Der Himmel ist nur einen Schritt entfernt, in: Kunstforum Intern. 03; Von der Erdmulde zur Hysterieschüssel I, in: Kunstforum Intern., März-Apr. 04 – ***Lit:*** Thomas Locher: What's that, the signifier?, in: Karl Gerbel u. Peter Weibel (Hrsg.): Mythos Information – Welcome to the Wired World, Wien/New York 95; Söke Dinkla: An interactive environment, in: Ges. d. Freunde d. Neuen Gal. am LM Joanneum (Hrsg.): If (Subject=Virtual Subject; Symbol Culture; 0) [MAOD] No. I (Folder, Graz 97; Daniela Gregori, Cornelia Offergeld u. Wolfgang Posautz (Hrsg.): 3 Wege zum See, KH Klagenfurt 97; Luca Massimo Barbero: Wegweiser durch d. Palais Thurn und Taxis – Über die Beredsamkeit v. Schriften, in: BBK Vorarlbergs (Hrsg.): M.H., Riccardo de Marchi, Ingo Springenschmid 98; Hans-Jörg Bullinger, Thomas Renner u. Anette Weisbecker (Hrsg.): Net Art Guide, Stuttg. 00; Michael Krajewski: Rückkehr zur Kontemplation – M. Krajewski im Gespräch mit M.H., in: Max-Planck-Ges. (Hrsg.): M.H., Polke's Pasadena Stones, München 01; Hans Ullrich Reck: Von d. Beobachtung zu e. medialen Manierismus, ebda; Renate Palmer u. Ursula Diehr (Hrsg.): Art | Unlimited Basel 01; Peter Weibel: Zu: Mit Rothko am anderen Ende der Zeit, in: Renate Wiehager (Hrsg.): Moving Pictures – 5. Intern. Foto-Triennale Esslingen 01; Rosanne Altstatt: Avatars and Others, in: Rosanne Altstatt (Hrsg.): Avatars and Others – Dan Graham, Lynn Hersmann, M.H., Kristin Lucas, Victoria Vesna, Frankfurt/M. 01; dies.: Interview, ebda; Frank Frangenberg: The New Media, The Old Philosophy, in: Gal. Michael Janssen (Hrsg.): M.H., Folder, Köln 01; m. Sabine Schaschl: My Pictures are the Ashes of my Art, in: DaimlerChrysler AG u. Dr. Renate Wiehager (Hrsg.): Private/Corporate – Werke aus der Sammlung DaimlerChrysler u. aus der Sammlung Paul Maenz: Ein Dialog, Berlin 02; Paola Barbara Sega, Maria Grazia Tolomeo (Hrsg.): Ultime generazioni e new media – L'arte europea alla fine del XX secolo, Bologna 02; Kunst- u. Ausst.halle d. BRD (Hrsg.): actionbutton Bonn 03; Gal. Bernhard Knaus (Hrsg.): Reproduktion, Mannheim 03; Oliver Zybok in: bootstrap – Abweichung v. Selbstverständlichen, Diss. RWTH Aachen 03; H.U. Reck: Aspekte e. medialen Manierismus – Ausgehend von M.H.s Installation, in: Kunst als Medientheorie, München 03; ders.: Art Through Media, in: Sabine Schaschl (Hrsg.):

.arcadia, Basel 03; S. Schaschl-Cooper: The Truth and Nothing But the Truth... (Unfinished), ebda; Paolo Bianchi: Only the Image. M.H. Advances a New Form of Mediality, ebda; O. Zybok: Beyond Arcadia, ebda; P. Weibel: Iconoclasm and Data Processes, ebda; Rosanne Altstatt: Softening the Divide, ebda; Renato Barilli: Toward a Virtual World, ebda; Stefano Chiodi: A Certain Idea, ebda; Ulrike Gehring: Augurs of the New Media, ebda; Mus. Folkwang (Hrsg.): Neue Werkstrategien, Essen 03; U. Gehring: Jenseits d. Bilder, in: Take Care of Your Eyes!, Büro f. Kunst Dresden 04; Marc Gisbourne: Ein Haus auf d. Land, in: Arvid Böllert (Hrsg.): Rohkunstbau, Berlin 04; Dimitrios Antonitsis (Hrsg.): PREMAcultURE, Hydra 04; P. Weibel 'Monster d. Moderne', in: BBK Vorarlbergs (Hrsg.): B-Picture, Bregenz 04; Elisabeth Fiedler/Christa Steinle: M.H., in: Postmediale Kondition, Graz 05 u. in: Condicion Postmedia, Madrid 06; O. Zybok: What doesn't fit ... Sven Drühl – M.H. – Stefan Sehler, in: What doesn't fit, London 05; Ralph Melcher: Die Kunstgesch. auf d. Suche nach ihrem größten Sohn – M.H. u. das kabellose Netzwerk d. künstler. Medien, in: M.H. – Soziales Interesse ist eigentlich auch vorhanden 05; Marc Gisbourne: As Things 'Take Flight'. Some Phenomenological Aspects of the Work of M.H., ebda; Claudia Seidel: Anyone Classic, in: 11th Intern. Festival of Computer Arts, Ljubljana 05; dies.: M.H., in: Private/Corporate III 05; O. Zybok: Die Allgegenwärtigkeit d. Aktualität, in: Colour and Trips 05; Martin Sturm: M.H., in: biennale cuvée – Weltauswahl d. Gegenwartskunst 06; Harald Fricke: Unentwegt ähnlich – Realität u. Abweichung in d. Kunst v. M.H., in: austrias – Alois Mosbacher, M.H., Clemens Krauss 06; Roland Nachtigäller: Zur Ausstellung, ebda; art:phalanx: M.H., in: art catalogue, Wien 06; Reinhard Spieler: Grenzgänge d. Wahrnehmung – Mark Rothko, James Turell, M.H., in: the sublime is now – das erhabene in d. zeitgenöss. kunst, Bern 06; – ART. IN ZTGN U. ZSS. u. a.: Nikolaus Tschernow: Surrealismus d. Gegenwart, in: Wiesbadener Tagbl. – Feuill. 30.5.98; Britta Schmid: Bewegung im virtuellen Raum, in: Frankfurter Allg. Ztg 17.6.98; Dorothee Baer-Bogenschütz: Der Stuhl als Bild u. Abbild, in: Wiesbadener Kurier 17.6.98; Thomas Donga: Gefährliche Schrift, in: Stadt Revue – Kölns Stadtillustr., Aug. 98; F. Frangenberg: Von Pinseltänzern u. Computern, in: Kölner Stadt-Anzeiger 1/2.8.98; Heike Tekampe: The Rules are no Game – The Next Generation, in: Kunstforum Intern., Okt.-Dez. 98; dies.: Aristoteles bei Lichte betrachtet – Arbeiten v. M.H. in Bregenz, in: Neue Bildende Kunst, Dez. 98-Jan. 99; Renato Barilli (Hrsg.): Officina Europa – Rete Emilia Romagna, Mailand 99; Michael Becker: Virtuelles Puzzle mit Pollocks Nummer 32, in: Nürnberger Nachrichten 17.2.99; Birgit Ruf: Netz-Kunst, in: Nürnberger Ztg 17.2.99; Ute Maucher: Gedanken über Sein u. Schein, in: Abendztg Nürnberg 26.2.99; Friedrich Josef Bröder: In virtuellen Welten verfangen, in: Main-Echo 27.2.99; F. Frangenberg: Gespräche m. Künstlern – Noch einmal: Was heißt Medienkunst?, in: Kunstforum Intern., Mai/Juni 99; Ann-Kathrin Schlote: Von Pollocks Gemälde direkt ins Internet – Im Karlsruher Zentrum f. Kunst u. Medientechnologie (ZKM) reflektiert e. Ausst. Kunst u. Politik im Online-Universum, in: Saarbrücker Ztg 15.10.99; Jürgen Berger: Learning by Surfing, in: Die Tagesztg 16.10.99; S. Schaschl: Tu felix Histyria – der steirische herbst 99, in: Eikon, Dez. 99-Feb. 00; Claudia Reischauer: Schrille Werke – Künstler schaffen bunte Galerien u. gewagte Installationen. Deutsche Mäzene sind noch skeptisch., in: Wirtschaftswoche 24.2.00; H. Tekampe: Hinter der Lüge – Zu M.H., in: Parnass, Mai-Aug. 00; F. Frangenberg: Auf den Spuren v. Polkes ðPasadenaÐ – M.H. paart die klass. Kunst d. Bilder mit d. virtuellen Kunst d. Netze, in: Kölner Stadt-Anzeiger 31.5.00; Forum, in: Camera Austria Intern. 73/01; Marta Massaioli: M.H. Polke's Pasadena Stones – Art Basel Unlimited, in: Crudelia?, Okt.-Dez. 01; Ferial Kasmai: Art Cologne, in: Circa, Dez. 01; S. Schaschl: Die Wahrheit u. nichts als die Wahrheit, in: Camera Austria Intern. 78/02; dies.: Im Freiflug nach Arkadien – M.H.s medialer Manierismus, in: Parnass, März/Apr. 02; Karen Gerig: Hinterlistige Flecken, in: Basler Ztg 17.10.02; M. Krajewski: M.H. im Kunsthaus Baselland, in: Das Kunst-Bulletin, Nov. 02; Claudia Seidel: Truth – Contradiction – Lies, in: New York Arts Mag., Dez. 02; O. Zybok: M.H., in: Artist Kunstmag., Jan.-Apr. 04; Narvika Bovcon/Aleš Vaupotič: Črna škatla je slikarsko orodje, in: Ampak, Okt. 05; Roland Nachtigäller: austrias, in: schön Nr.9 05; ders.: austrias – Alois Mosbacher, M.H., Clemens Krauss, in: Punkt. Kunst im Nordwesten, Sept.-Nov. 05; Silke Immenga: M.H. – Ironie als Waffe, in: Parnass, Mai-Aug. 05; O. Zybok: Zur Aktualität d. Idyllischen, in: Kunstforum Intern., Feb.-Apr. 06 – ***LitR:*** Christoph Blase: Huemers ðLetzte MeldungÐ, in: http://blitzreview.thing.at/blitzreview/b-92.html 95; Jürgen Berger: Learning by Surfing, in: www.taz.de/tpl/00/01/14.fr/serviceBox?cont=/tpl/00/01/14.fr/searchBox, 16.10.99; Seth Thomsen: Polke's Pasadena Stones, in: www.wigged.net, Dez. 00; Rainer Metzger: Höhere Wesen, unvollendet, in: Artmagazine, http://artmagazine.cc/content.php3?objectid=2757&feaausgabeid=1&templateid=28&classid=5&rubrikid=49, 6.2.02; Claudia Seidel: .arcadia – Markus Huemer im Kunsthaus Baselland, in: Kunsttermine.de, Aug./Sept./Nov. 02; Sven Drühl: Das blaue Nichts u. doch was, in: http://blitzreview.de/b-802.html, Jan. 02

Huemer, Peter, Dipl. Graphiker, freischaffender Künstler; Fichtenstr. 11, A-4061 Pasching, Tel. u. Fax (0 72 29) 7 20 66, *p.huemer@aonmail.at* (* Linz 7. 6. 52) – **VG:** Linz, Maerz; Leonding, Gal. AG – **S:** 68–72 KHS Linz (Meisterkl. freie Graph. b. Prof. Alfons Ortner) – **L:** 94, 97 Kunstuniv. Linz (Copy-Workshop); 01 Kunstuniv. Linz, Inst. f. Kunst u. Kult.wiss. (LAuftr. Intermediäres Labor) – **P:** ÖBB-Pr.-Kunstschule Linz; Ernst Korf Anerkennungspr. 73; Talentförd.pr. d. Ldes ObÖst. 77; Theodor-Körner-Pr. 78; Portr.pr. d. Ldes ObÖst. 79 – **Ve:** Künstlerver. Maerz 75; IG Bild. Kunst seit 74 – **G/T:** Graph. u. Druckgraph., Malerei, Medium Fotogr., Fotogr., Ldschafts- u. Städteansichten, Schwerpunkt: Reise – **M:** Cuenca, Mus. Intern. de Electrografia; Lendava, Galerija-Muzej Lendava; Leverkusen, Bayer Kult.; Linz, LG; Linz, Nordico-Mus.; Wels, SM; Wien, Albertina Graph. Slg – **Ö:** Linz-Auwiesen, Kirche Marcel Callo; Pasching, RH – **E:** u. a. 78 Wien, Hilger; 79 Linz, Maerz; 83 Graz, Minoriten Gal.; Salzburg, Welz; 84 Wels, Gal. d. Stadt Wels; 89 Wien, Neue Gal.; 90 Leverkusen, Gal. am Werk; 95 Montreal, Centre Copie-Art, Gal. Arts Technologiques; 96 Wels, Gal. AA; 02 Schärding, Tumler – **G:** u. a. 92 Moskau, Kaunas, Vilnius, Grenzgänger; 93 Ingolstadt, SM; 94 Linz, Oböst. LG; 95 Perth, Inst. of Contemp. Arts; 96 Linz, Maerz; 97 Gmunden, Schloß Orth; Tilburg, Mus. Scryption; 98 Grenchen, Kunsthaus; 99 Linz, Kunstuniv.; Moskau, Große Manege; 00 Linz, Maerz – **V:** u. a. in: Facetten, Lit. Jb. (Bildbeitr.) 83; Peter Kraft: Künstlerporträt, Kult.Zs 90; Stephanie Haslinger-Schulz: Künstlerporträt 92; Zwischenbilder. Zwischenräume, Kat. (Text- u. Bildbeitr.) 94; Copy-Book-Art int., Kat. (Text- u. Bildbeitr.) 96 – ***Lit:*** Peter Kraft: P. H. Von den Inseln, Kat. 90; Carl Aigner u. P.

H. (Text): P. H. Image in Motion. Arbeiten mit dem Medium Fotokopie 1987–2002, Monogr. 02; Kopiegraphie. Eine Belichtung österreichweit, Kat. (Text- u. Bildbeitr.) 90; Elektrografie. Analoge und digitale Bilder 94 – ***LitR:*** Traute Hansen: Kurzporträt, in: Künstlerlexikon (ORF) 92 – (Red.)

Hüppi, Alfonso, Prof., Maler, Graphiker, Objektkünstler; Sandgasse 2, D-76534 Baden-Baden, Tel. (0 72 21) 7 28 20, Fax 7 28 61, *alfonsohueppi@freenet.de* (* Freiburg/Br. 11. 2. 35) – **VG:** Wichtrach, Henze & Ketterer – **S:** Silberschmiedelehre in Luzern; 54–61 Kunst- u. Werkschule Pforzheim; HBK Hamburg – **L:** 61–64 HBK Hamburg (LBeauftr. f. Kalligraphie u. Malerei); 74–99 KA Düsseldorf (Prof. f. Malerei) – **P:** Kunstpr. Berlin 74; Hans-Thoma-Pr. 97 – **Ve:** AK Berlin 93 – **KGe:** Zus.arb. m. Erwin Gebert (seit 98 gemeinsames Mus.projekt 'Etaneno – Mus. im Busch' b. Otjiwarongo/Namibia) – **G/T:** Malerei, Zeichn., Aqu., Plast. (u. a. Bronze, Marmor, Eisen), Wandbild, Kunst am Bau, Install. (Holz), Buchill. – **M:** u. a. Berlin, DaimlerChrysler Contemp.; Bonn, KM; Dortmund, Mus. am Ostwall; Freiburg im Breisgau, Mus. f. Neue Kunst; Hamburg, KH; Mönchengladbach, StM Abteiberg; Ulm, Ulmer Mus.; Winterthur, KM – **E:** zahlr. Einzelausst. seit 65, zuletzt 90 Göppingen, StG; 91 Dortmund, Mus. am Ostwall; 92 Baden-Baden, SKH; Zürich, Bollag; 93, 02 Wichtrach, Henze & Ketterer; 97 Solothurn, KM; Bernau/Kr. Waldshut, Thoma-Mus.; 98 Düsseldorf, Mayer; Lindau, Wullkopf; 02 Berlin, AK; Wichtrach, Henze & Ketterer; 03 Pforzheim, Pforzheim-Gal. – **G:** zahlr. Ausst.bet. – ***Lit:*** BLSK 98; Reclams Künstlerlex. 02; Schweers 02 – (Red.)

Hüppi, Johannes, Maler; lebt in Basel, *johannes@hueppi.de*, *www.hueppi.de* (* Baden-Baden 31. 3. 65) – **VG:** Ettlingen, Weigand; Stuttgart, manus presse – **S:** 84–90 KA Düsseldorf (b. Prof. F. Schwegler u. Prof. D. Krieg, Meisterschüler) – **P:** Kiefer-Hablitzel-Pr. 92, 93, 94; Stip. d. Kunststift. BW 95; Roy Lichtenstein-Pr. d. Kunstfonds Bonn 97; Pr. d. Kuratoriums d. Mannheimer KV 98 – **W:** Ankäufe u. a. durch d. Ldesbank BW, d. Dt. Bank AG Frankfurt am Main u. d. Kr.spk. Reutlingen, sowie für d. Slg d. Bundes (Bonn) – **M:** Aachen, Ludwig Forum; Duisburg, Slg König Pils; Frankfurt am Main, MMK; Freiburg im Breisgau, Mus. f. Neue Kunst; Recklinghausen, StKH; Ulm, Ulmer Mus. – **Ö:** Ludwigsburg, RH (Deckenbild) – **E:** u. a. 92, 98, 00 Stuttgart, manus presse; 95 Köln, Art Cologne (Förd.koje); 96, 98 Ettlingen, Weigand (vormals Schneider); 97 Aachen, Ludwig Forum; Frankfurt am Main, Hübner; 99 Köln, Rehbein; Ulm, Ulmer Mus.; 01 Düsseldorf, Cosar; Basel, Littmann; 02 Mönchengladbach, Löhrl; 03 München, Hermeyer – **G:** u. a. 91 Frankfurt am Main, Gierig; 96 Karlsruhe, Kunststift. BW; Mannheim, KV; Freiburg im Breisgau, Mus. für Neue Kunst; 97 Solothurn, KM; 98 Frankfurt am Main, MMK; 00 Brunssum, Art Graphique; 01 Ettlingen, Weigand (vormals Schneider) – ***Lit:*** BLSK 98; Schweers 02 – (Red.)

Hüppi, Thaddäus; *t.hueppi@freenet.de*, *www.thaddaeus-hueppi.de* (* Hamburg 23. 5. 63) – **VG:** Wichtrach, Henze & Ketterer; Ettlingen, Weigand; München, Wittenbrink – **S:** 80–86 Ausb. z. Bau- u. Möbeltischler in Freiburg/Br., Genf u. Berlin; 86–91 HBK Hamburg u. Städelschule Frankfurt am Main – **P:** Kunstpr. d. Stadt Baden-Baden 00; Stift. Kunstfonds – Arb.stip. 02–03; Kunstpr. d. Stadt Bühl 05 – **G/T:** Install.; Zchng; Skulpt. – **M:** Baden-Baden, SKH; Freiburg im Breisgau, Mus. f. Neue Kunst; Solothurn, KM – **Ö:** Dortmund, Brunnen; Ludwigsburg, Objekt f. Schule; München, Berufsschule (Bronzefiguren); Rheinfelden, Zollstation; Würzburg, Landgericht (Bronzeplastik) – **E:** 94 Hamburg, Westwerk; 97 Aachen, KV (m. Stephan Balkenhol, Kat.); 00 Baden-Baden, 'Stadtpreis Baden-Baden' (Kat.); Düsseldorf, Cosar; 01, 03 Berlin, Gal. WBD; 02 Neustadt an d. Weinstraße, Gal. Hofmann; 03 Bonn, Kunstfonds (Kat.); Ettlingen, Weigand (vormals Schneider); 04 München, Wittenbrink; Stuttgart, BW Bank; Freiburg im Breisgau, Urachstrasse (Skulpt. im öff. Raum); Staufen, Gal. Fluchtstab; 05 Bühl, Friedrichsbau (Kat.) – **G:** zahlr. seit 89, u. a. 93 Hamburg, Sprinkenhof u. Malmö, KM: Malerei 2000 (Kat.); Hagen, Karl-Ernst-Osthaus-Mus.: Sechs Namen u. Picasso; 96 Freiburg im Breisgau, Mus. f. Neue Kunst: 4 Hüppi (Kat.); 99 Baden-Baden, KH: Compact; 00 Baden-Baden, Freunde junger Kunst: Kunstknast (Kat.); 01 Palermo, Cantierti Culturali alla Zisa (Kat.); Stettin, 'Stygmaty' (Kat.); 02 Baden-Baden, KH: Schwarzwaldhochstraße (Kat.); 03 Graz, Lendl: Pocket (Kat.); 04 Berlin, Gal. WBD: 4 Jahre WBD (Kat.); 05 Karlsruhe, StG: 50 Jahre Künstlerbund Bad.-Württ. (Kat.)

Hürlimann, Manfred, Akad. Maler; Krugstr. 12, D-90419 Nürnberg, Tel. (09 11) 39 08 88, 33 84 07 (* Oberstaufen 29. 9. 58) – **VG:** Nürnberg, Kistner – **S:** 80–86 ABK Nürnberg (Malerei b. Prof. Voglsamer, Meisterschüler) – **P:** Stip. d. Sommerakad. Salzburg 84; Debütantenpr. d. Bay. Min. f. Kult. u. Wiss. 88; Kunstpr. d. Bezirkes Mittelfranken 92 – **Ve:** KV Schwabach 86; BBK Nürnberg 86 – **G/T:** Malerei (figürlich, Portr., Akt, Acryl); Zeichn. – **W:** überw. in Privatbes. u. in Mittelfranken, Ansbach – **M:** Kronach, Fränkische Gal.; München, Bay. Staatsgemäldeslgn – **Ö:** Nürnberg, RH; Rastatt, Maquet; Tübingen, Reg.präsidium – **E:** 88 Nürnberg, Albrecht-Dürer-Ges.; 94 Nürnberg, Germanisches NM; 99 Leipzig, Peterskirche; 03 Coburg, KV – **G:** zahlr. Ausst.bet. seit 86 in München, Haus d. Kunst; – weitere: 92 Nürnberg-Stein; 99, 01, 03 Schwabach, Ortung – ***Lit:*** Claus Pese: M. H. Leere, Tod und Leben 99; M. H. Menschen und Mythen 03 – ***LitR:*** Metamorphose (Atelierbesuch b. M. H.), Fs.-Beitr. (Bay. RF) 01 – (Red.)

Hütte, Axel, Fotograf; Hansaallee 11A, D-40549 Düsseldorf, Tel. (02 11) 55 56 96 (* Essen 51) – **VG:** Frankfurt am Main, Tolksdorf; München, Friedrich & Ungar – **S:** 73–81 KA Düsseldorf (b. B. Becher) – **P:** DAAD-Stip. (f. London) 82; Stip. f. d. Dt. Studienzentrum in Venedig 85; Karl-Schmidt-Rottluff-Stip. 86–88; Hermann Claasen-Pr. 93 – **E:** u. a. 00 Kleve, Mus. Kurhaus; 01 Berlin, Hetzler; 04 Madrid, MNCARS – **G:** u. a. 02 Berlin, Fahnemann; Chicago, Art; 03 Mannheim, Knaus – **V:** u. a. Italien, Kat. 93; London, Kat. 93; A. H. – Theorea, Kat. 97; A. H. u. C. Notteboom: Kontinente. Fotografien und Texte 00; As Dark as Light. 16 Nachtstücke, Kat. 01 – (Red.)

Hüttengrund, Siegfried-Otto, Maler, Graphiker; Bachstr. 24, D-09337 Bernsdorf/Hermsdorf, Tel. u. Fax (0 37 23) 36 25 (* Hohenstein-Ernstthal 51) – **VG:** Dresden, Gal. am Blauen Wunder; Saalfeld, Saale-Gal. – **S:** 76–79 HBK Dresden – **P:** Agricola-Pr. d. Stadt Glauchau 92, 94, 96; The Best of Printmaking-Award Massachusetts/USA 97; Pr. d. Lit.mus. Warschau 98; Intern. Design-Wettb. f. Völkerverbindung (1. Pr.) 02 – **Ve:** VBK DDR 85; SKB 90; CKB 90 – **M:** u. a. Dresden, Kpst.-Kab.; Düsseldorf, Heinrich Heine-Univ.; Kairo, Universal Graphic Mus.; Köln, Mus. Ludwig – **E:** seit 72, u. a. 92 Hinterglauchau, Schloß; 93 Leichlingen, Haus Vorst Leichlingen (m. C. Lang u. L. Kittelmann); KV Neckar-Odenwald; 98 Dessau, Fürst-Leopold-Carrè; 04 Zwickau, Gal. am Domhof; Dresden, Gal. am Damm – **G:** u. a. 85 100 ausgewählte Graph.; 86 Budapest, Art of today 1; 87 Budapest, Art of today 2; 88 Bristol, Making links; 89 Weimar, Quadrienn.

d. Handzchngn Ostdtlds; 91 Chemnitz, Neue Sä. Gal.; 91–92 Fredrikstad, Norsk Intern. Grafikk Trienn.; 93 Maastricht, Intern. Graph.-Bienn.; Frechen, Intern. Jubiläums-Graph.-Trienn. – **V:** Regina Röhner: Annas Geheimnis (Ill.) 03 – (Red.)

Hüttermann, Birgitta, Textilgestalterin; Lagerstr. 22, D-66424 Homburg/Saar, Tel. u. Fax (0 68 41) 1 28 17. 3, rue des Vieilles Fontaines, F-89270 Sacy/Yonne, Tel. 3 86 81 66 18 (* Karlsruhe 8. 10. 46) – **S:** Autodidaktin – **L:** 75–85 VHS Regensburg (Doz. f. Batik) – **Ve:** BBK Bay. 79–00; BBK Saarland 01; BK 87; Saarländisches Künstlerhaus 93 (seit 04 im Vorstand) – **G/T:** textile Arb. (u. a. Wandobjekt, eigene Textil-Wachstechnik); handgeschöpftes Papier – **K:** kreative Fasern (Arb. aus handgeschöpftem Papier u. Textil) – **Ö:** Homburg/Saar, Frauenklinik; ebda, Univ.klinik Rechenzentrum; Landshut, Ev. Altenheim; ebda, Carl-Orff-Grundschule – **E:** u. a. in Regensburg, München-Gräfelfing, Landshut, Saarbrücken, Homburg/Saar, Speyer, Jena, Bonn, Vezelay, St. Ingbert, Püttlingen – **G:** u. a. BBK-Ausst. in Regensburg u. Saarbrücken, Wettb. in Schwäbisch-Gmünd, Anchor Wettb. in Holl., Luxemburg u. England; – weitere: Metz, Arsenal; Brüssel, Haus d. Handwerks; Bonn, Ldesvertretung Saarland

Hugentobler, Jürg; Weiherweg 4, CH-4500 Solothurn, Tel. 03 26 23 55 27 (* 10. 12. 55) – **S:** 91–94 Schule f. Gest. Basel (Fachkl. f. räuml. Kunst) – **P:** Vogt-Schild-Förd.pr. 96; Werkjahr d. Kt. Solothurn 00; Förd.pr. Regiobank Solothurn 02 – **W:** ÖFF. ANKÄUFE: Kunstkredit Basel u. Baselld, Kt. Solothurn, Walter Borrer-Stift. Solothurn, KV Basel – **M:** Basel, KH; Solothurn, KM – **E:** 90 Solothurn, Raum f. Kunst; 96 Solothurn, Konsumbäckerei; 97, 04 Bern, Kunstkeller; 99 Basel, Kaskadenkondensator; 03 Lausanne, Espace abstr.; Kreuzlingen, Kunstraum; 04 Solothurn, KM (Kat.) – **G:** u. a. 93, 97, 98 Basel, KH: Jahresausst.; 94 Basel, Missionsstr.: Deadline; 97 Binningen, Parzelle f. junge Kunst; 97, 98 Muttenz, Selection; 98 Reykjavík, Nýlistasafnið – Living AM; Budapest, StG: Exchange Shed im Eisenwerk; 98, 99 Bern, Kunstkeller; 98 (Jahresportr. im Kab.), 01 (Analog-Dialog, Kat.) Solothurn, KM; 99 Solothurn, Konsumbäckerei: Chambresville (Kat.); 01 New York, Anthology Film Arch.: Drei S8-Filme. Swiss Direkt; Moutier, Mus. jurassien des Beaux-Arts: Analog-Dialog (Kat.); Amsterdam, Smart Project Space; 03 Môtiers, Art en plein air; 05 Solothurn, Schloß Waldegg: En Plein Air – ***Lit:*** Im Sucher. zeitgen. Fotogr. in Privatslgn (KV Solothurn) 02; Matthieu Jaccard: Archit. et Photogr., In: Tracés, 1 02; ders.: Le Jeu des Apparences, In: Abstract, 11 03

Huhle, Achim, Impulsmaler; Peter-Michels-Str. 3, D-50827 Köln, Fax /Sprachnachrichten: 01 80 59 99 98 60 38 91, *darktime666@freenet.de*, *www.people.freenet.de/Achim-Huhle-Impulsmaler* (* Gelsenkirchen 20. 4. 52) – **Ve:** BBK Köln seit ca. 87 – **KGr:** HONIGROSENDÄMMERUNG (offene Aktivitäten seit 88) – **Ö:** Köln, 'Stigmata ' Studio; Much, Mus. 'GLAUB' – **E:** 80er Jahre: Köln, Lunatic Gal.; Köln-Rodenkirchen, Bezirkshaus; 80er u. 90er Jahre: Köln, Shab; 90er Jahre: Köln, Theater Der Keller; Köln, Bühne 48; Köln, Horizont Theater; Köln, 'Pick Up' Film u. Medienproduktion; Köln, Gal. im Belgischen V.; Köln, La Danza – sowie Dauerpräsentation in Köln, Berg's Factory – **G:** Präsentation d. Ausst. Bezirks-RH Rodenkirchen, in: 'Aktuelle Stunde' (WDR) 85

Huidobro, Martin, Objektemacher; Duisburger Str. 19a, D-40477 Düsseldorf, *mail@martinhuidobro.de*, *www.martinhuidobro.de* (* Aachen 4. 7. 72) – **VG:** Düsseldorf, Strelow – **S:** 94–01 KA Düsseldorf (Meisterschüler b. Prof. Fritz Schwegler) – **P:** u. a. Förd.koje Art Cologne 02; Kunst In Het Blijdensteinpark Enschede/Niederl. 05 – **E:** seit 01, zuletzt 04 Düsseldorf, Strelow; Thun, Gunten; 05 Aachen, Mehrwert e.V.; Enschede, Villa De Bank – **G:** zahlr. Bet. seit 99, zuletzt 05 Ravensburg, StG; Stuttgart, Gal.ver. Leonberg; 06 Düsseldorf, Laden – ***Lit:*** AUSST.KAT.: Stefanie Dathe: Sachgemäß 05; Gemeente Enschede: Variante Alta 05

Huisken, Dirk; Reuterweg 2, D-29229 Celle, Tel. (0 51 41) 3 22 91 – **G/T:** Malerei – (Red.)

Hula, Gottfried, Mag., akad. Maler; Grabnergasse 15/3/22, A-1060 Wien, Tel. u. Fax (01) 5 97 39 69, *gottfried@hula.at*, *www.hula.at* (* Wien 5. 1. 41) – **VG:** St. Pölten, Maringer – **S:** 59–63 ABK Wien (Meisterkl. f. Malerei Prof. Franz Elsner) – **L:** 65–83 ABK Wien (LBeauftr. bzw. HSAss. f. Malerei) – **P:** Silberne Fügermed. 60; Meisterschulpr. 61; Abgangspr. 63 – **G/T:** vorw. Sakralmalerei (Antlitz Christi); Ölmalerei (Lsch., Tier, Stilleben, Akt) – **W:** überw. in Privatbes. – **M:** Wien, ABK/Kpst.kab; Wien, Albertina (Graph. Slg); Wien, Mus. f. Völkerkunde – **Ö:** Paudorf b. Krems, Pfarrkirche (Fastenkreuz); Wien, Curhaus d. Stephansdomes (Auferstehungskreuz); Wien, 7. Bezirk, Ev. Auferstehungskirche (10tlg. Christus-Zyklus); Wien, Stephansdom (Glasfenster d. Eligiuskapelle) – **E:** 79 Innsbruck, Ynsprugger Wkst.; 80 Wien, Gal. 5 x Art; 82 Mödling, Gal. Arcade; 98 Graz, Salvatoregal.; 99 Graz, Künstlerhaus; 02 St. Pölten, Maringer – **G:** 65 Wien, Künstlerhaus; 66 Wien, Secession; 75 Wien, ABK; 83 Wien, RH: ARS SACRA; 97 Wien, Dom- u. Diözesanmus.; 00 Hamburg, Dt. Katholikentag; 01 Luxemburg, SIAC – **V:** Christusbilder v. G.H. 02 – ***Lit:*** über 70 Veröff. in Ztgn, Kat. u. Jahrbüchern (z.T. Titelseite)

†**Hultzsch,** Edith (verh. Edith Panzerbieter), Malerin; lebte in Erkrath (* Berlin 17. 1. 08, † Erkrath-Hochdahl 20. 4. 06) – **S:** 28–32 HBK Berlin (b. den Prof. Orlik u. Meid) – **L:** 55–58 VHS u. WerkKS Düsseldorf (Akt- u. Portr.zchng) – **P:** Künstlerwettb. d. Fiesta in Pamplona (1. Pr.) 81; Kunst-am-Bau-Wettb. (mehrere Pr.) – **G/T:** Pinselzchngn, Gouachen u. Ölbilder – Schwerpunkt: Darst. schneller Bewegung in Sport, Tanz u. v. a. Stierkampf (in Spanien u. Nordfrkr.) – **W:** überw. in Privatbes. – **M:** Dortmund, Mus. am Ostwall – **Ö:** Brunnen, Betonglasfenster, Mosaiken u. Wandgest. in vielen öff. Gebäuden v. NRW u. Rh.-Pf. – **E:** zahlr. m. d. Themen Stierkampf u. Sport zw. 48–89 in Dtld, Frkr., Spanien, Portugal, Niederl., Belgien, Öst. u. Argentinien – **V:** Sport und Kunst, Bildbd (m. 22 Pinselzchngn) 72 – ***Lit:*** de.wikipedia.org/wiki/Edith_Hultzsch – ***LitR:*** Kurzfilm d. WDR Köln über d. Arb. im Atelier u. in d. SportHS Köln 74

Humerose, Alan, Fotograf; c/o Centre de la Photographie Geneve, 16, rue du General-Dufour, CH-1204 Genf, Tel. u. Fax 02 23 29 28 35, *cenphoto@worldcom.ch*, *www.backlight.fi/uk/humeinfo.htm* (* Courrox 8. 3. 56) – **E:** u. a. 01 Lausanne, Mus. de l'Elysée; 02 Genf, Centre pour l'Image Contemp. St-Gervais – ***Lit:*** BLSK 98 – (Red.)

Hummel, Cécile, Zeichnerin; Steinengraben 14, CH-4051 Basel, Tel. 0 612 72 49 52 (* Gottlieben 62) – **S:** 82–86 Höhere Schule f. Gest. Basel – **P:** u. a. Cité Intern. d. Arts Paris 88; Basler Künstlerstip. 89, 94, 99; Förderpr. d. Stift. f. d. graph. Kunst in d. Schweiz 02 – **E:** seit 88, u. a. 95 Augsburg, Oberländer; St. Gallen, KH; 01 Aarau, Staffelbach; 03 Basel, Linder; 05 Warth, KM d. Kt. Thurgau – **G:** u. a. 90 Basel, Mustermesse; 99 Basel, KH; 00 Muttenz, Kunsthaus Baselld – (Red.)

Hummel, Doris (geb. Doris Bosshard), Kunstschaffende; Atelier: Solothurnerstr. 11, CH-4053 Basel, Tel. 0 793 81 39 64. Hauptstr. 64, CH-4142 Münchenstein,

Tel. u. Fax 0614 11 30 68 (* Luzern 8. 2. 44) – **VG:** Allschwil, Aphold – **S:** 60–63 Schule f. Gest. Basel (Textilfachkl.) – **G/T:** Malerei, Objekt (u. a. Buchobjekt), Rad., Ill., – **W:** überw. in Privatbes. – **Ö:** Basel, Kunstkredit – **E:** in div. privaten Ausst.räumen, u. a. 96 Ausst.raum Susanne Wyttenbach; 00 Basel, Büchermarkt d. Basler Antiquare – **G:** 91 Basel, Jahresausst. d. Basler Künstler; 02 Basel (Künstlerb.); 03 Basel (Grundeldinger Künstler) – **V:** S Märli vo de drey Seyli, Bilderb. 77 – ***Lit:*** in: Lexikon der Schweizer Bilderbuchillustratoren; in: Verzeichnis der Schweizer Exlibriskünstler – (Red.)

Hund, Hans-Peter, Maler, Graphiker; Albert-Kuntz-Str. 1, D-04808 Wurzen (* Wurzen 26. 10. 40) – **VG:** Leipzig, Gal. am Sachsenplatz – **S:** 55–58 Lehre als Dekorationsmaler; 59–62 FS f. angew. Kunst Potsdam – **P:** Gellert-Pr., Kunstpr. d. Landkr. Delitzsch 02 – **Ve:** VBK DDR 65–90; BBKL 90 – **M:** Altenburg, Lindenau-Mus.; Berlin, NG; Chemnitz, KS; Dresden, Kpst.-Kab.; Erfurt, Anger-Mus.; Frankfurt/Oder, Mus. Junge Kunst; Gera, KS; Halle/Saale, Staatl. Gal. Moritzburg; Jena, KS; Leipzig, Gal. Hotel Leipziger Hof; Leipzig, MBK; Neubrandenburg, KS; Rostock, KH – **E:** u. a. 80, 05 Leipzig, Gal. am Sachsenplatz; 81 Wurzen, Rat d. Stadt (Kat.); 90 Mol/Belgien, Jakob Smits-Mus. (Faltblatt); 90–91 Leipzig, MBK (Retr., Kat.); 93 Leipzig, Alte Leipziger Lebensversicherungsges. (Kat.); 94 Frankfurt am Main, Fischer; 05 Magdeburg, Gal. Himmelreich – **G:** zahlr., u. a. ab 65 Leipzig, sämtl. Bez.kunstausst.; ab 67 Dresden, sämtl. Kunstausst. d. DDR; 75 Bytom, Mus.; 76 Prag, NG; 81 Gent, Mus. van Hedendaagse Kunst: Das Aqu. in d. Kunst d. DDR; 92–93 Österreich u. Italien, Wander-Ausst. 'Dagegen – Verbotene Ostkunst'; 93 Villefranche, Citadelle, Salon; 94 Dresden, Schloß; Brüssel, 'Künstler aus Sachsen'; 97 Nürnberg, Germanisches NM; Leipzig, MBK: Lust u. Last; 02 Wurzen, StG – ***Lit:*** u. a. Gerd Seidel: H.-P.H., Künstlermonogr. 77; Günter Meißner: Leipziger Künstler d. Gegenwart 77; Lothar Lang: Malerei u. Graphik in d. DDR 78; Dieter Gleisberg: H.-P.H. Aquarelle u. Handzeichnungen 93; Bildende Künstler in Leipzig 06 – (Red.)

Huneke, Helena, Malerin, Installationskünstlerin; c/o Berlin, Maschenmode (* 67) – **VG:** Berlin, Baudach – **S:** 88–95 HBK Hamburg – **KGr:** Akademie Isotrop (96–00) – **E:** zuletzt u. a. 02 Hamburg, Salon de Thé; 03 Brünn, Gal. Na Bidylku; 04 Hamburg, AST Atelier – **G:** u. a. 00 Wien, Krinzinger; 02 Berlin, Maschenmode; 03 New York, Greene Naftali Gall.; Oldenburg, KV – (Red.)

Huneke, Klaus; Moltkestr. 24, D-32756 Detmold, Tel. (0 52 31) 3 86 12, Fax 5 01 61, *art@klaushuneke.de*, *www.klaushuneke.de* – **G/T:** Bildhauerei, Malerei, Graph., Fotogr. – (Red.)

Huniat, Günther, Maler, Graphiker, Bildhauer; Atelier: Arnoldstr. 23 (Eingang Holzhäuser Str. 73), D-04299 Leipzig, Tel. (03 41) 8 61 75 29 (* Thammühl/Böhmen 23. 9. 39) – **S:** 65–68 Stud. Sozialpädagogik in Ludwigsfelde; als Künstler Autodidakt, freischaff. ab 73 – **Ve:** VBK DDR 73–90; BBKL 90; Freiluftgal. Stötteritz 90; 1. Leipziger Autorengal. 94 – **G/T:** Malerei (Acryl, Aqu.), Hschn., Zchng, Collage; Objekte; Stein- u. Holzskulpt.; baugebundene Kunst – **M:** Altenburg, Lindenau-Mus.; Bergen/Rügen, Kulturstift.; Berlin, NG; Dresden, Kpst.-Kab.; Halle/Saale, Staatl. Gal. Moritzburg; Leipzig, Dresdner Bank am Augustusplatz; Leipzig, KH Spk.; Leipzig, MBK; Nürnberg, Slg d. Handzeichn. – **Ö:** u. a. Espenhain, Gemeindeamt (Skulpt. u. Bleiverglasung); Gatersleben, Inst. f. Pflanzengenetik u. Kulturpflanzenforsch. – **E:** ca. 50 Einzelausst. in Berlin, Chemnitz, Dresden, Halle/Saale, Hanau, Köln, Leipzig u. Zwickau, u. a. 74 Karl-Marx-Stadt, Gal. Oben; 74, 91 Leipzig, Gal. Wort und Werk; 92 Leipzig, Ring-Gal.; 96 Leipzig, Gal. Süd; 02 Berlin, Bremer – **G:** u. a. jährl. seit 80 Leipzig, Freiluftgal. Stötteritz; 84 Leipzig, 1. Leipziger Herbstsalon; 97 Berlin, DHM: Boheme u. Diktatur in d. DDR; 01 Leipzig, 'Wegzeichen III'; – sowie: Kraków, Bienn.; Ravenna, Kleinplastik-Bienn. – ***Lit:*** Günter Meißner: Leipziger Künstler d. Gegenwart 77; Wolfgang Hütt: Grafik in d. DDR 79; Karin Thomas: Die Malerei in d. DDR 1949–1979 80; Künstlerische Druckgrafik in d. DDR, Slg Schreiner 86; Werk deiner Hände. Plastik aus d. DDR im Dialog mit d. Bibel 90; Einübung d. Außenspur. Die andere Kultur in Leipzig 1970–1990 96; Boheme u. Diktatur in d. DDR. Gruppen, Konflike, Quartiere 1970–1989, Ausst.kat. 97; Bildende Künstler in Leipzig 06 – (Red.)

Hunold, Peter, Maler, Bildhauer, Architekt; Breitfeld 2, CH-6343 Rotkreuz, Tel. 04 17 90 21 60, Fax 04 17 90 71 64. Bramberger Str. 3B, CH-6004 Luzern, Tel. 04 14 18 80 20, Fax 04 14 18 80 28, *phunold@tiscali.ch* (* Luzern 6. 2. 43) – **VG:** Zürich, Gal. u. Poesie Rüegg – **S:** 61–63 Schule f. Gest. Luzern; 65–68 Aufenthalte in Wien u. München; seit 70 selbständiger Architekt u. Maler; 02, 03 Atelieraufenthalt New York (Worklodge Point B Brooklyn) – **Ve:** Visarte 71; Kunstkommission d. Stadt Luzern (Mitgl. u. Präs.) 92–00 – **G/T:** meditative Abstr. (Öl, Leinen, Papier); Skulpt. (Holz, Wachs, Bronze) – **W:** überw. in Privatbes. – **M:** Luzern, KS d. Stadt – **Ö:** Luzern, Eisengasse/Paradiesgässli (Fassadengest.) – **B:** Luzern: Atelierhaus Bramberg – **E:** 93 Dierikon, Neue Gal. Schlössli Götzental; 95 Sarnen, Hofmatt Gal.; 00 Zug, Renggli; 02 Sachseln, Mus. Bruder Klaus (Kat.); 05 Zürich, Gal. u. Poesie Rüegg (Kat.) – **G:** 95, 01 Glarus, Kunsthaus; 96, 05 Sarnen, Hofmatt Gal.; 97 Luzern, Kornschütte; 06 Zug, Mus. in d. Burg; Zürich, Gal. u. Poesie Rüegg – **V:** Email's aus Brooklyn (Publ. Atelieraufenthalt New York)

Hunold, Susanne s. Hauser, Susanne

Hunsdorfer, Angela s. Sterzik, Angela

Hunziker, Christina, Malerin; Vogesenstr. 140, CH-4056 Basel, Tel. 06 13 22 73 03, *hunzikerpaints@bluewin.ch*, *www.visarte.ch* (* Zofingen 10. 8. 60) – **S:** 85–88 Schule f. Gest. Basel (Fachkl. f. Malerei b. Franz Fedier u. Werner v. Mutzenbecher); 88–90 Ass. v. Rémy Zaugg in Basel – **Ve:** Visarte 97 – **G/T:** Konzeptkunst – **W:** 86 in Privatbes. in d. Schweiz, GB, Israel; im Bes. d. Kt. Basel-Lsch. – **E:** div. seit 88, u. a. 89 Rheinfelden, Gal. 40; 98, 01 Basel, Gal. Hubbuch; 02 Basel, Stanza 5 – **G:** zahlr. Bet., u. a. 88 Basel, KH; 90 Montreux, Kongreßzentrum; 93 Solothurn, Gal. am Klosterpl.; 97, 00 Muttenz, Kunsthaus Baselld; 01 (Performances) Zürich, Tanzhaus Wasserwerk; Birsfelden, Theater Roxy; 05 Basel, Projektraum M54 – ***Lit:*** Schweizer. Inst. f. Kunstwiss. Zürich u. Lausanne (Hrsg.): Biogr. Lex. d. Schweizer Kunst unter Einschluß d. Fürstentums Liechtenstein 98

Hupperich, Endy, Maler; Wolfgangstr. 8, D-81667 München, Tel. (0 89) 44 11 89 70, *kontakt@endy-hupperich.com*, *www.endy-hupperich.com* (* Kaufbeuren 67) – **VG:** Berlin, Brennecke; Ulm, Schrade – **S:** 90–98 ABK München (Dipl., Meisterschüler b. Prof. H. Sturm) – **L:** 98 ABK München (Ass. b. Prof. H. Sturm); 02 u. 04 Escula Nacional de Artes Plásticas Mexiko-Stadt (Gastprof., geförd. durch d. DAAD) – **P:** Pr. d. Ecke-Gal. Augsburg 90; Pr. d. Prestel Verl. München 94; Pr. d. Dannerstift. 95 u. 97; Publikumspr. d. Stadt Kronach 95; Pr. d. AXA-Nordstern Versicherungs Aktienges. Köln 97; Stip. d.

Fa. Heidelberger Druckmaschinen 97; DAAD-Stip. (f. d. USA, zus. m. S. Rath) 00; Stip. z. Förd. d. wiss. u. künstler. Nachwuchses durch d. Bay. Staatsmin. f. Wiss., Forsch. u. Kunst 03 – **E:** zuletzt u. a. 02 Berlin, Brennecke; 03 Heidenheim, KV; Ulm, Schrade – **G:** u. a. 98 Zwickau, Gal. am Domhof; 99 Bonn, Friedrich-Ebert-Stift.; München, KV; 00 München, Haus d. Kunst; München, Otto-Gal.; 02 Köln, Kunst Köln; Mexiko-Stadt, Atelier Lenero; 03 Mexiko-Stadt, Mus. de Arte Contemp. de Oaxaca – (Red.)

Huppertz, Hans-Günter, Bildhauer; Robert-Hansen-Str. 36, D-40593 Düsseldorf, Tel. u. Fax (02 11) 7 18 31 00, *huppertz@ichthyos.de*, *www.ichthyos.de* (* Waldniel 9. 4. 43) – **Ö:** Düsseldorf, Friedhof Urdenbach – (Red.)

Hurzlmeier, Rudi (eigtl. Rudolf Freiherr Hurzlmeier zu Deggenbach, Ps.: RuDiHu), Cartoonist, Maler, Karikaturist, Autor; Oettingenstr. 4, D-80538 München, Tel. (0 89) 22 19 69 (* Kloster Mallersdorf 52) – **P:** Dt. Karikaturenpr. d. Sä. Ztg (2. Pr.) 04; Sondermann Pr. f. Kom. Kunst 05 – **G/T:** Karikaturen (u. a. f. Titanic, Eulenspiegel, Stern u. FAZ); Aqu.; Strichzeichn.; Tuscheskizzen; Comic-Strips; Buchill.; Großformatige, freie Malerei – **E:** u. a. 96 Kassel, Caricatura Gal.; 04 Frankfurt am Main, HM; 05 Greiz, Sommerpal. (Kat.); München, Gal. d. Zeichner (Kat.); Zürich, Hauptmann & Kampa (Kat.); 06 Göttingen, Ausst.büro Fahrenberg; 06 Hannover, Wilhelm-Busch-Mus. – **G:** u. a. 96 Ankara, Goethe-Inst.; 97 New York, Univ.; 00 Paris, Goethe-Inst.; 01 Essen, Gal. KK; 04–05 Dresden, Haus d. Presse; 05–06 Oldenburg, LM; Oldenburg, KV; 06 Stettin/Polen, Auswärtiges Amt – **V:** zahlr., u. a.: m. Peter Purker: Sehr zum Wohl! Das Buch zum Bier 88; Viel Spaß in München 92; Friss oder stirb! 93; Das Buch für Durchblicker 94; Zur Sau 95; Unhaltbar: Komische Bilder 96; Lebende Legenden: ... und legendäre Pin-ups 98; Fernsehen 98; Joachim Hutt u. Helmut Klein: Rezepte aus der Bibel (Ill.) 00; Michael Koglin: Dinner for one – killer for five. Der 90. Geburtstag und was wirklich geschah (Ill.) 02; Das dicke H.-Buch 02; Michael Koglin: Dinner for one mit Al Capone. Der 50. Geburtstag und wer zuerst zog (Ill.) 04; Oliver Maria Schmitt (Vorw.): Meisterwerke der komischen Periode 04; m. Rattelschneck u. Ernst Kahl: Hier lacht der Betrachter 05; Hans Zippert: So wird man Löwe (Ill.) 05; Harry Rowohlt: Wahre Engel und andere Geister der Weihnacht (Bild) 05; Achim Szymanski: Glückwunsch! Die besten Jahre kommen noch (Ill.) 06; Sue Townsend: Downing Street No. 10 (Umschlag) 06 – (Red.)

Husemann, Hans-Henrik, Maler, Graphiker; Baumgarten 8, D-48727 Billerbeck, Tel. (0 25 43) 23 95 46, Fax 23 97 81, *husart@t-online.de*, *www.husart.de* (* Celle 18. 9. 43) – **G/T:** Malerei, Graph.

Husky s. Ahrens, Cathleen

Huss, Wolfgang, Maler, Bildhauer, Schriftsteller; c/o Atelier Huss:, Timplerweg 13, D-48565 Steinfurt, Tel. (0 25 51) 8 30 04, *glaskunststudio-huss@gmx.de*, *www.glaskunststudio-huss.de; www.card-art-lyrik.de* (* Münster 12. 5. 42) – **S:** 62 Atelierstud. b. M. Espeter Münster (Glasmalerei, Malerei); 65 Univ. München (Anatomische Ausb., wiss. Zeichner); 67–73 ABK München (Malerei, Graph., Glasmalerei, Kunstgesch. u. Restaurierung b. Prof. J. Oberberger u. Prof. A. Bromberger, Dipl. m. Ausz., Meisterschüler) – **L:** 86 KSch Huss (Höchstbegabtenförd. Kinder, Prüfungsvorbereitung u. Bewerbungsmappen); Atelier Huss (Malerei u. Graph.); 02 Pädagog. Arb.gr. f. Schüler (Wettb., Berufung durch Bildungsmin. NRW u. Bez.reg. Münster) – **P:** Danner-Pr. u. Stip. (f. d. USA) München 71 – **Ve:** BBK Westf. – **G/T:** Glasgest. (Entwickelte d. Technik d. 'fusing'); Malerei; Druckgraph. – **K:** Lehrsem. f. Meditative Kalligraphie (04) – **W:** Slg Kr. Dachau u. Steinfurt, Ebeltoft/Dänemark, Kölner Mus., Stadt Dachau – **M:** u. a. Dachau, GG; Frauenau, Glasmus.; Freising, Diözesan-Mus.; Immenhausen, Glasmus.; Kanazawa, Glasmus. – **E:** / G: seit 73 zahlr. Ausst. u. Ausst.bet. im In- u. Ausld, u. a. in Hamburg, London, Mailand, München, Paris, Venedig, Valencia, Münster u. Dortmund – **V:** Vom Zeichnen, Graph. Kunst 82; card-art-lyrik, 10 Bde 05; Irre Reden (Prosa u. Ill.) 06; Mehr davon (Lyrik u. Ill.) 06; Bi-yang (Erzählung u. Ill.) 06 – ***Lit:*** Klaus Kiermeier 76; Heino Maedebach: Coburger Glaspr. 77; C. Visel In: Ill. 63, 2 80; ders. In: Graph. Kunst 18, 1 82; Lorenz Reitmeier: 1200 Jahre Dachauer Ansicht 82; V. Zelger: Kunst u. Handwerk 87; 30 Jahre Wellbergener Kr. 95; H. Ebert: Künstlerlex. f. Münster u. Umgebung 96; Schweers 02; 50 Jahre BBK Westf. 02

Hussel, Daniela, Malerin, Installationskünstlerin, Bühnenbildnerin, Dozentin; Stockartstr. 19, D-04277 Leipzig, Tel. (03 41) 3 01 08 99, *d_hussel@web.de* (* Berlin 1. 3. 63) – **S:** 83–87 HBK Dresden (Theatermalerei); 92–95 HGB Leipzig (Malerei/Grafik) – **P:** Kunstpr. d. DAG-Bildungseinrichtungen 95; Arb.stip. d. Ldes Sa. 97; Förd.stip. d. Kulturstift. Sa. 01 – **M:** Leipzig, Dresdner Bank am Augustusplatz; Leipzig, KH Spk. – **Ö:** Hamburg, DAG; Leipzig, Reg.präsidium; Leipzig, Hypovereinsbank; Warnemünde, Art Hotel; Wuppertal, Fa. LASTRO – **E:** u. a. 92 Trier, Tuchfabrik; 93 Köln, Install. Stadtkunst (Kat.); 94 Schwerin, KV Schloß Wiligrad (DAG-Kunstpreis); Leipzig, Mus. f. Kunsthandwerk; 95, 98 Luxemburg, Gaasch; 96 Wasserburg am Inn, Gal. im Ganserhaus (KV); 96, 98 Berlin, Rössiger; 99 Göttingen, KV; 00 Hannover, EXPO; Rio de Janeiro, Mus. da Republica; 01 Leipzig, Botanischer Garten; 03 Leipzig, Hypovereinsbank; 05 Leipzig, BBKL – **G:** u. a. 92 Duisburg, Mercatorhalle; 93 Israel, Goethe-Inst.; 95 Leipzig, Bildermesse; 97 Berlin, Art-Gal. Enno Becker; 00 Vilnius – ***Lit:*** Bildende Künstler in Leipzig 06 – (Red.)

Hussel, Horst (Ps.: E. O. Kuilmann), Maler, Graphiker, Autor; Elisabethweg 9, D-13187 Berlin, Tel. (0 30) 4 85 74 85 (* Greifswald 28. 4. 34) – **VG:** Berlin, Gal. der Berliner Graphikpresse – **S:** 53–54 HBK Dresden (Malerei b. Erich Fraaß); 54–61 HS f. bild. u. angew. Kunst Berlin-Weißensee (b. Bert Heller); Graph.-studium in Berlin-Charlottenburg (b. Stabenau u. Schlameus) – **P:** Jule-Hammer-Pr. 93 – **Ve:** P.E.N. 91 – **G/T:** Malerei, Zeichn., Graph. (Rad., Lith.), Ill. – **E:** u. a. 66 Weimar; 74, 79 Berlin; 84 Greifswald; 87 Bonn; 95 München; 98 Ulm; Berlin – **G:** zahlr. nat. u. intern. Ausst.bet. – **V:** u. a. Doris Reimer: Blut im Schuh (Ill.); Heinrich Heine: Mit scharfer Zunge (Ill.); Adolf Freiherr von Knigge: Über den Umgang mit Menschen (Ill.); Peter Röske (Hg.): Johannes Bobrowski – Albert Ebert. Briefe (Rad.) 98 – ***Lit:*** Flemig 93; Lang 02 – (Red.)

Hussmann, Monika s. Starck, Monika von

Huth, Benno, Maler u. Illustrator; Edelbergstr. 11B, D-76189 Karlsruhe, Tel. (07 21) 57 69 79 (* Sigmaringen 26. 7. 37) – **VG:** Karlsruhe, Gal. 10 – **S:** 56–59 KA Karlsruhe (Graph. b. Prof. K. Hubbuch u. Prof. H. Kitzel) – **L:** 72–84 VHS u. Künstlerhaus Karlsruhe (Zeichn.) – **P:** Kunstpr. d. Spk. Karlsruhe 75; Stip. f. Lith. Halle 90; Kunstpr. d. Stadt Leopoldshafen 91; Kunstpr. d. KV Bretten 95 – **Ve:** Badischer KV 70–88; BBK Karlsruhe 71 – **G/T:** gegenständliche Malerei u. Graph. (antike Themen) – **M:** Karlsruhe, Reg.präsidium; Karlsruhe, SKH; Karlsruhe, StG – **Ö:** Wandmalerei in: Baden-Baden, Augustaarkaden; Malsch, Alter Bahnhof; Zeiskam, Sektkellerei Diekmann – **E:** u. a. 83

Walldorf, Görlach; 90 Köln, Rath; 94 Plochingen, StG; 97 Karlsruhe, Badische Ldesbibliothek; 01 Ehlingen, Mus.ges.; 04 Köln, Univ. – **G:** u. a. 77 Karlsruhe, Badischer KV; 83 Stuttgart, Künstlerbund BW; 85 Basel, Art Basel; 90 Karlsruhe, Kunstmesse; 96 Bühl, Friedrichsbau; 99 Halle, Theater – **V:** Vergil: Äneis, Mappe (Linolschnitte) 90; Ovid: Liebesgedichte, Vorzugsausgabe (Ill.) 96; Ovid: Metamorphosen, Mappe 96; Ovid: Liebesgedichte (Ill.) 97; Properz: Gedichte, Mappe (Lith.) 02 – ***Lit:*** Hermann Raum: Kunst in der BRD 76; Andrea Gnam: Graphische Kunst 16/81; Susanne Himmelheber, Kat. 91; Ovid illustrieren, in: Illustration 63/97 – (Red.)

Huth, Uta; Am Buchenberg 10, D-18196 Wendorf, Tel. (03 82 08) 1 33 40, Fax 1 33 55

Huth, Walde (eigtl. Waldberta Huth-Schmölz), Fotografin; Am Südpark 45, D-50968 Köln, Tel. u. Fax. (02 21) 38 44 96 (* Stuttgart 29. 1. 24) – **S:** 40–43 Staatsschule f. Kunst u. Handwerk Weimar – **Ve:** DGPh – **M:** u. a. Duisburg, Wilhelm-Lehmbruck-Mus.; Essen, Mus. Folkwang; Köln, Mus. Ludwig; Paris, Bibliothèque Nat.; Stuttgart, SG – **E:** u. a. 59 Hamburg, Ldesbildstelle; 75 Köln, DGPh-Gal.; 80 Köln-Porz, Gal. am Markt; 81 Milano, Gall. Il Diaframma; Zürich, Gal. Zur Stockeregg; 84 Heidelberg, KV; 85 Konstanz, Wessenberg-Gal.; 93 Esslingen, Gal. d. Stadt; 94 Moers, StG Peschkenhaus – **G:** u. a. 70 Essen, Mus. Folkwang; 70, 81 Köln, KH; 75 Stuttgart, KV; 83, 84, 87 Köln, Mus. Ludwig – ***Lit:*** Contemp. Photographers 95; Dictionary of Art 96 – (Red.)

Hutten, BucK A.; Im Kirschgarten 22, D-55263 Wackernheim, Tel. (0 61 32) 5 73 19, Fax 5 85 05, *hutten-ostermayer@t-online.de* – **G/T:** Fotogr. – (Red.)

Hutter, Anje (geb. Anje Lehmann), Malerin; Barfüssergasse 8, CH-4500 Solothurn, Tel. 03 26 23 43 42, *anje.hutter@bluewin.ch.* c/o Atelier, Castiglione della Pescaia, I-58043 Badia al Fango (* Diepoldsau 24. 11. 30) – **VG:** Feldbrunnen, Gal. Vita – **S:** 50–52 Richard Süssmuth Werkstätten Immenhausen (Ausb. als Glasmalerin); 53–59 ABK München; 73–77 Acad. di Belle Arti Bologna (Dipl.) – **P:** Eidgen. Kunststip. 58; Stip. d. Fond. Zucchelli Bologna 76; Werkjahrbeitr. d. Kt. Solothurn 78; Fachpr. d. Kt. Solothurn (f. Malerei) 91; Pr. d. Fachjury d. 9. Kantonalen Weihnachtsausst. d. Solothurner Künstlerinnen u. Künstler 94 – **G/T:** Malerei (Öl); Zchng (Bleistift) – **W:** überw. in Privatbes.; Kt. Solothurn – **M:** Olten, KM; Solothurn, KM – **Ö:** Olten, Gewerbeschule – **E:** 69 Solothurn, Restaurant Fuchsenhöhle; 72 Kriegstetten, Gal. N1 (m. Rosmarie Tanner); 74 Solothurn, Frauenzentrum; 79, 89 Solothurn, Medici; 80 Zürich, Wiedenkeller; 82 Vinelz, Gal. Vinelz (m. Ruth Kruysse u. Annemarie Würgler); 85, 90, 98 Solothurn, Freitagsgal.; 86 Neuenburg, Gal. Ditesheim; 87, 98 Solothurn, Künstlerhaus S11 (87 m. Philippe Cassani u. 98 m. Michael Medici u. Dani Jehle); 93 Solothurn, Schopf-Gal. (m. Margrit Roetschi); 96, 02 Bern, Kunstkeller (02 m. Johanna Huguenin-Schreier); 99 Solothurn, KM (m. Lucia Coray u. Susan Hodel, Kat.); 01 Dornach, Heimatmus.; 04 Feldbrunnen, Gal. Vita – **G:** 75 Solothurn, KM: Aspekte aus neueren Solothurner Slgn; 88 Biel u. St. Gallen, 11 Solothurner Künstlerinnen; 92, 94, 00 Solothurn, Kantonales Kult.zentrum Pal. Besenval, (Kat. 94); 93 Solothurn, Franziskanerkirche: Aktion Bilderwand; 00 Solothurn, Freitagsgal.; 04 Lostorf, Schloß Wartenfels: Offene Augen – geschlossene Lider; 05 Feldbrunnen, Gal. Vita: 20 Jahre Gal. Vita – sowie: Bet. an Weihnachtsausst. in Biel, kantonalen Jahresausst. d. Solothurner Künstlerinnen u. Künstler u. d. Wandergal. A6 Olten – ***Lit:*** u. a. Slg-Kat. d. Kunstmuseums Olten 81; Annemarie Monteil u. Irene D'Annunzio: A.H. 97 – sowie: versch. Artikel in Ztgn

Hutter, Schang; Spitalstr. 12, CH-4950 Huttwil, Tel. 06 29 62 07 07, Fax 06 29 62 07 08, *www.schang-hutter.ch* (* Solothurn 11. 8. 34) – **VG:** Berlin, Poll – **S:** 50–54 Ausb. z. Steinmetz u. Besuch d. Kunstgewerbeschule Bern; 54–61 ABK München – **M:** Berlin, NG – **E:** / G: u. a. Bern, Bundesamt f. Flüchtlinge – (Red.)

Hutter, Sigrid, Malerin; Montfortgasse 2, A-6800 Feldkirch, Tel. (0 55 22) 7 33 14, Fax 8 34 91, *bunter.hund@aon.at, üb. Gal. Walsch Wien: artpromotion @walsch.at, www.bunterhund.at; üb. Gal. Walsch Wien: www.walsch.at; www.blogigo.de/weibsbilder* (* Bregenz 10. 1. 68) – **VG:** Wien, Walsch; Wien, Slg. Ebner – **S:** 90 Sommerakad. 'Segmente' Hohenems (Aktkl.) – autodidaktische Weiterbildung – **G/T:** Malerei (Acryl, Mischtechniken, Leinwand u. Papier); Akt, Portr. u. ldschaftliche Abstr. – **K:** Acrylmalerei – **W:** überw. in Privatbes. in Öst., Dtld, Schweiz u. Liechtenstein – **Ö:** Bregenz, Gewerkschaft Kunst, Medien, Sport, Freie Berufe; ebda, Gewerkschaft Öff. Dienst; Feldkirch, Öst. Gewerkschaftsbund; Hohenems, RH – **E:** u. a. 89, 93, 00, 03 Feldkirch, Café-Gal. Schnell; 90 Dornbirn, Kaplanhaus; 95 Netstal, Gal. Impuls; 99 Ruggell/Liechtenstein, RH; 00–04 Feldkirch, Öst. Gewerkschaftsbund (permanente Ausst.); 01 Innsbruck, Kass; Wien, Walsch; Lauterach, Alte Seifenfabrik – **G:** Ausst.bet. seit 92, zuletzt 99 Feldkirch, Pal. Liechtenstein; 00 Achensee, KV; 00, 01, 06 Salzburg, Kunstmesse; 01 Innsbruck, Kass; Luxemburg, Théâtre des Capucins; 02, 03, 04 Feldkirch, Festival; 03 Lauterach, Alte Seifenfabrik; Lindenberg/Allgäu, Westallgäuer Kunstausst.; 05 Wien, Kunstfoyer X-BAWAG; 06 Baden-Baden, Gal. Kleiner Prinz; 07 Bürs, Gal. Jägerhus; Colmar, Katharinensaal; Belgrad, Gal. Saluj – ***Lit:*** Ausst.kat.: S. H.: Macht und Sinnlichkeit 95; Barbara Schröder-Offermanns: Weibsbilder 00; S. H.: Einblicke 02; geheimsache.leben 05

Hutter, Wolfgang, Prof. em., Akad. Maler; St.-Georg-Platz 4, A-1190 Wien, Tel. u. Fax (01) 3 70 32 98. Vale do Lobo 446, P-8135–034 Almancil, Tel. (02 89) 39 48 60 (* Wien 13. 12. 28) – **S:** 44–54 ABK Wien (Dipl. b. A. P. Gütersloh) – **L:** 66–90 Univ. f. angew. Kunst Wien (Prof., eigene Meisterkl. f. Malerei) – **P:** UNESCO-Pr. Bienn. Venedig 54; Förd.pr. d. Stadt Wien 58; Meisterschulpr. 58; Pr. f. schönste Briefmarke d. Jahres 77 – **G/T:** Malerei (Öl, Aqu.); Bühnenbild; Rad.; Bronzeskulpt. – **W:** überw. in Privatbes. – **M:** Montclair/NJ, Kassa Art Found.; Princeton/NJ, Univ. AM; Wien, Belvedere; Wien, Bundestheaterverwaltung; Wien, Kult.-amt d. Stadt; Wien, MMK Stiftung Ludwig; Wien, Slg Infeld; Wien, Wien Mus. – **Ö:** Brasilia, Öst. Botschaft; Salzburg, Großes Festspielhaus; Wien, St.-Georg-Pl.; ebda, Kurzentrum Oberlaa, Flughafen, Theater; Wiener Neustadt, Stadttheater – **E:** 66 Wien, Griechenbeisel; 73 Salzburg, Gal. Academia; 78 Wien, Gal. in d. Staatsoper; Breslau, Krakau u. Warschau (Graph.ausst.); 87 Chicago, Öst. Generalkonsulat; 88 Wien, BAWAG Found.; 91 Freising, Kunsthaus; 93 Wiener Neustadt, Domgal.; 97 Wien, Heiligenkreuzer Hof; – weitere: 89 Düsseldorf – **G:** u. a. 54 Venedig, Bienn.; Mailand, Trienn.; 69 Tel Aviv, Helena Rubinstein Mus.; 73 Graz (Bilder f. d. Theater); 77 Düsseldorf (Fantastischer Realismus); 79 Dortmund (Großausst. Wiener Schule); 87, 90 Wien, Künstlerhaus; – weitere: 68–69 Wanderausst. USA; 72, 92 Wanderausst. Jap., (Wiener Schule); 85 Wanderausst. Ital. – **V:** GRAPH. MAPPENWERKE: Tätowierungen (Folienlith.) 65; 5 Mädchen unter einem Hutt (Seidensiebdrucke) 70; Federmenschen 76; 10 Hutter Mädchen (Folienlith.) 77; Ein Stundenbuch

(Rad.) 98 – **R:** Kurt Stenvert: Wienerinnen (Sprechrolle); – sowie: Gemeinschaftspubl. über Wiener Schule d. Phantastischen Realismus (Bücher, Kat., Berichte u. a.) – ***Lit:*** u. a. W. H. Werkmonographie 69; Zauberflöte, Monogr. 74; Malerei und Zeichnung 77; W. H. – Werkverzeichnis 83; W. H. – Festschrift zum 60. Geburtstag; W. H. – Festschrift zum 70. Geburtstag 96; Bibliothek der Provinz 99 – ***LitR:*** Georg Madeja: Portrait, ORF; – sowie: zahlr. kleine Fs.beitr. f. d. ORF – (Red.)

Hutton, Louisa, Dipl.-Architektin; c/o sauerbruch hutton architekten, Lehrter Str. 57, D-10557 Berlin, Tel. (0 30) 3 97 82 10, Fax 39 78 21 30, *office @sauerbruchhutton.de*, *www.sauerbruchhutton.de* (* Norwich 57) – **S:** 80 Univ. Bristol; 85 Archit. Assoc. London (Dipl.) – **L:** 87–90 Croydon College of Art (LBeauftr.); –sowie: Gastvorlesungen an zahlr. Univ. im In- u. Ausld – **P:** zahlr. nat. u. internat. Pr. f. d. Archit.büro, u. a. Archit.pr. d. WestHypaStift. 98; Erich-Schelling-Archit.pr. 98; Constructec-Pr. f. Europ. Industr.archit. (bes. Ausz.) 98; ar+d Award 99; Award d. Royal Inst. of British Archit. (RIBA-Award) 99, 00; 02, 03 u. 04; Dt. Archit.pr. 99: Berliner Archit.pr. 00; Dt. Fassadenpr. 01; Fritz-Schumacher-Pr. f. Archit. 03; Bauphysikpr. 03; Benedictus Award 03 Record Interiors Award 03; Archit.pr. Struktur-Farbe-Oberfläche 04 – **KGe:** sauerbruch hutton architekten: L. H. u. Matthias Sauerbruch (gegr. 89) – **G/T:** Archit., Städtebau, Innenraumplanung – **B:** u. a. Berlin: Hauptgebäude d. Gemeinnützigen Wohnungsbauges. (GSW); ebda: Photonikzentrum; Henningsdorf: RH; Magdeburg: Exp. Fabrik – **E:** / G: zahlr. Aust. u. Ausst.bet. d. Archit.büros sauerbruch hutton architekten im In- u. Ausld, u. a. 99 London, Archit. Assoc.; 00 Hannover, Expo; Berlin, Aedes; 02 Lausanne, Forum d'architecture; München, Botanischer Garten; Berlin, Kunst-Werke; 03 Hamburg, KH; Rotterdam, Intern. Archit. Bienn.; Mailand, Trienn. – **V:** sauerbruch hutton architekten – projekte 89–91, Kat. 92; WYSIWYG sauerbruch hutton architekts, Kat. 99 – ***Lit:*** Sauerbruch Hutton. Projekte 1990–1996 96; Sauerbruch Hutton Architects 1997–2003 03 – (Red.)

Hutzinger, Christian, Maler; Säulengasse 7/6, A-1090 Wien, Tel. Mobil: 06 99 10 21 06 94, *ch.hutzinger @gmx.net; salzburg@ruzicska.com*, *www.ruzicska.com* (* Wien 3. 9. 66) – **VG:** Salzburg, Ruzicska – **S:** 87–91 HS f. Angew. Kunst Wien (Meisterkl. f. Malerei Prof. Frohner) – **P:** Cité Intern. d. Arts Paris 98; Staatsstip. f. bild. Kunst 00 – **Ve:** KV Salzburg 97; Wiener Secession 03 – **G/T:** Malerei (u. a. Wandmalerei); Zchng; Collage; Install. – **W:** div. Arb. in Privatbes. – **M:** Linz, LG; Maria Enzersdorf, KS d. Energieversorgung NdÖst; Wien, MMK Stiftung Ludwig – **E:** 99 Salzburg, KV (Ringgal.); 00 Wien, Engholm; Zürich, Celeste & Eliot (Bonustrack); 02 Krems, Gal. Stadtpark; 03 Schwaz/Tirol, StG; 04 Wien, MMK Stiftung Ludwig (Kat.); 05 Salzburg, Ruzicska – **G:** 98 Wien, Janda; 99 Wien, MMK Stiftung Ludwig; 00 Krems, KH; 01 Budapest, MBK; 02 Salzburg, Ropac; 03 Wiesbaden, Nassauischer KV; 05 Neu Delhi, Rabindra Bhavan Gall.: 11. Trienn. India; 06 Klosterneuburg/NdÖst., Slg Essl: Konfrontationen u. Kontinuitäten – ***Lit:*** Kerstin Engholm (Hrsg.): C.H. Slow, Ausst.kat. (m. Texten v. Rainer Fuchs u. Maren Lübbke) 00

Huwer, Norbert, Graphiker, Maler, Bildhauer; Marstallstr. 24, D-76227 Karlsruhe, Tel. (07 21) 40 61 68, Fax 9 41 55 01 (* Homburg/Saar 13. 7. 47) – **VG:** Paris, Dorval – **S:** 67–73 Staatl. ABK Karlsruhe (Malerei u. Graph. b. Klaus Arnold); 70–73 ebda (Skulpt. u. Kunststoffbearb. b. Wilhelm Loth); 69–72 Univ. Karlsruhe (Kunstwiss. b. Wolfgang Hartmann) – **Ve:** Künstlerbund BW 01 – **G/T:** 'Farbinjektionen' (konkrete Malerei in u. hinter Stegplatten aus Acrylglas); 'Ink-Jet-Prints' (computergenerierte Graph. m. dreidimensionaler Wirkung); Kunst am Bau, Skulpt. im öff. Raum – **W:** Werke in Privatbes. sowie in öff. u. privaten Slgn – **M:** Engen, SM u. Gal.; Karlsruhe, Reg.präsidium; Karlsruhe, StG; Karlsruhe, ZKM; Kehl, Slg d. Südstahl GmbH; Offenburg, Mus. im Ritterhaus; Schwäbisch Hall, Slg d. Bauspk.; Stuttgart, Slg d. Ldesbank Bad.-Württ.; Walldorf, Slg d. Stadt – **Ö:** Bruchsal, Fürst-Stirum-Klinik; Brühl, Kirche u. Gemeindezentrum; Eggenstein, Volksbank; Engen, Stadtpark; Heidelberg, BBBank; Homburg, Ldratsamt; Karlsruhe, Fernstud.zentrum d. Univ.; ebda, Forsch.zentrum, Ldeskreditbank, Tivoli-Pl., Verwaltungsgebäude d. ev. Oberkirchenrats, Vollack-Industr.bau GmbH, Weinbrenner Kindertagesstätte; Mosbach, Berufsakad.; Saarbrücken, Saarländische Reg.; Schwäbisch Hall, Bauspk. – **E:** zahlr. Einzelausst. im In- u. Ausld seit 74 – **G:** Teiln. an zahlr. Gr.ausst. u. Skulpt.parks – ***Lit:*** Ausst.kat., z.B.: Gert Reising: Spröde und vibrierend 99; Hartmuth Schweizer: Farbe und Licht – Licht und Farbe 04 – (Red.)

I.I.M s. Ineichen, Irma

Iannone, Dorothy, Objekt- u. Videokünstlerin; lebt in Berlin (* Boston/MA 9. 8. 33) – **VG:** Las Palmas de Gran Canaria, Hundertmark – **S:** 53–58 Boston Univ.; Brandeis Univ. – **P:** u. a. DAAD-Stip. 76 – **G/T:** Install., Objekte, Video- u. Audioskulpt., Collage, Malerei, Zeichn. – **M:** Aachen, Ludwig Forum; Basel, KM; Berlin, Berlinische Gal.; Berlin, Kpst.-Kab.; Paris, Bibliothèque Nat.; Saint-Etienne, Mus. d'Art Mod.; Washington/DC, NM of Women in the Arts – **E:** zahlr. Einzelausst. seit 64, u. a. 92 Berlin, Kunst-Werke; 93 Köln, Hundertmark; 96 Berlin, Neue Ges. für bild. Kunst; 98 Köln, Wilbrand; 01 Berlin, Wien; Zürich, Jllien; 02 Berlin, Laura Mars Grp. – **G:** u. a. 80 Paris, Mus. d'Art Mod. de la Ville; 85 Paris, Centre Pompidou; 93 Saint-Etienne, Mus. d'Art Mod. – **V:** D. I. u. Dieter Roth: Dieter and Dorothy. Their correspondence in words and works 1967–1998, Bildbd u. Briefslg 01 – ***Lit:*** Contemp. Artists 96 – (Red.)

Ibrahim, Ahmed, Bildhauer; Atelier: Hüttenstr. 150, D-40227 Düsseldorf, *ahmedibrahim@gmx.de*, *www. duesseldorf.de/kuenstlerleben* (* Kairo 20. 3. 62) – **S:** 90–97 KA Düsseldorf (95 Meisterschüler, 97 Akad.-brief) – **L:** 02 AKKI-Kunstprojekt Düsseldorf – **P:** Förd.pr. d. Hedwig u. Robert Samuel-Stift. Düsseldorf 93; Kunstförd.pr. d. Citiversicherung Düsseldorf 93; Reisestip. d. Freunde u. Förderer d. KA Düsseldorf (China) 96; Plettenberg-Stip. 98 – **G/T:** Skulpt., Objekt, Wandarb. – **W:** überw. in Privatbes. im In- u. Ausland – **Ö:** Düsseldorf, Hedwig u. Robert Samuel-Stift.; Erkelenz, Schloß Hohenbusch; Heidelberg, HUK-Coburg; Plettenberg, RH – **E:** 99 Plettenberg, Ratssaal; 00 Düsseldorf, SM; 01 Düsseldorf, Jasim Gall. – **G:** 87 Alexandria, Gal. El Shona; 89–90 Kairo, Nilhalle; 91 Wiesbaden, Kunsthaus; 93 Düsseldorf, Hedwig u. Robert Samuel-Stift.; ebda, (Kunstpr. d. Citiversicherung f. junge Künstler); 94 Mönchengladbach, Löhrl; 95 Kleve, StM Haus Koekkoek; 97 Sydney, UTS Gall.; 98 Düsseldorf, KV; Kairo, Kult.palast Rood El-Farag; 99 Augsburg, Zeughaus; 00 Seoul, SM; 02 ebda, Visual Gall. Godo; 04 Düsseldorf, Produzentengalerie – ***Lit:*** Ahmed Ibrahim – Skulpturen und Wandarbeiten, Ausst.kat. 99 – (Red.)

Ibu al Stuffi s. Bohnenberger, Stefan

Ickinger, Irene-Elisabeth s. Beckmann, Irene-Elisabeth

IKA s. Reinwein, Rikki

Ikemura, Leiko, Prof.; Platenstr. 2, D-50825 Köln, Tel. (02 21) 55 69 18, Fax 5 50 38 97, *Leiko.Ikemura@t-online.de*. Oranienburger Str. 17, D-10179 Berlin, Tel. (0 30) 28 09 97 27, Fax 28 09 97 28 (* Tsu-city, Mie/Japan 22. 8. 51) – **VG:** Köln, Greve; St. Moritz, Greve; Paris, Greve; Berlin, Haas & Fuchs; Tokio, Shugoarts – **S:** 73–78 Univ. d. Bild. Kunst Sevilla – **L:** seit 91 UdK Berlin (Prof.) – **G/T:** Malerei (Aqu.), Zeichn., Skulpt., Fotogr. – **M:** u. a. Baden-Baden, SKH; Basel, Mus. f. Gegenwartskunst; Bern, KM; Chur, Bündner KM; Darmstadt, Hess. LM; Düsseldorf, Mus. Kunst Pal.; Köln, Kolumba; Lausanne, Mus. cantonal des beaux-arts; Linz, Lentos; Magdeburg, KM Kloster Unser Lieben Frauen; Nürnberg, KH; Recklinghausen, StKH; Schaffhausen, Mus. zu Allerheiligen; Shiba/Jap., MMA; Tochigi, Prefectural Mus. of Fine Arts; Tokio, Hara MCA; Tokio, Itabashi AM; Tokio, NM of Mod. Art; Toyota, Municipal Mus. of Art; Ulm, Ulmer Mus.; Vaduz, KM Liechtenstein; Wien, Albertina; Zürich, Kunsthaus; Zürich, MfG – **E:** u. a. 00 Freiburg, Morat Inst.; Paris, Greve; 00, 04 Nagoya, Gall. HAM; 01 Berlin, Haas & Fuchs; Basel, Wüthrich; Tokio, Rice Gall.; 02 Köln, Greve; Vaduz, Liechtenstein. LM; 03 Lissabon, Serpa; 04 Recklinghausen, StKH (Kat.); Tokio, Shugoarts; Kaiserslautern, Pfalz-Gal. (Kat.); 05 Köln, Diözesan-Mus.; Köln, Kunststation St. Peter; Ulm, Ulmer Mus. (Kat.); 06 Mishima/Jap., The Vanghi Mus. – **G:** u. a. 98 Tokio, Meguro Mus. of Art; 99 Melbourne, Intern. Bienn.; 00 Tokio, NM of Mod. Art; 01 Toyota, Municipal Mus. of Art; Sharjah, Bienn.; Caraglio, Centro Sperimentale d'Arte Contemp.; 02 Köln, Oberldesgericht; 03 Graz, Kult.zentrum b. d. Minoriten; Odense, KH Brandts Klaedefabrik; 05 Tokio, MCA: Life actually; Tokio, Mori AM: The World is a Stage. Stories Behind Pictures; 06 Berlin, Neue NG: Berlin – Tokyo Tokyo – Berlin – **V:** u. a. Wild cats and domestic cats 83; Matsuo Basho: Hundertundelf Haiku (Zeichn.) 84; caresse 92; Kenzaburo Oe: Der stumme Schrei (Zeichn.) 95; Wußtest Du, ich habe zwei versteckte Flügel 98; Zwischen Tür und Engel, Ausst.kat. 01; Ozean. Ein Projekt, Ausst.kat. KM Liechtenstein 02; Isola 03 – ***Lit:*** KAT., u. a.: L.I. Katzenmädchen mit r(h)ein-Blick 99; Horizon. Tomoaki Kitagawa, L.I. Beyond the Horizon 00; terra! terra! 01; Kabinett der Zeichnungen. Eine Ausstellung des Kunstfonds 01; Himmelschwer. Transformationen der Schwerkraft 03; Heintz's Wonderland. Aspects de la sculpture contemporaine 03; Himmel Falden 03; Friedemann Malsch u. Christiane Meyer-Stoll: durchleuchtet. Dialog mit der Sammlung (KM Liechtenstein) 04, S. 50–53; – ZSS, u. a.: Uta M. Reindl: L.I., in: Kunstforum Intern. 96; Amine Haase: Les années lumière – Lichtjahre, in: Kunstforum Intern. 01; Angelika Kindermann: Bilder von Liebe, Angst und Sehnsucht, in: Art 01; Michael Krajewski: L.I. im Musée cantonal des Beaux-Arts, in: Kunstbulletin 01; Veit Stiller: Deutschland war die größere Herausforderung. In ihrem Werk treffen sich Wort und Farbe: Zu Besuch im Atelier der japanischen Künstlerin L.I., in: Die Welt 02; L.I. Art sv cut up. Studio Voice, Vol. 342, Juni 04, S. 86; Rolf-Gunter Dienst: Dämmerung im weiten Land der Farbe, in: Frankfurter Allg. Ztg v. 6.1.05, S. 33; Noemi Smolik: L.I., in: Artforum Intern., Sept. 05, S. 317–318; – weitere: L.I., Werkbuch (Erzbischöfl. Diözesanmus. Köln) 05

IKO s. Konrad, Irene

Ilarion s. Isaila, Ion

Ilić, Tatjana, Bildhauerin; Schützenstr. 46, D-40211 Düsseldorf, *ilictat@gmx.de* (* Belgrad 16. 12. 66) – **S:** 91–94 Univ. Belgrad, Kunstfak. (95 Dipl.); 94–99 KA Düsseldorf (Kl. Prof. Jannis Kounellis, 97 dort Meisterschülerin, 99 Akad.brief) – **Ve:** Intern. Künstlergremium IKG 03 – **KGr:** FAUST-MANIFEST (seit 04) – **M:** Belgrad, MCA; Florenz, Acad. di Belle Arti; Florenz, Mus. Polo; Novi Sad, MCA – **E:** Ausst., Aktionen, Performances u. a. 95, 01 Belgrad, SKC Gal.; 96, 97, 98, 99 Düsseldorf, KA; 96 Köln, Raum Lichtstr.; Bonn, Kunstforum; 97 Düsseldorf, Raum Stefanienstr. (gemeins. Projekt m. d. Künstler Harald Hofmann); Thessaloniki, Mus. f. Archäologie; 98 Düsseldorf, Raum Keplerstr. 6; 01 Novi Sad, Centrum f. visuelle Kult. Das goldene Auge; 03 künstler. Zus.arbeit m. d. 50. Bienn. Venedig, San Vito; Köln, Orangerie-Reinz; Essen, EPI-Centrum; 04 Belgrad, Gal. Dom omladine; 05 Novi Sad, Infant Theater – **G:** u. a. 96 Aachen, St. Peter Kirche; Luxembourg, Gal. Théatre Municipal; 97 Fabriano/Ital., Mus. Molaioli; Belgrad, MCA; 98 Senegaglia/Ital., Arte Viva '98; 99 Düsseldorf, Kunstmesse; Düsseldorf, Kunstraum; Bologna, Comunale d'Arte Contemp.; Rom, Gal. Stephania Mischetti; Rom, Bienn.; 00 Udine, Statione de Topolo, Grimacco; Bologna, La Salara – videohouse; 01 Trevi, Flash Art Mus.; 02 Vršac/Serb. u. Montenegro, Intern. Bienn.; 03 Požega/Serb. u. Montenegro, Stadtgal.; 04 Belgrad, Remont-Gal.; Düsseldorf, Mus. Schloß Benrath; Łódź u. Nieborow/Polen, IKG Kongress; 05 Novi Sad, MCA; Florenz, Accad. di Belle Arti; Tallin, Estonia; – sowie 00 in Caserta/Ital., 03 auf Zypern – ***Lit:*** u. a. Salon de Printemps '96, Luxemb. 96 (S.54); Ovo je studentski kulturni centar / This is the students cultural center, SKC Belgrad 96 (S.85); Volume: Contemporaneo, Pinacoteca Civica di Fabriano 97 (S.55–60); Studenten d. Kunstakad. Düsseldorf im Salon d. Mus. d. modernen Künste in Belgrad 6. März-31. März 97 (S.31–32); Christel Blomeke u. Harald Hofmann (Hrsg.): Keplerstr. 6 – Düsseldorf 98 (S.21–22); Arte visive / Arts visuels, Rom 99 (S.36); Omnibus, SKC Gal. Belgrad 02 (S.15, 18, 24); Time codes, Vršac 02 (S.153); Artcontext 3 (Interview m. T.I.), Vršac 02 (S.11); Artcontext 4, Vršac 03 (S.12–14); Dorotee Baurle-Wilert: Beogradski pregled. Re-discover, in: Mag. Likovni zivot 03; Dragica Soskic (Text): Hicetnunc. Rasegna di Arte Contemporanea 03 (S.82, 83); Boris Nieslony (Hrsg.): Performance Art 2003, Essen 03 (S.12–13); Deset godina Konkordije, Vršac 04 (S.183); Idea-non-realization, Požega 04 (S.32–33); Helga Meister (Hrsg. u. Text): Schöne Aussicht, Schloß Benrath 04 (S.19–26); Tatjana Ilić (m. Beitr. v. Jannis Kounellis u. Jesa De Negri), Dom omladine Beograd 04; Infant, Teatar Infant Novi Sad 05 (S.16); Stehend – Gehend, Mus. of Contemp. Art Novi Sad 05 (S.1–8); Forme a venire, Gli Ori Prato 05 (S.19, 31, 53)

Illa s. Haug, Illa

Illich, Brigitta s. Krainer, Brigitta

Illig, Constanze (Ps.: eye-D-ear), Künstlerin, Begriffsbilderin, Dipl. Ingenieurin; Zeughausgasse 2, D-67547 Worms, Tel. (0 62 41) 95 49 44, Fax 95 49 46, *info@eye-D-ear.com*, *www.eye-D-ear.com* (* Düsseldorf 15. 5. 62) – **VG:** Worms, eye-D-ear – **S:** 84–92 Düsseldorf (Stud. Archit. u. Kunst) – **Ve:** AK RP – **KGr:** IG-Kunstrasen (seit 01) – **KGe:** iL2a bauKUNST (seit 96) – **G/T:** Kunst im öff. Raum, Baukunst, Install., Aktion, Wort- u. BegriffsBild, – **K:** f. Kinder (KunstDüngen), f. Erwachsene (KunstGriffe), Kunst f. Firmen (Tr.An.s.Fer)

Illig, Norbert (Ps.: eye-D-ear), Künstler, Begriffsbilder, Dipl. Ing.; Martinsgasse 3A, D-67549 Worms, Tel. (0 62 41) 41 30 59, Fax 01 80 50 60 34 39 16 81, *info@eye-D-ear.com*, *www.eye-d-ear.com* (* Worms 29. 5. 58) – **VG:** Worms, eye-D-ear – **S:** 84–92 Düsseldorf (Stud. Archit. u. Kunst) – **Ve:** AK RP – **KGr:** IG Kunstrasen (seit 01) – **KGe:** iL2a bauKUNST (seit

96) – **G/T:** Kunst im öff. Raum, Baukunst, Install., Aktion, Wort- u. BegriffsBild – **K:** f. Kinder (Kunst-Düngen), f. Erwachsene (KunstGriffe), Kunst f. Firmen (Tr.An.s.Fer) – (Red.)

Ilusta, Claus von, Objektkünstler; Kiefernstr. 19, D-40233 Düsseldorf, Tel. (02 11) 7 30 02 56, *klausvonilusta@hotmail.com*, *ilusta.de* (* Berlin 18. 12. 34) – **S:** 60–68 UdK Berlin – **L:** in Kingston upon Hull/GB – **P:** mehrere, z.Z. Ehrensold – **Ve:** VG Bild-Kunst; ver.di – Fachgr. Bild. Kunst – **KGe:** Kult.büro Kiefernstr. – **G/T:** Objekte (Material Glas); Stadtplanung – **E:** viele – **G:** einige

imagineur s. Blesi, Ruth

Imhof, Karl, Prof., Maler, Graphiker; Arcostr. 1, D-80333 München, Tel. (0 89) 55 71 05, 50 67 90, Fax 50 43 30, *iimhof@freenet.de* (* München 15. 5. 40) – **VG:** München, Reile; Kötzting, Gal. im Woferlhof; Hauzenberg, Leyerseder; Ohio, Clay Street Press; München, D.P. Druck- u. Publ. GmbH – **S:** 59–65 ABK München (Malerei u. Graph. b. Prof. Franz Nagl, Meisterschüler) – **L:** 90–05 ABK München (Prof. f. Lith.) – **P:** Stip. Bild. Kunst d. Studienstift. d. Dt. Volkes 63–66; Kunstpr. d. Ldeshaupstadt München 86 – **KGr:** Neue Gruppe München – **G/T:** Malerei, Druckgraph., Text u. Künstlerb., Sprechst. – **M:** Frankfurt am Main, Dt. Bank KS; München, Bay. Staatsgemäldeslgn; München, StG; München, Staatl. GrS – **E:** 73 Paris, De Neuilly; 75 München, KV; Braunschweig, ABC Gal.; 86 München, Lothringer 13; München, Jahn; 89 Zellingen, KH; Kötzting, Gal. im Woferlhof; 90 Frankfurt, Produzentengal.; 93 Stuttgart, Künstlerhaus; 00, 02 München, Reile; 02 Hauzenberg, Leyerseder; 03 Leipzig, Graph.-angebot Müller; 04 München, Himmelfahrtskirche – **G:** 65 Basel, Stägehous; 74 Berlin, Kunstmesse; 81 München, LOFT; 78 New York, Library Gall.; 01 München, Werkraum; 01, 02, 03, 04 München, Haus d. Kunst; 02 Freising, Gal. 13 – **V:** OFFSETLITH.: Impulsrevue I 80; Noch vor Sonnenaufgang 82; Impulsrevue V 86; Impulsrevue VI 88; Texte und Sprechstücke 90; Sprechstücke 1989–1996, Sprechst. 96; Lose Texte 01; – sowie weitere Veröff.: Impulsrevue II 82; Linol-KG, Mappenwerk (Linolschnitte) 02; Litho-KG (Lith.) 02 – **R:** 4 Sprechstücke, Videokassette 97; 5 Sprechstücke, CD 01 – (Red.)

Immekus, Katharina, Malerin; Holbeinstr. 7, D-04229 Leipzig, *immo70@gmx.net* (* Olpe 2. 12. 70) – **VG:** Leipzig, b2 – **S:** 94–00 HGB Leipzig (Malerei u. Graph. b. Prof. Rolf Kurth); 97–98 Dänische KA Kopenhagen (Gaststud. b. Prof. Peter Bonde) – **G/T:** gegenständl. Malerei (v. a. Öl auf Lw.); Zchng, Graphik – **E:** 02, 05 Leipzig, Kunstraum B/2; 03 Leipzig, Laden f. Nichts; Leipzig, KV Projektgal.; 04 Essen, Kalthoff – **G:** u. a. 00 Leipzig, Kunstraum B/2; 00, 01 Leipzig, Gal. Eigen + Art; 02 Berlin, Liga; 04 Leipzig, KH Spk.; 05 Leipzig, Gal. f. Zeitgen. Kunst – ***Lit:*** Bildende Künstler in Leipzig 06 – (Red.)

Immendorff, Jörg, Prof., Maler, Bildhauer, Kunsterzieher; Stephanienstr. 4, D-40211 Düsseldorf, Tel. (02 11) 36 52 78, 36 08 00 (* Bleckede b. Lüneburg 14. 6. 45) – **VG:** Aachen, Gal. Am Elisengarten; Bad Honnef, Rackey; Essen, Haas-Hoeppner; München, Baumgartl; Berlin, Bischoff; Wiesbaden, Hänel – **S:** 63–64 KA Düsseldorf (Bühnenmalerei b. Theo Otto); 64 ebda (Kl. v. Joseph Beuys) – **L:** 81 Konsthoegskolan Stockholm; 82–83 HBK Hamburg; KA Trondheim; 'Kl. F+F' Zürich; 89 Städelschule Frankfurt am Main (Prof. f. Malerei); seit 96 KA Düsseldorf (Prof. f. Malerei); 97 Academy of Fine Arts Tianjin/China (Gastprof.); 02 KA Peking (Gastprof.) – **P:** 'Premio Marco 96' d. Mus. Monterrey, Mexiko 97; Verdienstorden d. BRD 98; Pr. f. bild. Kunst d. Dortmunder Kulturstift. 00; B.Z.-Kult.pr. 04; Kaiserring d. Stadt Goslar 06 – **Ve:** Europ. Akad. d. Wiss. u. Künste in Salzburg 97 – **KGe:** Zus.arb. m. A. R. Penck – **G/T:** Malerei, Skulptur, Ausstattung – **W:** zahlr. in öff. Slgn u. in Privatbes., Skulpt. im öff. Raum – **M:** Aachen, Ludwig Forum; Bonn, KM; Frankfurt am Main, Städel; Hamburg, KH; Kassel, Neue Gal.; Kiel, KH; Köln, Mus. Ludwig; Mannheim, StKH; München, Bay. Staatsgemäldeslgn; München, Pin. d. Mod.; Ulm, Ulmer Mus.; Wiesbaden, Mus. – **E:** zahlr. Einzelausst. seit 61, zuletzt 00 Dortmund, Mus. am Ostwall; Hannover, Kestner-Ges.; St. Augustin, Radicke; Weiden, KV; 01 Köln, Werner; 02 Lippstadt, KV; Shanghai, Shanghai Contemp.; 02, 03 München, Knust; 03 Berlin, Contemporary Fine Arts; Berlin, Gal. Mitte; Borken, KV; Düsseldorf, Andersgalerie; 06 Berlin, Neue NG (Kat.) – **G:** zuletzt 02 Berlin, Haus am Lützowplatz; Salzburg, Gal. Weihergut; Köln, Skulpt.park; Ismaning, Kallmann-Mus.; Berlin, Schultz; Halle/Saale, Gal. Tal-Str.; 02, 03 Bad Honnef, Rackey; 03 Berlin, Hamburger Bahnhof; Berlin, Martin-Gropius-Bau; Saint Louis/Missouri, Saint Louis Art Mus. – **V:** zahlr., u. a.: Lidlraum, Dok. 68; Hier und Jetzt: Das tun, was zu tun ist 73; m. A. R. Penck: Deutschland mal Deutschland. Ein Deutsch-Deutscher Vertrag 79; Brandenburger Tor – Weltfrage 82; m. H. P, Riegel: FF-bringts 83; m. dems.: FF-bringts 'La Paloma' 84 – ***Lit:*** Dictionary of Art 96 – (Red.)

Indermaur, Robert, Maler, Bildhauer; Mühle, CH-7416 Almens, Tel. (06 55) 19 51, Fax 19 44, *www.indermaur.net* (* Chur 9. 6. 47) – **S:** Autodidakt – **G/T:** Malerei, Zeichn., Rad., Bildhauerei, Plast. – **M:** Graubünden, KM; Neuchâtel, KM; St. Jose, Triton Mus. – **Ö:** Basel, Nationalversicherung; Chur (Fassaden); ebda, City Parkhaus, SUVA-Gebäude; Graubünden, Kantonalbank; Sankt Gallen, Kantonsbank; Thusis, Bahnhof; Vaduz, Stadtpl.; Zürich, Kredit Suisse – **E:** zahlr. Ausst. seit 68, u. a. 72 Baden, Gal. 7; 73, 76 Chur, Spaniöl; 79, 81, 83, 94, 03 Klosters, Gal. 63; 81 Paris, Gal. Suisse; 81, 85, 87, 89, 92, 95, 97, 99, 02 Zürich, Gal. Trittligasse; 84, 86, 89 Sonoma, Noblett; 88 Santa Fé, Sena East; 90 Los Angeles, Merging One; 90, 93, 96, 00, 04 Lenzerheide, Art Gallery Lai; 93, 95 Lausanne, Gal. Humus; 94 Basel, Götz; 95 Rorschach, Gal. zum Kornhaus; 98 Dornbirn, Gal. Lindenpl.; 01 Straßburg, St. Art; 03 Appenzell, Heiden – **G:** zahlr. Ausst.bet. seit 68, u. a. 91 Grenchen, Intern. Trienn. f. Orig.graph.; 94 Santa Fé, Shidoni; San Francisco, Weinstein; 96 Thusis, Villa Hestia; 98 Dornbirn, Gal. Lindenpl.; 99 Zollikon, Lips Art Gall. – **V:** Dorothe Freiburghaus (Hrsg.): Departure (Mitautor) 89; Peoples Park (Mitautor) 01 – (Red.)

Ineichen, Irma (Ps.: I.I.M, eigtl. Irma Ineichen-Meier), Malerin; c/o Gal. Margit Haldemann, Bern (* Wolhusen/Luzern 13. 11. 29) – **VG:** Bern, Haldemann; Aarau, Staffelbach – **S:** 47–51 HS f. Gest. u. Kunst Luzern (Graph., u. a. b. Prof. Max von Moos); 51–55 Acad. des Beaux Arts Paris – **P:** Pr. d. Kunstkr. AG Luzern 69; Anerkennungspr. d. Stadt Luzern 73; Kunstpr. d. Stadt Luzern 88; Intern. Festival d. Malerei (spezielle Erwähnung d. Jury) 91 – **Ve:** Visarte Zentralschweiz – **G/T:** Malerei (Öl, Aqu.); Graph. (Rad.); Zeichn. (Farbstift) – **W:** u. a. in Bes. d. Schweiz. Eidgenossenschaft, d. Stadt u. d. Kt. Luzern sowie d. Kantonalbank Luzern – **M:** Luzern, KM; Schaffhausen, Mus. zu Allerheiligen; Zug, Kunsthaus – **Ö:** Luzern, Stadttheater; Muri, Kirche; Wauwilermoos, Strafanstalt; Widen, Altersheim – **E:** u. a. 59 Rapperswil, Gal. 58; 62 Luzern, Gal. an d. Reuss; 70 Luzern, KM; 76, 89 Emmen, Gemeindegal.; 69, 80, 89, 93 Zürich, Severina Teucher; 87, 90, 94, 99 Lenzburg, Staffelbach; 04 Aarau, Staffelbach; 88, 96, 97, 00 Bern, Haldemann; 92, 97 Meggen, Gemeindegalerie Benzeholz; 03 Engelberg, Tal-Mus. – **G:** u. a. 57, 61, 81, 01 Luzern, KM; 74 Zürich, Helmhaus; 76, 78 Lausanne, Mus. cantonal des beaux-arts; Winterthur, KM; 91 Cagnes-sur-Mer, Festival Intern. de la Peinture; 96 Schaffhausen, Mus. zu Allerheiligen 97 Engelberg, Tal-Mus. – ***Lit:*** Doris Fässler: I. I. Die stille Magie des Bildes 89; Gabriela Christen (Texte): I. E. Bilder – Räume 03 – sowie: zahlr. Texte, Kat. u. Ztgsbeitr. 57–03 – (Red.)

Ingartan s. Woisnitza, Karla

Ingold, Marianne s. Baumann, Marianne

Irberseder, H. Peter, Maler, Bildhauer; Ringseisstr. 4 Rgb., D-80337 München, Tel. (0 89) 53 70 92, Mobil: 01 7 28 64 39 99, *irberseder@hotmail.com, www.irberseder.de* (* München 26. 6. 61) – **VG:** München, Ruf; München, Schneider; München, Gal. K; Stuttgart, ARTisforma; Wien, AAI-Gall.; Köttmannsdorf, Ars Artis; Miami, Steinhoff – **S:** Autodidakt – **P:** Leonardo-Pr. (1. Pl.) 00 – **Ve:** Kunstforum München 99–02; Kunsttransport München 02 – **KGe:** H. P. I. u. Edgar Müller (98–99); H. P. I., René Claus, Herbert Scherreiks, Hans Haas u. Rosa+Gabrio Rossi (01–03) – **G/T:** kubistischer Expressionismus (Öl, Aqu., Rad., Kaffquarell); Skulpt. (Bronze, Holz, Zement, Marmor, Gips); Objekte u. Kunst am Bau (Edelstahl, Glas) – **W:** zahlr. Werke in Privatslgn – **Ö:** Augsburg, Fuggerstadt-Center; Herzogenaurach, RH; München, Pr.skulpt. Dt. Turnfest; ebda, Sendlinger Friedhof – **E:** u. a. 01 München, Ruf; 01, 03 München, Flughafen; 02 Wien, AAI-Gall.; München, Schneider; 03 Zug, Schnyder; Würzburg, KunstStück; Mailand, Bolzani Cornici e Stampe; Mailand, Mercante di Stampe; München, RH; Mailand, I Tesore; 04 München, Kult.amt Unterschleißheim; Aufkirchen-Erding, Flughafen-Hotel Mercure – **G:** u. a. 97 München, Sheraton Hotel; 98, 02, 03 München, Ruf; 99 Köln, Roesinger; 01 München, Menzing u. Kunst; Niedersulz, SM; 02 München, Kunst(B)Handlung; 03 Klagenfurt, Kunstmesse – **V:** Menschen und andere Narren, Kat. 95; Der kleine Prinz, Kat. 96; Arche Noah, Kat. 98; Das Jahr, Kat. 99; Kaleidos, Kat. 01 – ***Lit:*** MEDIZIN & KUNST, Kunstmag. 96, 98; Hinduistische Götter, MEDIZIN & KUNST 01; UWS, Entwürfe zum Wiederaufbau des World Trade Center New York, Metropolis Mag. 01; Alpine-Eagle, Rolls-Royce-Mag. 03 – ***LitR:*** regelmäßig redaktionelle Beitr. b. Ausst.eröffnungen seit 98, u. a. Bay. RF, RTL, SAT 1, TV München, Mitteldt. RF, Westdt. RF u. ZDF – (Red.)

Irion, Sue (geb. Susanne Irion), Foto-Malerin; Breisacherstr. 124, CH-4057 Basel, Tel. u. Fax: 06 16 92 57 86, *sue.irion@bluewin.ch, www.sueirion.com* (* Basel 27. 7. 58) – **VG:** Bern, Rigassi – **S:** 81–83 KGS Basel (Malfachkl. b. Franz Fedier); 83–84 ebda (Bildhauerfachkl. b. Johannes Burla); 93 Kurs f. mod. Fototechniken in Boston (b. Ralph Worrick); 96 Workshop (m. Allan Kaprow) – **P:** Kulturelles Baselld (Anerkennungspr.) 92; Kunstkredit d. Stadt Basel (Ankauf) 05 – **Ve:** Visarte – **G/T:** Malerei; Objekte; Fotoemulsion-Arb. (seit 94 ausschließl.) – **W:** in privaten Slgn sowie Ankäufe durch Kulturelles Baselld 92–06; Baselld 07; Slg d. National Versicherung Schweiz; KV Baselld – **M:** Randegg, KV; Revere/Ital., Young Mus. – **Ö:** Basel, Univ.; ebda, Coopers & Lybrand, Kantonalbank – **E:** u. a. 92 Fort Myers/USA, Lee County Alliance of the Arts; 94 (Kat.), 96, 01, 03, 08 Bern, Rigassi; 95 Bern, Coopers & Lybrand; 96 Basel, Teufelhof; 97 Solothurn, Forum Flüh; 98 Basel-Mülhausen, Fracht GIN / DHL Transport; 99 Nürnberg, KV Dürer-Ges.; 00 Olten, Huber; 05 Basel, Flughafen; 06 Basel, Kunstkeller; Hollywood, New Star Gall.; 07 Basel, Huber – sowie weitere in Basel – **G:** u. a. 95 Langenthal, Kunsthaus (Kat.); 97 Basel, KH: Jahresausst. (Kat.); 98 Thun, KM (Kat.); 00 Randegg, KV (Kat.); 02 Las Vegas, Art Mus. (Kat.); Liestal, KH Palazzo (Kat.); 04 Hollywood, Art and Cult. Center (Kat./CD-Rom); 06 Freiburg, KV: Regionale; 06, 07 Miami, Art Basel (Kat.)

Ironimus s. Peichl, Gustav

Irshaid, Nabila, Video-, Installations- u. Fotokünstlerin; Brunnhausgasse 14, A-5020 Salzburg, *nabila.irshaid@aon.at, www.nabilairshaid.com.* Kaigasse 6, A-5020 Salzburg (* Osnabrück 20. 2. 64) – **S:** 93–99 HBK Hamburg – **P:** Sammelstift. d. HBK Hamburg; Paris-Stip. d. Bundeskanzleramtes Öst.; Medienkunstpr. 02 – **G/T:** Video, Kurzfilm, Install., Intervention, Animation – **Ö:** Salzburg, Residenzbibliothek – **E:** u. a. 03, 04 Salzburg, Salzburger KV; 03 Salzburg, Eboran; 04 Wien, KH; 06 Salzburg, Traklhaus; Salzburg, Rupertinum; Llobregat, Centro Cultural Metropolitá Tecla Sala; Amarante/Portugal, Mus. Amadeo de Souza-Cardoso – **G:** u. a. 02 Cambridge/MA, Visual AC; Berlin, Haus d. Kulturen; 03 Salzburg, Intern. Center for Cult. and Management; Havanna, Intern. Documentary Filmfestival; Amsterdam, Filmfestival; 04 Paris, Inst. du Monde Arabe; Vilnius, Gal. f. zeitgen. Kunst; Wien, Medienwkst.

Isaila, Ion (Ps.: Ilarion), Zeichner, Maler; Tel. (02 11) 42 04 36, 4 05 70 18, *ilarion@web.de, www.isaila.de.* F-09300 Bélesta (* Hermannstadt 21. 11. 53) – **VG:** u. a. Essen, Schütte; Hamburg, Freiraum; Düsseldorf, Walther – **S:** 75–79 KA Bukarest (b. Ion Stendl); 84–90 KA Düsseldorf (b. R. Sackenheim u. D. Rabinovich); 85–86 ebda (Meisterschüler u. Tutor, Kl. f. freie Graph.) – **L:** VHS Düsseldorf (Doz.) – **P:** u. a. Pr. d. Hoffinann-Stift. Düsseldorf 85; Cité Intern. d. Arts Paris 98, 01; Stud.aufenthalt in Rom 99, 00 – **G/T:** Konzeptkunst – **K:** Farblehre, Farbkomposition, Portr.zeichnen – **M:** Chemnitz, KS; Düsseldorf, Dt. Post AG; Düsseldorf, RA Bremer u. Gather; Düsseldorf, Univ.; Herne, StG Strünkede; Rees, Kunstarch. P. Kerschkens – **Ö:** Aachen, Archit.büro Esser; Bad Tölz, Kersting; Borken, Marienhospital – **B:** Hermannstadt: Haus d. Jgd.; Kronstadt: Sportzentrum – **E:** u. a. 85, 88 Düsseldorf, Walther; 85 Düsseldorf, Kraushaar (Kat.); 86, 91–92 Essen, Schütte; 88 Kaarst, StG; 89 Bonn, Albert & Heckes; 90 Erkelenz, Haus Spiess; 91–93 Langeloo/Niederl., Markant; 94 Düsseldorf, Art Multiple; Gent, Lineart; 96–97 Ein Hod, Bukarest u. Willich, Carmelite chains; 98 Paris, Cité Intern. des Arts; 02 Düsseldorf, StG im Salzmannbau; 05 Hamburg, Freiraum; – weitere: 94–98, 06 Niederl., Intern. Kunstbörse Huntenkunst – **G:** u. a. 82 Rijeka; Barcelona; Den Haag; Washington; Figueras; Frederikstad; 85 Zürich; Grenchen; Tokio; Seoul; 92–93 Bonn; Brüssel; Dresden; Leipzig; Halle/Saale; Paris; Hamburg; Görlitz; 94 Düsseldorf, Art Multiple; Gent, Lineart; 97 Düsseldorf, Wien u. Hermannstadt, Orient Express; 98 Herne, Emschertal-Mus., Kraft d. Linie – ***Lit:*** E. Heerich u. R. Sackenheim (Hrsg.): Übungen, Experimente, Impulse 85, A. Arghir in: das kunstwerk, 6 85; Parallel. Düsseldorfer Gal. zeigen Düsseldorfer Künstler 88; C. Vielhaber in: NIKE – New Art in Europe, 38 92

Isaila, Mirela s. Anura

Iseli, Rolf, Maler, Graphiker, Plastiker; Altenbergstr. 40a, CH-3013 Bern (* Bern 22. 1. 34) – **VG:** Berlin, Nothelfer – **S:** 50–54 Lehre als Foto- u. Farblithograph; KGS Bern (Abendkurse) – **P:** Eidgenössisches Kunststip. 57, 63; Prix de la Ville de Genève (f. druckgraph. Werk) 71 – **G/T:** Malerei (Öl, Aqu.); Materialcollage (Sand, Erde u. a.); Druckgr. (Kaltnadelrad., Lith., Kpst.); Plast. (Eisen, Holz, Objets trouvés) – **M:** Bochum, Mus.; Hannover, Sprengel Mus.; Ulm, Ulmer

Mus. – **Ö:** Bern, Bubenberg-Pl. (Eisenplast. an Haltestellen); Gerlafingen, Schulhausanlage (Eisenplast.); Langendorf, Kirchl. Zentrum (Gest. d. Altarzone) – **E:** / G: 59 Paris, Bienn.; 59, 72 Kassel, documenta; 75 São Paulo, Bienn.; 78 Zürich, Kunsthaus; Braunschweig, KV; 85 Genf, Cab. des Estampes; 87 Schaffhausen, Mus. zu Allerheiligen; 88 Zürich, ETH, GrS; 90/91 Lausanne, MBA; 93 Locarno, Pinacoteca; 03 Bern, KM – **V:** Stockhorn-Mappe 68; St-Romain-Mappe 72 – ***Lit:*** Dictionary of Art 96; BLSK 98 – (Red.)

Iskratsch, Eberhard, Maler, Graphiker, Musiker; Gartenstr. 29a, A-5202 Neumarkt am Wallersee, Tel. (0 62 16) 40 25, *iskratsch@netway.at* (* Bleiburg 11. 10. 51) – **S:** Kaufmännische Lehre; Konservatorium Klagenfurt; 73–76 Krankenpflegeschule Salzburg; 01–04 Ausb. z. Sozialbetreuer (Dipl.) – **Ve:** Berufsvrg bild. Künstler Salzburg – **G/T:** gestisches Malen (Akt) u. Objektkunst – **K:** seit 83 Musik-, Mal- u. Spielprojekte an versch. Schulen; seit 01 Gestisches Malen mit Schwerstbehinderten – **W:** Ankäufe u. a. durch d. Städte Klagenfurt u. Salzburg – **M:** u. a. Klagenfurt, Kärntner LG; Salzburg, Residenz-Gal.; Wien, Albertina – **E:** 80 Salzburg, Traklhaus; 83–85 Salzburg, Cafe Meidl; 84 Klagenfurt, Kellergal.; Hermagor, Gymnasium; St. Johann, Salzburger Spk.; 86 Salzburg, RH; 87 Salzburg, Salzburger Spk. Aiglhof; 88 Salzburg, Puppentheater La Paraplui; 90 Salzburg, Musikschulwerk; 95 Salzburg, Volksschule Leopoldskron-Moos; 00 Bergheim, Musikschule – **G:** div. Ausst. seit 82, u. a. 83, 84, 86 Salzburg, Künstlerhaus; 84, 85, 86 Salzburg, Arbeiterkammer; 86 Wien, Pet-Gal.; 89 Paris, Brasil Inter Art Gal.; Salzburg, Gal. d. Berufsvrg Bild. Künstler; 90 Wels, Kult.zentrum Burg Wels; Salzburg, Zwerglgarten; 91 Villach (Grafikpr. Alpen Adria); 97 Salzburg, Berchtoldvilla; Neumarkt am Wallersee, Frohnfeste – (Red.)

Isler, Vera; Talholzstr. 48, CH-4103 Bottmingen, Tel. 06 14 01 08 45, Fax 06 14 01 40 57, *veraislerleiner @bluewin.ch*, *www.veraislerleiner.com* – **G/T:** Fotogr. – (Red.)

Iutta (eigtl. Erna Jutta Maria Waloschek), Mag. Art., Akad. Malerin; Sonnenuhrgasse 1/12a, A-1060 Wien, Tel. (01) 5 96 80 65, Fax 5 97 20 73, *iuttawaloschek @yahoo.de*, *www.iuttawaloschek.com*. Santos Dumont 2475/13:F, RA-1426 Buenos Aires (* Dresden 15. 8. 31) – **S:** 50 Esc. Prilidiano Poeyrredón Buenos Aires (Profesorado de Arte); 54 ABK Wien (Mag. Art.) – **L:** 52–72 Buenos Aires (in Schulen u. privat); – sowie: Pal. Liechtenstein u. MAK Wien (vorw. m. Kindern: 'Freies Kindermalen') – **P:** Staatspr. f. Ausländer Buenos Aires (1. Pr. f. Textilkunst); Ausz. d. Expos. de la Sociedad Rural Argentina – **Ve:** IntAkt – **G/T:** Textilkunst (Applikation); Malerei (Aqu., Öl, Fresco); Multimedia (u. a. m. Dias); Graph. (u. a. Dok. in Heften) – **W:** Argentinien, Estancia /PSDEN-San Anselmo (Coronel Suárez, Prov. de Buenos Aires); Wien, Sonnenuhrgasse 1/12a – **E:** sehr zahlr. seit 61, u. a. 61 Buenos Aires, El Pórtico; 63, 65 Buenos Aires, Lirolay; 70, 73, 74, 75, 97 Olivos, Atica; 73, 74 Buenos Aires, Scheinsohn; 75, 78 Buenos Aires, Gal. Arte Nuevo; 75 Wien, Pal. Palffy; 77, 78 Buenos Aires, Rosenbusch; 80, 84, 93 Wien, United Art Gall.; – zuletzt: 99 Dresden, Bürgerver. Trachau; 99, 02 Wien, Wort u. Bild; 00 Wien, Gal. VHS 3 – Engel 2000 – **G:** zahlr. seit 51, zuletzt u. a. 95 Wien, RH; 96 Baden, Casino; 97 Wien, Chica; 00 Olmütz, Gal.; St. Peter, Wort u. Bild; Tokio, Kyoko; 01 Eisenstadt, Wort u. Bild

Iván, Magdolna s. Keel, Magdolna

Jablonsky, Hilla (geb. Hilla Schotten); Enggasse 7, D-53757 St. Augustin, Tel. u. Fax (0 22 41) 31 67 45 (* Dudweiler/Saar 17. 9. 32) – **S:** 50er Jahre: Ausb. in d. Wkst. v. Alexej v. Assaulenko in Plön; 60er Jahre: Ausb. in d. Wkst. v. Cameron Hoover in Bremerhaven u. Franz Radziwill in Varel – **P:** Stip. Künstlerhaus Hooksiel 87; Theobald-Simon-Pr. d. GEDOK Bonn 89; August-Macke-Med. 99 – **Ve:** BBK Bonn Rhein-Sieg; GEDOK Bonn 73 – **G/T:** Malerei, Lith., Plast. (Stahl u. Plexiglas), Objektkunst, Buch- u. Wandgest., Performance – **W:** Performances – **M:** Bonn, KM; Wilhelmshaven, KH – **Ö:** Bonn, Städt. Hauptbibl. (Malerei); Vonderort, Schwimmbad d. Revierparks (Keramik-Wandbild) – **E:** u. a. 69 Bremen, Gal. Schnoor; 70 Erlangen, KV; Wien, Pal. Palffy; 73 Witten, Märkisches Mus.; 82 Köln, Hahnentorburg; 91 Gummersbach, KV; 92 Bonn, Haus an d. Redoute; Zug, Altes Kunsthaus; 94 Siegburg, KV Rhein-Sieg-Kr.; 98 Bonn, Ldesvertretung Saarland – **G:** u. a. 72 Pont-Aven, Centre Paul Gauguin; 79 Wilhelmshaven, KH; 82 Bonn, Ldesvertretung NRW; 83 Seoul, NM of Mod. Art; 88 Brüssel, Inst. Européen; 89 Den Haag, Kunstkring; 91 Dublin, European City of Culture; 92 St. Petersburg, Manege; 94 Minsk, Kult.pal.; 95 Riga, Balt. Festspiele; 03 Bonn, Regionale – **V:** zahlr. Beitr. z. Kunst v. Frauen in Fach- u. Verb.zs (u. a. BBK) sowie in Kat., u. a. Mein Thema. Kunst v. Frauen, Kult.politik, in: Vierteljahreszs f. Kult.politik u. Kult.arb., 3/4 81; Bonn ein Gesicht geben, in: Die Kribbe, Rheinische Vierteljahreszs f. Lit., Kunst u. Wiss., 19/20 81; Remmers & Partner (Hrsg.): Zeit ist Leben (Bildbeitr.) 90; Gotthard Fermor u. Reinhard Schmidt-Rost (Hrsg.): Amen – Beten als Projekt, Essay 04; Ursula Toyka-Fuong (Hrsg.): ausgezeichnet, Künstlerinnen u. Stifterin d. Dr. Theobald-Simon-Kunstpr. 05 – ***Lit:*** Karl Strute u. Theodor Doelken (Hrsg.): Who's who in the arts and lit., Vol. I 82; Ulrika Evers: Dt. Künstlerinnen d. 20. Jh. 83; Slg Deutscher Kunst seit 1945 83; Ulrika Evers: H. J. Herzgeburten 86; Frauenkult.büro NRW (Hrsg.): Künstlerinnen in NRW 95; Reinhild Jacobsen (Hrsg.): H. J. weiter, weiter, weit 99

Jachens, Edda, Malerin (Dipl. Freie Kunst); c/o KUNST RAUM KONZEPTE, Nordstr. 73, D-53111 Bonn, Tel. (02 28) 28 92 90, *eddajachens@gmx.de*, *www.kunst-raum-konzepte.de* (* Bremen 19. 3. 60) – **VG:** Mannheim, märz gal.; Ladenburg, märz gal.; Gießen, Wosimsky; Ettlingen, Suciu; Düsseldorf, Beck & Eggeling; Boston, Miller Block Gall.; Stuttgart, Schlichtenmaier – **S:** 82–87 Muthesius HS Kiel (Freie Kunst b. Prof. Fritz Bauer); 88–89 Central School of Art and Design London (Advanced Printmaking Course) – **P:** DAAD-Stip. f. London 88, 89; Otto-Flath-Stip. 02; Stip. d. Freistaates Sa. f. d. Künstlerhaus Schloß Wiepersdorf 03; Stip. d. Stadt Bremerhaven 05 – **Ve:** BBKL 96–04; VG Bild-Kunst 98; VBKW 05 – **G/T:** konkret-konstruktive Malerei – **W:** überw. in Privatbes. – **M:** Chemnitz, Neue Sä. Gal.; Halle/Saale, Staatl. Gal. Moritzburg; Leipzig, KH Spk.; Lüdenscheid, Gesch. Mus.; Waldenbuch, Mus. Ritter – **Ö:** Bautzen, Dresdner Bank; Boston, Fidelity Investments; Bremen, Bauindustrieverb. Bremen-NordNds.; Eisleben, Dresdner Bank; Frankfurt am Main, Fidelity Investments; Münster, Fa. Winkhaus – **E:** zahlr. Ausst. in Dtld. u. d. USA, zuletzt u. a. 04 Erfurt, Forum Konkrete Kunst; Ettlingen, Suciu; Boston, Miller Block Gall.; Halle/Saale, Staatl. Gal. Moritzburg; Berlin, Mies-Van-der-Rohe-Haus; 04, 06 Ladenburg, März; 05 Düsseldorf, Beck & Eggeling; 06 Ahlen, KM; Recklinghausen, Ikonen-Mus. – **G:** zahlr. Ausst.bet. seit 87, u. a. 02 München, Haus d. Kunst; Lüdenscheid, SM; Dresden, Neuer Sä. KV; 03 Evanston, Noyes Cultural Center; 04 Mannheim, KV; 05 Leipzig, KH Spk. – ***Lit:*** Ausst.kat.: Meinhard Michael: E. J. 99; Eugen Gomringer: Herman Glöckner, E. J. 01; Mathias

Lindner: Blaue Bilder 03; Wolfgang Büche, Wita Noack u. Andreas Pinczewski: Vom Schein des Konkreten 04 – ***LitR:*** Meinhard Michael: Fs.-Portr. in d. Sendereihe Glaubwürdig 00

Jackisch, Matthias, Bildhauer, Performancekünstler; c/o Atelier Landgut, Zur Pappel 7, D-01728 Golberode, *matjack@arcor.de* (* Oschatz/Sachsen 28. 12. 58) – **VG:** Dresden, Döbele – **S:** 77–81 Dresden (Steinmetz); 81–86 HBK Dresden – **P:** Förd.pr. Saar Ferngas 92 – **Ve:** flexible: X (Organisator) 96 – **KGr:** Gruppe Meier (85–90) – **G/T:** Skulpt. (Stein, bearb. Findlinge, auch kombiniert m. Stahlbändern o. Papier); Zeichn. (vorw. Graphit, Tusche u. Beize); Performance – **E:** u. a. 01 Köln, Sülzer Salon (m. Roland Bergère); 02 Cottbus, Gal. Haus 23 (m. Lutz Fleischer); 04 Dresden, Döbele – **G:** u. a. 97 Plauen, StG; 97/98 Dresden, Kunsthaus; 98 Ludwigshafen, KV; Wroclaw, StG; 04 Dresden, Döbele – ***Lit:*** Kunst in der DDR 03 – (Red.)

Jacob, Elmar, Maler, Graphiker, Filmemacher; Dorfstr. 123, D-24248 Mönkeberg, Tel. (04 31) 7 29 77 51, *almarjacob@freenet.de*, *www.jacob.kulturserver-sh.de* (* Aachen 63) – **VG:** Hamburg, Kammer; Halebüll-Schobüll, Lüth; Lübeck, Stewner – **S:** 86–93 Muthesius HS Kiel – **Ve:** BBK Schlesw.-Holst. 98; VG Bild-Kunst 98 – **G/T:** Ölmalerei u. Graph. (abstr./figurativ); Film; Skulpt. (Papiermachee, Holz) – **W:** überw. in Privatbes. – **M:** Kiel, Stadtbilderei – **Ö:** Berlin, Marienstr.; Köln, Projendorfer Str. – **E:** 01 Kiel, Gal. Hof Ackerboom; 04 Hamburg, Kammer; 05 Neumünster, Bürgergal.; 06 Halebüll-Schobüll, Lüth; Lübeck, Stewner; 07 Kiel, Umtrieb Gal. – **G:** zahlr. Bet. seit 87, zuletzt: 02 Kaliningrad, Mus. f. Kunst u. Gesch.; Neumünster, Textilmus.; 03 Sønderborg/Dänemark, Mus. Schloß Sønderborg; 03, 04 Büdelsdorf, Nord Art – **R:** mimicricti:vision, Film/Zchng 05

Jacob, Gunter, Dipl. Maler u. Graphiker; Anton-Graff-Str. 22, D-01309 Dresden, Tel. (03 51) 2 84 14 17, *ggjacob.dresden@gmx.de* (* Hinterhermsdorf 6. 6. 47) – **S:** 66–68 FHS f. angew. Kunst Heiligendamm; 68–73 HBK Dresden (Dipl. Prof. Eisel); 73–74 Aspirant; 74–75 Meisterschüler b. Prof. Kettner; 75–76 Meisterschüler b. Prof. Michaelis – **L:** ab 76 Ass. im künstler. Grundlagenstud. (Ber. Restaurierung); 89 Doz.; seit 86 HBK Dresden (Doz. f. künstler. Grundlagenstud., hist. Maltechnik u. Gemäldekopie im Stud.-gang Restaurierung) – **Ve:** VBK DDR 77–90; KBD 90–92 – **G/T:** Malerei (Öl, Aqu.); Zeichn. u. Rad.; Gegenstände: Portr., Akt, Landschaft – **W:** Werke in Privatbes. in Dtld, Belgien, Japan, Australien, d. Niederl. u. d. Schweiz – **M:** Frankfurt/Oder, Gal.; Sebnitz, Mus. – **E:** 77 Großhennersdorf, Kult.hausgal.; 80, 82, 83, 84, 85 Sebnitz; 83 Zittau; Dresden, Studiogal. im Kult.pal.; 85 Dresden, Gal. d. HBK; 87 Pirna, Gal. Elbtor; 88 Dresden, Elektromat-Gal.; 89 Riesa, Kult.-bundgal.; 90, 97 Dresden, Gal. Süd; Lemgo, Dresdner Bank; Heidelberg, Wkst.gal.; 91 Bühl, Gal. i; Bochum, Humpert; 95, 98 Dresden, Foyergal. Stübelallee 49c; 97, 98 Sebnitz, Gal. d. Stadtspk.; 98 Dresden, Heinrich-Schütz-Konservatorium; 99 Bad Schandau, Haus d. Gastes; 03 Schwarzheide, Gal. d. BASF; 04 Bad Schandau, KunstForum – **G:** u. a. 87 Dresden (Sport u. Kunst); 87, 88 Dresden, Kunstausst. d. DDR; 88 Silistra/Bulgarien; 96 Dresden, Gal. d. HBK; 01 Pirna, SM – ***Lit:*** Jördis Lademann, Ausstkat. 85; 40 Jahre Hochschule für Bildende Künste Dresden 87; Dresden. Von der königlichen Kunstakademie zur Hochschule für Bildende Künste 90; Dresdener Geschichtsbuch Nr.4 98; Gert Claußnitzer, Ausst.kat. 03; – weiter: Nennung u. Abb. in Kat. v. Gr.ausst. sowie Besprechungen zu fast allen Einzelausst. in d. Tagespresse

Jacob, Stefan; Bismarckstr. 17, D-57250 Netphen, Tel. (02 71) 79 00 00, *info@patina-antiquitaeten.de*, *www.patina-antiquitaeten.de* – **G/T:** Bildhauerei – (Red.)

Jacob-Cassel, Winfried, Prof., Maler; c/o Borkener Galerie Meister, Pferdetränke 16, D-34582 Borken (* Kassel 23. 4. 26) – **VG:** Borken, Borkener Gal. – **S:** 89–91 Univ. Kassel (b. Prof. Werner Kausch) – **L:** 92–95 FUT-Schweiz (Forschungsauftr.) – **P:** Cordon bleu du St. Esprit, L'art de Leonardo da Vinci 91; Dipl. Cercle Artistique de Cavignac 94; 5. Offener Kunstpr. 95 – **Ve:** Palette, Frankfurt/Main – **G/T:** Ldschaftsmalerei (Öl, Alkydharz, Pastell, Polyvinyl, Acryl); Abstr. in Polyurethan u. Alkydharz – **W:** überw. in Privatbes. in Dtld, Südafrika u. d. USA – **E:** 87 Kassel; 87–94 Bad Wildungen; 90 Bad Pyrmont; 93 Oberursel; 94 Borken; 96 Castrop-Rauxel; 97 Hofgeismar; 00 Paderborn, Wincor Nixdorf; 02 Büren – **G:** 80, 81, 87–95 Bad Nauheim; 81–94 Frankfurt am Main, Römer; 82–93 Lyon, Salon annuel intern.; 84, 89 Birmingham; 91 Baden-Baden; 92, 93, 94 Bitburg; 95–04 Frankfurt am Main, Paulskirche; 96–04 Villeurbanne – ***Lit:*** Ziese: Lexikon, Bd 3 93; Lexikon der Kunstschaffenden, Bd 2 95; Axel A. Ziese: Zauber des Lichtes 98; Paul Schmaling: Künstlerlexikon Hessen-Kassel 01 – (Red.)

Jacobi, Elke s. Koch, Elke

Jacobs, Anjo (eigtl. Anton Johannes Josef Jacobs), Maler, Graphiker u. Kunsterzieher; Görtzheide 12 B, D-42489 Wülfrath, Tel. (0 20 58) 8 74 81 (* Kleve 15. 6. 23) – **S:** WerkKsch Wuppertal; Staatl. KA Düsseldorf (u. a. b. Coester, Eckard, Koch, Mataré u. Pankok); KA Mailand; Werklehrersem. Düsseldorf (Abschluß Staatsexamen) – **L:** seit 63 Kunsterzieher an Realschulen u. Gymnasien; Leitung v. Kunstkursen u. -sem. auf Stadt-, Kr.-, Ldes- u. Bundesebene – **P:** E.ring d. Stadt Wülfrath – **Ve:** Kunst-Kolleg Intern. (Begr., Vors.) – **KGr:** Bergischer Künstlerbund; Bild und Form Düsseldorf (AG) – **KGe:** Bund der Kulturschaffenden Düsseldorf – **G/T:** versch. Materialien u. Techniken d. Malerei u. Graph.; naturalistisch, expressionistisch u. abstr.; Psychogramm, Vision u. Zeichen; Menschen unserer Zeit – **E:** / G: mehr als 200 Einzel- u. Gemeinschaftsausst. im In- u. Ausld, u. a. 84 Paris, Salon des Nations – ***Lit:*** Alois Huning (Text): Zeichen, Symbole, Visionen 98 – (Red.)

Jacobs, Sabine, Dipl. Graphik-Designerin, Zeichnerin, Bildhauerin; c/o Galerie Schmitz-Call, Hauptstr. 29, D-52152 Simmerath, Tel. u. Fax (0 24 73) 64 78, *info@jakobs-sabine.de*, *www.jacobs-sabine.de* (* Aachen 22. 4. 66) – **S:** 87–93 FHS Aachen FB Design (Bildhauerei b. Prof. Dr. Ulf Hegewald) – **P:** Förd.atelier art core Mönchengladbach 97–98 – **G/T:** Zeichn., Objektkunst (Draht u. Papier), Glasfenstergest. – **K:** Zeichn. – **Ö:** Aachen, Kirche St. Peter – (Red.)

Jacoby, Hans, Installationskünstler, Maler; Peter-Schenk-Weg 2/2, A-9600 Bregenz, *post@hansjacoby.com*, *www.hansjacoby.com* (* Zürich 36) – **G/T:** Arb im Grenzbereich zw. Bild u. Install. (farbige Gest. v. Alltagsobjekten, dreidimensionale Schnur- u. Tonpapierkonstruktionen, Farbflächen u. -körper im Raum) – **E:** 98 Nürnberg, Lindig; 02 Frauenfeld, Shed im Eisenwerk; Dachau, Neue Gal. – (Red.)

Jaeg, Paul, Maler; Vordertal 660, A-4824 Gosau, Tel. (0 61 36) 84 30, *jaeg@jaeg.at*, *www.jaeg.at* (* Gosau/ObÖst. 1. 2. 49) – **VG:** Gosau, Arovell-Gal. – **S:** Autodidakt – **P:** Ausldsstip. d. ObÖst. Ldesreg. 99 – **G/T:** Malerei (Öl, Acryl); Foto; Install.; Multimedia – **W:** Bilder, Install., Artquattros – **E:** 23 Ausst. seit 91, u. a. 99 Wien, Wort u. Bild; 00 Linz, Univ.; Linz, Menger; 01 Gmünden, KGS-Gal.; 04 Linz, Ursulinenhof – **G:**

25 Ausst.bet. seit 91, u. a. in Öst., Dtld, Ital. – **V:** P. J., Werkbd 96 – ***LitR:*** Barbara Wally und P. J., Dokf. (Gespräch) 97; Martin Hochleitner und P. J., Dokf. (Gespräch)

Jäger, Bernhard, Maler, Druckgraphiker, Illustrator, Plastiker; Mathildenstr. 1, Haus B, D-60599 Frankfurt/Main, Tel. (0 69) 65 38 82, Atelier: 65 30 96 02, Fax 65 10 82, *ute.wittich.gartenarchitektur@arcor.de* (* München 17. 6. 35) – **VG:** Darmstadt, Netuschil; Bad Nauheim, Gal. F; Frankfurt am Main, Die Gal.; Friedberg, Draier – **S:** 56–60 WerkKsch Offenbach – **L:** 80–00 Städelschule Frankfurt am Main – **P:** Footprint-Ausschreibung Seattle (2. Pr.) 74; Kunstpr. u. Fördermittel d. Heitland Foundation 98; Intern. Pleinair Mirabel/Frkr. 03, 04 – **Ve:** Darmstädter Sezession 79 – **G/T:** Malerei; Zchng; Druckgraph. (Hschn., Litographie) – **M:** in d. graph. Slgn von: Amsterdam, Stedelijk Mus.; Berlin, Kpst.-Kab.; Dresden, Kpst.-Kab.; Gießen, Oberhess. Mus.; Hamburg, KH; München, Neue Slg – Staatl. MAK; Offenbach am Main, Klingspor-Mus.; San Francisco, MMA – **Ö:** Frankfurt am Main, Wohnanlage Dornbusch (Wandskulpt.); St. Gallen, Außenanlage Transinvest (Stahlskulpt.) – **E:** /G: zahlr. Ausst. u. Ausst.bet. im In- u. Ausld seit 62 – **V:** ab 62 Bibliophile Bücher, Illustrationen – ***Lit:*** Ottmar Bergmann: B.J. 85; Friedhelm Häring: Der Figur auf der Spur, Kat. 05; Martin Schmid: Drunter und Drüber, Kat. 05

Jaeger, Gerd, Prof., Bildhauer, Maler u. Zeichner; Mendelssohnallee 9, D-01309 Dresden, Tel. (03 51) 3 10 44 25 (* Förderstedt 16. 9. 27) – **S:** 49–51 HS f. Baukunst u. bild. Künste Weimar; 51–53 HBK Dresden – **L:** 56–62 HBK Dresden (Assistent); 63–71 ebda (Doz. f. Bildhauerei); 71–92 ebda (Prof. f. Bildhauerei); 92 Neuberufung z. Prof. (94 em.) – **P:** Pr. Junge Kunst Warschau 55; Kunstpr. d. Stadt Dresden 70; Kunstpr. d. DDR 81; Nationalpr. d. DDR 87 – **Ve:** VBK DDR 55; SKB 90 – **G/T:** Skulpt. u. Plast. (Beton, Stein, Bronze, Vollplastik u. Relief, Figuration); freie u. Bildhauer-Zeichn.; Malerei (Öl, Aqu., abstr.) – **W:** Arb. in Privatbes. – **M:** u. a. Berlin, NG; Cottbus, Brandenburgische KS; Dresden, Kpst.-Kab.; Dresden, SKS; Dresden, Skulpt.-Slg im Albertinum; Frankfurt/Oder, Mus. Junge Kunst; Halle/Saale, Staatl. Gal. Moritzburg; Magdeburg, KM Kloster Unser lieben Frauen; Rostock, KH; Weimar, Klassik Stift. – **Ö:** Chemnitz, Stadthalle; Dresden, Kult.pal.; ebda, Budapester Str., Bellevue, Klinikgelände in Coswig; Eisenhüttenstadt (Brunnen); Friedrichroda/Thür., Freiraum; Pulsnitz, Klinik im Schloß; Suhl-Ringberg, Bauerngal. – **E:** 66 Warschau, Kult.- u. Informationszentrum; 80 Dresden, Glockenspielpavillon; 85–86 Dresden, Albertinum; 89 Dresden, Villa Stockhausen – Lingner-Schloß; 96 Berlin, Reinke – **G:** zahlr. Ausst.bet. seit 55, u. a. 77 Antwerpen, Bienn.; 79 Dresden, Albertinum; Berlin, Marstall; Weimar, KH; 80 Rostock, KH; 83 Erfurt, Gal. am Fischmarkt; 84 Berlin, Altes Mus.; 85, 86 Dresden, SKS; Cottbus, Brandenburgische KS; Erfurt, KS; 86 Warschau, Gal. VB d. VR Polen; 87 Dresden, Rähnitzgasse; 87–88 Bonn, München u. Mannheim; 88 Berlin, NG; Wien, ABK; 89 Dresden, Kunst d. Zeit; Leipzig, MBK; 90 Sindelfingen, StG; Stuttgart, Döbele; 94 Mühltal, Lattemann; 99 Weimar, KS; 00 u. 05 Dresden, Sä. Ldes-, Staats- u. Univ.-bibliothek: Alterswerke – **V:** G. J. u. Gerhard Kettner: Kunst bringt Gunst, heitere Betrachtungen 56; Durchzug der Gladiatoren. Zeichnerische Fabeln und Humoresken 82 – ***Lit:*** u. a. KAT.: Junge Bildhauerkunst der DDR, z. Ausst. im Albertinum Dresden 79; SKS Dresden (Hrsg.): G. J. 85; – weitere Buchveröff.: H. U. Lehmann: G. J., in: Kat.zeichn. in d. Kunst d. DDR 74; – BEITR. IN ZSS: H. J. Papies: Der Bildhauer G. J., in: Bildende Kunst 68; J. Emmrich: G. J. Bronzetüren f. d. Kulturpalast Dresden, in: Bildende Kunst 70; G. Söder: Plastik in Dresden, in: tendenzen 85; R. Segor: G. J., in: Bildende Kunst 86; Erhard Frommhold: Ein beispielhafter Lehrer, ein bedeutender Bildhauer. G. J. zum 75. Geburtstag, in: Sächsische Heimatblätter 6/02

Jäger, Gerd, Prof., Architekt; Arsenalstr. 19–21, D-19053 Schwerin, Tel. (03 85) 5 58 11 10, Fax 55 81 11 18, *office@jaegerjaeger.de*, *www.jaegerjaeger.de* (* Kaiserslautern 61) – **S:** 81–85 Univ. Stuttgart; 85–86 ETH Zürich; 87 Univ. Stuttgart (Dipl. b. W. M. Förderer) – **L:** 89–91 ETH Zürich (Ass. b. Prof. H. E. Kramel); 91–94 ETH Zürich (Ass. b. Prof. D. Eberle); 00–02 FHS Wismar (LAuftr.); seit 02 FHS Kiel (Prof. f. Baukonstruktion) – **P:** BDA-Pr. RP 00 – **Ve:** Architektenkammer RP 92; Architektenkammer Meckl.-Vorp. 92 (seit 99 Vorstand); BDA 95 – **B:** u. a. Schwerin: Wohn- u. Geschäftshäuser – (Red.)

Jäger, Gottfried, Prof., Fotograf, Fototheoretiker; August-Bebel-Str. 67, D-33602 Bielefeld, Tel. (05 21) 6 35 42, Fax 13 86 17, *mail@gottfried-jaeger.de*, *www.gottfried-jaeger.de* (* Burg b. Magdeburg 13. 5. 37) – **VG:** Bielefeld, Teutloff; Köln, in focus Gal.; Zürich, Interartes; New York, One Bond Gall. – **S:** 54–58 Fotogr. Lehre u. Berufspraxis; 58–60 Staatl. Höhere FS f. Photogr. Köln (Fotoingenieurwesen); 62 Meisterprüfung im Fotohandwerk – **L:** 60 WerkKSch Bielefeld (Technischer Lehrer f. Fotogr.); 73–02 FHS Bielefeld (Prof. f. Fotogr., FB Gest., künstler. Grundlagen d. Fotogr., generative Bildsysteme); 99–02 Royal Melbourne Inst. of Technology (Faculty Art, Design and Communication, Visiting Prof.) – **P:** Photokina-Obelisk d. Photokina-Bilderschauen Köln 69; Kodak Fotob.pr. 75, 76, 88; George-Eastman-Med. in Gold d. Hauses Kodak AG Stuttgart 92; David-Octavius-Hill-Med. 96; Stuttgarter Fotob.pr. 03 – **Ve:** BBK 67; DGPh 68; BFF 70; Dt. Fotogr. Akad. 77; Förd.ver. Fotogr. Ausb. 84; Intern. Society for the Arts, Sciences and Technology 86–95; Vilém-Flusser-Ges. 92–00; Förd.ges. Design, Kunst u. Kommunikation an d. FHS Bielefeld 92–01 – **KGr:** Generative Fotografie (seit 68); Animato: Kunst im elektronischen Zeitalter (seit 98) – **G/T:** generative Fotogr., apparative Graph., Multimedia – **M:** Bielefeld, KH; Hamburg, MKG; Köln, Mus. Ludwig; Mönchengladbach, StM Abteiberg; Paris, Bibliothèque Nat.; Rochester/NY, George-Eastman-House; Söhrewald, Schupmann Collection; Würzburg, Mus. im Kulturspeicher; Zürich, Slg Interartes – **E:** 64 Bielefeld, Kunstsalon Otto Fischer; 67 Hannover, Clarissa; 82 München, SM – Foto-Mus.; 86 Breslau, Foto-Medium-Art; 88 Bremen, Fotoforum; 89 Marburg, KV; 90 Basel, Neugebauer; 92 Paderborn, KV; 94 Bielefeld, KV Mus. Waldhof; 96 New York, One Bond Gall.; Köln, Gal. am Dom; 98 Zürich, Arrigo; 00 Bielefeld, Teutloff; 06 Oberlinghausen, KV – **G:** u. a. 88 Warschau, Breslau u. a. (Zeitgenössische Fotogr. aus d. BRD); 89 München, Bay. Akad. d. Schönen Künste; 92 Karlsruhe, Oberrheinisches Dichtermus.; 93 Bregenz, Künstlerhaus Pal. Thurn u. Taxis; 95, 00 Bielefeld, KH; 95 Bonn, Ausst.halle d. BRD; 00 München, Versicherungskammer Bay. – sowie: Concrete Photography (m. R.H. Krauss u. B. Reese) – **V:** m. H. W. Franke: Apparative Kunst. Vom Kaleidoskop zum Computer 73; m. K. M. Holzhäuser: Generative Fotografie 75; Carl Strüwe. Das fotografische Werk 1924–1962. Retrospektive Fotografie 82; Bildgebende Fotografie. Ursprünge, Konzepte und Spezifika einer Kunstform 88; m. J. Hülsewig-Johnen: Das Foto als autonomes Bild. Experimentelle Gestaltung 1839–1989 89; Bielefelder Fotoleben. Kleine Kulturgeschichte der Fotografie in Bielefeld und der Region 1896–1989 89; Fotoästhetik. Zur Theorie der Fotografie. Texte aus den Jahren 1965–1990 91; m. G. Wessing: Über lászló moholy-nagy 97; m. A. Dress: Visualisierung in Mathematik, Technik und Kunst 98; Fotografie denken. Über Vilém Flussers Philosophie der Medienmoderne 01; Die Kunst der Abstrakten Fotografie/The Art of Abstract Photography 02 – **R:** m. K. M. Holzhäuser, W. Steffens u. a.: Spielstrategien, Multimedia-Performance, Graph.-mappe, Film 77–88; m. K. M. Holzhäuser, A. Dress, D. Hahne u. a.: Animato. Das Kunstwerk im Zeitalter seiner elektronischen Multiplizierbarkeit, Multimedia-Performance, Video 95; m. K. M. Holzhäuser, A. Dress, J. A. Garavaglia, P. Serocka u. a.: Color Code, Konzertinstall., Video 98 – ***Lit:*** Michèle u. Michel Auer: Encyclopédie internacionale des photographes 1839–1983 85; G. J.: zwischen, durch. Fotopapierarb. 1983–1988, Ausst.kat. 88; Petr Tausk: On Jäger, in: Contemporary Photographers (2., 3. Ed.) 88; A. Beaugrand (Hrsg.): G. J. Schnittstelle. Generative Arbeiten, Ausst.kat. 94; C. G. Philipp (Hrsg.): G. J. Indizes, Generative Arbeiten 1967–1996, Ausst.kat. 96; G. J. Abstrakte Fotografie: Bildmöglichkeiten, Denkmöglichkeiten (m. L. Wiesing) 00; R. Mißelbeck (Hrsg.): G. J., in: Prestel-Lexikon der Fotografen. Von den Anfängen 1839 bis zur Gegenwart 02; H.-M. Koetzle: G. J., in: Das Lexikon der Fotografen 1900 bis heute 02 – ***LitR:*** Anna Bella Heinemann: Interview mit Prof. G. J. anläßlich seiner Verabschiedung aus dem Hochschuldienst, CD (CampusRadio Bielefeld) 02

Jäger, Johannes, Maler; Mainzer Str. 71 HH, D-50678 Köln, Tel. u. Fax (02 21) 34 17 37, *jjaeger1@gmx.de* (* Düsseldorf 11. 5. 49) – **S:** 70–74 WerkKSch Krefeld (später FHS Niederrhein) – **P:** 2. Bienn. d'arts plast. de la Gironde Bordeaux – **G/T:** abstr. Malerei, Kunst-Video, Video-Install., Objekt – **M:** Médoc, Mus. Blaye – **Ö:** Köln, Hauptbahnhof (Gulliver-Projekt); Tavira, Quinta da arte – **E:** / G: seit 71 in Euregio, Hannover, Krefeld u. Köln – (Red.)

Jaeger, Matthias, Dipl., Maler, Graphiker; 2. Werderstr. 1, D-17033 Neubrandenburg, Tel. (03 95) 5 84 18 14 (* Schwerin 23. 8. 45) – **S:** 65–70 HBK Dresden (Malerei u. Graph., u. a. b. d. Prof. Kettner, Horlbeck, Bergander, Damme) – **L:** seit 95 FHS Neubrandenburg (FB Lsch.archit., LBeauftr. f. freies Zeichnen, Wahrnehmen u. Darstellen) – **P:** Stip. d. Ldes Meckl.-Vorp. (Kunst u. Wiss.) 98; Künstler-Stip. d. Stadt Neubrandenburg 99; Graph.wettb. d. Umweltverb. Meckl.-Vorp. (1. Pr.) – **Ve:** Künstlerbund Meckl. u. Vorpommern 91 – **G/T:** Malerei (Öl, Portr., Lsch.); dekorative Wandgest.; Graph. (Rad.); Collagen; Keramik – **K:** Mecklenburger Malschule Matthias Jaeger Malerei u. Zchng (Portr., Akt, Lsch.) – **W:** überw. in Privatbes. – **M:** Dresden, Kpst.-Kab.; Neubrandenburg, KS (Kat.); Schwerin, Staatl. Mus. (Kpst.-Kab.) – **Ö:** Neubrandenburg, Curie-Gymnasium (3 Reliefs), ebda, Studiokino Latücht (Wandgest.); Schwerin, Wittenberger Str. (Wandmalerei m. Javier Ramos Aldana); Strelitz, Ldratsamt – **E:** zahlr. u. a. 74 Dresden, Gal. Nord; 84 Rostock, Gal. am Boulevard; 92 Neubrandenburg, Haus d. Kult. u. Bildung; 94 Greifswald, Schwarz; Neubrandenburg, Medienhaus; 95 Neubrandenburg, Gal. Friedländer Tor; 96, 98, 05 Neubrandenburg, KS; Schwerin, Medienhaus; 00 Schwerin, Min. f. Bildung, Wiss. u. Kult.; 03 Neustrelitz, Spk.; 05 Schmiedenfelde, Kunstgut; Neubrandenburg, Gal. am Neuen Tor – **G:** zahlr. Bet., u. a. 77, 78, 82, 83 Dresden, Albertinum; 94 Berlin, Kult.forum Villa Oppenheim; 95 Neubrandenburg, Gal. Friedländer Tor – **V:** mehrere Hefte, u. a. Zeichnen f. d. Landespflege; Reise nach Kopenhagen; Zchngn in: Landeskundliche Notizen (LPG) d. FHS Neubrandenburg

Jäger, Michael, Maler; Wilhelmstr. 63, D-50733 Köln, Tel. (02 11) 7 52 26 50, *mhw.jaeger@freenet.de*, *www.michaeljaeger.com* (* Düsseldorf 56) – **VG:** Bonn, Schneider; Wiesbaden, Witzel – **L:** 93–94 FHS f. Gest. Pforzheim (LAuftr. f. Malerei); 95–96 Justus-Liebig-Univ. Gießen (Gastprof. f. Kunst); 98–99 FHS f. Gest. Pforzheim (LAuftr. f. Zeichnen) – **P:** Arb.stip. d. Kunststift. BW 95; Villa-Romana-Gaststip. 87; Stift. Kunstfonds – Arb.- u. Projektstip. (Kat.förd.) 96; Cité Intern. d. Arts Paris (Stip.) 97; Artist in Residence (f. Odense/Dänemark) 99; Stip. Künstlerhaus Edenkoben 04; Stip. d. Barkenhoff-Stift. Worpswede 04, 05 – **G/T:** Install., Malerei – **M:** Freiburg im Breisgau, Mus. f. Neue Kunst – **E:** seit 81 u. a. 83 Kirchzarten, KV; 84 Köln, Art Cologne (Förd.koje); 91 Malmö, Wallner; 94 Baden-Baden, Fischer; 99 Prag, Svestka; 00, 03 Wiesbaden, Witzel; 01 Köln, Haus d. Kunst; 02, 03 Bonn, Schneider; 04 Freiburg, Morat Inst. f. Kunst; Gladbeck, StG; Auckland, MUKA Gall. – **G:** seit 82, zuletzt u. a. 00 Berlin, Beck & Priess; 03 Freiburg, Slg Roßkopf; Köln, Müller – ***Lit:*** Schweers 02 – (Red.)

Jäger, Philipp Maximilian, Dipl. Designer, Bildhauer; Bleichstr. 17, D-86152 Augsburg, Tel. (08 21) 15 26 66, Fax 15 20 31. Eisenbahnstr. 22, D-92224 Amberg, Tel. (08 21) 15 26 66 (* Augsburg/Bayern 15. 10. 50) – **S:** 75–79 FHS f. Gest. Augsburg (Schwerpunkt: Objekt- u. Umweltgest.) – **Ve:** BBK Ndb.-Oberpf. – **G/T:** sämtliche Techniken d. Bildhauerei (Holz, Metall, Stein u. verwandte Materialien bzw. Vorstufenmaterialien wie Gips, Wachs, Ton u. a.) – **Ö:** u. a. Aschaffenburg, Vermessungsamt; Augsburg, Wohnhaus Hoyer; ebda, Allgemeine Ortskrankenkasse; Bad Kissingen, Finanzamt; Ehingen, RHbrunnen; Fünfstetten, Mehrzweckhalle; Gauting, Gymnasium; Großaitingen, Mehrzweckhalle; Hannover, Ldtagsgebäude; Kaufbeuren, Feuerwehr; Königsbrunn, RHpl.; Kutzenhausen, Mehrzweckhalle; Marktoberdorf, Stadthalle; Meckatz, Löwenbräu; Rain am Lech, RHpl. – **E:** / G: 89 Augsburg, FHS f. Gest.; Regensburg, Univ. – (Red.)

Jaeggi, Urs, Dr., Prof. em.; Fritschestr. 66, D-10585 Berlin, Tel. u. Fax (0 30) 3 42 89 86, *urs@snafu.de*, *www.universes-in-universe.de/jaeggi*. Av. San Bernabé 528/3, San Jerónimo Lídice, Mex-10200 México DF, Tel. (0 52 55) 56 83 14 85 (* Solothurn 23. 6. 31) – **VG:** Berlin, Grob; Balsthal, Rössli – **P:** Artist in Residence – Tel Aviv 00 – **Ve:** VG Wort; P.E.N. Dtld; BBK – **G/T:** Malerei, Zeichn., Plast., Install. u. Objektkunst – **W:** Performances – **M:** Bochum, Mus.; Loveland/CO, Loveland Mus.; Olten, KM; Solothurn, KM – **Ö:** Bochum; Wittenberg – **E:** 85, 96 Solothurn, Medici; 86, 88 Berlin, Mora; 88 Berlin, Hartmann & Noé; 91 Berlin, Haus am Lützowplatz; 92 Bern, Schindler; Olten, KM; Bochum, Mus.; Berlin, Gal. T+A; 93 Lubmin, Park; 94 Bochum, Mus.; Berlin, Lebendiges Mus.; Solothurn, KM; 95 Baden/Schweiz, forumclaque; 96 Bern, Univ.; 97 Berlin, Raab; 98 Mexiko-Stadt, MAC; 99 Loveland/CO, Loveland Mus.; 00 Tel Aviv, Municipal Gall.; 01 Venedig, Arsenal; Solothurn (Install.); Berlin, Gal. im Körnerpark; 04 Berlin, AK; Puebla/Mexiko, Mus. Nac. de los Ferrocarriles; Frankfurt/Oder, Park (Install.); Frankfurt/Oder, Kirche; Balsthal, Rössli; 05 Genf, Planet 22 (Install./Performance); – PERFORMANCES: 04 Berlin, Berlinische Gal.: Etcetera et; Berlin, 13 x Berlin, 13 Orte – **G:** Ausst.bet. seit 87, zuletzt 97 Berlin, Grob; 98 Solothurn, KM – **V:** Am Ende Einstein (Sätze u. Zeichn.) 94; Kunst 02; Ben oder Never to open, in: Christoph Licht (Hrsg.): Kunst und Wissenschaft 03 – ***Lit:*** Jaeggi, Kat. 90; Peter Spielmann u. Sepp Hierkisch: Figuren, Buch/Kat. 91; Irmgard Elsner Hunt: U. J. Eine Werkbiographie 93; Peter Trübner

(Hrsg.): Das Heisse und das Kalte. Kunst und Gesellschaft Symposium für U. J. 97; Das Unbewegte und Kugelartige, das eine Grenze hat.. (Parmenides) und Hommage à Samuel Beckett, Kat. 98; – weitere Kat. d. Gal.: Medici, 85; Noé 88, Schindler 90, Seelenstachel – ***LitR:*** Andreas Öhler, U. J.: Volterra/Lubmin, Performance/Dok. 93; Irmgard Hunt: Jaeggi. The Grat Society, Portr./Dok. 99; Marc Berger: U.J. in Frankfurt/Oder, Install./Dok. 04; Fernando Perez u. Marc Berger: Etcetera et, Performance/ Dok. 04; Graciela Schmilschuk: Assault. 13 x Berlin, Dok. 05; UJ: Mirada Viajera, Dok. 05; – weitere: Christian Schneegass: treppen. fliegen. köpfen. worten, Portr./Dok.

†**Jäggli,** Margrit (geb. Margrit Künzi), Malerin; lebte in Wohlen b. Bern (* Bern 26. 7. 41, † 14. 7. 03) – **VG:** Wohlen, Aktionsgal. Bern – **S:** KGS Bern (b. Tritten, Mumprecht, v. Mühlenen u. a.) – **P:** Stip. d. Louise Aeschlimann u. Margareta Corti Stift. 65 – **Ve:** GSMBA ca. 69–98 – **G/T:** Hyperrealist. in Spiegel gemalte Portr. – **M:** Bern, KM (Werkgr. 'Die Lebensalter'); Lugano, Banco del Gottardo (Spiegelbilder 'Meret Oppenheim' u. 'Die Herren Castelberg u. Hanhart'); Rapperswil, Mus. Seedammzentrum (Spiegelbild 'Babettli'); Thun, KM; Utrecht, Mus. Hedendaagse Kunst (Spiegelbild 'Patrizia') – **E:** u. a. 74 Gent, Foncke Gall.; 74, 77 Bern, Aktionsgal.; 75, 78, 80 Zürich, Maurer; 75 La Chaux-de-Fonds, Club 44; Berlin, Nothelfer; 76 Brüssel, Brachot; Grenchen, Brechbühl; 77 Wien, Peithner-Lichtenfels; 81 Biel, KV; Bern, Krebs; 82 Le Landeron, Schneider; 83 Schaffhausen, Mus. zu Allerheiligen – **G:** u. a. 70, 71 Bern, Berner Gal.; 72 Basel, Progressives Mus.: Neuer Realismus; 73, 79 Bern, KM; 73 Schaffhausen, Mus. zu Allerheiligen: Kunstmacher 73; Neuchâtel, Mus. d'Art et d'Hist.: Du maître à l'œillet au Hyperréalisme; 75 Solothurn, KM: Aspekte aus Solothurner Slgn; 76 Bochum, Mus.: Tatort Bern; 78 Winterthur, KM: 3. Bienn. d. Schweiz. Kunst; 79 Zürich, Helmhaus: Schweizer Banken als Sammler; 80 Bern, KH: 7 Räume, 7 Künstler; 82 Duisburg, Wilhelm-Lehmbruck-Mus.: Spiegel-Bilder; 83 Le Landeron, Trienn. intern. – ***Lit:*** Peter Killer: Vor u. nach den Spiegelbildern (Aktionsgal. Bern) 81; Caroline Kesser: M.J. – Spiegel u. Pelz (Mus. zu Allerheiligen Schaffhausen) 83

Jaeggli, Nicola, Künstlerin, Künstler. Lehrtätigkeit; Hard 12, CH-8408 Winterthur, Tel. 05 22 22 08 07, *nicol @jaegg.li* (* Winterthur 1. 8. 55) – **VG:** Zürich, Baviera – **S:** 72–77 HS f. Gest. u. Kunst Zürich (Vorkurs u. Fachkl.) – **L:** seit 91 HS f. Gest. u. Kunst Zürich (Manuelle Drucktechniken) – **P:** Stip. d. Kt. Zürich 78; Atelier d. Stadt Zürich in Paris 87; Atelier d. Stadt Winterthur in Paris 89 – **KGr:** Winterthur (seit 95) – **G/T:** Digitale Konstruktionen; Malerei – **W:** Stadt u. Kt. Zürich – **M:** Olten, KM; Pfäffikon, Seedamm-Kulturzentrum – **Ö:** Winterthur, Kt.sspital – **E:** u. a. 80, 81, 84–87, 92, 03 Zürich, Baviera; 83 Düsseldorf, Garten-Gal. Rath (m. Kurt Kleinert); 87 Olten, KM (m. Kurt Kleinert, Kat.); 93 Frankfurt am Main, Frauenkult.haus (m. Dagmar Heinrich); Bern, Kunstkanal (m. Dagmar Heinrich); Zürich, U-Gal.; 93, 00 Eglisau, Gal. am Platz; 94 Langenthal, Chrämerhus; 95 Winterthur, Kunstraum Konradstr. 11; 00 Basel, Steiners (m. Martin Schwarz); 02 Schaffhausen, Forum Vebikus; Kammgarn, Computergeneriertes – **G:** zahlr. seit 78, zuletzt u. a. 00 Zürich, Ver. f. Orig.graph.; 01 Winterthur, RW Fine Arts Coll.; 03 (m. Künstlergr. Winterthur), 04 Lostorf, Schloß Wartenfels; – weitere: Olten, KM; Winterthur, KH im Waaghaus; Pfäffikon, Seedamm-Kulturzentrum – **V:** Kunstmappe Mus. Baviera (Rad.) 83; Ver. f. Orig.graph. Zürich (Computerarb.) 00 – ***Lit:*** KAT.: Macht u. Ohnmacht der Beziehungen. Werke der Slg Mus. Baviera 1955–1986 (Mus. am Ostwall Dortmund) 86; Das kleine Mus. Baviera zeigt – Zürcher Künstler was nun (Gal. Silvio R. Baviera Zürich) 91; Moderne Kunst – unsere Gegenwart (Seedamm-Kult.zentrum Pfäffikon) 92; Ankäufe, Schenkungen, Dauerleih-gaben (KM Olten) 92; – ZTGN: Caroline Kesser: Phantast. Bühnenlandschaften, In: züritip (Beilage z. Tages-Anzeiger) v. 25.4.86; dies.: Ohne Reibung an der Wirklichkeit kein Abheben, In: Tages-Anzeiger v. 7.11.87

Jähnig, Andreas A., Dipl.-Bildhauer, Dipl.-Ing.; Mühlenberg 3A, D-15837 Baruth/Mark, Tel. (03 37 04) 6 63 50 (* Leipzig 19. 12. 51) – **S:** 78–83 KHS Berlin (Bildhauerei b. Prof. Jo Jastram) – **P:** Pr. d. Dt. Ges. f. Med.kunst 96 – **Ve:** VG Bild-Kunst 83–90 – **G/T:** Kunst am Bau-Projekte; Portr.; Reliefs; Medaillen; Kleinplast.; Install.; Figürl. Plast. u. Abstr.; Arb. in Stein, Holz, Bronze, Keramik u. a.; Graph. (Hoch- u. Tiefdruck) – **W:** zahlr. in Privatbes., mehrere Werke 1990 in d. Wendezeit verschwunden, Wildpark Johannismühle – **M:** Berlin, SMPK; Dresden, SKS; Halle/ Saale, Staatl. Gal. Moritzburg; London, British Mus. – **E:** 87 Berlin, Gal. Eins; 98 Potsdam, Stadt- u. Ldesbibl. – **G:** zahlr. Bet. im In- u. Ausld, u. a. in Niederl., Portugal, Frkr., Bulgarien, Ungarn, Finnld u. d. Schweiz – ***Lit:*** K. Honnef: Geisterstadt – Geistesstatt 98; Wolfgang Steguweit: Die Medaille u. Gedenkmünze des 20. Jh. in Dtld 00

Jäkel-Fells, Angelika (Ps.: LEΩNI, geb. Angelika Jäkel, verh. Angelika Fells), Malerin; Brückenstr. 35, D-50996 Köln, Tel. (02 21) 39 39 94, *leoni@leoni-art. de*, *www.leoni-art.de*. Atelier: Wilhelm-Leibl-Str. 7, D-50999 Köln (* Bad Godesberg 10. 3. 56) – **VG:** Düsseldorf-Ratingen, Angerland – **S:** 74 PH Rheinland Bonn (Kunst, Lehramt); 75–79 Heilpädagog. Inst. Köln (Kunst, Lehramt) – **Ve:** BBK NRW 99 – **KGr:** Künstlerinnennetzwerk MAMAOK Köln – **KGe:** Ateliergemeinschaft m. Georg Harrer (94–96) – **G/T:** realist.-gegenständl. Malerei (Ölpastell, Öl); Objektkunst (Holz, Metall, Plast.); Abstraktion durch Details z. Thema Wasserreflexionen (Öl) – **K:** Aqu.malerei, Drucktechniken – **W:** überw. in Privatbes., u. a. zeitgen. Malerei Slg v. Karl Amendt – **Ö:** Leonidion/Griechenl., Museums-Slg d. Stadt (demnächst Regionales Mus. Ostpeloponnes) – **E:** u. a. 92, 00, 01, 02, 04 Leonidion/Griechenl., Mus. Tsikaliotis; 94 Köln, Konrad-Adenauer-Stift.; 96 Köln, Gal. Lufthansa city-center; 99 Köln, Funkhaus Dt. Welle; 05 Brühl, Orangerie am Schloß – **G:** seit 96 zahlr. Ausst.bet., u. a. 98 Köln, Kölner Bank; 99 Hürth, Gal. Löhrerhof; 00 Gal. Buttermarkt – ***LitR:*** Fs.-Beitr. v. Gabriele Grützbach-Hornig im WDR, Kölner Fenster – Landesstudio 96

Jaenisch, Adelheid (Ps.: Aja, geb. Helene Charlotte Adelheid Hellwig), Malerin u. Graphikerin; Atelier Aja: Strandpromenade 61a, D-23946 Ostseebad Boltenhagen, Tel. (03 88 25) 2 92 36 (* Tilsit/Ostpreußen 4. 11. 21) – **S:** 39–41 Kunststud. b. Hein König, München; 41–44 HBK München (b. Prof. Martin Königsberg); 49–51 HBK Berlin (b. Prof. Hofer u. Prof. Degener, Abt. Pädagogik) – **L:** 56–61, 63–64 Polytechnische Oberschule Parchim (Zeichenlehrerin); gleichzeitig Zeichen-Unterricht f. Lehrer – **Ve:** VBK DDR Schwerin u. Rostock bis 90; Künstlerbund Meckl. u. Vorpommern seit 90 – **G/T:** Malerei (Öl, Aqu.); Graph. (Linol- u. Hschn.); Portr., Landschaft (See), Blumen (Spachtelarb.) – **M:** Parchim, Mus. – **Ö:** Boltenhagen, Kurverwaltung (Ölgemälde); Parchim, Goetheschule (Mosaik); ebda, Diesterwegschule (Mosaik) – **E:** mehrere Ausst. im Kr. Schwerin u. Rostock; zahlr. Betriebsausst., v. a. in Parchim, Grevesmühlen u. Boltenhagen; ständige Ausst. im eigenen Atelier; – u. a.: 89 Zürich;

95, 96 Glinde, Intern. Ausst.; 02 Kalkhorst, Schloß – **V:** Lichtblicke, Kunstkal. 03 – (Red.)

Jahanguir (eigtl. Philippe Weber), Maler, Bildhauer, Farbberater; Ceresstr. 27, CH-8008 Zürich, Tel. u. Fax 0 13 80 21 12, *philjahan@smile.ch*, *www.jamilehweber.com* (* London 15. 9. 63) – **VG:** Zürich, Weber – **S:** Autodidakt – **P:** Die schönsten Bücher der Welt (Silbermed.) 97 – **G/T:** Malerei (geometrische Abstr.); Objektkunst (Chromstahl) – **M:** Klosterneuburg/NdÖst., Slg Essl; Zumikon, Max Bill Haus – **Ö:** Aarau, Klinik im Schachen; Düsseldorf, Bankhaus Trinkaus u. Burkhardt; St. Moritz, Privathaus; Zürich, Ehninger & Armand v. Ernst AG; ebda, Converium AG, Credit Suisse, McKinsey & Co. Inc., Klinik Hirslanden, Swiss Re, Haus am See; Zürich u. Zofingen, Ringier Verlags- u. Pressehaus – **E:** 92, 93, 96, 98, 99, 03 Zürich, Weber; 97 München, Paal; 00 New York, Davidson – **G:** 91 Zürich, Kunstszene; 97 Neuchâtel, Mus. d'Art et d'Hist.; 97, 98 Zürich, Haus für konstruktive und konkrete Kunst; 99, 00 Zürich, Weber; 99 Budapest, Ars (Dis) Symmetrica; Barcelona, TeclaSala; 02, 03 Würzburg, Mus. im Kulturspeicher; Heidenheim, KM; 03 Ahlen, KM; Kaiserslautern, Pfalz-Gal.; 03, 04 Basel, Beyeler – ***Lit:*** Kat.: Victoria Scheibler: Bankhaus Trinkaus & Burkhardt 98; Kunstsammlung der Klinik Hirslanden 98; Kunstsammlung der Cantrade Privatbank AG 02; – weitere: Daniel Kurjakovic (Text): Suspiro del Moro 96; Die schönsten Bücher aus aller Welt 97; Elisabeth Grossmann (Textbeitr.): Regel und Abweichung. Schweiz konstruktiv 1960–1997 97; Schweizer Rück, Broschüre 97; Science in the Arts – Art in the Sciences 99 – ***LitR:*** Brigitte Hausner: Drehen, Kreisen, Rotieren – Kunst in Bewegung, Videopubl. 02 – (Red.)

Jahn, Helmut, Prof., Architekt; c/o Murphy/Jahn, 35 East Wacker Drive, 3rd Floor, Chicago/IL 60601/USA, *info@murphyjahn.com*, *www.murphyjahn.com* (* Zirndorf b. Nürnberg 4. 1. 40) – **S:** 60–65 TH München (Archit.); 66–67 Illinois Inst. of Technology Chicago – **L:** Lehrauftr. u. Prof. in Chicago, Cambridge/Mass., New Haven/Conn. – **P:** zahlr. Pr. – **B:** u. a. Berlin: Kurfürstendamm 70 u. 119; ebda: Stralauer Platz 35, Kranzler Eck, Sony Center Potsdamer Platz; Chicago: Terminal I d. United Airlines; ebda: State of Illinois Center, Erweiterung d. Börse; Denver/CO: Auraria Learning Resources Center; Frankfurt am Main: Messeturm; Kansas City: Kemper Arena; Leverkusen: Bayer Konzernzentrale – **E:** Ausst. in Buenos Aires, Chicago, Frankfurt am Main, New York, Paris, San Francisco, Tokio, Toronto, Venedig – ***Lit:*** Contemp. Architects 94; Dictionary of Art 96 – (Red.)

Jahn, Rolf, Maler; Simon-Meister-Str. 25 d, D-50733 Köln, Tel. u. Fax: (02 21) 7 20 04 22, *mail@rolfjahn.de*, *www.rolfjahn.de* (* Lüneburg 28. 5. 62) – **VG:** Salzburg, Weilinger; Euskirchen, Spectrum – **S:** 87–91 FHS Köln (freie Kunst u. Malerei b. Prof. Franz Dank) – **Ve:** BBK NRW 95–06; Kunst im Klassenraum (Expertenpool d. Goethe-Inst. München) 05 – **G/T:** eigene Kunstrichtung: Raldystische Kunst (Malerei in Öl, Acryl, Zchng, Kunst am Bau) – **K:** seit 00 Doz. f. Malerei u. Zchng u. a. im Auftrag d. Schirn KH Frankfurt am Main u. d. Goethe-Inst. München – **W:** überw. in Privatbes. – **M:** Dormagen, RH (Bild); Köln, 2 Trafo-Stationen im Park am Theodor-Heuss-Ring; Köln-Immendorf, Trafo-Station; Köln-Nippes, Wilhelmpl. (Pavillon Vogelhaus); ebda, Colonia Versicherung (Bild), Berlin-Kölnische Versicherung (Bild) – **E:** zahlr. seit 84, zuletzt u. a. 02 Köln, Dt. Sport- u. Olympia-Mus.; 04 Salzburg, Weilinger; 05 Bensberg, Thomas-Morus-Akad.; Euskirchen, Spectrum; 06 Bonn, Bundesrechnungshof – **G:** Bet. u. Performances seit 85, zuletzt 02 Newcastle, Univ. Gall.; 03 Frankfurt am Main, Schirn; 04 Dortmund, Schauspielhaus – **V:** Alltagsfigurationen (Ill.), in: Zwischenschritte Zs f. Psychologie 1/1998 99; Raldystische Kunst, Werkbuch 02 – ***Lit:*** Raldystische Kunst, Ausst.kat. (z. Ausst. im Kult.haus Dormagen) 96; Begegnung, Ausst.kat. (d. Goethe-Inst. Bandung/Indonesien) 96; Kopfgeburt, Ausst.kat. (z. Ausst. im Euregio-Kunsthaus Bocholt) 97; Marathon, Künstlerbuch d. Gal. Voigt Köln 98

Jahnke, Helga (verh. Helga Palm), Bild. Künstlerin; Brienner Str. 56, D-80333 München, Tel. (0 89) 52 14 34 (* Berlin 4. 8. 39) – **S:** 59–65 KHS Berlin u. München (b. Mac Zimmermann) – **P:** Förd.pr. d. Spk. Karlsruhe 79; Cité Intern. d. Arts Paris 83, 84 – **Ve:** BBK Bay.; Ver. f. Orig.-Rad. München; Dt. Künstlerbund – **KGr:** Neue Gruppe München – **G/T:** Bildkästen (Mischtechnik u. Montagen); exper. Druckgraph. – **W:** Ankauf u. a. durch d. Bundesmin. d. Innern Bonn; Figuren u. Bühnenbilder f. eine Marionettenoper aus Anlaß d. 3. Münchener Bienn., d. Intern. Festival f. neues Musiktheater (Hans Werner Henze) – **M:** Augsburg, Kr.spk.; Coburg, KS d. Veste; Dresden, Kpst.-Kab.; Karlsruhe, Spk.; München, Artothek; München, Bay. Staatsgemäldeslgn; München, Finanzbauamt; München, Slg d. Freunde d. Hauses d. Kunst; München, Staatl. GrS; Schweinfurt, Städt. Slgn Alte Reichsvogtei; Sofia, Mus. f. Westliche Kunst – **E:** u. a. 89 Schweinfurt, Städt. Slgn Alte Reichsvogtei; 89 (m. J. Palm), 05 München, Ver. f. Orig.-Rad.; 91 Bergkamen, StG; 93 Rosenheim, KV; Lindau, Holbein; 96 Wilhelmshaven, Burg Kniphausen; 97 Wertingen, StG; 99 Pfarrkirchen, Hans-Reifenstuel-Haus; 06 München, Seidlvilla (m. J. Palm u. G. Stolz) – **G:** u. a. 90 Darmstadt, KH: Flucht-Problemkr. seit Menschengedenken; 90, 91 Dresden, Albertinum: Ausgebürgert; Hamburg, Deichtorhallen; 97 Augsburg, Toskanische Säulenhalle; 06 Augsburg, Oberländer: Aqu.; Weiden, KV : Narrativ (m. d. Neuen Gruppe); jährl. München, Haus der Kunst (m. d. Neuen Gruppe); Rosenheim, KV – ***Lit:*** u. a. Ulrike Evers: Dt. Künstlerinnen des 20. Jh. 83; Städt. Slgn Schweinfurt: Bildkästen, Kat. 89; Jürgen Weichardt: Text z. Ausst. Wilhelmshaven 96; Andreas Kühne: Kassiber v. der Außenwelt, Kat. 99; ders.: Cascades, Kat. (Ver. f. Orig.-Rad. München) 05

Jakob, Winnie (eigtl. Winifred Victoria Jakob, Ps.: WIN), Prof., Zeichnerin, Karikaturistin, Jounalistin; Lindengasse 61/18, A-1070 Wien, Tel. u. Fax (01) 5 23 91 05 (* Reichenberg 17. 5. 27) – **VG:** Wien, United Art Gall. – **S:** 45–46 Kunstgewerbeschule Linz (Graph.kl. Prof. Ikrath) – **L:** 86–93 Kunststift Geras (Kursleiterin – Von der Zeichnung zur Karikatur) – **P:** Max-Reinhardt-Med. d. Salzburger Festspiele 70; Liebig-Med. f. Kunst u. Wiss. Reichenberg-Ulm 82; Sudetendt. Kult.pr. f. Bild. Kunst Nürnberg 94 – **Ve:** VBK Öst.; IG Bild. Kunst Öst.; Berufsvrg d. bild. Künstler Öst.; Presseclub Concordia; Öst. Journalisten Club – **KGr:** Spirale; Künstlergilde Esslingen – **G/T:** Malerei (Landschaftsaqu., Tiere); Zeichn. (u. a. Karikaturen intern. berühmter Persönlichkeiten d. Kult.lebens, Tusch-Feder); Buchill. – **K:** Karikatur – **W:** Werke im Bes. d. Städte Wien, Salzburg, Villach u. Linz sowie in Privatslgn – **M:** Madrid, Beethovenges.; Regensburg, Ostdt. Gal.; Salzburg, Salzburg Mus.; Wien, Albertina; Wien, Öst. Nat.bibliothek – **Ö:** Wien, Herbert v. Karajan-Centrum – **E:** seit 60 zahlr. Ausst. im In- u. Ausland, zuletzt in d. eigenen Gal. in Wien, Lindeng. 61 – **G:** seit 63 zahlr. nat. u. intern. Ausst.bet., zuletzt m. d. Künstlergr. Spirale 04 Wien, Altes RH – **V:** zahlr. Ill. v. Theaterprogrammheften seit 62 f. d. Burgtheater Wien, d. Theater in d. Josefstadt Wien u. d. Münchener Kammerspiele; – zahlr. Buchill., zuletzt: Karajan con Variazioni Musikerkarikaturen 90; E. Birnbaum: Oh Herr, ich bin Bratschist 02; I. M. Grimm: Geschichten zur Adventszeit 03 – **R:** seit 60 Mitarbeiterin d. ORF (Zeichn. u. Gest. v. Vorspannen z. Filmen u. Theaterübertragungen); seit 72 Zeichnerin b. Kinderprogramm d. ORF – ***Lit:*** seit 65 zahlr. Monogr. u. Ausst.kat. – ***LitR:*** Volker Grohskopf (Buch u. Regie): Willkommen Österreich, Dok. u. Portr. ORF 98 – (Red.)

Jakobsen, Inge (* Middelfart 63) – **S:** 85–90 Fünische KA Odense (Malerei); 90–93 ABK München (Malerei b. Prof. Manfred Hollmann, Dipl.) 97–99 ABK München (Aufbaustud. f. künstler. Gestalten u. Therapie) – **P:** Ausldstip. v. Höjgaards Fond 90; Krasner-Pollock Found. Grant 03 – **Ve:** Neue Gr. München; Fynske Billedkunstnerværksteder Hollufgård Odense; BBK; Künstlervrg Dachau – **E:** u. a. 97 München, Ver. f. Atelierförd. u. Kunstveranstaltungen; 98 München, Üblacker-Häusl; 01 München, Gal. Goethe 53; München, Gal. Dráchslhaus; 02 Freising, Gal. 13 – **G:** u. a. 95 Rennes, Gal. Art et Essais; 97 Passau, Kult.modell; 98 Ulm, Künstlergilde; 98, 99 Ebersberg, KV; 98, 00, 01, 02, 03, 04 München, Haus d. Kunst; 98–00 Odense, Torso; 00 Kopenhagen, Alba; 03 München, Arte Gal. N; Leipzig, Müller; Freising, Gal. 13 – ***Lit:*** 10 Künstlerinnen aus München, Ausst.kat. 99 – (Red.)

Jamiri (eigtl. Jan-Michael Richter), Cartoonist; Kommunikationsdesigner; Schweriner Str. 39, D-45147 Essen (* Hattingen 3. 5. 66) – **S:** 85 Ruhr-Univ. Bochum (Germanistik, Komparatistik u. Phil.); ab 86 Univ. Essen (Kommunikationsdesign) – **G/T:** Comics (realist. Stil, ersch. in Unicum u. Spiegel Online) – **E:** u. a. 00 Essen, Gal. Obrist; 03 Kassel, Caricatura Gal. – **V:** u. a. Bochum Lokal 90; Carpe Noctem 94, 02; Bohème 29 95, 02; Homepages 97, 02; Autorengemeinschaft: Cartoon 2000 99; Kamikaze d'amour 99; Dotcom Dummy 00, 02; Winfried Ulrich: Didaktik der deutschen Sprache (Beitr.) 01; Marcel Feige: Das Große Comic-Lexikon (Beitr. u. Interview) 01; Hypercyber 02 – (Red.)

Jan von Geyer/Incitatus s. Hofmann, Benjamin-Novalis

Janecke, Cornelia (geb. Cornelia Stock), Malerin, Graphikerin, Dozentin; Oehmestr. 20, D-01277 Dresden, Tel. u. Fax (03 51) 3 14 04 67, *cornelia-janecke @web.de*, *www.janecke-kunst.de*. Atelier: Dornblüthstr. 14 HH, D-1277 Dresden (* Wurzen 27. 6. 54) – **S:** 70–74 HBK Dresden (Abendstud. b. Prof. G. David, Bruno Konrad, U. Rzodeczkow) – **L:** ab 99 VHS Dresden, ab 04 VHS Radebeul (Doz. f. Malerei, Zchn., Aktstudien, Kult.management); 04 TU Dresden (Workshop Bild. Kunst) – **Ve:** KBD – **KGe:** Alte Feuerwache Loschwitz – **G/T:** Malerei (Aqu., Öl, Lsch); Aktstud.; Portr.zchn.; zeichn.-graph. Grundlagenstud. – **K:** Malreisen Toskana u. Provence; Malerei (Lsch., Aqu., Öl); zeichn.-graph. Grundlagen; Akt- u. Portr.kurse – **W:** in Priv.bes. in Dresden, Berlin, Hamburg, Salzburg – **M:** Dresden, Buchmus. d. SLUB – **E:** u. a. 80 Berlin, Kult.bund Gal. Lichtenberg; 95 Dresden, Alte Feuerwache Loschwitz; 97 Hagen, Theatergal. Puppentheater; 98 Kamenz, Haus d. Kult.; 99 Dresden, Jugendbibl.; Schmiedeberg, Skell; 01 Pirna, Kuratorium Altstadt Pirna; 02 Dresden, Zentrum f. zeitgen. Musik; 04 Dresden, KH im Art'otel; 05 Dresden, Verwaltungsgericht – **G:** 81 Berlin, Ausst.-Zentrum am Fernsehturm 95 Dresden, Schloß Pillnitz; 96 Swieradow Zdroj/Polen, Sä. Künstlerbund; 98 Regensburg, Salzstadel; 02 Bautzen, KV; 04 Pirna, Kuratorium Altstadt Pirna; Dresden, Kreative Wkst.; 05 Frauenstein, Gal. Hofefeld; Dresden, Alte Feuerwache Loschwitz – ***Lit:*** Norbert Landsberg: Künstlertouren durch Striesen & Blasewitz, Vierte Tour

Janka, Ali, Aktions- u. Performancekünstler; c/o gelatin, Wielandgasse 16, A-1100 Wien, Tel. 01 6 06 71 87, Fax 6 06 71 87, *ali@t0.or.at*, *www.listen.to/ gelatin* (* Wien 25. 11. 70) – **VG:** Mailand, de Carlo; New York, Leo Koenig Inc.; Paris, Perrotin; Zürich, ArsFutura – **S:** 90–97 HS f. angew. Kunst Wien – **Ve:** Wiener Secession – **KGe:** gelatin: A. J., Wolfgang Gantner, Florian Reither, Tobias Urban – **G/T:** Performance, Video, Aktionskunst – **E:** / G: zahlr. Ausst. u. Ausst.bet. im In- u. Ausland m. d. Gr. gelatin, zuletzt u. a. 99 Liverpool, Bienn.; Wien, Festwochen; 00 Hannover, Expo; Wien, Meyer Kainer; Krems, KH; 01 Madrid, ARCO; München, Marstall-Mus.; London, Royal College of Art; Venedig, Bienn.; 02 Shanghai, Bienn.; Paris, Perrotin; St. Gallen, KH; 03 Frankfurt am Main, Schirn; New York, Leo Koenig Inc.; London, Frieze Art Fair; 04 Mailand, de Carlo; Sofia, Inst. of Contemp. Art – **R:** VIDEOS, u. a.: i am the walnut 97; weecki wachee 97; why are the woman contributing? 97; penguin fiction 97; i like my job 98; pressure cooker 98; körperkult kultkörper 98; abbey road forever 98 b is for bears 98; insects 98; i like my job 2 99; naked cleaning 00; – DVD: grand marquis 02 – (Red.)

Jankowski, Christian, Multimediakünstler; Torstr. 170, D-10115 Berlin, Tel. (0 30) 28 59 81 82 (* Göttingen 68) – **VG:** Wien, Meyer Kainer – **S:** HBK Hamburg – **P:** Karl-Schmidt-Rottluff-Stip. 00 – **KGe:** C. J. u. Una Szeemann – **E:** zahlr. Einzelausst., u. a. 96, 98, 02 Berlin, Klosterfelde; 97 Stockholm, Art Node; Berlin, Statement art forum; 99 Kopenhagen, Videodrome; Paris, Goethe-Inst.; Köln, KV; 00 Wien, Meyer Kainer; Hartford, Conn., Wadsworth Atheneum; Amsterdam, De Appel Found.; 01 Milano, Marconi; New York, Swiss Inst.; 02 Toronto, Mercer Union; St. Louis, Washington Univ. Gall.; 03 Basel, Mus. f. Gegenwartskunst; Rom, Centro d'Arte Contemporanea; Pittsburgh, Carnegie Mus. of Art – **G:** zahlr. Ausst.bet., zuletzt 03 Friedrichshafen, KV; Rotterdam, Mus. Boymans Van Beuningen; Frankfurt am Main, Schirn; Bellinzona, Centro d'Arte Contemp. Ticino; Hamburg, Deichtorhallen – (Red.)

Jano s. Mraz, Jan

Janosch (Ps. f. Horst Eckert), Kinderbuchautor u. -illustrator, Graphiker, Produktdesigner; lebt auf Teneriffa; c/o Janosch film & medien AG, Falckensteinstr. 49, D-10997 Berlin, *info@janosch-medien.de*, *www. janosch-medien.de* (* Hindenburg/OS 11. 3. 31) – **VG:** Bonn, Rosenzweig; Borken, Kranenburg; Goslar, Tiedt; Heidelberg, Ostendorff – **S:** Textilschule Krefeld; ab 53 ABK München – **P:** zahlr. Pr., u. a. Goldmed. Bratislava; Frz. Kd.- u. Jgdb.pr.; Dt. Kd.- u. Jgdb.pr.; Prix Jeunesse; Prix Danube; Silberner Griffel; Silberner Pinsel; Kult.förd.pr. München f. Lit.; Kult.förd.pr. Oberschles. f. Lit.; Tukan-Pr. 81; Andreas-Gryphius-Pr. 92; Kult.pr. Schlesien d. Ldes Nds. 99; Bayer. Poetentaler 02 – **Ve:** VS 70 – **G/T:** v. a. Bilderbücher f. Kinder (bes. vermenschlichte Tierfiguren) – **M:** Troisdorf, Bilderb.mus. Burg Wissem (Janosch-Zentrum) – **E:** 80–81, 98 Hannover, Wilhelm-Busch-Mus.; 81 Kiel, Stadt- u. Schiffahrts-Mus.; Nürnberg, Stadtgesch. Mus. 98 Regensburg, Ostdt. Gal.; 99 Karlsruhe, Badisches LM; Troisdorf, Bilderb.mus. Burg Wissem – **V:** ca. 300 Bücher (vorwiegend Bilderbücher) seit 60, z.B.: Die Geschichte vom Pferd Valek 60 (erstes Buch); Der Josa mit der Zauberfiedel 60; Ferdinand im Löwenland 65; Hannes Strohkopp u. der unsichtbare Indianer 66; Ach lieber Schneemann 69; Hottentotten, grüne Motten. Alte u. neue Kinderreime 73 Oh, wie schön ist Panama 78; Die Grille u. der Maulwurf 79; Ich mach dich gesund, sagte der Bär 85; Riesenparty für den Tiger 89; – zahlr.

Kal., zuletzt: Janosch Heiterer Kunstkalender, Abreißkal. 04 – *Lit:* Herwig Guratzsch: Janosch, Kat. 80; Axel Feuß u. Andreas J. Meyer (Hrsg.): Janosch. Katalog m. e. vorläufigen Bibliogr. seiner bisher erschienen Bücher 98 – (Red.)

Janošek, Čestmir; Volkhovener Weg 209, D-50765 Köln, Tel. (02 21) 79 44 97, *janoseks@web.de* – **G/T:** Malerei – (Red.)

Janosevic, Maja s. Jiranek, Maja

Jansa, Maria (geb. Maria Summer), Mag. art., Raumkünstlerin, Keramikerin; Matonsweg 6, A-6833 Fraxern, Tel. (0 55 23) 6 40 77, *m@diemorgengab.at, www.diemorgengab.at/keramik* (* Fraxern 4. 8. 49) – **S:** 72–77 Kunstuniv. Linz (Meisterkl. f. Keramik Prof. Günter Praschek) – **Ve:** Künstlervrg Vorarlberg 91 – **G/T:** Raumkunst (Keramik, Install., Objekte) – **K:** Kurse u. Workshops f. Erwachsene (Keramik, plast. Gest., Kunstwerk Biografie) – **W:** Werke in Privatbes. – **M:** Wien, MAK – **Ö:** Feldkirch, Mäserhaus (Reliefgest.) – **E:** 00 St. Arbogast; 03 Innsbruck, Inst. f. Kunstgesch.; 04 Zürich, Keim Farben; 06 Bregenz, Pal. Thurn u. Taxis; Augsburg, Moritzkirche; Dornheim, Werkschule f. Gest. – **G:** 83 Salzburg, Festspielausst.; 84 Zagreb, World Trienn.; Hannover, Ludwig; 85 Azmoos, Gal.; 90 Bregenz, Künstlerhaus Pal. Thurn u. Taxis – *Lit:* Speziel Sculpture 12, in: Nike, Zs 02

Jansen, Arno, Fotograf; Tel. (02 21) 32 30 48 (* Aachen 13. 2. 38) – **S:** 59–63 Folkwangschule Essen (Fotogr. b. Prof. Otto Steiner) – **L:** 65 Kölner Werkschulen; 73–03 FHS Köln (Prof. f. Künstler. Fotogr.) – **P:** Hermann-Claasen-Pr. 89 – **M:** u. a. Bonn, LM; Hamburg, MKG; Köln, Mus. Ludwig; München, SM; Paris, Bibliothèque Nat. – **E:** zahlr. Einzelausst. im In- u. Ausland seit 62, u. a. 84 Köln, Gal. Imago; Nürnberg, Gal. Pro Photo; 85 Luxemburg, Photo-Gal. 52; 86 Stuttgart, Lindemanns Gal.; 89 Wittlich, Gal. Altes RH am Markt; 90 Bonn, LM; 92 Köln, Mus. Ludwig – **G:** u. a. 85 Braunschweig, Mus. f. Photogr.; 86 Enschede, Foto Bienn.; 99, 01 Köln, In focus Gal. am Dom; 00 Köln, Mus. Ludwig; 01 Köln, Josef-Haubrich-KH; 02 Münster, SM – **V:** A. J. Fotobilder 1975–1984, Kat. 84; A. J. Portraits, Kat. 89; A. J. Frauenbildnisse 1984–1990, Kat. 90 – *Lit:* Contemp. Photographers 95 – (Red.)

Jansen, Birgit A., Bildende Künstlerin, Malerin; Manteuffelstr. 77, D-10999 Berlin, Tel. (0 30) 6 12 64 92, *b.a.jansen@gmx.de, www.birgit-a-jansen.de* (* Mönchengladbach 1. 5. 54) – **VG:** Berlin, Rampoldt – **S:** 72–80 KA Düsseldorf (b. Prof. Günter Grote u. Prof. Erwin Heerich) – **L:** Doz. u. a. f. Bild. Kunst; seit 96 künstler. Projekte m. Jugendlichen; seit 99 Leitung v. Fortbildungen f. Kunstpäd.; seit 02 Freie Akad. f. Kunst Berlin (LAuftr.) – **Ve:** BBK Berlins 82 – **G/T:** Malerei (großflächig, gegenstandslos); Objekt u. Install. – **W:** zahlr. Werke in Privatbes.; Ankauf u. a. durch d. Berliner Senat – **M:** Berlin, Berlinische Gal.; Berlin, Graphothek; Berlin, Neuer Berliner KV; Berlin, Slg Ldesbank; Berlin, Slg d. BRD; Hannover, Nds. Spk.stift.; Hannover, Sprengel Mus. – **Ö:** Berlin, Bundesmin. f. Forschung u. Technologie; ebda, Zentral- u. Ldesbibliothek, Dt. Herzzentrum, Klinikum am Urban – **E:** 87 Berlin, Eivissa; 87, 92 Hannover, Lüpfert; 88 Darmstadt, Wullkopf; 00 Berlin, Max Planck-Inst. f. Bildungsforschung; 01 Berlin, Remise DEGEWO; 02 Cuxhaven, Gal. Formart; 04 Berlin, Rampoldt – **G:** 89, 91 Darmstadt, Mathildenhöhe; 91, 92 Düsseldorf, Mus. Kunst Pal.; 92 Hannover, Kunstmarkt; 94 München, Haus d. Kunst; 97 Berlin, Künstlerhaus Bethanien; 03 Berlin, Rampoldt; 04 Berlin, Philip Johnson Building – *Lit:* B. A. J., Ausst.kat. 97 – (Red.)

Jansen, Jürgen, Maler (* Rheydt 30. 9. 60) – **VG:** Düsseldorf, Conrads; Hannover, Drees – **S:** 81–86 GesamtHS Essen (Biologie, Kunst u. Designpädagogik); 87 Erstes Staatsexamen; 86–89 KA Karlsruhe (Freie Kunst b. Per Kirkeby); 89–92 KA Düsseldorf (b. Prof. Jan Dibbets); 92 ebda (Meisterschüler) – **P:** Kunstpr. Grevenbroich (m. Uwe Eßer) 86; Stip. Plettenberg 88 – **G/T:** Malerei (v. a. Öl u. Harz bzw. Alkyd-Harz u. Pigmente auf Holz, abstr.) – **E:** zuletzt u. a. 01 Düsseldorf, Conrads; 02 Ettlingen, KV Wilhelmshöhe; 03 Berlin, Völcker; 04 Hannover, Drees; Wien, Exner – **G:** zuletzt u. a. 03 Hannover, Drees; 04 Dortmund, Künstlerhaus; 05 Augsburg, KV – Messe-Bet.: Köln, Art Cologne; Brüssel, Artfair; Berlin, Art Forum; Frankfurt am Main, Art Frankfurt – (Red.)

Jansen, Peter, Dr. rer. nat., Biologe; Dirk von Merveldtstr. 21a, D-48167 Münster, Tel. u. Fax (0 25 06) 26 37, *pe.jansen@muenster.de, www.muenster.de/~mejansen; www.bildershopimnetz.de* (* Recklinghausen 31. 1. 41) – **S:** Autodidakt – **Ve:** Westf. KV – **KGr:** Spektrum 77; JAPMA – **G/T:** Alugraphie, Paper Making, Airbrushing, Printing – **W:** überw. in Privatbes. – **E:** Havixbeck, Sandsteinmus.; sowie in Bad Waldliesborn u. Münster – **G:** Bad Rothenfelde, Emsdetten, Münster – **V:** JAPMA, in: Bulletin 24 98; JAPMA, in: Bulletin 33 03 – (Red.)

Jansong, Joachim, Prof., Graphiker, Fotografiker; Dorfstr. 16, D-09629 Steinbach, Tel. (03 52 09) 2 03 46 (* Berlin 6. 4. 41) – **S:** 57–60 HBK Dresden (Maltechniken, Zchng., graph. Techniken, Schrift, Anatomie b. Prof. Bammes, Perspektive u. Lit. b. Otto Griebel); 60–61 Fotolabor b. DEWAG Berlin (Hilfslaborat); 61–66 HGB Leipzig (b. d. Prof. Heinz Föppel u. Albert Kapr, später Zus.arb. m. Prof. Walter Schiller, Dipl. im FB Fotogr.); seit 66 auch freischaffend tätig – **L:** 66 HGB Leipzig (Aspirant, 67 abgebrochen wegen Einberufung); 69 ebda (Oberass., ab 70 Aufbau d. Fachkl. Fotografik, später d. Fachkl. Evelyn Richter, Helfried Strauß, Arno Fischer u. a.); 77 ebda (Berufung z. Doz.); 92 ebda (Berufung z. Prof., u. a. auch Dekan d. FB Fotogr./Malerei, im Sept. 04 em.) – **P:** 100 ausgewählte Graph. (Pr.) 79, 83, 87, 89; 100 beste Plakate (1. Pr.) 82 (sowie mehrfach bestes Plakat d. Jahres) – **Ve:** VBK DDR 66–93 – **G/T:** Fotogr.; Graph. (bes. Siebdruck, Rad. u. deren Kombinationen, auch Computergraph.); Collage; Fotomontage; Ill.; Video; Bücher – **W:** seit 66 Beschäftigung m. d. Plakat, v. a. f. Mus. u. Ausst. sowie in d. 90er Jahren f. d. Gewandhaus Leipzig, Leipziger Theater u. a.; Slg Ludwig; Rügen, KS Hans Marquardt; zahlr. Privatslgn – **M:** Altenburg, Lindenau-Mus.; Altenburg, Lindenau-Mus.; Berlin, Jüdisches Mus.; Berlin, Kpst.-Kab.; Berlin, Slg Wolfgang Schreiner; Coburg, KS d. Veste; Cottbus, Brandenburgische KS; Dresden, Kpst.-Kab.; Halle/Saale, Staatl. Gal. Moritzburg; Leipzig, MBK; Nürnberg, Albrecht-Dürer-Haus; Rheinsberg, Kurt Tucholsky Gedenkstätte; Schwerin, Staatl. Mus. (Kpst.-Kab.) – **E:** zahlr., u. a. in Leipzig, Grimma, Cottbus (Kat. 82/83), Boizenburg, Erfurt, Zwickau, Freiberg, Rheinsberg, Hamburg, Delitzsch, Panitzsch – **G:** Bet. an zahlr. nat. u. intern. Ausst., u. a. in Coburg (m. d. Leipziger Schule), Oberhausen, Tallin, London, Paris (Kat. 81), Wien (Kat. 87/88), Berlin (Kat. 87/88), Prag, Warschau – sowie: 79–91 Teiln. an d. 100 ausgewählten Graph. (Kat.); Bet. an Graph.bienn. (Kat.) u. a. in Ljubljana, Bombay, Cali, Lissabon, Krakau – **V:** Mitarb. an zahlr. Graph.-Mappened. (u. a. zur Lit.); Umschlaggest. d. Leipziger Blätter 84–89; Spurensuche – Ein Album, m. Video u. CD (Texte) 99; Amnesie in litteris, Handpressendruck z. Patrick Süskind (Rad., Collagen) 01; Über d. Bildermachen – Ein Arb.buch, Bild- u. Textbd sowie CD (Rad., Collagen, Plakate, Text) 03; Leibhaftig, Mappenprojekt z. Christa Wolf (15 Rad., Text) 03/04; Irland, Mappe (7 Rad.) 04; Die Strafkolonie u. Die Verwandlung, Buch z. 2 Erz. v. Franz Kafka (Collagen aus Xylogr. u. Stahlstichen, umgesetzt als 13 Rad.) 05; Die Marquise v. O, Buch z. Heinrich v. Kleist (Collagen, umgesetzt als 9 Rad.) 06 – ***Lit:*** Flemig 93; Lothar Lang: Malerei u. Graph. in Ostdtld 02; Schweers 02; zahlr. Ausst.kat., u. a. Musik in d. bild. Kunst, Vorbiler – Nachbilder (Skandinavien), Slg Wolfgang Schreiner Berlin, KV Coburg

Janßen, K. A., Graphiker (grad.), Maler, Performer; Moorenringgasse 7, D-47906 Kempen, Tel. (0 21 52) 5 29 70 (* Goch/Ndrh. 30. 1. 37) – **S:** 55–59 WerkKSch Krefeld (Graph., b. d. Prof. Fassbender u. Kadow) – **P:** Ferdinand-Langenberg-Pr. d. Stadt Goch 97 – **Ve:** Gemeinschaft Krefelder Künstler (Vors. seit 81) – **G/T:** Faltpläne (Zchng u. Malerei auf Nesseltuch); Papier- u. Kartonschnitte; Künstlerb. u. Buchkassetten m. Druckgraph.-Zyklen (Kartonschnittdrucke u. Monotypien); Performance – **M:** Berlin, Staatsbibliothek; Dresden, SLUB; Goch, Mus. f. Kunst u. Kult.gesch.; Krefeld, Kaiser-Wilhelm-Mus.; München, Staatl. GrS – **E:** u. a. 71, 73 Krefeld, Gal. am Schönwasserpark; 74 München, Gal. Limited; 74, 80 Krefeld, Kaiser-Wilhelm-Mus.; 75 Marburg, Liebelt; 76 Moriaan Den Bosch, Mus. het Kruithuis; 84, 86, 92, 00, 02, 07 Krefeld, Kunstspektrum GKK; 92, 95 Mönchengladbach, Grahn; 94 Krefeld, Fochem; 95, 97 Goch, Mus. f. Kunst u. Kult.-gesch.; 97 Krefeld, KV; 01, 07 Kempen, Städt. Kramer-Mus.; 03 Brüggen, Gal. in d. Bank – **G:** zahlr. Bet. seit 71, u. a. 73 Darmstadt, KH; 77 Krefeld, Mus. Haus Lange; 85, 88, 00 Duisburg, Wilhelm-Lehmbruck-Mus.; 88, 97 Krefeld, KV; 90 Charlotte/NC, StG; 99 Kleve, Mus. Kurhaus; 00 Leicester, New-Walk-Mus.; 01 Bergisch Gladbach, StG Villa Zanders; Köln, Zentralbibliothek; 02 Würzburg, Otto-Richter-Halle; 04 Kempen, Städt. Kramer-Mus. – **V:** K.A.J. u. Jürgen Reiter: Wie eine Blume – Scherenschnitte, Schattenbilder, Spiegelungen, bibliophiles Buch 89 – ***Lit:*** AUSST.KAT.: Rolf Leibenguth: Zchngn 73; Gisela Fiedler-Bender: Zchngn u. Faltpläne 74; dies. u. Rolf Leibenguth: Menschenbilder 80; Jörg Becker u. Rolf Leibenguth: Papierschnitte 95; Jörg Becker: Druckgraph. 97; Christian Krausch: Kartonschnitte 02; ders.: Werkübersicht 1973–2003 03

Janssen, Mienske (* Zaandpoort 25) – **VG:** Berlin, Bremer – **M:** Witten, Märk. Mus. – **E:** / G: 99 Berlin, Bremer – ***Lit:*** Schweers 02 – (Red.)

Janus-Sommer, Monika, Malerin u. Graphikerin; Berggartenstr. 6, D-04155 Leipzig, Tel. (03 41) 5 90 36 43 (* Leipzig 4. 6. 56) – **S:** 77–84 HGB Leipzig (b. Prof. Burger, Prof. W. Peuker u. Prof. A. Rink); 91–93 ebda (Aufbaustud. z. Meisterschülerin b. Prof. A. Rink) – **Ve:** VBK Leipzig 84–89 – **KGr:** Produzentinnengalerie Gal. Trespe (89–93) – **G/T:** Graph. u. Malerei (Öl u. a., Stilleben, Portr., ganze Figur u. Figurengr.) – **W:** Werke überw. in Privatbes. – **E:** zahlr. nat. Ausst. seit 81 – **G:** zahlr. Ausst.bet. seit 85 im In- u. Ausland – ***Lit:*** Neunplus 1, Kat. 01; Bildende Künstler in Leipzig 06

Jarczyk, Heinrich J., Dr. rer. nat., Maler, Graphiker; Sandbüchel 30, D-51427 Bergisch Gladbach, Tel. (0 22 04) 6 70 06, Fax 6 42 30, *hj-c.jarczyk@t-online.de*, *www.jarczyk.de* (* Neisse/Schlesien 18. 1. 25) – **VG:** Washington/DC, St. Luke's Gallery – **S:** Autodidakt; 47–50 Univ. München (Kunstgesch.) – **P:** Neisser Kult.pr. 92 – **Ve:** Münchner Künstlergenoss. kgl. privilegiert 1868 84; Neuer Leipziger KV 90; Nat. Arts Club (exhibiting member) 93 – **KGr:** Künstlergilde Esslingen (seit 89) – **G/T:** Graph. (Rad., Zchng); Malerei (Aqu., Öl); hist. Themen sowie Archit., Lsch. u. Mensch; Realismus – **W:** Rad., Zchngn u. Aqu. in Privatbes.; Deckengemälde in Privatbes. in Leverkusen – **M:** Bergisch Gladbach, StG Villa Zanders; Berlin, Zeughaus; Esslingen, Die Künstlergilde; Görlitz, Schlesisches Mus.; Marbach am Neckar, Dt. Literaturarchiv; München, Haus d. Dt. Ostens; Neisse-Nysa, Muzeum w Nysie; Nürnberg, Germanisches NM; Saint-Quentin, Mus. Antoine Lécuyer – **E:** 82 Neustadt an der Weinstraße; 83 Kemnath; 84 Jülich; 86 Kaiserslautern, StG; 87 Saint-Quentin, Mus. Antoine Lécuyer; Hannover, Inst. Français; Berlin, Centre Français; 88 Bonn, Auswärtiges Amt; Arnsberg, Sauerland-Mus.; New York, Dt. Generalkonsulat; Norfolk, Dominion Tower; Washington/DC, St. Luke's Gallery; 89 Aachen, Neue Gal. Slg. Ludwig; Seoul, Hyundai Mus.; Pusan, Goethe-Zentrum; Taegu, Dongha-Center; Mainz, Inst. Français; 90 Eupen, La Gall.; Washington/DC, Convention Center; Washington/DC, Dt. Hist. Inst.; Bamako/Mali, Inst. Français; 91 Maastricht, Europa Pavillon; 91, 96 Leipzig, Gal. Quadriga; 92 Erfurt, Europafest; Bonn, Haus an d. Redoute; Würselen, RH; Morlaix, Mus. des Jacobins; Hildesheim, Kr.haus; Köln, Amerikahaus; Zabrze/Polen, Mus.; Ratibor/Ratibórz, Mus.; 92, 00 Neisse-Nysa, Muz. w Nysie; 93 Köln, Hist. RH; Brieg-Brzeg, Piastenschloß; München, Forsch.zentrum f. Umwelt u. Gesundheit; New York, Nat. Arts Club; 94 Aachen, Inst. Français; 95 Ratingen, Oberschlesisches LM; Dortmund, Stadtspk.; 96 Worms, Mus. Kunsthaus Heylshof; 97 Bergisch Gladbach, Marienkrankenhaus; Köln, Maternushaus; 98 Berlin, Dtldhaus; Köln, Domhotel; Schrobenhausen, KV; 04 Leipzig, Neuer Leipziger KV; 04 München, Haus d. Dt. Ostens; 05 Bergisch Gladbach, StG Villa Zanders; Esslingen, Die Künstlergilde; 06 Görlitz, Schlesisches Mus. – **G:** 84–98 in Bergisch Gladbach, Dachau, Düsseldorf, Esslingen, Hildesheim, New York, Nörvenich, Paris, Ratingen, Regensburg, Rhinebeck, Washington/DC, Wesseling u. Wertheim; 89–06 München, Münchner Künstlergenoss. kgl. privilegiert 1868; 94–04 New York, Nat. Arts Club; 99 Florenz, Bienn. Intern. dell'Arte Contemp. – ***Lit:*** H.J.J. Impressionen aus Frkr., Ausst.kat. 87, 92; Ulrich Coenen: H.J.J. Impressionen, Ausst.kat. 88; Raymond J. Steiner: Profile. H.J.J., in: ART TIMES 89; H.J.J. Impressionen aus Korea, Ausst.kat. 90; Raymond J. Steiner: H.J.J. Toward a Vision of Wholeness, Monogr. 92; Nancy Catandella: German Printmaker and Painter H.J.J., in: Print World 92; Raymond J. Steiner: H.J.J. Etchings-Radierungen-Eaux-fortes 1968–1998, Monogr. 98; Udo W. Acker: H.J.J. Die Welt als Mikrokosmos, Ausst.kat. 04–06 – ***LitR:*** Fsf. z. Ausst. im Centre Français, SFB 3 87; Fsf., Portr. z. 70. Geburtstag, WDR 3 95

Jaró, Maler; c/o Atelier, Frankfurter Str. 127, D-64293 Darmstadt, Tel. Mobil: 01 77 599 29 00, *jaro-art@gmx.de*, *www.jaro-art.kulturserver.de* (* Danzig 30. 10. 62) – **VG:** Darmstadt, Kunstpunkt; Berlin, Kunstpunkt – **S:** 82–86 Danzig (b. Prof. Dr. Brodowicz); 84–87 ebda (b. Prof. Dr. Leszczynska); 92–95 Frankfurt am Main (b. Prof. Dr. Till Neu) – **P:** Council of Danish Artists Hirsholmene 05; Kunstpunkt-Stip. Darmstadt 06 – **Ve:** BBK Darmstadt 04 – **KGr:** 500 CCM (84–88) – **KGe:** J. u. Roger Rigorth (02–03) – **G/T:** Öl; Objektkunst (Lw./Öl-Holz); Bildarrangements; Abstr. – **W:** überw. in Privatbes. – **Ö:** Darmstadt, arteMIS; Mühltal, Fliednerhaus; ebda, Bodelschwinghaus – **E:** 87 Danzig, Gregoriushaus; 91 Taunusstein, Foyergal.; 96 Groß-Gerau, Jahnhalle; 97 Groß-Gerau, Haus Tufo; 99 Mühltal, Konferenzsalon; 01 Darmstadt, Kunstpunkt; 02 Heidelberg, Dt. Verpackungsmus.; 03 Darmstadt, Kunstaktion Friedenspl.; Otzberg, Gal. Veste Otzberg; 04 Darmstadt, Kommunale Gal.; Darmstadt, Gal. Kellerklub; 05 Offenbach am Main, Salon Brenner; 06 Darmstadt, arteMIS; Neu-Isenburg, Stadtgal. – **G:** zahlr. Bet. seit 86, zuletzt 02 Frankfurt am Main, Buchmesse; 03 Groß-Umstadt, Kunstforum; Berlin, Gal. f. aktuelle Kunst; 04 Darmstadt, Orangerie; 05 Büdelsdorf, Nord Art 2005; Mainz, KV Eisenturm – **V:** Die weise Leinwand, Empir. Untersuchung z. Inimationsphasen in künstler. Arb.prozessen 97 – ***Lit:*** J., Kat. 03, 05

Jascha, Johann; Ferihumerstr. 33, A-4020 Linz, Tel. (06 64) 5 32 80 58, *johann@jascha.at*, *www.jascha.at* (* Mettmach/ObÖst. 13. 2. 42) – **P:** u. a. Xerox Hauptpr. Wien (Zeichn.) 75; Hauptpr. 'ObÖst. Bauernkriege' (Arb.stip.) BMUK 76; Öst. Staatsstip. 77; Arb.stip. d. Gemeinde Wien 78; 1. Pr. z. Gest. d. Eingangshalle d. Landeskrankenhauses Salzburg 80; Rom-Stip. 85; 1. Pr. u. Auftrag Univ. Salzburg (bzw. Finanzldesdir.) 86; E.kreuz f. Wiss. u. Kunst 86; 1. Pr. 'St. Pölten im 1. Jahr als Ldeshauptstadt' 87; 1. Pr. u. Auftrag im Eingangsbereich d. Landeskrankenhauses Salzburg 88 – **Ve:** Wiener Secession – **G/T:** Malerei, Zeichn., Skulpt. u. Relief, Install. u. Kunst im öff. Raum, Objekt- u. Fotokunst, Environment – **E:** 118 Einzelausst. v. 70–06 – **G:** zahlr. Ausst.bet. seit 70 – ***Lit:*** Aktionistischer Katalog 70; Zeichnungen 1971–1975 75; Zeichnungen 1977–1978 79; Zeichnungen 1981–1984 84; 'Zeitsprung' (Zeichnungen 1971–1988) 89; 'Heiss und Kalt' Udine 89; Zeichnungen 1993–1995 (Gal. Thiele Linz) 95; 'Ostarrichi' (12 Lith.) 96; Horn, Galerie im Thurnhof 99; J. J., Werke 1987–2000 00; Bali – Tobago – Phuket, J. J., Werke 1989–2000 (Kat.) 00 – sowie: J. J. Aktionsschrei – Das Frühwerk 1967 bis 1975

Jaser, Markus, freier Fotogr., Mediendesigner; Raiffeisenstr. 1, D-89331 Burgau, Tel. (0 82 22) 4 24 24, Fax 4 24 55, *mail@jaser.com*, *www.jaser.com*. Atelier u. Gal.: Christoph-v.-Schmid-Str. 2, D-89331 Burgau, Tel. (0 82 22) 4 12 98 90, Fax 4 12 98 91 (* Burgau/Schwaben 21. 9. 71) – **VG:** Burgau, Gal. am Gsundbrunnen – **Ve:** BBK Schwaben Nord u. Augsburg 99 – **G/T:** Fotogr., Fotograph., neue Medien – **K:** künstler. Fotogr. – **W:** überw. in Privatbes. – **E:** zahlr. Ausst. seit 94 – **G:** u. a. 99 Donauwörth, Nordschwäbische Kunstausst.; 99, 02 Augsburg, Große Schwäbische Kunstausst.; 03 Bobingen, KV; Marktoberdorf, Ostallgäuer Kunstausst.; Ebersberg, KV; Irsee (Schwäbische Künstler in Irsee); 04 Friedberg/Bay., Friedberger Kunstausst.; Augsburg (13. Schwäbischer Kunstpr.) – weitere: 96 Lannion, Oradea, Cluj-Napoca – (Red.)

Jaskula, Andrzej Jozef (Ps. andrzejocha), Mag. Politologe, Maler; c/o JASKULA b – Kunst aktiv erleben, Selkestr. 17, D-12053 Berlin, Tel. (0 30) 68 05 45 11, Mobil 01 73–7 88 22 77, *Ateliergalerie@jaskulab.eu; andrzej_jaskula17@t-online.de; andrzejochu@culturebase.de*, *www.jaskulab.eu; www.kuenstlernetz-neukoelln.de; www.culturebase.de* (* Bydgosczc/Bromberg 25. 10. 45) – **S:** 62–66 Kunststudio Elbing (Prof. Tadeusz Jarmuziewski) – **G/T:** hauptsächlich 'Energetische Bilder' (Öl, Aqu., Pastell, Mischtechnik) – **K:** Malerei (versch. Techniken); Kreativ Partys (Gäste malen gemeinsam ein Bild) – **Ö:** Falkenberg/Elster, Spk. Elbe-Elster (5 Bilder) – **E:** insges. 25 individuelle Ausst. im Brandenburger Gebiet, u. a. 00 Herzberg, Stadtbibl.; 05 Berlin, Gemeinschaftshaus Gropiusstadt – **G:** 04, 05, 06 Berlin, Querschnitt 17, 18, 19 (Ausst. d. Querformat-b e.V.) – ***Lit:*** Wochenblatt Nov. 92; Elbe-Elster-Rundschau Nov. 95 u. April 00 – ***LitR:*** Meine Spur – Millenium, Video/DVD (Autor: Barth, Falkenberg/Elster)

Jastram, Inge, Graphikerin, Buchillustratorin; Wiesenweg 1, D-18334 Kneese, Tel. u. Fax (03 82 21) 2 39 (* Naumburg/Saale 34) – **VG:** Wismar, Gal. Hinter d. RH; Warnemünde, Möller; Berlin, Raum5 – **S:** 53–57 KHS Berlin-Weissensee (Dipl. als Buchgraphikerin b. Prof. Werner Klemke) – **Ve:** Künstlerbund Meckl. u. Vorpommern – **G/T:** Buchill.; Zchng; Rad.; Themen: erot. Phantasien u. Wirklichkeiten, Gefühlswelten, Eitelkeiten u. Koketterien – **M:** Stralsund, Kultur-hist. Mus. – **E:** u. a. 01 Berlin, Gal. Ost-Art (m. Jo Jastram); 05, 06 Berlin, Raum5 – **G:** zuletzt 00 (Figur u. Zeichen), 01 (15 Jahre Gal. Möller) Warnemünde, Möller; 04, 05 Berlin, Raum5: Künstler d. Gal. – **V:** u. a. Heinrich Bandlow u. Jürgen Grambow (Hrsg.): Nich leigen... Geschichten, Skizzen und Humoresken (Ill.) 87; Felix Stillfried u. Jürgen Grambow (Hrsg.): Ok en Struss Läuschen un Rimels. Eine Auswahl aus 'Biweg'lang' (Ill.) 89; Klaus Mann (hrsg. v. Uwe Naumann): Fluch und Segen. Fragment einer Kantate aus dem Exil (Ill.) 97; Matthias Redieck, Achim Schade u. a. (Hrsg.): Die Rostocker Bordellwirtschaft und andere sündhafte Angelegenheiten. Ein unterhaltsamer Streifzug durch die Geschichte der Prostitution in Rostock (Ill.) 98; KLaus Mann (hrsg. v. Uwe Naumann u. Fredric Kroll): Gedichte und Chansons (Rad.) 99; Wolfgang Borchert: Laterne, Nacht und Sterne (Ill.) 02 – (Red.)

Jastram, Joachim (Jo Jastram, Ps.: Johann Joachim Bernitt), Prof., Bildhauer; Wiesenweg 1, D-18334 Kneese, Tel. u. Fax (03 82 21) 2 39 (* Rostock 4. 9. 28) – **VG:** Berlin, Gal. Berlin – **S:** 49–51 FS f. Holzbildhauer Empfertshausen/Rhön; 51–54 HBK Dresden (b. Walter Arnold); 54–64 KHS Berlin-Weissensee (b. Heinrich Drake) – **L:** 64–65 Univ. Greifswald (LBeauftr. am Inst. f. Kunsterziehung); 80–86 KHS Berlin-Weissensee (Prof.) – **P:** Kunstpr. d. Stadt Rostock 65; Kunstpr. d. DDR 72; Nat.pr. d. DDR 73, 84 – **Ve:** Künstlerbund Meckl. u. Vorpommern; Intern. Komitee d. Bienn. d. Ostseeländer; Ernst-Barlach-Kr. im Kulturbund d. DDR; Künstlersonderbund in Deutschland; AK 83 – **G/T:** Skulpt. (u. a. Bronze, Kleinplast.), Graph., Kunst im öff. Raum – **M:** Berlin, NG – **Ö:** zahlr. Arb. im öff. Raum, u. a. Berlin, Palast d. Republik (Wandrelief); Greifswald, Greifwalder RH (Tür); Leipzig, Gewandhaus (Mendelssohn-Bartholdy-Denkmal); Rostock-Evershagen, Neubauwohngebiet (Plast.) – **E:** 03 Rostock, KH – **G:** 77 Kassel, documenta 6; 00 Rostock, Möller; 03 Berlin, Lehr – ***Lit:*** NG Berlin 03 – (Red.)

Jatzko, Siegbert, Maler u. Graphiker; Grundwiesenstr. 3, D-60489 Frankfurt am Main, Tel. (0 69) 78 75 54 (* Görlitz 8. 3. 37) – **S:** 55–58 Ing.schule f. Bauwesen Berlin (Archit.kl.); 59–64 Städelschule Frankfurt am Main (Kl. f. freie Graph., Meisterschüler b. Heinz Battke) – **P:** Albrecht-Dürer-Ges. Nürnberg ('Mit Dürer unterwegs') 71 – **Ve:** Frankfurter Künstlerges. e.V. (gegr. 1857) – **G/T:** Malerei u. Graph. (Blei- u. Farbstift, Tempera, Archit.details, Bauwerke, Stadtldschaften, Ldschaften, Stilleben) – **W:** Werke in privaten u. öff. Slgn – **M:** Frankfurt am Main, Städel; Görlitz, StSGGK; Nürnberg, Stadtgesch. Mus. – **Ö:** Frankfurt am Main, RH Plenarsaal (Wandgest. 'Großer Frankfurter Adler') – **E:** 77 Rom, Goethe-Mus.; 78, 82, 96, 04 Frankfurt am Main, Frankfurter Westend Gal.; 80 Frankfurt am Main, Forum-Gal.; 87 Frankfurt am Main, Kommunale Gal. im Leinwandhaus; 90 Frankfurt am Main, 1822-Forum Frankfurter Sparkasse; 97 Görlitz, KV OL; Görlitz, Klinger – **G:** 69 Marburg, Univ.-Mus.; 71 Nürnberg, Norishalle; Nürnberg, Germanisches NM; 72, 76 Mailand, Gall. delle Ore; 72, 81, 82, 83 Frankfurt am Main, Frankfurter Westend Gal.; 89, 00 Frankfurt am Main, HM; 91 Nürnberg, Albrecht-Dürer-Haus; Nürnberg, Mus. f. Industr.kult.; 96, 97 Frankfurt am Main, 1822-Forum Frankfurter Sparkasse; 04 Frankfurt am Main, Haus Giersch – Mus. Reg. Kunst – **V:** Toskana Umbrien (20 Abb. v. Farbstiftzeichn.) 82; Venedig, Buch u. Kassette (Ill., 10 Orig.rad.) 96; Andreas Bednarek (Texte) u. Stefan Waldau (Vorw.): Begegnungen. Ansichten aus Görlitz u. Zgorzelec – ***Lit:*** Matthias Mende: Mit Dürer unterwegs 71; ders.: Dürer A-Z 80; Zur italienischen Kunst nach 1945 – Deutsche Künstler in Italien 81, 86, 01; Matthias Mende: Das Dürerhaus in Nürnberg 90

Jaugstetter, Gerhard, Fotograf; Hauptstr. 13, D-96154 Burgwindheim, Tel. u. Fax (0 95 51) 2 68 (* Geiselwind 1. 4. 56) – **VG:** Berlin, Dittmar – **P:** Förd. durch VG Bild-Kunst 06 – **Ve:** VG Bild-Kunst 97; BBK Bay. 02 – **KGe:** G. J. u. Tina Deininger (seit 86) – **G/T:** Fotogr. – **M:** Bamberg, KV – **E:** 97 München, Lit.-haus; 99 Porto, Casa das Artes; 00, 02 Berlin, Dittmar; 02 München, Instituto Cervantes; 06 Limoges, Images en Scènes; Nürnberg, Künstlerhaus K4 – **G:** 02 Halle/Saale, Villa Kobe; 06 Bamberg, Villa Dessauer: BBK Bamberg – **V:** Fotokunstbde: Pessoas Lissabon 97; Tango-Leidenschaft in Buenos Airesa 99; Flamenco, Rhythmus Andalusiens 02; Carmen's Dance 03 – ***LitR:*** Flamenco, Dok. z. Ausst., in: Nachtkultur, SWF 03; Dok. üb. Künstlergemeinschaft T. Deininger u. G.J., TV Ofr., TVO 05

Javadi, Alireza, Maler, Bildhauer; Atelier: Schöllmannstr. 13 b, D-44807 Bochum, Tel. (02 34) 53 11 64, *alireza@atelier13b.de*, *www.arjavadi.de; www.atelier13b.de* (* Aligudarz/Iran 1. 8. 65) – **VG:** Bochum, Gal. Duo – **S:** Autodidakt – **L:** 01–03 Freie Schule Bochum (Kunstpädagogische Tätigkeit) – **P:** Internat. Kunst Symposium Bran/Rumänien – **Ve:** BBK Westf. Süd seit 97 – **G/T:** Malerei (überw. Acryl, Informel); Skulpt. (Holz, Stein) – **M:** Bran/Rumänien, Mus. – **E:** 96 Bochum-Weitmar, Spk.; 97 Bochum, Atelier 13b; 98 Lippstadt, Orrú; 02 Bochum, Gal. Duo; 04 Dortmund, Torhaus Rombergpark – **G:** 94, 99 Bochum, Mus.; 96 Bexbach, Freiluftgal.; seit 97 regelm. München, Autoren Gal. 1 – ***Lit:*** Kat. z. Ausst. im Museum Bochum 94; Wa(h)re Kunst 99; artours project, Kat. 01; Spuren von Spuren, Folder 02

Jaydee s. Matthys, Jürg D.

Jeanne s. Dunckern, Waltraut K.

Jedelhauser, Marly (Ps.: Marly, Maje), Malerin, Illustratorin, Graphikerin, Modedesignerin, Fotografin, Schreiberin, Designerin, Trickfilmerin; Edinburghpl. 10, D-81829 München, Tel. (0 89) 3 08 50 58, Mobil: 0 17 39 70 99 37, *mjedelhauser@aol.de*, *www.modedesign.de/jedelhauser.htm; galerie-nordhof.de* (* München 19. 2. 49) – **S:** München (Graph. b. Prof. Ege); ABK München (Aktzchng, Graph., Multimedia) – **L:** 96, 97, 98 Thür. (Doz. f. Kreativitätstechnik) – **Ve:** VDMD 96 – **KGr:** ShopArt (96–98) – **KGe:** M.J. u. Herbert Agricola (in d. 70er Jahren Ausst. u. Gest. v. Innenräumen in München) – **G/T:** surrealist. u. Kunstfotogr.; Malerei (Öl, Szenen); Ill. (Comic, Bild u. Text); Objektkunst (Speckstein); Computerarb. – **K:** Kreativitätstechnik; Zchng; Malerei; Multimedia – **W:** Graph. u. Ölbilder in Privatbes. – **E:** 70–03 München, Grohmann; ebda, RH, Apeloig & Nessel, Hotel Caravelle; Thyrnau, Klinik Prof. Schedel – **G:** 70–03 München, Straßburger Keller; ebda, Holzinger, Praxis im Elisenhof; Paris, Duncan; Frankfurt am Main, Shopart

Jegen, Els; Weissensteinstr. 18, CH-3008 Bern, Tel. 03 13 82 72 07, *kunst@els-jegen.ch*, *www.els-jegen.ch* (* Klosters 10. 2. 46) – **S:** Autodidaktin – **Ve:** Autorinnen u. Autoren d. Schweiz – **G/T:** Specksteinskulpt. (figürl., abstr.); Zchng (figürl., abstr.); Ill.; Multimedia (vertonte, bebilderte eigene Gedichte); Gest. v. Agenden (90–95) u. Frauenjasskarten (91) – **W:** zahlr. in Privatbes.; Kurzfilme – **E:** 89, 91 Bern, Mazar; 90, 94 Bern, Frauenzentrum; 91 Zürich, Kanzlei; 92 Kloten, Gymnata GmbH; 00–01 Walenstadtberg, Monte Vuala; 01 Bern, Impuls; Bern, ITEC Ingenieur AG; 02 Bern, Reithalle; 03–04 Bern, Lingua Net Sprachschule; 05 Thun, Arthouse – **G:** 91 Chur, Gal. Planaterra; 96 Bern, Botan. Garten; 97 Walenstadtberg, Monte Vuala; 01 Lutry, Art & Work Gal.; 02 Yverdon, Citron Masqué; Zürich, Kongreßhaus; 03 Ortona, Kunstforum Intern.; Meisterschwanden, Mese-Fischer; Salzburg, Kunstmesse; Avenches, Gal. Arte Laué; 03, 04, 06 Meisterschwanden, Kunstforum Intern.; 04 Innsbruck, del Mese; 05 Marsens, Gal. du Vide-Poche – **V:** Über den Wassern träumen (Gedichte, Ill.) 03; Hilde Bradovka: Dornröschen aufgewacht (Ill., ergänzende Texte) 03; Alle Mädchen wollen Maria sein (Mithrsg., Mitautorin, Ill., Gest., Satz) 03 – **R:** – FILME: m. Christian Schocher u. Heinz Lüdi: Die Kinder v. Furna 73; Kurzfilm u. Hörgedichte im Programm 'Shooting, Rhymes and Cutting Verses' (Kino Reithalle Bern) 30. u. 31.10., 1.11.03 – PUPPEN-THEATER (eigene Textfassungen, Bühnenbild u. Puppen), Theater am Gleis, Wintherthur 82–84: Der Fischer und siini Fru; Kalif Storch; Der Bucklige – KABARETT: Gretchens Faust (Text, Mitspielerin, Vertonung) 91–93 – HÖRBÜCHER: Über den Wassern Träumen, m. CD (gesprochen v. Marleen Item) 03; multimediale Lesungen, u. a. Frankfurter Buchmesse v. 12.10.03, Klosters 22.11.03, Biel Sept. 03, Meisterschwanden 8.2.04

Jehl, Iska, Fotografin; *iska_jehl@web.de*, *www.iska-jehl.de* (* Nürnberg 66) – **VG:** München, Albrecht; Frankfurt am Main, Adler – **S:** 85–86 Univ. of Arizona; 86–92 Ludwig-Maximilians-Univ. München (Kunstgesch., Kunsterziehung u. Psychologie, M.A.); 91–98 ABK München (Meisterschülerin b. Prof. Winner) – **L:** seit 98 ABK München (Leitung d. Stud.wkst. Neue Medien) – **P:** Mark v. Ostheimsches Reisestip. d. Stadt Bamberg, Pr. d. Danner-Stift. 95; 1. Pr. Digitale Bildwelten d. Kr.spk. Recklinghausen 00 – **G/T:** Fotogr. (z.T. digital bearbeitet) – **W:** Dt. Bank, Amro Bank, Hypo Ver.bank, Axa Nordstern – **M:** Burghausen/Salzach, Dr. Robert-Gerlich-Mus.; München, Bay. Staatsgemäldeslgn – **E:** 00, 05 München, Albrecht; 02 Dresden, Kunsthaus Raskolnikoff; 03 Missoula/MT, Farm Art Space; 04 Frankfurt am Main, Adler – **G:** u. a. 97 Recklinghausen, StKH; Portland/OR, AM; 98 Bratislava, Slovenská NG; 99 Hamburg, Altonaer Mus.; Dresden, Comtech Art; 01 Córdoba, Bien. Intern. de Fotogr.; 02 Burghausen/Salzach, Dr. Robert-Gerlich-Mus. (Ständige Slg); Goes/Niederl., Van den Berge; 03 Prag, Intern. Festival of Digital Image; Arco/Trento, Pal. dei Panni; 04 Rosenheim, StG; Rosenheim, KV; 05 Ravensburg, StG; München, Aspekte; Darmstadt, Darmstädter Tage d. Fotogr.; Leonberg, Gal.ver. – ***Lit:*** KAT.: u. a. Birgit Jooss u. Wolfgang Ullrich (Text): Anleitung zum Glücklichsein 02; Sachgemäß – Über die Erfahrung der alltäglichen Dinge (Kunstraum Dornbirn) 03; – ZSS U. ZTGN: u. a. Gundel-Maria Busse: Doppeldeutige Idylle, In: MainEcho v. 10.3.04; Kathrin Hartmann: Arkadien u. Balkonien, In: Frankfurter Rundschau v. 4.3.04, S. 18; Christoph Schütte: Kleines Paradies mit Kanarienvogel, In: Frankfurter Allg. Ztg v. 18.2.04, S. 41; Marc Peschke: Glück im Fertighaus, In: plan.F (Frankfurter Rundschau), 6 04, S. 22; Glücklich sein in dieser Welt, In: a&a Die Ztg f. Kunst-Kult.-Design, 2/04, S. 25 – (Red.)

Jehn, Detlef, Bildhauer; Wachbergstr. 22, D-08280 Aue, Tel. (0 37 71) 31 95 51, Fax 31 88 34, *post@*

bildhauer-jehn.de, *www.bildhauer-jehn.de* (* Schlema/ Sachsen 27. 10. 61) – **Ve:** SKB 00 – **KGr:** Exponart (seit 03) – **G/T:** Bildhauerei (Holz, Stein) – **M:** Annaberg-Buchholz, Ries Mus.; Schneeberg, Mus. – **E:** 88 Aue, Gal. am Altmarkt; 89 Ehrenfriedersdorf, Bergbau- u. Greifenstein-Mus. 91 Aue, Gal.; 92 ebda, Dt. Bank; 93 Schönfels, Schloß; 94 Schneeberg, Mus.; 96 Aue, Art Alt; Brühl, Schloß Augustusburg; 97 Aue, Kr.spk.; 99 Dresden, Sä. Aufbaubank; 00 Dresden, Elbe Flugzeugwerke – (Red.)

Jens, Tina Viola, Fotokünstlerin, Autorin, Texterin; Ludwigshöhstr. 27, D-64285 Darmstadt, Tel. (0 61 51) 66 49 91 (* Bergneustadt 12. 5. 56) – **G/T:** Makrofotogr. u. digitale Fotogr. – **Ö:** Darmstadt, Ev. Andreasgemeinde; Pfungstadt, RH – **E:** zahlr. Ausst. seit 97, u. a. 97 Darmstadt, Sonnengal.; 98 Darmstadt-Eberstadt, Geibelsche Schmiede; Haunetal-Wehrda, Kulturscheune Wehrda; Darmstadt, FH; 99 Darmstadt, Kunstforum EBZ; Darmstadt, Prinz-Emil-Schlösschen; 00 Reinheim, Volksbank Otzberg; Rossdorf, RH; Ober-Ramstadt, RH; Bensheim, Bilderkab.; 01 Viernsheim, Kulturscheune; Darmstadt, Ev. Andreasgemeinde; Bad König, Altes Schloß; 02 Seeheim, Treppengal.; Darmstadt, Das Blatt; Erbach, Kreiskrankenhaus; Aschaffenburg, Stadtbibliothek; 03 Groß-Umstadt, Säulenhalle; 04 Weinheim, ev. Stadtkirche; 06 Biebesheim/Rh., RH; Darmstadt, Atelier Bartel – **G:** 99 Darmstadt, Frauenkunsttage; 00 Griesheim, Frauenkunsttage; 03 Darmstadt, art meets mechanic

Jensen, Birgit, Malerin, Graphikerin, Objektkünstlerin; Lierenfelder Str. 39, D-40231 Düsseldorf, Tel. u. Fax (02 11) 7 33 85 22, *birgitjensen@web.de*, *www.birgitjensen.de* (* Würzburg 57) – **VG:** Düsseldorf, Cosar – **S:** 77–82 HdK Berlin – **P:** DAAD-Stip. f. Ital. 82; Förd.pr. d. Stadt Düsseldorf 92; Kunststift. Ldesbank SH 94; Stip. d. Förd.kr. Kunst auf Schloss Plüschow 95; Stift. Kunstfonds – Arb.- u. Projektstip. 00 – **G/T:** Malerei; Siebdruckverfahren; Moiré-Bilder; Kunst am Bau-Projekte – **M:** Bonn, Artothek im KV; Frankfurt am Main, Mus. f. Kommunikation; Kiel, KH – **Ö:** KUNST AM BAU-PROJEKTE: Berlin-Brandenburg, Akad. d. Wiss.; Flensburg, Integrierte Gesamtschule; Meschede, Arb.amt; Neubrandenburg, Justizzentrum – **E:** u. a. 83, 84 Mailand, Soletti; 85 Bologna, Studio Cavalieri; 88 (Kat.), 92, 98 (m. P. Fries u. R.J. Goffin) Kiel, Sfeir-Semler; 92 Düsseldorf, Forum Bilker Str. (Kat.); Rendsburg, Bamberger Haus (m. A. Schulte-Wülwer, Kat.); 93 Düsseldorf, Müller; 95 Düsseldorf, König; 97 Arnsberg, KV (m. Pia Fries); 97, 00 (Kat.), 02, 06 Düsseldorf, Cosar; 01 Heinsberg, KV (Kat.); Flensburg, Kunst & Co (Kat.); 02 Lübeck, Overbeck-Ges. (Kat.); 03 Zürich, Gal. Commercio; Thun, Gunten; 04 Düsseldorf, Atelier am Eck; Brühl, KV; Leverkusen, Gal. am Werk – **G:** zahlr., zuletzt u. a. 05 Emsdetten, Gal. Münsterland: Ldschafts-Paraphrasen; Würzburg, Mus. im Kulturspeicher: Heimspiel; 05 (Friends & Lovers), 06 (Happy End) Düsseldorf, Laden Hildebrandtstr.; 05–06 Karlsruhe, ZKM: Lichtkunst aus Kunstlicht; 06 Solingen, Mus. Baden: Ldschafts-Paraphrasen – (Red.)

Jenssen, Olav Christopher, Prof., Maler, Zeichner; lebt seit 1983 überw. in Berlin (* Sortland/Norwegen 54) – **VG:** u. a. Berlin, Dörrie & Priess; Hamburg, Dörrie & Priess; Kopenhagen, Ottesen; Düsseldorf, Conrads; Zürich, Van Orsouw – **S:** 76–79 Kunsthandwerkschule Oslo; 80–81 KA Oslo; 81–82 New York; 82–83 Berlin – **L:** seit 96 HBK Hamburg (Prof. f. Malerei) – **P:** Iserlohner Kunstpr. 05 – **W:** Tavastehus KM – **M:** Berlin, Berliner Bank Ges.; Berlin, Kpst.-Kab.; Bonn, KM; Cambridge/MA, Busch-Reisinger Mus.; Esbjerg, KM; Estampes, Bibl. Nat.; Frankfurt am Main, Dt. Bank KS; Göteborg, KM; Hamburg, KH; Helsinki, Kiasma MCA; Horsens, KM; Kassel, Neue Gal.; Kiel, KH; London, British Mus.; Malmö, KH; Malmö, Mus.; Malmö, Rooseum; Melsungen, Braun Melsungen AG; Mexiko-Stadt, Centro Cultural de Arte Contemp.; Nantes, MBA; New York, City Bank Art Coll.; Oslo, Astrup Fearnley MMK; Oslo, Kommunes Kunstsamlinger; Oslo, Mus. for Samtidskunst; Oslo, NG; Oslo, Norsk Kult.råd; Paris, Centre Pompidou; Puteaux, Fonds Nat. d'Art Contemp.; Rostock, KH; Stavanger, Rogaland KM; Stockholm, Mod. Mus.; Stockholm, Statens Konstråd; Tromsø, Nordnorsk KM – **Ö:** Berlin, Berliner Bankver.; ebda, Mus. d. Dinge, Nordic Embassies; Fornebu/Norwegen, Telenor Hovedkvarter; Kopenhagen, Nykredit Hovedkvarter; Oslo, Univ. (Rammebygget/ Helga Engs); ebda, Norwegian Government (New Ministerial building); Solna/Schweden, Wasa Insurance; Trondheim/Norwegen, Trøndelag Theater – **E:** seit 79, u. a. 79 Oslo, Gall.; 83 Oslo, Hammarlunds Kunsthandel; 85 (Kat.), 87, 89, 90 (Kat.), 92, 95, 03, 06 Oslo, Riis; 87, 89, 90 Stockholm, Bohman; 88, 91, 93, 94, 95, 99 Hamburg, Dörrie & Priess; 88, 91, 95 Helsinki, Artek; 90 Umeå, Eklund (Kat.); 92 Oslo, Kunstnernes Hus (Kat.); Münster, Westf. KV; 92, 93 (Kat.) Berlin, Bruno Brunnet Fine Arts; 93 Helsinki, Nordiskt Konstcentrum Sveaborg (Kat.); Helsinki, Mus. för Nutidskonst; Berlin, DAAD-Gal. (Kat.); 93, 97 Kassel, Neue Gal. (Kat.); 94, 01 Horsens, KM; Hannover, Kestner-Ges. (Kat.); 94, 97, 03, 06 Kopenhagen, Ottesen; 95 Nordhorn, StG (Kat.); Gent, Mus. van Hedendaagse Kunst; 95, 96, 99, 00 Düsseldorf, Conrads; 96 Nantes, MBA; 97 Malmö, KH (Kat.); Kiel, KH (Kat.); Berlin, Contemporary Fine Arts; Oslo, MMK (Kat.); 98 Marquette, Haggerty Mus. of Art; Milwaukee/WI, Univ. (Kat.); Freiburg im Breisgau, Morat-Inst. f. Kunst u. Kunstwiss. (Kat.); 99 Paris, Salomon – Art Conseil; Münster, Kleinheinrich (Kat.); 00 Göttingen, KV APEX; Oldenburg, KV; Tønder, KM (Kat.); Bergen/Norwegen, Kunstforening (Kat.); Tønsberg, Haugar Vestfold KM; 01 Berlin, Gerhardsen; Sonderjyllands, KM; London, Wilkinson; 02 Gateshead, BALTIC – The Center for Contemp. Art; Berlin, Niels Borch Jensen; Skärhamn, Nordiska Akvarell-Mus.; 02, 03 Bonn, KM; 03 München, Gross; 04 Zürich, Van Orsouw; New York, Williams; 05 Iserlohn, Villa Wessel – **G:** seit 77, zuletzt u. a. 05 Oslo, Mus. for Samtidskunst: Everybody is Talking About the Mus. – New Basic Exhib. Art; 06 St. Gallen, Lock: Silent Inside; München, Gross: Under the Skin; Berlin, Haus am Waldsee: Anstoß Berlin – Kunst macht Welt – ***Lit:*** u. a. Anna Holmbom: O.C.J. Vongole 97 – (Red.)

Jermolaewa, Anna, Mag., Videokünstlerin; 7 Kaiserstr. 83, A-1070 Wien (* St. Petersburg 70) – **VG:** Wien, Mezzanin – **S:** 90–98 Univ. Wien (Kunstgesch., Dipl.); 97–02 ABK Wien (Meisterkl. f. Malerei, Graph. u. Neue Medien b. Prof. Peter Kogler, Dipl.) – **P:** Meisterschulpr. 98; Fördpr. d. Ursula-Blickle-Stift. 02 – **G/T:** Video, Fotogr., Install., Malerei (konzept.) – **E:** u. a. 01, 03 Wien, Mezzanin; 02 Kraichtal, Ursula-Blickle-Stift.; 03 Hannover, Sprengel Mus. (m. Chantal Michel, Pipilotti Rist, Lara Schnitger u. Lily van der Stokker); 04 Passau, MMK – Stift. Wörlen – **G:** u. a. 99 Venedig, Bienn.; 02 Zürich, Migros Mus.; 04 Wien, KH; Bregenz, Künstlerhaus Pal. Thurn u. Taxis; Passau, MMK – Stift. Wörlen – **R:** Videos, u. a.: Grillhuhn 99; Überlebensversuche 00; Kurvenreich 02; Singleparty – (Red.)

Jeron, Karl Heinz, Medienkünstler; c/o Blank & Jeron, Heckmannufer 7, D-10997 Berlin, *www.blankjeron.com* (* Memmingen 62) – **L:** Medienkunst in Berlin u. Leipzig – **P:** Arb.stip. d. Kulturfonds Berlin-

Brandenburg 95; Arb.stip. EMARE – MUU Media Base Helsinki 98; Prix Ars Electronica – Goldene Nica (Anerk.pr.) 99; Comtec Art Dresden (1. Pr. im Bereich Computergestützte Install.) 99; Projektstip. d. Senats f. Kultur, Wiss. u. Forsch. Berlin 99 – **KGe:** Blank & Jeron: K. H. J. u. Joachim Blank (seit 96) – **G/T:** Internetprojekte, Install. (computergestützte Install.), Objektkunst (zu d. Themen Internet u. Informationsges.) – **G:** zahlr. Gruppenausst. u. Teilnahme an Symposien, u. a. 94 Leipzig, MedienBienn.; 94, 96 Osnabrück, Europ. Medienkunstfestival; 95 Linz, Ars Electronica; 97 Kassel, documenta X; 98 Berlin, Neuer Berliner KV; Leverkusen, StM Schloß Morsbroich; 99 London, Expo Destructo; Tokio, Machida Intern. Mus. f. Graph. Arts; Berlin, Shift; 00 Minneapolis/Minn., Walker AC; Köln, KV; Nürnberg, Inst. f. mod. Kunst – (Red.)

Jessel, Dieter Joachim, Maler, Graphiker; Süderhöft 1a, D-25876 Süderhöft, Tel. (0 48 84) 6 57, *forum.psrabel.com/biografien/jessel.html* (* Tremsbüttel 28. 11. 32) – **VG:** Halebüll-Schobüll, Lüth – **S:** 53–57 Staatl. HBK Hamburg (Malerei b. Prof. W. Grimm u. R. Cavael, Kunstgesch. b. Prof. W. Haftmann u. O. Stelzer) – **Ve:** VG Bild-Kunst; BBK Schlesw.-Holst. 64; Künstlerbund Steinburg 62 – **G/T:** Malerei, Rad., Monotypie – **W:** Werke in Privatbes. – **M:** Schleswig, LM f. Kunst u. Kult.-Gesch. Schloß Gottorf – **Ö:** Glückstadt, Spk.; Hannover, E + F Rückversicherungs-AG; Itzehoe, Volksbank – **E:** zahlr. Ausst., u. a. 87, 99 Elmshorn, KV; 91 Rendsburg, Jüdisches Mus.; 92 Itzehoe, Kr.mus.; 94 Hameln, Kunstkreis; 95, 04 Halebüll-Schobüll, Lüth; 99 Lübeck, Burgkloster; 02 Schleswig, LM f. Kunst u. Kult.-Gesch. Schloß Gottorf; 03 Heikendorf, Künstlermus. – **G:** Bet. an d. Ausst. d. BBK Schlesw.-Holst. u. a. in Bonn, Essen, Kiel, Hamburg, Lübeck, Kopenhagen, Svendborg, Tallin sowie an d. Ausst. d. Künstlerbundes Steinburg u. Teiln. an d. Ldesschauen d. BBK Schlesw.-Holst. – ***Lit:*** u. a. Renate Damsch Wiehager (Einführung): Ölbilder 1981–1991, Kat. zur Ausst. im Jüdischen Mus. Rendsburg 91; Rüdiger Otto (Einführung): Im Schatten der Asche, Kat. Gal. Lüth 95; Matthias Ohm (Einführung): Entdeckungsfahrten ins Unbewußte, Kat. Schleswig, LM f. Kunst u. Kult.-Gesch. Schloß Gottorf 02 – ***LitR:*** Karla u. Peter Bech: Im Schatten der Asche, Künstlerportr., Videofilm 97

Jetelová, Magdalena, Prof., Bildhauerin, Installationskünstlerin; Franz-Jürgens-Str. 12, D-40474 Düsseldorf, Tel. 0 22 71–6 65 91, Fax 0 22 71–6 65 72, *magdalena@jetelova.de*, *www.jetelova.de* (* Semily/ehem. Tschechoslowakei 4. 6. 46) – **VG:** Köln, Kewenig; Stuttgart, Harthan – **S:** 65–67, 68–71 ABK Prag; 67–68 Accademia di Brera Milano (b. Marino Marini) – **L:** 88 ABK München (Gastprof.); 89 Sommerakad. Salzburg; seit 90 Staatl. KA Düsseldorf (Prof.) – **P:** u. a. Stip. in Ital. u. Dtld; Stip. d. Stadt München 85; IFA-Stip. 87; Kunstpr. Glockengasse Köln 88; Overbeck-Pr. 88; Max-Lütze-Pr. 91; Robert-Jacobsen-Pr. 97; Kunstpr. d. Erftkr. 02 – **Ve:** AK Berlin 92 – **G/T:** Skulpt., Install. – **E:** u. a. 87 New York, MMA (Project Room); 92 Wien, MAK; 95, 99, 01 Stuttgart, Harthan; 96 Barcelona, Mus. d'Art Contemp. et Beaux-Arts; 97 New York, Weber; 98 Prato, Centro per l'Arte Contemp.; 01 Prag, City Gall. – **G:** u. a. 83 London, Tate Gall.; 86 Sydney, Bienn.; 87 Kassel, documenta; 94 Bonn, Kunst- und Ausst.halle d. BRD – ***Lit:*** Dictionary of Art 96 – (Red.)

Jetzinger, Karl, Bildhauer; Freytaggasse 5, Stg 12, A-1210 Wien – **G/T:** Bildhauerei, Malerei – (Red.)

Jin, Lie, Maler; c/o Galerie upstairs berlin, Zimmerstr. 90–91, D-10117 Berlin, Tel. (0 30) 20 91 57 90, Fax 2 09 15 79 19, *info@upstairs-berlin.com*, *www.upstairs-berlin.de* (* China 2. 4. 69) – **VG:** Berlin, upstairs berlin – **S:** 93–97 Staatl. KA Düsseldorf (freie Malerei b. Prof. Jan Dibbets u. Bühnenbild b. Karl Kneidel) – **P:** Stip. d. AdK Berlin 03 – **G/T:** Malerei – **E:** 04 Berlin, Villa Grisebach – **G:** zahlr. Bet. seit 94, zuletzt 03 Stuttgart, Württembergischer KV; Leimen, KV; Rüdersdorf, Mus.park

Jiranek, Maja (geb. Maja Janosevic), Malerin u. Dipl. Ethnologin; Kopernikusweg 10, D-85375 Neufahrn, Tel. (0 81 65) 53 53, Mobil: 01 7 03 47 00 80, Fax (0 12 12) 5 11 75 13 24, *jiranek@myart.de*, *www.myart.de* (* Belgrad 29. 3. 59) – **VG:** München, Gal. KA20 – **S:** 77–81 Belgrad (Ethnologie); 86–97 Privatschule H. Seeger (Zeichn., Akt, Malerei); 88 Malschule Zeiler (Stilleben, Akt u. Komposition b. A. Kolenc); 89–94 Malschule am Glockenbach (Zeichn., Akt, Malerei, exper. Malerei u. Kunstgesch. b. K. P. Frank) – **P:** Special Distinction Award d. Bienn. Malta 03 – **Ve:** BBK München u. Obb. seit 01 – **KGr:** Echinger Malkreis (92–95) – **G/T:** Malerei (Acryl, meist größere Formate, abstr. u. exper.); Mischtechnik; Enkaustik; Skulpt. (Bronze); Digital-Fotogr.; Akt u. Torso – **W:** div. Internet-Arb. – **M:** Mgarr/Malta, Tempra Mus. of Contemp. Art – **E:** 91 München, Städt. Bibliotheken; 96 München, Bay. Ldesschule f. Körperbehinderte; 00 Freising, Art design Gal.; München, Kunstforum Arabellapark; 02 München, Gal. KA20 – **G:** 92–95 Eching, Bürgerhaus; 95 Saarbrücken, Elitzer; Essen, Dobler; 96 Pocos de Caldas/Brasilien, Casa De Cultura; 01–04 München, Gal. d. Künstler; 03 Malta, Intern. Art Bienn.; Düsseldorf, Eichenwand – **R:** Anamorphosen, Kurzfilm im Internet (Malen in d. Glyptothek München); Sandbilder, Digitalfotogr. im Internet; Life Cam Project, Performance Malen im Internet – ***Lit:*** Gal. Eichenwand Düsseldorf (Hrsg.): Art Biennale Malta, Kat. (Gal. Eichenwand) 03 – ***LitR:*** z. Ausst. in d. Art design Gal. Freising, Fs.-Sdg. 00 – (Red.)

Jirkuff, Susi; c/o Galerie Herrmann & Wagner, Koppenplatz 6, D-10115 Berlin, Tel. (0 30) 27 59 49 25, Fax 27 59 49 23, *office@herrmannwagner.com*, *www.herrmannwagner.com* (* Linz 66) – **VG:** Berlin, Herrmann & Wagner – **S:** 87–94 HS f. Gest. Linz (b. Prof. Helmuth Gsöllpointner); 92, 93 Univ. of East London (b. Prof. Pascal Schöning) – **P:** Arb.stip. d. BmfUK 94–95; Fotogr.stip. d. BKA f. London 98; Schindler Stip. f. Los Angeles 00–01; Stip. d. Stadt Linz f. Los Angeles 02; Artists Village Taipeh 06 – **E:** u. a. 01 Wien, KH 8; 02 Linz, LG; 05, 06 Wien, Gal. Kunstbüro; 06 Berlin, Herrmann & Wagner; Rotterdam, Witte de With; New York, Thrust Projects; Istanbul, Platform Garanti Contemp. AC – **G:** zuletzt u. a. 03 Havanna, Bienn. (Kat.); Paris, Gal. gb agency: Present Perfect; Linz, Ars Electronica Center: Echo Sparks; 03, 05 Wien, Animationsfestival: Tricky Women; 04 Salzburg, Gal. 5020: I make you dance, Motherf*****; 05 Osnabrück, Europ. Media Art Festival; Bilbao, Sala Rekalde: Orphans of the Void. The world through drawing (Kat.); Warschau, WRO Bienn.; Wien, KH Exnergasse: Mooimarkshow-Wien-Johannesburg; Amsterdam, Stedelijk Mus.: Populism (Kat.); Frankfurt am Main, KV: Populism (Kat.) – ***Lit:*** u. a. S. Mairinger-Schwind: Realpolit. Kunst. Raidl/Jirkuff in d. Gal. Maerz, In: Oböst. Nachrichten v. 19.5.98; Und noch ein Grund mehr, nach Gmunden zu fahren. Sieben unterschiedl. Kunstaktive stellen bis 13. Feb. in d. Gal. 422 aus, In: ders. v. 22.1.00; Wie ein Klassentreffen. 20 Jahre Stadtwkst., In: ders. v. 4.2.00; Lucas Gehrmann (Hrsg.): Lebt u. arbeitet in Wien II, Ausst.kat. (KH Wien) 05; C. Benzer: Galerien international. Imaginierte Welten in Bilbao, In: Der Standard online v. 20.7.05; Kunststücke, In: Der Tagesspiegel v. 27.5.06

Jo André s. André-Stallmeyer, Jo

Jochims, Raimer, Prof., Dr., Maler, Kunsttheoretiker; Hauptstr. 21, D-63477 Maintal-Hochstadt, Tel. (0 61 81) 4 75 31 (* Kiel 22. 9. 35) – **S:** Stud. d. Philosophie u. Kunstgesch. in München (Promotion) – **L:** 67–71 KHS Karlsruhe u. München (LBeauftr.); seit 71 Städelschule Frankfurt am Main (Prof. f. Malerei u. Kunsttheorie) – **G/T:** Malerei (Öl, Acryl, abstr. Farbraum-Malerei, chromatische Reliefs), Zeichn., Kunsttheorie – **M:** Augsburg, SG in d. KH; Bochum, KS d. Ruhr-Univ.; Bonn, KM; Frankfurt am Main, Städel; Hagen, Karl-Ernst-Osthaus-Mus.; Karlsruhe, SKH; Kiel, KH; Ludwigshafen, Wilhelm-Hack-Mus.; Mannheim, StKH; Münster, Westf. LM; Saarbrücken, Saarland-Mus.; Schleswig, LM f. Kunst u. Kult.-Gesch. Schloß Gottorf; Ulm, Ulmer Mus.; Wiesbaden, Mus.; Wolfsburg, StG – **E:** zahlr. Einzelausst., zuletzt u. a. 00, 03 Düsseldorf, Fesel; 01 Mannheim, Zimmermann; Köln, Wilbrand; Marburg, Univ.-Mus.; 02 Nürtingen, StG in d. Kreuzkirche; Spital am Pyhrn, Artmark Gal.; 02, 03 Tübingen, Gal. Joho; 03 Dortmund, Mus. am Ostwall – **V:** Visuelle Identität 75 – ***Lit:*** Reclams Künstlerlex. 02; Schweers 02

Jochum, Annegret s. Leiner, Annegret

Jochum, Birgit s. Herzberg-Jochum, Birgit

Jochum, Janet Lindsay (geb. Janet Lindsay Saul), Des. RCA (Designer Royal College of Art); c/o Haus Jochum, Grafenweg 303, A-6314 Niederau-Wildschönau, Tel. (0 53 39) 82 40, Fax 82 40 10, *jochum @tirol.com*, *www.janet-jochum.com* (* Nottingham 20. 11. 29) – **S:** 46–47 Sorbonne Paris; 47–48 Nottingham SchA; 48–50 Royal College of Art London (1st Class Degree) – **P:** Vogue London 51 – **Ve:** ARTirol 94; KV Kitzbühel 94 – **G/T:** Öl, Acryl, Aqu., Pigmentfarben; Breites Spektrum – **W:** überw. in Privatbes. (weltweit), Niederau-Wildschönau, Gal. Jochum, Ld Tirol, Gemeinde Hopfgarten im Brixental, Gemeinde Wildschönau – **E:** zahlr. seit 51, zuletzt u. a. 96 Hopfgarten, Kammermusik Festival Salvena; Mont-de-Marrast, Maison Desangles; Kufstein, Merci Ainberger; 97 Wörgl, Ibounig; 98 Jenbach, Ordination Dr. Thurner; 99 Hopfgarten, Raika; 02 Wörgl, Ordinationsräume Dr. Ottenthal; 04 St. Georgen im Attergau, Raika; 05 Bournemouth, The Bournemouth Library – **G:** zahlr. seit 50, zuletzt u. a. 00 Hopfgarten, Merci Ainberger; 05 Wildschönau, Mus. Z'Bach; 06 Wien, Wagner; – sowie: 04, 06 ARTirol; 06 50-Stühle-Projekt – ***Lit:*** KAL.: Wildschönau – Impression eines Tales 94; Hopfgarten im Brixental 95; Millennium 00

JOEË (auch: JOEË DEHU, eigtl. Johann Josef Erhart), Mag., Maler, Illustrator, Installations-, Dekorations- u. Performancekünstler; *wawjoee@t-online.at* (* Hoheneich/NdÖst. 9. 4. 58) – **VG:** Krems, ARTE – **S:** 74–78 Akad. Mod. Kunst Paris (Meisterkl. f. Ölmalerei Prof. E. Bousset) – **L:** 99 South Texas Univ. of Fine Art Corpus Christi/TX – **P:** Euro-Ehrenpr. f. Malerei 90 – **KGr:** H.E.L.-ART (84–86); ARTEX (90–94) – **G/T:** Acrylmalerei (Landformen), Feuergemälde, Objekt u. Design, Dekorative Install., Ill. (Kdb.) – **K:** Landschaftsformen in Acryl u. Öl – **W:** zahlr. Performances im In- u. Ausland, Dekorationskunst in Hallen – **M:** St. Pölten, Ldesreg. – **Ö:** St. Pölten, Landhaus; Pöchlarn, Internet-Café (Ausgest.); Bellheim, Eisdiele – **E:** 84 Schwechat, Körnerhalle; 85 Wien, United ART Gall.; 86 Berlin, Atelier 33; 89 Huningue, Relais de Bâle; Freiburg, Congress Center; Baden-Baden, Gal. Kleiner Prinz; 90 Wien, European Art; 91 Tokio, Sony-Center; Osaka, Sony-Center; 92 Biarritz, Art Famos; Berlin, Atelier 33; 95 Rio de Janeiro, Ilha Plaza; Rio de Janeiro, Bandeirantes; Rio de Janeiro, Luxor Regente; New York, Cook Gall.; 96 Rio de Janeiro, Casa de Cultura; Rülzheim, Synagoge; 99 Corpus Christi, Art Mus. of South Texas; Weitra, Schloss; 03 Krems, ARTE; ORF-Landesstudio – **G:** 89 Paris, Salle Wagram; 90 Heidelberg, Stadthalle; 99 Las Vegas, Kunstmesse; 00 Weitra, Ars; 01 Frankfurt am Main, Buchmesse; Linum-Austria – **V:** G. Redl: Die alten und die neuen Streiche von Max und Moritz (Ill.), Bd 1 u. 2 01 – ***Lit:*** K. Buchner: AUT (Ausst.kat.) 89; Wagner: Kernspaltung (Ausst.kat.) 90; Y. Umigo, Ausst.kat. 91 – (Red.)

Jörg, Sabine, Dr., Fotografin, Autorin; Fax (0 89) 79 55 04, *www.sabinejoerg.de* (* Alsfeld) – **S:** 70–75 Ruhr-Univ. Bochum (b. Prof. Schlieker) – **Ve:** VG Wort; Verb. d. dt. Schriftsteller; VG Bild-Kunst – **G/T:** Fotogr. (Baum: Gesichter, Strukturen, Wandel durch Feuer, Wind, Wasser, Eis) – **W:** Das Familientreffen d. Bäume (12 Baumportr.); fotogr. Portr. v. München/Haidhausen (Ein Stadtteil im Wandel) 74–79 – **E:** 02 München, Buchendorfer Verl.; 03 Bad Tölz, Heimat-Mus.; 04 München, Haidhausen-Mus.; 05 Gauting, RH; München, Kult.zentrum Gasteig – **V:** Rendez-Vous m. Haidhausen, Fotos v. 1974–1981 04

Jörg, Wolfgang (auch unter: Berliner Handpresse), Graphiker, Verleger; c/o Berliner Handpresse, Naunynstr. 69, D-10997 Berlin, Tel. (0 30) 6 14 26 05, 6 14 87 28, Fax 61 42 86 72, *berlinerhandpressejoerg@ t-online.de*, *www.berlinerhandpresse.de*. c/o Werkstatt, Prinzessinnenstr. 20/III + V, D-10969 Berlin (* Köln 4. 10. 34) – **S:** Köln – Berlin – **Ve:** VG Bild-Kunst – **KGe:** Berliner Handpresse – **G/T:** Buchkunst – **Ö:** Intern. in Bibliotheken u. Slgn – **E:** zahlr. Ausst. im In- u. Ausland

Joggl s. Engler, Jakob

Joham, Isolde (Ps.: Joham, verh. Isolde Joham-Hoellwarth), Prof., Mag. art., Malerin, Graphikerin; Piaristengasse 32/18, A-1080 Wien, Tel. (01) 4 07 48 93. c/o Atelier, Goldgrabenweg 3, A-3170 Hainfeld, Tel. (0 27 64) 22 39 (* Mürzzuschlag 28. 5. 32) – **VG:** Wien, Künstlerhaus – **S:** 49–54 HS f. angew. Kunst Wien (Meisterkl. f. Malerei b. Prof. Eduard Bäumer); 98–05 Studien d. ostasiat. Kunst in Jap. u. Korea – **L:** 55–72 HS f. angew. Kunst Wien (Lektorin f. Malerei u. Glaskunst); 72 ebda (Ernennung z. Prof.); 73–93 ebda (Prof. f. Glaskunst) – **P:** HS f. angew. Kunst Wien (Rollerpr.) 54; Trienn.-Pr. d. Stadt Mailand 56; E.mitgliedschaft d. russ. Akad. d. Schönen Künste 04; Golden Academican d. russ. Akad. d. Schönen Künste 04 – **Ve:** Künstlerhaus Wien; Ges. bild. Künstler Öst.; Intern. Creative Artists Assoc. Seoul (21C ICAA) – **G/T:** Malerei; Graph.; Glasgest.; Exper. m. kalligraph. Bildübermalungen u. Einbeziehung v. Naturelementen in d. Bildaufbau – **M:** Aschaffenburg, Automus. Rosso-Bianco; Moskau, MMK; St. Pölten, Ndöst. LM; Wien, MAK; Wien, MMK Stiftung Ludwig – **E:** u. a. 77 Wien, Würthle; 82 Wien, MMK Stiftung Ludwig (Kat.); 87 Wien, Blau-Gelbe Gal. (Kat.); 00 Wiener Neustadt, St. Peter an d. Sperr (Kat.); 04 St. Pölten, Ndöst. LM – **G:** u. a. 71, 97 Wien, Künstlerhaus; 84 Berlin, Bild. Kunst aus Öst.; 86 München, Haus d. Kunst: Das Automobil in d. Kunst (Kat.); 89 Wien, Technisches Mus.: Phantasie u. Industr.; 05 Seoul, Chosunilbo Art Mus.; 06 Harbin/ China, Yushun Mus. – sowie: Teiln. an d. Wiener Secession, an Symposien in Seoul u. Harbin – ***Lit:*** Angelica Bäumer: Mythos Natur – Mythos Maschine, Ausst.kat. (z. Ausst. d. Donaukraftwerke Wien) 89; Herbert Fux, Hannes Etzlstorfer u. Conrad v. Seyde: Kat. (z. Ausst. StG Wiener Neustadt) 00 – ***LitR:*** Robert Dornheim: Die gläserne Welt d. I.J., Fs.film (ORF) 71; Traude Hansen:

Künstlerpaare – Gottfried Hoellwarth u. I.J., Fs.film (ORF) 87; dies.: Künstlerlex. – I.J., Fs.film (ORF) 90

JoHannaS (eigtl. Johanna Schneider), Experimental Art Künstlerin; Brauerstrasse 100, CH-9016 St.Gallen, Tel. u. Fax: 07 17 22 17 70, *mail@johanna.ch, www. johanna.ch* (* Judenburg 29. 4. 40) – **VG:** Köttmannsdorf, Ars Artis; Zürich, Gal. Kunst 7; Meisterschwanden, Mese-Fischer; Mannheim, Böhner – **S:** seit 94 Neue KSch Zürich; Steffeln, Akad. f. bildhaftes Gest. Vulkaneifel; Sommer-KA Hohenbusch; Laboratoire de peinture exper. Visé/Belgien; Pentiment Hamburg; Pan-Art Kunstforum Montafon – **P:** Kunstpr. Seetal 02/03 – **Ve:** IG Archiv Ostschweizer Kunstschaffen St. Gallen – **KGr:** Ariadne – **KGe:** swissart.net – **G/T:** exper. Malerei – **W:** Kunstwerke in Repräsentationsräumen v. Unternehmen u. Banken – **E:** / G: div. in Dtld, Öst., Schweiz, Ital., Korea sowie Bet. an Kunstmessen, u. a. 98 St. Gallen, Swiss Artist Forum; 99–01, 05 Zürich, Art Intern.; 99–04 Salzburg, Kunstmesse; 02 Wien, Art Vienna; Magica Contemp. Art; 02–04 Gossau, Gossauer Künstlertage; 03, 05 Art Bodensee; Salzburg, Herbstmesse; 05 Innsbruck, Art Innsbruck; Karlsruhe, Art Karlsruhe – **V:** m. Eva-Maria Sündemann (Übersetzung): Jahreszeiten: Bilder u. Gedichte, Kunstkat. 03 – ***Lit:*** in: R. Baggenstos: Jb. Schweizer Gegenwartskünstler 01; Helmut Orpel in: Art Profil Dez. 01; in: Pepperoni Kunstmag. 5 03; in: Pro Arte Kunstztg Okt. 04

Johannesmann, Annegret (Ps.: Annagreta), Malerin; Schötmarsche Str. 39, D-32791 Lage, Tel. (0 52 32) 69 74 13, *KWLjohannesmann@aol.com* (* Lage/Lippe 22. 11. 47) – **VG:** Lage, Eigen – **S:** seit 80 Pavel Richtr, Hamburg; Anatol Nektal, Kiew; Bärbel Rothaar, Berlin; Dagmar Diekmann, Berlin – **L:** seit 80 VHS Lage, Detmold, Lemgo, Steinheim, Verl u. Schloß Holte (Doz.) – **Ve:** Lippische Ges. f. Kunst 05 – **G/T:** Aqu.; Collage; Mischtechnik; Enkaustik in Verbindung m. Ölmalerei – **K:** seit 00 eigene Malschule, Unterr. f. Erwachsene u. Kinder v. gegenständl. bis abstr. – **E:** div. seit 85 – **G:** Paderborn, Lemgo, Oerlinghausen, Eberswalde, EON u. Kunstmesse Herford – ***Lit:*** Ausst.kataloge im Eigenverlag

Johannsen, Gunter, Bilderrahmentischler; Oberdorfstr. 21, D-04299 Leipzig, Tel. (03 41) 8 77 47 26, *JOHANNSEN@UB.UNI-LEPZIG.DE* (* Leipzig 13. 9. 64) – **G/T:** Pünktchen-Malerei (Stil d. Aboriginies Australiens, Acryl auf Leinwand) – **E:** 01 Neubrandenburg, Klinikum; 03 Leipzig, Univ.bibliothek – **G:** 97 Leipzig, Kunstkaufhaus – (Red.)

John s. Strobel, Jochen

John, Franz, kunstkompatible Projekte; c/o Galerie Schüppenhauer, Luxemburger Str. 345, D-50937 Köln, Tel. (02 21) 9 52 22 13, 9 52 22 14, Fax 9 52 22 15, *gal. schueppenhauer@t-online.de, www.f-john.de; www. galerie-schueppenhauer.de* (* Marktleugast 15. 2. 60) – **VG:** Köln, Schüppenhauer – **S:** 78–84 Stud. in Würzburg (Visuelle Kommunikation) – **L:** 01, 03 Ohio State Univ. (Department of Art, Visiting Faculty Program); 03 Univ. Paderborn (Gast-LAuftr. Medienwiss.); 07 Univ. of Michigan (School of Art and Design, Visiting Faculty Program) – **P:** Artist in Residence (Headlands Center for the Arts San Francisco) 96; Stip. Künstlerdorf Schöppingen 06; Roman J. Witt Residency, Univ. of Michigan 07 – **Ve:** BBK Berlin; Neue Ges. f. bild. Kunst – **G/T:** Fotogr.; Intermedia; Skulpt. – **W:** im Bes. v. Osborne Clarke Köln, Fa. Toshiba Europe Neuss, San Fancisco Camerawork, – **M:** Berlin, Neuer Berliner KV; Karlsruhe, ZKM; San Francisco, Headlands Center for the Arts – **Ö:** Frankfurt am Main, Jahrhunderthalle Hoechst; Wiesbaden, Fluxeum – **E:** seit 85, zuletzt 01 Skopje, KM Skopje; 02 Frankfurt am Main, KV; 04 Köln, Schüppenhauer; 06 San Francisco, Exploratorium – **G:** zahlr. Bet. seit 85, zuletzt 03 Madrid, ARCO; Basel, VIPER Medienkunstfestival; Valencia, Mus. de las Ciencias Príncipe Felipe; 04 Karlsruhe, ZKM; Stralsund, Garage Festival; 05 Münsterland, Skulpt.-Bienn. (Kat.); Madrid, Medialab Madrid; 06 Berlin, Kunstraum Kreuzberg – **V:** u. a. Interzone 00; m. Franz Thiedeke, in: Neue Ges. f. bild. Kunst u. Sibylle Hoffmann (Hrsg.): Ex Machina – Über d. Zersetzung d. Fotogr. 01 – **R:** m. Ayse Buchara: Der Schattenbildner, Kleines Fs.spiel (ZDF) 96 – ***Lit:*** Ausst.kat. d. 21. Bienn. v. Saõ Paulo 91; Military Eyes: ein Camera Obscura Projekt in d. US-Army Bunkern am Golden Gate, Ausst.kat. (z. Ausst. d. Gal. Schüppenhauer Köln) 99; Kunst- u. Ausst.halle d. BRD Bonn (Hrsg.): Erde, Abb. u. Gespräch F.J. m. Bernd Busch 02; Monika Fleischmann u. Ulrike Reinhard (Hrsg.): Digitale Transformationen: Medienkunst als Schnittstelle v. Kunst, Wiss., Wirtschaft u. Ges. 04; Turning Tables. An Install. of Tectonic Spaces, Ausst.kat. San Francisco 06

John, Holger, Zeichner; c/o Spielhaus Morrison Gal., Reinhardtstr. 10, D-10117 Berlin, Tel. (0 30) 28 04 05 77, Fax 28 04 18 98, *info@spielhaus-morrison. com, www.spielhaus-morrison.com* (* Schollene/ Havelld 60) – **VG:** Berlin, Spielhaus Morrison – **S:** 88–93 HBK Dresden – **L:** 93–96 HBK Dresden (Ass.) – **G/T:** Zeichn., Druckgraph. – **E:** 02 Usedom, KV; Berlin, Morrison; 04 Dresden, Leonhardi-Mus. – **G:** 00 Lomé/Togo, Goethe-Inst.; 04 Berlin, Morrison – ***Lit:*** Hans-Gerd Koch: H. J., Ausst.kat. 04 – (Red.)

John, Joachim, Maler, Graphiker, Illustrator, Autor; lebt in Neu Frauenmark b. Gadebusch (* Děčín/Tetschen 20. 1. 33) – **S:** 55–59 Ernst-Moritz-Arndt-Univ. Greifswald (Kunsterziehung, abgebrochen); 63–66 Dt. AK Berlin (Meisterschüler b. Theo Richter) – **Ve:** AK d. DDR 86; AK Berlin-Brandenburg 91 – **W:** Theaterstücke, Hörspiele u. CDs – **E:** 99 Rostock, KH; 00 Berlin, Kunstgießerei Flierl (m. Werner Stötzer); 04 Rostock, Mönchentor; Halle/Saale, Foyer-Gal. d. Opernhauses; 06 Rheinsberg, Schloß (Kurt Tucholsky Lit.mus.) – **V:** Colombiana 91; Der Stubenreiter 00; Zoo 03; – GRAPH.B.: Nachlese – Nachlache (Brief u. Rad.) 95; hört hört! – Drei Hörspiele (Rad.) 00; – ILL.: Uwe Saeger: Die Nacht in Gmünd 93; ders.: Prometheus Ende 98; Volker Braun: Der berüchtigte Christian Sporn. Ein anderer Woyzeck 04 – **R:** HÖRSPIELE: Düsterfisch, Flieg auf und Fare well 00 – (Red.)

Johne, Lali, Malerin; Arcisstr. 46A, D-80799 München, Tel. u. Fax (0 89) 2 72 35 13 (* Rosenheim 6. 8. 53) – **S:** 72–82 ABK München (Malerei, Kunstgesch. u. Phil.) – **L:** 83–88 ABK München (Ass.); 88 ebda (LAuftr. f. Lit. u. Kunst) – **P:** Cité Intern. d. Arts Paris 80; Stip. d. Stadt München 83; Staatl. Förd.pr. f. junge Künstler u. Schriftsteller 83; USA-Stip., New York 88; Arb.stip. d. Kunstfonds Bonn 92; Karl-Rössing-Reisestip. 93; Prinz-Luitpold-Stip. 96; Stip. d. Stift. Kult.fonds Künstlerhaus Schloß Wiepersdorf 98 – **M:** Ingolstadt, Mus. f. Konkrete Kunst; München, Akad. d. Schönen Künste; München, SG Mod. Kunst; München, Staatl. GrS; Portland/OR, AM – **Ö:** München, D.A.S.; ebda, Weiler-Schule, Post; Zürich, Kt.schule; Erlangen, Univ.klinik – **E:** / G: 95 Aarau, Aargauer Kunsthaus; 97, 98, 01 Badenweiler, Krohn; 97 Frankfurt am Main, Art Frankfurt; 98, 00, 01 München, Bender; 99 Essen, StG im Mus. Folkwang; 99, 00, 01, 02, 04 Köln, Schröder; 01 München, Bay. Akad. d. Schönen Künste; Saarbrücken, Saarländisches Künstlerhaus;

02 Berlin, sphn; 03 New York, Scott; 04 Freiburg im Breisgau, Baumgarten; 05 Bremen, Gal. Bismarck; Basel, Krohn – **V:** Kopien, Gedichtbd 82 – ***Lit:*** KAT.: Zeichnungen 1981–1986 86; Bilder 1984–1988 88; nrtija 92; L. J. – Peintures/Bilder 1992–1994 94; Variation der Mitte 98; L. J. 99, 00; Malamocco 01; L.J. Königsbilder (Gal. Ed. Baumgarten Freiburg) 05

Johnson, Steve, Bildhauer, Zeichner; c/o Krammig & Pepper Contemporary, Torstr. 138, D-10119 Berlin, Tel. (030) 27876080 80, Fax 27876089, *art@krammig-pepper.com*, *www.krammig-pepper.com* (* Whitstable/England 53) – **VG:** Berlin, Krammig & Pepper Contemporary – **S:** 74–77 Univ. of London, Goldsmiths College, SchA (BA); 81–82 Chelsea SchA London (MA) – **L:** seit 87 Chelsea SchA London (Doz., FB Design) – **P:** London Inst. Research Grant 00–03; British Council Grant 00–02; Kunstfabrik am Flutgraben Berlin (Gastkünstler) 01; GASAG-Kunstpr. (Wettb.gewinner) 03 – **W:** Ankauf durch d. Arts Council England – **M:** Birmingham, Mus. and Art Gall.; Johannesburg, South African Breweries Mus.; Leeds, Henry Moore Inst.; London, Delfina; London, Science Mus. – **Ö:** Berlin, GASAG; Zwolle, Isala Klinieken – **E:** zahlr. Ausst. seit 90, zuletzt 00 Dresden, Büro f. Kunst; Dresden, Kunsthaus Raskolnikoff; 01 Berlin, 2yK Gallery; 01, 05 Wiesbaden, Buschlinger; 03 Brummen, GIST; Berlin, Pepperprojects; 04 Gent, Art Track; 06 Ludwigshafen, Scharpf; Ludwigshafen, Wilhelm-Hack-Mus.; Berlin, Krammig & Pepper Contemporary – **G:** zahlr. Ausst.bet. seit 80, zuletzt 00 Sheffield, Mapping Gall.; Dresden, Büro f. Kunst; 00–04 London, Gulbenkian Gall.; 01 London, Science Mus.; London, Chelsea SchA; 02 London, Royal Acad. of Arts; 02–06 Wiesbaden, Buschlinger; 03 London, Tannery Arts; London, Woodlands Art Gall.; Leeds, Henry Moore Inst.; Berlin, GASAG Gebäude; 04 Gent, ART Track; 04, 05 Yorkshire, Sculpt. Park; Brummen, GIST; 05 Dresden, Büro f. Kunst – ***Lit:*** You see more of the mountain from further away, Ausst.kat. 01; The Streets Enters The House, Ausst.kat. 03

Joliet, Karl, Graphiker, Maler, Designer, grad.; Uhlandstr. 48, D-46047 Oberhausen, Tel. (0208) 873545, *karl@joliet.de*, *www.joliet.de* (* Duisburg 30. 3. 51) – **VG:** Düsseldorf, EP Gal. – **S:** Ausb. z. Graph. Zeichner; WerkKSch Krefeld – **KGr:** Arb.gemeinschaft Oberhausener Künstler – **G/T:** Abstraktion; Ölmalerei – **W:** überw. in Privatbes. – **E:** u. a. 80 Mülheim-Ruhr, Kath. Akad. 'Die Wolfsburg'; 88 Bottrop, Gal. 7; 92 Oberhausen, Studio Gal.; 93 Amsterdam, IONA-Stichting; Halle/Saale, Gal. 5ünf Sinne (m. Timm Kregel); 94, 99 Lippstadt, Trost; 00 Düsseldorf, EP Gal.; 02 Oberhausen, Technologiezentrum TZU; Wesel, Gal. im Wasserturm (m. Detlef Kelbassa); 03 Maarssen, Gal. revue, 04 Grijpskerke/Niederl., Gal. de Osseberg; Dortmund, Berufsförd.werk; 07 Ammersbek, Kunsthaus am Schüberg – **G:** u. a. 84 u. in d. meisten Folgejahren Düsseldorf, Große Kunstausst. NRW; 87 Darmstadt u. Krakau, Neue Darmstädter Sezession; 02 Oberhausen, Ludwig-Gal.: Künstler d. Region; 04 Köln-Kalk, Kunst im RH

Joncker, Lisa (Ps.: Lijon, geb. Niermann), Malerin; Amsterdamer Str. 48, D-50171 Kerpen, Tel. (02237) 51118, *Lisa.Joncker@lijon.de*, *www.lijon.de* (* Köln/Rhein 17. 12. 45) – **S:** 72–77 Experimentalphase – **P:** Pr. d. MERZ AG Frankfurt 89; Pr. d. Stadt Kirn/RP 92; Kult.pr. d. Erftkr. 99 – **Ve:** VG Bild 92; BBK Köln 96 – **G/T:** Acryl-Sand-Arb. auf Leinwand u. handgeschöpften Papieren, Wandinstall., eigene lyr. u. phil. Texte, archaische Strichmännchen u. Symbole – **W:** zahlr. Arb. befinden sich in öff. u. privatem Bes. – **M:** Villa Trips, Mus. f. Rennsportgesch. – **Ö:** Bergheim, Kr.haus; Kerpen, RH – **E:** teilw. mehrmals, u. a. 81 Bedburg, Schloß; 83 Bergheim, Stadthalle; 85 Erkelenz, Burg; 87 Kerpen, Wegberg; 90 Hürth, Kr.haus-Gal.; 94 Kerpen, Jahnhalle; 99 Köln, Palavrion; Kerpen, Haus f. Kunst u. Gesch.; Brauweiler, Abtei; 00 Bergheim, Kr.haus-Gal.-Erftkr.; Köln, Mediapark; 03 Düsseldorf, PH-Gal. Hofmann; 04 Köln, Mediapark-Klinik – **G:** u. a. 85 Köln, RH; 86 Bergisch Gladbach, Kr.haus; 87 Ratingen, Atelier Kerpen; 88 Köln, Kr.spk.; 89 Stuttgart, Gal. II; 91 Wiesbaden, Kunsthaus; 91, 92 Bonn, Frauen-Mus. – ***Lit:*** Trips – Erinnerungen an ein Idol (Foto) 98; Ulrich Bock: Kerpener Heimatblätter 3/00

Jończyk, Leon, Prof. Dr. hab.; Maler; Graphiker; c/o APA, Postfach 403101, D-80731 München, *AcademiaPLART@aol.com; Profdrjonczyk@aol.com*, *www.academia-polona-artium.de* (* Katowice/Oberschlesien 25. 7. 34) – **VG:** London, Posk – **S:** an Akad. u. Univ. in Polen, Holl. u. GB – **L:** seit 73 an Akad. u. Univ. in Polen, Dtld u. GB – **P:** Stip. in Polen 72, Holl. 74, St. Gallen sowie Dürer-Med. in Dtld 90, 99 – **Ve:** Graphiker Verb. München 80; VBK Polen 90 – **KGr:** Petit Confrontation Europeenn Den Haag – **G/T:** Kunsttheorie, -praxis, u. -gesch.; Techniken d. Graph. u. exper. Graph. – **K:** Polish Univ. London (Vorlesungen u. Wkst. Pleinairs) – **W:** Werke in Privatbes. u. a. in Polen, Dtld, Holl., GB, d. USA u. Frkr. – **M:** Katowice, Muz. Śląskie; Ljubljana, GrS; München, Lenbachhaus; Poprad, NM; Warschau, NM – **E:** / G: u. a. in Chicago, Den Haag, Hengello, Katowice, Krakau, Ljubljana, London, München, Paris, Tasmanien, Warschau – **V:** u. a. Experimentelle Graphik 87; Angerer – Zeichnung 89; Angerer d. J. 92; Künstler und Kunstvermittler 92; Experimentelle Graphik im Gespräch 93; Druck-Graphik-Kunst 99 – ***Lit:*** L. J. – Retrospektive 75; L. J. – Zeichnungen 79 – (Red.)

Jones, Christine (geb. Christine Zacher), Mag. Art., Präs. d. Yedermann Productions Wien; c/o Kunstkanzlei – Interart, Riemergasse 14/29, A-1010 Wien, Tel. (01) 51221750, Mobil: 067652014 09, Fax 512217520, *jones@yedermann.net*, *www.yedermann.net*. Singerstr. 20/9, A-1010 Wien (* Teplitz-Schönau/Tschechien 9. 5. 44) – **S:** 63–67 ABK Wien (Kunsterziehung b. Prof. Robin C. Andersen); 67–71 Freie Univ. Berlin (Altamerikanistik b. Prof. Gerd Kutscher) – **L:** Interart (Musik, bild. Kunst u. Lit.) – **P:** E.med. d. Stadt Wien 01 – **Ve:** Öst. Ges. f. Kult.politik (Kuratoriumsmitgl.) 92 – **G/T:** vorw. Collagen – **K:** div. – **W:** Privatbes. – **E:** / G: u. a. 89, 94 Washington, John F. Kennedy Center; 91 Zamos, Stadthalle; 91, 92, 94, 96 Wien, Kunstkanzlei; 92 Kobe, Vsai Festival; 94 Brüssel, MRBAB; 97 Kapstadt, Civic Centre; 98 Myiagi, Saori Festival; 99 Bornem, Intern. Frauen-Kunstprojekt; 00 Hong Kong, Causeeway Stadthalle; 01 Paris, La Loge; 04 Wien, Stadtgal. Vienna (Retr.) – **R:** u. a. CBS, LP 65; Yedermann, LP 81, 83; Yedermann, Single 82, 88; Echo, Single 83; Yedermann, CD 88, 92, 96, 97, 00, 01, 02; Sampler, CD 94; Universal Records, CD 03 – ***Lit:*** zahlr. – ***LitR:*** zahlr.

Jones, Steven s. ÉTIEN

Jontschewa, Alexandra s. Müller-Jontschewa, Alexandra

Jood, John s. Kahrs, Johannes

Joop, Wolfgang, Prof., Designer u. Autor; c/o Wunderkind Art, Seestr. 18, D-14467 Potsdam, Tel. (0331) 23319100 (* Potsdam 18. 11. 44) – **S:** 66 FH Braunschweig (Werbepsychologie) – **L:** seit 85 HdK Berlin (Gastdoz. f. Design) – **P:** Fil d'Or 83; Goldenes Spinnrad 84; Forumpr. d. Textilwirtschaft 95; B.Z.-Kult.pr. 04 – **G/T:** Design (Mode, Parfum u. a.), Graph., Ill. –

M: Hamburg, MKG – **E:** u. a. 95 Wolfsburg, KM; 02 Apolda, Kunsthaus – weitere in Berlin u. New York – **V:** Stillstand des Flüchtigen. Illustrationen und Grafiken 1960–2000 02 – ***Lit:*** Contemp. Fashion 95; Contemp. Designers 97 – (Red.)

Joos, Beate (verh. Beate Weisshaar-Joos), Kunstmalerin; Kirnachweg 3, D-78112 St. Georgen, Tel. (0 77 24) 79 46, *www.st-georgen.de/kunst/weisshaar-joos* (* St. Georgen/Schwarzwald 13. 6. 42) – **S:** 56–57 KA Karlsruhe (Portr.malerei u. Multimedia b. Prof. Paul Linke) – **P:** Pr. St. Raphael/Frkr. (Pokal u. 4. Pr.) 78 – **Ve:** KV Schwarzwald-Baar-Heuberg seit 97 – **G/T:** Portr.malerei (Acryl, Aqu.) u. Multimedia – **W:** überw. in Privatbes. – **Ö:** Köln, Fa. Karbe – **E:** 70, 85, 86 Bad Dürrheim; 70 St. Georgen; 71 Villingen, Altes RH; 77 Badenweiler, Markgrafenbad; Triberg, Kurhaus; 80 Bad Dürrheim, Kurhaus; 81 Badenweiler, Kurhaus; Radolfzell, RH; 82 Baden-Baden, Gal.; Ettlingen, Bank; Hinterzarten, Parkhotel Adler; 82, 89 Bad Wildbad, Trinkhalle; 83 Villingen-Schwenningen, Dt. Bank; Titisee-Neustadt, Kurhaus; Badenweiler, Großherzogliches Pal.; 83, 94 St. Georgen, RH; 84 Meersburg, Gal. im Barockschloß; 85 Bad Wildbad; 86 Titisee; 87 St. Georgen, Schwarzes Tor; 88 Phoenix/AZ; Spa/Belgien; 92 Singen, Kunsthäusle; 94 Villingen-Schwenningen, Lichthofgal.; 98 St. Blasien, Gal. am Kloster – **G:** 68 Freiburg; 69 Villingen, Parkhotel; 75 Bad Wildbad, Trinkhalle; 78 Villingen-Schwenningen, Beethovenhaus; St. Raphael/Frkr., Salon de Tourismus; St. Georgen, Henninger-Studio; 80 St. Raphael/Frkr., Intern. Kunst-Salon; 81 Genf, Intern. Salon; 83, 85 Paris, Salon des Nations; 83 Renningen, Interieurstudio; 85 Genf, Metropolis; 92 Singen, Messe (m. Gal. Kunsthäusle) – ***Lit:*** Wolfgang Schergel: 30 Jahre B. J. u. Herbert J. Weisshaar, Monogr. 98 – (Red.)

Joost, Johann-Christian, Bildhauer; Peiner Weg 6, D-28865 Lilienthal, *JCJoost@web.de*, *www.bildhauergalerie-berlin.de* (* Hamburg 5. 5. 53) – **VG:** Berlin, bildhauergal. f. kleinplast. – **S:** 78–84 HdK Berlin (b. Prof. Gailis) – **P:** Wettb. Synagoge Schwerte (3. Pr.) – **Ve:** BBK Berlins 88–04 – **KGr:** Atelierhaus Panzerhalle (95–04); Künstlerhof Buch (92–04) – **G/T:** Bildhauerei (Metall, Stahl) – **W:** div. Plast. in Privatbes. – **M:** Berlin, Artothek d. Zentral- u. Landesbibliothek – **Ö:** Berlin, Ld; Hannover, Stadt; Langenhagen, Stadt – **E:** 93, 01 Berlin, Künstlerhof Buch; 98 Berlin, Gal. M – **G:** seit 88 regelmäßig Teiln. an Wettb. u. Ausst. in Berlin, Künstlerhof Buch; Groß-Glienicke, Panzerhalle – **V:** Torsionen 00 – ***Lit:*** div. Ztgsart. z. Gr.ausst. – (Red.)

Jordan, Liliane; 3 Rue François d'Alt, CH-1700 Fribourg, Tel. 02 63 22 58 24, Fax 02 63 22 58 24 – **G/T:** Graph. – (Red.)

Jordan, Mariloise (eigtl. Maria Aloisia Jordan, geb. Maria Aloisia Resch), Malerin; Großglocknerstr. 112, A-5762 Fusch, Tel. u. Fax: (0 65 45) 2 14 (* Großarl 4. 3. 33) – **S:** 45–48 b. d. Graphiker Hans Oberschneider Zell am See; 66 freischaffende Künstlerin – **P:** Internat. Blumenbilder Bad Gastein (3. Pr.) 80 – **Ve:** Berufsvrg d. bild. Künstler Öst., Ldesverb. Salzburg – **G/T:** Blumen; Lsch.; Seidenarb.; Technik: Öl, Aqu., Stift, Textilfarbe – **M:** Mauterndorf, Mus. Burg Mauterndorf; Mittersill, Felberturm Mus.; Saalfelden, Mus. Schloß Ritzen – **Ö:** Salzburg, Haus d. Natur – **E:** 68, 69, 89 Salzburg, Haus d. Natur; 81 Ridderkerk/Niederl., Stadthaus; 81, 05 Saalfelden, Mus. Schloß Ritzen – sowie seit 97 jl. Fusch, Malerstube – **G:** versch. Bet., u. a. m. d. Berufsvrg d. bild. Künstler Öst.; Schloß Lochen, Intern. Jagdbildausst.; Bad Gastein, Kurhaus; München; 80 Bad Gastein, Internat. Blumenbilder – sowie Wanderausst. im Nat.park Hohe Tauern – **V:** Unser Fuscher Gewand (handgeschrieben u. -gezeichnet) 90 – ***Lit:*** Jb. d. Salzburger Volkskult.; TAURISKA Mag.; Lucia Luidold (Hrsg.): Frauen in d. Hohen Tauern: Vom Korsett z. Internet 98 – ***LitR:*** Beitr. im Salzburg TV Ostern 03 u. 06; Klingendes Öst., Beitr. üb. Volkskunst (ORF); viele RF-Beitr.; CD-Rom d. Abt. Volkskult.

Jordan, Reinhard, freischaffender Bildhauer, Maler, Graphiker, Performer; Untere Dorfstr. 10, A-4616 Weißkirchen/Traun, Fax (0 72 43) 5 65 48, *reinhard.jordan@utanet.at*, *www.zwischenraum.at*. Großglocknerstr. T17, A-5672 Fusch (* Zell am See 66) – **S:** 81–85 FS f. Holz u. Steinbildhauerei Hallein/Sbg.; 85 Intern. Sommerakad. f. bild. Kunst Salzburg (b. Prof. Josef Zenzmaier) – **L:** seit 02 Ldes-Musikschule ObÖst. (Klang, Farbe u. Form) – **P:** Salzburger Ldesstip. 85 – **Ve:** BBK Öst. 86 – **G/T:** Druckgraph. (Rad.); Skulpt. u. Objekte (Stein, Stahl, Holz); Kleinplast. (Stahl, Keramik, Bronze); Platzgest.; Brunnen; Performance – **K:** Bildnerische Workshops an Schulen, Skulpt. in div. Materialien – **W:** Performances seit 96 – **M:** Salzburg, Mus. zeitgen. Stahlplast. Riedersbach – **Ö:** Bad Fusch, Sebastiankap.; Fusch an d. Großglocknerstr. (Brunnenanlage); Skulpt.wege u. -parks in: Lockenhaus/Bgld; Mittendorf/Stmk, Schloß Pichl; St. Georgen/Salzburg, Gemeindepl.; Tarrenz/Tirol, Salvesen; Veitsch/Stmk, Rotkreuz-Pl. – **E:** 01 Wien, Artefakt – **G:** u. a. 01–03 Salzburg, ArtBV-Berchtoldvilla; 02 Fürstenfeld, Skulpt.trienn. – ***Lit:*** Anton Gugg: Kunst in Salzburg, Künstlerverz. 02 – (Red.)

Josef, Dieter; Novomaticstr. 8, A-2352 Gumpoldskirchen, *josef.graphic@gmx.at* – **G/T:** Graph. – (Red.)

Joseph, Erhard, Dipl. Bildhauer, Maler, Restaurator; An der Beke 2, D-37139 Adelebsen, Tel. (0 55 06) 16 84, *erhard_joseph@web.de* (* Wunstorf 13. 9. 47) – **S:** 65–68 Lehrausb. z. Steinbildhauer; 68–72 FHS Hannover (Bildhauerei); 79–83 GesamtHS Kassel (Malerei) – **Ve:** BBK Göttingen 79 – **E:** 76 Osnabrück, Elkerlyk; 78 Osnabrück, Alte Fuhrhalterei; 82 Hamburg, Gal. Why; 83, 90 Hofgeismar, Ev. Akad. d. Künste; 84 Landolfshausen, Gal. Saal 103; 88 München, Gal. Tepfer; Todtmoos, Forum Rütte; 90 Wunstorf, KV; 90, 91, 92, 93, 96, 02 Göttingen, Künstlerhaus mit Gal.; 95 Göttingen, Atrium; 96 Bad Gandersheim, Kult.zentrum Kloster Brunshausen; 97 Göttingen, StM; 98 Lörrach, Praxiszentrum Wallat; 99 Göttingen, Studio Ndt. RF; Hannover, Gal. März – **G:** zahlr. Gr.ausst. u. Performances im In- u. Ausland – (Red.)

Josephsohn, Hans, Bildhauer; Atelier: Burstwiesenstr. 26, CH-8055 Zürich, Tel. 0 444 62 66 94, *www.kesselhaus-josephsohn.ch* (* Königsberg 20. 5. 20) – **S:** 39–43 Schüler d. Bildhauers Otto Müller, Zürich; seit 43 eigenes Atelier – **P:** Stip. d. Stadt Zürich 52 u. 53; E.gabe d. Kt. Zürich 87; E.gabe d. Steo-Stift. 99; Kunstpr. d. Stadt Zürich 03 – **M:** Aarau, Aargauer Kunsthaus; Amsterdam, Stedelijk Mus.; Giornico, Stift. 'La Congiunta'; Schaffhausen, Mus. zu Allerheiligen; Zürich, Kunsthaus – **Ö:** Zürich, Schulhaus im Birch – **E:** 56 Zürich, Städt. Kunstkammer zum Strauhof; 62 Zürich, Gal. am Stadelhofen (m. G. Kurfiss); 64 Zürich, Helmhaus; 65 Basel, KH (m. G. Stettler); 66 Zürich, Gal. Obere Zäune; 67 Tübingen, Technisches RH (m. W. Rohland)); 69 Zürich, Keel; 72 Zurzach, Gal. zum Elephanten (m. W. Urfer); 75 Schaffhausen, Mus. zu Allerheiligen; 78 Schaffhausen, Gal. Stadthausgasse; 81 Aarau, Kunsthaus; St. Gallen, Buchhandlung am Rösslitor u. Gal. an d. Klostermauer; 82 Winterthur, KH im Waaghaus; 84 Zürich, Urania-Gal.; 85 Zug, Stift. Landis & Gyr; 88 Zürich, Produga; 93 Baden, Gal. im Trudelhaus; 97 Zürich, Helmhaus (Kat.); 00, 02 Zürich, Gal. Bob van Orsouw; 01 Brünn, Haus d. Kunst; 02 Amsterdam, Stedelijk Mus. (Kat.); 03 Regensburg, Ostdt. Gal.; 04 Darmstadt, Ev. Stadtkirche; Köln, Reckermann; 05 St. Gallen, Kesselhaus Josephsohn; Appenzell, Mus. Liner; Köln, Diözesan-Mus.; – Ständige Werkschau: Giornico, Stift. 'La Congiunta', Mus f. Reliefs u. Halbfiguren v. Hans Josephsohn (Eröff. 92); St. Gallen, Kesselhaus Josephsohn (Eröff. 04) – **G:** zahlr. Ausst.beteiligungen seit 46 – ***Lit:*** La Congiunta. Haus für Reliefs u. Halbfiguren von H.J. 96; Gerhard Mack: H.J., Monogr. 06 – ***LitR:*** Filme: Jürg Hassler: Stein des Anstosses 77; Peter Münger: H.J., Bildhauer 96/97

JoTo s. Tobner, Josef

Ju, Insook, Malerin, Bildhauerin; Lindemannstr. 18, D-40237 Düsseldorf, Tel. (02 11) 9 68 38 59 (* Seoul/ Korea 66) – **S:** 89 Hong-Ik College Seoul (Visual Design); 90–94 KA Münster (Malerei); 94–00 KA Münster (Bildhauerei b. Prof. P. Isenrath, Meisterschülerin, Dipl. m. Ausz.) – **P:** Förd.pr. d. New Art Festival Seoul 89; Europa-Stip. d. KA Münster (f. Stockholm) 98; Stip. Junge Kunst d. alten Hansestadt Lemgo 99–00; Atelierstip. Krems 01; Stip. d. Barkenhoff-Stift. Worpswede 02; Stip. d. Ldes SH im Künstlerhaus Kloster Cismar 02; Kunstpr. d. KV Hürth (2. Pr.) 02; Förd.pr. d. Stift. Kunst u. Kult. d. Spk. Magdeburg 03; Aufenthaltsstip. Künstlerhaus Lukas, Ahrenshoop 04 – **KGr:** 0082 – **E:** zuletzt u. a. 00 Lemgo, StG Eichenmüllerhaus; 01 Gelsenkirchen, SM; 02 Essen, Schütte; 04 Ahlen, KV; Bremen, Gr. Grün – **G:** u. a. 00 Kwachon/Korea, NM of Contemp. Art; Hannover, EXPO; 01, 02 Düsseldorf, Große Kunstausst. NRW; 02 Marfa, Chinati Found.; Frankfurt am Main, Art Frankfurt; 03 Hürth, KV; Köln, Peveling; 04 Seoul, Savina-Mus. – (Red.)

Juan, Elisabeth, Mag. art., Bildhauerin; Kriemhildgasse 17, A-9020 Klagenfurt, Tel. 0 48 13 68, Mobil: 06 99 12 15 23 33, *elisabeth-juan@tele2.at* (* Klagenfurt/Kärnten 24. 4. 55) – **S:** 72–77 KunstFS am Ortweinplatz Graz; 77–79 ebda (Meisterschule f. Malerei u. Wandgest.); 79–81 ebda (Meisterschule f. plast. Formgebung b. Prof. Pillhofer); 81–86 HS f. künstler. u. industr. Gest. Linz (Bildhauerei b. Prof. Reiter); seit 87 als Steinbildhauerin tätig – **P:** Malerwettb. Aqu.technik 'Klagenfurt im MA' (1. Pr.) 67; Hochdruckgraph.pr. d. Ldes Salzburg (2. Pr.) 87; Intern. Kalksteinsymposium Ungarn (1. Pr.) 88; Intern. Granitsymposium Finnland (1. Pr.) 91; Theodor-Körner-Förd.pr. 93; Int. Skulpt.symposium Seattle (distinction) 97; Intern. Steinsymposium Seattle 98 – **Ve:** Berufsvrg Bild. Künstler Kärnten 86; Berufsvrg Bild. Künstler Öst. 86 – **Ö:** u. a. Klagenfurt-Viktring, Großer u. Kleiner Spiralbrunnen (Krastaler Marmor); ebda, Licht-Serpentin-Skulpt. – **E:** 80 Klagenfurt, Spitragal.; 81 Klagenfurt, Kellergal. im Stadthaus; 85 Graz, Gal. Steirische Mod.; 87 Salzburg, Berufsvrg bild. Künstler; 89 Wien, Modena Art; 01 Salzburg, Frauenbüro; 02 Hüttenberg, Bienn.; 03 Klagenfurt, Berufsvrg bild. Künstler – **G:** Bet. im In- u. Ausld, u. a. 91 Presov, Skulpt.trienn.; 92 Iwate/Jap.; 93 Saskatoon/Kanada; 94 Maastricht, Graph.bienn.; Koblenz; 96 München, Kairos New Art; 98 San Benedetto di Tronto; Tacoma, Broadway Gall.; Salzburg, Art View; 99 Durbach, Klinik; 00 Salzburg, Hefterhof; 02 Hüttenberg, Bienn.; 03 Klagenfurt, Frauenbüro – Bet. an zahlr. intern. Symposien: u. a. 88 Villany/Ungarn, Kalksteinsymposium; 89 Oronsko/Polen, Skulpt.symposium; 90 Adnet/Öst., Intern. Marmorsymposium; Fanano/Ital., Sandsteinsymposium; 94 Mayen, Intern. Steinbildhauersymposium – zuletzt: 97 Vicenza, Kalksteinreliefsymposium; 99 Hassan/Indien, Intern. Steinbildhauersymposium; 01 Senori/Ital., Steinsymposium; 02 Putaendo/Chile, Skulpt.symposium; 03 Hereke/Türkei, Marmorsymposium; 04 Chaco/Argentinien, Travertinsymposium; 05 Vilnius, Granitsymposium; 06 Dresden, Bildhauersymposium

Jürgen-Fischer, Klaus, Prof. (Univ.); Château de Vaudrémont, F-52330 Colombey-les-Deux-Églises, Tel. (03 25) 31 09 15, Fax 31 49 69, *forum.art.franco-allemand@wanadoo.fr*, *www.klaus-juergen-fischer.de*. Rheinstr. 19, D-76456 Kuppenheim, Tel. (0 72 22) 94 96 10 (* Krefeld-Hüls 23. 10. 30) – **VG:** Hamburg, Levy; Wiesbaden, Weber – **S:** 49–50 Staatl. KA Düsseldorf (b. Otto Coester); 50–52 ABK Stuttgart (b. Willi Baumeister) – **L:** 65–71 HSInst. f. Kunst- u. Werkerziehung Mainz (LAuftr.); Städelschule Frankfurt am Main (LAuftr.); 77–78 HBK Karlsruhe (LAuftr.); 78–80 Inst. f. Bild. Kunst d. Univ. Karlsruhe (Dir.); 83–95 KA d. Johannes Gutenberg Univ. Mainz (Prof. f. Malerei) – **P:** Kunstpr. d. Jugend Baden-Baden (Graph.pr.) 57; Cité des Arts Paris 77; BVK 95 – **Ve:** Dt. Künstlerbund seit 60 – **KGr:** SYN (65–72); Künstlerbund BW (seit 62) – **G/T:** Malerei (Öl, Acryl-Lasur); Zchng (zwischen emblemhafter Abstr. u. enigmat. Figuration: Komplexe Malerei) – **W:** überw. in Privatbes. – **M:** Baden-Baden, StKS; Berlin, Slg d. BRD; Darmstadt, Hess. LM; Düsseldorf, KS NRW; Freiburg im Breisgau, Augustiner-Mus.; Freiburg im Breisgau, Mus. f. Neue Kunst; Freiburg im Breisgau, Slg d. Univ.bibliothek; Freiburg im Breisgau, Staatl. Hochbauamt; Hagen, Karl-Ernst-Osthaus-Mus.; Kaiserslautern, Pfalz-Gal.; Karlsruhe, Kernforschungszentrum; Karlsruhe, Reg.präsidium; Karlsruhe, SKH; Karlsruhe, StG; Konstanz, Städt. Wessenberg-Gal.; Krefeld, Kaiser-Wilhelm-Mus.; Ludwigshafen, Wilhelm-Hack-Mus.; Mainz, LM; Mainz, Slg d. Min. f. Kult., Familie u. Sport; Mannheim, StKH; Neu Delhi, NG of Mod. Art; Nürtingen, Slg Domnick; Rastatt, StG; Recklinghausen, StKH; Saarbrücken, Saarländische Ldesreg.; Stuttgart, KM; Stuttgart, Min. f. Wiss. u. Kunst; Stuttgart, SG; Stuttgart, Slg d. Ldesgirokasse; Trier, StM Simeonstift; Ulm, Slg d. Bundeswehr; Villingen-Schwenningen, StKS; Wien, MMK Stiftung Ludwig; Wiesbaden, Mus.; Witten, Märk. Mus.; Wolfsburg, StG; Zagreb, Muz. grada – **E:** zahlr. Ausst. seit 55, zuletzt u. a. 77 Witten, Märk. Mus.; Nürnberg, Defet; Mannheim, StKH; 78, 85 Wiesbaden, Stolánová; 79 Karlsruhe, Apfelbaum; 80 Düsseldorf, Niepel; 83 Ravensburg, Döbele; Ludwigshafen, Fahlbusch; 86 Augsburg, KV; 89 Mainz, LM; 90 Freiburg im Breisgau, StM; 93 Baden-Baden, Fischer; 97 Kirchheimbolanden, Waldherr; 01 Venedig, Pal. Albrizzi; Paris, Maison de l'Europe; 02 Langres, MAH; 03 Bernburg, Schloß-Mus.; Wiesbaden, Weber; Eltville, Kloster Eberbach; 04 Colombey-les-Deux-Eglises, Forum d'art Franco-Allemand; 05/06 Rastatt, StG – **G:** zahlr. Ausst.bet. seit 58, zuletzt u. a. 00 Langres, Bienn.; Bad Salzdetfurth, KV; Karlsruhe, Gal. von Tempelhoff; 01 Köln, Messe; 02 Karlsruhe, StG; 03 Ratingen, SM – **V:** Der Unfug des Seins. Phänomenologische Skizzen z. Kritik d. Ontologie, Krefeld 55; Max Bense (Vorw.): Illusionen im Konvexen (25 Zeichn.) 55; Wolfgang Altendorf: Leichtbau. Gedichte (Zeichn.) 55; Manfred Peter Hein: Gegenzeichnung. Gedichte 1962–1972 (Zeichn.) 74; Kunstspektakel – Kunstdebakel. Kunstkritisches Tagebuch 1968–1982 01 – ***Lit:*** u. a. Ekkehard Mai: K.J.-F., Kat. 82, 83; Klaus Brockmeier: K.J.-F. Die Landschaften 85; m. Ekkehard Mai: K.J.-F. – Figuren u. Landschaften, Kat. 86; Ekkehard Mai u. Hans H. Hofstätter: K.J.-F. Bilder u. Zeichnungen, Kat. 89; Ekkehard Mai: K.J.-F. – Gemälde, Plastiken, Zeichnungen, Monogr. 92; Paolo Rizzi u. Sophia Serra: K.J.-F. – Transfigurations, Kat. 02; Claude W. Sui u. Paolo Rizzi: K.J.-F., Kat. 02 – ***LitR:*** Hannelore Kelling: K.J.-F., Fs.portr.

SWF 77; Pierre Lacourt: Die Malstunde – Portrait d. Künstlers K.J.-F., Bitcom (im Auftrag d. ZDF/ARTE) 02, 03

Jürgens, Manfred W., Dipl. Designer, Maler, Fotograf; Mecklenburger Str. 4, D-23966 Wismar, Tel. (0 38 41) 21 53 17, *info@m-w-juergens.de*, *www.m-w-juergens.de* (* Grevesmühlen/Meckl. 19. 11. 56) – **S:** 86–89 FS f. Werbung u. Gest. Berlin (Kommunikationsdesign, Vertiefung: Wiss.graph. u. Fotogr.) – **G/T:** Malerei, Portr., sachlicher Realismus, Stilleben, Seestücke (Lasur- u. Mischtechnik auf Leinwand auf Holz) – **W:** überw. in Privatbes. – **M:** Wismar, St. Marien Kirche – **E:** 01 Wismar, StG Baumhaus; 02 Wismar, RH; 03 Güstrow, StG Wollhalle; 05 Leipzig, Friedenskirche; Venedig, Gall. Holly Snapp; 06 Wismar, StG Baumhaus; Kühlungsborn, KH – **G:** 02 Glinde, Formart; Hamburg, Elbart – ***LitR:*** Vincenz Braun: Würdevolle Huren, Portr. NDR 1 Kult.j. 01; Vincenz Braun: Porträts auf Holz, Portr. NDR 1 Kult.j. 01; Vincenz Braun: Gemeinsam in der Wollhalle, Ausst.besprechung NDR 1 Kult.j. 03; Jana Wilhelm, Pavel Lavrov: Realistische Malerei von M.W.J, Portr. TV–Info 3 04; dies.: Venedig u. die Kunst, Ausst.besprechung Schwerin TV 05; Inga Bork: Jürgens stellt in Venedig aus, Portr. NDR 1 Kult.j. 05; dies.: Porträt d. Malers M.W.J., Portr. NDR 1 Kunstkaten 06

Jüttner, Heinrich; Coesfelder Str. 15, D-45892 Gelsenkirchen, Tel. (02 09) 77 25 83, *hnhjuettner@t-online.de*, *rebo.kulturserver-nrw.de* (* Hilgermissen, Kr. Grafschaft Hoya 5. 11. 49) – **S:** Schriftsetzermeister; als Künstler Autodidakt – **Ve:** KV Gelsenkirchen 92 – **KGr:** Atelier Jüttner – Reismann – Sternkopf (Atelier J – R – S, seit 04) – **G/T:** REBO-cycling (Materialobjekte, Wand- u. Raumgest.); REBO-prints (Handdrucke m. alten Lettern) – **Ö:** Gelsenkirchen-Buer, kinet. Mauerobjekt – **E:** 99 Essen, Kreuzer (Kat.); 02 Essen, Notkirche; 03 Gelsenkirchen, Bleckkirche; Gelsenkirchen, Halfmannshof – **G:** zahlr. Bet. seit 87, zuletzt: 91 Münster, Exponata; 01 Gelsenkirchen, Städt. Mus.; 02 Portland/OR, Sydney; 03 Gelsenkirchen, Wkst.; 05 Zenica/Bosnien-Herzegowina, Mus. (Kat.) – ***Lit:*** Journey to Sky(e), Künstlersiedlung Halfmannsdorf, Video (Autor, Regisseur) 03

Julino, Florian, Comiczeichner, Karikaturist; Ostendorferweg 3, D-80686 München, Tel. (0 89) 58 12 91 (* Berlin 40) – **S:** Stud. u. a. bei O. Kokoschka in Salzburg – **G/T:** Comic (u. a. 'Fix u. Foxi'), Karikatur (f. zahlr. Tagesztgn) – ***Lit:*** Reclams Künstlerlex. 02 – (Red.)

Julius Blumen s. Florez Baratto, Evaristo

Julius, Rolf, Objekt- u. Installationskünstler, Komponist; c/o Galerie Anselm Dreher, Pfalzburger Str. 80, D-10719 Berlin, Tel. (0 30) 8 83 52 49 01 75–6 09 33 24, Fax 8 81 65 31, *anselm.dreher@web.de*, *www.galerie-anselm-dreher.com* (* Wilhelmshaven 39) – **VG:** Berlin, Dreher – **S:** 61–69 HS f. Künste Bremen (Freie Kunst); HBK Berlin (Freie Kunst) – **P:** PS-1-Stip. New York 83–84; Stift. Kunstfonds – Arb.- u. Projektstip. 84; DG Bank Kunststip. 84–85; Arb.stip. d. Senators f. Kult. Angelegenheiten Berlin 86; Jap. Found. Fellowship Kyoto 91; Hannah-Höch-Pr. 05 – **G/T:** Objekte; Klangskulpt.; Klanginstall.; Musik- u. Geräuschkompositionen; Integration v. Klängen u. Geräuschen in visuelle Objekte – **M:** Berlin, Hamburger Bahnhof; Berlin, Kpst.-Kab.; Bonn, Artothek im KV; Bremen, Neues Mus. Weserburg; Marl, Skulpt.-Mus. Glaskasten; Pittsburgh/PA, The Mattress Factory; Roskilde, Mus. for Samtidskunst – **E:** u. a. 82, 95 Heidelberg, KV; 91 Tokio, P3 art & environment; 92 Kobe/Jap., Xebec Hall; 93 New York, Esman; 93, 98 Tokio, 360° Gall.; 95 Bremen, Neues Mus. Weserburg; 96 Saarbrücken, Stadt-Gal.; Bremen, Gal. Beim Steinernen Kreuz; 97, 99 Paris, Vincy; 98 Berlin, Hamburger Bahnhof; Essen, Heimeshoff; 99, 03, 06 Berlin, Dreher; 01 Kassel, Mus. Fridericianum; 03 Dresden, SKS; 04 Montpellier, Fond. Régional d'Art Contemp. Languedoc-Roussillon; Bordeaux, Cortex Athletico Gal. – Art Contemp. (m. Franck Éon); 06 Bochum, Mus. – **G:** zuletzt u. a. 05 Magdeburg, KM Kloster Unser Lieben Frauen: FLUXUS u. Freunde; Dijon, Fonds Rég. d'Art Contemp. de Bourgogne: Le Génie du lieu – (Red.)

Jung, Roland, Bildhauer; Hardturmstr. 130, CH-8005 Zürich, Tel. 03 66 89 71, *jung.roland@smile.ch*, *www.ethbib.ethz.ch/exhibit/plakat/*; *www.ethbib.ethz.ch/exhibit/whs/whs_frame.html*; *www.ethbib.ethz.ch/exhibit/*. Atelier: Limmatstr. 184a, Tel. 0 12 71 67 24, 0 12 72 21 24, Fax 0 12 72 21 25 (* Mannheim 41) – **S:** 52–57 KH Mannheim (Malkl. b. Ursula Wolff-Krebs); 57–60 Städt. Webschule Mannheim (b. Elfriede Enderlin-Burgdorf); 61–62 Freie AK Mannheim (b. Prof. Paul Berger-Bergner) – **L:** 79–83 KGS Zürich; KGS Basel (Gastdoz. f. exper. Gest.); 91–92 Gutenberg Univ. Mainz (Gastprof.) – **KGr:** Faserkünstler – **E:** 80 Mainz, ZDF; 82 Basel, Littmann; 85 Schaffhausen, Mus. zu Allerheiligen; 00 Zürich, ETH, Bibliothek; 01 Bern, Schweiz. Ldesbibliothek – **G:** u. a. 81 Wien, KH Museumsquartier; 82 Erlangen, StG; 84 Warschau, Zapiecek; 85 Walchwil/Zug, Fluiter; 86–87 Paris, Mus. d'Art Mod. de la Ville; 87–88 Wanderausst. USA; 88–89 Budapest, Műcsarnok; 89 Mannheim, KV; Kyoto, Mus. of Art; 90 Ludwigshafen, Wilhelm-Hack-Mus.; 92 Breslau, StG; 95 Zürich, Helmhaus; 96, 97 Mannheim, März – **V:** u. a. m. Reiner Kunze: Vom Text zur Gestalt, in: ALINEA 82; Konkret – konstruktiv – relativ, in: Die Explosion des Schwarzen Quadrats. Realität und Utopie der Rationalen Kunst 89; Surlipsismus. Ein Surlipsismus-Koffer mit 40 Fragmenten 97 – ***Lit:*** u. a. Ludmila Vachtova: R. J. Arbeiten 1977–1979 80; Christoph Brockhaus: Struktur und Textur im Werk von R. J. 82; Roman Hollenstein: Irritation und Ambivalenz – oder vom Strukturbild zum freistehenden Volumen. Zum Werk von R. J. 85; Kunstszene 95/96 Zürich, Band 1 (Texte) – Band 2 (Bilder) 96 – ***LitR:*** Interviews in Fs. u. Radio, u. a. ZDF Mainz 80; ORF 81; SWF Baden-Baden 82; Radio Ungarn 88; TV Warszawa 92; Videos, z.B. Stephan Reubelt u. Achim Ehlert: hinter der Vernissage 84; Reinhard Manz u. Thorsten Seibt: transportable art. 8 swiss artists 85; Reinhard Manz u. Thorsten Seibt: R. J. 85; Meine Nachbarin ist Künstlerin/Mein Nachbar ist Künstler. Kunstszene Zürich 95/96, CD-ROM 97 – (Red.)

Jung, Stephan, Künstler (* Stuttgart 64) – **VG:** Köln, Hammelehle & Ahrens; Berlin, Bischoff – **S:** 85–93 ABK Stuttgart (b. K. R. H. Sonderborg u. J. Kosuth) – **P:** Arb.stip. d. Berliner Senats 99; Stip. d. Stift. Kulturfonds Berlin 93; Kunststift. BW 00 – **G/T:** Malerei, Install., Neonarb., DVD-Animation – **M:** Berlin, Bundesreg.; Berlin, Slg Ldesbank; Frankfurt am Main, Dt. Bank KS; Leipzig, KS d. Ldesbank Sa.; Stuttgart, Inst. f. Auslandsbeziehungen – **E:** u. a. 95, 98, 00 Köln, Hammelehle & Ahrens; Berlin, Gal. Eigen + Art; 99 London, Hammer; Stockholm, Flach; 00 Madrid, Ehrhardt; 02 Leipzig, Gal. Eigen + Art; 03 Amsterdam, Aschenbach & Hofland; 04 Mallorca, Centro Cultural Andrax – **G:** u. a. 96 Schaffhausen, Mus. zu Allerheiligen; 00 Nürnberg, KH; 01 Berlin, Dt. Künstlerbund; 02 Köln, Schweins; 03 Berlin, Hamburger Bahnhof; 04 Mailand, Marella Arte Contemporanea – (Red.)

Junge, Karin, Collageurin, Galeristin; Rostocker Str. 6, D-01109 Dresden, *hkju@freenet.de*, *www.karin-*

junge.de. c/o Gal. Freiraum, Hauptstr. 1, D-01445 Radebeul, Tel. Mobil: 0 17 52 75 99 86 (* Langebrück 11. 6. 47) – **S:** Inst. f. Lernsysteme (ILS) Hamburg (künstler. Graph.) – **Ve:** Neuer Sä. KV 03 – **G/T:** Collagen (Papier); Druckgraph. – **W:** zahlr. in Privatbes. – **Ö:** Dargun, Kloster u. Schloß; Dresden, Neuer Sä. KV; ebda, Orthopädie- u. Rehatechnik, Elbe Flugzeugwerke, Univ.klinikum Carl Gustav Carus – **E:** zahlr. seit 01, u. a. 02 Radeberg, Schloß Klippenstein; 03 Dresden, Ldesamt f. Umwelt u. Geologie; Neubrandenburg, Dietrich Bonhoeffer Klinikum; Dargun, Kloster u. Schloß; 04 Dresden, Komödie; Dresden, Univ.klinikum Carl Gustav Carus; 05 Dresden, Sä. Ärtzeversorgung; Halle/ Saale, Kunstmesse; 06 Dresden, Elbe Flugzeugwerke; Radebeul, Gal Freiraum; Stolpen, SM; Dresden, Staatl. Schlösser u. Gärten; 07 Pillnitz, Schloß – **G:** 05 Magdeburg, Intern. Post-Mail-Projekt; 06 Dresden, Intern. Post-Mail-Projekt – **V:** Am Anfang ist das Meer (Collagen, Gedichte) 03; zwei Kunstkal. 04; Kal. 07

Juretzek, Tina (eigtl. Bettina Juratzek), Malerin; Atelier: Lichtstr. 52, D-40235 Düsseldorf, Tel. u. Fax (02 11) 66 13 61, *tinajuretzek@aol.com, www.janzen-galerie.de; www.galerie-nisters.de* (* Leipzig 25. 11. 52) – **VG:** Hannover, Borkowski; Berlin, Brennecke; Wiesbaden, Haasner; Bonn, Hennemann; Düsseldorf, Leyer-Pritzkow; Karlsruhe, Rottloff; Ehingen/Donau, Gal. Schloß Mochental; Dortmund, Wenk; Krefeld, Weber; Luxemburg, Gal. De Luxembourg; Wuppertal, Janzen; Speyer, Nisters – **S:** 71–78 Staatl. KA Düsseldorf (Malerei b. Prof. Günter Grote) – **L:** Malereicollage (informell u. figürl.-abstrahierend), Japanpapiercollage (Lsch.), Tuschezchng – **P:** Kunstpr. d. Spk. Karlsruhe (Förd.pr. d. Jury) 83; Förderkoje Art Cologne 83; Kaiserring-Stip. 84; Stip. Aldegrever-Ges. Münster 00; Bergischer Kunstpr. 89; Reisestip. Goethe-Inst. Madras/Indien 93; Arb.stip. u. Gastatelier d. Ges. z. Förd. kult. Kommunikation Szentendre/Budapest 96 – **Ve:** Westdt. Künstlerbund 98 – **W:** Werke in Privatbes. sowie in zahlr. Slgn v. Banken, Versicherungen u. Industr.unternehmen, z.B. d. Dt. Bank in Frankfurt am Main, Düsseldorf, Bonn, Mönchengladbach, Leipzig, Mannheim, Luxembourg u. Dublin, d. Hypothekenbank Frankfurt am Main, d. Kr.spk. Hildesheim, d. Spk. Karlsruhe, d. Stadtspk. Düsseldorf u. Solingen, d. Ruhrkohle AG Essen, d. Viktoria Versicherung Düsseldorf, d. Bankhaus Trinkhaus & Burkhardt Düsseldorf, BASF Ludwigshafen, d. Bay. Rück Versicherungsges. München, d. LVA Rheinprovinz Düsseldorf, d. WGZ Bank Düsseldorf, d. Hamburg-Mannheimer Versicherungsges. Hamburg, Microsoft Unterschleisheim u. Dtldfunk Köln – **M:** Aachen, ehem. Reichsabtei Kornelimünster KS NRW; Bremen, KH; Düren, Leopold-Hoesch-Mus.; Düsseldorf, Kultusmin. NRW; Düsseldorf, Mus. Kunst Pal.; Goslar, Mönchehaus-MMK; Hamm, Gustav-Lübcke-Mus.; Hannover, Sprengel Mus.; Kaiserslautern, Pfalz-Gal.; Kleve, Mus. Kurhaus; Köln, Mus. Ludwig; Köln, Wallraf Richartz-Mus.; Leverkusen, StM Schloß Morsbroich; Mülheim an der Ruhr, KM; Stuttgart, SG; Witten, Märk. Mus.; Würzburg, StG – **Ö:** Malereicollagen: Düsseldorf, U-Bahn-Station Heinrich-Heine-Allee; ebda, Ldtag NRW; Köln, Bundesamt f. Verfassungsschutz; Tübingen, Reg.präsidium – **E:** 79 Köln, Kunsthist. Inst. d. Univ.; 81 Mettmann, Kunsthaus; Marburg, Erwin-Piscator-Haus; 82 Lüdenscheid, Wieghardt; 83, 84, 86, 88, 90, 93, 96, 98 Düsseldorf, Zimmer; 83 Köln, Intern. Kunstmarkt Förd.koje Gal. Zimmer; 84 Essen, Schloß Hugenpoet; Goslar, Mönchehaus-MMK; 85 Bremerhaven, KH; Wesel, Ndrh. KV; Ludwigshafen, BASF Feierabendhaus; Düren, Leopold-Hoesch-Mus.; 85, 87, 89, 94 Hannover, Marghescu; 86 München, Leger; Eindhoven, Goma Gall. of Mod. Art; 89 Düsseldorf, Stadtspk.; Würzburg, StG; 89, 91 Berlin, Schoen & Nalepa; 90, 96, 04 Krefeld, Weber; Brüssel, Goethe-Inst.; 90, 92, 93, 97, 04 Luxemburg, Gal. De Luxembourg; 91 Kleve, StM Haus Koekkoek; Osaka, Kodama Gall.; 92, 96 Heidelberg, Terbrüggen; 92 Solingen, Dt. Klingen-Mus.; 94 Luxembourg, Dt. Bank; Weil am Rhein, Smeets; 95 Goslar, Mönchehaus-MMK; 97, 99, 02, 04 Dortmund, Wenk; 97 Düsseldorf, Min. f. Stadtentwicklung; 98, 01, 04, 06 Hannover, Borkowski; 98 Krefeld, Casino Stockhausen; 99 Kaiserslautern, Pfalz-Gal.; Witten, Märkisches Mus.; Heidelberg, KV; 00 Gladbeck, StG; Mülheim an der Ruhr, Städt. Mus.; 01 Berlin, Brennecke; Oerlinghausen, KV; Bad Homburg, Hennemann; 01, 05 (Kat.) Ehingen, Donau, Gal. Schloß Mochental; 03 Düsseldorf, Leyer-Pritzkow; Bonn, Hennemann; Wiesbaden, Haasner; 04 Bornheim, Zienterra Inst. f. Rhetorik u. Kommunikation; 05 Gevelsberg, Janzen; Düsseldorf, Anders Gal.; Aachen, ehem. Reichsabtei Kornelimünster (Kat.); Speyer, Nisters; 06 Husum, Schloß vor Husum (Kat.); Münster, Akad. Franz Hitze Haus – **G:** u. a. 78, 81, 86, 90, 97 Düsseldorf, KM; 81 Düsseldorf, Mus. Kunst Pal.: Jahresausst. Düsseldorfer Künstler; Wolfsburg, StG; Kiel, KH; 81, 83, 88, 89, 91, 98, 99, 02, 04, 05 Düsseldorf, Große Kunstausst.; 82 München, Fabrik Lothringerstr.; 83 Köln, Mus. Ludwig; 84 Mannheim, StKH; Baden-Baden, SKH; 86 New Delhi, Lalit Kala Akad.; Wuppertal, Von der Heydt-Mus.; Düren, Leopold-Hoesch-Mus.; 87 Darmstadt, Mathildenhöhe; Krakau, KH; 88 Paris, Pal. de Luxembourg; 89 Köln, Josef-Haubrich-KH; Bonn, Ldesvertretung NRW; Leipzig, MBK; Duisburg, Wilhelm-Lehmbruck-Mus.; 93 Madras/Indien, Sakshi Gall.; 95 Kleve, StM Haus Koekkoek; 96 Bonn, Frauen-Mus.; 98 Herne, StG; 99 Bonn, Künstlerforum; 02 Heidelberg, KV; 03 Krefeld, KV; Goslar, Mönchehaus-MMK; 04 (m. Gal. Haasner), 05 (m. d. Gal. Haasner, Hennemann u. Janzen), 06 (m. d. Gal. Hennemann, Janzen u. Nisters) Karlsruhe, Art Karlsruhe; 04 Mülheim an der Ruhr, KM; Hannover, Borkowski; 05 Cloppenburg, Kunstkr. Cloppenburg – **V:** Dokumentation 1952/2002 02; Fortschreibung d. Dok. 2003-Anfang 2006 06 – ***Lit:*** Elke Zimmer (Text): T.J., Kat. 83; Hans Knopper (Text): T.J. Stromboli. Bilder u. Zchngn 84; Ulrich Krempel (Text): T.J. Das Paar, Blockb. 84; Heinz Thiel (Text): T.J. Malerei, Collage, Zchng 85; Karl Ruhrberg u. Brita E. Buhlmann (Text): T.J. Bilder u. Zchngn 89; Heinz Thiel (Text): T.J. Lilith 90; Guido de Werd (Text): T.J. Die violetten Bilder 91; Hans Knopper u. Susanne Wedewer (Text): T.J. Bilder u. Zchngn aus 12 Jahren 1980–1992 92; Lucien Kayser u. Joseph Paul Schneider (Text): T.J., Kat. 92; Peter Anselm Riedl u. a. (Text): T.J. 'brechende Räume'. Arbeiten 1982–1999, Kat. 99 – ***LitR:*** Heinz Thiel: T.J., Video z. Ausst. im BASF Feierabendhaus 85; T.J. im Gespräch m. Elke Zimmer, DVD d. Künstlergesprächs anläßl. d. Ausst. im Zienterra Inst. Bornheim 04

Jurk, Nina K. (eigtl. Katharina Jurk), Malerin, Installationskünstlerin; Tschaikowskistr. 22, D-04105 Leipzig, Tel. (03 41) 3 30 40 05, Mobil: 01 75 37 30 91 2, *info@nina-k-jurk.de, www.nina-k-jurk.de.* Atelier: Spinnereistr. 7, D-04179 Leipzig (* Dresden 14. 3. 70) – **S:** 93–98 HGB Leipzig (Malerei); 98–01 ebda (Meisterschülerin b. Prof. Arno Rink) – **P:** Stip. d. Heinrich-Böll-Stift. 99–01 – **Ve:** VG Bild-Kunst 02 – **M:** Leipzig, KH Spk. – **Ö:** Bonn, Bundesgesundheitsmin.; Leipzig, VNG-AG – **E:** 05 Villach, Congress-Center; 06 Berlin, VVM-Gal. – **G:** zahlr. Bet. seit 98, zuletzt 04 Leipzig, KH Spk.; 05 Leipzig, 12. Leipziger Jahresausst.; Hamm, Gal. Haindorf

Jurt, Jacqueline; Schleusenstr. 15, D-60327 Frankfurt am Main, Tel. (0 69) 25 19 70 (* Winterthur 73) – **VG:** Frankfurt am Main, Detterer – **S:** 90–94 Schule f. Gest. St. Gallen (Graph.kl.); 95–96 F+F Schule f. Kunst u. Mediendesign Zürich; 96–01 Städelschule Frankfurt am Main (b. Prof. T. Bayrle) – **P:** Kunstpr. d. Spk. Vest Recklinghausen 00 – **KGe:** J. J. u. Harald Pridgar – **G/T:** Skulpt., Install., Fotogr., Video, Computer – **E:** u. a. 98 Offenbach, Ausst.raum Goethestr.; 00 Frankfurt am Main, Detterer – **G:** u. a. 96 St. Gallen, KH; 98 Frankfurt am Main, KV; Glarus, Kunsthaus; Liestal, KH Palazzo; Den Haag, Studio Pulchri; 99 Baden-Baden, KH; 00 Karlsruhe, ZKM – (Red.)

Just, Christiane, Malerin, Graphikerin, Fotografin, Buchkünstlerin; Buchenstr. 27 a, D-01097 Dresden, *www.buchenpresse.de* (* Dresden 60) – **VG:** Dresden, Gal. am Blauen Wunder – **S:** 74–79 HBK Dresden (Jgd.kurs u. Abendstud.); 81–87 ebda (Dipl. b. Prof. Günter Horlbeck); 03–05 Fernstud. Webdesign (Dipl.) – **Ve:** SKB (Vorstandsmitgl.) 00; Dresdner Sezession 89 05 – **KGe:** Ed. BUCHENpresse: C.J. u. Andreas Hegewald (seit 05) – **G/T:** Malerei; Zchng; Fotogr.; Gest. u. Hrsg. v. Künstlerb., Layout u. Webdesign; – sowie: 87 Gründung d. Schevchenpresse; 90 Mitbegr. d. Malschule u. d. Gal. Adlergasse im Kult.ver. riesa efau – **M:** Burgk, Schloßmus.; Dresden, SLUB; Marbach am Neckar, Dt. Literaturarchiv; Wolfenbüttel, Herzog-August-Bibliothek – **E:** u. a. 90 Riesa, Urtiere; 91, 95, 96 Dresden, Gal. Adlergasse; 92 Dresden, Kult.etage; 93 Dresden, Zentrum f. zeitgen. Musik; 94 Freiberg, Sintra – eine Fortsetzung; 96, 97 Freiberg, Trans-Amerika; 98 Dresden, Pfundsmolkerei; 99 Dresden, Gal. Drei; 01 Leipzig, Frauenkultur; 02 Dresden, Kreative Wkst.; 03 Dresden, Gal. am Blauen Wunder; 04–06 Dresden, Dreikönigskirche; 05 Dresden, Kunsthaus Raskolnikoff (m. Andreas Hegewald); 06 Rothschönberg, Appenhof (m. Andreas Hegewald) – **G:** zuletzt u. a. 05 Dresden, Kreative Wkst.: Künstlerinnen; Wrocław, Dresdner Sezession 89: ...alle Tage...; 06 Wittenberg, Gal. im Cranach-Haus: Paradiesgarten; Dresden, Gal. Drei: Künstler sehen ihre Stadt – **V:** u. a. m. Andreas Hegewald: Rotbleierz Sintra, Gedichte (Zchngn u. Fotogr.) 93 – (Red.)

K. Strohscheer, Doris s. Kühne-Strohscheer, Doris

K.U.SCH. s. Krätschmer, Renate

Kabas, Robert, Mag., Maler, Bildhauer; Gaisberg 9b, A-3215 Purgstall, Tel. (01) 5 86 28 86 (* Scheibbs 12. 9. 52) – **VG:** Wien, Lang; Innsbruck, Gal. 12; Düsseldorf, Anders Gal. – **S:** 71–76 ABK Wien – **L:** seit 98 Gastvorlesungen an Univ. Zentralasiens – **P:** Öst. Staatsstip. 78; Auslandsstip. f. Ägypten 82–83; Förd.pr. d. Stadt Wien 86; Gastatelier d. StG Wolfsburg 87 – **Ve:** Künstlerhaus Wien – **G/T:** großformatige Bilder u. Metallskulpt. – **M:** Linz, Nordico-Mus.; St. Pölten, Ndöst. LM; Wien, Albertina; Wien, Belvedere – **Ö:** Amstetten, Klinikum Mostviertel; Frankfurt am Main, Volksbanken Raiffeisenbanken Leasing; Haag, Kr.verkehr; Wien, Augarten; ebda, Intern. Center Vienna; Ybbsitz, Brücke – **E:** 75 Wien, Secession; 90 Düsseldorf, Forum 90; 98 Wien, Österr. Gal.; 92 Brüssel, Chapelle Brigittinnes; 01 Paris, Selsmersheim – **G:** 79 Nürnberg, Jugendtrienn.; 82 Alexandria, Bienn.; 83 Middlesborough, Zeichenbienn.; 84 Rijeka, Bienn.; 89 Bozen, Museion-MMK; 96 Dublin, Hugh Lane Mun. Gall. of Mod. Art – **V:** Durch seine Dokumentation wird auch der Schwachsinn bedeutend 82; Kunst ist harmlos 84 – ***Lit:*** NdÖst. Ges. f. Kunst u. Kult. (Hrsg.): R. K. Bilder und Texte 78; Bilder und Objekte 88; l'espace approprié 92; NdÖst. Landesmuseum u. Galerie Lang (Hrsg.): Kabas 95; Öst. Galerie Belvedere (Hrsg.) 98 – ***LitR:*** Traude Mansen: Künstlerlexikon, ORF 86 – (Red.)

Kabiljo, Dejana (geb. Dejana Popović), Dipl.-Ing. (Archit.), Master in Design, Architektin, Designerin; Gonzagagasse 5, A-1010 Wien, Tel. (01) 5 32 10 94, *dejana@kabiljo.com*, *www.kabiljo.com* (* Split/Kroatien 27. 6. 69) – **VG:** Mailand, Dovetusai – **S:** Univ. Belgrad (Fak. f. Archit., Dipl.-Ing. Archit.); Domus Acad. Mailand (Master in Industrial Design) – **L:** 97–99 Univ. f. angew. Kunst Wien (LAuftr. am Inst. f. Design); 05 Stockholm (Gastvortrag Konstfack) – **P:** Jap. Found. Fellow Tokio 98 – **G/T:** Archit.; Design; Neue Medien – **W:** Kunst Wien (SCRIBOman, Papiertisch) – **M:** Wien, MAK – **B:** Šeget/Kroatien: Moody Bar (Summer Sports Complex m. Cocktail Bar) – **E:** 87 Belgrad, SKC Gall. (m. Aleksandar Todorovic); 01, 03 Wien, MAK; 02 Mailand, Furniture Fair Spin-off Exhib.; London, Selfridges Window, Oxford Street; Tokio, Paul Smith Coll. – **G:** zahlr. Bet., zuletzt u. a. 01 Tokio, Idée: SCRIBOman; 02 Wien, MAK: S.O.S.; London, The Bargehouse, London Designersblock; 03 London, Sotheby's: Contemp. Decorative Arts; New York, Parsons School of Design Gall.: Transformation; London, Tea Building, Designersblock: Procrastination; 04, 05 Mailand, Studio Zeta: Designweek; 05 Wien, Dorotheum: Design Auction; London, Nichols and Clarke Buildings: Design Festival – **R:** m. Bernd Hofbauer: SCRIBOman 01; STOP! worrying, Kurzfilm 01; Human Habits: Sitting 01; Tokio Designers Block 02 – ***Lit:*** Andrea Branzi: La Quarta Metropoli 90; Julie Müller Stahl: Dish. Intern. Design for the Home 05

Kabirschke, Mandy (geb. Mandy Tavener), Kunstmalerin; Austr. 5, D-72181 Starzach-Börstingen, Tel. u. Fax (0 74 57) 78 78, *mandy_kabirschke@gmx.de* (* Walthamstow/London 1. 12. 53) – **S:** 90–93 Stud. d. Öl- u. Aqu.malerei; Aqu.malschule Dehne-Ehninger, Sindelfingen; Schülerin v. E. Reis-Skuin, Magstadt, Klaus Olbert, Bernd Dehne u. Heidi Dehne-Ehninger in Sindelfingen; 98 Akad. Schloß Rotenfels, Gaggenau (Malen u. Zeichnen, b. Ina Lindenbauer u. Sieger Ragg); 00 Unterrich b. Egon Lustner – **L:** seit 96 VHS Rottenburg (Doz.) – **P:** Montmartre-Künstlerfestival Dornstetten (Publikums-Pr.) 00 – **Ve:** Nat. Artists Assoc. London 00–03; Künstlerkr. Starzach (Leitung) 00; Nat. Campaign for the Arts, London 03; KV Reutlingen 03; Württ. KV Stuttgart 05 – **G/T:** Malerei (Öl, Acryl, Aqu., Fassaden); Graph. (Bleistift); Grußkartendesign; Themen: u. a. Tier- u. Menschenportr., Lsch., Phantasie, Motorräder u. Autos – **K:** Malen f. Kinder (VHS) – **W:** Werke überw. in Privatbes. – **Ö:** Fassadenmalerei: Rottenburg Ergenzingen, Raible Druck; Starzach-Börstingen, Atelier Kabirschke – Glasmalerei: Böblingen, Tierheim – **E:** u. a. 93 Speyer, Technik Mus.; 95 Reutlingen, Tierklinik; 96 Bondorf, Golfclub-Gal. Domäne Niederreutin; 97 Bondorf, RH Bürgersaal; 98, 02, 03, 04, 06 Starzach-Bierlingen, RH-Gal.; 99 Herren-Gültstein, Hewlett-Packard; Rottenburg, RHfoyer; 99, 00, 02 Haigerloch-Weildorf, Gemäldeausst.; 00 Nufringen, RH-Gal.; Gärtringen, Allianz; Haigerloch-Bad Imnau, Kursaal Stahlbad Imnau; 01 Schönaich, Volksbank; Waldenbuch, Volksbank; 02, 04, 06 Tübingen, AOK; 02 Tübingen, Sozialverband VdK; 03 Herrenberg, Radlager; 03, 04 Starzach-Bierlingen, Art Affairs; 03, 04, 05 Starzach-Bierlingen, Vidom; 04, 05 Mössingen, Reha-Klinik Bad Sebastiansweiler; 05 Reutlingen, GWG Reutlingen mbH; 06 Starzach-Bierlingen, Ldgasthof Rössle; Lossburg, Haus d. Gastes, RH u. Gebrüder Hilstift; Laufen, Kult.forum – **G:** zahlr. Bet. seit 90, zuletzt u. a. 01 Koblenz, Mittelrhein-Mus.; Kesher, Intern. Künstler plein-air; Köln, SM; Herrenberg, Zehntscheuer Deckenpfronn; Potsdam, SPSG, Schloß Sanssouci (Historische Mühle im Park); 01, 03, 05 Starzach-Bierlingen, RH-Gal. (m. d. Künstlerkr. Starzach); Starzach-Felldorf, Bürgerhaus: Große Kunstausst. (m. d. Künstlerkr. Starzach); 02, 04 Tübingen, SM; 02 Plankstadt, Welda Kunstpr. 2000 – Extra; 03 Reutlingen, Altes RH; Oldenburg, KV Vasistas: Mail-Art-Aktion; Bodelshausen, Bücherei im Forum: Frauenbildnisse; Reutlingen, KV: Positionen; 04 Schönaich, Volksbank (m. d. Künstlerkr. Starzach); 05, 06 Rottenburg, Kunstmeile; 05 Mössingen, Reha-Klinik Bad Sebastiansweiler; 06 Tübingen, AOK (m. d. Künstlerkr. Starzach); Sindelfingen, StG; Starzach, Künstlerkreis Starzach: Weihnachten – **V:** M.K. The Love of Painting / Die Liebe z. Malen 06 – ***LitR:*** Bilderausst. Golfclub-Gal. Domäne Niederreutin, in: Böblinger Kult.bericht R.TV 96; Bilderausst. Hewlett-Packard, in: Böblinger Kult.bericht R.TV 99; Ausst.bericht GWG Reutlingen mbH, in: Lokalnachrichten RTF 1 05

Kabitzsch, Horst, Maler, Graphiker; Ferdinand-Lassalle-Str. 15, D-04109 Leipzig, Tel. (03 41) 2 15 66 68 (* Neukirch 15. 6. 44) – **S:** 70–75 HGB Leipzig (Malerei u. Graph. b. Prof. Mayer-Foreyt, Prof. Tübke, Prof. Mattheuer u. Prof. Heisig) – **Ve:** VBK DDR 79–90; SKB 91 – **G/T:** Malerei (Öl, Aqu.); Zeichn. (Pastellkreide); Graph. (Rad., Hschn.); Portr. u. Landschaft, figürliche Arb. – **K:** Ldschaftsmalerei, Aktzeichn., Hschn. – **W:** überw. in Privatbes., in ehemaligen Betrieben – **M:** Altenburg, Lindenau-Mus.; Schwerin, Staatl. Mus.; Torgau, Schloßmus.; Wusterhausen, Kr.mus. – **Ö:** Dresden, Kassenärztliche Vrg; Hohenprießnitz, Schule; Jesewitz, Schule; Leipzig, Reg.präsidium; Torgau, Flachglaswerk – **E:** jl. mindestens 1 Ausst. seit 75, z.B. 75 Bad Düben, Mus.; 79, 82 Grimma, Kunsthaus; 82 Pécs, KH; 83 Torgau, Schloßmus.; 86 Leipzig, Gal. Nord; 88 Prerow, Staatl. KH; 93 Wusterhausen, Kr.mus.; 94 Leipzig, Gal. Reg.präsidium; 96 Borna, G.-Stern; 97 Leipzig, Lotto-Haus – **G:** zahlr. Bet. seit 77, u. a. 77, 78 Dresden, VIII. Kunstausst.; 78 Frankfurt/Oder, Mus. Junge Kunst; 79, 85 Leipzig, Bez.kunstausst.; 79 Altenburg, Lindenau-Mus.; 86 Magdeburg, Mus.; 87 Leipzig, Gal. Nord; 90 Eisleben, Mansfeld-Gal.; 92 Leipzig, MBK; Holzminden, Schloßgal.; 94 Leipzig, Gal. Süd; 98 92 Leipzig, Neues RH – ***Lit:*** Peter Guth: H. K., Ausst.kat. 86 – (Red.)

Kabutke, Doris, Kunsterzieherin, Künstlerin; Wettinerstr. 2, D-90475 Nürnberg, Fax (09 11) 83 64 24, *beimann_cineastic@nefkom.net* (* München 30. 5. 66) – **S:** 85–87 Landshut (Maler- u. Lackiererlehre); 87–89 Realschule f. Kunst u. Germanistik Regensburg (Stud. Lehramt); 89–94 Gymnasium f. Kunsterziehung (Stud. Lehramt b. Prof. HP Reuter) – **P:** Laufer Kunstpr. (3. Pr.) 92 u. 94; Wettb. d. Johannisgemeinde Lauf (2. Pr.) 92; Materialpr. d. Klasse Reuter 93; Stip. d. Freistaates Bay. 00–01 – **Ve:** BDK seit 03; Gal. Kohlerhof seit 02; Forum Künstlerinnen seit 02 – **G/T:** Malerei (Aqu.); Graph. (Rad., Siebdruck); Aktfotogr.; Plast.- u. Papiercollage; Keramik u. Mosaik; starke Farbigkeit, flächiger Farbauftrag, klare u. reduzierte Formen – **W:** zahlr. Werke in Privatbes. – **Ö:** Nürnberg, Hbf Kundenzentrum d. Verkehrs AG (Bodenmosaik); Nürnberg, Kopernikus-Planetarium (Toilettenfliesen) – **E:** zahlr. Ausst. u. a. 90, 92, 94, 01, 02 Nürnberg; 94 Landshut; 03 Erlangen; zuletzt 02 Nürnberg, Gal.haus Labor, Labora – **G:** zahlr. Ausst.bet. 90 bis 03 in Nürnberg, Lauf u. Landshut – (Red.)

Kähler, Peter s. Picciani, Peter

Käptn Kriki s. Kriki

KAESEBERG (eigtl. Tomas Fröbel); Steinstr. 3, D-04275 Leipzig (* Leipzig 64) – **VG:** Leipzig, Dogenhaus Gal. – **S:** Autodidakt – **P:** Transfer-Stip. d. Ldes NRW 90; Förd.pr. d. Jürgen Ponto-Stift. 91 – **G/T:** Install., Kunst am Bau – **W:** zahlr. Projekte baubezogener Kunst – **Ö:** KUNST AM BAU: u. a. Bad Lausick, Kurhotel; Bielefeld, Hörmann KG; Leipzig, Allianz-Versicherung, ebda, Commerzbank, Oper, Spk., Univ.klinikum; Mönchengladbach, Dt. Bank – **E:** zahlr. Ausst., u. a. 89 Leipzig, Haus Steinstr.; 93 Paris, Goethe-Inst.; Berlin, Gal. Eigen + Art; London, Avivson Gall.; Hannover, Kestner-Ges.; 95 Berlin, Gal. Eigen + Art; 97 Wien, Hilger; 99 Leipzig, Dogenhaus Gal.; 02 Düsseldorf, Gehry-Haus – **G:** zahlr. Ausst.bet. u. a. 87 Leipzig, Gal. Eigen + Art; 91 Altenburg, Lindenau-Mus.; 94 Berlin, NG; 99 Köln, Holtmann; 02 Leipzig, KH Spk. – (Red.)

Kahane, Kitty, Malerin, Zeichnerin; Winsstr. 70, D-10405 Berlin, *kitty@kitty.de*, *www.kitty.de* (* Berlin 14. 10. 60) – **VG:** Wetzlar, Gal. am Dom – **S:** 83–89 KHS Berlin-Weissensee – **P:** u. a. 'Bester Geschäftsbericht' (1. Pr. f. Ill.) 97; Ausz. d. Art Directors Club 98; Ausz. d. Type Berlin f. d. beste Ill. eines Geschäftsberichts 99; Ausz. f. Ill. d. Kochb. 'K. K.s Funny Fish Food' 00; Pr.trägerin d. Dt. Designer Clubs f. Meyers Großes Taschenlex. 01 – **G/T:** Ill.; Malerei; Arbeiten m. graph. Techniken; Bühnenbild; Dekore f. Porzellan, Stoffe u. Textilien; plast. Objekte; Kunst am Bau; Inneneinrichtungen – **E:** u. a. 94 München, Einrichtungshaus Casa; 95 Berlin, Rosenthal Studio-Haus; Luxemburg, Einrichtungshaus Tapis Hertz; 96 Frankfurt am Main, Hannover u. Essen, Rosenthal Studio-Haus; 97 Bremen, Securitas Gal.; 01 Berlin, Kult.brauerei; 02 Hannover, Leuenhagen & Paris; 03 Berlin, Gal. am Dom – **V:** u. a. K. K.s Funny Fish Food 99; Meike Winnemuth u. Peter Praschl: Zweierkisten. Ein Tatsachenbericht über das Leben als Paar (Ill.) 01; m. Susanne Bunzel (Rezepte): K. K.s Christmas Cooking. Das Weihnachtskochbuch für kleine Haushalte 03; Frank Zauleck: Große Reise. Eine lustige Geschichte für große und kleine Matrosen und für alle, die es noch werden wollen (Ill.) 04; Lilo Schwarz: Tarot (Ill.) 06 – (Red.)

Kahl, Margrit; Alsterdorfer Str. 572a, D-22337 Hamburg, Tel. (0 40) 66 85 38 97 – **G/T:** Bildhauerei – (Red.)

Kahrmann, Bernhard, Installations- u. Videokünstler; lebt u. arbeitet in Berlin (* Geislingen 73) – **VG:** Stuttgart, Hauff – **S:** 94–00 ABK Stuttgart (b. d. Prof. Gäfgen, Bunk u. Buetti) – **P:** Cité Intern. d. Arts Paris 01; Miart Mailand Jury 'Bester Künstler' (1. Pr.) 01; Rijksakad. van beeldende kunsten Amsterdam 03 – **E:** u. a. 99 Stuttgart, ABK; 00 Stuttgart, Hauff; 01 Mailand, Miart; Danzig, Laznia Centre for Contemp. Art; 04 Stuttgart, KV – **G:** u. a. 98 Stuttgart, Künstlerhaus; 99 Esslingen, Gal. d. Stadt; 00 Ludwigsburg, Villa Franck, KV; 01 Berlin, Artforum; 02 Berlin, G7 – (Red.)

Kahrs, Johannes (Ps.: John Jood), Künstler (* Bremen 4. 1. 65) – **VG:** Paris, Rech – **S:** 88–94 HdK Berlin – **P:** Arbeitsstip. d. Berliner Senats 95 u. 99; Alfred Krupp v. Bohlen u. Halbach Stift. Schöppingen (Kat.förd.) 98; Dorothea-von-Stetten-Kunstpr. 00 – **G/T:** Install., Malerei, Video – **M:** Gent, Mus. de Gent; Gent, Mus. van Hedendaagse Kunst; München, Slg Goetz – **E:** u. a. 94 Berlin, DAAD-Gal.; 98, 00 Berlin, Franck & Schulte; 00, 02 Paris, Rech; 01 München, KV – **G:** u. a. 95 Bremen, StG; 96 Moskau, Contemp. AC; 97, 99 New York, P.S.1 Contemp. AC; 98 Berlin, Künstlerhaus Bethanien; Berlin, Bienn.; 99 Lyon, Mus. d'Art Contemp.; 00 Essen, Mus. Folkwang; 01 Berlin, Schulte; München, KV; 03 Berlin, St. Matthäus; Porto, Mus. Serralves – **V:** Kat.: Schwarzes Loch – Weisse Wand 98; A-h. J. K. 00 – (Red.)

Kain Abels s. Landmesser, Ralf Gunter

Kain, Michael, Maler, Graphiker; Ernst-Ludwig-Heim-Str. 9, D-13125 Berlin, Tel. (0 30) 9 4902 73, *post @michael-kain.de*, *www.michael-kain.de* (* Berlin 49) – **S:** 81–86 KHS Berlin (b. Prof. D. Noßky u. Prof. H. Tessmer) – **P:** Arb.stip. d. Senats f. Kult. Angelegenheiten 94; Arb.stip. Künstlerhaus Schloß Wiepersdorf 02 – **Ve:** VBK 89; BBK Berlins 93 – **G/T:** Malerei, Zeichn., Collage – **K:** 04 Gross Grenz (Workshop) – **W:** Werke im Besitz d. Senats d. Stadt Berlin, d. RH Berlin-Pankow u. Berlin-Marzahn, d. Business Center Berlin u. a. – **E:** u. a. 89 Berlin, Nagel; 97 Berlin, Gal. am Prater; 01 Berlin, Gal. Mitte; Berlin, Loft36; 02 Bernau/ Berlin, Gal. Bernau; 03 Berlin, Parterre – **G:** u. a. 89 Amsterdam, Rijksakad.; 97 Eberswalde, Kleine Gal.; 03 Berlin, KPM-Quartier – (Red.)

Kaindl, Anne s. Bauer, Anne

Kaindl-Trätzl, Robert (eigtl. Robert Trätzl), Maler, Graphiker, Objekt- u. Installationskünstler; Untergangkofen 48, D-84036 Kumhausen, Tel. (0 87 43) 22 09, Fax 28 79, *kaindl-traetzl@t-online.de*, *www. kaindl-traetzl.de* (* München 14. 5. 41) – **S:** Lehre als Vergolder u. Maler; 63–68 München (Stud. d. Farb- u. Lacktechnik, Dipl.); 83–89 Intern. ABK Salzburg (b. d. Prof. Uwe Bremer u. Yoshi Takahashi); 83/89 ebda (Meisterschüler v. Yoshi Takahashi); 88–89 Berufsbild.zenturm (BBZ) München (Sem. in Airbrush u. Siebdruck) – **L:** 76–92 München (Fachlehrer f. Farbe u. Gest.); 89–90 Gars am Inn (Referent f. Lehrerfortbild.) – **P:** Kuratorium f. Begabtenförd. Bonn 63–68; Förd.pr. d. Prinzregent Luitpold-Stift. München 68; Großer Kult.pr. Ostbay. 99; Stip. u. Künstleraustausch Nykarleby/Finnl. 06 – **Ve:** BBK Ndb.-Oberpf. 78; VG Bild-Kunst 92 – **KGr:** Bayerwaldkr. (94–96) – **KGe:** Netzwerk Druckgraph. (seit 06, www.netzwerk-druckgrafik.de/robert) – **G/T:** Malerei; Graph. (Drucktechniken, Schwerpunkt Rad.); Objektkunst (Kupfer u. Titanzink); Install. – **W:** Landshut, Spk.akad. Bay.; München, Gal. d. Bay. Ldesbank; Passau, KS d. Ldkr.; Freyung-Grafenau, KS d. Ldkr.; Salzburg, Slg d. Intern. ABK; Wicklow/Irland, County Council – **M:** Hengersberg, KS Spital; Landsberg am Lech, Neues SM; Landshut, Mus. d. Stadt; Passau, MMK – Stift. Wörlen (GrS) – **Ö:** Aiterhofen, Franziskanerinnen-Kloster (Sakralgebäude-Gest. f. d. Sonnengesangsweg); Geisenhausen, Kolpinghaus St. Theobald (Eingangshalle, murale Wandtechnik); Irschenberg, Franziskus-Kap. (Sakralraum-Gest.); München, Adolf-Kolping-Berufsschule (Wandgest.); ebda, großer Sitzungssaal d. Bay. Staatsmin. f. Ldesentwicklung u. Umweltfragen (Genesis – 7 Tage) – **E:** zahlr. im In- u. Ausld seit 65, u. a. 89, 95 Landsberg am Lech, Neues SM; 90, 91 Neuschönau, Hans-Eisenmann-Haus; 93 München, Gal. d. Bay. Ldesbank; 94 Brüssel, Repräsentanz d. Freistaates Bay. (Kat.); 95 München, Bay. Staatsmin. f. Ldesentwicklung u. Umweltfragen; 97 München, Zoologische Staatsslg; 99 Asbach, Kloster; 00 Landshut, Stadtresidenz (Ital. Bau); 01 Berlin, Painen; 06 München, Kunstpavillon; Landshut, städt. Mus. – sowie: 95 Isle of Skye, Gall. An Talla Dearg – **G:** zahlr. Bet. seit 65, u. a. 67–90, 06 München, Haus d. Kunst; 91, 94 Dublin, Royal Hibernian Acad. (RHA); 92 Bonn, Bay. Ldesvertretung; 96 Passau, St. Anna Kap.; Schwandorf, Oberpfälzer Künstlerhaus – Kebbel-Villa; 99 Wicklow/ Irland, County Council; 01, 03 München, Bay. Ldtag u. Deggendorf, Kapuzinerstadl: Druckkunst aus Ndb. – sowie: seit 78 regelmäß. Bet. b. BBK; 98, 99 Frankreich, Regensburg, München: Menschenbilder; 01, 03 Département Oise/Frkr. – **V:** u. a. Irland – Nicht nur grün! 93; Seattle – Ein Vermächtnis 90; Struktur u. Form 00 – ***Lit:*** zahlr. Veröff., u. a. Arte factum: Der Maler R.K.-T. 82; G. Birk: Eine Welt statt Dritte Welt: Wal in d. Wolken 90; Kath. Schulkommissariat in Bay.: Handreichung z. Lehrplan f. bay. Berufsschulen u. Gymnasien: Seattle – Ein Vermächtnis 91/92; 7 Tage – Genesis. Ed.mappe 95; Lsch. in Blues, Projektkat. 95 – ***LitR:*** Walter Flemmer, in: Capriccio Büchertelegramm, Fs.-Beitrag anläßl. d. Neuerscheinung Irland – Nicht nur grün (Bay. III) 93; Lisa Eder: Künstlerportr. anläßl. d. Kult.pr.verleihung (Rundschau Bay. III) 99

Kainz, Nikolaus; Hochstr. 42, D-94227 Zwiesel, Tel. (0 99 22) 92 80 (* Pfaffenberg/Ndb. 15. 4. 29) – **Ve:** BBK Ndb.; Gemeinschaft Bild. Künstler Straubing; KV Passau – **G/T:** Malerei (Öl, Acryl, u. a. Portr.); großformatiger Siebdruck; expressive Abstr. u. Gegenständlichkeit – **W:** überw. in Privatbes. – **M:** Linz, Nordico-Mus.; Passau, Oberhaus-Mus.; Straubing, Slgn d. Stadt – **E:** 90 Regensburg, Hypobank; 95 Passau, Kult.-modell; 96, 99 Straubing, Gal. im Weytterturm; 00 Mallersdorf-Pfaffenberg, Design; 03 Lohberg, Sellner – **G:** u. a. 92 Dingolfing-Landau, Stadthalle; 94 Passau, St. Anna Kap.; seit 94 Passau, KV; 96 Regensburg, Kunst- u. Gewerbever.; 00 Regensburg, St. Oswald; Passau, Domschatz- u. Diözesanmus.; 02 Bodenmais, Altes RH; – weitere: 98, 00 Wanderausst. in d. USA (Contemp. Art from Lower Bavaria); 00 Burg Weißenstein – ***Lit:*** Dietmar Klinger: N. K., Kat. 95 – (Red.)

Kainzmaier, Stefan, Maler, Graphiker u. Gymnasial-Kunstpädagoge; Eidechsenstr. 5, D-26133 Oldenburg, Tel. (04 41) 4 47 72 (* Lenggries 31. 7. 26) – **S:** 49 zweimonatige Unterweisung in graph. Techniken b. Prof. Claus Bergen in Lenggries; 49–50 Staatl. Anerkannte KSch Die Form München; 50 Malstudio Prof. Jürgen Wegener, Roseninsel im Starnberger See (Figur u. Landschaft): 50–53 HBK München (b. Prof. H. Gött u. Prof. E. Glette); Univ. München (Prof. Dr. T. Ritter v. Lanz); 51 mehrmonatiger Stud.aufenthalt in Ital. (Florenz, Rom, Assisi, Neapel, Mailand u. Arezo) – **L:** 56–67 Privatgymnasium München (Prof. f. Kunsterziehung, Fachleiter); 67–91 Staatl. Gymnasium Oldenburg (Kunsterzieher, Fachleiter f. Kunst u. Visuelle Kommunikation); 68–91 Doz. in d. Erwachsenenbildung – **P:** Akad.pr. d. HBK München 53 – **Ve:** BBK München u. Obb. 56–67; Prüfungsamt f. Zulassung an d. Univ. Oldenburg 71–77; Jury d. Jahresausst. Oldenburger Künstler (zuletzt Vors.) 79–81 – **KGr:** Freie Münchner und Deutsche Künstlerschaft (Mitbegr.) – **G/T:** Malerei (u. a. Öl u. Acryl); Graph. (Drucktechniken, u. a. Rad.); Figur u. Mensch – **K:** Figur, Portr. u. Landschaft, Zeitgesch. u. Menschenbild – **M:** München, Lenbachhaus; Oldenburg, LM; Oldenburg, SM; Reissach, Kloster – **Ö:** Bilabeck/Münster, Familien-Grabstein Schumacher; Lenggries, Gemeinde (Jakob Stempfl, Räume I u. Räume II) – **E:** 76 Oldenburg, SM; 79 Oldenburg, Pressehaus – **G:** u. a. 60–64 München, Große Kunstausst. im Haus d. Kunst; 66 München, Bay. Akad. d. Schönen Künste – **V:** Stefan Kainzmaier: Kunst – Visuelle Kommunikation, in: Von der Lateinschule zum alten Gymnasium 1573–1975 73 – ***Lit:*** Hans Vollmer: Allg. Lex. d. Bildenden Künstler d. 20. Jh., Bd VI 62; La Revue Moderne, Paris 66; Repertorium Artis, Guide Intern. des Beaux-Arts 68; Elle et Eux, Monte Carlo 72 S. K., Kat. z. Ausst. im Oldenburger SM 76; S. K. Realität und Bewußtsein, Faltblatt z. Ausst. im Pressehaus Oldenburg 79

Kaiser, Andreas, Bild. Künstler; c/o Galerie Seippel, Zeughausstr. 26, D-50667 Köln, Tel. (02 21) 25 58 34, Fax 25 22 65, *seippelart@t-online.de*, *www. galerie-seippel.de; www.kaiserkunst.de* (* Fürth/Bay. 14. 2. 67) – **VG:** Köln, Seippel – **S:** 88–96 KA Münster (Meisterschüler b. Prof. Joachim Bandau) – **P:**

Förd.pr. d. Robert Bosch AG 95; Cité Intern. d. Arts Paris 96; Gotldstip. d. Ldschaftsverb. Westf./Lippe 97; Stip. d. Stadt Mönchengladbach 98, 99; Leo Breuer-Förderpr. 99; Denkmalwettb. Sr. Maria Droste zu Vischering 99; Kunstpr. d. Stadtspk. Magdeburg 99; Kult.-förd.stip. d. Westf. Wirtschaft 99; Denkmalwettb. Magdeburger Montagsdemonstrationen 00; Förd.koje Art Cologne 00; Villa Aurora Stip. f. Los Angeles 02; Artist in Residence Johannesburg 03; Förd.koje Art Frankfurt 03; Kunstpr.träger d. Stadt Köln 03; Artist in Residence Kellerberrin 04 – **Ve:** VG Bild-Kunst 99 – **G/T:** ortsbezogene, multimediale Install., Kunst am Bau, Denkmalprojekte, Objekte, Papierschnitt, Lith. – **W:** in zahlr. Privatslgn – **Ö:** Nordhorn, Zeuge (Denkmalprojekt); Recklinghausen, Polizeipräsidium – **E:** 95 Münster, Wewerka Pavillon; 97 Paris, Cité des Arts; Visby, Gotlands KM; 98 Recklinghausen, StKH; Köln, Fuhrwerkswaage; 99 Mönchengladbach, StM Abteiberg; Aachen, Gal. Am Elisengarten; Lüdenscheid, SM; 00, 02 Köln, Seippel; Magdeburg, KM Kloster Unser Lieben Frauen; 01 Köln, Artothek; Stade, Schloß Agathenburg; Goch, Mus. f. Kunst u. Kult.gesch.; 03 Johannesburg, Bag Factory; Coesfeld, KV Münsterland; 04 Bonn, LM – **G:** zahlr. Bet. im In- u. Ausld, zuletzt 00 Nordhorn, StG; Aachen, KV; 01 Gelsenkirchen, KV; 02, 03 New York, Ace Gall.; 04 Köln (privatgrün) – ***Lit:*** AUSST.KAT.: Ulrich Schneider: irregal 93; Martin Henatsch: Wewerka Pavillon 95; ders.: In Westfälischen Schlössern 96; Gerhard Kolberg: ungewohnt bewohnt 96; Norbert Nobis: V. Bildhauersymposion Holzminden 97; Hans Gercke: Cabinet 98; Veit Loers: Interventionen 99; Hans-Jürgen Schwalm: Interventionen 99; Jochen Heufelder: kunstgedüngt 2 99; Astrid Opitz: c o Mönchengladbach 99; Annette Lagler: Lichtzeichnungen 99; Ralf-P. Seippel: MD 00; Jochen Heufelder: direttissima 01; Stephan Mann, Bettina Roggmann, Susanne Schulte u. Hans-Jürgen Schwalm: A. K., Ortsbezug 01; Susanne Schulte: Stadtansichten 01; A. K., Album 04; – sowie: A Bernicke u. H. Schürings: Wiedervorlage 2000, in: Juni 00; Frank Günther Zehnder: Wiedervorlage 2001, in: Kölner Skizzen 2/01; Jürgen Raap: Zugemauert, in: Kunstforum Intern. 01; ders.: Gewaltspirale, in: Kunstforum Intern. 03 – (Red.)

Kaiser, Doris, Bildhauerin; Markt 16, D-47929 Grefrath, Tel. (0 21 58) 82 09, *info@doris-kaiser.de*, *www.doris-kaiser.de*. Kuhleshütte 43, D-47809 Krefeld, Tel. (0 21 51) 54 41 08 (* Trier 8. 10. 58) – **VG:** Krefeld, Fochem; Solothurn, Kunstforum – **S:** 81–88 FHS Niederrhein Krefeld (b. Prof. H. J. Albrecht) – **L:** 01–03 HS Niederrhein Krefeld (LAuftr. im Bereich Produkt-Design) – **P:** Elisabeth-Schneider-Pr. (2. u. 1. Pr.) 86, 88; Zeitgen. Keramik Offenburg (1. Pr.) 87; Arb.stip. d. Ldes SH 93; Arb.stip. Europ. Keramisches Werkzentrum 93; Künstlerinnenpr. d. Ldes NRW (1. Pr.) 99; Intern. Bienn. de la Sculpt. en Céramique (1. Pr.) 06 – **G/T:** Objektkunst (Ton, Gips); Rauminstall. u. Wandgest. – **W:** seit 86 überw. in Privatbes. – **M:** 's-Hertogenbosch, Mus. voor Hedendaagse Kunst; Aachen, ehem. Reichsabtei Kornelimünster KS NRW; Coburg, KS d. Veste; Frankfurt am Main, MAK; Karlsruhe, Badisches LM; Stuttgart, Württembergisches LM – **Ö:** Aachen, Theaterstr. 17; Krefeld-Hüls, Spk. – **E:** u. a. 87 Freiburg, Schneider; 91 Kempen, Städt. Kramer-Mus.; 94 Ottersweier, Gal. Schneider; 98 Dormagen, Kr.mus. Zons; 00 Konz, Gal. Kloster Karthaus; 01 Mönchengladbach, BIS; 02 Köln, Schmidt-Esters; 03 Kirchberg, Kunstforum; 04 Mannheim, Friebe; Krefeld, Fochem (Kat.); 05 Pfungstadt, Kaleidoskop Gal.; Mülheim an der Ruhr, KM (Kat.); 06 München, Gal. b 15; St. Wendel, Mus. Mia-Münster-Haus; Solothurn, Kunstforum – **G:** u. a. 88 Mannheim, StKH; 97 Magdeburg, KM Kloster Unser lieben Frauen; 99 Düsseldorf, Hetjens-Mus.; 00 St. Wendel, Mus. Mia-Münster-Haus; Tokio, Mus. of Mod. Art; Adelaide, Art Gall. of South Australia; 01 Gelsenkirchen, KV; 02 Köln, Kunst Köln; Esch-sur Alzette, Schlassgoart; 03 Valencia, MN de Cerámica; 04 Mamer, Bienn. de la Skulpt. et Ceramique (Kat.); 04, 06 New York, SOFA (Gal. b 15); 05 Saarbrücken, Stadt-Gal. (Robert-Schmann-Kunstpr.); 05, 06 Karlsruhe, Art Karlsrhue (Gal. b 15); 06 Krefeld, Fochem (Kleinplastiken) – ***Lit:*** Ausst.kat.: Gefäß und Plastik 98; D. K. – Positionen 00; Plastiken – D. K. 02

Kaiser, Leander, Dr., Maler, Philosoph; Schelleingasse 23/10, A-1040 Wien, *leanderkaiser@yahoo.de*, *www.leanderkaiser.com* (* Innsbruck/Tirol 2. 7. 47) – **E:** u. a. 64 Innsbruck, Studio 2; 85, 88, 90, 92, 94, 97 Innsbruck, Flora; 90, 95, 99 Salzburg, Seywald; 90, 91, 92, 94, 96, 00, 01, 02 Wien; Prag; Feldkirch; Lichtenfels, Gal. Peithner; 99, 02 Innsbruck, Maier; 96 Wien, Belvedere – **G:** seit 97, u. a. 97 Wien, Öst. Postspk.; 98, 00 Klagenfurt; 98 Madrid; Wien, KH d. Stadt Wien; 99 Kapfenberg; 99, 03 Wien; 01 Rom – ***Lit:*** Für Luxun – Ein Zyklus 83; Neue Bilder, Kat. 88; Peter Weiermair u. a.: L. K., Kat. (Belvedere) 96; Peter Weiermair u. a.: L. K., Kat. (Gal. Peithner) 02; – weitere: Peter Weiermair: L. K., Kat. – (Red.)

Kaiser, Manfred, Graphiker, Foto- u. Medienkünstler; Lacknergasse 79–81/4, A-1180 Wien, Tel. u. Fax (01) 4 70 54 08, *manfred-kaiser@chello.at* (* Wien 29. 12. 55) – **S:** 90–94 Wiener KSch (Aktzeichn. b. Prof. F. Martinz); 94–95 ABK Wien (Zeichn. b. Paul Zwietnig-Rotterdam) – **L:** 01–04 Technologisches Gewerbemus. Wien (Multimedia-Design); seit 06 FHS Technikum Wien (Lektorat f. digitale Fotogr.) – **Ve:** Verb. Wiener Volksbildung – **G/T:** Fotogr., Malerei, Graph., Neue Medien (Multimedia) – **K:** Fotogr., Digital Arts – **E:** 06 Wien, FHS Technikum; – sowie: Wien, Bez.mus. Landstr. – **V:** Firmungsb. v. Weihbischof Krätzl, Erzdiözese Wien; Fotoarb. z. 7 Lyrikbden im Verlag St. Gabriel Wien

Kaiser, Rainer; Karmelitenplatz 2, D-86152 Augsburg, Tel. (08 21) 51 21 18, Fax 5 08 30 73, *art@artmail.de*, *www.artmail.de* (* Mindelheim 31. 8. 60) – **S:** 80–85 FHS f. Gest. Augsburg (Abschluß b. Prof. Georg Bernhard) – **L:** seit 85 freiberufl. Doz. f. künstler. Techniken; 97–06 Univ. Augsburg (LAuftr. am Lehrstuhl f. Kunstpädagogik) – **P:** Kunstpr. d. Stadt Senden 00; Kunstpr. d. Stadt Gersthofen 00 – **Ve:** VG Bild-Kunst 86; BBK Schwaben Nord u. Augsburg 88 – **G/T:** Rauminstall.; Videoinstall.; Druckgraph.; Zchng – **K:** Aqu.malerei; Zeichen- u. Skizzentechnik; Acrylmalerei; Aktzchng; Druckgraph.; Mischtechniken; Exkursionen ins Ausld – **W:** überw. in Privatbes. – **Ö:** Augsburg, Weka Verl.; ebda, Univ.; Kempten, Univ. – **E:** 90 Augsburg, Brechthaus (Kat.); 00 Augsburg, Gal. am Graben; Freising (Atem-Leben-Raum); 01 Augsburg, Filmtheater Thalia; 03 Augsburg, St. Moritz; 06 Bobingen, KV – **G:** zahlr. Bet. seit 85, v. a. im süddt. Raum, u. a. 90, 91, 99 München, Haus d. Kunst: Große Kunstausst.; 91 Varna/Bulgarien, Intern. Bienn. d. Druckgraph.; 93 Tokio, Intern. Druckgraph.-Trienn.; 02/03 Sonderausst. z. Großen Schwäb. Kunstausst.; 04 Augsburg, Lab30 Kunstlabor – **V:** Reiseskizzen, Lehrbuch 96; Mischtechniken, Lehrbuch 97 – **R:** Videos: Moving Shelter 04; Bildnis eines Freundes 04; Phase 04; Frieden 05

Kaiser, Sophie, Künstlerin; Bereiteranger 15, Rückgebäude, D-81451 München, Tel. (0 89) 58 98 99 15, Fax 58 98 99 14, *sophiekaiser@zweiplus.org; hirschjagd@aol.com*, *www.ausgestellt.info* (* München 10. 10. 50) – **S:** 77–83 ABK München

(Malerei u. Graph. b. Prof. Rudi Tröger, Meisterkl.) – **P:** Cité Intern. d. Arts Paris 90 – **Ve:** BBK 85; KV München 90 – **KGe:** wechselnde Kooperationen – **G/T:** Malerei, multimediale u. interdisziplinäre Projekte, raumbezogene Arb. im öff. Raum – **W:** überw. in Privatbes.; 03 Gründung v. zweiplus, Inst. f. Sozialwiss. u. Kunst (Sozialwiss. Auftragsforschung u. Kunstprojekte zu ausgewählten Themen in Kooperation m. versch. Künstlern) – **M:** Aachen, Privatslg Pavel – **Ö:** München, Atriumhaus; ebda, U-Bahn Trudering – **E:** 93 Dorfen, Entoderweder; 94 München, KV; 99 München, Bezirk Obb.; 02 München, Gal. BBK – **G:** 94 München, Haus der Kunst – **V:** m. Stockdreher: Werkbuch: Tattoo u. Spiele (Text, Fotos) 99; m. Stockdreher: ausgestellt – wer macht Kunst zu Kunst und was denken die, die Kunst machen? (Text, Fotos) 02 – **R:** München 1999; m. Heltsch: Kunstbetrieb Eröffnung 02 – ***LitR:*** S.K., Portr./Dok. 02; Bayernj., Fs.beitr.

Kalaizis, Aris, Maler; Tel. (03 41) 9 98 59 71, Fax 9 98 59 72, *tr@maerzgalerie.de*, *www.maerzgalerie.de* (* Leipzig 10. 9. 66) – **VG:** Leipzig, Maerz – **S:** 83–85 Lehre z. Offsetdrucker; 87–88 Lehre z. Fotolaboranten; 92–97 HGB Leipzig (Malerei b. Prof. Arno Rink); 97–00 ebda (Meisterschüler b. Prof. Arno Rink) – **L:** 00–01 HGB Leipzig (Tutor) – **P:** Ldesstip. d. Freistaates Sa. 97; Kunstpr. d. dt. Volksbanken u. Raiffeisenbanken 01–02; Ausldsstip. d. Freistaates Sa. u. d. Greater Columbus Arts Council 05; Aufenthaltsstip. d. Intern. Studio and Curatorial Program (ISCP) New York 06 – **E:** u. a. 97 Leipzig, Artco (Kat.); 99 Cinncinati, Goldblum; 00 (Kat.), 02, 04, 05 Leipzig, Maerz; 01 Frankfurt, Art; 02 Berlin, Kunst-Werke (Kat.); Marburg, KV; Leipzig, Projektraum; 03 Berlin, Quicksilver (Kat.); 03, 05 Berlin, Villa Oppenheim; 05 Marburg, KV (Kat.); 06 Leipzig, Maerz (Kat.); 07 New York, Moti Hasson Gall.; Houston, Mackey – **G:** u. a. 01 Wien, Art Vienna; 04 Leipzig, KH Spk.; Leipzig, Maerz; 06 München, KH Hypo-Kulturstiftung: Zurück zur Figur (Kat.) – ***Lit:*** Bildende Künstler in Leipzig 06

Káldi, Katalin, Malerin (* Budapest 71) – **M:** Frankfurt am Main, MMK – **E:** u. a. 99, 00 Frankfurt am Main, MMK; 00 Köln, Rehbein – ***Lit:*** Schweers 02 – (Red.)

Kalinowski, Horst Egon, Prof., Maler, Graphiker, Bildhauer, Objektkünstler; Postfach 140324, D-40073 Düsseldorf, Tel. (02 11) 67 13 57 (* Düsseldorf 2. 1. 24) – **VG:** Ahlen, Fritz-Winter-Haus; Berlin, Werka; Dießen am Ammersee, Winter; Freiburg im Breisgau, Gal. Pro Arte – **S:** 45–48 Staatl. KA Düsseldorf; 50–52 Académie de la grande Chaumière Paris – **L:** 68–89 Staatl. ABK Karlsruhe (Prof.) – **P:** Carl Einstein-Pr. d. jungen dt. Kunstkritik 66; Burda-Pr. München (1. Pr. f. Plast.) 67; Kunstpr. u. Förd.mittel d. Heitland Foundation 92; Erich-Heckel-Pr. u. Förderpr. d. Künstlerbundes Baden-Württemberg e.V. 94 – **Ve:** Dt. KV 60; AK Berlin 65–62; Künstlerbund BW 70 – **KGr:** Gruppe 53 – **G/T:** Malerei, Graph. (Druckgraph., vorw. Rad. u. Lithogr.), Collage, Materialbild, Objektkunst (Leder, Holz u. a.), Freiraumplast. – **M:** Berlin, NG; Bonn, KM; Bremen, KH; Darmstadt, Hess. LM; Duisburg, Wilhelm-Lehmbruck-Mus.; Freiburg im Breisgau, Mus. f. Neue Kunst; Hagen, Karl-Ernst-Osthaus-Mus.; Hamburg, KH; Hannover, Sprengel Mus.; Karlsruhe, SKH; Köln, Mus. Ludwig; London, Victoria & Albert Mus.; Ludwigshafen, Wilhelm-Hack-Mus.; München, SG Mod. Kunst; Mönchengladbach, StM Abteiberg; New York, MOMA; Schleswig, LM f. Kunst u. Kult.-Gesch. Schloß Gottorf; Stuttgart, SG; Wien, MMK Stiftung Ludwig; Wiesbaden, Mus. – **Ö:** Karlsruhe, Botanischer Garten – **E:** zahlr. Ausst. seit 53, u. a. 89 Karlsruhe, Bad. KV; Köln, Kunststation St. Peter; 90 Paris, Albert Loeb; 91 Douai, L'hippodrome, Centre d'Action Culturelle; 92 Wendlingen, StG; 95 Köln, Boisserée; Frankfurt am Main, Rothe; 96 Ahlen, Fritz Winterhaus; Frankfurt am Main, Dom-Mus.; 98 Niebüll, KV – **V:** m. Rainer Malkowski: In den Fugen der Biographie, Zeichn. u. Gedichte 01 – ***Lit:*** Contemp. Artists 96; Reclams Künstlerlex. 02; Schweers 02 – (Red.)

Kalkmann, Hans-Werner; Kirchstr. 25, D-31162 Bad Salzdetfurth, Tel. (0 50 60) 96 16 36, Fax 96 16 40, *www.hans-oiseau.de* – **G/T:** Bildhauerei – (Red.)

Kaller, Robert, Bildhauer, Maler; Max-Brandes-Str. 23, D-44229 Dortmund, Tel. (02 31) 7 27 02 22, Fax 7 27 02 23, *info@kallerkunst.de*, *www.kallerkunst.de*

Kalmar, Felix, Mag. Fotografen Meister; Mommsengasse 10, A-1040 Wien, Tel. Mobil: 06 64 24 24 29 1, Fax (01) 5 05 67 11, *Kalm2@A1.net*, *www.direct-art.com* (* Wien 31. 8. 36) – **S:** 56–62 ABK Wien (Meisterkl. f. Malerei b. Prof. Boeckl); 80 Meisterprüfung Berufsfotografen/Werbung – **L:** 89–97 HS f. Angew. Kunst Wien (LAuftr. f. Produktfotogr.) – **P:** Theodor-Körner-Förd.pr. 66; Pr. d. Wiener Kunstfonds 76; Mention Spèciale du Salon intern. d'Art Nice 96; Silberne Nadel Innung Berufsfotografen 96 – **Ve:** Künstlerhaus Wien (Vorstandsmitgl.) 94–96; IG Bild. Kunst (Präs.) 96–98 – **G/T:** Text-Bild Collage; Fotogr.; Zchng (Filzstifte); Malerei (Öl, Gouache, Tempera, Sujets: hist. Parks); seit 00 konzeptuelle Malerei (schwarz-weiß) – **K:** Ldschaftsgest., Zchng, Fotogr., Akt als Ausdrucksform einer neuen Gest. – **W:** Werke überw. in öff. Slgn sowie in privatem Bes. im In- u. Ausld – **M:** Salzburg, Rupertinum; Wien, Albertina – **E:** 63 Wien, Synthese; 65 Wien, Peithner-Lichtenfels; 67 Mailand, Pater; 71 Wien, Gal. nächst Sankt Stephan; 76 Wien, BAWAG Foundation; 89 Wien, ABK; 92 Wien, Stalzer; 97 Wien, Heiligenkreuzerhof; 05 Graz, LM Joanneum (Kat.) – **G:** 69 Wien, Der blaue Adler; 70 Wien, Gal. nächst Sankt Stephan; Paris, Beno D'Incelli; Köln, Reckermann; 72 Wien, Zentralspk.; 73 Köln, Kümmel; 78, 80 (Kat.), 93 Wien, Künstlerhaus; 93, 94 Wien, Station 3; 96 Klosterneuburg/NdÖst., Slg Essl: Unbunt (Kat.); 97 Wien, Gal. Trabant; 00 Wien, Mus. auf Abruf: Thema Stadt Wien (Kat.); 05 Köln, Art Cologne – **V:** u. a. in: Magazin Kunst, Zs 73; in: Ludus, Zs 73; Semiotische Berichte, Zs 86; G. Politi (Hrsg.): Proposition, in: Flash-Art, 23 78, S. 7; Die Serie 3 (Text u. Repro Camera Austria Intern.) 95 – ***Lit:*** u. a. Pierre Restany in: Plus moins Zero, Zs 78; Erwin Melchart in: Neue Kronen Zeitung, Zs 76; Maria Buchsbaum in: Wiener Zeitung, Ztg 76; Liselotte Espenhahn in: Kurier, Ztg 76; Topografie, Ausst.kat. 80; Thomas Schmuck: Die Öde des Industrieraumes, in: Falter 89; Baum (Hrsg.): Werkkat. 00; Univ. f. angew. Kunst (Hrsg.): Serielle u. konzeptuelle Arb. 1969–1996, Kat.

Kalmbach, Michael, Bildhauer, Maler; lebt in Berlin (* Landau/Pfalz 7. 5. 62) – **VG:** Köln, Rehbein; Berlin, Wohnmaschine; New York, Robert Miller Gall. – **S:** 83–89 Städelschule Frankfurt am Main (b. Prof. Michael Croissant) – **P:** Saar Ferngas Förd.pr. 96; Arb.-stip. d. Hess. Min. f. Wiss. u. Kunst 97; Reisestip. d. Hess. Kult.stift. 99; Pr. d. Karl-Ströher-Stift. 00; Stift. Kunstfonds – Arb.- u. Projektstip. 00 – **G/T:** Bildhauerei, Malerei, Zeichn. – **M:** Basel, Kpst.-Kab.; Berlin, Berlinische Gal.; Frankfurt am Main, MMK; Jena, KS; Köln, Kolumba – **E:** 88 Frankfurt am Main, Forum Stadtspk.; 99, 04 Köln, Rehbein; 00 Frankfurt am Main, Ausst.raum de Light; 02 Berlin, Springer; Basel, Mus. f. Gegenwartskunst; 03 Göttingen, KV; Nürnberg, Albrecht-Dürer-Ges.; 04 Jena, StM u. KS (Kat.); Berlin, Wohnmaschine; 05 New York, Robert Miller Gall.; Salem/USA, Olin Gall. Roanoke College – **G:** 86 Frankfurt am Main: Elbestr.; 95, 96 Frankfurt am Main: Jürgen u. Michael am Brunnen; 99, 00, 01 Frankfurt am Main, MMK; 04 Düsseldorf, Mus. Kunst Pal.: Dali u. die Magier der Mehrdeutigkeit; Fellbach, 9. Trienn. d. Kleinplast. – ***Lit:*** Jürgen und Michael am Brunnen 96; M. K., Monogr. 00; Menschensuppe, Ausst.kat. 02; – sowie: Der große und der kleine Paul, Bilderb.

Kalteis, Andrea, Mag. art., Künstlerin; Seidlgasse 33/14, A-1030 Wien, Tel. Mobil: 0 65 04 33 52 50, *AKalteis@gmx.at* (* St. Georgen am Steinfeld/NdÖst. 30. 1. 72) – **VG:** Wien, Steinek – **S:** 92–93 TU Wien (Archit.); 93–99 Univ. f. angew. Kunst Wien (Kunstpädagogik, Graph.); 98 Univ. of Art and Design Helsinki – **Ve:** KV Salzburg 03 – **G/T:** Objektkunst, Fotogr., Fotostickerei, Siebdruck, Video, Install. – **M:** Helsinki, Ostbottnisches Mus.; St. Pölten, Ndöst. LM; Wien, Artothek; Wien, Slg d. Stadt; Wien, Slgn d. Univ. f. angew. Kunst – **Ö:** Wien, Schöllerbank – **E:** 01, 03 Wien, Steinek – **G:** 98 Helsinki, Städt. Kult.haus; 99–00 Wien, Kunstforum; 00 St. Pölten, Ndöst. Dok.-Zentrum f. Mod. Kunst; Wien, Albertina; 00, 01 Wien, Suppan; 00, 02 Wien, Steinek; 01 Budapest, MBK; Muscat/Oman, Soc. of Fine Arts; Wien, Mus. f. Völkerkunde; Wien, Heiligenkreuzer Hof; Klagenfurt, Walker; 02 Wien, Pal. Porcia; Wien, Jüdisches Mus.; Wien, Gal. IG Helsinki, Ostbottnisches Mus.; 03 Györ, StM; Budapest, Bartók 32 Gal.; Syros/Griechenland, KH d. Kykladen; Athen, Philekpaidevtiki Etairia, Stoa tou Bibliou; Eisenstadt, Bgld. LG; Wien, MMK (20er Haus); Györ, Municipal Mus.; St. Pölten, Ndöst. LM; Krems, KH – **V:** Sybille Becker, Gesine Kleinschmit, Ilona Nord u. Gury Schneider-Ludorff: Das Geschlecht der Zukunft. Frauenemanzipation und Geschlechtervielfalt (Umschlagbild) 00 – **R:** Valerie Solanas, Videofilm (feministisches Manifest) 98 – ***Lit:*** Stella Rollig: Künstlerinnen. Zeitgenössische Positionen, in: Das Jahrhundert der Frau. Vom Impressionismus zur Gegenwart. Österreich 1870 bis heute 99; Gabriela Fritz: A. K., in: Malerei. Österreichische KünstlerInnen Jetzt 00; Ilona Nord: Der androgyne Mensch, in: Von Gott und der Kultur 00; Erika Patka: Metamorphosen und Sequenzen 03; Brigitte Borchardt-Birbaumer: Malerei, Zeichnung, Installation. Der erweiterte Kunstbegriff ab den späten achtziger und den neunziger Jahren, in: Künstlerinnen – Positionen 1945 bis heute 03; Patricia Brooks: Die drei Helenen, in: Lit.ed. d. Abt. f. Kult. u. Wiss. d. Ndöst. Ldesreg. (Hrsg.): Frauenbild 03 – ***LitR:*** Das Jahrhundert der Frauen, Fs.dok. in d. Mag. 'Treffpunkt Kult.', 'Wien heute' u. 'Sonntags-Matinee' d. Öst. RF 99 – (Red.)

Kaltenmorgen, Petra, Bild. Künstlerin, Fotografin; Haspelmathstr. 12, D-30449 Hannover, Tel. (05 11) 3 35 17 26, Mobil: 01 7 624 10 45 10, *kaltenmorgen @gegenwartskunst.de*, *www.kaltenmorgen.de*. Fröbelstr. 18, D-30451 Hannover (* Hirschfeld/Hunsrück 26. 1. 64) – **S:** 89–96 FHS Hannover (Freie Kunst, Meisterschülerin v. Prof. Heinrich Riebesehl) – **L:** 00–01 FHS Hannover (LAuftr. f. Künstler. Fotogr.); 03 Victorian College of the Arts Melbourne (Gastdoz.) – **P:** Stip. Künstlerhaus Meinersen 96; Pr. d. KV Hannover 97; Nds. Jahresstip. 99; Stip. d. Barkenhoff-Stift. Worpswede 01; Artist in Residence 03; Stip. d. Kult.-stift. d. ZF Friedrichshafen AG 03 – **Ve:** VG Bild-Kunst 97 – **G/T:** Fotogr., Install., Video – **E:** 98 Gifhorn, KV; Freiburg im Breisgau, KV; 99 Göttingen, Künstlerhaus mit Gal.; Hannover, KV; 00 Wolfenbüttel, KV; 01 Hildesheim, KV; Bielefeld, David; 03 Melbourne, Goethe-Inst.; Melbourne, Gal. d. Victorian College of the Arts; 04 Friedrichshafen, Zeppelin Mus. – **G:** 97 Wilhelmshaven, Burg Kniphausen; 01 Hannover, Speyer (Altarbilder in d. Gegenwartskunst); 02 Halle/Saale, Villa Kobe; – weitere: 92, 95, 96 Herbstausst. Nds. Künstler; 00 Foto 2000 (Fotogr. aus RP) – ***Lit:*** Kat.: Spange und Spiegel 97; P. K. 98, 99; déjà vu 01; Seestücke 03; – weitere: Kunstsequenzen. 6 Künstler aus Hannover 00; Paare 01

Kalthoff, Uta Kathleen, freischaffende Künstlerin; c/o Atelier Kalthoff im Werkhof, Feldstr. 100, D-24105 Kiel, Tel. (04 31) 3 86 88 18, Fax 3 86 88 19, *info @uta-kalthoff.de*, *www.uta-kalthoff.de* (* Heidelberg 28. 4. 61) – **VG:** Worpswede, Bernack – **S:** bis 87 PH Heidelberg (Deutsch u. Kunst b. Prof. Manfred Kästner); 92–95 Muthesius HS Kiel (Archit.); 95 Kiel (2. Staatsexamen) – **L:** 95 Inst. f. Praxis u. Theorie in d. Schule (Lehrerfortbildung, prakt. Arb. zu versch. Themen, u. a. Kunstgesch.) – **Ve:** GEDOK SH 97–04; BBK Osterholz – Worpswede 98–03; BBK Schlesw.-Holst. 98; Multiple Art 99; VG Bild-Kunst 00 – **G/T:** Malerei (versch. Materialien, m. Pigenten u. a. Techniken, abstrahierende Gegenständlichkeit, serielle Arb.weise); Druckgraph. (Linol-Holzdruckserien) – **K:** Linoldruckkurse u. Malkurse m. Pigmenten u. in and. Techniken im eigenen Atelier – **Ö:** Kiel, Lubinus Klinik; ebda, Vossloh-System-Technik, Min. f. Finanzen u. Energie d. Ldes SH; Neumünster, Fa. NEUMAG; ebda, Dr. Hans-Sachs-Stift. – **E:** 91 Worpswede, Atlantis; 96 Hamburg, Falkenberg; 97 Kiel, Polnisches Theater (Ausst. u. Programmhefte); 00 Kiel, Geomar Inst.; Worpswede, Bernack; 01 Panker, Noran; 02 Kiel, Fraktion Bündnis 90/Die Grünen im Ldeshaus; 03, 04 Kiel, Hermann-Ehlers-Akad.; 05 Kiel, Industr.- u. Handelskammer; 06 Kiel, Min. f. Justiz, Arb. u. Europa Schlesw.-Holst.; Kiel, Dresdner Bank; Malente, Kurpark; – sowie seit 06 Ausst.organisation u. Lesungen m. Themen im Werkhof – **G:** 98 Worpswede, Altes RH; Worpswede, Bernack; 98, 06 Kiel, BBK-Messe in d. Ostseehalle; 99 Neumünster, Textil-Mus.; Bocholt, Textilmus.; 00 Chemnitz, Industr.mus.; Kiel, Brunswiker Pavillon; 01 Kiel, Atelier Kalthoff; 02 Pinneberg, Alte Drostei; Meldorf, Dithmarscher Ldesmus.; 03 Kiel, Innenmin.; 04 Molfsee, Freilichtmus.

Kaltner, Karl Hartwig, Mag. phil.; Schmiedpointstr. 461, A-5412 Puch b. Salzburg, Tel. u. Fax (0 62 45) 8 75 75, Mobil: 0 66 43 08 70 29 (* Salzburg 14. 6. 59) – **S:** 84–88 KA Brera Mailand (Malerei b. d. Prof. Devalle u. Bottarelli, Dipl.) – **P:** Pr. d. Salzburger Kult.-fonds 98; Stip. d. Stadt Salzburg (f. Budapest) 00 – **G/T:** Malerei, Install., Land-Art-Projekte – **W:** Land-Art-Projekte in Öst. u. Ital. – **M:** Bad Ischl, Slg Habsburg; Salzburg, Rupertinum (Slg Graninger); Wien, Albertina; Wien, Artothek d. Bundes – **Ö:** Hallein-Burgfried, Raika Hallein (Tafelbilder); Mailand, Slg Gariboldi; Mayrhofen, Pfarrzentrum (Bilder); München, Friedhof d. Winthirkap. (Fresko, nicht ausgeführt); Nußdorf, Friedhof (Freskenzyklus); Puch b. Hallein, Sitzungssaal d. Gemeinde (Bilder); Salzburg, Bildungshaus St. Virgil (Bilder); ebda, Erzbischöfliches Pal. (Bild f. Prälat Sieberer, Wandgest.), Pfarrk. Maxlan (Antependien), Liturgieraum Chirurgie West d. Ldeskrankenhauses, versch. Räumlichkeiten d. Ldtages (Bilder) – **E:** zahlr. Einzelausst. seit 89, u. a. 91 Tokio, Atelier Moto; 92 Salzburg, StG im Mirabellgarten; 93, 95, 99 München, Reile; 96 Linz, Nibelungengal.; 97 Wels, Gal. Forum; Gröden, Circolo artistico; 98 Mailand, Öst. Kult.inst.; Hallein, Kunstforum; 03 Mailand, Öst. Kult.forum; – zahlr. Install. seit 88, u. a. 92 Genua, Berge; 94 München, St. Bonifaz; 96 Augsburg, Köpf-Haus; Verzuolo, Castello del Drago; Manta/Cuneo (Fahnenbilder z. Hölderlin); 97 Weissensee, Rudolphshütte (Fahnenbilder); Gmunden, Hipp Halle; 98 Salzburg, Dom; 99 Berlin, Öst. Botschaft; 00 Klagenfurt, Univ.; Salzburg, Schloßpark Hellbrunn; Budapest, K.A.S. Gal.; 01 Salzburg, Max-Gandolph-Bibliothek; 03 Salzburg, Art Hotel Blaue Gans – **G:** zahlr. Ausst.bet. u. a. in Parma, Bologna, Mailand, Turin, Novara, Rom, Düsseldorf, München, Salzburg, Linz u. Gmunden – **V:** K. H. K.: Sulle guerre contadine in Austria, in: Paolo Thea u. ders.: Gli artisti e gli 'spregevoli' 98; – Beitr. in Zss: Im Land der Lipizzaner, du 705/00; Fürs Leben lernen?, BÖKWE 1/00; Über die Wertigkeit kreativen Denkens oder: Jedes System braucht Widerstand und wie Karl Kraus doch recht behielt, sturzflüge 47/00 (auch in: Sterz 84/00); Vom Bild in der Seele, BÖKWE 2/00; Kulturnation portierisch, du 720/01; Warum überhaupt Kunst, BÖKWE 2/02 – **R:** u. a. Beitr. f. Öst. RF, 3Sat, Video 33 Bozen u. Radio Salzburg – ***Lit:*** zahlr. Veröff. – ***LitR:*** Peter Neugart: K. H. K., Film – Beitr. u. a. im Öst. RF u. 3Sat – (Red.)

Kaluza, Stephan, Maler; c/o Galerie Michael Schultz OHG, Mommsenstr. 34, D-10629 Berlin, Tel. (0 30) 3 19 91 30, Fax 31 99 13 50, *office@galerie-schultz.de*, *www.galerie-schultz.de* (* Bad Iburg 64) – **VG:** Berlin, Schultz; Portland/OR, Leach; Eindhoven, Schoots; Pollença, Maior – **S:** 86–93 FHS Düsseldorf (b. Prof. Wolf Erlbruch); 86–89 KA Düsseldorf (Kunstgesch.) – **L:** 89–93 FHS Düsseldorf (Tutorium, Rad.) – **P:** Pr. d. Carl- u. Ruth Lauterbach-Stift. Düsseldorf 01 – **G/T:** Malerei (Öl, Plexiglas) – **M:** Amsterdam, Slg de Knecht; Augsburg, KM Walter; Paris, Artemis; Portland/OR, AM – **E:** zahlr. seit 95, u. a. 01, 03, 05 (Kat.) Berlin, Schultz; Regensburg, Kunstkab.; 02 Eindhoven, Schoots; Amsterdam, Gal. van d. Straeten; Den Haag, Livingstone Gall.; Portland/OR, Leach; 04 Pollença, Maior; 05 Düsseldorf, Voss; Berlin, St. Matthäus; Antwerpen, Zuid; Madrid, Carmen de la Calle; 06 Bielefeld, Baumgarte – **G:** zahlr. seit 97, u. a. 01 Eindhoven, Schoots; 02 Ehingen/Donau, Gal. Schloß Mochental; 03 Berlin, Schultz; Berlin, Georg-Kolbe-Mus.; 04 Madrid, Castellana Art Gall.; 05 Hamburg, KV Harburger Bahnhof: Meilenstein; Peking, Commemoration of the 60 Years of Victory over Fascism; Dresden, KH im Art'otel: Back to the line; Cuenca, Pérez – **V:** Kurt Tucholsky – 2 entropische Versuche (Siebdruckser.); Edgar Allan Poe: Quadrat & Drache (Zeichn., Siebdruckser.) – ***Lit:*** S. K. 00; Distanz, Ausst.kat. 01; Stalingrad, Ausst.kat. 03; Fackelherz & Falkenrot 03; Passion 03

Kaminsky, Thomas, Maler; Mommseng 21, A-1040 Wien, Tel. (01) 5 03 89 53 (* Dresden 4. 10. 45) – **VG:** Frankfurt am Main, Appel; München, Walser – **S:** 74 HBK Berlin (Meisterschüler b. H Trier) – **L:** 95–97 Univ. Mainz (Vertretungsprof.) – **P:** Karl-Schmidt-Rottluff-Stip. 77; Förd.pr. Bild. Kunst d. Kult.kr. d. dt. Wirtschaft im BDI 78 – **KGr:** Systhema – **M:** Berlin, Berlinische Gal.; Berlin, NG; Kassel, Neue Gal.; Kiel, KH; Leverkusen, StM Schloß Morsbroich; Mannheim, StKH – **E:** u. a. 76 München, Tanit; 84 München, Lenbachhaus; 91 Karlsruhe, KH; Den Haag, Artline; 95 Frankfurt am Main, Appel & Fertsch; 98 München, Walser; Wuppertal, Von der Heydt-Mus. – **G:** u. a. 77 Helsinki, Amos Anderson KM; 87 Kassel, Neue Gal.; 90 Heidelberg, KV; 92 Dresden, Dt. Künstlerbund; 01 Wien, Lindner – ***Lit:*** Schweers 02 – (Red.)

Kamlah, Rainer; c/o Galerie Laura Mars Grp., Sorauer Str. 3, D-10997 Berlin, Tel. u. Fax (0 30) 61 07 46 30, *info@lauramars.de*, *www.lauramars.de* (* Erlangen 71) – **VG:** Berlin, Laura Mars Grp. – **S:** 94–97 HBK Braunschweig; 97–00 HdK Berlin (00 Meisterschüler) – **E:** 02, 04 (m. DL Alvarez), 06 Berlin, Laura Mars Grp.; 03 Madrid, Liquidation total; 05 Berlin, Glue – **G:** 98 München, Lothringer 13; Berlin, HdK (Freie Kl.), 00 Rotterdam, TENT; 01 Riga, Arsenals; Stuttgart, Oberwelt e.V.; 02 Dresden, Info Offspring; Berlin, Pavillon d. Volksbühne; Berlin, Autocenter; 03 New York, Derek Eller Gall.; 04 Dresden, Kunsthaus Raskolnikoff

Kammerer, Anton Paul, Dipl. Maler u. Graphiker; Zur Linde 43, D-01809 Dohna/OT Burgstädtel, Tel. (03 51) 2 81 91 21, *antonpaul.kammerer@arcor.de*, *www.a-p-kammerer.de* (* Weißenfels 17. 7. 54) – **VG:** Düsseldorf, Gal. Beethovenstraße – **S:** 71–73 Ausb. als Plakatmaler in Merseburg u. Halle; 75–80 HBK Dresden (Malerei u. Graph. b. Prof. Jutta Damme, Dipl.) – **P:** Wilhelm-Höpfner Pr. d. Winckelmann-Ges. 87; Glück auf-Pr. b. 100 Sä. Graphiken 00 – **Ve:** VBK DDR 83–89 – **KGe:** B 53: A.P.K., Jürgen Wenzel, Bernd Hahn u. Andreas Küchler (seit 82) – **G/T:** Malerei; Druckgraph.; Collage u. Zchng (insbesondere deren Verbindung) – **W:** zahlr. Werke in privatem sowie Bes. v. Unternehmen, z.B.: Dt. Bank, Dresdner Bank, IBM, Phillips, Wiesenhof u. Norddt. Ldesbank Braunschweig; weitere Arb. in Mus. in Cottbus, Leipzig, Magdeburg u. Stendal – **M:** Berlin, Kpst.-Kab.; Budapest, Kpst.-Kab.; Dresden, SKS – **Ö:** Chemnitz, Schmidt-Bank; Dresden, Stadtspk.; ebda, Bau-Berufsgenossenschaft – **E:** u. a. 95 Erfurt, Johannesstr.; Chemnitz, Weise; 95, 97, 00 Cuxhaven, Höhne; 96 Düsseldorf, Gal. Beethovenstraße; Glauchau, Art Gluchowe; Bonn, Intern. Jugendforum Bonn; Aurich, KV; Haren, de Dilcht; 97 Dresden, Punkt & Partner; Bad Bellingen, Gal. im Kurhaus; Bayreuth, Gal. an d. Stadtkirche; 97, 00 Dresden, Gal. Mitte; 00 Dresden, Baumgarte; 06 Magdeburg, Gal. Himmelreich – **G:** zahlr. Bet., u. a. 98 Berlin, Gal. Sophien-Edition; 99, 01 Dresden, Gal. Mitte; 00 Ladbergen, Schulte-Freekling Antiquitäten; Chemnitz, 100 Sä. Graphiken; 01 Düsseldorf, Gal. Beethovenstraße; Dresden, Kult.RH; Karlsruhe, Kunst im Ldgericht – **V:** div. Graph.mappen, z.B. Don Quijote in La Mancha (Rad.) 86 – ***Lit:*** Gal. am Blauen Wunder Dresden, Ausst.kat. 92; Gal. Weise Chemnitz, Ausst.kat. 95; Winckelmann-Mus. Stendal, Ausst.kat. 02

Kammerer, Petra Magdalena, Malerin; Kellerstr. 35, D-81667 München, Tel. (0 89) 4 48 04 11 (* München 14. 7. 41) – **S:** 60–61 Akad. f. Angew. Kunst Wien; 61–65 ABK München (b. Prof. Glette) – **P:** Stip. d. Keramiksymposium in Arandjelovac 83; Stip. Artist in Residence, Villa Montalvo 89 – **Ve:** GEDOK 80–90; BBK München 95–01 – **G/T:** Collagen vermischt m. Malerei (auf großen Holzplatten u. in Buchform, versch. Themen, z.B. Krieg im Kosovo, angelehnt an Lit., auch eigene Texte zum Teil vermischt m. Schrift) – **E:** 84 Landshut, KV; 85 München, Übelackerhaus; 87 München, Schutzverband Bild. Künstler; 93 London, Bedford Hill Gall.; 97 München, Produzentengal.; 98 Bassano, Bomato; 01 München, Lillemors Frauenbuchladen – **G:** Bet. seit 84, u. a. München, Schutzverband Bild. Künstler; GEDOK; Ebersberg, KV; München, BBK; München, Gal. am Gasteig; 02 Augsburg, BBK – **V:** Veröff. v. Kurzgesch. in div. Lit.zss, u. a. Sinn u. Form – **R:** Frau Vetter, Hsp. 03

Kammerl, Sabine, Künstlerin; Knöbelstr. 2, D-80538 München, *www.sabine-kammerl.de* (* München 16. 4. 62) – **S:** 84–90 ABK München (b. Prof. Fridhelm Klein); 88–89 Slade School of Fine Arts London (b. John Hiliard u. Bruce McLean); 92 Akad. Düsseldorf (b. Prof. Fritz Schwelger); 93 Inst. des Hautes Etudes en Arts Plastiques Paris (b. Pontus Hulten, Sarkis, Daniel Buren) – **L:** 96–98 KHS Kassel (Gastprof.) – **P:** Kunstpr. Fürstenfeldbruck 86; DAAD Stip. London 88–89; Arb.stip. d. EU 'Eurocreation' f. Grenoble 91; Bay. Staatsförd.pr. 91; Projektstip. d. Ldeshauptstadt München 91; Stift. Kunstfonds – Arb.- u. Projektstip. 92;

Stip. u. Mitgl. d. Inst. des Hautes Etudes en Arts Plastiques Paris 93–95; Amerikastip. d. Bay. Staates New York u. San Francisco 98–99; Musashino-Art-Project-Award Tokio 02 – **Ve:** VG Bild-Kunst 93 – **G/T:** Kunst m. Raum- u. Ortsbezug (Kunst im Dialog m. Archit. u. ihren Nutzern); Kunst im öff. Raum; div. Medien, u. a. Licht, Glas, Siebdruck, Install.; konzeptuelle Fotoserien, Videoarb. u. Objekte m. Körper- u. Raumbezügen – **W:** überw. in Privatbes. – **M:** München, Artothek – **Ö:** Augsburg, Annahof (Pl. u. Plattform, Lichtkunst); Garching, Zentralinst. f. Medizintechnik; Gröbenzell, Bürgerhaus; Haar, Kinderhort; Ingolstadt, Lärmschutzwand (Lichtkunst); München, Büro Orange; München-Trudering, Schule; Neuburg, Donaukai; Neuburg, Gymnasium; Ingolstadt, FHS; Stuttgart, Kaufhaus – **E:** 91 Grenoble, Atelier de la ville; 92 München, Fußgängerunterführung (Install.); 95 Neuburg, StG; 99 New York, Fifth Ave. (Install.); 02 München, Sachs – **G:** 89 München, Künstlerwerkstatt; London, Goethe-Inst.; 91, 01 München, Gal. d. Künstler; 92 Prag, Gal. d. Stadt Prag; 93 Bremen, Ges. f. Aktuelle Kunst; 94 München, Gal. im RH; Glasgow, öff. Raum; 98 Regensburg, StG; 04 Frankfurt, Luminale – **V:** WAS IsT REALITY – NOW IsT s FICTION (Konzept, Layout, Computergraph.) 96; S. K. – item's (Konzept u. Layout) 97; Walking through Society, in: Jb. d. Inst. f. mod. Kunst (Konzept u. Layout) 97; Theorie u. Praxis. Interviews m. Kunst- u. Kulturschaffenden 00 – **R:** Taucher (Konzept, Regie u. Schnitt) 91; Window of Opportunity, Situation trouvée 99 – ***Lit:*** Heinz Schütz (Text): S.K.: Arbeiten f. Orte – works for spaces 01; Der Donaukai. Archit. + Kunst + Landschaftsarchit. 02; Inge Lindemann (Text): S.K.: Projekte: real-fiction 03

Kamper, Ingrid (geb. Ingrid Havlik, Ps.: Kamper I.), Malerin u. Graphikerin; Schiffmannstr. 89, A-3100 St. Pölten, Tel. u. Fax (0 27 42) 25 63 90, *ingrid@kamper-art.at*, *www.kamper-art.at* (* St. Pölten 18. 6. 42) – **VG:** u. a. St. Pölten, Kamper; Innsbruck, Kass; Feldkirchen, Ars Artis – **S:** seit 62 VHS St. Pölten (Graph. u. Malerei b. Prof. Zöchling u. Prof. Tobner); Annaberg/NdÖst. (Portr.kurse b. Prof. Gamsjäger); Sommerakad. Salzburg (Graph. u. Landschaftsmalerei b. Prof. Otte); Sommerakad. Wien (Akt- u. Landschaftsmalerei b. Prof. Freundlinger u. Fellenz, Lith. u. Rad. b. Prof. Donin, Abstr. b. Prof. Winkler); Sommerakad. Krems (Farbrad. b. Wilhelm Pernerstorfer); Scheibbs (Hschn.woche d. Gr. Xycron); seit 90 div. Stud.reisen (u. a. nach Ital., Frkr., Finnld, Griechenld, Madeira, Mallorca, Öst. u. Ungarn) – **L:** 92–07 VHS St. Pölten u. VHS Lilienfeld (Graph. u. Malerei, Leitung v. Aqu.sem.) – **P:** Grafikpr. d. ÖBB Nationale Wien 03 – **Ve:** Kunst- u. Kult.ver. d. Öst. Eisenbahner 90; KV Neumarkt/Raab 92; IG Bild. Künstler Öst. 92; Kunstbank Ferrum 04 – **G/T:** Malerei (Aqu., Acryl, Öl); Graph. (Kohle-, Kreide- u. Tuschezeichn.), Druck u. Mischtechnik (Farbrad. u. Lith.); Airbrush; Tachismus; Themen u. a.: Landschaft, Portr., Akt, Figurales, Blumen, Abstr. u. Sozialkritisches – **K:** Aqu., Acryl; Portr., Landschaft, Vedute, Blumen, Figurales – **W:** Werke u. a. im Bes. v. Bank- u. Versicherungsinst. in Öst. – **M:** St. Pölten, Magistrat; St. Pölten, SM – **E:** zahlr. Einzelausst., u. a. 89 Traismauer, Schlosserhaus; 90 St. Pölten, Gal. d. Stadtbücherei; 93 Wien, Ldesdir. d. Wiener Städt. Versicherung; 95 Melk, Gal. d. Bez.hauptmannschaft; St. Pölten, Synagoge; 97 Melk, Gal. Forsthaus; St. Pölten, SM; St. Pölten, Gal. d. Nordstern-Versicherung; 98 Lilienfeld, Ndöst. Ldesgal.; 99 St. Pölten, Bildungshaus St. Hippolyt; 00 St. Leonhard am Forst, Kaiblinger; Innsbruck, Kass; 01, 05, 06 Salzburg, Kunstmesse; 02 St. Pölten, NdÖst. Ldesbibliothek; 03 Gmunden, Kunstmesse Art Toscana; Krems, Gal. Kult.mitte; 04 Hofstetten-Grünau, Bürger- u. Gemeindezentrum; Herzogenburg, Kult.zentrum Reitherhaus; 06 St. Pölten, RH-Gal. – **G:** zahlr. Ausst.bet. seit 89, u. a. 92 Pihtipudas/Finnld, Gal.; Stuttgart, RH-Gal.; 93–94 Graz, Kult.zentrum; Melk, Heimatmus.; Villach, Kult.zentrum; Gossam/Wachau; St. Pölten, Bez.hauptmannschaft; 96 Linz, Nordico-Mus.; 96, 01–06 St. Pölten, SM; 97 Saalfelden, Schloß Ritzen; 98–00 St. Pölten, Ndöst. Dok.-Zentrum f. Mod. Kunst; St. Valentin, Gesch. Mus.; Eisgarn, Probstei; Horn, Gal. Thurnhof; St. Leonhard, Kult.tage; 01–03 Melk, Kult.tage; Pöchlarn, Kult.tage; Loosdorf/NdÖst., Kult.tage; 01–04 St. Pölten, Sommerrefektorium Dom (Fastenbesinnung der Künstler); 04, 05 Klagenfurt, Kunstmesse; 05 Graz, Raiffeisenhof; Linz, Wifi – **V:** I. K. Streiflichter (Malerei) m. Gedichten v. P. Kumpfmüller 02; seit 96 jl. Kunstkal. (Malerei)

Kamphof, Günter; Martin-Rjeffert-Str. 11, D-47877 Willich, Tel. (0 21 54) 21 64, Fax 21 64 – **G/T:** Bildhauerei – (Red.)

Kampl, Gudrun, Mag. Art., Malerin, Objektkünstlerin, Experimentalfilmemacherin; c/o Gal. Silvia Steinek, Himmelpfortgasse 22, A-1010 Wien, Tel. (01) 5 12 87 59, *galerie@steinek.at* (* Klagenfurt 23. 10. 64) – **VG:** Wien, Steinek; Weizelsdorf, Walker – **S:** 83–90 Univ. f. angew. Kunst Wien (exper. Gest.lehre in Malerei u. Graph., Trickfilm bei Prof. Maria Lassnig, Dipl. u. Mag. Art.) – **P:** Preis d. Viennale Wien 88; Geist & Form XII Wien 89; Intern. Pr. f. Malerei Erfurt 92; Stip. New York 92; Leopold Goes Kunstpr. Klagenfurt 93; Bauholding Kunstpr. Klagenfurt 94; Stip. Paris 95; Arb.stip. Brasilien 96; Arb.stip. Indien 96; Öst. Staatsstip. f. bild. Kunst 98; Öst. Staatsatelier f. bild. Kunst 99 – **G/T:** Objektkunst (Samt, Polyester); Malerei (Hinterfragen d. Schönheitsbegriffs); exper. Film; Install.; Abb. d. Körpers als Bedeutungsträger u. seine Zurichtung – **W:** Bühnenbilder u. Kostüm: Franz Kafka: Amerika (Volkstheater Wien) 04; Ronald Pohl: Sudelküche Seelenruh (Kunsthaus Mürz, Ndöst. Donaufestival, Theater Rampe Stuttgart) 03/04; Gustav Ernst: Lysistrate (Volkstheater Wien) 05; F. Raimund: Der Verschwender (Landestheater Linz) 06/07 – **M:** Klagenfurt, MMKK; Klosterneuburg/NdÖst., Slg Essl; Neu Delhi, Sanskriti Mus. of Everyday Art; Salvador da Bahia/Brasilien, MMA; Salzburg, Rupertinum; Wien, MMK Stiftung Ludwig; Wien, Slgn d. Univ. f. angew. Kunst – **Ö:** Sankt Veit an d. Glan, Gerichtsgebäude; Wien, Kinderstation d. Donauspitals SZM Ost – **E:** 96 Salvador da Bahia/Brasilien, MMA (Kat.); 02 Neu Delhi, Sanskriti Mus. of Everyday Art; 03 Guadalajara, Gal. Gallo; 04 Salzburg, Rupertinum (Kat.); 05 Wien, Steinek; 06 Weizelsdorf, Walker; Salzburg, Traklhaus – **G:** 04 Wien, Gal. nächst Sankt Stephan; Passau, MMK – Stift. Wörlen; Linz, Lentos; Salzburg, Rupertinum; 05 Klagenfurt, MMK; 06 Salzburg, Rupertinum (Mus. Mönchsberg) – **V:** Durchs Messer laufen, Spielkartenset (Schnapskarten) 93 – **R:** TRICKFILME: Leichenzüge, Realtrick (16mm, Farbe, 3 min) 85; Der Zwitscherer, Zeichentrick (16mm, s/w, 4 min) 86; Das 1 × 1 d. glückl. Lebens (16 mm, Farbe, 45 min, ORF) 87; E. Schmidt Jun. (Regie): Denkwürdigkeiten eines Nervenkranken (16mm, Farbe) 87/88; Putendämmerung, Video/DVD (Farbe, 9 min) 02 – ***Lit:*** Geyerhöfer (Text): Musenvieh, Ausst.kat. (z. Ausst. im Naturhistor. Mus. Wien) 91; Arnulf Pohsmann (Text): Durchs Messer lesen, Ausst.kat. (z. Ausst. in d. LG Klagenfurt) 93; Susanne Praglowski (Text): Nixenschwanz u. Kuschelspinnen, Kat. 96; Roland Pohl: G.K., Kat. 00 – sowie: Veröff. v. Postkarten 88, 89

Kampmann, Stefani, Illustratorin, Graphikerin; Kuglerstr. 69, D-10439 Berlin, Tel. (0 30) 44 71 40 93, *skampmann@yahoo.com*, *www.stefanikampmann.de* (* Peine 16. 6. 71) – **S:** 96–00 FHS Kunst u. Design Hannover (Innenarchit.) – **G/T:** Ill.; Comic; computergeneriert – **E:** 02 Offenbach am Main, Lederwarenmesse – **G:** Erlangen, Comicsalon – **V:** u. a. Buchill.: A.J. Butcher: Spy High Band 1–6, 04/05; Gary Paulsen: Gefährliche Ferien 05; Fabian Lenk: Die Pyramide d. 1000 Gefahren 06

Kampmann-Wilsker, Ralf; Schlienkamp 6, D-48145 Münster, Tel. (02 51) 39 24 21, Fax 39 24 20, *rkampmann@t-online.de*, *www.rkampmann.de* – **G/T:** Malerei, Bildhauerei – (Red.)

Kanavc, Chris S.; Averhoffstr. 24, D-22085 Hamburg, Tel. (0 40) 2 29 07 58, Fax 4 06 25 59, *chris@atelier98.de*, *www.chris-s-kanavc.de* – **G/T:** Malerei

Kand, Helmut, Maler, Skulptor, Poet; *kand@kand.at*, *www.kand.at* (* Bruck a. d. Mur 13. 12. 46) – **S:** ABK Wien (b. Prof. Albert Paris Gütersloh u. Rudolf Hausner) – **P:** Pr. d. Stadt Salzburg; Malender Botschafter d. Insel Ios; Foreign Born Indonesian Artist – **G/T:** Malerei; Skulpt. (Holz, Glas u. Stahl); Stil: Poet. Surrealismus – **W:** Ankäufe durch Gal. u. private Slgn weltweit, d. Städte Basel u. Kuala Lumpur – **M:** Athen, Nea Pinakothiki; Buenos Aires, Mus. de Arte Mod.; Graz, LM Joanneum; Lissabon, Mus. d'aqua; Melbourne, Westpac; Paris, Bibliothèque Nat.; Ubud/Bali, Neka AM; Wien, Albertina – **Ö:** Bruck an d. Mur; Ios/Griechenl.; Jardin Shasmoukine; Kuala Lumpur, Park Plaza Café; Langenzersdorf (Fries); Ontario, Timmins Mus. (Beflaggung); Rom, Dt. Schule (Edelstahl-Skulpt.); St. Pölten, Spalier d. Persönlichkeiten (44 Flachskulpt.); Wien, Berggasse (Kandwand); ebda, RHpark – sowie Wandbilder in: Kapfenberg, Kitzbühl, Leoben, Mönichkirchen u. Wien – **E:** zahlr. in Galerien, Museen, öff. Slgn u. Kunsthallen in Europa, Austral., USA, Kanada, Jap. u. Indonesien – **G:** Bet. an Kunstmessen – **V:** zahlr., u. a. Surréalisme poétique 75; Poetischer Surrealismus 76; Der goldene Kat. 77; Das Tagtraumbuch 81; Der weiße Kat. 88; Küß d. Wind 92; Die Kult. d. nichterzählten Träume 94; Advanced Dreamer of an Alternative Reality 95; Meine Insel braucht d. ganzen Himmel 95; The Magic Place as a Theme 96; Strandgut f. mein kurioses Antiquariat 99; Pintura – Surrealismo poètico (Mus. de Àgua Lissabon) 02; Bilder aus meinen schlafenden Paradiesen 02; Surrealistic Colours 03; Den Kopf voller Sommerfarben; Ergötzliches Polychrom 04; The Ports of Hellenism 05 – **R:** Filme: Schnee brennt 71; Kunststücke, ORF 80; OK, ORF 82; Die nur eine Art des Gegenwindes, Jolly Joker ORF 85; Augenverschenken, Ios Wien 85; Ein Tag wie ein Kuß aus Karamel, Ios Wien 87; Die Luft hat Augen, NDR 88 – ***LitR:*** Kand et Shasmoukine, Dok. d. Frz. Fs. 84

Kandl, Johanna, Malerin; Löwengasse 22, A-1030 Wien, Tel. (01) 7 13 92 77, Fax 7 14 35 59 (* Wien 18. 3. 54) – **VG:** Salzburg, Altnöder – **S:** 72–80 ABK Wien (Malerei) – **P:** Stip. Rom 79; Stip. Belgrad 79–80; Stip. Baku 91; Stip. Krakow 92 – **E:** zahlr. Ausst., u. a. 92 Wels, Gal. d. Stadt Wels; 96 Salzburg, KV; 98 Wien, Knoll; 99 Wien, Secession; 02 Leipzig, Gal. f. Zeitgen. Kunst – **G:** zahlr. Ausst.bet. u. a. 89 Ulm, Ulmer Mus.; 93 Krems, KH; 95 Wien, KH Exnergasse; 01 Bologna, Gal. D'Arte Moderna; 02 Basel, KH – (Red.)

Kandler Seegy, Angelika (eigtl. Angelika Kandler, geb. Angelika Seegy), Malerin, Dozentin; Steuerwald-Landmannstr. 21, D-90491 Nürnberg, Tel. (09 11) 59 51 66, Fax 59 51 89 (* Nürnberg 14. 9. 39) – **VG:** Roth, Wechsler Villa Augusta – **S:** 57–61 FHS f. angew. Graph.; Sommerakad. Salzburg, Europ. Akad. Trier, Ottersberg (Weiterbildung in Malerei b. Prof. Hannes Wiedemann); seit 90 Symposien in Dtld u. Tschechien – **L:** seit 86 Bildungszentrum Nürnberg (Doz.); Rudolf Steiner Haus Nürnberg (freie, phil.-künstler. Sem.) – **P:** 1. Pr. d. Féderation Intern. Culturelle Féminine; Publikumspr. d. Stadt Fürth – **Ve:** KV Erlangen 68–00; BBK 70; Féderation Intern. Culturelle Féminine 90; GEDOK Franken (Gründungsmitgl.) 90; Bund Fränkischer Künstler (seit 03 1. Vorsitzende) 95 – **KGr:** Nürnberger Kunstsymposion (seit 98) – **G/T:** Freie Malerei (versch. Techniken); Inhalt: Über d. Geistige in d. Kunst o. d. Farben ein Fest bereiten! – **K:** Der Seele einen Raum erschaffen o. Bilder aus Klang u. Stille; Freie Malerei; Malreisen – **W:** mehrere 100 Werke in Privatbes.; weitere u. a. in Bes. d. Bez. Mittelfranken – **M:** Amsterdam, Art Departement; Bamberg, Slg Schönborn-Wiesentheid; Fürth, Spk. – **E:** 01 Nürnberg, Schule f. zeitgen. Tanz; 02 Stuttgart, Gal. im Rudolf Steiner Haus; 03 Roth, Wechsler Villa Augusta – **G:** 98 Karlovy Vary, SG; 01 Athen, Kult.pal.; 03 Nürnberg, Kunsthaus; Paris, RH; Castell'Arquato (FICF); 04 Nürnberg, Schloß Almoshof; Berlin, Patentamt; Nürnberg, RH; Teheran (FICF) – **V:** m. Christel Lorek: Allerlei Pflanzen zwischen A und Z seit 01 – ***Lit:*** Einzelkat. 95; sowie zahlr. Gemeinschaftskat., zuletzt: 75 Jahre Bund Fränkischer Künstler 04 – (Red.)

Kanitz, Wolfgang, Maler, Bildhauer, Designer; Witzeldorf 20, D-84160 Frontenhausen, *www.wolfgangkanitz.de* (* Hamburg 18. 8. 47) – **S:** Autodidakt – **P:** Danner-Stift. 82; Europ. Zentrum f. Berufe in d. Denkmalpflege San Servolo/Venedig – **G/T:** Stuckbildhauerei; Werksteinskulpt.; Gegenständl. u. informelle Malerei; Interior Design – **Ö:** München, Prinzregententheater (Zuschauerraum: Republikan. bay. Wappen m. Löwen, Maskenreliefs, Brunhilde-Büste im Brunnenhof)

Kanter, Matthias, Maler; Dorfstr. 9, D-23936 Friedrichshagen, Tel. (0 38 41) 61 66 93, Mobil: 0 17 75 83 34 96, *matthias_kanter@web.de*, *www.matthiaskanter.de* (* Dessau 4. 12. 68) – **VG:** Berlin, Mertens; Leipzig, Kermer; Plüschow, AG Gal. f. zeitgen. Kunst – **S:** 88–90 Graveurwkst. Leipzig; 90–95 HBK Dresden (Malerei b. Prof. Ralf Kerbach); 96–98 ebda (Meisterschüler b. Prof. Max Uhlig) – **L:** 02 Caspar-David-Friedrich-Inst. Greifswald (LAuftr.); HBK Dresden (LAuftr.); 05–06 Intern. Sommerakad. d. HS Wismar (LAuftr.) – **P:** DAAD-Stip. f. Venedig 95–96; Graduiertenstip. d. Ldes Meckl.-Vorp. 98; Stip. d. Stift. Kult.fonds Berlin 99; Lingener Kunstpr. 00; Stip. d. Stadt Neubrandenburg 01; Arb.- u. Projektstip. d. Stift. Kunstfonds 02 – **M:** Lingen, KH; Schwerin, Staatl. Mus. – **Ö:** Leipzig, Spk.; Schwerin, Dt. Bank – **E:** /G: u. a. 96 Frankfurt/Oder, Mus. Junge Kunst; 98 Düsseldorf, Gal. Beethovenstraße; 99 Augsburg, Bienn. d. Zchngn; 00 Schwerin, Staatl. Mus.; Leipzig, Gal. Eigen + Art; Lingen, KH (Kat.); Dresden, Leonhardi-Mus.; 01 Schwerin, Staatl. Mus.; Leipzig, Kermer; Düsseldorf, Fesel; Wien, Exner; 02 Osnabrück, Demmel; Neubrandenburg, KS; Schwerin, Staatl. Mus.; Neustrelitz, KV (Kat.); 03 Lingen, KH; 03, 04 Venedig, Traghetto; 04 Leipzig, Kermer; 05 Berlin, Rekord – ***Lit:*** Strand, Ausst.kat. 04 – ***LitR:*** Beitr. auf NDR 01, 02

Kapeller, Adolf (auch Ado Kapeller), Hochschulprofessor, Mag. art., Dipl. Maler u. Graphiker; Steinreichweg 3a, A-6414 Mieming/Tirol, Tel. (0 52 64) 4 30 02. – Bis 31.12.2006: Am Trimmelter Hof 51, D-54296 Trier, Tel. (06 51) 1 09 48 (* Mieming/Tirol 20. 5. 37) – **S:** 57–62 HS f. angew. Kunst Wien (Meisterkl. f. Graph., Ill. u. Photogr. b. Prof. Schwarz) – **L:** 74–84 Fachoberschule Nürnberg; 83–90 Art Didacta Innsbruck; 84–87 Höhere Techn. Lehranstalt Innsbruck; GlasFS Kramsach; 87–02 FHS Trier (Zeichnen, Freie Graph., Farblehre u. Entwurf) – **Ve:** KV Frankfurt/Main – **G/T:** Malerei u. Graph. (Auseinandersetzung m. Ldschaften, Flora, Fauna, Geologie u. Archit. aus Spanien, La Palma, Korsika, Portugal, Ital. u. Tirol); spezielle Themen: Figur – Mensch (Frau), Tiere im Zoo, kinematorische Wechselbezüge v. Mensch u. Maschine, Mechanik, Bionik, Orbitalerscheinungen, Objekt-Spielzeug-Arrangements (Gioco), amorphe Formationen, Zus.fügung z. sinnbildlichen, surrealen Kompositionen mittels ästhetisch, künstler. Gest.prinzipien – **E:** 76 Telfs, Pointgal.; 81 Nürnberg, Wiedel; 82 Nürnberg, Foyergal. d. Oberpostdir.; Hof, Hypo Gal.; 84 Imst, Turmgal.; 85 Brixlegg, Gschösser; Innsbruck, Hettlage-Gal.; 86 Innsbruck, Galeothek; 93 Trier, Kunsthandwerkerhof; 99 Trier, Kunsthaus Borkam; 01 Trier, Gal. d. Europ. Rechtsakad.; 03 Trier, Gal. d. FHS; 05 Entwurf d. eigenen Atelier- u. Galeriehauses in Mieming/Tirol – **G:** 78 Neapel, VII. Concorso Intern. di Pittura; Nürnberg, KH; 81 Nürnberg, Wiedel; 88 Wien, HS f. angew. Kunst; 89 Trier, Tufagal.; 99 Fort Worth/Texas, Gal. Christian Univ.

Kapielski, Thomas, Prof.; c/o Merve-Verlag, Crellestr. 22, D-10827 Berlin, *www.merve.de* (* Berlin 16.9.51) – **VG:** Köln, Reckermann – **L:** 89–90 Prof. Kassel; seit 98 HBK Braunschweig – **P:** Sprengel-Pr. für Bild. Kunst 99; Ben-Witter-Pr. 99 – **G/T:** Malerei, Bildhauerei, Performance, Fotogr., Film, Schriftstellerei – **E:** 85 Berlin, Nürnberger Eck; 86, 91 Berlin, Petersen; 87 Berlin, Künstlerhaus Bethanien; 89, 93, 97, 98 Berlin, Wiens Laden u. Verl.; 91 Amsterdam, Boekie Woekie; 93 Köln, Hundertmark; 96 München, Valentin-Karlstadt Musäum; 99 Offenbach, Ausst.raum Goethestr.; Erlangen, Beck; Hannover, Sprengel Mus.; Braunschweig, Konsumver.; 00 Braunschweig, HBK; 02 Wangen, Gal. No.6; 03 Hildesheim, Die Gute Stube; 04 Hamburg, Wartezimmer – **G:** zahlr. Ausst.bet. seit 82, zuletzt u. a. 01 Köln, Reckermann; 02 Erlangen, Beck; Braunschweig, ARTmax; 02, 03 Bremen, Neues Mus. Weserburg; Berlin, Endart; 03 Berlin, Staatsbank – **V:** zahlr. Ed., u. a. Frische Hemden (Texte u. Fotos) 87; G.S.P. – U.M.P.K.F. Dett KönnSe! – Bullettin (Hrsg.) 90–95; G.S.P. Sonderheft. Ein Fall von verdeckter Erotik in der Neugriechischen Malerei. – Ein Exkursionsbericht (Hrsg.) 91; Strafarbeit 97; Schwerstarbeit 97 – **R:** Kurts Film (für Fritz Lang), Super8-Film (Buch, Regie, Darsteller) 83; 3-D live Film (m. Frieder Butzmann) 85; Ulli ist wieder da!, Live-Filmvertonung (m. Nils Krüger) 85; Schöndoof, 16mm-Film (unbeendet) 86; Fernsehn im Radio!, alternative Fsvertonung übers Radio (m. Helmut Höge, Sabine Vogel, Volker Grassmuck u. a.) 88; Schöndoof, 16mm-Film u. Video (Neuvertonung) 03 – ***Lit:*** Kat.: Kapielski – Schwarz Weiss. Kapielski grüßt den Rest der Welt 81; Einfaltspinsel=Ausfallspinsel 87; Rechnen: 5, Malen: 1, Ausst.kat.87; T. K. u. Michael Glasmeier (Hrsg.): Nach Einbruch der Nüchternheit. Werkkatalog. 1979 bis 1996, Ausst.kat. 96; Bau Griff ran, schmeiß weg 00 – (Red.)

†**Kapitzki,** Herbert W., Prof. em., Graphikdesigner; lebte in Berlin (* Danzig 24. 2. 25, † Berlin 22. 4. 06) – **S:** 41–43 Stud. b. Prof. Fritz Pfuhle in Danzig; 46–48 Arb.gr. f. Bild. Kunst Bernstein; 49–52 ABK Stuttgart (b. Prof. Willi Baumeister) – **L:** 64–68 HS f. Gest. Ulm (Doz., seit 65 Leiter d. Abt. Visuelle Kommunikation); 70–90 HBK bzw. HdK Berlin (o. Prof. f. Visuelle Kommunikation); 84 Univ. El Minia/Ägypten (Gastdoz.); 92–95 FHS f. Gest. Schwäbisch Gmünd (Gastdoz.) – **P:** seit 57 mehrmals Pr. 'Das beste deutsche Plakat'; Pr. b. Wettbew. 'Graphik Design Deutschland' d. BDG 68 – **Ve:** Alliance Graphique Intern. 58; BDG (Vizepräs.) 69; Verb. Dt. Grafik Designer Stuttgart (Gründungsvorstand) 93; Die Künstlergilde 97 – **KGr:** Gruppe 56; Konstruktive Tendenzen; Kontakt im Spessart – **M:** Essen, Dt. Plakat Mus. – **E:** Ausst. im In- u. Ausland – **G:** u. a. 64 Kassel, documenta III; 67 Montréal, Pavillon d. Weltausst.; 94 Ostende/Belgien, Logo Design Bienn. – **V:** zahlr. Publ. in nat. u. intern. Fachzss – ***Lit:*** Contemp. Designers 97

Kappeler, Detlef, Prof. Dipl. Ing., Hochschullehrer, freischaffender Künstler; Ringweg 1, D-26969 Butjadingen, Tel. (0 47 33) 81 98, Fax 84 39, *www.detlef-kappeler.de*. Carrer de la Princesa 40, E-08003 Barcelona, Tel. (93) 3 10 09 10 (* Stettin 23. 7. 38) – **S:** 58–66 Univ. Hannover (Archit., Abschluß m. Dipl.); 66–69 HBK Hamburg (Meisterkl. Prof. Paul Wunderlich) – **L:** 74–03 Univ. Hannover (Lehrstuhl Malerei, Zeichn., Graph. am FB Archit., o. Prof.) – **P:** Nds. Kunstpr. (Förd.pr.) 66; Cité Intern. d. Arts Paris (Stip.) 72; Lichtwark-Pr. (Stip.) 73 – **KGr:** Kritische Naturwissenschaft (Arb.kr., Mitbegr.) – **G/T:** Malerei (Öl, Aqu., Gouache); Graph. (Zeichn., Rad., Lith.); Skulpt.; Durchdringen v. Wirklichkeit – **M:** Bielefeld, KH; Bochum, Mus.; Hamburg, KH; Oldenburg, Horst-Janssen-Mus.; Szczecin, NM; Wrocław, StM – **Ö:** Berlin, Lit. Colloquium Wannsee; Hamburg, Univ.bibliothek Carl v. Ossietzky; ebda, Ing.schule Bergedorf, Martin-Luther-King-Haus, Univ. Augenklinik Eppendorf; Hannover, Nds. Ldtag; ebda, VHS, HS f. Musik u. Theater; Oldenburg, Hörsaalzentrum d. Carl-v.-Ossietzky-Univ.; Papenburg, Dok.- u. Informationszentrum Emslandlager – **E:** 71 Hamburg, KH; 73 Bielefeld, KH; 75 Hannover, KV; 76 Bochum, Mus.; 83 Paris, Goethe-Inst.; Bremen, Goethe-Inst.; 90 Berlin, Lit. Colloquium; Berlin, Joh. R. Becher Haus; 94 Barcelona, Gal. Gaspar; 01 Oldenburg, Horst-Janssen-Mus.; Wrocław, Muz. Miejskie Wrocławia, Oddział Muz. Sztuki Medalierskiej; 02 Szczecin, NM – **G:** 63 Wolfsburg, KM; 67 Hannover, KV; 70 Bonn, LM; 71 München, Haus der Kunst; 72 Paris, Salle Sandoz (Cité Internationale d. Arts); 73, 76, 78 Recklinghausen, Ruhrfestspiele; 84 Wien, Mus. des 20.Jh.; 85 Baden-Baden, Bienn. d. europ. Graph.; 90 Düsseldorf, KH; Zürich, MfG – **V:** u. a. Architektur, in: Republik Freies Wendland 80; D. K. u. B. Schmidt: Ungleichzeitigkeit im Kunstrealismus, in: Forsch.berichte d. Univ. Hannover 80; Für Jenny in der Feldstrasse. Die Weisse Taube flog für immer dahin 84; Burghart Schmidt: Problem mit dem Gedenkbild, in: Spuren 86; Erich Fried, J. Ph. Reemtsma u. B. Schmidt: Die Frage der Opfer, in: Spuren 87 – **R:** Kunst braucht Freiheit im Kopf, in: Kulturspiegel, Radio Nds. 01; D. K. – Transparenzen, NDR Radio 3 01; Petra Pfeil: Interview mit D. K., NDR 03 – ***Lit:*** Werner Hofmann u. Michael Schwarz: D. K., Ausst.kat. 71; J. W. von Moltke u. a.: D. K. Projekt Nordholz, Ausst.kat. 76; Gérard Raulet u. Burghart Schmidt: D. K. Cycle de la Mer de Glace, Ausst.kat. 83; Lettre à Jenny, Rue des Champs, Ausst.kat. 83; Erich Fried u. a.: D. K., Ausst.kat. 87; Walter Momper u. a.: D. K. Auf der Suche nach C. v. Ossietzky (1), Ausst.kat. 90; Gerhard Schröder: Auf der Suche nach C. v. Ossietzky (2), Ausst.kat. 91; Daniel Giralt Miracle: D. K. Auf der Suche nach Arbeiten, Ausst.kat. 94; Dieter Ronte (Hrsg.): D. K. Transparenzen, Ausst.kat. 01; Lech Karwowski: Przejrzy-Stości. D. K., Ausst.kat. 02 – ***LitR:*** Titel, Thesen, Temperamente. Gottfried Sello über Kappelers Arbeiten im Martin-Luther-King-Haus Hamburg, NDR, WDR 70; H. P. Herbst: D. K.s Arbeiten in der Hamburger Kunsthalle, NDR-Kult.mag 71; ders.: Erich Fried und D. K. vor dem Lessing-Bild, NDR-Hamburg 86; Stephan Lohr: D. K.s Lessing-Bild im Kunstverein Hannover, NDR 86; Lothar Janssen: D. K. Lessing-Bild, NDR-Extra-3 86; H. W. Sternsdorf: D. K.s Lessing-Bild, in: Die klammheimliche Freude des Mescalero 1977 – Staatsaffaire um einen Nachruf, NDR Hamburg 93; Lothar Janssen: Kappeler-Ausstellung im Club der Kulturschaffenden Berlin (Ost), NDR-Extra-3 91

Kappesser, Christoph, Bildhauer; Rhönring 141, D-64289 Darmstadt, Tel. (0 61 51) 42 45 37, 71 89 97. Gervinusstr. 56, D-64287 Darmstadt, Tel. (0 61 51) 42 45 37 (* Worms 6. 4. 60) – **VG:** Darmstadt, Luttemann – **S:** FHS Aachen (Prof. Lutz Brockhaus) – **L:** 88–99 FHS Aachen (LAuftr. f. Bildhauerei); 02 Zeichenakad. Hanau (LAuftr. f. Allg. Gest.) – **P:** 1. Pr. Brunnenwettb. Großberau; 2. Pr. Simposio Intern. di Scultura sa Granito Buduso – **Ve:** BBK Hessen – **G/T:** figürliche Plast. (Stein, Bronze) – **K:** Bildhauer- u. Bronzetechniken, Akt, Portr., Freie Gest. – **Ö:** Darmstadt, Passagiere Kopernikuspl.; ebda, Himmelszelt (Astrid Lindgren Schule); Großberau, Zweiflüsse Brunnen – **E:** 91 Darmstadt, KH; 04 Rheinheim, Hofgut; – weitere: 96 Ver. z. Kunstförd. – **G:** seit 85 im In- u. Ausland – (Red.)

Karapetrov, Vallentin s. Caravallio

KaRaSu s. Schrefler, Klaus

Karbe, Martina; Platenstr. 26, D-50825 Köln, Tel. (02 21) 55 24 13, *martinakarbe@gmx.de*, *galerie-karbe.here.de* (* Arnsberg 27. 12. 56) – **VG:** Köln, Gal. Art-Lab; Bonn, Aga Gal.; Köln, Gal. 68elf – **S:** 80–87 FHS f. Kunst u. Design Köln (Meisterschülerin b. Prof. Werner Schriefers) – **P:** Artist in Residence (Tokio) 03 – **Ve:** 68elf Förd.ver. junger Kunst – **G/T:** Zchng; Objekte; Malerei; Aqu.; Install. – **W:** überw. in Privatbes. – **E:** 85, 86, 88, 89 Köln, Hoffmann; 91 Wiesbaden, Gal. am Luxemburgpl.; 99 Köln-Ehrenfeld, Kult.büro; Murnau, Westtorhallen; 02 Köln, Gal. Article; 04 Köln, Gal. ArtLab – **G:** 84 Arnsberg, Sauerland-Mus.; 85, 86, 87 Basel, Intern. Kunstmesse; Köln, Hoffmann; 90 Köln, Gal. 68elf; 91, 93, 95 Köln, Hoffmann; 94, 95, 96 Köln, Gal. Article; 97 Bad Neuenahr-Ahrnweiler, Mus.; 00 Köln, Gal. Petric; 01 Frankfurt am Main, Kunstmesse; 03 Kyoto, Kennin-j' Tempel; 05 Köln, Art Cologne; Bonn, Frauen-Mus.; 06 Köln, Fine Art – ***Lit:*** in: Apex. Ein Kunstmag. Nr. 12 91

Kargel, Knut, Maler, Graphiker, Aktionskünstler; Weidenstr. 57, D-59071 Hamm/Westf.. c/o Atelier, Vellinghauser Str. 4, D-59514 Welver, Tel. (0 23 88) 3 41 39, *kk@aterlierkargel.de*, *www.atelierkargel.de* (* Hamm/Westf. 26. 8. 58) – **S:** 88–93 KA Münster (freie Kunst b. Prof. Udo Scheel) – **P:** Stadtmaler v. Rheine 92, 93 – **Ve:** Kr.KV Beckum-Warendorf 01 – **K:** graph. Techniken; exper. Malerei; Internet-Programmierung – **W:** überw. in Privatbes.; zahlr. Performances; virtuelle Kunst – **M:** Beckum, SM; Hamm, Gustav-Lübcke-Mus. – **Ö:** Ahlen (Fassadenmalerei); Hamm (Wandmalerei) – **E:** 00 Hamm, Gal. Di Pittura; 02 Hamm, Stadtgal.; 04 Warendorf, Stadtgal.; 06 Kamen, StG – sowie: Rheine (Akzente 1993) – **G:** 95, 99 Hamm, Gustav-Lübcke-Mus.: Hier u. Jetzt (Kat.); 00 Hannover, Expo: KunstWerkGerüst (Beitr. d. Stadt Soest); 03 Telgte, Mus.: Dimensionen d. Heiligen; Münster, Dominikanerkirche: Was ist mir heilig? – sowie: 93 Interkontinentales Wanderausst.projekt: Agua, Mmiri, Wasser; Liesborn, Mus. Abtei u. Beckum, SM: versch. Bet. m. d. Kr.KV Beckum-Warendorf – **V:** Gegen Rechts, Plakat (in hoher Aufl. gedruck) 02; Kunsttechnologie – Das Kompendium f. Künstler, Kunsterzieher u. -therapeuten 1993–2006, Hefte (auch im Internet) 93–06 – **R:** KunstZeit, interaktive Kunstaktion (zeit.atelierkargel.de) 04; Ungeworfene Steine – GEGENgewalt, interaktive Kunstaktion (steine.atelierkargel.de) 05; NoThanx, soziales Kunstwerk, polit. Aktionen (www.nothanx.de) 06; infin Artists-Gallery, intern. Künstlergal. (www.artists-gallery.de) – ***Lit:*** Oberstadtdirektor d. Stadt Hamm (Hrsg.): Bildende Kunst in Hamm 91; Stadt Rheine (Hrsg.): Die Ökonomie von Kloster/Schloß Bentlage, Workshops, Symposien, Projekte 95; Beate Naß u. Peter Dahm: Künstler im Kr. Soest 98; Kr.KV Beckum-Warendorf (Hrsg.): Künstlerinnen u. Künstler im Kr.KV Beckum-Warendorf 02

Karigl-Wagenhofer, Hermine (geb. Hermine Wagenhofer), Mag., Malerin; Beethovengasse 1, A-1090 Wien, Tel. Mobil: 06 64 37 41 78 5, *hermine.karigl@aon.at*. Schildberg 46, A-3071 Böheimkirchen (* Sonntagberg/NdÖst. 22. 9. 55) – **S:** 77–82 ABK Wien (Meisterschule Prof. Gustav Hessing bis 80/81, 81/82 Meisterschule Friedrich Hundertwasser) – **P:** Kardinal-König-Pr. f. Bildgest. 79; Füger-Med. (ABK Wien) 80 – **Ve:** BBK Öst. seit 82; Ges. Bild. Künstler Öst., Künstlerhaus seit 95 – **G/T:** Eitemperamalerei (figurativ u. abstrakt) – **W:** Werke in versch. Privatslgn, Slg. Stadt St. Pölten – **M:** St. Pölten, Ldesreg. (Artothek); St. Pölten, NdÖst. LM; St. Pölten, Slg d. Stadt; Wien, BMfUK (Artothek) – **Ö:** Wien, Allg. Krankenhaus – **E:** zahlr. Ausst. u. a. 93 Wien, Blau-Gelbe-Gal.; 95, 99, 03 St. Pölten, NdÖst. Dok.zentrum f. mod. Kunst; 96 Wien, Künstlerhaus; 97 Eichgraben, Ver. f. Kunst u. Kultur; 98 Weistrach, Kulturhof Blau-Gelbe-Gal.; 99 St. Michael, Wehrkirche u. Karner; 00 Traismauer, NdÖst. LM f. Frühgesch.; 01 Wien, Art & Design; 02 Gars, Kunst in d. Natur; 03 Böheimkirchen, Art – Room – Würth; 04 Wien, Club Alpha – **G:** zahlr. Ausst.bet. u. a. 95, 00 Ulmerfeld, Schloß; 97, 02 Weistrach, Kulturhof Blau-Gelbe-Gal.; 98, 99, 01 St. Pölten, NdÖst. Dok.zentrum f. mod. Kunst; 99, 03 Eichgraben, Ver. f. Kunst u. Kultur – ***Lit:*** H. K.-W.: Der Schalenmensch, Ausst.kat. (NdÖst. LM) 93

KARISWA s. Wellmer-Schnell, Karina

Karl, Gottfried; Krölpa 17, D-07955 Auma, Tel. (03 66 26) 2 15 08 (* Krölpa 21. 9. 52) – **S:** Autodidakt – **G/T:** Malerei (Tiere einschließl. Wildtier- u. Jagdmalerei, Lsch., vorw. Öl) – **E:** mehrere Ausst. u. a. in Zeulenroda, Gal. zur Buche; Gerolzhofen, RH; Triebes, Winkelmannsches Haus; Hof/Saale, Ldratsamt – **G:** 05 Halberstadt, Mus. Heineanum: Vogelmaler Dtlds – **V:** Der Jäger, Kal. 01 – ***LitR:*** Gernstl unterwegs – Eine Expedition entlang d. Bundesstr. 2, Produktion d. megaherz im Auftrag d. BR (Folge 13, 14), Fs.beitrag

Karnagel, Jonas, Dipl.-Graphikdesigner (FHS), Graphiker, Fotograf, Dozent; Humboldtstr. 15, D-38106 Braunschweig, Tel. (05 31) 2 80 15 16, *jonas@karnagel.com*, *www.karnagel.com* (* Braunschweig 17. 2. 71) – **S:** 94–96 TU Braunschweig (Kunstgeschichte); 96–00 FHS Hildesheim/Holzminden/Göttingen (Graphik-Design m. exper. Schwerpunkt) – **L:** 00–04 Oskar Kämmerer Bildungswerk (OKB) Braunschweig (Doz. f. Medien-Design); seit 01 Philipps-Univ. Marburg (Doz. f. digitale Gest.); seit 04 Gottfried-Linke-Realschule Salzgitter (Doz. f. Zeichnen) – **P:** Jgd. zeichnet u. gestaltet 90 – **Ve:** Freundes- u. Förd.kr. d. Fak. Gest. d. FHS Hildesheim (3FG) 00; BBK Braunschweig 03; Freundeskr. Graph. u. Malerei der Univ. Marburg 04 – **G/T:** Fotogr.; Digitalfotogr.; Collage; Digitalcollage; Graph.; intensive Auseinandersetzung m. Sexualität, Vergänglichkeit, Gewalt u. d. Medien – **K:** Digitale Gest.; Zeichnen; Medien-Design – **W:** überw. in Privatbes. – **M:** Braunschweig, Artothek; Kamenz, Lessing Mus. – **E:** 00 Hildesheim, Gal. d. Studentenwerkes; Ochtersum, Freiluftgal.; 04 Braunschweig, OKS Gal.; 05 Braunschweig, Medical Center – **G:** zahlr. Bet. seit 90, u. a. 90 Salzgitter, StKS Schloß Salder; 00 Berlin, Foyer d. Volksbühne; 01 Braunschweig, Zentralgal.; 03 Braunschweig, Gal. d. Norddt. Ldesbank; 03 Plauen, KV; 03, 04, 05 Braunschweig, Torhaus-Gal.; 04 Wolfenbüttel, Art Gal.; 05 Braunschweig, LM; Detmold, Stadthalle – **V:** Selbstsicht, Ausst.kat. 00; Denn..., Künstlerbuch z. Vergänglichkeit (Fotogr., Digitalcollagen) 01

Karner, Johann; Lerchengasse 22/19, A-1080 Wien, Tel. (0 69 91) 9 56 53 38, *joh.karner@wellcom.at*, *www.wellcom.at/joh.karner* (* Wiener Neustadt 14. 2. 57) – **VG:** Walbersdorf, Spielmann – **S:** 94–96 ABK Bratislava – **Ve:** IG Bild. Kunst Wien seit 00 – **KGe:** J. K. u. Hans Wetzelsdorfer (seit 02) – **G/T:** abstr. Malerei (Mischtechniken); Objektkunst (Metall, Magnete) – **W:** Werke in Bes. d. Bundes u. Bglds sowie in Privatbes. – **E:** 99 Wiener Neustadt, Agentur Kotscherer; 04 Mattersburg, artbox – **G:** zahlr. Ausst.bet. seit 94, u. a. 01 Eisenstadt, Burgenländ. LG; 02 Wien, IG Bild. Kunst; 03 St. Pölten, SM; 04 Szombathely, KH – (Red.)

Karola H. s. Hinckel, Karola

Karrasch, Gerhard, Fotograf; Fuelbecker Str. 36, D-58762 Altena, Tel. (0 23 52) 5 23 59, Fax 5 02 81, *fotografie@karrasch-art.de*, *www.karrasch-art.de* (* Seegutten/Ostpr. 1. 2. 31) – **P:** Bronzemed. im Wettb. künstler. Portraits 86; Verleihung d. E.titels 'Colour Art Master' in Schweden – **G/T:** künstler. Fotogr./Fotodesign; Computergraph.; wiss. Fotogr.; techn. Fotogr.; Fotojournalismus – **K:** Fotogr. – **E:** Warschau, Gal. Am Markt – **G:** seit 80 Beteiligung an Fotowettbewerben; Köln, Photokina

Karrasch, Maria Theresia, Fotografenmeisterin; Fuelbecker Str. 36, D-58762 Altena, Tel. (0 23 52) 5 23 59, Fax 5 02 81, *info@karrasch-art.de*, *www.karrasch-art.de* (* Olsberg/Kr. Brilon 5. 1. 44) – **VG:** Plettenberg, Schumacher; Voorschoten, Fischer – **S:** HS Bremen; KA Trier; Staatl. KHS Anhui, Hefei/VR China (Meisterschülerin v. Prof. Dr. Qi Yang) – **Ve:** Berufsverb. Freier Dt. Künstler – **G/T:** Freie Malerei (realistisch, abstr.); landschaftl. Impressionen, Akt, Portr.; Öl, Acryl, Mischtechnik, Pastell, Aqu. – **K:** Fotogr., Ldschaftsmalerei – **M:** Krakau, Akad. d. Schönen Künste; Schwelm, Mus. Schloß Martfeld – **Ö:** Langenberg, Praxis Borchert (Foyer); Stadt Witten – **E:** seit 82 u. a. Warschau, Gal. Am Markt; Ublik, Schloß; Plettenberg, Schumacher; Voorschoten, Fischer; 05 Krakau, Akad. Gal. d. Akad. d. Schönen Künste; 06 Schwelm, Mus. Schloß Martfeld – **G:** seit 82 u. a. Köln, Photokina; Bochum, Kunst- u. Gal.haus; 05 Mülheim an der Ruhr, T-Systems GmbH – ***Lit:*** Malarstwo M.T.K. ASP Kraków, Ausst.kat. 05

Karraß, Norbert, Maler, Graphiker, Luftschiffkapitän a. D.; Leipziger Str. 63, D-10117 Berlin, Tel. (0 30) 2 04 34 64, *norkart@gmx.de*, *www.norbert-karrass.de* (* Berlin 1. 1. 63) – **VG:** New York, Amos Eno – **G/T:** Malerei (Öl, Portr., Allegorien); Bildhauerei; Rad. – **Ö:** Berlin, Fa. Remmco Intern.; ebda, Sportforum, Eisbären Berlin; New York, Westside Buchhandlung – **E:** 94 Essen, Zeche Carl; 98 Berlin, LA Gall. Hotel Intercontinental; 01 Berlin, Atelier-Gal. Berkenhagen – **G:** 98 Berlin, Burch & Klemm; 00 Paris, Espace Austerlitz (W-E Art); New York, Get Real Art Gall.; 00, 01 New York, Amos Eno; 02 Berlin, Palazzo Farnese; Berlin, Postbahnhof am Ostbahnhof; 03, 04 Berlin, Art Contemp. – (Red.)

Karrenberg, Karin, Malerin, Graphikerin u. Fotographin; Hülsmeyerstr. 31, D-40629 Düsseldorf, Tel. (02 11) 9 66 03 07, *Karin.Karrenberg@t-online.de*, *www.ka-karrenberg.de* (* Hamburg 14. 5. 51) – **VG:** Stuttgart, network-gallery.com – **S:** 70–76 KA Düsseldorf (b. den Professoren Rissa, Weber u. Bobek, Staatsexamen f. künstler. Lehramt) – **L:** seit 81 Kunstlehrerin an einem Gymn. in Düsseldorf – **G/T:** gegenständl. Malerei (Öl, Acryl); Fotogr. (s/w u. Farbe); Graph. (Rad., Serigr., naturalist. bis abstrakt) – **W:** zahlr. in Privatbes. – **E:** u. a. 93 Düsseldorf, Kulturfenster Haus Flehe; 95, 97 Düsseldorf, Bürgerhaus Gerresheim; 97, 99 Düsseldorf, Justizmin. NRW; 99 Ratingen, Haus Salem – **G:** u. a. 82, 83, 85 Düsseldorf, Sommerausst.; 89 Wittmund, Kunstausst.; 91 Wesseling, KV: Kunstpr.; 93 Düsseldorf, 7. Gerresheimer Kunstausst.; 98 Wittmund, 27. Harle-Kunstausst.; 05 Düsseldorf, BBK: Sommersalon – **V:** K.A. – Fotographie, Werkgruppe Archit. 03; K.A. – Fotographie, Werkgruppe Objekte 04

Karschewski, Heino, Kunstmaler; Jägerwinkel 14, D-24214 Gettorf, Tel. (0 43 46) 77 04, *Heino@art-hk.de*, *www.art-hk.de* (* Eckernförde 27. 1. 56) – **VG:** Gettorf, ART-HK – **S:** 81–83 Gewerbeförd.akad. Hamburg; 06 Wien (Meisterkl. M. Fuchs) – **G/T:** Gegenständl. Abstr. (Öl); Ill.; Trompe l'Œil; Portr. – **K:** Zchng; Ölmalerei – **W:** zahlr. in privaten Slgn – **Ö:** Eckernförde, Heilpädagogium; Gettorf, Jarnwith-Schule – **E:** zahlr., u. a. 02 Eckernförde, Gal. Alte Post; 03 Alleröd/Dänemark, KV Sortemosen; 04 Kiel, Steigenberger Conti Hansa; 05 San Francisco, Woodlake; Sacramento/CA, Kult.-center; 06 Gettorf, Heimatmus.; Gettorf, Jaguar-House – **G:** div. Bet. seit 83, u. a. 01 Berlin, Ufa-Fabrik; 02 Säby/Dänemark, Tarp; 03 Eckernförde, Gal. Alte Post; 04 Bremen, Villa Ichon; 05 Kopenhagen, Grothe; 06 Glinde, FormArt – **V:** Buteneckernförder, Kal. d. Stadt Eckernförde 85; Altes Eckernförde (Ill.) 98

Kasamas, Andrea (verh. Andrea Zadrazil-Kasamas), akad. Bühnenbildnerin, Dr. jur.; Kolschitzkygasse 15/6+7, A-1040 Wien, Tel. (01) 5 05 84 80, 5 05 45 65, Fax 5 05 84 80 (* Wien 6. 5. 55) – **S:** 79 ABK Wien (Dipl. Meisterkl. f. Bühnenbild b. Prof. Lois Egg) – **KGr:** Reality Check (seit 02) – **G/T:** Malerei (Öl u. a. klassische Maltechniken, Tafelbild, Realismus, Pflanzliches) – **E:** seit 78 u. a. Wien, Wolfrum; Wien, Neue Gal.; Wien, BAWAG Found.; 03 Tulln, Egon-Schiele-Mus. – **G:** div. seit 78, z.B. 03 Baden bei Wien, Frauenbad (Reality Check)

Kasan, Sabine, Malerin; Ebersstr. 76, D-10827 Berlin, Tel. (0 30) 7 82 71 26, *www.europeanarts.org* (* Oberhausen/Rhld. 27. 9. 55) – **VG:** Rietberg, Gal. im Alten Gericht; Bonn, Rosenzweig; Berlin, Pfundt; Belvedere, Schottelius – **S:** 76–92 HBK Berlin (Meisterschülerin b. Prof. Koberling) – **P:** Kunstpr. d. IG Metall 89; Marianne v. Werefkin-Pr. 90 – **Ve:** Ver. Berliner Künstlerinnen 90–94 – **KGr:** Künstlersonderbund in Deutschland (96) – **G/T:** realistische Ölmalerei (Portr., Stilleben, Ldschaft) – **W:** Bühnenbilder: Sender Freies Berlin u. Schillertheater Berlin – **Ö:** Berlin, Schwimmbad d. Fa. Gimzycky Installationen (Wandbild); Berlin, Kindertagesstätte Sponholzstr. (Wandbemalung innen) – **E:** zahlr. Einzelausst. seit 82, u. a. 83 Oberhausen, Ludwig-Gal.; 91 Berlin, Ladengal.; 93, 94 Marl, Kunstraum Marl; 96 Berlin, Gleditsch 45; 98 Berlin, Schering AG; 99 Zinnowitz, Haus am Meer; 01 Bonn, Rosenzweig, 02 Potsdam, Gal. am See; 04, 05 Belvedere/CA, Schottelius Europ. Fine Arts – **G:** 92, 96 Berlin, Martin-Gropius-Bau; 94 Berlin, KH; 98 Berlin, Prismahaus; 03 Berlin, Kommunale Gal. Wilmersdorf; Berlin, Zeitgenössisch! Kunst in Berlin; 05 Berlin, Kommunale Gal. Wilmersdorf: Banane, Banane; Berlin, Futura; 05, 06 Berlin, Gal. Art y comunicación Rodolfo; 06 Marburg, Schmalfuß: Stilleben – ***Lit:*** Profession ohne Tradition. 125 Jahre Verein der Berliner Künstlerinnen, Kat. z. Ausst. im Martin-Gropius-Bau 92

Kashap (eigtl. Margarita Mikoleit), Malerin, Illustratorin; Weinmeisterhornweg 21, D-13595 Berlin, Tel. 01 7 01 63 22 30, *info@rita-kashap.de*, *www.art-kashap.com* (* Troizk/Russische Föderation 8. 2. 61) –

S: FHS d. Künste Tscheljabinsk/Russische Föderation – **P:** Studienaufenthalt Moskau 98 – **Ve:** Künstlerverb. d. Kuban 95; BBK Berlins 01 – **G/T:** Malerei (Acryl, Öl, Aqu.); Blüten, Archit.; Abstr., Symbolismus, Minimalismus; Ill. – **W:** überw. in Privatbes. in Russland, Dtld, Israel, Frkr., Griechenland u. Südafrika – **M:** Krasnodar, Lit.mus.; Sotschi, Staatl. KM – **Ö:** Berlin-Wedding, Holiday Inn Hotel; Krasnodar, Stadtverwaltung; Moskau, Bankhaus Mosenergosber; ebda, Min. f. Transportwesen; Omsk, Stadtverwaltung; Orel, Stadtverwaltung; – sowie in d. Russischen Botschaften in Griechenland, Öst. u. Zypern – **E:** 94–96 Krasnodar, KM; 98 Sotchi; 99, 00 Moskau, Haus d. Bild. Kunst; 02 Berlin, RH Berlin-Köpenick; Berlin, Tennisclub Grunewald; 03 Eisenberg, RH; Dortmund, Ausldsges. NRW – **G:** 99, 00 Moskau, Kunstsalon d. Kult.min. d. Russischen Föderation; 00 Berlin, Storkower Bogen; 01 Moskau, Manege; Berlin, Märkischer Künstlerhof Brieselang; 03 Antwerpen, Kunstevent – ***Lit:*** E. Wasiliew: Das Aquarell erobert den Himmel, in: Wochenzs. Kultur (Moskau) Januar/00 – ***LitR:*** Beitr. im Staatl. RF- u. Fs.kanal KUBAN: I. Syptschenko: Zeit der neuen Fee, Künstlerportr. 97; E. Tschekulajewa, Künstlerinterview 99; ders., Gesprächspodium 99 – (Red.)

Kaske, Margarita s. Schatzmann, Luisa

KASLOVSKI s. Böhm, Lothar

Kassel, Kerstin, Bildende Künstlerin; Atelier Piscina: Am Rosenberg 12, D-91338 Igensdorf/Oberrüsselbach, Tel. Mobil: 01 70 58 21 927, *kk@kassel-kunst.de*, *www.kassel-kunst.de* (* Nürnberg 9. 3. 73) – **S:** 95 Pisa (Allieva b. Enrico Fornaini); 95–99 Accademia di Belle Arti di Firenze (Malereikl. Prof. Canale, Prof. Vinciguerra u. Prof. Giulietti) – **Ve:** BBK Ofr. – **KGr:** artoz (00–04) – **G/T:** Malerei; Zeichn. u. Druckgraph.; Fotogr.; Install.; Objekt; Video u. Mixed Media; figurative Abstr. – abstr. Figuration – **W:** überw. in Privatbes. – **E:** u. a. 00 Fürth, Brockovski; 01 Fürth, Gal. in d. Freibank; 02 Terrarossa/Ital., Castello di Terrarossa; 05 Montopoli/Ital. – **G:** u. a. 97 Florenz, Accad. di Belle Arti; 98 Greve/Chianti; 00 Leipzig, Messe f. Junge Kunst; Hersbruck, Stadthaus; Berlin, Gal. Mainz; 01 Fürth, Amtsgericht; 02 Dachau, KVD-Gal.; Pettensiedel, Frey; 03 Fürth, Hotel Pyramide; Heroldsberg, Schwan Stabilo; 04 Unterthingau, Ateliertage; Memmingen, TonART Sayle; 05 Bamberg, Stadtgal.: BBK Jahresausst.; 06 Marktbreit, Artbreit; – sowie: 05 Artur – Ateliertage BBK Oberfranken – ***Lit:*** Sub-Aqua – Affioramenti Sommersi, K.K. e Cornelia Sayle 00

Kassung, Heinz; St. Maternusstr. 26, D-56070 Koblenz, Tel. u. Fax (02 61) 2 19 92, *h.Kassung@gmx.de*, *www.kassung-art.de* (* Koblenz 5. 6. 35) – **VG:** Berlin, Becker – **S:** 53–58 WerkKsch Köln (Abschluß, Meisterschüler v. Prof. Friedrich Vordemberge) – **L:** 90–92 Univ. Koblenz-Landau (LAuftr.) – **P:** Verdienstmed. d. AG Bildender Künstler Mittelrhein 79; Burgund-Stip. 88; BBK-Stip. Moskau-Baku 89; Csontyry-Plakette Ungarn 92; Kunstpr. BBK f. das Künstler. Gesamtwerk 96; Hanns-Sprung-Pr. 03; Kult.pr. d. Stadt Koblenz 05 – **Ve:** BBK Rh.-Pf.; AG Bild. Künstler am Mittelrhein – **KGr:** Art Diagonal Wien; Europa 24 Internat. Künstlergemeinschaft – **G/T:** Malerei (Öl auf Lw.); Rad.; Aquatinta; Lith. vom Stein – **M:** Koblenz, Mittelrhein-Mus. – **Ö:** u. a. Andernach, Stadtbibl. (Wandgemälde); Berlin, Dominikanerkrankenhaus (Glasfenster); Koblenz, Polizeipräsidium (Schieferrelief); Mainz, Univ.klinik (2 Wandgemälde); Ransbach-Baumbach, Kath. Kirche (Gesamtgest. Großes Altargemälde u. alle Fenster) – **E:** 79, 83, 91, 03 Koblenz, Haus Metternich; 93 Koblenz, Mittelrhein-Mus.; 96 Neuwied, BBK-Gal.; Pfälzer Session Gal. 96, 98 Berlin, Becker – **G:** 87 Koblenz, Mittelrhein-Mus.; 89 Baku/Aserbeidschan, KH; Linz, Nordico-Mus.; 92 Szombathely, Mus.; 94 Erfurt, Anger-Mus. – **V:** H.K., Dok. 93; 50 Jahre Malerei H.K. 03 – **R:** Landesschau Rh.-Pf. Blick ins Land (SWR) 96; Erik Kothny (Regie): Stadtmaler Kassung (SWR Mainz) 00; Achim Streit (Regie): Bilderbuch Dtld (SWR II) 01 – ***Lit:*** über 50 Veröff. in Büchern u. Zss

Kasten, Gabriele; Neustädter Str. 1, D-23743 Grömitz, Tel. u. Fax (0 45 62) 61 94, *gabrielekasten@aol.com*

Kasten, Petra (geb. Petra Zerche, verh. Petra Kruse), Dipl. Malerin u. Graphikerin; Altpieschen 17, D-01127 Dresden, Tel. (03 51) 8 02 90 10 (* Dresden 30. 3. 55) – **VG:** Dresden, Mayer; Dresden, Obergrabenpresse – **S:** 76–81 HBK Dresden; 86–88 ebda (Meisterstud.) – **P:** Pr. d. Neuen Sä. KV 91; Villa-Massimo-Stip. 94; Amerika Stip. d. Stadt Dresden 96; Balmoral-Stip. 98; Graph.pr. d. StG Albstadt 99; Röderhof Harz 03 – **Ve:** SKB 82; VG Bild-Kunst 90; Dt. Künstlerbund 96 – **KGr:** Leitwolfverlag Dresden (83–96) – **KGe:** Schlüsselbundverlag Dresden (seit 97) – **G/T:** Malerei; Graph.; Künstlerb. – **K:** Zchng – d. eigenen Rhythmus finden – **W:** überw. in Privatbes. – **M:** Albstadt, StG; Altenburg, Lindenau-Mus.; Dresden, GG NM; Dresden, Kpst.-Kab.; Frankfurt/Oder, Neue Gal.; Leipzig, Dt. Buch- u. Schrift-Mus. d. Dt. Nat.bibl. – **E:** 98 Dresden, KH im Art'otel (Kat.); 99 Albstadt, Städt. Mus.; Zeitz, Mus. Schloß Moritzburg; 03 Röderhof, KV; 04 Dresden, Riesa efau; 05 Dresden, Schützenhöhe – weitere: 02 Dresdner Sezession – **G:** 99 Dresden, Kpst.-Kab.; 01 Köln, Kunst Köln; 02 Berlin, Vagt; Görlitz, Klinger; 03 Bonn, Kunst- und Ausst.halle d. BRD; Wittenberg, Altes RH; 04 Dresden, Art Acad.; Dresden, Horschik: Druckgraph.; 05 Berlin, Alte Schule: Am Strom; Neustadt an d. Weinstr., KV: Positionen; 06 Dresden, TU: Impulse (Kat.) – **V:** m. Fleischer: Dresden-Panorama 94; Buch Jürgen 95; m. Fleischer u. Hegewald: 13 Jahre Leitwolfverlag 96 – ***Lit:*** Gal. antogen Dresden, Ausst.kat. 91–92; Villa Massimo Rom, Ausst.kat. 95; Städt. Gal. Albstadt, Ausst.kat. 99; Schloß Balmoral Bad Ems, Ausst.kat. 00; Lit. Portr., Künstler aus Dresden im 20. Jh. 05

Kaster, Petra, Graphikdesignerin, Cartoonistin, Zeichnerin, Malerin, Dipl.-Kunsttherapeutin; c/o Redaktion Eulenspiegel, Gubener Str. 47, D-10243 Berlin (* Mülheim/Ruhr 25. 5. 52) – **S:** Folkwangschule Essen (Graph.design); Art's Inst. Cambridge/Boston (Intermediale Kunst-Therapie); SWF Baden-Baden (Volontariat) – **L:** 06 Abendakad. Mannheim (Einführung in d. Comic- u. Trickf.zeichnen); Kurse in Comiczeichnen, Trickf. u. Karikaturen: Abendakad. Heidelberg, Wiesbaden u. Konstanz; VHS Basel; Lehrerfortbildung Schweiz – **Ve:** ver.di – Fachgr. Bild. Kunst 79; VG Bild-Kunst 81; VG Wort 82 – **G/T:** Cartoon; Comic; Ill.; Pressezchng; Animationsfilm; Zchng; Linolschnitt; Pastellmalerei; Tusche; Masken (Ton, Pappe, Stoff); Themen: Wirtschaft, Medizin, Psychologie, Fam., Kinder, Esoterik, Recht, Ökologie, Arbeit u. Medien – **E:** u. a. 02 Neckarstadt-Ost, Fraueninformationszentrum (FIZ); Mannheim, CultiG7 – Privatgal. (m. Hermann Herold) – sowie: Duisburg, Niederrhein. Mus.; Mannheim, LM f. Technik u. Arb. – **G:** 05, 06 Dresden, Dt. Karikaturenpr.; Greiz, 3. u. 4. Trienn. Satiricum – **V:** u. a. Marias Leben 79; m. Inge Latz u. Gisela Meussling: Der singende Gummibaum 81; Asphalt-Hexen 84; Traumprinzen. Märchen-Cartoons 92; Cartoons f. Psychologen u. Therapeuten 97; m. Ingo J. Freitag: Fit for Mobbing 99; Hansjörg Staehle: Juristerei. Ein fröhliches Wörterbuch f. Paragraphenfuchser u. Schreibtischhengste, v. a. aber f. d. hochverehrte Recht suchende Publikum (Zchngn) 00; Claus J. Frank: Gärteln. Ein fröhliches Wörterbuch f. Unkrautjäger, Blattlaus-Vertilger u. Balkon-Botaniker (Zchngn) 00; in: Illustration 62; Nebelspalter – Das Humor- u. Satire-Mag.

Kastner, Diana Yvonne, Malerin, Bild. Künstlerin, Gärtnerin; Rammertstr. 16, D-72108 Rottenburg-Weiler, Tel. (0 74 72) 95 17 27 (* Stuttgart-Bad Cannstatt 8. 2. 64) – **S:** 86–91 Freie KA Nürtingen (Malerei u. Graph.) – **L:** seit 97 Privatunterricht Malen u. Zeichnen – **Ve:** BDK 00–02 – **G/T:** ornamentale Malerei in Lasurtechnik (Öl, Aqu., Acryl, Mischtechniken); Ill.; CD-Cover; Textildesign – **W:** u. a. in Bes. d. Gemeinde Schwalbach; Bühnenbild Räuber Hotzenplotz b. d. Theaterfestspielen Bad Hersfeld – **Ö:** Bretagne, Abbaye d. St. Jacut; Köngen, Seniorenzentrum; Reutlingen, Heinrich-Landerer-Krankenhaus – **E:** zahlr. Ausst., u. a. 93, 04 Stuttgart, Gal. im Augustinum; 94 Leinfelden-Echterdingen, Filderhalle; 96 Bad Hersfeld, Gal. im Mus.; 97 Freudenstadt, Kurhaus; 98 Haigerloch, Kulthaus; 99 Schwalbach, Gemeindehalle; 99, 00, 01 Bretagne, Abbaye St. Jacut de la mer; 00 Ditzingen, StG – **G:** zahlr. Ausst.bet. seit 91, u. a. 97 Petrozavodsk; 02 Aix en Provence, Centre pour l'Art et la Cult.; Rom, Space of Temple Univ. Rom; 03 Seattle, Jacob Lawrence; 04 Baltimore, Meyerhoff Gall. – **V:** Peter Paul Kusch: Verhaltenes Schmetterlingsgeschrei (Ill.) 01 – **R:** CD-Cover zu: Hot Lava. Cosmic Karma Cooking 95; Mandala. Street Movie 96; Hot Lava. How many more times 99; Stephan Leiner u. José Tehada: Hot Lava. Some other story, Musikvideo (Bildbeitr.) 99 – ***Lit:*** D. K. Ornamentale Malerei, Kunstkat. 99; zahlr. Kunstpostkarten u. Kunstplakatdrucke, Textildesign (Siebdruck) – (Red.)

Kastner, Erwin; St. Valentiner Str. 17, A-3350 Haag, Tel. (0 74 34) 4 41 24, Mobil: 0 66 44 03 99 89, Fax 4 41 16, *office@erwinkastner.at*, *www.erwinkastner.at* (* Haag 18. 2. 57) – **VG:** Wien, Augustin; Amstetten, Gal. Dreikopf; Wien, Vanic; Seeham, Drei-Seen-Gal. – **S:** Autodidakt – **L:** seit 98 KA Stift Geras (Doz.); 06 KA Bad Reichenhall (Doz.) – **Ve:** KV Amstetten 95; Innerberger Forum 99; Club d. Begegnung Linz 01 – **G/T:** Malerei (Aqu., Acryl, Öl); Graph.; Glas – **K:** Aqu.; Acryl; f. Anfänger u. Fortgeschrittene – **W:** in öff. u. privatem Bes.; Slg Würth – **M:** Linz, Oböst. Ldesregierung; St. Pölten, Ndöst. Ldesregierung – **E:** seit 93, u. a. 98 Steyr, Schloßgal.; 98, 01 Seeham, Drei-Seen-Gal.; 99 Wattens, Raiffeisenbank; Salzburg, Kunstmesse; Brüssel, Ndöst. Ldesbüro; Berlin, Gal. im Einstein; Weistrach, Ndöst. Ldesgal.; 00–04, jl. Salzburg, Kunstmesse; 00 St. Leonhard am Forst, Kaiblinger; Kranj/Slowenien (World Festival of Art on Paper); 01 Linz, Club d. Begegnungen; St. Pölten, Ndöst. Dok.zentrum f. mod. Kunst; Eisenerz, Fedl; Verona (La magia dell'uomo); Baden-Baden, Gal. Kleiner Prinz; Wien, ACAT; 03 St. Valentin, Traunsteiner; 04 Scheibbs, RH; Graz, Kaipo; Wiener Neustadt, Gal. Impact; St. Johann, Adelsberger; Wien, Bez.mus. Margareten; 04, 05, 06 Innsbruck, Art Innsbruck; 05 Melk, Gal. BH; Bad Leonfelden, Raiffeisenbank; 06 Wien, Vanic; St. Gallen – **V:** Kunstbücher: Traumlandschaftsgeschichtenmalerei 95; Farbklänge 97; Anziehungskraft 00; Lebensfrüchte 04 – sowie: Kunstkal. für nat. u. intern. Konzerne seit 92

Kastner, Wolfram P., Künstler; Schellingstr. 117, D-80797 München, *www.wolframkastner.kulturserver.de; www.acting-arts.de; www.partisan.kulturserver.de* (* Berlin 23. 4. 47) – **VG:** Berlin, Inst. of Art and Research; München, Inst. of Art and Research; New York, Inst. of Art and Research; Tokio, Inst. of Art and Research – **S:** 67–72 ABK München (b. Robert Jacobsen, Franz Nagel, Thomas Zacharias) – **L:** 01 Intern. Sommerakad. f. Bild. Kunst Salzburg – **P:** German Jewish History Award 05; Fonds Soziokult. 05 – **KGr:** pARTisan – **G/T:** Aktionen; Fotogr.; Malerei; Performance; Objekte – **W:** Erinnerungszeichen z. Bücherverbrennung Heidelberg, Mannheim, Leipzig, Nürnberg, München u. Salzburg – **M:** u. a. Künzelsau, Mus. Würth; Linz, LG; München, Bay. Staatsgemäldeslgn; München, Lenbachhaus; München, Staatl. GrS; New York, MOMA – **Ö:** München, Univ. (Leopold-Wenger-Inst.) – **E:** zahlr. Einzelausst., zuletzt u. a. 00 Linz, LG; München, Artothek; München, Christuskirche (m. Christian Lehsten); Dachau, KZ-Gedenkstätte; Strasbourg, Europ. Parlament; Leipzig, Volkshaus; 01 München, Pädagogisches Inst.; München, Univ.; Berlin, Dürr; 02 München, Gal. d. Dt. Akad. f. Psychoanalyse; Salzburg, Gal. 5020; 03 München, Anton-Fingerle-Zentrum; München, Kunstbunker Tumulka; München, Pich; München, Valentin-Karlstadt Musäum; 04 München, U-Bahn Gal.; 05 Augsburg, Archit.gal.; München, Gal. Z (m. Günter Wangerin); München, Gal. d. Künstler (m. Otto Dressler u. Franz Hartmann); 06 Mönchengladbach, BIS-Kult.zentrum; – zahlr. Aktionen u. Interventionen, zuletzt u. a. 00 Bayreuth, grüner Hügel; Leipzig, Volkshaus; 01 Salzburg, Sommerakad.; 01, 02 mehrere Aktionen gegen d. dt. Kriegsbet.; 02 Köln, Dom; Kassel, documenta; Nürnberg, Sebalduskirche; 03 Cadolzburg, Burg; 'Dt. Rasen – amtlich geschützt vor Erinnerung' (Install. u. Lesung z. 70. Jahrestag d. Bücherverbrennungen) – **G:** zahlr. Ausst.bet., zuletzt u. a. 92 Sindelfingen, Gal. Tendenz; 94 Germering, Stadthalle (Install.); 96 München-Pasing, Fabrik; 98 München, Erwin v. Kreibig-Mus.; 99 Klagenfurt, Unikum; 00 Linz, LG; 01 München, Maximilianeum; – zuletzt u. a. 05 München, Gal. d. Künstler: was hat denn das m. kunst zu tun?; Dachau, Schloß: Post f. Dachau – **V:** House of Nature 90; Wie Gras über die Geschichte wächst. Erinnerungszeichen zu den Bücherverbrennungen (Hrsg.) 96; W. K. u. Günther Gerstenberg (Hrsg.): Unmögliche Kunst 00; Verboten, verbrannt, verschollen – die Spur verlorener Bücher, in: Laurentius Heft 1/00, auch in: Bundesvrg Dt. Bibliotheksverb. u. a. (Hrsg.): Information und Öffentlichkeit 00; Rasenwachstumssukzession in den Provinzen der Erinnerung, in: 10 Jahre Else-Lasker-Schüler-Gesellschaft 00; Damit kein Gras über die Geschichte wächst. Kunst als öffentlicher Prozess des Erinnerns. Ein Gespräch, in: Geschichte quer 8/00; Denk ich an Deutschland in der Nacht, Inst. f. Kunst u. Forsch. 03; Da gibt's fei gar nix zum Lachen, Valentin-Karlstadt Musäum München 03; Rückgabe Salzburg 03; Die Spur der Bücher 03 – **R:** mehrere Veröff. im Bay. RF, Westdt. RF, Hess. RF, Mitteldt. RF, tv.münchen u. RTL – ***Lit:*** Choi Young Mi: Grass over History, in: Gil (Der Weg), Seoul 94, S. 161 ff; Die ordentliche Begrünung der Geschichte, in: Iris Lauterbach, Julian Rosefeldt, Piero Steinle (Hrsg.): Bürokratie und Kult 95; Vergessen – eine deutsche Straße. W. K. und Franz Kochseder 95; Reinhard Spieler: Einfache Zeichen. Ein Denkmal zur Bücherverbrennung von 1933 auf dem Münchner Königsplatz, in: Kritik 1/96, S.26 ff; W. K. SSehstörung. Politische Ästhetik, Interventionen, Wahrnehmungsversuche 1988–1998 (Hrsg.) 99; Schicksal (un)bekannt, Ausst.publ. 00; Detlef Hoffmann: Was hat denn das mit Kunst zu tun? Die künstlerischen Projekte W. K.s, in: Positionen zeitgenössischer Kunst zur Erinnerung 00; Gavriel D. Rosenfeld: Munich and Memory 00; Detlef Hoffmann: Vom Leben der Historie – vor und nach ihrem Tode, in: Das Gedächtnis der Kunst

00, S. 42 ff; Steffi Roettgen: Skulptur und Plastik auf Münchens Straßen und Plätzen. Kunst im öffentlichen Raum 00, S. 298; Verboten, verbrannt, verschollen – die Spur verlorener Bücher, in: Laurentius, Heft 1 00, S. 14–19; Rasenwachstumssukzession in den Provinzen der Erinnerung, in: 10 Jahre Else-Lasker-Schüler-Ges. 00; Damit kein Gras über die Geschichte wächst. Kunst als öff. Prozess des Erinnerns. Ein Gespräch, in: Geschichte quer, 8/00, S. 52 ff; Helga Pfoertner: Mit der Geschichte leben. Mahnmale, Gedenkstätten, Erinnerungsorte für die Opfer des Nationalsozialismus in München, Bd 1 01, S. 28 ff – ***LitR:*** Fs.- u. RFsdgn MDR, ORF, BR

Katase, Kazuo, Bild. Künstler; Friedrich-Ebert-Str. 99, D-34119 Kassel, Tel. (0561) 103580, Fax 16309, *kazuo.katase@t-online.de*, *www.kazuo-katase.com* (* Shizuoka/Japan 24. 7. 47) – **VG:** Madrid, Helga de Alvear; Tokio, Art Front Gall.; Düsseldorf, Hölzl – **P:** Kult.pr. d. Stadt Wilhelmshaven 80 – **G/T:** Multimedia, Rauminstall., Fotogr. – **W:** zahlr. Performances u. temporäre Rauminstall., zahlr. Arb. in Privatbes., Bühnenbilder – **M:** u. a. Gent, Stedelijk Mus. voor Actuele Kunst; Hannover, Nds. Spk.stift.; Hiroshima, City MCA; Kagawa, Naoshima Contemp. AM; Kassel, Neue Gal.; Kiel, KH; London, Goldman Sachs Collection; Ludwigshafen, Wilhelm-Hack-Mus.; Madrid, Helga de Alvear Collection; Stuttgart, SG; Tokio, Jap. Found.; Wiesbaden, Mus. – **Ö:** Amersfoort, Kattenbroek; Badenweiler, Cassiopeia – Therme; Freiburg im Breisgau, Univ.klinikum; Lille, Bahnhof; Ludwigshafen, Klinikum d. Stadt; Lyon, Cité Intern. de Lyon; Shiribeshi-Hokkaido, RH – **E:** zahlr. seit 73, u. a. 85 München, Lenbachhaus; 89 Grenoble, Magasin Centre National d'Art Contemp.; 91 New York, New MCA; 93 Dublin, Douglas Hyde Gall. Trinity College; Tokio, Shoto Mus. of Art; 94 Münster, Westf. KV; 96 Wiesbaden, Mus.; 99–00 Ludwigshafen, Wilhelm-Hack-Mus.; 03 Essen, Mus. Folkwang – zahlr. Bet. an Kunstmessen u. a. in Basel, Köln, Frankfurt am Main, Madrid u. Paris – **G:** zahlr. Bet. seit 73, u. a. 86 Gent, Mus. van Hedendaagse Kunst; 91 Den Haag, Haags Gemeente-Mus.; 92 Kassel, documenta; 94 Kagawa, Naoshima Contemp. AM; 95 Humlebæk, Louisiana Mus. of Mod. Art; 98 Freising, Diözesan-Mus.; 00 Aachen, Ludwig Forum; Echigo-Tsumari, Art Trienn.; 02 Hiroshima, City MCA; 03 Haifa, MMA: Intern. Install. Trienn.; 06 Karlsruhe, ZKM – ***Lit:*** AUSST.KAT.: Jiri Svestka: Windstille 88; Franz Kaiser: Temple de la nuit 89; John Hutchinson: Rainhouse 93; Yuri Mitsuda: Geworfene Schatten 93; Heinz Liesbrock: Schlafende Sterne 94; Räume d. Gegenwelt 97; Richard W. Gassen: Umsicht 99–00 – LEXIKA: u. a. Detlef Bluemler: Künstler. Krit. Lex. d. Gegenwart 92, 01; Brockhaus Enzyklopädie, Bd 30 96, 06; Stephan Trescher: Kunst d. Gegenwart 03

Kater, Iris (geb. Iris Horrig), Verlegerin, Illustratorin, Schriftstellerin; Nelsenstr. 15, D-41748 Viersen, *info@katercom.de*, *www.katercom.de; www.iris-kater.de; www.cados-abenteuer.de* (* Mönchengladbach 16. 12. 74) – **G/T:** Buchill. – **V:** TEXT u. ILL. v. KDB., u. a.: Maurice findet einen kleinen Freund 99; Ein Fall f. Cado u. d. Kuschelmonster 00; A Case for Cado and the Cuddly Monster 00; Cado u. d. Farbdiebe 01; Cado u. seine Freunde 01; Cados Drachenjahr 01; Cados kleine Weihnachtsbäckerei 01; Cado – Abenteuer im Ld d. Phantasie 02; Cado im Ld d. Muffelmorfe 02; Cado bei den Dinosauriern 04; Cado en zijn vrienden 04; Cado. Schatzsuche im Fort Fun 04; Cado u. d. mag. Traumschlüssel 06 – ILL v. KDB., u. a.: Stachel, d. kleine Igel, erzählt Geschichten 01, 02; Regina Hanisch: Kids for Kids 02; dies.: Geschichten f. kleine Leute 03; Ingrid Kroese: Die mag. Luftwand 03

Kato, Atsuko (geb. Atsuko Miura), Akad. Malerin u. Graphikerin (freischaffend); Hirschenstr. 16, Rückgebäude, D-90762 Fürth, Tel. (0911) 770545, Fax 746552, *kato@odn.de*, *www18.ocn.ne.jp/~bioart* (* Aichi-Ken/Jap. 21. 7. 50) – **VG:** Fürth, ARTNORI (Internet-Gal.) – **S:** 70–76 KA Aichi/Jap. (Meisterkl. f. Malerei b. Prof. R. Ito); 76–83 KA Nürnberg (Meisterkl. f. Malerei u. Graph. b. Prof. G. Voglsamer) – **L:** 75–76 Aichi-Kenritsu-High School Toyoake/Jap. (Lehrerin f. bild. Künste); 05 KA Aichi/Jap. (freie Doz. f. Malerei) – **P:** Intern. Ausst. in Washington/USA 88; Kult.pr. d. Stadt Fürth 93; Kunstpr. f. Lith. v. Mus. Solnhofen (1. Pr.) 94 – **Ve:** BBK Bay. 83; VG Bild-Kunst 94 – **KGr:** FMDK (seit 02) – **G/T:** Freie Malerei (Öl); Graph. (Lith.); Install. in d. Natur/im öff. Raum; Kunst am Bau; Wandgest. – **W:** KUNSTINSTALL.: Ginkgo-Install./Tal d. Kunst, Neuhof am Zenn 90; Ginkgo-Wunsch-Install./Kunst-Begegnung, Logengarten Fürth 94; Ginkgo-Drachen-Install., am Romantikerhaus Jena 94 u. am Europ. Patentamt München 95; 1000 Friedenskraniche z. Hiroshima-Tag, Fürth 96; Messe Zentrum, Nürnberg 00; Burg Namedy 03; Stadt Lauda-Königshofen – **M:** Aschaffenburg, StM; Fürth, SM; Fürth, Spk.; Jena, KS; München, Staatl. Naturwiss. Slgn; Nürnberg, Artothek; Nürnberg, Bay. Ver.bank; Nürnberg, Norisbank; Nürnberg, SM Fembohaus; Nürnberg, Stadtspk.; Sarreguemines, Mus.; Solnhofen, Mus. auf dem Maxberg; Zirndorf, SM – **Ö:** Ansbach, FHS; ebda, Fernmeldeamt, Bez. Mittelfranken, Amtsgericht; Erlangen-Nürnberg, Univ.; Erlangen, Univ.klinikum (Nicht-Operatives-Zentrum); ebda, Univ. Frauenklinikum; Neustadt a.d. Eisch, Gesundheitsamt; Nürnberg, Städt. Krankenhaus; ebda, Klinikum Nord (Dr. Hans Birkner-Haus); Tauberbischofsheim, Kr.krankenhaus; Weißenburg, Amtsgericht – **E:** 83 Nürnberg, SM Fembohaus; 85 Erlangen, Pal. Stutterheim (KVE Gal.); 91 Lindau, StM Haus Cavazzen; 95 Bad Steben, Graph.mus. Stift. Schreiner; 99 Zirndorf, SM; Passau, Arch. d. Vistums; 00 Saarbrücken, RH; 06 Fürth-Burgfarrnbach, SM – **G:** zahlr. Bet. in Jap., Dtld, Europ. Ländern, Amer. u. a. – **V:** A.K. Malerei u. Graph. 1978–1981 82; A.K. Malerei 1982–1984 84; A.K. Malerei u. Lith. 1982–1989 89 (in 4 Sprachen); Magdalena S. Gmehling: Botschaft der Stille (Malerei) 97 (2 Sprachen); m. ders.: Mutterkal. 98 – ***Lit:*** Schmid u. Schmoll: GINKGO, Ausst.kat. 94; Rüther u. Tandecki: Lob der Erde, Ausst.kat. 96; Curt Heigl: Skulpt. v. Kunihiko Kato/Malerei v. A.K., Ausst.kat. 01; Michael Martin: Ein Weg des Menschen zu sich selbst im Spiegel der Kunst 02; – sowie weitere div. Ausst.kat., Zss u. a. – ***LitR:*** u. a. Monika v. Behr (Regie): Blätter der Hoffnung, Dok. (ZDF) 94; Multi Media Studio: JAROGERA2000, Dok. 00; Jochen Reim: Fürth, eine Stadt im Aufbruch, Dok. 01; FMDK: Kunstsalon 2001 im Haus der Kunst München, Dok. 01; Michael Pigulla: Mythos Ginkgo – Ein Brückenschlag zwischen Ost u. West, Dok. 01; Ina Knobloch (Regie): Der Ginkgo – Geschichten um eine Pflanze, Dok. (Arte) 02

Kato, Kunihiko, Akad. Bildhauer (freischaffend); Hirschenstr. 16, Rückgebäude, D-90762 Fürth, Tel. (0911) 770545, Fax 746552, *kato@odn.de*, *www18.ocn.ne.jp/~bioart* (* Aichi-Ken/Jap. 21. 9. 45) – **VG:** Fürth, ARTNORI (Internet-Gal.) – **S:** 66–72 KA Aichi/Jap. (Meisterkl. f. Bildhauerei b. Prof. Yamamoto); 77–83 ABK Nürnberg (Bildhauerei b. Prof. Uhlig) – **L:** 72–76 Staatl. Univ. Mie/Jap. (Freier Doz. f. Bildhauerei); 91 KA Aichi/Jap. (Freier Doz. f. Bildhauerei) – **P:** Kult.pr. d. Stadt Fürth 93; Intern. Skulpt.symposium Ansbach (1. Pr.) 97; Intern. Holzbildhauersymposium Markneukirchen (1. Pr.) 98; Kunstpr. d. Stadt Wertingen

99; – sowie mehrere Pr. b. Skulpt.wettb. u. a. – **Ve:** BBK Bay. 83; VG Bild-Kunst 94 – **KGr:** FMDK (seit 02) – **G/T:** Bildhauerei (Stein, Holz); Kunst am Bau/im öff. Raum; Skulpt. Symposium; Brunnenskulpt. – **W:** München, Bay. Spk.verb.; Bayreuth, RH; Nagyatád/Ungarn, Skulpt.park d. intern. Symposiums – **M:** Fürth, SM; Fürth, Spk.; Hakone, Open Air Mus.; Scheveningen, Beelden Aan See (Skulpt.mus.); Zirndorf, SM – **Ö:** Aichi/Jap., Bunka no Yashiro (Kult.haus); Ansbach, Fernmeldeamt; Donauwörth, Kr.verkehrspl.; Erlangen u. Nürnberg, Univ. (Biologikum); Fürth, Synagogenpl. (Jüd. Mahnmal); Komaki/Jap., Park Arena; Nagoya/Jap., Higashiyama (Botan. Garten); Nürnberg, Waldarb.schule; ebda, GSO-FHS, Messezentrum, Klinikum Nürnberg-Nord (Dr. Hans Birkner-Haus); Oberasbach, Lebenshilfe; Schnaittach, Marktpl.; Stein, Partnerstädtebrunnen; Tauberbischofsheim, Badgarten – **E:** u. a. 74 Tokio, Tokiwa; 76 Nagoya/Jap., Freilicht Skulpt.ausst.; 83 Nürnberg, KH (Skulpt.hof); 85 Erlangen, Pal. Stutterheim; 89 Lindau, StM Haus Cavazzen; 90 Jena, Staatl. Univ.; 94 Garching, Freilicht Skulpt.ausst.; Halle/Saale, Freilicht Skulpt.ausst. am Saline-Mus.; 97 Zirndorf, SM; 01 Komaki/Jap., Freilicht Skulpt.ausst. am Park Arena – **G:** zahlr. Bet. in Jap., Dtld, Europ. Ländern, Amer. u. Kanada – **V:** K.K. Skulpturen, Kat. 1–4 76, 82, 89 (in 4 Sprachen), 05 (in 2 Sprachen) – ***Lit:*** C. Höhn: Menschen in Franken 94; Malter u. Schramm: Fürth 94; ABK Nürnberg (Hrsg.): Stop Over 99; Curt Heigl: Skulpt. v. K.K., Ausst.kat. 01; Barbara Ohm: Durch Fürth geführt 05; – sowie weitere div. Ausst.kat. – ***LitR:*** Ausst. in Nürnberg, In: Galeriespiegel (BR 3) 79; Bilderbogen. Ausst. im Thür. LM Heidecksburg (HR) 91; Kato Wanderausst. in Jap. (Nagoya-TV) 91; Städteportr. Fürth (Franken Fs.) 95; Kunst f. Frieden in Fürth (Franken Fs.) 96; Multi Media Studio: Jarogera 2000, Dok. 00; Kato Ausst./Park Arena Komaki in Jap. (NHK-TV) 01; Jochen Reim: Fürth, eine Stadt im Aufbruch, Dok. 01; Kunstsalon 2001 im Haus d. Kunst München, Dok. 01; Michael Pigulla: Mythos Ginkgo – Ein Brückenschlag zw. Ost u. West, Dok. 01; Ina Knobloch (Regie): Der Ginkgo – Geschichten um eine Pflanze, Dok. (Arte) 02

Katol, Guido, Maler; Simsongasse 3, A-1220 Wien (* Villach/Kärnten 62) – **VG:** Villach, Aichholzer – **S:** 84 HS f. angew. Kunst Wien (Meisterkl. Prof. M. Lassnig) – **G/T:** Malerei (Öl, Portr.) – **E:** zuletzt u. a. 00 Villach, Gal. Freihausgasse; 02 Wien, Bez.mus. Josefstadt – **G:** zahlr. Ausstbet. im In- u. Ausld., zuletzt u. a. 03 Paris, Cité intern. des Arts; Villach, Aichholzer – (Red.)

Katterbach, Ellen, Dipl. Foto-Designerin; Üddingerstr. 296, D-41066 Mönchengladbach, Tel. (0 21 61) 60 38 45, *www.e-katterbach.de* (* Baden-Baden 16. 11. 43) – **VG:** Huntington Beach/Calif., OMC Gall. – **S:** 71–77 HS f. Kunst u. Design Niederrhein Krefeld (u. a. b. Prof. D. Orlopp, Dipl. in Fotogr.) – **L:** 78–91 HS Mönchengladbach (LAuftr. f. Fotogr.) – **P:** Artist in Residence Macomb-College Detroit – **G/T:** exper. Fotoarb.; S/w-Ser.; Übermalungen; Farbarb. m. Zersetzung d. Fotoschicht; Zchng; Collage – **M:** Mönchengladbach, StM Abteiberg – **E:** zahlr., u. a. 77 Berlin, Gal. Zillestr.; 83 Mönchengladbach, StM Abteiberg; 85 Berlin, Adlung Kaiser; 88 Detroit, Macomb Center Gall.; 89 New York, Soho 20; 00 Wesseling, StG; 02 Düsseldorf, OMC; 06 Bonn, KV (m. Gregor Schneider) – **G:** zahlr. Bet. seit 76, u. a. 81 Bonn, KV; 89 Mönchengladbach, Schröder; 92 Ontario/Kanada, Univ. of Windsor; 97 Langenberg, Tuchfühlung – ***Lit:*** div. Veröff., u. a. W. Grasskamp In: Kunstforum, 1 80; J. Polen In: Zs f. Kunst, Juni 89; L'Observatoire 92; W. Speen In: Kunstzeit, 11 97 – ***LitR:*** Fotogr. als Kunstobjekt, Telejournal-Portr. (Sender Freies Berlin) v. 25.11.85

Katz, Stephan (Sign.: Katz u. Goldt), Karikaturist; *comicduo@katzundgoldt.de*, *www.katzundgoldt.de* (* Bielefeld 70) – **P:** Dt. Karikaturenpr. d. Sä. Ztg (3. Pr.) 05 – **KGe:** Katz & Goldt: S. K. u. Max Goldt (seit 96) – **G/T:** Karikaturen (u. a. f. Die Zeit u. Titanic); Cartoons – **E:** 03 Berlin, Cartoonfabrik – **G:** u. a. 05–06 Dresden, Haus d. Presse; 06 Berlin, Rp. Ldesvertretung – **V:** u. a. Ich Ratten 01; Wenn Adoptierte den Tod ins Haus bringen 01; Oh, Schlagsahne! Hier müssen Menschen sein 01; Koksen um die Mäuse zu vergessen 01; Katz & Goldt 01; Das Salz in der Las Vegas-Eule 02; Adieu Sweet Bahnhof 04; Das Malträtieren unvollkommener Automaten 06 – (Red.)

Kau, Annebarbe, Künstlerin (* Ratingen 24. 4. 58) – **VG:** Köln, Rivet – **S:** 78–79 F + F Schule f. exper. Gest. Zürich; 81 California Art Inst. Los Angeles; 85 KA Düsseldorf (Meisterschülerin b. Prof. Nam June Paik) – **P:** Peter Mertes Stip. 89; Förd.pr. d. Ldes NRW 89; Stift. Kunstfonds – Arb.- u. Projektstip. 89; Projektaufenthalt an d. Jan van Eyck Akad. Maastricht 89; Stip. d. Akad. Schloss Solitude 92; Bremer Videokunst Förd.pr. 93; Stip. d. Ges. f. Mathematik u. Datenverarbeitung 94; Stip. für Bild. Künstlerinnen mit Kindern d. Landes NRW 97; Arb.stip. d. Stift. Kunst u. Kult. d. Ldes NRW 99; Artist in Residence (Akiyoshidai Intern. Art Village/Japan) 00 – **E:** zuletzt u. a. 97 Köln, Art Cologne; 99 Kiel, Kab. d. KH; 01 Köln, Rivet; 03 Köln, Lit.haus – **G:** u. a. 94 Karlsruhe, ZKM; 96 Düsseldorf, Mus. Kunst Pal.; 01, 02, 03 Köln, Rivet – **V:** Kölner Skizzen 97; A. K. Video, Installation, Zeichnung 93 – (Red.)

Kaufer, Karin s. Sakrowski, Karin

Kaufmann, Angelika; Feldgasse 12, A-1080 Wien, Tel. (01) 4 05 59 47, Fax 4 05 59 47 – **G/T:** Graph. – (Red.)

Kaul, Karl, Maler; Im Schneebäcker 8, D-55471 Keidelheim, Tel. u. Fax (0 67 61) 29 47, *kkaul@t-online.de*, *www.karlkaul.de*. Atelier: Hauptstr. 3, D-55471 Keidelheim (* Waldböckelheim 1. 7. 37) – **VG:** Bad Honnef, Little van Gogh – **S:** WerkKSch Saarbrücken (b. Prof. Oskar Holweck); HS-Inst. f. Kunst- u. Werkerziehung Mainz (b. Prof. v. Saalfeld, Prof. Etz u. Prof. Gerke) – **L:** bis 00 Herzog-Johann-Gymnasium Simmern (Kunsterzieher) – **Ve:** BBK Rh.-Pf.; Fördergemeinschaft Junge Kunst Bad Honnef – **KGr:** Nahe – **G/T:** Malerei (Landschaft, Portr., figurativ u. abstr.) – **K:** Malkurse u. Workshops f. Kinder u. Erwachsene – **W:** zahlr. Arb. in privatem u. öff. Bes. – **M:** Simmern, Hunsrückmus.; Simmern, Schloß – **E:** Bad Kreuznach, Spk.; Bonn, Intern. Jugendforum Bonn; Joigny/Frkr.; Landau in der Pfalz, Villa Streccius; Lellingen/Lux.; Migennes/Frkr.; Mainz, Gal. Künstlerforum; Simmern, Schloß; Remagen – **G:** Bourg-en-Bresse; Frankfurt am Main, BBK; Germersheim, Zeughaus; Koblenz, Mittelrhein-Mus.; Mainz, Ldtag; Wesseling, KV – ***Lit:*** Naheland Kalender 2000 00

Kaupp, Karin s. Beck, Karin

Kawon (Ps. f. Leszek Nowak), Maler, Graphiker; Lange Weihe 102, D-30880 Laatzen, Tel. u. Fax (05 11) 82 45 79, *leszeknowak@aol.com*, *www.leszek-nowak.de* (* Stettin 4. 7. 57) – **S:** 72–77 KSch Stettin (Meisterkl. b. Prof. G. Reck) – **L:** 94–96, 98–00 KV Laatzen (Doz. f. Malerei) – **Ve:** BBK Nds. 90 – **G/T:** Abstr., zeitkrit. Malerei (Mischtechnik aus Acryl, Aqu., Gouache, Druckfarbe); Objektkunst (Draht, Schnur, Fotogr., alte Dok.) – **W:** überw. in Privatbes. u. Institutionen – **G:** zahlr. Bet. seit 89, zuletzt 96 Gabrovo/Bulgarien, Bienn.; 97 Toruń/Polen, Bienn.; 98 Karlsruhe, BBK; 99, 00 Hannover, BBK; 01 Oldenburg, BBK; 03 Québec,

Bienn.; 05 Hamburg, Schäfer; 06 Fürstenwalde, StG im Alten RH – *Lit:* Elizabeth Schwiontek: Gesch. u. Gegenwart des BBK Nds. 98

Keel, Magdolna (geb. Magdolna Iván, verh. Magdolna Keel-Iván), Dipl. Architektin, Malerin; Rütirain 12, CH-8956 Killwangen, Tel. 05 64 01 37 61, Fax 05 64 02 00 17, *keel.baukonz@swissonline.ch* (* Budapest 14. 1. 40) – **S:** Autodidaktin – **Ve:** GSBK 85–95 – **KGr:** Uster (82–02) – **G/T:** Malerei (Öl, Aqu., Gouache, Acryl) – **K:** Ldschaft, Stilleben, Portr.malerei – **Ö:** Rheinfelden, Feldschlössli; Zürich, Pfrundhaus – **E:** zuletzt 03 Uster, Villa Grunholzer – **G:** zahlr. Bet. seit 82, u. a. 99 Zürich, Dosch; 03 Zürich, Art Intern.; – weitere: Uster, Villa am Aabach – (Red.)

Keesmeyer, Michael, Fotodesigner; *michael@keesmeyer.de*, *www.keesmeyer.de* (* Lübeck 55) – **E:** / G: u. a. 87 Hamburg, Gal. Atelier 1; 91 Wien, KH Exnergasse; Bielefeld, Gal. Schwarzbunt; Hamburg, Kunsthaus; 92 Hamburg, TU; 99 Hamburg, Kunstkab. d. LBK – (Red.)

†**Keetman,** Peter, Fotograf; lebte zuletzt in Marquartstein b. München (* Wuppertal-Elberfeld 27. 4. 16, † Marquartstein 8. 3. 05) – **VG:** Salzburg, Gal. Fotohof – **S:** 35–37 Bay. Staatslehranst. f. Lichtbildwesen München (Fotogr. b. Hans Schreiner); 47–48 ebda Meisterkl.; 48 Stuttgart (Meisterkl. v. Adolf Lazi) – **Ve:** Stuttgarter Photogr. Ges. 48; DGPh 51; Bay. Akad. d. Schönen Künste 94 – **KGr:** fotoform (Mitbegr. 49) – **G/T:** Fotogr. (freie u. exper. Fotogr., abstr. Farbfotogr., Werbefotogr.) – **M:** u. a. Essen, Mus. Folkwang; Hamburg, MKG; Köln, Mus. Ludwig; München, SM – Foto-Mus.; New York, Metropolitan Mus. of Art; San Francisco, MMA – **E:** zahlr. Einzelausst. seit 61, u. a. 82 Houston/TX, Benteler Gall.; 82, 89 Hamburg, PPS Gal.; 86 Amsterdam, Gal. voor industriele Vormgeving; 90 Hannover, Sprengel Mus.; 91 München, SM; 94 Wuppertal, Von der Heydt-Mus. – **G:** u. a. 83 Essen, Mus. Folkwang; 88 New York, Aperture Gall.; Hannover, Sprengel Mus.; 89 Zürich, MfG; Wien, Kunstraum im Messepal. – *Lit:* Contemp. Photographers 95; Dictionary of Art 96

Kehl, Gerhard, Maler, Bildhauer; c/o Galerie Deschler, Auguststr. 61, D-10117 Berlin, Tel. (0 30) 2 83 32 88, Fax 2 83 32 89, *info@deschler-berlin.de; kehl.berlin@freenet.de*, *www.deschler-berlin.de* (* Wissen/Sieg 23. 4. 64) – **VG:** Berlin, Deschler – **S:** Autodidakt; Freie Univ. Berlin (Kommunikationswiss.) – **KGr:** Muhfmoh Kähs (seit 90) – **G/T:** hochglanzlackierte Gemälde; lackierte Holzskulpt., die im Erzgebirge geschnitzt u. gedrechselt werden – **W:** Werke überw. in Privatbes. – **M:** Osnabrück, KH Dominikanerkirche – **E:** 93, 94, 95, 98 Berlin, Gal. Mainz; 95 Essen, Eikelmann; Düsseldorf, Art Multiple; 95, 97, 02 Berlin, Deschler; 96 Berlin, Gal. Ver. am Nauener Pl; Amsterdam, Kunst Rai; 01 Osnabrück, KH Dominikanerkirche – **G:** seit 93 zahlr. Gr.ausst. im In- u. Ausld, zuletzt 01 Hamburg-Harburg, KV; 02 Berlin, Deschler; Peking, 798 Art Space – *Lit:* Yvonne Haubrich: Muhfmoh Kähs, Bild-Text-Buch 93; ders.: KEHL – The Prints 1993–2001, Werkverz. d. Graph. 01; Patricia Gaspari: KEHL – Volkskunst, Ausst.kat. 01 – (Red.)

Kehrer, Gerd, Maler, Graphiker, Verleger; Heinz-Herbert-Karry-Str. 17, D-60389 Frankfurt am Main, Tel. u. Fax (0 69) 47 68 47, *gerdkehrer@web.de* (* Frankfurt am Main 7. 4. 39) – **S:** 56–59 Graph. Lehre im Graph. Großbetrieb Georg Stritt & Co Frankfurt am Main; 57–60 Städelschule Frankfurt am Main; 58–62 KSch. Westend Frankfurt am Main – **G/T:** Malerei, Zeichn., Druckgraph., Objektkunst; gegenständlich u. ungegenständlich sowie Zyklen (Zeichn., Bilder, Objekte) – **M:** Berlin, SMPK; Brno, Moravská gal.; Essen, Dt. Plakat Mus.; Frankfurt am Main, Dt. Filmmus.; Frankfurt am Main, Heinrich-Hoffmann-Mus.; Frankfurt am Main, Inst. f. Stadtgesch.; Frankfurt am Main, Mus. f. Kommunikation; Hamburg, Altonaer Mus.; Hiroshima, Mus. of Art; Jerusalem, Israel Mus.; Mainz, Gutenberg-Mus.; Nürnberg, Spielzeug-Mus.; Warschau, Zacheta – **Ö:** Bad Vilbel, Allianz Dresdner Bauspar AG; Frankfurt am Main, Bürgerhospital; ebda, Gr. Dt. Börse, Hufelandhaus, Frankfurter Entsorgungs- u. Service GmbH; Heilbronn, Wüba AG; Wiesbaden, Hess. Landtag – **E:** 78 Frankfurt am Main, Kommunale Gal. im Leinwandhaus; Wiesbaden, Nassauische Spk.; Dietzenbach, Wagner; Darmstadt, Garuda; 79 Wiesbaden, Moering; Luzern, Cafe Gal. Moc; Frankfurt am Main, Foote Cone & Belding; 80 Frankfurt am Main, Fernmeldeturm; 83 Frankfurt am Main, Alte Oper; 84 Frankfurt am Main, Heimatmus. Bergen-Enkheim; 85 Frankfurt am Main, Nebbiensches Gartenhaus; Frankfurt am Main, Dt. Filmmus.; 87 Warendorf, RH; 89 Frankfurt am Main, Bürgerhaus Bornheim; Frankfurt am Main, Stadthalle Zeilsheim; Frankfurt am Main, BHF Bank; 92 Frankfurt am Main, Cafe Cult; 94, 95 Frankfurt am Main, Praxisgal. Dr. Steuer; 95 Frankfurt am Main, St. Katharinen Kirche; 99, 00 Frankfurt am Main, Frankfurter Entsorgungs- u. Service GmbH; 00, 01 Bad Vibel, Gal. im Quellenhof; 03 Frankfurt am Main, IHK – **G:** zahlr. Ausst.bet., u. a. 67 München, Lenbachhaus; 87 Hiroshima, Mus. of Art; 95 Paderborn, Gal. double you; 99, 00 Frankfurt am Main, Denkbar; 05 Frankfurt am Main, Heussenstamm-Stift. – **V:** Ebbelweigebabbel. 102 farbige Zeichnungen mit Frankfurter Mundarttexten 86; Alte Oper Frankfurt. Bilderzyklus, Kunstmappe 94; Paulskirche. Bilderzyklus 97; G. K. u. Dorothee Baer-Bogenschütz: Am blauen Band der Börse. Bilderzyklus 97; Mythos. Bilderzyklus, Kunstmappe 00; sowie Kunstdrucke, -bildbde, -mappen u. -karten im Selbstverl. Gerd Kehrer Edition Artfrankfurt – **R:** CD-ROMs G. K.: Hauptwache. Bilderzyklus 01; Eschenheimer Turm. Bilderzyklus 01; Umwelt, Kunst und Recycling, Objektzyklus 01; Frankfurt Mein Mainhattan. Bilderzyklus 02 – *Lit:* Günter Vogt: G. K. Gesicht-Gesichte-Gesichter, Ausst.kat. 78 – *LitR:* Beitr. d. FAZ-Stadtfs.: G. K. – Zeischnunge, Bilder un Gebabbel, zur Ausst. im Heimatmus. Bergen-Enkheim 84; G. K. – Johann Sebastian Bach. Porträtzyklus 85; G. K. – James Dean. Porträtzyklus 85

Keidel, Barbara (eigtl. Barbara Schoenholtz, geb. Barbara Keidel), Malerin; Humboldtstr. 34, D-14193 Berlin, Tel. u. Fax (0 30) 8 92 12 79 (* Berlin 25. 4. 39) – **VG:** Mainz, Rehberg; Berlin, Leo.Coppi; Freiburg im Breisgau, Gal. Pro Arte; Berlin, Lange – **S:** 59–64 HBK Berlin (Meisterschülerin b. Prof. L. G. Schrieber) – **P:** Karl-Hofer-Pr. 65; Lith.-Pr. d. Ver. f. Orig.-Rad. München 96 – **Ve:** Dt. Künstlerbund; Westdt. Künstlerbund; Ver. f. Orig.-Rad. München – **KGr:** Künstlerverband Neue Gruppe München – **G/T:** Malerei, Zeichn., Druckgraph. – **W:** überw. in Privatbes. – **M:** Berlin, Berlinische Gal.; Bochum, Mus.; Oldenburg, LM; Oldenburg, Schloß; Witten, Märk. Mus. – **Ö:** Berlin, Dt. Kredit- u. Handelsbank; ebda, Bundesmin. d. Justiz, Bundesmin. d. Innern, Auswärtiges Amt; Luxemburg, Dt. Bank; Wiesbaden, Hess. Oberbergamt – **E:** u. a. 81, 86 München, von Laar; 86 Oldenburg, Jakob; 87 Köln, Baecker; 88 Neu-Ulm, Edwin-Scharff-Haus; 90 Friedberg, KV; Friedberg/Hessen, Wetterau-Mus.; 93, 00 Mainz, Rehberg; 95 Freiburg im Breisgau, Gal. Pro Arte; 96 Augsburg, KV; 98 Wittlich, Georg-Meistermann-Mus.; 03 Burghausen, Die Burg – **G:** 77 Göppingen, KV; 82 Duisburg, Wilhelm-Lehmbruck-Mus.; 83 Bonn, Frauen-Mus.; 94 München, Offene Akad.; 95 Frankfurt am Main, Art Frankfurt; 98 Neu-Ulm, KV; 03 Mainz, Rehberg; – sowie regelmäßige Bet. an d. Großen Berliner Kunstausst, an Ausst. d. Dt. Künstlerbundes, d. Westdt. Künstlerbundes u. d. Großen Kunstausst. d. Neuen Gr. München – **V:** J. P. Kastner (Text): Dintorni, Leporello 03 – ***Lit:*** Kat. zu Einzelausst.: Inken Nowald: B. K. Malerei, Collagen 88; Ursula Prinz: B. K. Farbe auf Leinwand 93; Christian Schneegass: Farbe auf Leinwand 00

Keil, Sebastian Béla, Bildhauer, Druckgraphiker; Würdtweinstr. 12, D-67549 Worms, Tel. (0 62 41) 97 08 55, *sebastian-keil@web.de* (* Berlin 10. 12. 70) – **S:** 91–94 Lehre Gitarrenbau; 95–96 Univ. Mainz (Freie Kunst); Techn. HS Darmstadt (Archit.); 99–02 Röm.-German. Zentralmus. Mainz (Ausb. z. archäolog. Restaurator); 99–04 Metis Art School (USA, Engld, Ital.) – **Ve:** ver.di – Fachgr. Bild. Kunst 02 – **G/T:** Objektkunst (vorw. Möbelobjekte aus Holz u. and. Naturmaterialien); Schnitzwerk; Druckgraph. (Hschn.) – **W:** in Privatbes. – **E:** 00 Worms, Gal. Schauraum – **G:** zahlr. Bet. seit 00, zuletzt 05 Worms, Kunst am Start (Lichtinstall. unter Tage); München, Beauty-Basket

Keilbach, Mike (eigl. Hermann Josef Keilbach), Maler u. Illustrator; Freseniusstr. 31, D-81247 München, Tel. u. Fax (0 89) 8 11 93 72, *Mike.Keilbach@epost.de*, *www.mike-keilbach.de* (* Stuttgart 28. 2. 55) – **VG:** München, Art + Be – **S:** 77–84 Zentrale Bühnen, Fs.- u. Filmvermittlung (Schauspielerei); 85–90 ABK München (b. Prof. Weißhaar) – **L:** 93–04 Malakad. d. Münchner Bildungswerkes; 99–04 Sommerakad. Hohenaschau (Doz.) – **P:** Kunstpr. d. Orangerie Darmstadt 92 – **Ve:** VG Bild 90; BBK Bay. 01 – **KGr:** Artvision (88); Partikel (01) – **KGe:** Schule von Sarbocar (seit 00) – **G/T:** Malerei (Öl, Acryl, Portr., Menschenbilder); Ill. (Mischtechniken) – **K:** Acrylmalerei; Menschenbilder, Figur-Farbe-Form u. Farbaspekte – **Ö:** Altleiningen, Fa. Stein; Eching, Grundschule; Hinterzarten, Wangemann Klinik; Leipzig, Max-Planck-Inst.; München, Polizeigebäude Flughafen; ebda, Stadtspk. Ungerer Str.; Weihenstephan, Bay. Ldesanst. f. Bodenkult. u. Pflanzen-Bau – **E:** zahlr. Ausst. seit 89, u. a. 89 München, ABK (MUSIKWALK – Artperformance); 91, 97, 98, 00 München, Art + Be; 91 München, HS f. Fs. u. Film; 93 Darmstadt, Kunstpr. d. Orangerie; 94 München, Aspekte; 95, 96, 99, 01 München, Farbzone; 97 Taufkirchen, InterArt; 98 München, Haus d. Eigenarb.; München, Messe; 99 München, Theater Metropol (Mystery of Love and Desire – Tanztheater); München, Zentrale d. Dt. Angestellten Krankenkasse; 00 München, Theater Metropol (Love include it – Tanztheater u. Performances); 00 Tutzing, Dr. Hertel; 01 Garching, Städt. Kult.halle – **G:** zahlr. Ausst.bet. seit 89, u. a. 90 München, Gal. in d. Finkenstr.; München, Pasinger Fabrik; 91 Wiesbaden, Kunsthaus; 92 Rottenburg, Kulturver. Zehntscheuer; 93, 96, 97, 01 München, Art + Be; 93, 98 München, Aspekte; 97 München, Zenith-Kult.halle; 98 München, Orangerie; 99 München, Bürgerhaus; 99, 02 Ulm, Fa. Pluta; 00 Marseille, Maison Blanche; München, Pasinger Kunstladen; 02 München, Kammerspiele; 03 München, piccola pinakotheka – **V:** Menschenbilder frei gestaltet, in: Gabriele Forchheimer u. Rudolf Seitz (Hrsg.): Senioren sind kreativ. Anregungen und Modelle 94 – ***Lit:*** Heisses Pflaster, Ausst.kat. 94 – (Red.)

Keining, Horst, Maler; Tel. Mobil: 01 7 45 88 57 59, *horstkeining@t-online.de*, *www.horstkeining.de* (* Hattingen 9. 2. 49) – **VG:** Hanau, König – **S:** 70–76 KA Düsseldorf (b. Prof. E. Heerich) – **G/T:** zeitgen. Malerei (Öl u. Kunstharz) – **M:** Bedburg-Hau, Mus. Schloß Moyland; Gießen, Oberhess. Mus.; Ratingen, SM – **E:** 98 Heidelberg, KV (m. E. Heerich, Kat.); 99 Lingen, KV (Kat.); Mülheim an der Ruhr, KM (m. E. Heerich, Kat.); 00 Unna, KV (Kat.); Krefeld, KV (Kat.); 01 Gladbeck, StG (Kat.); 02, 05 Hanau, König (jew. Kat.); Solingen, Mus. Baden (Kat.); Kranenburg, Mus. Katharinenhof; Krefeld, Fellner von Feldegg; 04 Aschaffenburg, Neuer KV (Kat.); Herne, Flottmann-Hallen (Kat.); Fürstenfeldbruck, Gal. am Hauptplatz; Siegburg, SM (Kat.); Ratingen, SM (Kat.) – **G:** 97 Celje/Slowen., Muz. Novejse Zgodovine; 99 Arnsberg, KV; 02 Lingen, KV – ***Lit:*** Beate Reifenscheid in: Stationen. Fünf Jahre Wechselausstellungen, Kat. 02

Keiser, Daniela, Künstlerin; c/o Galerie Stampa, Spalenberg 2, CH-4051 Basel, Tel. 06 12 61 79 10, Fax 06 12 61 79 19, *info@stampa-galerie.ch*, *www.stampa-galerie.ch; www.xcult.org/keiser* (* Schaffhausen/Schweiz 28. 8. 63) – **VG:** Basel, Stampa; Zürich, Scalo Gal. – **S:** 89–92 HS f. Gest. u. Kunst Basel (FB Bild. Kunst u. Medienkunst) – **P:** Manor-Kunstpr. Basel 98; Eidgenöss. Wettb. f. Kunst 98 – **M:** Basel, KH; Basel, Mus. f. Gegenwartskunst; Zürich, Kunsthaus – **Ö:** Bozen-Bolzano, Univ.; Laufen, Marketinggebäude Ricola – **E:** 01 Basel, Mus. f. Gegenwartskunst; 02 Zürich, Scalo Gal.; 03 Basel, Stampa – **G:** 01 Antwerpen, New Intern. Cultural Centre; 02 Linz, moviemento art gall.; Luxembourg, Casino; 03 Solothurn, KM; Solothurn, Literaturtage – **V:** Patrick Marcolli: Der Blick aus dem Bild, in: Basler Mag. (Fotogr.) 03 – ***Lit:*** Verlag Lars Müller (Hrsg.): Nicht nur Körper. Künstlerinnen im Gespräch. Miriam Cahn, Hannah Villiger, Pipilotti Rist, D. K., Muda Mathis, Maya Rickli, Pia Gisler, Kat. 97; Beatrix Ruf u. Andreas Fiedler: Lilien Chrysanthemen Gerbera, Kat. 97; Eine Folge von Übersetzung, in: Gespräche/Inserts, Kat. 98; Stampa Basel (Hrsg.): Südöstlich über dir, Künstlerheft 98; Brita Polzer: Young, Kat. 99; Hans Rudolf Reust: Gute Reise, Kat. 99; Christoph Merian Verlag (Hrsg.): Expedition Genua 1.1.00, Ed. 00; Eine solche Welt kann es nur im Foto geben. Samuel Herzog im Gespräch mit D. K. und Catherine Schelbert, in: Kunst-Bulletin 00; Madeleine Schuppli: Out of Space, Kat. 99; Triton Verlag (Hrsg.): Der Larsen Effekt/L'effet Larsen, Monogr. 01 Wim Peeters: The Big Show/Healin, Monogr. 02; Markus Stegmann: Die ewigen Jagdgründe, Kat. 02; Anton Lederer: Kulturhauptstadt Europas. Graz Zweitausenddrei. 'Link'/01, Mag. 02; Fink Forward. The Collection/Connection, Ed. Fink 03; Röschenhof, m. Peter Stamm, in: Kunst-Bulletin 03 – ***LitR:*** Simone Reuter: D. K., Kurzfilm 99; Reinhard Storz (Hrsg.): www.xcult.org/keiser 01 02 – (Red.)

Kekeç, Sirma, Malerin, Druckgraphikerin; Georg-Gröning-Str. 39, D-28209 Bremen, Tel. u. Fax (04 21) 2 44 48 85, *popirma@gmx.de*, *www.kekec.de*. c/o Künstlerhaus Güterabfertigung, Atelier: Am Güterbahnhof, D-28195 Bremen (* Quakenbrück 2. 5. 70) – **VG:** Hamburg, Die Hamburger Gal. – **S:** 94–99 HS f. Künste Bremen (Malerei b. Prof. Wolfgang Schmitz); 99–00 ebda (Meisterschülerin b. Prof. Schmitz) – **L:** seit 06 HS f. Künste Bremen (LAuftr.) – **P:** Druckgraph. Förd.pr. d. Stadt Cloppenburg 98; Künstlerförd. d. Stadt Bremen 02–04 – **Ve:** GEDOK 04; BBK Bremen seit 06 – **G/T:** Malerei (Mixtechnik); Zeichn. (Aqu.); Druckgraph. (Siebdruck) – **K:** Freie KSch Bremen (Malerei u. Zeichn.) – **M:** Bremen, StG – **Ö:** Bremen, SWB Enordia; ebda, StG; Cloppenburg, RH; Stuttgart, SW Ldesbank – **E:** seit 95, zuletzt 02 Bremen, Herold; 03 Bremerhaven, Gal. 149; 05 Bremen, Spk. Bremen (Kat.) – **G:** zahlr. Bet. seit 92, zuletzt 04 Hamburg, Die Hamburger Gal.; Bremen, StG; 06 Bremen, Herold; Nienburg, Gal. N

Keller, Arthur A., Maler, Fotograf; Zweedorfer Str. 127, D-19258 Schwanheide, Tel. (03 88 42) 2 25 06, Fax 2 25 08, *art@kunsthaus-schwanheide.de*, *www.kunsthaus-schwanheide.de*. Mansteinstr. 38, D-20253 Hamburg, Tel. u. Fax: (0 40) 4 20 41 12 (* Hamburg 26. 11. 58) – **Ve:** BBK Hamburg; Künstlerbund Meckl. u. Vorpommern im BBK 02 – **KGr:** Kunsthaus Schwanheide (m. Ehefrau Ulrike Keller) – **G/T:** Malerei (fotorealistisch); Fotogr. – (Red.)

Keller, Bernhard Jott, Akad. Maler, Fotograf; Riesen 9, D-86989 Steingaden, Tel. (0 88 62) 9 30 23, *info@bjk.de*, *www.bjk.de* (* Lindenberg 15. 6. 50) – **VG:** Leeder, Fircks-Huth; Siegen, Gal. am Alten Garten – **S:** 74–80 ABK München (Meisterschüler Malerei b. Prof. K.-F. Dahmen) – **L:** 77–79 Akad. f. Lehrerfortbildung (Ref. f. druckgraph. Techniken) – **P:** Cité Intern. d. Arts Paris 79, 80; Förd. d. Prinzregent-Luitpold-Stift. München 81; Debütantenförd. d. Bay. Kultusmin. 83 – **Ve:** VG Bild-Kunst; BBK Schwaben Süd 04 – **G/T:** Malerei (im Spannungsfeld zw. Gegenständlichkeit u. Informel); Collage; Bildmontage; Zchng; Fotogr.; Install. – **W:** überw. in Privatbes. u. in Bes. d. Künstlers – **M:** München, ABK; München, Staatl. GrS – **Ö:** Augsburg, APO-Bank; Immenstadt, Spk.; München, Bay. RF; Peiting, Spk. – **E:** zahlr. seit 79 im In- u. Ausld, u. a. 86 Nürnberg, Inst. f. mod. Kunst; 91 Mainz, Gutenberg-Mus.; 94 Füssen, Mus. d. Stadt; 95 Landsberg am Lech, Neues SM; Irsee, Kloster (Schwabenakad.); 97 Augsburg, KV (Holbein-Haus); 99 Fürstenfeldbruck, Kult.-wkst. Haus 10; 06 Immenstadt, Schloß – **G:** zahlr. Bet. seit 80, u. a. 80 Paris, Goethe-Inst.; 84 Nürnberg, Germanisches NM; 90 Kempten, Alpinmus.; 91 Siegen, Siegerlandmus.; 02 Heidelberg, KV – **V:** Tageb. aus der Enge (Zchngn) 81; m. F. Frischmuth: Moment mal (Bilder u. Texte) 84; Stürme & Stille, Bildertageb. eines Jahres 89; Ich. Der Berg. Und Du?, Bild- u. Textbd 94; m. C. Bezzel: Lezzeb's & Rellek's (Texte u. Bilder) 97; Unnütz silbern. Bergkrimi f. faule Leser 02 – ***Lit:*** Schwabenakad. (Hrsg.): B.J.K., Lebensbild – ***LitR:*** Klaus Röder: Ein Tag im Leben des B.J.K., Dok. 95

Keller, Christoph, Medienkünstler; Fehrbellinerstr. 81, D-10119 Berlin, Tel. (0 30) 4 48 20 99, Fax 4 48 20 99, *chrk@khm.de* (* Freiburg im Breisgau 67) – **VG:** Berlin, Schipper – **S:** 96–99 KHS f. Medien Köln (Postgraduierten-Stud.) – **P:** Stip. f. Fotogr. 95; Arbeitsstip. d. Berliner Senats 99; Kunstpr. Ars-Viva d. Kult.kr. d. dt. Wirtschaft 00; Stift. Kunstfonds – Arb.- u. Projektstip. 01; PS1 Stip. New York 02 – **W:** zahlr. Videos, Filme u. Internetprojekte – **E:** zahlr. Ausst. u. Ausst.bet., u. a. 95 Linz, Ars Electronica; 96 New York, KH; 97 Berlin, Schipper & Krome; 98 Berlin, Berlin Bienn.; 99 Berlin, Kunst-Werke; 00 Halle/Saale, Staatl. Gal. Moritzburg; 01 München, Hypo-KH – (Red.)

Keller, Gerhard Alexander, Maler; St.-Vitus-Str. 1, D-82205 Gilching, Tel. (0 81 05) 16 36, 17 46, *Keller_Gerhard@gmx.de* (* München 20. 4. 75) – **VG:** Gilching, MK Gemälde u. Grafik – **S:** 02–03 Schüler b. Rainer Jurenda; 05 Stud.reisen nach Ital. u. Brasilien (Curitiba) – **G/T:** Öl- u. Acrylmalerei; Stadtansicht, Landschaft, Figürliches; abstr. u. gegenständlich – **W:** überw. in Privatbes. – **M:** Raisting, Otto-Hellmeier-Mus. – **E:** 03–04 Raisting, Otto-Hellmeier-Mus.; 04 München, Fa. Heydenreich; 05 Miltenberg, StM; Wielenbach, Wobbe; Sünching, Gal. Pfeilschifter – ***Lit:*** Expressionistische Bilder im Otto-Hellmeier-Kulturhaus, in: Parsberg Echo, Okt. 03; Gerhard Keller nutzt die Gelegenheit, in: Starnberger Merkur 27.10.03; Beitr. im Kulturbericht in: D. Kreisbote Starnberg 29.10.03; Ingrid Zimmermann: Gegenwartskunst aus Gilching im Hellmeier Museum, in: Süddt. Ztg 1.11.03; Expressionistisches im Kulturhaus, in: Gemeinde Anzeiger 20.11.03; Im Farbenrausch. Porträt d. Gilchinger Neo-Expressionisten Alexander Keller, in: D. Kreisbote Starnberg 29.11.03; Beate Naß: Zeit den eigenen Weg zu gehen. Beobachtungen zu den Bildern d. Malers Gerhard Keller 20.3.04

Keller, Helene, Dr., Biologin; Palmersbachweg 21B, A-6460 Imst, Tel. (0 54 12) 6 88 08, *helene.keller@cni.at*, *www.cni.at/members/helene.keller* (* Innsbruck 4. 6. 57) – **G/T:** Keramik (Rauchbrandtechniken, Frau im Konzept d. Kugelfrau, abstr.); Skulpt. (Bronze, Stein); landart (Return of Edelweiss) – **K:** Erwachsenenbildung seit 91, Kurse u. Workshops; versch. Rauchbrandttechniken, u. a. Grubenbrand u. Papierofenbrand; versch. Themen: Köpfe, Kugel u. Kubus usw. – **W:** zahlr. keramische Plast. in Privatbes. – **Ö:** Imst, Musikschule; ebda, RH, Neuer Friedhof; Tarrenz, Skulpt.weg Salvesen – **E:** mehrere Einzel.aust. u. a. in Innsbruck, Landeck u. Lienz, z.B. 96, 99 Innsbruck, Reindl – **G:** zahlr. Gr.ausst., u. a. 00 Ladis, Kult.zentrum Rechelerhaus; 01 Silz, Renu; 02 Höchst, Gal. im Winkel; Kiel, Brunswiker Pavillon; 03 Altach, Gal. im Kies; Zelem-Halen, Meensel; 04 Imst, Theodor v. Hörmann Gal. – **R:** Erwin Keller: H. K. – Keramik und Bronze, CD-ROM 98 – ***Lit:*** Erwin Keller: H. K. – Keramik und Bronze, Kat. 98 – (Red.)

Keller, Julia, Malerin, Graphikerin; Sperberweg 13, D-66123 Saarbrücken, Tel. (06 81) 6 19 44, Fax 6 85 72 52, *julia-keller@t-online.de*, *www.juliakeller.de*. c/o Atelier, Eschberger Weg 1, D-66121 Saarbrücken (* Düsseldorf 10. 10. 40) – **VG:** Saarbrücken, Neuheisel – **S:** 82–88 künstler. Lehre b. C.J. Steilen (Maler, Graphiker u. Bildhauer) in Bliesransbach; 86–91 Kunstzentrum Bosener Mühle (b. d. Prof. Till Neu, Hallveig Menzel-Tettenborn, Heinrich Popp, Robert Sessler u. b. Hermann Baldenbach); seit 92 Intern. Sommerakad. f. Bild. Kunst in Salzburg (b. Antonio Dias, Hermann Nitsch, Jacobo Borges u. György Jovanovics) – **P:** Grand Prix de Peinture de la Ville de Sarreguemines (Bronzemed.) 88; Grand Prix d. Houilleres du Bassin de Lorraine, Forbach 93; Bienn. de Peinture de Forbach (1. Pr.) 94 u. 05, (Grand Prix) 96, (2. Pr.) 03 – **Ve:** BBK Saarland 93; GEDOK Mannheim 96; Saarländisches Künstlerhaus Saarbrücken 99 – **KGr:** Saarländische Künstlergr. Steinberg (seit 89) – **G/T:** Collagen, abstr. Malerei (Acryl, Rost, Hinterglas, Siebdruck); bis 95 Steinbildhauerei – **W:** überw. in Privatbes. – **M:** Saarbrücken, Slg d. RH – **Ö:** Banken, Spk. u. Versicherungsges. in Saarbrücken u. im Saarland – **E:** u. a. 90–00 Saarbrücken, Neuheisel; 91 Moskau, Tuschino; 92 Köln, Zeit u. Wert; 92, 93 Hohenlockstedt, Kunsthaus; 93 Nohfelden, Kunstzentrum Bosener Mühle; 94 Flonheim/Alzey, Gal. auf d. Bauernhof; 95 Westerland, Martens; 96 Wuppertal, C.B. Bloemertz; 98 Otzenhausen, Europ. Akad.; 01 Wertheim, Gal. am Wartberg; 03 Luxemburg, Artium Art Gall.; Brüssel, Europ. Parlament; Merzig-Hilbringen, Christl. Erwachsenenbildungs-Akad.: 04 Trier, Europ. Rechtsakad.; 05 Saarbrücken, Haus d. RSW; 06 St. Ingbert, RHgal. – **G:** zahlr. Bet. seit 89 u. a. in Saarbrücken, Luxemburg, Wiesbaden, Trier, Salzburg, Rodemack, Völklingen, St. Wendel, Homburg, Venedig, Wertheim, St. Ingbert, Ottweiler, Wuppertal, Neunkirchen, Zweibrücken u. Ensdorf – ***Lit:*** Bilder 91–92, Kat.; Malimpressionen 00–02, Kat. – ***LitR:*** Wolfgang Schmidt: Feature J.K., Saarländ. RF 92; Annette Reichmann: Feature J.K., Saarländ. RF SR2 03; Rainer Grau (Regie): Künstlerportrait J.K., Fs. SW3 03

Keller, San (auch: Stefan Keller), Aktionskünstler; Seebahnstr. 181, CH-8004 Zürich, Tel. (01) 2 42 33 63, *sankeller@bluewin.ch* (* Schlosswil/Bern 19. 1. 71) – **VG:** Zürich, Weiss – **S:** HS f. Gest. u. Kunst Zürich (Stud.bereich f. bild. Kunst) – **P:** Kiefer & Hablitzel 01; Eidgenössischer Wettbew. f. Kunst 02; Aeschlimann & Corti Stip. d. Bernischen Kunstges. 03; Atelierstip. P.S.1 New York 03/04 – **G/T:** Aktion – **M:** Bern, Slg d. Stadt; Biel, Slg d. Stadt; Zürich, KS d. Kt. Zürich; Zürich, Kunsthaus – **E:** zahlr. Aktionen im In- u. Ausland, u. a. 02 St. Gallen, KH; Zürich, Helmhaus; Zürich, Kunsthaus; 02, 03 Zürich, Weiss; 03 Bern, StG; Biel, Kunsthaus Centre Pasquart; Glarus, Kunsthaus; Prag, Bienn. – weitere in Amsterdam, Berlin, Bratislava, Brno, Budapest, Paris, Sion – (Red.)

Keller, Stefan s. Keller, San

Kellner, Lucia (geb. Lucia Raschik), Mag. art., akad. Malerin; Stinglgasse 16, A-1140 Wien, Tel. (01) 9 79 46 11 (* Wien 22. 3. 32) – **S:** 54–59 Akad. f. angew. Kunst Wien (Meisterkl. f. Malerei u. Graph. Frau Prof. H. Schmid-Jesser) – **L:** 62–68 Akad. f. angew. Kunst Wien (LAuftr., Malerei u. Graph.) – **P:** Staatspr. (f. d. Dipl.arb.) 59; Stip. d. Bundesmin. f. Wiss. u. Kunst Wien (f. Paris) 76; Woyty Wimmer-Pr. 77; Pr. d. Kult.-amtes d. Stadt Wien (2. Pr., Künstler in d. Betrieben) 84; Goldene E.med. d. Künstlerhauses Wien 05 – **Ve:** Neuer Hagenbund 58–60; Ver. f. Kunst u. Kult. Eichgraben 72; Ges. bild. Künstler Öst. 72 (EM seit 92); Art Diagonal 99–03; Verb. Bild. Künstler Wien – **G/T:** Malerei (Aqu., Gouache, Öl, Pastell); Zeichn., Ill.; Mosaik – **W:** zahlr. Werke in Privatslgn sowie im Bes. d. Emirates Kuwait – **M:** u. a. Eindhoven, Slg Philips; Eisenstadt, Bgld. Ldesreg.; Graz, LM Joanneum; Graz, Slg Viktor Fogarassy; New York, Chase Manhattan Bank; Warth, Raiffeisenkasse; Wien, Albertina (Graph. Slg); Wien, Bawag Found.; Wien, Belvedere (Oberes Belvedere); Wien, BmfUK; Wien, Kontrollbank; Wien, Kult.-amt d. Stadt; Wien, Nat.bank; Wien, Postspk.; Wien, Rank-Xerox; Wien, Slg Dichand; Wien, Öst. Tabakmus. – **Ö:** Wien, Loosgasse (Mosaik); ebda, Allg. Krankenhaus; ebda, Studentenhaus Margaretenstr. 30 (Mosaiksäule), Persil-Werk (Mosaiksäule) – **E:** u. a. 66 Graz, Forum Stadtpark; 73, 86, 88, 90, 93 Wien, Künstlerhaus; 74 Wien, Kunstzentrum; 76 Wien, Gal. Würthle; 82 Wien, Postspk.; 89 Ochtrup, Volksbank; 94 Wien, Artefakt; 01 Wien, Parlament; 05 Scheuchenstein, Gauermann-Mus. – **G:** u. a. 58 Wien, Secession; 60 Wien, Neuer Hagenbund; 61 Klagenfurt, LM für Kärnten; 73 Wien, Künstlerhaus; 75 Regensburg, Ostdt. Gal.; Wien, Hofburg; 76 Graz, Künstlerhaus; Wien, Kult.amt Stadtpark; 81 St. Pölten (NdÖst. Lit.); Köln, Baukunst Gal.; 01 Wien, Parlament; – weitere Ausst.bet. u. a. in Budapest, Budweis u. Thun – **V:** Wolff A. Greinert: Rendevouz mit Madame Mozart (Ill.); Ilse Tielsch: Der August gibt dem Bauern Lust (Ill.); Franz Richard Richter (Hrsg.): Wer war Viktor Matejka (Beitr.) – ***Lit:*** KAT.: Landschaftszeichnungen 82; Topografie 80; 10 Jahre Galerie am Doktorberg 86; Tagebuchbilder 99; Berührungspunkte Art Diagonal 00; Künstlerinnen. Positionen 1945 – heute 03; Arbeiten auf Papier 2002 2005, 10 Jahre Galerie in Eichgraben; Herzlandschaften International; – weiter: H. Lederer: Theater für einen Schauspieler 73; 60 Jahre Galerie Würthle 81; Alte und Moderne Kunst, Heft 84; Malerei in Niederösterreich 1918–1988 88; Künstlerprofile. Österreichische Maler des 20. Jhd. Bd. II; Österreichische Aquarellisten der Gegenwart

Kellner, Thomas, Fotokünstler; Friedrichstr. 42, D-57072 Siegen (* Bonn 28. 5. 66) – **VG:** London, Focus-Gall.; Köln, in focus Gal.; Chicago, Schneider – **S:** 89–96 Univ. Siegen (Kunst u. Sozialwiss., Schwerpunkt exper. künstler. Fotogr. b. Prof. Jürgen Königs) – **L:** 03–04 Justus-Liebig-Univ. Giessen (Gastprof. f. künstler. Fotogr.) – **P:** Kodak Nachwuchs Förd.pr. 98; Artist in Residence, Cardiff/Wales 02 – **G/T:** Lochkamerafotogr. u. multiperspektivische Ansätze (91–97), Kontaktbogenbild, Collage, Monumente (seit 97) – **W:** Arb. in privaten Slgn in Dtld, Frkr., England u. d. USA – **M:** Braunschweig, Slg Schupmann; Burghausen, Fotomus.; Chicago, Art Inst.; Grand Forks, North Dakata Mus. of Art; Houston/TX, Mus. of Fine Arts; Köln, KS d. Westdt. RF – **E:** u. a. 00 London, Höfer; 01 Iserlohn, StG; Siegen, StG Haus Seel; 01, 04 Köln, In focus Gal. am Dom; 02 München, Maurer; 03 New York, Rosenberg & Kaufman Fine Art; Cardiff, Ffotogall. @ Turner House; 03, 04 Chicago, Schneider; 04 Gießen, Neuer KV – **G:** u. a. 99 Düsseldorf, Große Kunstausst. NRW; 00 Berlin, Industr.- u. Handelsbank; 01 London, FreshArt; 02 Grenoble, Mus. de Grenoble; Denver, Colorado Photogr. AC; 03 Köln, SM; Hamburg, Mus. f. Kommunikation; Walsall, The New Art Gall.; Mexico-Stadt, Centro del Imagen – ***Lit:*** Hubertus von Amelunxen u. Markus Hellenthal (Texte): T. K. Deutschland – Blick nach draußen, Monogr. 98; T. K. 11-Loch-Arbeiten, Monogr. 00; Gerhard Glüher (Text): T. K. Monumente, Monogr. 01; A. D. Coleman (Ess.): T. K. Ozymandias, Monogr. 03

Kelm, Katia, Installationskünstlerin (* Burlington/Vermont 29. 5. 70) – **VG:** Berlin, Walden – **S:** 92–99 HBK Hamburg (b. KP Brehmer u. Bogomir Ecker) – **P:** K.H. Ditze-Pr. (f. d. beste Dipl.) 99; Arb.stip. f. bild. Künstler d. Hansestadt Hamburg 00; Lichtwark-Pr. 01 – **G/T:** Plast. (Knetgummi); Install. (raumbezogen) – **E:** / G: u. a. 97 Ljubljana, Skuc; 00 Hamburg, Kampnagel: Vorkult.; New York, Cynthia Broan: Pet Show; Luzern, Kunstpanorama: face-a-face; 01 Wolfsburg, KM: Let's Entertain; Hannover, Kestner-Ges.: Ziviler Ungehorsam; Bremen, Neues Mus. Weserburg: Anstiftung zu einer neuen Wahrnehmung; 03 Jena, StM u. KS: Anarchie ist machbar Herr Nachbar; Berlin, Hamburger Bahnhof: actionbutton; 04 St. Petersburg, Russisches Mus.; 05 Berlin, WK Walden: Der Himmel ist schön... – (Red.)

Kempter, Volkhard, Maler, Bühnenbildner, Installations- u. Lichtkünstler; Leuthener Str. 4, D-10829 Berlin (* Stockach/Bodensee 61) – **VG:** Berlin, Dreher – **S:** 83–90 HdK Berlin (Malerei, Meisterschüler b. Prof. Kaufmann, Wkst. Spiel u. Bühne b. Prof. Schönewolf u. Heiner Müller) – **L:** 97–98 HdK Berlin (LAuftr. FB Bild. Kunst); Bauhaus Dessau (Bühnenwkst., projektbezogene Doz. f. Licht u. Raum) – **P:** u. a. Atelierstip. d. Karl-Hofer-Ges. 93; Arbeitsstip. d. Berliner Senats 95; Villa-Massimo-Stip. 97 – **W:** div. Bühnenbilder, u. a. Mod. Theater Berlin u. Stadttheater Reutlingen – **E:** u. a. Konstanz, Gal. am Wasserturm; Kassel, Produzentengal.; Budapest, Collegium; Berlin, Dreher; Friedrichshafen, KV; Kreuzlingen, Thurgauische Kunstges.; Kassel, Lutherkirchturm – **G:** u. a. 02 Berlin, Dreher; – weitere: Stuttgart, Kunststift. BW – (Red.)

Kenter, Peter (eigtl. Peter Walter Kenter), Freischaffender bild. Künstler, Stud.rat (Mathematik, Sport, bis 2005); Cranachweg 3, D-58509 Lüdenscheid, Tel. (0 23 51) 63 45 72, *peterkenter@aol.com*, *www.peterkenter.de* (* Detmold 18. 2. 49) – **S:** 72–77 Univ. Münster (Mathematik, Lehramt Gymnasium); 84–87 Univ. Detmold (Erweiterungsstud. Kunst b. Prof. Kampmann) – **Ve:** BBK Westf. 04 – **KGe:** P.K. u. Maik Hester (Verbindung Neue Konkrete Kunst u. Musik, seit 06) – **G/T:** Konkrete Kunst (Acryl/Lw.); Neue Konkrete Computerkunst (FineArt Prints); Musik u. Neue Konkrete Computerkunst (FineArt Prints, Kompositionen, Skulpt.) – **W:** überw. in Privatbes. – **Ö:** Attendorn,

Isphording Germany; Bochum, Univ.bibl.; Dortmund, Reinoldinum; Kamp-Lintfort, Inst. f. Mobil- u. Satellitentechnik; Lüdenscheid, Citibank – **E:** 03 Lüdenscheid, Stadtspk.; Altena, StG; 04 Kamp-Lintfort, Inst. f. Mobil- u. Satellitentechnik; Duisburg, Gal. Rheinhausen (Stift. Wilhelm-Lehmbruck-Mus., m. H.H. Zimmermann); 05 Düsseldorf, Min. f. Wiss. u. Forsch. NRW; Dortmund, Reinoldinum; 06 Dortmund, Fischer; Bochum, Univ.bibl. – ***Lit:*** P.K. Mathematik Konkret (I u. II), Ausst.kat. 05

Kentner, Eva-Maria; Von-der-Tann-Str. 19, D-42115 Wuppertal, Tel. (02 02) 30 11 62, Fax 30 11 62, *em.kentner@wtal.de* – **G/T:** Malerei – (Red.)

Keppler, Meta (geb. Meta Aurelia Charlotte Kiemlen), Malerin, Graphikerin; Haydnstr. 21, D-01309 Dresden, Tel. (03 51) 4 48 71 24, Fax 4 48 71 10, *m.keppler@t-online.de*, *www.meta-keppler.de*. Drosselweg 65/1, D-72793 Pfullingen, Tel. (0 71 21) 7 95 80 (* Reutlingen 23. 12. 43) – **S:** 87–91 FHS f. Kunst u. Kunsttherapie Nürtingen (Malerei u. Graph.) – **Ve:** SKB 98; KBD 98 – **KGr:** arte struttura associazione culturale Mailand (seit 00) – **G/T:** Objekt u. Bildobjekt (Holz, Metall); Collage (versch. Materialien); Graph. (Algraphie, Handsiebdruck); Archit. u. Innenarchit. (Möbel- u. Teppichentwurf); konstruktiv-konkret; seit 01 Geometria magica – aus Teilen wird ein Ganzes (festgelegt v. Dr. W. Ballarin, Chemnitz); Projekte u. Weltaktionen in Folge; künstler. Beratung f. Industr. u. Werbung – **W:** ca. 600 Werke in Privatslgn im In- u. Ausld – **M:** Breslau, Gal. Awangarda; Chełm, Muz. Okregowe; Chemnitz, Neue Sä. Gal.; Dresden, Neuer Sä. KV; Erfurt, Petersberg; Hünfeld, Mus. Modern Art; Kapstadt, The Planet Art; Orońsko, Centrum Rzeźby Polskiej; Prag, NG; Swieradow/Polen, Stift. f. zeitgen. Kunst – **Ö:** weltweit 100 Standorte Weltaktion Dreiklang; Dresden, Haydnstr. (Objekt); ebda, Reinhold Beckerstr. (Fassadengest.); Eningen unter Achalm, Weihenstr. (Objekt) – **E:** zahlr. Ausst. seit 94, zuletzt 01 Lublin, Gal. Stara; 02 Dresden, Villa Malten; 03, 04 Dresden, Neuer Sä. KV; 05 Łodz, Akad. d. Schönen Künste; 06 Waldenburg, Gal. v. Waldenburg – **G:** u. a. 96, 98 Chemnitz, Neue Sä. Gal.; 96 Swieradow/Polen, Stift. f. zeitgen. Kunst; 98 Breslau, Gal. Awangarda; 99 Hünfeld, Mus. Modern Art; Chełm, Muz. Okregowe; 01 Krakau, Gal. Olympia; Orońsko, Centrum Rzeźby Polskiej; 01, 03 Erfurt, Petersberg; 03 Dresden, Neuer Sä. KV; 05 Wien, Austria Center Vienna: Motiva – **V:** NSG Chemnitz – Konstruktiv-konkret in Sachsen heute, kunsttheoret. Beitr. f. d. Kat. 95; FARBTONFARBE, Mappenwerk 98–04; BWA Wroclaw, Gal. Sztuki Wspolczesnej – zw. Vertikal u. Horizontal, kunsttheoret. Beitr. f. d. Kat. 98; 1 bis 12, Mappenwerk poln.-dt. 01; Das Spiel d. Lebens, kunsttheoret. Schriften, Kat. Biuro Wroclaw Artystycznych w Lublinie 01 – ***Lit:*** R.-R. Vordank: von blau, rot, gelb, grün u. a. Farben, Kat. 94; W. Ballarin: Konstruktiv-Konkrete Kunst in Sachsen heute, Kat. 95; W. Ballarin: M. K., Kat. 96; G.J. Blum-Kwiatkowski: Spirale 1, 2, 3, Kat. 97; W. Stefanik: Zw. Horizontal u. Vertikal, Kat. 98; W. Ballarin: 100 Sä. Grafiken, Kat. 98; G.J. Blum-Kwiatkowski: Das offene Buch, Kat. 99 u. 03; A. Mroczek: Das Spiel d. Lebens, Kat. 01; Norbert Landsberg: Künstlertouren Dresden 03; – sowie zahlr. Veröff. u. a. in d. Presse, zuletzt O.P. Burkhard: Sonnentanz d. Farben u. Formen, in: Reutlinger Nachrichten 03; M. Kablaoui: Kunst f. eine bessere Welt, in: Reutlinger Generalanzeiger 04

Ker Ambrun, Yves (Ps. Skydog), Comiczeichner; Im Wingert 6, D-64285 Darmstadt, Tel. (0 61 51) 66 09 25, Fax 66 05 26, *skydog@comicspro.de*, *www.skydog-comics.de; www.comicspro.de* (* 4. 10. 54) – **S:** EBA Paris; Pratt Inst. New York – **G/T:** realist. u. lustige Comics; Figurenentwicklung; Ill. – **K:** Zeichenunterr.; Comic-Workshops – **W:** Up and Down with Schnecksnyder; Welli Wellino; Vincent Vespa; Acti-Rangers – **E:** 81 Toulouse, Halle-aux-Grains; 82 Morcenx, Festival B-D; 83 Toulouse, Pal. des Sports; 05 Darmstadt, Farbraum (Kat.) – **V:** Gaspard le Lézard 1 & 2 82–85; Club 87–89; Micky Maus Magazin 92–03; Schnecksnyder Comic-Books 99–05; Ausgepackt 01–06 – **R:** Schöne Lügen, Fsf. (ARD) 02

Kerbach, Ralf, Prof. (* Dresden 12. 3. 56) – **VG:** Berlin, Poll – **S:** 77–79 HBK Dresden (b. Prof. G. Kettner) – **L:** seit 92 HBK Dresden (Prof.) – **P:** Arb.stip. d. Senators f. Kult. Angelegenheiten Berlin 83–84; Stip. d. Dt.-Brasilianischen Sommerakad. 91 – **M:** Dresden, GG NM – **E:** / G: u. a. 85 Brüssel, Goethe-Inst.; 87, 89, 90, 01 Berlin, Poll; 98 Porto, Goethe-Inst.; 99 Dresden, GG NM; 00 Berlin, KV Herzattacke; 01 Bielefeld, Baumgarte – **G:** u. a. 79 Dresden, Leonhardi-Mus.; 85 Darmstadt, Hess. LM; 87 New York, Shoshan Gall.; 89 Berlin, Martin-Gropius-Bau; 92 Altenburg, Lindenau-Mus.; 98 Berlin, HM – ***Lit:*** Schweers 02 – (Red.)

Kerber, Daniel, Installations- u. Konzeptkünstler (* Frankfurt am Main 70) – **VG:** Köln, Rehbein – **S:** 93–97 Éc. Nat. Supérieur d'Art(s) de Cergy-Paris; 97–00 KA Düsseldorf (b. Prof. Fritz Schwegler, Meisterschüler) – **P:** u. a. Peter Mertes Stip. 99; DAAD Reisestip. 01; Reisestip. d. Hess. Kult.stift. 02 – **KGe:** Kreißl & Kerber: D. K. u. Alexa Kreißl (seit 92) – **E:** /G: zahlr. Ausst. u. Ausst.bet. 95 Paris, La Salle de Bains; 97 Paris, gauche des Beaux-Arts; 98 Tokio, Musashino Art Univ.; 99 Heidelberg, Kunstverein; Bonn, KM; Dresden, KH im Art'otel; 00 Köln, Rehbein; 03 Bremen, KH – (Red.)

Kerf, Franziska, Malerin, Illustratorin; Conradiring 13, D-24594 Hohenwestedt, Tel. (0 48 71) 6 36, *KERF-HOHENWESTEDT@t-online.de*, *www.bbk-schleswig-holstein.de/franziska-kerf* (* Lübeck 9. 8. 60) – **S:** 83–88 FHS f. Gest. Hamburg – **Ve:** VG Bild 88; BBK Schlesw.-Holst. 95 – **G/T:** Malerei (Acryl, Öl); Karikatur; exper. Animation; Internet; Install. – **E:** div. Ausst. in Dtld sowie in Billund/Dänemark, Billundcenter – **G:** div. Gr.ausst. in Dtld, sowie 86 Nishinomya/Jap., Otani Memorial Art Mus.; Bologna, Fiera del libro – **R:** www.haltemal.de; www.art-party.de; www.-nmartprojekt.net/cur/mirror/index.html – (Red.)

Kern, Hans-Georg s. Baselitz, Georg

Kern, Josef, Maler; lebt in Wien (* Schiefer/Stmk 5. 12. 53) – **VG:** Salzburg, Altnöder; Graz, Schafschetzy – **S:** 72–79 ABK Wien (Malerei b. Wolfgang Hollegha) – **M:** Admont, Stifts-Mus. – **E:** u. a. 78 Wien, Gal. Ariadne; 81 Innsbruck, Maier; 83 Wien, Steinek; 83, 86 Graz, Bleich-Rossi; 84 Graz, Neue Gal. (Kat.); 85 Ljubljana, Jakopic; 85 (Kat.), 88 Triest, Torbandena; 90 Wien, Theuretzbacher (Kat.); 91 Wien, BAWAG Found.; Graz, Neue Gal. Studio; 94 Salzburg, Rupertinum; 94, 98, 03 Salzburg, Altnöder; 96 Graz, Gal. I&AC; Baden bei Wien, Menotti; 97 Hallein, Kunstforum; 00 Wien, Portfolio Kunst AG; 01 Salzburg, Black Dragon Soc.; 02, 04, 06 Graz, Schafschetzy; 03 Baden bei Wien, Jünger; 04, 06 (m. Bruno Gironcoli) Fürstenfeld, Gölles – **G:** zuletzt u. a. 04 Klosterneuburg/NdÖst., Slg Essl; 05 Graz, LM Joanneum (Neue Gal.): ARS PIGENDI; 06 Wien, Exner: Andreas Stalzer. 20 Jahre Wkst. u. Ed.; Salzburg, Altnöder: Es lebe die Liebe. Hommage an W.A. Mozart – ***Lit:*** u. a. Karl Vogd: Ideales Jubiläum, In: artmag. online v. 19.11.04; Manisha Jothady: Kunstraum, In: Der Standard online v. 16.12.04; Gudrun Weinzierl: Ausst. ['Es lebe die Liebe'], In: Salzburger Nachrichten online v. 22.7.06 – (Red.)

†**Kern,** Karl, Maler, Graphiker, Objektkünstler; lebte in Veitsch/Steiermark (* Bruck a. d. Mur 12. 7. 48, † 04) – **VG:** Köttmannsdorf, Ars Artis – **S:** seit 69 künstler. Arb. u. Studien (b. d. Prof. Fürst, Sammer, Szyskowitz u. Nestler) – **G/T:** Malerei, Graph., Objektkunst – **W:** überw. in Privatbes. u. privaten Slgn sowie in öff. Slgn div. Städte in Öst. u. Ital. – **E:** / G: u. a. 96 Gorzow, Mus. Spichlarz; Lubniewize, Intern. Symposium; 98 Kornberg, Schloß; Düren, Schloß Burgau; Bruck an d. Mur, Kunsthaus; 99 Bruck an d. Mur, Kunst Mag.; Zielena Gora; 00 Augsburg; Schwabmünchen; Wiener Neustadt; Blumau; 01 Wien, Art Vienna; Verbania, Lago Maggiore; Biella, Piermont; St. Anton, Projekt Felix Mitterer; 02 Innsbruck, Art Innsbruck; Nagykanizsa; Biella, Fondo Edo Tempia; 03 Graz, PORR Graz; Verbania, Lago Maggiore; Promeno, Domodossola; Köttmannsdorf, Ars Artis; Wiener Neustadt, Karmeliter Kloster; 04 Kapfenberg, Kult.zentrum; Veitsch, Jahrmarkt d. Künste; Kapfenberg, Kult.zentrum – **V:** u. a. m. Kaiser u. Romar: Einsichten-Ansichten 92, in: LINEAR, Zs 01, 02 – ***Lit:*** u. a. K. K. Structures, Kat. 90; Gerhard Larcher u. Johannes Rauschenberger: Unbedingte Zeichen. Glaube und Moderne an der Schwelle 95; K. K. Materialbilder, Kat. 96; K. K. Menschenbilder. Arbeiten auf Papier, Kat. 00; Spiel/e/n, in: STERZ, Zs 02; Asketische Formen, Kat. 04 – ***LitR:*** div. Beitr. in Öst. u. Ital. u. a. ORF, Radio Steiermark, MEMA TV, Regional TV

Kern, Peter, Dipl. Bildhauer; Karl-Liebknecht-Str. 9, D-15345 Altlandsberg, Tel. u. Fax: (03 34 38) 6 11 00 (* Lomnitz/Dresden 7. 3. 45) – **S:** 66–71 HBK Dresden (b. Walter Arnold u. Gerd Jaeger) – **L:** 00, 01 Sommerakad. Paderborn (Leiter d. Steinskulpt.-Sem.); 02, 03 Privatsymposium f. Stein-Skulpt. Paderborn (Leiter) – **P:** Pr. d. V. Intern. Kleinplast.-Bienn. Budapest 81 – **Ve:** VBK DDR 71–89; BBK Berlins 89–99; BVBK 99 – **G/T:** Bronze u. Stein; Graph.; Aktzchng – **W:** Ankäufe durch d. Magistrat v. Berlin, Plast.slg Berlin-Friedrichshain, d. Spk.verl. Stuttgart – **M:** Antwerpen, Middelheim Mus.; Berlin, Ephraim-Pal.; Berlin, Kommunale Gal. Wilmersdorf; Berlin, Märkisches Mus.; Berlin, NG; Chemnitz, KS; Dresden, Albertinum; Frankfurt/Oder, Mus. Junge Kunst; Halle/Saale, Staatl. Gal. Moritzburg; Lüttendorf/Usedom, Slg Otto Niemeyer-Holstein; Magdeburg, KM Kloster Unser Lieben Frauen; Neubrandenburg, KS; Stuttgart, Döbele – **Ö:** Berlin, Foyer d. FB Physik u. Elektronik Humboldt Univ. (Reliefwand); ebda, Dt. Theater (Portr.büste Wolfgang Heinz), Großer Quellbrunnen Greifswalder Str. (zerstört); Berlin-Friedrichshain, Volkspark; Berlin-Hohenschönhausen; Berlin-Marzahn; Binz; Chemnitz, Liegende II (zerstört); Cottbus; Jena, Campus d. FHS; Köln, Hans-Otto-Theater (m. d. Architekten Gottfried Böhm); Magdeburg, Bastion; Potsdam, Hans-Otto-Theater (Portr.büste Hans Otto) – **E:** Teilnahme an div. Bildhauersymposien, u. a. 74 Reinhardtsdorf; 76, 81 Hoyerswerda; 85 Binz; 96 Linthe – sowie Personalausst. 89 Berlin, Gal. am Prater – **G:** Bet. u. a. seit 75 Berlin, Bez.kunstausst.; 75, 78 Berlin, Treptower Park: Plast. u. Blumen; 76 Prag, Gal. im RH; 77 Antwerpen, Middelheim Mus.; 77, 82, 87/88 Dresden, Kunstausst.; 79 Dresden, Albertinum; 80, 83/84 Magdeburg, KM Kloster Unser Lieben Frauen; 81 Budapest, Intern. Kleinplast.bienn.; 85 Berlin, Gal. am Weidendamm; 86, 88 Berlin, Gal. am Prater; 88 München, Haus d. Kunst: Große Kunstausst.; Fellbach, Trienn. d. Kleinplast. – zuletzt: 03 Koszalin, Mus. d. Stadt – ***Lit:*** Kunst in d. DDR 03

Kern, Stefan, Künstler; lebt in Hamburg (* Hamburg 66) – **VG:** Frankfurt am Main, Neff – **S:** 88–93 Städelschule Frankfurt am Main (b. Per Kirkeby, Ulrich Rückriem u. Franz West) – **P:** Förd.pr. d. Frankfurter Ver. f. Künstlerhilfe 93; Kunstpr. Junger Westen 95; Reisestip. d. hess. Kult.stift. 96; Atelierstip. Zementwerk Leube Salzburg 97; Ernst Barlach Pr. 99; Hamburger Arb.stip. f. Bild. Kunst 00 – **E:** u. a. 94 Düsseldorf, Amand Schmidt Ausst.; Frankfurt am Main, Sties; 94, 98 Stuttgart, Hammelehle & Ahrens; 95 Hamburg, Künstlerhaus; 97 Stockholm, Gal. TRE; 97, 02 München, Wittenbrink; 98 Basel, Art 29; 99 München, Magers; Wedel, Barlach Mus.; 00 Frankfurt am Main, Portikus; 01 Frankfurt am Main, Neff; 02 Hamburg, KV; München, Monika Sprüth & Philomene Magers; Mainz, Rehberg – **G:** zuletzt u. a. 01 Venlo, Mus. Van Bommel-Van Dam; Steinfurth, Skulpt.bienn. Münsterland; 01, 02 Mönchengladbach, StM Abteiberg; 03 Berlin, Hamburger Bahnhof; Neuenkirchen, KV Springerhof; Siegen, Mus. f. Gegenwartskunst – **R:** Mein Nachbar ist Künstler, Künstlerfilm 97 – (Red.)

Kern, Wolfgang (Ps.: Ottosan), Maler, Restaurator, Kunsthistoriker; Solmser Weg 10, D-61184 Karben, Tel. (0 60 39) 73 13 (* Breslaŭ 30. 6. 20) – **S:** 37–40 ABK Karlsruhe (Zeichenkl. Georg Siebert, Zeichen- u. Malkl. August Gebhard, Meisterkl.) – **Ve:** BBK Frankfurt 62–78 – **G/T:** Portr. (Öl); Lsch.; Archit.; Stilleben; Aqu.; Kopien nach alten Meistern – **K:** VHS-Kurse (Malen u. Zeichen) – **G:** BBK Frankfurt: Jahresausst.

Kernbach, Nikolaus, Bildhauer; Am Bächle 9, D-88326 Aulendorf/Württ., *mail@nikolauskernbach.de, www.nikolauskernbach.de* (* 51) – **VG:** Leibertingen, Wohlhüter – **S:** ABK Nürnberg (Bildhauerei b. Prof. Wilhelm Uhlig) – **Ve:** BBK 96 VG Bild-Kunst 99; Dt. Künstlerbund 05 – **G/T:** Architekton. Skulpt. (Stein) – **Ö:** Ravensburg, Gew. Schulen; München, Josef-Frankl-Str.; – sowie in: Horgenzell-Hasenweiler; Nettetal-Hinsbeck; Stuttgart-Vaihingen – **E:** u. a. 98 Bad Waldsee, StG; Sigmaringen, Ateliers im Alten Schlachthof (Kat.); 00 Ravensburg, Gal. d. Kr.spk.; – sowie m. Andrea Kernbach: 97 München, St. Lukas; 00 Maulbronn, Kloster; 03 Sigmaringen, Ateliers im Alten Schlachthof; Engen, KV; 05 Biberach, Gal. d. Kunststift. pro Arte; Weingarten, Kornhausgal.; 06 Leibertingen, Wohlhüter; 07 Weingarten, Akad. d. Diözese Rottenburg-Stuttgart – **G:** u. a. 95 Kong-Ju/Südkorea, Sympos.; 97 Nettetal-Hinsbeck, Sympos. (Kat.); 98 Weingarten, Trienn. Zeitgen. Kunst Oberschwaben (Kat.); 01 Karlsruhe, StG; 02 Marchtal, Neue Kunst im Kloster (Kat.); 03 Sigmaringen, Skulpt. u. Plastik im Stadtraum; 04 Bad Schussenried, Neues Kloster (m. A. Kernbach); 06 Sulz, Ehem. Buntweberei (m. A. Kernbach) – **V:** Einschnitt, Dok. 01; Profilschnitt, Dok. 02; [schichtweise], Dok. 05 – ***LitR:*** [schichtweise], Dok.film 05

Kerrutt, Ingo, Kunstmaler, Bildhauer, Graphiker; Merkurstr. 52, D-40223 Düsseldorf, Tel. (02 11) 33 02 43, *www.ingokerrutt.de* (* Nürnberg 11. 12. 45) – **VG:** Düsseldorf, Nicols – **S:** 67–68 FHS Köln (Freie Malerei b. Otto Gerster); 72–77 KA Düsseldorf (b. Thomkins u. Alphonso Hüppi); 76 Meisterschüler b. Alphonso Hüppi – **L:** FS f. Soz. Päd.-Diakonie Düsseldorf-Kaiserswerth (Doz. f. Kunst u. Medien) – **G/T:** Ölmalerei; Mischtechniken (gegenständl. u. abstr.); Tempera; Aqu.; Bleistiftzchng; Objektkunst (Holz, Metall, Stein) – **K:** Malerei, Zchng, Bildhauerei, Landart – **W:** zahlr. Bilder/Plast. in Privatbes. im Raum Düsseldorf-Köln, Berlin u. München – **M:** Hamm, Otmar Alt Stift. – **Ö:** Köln, Rheinbraun (4 Bilder, Großformat) – **E:** 81 Hagen, Künstlerbund Hagen-Ring; 93 Düsseldorf, Ballhaus (Kat.); 95 Düsseldorf, Praxis Emerre; 96 Düsseldorf-Hamm, Atelier; 98 Düsseldorf, Kaiserswerther Markt; 99 Düsseldorf, Gut Dyckhof; Haan, Gal. SAVOY-Hotel; 00 Wuppertal, Backstubengal. (Kat.); 01 Stolberg, Burg-Gal.; Jülich, de Nickel-Schuppen; Düsseldorf, Nicols (Kat.); Hilden, StG; 03 Schönfeld/Eifel, Hof d. Kunst Atelier; 04 Übach-Palenberg, KV – **G:** 75 Leverkusen, Forum; Kronenburg/Eifel; Xanten, Reg.-mus.; 76 Düsseldorf, Haus Engelhardt; Düsseldorf, Produzentengalerie; Köln, Kolpinghaus; 77 Essen, Gruga-Halle; Bonn, Hennemann; 81 München, Produzentengal.; 93 Hilden, Künstlerbund; 97 Düsseldorf, Kunstraum; 00 Mönchengladbach, Strunk-Hilgers; Wuppertal, Schloß Lüntenbeck; Hilden, Hildener Skulpturen-Sommer; 02 Inzlingen, Duerschlag

Kerschhofer, Martha Theresa (Ps./Sign.: MAR/THE/KER), Malerin, Graphikerin; Feilbachgasse 3/1, A-2620 Neunkirchen, Tel. u. Fax (02635) 65562, *martheker@gmx.at*, *www.artvillage.co.at; www.kulturvernetzung.at* (* Hartberg 25.7.50) – **VG:** Bad Sauerbrunn, Stricker; Gloggnitz, Bilder-Buch Eisinger – **S:** 72–73 Bundesinst. f. Sozialpädagogik u. Heimerziehung Baden (Erzieherin); 93 ebda (Hschn. b. Prof. Robert Hammerstiel) – **L:** Kurse in d. Erwachsenenbildung – **P:** Goldene E.nadel d. Stadt Neunkirchen 00; Panathinaia (Olymp. Spiele d. Künstler): Diskus v. Phaistos in Gold (1. Pr.), Olivenkranz u. Friedensmed. 04; Jap.-Griech. Kult.pr. 06 – **Ve:** Berufsvrg d. bild. Künstler Öst. 88; Intern. Greek Writers and Artists (D.E.E.L.) 02 – **KGr:** Artvillage (seit 97) – **G/T:** Malerei, Textilkunst, Druckgr. (Hschn. u. Monotypie), Meditationszyklen (Wege ins Zen-trum, Labyrinthe, Schiffe u. a.), Arb. m. u. auf Papier u. Vulkansand – **W:** zahlr. Werke in Privatbes. – **M:** Salzburg, Wüstenrot-Gal. – **Ö:** Bad Waltersdorf, Foyer u. Speisesaal d. Hotels Quellenhof; Graz, Steir. Ldesreg.; Neunkirchen, Gebäude u. Sitzungssaal d. Spk.; Wien, Sitzungssaal d. NdÖst. Wirtschaftskammer; Semmering, Hotel Panhans; Wien, Fa. Dental Austria; Wiener Neustadt, Sitzungssaal d. Volksbank NdÖst-Süd – **E:** zahlr. Ausst. seit 71, u. a. 80, 89, 98 Ternitz, Phönix; 81 Reichenau, Kurtheater; 84, 89 Semmering, Hotel Panhans; 86 Wien, Hartmann; 87 Baden, Casino; 89 Klagenfurt, Kleine Gal. Stadthaus; Bad Kissingen, Vindobona; 90, 99 Wien, Gal. d. Ndöst. Wirtschaftskammer; 91, 00 Neunkirchen, Gal. am Stiergraben; 92, 94 Gumpoldskirchen, Bergerhaus; 94 Rust, Gal. im Torwächterhaus; 96 Neunkirchen/Saar, Gal. im RH; 97 Bad Fischau, Gal. im Schloß; 98 Athen, Pneymatiko Kentpo Akademias; 99, 02 Bad Sauerbrunn, Stricker – **G:** zahlr. Ausst.bet, u. a. 88–06 Barcelona, Fort; Bages, L'Etang d'Art; Wingfield, Arts and Musik Festival; 91, 03 Prigglitz, Gal. Gut Gasteil; 99 St. Pölten, Shedhalle; 02 Innsbruck, Art Innsbruck; 05 St. Pölten, Ldhaus-Gal.; – sowie: 06 Kyoto/Jap.; Bologna, Teheran u. Bratislava, Ill.bienn. UNICEF – **V:** Kurt F. Svatek: ...Und Feuer brennt schon im Kamin (14 Graph.) 85; Niederösterreichische Landesregierung (Hrsg): Niederösterreich gestalten (Baum-Bilder) 97; Ilse M. Seifried: Das Labyrinth (Labyrinth-Bild) 02 – **R:** www.artvillage.co.at; www.kulturvernetzung.at

Kertz, Christine, Malerin, Illustratorin; Weidenweg 5, A-8580 Köflach, Tel. Mobil: 0676919 6514, *Christine@kertz.at*, *www.kertz.at; www.interartists.com* (* Hochtregist 10.1.53) – **VG:** Graz, Lorli Ritschel Found. – **S:** Stud. u. Workshops b. Edda Mally, d. Professoren August Svoboda, Otto Beck, Heribert Mader u. Franz Rogler – **P:** Univ. Tecnologica de Tula-Tepeji/Mexiko (Projekt Murales) 04; Ist. Fernando Santi Neapel 04 (Projekt Stracci al Vento), 05 (Projekt Folate Iridescenti) – **Ve:** Kiwanis 'Styria West'; Berufsvrg Bild. Künstler Öst.; Free Intern. Artists – **KGr:** Quint Unlimited; Women's Intern. Conference – **G/T:** Aqu.; Acryl; Zchng; Graph.; Buchill. – **Ö:** Mexiko-Stadt, Metro (Murales) – **E:** 04 Cuenca/Ecuador, Art Fy; Mexiko-Stadt, Menache; 05 Graz, Lorli Ritschel Found.; 06 Areco/Argentinien, Mus. San Antonio de Areco; Köflach, Volksbank – **G:** zahlr. Bet. seit 79, zuletzt 05, 06 Buenos Aires, Expotrastiendas; 06 London, Bienn.; Graz, Künstlerhaus: Format; Lendava/Slowenien, Gal.; Zalacsány/Ungarn, Gal. Schloß Batthyany – **V:** ILL.: Kristina Petra Reiterer: Ich wünsch mir eine Liebe 03; Ralf Müller: Über die Teufelsbrücke und zurück 04; Andrea Wolfmayr: Über den Wechsel 05

Kesseler, Michi, Malerin; c/o Gal. Michael Schneider, Hohenzollernstr. 22, D-53173 Bonn, Tel. u. Fax (0228) 351410, *galerieschneider@web.de* (* Trier 12.10.68) – **VG:** Bonn, Schneider; Trier, Gal. Junge Kunst – **S:** 91–94 HBK Saar (b. Prof. Baumgarten); 94–98 KA Düsseldorf (b. Prof. Gotthard Graubner, Meisterschülerin) – **L:** 03–04 Univ. Dortmund (LAuftr. f. Malerei) – **P:** Reisestip. d. Freunde u. Förderer d. KA, Venedig 95 – **Ve:** KV Malkasten Düsseldorf 96–99; KV Junge Kunst Trier – **G/T:** Malerei – **K:** Portr., Farbe, Interieur-Exterieur, Zeichn., Akt – **M:** Düsseldorf, KS KA – **Ö:** Essen, Bau- u. Ingenieurskammer; Mainz, Ldtag RP – **E:** 00 Düsseldorf, Industr.club; 00, 03 Bonn, Schneider; 02 Trier, KV; 05 Saarbrücken, Künstlerhaus – **G:** 98 Thionville, Centre Culturel; 99 Venedig, Pal. Albrizzi; Paris, Gal. EOF; Weimar, KV Hofatelier; 00 Allschwil, Aphold; 01 Düsseldorf, KV Malkasten; 02 Mainz, Ldtag RP – **V:** Venezia, Mappenwerk 92–96 – ***Lit:*** Gal. Michael Schneider: M. K., Ausst.kat. 02, 03

Kessl, Ulrike; *ulrikekessl@gmx.de* (* Rottweil 25.8.62) – **VG:** Düsseldorf, Kraushaar – **S:** 81–88 Staatl. KA Düsseldorf (Freie Kunst b. Prof. Erwin Heerich, Meisterschülerin); 91 Inst. des Hautes Etudes d. Arts Plast. Paris (b. Pontus Hulten, Daniel Buren u. Sarkis); 96 Staatl. KA Düsseldorf (Meisterschülerin b. Erwin Heerich) – **L:** 92 Inst. des Hautes Etudes d. Arts Plast. Paris (Ass.prof.); 96–98 Univ. Dortmund (LAuftr.); 99 FHS Bielefeld (LAuftr.); 03–04 UdK Berlin (Gastprof.) – **P:** Förd.pr. d. Stadt Düsseldorf 89; Stip. am Inst. des Hautes Etudes d. Arts Plast. Paris 91; Wilhelm-Lehmbruck-Stip. 91–93; Kunst am Bau Duisburg (1. Pr. u. Realisierung) 93; Stip. d. dt.-frz. Kult.rates Paris 96; Arb.stip. Kunstfonds Bonn 97; Artist in Residence d. Chinati Foundation Marfa/TX 97; Künstlerdorf Schöppingen 98, 99 – **Ve:** VG Bild-Kunst 93; Dt. Künstlerbund 99 – **G/T:** Install., Zchng, Bildhauerei (Objekte), Kunst am Bau – **W:** Slg Dt. Bank, Slg d. Stadt Rottweil, Slg d. Stadt Fellbach, mehrere Privatslgn – **M:** Bremen, KH; Duisburg, Wilhelm-Lehmbruck-Mus.; Düsseldorf, Mus. Kunst Pal.; Marl, Skulpt.-Mus. Glaskasten; Taejon/Südkorea, Art Found. – **Ö:** Duisburg-Meiderich, Wasser- u. Schiffahrtsamt; Taejon/Südkorea, Skulpt.park im Expo-Gelände – **E:** u. a. 90 Düsseldorf, Schmela; 92 Ravensburg, Altes Theater; 93 Duisburg, Wilhelm-Lehmbruck-Mus. (m. S. Windelen u. J. Ambruz); Hannover, Böer; 94 Münster, Städt. Ausst.halle; 95 Essen, Kunsthaus; 96 Köln, Förd.koje Art Cologne (Kat.); Donaueschingen, StG (Kat.); 96, 00, 01, 03 (m. Hörner/Antlfinger) Düsseldorf, Kraushaar; 97 Marfa/TX, Chinati Found.; 99 Neuss, Kult.forum Alte Post (Kat.); 00 Rotterdam, Goethe-Inst. (m. J. Sandberger); 01 Essen, Mus. Folkwang (Kat.); 03 Rottweil, Forum Kunst; 04 Berlin, Modemesse Bread & Butter; 05 Annonay/Frkr., G.A.C.; Düsseldorf, Ortstermin – **G:** u. a. 87 Recklinghausen, StKH (Kat.); 92 Fellbach u. Duisburg, Trienn. d. Kleinplast. (Kat.); 93 Taejon/Südkorea, Future lies ahead (Kat.); 94 Bremen, Ges. f. Aktuelle Kunst; 95 Solingen, Berg. Kunstausst. (Kat.); 96 Paris, Le monde de l'art; Herne, Flottmann-Hallen: Haut u. Hülle (Kat.); Düsseldorf, Wellenbad: Letzter Aufguss (Kat.); Hannover, Böer:

Take Five; Nürnberg, Germanisches NM (Kat.); 97 Rheine, Stad(T)-Art (Kat.); Velbert-Langenberg, Tuchfühlung (Kat.); Bonn, KV (Kat.); 98 Frankfurt am Main, Detterer: Skulpturale Ideen (Kat.); 98, 99, 00, 01 Düsseldorf, Große Kunstausst.; 99 Düsseldorf, Mus. Kunst Pal.: Neuerwerbungen d. Slg Hanck; Solingen, Mus. Baden: Berg. Kunstausst.; Göppingen, KH; 00 Nîmes, La Vigie; 01 Seoul, SM; 02 Hannover, Kubus; Essen, Kunsthaus; 02, 04 Düsseldorf, Brüning; 03, 05 Donaueschingen, Regionale; 05 Düsseldorf, Studio Maria von d. Heide: Pflanzen-Freunde (Kat.); 06 Rabat/Marokko, Goethe-Inst.; 07 Berlin, Martin-Gropius-Bau; Berlin, Projektraum (Künstlerbund) – **V:** m. Necmi Sönmez: Arbeiten f. ein verstecktes Kind 01 – ***Lit:*** Igor Antic: U.K. Quellen 96; Thomas Brandt, Anja Wiese u. Eugen Gomringer: Räume u. Sachen, Kat. 99; Jürgen Knubben: Dem Verborgenen neue Gestalt geben, Dok. Nr. 29 (Kunstforum Rottweil) 03; Necmi Sönmez: Une interrogation sur la perception (Wahrnehmung hinterfragen) 05

Kessler, Harald; Birkenhainerstr. 11, D-63579 Freigericht, Tel. (0 60 55) 8 33 58, Fax 8 33 58 – **G/T:** Malerei – (Red.)

Kessler, Robert, Dipl., Bildender Künstler, Kinetischer Objektkünstler; Jägerstr. 8, D-82131 Gauting, Tel. (0 89) 8 12 22 28, Fax 8 12 22 30, *robertkessler@web.de*, *www.robert-kessler.de* (* Nürnberg 21. 8. 56) – **S:** ABK München (Malerei b. Prof. Winner, Page, Klein, Meisterschüler b. Prof. Robin Page, Dipl.) – **L:** 03 MRS Schlehdorf (Lehrtätigkeit als Werklehrer); 04–05 ABK München (Projektcoaching) – sowie div. Vorträge – **P:** Fanny-Kalitta-Stift. Studienförd. – **Ve:** BBK Obb. Nord u. Ingolstadt seit 90 – **G/T:** kinetische, interaktive, mechanische Objekte, Install., Kunst am Bau, Fotogr., Gedenkstätten f. Katastrophen, künstler. Lösungen f. ges. relevante Problematiken u. Phänomene d. Zeit – **K:** Management: Enttabuisierung v. Problemzonen m. konstruktiven Wirklichkeiten erzeugt durch künstler. Mittel, Performance, Aktion, Ritus, Intuition; Beratung v. kreativen Vorgängen – **W:** zahlr. kinetische Objekte, Install., Aktionen, Performances u. Großprojekte; Install. in Privatslgn – **M:** München, Pin. d. Mod. – **Ö:** Beilngries (Kap.gest.); Beilngries, Sonnenuhr; München, KSch; Nördlingen, Freibad (Spielpl.gest.); Stadt München (Spielpl.gest.) – **E:** u. a. 80 Gräfelfing, RH; 83 Wasserburg am Inn, Hofstatt; 88 München, Seidlvilla; Rosenheim, Produzentengal.; 89 München, Reginahaus; 90 Berlin, Contra Forma; 91 München, Gasteig; 95 Stockholm, Statens Konstrad; 96 München, Siemens-Forum; 99 München, Oltmann; 02 Gauting (Performance 'Ich verbiete Dir ...'); München, Stachowitz – **G:** 84 Freising, Asamfoyer – **V:** Werkkat. 99; Warmer Atem schmilzt das Eis, Ausst.kat. 99 – **R:** Rituale, RF (Radio Lora) 00

Ketelhodt, Ines von, Dipl.-Designerin, Grafikerin, Fotografin, Buchkünstlerin; Hauptstr. 39, D-65439 Flörsheim/Main, Tel. (0 61 45) 5 90 99 99, *zweite@tloen-enzyklopaedie.de*, *www.k-und-m-design.de; www.tloen-enzyklopaedie.de* (* Frankfurt/Main 27. 6. 61) – **VG:** Washington/DC, Heller Rare Books – **S:** 81–88 HS f. Gest. Offenbach/Main (Schwerpunkte Fotogr., Typogr. u. Buchgest.) – **L:** 97 KH Kassel (Gastsem. üb Künstlerb.) – **P:** Ausz. d. Stift. Buchkunst: Schönste Bücher aus aller Welt 96; Schönste Dt. Bücher 87, 89, 90, 93, 94, 96, 03; Förd.pr. f. junge Buchgestalter d. Stift. Buchkunst 89; Walter-Tiemann-Pr. 92, 98, 00 – **Ve:** Bund Dt. Buchkünstler Offenbach 89–02 – **KGr:** Unica T (86–01); ANAKONDA ateliers (88–03); 13 plus (seit 00); k und m design (seit 03) – **KGe:** I.v.K. u. Peter Malutzki (seit 97 Projekt 'Zweite Enzyklopädie von Tlön', seit 03 'k und m design') – **G/T:** Künstlerb.: Fotogr. in Verbindung m. Typogr. – **M:** Berkeley/CA, Univ. of California; Berlin, SMPK; Cambridge/MA, Fogg AM; Cambridge/MA, Harvard Univ. Library; Darmstadt, Univ.- u. Landesbibliothek; Den Haag, Mus. Meermanno-Westreenianum; Dresden, SLUB; Frankfurt am Main, Dt. Nat.Bibl.; Frankfurt am Main, MAK; Frankfurt am Main, Stadt- u. Univ.bibliothek; Hannover, GWLB; Hannover, Universitätsbibliothek; Hartford/CT, Trinity College; Hofheim, SM; Koblenz, Rheinische Landesbibliothek; Leipzig, Dt. Buch- u. Schrift-Mus. d. Dt. Nat.bibl.; Leipzig, HGB; London, Tate Coll.; London, Victoria & Albert Mus.; Los Angeles/CA, Getty Research Inst. for Rare Books; Mainz, FHS Rh.-Pf.; Mainz, Gutenberg-Mus.; Marbach am Neckar, Dt. Literaturarchiv; Miami Beach, Ruth and Marvin Sackner Arch.; München, Bay. Staatsbibliothek; New Haven/CT, Yale Univ. Art Gall.; New York, MOMA (Library); New York, Public Library; Northhampton/MA, Smith College; Nürnberg, Germanisches NM; Oakland/CA, Mills College; Offenbach am Main, Klingspor-Mus.; Oxford, School of A.P.M., Oxford Brookes Univ.; Paris, Bibliothèque Nat.; Paris, Centre Pompidou; Philadelphia/PA, Univ. of the Arts; Pittsburgh/PA, Univ. of Pittsburgh; Portland/OR, Reed College Library; Saint-Quentin, Bibliothèque Municipale; San Francisco, MMA (Library); Stanford/CA, Stanford Univ.; Swarthmore/PA, Swarthmore College; Tokio, Robundo Publishing Inc.; Toledo/OH, Mus. of Art; Washington/DC, Library of Congress; Wellesley/MA, Wellesley College; Wesleyan/CT, Wesleyan Univ.; Wien, KS d. HS f. angew. Kunst; Wien, Slg d. ABK; Wiesbaden, Hess. Landesbibliothek; Wolfenbüttel, Herzog-August-Bibliothek – **E:** zahlr. u. a. 87 Tübingen, Gal. Druck & Buch; 96, 98, 04 Frankfurt am Main, MAK; 00 Berlin, Staatsbibliothek; 01 Paris, Salon du Livre; Frankfurt am Main, Buchmesse (Forum d. IBLC); Wolfenbüttel, Herzog-August-Bibliothek; 02 Offenbach am Main, Klingspor-Mus.; Tokio, Takeo Gall.; 04 Philadelphia, The Print Center u. Univ. of Arts; 06 Toyota, Municipal Mus. of Art; 07 San Francisco, Public Library; Mainz, Gutenberg-Mus. – **G:** zahlr. Bet., u. a. 86–01 Frankfurt am Main, Buchmesse; 87, 90 Nürnberg, Albrecht-Dürer-Haus: Druck & Buch II + III; 87–05 Mainz, Mini-Pressen Messe; 88, 90 Paris, Marché de la Poésie; 88 Mainz, Gutenberg-Mus.; 89 Leipzig, Intern. Buchkunstausst.; Paris, Salon du Livre; 90, 04 Offenbach am Main, Klingspor-Mus.; 90, 00, 03 Frankfurt am Main, MAK: Trienn.; Leipzig, Mus. f. Kunsthandwerk; Adelaide, Art Gall. of South Australia; New York, Mus. for Art & Design; 93 Bonn, Frauen-Mus.; 94 Székesfehérvár, Szent István Király Múz.; 95, 96, 98 London, Intern. Artists Book Fair; 96 Atlanta, Nexus Press Offset Olympiad; 00 Mainz, Mini-Pressen Messe de Luxe; Grevenmacher/Luxemburg, Kult.-huef: Fréquence livre; 00, 02, 04, 06 Köln, Editionale; 02 New Haven/CT, Arts of the Book Coll. d. Yale Univ.: By Chance: Serendipity and Randomness in Contemp. Artists Books – **V:** architektur/baukunst (exper. Fotogr. im Offset, Fotosatz) 87; Marguerite Duras, Atlantik Mann (exper. Fotogr. im Offset, Fotosatz) 88; KONZEPT I (Typogr., Fotogr. im Siebdruck) 88; Leporello 1 + 2 (Zus.arb. m. Peter Malutzki, exper. Fotogr. im Offset, Handsatz, Buchdruck) 89; KONZEPT II (exper. Fotogr., Xerogr., Buchdruck) 89; KONZEPT III (exper. Typogr., Handsatz, Buchdruck) 90; Karoline v. Günderode: Don Juan (Fotogr. im Offset, Handsatz, Buchdruck) 90; S 17.1. bis 28.2.91 bis S (Fotohandabzüge, Handsatz, Buchdruck) 91; G.W.F. Hegel: opus i (Zus.arb. m. Mirta Domacinovic, Fotohandabzüge, Lith., Handsatz, Buchdruck) 91; LAND:AnSicht (Fotohandabzüge, Handsatz, Buchdruck) 92; Karoline v. Günderode: Apokalypt. Fragment (Fotohandabzüge, Fotosatz, Siebdruck) 92; dies.: Der Kuß im Traume (Fotos, Handsatz, Buchdruck) 93; Ernst Meister: Variation 1 (Fotogr. im Siebdruck, Handsatz, Buchdruck) 93; Variation 2 (Fotogr. im Offset, Handsatz, Buchdruck) 93; Variation 3 (exper. Fotogr. im Offset, Handsatz, Buchdruck) 94; Friederike Mayröcker, J.W. v. Goethe: Der Kusz/Meine Ruh ist hin (Fotogr., Handsatz, Buchdruck) 94; dies.: Bildlegende zu einem absurden Puppentheater (Fotohandabzüge, Handsatz, Buchdruck) 94; Rafael Alberti: Engel (exper. Fotogr. im Offset, Handsatz, Buchdruck) 95; Marie Luise Kaschnitz, Karoline v. Günderode: Frankfurt / Hochroth (Fotogr. im Offset, Handsatz, Buchdruck) 96; Peter Rosei: Unser Lsch.bericht (Zus.arb. m. Peter Malutzki, Fotohandabzüge, Handsatz, Buchdruck) 96; Italo Calvino: Die Städte 1, 2, 3 (Fotogr. im Digitaldruck, Handsatz, Buchdruck) 96, 97; I.v.K. u. Peter Malutzki: Zweite Enzyklopädie v. Tlön (10-jähriges Buchprojekt, Aufl. 40 Exemplare), 50 Bde: Atlas, Boot, Buch, Schifffahrt 97, Fauna, Hespos, Leibnitz, Mond, Seestücke 98, Città, Hrön, Imago, Schatten, Television 99, Flora, Mapamundi, Nacht, Wolke, Yellow, Zeit 00, Air, Espejo, Lutz, Rouge, Zählen 01, Blau, Drache, Gehen, Oro, Tod 02, Cookbook, Name, Rêve, X, Yggdrasil 03, Fuego, Kopf, Palimpsest, Reader, Umbilicus 04, Eau, Quiz, Tlön, Uqbar, Virus 05, Ei, Erde, Jota, Labyrinth, Orbis Tertius 06 – ***Lit:*** AUSST.KAT.: Stift. Buchkunst (Hrsg): Die schönsten dt. Bücher (Frankfurt am Main) 87, 89, 90, 93, 94, 96, 03; 6., 8. u. 9. Trienn. (MAK Frankfurt am Main) 94, 00, 03; Unica T, 10 Jahre Künstlerbücher (Frankfurt am Main) 96; durchblicke gjennomblikk (Neues Kunsthaus Ahrenshoop) 99; July Mellby: Splendid Pages (Toledo/OH) 03; I.v.K. u. Peter Malutzki: Zweite Enzyklopädie v. Tlön (Gutenberg-Mus. Mainz) 07 – weitere VERÖFF.: Albert Spindler: Typen. Dt.sprachige Pressen seit 1945 88; Robundo: Intern. Corporate Identity 2, Jb. 92; Design House Inc. (Hrsg): Monthly <Design> (Hrsg): Book Designers in the Digital Age, No. 256 99; Hans-Peter Willberg: Typophilie Typolemik 00; 13-plus (Hrsg): Künstlerbücher – Livres d'artistes – Artists books 00; Ver. z. Förd. v. Graph. u. Buchkunst (Hrsg): Faszination Buch 00; 13-plus (Hrsg): Zeitgen. Künstlerbücher aus Dtld, Contemp. Artists Books from Germany 06

Ketscher, Lutz R., Maler, Graphiker; *www.galerie-ketscher.de* (* Gera 13. 5. 42) – **VG:** München, Rutzmoser – **S:** 60–65 HGB Leipzig – **P:** Exlibris z. IBA Leipzig 71; Wettb. in Gedenkstätte Frankfurt/Oder (Kleist-Portr.) 78; 100 ausgewählte Graph. (Pr.) 78 – **G/T:** Stilleben, Portr. (Öl, Acryl, Zchng); Graph. (Lith., Rad.); Ill.; Comic; Baugebundene Kunst – **K:** Malerei, Zchng, Rad. – **M:** Berlin, Kpst.-Kab.; Chemnitz, Graph.kab.; Chemnitz, Wismut GmbH; Dresden, Kpst.-Kab.; Gera, KS; Halle/Saale, Staatl. Gal. Moritzburg; Weimar, Klassik Stift.; Wittenberg, Slg Lutherhalle – **Ö:** Berlin, Charité; München, Verkehrsmin.; Nürnberg, Gewerkschaftshaus IG Metall Bau Holz; Saalburg, Hotel Fürstenhöhe; Schwarzenbach/Saale, Sandler AG; ebda, RH; Wurzbach, Aparthotel Am Rennsteig – **E:** 75 Greiz, Sommerpal.; Leipzig, Klub d. Intellektuellen; 77 Unterwellenborn, Gal. Maxhütte; 78 Erfurt, Gal. erph; 85 Gera, Gal. am Markt; 90 München, Rutzmoser; 91 Landshut, Kowalski; 00 Hof, KV; 02 Saalfeld, Saale-Gal.; 07 Bad Steben, Graph.mus. Stift. Schreiner – **G:** zahlr. Bet. seit 68, zuletzt 92, 94 Bamberg, Villa Dessauer; 98 Kronach, Feste Rosenberg; 00, 01 München, Rutzmoser; 04 Linz, LG – **V:** ILL.: Thomas Mann: Tonio Kröger 75; Jakob Michael Reinhold Lenz: Erzählungen u. Briefe 78; Heinrich von Kleist: Penthesilea 07 – ***Lit:*** Lothar Lang: Malerei u. Graphik in der DDR 78; Werner Schmidt: Ausgebürgerte Künstler aus d. DDR 90; Franz E. Schilke: Malerei Heute 94; Ulrike Rüdiger: InnenSichten – Kunst in Thüringen 99 – ***LitR:*** Nina Hofer: L.K. – Schaupl. Atelier, Portr. Oberpfalz TV 05

Ketter, Ingrid (geb. Ingrid Peukert), Malerin u. Graphikerin; Siebeneichengasse 1/11, A-1150 Wien, Tel. (01) 8946794. Atelier: Oberloitzenberg 3, A-3143 Pyhra, Tel. (02745) 2936 (* Gablonz/Neisse 29. 12. 35) – **S:** 67–78 KSch Wien (Lehrgang f. bild. u. angew. Kunst b. Prof. Matejka-Felden); 76 Sommerakad. Salzburg (Rad.kl. Prof. Otto Eglau); 93 ebda (Rad.kl. Prof. Kunito Nagaoka) – **P:** Pr. d. KSch im Künstlerhaus Wien (1. Pr. f. fantastische, altmeisterliche Malerei) 76 – **Ve:** Berufsvrg Bild. Künstler Öst. 80; Künstlerbund St. Pölten seit 81; Gemeinschaft bild. Künstler Wien (Präs. 94–02, EPräs. auf Lebenszeit seit 02) – **KGr:** Künstlergilde Esslingen (seit 75) – **G/T:** Rad.; Collage; Mischtechnik (Acryl, Öl, Sand) – **M:** Kaufbeuren, Gablonzer Arch. Mus.; St. Pölten, Bez.-hauptmannschaft; St. Pölten, SM – **Ö:** Pyhra/NdÖst., Fassade eines Privathauses – **E:** 72 Wien, Wittmann; 73 Wien, Unido Art Club; 74 Baden/Wien, Zweimüller; St. Pölten, Gal. d. Stadtbücherei; 80 Wien, Pal. Palffy; Pyhra/NdÖst., Raiffeisenkasse; 83 London, Alpine Gall.; 85 London, Mall Gall.; 87 Wien, Kleine Gal.; Neulengbach, NdÖst. Gal.; 88 Wien, Öst. Frauenbewegung; 89, 96 Neugablonz-Kaufbeuren, Gablonzer Gal. u. Mus.; 89 Wien, Erste Öst. Spk.; 90, 95 St. Pölten, Gal. in d. Bez.hauptmannschaft; 94 Wien, NdÖst. LM; 98 Kappeln, Katzenberger Quatember; 02 St. Pölten, Landhaus; 05 St. Pölten, SM; 06 Wien, Artefakt – **G:** 71, 81 Wien, Künstlerhaus; 71, 72, 73 Wien, Secession; 76 Wien, Ksch im Künstlerhaus; Regensburg, Ostdt. Gal.; Wien, Schwarzer; 77–06 St. Pölten, Jahresausst. d. Künstlerbundes; 78 Wiener Neustadt (St. Pöltener Künstlerbund); 79, 80, 81 Tage d. offenen Ateliers NdÖst.; 85, 89, 91 Neugablonz-Kaufbeuren, Gablonzer Gal. u. Mus.; Gmünd, Ndöst. KV; 86 London, Royal Horticultural Hall; 87 Altenburg, Stift; 87, 88 Wien, Kleine Gal.; 88 NdÖst. Donaufestival; Wien, Wirtschaftsförd.inst.; 89, 90 u. 91 Wien, Josefshof; 93 Brüssel, Gal. d'Art Contemporain; 94 Wien, Bez.vorstehung 15; 95, 97 Mödling, Krankenhausgal.; 96 Wien, Aquarienhaus; 96 Böheimkirchen (50 Jahre St. Pöltener Künstlerbund); Fels am Wagram, Schulgal.; Langenlois, Ursin-Haus; 97 Wien, Alte Schieberkammer; 97–00 jl. St. Pölten, Dom; 00 Gumpoldskirchen, Bergerhaus; 02 Wien, Bez.mus. Margareten; 06 Mödling, Herzogenburg u. St. Pölten (St. Pöltener Künstlerbund) – ***Lit:*** Künstler d. Isergebirges u. ihre Nachfolger 80; Kat. z. Freien Wiener Kunstausst. im Künstlerhaus Wien 81; Österr. Maler d. 20. Jh., Lex. 85; 40 Jahre St. Pöltener Künstlerbund, Kat. 86; Wiener Kunsthefte, H.3 u. 12 87, H.8 u. 9 88; Künstler d. Jeschken-Isergebirges 88; Künstleralmanach d. Berufsvereinigung bildender Künstler, Bd 1 90; 50 Jahre St. Pöltener Künstlerbund 96; 135 Jahre Gemeinschaft bildender Künstler, Kat. 98; Bildkunst Österreich, Handb. 99; Kulturland Österreich, 2 Bde 01; 60 Jahre St. Pöltener Künstlerbund, Kat. 06 – ***LitR:*** www.kunstverkehr.at

Kettmann, Alfred Heinz, Graphiker; Georgenstr. 28, D-96052 Bamberg, Tel. (0951) 31276 (* Annaberg 12) – **VG:** Bamberg, Gal. f. Zeitkunst – **P:** Kunstpr. d. Nürnberger Nachrichten 95, 97, 02 – **G/T:** Kalligraphie, amtliche Graph. (Gest. v. Siegeln, Urkunden u.ä.), Hschn., Rad. – **E:** / G: u. a. 71 Schweinfurt, Gal. 7 – (Red.)

Khosla, Kiron, Maler; Wormser Str. 2, D-50677 Köln, *kironk@web.de* (* Kalkutta/Indien 13. 8. 67) – **VG:** Köln, Nagel – **S:** 85–86 Foundation Harrow College of Higher Education; 86–89 Central St. Martin's SchA and Design London (Malerei) – **P:** Peter Mertes Stip. 02 – **E:** zahlr. Ausst., u. a. 93 Hagen, Karl-Ernst-Osthaus-Mus.; 95 Köln, Janssen; 98 Stuttgart, Gmeiner; 99 Hamburg, Gal. f. Landschaftskunst; 02 Bonn, Bonner KV – **G:** zahlr. Ausst.bet., u. a. 97 Köln, Grunert; 00 Moskau, Central House of Artist; 01 Athen, INIT; 02 Mallorca, Centro Cultural Andratx; 03 Frankfurt am Main, KV

Kiecol, Hubert, Skulpteur; Händelstr. 35, D-50674 Köln, Tel. (02 21) 24 13 89 (* Bremen 50) – **VG:** Frankfurt am Main, Grässlin; Madrid, Ehrhardt – **S:** 71 WerkKSch Hamburg; 75 HBK Hamburg – **L:** 93 KA Düsseldorf (Prof.) – **P:** Mies van d. Rohe-Stip. 84; Will-Grohmann-Pr. 91; Wolfgang-Hahn-Pr. 00 – **E:** zahlr. Ausst., u. a. 83 Hamburg, Produzentengalerie; 85 Krefeld, Haus Esters; 88 Bonn, KM; 89 Wien, Pakesch; Los Angeles, Asher/Faure; 90 New York, Luhring Augustin; Nizza, Villa Arson; Münster, Westf. KV; 91 Nürnberg, KH; 92 Berlin, Bruno Brunnet Fine Arts; 94 Köln, Jablonka; 98 Karlsruhe, KH; 99 Hamburg, KH; 00 Amsterdam, Stedelijk Mus.; 02 Duisburg, Mus. Küppersmühle – Slg Grothe; 03 Frankfurt am Main, Grässlin; 04 Madrid, Ehrhardt – **G:** zahlr. Ausst.bet., u. a. 85 Berlin, NG; 86 Köln, Mus. Ludwig; Frankfurt am Main, Schirn; 88 St. Louis/MO, AM; Liverpool, Tate Gall.; 92 London, Serpentine Gall.; 94 Hamburg, KH; 95 Bonn, Kunst- und Ausst.halle d. BRD; 96 Krems, KH; 97 Bregenz, Kunsthaus; Wien, KH; 98 Bonn, KM; 99 Mönchengladbach, StM Abteiberg; 01 Hamburg, Deichtorhallen; 03 Varese, Villa Menafoglio Litta Panza; Düsseldorf, K21; 04 Wellesley/Mass., Davis Mus. and Cultural Center; Saarbrücken, Saarland-Mus.; 05 Berlin, Kpst.-Kab.; 06 Nürnberg, Neues Mus.; – sowie: 87 Skulpt. Projekte in Münster

Kiefer, Anselm, Maler u. Objektkünstler; La Ribaute, F-30430 Barjac (* Donaueschingen 8. 3. 45) – **VG:** Berlin, Ikeda; München, Gal. Terminus – **S:** 66–68 Staatl. ABK Karlsruhe, Außenstelle Freiburg (Malerei b. Prof. Peter Dreher); 69 Staatl. ABK Karlsruhe (Kunststud. b. Prof. Horst Antes); 70–72 Staatl. KA Düsseldorf (Kunststud. b. Prof. Joseph Beuys) – **P:** Hans-Thoma-Pr. 83; Kaiserring d. Stadt Goslar 91; Praemium-Imperiale-Pr. Tokio 99 – **M:** Aachen, Ludwig Forum; Berlin, Hamburger Bahnhof; Berlin, NG; Bielefeld, KH; Eindhoven, Van Abbemus.; Frankfurt am Main, Städel; Köln, Mus. Ludwig; München, Pin. d. Mod.; San Francisco, MMA; Stuttgart, SG; Ulm, Ulmer Mus.; Weimar, Klassik Stift. – **E:** zahlr. Einzelausst. im In- u. Ausland, u. a. 80 Venedig, Bienn. (m. Georg Baselitz); 87 New York, MOMA; 93 Tokio, Sezon Mus. of Art; 96 Paris, Lambert; 00 Gent, Stedelijk Mus. voor Actuele Kunst; Paris, Chapelle Salpêtrière; 01 Chicago, Smart Mus. of Art; Humlebæk, Louisiana Mus. of Mod. Art; Basel, Beyeler; 02 New York, Gagosian; 03 Salzburg, Ropac – **G:** u. a. 77 Paris, Bienn.; 77, 82, 87 Kassel, documenta; Paris, Bienn.; 80 Venedig, Bienn.; 84 Sydney, Bienn.; 87 São Paulo, Bien.; 98 New York, MOMA; 00 Mumbai, NG of Mod. Art; 01 Amersfoort, De Zonnehof; 02 Baden-Baden, SKH; 03 Darmstadt, KH; Berlin, Martin-Gropius-Bau; St. Louis/MO, AM – ***Lit:*** Contemp. Artists 96; Dictionary of Art 96 – (Red.)

Kiele, Irene; Philipp-Rosenthal-Str. 19, D-04103 Leipzig, Tel. (03 41) 9 60 03 37 (* Frankfurt/Oder 7. 11. 42) – **S:** 70–75 HGB Leipzig (b. den Prof. H. Mayer-Foreyt, W. Mattheuer, W. Tübke u. B. Heisig) – **Ve:** VBK DDR 79–90; BBKL 93 – **G/T:** Malerei, Graph. – **M:** Leipzig, KH Spk.; Leipzig, MBK – **E:** u. a. 77 Borna, Stadtkult.haus; 82, 91 Leipzig, Gal. Wort und Werk; 86, 03 Leipzig, Gal. Süd; 92 Leipzig, Ring-Gal.; 94 Leipzig, Gal. am Burgkeller; 04 Freiberg, Koch – **G:** u. a. 78 Frankfurt/Oder, Gal. Junge Kunst; 79, 85 Leipzig, Bez.kunstausst.; 87 Dresden, Kunstausst. d. DDR; 92 Köln, TaTa-West – ***Lit:*** Bildende Künstler in Leipzig 06 – (Red.)

Kielnhofer, Manfred, Maler, Eventkünstler; Kronbergerstr. 4, A-4020 Linz. Atelier: Galerie ARTPARK Lenaupark City, Hamerlingstr. 42–46 A-4020, Tel. Mobil: 06 64 49 27 19 2, *kielnhofer@artpark.at, www.kielnhofer.at; www.artpark.at* (* Haslach a. d. Mühl/ObÖst. 28. 1. 67) – **VG:** Linz, Linzer Kunstclub; Linz, City-Gal. – **S:** 95 Matura; Höhere Techn. Bundeslehranst. Linz; Autodidakt (Studienreise New York 99) – **L:** Leitung beim größten Kinderbild d. Welt 02 – **P:** Atelier im Egon Schiele AC Krummau (Stip. d. Ldes ObÖst.) 05; Mozart 06 – **Ve:** Linzer Kunstclub seit 98; Obmann Gal. Artpark (Gründungsmitgl.) 05 – **G/T:** Aktmalerei (Acryl, Leinen), in jüngsten Arb. Hinterfragung v. Entstehung, Ursprung u. Urknall – **W:** Werke in öff. u. privaten Slgn u. a. d. Fa. Sicom Enns; Kunst in d. Natur, Ld-Kult.-Projekt 05 – **M:** Wien, Alte Schmiede – **Ö:** Wals/Salzburg, Sport- u. Kult.zentrum (großformatige Gemälde) – **E:** u. a. 02 Ansfelden, Giga; Salzburg, Kunstmesse; Wien, Art Vienna; 03 Linz, Casino; Enns, Schloßgal.; 03, 04 Ennsegg, Schloß; 04 Freistadt, Brauhausgal. (Bühnenbildgest.); – weitere: Linz, Arkade; Linz, Atrium; Salzburg, Airportcenter; Linz, Rosengarten Brucknerhaus; Gal. d. Gr. Generali; Linz, Artpark – **G:** u. a. 99 Linz, Linzer Kunstclub; Tampere/Finnld, Gal.; 00 Gmunden, Europ. Kunstkr.; 02 Salzburg, Kunstmesse; Wien, Art Vienna; – weitere: Ansfelden, Citygal.; Gmunden, Seeschloß; Linz, RH; New York, Allerton Art Gall. – **V:** Kunst und Schönheit, Kunstkal. 04–06 – ***Lit:*** u. a. Reinhart Gruber: Selbsterfahrung, In: Oböst. Nachrichten v. 23.11.01; Straße d. Kinder art vienna, In: Die Presse v. 28.11.02; Ulrich Kappl: Größtes Kinderbild d. Welt, In: Kurier v. 8.7.02; Rekordverdächtig, In: Salzburger Nachrichten v. 8.6.02; Irene Judmayer: Hilflose Banalität im Meer der Selbstüberschätzung, In: Oböst. Nachrichten v. 18.2.03; Kunstwerk im Weizenfeld – belächelt u. bestaunt, In: ders. v. 10.3.03; – sowie weitere div. Beitr. in Ztgn, u. a. in: Volksblatt, Seitenblicke, Salzburger Nachrichten, Die Presse, Salzburger Fenster, Kurier – ***LitR:*** Casino Linz, Fs. 03; Schloßgalerie Enns, Fs. 03; Kinderbildrekord, Fs. 02; Kinderbildrekord Residenzplatz, Fs. 02; Kinderbildrekord, RF 02

Kiemlen, Meta Aurelia Charlotte s. Keppler, Meta

Kienberger, Angelika, Bildhauerin; Sportplatzstr. 10, D-86494 Emersacker, Tel. u. Fax (0 82 93) 74 17, *kienberger@bildhauerkunst.net, www.bildhauerkunst.net* (* München 5. 8. 66) – **VG:** Emersacker, Künstlerhaus – **S:** 88–91 BerufsFS f. Holzbildhauer München; BBZ f. Bau u. Gest. München – **Ve:** BBK Bay. 97; Münchner Künstlergenossenschaft 02 – **KGe:** A. K. u. Michael Daum (seit 94) – **G/T:** figürliche Bildhauerei (Holz, Bronze, Steinguss, Paar- u. Frauenbildnisse) – **K:** Holzbildhauerei, Modellierkurse – **W:** überw. in Privatbes. – **Ö:** Augsburg, Praxis Dr. Weissenberg; Mertingen, An d. Schmutter – **E:** 98 München, Mendl; 99 Freising, Kunst u. Handwerk; 03 Merching, Forum-Verl. – **G:** zahlr. Bet. seit 94, u. a. 97 Donauwörth, Zeughaus; 99 Augsburg, Abraxas; 99–00 München, Forum d. Technik; 01–06 München, Haus d. Kunst; 03 München, Zoologische Staatsslg

KIENinger (eigtl. Felix Kieninger), Ing., Maler, Graphiker, Bildhauer, Bühnenbildner; Reizenpfenninggasse 10/8, A-1160 Wien, Tel. u. Fax (01) 9 14 18 98, *kieninger@haubner.info*, *www.kunstlukasgilde.at*. c/o Atelier, Badgasse 17, Reichenau/Rax (* Wien 13. 4. 32) – **S:** 50–56 TU u. KA Wien; 55–56 Oskar Kokoschka Salzburg; 76–78 Stud. b. Prof. Paul Meissner (Malerei); 85 Stud. b. Prof. Stefan Pral (Bildhauerei) – **L:** seit 98 VHS Wien (Wien u. Lsch. v. heute) – **Ve:** St. Lukas-Gilde Antwerpen-Wien (auch künstler. Leiter) 80; Künstlerhaus Wien 89 – **G/T:** Malerei (Öl, Aqu.); Feueremail; Bildhauerei (Holz, Metall, Stein) – **M:** Paris, Bibliothèque Nat.; Paris, Département de la Photogr.; Wien, Theatermus.; Wien, Wien Mus. – **Ö:** u. a. Korneuburg, Ev. Kirche; Langenzersdorf, Hanak-Mus.; Wien, Restaurant – **E:** u. a. 65 Paris, Gal. de Beaune; 66 Wien, Tao; 81 Wien, Café Sperl; 82 Otzberg, Rumstedt; 84 Frankfurt am Main, Körner; 88 Gau-Bischofsheim, Jottwedee; 93 Klagenfurt, Kleine Gal. Stadthaus; 98 Brüssel, Tervuren Laan 221; 99 Meidling, VHS; Wien, Havanna Lounge – sowie 93, 94 Wanderausst. in Bergerac, Cognac, Charleville – **G:** u. a. 67 Spoleto, Tao; 72 Basel, Kunstmesse; 81 Coburg, Intern. Emailausst.; 83 Paris, Les Salons des Nations à Paris; München, Künstlerhaus; 85 Paris, Öst. Kult.inst.; 86 Gau-Bischofsheim, Jottwedee; 91 Montreux, Kongreßzentrum; 92 Basel, Casino Ges.; Lugano, Pal. dei Congressi; 95 Koblenz, Kongreßhaus – weitere: 03 Multimediashow 'Meditationen' – **V:** u. a. Der versteinerte Riese – Fragmente – Über d. Kunst 70; Die heutige Situation in d. Bild. Kunst, Leitart. im Informationsblatt d. St. Lukas-Gilde Antwerpen-Wien 89; Verlorene Natur – Erinnerungen an eine Harmonische Vergangenheit 92; Die Theater in Wien 1982–1993 93; Wie weit geht Abstr. 99; K. Werdegang – Ringen u. Durchbruch 99; Spontanität u. Komposition. Der Maler u. Bildhauer Heinz Umbach 00; Kunst u. Symbol – Vorträge üb. d. Bildhauer Stefan Pral 00; Die Entfaltung d. Menschen 01, 02; Über d. Kunst 02 – ***Lit:*** u. a. Standpunkte 72; Öst. Künstler – K., in: La Cote des Arts 83; H.W. Herrgöth: Künstler d. St. Lukas-Gilde 84; H. Fuchs: Maler d. 20. Jh. in Öst. 86; Martina Jäger-Waldau: Die Brücke – Ein Künstler ist einer, d. durch seine Begeisterung begeistert 91; Who's who in Intern. Art 94, 95

Kienle, Claus, Dipl. Foto-Designer; Augustenburger Str. 33, D-22769 Hamburg, Tel. (0 40) 8 51 39 03, Fax 28 41 99 85, *ckienle@heim-herd.de*, *www.heim-herd.de* (* Kempten 6. 9. 65) – **S:** 87–93 FH Bielefeld (Fotogr. b. Prof. Gottfried Jäger) – **L:** 94 HAB (LAuftr. f. Fotogr. im FB Freie Kunst) – **Ve:** VG Bild-Kunst 95; BBK Hamburg 96 – **KGe:** Heim und Herd: Frauke Hänke u. C. K. (seit 93) – **G/T:** Gummigrafie (Fotogr., konzept. Arb.) – **K:** Workshops Gummigrafie – **W:** u. a. in Dudelange/Luxembourg – **M:** Hamburg, MKG – **E:** Einzelausst. gemeinsam m. Frauke Hänke u. a. 94 Berlin, Fotogal. Friedrichshain; 95 Hamburg, Gal. 13; 96 Oldenburg, LM; Braunschweig, Mus. f. Photogr.; 97 Innsbruck, Fotoforum West; Hamburg, MKG; Wien, Fotogal. Wien; 98 Köln, Gal. Lichtblick; 99 Luxembourg, Gal. Nei Liicht; 01 Köln, Gal. 68elf; 02 Paris, café au lit; Hamburg, gal. f. aktuelle kunst; 03 Hamburg, Plattform 45; Bitterfeld, Gal. am Ratswall – **G:** u. a. 93 Bielefeld, Fotoforum Schwarzbunt; 97 Hamburg, Kunsthaus; Hamburg, Meßberghof; 98 Agathenburg, Kult.stift. Schloss Agathenburg; Saarbrücken, Saarland Mus.; 99 Wilhelmshaven, KH; 01 Hamburg, Altonaer Mus.; 02 Hamburg, Kunsthaus; Hamburg, Altonaer Mus.; Hamburg, MKG; 03 Luxembourg, Gal. Dominique Lang – **R:** CD-ROM-Veröff. m. Frauke Hänke: Gummigrafie 00, Neue Gummigrafien 02 – ***Lit:*** Mus. f. Photogr. Braunschweig u. LM Oldenburg: Point of View, Ausst.kat. 96; Frauke Hänke u. C. K.: Heimspiel, Ausst.kat. 98 – (Red.)

Kienscherf, Thore, Maler; Sanderstr. 4, D-12047 Berlin, *thore@bildschoenheiten.de*, *www.bildschoenheiten.de* (* Hamburg 8. 11. 74) – **G/T:** Malerei (Akt, Erotik, Portr.) – **G:** 03 Salzburg, Kunstmesse – (Red.)

Kienzl, Ernest A., MMag., Prof., bild. Künstler (Zchng, Objekt, Install.); Urbanstr. 16, A-3100 Sankt Pölten, Tel. (0 27 42) 36 20 58, *ernest@kienzl.net*, *www.kienzl.net* (* St. Pölten 8. 12. 57) – **S:** HS f. angew. Kunst Wien (Meisterkl. Bazon Brock) – **P:** Förd.pr. d. Stadt St. Pölten f. Wiss. u. Kunst – **Ve:** Künstlerbund St. Pölten (Präsident 06) 76; KV SO 93; Ldesverb. d. ndöst. KV (Vizepräsident) 95 – **G/T:** Objektkunst; Install.; Zchng; Graph.; abstr. – **W:** überw. in Privatbes. – **M:** St. Pölten, Ndöst. LM; St. Pölten, SM – **E:** zahlr. seit 76, zuletzt u. a. 04 St. Pölten; 05 Melk; Fels am Wagram; 06 Gaweinstal – **G:** zahlr. Bet. seit 76, u. a. an d. Ausst. d. Künstlerbundes St. Pölten, d. KV SO sowie St. Pölten, Ndöst. Dok.-Zentrum f. Mod. Kunst – ***Lit:*** E.A.K. Weg, Ausst.kat. (d. Ndöst. Dok.-Zentrums f. Mod. Kunst) 91; E.A.K. Zeichen, Ausst.kat. 04

Kies s. Kießler, Wolfgang

Kies, Helmut, Prof., Maler, Graphiker; Stachlgasse 4–6, A-1130 Wien, Tel. u. Fax: (01) 8 88 61 11 (* Wien 16. 4. 33) – **S:** 49–53 Akad. f. angew. Kunst Wien (Meisterkl. f. Drucktechniken b. Prof. F. Herberth) – **P:** Theodor-Körner-Förd.pr. 61; Pr. d. Wiener Kunstfonds 61; Pr. d. Bundesmin. f. Wiss. u. Kunst 66; Goldenes E.zeichen d. Stadt Wien 93; Goldenes E.zeichen d. Ldes NdÖst. 93; Goldener Lorbeer d. Wiener Künstlerhauses (f. d. Lebenswerk) 05 – **Ve:** Wiener Künstlerhaus; Ges. Bild. Künstler Wien (GBKW) 60 – **G/T:** Malerei (Öl); Zchng; Graph. (Lith., Rad.); Ars Phantastica Wien – **W:** überw. in Privatbes. – **M:** u. a. Berlin, Graphothek; Bratislava, StG; Bregenz, Städt. Slg; Darmstadt, Hess. LM; Klagenfurt, Kärntner LG; Krems, Städt. Mus.; New York, MOMA; Porto/Portugal, Nat.-mus. f. Mod. Kunst; Regensburg, Städt. Mus.; Regensburg, Univ.; Salzburg, Rupertinum; Salzburg, Salzburg Mus.; Schwechat, Städt. Slg; St. Paul de Vence/Frkr., Mus.; St. Pölten, Ndöst. LM; Victoria/Kanada, Univ.; Wien, Albertina; Wien, Belvedere; Wien, Bundesmin. f. Bildung, Wiss. u. Kult.; Wien, Bundesmin. f. soziale Verwaltung; Wien, Kpst.-Kab. d. ABK; Wien, TU; Wien, Öst. Akad. d. Wiss.; Wiener Neustadt, KS; Würzburg, Martin von Wagner-Mus. der Univ.; Würzburg, Städt. Slg – **Ö:** Langenlois, Stadtpfarre (neue Flügel d. got. Altars, 4 Ölbilder m. d. Gesch. d. Heiligen Laurentius); Steyr, RH (Ölbild); Wien, Kult.amt; ebda, Burgtheater Wandelgang 2. Rang (Portr. Nora Gregor) – **E:** seit 55 ca. 92, u. a. in Dtld, Öst., Dänemark, Austral., u. a. Würzburg, Gal. Villinger; Darmstadt, Garuda; Biberach, Braith-Mali-Mus.; Regensburg, Gal. Bäumler; Neuss, Gal. Michaelstr.; Darmstadt, KH; Bad Homburg, Stadthaus; Dortmund, Mus. am Ostwall; Erlangen, Siemens; Rastatt, StG – weitere: München, Düsseldorf, Berlin – **G:** ca. 135 Bet. u. Wanderausst. d. Ars Phantastica in Mus. d. USA, Rumänien, ehem. Jugoslawien, Iran, Indien, China, Jap. – sowie: Köln, Intern. Kunstmesse – **V:** mehrere Bücher, Publikationen, Mappenwerke, u. a. Im Garten d. Venus (Rad.) 66; Österreich (Rad.) 69; Unser Österreich, Kunstbuch 70; Unser Lesehaus Bd 1–4 72–76; Flugbilder, Graph.zyklus (Rad.) 74; Traum ist Regen, der in d. Himmel fällt, Kunstbuch 79; Hommage à A. Altdorfer (Lith.) 80; Préludes I, Graph.-zyklus (Rad.) 83; Wider die Enge der Seele. Zum 70. Geburtstag, Kunstbuch 03 – **R:** mehrere TV-Filme – ***Lit:*** zahlr. Beitr., u. a. Wkst.monogr. H.K., Kunstbuch 74 –

LitR: Helmut Pfandler: Von Hexen, Heiligen u. Harlekinen, Filmportr. (ORF) gesendet am 21.9.80

Kieschnick, Anne R., Illustratorin, Bildhauerin; Atelier Kieschnick Alte Feuerwache: Melchiorstr. 3, D-50670 Köln, Tel. u. Fax (02 21) 25 81 24 (* Neschwitz/Sa. 21. 9. 51) – **VG:** Dortmund, Gal. im Wasserturm – **S:** 76–81 FHS f. Design u. Visuelle Kommunikation Düsseldorf (b. Prof. Assmann) – **L:** 86–00 Alte Feuerwache Köln (Bildhauerei) – **Ve:** GEDOK Köln 87; BBK Köln 88; VG Bild-Kunst 93; Loch e.V. 03 – **KGr:** www.kölnlink.de – **KGe:** Frauen-Mus. Bonn – **G/T:** Fotogr.; Bildhauerei; Graph.; Install.; Objekt; Ill. – **K:** Bildhauerei f. Kinder u. Erwachsene (u. a. Studenten); Hinterglasmalerei; Handarbeiten f. Kinder u. Erwachsene – **W:** zahlr. Performances u. Install.; Werke überw. in Privatbes. – **M:** Köln, Mus. Ludwig; Köln, artothek – **Ö:** Duisburg-Marxloh, Skulpt.weg Wolfsbahntrasse (Tuffstein-Relief); Köln, AXA Colonia Versicherung (Hschn.); ebda, Stadtentwässerungsbet. (Pappmachéobjekte), Villa Dickhoven (Skulpt.); Köln-Deutz, Bunker (Bemalung); Köln-Holweide, Gesamtschule (Flurbemalung); Köln-Ostheim, Heinrich-Heine-Gymnasium; Wesseling, RH (Farbrad.) – **E:** 96 Köln, Klosteranlage d. Kartause; 97 St. Augustin, Schloß Birlinghoven; 99 Brühl, Schloß Augustusburg; 00 Rolandswerth, Rolandsbogen; 01 Köln, Rosengarten Fort X (Kat.); 02 Werne, KV; Köln, AXA Colonia Versicherung; 03, 04 Düsseldorf, D2 Vodafone; 04 Köln, Faulturm Großklärwerk (Kat.); 05 Odenthal, RHgal.; Köln-Weiß, Skulpt. Draußen – **G:** 93 Bergisch Gladbach, Kr.haus; 95 Köln, Gothaer Kunstforum; Köln, GEDOK; 96 Siegen (Mai-Art-Aktion); 98 Paris, Grand Salle d'Honneur; 99 Köln, Mus. Ludwig; 99, 02, 05 (Kat.), 06 (Kat.) Bonn, Frauen-Mus.; 00 Schleiden/Eifel (Stadt-Ld-Fluß); Blankenheim (Nahtstellen); 01 Köln, Deutzer Brücke; Bergisch Gladbach, StG Villa Zanders; 03 Duisburg, Marxloher Skulpt.weg; 04 Duisburg, Cubus KH: Kunstpostkarten (Kat.); Bedburg-Hau, 10 Jahre Artoll (Kat.); 05 Köln, Kunst in d. Kölner Bank; 06 Düsseldorf, Handwerkskammer: 80 Jahre GEDOK (Kat.); Köln, 4. Editionale – **V:** Schminken, in: Kunst u. Unterricht, Zs f. Kunstpädagogik 99/86 – **R:** 5 Resonanzen stop and go, WDR 01; Dom Radio stop and go 01 – *Lit:* AUSST.KAT.: u. a. Steinbildhauerei 92; Stahlskulpturen u. Feskokästen 97; stop and go 01 – *LitR:* Alpha. Mehr Kunst f. Bonn, Sdg ZDF 84; Muttertag, Aktuelle Stunde 86; Kehraus, Aktuelle Stunde 98; Kunst in d. Deutzer Brücke (WDR Online) 01

Kiesel, Reinhard, Illustrator, Dipl.-Graphiker; Untere Augartenstr. 40/25, A-1020 Wien, Tel. (01) 2 14 58 85, Fax 2 14 58 85 19, *bauch.kiesel@ateliergrafik.at.* Lange Gasse 62/11, A-1080 Wien, Tel. (01) 4 06 24 60 (* Wien 29. 1. 61) – **S:** 74–80 Höhere Graph. Bundes-Lehr- u. Versuchsanst. Wien (Graph.) – **P:** Europ. Kommission f. Health + Safety Education (1. Pr.) 96 – **Ve:** Berufsvrg d. bild. Künstler Öst.; Design Austria – **KGe:** Atelier Bauch & Kiesel – **G/T:** Ill. (vorw. Digital); Aqu. (Ldschaft); Cartoons, Comics – **E:** 80 Wien, Kleine Gal.; 00 Wien, Design Austria; – weitere: 96 Kronberg, 98 Gerlos, Gänserndorf – **G:** 89 Bad Pirawarth – **V:** Bronti 92–94; Timo... 95; Ronnie 96; Bello & Co. 02–04; Meine e-mail Mama 03 – *Lit:* Vier, Kat. 89 – (Red.)

Kieser, Günther, Prof., Gebrauchsgraphiker, Illustrator, Fotograf, Plakatkünstler; Niedergasse 41, D-63075 Offenbach (* Kronberg/Ts. 24. 3. 30) – **S:** 47–50 WerkKSch Offenbach/Main – **P:** u. a. Best German Poster Award 56, 57, 58, 95; Photokina Award 58; New York Art Directors Club Award 66; Warschau Poster Bienn.; Essen Poster Trienn. 83; Brno Poster Bienn. 86 – **Ve:** Alliance Graphique Intern.; Dt. Werkbund; Berufsverb. bild. Künstler München – **KGr:** Kontakt im Spessart – **KGe:** Ateliergemeinschaft m. Hans Michel (52–62) – **G/T:** Gebrauchsgraph., Plakatkunst (vorw. Konzertplakate), Ill., Fotogr. – **W:** zahlr. Plakate f. Jazz- u. Rockkonzerte – **M:** Essen, Dt. Plakat Mus.; Frankfurt am Main, MAK; New York, MOMA; Toronto, R. Ontario Mus. – **G:** 72 New York, Lincoln Center; 93 Chaumont, Internationales des Arts Graphiques; 94 Hamburg, MKG; 00 Köln, Popdom Mus. + Gal.; 03 Osaka, DDD Gall. – **R:** G. K. u. Pete Ariel: Das Kartenhaus, Fsf. 71 – *Lit:* Flemig 93; Contemp. Designers 97 – (Red.)

Kiesewalter, Tanja; Schonebeck 9, D-48329 Havixbeck, Tel. (0 25 34) 6 54 59, *info@tanja-kiesewalter.de, www.tanja-kiesewalter.de*

Kiesling, H., Graphiker, Maler, Lithograph, Objektkünstler; Jahnstr. 4, D-86391 Stadtbergen, *H.Kiesling@gmx.de* (* Würbenthal (früher Sudetenland) 16. 12. 39) – **S:** WerkKSch Augsburg (Graph.kl.); Akad. f. d. Graph. Gewerbe München (Graph.kl.); Kurse an d. Europ. KA Trier – **P:** Kunstpr. d. Stadt Neusäß 01 – **Ve:** BBK Schwaben Nord u. Augsburg seit 92 – **G/T:** Graph. (Lith., Rad., Serigraphie), Malerei, Skulpt. – **K:** Rad. u. Lith. – **W:** Werke im Bes. d. Hochbauamtes Krumbach sowie d. Städte Friedberg u. Donauwörth – **M:** München, Bay. Staatsgemäldeslgn – **E:** Augsburg, Klinik; Augsburg, Zentralbibliothek d. Univ.; Neusäß, RH; Oberschönenfeld, Gal.; Stadtbergen, RH; Wesel, Wasserturm; Zusmarshausen, Heimatmus. – **G:** Aichach; Augsburg; Bratislava (Bay. Kunst unserer Tage); Brie-Comte-Robert; Frechen, Intern. Graph.trienn.; Friedberg; Irsee; Kronach; Linz; Nagahama, Art; Nürnberg, Germanisches NM; Wertingen – (Red.)

Kießler, Wolfgang (Ps.: Kies), Maler, Graphiker, Designer; Domlinden 4, D-14776 Brandenburg (* Brandenburg 14. 4. 47) – **S:** 68–72 Humboldt-Univ. Berlin – **L:** ab 92 Wredowsche Zeichenschule Brandenburg (Doz.) – **Ve:** VG Bild-Kunst 90; AGD 90 – **G/T:** Scripturale Graph. (Rad., Handzchng, Hschn.); Corporate Design; Ausst.gest./Ausstattung; Install.; Fotogr.; Buch- u. Kat.gest. – **M:** Dresden, Kpst.-Kab.; Offenbach am Main, Klingspor-Mus. – **E:** 79 Potsdam; 86 Brandenburg; 91 München, Gal. BMW-Technik; Stuttgart, Kleinebrahm; 97 Brandenburg, Studio f. Abgewandte Kunst; 98 Brandenburg, Studiobühne; 99 Cottbus, Gal. Haus 34; 02 Brandenburg, Dom: Zeichner. Requiem – **G:** zahlr. Bet. seit 80, u. a. 90 Leipzig, Gal. am Sachsenplatz; 93 Kassel, Grimm-Mus. – **V:** Von der Freundlichkeit der Welt, Kat. z. Ausst. d. Gal. Sonnensegel (Gesamtgest.) 96; Industriemuseum. Ein Museumsführer v. Kindern f. Kinder (Gesamtgest.), Kat. 04; Der Brandenburger Dom u. die Dörfer (Fotogr., Gesamtgest.) 04 – **R:** B. Kessler (Regie): Faust I, Kloster St. Pauli, Brandenburger Theater (Install., Bühnenbild)

Kiessling, Dieter, Prof., Intermediärer Künstler, Videokünstler; lebt in Düsseldorf, *www.dieter-kiessling.de* (* Münster/Westf. 57) – **VG:** München, Zink – **S:** 78–86 KA Münster – **L:** 97 HS f. Künste Bremen (Gastprof.); 97–03 HS f. Gest. Karlsruhe (Prof. f. Medienkunst); 04–05 Univ. Duisburg-Essen (Vertretungsprof. f. künstler. Fotogr.); ab 05 ABK d. Johannes-Gutenberg-Univ. Mainz (Prof. f. Neue Medien) – **P:** Produktionspr. d. Intern. Videonale Bonn 86; Karl-Schmidt-Rottluff-Stip. 90; Förd.pr. Bild. Kunst d. Kult.kr. d. dt. Wirtschaft im BDI 90; Caspar-von-Zumbusch-Pr. 90; Förd.pr. d. Ldes NRW 91; Förd.pr. z. ersten Dt. Videopr. 92; Stift. Kunstfonds – Arb.- u. Projektstip. 93 – **G/T:** Videoinstall.; Install.; Skulpt.; Dia-Projektionen; Fotogr.; CD-ROM – **M:** Bonn, Artothek im KV; Karlsruhe,

ZKM; Marl, Skulpt.-Mus. Glaskasten – **E:** u. a. 87 Münster, Hake; 88 Wiesbaden, Hake; 89 Mönchengladbach, StM Abteiberg (Kat.); 91 Düsseldorf, Backhauß; 94, 96, 01 Wuppertal, Hengesbach; 95 Bremen, Ges. f. aktuelle Kunst (Kat.); 96 Wuppertal, Kunstraum (Kat.); 97 Genf, Saint-Gervais; 02 München, Zink; 03 Bochum, KV; 04 Köln, Hengesbach; München, Zink & Gegner – **G:** zuletzt u. a. 04 Dresden, Pal. des Arts: Observatory (Kat.); 05 Karlsruhe, ZKM: Video/Text; Baden-Baden, SKH: Park, Zucht u. Wildwuchs in d. Kunst (Kat.); Santiago de Chile, Bien. de Video (Kat.); Hannover, KV: Bilanz in zwei Akten (Kat.) – (Red.)

Kilchherr, Juerg, Maler; Eigerweg 7, CH-3177 Laupen, Tel. (0 79) 6 66 93 42, *juergkilchherr@bluewin.ch*, *www.juergkilchherr.ch* (* Kriechenwil 12. 8. 65) – **S:** F+F KSch Zürich – **G/T:** Popart; Portr. – **E:** 00 Montreux, Intern. Artforum; Zug, Altstadthalle; 01 Bern, Villa Bernau; 02 Bern, Wohnmesse; 03 Bern, Arte y cultura; 04 Posieux, Agroscop; Barcelona, Gal. Zero; Laupen, Zahrlis Freizythuss; 05 Flawil, Dorfkunstgal.; Murten, Beaulieu-Kult.haus

Kilic, Ilse (Ps.: Das fröhliche Wohnzimmer), Zeichnerin, Filmemacherin, Schriftstellerin; Fuhrmannsgasse 1a/7, A-1080 Wien, *wohnzimmer@dfw.at*, *www.dfw.at* (* Wien 28. 5. 58) – **Ve:** Austria Filmmakers Cooperative seit 92; Grazer Autorenversammlung seit 98; IntAkt seit 00; IGAA – **KGr:** werkschaft (01) – **KGe:** Das fröhliche Wohnzimmer: I. K. u. Fritz Widhalm (seit 86) – **G/T:** Comic, Trickfilm, visuelle Posie – **G:** 90 Lanchot (7 × 7); 93 Wien, Amerlinghaus; 00 Wien, Künstlerhaus (Poesie des Wohnens); 01 Wien, Echoraum; 01, 02 Wien, werkschaft – Das Lädchen – **V:** u. a. Rosa, Comic 97; Als ich einmal zwei war (m. Zeichn.) 99; Die Rückkehr der heimlichen zwei (m. Zeichn.) 00; Peter Pessl: Do forgive me. Version 1, Erzählung (Zeichn.) 02; Monikas Chaosprotokoll. Im Dampfkochtopf von Oskars Moral (m. Zeichn.) 03; I. K. u. Fritz Widhalm: Bildgeschichte, in: Hypochondria 03; – sowie Beitr. in Anthologien: Kritzikratzi 93; Full Stop Schale 01; Bildanagramme, in: Der Pudel 01 – **R:** – FILME (Super 8): Märchen. Der Film (Zeichentrick) 96; Mein Leben und Streben. Teil 1–3 96–00; I. K. u. Fitz Widhalm: Das dumme Herz und der kleine Revolver 98; dies.: Frankenstein Super 8 99; dies.: Der Froschkönig 01; Winnetou Super 8; Wenn – (Red.)

Kill, Agatha Alberta; Aachener Str. 90, D-50674 Köln, Tel. (02 21) 51 97 08, Fax 9 52 20 02 – **G/T:** Bildhauerei – (Red.)

Killisch, Klaus, Dipl. Maler; Kreuzstr. 7, D-13187 Berlin, Tel. (0 30) 4 85 69 54, *killisch@magnetberg, de*, *www.magnetberg.de* (* Wurzen/Sa. 11. 9. 59) – **VG:** Leipzig, Dogenhaus Gal. – **S:** 81–86 KHS Berlin (Malerei b. H. Tessmer u. D. Goltzsche) – **P:** Auslandsstip. Irland 91; Stift. Kult.fonds Berlin (Arb.stip.) 92; Arb.stip. d. Berliner Senats 99; Stift. Kult.fonds Berlin (Reisestip. Japan) 99 – **G/T:** Malerei (Öl, Acryl, Collage) – **W:** überw. in Privatbes.; Ankauf u. a. durch d. Dt. Bank Leipzig – **M:** Berlin, Berlinische Gal.; Cottbus, Brandenburgische KS; Dresden, Kpst.-Kab.; Frankfurt am Main, Dt. Bank KS; Frankfurt am Main, KS Dresdner Bank; Frankfurt/Oder, Mus. Junge Kunst; Hannover, Nord-LB Art; Kaiserslautern, Pfalz-Gal.; Nürnberg, Slg Schmidt Bank; Potsdam, LBS; Potsdam, Ostdt. Spk.-stift. – **Ö:** Potsdam, Ostdt. Spk.stift. – **E:** u. a. 89, 93 Leipzig, Gal. Eigen + Art; 93 Berlin, Dogenhaus Gal.; Berlin, Gal. im Kabinett; Frankfurt am Main, Dresdner Bank; 99 Tokio, Plaza Gall.; 00 Malmö, Gal. PingPong; Leipzig, Dogenhaus Gal.; 01 Leichlingen, Herzog; 03 Berlin, Kunstsalon Vista; Berlin, Pohl; 04 Rheinsberg, Hotel am See; Berlin, Pepperprojects – **G:** zahlr. Ausst.bet, u. a. 89 Havanna, MN; 90 Paris, La Grande Halle de la Villette; 90 Venedig, Bienn.; 91 Graz, LM Joanneum; Dublin, Hugh Lane Mun. Gall. of Mod. Art; Tokio, Sezon Mus. of Art; 92 Hiroshima, City MCA; 93 Hongkong, Mus. of Art; 95 Frankfurt am Main, Schirn; 96 Frankfurt/Oder, Mus. Junge Kunst; 97 Frankfurt am Main, Rothe; 00 Tokio, Plaza Gall.: 01 New York, German House Gall.; 02 Washington, Goethe Inst.; Essen, Mus. Folkwang; 03 Berlin, NG – **V:** Detlef Opitz: Jeder Jeden & Retour (Offsetdruck) 89; Robert Fitterman; 33 states (Lith.) 93 – ***Lit:*** Christoph Tannert: Junge Künstler der DDR und Kubas, Ausst.kat. 88; Eugen Blume, Ausst.kat. 93; Ulrich Clewing, Ausst.kat. 96; Gisold Lammel: Sammlung Seitz, Ausst.kat. 99; Brigitte Rieger-Jähner: Sammlungskatalog des Museum Junge Kunst Frankfurt/Oder 01; Hilary A. Braysmith: Beyond the Wall, Ausst.kat. 01; Karin Thomas: Kunst in Deutschland seit 1945 02 – (Red.)

Kilpper, Thomas, Installateur; Spittastr. 25, D-10317 Berlin, *Thomas.Kilpper@web.de*, *www.kilpper-projects.net* (* Stuttgart) – **S:** KA Düsseldorf; 98 Städelschule Frankfurt am Main (Bildhauerei, Meisterschüler b. Prof. Georg Herold) – **P:** Atelierstip. London d. Kulturstift. Hessen 99 u. 00; HAP-Grieshaber-Pr. 04 – **Ve:** VG Bild-Kunst 04 – **G/T:** Zchng; Skulpt.; Install.; Video – **W:** Skulpt.-Projekt m. jugendl. Palästinensern in d. von Israel besetzten Gebieten (in Zusammenarb. m. d. Goethe-Inst. Ramallah) – **M:** Frankfurt am Main, MMK; London, Tate Coll.; Nürnberg, SM Fembohaus; Wiesbaden, Mus. (Slg. Loulakis) – **Ö:** Ahaus (Castoren zu Halfpipes! 05); Oberursel (Streetball-Field 99–02) – **E:** /Projekte: 97 Frankfurt am Main, ehem. Sowjet. Militärmission; 98/99 Frankfurt am Main, Ausst.raum GOOP; Oberursel, ehem. Camp King d. US-Armee (Kat.); 00 London, Orbit House (South London Gall., Kat); 01 London, Riddell House St. Thomas' Hospital; 02 Oberursel, Streetball-Field; 04 Berlin, Meerettich; – sowie: 05 Skulpt.bienn. Münsterland – **G:** u. a. 96 Frankfurt am Main, US-Konsulat: o.T.; 00 London, The Paper Bag Factory: PLOT; London, The Top Room: 21st Gear; 01 Bergen/Norwegen, White Cube: Works on Aluminum Selected by Paper; Frankfurt am Main, Ausst.raum de Light: Städte; Frankfurt am Main, Schirn: Frankfurter Kreuz; 02 Wien, Generali Found.: Die Gewalt ist d. Rand aller Dinge; 03 London, South London Gall.: Independence; London, babes-n-horny: A Taste for Sham; Nürnberg, KV: Smog, Stadt & Wadenbeißer; Köln, KV: Wir müssen heute noch an Ihr Vorstellungsvermögen appellieren...; 04 Düsseldorf, Malkasten: WG/3Zi/K/bar

Kindermann, Lore, Kunstlehrerin; Schaidlerstr. 17, D-81379 München, Tel. (0 89) 97 89 84 00, Mobil: 0 17 06 22 69 91, *lorekind@gmx.de; lore.kindermann@planet-interkom.de*. Hutweide 9, D-91054 Buckenhof, Tel. (0 91 31) 5 18 35, Fax 50 18 30 (* Erlangen 14. 6. 72) – **S:** 94–96 Univ. of South Carolina Columbia/SC (Druckgraph. b. Prof. Boyd Saunders); 96–03 ABK Nürnberg (Freie Malerei u. Objektkunst, Kl. Prof. Diet Sayler, 01 Meisterschülerin b. Prof. Diet Sayler) – **L:** 95–96 Univ. of South Carolina Columbia/SC (Teaching Ass. f. Drucktechniken); seit 03 Kunstlehrerin an staatl. Gymnasien – **P:** Fulbright Stip. 94–95; mehrere Pr. d. ABK Nürnberg (Kl.pr., Materialpr., 1. u. 2. Pr. d. Dannerwettb.) 97–01 – **G/T:** Graph. (Zchng, Drucktechniken); Fotogr. (konzeptionelle Farbfotogr.); Objektkunst (mixed media) – **W:** Objekte, Fotogr. u. Drucke in Privatbes.; Performances – **M:** Columbia/SC, Mc Kissick Mus.; Luxemburg, Gal. Carré Estampes – **E:** div. Einzelperformances – **G:** zahlr. Bet. seit 92, u. a. 95, 96 Columbia/SC, Mc Kissick Mus.; 97 Luxemburg, Gal.

Carré Estampes; 00 Nürnberg, Gal.haus; 01 Budapest, Ungar. Univ. f. Bild. Künste: Kl. Prof. Sayler (Kat.); Viterbo; Nürnberg, Lindig; 02 Bamberg, Gal. Kunst im Gang; 04 Höchstadt, Manz-Fortuna Schuhfabriken GmbH – **V:** Zulassungs-Arbeiten z. Thema Kunsttherapie u. -pädagogik. Förd. d. Persönlichkeitsentwicklung 02, 05 – **R:** m. 5 weiteren Künstlern: Masken, Kurzfilm üb. ein kunsttherapeut. Projekt an d. Frankenalb-Klinik in Engelthal 98 – ***Lit:*** u. a. ABK Nürnberg u. KV Hochfranken Selb (Hrsg.): 10 Jahre Kl. Sayler, Kat. 03

Kinold, Klaus, Dipl.-Ing., Architekt, Fotograf; Zentnerstr. 18, D-80798 München, Tel. (0 89) 2 72 57 16 (* Essen 24. 5. 39) – **S:** TH Karlsruhe (Archit. b. Prof. Egon Eiermann) – **L:** 87–96 Staatl. ABK Stuttgart (LAuftr. f. Fotogr.) – **M:** u. a. Denver/CO, AM; Essen, Mus. Folkwang; München, Archit.-Mus. d. TU; München, Lenbachhaus; München, Neue Slg – Staatl. MAK; New Orleans/LA, Mus. of Art; New York, Metropolitan Mus. of Art; Stockholm, Fotografiska mus. – **E:** u. a. 83 Köln, Kicken; 84 Hannover, Sprengel Mus.; 87 München, Angst; 93 Bielefeld, KH; 95 München, Neue Slg; 97 München, Vereinte Versicherungen; 99 München, Dany Keller – **G:** u. a. 88 Mailand, Trienn. – **V:** Architektur und Beton 94; m. K. J. Schattner: Architektur und Fotografie 03; m. G. Weinmiller: Das Bundesarbeitsgericht 03 – zahlr. Bildveröff. in Anthologien u. Periodika – ***Lit:*** Koetzle 02 – (Red.)

Kinzer, Pit, Dipl. Ing., Medienkünstler u. -graphiker, Architekt, Schriftsetzer; Ottobeurer Str. 1, D-87733 Markt Rettenbach, Tel. (0 83 92) 9 33 63, *kunstprojekte @pitkinzer.de*, *www.pitkinzer.de* (* Ottobeuren 9. 4. 51) – **P:** Kunstförd.pr. d. Stadt Augsburg (f. Lit.) 82; Kunstförd.pr. d. Stadt Augsburg (f. bild. Kunst) 87; Irland-Stip. d. Kinvarapress Galway 90; Ars Nova Förd.pr. d. Spardabank Saarbrücken 90; Sonder-Kunstpr. Marktoberdorf 93; Kunstpr. d. Hypover.bank Pfronten 98; Alfred Oberpaul Kunstpr. 02; Kunstpr. d. Rotary Club Bad Wörishofen 05 – **Ve:** VG Bild-Kunst 78; BBK Schwaben Nord u. Augsburg 78–94; BBK Schwaben Süd 95 – **G/T:** Fotoarb.; Install.; Video; Druckgraph. – **W:** in Memmingen, Marktoberdorf, Kempten, Wertingen, Moers, Friedberg, Oberkochen sowie u. a. im Bes. v. Ldkr., Banken, Kliniken – **M:** Augsburg, StKS; Lublin, Majdanek State Mus.; München, Bay. Staatsgemäldeslgn – **Ö:** Berlin, Bundesmin. f. Verkehr, Bau u. Wohnungswesen; Lautrach, Schloß u. Managementzentrum – **E:** seit 79 ca. 100 in Dtld, Schweiz, Öst., Irland, Estland – **G:** seit 78 ca. 500 Bet. in Europa, Asien u. Amerika – **V:** Pit Kinzer: Legaus o. Das Denken attackiert den Denkenden 81; Monika Beck (Hrsg.) u. Ludwig Harig: Raus aus d. Dreck (Rad.) 91; Michael Symolka: Innereien (Ill.) 91; Bernhard Beck: P.K. in Ireland West (Orig.graph.) 92; Horst Puschmann: Joy Division. Inside Out, eine biogr. Studie (Ill.) 92; Bernhard Beck: Art & Cuisine (Orig.graph.) 93; Wolfgang Kunz: Morgen Augsburg. Literar. Portr. einer Stadt (Ill.) 93; m. Heinz Winkler: Art & Cuisine (Orig.graph.) 94; m. Ludwig Harig: Fußball (Orig.graph.) 03 – **R:** Der interaktive Kat., CD 99; doppelpack, CD 00; Rom ist überall – Latein im Alltag, CD 00; Das grüne Haus Projekt, CD 01 – ***Lit:*** Radierungen 1984–1989, Kat. 89; Jürgen Ecker: P.K. 90; Installationen, Fotoarbeiten, Kat. 06

Kipfmüller, Klaus, Maler, Aktionskünstler; D-79639 Grenzach-Wyhlen, Tel. (0 76 24) 98 24 71, *kreativist@kreativist.de*, *www.kreativist.de; www.h-art.com* (* Weil am Rhein 26. 3. 55) – **S:** 82–88 Schüler v. Theo v. Möller in Bielefeld – **KGr:** H'ART (seit 94) – **G/T:** Malerei; Aktionskunst; Video-Install.; Plast. – **Ö:** Bad Krozingen, Merowingerhalle (Wandgest. m. Fliesen); Lörrach, St. Elisabeth-Krankenhaus – **E:** / G: seit 83 u. a. in Lörrach, Bielefeld, Aachen, Versmold, Wesseling, Bern, Basel – **R:** H'ART Chor, Musik-CD 00

Kipka, Jeanett, Malerin; Greifenhagener Str. 49, D-10437 Berlin, Tel. (0 30) 4 45 97 09, *www.jeanett-kipka.de* (* Berlin 28. 11. 58) – **S:** Autodidaktin; Unterricht b. d. Berliner Malern Wolfgang Leber u. Lothar Böhme – **P:** Stift. Kult.fonds 92, 94; Käthe-Dorsch-Stift. 98 – **Ve:** VBK 87–90; VG Bild-Kunst 89; BBK 90–06 – **G/T:** abstr. Malerei (Öl, Acryl); konkrete Malerei (Öl, Acryl, Portr., Figur, Floral); Collage; Druckgraph.; Install. zu Globalisierungsthemen – **K:** Prinzip Collage (Einführung in d. künstler. Technik, Vertiefung) – **W:** Werke in Privatbes.; Ankäufe d. Senatsverwaltung Berlin – **M:** Berlin, East Side Gall.; Berlin, Slg d. Dt. Bank; Frankfurt/Oder, Mus. Junge Kunst; Köln, Slg d. Dt. Bank – **Ö:** Berlin, Bez.amt Pankow; Minsk, Goethe-Inst. – **E:** 94 Berlin, Maaß; 98 Berlin, Gal. im Turm; 99 Berlin, Gethsemane Kirche; 02 Berlin, Gal. Mitte; Berlin, Buchhandlung u. Gal. Herschel – **G:** 90 Berlin, East Side Gall.; 92 London, Artbridge; 94 1. Chagall-Festival in Weißrußland; 99 Berlin, Gal. am Potsdamer Pl.: 10 Jahre Mauerfall; 01–02 Philadelphia, Berman Mus.: Beyond the wall (Kat.) – **V:** Hrsg. v. Passage, Kunstheft (Buchdruck, Orig.graph., Offsetdruck) 92, 93, 95; Wind ist Tag. Sophia (10 Lith. im Schuber, Auflage: 16) 93; Was es ist, Gedichte (Text, Buchdruck, Handsatz, Bindung, Auflage: 25) 95 – **R:** Norden, Osten, Süden, Westen, Videofilm (7 min) 04; Tigers Tarnung, Videofilm (7 min) 05 – ***Lit:*** Christoph Tannert, in: Bild. Kunst 1 90; Lothar Lang: Berliner Montmartre, Kunstb. 91; Galerie Mitte (Hrsg.): Gal. Mitte, Ein Kompendium 1978–1991

Kirchbach, Roswitha von; Heglache 24, D-79108 Freiburg im Breisgau, Tel. (0 76 65) 4 04 97, *roswitha_vk@gmx.de* – **G/T:** Malerei – (Red.)

Kirchberger, Günther C. (Ps.: G.C.K.), Prof., Maler; c/o Galerie Geiger, Fischmarkt 5a, D-78462 Konstanz, Tel. (0 75 31) 91 75 31, Fax 91 75 17, *info@galerie-geiger.de*, *www.galerie-geiger.de* (* 22. 8. 28) – **VG:** Konstanz, Geiger – **S:** 49–50 Höhere FS f. d. graph. Gewerbe Stuttgart; 50–53 Staatl. ABK Stuttgart (b. d. Prof. Gollwitzer, Henninger, Hils, Walter u. Kontakt z. Baumeister) – **L:** seit 64 WerkKSch Krefeld (angew. Malerei); 73 FHS Niederhein (Prof.) – **Ve:** BBK Bad.-Württ. – **KGr:** Gruppe 11 (56–59) – **G/T:** Informel, Hard Edge, Farbfeld, konzeptuelle Kunst, Graph., Siebdruck – **W:** in Privatslgn im In- u. Ausld – **M:** Bonn, KM; Stuttgart, KM; Stuttgart, SG – **Ö:** Sindelfingen, Wasserturm (Farbgest.); Stuttgart, Kunstslg d. LBS – **E:** zahlr. Ausst. seit 59, u. a. 61 Stuttgart, Müller; 62 London, Drian Gall.; 77 Rom, Contini; 84 Stuttgart, KM; 93 Kornwestheim, Gal. d. Stadt; Kornwestheim, Geiger; 99 Saulgau, StG; 03 Konstanz, Geiger – **G:** zahlr. Ausst.bet. seit 54, u. a. 57 London, New Vision Centre Gall.; 58 Rom, La Tartaruga; 66 Berlin, Junge Generation; 72 Stuttgart, SG; 85 Esslingen, Villa Merkel; 96 Kornwestheim, Geiger; 76 Basel, Art Basel; 92, 93, 94 Düsseldorf, Art Multiple – **V:** in: Deutsche Malerei heute, Ausst.kat. (Text) 64 – ***Lit:*** Helmut Heißenbüttel: Porträt G. C. K., Ausst.kat. 61; Haroldo de Campos (Einführung), Ausst.kat. 64; Reinhard Döhl (Hrsg.): G. C. K., Ausst.kat. 81; G. C. K. Retrospektive, Ausst.kat. 93; Stephan Geiger: Zum 75. Geburtstag, Ausst.kat. 03 – (Red.)

Kirchheim, Jakob, Maler, Graphiker, Filmemacher; Malplaquetstr. 9, D-13347 Berlin, Tel. (0 30) 45 80 26 10, *j@jakob-kirchheim.de*, *www.jakob-kirchheim.de* (* München 19. 10. 62) – **VG:** München, Behringer – **S:** 81–87 HdK Berlin (Malereikl. Prof.

Martin Engelman, seit 86 Meisterschüler); 95–99 Inst. f. Kunst im Kontext d. HdK Berlin (Postgraduiertenstud. m. Abschlußzertifikat) – **P:** DAAD-Stip. f. Madrid (5 Mon.) 89 – **Ve:** Neue Ges. f. bild. Kunst 88 – **G/T:** Linoldruck, Linolfilm (exper. Animationstechnik, d. seit 87 in versch. Filmen weiterentwickelt wird), Ill., Malerei u. Collage unter Verwendung v. Linoldrucken= Linolbilder, Malerei, Zchng, Film-Install. – **W:** Bilder u. Graph. überw. in Privatbes., mehrere Linolfilme sowie weitere Trick- u. Dokf. – **M:** München, Niederreuther Stift.; München, Staatl. GrS – **Ö:** Gauting, Ernst Hörmann Pl. – **E:** u. a. 84 Brüssel, Theatre du banlieue (m. Kai Vöckler); 87 Berlin, Schaupl.; 88 Hannover, Ver. f. visuelle Kommunikation; 90 Berlin, Urban Art Gall.; 95 Gauting, Behringer; 95 (m. Peschken & Vöckler), 01 Fürstenfeldbruck, Kult.wkst. Haus 10; 97 Berlin, Schrade; 00 Berlin, Atelier Mauler; 02, 05 Aarau, Gal. Goldenes Kalb; 03 Hamburg, Kunststück Gal. (m. Andi Hahn); 04 Diessen, Taubenturm; 06 München, Behringer; Berlin, Praxis Hagen (m. Andi Hahn); 07 Landshut, Neue Gal. (m. Christoph Mauler); – weitere: 97 Ostufer Gal. Berg – **G:** u. a. 85, 92 Gauting, KV; 87 Berlin, HdK; 89 Berlin, Aktionsgal.; 97 Berlin, Brasilian. Kult.-inst.; 99 Madrid, Centro de Arte joven; 01 Prag, StG; 04 Aarau, Gal. Goldenes Kalb; Landshut, Neue Gal.; Berlin, Mikroweltenschau; 05 Mainz, Gutenberg-Mus. – **V:** Albert Ehrenstein: Gespensterklub, Erz. (Ill.) 93; Albert Ehrenstein: Gespensterklub, Graph.mappe (Ill.) 93; Schnittstelle Druckgraph., Neue Gal. Landshut, Graph.ed. (2 Graph.) 00; Forum Book Art Hamburg (red. Beitr. üb. Linolfilm), Jahrb. 05/06 – **R:** u. a. LINOLFILM (Regie u. Produktion): Linolfilm, Kurzfilm 87; Zurückbleiben, Kurzfilm 89; Alphabet, Kurzfilm 89; Kipp-Krise, Kurzfilm 90; Geld o. Leben, Kurzfilm 90; Linolbüro, Kurzfilm 90; What's up?, Kurzfilm 95; Cables, Kurzfilm 05; Im Schnee, Kurzfilm 06; – weitere: Madrileños, Kurzfilm (Regie u. Produktion) 88/90; Die Prinzessin d. zweiten Hand, Kurzfilm (Regie u. Produktion) 92; Kintopp in Afrika, Kurzfilm (Regie u. Produktion) 93; White Africa, animierter Dokf. (Regie u. Produktion) 99; Afrikafilme, DVD m. mehreren Kurzfilmen (Produktion) 05; B.A. polipoético – Buenos Aires polypoetisch, Dokf. (Regie u. Produktion) 05 – ***LitR:*** Alexander Kluge: Geld o. Leben u. a. Filme aus d. Linolbüro v. J.K., Linolfilm TV-Kompilation SAT.1 93; Kunst & Co, TV-Bericht Dt. Welle 97

Kirchhof, Peter K., Maler, Graphiker, Illustrator, Schriftsteller u. Redakteur; Hansaallee 165, D-40549 Düsseldorf, Tel. u. Fax (02 11) 59 13 06, *www.peter-k-kirchhof.de* (* Bremen 18. 1. 44) – **S:** 64–66 Staatl. KSch Bremen – **L:** 89–00 Sommerakad. Bremerhaven (Doz. f. Handzchng) – **P:** Stip. d. Stadt Düsseldorf f. d. Paul-Ernst-Wilke-Künstlerhaus Bremerhaven 89 – **Ve:** BBK NRW 76–79; BBK Bremen 79–86; VG Bild-Kunst 76 – **G/T:** figurative Malerei, Handzchng, Ill. (vorw. Stift- u. Pinselzchng) – **W:** Werke überw. in Privatbes. – **M:** Bremerhaven, Dt. Schiffahrts-Mus.; Hamburg, Wiss. Inst. f. Schiffahrts- u. Marinegesch.; Remscheid, Graphothek – **Ö:** Bremen, Senat f. Wiss. u. Kunst; Bremerhaven, Kult.amt; Gladbeck, Ingeborg-Drewitz-Gesamtschule; Hamburg, Kult.behörde; ebda, Oberpostdir.; Ludwigshafen, Ernst-Bloch-Archiv; Bonn, Dt. Agentur f. Raumfahrtangelegenheiten; Weeze, Uni-Geräte GmbH – **E:** zahlr. Einzelausst. seit 69, zuletzt u. a. 92 Bremerhaven, HM/Morgenstern-Mus.; 93 Kiel, Kunstfoyer Provinzial; Rostock, Schiffahrtsmus.; Düsseldorf, LM Volk u. Wirtschaft; Berlin, Gal. am Chamissopl.; 94 Bonn, Bremer Ldesvertretung; 95 Bonn, Kunstfoyer d. Dt. Agentur f. Raumfahrtangelegenheiten; 99 Sarajevo, Kunstgal. Bosniens u. d. Herzegowina; Worpswede, Bernack; 00 Braunschweig, Buch & Kunst; 01 Bremerhaven, Gal. im Schillerhaus; 02 Papenburg, Gal. Forum Alte Werft; 03 Leipzig – **G:** zahlr. Ausst.bet. seit 67, zuletzt 88 Vilnius (Brücke d. Freundschaft); 94 Bremerhaven, Gal. im Schillerhaus; 95 Düsseldorf, Große Kunstausst. NRW; 02 Remscheid, Graphothek; Hannover, Kubus – **V:** Ill. zu: Johann P. Tammen: Kopf hoch kalte Wut (Collagen) 79; Alfred Paffenholz: 1984 – Der große Bruder ist da (Farbstift u. Gouache) 83; Oswald Andrae: Holt doch de Duums für den Sittich (Pinsel- u. Bleistiftzchngn) 83; Helmut Debus: Mien plattdüütsch Singbook (Federzchngn u. Gouache) 89; Gustav Engelke: Das Schiff in der Flasche (Pinsel- u. Bleistiftzchngn) 94 – sowie zahlr. Texte z. Kunst, u. a. Bilder in Büchern. Buchkunst u. Illustration im Wandel d. Zeiten, in: die horen 136/84; Ich muß d. Eisen riechen... Über Lisa Loviscach, ebda 145/87; Die Natur ist natürlich. Über Hartmut Neumann, ebda 181/96; Gesichte. Über Hans Scheurecker, ebda 182/96 – ***Lit:*** Hans Platschek u. Heiko Postma: P. K. K. – Rost u. Wasser, Ausst.kat. 92

Kirchmayr, Anton Christian s. Christian, Anton

Kirchner, Andrea s. Moigk, Andrea

Kirkeby, Per, Prof., Maler, Bildhauer, Architekt, Autor; Lebt in Kopenhagen, Frankfurt am Main u. Arnasco/Ital. (* Kopenhagen 1. 10. 38) – **L:** ab 78 ABK Karlsruhe (Gastprof.); ab 88 Städelschule Frankfurt am Main (Prof.) – **P:** Stip. d. State Art Found. 65–68; DAAD Stip. 82; Thorvaldsen-Med. 87; Kunstpr. d. Norddt. Ldesbank Hannover 90; Coutts Contemp. Art Found. Award 96; Henrik-Steffens-Pr. d. Alfred-Toepfer-Stift. 96; Herbert Boeckl-Pr. 03 – **KGr:** Den Eksperimenterende Kunstskole (ab 62) – **G/T:** 1950er u. 1960er Jahre an Fluxus- u. Happeningszene beteiligt; Anfang d. 1970er Jahre Pop-Art, danach informelle Malerei d. 1950er Jahre; Ölgemälde (großformatig); Backsteinskulpt. (monumental, monolithisch); ab 1983 Bronzeskulpt.; seit 1995 zunehmend Beschäftigung m. Archit.; Kurzfilme – **W:** Entwurf mehrerer Gebäude f. d. Stift. Insel Hombroich – **M:** u. a. Århus, KM; Bregenz, Kunsthaus; Cambridge/MA, MIT Visual AC; Düsseldorf, KS NRW; Göteborg, KM; Herford, Mus. MARTa; Humlebæk, Louisiana Mus. of Mod. Art; Kassel, Neue Gal.; Kiel, KH; Klosterneuburg/NdÖst., Slg Essl; Kopenhagen, Arken; Kopenhagen, Statens Mus. for Kunst; Köln, Mus. Ludwig; London, Tate Coll.; Malmö, KH; München, Lenbachhaus; München, Pin. d. Mod.; Mönchengladbach, StM Abteiberg; New York, Metropolitan Mus. of Art; Paris, Centre Pompidou; Roskilde, Mus. for Samtidskunst; Rostock, KH; San Francisco, Fine Arts Mus.; Silkeborg, KM; Skive, KM; Stockholm, Mod. Mus.; Turin, MAC Castello di Rivoli; Wien, Bawag Found. – **E:** sehr zahlr. seit 65, u. a. 65, 85 Kopenhagen, Den Frie Udstillings bygning; 75 Kopenhagen, Statens Mus. for Kunst (Retr.); 77 Essen, Mus. Folkwang; 79 Bern, KH; 82 Eindhoven, Van Abbemus.; 87 (Retr.), 02 Köln, Mus. Ludwig; 90 Humlebæk, Louisiana Mus. of Mod. Art; 92 (Kat.), 97, 00 Hannover, Borkowski; 98 München, Lenbachhaus; Bregenz, Kunsthaus; 98, 00, 01, 05 New York, Werner; 99 Stockholm, Magasin 3 Stockholm KH; Berlin, Seitz & Partner; 00, 04 Berlin, Borch Jensen; 01 Zürich, Holm & Wirth; Berlin, Neuer Berliner KV; 03 Frankfurt am Main, Meyer-Ellinger; 03, 05 Köln, Werner; Paris, Vidal-Saint Phalle; 05 Kopenhagen, Gammel Strand; Venice/CA, L.A. Louver Gall.; München, Knust; 06 Kiel, KH; Odense, KH Brandts Klaedefabrik; Emden, KH – **G:** zuletzt u. a. 05 Emden, KH: Die obere Hälfte – Die Büste v. Rodin bis Funakoshi; Heilbronn, SM: Die obere Hälfte – Die Büste v. Rodin bis Funakoshi; Bukarest, Nat. MCA: Kunstraum Dtld; Vilnius, Contemp. AC: Populism; Kopenhagen, Statens Mus. for Kunst: Highlights; 06 München, Pfefferle: Druck.Künstler; New York, Werner: Black and White. Drawings for Summer; Appenzell, Mus. Liner: Die obere Hälfte – Die Büste v. Rodin bis Wang Du; Linz, Lentos: Schattenspiel – Eine Hommage an Hans Christian Andersen; Skive, KM: Dialog – Menneske vs. Natur – **V:** ESS.: Billedforklaringer 68; Flyrende Blade 74; Bravura 81; – weitere: Copyright, Gedichtbd 66; 2,15, Roman 67 – ***Lit:*** A.R. Penck: Krater u. Wolke 85 – (Red.)

Kirsch, Johannes, Bildhauer; Mambachstr. 15, D-36100 Petersberg/Fulda, Tel. (06 61) 6 42 79 (* Ehrenberg-Wüstensachsen 24. 5. 30) – **S:** Hschn.-schule Bischofsheim sowie Weiterbildung im künstler. Bereich in div. Ateliers u. Wkst.; 59 Meisterprüfung – **Ve:** KV Fulda e.V. – **G/T:** Arb. in Holz, Stein, Bronzeguß, Treibarb. – **Ö:** auf öff. Plätzen in Fulda u. im Kr. Fulda sowie in Kirchen u. auf Friedhöfen – **E:** Ausst. u. Ausst.bet in Fulda – **V:** div. Kat. – ***Lit:*** div. Veröff.

Kirsten, Jean, Maler, Graphiker; Struppener Str. 77, D-01067 Dresden, Fax (03 51) 2 03 06 17, *j-kirsten@gmx.de* (* Dresden/Sa. 29. 11. 66) – **S:** 90–97 HBK Dresden (Malerei u. Graph. b. Prof. Horlbeck, Meisterschüler b. Prof. Hornig) – **L:** 98–04 HBK Dresden (künstler. Ass.) – **P:** Förd.pr. f. Bild. Kunst d. Bundesmin. f. Bildung u. Forsch. 94 – **Ve:** SKB 97 – **G/T:** Malerei (Abstr.), Siebdruck, Relief, Objekt, Skulpt., Install. – **M:** Columbus, Ohio Arts Council; Dresden, Kpst.-Kab.; Dresden, Kult.amt; Dresden, Slg d. Stadtspk.; Dresden, Slgn d. TU; Dresden, Technische Slgn; Leipzig, Dt. Buch- u. Schrift-Mus. d. Dt. Nat.bibl. – **Ö:** Dresden, Ministerialgebäude; ebda, Haus d. Buches – **E:** u. a. 95 Dresden, Gal. d. HBK; 96 Dresden, Wöhrl-Gal.; Dresden, Gal. p.p.; 97 Dresden, Blaue Fabrik; 98 Dresden, Verwaltungsgericht; Sydney, Open House Gall.; 99 Dresden, Kulturrathaus; 00 San José, Colegio Humboldt; 01 Dresden, Kunsthaus Raskolnikoff; 02 Dresden, Inst. f. Arb. u. Gesundheit; Cleveland, Zygote Press; 03 New York, German House Gall. – **G:** u. a. 96 Chemnitz, Industr.mus.; 97 Thessaloniki, Goethe-Inst.; München, Haus d. Kunst; 98 Coolloola, Orange, Sydney, Wollomgong (Wanderausst.); 99 Ahrenshoop, Künstlerhaus Lukas; 01 Galmarden, Provinciaal Trefcentrum Baljuwhuis; 03 Dresden, Schloß – **V:** Carl Orff: De temporum fine comoedia (Siebdruck) 01 – ***Lit:*** ausschl. Ztgsbeitr. – (Red.)

KIS s. Schaufelberger, Karl-Jakob

Kissel, Hans-Michael, Selbständiger Kinetiker; Brauergasse 6, D-68526 Ladenburg, Tel. (0 62 03) 1 55 48, Fax 10 71 85, *www.kisselkinetik.de* (* Worms 42) – **S:** Ausbild. in Metallgest., Silberschmieden u. Holzverarbeitung im Bereich d. Innenarchitektur; Zeichenakad. Hanau; Studien in skandinav. Ateliers; HS f. Gest. Schwäbisch Gmünd (Design u. Bildhauerei); seit 70 selbständig – **G/T:** Kinet. Objekte u. Skulpturen – **M:** Mainz, LM; Worms, Mus. – **Ö:** u. a. Berlin; Darmstadt, Schwimmbad; Essen, Grugapark, Frankfurt am Main; Hanau, Zeichenakad.; Kaiserslautern, Univ.gelände; Köln u. Münster, Nordwestlotto; Leipzig, Ritterstr./Passage; Mannheim, Bundesgartenschau; München, Olympiapark; Sydney (Projektierung e. kinet. Brücke); Trier, Univ.; Ulm, Univ.; Willebadessen, Europ. Skulpt.park; – Entwickl. neuartiger (Ehrenpreise) Auszeichn. für: Jahresgabe d. DSB Frankfurt/M.; Postministerium Bonn; Min.präs. v. Rheinland-Pfalz; Hess. Min.präs.; Innenministerium Mainz – **E:** u. a. 00–01 Darmstadt, KH/Skulpt.garten (m. Hagen Hilderhof u. Matthias Will); 05 Walldorf, Stadthalle (m. Anjali Göbel) – (Red.)

Kisselitchka, Adriana s. Galabova, Adriana

Kissing, Erich; Frettchenweg 13, D-04249 Leipzig, Tel. u. Fax (03 41) 4 25 19 21, *webmaster@erich-kissing.de*, *www.erich-kissing.de* (* Leipzig 27. 9. 43) – **VG:** Leipzig, Gal. E. K.; Cambridge/MA, Gall. E. K. – **S:** 65–70 HGB Leipzig (angewandte Graph. b. Werner Tübke, Hans Mayer-Foreyt, Wolfgang Mattheuer u. Gerhard Brose) – **Ve:** BBKL 90; VG Bild-Kunst 93 – **G/T:** Malerei (in lasierter Mischtechnik, Aqu.); Graph. (Zeichn., Rad. u. Lith.); Gegenstände: Portr., Landschaft u. skurrile Phantasiemotive – **M:** Altenburg, Lindenau-Mus. (Fotogr.); Leipzig, MBK (Graph.) – **E:** 73, 93 Leipzig, MBK; 90 Altenburg, Lindenau-Mus.; 92 Schkeuditz, Airport-Gal. – **G:** zahlr. Ausst.bet. seit 72, zuletzt 97 Nürnberg, Germanisches NM; Leipzig, MBK – ***Lit:*** u. a.: E.K. – Fotografien u. Zeichnungen, Kat. (Einleit. Margit Mahn u. Cimpu lui Neag) 90; Bildende Künstler in Leipzig 06; – von Günter Meißner: E.K. – Vom Fliegen, Kal. 91, 92; E.K. 51°20'N 12°23'E oder: Das Wunderbare in der Wirklichkeit, Kal. 93; E.K., Ausst.kat. 93; Ich kann mit dem Pinsel genauer arbeiten als mit der Fotografie..., E.K. – Ein malender Fantast, in: fama, Offizielles Organ d. Neuen Sä. KV 5/93, u. in: Brandenburgische Bll. f. Kunst u. Literatur 6, H.1 01 (S. 64–99)

Kissmer, Willi, Graphiker; Rheinanlagen 12, D-47198 Duisburg (* Duisburg 51) – **VG:** Borken, Kranenburg; Eckernförde, Kunsthaus Eckernförde; Wetzlar, Gal. am Dom – **S:** 71 Folkwangschule Essen (freie Graph. b. Prof. Hermann Schardt) – **E:** /G: zahlr. Ausst. u. Ausst.bet., u. a. 90 Marietta/Ga., Marietta/Cobb Mus.of Art; 91 Köln, Inter Art Gal.; 92 Essen, Aviva; 93 Las Vegas, Nevada Inst. for Contemporary Art; San Luis Obispo, Johnson Art; 94 Kevelaer, Gal. Articles; 95 Düsseldorf, Kunsthaus Ratingen; 96 Long Beach, Deson Gall.; 97 Bristol, Parkview Fine Paintings – (Red.)

Kistner, Karl L., Maler, Graphiker u. Designer; Zedernstr. 14, D-67065 Ludwigshafen, Tel. (06 21) 57 31 42, *kabri.kistner@t-online.de*, *home.t-online.de/home/vosi.drotleff/khome.htm* (* Medard/Glan 10. 9. 26) – **S:** 47–49 Freie Akad. Mannheim; 49–53 Staatl. ABK Karlsruhe – **Ve:** AG Pfälzer Künstler; BBK; KV Ludwigshafen am Rhein – **G/T:** Hschn. u. Linolschnitt (biblische Themen), Federzeichn., Spritztechnik (geometrische Abstr.), Ill. eigener lit. Veröff. (Satire) – **E:** zahlr. Ausst. seit 53/54, zuletzt 03 Bobenheim-Roxheim – **V:** 30 bibliophile Buched. in graph. Zyklen (Satire); Bilderb., u. a.: Seefee Tele, Ein Apfel hatte einen Traum, Fridolin der violette Frosch, Die Computer-Super – Mini – Maxi Wundermaus, Der Ameisen-Fernsehr, Ein Gartenzwerg auf Reisen, Im Haus der sieben Zwerge; – sowie: Totentanz (8teilig), Der tägliche Verrat an Christus (2teilig), Wo ist Gott? (9teilig), Friedenstuch (9teilig), Die Bibel in 61 Linolschnitten – **R:** humorig-satirische Sdg. 52–83, u. a.: Goldene Worte 88 – ***Lit:*** Kunst in Rheinland-Pfalz 1948–1998, Kat. – (Red.)

Kittel-Haböck, Susanne (Ps.: Suzy Smile, geb. Susanne Haböck), Dipl.-Dolmetscherin, freischaffende Künstlerin, Illustratorin, Redakteurin; Schloßgasse 9, A-3422 Hadersfeld/Greifenstein, Tel. Mobil: 06 7 66 90 47 95, Fax (0 22 42) 52 44, *suzy_smile@hotmail.com* (* Wien 16. 9. 41) – **S:** 69–74 HS f. Angew. Kunst Wien (freie Tapisserie b. R. Heber-Koczy); 78–79 HS f. Angew. Kunst Wien (Meisterkl. freie Tapisserie); 74–76 Nijmegen/Niederl. (Workshops u. Kurse Monumentaal Design, Textiele Werkvormen); 72–74 Abendakad. Genf – **P:** Fiber Art + Design Lodz (Bronzemed.) 81 – **Ve:** Gemeenschap Beeldende Kunstenaars

81; Künstlerhaus Wien 81 – **KGr:** De DAAD Arnheim (98–02) – **G/T:** Textile Art; Arb. auf Papier (eigene Technik); Fotogr. (textile u. taktile Fotogr.); Text; Cartoon (Suzy Smile) – **E:** u. a. 82, 83 Tilburg, Nederlands Textielmus.; 84 Genf, Faust; 85 Ulft, Gal. bij de Boeken; 90 Amsterdam, Gal. Eind April; 91 Genf, Cern; 96 Nijkerk, Gemeentegal.; 98 Wuhan, City of Wuhan-Univ.; 00 Nijmegen, St. Jacobskapel; 02, 03, 04 Groesbeek, Nat. Bevrijdingsmus. 03 Amersfoort, Bergkerk – **G:** u. a. 78 Wien, Stubengal.; 80 Wien, Künstlerhaus; 81 Frankfurt am Main, Gottschalk; 83 Nijmegen, Mus. Commanderie; 84 Lindenberg, Cultureel Centrum; 86 Berlin, Ausst.zentrum am Fernsehturm; 93 Wien, Palais Palffy; 98 Arnhem, Textilgal. Jovers; 03 St. Gallen, Textilmus. – **V:** zahlr. Veröff., u. a. Schmunzelgeschichten, Gedichte u. Art. über Kunst u. Künstler sowie Autobiogr. in drei Teilen 01 – ***Lit:*** Zauber der Sonnenblume (Gedichte) 98 – ***LitR:*** Fs.-Beitr. im polnischen Fs. anläßlich d. Bronzemed. Fiber Art + Design Lodz 81; Fs.beitr. im holl. Fs. üb. Ausst. im Textilmus. Tilburg 82 – (Red.)

Kitzbihler, Jochen, freier Künstler, Bildhauer; Richard-Wagner-Str. 25, D-79104 Freiburg im Breisgau, *info@kitzbihler.de*, *www.kitzbihler.de* (* Ludwigshafen 2. 4. 66) – **S:** 89–95 Staatl. ABK Karlsruhe (b. Prof. H. Akiyama); 95 ebda (Meisterschüler b. Prof. H. Akiyama) – **P:** Stip. d. ev. Studienwerks 90–95; Stip. d. Ldes Rh.-Pf. (Dijon) 94; Pfalzpr. 95; Kunstpr. d. Dr. Feldbausch-Stift., Stadt Landau 96; Arb.stip. d. Heny-Roos Dr. Werner-Ludwig-Fonds 98; Aufenthaltsstip. Künstlerhaus Lukas, Ahrenshoop 00 – **W:** Landau, KS d. Stadt – **M:** Kaiserslautern, Pfalz-Gal.; Mannheim, StKH – **Ö:** Lauterbourg (Berger Tisch); Buggingen, RHpl. (Wasser-Fluß-Skulpt.); Elsaß/Frkr. (trasse forestière); Herxheim (Granitskulpt. 157m ü. N.N.); Incheon/Korea, Oseok; Kehl (Granitskulpt. transversal); Landau, Festhalle (Skulpt. tremolo 79 Hz); Mannheim (Gedenkskulpt. f. d. jüd. Opfer d. Nat.sozialismus) – **E:** u. a. 91 Worms, Bergkirche St. Peter; 96 Landau, StG Villa Streccius (m. Dany Pal); 97 Kaiserslautern, Pfalz-Gal. (Kat.); 00 Bühl, Friedrichsbau: Bau – Körper – Bau (m. Peter Riek); 01 Landau, Südpf. Saab Zentrum; 02 Neustadt an d. Weinstr., Nagel Raum f. Kunst; 06 Mannheim, KV; Barcelon, Villalba – **G:** zahlr. Bet., u. a. 92 Leipzig, Kunstfestival Übergriff; 94 Breslau, Hatzfeld'sches Pal.: Diffusion; Mainz, Schloß Waldthausen: Raumsetzung; 95 Kaiserslautern, Pfalz-Gal. (Kat.); 00 Hiroshima, City MCA: Differences; Spijkenisse/Niederl., Natura Mentale; Speyer, St. Guido-Kirche: Rückführung (m. J.S. Sistermanns, R. Knodt, D. Zurnieden); 02 Heidelberg, KV: Der Berg; 05 Freiburg, Kunsthaus L6: posx – sowie: Teilnahme an mehreren Symposien – **V:** Monolithische Systeme 06 – ***Lit:*** J.B. – Schnittstellen 97; H.-J. Hirsch: Ich habe Dich bei Deinem Namen gerufen. Die Gedenkskulpt. f. d. jüd. Opfer d. Nat.sozialismus, in: Schriften d. Stadtarch. Mannheim 04

Kitzinger, Thomas, Maler; Heinrich-Mann-Str. 4, D-79100 Freiburg, Tel. 07 61/4 01 96 74 (* Neunkirchen/Saar 24. 10. 55) – **VG:** Freiburg im Breisgau, Baumgarten – **P:** Stip. d. Kunststift. BW 87; Arb.stip. d. Kunstfonds Bonn 97; Kunstpr. d. Spk. Karlsruhe 98; Cité Intern. d. Arts Paris 00; Gastatelier d. Kunststift. BW 04 – **Ve:** Dt. Künstlerbund; BBK Baden; VG Bild; Neue Münchener Künstlergenossenschaft – **KGr:** Künstlerbund BW – **G/T:** Malerei – **W:** u. a. in Bes. d. Stadt Freiburg, d. Spk. Karlsruhe, d. Min. RP, d. Min. f. Wiss. u. Kunst Stuttgart, d. Ldratsamtes Breisgau-Hochschwarzwald sowie d. Elektrizitätswerks Mittelbaden AG – **M:** Frankfurt am Main, Dt. Bank KS; Freiburg im Breisgau, Mus. f. Neue Kunst; Freiburg im Breisgau, Reg.präsidium – **E:** u. a. 95 Frankfurt am Main, Gering; 96, 01, 04 Freiburg im Breisgau, Baumgarten; 98 Marburg, KV; 99 Neunkirchen, StG; Freiburg im Breisgau, KV; 01 Esslingen, Villa Merkel; Pforzheim, KV; 02 Stuttgart, Inst. Français; 04 Heidelberg, KV; 05 Singen, Städt. KM; Köln, Müller – **G:** u. a. 02 Freiburg im Breisgau, Mus. für Neue Kunst; Karlsruhe, StG; 03 Freiburg im Breisgau, E-Werk; Freiburg im Breisgau, StG Schwarzes Kloster; Stuttgart, Württembergischer KV; 04 Köln, Müller; Freiburg im Breisgau, Baumgarten; München, Haus d. Kunst – ***Lit:*** Stephan Berg, Hans Joachim Müller: T. K. – Malerei 95; Stephan Berg, Nicole Nix: T. K. 99; Hans B. Gercke, Volker Bauermeister u. Christoph Bauer: T. K. 04 – (Red.)

Kitzler, Gerhard, Dr. med.; Wurmsergasse 49–51/2/39, A-1150 Wien, Tel. u. Fax (01) 3 30 31 61, *gerhard.kitzler@chello.at*, *www.aerztekunstverein.at* (* Wien 12. 11. 56) – **VG:** Wien, Meipa – **S:** 75 Maturakl. Prof. Richter; enge Zus.arb. akad. Maler (Kurt Kramer) – **Ve:** Öst. Ärztekunstver. seit 01 (Vizeobmann) – **KGe:** Kurt Kramer u. G. K. (seit 00) – **G/T:** Malerei (Öl, Aqu. u. auf Seide) – **W:** überw. in Privatbes. – **Ö:** Wien, Ordination Dr. Kitzler, Engelhartstr. 51; Wien, Milleniums Event Center – **E:** zahlr. Ausst., zuletzt u. a. 04 Wien, Milleniums Event Center; Wien, Floridotower – **G:** 02 Salzburg, Kongreßhaus; 02, 03 Wien, Allg. Krankenhaus; 03 Graz, Kongreß; Graz, Stadthalle – **V:** Die Nächste, bitte! (Anekdoten, Sprüche, Gedichte, Ill.) 02 – ***Lit:*** Kat. d. Öst. Ärztekunstver. 03 – (Red.)

Klärner, Angela, Keramikerin; Magdalenenstr. 11, D-98544 Zella-Mehlis, Tel. Mobil: 01 70 99 57 13, Fax (0 36 82) 48 62 45, *a.klaerner@t-online.de* (* Zella-Mehlis/Thür. 28. 3. 57) – **S:** FHS f. angew. Kunst Heiligendamm (FB Keramik) – **P:** Reisestip. d. Ldes Thür. (mehrere) – **Ve:** VBK DDR 82–89; VBK Thür. 90; Kunst- u. Kult.ver. Zella-Mehlis 92 – **KGr:** Ortswechsel (seit 93) – **G/T:** Install., Keramik – **K:** Keramik – **M:** Frechen, Keramion; Gera, MAK; Römhild, Mus. Schloß Glücksburg (Intern. Keramik-Slg.) – **E:** 91 Leipzig, Gal. im Hörsalbau; – weitere: Zwickau, Cottbus, Schmalkalden, Suhl, Magdeburg, Arnstadt, Potsdam, Berlin, Meiningen, Bayreuth – **G:** 86 Schmalkalden, Wilhelmsburg (m. Prof. Bonitz); 86, 89 Magdeburg, KM Kloster Unser Lieben Frauen (Keramikausst. d. DDR); 89 Koblenz, Salzbrandwettbewerb; 91 Höhr-Grenzhausen, Keramik-Mus. Westerwald; Kortemark/Belgien (Keramik aus d. neuen Ldern); Altjaffo/Tel Aviv (Dt.-Israelische Keramik); Dortmund, Brauereimus. (m. Ulrike Beseler u. Prof. Bonitz); Erfurt, Anger-Mus.; Otterndorf (Keramik aus Thüringen); 00 Foshan/China, Freifeuersymposium; 01 Projekt 'Zwiegespräche' in d. thür. Dorfkirchen Langenhain, Gebesee u. Schöglaina (m. Jimmy Clark u. Frank Rothämel); 02 Erfurt, Ldeskunstausst.; Scoul/Schweiz, NAIRS ART (m. d. Gr. 'Ortswechsel'); 03 Suhl, CCS Gal. im Atrium; Schmalkalden, Wilhelmsburg; Halle/Saale, Künstlerhaus 188 (Symposium); – Teiln. an Kongressen d. Nat. Council on Education for the Ceramic Arts in d. USA seit 93; 94–97 jl. Teiln. an d. Kunstprojekten d. Mythengr. Zella-Mehlis – (Red.)

Klag, Bert E.A.; Werftstr. 9, D-76189 Karlsruhe, Tel. (07 21) 2 37 94 (* Pforzheim 7. 6. 35) – **S:** 55–56 Kunst- u. Werkschule Pforzheim; 56–57 ABK Stuttgart; 57–58 Werkakad. Kassel; 59–60 Kunst- u. Werkschule Pforzheim (Meisterschüler v. Prof. Curt Rothe, m. eigenem Atelier) – **Ve:** Bund Dt. Gebrauchsgraphiker 61-Austritt unbekannt; ICTA New York 67; BBK 88–93; AdKV Arb.gemeinschaft dt. Kunstvereine (über Kunst- u. Kunstgewerbever. Pforzheim u. über Badischen KV

Karlsruhe) – **G/T:** Performances; Filzbrennungen m. 1700° C; Kanaldeckelfrottagen – **K:** Halbjahreskurse 'Bildkunst Jetzt' (Produzentengal.) – **W:** ANKÄUFE durch: Reg.präsidien Karlsruhe (3x) u. Stuttgart, Ev. Ldeskirche Baden, Württ. HAWAG Versicherungsgruppe, Siemens AG München, Werben&Verkaufen München, Fluglinie VARIG Frankfurt/Main, Präs. d. Handelskammer Pforzheim, IHK Karlsruhe, Landratsamt Enzkreis, P&O Karlsruhe, Werner Siemens Stift. München, Friedrich Naumann Stift. Bad Godesberg, Kunst- u. Kunstgewerbever. Pforzheim, Städt. Gal. im Prinz-Max-Palais Karlsruhe; weiterhin Ankäufe durch die Städte Karlsruhe, München, Pforzheim, Überlingen, Villingen sowie private Ankäufe in Europa, Nord- u. Südamerika; – PERFORMANCES: 73 'Erd/Zeit-Aktion' in fünf saarländ. Städten; 88 Land-Art-Aktion 'Plittersdorf' Kunst bis an die Grenzen; 94 'Der schöne Krieg' Gal. Brötzinger Art; 97 Perform. im Hafen 'Oeuf et Jaune d'Oeuf' für Cicero aus Strasbourg (Regie: E.A. Klag); 98 Perform. u. Mixed media 'Tango Porteño'; 99 Perform./Install. LAURA HIMMELREICH; 02 'Globalisierung I' Kultur im Hafen; 03 'Globalisierung II' Kultur im Hafen – **M:** Karlsruhe, ZKM – **Ö:** Pforzheim, RH (12 große Gemälde in den Räumen d. OB 1993–94) – **E:** 76 Marbach, Atelierausst.; 77, 87 Überlingen, StG Fauler Pelz; München, KNOLL–International; München, Gal. Thema-Verlag; 78 Pforzheim, JOBA18; München, Palais Ludwig-Ferdinand; Marbach, Herbstausst.; 79 Bonn, Auswärtiges Amt; 80 München, Siemens-Hauptverwaltung; 81 München, Soxhlet; 83 Karlsruhe, Bdesverfassungsgericht; Freudenstein, beim SCHASSBERGER; 84 Karlsruhe, Gal. 39; 85 München, Siemens-Forschung; Bonn/Königswinter, Friedrich Naumann Stift.; Pforzheim, Gallier; 88 Plittersdorf, land art aktion; 93–94 Pforzheim, RH; 94 Hohenwart, Ev. Begegnungsstätte; 94, 99 Pforzheim, Brötzinger Art; 95 Bruchsal, RH; 96 Paris, Gal. Pascal Odille; 97 Dtld im Centre Culturel Francais, auf der MS Karlsruhe u. in d. Gal. 37, Karlsruhe: 'RECONTRE' (m. Gaby Kubler u. Germain Roesz, beide Frankr.); 97 Karlsruhe, Atelierausst. Werftstr.; 98, 99, 00 Karlsruhe, Produzentengal.; 02, 03 Karlsruhe, Rheinhafen; 05 Karlsruhe, art Karlsruhe – **G:** zahlr. Ausst.bet. seit 76, zuletzt u. a. 94 Halle/Saale, Gal. Marktschlößchen; Karlsruhe, Künstlerhaus BBK (Kat.); Kassel, Alte Brüderkirche; Berlin, Haus d. Kirche; 95 Frankfurt am Main, Gal. Bradford Exchange – **V:** Aktion 265 × 3 × 5,2 Mrd. 'welt wasser mangel' (Idee, Text u. Gegenstände), Gal. CEK Karlsruhe 92/93; Archetypus Zwerg Pina 4, Mappe m. 20 Fotos u. Text 99; Karlsruher Rheinhafen, Fotobd 00 – ***Lit:*** Mappe zu DER SCHÖNE KRIEG, Text: Peter Stepan 94; Badischer Kunstver. Karlsruhe KNIEREISE, Kat., Text: Andreas Vowinckel 94; art, Kunstmag. Hamburg, Okt. 94; Gesamtobjekt PARZIVAL (Bilder, Plastik, Perform., Spruchbänder), Kat. u. Tonkass. (Sprecher: E.A. Klag) 96; Akad. Mitt. Nr.10 (AM 10) d. ABK Stuttgart, Text: Klaus Teichmann 97, u. a. – ***LitR:*** Hörfunkveröff. beginnend m. 'Kulturbericht aus Baden u. d. Pfalz' am 18.6.67, seither weiterhin im SDR Stuttg., im SWF Baden-Baden, im Landessender Freiburg u. im Pfalzradio; RECONTRE, Radio/Television France 97; Kultur im Hafen, Fs. BW-aktuell, Send. v. 2.6.03; Filmbericht über 'Globalisierung II' auf der gesamten Südschiene; 'Globalisierung II', 35-min-Film Dreutler Filmprod. 03; – s. auch www.swo.de/BertKlag

Klag, Gunter, bild. Künstler; Hauptstr. 129, D-76756 Bellheim, Tel. u. Fax (0 72 72) 7 61 58, *HeuKla@aol.com*, *www.bureau-Heuchel-Klag.de* (* Ludwigshafen am Rhein 27. 1. 65) – **S:** Autodidakt – **L:** seit 92 KSch Villa Wieser Herxheim b. Landau (Doz. f. Rad., Lith., elementares Gest.) – **Ve:** BBK Rh.-Pf. 98 – **KGe:** K/H: G. K. u. Christian Heuchel (seit 91); bureau Heuchel Klag: G. K. u. Christian Heuchel (seit 91) – **G/T:** Druckgraph. (Hochdruck, Rad., Litho); Objektkunst; Buchkunst; ex-libris; Install. – **K:** Rad., Lith. – **W:** überw. in Privatbes., temporäre Arb. im öff. Raum, Ld RP – **Ö:** Ldkr. Südliche Weinstraße, Grenzübergang Lauterburg – **G:** zahlr. Ausst.bet. seit 91, zuletzt 00 Mainz, BBK Gal.; 01 Baden-Baden, KH; 02 Ettlingen, SM – **V:** Topographie, Mappe (Farbrad.) 94; Grenze 1999, Mappe (Farbrad.); BUCHKUNST: Habitation II (Orig.-zeichn.) 01; Nachtstücke (Hochdrucke, Text im Bleisatz) 02; DER RHEIN von der Quelle zur Mündung (Hoch- u. Tiefdruck, Text im Bleisatz) 03 – **R:** minutes only, Digital-Film 99 – (Red.)

Klang, Joachim, Graphiker, Zeichner, Illustrator; Im Felde 3a, D-30974 Wennigsen, Tel. (0 51 09) 6 31 16, *joachim.klang@merlin-graphik.de*, *www.merlin-graphik.de* (* Karlsruhe 13. 4. 50) – **S:** 68–74 FHS f. Gest. Kiel (FB freie u. angew. Graph.) – **Ve:** VG Bild-Kunst – **E:** 00 Holtensen, Kirche; Redenbeck, Gal. Hof Warnecke; 01 Wennigsen, Spritzenhaus; 02 Bissendorf Wedemark, Schmolling – (Red.)

Klapheck, Konrad, Prof.; c/o Gal. Lelong, Utoquai 31, Ch-8008 Zürich, Tel. 0 41 12 51 11 20, Fax 0 41 12 62 06 24 (* Düsseldorf 10. 2. 35) – **VG:** Zürich, Lelong – **S:** 54–58 KA Düsseldorf (b. Prof. Bruno Goller) – **L:** 79–02 KA Düsseldorf (Prof. f. Malerei) – **G/T:** Malerei (Öl, Acryl); Zeichn.; Graph. (Rad., Lith.) – **M:** Düsseldorf, Mus. Kunst Pal.; Hamburg, KH; Jerusalem, Israel Mus.; Köln, Mus. Ludwig; Rom, Gall. Nazionale d'Arte Mod.; Wuppertal, Von der Heydt-Mus. – **E:** 59 Düsseldorf, Schmela; 60 Mailand, Schwarz; 63 Köln, Zwirner; 64 London, Fraser; 64, 68, 72 Kassel, documenta; 65 Paris, Sonnabend; 69 New York, Janis; 74 Rotterdam, Mus. Boymans Van Beuningen; 76 Basel, Beyeler; 80 Paris, Maegit; 95 Paris, Lelong; 02 Düsseldorf, Mus. Kunst Pal.; 03 Bonn, LM – ***Lit:*** Jose Pierre: K. K. 70; Werner Hofmann (Hrsg.): K. K.: Retrospektive 85; Arturo Schwarz: K. K. 02; Christoph Danelzik: Portraitzeichnungen 02 – ***LitR:*** Eila Hershon, Roberto Guerra u. Wibke von Bonim: K. K., ARD 80; dies.: Der Krieg, in: 100 Meisterwerke 85 – (Red.)

Klapproth, Uwe, Dipl.-Ing., Maler, Graphiker; Am Hommelshof 53, D-41352 Korschenbroich, Tel. u. Fax: (0 21 61) 64 22 28, *atelier@art-uweklapproth.de*, *www.art-uweklapproth.de* (* Wismar 24. 1. 37) – **S:** 56–68 private künstler. Ausb. in Gelsenkirchen (b. Kurt Janitzki, Hans Rahn u. Hans-Wolfgang Lingemann) – **P:** Grand Pr. Fédération Nat. d. BA 84; Künstleraustausch Düsseldorf-Ein Hod/Israel 89; BVK 97; Ernennung z. Prof. u. Berufung als korrespondierendes Mtgl. d. Accad. Intern. Greci-Marino 97; Ernennung z. Acad. Official Knight d. Accad. Intern. Greci-Marino 97 – **Ve:** Bund Gelsenkirchener Künstler 56–68; Art et couleurs 84–06, Fédération Nat. d. BA 84–06; BBK Düsseldorf 89–03 – **KGr:** Die Spröden – **G/T:** Malerei (Acryl, Aqu., abstr.); Collagen; Graph. (Handgraph., Rad., Kohle, Kreide, Bleistift) – **K:** Lsch.malerei; gegenständl. Zeichnen – **W:** überw. in Privatbes. – **M:** Düsseldorf, SM; Düsseldorf, Westdt. Genossenschaftszentralbank; Korschenbroich, Stadtspk.; Mönchengladbach, Stadtspk.; St. Chamond, Crédit Lyonnais; Tata, Kuny D. Múz.; Wismar, Stadtgesch. Mus. Schabbellhaus – **Ö:** SEDA-Moden (Ausstattung d. Foyers) – **E:** 80, 85 Dormagen, StG; 81 Düsseldorf, Schloß Benrath Orangerie; 82, 97, 07 Grevenbroich, StG; 88, 92 Düsseldorf, Weiterbild.zentrum; 91 Zons, Kr.mus. (Kat.); Fürstenwalde, Kult.ver.; Brilon, StG; 93 Gelsenkirchen,

StG; 96 Düsseldorf, SM; Düsseldorf, Blau; 97, 01 Wismar, StG; 06 Düsseldorf, Kunstpunkte; – sowie: 86–05 Atelierausst. – **G:** zahlr., u. a. 67, 71 Gelsenkirchen, KM; 71, 90 Düsseldorf, Kunstpal.: Große Kunstausst. NRW; 85 Chinon, Intern. Salon; 87 Paris, Intern. Salon; – zuletzt: 00, 02, 04 Körschenbroich, Kunstfrühling – ***Lit:*** Düsseldorf Creativ, Schwann GmbH 80; in: Neues Rheinld, Jg. 34, Nr. 3; in: Kunst Kurier BBK NRW, 37. Jg., Nr. 2/3; Arbeiten v. 1986–1997, Kat. 97 – ***LitR:*** Beitr. im Sender Freies Berlin (SFB) 23.5.91

Klare, Peter, Maler, Bildhauer, Fotograf; Kopenhagener Str. 26, D-10437 Berlin, Tel. (0 30) 44 03 31 90. Atelier: Heidebrinker Str. 21, D-13357 Berlin (* Jena 69) – **VG:** München, Herzer; London, Union Gall. – **S:** 96–98 Univ. of California Los Angeles; 91 Montevideo Uruguay (Stud. b. Hugo Longa); 92–96 ABK München (Meisterschüler) – **P:** u. a. Arteleku Departamento de Cultura y Euskera Gipuzkoa (Arb.stip.) 98; Kat.stip. d. ABK München 99; Atelierstip. d. Lichtburgforums Berlin-Wedding 02–04 – **E:** zahlr. Ausst., u. a. 98 New York, Eller; 00 München, Herzer; 01 Santa Cruz de Tenerife, Leyendecker; 02 Los Angeles, Black-Dragon-Society; 03 München, Herzer – **G:** zahlr. Ausst.bet. u. a. 98 Los Angeles, Uber-Main Gall.; 00 New York, Troy; 01 London, VTO Gall.; 02 Heidelberg, Kunstverein; 03 Paris, Loevenbruck; 04 München, Herzer – (Red.)

Klarmann, Johannes Norbert, Holzbildhauermeister; Hornauer Str. 123, D-65779 Kelkheim-Hornau, Tel. (0 61 95) 6 31 23, Mobil: 01 6095 14 00 22, Fax 6 46 96 (* Wollmerschied/Rheingau 16. 6. 36) – **S:** 50–54 Wiesbaden u. Frankfurt am Main (Lehre Holzbildhauerhandwerk); 55–57 Gesellenzeit in Frankfurt am Main b. Hugo Uhl; 57–60 Meisterschule u. Prüfung in Stuttgart b. Prof. Ernst Rülke – **P:** Bundessieger im Leistungswettb. 55 – **Ve:** Bundesinnenverb. d. Dt. Steinmetz- ,Stein- u. Holzbildhauerhandwerks; Holzbildhauer Hess. (Landesinnungsmeister) – **W:** in Amerika, Dtld., Griechenland, Holl., Öst., Schweiz an sakralen u. profanen Bauten f. öff. u. private Auftraggeber – **Ö:** u. a. Kelkheim, Friedhofshalle (Ambo in Afzelia, Kreuz in Afzelia) – (Red.)

Klasen, Peter, Maler; Chemin St Jeaume 585, F-06740 Chateauneuf (* Lübeck 31. 5. 35) – **VG:** Berlin, Poll; Wien, Hilger – **S:** ab 56 HBK Berlin (b. Hann Trier) – **P:** Förd.pr. Bild. Kunst d. Kult.kr. d. dt. Wirtschaft im BDI 53; Franz Roh-Pr. München 67 – **M:** u. a. Aachen, Ludwig Forum; Berlin, Kpst.-Kab.; Brüssel, Pal. des Beaux-Arts; Carcassonne, Mus. des Beaux-Arts; Duisburg, Wilhelm-Lehmbruck-Mus.; Dunkerque, Mus. d'Art Contemp.; Kiel, KH; Leverkusen, StM Schloß Morsbroich; London, Victoria & Albert Mus.; Luxemburg, Mus. Nat. d'Hist. et d'Art; Marseille, Mus. Cantini; Nantes, Mus. des Beaux-Arts; New York, MOMA; Nürnberg, KH; Paris, Bibliothèque Nat.; Paris, Centre Pompidou; Paris, MAM de la Ville Paris; Recklinghausen, StKH; Rotterdam, Mus. Boymans Van Beuningen; Schleswig, LM f. Kunst u. Kult.-Gesch. Schloß Gottorf; Straßburg, Mus. d'Art Mod. et Contemp.; Tokio, Hara MCA; Toulon, Mus. d'Art; Utrecht, Hedendaagse Kunst – **Ö:** Paris, Metro-Station Quai d'Orsay (Mauerfresko) – **E:** zahlr. Ausst. im In- u. Ausld seit 66, u. a. 71 Paris, MAM de la Ville Paris (Retr.); 72 Brüssel, Pal. des Beaux-Arts (Retr.); 74 Duisburg, Wilhelm-Lehmbruck-Mus.; 75 Brüssel, Damase; 89 Paris, Carré & Cie; Paris, Guillon-Lafaille; 01 Genf, Moser; 02, 03 Wien, Hilger; 03 Paris, Hilger; Frankfurt am Main, Raphael 12 – **G:** u. a. 67 Montreal, Weltausst.; 78, 97 Paris, Centre Pompidou; 79 Lyon, ELAC; 97 Lissabon, Centro Cultural de Belém – ***Lit:*** Reclams Künstlerlex. 02 – (Red.)

Klass, Natalie (geb. Natalie Opryschenko), Kunstmalerin; Im Rosengarten 1, D-58239 Schwerte, Tel. (0 23 04) 77 90 44, *artklass@web.de*, *www.art-klass.de* (* Tchimkent/Kasachstan 25. 4. 63) – **VG:** Schwerte, Pandrick – **S:** 74–78 KSch f. Kinder Tchimkent/Kasachstan; 78–82 KunstFS Kasteew Tchimkent/Kasachstan (Maskenbildnerin); 82–87 PH Tchimkent/Kasachstan (Kunst, Werken, Techn. Zeichnen) – **L:** 87–92 PH Tchimkent/Kasachstan (Doz. f. Malerei) – **G/T:** Portr.malerei (Öl, Aqu., Kohle, Pastell, Mischtechniken); Blumenbilder (alle Materialien); Motivbilder; Lsch.-, Fassaden- u. Wandmalerei; Abstr. Malerei; Aktmalerei – **K:** Klass. Malerei (Portr., Akt, Gegenstände, Lsch. u. Motivmalerei); Theorie u. prakt. Kurse f. abstr. Malerei; Nageldesign – **W:** überw. in Privatbes. – **Ö:** Schwerte, Repräsentationsraum Veto; ebda, Hörderstr., Schmalzkampstr.; Tchimkent/Kasachstan, PH – **E:** zahlr. seit 87, zuletzt 95 Dortmund, Bürgerhaus Aplerbeck; 00 Schwerte, Pandrick

Klauke, Jürgen, Prof. KHS f. Medien Köln, künstler. Fotografie u. Performance; Ludolf-Camphausen-Str. 24, D-50672 Köln, Fax (02 21) 52 64 10, *juergenklauke@t-online.de* (* Kliding b. Cochem 6. 9. 43) – **VG:** Bad Münstereifel, Klein; Düsseldorf, Bugdahn & Kaimer; Düsseldorf, Mayer; Köln, Holtmann; Köln, Krips; Wien, Insam – **S:** 64–70 FHS f. Kunst u. Design Köln (freie Graph.) – **L:** 70–75 FHS f. Kunst u. Design Köln (LBeauftr. f. freie Graph.); 80–81 HBK Hamburg (Gastprof.); 83–84 ABK München (Gastprof.); 86 Gesamt-HS Kassel (Gastprof.); 87–93; Univ.-GH Essen (Prof. f. Kunst u. Fotogr.); seit 93 KHS f. Medien Köln (Prof. f. Medienkunst) – **P:** Großer Kult.pr. d. rheinischen Spk.stift. – **G/T:** Zchng, Performance, Fotogr. u. Video sowie deren Verbindung miteinander; Konzeptuelles Einsetzen dieser Ausdrucksmittel in themat. bestimmten Werkkomplexen; Inszenierte Fotogr. u. Performance – **W:** in privaten Slgn u. a. in: Amsterdam, Belgien, Bielefeld/Berlin, Bonn, Dresden, Essen, Hamburg, Knokke, Köln, Los Angeles, Madrid, München, Paris, Stuttgart – **M:** Berlin, NG; Bern, KM; Bielefeld, KH; Bonn, KM; Bremen, KH; Dresden, GG NM; Düsseldorf, Mus. Kunst Pal.; Frankfurt am Main, DG Bank; Frankfurt am Main, Dt. Bank KS; Frankfurt am Main, MMK; Genf, Mus. d'art et d'histoire; Hamburg, KH; Karlsruhe, ZKM; Köln, Kolumba; Köln, Mus. Ludwig; Madrid, Fund. Telefónica; München, Lenbachhaus; Paris, Coll. NSM VIE/ABN AMRO; Paris, FNAC; Paris, Maison Europ. de la Photogr.; Saitama/Jap., MMA; Stuttgart, SG; West Palm Beach/FL, Norton Mus. of Art; Wien, Volpinum; Zürich, Kunsthaus – **E:** zahlr. Einzelausst. im In- u. Ausland seit 70, u. a. 81 Bonn, LM (Kat.); 82 Graz, LM Joanneum (Kat.); 86 Berlin, NG (Kat.); 87 Hamburg, KH (Kat.); Rotterdam, Mus. Boymans Van Beuningen; Köln, Mus. Ludwig (Kat.); 92 Baden-Baden, SKH; Düsseldorf, Mus. Kunst Pal. (Kat.); 97 Saitama/Jap., MMA; Shiga/Jap., MMA; Yamaguchi/Jap., The Yamaguchi Prefectural Mus. of Art (Kat.); 00 Salzburg, Rupertinum (Kat.); 01 Bonn, Kunst- und Ausst.halle d. BRD (Kat.); St. Petersburg, Russisches Mus. (Kat.); Paris, Maison Europ. de la Photogr. (Kat.); Lanzarote, Intern. Mus. f. zeitgenöss. Kunst MIAC (Kat.); 01, 03 Paris, Gal. Cent8; 02 Hamburg, KH (Kat.); 03 Madrid, Helga de Alvear; 04 Turin, Gall. Photo & Co.; München, Hermeyer; Düsseldorf, Mayer – **G:** u. a. 74 Luzern, KM: Transformer. Aspekte d. Travestie; Graz, LM Joanneum (Kat.); 77 Kassel, documenta 6 (Kat.); 79 Sydney, Bienn. (Kat.); 80 Venedig, Bienn. (Kat.); 81 Köln, Messehallen: Westkunst. Intern. Kunst nach 1939 (Kat.); 86 San Francisco, MMA: Behind the Eyes. Eight German Artists; 87 Kassel, documenta 8 (Kat.); 90 Barcelona, Centre d'Art Santa Monica: Allò bell, allò sinistre. Artistes de Colonia (Kat.); 95 Paris, Centre Pompidou: Fémininmasculin. Le sexe de l'art (Kat.); 96 Marseille, Mus. d'Art Contemp.: L'art au corps – Le corps exposé de Man Ray à nos jours (Kat.); 97 New York, Guggenheim: Rrose is a Rrose is a Rrose. Gender Performance in Photogr. (Kat.); Berlin, Berlinische Gal.: Positionen künstler. Photogr. in Dtld seit 1945 (Kat.); 99 Berlin, Hamburger Bahnhof: das xx. jh. – ein jh. kunst in dtld (Kat.); Bern, KM: missing link – Menschen-Bilder in d. Fotogr. (Kat.); 00 Düsseldorf, KS NRW: Ich ist etwas Anderes. Kunst am Ende d. 20. Jh. (Kat.); 02 Madrid, Photoespana (Kat.); Bordeaux, C.A.P.C. Mus. d'Art Contemp.: Les Années 70 (Kat.) – **V:** u. a. Jürgen Klauke (Ich & Ich), erotographische Tagesberichte. Tageszeichnungen & Fotos, Okt. 1970-Feb. 1971 71; Tageszeichnungen, Zeichnungen u. Polaroids 75; Kunststoff Nr. 1–6 75; FAG-HAG. Tageszeichnungen 1974 76; Sekunden. Tageszeichnungen u. Polaroids 78; Fotosequentzen 1972–1980 82; Zeitlebens 83; Viva España 1976–1979 86; Ich war eine Dose 88; Idiotische Seinsbefragung 00 – ***Lit:*** AUSST.KAT. u. a.: Formalisierung d. Langeweile, Rhein. LM Bonn 83; Sonntagsneurosen, Staatl. KH Baden-Baden, Kunstmus. Düsseldorf 92; Prosecuritas, Ausst. KH Bielefeld 94; J.K. – Phantomempfindung, Phantom Sensation (Ausstellungen in Japan) 97; Absolute Windstille. J.K. – Das fotograf. Werk 1970–2000, Kunst- u. Ausst.halle d. BRD Bonn, State Russian Mus. St. Petersburg, Hamburger KH 01; Le désastre du moi, 1996–2001, Maison Europ. de la Photogr. Paris 01; – sowie: J.K. – Kunst Heute Nr.19 97, u.v. a. – ***LitR:*** DOK.FILME: Thomas Schmidt: J.K. – Eine Ewigkeit – ein Lächeln, Portr./Doku WDR (45 min); H.P. Schwerfel: J.K. – Freischwinger, Portr./Doku 3sat (45 min); J.K. – Performances, Video-Anthologie d. Perform. d. 70er u. 80er Jahre, Media 235 Köln

Klaus, Ralph s. Fleischhauer, Tom

Klausch, Ruth Wally (geb. Ruth Wally Dabelow), Malerin, Lehrerin (in d. US-Army 1976–1979); Hasslocher Str. 18, D-30853 Langenhagen, Tel. (05 11) 77 56 97, *w.klausch-lgh@online.de* (* Berlin 13. 10. 26) – **S:** WerkKSch Hamburg (geometr. Komposition b. Max H. Mahlmann, Siebdruck b. K.F. Ehlers); 75 Univ. Dijon – sowie: Abendlehrgänge in Graph.; Arb. b. Magistrat d. Stadt Berlin; Examen in Übersetzung u. Wirtschaftskorrespondentenprüfung – **Ve:** GEDOK Hamburg 65–69; GEDOK Göppingen 69–79; Württ. KV Stuttgart 69–79; BBK Bad.-Württ. 69–79; GEDOK Hannover 80–88; BBK Hannover seit 80 – **G/T:** Malerei (Öl, Tempera); PVC-Gitter-Collagen; Reliefs aus Kunststoff; Objekte – **W:** Göppingen, Haus d. Jgd. (Wandmalerei); Langenhagen, Bushaltestelle (9 qm Werbefläche); Düsseldorf, Kunststoffmesse (Verkauf zweier Bilder an d. Fa. Hoechst); Bad Cannstatt, Gal. am Jakobsbrunnen – sowie: Mithilfe b. d. Organisation d. ersten Kunstausst. nach d. Krieg (Pechstein, Hofer u. a.) u. d. ersten Werkbundausst. – **M:** Essen, Plakatmus.; Göppingen, Dresdner Bank; Göppingen, Dt. Bank; Göppingen, Gal. im Hailing; Hannover, Bahlsen-Mus.; Ingolstadt, Mus. f. Konkrete Kunst; Langenhagen, Artothek – **Ö:** Hannover, Allianz Versicherung (Schachbild); Frankfurt am Main, Airex; Seelze, Riedel de Haen (Objekt m. Leuchtpigmenten z. 175. Firmenjubiläum) – sowie: FOREX-Kunststoffrelief – **E:** 71 Göppingen, Gal. im Hailing; 73 Schwäbisch Gmünd, Mus. im Prediger; 80 Hannover-Kleefeld, Dresdner Bank; 82 Hannover, Allianz Versicherung; 84 Beckum, Inst. f. Baustoffprüfung; 93 Hannover, Dresdner Bank Theaterstr. 3; 95 Langenhagen-Süd, Dt. Bank; 99 Langenhagen-Schulenburg, Dorfgemeinschaftshaus – **G:** zahlr., u. a. 72 Basel, Art Basel; New York, Gall. Prints on Prince Str.; 76 Stuttgart, TWS-Etagengal.; Stuttgart, Killesberg: Lebensqualität; 89 Seelze: Licht u. Schein; 92 Hannover Ldesbibl.: Bucheinbde m. Texten; 96 Hannover, Bienn. hannoverscher Künstler: Piedestal – Kunst auf d. Sockel; 01 Langenhausen, KV: Ortstermin; – sowie: 87, 88 Wanderausst. Kunst im Ldkr. – ***Lit:*** Kunststoffj., Zs f. d. Intern. Fachmesse in Düsseldorf 83

Klaushenke, Ulrike (Ps.: U.Klem.), Freie Malerin; c/o Atelierhaus Schierensee, Schulstr. 8, D-24241 Schierensee, Tel. (0 43 47) 71 02 98, Fax 71 02 99 (* Hamburg 46) – **S:** 66–67 WerkKsch Hamburg (FB Graph.); 67–70 Staatl. HBK (FB freie Malerei, Kunstgesch. b. Bendixen, Bense, Bill u. Flemming); künstler. Studienreisen – **Ve:** VG Bild-Kunst – **G/T:** Malerei u. Graph. (Tempera, Mischtechnik, Aqu., Zeichn.); öff. Projekte u. Veranstaltungen (Musik, Ezählungen, Bilder m. berufstätigen Künstlern); Theaterarb. – **K:** Malkurse im Atlierhaus Schierensee – **W:** überw. in Privatbes., Ankäufe im In- u. Ausld – **E:** / G: zahlr. Ausst. u. Ausst.bet.

Klauß, Eberhard, Maler, Graphiker, Dipl. Kunstpädagoge; Zum Wiesengrund 6, D-04668 Böhlen, Tel. (03 43 86) 4 16 83 (* Leipzig 11. 6. 47) – **VG:** Leipzig, Kunstkaufhaus – **S:** 68–72 Karl-Marx-Univ. Leipzig (Pädagogik, Kunsterziehung, Geschichte b. Günter Albert Schulz u. Peter Schnürpel) – **L:** 72–75 sowie seit 94 Kunsterziehung an Leipziger Schulen/Gymnasien; 75–90 Zentrale Volkskunstschule Leipzig (div. Bereiche); 84–90 Graphikkeller Stadtkab. f. Kulturarb. Leipzig (Rad.kurse) – **P:** Pr. d. ADA f. Malerei 94; Stip. d. Aldegrever-Ges. Münster 95 (wegen Berufstätigkeit abgelehnt) – **Ve:** BBKL 90 – **G/T:** Malerei (Acryl, Öl), Druckgraph. (Farbaquatinta), vorw. Stadt-/Landschaften, expressiv m. realist. Bezug – **K:** Sommerakad. Kr.VHS Norden (Rad.techniken) – **M:** Chemnitz, Neue Sä. Gal.; Greiz, Bücher- u. Kpst.-Slg – **Ö:** Erfurt, Ldesreg. Thür.; Greiz, Spk.; Leipzig, TÜV-Sa., ebda, Univ.; Norden, Telematikzentrum – **E:** 91 Hameln, Fahrenhorst; 95 Leipzig, BDO Dt. Warentreuhand; 98 Leipzig, Kunstkaufhaus; 00 Grimma, Ldratsamt; 01 Schkeuditz, Art-Kapella; 02 Markleeberg, Westphalsches Haus; 03 Dresden, Haus d. Archit.; Leipzig, TÜV-Sa. – **G:** 91 Norden, Graph.ausst.; Paris, Graph.ausst.; 93 Greiz, Ausst. z. 1. Greizer Theaterherbst; Bourg St. Andèol, ADAI; 94 Ardeche/Viviers, Departementsausst. – **V:** Wenn alle Brünnlein fließen... (Ill., Scherenschnitte) 84 – ***Lit:*** Bildende Künstler in Leipzig 06 – (Red.)

Kleber, Birgit, Fotografin; Kurfürstenstr. 27, D-10785 Berlin, *foto@birgit-kleber.de*, *www.birgit-kleber.de* (* Hannover 8. 9. 56) – **S:** 76–79 Ausbildung als Fotogr.; 82 USA Workshops (b. Lotte Jacobi u. B. Abbott) – **P:** Progetto Civitella d'Agliano, Senat v. Berlin 90; Hamburger Stift. z. Förd. v. Wiss. u. Kult. 90; Arb.-stip. Senat v. Berlin 92; Notgemeinschaft d. Dt. Kunst 92; Ausldsstip. Moskau, Senat v. Berlin 96, 97 – **Ve:** VG Bild-Kunst 85; BBK Berlins 86 – **G/T:** Fotogr. (Portr., inszeniert); mehrteilige, großformatige Arb. – **W:** zahlr. Werke in Privatbes. – **M:** Berlin, Bauhaus-Arch.; Berlin, Berlinische Gal.; Berlin, Jüdisches Mus.; Berlin, Neuer Berliner KV; Berlin, Werkbund-Arch.; Frankfurt am Main, Dt. Exilarch.; Frankfurt am Main, Dt. Filmmus.; Frankfurt am Main, Dt. Nat.Bibl.; Halle/Saale, Staatl. Gal. Moritzburg; Paris, Bibliothèque Nat. – **E:** u. a. 85 Berlin, Pelze Multimedia; 87 Berlin, Das verborgene Mus.; Berlin, Fotodesign; 89 Berlin, Heimat-Mus. Steglitz; Lyon, Goethe-Inst.; 90 Nancy, Goethe-Inst.; Bonn, Frauen-Mus.; 91 Berlin, Werkbund-Arch.; 92 Paris, Goethe-Inst.; 93 Berlin, Kunst-Werke; 95, 96 Berlin, Herbert; 98 Berlin, Neuer Berliner KV; 99 Halle/Saale, Staatl. Gal. Moritzburg; Berlin, Dirty Windows Gall.; 04 Berlin, Pixel Grain Gal. – **G:** u. a. 00 Berlin, Willy-Brandt-Haus; 02 Frankfurt am Main, Dt. Filmmus.; 02, 06 Berlin, Berlinische Gal.; 03 Bad Arolsen, Mus.; Hamburg, Altonaer Mus.; Berlin, Königliche Porzellan-Man. – **V:** Portr. v. Schriftstellern u. Kult.schaffenden in zahlr. Büchern u. Lex. – ***Lit:*** B. K. Künstlerinnen-Portraits, Ausst.kat. 89; B. K. GURS-Portraits d'Emigrantes Allemandes, Ausst.kat. 92; B. K. Frauen im Hotel, Ausst.kat. 93; B. K. Hunger, Ausst.kat. 99

Kleczkowski, Hans-Christian; Franz-Josefs-Kai 39/33, A-1010 Wien, Tel. (06 50) 5 20 28 01, *hans-christian@kleczkowski.at*, *www.kleczkowski.at* – **Ve:** design austria seit 89 – (Red.)

Kleemann, Rainer, Maler; Schwedter Str. 34a, D-10435 Berlin, Tel. (0 30) 41 71 54 64, Mobil: 01 7 02 07 56 67, *mail@rainerkleemann.de*, *www.rainerkleemann.de* (* Bad Homburg 62) – **VG:** Toronto, Cutts – **S:** 78–82 Ausb. z. Druckformenhersteller u. Fotosetzer; 91–96 Johannes-Gutenberg-Univ. Mainz (Malerei b. Prof. F. Hahn, Meisterschüler) – **P:** Pr. d. Berliner Künstlerförd. 00 u. 02 – **G/T:** Malerei – **E:** u. a. 92 Wiesbaden, Gal. im Hinterhaus; 97 Berlin, Pixelpark Multimedia Agentur; 98 Berlin, Zellberg; 99, 01 Berlin, Wellerdiek; 00 Konstanz, Gal. Neue Kunst; 03 Toronto, Cutts; Berlin, Schuster & Scheuermann; 04 Frankfurt am Main, Schuster – **G:** u. a. 93 Göppingen, StG; 94 Mainz, LM; 95 Schwetzingen, KV; Villingen-Schwenningen, StG; 96 Mannheim, StKH; 99 Lüdenscheid, KM; Saarlouis, Kulas; 00 Frankfurt am Main, art Frankfurt; 01 Berlin, Neues Kunstquartier; Oviedo/Spanien, Dasto AC; Turin, Gal. de Miguel; 02 Madrid, ARCO; Berlin, Artforum – (Red.)

Kleemann, Thomas, Maler; Atelier: Am Tempelhofer Berg 6, D-10965 Berlin, Tel. (0 30) 69 50 93 60, 89 72 87 20, Mobil: 01 7 12 71 84 04, Fax 69 50 93 60, *thomas.kleemann@berlin.de* (* Geesthacht/Elbe 18. 2. 54) – **VG:** Berlin, Giesler + Partner – **S:** 75–81 HdK Berlin (Kunstpädagogik, Malerei); 81 Meisterschüler b. Prof. Johannes Geccelli – **L:** 81–85 Schadow-Gymnasium Berlin (Schuldienst); 87–89 Sommerakad. Marburg (Doz., Freie Malerei) – **P:** Atelierstip. d. Stadt Kuopio (Finnld) 82; Stip. d. Ldesregierung SH, Casa Baldi, Olevano Romano (Ital.) 83; Atelierstip. d. Karl-Hofer- Ges. 86–88 – **Ve:** BBK Berlins 80–00; Karl-Hofer-Ges. seit 89 – **KGr:** Künstlergilde Esslingen (97–01) – **G/T:** Acrylmalerei; Mischtechniken auf div. Bildträgern – **W:** Werke in zahlr. Privatslgn in Dtld, China, Finnld, Ital., Singapur, Spanien u. d. USA – **M:** Berlin, Berlinische Gal.; Berlin, Graphotek Wedding; Berlin, Kult.forum Villa Oppenheim (Graphothek); Berlin, Märkisches Mus.; Eutin, Ostholstein-Mus.; Kiel, Bürgergal. 'Stift. Hans H. Henseleit' – **Ö:** Berlin, Schering AG (Vorstandslobby); ebda, Commerzbank, Lynarkrankenhaus; Kiel, KGL. Norwegisches Konsulat; ebda, Kultusmin., Spk., Arb.amt; Hamburg, Iduna-Nova Versicherung; ebda, Körber AG; Frankfurt am Main, Dt. Girozentrale DEKA Bank – **E:** 86 Berlin, Haus Sender Freies Berlin; 97 Berlin, Giesler & Nothelfer; 01 Berlin, Kult.forum Villa Oppenheim; 02 Hamburg, Erotic Art Mus.; 03 Lübeck, St. Petri; 05 Eutin, Ostholstein-Mus. – **G:** zahlr. Ausst.bet. seit 79 u. a. 81 München, Haus d. Kunst; 82, 87, 90 Kiel, KH; 89 Berlin, Haus am Lützowplatz; 92 Berlin, Berlinische Gal.; 93 Berlin, Kult.forum Villa Oppenheim; 97 Frankfurt am Main, Art Frankfurt; 00 Berlin, Märkisches Mus.; 04 Speyer, StG – ***Lit:*** T. K., Kat. 87; T. K. – Malerei 1989–1994, Kat. 95; T. K. – Malerei 1994–2001, Kat. 01; Hermann Wiesler: Realität in Farbe übersetzt, in: Bilderleben 92; ders.: Sensibilität – handfest und klar, in: Bilderleben II 01; Manfred Giesler: Ein Brief, in: T. K. – Malerei 01; T.K. – Malerei 1985–2005, Kat. 05; Björn Engholm: Anmerkungen zur Malerei T.K.s 05

Klegin, Thomas, Prof., Dipl. Designer, Objekt- u. Installationskünstler; Heinrich-Möller-Weg 1, D-58239 Schwerte, Tel. u. Fax (0 23 04) 7 48 36, *KLEGIN@gmx.de*, *www.KLEGIN.com* (* Bochum 2. 5. 61) – **S:** 83–90 FHS Münster (Dipl. Visuelle Kommunikation); 88–94 KA Münster (b. Prof. Joachim Bandau); 92 ebda (Meisterkl.) – **L:** 97–02 FHS Dortmund (FB Design, LBeauftr. f. Plast. Gestalten, Angew. Formgest.); 02 HS-Niederrhein Krefeld (FB Design, Vertretungsprof. f. Plast. Gest., Gest.lehre); 03 HS-Niederrhein Krefeld (Prof. FB Design) – **P:** Förd.pr. d. Kult.stift. Sparkasse Unna (Junge Bildhauer) 93; Graduiertenstip. d. Ldes NRW 94; Pr.träger d. Trophäenwettb. zum 6. Marler Video-Kunst-Pr. 94; Förd.pr. – Studiogal. XVIII – d. Landschaftsverb. Westf.-Lippe 95; Bosch Förd.pr. 'Work Art' 96; Projektförd. d. Stift. Kunst u. Kultur d. Ldes NRW 96; Arb.stip. Schloß Ringenberg d. Ldes NRW 96; Stip. d. Barkenhoff-Stift. Worpswede 97; ORDO – Förd.pr. f. bild. Kunst 97; Förd.pr. d. Stadt Dortmund 98; Villa Aurora Stip., Los Angeles 99; Stip. SH Künstlerhaus Eckernförde 00; Projektförd. d. Stift. Kunst u. Kultur d. Ldes NRW 01; Stip. d. Stift. Künstlerdorf Schöppingen 02 – **Ve:** VG Bild-Kunst seit 95; Westdt. Künstlerbund seit 99 – **G/T:** Skulpt., Objekt, Install. (raum- u. ortsbezogen) – **Ö:** Schwerte, Cava-dei-Tirreni-Pl. – **E:** 92 Münster, Wewerka Pavillon; 94 Kassel, Produzentengal.; 95 Unna, KV; Köln, Fuhrwerkswaage; 96 Hamminkeln, Schloß Ringenberg; 97 Bochum, Gal. Januar; Aachen, Ludwig Forum; 98 Heidelberg, KV; 99 Los Angeles, Villa Aurora; 00 Gladbeck, StG; 03 Recklinghausen, StKH; 04 Dortmund, Voss – **G:** zahlr. Ausst.bet. seit 91 u. a. 93 Münster, Städt. Ausst.halle; Aachen, Suermondt-Ludwig-Mus.; 95 Stuttgart, KM Stuttgart; 96 München, Haus d. Kunst; 97 Gelsenkirchen, SM; Bonn, Bonner KV; Frankfurt am Main, Städel; Düsseldorf, Große Kunstausst.; 98 Worpswede, Große Kunstschau Worpswede; 99 Almeere, Almeers Centrum Hedendaagse Kunst; 01 Heidenheim, KM; 02 Bochum, Mus. Bochum; Darmstadt, Darmstädter Ziegelhütte; 03 Siegen, KV; Marl, Skulpt.-Mus. Glaskasten; 04 Krefeld, Kaiser-Wilhelm-Mus. (Kat.); Köln, Kunstraum Fuhrwerkswaage (Kat.); 05 Bonn, Elisabeth-Montag-Stift. (Kat.); Oberhausen, Ver. f. aktuelle Kunst (Kat.); Berlin, Martin-Gropius-Bau (Kat.) – ***Lit:*** T. K. – Installationen, Ausst.kat. (Heidelberger KV, Ludwig Forum f. intern. Kunst Aachen) 97/98; T. K. – Longing, Ausst.kat. (Villa Aurora) 99; T. K. – passim, Ausst.kat. (KH Recklinghausen) 03 – ***LitR:*** Rudij Bergmann: Bergmanns Art, Fs.-Sdg. (Magazin f. Bild. Künste); T. K. – Porträt, Fs.dok. (SDR, Südwest 3) 98

Kleiber, Susanne; c/o Art Goes Public, Klosterallee 61, D-20144 Hamburg, Tel. (0 40) 42 91 14 20, *agp@artgoespublic.de; info@susannekleiber.de*, *www.artgoespublic.de; www.susannekleiber.de* – **S:** 82–87 FHS Hamburg (FB Gest., Kommunikationsdesign u. Figürl. Zeichnen) – **G/T:** Objekte (Papiermaché), gegenständl., figürl. – **K:** Ill. (Sachill., Infograph.), Doz. f. graph. Computerprogramme – **W:** überw. in Privatbes. – **E:** u. a. 97 Hamburg, Ldesfrauenrat; 05 Hamburg, Künstlerhaus Hamburg-Bergedorf; Hamburg, Künstlerhaus Eins Eins; 06 Köln, Tam Uekermann – **G:** 04 Glinde, FormArt; 06 Hamburg, ElbArt; Hamburg, Altonale; Jesteburg, Kunststift. Bossard – **V:** Rafi Reisers Planquadrat (40 Ill.) 95; Wunderbar faule und andere Nashörner (Ill.) 03

Klein, Astrid, Prof., Malerin, Fotografin, Fotokünstlerin; lebt u. arbeitet in Köln, c/o HS f. Grafik u. Buchkunst, Wächterstr. 11, D-04107 Leipzig (* Köln 20.5.51) – **VG:** Hamburg, Produzentengalerie; Köln, Krips; Köln, Pasquer; Köln, Sprüth Magers – **S:** 73–77 FHS f. Kunst u. Design Köln – **L:** 86 HBK Hamburg (Gastprof.); 93 HGB Leipzig (Prof. f. Fotogr., Leiterin d. Kl. f. Bild. Kunst) – **P:** u.a. Arb.stip. d. Kunstfonds e.V. Bonn 82; Förd.pr. d. Ldes NRW 83; Förd.pr. d. Stadt Köln 84; Karl-Schmidt-Rottluff-Stip. 87; BDI-Pr. f. gestaltete Räume 91; Krupp-Stip. f. Fotogr. 92; Käthe-Kollwitz-Pr. 97; kunstKÖLN-Pr. 01 – **Ve:** AK 00 – **M:** Hamburg, KH; London, Tate Coll.; Nürnberg, Neues Mus.; Vancouver, Art Gall. – **E:** zahlr. Einzelausst. seit 80, zuletzt 99 Leipzig, Gal. Eigen + Art; 00 Friedrichshafen, Gal. Bernd Lutze; 00, 01 Trier, KunstRaum; 01 Nürnberg, Neues Mus.; 02, 03 Hamburg, Produzentengalerie; 04 Berlin, Fahnemann – **G:** zahlr. Ausst.bet. seit 74, u.a. Kassel, documenta 87; zuletzt 00 Winterthur, KM; 01 Berlin, DAAD-Gal.; Berlin, Neuer Berliner KV; Berlin, Raab; Köln, MAK; 02 Leipzig, MBK; Leipzig, Zeitgeschichtl. Forum; Essen, Ruhrland-Mus.; Essen, Folkwang-Mus.; 03 Dresden, Kunsthaus; 03–04 Singapur, Goethe-Inst.; 04 Christchurch/Neuseeland, Christchurch Art Gall. – **R:** Künstlerfilme: Ein Meisterwerk ... oder nichts! 97; wildlife 97; Bad Dreams – Bad Dreams 97 – ***Lit:*** Dictionary of Art 96 – (Red.)

Klein, Beat (Ps.: Kühne/Klein), Freischaffender Künstler, Kunstvermittler; Hegenheimer Str. 220, CH-4055 Basel, Tel. u. Fax 0793464670, *kuehne.klein@bluewin.ch*, *www.xcult.org/kuehne.klein* (* Sorengo/Tessin, Schweiz 26.6.56) – **VG:** Zürich, Staubkohler – **S:** 82–86 Schule f. Gest. Zürich (Fachkl. f. Werken u. Gest.); 89–92 Schule f. Gest. Basel (Fachkl. f. Freies Räumliches Gest.) – **P:** Cité Intern. d. Arts Paris 91; Basler Künstlerstip. 93; Artist's Work Programme 98; Intern. Artists in Residence Programme 02; Projektaufenthalt KV Springhornhof, Lüneburger Heide 03; Sirius Arts Centre, Intern. Residence Programme 04; Atelierstip. d. Kt. Basel-Stadt (f. Berlin) 06 – **G/T:** Mixed Media, Install., Collage – **M:** Dublin, Irish Mus. of Mod. Art; Warth, KM d. Kt. Thurgau – **E:** 99 Basel, Kunstraum Riehen; 00 Schwäbisch Hall, KV; Aarau, Kunstraum; 01 Dublin, Temple Bar Gall.; London, Gasworks Gall.; 02 St. Peter Port, Guernsey, The Gall.; Hastings, Mus. and Art Gall.; 03 Neuenkirchen, KV Springhornhof; 04 Zürich, Staubkohler – **G:** u.a. 98, 02, 04 Dublin, Irish Mus. of Modern Art; 99 Birmingham, Ikon Gall.; 00 Manchester, The Lowry; 01 Basel, KH; 02 Vilnius, 8th Baltic Trienn. of Intern. Art; Baden, Gal. im Amtshimmel; 02, 06 Zürich, Staubkohler; 03 Hannover, KV; 04 Olten, KM; Liestal, KH Palazzo; Besançon, EBA; 05 Warth, KM d. Kt. Thurgau (Kat.); Berlin, Völcker; Basel, Kunstraum Riehen; Cork, Sirius Arts Centre Cobh; London, Cafe Gall. Project; 06 Winterthur, Foto-Mus. (Kat.); Carrick-on-Shannon, the Dock – **V:** u.a. Property (Letters to the Editor) 98; Kunst Raum Riehen 99; The Gallery 02; Fash N Riot Book project, Kunstlerb. 05 – ***Lit:*** IKON Gallery 99; The Lowry 00; Life is a Mystery Tour (part II) 01; A World of Difference 01; Centre of Attraction 02; The Unblinking Eye 02; Centre of Attraction 02; Die Sehnsucht d. Kartographen 03; Fokus 1 03; Hohe Heide Sticker SammelHeft 03; Traversées du Paysage 04; Catherine Marshall (Hrsg.): Irish Mus. of Mod. Art, The Coll. 05

Klein, Eva Sibylle, Malerin, Kunstpädagogin, Feng Shui-Beraterin; Hornthalstr. 13, D-96047 Bamberg, Tel. (0951) 9686347, *info@evasibylleklein.de*, *www.evasibylleklein.de* (* München 7.9.56) – **VG:** Brüssel, Classic Art House – **S:** 76–82 ABK München – **L:** 82–04 Kunsterzieherin an Bay. Gymnasien; 92–98 Dt. Schule Rom – **Ve:** KV Form & Farbe 05 – **G/T:** Europ. Motive; Orte u. Lsch. auf ein- u. mehrtlg. Acrylgemälden m. d. Wissen d. Feng Shui u. d. Taoist. Numerologie – **K:** Acrylmalerei, Komposition f. mehrtlg. Gemälde, Ausst.konzeption nach Feng Shui-Kriterien – **Ö:** Forchheim, Krankenhaus d. Vereinigten Pfründnerstift. – **E:** 97 Rom, Balduina; 05 Erlangen, Maruby; Bamberg, Studio 13; 06 Schonungen, Schloß Mainberg – **G:** zahlr. Bet. seit 76, zuletzt 05 Selb, Rosenthaltheater; Scheßlitz, Giechburg; 06 Bad Dürkheim, Kurpark; Amberg, Schloß Theuern; Wiesbaden, Walkmühle; Halle/Saale, KH; Hof, Theresienstein – **V:** Blickwechsel 90

Klein, Marianne (geb. Marianne Schlaepfer), Malerin; Leigass 14, CH-8820 Wädenswil, Tel. 0447803661, *marianne_klein@swissonline.ch*, *home.tiscalinet.ch/marianne.klein*. Atelier: Kulturzentrum Alte Fabrik, Klaus-Gebert-Str. 5, CH-8640 Rapperswil, Tel. 0796003755 (* Bern 25.10.39) – **S:** 58–59 Schule f. Gest. Zürich; 59–62 TextilFS Zürich (z.T. b. Johannes Itten); ab 80 Schule f. Gest. Zürich (div. Weiterbildungskurse) – **Ve:** SGBK 87; Visarte 06 – **G/T:** Malerei (Acryl, Öl, Mischtechnik, vorw. abstr., geometrisch); Objekt; Install. – **W:** in öff. u. privatem Bes. – **Ö:** Zürich, Bank Bär – **E:** 82 Zürich, Hyposuisse; 84, 88 Thun, Gal. Rosengarten; 92, 96 Zürich, Gal. Commercio; 99 Gossau, Gemeindehaus; 02 Zürich, Gal. Vista Nova; 06 Zürich, Paulus-Akad. – **G:** 83–93 Zürich, Kunstszene; 86 Zürich, Helmhaus; 82, 85, 89, 91 Zürich, Kunsthaus; 97 Zürich, Shedhalle-Rote Fabrik; 99 Küsnacht, Gal. im Höchhuus; 00 Wädenswil, HS

Klein, Ute, Malerin; St. Gallerstr. 24, CH-8580 Amriswil, *www.kuenstlerarchiv.ch/uteklein* (* Affoltern 4.2.65) – **VG:** Kirchberg/St. Gallen, Schönenberger – **S:** 83–87 Univ. Bern (SLA); 91–93 Material u. Form Luzern (Hauptstud.) – **P:** Stip. d. Förd.kr. Kunst auf Schloss Plüschow 94; Stip.aufenthalt Scuol-Nairs (Binz 39) 95; Werkjahr UBS 97; Adolf-Dietrich-Pr. d. Thurgauer Kunstges. 99; Förd.beitr. d. Kt. Thurgau 99, 05; Visarte Ost Paris 00; Förd.pr. d. Intern. Bodenseekonferenz 02 – **Ve:** Visarte Innerschweiz 95–97; Visarte Ost 97 – **G/T:** Malerei im Raum; Wahrnehmung v. Farbe u. Raum; Rauminstall.; Kunst im öff. Raum; Interaktive DVD – **W:** überw. in Privatbes.; Stadt Kreuzlingen – **M:** Warth, KM d. Kt. Thurgau – **Ö:** u.a. Amlikon, Stadler Rail AG; Amriswil, Bahnhof (Pl.gest.); Frauenfeld, Straßenverkehrsamt; Münsterlingen, Psychiatr. Klinik; St. Gallen, UBS; ebda, Bahnhofstr.; Zürich, Sitzungszimmer – **E:** zahlr. seit 93, u.a. 96 Kreuzlingen, Kunstraum; 98, 01, 05 Kirchberg/St. Gallen, Schönenberger; 00 Warth, KM d. Kt. Thurgau; 04 Amriswil, Kult.forum – **G:** zahlr. Bet. seit 93, u.a. 98 Budapest, StG; 00 Ulmberg; 01 Warth, KM d. Kt. Thurgau; 02 Kassel; 07 Horn, Seeufer – **V:** m. Markus Landert: Betriebsbesichtigung in den Kombinaten, Heft 99 – **R:** Nadine Olonetzky (Text): erwegen, interaktive DVD 06 – ***Lit:*** Zsuzsanna Gahse: nochmal, Folder 03

Kleinboeck, Thorsten, Illusionsmaler, Illustrator; Alter Weg 13, D-69483 Wald-Michelbach, Tel. (06207) 82811, *info@kleinboeck-art.de*, *www.kleinboeck-art.de* (* Bensheim 7.8.65) – **S:** Autodidakt; Stud.gemeinschaft Darmstadt (Fernstud.gänge Graph. u. Malerei) – **Ve:** Intern. Assoc. of Airbrush-Artists (IAOAA) 95–98; Verb. Freier Dt. Künstler (VFDK) 00–02 – **G/T:** Illusionsmalerei; Realist. Wandmalerei; Trompe l'Œil; Aviation-Art – **E:** 96 Wald-Michelbach, Spk. Starkenburg

Kleiner, Christian, Maler, Objektkünstler; Peter-Schegg-Str. 4, D-87600 Kaufbeuren, Tel. (08341) 16962, *info@chkleiner.de*, *www.chkleiner.*

de (* Hindelang/Bay. 8. 4. 67) – **KGr:** Artists for Freedom and Peace (seit 99) – **KGe:** Phantastissimo: C. K. u. Christian Müller (seit 99) – **G/T:** mod. Malerei, abstr. Kunst, Objektkunst (Metall) – **W:** Soziale Kälte, Unendliche Weiten, Blaue Wellen, Morgengrauen; Erotik, Freundschaftswellen – **G:** 99 München, Schloß Nymphenburg; 00 Irsee, Gal. Altbau; 01 München, Dt. Mus.; 02 Trebur, Fa. Enders; 04 München, Fa. bsk; 05 Mannheim, Signal Business Tower (Gal. Böhner)

Kleinhans, Basilius, Bildhauer; Kapuzinergasse 5, D-89312 Günzburg, Tel. u. Fax (0 82 21) 2 40 57, Mobil: 0 17 19 87 95 41. Westtor 15, D-48324 Sendenhorst (* Beckum 27. 7. 68) – **VG:** Krumbach, Rakel; München, Gal. Hell – **S:** Ausb. b. Bernhard Kleinhans; 91, 92 Univ. Münster (Atelier f. künstler. Zeichnen); 92, 93 HS f. Angew. Kunst Wien; 94 Steinbildhauer Symposium Salzburg; 95 Willi Weiner, Irsee (Meisterkurs) – **P:** u. a. Euregio Skulpt.pr.; Gold Coast Sculpt. Award – **Ve:** BBK Schwaben Nord u. Augsburg 96; Kr.KV Beckum-Warendorf – **G/T:** Bronzeplast. (Boote) – **Ö:** Günzburg, Spk.; Haaksbergen/Niederl. (Stein d. Verbundenheit); Mönstetten (Brunnen); Oelde, Ldesgartenschau (Sonnenboot); Oldenburg, v. d. Modehaus Bruno Kleine (Brunnen); Ostbevern (Teilung d. Boote) – **E:** 06 Karlsruhe, Art Karlsruhe (One-Man-Show m. Gal. Hell München); Ahaus, Villa van Delden (m. Bernhard Kleinhans); Ennigerloh, Alte Brennerei; Günzburg, Spk.; Nördlingen, Spk.; Ulm, Künstlergilde; Wadersloh, Mus. Abtei Liesborn; Zusmarshausen, Heimatmus.; Burgau, Groß; Lübbecke, KV – **G:** 95 Hamm, Gustav-Lübcke-Mus. (Hier und Jetzt Aktuelle Kunst); Augsburg, Brechthaus; Wadersloh, Mus. Abtei Liesborn; Beckum, SM; Irsee (Schwäbische Künstler in Irsee); Donauwörth, Große Nordschwäbische Kunstausst.; Augsburg, Große Schwäbische Kunstausst.; München, Hell; 01 Oelde, Ldesgartenschau; Krumbach, Rakel; Rheine, Stadtpark (Skulpt.projekt); Marktoberdorf, Modeon; Emsdetten, Gal. Münsterland – ***Lit:*** B. K. Bronze Boote Brunnen 03

Kleinpeter, Dieter, Mag., Prof., Maler, Graphiker; Millergasse 1/28, A-1060 Wien, Tel. (01) 5 96 24 58 (* Mauterndorf/Salzburg 17. 1. 55) – **S:** 73–82 HBK Wien, Salzburg u. Braunschweig – **L:** Univ. Mozarteum Salzburg (Prof. f. Malerei) – **P:** Romstip. d. Bundesmin. 83; Theodor-Körner-Förd.pr. 86; Arb.stip. d. Kult.hauptstadt Glasgow 90 – **G/T:** Malerei, Zeichn., Mischtechniken auf Leinwand u. Papier – **E:** u. a. 88 Mannheim, KV; 89 Wien, BAWAG Foundation; 90 Salzburg, StG im Mirabellgarten; 93 Marburg, KV; 99 Linz, Maerz; 03 Feldkirch, Pal. Liechtenstein; Werfen, Mus. Kuenburggewölbe; – weitere: Wien, Hilger; Berlin, Redmann; Bielefeld, Baumgarte; Mannheim, Kasten; Salzburg, Gal. ACP; Wien, JO29-ground for art – **G:** u. a. Stuttgart, Württembergischer KV; Berlin, Haus am Waldsee; Wolfsburg, StG; Bayreuth, KV; Wien, Postsparkasse; Wien, Kunstforum; Salzburg, Traklhaus; Salzburg, Rupertinum; Salford, Salford Mus. and AG; Wien, Wien Mus.; Venedig, Bienn.; Salzburg, Gal. 5020; Heidelberg, KV; Dublin, Gall. of Mod. Art; Salzburg, Salzburger KV; München, Hermeyer; Manchester – ***Lit:*** Jürgen Schilling, Ausst.kat. 85; Wolfgang Hilger: Kleinpeters Lungauer Bilder 87; Friedrich W. Kasten, Ausst.kat. 88; Dieter Schrage: Von d. Lesbarkeit d. Bilder u. d. malerischen Geste 88; Dietrich Schubert: Bemerkungen z. Kunst Kleinpeters, Ausst.kat. 89; Leopold Federmair: Schluß mit d. Destruktion, Ausst.kat. 89; Friedrich W. Kasten: D.K., Kunstmag. 90; Burghardt Schmidt: Der Ätna u. d. Hinkelsteine, Ausst.kat. 91; Otto Breicha: Vienna. Expressionist tendencies since 1945, Ausst.kat. 92; Bilder v. Tod, Ausst.kat. 92; Henriette Horny: Der Konflikt als Lösung, Ausst.kat. 93; Friedrich W. Kasten, Ausst.kat. 94; Leopold Federmair: Pathosreste, Ausst.kat. 94; Kristian Sotriffer: Elements – Austrian Paintings since 1980 96; Susanne Berchtold: Erinnerung u. Metapher, Ausst.kat. 97; Markus Mittringer: Resistent 97; Friedrich Piel: Der gebrannte Abgrund 97; Friedrich Kasten 99; A. Gugg: Kunstschauplatz Salzburg 02; Rainer Metzger: Dimensionen d. Zweidimensionalen – (Red.)

Klemm, Barbara, Prof., Fotografin, Bildjournalistin, Redaktionsfotografin d. FAZ; Böhmerstr. 52, D-60322 Frankfurt am Main, Tel. (0 69) 55 55 01 (* Münster 27. 12. 39) – **VG:** Düsseldorf, Zimmer – **S:** 55–58 Karlsruhe (Fotografenlehre) – **L:** seit 00 FH Darmstadt (Hon.prof.) – **P:** Dr.-Erich-Salomon-Pr. d. DGPh 89; Hugo-Erfurth-Pr. 89; Intern. Fotopr. d. Stadt Leverkusen 89; Maria-Sibylla-Merian-Pr. 98; Hess. Kult.pr. 00; Konrad-von-Soest-Pr. 00 – **Ve:** DGPh; AK Berlin-Brandenburg 92 – **E:** zahlr. seit 69, u. a. 76 Hamburg, MKG (Kat.); 78 Frankfurt am Main, KV; 82 Essen, Mus. Folkwang; 84 Frankfurt am Main, Fotogr. Forum; 89 Berlin, Werkbundgal.; 90 Frankfurt am Main, MMK; 99 Berlin, Kronprinzenpal. (DHM); 00 Düsseldorf, Zimmer; Münster, SM; 01 Oldenburg, LM; Altenburg, Lindenau-Mus.; Münster, Westf. LM; 02 Rottenburg am Neckar, Diözesan-Mus.; Oldenburg, LM; 03 Passau, MMK; Hamm, Gustav-Lübcke-Mus.; Neuss, Alte Post; 03/04 Erfurt, KH (zus. m. Philip Oeser); 04 Novosibirsk, Picture Gall. (Kat.); Frankfurt am Main, Leinwandhaus; 04, 05 Berlin, c/o Berlin; 05 Cottbus, Brandenburgische KS; Wiesbaden, Mus.; Hamburg, Deichtorhallen (Kat.) – **G:** zahlr. seit 78, zuletzt u. a. 02 Münster, SM (Kat.); 03 Mannheim, Reiß-Mus.; 04 Frankfurt am Main, Fotogr. Forum; Berlin, Dt. Hist. Mus.; Hamburg, Kunsthaus; 05 Herford, Mus. MARTa (Kat.); Lingen, Markus – **V:** m. B. Catoir: Bilder von Gehenden, Sitzenden, Wartenden – Die Reportagefotografie von B. K. 91; m. Thomas Steinfeld: Goethe in Weimar 98; m. Günter de Bruyn: Deutsche Zustände 99; Künstlerporträts 04 – ***Lit:*** B. K. – Bilder 86; B. K. – Blick nach Osten 1970–1995 95; Koetzle 02 – ***LitR:*** Werkstattgespräche – B. K. und Herlinde Koelbl (3sat) 05 – (Red.)

Klemm, Harald, Maler; c/o Raab Galerie, Fasanenstr. 27, D-10719 Berlin, Tel. u. Fax: (0 30) 2 61 92 17, *mail@raab-galerie.de; mail@haraldklemm.com, www.raab-galerie.de; www.haraldklemm.com* (* Mönchengladbach 27. 3. 60) – **VG:** Berlin, Raab; Köln, Gal. Skala; Konstanz, Gal. Neue Kunst – **S:** als Künstler Autodidakt; 83–85 StM Abteiberg Mönchengladbach (Restaurierungspraktikum in d. Wkst.); 81–87 RWTH Aachen (Gesch., Phil.); 87–89 ebda (Ass. am Inst. f. Neuere Gesch.); seit 89 freischaffender Künstler – **P:** De Grandmaison Stip. d. Banff Center for the Arts Alberta/Kanada 96 – **Ve:** BBK NRW 93; VG Bild-Kunst 98 – **KGr:** CAP Cologne (seit 99) – **KGe:** H.K. u. Theo Lipfert (seit 99); H.K. u. Thomas Baumgärtel (seit 00) – **W:** überw. in Privatbes. – **M:** Weimar, Klassik Stift. – **E:** 94 Berlin, Kunsthaus Tacheles (m. Theo Lipfert); 95 Viersen, Gal. Kunst Parterre; Köln, Amerikahaus (m. Theo Lipfert); 96 Halle u. Wittenberg, Mus. d. Martin-Luther-Univ. (m. Theo Lipfert); 96, 99, 01, 05 Köln, Gal. Skala; 97 (m. Theo Lipfert), 00 (m. Thomas Baumgärtel, Kat.) Willich-Anrath, Gal. Schageshof; 98 Neuss, Gilla Gal.; 99 Ellenberg, Gal. Uranus (m. Thomas Baumgärtel); 00 (m. Thomas Baumgärtel), 03 Konstanz, Gal. Neue Kunst; 02 Ulm, Fischerplatz-Gal. (m. Thomas Baumgärtel); Ulm, Künstlerhaus Ulm (m. Thomas Baumgärtel); 06 Schweinfurt, Städt. Slgn Alte Reichsvogtei (m. Thomas Baumgärtel); Bad Nauheim, Gal. F (m. Thomas Baumgärtel); Berlin, Raab –

G: 95, 97, 98, 01 Köln, Gal. Skala; 96 Meerbusch, Kult.wochen; 99 Neuss, Gilla Gal.; 01 Konstanz, Gal. Neue Kunst: Galeriade; 02 Ellwangen, KV: Ellwanger Kunstausst. (Kat.); 02, 03 Köln, SM; 04 Berlin, Raab: es war einmal...; 05 Berlin, Nagel: Haus (10) – Hauskleid; 06 Bad Salzdetfurth, KV (Kat.) – **R:** m. Theo Lipfert: Make Sure Our Address Shows Through Window, Videofilm zur Komposition 'El Rey de Harlem' v. Hans Werner Henze u. d. Text 'Oda al Rey de Harlem' v. Federico García Lorca, Aufführung u. a. in d. Kult.halle Willich-Schiefbahn, im Forum d. Kunst- u. Ausst.halle d. BRD Bonn, im Kammermusiksaal d. Tonhalle Düsseldorf, b. Summer Video Festival New York 98, im Art-Kino d. Art Frankfurt am Main 99; m. David Graham: Dolly, Komposition f. Video, Tonspur u. Bratsche, Uraufführung im KM Bonn 00, weitere Aufführungen im Martin-Gropius-Bau Berlin, Dt. Mus. Bonn, Intern. Festival of New Film in Split/Kroatien, Europ. Media Art Festival Osnabrück (Kat.) 01, in Düsseldorf 02, 04 u. in Moers 04; Dawn Pink, Videofilm z. Komposition v. Toshiro Saruya, Aufführung in Juneau, Saxman, Sitka, Chicago, Seoul, Saruya 02, d. AK Berlin 04

Klepoch, Elfriede Maria (auch: E. M. Klepoch), Malerin; Marc-Aurel-Str. 6, A-1010 Wien, Tel. (01) 5 35 93 26, *elfriede.klepoch@chello.at* (* Wien 28. 2. 47) – **VG:** Wien, Wolfrum; Wien, Fuchs; Frankfurt am Main, Vonderbank – **S:** 66–69 Wiener KSch – **G/T:** 'Stille Bilder'; Stilleben, Ldschaften – **W:** in öff. u. privaten Slgn – **E:** u. a. Wien, Fuchs; Wien, Pal. Fürstenberg; Wien, Wolfrum; Wien, Gal. Zentrum; Wien, Schwarzer; Hamburg, Mensch; New York, Szoke; Chicago, Kankakee Art League – **G:** Basel, Art Basel; Hannover, Kunstmesse; Frankfurt am Main, Kunstmesse; Wien, Hofburg – **V:** Tümmler, Tölpel, Etcetera; Adventkassette; 12 Jahreszeiten; Himmelszeichen; – sowie: zahlr. Ed. div. Gal. – (Red.)

Klesse, Reinhard; Weiherer Str. 10a, D-96191 Viereth-Trunstadt, Tel. (0 95 03) 85 15 – **G/T:** Bildhauerei, Malerei – (Red.)

Kleutghen, Helga s. Natz, Helga

Kliche, Beate, Malerin, Graphikerin, Dipl.-Designerin; Nortruper Str. 17, D-49637 Menslage, Tel. (0 54 36) 96 83 44, Fax 96 83 46, *beatekliche@t-online.de.* c/o Atelier, Tel. (0 54 36) 96 83 45 (* Quakenbrück 7. 9. 46) – **S:** 64–66 HS f. Wiss. u. Kunst Hildesheim (Kunst u. Graph. b. Prof. Paul König); 66–69 FHS Münster (Kunst u. Graph. b. Prof. Reinhard Herrmann u. a., Dipl.); 69–73 ABK Karlsruhe (freie Malerei u. freie Graph., Kl. Peter Dreher); seit 81 eigenes Atelier – **P:** Kunstförd.pr. d. Ldes Rh.-Pf. 95; Burgund-Stip. 95 – **Ve:** BBK Rh.-Pf. 83–04 (mehrere Jahre Vorstandsarb.) VG Bild-Kunst 89; BBK Oldenburg 04 – **G/T:** Malerei (Öl, Aqu., Acryl, expressive Figuration, Lsch.); Zchng; Graph. – **K:** Sommerworkshops Lsch.malerei; Wochenendkurse; Techniken; Portr.; Akt – **W:** in privaten u. öff. KS, u. a. Kreis Westerwald, Rh.-Pf.; Münster, Bistum; Stadt Quakenbrück; Kultusmin. Rh.-Pf.; Ld Rh.-Pf.; Kr. Neuwied – **M:** Altenkirchen, Volksbank; Quakenbrück, SM – **Ö:** Freiburg im Breisgau, Häuser (künstler. Gest. d. Außenfassade); Salz, Mittelpunktschule (Wandbild u. kleinere Arb.); Wallmerod, Grundschule (Wandbild); ebda, Feuerwehrzentrale (Wandbild) – sowie: Osnabrücker Nordland, Artland Kunstroute – **E:** zahlr. im In- u. Ausld, u. a. 82, 83 Quakenbrück, Stadtgal.; 83 Bramsche, Sprengler; 86 Mainz, Bietz; 87 Trier, Stein; 94 Neuwied, Kr.verwaltung; 98 Ludwigshafen, Ldeszentrale f. private RFveranstalter; 99 Bad Homburg v.d.H., KV; 01, 06 Quakenbrück, SM; 02 Ransbach-Baumbach, TVT1; 03 Straßburg, Europa-Parlament; Damme, KV; 04 Osnabrück, Kr.haus; 05 Osnabrück, ver.di-Haus – sowie: seit 86 in mehreren Firmen – **G:** zahlr. Bet. im In- u. Ausld, u. a. 69 Münster, Diözesanmus.; 71 Freiburg im Breisgau, KV; 84 Idar-Oberstein, Eckstein; 85–98, jl. Neuwied, Kr.mus.; 85 Mainz, Ldtag Rh.-Pf.; 86 Mutterstadt, RH; 87 Speyer, KV; Alzey, StG; 87, 88 Mainz, RH; 89 Landau in der Pfalz, Villa Streccius; 90 Trier, Tuchfabrik (Tufa); 91 Bad Kreuznach, Kr.haus; 92 Mainz, LM: Ldeskunstausst.; 93, 94 Limburg, StKS; 96 Mainz, Ldtag; 97 Pfrüm, Abtei; 98 Altenkirchen, Volksbank; 99 Pirmasens, Kunst im Messestand; 06 Oldenburg, Gal. d. BBK – ***LitR:*** Beitr. im SWR/ZDF, TVT1, SWR Hfk

Klieber, Ulrich, Prof., Maler; c/o Galerie Winter, Parkstr. 24, D-65189 Wiesbaden (* Göppingen 53) – **S:** 73–78 ABK Stuttgart (b. d. Prof. Peters, Bachmayer u. Sonderborg); 74–77 Univ. Stuttgart (Kunstgesch.); 78–79 Royal College of Art London (Malerei) – **L:** 95–96 HS f. Kunst u. Design Burg Giebichenstein Halle/Saale (LAuftr.); seit 96 ebda (Prof.); 00 Univ. of Industrial Design Hanoi (Gastdoz.); seit 03 HS f. Kunst u. Design Burg Giebichenstein Halle/Saale (Rektor) – **E:** zahlr. Einzelausst., zuletzt u. a. 89 Nürtingen, StG; Schramberg, SM; 90 Stuttgart, Harthan; Göppingen, Gal. in d. Kr.spk.; 91 Brackenheim, KV; Kirchheim unter Teck, Kunstkab.; 92 Ludwigsburg, Schloß; 93 Ostfildern, StG; 94 Geislingen, StG; 95 Tauberbischofsheim, KV; 96 Saulgau, StG Die Fähre; 97 Jülich, KV; 98 Osaka, Takenaka Exhibition Space; Osaka, Generalkonsulat d. BRD; 99 Elmshorn, KV; 00 Wendlingen/Neckar, StG; 01 Paderborn, KV; 02 Engen, SM u. Gal.; Wiesbaden, Winter; 03 Hamburg, Vogt – (Red.)

Kliemand, Evi, Malerin, Schriftstellerin, Dichterin, Publizistin; Vaduz/Liechtenstein, Tel. (0 04 23) 2 32 10 48 (* Grabs 28. 7. 46) – **S:** 66 High School New York (Arts); 66–70 Schule f. Gest. u. Kunst Zürich u. St. Gallen – **P:** Anerkennungspr. d. Kult.beirates d. Fürstl. Reg. Liechtenstein 86; Pr. f. künstler. Arb. u. kunstvermittelnde Tätigkeit 'Öst. Werkstatt Graz' 96; Kunstpr. Konstanz 04 – **Ve:** P.E.N.-Club Liechtenstein; Fondazione Ermano Maggini Intragna (Präs.) – **G/T:** Malerei auf Leinwand, Zeichn., Fotogr., Plast., Collage, Teppich – **W:** überw. in Privatslgn; Ankauf u. a. durch d. Ld Liechtenstein – **M:** Locarno, Pinacoteca; Vaduz, KM Liechtenstein – **Ö:** in div. öff. Gebäuden in Liechtenstein – **E:** / G: u. a. 69 Vaduz, Wohlwend; 71 Zagreb, Bienn.; São Paulo, Bien.; 73, 94 Schaan, TAK Gal. 85, 87, 91 Zürich, Commercio; 89 Bregenz, Künstlerhaus Pal. Thurn u. Taxis; Bern, Krebs; 90 Zürich, Wengihof; 91 Schaan, Gal. am Lindenplatz; 94 Locarno, Pinacoteca comunale Casa Rusca; Desenzano, Villa Brunati; 95 Zürich, Andersen; 97 Altkirch, Centre d'Art Contemporain; 98 Bonndorf, Schloßmus.; 99 Dresden, Albertinum – **V:** DICHTUNG: u. a. Kieseliris 73; Grund genug. Gedichte 1977–1980 80; Ohne zurückzublicken 86; Zwischen Himmel und Erde 88; Die Schättin (oder die Schlangenspur) 93; – MONOGR.: Hans Kliemand. Zeichner, Maler, Graphiker 1922–76 81; Ferdinand Nigg. Die Magdeburger Zeit 1903–1912 90; Martin Frommelt. Feuerproben Papier 93; Martin Frommelt. CREATION 99; Paul Grass. Das verborgene Werk. Eine Spurenlese 04; – BEITR. Z. FOTOGR.: in: R. u. K. Sagmeister: Vom Wandel und Bestand. Triesen 1922–1933 Fotografiert von Anton Frommelt 92; in: Ralph Kellenberger: Farben aus der Ferne. Reisefotografie von Leon Kellenberger 01; – WEITERE: Kunst in unserer Nähe 1987–2001, Zs – **R:** Paul Grass. Bildner Dichter Denker. Es ist mein Fenster ohne Haus, Film 04 – ***Lit:*** u. a. Beat Stutzer, Iso Camartin, Rudolf Sagmeister u. Katarina Holländer: E. K. Das Bildschaffen 89; E. K. Großer Werkkat. 94; E. K. Ein Bilderzyklus,

Ausst.kat. 99 – ***LitR:*** Esposizioni: E. K. 1994 Pinacoteca Comunale e 2002 Galleria Arte Moderna, Film 02

Kliemann, Carl-Heinz, Prof., Maler, Graphiker; Westendallee 64, D-14052 Berlin, Tel. (0 30) 3 05 46 02, Fax 32 67 98 01, *c.h.kliemann@web.de*, *www.c-h-kliemann.de* (* Berlin 8. 6. 24) – **VG:** Köln, Glöckner – **S:** 45–50 HBK Berlin (b. Max Kaus, Meisterschüler v. Schmidt-Rottluff) – **L:** 66–78 Univ. Karlsruhe (Lehrstuhl f. Malerei u. Graph.) – **P:** Kunstpr. d. Stadt Berlin 50; Pr. d. Mod. Mus. Ljubljana 55; Villa-Romana-Pr. 58 – **Ve:** Dt. Künstlerbund 58–97; Künstlerbund BW 67; XYLON – **G/T:** Malerei; Zchng u. Druckgraph. (Hschn., Rad.); Pastell; Lsch.; Portr. – **M:** Albstadt, StG; Berlin, Berlin Mus.; Berlin, Berlinische Gal.; Berlin, Kpst.-Kab.; Berlin, NG; Berlin, SM; Bonn, StKS; Coburg, KS d. Veste; Hamburg, Altonaer Mus.; Karlsruhe, SKH; Karlsruhe, StG; New York, MOMA; Nürnberg, Germanisches NM; Paris, Bibliothèque Nat.; Stuttgart, SG – **Ö:** Mühlacker, BerufsFS; München, Olympia-Basketball-Halle; Straubenhard, Wilhelm-Ganzhorn-Schule; Tokio, Goethe-Inst. – **E:** seit 55, u. a. 85, 89, 92 München, Rieder; 86 Kornwestheim, Gal. d. Stadt; 88 Darmstadt, Müller-Linow; 88–89 Köln, Glöckner; 89 Berlin, Villa Grisebach; 91, 92 Stuttgart, Manus-Presse; 92 Reutlingen, Städt. KM Spendhaus; 93 Frankfurt am Main, Frankfurter Westend Gal.; Klausen, SM; 94 Berlin, Berlinische Gal.; 95 Karlsruhe, StG; Hamburg, Altonaer Mus.; Nürnberg, Germanisches NM; 01 Berlin, Maaß; 04 Berlin, SM – **G:** zahlr. Bet. seit 47, u. a. 92 Frankfurt am Main, Dt. Postmus.; 99 Bonn, Kunst- und Ausst.halle d. BRD; 00 Reutlingen, Städt. KM Spendhaus; Schwetzingen, Xylon-Mus.; 02–04 Fukuoka, AM; Kyoto, Kyoto Seika Univ.; Saint-Dié-des-Vosges, Mus. Pierre-Noël; Tel Aviv – **V:** Genesis 62; Eberhard Roters (Text): Mappe m. 4 Rad. u. Titelblatt 71 – ***Lit:*** Eberhard Roters: Werkverzeichnis d. Druckgraph., Bd I–III 76, 91, 99; Werke u. Dokumente 95; Werkverzeichnis d. Zchngn, Aquarelle, Pastelle, Bd 1 u. 2

Klimek, Birgit s. Möller-Klimek, Birgit

Klimt, Alfred, Maler, Industr.kaufmann i. P.; Josef-Schwarz-Str. 105/2, A-2231 Strasshof, Tel. (0 22 87) 51 81 (* Wien 26. 1. 50) – **S:** Autodidakt – **Ve:** Ring-Gal. Wien 91–98; Kunstverkehr 96; Kult.vernetzung NÖ 98 – **G/T:** versch., v. a. Ldschaften (Öl) – **W:** vorw. in Privatbes. in Öst. u. im Ausld, z.B., Belgien – **Ö:** Gänserndorf, Gemeindeamt; Graz, Kinderkr.spital; Wien, AMS Arb.-marktservice – **E:** 25 Einzelausst. in Öst. seit 92 – **G:** 16 Ausst.bet. seit 94 – (Red.)

Kling, Tanja, Malerin, Graphikerin; Schubartstr. 10, D-74348 Lauffen, *kunstkontakt@tanja-kling.de*, *www.tanja-kling.de* (* Lauffen 69) – **S:** 92–93 Freie KSch Stuttgart (Malereistud.); 93–00 HS f. Kunst u. Design Burg Giebichenstein Halle/Saale (Malerei, Graph. u. Medienkunst b. Prof. Pleuger, Prof. Moehrke u. Prof. Hörner, Dipl.) – **P:** Ars Halensis 00; Atelierförd. d. Ldes BW 02–03 – **Ve:** VBKW – **E:** / G: u. a. 01, 04 Heilbronn, KV; 02 Stuttgart, Gal. im Burgenld-Zentrum; 03 Leonberg, Kult.center Pfeiffer; Offenau, Produzentengal. B27; 04 Essen, Fox – (Red.)

Klinge, Dietrich, Bildhauer, freier Graphiker; c/o Galerie Orangerie Reinz, Helenenstr. 2, D-50667 Köln, Tel. (02 21) 2 57 50 38, Fax 2 57 51 32, *orangerie-reinz@t-online.de*, *www.orangerie-reinz.de* (* Heiligenstadt/Eichsfeld 20. 1. 54) – **VG:** Köln, Orangerie-Reinz; Berlin, Brusberg; München, Braunbehrens – **S:** 73–80 Staatl. ABK Stuttgart (Freie Graph., b. Grau, Böhmer u. Schoofs); 80–84 ebda (Bildhauerei, b. Baumann u. Hrdlicka) – **L:** 99 FHS f. Gest. Pforzheim (LAuftr. f. Zchng) – **P:** Felix Hollenberg-Pr. (f. Rad.) 94 – **G/T:** Skulpt., Rad., Linolschnitt (immer in Verbindung m. d. menschl. Figur) – **W:** überw. in Privatslgn in Europa u. New York; im Bes. d. Stadt Schwäbisch Gmünd, d. Haftpflichtverb. d. Dt. Industr. Hannover, d. Krankenhausges. Ehningen/Donau, d. Mannheimer Versicherung, The Roland Berger Strategy Consultants Coll., d. Diözese Würzburg, Slg Südwest-Park Nürnberg, Slg Andrej Gertsev Moskau, Slg Peter Fisher St. Louis, Slg Norbert Dahlström Frankfurt am Main, Slg Grothe Duisburg, Slg Piepenbrock Berlin, Slg Knauthe Berlin, Slg Welle Paderborn, Slg Maggi Ital., Slg Dickert Capolona, Slg Hurrle Durbach, Slg Dr. Christine Hieronymus Regensburg, Slg Rahm Zürich u. zahlr. andere – **M:** Albstadt, StG; Heilbronn, SM; Karlsruhe, Reg.präsidium; Mannheim, StKH; München, Staatl. GrS; Notre Dame/IN, Snite Mus. of Art; Scheveningen, Mus. Beelden aan Zee; Schwäbisch Gmünd, Mus. im Prediger; Stuttgart, Reg.präsidium; Stuttgart, SG (GrS); Würzburg, Mus. am Dom – **Ö:** Berlin, Ldesbank; Grand Rapids/MI, Frederic Meijer Gardens; Regensburg, Gewerbepark; Schwäbisch Gmünd, Johannispl.; St. Louis, Gateway Found.; Stuttgart, Daimler Benz; ebda, Bad.-Württ. Bank; Ulm, Staatl. Vermögens- u. Hochbauamt d. Univ.; Würzburg, Stift Haug – **E:** seit 90, u. a. 05 Berlin, Brusberg; seit 94, 00 (Kat.), 01, 04 München, Braunbehrens; 98, 00 (Kat.), 01, 03, 05 Köln, Orangerie-Reinz; 00 (Kat.), 01 Regensburg, Bäumler; 01 Schwäbisch Gmünd, Mus. im Prediger (Kat.); 03 Karlsruhe, Schrade; Heilbronn, SM; Chemnitz, Weise; 04 West Palm Beach, Donna Tribby Fine Art; 05 Chicago, Worthington Gall.; Moskau, Gertsev Gal. (m. Christina Roederer); Grand Rapids/MI, Frederic Meijer Gardens and Sculpt. Park (Kat.); Duisburg, Mus. Küppersmühle – Slg Grothe (Kat.) – **G:** zuletzt, u. a. 03 Leipzig, Zeitgesch. Forum; Würzburg, Diözesanmus. (Kat.); 03, 05 Heilbronn, SM; 04 Albstadt, StG; Pfullingen, Klarissenkloster; Regensburg, Bäumler; 04, 06 (Kat.) Darmstadt, Stadtkirche; 05 New York, Worthington Gall.: Art Show; Augsburg, Oberländer; Chicago, Worthington Gall.: Contemp. and Classic; 06 Bad Ragaz u. Vaduz, Intern. Trienn. d. Skulpt. (Kat.) sowie weitere Bet., u. a. Basel, Art Basel; Köln, Art Cologne; Maastricht, Tefaf; Madrid, ARCO; Frankfurt am Main, Art Frankfurt; Karlsruhe, Art Karlsrhue – **V:** Trilogie ÖK. Zyklus in acht Mappen. 1982–1985 (183 Rad.) 94 – ***Lit:*** zahlr. AUSST.KAT., u. a.: Martin Mezger, Martin Schneider, Dieter Brusberg u. Thomas Ruppel, in: Trilogie ÖK 94; Dieter Brunner, Gabriele Holthuis, Andreas Pfeiffer u. a., in: Plätze u. Platzzeichen 96; Norbert Dahlström, Eckhard Kremers u. Manfred Fath, in: Das Weinheimer Projekt 97; G. Holthuis, G. Kerkhoff, E. Kremers, C. Lichtenstern u. a., in: Werkstattbuch 1986–1998 98; Gabriele Kerkhoff, Martin Schneider u. Barbara Stark, in: D.K. Skulpturen, Ausst.kat. (Gal. Orangerie-Reinz Köln) 98; Freidemann Pfäfflin u. a.: D.K. zu St. Kilian in Heilbronn, Ausst.kat. 98; Gabriele Kerkhoff, Gode Krämer u. Franz Träger, in: D.K. Skulpturen 00; Gerhard F. Keinz, in: 40 Jahre Orangerie-Reinz 00; Barbara Stark, Gabriele Holthuis, Rüdiger Heinze u. Martin Schneider, in: Das Gesicht als Bild der Seele 01; Martin Schneider: Fast alles! Fast nichts! 02; Alan Rosas, in: Growing a Masterpiece, Frederic Meijer Gardens and Sculpt. Park 05; Dieter Brunner, in: Die obere Hälfte, Die Büste seit Auguste Rodin 05; Karin v. Behr, Marion Nickig: Künstlergärten in Dtld 05

Klingebiel, Jutta, Goldschmiedin, Meisterschülerin; Wittelsbacherstr. 7c, D-83022 Rosenheim, *klingebiel@gmx.ch* (* Freising/Obb. 23. 12. 69) – **VG:** Berlin, bokx; Hudson, Ornamentum Gall. – **S:** 90–94 Ausb. z. Goldschmiedin; 95–01 ABK Nürnberg; 00 Meisterschülerin – **Ve:** BBK Bay. 02; Bay. Kunstgew. Ver. 03 – **KGe:** J. K. u. Katja Höltermann (Zus.arb. seit 00) – **G/T:** zeitgen. Schmuckkunst (u. a. Emailmalerei); Kunst im öff. Raum – **W:** Werke in Privatbes. – **M:** Bristol, Univ. of the West of England (Intern. Contemp. Vitreous Enamel Archive); Nürnberg, Inst. f. mod. Kunst – **G:** u. a. 97 Nürnberg, Germanisches NM; 01 Nijmegen, Gal. Marzee; Amsterdam, Pictura Antiquairs Nationaal; Nürnberg, Zumikon AC; 02 München, Intern. Handwerksmesse; Kilmarnock/Schottland, The Dick Institute; Coburg, KS d. Veste; Prag, UPM; 03 Barcelona, Fundació La Caixa; Hudson, Ornamentum Gall.; Seoul; 04 Cambridge/USA, Mobilia Gall. – ***Lit:*** u. a. Mag.beitr. in: Kunsthandwerk + Design, Nov. 01; – Ausst.kat.: pAn Amsterdam. Kunst- en Antiekbeurs van de Lage Landen 01; vivid & timeles, Kat. Dannerpr. München 02; positionen + tendenzen. Kunst in Franken 03; Inner Luxury, Fundació La Caixa Barcelona 03 – (Red.)

Klingelhöller, Harald, Prof.; Karolingerstr. 90, D-40223 Düsseldorf, Tel. (02 11) 33 42 05. c/o Galerie Nelson, 59, rue Quincampoix, F-75004 Paris, Tel. (01) 42 71 74 56, Fax 42 71 74 58, *info@galerie-nelson.com, www.galerie-nelson.com* (* Mettmann 54) – **VG:** Athen, Bernier-Eliades Gall.; Düsseldorf, Fischer; Paris, Nelson; Turin, Tucci Rosso – **S:** 76–81 KA Düsseldorf (b. Prof. Rinke) – **L:** seit 93 ABK Karlsruhe (Prorektor) – **G/T:** Objekte; Install.; Skulpt. – **M:** Antwerpen, Middelheim Mus.; Bremen, Neues Mus. Weserburg; Krefeld, Kaiser-Wilhelm-Mus.; Lugano, Mus. Cantonale d'Arte; Luxemburg, Mus. d'art Mod.; Mönchengladbach, StM Abteiberg – **E:** u. a. 77, 87 Münster, Skulpt.projekte; 81, 85 München, Schöttle; 81 New York, PS 1; 82 Düsseldorf, Schmela; 86, 88, 93 Anvers, Szwajcer; 86 Münster, Westf. LM (Kat.); Villeurbanne, Nelson; 87, 89, 97 Athen, Bernier; 88 Krefeld, Haus Esters (Kat.); Bern, KH; 88, 91, 95, 99, 05 Düsseldorf, Fischer; 89, 94 Paris, Hussenot; 90 Lyon, Nelson; Eindhoven, Sted. Van Abbe Mus. (Kat.); London, Whitechapel Art Gall.; 92 Frankfurt am Main, Portikus (Kat.); Frankfurt am Main, MMK (Videoprojekt); 93, 00 Turin, Tucci Rossi Studio per l'Arte Contemp.; 96 Toronto, Art Gall. of York Univ.; 97 München, Lenbachhaus (Kat.); 97, 03 Paris, Nelson; 00 New York, Sean Kelly Gall.; 04 München, Petuelpark Kunstprojekt 2004 Quivid; München, Zweite Archit.woche A2; 05 Karlsruhe, StG (Kat.) – **G:** zahlr. Bet., u. a. 78 Wuppertal, Von der Heydt-Mus.: WPPT; 79 Belgrad, Studenskog Kult.nog Centra; 80 Düsseldorf, KH: Perspektiven; Chicoutumi/Kanada, Bildhauer-Symposium; 80, 83 Düsseldorf, KH: Perspektiven, Standort Düsseldorf; 81, 87 New York, PS 1; 83 Düsseldorf, Fischer; Regensburg, StG Leerer Beutel; 83, 87, 97 Bern, KH; 84, 90 (Kat.), 91 (Kat.), 92 Krefeld, Haus Esters; 84 Rotterdam, Rotterdamse Kunstlichting: De verzegelde Bronnen; 85 Paris, MAM de la Ville Paris: Dispositif Sculpt.; Ulm, Ulmer Mus.: Magirus 117 – Kunst in d. Halle; 86 Paris, Centre Nat. des Arts plastiques; Köln, Mus. Ludwig; New York, New MCA: A Distanced View; Krefeld, Kaiser-Wilhelm-Mus. (Kat.); 89 Boston, Binationale; Hamburg, Deichtorhallen; 92 Kassel, documenta; 95, 98 Bignan, Domaine de Kerguéhennec, Centre d'Art Contemp.; 97 Zürich, Helmhaus: Stilleben; – zuletzt: 05 Tinqueux, Centre Cult. – Centre de Créations pour l'enfance: Mon Frac – (Red.)

Klinger, Erdmuthe s. ScherzerKlinger, Erdmuthe

Klinger, Roland, Maler, Zeichner; Schützenstr. 4, D-86830 Schwabmünchen, *roland.klinger@web.de* (* Wellen/Magdeburg 50) – **VG:** München, Baumgartl – **G/T:** Malerei (Öl, Schwerpunkte: Marine u. Rosen) – **E:** u. a. seit 00 Bremerhaven; 02 Gstadt am Chiemsee; Baden-Baden; 03 Sangerhausen; sowie Ausst. in Augsburg, Bad Wörishofen, Bad Zwischenahn, Cuxhaven, Giromagny, München, Neuburg an d. Donau, Travemünde u. Türkheim – (Red.)

Klitsch, Peter, Prof., akad. Maler; Hauptstr. 10, A-3562 Stiefern, Tel. u. Fax (0 27 33) 82 09, *peterklitsch@aon.at* (* Wien 2. 5. 34) – **S:** 52–58 Akad. f. angew. Kunst Wien; 58 Königliche KHS Stockholm – **L:** 91 Univ. Okinawa (Malerei, Graph.) – **G/T:** Malerei (Öl, Aqu., Wiener Phantastischer Realismus); Buchill.; Glaskunst u. Glasfenster; Rauminstall. – **K:** Graph. (Rad.), Aktzeichn. – **W:** überw. in Privatbes.; Glasfenster in Wohnanlagen in ObÖst. u. NdÖst. – **M:** St. Pölten, Ndöst. LM; Wien, Belvedere (Oberes Belvedere); Wien, SM – **Ö:** Bad Tatzmannsdorf, Therme (Glasfenster); Feldkirchen/Vorarlberg; Flinsbach/NdÖst. (Brunnen); St. Pölten (Pyramide) – **E:** / G: zahlr. Ausst., u. a. 70 Japan; 84 Wien, Albertina; 88 Ramt-Gan/Israel; 88, 90 Rom; 94 Wels, Burg; 95 Horn; Stockerau; 96 Český Krumlov, Mus.; Innsbruck, Bauobjekt-Entwicklung Ges.; 97 Krems, Weinstadtmus.; weitere kleinere Ausst. in Öst.; 01 St. Pölten, SM; 02 Budweis; 03–04 Wels, SM; – Stud.- u. Ausst.reisen: 68, 77; Japan; 72 USA u. Südamer.; – Arb. f. Theater: 96 Haindorf-Langenlois, Operettenfestspiel (Bühnenbild u. Ausstattung); St. Pölten, Stadttheater (Ausstattung) – **V:** Graph.mappen: Die Kuenringer; Die Jagd; Die Habsburger; Kaiser Maximilian I.; Bali – ***Lit:*** Englisch, Ernst (Hrsg.): P. K. Nachmittag des Abenteurers, Monogr. 84 – div. Veröff. z. öst. u. bes. z. phantastischen Malerei – (Red.)

Klocker, Gabriela, Künstlerin; *members.fortunecity.de/gk2704/* (* Dornbirn 66) – **VG:** Dornbirn, c.art Prantl + Boch – **S:** 90–99 HS f. Angew. Kunst Wien (Meisterkl. f. Bildhauerei) – **P:** Sussmanstip. Wien 97; Kunstkirchepr. 00; Förd.gabe f. Kunst d. Ldes Vorarlberg 00; Förd.gabe d. Internat. Bodenseekonferenz f. Bild. Kunst 02 – **Ve:** Berufsvrg bild. Künstler Vorarlbergs 99 – **G/T:** Videoinstall. u. computergenerierte Fotos – **Ö:** Brüssel, EU-Vertretung – **E:** u. a. 99 Bludenz, AllerArt; 00 Schwarzenberg/Vbg, Kirche; 02 Dornbirn, c.art Prantl + Boch; 03 Bregenz, Künstlerhaus Pal. Thurn u. Taxis – **G:** u. a. 02 Wien, Soho in Ottakring; 03 Zürich, Art; East Lansing/MI, Hankins Gall.; Paris, UNESCO – ***Lit:*** G. K. restraum, Kat. 97 – (Red.)

Klöcker, Ingo, Prof. Dr.-Ing.; Robert-Schumann-Straße 9/B, D-90768 Fürth, Tel. (09 11) 72 94 94, Fax 72 02 64, *Ingo.Kloecker@t-online.de, www.kloecker-materialbilder.de* (* Stuttgart 25. 10. 37) – **S:** 61–62 HS f. Gest. Ulm (Produktgest. b. Max Bense, Hans Gugelot, Thomas Maldonado, Vordemberge-Gildewart u. a.); 70 Salzburg (figurale Malerei b. Prof. Szyszkowitz) – **L:** 72–84 Darstellungstechniken an d. TU Braunschweig, d. TH Aachen u. d. GesamtHS Essen; seit 82 FHS Nürnberg – **P:** Ofen-Design-Wettb. 63; E.plakette d. VDI 85; Ruppert Gabler Stift. z. Förd. von Kunst, Kult. u. Wiss. (1. Pr.) 92; Goldene Palette Bad Nauheim (1. Pr.) 95; Erster virtueller Kunstpr. im Internet (3. Pr.) 98; Pr. Schloß Pommersfelden u. Nürnberger Nachrichten 99 – **Ve:** VDI seit 76; Design-Forum Nürnberg; BBK Nürnberg – **G/T:** Ill., Objektkunst, Materialbild; Malerei; Skulpt.; Perspektive, Rendering, geometrische Abstr. aus Spannungsoptik – **K:** Industrial Design, Kreativitätstechniken, Perspektive, Rendering, Entwurf, Methodik – sowie Seminare in Firmen, z.B. über Kreativität – **W:** über 300 Materialbilder an div. Standorten, z.T. in Privatbes. – **M:** Nürnberg, Germanisches NM – **Ö:** Nürnberg, FHS; Erlangen, diverse – **E:** u. a. 90 Bad Lippspringe, Westf.gal.; Nürnberg, Design-Forum; 92 Obergünzburg, RH; 93 Nürnberg, Hypo-Bank; Nürnberg, Nestor; 94

Nürnberg, Dresdner Bank; 94, 05 Nürnberg, Germanisches NM; 95 Behringersdorf, Gal. T+T; Erlangen, Siemens Infozentrum; 97 Nürnberg, Mus. CI; 00 Bamberg, Dresdner Bank; 04 Speyer, HM d. Pfalz; Ulm, Busse; 05 Fürth, Stadttheater – **G:** u. a. 88 Nürnberg, Frankenhalle; 91 Stuttgart, Gal. unterm Turm; 92 Basel, Casino; 94 Bitburg, Gal. Haus Beda; 95 Bad Nauheim, Kurhaus; 98 Datev-Kongress; 99 Pommersfelden, Schloß Weißenstein; 00 The virtual Gall. b. Fibk – **V:** Stahl und Form 69; Produktgestaltung 81; Werkstofftechnik 94; Materialbilder, Kat. 97; – sowie üb. 200 Periodika- u. Buchbet. – **R:** Läufer-eine Metamorphose, Video 01; Materialbilder, Video 02 – ***Lit:*** diverse Veröff.

Kloeti, Balz; c/o lebt u. arbeitet in Zürich u. Berlin (* Lenzburg 12. 6. 54) – **S:** 74–76 Westf. Schauspielschule Bochum; 76–78 Kunst- u. Medienschule F+F Zürich; 79–81 Ausb.projekt d. Berliner Senats Berlin; 82–86 Schule f. Gest. Zürich (Zchngslehrerausb.); 85–87 HS f. Gest. Zürich (Kl. f. freie Kunst); 89–92 ETH Zürich (Archit.abteilung, Lehrstuhl f. bildner. Gest., Ass. b. Prof. Jenny) – **L:** Integratives Ausb.zentrum Zürich (IAC, Ausb.leitung, Doz., gestalter. Vorkurs) – **P:** Förd.-beitr. Aargauer Kuratorium 93, 95; Cité Intern. d. Arts Paris 93; Werkbeitr. d. Kt. Zürich 94 – **E:** u. a. 92, 93 Zürich, Rövekamp; 93 Solothurn, Kunst+Kiosk; 93 (Kat.), 98 Aarau, Kunstraum; 94 Zürich, Kunsthaus (Projekt Organon); 95 Zürich, Bildraum; 98 Berlin, Gal. M (m. Oliver Krähenbühl, Kat.); 99 Basel u. Berlin, Deimann (m. Catrin Lüthi); Brugg, Zimmermannhaus; 04 Schaffhausen, Kult.zentrum Kammgarn – **G:** u. a. 87 Zürich, Walcheturm; 92, 93, 94, 98, 99 Aarau, Kunsthaus (Kat.); 93, 94 Zürich, Bildraum; 94 Fribourg, Gal. L'Antenne; Zürich, Helmhaus: Stipendiatenausst.; 96 Aarau, Kunstraum: Vom Verschwinden d. Körper (Kat.); Paris, Cité Intern. des Arts; 97 Philadelphia, Pentimenti: Swiss Art: New World, Old World (Kat.); 98 Aarau, Aargauer Kuratorium: Stipendiatenausst.; Steyr, KV: Gegen.Stand (Kat.); Zürich, Wirth; 99 Zürich, Baviera; 99/00 Basel u. Berlin, Deimann; 00 Berlin, Gal. 2yk: Berge; Berlin, Kunstfabrik am Flutgraben: Berge; 00/01 Hall in Tirol, KH: Going to the Extremes (Kat.); 02 Sachseln, Mus. Bruder Klaus: Paper Cuts; 03 Zürich, Stift. Binz: System Leben, Ein Zchngsprojekt; 04 Berlin, Gal. Berliner Kunstprojekt: urban lanscapes – **V:** u. a. Schule f. Gest. Zürich: Zw.bilanz einer künstler. Ausb., Schriftenreihe Nr. 6 88; Epoche, Stud.wochen m. Archit.studenten d. ETH Zürich b. Prof. Jenny 90–93; open your box, Kartenset in Box (z. Projekt Organon) 93; Susanne Schmidt: Körper u. Raum (Aufgabenbeispiele in Text u. Bild aus d. eigenen Unterricht) 03 – ***Lit:*** Katrin Bettina Müller, in: TIP Mag. Berlin 3 98; Philipp Kaiser u. Samuel Herzog: B.K. 00

Klötzer, Ute, Keramikerin; Linienstr. 19, D-07552 Gera, Tel. (03 65) 4 22 93 76, *ukloetzer@web.de*, *www.toepferinnung.de/kloetzer* (* Heubisch/Thür. 2. 5. 49) – **VG:** Leipzig, Keramikgal. Terra Rossa – **S:** 70–73 FHS Spielzeugdesign Sonneberg (Dipl.); 81–84 Meisterausb. (Töpfermeisterin) – **P:** Keramikpr. d. Stadt Bürgel 97 – **Ve:** BK Thür.; KV Terra Rossa e.V. Leipzig – **G/T:** Gefäßkeramik – **M:** Dresden, KGM Schloß Pillnitz (Keramikslg.); Erfurt, Mus. f. Thür. Volkskunde; Gera, MAK; Posterstein, Burg – **E:** 92 Zwickau, StG Peter Breuer; 97 Chemnitz, Gal. D19; Posterstein, Burg; 98 Chemnitz, Schmidt-Rottluff – **G:** 90–91 Bobingen, KV; Kassel, Körner; 91, 92, 93 Gera, MAK; 93 Ville de Saran/Frkr.; Seitenroda, Mus. Leuchtenburg; Kahla; Hohenberg; Kassel – ***Lit:*** Gestalt und Funktion 93; Töpfereien in Thüringen 01; – Ausst.kat.: Innovation Porzellan 93; U. K. – Peter Zaumseil 97 – (Red.)

Klophaus, Annalies, Malerin; Thalkirchner Str. 51 Rgb., D-80337 München, Tel. (0 89) 77 88 66 (* Bad Oeynhausen 6. 12. 40) – **S:** 64–70 Akad. München (b. Günter Fruhtrunk) – **P:** Förd.pr. d. Ldeshauptstadt München 80 – **M:** München, Pin. d. Mod. – **G:** 98 München, Gal. im RH – ***Lit:*** Reclams Künstlerlex. 02; Schweers 02 – (Red.)

Kloppmann, Jens, Dipl., bild. Künstler; Hiddenseer Str. 6, D-10437 Berlin, *mail@kloppmann.org*, *www.kloppmann.org* (* Witten 69) – **S:** 94–96 Bauhaus Univ. Weimar (Prof. Elfi Fröhlich, Prof. Norbert Hinterberger); 96–98 KHS Kassel (Prof. Rob Scholte); 96 Dipl. – **L:** 98 Univ. Kassel (FB Philosophie, Ästhetik); 00 Univ. Kassel (LAuftr. FB Philosophie) sowie div. Vorträge – **P:** Pr. Ärztehaus Erfurt (1. Pr.) 95; Förd.pr. d. Dr. Wolfgang Zippel Stift. 00; Werksvertrag d. Sozialen Künstlerförd. d. Investitionsbank Berlin 01; Seminarbezogenes Kurzstip. Haus Rissen Hamburg 03 – **Ve:** BBK Berlins seit 03 – **KGr:** Museum für werdende Kunst (98–02) – **G/T:** konzeptuelle Kunst, Fotogr., Objektkunst, Laubsägearb. (u. a. Bearbeitung hist. Inhalte) – **W:** temporärer Ortstafeltausch d. Städte Bonn u. Weimar (Bonn ist nicht Weimar) – **Ö:** Berlin, AFP Multimedia (Bürogest.); ebda, blue moon marketing GmbH (Bürogest.); Helsinki, Zoo (Starfish, Eutropa-Projekt); Magdeburg, Bock GmbH (Bürogest.) – **B:** Gera, Großhandels- u. Lagerei BG (Reflexion u. Schein) – **E:** zahlr. Ausst. seit 93, zuletzt 01 Weimar, Medien Univ.; 02 Helsinki, Zoo; Hemer, Mus. Felsenmeer; 04 Bad Kleinen, Berlin – **G:** 98 Berlin, Stift. Starke; 00 Kassel, Mus. Fridericianum; Oldenburg, Edith-Ruß-Haus; Kassel, Kult.bahnhof; 02 Bern, StG; Bern, KH Dampfzentrale – **V:** Museum für werdende Kunst (Hrsg.): Eine Architektur für das Museum für werdende Kunst 00 – ***Lit:*** Sanatorium für ästhetische und anästhetische Eingriffe, Kat. 98; Markus S. Schulz: Cultural Politics After Buchenwald: Imaging Weimar, in: Peter M. Daly u. Hans Walter Frischkopf: Why Weimar? 03; ders.: Beitrag über J. K.s Im fotografischen Exil. Rache für Trotzki, in: Störzeichen: Das Bild angesichts des Realen 03 – (Red.)

Klopsch, Hartmut; Coppistr. 32, D-04157 Leipzig, Tel. u. Fax (03 41) 9 12 03 03 (* Berlin 30. 6. 44) – **S:** 67–71 Univ. Leipzig (Kunsterziehung u. Geschichte) – **L:** 87–89 HS f. industr. Formgest. Burg Giebichenstein Halle (Doz. im Grundlagenstud.) – **P:** Prix Skulpture Bienn. Intern. d'Art Miniature de Ville-Marie Quebec 98 – **Ve:** VBK DDR 77–90; BBKL 91; VG Bild 91 – **KGe:** Ateliergemeinschaft Dieter Dietze (77–81) – **G/T:** figürliche Plast. (div. Materialien, hauptsächlich Bronze); auch Kleinplast. in humorig-phantasievollem Realismus – **W:** Kleinplast. in Privatbes., Gest. v. Ehrenpr. – **M:** Dresden, Armee-Mus.; Frankfurt/Oder, Mus. Junge Kunst; Leipzig, MBK; Schwerin, Staatl. Mus.; Wurzen, SM – **Ö:** Bremen, Czaia-Marktforschung (Foyer); Dessau, Stadtpark; Leipzig, Freifläche Grünau; ebda, Kabarett 'academixer', Karl-Heine-Pl., Restaurant 'Schaarschmidt', Restaurant 'Zill's Tunnel'; Wurzen, Marktpl. – **E:** 84 Frankfurt/Oder; 91, 94, 03 Leipzig; 95 Oldenburg; 01 Berlin; 03 Schwerin; 05 Neustrelitz – **G:** zahlr. Ausst.bet. seit 82, u. a. seit 82 Leipzig, Bezirkskunstausst.; Dresden, Kunstausst. d. DDR; Leipzig, BBK-Ausst.; Quadrienn. Miniatur in d. bild. Kunst; 83 Magdeburg (Junge Bildhauer d. DDR); 92 Insel Mainau (Bilderberichte Leipziger Künstler); 94 Manchester, City AG; 03 Paris, Acad. des Beaux-Arts – **V:** Plastik, Monogr. 03 – ***Lit:*** Bilderberichte Leipziger Künstler, Ausst.kat. 92; Kat. d. Bildwerke (MBK Leipzig) 99; Bildende Künstler in Leipzig 06 – ***LitR:*** Matthias Blochwitz: Vier Takte vor, Portr./Dok. (DDR Fs.) 83; Susanne Köppke: Musikanten verschwanden, Fs.-Dok.

(MDR) 98; Detlev Menges: Leipziger Schule, Fs.-Interview (MDR) 02

Klose, Andreas, Graphiker, Illustrator; Hüttenweg 18, D-15837 Glashütte, Fax (03 37 04) 6 77 85 (* Finsterwalde 6. 5. 58) – **VG:** Glashütte, Gal. Packschuppen – **S:** 79–83 Univ. Leipzig (Kunsterziehung) – **P:** Paul-Newman-Förd.pr. d. Max-Grünebaum-Stift. Cottbus 02 – **G/T:** Graph.-Design; freie Graph.; Plakate; Zchng – **W:** Graph. u. Plakate in Privatbes.; Plakate in öff. Slgn d. In- u. Ausldes – **M:** Cottbus, KM Dieselkraftwerk; Hamburg, MKG; Senftenberg, KS Lausitz – **E:** 05 Cottbus, Brandenburgische KS – **G:** 97, 98 Berlin, 100 beste Plakate; 03 Rzeszow, Plakatbienn.

Klose, Michael, Dipl. Ing. Architekt, Maler u. Graphiker; Hauptstr. 26, D-01477 Arnsdorf, Tel. (03 52 00) 2 32 41, *www.dresden-art.de; www.artundform.de* (* Dresden 24. 7. 63) – **VG:** Dresden, art + form – **S:** 84–89 TU Dresden (Archit.) – **Ve:** SKB 00; Neuer Sä. KV 02 – **G/T:** Malerei (Aqu., Öl, Acryl) u. Rad.; Gegenstände: Wald-, See- u. Stadtlandschaften in ihrer realen u. mystischen Erscheinung – **K:** JugendKSch Dresden (Aqu.) – **W:** zahlr. Arb. in Privatbes. – **M:** Dresden, Kunstfonds d. Freistaates Sa.; Dresden, Neuer Sä. KV; Dresden, SLUB; Dresden, StG – **Ö:** Dresden, Stadtspk.; Leipzig, Stift. Wald f. Sa.; Pirna, Arb.amt – **E:** 92 Meißen, Obergasse; 97, 98, 99, 03 Dresden, art + form; 98 Bischofswerda, Gal. Carl Lohse; Pirna, KV; 99 Dresden, Kult.etage; 01 Dresden, Gal. Palitzhof; 02 Dresden, Gal. im Fraunhofer Inst. – **G:** 94 Radeberg, Schloß Klippenstein; 96, 98, 00 Pirna, KV; 00, 02 Völklingen (Südwestdt. Aqu.pr.); Dresden, Kunstmarkt – ***Lit:*** Karin Weber: Magie der Roten Wälder, in: Dresdner Neueste Nachrichten v. 2.7.99; Heinz Weißflog: Begegnung mit dem Blauen Wunder, in: Dresdner Neueste Nachrichten v. 11.3.03; Hans Wielander: Kulturlandschaft Vinschgau, in: Der Vinschger 14/03

Klossner, Frantiček, Videokünstler, Intermedia; Sandrainstr. 3, CH-3007 Bern, Tel. u. Fax 0 313 12 52 27, *cek@franticek.ch, www.franticek.ch* (* Bern 28. 2. 60) – **L:** 94–00 F+F Schule f. Kunst u. Medien Zürich (LBeauftr.); 01–03 FHS f. Medienkunst Aarau (LBeauftr.) – **P:** New York-Stip. d. Stadt Bern 90; Aeschlimann Corti-Pr. d. Bernischen Kunstges. 91; Schweiz. Inst. in Rom 96; Videokunstpr. d. Länder RP u. Thür. 97; Kunstpr. d. Böttcherstr. in Bremen (Nominierung) 99 – **Ve:** Visarte; Pro Litteris – **G/T:** interaktive Videokunst; Install.; Performance – **W:** in d. Slg Mobiliar, d. KS d. Schweiz. Eidgenossenschaft sowie in d. KS d. Stadt u. d. Kt. Bern – **M:** Bern, HM; Bern, KM; Bern, Schweiz. Ldesbibliothek; Biel, Kunsthaus Centre PasquArt; Zürich, Kunsthaus – **Ö:** permanente Install.: Bern, Inselspital; Rom, Istituto Svizzero – **E:** 01 Grenchen, Kunsthaus; 02 Ticino, Centro d'Arte Contemp.; 03 Görlitz, Mus. Kaisertrutz; 04 Montevideo, MAC; Buenos Aires, Mus. de Arte Mod.; 05 Santiago de Cuba, Centro de Arte Universal; 06 Berlin, sic Projects – **G:** 98 Paris, Biennale du Film sur l'Art; 99 Bremen, KH; 00 Graz, Ldesausst. d. Steiermark; Bern, KM; 02 Kiew, Center for Contemp. Art; Solothurn, KM; 03 Görlitz, Mus. Kaisertrutz; Graz, Neue Gal. am LM Joanneum; Luzern, Kunstpanorama; 04 Riga, Sculpt. Quadrennial; Dortmund, Hartware Medien KV; Biel, Kunsthaus Centre PasquArt – **R:** zahlr. Videoproduktionen seit 96 – ***Lit:*** Richard Kriesche (Hrsg.): Kunst-Wiss.-Kommunikation, Kat. 00; Eiszeit, Kat. 00; Dolores Denaro (Hrsg.): Mess up your Mind, Kat. 01; Peter Weibel u. G. Holler-Schuster (Hrsg.): M_ars Kunst u. Krieg, Kat. 03

Klotz, Roland (geb. Roland Friedrich Karl Klotz), Maler, Comic-Zeichner, Autor, Laienschauspieler, Radio-Redakteur; c/o 'Titanenweiss' im Ludwig-Noll-Verein, Frankfurter Str. 92, D-34121 Kassel, Tel. (05 61) 2 86 12 74, *www.klotz-texte.de* (* Kassel-Bettenhausen 27. 5. 66) – **S:** Georgia Augusta (Lektorat f. Zeichnen b. Achim Scharf) – **Ve:** Kreis 34 89–00; Comics für Göttingen bis 00 – **KGr:** Titanenweiss Kassel (seit 95) – **G/T:** Ölmalerei (realist. bis surrealist.); Zchng (Portr.); Comics (Tusche) – **E:** u. a. seit 88 Kassel, Offenes Wohnzimmer e.V.; 92, 94 Kassel, Wkst. Kassel; Kassel, Café März; 00 Kassel, Restaurant, Boos – **G:** u. a. 89–00 Göttingen, Künstlerhaus (Kreis 34); 02, 03 Kassel, Ludwig-Noll-Ver. (m. Titanenweiss) – sowie: Frankfurt/Oder, Bienn. Meine Welt – **V:** Comics für Göttingen e.V. (Hrsg.): B 5; Alfi Chan 00; Don Makellos 00 – **R:** Literaturforum, RF-Sdg. (Freies Radio Kassel) seit 97

Klučarić, Claudia, Mag. Art., Akad. Bildhauerin, freischaffende Künstlerin; Oberrohrbacher Str. 1, A-2105 Unterrohrbach, Tel. (0 22 66) 8 01 45, *cl.klucaric @gmx.at* (* Graz 29. 1. 68) – **S:** 88–92 ABK Wien, Meisterschule f. Bildhauerei (Prof. Joannis Avramidis) – **L:** 96, 97 Intern. Sommerakad. f. Bild. Kunst Salzburg (Ass. b. Katharina Fritsch u. Georg Eisler) – **P:** Anerkennungspr. f. Bild. Kunst d. Ldes NdÖst. 02; Projektstip. d. Bundeskanzleramtes 96, 01, 05; Aufenthaltsstip. d. Virginia Center for the Creative Arts (f. d. USA) 97; Förd.pr. Traklhaus Salzburg 97; Aufenthaltsstip. Dubrovnik 97; Siemens-Nixdorf-Wettb. (Nominierung) 97; Aufenthaltsstip. f. Rom 00; Reisestip. d. Ldes NdÖst. – **Ve:** IG Bild. Kunst seit 90 – **KGr:** Gruppe 77 (91–99) – **KGe:** POOL: C. K. u. Mischa Reska (96–01) – **G/T:** Zeichn., Objekt, Rauminstall., Fotogr. u. Video – **W:** zahlr. Werke im Privatbes. sowie mehrere Videos u. Performances – **M:** Graz, LM Joanneum; Graz, Slg d. Stadt; Linz, Lentos; Salzburg, Rupertinum (Fotoslg.); St. Pölten, Ndöst. LM; Wien, Slg Bank Austria; Wien, Slg Römerquelle; Wien, Slg d. Stadt – **Ö:** Graz, Wirtschaftskammer Stmk – **E:** 92 Wien, ABK; Graz, Urania-Gal. im Palais Trauttmansdorff; Wien, Theseustempel; 93 Graz, Minoriten Gal.; 96 Graz, Bildungshaus Mariatrost; Wien, Artothek (Förd.gal.); 97, 05 Salzburg, Traklhaus; Graz, Raum f. Kunst; 98 Graz, Künstlerhaus; Graz, Flughafen; 99 Hartberg, Gal. am Kirchpl.; Graz, Labor; 02 Berlin, Lit.haus Wannsee; 04 Graz, Forum Stadtpark; 05 Bregenz, Künstlerhaus Pal. Thurn u. Taxis; Owen Sound/Kanada, Tom Tomson Memorial Art Gall. – **G:** u. a. 90, 94, 95 Graz, Minoriten Gal.; 92, 95 Graz, LM Joanneum; 94 Holon, Mus. House of Art; 97, 99 Salzburg, Traklhaus; 01 London, ACI; 02 Linz, Lentos; 03 Graz, Schafschetzy; 03, 06 St. Pölten, Ndöst. LM – **V:** Ed.: SLIMVOLUME (Computerprint) 01; 01 (Siebdruck, Materialdruck u. Linolschnitt) 01; Werkstatt Traklhaus (Siebdruck, Lith. u. Linolschnitt) 04 – **R:** Videos (Konzeption u. Durchführung): you haven't got the power to destroy me 93; ...lebst du gerne? 03; EIN MANN 03; PARALLELLEBEN 04; eine analythisch-poetische annäherung: part one NICOLA 02; part two OLGA 02; part three GINKA 02; part four ANTONI 03 – ***Lit:*** u. a. AUSST.KAT.: Edmund Steirer: wie schlafen ameisen? 92; ders.: Stumme Tränen Weinen Bitter 93; Harald Jurkovic: a precious present 94; ders.: C. K. 97; Rainer Fuchs u. Harald Jurkovic: communication systems & Ginko 98; Andreas Spiegl, Judith Podell, Harald Jurkovic: LA PALOMA 99; Christa Steile, Peter Weibl u. a.: Die Kabinette des Dr. Czerny 01; Brigitte Borchhardt-Birnbaumer, Silvie Aigner u. a.: Künstlerinnen. Positionen 1945 bis heute 03; Alexandra Schantl u. Christa Hauer: Frauenbild 03; C.K. 05

Klümpen, Robert, Maler; c/o Galerie Peter Tedden, Bilker Str. 6, D-40213 Düsseldorf, Tel. u. Fax (02 11)

13 35 28, *info@galerie-tedden.de*, *www.galerie-tedden.de* (* Issum 73) – **VG:** Düsseldorf, Tedden; Frankfurt am Main, Detterer; Köln, Seippel; Riehen, Triebold; Mailand, di Maggio; Berlin, di Maggio – **S:** 94–01 KA Düsseldorf (b. A.R. Penck u. Dieter Krieg); 00 ebda (Meisterschüler v. Dieter Krieg) – **P:** Reisestip. d. KA Düsseldorf 99; Stud.stift. d. dt. Volkes (Stip. f .Venedig) 04; Villa-Romana-Pr. (Florenz) 05 – **Ö:** Köln, Kolumba (Kircheninnenraum, 360 × 720 cm, Acryl auf Lw., 02) – **E:** u. a. 99 Xanten, KV (m. Sven Kroner); Karlsruhe, Mus. (m. Frank Jebe); 99 (Kat.), 01 (m. Arno Bojak), 03 Düsseldorf, Tedden; 00 Düsseldorf, BBK; 01 Rheinfelden, Triebold (Kat.); 02 Düsseldorf, Kunstforum; Bad Münstereifel, Lethert; Köln, Fuhrwerkswaage (Kat.); Köln, Seippel; Epinal/Frkr., La Lune en Parachute; Neuenhaus, KV Grafschaft Bentheim (Kat.); 03 München, Dt. Ges. f. Christl. Kunst (Kat.); Mailand, Mudimadue; 03 (m. Ulrich Meister), 04 Frankfurt am Main, Detterer; 04 Riehen, Triebold; Venedig, Centro Tedesco di Studi Veneziani; 05 Göppingen, KV (Kat.) – **G:** 04 Oberhausen, Tedden: Die Jägerprüfung; 05 Aachen, Ludwig Forum: Zur Kasse, bitte

Kluge, Gustav, Prof., Maler, Graphiker; c/o Kunstakademie Karlsruhe, Reinhold-Frank-Str. 67, D-76133 Karlsruhe, Tel. (07 21) 85 01 80, Fax 84 81 50, *mail@kunstakademie-karlsruhe.de*, *www.kunstakademie-karlsruhe.de*. Lebt u. arbeitet in Hamburg u. Karlsruhe (* Wittenberge 7. 7. 47) – **VG:** Hamburg, Produzentengalerie – **S:** 68–72 HBK Hamburg (Malerei b. Kai Sudeck u. Gotthard Graubner) – **L:** 78–85 HBK Hamburg (Ass.); ab 86 ABK Karlsruhe (LBeauftr. f. Malerei, seit 96 Prof.) – **P:** Stift.pr. d. Stift. Bibel u. Kult. 06 – **G/T:** Malerei; Holzdrucke (als Druckstöcke dienen Tür-, Regal- o. Fußbodenbretter) – **W:** 74 Mitbegründer d. Produzentengal. in Hamburg – **E:** u. a. 83 Brühl, KV (Kat.); 84, 86, 90, 95, 02 Hamburg, Produzentengalerie (Kat.); 84, 97 Hamburg, KH (Kat.); 86, 89 (Kat.), 92 Köln, Zwirner; 86 Oldenburg, KV (Kat.); Hamburg, Raum f. Kunst (Kat.); 86, 95 (Kat.), 00 Reutlingen, Städt. KM Spendhaus; 87, 96 (Kat.), 00 (Kat.) Göttingen, KV APEX; 87, 88 Bonn, KV; Hamburg, KV; 87, 88, 97, 98 Karlsruhe, Badischer KV (Kat.); 90 Nagoya, Akira Ikeda Gall. (Kat.); 91 (Kat.), 93, 96, 99, 04, 05 München, Van de Loo; 91 (Kat.), 94 Berlin, Haas; 92 Saarbrücken, Saarland-Mus. (Kat.); 93 Herford, KV (Kat.); 94 Lübeck, St. Petri (Kat.); 97 München, SG Mod. Kunst (Kat.); 97, 98 Kiel, KH; 99, 02 Essen, 20.21 Gal. Edition Kunsthandel (Kat.); 99 Berlin, Haas & Fuchs; 00, 01 Leverkusen, StM Schloß Morsbroich; Rostock, KH; 03 Bremen, Ohse; 05 Berlin, Wohnmaschine (Kat.) – **G:** zahlr., zuletzt 04 Karlsruhe, ABK: 150 Jahre Staatl. ABK Karlsruhe (Kat.) – (Red.)

Knabe, Jürgen, Prof., Dipl.-Kunstmaler; c/o Malakademie, Hohe Str. 94, D-50667 Köln, Tel. (02 21) 2 57 58 34 (* Lübeck 10. 5. 31) – **S:** HBK Hamburg (b. Prof. Ivo Hauptmann u. Prof. Hartmann); ABK München (b. Prof. Crodel); Univ. München (Kunstgesch., Archäologie u. Anatomie) – **L:** 71–96 Kath. FHS NRW, Köln (Prof. f. Ästhetik u. Kommunikation) – **Ve:** BBK München u. Obb. 54 – **G/T:** Abstr., Portr. – **W:** Glasfenster in versch. Kirchen u. öff. Gebäuden – **E:** in ganz Dtld – **G:** New York, MOMA – **V:** Die Malakademie in Köln, 2 Bde – ***LitR:*** Maltechniken, ZDF 80

Knackstedt, Ines; Lausitzer Str. 7, D-10999 Berlin, Tel. u. Fax (0 30) 6 18 91 08, *ines.knackstedt@freenet.de*, *www.kunst-basis.org* (* Hamburg 25. 5. 65) – **S:** 85–92 HdK Berlin (Meisterschülerin) – **L:** 95–96 HBK Dresden (künstler. Mitarb.) – **P:** NaFÖG-Stip. d. Berliner Senats 92–94; Ausst.förd. d. Berliner Senats 96 (raum lassen) – **KGe:** Kunstkoje: I.K. u. Andreas Paeslack (seit 97); Kooperative Kunstpraxis – Ein Arbeitsbegriff: I.K. m. Jens Herrmann, Wolfram Höhne, Andreas Paeslack (seit 00) – **E:** 91 Berlin, Sievi; 94 Berlin, KV ACUD; 96 Berlin, Mus.akad. Gal. Adkins – **G:** 93 Berlin, Kunstwerke; 94 Berlin, Bahnhof Westend; 95 Potsdam, Waschhaus; Berlin, KV ACUD; 97 Berlin-Köpenick, Erster Maisalon; 98 Gera, Altes Stadtbad; 00 Moritzburg, Barockhaus – Projekt in Moritzburg (Kat.); 01 Moritzburg, Käthe-Kollwitz-Gedenkstätte; 01 u. 02 Frankfurt am Main, Art Frankfurt; 02 Dresden, Kult.-amt; Berlin, Goldberg-Inst.; Weimar, Neues Mus.; Weimar, KS; Erfurt, Thür. Kunstmesse; 03 Dresden, Min. f. Wiss. u. Kunst; Dresden, Kunsthaus – (Red.)

Knall, Ulli, Bild. Künstlerin; 16 Electric Avenue, London SW9 8JX/GB, *admin@ulliknall.com*, *www.ulliknall.com* (* Gräfelfing 70) – **S:** 89–95 Univ. f. angew. Kunst Wien (Bildhauerei u. Keramik, MA); 92–93 Rietveld Akad. Amsterdam (Skulpt.); 96–97 Goldsmiths College London (Fine Art, Postgraduierten-Dipl.); 97–98 Goldsmiths College London (Visual Arts, M.A.) – **E:** / G: u. a. 96 Wien, Cult; 00 London, Westbourne Gardens; Berlin, Wieland; 01 Tirana, Bienn.; Ostende, Orion Art Gall. – (Red.)

Knapp, Peter, Fotograf, Maler, Art Director, Dozent f. Fotogr., Ex. A. D. Elle; 53 rue Vauréal, F-95000 Cergy, Tel. 01 30 30 16 72, Fax 01 30 38 53 48. 135 Monbielerstr., CH-7250 Klosters (* Bäretswil 5. 6. 31) – **VG:** Basel, Littmann; Paris, Lebon – **S:** 47–51 KGS Zürich (Graph.); 51–51 EBA Paris – **L:** seit 83 Éc. Supérieure d'Art Graphique E.S.A.G. – **G/T:** Fotogr., Modefotogr., Malerei – **M:** Bochum, Mus.; Chalon-sur-Saône, Mus. Nicéphore Niépce; Paris, Fonds Rég. d'Art Contemp. d'Ile-de-France; Zürich, Kunsthaus – **E:** zahlr. Ausst., u. a. 75 Paris, Denis René; 86 Paris, Art Center; 87 Bochum, Mus.; 93 Genf, Centre de la Photogr. – **G:** 76, 78, 88 photokina – **V:** zahlr. Bildveröff. in intern. Ztgn u. Zss, u. a. in Vogue, Stern, Sunday Times u. Zeit-Mag. – **R:** mehrere Fs.-Sdgn sowie Fs.- u. Dokf., u. a.: Dim Dam Dom 70; Musique Graffiti 96 – ***Lit:*** Koetzle 02

†**Knauf,** Horst; lebte in Windeck-Perseifen (* Kaarst 22. 12. 50, † 25. 2. 06) – **S:** KSch Strahn Düsseldorf-Oberkassel – **G/T:** poetische Originalgraph., div. graph. u. malerische Techniken, Skulpt., Metallplast., Relief, Mosaik, Objekte – **E:** zahlr. Ausst. in Dtld u. Teiln. an nat. u. intern. Kunstmessen in Dtld, d. Schweiz u. d. USA sowie hjl. Ausst. im Atelierhaus d. Künstlers – **V:** Die Stunde der Perlen (Orig.rad. m. kalligraph. Schriftblatt) 79; sowie Buchtitel- u. Textill. zahlr. Bücher u. in Zss

Knaupp, Werner, Prof., Maler, Zeichner, Bildhauer; Ernhofen 15, D-91227 Leinburg, Tel. u. Fax (0 91 87) 12 98, *wernerknaupp@t-online.de*, *www.wernerknaupp.de* (* Nürnberg 3. 5. 36) – **VG:** Frankfurt am Main, Rothe; Nürnberg, Defet – **S:** 57–64 ABK Nürnberg (Malerei b. Fritz Griebel, Otto Michael Schmitt u. Gerhard Wendland) – **L:** 70–71 Staatl. ABK Karlsruhe (Gastdoz.); 86–01 ABK Nürnberg (Prof. f. Malerei) – **P:** Förd.pr. d. Stadt Nürnberg 66; Förd.pr. d. Stadt Darmstadt 69; Kunstpr. d. Stadt Eichstätt 72; Kunstpr. d. Kreissparkasse Esslingen-Nürtingen 81; Kunstpr. d. Philip Morris GmbH München 81; Kunstpr. d. Ev. Ldeskirche Bayern 83; Pr. d. Stadt Nürnberg f. Kunst u. Wiss. 85; Otto-Grau-Kulturpr. 93; Wolfram-v.-Eschenbach-Kult.pr. 94; BVK 1. Kl. 94; Friedrich-Baur-Pr. d. Bay. Akad. d. Schönen Künste 95; Kunstpr. d. Nürnberger Nachrichten 97 – **G/T:** Malerei (Aqu., Gouache, Acryl); Zeichn. (Feder, Kugelschreiber, Kohle); Collage; Skulpt. (Eisen) – **M:** Augsburg, SG in d. KH; Berlin, NG; Coburg, KS d. Veste; Dresden, GG NM; Freiburg im Breisgau, Mus. f. Neue Kunst; Hagen, Karl-Ernst-

Osthaus-Mus.; Hamburg, KH; Kassel, Mus. f. Sepulkralkult.; Kiel, KH; Köln, Mus. Ludwig; Ludwigshafen, Wilhelm-Hack-Mus.; Mannheim, StKH; München, Pin. d. Mod.; New York, MOMA; Nürnberg, Neues Mus.; Schleswig, LM f. Kunst u. Kult.-Gesch. Schloß Gottorf; Stuttgart, SG; Wolfsburg, StG – **E:** zahlr. Einzelausst. seit 65, zuletzt 97 Kronach, KV; Garmisch-Partenkirchen, Ausst.-Halle auf der Zugspitze; 99 Wasserburg am Inn, Gal. im Ganserhaus; 99, 01 Berlin, Hartmann & Noé; 00 Coburg, KV; 00, 03 Nürnberg, Defet; 01 Lindau, Holbein; 02 Augsburg, Gal. Kulturesk; Nürnberg, Neues Mus. – **G:** zahlr. Ausst.bet. seit 67, zuletzt 00 Passau, MMK; Karlsruhe, Ev. Kirchbauamt; Kronach, KV; Wehr-Oeflingen, Kunst u. Diakonie e.V.; 01 Augsburg, Zeughaus; 02 Heidelberg, KV – **V:** zahlr. Kat. – **R:** m. Christoph Gerling: Lisa, Rosa, Waldemar, 16-mm-Farbfilm 76 – ***Lit:*** Reclams Künstlerlex. 02; Schweers 02 – (Red.)

Knaus, Ingrid (gesch. Ingrid Gross), Mag. Dr. phil., Malerin; Schumanngasse 21, A-8010 Graz, Tel. (03 16) 48 27 49, *ingrid.knaus@aon.at, www.ingrid-knaus.com; www.mitglied.lycos.de/ingridknaus; www.kulturserver-graz.at* (* Sulztal an d. Weinstr./Stmk 23. 10. 58) – **VG:** Wien, Kandinsky – **S:** als Malerin Autodidaktin; 88–93 Karl-Franzen-Univ. Graz (Dt. Philologie u. Kunstgesch.); 97 Diss. – **Ve:** VBK Öst. 00; IG Bild. Kunst 06 – **KGr:** Künstlerbund Graz (Mai-Oktober 99); Post-Barock (seit 97) – **G/T:** Ölmalerei – **W:** zahlr. Werke in Privatbes.; Ld NdÖst., Abt. Kult. u. Wiss. (06); Stadt Gleisdorf, Kult.büro (05); Stadt Deutschlandsberg (01, 03); Stadt Graz (05) – **M:** Gamlitz/Stmk, Schloß; Graz, LM Joanneum; Graz, Raiffeisen Ldesbank Stmk; Wien, Wagner – **Ö:** Gamlitz, Weinbaumus. u. Gal. Schloß Gamlitz; Gratkorn, Sappi; Graz, Kult.amt; ebda, Slg d. Wirtschaftskammer Stmk, Kammer f. Arbeiter u. Angestellte f. Stmk, Steiermärkische Bank- u. Spk.-AG, Ldes Hypothekenbank Stmk, Raiffeisen Ldesbank Stmk, Abfall- Entsorgungs- u. VerwertungsGmbH (AEVG); Wien, Otto Wagner Gal.; ebda, Psychiatr. Krankenhaus Baumgartner Höhe – **E:** zahlr. Einzelausst. in Gal., Kult.zentren, Bildungshäusern sowie auf Plätzen d. Alltagskult. in Graz, Wien, Kärnten, Innsbruck u. d. Stmk, z.B. 04 Graz, Beschaffungsamt d. Stadt: KIA (Kat.); Weiz, Weberhaus; 05 Gleisdorf, Forum Kloster; 06 Baden, Kreativzentrum; Tainach/Kärnten, Bildungshaus Sodalitas; Graz, Schöllerbank – **G:** zuletzt 03 Florenz, Bienn. Intern. dell'Arte Contemp. (Kat.); Wien, Kandinsky; Rendsburg, Kult.- u. Freizeitmus. (Kat.) – **V:** WERKKAT.: Post-Barock (m. Texten z. Entstehung d. Bilder) 99; Kerstin Braun: Subjektive Weise des Erzählens, In: Fammi vedere (Texte zu Bildern) 00, 01; kleinkariert plus 04; Marcel Fotter u. Ruud van Weerdenburg (Hrsg.): Tinctur, Zs f. Lit. u. Kunst (Umschlagbild 'Farbiges Warten'), 12/04; Farbiges Warten 05 – ***Lit:*** ZSS: u. a. Elisabeth Fink-Stoisser: I.K., In: box, das südsteiermarkmag., 17/04, S. 12; Helene Kubelka: I.K. Farbiges Warten. Tagebuch u. Innenraum, In: bn 3/05, Christian Stenner: Farbiges Warten v. I.K., In: Korso. Art box, Dez. 05; – KAT.: I.K. Sommermorgen, In: Auktionskat. VII. Kiwanis Kunstauktion (Ldesmusikschule Bad Ischl) v. 15.11.03; I.K. Morgen weiß ich mehr, In: VIII. Kiwanis Kunstauktion (Ldesmusikschule Bad Ischl) v. 13.11.04

Knautz, Brunhild (geb. Brunhild Panthel), Malerin; D-57567 Daaden (* Kirchen/Sieg 28. 11. 36) – **S:** seit 83 künstl. Ausb. – **Ve:** Kunstforum Westerwald Westerburg seit 92 – **G/T:** figurative Malerei (expressionistische Ldschaften) – **G:** zahlr. Ausst.bet. im Kunstforum Westerwald in Westerburg u. im In- u. Ausland – (Red.)

Knebel, Konrad, Maler, Graphiker; Pasteurstr. 30, D-10407 Berlin, Tel. (0 30) 4 25 12 81 (* Leipzig 24. 2. 32) – **VG:** Berlin, Leo.Coppi – **S:** 51–57 KHS Berlin-Weissensee (Malerei b. Kurt Robbel, Arno Mohr, Bert Heller u. Toni Mau) – **P:** Berlin-Pr. 77; Nat.pr. d. DDR 80; Käthe-Kollwitz-Pr. 90 – **Ve:** Künstlersonderbund in Deutschland – **M:** Berlin, AK; Berlin, NG; Chemnitz, KS; Dresden, GG NM; Frankfurt/Oder, Mus. Junge Kunst; Halle/Saale, Staatl. Gal. Moritzburg; Leipzig, MBK; Magdeburg, Kulturhist. Mus.; Rostock, KH; Schwerin, Staatl. Mus. – **E:** 95 Berlin, Gal. d. Mathematischen Fachbibliothek d. TU; 99 Berlin, Gal. am Prater; 02 Berlin, Gal. Mitte; 03 Berlin, Begegnungszentrum f. Kunst, Kirche u. Ges. im Berliner Dom; 07 Berlin, Parterre – **G:** 93 Berlin, Gal. am Prater; 02, 03 Berlin, Leo & Coppi; 03 Berlin, Märkisches Mus.; – weiterhin: Schlettau, Schloß; 01–02 Wanderausst. in 4 Städten d. USA – ***Lit:*** Lang 02; Schweers 02; NG Berlin 03

Knebel, Sven, Maler, Graphiker, Bildhauer, Autor; im Höfli 90, CH-8158 Regensberg/Zürich, Tel. 08 53 14 74 (* Zürich 25. 1. 27) – **S:** KSch Zürich (Malerei, Graph., Bildhauerei); Freie Akad. Paris – **L:** KGS Zürich (Zeichnen); Schule f. Gest. Zürich (Techniken f. Orig.graph., Malerei) – **P:** Bologna (2. Pr.) 00, (1. Pr.) 01; SLB Schweizer Pr.; Rompr.; Pr. Vasari Paris; Academia Italia (1. Pr.); Academico d'Italia – **Ve:** Ges. Schweiz. Maler, Bildhauer u. Architekten Sektion Zürich; Unesco Paris Art – **KGe:** SPEKTRUM (seit 58, intern. Dichtung u. Orig.graph.) – **G/T:** alle Techniken; Orig.graph. (Kupferdruck, Lith., Stein) – **K:** Lith. – **W:** überw. in Privatbes. u. in div. Mus. sowie Kunst am Bau – **Ö:** ca. 60 Skulpt. auf freien Pl., Wandteppiche u. -malereien sowie Glasfenster in der Schweiz u. im Ausld, u. a. Basel, Swissair; Buenos Aires, Casa Suiza; Hirslanden, Krankenheim (Wandmalerei); Leimbach, Kirche (Farbglasfenster); Neumünster, Kirche (Farbglasfenster); Osaka, Weltausst. (Schweizer Pavillon); Wil/ZH, Kirche (Farbglasfenster); Zürich, Grunau (Plast. Stahl); ebda, Heizenholz, Flughafen (Wandteppich) – **E:** zahlr. in vielen Städten d. Schweiz, in Dtld, GB, Frkr., Ital., Spanien, USA, Jap., Philippinen, Polen, Tschechien, DDR, Brasilien, Argentinien, Israel, Mexiko, Öst., Hongkong – **V:** zahlr. Texte u. Gedichte in Anthologien u. div. Lit.zss; div. Kat. (Text u. Bild, z.T. Orig.graph.); seit 58 Hrsg., Red. u. Gest. v. SPEKTRUM, Intern. Vierteljahresschrift f. Dichtung u. Orig.graph. – ***Lit:*** Kat.texte, Aufs. in Zss sowie Kunstanthologien – ***LitR:*** versch. Beitr.

Kneer, Kurt, freier Maler u. Plastiker; Karlstr. 28/2, D-89073 Ulm, Tel. (07 31) 6 35 53 (* Ulm 17. 1. 32) – **S:** 49–55 Staatliche FHS Ulm (b. Bildhauer A. Bühler) – **P:** Kunstpr. TSG Ulm-Söflingen 96; Kunstpr. d. Spk. Neu-Ulm/Illertissen 98 – **Ve:** BBK Bad.-Württ. 75 – **G/T:** Öl- u. Acrylmalerei; Plast. (Bronze, Stein, Polyester, Holz, Ton); expressive Figuration – **W:** u. a. in d. Slg d. Ldes BW – **M:** Ulm, Ulmer Mus. – **Ö:** Neu-Ulm-Illertissen, Spk; Notzingen, Archit.zentrum T. Pfeifer; Ulm, FHS; ebda, Gal. Pro Arte, Spk., Südwestmetall-Geschäftsstelle – **E:** u. a. 75 Ulm, Ulmer Mus.; 81 Memmingen, Mühleisen; 83 Neu-Ulm, KV; 89 Ehingen, Stadtmus.; 92, 97 Ulm, Künstlerhaus Ulm; 94 Reutlingen, Villa Wandel; 95 Laupheim, StG; 00 Geislingen, Stadtkirche; 02 Ulm, Südwest-Presse-Gal.; 03 Wangen, StG – **G:** zahlr. Ausst.bet. im In- u. Ausld, u. a. 80 Meersburg, Neues Schloß; Stuttgart, Gal. unterm Turm; Rosenheim, StG; 83 Paris, Le Salons des Nations á Paris; Ludwigsburg, Villa Franck; München, Haus d. Kunst; 85 Kirchheim, Kult.ring; 86 Bonn, Ldesvertretung BW; 87 Heidenheim-Oggenhausen, Kr.kunstausst.; 99 Düsseldorf,

Cast Art – ***Lit:*** Kat. anläßlich d. Ausst. in d. Gal. Schranne in Laupheim 95

Kneffel, Karin, Prof., Malerin, Graphikerin; lebt in Düsseldorf, *k.kneffel@hfk-bremen.de*, *www.kneffel.de* (* Marl 57) – **VG:** u. a. Stuttgart, manus presse; Krefeld, Schönewald u. Beuse; Zürich, Van Orsouw; Barcelona, Senda – **S:** 77–81 Westf. Wilhelmsuniv. Münster (Germanistik u. Phil.); GesamtHS Duisburg; 81–87 KA Düsseldorf (b. Johannes Brus, Norbert Tadeusz u. Gerhard Richter, Meisterschülerin b. dems.) – **L:** 95 Sommerakad. Augsburg (LAuftr.); 98 HdK Berlin (Gastprof.); 00 Reykjavík (Gastprof.) seit 00 HS f. Künste Bremen (Prof.) – **P:** Cité Intern. d. Arts Paris 84–85; Karl-Schmidt-Rottluff-Stip. 91; Stift. Kunstfonds – Arb.- u. Projektstip. 92; Lingener Kunstpr. 94; Villa-Massimo-Stip. 96 – **G/T:** Malerei (realist. Darst., Tiere, Früchte, Lsch. u. Interieurs) – **M:** Baden-Baden, Mus. Frieder Burda – **E:** u. a. 84 (m. Elke Denda), 91, 97 München, Schöttle; 88 Heidelberg, Raum 404; 89, 92 Düsseldorf, Langenkamp; 89, 91 Köln, Ungers; 90, 92 Frankfurt am Main, Schütz; 92 Paris, Schöttle; 93 Köln, Art Cologne (Einzelkoje); Bremerhaven, KV; Amsterdam, Reiff (m. Jacques van Erven); 93, 04 Barcelona, Senda; 94 's-Hertogenbosch, Mus. voor Hedendaagse Kunst; 94 (m. Royce Weatherly), 98 Paris, Seguin; 96 Rottweil, Forum Kunst; 96, 01 Mailand, Leccese; 97 Rom, Villa Massimo (m. Eberhard Knauber); 97, 01 Zürich, Van Orsouw; 98 Köln, Johnen & Schöttle; 99 Château-Thierry, Mus. Jean de La Fontaine; 00 Turin, Castello de Rivara; 02, 06 Wien, König; 03 Xanten, Schönewald; 04 New York, Mathes; 05 Stuttgart, manus presse; Bilbao, Vanguardia; 06 Ulm, Ulmer Mus. (Kat.); Bad Homburg, Altana Kult.forum; Goslar, Mönchehaus-MMK (Kat.) – **G:** sehr zahlr., zuletzt u. a. 04 Düsseldorf, Klinkhammer & Metzner: Come back in one piece; Bautzen, SM u. Reg.-Mus. d. sä. Oberlausitz: Bautzener Herbstsalon; 04 (Opening exhib.), 05 (Bilderwechsel) Baden-Baden, Slg Frieder Burda; 05 Delmenhorst, StG: Schönheit d. Malerei; Köln, Comme ci comme ca II: Petits Fours; Heidelberg, KV: Früchte in d. Kunst – ***Lit:*** zahlr. Art. in Ztgn u. Zss, zuletzt u. a. Ute Vorkoeper: Von der Großwildjagd zum Artenschutz, In: Die Zeit v. 13.3.06 – (Red.)

Knie, Rolf; Schönbodenstr. 6, CH-8640 Rapperswil, Tel. 05 52 11 93 93, Fax 05 52 11 93 94, *info@rolfknie.com*, *www.rolfknie.com* – **G/T:** Malerei, Graph. – (Red.)

Knipp, Günther, Prof., bild. Künstler; Goethestr. 10, D-52064 Aachen, Tel. (02 41) 7 36 21, *www.guenther-knipp.de* (* Frankenstein 10. 7. 35) – **VG:** München, Kunsthandel Marion Grcic-Ziersch – **S:** 55–61 HBK Hamburg (b. Theo Garve u. Emil Schumacher) – **L:** 79–00 FHS Aachen (Prof., Zeichn., Gest., Gest.lehre Farbe); 01 Univ. Chengdu/China (Advisory Prof., Raum, Wand, Farbe u. Form) – **P:** Förd.pr. Bild. Kunst d. Freistaates Bay. 71/72; Villa-Massimo-Stip. 71/72; Kunstpr. d. Böttcherstr. in Bremen 75 – **Ve:** Dt. Künstlerbund – **KGr:** Neue Gruppe München (seit 73) – **G/T:** Zeichn., Malerei, Collage, Raum- u. Wandgest. – **W:** überw. in privaten Slgn, u. a. Bremen, Slg Hollweg; Grasse/Frkr., Slg GUTO; Hamburg, Slg Buchholz; Korntal, Slg Jensen; München, Slg W. Krüger; Sindelfingen, Slg Reinheimer; Worpswede, Slg Wilhelm F. Meier – **M:** Aachen, Ludwig Forum; Augsburg, StKS; Berlin, SMPK; Berlin, Slg d. BRD; Bochum, Mus.; Bremen, KH; Coburg, KS d. Veste; Darmstadt, StKS; Duisburg, Slg König Pils; Düsseldorf, Mus. Kunst Pal.; Frankfurt am Main, Städel; Hamburg, KH; Hannover, Sprengel Mus.; Karlsruhe, SKH; Mannheim, StKH; München, Lenbachhaus; München, Staatl. GrS; Recklinghausen, StKH; Regensburg, Ostdt. Gal.; Stuttgart, SG; Tübingen, KH; Viersen, StG; Wiesbaden, Mus. – **Ö:** u. a. Aachen, FHS Boxgraben; Duderstadt, Spk.; Chengdu/China, Festhalle d. Univ. – **E:** zahlr. Ausst. seit 64, u. a. 69 Bremen, KH; Düsseldorf, KH; 72 Mannheim, StKH; Rom, Villa Massimo; 74 München, Ketterer; 79 Duisburg, Wilhelm-Lehmbruck-Mus.; 82 Aachen, Neue Gal., Slg Ludwig; Regensburg, Ostdt. Gal.; 83 Viersen, StG; 98 Bremen, Gal. Friesenhaus; 01 Chengdu/China, Festhalle d. Univ.; Xian/China, KHS; 06 Washington, Karma Art Center – **G:** zahlr. Ausst.bet. seit 64, u. a. 70 Darmstadt, Internationale d. Zeichn.; seit 73 Düsseldorf, Kunstmarkt; Köln, Art Cologne; seit 75 Ausst. d. Dt. Künstlerbundes; 77 Kassel, documenta; 82 Bonn, Bundeskanzleramt; Nürnberg, Germanisches NM; 83 Berlin, NG; London, Barbican Centre; 96 Aachen, Spk. – ***Lit:*** Rolf-Dieter Brinkmann: Der Maler G. K., in: Der Film in Worten 75; – Ausst.kat.: Ladstätter: G. K. Zeichnungen von 1967–1972, Ausst. StKH Mannheim 72; Siegfried Salzmann: Knipp. Zeichnungen, Ausst. Wilhelm-Lehmbruck-Mus. Duisburg 79; Dieter Boeminghaus: Die neuen Bilder von G. K., Ausst. Spk. Aachen 96; – Beitr. in Ztgn: HP Piwitt: Im Zustand des Schauens, Frankfurter Rundschau 78; Doris Schmidt: Geheimnis im Dickicht, Süddt. Ztg 78

Knobel, Horst, freischaffender Maler u. Gestalter; Kirchwiesenbogen 34, D-34286 Spangenberg, Tel. (0 56 63) 4 37 (* Kassel 15. 9. 24) – **S:** 39 KGS Kassel; Weiterbildung als Autodidakt – **Ve:** KV Kassel 49–85; BBK Hessen – **KGr:** Die Hessen (50er Jahre); Zwalmbrücke – **G/T:** Zchng u. Malerei (Öl, Aqu., Pastell) sowie Graph. (Lith. u. Rad.); Lsch.impressionen – **E:** zahlr. im In- u. Ausld, u. a. 02 Monte Carlo, Salon Intern. – weitere: Alsfeld, Mus.; Morschen, Kloster Heydau; Neu-Anspach, Freilichtmus. Hessenpark; Schwalmstadt, Mus. d. Schwalm; Spangenberg, Jagd- und Schloßmus. – sowie in Baaigem/Belgien, Bad Hersfeld, Bamberg, Frankfurt am Main, Genf, Hamburg, Karlsruhe, Kassel, Kehl, Köln, Marburg, Mulhouse, Recklinghausen, Wesel, Wiesbaden u. Zürich – **G:** Teiln. an d. Ausst. d. BBK Hessen, d. KV Kassel u. d. Künstlergr. Zwalmbrücke – **V:** div. Kal. (Landschaften u. Pastelle) 94, 95, 00 – MAPPEN: Hess. Landschaften u. Dörfer (Lith.) 75; Boote. Bretagne. Bauernwagen 75; Hess. Motive (Rad.) 83, 87 – ***Lit:*** H.J. Fröhlich: Alte liebenswerte Bäume in Hess. 84; C. Bantzer: Hess. in d. dt. Malerei 93; H.J. Fröhlich: Zauber d. Alleen 96; Schwälmer Jb. 90, 91, 96; Kunst an Straßen o. J. – ***LitR:*** Bilderbogen, HR 94; H.K., Fs. Monte Carlo 02

Knobloch, Edgar, Graphiker; Holbeinstr. 59, D-04229 Leipzig, Tel. (03 41) 9 80 80 69 (* Bad Frankenhausen 68) – **S:** 90–97 HS f. Kunst u. Design Burg Giebichenstein Halle/Saale – **L:** seit 01 HS f. Kunst u. Design Burg Giebichenstein Halle/Saale (Ass.) – **P:** Konrad-Adenauer-Stip.; Eduard Bargheer Stip.; Kunstpr. d. Dresdner Bank 97; VEAG-Kunstpr. 98; Pr. d. Leipziger Jahresausst. 04 – **G/T:** Graph. (Schwerpunkt: großformat. Zchngn) – **Ö:** Halle/Saale, Stadtwerke; Leipzig, Max-Planck-Inst. f. evolutionäre Anthropologie – **E:** 97 Halle/Saale, Staatl. Gal. Moritzburg; Dessau, Schloß Mosigkau (Kult.stift. Dessau-Wörlitz); 00 Erfurt, KH; 04 Leipzig, Laden f. Nichts – **G:** 99 Paris, Lambert-Rouland; 01 Berlin, AK; 04 Cottbus, Vattenfall-Zentrale

Knobloch, Peter, Maler, Autor, Selbstverleger; Eichenstr. 21, D-86845 Großaitingen, Tel. (0 82 03) 95 15 89, Fax 95 15 84, *peter@kunstmalerundwanderer.de*, *www.kunstmalerundwanderer.de* (* Berlin 22. 12. 37) – **L:** VHS – **G/T:** impressionistische Zeichn. u. Ölmalerei; Portr.zeichn. (Mensch u. Tier) – **K:** Zeichentechniken, Ölmalerei, Portr.zeichnen, autogenes

Training, Meditation – **E:** ca. zwei Ausst. jl., u. a. 05 Bad Kohlgrub; Bad Wörishofen; 06 Herrsching am Ammersee; Schwangau – **V:** Mit Stiften und Pinseln im Fünf-Seen-Land 03; Faszination Herbst: Worte, Zeichnungen, Ölbilder 03; Workshop Meditation: Worte, Zeichnungen, Ölbilder 04; Jahreszeiten – Meine Wanderung 06

Knobloch, Thoralf; lebt u. arbeitet in Dresden (* Bautzen 62) – **VG:** Dresden, Gebrüder Lehmann; Frankfurt am Main, Neff – **S:** 88–94 HBK Dresden (Dipl. b. Prof. Ralf Kerbach) – **G/T:** Malerei – **E:** 02 Dresden, Gebrüder Lehmann; 03 Frankfurt am Main, Neff – **G:** u. a. 02 Los Angeles, Sandroni Rey Gall.; 03 Frankfurt am Main, Neff; London, Wilkinson – (Red.)

Knoch, Susann s. Hoch, Susann

Knoebel, Imi (eigtl. Wolfgang Knoebel), Objekt- u. Installationskünstler; Reichsstr. 53, D-40217 Düsseldorf, Tel. (02 11) 38 27 90, 3 84 03 52, Fax 37 06 99 (* Dessau 31. 12. 40) – **VG:** Bad Honnef, Rackey; Bad Münstereifel, Klein; Berlin, Ikeda; Düsseldorf, Strelow; Essen, Neher; Hamburg, Multiple Box Hamburg; Hamburg, Munro; Köln, Kewenig; Köln, Krips – **S:** WerkKSch Darmstadt; 64–71 Staatl. KA Düsseldorf (b. Joseph Beuys) – **M:** Berlin, NG; Bonn, KM; Chemnitz, KS; Frankfurt am Main, MMK; Freiburg im Breisgau, Mus. f. Neue Kunst; Kassel, Neue Gal.; Köln, Mus. Ludwig; München, Pin. d. Mod.; München, Slg Goetz – **E:** / G: zahlr. Ausst. seit 68, u. a. 72–87 documenta; 02 Wien, Gal. nächst Sankt Stephan; Berlin, Völcker; Mailand, Gall. Salvatore + Carolina Ala; München, Thomas; 03 München, Grimm; Berlin, Fahnemann; Essen, Neher; Berlin, Schulte; Minneapolis/MI, Walker AC; Hamburg, Munro; Madrid, Gal. Helga de Alvear – ***Lit:*** Reclams Künstlerlex. 02; Schweers 02 – (Red.)

Knöbl, Helga s. Glattfelder-Knöbl, Helga

Knöbl, Siegfried s. Sigurd

Knoedler, Heinz; Schloß Hohenellwangen, D-73479 Ellwangen, Tel. (0 79 61) 75 67 – **G/T:** Malerei – (Red.)

Knöfel, York der (* Potsdam 62) – **P:** Berlinstip. 93; Arb.stip. d. Intercommunication Center, Tokio 98, 99; Arb.stip. Akiyoshidai AM, Japan 00 – **G/T:** Install. (Fotogr., Video); Objektkunst – **E:** zahlr. Ausst., zuletzt u. a. 98 New York, Goethe-Inst.; Berlin, Neuer Berliner KV; 99 Tokio, Intercommunication Center; 99, 00 Berlin, Wohnmaschine; 00 Chicago, Vedanta; Akiyoshidai, AM – **G:** u. a. 00 Leverkusen, StM Schloß Morsbroich; Nürnberg, Neues Mus.; Tokio, Gall. Comand N; Chicago, Vedanta; Hamburg, Kunsthaus – **R:** Attika, Super-8-Film 88 – (Red.)

Knöller, Paco, Prof., Maler, Zeichner; Oranienstr. 183, D-10999 Berlin, Tel. (0 30) 6 18 79 66 (* Obermachtal/Donau 50) – **VG:** Berlin, Schulte; Köln, Greve – **S:** 72–78 KA Düsseldorf (b. Joseph Beuys) – **L:** seit 01 HS f. Künste Bremen (Prof.) – **G/T:** Malerei; Zchngn; Graph.; Papierarb. – **M:** Berlin, Kpst.-Kab. – **E:** u. a. 94, 96, 00–01, 02 (m. Norbert Prangenberg u. Hanns Schimansky) Berlin, Schulte; 97 Karlsruhe, SKH (Kat.); 97–98 Hannover, Sprengel Mus.; 02 Berlin, Hamburger Bahnhof (Retr.); 03 Köln, Greve; Mailand, Greve; 04 Bremen, KH (Kat.); 06 Madrid, Arnés y Röpke – **G:** u. a. 04 Eislingen, KV: Bienn. d. Zchng – **V:** Fraktale 04 – (Red.)

Knöpfli, Giovanni s. Bottone, Giovanni

Knoll, Anne, Freischaffende bild. Künstlerin; A-8212 Pischelsdorf 190, Tel. (0 31 13) 22 42 (* Graz/Stmk 11. 8. 59) – **S:** 76–80 FS f. Bildnerische Gest. Graz – **P:** Hans Neumann-Stift.pr. 99; Interaktionspr. 'Graz lebt auf' 01; Kunstfrühlingspr. Bad Wörishofen 03 – **G/T:** Malerei, Bildhauerei, Konzept, Landart (Kunst m. u. in d. Ldschaft) – **K:** Malerei, Bildhauerei, Konzept-art, Symposien – **W:** Kneipp Aktiv Park Mittleres Feistritztal, Auffen, Pischelsdorf – **M:** Abbazia di Valvisciolo, Mus. d'arte Sacra Contemp. – **Ö:** u. a. Arriach, Hauptpl.; Bad Wörishofen, Stadtgarten; Bierbaum, Zentrum; Edelsbach, Gsellmann Weltmaschine; Fürstenfeld, Geothermie; Gleisdorf, Zentrum; Graz, Paulustorgasse 4; Großsteinbach, Ortszentrum; ebda, Maria Fieberbründl; Hartberg, Ökopark; Hebalm, Labuchkogel Irdning, Zentrum Izakovci, Murmühle; Kapfenstein, Schloß; Mureck, Zentrum; Passail, Peripherie; Weiz, Bahnhof – **E:** u. a. 92 Graz, Joanneum Ecksaal; 98 Brüssel, Stmkhaus; 99 Schiltern, Gal. Schloß Schiltern; 02 Lebring, Kult.saal; 03 Hatzendorf, Gal. Malerwinkl; 04 Hartberg, Kult.saal; Mitterdorf b. Weiz, Wald; Siegersdorf, Kult.saal; Graz, Grazer Oper; 05 Graz, Otto Möwes Akad. – **G:** zahlr. Ausst. seit 85, u. a. 90 Paris, Nous Exposons Au Paas; 92 Paris, UNESCO; 93–95 Pischelsdorf (steirischer Herbst out of Graz); 97 Wien, Mus.quartier; Wien, MAK; Padova, San Michele; 97, 98 Sermoneta, Abbazia di Valvisciolo; 00 Hollenburg, Schloß-Gal.; Sitran D'Alpago, Portici Inattuali; 01 Großwarasdorf, KUGA; St. Ulrich im Greith, Kunsthaus; Marburg, Synagoge; Fürstenfeld, StG; 03 Bad Wörishofen, Kunstfrühling; Hebalm, Dom d. Waldes; 04 Wien, Möbel – **V:** Im Siegersdorfer Mehlspeishimmel (Ill.) – **R:** Angelika Weber: KNEIPP – Im Einklang m. Körper, Geist u. Seele, DVD 05 – ***Lit:*** Inge Friedl u. Beatrix Rath: Kinder entdecken die Stmk; Max Mayr: steirische berichte; – KAT.: Jocelyne Etienne-Nugue: Recuperation-Recycling Waste, 93; Mirella Vetica: Eventi 93; Marianne Wurst: Zeitzeichen 98; Luigi Bonfanti: Eventi 98; Gruppo Sportivo Sitran: XII Portici Inattuali 00; Gabriele Wolf: Perspektive Volkskultur 01 – ***LitR:*** Martin Scheid: Anne & Peter Knoll. Ganz Ich (Ö 1) 04

Knoll, Peter, Freischaffender bild. Künstler, Bildhauer, Objekt- u. Konzeptkünstler; A-8212 Pischelsdorf 190, Tel. (0 31 13) 22 42 (* Weiz/Stmk. 23. 4. 57) – **S:** 80–85 TU Graz (Archit.), daneben künstler. Ausb.; Künstlerstatus durch d. Künstlerkomm. d. BmfUK Wien – **P:** Hans Neumann-Stift.pr. 99; Interaktionspr. 'Graz lebt auf' 01; Kunstfrühlingspr. Bad Wörishofen 03 – **G/T:** Landart (Kunst mit u. in d. Landschaft), Bildhauerei, Konzept u. Install. – **K:** Workshops: Bildhauerei, Malerei, Konzept-art u. Symposien – **W:** in Privatbes.; Kneipp Aktiv Park Mittleres Feistritztal, Maria Fieberbründl, Großsteinbach, Auffen, Neusiedl, Pischelsdorf, Blaindorf, Hartl b. Kaindorf, Siegersdorf, St. Johann b. Herberstein, Hartberg, Aflenz, Bad Aussee – **M:** Abbazia di Valvisciolo, Mus. d'arte Sacra Contemp. – **Ö:** Arriach, Hauptpl.; Bad Wörishofen, Stadtgarten; Bierbaum, Zentrum; Edelsbach, Gsellmann Weltmaschine; Fürstenfeld, Geothermie; Gleisdorf, Zentrum; Graz, Paulustorgasse 4; ebda, Otto Möwes Akad. (Park); Großsteinbach, Ortszentrum; Hartberg, Ökopark; Hebalm, Labuchkogel; Irdning, Zentrum; Izakovci, Murmühle; Kapfenstein, Schloß; Markt Hartmannsdorf, Zentrum; Mureck, Zentrum; Passail, Peripherie; Salla, Zentrum; St. Ulrich im Greith, Ortsgebiet; Tiefenbach, Zentrum; Weiz, Bahnhof – **E:** 92 Graz, LM Joanneum (Ecksaal); 98 Brüssel, Stmk.haus; 99 Schiltern, Gal. Schloß Schiltern; 02 Lebring, Kult.saal; 03 Hatzendorf, Gal. Malerwinkl; 04 Hartberg, Kult.saal; Mitterdorf b. Weiz, Wald; Siegersdorf, Kult.saal; Graz, Grazer Oper – **G:** zahlr. Ausst.bet. seit 85, zuletzt 90 Paris (Nous exposons au Paas); 92 Paris, UNESCO; 93–95 Pischelsdorf (steirischer Herbst out of Graz); 97 Wien, Mus.quartier; Wien, MAK; Padua, San Michele; 97, 98 Sermoneta, Abbazia di Valvisciolo; 00 Hollenburg, Schloß-Gal.; Sitran D'alpago, Portici Inattuali; 01 Großwarasdorf, KUGA; Weiz, Weizbach; St. Ulrich im Greith, Kunsthaus; Marburg, Synagoge; Fürstenfeld, StG; 03 Bad Wörishofen, Kunstfrühling; Vorau, Alte Kegelbahn d. Stifts; Hebalm, Dom d. Waldes; 04 Wien, Möbel – **R:** Angelika Weber: KNEIPP – Im Einklang m. Körper, Geist u. Seele, DVD 05 – ***Lit:*** Bernhard Pelzl: Die Römer 04; Inge Friedl u. Beatrix Rath: Kinder entdecken die Stmk; Max Mayr: steirische berichte; – Beitr. in Kat., u. a.: Jocelyne Etienne-Nugue: Recuperation-Recycling Waste 93; Mirella Vetica: Eventi. Sermoneta 97; Luigi Bonfanti: Eventi 98; Gruppo Sportivo Sitran. XII Portici Inattuali 00; Georg Köhler: Kunstflusskunst 01; Gabriele Wolf: Perspektive Volkskultur 01 – ***LitR:*** Martin Scheid: Anne & P. K. – Ganz Ich, RF-Beitr. Öl 04

Knopp, Helen (verh. Helen Rupertsberger-Knopp), Maga., Malerin, Textilkünstlerin; Albertgasse 41/5, A-1080 Wien, *helen.rupertsberger@utanet.at* (* London 21. 9. 42) – **S:** 62–63 Central School of Arts and Crafts London; 63–68 Akad. f. angew. Kunst Wien (Meisterkl. f. Mode- u. Textilarb. b. d. Prof. G. Höchsmann u. J. Schulz) – **L:** 80–95 HS f. künstler. u. industr. Gest. Linz (Meisterkl. Textil) – **P:** Würdigungspr. d. BmfUK 68; Goldene E.med. d. Künstlerhauses Wien 87 – **Ve:** Ges. bild. Künstler Öst. 78; Künstlervrg Maerz 81 – **G/T:** abstr. Malerei (Öl); abstr. Tapisserien u. Gewebe; Objektkunst (Textil) – **W:** überw. in Privatbes., u. a. in Wien, Salzburg, Klagenfurt, d. Schweiz, Dtld u. d. USA – **M:** Wien, MAK – **Ö:** Wien, BmfUK; ebda, Gemeinde, Sozialmedizin. Zentrum Ost, Pensionsversicherungsanst., Nat.bank – **E:** u. a. 73, 76 Zürich, Rotapfelgal.; 79, 87 Klagenfurt, Gal. Carinthia; 88 Sofia, Künstlerhaus; 89 Wien, Stubenbastei – **G:** u. a. 72 Wien, MAK; 74 Wien, Künstlerhaus; USA, Wanderausst.; 78 Linz, Handelskammer: Textilkunst 78; 79 Halbthurn/Burgenland, Schloss: Textilkunst aus Öst.; 81 Linz, LG: Öst. Tapisserie 1920–1980; Linz u. Wien, Textilkunst 81 (Kat.); 84 Bonn, Frauen-Mus.; 86 Berlin, Fernsehturm: Textilkunst aus Öst.; 88 Ostasien, Wanderausst. Öst. Textilkunst (Kat.); 89 Mexiko-Stadt, Mus. de Arte Mod. (Kat.) – **V:** Fritz Riedl. Ein Beitr. z. öst. Textilkunst (Text) 91 – ***Lit:*** u. a. Ndöst. Ges. f. Kunst u. Kult. (Hrsg.): Textile Kunst. Zeitgen. Gest.beispiele, Ausst.kat. 82

Knops, Egidius, Maler, Bildhauer; Duisburger Str. 7, D-10707 Berlin, *info@egidiusknops.com*, *www.egidiusknops.com*. c/o Atelier, Grabenstr. 20, D-16766 Kremmen, Tel. Mobil: 01 7 23 81 12 69 (* Simpelveld/Niederl. 14. 9. 45) – **VG:** Heeswijk, Interart – **S:** 63 Akad. Tilburg – **P:** AK Berlin (Stip.) 72; Stip. Amsterdam Künstlerfonds 78; Königshaus d. Niederl. (Pr. f. Malerei) 80 – **Ve:** VBK Brandenburg 96; NVBK Niederl. 80 – **G/T:** Ölmalerei; Bildhauerkunst; Kunst im öff. Raum – **W:** Stadt Meersen, Stadt Beemster – **Ö:** zahlr., u. a. Amsterdam, Grundschule De Praatpaal (Wandrelief); Berlin, IBA Abenteuerspielpl.; Frankfurt/Oder, Oberstufenzentrum (Stehender Knoten); Geleen, Dutch State Mines; Leipzig-Grünau, Salzstr.projekt Ldart; Naaldwijk, Einkaufszentrum (Porta Arcadia, Eingangstor); Palma de Mallorca, Skulpt.park Michael Jahr; Rostock, Stahlwerk Ravene-Possehl (Stabile I); Rotterdam, Van Ghent Kazerne; Zwolle, Wohnungsbauges. SWZ – **E:** u. a. 69 Montrouge/Frkr., Marie de Montrouge; 70 Vrouwenheide Ubachsberg, Molen; 75 Maastricht, Dejong Bergers; 78 Amsterdam, Fundatie Kunsthuis; Roermond, Stedelijk Mus. (Kat.); 93, 98, 02 Amsterdam, Vromans; 94 Steenwijk, Het Koperen Dak. (Kat.); Berlin, Pressehaus (Kat.); 96 Meersen, City Hall; 99 Oranienburg, Schloß; 01 Neuzelle, Kult.amt; Potsdam, Studio Babelsberg; 02 Herleen, ABP; 03 Berlin, Gate P – **G:** zahlr., zuletzt u. a. 03 Berlin, BBI Flughafen Schönefeld: Ldartprojekt Zw.wege; Berlin, Gate P; 05 Potsdam, Art Brandenburg; Heeswijk, Interart; Meppel, Kunsthuis De Secretarie; Heeswijk, Beeldentuin Interart; – sowie: 04 Sofa Projekt Schöner Wohnen (Köln-Hamburg-Laatzen-Hamm- Kassel-Schwerin-Magdeburg-Wolfsburg-Potsdam-Leipzig-München- Ludwigsburg-Koblenz-Wuppertal-Frankfurt-Berlin-Dresden)

Knorr-Borocco, H. Mica (geb. H. Mica Knorr), Malerin, Dipl. Graphikerin; Panoramastr. 1 a, D-86919 Utting, Tel. u. Fax (0 88 06) 77 15 (* Konstanz 20. 4. 39) – **S:** 58–61 Meisterschule f. Mode München (Dipl. Graph.) – **L:** VHS, Reiseveranstalter, AFA – **P:** Pr. d. Schloß Garatshausen (1. Pr.) 90, 92; Diploma di Merito, Florenz 98 – **Ve:** u. a. BBK; Königlich-privilegierte Münchener Künstlergenossenschaft; Regionalverb. Bild. Künstler Landsberg; Künstlerkr. Ammersee – **G/T:** Ldschaft (Aqu., Acryl); der Mensch (Akt, alle zeichn. Techniken); abstr. Malerei (Acryl) – **K:** Akt, Portr., Ldschaft (Zeichn.) – **M:** München, Bay. Staatsgemäldeslgn – **Ö:** Augsburg, Bauamt; Augsburg, St. Pankratius (Gemeindesaal); Eggenfelden, Dresdner Bank; Holzhausen, Bay. Verwaltungsschule; Landsberg, Allg. Ortskrankenkasse; ebda, Heilig Geist Spital, Spk. (Foyer 1. Stock), Dresdner Bank; Starnberg, Dresdner Bank; Vilgertshofen, Altersheim – **E:** zahlr. Ausst. im In- u. Ausland u. a. 86 Konstanz, Ldratsamt; Wetzlar, Hauptwache; 91 Zürich, Richard; 94 München, Gal. kunst publik; Berlin, Bay. Staatsmin. f. Bundes- u. Europaangelegenheiten; 99 Augsburg, Diözese; Kempten, Kornhaus; 04 Konstanz, Kult.amt – **G:** zahlr. Ausst.bet. im In- u. Ausland u. a. 78–04 München, Haus d. Kunst; 92 Bonn, Bay. Ldesvertretung; 94 Rom, Spazio Visivo; 96, 98, 99 Wien, Prisma – **V:** Bildende Künstler der Gegenwart 87; Dokumentation Bayerischer Künstler 92; Annuario d'Arte moderna 98; Medizin und Kunst 01; Art Profil 04 – **R:** zahlr. Ausst.kat.; Ed. MADAME Exklusiv 84, 86; PGM Art worlD, Kunstdrucke 90–03 – (Red.)

Knotek, Anatol (Ps.: Anatol), Maler; Lorystr. 8–10/2/16, A-1110 Wien, Tel. Mobil: 06 7 69 25 13 22, *anatol@anatol.cc*, *www.anatol.cc* (* Wien 8. 10. 77) – **S:** Autodidakt – **Ve:** Berufsvrg d. bild. Künstler Öst. – **G/T:** Textbild, Collage, geschriebenes Bild, konkrete u. visuelle Poesie, – **E:** 99 Wien, White's; 00 Neunkirchen, Er, Sie, Es Gal.; 03 Wien, Gal. am Park – **G:** 99 Wien, Rodaun; Wien, British Residence; 00 Wien, Gal. d. KV Favoriten; 01 Wien, Alte Schieberkammer; 03 Salzburg, Kunstmesse; 04 Neusiedl am See, Art Pannonia

KnoTEK, Johann (Ps.: TEK, eigtl. Johann Knotek), Bildhauer; Hasengasse 8/3/11, A-1100 Wien, Tel. (01) 6 02 69 43, *tek@tek.cc*, *www.tek.cc* (* Wien 27. 10. 49) – **S:** Autodidakt – **Ve:** Berufsvrg d. bild. Künstler Öst. 00 – **G/T:** Skulpt. (Holz u. Bronze), Wandobjekt – **E:** 99 Wien, White's; 00 Neunkirchen, Er, Sie, Es Gal.; 03 Wien, Gal. am Park – **G:** 99 Wien, Rodaun; Wien, British Residence; 00 Wien, United Art Gall.; Gloggnitz/NdÖst., Schloßgal.; Wien, Gal. d. KV Favoriten; 01 Wien, Alte Schieberkammer; 02 Fürstenfeld, Skulpt.-trienn.; 03 Salzburg, Kunstmesse – weitere: 03 Golser Kult.sommer, Bgld; 04 Neusiedl am See, Art Pannonia

Knoth, Hermann, Maler, Graphiker, Galerist; c/o Galerie, Gehrener Sietwende 6, D-21734 Oederquart, Tel. (0 47 79) 87 65 (* Altona 5. 1. 27) – **S:** 43–44 Posen (angew. Kunst); 58 Hamburg (Meisterprüfung im Malerhandwerk) – **L:** 72–75 Theater an d. Marschnerstr. Hamburg (Malerei); 76–79 Malstudio Norderstedt – **P:** Wettb. Künstler sehen Altona (7. Pr.) 78 – **Ve:** Norderstedter Kunstkr.; KV Norderstedt; Malstudio Norderstedt; Lit.wkst. – **G/T:** Malerei (Portr., nord. Lsch. in Öl); Hschn. – **Ö:** Norderstedt, RH; Pinneberg, RH – **E:** 70 Hamburg, Theatergal.; 71 Norderstedt, Kirchengemeinde Schalom; 72 Norderstedt, KV; 76 Hamburg, Intern. Buchhandlung; 79 Norderstedt-Garstedt, Stadtbücherei; 80 Hamburg, Metzner; 83 Hamburg-Eppendorf, Gal. 11; Lübeln, KV; Norderstedt, Ompf; 84 Norderstedt, Dresdner Bank; Genf; 85 Glinde, Gymnasium; Wedel, Gorch-Fock-Haus; Hamburg, Ostin; 86 Iserlohn, Ballauff; 93 Freiburg/Elbe, KV; 95 Freiburg/Elbe, RH; 03, 06 Neuhaus/Oste, Gal. Schleusentor – sowie: Dauerausst. in d. eigenen Gal. – **G:** u. a. 69 Pinneberg, Künstlergilde; 69 Glashütte, RH; 70 Norderstedt, KV; 81, 84 Norderstedt, Ompf; 85 Itzehoe, Kunsthaus; 85 Wedel, RH; 86 Norderstedt (Künstler sehen Norderstedt) – **V:** Frau Tal liebt alte Schlösser 78 – sowie Beitr. in Anthologien: Erinnerung – Arbeit – Erfahrung 75; Roland Hunger (Hrsg.): Die erste unvermeidliche Hamburger Annäherung 82; Barbara Hörster (Hrsg.): Die Hintermüller o. Alltagsgeschichten aus d. Großstadt 83

Knuth, Uwe, Maler, Bankdirektor in Rente; Bernadottestr. 210, D-22605 Hamburg, Tel. (0 40) 8 80 61 98, *RHenseKnuth@aol.com* (* Hamburg 8. 10. 35) – **VG:** Hamburg, Elbchaussee Acht; Hamburg, Gal. Deichstraße – **S:** Autodidakt – **Ve:** BBK Hamburg – **G/T:** Landschaftsmalerei (Aqu., Gouache, Acryl, Öl; größtenteils pleinair, z.T. im Atelier); Pastellmalerei im Atelier m. surrealist. u. mystischen Zügen; Zchng – **W:** zahlr. Werke im Bes. d. Dresdner Bank, d. Hypo-Vereinsbank, d. Nordbank Hamburg sowie d. Kunstvrg Kopenhagen – **M:** Hamburg, Altonaer Mus. – **Ö:** Hamburg, Hotel am Hafen; Leipzig, Triptychon m. Stadtansichten; Norderstedt, Ausst.halle (großformatige Bilder) – **E:** u. a. 63 Hamburg, Istituto di Cultura; 64 Bremen, Gal. Schnoor; 65 Neumünster, Textil-Mus.; 66 Hamburg, Commeter; 67 München, Schumacher; 68 Hamburg, Latin; 72 Kopenhagen, Gal. Gammelstrand; 74 Hamburg, Dresdner Bank; 76 München, Schöninger; 78 Izmir, Resim ve Heykel Müz.; 79–89 div. Ausst. in Braunschweig, Norderstedt, Hamburg u. Pinneberg; 83 Berlin, Europa-Center; Hamburg, Faust; 85 Hamburg, Torhaus Wellingsbüttel; 86, 87 Hamburg, Amsa; 89 New York, Dt. Generalkonsulat; 90 Windhoek, Kunstkab.; Hamburg, Gal. Blankenese; Hamburg, Fundus Fonds; 92 Baden-Baden, Pal. Biron; 94 Heidelberg, Krebsforschungszentrum; 96 Hamburg, Elysee; 98 Hamburg, Klose; 00 Berlin, Pal. am Pariser Pl.; Hamburg, Nordbank; 02, 03 Hamburg, Elbchaussee Acht – **G:** div. Gr.ausst. in Hamburg – ***Lit:*** Kulturereignisse. Ausstellung bei der Hamburgischen Landesbank, Kat. 00

Kobe, Martin, Maler; lebt u. arbeitet in Leipzig (* Dresden 73) – **VG:** Berlin, Ehrentraut – **S:** 95–00 HGB Leipzig (Malerei b. Prof. Arno Rink, 00–03 Meisterschüler b. dems.) – **P:** Förderkoje Art Cologne 03; Karl-Schmidt-Rottluff-Stip. 04, 05; Kunstpr. d. Leipziger Volksztg (Sonderpr.) 05 – **KGr:** LIGA – **G/T:** Malerei – **E:** 02 Leipzig, Dogenhaus Gal.; 03, 04 Berlin, Liga; 04 Leipzig, KV; 05 London, Inside the White Cube; 06 Berlin, Ehrentraut – **G:** u. a. 00 Leipzig, HGB; Leipzig, Steibs Hof; 01 Bad Neuenahr, Wildbahn; 02 Speyer, KV u. StG im Kunsthof Flachsgasse; 02, 03 Berlin, Liga; 03 London, Wilkinson Gall.; 03, 05 Leipzig, MBK; 04 New York, Boesky; Dresden, GG NM; Norwich, Norwich Gall.; 05 Cleveland/Ohio, Mus. of Art; Sofia, Art Gall.; Chungnam/Korea, Arario Gall.; North Adams, Massachusetts MCA; Prag, Bienn.; 06 Washington, Katzen Arts Center Mus.; Durham, Nasher Mus.; Santa Fe, SITE; Reykjavík, Listasafn Reykjavíkur – AM – (Red.)

Koberling, Bernd, Prof., Maler; Friedelstr. 27, D-12047 Berlin, Tel. (0 30) 6 24 87 13 (* Berlin 4. 11. 38) – **VG:** Berlin, Raab; Köln, Kewenig – **S:** 58–60 HBK Berlin – **L:** 81–88 HBK Hamburg; seit 88 HdK Berlin – **P:** Villa-Massimo-Stip. 69, 70; Pr. d. Verb. dt. Kritik 70; Fred-Thieler-Pr. f. Malerei 06 – **KGr:** Grossgörschen 35; Vision – **KGe:** Zus.arb. m. Georg Baselitz, Markus Lüpertz u. Karl Horst Hödicke – **G/T:** Malerei (vorw. Ldschaft) – **M:** Berlin, Berlinische Gal.; Berlin, NG; Darmstadt, Hess. LM; Fulda, Vonderau-Mus.; Hamburg, KH; Kiel, KH; Köln, Wallraf Richartz-Mus.; Leverkusen, StM Schloß Morsbroich; München, Pin. d. Mod. – **E:** zahlr. Einzelausst. seit 65, zuletzt 95, 97 Berlin, Springer; 96 Augsburg, Künstlervrg Gal. 'Die Ecke'; 97, 01 Frankfurt am Main, Reitz; 98 München, Biedermann; Graz, Lendl; Burgenland, Club an d. Grenze; 00 Berlin, Fahnemann; 00, 02 Hamburg, Crone; 01 Düsseldorf, Gmyrek; Malmö, KH; 02 Saarbrücken, Saarland-Mus.; 06 Berlin, Berlinische Gal. – **G:** zahlr. Ausst.bet. im In- u. Ausld – ***Lit:*** Reclams Künstlerlex. 02; Schweers 02 – (Red.)

Koberstein, Eva, Malerin, Graphikerin, Computeranimateurin; Bothmerstr. 4, D-80634 München, Tel. (0 89) 12 11 13 22, Mobil: 01 74 41 48 87 8, *eva_koberstein@web.de*, *www.galerie-naumann.de* (* Puebla/Mexiko 7. 3. 68) – **VG:** Stuttgart, Naumann – **S:** 88–96 Staatl. ABK Stuttgart – **P:** Pr. d. KA Stuttgart 91, 93; Rolf Deyhle Pr. (2. Pr.) 94; Werkvertrag d. Ldes Berlin 01; Stip. d. Kunststift. BW 02 – **Ve:** VG Bild-Kunst seit 99 – **G/T:** gegenständliche Malerei u. Graph., Computertrickfilm, Aufzugsgest. – **W:** überw. in Privatbes., mehrere Trickfilme, Aufzuggest. u. a. in Berliner Wohnhäusern – **E:** u. a. 93 Stuttgart, Gal. Keim; 94 Stuttgart, Schuster; 00 Stuttgart, Naumann; 01 Stuttgart, GEDOK-Gal.; 03 Stuttgart, Naumann; Stuttgart, Kunststift. BW – **G:** zahlr. Ausst.bet. seit 90, u. a. 01 Stuttgart, Filmwinter; 01, 04 Frankfurt am Main, Art Frankfurt; 03 Köln, Jansen; Singen, Städt. KM – **R:** Trickfilm-Trilogie, Super8-Zeichentrickfilm 96; Schule des Lebens, Computer-Animation 00; Interaktive Computeranimation 03 – ***LitR:*** E. K., in: Landesschau, Fs. (Süddt. RF) 94

Koblischeck, Bernd, Graphiker, Maler; Senatsplatz 66, D-55286 Wörrstadt, Tel. (0 67 32) 48 10, *bernd.koblischeck@gmx.de*, *www.bernd-koblischeck.de.vu* (* Speyer 28. 8. 57) – **S:** 79–83 Univ. Mainz (Kunsterziehung u. Kunstgesch.); 82 Stud.aufenthalt Altea/Spanien (b. Prof. Eberhard Schlotter, Stip. d. Univ. Mainz) – **P:** Kat.stip. d. Ldkr. Ludwigshafen 86; Perron-Kunstpr. 87; Kunstpr. d. Stadt Kirn 89; Stip. d. August-Müller-Stift. 89; Intern. Graph.-Trienn. Frechen 93; Reisestip. d. Stift. z. Förd. d. Kunst in d. Pf. 98; Intern. Graph.-Trienn. Kairo (Jury Prize) 00; Intern. Graph.-Bienn. Sapporo (Sponsors' Prize) 00 – **Ve:** BBK Rh.-Pf. 84 – **KGr:** Der Anker (seit 87) – **G/T:** Menschenbilder u. -massen (vorw. Rad. m. Bohrmaschine, Zeichn.); Architekturen; Ldschaften – **W:** zahlr. Werke in öff. u. privatem Bes. – **Ö:** Wörrstadt, Ratssaal d. Verb.gemeinde (Wandgest.) – **E:** mehrere Einzelausst., u. a. 93 Bonn, Ldesvertretung Rh.-Pf.; 01 Ludwigshafen, Ldeszentrale f. private RFVeranstalter; 03 Mainz, Gal. Kleines Haus im Staatstheater; 05 Osthofen, Gedenkstätte KZ Osthofen (Kat.) – **G:** zahlr. Ausst.bet., zuletzt 90, 93, 96, 99, 02 Frechen, Graph.-Trienn.; 94, 97 Krakau, Graph.-Trienn.; 96, 00 Sapporo, Graph.-Bienn.; 97 Ljubljana, Graph.-Bienn.; 97, 00 Majdanek, Art Trienn.; 00 Strasbourg, Centre Européen d'Actions Artistiques Contemporaines; Mainz, BBK Gal.; Kairo, Graph.-Trienn.; 01 Koblenz, Künstlerhaus Metternich; Ludwigshafen, Wilhelm-Hack-Mus.; Sarcelles, Graph.-

Bienn.; Kanagawa, Graph.-Trienn.; 02 Chemnitz, Neue Sä. Gal.; 03 Cremona, Graph.-Bienn.; Mainz, KV Eisenturm; 03, 04 Niepołomice u. Ostrzeszów/Polen, Intergrafia: World Award Winners Gall. – ***Lit:*** Hans-Georg Nessel: B. K. Zeichnungen. Radierungen 1981–1986, Werkkat. 86

Koch, Christine, Bildhauerin, Zeichnerin; Oberes Dorf 1, D-87660 Irsee, Tel. (0 83 41) 1 89 50, *enitsirch @web.de* (* Irsee/Allgäu 30. 9. 59) – **S:** 79–82 Berufs-FS f. Holzbildhauerei Berchtesgaden; 82–88 HdK Berlin (Meisterschülerin b. Prof. Schoenholtz); 99–00 bbw Akad. f. betriebswirtschaftliche Weiterbildung Berlin (Kult.management) – **L:** 90–95 Saarländische Sommerakad. (LAuftr. Aktmodellieren); 93–96 Holzwkst. f. Kinder (Aufbau u. Leitung); – Leitung div. Kurse u. Projekte f. Zeichn., Modellieren u. Gest. – **P:** Anerkennungspr. d. Stadt Salzburg 81; Nachwuchsförd.-stip. d. Stadt Berlin 91–92; DAAD-Stip. f. Ital. 91–92; Atelierstip. d. Karl-Hofer-Ges. 93–95; Magnus-Remy-Pr. 97; Stip. d. Kettel-Stift. 00 – **Ve:** VG Bild-Kunst 92; BBK Berlins 92–01; BBK Schwaben Süd – **KGe:** Atelierhaus Panzerhalle Groß Glienicke (96–01) – **G/T:** Objekt- u. Raumkunst (Stein, u. a. 'hängende Steine', Holzobjekt, Install. im Raum); Schriftbild; Tuschemalerei; Zeichn. – **W:** überw. in Privatbes. u. in d. Slg. Berliner Künstlerförd. – **Ö:** Berlin, Ldesbibliothek; Salzgitter, Stadtpark – **E:** 93 Berlin, Stadtbibliothek Wilmersdorf; 94 Berlin, Inselstr.; 95 Berlin, Seyffert-Stahl; 96 Yufuin/Jap., Mune; 97 Chartres, Espace St. Eman; 03 Irsee, Haus Koch – **G:** zahlr. Ausst.bet., Projekte u. Symposien seit 87, u. a. 94 München, Haus d. Kunst; Berlin, Schadow-Haus; 95 Dresden, Leonhardi-Mus.; 96 Darmstadt, Darmstädter Sezession; 98 Künstleraustauschprojekt 'Footsteps' m. Schottland; New York, Socrates Sculpture Park Queens; 99 Berlin, Bildhauersymposion; 00 Chartres – **V:** Form und Bruch und Lichtempfindlichkeit, Zyklus f. Text, Skulpt. u. versch. Techniken 92; Spiele und Essenzen (Zeichn. u. Texte), in Bearb. – (Red.)

Koch, Elke (geb. Elke Jacobi), Malerin, Plastikerin, Lyrikerin; Hans-von-Hutten Platz 4, D-72622 Nürtingen, Tel. (0 70 22) 4 28 18. Atelier: Gottlieb-Daimler-Str. 11, D-72622 Nürtingen, Tel. (0 70 22) 4 28 18 (* Tübingen 21. 9. 45) – **S:** 82–86 Freie KSch Nürtingen (Malerei u. Graph.); 94–98 FHS f. Kunsttherapie Nürtingen – **L:** 98–03 Künstlerhaus Nürtingen (Atelierkurse) – **Ve:** KV Tübingen; Bund Dt. Künstler Bad.-Württ. – **G/T:** Portr. (Pastell, Mischtechnik); Ldschaft (Öl, Acryl, Gouache); Abstr. u. Allegorie (Acryl, Gouache); Plast. (Ton, Gips, Draht, Steatit) – **W:** Ankauf u. a. durch d. Ldesarb.gericht BW – **M:** Künzelsau, Mus. Würth; Sindelfingen, Kr.spk.; Stuttgart, Min. f. Wiss., Forsch. u. Kunst; Tübingen, Reg.präsidium – **Ö:** Nürtingen, Metabowerke; ebda, Kr.krankenhaus; Tübingen, Private Wirtschaftsakad. – **E:** u. a. 94 Schwäbisch Hall, Gal. Nr. 9; 96 Nürtingen, Börse f. Kulturelles; 99 Tübingen, Private Wirtschaftsakad.; Reutlingen, Altstadtgal.; 01 Nürtingen, Dt. Bank; 02 Esslingen, DaimlerChrysler; 03 Nürtingen, Metabowerke – **G:** 87 Wendlingen, StG; 88 Stuttgart, Kleines Kunsthaus; 89 Wyk auf Föhr, Arcona; Tondern, Aga von Sydow; 91 Stuttgart, Bund Dt. Künstler; 94 Frauenau, Sommerakad.; Stuttgart, Württembergischer KV; 95 Tübingen, KH; 97 Kirchheim unter Teck, Kornhaus; Stuttgart-Echterdingen, Kult.forum am Airport; 01 Stuttgart, RH; 03 Nürtingen, RH; – weitere: 01 29e Salon Intern. – **V:** Eine Handvoll Perlen, 1. Teil 89; Blick zurück. Eine Handvoll Perlen, 2. Teil 92; Schattenspringer. Eine Handvoll Perlen, 3. Teil 95; – sowie: zahlr. Anthologien 99–03 – ***Lit:*** Kunstförderung des Landes Baden-Württemberg 02 – (Red.)

Koch, Heinrich H. (Ps.: Heiner), Maler, Bildhauer, Zeichner, Radierer; Eickener Str. 61, D-41061 Mönchengladbach, Tel. (0 21 61) 1 05 41, *info@heinrich-koch.de*, *www.heinrich-koch.de* (* Mönchengladbach 23. 8. 47) – **S:** 69–74 KA Düsseldorf (Freie Graph. b. Prof. Rolf Sackenheim u. Bildhauerei b. Prof. Joseph Beuys) – **L:** seit 89 Ruhr-Univ. Bochum (musisches Zentrum, FB Bild. Kunst) – **P:** Zentrum f. exper. Kunst Boissano/Ital. (Aufenthalt u. Arb. in d. Ateliers) 86, 87 – **G/T:** Heiners Kunst- u. Lebenswelt: Malerei, Bildhauerei, Zchng, Aqu., Rad. u. a. – **M:** Freiburg im Breisgau, Morat-Inst. f. Kunst u. Kunstwiss.; Rottweil, StKS – **Ö:** Essen, Dt. Bank; Mönchengladbach, Stadtspk. – **E:** u. a. 70 s'Hertogenbosch, De Moriaan; 76 Frankfurt am Main, KV; 80, 82 Bochum, Januar; 83 Gießen, Justus-Liebig-Univ.; 84 Mönchengladbach, StM Abteiberg; 86 Ljubljana, Gal. Equrna (m. D. Sambolec); 86 (Kat.), 89 Freiburg im Breisgau, Baumgarten; 88 Arnsberg, KV; 95 Mönchengladbach, Münster St. Vitus – **G:** 76 Frankfurt am Main, KV; 89 Köln, Art Cologne; 93, 97 Rottweil, Dominikanermus.; 94 Recklinghausen, StKH; 01 Bochum, Mus. – **V:** Reinhard Hoeps: Das Wort Gottes u. d. Sprache d. Dinge, Antrittsvorlesung v. 14.12.88 – ***Lit:*** Claudia Posca: Zum Werk v. H.K., in: Juni, Mag. f. Kult. u. Politik, 4 90

Koch, Holger, Maler, Graphiker; Stauffenbergstr. 16, D-09599 Freiberg, Tel. u. Fax (0 37 31) 79 88 98, *HolgerKoch@hotmail.de* (* Freiberg/Sa. 19. 2. 55) – **VG:** Chemnitz, Schmidt-Rottluff; Dresden, Refugium; Dresden, art + form – **S:** 80–85 HGB Leipzig – **Ve:** VBK DDR 88–90; SKB 90–92 – **M:** Chemnitz, Neue Sä. Gal.; Cottbus, SM; Dresden, Kpst.-Kab.; Schwerin, Staatl. Mus. – **E:** über 30 Ausst. seit 82, u. a. in Chemnitz, Freiberg, Leipzig, Magdeburg, Menden, Berlin, Hanau, Filderstadt, Aschaffenburg, Dresden, Düsseldorf, Warnemünde u. Medingen – **G:** zahlr. Ausst.bet. seit 86 u. a. in Chemnitz, Berlin, Leipzig, Dresden, Wiesbaden, Schwerin u. Frankfurt/Oder sowie 94 Dresden, Graph.messe; Dresden, Sä. Kunstausst.; 02 Dresden, Kunstmesse; 04 Köln, Art Cologne – ***Lit:*** Ausst.-kat. d. Neuen Sä. Gal. 96; Ausst.kat. d. Leonhardi-Mus. Dresden 00; Ausst.kat. 05

Koch, Joachim, Metallbildhauer; Guttenbergerwald Str. 14, D-97271 Kleinrinderfeld, Tel. u. Fax: (0 93 66) 15 89, Mobil: 01 60 96 54 56 41. Hartmannstr. 38, D-67655 Kaiserslautern, Tel. (06 31) 1 23 64 (* Stirn/Mittelfranken 11. 2. 49) – **S:** 66 Abschluß d. Stukkateur- u. Malerlehre; 67–72 Folkwangschule Essen – **L:** 93–94 FHS Würzburg-Schweinfurt (LAuftr. im FB Gest.) – **P:** Folkwangpr. 71; Förd.pr. d. Ldes Bay. 80; Kult.pr. d. Stadt Würzburg 96 – **Ve:** BBK Bay. – **Ö:** zahlr. u. a. Aschaffenburg, FHS FB Mechatronik (Edelstahlrelief); Düsseldorf, Mitsubishi Verwaltungszentrum (Eisenfigur); Gmünden, Schutzhafen (Cortenstahlfigur); Hassfurt, Polizeiinspektion (Edelstahlfigur); Höchberg, Realschule (Edelstahlfigur); Kaiserslautern, Skulpt.weg Standort Stelzenberg (Cortenstahlfigur); Kitzingen, Amtsgericht (Cortenstahlfigur); ebda, Vermessungsamt (Holz- u. Eisenfigur); Margetshöchheim, Hauptschule (Aluminiumfigur); Reszel, RH (Eisenplast.); Schweinfurt, Polizeipräsidium (Edelstahlfigur); ebda, Zürch (Edelstahlfigur), FHS (Brunnen); Sommerhausen (große Muschelkalkfigur); Würzburg, Univ.klinik Zentrallab. (Plast.); ebda, Univ. Physik I (Edelstahlfigur), FHS Würzburg-Schweinfurt, FB Kunststofftechnik (variables Metallrelief), Skulpt.garten (Metallplast.), Feuerwehrschule (Eisenskulpt.), MusikHS (Klangplast.), Amt f. Landwirtschaft u. Bodenkult. (Cortenstahlfigur) – **E:** 78 Würzburg, Otto-Richter-Halle; 81 Würzburg, Gal. am Main; Randersacker, Gal. am Zebrastreifen; 83 Schweinfurt, Städt. Slgn Alte Reichsvogtei; 85, 91 Würzburg, StG; 86 Höchberg (Zwei Tage Kunst im Raum); Villingen-Schwenningen, StG; 88, 95 Würzburg, VKU-Gal. Spitäle; 91 Bamberg, Villa Dessauer (KV); 94 Miltenberg, Gal. u. Ed. Scherer; 96 Ebelsbach, Steinwerk Vetter Gal. Schenk; 01 Würzburg, Schwarzweller; 04 Würzburg, Treffpunkt Archit.; 06 Kaiserslautern, Fruchthalle; Würzburg, Gal. im Kult.speicher – **G:** u. a. 79 Stuttgart, Dt. Künstlerbund; Mannheim, Forum Junge Kunst; 80 Würzburg, Otto-Richter-Halle: Spuren d. Zeit; 81 Recklinghausen, Junger Westen; 82 Würzburg, VKU-Gal. Spitäle; Schifferstadt, Kunstpr. Ldkr. Ludwigshafen; 83 Prichsenstadt, Brand; 84 Nürnberg, Fränk. Kunst; Hannover, KV; Stipendiatenauswahl f. d. Villa-Massimo-Stip.; 85, 87, 90, 94 Würzburg, StG; 85 Heidelberg, KV; Düren, Leopold-Hoesch-Mus.; München, Gal. d. Künstler: Gewichte; 86 Nürnberg, Kunsthaus; 89 Saarbrücken, Elitzer; 92 Nürnberg, ART 7; 93 Nürnberg, Kaiserburg (Kemenatenbau): Tradition u. Moderne; Erlangen, Kunstpr. d. Univ. Erlangen-Nürnberg; 96 Nürnberg, Germanisches NM – zuletzt: 05 Kaiserslautern, Theodor-Zink-Mus.: Positionen; Homburg, Saar Kunst im Garten M. Ott

Koch, Nina, Bildhauerin; Große-Kurfürsten-Str. 1, D-33615 Bielefeld, Tel. (05 21) 5 24 76 78, Fax 5 24 76 77, *huismannkoch@t-online.de*, *www.nina-koch.de*. Atelier: Friedrichstr. 1, D-33615 Bielefeld (* Dahl/Ennepe-Ruhr-Kr., jetzt: Breckerfeld 3. 8. 61) – **VG:** Gütersloh, Grabenheinrich; Bielefeld, Baal; Magdeburg, Gal. im Kloster; Seeheim-Jugenheim, Bilderkab.; Darmstadt, Netuschil – **S:** 82–92 FHS Bielefeld (FB Gest., Bildhauerei b. Prof. Richard Hess) – **L:** 95–01 FHS Bielefeld (LAuftr. f. Plast. Gest.) – **Ve:** BBK Ostwestf.-Lippe 00; Künstlersonderbund in Dtld 00; Ver. f. Christl. Kunst in d. Kirchenprovinz Paderborn 04; Dt. Ges. f. Med.kunst 05 – **G/T:** Bildhauerei; Zchng – **M:** Herford, Stadtbibl. Artothek; Lutherstadt Wittenberg, Mus. Lutherhalle – **Ö:** Bad Oeynhausen, Weserauenpark; Bielefeld, Mirabellenpl.; ebda, Pauluspl., Altenpflegeheim St. Pius, St. Jodokus; Bielefeld-Brackwede, Fa. Wilhelm Böllhoff; Bielefeld-Heepen, Amtspl.; Bielefeld-Sennestadt, Beckhofsiedlung; ebda, Hans-Ehrenberg-Gymnasium; Borgholzhausen, Heimat- u. Gesch.mus.; Darmstadt, Wohnpark Kranichstein; Dortmund, St. Martin Kirche; ebda, Kath. Heilig Kreuz Kirche; Düsseldorf, Marienhospital; Enger, Königin-Mathilde-Pl.; Espelkamp, Ev. St. Martins-Kirchengemeinde; Hamm, Maximilianpark; Lutherstadt Wittenberg, Mus. Lutherhalle; Magdeburg, Spk.; Medebach, Kath. Kirche; Menden, St. Maria Magdalena; Ochsenhausen, RH – **E:** u. a. 89 Hartheim, Gal. in d. Remise; 90 Hamm, Kunstkr. Hamm e.V.; 91, 94 Darmstadt, Bilderkab.; 92 Bad Oeynhausen, StG (Kat.); 93 Herford, StM Daniel-Pöppelmann-Haus; 95 Stuttgart, Fischinger; 96 Quedlinburg, Q Art; 97 Bielefeld, Neustädter Marienkirche (Kat.); 97, 98 Mannheim, Studio R; 98 Bad Oeynhausen, Heilig-Geist-Kirche; Hamm, Maximilianpark; 99 Bad Homburg, Ev. Erlöserkirche; Lüneburg, Mus. f. d. Fürstentum Lüneburg (Kat.); Düsseldorf, Marien-Hospital; Lutherstadt Wittenberg, Mus. Lutherhalle; 03 Berlin, Gutshaus Steglitz (Wrangelschlößchen); 04 Verona, Gal. Spazioarte Pisanello (Kat.); 05 Gütersloh, Grabenheinrich; Gütersloh, Apostelkirche; 06 Weikersheim, RH – **G:** 07 u. a. in Berlin, Bonn, Bielefeld, Erfurt, Frankfurt, Gütersloh, Hagen, Hamm, Darmstadt, Detmold, Lampertheim, Lüneburg, Münster, Ratingen, Stuttgart, Trier u. Paderborn – ***Lit:*** Dorothee Höfert: Kardinäle u. Inquisitoren – üb. die Bildhauerin N.K. u. ihre Werke, In: das münster, Zs f. christl. Kunst u. Kunstwiss., Heft 3 93; Heinrich Ostholt (Hrsg.) u. Sabine Schulze: N.K. in: Hochschule der Praxis – Fachhochschule Bielefeld 25 Jahre 96; Werner Römer: Mehr als ein Symbol des Lebens – zur Marienstatue v. N.K. u. Zu den Plast. v. N.K., In: N.K. – Skulpt., Festschrift 99; Friedhelm Hofmann: Zur Marienstatue, In: ders. 99; Markus Gross-Morgen: N.K., In: Maria im Abseits – Mariendarstellungen nach 1945, Ausst.kat. (Bischöfl. Dom u. Diözesanmus. Trier) 03; Helmut Börsch-Supan: N.K. – Skulpt., In: Galerie, Zs d. Künstlersonderbundes in Dtld, Heft 5 05 – ***LitR:*** Stefanie Frenzel: N.K. Ausst. 'Spiritualität u. Sinnlichkeit', WDR Lokalstudio 05

Koch, Sabine s. Budin, Sabine

Koch, Sabine s. FRANEK

Koch, Thomas, Maler; c/o Atelier Thomas Koch, Kreisstr. 35, D-45525 Hattingen, Tel. u. Fax (0 23 24) 68 59 14, *tkoch260959@aol.com* (* Bochum 26. 9. 59) – **VG:** Langenhagen, Depelmann; Mülheim an der Ruhr, Gal. 46; Bad Zwischenahn, Gal. Moderne; Siegen, Gal. am Alten Garten; Bergisch Gladbach, Schröder & Dörr – **S:** 82–88 FHS f. Kunst u. Design Köln; 88 Meisterschüler b. Prof. Dieter Kraemer, Köln – **P:** Preisträger d. 'Aktion Kunstblatt' Rheinische Post Düsseldorf 89; Jahresstip. d. Konrad-Adenauer-Stift. 01 – **Ve:** Arb.gemeinschaft Mülheimer Künstler 84; BBK Köln 88; Bochumer Künstlerbund 95; Düsseldorfer Künstler 02 – **G/T:** Malerei; Zchng; Glasmalerei; Objekte; Abstraktion – **K:** Kurse u. Workshops in künstler., zeichner. u. maler. Techniken – **W:** zahlr. Arb. in privaten Slgn u. im Ausland: Türkei, Japan, Luxemburg, Schweiz, Öst., USA, Frankr. – **M:** Bergen/Rügen, Kulturstift.; Bochum, Mus.; Bonn, Friedrich-Ebert-Stift.; Düsseldorf, Min. f. Arbeit, Soziales u. Kult. d. Ldes NRW; Kaarst, Städt. Slg; Mülheim an der Ruhr, KM – **Ö:** u. a. Bochum, Dresdner Bank; Düsseldorf, Wehrbereichsverwaltg West; Köln, Provinzial Repräsentanz; ebda, Slg Rosenstiel; Stadt Langenfeld; Mülheim an der Ruhr, Slg Albrecht; ebda, Slg d. Max-Planck-Inst.; Sprockhövel, Spk.; Slg Erfurt; Schwelm/Wuppertal – **E:** u. a. 03 Hattingen, SM u. KV; 04 Langenhagen, Depelmann; 05 Bergen/Rügen, SM; 06 Siegburg, SM; Ahrenshoop, Strandhalle; 07 Osterholz-Scharmbeck, KV – **G:** u. a. div. Teilnahmen an: München, Haus d. Kunst: Große Kunstausst.; Düsseldorf, Mus. Kunst Pal.: Große Kunstausst. NRW; Bochum, Mus.: Bochumer Künstler – ***Lit:*** KATALOGE zu: Große Kunstausst. München 88, 89, 90, 94, 99; Malerei u. Zeichnung 1988–91 Mus. im Stern Warburg; Große Kunstausst. NRW 90, 91, 92, 94, 95, 97, 98, 00–05; Bochumer Künstler 94, 99, 03, 06; Malerei Collagen Zeichnungen 1992–1996 Kommunale Gal. Gelsenkirchen; Malerei Zeichnungen Collagen Mischtechniken 1996–1998 Städt. Gal. Filderstadt, Fr.-Ebert-Stift. Bonn [...]

Koch, Udo, Prof., Bildhauer, Zeichner; c/o Akad. d. Bild. Künste, Am Weissenhof 1, D-701091 Stuttgart (* Offenbach 58) – **VG:** Basel, Stampa; Düsseldorf, Parduhn – **L:** seit 03 ABK Stuttgart (Prof. f. Bildhauerei) – **P:** Pr. d. Karl-Ströher-Stift. 95 – **G/T:** Zeichn. (meist großformatig); Plast. (u. a. Gips); Objektkunst – **M:** Frankfurt am Main, MMK – **E:** / G: u. a. 95 Bern, KH; 98 Frankfurt am Main, Portikus (m. Jörg Sasse); 99, 00, 02, 03 Düsseldorf, Parduhn; 00 Berlin, Fricke; München, Dt. Ges. f. Christliche Kunst; 01 Düsseldorf, Fricke; 02 Basel, Stampa; 04 Bonn, KV – (Red.)

Kochs, Regina, Malerin, bild. Künstlerin; Vorgebirgstr. 123, D-50969 Köln, Tel. (02 21) 3 60 32 38, *mail@reginakochs.com*, *www.reginakochs.com* (* Köln

21. 11. 65) – **VG:** Edinburgh, Amber Roome Contemp. Art – **S:** 85–92 RWTH Aachen (Archit.) u. TU Wien; Mitarb. am Lehrstuhl f. plast. Gest. (b. Prof. W. Binding); künstler. Autodidaktin; Zeichenunterricht b. Prof. Schönwald; Malereiunterricht b. Prof. Zoworka; seit 97 freischaffende Künstlerin – **Ve:** VG Bild-Kunst 03; BBK Köln 05 – **G/T:** konkrete Malerei u. Schichtungen (Öl, Aqu.); Kunst am Bau; Zchngn (Arb. auf Papier) – **W:** zahlr. in Privatbes. sowie in Bes. d. Slgn Stadtspk. Köln u. AXA Colonia Versicherung Köln – **Ö:** Köln, Mediapark 7 (Wandmalerei) – **E:** 03 Aachen, Amts- u. Ldgericht; 04 Köln, AXA Colonia Versicherung; Köln, Kunstzimmer 57/5; 05 Neuss, Janssen Cilag GmbH; 06 Solingen, KV; Brühl, Schloß Augustusburg (Orangerie) – **G:** 98 Kronach, Lukas-Cranach-Pr.: Frauenbilder; Edinburgh, Royal Scottish Acad.; Köln, Kunstschalter: Hans im Glück; 99, 06 Glasgow, Art Fair; 03 Kronach, Hommage an Lukas Cranach; Hagen, Karl-Ernst-Osthaus-Pr.; 04 Köln, Kunstraum 28/30: Strukturen; 04, 05 Edinburgh, Amber Roome Contemp. Art; 05 Brühl, Gesamtschule: Kunst unter d. Kuppel; Köln, Fa. RölfsPartner-Gr.: Art & Art Napping

Kock, Hans, Prof., Bildhauer; Oktaviostr. 70, D-22043 Hamburg, Tel. (0 40) 6 56 38 16. Seekamper Weg 14, D-24159 Kiel, Tel. (04 31) 37 23 22 (* Kiel 27. 12. 20) – **S:** 45–47 Technische HS Braunschweig (Archit.); 48–52 LdeskSch Hamburg (Bildhauerkl., Schüler u. Mitarbeiter v. Gerhard Marcks) – **P:** Lichtwark-Pr. (Stip.) 54; Förd.pr. Bild. Kunst d. Kult.kr. d. dt. Wirtschaft im BDI 55; Villa-Romana-Pr. 62; Edwin-Scharff-Pr. 69; Kunstpr. d. Ldes SH 72; Plakette d. Freien AK Hamburg 85; Senator-Biermann-Ratjen-Med. Hamburg 86; Prof.titel SH 87; E.gast d. Villa Massimo 89; Andreas-Gayk-Med. d. Ldeshauptstadt Kiel 99; Kulturpr. d. Stadt Kiel 04 – **Ve:** BDA 60; Freie AK Hamburg 72; BBK Hamburg 74; BBK Schlesw.-Holst. 75; KV Hamburg 82 – **G/T:** Malerei, Zeichn. u. Graph.; Bildidentische Abstr.; Skulpt. (Stein u. Metall); skulpturale Archit. – **M:** Hamburg, KH (Münzkab.); Kiel, KH; Marbach am Neckar, Dt. Literaturarchiv; Meßkirch, Martin-Heidegger-Mus.; Schleswig, LM f. Kunst u. Kult.-Gesch. Schloß Gottorf – **Ö:** u. a. Greifswald, Dom; in Hamburg: Jungfernstieg, Katharinenkirche, Adolphsbrücke, Fischmarkt u. Erlöserkirche; in Kiel: Ldwirtschaftsmin., Vinetapl Gaarden u. Skulpt.-park Seekamp – **B:** Kiel: Hans-Kock-Stift. (skulpturale Sitzformation, Mauerwerk, Bodenreliefs u. Überwölbungen) – **E:** u. a. 71 Hamburg, Kunsthaus; 72 Köln, Gal. Der Spiegel; 72 Kiel, KH; 77 Lübeck, Mus. am Dom; 79 Brühl, Plast.ausst.; mehrmalig, zuletzt 00 Seekamp, Hans-Kock-Stift.; mehrmalig, zuletzt 03 Hamburg, Freie AK – **G:** u. a. 50 Kiel, KH; 51 Hamburg, KV; 62 Stockholm (Ausst. d. Dt. Kunstrates); 64 Kassel, documenta; Paris, MN Auguste Rodin; 67 Montreal (Weltausst.); 70 Osaka (Weltausst.); 73 Antwerpen, Bienn. Middelheim; 79 Padua, Bienn. del Piccola Scultura; seit 79 zahlr. Ausst.bet. in Tokio; 82 Coburg, KS d. Veste; 03 Husum, Nissenhaus; 04 Tondern, KM; Lübeck, Kult.forum Burgkloster – **V:** u. a. Kunstwerk Hamburg, in: Jb. d. FAdK Hamburg. Bericht 1975–1977 77; Anmerkungen zu Kunst in der Gegenwart, Vortrag in: Jürgen Jensen (Hrsg.): Neue Museen f. Schleswig-Holstein 82; Bildende Kunst und Architektur, in: Schriften d. FAdK Hamburg 90; Nietzschebildnisse als Begegnungsdenkmale, in: Peter Seubert (Hrsg.): Natur u. Kunst in Nietzsches Denken 02 – ***Lit:*** C.O. Frenzel (Hrsg.): Kunst am Bau in Hamburg 1974–1958 59; Martin Urban: Junge Künstler 60; Eduard Trier: Figur u. Raum 60; Jens Christian Jensen: Hoffnung u. Verheißung d. Humanen. Über den Bildhauer H.K., in: Schleswig-Holstein, H. 9/77; Günther Gercken: H.K. / Siegfried Lenz 89; Heinz Gundlach: Orion 95; – AUSST.KAT. u. a.: Villa Romana 62; Renate Damsch-Wiehager: Im Topos d. Verwandlung 91; A. Sandig u. H. Spielmann (Hrsg.): Nolde bis Schumacher. Kock bis Kumrow 00; Günther Gercken: H.K. 01; Uwe Haupenthal: Nord-Kunst 03; – sowie zahlr. Beitr. in Kat., Zss. u. Ztgn – ***LitR:*** u. a. Gabriel Laub u. Jürgen Haase: Minerva, Dok.film 94

Kodré, Helfried, Dr., Kunsthistoriker, Bildhauer, Goldschmied; Biberstr. 9, A-1010 Wien, Tel. u. Fax (01) 9 46 74 94, *eva.kodre-klingenstein@chello.at* (* Graz 27. 4. 40) – **VG:** Padua, Studio GR 20 – **S:** Autodidakt – **L:** 85–96 Univ. Wien (Doz. Archit.gesch.) – **P:** Bay. Staatspr. 67; Pr. d. Stadt Wien 00 – **Ve:** BBK Öst. – **G/T:** Skulpt. u. Schmuck – **W:** private Slgn – **M:** Graz, LM Joanneum; Köln, MAK; München, Pin. d. Mod.; Pforzheim, Schmuck-Mus.; Wien, Artothek; Wien, MAK – **Ö:** Wien, Slg d. Kult.abteilung d. Stadt Wien – **E:** u. a. 64 Wien, MAK; 69 Salzburg, Welz; 72 München, Cardillac; 74 Wien, Gal. am Graben; 97 Wien, Slavik – **G:** zahlr. Ausst.bet. seit 64 in Europa, Japan, Amerika u. Austral., zuletzt 00 Stra, Villa Pisani; Antwerpen, The Ego Adorned; 01 München, New York, Genf, Tokio, Perth – (Red.)

Kodritsch, Ronald, Mag. art., Maler, Objekt- u. Videokünstler, Performer; Heinestr. 32/3/6, A-1020 Wien, Tel. Mobil: 0 67 66 03 43 68, *ronald@kodritsch.com*, *www.kodritsch.com*. Atelier: Große Mohrengasse 23, A-1020 Wien (* Leoben 8. 5. 70) – **VG:** Wien, Feichtner; Graz, Schafschetzy; Linz, Brunnhofer; Salzburg, U.B.R Galerie Ulrike Reinert; Köln, Binz & Krämer; St. Gallen, Hafner – **S:** 90–92 Meisterschule f. Malerei Graz; 92–97 ABK Wien – **Ve:** IG Bild. Kunst; Lord Jim Loge – **KGe:** Poncho Brothers (98–00); Noch 3km bis Lignano (seit 96) – **G/T:** Malerei, Objekt, Videos, Musik, Performance – **M:** Admont, Stifts-Mus.; Graz, LM Joanneum; Klosterneuburg/NdÖst., Slg Essl; Wien, Slg Bank Austria; Wien, Slg Bundeskanzleramt; Wien, Slg d. Wiener Städt. Versicherung – **Ö:** Bern, Inselspital; Graz, Augarten Hotel – **E:** 93 Graz, Minoriten Gal.; Wien, Gal. Ariadne; 94 Salzburg, Traklhaus; 95 Zürich, Allemann; 96 Bregenz, Hämmerle; 97 Wien, Gal. Trabant; Frankfurt am Main, Schuster; 98 Berlin, Schuster & Scheuermann; 00 Graz, Neue Gal. Studio; Linz, Brunnhofer; 01 Klosterneuburg/NdÖst., Slg Essl; 02 Salzburg, U.B.R Galerie-Raum für aktuelle Kunst; 03 Wien, Bucher; St. Gallen, Hafner; 04 Graz, Schafschetzy; Wien, Feichtner – **G:** zahlr. Bet. seit 99, zuletzt 03 Feldkirch, Pal. Liechtenstein; Graz, Schafschetzy; Wien, Operation Figurini; Wien, Bucher; Salzburg, Brunnhofer; 04 Gmunden, Gal. 422; Salzburg, U.B.R Galerie-Raum für aktuelle Kunst – Teiln. an zahlr. Kunstmessen, u. a. Frankfurt am Main, Art Frankfurt; Köln, Kunst Köln; Köln, Art Cologne; Linz, Linearte; Wien, Kunst Wien; Zürich, Kunst Zürich; Turin – sowie: Klosterneuburg/NdÖst., Slg Essl: Öst. 1900–2000 – **V:** Plast. Bilder 90; Dialoge 92; 22 Bikinimädchen 22 Hasen 96; C 02 – **R:** Poncho Brothers: KUNST – Der Große Almanach bis Zetmalnach, fünftlg. Kurzf.serie, Sdg 'Kunststücke' ORF 98, 99; SAMMLER – Saliera II, Diagonale Graz 04 – ***Lit:*** Gal. Traklhaus (Hrsg.): R.K. 94; Am Morgen wird alles anders als Morgen davor 98; LM Joanneum, Neue Gal. (Hrsg.): Cobra gt 00; Slg Essl Klosterneuburg (Hrsg.): R.K. – Sammlung Essl 01; R.K. – Leck, Ausst.kat. (z, Ausst. d. Gal. Schafschetzy Graz) 04

Kögel, Robert; Hainer Trift 4, D-63303 Dreieich, Tel. (0 61 03) 60 45 24, Fax 60 45 19, *koegel.frankfurt@arcor.de*, *www.rbs.org.uk; www.ht4art.de* (* Frankfurt am Main 4. 2. 54) – **S:** Autodidakt; Städelabendschule Frankfurt am Main – **Ve:** Intern. Member of Royal British Soc. of Sculptors (RBS) 00 – **G/T:** Bildhauerei (Holz u. Stahl); großformatige, biomorphe Konstruktionen aus Stahl – **W:** in Frankfurt am Main, Dreieich, Hanau, London u. Salzburg – **M:** Riedersbach, Mus. f. zeitgen. Metallplast. – **Ö:** Bamberg (Kern u. Peripherie) 99; Dreieich (Formation) 02 – **E:** 00 Rodgau, Leßmann & Lenser; Hanau, Remisengal.; 01 Offenbach, Gal. im Turm; 02 Seligenstadt, Kunstforum; 03 Dreieich, StG – **G:** 92, 93, 94, 99 Dreieich, Schloßpark Philippseich; 00 Annaghmakerrig/Monaghan, Tyrone Guthrie AC; 00–04 Riedersbach, Kraftwerk; 02, 03 London (Annual Exhib. RBS) – ***Lit:*** Iris Gniosdorsch: Gezügelte Gewalten, Kat. 96; Rainer Lawicki: Die Haltekraft des Körpers 03

Köhl, Oliver, Bildhauer, Fotograf; Königsberger Str. 2, D-87439 Kempten, Tel. (08 31) 1 26 40, Fax 5 90 31 34, *koehl-bildhauer@t-online.de*, *www.kunst-aus-schwaben.de* (* Friedberg/Hessen 26. 4. 61) – **S:** 87–90 Alanus HS Bonn-Alfter (Dipl. Bildhauerei) – **P:** Gest.pr. d. Stadt Mainz 87; Kunstpr. d. Stadt Pfronten im Allgäu 04; Kunstpr. Eisenturm Mainz 04 – **Ve:** BBK Schwaben Süd 95 – **KGe:** KBK: Krämer, Buchenberg u. Köhl (seit 04) – **G/T:** Skulpt.; Objekte; Install.; Kunstaktionen; Zchngn; Fotogr.; Kunst am Bau – **K:** Zeichnen, Steinbildhauerei – **W:** in Privatbes. – **M:** Haldenwang, KS; Pfronten, StKS; Wetterau-Kr., Landratsamt – **Ö:** Friedewald, Schlosshotel; Haldenwang, RH; Karlsruhe, Spk.; Mittelbiberach, Kath. Kirche u. Marktpl. – **E:** 04 Kempten, Gal. im AÜW; 05 Haldenwang, RH; 06 Mainz, KV Eisenturm; Friedberg, Landratsamt Wetterau-Kr.; 07 Reutte, Dengelgal.; Kempten, Kunstforum 9B – **G:** zahlr. Ausst.bet. seit 86, zuletzt 04, 05 Kempten, Festwoche (Kat.); Pfronten, RH; 04 Augsburg, Große Schwäb. Kunstausst.; Mainz, KV; Kempten, Alte JVA: h Arte Fakte n (Kat.); 06 Isny, Espantor-Turm (m. KBK) – **V:** Day and Night: Werkzyklus, Skulpt. + Zeichnungen, Kat. 06 – **R:** In side out, Kurzfilm-Install. 04 – ***Lit:*** Marktoberdorf (Hrsg.): 26. Kunstausst., Kat. 04; 30 Jahre KV Eisenturm Mainz, Festschr. – ***LitR:*** TV Allgäu: Adam 03; Neue Kontinente, Portr. 04; h Arte Fakte n, Dok. 04; Texturen 05

Köhl, Sabine (geb. Sabine Becker), Bildhauerin im Dt. Museum seit 2002; Karwendelstr. 12, D-86949 Windach, *koehl.sabine@web.de* (* Unna 27. 8. 67) – **S:** 93–96 Holzbildnerschule Berchtesgarden; 96–02 ABK Nürnberg (Bildhauerei u. Konzept-Objektkunst b. Prof. Colditz u. Ottmar Hörl) – **Ve:** BBK München u. Obb. 02 – **G/T:** Bildhauerei u. Objektkunst – **W:** temporäre Rauminstall. (orts- u. raumbezogen) – **M:** Wertheim, Grafschaftsmus. – **G:** 00 Naumburg; Nürnberg, KV; 01 Wertheim; Nürnberg; München, Gal. d. Künstler; 02 Schongau; Dresden

Köhler, Florian, Maler; c/o Galerie Gabriele von Loeper, Eppendorfer Landstr. 44, D-20249 Hamburg, Tel. (0 40) 45 32 92, Fax 44 29 96, *vonloeper@galerie.de*, *www.galerie-vonloeper.de; www.galerie.de/von-loeper* (* Frankfurt am Main 35) – **VG:** Hamburg, Loeper – **S:** 57–63 Städelschule Frankfurt am Main; KA München – **P:** Pr.träger Junge Kunst in Hessen 70 – **KGr:** Wir (seit 59) – **G/T:** Malerei (zwischen figürlich u. abstr., Ldschaften u. Figurationen) – **E:** u. a. 72 Hamburg, Artschwager; 85 Brühl, KV; Hamburg, Mus. d. Arb.; 87, 90, 91, 93, 95 Hamburg, Loeper; 96 Darmstadt, Gal. Wullkopf; 92 Herford, KV; München, Otto-Gal.; 94 Berlin, Gal. Berlin; Bad Homburg, Scheffel; München, Otto-Gal. – **G:** u. a. 61–65 München, Herbstsalon; 66 München, Van de Loo; 66, 67 Berlin, AdK; 75 Hamburg, Kunsthaus; Wasserburg, Ganserhaus; 85 Bonn, KV; 87 Hamburg, Kunsthaus; Hamburg, KH – ***Lit:*** F. K. Bilder 1960–1990; F. K. Bilder aus 3 Jahrzehnten; F. K. Neue Ölbilder 1990–1995; F. K. Der Maler besteht aus Bildern – (Red.)

Köhler, Gertrude; Schwelmer Str. 19, D-12207 Berlin, Tel. (0 30) 7 12 74 43 – **G/T:** Malerei – (Red.)

Köhler, Ingrid, Malerin; Ilchinger Weg 8, D-85604 Zorneding, Tel. (0 81 06) 2 38 60, *il.koehler@freenet.de* (* München 13. 10. 57) – **VG:** Aying, Die Schmiede; Landsberg am Lech, Raasch – **S:** 77–83 ABK München (Freie Malerei u. Kunsterziehung, b. Reipka, Sauerbruch u. Tröger) – **L:** seit 83 Kunstlehrerin in Bay. – **P:** Förd.pr. d. Sudetendt. Ldsmannschaft (Kult.förd.pr. f. Malerei u. Archit.) 87 – **Ve:** BBK München u. Obb. 83; Esslinger Künstlergilde 89–95 – **G/T:** Malerei (Öl, Aqu., Mischtechniken, gegenständlich u. abstr.); Bildhauerei (Portr. in Bronze, Gips) – **K:** Öl-, Aqu.- u. Aktmalerei, Rad. – **W:** überw. in Privatbes. – **M:** München, Bauamt; München, Bay. Staatsgemäldeslgn – **E:** 87 Regensburg, StG Leerer Beutel; 91 Landsberg am Lech, Raasch; 96 Kelheim, Kunst im Alten Sudhaus; 97 Augsburg, Köpf-Haus; 99, 05 Holzhausen/Ammersee, Bay. Verwaltungsschule; 04 Zorneding, RH – **G:** 84 Wien, Künstlerhaus; 88–90, 02, 03, 04 München, Haus d. Kunst; 89, 02, 03 Regensburg, KV; 90 Regensburg, Ostdt. Gal. – **V:** Beitr. in G. Schwarz: Grafik. Techniken m. Originalbsp. (Ankauf u. a. Wallraff-Richartz-Mus. Köln)

Köhler, Karl-Heinz; Humboldtstr. 14, D-06114 Halle, Tel. (03 45) 5 23 14 72 (* Teutschenthal 27. 4. 37) – **VG:** Halle/Saale, fineARTconnection – **S:** 67–70 HS f. industr. Formgest. Burg Giebichenstein Halle (Gasthörer, Graph. u. Malerei) – **P:** Kunstpr. d. Spk. Bayreuth 95 – **Ve:** VBK Sa.-Anh. – **G/T:** Malerei, Graph. (Öl, Aqu., Acryl, Portr., Ldschaft u. Thema Musik) – **W:** überw. in Privatbes. – **Ö:** Halle/Saale, Händelhaus u. -halle; ebda, Philharmonisches Staatsorchester, Rat d. Stadt; Firma Bauer in München, Berlin, Leipzig, Landshut u. Halle – **E:** u. a. in Halle/Saale, Merseburg, Bernburg, Berlin, Leipzig, Dessau, Bayreuth, Aschaffenburg, Ludwigshafen sowie Wien, UNO-City – **G:** Teiln. an d. Kunstausst. d. DDR u. a. in Dresden, Finnld, Ungarn, Indien, d. Sowjetunion, Öst., d. Tschechoslowakei, Polen, Engld u. in zahlr. dt. Städten – ***Lit:*** div. Publ. seit 83

Köhler, Maria, Malerin; Kemptener Str. 149, D-88131 Lindau, Tel. (0 83 82) 7 46 13, *www.maria-koehler.de* (* Simmerberg/Allgäu 11. 12. 47) – **S:** 69–71 Academia de Bellas Artes Madrid; 73–76 Éc. des Beaux Arts Avignon; 76–77 Escuela de Artes y Oficios Palma de Mallorca – **Ve:** ver.di – Fachgr. Bild. Kunst 96; VG Bild-Kunst 96; GEDOK; Avachne; Intern. Bodensee-Club (IBC) bis 95 – **G/T:** Wollbild, Malerei (abstr., figurativ) – **W:** zahlr. in privatem u. staatl. Bes. – **E:** zahlr. im In- u. Ausld seit 82, u. a. in Konstanz, Locarno, Palma de Mallorca, Stuttgart – **G:** Bet. an Ausst. in Kempten, München, Nürnberg, Stuttgart – (Red.)

Köhler, Ute s. GORDON

Köhlert, Dietrich, Maler; Waldstromerstr. 45, D-90453 Nürnberg, Tel. (09 11) 63 57 82, *dietrich.koehlert@gmx.de* (* Bad Harzburg 10. 9. 42) – **S:** 69–75 ABK Nürnberg (Malerei b. Ernst Weil) – **Ve:** BBK Nürnberg 78; Künstlervrg Erlenstegen 74 – **KGr:** OFF Nürnberg (71–72) – **G/T:** Lsch. (Ölmalerei im Atelier, plein-air auch m. Acryl) – **W:** in Privatbes. – **E:** 71 Nürnberg, OFF-Gal.; 74 Nürnberg, Mauthalle; 77 Nürnberg, Gemeinschaftshaus; 78 Bad Harzburg, RH; 93 Feucht, Zeidelmus.; 97 Katzwang, Kakuze; 05 Kronach, Gal. EINblicke – **G:** u. a. 71 Nürnberg, Gal. in d. Kaiserstr.; 79, 06 Nürnberg, Künstlerhaus; 95 Nürnberg, Kult.laden Röthenbach; 96 Forchheim, Spk.; 01 Trautskirchen,

Eigner; 04 Nürnberg, Caritas-Pirckheimer-Haus – ***Lit:*** Faltbl. 98; Faltbl. 02

Köhn, Monika, Bildende Künstlerin, Malerin, Graphikerin, Bildhauerin, Fotografin; Guck ins Land 10, D-67098 Bad Dürkheim, *MonikaKoehn@t-online.de* (* Viernheim 17. 11. 46) – **S:** 81–84 KSch Mannheim (Malerei, Graph. u. Plast., b. Karl Rödel u. Bruno Müller-Linow) – **Ve:** BBK Rh.-Pf. 89; VG Bild-Kunst 91; Badischer KV 92–95; Arb.gemeinschaft Pfälzer Künstler 94 – **KGr:** Korrespondenzen e.V. Baden Baden – **G/T:** Malerei (Öl, Aqu.), Graph. (Zeichn., Pastell); Kleinplast.; Install.; Konzept-Kunst – **W:** überw. in Privatbes. – **Ö:** Landau, RH – **E:** 83 Duisburg, Zentralbibliothek; 90 Münchberg, Stadthalle; 92 Landau, Frank Loebsches Haus; 96 Erfurt, Peterknecht; 02 Baden-Baden, Altes Dampfbad – **G:** zahlr. Ausst.bet. seit 79, zuletzt 85 München, Gal. Nymphenburg; Filderstadt, KV; 89 Hanau, HM Schloß Philippsruhe; 90 Kaiserslautern, Pfalz-Gal.; 91 Wiesbaden, Kunsthaus; Wissemburg, Relais Culturel; Dresden, Kunst d. Zeit; 93 Ettlingen, Mus.; 96 Landau, Kr.haus d. Südlichen Weinstr.; 99 Landau in der Pfalz, Villa Streccius; 04 Baden-Baden, Altes Dampfbad – **V:** Ausst.besprechungen f. 'Die Rheinland-Pfalz', in: Badisches Tageblatt – **R:** Über Karl Rödel, Kultur aktuell SWF2 89 – (Red.)

Koelbl, Herlinde; Rosenstr. 3, D-82061 Neuried/München, Tel. (0 89) 75 11 61, *herlinde.Koelbl@arcor.de* (* Lindau) – **S:** 01 Univ. Sidney (Gastprof.) – **P:** Dr.-Erich-Salomon-Pr. d. DGPh; Leica Medal of Excellence; Kodak Pro Prize; Epica Award; Golden Camera; Critics Award; Grimme-Pr. (Nominierung) – **G/T:** Fotogr. u. Film – **K:** Workshops: Parsons School Paris u. New York, Rencontres de la Photogr. Arles u. Art Academie Cincinatti – **W:** zahlr. Werke in privaten Slgn – **M:** Amsterdam, Huis Marseille – Stichting voor fotogr.; Berlin, Berlin Mus.; Bonn, Haus d. Gesch. d. BRD; Bonn, LM; Frankfurt am Main, Jüdisches Mus.; Halle/Saale, Staatl. Gal. Moritzburg; Hamburg, MKG; Houston/TX, Mus. of Fine Arts; Köln, Mus. Ludwig; New Orleans/LA, Mus. of Art; New York, Public Library; Paris, Bibliothèque Nat. – **E:** zahlr. Einzelausst. weltweit, u. a. 84, 86 Bonn, LM; 87 New York, Neikrug Gall.; 88 Tokio, Canon Gall.; 89 Berlin, Berlin Mus.; 91 Chicago, Spertus Mus.; 92 Wien, Pal. Palffy; 93 Cincinnati, Art Academiy; 96 München, Lenbachhaus; 98 Aachen, Suermondt-Ludwig-Mus.; Frankfurt am Main, Schirn; 99 Kyoto, Prinz Gall.; Berlin, Dt. Hist. Mus.; 01 Seoul, Mus. of Mod. Literature; Sydney, Jüdisches Mus.; Melbourne, Jüdisches Museum; 02 Bonn, Haus d. Gesch. d. BRD – **G:** zahlr. Ausst.bet., u. a. 85 Wien, MMK Stiftung Ludwig; 88, 94, 95, 99 Köln, Mus. Ludwig; 89 London, The Photographer's Gall.; 03 Berlin, Dt. Hist. Mus.; 04 Hamburg, Deichtorhallen – **V:** Das deutsche Wohnzimmer 80; Dienst am Volk 82; Männer 84, 95; Feine Leute 91; Hierzulande 89; Jüdische Portraits 89; Kinder 94; Opfer 96; Starke Frauen 96; Im Schreiben zu Haus 98; Spuren der Macht 99; Die Meute 01; Schlafzimmer 02 – **R:** DOKF.: Spuren der Macht/Traces of Power – Portraits about leading politicians, as Chancellor Gerhard Schröder, Foreign Minister Joschka Fischer 99; Spuren der Macht/Traces of Power – Portraits about Heide Simonis, Prime Minister Schleswig-Holstein 00; Die Meute – The Pack 01; Wir Journalisten 02; Schlafzimmer/Bedrooms 03 – ***Lit:*** zahlr. Portr. u. Art. üb. d. versch. Werke u. Themen in Kat., Mag. u. Tagesztgn – ***LitR:*** ausführliches Portr. im Westdt. RF 89; zahlr. Kurzportr.: ARD, Westdt. RF, Arte, Norddt. RF, SüdwestRF, Bay. RF, 3sat; Beitr. ausgestrahlt in Amer. u. Australien

Kölbl, Walter, Mag. Art., Bildhauer; Laudongasse 11/7, A-1080 Wien, Tel. (01) 4 08 49 60 (* Hard/Vorarlberg 25. 9. 48) – **S:** 69–75 Akad. f. Angew. Kunst Wien (Bildhauerei); 75–79 Metallgest. – **L:** 80–86 TU Wien – **P:** Rompr. 77; Förd.pr. f. Bild. Kunst d. Stadt Wien 80 – **Ve:** Ges. bild. Künstler Öst.; Künstlerhaus Wien 75; BV Bild. Künstler Vorarlberg – **G/T:** Skulpt. u. Objekte (Stein, Holz, Metall) – **W:** Slgn d. Länder Wien, Vorarlberg u. d. Republik Öst. – **E:** / G: zahlr. Ausst. u. -bet.

Kölbl-Thiele, Lisa, Malerin, Graphikerin; Webergasse 4, D-88131 Lindau, *L.K-Th@web.de*, *www.lisa-koelbl-thiele.de* (* Lindau 5. 2. 62) – **S:** 89–92 PH Weingarten u. Univ. Augsburg (Kunstpädagogik, Kunstgesch.) – **L:** 90–99 Schule f. Erzieherberufe Lindau (Kunst- u. Werkerziehung); 03 VHS Lindau; seit 03 Mus. Hermann Hesse Montagnola/Schweiz – **P:** Stip. b. Kolleg d. Villa Vigoni Loveno/Ital. 05 – **Ve:** Lindauer Künstlervrg 97; Intern. Bodensee-Club (IBC) Überlingen nördl. Bodensee 05 – **G/T:** Aktdarst. (Zchng, Rad., Aqu.); Märchen, Mythologie (Rad., Tusche); Lsch. (Aqu.) – **K:** seit 05 in eigener Kunstwkst. in Lindau: Aqu., Druckgraph. (Hochdruck, Monotypie), Zchng, Mischtechnik – **W:** überw. in Privatbes. – **E:** 99 Lindau, Gal. im Innenhof (jl.); 00 Langenargen, Gal. Gros; 02 Mailand, Spaziostudio; 03 Tettnang u. Überlingen, Städt. Bücherei; 04 Wangen, Schloß; 05 Gaienhofen, Hermann-Hesse-Höri-Mus.; – weitere: 04 Insel Mainau, Schloß – **G:** 00 Ascona, Gal. AAA; 03, 04 Lindenberg/Allgäu, Westallgäuer Kunstausst.; 05 Überlingen, StG Fauler Pelz: Winterausst. d. IBC; 06 Markdorf, Stadtgal. KV – **V:** Luis Zett: Die Gaukler (Ill.) 00 – ***Lit:*** WERKKAT.: Arb. in Tusche u. Aqu. 1997–2001; Akte u. Lsch. 05

Koenig, Fritz, Prof., Bildhauer; Ganslberg 24, D-84032 Altdorf, Tel. (08 71) 3 41 11 (* Würzburg 20. 6. 24) – **S:** 46–52 ABK München (b. Anton Hiller) – **L:** 64 TU München (Prof. f. plast. Gest.) – **P:** Villa-Massimo-Stip. 57 – **M:** Landshut, Skulpt.-Mus. im Hofberg; New York, Guggenheim – **Ö:** New York, Battery Park (ehem. Standort: World Trade Center) – **E:** u. a. 04 Landshut, Skulpt.-Mus. im Hofberg – **G:** u. a. 03 Erlangen, Städt. Slg – ***Lit:*** Dictionary of Art 96 – (Red.)

König, Peter; Hessestr. 13, D-90433 Nürnberg, Tel. (09 11) 26 94 12, 9 28 93 48, Mobil: 0 172 810 72 86, Fax 9 28 93 52, *atelierkoenig@web.de*. Soto Manchera 1, ES-06340 Fregenal de la Sierra (Badajoz), Tel. (06 17) 98 92 76 (* Nürnberg 23. 11. 53) – **S:** 68–71 Lehre als Lithograph; 76–81 ABK Nürnberg (Malerei, Prof. Fischer u. Voglsamer); 81 Meisterschüler – **L:** 82–98 ABK Nürnberg (Ass.); 82–03 Anatomisches Inst. d. Friedrich-Alexander-Univ. Erlangen (LAuftr. d. ABK Nürnberg, Anatomie f. Künstler); seit 82 mehrfach ABK Nürnberg (LAuftr.); 86 Private Mal- u. Zeichenschule Nürnberg (Gründer) – **P:** Studienpr. d. Ges. d. Freunde d. ABK Nürnberg 80; Förd.pr. d. Förd.kr. Bild. Kunst Nürnberg 81; Wolfram-v.-Eschenbach-Förd.pr. 84; Prix Intern. d'Art Contemp. de Monte-Carlo 94; Prix du Conseil Nat. 94; Ausz. d. Acad. Intern. des Arts Contemp. Soignies/Belgien (Le Diplom Chevalier, Platin-Med. d. Schönen Künste, Akad. Palme in Gold) 95; Kunstpr. d. Nürnberger Nachrichten 98 – **Ve:** Société Salon d'Automne Paris 93 – **G/T:** Zeichn. (u. a. Bleistift u. Kugelschreiber auf Papier) – **W:** Werke in Privatslgn in Dtld, Frkr., Spanien u. d. USA, u. a. in d. Slgn Armin Dassler u. Willi Daume sowie im Bes. d. Bez. Mittelfranken, Ansbach u. d. Stadt Schwabach – **M:** Fürth, Städt. Slg; München, Bay. Staatsgemäldeslgn; München, Bay. Staatsmin. d. Justiz; Nürnberg, Slg d. Förd.kr. Bild. Kunst – **E:** u. a. 80 Nürnberg, Mauthalle (Junge Kunst); 82 Nürnberg, Reim; 83 Nürnberg, Sterngasse; 86 Bayreuth, Altes Schloß; 92 Fürth, Gal. am Theater; Ansbach, Karlshalle; 97 Paris, Salon d'Automne; Schwabach, Gal. Bürgerhaus; 98 Paris, Gustavo; Paris, Astarte; 99, 00 Fürth, Stadtspk.; 00 Nürnberg, Kunsthaus; 01, 02 Niederalfingen, SüdWest-Gal.; 02 Skopje, Kult.zentrum; 03 Heidenheim, KV – **G:** zahlr. Ausst.bet. seit 79, zuletzt u. a. 95, 98, 01, 02 Nürnberg, Kunsthaus; 98, 00 Nürnberg, Germanisches NM; 00 Tokio, Artex; 02, 03 München, Haus d. Kunst; 03 Ingolstadt, Franziskanerkirche – ***Lit:*** AUSST.KAT., u. a. Spielraum 90; Prix International d'Art Contemporain de Monte-Carlo 94, 00; Künstler für Europa 95; Kunstpreis der Nürnberger Nachrichten 98–02; Kunstsalon München 83, 85–91; Ortung. Schwabacher Kunsttage 01; Wunschbilder 02; – zahlr. Kat. u. Buchveröff., u. a. Rainer Beck: Von Macht, Ohnmacht und Bedrohung der Beseelten. Zu Peter Königs Lebenspanoramen 99; Winfried Neuhuber u. Claus Pese (Texte): Einsichten: Projekt Mensch 02; – sowie zahlr. Ausst.kritiken – (Red.)

König, Ralf, Cartoonist, Comicautor; c/o Andreas C. Knigge, Antonistraße 5, D-20359 Hamburg (* Soest/ Westfalen 8. 8. 60) – **S:** 81–86 KA Düsseldorf (Schwerpunkt: Freie Graph.) – **P:** Elysee-Pr.; Joop-Klepzeiker-Pr. 88; Ausz. als 'Bester dt.sprachiger Comiczeichner' beim Intern. Comic-Salon, Grenoble 90; Max-u.-Moritz-Pr. Erlangen 92, 06; Ausz. als 'Bester intern. Comiczeichner' beim Intern. Comic-Salon, Barcelona 92; Pr. du meilleur scénario beim Intern. Comic-Salon, Angoulême 05; Pr. Gran Guinigi b. Intern. Comic-Salon, Lucca 05 – **G/T:** Cartoons; Comicb. u. -zchngn – **G:** 90 Grenoble, Intern. Comic-Salon; 92 Erlangen, Intern. Comic-Salon; Barcelona, Intern. Comic-Salon; 05 München, Forum d. Dt. Mus.: Comicfest – **V:** COMICB., u. a.: Sarius 81; ô SchwulComix 81; Macho Comix 84; Kondom des Grauens 87; Der bewegte Mann 87; Lysistrata 87; Pretty Baby 88; Comics, Cartoons, Kritzeleien 88; Beach Boys 89; Kondom d. Grauens 89; Prall aus d. Leben 89; Macho Comix 89; Safere Zeiten 89; Zitronenröllchen 90; Bis auf die Knochen 90; m. Detlev Meyer: Heiße Herzen 90; m. Walter Moers: Schwulxx-Comix 90; Sylvester-Tuntenball 91; Sahneschnittchen 92; Bullenklöten! 92; ... und d. mit links! 93; Konrad und Paul 93; Jago 98; Superparadise 99; Poppers! Rimming! Tittentrimm 01; Wie die Karnickel 02; Sie dürfen sich jetzt küssen 03; Suck My Duck! 04; Roy und Al 04; Dschinn Dschinn. Der Zauber des Schabbar 05; Trojanische Hengste 06; Dschinn Dschinn. Schleierzwang im Sündenpfuhl 06 – **R:** VERFILMUNGEN: Der bewegte Mann 94; Kondom d. Grauens (Drehb.) 96; Wie die Karnickel (Drehb.) 02; Lysistrata 02 – ***Lit:*** Thomas Voigt, Elmar Klages u. Michael Töteberg: Mal mir mal nen Schwulen. Das Buch zu R.K. 96; Heike Makatsch: Sahnesteif. Die Krönung v. R.K. 96

Koenig, Rosemarie (geb. Rosemarie Klein, Ehename Rosemarie Koenig-Garofalo), ObStudR. a. D., Multi-Media-Künstlerin, Malerin; Schlehdornweg 58 A, D-50858 Köln, Tel. (02 21) 48 25 87, *rosemariekoenig@gmx.de*, *www.rosemariekoenig.de* (* Köln 11. 5. 35) – **VG:** Fréjus, GAM'Art Intern. Gall. – **S:** 57–62 KA Düsseldorf (Graph. b. Prof. Coester, Malerei b. Prof. Pudlich) 61–75 Univ. Köln (Studium d. Kunstgesch. b. Prof. Ladendorf) – **L:** 63–93 Städt. Aufbaugymn. Köln u. Königin-Luise-Gymn. Köln (Oberstufe, Kunstgesch. u. prakt. Kunst) – **P:** Toile d'or d. FNCF 05; Dipl.-Titel 'créateur d'aujourd'hui' d. FNCF 06 (FNCF: Féd. Nationale de la Culture Française) – **Ve:** PSR Politisch Soziale Realität 68–78; BBK Köln 75; Kultur-Initiative 3/4 Köln 01 – **G/T:** Neoimpressionismus; PSR-Tätigkeit m. Multi-Media (Foto, Film, Wandzeitungen); Entdeckung neuer Maltechniken (z.B. Walzentechnik) – **W:** ab 97 'Großstadtmalerei': Integration mod. Architektur in hist. Bauten in Köln, ab 06 in Berlin z. gleichen Thema; 'Walzentechnik – Hochhäuser'; 'Oszillationen einer blauen Lichterkette' (Install.) – **E:** u. a. 67 Leverkusen, Gal. Chronos; 68 Solingen, Gal. Mumms; 71 Wuppertal, Urbs-Städtefestival (Multi-Media-Vorführungen z. Thema 'Kinder in Notunterkünften in Wuppertal' im Zelt auf d. Rathauspl. u. in den Obdachlosenunterkünften); 01 Köln, Stammhaus-Gal.; 02/03 Köln, Gal. art d'oeuvre; 03 Köln, Uniklinikum Café Lindenthal – **G:** u. a. 69 u. 70 Düsseldorf, KH: between I u. between V; bis 05 Paris, Salon des Indépendants; Paris, Salon d'Automne; Paris, Salon des Artistes Francais; 05 Dresden, Kulturrathaus u. Köln-Lindenthal, RH: Kultureller Dialog Köln – Dresden; 05/06 Köln, Uniklinikum: Köln-Salon; 06 Kultureller Dialog Köln – Berlin-Treptow u. Berlin-Neukölln; Fréjus, GAM'Art Intern. Gall.; Fréjus, Le Grand Concours Intern. – ***Lit:*** Renate Buschmann: Chronik einer Nicht-Ausstellung. between 1969–73 in d. Kunsthalle Düsseldorf 06; dies. (Hrsg.): Rebellisches Düsseldorf 1966–72 06

Königs, Franz-Josef; Chorherrenweg 4, D-52134 Herzogenrath, Tel. (0 24 06) 76 61, Fax 7 99 91, *f.-j.koenigs@t-online.de*, *www.studio-koenigs.de* – **G/T:** Malerei – (Red.)

Königsmann, Alexandra, Master of Fine Arts, Malerin, Film- u. Videodesignerin, Multimedia-Künstlerin; Hohenzollernstr. 83, D-80796 München, Tel. u. Fax (0 89) 33 70 66, *lexikoenigsmann@aol.com*, *www.artforever.de* (* Bremen 25. 10. 57) – **S:** 77–80 Univ. Osnabrück (Kunstpädagogik); 80–81 HBK Braunschweig (Kunst- u. Werkpädagogik); 81–84 San Francisco Art Inst. (Film- u. Videoperformance) – **P:** Louis B. Mayer Found. (Stip.) 84 – **Ve:** VG Bild-Kunst 98; ver.di – Fachgr. Bild. Kunst 00; BBK München u. Obb. 01; KV München 01 – **KGr:** Münchener Secession (seit 04) – **G/T:** Malerei (Öl, Acryl); Film- u. Videokunst (exper.); digitale Kunst (Computerkunst); Multimedia-Install. – **W:** mehrere Exper.filme u. Videos, Werke in Privat- u. Firmenbes. – **Ö:** Bremen, ITO; Gelting, SILATEC; Hamburg, Salo & Partner; München, Salo & Partner – **E:** zahlr. seit 81 im In- u. Ausld, zuletzt 05–06 München, LV 1871-Hauptverwaltung – **G:** zahlr. Bet. seit 80 im In- u. Ausld, zuletzt 04 München, Haus d. Kunst; 05 München, Akad Gal.; 06 München, Oberste Behörde im Bay. Staatsmin. d. Innern – **V:** Freiheit-Liebe-Mystik. Malerei von A. K., Fotobd 01; Computerkunst, Kunstkat. 06 – **R:** Manfred Schramm (Regie): Freiheit-Liebe-Mystik. Bilder von A. K., Dok. VHS/ DVD 02 – ***LitR:*** Alexander Onken (Autor/Regisseur): Szene München 'Digital Lifestyle Day', Fs.beitr. 06

Koenigstein, Georg, Mag.art. Prof., Maler, Graphiker, Pressendrucker, Verleger bibliophiler Bücher; Anzengrubergasse 50, A-3400 Klosterneuburg, Tel. u. Fax (0 22 43) 2 60 46, *edition.koenigstein@aon.at*, *www.koenigsteinkunst.com* (* Wien 30. 7. 37) – **VG:** Hall in Tirol, Altstadt Gal. Hall; St. Pölten, Kunsthandel Figl; Wien, Kunsthandel Widder; Frankfurt am Main, Büchergilde Gutenberg; Salzburg, Gerlich – **S:** 55–61 ABK Wien (Meisterkl. Prof. A.P. Gütersloh); 56–57 Cooper Union New York – **L:** 71–98 Pädagogische Akad. d. Bundes Wien, Prof. f. Malerei – **P:** Füger-Med. (Gold) 60; Gold. E.zeichen f. Verdienste um d. Rep. Österr. 98; Kulturpr. d. Stadt Klosterneuburg 02 – **Ve:** Künstlerbund Klosterneuburg 88; Kult.-vernetzung NÖ 02 – **KGr:** XYLON seit 04 – **KGe:** seit 87 Edition Koenigstein, m. Christine Koenigstein – **G/T:** Malerei (Öl, Aqu.) u. Graphik (Rad., Farblinolschn.) in der Tradition d. klass. Moderne – **W:** 320 Ölbilder bzw. Aqu. überwiegend in Privatbes. – **M:** Den Haag, Mus. Meermanno-Westreenianum; Klosterneuburg, Stadtmus.; Klosterneuburg, Stifts-Mus.; Leipzig, Dt. Buch- u. Schrift-Mus. d. Dt. Nat.bibl.; St. Pölten, Ldesbibliothek; Wien, Öst. Nat.bibliothek – **E:** seit 65 u. a.: 87 Wien, Inst. f. Wiss. u. Kunst; 91, 94, 97 Zürich, Gal. Frankengasse; 91 St. Pölten, Ndöst. Dok.-Zentrum f. Mod. Kunst; 92, 94, 97 Salzburg, Gal. Franziskanergasse; 94 Wien, TU; 94–04 Frankfurt am Main, Buchmesse; 94, 97, 03 Hall in Tirol, Altstadt Gal. Hall; 97 Wien, Öst. Nat.bibliothek; 01, 03 Klosterneuburg, Chorherrenstift/Orangerie; 01, 07 Klosterneuburg, Stadtmus.; 05 St. Pölten, Ldesbibliothek; 06 Salzburg, Gerlich – **G:** 04 Salzburg, StG im Mirabellgarten (XYLON) – **V:** Friedrich Rückert: Liebeswünsche, Ill. (Farblinolschn.) 93; Margit Hahn: Im Streiflicht des Mondes (Rad.) 95; Klangfarben zur Musik von Johann Strauß (Farblinolschn.) 96; Barbara Frischmuth: In Goldfische zerfiel der Mond (Farblinolschn.) 00; Peter Turrini: Ein Blick auf dich (Farblinolschn.) 02; Erika Mitterer: Kehr nie zurück, Ill. (Farblinolschn.) 04; Annemarie Moser: Reise über den Rosenbogen, Ill. (Farblinolschn.) 05; Elisabeth Schawerda: Hora felix, Ill. (Farblinolschn.) 05 – ***Lit:*** Ernst Krötlinger: G.K., Ausst.kat. 87; Elisabeth Koller-Glück: G.K., Ausst.kat. 89; Georg Butterweck: Farbräume, Ausst.kat. 90; Bernhard Hasenberger: Gestaltung in Farbe u. Strich, Ausst.kat. 94; ders.: G.K., Ausst.kat. 96; Volkmar Käppl: G.K., Graphische Kunst 1/02; ders.: G.K., Vernissage 253/06

Köpf, Eberhard s. Erbse

Koeppe, Karoline s. Kroiß, Karoline

Koeppel, Matthias, Prof., Maler; c/o S + MK Produzentengalerie, Wittelsbacherstr. Str. 28, D-10707 Berlin, Tel. Mobil: 01 7 78 73 89 34, Fax (0 30) 8 73 93 73, *Atelier.smk@freenet.de*, *www.matthiaskoeppel.de* (* Hamburg 22. 8. 37) – **VG:** Berlin, Hulsch; Berlin, S + MK Produzentengal. – **S:** 55–61 HBK Berlin (Malerei, Grundlehre b. Prof. Klatt u. Prof. Jaenisch, Meisterschüler b. Prof. Hans Kuhn) – **L:** 81–03 TU Berlin Archit.fak. (Prof. f. freies Zeichnen u. Malen) – **P:** Pr. d. Großen Berliner Kunstausst. 60; Karl-Hofer-Pr. 61; Pr. f. sozialkritische Graph. d. Zille-Ges. 69 – **Ve:** Ver. Berliner Künstler; VG Bild – **KGr:** Schule der Neuen Prächtigkeit (seit 73); Künstlersonderbund in Deutschland (seit 90) – **G/T:** realistische Malerei (Öl auf Leinwand, Berliner Stadtldschaft m. handelnden Figuren) – **W:** überw. in Privatbes. – **M:** Berlin, Berlinische Gal.; Berlin, DHM; Berlin, Dt. Technikmus.; Berlin, Mus. Checkpoint Charlie; Berlin, SM; Berlin, Staatsbibliothek; Düsseldorf, SM; Leipzig, Zeitgesch. Forum; Potsdam, Sanssouci Bilder-Gal. – **Ö:** Berlin, Berliner Abgeordnetenhaus im Preußischen Ldtag; ebda, Dt. Inst. f. Normung, Industr.- u. Handelskammer, TU; Berlin-Schöneberg, RH (Goldener Saal) – **E:** ca. 50 Ausst., u. a. 97 Berlin, Kommunale Gal.; 02, 03 Berlin, Haus am Waldsee – **G:** 91–02 zahlr. Ausst. m. d. Gr. 'Maler vor Ort'; 92–03 m. d. Künstlersonderbund in Dtld sowie Bet. an d. Düsseldorfer Kunstausst., d. Freien Berliner Kunstausst. u. Ausst. d. Neuen Darmstädter Sezession – **V:** Abschied der Moderne 02 – ***Lit:*** M. K. Werke aus 3 Jahrzehnten 02; E. Roters (Vorw.): M. K. Bilder aus den Jahren 1973–1987 87 – ***LitR:*** Jürgen Haese: Deutsche Landschaften, Film 87; 5 Jahre Fall der Mauer, Fs. (NDR) 94; Gunther Gude: Die Öffnung der Berliner Mauer (Power Berlin) 97; Abschied der Moderne, Fs. (TU-TV) 01

Köppl, Jörg, Performancekünstler; Korneliusstr. 15, CH-8008 Zürich, Tel. 01 3 83 82 00 (* Baden/Schweiz 64) – **S:** 83–89 Schule f. Gest. Zürich; 95–01 HS f. Gest. u. Kunst Zürich (Bild. Kunst); Analyse elektro-akustischer Musik b. Thomas Kessler, Basel – **KGe:** J. K. u. Peter Zacek – **W:** Ausst. u. Aufführungen v. Audioarb. in d. Schweiz; sowie RF-Sendungen, u. a. Schatten-TV, Performance – (Red.)

Körber, Sonja s. Wagner, Sonja

Körner, Gottfried, Maler, Graphiker; Rothermundtstr. 16, D-01277 Dresden, Tel. (03 51) 2 52 52 57 (* Werdau/Sa. 27) – **VG:** Saalfeld, Saale-Gal.; Dresden, Nütt; Dresden, art + form – **S:** 51–56 HBK Dresden (Dipl.) – **P:** Kunstpr. d. Stadt Zwickau 58 – **Ve:** SKB; Neuer Sä. KV – **G/T:** Malerei (Thema Natur, Aqu., kräftige Farben, zw. Abstr. u. Gegenständlichkeit); Graph. (Naturinterpretationen) – **E:** seit 46 ca. 80 Ausst., u. a. in Albstadt, Bautzen, Borgholm, Brüssel, Chemnitz, Dresden, Freiberg, Glauchau, Darmstadt, Großschönau, Hoyerswerda, Jelina Gora, Magdeburg, Rostock, Saalfeld, Stralsund, Stuttgart, Werdau, Wien u. Zwickau, zuletzt 05 Dresden, Nütt – **G:** ca. 50 Bet. – (Red.)

Köstenbauer, Norbert, Maler, Graphiker, Textilgestalter, Konsulent f. Farbgest. u. Marktkommunikation, Geschäftsführer einer Sprachschule; Postgasse 11/19, A-1010 Wien, Tel. Agentur: (01) 6 62 83 47, Schule: 6 67 45 79, Fax 6 67 51 63, *nwk-consult@e4kids.co.at*, *www.e4kids.at* (* Wien 58) – **S:** graph. Ausb.; HS f. Musik u. darstellende Kunst (harmonikale Grundlagenforschung); als Maler Autodidakt m. akad. Training; Privatschüler v. John Roberts Gruppe Richard Matouschek; Frank Dierchen; Privatschüler v. Hugo Schönborn (Farbgest.) – **KGe:** Vesna Design Wien (79–82) – **G/T:** Tafelbilder (Mischtechnik, realist. Phantasmus); Zchngn u. Studien (alle Techniken, auch Öl, ehrliche Zchngn, expressiver Stil); farbtheoret. Arb. u. Entwicklung v. Farbsystemen u. -skalen – **W:** überw. in Privatbes.; Auftragsarb. in Firmenbes. – **E:** 81 New York, Shiffer; 83 Krakau, Gal. Desa; Wien, Café Luxor; 84 Wien, Fa. Farinco; Salzburg, Textilatelier Jim; 85 Wien, Interieur – **G:** 82, 83 Wien, Künstlerhaus

Köster, Gabriele s. Woelke, Gabriele

Köster, Matthias, Maler; Luegplatz 4, D-40545 Düsseldorf (* Detmold 61) – **VG:** Düsseldorf, Schübbe – **S:** 82–88 KA Düsseldorf (b. Prof. Gotthard Graubner u. Prof. Markus Lüpertz); 87 Meisterschüler b. Prof. Markus Lüpertz – **L:** 92–97 HBK Braunschweig (Lehrass.) – **P:** DAAD-Stip. f. d. Pratt-Inst. Brooklyn, New York 88–89 – **E:** u. a. 96 Düsseldorf, Schübbe; 98 Witten, Märkisches Mus.; Düsseldorf, Kreuzherrenkirche; 99 Düsseldorf, Industr.-Club; 00 Essen, Eikelmann – **G:** u. a. 98 Düsseldorf, Tedden; 99 Düren, Leopold-Hoesch-Mus.; Santiago DE Chile, MAC; Düsseldorf, Eikelmann; 00 Bassano del Grappa (Sentieri interrotti) 03 Frankfurt am Main, Art Frankfurt – (Red.)

†**Köthe,** Fritz, Maler, Graphiker; lebte in Berlin (* Berlin 26. 9. 16, † Berlin 22. 10. 05) – **VG:** Berlin, Petersen; München, Jaspers – **S:** 31–35 Malerlehre; 36–38 Staatl. Akad. f. graph. Künste Leipzig – **L:** 47–53 Modeschule Wolf u. Pressezeichnerschule Skid Berlin – **Ve:** Künstlersonderbund in Deutschland – **G/T:** Malerei (gemalte Collage, plakatartiger Stil, Fotorealismus); Graph. (zunächst Gebrauchsgraph.); Ill. – **W:** Werke in öff. Slgn u. in Privatbes. – **M:** Berlin, Berlinische Gal.; Berlin, Kpst.-Kab.; Berlin, NG; Düren, Leopold-Hoesch-Mus.; Hagen, Karl-Ernst-Osthaus-Mus. – **E:** u. a. 64 Berlin, Springer; 66 Düsseldorf, Niepel; 67 Kopenhagen, Gal. Passepartout; 72 Berlin, NG; 75 München, Ketterer; Berlin, Gal. 00; 77, 79 Köln, Wilbrand; 78 Münster, Westfäl. KV; 79 Augsburg, KV; Düren, Leopold-Hoesch-Mus. – **G:** u. a. 70 Bonn, Rhein. LM; 71 London, Circle Gall.; 75 Darmstadt, KH; 82

Köln, Dt. Künstlerbund – ***Lit:*** Contemp. Artists 96; Reclams Künstlerlex. 02; Schweers 02

Köthe, Jan (Ps.: Jan Nuar), Dipl.-Designer, Bildhauer, Aktions- u. Multimediakünstler; Bozener Str. 23, D-44229 Dortmund, Tel. 0 17 22 77 99 60, (02 31) 73 10 05, Fax 73 20 07, *koethe.kunst@t-online.de*, *www.koethe-kunst.de* (* Bonn 6. 12. 65) – **S:** 93–99 FHS f. Design Dortmund (Objekt Design, Kunstwiss. b. Prof. Dr. Jürgen Zänker, Gest.lehre b. Prof. Margareta Hesse, Bildhauerei b. Prof. Horst Linn) – **P:** Casa Designpr. München 93; Förd.pr. d. Werner Richard-Dr. Karl Dörken-Stift. Herdecke 02 – **Ve:** BBK Westf. Süd 00 – **G/T:** Objektkunst (Edelstahlverformungen m. 30 Tonnen-Presse); Wandobjekt (Edelstahl); Aktionskunst (Malerei); Multimedia-Install. – **W:** zahlr. Skulpt. überw. in Privatbes. sowie div. Kunstaktionen – **Ö:** Dortmund, Ev. Kirche Brackel; ebda, Kult.bühne; Herdecke, Eingangsportal d. Werner Richard Konzertsaals; Köln, Ärzte-Wirtschaftszentrum; Velbert, Dt. Post; ebda, Haus Wewersbusch; Wetter, Route d. Industr.kult. – Gut Schede – **E:** 93 München (Design Prämierung); 94 Dortmund, Zeche Crone; seit 95 zahlr. Atelierausst. in Dortmund (zuletzt 03); 00 Wetter, Route d. Industr.kult. Gut Schede; Remscheid, ThyssenKrupp; 02 Kassel, documenta (Aktion Toleranz); Köln, Weltschmiedekongreß; Köln, Ärzte-Wirtschaftszentrum; Kassel, Messe Christival; Herdecke, Werner Richard-Dr. Karl Dörken-Stift.; Dortmund, Patrokluskirche; 03 Dortmund, Innenstadt (Aktionskunst); Dortmund, Petrikirche; 04 Dortmund (Nacht d. offenen Kirchen); Dortmund, Klostergarten d. Propsteikirche – **G:** 99 Dortmund, FHS f. Design; 01 Lünen, LünTec; 02 Dortmund, RH – ***LitR:*** Silke Hempel: J. K. – Kunst und Design, Künstlerportr. WDR-Fs. 02; Christian Busse (Autor): Karneval ist Kultur – Die Karikaturplastik, Radiobeitr. m. Steven Sloane WDR 5 04 – (Red.)

Koethe, Wolfgang, Maler; St. Pauls Platz 2, D-80336 München, Tel. u. Fax (0 89) 54 45 64 17, *wk@koethe-kunst.com*, *www.koethe-kunst.com* (* Altmittweida/Rochlitz 14. 3. 52) – **S:** ab 70 KHS Düsseldorf (Kl. Prof. Joseph Beuys); ab 72 HdK Berlin (Kl. Prof. Johannes Geccelli); 78 Meisterschüler u. Stip. d. British Council; 79 St. Martin's SchA London (Dipl.) – **L:** 93–99 Erwachsenenbildung an versch. Institutionen (Malerei, Vorbereitung u. Durchführung von Ausst.) – **P:** Stip. d. Berta-Koempel-Stift., Feldafing 86; Stift. Kunstfonds – Arb.- u. Projektstip. (Arb.stip.) 94; Atelierförd.programm d. Ldeshauptstadt München 01–03; Atelierförd.programm d. Freistaates Bay. 02–04 – **Ve:** VG Bild-Kunst – **G/T:** figürliche Malerei – **W:** Werke in Privatslgn in d. USA, Frkr., England, Spanien, d. Niederl. u. Dtld – **M:** Bamberg, Univ.; Darmstadt, Hess. LM; Dresden, GG NM; Eschborn, Dt. Bank AG; Frankfurt am Main, Dt. Bank KS; München, Bay. Staatsgemäldeslgn; München, SchmidtBank; Nürnberg, Slg Schmidt Bank; Oostende, Mus. voor Schone Kunsten; Salzgitter, StKS Schloß Salder; Stuttgart, KM – **E:** zahlr. Einzelausst. seit 76, zuletzt 90 Frankfurt am Main, Schütz; 91 Baden-Baden, Zink; München, Wittenbrink; 92 Mannheim, KV; Lingen, KV; 95 London, Flowers; 95, 02 München, Orangerie; 98 Paris, Goethe-Inst.; 00 München, Albrecht; 00, 01 München, Kunstbunker Tumulka – **G:** zahlr. Ausst.bet. seit 76, zuletzt 95 München, Haus d. Kunst; Tallinn, Print-Trienn.; Bremen, Ges. f. Aktuelle Kunst; 97, 04 Dresden, GG NM; Stuttgart, SG; 98 München, Gal. im RH; 99 München, Gal. d. Künstler; 00 London, Flowers; Salzgitter, StKS Schloß Salder; 01 Frankfurt am Main, Mus. f. Kommunikation (Slg Hömberg); 02 Köln, Dt. Sport- u. Olympia-Mus. (Slg Rohner); Lingen, KV – ***Lit:*** Ausst.kat.: Waldemar Januszczak: W. K., in: Kat. Gal. Wittenbrink München, Gal. Gal. van Beveren Rotterdam u. Inst. f. Mod. Kunst Nürnberg 85; Frieder Schnock: Der verlängerte Blick, in: Kat. KV Bremerhaven, Flower East Gall. London u. Gal. Wittenbrink München 89; W. K. 92, darin: Martin Stather: Kongress, Heiner Schepers: W. K. Menschenmaler, Frieder Schnock: Second Hand; Bettina Gockel: W. K. – ein 'neuer' unter 'alten' Meistern, in: 4 × 1 im Albertinum, GG NM Dresden 97; – zahlr. Ausst.rez. u. Features in Ztgn u. Zss seit 76, zuletzt u. a.: Birgit Sonna: Zeichnungen von W. K., Süddt. Ztg 19.12.91; Ulrich Bischoff: W. K., ARTIST Kunstmag. Bremen 93; Lisa Werner: Ein Amerikaner in Dresden, Dresdner Neueste Nachrichten 13.12.97; Gabriele Mayer: Die Angst der Mannschaft vorm Gesichtsverlust, Frankfurter Allg. Ztg 19.2.98; Sonja Vodicka: Unbehagen, Neugier und Ekel, Münchner Merkur 26.5.99; Hanne Weskott: Verwirrspiel im großen Format, Südddt. Ztg 5.6.99; Reinhard Müller-Mehlis: Herrenabend, Münchner Merkur 15.7.00 – ***LitR:*** Interview m. Waldemar Januszczak, in: The Late Show, Fs.reihe BBC London 13.4.89; J. Wiedemann: Künstlerporträt, Bay. Journal 9.7.00 – (Red.)

Kofler, Christian A.; Mühlbachstr. 49, A-4451 Garsten, Tel. (06 76) 9 45 65 18, *chrikoart@gmx.at* (* Zell am See 4. 11. 67) – **S:** Autodidakt – **P:** Atelieraustausch Vilnius auf Einladung d. Ldes Salzburg 99 – **G/T:** Abstr.; Objektkunst (Holz, Metall); Land Art – **W:** überw. in Privatbes. – **Ö:** Bruck an d. Glocknerstr., Gemeinde (Skulpt.); Lend, Salzburger Aluminium Ges. (Skulpt.) – **E:** zahlr. Ausst. seit 93, u. a. Salzburg, Flughafen; Sockerau, StG; Agneaux, ACL – **G:** 99 Freistadt, StG; Innsbruck, Kunstraum Kirche; 00 Wien, Haus d. öst. Zementindustr.; 02 Salzburg, Gal. 5020; Linz, Nordico-Mus. – ***Lit:*** Skulpturen für die Salzburger Aluminium Gesellschaft (SAG), Ausst.kat. 98; Antifaschismus Mahnmal. Salzburg Hauptbahnhof, Wettb.dok. 04

Kofler, Franz, Maler, Bildhauer; Apolloniastr. 9, D-39050 Missian, *kofler_franz@yahoo.de* (* Missian/Gemeinde Eppan 29. 1. 50) – **VG:** Missian, Gal. Schloßhotel Korb; Gilching, MK Gemälde u. Grafik – **S:** ab 65 Kurse b. Maria Delago; 85–90 Meisterschüler b. Gertraud Pardeller (Akt- u. Portr.zchng); 91 Kurse f. Bildhauerei b. ders.; 96, 97 Malstud. b. Saskia Sauer u. Ciro Saetti im Südtiroler Künstlerbund – **Ve:** Südtiroler Künstlerbund 99 – **G/T:** gegenständl. u. abstr., Realismus u. Naturalismus, Akt u. Portr., Lsch., Bildhauerei, Blumen, Stilleben, Plast., Ölmalerei, Aqu.technik, Kohle, Bleistift, Rötel, Bildhauerarb. (Holz, Metall u. Terrakotta) – **E:** 05 Missian, Gal. Schloßhotel Korb – **G:** 99–05 Bozen, Walterhaus (Südtiroler Künstlerbund)

Koganezawa, Takehito; c/o Wohnmaschine, Tucholskystr. 35, D-10117 Berlin, *info@wohnmaschine.de* (* Tokio 74) – **VG:** Berlin, Wohnmaschine – **S:** 98 Musashino Art Univ. Tokio (Abschluß) – **P:** Stip. d. Pola-Found. Japan 99 – **G/T:** Graph., Video, Performance – **W:** Zeichn. überw. in Privatbes. sowie zahlr. Performances – **M:** Berlin, Kpst.-Kab.; Frankfurt am Main, Dt. Bank KS; Hamburg, KH; Marseille, Fonds rég. d'art contemp. Provence-Alpes-Côte d'Azur; New York, Judith Rothschild Found. – **E:** 00 London, Rhodes + Mann; Chicago, Vedanta Gall.; 01 Köln, Kunststation St. Peter; Madrid, ARCO; 01, 03 Berlin, Wohnmaschine; 03 Wisconsin, Inst. of Visual Arts; 04 Tokio, Shiseido Gall. – **G:** zahlr. Ausst.bet. seit 97, zuletzt 02 Frankfurt am Main, Manifesta; London (FA Projects); 03 Hamburg, KH; Houston, Luman Gall.; 04 Münster, Westf. LM; Sevilla, Centro Andaluz de Arte Contemporaneo; Berlin, DaimlerChrysler Contemp.; Dublin, Hyde – ***Lit:*** Wohnmaschine u. Bluemark (Hrsg.): T. K. Drawing 03 – (Red.)

Kogler, Peter, Prof., Maler; Dr. Heinrich Maier-Str. 46–50, A-1180 Wien, Tel. (06 99) 10 68 77 1 00 17 15 35 90, *p.kogler@akbild.ac.at, www.kogler.net* (* Innsbruck 59) – **VG:** Baden bei Wien, Jünger; Feldkirch, Gal. 60; München, Sachs; Wien, Krinzinger – **S:** 74–78 KGS Innsbruck; 78–79 ABK Wien – **L:** seit 97 ABK Wien (Prof.) – **M:** Bozen, Museion-MMK; Graz, LM Joanneum; Klosterneuburg/NdÖst., Slg Essl; Vancouver, Art Gall. – **Ö:** Krems, Donau-Univ. (Wandinstall.) – **E:** u. a. 95 Wien, Secession; Venedig, Bienn.; 96 Humlebæk, Louisiana Mus. of Mod. Art; 00 Bregenz, Kunsthaus (Retr.); Graz, Artelier; 02 Gmunden, Gal. 422; Neuchâtel, Centre d'Art; Salzburg, Ropac; Nizza, Villa Arson; Zug, Kunsthaus; Frankfurt am Main, Schauspiel; 03 Wien, Bawag Found. (m. Marcus Geiger) – **G:** u. a. 92, 97 Kassel, documenta; 95, 01, 03 Venedig, Bienn.; 00 München, Burger; Barcelona, Fundación Miró; 02 Klosterneuburg/NdÖst., Slg Essl; Düsseldorf, Hölzl; 03 Wien, Exner – (Red.)

Kohl, Thomas, Bildhauer u. Maler; lebt in Geilnau/Lahn u. Köln, *www.thomaskohl.de* (* Düsseldorf 60) – **VG:** Wuppertal, Epikur; Zürich, Fröhlich – **S:** 79–81 Univ. Düsseldorf (Sprach- u. Phil.stud.); 81–88 KA Düsseldorf (Bildhauerei u. Malerei, Meisterschüler v. Gerhard Richter) – **P:** 90–92: Arb.stip. d. Stadt Marseille; Villa Arson, Centre Nat. des Arts Plast. Nizza; Artist in Residence (Mus. Villefranche); Stip. Dt.-Frz. Kult.rat; Stip. d. Stift. Künstlerhaus Boswil; – 00–04: Burgund-Stip. (Dijon); Reisestip. d. Ldes NRW (Dordogne); Reisestip. d. Ldes Rh.-Pf. (Marokko) – **M:** u. a. Bedburg-Hau, Mus. Schloß Moyland; Berlin, KS d. Dt. Bundestages; Bochum, KS d. Ruhr-Univ.; Darmstadt, KH; Düren, Leopold-Hoesch-Mus.; Düsseldorf, KS NRW; Frankfurt am Main, Mus. f. Kommunikation; Genf, Mamco; Hamburg, KH; Koblenz, Mittelrhein-Mus.; Köln, Mus. Ludwig; Leverkusen, StM Schloß Morsbroich; Mainz, KS Rh.-Pf.; Mannheim, StKH; München, Lenbachhaus; München, Staatl. GrS; Reutlingen, Städt. KM Spendhaus; Stuttgart, SG; Weimar, Neues Mus.; Wien, Dt. Botschaft; Wuppertal, Von der Heydt-Mus. – **E:** u. a. 91 Villefranche, Mus. des Arts Plast. (Kat.); 91, 94, 95 Köln, Wilkens; 91, 94 Düsseldorf, Amand Schmidt; 92 Marseille, Goethe-Inst.; Düsseldorf, Ilverich; Weil am Rhein, KV; 93 Arnsberg, KV; Kronberg, Sties; Menton, MAC; Basel, Daeppen; 94 Toulon, CAC (Kat.); 95 Marburg, KV; Bern, Fröhlich; Detmold, Lippische Ges. f. Kunst; 96 Darmstadt, KH; Siegen, KV; Mannheim, Falzone; Leverkusen, StM Schloß Morsbroich (Kat.); 97 Dresden, Neuer Sä. KV (Kat.); Siegburg, SM (Kat.); Hamburg, Zelinski; 97, 02, 05 Wuppertal, Epikur (Kat.); 98 Stuttgart, Hospitalhof; 98, 01, 05 Zürich, Fröhlich; 99 Wil, KH (Kat.); Wuppertal, Von der Heydt-Mus.; 00 Mannheim, KV (Kat.); Stuttgart, March; 01 Dijon, CCA; 03 Würzburg, KV; Berlin, Peinture Projekt; 04 Bad Homburg, Sinclair-Haus (Kat.); 05 Düsseldorf, Brüning; München, Heufelder Koos – **G:** zahlr., zuletzt 04 Koblenz, Mittelrhein-Mus.; Darmstadt, Netuschil; Düsseldorf, Brüning; Wuppertal, Epikur; Stuttgart, SG; 05 Rio de Janeiro, Lindner Fine Arts; Oslo, Terje Tonne; 06 Oslo, Tonne AS – ***Lit:*** KAT: u. a. Les Mystères de L'Auberge Espagnole (Villa Arson Nizza) 92; Junge Kunst. Förderpreis 96; Landvermesser. Landschaftsdarstellungen in der zeitgen. Kunst 96; Landschaften 96; Berge 97; Land 97; Schilder in der Stadt 97; Feld 00; Schafft Land! 00; T.K. – Die Blaue Stunde 02; Der Berg 02; T.K. – Über die Ebene hin 04; – ZSS U. ZTGN: u. a. Antje Terrahe: Landschafts-Reflexe. Zu den Arbeiten des Malers T.K., In: Frankfurter Rundschau v. 17.5.93, S. 19; Elisabeth Gerber: T.K. in der Gal. Patrik Fröhlich, In: Kunst Bulletin, 6 95, S. 42–43; Gilla Lörcher: Wildnis und ewiger November. Sehr rauhes Gelände: Landschaften von T.K. im Marburger KV, In: Frankfurter Allg. Ztg v. 6.2.95, S. 30; Heinz-Norbert Jocks: Finkeldei, Triger & Kohl. Landschaftsvariationen der gegensätzlichen Art, In: Kunstforum Intern., 103 95, S. 391–392; Verloren in der Landschaft, In: Der Spiegel 3/96, S. 155; Dagmar Burisch: Verloren in der Landschaft, In: Mannheimer Morgen v. 7./8.97; – sowie: Christa u. Axel Murken: Die Infragestellung der Realität durch die Realität, In: Malwerke – Tendenzen zur Malerei, Bd 3 92, S. 39–48 – (Red.)

Kohlbecher, Brigitte, Graphikerin; St.-Bonifatius-Str. 1, D-81541 München, Tel. Mobil: 01 7 28 56 09 43 (* Bad-Salzhausen) – **VG:** Wasserburg am Inn, Gal. im Ganserhaus – **S:** 61–66 HS f. Gest. Offenbach am Main; 83 Intern. Sommerakad. f. Bild. Kunst Salzburg (Malerei b. G. Graubner) – **KGr:** Neue Gruppe München – (Red.)

Kohler, François; Avenue du Rond-Point 5, CH-1006 Lausanne (* Basel 31. 12. 64) – **VG:** Lausanne, Donzé-Van Saanen – **S:** 85 Éc. des métiers microtechniques (Technisches Zeichnen, Dipl.); 87–90 Assoc. jurassienne d'Animation (Druck, Kpst.); 96 Éc. Cantonale d'Art de Lausanne (Plast., Dipl.) – **P:** Prix de la Société des Peintres, Sculpteurs et Architectes Suisse, section Vaud 96; Prix de la Fondation Lachat, Moutier 98 – **Ve:** Assoc. d'art contemp. Lausanne (Gründungsmitgl.) – **E:** 96 Lausanne, Centre d'art visuel; 97 Porrentruy, Gaxotte; Genf, In Vitro; 98 Porrentruy, Les Halles; 99 Budapest, Obudai Társaskör Gal.; 01 Lausanne, Circuit – **G:** 96 Biel, Kunsthaus Centre Pasquart; 96, 99 Moutier, Mus. jurassien des Beaux-Arts; 98 Lausanne, Circuit; Porrentruy, Gaxotte; 99 Grenoble, Nouvelle Gal.; Zürich, Kunstsalon Celeste & Eliot; 00 Luzern, Hotel Löwengrab; Paris, Gal. EOF; 01 Basel, First Row; Basel, Hotel Krafft am Rhein; Lausanne, Espace Arlaud – ***Lit:*** u. a. Pierre Girardin: Cabinet de consultation 00; Get Angry, Kat. 01; Fri-art 81–01, Serigraphie 02 – (Red.)

Kohler, Heinz-Peter (Ps.: HPK), Maler; Ernst Schülerstr. 26, CH-2502 Biel, Tel. 0 323 42 43 45, *hpk.ch@hotmail.com, www.hpkohler.ch.* Lager Hauptstr. 16+18, CH-2563 Ipsach (* Biel 11. 11. 35) – **VG:** Zürich, Baviera; Erlach, Steiner – **S:** 55–60 KA München (b. Prof. Glette); 60–70 Malschule Max von Mühlenen Bern; Graph. b. Peter Stein in Bern – **L:** an versch. Schulen, Gymnasien u. Progymnasien – **P:** Kunststip. d. Schweizer. Eidgenossenschaft 62, 63 u. 64; Stip. d. Louise Aeschlimann u. Margareta Corti Stift. 62 u. 63; Bourse Kiefer-Hablitzel 64, 66 u. 70; Stip. d. Kt. Bern 67; Goldene E.-Med. f. sportliche Verdienste d. Verb. d. Schweiz. Sportjournalisten 71; Mitgl. d. Kunstkommission d. Stadt Bern 71–76; Stip. d. Stadt Biel 74; Wettb. d. Trolleybusplakates d. Stadt Biel (1. Pr.) 90 – **Ve:** Accademia Tiberina Roma; Visarte Biel – **G/T:** Malerei (Öl, Aqu., Schwerpunkt Wasserfarben); Zeichn.; Portr. – **K:** eigene Malschule (Hotel Gliesbach, Frank Weber) – **M:** Bern, KM; Biel, Kunsthaus Centre PasquArt; Grenchen, Kunsthaus; Olten, KM; Solothurn, KM; Zug, KM; Zürich, Mus. Baviera – **Ö:** Biel, Opel Suisse SA; Orpund, Primarschulhaus (Wandbild) – **E:** u. a. 59, 61 Biel, Théatre de Poche; 63 Biel, StG; Paris, Bienn.; 67 Biel, Gal. 57; 70 Toronto, Schweiz. Generalkonsulat; 76 Biel, KV; 77 Biel, Baviera, Schulze & Baltenberger; 81, 85 Bern, Schindler; 82 Thun, StKS; 83 Biel, Schürer; 84, 92 Grenchen, Brechbühl; 86 Bad Schönbrunn, Bildungshaus; 87 Zürich, Maurer; 88, 94 Grenchen, Kunsthaus; 89, 93 Lengnau, KV; 90 Bern, Krebs; 92 Bern, Vita; 93 St. Moritz, KH; 94 Biel, Kunsthaus

Centre PasquArt; 96 Birsfelden, Mus.; 99 Olten, KM; 00, 05 Erlach, Steiner; 03 Gurmels, In der Haula; Bellach, Hutter; Biel, Michel; 04 Zürich, Kunst 04; Lyss, Sieberhuus; 05 Dietikon, Gal. f. mod. Kunst; Kirchlindach, Klinik Südhang (m. Beat Feller u. Reto Leibundgut) – **G:** u. a. 61, 76 Luzern, KM; 63 Paris, Mus. d'Art Mod. de la Ville; 65, 81, 86 Bern, KM; 66, 75, 86 Bern, KH; 73 Nottingham, Bertrand Russel Centennial; London, Rotunda Gall.; Genf, Mus. Rath; 74 Berlin, Intern. Kunstmesse; 77 Madrid, Pal. de Exposiciones del Retiro; 78 Neuchâtel, Mus. d'Art et d'Hist.; 80 Winterthur, KH im Waaghaus; Olten, KM; 84 Paris, Grand Pal.; 89 Thun, KM; 91, 94 Grenchen, Kunsthaus; 93 Zürich, Kunsthaus; 95 Erlach, Steiner; 97 Solothurn, Gal. Hermes; Biel, Mus. Neuhaus; 98, 05 Moutier, Mus. jurassien des Beaux-Arts; 99 Burgdorf, Benefiz Schtärnschnuppe; 00, 05 Biel, Kunsthaus Centre PasquArt – **V:** MAPPENWERKE LITH.: Franz Kafka 82; Robert Walser 83; Charlie Chaplin 84 – **R:** Toni Kuhn (Kamera): Mexico City, Künstlerportr. u. Gespräch Tépoztlàn – ***Lit:*** u. a. Andreas Urweider (Texte): Wenn der Wind kommt. Bilder H.-P. Kohler 83; ders.: Tanze mein Kind. Ein Tschernobylbuch 87; Peter Killer u. Frank A. Meyer: H.-P. K. Aquarelle 87; John Matheson (Hrsg.): H.-P. K. Aquarelle 91; Silvio R. Baviera: H.-P. K. Wassermalen, Bibliogr. 94; Eine Künstlermonographie: H. P. Kohler 95; H.-P. Kohler, Aquarelle – ein Tage- und Nächtebuch 98; Markus Vock (Text): Biografisches Lexikon der Schweizer Kunst 98 – ***LitR:*** Marc Marti (Regie): DVD, artplace Magglingen, EXPO 02; Hans Wüthrich: Malaktion, Espace Libre Pasqu'Art Centre Biel 03

Kohler, Vincent, Künstler; Avenue de Chailly 28A, CH-1012 Lausanne, Tel. 07 63 79 53 77, *contact @vincentkohler.ch*, *www.vincentkohler.ch* (* Nyon 8. 8. 77) – **VG:** Genf, Mitterand – **S:** 97 Collège Voltaire Genf (Maturité artistique); 01 Éc. Cantonale d'Art Visuel Lausanne (Dipl. Art Visuel) – **P:** Prix artistique de la ville de Nyon 01; Prix Manganel 01; Prix Visarte 01; Prix Moët & Chandon 02; Prix fédéral d'art Bâle 03, 04; Aufenthaltsstip. d. Fond. Albert Gleize Moly-Sabata 03; Prix Bex et Arts (Jeune Sculpteurs) 05 – **E:** 03 Lausanne, Donzé-Van Saanen; 04 Lyon, Gal. BF15; 05 Lausanne, Mus. cantonal des beaux-arts; Sierre, Forum d'Art Contemporain; 06 Genf, Mitterand – **G:** u. a. 98 Lausanne, Gal. Humus: A tous crins (Kat.); 99 Nyon, Château: Papa-Maman; 99, 00, 04 Lausanne, Gal. L'ELAC; 00 Nizza, Gal. des Ponchettes; Bâle, Fri-Art: Liste 2000; 01 Lausanne, Espace Arlaud; 02 Vevey, Espace la Guinguette; Genf, Mus. d'Art Mod. et Contemp.: Plateau des sculptures; 02, 03, 04 Bâle, Concours fédéral d'art; 03 Sablons, Moly Sabata: Pâté de campagne; Lausanne, Donzé-Van Saanen: Tout doit disparaître; Môtiers, Art en plein air; Glarus, Kunsthaus: How high you can fly; 03, 04 Lausanne, Mus. cantonal des beaux-arts: Accrochage; 04 Genf, Auditorium Louis-Jeantet:Rythmes, danse et transes; Dijon, Barnoud et Interface: Swiss Touch; 04, 05 Genf, Villa Bernasconi; Alex, Fond. Salomon; Thun, Kunsthaus: Hoch hinaus (Kat.); Paris, Centre Culturel Suisse; 06 Reims, Domaine Pommery: Supernova; Neuchâtel, Can – **V:** u. a. Get angry, Perspectives Romandes 3 (Mus. cantonal des beaux-arts Lausanne) 01; La Station 01; Bricopolis, Künstlerb. f. Kinder 03 – ***Lit:*** zahlr. Beitr. in Ztgn u. Zss, u. a.: Une exposition au poil, in: Le Matin 20.10.98; L'ELAC 1997–2000 00; V.K. Swiss Art Award, Supplement z. Kunst-Bulletin 02, 03, 04; Françoise Jaunin: Vitrines au talent neufs, in: 24 Heures 4.12.03; Flüge in unbekannte Höhen, in: Die Südostschweiz 28.1.03; Claudi Kock Marti: Alles so schön bunt hier, in: Die Südostschweiz 28.1.03; Françoise Jaunin: L'Invitation au Musée, in: 24 Heures 17.1.03; dies.: Coup de sonde dans le jeune art suisse, in: 24 Heures 20/21.7.03; Eveline Notter: Tip Top, in: Kunst-Bulletin Jan./Feb. 04; in: Semaine Nr. 61 05

Kohler-Steiner, Ruth s. Steiner, Ruth

Kohlmayr, Gerda; Tiefenbach 21, A-3851 Kautzen, Tel. (06 64) 5 31 28 23, *gerda.kohlmayr@utanet.at* – **G/T:** Graph., Fotogr. – (Red.)

Kohls, Meike, Dipl. Designerin, Malerin, Bühnenbildnerin; Herderstr. 5, D-22085 Hamburg, Tel. (0 40) 22 92 93 50, Fax 22 92 93 70, *info@meikekohls.de*, *www.meikekohls.de* (* Hamburg 25. 3. 58) – **VG:** Hamburg, art goes public; Hamburg, Gal. ed – **S:** 78–82 HS f. angew. Wiss. Hamburg (Design); 82–83 Ithaca College New York (Bühnenbild) – **Ve:** SfK 97–05 – **G/T:** Acrylmalerei, Siebdruck (Erotik, figürl.); Trompe l'œil (Wandmalereien); Szenenbild (TV-Filme) – **K:** Acrylmalerei, Figürl. Zeichnen, Siebdruck – **W:** mehrere TV-Filme u. -Ser., zahlr. Werke in Privatbes. – **E:** zahlr. seit 82, zuletzt 03 Hamburg, KIT; 05 Hamburg, Kunstraum Hosenstall – **G:** zahlr. Bet., zuletzt 05, 06, 07 Sophia/Bulgarien, Lessedra – ***Lit:*** M.K., Jahreskat. 05; M.K. Idole der Erotik – die Kehrseite, Ausst.kat. 06

Kohn, Amadeus s. Pritzlaff, Dietmar Wolfgang

Kohn, Charlotte (eigtl. Charlotte Ley-Kohn, verh. Charlotte Ley), bildende Künstlerin, Publizistin; Rüdigergasse 22/11, A-1050 Wien, Tel. (01) 5 86 25 21, *kohn@gmx.at*, *members.e-media.at/charlotte* (* Wien 19. 10. 48) – **VG:** Triest, Tribbio; Miami, Sand + Sun; Blumau, Artvillage; Santo Domingo, Sala de Arte – **S:** 63–67 Berufspädagogische Lehranst. (Modeentwurf); 67–70 Privatunterricht b. Bruno v. Friedl – **L:** seit 94 Akad. Geras; seit 87 an div. VHS sowie Privatunterricht im eigenen Atlier – **P:** Exlibris-Wettb. d. Gal. Schwarzer Wien (2. Pr.) 84 – **Ve:** Berufsvrg d. bild. Künstler Öst. – **G/T:** Malerei (Akt, Öl, Aqu., Acryl, Mischtechniken, Pastell, Textilgest.); menschliche Körper u. Archit. (Stadtldschaften); Glasgest.; Inneneinrichtung – **K:** Portr. u. Akt, malerische Perspektive in div. Techniken (Kohle, Pastell, Aqu., Öl, Acryl) – **W:** in Privatbes., gestaltete Wohnungen sowie Glas- u. Fenstergest. – **M:** Miami, Slg Fleischmann; Osijek, Öst. Bibliothek; Santo Domingo, El Instituto Cultura Dominico-Americano; Santo Domingo, Gal. de Arte Mod.; St. Florian, Feuerwehrmus.; Wien, Jüdisches Mus.; Wien, Kult.amt d. Stadt – **Ö:** Mistelbach, Bezirkskrankenhaus (Festsaal, Fenstergest.); Geras, Ldesberufsschule (Malerei u. Textilien); Osijek, Öst. Bibliothek (Fenstergest.); Wien, Erste Öst. Spk. Feldkellerstr. (Fenstergest.); Wien, Öst. Managementclub (Fenstergest.); Wien, Volksbank Kärntnerstr. (Sitzungssaal, Fenstergest.); Wiener Neustadt, Volksbank (Malerei u. Textilien) – **E:** u. a. 78 Linz, Nordico-Mus.; 80 Wien, Peithner-Lichtenfels; 81 Wien, Basilisk; Innsbruck, Turmbund; 85 Hamburg, Ärztekammer; 86 Santto Domingo, Sala de Arte Moderno; 87 Santo Domingo, El Instituto Cultura Dominico-Americano; 90 Friedrichshafen, Graf Zeppelin Haus; 91 Sommeri, Gal.; 94 Wien, Uno-City; 97 Wien, Prisma – **G:** 75 Köln, Art Cologne; 76 Basel, Art Basel; 77 Bologna, Kunstmesse; 79 Seitenstetten, Stift – **V:** m. Ilse Korotin: Der feministische Sündenfall 94; m. Michael Ley: Auschwitz-Versuche einer Annäherung 96; m. Kirstin Breitenfeller: Menschliche Monster. Zur Konstruktion des Anderen im Rassismus und Antisemitismus 98 – **R:** Doris Appel: Die jüdische Frau, Radiocolleg 93; – sowie Mitarb. f. spezifisch jüdische Schwerpunkte in d. Religigionsabt. d. ORF – ***Lit:*** u. a. Gottfried Wagner: Menschenbilder, Werkskat.; Irmi Novak: Die Vollblutdesignerin 84; Helmut A. Prutscher: Sichtweisen 93; Walter Seiter: Vernissage, Wien,

Philosophsein, Philosoph werden 97 – ***LitR:*** Koschka Hetzer: Sepharden in Wien (ORF) 92 – (Red.)

Kohn, Werner, Fotograf; Am Luitpoldhain 5, D-96050 Bamberg, Tel. (09 51) 1 72 04. c/o ADM Service, Holzgartenstr. 6, D-96050 Bamberg, Tel. (09 51) 91 76 68 10, Fax 91 76 68 17, *info@admservice.de*, *www.admservice.de* (* Bamberg 15. 7. 40) – **S:** 58–61 Fotografenlehre; 65–67 Folkwangschule Essen (b. Prof. Otto Steiner) – **P:** E.T.A.-Hoffmann-Pr. d. Stadt Bamberg 98 – **Ve:** VG Bild-Kunst; DGPh; BBK Ofr. – **G/T:** Fotogr. (experimentelle Arb., Künstlerportr., Jazzmusik, Reise, Ill., Alltagsleben, Straßenfotogr.) – **W:** u. a. Genf, Uno-Photoarchiv; Stift. World Press Photo; Musée Francais de la Photogr.; Kassel, Dokument-Archiv – **M:** u. a. Bamberg, HM; Bamberg, Staatsbibl.; Bamberg, Stadtarchiv; Bayreuth, Slg d. British American Tobacco; Berlin, DHM; Berlin, Werkbund-Arch.; Burghausen, Fotomus.; Erlangen, StG; New York, MOMA; Nürnberg, Inst. f. mod. Kunst – **Ö:** u. a. Darmstadt, Jazzinst.; Frankfurt/Main, Dt. Fototage – **E:** u. a. in: Bamberg, Bayreuth, Berlin, Bremerhausen, Brüssel, Burghausen, Coburg, Düsseldorf, Erlangen, Forchheim, Freiberg, Fulda, Hamburg, Hof, Hojer, Jakarta, Kassel, Köln, Krefeld, Kronach, Kulmbach, Lovetsch, Marburg, München, Nürnberg, Plovdiv, Regensburg, Rodez, Thessaloniki, Salzburg, Tel Aviv, Trier, Viersen, Wetzlar, Würzburg, Zagreb – **G:** Teilnahme b. 650 Ausst. in 59 Ländern aller Erdteile – ***Lit:*** u. a. Galerie Taube Berlin: Berliner Portraits 81; Wedding 83; Neukölln 84; Bamberg 87; Verkehrszeichen 91; Blues in my Eyes 04

Kohout, Eva s. Vones, Eva

Kohout, Ondřej, Maler, Bühnenbildner; Ungargasse 27/1/23, A-1030 Wien, Tel. u. Fax (01) 7 13 57 18, *O.Kohout@utanet.at*, *www.ondrej-kohout.at*. Zborovská 8, CZ-15000 Prag 5, Tel. (06 08) 23 37 24 (* Prag 20. 5. 53) – **VG:** Prag, Gambit – **S:** 72–81 Akad. d. musischen Künste Prag (Bühnenbild) – **P:** Tomas-Garrigue-Masaryk-Pr. d. KA Prag 92 – **G/T:** Malerei (Öl, figurativ); Skulpt. (Holz, Plexi); Bühnenbild – **W:** überw. in Privatbes. – **M:** Bochum, Mus.; Brno, Dům umění; Mikulov, Schloss – **Ö:** Bonn, Dt. Herold; Prag, Europolis; Wien, Investkredit Bank – **E:** zahlr. Ausst., u. a. 84 Wien, Alte Schmiede; 85 Wien, TZ Gal.; 85, 96 Hamburg, Kratzer; 88 Antwerpen, De Magiers; 88, 97 Wien, Management Club; 89 Bochum, KM; 89, 90, 93, 94 Köln, Rahmel; 90 Zürich, Xtra; Klagenfurt, Freund; Antwerpen, Gall. 22; 91 Zug, Glashuus; 92 Prag, NM; Remagen, Villa Rolandseck; 93 Hamburg, Art Hamburg; 94 Köln, Klinik am Ring; 95 Antwerpen, t'Elzenveld; 97 Wien, Plank; Wien, Coopers & Lybrand; 98 Wien, Artefakt; 99 Wien, Hofstätter; 00 Wien, Gabriel; 02 Prag, Gambit; 03 Wien, Investkredit Bank; Brüssel, Centre Tcheque; 04 Prigglitz, Gut Gasteil; Zwettl, Blaugelbe Gal.; 05 Brüssel, EU Parlament; Solnice/Tschechien, Radniční gal.; Gabelhofen, Schloßhotel; 06 Wien, McKinsey & Co.; Prag, Indigo-Space; Wien, Stable Gall.; Wien, Praxis Geml; Klagenfurt, Gal. de La Tour – **G:** zahlr. Ausst.bet., u. a. 84 Graz, Künstlerhaus; Dortmund, Westf.-Parkhalle; 89 Washington, Ramada Plaza; 89, 92 Bochum, KM; 92 Liberec, Florart; 99 St. Pölten, Shedhalle; 02 Antwerpen, Academie; 04 Brno, Dům umění; 05 Bozen, Prisma: Transfer; 06 Prag, Šály: Erotik in d. Kunst; Helfenberg, Kult.fabrik: Grenzenfresser – ***Lit:*** Peter Spielmann: O. K., Ausst.kat 89; ders.; O. K. Ausst.kat. 92; Jan Chlíbec u. Werner Peters: Mann, der sich viermal gefunden hat, Ausst.kat. 94; Jiři Machalický: Frau ist auch ein Mensch, Ausst.kat 96; Jan Chlíbec: Ein Hund, der flink ist, beisst nicht, Ausst.kat. 99; Sportmensch auch Mensch, Ausst.kat. (Tschech. Botschaft Wien) 06

Kokemüller, Monika s. Breustedt, Monika

Kolarova, Fanna, Malerin; c/o Atelier, Birkenwerder Str. 30, D-16540 Hohen Neuendorf, Tel. (0 33 03) 40 33 93, *fk@fanna-kolarova.de*, *www.fanna-kolarova.de* (* Sofia 21. 3. 49) – **S:** 69–72 KA Sofia (Wandmalerei); 72–74 KHS Berlin-Weissensee (Dipl.); seit 74 als freischaffende Künstlerin tätig – **P:** Wettb. Kunst am Bau Asklepiosklinik Birkenwerder (1. Pr.) 98 – **G/T:** Kunst am Bau; Tafelmalerei; exper. Arb. auf Papier – **W:** in zahlr. öff. Slgn, u. a. in Potsdam, Plovdiv/Bulgarien, Antony/Paris, Oranienburg, Brandenburg, sowie in privaten Slgn, u. a. in Wien, Paris, Zürich, Santiago de Chile, Berlin, Potsdam, Hamm, Bremen, Wolfenbüttel u. Düsseldorf – **Ö:** u. a. Berlin, Raum d. Stille in d. Charité (Wandbild, Fresko); ebda, Krankenhaus Westend (Gest. eines Raums d. Stille), Augenärztepraxis Danisevski (Gest.), DRK Kliniken (Plast. Objekte aus Papier); Berlin-Marzahn, Backwarenbetrieb (Fresko, Fassadengest. Keramik); Birkenwerder, Ärztehaus (Wandgest. Keramik); ebda, Asklepiosklinik (Deckengest. d. Intensivstation, Fresko); Cottbus-Madlow, Telekomgebäude (Speiseraum, Wandbilder, Fresko); ebda, Direktion d. Telekom (Wandbilder, Fresko); Gelnhausen, Denkmal an d. Hexenverbrennung (Metallplast.); Henningsdorf, Telekomgebäude (Fassadengest.); Oranienburg (Fassadengest. im Zentrum, Mosaik); ebda (Brunnenanlage); Oranienburg-Sachsenhausen, Schule (Fresko); Potsdam, Direktion d. Telekom (Wandbilder, Fresken); ebda, Klinikum Ernst v. Bergmann (Wandgest., Fresko) – **E:** u. a. 88 Potsdam, Staudenhofgal.; 91 Potsdam, Samtleben; 92 Potsdam, Klub d. Künstler u. Architekten 'Eduard Claudius'; 94 Berlin (Bilder v. Menschen); 96 Stolpe, Dorfkirche; 97 Potsdam (Im Atelier); 02 Berlin (Tango, Kat.) – sowie: 89 Organisation d. Briesetalprojekts u. weitere Ausst. in Cottbus, Potsdam, Gelnhausen, Sofia, Berlin, Paris – **G:** u. a. 90 Hamm, Ost u. West in Berliner Norden; 91 Paris u. Blomberg, Berlin – L'Art au travers du Mur; Lauterbach, Künstler f. Ökologie; Frankfurt/Oder, Musikschule; 92 Heidelberg, Potsdam u. Oranienburg, GeZeichnet Brandenburg; Potsdam, Staudenhofgal.: Erde; 93 Sofia u. Thessaloniki, Diagonal – sowie weitere Bet. in Baden-Baden, Engelberg, Regensburg, Konstanz, Rotterdam, Antwerpen, Amsterdam u. a. – ***Lit:*** Kat. F.K. 96

Kolata, Jan; Höherweg 271, D-40231 Düsseldorf, Tel. (02 11) 7 30 89 29, Fax 7 30 89 29, *kolata@web.de*, *www.jankolata.de* – **G/T:** Malerei – (Red.)

Kolenda, Marian, Maler, Zeichner; Atelier: Eichenstr. 4, D-12435 Berlin, Tel. (0 30) 81 89 95 69, *info@marian-kolenda.de*, *www.marian-kolenda.de* (* Coburg 18. 12. 65) – **S:** 88–94 ABK Nürnberg (Freie Graph. u. Malerei b. Prof. L. Scharl, Malerei b. Prof. J. Grützke) – **L:** 03, 04 Sommerakad. Coburg (Workshops) – **P:** Förd.pr. d. Stadt Coburg 89; Debütantenpr. d. Freistaates Bay. 96; Kunstpr. f. Malerei d. KV Schweinfurt 02 – **Ve:** BBK Berlins – **G/T:** Zeichn., Malerei – **M:** Coburg, KS d. Veste; München, Bay. Staatsgemäldeslgn; Schweinfurt, Städt. Slgn Alte Reichsvogtei – **Ö:** Berlin, Arena; Coburg, Ämtergebäude; ebda, HUK Coburg Versicherungen, Vereinigte Coburger Spk. – **E:** 92 Nürnberg, LGA Gal.; Fürth, Kofferfabrik; 93 Coburg, Hofer; 96 Coburg, KV; 98 Bad Gandersheim, Gal. im Klosterhof; 01 Berlin, Raum für Neues; Berlin, Glashaus, Arena; 03 Schweinfurt, Städt. Slgn Alte Reichsvogtei; 04 Kronach, KV; Schwabach, Gal. Bürgerhaus – **G:** 93 Simmelsdorf, Simon; 95 Berlin, Arena; 98 Bamberg, Gal. Kunst im Gang; 99, 00 München, Haus d. Kunst; Amberg, Gal. Neue Kunst; Fürth, Seeling; 03 Coburg, KV; – weitere: 00 Wrocław – ***Lit:*** KAT.: KV Coburg 96; Welt Bilder Welt 03 – (Red.)

Kolig, Cornelius, Objekt- u. Installationskünstler, Maler, Bildhauer; St. Martiner Str. 41/58, A-9500 Villach. Atelier: Kirchensteig 5, A-9500 Villach (* Vorderberg an der Gail/Kärnten 7.9.42) – **VG:** Gmunden, Gal. 422; Wien, Gal. Ariadne – **S:** 60–64 ABK Wien (b. d. Prof. Dobrowsky, Weiler u. Boeckl) – **W:** Errichtung d. Anlage 'Das Paradies' in Vorderberg, ab 80 (nach Hochwasser weitgehend zerstört) – **M:** Bregenz, Kunsthaus; Klagenfurt, MMKK – **E:** u.a. 63, 68 Wien, Gal. nächst St. Stephan; 71, 74, 85 Wien, MMK Stiftung Ludwig; 73 Bochum, Mus.; 91, 00 Klagenfurt, Kärntner LG; 97, 00, 03 Klagenfurt, Gal. 3; 00 Villach, StG (m. Christian Gasser); 04 Gmunden, Gal. 422 (m. Hans Staudacher); 05 Klagenfurt, Rittergallery – **G:** u.a. 98 Bregenz, Kunsthaus: Space for Art – Concepts, Projects and Buildings by Artists; 99 Linz, Lentos: Zeitschnitt 1900–2000 – 100 Jahre, 100 Werke; Gmunden, Gal. 422: La Dolce vita; 02 Wien, Gal. Ariadne: Ariadne-Ed. d. letzten 33 Jahre; 06 Klagenfurt, Bienn. Austria; Klagenfurt, MMKK: Bis Heute. Zwei Jh. mod. Kunst in Kärnten; Klagenfurt, Künstlerhaus: Luft::Holen; Wien, ViennAfair – **V:** u.a. m. A. Rohsmann: Flush. Neue Arbeiten für das Paradies 90 – ***Lit:*** u.a. E. Hirtenfelder u. B.K. Steiner: Tatort Kolig-Saal 1992–1999 99; A. Rohsmann u.a.: C.K. Paradies jetzt 00 – (Red.)

Koller, Bernd, Mag., Maler; c/o Galerie Heike Curtze, Seilerstätte 15/16, A-1010 Wien, *galerie.curtze@vienna.at*, *www.kunstnet.at/curtze* (* Schwarzach im Pongau 23.6.71) – **VG:** Wien, Curtze; Berlin, Curtze – **S:** 89–94 ABK Wien (Meisterschüler b. Arnulf Rainer) – **P:** Stip. d. Rotary Clubs Saalfelden 96; Stip. d. Salzburger Ldesreg. (f. Paris) 96/97; Stip. d. Bauholding Wien 01 – **G/T:** Zchng – **M:** Salzburg, Rupertinum; Wien, Slg d. BKA; Wien, Slg d. Stadt; Wien, Slg. d. Bauholding – **E:** u.a. 91, 02 (Kat.) Zell am See, Gal.; 97 Wien, Lange; 01, 05 (Kat.) Wien, Curtze; 02 Salzburg, Rupertinum – **G:** 94 Wien, Ulysses; 01 Salzburg, Rupertinum: Zauber d. Zchng; 04 Salzburg, Rupertinum: Vision einer Slg; 06 Bratislava, Danubiana Mus.: Öst. Meisterzchngn nach 1960 – ***Lit:*** B.K. Arbeiten auf Papier, Ausst.kat. (z. Ausst. im Förd.programm d. Ldes Salzburg im Traklhaus) 97

Koller, Boris, Mag. art., Maler, Komponist; Tichtelgasse 10/19, A-1120 Wien, Tel. u. Fax (01) 8174192, Tel. in Norwegen: 091571764, *www.boriskoller.com* (* Wien 26.9.69) – **S:** 89–94 ABK Wien (Meisterschule Prof. Arik Brauer); 94–95 Königliche KHS Stockholm (Gaststud.) – **P:** Arik-Brauer-Pr. 91; Meisterschulpr. 94; E.dipl. d. Neoklassizist. Neuen Akad. d. Schönen Künste St. Petersburg 00 – **Ve:** Münchner Künstlergenossenschaft 03 – **G/T:** Ldschaft (alpin, nordisch, Nationalparks, speziell Norwegen); Portr.; Kitsch im Sinne Odd Nerdrums – **W:** überw. in Privatbes. – **M:** Wien, Belvedere – **Ö:** Wien, Immuno AG; ebda, Austria Tabak – **E:** zahlr. Ausst., u.a. 92, 95 Wien, Lehar; 99 Wien, Altes RH; 00 München, Stadthalle Germering; 06 Tromsø, Gall. Brevik; Karlskrona, KH – **G:** zahlr. Bet., u.a. 90 Wien, Belvedere; 91, 97 Wien, Parlament; 95 Berlin, Parzival; 00 London, Painters Hall; Wien, Austria Center Vienna; 00, 02, 05 Wien, Naturhist. Mus.; 01 Wien, Vienna AC; 04 Skien, Telemark Mus.; 04, 05, 06 Stavern (Kitschannuale) – ***Lit:*** B. K., Kat. 94

Koller, Hanna, Doz., Bildhauerin, Malerin; Libellenstr. 17, D-80939 München, Tel. (089) 325558 (* Kitzbühel/Tirol 14.10.23) – **S:** Warmbrunn Schlesien (Lehre f. Holzbildhauerei); ABK München (Dipl.) – **L:** VHS München (Doz.) – **Ve:** BBK München u. Obb. – **KGr:** Neue Gruppe München – **G/T:** Glas, Mosaik; Stein, Holz, Zement, Bronze, Farbmaltechniken – **K:** Aktzeichnen u. -modellieren, Zeichnen, alle Maltechniken – **W:** Bronzen in Privatbes. sowie Holzarb. u. Zeichn. – **M:** Innsbruck, Tiroler LM Ferdinandeum – **Ö:** Ampfing, Schweppermann Denkmal; Regensburg, Finanzbauamt (Fassadengest.); München, Augenklinik (Supra Porte, Mosaik); Weihenstephan, Finanzbauamt (Steinarb.) sowie div. Glasfenster u. Kircheninnenraumgest. – **G:** Salzburg, Bienn.; Johannesburg, Wirtschaftsausst. sowie div. Ausst.bet. in Paris, Mailand u. m. Neue Gruppe München – (Red.)

Koller, Yvonne s. Wasmann, Yvonne

Kollhoff, Hans, Prof., Architekt; Kurfürstendamm 178–179, D-10707 Berlin, Tel. (030) 8841850, Fax 88418599, 88418596, *buero@kollhoff.de*, *www.kollhoff.de* (* Lobenstein/Thür. 18.9.46) – **S:** 68–73 Univ. Karlsruhe (Archit. b. Egon Eiermann, Mitarb. im Büro G. Assem); 74 TU Wien (Archit., Mitarb. im Atelier H. Hollstein); 75 Univ. Karlsruhe (Dipl. am Lehrstuhl O. Uhl); seit 78 selbständiges Büro in Berlin; – sowie: Ateliers u. Büros in Rotkreuz/CH u. Rotterdam – **L:** 76 Univ. of California Los Angeles (RATS-Design-Kurs); 76, 78, 81, 83 Cornell Univ. Ithaca/New York (Teaching Ass. b. Oswald Mathias Ungers, Instructor im Graduate Design Progr., Gastprof.); 76, 77, 78, 87 Sommerakad. f. Archit. Berlin (76–78 Betreuung, 87 Leitung m. Fritz Neumeyer); 78–83 TU Berlin (Ass. am Lehrstuhl f. Gebäudelehre u. Entwerfen); 82 Syracuse Univ. New York; 83–85 HdK Berlin (Gastprof. f. Gebäudelehre u. Baukonstruktion); 86–87 Univ. Dortmund (Lehrstuhlvertretung Städte- u. Industr.bau); seit 90 ETH Zürich (Prof. f. Archit. u. Konstruktion) – **P:** DAAD Stip. Cornell Univ. Ithaca/New York 75 – **KGe:** H.K. u. Helga Timmermann (seit 84) – **G/T:** vorw. Büro-, Geschäfts- u. Wohnungsbau – **B:** u.a. Amsterdam: Piraeus residential complex on KNSM island; Berlin-Charlottenburg: Leibnitzkolonnaden, ebda: Wohnbebauung am Luisenpl.; Berlin-Dahlem: Villa Gerl; Berlin-Hohenschönhausen: Wohnanlage Malchower Weg; Berlin-Kreuzberg: Wohnen am Berlin-Museum Haus F Block 33 (Wohnpark Victoria); Berlin-Mitte: Wohn- u. Geschäftshaus, ebda: Auswärtiges Amt (Sanierung Altbau), ebda: DaimlerChrysler-Gebäude (Hochhaus am Potsdamer Pl.), ebda: Büro- u. Geschäftshaus Hofgarten; Berlin-Tiergarten: Mehrfamilienhaus in d. Huttenstr.; Berlin-Wilmersdorf: Wohnungsbau Seesener Str.; Frankfurt am Main: Hochhaus am Deutschherrnufer (Main Plaza), ebda: Kindertagesstätte; Leipzig: Hauptverwaltung d. Ldeszentralbank – **V:** u.a. The urban block, in: Lotus Intern. 19 78; Der Verfall d. Städte in d. DDR, in: Bauwelt 19 90, S. 938–961; H.K. zu Berlin: Texte v. 1988 bis heute, in: Archithese 2 92, S. 57–64; H.K., M. Klinkott, F. Neumeyer, S. Polonyi: Über Tektonik in d. Baukunst 93; H.K., Thomas Ruff, S. Holl: Archit. of Herzog and de Meuron 94; Beitr. in: Die verstädterte Lsch. 95; Projekte v. elf Studierenden d. ETH Zürich, Kat. z. Sommersemester 1999 00; H.K., D. Libeskind, N. Koenig: Der Alexanderplatz. Urban Archit. f. a new Berlin 02; Archit.lehre H.K. 03; – sowie: zahlr. Publ. in Fachzss – ***Lit:*** u.a. Berliner Projekte, Ausst.kat. Antwerpen 94; Fritz Neumeyer: H.K. Ausst.kat. 95; Ulrike Stark (Red.): Architekten – H.K. 96; N. di Battista: H.K., Ausst.kat. (z. Ausst. am gta, ETH Zürich) 98; Fritz Neumeyer (Ess.) u. I. Nemec (Fotos): H.K. Architektur (dt.-engl.) 02; Revision d. Postmod., Ausst.kat. 04; Zwei dt. Archit. 1949 1989, Ausst.kat. 04; Jasper Cepl (Hrsg.): Kollhoff & Timmermann Architekten: H.K. Bauten u. Projekte 06 – (Red.)

Kollin, Gunnar, Fotokünstler; Philipp-Dirr-Str. 44a, D-85354 Freising, Tel. (08161) 402843, *info@kollin.net*, *www.kollin.net* (* Halle/Saale 20.7.65) – **S:** Autodidakt – **KGe:** Keine Art: G. K., Holger Triltsch u. Holger Fährmann (84–89); Salon Visionell: bis 1998 G. K., Jan Beumelburg u. Frank Degelow, seit 1998 G. K., Holger Triltsch u. Frank Degelow (95–03) – **G/T:** Inszenierte Fotogr. – **K:** Portr.fotogr., Aktfotogr. – **W:** mehrere Werke in Privatbes. – **M:** Brandenburg, Slg d. Stadt – **E:** 94 Brandenburg, Das Labor; 95 Brandenburg, Cigno Bianco; 96 Eberswalde, Kommunale Gal.; 97 Brandenburg, Salon Visionell; 99 Brandenburg, Verwandlungsamt; 04 Berlin, Kunststätte Dorothea; 05 Freising, Gal. Qbar; 07 Freising, Altes Gefängnis – **G:** zahlr. Ausst.bet. u. a. in Berlin, Eisenhüttenstadt, Gorszow, Brandenburg 00 Brandenburg, Paulikloster; 01 Brandenburg; 02 Potsdam, Jordan; Brandenburg, Artothek; 03 Weimar, Gal. Markt 23; Eberswalde, Gal. Die Mühle; 04 Berlin, Gal. Nord – **V:** FOTOGR.: My Private Crimes 99; Simulation Boheme 99; m. Frank Degelow: BleibenGehenTod 00; m. Holger Triltsch: ich, adam 01; m. Holger Triltsch u. Frank Degelow: Im Labyrinth der magnetischen Felder 02; Probleme, einen behaarten Fisch betreffend 03

Kolling, Heidi (geb. Heidi Springmann), künstlerische Keramikerin; Talweg 1, D-56291 Thörlingen bei Emmelshausen, Tel. (0 67 46) 6 56, Fax 85 33, *kollingebau@t-online.de; atelier.heidi@web.de* (* Geschendorf 9. 12. 44) – **S:** seit 70 Autodidaktin (b. Prof. Crumbiegel, A. Klauer-Simonis, H. Jegodzienski, I. Schmitt-Faßbender) – **Ve:** Die Wiebelsborner 97 – **G/T:** Objekte aus Ton u. Metall – **K:** künstler. Keramik – **Ö:** Emmelshausen, Grundschule; Pfalzfeld, Grundschule – **G:** zahlr. Bet. seit 80, u. a. 99 St. Petersburg, Schuwalow-Pal.; 00, 05, 06 Koblenz, Gal. Handwerk; 01 Emmelshausen, ZAP Kult.kr. Region Emmelshausen; 06 Boppard, Verwaltung Boppard – sowie: 02–05 Luxemburg

Komma, Eva (Ps. freya, eigtl. Eva Maria Freya, geb. Eva Maria Endres), Malerin, Grafikerin; Mainzer Str. 41, D-50678 Köln, Tel. 01 79–5 37 52 50, Fax (02 21) 38 15 06. Bernkasteler Str. 61, D-50969 Köln, Tel. (02 21) 9 75 08 16, *komma.eva@web.de, kommaeva.kulturserver-nrw.de* (* Stuttgart 40) – **S:** ab 65 Akt- u. figürl. Zeichnen b. Heiner Stremmel u. J.A. Allard (privat); 78–82 FH Köln (Kunst u. Design, Freie Grafik b. Prof. A. Sovak); 85–86 Farblehre u. Kompos. b. Peter Valentiner, Köln/Paris – **Ve:** KKr (KV Köln rechtsrh. e.V.); AdKV Arb.gemeinschaft dt. Kunstvereine (KKr); BBK Bonn Rhein-Sieg 06 – **KGr:** Artstore-Projekt d. KKr (03/04) – **KGe:** Kapitel2 d. KKr (ab 05) – **G/T:** Malerei, 'Organische Abstraktion'; körperl. u. pflanzl. Materie als Element-Situation; versch. Techniken u. a. auf Japanpapier, Glas – **W:** diverse in Privatbes. – **E:** u. a. 96 Köln, Haus Franz v. Sales; Köln, Inst. Reschke; 98 Luxembourg, Centre Information et Dokumentation; 01 Köln, Antiquariat Lesabèndio; Köln, Landschaftsverb. Rheinland; 03 Bad Bentheim, Wersterhoffsches Haus; – sowie 95–05 Atelierausst. 'Offene Ateliers', organisiert v. BBK u. Kulturamt Köln – **G:** u. a. 84 Köln, VHS-Forum: für ai; 93 Köln, VHS: Fotoausst. Kölner Stadtansichten; 97 Görlitz, KV u. Kulturamt: Pleinair; Görlitz, St. Annen-Kap.: offizielle Ausst. d. Stadt; Bonn, Frauen-Mus.: Kunstmesse (m. KKr Köln); 99 Köln, Kunsthaus Rhenania/Gal. am Nil; 03–04 Köln, div. Ausst. 'Artstore-Projekt' d. KKr, AdVK; 05 Kürten, Kunsthaus 44; 05 u. 06 Köln, Alte Feuerwache: Kapitel2 d. KKr; 07 Köln, Ev. Kirchenforum; – sowie: 06 Annaberg/Polen, Teiln. am Sympos. v. Ars Porta Intern. e.V. u. BBK Bonn – **V:** Tanzende Weinstöcke, Mappenwerk 04 (Drucke n. Originalzeichn.) – **R:** Interview in Radio Köln, FLOK – Menschen in Köln, 13.2.02 – ***LitR:*** Beitr. im WDR-Fs. 'Lokalzeit' 19.11.01

Komotzki, Andreas, Dipl. Designer, Künstler; c/o monreal & poppen art consulting, Nordstr. 73, D-53111 Bonn, Tel. (02 28) 28 92 90, *www.monreal-poppen.de* (* Wuppertal 23. 6. 63) – **S:** 88–95 FHS Düsseldorf (Visuelle Kommunikation b. Uwe Lösch u. Klaus Kammerichs) – **P:** Kunstpr. Jesteburg 02 – **G/T:** konzept. Fotogr., Install. – **Ö:** Neu-Ulm, Petruspl. (drei-tlg. Großskulpt.ensemble) – **E:** zahlr. Ausst. seit 94, zuletzt 03 Solingen, Mus. Baden; Neu-Ulm, Städt. Slgn; Bad Neuenahr, Stadtvillen Marienhof; 04 Dortmund, KV – **G:** zahlr. Ausst.bet. seit 94 – ***Lit:*** Stadt, Land, Form: Design im Bergischen Land 00; Ekkehard Lohse: Kirchen Träume 01; Andreas Komotzki: Meine Welt. Deine Welt, Ausst.kat. 03 – (Red.)

Konecny, Hans-Jörg s. Plan, Eugen

Konietzko, Bozena (Ps.: BOBI, geb. Bozena Krejcerikova), Malerin, Sängerin; Auf die Bach 4, D-65931 Frankfurt am Main, Tel. (0 69) 37 33 05 (* Lovčice/Tschechien 28. 7. 37) – **S:** seit 02 Meisterschülerin b. Altmeister Saalig – **Ve:** Heussenstamm-Stift. – **KGr:** Freie Künstlergruppe Griesheimer Schule (seit 02) – **G/T:** Graph., Tafelmalerei, Farbentwürfe, Portr. – **G:** seit 02 Frankfurt am Main, Mus.uferfest

Konietzny, Joachim; Schulstr. 18, D-23689 Pansdorf, Tel. (0 45 04) 16 28, *j-a-koni@gmx.de* (* Freystadt/Westpreußen 26. 11. 41) – **VG:** Hamburg, Gal. Blankenese – **S:** Autodidakt – **G/T:** Ölmalerei, Buchill., Objektkunst (Holz) – **W:** Werke in Privatbes. – **G:** zahlr. Ausst.bet. seit 80, u. a. 80 Lübeck, Jahresschau Lübecker Künstler; seit 85 mehrmals Hamburg, Gal. Blankenese; 93 Buchholz, Troncoso; 94, 96 Lübeck, Steiger; 95 Eutin, Gal. Schloßgarten – **V:** Christel Wassmund: Es ist schon alles gesagt. Gedichte und Erinnerungen (Linolschnitte) 85; dies.: Stunden aus der Zeit gefallen (Hschn.) 85; Brigitte Schade: Märchen (Federzeichn.) 91 – ***Lit:*** Mario Sander, J. K., Plastiken – Ölbilder, Kat. 94

Konrad, Irene (Ps.: IKO), Mag. Art. (Malerei u. Graph.); Östliche Scheunenstr. 17, A-2201 Gerasdorf, Tel. (0 22 46) 3 23 16, *office@irene-konrad.com, www.irene-konrad.com* (* Gerasdorf/b. Wien 10. 1. 61) – **VG:** Wien, mobile ART; Wien, Exner; Wien, Wolfrum – **S:** 93–97 HS f. angew. Kunst Wien (Malerei u. Graph. b. Prof. Adolf Frohner u. Sigbert Schenk) – **P:** Anerkennungspr. d. Ldes NdÖst. 95 – **G/T:** lyr. abstr.; großformatig auf Leinwand; Öl/Acryl; Druckgraph. (Rad.) – **M:** Wien, HS-Arch.; Wien, Kpst.-Kab. d. ABK – **Ö:** Gerasdorf, Musikschule (Kunst am Bau) – **E:** 94 Wolkersdorf im Weinviertel, Forum Schloß Wolkersdorf; 96 Wien, Albertina; 98 Boston, Portfolio Druckgr.; Lahti, Mini Print; 00 Wien, Rudolfinerhaus; 02 Tokyo, Bienn.; 03 Herzogenburg, Gal.; 04 Wien, Sauruck; Wien, F+U Plattform Junge Kunst; Wien, Börse – **G:** zahlr. Ausst.bet. seit 94, zuletzt u. a. 02 Tokio, Bienn.; 03 Wien, Sauruck; Oslip, NN-fabrik: Take Five; Krems, KH: Mimosen u. Herbstzeitlosen; 04 Wien, Exner

Konrad, Jörn, Dipl. Maler u. Graphiker; Christianstr. 17, D-04105 Leipzig, Tel. (03 41) 2 25 27 32, Fax 2 25 27 33, *JEKONRAD@aol.com* (* Dresden 7. 3. 60) – **VG:** Kandern, Völker – **S:** 83–88 HS f. industr. Formgest. Burg Giebichenstein Halle/Saale (b. Prof. F. Ruddigkeit) – **G/T:** Malerei u. Graph. (Acryl, Tusche, Wasserfarben); Möbelunikat; Kunst am Bau; Spielplatzgest. – **W:** Ankauf u. a. durch d. Sä. Ldtag Dresden – **M:** Berlin, KS d. Dt. Bundestages; Leipzig, Dt. Buch- u. Schrift-Mus. d. Dt. Nat.bibl.; Leipzig, KH Spk. – **Ö:** Hamburg, Bankhaus Wölbern; Leipzig, Karl Berg GmbH; Riesa, Spk.; Torgau, Kr.krankenhaus – **E:** 93 Hamburg/Lütjensee; 94 Hamburg, Bankhaus Wölbern; Borna, Dresdner Bank; 95 München, Hypo Bank; 96

New York, Wickiser; 99 Leipzig, Dresdner Bank; 00 Leipzig, Spk. – **G:** Ausst.bet. in Halberstadt, Frankfurt/Oder, Jena, Leipzig, St. Gallen, Riesa, Hamburg, Kronach, Bonn, Holzminden – ***Lit:*** Kat.: Gal. Völker 00; Katharina Konrad 04 – Bildende Künstler in Leipzig 06 – (Red.)

Konrads, Cornelia, Land Art- u. Objektkünstlerin; An der Aue 1, D-31848 Bad Münder, Tel. (0 50 42) 27 25, *co.konrads@t-online.de*, *www.cokonrads.de* (* Wuppertal 14. 2. 57) – **S:** Univ. Essen u. Bochum (Germanistik, Phil.) – **P:** Wettb. Transfiguracion Berlin (1. Pr.) 00; Artist in Residence (Odense/Dänemark) 01; Artist in Residence (Kamiyama/Jap.) 05 – **Ve:** BBK Hannover 96 – **G/T:** standortbezogene Install.; Land Art; Objektkunst – **W:** mehrere in Privatbes. – **Ö:** Borgo Valsugana/Ital., Percorso Artenatura di Arte Sella; Hamburg, Skulpt.park Ammersbek; Kamiyama/Jap., Oawayama Skulpt.park; Lahaymeix/Frkr., Sentier d'Art en Paysage; Mozet/Belgien, Art track – **E:** 04 Hannover, Gal. im Tiedthof; 07 Hannover, Gal. d. nds. Lottostift. – **G:** zahlr. Bet. u. Projekte im öff. Raum seit 98, u. a. 02 Dreieich, StG; 04 Essen, Forum f. Kunst u. Archit.; Fontainebleau, Forêt de Sénart; Gongju/Korea, Nature Art Bienn.; 05 Noosa/Austral., Regional gall.; 06 Borgo Valsugana/Ital., Arte Sella – ***LitR:*** Antoine de Roux: Artists at Work – C.K., Portr.dok. 07

Kontrec, Anita (verh. Anita Kontrec-Goedecke), Malerin, Bildhauerin; Dasselstr. 24, D-50674 Köln, Tel. u. Fax (02 21) 2 40 96 69, *info@anita-kontrec.de*, *www.anita-kontrec.de* (* Zagreb/Kroatien 17. 2. 54) – **VG:** Köln, Jansen; Zürich, art felchlin – **S:** 79–83 KA Zagreb (Gaststudentin, Bildhauerkl. b. Prof. Sabolic) – **Ve:** Kroatischer Ver. Bild. Künstler 88; Neuer Aachener KV 02; Kunst Salon 04 – **KGe:** A. K. u. Stephan Goedecke (seit 96) – **G/T:** Bildhauerei (großformatige Skulpt. aus Kunstharz m. Pigmenten); Install. (Holz, Gips, Stein u. Bronze); Skulpt. (öffentlich u. privat); Malerei (Bildobjekte aus Kunstharz m. Pigmenten f. Innen- u. Außenräume); Themen: Archit. u. Ldschaft – **W:** überw. in Privatbes. – **Ö:** Bergisch Gladbach, Schloßhotel Lerbach; Köln, Slg. d Stadtspk.; ebda, Prüfungsverb. Dt. Banken – **E:** 86 Zagreb, Gal. DDT; 88 Karlsruhe, Gal. am Baseler Tor; 89 Zagreb, Gal. PM; 90 Köln, Eurozentrum; 92 Köln, RH; 04 Köln, Jansen; Köln, Skulpt. Draussen; 06 Zagreb, Gal. KARAS (Kat.) – **G:** u. a. 93 Zagreb, MGC; Aachen, Ludwig Forum; 96 Bonn, Frauen-Mus.; 01, 03 Luzern (Wasser-Symposium); 02 Elm, Dorn'scher Garten; Köln, Skulpt.garten Sürth; 03 Bergisch Gladbach, Schloßhotel Lerbach; 04 Zürich, art felchlin; 05 Frankfurt am Main, Art Frankfurt; Köln, Art Fair – **V:** m. Robert Pinsdorf (Hrsg.): Recall Byblos 93 – **R:** Nachbarn in Europa, ZDF 93; What is a Book?, Videoperformance 95; Gayatri, Videoperformance 97 – ***Lit:*** Neda Miranda Blazevic: The Shapes of Memory 86; Tomislav Lalin: Archetypal Ceramic Sculpture 89; Marina Kralik Uremovic: A. K. und ihre Werke 88, Ana Lendvaj: Projekt Recall Byblos – Beispiel einer synchronen Kommunikation 93; – Dt. u. kroatische Presse, u. a.: Ana Lendvaj: Nullstand der Architektur, in: Vecernji list 89; Jürgen Kisters: Recall Byblos – Kunst der Mittelung, in: Kunstforum 93; Gernot Geduldig: Erinnerung an die Kultur der Phönizier, in: Aachener Nachrichten 93; Gabriele Frohn: Eine Reise zurück in die Gegenwart, in: Artefact 93; Aleksander Flaker: Ich lade sie zur Seefahrt im Keller ein, in: Vijenac 93; D. Nenadic: Durchbruch – kroatische Künstler in Aachen, in: Slobodna Dalmacija 93; Janka Vukmir: Recall Byblos, in: Kontura 93; Vesna Kusin: Phönizische Schrift aus Bedekovcina, in: Vjesnik 93; Darko Glavan: Bedekovcina in Aachen, in: Danas 93; Sylvia Demme: Goldener Schimmer lockt im üppigen Grün, in: Kölner Stadt Anzeiger 02; Astrid Ludwig: Hans Dorn vereint Garten und Skulptur zu einem Gesamtwerk, in: Frankfurter Rundschau 02; Petra Diederichs: Steine mit einer Seele aus Gold, in: Rheinische Post 03

Kontrec-Goedecke, Anita s. Kontrec, Anita

Koolwijk, Claudia van (verh. Claudia van Koolwijk-Huber), Künstlerin; c/o Gal. Voss, Mühlengasse, D-40213 Düsseldorf, Tel. (02 11) 13 49 80, *vossgallery@t-online.de* (* Düsseldorf 23. 1. 61) – **VG:** Düsseldorf, Voss – **S:** 80–87 KA Düsseldorf (b. d. Prof. Fritz Schwegler u. Alfonso Hüppi, 87 Meisterschülerin b. Prof. Hüppi) – **Ve:** Künstlerbund; GEDOK; Künstlerver. Malkasten – **KGe:** C.v.K. u. Hans-Dieter Jünger (seit 03) – **G/T:** Fotogr.; Portr.; Lsch. – **K:** Fotogr.; Stoffarb.; Scherenschnitt – **W:** Kult.stift. NRW – **E:** u. a. 87 Baden-Baden, Im alten Dampfbad (Kat.); Düsseldorf, Mus. Kunst Pal. (Kat.); 89 Köln, Horbach (Kat.); Düsseldorf, Kunst im Kinderspielhaus; Zagreb, Intern. Studentengal. (Kat.); Heinsberg, KV (Kat.); 93 Darmstadt, Beckers (Büchlein m. Jürgen Häuser); 94 (Kat.), 99 (Kat.), 05 (Kat.) Bochum, Mus.; 95 Essen, Forum Bild. Künstler (m. Judith Samen, Kat.); 97 Düsseldorf, Künstlerver. Malkasten; 98 Düsseldorf, Frauenberatungsstelle; 00 Ratingen, SM (gemeinsam m. Fritz Schwegler); 01 (Kat.), 02 (Kat.), 03 Düsseldorf, Voss; 03 Mönchengladbach, BIS (m. Ulrike Schröter) – **G:** zahlr. Bet., u. a. 86 Düsseldorf, Gal. Tropeninst.; 88, 89 Köln, Horbach; 88 Düsseldorf, Mus. Kunst Pal.: Meine Zeit mein Raubtier (Kat.); Bonn, Magers: Nature morte (Kat.); 89 Bonn, KV: Verhältnis d. Geschlechter (Kat.); Neuss, Clemens-Sels-Mus.: Inszenierte Fotogr. (Kat.); 90 Wiesbaden, Mus.: Frauen d. 20. Jh. (Kat.); Stuttgart, Müller: Das Portr. (Kat.); 91 Heinsberg, KV: Eine Kiste in d. Provinz (Kat.); 92 Utrecht, Centraal Mus.: Der Tresor; Köln, Intern. Fotoszene: Kölner Künstlerinnen (Kat.); 93, 03 Düsseldorf, Künstlerver. Malkasten; 93 Frankfurt am Main, Dt. Fototage: Borderlines (Kat.); Oiron, Gold. Band f. ein Schloß; 94 Aachen, Kaisersaal: Kunst u. Krieg (Kat.); Langenberg, KV: 365 Grundsteinkisten (Kat.); 95 Bonn, Künstlerforum: Auslöser/Fotokünstlerinnen (Kat.); Löwen, Gal. Transit: Der Gemartelde Tijd (Kat.); Meerbusch, Ilverich: Im Sommer das Sonderbare; 96 Essen, Kunstforum (m. Judith Samen, Kat.); Düsseldorf, Wirtschaftsmus.: Künstlergilde NRW (Kat.); Düsseldorf, Kult.amt: Der letzte Aufguß (Kat.); 97 Rottweil, Forum Kunst: Künstler machen Schilder f. Rottweil (Kat.); 00 Reykjavík, Hafnarhus AM: Korridor (Kat.); Lemgo, StG Eichenmüllerhaus; Coesfeld, KV Münsterland (Kat.); Düsseldorf, Schlick (Kat.); 02 Düsseldorf, Mus. Kunst Pal.: Heute bis Jetzt. Zeitgen. Fotogr. aus Düsseldorf (Kat.); Bad Salzdetfurth, KV: Eva u. d. Schlange (Kat.); 03 Mettman, Schübbe: Die Mettmanner Vier; Recklinghausen, StKH: Maria auf d. Heide u. ihre Freunde; Amsterdam, Artwalk; 05 Düsseldorf, Flurklinik: hart an d. realität; Düsseldorf, Studio Maria von d. Heide: Pflanzen-Freunde (Kat.) – **V:** fotokopierte Aufl. in 3 Exemplaren, u. a. Arkanum Artis 88; Magische Quadrate 88; Die sieben Posaunen 89; Die sieben Schalen 89; mutus liber 89; Der Einfüßer 90; Die sieben Plagen 90; Cabala Mineralis 91; Tätowierungen 1 u. 2 93 – farbige Abb. u. a. in Liebe Liebe, Malkastenblätter Düsseldorf 97; Mag. d. Zeichen, Mag. Düsseldorf 98; Danielle Cliche u. Andreas Wiesand (Hrsg.): Pyramide o. Fundament (Enthüllungen z. Lage d. Frau in Kult.- u. Medienberufen in Europa) 00; Women in the Arts, Arsis Finnland 00; Themenheft Portr., Eikon Wien 02; Pocket, Ver. f. Orig.-Rad. München 03 – **R:** updating (Foto u. Video) Forum Bild. Künstler Essen 95 – ***Lit:*** u. a. Blazenka Perica: Spiegelbilder 93 – ***LitR:*** Frau u. Beruf, Dok.film anläßl. d. Ausst. im Mus. Bochum (WDR) 05

Kopfermann, Sigrid; San-Remo-Str. 6, D-40545 Düsseldorf, Tel. (02 11) 55 22 86, Fax 55 22 86, *info@sigridkopfermann.de*, *www.sigridkopfermann.de* (* Berlin 23) – **S:** 41–45 HS f. Bild. Kunst Berlin (b. Bernhard Dörries u. Willy Jaeckel) – **P:** Kunstpr. 'Die neue Generation' 59; Kunstpr. 'Böttcherstraße', Bremen 93; Ida-Gerhardi-Pr. Düsseldorf 91; Großer Pr. d. Darmstädter Sezession 00 – **Ve:** Dt. Künstlerbund 56; Darmtädter Sezession 57; Westdt. Künstlerbund 68; Ver. Düsseldorfer Künstler 76; Neue Gr. München 78 – **G/T:** Malerei – **E:** zuletzt u. a. 94 Zürich, Haftmann; Düsseldorf, Swetec; 96 Freiburg im Breisgau, pro arte; Köln, Mronz; 97 Frankfurt am Main, Art Frankfurt; 98 Frankfurt am Main, Kunstkabinett Bekker vom Rath; Hannover, Kühl; 99 Berlin, Hartmann & Noé – ***Lit:*** S. K. Werkbiographie 91; S. K. Bilder 90–98, 98; Doris Hansmann: S. K. 03 – (Red.)

Kopp, Jan; 3, rue Juste Métivier, F-75018 Paris, Tel. (01) 42 51 85 36 (* Frankfurt am Main 70) – **G/T:** Install.; Aktionskunst (u. a. Verbindung v. Schrift, Wort u. Bild) – **E:** zuletzt u. a. 00 New York, White Box Gall.; Beauvais, Centre d'Art Contemp.; 01 Le Crestet, Centre d'Art Contemp.; Hall in Tirol, KH, 02 Lyon, Villa Gillet (m. Alain Buffard); Paris, Gal. Maisonneuve – **G:** zuletzt u. a. 01 Lyon, Bienn.; Paris, Mus. Zadkine; Paris, Arc-Mus. d'Art Moderne; 02 Paris, Le Plateau; Maastricht, AC – (Red.)

Koppe, Helmut, Bild. Künstler, Maler; Nonnenhof, D-61194 Niddatal, Tel. (0 60 34) 87 59, *www.nonnenhof.de* (* Ilbenstadt/Hess. 8. 2. 51) – **VG:** Niddatal, Gal. Atelier Koppe – **S:** 72–77 Städelschule Frankfurt am Main (freie Malerei u. Graph. b. Prof. J.G. Geyger) – **L:** Art-Schule im eigenen Atelier (Malen, Zeichnen) – **G/T:** Malerei (u. a. Öl, Acryl, Aqu.); Zchng; Themen u. a. Lsch., Portr., Stilleben, abstr. – **K:** Lsch.smalerei u. div. andere Techniken u. Themen, Kunsttheorie – **W:** überw. in Privatbes. u. öff. Bes. u. a. in Büdingen, Aix-en-Provence, Niddatal, Italien, Finnland, England, Ägypten – **Ö:** Friedberg, Kr.haus – **E:** zahlr. Ausst. seit 72, u. a. in Frankfurt am Main u. Niddatal (Gal. Atelier Koppe); 05 Köln, Kunstmesse (m. Art Box); 06 Litauen; 06, 07, jl. Niddatal, Gal. Atelier Koppe, Nonnenhof – ***Lit:*** Stadt Frankfurt am Main (Hrsg.): Die bild. Künstler in Frankfurt am Main, Künstlerlex. 82, 89; zahlr. Art. in Zss sowie u. a. in d. Frankfurter Rundschau, Frankfurter Neue Presse seit 75

Korab, Karl, Akad. Maler; lebt in Sonndorf im Waldviertel (* Falkenstein/NdÖst. 26. 4. 37) – **VG:** u. a. Wien, Hilger; Salzburg, Welz; Paris, Gal. Vieille du Temple – **S:** 57–64 ABK Wien (Meisterkl. b. Prof. Sergius Pauser, Dipl. u. Abgangspr.) – **P:** Förd.pr. d. Ldes NdÖst. 67; Goldmed. d. III. Bienn. in Bozen 69; Siebdruckwettb. d. Zentralspk. Wien 69; Kult.pr. d. Ldes NdÖst. 72; Sandoz-Pr. 75 – **G/T:** Malerei (v. a. Lsch., Abbild. d. Naturbildes erscheint in konzentrierter Form auf d. Wesentlichste reduziert, mitunter auch Einfügung v. Objekt-Collagen ins gemalte Bild) – **E:** 60–89 div. Ausst. im In- u. Ausld, danach u. a. 90, 92, 96, 03, 05 Wien, Hilger; 91, 95 Wiesbaden, Zuta; 91 Wien, Serafin; 92 Wien, Gal. Contact; 93 Siegen, StG Haus Seel; Bregenz, Art House; 94, 01 Paris, Gal. Vieille du Temple; Salzburg, Welz; 96 Baden, Frauenbad (m. Eduard Angeli); 97 Grafenegg, Schloß (Retr.); 01 Bonstetten, Gal. für Gegenwartskunst – **G:** 06 Wien, viennAfair; Basel, Art Basel – (Red.)

Korfmann, Katrin; *kkorfmann@hotmail.com*, *www.katrinkorfmann.com*. lebt u. arbeitet in Amsterdam u. Berlin (* Berlin 71) – **VG:** Amsterdam, Art Affairs – **S:** 95–97 KHS Berlin; 96–99 Gerrit Rietveld Acad. Amsterdam (Fotogr.); 97–98 Ass. d. Künstlers Ulay; 00–01 Rijksakad. van Beeldende Kunsten Amsterdam; 01 Fondazione Pistoletto, Biella/Ital. – **P:** Esther Kroon Award 99; Mama Cash Award 00; Stip. d. Stift. Würth 00; Bosch Förd.pr. 'Work Art' (Stip.) 01; Stip. d. Fonds voor beeldende kunsten, vormgeving en bouwkunst (BKVB) 02, 03; Pr. de Rome (Public Art, 2. Pr.) 03 – **G/T:** Fotogr.; Install. (u. a. Videoinstall.); Performance – **W:** Werke in niederl. Slgn (u. a. Außenmin., Kunstmin., Univ.krankenhaus Amsterdam, Patentamte u. Van Zoetendaal Collection); in Dtld im. Bes. d. Stift. Würth u. d. Robert Bosch Stift. – **M:** San Sebastián, Fundacion Centro Ordonez Falcon de Fotografia – **E:** u.a 00 Amsterdam, Zeedijk; 01 Düsseldorf, Plus; 01, 03 Amsterdam, Art Affairs; Barcelona, Gal. 44; 02 Amsterdam, W139 – **G:** zahlr. Ausst.bet., zuletzt u. a. 02 Köln, Art Cologne; 03 Amsterdam, Kunst Rai; Madrid, ARCO; Brüssel, Art; Den Haag, Außenmin.; Den Haag, Haags Gemeente-Mus. – (Red.)

Koridass, Andreas (eigtl. Andreas Koridaß), Dipl.-Designer (FHS); Rieslingstr. 30, D-55129 Mainz, Tel. Atelier: (0 61 31) 58 16 99, *Akoridass65@aol.com*, *www.andreas-koridass.de* (* Wiesbaden 3. 10. 65) – **S:** seit 86 Atelier Römerberg e.V. (Bildhauerei u. Zchng b. Prof. Th. Duttenhoefer, Malerei b. M. Schnädter; 89–95 FHS Mainz (b. den Professoren H.F. Kress, L. Leonhard, J. Ludwig u. a.) – **Ve:** Essenheimer KV 04–06 – **KGr:** Atelier Römerberg e.V. Wiesbaden (seit 86) – **G/T:** Holzbildhauerei (abstr.) – **W:** überw. in Privatbes. – **Ö:** Frankfurt/Main, Foyer St. Katharinen-Krankenhaus (Rad); Mainz-Hechtsheim, Ev. Gemeinde (Grosses Tor, Eiche gebeizt u. gewachst, ca. 2,10m) – **E:** 01 Wiesbaden, Klinik am Bingert; 02 Frankfurt/Main, Gal. St. Katharinen-Krankenhaus; 04 Mainz-Bretzenheim, RH; Mainz, Antiquariat am Ballplatz; Wiesbaden, Aukammklinik (m. Maria Oppenheim); 05 Mainz, Kanzlei Busch; Mainz-Hechtsheim, Ev. Gemeindezentrum; Wiesbaden, RH (m. Ingeborg Michalik); 06 Wiesbaden, Dreifaltigkeitskirche; Wiesbaden, Aukammklinik (m. R. Fischenich) – **G:** seit 86 jährl. Wiesbaden, Atelier Römerberg e.V.; 90 Wiesbaden, Bellevue-Saal; 01 Wiesbaden, RH; 01, 02 Kirn, Kunstpr.; 02, 03 Essenheim, KV; 05, 06 Frankfurt/Main, Gal. SK-K; 06 Rostock, Gal. am Alten Markt (m. Atelier Römerberg e.V.); Erfurt, Güldener Kronbacken – weitere Ausst.: 02, 03 Wiesbaden u. München (m. artists for moonbears) – **V:** Andrea Keller: Künstlerisches Aktzeichnen (Zchng) 01; G. Stahl: Winteranthologie 05 (Skulpt.) 05; G. Stahl: Sommer-Herbst-Anthologie 05 (Skulpt.) 05; Arnim Otto (Hrsg.): Festschrift f. G. Stahl (Skulpt.) 05

Kornbrust, Leo (eigtl. Leo Julius Kornbrust), Prof. Lehrstuhl f. Bildhauerei in Verbindung m. Archit., Bildhauer; Am Symposion 1, D-66606 St. Wendel, Tel. (0 68 51) 22 59, Fax 8 53 74, *leo.kornbrust@strasse-des-friedens.de* (* St. Wendel 31. 8. 29) – **VG:** München, Walser; Saarlouis, Walzinger – **S:** St. Wendel u. Morbach (Schreiner- u. Bildhauerlehre); ABK München (b. Prof. Toni Stadler, Meisterschüler) – **L:** 78–94 ABK München (Prof. f. Bildhauerei in Verbindung m. Archit.) – **P:** Villa-Massimo-Stip. 59; Cité Intern. d. Arts Paris 67; Albert-Weisgerber-Pr. St. Ingbert 67; Kunstpr. d. Saarldes 84; Mia-Münster-Pr. d. Stadt St. Wendel 85; Kunstpr. d. Sparda-Bank 95; BVK (1. Kl.) 98 – **Ve:** BBK Saarland – **KGr:** Neue Gruppe München – **G/T:** Naturstud., Kunst u. Leben, Steinskulpt. im städt. Raum, Kunst in d. Ldschaft – **W:** Initiator d. Bildhauersymposiums St. Wendel, d. Str. d. Skulpturen sowie d. Str. d. Friedens in Europa; – weitere: Hommage à Otto Freundlich – **M:** u. a. Berlin, NG; Kaiserslautern,

Pfalz-Gal.; Mannheim, StKH; München, Bay. Staatsgemäldeslgn; München, Lenbachhaus; Saarbrücken, Saarland-Mus.; St. Ingbert, Mus.; St. Wendel, Mus. Mia-Münster-Haus – **Ö:** u. a. Erlangen, Univ.bibliothek; Homburg, Univ. d. Saarldes; Kawasaki, Friedenspark; München, Schriftsäulen (Berliner Str. u. Brudermühlstr.); ebda, Bay. Staatskanzlei; Nürnberg, Fak.; Saarbrücken, Union Krankenversicherung; Sandstein, Tholeyer Stein; St. Wendel, Realschule – **E:** u. a. 65 Frankfurt am Main, Appel & Fertsch; 68, 71, 78, 85 Wien, Gal. im Griechenbeisl; 84 Saarbrücken, Saarland-Mus.; 88, 94, 99, 04 München, Walser; 99 St. Wendel, Mus. Mia-Münster-Haus – **G:** u. a. seit 57 München, Neue Gr.; – weitere: seit 58 Dt. Künstlerbund; seit 67 Neue Gr. Saar – **V:** Auf der Suche nach Panoias, Reisebericht 73/74 78; Internationales Steinbildhauersymposium St. Wendel 1971–1972; Straße des Friedens, Straße der Skulpturen, Hommage à Otto Freundlich, Broschüre 01 – ***Lit:*** L. K. Reihe Künstlermonographien 70; Innere Linie 84; Interview 4, L. K. im Gespräch mit Monika Bugs 95; Raum Wort Skulptur 95; Ein Geburtstagsbuch zum 70., Monogr. 99 – AUSST.KAT.: Kult.haus St. Ingbert: L. K. 68, 89; Gal. Appel & Fertsch: L. K. 78; L. K. Skulpturen, Zeichnungen 97; Werkverzeichnis der Skulpturen 1952–1999 99 – ***LitR:*** u. a. Jeder Mensch ein Künstler? in: Dialog Life, SR (zus. m. Josef Beuys u. Otto Dressler) 75; Klaus Podak: Straße der Skulpturen, in: Aspekte, ZDF 78; Eike Barneyer: Der Pflasterkönig, SR 83; Heide Melcher: Europa-Idee in der Landschaft. Die Straße der Skulpturen bei St. Wendel, Fsf. SR 89; Volker Hindisch: MAG'S Extra 00

Korpi, Tellervo (geb. Tellervo Västi); Angerstr. 7, D-82319 Starnberg, Tel. (0 81 51) 1 43 13, Fax 7 33 43, *tellervo@korpi-de* (* Isokyrö/Finnland 29. 5. 50) – **S:** 68 Sommerakad. d. KHS Helsinki; ansonsten Autodidakt – **L:** 87–99 VHS Starnberg; 90–00 VHS München – sowie u. a. VHS Würmtal, Puchheim, Olching, Maisach, Weilheim; Elly-Heuss-Knappschule Bühl – **P:** Pr. d. Stadt Berlin 86 – **G/T:** Aqu. auf Seide – **K:** Blumen u. Lsch. auf Seide; exper. Malen auf Seide – **W:** zahlr. in Privatbes. u. im Bes. d. Paul-Gerhardt-Gemeinde – **Ö:** Feldkirchen b. München, Gospel Life Center; München, Intergrata Gal.; Weilheim, Life Church Intern. – **E:** üb. 100 seit 87, u. a. 87 Herrsching, Kurparkschlößchen; 88 Laihia/Finnland, Gemeindebücherei; 92 München, Intergrata Gal. – **G:** seit 88, u. a. 88–89 Ars Nova Botnica/Finnland; 88 Baldham b. München, Christusbilder heute; 89 Weilheim, Oberldesausst.; 90 Starnberg, VHS: Ausst. d. Seidenmalgruppen; Starnberg, Kr.spk.; 90, 91 München, Mustermarkt im Messegelände; 91 Leipzig, Fachmesse f. Hobby u. Basteln; 97 Garmisch-Partenkirchen, Stützpunkt d. US Army; 97, 00 Bad Aibling, Stützpunkt d. US Army – **V:** Seidenmalheft (prakt. Arbeiten) Diana Verl. – ***Lit:*** Who is who in Deutschland 06

Korpys, Andree, Fotograf, Medienkünstler; Bergstr. 79, D-10115 Berlin, Tel. (0 30) 2 83 24 66 (* Bremen 66) – **VG:** Karlsruhe, Meyer Riegger; Köln, Schweins – **S:** 89–93 FHS f. Gest. Bielefeld (Fotogr. u. Film); 93–96 Staatl. HS f. Gest. Karlsruhe (Medienkunst, postgrad.) – **P:** Akademie Schloss Solitude (Stip.) 97; Förderpr. für junge Nachwuchskünstler d. Stadt Delmenhorst 98; Förderpr. Bild. Kunst d. Kulturkreises d. deutschen Wirtschaft (zus. m. Markus Löffler) 99; Villa-Massimo-Stip. 04 – **KGe:** A. K. u. Markus Löffler – **G/T:** Fotogr., Medienkunst – **E:** u. a. 92 Berlin, Kunst-Werke; 95 Bremerhaven, KV; Kiel, Justizvollzugsanstalt; 96 Hamburg, Gal. Vorsetzen; 96, 99, 01 Köln, Schweins; 97 Bremen, Hertz; Stuttgart, Club Römerstr.; 99, 02 Karlsruhe, Meyer & Riegger; 00 Heilbronn, KV; Nürnberg, KH; Graz, KV – **G:** zahlr. Ausst.bet., zuletzt 01 Berlin, berlin bienn.; Gent, Stedelijk Mus. voor Actuele Kunst; 02 Hamburg, Deichtorhallen; Berlin, AdK; Karlsruhe, ZKM – **V:** m. Markus Löffler: Schatzinsel 95; m. dems.: Spindy 98 – **R:** Künstlerfilme/Videos: Observation 96; Manöverkritik 96; Studio 77 97; World Trade Center 97; United Nations 97; Pentagon 97; Bo Peep 98; Organisation Des Nations Unies 99; Digging Deep 99; Ruhleben 99; Abriss 00; Wodu 00 – (Red.)

Korsig, Bodo, Bildhauer, Zeichner, Maler; Dietrichstr. 44, D-54290 Trier, Tel. (06 51) 70 06 67 (* Zwickau 62) – **VG:** Hamburg, Borchardt; Karlsruhe, Schrade – **S:** 86–90 FWG Berlin (Steinrestaurierung) – **L:** seit 92 Europ. ABK Trier (Doz.) – **P:** Kunstpr. d. Ldkr. Trier-Saarburg 92; Ramboux Pr. 95; Stip. d. Stadt s'Hertogenbosch 95; Stip. Kunstfonds Berlin 96; Kunstpr. d. Stift. Kunst, Kult. u. Bildung (1. Pr.) 97; Franz-Josef-Spiegler-Pr. 98; Aufenthaltsstip. Künstlerhaus Lukas, Ahrenshoop 99; Intern. Studio Programm New York 99 – **E:** u. a. 91, 93, 95 Weimar, ACC Gal. Weimar; 93 Zwickau, StM; 98 Erfurt, KH; Barcelona, Gal. Metropolitana; 99 New York, Tullis Gall.; 00 Erfurt, Rothamel; 01 Los Angeles, Greenfield; Trier, KH; 03 Hamburg, Borchardt – **G:** u. a. 98 Prag, Intern. Print Trienn.; 01 Berlin, Beck & Priess; 02 Hamburg, Ernst Barlach Haus – (Red.)

Korsmeier, Werner-Jakob; Ermlandweg 14, D-48159 Münster, Tel. (02 51) 21 21 46, 21 10 90, Fax 21 70 99, *wjk@kors.net*, *www.korsmeier.net* – **G/T:** Bildhauerei, Malerei, Graph. – (Red.)

Korte, Cora, Malerin; Alter Markt 3, D-24103 Kiel, Tel. u. Fax (04 31) 9 17 22, *www.CoraKorte.de* (* Flensburg 26. 6. 61) – **VG:** Halebüll-Schobüll, Lüth – **S:** 81–85 Christian-Albrechts-Univ. Kiel (Kunst- u. Lit.-wiss.); 86–91 Muthesius HS Kiel (Freie Kunst u. Malerei b. Harald Duwe u. Peter Nagel) – **L:** 99–00 Berufsbild. Schule Ravensberg Kiel (Malerei) – **P:** Projektstip. d. Min. f. Kult. SH 91, 02 Künstlerförd. Kiel 91; Stip. d. Spk.stift. SH 98; Projektstip. d. Kult.amtes d. Stadt Kiel 91 – **Ve:** BBK Schlesw.-Holst. 89; VG Bild 04 – **G/T:** Malerei, malerisches Lichtobjekt u. Druckgraph. – **W:** zahlr. Bilder u. Lichtobjekte in Privatbes. sowie in Praxen u. Kanzleien – **M:** Kiel, Spk.-stift. Schlesw.-Holst.; Schleswig, LM f. Kunst u. Kult.-Gesch. Schloß Gottorf – **Ö:** Brüssel, BP Oil Europe; Eutin, Spk. Alte Hofapotheke; Flensburg, Franziskushospital; Plön, Marineunteroffiziersschule; Rendsburg, Schleswag; – in Kiel: Kult.min., Ldeshaus, Kulturamt, Gästehaus d. Ldesreg., Wehrbereichskommando, Spk.- u. Giroverband, Fa. BIG, Dt. Bank, Ldesbank, Spk., Investitionsbank, Ldesbauspk., Postbank, Provinzial – **E:** 91 Kiel, Brunswiker Pavillon; 92 Bordesholm, Gal. Leviathan; 94, 96, 00, 02, 04 Halebüll-Schobüll, Lüth; 94 Köln, Gal. am Nil; 95 Kiel, Dt. Bank; 97 Flensburg, Kruse; Karlsruhe, Henzel; 98 Lübeck, El; Hamburg, Hafenbautechnische Ges. Schommerus; 01 Freiburg, Blau Köln, Christuskirche; 02 New York, Hunter Gall.; Philadelphia, Temple Gall.; Connecticut, Fairfield Gall.; Hamburg, Lichtwark-Haus; 03 Kiel, Carrafeira; Kiel, Allg. Ortskrankenkasse; 04 Bremerhaven, Börges – **G:** 85–04 regelmäßige Teiln. an d. Ldesschau SH; – zahlr. Bet. an Ausst. im In- u. Ausld, zuletzt 03–04 Taipei, Dt. Kult.zentrum – **V:** Malerei und Druckgraphik 92 – ***Lit:*** AUSST.KAT.: Ver. d. Kunstfreunde Kiel (Hrsg.): Mulptiple Art Kiel 6/89, 11/89, 11/90 u. 91; BBK SH (Hrsg.): Landesschau Schleswig-Holstein 32–39, 41, 42, 44–46, 48–50; FHS Kiel (Hrsg.): Freie Kunst 86; Ldsverb. SH (Hrsg.): BBK Gesamtkatalog 91, 97 u. 03; Wystawa Grafiki Katowice (Hrsg.): Intergrafia '91; Organisationskomitee Krakau (Hrsg.): Triennale '91; Dt. Bank Kiel (Hrsg.): C.K. 95; Ed. 16 Gal. Lüth (Hrsg.): C.K. 96; Grændslandudstillingen Sonderburg (Hrsg.): Grændslandudstillingen 97 u. 98; Stadt Rendsburg (Hrsg.): ['duali:tet] K.E.R.N.-FYN 99; Hunter Gall. New York (Hrsg.): Danced Shoes. Undanced Shoes. Suscha Korte, C.K. 01; Ed. Salzau (Hrsg.): Klassentreffen 4 01/02; Lichtwark Forum Hamburg (Hrsg.): C.K. – Malerei 02; Dt. Kult.zentrum Taipeh (Hrsg.): Norddt. Künstler 03; HSH Nordbank (Hrsg.): C.K. Malerei – Lichtobjekte 04 – ***LitR:*** C.K. – Atelierbesuch, Fs.-Portr./Dok. Offener Kanal Kiel 92; Salzbrenner: C.K. / Malerei Fs.-Portr./Dok. ebda 04 – (Red.)

Kortokraks, Rudolf, Maler; 27, Duncan Terrace, London N1 8BS, GB, Tel. u. Fax (0 20) 72 78 36 88, *rebekah@pinnacle.net.uk* (* Ludwigshafen 8. 7. 28) – **S:** 42–45 KGS Graz (Prof. Rudolf Szyszkowitz, Prof. Alfred Graf Wickenburg, Meisterkl. Prof. Hans Wagula); 46–49 Freie Akad. Mannheim (b. Prof. Carl Trummer u. Paul Berger) – **L:** 56 Intern. Sommerakad. f. Bild Kunst Salzburg (Ass. v. Oskar Kokoschka, Schule d. Sehens); 59–63 Schule d. Sehens (Chefass.); 66 Maidstone College of Art; 66–70 Bayam Shaw School of Art London; 76 Intern. Sommerakad. f. Bild Kunst Salzburg (Prof., Leiter d. Sem. Schule d. Sehens); 81–90 Schule d. Sehens Tuscania/Ital. (Leiter); 93 Sommerakad. Trier – **P:** Materialpr. d. Fa. Gunter Wagner Hannover 50; Stip. d. Bundesländer Bremen u. Nds. (f. Paris) 51; Stip. d. Stadt Mannheim (f. Teiln. an Oskar Kokoschkas Schule d. Sehens) 54 – **G/T:** trad. Malerei – **W:** Werke u. a. im Bes. eines Mus. in Kanada sowie d. Reg. d. Staates Jalisco, Mexiko – **M:** Kaiserslautern, Pfalz-Gal.; Linz, Lentos; Ludwigshafen, Wilhelm-Hack-Mus.; Mainz, LM; Mannheim, StKH; Salzburg, Rupertinum; Salzburg, Salzburg Mus.; Wien, Slg d. Stadt – **E:** zahlr. Ausst., u. a. 51 Bremen, Graph. Kab.; 64, 68 Trier, StM Simeonstift; 67 Manchester, Manchester Gall.; 68 Kaiserslautern, Pfalz-Gal.; 69 New York, Benevy; 70 Guadalajara, Gal. Municipal; 72, 76 Ludwigshafen, Dt. Bank; 77 Bremen, KH; Salzburg, Goldgasse; 78 London, Gall. Margaret Fisher; London, Belfry; 79 Neustadt an d. Weinstraße, KV; 84 Paris, Forum Le Lucernaire; Bad Dürkheim, KV; 86 Salzburg, Gal. Weihergut; 87 Schifferstadt, RH; 88 Deidesheim, Weinmus.; 03 Salzburg, Gerlich – **G:** Hannover, KV; München, Große Münchner Kunstausst. (Neue Gr. u. Sezession) – ***Lit:*** Kat. z. d. Ausst.: Galerie Welz (Vorw. Hans Rothe) 63; Pfalzgal. Kaiserslautern u. Secession Wien (Vorw. Erich Fried) 68; Bluecoat Chambers Liverpool (Vorw. Frederick Laws) 71; KV Salzburg (Vorw. Heinz Spielmann) 76; Gall. Margaret Fisher London (Vorw. Norbert Lyndon) 78; KV Neustadt (Vor. v. Spielmann u. Lyndon) 79 – ***LitR:*** Fs.feature, Südwestfunk Mainz 67, 70 – (Red.)

Kos, Tonia (eigtl. Antonia Kosz), Graphikerin, Malerin, Objekt- u. Installationskünstlerin; Kagraner Anger 22/7/3, A-1220 Wien, Tel. (01) 2 04 77 94, *http://members.inode.at/mciget01/toniakos.htm* (* Heudeber/Sa.-Anh. 16. 12. 42) – **VG:** Wien, Kunst Raum; Wien, Kleine Gal. – **S:** 79–83 Privatstud. b. Prof. Pakosta u. Prof. Choung Fux – **L:** 85–01 VHS (Aqu., Acrylmalerei) – **P:** Pr. d. Stadt Krems 86; Theodor-Körner-Förd.pr. 88; Hans Czermak-Pr. d. Verb. Wiener Volksbildung 92; Woyty-Wimmer-Pr. 95; Anne Goldenberg-Stift.pr. 06 – **Ve:** Künstlerhaus Wien 88; IntAkt 95 – **G/T:** Acrylmalerei, Rad., Informel (kontrollierter Zufall), Objektinstall. (versch. Materialien) – **K:** Aqu., Acrylmalerei – **W:** in öff. u. privaten Slgn – **M:** Kairo, Sector of Fine Arts; Peking, Printing Mus.; Wien, Slg Bundeskanzleramt – **E:** u. a. 88 Wien, Kleine Gal.; 90 Wien, Künstlerhaus; 92 Wiener Neustadt, Karmeliterkirche; 93 Wien, Club Alpha; 94 Wien, Tiller; 95 Dresden, Sillack; 96 Primmersdorf, Schloß; 97 Mistelbach, Schlößl; 99 Traismauer, Schloß; 00 Linz, ObÖst. KV; 02 Wien, M-Art; 03 Wien, St. Anna Kap.; – sowie 97 in Olomouc u. Prag – **G:** u. a. 89 Wien, Künstlerhaus; 96 Berlin (Bakunin?); 02 Udine, KV; 06 Wien, Ägypt. Kult.inst.; – weitere: 98 London; Hamada/Jap.; 00 Basel; Peking; Ulan Bator/Mongolei; 01 Dresden; Peru; St. Petersburg; 02 Halle/Saale; 04 Flandern/Belgien; 05 Hustopece/CZ – **V:** Bilder einer Ausstellung 93; Da neigt sich die Stunde und rührt mich an 99

Koschitzki, Heino, Dipl. Maler u. Graphiker; Hauptstr. 24 a, D-06543 Molmerswende, Tel. (03 47 79) 2 03 05, *Heino.Koschitzki@t-online.de* (* Berlin 24. 3. 36) – **S:** 72–77 HS f. industr. Formgest. Halle/Saale (Malerei u. Graph. b. d. Prof. Hannes H. Wagner, Frank Ruddigkeit u. Willi Sitte) – **L:** 80–91 HS f. industr. Formgest. Halle/Saale (Abt. Grundlagenstud., Zeichn.) – **Ve:** VBK Halle 77–92 – **G/T:** Malerei u. Graph. (Öl, Aqu., Zeichn., Druckgraph., Ldschaft, Portr., Stilleben, Bildnis) – **W:** überw. in Privatbes. sowie im Bes. von Betrieben u. d. Bdeswehr – **M:** Dresden, Militärhist. Mus.; Frankfurt/Oder, Mus. Junge Kunst; Fürstenwalde, Kunstarch. Beeskow; Gera, KS (Slg d. Handzeichn.); Halle/Saale, Staatl. Gal. Moritzburg; Leuna, KS d. Leuna-Werke; Querfurt, Mus. Burg Querfurt – **Ö:** Hettstedt, Walzwerk – **E:** zahlr. Ausst., u. a. 85 Querfurt, Mus. Burg Querfurt; 87 Halle/Saale, Gal. Marktschlößchen; 89 Bernburg, Schloßmus.; 01 Leuna, Gal. CCE; 02 Mansfeld, Mansfeld-Mus.; Lutherstadt Eisleben, Mansfeld-Gal.; Hettstedt, StG; Halle/Saale, Artothek – **G:** zahlr. Ausst.bet. seit 79, u. a. regelmäßig Halle/Saale, Bez.kunstausst.; 82/83 Dresden, Kunstausst. d. DDR; 92 Zwolle, Odeon; – weitere: Potsdam, Gal. am Neuen Pal. – ***LitR:*** Lutz Lehmann u. Fritz Pleitgen: Rotes Mansfeld, Portr./Dok. ARD 81; Unterwegs in Sachsen-Anhalt/Wippra, Portr./Dok. Mitteldt. RF 96

Koschubs, Reinhard, Maler, Graphiker, Objektkünstler; Talstr.8, D-38723 Seesen, Tel. (0 53 81) 7 02 10, *koschubs@compuserve.de*, *www.reinhard-koschubs.de* (* Goslar 15. 9. 52) – **VG:** Bad Harzburg, Gal. Sonnenhof; Sylt, Kampen; Goslar, Stubengal. – **S:** 70–74 FHS Hildesheim (Graph.-Design u. Freie Graph. b. d. Prof. P. König, Metell u. Belting) – **L:** VHS Goslar u. Osterode (Doz. f. Zeichnen) – **P:** Förd.pr. d. Stadt Goslar 76 – **Ve:** BBK Harz 72 – **G/T:** Surreale u. phantast. Kunst: Druckgraph. (Farbrad.); Handzchngn; Gemälde; Objekte u. Skulpt. – **K:** Zeichnen – **W:** überw. in privaten Slgn in Dtld, Frkr., Schweiz, Neuseeld, Kuba u. Kanada – **E:** zahlr., u. a. 72–86 Hannover, Handwerksforum; Hannover, Gal. am Kronsberg; Clausthal, Kunsthandwerkerhof; Braunschweig, ABC Gal.; Bielefeld, Buck & Deimel; 86 Springe, Mus.; 87 Seesen, Volksbank; Goslar, Mus.; 92 Hornburg, Mus.; 93 Bad Harzburg, Akad. f. Führungskräfte; 94 Wolfsburg, Atelier Vogt; 95 Goslar, Pappa Gallo; 96 Seesen, RH; 97 Brunshausen, Kloster; 00 Osterode, Kr.VHS; 01 Goslar, Kr.haus; 02 Clausthal, Spk.; Bad Harzburg, RH; 03 Seesen, Meinecke; 04 Seesen, Kirchenzentrum – **G:** zahlr. Bet. seit 72, z.B. seit 72 Goslar, Mönchehaus-MMK; Hildesheim, Roemer- u. Pelizaeus-Mus.; Hannover, Kubus; Goslar, BBK-Ausst. (Kat.); 06 Glinde, Intern. Kunstausst. FORM-A(R)T; – sowie in Hannover u. Arcachon/Frkr. – **V:** R.K. Rad. 1970–1982 – ***Lit:*** Eros ist frei 82; Man kann ja nie wissen – Hommage à Kurt Schwitters 96; Auf den Weg gebracht – Paul König u. seine Schüler 97; – sowie: 35 Jahre BBK Gruppe Harz; Ich – Künstler in Nds.; Kunst Konturen – Künstlerprofile

Kosina, Gerlinde (geb. Gerlinde Brummeier), Malerin; Gfrornergasse 8, A-1060 Wien, Tel. (01) 9 13 39 26, Mobil: 06 6 47 62 02 03, *kosina.atelier@chello.at*, *www.gerlinde-kosina.com* (* Bergwerk/Bgld 14. 12. 44) – **VG:** Wien, Gal. am Stubentor; Wien, Wolfrum; Wien, Gal. Zentrum – **S:** 92 Sommerakad. Salzburg (b. Prof. Georg Eisler) – **L:** VHS Wien u. künstler. VHS Wien – **P:** Sappi-Europe (Bronzemed.) 94; Bienn. Florenz (Lorenzo il magnificio Med.) 01; Award-Women's Congress El Paso Texas 02 – **Ve:** Berufsvrg Bild. Künstler Öst. seit 94; Mödlinger Künstlerbund seit 03 – **G/T:** Öl-, Wand- u. Aqu.malerei; Graph. – **K:** div. Malkurse im Ausld – **Ö:** Klosterneuburg, Schwimmbad; Wien, Schwimmbad; ebda, Wasserwerke; Wyeth/Philadelphia, artdonation – **E:** / G: zahlr. Ausst. u. Ausst.bet. seit 89 u. Kunstmessen, u. a. 01 Florenz, Bienn.; 02 Innsbruck, Art Innsbruck; 03 Wien, Art Vienna – **V:** Lesen & Sehen, Kat. m. Bildern u. Texten – ***Lit:*** div. Kunstkal. 94, 97, 99

Kossack, Oliver; c/o Galerie b2, Spinnereistr. 7, D-04179 Leipzig, Tel. (03 41) 4 78 47 47, Fax 4 78 47 48, *kossack@hgb-leipzig.de*, *kontakt@kunstraum-b2.de*, *www.kunstraum-b2.de* (* Tel Aviv 67) – **VG:** Leipzig, Laden f. Nichts – **S:** 87–91 Stud. Germanistik u. Französisch; Univ. of St. Andrews (Abschluß); 91–96 HGB Leipzig (Malerei); 96–98 ebda (Aufbaustud. Malerei b. Prof. Arno Rink) – **L:** seit 99 HGB Leipzig (Ass. b. Prof. Arno Rink) – **KGr:** LIGA – **G/T:** Malerei, Zeichn., Install. – **W:** Ankauf durch d. Sä. Staatsmin. f. Wiss. u. Kunst – **E:** /G: u. a. 96 Leipzig, Kleindienst; 97 Frankfurt, Art; Leipzig, Kunstraum B/2; Leipzig, Kleindienst; 99 Leipzig, Kunstraum B/2; 00 Berlin, Gal. Pankow; Leipzig, Kleindienst; Leipzig, Kunstraum B/2; Warschau, Zentrum f. Zeitgen. Kunst Schloß Ujandowski; 02 Leipzig, Laden f. Nichts; 03 Leipzig, KV; Berlin, Liga; 04 Leipzig, Laden f. Nichts; Stuttgart, March – (Red.)

Kostroma, Alexei (eigtl. Alexey Semenov), Installationskünstler, Maler, Objektkünstler; Chausseestr. 48, D-10115 Berlin, Tel. Mobil: 01 78–1 49 77 33, *art@alexeikostroma.de*, *www.alexeikostroma.de* (* Kostroma/Russland 17. 1. 62) – **VG:** Moskau, Guelman – **S:** 82–89 KA Leningrad/Repin-Inst. (Meisterkl. f. Malerei b. Prof. E. Moisseenko) – **P:** Soros Center for Contemp. Arts, St. Petersburg 98; Inst. Pro Arte u. Ford Found., St. Petersburg 01 – **Ve:** BVBK 05 – **KGr:** TUT-I-TAM (seit 91) – **G/T:** Multimedia-Install.; Objektkunst (Feder, Haar, Eierschale); Malerei (Öl) – **W:** überw. in Privatbes.; zahlr. Aktionen – **M:** Amsterdam, Stedelijk Mus.; Moskau, The Mus. Moscow House of Photography; St. Petersburg, Peter u. Paul Festung; St. Petersburg, Russisches Mus.; St. Petersburg, Winterpalais – **E:** 93 Frankfurt/Oder, Mus. Junge Kunst; 94 St. Petersburg, Staatl. Mus. f. Gesch.; 99 u. 02 St. Petersburg, Ludwig Mus. im Russ. Mus.; 01 St. Petersburg, Staatl. Mus. f. Militärgesch.; 04 Berlin, Gal. Art Digital GAD – **G:** zahlr. Ausst.bet. seit 86, zuletzt: 02 Liverpool, Bienn.; 03 St. Petersburg – Espoo/Finnland, Ludwig Mus. im Russ. Mus. – Espoo Art Mus.; 04 Baden-Baden, SKH; 05 Moskau, ART MOSCOW; 06 Barcelona, La Capella – **V:** A.K. & Nadja Butkreeva: Catalogue of Exhibitions and Projects of TUT-I-TAM, Autobiographien 97 – **R:** The spiralwise development of colour, Dok.film (Regie m. Vladimir Mikhailutza) 02 – ***Lit:*** AUSST.KAT.: Nadja Bukreeva: The Inventorying of Yellow Rain 98; The Organic Way. Penguin Spiral 99; Alife 2000 Meters long. Hair Chronicle 01 – ***LitR:*** Andrej Radin: A.K. – Organic Way. Penguin Spiral, Doku 99; Zinaida Kurbatova: The project of A.K. – Hair Chronicle, Doku 01; Elena Elagina: A.K. – Direxions. Inside-Outside, Porträt/Doku 03

Kotchoubeev, Vadim, Maler, Graphiker; Humboldtstr. 11, D-09130 Chemnitz, Tel. u. Fax (03 71) 3 67 78 91, *kotchoubeev@freenet.de* (* Leningrad 30. 9. 38) – **VG:** Chemnitz, Laterne – **S:** 58–60 KA Leningrad (Lehrstuhl f. Kunstmalerei); 64–71 KHS W. Muchina Leningrad (Lehrstuhl f. Keramik); 75–83 b. Kunstmaler u. -lehrer Grigorij Dlugatch – **P:** Max-Beckmann-Pr. – **Ve:** Künstlerbund Russld 97; Chemnitzer Künstlerbund 01 – **G/T:** Portr.- u. Ldschaftsmalerei (Öl, Aqu.); Graph. – **M:** St. Petersburg, MMK – **E:** 95 St. Petersburg, MMK – **G:** 94 Kiew u. Tscharkow: Künstler u. Zeit; 94, 95 St. Petersburg, Manege; 96 St. Petersburg: Wand; 97 St. Petersburg, Russisches Mus.: Mythen im Schaffen d. Petersburger Künstler; 98 San Francisco: Die russ. Künstler; St. Petersburg, Eremitage: Nichtklass. Klassik (Kat.); 00 Chemnitz, Gal. im Kraftwerk: Polina Kotchoubeeva u. V.K. Malerei u. Graph.; Chemnitz, Stadtbibl.: Polina Kotchoubeeva u. V.K. Malerei u. Poesie; Chemnitz, Kult.zentrum Blick: Polina Kotchoubeeva u. V.K. Malerei; 01 Chemnitz, Neue Sä. Gal.: Gesamtausst. Chemnitzer Künstlerbund; 04 Chemnitz, Laterne: Polina Kotchoubeeva u. V.K. Malerei, Graph., Skulpt.; 04–05 Chemnitz, Anwaltskanzlei Hoffmann u. Purschwitz: Polina Kotchoubeeva u. V.K. Malerei, Graph., Skulpt. – ***Lit:*** Kat. bzw. Prospekte z. jeder Ausst.

Kothe, Dietrich (Ps. Hannes Kothe-Opperau); Stockacker 7, D-86978 Hohenfurch, Tel. (0 88 61) 76 02, *kothe@kotheopperau.de*, *www.kotheopperau.de* (* Opperau/Breslau 20. 10. 38) – **G/T:** Objektkunst (Holz) – **W:** Skulpt. überw. in Privatbes.

Kotrade, Gerhard, Graphiker, Maler, Objektkünstler; Giesensdorfer Weg 47, D-23909 Ratzeburg, Tel. (0 45 41) 85 80 79, *akotrade@gmx.de* (* Hamburg 15. 11. 41) – **S:** 62–65 KSch Alsterdamm Hamburg – **P:** Kunstpr. Schoellerhammer (f. Papierobjekt) 73 – **Ve:** BBK Hamburg 84; Gemeinschaft Lübecker Maler u. Bildhauer 02 – **KGe:** Ateliers auf d. Ebene +14, Mexikoring 15, Hamburg (seit 03/04) – **G/T:** Figurationen (Mischtechnik, Acryl, Zchng, Holz- u. Linoldruck); Papierobjekte (sachbezogen) – **W:** div. Ill. in Printobjekten – **Ö:** Hamburg, Hotel Atlantik (Wandbilder); ebda, Wohnungsges. GWG (Wandbilder) – **E:** 88 Hamburg, Blänsdorf; 92 Wedel, Reepschlägerhaus; 94 Hamburg, Roughhouse active Gal. – **G:** 62 Hamburg, Halle d. Nationen: Jahresausst.; 84 Hamburg, BBK: Selbst; 88 Hamburg, Stadtteile Ost; 96 Hamburg, Deichtorhallen: Licht u. Schatten; 01–04 Lübeck, Burgkloster; 04, 06 Hamburg, Ebene +14

Kotte, Barbara s. Heinisch, Barbara

Kottmann, Markus, Maler; Leostr. 12, D-40545 Düsseldorf, Tel. (02 11) 58 99 50, *mail@m-kottmann.de*, *www.m-kottmann.de* (* Lingen/Ems 7. 3. 61) – **VG:** Düsseldorf, Brüning – **S:** 80–86 KA Düsseldorf (Malerei b. d. Prof. K. Klapheck u. D. Krieg, Meisterschüler b. Prof. K. Klapheck) – **L:** 00 Univ. Köln (FB Kunsterziehung, Doz. f. Malerei u. Zchng) – **P:** Arb.stip. d. Französ. Inst. Düsseldorf (f. Beaufort-en-Vallée) 95; Arb.-stip. (f. Ein Hod/Israel) 97 – **G/T:** konzeptuelle Malerei – **E:** u. a. 90 Viersen, Alte Generatorenhalle; 95 Düsseldorf, Französ. Inst.; 96 Dortmund, Türke; 99 Düsseldorf, Salzmannbau; 02 Bottrop, Quadrat – **G:** u. a. 95 Münster, SM; 98 Düsseldorf, Ldtag NRW; 00 Düsseldorf, Andreas; 02, 04 Düsseldorf, Brüning

Koumides, Glavkos, Dipl. d. Archit. Assoc. (School of Archit.); Eifelstr. 29, D-50677 Köln (* Nicosia/Zypern 13. 2. 50) – **Ve:** BBK Köln 83 – **G/T:** Malerei; Graph.; Objektkunst; Install. (Holz) – **M:** Nicosia/

Zypern, Staatl. Pin. – **G:** 99 Venedig, Bienn. (Kat.) – **V:** Verrückte Kausalität (Gedichte) 01; Treli Aetiotis (Bilder, Texte) 04

Kounellis, Jannis, Prof., Maler; Via Pompeo Magno 6, I-00192 Rom, Tel. (06) 3 21 82 97, Fax 3 22 43 22, *Kounellis@libero.it* (* Piräus/Griechenland 23. 3. 36) – **VG:** Mailand, Stein; Paris, Lelong; Köln, Greve – **S:** 56–59 Accademia di Belle Arti Rom – **L:** 93–01 KA Düsseldorf (Prof.) – **M:** Bilbao, Mus. Guggenheim; Hamburg, KH; Krefeld, Kaiser-Wilhelm-Mus.; Köln, Kolumba; London, Tate Coll.; Madrid, MNCARS; Neapel, NM di Capodimonte; New York, MOMA; Paris, Centre Pompidou; Porto, Fundação de Serralves; Rom, Gall. Nazionale d'Arte Mod.; Sydney, MCA; Turin, Mus. d'Arte Contemp. – **E:** zahlr. Einzelausst. seit 64, zuletzt 00 Buenos Aires, Mus. Nacional de Bellas Artes; 01 Prato, Centro per l'Arte Contemp.; Köln, Kunststation St. Peter; 02 Neapel, U-Bahn-Station Piazza Dante; Gent, Stedelijk Mus. voor Actuele Kunst; Rom, Gall. Naz. d'Arte Mod. e Contemp.; 03 Kopenhagen, Bjerggard; Herning, St.-Johannes-Kirche; Venedig, Monastero Mechitarista; Innsbruck, Kunstraum; 04 London, Sprovieri; – Arb. als Bühnen- u. Kostümbildner seit 68, zuletzt 98 Düsseldorf, Rheinmetallhalle u. Wien, Odeon ('Beuys', Oper); 00 Montepulciano, Teatro Poliziano ('El Cimarrón'); 02 Düsseldorf, Schauspielhaus ('Mania Tebaia'); Ravenna, Festival ('Il sogno di Urizen'); Amsterdam, De Nederlandse Opera ('Lohengrin') – **G:** zahlr. Ausst.bet. seit 69, zuletzt 02 Sydney, MCA; Rom, Mus. d'Arte Contemp.; Ostia u. Rom, 'Arteinmemoria'; Rom, Gall. Borghese; 03 Magdeburg, KM Kloster Unser Lieben Frauen; Rom, Villa Medici; Athen, Technopolis; Montecatini, Gall. Gentili; 04 Rom, Opera Paese; Rom, Villa Massimo – **V:** Odyssée Lagunaire. Écrits et Entretiens 1966–1989 90; Eco nell'oscurita. Scritti e interviste 1966–2002 02 (auch englisch) – ***Lit:*** Stephen Bann: J. K. 03 – (Red.)

Koutek (Manfred L. Koutek), Künstler, Maler, Zeichner; Hofberg 10, A-4020 Linz, Tel. Mobil: 06 9 917 77 38 58, *manfred.koutek@24speed.at*, *www.koutek-art.at.tt; www.info-kontek.at.tt* (* Linz 29. 3. 51) – **S:** Autodidakt; ab 71 Privatstud. b. Ragimund Reimesch; VHS (Kurse f. Keramik u. Portr.zchng); 74–85 KHS Linz (Gast, Druckgraph. b. Prof. Alfred Billy u. Aktzeichnen b. Dietmar Brehm) – **G/T:** Zunächst phantast.-visionäre, surreale Bildsprache, danach eigenständige, informelle Malerei u. naturalist. Darst. K. bezeichnet seine Kunstrichtung selbst als 'abstr. Surrealismus' u. 'romant. Naturalismus' – **W:** zahlr. Gemälde in öff. u. privaten Slgn weltweit – **E:** / G: seit 74 mehr als 100 intern. Ausst. in Gal., Mus. u. Kult.-institutionen, darunter in Linz, Wien, Graz, Salzburg, Darmstadt, Frankfurt am Main, Heidelberg, München, Kassel, Ravenna, Mailand, Liechtenstein, Paris, New York, Cleveland/OH, Kanada, Thailand u. d. Schweiz – ***Lit:*** zahlr. Publ. in Ztgn u. Zss sowie lit. Werken – ***LitR:*** Publ. in RF u. Fs.

Koutek, Manfred L. s. Koutek

Kovács, Attila, Prof., Maler; c/o Galerie Brigitte March, Solitudestr. 254a, D-70499 Stuttgart, Tel. (07 11) 8 87 45 35, Fax 8 87 43 45, *brigmarch@aol.com* (* Budapest 15. 12. 38) – **VG:** Stuttgart, March; Köln, Ucher – **S:** 58–64 Ungarische HS f. Angew. Künste Budapest; 65–70 Staatl. ABK Stuttgart – **L:** Ungarische Univ. f. Bild. Künste (Prof. f. Malerei) – **P:** Stip. d. Stadt Köln f. Malerei 75; Arb.stip. d. Bundesverb. d. dt. Industr. Köln 76; Stift. Kunstfonds – Arb.- u. Projektstip. 84; Munkácsy Mihály-Pr. Budapest 04 – **Ve:** VG Bild 94 – **G/T:** Syntaktiker – **W:** u. a. in Bes. d. Städte Amsterdam, Wipperfürth u. Waldshut-Tiengen – **M:** u. a. Aachen, ehem. Reichsabtei Kornelimünster KS NRW; Berlin, Kpst.-Kab.; Bonn, LM; Budapest, MBK; Budapest, NG; Düsseldorf, Mus. Kunst Pal.; Hannover, Sprengel Mus.; Humlebæk, Louisiana Mus. of Mod. Art; Ingolstadt, Mus. f. Konkrete Kunst; Köln, Mus. Ludwig; Łódź, Muzeum Sztuki; Ludwigshafen, Wilhelm-Hack-Mus.; Mönchengladbach, StM Abteiberg; Pécs, Janus Pannonius Múz.; Stuttgart, KM; Stuttgart, SG; Tel Aviv, Mus. of Art; Veszprém, Vass Gyüjtemény; Wien, Albertina; Wiesbaden, Mus.; Wuppertal, Von der Heydt-Mus. – **Ö:** Amsterdam, Stadthuis Muziktheater (Bezugsysteme); Schorndorf, Krankenhaus (strukturierte Wasserflächen, Brunnen); Wipperfürth, Engelbert-von-Berg-Gymnasium (Meta-Zylinder, Meta-Fläche) – **E:** u. a. 69 Stuttgart, Mayer; 71 Dortmund, Mutzenbach; 72 Gelsenkirchen, Szepan; 73 Köln, KV; 74 Ludwigshafen, StKS; 75 Köln, Teufel; 76 Köln, Mus. Ludwig; 77 Amsterdam, Swart; 78 Duisburg, Hilger & Schmeer; 82 Köln, Artothek; 83 Hannover, Sprengel Mus.; 86 Kaiserslautern, Wack; 87 Ludwigshafen, Wilhelm-Hack-Mus.; 89 Kaiserslautern, Wack; 93 Düsseldorf, Fesel; 95 Budapest, KH; 98 Budapest, Pest Center Galéria; 03 Budapest, Lincoln Galéria; 04 Aachen, Kunst seit 45 aus NRW – **G:** 77 Kassel, documenta – **V:** 12 Bezugsysteme 80; Werkbuch A. K. 02 – ***Lit:*** AUSST.KAT.: A. K. Substrata 71; A. K. Synthetische Programme 73; A. K. Bezugsysteme. Metaquadrate 83; A. K. Bezugsysteme. Metalinien 87; A. K. Synthetische Sequenzen 1968–1995 95; A. K. Werkbuch A. K. Studien 1958–1960. Sequenzen seit 1973 02 – (Red.)

Kowanz, Brigitte, Prof., Installationskünstlerin; Hahngasse 8, A-1090 Wien, Tel. (01) 3 45 73 35 (* Wien 13. 4. 57) – **VG:** Hall in Tirol, Gal. Goldener Engl; Kollerschlag, Werkstatt Kollerschlag; Reith im Alpbachtal, Schmidt – **S:** 75–80 Univ. f. angew. Kunst Wien – **L:** seit 97 Univ. f. angew. Kunst Wien (Gastprof.) – **G/T:** Raumbilder, Raum- u. Lichtinstall., medialisierte Install. u. Räume – **Ö:** u. a. INSTALL.: Basel, Bahnhof Ost; Berlin, ARD-Hauptstadtstudio; Bürs, Lünerseepark; Leobersdorf, Fuji Management-Bürohaus; Salzburg, Ldeskrankenhaus; St. Pölten, Ldeshaus (Foyer); Wien, Wohnhausanlage – **E:** u. a. 96 Innsbruck, Archit.forum Tirol; 97 Berlin, Hubert Winter; 98 Wien, Univ. f. Angew. Kunst; 99 Salzburg, Gal. Academie; 00 Düsseldorf, Hölzl – **G:** u. a. 95 Venedig, Bienn.; 96 New York, The New York KH; 99 Bonn, Kunst- und Ausst.halle d. BRD; Wien, Kunstforum; 00 Santiago de Chile, Mus. Nacional de Bellas Artes; 03 Graz, LM Joanneum – (Red.)

Kowski, Uwe, Maler (* Leipzig 1. 2. 63) – **VG:** Berlin, Gal. Eigen + Art; Leipzig, Gal. Eigen + Art – **S:** 84–89 HGB Leipzig (Malerei u. Graph. b. Prof. D. Burger u. Prof. B. Heisig) – **P:** Stip. Schloß Wiepersdorf 99; Stip. d. Leipziger Künstlerförd. 01; Intern. Atelierprogramm d. Künstlerhauses Bethanien, Berlin 01; Dt. Kunstpr. d. Volksbanken u. Raiffeisenbanken (Förd.pr.) 02 – **Ve:** Neuer Leipziger Künstlerver. – soziale Vrg Kunst (Mitbegr.) 90 – **KGr:** PIG – **M:** Baden-Baden, Mus. Frieder Burda; Dresden, Kpst.-Kab.; Dresden, Kunstfonds d. Freistaates Sa.; Frankfurt am Main, Dt. Bank KS; Frankfurt/Oder, Mus. Junge Kunst; Leipzig, MBK; New York, Judith Rothschild Found. – **E:** zuletzt u. a. 99 Leipzig, Gal. Eigen + Art; 00 Leipzig, Kienbaum; 00, 02, 04, 06 Berlin, Gal. Eigen + Art; 01 Zürich, Elten & Elten; 03 Osnabrück, Röhr; 05 New York, Gorney, Bravin + Lee – **G:** zahlr. Ausst.bet., u. a. 99, 05 Berlin, Gal. Eigen + Art; 00 Chemnitz, Voxxx Gal.; Gera, KS (Kat.); Zwickau, StM (Kat.); 01 Dresden, Schloß; 02 Berlin, Kunstwerke; Leipzig, Gal. Eigen + Art; 04 New York, Gorney, Bravin + Lee; Dresden, SKS (Kat.); 05 Leipzig, HGB; Berlin, Dt. Guggenheim (Kat.); Frankfurt am Main, Art Frankfurt; Zwickau, KS – **V:** m. Thomas Glöß u. Volker Dietzel: Totentänze – Vom Umgang mit traurigen Gedanken 90 – **R:** Beiwerk, Film (Vorbereitung u. Konzeption) 85 – ***Lit:*** Bankett 91; der erste Tag 91; U.K. 92; Im Gemüsegarten 92; Morchel – Das Buch der Suche 92; Bildende Künstler in Leipzig 06 – (Red.)

Kox, Renate s. Olbrich, Renate

Kozik, Gregor-Torsten (früher Gregor-Torsten Schade), Maler, Graphiker, Objektkünstler; Kirchbach, Dorfstr. 9, D-09569 Oederan, Tel. (03 72 92) 47 91 (* Hildburghausen 14. 5. 48) – **VG:** Chemnitz, Weise; Berlin, Bischoff – **S:** 65 HGB Leipzig (Abendakad.); 65–67 Lehre als Offsetretuscheur; 67–72 HGB Leipzig (Dipl.) – **KGr:** Clara Mosch (Mitbegr.) – **G/T:** Malerei, Zeichn., Graph. (vorw. Hschn.), Objekte (z.B. v. innen beleuchtete Skulpt.), Performance – **M:** Chemnitz, KS; Leipzig, MBK; Oberhausen, L.–I.K. – **Ö:** Chemnitz, Stadtbad (Wandbild) – **E:** u. a. 92 Neunkirchen/Saar, Gal. Bürgerhaus; 97 Stuttgart, Bischoff; 04 Berlin, Bischoff; Chemnitz, Opernhaus (Performance) – **G:** u. a. 99 Neubrandenburg, KS; Weimar, Schloß-Mus.; 00 Chemnitz, Gal. Oben; 01 Leipzig, Gal. Hotel Leipziger Hof; 02 Chemnitz, Weise; Chemnitz, Industr.-mus. (Klang-Tanz-Video-Performance); 03/04 Langenfeld, Kult. Forum im Freiherr-vom-Stein-Haus – ***Lit:*** Lang 02; Schweers 02 – (Red.)

Kozlov, Evgenij s. E-E

Kracht, Janina, Malerin, Objektkünstlerin; Gostritzer Str. 12, D-01217 Dresden, Tel. (03 51) 3 40 04 88, *Janina.Kracht@web.de* (* Dresden 19. 9. 64) – **S:** 90–93 ABK Nürnberg (Prof. Karl-Georg Pfahler, R.-S. Dienst); 94–96 HdK Berlin (Prof. Kuno Sonschior); 97 HdK Berlin (Meisterschülerin b. Prof. Kuno Sonschior) – **P:** DAAD-Stip. 98; Arb.stip. Denkmalschmiede Höfgen 99 – **Ve:** KBD seit 98; Kunst + Bau seit 99 – **G/T:** Malerei, Objektkunst (Thema Strukturen) – **K:** Malerei, Graph. – **M:** Remscheid, HM – **Ö:** Bautzen, Ortenburg; Dresden, Raskolnikoff; Zinnwald, Zollamt – **E:** 95 Dresden, Kult.etage; Berlin, Kunstverkehr; 96 Dresden, Leonhardi-Mus.; 98 Remscheid, Friege; 99 Grimma-Kaditzsch, Denkmalschmiede Höfgen (Studiogal.); 01 Chemnitz, Augustusburg Turmgal. – **G:** zahlr. Ausst.bet. seit 95 u. a. Dresden, Berlin, Gelsenkirchen, Polen; 01 Dresden, Gal. am Blauen Wunder; 02 Bochum, Bochumer Kult.rat – ***Lit:*** J. K., Ausst.kat. (Gal. Kult.etage Dresden) 95; J. K., Ausst.kat. (Leonhardi Mus. Dresden) 96; J. K. Landschaftsbilder, Ausst.kat. (Denkmalschmiede Höfgen) 00 – (Red.)

Krähenbühl, Oliver, Künstler; c/o Galerie Lutz & Thalmann, Wettingerwies 2B, CH-8001 Zürich, Tel. (0) 12 62 76 00, Fax (0) 12 62 76 10, *galerie@lutz-thalmann.com, www.lutz-thalmann.com; www.oliver-kraehenbuehl.ch* (* Basel 1. 9. 63) – **VG:** Zürich, Lutz & Thalmann – **S:** 84–86 F+F Schule f. exper. Gest. Zürich – **P:** Atelierstip. d. Kt. Zürich (f. Paris) 94; Gleyer-Stift. u. Bundesamt f. Kult. 95; Werkbeitr. d. Kt. Zürich 95; Maler Dünner Förd.pr. Winterthur 00 – **Ve:** Visarte 89 – **KGr:** AGO (87–91); Winterthur (02) – **G/T:** Malerei, Zeichn., Install., Fotogr., Video – **W:** überw. in Privatbes. – **M:** Schaffhausen, Mus. zu Allerheiligen; Winterthur, KM – **Ö:** Liestal, UBS AG; Weimar, Commerzbank; Winterthur, Alterszentren St. Urbahn, Rosental u. Neumarkt; ebda, Stadtverwaltung; Zürich, CSS; ebda, Kantonsverwaltung – **E:** zahlr. Ausst. seit 86, zuletzt 94 Bern, Schindler; 98 Berlin, Gal. M; 99 Schaffhausen, Mus. zu Allerheiligen; 00 Bern, Haldemann; 01–05 Zürich, Lutz & Thalmann; 02 Basel, Graf & Schelble; 03 Winterthur, Kunstkasten; Winterthur, Gal. GE; 05 New York, Raben – **G:** zahlr. Ausst. seit 85, zuletzt 95 Bern, Schindler; 99, 03, 06 Zürich, Lutz & Thalmann; 02 Frankfurt am Main, Art Frankfurt; 03, 06 Bern, Haldemann; 06 Halle/Saale, KH Villa Kobe; – sowie: seit 99 regelmäßig Teiln. an Ausst. d. Künstlergr. Winterthur sowie Teiln. an d. 'Kunst Zürich' – **V:** Boten von Boten, Künstlerb. (m. Prosagedicht v. Jan Groh, 6 Orig.-rad.) 96; Querverbindungen, Künstlerkassette (Vorzugsausgabe m. Rad.) 96; Tina Grütter: O. K. Bilder 1994–1998, Vorzugsausgabe (Rad.) 98; Christoph Keller: a few familiar things/ Einige vertraute Dinge (m. 12 Abb. d. Zeichn. Amer. Suite) 03 – **R:** heim – suchen, Video (Buch u. Regie; m. einem Text v. Franz Hohler) 03 – ***Lit:*** Anneliese Zwez: Die Suche nach dem Anderen, Ausst.kat. 93; Tina Grütter: O. K., Monogr./Kat. 99; Gabi Lutz: Palimpsestische Bilder, Ausst.kat. 01

Kraemer, Dieter, Prof.; Lothringer Str. 43, D-50677 Köln, Tel. u. Fax (02 21) 32 98 34. c/o Atelier, Hauptstr. 37, D-56761 Masburg, Tel. (0 26 53) 70 65 (* Hamburg 8. 2. 37) – **VG:** Münster, Frye & Sohn; Stuttgart, Valentien; Mühlheim, Fox; Iserlohn, Bengelsträter – **S:** 57–59 HBK Hamburg (b. Prof. Hein Trökes); 59–62 HBK Berlin (Meisterschüler b. Hann Trier) – **L:** 63–90 FHS Köln (Kunst u. Design); 90–02 KHS f. Medien Köln – **P:** Stip. Bild. Kunst d. Studienstift. d. Dt. Volkes 58; Stip. d. Bundesverb. d. Dt. Industr. 62; Cité Intern. d. Arts Paris 72; Bienn. intern. d'arte Florenz (Premio Roma) 73; Villa-Massimo-Stip. 79; Villa-Romana-Pr. (Florenz) 80 – **Ve:** Dt. Künstlerbund; Westdt. Künstlerbund – **KGr:** Neue Gruppe München; Künstlersonderbund in Deutschland – **G/T:** Malerei, Graph. – **M:** Berlin, Berlinische Gal.; Berlin, Mus. d. 20. Jhs.; Berlin, Slg d. BRD; Bonn, Friedrich-Ebert-Stift.; Bonn, LM; Düsseldorf, SM; Hagen, Karl-Ernst-Osthaus-Mus.; Hamburg, KH; Hannover, Sprengel Mus.; Kaiserslautern, Mus.; Mainz, LM; Mannheim, StKH; München, Bay. Staatsgemäldeslgn; München, Slg d. ADAC; Neuss, Clemens-Sels-Mus.; Oldenburg, LM; Schrobenhausen, Europ. Spargelmus.; Witten, Märk. Mus. – **E:** u. a. 61 Berlin, Schüler; Hamburg, KH; 64 Köln, Werkschulen; 67 Oberhausen, Ludwig-Gal.; 69 Hamburg, v. d. Höh; 71 Köln, Schießel; Kassel, KV; 73 Konstanz, KV; Berlin, Gal. 2000; 75 Düsseldorf, Niepel; Bonn, Villa Hammerschmidt; 75, 82 Hannover, Brusberg; 76 Berlin, Poll; 77 Heidelberg, Rothe; 79 Köln, Lempertz; 80, 82 Stuttgart, Valentien; 83, 84 Frankfurt am Main, Gierig; 85, 90 Münster, Frye & Sohn; 95 Salzburg, Gal. Schloß Neuhaus; 04 Iserlohn, Bengelsträter – ***Lit:*** div. Kat.texte

Krätschmer, Renate (Ps.: K.U.SCH., verh. Renate Schwarzenberger), Mag. art.; Grünentorgasse 8/6, A-1090 Wien, Tel. (01) 3 19 73 28, *kusch@gmx.net; team @kusch.ws, www.kusch.ws*. Scheibenhof 36, A-3500 Krems, Tel. (0 27 32) 4 12 97 (* Wien 20. 8. 43) – **VG:** Krems, Göttlicher; Wien, Gal. Intakt; Wien, Künstlerhaus; Wien, Secession; Freiburg im Breisgau, Skulpt.-Kab.; Nanjing-Shenghua/China, Arts Center – **S:** 62–67 HS f. angew. Kunst Wien (Malerei) – **L:** 73–99 Allgemeinbild. Höhere Schulen (AHS, Bildner. Erziehung) – **P:** Rom-Stip. 74; Arb.stip. Öst. 83; Großer Kunstpr. d. Ldes NdÖst. 95; Kunststip. Nanjing/China 05 – **Ve:** Wiener Secession; Künstlerhaus Wien; Ver. raumgreifend Krems – **KGe:** Kunst-Team-K.U.SCH.-Krems (R.K. u. Jörg Schwarzenberger) – **G/T:** Interdisziplinäre Arb.; Objektkunst; Raum- u. Geländeinstall. (im Sinne eines konzeptionellen Dadaismus); Schriften; Filme; Kunst im öff. Raum; performative Arb. (in Richtung Gesamtkunstwerk, Prozessions- u. Laufstegtheater) – **W:** mehrere Kurz- u. Exper.filme; Graph., Malerei, Skulpt., Design in öff. u. Privatbes.; zahlr. Performances u. Bühnengest.; Auftragsarb. f. Kunst im öff. Raum u. a. in Wien, NdÖst., ObÖst., Stmk;

Slg Christa Hauer-Fruhmann – **M:** Linz, Lentos; Salzburg, Rupertinum; Wien, Albertina; Wien, MMK Stiftung Ludwig – **Ö:** u. a. Gerasdorf, Kindergarten (in Zus.arb. m. d. Architekten Ernst Mrazek); Hiroshima; Hollenburg, Schloß; Kapellerfeld, Kindergarten; Krems, Scheibenhof; Lindabrunn; Makrigialos/Kreta; Stara Baška/Kroatien; Wachtberg, Kult.wkst.; Wien, Schule Wassermanngasse; ebda, Austria Center Vienna (Foyer) – **E:** u. a. 69, 71 Graz, Kath. HSgemeinde; 70 Wien, Gal. im Griechenbeisl; 71 Graz, Studentenhaus Münzgraben 72, 77 Wien, Gal. nächst Sankt Stephan; 74 Rom, Öst. Kult.inst.; 77 Graz, LM Joanneum (Neue Gal.); 79 Wien, Gal. Intakt; 80 Wien, Secession; 84, 02 Linz, Neue Gal. d. Stadt; 84 Wien, Ndöst. Ldesmus.; 86 Salzburg, Rupertinum; 88 Wien, Blau-Gelbe Gal.; 95 Hollenburg, Schloß; 04 Krems, Göttlicher – **G:** zahlr. Bet. seit 66 im In- u. Ausld, zuletzt: 04 Nanjing-Shenghua/China, Arts Center; 05 Wien, Gal. am Park; 06 Prag, Akad. f. angew. Kunst; Gasteil, Gal. Gut Gasteil; Wien, MAK (Mak-Nite); Wien, Gal. Windspiel – **V:** R.K. u. Jörg Schwarzenberg: Das Laufstegtheater v. K.U.SCH. 05 – **R:** zahlr. – ***Lit:*** zahlr. im In- u. Ausld – ***LitR:*** zahlr. im In- u. Ausld

Kraft, Andrea, Malerin, Dipl. Designerin; c/o ART-isotope Galerie für Zeitgenössische Kunst, Johannesstr. 10a, D-44137 Dortmund, Tel. (02 31) 9 12 26 22, *mail@art-isotope.de*, *www.art-isotope.de* (* Wuppertal 19. 4. 65) – **VG:** Dortmund, ART-isotope; Cas Concos/Mallorca, Casa de Artes – **S:** Univ. of Applied Science Dortmund (b. Prof. Nöfer u. Prof. Gonissen) – **L:** VHS Hagen u. VHS Witten (plast. Gestalten) – **P:** Graph.-Kal. Dortmund 04, 05 – **Ve:** Westf. Künstlerbund Dortmund 04 – **G/T:** Malerei u. Skulpt. u. deren Kombination, Druckgraph. – **K:** plast. Gestalten, Druckgraph. – **E:** seit 92 01 Dortmund, ART-isotope; 03 Cas Concos/Mallorca, Casa de Artes; 04 Hattingen, KV – **G:** seit 92 01 Barcelona, Taller; Bages, L'Etang d'Art; Winfield, Art Festival; Port d'Andratx/Mallorca, Höfer; 02 Frankfurt am Main, Kunstmesse Ambiente; Barcelona, Taller; Dortmund, ART-isotope; Cas Concos/Mallorca, Casa de Artes; 03 Rotterdam, Kunstmesse; Göppingen, Kränzl; Dortmund, ART-isotope; 04 Katwijk, Mosa-Art; Duisburg, Cubus KH; Dortmund, RH; Dortmund, KUNSThafen; Köln, Art Fair – ***Lit:*** A. K. u. Michael Dückershoff: Die Werkreihen 'Genetic Structure' und 'Earth', Ausst.kat. 02; A. K. u. Axel Schöber: Genetic Structure II, Ausst.kat. 04 – ***LitR:*** Adina Jähn: Kunst im Krankenhaus, Fs.-Dok. 02 – (Red.)

Kraft, Bodo, Maler; Kaiserallee 81, D-76185 Karlsruhe, Tel. (07 21) 85 98 98, *info@bodo-kraft.de*, *www.bodo-kraft.de* (* Neustadt an d. Weinstraße 51) – **VG:** Karlsruhe, Knecht – **S:** 68–76 KA Stuttgart u. Karlsruhe (b. Horst Antes, Rudolph Haegele u. Herbert Kitzel, Meisterschüler b. Herbert Kitzel) – **P:** DAAD Stip. Amsterdam 76; Atelierstip. Amsterdam 78; Atelierhausstip. Worpswede 79 – **Ve:** BBK Karlsruhe seit 73 – **KGr:** Grün Bremen (78–88) – **W:** zahlr. Arb. in Privatbes. – **M:** Bremen, StG; Kaiserslautern, KH; Karlsruhe, SKH; Karlsruhe, StG; Stuttgart, SG; Wolfsburg, StG – **Ö:** Bremen, Schule an d. Lessingstr.; Bremen, Zentralklinikum-Ost; Karlsruhe, Haus d. Handwerks; Mainz, Staatstheater – **E:** zahlr. Ausst. seit 80, u. a. 80 Karlsruhe, Gal. Haus 11; 82 Darmstadt, KH; 83 Bad Waldsee, StG; 85 Bremen, Rabus; 86 Karlsruhe, art contact; 90 Darmstadt, Wullkopf; 91 Stuttgart, Strauß; 98 Weingarten, Kornhausgal.; 00, 03 Karlsruhe, Knecht; 05 Leutkirch, Gal. im Torhaus – **G:** zahlr. Ausst.bet., u. a. 75, 77 Stuttgart, Forum junge Kunst; 80 Darmstadt, KH; 84 Wuppertal, Von der Heydt-Mus.; 89 Mochental, Schloßgal.; 92, 93 Kaiserslautern, Pfalz-Gal.; Heilbronn, SM; 94 Karlsruhe, art contact; – weitere: Jahresausst. Künstlerbund BW; Neue Darmstädter Sezession; Baden-Baden, Ges. f. junge Kunst; Bremen, Ges. f. aktuelle Kunst – ***Lit:*** u. a. Kat. d. Gr. Grün 79; Tozzi rossi, Kat. 83; 4 Realismen, Kat. 82; Kat. d. Ges. d. Freunde junger Kunst 90; quadri, Kat. 97; Sabiene Heilig u. Ulrich Zimmermann: B.K. – Malerei, Kat. 05

Kraft, Ingo, Maler, Graphiker; Brucknerstr. 6, D-01309 Dresden, Tel. (03 51) 3 10 17 96, 2 68 49 33. c/o Künstlerhaus, Pillnitzer Landstr. 57, D-01326 Dresden, Tel. (03 51) 2 68 49 33 (* Siegmar-Schönau/Sa. 18. 8. 49) – **VG:** Dresden, Kunstausst. Kühl – **S:** 71–76 HBK Dresden (Bühnenbild) – **L:** seit 95 HBK Dresden (künstler. Mitarb. im Grundlagenstud.) – **P:** Stip. d. Heitland Foundation 91; Bautzner Kunstpr. 01 – **M:** Bautzen, SM u. Reg.-Mus. d. sä. Oberlausitz; Berlin, NG; Dresden, Kpst.-Kab.; Leipzig, MBK; Neubrandenburg, KS; Otterndorf, MMK; Rostock, KH – **E:** 93 Berlin, Gal. Sophien-Edition; 96 Dresden, Kunstmarkt; 00 Dresden, Leonhardi-Mus.; 02 Bautzen, SM u. Reg.-Mus. d. sä. Oberlausitz; 06 Dresden, Kunstausst. Kühl – **G:** 90 München, Neumeister; 91 Bad Arolsen, KV; 94 Berlin, Parterre; 98 Dresden, Künstlerhaus Loschwitz; 03 Kielce/Polen, Dom Środowisk Twórczych; 04 Wolfenbüttel, Kommisse – ***Lit:*** I. K. Arbeiten aus zwanzig Jahren, Ausst.kat. 00; Bautzner Kunstpr. 2001, Kat. 02

Kraft, Stefan (Ps.: Stefan Giuliani), Maler, Musiker; *www.stefankraft.de* (* Berlin 10. 8. 66) – **VG:** Saarbrücken, Elitzer; Saarlouis, Fritzen; Berlin, Billib – **S:** 85–03 HdK Berlin (Malerei, Meisterschüler b. Prof. Dieter Hacker) – **P:** Erasmus-Stip. f. Bristol 91 – **Ve:** BBK Berlins 88; VG Bild-Kunst 89; GEMA 02 – **KGe:** Atelier 1: S. K., Rothhaar, MacArthur, Martinsons, Kecskemethy-Schmidt, Gerbl u. a. (89–93) – **G/T:** Malerei (Öl, Acryl); Collage; Zeichn.; gegenständlich – **W:** überw. in Privatbes. – **E:** zahlr. Ausst. u. Ausst.bet. seit 85 – **R:** Marc Ottiker: 1/2 Miete, Spielfilm (Musik) 02

Krainer, Brigitta (geb. Brigitta Illich), Malerin; Göttweigerstr. 23, A-3121 Karlstetten, Tel. (0 27 41) 83 04, *h.krainer@utanet.at* (* Wien 15. 1. 43) – **S:** 61 HBK Wien (Meisterkl. f. Malerei b. Prof. Elsner) – **Ve:** Berufsvrg d. bild. Künstler Öst. – **G/T:** Glasur in Glasurmalerei, auf Terracottaplatten; Emailbilder auf Kupfer; Bleikunstglasgest.; Pastell- u. Ölmalerei; Kreidetechniken – **W:** zahlr. Pastell-, Öl- u. Emailbilder in Privatbes., Ankauf durch d. Ndöst. Gebietskrankenkasse, Amt d. Ndöst. Ldesreg. – **M:** St. Pölten, NdÖst. LM; Wien, Slg d. Bundesmin. f. Bildung, Wiss. u. Kult. – **Ö:** u. a. Gröbming, Rehabilitationszentrum; Hohenberg, Privathallenbad (Wandgest.); Kirchstetten, Privathallenbad (Wandgest.); Lilienfeld, Volksschule (Wandgest.); Maglay, Hochaltarbildgest.; Obergrafendorf, Aufbahrungshalle (Bleikunstglasgest.); Saalfelden, Rehabilitationszentrum; St. Pölten, Allg. öff. Krankenhaus (Eingangshalle); ebda, Generaldirektion d. NdÖst. Gebietskrankenkasse (Pastellldschaften); St. Pölten-Nord, Wandgest. (keramisches Plattenmosaik); St. Pölten-Radlberg, Figurengr. (Terracotta glasiert) – **E:** u. a. in Bad Mergentheim – **G:** u. a. in Wien u. St. Pölten – ***Lit:*** Who is Who 81

Krainer, Harald, Akad. Bildhauer u. Restaurator; Göttweigerstr. 23, A-3121 Karlstetten, Tel. (0 27 41) 83 04, *h.krainer@utanet.at* (* Wien 5. 10. 41) – **S:** 59–61 HS f. Angew. Kunst Wien (Meisterkl. f. Bildhauerei b. Prof. Knesl); 61–64 HBK Wien (Meisterkl. f. Restaurieren u. Konservieren b. Prof. Eigenberger) – **Ve:** Berufsvrg d. bild. Künstler Öst. (70–85 Sektionsleiter d. Bildhauer) – **G/T:** Skulpt. u. Reliefe f. sakralen, später vorw. öff. Bereich, zunächst in Holz, später dann in Metalltreibtechnik u. aus gebranntem, glasierten Ton sowie Bronzeguß; Stein, Terrakotta (überlebensgroß) – **Ö:** u. a. Burg Kreuzenstein, Wohnhausanlage; Graz, Haus d. Stille; Hirschwang, Rehabilitationszentrum; Karlstetten, Hauptschule; ebda, Gemeindezentrum; Krems, Ndöst. Energieversorgungsges.; Laimbach am Ostrong, Kriegerdenkmal an d. Leichenhalle, Lilienfeld, Städt. Gesundheitszentrum; Maria Langegg, Wallfahrtskirche; Mariazell, Basilika; ebda, Papstbesuchsgedenktafel; St. Pölten, Pensionistenheim; ebda, Höhere Bundeslehranst. f. Frauenberufe, Schwesternschule, Standesamt (Stadtwappen), Neues Zentralpostamt; St. Veit an d. Gölsen, Pfarrk.; Traisen, Kath. Pfarrk. – **E:** Amt d. Ndöst. Ldesreg.; Bad Mergentheim – **G:** u. a. in St. Pölten u. Wien – ***Lit:*** Who is Who 85 (Ersteintragung)

Kramer, Lukas, Maler; Forbacher Str. 44, D-66117 Saarbrücken, *LUKAS.KRAMER@gmx.de* (* Saarbrücken 41) – **VG:** Saarbrücken, K4 – **S:** WerkKSch Trier; Éc. des arts décoratifs Straßburg; Istituto di belle arti Urbino – **P:** Kunstpr. d. Stadt Saarbrücken; Ramboux-Pr. d. Stadt Trier; Albert-Weisgerber-Pr. St. Ingbert – **Ve:** Dt. Werkbund Saarld; BBK Saarland – **G/T:** geometrische Abstr. (Acryl) – **M:** Cottbus, Brandenburgische KS; Saarbrücken, Saarland-Mus.; Sochaux, Städt. Slg – **Ö:** Düsseldorf, Stadtwerke; Saarbrücken, Dt.-frz. Gymnasium; ebda, Saarländischer RF, Stadtwerke, Univ.- u. Ldesbibliothek; Trier, Ldeszentralbank – **E:** zahlr. Ausst. seit 65, zuletzt 03 Saarbrücken, K4; Karlsruhe, Kohinoor; Wadern, Schloß Dagstuhl – **G:** zahlr. Ausst.bet. seit 66, zuletzt 03 Mannheim, KV (Galerietage); Saarbrücken, Stadt-Gal. (BBK Saarland); Düsseldorf, Große Kunstausst. – ***Lit:*** u. a. Ausst.kat.: Blackout – Fluid System, Saarland Mus. 89; L. K. – Meßstation. Arbeiten 1990–1998, Mus. St. Ingbert 00; L. K. Säulenbilder, Rasterbilder 1998–2002, K4 Gal. Saarbrücken 03 – ***LitR:*** Georg Bense (Regie): Blackout. Die Nachtbilder des L. K., Fsf. Saarländischer RF 84

Krammer, Ludwig, Ing., Mag. art., Maler, Industrial Designer; Zibermayrstr. 39, A-4020 Linz, Tel. Mobil: 0 66 45 48 28 43, *ludwig.krammer@liwest.at* (* Linz/ObÖst. 11. 3. 52) – **S:** 78–83 HS f. Gest. Linz (Meisterkl. f. Industr.design) – **P:** Begabtenstip. d. Julius-Raab-Stift. – **Ve:** Künstlerbund ObÖst. 00 – **G/T:** Graph. (vorw. Tusche-Strichzchng); Air-Brush-Acryl-Bild (Objekt, Mensch u. Lsch., Darst. durch streng lineare Tangentenflächen) – **K:** Air Brush – **W:** ca. 200 Werke in Privatbes. – **Ö:** Linz, Fa. Trench Electric; Linz, Fa. Laska – **E:** 77 Gal. Schwarzer Panther; 80, 88 Linz, Hypobank Bindermichl; 88 Linz, Kult.zentrum Oed; 93, 01 Keferfeld-Oed, Volkshaus; 00 Linz, Ldesbibliothek; 02, 03 Linz, Gal. d. ObÖst. Künstlerbundes – **G:** 88 Linz, Möbelhaus Hatto Georg Scheer; 89, 90, 01 Teiln. an Ausst. d. ObÖst. Künstlerbundes; 93 Clam, Burgbrauerei; 01 Linz, Kunstclub; Linz, RH; 02 Linz, Bismarkstr.; 03 Zwettl/Rodl, Weber

Krammer, Margit, Mag. art.; Pramergasse 5/13, A-1090 Wien, Tel. u. Fax (01) 3 19 56 70, *margit.krammer@gmx.at*, *www.aufdraht.at/krammer*. Jettaweg 2, D-69118 Heidelberg, *margit.krammer@gmx.de* (* Graz 9. 10. 61) – **VG:** Graz, Kammerer; Heidelberg, Forum für Kunst – **S:** 82–87 HS f. Musik u. Darst. Kunst Graz (Bühnengest.) – **P:** Kunst & Kunst & Kunst 93; Joseph-Binder-Award 96 – **Ve:** BBK Heidelberg – **KGr:** Heidelberger Künstlergr. 79 – **G/T:** Zeichn. (Kreide, Farbstift); Objekt (Papier) – **E:** u. a. 94 Graz, Kammerer; 94, 01 Wien, Club Alpha; 95 Wien, L'Atelier Q; 98 Wien, Alte Schmiede; 00 Wien, Presseclub Concordia; 01 Bruck an d. Mur, Kunstmag. Hell; 02 Heidelberg, Schmuck – **G:** 86, 90 Salzburg, Sommerakad. f. bild. Kunst; 95 Wien, Raiffeisen Zentralbank; 98 Tokio, Sodo; 03 Heidelberg, Forum für Kunst – (Red.)

Krane, Christoph; Bommersweg 6, D-40670 Meerbusch, Tel. (0 21 59) 8 12 45, *christophkrane@web.de*, *www.christoph-krane.de* – **G/T:** Bildhauerei – (Red.)

Kraneis, Pauline; Oderbergstr. 29, D-10435 Berlin, Tel. (0 30) 44 04 49 10 (* London 70) – **VG:** Berlin, Fricke; Düsseldorf, Fricke – **S:** 92–99 HdK Berlin (b. Prof. D. Hacker, Meisterschülerin) u. Glasgow SchA – **P:** Ausldsstip. d. HdK Berlin (f. Glasgow) 96–97; Atelierstip. d. Karl-Hofer-Ges. 99; Goldrausch Künstlerinnenförd. Berlin 00; Stift. Kunstfonds – Arb.- u. Projektstip. 01; Projektförd. d. Berliner Senatsverwaltung 02; Künstlerstätte Bleckede (Arb.stip.) 03 – **G/T:** Zeichn. – **E:** u. a. 01 Stuttgart, Kabinett; 02 Düsseldorf, Fricke; 03 Berlin, Kunstbank; 04 Bonn, KV – **G:** u. a. 96 Berlin, Bahnhof Westend; 97 Berlin, Neue Gal. d. HdK; 98 Glasgow, Mackintosh Mus./Newberry Gall.; 00 Berlin, Berlin-Pavillon; 01 Berlin, Künstlerhaus Bethanien; 02 London, Transit Project Space; 03 Lüneburg, Halle f. Kunst; New York, Eller – (Red.)

†**Krasser,** Günter, Zeichner u. Maler; lebte in Langenlois (* Wien 12. 10. 42, † lt. PV) – **W:** überw. in Privatbes. – **M:** Graz, Rupertinum – **E:** div. Ausst. in Öst. u. Dtld

Kratner, Walter, Künstler, Zeichner, Kurator, Journalist; Caesargasse 6, A-8160 Weiz, *walterkratner@hotmail.com*, *www.kulturserver-graz.at* (* Graz 17. 8. 54) – **S:** Università dell'Arte Florenz (Design, Kunstgesch., Linguaggio visivo b. Prof. Adolfo Natalini u. Prof. Toraldo di Francia) – **P:** Djerassi Artists in Resident San Francisco 02 – **G/T:** Install. (Raum, Objekt, Multimedia); Kunst im öff. Raum; Zeichn. – **W:** Temporäre Raum-, Objekt- u. Multimedia-Install.; Werke in Privatbes. (Slg Foster Goldstrom San Francisco, Stadtgemeinde Weitz u. a.) – **M:** San Francisco, Slg Djerassi – **Ö:** Weiz, Gemini-Haus; ebda, St. Thomaskirche auf d. Tabor (Altarraumgest.); Weizberg, Wallfahrtsk. (Objektinstall.); San Francisco, Skulpt.park Carl Djerassi – **E:** zahlr. Ausst., u. a. 94 Viterbo, San Giovanni degli Almadiani; 95, 02 Graz, steirischer herbst; 96, 05 Graz, Minoriten Gal.; 97 Weizberg, Kunstkeller; Weiz, Weberhaus; 98 Hamburg, Centro Culturale Giorgione; Treviso, Centro Culturale Giorgione; 99 Gmunden, Hipp-Halle; 00 San Francisco, The Projects Room; 02 Maribor, Multimedia Center Kibla; 04 Rom, Basilica di Santa Maria in Montesanto – **G:** zahlr. Ausst.bet., u. a. 00 San Francisco, Gal. refusalon (mit Roman Signer); Wien, Kunstmesse; 01 San Francisco, Mus. Exploratorium; San Francisco, New Orange Gall.; 02 San Francisco, Djerassi Artists in Resident Program; 03 New York, Intern. Drawing Space; 03 Groß Glienicke, Atelierhaus Panzerhalle – ***Lit:*** u. a. Janet Neiser: W. K. Installationen – Kunst und Politik 02; Karen Hildebrand: Sculptural Constructions of Conflict 02; Johannes Rauchenberger: Der Auftrag. Gesten d. Macht, Entfernte Nähe, Ausst.kat. 05; ders.: Weizbergs Samt 06; – sowie Art. in: Messaggero Rom, Der Standard Wien, Hamburger Abendzeitung, Kleine Zeitung Graz – ***LitR:*** u. a. W. K. – Fremdes Brot, Dokf. ORF Ldesstudio ObÖst. 99; Spiritueller Weg, Dokf. ORF Ldesstudio Stmk 01; W. K. – Alte Kegelbahn, Dokf. xx-kunstkabel Graz 01; Interview, Portr. ORF Oe1 01 sowie weitere Beitr. im ORF

Kratochwil, Siegfried Leopold, Maler u. Graphiker; *www.kratochwil.com* (* Karlstift/NdÖst. 24. 3. 16) – **S:** Autodidakt – **P:** u. a. Förd.pr. d. Theodor Körner Fonds 74 – **M:** Berlin, Mus. Europ. Kulturen; Graz, Robert-Stolz-Mus.; Neuss, Clemens-Sels-Mus.; Nizza, Mus. d'Art Naïf Anatole Jakovsky; Paris, Mus. d'Art naïf

Max Fourny; Recklinghausen, Vestisches Mus.; Reinbek, Mus. Rade am Schloß; Ulm, Mus. d. Brotkultur; Wien, NdÖst. LM; Wien, Wien Mus. – **E:** / G: zahlr. Ausst. u. -bet. in Europa u. d. USA, u. a. in Antwerpen, Basel, Berlin, Hamburg, Helsinki, Kopenhagen, Lille, Maastricht, Madrid, München, New York, Nizza, Paris u. Valencia – ***Lit:*** Schweers 02 – (Red.)

Kratochwill, Richard, Maler u. Fotograf; Stöberpl. 11/6, A-1170 Wien, Tel. (01) 9 90 67 72 (* Graz 8. 12. 32) – **VG:** Weiz, Weberhaus; Salzburg, Rupertinum (Abt. öst. Fotogr.) – **S:** Autodidakt – **L:** 84–91 sozio-kult. Projekte im Rahmen d. Steirischen Kult.initiative u. d. Steirischen Herbstes – **P:** f. zeitgen. Graph.: Pr. d. Jgdkult.woche Innsbruck 55; Kunstpr. Forum Stadtpark Graz 63 – f. Fotogr.: Ausldsstip. f. d. Intern. Fotoworkshop Arles 76; Pr. d. Intern. Trienn. d. Fotogr. Fribourg 78; Pr. d. Graph.trienn. 'hommage à marcel duchamp' Ljubljana 78; Pr. d. intern. Bienn. f. erweiterte Fotogr. Wien 81 – **KGr:** Forum Stadtpark Graz (53, Gründungsmitgl.) – **G/T:** Malerei (Abstr., Strukturbild); Graph.; Fotogr. (Natur, Naturstrukturen, Konzeptfotogr. u. Fotocollage) – **M:** Graz, Kult.amt (Stift. steirische Fotogr.); Graz, LM Joanneum; Salzburg, Rupertinum (Öst. Fotogal.) – **E:** als Maler 55 Wien, Konzerthaus; 62 Graz, Forum Stadtpark; 66 Graz, Schauspielhaus; 67 Bologna, il cancello; 68 Wien, Autodidakt; – als Fotograf: Graz, Forum Stadtpark; Graz, Kult.haus; Salzburg, ORF-Ldesstudio; Weiz, Dobida; Wien, Instituto Cervantes; – sowie als Maler u. Fotograf: Weiz, Weberhaus – **G:** als Maler in Caracas, Graz, Innsbruck, Klagenfurt, Laibach, Salzburg, Stuttgart, Wuppertal, Zürich sowie d. Wiener Secession; – als Fotograf: 78 Fribourg, Intern. Fototrienn.; Ljubljana, Mod. gal.; 81 Wien, Secession; 82 Mexiko-Stadt, Fotografia Austriaca; Marburg, Galerija Sinagoga; Zagreb, Muz. grada; 83 Rimini, fotografia contemporanea; 88 Graz, steirischer herbst; 89 Kharkov/Polen, Mus. d. Zentrums f. Volkskunst; 94 Pordenone, Sagittaria – ***Lit:*** Wilfried Skreiner: Vorwort z. Kat. z. Ausst. in d. Gal. Autodidakt Wien 68; Otto Breicha: Widerlegte Wirklichkeit, in: Camera Austria 80; Geschichte d. Fotografie in Österreich, Bd 1 83; Fotografia Europea Contemporanea, Editoriale Saca Book 83; Kat. z. Gr.ausst. in d. Gal. Leonhard, Graz – (Red.)

Kratsch, Joachim, Dipl. Maler u. Graphiker; Mozartstr. 5, D-04107 Leipzig, Tel. (03 41) 9 60 63 76 (* Zwickau 5. 1. 37) – **S:** 59–64 HGB Leipzig (Graph. u. Malerei b. Prof. B. Heisig) – **L:** 78–92 Univ. Leipzig (FB Kunsterziehung, Graph. u. Malerei) – **P:** Med. d. Intern. Buchkunstausst. Leipzig (Bronzemed.) 71 – **Ve:** VBK DDR 67–90; BBKL 91 – **G/T:** Graph., Malerei, figürliche Darst. – **W:** überw. in Privatbes.; Ankauf u. a. f. d. Slg d. Dresdner Bank – **M:** Altenburg, Lindenau-Mus.; Dresden, Kpst.-Kab.; Dresden, SKS; Frankfurt/Oder, Mus. Junge Kunst; Halle/Saale, Staatl. Gal. Moritzburg; Leipzig, KH Spk.; Leipzig, MBK – **E:** u. a. 70 Leipzig, MBK; 76 Rostock, Gal. am Boulevard; 77 Magdeburg, Klubgal.; 78 Wurzen, Gal. d. Kult.-bundes; 79 Leipzig, Kunst d. Zeit; 80 Neubrandenburg, Haus d. Kultur u. Bildung; 81 Wernigerode, Jüttners Buchhandlung; 85 Magdeburg, Kleine Gal.; 94 Suhl, RHgal.; 97 Leipzig, Art Kapella; 01 Berlin, Gal. Arcus; 02 Neuwied, Schloßtheater – **G:** u. a. 65–85 Leipzig, Bez.kunstausst.; 67–88 Dresden, Kunstausst.; 93 Bevern, Schloß (Druckgraph. Trienn.); Karlsruhe (Druckgraph.); seit 91 mehrere Kunstausst. d. BBKL – **V:** ILL. F.: Gorki 68; Puschkin 68; Victor Hugo: Notre-Dame de Paris 69; Zola 73; – VORW. F.: Die Stillen im Lande, Ausst.kat. 96; Zeitgleich, Ausst.kat. 97; Stadtbilder Leipzig, Ausst.kat. 98 – ***Lit:*** Günter Meißner: Leipziger Künstler d. Gegenwart 77; Günther Berger: Ausst.kat. Neubrandenburg, Haus d. Kultur u. Bildung 80; Günter Meißner (Text): Die Stillen im Lande, in: Ausst.kat. Leipzig-Schkeuditz, Art Kapella 97; Bildende Künstler in Leipzig 06 – (Red.)

Kratz, Gerda (geb. Gerda Rheinberger), Bildhauerin; Friedingstr. 76, D-40625 Düsseldorf, Tel. (02 11) 28 75 62, *www.thomas-kratz.de* (* Pirmasens 6. 7. 26) – **S:** 46–48 Meisterschule f. das gestalt. Handwerk Düsseldorf (Privatschülerin d. Bildh. Willi Hoselmann); 48–50 Folkwangschule Essen (b. Prof. Wamper); 50–52 KA Düsseldorf (b. Prof. Goller u. Prof. Enseling) – **Ve:** Bergische Kunstgenossenschaft Wuppertal ca. 52–83; KV Malkasten seit 84; Ver. Düsseldorfer Künstlerinnen 84 – **G/T:** Skulpt. (Bronze, Holz, Terrakotta) – **M:** Düsseldorf, SM; Wuppertal, Von der Heydt-Mus. – **Ö:** Solingen, Fußgängerzone (Zeitungsleser); Düsseldorf, Malkastenpark (Mutter Ey) – **E:** 86 Angermund, Stecher; 89 Groningen, Gal. Wilde fur; Freinsheim, Gottfried-Weber-Haus; 90 Pirmasens, Wasgauhalle; 99 Hilden, Haus Hildener Künstler; 02 Düsseldorf, Melanchthon-Haus – **G:** seit 84 alle Ausst. d. Ver. Düsseldorfer Künstlerinnen sowie alle Ausst. d. KV Malkasten, z.B. in Moskau, Berlin u. 92 Luzern, Kornschütte – ***Lit:*** Bildende Künstler u. Autoren Düsseldorf 83; Jutta Hellweg: Der weibliche Blick 90; Werner Alberg (Hrsg.): Künstler leben in Düsseldorf 91

Kraus-Herzele, Margarethe s. Herzele, Margarethe

Kraus-Naujeck, Corinna, Malerin, Illustratorin, Kinderbuchautorin; Hofholzallee 264, D-24109 Kiel, Fax (04 31) 5 30 80 10 (* Berlin 25. 3. 58) – **S:** bis 80 Stilleben, Zeichnen, Aqu. b. Künstlern d. HdK Berlin; 93 Aktzeichnen, Kiel – **G/T:** graph. Malerei; aqu. Tuschezchng; Ill. (vorw. Aqu. u Feder) – **E:** 03, 05 Kiel; 06 Hamburg – **V:** Ferien in Dänemark, Kindersachbuch (zahlr. Ill.) 98; Ill. Haiku, in: Fundstücke 03

Krause, Axel, Maler; Pittlerstr. 26, D-04159 Leipzig, Tel. (03 41) 4 61 75 14, Fax 4 68 59 13, *post@atelier-axelkrause.de*, *www.atelier-axelkrause.de* (* Halle/Saale 23. 10. 58) – **VG:** Leipzig, Kleindienst – **S:** 81–86 HGB Leipzig (Malerei b. d. Prof. Burger, Stelzmann u. Rink); 94–96 HBK Dresden (Aufbaustud. Kunsttherapie) – **L:** 89–99 HGB Leipzig (LAuftr.) – **P:** versch. Stip. – **G/T:** Malerei in Öl u. Acryl – **W:** in privatem u. öff. Besitz – **M:** Bad Frankenhausen, Panorama Mus.; Leipzig, KH Spk. – **Ö:** Bonn, Hess. Ldesvertretung; Düsseldorf, Stadthaus; Leipzig, Reg.präsidium – **E:** 89 Leipzig, Gal. Süd; 94 Bad Frankenhausen, Panorama Mus.; Wittenberg, Gal. Jüdenstr.; 97 Leipzig, Blüthner; 99 Köln, Wesseling; 01 Würzburg, Industr.- u. Handelskammer; Markleeberg, Westphalsches Haus; 02 Köln, Inter Art Gal.; Leipzig, MBK; 05 Leipzig, Kleindienst – ***Lit:*** Bildende Künstler in Leipzig 06 – (Red.)

Krause, Brigitta (Ps.: Krause:-)B, weiteres Ps.: BriGiTAL, eigtl. Brigitta Maria Krause-Hollinger, geb. Brigitta Hollinger), Objekt-, Multimediakünstlerin; Gudewerdtstr. 21, D-24340 Eckernförde, Tel. (0 43 51) 28 24, *krause@cloisonnage.de*, *www.art2go.net; www.cloisonnage.de* (* Zürich 13. 9. 52) – **P:** Frau im Jahr 2000 (1. Pr.) Rendsburg 97 – **Ve:** VG Bild-Kunst 03 – **KGr:** Cloisonnage 'b+p' B.K. (seit 80); peka (seit 80) – **KGe:** webists – webism: artingrid.de u. pygoya (seit 06) – **G/T:** Cloisonnage (HolzBildObjekte); Objektkunst (Holz); Multimedia – **W:** Kunst gebunkert, mehrere Install. an versch. Orten; Offener Kanal Kiel; mehrere Skulpt. u. Werke in Privatbes. von 80 – heute; Naturkunst, Kunstdeponie Rosseemoor, Flarak 98/99/01 – **Ö:** Eckernförde, Kurpark (mehrere); ebda, Cloisonnage-Tor; Hütten, Lokobile Künstlerhaus (Archit.); ebda, Dachgesichter (Dach + Ziegelkunst); Limburg, Kita

(Fassade); Bad Soden, Kita (Eingangstürgest.); Friesenheim/Rheinhessen, Radweg-Skulpt. (Botschaften); Kiel, Kieler Künstlerhaus KiKH – **E:** 93 Mölln, Stadthauptmannshof; 05 Kiel, KiKH – **G:** 82 Lausanne, 1. Bienn. d. paintres suisse; Hildesheim, Roemer- u. Pelizaeus-Mus.; 97 Rendsburg, Frau im Jahr 2000; 98 Kiel, CAP: Verbotene Städte (Kat.); 99 Rossee b. Eckernförde, ehem. Mülldeponie; 01 Klein Waabs, Flarak Kunstevent; 02 Borgstedtfelde, AWR: Kunstwerke aus Müll (Kat.); 05 Kiel, RH-Bunker: kunst gebunkert (Kat.) – **V:** B+P, Krause: Krause Cloisonnage, Kunstkat. 85 – ***Lit:*** Gerhard Höberth: Global Webism Digital Fineart, Ausst. 06

Krause, Karl-Heinz, Bildhauer; Am Marienpfad 3b, D-55128 Mainz, Tel. u. Fax (0 61 31) 33 17 72 (* Angermünde 25. 6. 24) – **VG:** Berlin, Lange; Frankfurt am Main, Hagemeier; Köln, Inter Art Gal.; Berlin, Gal. am Gendarmenmarkt – **S:** 47–48 KHS Berlin-Weißensee; 48–54 HBK Berlin (Meisterkl. Renée Sintenis, Meisterschüler Bildhauerei b. Richard Scheibe) – **P:** Georg-Kolbe-Pr. 59; Franz-Marc-Haus Ried 61, 62; Villa-Massimo-Stip. (Ehrengast, Rom) 87; Villa-Romana-Pr. (Gastkünstler) 90 – **G/T:** Skulpt. (Marmor, Bronze); Relief u. Med. (Bronze) – **W:** u. a. in Dtld, d. USA u. d. Schweiz – **M:** Berlin, NG; Den Haag, Königliche Slg.; Detroit, Ford Collection; Iserlohn, Städt. Slg.; Kiel, KH; Mainz, LM; Mannheim, Stift. Vetter; New Haven/CT, Yale Univ. Art Gall.; New York, Salzmann Collection; Rochester/NY, Univ. Memorial Art Gall.; Rockenhausen, Mus. Pachen – **Ö:** Bad Ems, Staatsbad; Berlin, Bundesmaterialprüfungsamt; ebda, Bertha von Suttner-Schule, Berliner Disconto Bank, August-Behring-Krankenhaus; Karlsruhe, TU; Koblenz, Bundesamt f. Wehrtechnik u. Beschaffung; Mainz, Gutenberg-Mus. (vier Bronzetore); ebda, Stadt; New Delhi, Dt. Botschaft; Paris, Dt. Kult.inst.; – sowie: Konz b. Trier – **E:** 90 Einzelausst. seit 54, u. a. in Berlin, Bern, Darmstadt, Frankfurt, Klosters, Köln, Luxemburg, Mainz, Mönchengladbach u. New York – **V:** Geometrische Poesie (Rad.) 02; Nulla Dies Sine Linea 05 – ***Lit:*** u. a. K.-H.K. The portrait of a sculptor, Ausst.kat. 73; K.-H.K. Plastiken, Handzeichnungen, Druckgraphik, Kat. 74; K.-H.K., Ausst.kat. 75; K.-H.K. Skulpturen, Gemeinschaftskat. m. Ursula Krause-Oehme 77; K.-H.K. Werkverzeichnis Skulpturen 1952–1979, Ausst.kat. 79; K.-H.K. Skulpturen, 82; K.-H.K. Villa Massimo, Rom 1986–1988, Ausst.kat. 89; Joachim Burmeister (Text): K.-H.K. 'Arkadisches Terrain' 92; ders. (Vorw.): K.-H.K. Ausst.kat. 94; K.-H.K. zum 80. Geburtstag (Gal. Hagemeier Frankfurt am Main)

Krause, Mark, Zeichner, Maler; *info@markkrause.de*, *www.markkrause.de* (* Wurzen/Sa. 1. 10. 71) – **VG:** Düsseldorf, HWL-Gal. und Edition – **S:** 94–01 Univ. Heidelberg u. Tübingen (Allg. Rhetorik u. Phil., Mag.); 96–97 Louisiana State Univ. Baton Rouge (Bild. Kunst b. Prof. E. Pramuk) – **L:** 06 Sommerakad. d. Cranach-Stift. Wittenberg (Akt) – **P:** Arb.- u. Atelierstip. d. Cranach-Stift. Wittenberg 05 – **K:** Aktzchng u. -malerei; Stilleben – **W:** überw. in Privatbes.; zahlr. Live-Malereien u. Performances – **M:** Pazardhik/Bulgarien, Mus. Stanislav Dospevski – **Ö:** Wittenberg, Cranach-Stift. – **E:** z.B. 97 Baton Rouge, Spanish Moon Art Café; 99 Tübingen, Kult.halle; 01, 02, 04, 05 Düsseldorf, HWL-Gal. und Edition; 03 Krefeld, Nacht d. Schöpfung – Live-Malerei; 04 Düsseldorf, Mussorgsky – Live-Malerei; 05 Pazardhik/Bulgarien, Maschev – **G:** zahlr. Ausst.bet. seit 97, z.B. 97 Baton Rouge, Louisiana State Univ. Art Gall.; New Orleans, Schmidt; Tübingen, KH; 03 Stuttgart, Züblin-Haus – **V:** Wandler – Zeitschrift für Literatur (Zchngn u. Texte) 01; Muschelhaufen, Jahresschrift f. Lit. u. Graph. (Zchngn), 45 05

Krause, Ursula s. Krause-Oehme, Ursula

Krause-Hollinger, Brigitta Maria s. Krause, Brigitta

Krause-Oehme, Ursula (geb. Ursula Oehme, verh. Ursula Krause), Malerin; Am Marienpfad 3b, D-55128 Mainz, Tel. u. Fax (0 61 31) 33 17 72 (* Dresden 4. 3. 32) – **VG:** Köln, Inter Art Gal.; Celle, Halbach; Frankfurt am Main, Hagemeier; Mainz, Altstadt-Gal. – **S:** 51–54 FS f. Textil u. Mode Berlin; 55–60 HBK Berlin – **G/T:** Stilleben, Ldschaft, Portr. – **W:** ca. 880 Gemälde sowie ca. 7000 Lith.; Werkankäufe f. Botschaften – **M:** Mainz, LM; Rockenhausen, Mus. Pachen – **Ö:** Berlin, Bundesbaudir.; Frankfurt am Main, Frankfurter Allg. Ztg; Mainz, Kultusmin. RP – **E:** 71–85 Stuttgart, Häcker; Karlshamn, KH; Göteborg, Abom ab; Luxemburg, Dada-House; Basel, Art Basel (4 Teiln.); Köln, Art Cologne (2 Teiln.); 71 Ludwigsburg, Völter; 75 München, Gal. Europa am Dom; 76, 86 Mönchengladbach, Strunk-Hilgers; 77, 90, 92 Berlin, Lange; New York, Contemp. Masters; 78 Bern, Müller; 78, 80, 88, 90, 92, 97 Bromölla/Schweden, Kråkeslätt; 79 Köln, Wiegand; Leverkusen, van Aken; 80 Stuttgart, Gal. Tendenz; 81 Mainz, Van der Koelen; 84 Darmstadt, Saalbau-Gal.; 86 Münster, Schnake; 87 Basel, Art Basel; 88 Fehmarn, Burg; 88, 89, 90, 91, 95 Kampen, Eckert; 89 Stockholm, Art Fair; 91 Mainz, Lautner; 92, 96 Celle, Halbach; 93 Krefeld, Peerlings; 93, 94 Aachen, La Bagatelle; 95 Serosskerke/Niederl., de Horn; 95, 99 Darmstadt, Bilderkab.; 00, 03 Köln, Inter Art Gal. – **V:** Klaus Englert (Hrsg.): Spargel. Geschichte, Anbau, Rezepte (Ill.) 85; m. Uta Hansen: Kochen, Kunst, Kochkunst. kulinarische und malerische Kompositionen 92 – ***Lit:*** Ursula Krause und Karl-Heinz Krause, Ausst.kat. Gal. Ludwig Lange Berlin 77; Aral Journal Bochum 80; DuMont Kunstkal. 81; Ed. Gal. Kråkeslätt Bromölla 84; Der Wiesbadener 85; Malerische Kompositionen 87; 35 Jahre Galerie Iris Eckert 95; Darmstädter Kulturnachrichten 95; Joachim Burmeister: Via Senese Mitologia di Una Strada Fiorentina 95; 25 Jahre Galerie Halbach 96; Jahreskalender für deutsche Apotheken 01/02; Ed. Salone Villa Romana

Krauskopf, Peter, Maler (* Leipzig 66) – **VG:** Dresden, Büro f. Kunst – **S:** 89–95 HGB Leipzig (Malerei); 95–97 ebda (Meisterschüler b. Prof. Arno Rink) – **P:** Jahresstip. d. Förd.kr. d. Gal. f. Zeitgen. Kunst Leipzig 97; 1. Pr. im intern. Wettb. f. d. Entwurf einer Gedenkstätte f. d. verfolgten u. ermordeten Juden d. Stadt Leipzig (n. realisiert) 99; USA-Reisestip. d. Sä. Staatsmin. f. Wiss. u. Kunst 01; Kat.förd. d. Ostdt. Spk.stift. 03 – **M:** Berlin, Berlinische Gal.; Berlin, Paul-Löbe-Haus; Dresden, GG NM; Dresden, Kpst.-Kab.; Essen, Zollver.; Halle/Saale, Staatl. Gal. Moritzburg; Nürnberg, Germanisches NM – **E:** u. a. 96, 97 Leipzig, Beck; 97 Rotterdam, Contempo; 99, 01 Berlin, Böttcher; 99 Leipzig, KV, 00 Chemnitz, Voxxx Gal.; Halle/Saale, Staatl. Gal. Moritzburg; 00, 04 Leipzig, Dogenhaus Gal.; 05 München, Storms; Tokio, Natsuka – **G:** u. a. 94 Nürnberg, Germanisches NM; 97, 98 Leipzig, Mus. f. Kunsthandwerk; 98 Sofia, Trienn. f. Mod. Kunst; Leverkusen, StM Schloß Morsbroich (Kat.); Dresden, Kunsthaus Raskolnikoff; Wrocław, KM; 00 New York, Dougherty Gall.; Zwickau, StM; New York, Tade; Gera, Orangerie (Kat.); 02 Leipzig, KH Spk.; Leipzig, MBK; 04 Dresden, GG NM (Kat.); Berlin, Richter; 05 Yokohama, bankart NYK; Dresden, Büro f. Kunst – (Red.)

Krautkremer, Ute; c/o Gal. Eva Tent, Florinspfaffengasse, D-56073 Koblenz, Tel. (02 61) 1 67 27, *krautkremer-art@web.de*, *www.krautkremer-art.de* (* Koblenz 31. 1. 58) – **S:** 79–88 Johannes-Gutenberg-

Univ. Mainz (Bild. Kunst, Schwerpunkt Plast. u. Keramik b. d. Prof. Volz, Hemrich u. Ellwanger) – **L:** 88–98 Gymnasium Oppenheim (Kunst); 98–04 Gymnasium Boppard (Kunst) – **P:** Förd.stip. 86; Aufnahme in who is who in ceramic art 95 – **Ve:** BDK 84; BBK Rh.-Pf. 86–96; Essenheimer KV 92; GEDOK 02; KV Mittelrhein (Gründungsmitgl.) 04 – **G/T:** figürliche Plast. u. abstr. Objekt (Papier, Keramik, Bronze u. Aluminium); Kunst am Bau – **K:** Sommerakad. Oppenheim (ab 04 geplant, Plast.) – **M:** Boppard, Mus. – **Ö:** Dienheim, Grundschule; Oppenheim, Grundschule; Spay, Grundschule (Relief) – **E:** u. a. 90, 93, 95, 99, 01, 04 Koblenz, Tent; 91, 94 Winningen, Gal. im Kelterhaus; 91 Mainz, Forum Junge Kunst; 92, 04 Gelsenkirchen, Gal. Wkst.; 92, 97 Mainz, Kuhnt-Kreiter; 93 Hamburg, Gal. Hauptsache Keramik; 94 Ulm, Art du Feu; 96 Bonn, Kunsthof – **G:** u. a. 90 Amboise, Chateau Royale; 97 Mainz, Kuhnt-Kreiter; Landau in der Pfalz, Villa Streccius; 98 Winningen, Gal. im Kelterhaus; 99 Bonn, Kunsthof; 02, 04 Inzlingen, Altes RH; 02 Landau, Kr.haus d. Südlichen Weinstr.; 03 Mainz, Ldtag RP; Anschau (Wkst.ausst. Lacour/Dinger); Bonn, Künstlerforum – **V:** S. Hartmann: Objekt VI, Dipl.arb. – **R:** Neue Arbeiten, CD 03 – ***Lit:*** KAT.: Richard Bampi Wettbewerb 84, 87; Deutsche Keramik 85; – weitere: Kultur über Land 95; who is who in ceramic art 95; Künstlerportrait, in: TOP-Mag. Koblenz 02/02 – ***LitR:*** Galerie im Kelterhaus, Bericht SWF 94 – (Red.)

Krautscheid-Bosse, Monika, freischaffende bild. Künstlerin, Malerin; c/o Atelier u. Gal. 'Moro', Kirchplatz 11, D-53577 Neustadt-Wied, Tel. (0 26 83) 35 77, 22 15, Mobil: 0 17 05 40 81 40, Fax 23 32, *Krautscheid-Bosse@t-online.de*, *www.art-MORO.de* (* Neustadt-Wied 11. 11. 45) – **S:** BundesKA Wolfenbüttel (Freie Malerei, Meisterkurs b. Prof. Thiele) – **L:** Privatdoz. (mod., abstr. Kunst) – **Ve:** VG Bild-Kunst 96; ver.di – Fachgr. Bild. Kunst; KV Bonn; KV Rhein-Sieg; Förd.-gemeinschaft Junger Kunst; Frauenmus.; FK Stuttgart; Die Künstlergilde 05 – **G/T:** mod., abstr. Kunst in div. Techniken; Thema: u. a. innere Eindrücke v. Träumen; teils myst. Tendenzen, rhythm. Farbelemente; seit 80 intensive Tätigkeit auf d. Gebiet d. Malerei – **K:** mod.-abstr.; Künstlerportr. – **W:** in öff. u. privatem Bes. im In- u. Ausld – **E:** / G: u. a. 83 Lennenstadt, Frankfurt am Main, Köln, Ottweiler, Memmingen, Bad Honnef; 94 Kiel, Usedom, Rügen, Kassel, Schweinfurt, Chauny, Reichshofen, London; 95 Travemünde, Künstlerkongreß; Bonn, Bundesfinanzakad. (Kat.); 96 Bonn, Dt. Parlamentarische Ges. (Kat.); 97 Bitburg, Kunsthaus Beda (Kat.); Bonn, Bundesmin. d. Finanzen; 98 Bonn, Frauen-Mus. (Kat.); 99 Andernach, SM (Kat.); Dresden, Buchmus. d. Sä. Ldes-, Staats- u. Univ.bibliothek; 00 Berlin, Verborgenes Mus.; Hannover, Expo; 01 Brüssel, Europ. Vertretung u. anschließende Wanderausst. in Ital., Frkr., Schweden, Ungarn, Portugal, Niederl.; 02 Freudenberg, SM (Kat.); Greifswald, KH; 03 Wilhelmshaven, KH (Kat.); Neuwied, Kr.mus.; Juist, Küstenmus. (Kat.); 04 Berlin, Bundesmin. f. Gesundheit u. Soziales; Wissembourg/Frkr., Relais Culturel; Stuttgart, Wirtschaftsmin. Bad.-Württ.; 05 Venlo/Niederl., Mus. van Bommel van Dam; Cardiff, St. David's Hall; Worpswede, Kunstwkst.; 06 Fedderwardersiel, Mus. Butjadingen; Salzburg, Kunstmesse; Boltenhagen, Gal. Hükal; 07 Marktheidenfeld, Franckhaus – **V:** zahlr. Abb. in Kunstzss. u. d. Presse – ***LitR:*** Künstlerportr. im Reg.-Fs., RF u. Kr. Neuwied

Krayem (eigtl. Krayem Maria Awad), Bildhauer, Maler, Graphiker; Margaretengürtel 106, A-1050 Wien, Tel. (01) 5 45 95 53, Fax 5 45 95 53, *krayem_vienna@yahoo.de*, *www.geocities.com/krayem_vienna; www.krayem.paint.com* (* Basir/Syrien 48) – **VG:** Arth, Meier – **S:** 66 Univ. Beirut; 70 KA Wien; 71 Wirtschaftsuniv. Wien – **L:** 77 Sommerakad. f. Portr. u. Akt Wien – **G/T:** Malerei (Öl, Aqu.); Ill.; Graph.; Keramik; Videoinstall. – **E:** Seit 73 mehr als 80 Ausst. im In- u. Ausld, u. a. in Wien, München, Hamburg, Köln, Florenz, Paris, Limoges, Meran u. Bern – **G:** Zahlr., u. a. Teiln. an versch. Kunstmessen, z.B. Verona, Euro Art Expo; New York, Art Expo; – sowie in Basel, Hamburg, Salzburg, Graz, Wien u. Frankfurt am Main – **V:** Mamma Eve 75; Aqu. u. Aphorismen 85; Bewegung u. Ursprung 90; Strukturen u. Strukturveränderung 91; Stilles Wasser 91; Temps de quietude 91; K. Objekte 95; Berührung 96; Toccare parola ed immagine 00; K. Malerei 1990–1995 00; K. traces 01; K. Sculptures 01; K. Raum u. Körper 02; K. Defragmentierung I u. II 02, 03; K. Angels 02; FACES 03; Weltenfenster 04; Zeit d. Stille 04 – ***Lit:*** ZTGN u. ZSS: u. a. Gegen Unterdrückung, In: Münchner Kunstjournal, 5 92; Egon Tscholl: Eine mag. Dichte, In: Art Meran, Juni 93; Art in Arth, In: Schwyzer Ztg v. 13.9.93; Un peintre entre souffrance et serenite, In: Le Popolaire v. 29.7.95; Le couleurs de la vie, In: ders. v. 4.8.95

Krebber, Gereon, Bildhauer; c/o Galerie Patricia Ferdinand-Ude, Luitpoldstr. 17, D-45879 Gelsenkirchen, Tel. (02 09) 27 04 73, *mail@galerie-ude.de*, *www.galerie-ude.de; www.gereonkrebber.net*. Lebt u. arbeitet in London (* Oberhausen 73) – **VG:** Gelsenkirchen, Ferdinand-Ude – **S:** 95–00 KA Düsseldorf (b. d. Prof. Tony Cragg u. Hubert Kiecol); 00–02 Royal College of Art London (MA Fine Art Sculpture) – **P:** Förd.pr. d. Stadt Gladbeck 99; Wilhelm-Zimolong-Förd.pr. 01; Serenella-Ciclitira-Award London 01; Remet Art Award London 02; Dt. Bank Pyramid Award London 02; Förd.pr. d. Stadt Gelsenkirchen 02, 04; Junge Skulpt. (2. Pr.) 03; Jerwood Sculpture Pr. London 03; Phönix 05 – **E:** 99 Kirchellen, Hof Heisterkamp; 01, 03 London, Peacock Gall.; 02, 03, 06 Gelsenkirchen, Ferdinand-Ude; 04 Gelsenkirchen (Förd.pr. d. Stadt); 06 Mönchengladbach, KV; 07 Wilhelmshaven, KH – **G:** u. a. 97, 99, 01 Gladbeck (Junge Kunst im Ruhrgebiet); 98 Düsseldorf, KA; 01 Recklinghausen, StKH (Kunstpr. Junger Westen); Viersen, StG; 02 London, Atrium Gall.; Gelsenkirchen, KV; 03 London, Peacock Gall.; Düsseldorf, Kunstraum; London, Tea building; 04 Gelsenkirchen, Ferdinand-Ude; Salisbury, New AC; 05 Tillburg, Zingerpresents – weitere: 00 Köln u. Berlin (Mandelbaums Wunderöl) – ***Lit:*** Rachel Withers: Works by Size, Kat. 05 – ***LitR:*** Illuminations, theEYE, Portr./Dokf. 04

Krebber, Michael, Maler (* Köln 54) – **VG:** Köln, Nagel – **S:** ABK Karlsruhe (Malerei b. Markus Lüpertz) – **L:** Städelschule Frankfurt am Main, Prof. f. Freie Malerei – **E:** zuletzt u. a. 01 London, Interim Art; London, The Top Room; 02 München, Mayer; 02, 03 Graz, Bleich-Rossi; 03 Berlin, Nagel – **G:** u. a. 01 Madrid, Ehrhardt; 02 Wien, Secession; 03 München, KV; Köln, Nagel; Athen, Outlook – (Red.)

Krebs, Detlef, Bildhauer-Designer; c/o Museum Europäische Kunst, Schloß Nörvenich, D-52388 Nörvenich, Tel. privat: (0 21 31) 94 03 40, Fax 4 08 92 77, *info@europaeische-kultur-stiftung.org, privat: detlefmaro@aol.com*, *www.Bildhauer-Detlefkrebs.info* (* Düsseldorf 27. 3. 56) – **VG:** Bonn, Marco Ed. – **S:** 77–80 FHS Köln u. Düsseldorf (Kunst u. Design) – **P:** div. Stip. d. Stadt Düsseldorf 81–82; Stud.aufenthalte in London, Paris u. New York – **KGr:** Europ. Kult.stift. Schloß Nörvenich (seit 98) – **G/T:** Bronzebüsten (v. Zeitgenossen); klassische Skulpt. u. Reliefs – **K:** Tierplast. in klassischer Tradition – **M:**

Clarence/NY, The Mus. of European Art; Nörvenich, Mus. Europ. Kunst – **Ö:** Düsseldorf, Flughafen; ebda, Pauluskirche, Arabella Hotel, RH, Dresdner Bank, Stadtspk., Commerzbank; Frankfurt am Main, Ldwirtschaftliche Rentenbank; ebda, Arabella Hotel – **E:** 81–83 Düsseldorf, Engelhard; 90 Düsseldorf, Stadtbücherei; 91 Düsseldorf, RH; 93 Düsseldorf, Arabella Hotel Flughafen; 94 Frankfurt am Main, Arabella Hotel; seit 98 Bonn, Marco Ed. – **G:** 85–87 Düsseldorf, Mus. Kunst Pal.: Jahresausst. Düsseldorfer Künstler; 98 Düsseldorf, Dt. Bank; seit 98 Nörvenich, Mus. Europ. Kunst; New York, Mus. of European Art – ***Lit:*** Ulrike Gembruch (Text) u. Uli Linder (Fotogr.), Kunst, Kat. 96 – ***LitR:*** Fs.beitr. z. Restaurierung d. Monumentalbronzedenkmals 'Jan Wellem' in Düsseldorf 01 – (Red.)

Krebs, Ernst, Bildhauer, Objektkünstler, Lichtgestalter; Marschnerstr. 33, D-81245 München, Tel. (0 89) 8 34 09 93, Fax 89 66 92 11, *ernstkrebs@web.de* (* Guldenfurt/Südmähren 11. 4. 39) – **S:** 53–56 Staatl. FS f. Glas- u. Schmuckwaren; 56–57 Staatl. GlasFS Zwiesel; 57–62 ABK München (b. den Prof. Josef Hillerbrand, Paolo Nestler u. Aloys F. Gangkofner) – **P:** Pr. d. ABK München 58; Zentralschweizer Glaspr. (2. Pr.) 80; Coburger Glaspr. (2. Pr.) 85; Pasinger Kunstpr. München 90; Förd.pr. d. Sudetendt. Landsmannsch. 95 – **Ve:** BBK Bay. 84; Adalbert Stifter Verein 90; Künstlergilde Esslingen 85 – **G/T:** Objektkunst (Glas sowie Glas kombiniert m. and. Materialien); Materialbild; graph. Papierarb.; Lichtobjekt; Laserinstall.; Kunst im öff. Raum – **W:** zahlr. Arb. in Privatslgn – **M:** Coburg, KS d. Veste; Düsseldorf, Mus. Kunst Pal.; Ebeltoft, Glasmus.; Lausanne, Mus. de Design et d'Arts Appliqués Contemp.; Murano, Pal. da Mula; München, Bay. Staatsmin. f. Wirtschaft, Verkehr u. Technologie; Prag, Mus. pro Lidice; Weiden, KS d. Stadt; Wertheim, Glasmus. – **Ö:** Augsburg, Ldespolizeidir. (m. Hansjürgen Gartner); Augsburg-Stadtbergen, Kirche Maria Hilf; Kempten-Lauben, Pfarrk.; München-Neuforstenried, Kirche Erscheinung d. Herrn – **E:** u. a. zuletzt 02 Weilheim/Obb., SM; 03 München, Pasinger Fabrik – **G:** zahlr. Ausst.bet. seit 78, zuletzt 01 München, Pasinger Fabrik; 02 Erfurt, Forum Konkrete Kunst; Krumau, Bez.mus.; 03 München, Kunstpavillon; Regensburg, Ostdt. Gal.; 04 Prag, StG Chodovska Tvrz; 04, 05, 06 München, Haus d. Kunst; 05 Trutnov/CZ, StG; Regensburg, Kunstforum Ostdt. Gal.; Krumlov/CZ, Regionalmus.; 06 Gmunden, Kammerhof-Gal. – ***Lit:*** Günther Ott: Gravierte Glas/Räume, in: Der Wegweiser 81; Blondine Niega. Grenzüberschreitung mit Glas, 089 Mag. 90; Sigrid Canz: Glasobjekte, Ausst.kat. 94; dies.: E. K., in: Kult.zs Sudetenland 95; Stefan-Maria Mittendorf: Alles klar! Alles klar?, Ausst.kat. 03; – weitere: F. P. Künzel: Unser Glasbildner E. K., in: Kult.zs Sudetenland – ***LitR:*** Mirko Hecky: Der Glasbildhauer E. K., Portr./Dok. Bay. Fs. 89; Der Glaskünstler E. K., Portr./Dok. TV-Weiß/Blau 92; Alexander Stern: E. K. Objekte, Bilder, Installationen, Ausst.dok. 03

Krebs-Thulin, Rosa; Eigerstr. 54, CH-3007 Bern, Tel. 02 66 53 10 06, Fax 02 66 53 10 06 – **G/T:** Malerei – (Red.)

Kreft-Hirschinger, Lilo (geb. Liselotte Hirschinger, verh. Liselotte Kreft), Malerin; Frühlingstr. 1, D-66994 Dahn, Tel. u. Fax: (0 63 91) 13 10 (* Dahn 21. 10. 42) – **S:** 76 Mal- u. Aqu.kurse, Hinterglasmalerei; Univ. Heidelberg (Zeichnen b. Prof. Tomasi); 88 Sommermalschule Kleve; 90–95 KA Nijmegen (vorw. Akt u. Portr.) – **L:** 01 Gründung einer privaten Malschule im Atelier u. in d. Natur – **Ve:** Kunstvrg Wasgau – **G/T:** Malerei (Aqu., Acryl); Farbrad.; Zchng; Lsch.; Portr.; Stilleben – **K:** Aqu.malerei – **W:** überw. in Privatbes. – **M:** Dahn, Raiffeisen- u. Volksbank – **Ö:** Dahn, Ratssaal; ebda, PWV-Hütte – **E:** / G: ab 87 mehrere, v. a. am Niederrhein, sowie 93, 00 Dahn, Gal. N; ab 96 regelm. Teiln. an d. Offenen Ateliers Rh.-Pf.; 99 Heidelberg, Melnikow; Frankfurt am Main, Kunstmesse; 00 Gersbach, Kunstzentrum Veith: Hausmesse; Vinningen, Kult.zentrum Alte Kirche; Pirmasens, Gal. Venezia; 02 Große Geburtstagsausst. im eigenen Atelier; 05 Annweiler am Trifels, Kunstmeile – sowie: Wasselonne/Frkr. – **V:** Kunstbuch (Hrsg., Gest.) 99; Kinderbuch (Hrsg., Gest., Ill.) 02

Kreh, Svenja, Malerin; Boxhagener Str. 71, D-10245 Berlin (* Stuttgart 68) – **VG:** Köln, Gliem – **S:** 91–98 KA Düsseldorf (Meisterschülerin b. Prof. Alfonso Hüppi) – **P:** Eduard Bargheer Stip. 95; artist in residence, Etaneno/Namibia 01 – **E:** 00, 02, 04, 06 Köln, Gliem; 06 Waldkraiburg, StG – **G:** zahlr. Ausst. seit 95, zuletzt u. a. 99 München, RHgal.; Düsseldorf, horten; 00 Bonn, KV (m. Gal. Linda); Düsseldorf, KV; 01 Saarbrücken, Saarland-Mus.; Etaneno/Namibia, Mus.; 03 New York, Tilton; Köln, Nagel; 04 Liverpool, Bluecoat; Köln, KV; Lüneburg, Halle f. Kunst; Berlin, glue; 05 Freiburg, KV; Berlin, Center; 05, 06 München, Friedrich & Ungar; 06 Mönchengladbach, MÖMA; Ludwigshafen, Scharpf

Krehn, Martina; Erftstr. 10, D-40219 Düsseldorf, Tel. (02 11) 9 30 47 93, *herzenslust@gmx.de* – **G/T:** Graph. – (Red.)

Kreileder, Alexander, Kunstmaler, Bildhauer; Auf der Höhe 24, D-85276 Pfaffenhofen, Tel. (0 84 41) 78 71 38, *Alex.Kreileder@gmx.de*, *www.kunstkreileder.de* (* München 3. 2. 68) – **VG:** www.art 9000.de – **S:** 91–93 Fachoberschule f. Gest. München – **G/T:** Malerei (u. a. Portr., abstrakt, surreal, Akt); Skulpt. (u. a. afrikanisch, indianisch) – **W:** überw. in Privatbes. – **E:** zahlr. Ausst. seit 94, u. a. 03 München, Bay. NM; Freising, Spk. – **G:** zahlr. Ausst.bet. seit 94, zuletzt 03 Markt Indersdorf, Große Kunstausst. – ***LitR:*** Vorsicht Kunst. Metamorphosen der Wirklichkeit, Fs.-Beitr. z. Ausst. (Reg.-Fs. Ingolstadt) 95; Fs.-Beitr. z. Ausst. in d. RHgal. Vilsbiburg (Reg.-Fs. Landshut) 01 – (Red.)

Kreiß, Doris; Hutbergstr. 3, D-01326 Dresden, Tel. (03 51) 2 68 46 85, Fax 2 68 46 85, *galerie-design-und-kunst@t-online.de* – **G/T:** Bildhauerei – (Red.)

Kreißl, Alexa (* Bad Homburg v. d. Höhe 73) – **VG:** Köln, Rehbein – **S:** 93–97 Éc. Nat. Supérieur d'Arts de Cergy-Paris; 97–00 KA Düsseldorf (Kl. Prof. Fritz Schwegler, Dipl., Meisterschüler) – **L:** 99–01 TU Dresden (LAuftr. im FB Soziologie); seit 01 HS f. Gest. Karlsruhe (LBeauftr. im FB Plast. u. Multimedia) – **P:** Peter Mertes Stip. 99; Reisestip. d. Hess. Kult.stuft. 01; Max-Pechstein-Förd.- u. E.pr. 03 – **KGe:** Kreißl & Kerber: A. K. u. Daniel Kerber (seit 92) – **G/T:** Install.; Archit.modelle (u. a. m. Leichtbau-Materialien, Thema Wachstum u. Zerstörung urbaner Landschaften) – **Ö:** Heidelberg, Realisierung eines Wettb.entwurfs im Bahnhof – **E:** u. a. 98 Offenbach am Main (stolen secrets 2); 99, 00 Köln, Rehbein – **G:** u. a. 97 Rueil-Malmaison, Espace d'Art Contemp.; 98 Christchurch, high street project gall.; Tokio, Musashino Art Univ.; 99 Heidelberg, KV; Bonn, KV; Bonn, KM; Köln, Art Cologne (Förderkoje); Dresden, KH im Art'otel – (Red.)

Kreitner, Siegfried, Bildhauer; Tafelweg 11, D-84051 Essenbach, Tel. u. Fax (0 87 03) 71 17, Mobil: 01 76 40 05 37 55, *siegfriedkreitner@hotmail.de* (* Simbach/Inn 1. 12. 67) – **VG:** Friedberg, Gal. u. Ed. Hoffmann – **S:** 96 HdK Berlin (Bildhauerei); 97 Studio School of Drawing, Painting and Sculpture New York; 98 ABK München; 99 HdK Berlin (Meisterkl. Prof. David Evison); 00 ABK München – **L:** 01–04 ABK München (Ass. v. Prof. Fridhelm Klein); 05 ebda (LAuftr. f. kinet. Objektbau) – **P:** Kunstpr. d. Ldkr. Gifhorn (2. Pr.) 00; Pr. d. Fa. Rohwedder Bermatingen (2. Pr.) 00; Pr. d. Stadt Wertingen 03; Kunstpr. Eisenturm 03 – **G/T:** Minimalkinetik – **W:** Werke in privaten Slgn – **M:** Eindhoven, Centrum Kunstlicht in de Kunst; Kaiserslautern, Pfalz-Gal.; München, Europ. Patentamt – **E:** 98 Landshut, RH; 00 Waltrop, Zeche; Dortmund-Mengede (m. Peter Vogel); 02 Passau, KV (m. Werner Meier); 03 München, Rid (m. Annegret Hoch); 04 Bonn, Ges. f. Kunst u. Gest.; München, Gal. Royal (m. Annegret Hoch); 05 Rockenhausen, Kahnweilerhaus; Ulm, Schrade (m. Annegret Hoch); 06 Wiesbaden, Bellevue-Saal (m. Horst Gander) – **G:** 99 München, Seidlvilla; München, Gal. d. Künstler; 00 München, Haus d. Kunst; 01 Friedberg, Gal. u. Ed. Hoffmann; Hollfeld, Kunst & Mus.; Stuttgart, Flughafen; Würzburg, StG; Kaiserslautern, Pfalz-Gal.; Heidenheim, KM; Ahlen; Darmstadt, Darmstädter Ziegelhütte; Ludwigshafen, Wilhelm-Hack-Mus.; Trier, KV; Altötting, Intern. Panoramakonferenz; Aichach, KV; Wertingen, Schloß; Mainz, KV Eisenturm; 04 Erfurt, Forum Konkrete Kunst; 05 Lüdenscheid, Lux-us Lichtkunstpr.

Krejcerikova, Bozena s. Konietzko, Bozena

Krekeler-Marx, Manuela, Malerin; Karl-Korn-Str. 6, D-50678 Köln, Tel. (02 21) 31 96 54, Fax 9 31 18 79, *krekeler-marx@t-online.de*, *www.krekeler-marx.de* (* Neuss 5. 3. 59) – **S:** 85–90 FHS Köln (Freie Malerei, Meisterkl. f. Malerei Prof. K. Marx) – **Ve:** BBK NRW 00; GEDOK – **G/T:** Malerei (Öl, Tusche); Skulpt. (Draht, Holz); Performance (Malaktion) – **E:** / G: u. a. 00 Köln, Gal. am Nil; Porz, RH; Köln, Smend; 01 Remscheid, BfG Bank; Bonn, Kunst- und Ausst.halle d. BRD; 01, 05 Köln, Gal. im Turm; 01, 02, 04 Köln, Schloßpark; Hückelhoven, KV; 02 Siegburg, SM; Olpe, Spk.; 03 Much, Atelierhaus Salge; 03, 04 Köln, Deutzer Brücke; 04 Remscheid, Dt. Werkzeugmus.; 05 Dormagen, Kloster Knechtsteden; 05, 06 Stammheim, Schloßpark; 06 Köln, Kunsthaus Rhenania; Köln, Kolbhalle; Seoul

Kremer, Erika s. Zehle, Erika

Kremer-Horster, Petra, Malerin, Material- u. Objektkünstlerin; Clarenbachstr. 188, D-50931 Köln, Tel. (02 21) 40 33 38, *petra@kremer-horster.de*, *www. kremer-horster.de* (* Köln 21. 4. 44) – **S:** ab 82 Köln (b. W. Bodemer u. I.M. Tschermak); Europ. KA Trier; FHS Köln (Anerkennung als freischaffende Künstlerin durch Prof. Lewandowski); 93–97 Univ. Köln (Gaststud. Kunstgesch.); 01–04 Gaststud. Gesch. u. Kunstgesch. – **P:** Kunstpr. d. Stadt Köln 91 – **Ve:** BBK Köln 92 – **KGr:** Künstlerinnenverbund Erftkr./Köln (Gründungsmitgl.) – **G/T:** Malerei; Materialbilder; Objekte – **E:** zahlr., u. a. 90 Köln, Kunst im Allegro; Köln, Stadtbücherei Braunsfeld; 93 Hürth, Kr.hausgal.; Brühl, Schloß Augustusburg (Orangerie); 94 Chemnitz, KV; 95 Bonn, Studiogal. Bundesmin. d. Innern; 97 Köln, Friedenskirche (Kat.); 99 (Kat.), 04 Köln, Street Gall.; 00, 02, 03, 04, 05 Köln, Atelier 21; 00, 01 Köln, Buchhaus Wenz; 03 Köln, Kunstmeile Köln-Dellbrück; 04 Köln, Köln-Messe; 04–06 Köln, MAS Inst.; 06 Lindlar, artgenossen; Zülpich, Martinskirche; Köln, Spk. Köln-Bonn – **G:** zahlr. seit 88, zuletzt u. a. 02 New York, Dt. Konsulat: Lichtpause (Kat.); Kingston/NY, Arts Soc. of Kingston: Elements of Time u. Lichtpause (Kat.); 03 Como/Ital., Verl. Gruner+Jahr: Sitzkunst; Köln, Casa Max Theater: Alles im grünen Bereich; 04 Köln, KunstWerk; Berlin, Kleisthaus: Lichtpause (Kat.); 05 Hürth, Gal. im Bürgerhaus: Neun x Eins; Köln, Bez.RH Lindenthal: Artenreich; 06 Hürth, Kunstzentrum Löhrerhof: Rheinromantik; Köln, Paul Gerhardt Kirche; – sowie: 04 Köln, Hamburg, Laatzen, Hamm, Kassel, Schwerin, Magdeburg, Wolfsburg, Potsdam, Leipzig, München, Ludwigsburg, Viernheim, Koblenz, Wuppertal, Frankfurt, Berlin u. Dresden: Sitzkunst (Kat.) – ***Lit:*** Eins von Hundert, Kat. (Sondered.) 98 – ***LitR:*** Drei vor Mitternacht, TV-Präsentation (WDR 3 u. 1 Plus) 92

Krenkel, Bernd, freiberufl. Maler u. Graphiker; Hauptstr. 5, D-14476 Potsdam, OT Marquardt, Tel. (03 32 08) 2 08 07 (* Döbeln 53) – **S:** 75–78 FS f. Werbung u. Gest. Berlin-Potsdam – **L:** 80–93 FS f. Werbung u. Gest. Berlin-Potsdam (LBeauftr.) – **P:** Förd.pr. f. Bild. Kunst d. Ldes Brandenburg 93; Contrapartida – artist in residence, Brasilien 96; Arb.stip. d. KV Rödersdorf e.V. 00; Arb.stip. d. KV Röderhof e.V. 00; Arb.stip. d. Stift. Kult.fonds Berlin 01; mehrf. Preisträger in versch. Wettb. – **G/T:** Malerei; Graph.; Plast.; Zchng; Fotogr. – **K:** exper. Malerei; Jugendkurse Malen u. Zeichn. – **W:** Ankäufe durch: Bibliothek d. Stadt Potsdam; Land Brandenburg Lotto GmbH; Stift. Preuß. Schlösser u. Gärten Potsdam; Stift. Preuß. Schlösser u. Gärten Berlin-Brandenbg; Min. f. Stadtentwickl., Wohnen u. Kultur sowie Min. f. Kultur d. Ldes Brandenburg; Ostdt. Rundfunk Brandenburg; Ldeshauptmann d. Steiermark/Öst.; Mus. d. Stadt Bobruisk/Weißrussl.; Werke in Privatbes. im In- u. Ausland – **M:** Erfurt, Anger-Mus.; Potsdam, Min. f. Stadtentwickl., Wohnen u. Verkehr (Kunst am Bau); Potsdam, Potsdam-Mus. – **E:** Bonn, Ldesvertretung Brandenburg; Erfurt, Anger-Mus.; – sowie in Potsdam, Meckenheim, Frankfurt/ Main – **G:** seit 87 Ausst.bet. im In- u. Ausland, u. a. in: Leipzig, Berlin, Potsdam, Cottbus, Erfurt, Meckenheim/Bonn, Düsseldorf, Frankfurt/Main, Amsterdam u. Enschede, Obdach, Villach u. Graz, Zürich, Bobruisk/ Weißrussl., Gubbio u. Perugia, Opole, New York u. San Francisco – ***Lit:*** Kataloge: Andreas Hüneke: B.K. 89/91, 91; Maren Ulbrich: Brandenburg. Künstler 93; dies.: Brandenburg. Preis 94; Ursula Prinz: B.K., Kat.-buch 94; Andreas Hüneke: B.K., Kat.buch 94; ders.: Sack u. Tüten 97; ders.: Zeichen – Kunst 98; sowie zahlr. Rezensionen

Krenkel, Birgit, freiberufl. Keramikerin; Hauptstr. 5, D-14476 Potsdam, OT Marquardt, Tel. (03 32 08) 2 08 07 (* Bautzen 55) – **S:** 75–78 FS f. Werbung u. Gest. Berlin-Potsdam – **P:** Arb.stip. d. Stift. Kult.fonds Berlin; Förd.pr. f. Bild. Kunst d. Ldes Brandenburg 94 – **G/T:** Keramik; Plast.; Objekt; Arb. auf Papier – **K:** Keramikkurse – **W:** Ankäufe durch: Investitionsbank d. Ldes Brandenburg; Land Brandenburg Lotto GmbH; Min. f. Stadtentwickl., Wohnen u. Kultur sowie Min. f. Kultur d. Ldes Brandenburg; LZB Frankfurt/Oder; Künstlerhaus Bärensprung; Kunstwiese Gottsdorf; Werke auch in Privatbes. – **Ö:** Kunstwiese Gottsdorf (Wasser – Auge, Betonobjekt); Marquardt, Schlosspark (Projekt Blaue Grotte, temporär. Objekt 03); Potsdam, Min. f. Stadtentwickl., Wohnen u. Verkehr (Kunst am Bau) – **E:** / G: Potsdam, Berlin, Cottbus, Brandenburg, Düsseldorf, Frankfurt/Main, Frankfurt/Oder, Würzburg, Uelzen, Meckenheim/Bonn, Perugia, Amsterdam, Opole – ***Lit:*** Bettina Schirdewan in: Neue Keramik 4/90; Thomas Kumlehn: Brandenburg. Preis, Kat. 94; ders. in: Neue Keramik 8/97; ders.: B.K., Kat. 97; Andreas Hüneke: B.K., Kat. 97; Götz J. Pfeiffer: Wechselbilderwechsel, Kat.beteiligung 03; sowie zahlr. Rezensionen

Krenn, Martin; Pelzgasse 4/18, A-1150 Wien, *www. martinkrenn.net* (* Wien 70) – **S:** 91–97 HS f. angew. Kunst Wien; 92–96 HS f. darst. Kunst Wien (elektronische Musik) – **G/T:** Video, Fotoser., Kommunikations- u. Webprojekte – **E:** u. a. 96 Graz, Neue Gal.; 97 Wien, KH Exnergasse; 99 Wien, Künstlerhaus; 00 Salzburg,

KV; 01 Lüneburg, Kunstraum Univ. Lüneburg; 03 Wels, Gal. d. Stadt Wels; 04 Brest, Centre d'Art Passerelle – **G:** zuletzt u. a. 02 Tokio, Video AC; Nürnberg, KV; 03 Wien, Fotogal. Wien; 04 Leipzig, Gal. f. Zeitgen. Kunst; Malmö, KH; Hong Kong, AC – **R:** Videos: m. O. Ressler: Institutional Racism 97; Macht und Gehorsam – Schule unterrichtet 98; m. O. Ressler: Border Crossing Services 01; m. dems.: Imprisonment in Great Britain – A Video with Mark Barnsley 03; m. N. Maron: Harry Spiegel – Aufzeichungen zum Widerstand 04 – (Red.)

Krepcik-Zimmer, Hilde; Handelskai 210, A-1020 Wien, Tel. (01) 7 26 17 58 – **G/T:** Malerei, Graph. – (Red.)

Krepp, Siegfried, Bildhauer, Maler; Wegenerstr. 3, D-13088 Berlin, Tel. (0 30) 9 26 75 72 (* Lauchhammer 3. 7. 30) – **S:** 48–50 Lehre als Maschinenschlosser; 52–58 KHS Berlin-Weissensee (b. Th. Balden, H. Drake, W. Grzimek u. H. Worner); 58–60 AK Berlin (Meisterschüler b. Fritz Cremer) – **L:** 78–81 KHS Berlin-Weissensee (LAuftr. f. Reliefgest.) – **P:** Kunstpr. d. DDR 78; Nat.pr. d. DDR 85 – **G/T:** Skulpt. (Holz, Keramik, Bronze); Malerei – **M:** Berlin, AK; Berlin, NG; Senftenberg, KS Lausitz – **Ö:** Berlin, Anton-Saefkow-Pl. (Relief-Stele); Erfurt, Predigerkirche (Bronzerelief) – **E:** / G: 96 Berlin, Kult.brauerei; 99 Bernau bei Berlin, Gal. Bernau; 00/01 Berlin, Gal. am Wasserturm; 01 Berlin, Klostergal. Zehdenick; 04/05 Senftenberg, Gal. am Schloß – **V:** S. K. Bildhauerarbeiten 90 – ***Lit:*** NG Berlin 03 – (Red.)

Kretzschmar, Sabine, Malerin; Atelier: Geibelstr. 13, D-81679 München, Tel. u. Fax (0 89) 47 45 34, *www.bbk-bayern.de* (* Klagenfurt 13. 9. 43) – **VG:** München, Ruf – **S:** München (Malerei in freien Ateliers) – **Ve:** BBK München u. Obb. 91; Idee FIU – Freie Intern. Univ. 99; Soziale Skulpt. München – **G/T:** Malerei (Acryl, Öl, abstr.); Performances – **Ö:** Frankfurt am Main, Dt. Bundesbahn Holding; München, Siemens; ebda, Ldesbauspk. – **E:** u. a. 79–82 München, TEE; 81 Bonn, Studio Altstadt; 84 München, Drazek Art Gall.; Bielefeld, Elf; 85 Emmerich, Rheinmus.; 87 Husum, Kunstraum Speicher; 90 Stuttgart, Forum 3; 92 München, Pasinger Fabrik; 95 München, Ruf; 03 München, Wild – **G:** u. a. 86 München, Gasteig; 89, 91 München, Pasinger Fabrik; 91 Frankfurt am Main, Dt. Bundesbahn Holding; 95 Weimar, Gal. Markt 21; 97 Weimar, KV Hofatelier; Bobingen, KV; 01 München, Ruf – ***LitR:*** Indianer-Umweltbilder, Dok. Bay. 3 85; Bilder an der Wand, Dok. TV weiß/blau 92

Kretzschmar, Wolfgang Hans (Ps.: WHK), Maler, Graphiker, Autor; Via delle Volpaiole 5, I-57021 Campiglia/Marittima, Tel. u. Fax (05 65) 84 31 69, *whkart@cheapnet.it*, *www.whkart.it* (* Hersbruck/Mittelfranken 27. 2. 44) – **S:** 62–66 FHS Nürnberg (Abt. Angew. Graph., b. Prof. Eberlein u. Prof. Fick) – **P:** Premio Italia per le Arti Visive 90; Premio Etruriarte 95; Arte Oggi (1. Pr.) 01 – **Ve:** VG Bild-Kunst 97 – **G/T:** informale Malerei (Acryl auf Holz- oder Eisenplatten, Aqu.); Hschn.; abstr. digitale Fotogr. – **K:** Aqu. – **W:** überw. in Privatbes. – **Ö:** Campiglia, Pal. del Comune – **E:** 85 Mailand, Castello; 87 Nürnberg, Kunsthaus; Köln, Ruchti; Stuttgart, Ruchti; 88 Mülheim an der Ruhr, Ruchti; 89 Campiglia, Villa Yvonne; Venturina, Etruriarte; Livorno, Scali Finocchietti; 90 München, Osram; Dachau, Kunstbetrieb; 91 Certaldo, Pal. Pretorio; 95 Volterra, Pal. Pretorio; 97 Rom, Elios; 99 Rom, Gall. MR; 02 San Vincenzo, Pal. della Cult. – **G:** regelmäßige Bet. im In- u. Ausld, zuletzt Barcelona, Virtuart – **V:** Leben in der Toskana 98 – ***Lit:*** Stephan Schmidt-Wulffen: Die leichte Apokalypse des W. H. K. 86; Peter Sandmeyer: Wildschweine und Behörden, in: STERN 98; – KAT.: Gerhard Mammel: Stellungnahmen 87; Dino Pasquali u. Reinhard Riemerschmid: W. H. K. 90; Nicola Micieli: Dalla Sindrome della Catastrofe alla Terapía della Comunicazione 95 – ***LitR:*** Thomas Rex: Der Maler W. H. K., BR 88; Helga Hayne: Hereinspaziert, BR 88; Uli Pförtner: Toscana, W. H. K., HR 99; Hermann Feldhoff: Boulevard Europa, WDR 00; Ralf Gierkes: Wunderschöne Toscana, Portr. (WDR) 06; Azzura Asaggini: Artisti Stranieri in Toscana, Portr. (Tele Golfo) 06

Kreutz, Heinz, Maler, Graphiker, Fotograf; Im Seefeld 38, D-82387 Antdorf, Tel. (0 88 56) 44 24 (* Frankfurt am Main 31. 12. 23) – **S:** 38–40 Fotografenlehre – **L:** 71–73 HS f. Gest. Offenbach/Main (Gastdoz.) – **P:** Cité Intern. d. Arts Paris 67 – **KGr:** Frankfurter Gruppe (neu); Gemeinschaft junger europäischer Künstler; Quadriga – **G/T:** Malerei (Aqu., Gouache, Öl); Vertreter d. Informel – **M:** Darmstadt, Hess. LM; Frankfurt am Main, MMK; Frankfurt am Main, Städel; Kassel, Neue Gal.; Ludwigshafen, Wilhelm-Hack-Mus.; Schleswig, LM f. Kunst u. Kult.-Gesch. Schloß Gottorf; Wiesbaden, Mus. – **E:** u. a. 81 Mannheim, StKH; 91 Frankfurt am Main, Prestel; 99 Frankfurt am Main, Städel; 00 München, Maulberger; 02 Düsseldorf, Vömel – **G:** u. a. 52 Frankfurt am Main, Zimmergal. Franck; 55 Paris, Cercle Volney; 63 Hamburg, KV; 03 Wetzlar, Spilburg – **V:** Farbe ist Wolke und Stein. Über Malerei 02; H. K. Interview mit Kirsten Kretschmann-Muche 03 – ***Lit:*** Dictionary of Art 96

Kreutzer, Ingo, Graphiker, Bildhauer; Wiesenweg 2, A-4644 Scharnstein, Tel. (0 76 15) 2 01 84, *ingo.kreutzer@aon.at*, *www.ingokreutzer.at* (* Linz 16. 4. 70) – **S:** 88–89 Mozarteum Salzburg – **Ve:** Künstlergilde Salzkammergut 97 – **G/T:** Handzeichn., Skulpt., Druckgraph., Neue Medien, vorw. figurative Arb. z. Thema d. menschlichen Lebens – **W:** überw. in Privatbes. – **M:** Linz, LG – **Ö:** Wien, Mautner-Markhof-Kinderspital – **E:** 96 Wien, Junge Kunstwkst.; 01 Bad Ischl, Esplanade; 03 Altmünster, Gal. im Stadtamt; 04 Steyrermühl, Kult.zentrum Alte Fabrik – **G:** Ausst.bet. seit 95 Gmunden, Kammerhof-Gal.; Hlinskó, Intern. Skulpt.ausst.; Linz, LG; Linz, Nordico-Mus.; Montreal, Gora; St. Pölten, Veranstaltungszentrum; Wien, Gal. Sur – **V:** Künstlergilde Salzkammergut: Kunst im Salzkammergut Bd II 98; dies.: Neue Arbeiten 03; I. K. Skulptur-Grafik-Konzept 00 – (Red.)

Kreutzner, Heike (Atelier crossus), Bildhauerin; Krelingstr. 43, D-90408 Nürnberg, Tel. (09 11) 8 15 69 44 (* Waiblingen 4. 7. 63) – **S:** 83–84 Freie KSch Stuttgart; 84 Univ. Bielefeld; 85 HBK Braunschweig (Bildhauerei b. S. Neuenhausen u. Inge Maan); 89–91 Ausb. zur Steinmetzin u. Bildhauerin m. Gesellenbrief in Naila b. Hof – **L:** 87–88 JVA Wolfenbüttel (Freizeitgruppe Kunst); seit 92 div. Kurse – **G/T:** Bildhauerei; Raumkonzeptionen; Innen- u. Außenplast. – **K:** Bildhauerei, Kinderkreativkurse, Platzgest., Feng Shui-Beratungen u. Raumgest. – **W:** überw. in Privatbes.; Klein- u. Gartenplast. – **Ö:** Aumühle b. Hamburg, Ansverushaus (Brunnengest. innerhalb d. archit. Gesamtkonzepts D. Dockendorf) – **E:** 94 Nürnberg; 95 Köln; seit 97 div. Ausst. in Köln, Düsseldorf

Kreuzberg, Carin (geb. Carin Lewandowski), Bildhauerin, Graphikerin; Waldstr. 87, D-13156 Berlin, Tel. (0 30) 4 77 14 85 (* Berlin 4. 2. 35) – **VG:** Berlin, Pohl – **S:** 53–55 HBK Dresden; 55–58 HS f. bild. u. angew. Kunst Berlin-Weißensee (Plast.); 64–66 ebda (Plast.) – **Ve:** VBK DDR 69–99; VG Bild-Kunst seit 90; GEDOK Berlin 90–97; BBK Berlins 91–97 – **G/T:** figürl. Arb. (Bronze, Stein u. Steinguß); Graph. (Kaltnadelrad., Hschn.) – **M:** Frankfurt/Oder, Mus. Junge Kunst; Magdeburg, KM Kloster Unser lieben Frauen – **Ö:**

in Berlin: Gendarmenmarkt (E.T.A. Hoffmann-Denkmal), Heinestr. (Heine-Denkmal), Caritas-Klinik Pankow, Stift. Schönholz (3 Figuren) – **E:** 80 Berlin, Gal. im Turm; 83 Berlin, Kleine Gal. Pankow; 96 Potsdam, Gal. am Neuen Pal.; 98, 00 Berlin, Pohl – **G:** seit 70 zahlr. Ausst.bet. im In- u. Ausland, u. a. 75 Warschau, Skulpt.ausst.; 76 Prag, Graph. u. Plast.; 77–78, 82–83 Dresden, Kunstausst. d. DDR; 79 Dresden (Junge Bildhauerkunst); Rostock (Junge Bildhauerkunst); 83 Mexiko-Stadt (Kunst aus d. DDR); Bremen u. Worpswede (DDR heute); Brandenburg, Petrikap.; 90 Berlin-Wedding (Dialog I u. Dialog II); 91 Berlin, Das verborgene Mus.; 94, 97 Berlin, KV Pankow; 98, 99 Berlin, Franz-Vollhard-Klinik; 04 Berlin, Forum Amalienpark – ***Lit:*** Wolfram Zöller: Das Heine-Denkmal v. C.K. in Berlin, in: Heine Jahrbuch 00; Kristina Bauer-Volke u. Malwine Hörisch: Figürliche Positionen, Ausst.kat. 00

Krewal, Maler; Gneisenaustr. 62, D-40477 Düsseldorf, Tel. (02 11) 44 49 99 – **G/T:** Malerei

Krian, Erich, Maler, Graphiker, Installationskünstler; Dresdener Str. 21, D-44139 Dortmund, Tel. (02 31) 12 16 12, Fax 5 86 05 36. Pompeiana/Ligurien, Ital. (* Dortmund 48) – **VG:** Dortmund, Möller – **S:** 69–73 FHS Dortmund (Malerei b. Prof. Gustav Deppe); 72–77 KA Düsseldorf (Malerei b. d. Prof. Rupprecht Geiger u. Gotthard Graubner, 76 Meisterschüler b. Prof. Rupprecht Geiger) – **P:** Villa-Romana-Pr. (Gastkünstler) 90, 92, 94; Wettb. Kunst u. Ökologie Hamm (Pr.träger) 93 – **Ve:** Westdt. Künstlerbund – **G/T:** Skulpt. (v. a. in Bronze); kastenartige Objekte; Außeninstall.; Zchng (Leinöl, Unterbodenschutz, Ölspachtel, Schellack auf Papier, wenige Farbpigmente) – **M:** Albstadt, StG; Dortmund, Mus. am Ostwall; Goch, Mus. f. Kunst u. Kult.gesch.; Herne, StG Strünkede; Marl, Skulpt.-Mus. Glaskasten – **Ö:** Ahlen, Vorpl. v. St. Marien (Install.) – **E:** u. a. 86 (Kat.), 06 Herne, StG Strünkede; 87 Gelsenkirchen, SM (Kat.); Unna, KV (Kat.); 88 Altena, StG (Kat.); Emmerich, KV (Kat.); 89 Brühl, KV (Kat.); Ulm, cuenca (Kat.); 90 Siegen, KV (Kat.); Wadersloh, Mus. Abtei Liesborn (Kat.); 91 Essen, Mus. Folkwang (Kat.); 93 Gladbeck, StG (Kat.); 96 Alpirsbach, Alpirsbacher Gal. (m. Th. Müller); Siegburg, SM (Kat.); 00 Siegen, Siegerlandmus. (Kat.); 01 Beckum, SM; 05 Hattingen, SM; Witten, Gal. Haus Herbede; Tettnang, StG im Torschloß; 06 Dorsten, Altes RH – **G:** zuletzt 06 Goch, Mus. f. Kunst u. Kult.gesch.: Jamboree – **V:** Florenzprojekt 90 – ***Lit:*** u. a. Ingo Bartsch u. Jörg Eberhard: E.K. Besinnungen. Arbeiten der letzten Jahre 99; Gabriele Uelsberg u. a.: E.K. Metamorphose einer Ausstellung 00; Ingo Bartsch u. Martin Gesing: E.K. Unterbodenschutz, Ölspachtel, Schellack. Arbeiten auf Papier 1992–2001 01; Mus. am Ostwall Dortmund (Hrsg.): Der erste Blick. Sammlung Regina u. E.K. 03 – (Red.)

Krickhahn, Vera, Bildhauerin, Graphikerin, Objekt- u. Multimediakünstlerin; Taborstr. 22, D-10997 Berlin, Tel. (0 30) 6 11 56 51, Fax 61 77 60 60, *KrickhahnV@aol.com*, *www.verakrickhahn.de* (* Berlin 31. 10. 39) – **S:** 63–64 Meisterschule f. d. Kunsthandwerk Berlin (Bauplast.); 64–71 HdK Berlin; 70 ebda (Meisterschülerin b. Prof. B. Heiliger) – **L:** 74–89 VHS Berlin-Kreuzberg (Doz. f. Bildhauerei); 81–82 Gewerbeförd.-anst. Berlin (LAuftr. f. plast. Gest. u. Zeichn.); 85–86 HdK Berlin (LAuftr. FB plast. Gest.) – **P:** Villa Serpentara Olevano Romano 79 – **Ve:** BBK Berlins 69–91; Dt. Werkbund 75–93; Ver. Berliner Künstler seit 98 – **KGe:** V. K. u. Dieter Ketterer, Architekt (82–90) – **G/T:** Plast. (Metall, Edelstahl, konstruktivistisch-geometrische Abstr.); Objekt- u. Multimediainstall. (Holz, Plexiglas, Filmdruck, Papier) – **M:** Berlin, Berlinische Gal. – **Ö:** Berlin, Univ. d. Künste; ebda, RH Charlottenburg, Wohnheim f. alleinstehende Männer Reinickendorf, Lettepl. Reinickendorf, Kindertagesstätte Leuschner Damm Kreuzberg, Kindertagesstätte Karolinenstr. Reinickendorf – **E:** 78 Berlin, Bülbül; 80 Heidelberg, KV; – Ausst. m. einem Künstlerkollegen: 78 Berlin, Gal. Andere Zeichen; 91 Berlin, Kleine Gal. am Festungsgraben; Berlin, Gal. iX; 97 Paris, Essec (Paris la Defence); 98 Commentry, La Pleiade; 99 Paris, Génie de la Bastille; 01 Berlin, Petra Lange – **G:** Ausst.bet. seit 74, zuletzt 01 Prag, Graph. Trienn; 03 Györ, Intern. Bienn. of Graphic Arts – ***Lit:*** Hans Gercke: V. K. Zeichnung 80; – Beitr. in Ausst.kat., u. a.: Altwerden in unserer Gesellschaft 76; Die gesellschaftliche Wirklichkeit des Kindes in der Bildenden Kunst 79; Kunsthalle Berlin (Hrsg.): Bericht 1982. 5 Jahre Ankäufe des Senats 82; Kinderleben 82; Nora 86 86; Frauen sehen Männer 87; Berlin – Paris. Kulturaustausch 2000 00; 3. International Triennial of Graphic Arts Prag 01; 7. International Biennial of Drawing and Graphic Arts Györ 03; Hommage à Berlin 03; Verbindungen II – synthesen und antithesen 04; – Beitr. in weiteren Publ.: Inge Huber u. Karoline Müller: Zur Physiologie der bildenden Kunst 87; Simeona Hosková u. Olga Fridlovà: European Review of Modern Prints. Books on Paper Art 01 – ***LitR:*** Petra Liesenfeld: Annäherungen – Begegnungen von 5 Künstlerinnen, Video-Dok. 92 – (Red.)

Krieg, Isabelle, Installations- u. Performancekünstlerin; Rte de la Grangette 16, CH-1723 Marly, Tel. 04 42 61 62 53, *isubillu@yahoo.com*, *isabellekrieg.ch.* c/o Atelier d. Stiftung BINZ39, Sihlquai 133, CH-8005 Zürich, Tel. 04 42 71 18 71, Mobil: 0 787 63 19 84 (* Fribourg 71) – **S:** 93–94 HS f. Gest. u. Kunst Luzern (Vorkurs); 96–98 ebda (Grundstud. Visuelle Kommunikation) – **P:** Atelierstip. d. Kt. Freiburg in Berlin 99; Vordemberge-Gildewart-Stip. 01; Pr. d. Stift. Irène Reymond 03; Werkbeitr. d. Stadt Freiburg 03; Atelier im Kult.zentrum Nairs, Scuol 03; Atelieraufenthalt im Schweizer Inst. Rom 03, 04; Werkjahr d. UBS-Kult.stift. 05; Atelierstip. d. Stift. BINZ39 Zürich 05; Prix Mobilière Young Art 06 – **G/T:** Install.; Objekte; Performances; Zchngn (u. a. m. Filzstift); Aktionen; Fotogr. – **W:** div. Interventionen, z.B.: Die Welt entdecken, Berlin 04; Maman, in Freiburger Ztg La Liberté anläßl. d. Muttertages 8.5.04; – sowie im öff. Raum (u. a. Berlin) – **E:** u. a. 04 Moutier, Mus. jurassien des Beaux-Arts (Kat.); 05 Payerne, Gymnase intercantonal de la Broye; Fribourg, Mus. d'art et d'histoire (Skulpt. im Garten, Kat.); Bern, StG (Kat.); 06 Zürich, White Space; Sachseln, Mus. Bruder Klaus; Bern, Marks Blond; Köln, Büro DC – **G:** zuletzt u. a. 04 Rom, Schweizer Inst.: Schaumschauen; 05 Prag, Bienn.: A second sight (Kat.); Glarus, Kunsthaus: Die Welt entdecken u. Peter sucht Arbeit. Ich auch; Paris, Nuit blanche: Manna; Chur, Fasciati: Die Welt entdecken; 05, 06 Metz, Frac Lorraine; 06 Linz, Bienn. Cuvée; Berlin, Café Moskau: Intelligent Design; Zürich, BINZ39: Intensive shelter; Basel, Swiss Art Awards: Primitive shelter; Langenthal, Kunsthaus: Unerledigt – **V:** Die Welt entdecken/Découvrir le monde, Fotob. 03; Kal.gest. f. Kunstbulletin 05; Bartolomeo Pietromarchi: The (un)common place (Buchumschlag) 05; laut u. leise, Mag., Nr. 2 (Fotogr. Gest.) 05 – ***Lit:*** Monogr. im Rahmen v. échanges 05; Vanessa Hudig: De Wereldkaart, In: Mister Motley, Nr. 6 05

Kriemler, Beat, Bildhauer ARBS (Assoc. Member Royal Brit. Soc. of Sculptors); c/o Galerie Hunziker, Ekkehardstr. 5, CH-8006 Zürich, Tel. u. Fax 0 13 63 50 55, *info@galeriehunziker.ch*, *www.galeriehunziker.ch; www.sculptureexpo.com* (* St. Gallen 3. 6. 69) – **VG:** Zürich, Hunziker; Santa Fe, Wiford –

S: 90–96 Inst. of American Indian Arts Santa Fe New Mexico; Ass. b. Robert Haozous Santa Fe – **P:** Inst. of American Indian Arts Santa Fe (2. Pr.) 95; National Deans Honor List 95; Inst. of American Indian Arts Santa Fe, Alumni Assoc. (1. Pr.) 99 – **Ve:** Visarte; Santafe Sculptors Guild – **G/T:** geometrische u. organische abstr. Plast. u. Skulpt. (div. Materialien) – **W:** in Privatbes. im In- u. Ausld – **Ö:** Gannobio/Ital. (Skulpt.gr.); Gerlikon/Zürich (Großplast.); Nottwil; Sempach, Skulpt.-park; Zürich, Kr. 6 (Großplast.); Zürich-Seebach (Großplast.) – **E:** 02, 03, 04 Zürich, Hunziker – **G:** u. a. 95 Santa Fe, Forging Ahead; 96 Albuquerque, Cardet; 97 Zürich, Kunstszene; 02 Immenstadt, Leben u. Arb. am Wasser; 03 Nürnberg, Haltestelle Kunst; Nottwil, Skulptour – **V:** Premio Terzo Millennio 00; Skulptour Skulpturenpark Sempach 03 – **R:** Interview f. d. Inst. of American Indian Arts Santa Fe, Video 03

Kriesche, Johannes, freischaffender Künstler; Engelsgäßchen 3, D-63075 Offenbach am Main, Tel. u. Fax (0 69) 49 27 75, *KUNST@Johannes-Kriesche.de*, *www.johannes-kriesche.de* (* Herzebrock/NRW 18. 3. 59) – **VG:** Paderborn, Püschel; Wiesbaden, Kunstwerk; Frankfurt am Main, Artbox Gal. d. Ed. – **S:** 81–87 FHS Bielefeld (Malerei) – **Ve:** Bund Offenbacher Künstler – **KGr:** Kunst Raum Mato – **G/T:** Enkaustik, Malerei (Acryl u. a.) – **E:** u. a. 96 Bielefeld, Kirchl. HS Bethel; 97 Bielefeld, Otterstätt; 98 Frankfurt am Main, HS f. Musik u. Darst. Kunst; 99 Frankfurt am Main, Kunstwerk; 00 Darmstadt, Gal. d. Software AG; 02 Darmstadt, Gfall; Bad Homburg, art at work; 03 Frankfurt am Main, Gal. Ed. 1; 04 Offenbach, Kunst Raum Mato – **G:** u. a. 98 Guangzhou, Mus. of Guangdong Prov.; 99 Kleinsassen, Kunststation; Frankfurt am Main, Schopenhauer Ges.; Frankfurt am Main, Gal. A2A; 01 Frankfurt am Main, Schirn; 02 Hanau, Gal. 69; Darmstadt, Gal. d. Software AG; 03 Darmstadt, B.K.I. Gal.; Offenbach am Main, Dt. Leder-Mus.; 04 Frankfurt am Main, Artbox Gal. d. Ed. – ***Lit:*** Gruppe Tür, Gr.kat. 88; Interaktion Paris-Bielefeld 90; J. K. Bilder 00

Kriesche, Richard, Prof., Objekt- u. Medienkünstler; Trautmannsdorfgasse 1, A-8010 Graz, Tel. (03 16) 84 38 39, Fax 84 38 39, *richard.kriesche@aon.at; richard.kriesche@stmk.gv.at* (* Wien 28. 10. 40) – **S:** 53–63 ABK Wien (Graph., Malerei); Univ. Wien (Kunstgesch.) – **L:** 63 Höhere Technische Bundeslehranst. Graz; 88–91 TU Wien; 91 HS f. Gest. Offenbach/Main (Prof.); 95–96 Éc. supérieure des Beaux-Arts Paris (Gastprof. f. elektronische Kunst) – **P:** DAAD-Stip. f. Berlin 83 – **G/T:** Objekte, Video, Fotogr., Digitalkunst, Install., Malerei, Graph. – **M:** Graz, LM Joanneum; Hamburg, KH; Wien, MMK Stiftung Ludwig – **E:** zahlr. Ausst. im In- u. Ausland seit 63, u. a. 73 Edinburgh, Demarco Gall. (m. Joseph Beuys); 80 Wien, MMK Stiftung Ludwig, 85 Boston/Mass., Mass. Inst. of Technology; 87 Los Angeles, MCA; 91 Raumstation Mir, Projekt 'Artsat'; 04 Stainz, Landwirtschaftliche Slg Schloß Stainz – weitere: Baden-Baden, SKH; Berlin, Gedächtniskirche; Graz, Künstlerhaus; London, Krauss; Oxford, Mus. of Mod. Art; Venedig, Archivio Storico delle Arti Contemp.; Zürich, Kunsthaus – **G:** u. a. 77, 87 Kassel, documenta; 86 Venedig, Bienn.; 89, 94 Linz, Ars Electronica Center; 03/04 Graz, LM Joanneum; Graz, steirischer herbst – ***Lit:*** Contemp. Artists 96 – (Red.)

Kriki (weiteres Ps.: Käptn Kriki, eigtl. Christian Gross), Lehrer, Comicfachverkäufer, Collagist; Großbeerenstr. 66, D-10963 Berlin, Tel. (0 30) 2 51 35 33, Fax 25 29 93 77, *christiangross-kriki@t-online.de* (* Lamstedt/Nds. 9. 2. 50) – **P:** Rückblende (3. Pr.) 01 – **Ve:** ICOM Dtld – **KGr:** Kult.gr. Ferkel (seit 78) – **G/T:** Collage u. Cartoon – **M:** Greiz, Satirikum; Hannover, Wilhelm-Busch-Mus. – **E:** 94 Berlin, Grober Unfug; 99 Leipzig, Moritzbastei; 01 Berlin, Cartoonfabrik Köpenick – **G:** 82 Berlin, Grober Unfug; 85, 90 Berlin, Gal. am Chamissopl. – **V:** Idiotikon 86; Der Berg ruft 86; Sei kein Frosch 87; Das Collagenbuch 87; In der Klinik für komisch Kranke 93; Das Schlimmste ist der Juckreiz 94; Durchs wilde Kopistan 00; Im Reich der Schnitte 01 – (Red.)

Krippendorff, David; Torstr. 175, D-10115 Berlin, *me.in-berlin.de/~o8/INFO.HTML#KRIPPEND* (* Berlin 29. 9. 67) – **S:** 89–95 HdK Berlin (Bild. Kunst); 90 ebda (Kl. b. Prof. Lemcke); 92 Éc. Nat. Supérieur des Beaux-Arts Paris; 96 HdK Berlin (Meisterschüler) – **P:** Atelierstip. d. Karl-Hofer-Ges. 97 – **G/T:** Video – **E:** / G: zuletzt u. a. 99 Turin, Maze Art Gall.; 00 Aachen, Neuer Aachener KV; New York, Trans Hudson Gall.; Berlin, Potsdamer Pl. (Der grüne Floh); 01 Berlin, Gebauer; Toronto, YYZ Artists' Outlet; London, Inst. of Contemp. Art; 02 Berlin, Künstlerhaus Bethanien; New York, New MCA; 03 New York, Massimo Audiello; New York, PS1 – (Red.)

Krips, Markus; c/o Galerie Maximilian Krips, Albertusstr. 9–11, D-50667 Köln (* Köln 65) – **VG:** Köln, Krips – **S:** 83 KA Düsseldorf (Kl. Michael Buthe u. Nam June Paik) – **P:** Chargesheimer-Stip. Köln 98 – **KGe:** Kritzkratz: M. K. u. Lili Voigt (seit 91) – **G/T:** u. a. Video-Install. u. Animation – **E:** m. d. Gr. Kritz-Kratz u. a. 93 Köln, Berndt; 97 Bonn, KM; Luzern, Medienfestival; Köln, Kunstforum; 99 Jülich, Forschungszentrum – **G:** m. d. Gr. Kritz-Kratz u. a. 94 Wien, KH Exnergasse; Bonn, Videonale; 95 Frankfurt am Main, Art Frankfurt; 97 Osnabrück, Media Art Festival; Lissabon, Centro Cultural de Belém – (Red.)

Krischanitz, Margherita s. Spiluttini, Margherita

Krischke, Ariane, Mag. art, Akad. Malerin; An der Rehwiese 13, D-81375 München, Tel. u. Fax (0 89) 70 09 99 52, *www.arianekrischke.com* (* München 2. 7. 70) – **S:** 89–91 Istituto per l'arte e il restauro Florenz (Gemälderestaurierung); 91–96 ABK Wien (Meisterschule Malerei u. Graph. Prof. Arik Brauer); 99 Trompe l'oeil Wandmalerei b. Yannick Guégan in d. Bretagne; 03 Sommerschule b. Odd Nerdrum Norwegen – **P:** Aufenthaltsstip. d. ABK Wien (f. New York) 95 – **Ve:** Münchner Künstlergenoss. kgl. privilegiert 1868 03 – **KGr:** GEGEN-STAND (seit 99) – **G/T:** Ölmalerei u. Zeichn., mystische Landschaft, Stilleben, Selbstportr., Frauenbildnis u. Akt – **W:** Ölgemälde, Zeichn., Masken, Rad. u. Fliesenmalerei in Privatbes. – **Ö:** Attersee, Fa. Lenzing; Großhadern, Station FG9 im Klinikum; Wien, Fa. Immuno – **E:** 90 München, Feierwerk; 94 Garmisch-Partenkirchen, Spielbank; 97 Semmering, Hotel Panhans; 98 Wien, Fa. Immuno; Schönbrunn, Palmenhaus; 00 Wien, Altes RH – **G:** seit 90 zahlr. Gr.ausst. im In- u. Ausld, u. a. 90 Florenz, Villa Montalto; 93 Wiener Neustadt, St. Peter an d. Sperr (Meisterschule Arik Brauer); 94 Baden bei Wien, Theater am Steg; 95 Wien, Wasserturm (Meisterschule Arik Brauer); Wien, Hilton Vienna; 96 Gumpoldskirchen, Bergerhaus; Bonn, Rosenzweig; 98 Greillenstein, Schloß; 99 Wien, Theater Akzent; 00 London, Painters Hall; Germering, Stadthalle; Wien, Austria Center Vienna; 00, 02 Wien, Naturhist. Mus.; 01 Nürnberg, Gal. am Theater; Wien, Mus. Schottenstift; München, Pasinger Fabrik; Gent, Kunstmesse; 04 Frankenhardt, Schloß Honhardt; Kufstein, Festung Kufstein/Kaiserturm; 06 Klagenfurt, Haus d. Archit.; Wien, Michaelerkirche; – jl. seit 02 München, Haus d. Kunst – **V:** Mystic Nature

Painting, in: Philip Rubinov-Jacobson: Eyes of the soul. Exploring Inspiration in Visionary Art & Artists 04

Krismer, Siegfried Josef, Bildhauer; c/o Galerie am Kirchplatz, Obere Dorfstr. 33, A-6533 Fiss, Tel. (0 54 76) 6 39 50 16, Fax 6 39 54, *s.e.krismer@aon.at* (* Fiss 25. 11. 44) – **VG:** Fiss, Gal. am Kirchpl. – **S:** 61–65 Höhere Techn. Lehranst. Innsbruck (Holz- u. Steinbildhauerei) – **Ve:** Tiroler Künstlerschaft 70 – **G/T:** Bildhauerei (profane u. relig. Darst. in Holz, Bronze u. Keramik); Hschn.; Malerei – **W:** überw. in Privatbes. – **M:** Innsbruck, Tiroler VolksKM; Landeck/Tirol, Schloß-Mus. – **Ö:** Fiss, Totenkap.; Götzens, Friedhof; Ladis, Friedhof – **E:** seit 83, u. a. 84 Landeck, GYM-Gal.; 88, 97 Imst, Turmgal.; 90 Vill, Gal. am Grillhof; 91 Steyr, Raiffeisengal.; 95 Wiltz, Weber; 96 Wachtberg, Raiffeisenbank; Innsbruck, Kass (m. Dietlinde Bonnlander); 97 Fiss, Gal. am Kirchpl. (m. ders.); 99 Imst, Gal. S (m. Riet Luck); 04 Innsbruck, HBLA-West (m. Helga Sams) – **G:** sehr zahlr. seit 65, zuletzt u. a. 93, 04 Matrei am Brenner, Bildungshaus St. Michael; 94, 96 St. Anton am Arlberg, Gal. Mansarte; 97 Luxemburg, Théâtre des Capucins; 99 Innsbruck, Kass: Start d. Gr. 30; 00 Landeck, Gal. am Schenten; 00, 05 Ladis, Gal. im Rechelerhaus; 01 Innsbruck, Kolpinghaus; Landeck, GYM-Gal.; 02 Hochrum, Gal. im Sanatorium; 05 Wörgl, Tagungshaus – **V:** Annemarie Regensburger: Durchkreuzte Wege (Hschn.)

Kristin s. Punz, Christine

Kriwet, Ferdinand, Maler, Komponist, Autor (* Düsseldorf 3. 8. 42) – **P:** Förd.pr. d. Ldes NRW 67; Tokyo Metropolitan Governor's Award 67; Förd.pr. d. Stadt Düsseldorf f. Lit. 72; Karl-Sczuka-Pr. d. Südwestfunks 75 – **G/T:** Malerei, Musik, Mixed Media – bes. Hör- u. Sehtexte, Textbilder u. -filme – **M:** Miami Beach, Ruth and Marvin Sackner Arch.; Ulm, Ulmer Mus.; Wiesbaden, Mus.; Wolfsburg, StG – **Ö:** zahlr. Arb. im öff. Raum, u. a. in Berlin, Bochum, Düsseldorf, Duisburg, Essen, Frankfurt, Herten i.W., Köln, Krefeld, Stuttgart – **E:** / G: u. a. 62 Amsterdam, Sted. Mus.; 66 Berlin, AK; 68 Baden-Baden, SKH; 69 Venedig, Bienn.; 70 Köln, KV; 72 Essen, Mus. Folkwang; 75 Düsseldorf, KV; 77, 82 Kassel, documenta; 93 Lüdenscheid, Friebe; 04 Köln, BQ – weitere in Basel, Brüssel, Klagenfurt, Liverpool, Madrid, New York, Palermo, Paris, Philadelphia, Tokio, Triest – **V:** u. a.: Leserattenfaenge 65 – **R:** zahlr. Arb. f. d. RF, bes. elektroakustisch verarb. Collagen, u. a. Apollo Amerika 69; Voice of America 70; 'Fußball – Eine Radiotrilogie': Modell Fortuna 72, Ball 74 u. Radioball 75; Radioselbst 79 – ***Lit:*** Reclams Künstlerlex. 02; Schweers 02 – (Red.)

Krobath, Barbara, Dipl. Designerin; Weihburggasse 22, A-1010 Wien, Tel. (01) 5 13 70 19, Mobil 0 66 43 61 34 42, *barbara.krobath@netway.at* (* Waiern/Kärnten 24. 2. 59) – **S:** 77–79 Graph. Lehr- u. Versuchsanst. Wien (Abt. Fotogr.); 79–84 Folkwangschule Essen – **G/T:** Fotogr. (Portr., Reportage, Ldschaft) – **K:** Stift Geras (Fotogr.) – **M:** St. Pölten, Ndöst. LM; Wien, Wien Mus. – **E:** u. a. 84 Wien, Fotogal. Wien; Wien, Bank Austria Schottentor; 89 Altenburg/NdÖst., Ndöst. LM Stift Altenburg; 95 Orth, Donau-Mus.; 00 Wien, Siemens-Forum; 01 Geras/NdÖst., Stift; 02 Graz, Kalachakra; 03 Krems, K.U.H.-Gal.; Raabs/Thaya, Burg; Wien, Mus. Schottenstift; 04 Haugsdorf, Kellertrift – **G:** 89 Wien, Ndöst. LM; 90 Wien, Messepal.; 01 Wien, Naturhist. Mus.; Raabs/Thaya, Burg; Wien, Mus. auf Abruf – **V:** Das Land der Stille. Waldviertel 01; Licht Jahre. Christoffel Blindenmission 03; Fastenspeisen in Klöstern 04 – (Red.)

Kröger, Hinrich, Maler u. Keramiker, Künstler; Galerie-Werkstatt, Gipsstr. 13, D-10119 Berlin, Tel. (0 30) 2 82 27 29, Mobil: 0 16 21 03 80 18, *www.galerie-hinrich-kroeger.de* (* Berlin 15. 3. 65) – **VG:** Berlin, Kröger – **S:** 83–89 Zentrum Bild. Kunst Neubrandenburg (Töpferlehre); HBK Dresden (Malerei u. Graph. b. Werner Liebmann, Claus Weidensdorfer u. Ralf Kerbach) – **G/T:** Malerei u. Zeichn. (auf Ton-Wandtellern, Bodenvasen, keramischen Fliesen); Wandgest. (auf keramischen Fliesen f. Innen u. Außen) – **Ö:** Berlin, Reichstagsgebäude – **E:** div. Ausst. in d. eigenen Gal. seit 95 – **G:** div. Ausst. seit 95, u. a. Dresden, Georgentor; Berlin, Parterre – (Red.)

Kröger, Klaus, Maler; c/o Berufsverband bildender Künstler e.V. Hamburg, Kunsthaus Hamburg, Klosterwall 15, D-20095 Hamburg, Tel. (0 40) 33 65 14. c/o Kunstladen 101 Susann Stuckert, Bahrenfelder Steindamm 101, D-22701 Hamburg (* Berlin 25. 12. 20) – **S:** 49–52 Stud. am Baukr. Hamburg – **P:** Arb.stip. d. Hansestadt Hamburg 81; Edwin-Scharff-Pr. 82; Arb.stip. d. Kunstfonds Bonn 89 – **KGr:** Neue Gruppe Hamburg – **M:** Bremen, KH; Hamburg, KH; Kiel, KH – **E:** seit 63, u. a. 64 Wuppertal, Von der Heydt-Mus.; 82, 89, 02 Bremen, Gal. im Winter; 86 Hamburg, Hauptmann; 90 Neuenkirchen, KV Springhornhof; 94 Münster, Etage; 95 Hamburg, KH; 05 Hamburg, Kunstladen 101 – **G:** u. a. 64 Kassel, documenta – ***Lit:*** Hans Vollmer: Allg. Lex. d. Bildenden Künstler d. 20. Jh., Bd VI 62; Schweers 02 – (Red.)

Kröger, Rolf; via Costa di Mezzo, CH-6614 Brissago, Tel. (0 91) 7 93 16 75 (* Bad Homburg 44) – **VG:** Ascona, Leupi; Hamburg, Meißner – **S:** 92–95 Scuola di Scultura Peccia (Steinbildhauerei b. Alex Naef); Stud. b. Jorge Machold in Berlin – **G/T:** Skulpt. (u. a. Granit u. Marmor aus d. Tessin u. Ital.); Malerei – **E:** / G: u. a. 95 Locarno, Knecht; Ascona, Serodine; 96 Bad Zwischenahn, Edition Gal. Moderne; Langenhagen, Depelmann; 97 Oberursel, Kunst im Park; Frankfurt am Main, Stechow; 97, 98 Zürich, Kunstmesse; 98 Frankfurt am Main, Bethmannhof; 98 Hamburg, Meißner; 99 Brissago, Gal. Amici dell'Arte – (Red.)

Kröll, Elisabeth, Zeichnerin, Malerin, Illustratorin; Hubertusstr. 17, D-82054 Sauerlach, Tel. (0 81 04) 75 71, *ekroell@onlinehome.de* (* Recke/NRW) – **S:** 64–68 Staatl. KA Düsseldorf (u. a. b. K. O. Götz u. Josef Beuys); 74–75 ebda (Staatsexamen) – **Ve:** BBK München u. Obb. 89–06 – **G/T:** Zeichn., Pastelle, Ölbilder, Aqu. – **K:** Zeichenkurse VHS – **M:** Attendorn, Mus.; Gütersloh, Artothek; München, Dt. Theatermus. – **E:** u. a. 80, 82 Attendorn, Mus.; 82 Gütersloh, Theater; 87 Bielefeld, Friedrichs; 89 München, Gal. am Bachfeld; 93 Starnberg, Weiss; Gütersloh, Stadthalle; 94 München, Dt. Theatermus.; 95 München, Abtei St. Bonifaz; 96 München, Ruf; Düsseldorf, Goethe-Mus.; 99 Olpe, KV Südsauerld; Heerlen, Stadsshouwburg; 99, 00 Beirut u. Tripoli, Goethe-Inst.; 01 Vaals, Mus. de Kopermolen; 02 Unna, Stadtkirche; 03 München, Jesajakirche; 05 Sommerhausen, Ueltzen – **G:** zahlr. Bet., Projekte, Bild-, Klang- u. Textaktionen, zuletzt 06 München, DG Gal.; 07 Regensburg, Diözesan-Mus. – ***Lit:*** M. Moll, in: München Mosaik 89; I. Zimmermann, in: Süddt. Ztg 91, 93, 97; H.W. Weiden: Frau im Leben, in: München Mosaik 94; J. Kerschner, in: Und 99; W. Janssen, in: EuriArtes 99, 01 – ***LitR:*** Faust, z. Ausst. im Goethe-Mus. Düsseldorf (WDR) 06

Kröner, Holger H., Dipl.-Ing., Maler; Carl-Keller-Weg 3, D-79539 Lörrach, Tel. (0 76 21) 79 84 46, *holger@hkroener.de*, *www.hkroener.de*. c/o Atelier, Am Kesselhaus 15, D-79576 Weil am Rhein (* Bad Vilbel 29. 1. 45) – **S:** 89–93 KSch Zürich – **P:** Pr. d. Jury St. Louis 93; Markgräfler Kunstpr. 03 – **Ve:** Kult.zentrum Kesselhaus 94; Ver. Bild. Kunst (VBK) Lörrach 05 –

KGr: intern. Ateliers am Kesselhaus (seit 90) – **G/T:** Malerei (m. farb. Erden, earthpaintings); Der Mensch in seiner archaischen Ausbreitung – **K:** Ölmalerei (seit 95); exper. Malen u. Gest. (alle Medien, seit 95) – **Ö:** Weil am Rhein, Wirtschaft & Tourismus (WWT); ebda, Ob.bürgermeister; Lörrach, Loeba Treuhand GmbH – **E:** 93 Müllheim, Gal. im Gewölbe; 94 Lörrach, Gal. in d. Fabrik; St. Louis, Salon Cult. Art; 98 Fontmorigny, Abtei (Hist. Gal.); 00 Lörrach, Gal. coq rouge; 02 Weil am Rhein, StG Stapflehus – **G:** 96 Weil am Rhein, StG Stapflehus: menschesmensch; 97 Basel, MfG: 19+1; 99 Weil am Rhein, Mus. am Lindenpl.: Weiler Künstler; 05, 06 Lörrach, Mus. am Burghof; 05 Ferrette, Ancien Tribunal; 06 Badenweiler, Großherzogliches Pal. (Kunstpr.träger)

Krötlinger, Ernst, Akad. Maler; Wiesen 4, A-3071 Böheimkirchen, Tel. (0 27 43) 26 98 (* St. Pölten 13. 2. 38) – **S:** 58–63 ABK Wien (b. Herbert Bocote u. R.C. Andersen) – **P:** Theodor-Körner-Förd.pr.; Jakob-Prandtauer-Pr. – **G/T:** Gegenständl.-abstr.; Öl, Tempera, Gouache; Glasfenster; Keramik; Betonrelief; Plast. – **W:** Bilder b. privaten Slgn, in Bes. d. Öst. Gal., Ndöst. Gal., d. Stadt St. Pölten sowie in GB u. a. – **Ö:** Amstetten, Fa. Umdasch (Keramik); St. Pölten, Bestattungshallen (Glasbetonwände); ebda, Prandtauerhalle (Betonrelief), Kinderspital (Keramiken), Kindergärten (Keramiken) – **E:** in Wien, Salzburg u. NdÖst. – ***Lit:*** E.K. 05

Krötsch, Isabelle, Malerin, Fotografin, Bühnen- u. Kostümbildnerin; Lavesstr. 60A, D-30159 Hannover, Tel. (05 11) 3 53 05 53, Mobil: 01 7 27 38 69 58, *isabelle.kroetsch@freenet.de*. Preysingstr. 18, D-82131 Gauting, Tel. (0 89) 8 50 53 54, Fax 89 39 89 63 (* München 18. 7. 74) – **S:** 96–01 ABK Stuttgart (Bühnenbild u. Kostüm b. Prof. Jürgen Rose) – **Ve:** BBK München u. Obb.; VBKW; Bund d. Szenographen – **G/T:** Bühnenbild (Theater, Oper u. Film); Malerei u. Fotogr. (figurativ-abstr. Raumarrangements, Szenen, Farbkompositionen, Collagen, inszeniert u. spontan, Portr., Bildgesch.) – **W:** Gemälde, Fotogr. u. Zeichn. überw. in Privatbes.; Bühnenbild u. Kostüme f. (Musik-) Theaterprojekte in München, Hannover u. Stuttgart – **E:** 02 Stuttgart, VBWK (Familienspaziergang, Fotoarb.); 03–04 Hannover, Schauspiel (Bühne u. Kostüme f. Oscar van den Booghaard: Lucia schmilzt): – **G:** u. a. 98 Stuttgart, Künstlerhaus; 02 Berlin, Inselgal.; Meiningen, Meininger Mus. – **R:** Erika Mettig-Michaels (Regie): Viendo Liovar, Kurzfilm (Szenenbild); Wolfram Mayer-Schuckarol (Regie): Grüne Rosen, Kurzfilm (Szenenbild) – ***Lit:*** Bild und Szene 4 02; Jeder Meter für die Kunst 96/97 – (Red.)

Kroh, Renate, Akad. Bild. Künstlerin; Finkenstr. 17, D-90559 Burgthann, Tel. u. Fax (0 91 83) 80 61, *kunstraum-AG@web.de*, *www.renate-kroh.meinatelier.de*. Atelier: Mühlweg 6, D-90518 Altdorf (* Nürnberg 27. 11. 62) – **S:** 87–93 ABK Nürnberg (Stud. b. Prof. Ensemann u. Prof. Herpich) – **L:** seit 03 VHS Schwarzachtal (Doz.) – **P:** Gastkünstler-Stip. Intern. Akad. Marmaris 01; Atelierförd. d. Bay. Ldesreg. 02–04 – **Ve:** VG Bild-Kunst seit 93; BBK Nürnberg seit 94; KV Erlangen 00–03 – **KGr:** Forum Künstlerinnen 98–03 – **G/T:** Materialarb., Acrylmalerei, Objekte – **K:** Acrylmalerei, Malreisen – **M:** Dresden, SLUB; Karlsruhe, Badisches LM – **Ö:** Ludwigsburg, Stadtspk.; Erlangen, Fa. Pfrimmer-Nutricia – **E:** u. a. 95 Nürnberg, Schloß Almoshof; Köln, Voigt; Schwabach, Gal. Bürgerhaus; 96 Hatten, Zebra; Fürth, Stadttheater; 97 Höchstadt an der Aisch, Stadtturm – **G:** zahlr. Ausst.bet. seit 88 im In- u. Ausld, u. a. 93 Nürnberg, Decus; Breslau, Jatkach; 94 München, Gal. im RH; Hof, Ldesgartenschau; 97 Koblenz, Kurfürstl. Schloß; Darmstadt, Haus f. Industr.kult.; 98 Karlsruhe, Badisches LM; 03 Ingolstadt, hist. Reithalle – ***Lit:*** u. a. AUSST.KAT.: Textilbilanz 88, 89; Danner-Pr. 91; KunstRaumFranken 93, 94; Musik-Visuell 98; Sein ist die Zeit 00; Licht Raum Europa 03

Kroha, Josef, Maler; Schlichtstr. 12, D-85276 Pfaffenhofen, Tel. (0 84 41) 25 37, Fax 78 78 69, *josef.kroha@t-online.de*, *www.kroha-kunstmaler.de* (* Schönficht 4. 8. 29) – **S:** 53–59 ABK Stuttgart (Meisterschüler b. Prof. M. Henninger) – **P:** Dt. Kunstpr. d. Jgd. (1. Pr.) 59; Cité Intern. d. Arts Paris 65–66; Lovis-Corinth-Pr. (E.gabe) 88 – **Ve:** Künstlerbund BW; VBK München; Künstlergilde Esslingen – **KGr:** Neue Württembergische Gruppe – **M:** Akron/USA, Mus.; Esslingen, Künstlergilde; Helsinki, Slg Kuntsi; Köln, Gal.-Slg Gerlin; München, Adalbert Stifter Ver.; Ottawa, StM; Regensburg, Ostdt. Gal.; Reutlingen, StKS; Stockholm, Slg Bauer; Stuttgart, KM; Stuttgart, SG; Stuttgart, Slg Lütze; Tübingen, StKS – **E:** seit 56, zuletzt u. a. 00 Pfaffenhofen, Spk.-Gal. – **G:** 90–99 Teiln. an versch. Gr.ausst. in Dtld – ***Lit:*** Schweers 02 – (Red.)

Krohn, Stefanie s. Blueaquin

Kroiß, Karoline (verh. Karoline Koeppe), Malerin; Hobrechtstr. 78, D-12043 Berlin, Tel. (0 30) 62 40 90 84, *line@udk-berlin.de*, *www.karolinekroiss.de* (* Kollerschlag/ObÖst. 25. 9. 75) – **VG:** Berlin, Raab – **S:** 97–03 UdK Berlin (Staatsexamen); seit 04 ebda (Meisterkl. b. Prof. Dieter Hacker) – **P:** Jahresstip. d. Dorothea-Konwiarz-Stift. 01/02 – **G/T:** Malerei (Acryl, vorw. realistische Figuren in Lebensgröße); textile Objekte – **W:** Werke überw. in Privatbes. – **Ö:** Bookholzberg, Berufsförd.werk Weser-Ems – **E:** 02 Berlin, Hoffmann-Bakic – **G:** 02 Westwendischer KV; seit 02 zahlr. Ausst.bet. Berlin, Raab – (Red.)

Kronabitter, Erika (Ps.: riki kron), Mag., Bildende Künstlerin, Videokünstlerin; Schießstätte 2, A-6800 Feldkirch, Tel. (06 76) 4 61 70 85, *e.kronabitter@cable.vol.at*, *www.kronabitter.com* (* Hartberg/Graz 3. 2. 59) – **S:** Intern. Sommerakad. Hohenems (Kl. f. freie Malerei Karl-Heinz Stuhle, Kl. f. Kunst im privatem u. öff. Raum Leni Hoffmann, Kl. f. mixed media Betty Spackman, Kl. Skulpt.arb. Erhart Kassian) – **P:** seit 99 div. Stip. d. Bundeskanzleramtes Bereich Kunst; artist in residence im Künstlerhaus Nairs/Schweiz 03 – **Ve:** IG Bild. Kunst Öst.; IGAA; GAV – **KGr:** austrian artist export seit 02 – **G/T:** Video- u. Fotoarb., Konzept-Objektkunst – **K:** Aqu. f. Anfänger u. Fortgeschrittene sowie Techniken (u. a. Frottage, Pattage u. Monotypie) – **W:** Werke im Bes. d. Stadt Hohenems, d. Gemeinden Bludenz, Nüziders u. a. sowie d. Hypothekenbanken Bludenz u. Feldkirch – **Ö:** Feldkirch (Install. 'Wiese frisst Straße'); Nüziders, Leichenhalle; Thüringen, Solarprojekt (zs. m. e5 u. d. Fa. Hilti) – **E:** 04 Liechtenstein (Fotoarb. 'Morgengesichter') – **G:** 02 Wien, Gal. d. IG Bild-Kunst; Hüttenberg, Intern. Bienn. f. Bild. Kunst; 03 Dresden, Intern. Filmfestival; Nairs, Künstlerhaus – (Red.)

Kronberger, Leopoldine, Malerin; Auf der Schanz 361, A-2013 Göllersdorf, Tel. u. Fax: (0 29 54) 1 22 45, *www.kulturvernetzung.at* (* Brunn/Wild 11. 5. 43) – **S:** ab 95 KSch Wien (Mag. Stiehl, versch. akad. Maler, in div. Techniken) – **L:** Kinderkurse in abstr., exper. Malweise (z. Förd. v. Kreativität) – **Ve:** Ndöst. Kult.vernetzung; Kunstförd.ver. Stockerau (ca. 3 Jahre) – **KGr:** Die Stiehlisten (ca. 3 Jahre) – **G/T:** Malerei (Öl, Aqu., Acryl, Lsch., Blumen, Portr., Akt, abstr. u. exper.); Ill. zu Büchern – **K:** Rad.; Karikatur – **Ö:** Göllersdorf, Gemeinde (Aqu.); ebda, Pfarre, (abstr. Bilder); Wien, Ev. Krankenhaus (Acryl-Lsch.) – **E:** 04, 05 Göllersdorf, Tag d. offenen Gal.; 05, 06 Gal. John A. White in Texas/USA – sowie: 3 Jahre Dauerausst. in Wien, Ev. Krankenhaus u. zahlr. Ausst. im Weinviertel seit ca. 01 – **G:** 06 Seefeld-Kadolz, Kult.zentrum Eselsmühle; Wien, Alte Schieberkammer – sowie zahlr. Bet. m. d. Stiehlisten, u. a. seit 03 Stockerau, Belvedereschlößl – ***Lit:*** in lokalen Ztgn – ***LitR:*** DVD üb. Russ. Impressionen m. klass. russ. Musik

Kronenberg, Manfred, Diplom-Designer; c/o Medium Arbeitsgemeinschaft für Kommunikation und Design, Gartenstr. 12, D-48361 Beelen, Tel. (0 25 86) 9 31 00, Fax 93 10 25, *mk@medium.ag*, *www.medium.ag* (* Warendorf 15. 5. 53) – **VG:** Drensteinfurt, Bolte – **S:** 72–78 FHS Münster (FB Design) – **L:** 81–87 FHS Münster (LAuftr. Graph.design, Satz-Druck-Reprotechnik, Typograph. u. Layout) – **Ve:** Kunstkr. Warendorf (Gründungsmitgl.); KV Beckum-Warendorf seit 78 – **G/T:** freie Arb. in allen Zeichen- u. Maltechniken (häufig illustrativer Charakter o. phantastischer Inhalt); Buchill.; visuelle Kommunikationskonzepte – **W:** zahlr. Werke in Privatbes. – **M:** Beckum, Slg d. Kr.KV Beckum-Warendorf; Wadersloh, Mus. Abtei Liesborn; Warendorf, Heimathaus – **Ö:** zahlr. Werke f. Unternehmen, u. a. MAN Roland, Schüco, Tengelmann, u. f. d. Dierichs Verl. in Kassel – **E:** zahlr. Ausst. seit 70, zuletzt 02 Herzebrock-Clarholz, Gal. unter d. Linden; 04 Warendorf, Freckenhorster Wkst.; 06 Münster, GOP-Varieté; Warendorf, RH – **G:** Ausst.bet. seit 70, zuletzt 02 Beckum-Warendorf (Jubiläumsausst. d. Kr.KV); 05, 06 Liesborn, Mus. Abtei; 07 Bonn, Wiss.zentrum – **V:** seit 78 zahlr. Buch- u. Kal.ill., zuletzt: Ich wär so gern wie er; 2000, Kal. d. Hess.-Nds. Allg. 00; Teezeichen, Kal. 02; Jb. Westf. (Titelblatt) 04 – ***Lit:*** Kr.KV Beckum-Warendorf (Hrsg.), Kat. seit 82; Karl Graak: Künstlerspielkarten des 20. Jahrhunderts 85

Kroner, Sven, Maler; Birkenstr. 69, D-40233 Düsseldorf, Tel. (02 11) 7 33 88 43 (* Kempten 73) – **VG:** Düsseldorf, Sies & Höke; Hamburg, Art Agents Gallery – **S:** 94–99 KA Düsseldorf; 99 ebda (Meisterschüler b. Prof. Dieter Krieg) – **P:** Reisestip. d. KA Düsseldorf 98; Paul-Strecker-Med. u. Paul-Strecker-Pr. 99; Förd.pr. Junge Kunst d. Stadt Stadtlohn 00 – **E:** zuletzt u. a. 99 Xanten, KV; 00, 02 Amsterdam, Gal. Fons Welters; 01 Mainz, LM; 02 Darmstadt, KH (Studio); 03 Berlin, Schultz – **G:** u. a. 01 Hamburg, Art Agents Gallery; Amsterdam, Gal. Fons Welters; Düsseldorf, Kunstraum; 02 Heidelberg, KV; Ehingen/Donau, Gal. Schloß Mochental; 03 Paris, Villepoix – (Red.)

Kronister, Theresia s. Göd, Theresia

Kropp, Michael; c/o Galerie Winter, Parkstr. 24, D-65189 Wiesbaden, Tel. (06 11) 3 08 27 80, Fax 3 08 27 82, *info@galerie-winter.de*, *www.galerie-winter.de*. Lebt u. arbeitet in Bad Münster am Stein (* Köln 60) – **VG:** Wiesbaden, Winter – **S:** Autodidakt – **KGe:** M. K. u. Livia Kubach (seit 92) – **G/T:** Skulpt. (Granit) – **E:** 92 Wuppertal, Brusten; 95 Recklinghausen, Kunstprojekt 'Das Heilige'; 95, 98 Freiburg/Br., Gal. Regio; 96, 98 Bonn, Hennemann; Kirchheimbolanden, Waldherr; 97 Gesves/Belgien, Gal. Promotion des Artes Contemporains; Mönchengladbach, Noack; 97, 99 Bonstetten, Gal. für Gegenwartskunst; 97, 98 Gent, Lineart; 98 Pietrasanta, Gal. Kontraste; Bad Zwischenahn, Ed. Gal. Mod.; 98, 02 Knokke-Zoute, Piretti Art Gall.; 99 Pirmasens, Karolinensaal; Tilburg, Muijsers; 99, 02 Burghaun, Liebau; 00 Bad Homburg, Hennemann; Landau, Spk. Südliche Weinstr.; 00, 01 Chemnitz, Rosenkranz; 01 Santa Fe/NM, Chiaroscuro Gall.; Hamburg, Meißner; 02 Scottsdale/AZ, Chiaroscuro Gall.; Mougins/Frkr., Fischer Fine Art; 03 Wiesbaden, Winter – (Red.)

Krotter, Heribert, Graphiker, Maler, Objektkünstler, Lehrer/Kunsterzieher; Händelstr. 34, D-93133 Burglengenfeld, Tel. (0 94 71) 66 65, *heribert@krotter.de*, *www.kunstgilde-parsberg.de/mitglieder/krotter.html* (* Oberpfraundorf 12. 2. 41) – **S:** 66–70 ABK München (b. Prof. Th. Zacharias) – **L:** Kunsterzieher in München, Würzburg, Regensburg u. Burglengenfeld – **Ve:** BBK Ndb.-Oberpf. – **KGr:** Kunstgilde Parsberg – **G/T:** Druckgraph.; Objekte; Malerei (abstr.-gegenständl.) – **W:** Stadt Burglengenfeld, Stadt Parsberg – **Ö:** Burglengenfeld, HS u. GS; ebda, Kirche St. Josef; Regensburg, Univ.klinik – **E:** 94 Görlitz, Kult.haus; Schwandorf; 98, 01 Burglengenfeld, Hist. RH; 06 Ihrlerstein, Kult.station; 07 Fronberg, Kebbelvilla – **G:** BBK Ndb.-Oberpf.; Parsberg, Kunstgilde – **V:** Kunst u. Kirche 00

Krueger, Axel, Maler; Tel. (0 92 28) 2 68, *atelierhaus.thurnau@web.de* (* Kempten/Allgäu 24. 6. 43) – **S:** 64–68 Akad. f. Graph., Druck u. Werbung Berlin; 68–71 HdK Berlin – **L:** 89–94 Univ. Bayreuth; 94–08 Fachoberschule f. Gest. Bayreuth – **P:** Kulturpr. d. Landkr. Bayreuth 94 – **G/T:** Malerei; Graph.; Plast. – **M:** Coburg, KS d. Veste – **E:** /G: zahlr. im In- u. Ausland seit 75 – **V:** Fünfsieberfünf, Texte u. Bilder 05; Über Jahre hin-weg, Texte u. Bilder 06 – ***Lit:*** Eugen Gomringer: Krueger-Aquarelle, Kat. 92

Krueger, Birgit (* München 67) – **VG:** Zürich, Fröhlich – **S:** 96–99 ABK Wien (Malerei u. Konzeptkunst) – **KGe:** Copa & Sordes: B. K. u. Eric Schmutz – **G/T:** Install. (u. a. Videostilleben) – **E:** m. d. Gr. Copa & Sordes, u. a. 97 Nenzig, Getzner Bettwäsche; 99 Abk Wien; Wien, Steinek; Basel, Daeppen; 04 Wien, Fotogal. Wien – (Red.)

Krüger, Eberhard, Maler, Land-Art-Künstler, Bildhauer; Kirchplatz 26, D-03058 Neuhausen/OT Komptendorf, Tel. (03 56 05) 4 02 65, Fax 4 25 88, *e.g.krueger@web.de*, *www.uschner.de* (* Komptendorf 10. 2. 50) – **S:** Autodidakt – **L:** Stadtkab. Cottbus (Aktzeichnen) – **P:** Europa-Bienn. Niederlausitz (Sonderpr.); Aufenthaltsstip. in d. Denkmalschmiede Höfgen – **G/T:** Ölmalerei; Objektkunst (Holz); Land-Art – **W:** zahlr. Performances u. Bühnenbilder im Theaterschiff Potsdam – **Ö:** Cottbus, Druckerei Druckzone (Stahlplast.); Frankfurt/Oder; Guben-Gubin (Edelstahlinstall.); Jänschwalde, Dorfpl. (Gest.); Rostock, Konrad-Adenauer-Pl.; ebda, Bahnhofsvorpl. (Projekt Bewegungsmelder); Senftenberg; Spremberg, Behindertenwerk (Pausenhofgest.); ebda, Pflegeheim (Wandgest.); Stubice; Welzow, Tagebau – **E:** / G: u. a. 91 Cottbus, Oberkirche (Aktionsmalerei nach Orgelimprovisation); Augsburg, Gal. Kulturesk; 92 Zary/Polen; 93 Paris, La Fête de l'Humanité; Forst, Kunstaktion an d. dt.-poln. Grenze (m. F. Richter); 94 Guben-Gubin, Kunstaktion u. Install. an d. dt.-poln. Grenze; 95 Seelow, Seelower Höhen: Rauminstall. (m. F. Richter); III. Europa-Bienn. Niederlausitz; Potsdam, Theaterschiff; 97 Behringen, Bildhauersymposium; Gorzow, Bildhauersymposium; 98 Grevenbroich, Symposium; Cottbus, Symposium; Senftenberg, Laubag; Potsdam, Theaterschiff (Sommertournée, Performance); 01 Cottbus, Druckerei d-print; Branitz, Best Western Hotel; Lagow, Symposium; 04 Dessau, Bauhaus (Club); 05 Lübben, RH; Cottbus, Lindner Congress Hotel; Install. in Senftenberg, Püttlingen, Nova Sol, Senftenberg/Öst., Zamberk; Cottbus, Pressehaus: Lausitzer Rundschau

Krüger, Gudrun, Bildhauerin; Schillerstr. 30, D-72800 Eningen, Tel. (0 71 21) 8 13 46, *g.krueger@geoelan.de*, *www.geoelan.de* (* Tübingen 11. 2. 22) – **VG:** Leibertingen, Wohlhüter – **S:** ABK Stuttgart u. Wien (Meisterschülerin) – **P:** Paul-Jauch-Pr. 00 – **Ve:** Dt. Künstlerbund Berlin; Künstlerbund BW; GEDOK Reutlingen – **G/T:** Skulpt., Zeichn. – **M:** Leibertingen, Slg Werner Wohlhüter; Muggensturm, Slg Günter Westermann – **Ö:** u. a. Eningen, Schillerpl. (Skulpt. Edelstahl); Reutlingen, Stadtbibliothek (Skulpt. Edelstahl) – **E:** u. a. 54 London, Berkeley Gall.; 59 London, Drian Gall.; 61 London, German Inst.; 62, 76, 82 Reutlingen, Städt. KM Spendhaus; 67 Göppingen, Gal. im Hailing; 69 Hechingen, Im Alten Schloß; 78 Nürtingen, Stadthalle; 87 Reutlingen, Geiselhart; 92 Freiberg/Neckar, Gundel; 00 Reutlingen, StG – **G:** u. a. 56 London, Piccadilly Gall.; 59, 65, 66, 75, 80 Baden-Baden, SKH; 60, 64 London, Drian Gall.; 61 Paris, Mus. d'Art Mod. de la Ville; 67 München, Haus d. Kunst; 70 Reutlingen, Städt. KM Spendhaus; 73 Düsseldorf, KH; 77 Bonn, Hennemann; 78 Friedrichshafen, Bodensee-Mus.; 83 Augsburg, Zeughaus; 90, 92 Freiberg/Neckar, Gundel – ***Lit:*** u. a. G. K. Plastiken 87; G. K. Plastik und Zeichnung 92; G. K. Beginn – Gegenwart 97; G. K. Skulpturen 1940–2000. Werkverzeichnis 00 – (Red.)

Krüger, Kirsten, Bildhauerin; c/o Umtrieb Gal. f. aktuelle Kunst, Lutherstr. 26, D-24114 Kiel, Tel. u. Fax (0431) 1499074, *horstmann@umtrieb.de; mail@kirstenkrueger.de*, *www.umtrieb.de; www.kirstenkrueger.de* (* Lübeck 20. 12. 66) – **VG:** Kiel, Umtrieb Gal. f. aktuelle Kunst – **S:** 90–96 KA Düsseldorf (Meisterschülerin b. Prof. Klaus Rinke) – **P:** DAAD-Stip. f. New York 99; Stift. Künstlerdorf Schöppingen 99; Aufenthaltsstip. Künstlerhaus Lukas, Ahrenshoop 06 – **G/T:** Raumskulpt.; Zchngn; Rad. – **M:** Düsseldorf, Mus. Kunst Pal. – **E:** u. a. 04 Stuttgart, Württembergischer KV: Skulpt. (Kat.); Solingen, Mus. Baden; 05 Kiel, Umtrieb Gal. f. aktuelle Kunst: Meeresgrund – **G:** u. a. 04 Emmerich, Pan-Mus.; 05 Berlin, MMKI: Berliner Kunstsalon; Essen, Kunsthaus; Solingen, Mus. Baden – **V:** K.K. Nach den Regeln des Schlafes, Künstlerb. 05

Krüger, Manfred B.; Mozartweg 40, D-58239 Schwerte (* Stettin 8. 5. 34) – **S:** 56–59 b. Prof. Ulrich Knispel; 74–76 b. Prof. Heinrich Waldmann; 1. Staatsexamen; 78 2. Staatsexamen – **L:** seit 78 Univ. Dortmund (LBeauftr.) – **Ve:** BBK Westf. seit 73 – **KGr:** Dortmunder Gruppe (seit 70) – **W:** u. a. in Bes. d. Städte Dortmund u. Gevelsberg – **M:** Dortmund, Mus. am Ostwall; Witten, Märk. Mus. – **Ö:** Dortmund-Brechten, Schule am Birkenbaum (Freiplast.) – **E:** / G: u. a. in: Bergen, Brassow, Coesfeld, Delmenhorst, Dortmund, Erlangen, Harlingen, Kaunas, Köln, Le Havre, Leeds, Minden, München, Riga, Roskilde, Rostock, Rostow, Unna, Vilnius u. Witten – ***Lit:*** div. Kat. u. Dok. – (Red.)

Krüger, Marlies s. Vetter, Marlies

Krüger, Peter (eigtl. Peter Krueger), Maler, Zeichner, Objektkünstler; Friesenwall 29, D-50672 Köln, Tel. Mobil: 0175763 1294 (* Stralsund 15. 8. 48) – **VG:** Köln, Apicella-B. – **L:** Gastprofessur USA – **Ve:** BBK Köln – **G/T:** Malerei; Plast.; Objekte; Zchngn; Fotogr. – **W:** Buchprojekte: Art Bridge; New York – Cologne – New York; phil. = Null, Kunst – Null – **E:** u. a. 89, 91 Groningen, Anderwereld; 91, 93, 94 Groningen, Katuin; 93–96 Köln, Apicella-B.; 98 Wesseling, KV – **G:** zahlr. im In- u. Ausld, zuletzt u. a. 99 Frankfurt am Main, Art Frankfurt; 02 Zwickau, StM; Siegen, Siegerlandmus.; Gütersloh, SM; Erfurt, KH

Krüger, Wolfgang H.O. (Ps.: WHOK), Dr., Maler, Pfarrer i. R.; Ritzmühlenweg 4b, D-37213 Witzenhausen, Tel. (05542) 910135, Fax 910136, *wolfgang.h.o.krueger@t-online.de*, *www.whok.de* (* Arnswalde) – **S:** Autodidakt (Mentoren: Horst Heinen u. Michael Melchior) – **Ve:** BBK Hessen 70 – **G/T:** Zeichn., Öl- u. Aqu.malerei – **M:** Kassel, Neue Gal. – **E:** / G: zahlr. Ausst. – **V:** Auferstehung aus Krieg und KZ in der bildenden Kunst der Gegenwart 86

Krupp, Hermann, Kunstmaler, Komponist, Galerist; Schloss Elkerhausen, Burgring 18, D-35796 Weinbach-Elkerhausen, Tel. (06474) 8390 (* Hofheim/Taunus 15. 7. 26) – **VG:** Weinbach, Krupp – **S:** 36–43 Klavierunterricht in Hofheim u. Frankfurt a.M.; 47–49 Konservatorium Offenbach (Komposition); 48–50 Städel-Abendschule Frankfurt am Main; 50–56 Städelschule Frankfurt am Main (freie Malerei u. Wandtechn. b. Prof. Albert Burkart) – **L:** 62–65 Kunsterzieher Fotoschule Martha Höpfner Hofheim/Ts.; 62–68 Kindermalschule sowie Malen u. Zeichnen f. Erwachsene VHS Hofheim, Flörsheim, Rüsselsheim u. Kelsterbach; 69–83 eig. private Kindermalschule sowie Malen u. Zeichnen f. Erwachsene, Hofheim – **P:** 2.+3. Pr. u. Prämg. HfbK Frankfurt am Main, Pestalozzi-Stip. 54, 13. Semester u. Reisestip. Südfrkr. – **Ve:** BBK Frankfurt 52–74; KV Wiesbaden 52–74; KV Frankfurt 63–79 – **KGr:** Gruppe Hofheim-Frankfurt (62 Gründer, 62–65 Ausst.organisator, 65 Austritt) – **G/T:** gegenständlich-abstr. Perioden: 83 Stilleben aus d. Vogelperspektive, 87 Messerbilder, 95 Schraubenbilder, 00 Farbstreifenbilder, 03 Dialogserie; – allg.: Malerei (Öl, Acryl, Mischtechnik, Aqu.); Objekte; Graph.; Wandmalerei; Relief; Betonglas; Plast.; Restaurierung (Gemälde, Wandmalerei) – **W:** Arb. in zahlr. privaten Slgn, u. a. in Amsterdam, Berlin, Brüssel, Frankfurt am Main, Hofheim, Luxemburg, München, New York, Tokio u. Wiesbaden; – Ankäufe u. a. durch d. Städte Berlin, Frankfurt am Main, Hattersheim, Hofheim, Kelkheim, Hochheim, Weinbach, Wiesbaden, durch d. Kreise Limburg-Weilburg u. Main-Taunus-Kr. sowie durch d. Hess. Kultusmin. – **M:** u. a. Brüssel, Bibliothèque Royale; Coburg, KS d. Veste; Darmstadt, Hess. LM; Frankfurt am Main, Städel; Wiesbaden, Mus. – **Ö:** Elkerhausen, Schloß (Wandbilder); Frankfurt am Main, Grundschule II (Betonglasmalerei); ebda, Hess. RF; Hofheim, Altenwohnheim (Beton-Mosaikrelief); Kelkheim, Gagernschule (Beton-Brunnenplast.); ebda, RH (Wandbild üb. 3 Stockwerke); Limburg, Ldratsamt (Triptychon) – **E:** zahlr. Einzelausst. seit 63, u. a. 65, 68 Berlin, Wirth; 68 Brüssel, intergall.; 74 Rüsselsheim, Stadttheater; 77 Kassel, Kausch; Frankfurt am Main, Hess. RF (Hess-Stift.); 86, 96, 01, 04 Weinbach, Gal. H. G. Krupp; 87 Gießen, KH; mehrmals, zuletzt 91 Hofheim, RH-Gal.; 97 Elkerhausen, Krupp + Trökes – **G:** zahlr. Ausst.bet. seit 50, u. a. Hamburg, KH; 57 Paris, Bienn.; 57, 58 Montreal u. Frankfurt am Main; 61 Nürnberg, KH; 65 Spa, Grand Prix; 66 Baden-Baden, SKH (Der dt. Holzschn.); Koblenz, Mus.; Lucca, Gal. Klee; 70 Hofheim, Gal. 66 (miniaturen '70 internat.); 74, 75 Marburg, Mus.; Düsseldorf, KM; zuletzt 96 u. 01 Frankfurt am Main, Heussenstamm-Stift.; Komm. Gal. Frankfurt am Main; Chinon; 89 Frankfurt am Main, StG. u. Airport Gal.; 02 Weinbach, Gal. H. G. Krupp; 04 Esslingen, Kunstpr. Essl.; Frankfurt am Main, Paulskirche (BBK Ffm.); – Organisation u. Beteilig.: 62, 63, 64, 65 Ausst. Hofheim; 65 Frankfurt am Main (A65 Amsterdam-Berlin-Frankfurt); 65 Budapest (Dt. Kunst nach 45); 66 Gründg. d. Gal. 66 H. G. Krupp, Hofheim/ab 93 in Weinbach, bis heute über 175 Ausst., u. a.: berlinkunst, Contact Belgien-Dtld, ars accurata, ars multiplicata, ars mobilis, ars popularis (Hofheim u. Hamburg), miniaturen '70 (internat. Ausst. mit 300 Künstlern aus 30 Ländern, München, Kassel, Gütersloh, Paderborn, Offenb., Hofheim); seit 80 akt. Beteilig. an d. Restaurierung v. Schloss Elkerhausen (Renaiss. Malerei u. Stuck, Fachwerkhaus 1500/1600) – **V:** H.K. Bilder Gouachen Grafiken 1950–65 (Orig.-Graph. u. Druck) 65; Südfrankreich, Mappe (Linolschn. u. Druck) 66; 10 Jahre Galerie 66 (Orig.-Graph., Text u. Druck); Der Taunus, Kal. u. Mappe (Orig.-Graph. u. Druck) 77 u. 78; Aussichten, Kunstkal. (Orig.-Graph. u. Druck) 81; Ingrid Krupp: Das Renaissanceschloss Hadamar (Orig.-Graph.) 86; dies.: Kirchen, Kapellen, Burgen u. Schlösser im Kr. Limburg-Weilburg (Orig.-Graph.) 88; Mutter + Schraube (Hschn. u. Druck) 01; Malerblatt (Wandgemälde 'Aufwind') 9/04; Objekt (Wandbild) 10/04, S. 96, 97; Das dt. Malermag. (Wandbild 'Aufwind') 4/05, S. 112/113 – ***Lit:*** Kat. Biennale Paris 57; Albert Burkart: H.K. – Malerei Raumbilder 63; Berlin-Hofheim 64; H.K.: Amsterdam-Hofheim-Frankfurt 65; Dr. E. Roters/Dr. K. v. Rath: A65 Amsterdam-Berlin-Frankfurt 65; H.K.: H.K. – Kreisbilder – Graphik (m. 2 Orig. Hschn.) 68; contact belgien-deutschl. 68; Kunst d. jungen Generation (Amerika Gedenkbibl. – Berliner Zentralbibl. 63 u. 68) 68; H.K.: ars multiplicata – ars mobilis 69; Dr. Udo Kultermann: Neue Formen d. Bildes 69; Hilmar Hoffmann/Kurt Lotz: Die bildenden Künstler in Frankfurt a.M. 69, 82, 89; Dieter Hoffmann: miniaturen'70 70; Dr. Karin Thomas: Bis heute 71; Dr. Ulrich Gertz: H.K. Kreisscheiben u. Fensterbilder 77 – ***LitR:*** Fs.-Filme im Hess. RF Frankfurt a.M.: Barbara Siehl: Der Maler H.K. 63; M. Scherenberg: G. Hintschich u. H.K. 77; Helmut Hergenroth: Porträt H.K.

Kruse, Petra s. Kasten, Petra

Krutein, Lutz, Objektemacher; Theaterstr. 20, D-90762 Fürth, Tel. (09 11) 7 41 79 80, Fax 7 43 79 29, *krutein@aol.com* (* München 20. 5. 60) – **S:** Autodidakt – **KGr:** Klup 81 (95–03) – **G/T:** Objektkunst (Holz), Rauminstall., Kunst im öff. Raum, Fotogr. – **K:** Kunst-Mobil (Organisation v. Kunsttagen, Kunstfesten u. Workshops f. Kinder, Jgdliche u. Erwachsene); Schule d. Phantasie Fürth (Kunst u. Kulturangebote f. Kinder u. Jgdliche) – **W:** in privatem u. öff. Bes. – **Ö:** Fürth, Kofferfabrik – **E:** / G: zahlr. Ausst. seit 86, vorw. im galeriefreien Raum, zuletzt 06 Nova Gorizia (Ital./Slowen.)

Krystufek, Elke, Prof., Bild. Künstlerin; lebt in Wien (* Wien 70) – **VG:** u. a. Amsterdam, Akinci; Brüssel, Drantmann; Reggio Emilia, Ferrara; Prag, Gandy; Zürich, von Senger – **S:** 88–92 ABK Wien – **L:** ab 05 ABK Wien (Prof. f. konzeptuelle Malerei); 05–06 ABK Karlsruhe (Vertretungsprof.) – **P:** Wilfried Skreiner Pr. 00 – **G/T:** Malerei; Zchng; Fotogr.; Fotoser.; Performance; Video; Install.; Collage; konzeptionelle Arb. (bedienen u. a. voyeurist. Verlangen d. Betrachters); Untersuchung d. Phänomene Macht, Verfügbarkeit, Kommunikation, Diskriminierung, Sex, Gewalt, Schönheit, Freizeit u. Popkult. – **M:** Bregenz, Künstlerhaus Pal. Thurn u. Taxis; Graz, LM Joanneum (Neue Gal.); Innsbruck, Kunstraum; Klosterneuburg/NdÖst., Slg Essl; Linz, Lentos; Salzburg, Rupertinum; Wien, BAWAG Found.; Wien, Belvedere; Wien, Generali Found.; Wien, Volpinum – **E:** u. a. 90, 91 Wien, ABK; 92, 93 Wien, Metropol (Kat.); 93 Berlin, Brunett; 94 Gent, Mus. vor Hedendagse Kunst; Paris, MAM de la Ville Paris (Kat.); 95 Graz, Forum Stadtpark; Berlin, Contemporary Fine Arts; 95, 98 New York, 303 Gall.; 95, 98, 00 Venedig, Il Capricorno; 95, 96, 98, 00, 01, 04 Brüssel, Drantmann; 97 Wien, Secession (Kat.); Kopenhagen, Wallner; 98 Bregenz, Künstlerhaus Pal. Thurn u. Taxis (m. Cameron Jamie u. Jeffrey Wisniewski); 98, 02 London, Tsingou; 99 Vilnius, Contemp. AC (Kat.); Innsbruck, Tiroler LM Ferdinandeum; 99 (Kat.), 00, 04 Wien, Kargl; 00 Frankfurt am Main, Portikus (Kat.); Prag, Gandy; 01, 03 Zürich, ArsFutura; 03 Klosterneuburg/NdÖst., Slg Essl (Kat.); Den Haag, Haags Gemeente-Mus.; 03, 05 Amsterdam, Akinci; 04 Innsbruck, Kunstraum; Wien, BAWAG Found. (Kat.); Kopenhagen, Statens Mus. for Kunst (Kat.); 05 Berlin, Thumm; Deurle, Mus. Dhondt-Dhaenens; 06 Zürich, von Senger; 06–07 Wien, MAK – **G:** zahlr., zuletzt u. a. 06 Berlin, Thumm: I walk the lines; Wien, Leopold-Mus.: Körper, Gesicht u. Seele; Luzern, KM: Bilder v. Vierwaldstättersee – v. William Turner b. Kurt Felix; Innsbruck, Kunstraum: ART_CLIPS.ch.at.de performativ; Wien, MMK Stiftung Ludwig: Wiener Aktionismus – Die Slg Hummel; Kiel, KH: Ballermann – Die Ausst.; Turin, Biasutti & Biasutti Arte Mod. e Contemp.: Immaginario al femminile; Genf, Centre de la Photogr. Genève: 50 JPG; 06–07 Klosterneuburg/NdÖst., Slg Essl: PERMANENT 06 – ***Lit:*** zahlr. Art. in ZSS U. ZTGN, u. a. Johanna Hofleitner: E.K. u. Franz Graf, In: Artforum 92; Francesco Bonami: E.K., In: Flash Art, Nov./Dez. 92; Horst Christoph: Notorische Spielerin, In: Profil, Nr. 28 7/93; ders.: Marilyn ist mein Vorbild, Interview, In: ders. v. 12.9.94; Marcus Johst: Mir ist nicht Fad, Interview, In: Diva, Nr. 43, Okt.-Nov. 94; Peter Nesweda: Der weibliche Körper u. der männliche Blick, Interview, In: Kunstforum, Bd 128, Okt.-Nov. 94; Hans-Christian Dany: Poor Little Rich Girl, In: Vogue 11/96; Armelle Leturcq: E.K. Une esthétique de la crudité, In: Blocnotes v. 1.2.96; Christian Krawagna: E.K. Wiener Secession, In: Artforum, April 97; Peter Gorsen: Malen macht Spaß, In: Frankfurter Allg. Ztg, 32 2 97, S. 37; Brigitte Huck: Celebrity Skin. E.K., In: Noema, Nr. 51 99; Elizabeth Lebovici: E.K. se met á nu, In: Liberation v. 23.6.99; Brigitte Huck: E.K., sleepingbetterland, In: FRAME, Jan./Feb. 00; Elizabeth Janus: E.K., In: Artforum, März 00, S. 137; Ulrike Knöfel: Überall nur Idioten, In: Der Spiegel, Juli 00; Gianni Romano: E.K. – Body Landscape, In: Flash Art Italia, Nr. 228, Juli 01, S. 116–118; Christina Huber u. Anneliese Ringhofer: Krystufek im Spiegel, In: Diva, Nr. 113 02, S. 26–30; Elizabeth Janus: E.K., In: Artforum, Nr. 5, Jan. 03, S. 68; Daniela Georgi: Aus dem Leben der Elke K., In: Frankfurter Allg. Ztg v. 25.4.04, S. 32; Luisa Ziaja: Krystufek revised, In: kunst.investor, Ausg. 1 04, S. 28; – KÜNSTLER- U. AUSST.KAT.: Brigitte Huck (Hrsg.): Economical Love 98; In The Arms Of Luck 99; Sleepingbetterland 99; – SOWIE: Carl Aigner u. Daniela Hölzl (Hrsg.): Kunst u. ihre Diskurse, Öst. Kunst in den 80er u. 90er Jahren; Anja Hasenlechner: Vorbild u. Nachbilder 01, S. 122–128; Women Artists 01, S. 60–63 – (Red.)

Kschwendt, Wolfgang, Mag. art., Maler, Graphiker, Sprachspieler, Fotograf, Videokünstler; Haslingergasse 3/1/11, A-1170 Wien, Tel. Mobil: 06 9 911 99 15 57, *wolfgang@kschwendt.net*, *www.kschwendt.net; www.uyuni.org* (* Gmunden 27. 7. 68) – **S:** 96–03 ABK Wien (Malerei u. Graph. b. d. Meisterschülern Arnulf Rainer u. Franz Graf) – **L:** Rhythmische Notation in Zeichn., Malerei, Sprache, Fotogr., Video u. Install. – **Ve:** IG Bild. Kunst – **W:** überw. in Privatbes. – **E:** 95, 96 Wien, Wohnung C. Reinwald; 04 Wien, Popmus.; 06 Wien, dreiraum – **G:** 97 Wien, Brick & Kicks; 98 Wien, Mus.quartier; 98, 99 Wien, Semper-Depot; 00 Wien, Dorotheum; Innsbruck, Kugler; Wien (Projekt 'kulturlosTM'); 02 Wien (That's new – Ausst. d. IG Bild. Kunst); Reith im Alpbachtal, Schmidt; 03 Wien, Gal. in d. Praxis Dr. Stolz; 06 Wien, platte

Kubach, Livia, Bildhauerin; c/o Galerie Winter, Parkstr. 24, D-65189 Wiesbaden, Tel. (06 11) 3 08 27 80, Fax 3 08 27 82, *info@galerie-winter.de*, *www.galerie-winter.de* (* Bad Münster am Stein 66) – **S:** 87–94 KA Düsseldorf (Bildhauerei, Meisterschülerin v. Günter Uecker) – (Red.)

Kuball, Mischa, Konzeptkünstler; c/o Konrad Fischer Galerie, Platanen Str. 7, D-40233 Düsseldorf, Tel. (02 11) 68 59 08, Fax 68 97 80, *office@konradfischergalerie.de*, *m-m@kuball-art.de*, *www.*

kuball-art.de (* 20. 9. 59) – **VG:** Düsseldorf, Fischer – **L:** u. a. 92 Akad. d. Bauhauses Dessau; 93 HBK Rotterdam; 95 FHS f. Design Köln; 96–97 HBK Saar Saarbrücken; 99–00 HGB Leipzig (Gastprof. Licht u. Raum); 04 Mobile Akad. am Hebbel am Ufer Berlin; 04–05 Staatl. HS f. Gest. Karlsruhe (Gastprof. Medienkunst); seit 91 div. Vorträge, Kurzprojekte u. Teiln. an Symposien – **P:** Förd.pr. ars viva 90; Stip. f. zeitgen. Dt. Fotogr. d. Alfred Krupp v. Bohlen u. Halbach Stift. Essen 91; Förd.pr. Bild. Kunst d. Ldes NRW Art-Award of NRW 93; Stift. Kunstfonds – Arb.- u. Projektstip. 96; Arb.stip. d. Stift. Kunst u. Kult. NRW (f. New York) 97; Arb.stip. d. Min. f. Familie, Stadtentwicklung u. Kult. NRW (f. Brasilien u. Japan) 97; Arb.stip. d. Stift. Kunst u. Kult. NRW (f. d. USA u. Kanada) 98 – **G/T:** Konzeptkunst, ortsspezifische Projekte – **W:** seit 84 zahlr. raumbezogene Projekte u. Install. – **M:** Bochum, KS d. Ruhr-Univ.; Düsseldorf, KS NRW; Düsseldorf, Mus. Kunst Pal.; Essen, Mus. Folkwang; Hannover, Sprengel Mus.; München, Lenbachhaus; New York, Jewish Mus.; Siegen, Mus. f. Gegenwartskunst; Unna, Zentrum f. Intern. Lichtkunst – **Ö:** Bönen, Förderturm Königsborn; Jena, Holzmarkt; Kamp-Lintfort, Förderturm Bergwerk Rossenray – **E:** zahlr. Ausst. seit 84, zuletzt u. a. 00 Essen, KV Ruhr; Lüneburg, Bunker Lüneburg; Chicago, Vedanta; Halle/Saale, Staatl. Gal. Moritzburg; Essen, Mus. Folkwang; 00, 01 Düsseldorf, Johanneskirche; 01 Jena, Holzmarkt; 02 Düsseldorf, Fischer; Bonn, KM; 03 Berlin, Projektraum Rosenthaler Str.; Moskau, Tret'jakov-Gal.; Bochum, KS d. Ruhr-Univ.; Lüneburg, Halle f. Kunst; Düsseldorf, KS NRW; 04 München, Kunstraum; Siegen, Mus. f. Gegenwartskunst – **G:** zahlr. Ausst.bet. seit 83, zuletzt u. a. 01 Potsdam, Brandenburgischer KV; Basel, Beyeler; Unna, Zentrum f. Intern. Lichtkunst; 02 Düsseldorf, Mus. Kunst Pal.; New York, Jewish Mus.; Plüschow, Schloß; Amsterdam, Bagaage Hall; Karlsruhe, ZKM; 03 Essen, Mus. Folkwang; Berlin, AK; Erfurt, KH; Bremen, StG; 04 Bremen, Neues Mus. Weserburg; Berlin, Friedrichbrücke Mus.insel – **V:** KÜNSTLERB.: Paul Celan: Todesfuge 84; New York 1991 Leipzig! 94; Paul Celan: Sand aus den Urnen 94; Schuber/Slipcase 00; refraction house; Six-Pack-Six – ***Lit:*** Ulrich Krempel: Installation. M. K. 87; Klaus Flemming: Cabinet/Kabinett. M. K. 90; Noemi Smolik: Double Standard. M. K. 93; Karl Irsigler: Moderne, rundum/Vienna Version 96; Johannes Stahl: Karl-Marx-Kopf-Chemnitz 98; Hans-Georg Thoenges: M. K. – greenlight, Kat. 99; Thorsten Nolting (Hrsg.): M. K. – ein fenster – Eine Dokumentation, Kat. 01; Florian Matzner: public Art. Kunst im Öffentlichen Raum 01; Pia Müller-Tamm: Stadt durch Glas 03; dies.: Stadt durch Glas. Moskau – Düsseldorf – Moskau 03; Monika Steinhauser u. Kai-Uwe Hemken: M. K. Utopie/Black Square 2001ff 04 – ***LitR:*** Werner Raeune: M. K., Fs. ZDF 03 – (Red.)

Kubasch, Mario s. Mannhaupt, Mario

Kube, Ingrid, Papier- u. Textilkünstlerin, Galeristin; Eisenacher Str. 50A, D-10823 Berlin, Tel. (0 30) 81 82 82 90, Fax 81 82 82 91, *ingrid_kube@web.de*, *www.ingrid-kube.de* (* Schkopau 13. 9. 55) – **S:** 78–82 HS f. Kunst u. Design Burg Giebichenstein Halle/Saale; seit 84 freiberufl. – **Ve:** BBK Berlins – **Ö:** Bernburg, Spk.; Frankfurt am Main, Wicherngemeinde; in Sangerhausen: Arbeitsamt, Kreisspk., Krankenhaus, Jacobi- u. Ulrichgemeinde – **E:** 86 Bad Frankenhausen, Kr.-Heimat-Mus.; 87 Sangerhausen, Kulturbund-gal.; 88 Sangerhausen, Spengler-Mus.; 96 Naumburg, Café-Gal. 'Ideenschmiede'; 99 Stolberg, Martinikirche, 02 Nordhausen, Spk.; 04 Berlin, Gal. Kube; 06 Göttingen, Künstlerhaus mit Gal. – **G:** 91 Erfurt, Gal. Intim; Nordhausen, Waisenhausgal.; 92, 99; Sangerhausen, Rosarium; 93 Sangerhausen, Jacobikirche; Baunatal, RH; 93, 98; Nordhausen, Spk.; 96 Sangerhausen, Spengler-Mus.; 97 Dignano/Kroat., Gal. Venier; Wickerode, Hotel Fünf Linden; 98 Trnava/Slowakei, Gal. Jana Koniarka; 99 Allstedt, Schloß; 00 Halle/Saale, Gal. Marktschlößchen; 01 Bergen/Norw., Hordamus.; Sangerhausen, Marienkirche; 02 Bernburg, Spk.

Kubelka, Friedl, Fotografin, Malerin, Filmemacherin, Leiterin d. Schule für künstlerische Photographie Wien; c/o Workshopraum Paris, 6, rue Lamartine, F-75009 Paris, Tel. u. Fax. (01) 44 63 08 71, Tel. (Wien) (01) 5 44 86 49, (01) 3 19 77 88, Fax (Wien) (01) 5 44 41 00, *fotoschule@aon.at*, *www.fotonet.at/fotoschule* (* London 21. 7. 46) – **L:** seit 90 Schule f. künstler. Photogr. Wien (Gründung, Leitung, Unterricht) – **P:** Förder.pr. d. Bundeskanzleramtes Wien; Würdigungspr. d. Bundeskanzleramtes Wien; Rupertinum-Fotopr. Salzburg – **G/T:** Malerei (Gouache); Serienfotogr. (schwarz-weiß); Kurzf. (16mm) – **M:** Salzburg, Rupertinum; Wien, Generali Found. – **E:** 77 Rhode Island, Univ.: San Francisco, Art Inst.; 80 Paris, Centre Pompidou; 82 Chicago, Art Inst.; 84 Wien, MMK Stiftung Ludwig; 84, 99 Graz, Kult.haus; 85 Frankfurt am Main, KV; 98 Salzburg, Fotohof – **V:** Friedl Kubelka-Bondy: edition neue texte 83; dies., Wilhelm Kainrath u. Franz Kuzmich: Die alltägliche Stadterneuerung 84; F. K.: Louise Anna Kubelka, Portr. 98; dies.: Gouachen 99 – **R:** Generali Found. Wien u. d. Festival 'Cote courts 2000' Paris, Kurzf. – (Red.)

Kubicek, Eva s. Bonfert, Eva

Kubin, Danka (geb. Danka Wagenroder), seit 1992 freischaffend, Prof. f. Malerei u. Graphik; Herbeckstr. 116, A-1180 Wien, Tel. (01) 4 70 45 35, Fax 4 79 80 75 (* Abtenau/Salzburg 14. 3. 41) – **S:** Autodidaktin; VHS Wien (3 Jahre Schichtmalerei b. Mag. Bernhard Kittel) – **P:** Dipl. m. Ausz., Verdienstdipl. m. Goldmed., Dipl. Membro Accademico (Intern. Akad. Burckhardt in Rom) 84; Verleihung d. Berufstitels Prof. Wien 92; Öst. E.kreuz f. Wiss. u. Kunst 03 – **Ve:** KV Salzburg seit 82; Berufsvrg d. bild. Künstler Öst. seit 82; Intern. Akad. Burckhardt Rom seit 84 (akad. Mitgl.) – **G/T:** Malerei (Öl, Lasurbilder, Schichtmalerei, altmeisterl. = Eitempera); Graph. (Bleistift, Rötel, Eitempera vorwiegend); Thema: Zw. Wirklichkeit u. Traum – **W:** priv. Sammler in Öst., England, Schweden, Schweiz, Liechtenstein, U.A.E., Frkr., Ital., Washington D.C. – **M:** Graz, SM; Wien, Albertina (Graph. Slg); Wien, BMfUK – **Ö:** Innsbruck, Flughafen VIP-Raum; Wien, Flughafen VIP Raum; Kulturämter in: Braunau, Innsbruck, Salzburg, Wien; Bürgermeisterämter in: Abtenau u. Vaduz – sowie: Ges. z. Betriebe d. Wohlfahrtseinrichtungen – **E:** 79 Wien, IBM Haus; 79, 82 Wien, Bez.-mus. Währing; 80 Braunau, FI-RE-SÜ; Innsbruck-Hall, Spk.; Wien, Lintas; 81 Salzburg, Spk.; Graz, Steiermark-Spk.; – sowie: Vomperbach, Angerer; Innsbruck, Claudia; Rom, Akad. Burckhardt – **V:** Titelbilder: Der Sonnensohn, Roman 91; Masada, Roman 91; Gedichte u. Ill.: Der Flug d. Pelikans 94; Der Ruf d. Leguans 97 – ***Lit:*** Heinrich Fuchs: Die Öst. Maler d. 20. Jahrhunderts, Bd II 86; D.K., Kunstkat. 87 u. 91; Aurelio T. Prete: Antologia Dell Arte Figurativa Vol. II; Berufsverg d. bild. Künstler Öst. (Hrsg.): Almanach, Bd I 90 – ***LitR:*** Von Tag zu Tag, Live Sdg. (Ö1) 87; Salzburg heute, Interview + Ausst.bilder (ORF) 91; ORF Seitenblicke 92, 93 u. 97

Kubisch, Christina, Prof.; Goetheallee 40, D-15366 Dahlwitz-Hoppegarten, Tel. (0 33 42) 21 25 74, Fax 21 25 73, *kubisch@snafu.de*, *www.christinakubisch.de* (* Bremen 48) – **VG:** Berlin, Krammig & Pepper Contemporary; Berlin, Emerson; Bremen, Gal. Beim Steinernen Kreuz – **S:** 67–68 ABK Stuttgart (Malerei b. K.H. Sonderborg); 69–72 Staatl. HS f. Musik u. Bild. Kunst Hamburg (Musik); HS f. Musik Graz; 72–74 MusikHS Zürich; KSch Zürich; 74–76 Konservatorium Mailand (Komposition u. elektron. Musik, Dipl.) – **L:** 89 Jan von Eyck Akad. Maastricht (Gastdoz.); 90–91 KA Münster (LAuftr.); 91–94 HdK Berlin (Gastprof.); 94 Éc. Nat. Supérieure des Beaux-Arts Paris (Gastprof.); seit 94 HBK Saar Saarbrücken (Prof. f. Plast. u. Audiovisuelle Kunst) – **P:** Förd.pr. Bild. Kunst d. Kult.kr. d. dt. Wirtschaft im BDI 88; Stip. d. Barkenhoff-Stift. Worpswede 90; Arb.stip. d. Senats f. kulturelle Angelegenheiten, Berlin 91; Stip. d. Queen Elisabeth II. Arts Council of New Zealand 92; Atelierstip. d. Senats v. Berlin 94; DAAD-Stip. (f. Paris) 94; Resident Artist d. Djerassi Found. Woodside 98; Heidelberger Künstlerinnenpr. 99; Kompositionsstip. d. Senats v. Berlin 00; Artist-in-residence Intern. Artists Studio Program Stockholm 02 – **Ve:** AK Berlin seit 97 – **G/T:** Zchng, Klanginstall. u. -skulpt., Komposition, Fotogr. – **M:** Berlin, Hamburger Bahnhof; Darmstadt, Mus. Künstlerkolonie Ernst-Ludwig-Haus; Frankfurt am Main, DG Bank; Marl, Skulpt.-Mus. Glaskasten; Schwäbisch Hall, StG – **Ö:** Berlin, Univ.krankenhaus Rudolf Virchow; Braunschweig, Sophienbrücke; Coburg, HUK; ebda, Ldschaftshof; Kassel, St. Martins-Kirche; Lünen, Schwarzer Berg; Neuenkirchen (Ldschaftsprojekt); Stetten, Kaserne Heuberg – **E:** zahlr. Ausst. seit 74, zuletzt u. a. 00 München, Karmelitenkirche; Berlin, Fischer + Runge; 01 Paris, cité de la musique; 01, 05 Bremen, Gal. Beim Steinernen Kreuz; 01, 02 Berlin, Pepperprojects; 02 Ebersberg, KV; Berlin, Parochialkirche; 03 Stockholm, Intern. Artists Studio Program-Gall.; Berlin, Gelbe Musik; Kopenhagen, Charlottenborg; Stockholm, Archit.-Mus.; 04 Turin, e/static; Luzern, KKL Kongreßzentrum; Karlsruhe, Badisches LM; Köln, Haferkamp; Chemnitz, Voxxx Gal.; Weimar, Schloß Ettersburg; 05 Zehdenick, Klostergal. (AK Berlin); 06 Stockholm, Rönnells Antikvariat; Haarlem, Gal. d. Schonen Kunsten; Berlin, Emerson; Berlin, Krammig & Pepper Contemporary – **G:** zahlr. Ausst.bet., u. a. 87 Kassel, documenta; 80, 82 Venedig, Bienn.; 87 Linz, Ars Electronica; 90 Sydney, Bienn.; 93, 97 Donaueschingen, Intern. Donaueschinger Musiktage; 00 London, Sonic Boom; 01 Pittsburgh, Visual Sound; 03 Tokio, Sounding Space; 04 Berlin, transmediale; Luzern, Lucerne Festival; Sendai/Jap., The Miyagi Mus. of Art; 05 Berlin, AK; Taipei, Fine Arts Mus.; Karlsruhe, ZKM; London, South London Gall.; Cork, Sound Out; 06 Stockholm, Stockholm New Music; Haarlem, toon-festival; Berlin, sonambiente – **V:** Veröff. u. a. in: Flash Art, Gala Intern., Scena, – Beitr. z. neuen Musik, Musica, Zs f. neue Musik, Kunst und Kirche – **R:** zahlr. Tonträger seit 76, vgl. Kat. – ***Lit:*** Klang-Raum-Licht-Zeit, Kat. (m. Bibliographie) 00

Kuckei, Peter, Maler; Beckmannsfelder Weg 6, D-26969 Butjadingen, Tel. (0 47 35) 5 00, Fax 92 00 35, *peterkuckei@hotmail.com*, *www.peterkuckei.com*. 648 NE ST., Miami, FL 33183/USA, Tel. u. Fax 0 30 57 51 95 18 (* Husum 25. 5. 38) – **VG:** Heilbronn, Rieker; München, Dany Keller; Amsterdam, Associated Arts; Miami, ReedSavage – **S:** 60–61 Staatl. KSch Bremen; 61–63 Staatl. ABK Stuttgart (b. Prof. H. Wildemann) – **L:** 86–87 Staatl. ABK Stuttgart (LAuftr.) – **P:** Deubau Sonderpr. 79; Walter-Hesselbach-Pr. 80; BDA-Pr. Nds. 80, 82 – **G/T:** Malerei, Archit., Glasdesign – **W:** Privatslgn u. a. in Miami, Los Angeles, Berlin u. Amsterdam – **M:** Kaiserslautern, Pfalz-Gal.; Karlsruhe, Städt. Slg; Oldenburg, LM; San Francisco, Fine Arts Mus.; Schleswig, LM f. Kunst u. Kult.-Gesch. Schloß Gottorf – **Ö:** Fort Lauderdale, Place des Arts – **B:** Bad Zwischenahn: Freibad; Nordenham: Gymnasium; Oldenburg: Amalienbrücke – **E:** 89 Heilbronn, Rieker; 91 Miami, Art; Amsterdam, KunstRai; 93 Bonn, Stift. f. Kunst u. Kult.; 96 Amsterdam, Associated Arts; 98 Stuttgart, MB-Art; 03 Miami, Alliance Française; 05, 06 Miami, ReedSavage – **G:** 90 Emden, KH; 94 Stuttgart, Slg Reinheimer; 03 Simat de la Valdigna (El Arte de las Vidrieras); – weitere: 93 10 Jahre KV Emsdetten; 03 20 Jahre KV Emsdetten – ***Lit:*** Kat. zu d. Ausst. im LM Oldenburg; in d. KH Wilhelmshaven; in d. Gal. Schüppenhauer Essen – ***LitR:*** ART Tape, Momente-Dokumente, AM-Gruppe Berlin

Kuczewski, Hartmut, Kunstmaler m. Meistertitel; Riedholz 6, D-88167 Maierhöfen im Allgäu, Tel. (0 83 83) 92 99 79, 92 29 85, Fax (0 83 83) 92 29 86, *www.kuczewski.de; www.kuczewski.com*. 7830 Country Lane, Chagrin Falls, OH 44023–6328/USA, Tel. (0 01–4 40) 5 43 52 17 (* Hettstedt 31. 1. 49) – **VG:** Cleveland/Chagrin Falls, Contemp. European Art Prof. Dr. Heidi I. Stull; John Carroll Univ./OH, Mus. and Univ. Gall.; Ulm, Art Consult Gall. Dr. Hermann Bernard; Stuttgart, Günther Galetzki; Heidenheim, Gal. im BIZ; Kernen-Stetten, Gal. K; München, Karl & Faber – **S:** 65–69 Berufsfachoberschule (Malerlehre, Kirchenmaler, Kunst am Bau); 71–72 Ulm, Meisterschule f. Maler – **P:** zahlr. Kunstpr. u. Ehrungen im In- u. Ausland, u. a.: Eintragung in d. staatl. Künstlerverz. d. Staaten u. Städte in den USA 90; 1. Pr. d. Kunstausst. Chagrin Falls/OH 92 – **KGr:** The White Ravens (Vors. seit 97) – **G/T:** Porträtmalerei, Malerei: Menschen, Politik, Kirche, Krieg, Kritik, Philosophie, Lsch., Tiere, Sagen, Mystik, Erotik, Technik; 28 Zyklen 1975–2000 – **W:** zahlr. Werke in privaten u. öff. Slgn in Europa, den USA, Kanada, Australien, Japan, Neuseeland, Argentinien u. Brasilien, Indonesien; – weitere/wichtige Kuczewski-Slgn: Dr. Baier, Ackermann, Brandstätter, Dr. Sauter, Bahl, Kurilko, Skibowski, Beier, Drittenthaler, Konsul Thimmig, Baron von Hamm, Häckel, Carrol, Ihre K.K. Hoheit Erzherzogin Constanze von Habsburg, Lederer, Dr. Barley, Wegener, Dr. Wassermann, Dr. Eble, Dr. Schäufele, Mus. Bistum Mailand, MDE Zahorka, H. u. W. Müller, Dr. Uhl, Liebert, Lück, Machradt, Malagrino, Dr. Seitz, Dr. Ostapowicz, Jacke – **M:** Backnang, Slg Dr. Steck; Heidenheim, KM; Hettstedt, Mansfeld-Mus.; München, Hypo Gal.; Rom, Mus. Vaticani; Starnberg, Slg Balfanz – **Ö:** Aalen, Kath. Kirche; Arkon/OH, Konsul Diana Thimmig; Chagrin Falls/OH, Prof. Dr. Stull; Cleveland/OH, City-Club; in Heidenheim: Kreisspk. u. Volksbank, Landratsamt, Heidenheimer Ztg, Dr. Heymann sowie Dr. Schwarz; Herbrechtingen, RH; Hettstedt, Kath. Kirche; ebda, Landratsamt; IHK Ost-Württ.; Köln, Gothaer Versicherung; Neu-Ulm, Landratsamt; New York, Mc Donald; Ohio, John Carroll Univ.; Straßburg, Europa-Parlament; Stuttgart, Landtag; Ulm, Dr. Bernard; Winnenden, Praxis Dr. Steck; Slg Dr. Lothar Späth – **E:** ca. 100 Einzelausst., u. a. 84 Bisingen, Hohenzollernhalle; 86 Straßburg, Europa-Parlament; Berlin, Intern. Congress Centrum ICC; 87, 89, 91, 94, 95 Heidenheim, Gal. im BIZ; 88 Ohio, Mus. John Carroll Univ.; 89 Cleveland/OH, City Gall.; 90 Hettstedt, Mansfeld-Mus.; 92 Heidenheim, Konzerthaus; Schwäbisch Gmünd, Gal. am Johannisplatz; 96–03 Gailingen, Gal. Gailingen; 01–02 Gailingen, Kath. Kirche; – sowie Galerieausst. u. a. in: Cleveland/OH, City Club; Esslingen; Heidelberg; London, Rawinsky; Ludwigshafen; Luxemburg; Montego Beach/Jamaika; Neu-Ulm; New York, Bratenthal; Stuttgart, Gal. K; Stuttgart, Galetzky – **G:** ca. 30 – **V:** Periculum in Mora (Gefahr in Verzug), Buch 81; Rettet die Menschheit, großformat. Farbrepro m. 3 Abb.,

6000 Stück 85; Der Aufstand der Pinsel, autobiogr. Roman 98/99; Die Herrschaft der Ratten, Buch – ***Lit:*** u. a. Prof. Dr. Roger A. Welchans (Kunsthist. u. Museumsdir. Cleveland/OH): The Paintings of Kuczewski, Kunstkat., John Carroll Univ. Ohio 88; Karl & Faber Kunstkatalog 05; Bavaria Kunstkat.; Biographie v. H.-U. Schnirch, dt. u. engl.; – seit über 30 Jahren mehrere tausend Beitr. in Ztgn u. Zss. im In- u. Ausland, z.B.: HÖRZU 21.5.99 (eine Farbseite); Konrad H. Teckentrup in: Südkurier 5.1.01; TV3-Mag., Nov./Dez. 01, Dez.01/Jan.02; Rhein-Ztg (Schweiz) 3.10.03; Ellen Schaad-Bohrer in: Europa-Journal, Juli 04; – sowie in: Südwestpresse, Wochenmag.; Penthouse Mag.; News; Bild Ztg; Mitteldt. Ztg; Der Künstler; Bodensee Hefte, Kunstmag.; EUROPA-Mag.; Libertas; Augsburger Allg.; Esperanto, US-Journal – ***LitR:*** zahlr. Beitr. u. a. in Radio 7; TV Euro 3; Schweizer Fernsehen; USA Fernsehen; Cleveland/Ohio; Radio Augsburg; ARD u. ZDF Berlin; sämtl. TV d. Europ. Union

Kudla, Elisabeth s. Augenstern, Rebecca

Kübler, Stefan; c/o Spielhaus Morrison Galerie, Reinhardtstr. 10, D-10117 Berlin, Tel. (0 30) 28 04 05 77, Fax 28 04 18 98, *info@spielhaus-morrisson.com, www.spielhaus-morrison.com* (* Balingen 68) – **VG:** Berlin, Spielhaus Morrison – **S:** 96–01 HBK Dresden; 01–03 ebda (Meisterschüler b. R. Kerbach) – **P:** Stip. f. d. Glasgow School of Art 99 – **G/T:** Malerei, Graph., Papierarb. u. Collagen – **E:** 02 Berlin, Morrison; 02, 03 Berlin, Morrison; 05 Leipzig, Kirow – **G:** 04 Wellington, Bartley Nees Gall.; Stavanger, KV; Dresden, Baer; Berlin, Morrison – ***Lit:*** Heinz Bude: Ad S. K., Ausst.kat. 02

Küchenmeister, Rainer, Prof., Maler; 201 Rue Vaugirard, F-75015 Paris, Tel. (01) 45 66 89 53 (* Ahlen/Westf. 14. 10. 26) – **VG:** Ahlen, Fritz-Winter-Haus; Dießen am Ammersee, Winter; Lippstadt, Trost; München, Gunzenhauser – **L:** ABK Karlsruhe – **P:** Kunstpr. Berlin 71 – **G/T:** Malerei; Zeichn. – **M:** Berlin, NG; Hamburg, KH; Hannover, Sprengel Mus.; Karlsruhe, SKH; Köln, Mus. Ludwig; München, Pin. d. Mod.; Recklinghausen, StKH; Stuttgart, SG; Ulm, Ulmer Mus.; Wolfsburg, StG – ***Lit:*** Reclams Künstlerlex. 02; Schweers 02 – (Red.)

Kühl, Ingo, Maler, Bildender Künstler; Frankenstr. 11, D-10781 Berlin. Süderstr. 42, D-25980 Keitum/Sylt sowie Atelier am Meer, Am Tipkenhoog 7, D-25980 Keitum/Sylt, Tel. u. Fax (0 46 51) 8 89 20 70, Mobil: 01 74–3 76 14 22, *ingo.kuehl@freenet.de, www.ingokuehl.com* (* Bovenau 29. 6. 53) – **VG:** São Lourenço, Centro Cultural; Halebüll, Lüth; Flensburg, Gal. Messerschmidt – **S:** 77–82 HdK Berlin – **G/T:** Malerei (Lsch., Farbräume); Ölgemälde; Aqu.; Zchngn; Objekte (Archit.-Skulpt., Reliefs, Ton, Keramik, Gips, Bronze) – **W:** in zahlr. Privatslgn – **M:** u. a. Berlin, Kpst.-Kab.; Berlin, Senat (Werkverträge 88, 91); Husum, Nissenhaus; Keitum/Sylt, Heimatmus.; New York/Brooklyn, The Center for Art and Culture of Bedford Stuyvesant Inc.; Port Vila, NM d. Republik Vanuatu; Schleswig, LM f. Kunst u. Kult.-Gesch. Schloß Gottorf; Sindelfingen, Kult.amt; Westerland/Sylt, RH – **Ö:** Treuenbrietzen, Johanniter-Krankenhaus; Görlitz, Seniorenhaus an d. Christuskirche – **E:** u. a. 82 New York/Brooklyn, The Center for Art and Culture of Bedford Stuyvesant Inc.; 86, 98, 01 São Lourenço/Portugal, Centro Cultural; 88 Husum, Nordfries. Mus.; 02 Port Vila/Südpazifik, NM d. Rep. Vanuatu; 04, 05 Berlin, Ethnolog. Mus.; 05 Bad Hersfeld, SM; 07 Santiago de Chile, Gal. Animal – **G:** u. a. 84, 86 Berlin, Obere Gal., Haus am Lützowplatz; 88 Schleswig, LM f. Kunst u. Kult.-Gesch. Schloß Gottorf; Seoul, Hanaro AC; 91 Ludwigshafen, Wilhelm-Hack-Mus.; Berlin, Waszkowiak; 98 Berlin, Schultz – **V:** u. a. I.K. Architektur-Phantasien (Kollektion Siebdrucke) 81; I.K. Zeichnungen 1976–1981 82; I.K. Nordsee-Bilder 83; Lutz Arnold: Luft u. Wasser, Neue Gedichte u. Bilder (2 versch. Mappen m. Autografen bzw. Faksimiles v. Sarah Kirsch u. Original-Bildern bzw. Reprod. v. Bildern v. I.K.) 88; m. Sarah Kirsch: Luft u. Wasser, Gedichte u. Bilder (Buchausgabe) 88; Paul Scheerbart: Glasarchitektur, Ill. (Siebdruck) 88; I.K. Gezeiten 1989–1990 92; I.K. Vor Island, Farblith.-Mappe 96; Franz Schubert: Winterreise (24 Bilder z. Liederzyklus) 96; Seligpreisungen d. Bergpredigt nach Matthäus 5, 1–12 (Kollektion Lith.) 97; I.K. Färöer, Bilderzyklus 1995 98; I.K. Vier Jahreszeiten, Bilder f. d. Johanniter-Krankenhaus im Fläming 00; I.K. Am Meer, Ölbilder. Aquarelle 1980–2000 01; I.K. Sieben kleine Bilder 03; Macht d. Natur, Bilder v. I.K. auf Sylt gemalt 2002–2005 05; Landschaften am Ende d. Welt/Paisajes del fin del mundo, Bilder v. I.K. in Patagonien u. Feuerland gemalt/Cuadros de I.K. pintados en la Patagonia y Tierra del Fuego 06 – ***Lit:*** u. a. Curt Grützmacher: V. d. Nordseelandschaft z. Farbraum, In: Werkstattbesuche II bei Künstlern in Berlin-Wedding, Gal. Lebendiges Mus. 89; Margret Schütte: Muss selbst den Weg mir weisen ..., In: I.K. Winterreise 96; Marie u. Volker Huber: I.K. A velha ponte de madeira, The old wooden bridge, Die alte Brücke Quinta do Lago, Ausst.kat. (Centro Cultural São Lourenço) 98; I.K. Paisagens marinhas, Ausst.kat. (Centro Cultural São Lourenço) 01; I.K. Sea and sky, Ausst.kat. (Gal. de Arte Vale do Lobo, Algarve, Portugal) 02; Maria-Gesine Thies: Wasser, Wolken, Weite – die Nordsee u. Markus Schindlbeck: Südsee – Wellen, beide In: Nordsee – Südsee 04; Malte Elbrächter: Macht d. Natur, In: Macht d. Natur, Ausst.kat. (Mus. Stadt Bad Hersfeld) 05; Antonio Skármeta: La Ley de las nubes. Sobre las pinturas de I.K./Das Gesetz d. Wolken. Über d. Bilder v. I.K., In: Landschaften am Ende d. Welt/Paisajes del fin del mundo 06.

Kühl, Reinhard, Maler, Fotograf; lebt u. arbeitet in Berlin (* Lörrach 67) – **VG:** Berlin, Koch & Kesslau; Saarbrücken, K4 – **S:** 91–97 HdK Berlin (Malerei u. Fotogr.); 92 Surikow Inst. Moskau; 93 Akad. d. Schönen Künste Vilnius; 94 Chelsea College of Art and Design London; The School of the Art Inst. of Chicago; 96 HS f. Kunst u. Design Budapest; 97 Meisterschüler b. Prof. Dieter Appelt – **P:** Sickingen Kunstpr. (2. Pr.) 97; DGM-Graph.-Kunstpr. 97; Kunstpr. d. Ldkr. Gifhorn 98; Artists' Work Programme d. Irish MMA, Dublin 99; DAAD-Stip. f. Polen 99; Karl-Hofer-Pr. 99; Fördpr. Miniatur, Rheda-Wiedenbrück (2. Pr.) 00; Air Art-Pr. d. European Aeronautic Defence and Space Comp. (1. Pr.) 00; Atelierstip. d. Karl-Hofer-Ges. 00; Stip. d. Kult.stift. d. ZF Friedrichshafen AG 01; Kunststip. Laufenburg 01; iaab-Stip. Edinburgh 02; Georg-Kolbe-Pr. 02; Kleinbasler Kunstpr. 02; Stip. Künsterlaus Hooksiel 03; Förd.pr. f. Fotogr. d. Öff. Versicherungen Oldenbg 03; Villa-Serpentara-Stip., Olevano Romano 03 – **E:** zuletzt u. a. 00 Berlin, Gal. im Saalbau Neukölln; 01 Zielona Góra, Gal. BWA; Berlin, Gal. Pankow; Friedrichshafen, Zeppelin Mus.; 02 Berlin, Georg Kolbe Museum; Unna, KV; Hamburg, Bebensee; 03 Hooksiel, Künstlerhaus; Berlin, Koch & Kesslau; Kandern, Gal. Robert Keller; Danzig, Gdanska Gal. Fotografii, Muzeum Narodowe – **G:** u. a. 01 Berlin, Gal. in d. Alten Schule; Innsbruck, Fotoforum West; Berlin, Kult.amt Mitte; Stuttgart, Atelier Unsichtbar; Berlin, Künstlerwkst. Bahnhof Westend; Slubice, Gal. Prowincjonalna; 02 Liestal, KH Palazzo; Vilnius, Gal. Akademia; Basel, Ausst.raum Klingental; 04 Bremen, StG; Berlin, Mus. f. Kommunikation; Glückstadt, KV; 04 Saarbrücken, K4; Frankfurt am Main, Art Frankfurt – (Red.)

Kühl, Siegfried, Maler, Skulpteur, Kunstpädagoge; c/o Galerie Bremer, Fasanenstr. 37, D-10719 Berlin, Tel. (0 30) 8 81 49 08 (* Berlin 2. 10. 29) – **VG:** Berlin, Bremer – **S:** HBK Berlin (Skulpt. b. Prof. Waldemar Grzimek u. b. Prof. Heinrich Graf Luckner, Meisterschüler v. Prof. Georg Tappert) – **L:** 52–92 Schulfarm-Insel-Scharfenberg (Kunsterzieher); Mitbegr. d. intern. Bildnerischen Werkstatt Scheersberg (LAuftr.) – **P:** Med. d. Stadt Antony (Gold) 68; Humboldt-Med. f. Kunst u. Wiss. Berlin Reinickendorf 59, 79 – **G/T:** Malerei, Druckgraph., Collage u. Montage (Objekte) – **M:** Berlin, Artothek d. Neuen Berliner KV; Berlin, Graphothek – **Ö:** Berlin, Fontane-Haus; Berlin, Tegeler See (Bronze, Der archaische Erz-Engel vom Heiligensee) – **E:** u. a. Berlin, Haus am Lützowplatz; Berlin, Haus am Waldsee; Berlin, Nierendorf; London, Twin Towns Art; Maribor, Umetnostna Galerija; Berlin, Bremer; Berlin, Graphothek; Düsseldorf, KV – **G:** u. a. Berlin, Graphothek; Tel Aviv, Mus. of Art; London, Woodlands Art Gall.; Berlin, Dt. Oper; Taipeh, Intern. Graph.bienn.; München, Lenbachhaus – **V:** Malerei, Montagen, Collagen 92; Caput Mortuum (Schädelbilder) 93 – **R:** Die Natur, der Schrott und die Kunst. S. K. ein Berliner Maler (Sender Freies Berlin) 97; Hans Lutz Becker: Kühl, Film 88; Hans Lutz Becker: Auszüge, Film 91; ders.: Hommage à Hannah Höch, Film 93 – ***Lit:*** Helmut Börsch-Supan: Siegfried Kühl zum 50. Geburtstag, Ausst.kat. 59; Eberhard Roters u. Alfred Behrmann, Ausst.kat. 65; Lothar Klünner: Lichtungen 80; Wolf-Dietrich Schnurre, in: Künstler der Gegenwart 66; Rudolf Pfefferkorn, Ausst.kat.; Klaus Deterding: Berliner Festwochen, Ausst.kat. 77 – ***LitR:*** Hans-Lutz Becker: Kühl. Maler und Skulpteur, Film 96; Wilma Pradetto: Portrait des Berliner Malers S. K. (SFB) 97; Hans-Lutz Becker: Caput mortuum, Film 98 – (Red.)

Kühn von Hintzenstern, Angelika; Ortsstr. 3, D-07980 Kühdorf, Tel. (03 66 25) 2 03 51, Fax 2 03 51 – **G/T:** Malerei – (Red.)

Kühn, Achim, Dipl.-Ing. Architekt, Metallbildhauer, Fotograf, Schmied; Richterstr. 6, D-12524 Berlin, Tel. (0 30) 6 76 42 61, Fax 6 76 36 81, *info@metalart.de*, *www.metalart.de* (* Berlin 5. 4. 42) – **S:** 56–59 Atelier Prof. Fritz Kühn (Kunstschmiedelehre u. Gesellenzeit); 61–63 ebda (Meisterausb. z. Kunstschmied); 63–67 HS f. Archit. Weimar (Dipl.) – **Ve:** BBK Berlins 71 – **G/T:** Metallplast. (Brunnen, Mobiles, Stabiles); Kunst-am-Bau-Projekte; Fachfotogr. – **W:** Stahlplast. in Privatbes. – **Ö:** 67–04 76 Werke im öff. Raum, z.B. Berlin, Knorr-Bremse AG (Stahlskulpt.); Berlin, Marienkirche (Hauptportal); Cottbus, Klinikum (Skulpt.); Leipzig, Kirchenzentrum St. Trinitatis (Gesamtausstattung); – Mobiles: Eckernförde, Rostock; – Brunnen: Berlin (5), Turku/Finnland – **E:** 77 Chemnitz; 79 Moskau; 80, 82, 84, 89, 91, 94, 97, 99, 00, 03 Berlin; 88 Malmö; Stockholm; 90 Rostock; 93 Wien; 94 Lahti/Finnland; 95 München; 01 Murnau – **G:** seit 77 Ausst.bet. in Dtld, Europa u. d. USA – **V:** 50 Jahre Atelier für Stahl- und Metallgestaltung, Sonderdruck 87; Fritz Kühn: Wasser Erde Luft ... Eisen, Sonderausgabe (Hrsg.) 01; – Fachb.: Metallgestaltung 93; Treiben von Kupfer und Kupferlegierungen 93 – **R:** Metall – Raum – Klang, CD 94 – ***Lit:*** Berliner Metallgestaltung Fritz und A. K., Ausst.kat. 89; A. K. – Metallplastik, Leporello 90; A. K. – Metallbildhauer, Ausst.kat. 93; Metalldesign international, Fachb. 01

Kühn, Hans-Klaus, Fotografie-Drucktechnik-Künstler; Aispachstr. 10, D-72764 Reutlingen, Tel. (0 71 21) 42 00 30, *blancfilm@aol.com*, *www.h-k-kuehn.de* (* Wetzlar 20. 11. 55) – **S:** 74–79 Kunsterziehung; 77–84 Siebdruck – **L:** 85–95 FHS f. Sozialpädagogik Reutlingen (Ästhetik u. Kommunikation); 96, 97 Fak. f. Sonderpädagogik Reutlingen (Fotogr.); 98–04 Sem. f. Didaktik u. Lehrerbildung (Foto, Video, Druck) – **Ve:** VBKW – **KGr:** Nicht zu Hause (98–04) – **G/T:** Fotogr. (Dok., Essay, Portfolio); Drucktechnik (Siebdruck) – **M:** Biškek/Kirgistan, MBK – **Ö:** Bonn/Berlin, Botschaft d. Republik Kirgistan – **E:** Fotografische Assoziationen zum chinesischen Theater: 93 Frankfurt am Main, Goethe-Inst.; 94 Tübingen, Da Capo; Schwäbisch Hall, Goethe-Inst.; 95 Augsburg, Filmtage; 96 Hechingen, Künstlergilde; 97 Berlin, Berlinale (Quasimodo); – Fotografisches Essay z. Tschingis Aitmatow: 97 Reutlingen, Stadtbibliothek; 98 Frankfurt am Main, Roman Fabrik; Dresden, Alte Feuerwache Loschwitz; Berlin, Haus d. Kulturen; Biškek/Kirgistan, MBK; Stuttgart, LG-Studio; Alma Ata, Goethe-Inst.; Osh/Kirgistan; Biškek/Kirgistan, Nat.bibliothek; 99 Talas/Kirgistan; – Flußaufwärts – Fotografische Blicke nach Asien: 99 Stuttgart, Linden-Mus.; 02, 03 Heidelberg, Völkerkundemus.; – Oxidierte Serigraphie auf Leinwand: 84–90 Reutlingen; – Peking Oper: 04, 05 Heidelberg, Völkerkundemus. – **G:** u. a. 80 Stuttgart, Württembergischer KV; 88 Donauwörth, KV; 89 Barcelona, Print – **V:** Fotogr. Essay zu Tschingis Aitmatow 97 – ***Lit:*** ifa-gal. Stuttgart (Hrsg.): Die Seidenstraße – ***LitR:*** Flußaufwärts – Fotografischer Blick nach Asien, Bay. Fs. Abendschau

Kühn, Joseph, Illustrator; c/o M.E.L. Kunsthandel Reinhold Sturm KEG, Hägelingasse 5/6a, A-1140 Wien, Tel. (01) 7 86 39 86, *mel_kunsthandel@vienna.at* (* Wien 24. 10. 45) – **VG:** Wien, M.E.L. Kunsthandel – **P:** Stip. M.E.L. – **G/T:** Buchill. (Scheren- u. Messerschnitte) – **M:** Linz, Adalbert-Stifter-Haus; Wien, Slg Thomas Innfeld; Wien, Öst. Nat.bibliothek – **E:** Horn, Gal. Thurnhof; Wien, M.E.L. Kunsthandel; Wien, Stalzer – **G:** Troisdorf, Bilderb.mus. Burg Wissem; Berlin, Intergrafik; Linz, Adalbert-Stifter-Haus; Gars am Kamp, Wachtberg – **V:** Martin Prinz: Alle Habseligkeiten (Messerschnitte); Robert Gratzer: Immerwährender Kalender (Scherenschnitte); Günther Kaip u. J. K.: Trash (Messerschnitte) – **R:** Andraschek, Kurzfilm (Buch u. Regie) – ***Lit:*** Werkkat. M.E.L. 04 – ***LitR:*** Kulturtip, Öst. RF 03 – (Red.)

Kühn, Rosa, Malerin, Keramikerin; Rieckstr. 8A, D-17459 Zempin/Usedom (* Grünberg/Schlesien 28. 5. 28) – **S:** 47–48 HBK Berlin (b. Prof. Max Debus); 48–52 Koserow/Usedom (b. Prof. Otto Niemeyer-Holstein) – **Ve:** Künstlerbund Meckl. u. Vorpommern seit 90 – **G/T:** Öl- u. Aqu.malerei; Ldschaft, Stilleben, Portr. – **W:** überw. in Privatbes. – **M:** Rostock, KH; Schwerin, Staatl. Mus.; Stralsund, Mus.; Wolgast, Mus. – **Ö:** Baugebundene Keramikmalerei: u. a. Rostock-Lüttenklein, Schülergaststätte (Eingangsbereich); Zempin/Usedom, Ver.haus (Eingangsbereich); Wolgast, Altenheim St. Jürgen (Speisesaal) sowie in div. Schulen u. Kindergärten in Rostock, Stralsund, Wolgast u. Grimmen – **E:** 98 Wolgast, Mus.; Anklam; Zinnowitz; Timmendorf; 03 Heringsdorf/Usedom – **G:** zahlr. Ausst.bet. in Dresden, Berlin, Stuttgart, Wien, Moskau, Güstrow, Schwerin, Hamburg, Greifswald, zuletzt 02 Mistroy/Wollin – ***Lit:*** Kaufmann: Johannes Walter-Kurau und seine Schule 97; Bernfried Lichtnau: R. K., Ausst.kat. 98 – ***LitR:*** Lutz Panhans, Fs.-Interview (ZDF) 02 – (Red.)

Kühn, Susanne, Malerin; lebt u. arbeitet in Freiburg im Breisgau (* Leipzig 69) – **VG:** Leipzig, Kleindienst; New York, Maynes – **S:** 90–95 HGB Leipzig (b. Prof. Sighard Gille); 95 School of Visual Arts, Hunter College New York; 01–02 Radcliff Inst. for Advanced Studies, Harvard Univ. Cambridge/MA – **P:** Jahresstip. d. DAAD (School of Visual Arts, Hunter College New York) 95 – **Ö:** Cambridge/MA, Harvard Univ. Radcliffe Inst. – **E:** u. a. 97 Leipzig, Beck u. Eggeling; 99, 00 New York, Maynes; 00 New York, German Consulate House; 01 New York, Maynes; 02 Cambridge/MA, Harvard Univ. Radcliffe Inst.; 03 New York, Maynes – **G:** u. a. 00 Zwickau, StM; 01 New York, Ross; New Orleans, Contemp. Arts Center; Boston, Massachusetts College of Art; 02 New York, Saul; New York, Harris; Boston, Goldman Fine Art; 03 New York, Maynes – (Red.)

Kühn, Volker, Objektkünstler; Hauptstr. 39, D-28865 Lilienthal, *www.galeriekuehn.de; www.artinboxes.de* (* Neuenkirchen 48) – **VG:** Berlin, Kühn; Dresden, Gal. im Taschenbergpalais; Lilienthal, Kühn; Sindelfingen, Lau Fine Art & Consulting; Wetzlar, Gal. am Dom; Zürich, Foxx Gal. – **S:** 68–72 HS f. Gest. Bremen (FB Plastik, b. Prof. Schreiter) – **P:** Bremer Förd.pr. f. Bild. Kunst 74; Wettb. d. Bremer HS f. Nautik (1. Pr.) 76 – **G/T:** Graph. (Zeichn., Miniatur-Rad.); Objekte (u.a Lichtobjekte, Objektkästen) – **E:** u. a. 73 Düren, Leopold-Hoesch-Mus.; Unna, KV; zuletzt: 99, 00, 02, 03 Berlin, Kühn; 01 Barcelona, Gal. Llucià Homs; 02, 03 Lilienthal, Kühn – **G:** seit 76 zahlr. Bet. an intern. Messen, u. a. New York, Art Expo; Gent, Line Art – (Red.)

Kühn, Volkmar, Bildhauer; Mildenfurth 4, D-07570 Wünschendorf, Tel. (03 66 03) 8 82 76 (* Königsee/Thür. 27. 7. 42) – **S:** Lehre als Keramikmodelleur; FS f. Angew. Kunst Leipzig (Plast.) – **P:** nat. u. intern. Pr., u. a. Perron-Kunstpr. 02 – **Ve:** Künstlersonderbund in Deutschland; VBK Thür.; BBK – **G/T:** Plast. (Bronze) – **Ö:** Grimma, Jutta-Park (Bronzeskulpt.); Wünschendorf, Kloster Mildenfurth – **E:** 97 Rudolstadt, Thüringer LM Heidecksburg; 02 Iserlohn, Villa Wessel; Gera, KS – weitere in Berlin, Chemnitz, Gera, Hamburg, Iserlohn, Jena, Leipzig, München, Nürnberg, Rudolstadt, Weimar, Wetzlar – **G:** u. a. 01 München, Haus der Kunst; Erfurt, Vostry; 02 Erfurt, Ldeskunstausst. Thür.; Berlin, Kulturforum; 03 Erfurt, Reglerkirche – ***Lit:*** WWCCA 96 – (Red.)

Kühne, Hendrikje (Ps.: Kühne/Klein), freischaffende Künstlerin; Hegenheimer Str. 220, CH-4055 Basel, Tel. 07 87 94 82 52, *kuehne.klein@bluewin.ch, www.xcult.org/kuehne.klein* (* Darmstadt 19. 2. 62) – **S:** 82–84 Schule f. Gest. Basel (gestalter. Vorkurs); 85 GesamtHS Essen (Lehramt f. Bild. Kunst); 86–88 Schule f. Gest. Basel (Fachkl. f. Freies Bildner. Gest.) – **P:** Basler Künstlerstip. 92; Cité Intern. d. Arts Paris 96; Artist's Work Programme 98; Intern. Artists in Residence Programme 02; Projektaufenthalt KV Springhornhof, Lüneburger Heide 03; Sirius Arts Centre, Intern. Residence Programme 04; Atelierstip. d. Kt. Basel-Stadt (f. Berlin) 06 – **G/T:** Mixed Media, Install., Collage – **M:** Dublin, Irish Mus. of Mod. Art; Warth, KM d. Kt. Thurgau – **E:** 99 Basel, Kunstraum Riehen; 00 Schwäbisch Hall, KV; Aarau, Kunstraum; 01 Dublin, Temple Bar Gall.; London, Gasworks Gall.; 02 St. Peter Port, Guernsey, The Gall.; Hastings, Mus. and Art Gall.; 03 Neuenkirchen, KV Springhornhof; 04 Zürich, Staub g*fzk! – **G:** u. a. 98, 02, 04 Dublin, Irish Mus. of Modern Art; 99 Birmingham, Ikon Gall.; 00 Manchester, The Lowry; 01 Basel, KH; 02 Vilnius, 8th Baltic Trienn. of Intern. Art; Baden, Gal. im Amtshimmel; 02, 06 Zürich, Staubkohler; 03 Hannover, KV; 04 Olten, KM; Liestal, KH Palazzo; Besançon, Éc. des Beaux Arts; 05 Warth, KM d. Kt. Thurgau (Kat.); Berlin, Völcker; Basel, Kunstraum Riehen; Cork, Sirius Arts Centre Cobh; London, Cafe Gall. Project; 06 Winterthur, Foto-Mus. (Kat.); Carrick-on-Shannon, the Dock – **V:** u. a. Property (Letters to the Editor) 98; Kunst Raum Riehen 99; The Gallery 02; Fash N Riot Book project, Künstlerb. 05 – ***Lit:*** IKON Gallery 99; The Lowry 00; Life is a Mystery Tour (part II) 01; A World of Difference 01; Centre of Attraction 02; The Unblinking Eye 02; Centre of Attraction 02; Die Sehnsucht d. Kartographen 03; Fokus 1 03; Hohe Heide Sticker SammelHeft 03; Traversées du Paysage 04; Catherine Marshall (Hrsg.): Irish Mus. of Mod. Art, The Coll. 05

Kühne, Michael; Hafenstr. 41, D-25712 Burg, Dithmarschen, Tel. (0 48 25) 9 21 27, Fax 9 21 27, *webmaster@michael-kuehne.de, www.michael-kuehne.de* – **G/T:** Malerei – (Red.)

Kühne, Wolfgang, Dipl. Maler u. Graphiker; Neuberinstr. 14, D-01279 Dresden, Tel. (03 51) 2 54 28 82 (* Lückstedt 22. 1. 52) – **VG:** Dresden, art + form; Berlin, Vagt; Dresden, Refugium; Dresden, La Villa – **S:** 73–78 HBK Dresden (Tafelmalerei u. a. b. Prof. G. Kettner u. Prof. J. Damme) – **L:** Malerei (Öl, Pastell, Aqu.); Graph. (Lith., Rad.); Landschaft, Akt, Portr. – **Ve:** SKB seit 91 – **KGr:** La Villa (seit 00) – **M:** Dresden, GG NM; Dresden, Slg d. Stadtspk.; Dresden, Slgn d. TU – **Ö:** Dresden, Max Planck Inst.; ebda, Rat d. Stadt – **E:** 89 Dresden, Nord; Frauenstein, Gal. im Schloßmus.; 93 Dresden, Kult.etage; München, Rogge; 95 Pulsnitz, Gal. im Schloß; Berlin, Vagt; 96 Schmiedeberg, Skell; 97 Bautzen, Budissin; 98 Graupa, Richard-Wagner-Mus.; 99 Medingen, Kunst Raum; 00 Dresden, art + form – **G:** zahlr. Ausst.bet., u. a. 82 Dresden, Albertinum; 86 Leningrad, Haus d. Künstlerverb.; 89 Hamburg, Kampnagelfabrik; 91 Dresden, Mus. f. Stadtgesch.; 93 Engen, SM u. Gal.; 94 München, Paläontologisches Mus.; 95 Berlin, Gal. M; 00 Überlingen, StG; 02 Berlin, Vagt; 03 St. Petersburg, Künstlerverb. – ***Lit:*** W.K. Malerei u. Zeichnung, Ausst.kat. 93; W.K. Pastelle u. Grafik, Ausst.kat. 95; W.K. Malerei u. Grafik, Übersichtskat. 04 – (Red.)

Kühne-Strohscheer, Doris (Doris K. Strohscheer, geb. Doris Kühne), Malerin, Dozentin, Synästhetikerin, mediale Malerin, Drogistin; Wittelsbacherstr. 12 A, D-10707 Berlin, Tel. (0 30) 88 92 01 91. D-38644 Goslar-Hahnenklee, Tel. (0 53 25) 21 20 (* Dresden 19. 1. 39) – **S:** 80–83 TU Braunschweig (Kunstwiss. u. Kunstsoziologie); 81–84 TU Clausthal-Zellerfeld (stud. gen. Medizin. Anthropologie); 81–89 HBK Braunschweig (b. Prof. Peter Voigt u. Prof. Lienhard von Monkiewitsch); 82 Intern. Sommerakad. f. Bild. Kunst Salzburg (b. Prof. G. Rühm) – **L:** Doz. in d. Erwachsenenbild. f. Subjekt. Realismus (Kunsttherapie, Konzept selbst entwickelt aus d. Automatismus) – **G/T:** Malerei (Subjektiver Realismus); Zchng (nicht gegenständl.); Monotypie (Öl); Assemblage u. Collage (Malreste); Objektkunst (Holzkörper, Zeitgeist); Fotogr. – **K:** Kunsttherapie, Kunstkonzept, Malen, Zeichnen (Automatismus, totales Loslassen, d. 'Subjektiven Realismus' entsprechend); Fotogr. – **W:** Aqu., Zchngn, Collagen, Assemblagen u. Kunstkörper in Privatbes. sowie Kunstpostkarten – **M:** Braunschweig, Artothek; Salzgitter, StKS Schloß Salder; Schöppenstedt, Till Eulenspiegel Mus. – **Ö:** Berlin, Arztpraxen; Braunschweig, Nord-LB; ebda, Haus Alte Waage; Goslar-Hahnenklee, Kurverwaltung; Salzgitter, RH – **E:** 89 Braunschweig, Pianohaus Schimmel; 90 Braunschweig, Mus. f. Photogr.; 91 Braunschweig, Kemenate; Braunschweig, St. Georg Kirche; 92 Braunschweig, FHS f. Sozialwesen; 93 versch. kleine Ausst.; 94 Braunschweig, AOK-Gal.; Bad Harzburg, Sonnenhof; 95 Künstlertreff; Musikges.; 96 Goslar, Klubgarten u. BBK-Künstlergr. Harz – **V:** Subjektiver Realismus. Mikrokosmos im Makrokosmos; Automatismus in d. Farbe u. Pinsel- u. Stiftführung

Kühne/Klein s. Klein, Beat

Kühne/Klein s. Kühne, Hendrikje

Kühnel, Maria (geb. Maria Martin); Luxenhoferstr. 31, D-87719 Mindelheim, Tel. (0 82 61) 2 04 89. Bourg-de-Peage-Str. 10, D-87719 Mindelheim, Tel. (0 82 61) 73 92 18 (* Bießenhofen/Kr. Marktoberdorf 30. 3. 35) – **S:** seit 88 VHS Wunsiedel (Sach- u. Portr.zeichnen); VHS Nittenau (Malerei); FS f. Porzellan u. Keramik (Aktzeichnen); Kunstseminar Hof (freie Malerei, Abstr., Akt); KSch Zinnober Neugablenz (Akt, freie Malerei) – **Ve:** Farbe u. Form 89–91; KV Hochfranken Selb 92–99; Förd.ver. Mindelheim (jetzt KV) 97; Förd.kr. Türkheim 03–05 – **G/T:** Malerei (Acryl, Öl, Öl auf Acryl, Kreide, Mischtechnik, gegenständl., teilw. abstr., kleinere Formate); Monotypie; Zchng; Themen: Mensch, Tier, Lsch., Bäume, Blumen, Stilleben – **E:** 90 Marktleuthen, Altenheim; 91–96 Weißenstadt, div. Ausst.; 98 Marktredwitz, Fa. Sanitas; 99 Neuenmarkt, Schmetterlingsparadies; 01 Mindelheim, Arte Portas 2; Mindelheim, Café Engel; 05 Mindelheim, Altenheim St. Georg – **G:** zahlr. Bet. seit 89 in Marktredwitz, Bayreuth, Selb, Kulmbach, Nittenau, zuletzt 02 Mindelheim, Förd.ver.; 03, 04 Türkheim, Schloß – ***Lit:*** in: Kulturatlas Oberfranken 03 – ***LitR:*** in: Zwischen Spessart und Karwendel, Fs.-Beitr. (Bay. Fs.) 93; Bericht über d. Ausst. Arte Portas 2 in Mindelheim, Reg.Fs. (TVA Allgäu) 01

Kühnert, Hans, Maler, Zeichner, Graphiker; Schandauer Str. 36, D-01855 Sebnitz, Tel. (03 59 71) 5 24 18 (* Obereinsiedel/Sebnitz 18. 4. 39) – **VG:** Sebnitz, Gal. Kühnert – **S:** 60–65 HBK Dresden (b. Prof. Gerhard Kettner, Klaus Weidensdorfer, Prof. Schmidtwalter u. a.) – **L:** 65–95 Kunstlehrer an Oberschulen, Mentor f. Kunststudenten – **G/T:** Malerei (Öl, Aqu.); div. Graph.; Lsch. sowie Archit. u. Lsch., Stilleben; seit 00: phantasivoller Realismus (maritime Themen, Unterwasserlsch. in trop. Gewässern) – **Ö:** Neustadt/Sa., Dresdner Str. (Fassadengest.); Sebnitz, ehem. Fabrikgebäudekomplex Schandauer Str. (Fassadengest.) – sowie Wandbilder in Schulen im Kr. Pirna – **E:** seit 90 ständige Ausst. in Sebnitz, Gal. Kühnert

Kümpel, Barbara, freie bildende Künstlerin; Atelier Stilbrüche, Overbeckstr. 49, D-50823 Köln, Tel. (02 21) 5 50 51 85, Fax 5 50 51 58, *atelier@stilbrueche.de, www.stilbrueche.de* (* Hannover 26. 11. 58) – **S:** Ausb. z. Werbegestalterin im Kaufhof Hohestr. Köln; 80 Krefeld (Visuelle Kommunikation) – **L:** 84 Atelierwkst. Kaufhaus Leffers Bonn (Leitung; Planung u. Gest. v. Objekten, Figuren, Kostümen, Illusionsmalerei, freie Malerei, Events; Schulung d. Auszubildenden im kreativen Ber.); 98–01 Freie Malerei im Atelier – **P:** Stadtteilpr. Kalker Kunstmeile (1. Pr.) 03 – **KGr:** Köln-Ehrenfelder Künstler (seit 03) – **G/T:** Malerei (Öl, Thema: Mensch in d. Stadt); Materialcollage (Thema: Rheinufer in Köln); Objekt (Beton, Thema: Rheinufer, Steinblüten) – **W:** Events – **Ö:** Köln, Install. im Treppenhaus Dürenerstr. – **E:** 85, 86, 87 Wesslingen, KV; 84–02 Köln, Schmidt Reuter; seit 97 Köln, Atelier Stilbrüche; 01 Köln, Amtsgericht; 02 Bonn, Dt. Post; Bonn, Günnewig Residence Hotel; München, Lehmann Brothers Bankhaus; Köln, Maritim (Event auf d. Chef-Ärztekongreß); Rheinufer (Event m. Objekten); Burscheid, Kunsthaus 24; 03 Travemünde, Felske – **G:** 00, 03 Köln, Kalker Kunstmeile; 02, 04 Köln-Lindenthal, Street Gall. – ***Lit:*** Engelbert Broich: Ein Schaufenster für freie Kunst, in: Junge Kunst, Kunstmag. 45/01 – (Red.)

Küng, Rosemarie s. Manon

Künzel, Brigitte s. Brentano, Tremezza von

Künzel, Gero, Maler u. Graphiker; Heimatturmstr. 17, D-04680 Zschadraß-Terpitzsch, Tel. (03 43 81) 4 13 15 (* Erfurt 62) – **VG:** Berlin, Gal. Berlin; Frankfurt am Main, Schwind – **S:** 83–88 HGB Leipzig (Malerei u. Graph., Dipl.); 88–91 ebda (Meisterschüler b. B. Heisig) – **L:** 93–98 Univ. Leipzig (Doz. f. Kunstpädagogik) – **M:** Kaiserslautern, Pfalz-Gal.; Leipzig, MBK; Würzburg, Diözesanmus. – **Ö:** Bonn, Auswärtiges Amt; Meiningen, Justizzentrum; Potsdam, Ldesbauspk. – **E:** u. a. 89 Borna, Kr.krankenhaus; 90 Berlin, Kr.kult.haus Treptow; Leipzig, Gal. am Thomaskirchhof; 91 Berlin, Poll; 92, 93, 96, 99, 01, 06 Frankfurt am Main, Schwind; 93 Hamburg, Studio-Gal.; 94 Leipzig, Schneider; 98 Pforzheim, KV – **G:** zahlr. Ausst.bet., u. a. 89 Berlin, Altes Mus.; Leipzig, MBK; 91 Hameln, KV; 92 Kaiserslautern, StG; Los Angeles, Kunstmesse; 92–96 Köln, Art Cologne; 93 Düsseldorf, Große Kunstausst. NRW; 95, 96, 99, 01 Leipzig, Graph.börse; 97, 98, 00, 01 Frankfurt am Main, Art Frankfurt; 01 Coburg, KV; 03 Berlin, Gal. Berlin – ***Lit:*** Schweers 02

Küppers, Robert (Ps.: Arkidalus), Dr., Foto- u. Objektkünstler, Maler; Koniferenstr. 19, D-41542 Dormagen, Tel. (0 21 33) 9 35 36, *arkidalus@gmx.de; atelier@robertkueppers.de, arkidalus.kulturserver-nrw.de; www.robertkueppers.de* (* Bardenberg/Kr. Aachen 18. 11. 51) – **VG:** Köln, Bossert – **S:** 70–74 PH Rhld. Aachen (Stud. Kunst u. Anglistik, Dipl., Promotion Pädagogik) – **G/T:** Fotogr.; Malerei; Objektkunst – **E:** 71 Aachen, Neue Gal., Slg Ludwig. 06 Neuss, Küppers; 07 Dormagen, Gal. Kult.haus – **G:** div. Bet., u. a. 72 Aachen, Ludwig Forum; 73 Köln, BBK – zuletzt: 03 Köln, Holbein 10; 03, 04, 06 Dormagen, Gal. Kult.haus; 04 Duisburg, KH; Düsseldorf, Gal. Augentrost; 04, 06 Düsseldorf, Kunstbar; 05 London, Campbell Works Gall.

Kürschner, Gabriele s. Bujak, Gabriele

Kürschner, Henning, Prof., Maler, Graphiker; c/o Universität d. Künste Berlin, Fak. Bildende Kunst, Postfach 120544, D-10595 Berlin (* Wernigerode 2. 10. 41) – **S:** 61–63 Univ. Mainz u. Tübingen (Kunstgesch. u. Germanistik); 63–68 HBK Berlin (b. Prof. Fred Thieler); seit 77 jl. Aufenthalte in Lachania/Griechenland – **L:** ab 76 FHS Hildesheim (Doz.); ab 79 FHS Münster (Prof.); ab 81 HdK Berlin (Prof.) – **P:** Villa-Massimo-Stip. 71; Premio Cittá di Garda 72; Pr. d. Darmstädter Sezession 75; Will-Grohmann-Pr. 96 – **Ve:** Dt. Künstlerbund – **KGr:** Großgörschen 35 (67–68) – **W:** Ankauf u. a. durch d. Berliner Senat – **M:** Ahlen, KM; Berlin, Berlinische Gal.; Berlin, Bundesmin. des Innern; Berlin, Bundesmin. f. Bau- u. Raumordnung; Berlin, KS d. Dt. Bundestages; Berlin, NG; Berlin, Slg d. Bundes; Bonn, LM; Darmstadt, StKS; Düsseldorf, Kultusmin. NRW; Garda, Städt. Slg.; Hagen, Karl-Ernst-Osthaus-Mus.; Kaiserslautern, Pfalz-Gal.; Krakau, NG; München, Bay. Staatsgemäldeslgn; Nürnberg, Bundesanst. f. Arb. – **E:** 69 Berlin, Poll; 72 Rom, Villa Massimo; 79 Berlin, Neuer Berliner KV; 82 Hagen, Karl-Ernst-Osthaus-Mus.; 82, 89 Köln, Gal. Der Spiegel; 83 Berlin, Haus am Waldsee; 86 Berlin, Lietzow; 87 Krakau, KH; Recklinghausen, StKH; 90 Luxemburg, Gredt; Hamburg, Wiechern; 92 New York, Bustamente; 94, 98, 02 Berlin, Hartmann & Noé; 94, 99 München, Otto-Gal.; 95, 98 Chicago, Fassbender; 96, 04 Köln, Boisserée; 97, 03 Amsterdam, Gal. BMB; 98 Ahlen, KM (Kat.); 00 Chicago, Fassbender-Stevens; 02 Bad Oeynhausen, Herzzentrum; 05 Toulouse, Gal. Uhde; 06 Darmstadt, Netuschil; Berlin, Gal. Berlin; 07 Neumarkt/OPf., Mus. Lothar Fischer – **G:** zahlr. Bet., zuletzt u. a. 00 Peoria/IL, AC; Köln, Boisserée; 01 Hagen, Karl-Ernst-Osthaus-Mus.; Köln, Gal. Der Spiegel; 02 Chicago, Art Chicago; Frankfurt am Main, Art Frankfurt – ***Lit:*** u. a. Heinz Off, in: Kunst in Berlin 71; Kat. d. Galerie 66 (Text Elisabeth Krimmel) 75; Bernd Damke, H. K., Ansgar Nierhoff (Text Jürgen Weichardt) 79; H. K., Kat. (Text Lucius Grisebach) 79; H. K., Kat. (Text Ferdinand Ullrich) 87; Jörn Merkert: Zu den neuen Bildern von H. K., in: Kat. 90; H. K., Kat. (Text Hermann Wiesler) 91; Elisabeth Vermast: Begegnung mit H. K., in: Kat. 92; Björn Egging: Zur Malerei v. H.K. 02

Kürten, Stefan, Maler; Ackerstr. 29 a, D-40233 Düsseldorf, Tel. 02 11–3 5587 86, *kuertens@aol.com* (* Düsseldorf 63) – **VG:** Düsseldorf, Cosar; Düsseldorf, Parduhn – **S:** 83–89 KA Düsseldorf (Freie Kunst b. Prof. Michael Buthe, Meisterschüler); 89–90 Art Inst. San Francisco (Freie Kunst) – **L:** 92–94 Art Inst. San Francisco (LAuftr.); 02–03 KA Bremen – **P:** Cité Intern. d. Arts Paris 86; Fullbright-Fellowship 89; Kult.-förd.pr. d. Stadt Neuss 91; Stift. Kunstfonds – Arb.- u. Projektstip. 95; Kult.förd.pr. d. Stadt Düsseldorf (f. Musik) 97; New York Stip. d. Ernst-Poensgen- Stift. 99 – **G/T:** Zeichn. u. Malerei – **M:** Berkeley/CA, Univ. AM; Duisburg, Wilhelm-Lehmbruck-Mus.; Düsseldorf, Mus. Kunst Pal.; Neuss, Clemens-Sels-Mus.; San Francisco, MMA – **E:** zahlr. Ausst., zuletzt u. a. 01 San Francisco, Hosfelt Gall.; Düsseldorf, Parduhn; 02 Düsseldorf, Cosar; 02, 03 New York, Alexander and Bonin; 03 Würzburg, Mus. im Kulturspeicher; 04 Düsseldorf, Parduhn – **G:** zuletzt u. a. 00 Columbus/Ohio, Mus. of Art; San Francisco, Mus. of Mod. Art; Seattle, Bellevue AM; 01 Virginia Beach, Contemp. AC; 03 New York, Alexander and Bonin – (Red.)

Kuhfuss, Wiltrud (geb. Wiltrud Bachmann), Malerin, Graphikerin, Objektkünstlerin, Doz. f. Druckgraph.; Egerlandstr. 29, D-97720 Nüdlingen, Tel. (09 71) 6 10 56, Fax 6 89 46, *wiltrud@w-kuhfuss.de*, *www.w-kuhfuss.de*. Hartmannstr. 15 c, D-97688 Bad Kissingen, Tel. Mobil: 01 60 93 33 27 90 (* Aschaffenburg/Main 29. 12. 35) – **VG:** Würzburg, Werkkunstgal. Übele – **S:** Textilfachakad. Neumünster (Modegraph.); Akad. f. Kunst u. Gest. Hamburg – **L:** Akad. f. Gest. Ebern/Hamburg; Sommerakad. Bismarckmus. Bad Kissingen – **P:** II Kunstpr. WERNER Poppenhausen 96; II Kunstpr. HOSPIZ Bad Kissingen 97; Intern. Künstlersymposium TAT Erfurt 97; Atelierstip. d. iaab Merianstift. 98; Kunststation Kleinsassen (1. Kunstpr.) 00; Kunstpr. d. Bez. Unterfranken (1. Pr.) 02 – **Ve:** Vrg Kunstschaffender Unterfrankens Würzburg 92; VG Bild-Kunst 00; GEDOK 06; Gemeinschaft d. Künstlerinnen u. Kunstförderer Franken – **G/T:** Abstr.; brandbearbeitete Collagen auf Öl u. Pigmentmalerei; Graph. (Rad., Hschn.); Arb. auf Gravurfolien u. Objekten aus Zellulose – **K:** freie Malerei; Druckgraph. – **M:** Kairo, Nat. Center of Fine Arts – **Ö:** Bad Kissingen, Finanzamt (Bildinstall.); ebda, LVA Württ. Reha Zentrum (Wandmalerei); Iphofen, Bild.zentrum d. Bundesanstalt f. Arb.; Tel Aviv, Slg Dr. Fischer; Würzburg, Messegraph. (50 Jahre Wiederaufbau 95) – **E:** 88 Augsburg, Hörsaalgal.; 91 Würzburg, Theater Chambinsky; 97, 05 (Kat.) Würzburg, Spitäle; 98 Kirchzarten, KV; 99 Tel Aviv, AvivMal Gal. (Kat.); 00 Tel Aviv, Haus d. Buchkunst/Oper; Vernon/Frkr., Espace Philippe-Auguste (Kat.); 02 Kitzingen, Kirchenraum; 04 Bad Kissingen, Bismarckmus. (Kat.); 06 Mellrichstadt, Städt. Kr.gal. – **G:** 93 Szekszard, KV (Kat.); 94 Graz, Künstlerhaus: Dt.-Israel. Dialog (Kat.); 95 Würzburg, Marmelsteiner Kab.: Tod ein Mysterium (Kat.); 96 Bamberg, Kreuzgang d. Domes (Kat.); Tel Aviv, Ausst. z. israel.-jordan. Frieden (Kat.); 97, 04 Würzburg, VKU-Gal. Spitäle; 97, 03 (Kat.) Caen, RH; 98 Coburg, KV: 150 Jahre Bürgerl. Revolution (Kat.); 99 Ebern, Akad.: Lichtzeichen; 00, 05 Kleinsassen, Kunststation: Rhönsalon (Kat.); 01 Meiningen, Theater: Ring der Nibelungen; 02 Würzburg, Dt.-Französ. Ausst.: Gegeneinander – Miteinander; 03 Kairo, Intern. Graph.trienn. (Kat.); Nürnberg, Kunsthaus: GEDOK (Kat.)

Kuhfuss, Wolfgang, Maler, Graphiker, Objektkünstler, Doz. f. Druckgraph.; Egerlandstr. 29, D-97720 Nüdlingen, Tel. (09 71) 6 10 56, Fax 6 89 46, *wolfgang@w-kuhfuss.de*, *www.w-kuhfuss.de*. Hartmannstr. 15c, D-97688 Bad Kissingen, Tel. Mobil: 01 6 093 33 27 90 (* Giessen/Hess. 12. 7. 38) – **VG:** Würzburg, Werkkunstgal. Übele – **S:** Textilfachakad. Neumünster; Akad. f. Kunst u. Gest. Hamburg – **L:** Akad. f. Gest. Ebern/Hamburg – **P:** Stip. d.'Arts Plastiques Inst. Mod. du Liban Fanar-Beiruth – **Ve:** Vrg Kunstschaffender Unterfrankens Würzburg 92; VG Bild-Kunst 00 – **G/T:** Abstr. (Öl, Gouche, Aqu.); Drucktechniken; Objektkunst (Holz, Stein); Zeitthemen – **K:** Exper. Malerei; Hschn.; Rad. – **W:** im Bes. d. Stift. d. Bistums Pécs/Ungarn – **M:** Kairo, Nat. Center of Fine Arts – **Ö:** Bad Kissingen, Staatl. Hochbauamt; Fanar/Libanon, Slg Pére Michel Khalife; Tel Aviv, Slg Dr. Fischer – **E:** 91 Bamberg, Pal. Schrottenberg; 97 Pécs/Ungarn, Stift. d. Bistums Pécs; 98 Würzburg, Künstlerhaus BBK; Moriah Gal. Dead Sea Israel; 99 Kirchzarten, KV; Tel Aviv, AvivMal Gal. (Kat.); 00 Tel Aviv, Haus d. Buchkunst/Oper; Vernon/Frkr., Espace Philippe-Auguste (Kat.); 04 Bad Kissingen, Bismarckmus. (Kat.); 05 Saalfeld, Saale-Gal.; 06 Mellrichstadt, Städt. Kr.gal. – **G:** 95 Wien, Kosmos; 96 Bamberg, Kreuzgang d. Domes (Kat.); Vernon/Frkr., XIII. Salon Assoc. à Visuel; Tel Aviv, Ausst. z. israel.-jordan. Frieden (Kat.); 97 Würzburg, VKU-Gal. Spitäle; Caen, RH; 98 Frankfurt am Main, Dt. Postmus.; London, Künstler als Friedensboten; 99 Beirut, Symposium Arts plastiques; 00 Kleinsassen, Kunststation; 01 Kleinsassen, Intern. Bienn. 'Neues Aqu.'; 03 Kairo, Intern. Graph.trienn. (Kat.) – **V:** WERKKAT.: Bildsprache 95; Bewegungen 00; Annäherung 04 – ***Lit:*** Presseveröff.

Kuhn, Alois, Karikaturist, Dipl. Ing. (Maschinenbau); Rindlas 11, D-95236 Stammbach, Tel. (0 92 56) 5 34 (* Krinsdorf 8. 2. 40) – **M:** Berlin, Mus. Checkpoint Charlie – **V:** Der staatsgefährdende Bleistift: Karikaturen aus Ost u. West 86; Mauer & Co. (erscheint) 06 – ***Lit:*** Rainer Hildebrandt: Die Freiheit hat schon begonnen. Karikaturen (Dt./Engl.) 84

Kuhn, Hans Peter, Licht- u. Klangkünstler; Mariendorfer Damm 1, D-12099 Berlin, Tel. (0 30) 70 09 83 21, Fax 70 09 83 22, *hpk@hanspeterkuhn.com*, *www.hanspeterkuhn.com* (* Kiel 23. 2. 52) – **VG:** Turin, e/static – **L:** mehrere Gastdoz. intern. – **P:** Bessie Award New York 90; Atelier Künstlerhaus Bethanien Berlin 91; Projektstip. PS 1 Berlin u. New York 92; Goldener Löwe d. Bienn. Venedig (zus. m. Robert Wilson) 93; Suzukinu Hanayagi Award Osaka 94; Merit Award Society for Environmental Graphic Design New York 96; ADAM Award (Gold) 01; Contractworld Pr. f. innovative Raumkonzepte 02 – **G/T:** Licht-, Klang- u. Videoinstall. (ortsbezogen, im Innen u. Außenraum) – **W:** div. Theaterarb. (u. a. zus. m. Robert Wilson, Luc Bondy, Claus Peymann, Peter Stein, Peter Zadek u. Klaus-Michael Grüber); Tanzperformances (m. Junko Wada, Suzushi Hanayagi, Laurie Booth, Dana Reitz u. Steve Paxton); Soloperformances – **M:** Osnabrück, Felix-Nussbaum-Haus – **Ö:** Lichterfeld, Förderbrücke F60; Paderborn, Heiersturm; Völklingen, Völklinger Hütte – **E:** zahlr. intern. temporäre Install. im öff. Raum seit 87 – sowie u. a. 96 Tokio, Kamakura Gal.; 97 Belfast, Ormeau Baths Gall.; 98 Barcelona, Metronom; 00 Saarbrücken, Stadt-Gal.; 01 Kiel, Stadt-Gal.; 03 Berlin, Vostell; 04 Turin, e/static; 05 Berlin, EnBW AG Spreekarree; Odense, Hans Christian Andersen Jahr; 06 Warschau – **G:** zahlr. Bet. seit 84, u. a.; 88 Linz, Ars Electronica Center; 91 Boston/MA, Mus. of Fine Arts; Paris, Centre Pompidou; 92 New York, PS 1; 93 Rotterdam, Mus. Boymans Van Beuningen; Venedig, Bienn.; 94 Marl, Skulpt.-Mus. Glaskasten; 96 Cottbus, Brandenburgische KS; 98 Dublin, Irish Mus. of Modern Art; 99 Berlin, NG; 00 Seattle/WA, AM; 01 Pittsburgh, Mattress Factory; 02 Kōbe, Hyōgo Prefectural Mus. of Mod. Art; 04 Roskilde, Museet for Samtidskunst; 05 Karlsruhe, ZKM; 06 Berlin, Sonambiente – ***Lit:*** Bernd Schulz: Licht u. Klang, Kat. 00

Kuhn, Heidi H. (geb. Heidi H. Schulz), Malerin; Wichterichstr. 16, D-53177 Bonn, Tel. u. Fax (02 28) 38 42 88, *www.web-heidikuhn.de* (* Schlüchtern 30. 3. 39) – **VG:** Bonn, Gal. Duo – **S:** 91–04 Zchng b. d. Prof. AL Garda u. Renate Schmitt; 02–06 Malerei b. R. Viva u. Prof. M. Lüpertz – **L:** 76–06 Haus d. Fam. Bonn (Malerei) – **Ve:** Frauen-Mus. Bonn 96; BBK Bonn Rhein-Sieg (Vorstand) 98; Förd.gemeinschaft Junger Kunst (FJK) 98; GEDOK Bonn 99 – **G/T:** Malerei u. Zchng (zw. Realismus u. Abstr.) – **K:** Freie Malerei – **W:** Bonn, Kunst- und Ausst.halle d. BRD (Performance 01) – **M:** Bonn, Frauen-Mus. – **Ö:** Bonn, Seniorenzentrum Heinrich Kolf-Haus – **E:** 89 Köln, Smend; 98 Schlüchtern, Kult.haus Synagoge; 00 Bonn, Gal. Duo (Kat.); 01 Stuttgart, SEB; Bonn, Kunstraum Connection; 03 Siegburg, Kunst u. Kirche; 04 Bonn, Kurfürstl. Gärtnerhaus – **G:** 98–06 Bonn, Frauen-Mus.; 00–06 Bonn, Künstlerforum; 02 Hilden, Wilhelm-Fabry-Mus.; Bonn, LM; 04 Lübeck, Kult.forum Burgkloster; Brünn, SM – ***Lit:*** Linien sind meine Spuren, Kat. (z. Ausst. im KV f. d. Rhein-Sieg-Kr.) 03

Kuhn, Jo (Hans-Joachim Kuhn), Kunstmaler; Rochusstr. 39, D-53505 Berg-Freisheim, Tel. (0 26 43) 21 47, *h.jo.kuhn@web.de* (* Mülheim/Ruhr 16. 8. 35) – **VG:** Friedberg, Gal. u. Ed. Hoffmann; Sulzburg, Konkret; Madrid, Edurne; Wagenhausen, Haus zum Wasen; Dülmen, Atelier f. Keramik u. Gest.; Hünfeld, Wege; Ostrava, Fine Art Gall. – **Ve:** BBK Bonn Rhein-Sieg seit 80 – **KGr:** Konkret (seit 89, m. 2 jl. Unterbrechungen Sprecher d. Gr.) – **G/T:** Farbdialog – **M:** Amersfoort, Mondriaanhuis; Bonn, Slg IVG Immobilien; Den Haag, Idac Stift.; Erfurt, Forum Konkrete Kunst; Erfurt, Slg Konkreter Kunst d. Spk. Mittelthür.; Hünfeld, Mus. Modern Art; Orońsko, Centrum Rzeźby Polskiej; Ostrava, Mus. d. Schönen Künste; Rehau, Kunsthaus – Inst. f. Konkrete Kunst u. Poesie (Slg Gomringer); Schełmskie/Polen, Mus.; Siegburg, Slg d. Spk.; Tōme/Jap., Mus. Saturo Sato; Wien, Kongresscentrum Unostadt – **Ö:** Ahrweiler, Kr.; Berlin, Bundeswirtschaftsmin.; Bonn, Oper; Freiburg, Slg Staechlin; Mainz, Min. f. Wiss., Weiterbildung, Forsch. u. Kult. RP; Rheinbach, Kr.spk. Siegburg; Soest, KV; ebda, Kr., Ldesinst. f. Weiterbildung – **E:** 82 Soest, Kunstpavillon; 83 Paris, Paynture Frais; Bochum, Ruhrlandhalle; 91 Remscheid, Friege; Bonn, Kurfürstl. Gärtnerhaus; Köln, Gal. 11; Düsseldorf, Gal. f. zeitgen. Kunst; 96 Bonn, Ges. f. Kunst u. Gest.; 98 Bonn, Gal. P.; 99, 03 Hünfeld, Mus. Modern Art; 99 Sulzburg, Konkret; Andernach, Meditationsbereich d. Christuskirche; 99, 02 Soest, Wilhelm-Morgner-Haus; 00 Wagenhausen, Haus zum Wasen; 02 Duisburg, Probstei St. Johann; 03 Siegburg, Kr.spk.; 04 Meinerzhagen, Haus Nordhelle; 05 Bonn, Bundeszentrale AOK; 06 Erfurt, Forum Konkrete Kunst; Marktheidenfeld, Farbdialoge – **G:** 79, 82, 85, 90, 02, 05 Soest, Wilhelm-Morgner-Haus; 84, 99, 01 Liesborn, Mus. Abtei; 89, 90, 92, 94, 96–98, 00–02 Bonn, Künstlerforum; 89, 91, 93–95, 01, 03 Bad Godesberg, Haus an d. Redoute; bis 90 Coesfeld, Mus.; Soest, Ldesinst. f. Weiterbildung; Bonn, Ldesvertretung NRW; Brno, Muz. města; 92 St. Petersburg, StM; Potsdam, StG; 93 Soest, Kunstpavillon; 93–95, 00, 03 Hünfeld, Mus. Modern Art; 94 Minsk, Nat. KM; Herten, Schloß; 94, 95, 03 Erfurt, Forum Konkrete Kunst; 95 Remscheid, StM; Ness Ciona, StG; Madrid, Edurne; Swieradow/Polen, Fundacja Gal.; Warschau, Aspecty; Starze, BWA-Gal.; Stupsk, BWA-Gal.; Ustra, BWA-Gal.; 96 Sevilla, Ortitz; Rügen, Selin; Lublin, BWA-Gal. Stara; Koscalin, StM; Berlin, ehemaliges Staatsratsgebäude d. DDR; Salzwedel, StM; 97, 02, 04 Landshut, RH; 97 Dessau, Fürst Leopold Carree; Dresden, Haus d. Kult.rates; Straßburg, Gr. Faisant; Mölln, Lauenburgische Akad.; Kapstadt, Planet Gal.; 97, 99, 01 Andernach, Hist. RH; 98 Gmunden, Gmundner Symposium; 99 Kiel, Kunstpavillon; Bonn, Ungerbau Univ.club; Hamm, Kley; Pirmasens, Kunstmesse; 00 Amersfoort, Mondriaanhuis; Recklinghausen, Vestischer Künstlerbund; Schełmskie/Polen, Mus.; Dülmen, Produzentengal. Kunen; Budapest; 01 Berlin, AK; Norderstedt, Schloß Dringenberg; Lübstorf, Schloß Wiligrad; Mainz, Ldtag RP; Gelsenkirchen, Wiss.centrum NRW; Hünfeld, Wege; 01, 03 Ostrava, Mus. d. Schönen Künste; 02 Potsdam, Altes RH; 02, 04 Bonn, Ges. f. Kunst u. Gest.; Sulzburg, Konkret; Neuwied, Kr.mus.; 02, 04, 05 Sens, Orangerie des Musees; 03 Bonn, Artothek im KV; 04 Rehau, Kunsthaus – Inst. f. Konkrete Kunst u. Poesie; Lübeck, Burgkloster; 05 Ingolstadt, Mus. f. Konkrete Kunst; Koblenz, Konkrete Kunst aus Rh.-Pf.; Wien, Intern. Kongresscentrum Unostadt; Paris, Le Courier Expose; Łódź, Atlas Sztuki; Oronsko/Polen, Centrum Rzezby Polskiej; Knokke/Belgien, Bennot; Ostende, Bennot; Saarbrücken, St. Johann; 06 Amersfoort, Mondriaanhuis; Bad Godesberg, Haus an d. Redoute; Paris, 60. Realites Nouvelles; Tōme/Jap., Mus. Saturo Sato – **V:** Farbdialoge, Kat. MMA Hünfeld 99; Erfurter Statement zur Farbe, Haus Dacheröden Erfurt 03; Kunstpreis des Soester Kunstvereins, Kat. (Text) 03; Zur Farbe, In: Forum Konkrete Kunst, Heft 7 03 – **R:** KÜNSTLER. LEITUNG D. FILME: Forum Konkreter Kunst Erfurt 95; Aspekte Konkreter Kunst im T.F.R. Remscheid 95; Werkstatt Konkreter Kunst, StG Remscheid 95; Modern Art Museum Hünfeld 95 – ***Lit:*** Antje Lechleitner: Farbdialoge 02 – ***LitR:*** Ges. f. Gest. Bonn (Hrsg.): Farbfeldmalerei, Dok.film 95; Farbdialoge, Fs.beitr. R.P. Fs. 00; Farbdialoge, Fs.beitr. Schweizer Fs. 01

Kuhn, Rosina, Malerin; Billrothstr. 14, CH-8008 Zürich, Tel. 03 82 04 41, *rk@rosinakuhn.ch*, *www.rosinakuhn.ch* (* Zürich 5. 10. 40) – **S:** b. d. Vater Adolf Funk; KGS Zürich – **L:** 82–00 HS f. Kunst u. Gest. Zürich (Doz.); 05–06 Calarts Los Angeles (Brushwork) – **P:** Pr. d. Fond. Edouard et Maurice Sandoz (FEMS) 03 – **Ve:** Visarte – **G/T:** Malerei (Öl, Aqu., Portr., Lsch.); Zchng; Drucke (Monotypie) – **K:** Pinselzchng; Brushwork – **W:** Los Angeles, Sunset Boulevard (54 Aqu.); 20 Portr. – **M:** Olten, KM; Pfäffikon, Seedamm-Kult.-zentrum; Zürich, Kunsthaus – **Ö:** Hönggerberg, ETH (Mensa); Zürich, Univ. – **E:** zahlr. in Gal. seit 68, u. a. 85 Zürich, Kunsthaus (Kat.); 95, 04, 05 Olten, KM (Kat.) – **G:** 82 Wien, Insam: Bewegungsräume; 95 Langental, Kunsthaus: Malerei; 05–06 Zürich, Gal. Römerapotheke: Aqu. – weitere: 69 Wien, Schweizer Künstler – **V:** Fischer u. Maler. Adolf Funk 96; Venice Spesch: Kat. (Vorwort) 98; Lissy Funk, Kat., Monogr. 99 – **R:** seit 68 2000 versch. Fs.auftritte zu Politik u. Malerei – ***Lit:*** Sunset Boulevard. 54 Aqu. 02 – ***LitR:*** Rosemarie Pfluger: Portr. R.K. (3SAT) 95/96; Cyril Kuhn: Sunset Boulevard 02

Kuhna, Hermann-Josef, Prof., Maler; Kölner Str. 59, D-40211 Düsseldorf, Tel. (02 11) 35 41 22, Fax 35 61 71, *painting@kuhna.com* (* Ottenhausen/Thür.

31. 12. 44) – **S:** 64–69 KA Düsseldorf (b. Bobek, Arnscheidt u. Weber) – **L:** seit 79 KA Münster (Prof.) – **M:** Dortmund, Mus. am Ostwall – **E:** 03 Paris, Goethe-Inst.; 05 Salzgitter, KV; 06 Koblenz, Ludwig Mus. im Deutschherrenhaus – ***Lit:*** Schweers 02

Kuhnert, Horst, Maler, Bildhauer; Mittlerer Bauernwaldweg 20, D-70195 Stuttgart, Tel. (07 11) 69 49 21, 56 40 24 (* Schweidnitz 22. 6. 39) – **VG:** Konstanz, Geiger – **S:** 57–62 Staatl. ABK Stuttgart (Malerei b. Prof. Heinrich Wildemann) – **P:** Pr. d. Königreichs v. Nepal – Intern. Ausst. Kathmandu 70; Förd.pr. d. Ldes Nds. 85 – **Ve:** BBK Bad.-Württ. 70 – **KGr:** Künstlerbund Bad.-Württ. (seit 70); Deutscher Künstlerbund (seit 71); Konstruktive Tendenzen (seit 86) – **G/T:** geometrische Abstr.; 64–82 'Raumflächen u. Raumkörper' (Polyester); seit 89 'Stabil-Instabil' – Plastiken u. Objekte (Holz u. Metall) – **W:** Graph., Gemälde u. Plast. seit 64 in Privatslgn – **M:** Erfurt, Forum Konkrete Kunst; Rastatt, StG (Slg Westermann); Sindelfingen, StG (Slg Lütze); Stuttgart, Graphothek; Stuttgart, SG; Stuttgart, Slg d. Ldes BW; Stuttgart, Slg d. Stadt – **Ö:** u. a. Aalen, Kr.krankenhaus (Plast.); Esslingen, PH (Plast.); ebda, Berufsschulzentrum Zell (Rauminstall. u. Plast.); Leonberg, RH (Plast.); ebda, Eingangshalle d. Leonberger Bauspk. (Wandrelief); Ludwigsburg, Ldratsamt (Pl.gest.); Stuttgart, Amtsgericht Bad Cannstatt (Rauminstall. u. Plast.); ebda, Stadtbad Bad Cannstatt (Wandrelief), Bismarckpl. (Plast.), Narrenbrunnen-Kronprinzstr. (Plast.), Stadtbahnhaltestelle Wilhelm-Geiger-Pl., RH (Wand-, Boden- u. Deckengest.) – **E:** u. a. 70, 74, 80, 89 Stuttgart, Gal. Behr; 78 Ludwigsburg, KV; 80 Hamburg, Knoll Intern.; 81 Wien, Knoll (sowie in Frankfurt am Main u. Düsseldorf); 85, 93 Kornwestheim, Geiger; 96 Pforzheim, KV; 00 Berlin, Kult.brauerei; 02, 04 Konstanz, Geiger – **G:** zahlr. Ausst.bet. seit 66, u. a. 68, 73, 79, 83, 88, 92 Stuttgart, Württembergischer KV; 70 Kathmandu, Intern. Ausst.; 71 Wanderausst. in Rochester, South Royalton, Philadelphia, Allentown, Aurora, Boston u. New York (Stuttgarter Grafik Artists); 76 St. Luis (Art in Stuttgart 1976); 78 Paris, Grand Pal.; Basel, Art Basel; 84 Cardiff, NM of Wales; St. Helens; 85 St. Luis, Laumeier-Sculpture Park; 89 Kairo, Ekhnaton-Gal. im Center of Arts; 97 New York, Gall. 54; 04 Warschau, Studiogal.; Warschau, Dolna Volta; Warschau, Gorna Pietro – **V:** Graph. Mappen, Gal. Behr Stuttgart (Siebdruck) 70 – ***Lit:*** u. a. Modern German, New York 71; Helmut Heissenbüttel (Hrsg.): Stuttgarter Kunst im 20. Jahrhundert. Malerei, Plastik, Architektur 79; Hans Brög u. Gottlieb Leinz (Texte): H. K. Von der Fläche in den Raum, Kat. 94; Gabriele Muschter, Hans Brög u. Werner Marx (Texte): H. K. Konstruierte Dekonstruktion, Kat. 00 – (Red.)

Kuhnert, Volker, Maler, Graphiker, Objektkünstler; Katharinenstr. 4, D-26121 Oldenburg, Tel. (04 41) 1 28 55, Fax 9 55 58 88, *Art-Forum-Kuhnert@t-online de* (* Hochweiler b. Breslau/Schlesien 3. 12. 43) – **VG:** Oldenburg, Art Forum – **S:** 64–68 PH Oldenburg (künstler. Stud. b. Prof. R. Pfennig) – **L:** seit 94 Stud.seminar Oldenburg (Fachseminarleiter KUNST) – **KGr:** Gruppe Kranich (75–82, Gründungsmitgl.) – **G/T:** Perforation Art, Malerei, Fotogr., Objekt, Frei-Plast., Graph. – **W:** Werke in versch. privaten Slgn; Ankauf u. a. durch d. Ld Nds. u. d. Stadt Oldenburg – **M:** Essen, Alfred Krupp v. Bohlen u. Halbach Stift.; Oldenburg, LM; Oldenburg, SM; Washington/DC, Dt. Botschaft – **Ö:** Oldenburg, vor d. Hunte-Freibad (Rotor-Plast., 79) – **E:** zahlr. Einzelausst. seit 70, u. a. 86 Washington/DC, Dt. Botschaft; 96 Oldenburg, SM; 04 Berlin, Reichstagspräs.pal. – **G:** zahlr. Ausst.bet. seit 70, u. a. Oldenburg, KV; Wilhelmshaven, KH; Braunschweig, ABC Gal.; Brunsbüttel, Stücker; Hagen, Gal. Hagenring; Göttingen, Kunstmarkt; Hamburg, Gal. Forum; Essen, Sondermann; Berlin, Gal. Das Bild; Berlin, Haus am Lützowplatz; Cholet, Salon des Arts/Salles des Fêtes; Washington/DC, Dt. Botschaft; Perm, Städt. Mus. – **V:** Mappen d. Gr. Kranich: Hufspuren 77; Fenster 78 – **R:** Kulturhaltestelle, Fs.beitr. ARD/Radio Bremen 82 – ***Lit:*** V. K. Perforation art. Neue Reihe zur aktuellen Kunst, Bd 6 96; Who is who 00

Kuhnlein, Andreas, Bildhauer; Am Lindenbichl 1, D-83246 Unterwössen, Tel. (0 86 41) 80 27, Fax 6 33 99, *info@kuhnlein-bildhauer.de*, *www.kuhnlein-bildhauer.de* (* Unterwössen/Bay. 20. 7. 53) – **S:** Autodidakt – **L:** KA Luoyang/China (Prof.) – **P:** Kunstpr. d. Dt. Telekom München/Ismaning; Kunstpr. d. Kur- u. Wirtschaftsverb. Bad Wörishofen – **Ve:** KV Rosenheim 98; KV Traunstein 98; KV Wasserburg am Inn 00 – **G/T:** Motorsägenarb. u. Skulpt. aus ganzen Stämmen (Menschenbilder) – **W:** zahlr. Werke in Privatbes. – **M:** Bad Füssing, Leonhardi-Mus.; Berlin, SM Nikolaikirche; Den Haag, Mus. Beelden aan Zee; Magdeburg, Kulturhist. Mus.; München, Bay. Staatsgemäldeslgn – **Ö:** Dortmund, Energie- u. Wasserversorgung; Dresden, Kathedrale; Hamburg, Dt. Ring; Luoyang/China, Univ.; München, Flughafen GmbH; Seeon, Kult.- u. Bildungszentrum Obb.; Traunstein, Ldratsamt – **E:** zahlr. im In- u. Ausld seit 90, zuletzt 00 München, Gal. d. Bay. Ldesbank; Bayreuth, Eremitage; München, Airportcenter Flughafen; 01 Lutherstadt Wittenberg, Gal. d. Cranach-Stift.; Regensburg, HM; Volterra, Piazza dei Priori; Seeon, Kult.- u. Bildungszentrum Obb.; 02 Berlin, SM Nikolaikirche; Bamberg, Dompl.; Frankfurt am Main, HM; Innsbruck, Kult.forum; München, Gal. d. ARAG Lebensversicherung; 03 Eltville, Kloster Eberbach; Magdeburg, Kulturhist. Mus.; Paderborn, Mus. in d. Kaiserpfalz; München, BMW Group; 04 Erfurt, Ldtag; Darmstadt, Mus. Jagdschloß Kranichstein; Frankfurt am Main, Palmengarten; München, Künstlerhaus am Lenbachpl. (Kat.); 05 Essen, Schloß Hugenpoet; Riedstadt, Gal. Büchnerhaus; Neubrandenburg, Klosterhof St. Johannis; 06 Denver/CO, State Capitol; Deggendorf, SM; Nürnberg, Bay. Ldesausst.; Chicago, Harper College; Europa-Ausst. Sa.-Anh. – **G:** zahlr. Bet. im In- u. Ausld, zuletzt 00 München, OpenArt; Frankfurt am Main, Holzhausenschlößchen; 01 München, Haus d. Kunst; London, Art London; Süd-Korea, Nine-Dragon-Heads-Symposium; 02 Hochfelden, Wirth; Gees/Niederl., Dehullu; 02, 03 München, Kunstmesse; 03 Altach, Im alten Rhein; Darmstadt, Kunst im Elisabethenstift; 04 Livorno, Villa Sansoni; Köln, Cologne Fine Art (m. Gal. Maulberger) – ***Lit:*** AUSST.KAT.: Gerhard Poremba (Text): Tischbildnisse 95; Alexius J. Bucher (Text): Menschenbilder 97; Hedwig Amann, Dietmar Preisler u. Alexius J. Bucher (Text): Holzskulpturen 00; Birgit Löffler (Text): Otto d. Große 01; Martin Angerer u. Herbert Schneidler (Text): Skulpturen 1997–2001, 01; Hans Würdinger: Passion 03; Dorothee Baer-Bogenschütz: Skulpturen 1992–2004 04; Alexius J. Bucher: Menschenbilder 06 – weitere: Jochen Meister (Text): A.K., Kunstb. 02

Kuhr, Thomas (Ps.: Don Tomaso de la Vici, Tomasius), Fotograf, Multimedia-Redakteur, Musiker; Postfach 51 06 07, D-13366 Berlin, Tel. 0 30–21 80 95 00, Mobil: 0 17 96 63 76 49, *01796637649@o2online.de* (* Hamburg-Bergedorf 10. 12. 60) – **Ve:** VG Bild-Kunst 93; Dt. Presse Verb. 96–01; VG Wort 95; KV Prenzlauer Berg 97–98 – **KGr:** Der Mensch im Atomzeitalter (seit 96) – **KGe:** Prenzlauer BergWERKE: T.K. u. Oliver Völz (seit 96); Prenzlauer BergSICHTEN (seit 95) – **G/T:** Fotogr. (Portr., Akt, Erotik, Fetisch, Mode, Werbung, Kunstobjekt, Technik, Archit., Dok.); Fotogr.; Multimedia-Install.; Video- u. Fs.-Produktionen – **E:** 96 Hettstedt, StG; Berlin, Humanistisches Nachbarschaftszentrum; Eisleben, Gal. im Wochenspiegel; Bad Tennstedt, Gal. im Haus d. Gastes; Eisleben, Spk.; Halle/Saale, Gal. Café Nöö; Halle/Saale, Gal. Café Zwöö; Berlin, Gal. Stufe 85; 97 Berlin, Humanistisches Zentrum d. Kulturen; 98 Berlin, Dachschiff; Berlin, Balance; Helsinki, Goethe-Inst.; 99 Tampere, Intern. Kurzfilm-Festival – **G:** 96 Berlin, Der Mensch im Atomzeitalter; 96 (Kat.), 97 (Kat.) Berlin, Kunstmeile Schönhauser Allee; 06 Berlin, Kunstmeile ArteDia – **R:** Kulttour-TV. Fs. üb. Kunst, Kult. u. Klatsch, Fs.-Sdg. (Buch, Produktion, Moderation, Kamera, Schnitt, Ton, Licht, Animation, Dekoration, Regie) m. zahlr. Künstlern in 39 Sdg. 98, 99, 00, 01 – ***Lit:*** zahlr. Presseveröff. 96, 97, 98 u. 99 sowie Visiting Arts 98; 29. Intern. Kurzfilmfestival, Kat., Plakat 99; Ldesbibl. Oldenburg 97; Zentrum f. Berlin-Studien 97, 99

Kuhrt, Rolf, Prof., Maler, Graphiker, Illustrator, Bildhauer; Kirch Rosin 38, D-18276 Mühl Rosin, Tel. (0 38 43) 8 23 86, *info@rolf-kuhrt.de*, *www.rolf-kuhrt.de* (* Bergzow b. Genthin 19. 10. 36) – **S:** 51–54 Lehre als Schrift- u. Plakatmaler; 54–56 FS für angew. Kunst Magdeburg; 56–62 HGB Leipzig (b. Bernhard Heisig, W. Mattheuer u. Albert Kapr) – **L:** ab 68 HGB Leipzig (zunächst Doz., 80 Prof. u. Leiter d. Fachkl. f. Graph. u. Ill., 87–93 Leiter d. FB Malerei u. Graph.) – **P:** u. a. Kunstpr. d. Stadt Leipzig (zus. m. Frank Ruddigkeit u. Klaus Schwabe) 74 – **Ve:** VBK DDR bis 90; BBK seit 90 – **G/T:** Malerei, Aqu., Graph. (Zeichn., Druckgraph., mytholog. Themen), Ill., Plakat, Skulpt. (Holz) – **W:** zahlr. Werke in öff. u. priv. Slgn – **M:** Altenburg, Lindenau-Mus.; Leipzig, MBK – **E:** u. a. 75 Genthin, Kreis-Mus.; Leipzig, Wort u. Werk; 79 Greifswald, Greifengal.; 83 Meerane, Kulturbundgal.; 86–87 Leipzig, MBK; 89 Leipzig, Gal. am Thomaskirchhof; 94 Coburg, KV; 94, 96 Hannover, Bodek; 97 Leipzig, Univ., KS – **G:** zahlr. Ausst.bet. seit 65, zuletzt u. a. 93 Leipzig, Leipziger Kunst in der AOK; 94 Dresden, Zeitblick; 96 Coburg, KV; 03 Rostock, Möller – weitere in Brnó, Kiew, Ljubljana, Lyon, Paris u. Warschau – **V:** Georg Maurer: Gedichte (Hschn.) 87; Voltaire (dt. Textfassung: Stephan Hermlin): Candide oder der Optimismus (11 Hschn.) 99 – ***Lit:*** Lang 02; Schweers 02 – (Red.)

Kuhtz-Vollhaber, Waltraut (geb. Waltraut Vollhaber, verh. Waltraut Kuhtz), Kunstpädagogin, Kunstmalerin; Marienstr. 3, D-23795 Bad Segeberg, Tel. (0 45 51) 8 24 77 (* Erfurt 22. 3. 28) – **S:** 46–51 HBK Berlin (Kunstpädagogik, Werkarb. u. a. b. d. Prof. Lahs u. Tappert) – **L:** 53–54 Lily-Bohn-Schule Berlin-Spandau (Kunstunterricht u. Werkarb. als Referendarin); 51–52 Fr.-Fröbel-Haus Berlin-Siemensstadt (Kunstunterricht u. Werkarb. als Referendarin); 54–59 Auguste-Viktoria-Schule u. angeschlossenes Kindergärtnerinnensem. (Kunstunterricht u. Werkarb. als StudR); 71–73 Dahlmannschule Bad Segeberg (Kunstunterricht u. Werkarb.); Mitte d. 1970er b. Ende d. 1990er Jahre VHS Bad Segeberg (Kursleiterin); 94–96 ebda (Aufbaukeramik, Sachzeichnen, Perspektive, Malen vor d. Natur); Privatkurse im eigenen Atelier (Zeichnen u. Malen vor d. Natur) – **Ve:** BBK Schlesw.-Holst. 69–03 – **KGr:** AuGe (Ausst.gemeinschaft Segeberger Künstler, seit 92) – **G/T:** Malerei (vor d. Natur, Dingbilder, Lsch., Portr. in Eitempera, Harzöllasuren, Aqu., Farb- u. Pastellkreiden, Gouache) – **W:** vorw. in Privatbes. in Schlesw.-Holst.; Ankäufe durch d. Stadt Bad Segeberg, d. Kr. Bad Segeberg, d. Ld Schlesw.-Holst. – **M:** Lübeck, Mus. f. Kunst u. Kultur-Gesch. – **E:** 79, 00 Bad Segeberg, Ev. Akad. Nordelbien; 85 Bad Segeberg, Remise; 92 Bad Segeberg, Villa Flath – **G:** seit 68 zahlr. Bet., m. d. Segeberger Künstlern u. a. 68 Kiel, Brunswiker Pavillon; 75, 81, 90 Bad Segeberg, Ev. Akad. Nordelbien; 76, 78 Plön, Schloß: Künstler aus Schlews.-Holst. (Kat.); 80, 90 (m. d. BBK, Kat.) Hamburg, Dresdner Bank; 80, 89 Wahlstedt, Theatergal.; 83 Bad Segeberg, Remise; Bad Segeberg, Villa Flath; 84 Essen, Forum Bild. Künstler (m. d. BBK); 89 (m. d. BBK, Kat.) Tallinn, Kunstihoone; Narva, Linnamus.; Kohtla-Järve, Pölevkivi Mus.; 90 Lübeck, Kult.forum Burgkloster: Jahresausst. Lübecker Künstler; 90, 91 Bad Segeberg, Ev. Akad. Nordelbien: Künstlerinnen aus Bad Segeberg u. Umgebung; 91 Teterow, Kr.kult.haus; seit 92 Bet. m. d. Künstlergruppe AuGe u. a. 92, 94, 95, 97, 98, 00, 01 Bad Segeberg, Villa Flath; 94 Lübeck, Künstlerzentrum; 98 Kiel, Brunswiker Pavillon; Lübeck, Kult.forum Burgkloster: Künstler aus Schlesw.-Holst.; 00 Riihimäki, Finn. Glas-Mus.; 03, 05 Bad Segeberg, RH – sowie 69–03 zahlr. Bet. an Ausst. d. BBK Schlesw.-Holst, u. a. 75, 83, 91, 03 Gesamtausst. d. BBK (Kat.) – ***Lit:*** I. Stahnke, in: Heimatkundl. Jb. d. Kr. Bad Segeberg 73; Kat. d. Segeberger Kunsttage 87–90; Ulrike Wolff-Thomsen: Lex. schlesw.-holst. Künstlerinnen 94 – sowie Dok. d. Ev. Akad. Nordelbien Bad Segeberg Bd 19

Kuilmann, E. O. s. Hussel, Horst

Kukowsky, Jürgen, Maler, Graphiker; Gustav-Freytag-Str. 22, D-04277 Leipzig, Tel. (03 41) 3 01 27 36, *juergen@kukowsky.de*, *www.galerie-juergen-kukowsky.de; www.galerie-juergen-kukowsky.com; www.galerie-juergen-kukowsky.eu* (* Königsberg/Ostpreußen 19. 6. 40) – **S:** 59–64 Karl-Marx-Univ. Leipzig (Kunsterziehung) – **L:** 64–86 versch. Leipziger Schulen (Lehrer f. Kunsterziehung); 90–00 Gymnasium Leipzig (Lehrer f. Kunsterziehung) – **Ve:** VBK DDR 81–90; BBK 90–94 – **G/T:** Malerei (Öl, Acryl, Aqu., veristisch); Fotogr. (vorw. Ldschaft); Zeichn.; Graph. (Rad.) – **W:** in Privatbes.; weitere u. a. in Bes. d. Arch. d. Berlin-Brandenburgischen Akad. d. Wiss. – **M:** u. a. Berlin, NG; Dresden, GG NM; Frankfurt/Oder, Mus. Junge Kunst; Leipzig, MBK; Unterwellenborn, KS Maxhütte – **E:** 87, 01 Leipzig; 90 Unterwellenborn – **G:** u. a. 82–83, 87–88 Dresden, Kunstausst. d. DDR; 85 Leipzig, Bez.ausst. d. VBK; 92 Leipzig u. Holzminden (Ausst. d. BBKL); 93 Bonn, Künstlerforum; 96 Luxemburg, Schlassgoart; – weitere: 85 Erfurt; 88 Unterwellenborn; 90 Duisburg-Hamborn; 91 Sulzbach-Rosenberg; 99 Weimar; 00 Klagenfurt – ***Lit:*** KAT.: IX. Kunstausst. d. DDR 82, 83; 11. Kunstausst. d. Bezirkes Leipzig. Malerei – Grafik – Plastik 85; X. Kunstausst. d. DDR 87, 88; DDR-Kunst seit 1945. Ein Stahlwerk aus Thüringen stellt aus 90; Erste Ausst. d. Bundes Bildender Künstler Leipzig e.V. 92; Stahlwerk Thüringen, e. Unternehmen d. Arbed-Gruppe, präsentiert DDR-Kunst, Malerei u. Grafik 96; Traktorist u. Liebespaar. Erwerbungen aus den zentralen Kunstausst. d. DDR im Besitz d. Gemäldegalerie Neue Meister Dresden 00; – weitere: Staatliche Museen zu Berlin, Nationalgalerie. Sammlung Kunst d. DDR 86; Edwin Kratschmer: Kulturpalast Maxhütte Unterwellenborn [...] Max braucht Kunst. Ergebnisse e. Wettbewerbs Malerei u. Grafik 88; Durch den Tag laufen. Gedichte, Geschichten, Bilder 89; Maren Kroneck: Kulturpalast Maxhütte Unterwellenborn [...] Max u. die Kunst. Die Maxhütte in Malerei u. Grafik 1945–1989 89; Bildende Künstler in Leipzig 94 u. 06; Lust u. Last. Leipziger Kunst seit 1945; Maren Kratschmer-Kroneck: KS Maxhütte seit 1945. Dokumentation u. Werkverzeichnis 04

Kulinicenko, Eduard, Kunstmaler; Mozartstr. 9, D-14542 Werder (Havel), Tel. (0 33 27) 57 07 42

(* Taschkent 20. 3. 40) – **S:** 63–68 Muthesius KHS Kiel (b. d. Prof. Karpo Trochimenko u. Wladimir Kostetskiy) – **L:** seit 00 Stadtteil-VHS Villa Grenzenlos Potsdam (Malen, Graph.) – **P:** 1. Pr. d. 4. Freizeitkünstler-Ausst. Eberswalde (Malerei u. Graph.) 03 – **G/T:** Malerei (Portr., Lsch.) – **M:** Kiew, Mus. f. Gesch. d. Stadt Kiew – **E:** 00 Bergholz-Rehbrücke; Glindow; Werder; 01 Petzow, Dorfkirche; Ldkr. Potsdam-Mittelmarkt, Kult.amt; 02, 05 Berlin, Vivantes Auguste-Viktoria-Klinikum

Kumher, Franz, Prof. f. Bild. Kunst (Malerei, Graph., Lichtkinetik); Landsberger Str. 15, D-31141 Hildesheim, Tel. (0 51 21) 8 11 34, *Franz.Kumher@gmx.de* (* Orawitz/Banat, Rumänien 16. 7. 27) – **S:** 48–50 Pädagogische HS Alfeld/Leine (Bild. Kunst b. Prof. K. Schwerdtfeger); 53–57 WerkKSch Hannover (Freie Graph. u. Malerei b. d. Prof. E. Rhein u. G. Wendland); 57–61 HBK Hamburg (Graph. b. Prof. H. Trökes, Malerei b. Prof. K. Kluth) – **L:** 63–78 Pädagogische HS Alfeld/Leine u. Hildesheim (Bildnerische Grundlehre); 78–92 HS/Univ. Hildesheim (Malerei, Graph. u. Lichtkinetik im polyästhetischen Bereich) – **P:** Öst. Rom-Pr. f. Lith. 70; Grand Prix d. Argentinischen Nat.-kommitees d. IAG 70; Grand Prix Intern. de la Palme d'Or des Beaux-Arts Monte-Carlo 71; Ausst. d. Europ. Kunst Centro Arte Milano (premio per la Grafica) 93; Donauschwäbischer Kult.pr. d. Ldes BW (E.gabe f. Bild. Kunst) 99 – **Ve:** BBK Nds. 67; Künstlergilde Esslingen/Neckar 69–04; Intern. Ges. f. Polyästhetische Erziehung 80 – **G/T:** Kompositionen m. Objekten, Spiel u. Bühne, Farblicht- u. Schattenspiele; Bildzeichen, Chiffren, Metaphern, Visualisierung v. Musik u. Poesie; Malerei (Mischtechniken); Radier- u. Steindrucktechniken – **M:** Düsseldorf, Gerhart Hauptmann-Haus; Hildesheim, Roemer- u. Pelizaeus-Mus.; Hildesheim, Stift. Weinhagen; Mailand, Collezione Prof. Paolo Scirpa; Paris, Bibliothèque Nat.; Salzburg, Graph. Versuchswkst.; Salzburg, Mozarteum – **E:** u. a. 70 Mailand, L'Agrifoglio Gall. d'Arte; Kassel, Junge Gal. Hühn; 71 Palermo, Goethe-Inst.; Rom, Goethe-Inst.; Rom, Dt. Bibliothek; 72 Mailand, Biblioteca Germanica; Bremen, Kunstschau in d. Böttcherstr. (m. Ulrich Behl); Bologna, Istituto di cultura germanica; 92 Hildesheim, Roemer- u. Pelizaeus-Mus.; 95, 05 Düsseldorf, Gerhart-Hauptmann-Haus (Dt.-Osteurop. Forum); 97 Freiburg/Breisgau, Kath. Akad.; Erlangen, KV; 98 München, Haus d. Dt. Ostens; 02 Hildesheim, KV – **G:** u. a. 67 Saint Paul, Flaten-Gall.; 68 Graz, Künstlerhaus; Mailand, Mostra internazionale di Grafica; 71 London, B. H. Corner Gall.; Paris, Salon Intern.; Monte Carlo, Palme d'Or des Beaux-Arts; 78 Lyon, Maison de Lyon; 88 Mirabello/Kreta, Mittelmeer-Bienn. f. Graph.; 90 Vilnius, KH; 93 Mailand, Centro Arte Milano; 94 Bukarest, Nat.theater; 95 Timişoara, Muz. Banatului; Budapest, Gal. Josefstadt; Wroclaw, Staatl. HBK – **V:** Optische Aktionen, in: Wolfgang Roscher (Hrsg.): Polyästhetische Erziehung. Klänge – Texte – Bilder – Szenen. Theorien und Modelle zur pädagogischen Praxis 76; Zur Bild- und lichtkinetischen Konzeption des Musikfilms 'Zeichen – Modelle kinetischer Licht- und Klangspiele', in: Wolfgang Roscher (Hrsg.): Integrative Musikpädagogik. Neue Beiträge zur Polyästhetischen Erziehung, Teil II Praxis und Produktion. Beispiele gesamtkünstlerischer Improvisation 84; Bauhaustradition und Polyästhetische Erziehung, in: Christian G. Allesch u. Peter M. Krakauer (Hrsg.): Polyaisthesis. Festschrift für Wolfgang Roscher zum 60. Geburtstag 87; Experimentelle Lichtkinetik und farbiges Schattenspiel – Ansätze für ein interdisziplinäres Modell im Studiengang Kulturpädagogik, in: Dieter Lüttge: Kunst – Praxis – Wissenschaft. Bezugspunkte kulturpädagogischer Arbeit 89 – **R:** Filme (Farbe, 16mm-Magnetton): F. K. u. Wolfgang Roscher: Zeichen. Modelle kinetischer Licht- und Klangspiele 79; Entfremdung. Lichtkinetik und Schattenspiel 91 – ***Lit:*** Rudolf Lange: F. K., in: Dix ans d'Arts Graphiques 70; Helmut Kapp u. a.: F. K., in: Kunst und Technik heute, Kat./Dok. 85 Manfred Boetzkes u. Dieter Lüttge: F. K. Malerei – Grafik – Lichtkinetik 92; Günther Ott: Hintergründige Sachlichkeit, in: Der gemeinsame Weg 96; Johann Adam Stupp: F. K. Malerei und Grafik, in: Südostdt. Jahresblätter, Folge 3 97; Südostdt. Kult.werk (Hrsg.): F. K. Bild-Zeichen 98; KV Hildesheim (Hrsg.): F. K. Bild-Zeichen 02

Kummer, Raimund, Objekt- u. Installationskünstler; Admiralstr. 17, D-10999 Berlin. Corso Vittorio Emanuele Ii 74, I-63038 Ripatransone, Tel. (07 35) 9 71 08 (* Mengeringhausen b. Arolsen 15. 3. 54) – **VG:** München, Friedrich & Ungar – **S:** 72–75 FU Berlin (Phil. u. Religionswiss.); 72–77 HdK Berlin (77 Meisterschüler b. Fred Thieler); 80–81 u. 84 Stud.aufenthalt in New York – **P:** New York – P.S. 1 84; Dorothea-von-Stetten-Kunstpr. 88; Kunstpr. d. Ldes Nds. 99 – **M:** Berlin, Hamburger Bahnhof – **E:** u. a. 79 Hamburg, Kleiner Ausst.raum; 86 München, Lenbachhaus; 87 Melbourne, Centre for Contemp. Art; 89 Amsterdam, Stichting de Appel; 90, 92, 94 Düsseldorf, Fricke; 91 Hamburg, KH (m. S. Huber); 95 New York, Artists Space; 97 Essen, KV Ruhr; 99 Karlsruhe, SKH; 00, 01 München, Friedrich & Ungar – **G:** zahlr. Ausst.bet. seit 78, zuletzt 02 München, Techn. RH; Leipzig, MBK; Leipzig, Zeitgeschichtl. Forum; Essen, Ruhrland-Mus.; Essen, Mus. Folkwang; Plüschow, Schloß; 03 Berlin, Martin-Gropius-Bau – ***Lit:*** Reclams Künstlerlex. 02 – (Red.)

Kummer, Robert, Maler, Zeichner; lebt u. arbeitet in Villach u. Klagenfurt (* Villach/Kärnten 70) – **VG:** Villach, Aichholzer – **S:** 88–94 ABK Wien (Graph. u. Malerei b. Max Melcher u. Gunter Damisch, Dipl. m. Ausz.); 94, 95 Gasthörer d. Meisterkl. f. Malerei b. Arnulf Rainer – **P:** Würdigungspr. d. Bundesmin. f. Wiss. u. Forsch. 94 – **E:** u. a. 95 Salzburg, Traklhaus; 96 Wien, Hilger; Villach, Gal. frei Haus; 97 Wien, Artlab; 98 Kraskow, Schloß; 99 Wien, Hohenlohe & Kalb; 00 Bruck an d. Leitha, Schloß Harrach; Spittal an der Drau/Kärnten, Gal. Schloß Porcia; 01 Klagenfurt, Gal. 3; 01, 02 Klagenfurt, Künstlerhaus; 03 Villach, Aichholzer – (Red.)

Kumpf, Gottfried, Prof., Maler, Bildhauer; Tel. (0 26 83) 52 61, Fax 52 61 22, *office@gottfried-kumpf.com, www.kumpf.at.* c/o Galerie Hilger, Dorotheergasse 5, A-1010 Wien, Tel. (01) 5 12 53 15 14 (* Annaberg/Salzburger Ld 29. 11. 30) – **VG:** Wien, Hilger – **P:** Pr. d. Kdb.-Messe Bologna; Award for Conservation Merit d. World Wide Fund for Nature 82; Intern. Pr. v. Asagio f. künstler. Briefmarkenschaffen 83; Großes E.zeichen d. Ldes Bgld 87; E.bürger v. Breitenbrunn 89; Ernennung z. Prof. 90; Goldenes E.zeichen d. Ldes Wien 91; Kult.pr. d. Ldes Bgld 93; Kompturkreuz d. Ldes Bgld 96; Living Planet d. World Wide Fund for Nature (goldener Orden) 03 – **W:** Werke in öff. u. privaten Slgn, zahlr. Briefmarkenentwürfe, u. a. f. d. UNO u. d. Öst. Post sowie Entwurf u. Bau d. Bühnenbildes 'Der Zigeunerbaron' f. d. Seefestspiele Mörbisch – **Ö:** Göttlesbrunn, Restaurants u. Hotels an d. Ostautobahn A4; Stegersbach, Rogner Golfschaukel; ebda, Kumpf-Therme; Wien, Eingang z. Wiener Adventzauber v. d. RH; ebda, Vorpl. d. Wasserwerks Bisamberg, Brunnenanlage Kaiserebersdorfer Pl., Trinkbrunnen im Schönbrunner Tiergarten, Skulpt. 'Elefant' v. d. Naturhist. Mus. – **E:** / G: 64–69 Bratislava, Köln, München, New York, Salzburg u. Wien; 72–80 Basel, Bologna, Eisenstadt, Köln, Krems, New York, Szombathely, Washington, Wien u. Zagreb; 81–90 u. a. in Bari, Basel, Frankfurt am Main, Eisenstadt, Kapfenberg, Köln, Konstanz, Krems, London, Los Angeles, Moskau, München, Nassereit, New York, Paris, Salzburg, Washington; 91–92 Bad Sauerbrunn u. Wien; 93–95 Untergrub, Wien u. Wiener Neustadt; 96–98 Taipei, Wiener Neustadt u. Wolfsberg; 99 Bad Sauerbrunn u. Bayreuth; 00 Burgau, Graz, Wien, Wiener Neustadt; 01 Wien, Kunsthist. Mus. im Pal. Harrach; Nassereit; Tirol; 02 Wiener Neustadt, Domgal.; 03 Köflach, Mus. (Retrospektive); Piber, Schloß; St. Pölten, Maringer – **V:** Vivat Pannonia (Zeichn. u. Text) 76; Kumpf-Monografie schwarz, Kunstb. 78; Kumpf-Monografie braun, Kunstb. 83; – BUCHILL., u. a.: Unterwgs im Burgenland, Reiseb. 73; Leomare Qualtinger: Der vornehme Eisenbahnwaggon, Kinderb. 74; Burgenländisches Weinbuch (Text v. Marietheres Waldbott) 83; Der Ring des letzten Kaisers, Rätselb. 83; Das Märchen vom Glück, Kinderb. (Text Klaus Edlinger) 92; ABU – Der kleine Elefant der ein Eisbär sein wollte, Kinderb. 03 (Text v. Thomas Brezina) 03; – sowie: Nationalpark Neusiedlersee-Seewinkel, Kal.- u. Postered. – **R:** Wir waren zwölf – Die Babenberger, Fsf. ORF (Zeichn. d. Trickfiguren) – ***Lit:*** Alfred Komarek (Texte): Der Maler Kumpf, Monogr. 88; ders. (Text): Der Asoziale – G. K.s Geschöpf 01; – AUSST.KAT., u. a.: Pal. Palfy (Hrsg.) 99; Bayreuth (Hrsg.) 99; Graphische Edition 1994–2000 00; Kunsthist. Mus. Wien (Hrsg.) 01 – ***LitR:*** Fs.-Port. ORF: Wolfgang Simon: Der Kumpf; Günter Unger: Rund ist gerade genug – (Red.)

Kunath sen., Andreas, Maler, Graphiker; c/o Sächsischer Künstlerbund, Pulsnitzerstr. 6, D-01099 Dresden, Tel. (03 51) 8 01 55 16, Fax 5 63 57 42, -1, *berufsverband@kuenstlerbund-dresden.de* (* Radebeul 5. 7. 55) – **VG:** Dresden, Utz – **S:** 79 HBK Dresden (Malerei, Graph., b. Prof. Panndorf) – **P:** Arb.stip f. d. Toskana 93; Sommersymposium Schöneiche b. Berlin 94; Arb.stip. Civitella d'Agliano Orvieto 96 – **Ve:** SKB 91 – **G/T:** Malerei (u. a. Aqu., Öl, Acryl, Landschaft, Portr.) – **K:** Landschaftsmalerei – **Ö:** Dresden, Reg.präsidium; ebda, EADS-Flugzeugwerft Klotzsche, T-Systems Multimedia Solutions – **E:** 82 Dresden, Weinbergkirche Trachenberg; 86 Scharfenberg, Schloß; 89 Berlin, Franzclub; 90 Hannover, Vereins- u. Westbank; 91 Dresden, Valte; 92 Radebeul, Siemens/Nixdorf; 93 Dresden, Gal. Mitte (Kab.); 94 Dresden, Pentacon-Werksgelände; 95 Dresden, Hotel Kempinski; 96 Dresden, Gal. in d. Bibliothek; 97 Chemnitz, Rechtsanwaltskanzlei Barran; 98, 07 Dresden, Marcolini Pal.; 00 Dresden, Zentrum f. zeitgen. Musik; 00, 05 Dresden, EADS-Flugzeugwerk Klotzsche; 02 Dresden, Verwaltungsgericht; Dresden, DREWAG-Treff; 03 Dresden, T-Systems Multimedia Solutions; 05, 06 Dresden, Rechtsanwaltskammer Sa.; 06 Dresden, Postbank – **G:** 88 Dresden, Lehmann; 92 Dresden, Rähnitzgasse; 98 Dresden, Gal. d. Zeit; 01 Moritzburg, Mus. Schloß; 04 Dresden, Utz; 05 Dresden, Hauptbibl.; Dresden, Gal. am Damm; 05, 06 Dresden, Ver. z. Wiederaufbau der Frauenkirche – **V:** Takeda Pharma: Blicke, Repromappe 03 – ***Lit:*** Ausst.kat.: A. K. Tuschmalerei 96; Inspiration Moritzburg 01

Kunath, Friedrich, Konzept-, Video- u. Installationskünstler; Montessoristr. 24, D-50767 Köln, Tel. (02 21) 5 90 67 07 (* Chemnitz 74) – **VG:** Köln, BQ – **E:** u. a. (zus. m. Dirk Bell) 98 Köln, BQ; 00 Glasgow, The Mod. Inst. – **G:** u. a. 98 Braunschweig, Staatstheater; 00 Braunschweig, KV; Köln, Parking Meters; 01 Düsseldorf, KV; 02 Wolfsburg, StG – (Red.)

Kuncewicz, Ewa s. Stefanski, Ewa

Kunert, Günter, Dr. h. c. mult., Schriftsteller; Schulweg 7, D-25560 Kaisborstel, Tel. (0 48 92) 14 14, Fax 84 03 (* Berlin 6. 3. 29) – **S:** 46 HS f. angew. Künste Berlin-Weißensee (4 Semester) – **G/T:** Feder (Ill.); Öl; Hinterglasmalerei; Bleistift; Collage – **E:** 87 Düsseldorf, Zchngn u. Beispiele; 03 Hamburg; Itzehoe; 04 Frankfurt/Oder, Kleist-Mus. – **V:** Ill. eigener Bücher: Der Kaiser von Hondu, Fsp. 59; Der Mittelpunkt der Erde 75; Verlangen nach Bomarzo 78; Drei Berliner Geschichten 79; Zeichnungen u. Beispiele 87; Kopfzeichen vom Verratgeber (Texte u. Bilder) 02; Neandertaler Monologe (Gedichte m. Federzchngn) 04 – **R:** Fernsehfilme (Federzchngn): Zentralbahnhof, WDR; Geschichte einer Berliner Straße, WDR

Kunert, Karsten I.W., Maler, Graphiker; Burg-Gleichen-Weg 27, D-99094 Erfurt, Tel. (03 61) 2 22 94 63. Prenzlauer Allee 231, D-10405 Berlin, Tel. (0 30) 44 71 71 22, Mobil: 01 6092 65 02 94, *KIW_Kunert @hotmail.com*, *www.Karsten-Kunert.de* (* Erfurt 25. 3. 64) – **VG:** Boston, C Duell Art Gall.; Erfurt, Gal. am Hirschgarten – **S:** 89–97 HGB Leipzig (Malerei u. Graph. b. Prof. Arno Rink); 94–95 Königliche AdK Kopenhagen (Skulpt., Mosaik b. Prof. N. Guttormsen) – **L:** 89–00 Mudflatstudios Boston (LBeauftr. f. Skulpt.); 00 Wentworth Inst. of Technology Boston (Adjunkt Prof. f. Zeichnen u. Perspektive); 99–00 CAEC Cambridge/ USA (LBeauftr. f. Aktzeichnen u. Skulpt.) – **P:** Gaststip. Kopenhagen 94–95; Artist in Residence Boston 99–00 – **Ve:** VBK Thür. 02 – **G/T:** Portr.malerei (Acryl); Graph. (Zeichn., Ldschaft, figürlich); Install. (Kinetik, Mobile); Plast. (Keramik, Emaille) – **K:** Zeichnen, Aktzeichnen, Skulpt., Keramik, freies Gest. – **W:** in Privatbes. – **Ö:** Berlin, Helmholtzpl.; Boston/USA, Long Island Centre; Cambridge/USA, CC-Company; Leipzig, Univ.; ebda, Neurologische Tagesklinik; Maine, Lake Sebago – **E:** 99 Boston/USA, Space 12 Gal.; 00 Cambridge/USA, Fresh Pond C. W.; 01 New Delhi, Jokalata Gal.; 02 Cambridge/USA, E. C. Moore Gal.; 03 Erfurt, VBK Gal.; 04 Weimar, Villa Haar – **G:** zahlr. Ausst.bet. seit 96, zuletzt 97 Acton/USA, Exchange Gall.; 98 Boston/ USA, Space 12 Gal.; 00 Boston/USA, Gal. f. soziale u. politische Kunst; 02 Leipzig, Petershof; 03 Erfurt, Krönbacken; 04 Leipzig, Keramikgal. Terra Rossa; Geldern, Kinetikfestival – ***LitR:*** R. Vishnu: Hidden Beauty, Dok., TV New Delhi 01; U. Sebert: Der Spurensucher, Portr. Dtld Radio 02 – (Red.)

Kunert, Katrin; *katrin_kunert@hotmail.com* (* Leipzig 2. 3. 62) – **S:** 82–89 HGB Leipzig (Buchgest., Grafikdesign, FB Ill./freie Graph.); 94 ebda, Meisterschülerin b. Prof. Kurth – **P:** versch. Stip. – **KGr:** Leipziger Grafikbörse 89 – **G/T:** Malerei (Lw., Eitempera, Öl), Lsch. u. Interieurs; Zchng u. Aqu.; Graph. (Lichtdruck, Lithogr.); originalgraph. Bücher – **M:** u. a. Bergen/Rügen, Kulturstift.; Leipzig, Dt. Buch- u. Schrift-Mus. d. Dt. Nat.bibl.; Leipzig, KH Spk.; Leipzig, MBK; Leverkusen, Bayer AG – **E:** u. a. 92 Leverkusen, Gal. am Werk; 94 Jena, KV (m. Michael Kunert); 97 Hannover, Bodek; 99 Erfurt, Commerzbank (m. Markus Willeke); 02 Leipzig, Kulturforum Schleußig; 03 Freital, Spk.; 04 Herne, Gal. Kunstantin – **G:** zahlr. Ausst.bet., u. a. 89–93 Leipzig, Grafikbörse; 90 Leipzig, Bildermesse; 91 Ludwigshafen, BASF; 94, 04 Dresden, Schloß; 97 Nürnberg, Germanisches NM; Leipzig, MBK; 97, 98 Leipzig, Jahresausst.; 99 New York, Goethe-Inst.; 05 Leipzig, Große Sä. Kunstausst. – ***Lit:*** Bildende Künstler in Leipzig 06 – (Red.)

Kunert, Michael, Maler, Graphiker; lebt u. arbeitet in Leipzig (* Leipzig 14. 5. 54) – **VG:** Berlin, Bischoff – **S:** 78–83 HGB Leipzig (Malerei u. Graph. b. D. Burger u. H. Ebersbach) – **P:** Eduard-Bargheer-Stip. 93 – **Ve:**

VBK DDR 83–90; BBKL seit 90 – **G/T:** Malerei (vorw. Acryl), Graph. (Lith., Siebdruck), Skulpt. (Keramik) – **M:** u. a. Bremen, KH; Dresden, Kpst.-Kab.; Frankfurt am Main, Dt. Bank KS; Frankfurt am Main, KS Dresdner Bank; Herne, StG Strünkede; Leipzig, Dt. Buch- u. Schrift-Mus. d. Dt. Nat.bibl.; Leipzig, MBK; Oberhausen, Ludwig-Gal.; Rostock, KH; Schwerin, Staatl. Mus. – **E:** 85 Berlin, Studio bild. Kunst; 86, 88, 91 Leipzig, Gal. am Thomaskirchhof; 87 Leipzig, Gal. Eigen + Art; Reykjavik, Gal. Fin; 88 Uzes, Gal. Incognito; 90 Leipzig, Gal. am Kraftwerk; 94 Leipzig, Gal. ARTeFACT; 94 Erfurt, Gal. Johannesstr.; 98 Leipzig, Hotel Leipziger Hof 04 Berlin, Gal. am Prater – **G:** zahlr. Ausst.bet. seit 84, u. a. 89 Havanna, Nat.-Gal.; Antwerpen, Vandergeeten Art Gall.; 90 Leverkusen, StM Schloß Morsbroich; Herne, StG Strünkede; 92 Leipzig, Grassi-Mus.; Schwerin, Staatl. Kunst-Slgn.; 93 Düsseldorf, Große Kunstausst. NRW; 94 Jena, KV – ***Lit:*** Lang 02 – (Red.)

Kunerth, Diether, Akad. Maler u. Bildhauer, Graphiker, auch Fotograf u. Videokünstler; Guggenbergerstr. 25, D-87724 Ottobeuren, Tel. (0 83 32) 14 86oder 3 27 (* Freiwaldau 10. 8. 40) – **VG:** Memmingen, Neuendorf; Düsseldorf, EP Gal.; Ulm, Kunstschalter Ulm; Nantucket, Art Cabinet – **S:** 61–67 ABK München (Meisterschüler v. Prof. Heinrich Kirchner) – **P:** Kunstpr. d. Reg.bez. Schwaben 70; Kulturpr. d. Stadt Memmingen 78; Großer Sieben-Schwaben-Pr. Augsburg 85; Bürgerpr. d. Stadt Kempten 88; Strigel-Pr. d. Stadt Memmingen 00 – **Ve:** BBK Schwaben Süd 67 – **G/T:** Malerei (Öl, Aqu., Tempera, Acryl, Figur u. Lsch.); Graph. (Rad., Linolschn., Hschn., Zinkätzungen); Fotogr. (land-light-painting); Landschaftsfotogr.; Videofilme (Dokumentarisches u. Erzählendes zur eigenen Malerei als Collage) – **W:** zahlr. Werke in Kliniken, Schulen u. Hochschulen – **M:** Augsburg, StKS; Hagen, Karl-Ernst-Osthaus-Mus.; Kempten, StKS; Memmingen, StKS; Minneapolis, MMA; Paderborn, StG; Roggenburg, Kloster; Wertingen, Mus. Schloß – **Ö:** Dillingen, Bay. Akad. f. Lehrerfortbildung; Memmingen, Vorplätze Stadthalle u. Klinikum (jeweils große Bronzefigur); Ottobeuren, Vorplatz Basilika (Brunnenfigur); ebda, Kneippbüste vor Amtsgebäude – **B:** Erkheim: Großer Holzkopf (16 m hoch, bewohnbar, an der Autobahn München-Memmingen) – **E:** 64 München, Gal. Gurlitt / Patentamt; 69 Kaufbeuren, Kult.ring; Benediktbeuren, Hochschule; 71 Kassel, Gal. Junge Kunst; Ulm, Künstlergilde; 73, 80, 81 Paderborn, StG; 76 Stuttgart, KH; Herford, StM Daniel-Pöppelmann-Haus; 76, 78, 87 Bielefeld, Univ. / StG; 77 Detmold, Lipp. LM; 78, 86 Augsburg, Schaezler-Pal. / Brechthaus; 79 Memmingen, Städt. Mus.; 81 Stade, StG; 85, 87 München, Braunbehrens / Gal. in d. Finkenstr.; 86–06 Memmingen, Neuendorf; 91, 95, 96, 97 Düsseldorf, EP Gal.; 95 Schwäbisch Hall, Johanniterhalle, 96 Oberstdorf, Kunstforum; 96, 98, 06 Nantucket/USA; 96, 04 Ulm, Kunstschalter; 97 Augsburg, Toskanische Säulenhalle / KV; 06 Memmingen, Kreuzherrnsaal – **G:** zahlr. Ausst.bet. im In- u. Ausland, u. a.: München, Haus d. Kunst; Wien, Künstlerhaus; Köln, Art Cologne; Miami, Kunstmesse; Tokio, Gal. Yanagizawa; Hannover, Expo 2000; Budapest, Ernst-Mus.; Kairo, Echnaton-Mus.; – sowie in Lima u. Boston – **V:** Kunstkab. Memmingen: Linolschnitte 73; Tuschzeichnungen 75; Forum Bildkunstverlag: Landschaften 80; Annäherung, Fotobd 00; Documenta 00 (Lex.verlag Bertelsmann) Kunstkab. Memmingen: Linolschnitte 73 – **R:** zahlr. Videofilme zu Malerei, Skulpturen sowie den Reisen nach Indien, Bali u. Griechenland – ***Lit:*** zahlr. Kat. zu Einzelausst. in Memmingen (Gal. Neuendorf), Düsseldorf, Schwäb. Hall (Kulturamt), Hannover (Expo: Bertelsmann-Ausst.halle) – ***LitR:*** Der Berserker hinter Klostermauern, Fsf. (BR, Regisseur Dr. Hoffmann) 86; In Erinnerung der Ferne, Fsf. (BR, Regisseur Richter) 01

Kunkel, Albrecht, Fotograf; *mail@albrechtkunkel.de*, *www.akunkel.com* (* Berlin 68) – **S:** 90 Berlin (fotografische Ausb. b. Lette Ver.) – **P:** Kodak Nachwuchs Förd.pr. (Kodak-Blitz) 90; Pr. d. Fuji Shooting Star 90; GASAG-Kunstpr. 01 – **G/T:** Fotogr. (u. a. Thema Verhältnis Mensch u. Natur) – **E:** u. a. 93 Berlin, Raab – **G:** u. a. 01 Bonn, Kunst- und Ausst.halle d. BRD; Berlin, Raab; 02 Berlin, Gal. in d. Alten Schule; Köln, Kunst Köln – (Red.)

Kunkel, Thomas, Keramikdesigner u. Bildhauer; Stadtplatz 53 a, D-94327 Bogen, Tel. (0 94 22) 56 33, Fax 22 91, *www.kachelofen-kunst.de* (* Bochum 22. 2. 58) – **S:** 79–82 Keramiklehre b. E. Stadler in Brand u. H. J. Buchner in Haindling; 82–85 freie Mitarb. in versch. Wkst.; 86 Meisterprüfung Keramik; 87 Progretto Civitella D'Agliano (b. Stefan Karkow) – **Ve:** BBK Ndb. seit 88; Bay. Kunstgew.ver. 91 – **G/T:** Objektkunst (Keramik); Kunst u. Bauen; plast., organisches u. großformatiges Gest. – **W:** beheizbare Raumplast. in Privathäusern – **Ö:** Beilngrieß, Hotelrezeption Ringhotel (Brunnenplast.); Civitella De'Agliano, Schule (Skulpt.); Straubing, Geschäftshaus (Brunnenplast.); ebda, Sporthotel Krüger (Wasserwandplast.), Aquatherme (beheizbare Raumplast.) – **E:** 89 Straubing, Ldesgartenschau – **G:** 87 Civitella De'Agliano; 92 Scheuring, Wkst. N. Stadler; 93 München, Bay. Staatsmin. f. Wirtschaft u. Verkehr; 00–03 München, Intern. Handwerksmesse (Gemeinschaftsausst. d. Bay. Kunstgew.ver.) – ***Lit:*** Andrea Weidemann: Vom Ton zum Ofenoratorium, Reportage im Straubinger Tagblatt 29.11.01 – ***LitR:*** Judith Kotra, Beitr. üb. Atelier u. Arb. v. T. K., in: Abendschau d. Bay. Fs. 03 – (Red.)

Kunst-Stoff s. Le Goff, Serge

Kunz, Gabriele C., Malerin, Graphik-Designerin; Otto-Steinwachs-Weg 2, D-63065 Offenbach am Main, Tel. (0 69) 8 00 11 74, *gabrieleckunz@aol.com*, *hometown.aol.de/GabrieleCKunz* (* Offenbach 2. 3. 58) – **S:** 85–90 KSch Westend Frankfurt am Main – **KGr:** Klosterpresse Frankfurt am Main – **KGe:** G.C.K. u. Jörg König – **G/T:** abstr. Surrealismus (Ölbilder u. Lith.) – **E:** zahlr. seit 86 – **G:** zahlr. Bet. u. a. Offenbach am Main, Klingspor-Mus. – **V:** Texte u. Bilder: Frieden stiften 92; Die Wunschmaschine 04

Kunz-Holdener, Katharina (geb. Katharina Holdener), Malerin, Graphikerin; c/o Atelier K, Alte Ettingerstr. 1A, CH-4153 Reinach, *info@katharinakunz.ch*, *www.katharinakunz.ch* (* Basel 10. 10. 61) – **VG:** Leipzig, Art-Domain; Zürich, Keller – **S:** KHS f. Gest. (Ausb. z. Graphikerin); Kurse in Malerei b. d. Künstlerinnen Doris Walser, Irene Curiger; Assenza Malschule Münchenstein – **G/T:** Aqu.malerei; abstr. Acrylmalerei; Monotypie – **K:** Aqu.malerei; Acrylmalerei; Monotypie – **Ö:** Reinach, Bürgergemeindehaus – **E:** 06 Reinach, Gal. Mus.; 07 Zürich, Keller; Bern, Gal. Kunstquelle – **G:** 05 Herrgard/Schweden, Gal. Ålshults; Salzburg, Kunstmesse (Kat.); 06 Leipzig, Art Domain Gall.; Bern, Gal. Kunstquelle – ***Lit:*** Atelieransichten 06

Kunz-Saile, Anne-Dore; Moserstr. 5, D-70182 Stuttgart, Tel. (07 11) 24 53 62, Fax 23 58 68, *ohkunz@t-online.de* – **G/T:** Malerei – (Red.)

Kunze, Michael, Maler, Fotogr.; Mühsamstr. 71, D-10249 Berlin, *mi-ku-ze@gmx.de* (* München 12. 6. 61) – **VG:** Köln, Rehbein; Berlin, Kapinos; Amsterdam, The Living Room – **S:** 85–91 ABK München (Malerei, Fotogr.); 91 ABK München (Meisterschüler, Dipl.) – **P:** Förd.stip. d. Kult.referats München 88; Stift.

Kunstfonds – Arb.- u. Projektstip. 92 – **G/T:** Malerei, Fotogr. – **W:** überw. in Privatbes.; Ankauf u. a. f. d. Slg Schürmann – **M:** Düsseldorf, KS NRW – **E:** u. a. 89 München, Dany Keller; 90 München, KV; 92, 98, 00 Amsterdam, The Living Room; 93, 95, 97, 00, 02 Köln, Rehbein; 94 Reykjavik, Corridor Gall.; 95 Düsseldorf, Walbröl; 97 Bern, Cabinet; 98 Rotterdam, Goethe Inst.; 02 Berlin, Kapinos; 04 Hamburg, Art Agents Gallery – **G:** u. a. 87 Nürnberg, KH; 93 's-Hertogenbosch, Mus. voor Hedendaagse Kunst; Amsterdam, The Living Room; Köln, Rehbein; 94 Düsseldorf, Walbröl; München, Kunstbunker; 96, 00 Köln, Rehbein; 97 Frankfurt, Art; Frankfurt am Main, Art Frankfurt; 00, 03 Amsterdam, The Living Room; 00 Reykjavik, Corridor Gall.; 02 Seoul, Intern. Media Art Bienn.; 03 Köln, Frehrking & Wiesehöfer; 04 Taipei, MCA – ***Lit:*** ART. IN ZTGN: u. a. Vera Botterbusch: Erleuchtungen (Süddt. Ztg.) 89; Justin Hoffmann: M. K. (Artforum) 91; Harald Fricke: Vorlauf Kunst (taz) 02; – KAT. zu EINZELAUSST.: M. K. Bleibe und Ansatz 90; M. K. Wandmalerei und Bilder 90; Stefan Berg, Doris Krystof u. Susanne Prinz (Text): M. K. Texte ohne Verben. Texts without Verbs 02; – KAT. zu GR.AUSST.: Look at the Window 93; The Living Room. Eine Amsterdamer Galerie und die Achtziger Jahre 95; Gibt's mich wirklich. Vier Räume aus der Sammlung Schürmann 03; Barbara Alms: unHEIMlich 03 – (Red.)

Kunzmann, Ray s. Ray's

Kupfer, Ursula s. Bankroth, Ursula

Kupper, Hans Jürg, Dr. phil., bild. Künstler, Musiker, Lyriker, Dozent; Eulerstr. 24, CH-4051 Basel, Tel. 06 12 71 97 39, *hjk@datacomm.ch* (* Flumenthal 15. 4. 44) – **S:** 64–66 HS f. Gest. Basel (b. Lenz Klotz) – **P:** Cité Intern. d. Arts Paris 88–89 – **Ve:** Visarte; KV BS Schweiz – **G/T:** Zchng; Konzeptkunst; Install.; Foto-Art; von 64–82 Bühnenbild, Kostüm, Graph. u. Karikatur – **W:** überw. in Privatbes. – **M:** Basel, Univ.-Bibliothek; Paris, Fonds Rég. d'Art Contemp. d'Ile-de-France; Zürich, GrS d. ETH – **Ö:** Basel, KS d. Stadt; Basel, KS d. Ldes – **E:** u. a. 85 Basel, Brambach; 86 Liestal, Pal.; 88 Basel, Linder; 90–96 Basel, Gogniat; 03 Paris, Mus. d'Estampes; 06 Basel, Univ.-Bibliothek – **G:** zahlr. Bet. seit 82, u. a. seit 84 Basel, Art Basel; 99, 01 Basel, Linder; 00 Bern, Kunstkeller; 02 Paris, Le Plateau; 04 Basel, KH: Grandprix – **V:** CSSR-Lyrik (Ill.) 69; Vere Fotografie (Multiple) 93; 20th Century Painting 99; A Story 01; Grandprix, Künstler-Kassette (Fotomedia) 04 – ***Lit:*** div. seit 82

Kurkhaus-Müller, Gisela; Heimgartenstr. 17, D-12559 Berlin, Tel. (0 30) 6 51 51 20, Fax 6 51 51 20, *gisela.kurkhaus-mueller@gmx.de*, *www.kurkhaus-mueller.de* – **G/T:** Malerei, Graph. – (Red.)

Kurz, Ulrich Lucas s. Lucas

Kuschnerus, Sigurd, Maler, Graphiker; Mistelhof, Groß-Kölpin 32, D-17268 Milmersdorf, Tel. (03 98 86) 31 72, *www.kuschnerus.com* (* Berlin 27. 8. 33) – **VG:** Berlin, Giesler + Partner – **S:** 48–49 Käthe-Kollwitz-KSch (b. Prof. Werner Laux u. Horst Strempel); 49–51 Lehre als Glasmaler (Gesellenprüfung in d. Wkst. August Wagners, Berlin); Zeichen- u. Malunterricht an versch. Berliner Abendschulen – **P:** Wettb. Künstler sehen Kreuzberg d. Kult.amtes (1. Pr.) 75 – **Ve:** BBK Berlins 56–89 – **KGr:** Künstlersonderbund in Deutschland (Realismus) seit 92 – **G/T:** Zeichn. u. Malerei (Öl, Aqu., Holzstich, Farbrad., Lith., Pastell); Entwürfe f. Glasmalerei u. Mosaik; Themen: Stadt, Portr., Landschaft, Stilleben – **W:** überw. in Privatbes. – **M:** Berlin, Berlin Mus.; Berlin, Berlinische Gal.; Berlin, KS d. Investitionsbank Berlin; Berlin, KS d. Weberbank (Slg Boedecker); Berlin, Kpst.-Kab.; Berlin, Kunstbibliothek; Berlin, Slg Henry E. Hirts; Emden, KH (Stift. Henri u. Eske Nannen) – **Ö:** Berlin, Restaurant Aschinger am Zoo (Wandbild, 75 demontiert) – **E:** / G: seit 56 zahlr. Einzel- u. Gr.ausst., u. a. seit 56 Berlin, Juryfreie Kunstausst.; Berlin, Große Berliner Kunstausst.; Berlin, Freie Berliner Kunstausst.; 59 Berlin, Zinke; 61 München, Gurlitt; weiter: Göttingen, Gal. im Center; Berlin, Haus am Lützowplatz; Berlin, Bassenge; Berlin, Europ. Akad.; Berlin, Pels-Leusden; Gütersloh, KV; Berlin, Oberlicht; Zehdenick, Klostergal.; 90 Berlin, Zwei Takt; 93 Berlin, Realismus-Trienn.; Berlin, Haus am Lützowplatz; 94 Schwedt, Gal. Ermelerspeicher; 96 Berlin, Martin-Gropius-Bau; 00 Brandenburg, Dom-Mus.; 03 Berlin, Kommunale Gal. Wilmersdorf; Berlin, Bremer – **V:** Hellmuth Kotschenreuter (Vorw.): Berlin-Pano(d)rama, Mappenwerk (13 Rad.) 73; – Orig.-graph. zu: Uwe Reisner. Friedhöfe des Mondes; James Lamont Johnson: Schwarzer Zweifel; Kleines Lyrik-Alphabet 60–63; La Lune en Rodage II, Ed. Panderma 65; Stadtlandschaften, Mappenwerke 74; Kalender der Druckwerkstatt des BBK Berlins 83, 84, 87, 88; – sowie: Eremitenpresse V.O. Stomps, Stierstadt/Ts.; Unverhoffte Gratulanten – für G.B. Fuchs zum 60. 88; Gernot Ernst: Stadtbild Berlin im Spiegel der Druckgraphik seit dem XVI. Jahrhundert, 5 Bde (sämtl. Stadtansichten) 08 – **R:** Tanyet in Moabit, Kurzf. (16mm, Ferraniacolor) 71 – ***Lit:*** Günter Bruno Fuchs, Alexander Koval, Werner Radatz u. a. (Beitr.): Versuch einer Retrospektive 1947–77; Jürgen Beckelmann u. Manfred Giesler (Beitr.): S. K. Bilder & Texte 1953–93 93, 03 – ***LitR:*** zw. 71–77 mehrere Fs.berichte d. WDR Köln, u. a.: Kulturmagazin Spectrum; Jugend zwischen Sucht und Sehnsucht, Feature; Dieter Mendelsohn (Red.), Gert Hillgruber (Interview): Deutschlandreise – Eine Fahrt mit der U-Bahn-Linie 1; – sowie: Michael Bock: Dok. üb. d. Künstler, SFB (Red. Marianne Wagner) 72

KUSPI 06 (eigtl. Kurt Spirig), freischaffender Künstler; *kuspi@hotmail.com; kuspi@rheinertisch.ch, rheinertisch.ch.* Postfach 4, D-9443 Widnau (* Widnau 19. 12. 62) – **S:** Lehre als Werkzeugmacher; als Künstler Autodidakt; seit 99 freischaffend tätig – **P:** Fotowettb. d. Interkantonalen Bodenseekonferenz (Anerkennungspr.) 02; Intern. Fotowettb. d. Photogal. 94 in Baden (3. Pr.) 03 – **Ve:** KV Biel 05; Visarte – **KGr:** Planquadrat (Gründungsmitgl., 04) – **G/T:** Malerei (Öl, Acryl, Kunstharz etc., exper.); Skulpt.; Aktion; Install.; Fotogr.; Film – sowie: Initiator u. Organisator Rhein-Art 96–98 in Widnau; Mithilfe bei versch. Ausst. – **Ö:** Diepoldsau, Alte Rheinbrücke (Kunstintervention Rheiner Tisch); Widnau (Skulpt. Höhenfeuer); ebda (Skulpt. Schweizer Kartenhaus u. Feuerskulpt. Mühle d. Gesetzes) – **E:** u. a. 96 Ebnat; 98 Rebstein, Jacob Rohner AG (m. Ervin Krpan); 99 Rebstein (Bilder zum Stehlen); 02, 05 Widnau, Beldona-Fabrik; 03 St. Gallen, Haus zur letzten Laterne – sowie: 98 Feldkirch, Theater am Saumarkt (Inszenierung u. Text d. Theaterstücks Kuspoli); 03 Landarte-Projekt z. 200jährigen Jubliäum d. Kt. St. Gallen – **G:** 99 Oaxaca (Kunstaktion 'Viva la masa'); 00 Vaduz (Kunstaktion 'Es lebe der Teig'); 04 Wanderausst. d. Künstlergruppe Planquadrat: Berneck, Deitermannhalle; St. Gallen, Restaurant Baratella; Bregenz, Gal. im Studio Drehpunkt; 05 Schüpfen, Skulpt.-ausst. Jetztkunst; 05, 06 Roveredo, Skulpt.ausst. open-Art; 06 Darmstadt, Darmstädter Fototage; Dakar, Bienn.; Zürich, Skulpturenart – **V:** Cubanologie, Gedichte eines Reisenden 00; Kuno Bont: Landarte 'Kunstwerke sprengen Dimensionen' 04 – **R:** Kuno Bont: Kunstwerke sprengen Dimensionen, Film (z. Ausst. Landarte 03) 04

Kustusch-Niang, Isabella Gabriel (geb. Isabella Gabriel Kustusch), Bildende Künstlerin, Meisterschülerin; Kreuzbergstr. 22, D-10965 Berlin, Tel. (0 30) 7 86 37 22, Mobil: 01 7 95 24 23 55, *kustusch-niang@web.de*, *www.kustusch-niang.de* (* Mainz 2. 11. 59) – **S:** 91–97 UdK Berlin (Freie Bild. Kunst b. Prof. K. H. Herrfurth) – **L:** seit 00 Art Studio Berlin (eigenverantwortliche Lehrtätigkeit in d. Bereichen Malerei u. Zeichn.) – **P:** Stip. d. Konsul Dr. Karl u. Gabriele Sandmann Stift. 96; Stip. d. Karl-Hofer-Ges. 97 – **Ve:** BBK Berlins 97; VG Bild-Kunst 99 Intern. Forum d. Kunst u. Kult. (Bet. am Aufbau) 04 – **G/T:** Malerei (Öl, figurativ u. abstr.); Graph. (Kohlezeichn., Rad.) – **K:** Malerei u. Zeichn. – **W:** überw. in Privatbes. – **Ö:** Berlin, GEWOBAG; ebda, Ahlsen GmbH – **E:** 96 Berlin, Kirche auf d. Tempelhofer Feld; 00 Berlin, GEWOBAG; Berlin, Gal. am Chamissopl.; 01 Berlin, Gal. a; 02 Berlin, Art Studio; 03 Berlin, Kult.forum Weißes Schloß – **G:** 98 Dakar-Berlin, Bienn. Dak'Art; Berlin, Bundeswirtschaftsmin.; Hannover, Priess; 99 Berlin, Künstlergal.; 99, 00 Berlin, Bremer; 00 Berlin, Tammen & Busch; Berlin, Tchakk – (Red.)

Kutscher, Edda s. Dabringhausen, Edda

Kutscher, Vollrad; Heinrich-Seliger-Str. 85 A, D-60528 Frankfurt am Main, Tel. (0 69) 61 87 67, *vollradkutscher@vollrad-kutscher.de*, *www.vollrad-kutscher.de* (* Braunschweig 20. 5. 45) – **S:** 65–68 Univ. Mainz (Kunsterziehung); 72 erstes Staatsexamen; 75 zweites Staatsexamen – **L:** 80–82 Kunsterzieher in Frankfurt am Main; 82–92 LBeauftr.: FHS Würzburg; F + F Kunst u. Medienschule Zürich; Univ. Lüneburg; GesamtHS Kassel; HS f. Gest. Offenbach; 92–93 GesamtHS Kassel (Gastprof.); 99–00 Univ. Gießen (Gastprof.) – **Ve:** VG Bild-Kunst – **W:** Werke u. a. in d. privaten Slgn Teutloff in Bielefeld, Falkenberg in Hamburg, Berger in Wiesbaden, Schmitz in München u. Simon in Hannover sowie zahlr. Performances – **M:** Bern, KM; Celle, Bomann-Mus.; Göppingen, KH; Hannover, Kestner-Ges.; Karlsruhe, ZKM; München, Lenbachhaus; Rüsselsheim, Mus.; Saarbrücken, Stift. saarländischer Kult.besitz; Wiesbaden, Mus. – **Ö:** Install. im Innenraum: Frankfurt am Main, Dresdner Bank; ebda, Behördenzentrum; Köln, Stadtspk.; München, Swiss Re; Offenbach, Rechenzentrum Helaba; Rüsselsheim, RH; Wiesbaden, Villa d. Hess. Min.-präs.; ebda, Plenarsaal d. Hess. Landtages; – Install. im Außenraum: Eltville, Hof Drais; Frankfurt am Main, Anlagenring Taunusstr.; Paderborn, Franziskanerturm; Wiesbaden, Marktpl. – **E:** zahlr. Ausst., u. a. 72 Wiesbaden, Moering; 83 Frankfurt am Main, Werkstattgal.; 88 Bern, KM; 93 Eltville, Ribbentrop; Regensburg, Lindinger + Schmid; 95 Frankfurt am Main, DG Bank (Wintergarten); München, Lenbachhaus; 95, 99 München, Kampl; 96 Köln, Teutloff; 98 Rüsselsheim, Opel-Villen; Hannover, Kestner-Mus.; 99 Berlin, Kampl; 00, 01, 02 Wiesbaden, Mus.; 03 Nürnberg, Kunstbunker – **G:** zahlr. Ausst.bet. u. Performances seit 75, u. a. 00 Linz, O.K. Centrum f. Gegenwartskunst; 02 Frankfurt am Main, Schirn; Berlin, Georg-Kolbe-Mus.; Fürth, Kunstgal.; 03 Dreieich, StG – **V:** u. a. Wie die Wurst in der Pelle 78; Der weiße Traum 80; Umbruch 80; – Beitr. in Zss u. Mag., u. a.: Der Zweifel am Raum ist unbegründet, in: Kunstforum 71/72 84; Würzburger Blätter 1/84, 5/87; Prisma. Gesamthochschule Kassel 35/85; Performance und Performance Art, in: Kunstforum 96/89; Möglichkeiten des Portraits, ebda 118/92; Wir renovieren – Verkauf geht weiter, ebda 120/92; Volker Rattemeyer: Von der Unmöglichkeit, ein Portrait zu machen, in: Künstler. Kritisches Lexikon der Gegenwartskunst 97 – ***LitR:*** W. Cornelissen, in: Aspekte, ZDF 80, 88; Ateliers in Hessen, HR III; – sowie weitere Beitr. im HR u. WDR

Kutschera, Gabriele; Goldschlagstr. 107, A-1150 Wien, Tel. (01) 9 85 26 07, (0 72 45) 2 58 52, Fax 9 85 26 07, *g.kutschera@i-one.at*, *www.atelier-kutschera.at* – **G/T:** Bildhauerei – (Red.)

Kutschera-Stepanek, Beatrix (geb. Beatrix Stepanek), Malerin, Graph.designerin; Schönburgstr. 48/6, A-1040 Wien, Tel. (01) 5 05 85 35, Fax 5 05 82 68, *b.kutschera@atelier21.de*, *www.atelier21.at*. Am Berg 12, A-3482 Gösing am Wagram (* Wien 6. 11. 52) – **L:** 67–71 Graph. Bundeslehr- u. Versuchsanst. (FB Gebrauchsgraph.) – **Ve:** Verb. d. Graph.-Designer Öst. 72; IG Bild. Kunst 75; Mödlinger Künstlerbund 82 – **G/T:** Lsch.malerei (Tempera, Pastellkreide, Mischtechnik); Lith. – **W:** überw. in Privatbes. – **E:** zahlr. seit 71 in Öst. u. Dtld, Teiln. an Kunstmärkten in Göttingen, Duisburg, Köln sowie zuletzt 03 Wien, Wirtschaftskammer; 06 Krems, Kult. Mitte – **V:** Bilderbuch I u. II 04 u. 05

Kux, Klaus; OT Langenchursdorf, Holzhäuserstr. 11b, D-09337 Callenberg, Tel. (03 76 08) 38 41, *klaus-kux@web.de*, *www.klaus.kux.a.r.t.ms* – **G/T:** Malerei, Graph. – (Red.)

Kuzio, Thomas, Maler, Graphiker, Dipl.-Glasgestalter; Am Kummerower See, D-17111 Neu-Sommersdorf 1, Tel. (03 99 52) 24 23, Fax 27 88, *thomas.kuzio@gmx.de*, *www.thomaskuzio.de* (* Altentreptow 29. 3. 59) – **VG:** Berlin, FormArt; Neustrelitz, Gal.; Neubrandenburg, Gal. am Ring; Kühlungsborn, KV – **S:** 80–81 Quedlinburg (Glasmalerpraktikum); 81–82, 85–89 HS f. Kunst u. Design Burg Giebichenstein Halle/Saale – **P:** Bay. Staatspr. f. Innovation Intern. Handwerksmesse München (Jgd. gestaltet) 89; Förd.stip. d. Stift. Kult.-fonds 90; Arb.stip. d. Ldes Meckl.-Vorp. 02 – **Ve:** VBK DDR 89–91; BBK 91 – **G/T:** ungegenständliche Malerei (Acryl auf Leinwand, große Formate); Graph. (Gipsschnitt, Hoch- u. Schablonendruck); Glasmalerei in d. Archit. (f. Sakral- u. Profanbauten, ungegenständlich, Schmelzfarbentechniken) – **M:** Demmin, Kr.spk.; Frankfurt am Main, Dt. Bank KS; Neubrandenburg, Dresdner Bank; Neubrandenburg, Ldeszentralbank; Stralsund, Bundesversicherungsanst. f. Angestellte – **Ö:** GLASMALEREI: Finnentrop-Ostentrop, kath. Kirche; Greifswald, Johanna-Odebrecht-Stift.; Greifswald, Klinikum; Groß Markow, Kirche; Matgendorf, Kirche; Melle, Kr.spk.; Neubrandenburg, Klinikum; Neubrandenburg, Multikult. Zentrum; Ribnitz-Damgarten, St. Bartholomäus – **E:** 92 Malchin, Kunsthof; Rheinsberg, Zopf; Mölln, Stadthauptmannshof; 93 Neubrandenburg, Veranstaltungszentrum; 94 Ribnitz-Damgarten, Dt. Bernsteinmus.; Kühlungsborn, KH; 94, 01 Verchen, Klosterkirche; 95 Wismar, Kleine Gal.; 97, 01 Neubrandenburg, Gal. Friedländer Tor; 98 Teterow, Kleine Gal.; 99 Greifswald, Gal. am Mühlentor; Berlin, Dt. Welle; 00 Neubrandenburg, Stadtwerke; 01 Katzow, Kunstscheune; 02 Demmin, Kr.spk.; Marlow, Gal. 2001; 03 Zachow, KV Dorfkirche – **G:** zahlr. Ausst.bet. im In- u. Ausld seit 86, z.B. Linz, Berlin, Wroclaw, Budapest, München, Neubrandenburg, Dresden, Innsbruck, Plön, Warnemünde, Rom, Plüschow, Schwerin, Rostock, Linnich, Frauenau – ***Lit:*** Ausst.kat.: Franz N. Kröger: T. K. Collagen/Gouachen 1992–1993 94; Heiko Andreas u. T. K.: T. K. Glasmalerei in der Architektur 1995–1996 96; Raimund Hoffmann: T. K. Aus der Farbe 97 – ***LitR:*** Enikö Kümmel: Portr./Dok., Sdg 'Hanseblick' Norddt. RF 13.7.03 – (Red.)

Kvasnicka, Christian, Prof. Mag., Akad. Maler u. Zeichner; Schloßstr. 16, A-2551 Enzesfeld, Tel. (06 64) 1 80 63 49, Fax (0 22 56) 8 27 40, *kvasnicka@ccc.at*, *www.kvasnicka.at*. Goldschlagstr. 62, A-1150 Wien

(* Wien 13. 11. 53) – **VG:** Eisenstadt, Gal. 1990; Berndorf, arterra – **S:** 72–80 ABK Wien (b. Prof. Josef Mikl) – **L:** Schule d. Sehens Lengau – **P:** Mäzenas Pr. 02 – **Ve:** Berufsvrg d. bild. Künstler Öst. seit 79 – **G/T:** Ölmalerei, Graph., Skulpt., Fotogr. – **W:** Werke u. a. im Bes. d. Öst. Länderbank, d. Albertina Wien, d. Öst. Bundesbahnen, d. Wirtschaftskammer Öst., d. Spk. Baden, Grothus GmbH, Euro Systems, Mercedes Benz Winterleitner, Raiffeisen Waren Austria, MLINE LSS Schleupen GmbH, Öst. Software AG, Kommunalkredit Austria, P.E.M. Kabel GmbH, Matador GmbH, Shell Austria, Rank Xerox Wien, Zürich Kosmos, Donaukraftwerke AG, BASF; – sowie Bühnenbilder, u. a. f. d. Wiener Staatsoper, d. Wörthersee Seebühne u. d. Festzelt auf d. Kaiserwiese in Altaussee – **M:** Pöchlarn/NdÖst., Kokoschka-Dok.; Wien, Albertina (GrS); Wien, Kult.-amt d. Stadt; Wien, Zentralspk. d. Gemeinde Wien – **E:** zahlr. Ausst., u. a. 76 Wien, Kult.kr. 22; 79 Hamburg, Gal. Jungfernstieg; 80 Eisenstadt, Bgld. LG; 82 New York, Gall. 64th Street; 83, 84 Rom, Brutium Pal. Pignatelli; 86 Wien, Chobot; 90, 91, 92, 00 Wien, Kunstraum David; 93, 94, 96–99 Wien, Gal. am Stubenring 22; 98 Ibiza, Gal. Es Moli; 99 Wien, Mus. auf Abruf; 00 Wien, Manik; St. Pölten, SM; 01 New York, Austrian Trade Commission; Wien, Kommunalkredit Austria AG; 02 New York, Plaza Hotel; New York, Independent Art Fair; Eisenstadt, Gal. 1990; 03 Berndorf, arterra; 05 Düsseldorf, KH Mintrop; 06 Wien, Kunstraum David – **G:** 06 Bratislava, Danubiana Mus. – ***Lit:*** Elmar Zorn u. Ewald Stastny: C. K. Mentationen 02

Kwong, Hau Chun, Bildhauerin; Domagkstr. 33, Haus 50, Raum 105, D-80807 München, Tel. Mobil: 01 795 18 61 70, *hauchunkwong65@hotmail.com, www.naturtalente.de; www.ngla.de* (* Hong Kong 21. 5. 65) – **S:** 91–97 ABK München (Meisterkl. f. Bildhauerei b. Prof. Cristina Iglesias) – **L:** 97–02 Ludwig-Maximilians-Univ. München (Inst. f. Ostasienkunde, LAuftr. f. Kalligraphie) – **P:** Jubiläums-Stip.-Stift. d. Stadt München; Erwin u. Gisela v. Steiner-Stift. München – **Ve:** BBK München u. Obb.; KV München – **G/T:** Fotogr.; Multimedia-Install.; Scherenschnitt; Bildhauerei; Objektkunst (Metall, Holz, Papier) – **K:** Kalligraphie – **W:** überw. in Privatbes. – **M:** München, Pin. d. Mod. (Depot) – **E:** 96 München, Akad. Gal.; 04 München, VAK e.V. Haus 16; 05 Überlingen, Taichi Haus – **G:** u. a. 92 St. Wendel, Mus. Mia-Münster-Haus: Leo Kornbrust u. seine Studenten (Kat.); 94 München, Kardinal-Förd.pr.ausst. (Kat.); 95 München, Dt. Gesellschaft f. Christl. Kunst (Kat.); 96 München, ABK: The Blind Spot and its Surrounding (Kat.); München, KV: Jahresgaben (Kat.); 98 Bratislava, Bay. Kunst unserer Tage in Bratislava (Kat.); Saarbrücken, Saarland-Mus.: Saar Ferngas Förd.pr. Junge Kunst (Kat.); München, Gal. d. Künstler: Die ersten Jahre der Professionalität 17 (Kat.); 99 München, Haus d. Kunst: Junge Kunst. 50 Jahre Große Kunstausst. München (Kat.); 02 Ljubljana, Equrna: Bronze (Kat.); 04 München, Mühlbach Open Art; 05 München, Dachgal.: Freimanner Kult.tage 05; München, DomagkAteliers: Domagktage 05; Landshut, Marstall: Junge chines. Kunst; 06 München, Gal. am Gasteig: Chines. Papierkunst. Werke aus der Slg Buchheim u. v. der Künstlerin H.C.K. – **V:** Psychologie u. Gesellschaftskritik, 29. Jahrgang, Nr 115/116, Heft 3 (Ill.) 05 – ***LitR:*** Chines. Papierkunst, Bay. Fs. (Werke aus d. Slg Buchheim u. v. H.C.K.) 06

Kyeck, Irena (geb. Irena Schulz), Malerin; Gleimstr. 11, D-32657 Lemgo, Tel. (0 52 61) 43 82, Fax 92 78 36, *irena.kyeck@t-online.de* (* Lemgo 5. 4. 49) – **VG:** Minden, Lübking – **S:** 86–90 Aqu.malerei b. Antje-Kristin Haase; 91–94 Acrylmalerei b. Pavel Richtr; 96–97 Europ. ABK Trier (Acrylmalerei b. Joe Allen) – **L:** seit 03 VHS Bad Salzuflen (Doz. f. Aqu.malerei); VHS Reckenberg-Ems (Doz. f. Acrylmalerei) – **Ve:** VG Bild-Kunst 96; Frauenkunstforum Ostwestf.-Lippe 00 – **KGr:** Das Fachwerk (seit 97) – **KGe:** Kontraste 2005: I.K. u. Elke Spliethoff, Friedrich Rasper, Hans Gerlhof, Christiane Koum-Kingue u. Daniel Kuhlmann – **G/T:** Farbfeldmalerei (in Acryl); themenbezogene Arb.; Heilwirkung v. Farbe – **K:** Aqu.- u. Acrylmalerei; freie, abstr. Malerei – **Ö:** Detmold, Facharztpraxis Zschaler; Lemgo, Spk.; ebda u. Detmold, ALRA Ärzte-Gemeinschaft, Facharztpraxis Hüttenbrink – **E:** zahlr., u. a. 97 Hameln, Gal. aller Art; 98 Hamburg, Paulsen-Haus; 99 Bad Salzuflen, Das Fachwerk; 00 Ahrensburg, Gal. Arthouse; 01 Bielefeld, Fa. Boge; München, K-Gal.; 02 Hamburg, Torhaus Wellingsbüttel; Herford, Fritzen; 03 Wiedenbrück, VHS; 05 Bad Salzuflen, Schloß Stietencron; Herford, Kunst Werk; 06 Detmold, BLV – **G:** u. a. 98 Hannover, Künstlerfrühling; 99 Hannover, Designa; 02 Lemgo, Klinik; Paderborn, Kr.haus; 03 Hofheim, RH; Detmold, Kr.haus; Paderborn, StG Am Abdinghof; 04 Schwalenberg, Robert-Koepke-Haus; 05 Westerland, Stadtgal.; Lübbecke, KV; 06 Gorzow, Alter Speicher; Worpswede, Alte Molkerei

Kyselka, Verena; c/o Kunsthaus, Michaelisstr. 34, D-99084 Erfurt, Tel. (03 61) 5 62 65 62, Fax 6 43 83 57, *verenakyselka@hotmail.com, www.verena-kyselka.de* – **G/T:** Malerei, Graph. – (Red.)

Kytka, Brigitte s. Menschhorn, Brigitte

L I L I s. Ende, Margot

La Smorfia s. Mastroianni, Biagio

†**Laabs,** Hans, Maler; lebte in Berlin (* Treptow/Rega 2. 1. 15, † Berlin 31. 1. 04) – **VG:** Berlin, Leo.Coppi; Berlin, Poll; Berlin, Solitaire Gal.; Berlin, Bischoff – **S:** 37–40 KGS f. Gebrauchsgraph. Stettin (b. V. Weber); 45–46 Privatschüler b. O. Moll; HBK Berlin (Aktzeichenkurs b. P. Fischer) – **P:** Kunstpr. d. Stadt Berlin 58; Kunstpr. d. Oldenburger KV 59 – **KGr:** Neue Gruppe Berlin – **M:** Berlin, Berlinische Gal.; Berlin, NG; Soest, Wilhelm-Morgner-Haus – **E:** Ausst. seit 48, zuletzt u. a. 00 Berlin, Leo & Coppi; 02 Berlin, Berlinische Gal. – **G:** u. a. 90 Leipzig, MBK; 01 Berlin, Leo & Coppi – ***Lit:*** Schweers 02

Labudda, Frank, Bildhauer; Hintere Gasse 61, D-78588 Denkingen, Tel. (0 74 24) 8 69 83, *sculptures @Frank-Labudda.de, www.Frank-Labudda.de; www. Frank-Labudda.com* (* Bad Homburg vor d. Höhe 20. 1. 63) – **VG:** Kronberg, Sties – **S:** 83–86 Lehre als Holzbildhauer; 86–87 Freiburg (Meisterschüler b. Prof. R. Bustamante); 87, 89 EBA Massana Barcelona (Bildhauerkl.) – **L:** 91 Akad. Burg Lissingen Gerolstein (Gastdoz. f. freie Bildhauerei) – **P:** Ausz. d. Stift. Lebendige Stadt Hamburg – **KGe:** Ausst.gemeinschaft: F. L., F. Preis, G. Albrecht, M. Schweitzer u. a. – **G/T:** geomant. u. energet. Gest. v. Holz, Steinskulpt., Eisenplast., Platzgestaltungen; Fotogr., Naturemades – **K:** Holz- u. Steinbildhauerei (teilw. im Steinbruch); Kosmogrammkurs; energet. Platzgest. (z.B. Meditationspl.) – **Ö:** Balgheim, Schloßpark; Křivoklát, Burg; Scheßlitz, Klinikpark; Teneriffa, Mariposa-Projekt – **E:** u.a. Balgheim, Schloßpark; Haigerloch, Forum Kunst; Tuttlingen, Gesundheitszentrum; Zürich, Hotel St. Josef – **G:** zahlr. Ausst.bet. seit 87, u. a. Bad Dürrheim, Ldesgartenschau; Bad Säckingen, Schloßpark, StG; Hamburg, Schloß Reinbeck, KV; Křivoklát, Schloß; Kronberg, Sties; St. Andreasberg, StG – (Red.)

Lach, Friedhelm, Prof. Dr., Bildhauer, Maler (* Bochum 36) – **S:** 55 KA Düsseldorf; 58 WerkKSch Köln; Univ. Köln – **L:** 64–65 Univ. Benghazi/Libyen (Doz. f. angew. Kunst); 68 Univ. de Montréal u. Concordia Univ. Montréal (Prof. f. Germanistik u. Kunst) – **Ve:** Royal Acad. of Canada 91 – **G/T:** Skulpt. (Holz, Keramik, Stein, bes. Rochlitzer Porphyr); Malerei – **W:** Arb. in Skulpt.gärten in Kanada, Chile u. Dtld – **M:** Bochum, Mus. – **E:** 96 Berlin, Gal. Marzahn; 97 Elsterwerda, Nadler; 04 Dortmund, Atelierhaus Westf.hütte – **G:** 98 Montreal, Schorer; 04 Grimma, Kloster- u. Mühlental; – weitere: thematischer Wanderweg 'Weg d. Steine'; Brno (Hommage à Leoł Janáćek) – ***Lit:*** Schweers 02 – (Red.)

Lachauer, Alfons, Maler; Josef-Schmid-Str. 18, D-83071 Stephanskirchen (* 28. 8. 44) – **M:** Berlin, NG; München, Pin. d. Mod. – **Ö:** FHS Deggendorf (Mensa u. Bibliothek) – **E:** / G: u. a. 02 Freiburg, Selz; 04 München, Walser – ***Lit:*** Schweers 02 – (Red.)

Lachenmeier, Rosa, Bild. Künstlerin; Erasmusplatz 18, CH-4057 Basel, *rosa@lachenmeier.net, http://rosa.lachenmeier.net* (* Basel 13. 3. 59) – **VG:** Amsterdam, AdK Actuele Kunst; Basel, Mäder – **S:** 79–83 HS f. Gest. u. Kunst Basel (Lehramt f. Bild. Kunst) – **L:** seit 85 Schule f. Gest. Basel – **P:** Kunstkredit Basel-Stadt (1. Pr. f. Buchobjekt) 89 – **Ve:** Visarte 96 – **G/T:** Malerei; Fotogr.; Druckgraph.; Künstlerb. – **W:** überw. in Privatbes. u. Slgn v. Unternehmen wie: Basler Aufnahmeheim; Basler Kantonalbank; BDO Visura, Solothurn; Bouwfonds Kunststichting, Hoevelaken; Coop Schweiz, Basel; G+S Architekten, Muttanz; Hoffmann-La Roche, Basel; Merckle GmbH, Blaubeuren; Novartis (vormalig Slg CIBA), Basel; Rectus AG, Eberdingen; Schweizer. Unfallversicherungsanstalt, Basel; STG-Coopers & Lybrand, Basel; UBS Zürich; Slg Kunstkredit Basel-Stadt u. Basel-Ld – **M:** Künstlerb. in Bibl.: Atlanta, Atlanta College of Art Gall.; Basel, Univ.-Bibliothek; Brüssel, MBA; Den Haag, Mus. d. Buches; Dresden, SLUB; Eindhoven, Van Abbemus.; Leipzig, Dt. Buch- u. Schrift-Mus. d. Dt. Nat.bibl.; London, Tate Coll. (Bibl.); Manchester, Metropolitan Univ.; Toronto, Art Metropole – **Ö:** Bad Salzuflen, Dachser; Basel, St. Claraspital; ebda, Universitäre Psychiatr. Kliniken; Birsfelden, Gemeinde; Frankfurt am Main, ASD Dachser; Regensdorf, Dachser; Reinach, Birkhäuser+GBC; Sissach, Basellandschaftl. Kantonalbank; Zürich, Comit AG – **E:** 92 Basel, Ausst.raum Klingental (Kat.); 98, 02 (Kat.) Baar, Billing; 98, 01, 03 (Kat.), 05 (Kat.), 07 Amsterdam, AdK Actuele Kunst; 99 Basel, Siegert; 00 Linz, Brunnhofer; 01, 03, 05 (Kat.), 07 Basel, Mäder; 02 Basel, Kult.haus Teufelhof; 03 Birsfelden, Mus.; 04 Frankfurt am Main, Art Frankfurt; 05 Dornbirn, Art Bodensee – **G:** seit 85 zahlr. Bet., regelmäßig Amsterdam, AdK Actuele Kunst; – zuletzt: 05 Wuppertal, Epikur (Kat.) – **V:** KÜNSTLERB.: Planet 90; Sequenz der Satelliten 92; News 93; Hedy Graber (Text): Herzschlag 94; dies.: Sonnenlicht 95; Stadtleben 96; Christian Platz (Text): Auf dem Terrain des Lebens 97; Biotop 99; Rudolf Bussmann (Text): Vorübergehend 03 – ***Lit:*** MONOGR. AUSST.KAT., u. a. Chris de Bueger: Pieces of Amsterdam (z. Ausst. im AdK Amsterdam) 00; Aurel Schmidt: Wasserwerke 01; Franz Mäder: Pieces – St. Claraspital 01; Yvonne Barmettler: Papierarbeiten 01, 02; Patrick Marcolli: Unterwegs 03; – KAT. GRUPPENAUSST.: Peter Frank u. Judith Hoffberg: Multiple World. An Intern. Survey of Artist's Books (z. Ausst. in d. Atlanta College of Art Gall.) 94; Peter Huemer: Copy Book Art (z. Ausst. in d. Gal. Maerz, Linz) 96

Lacher, Veit, Dr., Bildhauer, Maler; Fischerbichl 1, D-87629 Füssen-Hopfen am See, Tel. u. Fax (0 83 62) 69 30, *veit.lacher@web.de; info@veit-lacher.de, www.veit-lacher.de; www.kunstnetztirol.at* (* München 9. 37) – **S:** 58–65 Ludwig-Maximilians-Univ. München; Lehre b. Maler Max Lacher (Vater) – **P:** Forsch.stip. d. Max-Planck-Ges. 65; Stip. Stift. Volkswagenwerk 69; Johann-Georg-Fischer-Pr. Marktoberdorf (1. Pr.) 00; – sowie: Zeichenwettb. d. Süddt. Ztg München – **Ve:** VG Bild-Kunst 03; BBK Schwaben Süd 91 – **KGr:** Künstlergemeinschaft Ostallgäu (seit 85); Gruppe Blauer Ocker (seit 92) – **G/T:** Kinet. Skulpt., Reliefs, Install. (vorw. Metall); Ldschaftsmalerei (abstr. u. gegenständl.); Archit.- u. Ortsgebundene Gest. v. öff. u. priv. Plätzen u. Räumen – **W:** kinet. Skulpt., Reliefs, Bilder überw. in Privatbes.; Marktgemeinde Reutte – **M:** Marktoberdorf, StG – **Ö:** Füssen-Ziegelwies, Waldzentrum (Großplast.); Pfronten, Kurpark (Kinet. Großplast.); ebda, Haus d. Gastes (Kinet. Großskulpt.) – **G:** über 80 Gruppen- u. Einzelausst. seit 85 u. a. 06 Kempten, Kunstkab.; Weilheim, SM – ***Lit:*** Stadt Marktoberdorf (Hrsg.): 22. Ostallgäuer Kunstausst. Marktoberdorf 00; I. Grohe: 3. Engelitzer Bildhauer-Sympos. 2001; Skulpturenlandschaft Wangen 02; Ausserferner Kulturinitiative Huanza: Kulturzeit 13 Schrittweise 02; Stadt Marktoberdorf (Hrsg.): Johann-Georg-Fischer Kunstpr. d. Stadt Marktoberdorf 03

Lachner, Eva, Mag. art., Malerin, Textilkünstlerin (Tapisserie); Gumpendorferstr. 120/17, A-1060 Wien, Tel. (01) 5 96 63 66 (* Wien 12. 10. 48) – **S:** 66 Höhere Bundeslehr- u. Versuchsanst. f. Textilindustr. Wien (Dipl.); 71 Akad. f. Angew. Kunst (Meisterkl. f. dekorative Gest. u. Textil Prof. Rader-Soulek) – **L:** 72–74 Allg.-bild. Höhere Schule Wien (Lehrerin f. Bildnerische Erziehung u. Werken); 74–77 Höhere Bundeslehr- u. Versuchsanst. f. Textilindustr. Wien (Ass. u. Lehrerin); 77–92 Univ. f. Angew. Kunst Wien (LBeauftr.); seit 92 ebda (Inst. f. Kunst- u. Kult.wiss., Abt. Textil, Kunstpädagogik) – **P:** Goldmed. d. Ges. bild. Künstler Wiens 75, 78 – **W:** zahlr. Arb. in Privatbes. – **M:** Wien, BmfUK; Wien, MAK – **Ö:** Bad Saarow, Hotel Sporting Club; Berlin, ebda; Bregenz, Sozialmedizinische Organisation; Köln, Konferenzzentrum Gerling; New York, Öst. Konsulat – **E:** zahlr. Ausst. u. -bet. in Öst., Dtld, Schweiz, Ital., Ungarn, Amer., Polen, Niederl., Türkei u. Tschechien, z.B. 82 Wien, Schoellerbank; 90 Wien, Gal. am Aumannpl. – **G:** u. a. 93 Darmstadt, KH; 95 Wien, Angew. Kunst; 96 Konstanz, RHgal.; Wien, Haslinger; Wien, Bundeskanzleramt; 97 Wien, Künstlerhaus; Deggendorf, Neue Tapisserie; Prag, Mánes; 98 Iowa, Grinnel Art Collection; Appenzell, Speicher; 99 Landeck, Schloßgal.; Salzburg, Kunstmesse; 99, 00 Innsbruck, Art; 00 Amsterdam, Berlin u. Udine (Textiles); 03 Graz (20 Jahre Intern. Textilkunst); 05 İzmir/Türkei, Visions in Textiles – ***Lit:*** Alte und moderne Kunst 79; 1. Handbuch der 4. Sektion des Künstlerhauses 80; Handbuch Kunst 81; Allgemeines Verzeichnis der Kunstschaffenden in der bildenden und gestaltenden Kunst des 20. Jahrhunderts, Künstlerkompendium 1 81; Textilkunst 82; Zeitgenössische Textilkunst im Wirkungsbereich Dtld, Öst., Schweiz 95; Wohnen mit Textilien, in: Deco 96; Kunstadressbuch Dtld, Öst., Schweiz 98, 99, 04, 05; Who is Who 03

Lachnit, Marianne (Ps.: Aurin, eigtl. Marianne Ouderkirk), Malerin; Gynettistr. 15, D-53902 Bad Münstereifel, Tel. (0 22 53) 26 92, *Miriam.Ouderkirk@t-online.de* (* Bonn 20. 3. 52) – **S:** 71–79 FHS Köln (Freie Malerei u. freie Graph. b. Prof. Karl Marx, Dieter Krämer u. Jürgen Klauke) – **Ve:** BBK Köln – **G/T:** Malerei (Öl, Aqu., Pastell, Natur, Landschaft u. Portr.); Ill.; Rad.; geometr. Abstr. sowie symbolistische u. surrealist. Tendenzen – **W:** Kinderportr., Blumenaqu., Tier- u. Figurenmalerei; Privatslg Feather Falls Kalifornien – **M:** Paris, Centre Pompidou (Radioteleskop); San Francisco, Frank Garaman's Gal. – **Ö:** Bad Münstereifel, Fa. Greveu (Eingangshalle d. Chemiewerks, Industr.malerei); Köln, Lichtstätte d. Gralsbewegung – **E:** u. a. 74 Köln, Kunstmarkt; 79, 80 San Francisco, Frank Garaman's Gal.; 81 Brühl, Schloß Augustusburg; 82 Hilden, Gal. 51; 83, 90 Bad Münstereifel, Kurhaus; 91 Wesseling, KV; 94 Euskirchen, KV; Blankenheim, Schloß; 03 Penn Valley/Calif.; 04 San Francisco; 06 Stuttgart, Stift. Gralsbotschaft – **G:** 73–76 Düsseldorf, Mus. Kunst Pal.; 85 Bonn, Bundesmin.; Köln, Kunst u. Technik; – weitere in Augsburg, Bad Münstereifel, Bergisch Gladbach, Brühl, Düsseldorf, Euskirchen, Hamburg, Herne, Köln, San Francisco – ***Lit:*** Hems Kals: Schleidener Wochenspiegel 80; Klaus Honnef: Menschenrechte, Kat. 81; Bundesministerium (Hrsg.): Kunst und Technik, Kat. 85

Lacroix, Peter, Maler; Markt 36, D-52062 Aachen, Tel. (02 41) 4 97 98 (* Aachen 24) – **S:** Ausb. z. Theatermaler – **KGr:** Avantiere – **G/T:** 'systematischer Konstruktivismus' (Arb. auf d. Grundlage v. Lebens- o.ä. Daten, z.B. m. Diagrammen v. Blutdruck- u. Kreislaufmessungen) – **M:** Aachen, Suermondt-Ludwig-Mus.; Bonn, LM – **Ö:** Hagen, Gebietsrechenzentrum (Wandgest.) – **E:** u. a. 02 Bonn, Ges. f. Kunst u. Gest.; 03 Aachen, Suermondt-Ludwig-Mus. – **G:** u. a. 90 Aachen, Neuer Aachener KV; 01 Graz, Steirischer Herbst – ***Lit:*** Christine Vogt, Hans Backes u. P. L.: Aus zahlen formen. P. L., Kat. z. Ausst. Suermondt-Ludwig-Mus. Aachen 03 – (Red.)

Laczynski, Marek, Druckgraphiker, Maler; Alser Str. 32/11, A-1090 Wien, Tel. u. Fax: (01) 4 06 72 14 (* Warschau 3. 1. 26) – **VG:** Wien, Kleine Gal. – **S:** 49–52 Borough Polytechnic School of Art London (Buchill.); 62–64 Central School of Arts and Crafts London (Lith., Rad.) – **L:** 64–85 Exeter College of Art Exeter (Lektor u. später Prof. f. exper. Druckgraph.) – **G/T:** Graph. (Hschn., Rad., Lith., Materialdruck); Malerei – **M:** Budapest, NM; Cincinnati, Nat. Print Coll.; Krakau, NM; Łódź, MMK; London, British Mus.; London, Victoria & Albert Mus.; Warschau, NM; Warschau, Nat.-bibliothek – **E:** zahlr. seit 55, u. a. London, Grabowski; 77 Cambridge, Churchill College; 88 Warschau, Nat.bibl.; ab 89 zahlr. in Wien, Kleine Gal.; Wien, Poln. Inst.; 94 Krakau, Wspólnota Polska; 95 Warschau, Wspólnota Polska – **G:** zahlr. Bet. ab 52, u. a. in GB, Polen, Öst., Frkr., Belgien sowie 65 Ljubljana, Bienn.; 66 Krakau, Bienn.; Sloveny Gradec, Intern. Art Exhib.; 91 Varna, Intern. Print Bienn.; 97 Bitola, Inter. Trienn. of Graph. Art – **V:** José Gorostiza: Death without End (Ill.) 71; The Workshop without Secrets, Projekt 2 72; The Concept of the Orig. Print, in: World Printmakers Council News 80; Orig. od. Kopie?, in: Polska Sztuka Ludowa 87; Kobernausser-Variations in Wood, in: Printmaking today 93 – ***Lit:*** Reuben Wheeler: M.L., in: Intern. Grafik 80; Günther Berger: M.L. Vernissage 91; Elisabeth Gradauer: Von Herzen möge es wieder zu Herzen gehen, Ausst.kat. 94; Philipp Maurer: M.L. Holzschneider, in: Wiener Kunsthefte 98; Simon Brett: Coda, An Engraver's Globe 02 – ***LitR:*** Stanislaw Pater u. Alicja Albrecht: M.L. – Dialog z Drewnem (Telewizja Wrocław) 93

Ladewig, Antje (geb. Antje Brandt), Kunstschaffende; c/o Visarte Basel, Moersbergerstr. 54, CH-4057 Basel, Tel. (0 61) 6 83 05 95, Fax 6 83 05 96, *visarte.basel @bluewin.ch* (* Kiel 20. 6. 36) – **S:** 79–82 Bildhaueratelier Basel; 82–86 Schule f. Gest. Basel – **P:** Intern. Syrlin-Kunstpr. 94, Intern. Skulpt.-Trienn. Osaka (Finalistin) 98; Intern. Premio di Scultura 'Terzo Millennio' Erbusco/Mailand (Finalistin) 00 – **Ve:** Visarte Basel – **G/T:** geometr. Abstr.; Multimedia-Install.; Objektkunst (Papier, Holz, Metall, Kunststoffe u. a.) – **W:** Werke in Privatbes. u. Bes. d. Kt. Basel-Land – **Ö:** Basel, PricewaterhouseCoopers; Bettingen b. Basel – **E:** / G: div. Ausst. im In- u. Ausland – **V:** Buchobjekte – ***Lit:*** div. Kat. – (Red.)

Ladwig, Roland, Maler, Graphiker; Ansbacher Str. 52, D-10777 Berlin, Tel. u. Fax (0 30) 2 11 51 88 (* Wedel 35) – **VG:** St. Veit an der Glan, Atelier 43 – **S:** HBK Hamburg; ABK Stuttgart; Univ. Hamburg u. Berlin; 58, 59 Sommerakad. Salzburg (b. Oskar Kokoschka) – **M:** Berlin, SM; Göppingen, KH – **Ö:** Berlin, Abgeordnetenhaus – **E:** u. a. 99 Lübeck, Koch-Westenhoff; 01 Hamburg, Gal. Elbchaussee; St. Veit an der Glan, Atelier 43; Linz, Lehner; 02 Wien, Gal. Austria; Hall in Tirol, Altstadt Gal. Hall; 03 Schörfling am Attersee, Zwach (m. Oskar Kokoschka) – **G:** zahlr. im In- u. Ausld – (Red.)

Läänsen, Juri s. Lenzen, Juri-W.

Laenen, Bärbel, Malerin; Rosenstr. 2, D-95168 Marktleuthen, Tel. (0 92 85) 18 29, *baerbel@laenen. de*, *www.laenen.de/Welcome_BL.html* (* Berlin 31. 12. 35) – **VG:** Mannheim, Böhner; Baden-Baden, Gal. Kleiner Prinz – **S:** Studiengemeinschaft Darmstadt (1 Jahr Kunststud.) – **Ve:** KV Hochfranken Selb seit 02 – **G/T:** Exper. m. Farben u. Formen in Öl auf Lw. u. Aluminium; transparente farbige Folie auf Plexiglas; Enkaustik; chines. Tusche – **E:** Selb, 'Einblicke – Ausblicke – Durchblicke' – **G:** 03, 05 Florenz, Bienn.; 04 Salzburg, Kunstmesse (Gal. Böhner); 05 Mannheim, Signal Iduna Businesstower; Leipzig, Art Domain Gall.: Palm Award Comp.; 06 Baden-Baden, Europ. Kult.kr.; Friedrichshafen; 07 Colmar – ***Lit:*** Art Profil, Heft 5, 11. Jg. 05; Who is Who in Visual Art; Kunstatlas Oberfranken

Lafcadio s. Wurm, Gottfried

LaFemme, Gina, Malerin; A-1030 Wien, Tel. (06 99) 10 62 03 28, *lafemme@chello.at*, *www.lafemme-art.com* (* Wien 30. 8. 66) – **VG:** Hamburg, Gal. Deutschland; Welver-Vellingshausen, Kargel; Graz, Artista Ignoto – **Ve:** VBK Öst. Wien 03 – **KGr:** Alphawölfe; Wolfsrudel; Club ArtPainting – **KGe:** J. L., Wolfgang Rose u. Sigurd seit 00 – **G/T:** Malerei (Öl, Acryl, Ill., Portr.); vorw. Realismus u. fantastischer Realismus – **E:** zahlr. Ausst. seit 97, zuletzt 02 Wien, Wolke; Guntramsdorf, Raiffeisenkasse; Wien, Gal. A.V.E.; 03 Wien, Porsche – **G:** 99 Wien, Mautner; 00 Bad Dürkheim, Salierhalle; 03 Wien, Gal. A.V.E.; Blomberg, Kunstmauer – (Red.)

†**Lagemann,** Dieter, Maler, Graphiker, Objektemacher; lebte in Dortmund (* Unna 4. 5. 38, † 05) – **S:** 59–60 Akad. Karlsruhe (b. Prof. Theilmann); 72 b. Claude Schurr – **P:** Pr. d. Volksmissionarischen Amtes Witten 64; Targa Citta di Venezia, Sondrio 71; Eisenmann-Zusatzpr. Böblingen 71; Dipl. BAT Hamburg 75 – **G/T:** Objekt (div. Materialien); Malerei (div. Techniken, gegenständl.); Graph. (div. Techniken, kleine Drucke); Collage (Zeitkritik) – **E:** / G: zahlr. Ausst. u. Ausst.bet. im In- u. Ausld seit 59 – ***LitR:*** Beitr. d. RF-Anstalt Ital. Sender Bozen 78

Lagerfeld, Karl, Modedesigner, Fotograf; c/o Lagerfeld Gallery, 12, Rue Vivienne, F-75002 Paris, Tel. 01 44 50 22 22, Fax 01 44 50 22 20, *www.lagerfeldgallery. com* (* Hamburg 10. 9. 38) – **S:** 54–57 Schneiderlehre b. Pierre Balmain in Paris – **P:** u. a. Pr. d. Intern. Wollsekretariats (m. Yves Saint Laurent) 55; World Fashion Award; Neiman Marcus Award 80: Council of Fashion Designers of America Award 91; Fashion Footwear Assoc. of New York Award 91 – **G/T:** Design (Mode, Parfüm), Fotogr. (Akt, Portr., Archit.), Zeichn., Bühnenbild – **E:** u. a. 89 Düsseldorf, Mayer; 98 Bonn, KM; 04 Duisburg, Mus. Küppersmühle – Slg Grothe – **G:** u. a. 83 New York, Trump Tower; 03 Berlin, Departmentstore, Quartier 206 – **V:** Fotobildbde, u. a.: Casa Malaparte 98; Aktstrakt 00; Escape from circumstances 00; Dreams 02 – ***Lit:*** Contemp. Fashion 95; Contemp. Designers 97 – (Red.)

Lahr, Gerhard, Graphiker, Illustrator; c/o Beltz & Gelberg, Der Kinderbuchverlag, Werderstr. 10, D-69469 Weinheim (* Reichenbach/Vogtl. 38) – **S:** 52–55 Lehre als Gebrauchswerber; 56–59 FHS f. angew. Kunst Magdeburg – **G/T:** v. a. Kinderb.-Ill. – **Ö:** Berlin, East Side Gall. (Wandbild 'Berlin – New York') – **E:** zuletzt 01 Hohenstein-Ernstthal, Karl-May-Begegnungsstätte; 03 Reichenbach/Vogtl., Neuberin-Mus.; 04 Zehdenick, Ziegelhof – **V:** Ill., u. a.: Herbert Friedrich: Krawitter Krawatter das Stinchen das Minchen, u. a. 73, 87; Eva Lips: Sie alle heißen Indianer 76; Gerda Rottschalk: Die ersten Indianer 77; Erwin Strittmatter: Ponyweihnacht 84, 96; Liedertüte, Kinderliederb. (Gesamtgest.) 89; Wilhelm Hauff: Der Zwerg Nase 91; Hannes Hüttner: Kater Willi 93; ders.: Kater Willi hebt ab 94; Benno Pludra: Tambari, veränderte Ausgabe 97; ders.: Insel der Schwäne, überarb. Aufl. 98; Barbara Augustin: Antonella und ihr Weihnachtsmann, Neuaufl. 99; Heinz Kahlau: Der Rittersporn blüht blau im Korn, Neuaufl. 99; Hannes Hüttner: Bei der Feuerwehr wird der Kaffee kalt, u. a. 98, 99, 03, 04 – (Red.)

Lahrmann, Ruth, Bildhauerin; Huttenplatz 10, D-34119 Kassel, Tel. (05 61) 77 34 79, *www.bbk-kassel.de/Lahrmann* (* Hamm 5. 3. 59) – **S:** 89–91 WerkKSch Flensburg – **Ve:** BBK Kassel 00 – **G/T:** Bildhauerei; Install.; Rostabdrucke – **K:** Steinbildhauerei – **Ö:** Eschwege, Felsenkeller; Königslutter, Gemeindezentrum am Dom – **E:** 02 Kassel, Kult.haus Dock 4; 05 Kassel, Verwaltungsgerichtshof – **G:** 95–96 Korbach u. Eschwege, Kult.sommer Nordhess.; 96 Budapest, Intern. Sculptural Drawing Bienn.; 97 Kassel, Mus. f. Sepulkralkult.; – seit 00 zahlr. Bet., zuletzt u. a. 01 Meiningen, Engl. Garten; 06 Kassel, Kult.bahnhof; Hannoversch Münden, Packhof

Laib, Wolfgang, Bildhauer, Installationskünstler; Sonnenrain 9, D-88454 Hochdorf, Riß, Tel. (0 73 55) 9 11 18, Fax 77 94 (* Metzingen 25. 3. 50) – **VG:** Düsseldorf, Fischer; Köln, Buchmann – **S:** 68–74 Univ. Tübingen (Medizin) – **P:** u. a. Stift. Kunstfonds – Arb.- u. Projektstip.; Pr. d. Jürgen-Ponto-Stift. 80; Bremer Kunstpr. 87; Arnold-Bode-Pr. 87 – **G/T:** Skulpt. u. Install. (Arb. u. a. m. Marmor, Holz, Milch, Blütenstaub, Reis, Bienenwachs) – **M:** u. a. Bonn, KM; Bordeaux, C.A.P.C. Mus. d'Art Contemp.; Hannover, Sprengel Mus.; Köln, Kolumba; Los Angeles, MCA; New York, MOMA; Nîmes, Mus. d'Art Contemp.; Paris, Centre Pompidou; Rochechouart, Mus. départemental d'Art contemp.; Stuttgart, Inst. f. Auslandsbeziehungen; Stuttgart, KM; Washington/DC, Hirshhorn Mus. and Sculpt. Garden; Zürich, Kunsthaus – **E:** zahlr. Einzelausst. im In- u. Ausland seit 76, zuletzt u. a. 99 Nîmes, MAC; Mailand, Gall. 1000 Eventi; Bregenz, Kunsthaus; 00 Köln, Buchmann; Tampere, Sara Hildén KM; Washington/DC, Hirshhorn Mus. and Sculpt. Garden; 00, 01 Hannover, Sprengel Mus.; 01 Düsseldorf, Fischer; Dallas/TX, Mus. of Art; 01, 02 München, Haus d. Kunst; 02 Essen, Mus. Folkwang; New York, Tonkonow; Paris, Crousel; New York, Goethe-Inst.; La Jolla/CA, MCA; 05–06 Riehen, Fond. Beyeler – **G:** zahlr. Ausst.bet., u. a. 82, 87 Kassel, documenta; 97, 99 Venedig, Bienn.; 00 New York, P.S.1 Contemp. AC; Oxford, Mus. of Mod. Art; Bologna, Gall. d'Arte Mod.; 03 Ascona; Vira Gambarogno; – weitere: 04 Peking, Beijing Art Mus.; Guangzhou, Mus. of Art – ***Lit:*** Reclams Künstlerlex. 02 – (Red.)

Laidig, Sabine, Malerin, Graphikerin, Bildhauerin; Atelier: Industriestr. 25, D-70565 Stuttgart, Tel. (07 11) 2 20 44 18, Fax 2 20 44 19, *sabine.laidig@freenet.de*, *www.sabinelaidig.de* (* Sindelfingen/BW 12. 7. 60) – **S:** 82–86 Staatl. ABK Stuttgart (b. Prof. Jürgen Brodwolf); 86–89 Städelschule Frankfurt am Main (b. Prof. Reimer Jochims u. Prof. Ulrich Rückriem); 89 Städelschule Frankfurt am Main (Ernennung z. Meisterschülerin); 90 Staatl. ABK Stuttgart (1. Staatsexamen Kunsterziehung) – **L:** 89–99 PH Ludwigsburg (LBeauftr. f. Lith.); seit 97 Europ. ABK Trier (LBeauftr. f. Rad.); seit 00 Intern. Schule Stuttgart (LBeauftr. f. Visual Arts d. IB Dipl.programmes) – **P:** Sonderpr. d. Saarlandes im Bundeswettb. 'Kunststudenten stellen aus') 89; Stip. d. Kunststift. BW 90–92; Atelierstip. d. Ldes BW 92–95; Kunstpr. d. IG Metall (Graph.) 95; Stip. d. Alfried Krupp v. Bohlen u. Halbach-Stift. 98; Kyoto Arts Festival 98; Kunst am Bau (1. Pr.) 01; Förderpr. d. VBK Württemberg 02; Kunstfonds Bonn (Künstlerhaus Lukas) 03; Pr. d. Wettb. 'Festival d. Gärten 04' d. Ldes BW 03 – **Ve:** VG Bild 99; VBKW 99; Shedhalle Tübingen 01 – **KGe:** S. L. u. Wilfried Kurz (seit 00); S. L. u. Ronald Bässler (seit 02); S. L. u. Arne Sanders (seit 03) – **G/T:** Malerei; Graph.; archit.bezogene Arb.; Install. (Licht, Landschaft); Gartengest.; Bühne; Musik – **K:** Lith. u. Rad. – **M:** Karlsruhe, Engelhardt & Bauer; Sindelfingen, StG (Slg Lütze); Stuttgart, Reg.präsidium – **Ö:** Donaueschingen, Spk. – **E:** 00 Stuttgart, RH; Stuttgart, Gal. d. Künstlertreffs; 01 Mannheim, März; Bad Ischl, Rhythmogramm; Fellbach, Stadtgal.; 02 Stuttgart, Gal. d. Künstlertreffs – **G:** 98 Kyoto, Arts Festival; 99 München, Haus d. Kunst; 01 Stuttgart, Ungarisches Kult.inst.; Stuttgart, Württembergischer KV; 02 Trier, KH; 03 Tübingen, Shedhalle – ***Lit:*** Badischer KV Karlsruhe: Werden die Akademien in unserer Zeit verdrängt? 86; Staatliche Akademie der Bildenden Künste Stuttgart – eine Selbstdarstellung 88; Kunststudenten stellen aus 89; Märkisches Stipendium für Bildende Kunst, StG Lüdenscheid 91; Windstriche und andere Arbeiten, Galerie der Stadt Sindelfingen 95; MGr 30 99; MGe 30 99; MR 32 99; MGr 12 00; mäander. meanderings 01; 12. Wanderausstellung 91/92 – Stipendiaten des Jahres 1990, Kunststift. BW – (Red.)

Laimanee, Heidemarie (geb. Heidemarie Gauss), Bild. Künstlerin; Taborstr. 8B/13g, A-1020 Wien, Tel. (01) 2 14 31 29, *heidemarielaimanee@hotmail.com* (* Wels/ObÖst. 8. 7. 58) – **S:** 84–93 Univ. f. Angew. Kunst Wien (textiles Gest. b. Prof. M. Rader-Soulek, Malerei u. exper. Gest. b. Prof. Maria Lassnig u. Attersee, Textil in Kommunikation b. Prof. B. Putz-Plecko) – **L:** VHS; Workshops an Schulen – **P:** Aufenthalts- u. Forsch.stip. 91, 93; Projektstip. im Inst. Hartheim 97; Förd.stip. d. Sussmann-Stift. 98 – **G/T:** Malerei, Install., Fotogr. – **K:** Aktzeichn., Action Painting, Malerei – **W:** überw. in Privatbes. – **E:** 99 Linz, Kult.café; 02 Wien, MAX – **G:** zahlr. Ausst.bet. seit 88, u. a. 90 Hannover, Messegelände; 96 Chiang Mai, Art and Cultural Festival; 97 Bangkok, Intern. Women's Art Exchange Exhib.; 99 Wien, Univ. f. Angew. Kunst; Wolkersdorf im Weinviertel, Forum Schloß Wolkersdorf; 00 Szombathely, Intern. Miniaturtextilbienn.; 01 Helfenberg, Festival d. Reg.; Medulin, Künstlerkolonie – (Red.)

Lainer, Rüdiger, Architekt; Bellariastr. 12, A-1010 Wien, Tel. (01) 52 23 92 20, Fax 5 22 39 22 43, *architect@lainer.at*, *www.lainer.at* (* Kaprun/Salzburg 15. 5. 49) – **S:** 68–71 Stud. d. Physik, Soziologie u. Malerei in Wien u. Paris; 70–78 TU Wien (Dipl. Archit.) – **L:** 85 Universidad de Buenos Aires (Gastprof.); 93 Sommerakad. Graz; 95 ABK Wien (Meisterschule Peichl, Gastprof., Leitung); seit 97 ABK Wien (Meisterschule f. Archit., Prof. u. Leitung) – **P:** u. a. Öst. Staatspr. f. Exper. Tendenzen in d. Archit. 89; Großer Öst. Wohnbaupr. 90; Stadterneuerungspr. Wien 91; Pr. d. Zentralvrg d. Archit. Öst. 91; Archit.pr. d. Öst. Zementindustr. 97 – **B:** u.a Laxenburg: Veranstaltungszentrum Kaiserbahnhof; Salzburg: Eurocity; Wien: Entertainmentcenter Gasometer; ebda: Hauptschule Absberggasse, Wohn- u. Geschäftsbebauung Wiedner Hauptstr. – **E:** 85 Graz, Zentralvrg d. Archit. Öst; 99 Wien, Künstlerhaus; 04 Berlin, Aedes East – **G:** u. a. 97 Bonn, Kunst- und Ausst.halle d. BRD; Wien, Albertina; 01 Shanghai, AM; 02 Wien, Künstlerhaus; 03 New York, Kult.inst. – (Red.)

Lakner, Laszlo, Prof. em.; c/o Galerie Johannes Geymüller, Schützdellerweg 11, D-45239 Essen-Werden, Tel. (02 01) 49 44 55, Fax 49 31 35, Tel. privat (02 01) 26 71 00, Tel. u. Fax privat (0 30) 3 23 23 07 (* Budapest 36) – **VG:** Essen, Geymüller; Essen, Schlag & Cie.; Berlin, Nothelfer – **S:** KA Budapest (6 Jahre, Malerei u. Bildhauerei, Abschluß m. Dipl.) – **L:** 82–01 Univ. Essen (Prof. f. exper. Gest.) – **P:** DAAD-Stip. 76; Roselius-Pr. Bremen 79 – **G/T:** Malerei, Bildhauerei, Fotogr., Exper.film, Objektkunst, Buchobjekt – **K:** Malerei an d. Sommerakad. in Berlin, Irsee/Augsburg u. in Ungarn – **W:** überw. in Privatbes., u. a. im Bes. v. Prof. Dr. Th. Deecke u. Dr. Roman Herzog – **M:** Aachen, Ludwig Forum; Berlin, NG; Florenz, Uffizien (Selbstportr.-slg); Köln, Mus. Ludwig; London, British Library; London, Victoria & Albert Mus. – **Ö:** Berlin, Stift. Max Liebermann-Haus; ebda, Ungarische Botschaft (Bronzeskulpt.); Frankfurt, IGBAU – **E:** 74 Berlin, Gal. Skulima; 75 Berlin, KV; Aachen, Ludwig Forum; 79 Münster, KV – **G:** 72, 76, 90 Venedig, Bienn.; 73 Sydney, Bienn.; 77 Kassel, documenta – ***Lit:*** Manfred de la Motte (Text): documenta VI, Kat. 77; Laszlo Lakners Selbstportrait in den Uffizien 00; Janos Brendel. Das Frühwerk. L. L. 01; – sowie Texte in Kat. v. Thomas Deecke, Karl Ruhrberg u. Heinz Ohff

Lamberty, Janina, Malerin, Bildhauerin; Unter den Hecken 103, D-41539 Dormagen. Rda. Universidad, 17 entlo. 4B, E-08007 Barcelona, Tel. (0 93) 4 7358 77, Fax 3 7231 00, *info@jlamberty.com*, *www.jlamberty.com* (* Ratibor/Polen 61)

Lambrecht-Maluch, Antonia s. Maluch, Antonia

Lamché, Wolfgang, Bildhauer; Ostenfelder Str. 32, D-59320 Ennigerloh, Tel. (0 25 24) 75 00, Fax 41 96, *info@lamche.com*, *www.lamche.com* (* Hamm, Westf. 28. 3. 47) – **S:** 64–66 freier Mitarbeiter einer Werbeagentur; 66 Abitur; 68–69 Wilhelmsuniv. Münster (Betriebswirtschaftslehre); 70–72 Lehre als Steinbildhauer; 74 Meisterprüfung – **G/T:** Bronze (naturalistisch u. abstr.); Objekt in Edelstahl; Kunst am Bau – **E:** / G: München, Leu; Marbella, Höfer; ständige Ausst. in: Juist, Hotel Achterdiek; Norderney, Golfhotel; Keitum, Benen-Diken-Hof; Malcesine, Bellevue San Lorenzo; Oberkirch, Obere Linde; Putbus, Wreecher Hof; Tegernsee, Bischoff am See; – Ausst., Wettb. u. Auftragsarb. u. a. in: Aachen, Amsterdam, Bad Pyrmont, Berlin, Bonn, Brüssel, Dschidda, Düsseldorf, Essen, Göteborg, Hamburg, Hamm, Hannover, Juist, Keitum, Lissabon, Los Angeles, Mailand, Malcesine, New York, Norderney, Oelde, Orleans, Paris, Rottach-Egern, Seoul, Warendorf, Wiesbaden, Zweibrücken u.v.m.

†**Laminger,** Peter, Künstler; lebte in Villach (* Villach/Kärnten 27. 8. 55, † 10. 04) – **VG:** Villach, Holzer; Wien, Cult; Wien, Stalzer – **P:** Cité Intern. d. Arts Paris 86, 87 – **Ve:** Kunstkollektiv ALS 78; KV Kärnten 86 – **KGr:** Kärnöl (Villach, 78); Cult (Wien, 87) – **G/T:** Install., Objektkunst (div. Materialien), Konzeptkunst – **W:** zahlr. Performances – **Ö:** Werke in div. Repräsentationsräumen v. Unternehmen – **E:** / G: Ausst. in Europa, Südamerika, Asien u. d. USA

Lammerhuber, Lois, Fotograf; c/o Agentur Lammerhuber, Dumbagasse 9, A-2500 Baden, Tel. (0 22 52) 4 22 69, privat (06 99) 13 58 39 89, Fax (0 22 52) 8 59 38, *lois.lammerhuber@utanet.at* (* St. Peter i. d. Au 28. 5. 52) – **S:** Autodidakt – **P:** ADC Europe 94; Graphis Photo Award 94, 95; The Human Condition 96; NdÖst. Tourismuspr. 97; Goldener Hahn (Sonderpr.) 01, 02 – **Ve:** VG Bild-Kunst 85; ADC New York 94 – **G/T:** Fotogr. – **E:** 93 Perpignan, Visa pour l'Image; 96 Taipei, Öst. Handelsorg. – **G:** 87 Hamburg, Geo (Wanderausst.); 90 Köln, Photokina; 92 Wanderausst. v. Geo u. d. Goethe-Inst.; 94 Boston, Graphis Award Winner Exhib.; 95 Paris, Prix du Credit Foncier – **V:** BILDB-DE: Weinviertel 93; Mostviertel 93; Steirisches Himmelreich 93; Tirol 94; Neuseeland 94; Wachau 95; Wien 95; Ephesos 95; Mutter Teresa 95; Mensch Mönch 95; Du hast mich berührt 97; Das Dach d. Welt 98; The World of Biedermeier 01; Wiener Wasser 02; 365 x Öst. 03; Kärnten 04; Eternit 1000 04; Wiener Wälder 05

Lammert, Mark, Maler, Graphiker; Swinemünder Str. 10, D-10435 Berlin, Tel. u. Fax (0 30) 4 49 19 13, *mark_lammert@web.de* (* Berlin 30. 9. 60) – **VG:** Berlin, Fruehsorge – **S:** 79–86 KHS Berlin (Stud. u. Aspirantur); 89–92 AK Berlin (Meisterschüler) – **P:** Stift. Kunstfonds – Arb.- u. Projektstip. 96; Graph.pr. d. f6 Zigarettenfabrik Dresden 98; Käthe-Kollwitz-Pr. 99; Stip. d. Kult.fonds Berlin 99; Eberhard-Roters-Stip. 02; Artist in Residence (Centre Intern. Les Recollets Paris) 03 – **Ve:** VG Bild-Kunst 94; Dt. Künstlerbund 96 – **M:** Altenburg, Lindenau-Mus.; Berlin, AK; Berlin, Berlinische Gal.; Berlin, Neuer Berliner KV; Berlin, SMPK; Leipzig, MBK; Offenbach am Main, Klingspor-Mus.; Schwerin, Staatl. Mus.; Stuttgart, Inst. f. Auslandsbeziehungen – **E:** 95 Rostock, KH; 96 Magdeburg, Mus.; Stendal, Winckelmann-Mus.; 99 Berlin, AK; 00 Weimar, Kunstkab. am Goethepl.; 01 Neubrandenburg, KS; 02 Lyon, Les subsistance; 05 Lissabon, Centro de Arte Mod. da Fund. C. Gulbenkian – **G:** 95, 03 Bonn, BundesKH; 96 Berlin, Mailand, London, Inst. f. Auslangsbeziehungen; 97, 03 Berlin, Martin-Gropius-Bau; Lissabon, Belem Cultural Centre; 98 Berlin, Brecht-Haus; 00, 01 Düsseldorf u. a. (Kab. d. Zchng); 02 Leipzig, MBK; Essen, Mus. Folkwang; 03 Berlin, NG – **V:** M.L., Heiner Müller, Jannis Kounellis: Blockade. Ich hab zur Nacht gegessen m. Gespenstern 93; Samuel Beckett: Something there 94; Lettre Intern. 24/94 u. 71/05; John Donne: Death Duell 95; Monolog d. Steine 96; Drucksache 20; Arbeitsbücher 1989–2004 05 – ***Lit:*** KINNE. M.L. 00 – Kat.: KH Rostock 95; Mus. Magdeburg 96; Käthe-Kollwitz-Pr. d. AK 99

Lampalzer, Gerda, Dr., Medienkünstlerin; c/o Medienwerkstatt Wien, Neubaugasse 40a, A-1070 Wien, Tel. (01) 5 26 36 67, *lampalzer-opperman@t0.or.at*, *www.lampalzer-oppermann.at* (* Wien) – **L:** seit 87 HS f. angew. Kunst Wien (LAuftr. Kommunikationstheorie); seit 01 Donauuniv. Krems (Lektorin) – **P:** Pr. d. belgischen Fs. R.T.B.F. (f. Asuma) 83; Öst. Förd.pr. f. Videokunst 92; Anerkennungspr. d. Ldes NdÖst. (f. Medienkunst) 99; Karl-Hofer-Pr. 05 – **Ve:** IG Bild. Kunst 03; Berufsvrg d. bild. Künstler Öst. 03; Wiener Secession 03 – **KGe:** LAMPALZER/OPPERMANN: Manfred Oppermann u. G. L. (seit 93) – **G/T:** Fotogr., Video, Objekt u. Install. – **W:** überw. in Privatbes. – **M:** Salzburg, Rupertinum; St. Pölten, Ndöst. LM; Wien, Artothek – **E:** 89 Wien, Blau-gelbe Gal.; Hamburg, die thede; 91 Arnhem; 95 Mödling, Gal. Arcade; 96 Hamburg, Kampnagel; 97 Dortmund, Künstlerhaus (Oberrieder Stollen); 00 Toronto, OCAD Gall.; 01 Foto Fluss;

02 Hamburg, Gastatelier Admiralitätsstr.; 03 Wien, KH Museumsquartier – **G:** zahlr. Ausst.bet. im In- u. Ausland, zuletzt 01 Wien, Filmcasino; 02 Prag, Kult.forum; 03 Wien, Wasserturm; 04 Wien, IG Bild. Kunst – **V:** Videokunst – historischer Überblick und theoretische Zugänge 92; Video Art in Austria – Development and Perspectives, in: Center for Contemporary Art Warsaw (Hrsg.): The Middle of Europe 92; Wie man sich selbst noch überraschen kann, in: Medien. Kunst. Passagen 3/93; Im Versuchsstadium – Medienkunst als Erforschung von Zusammenhängen, in: EIKON und Medien. Kunst. Passagen (Hrsg.): Reflexionen zur Kunst und neuen Medien 93; G. L. u. Manfred Neuwirth: Digitallandschaft mit Einzelhändlern. Persönliche Montagen zur Entwicklung der dokumentarischen Film- u. Videoästhetik, in: Christa Blümlinger (Hrsg.): Sprung im Spiegel 94; Error. file not found, in: IG Kultur Österreich (Hrsg.): Kulturrisse März/99; Die Kamera als Zeugin – Drei Möglichkeiten einen Meineid zu leisten, in: Manfred Faßler (Hrsg.): Ohne Spiegel leben 00; Dancing pixels, in: ACF Mag. 03 – **R:** G. L., Manfred Neuwirth u. Gustav Deutsch: WOSSEA MTOTOM. Die Wiese ist grün im Garten von Wiltz, exper. Dok. 83/84; And the sphinx thinks..., Kurzf. (Buch u. Regie) 93; Paranormal, exper. Dok. (Buch u. Regie, m. Manfred Oppermann) 97; Translation, Medieninstall. 03 – (Red.)

Lampert, Hubert, Bildhauer; H.-Berchtold-Str. 53, A-6840 Götzis, Tel. (0 55 23) 5 12 47, *www.hubertlampert.com* (* Götzis 28. 3. 53) – **VG:** Vaduz, Gal. am Lindenplatz; Dornbirn, c.art Prantl + Boch – **S:** Autodidakt – **P:** Förd.gabe f. Kunst d. Ldes Vorarlberg 97; Paliano-Atelier d. Ldes Vorarlberg 03 – **Ve:** Berufsvrg d. bild. Künstler Vorarlbergs seit 91 – **G/T:** geometrische Objekte u. Skulpt. (Holz, Stahl, Beton); konzept. Projekte (Objektbilder, 3 D Portr.) – **W:** Install. b. intern. Skulpt.ausst. – **M:** Bregenz, Hypobank Vorarlberg; Bregenz, Kunsthaus; Bregenz, Vorarlberger LM; Dornbirn, Slg d. Spk.; Wien, Albertina; Zürich, Stift. f. konstruktive u. konkrete Kunst – **Ö:** Götzis, Kult.-bühne Ambach-Foyer (Info-Bd); Götzis, Volksschule Blattur (geometrische Grundformen); Lustenau, Millenniums-Park (Kr.verkehr); Triesen, Weiterführende Schulen Triesen (Code-Feld) – **E:** 91 Bludenz, AllerArt; 96 Dornbirn, Gal. Zollgasse; 01 Lustenau, G+M Unternehmensgr.; 02 Götzis, Kurzemann; 03 Dornbirn, c.art Prantl + Boch – **G:** 95 Bludenz, Stadthalle; 96 Paris, René; 97 Widnau, Intern. Skulpt.ausst. RHEINART; 98 Bregenz, Künstlerhaus Pal. Thurn u. Taxis; 99 Dornbirn, c.art Prantl + Boch; 01 Weimar, KH; 02 Vaduz, Gal. am Lindenplatz; 03 Rom, Öst. Kult.inst. – ***Lit:*** AUSST.KAT.: Provokation & Schmeichelei 88; Neue Arbeiten 91; Beatrix Ruf: Objekte-Teile-Farben 92; Dieter Reichl: Malin, Kaufmann, Lampert, Prantl 96; Helmut Swozilek: 7 Positionen österreichischer Kunst aus Vorarlberg 01; Fridolin Welte: Nachbarschaften 01 – ***LitR:*** Projekt Herma L., Kurzdok., DVD u. Video 02 – (Red.)

Lamping, Simone s. Frieling, Simone

Landau, Verena, Malerin (* Düsseldorf 65) – **VG:** Wittlich, Bose; Essen, Kalthoff – **S:** 85–88 Ausb. als Buchbinderin; 89–94 Atelier 'Charles Cecil Studios' Florenz (Ausb. u. Lehrtätigkeit in historischen Maltechniken); 94–99 HGB Leipzig (Malerei u. Graph. b. Arno Rink) – **W:** in privaten u. öff. Slgn – **Ö:** Cambridge/MA, Harvard Univ. Radcliffe Inst.; München, Hypover.bank – **E:** u. a. 98 Leipzig, Kaffeekontor & Art; 99 Leipzig, ehem. Umspannstation am Floßpl.; 01 Chemnitz, Voxxx Gal.; Düsseldorf, Tanzhaus; Wittlich, Bose; Essen, Kalthoff – **G:** u. a. 95 Leipzig, Landgericht; 96 Leipzig, Gal. d. HGB; 98 Leipzig, Städt. Kaufhaus; 99 Leipzig, HGB; 00 Zwickau, StM; 01 Bremen, Messezentrum; 02 Mainz, Schloß Waldthausen; Essen, Kalthoff – (Red.)

Lander, Carl s. Bucher, Carl

Lander, Helmut, Maler, Graphiker, Bildhauer; Olbrichweg 20, D-64287 Darmstadt, Tel. u. Fax (0 61 51) 4 63 25 (* Weimar 31. 10. 24) – **VG:** Mühltal, Lattemann; Weimar, Hebecker; Weimar, Gal. Profil; Amorbach, Kreuzer; Jugenheim, Bilderkab. Müller-Linow – **S:** 46–50 HS f. Baukunst u. Bild. Künste Weimar (Dipl. Wandmalerei b. Hermann Kirchberger u. Otto Herbig) – **L:** 71 TH Darmstadt (Doz. f. Plast. Gest.) – **P:** Stip. d. Kult.kr. im Bundesverb. d. dt. Industr. 56; Reisestip. d. Ostfriesischen Reederei, Rendsburg 57; Werkstip. d. Fa. Röhm, Darmstadt 83; Rietschel-Pr. 94 – **KGr:** Neue Darmstädter Sezession (52) – **G/T:** vorw. plast. Arb. in Bronze u. Eisen (v. a. z. menschlichen Figur, bes. z. Kopf) – **W:** zahlr. Werke in Privatbes. – **M:** Aachen, Suermondt-Ludwig-Mus.; Darmstadt, Hess. LM; Oldenburg, LM – **Ö:** Darmstadt, Bürgerpark; ebda, Stadt- u. Kr.spk., Ldeszentralbank; Frankfurt am Main, Staatsbauamt; Wetzlar, Postgebäude; – zahlr. Kirchenausstattungen, z.B. in Bochum, Hildesheim, Bocholt, Duisburg, Hamburg, Recklinghausen u. Hagen – **E:** 58, 85, 94 Darmstadt, KH; 90 Magdeburg, KM Kloster Unser Lieben Frauen; 95 Weimar, SM; – zahlr. Ausst. in Gal., zuletzt 03 Mühltal, Lattemann; Bensheim, Kunstfreunde Bergstr.; Lugano, Gal. Arte – **G:** seit 52 regelmäßige Bet. an Ausst. d. Neuen Darmstädter Sezession; 55 Mailand, Trienn.; 61 Recklinghausen, StKH; 94 Krakau, Intern. Graph.trienn. – **V:** Gabriele Wohmann u. Klaus Doderer (Text): Mein Nepalese (Gest. u. Zeichn.) 79; Hanne F. Juritz (Text): Verwehung im Park (Umschlag u. Lith.) 88; – Fotogr. u. Gest.: Karl Krolow (Text): Corrida de toros 64; Henry Miller (Text): Torsi 66; Georg Hensel (Text): Stierkampf 69 – **R:** Fsf.: Westafrikanische Impressionen 61; Ich verschenke meinen Tag 63; Malerei in Glas 64; Im Oasenkreis 66; In Darmstadt leben die Künste, leben in Darmstadt die Künste? 70 – ***Lit:*** Ausst.kat.: Christiane Klein u. a.: H. L. Köpfe und Figuren. Plastik und Zeichnung 85; Uwe Gellner u. a.: H. L. 90; Dorit Marhenke: H. L. Malerei, Zeichnung, Plastik, Kunst und Architektur 1944–1994 95; Herbert Heckmann u. a.: H. L. Starke Frauen – Skulpturen. Zeichnungen 99 – ***LitR:*** Atelierbesuch, Portr./Dok. 62, 84 u. 90 – (Red.)

Landgraf, Brigitta s. Landgraf-Hausmann, Gitta

Landgraf, Charlotte s. Sommer-Landgraf, Charlotte

Landgraf-Hausmann, Gitta (Ps.: Gitta Landgraf, eigtl. Brigitta Hausmann, geb. Brigitta Landgraf), Malerin, Schriftstellerin; c/o Studio Art for Sale!, Seilerstätte 8, A-1010 Wien, Tel. u. Fax (01) 5 13 79 44, Mobil: 06 64 32 29 33 0, *artforsale@aon.at, www.gitta-landgraf.at; www.kunstforum.at/landgraf* (* Wien 30. 8. 43) – **VG:** Wien, Art for Sale! – **S:** Autodidaktin – **Ve:** Berufsvrg d. bild. Künstler Öst.; Ringgal. Wiener Volksbildungswerk; IG Autoren Öst.; AKU-Lit.kr. – **G/T:** Energy-Paintings, Bilder 'Einer Heilen Welt' – **E:** / G: u. a. Wien, Art Vienna; Innsbruck, Art Innsbruck; Weitra, Ars Weitra; Salzburg, Kunstmesse; – sowie zahlr. nat. u. intern. Ausst., z.B. in Las Vegas, Palm Springs, Abu-Dhabi, Florenz, Ferrara, Neapel u. Ungarn

Landmann, Alois, Bildhauer; Wentzingerstr. 5, D-79291 Merdingen, Tel. (0 76 68) 76 00, Fax 3 97, *info@landmann-bildhauer.de, www.landmann-bildhauer.de* (* Freiburg im Breisgau 17. 5. 51) – **S:** 78–80 Ausb. z. Steinmetz-Steinbildhauer; 81–83 Univ. Freiburg (Kunstgesch. u. Phil.); 83–85 Freie KHS Nürtingen – **L:** Bildhauerei (Stein, Holz, Metall); raumbezogene konstrukt. Abstr., konkrete Kunst – **Ve:** BBK Südbaden 85 – **K:** Steinbildhauerei – **M:** Freiburg im Breisgau, Slg d. Ldkr. Breisgau-Hochschwarzwald – **Ö:** Allensbach, Kloster Hegne (Kap. Haus St. Elisabeth); Bad Krozingen, Gymnasium; ebda, Marktpl.; Brigachtal, RHpl.; Freiburg im Breisgau, Kap. d. Kath. Akad.; Gundelfingen, Gymnasium; Leinfelden-Echterdingen, S-Bahn-Station; Merdingen, maxit-Werk; ebda, Kr.verkehr; Vogtsburg, Kirche Achkarren – **E:** u. a. 01 Merdingen, Kunst auf öff. Plätzen; 04 Kirchzarten, KV Alte Ev. Kirche – **G:** seit 86, u. a. 99 Denzlingen, Skulpt. im Park; 00 Merdingen, Kunstforum; 02 Löffingen, KV; 03 Freiburg im Breisgau, Ldratsamt Breisgau-Hochschwarzwald

Landmesser, Ralf Gunter (Ps.: Leo von Seelöffel, Kain Abels), Maler, Graphiker, Designer, Illustrator, Publizist; Rathenower Str. 23, D-10559 Berlin, *orchimedes@web.de* (* Rheydt 13. 11. 52) – **VG:** Berlin, Galeria A – **S:** Autodidakt – **L:** seit 76 div. Workshops – **Ve:** BBK Berlins 92; VG Bild 92; VS Berlin 92; VG Wort 92 – **G/T:** Malerei (Öl), Tuschezeichn., Cartoon, Collage, Druckgraph. (u. a. Linol), Ill., Fotogr. – **K:** Linolschnitt, Collage, Cartoon-Zeichnen – **M:** Leipzig, Dt. Buch- u. Schrift-Mus. d. Dt. Nat.bibl.; Washington/DC, Library of Congress – **B:** Ambeno: Sultanat v. Ocussi; Berlin: Labyrinth of Palace, Embassy of Lackland – **E:** 05 Florenz, Bienn. di Arte & Anarchia (Retr. 1975–2005) – **V:** Schwarze Milch (Gedichte u. Linolschnitte) 80; SchwarzRoter Kalenda 1983–2000 (Hrsg. u. Ill.)

Landtau, Anka; Schleswiger Str. 4, D-24860 Böklund, Tel. (0 46 23) 75 03, Fax 91 91, *info@anka-landtau.de*, *www.anka-landtau.de*

Landwehr, Ludmilla, Graphikerin, Malerin; Karolingerring 17, D-50678 Köln, *ludmilla@pomerova-art.de*, *www.pomerova-art.de* (* Braunschweig 14. 7. 70) – **S:** 90–91 HBK Braunschweig (Zeichn., Malerei, Skulpt.); 91–96 FHS f. Design Aachen (Visuelle Kommunikation) – **P:** Förd.pr. St. Peter Aachen 99 – **E:** / G: u. a. 95, 96 Aachen, Atelierhaus Aachen; 98, 99 Aachen, Ludwig Forum; 01 Berlin, Kraftwerk; 02 Köln, Media Network – **R:** Filmausstattung: Tabu 97; Rote Glut 99; Der Unbesiegbare 00; Gott ist tot 01; Kebab Connection 01; Kalter Frühling 03 – (Red.)

Landwehr, Veit, Fotograf, Videokünstler; c/o NTML Studios, Maybachstr. 96, D-50670 Köln, *www.intermayland.de* (* Mülheim/Ruhr 6. 11. 69) – **S:** 95–00 Bergische Univ. GesamtHS (BUGH) Wuppertal (Dipl.-Archit. b. Prof. Arno Brandlhuber) – **P:** Pr. d. Dt. Betonindustr. 00 – **KGr:** intermayland (m. Tom May, seit 04) – **KGe:** physik-tv Filmproduktion (m. Alexander Stempell, seit 02) – **G/T:** Fotogr. (pragmat., gegenständl.); Video (vorw. Install.) – **E:** 03 Köln, Köln Intern. School of Design (KISD); 04 Köln, Haferkamp; 05 Köln, Raum f. Kunst u. Musik; Köln, NTML Studios; 06 Düsseldorf, reinraum e.V.; Köln, Labor Ebertpl. – **G:** 02 Orléans/Frkr., Archilab; 04 Köln, Rhein Energie Stadion; Herne, Flottmann-Hallen; Köln, Rhenania; 05 Köln, kjubh KV; Straßburg, Stimultania; Köln, Art Cologne; Köln, Dt. Sport- u. Olympia-Mus. – sowie: 06 Dtld, Spielstättenführer – **V:** b&k+, in vitro landscape (div. Graph.) 99; Baumeister B5, Archit.zs (3 Fotogr.) 05; Public Folder, Kunstbd div. Künstler (1 Fotogr.) 05 – **R:** V.L. u. A. Stempell: Sixty Throws for Terry Fox, Videoperformance f. V. Maly (Produktion) 03; Unter d. Pflaster, Kurzfilm (Kamera, Regie) 03; Humerusfraktur, Dok. (Buch, Regie) 06

Lanfer, Mathias, Bildhauer; Dieselstr. 21/23, D-42579 Heiligenhaus (* Südlohn/Westf. 61) – **S:** KA Düsseldorf (Bildhauerei, 91 Meisterschüler b. Tony Cragg) – **L:** 95–97 KA Düsseldorf (LAuftr. f. Bildhauerei) – **P:** Stift. Kunstfonds – Arb.- u. Projektstip. – **G/T:** Plast. (abstr., verschweißte u. m. Kunststoff beschichtete Stahlmodule, Entwürfe am Computer, utopistisch-technische Formen) – **E:** u. a. 95 Köln, Buchmann; 00 Ettlingen, KV Wilhelmshöhe (m. Doris Halfmann) – **G:** u. a. 02 Frankfurt am Main, Industr.- u. Handelskammer; Eupen, Salon d'Art; 03 Bad Homburg, 'Blickachsen' (Skulpt. im Kurpark) – (Red.)

Lang, Cornelia s. Morsch, Cornelia

Lang, Nikolaus, Prof.; Dorfstr. 16, D-82418 Murnau/Weindorf, *c.lang@gaponline.de*. Atelier: Birkenallee 31, D-82445 Grafenaschau, Tel. (0 88 41) 62 65 17 (* Oberammergau 12. 2. 41) – **S:** 60–66 ABK München (Bildhauerei); 66–67 Camberwell SchA and Crafts London (Bildhauerei) – **L:** 67–69 Camberwell SchA and Crafts London (Lehrer f. Bildhauerei); seit 00 ABK München (Prof. f. Malerei u. Gest. v. Kunst- u. Kult.-räumen) – **P:** DAAD-Stip. 66, 71; Bay. Förd.pr. 75; Förd.pr. Glockengasse, Köln 80; Defet-pr. d. Dt. Künstlerbundes 86; E.gabe d. Friedrich-Baur-Stift. 97 – **Ve:** Bay. Akad. d. Schönen Künste 89 – **G/T:** Multimedia-Install., Arb. an d. Natur m. d. Natur (v. a. m. Naturfarben) – **M:** Adelaide, Art Gall. of South Australia; Amsterdam, Stedelijk Mus.; Berlin, NG; Bremen, KH; Canberra, NG of Australia; Hamburg, KH; München, Lenbachhaus; Nürnberg, Neues Mus.; Sydney, MCA – **Ö:** Adelaide, Conference Center; Linz, Design Center; München, Bay. Ldesamt f. Denkmalpflege – **E:** u. a. 73, 91 München, Lenbachhaus; 75 Hannover, Kestner-Ges.; 78 Münster, Westf. KV; 84 Berlin, Künstlerhaus Bethanien; 88 Adelaide, Art Gall. of South Australia; 93 Dublin, Hyde; 95 Hannover, Sprengel Mus.; 02 Nürnberg, Defet – weitere: 00 Kunst auf d. Zugspitze – **G:** u. a. 74 London, Serpentine Gall.; 77, 87 Kassel, documenta; 81 Zürich, Kunsthaus; Hamburg, KV Harburger Bahnhof; 82, 85, 99 Berlin, NG; 88 Sydney, Bienn.; 90 Adelaide, Art Gall. of South Australia; 01 Sydney, MCA; 02 München, Lenbachhaus; 03 Hamburg, KH – **V:** Farben Zeichen Steine 78; Austral. Tagebuch 80 – ***Lit:*** Kat., u. a. Armin Zweite: Japan. Landschaften 73; Carl-Albrecht Haenlein: N.L. 75; Günter Metken u. Bernice Murphy: Nunga u. Goonya 91; Eugen Blume: N.L. Roadkill 99 – sowie: Günter Metken: Spurensicherung 77; Wilhelm Warning: N.L. Krit. Lex. d. Gegenwartskunst 96; Jill Hollis u. Ian Cameron: Song of the Earth. European Artists and the Landscape 02 – ***LitR:*** Dieter Wieland: N.L., Bay. Fs. 70; Jürgen Hohmeyer: N.L. u. Ullrich Rückriem, WDR 75; Christopher Faull: N.L. – Spectral Sands 87; Armin Kratzert: N.L., in: Capriccio BR 91; Margaret Hazelgrove: German Artist Uncovers Australia, South Australian Film Corp. 95; H. Ammer: N.L. Kunst auf d. Zugspitze, in: Capriccio BR 00

Lang, Sabina (Ps.: L/B); Lyssachstr. 112, CH-3400 Burgdorf, *www.langbaumann.com* (* Bern 14. 3. 72) – **P:** Werkjahr d. Kt. Uri 95; Werkjahr d. Elisabeth-Forberg-Stift. Basel 96; Stip. Istituto Svizzero Rom (Atelier) 96; Stip. d. Louise Aeschlimann u. Margareta Corti Stift. 97, 02; Kunstpr. d. Kt. Bern 97; Atelier im Studio Budapest 98; Eidgenöss. Wettb. f. Kunst 98, 02 – **KGe:** L/B: S. L. u. Daniel Baumann – **G/T:** Install., Wandbemalung, Luftobjekte, Schriftszüge, Fotogr., Puppen – **Ö:** Bern, Lehrwkst.; Bolligen b. Bern, Bahnhof; Burgdorf, Stahldenker; Kapstadt (Beautiful Lounge); Zürich, Brunnen Schaffhauserpl.; – Kunst am Bau: Zürich, Genossenschaftssiedlung Hegianweg; ebda, Sozialversicherungsanst. d. Kt. Zürich – **E:** zahlr. Ausst. m. d. Gr. L/B, zuletzt u. a. 01 New York, Swiss Inst.; 02 Berlin, Artforum; Luzern, Meile; 03 Kapstadt, Bell-Roberts-Gall.; Kapstadt, 222 Longstreet – **G:** zuletzt u. a.

02 Zürich, Mus. Bellerive; 03 Paris, Centre Culturel Suisse; Môtiers, Art en plein air; Appenzell (Zu Gast in Appenzell); Chur, Transit – ***Lit:*** BLSK 98 – (Red.)

Lang, Stefan, Dipl.-Künstler, Meisterschüler; Bruchweg 2, D-30966 Hemmingen, Tel. (0 51 01) 1 56 50, *Lang.Malerei@t-online.de*, *www.lang-malerei.de* (* Wiesbaden 20. 6. 58) – **VG:** Neustadt, Schlehn; Hannover, Kunsthaus – **S:** 78–84 Göttingen (Kunst- u. Werkpädagogik); 85–92 FHS Hannover (Freie Kunst); 93 Meisterschüler b. Prof. Ulrich Baehr – **L:** seit 03 Univ. Hannover (LAuftr. f. Malerei) – **P:** Kunstpr. u. Förd.mittel d. Heitland Foundation 94 – **Ve:** VG Bild-Kunst 92; BBK Nds. 02 – **G/T:** Malerei (Öl, Gouache); Zchng (Kohle); Druckgraph. (Rad., Hschn., Digitaldruck, Mixed Media) – **K:** Univ.sem.: Malerei, Zchng, Digitale Bildgest. – **W:** Stadt Hannover, Stadt Hemmingen, Stadt Hameln, Slg Nikolaus Ludwig (Nds. Kunst nach 45), – **M:** Hannover, Slg Ahlers pro Arte; Neustadt am Rübenberge, KV – **E:** / G: u. a. 88 Tokio, 1/100; 89 Antwerpen, Bienn. Europ. KSch (Kat.); 90 Leipzig, HGB; 93 Hannover, StG Kubus (Kat.); 94 Perpignan/Frkr., Espace JP; Neustadt, Schloß Ldestrost (Kat.); Bennigsen, Rittergut (Kat.); 96 Neustadt, Schlehn; Hannover, Junge Kunst in d. Allbank (Kat.); 98 Neustadt, KV (Kat.); 00 Berlin, Alles im Fluß; 02 Steinhude, Kunstraum; Dornum, Schloß (Kat.); 03 Ronnenberg, Kunstraum Benther Berg; Hannover, Pförtnerhaus; 04 Stuttgart, Ausst. Syrlin Kunstpr. (Kat.); Hannover, Buchholz – ***Lit:*** S.L. Malerei 94; S.L. Malerei – Ldschaft II 00

Langauer, Heidi, Malerin; c/o Galerie Hufschmid, Rotwandstr. 52, CH-8004 Zürich, Tel. u. Fax: 04 42 52 03 66, *eh@galeriehufschmid.ch*, *www.galeriehufschmid.ch* (* Wien 15. 6. 39) – **VG:** Zürich, Hufschmid; Bern, Kunstkeller – **P:** Atelierstip. d. Stadt Zürich f. New York 87; Werkbeitr. Aargauer Kuratorium 90, 00; Atelierstip. d. Kt.s Zürich in Paris 96; Förd.-stip. d. Fontana-Gränacher-Stift. 05 – **Ve:** Visarte – **G/T:** Malerei u. Zchng (vorw. weiß auf schwarz) – **W:** u. a. Ankäufe d. Stadt u. d. Kt.s Zürich sowie d. Migros Genossenschaft – **M:** Biel, KV; Rapperswil, Slg Elisabeth u. Peter Bosshard; Werfen, Mus.ver.; Wien, Bundesmin. f. Wiss., Verkehr u. Kunst – **E:** div. seit 79, u. a. 88 New York, Swiss Inst. (Kat.); 94 Biel, Kunsthaus Centre PasquArt (Kat.); – zuletzt: 03 Rapperswil/St. Gallen, IG Halle Alte Fabrik; Emmenbrücke, Gersag; 04 Schaffhausen, KV; Bern, Kunstkeller; 05 Zürich, Hufschmid; Stuttgart, Kunstraum – **G:** seit 80 in Kunstinst. u. Mus. d. Schweiz, Tschechiens, Slowakeis u. Öst. – **V:** Gerold Späth: Ein Kalender auf das Neue Jahr (Bildner. Eingriffe) 02 – ***Lit:*** Kat. z. div. Gruppenausst. sowie Werkkat. 97 u. 01 – ***LitR:*** Kathrina Straub: H.L. – Weiss.ich weiss. Impressionen einer Ausst. 03

Lange, Karl-Ludwig, Fotograf; Torfstr. 11, D-13353 Berlin, Tel. (0 30) 4 53 51 89, *info@k-l-lange.de*, *www.k-l-lange.de* (* Minden/Westf. 12. 12. 49) – **S:** Ausb. z. Fotografen m. anschließenden Ass.jahren; Volontariat dpa; Studio McBride München (Ass.) – **Ve:** DGPh – **G/T:** Fotogr. (Stadtfotogr., Zyklen, s/w) – **E:** zahlr. Ausst., u. a. 75 Berlin, Nagel; 84 Berlin, Schloß Charlottenburg; 95 Berlin-Friedrichshain, Kult.amt; 97 Berlin, Gal. in d. Brotfabrik – **G:** u. a. 82, 99, 02 Berlin, Poll; 83 München, KV: Großstadtdschungel (Kat.); 99 Berlin, Neuer Berliner KV – ***Lit:*** Berlin. Bauwerke d. Neugotik 84; Das Tiergarten-Viertel, Kat. (Gal. Eva Poll) 86; Grenzwechsel, Kat. 94; Koetzle 02

Lange, Reinhard, Maler; lebt in Hameln (* Hameln 2. 4. 38) – **VG:** Berlin, Poll; München, Otto-Gal. – **S:** 58–59 WerkKSch Hannover; bis 66 HBK Berlin (b. F. Thieler, Meisterschüler) – **P:** Nds. Kunststip. 85 – **Ve:** Dt. Künstlerbund – **KGr:** Grossgörschen 35; Neue Gruppe München – **E:** / G: u. a. 82, 93, 94, 96, 98 Berlin, Poll; 92 Bielefeld, KV; 99 Schramberg, SM; 01 München, Otto-Gal.; 02 Hameln, Kunstkreis – (Red.)

Lange, Thomas, Maler; lebt u. arbeitet in Berlin u. Ital. (* Berlin 57) – **VG:** Berlin, Zellermayer; Düsseldorf, Zimmer – **S:** HdK Berlin (b. Wolfgang Petrick u. Herbert Kaufmann); 82 Meisterschüler b. H. Kaufmann – **L:** 86 Univ. Marburg (LBeauftr.); 88, 99 HdK Berlin (LBeauftr.); 01, 02 Sommerakad. Kaufbeuren; 04 Akad. Reichenhall (Doz.) – **P:** Karl-Schmidt-Rottluff-Stip. 83; Primo Premio Suzzara, Mantova 01 – **M:** Berlin, Berlinische Gal.; München, Pin. d. Mod.; Schleswig, LM f. Kunst u. Kult.-Gesch. Schloß Gottorf; Wuppertal, Von der Heydt-Mus. – **E:** zahlr. Einzelausst. im In- u. Ausland, u. a. seit 84 beinahe jl. Berlin, Zellermayer; 88 Berlin, Neuer Berliner KV; 91 Brüssel, Colmant Art; 92 Budapest, Műcsarnok; 97 Köln, Baecker; 98 Mannheim, StKH; 99 Basel, Arte Piu; 03 Ottegem/Belgien, Deweer Art Gall.; 04 Mannheim, KV; Marburg, KV (m. Mutsuo Hirano); Augsburg, KV (m. dems.); 05 Acquapendente/Ital., Centro l'arte contemp. (m. dems.); Stuttgart-Rottenberg, Diözesanmus. – **G:** u. a. 88 New York, Guggenheim; 90 Venedig, Bienn.; 97 Istanbul, Resim ve Heykel Müz.; 03 Würzburg, Mus. am Dom – ***Lit:*** Reclams Künstlerlex. 02; Schweers 02 – (Red.)

Langenbach, Ulrich, Bild. Künstler; Iderbachstr. 12, D-57078 Siegen, Tel. (02 71) 4 05 87 29, Mobil: 0 16 35 78 26 21, *info@ulrich-langenbach.de*, *www.ulrich-langenbach.de* (* Siegen 25. 4. 50) – **VG:** Freiburg/Br., Gal. G; Berlin, Dietrich; St. Gallen, Hafner; Issing, Josephski-Neukum; Hamburg, Gehrke; Hagen, Schlieper – **S:** Autodidakt – **L:** 95–00 Freie KA Basel; 99–01 Bauhaus-Univ. Weimar (LBeauftr.), 01–03 ebda (Gastprof.); 04–06 Univ. Siegen (Gastprof.) – **P:** Kunstfonds Bonn (Arb.stip.) 95; Ida Gerhardi-Pr. 96 – **G/T:** Skulpt., Fotogr., Text, Video, Malerei, Zeichn., Install. – **K:** Malerei, Skulpt., Installatives Arb., Zeichn. – **M:** Frankfurt am Main, Dt. Bank KS; Lüdenscheid, Gesch. Mus.; München, Staatl. GrS – **Ö:** Hagen, Freilichtmus.; Siegen, Gymnasium Morgenröthe; ebda, Spk. – **E:** zahlr. Einzelausst., u. a. 90, 92, 94, 96, 98, 02, 04 Freiburg/Br., Gal. G; 92 Saint Fons, Centre d' Arts Plast.; 94 München, SG Mod. Kunst (Kat.); 97 Vlissingen, Watertoren; 00 Wiesbaden, Kunsthaus (m. Liliane Freiermuth, Kat.); 03 Siegen, StG Haus Seel (Kat.); Dortmund, KV (Kat.); 04 Münster, Förd.ver. aktuelle Kunst; 05 St. Gallen, Hafner; 06 Issing, Josephski-Neukum – **G:** zahlr. Ausst.bet., u. a. 90 Augsburg, Nationale d. Zeichn.; 91, 92 Große Kunstausst. NRW (Kat.); 94 Lüdenscheid, StG; 96, 97, 99, 00, 01, 02 Frankfurt am Main, Art Frankfurt; 98 Köln, Art Cologne; 00 Amsterdam, RAI; 03 Dortmund, KV; 04 Dortmund, Mus. am Ostwall (Kat.); 04 (Kat.), 05 Berlin, Haus am Waldsee; 05 Dortmund, Gal. f. aktuelle Kunst; Köln, Art Fair; München, Kult.fabrik, 06 Siegen, KV; Witten, Industr.mus.; Siegen, Mus. f. Gegenwartskunst – **V:** sobald man darüber nachdenkt, ist es nicht mehr da. Fotografien von A-Z, Fotob. 03; Reisetagebuch von Tirol bis Seoul und anderen Orten 04; – sowie zahlr. Ausst.kat., z.B. Grundzüge moderner Analyse. Fotogr. 05; Zchngn f. ein intern. Publikum 05; Nightly Tours around the World. Zchngn/Aqu. 05; m. Christian W. Thomsen: Reisetagebuch... – ***Lit:*** u. a. Martin Kolbe: Passion der Papiere, in Kunstzs NIKE 89; ders. u. Wolfgang Suttner: U. L., Kat. 91; Stefan Berg u. Carla Schulz Hoffmann: U. L., Kat. 94; Reinhard Demmer: Das Augenmerk gerichtet, Kat. 97; Peter Müller: Rheinisches Landesmuseum Bonn, Zeichnung und Grafik der Gegenwart 00

Langer, Martin, Bildhauer; Wagnerstr. 12, D-53332 Bornheim-Merten, Tel. u. Fax (0 22 27) 8 27 83, *martinlanger@kunsthof.org*, *www.kunsthof-merten.de* (* Bagdad/Irak 12. 2. 67) – **VG:** Köln, Skulpt.garten Sürth; Köln, Jansen; Köln, Locus-Caementitium – **S:** 93–97 Alanus HS Alfter (Bildhauerei b. Jochen Breme) – **Ve:** VG Bild-Kunst 97 – **KGr:** Kunsthof Merten (seit 00) – **G/T:** Skulpt. aus Holz, Beton, Kunststoff, Stahl (menschl. Gestalt, stark reduziert); 'Geschöpfe' (freie Formen, organ. Formsprache) – **W:** überw. in Privatbes. – **Ö:** Bad Neuenahr, Spielbank; Jülich, Brückenkopfpark; Meckenheim, IPS Pressevertrieb – **E:** 06 Brühl, RHgal.; Wesseling, Gal. Schwingeler Hof – **G:** zahlr. Bet. seit 97, zuletzt 04 Köln, Skulpt.garten Sürth; Köln, Locus-Caementitium; Zürich, Messe Blickfang; 05 Köln, Jansen; Bergisch Gladbach, Schloßhotel Lerbach; 06 Winsen/Luhe, Juraschek

Langhammer, Helmut; Ludwigstr. 1, D-92690 Pressath, Tel. (0 96 44) 86 38, Fax 86 83, *langhammer.bildhauer@t-online.de*, *www.kunstnetz-weiden.de* – **G/T:** Bildhauerei – (Red.)

Langhammer, MaLuCha s. Li Shalima

Langhans, Barbara, Malerin, Graphikerin, Kunsterzieherin; Münchheide 8, D-55595 Münchwald, Tel. (0 67 06) 67 79, *mibar@t-online.de*, *www.barbara-langhans.de* (* Oschersleben/Bode 28. 6. 41) – **S:** 65–67 Staatl. HBK Braunschweig (Kunst- u. Werkerziehung); 67–70 HS f. Bildende Kunst Hamburg (Kunsterziehung, Malerei u. Film) – **L:** 71–03 Gymnasium an d. Stadtmauer Bad Kreuznach (Kunsterzieherin) – **G/T:** Malerei (Öl, Aqu., Landschaft u. phantastische Malerei); Wandmalerei; Zeichn. (Buntstift); Rad. – **K:** Ldschaftsmalerei, Zeichnen, Malen f. Kinder u. Jgdliche – **W:** überw. in Privatbes. – **E:** zahlr. Einzelausst., u. a. 89 Ebernburg, Trombacher Hof; Bad Münster, Kurhaus; 90 Bad Kreuznach, Café Lehmkühler; 97 Windesheim, Musikhaus Oberlinger; 00 Mainz, Geiger u. Partner; 06 Spabrücken, Spabrücker Forum – **G:** 83 Bad Kreuznach (Kreuznach kreativ); 92 ebda (Kunst u. Design) – **R:** Horten, Kurzf./Dok. (Buch u. Regie) 68

Langhans, Hannelore (eigtl. Hannelore Reimann), Malerin, Keramikerin; Mathystr. 25, D-76133 Karlsruhe, Tel. (07 21) 81 18 10, *hanne_langhans@hotmail.com* (* Mannheim 30. 1. 44) – **VG:** Speyer, Altstadt Gal. – **S:** 60–64 Karlsruhe (Ausb. als Graphikerin) – **G/T:** Malerei (Öl, Acryl, abstr., informell); keramisches Objekt; Wandbild; Plast. – **W:** zahlr. Bilder u. keramische Objekte in Privatbes.; weitere in Bes. d. Stadt Bühl – **M:** Ettlingen, SM; Karlsruhe, StG – **Ö:** Bad Rastatt, Beamtenbank; Bühl, Standesamt im RH; Friedrichshafen, Commerzbank; Karlsruhe, Spk.; ebda, Berufsakad., EnBeWe, Reg.präsidium, Karlsruher Lebensversicherung; – sowie: Kr.verwaltung Südliche Weinstr. – **E:** 94 Ettlingen, SM; 97 Brühl, Friedrichsbau; Nonnenhorn, Probst; Mannheim, Artec; 98 Ettlingen, Stadtwerke; 99 Dietzenbach, Junge Gal.; 00 Karlsruhe, Spk.; 01 Bischwiller, Centre culturel; 02 Karlsruhe, BB-Bank; Neumarkt, KH im Reitstadel – **G:** u. a. 01 Karlsruhe, Ldgericht; 03 Karlsruhe, Mus. in d. Majolika-Manufaktur; Passau, Klotz; Speyer, Altstadt Gal.; – weitere: Ettlingen, SM; Karlsruhe, art contact; Bonn, Bundesvertretung d. Ldes RP; Mainz, Ldesreg. RP – ***LitR:*** Kulturcafé, Südwest 3 03 – sowie Beitr. im SWR 1, SWR 2 u. SWR 4 03 – (Red.)

Langnickel, Uwe, ObStudR. Kunsterziehung, Malerei; Erlenstr. 7, D-56269 Dierdorf-Elgert, Tel. (0 26 89) 79 35, Fax 14 93, *uwe.langnickel@web.de*, *www.langnickel-hausgalerie.de.vu* (* Lünen/Westf. 4. 6. 45) – **VG:** Elgert, Hausgal. – **S:** 70–76 KA Düsseldorf (Kunst u. Kunstwiss. b. Prof. Bubek) – **L:** 74–76 KA Düsseldorf (LBeauftr. Kunstdidaktik); 70–04 Gymnasium Dierdorf (Kunsterzieher) – **Ve:** BBK Rh.-Pf. – **KGr:** Gruppe 93 – Bildende Künstler Neuwied (93–03) – **KGe:** Galerie im Uhrturm Dierdorf (seit 76) – **G/T:** Malerei u. Graph. (gegenständlich, Ldschaft, Archit., Akt) – **W:** Priv.slgn, Stadt-Kr. Neuwied – **M:** Altenkirchen, Slg Gansauer; Bad Marienberg, Europahaus; Neuwied, Mus. Monrepos – **Ö:** Mainz, Kultusmin. – **E:** seit 76 u. a. im Raum Westerwald, in Weimar, Erfurt, Köln, Bochum, Landau, Neuwied u. Koblenz – **G:** BBK Ausst. Wettb. – **V:** Oskar Kröher: Felsen im Wasgau 01 – **R:** Dok. Fs. Westerwald – ***Lit:*** U. L. (Hausgalerie Elgert) 96 – (Red.)

Langohr, Ulrich, Metallbildhauer, Silberschmied; Sachsenstraße 25, D-58708 Menden, Tel. (0 23 73) 6 07 25 (* Menden/Sauerland 7. 11. 40) – **S:** 60–62 WerkKsch Wuppertal (Metallgest., Design b. Prof. K. Schrage u. Bildhauerei b. Prof. K. Schwippert) – **Ve:** BBK Westf. seit 79; KV Mendener Bauhütte seit 82; Ver. f. christl. Kunst Paderborn seit 64; DGfCK München seit 68 – **G/T:** Skulpt. u. Objekte f. d. öff. Raum (überw. Metall) sowie f. Kirchenräume (liturgisches Gerät, Naturstein, Holz u. Metall) – **Ö:** Dortmund, Spk. (Innenwandgest.); Herten-Westerholt, Martin-Luther-Schule (Großplast. aus Holz f. d. Schulhof); Menden, Armaturenfabrik KLUDI-Scheffer (Wandrelief in d. Eingangshalle); Menden, Berufskolleg d. Märkischen Kr. (Wandrelief an d. Außenwand); Menden, Hauptschule Am Gelben Morgen (Metallskulpt. in d. Aula); Menden, Volksbank Menden (Innenwandgest.); Pfarrkirchen/Ndb. (Metallskulpt. vor einem Bürogebäude); – Altarraumgest. f. Kirchen u. Einzelgegenstände f. Kirchen in Dortmund, Gelsenkirchen, Herne, Castrop-Rauxel, Herxheim, Mutterstadt, Unna, Menden, Hagen u. Iserlohn – **E:** 58, 68 Menden, Heimatmus. – **G:** 65 Paderborn; 67 Arras/Frkr.; 74 Menden; 75, 77 Schwerte/Ruhr, Kath. Akad.; 78 Werdohl; 83 Münster, EXPONATA; 86 Lüdinghausen, Burg Vischering; 95 Jockgrim, Zehnthaus; 98 Magdeburg; 00 Menden, Ökumenische Initiative Menden – ***Lit:*** mehrere Zssart., u. a. in: Graveurzeitung 70; zahlr. Publ. u. a. Iserlohn, Bildbd.; Das Münster 78; Künstler aus dem Märkischen Kreis 79; Exponata, Kat. 83; Kunst- u. Geschichtsdenkmäler im Märkischen Kreis 84; Künstlerlexikon der Deutschen Gesellschaft für christliche Kunst 95 – (Red.)

Lankes, Erika Maria (Monogramm: EML, geb. Erika Maria Treutler), Bildhauerin, Malerin u. Graphikerin; Simserweg 15, D-83071 Stephanskirchen, Tel. (0 80 36) 71 35, Fax 35 85 (* Waldenburg/Schlesien 24. 9. 40) – **S:** 59–64 ABK München (Malerei b. Prof. Charles Crodel, Bildhauerei b. Prof. Heinrich Kirchner); 63, 66 2. Staatsexamen f. Kunsterziehung an Gymnasien – **L:** 71–78 Ignaz Günther Gymnasium Rosenheim (LAuftr. f. Kunsterziehung) – **P:** Goldmed. f. Kunstkeramik in Faenza 71; Förd.pr. Bild. Kunst d. Stadt Rosenheim 81; Kunstpr. d. Stadt Traunreut 00; Stip. d. Art Stift. Plaas Lindau 01; Sudetendt. Kult.pr. f. Bild. Kunst u. Archit. 02; Kult.pr. d. Stadt Rosenheim 03; Kult.pr. d. Bez. Obb. 04 – **Ve:** KV Rosenheim ca. 70; KV Wasserburg ca. 70; KV Bad Aibling ca. 70; Freie Münchner u. Dt. Künstlerschaft 71; BBK München u. Obb. 75; Ver. f. Orig.-Rad. München 75 – **KGr:** Künstlersonderbund in Deutschland (91); Prisma Sculpturale (85–95) – **G/T:** Bildhauerei (Polyester, Bronze, Aluminiumguss, Realismus); Malerei (Acryl, Portr.); Graph. – **W:** Ankäufe u. a. durch d. Stadt Selb (Polyesterfigur), d. Engelhornstift. München (Figurengr.) u. d. Bundesjustizmin. Berlin (Wettb.modell) sowie im Bes. privater Sammler – **M:** Bonn, Haus d. Gesch. d. BRD; Ulm, Mus. d. Brotkultur – **Ö:** Bayreuth, v. d. SM (Figurengr.);

Happing, Grund- u. Teilhauptschule (Figurengr.); Herten, KS Schweisfurth (Polyesterfigur); München, Kardinal-Faulhaberstr. (Denkmal f. Kurt Eisner); Rosenheim, Foyer d. RH (Figurengr.); ebda, Salingarten (Figurengr.); Stephanskirchen, Foyer d. RH (Figurengr.); ebda, Kindergarten Regenbogen (Gest.); Wasserburg am Inn, Skulpt.weg; Wolfratshausen, Fa. Krämmel – **E:** 73, 83, 95 Rosenheim, StG; 81 München, Engelhornstift.; 87 Bonn, Frauen-Mus.; 90 München, Gal. am Gasteig; 97 Bonn, Friedrich-Ebert-Stift.; 98 München, Oberste Baubehörde; 00 München, Kult.referat in d. Burgstr. – **G:** 83 Lindau, Intern. Kunststoff-Symposium; 83, 84 München, Skulpt.str. Asamhof; 84 Bonn: Kunstlsch. Bundesrepublik; München, Villa Stuck; 87 Bonn, Wiss.zentrum; 93/96 Berlin, Martin-Gropius-Bau; 97 Duisburg, Cubus KH; 98 Bratislava, Slovenská NG; 99 Kevelaer, Sculptura; 00 München, Gal. am Gasteig; Rosenheim, StG; München, Siemens-Kunstsponsoring; 02 Berlin, Kommunale Gal. Wilmersdorf; 03 Halle/Saale, Franckesche Stift. – **V:** Bilanz u. Perspektiven, GEDOK Tutzing 84; Hist. Sem. d. Ludwig-Maximilians-Univ. München (Hrsg.): Das Denkmal heute. Funktion u. künstler. Umsetzung – ***Lit:*** Hans Kiessling: Begegnung m. Bildhauern 82; Ulrika Evers: Deutsche Künstlerinnen d. 20. Jh. 83; Karina Türr: Farbe u. Naturalismus in d. Skulpt. d. 19. u. 20. Jh. 94; Renate Mayer-Zaky: Pasing 96; Katharina Weigand: Die öff. Erinnerung an Kurt Eisner in München, in d. Reihe: Hefte z. Bay. Gesch. u. Kult. 97; Steffi Roettgen: Skulpt. u. Plast. auf Münchens Straßen u. Plätzen 00; – KAT.: Wolfgang Längsfeld: E.M.L. Plastiken 81; K. J. Schönmetzler: E.M.L. Franz Lankes. Figuren u. Bilder 83; Doris Schmidt: E.M.L. Figuranstraße 87; Vera Botterbusch u. Anna-Jutta Pietsch: Figurengruppen o. d. Weg zum Raum 90; Judith Bader, Robert Berberich, Vera Botterbusch, Bettina Kroll, Birgit Löffler, Marianne Pitzen, Klaus Jörg Schönmetzler u. Heidrun Wirth: Zwischenbericht 05 – ***LitR:*** E.M.L., in: Kult.mag. BR 95; Unruhig in der Stille, Atelierbesuche in Rosenheim 97; Figurengruppe, Film-Fs.-Multimedia Bayreuth 98; E.M.L., Atelierbesuche BR 99; Willkommen in Rosenheim, Chroma Pictures Filmproduktion 02

Lanz, Eric, Video- u. Medienkünstler; Dürener Str. 4, D-40223 Düsseldorf, *ericlanz@t-online.de* (* Biel 5. 6. 62) – **S:** 81–85 Éc. Supérieure d'Art Visuel (ESAV) Genf; 86–87 Staatl. KA Düsseldorf (Kl. Prof. Park) – **L:** 98–05 HS f. Gest. Karlsruhe (LAuftr. Medienkunst) – **P:** Eidgenöss. Kunststip. 85, 86; Pr. Briquet 93; Siemens Stip. Karlsruhe 94; Stip. d. Akad. Schloss Solitude 98; Kiefer-Hablitzel-Stip. – **G/T:** Video-Install.; Interaktives Video; Fotogr. – **W:** Videos; Video-Install. – **M:** Biel, Kunsthaus Centre PasquArt; Bonn, KM; Düsseldorf, Mus. Kunst Pal.; Genf, Centre pour l'Image Contemp. St Gervais; Leverkusen, StM Schloß Morsbroich; Paris, Centre Pompidou; Zürich, Kunsthaus – **Ö:** Lausanne, Policlinique Médicale Univ.; Neuchâtel, Bundesamt f. Statistik – **E:** 91 Grenoble, Le Magasin; 93 Fribourg, Fri-Art; 95 Berlin, Künstlerhaus Bethanien; 00 Bonn, KV; 01 Hamminkeln, Gal. Schloß Ringenberg; 02 Düsseldorf, Taubert; 05 Genf, Centre pour l'Image Contemp. St-Gervais; Biel, Kunsthaus Centre PasquArt; 06 Düsseldorf, Kunstraum – **G:** zahlr. Bet., u. a. 86 Bern, KH: Von Bildern; 87 Zürich, Kunsthaus: Stiller Nachmittag; 90 Lissabon, Gulbenkian-Mus.: Transformaçoẽs; 92 Basel, KH; 95 Kairo, Video Visions; 96 Sydney, MCA: Burning the Interface; 97 Biel, Kunsthaus Centre PasquArt: Nonchalance; 99 Hannover, Kubus: Wash & Wear; 01 Köln, MAK: Untragbar; 03 Lüdenscheid; 04 Lingen, KV; 05 Seoul, Korean Intern. Art Fair (KIAF): Digital Media Art – **R:** Partitions, Unabhängiges Video Schweiz 90; Artintact 1 94; Die Zunge, Daumenkino 01 – ***Lit:*** Laurent Adert: E.L., Ausst.kat. 93; Dolores Denaro: E.L., Ausstkat. 05

Laokoon s. Schmidt, Norbert

Lares, Alberto; c/o Kunsthaus Rhenania Rheinauhafen, Bayenstr. 28, D-50678 Köln, Fax (02 21) 2 40 43 61, *arte-lares@arcor.de*, *www.alberto-lares.de* (* Caracas/Venezuela 19. 7. 54) – **S:** 71–77 HS Cristóbal Rojas Caracas/Venezuela (reine Kunst); Arb. im Atelier d. venezuelan. Künstlers Carlos Cruz Diez – **KGr:** Barrio Latino – **KGe:** Kunsthaus Rhenania – **G/T:** Objekt-Install. – **E:** 76 Caracas, Studentenbibl. d. O Paul Harrays; 78 Göttingen, Atelier Jan Balyon; 85 Köln, VHS; 87 Köln, Gal. KIK; 91, 92 Köln-Sürth, Projekt Oberbuschweg; 92 Köln, Gal. 68elf; 94, 95 Köln, Rhenania; 95 Köln, Germain's Leder; Köln, Gal. am Nil; 98 Leverkusen, Forum; 00 Köln, Bürgerhaus Stollwerck; Köln, Kult.bunker; 05 Frankfurt am Main, Generalkonsulat Bolivariano Venezuela – **G:** zahlr. Bet., u. a. 77 Caracas/Venezuela, Escuela Naval de Venezuela: III. Salon d. Malerei; 81 Caracas/Venezuela, MAC: Salon Nacional de jovenes Artistas; Frechen, Künstler zw. Rhein und Erft; 82 Frankfurt am Main, Univ.: Lateinamerikan. Künstler; 86 Köln, Bürgerhaus Stollwerck; 88, 92, 96, 05 Köln, Rhenania; 96 Köln, Kult.bunker: Tangenten; 97 Köln, Gal. am Nil: Imperfekt, Palafitos; Köln, Christuskirche: 505 Jahre Kolonialismus – Versuche in Vernunft; 98, 99 Köln, Werft; 00 Köln, Knauf: Barrio Latino; 01 Köln, Anatom. Inst. d. Univ.: Mensch!; 02 Köln-Mülheim, Bez.RH: 1. Festival Cult. Iberoamericano; Köln, Mus. Zündorfer Wehrturm: United Art V. – Elementar Strukturen; Köln, Alte Feuerwache: Barrio Latino im Viertel; 03 Köln, Stadtbibl.: United Art VI. – Artituren; 04 Köln, Domforum: Initiative Interkult. Köln; 05 Köln, Lichthof: Barrio Latino; 06 Köln, Trinitatiskirche: SOC; Köln, Rhenania: Multi-Art-Festival

Laschinger, Georg, Bildhauer; Wolferkofen 8, D-94363 Oberschneiding, *www.laschinger.kulturserver.de* (* Straubing 50) – **G/T:** Skulpt.; Objekt; Install.; Kunst im öff. Raum; Kunst u. Bauen – **W:** zahlr. Skulpt.- u. Objekt-Install. im öff. Raum; Kunst am Bau

Lasdin, Bernd, Fotografiker; Kiefernweg 22, D-17033 Neubrandenburg, Tel. (03 95) 3 68 52 71, Mobil: 0 17 16 40 77 33, *bernd@lasdin.de*, *www.lasdin.de* (* Neubrandenburg 7. 12. 51) – **VG:** New York, The Old Print Shop – **S:** 68–70 Ausb. z. Fotographen; 84–87 HGB Leipzig (Fernstud. b. Prof. A. Fischer); seit 88 freiberufl. tätig; zahlr. Stud.reisen – **L:** 95–00 FHS Neubrandenburg (LAuftr. f. Fotogr.) – **P:** Künstler-Stip. d. Stadt Neubrandenburg 94; Reisestip. d. Ldes Meckl.-Vorp. (f. d. USA) 97; Arb.stip. d. Ldes Meckl.-Vorp. 00; Ausz. als Fotopersönlichkeit d. Jahres 2005 zu d. Intern. Fototagen in Mannheim-Ludwigshafen 05 – **Ve:** VBK 90; Künstlerbund Meckl. u. Vorpommern 91 – **E:** sehr zahlr., u. a. 81 Neubrandenburg, Zentrum Bild. Kunst; 83, 87, 88, 89, 92, 99 Neubrandenburg, Haus d. Kult. u. Bild.; 86, 88 Malchow, Fotogal Malchow; 87 Malchin, Gal. im RH; 88 Neustrelitz, Gal. im Mus.; Flensburg, StM; Leipzig, Gal. d. HGB; 89 Petrosawodsk/Karelien, Gal. im Kino Kalewala; Karl-Marx-Stadt, Gal. Süd; 89, 90 Flensburg, Mus.; 90 Wolgast, Kult.haus d. Peene-Werft; Berlin, Zentrales Haus d. dt.-sowjet. Freundschaft; 91, 95, 98, 00, 02 Neubrandenburg, KS; 93 Nevers, Pal. Ducal; 95, 98 Stralsund, Johanniskloster; 96 Riga, Goethe-Inst.; Wien, Lit.haus; Stralsund, Kulturhist. Mus.; 99 Bremen, Univ.; Potsdam, Ldtag; Schleswig, LM f. Kunst u. Kult.-Gesch. Schloß Gottorf; Moskau, Gal. Russkoje Polje; Moskau, Goethe-Inst.; New York, Goethe-Inst.; Boston, Goethe-Inst.; Washington, Goethe-Inst.; Flensburg, Gal. im RH; Berlin, Mus. Mitte; Berlin, Heimatmus. Wedding; Frankfurt am Main, Buchmesse; 99, 00, 02, 03, 04, 05 Schwerin, Schlesw.-Holst.-Haus; 00 San Francisco, Goethe-Inst.; Montreal, Goethe-Inst.; Berlin, Gal. in d. Alten Schule; Bremen, Stadtbibl.; Tel Aviv, Goethe-Inst.; Kiew, RA-Gal.; 01 Stralsund, Jakobikirche; Schwäbisch Hall, StG; Waren, Gal. in d. Raiffeisenbank; 03 Rostock, Europaver.; Neubrandenburg, Lit.haus; 03, 04, 05 Feldberg, KV; 04 Saarbrücken, Stift. Demokratie Saarld; Neubrandenburg, Photo Art Gal.; Rostock, Volkstheater; Paris, Maison Heinrich Heine; 05 Anklam, KH in d. Graph.-Design-Schule; Mannheim u. Ludwigshafen, Intern. Fototage; 06 Malchin, Stadtbibl.; Neubrandenburg, Johannis-Kirche; Leipzig, Zeitgesch. Forum – **G:** Bet. u. a. in Neubrandenburg, Damaskus, Berlin, Helsinki, Rostock, Dresden, Stettin, Potsdam, Petrosawodsk, Leipzig, Sankt Petersburg, Charlott/NC, Stralsund, Kiel, Schwerin, Elkader/IA, Milwaukee/WI, Nischni Nowgorod, Köthen u. New York – **V:** FOTOBÄNDE: Zeitenwende (1987–1997), Monogr. 01; Westzeitstory (1990–1999); Die Rückkehr der Familien, Monogr. 01; Jenseits des Wohlstands, Monogr. 02; Jeder Mensch ist ein Mensch 03; Jugend-Made in Germany 04

Lassen, Holger, Bildhauer; Rückertstr. 10, D-38112 Braunschweig, Tel. (05 31) 5 16 85 77, *holger.lassen@t-online.de*, *familielassen.de*. Joh.-Krieger-Str. 25, D-90469 Nürnberg (* Tennenlohe/Erlangen 2. 2. 65) – **VG:** Nürnberg, Bode; Nürnberg, Gal. m. d. blauen Tür; Köln, Inter Art Gal. – **S:** 87–93 ABK Nürnberg (Kl. f. Bildhauerei b. Prof. Chr. Höpfner, Meisterschüler) – **L:** 99–04 TU Braunschweig (Inst. f. Elementares Formen, wiss.-künstler. Mitarb.) – **P:** Kult.förd.pr. d. Stadt Fürth 95; Kult.förd.pr. d. Bez. Mittelfranken 97 – **Ve:** BBK Bay. 93; KV Erlangen – **KGr:** Künstlersonderbund in Deutschland (03) – **G/T:** figürliche Bildhauerei (Akt, Portr., Tier, Kunst am Bau u. im öff. Raum) – **K:** Grundlagen d. Zeichnens, Aktzchng – **W:** überw. in privaten Slgn, u. a. in Dtld, Schweiz, Dänemark, USA – **M:** Nürnberg, SM Fembohaus – **Ö:** Ludwigslust, Alexandrinenpl.; Peine (Denkmalbüste); – weitere: Friedhof Kraftshof (b. Nürnberg) – **E:** / G: seit 89 im In- u. Ausld – ***Lit:*** H. L. – Bildhauer, Werkkat. 04 – ***LitR:*** Zeitgleich – H.L., Beitr. z. Ausst. im Kunsthaus Nürnberg (Franken Fs.); zwei Filmreportagen z. Entstehung u. Aufstellung d. 'Reitenden Alexandrine' in Ludwigslust (NDR Mag.)

Lassen, Uwe, Beton-Bildhauer, Maler; Heerstr. 99 c, D-58553 Halver, Tel. (0 23 53) 1 36 21, *uwe@lassen-halver.de*, *www.lassen-halver.de* (* Lüdenscheid 20. 7. 62) – **Ve:** Ver. Aktion Kunst Treff (KV VAKT) 01 – **KGr:** VAKT (Künstler seit 04) – **G/T:** Betonbildhauerei (v. Naturellen z. Abstr.); Wandobjekte (versch. Materialien, Abstr.) – **W:** ca. 45 Beotnplast., überw. in Privatbes.; ca. 25 Wandobjekt-Bilder, überw. in Privatbes. – **Ö:** Hautmont/Frkr., RH – **G:** 01, 02, 03, 04 Halver, Gal. Regional; 04 Halver, Kunst im Park; 05 Hagen, Aus d. Rahmen 2005; 06 Dortmund, Kreativ-Haus (Säulengarten): Event u. Garten

Lassmann, Brigitte s. Pamperl, Brigitte

Lassnig, Maria, Prof., Malerin, Graphikerin; lebt in Wien (* Kappel am Krappfeld 8. 9. 19) – **VG:** Wien, Ulysses; Feldkirch, Gal. 60; München, Gross – **S:** 41–44 u. 54 ABK Wien (b. W. Dachauer, F. Andri u. H. Boeckl); 51–52 Paris-Stip.; 70 School of Visual Arts New York – **L:** 80–90 HS f. angew. Kunst Wien (Prof. f. Malerei) – **P:** DAAD-Stip. 78; Großer Öst. Staatspr. 88; Oskar Kokoschka-Pr. 98; Max-Beckmann-Pr. 04 – **Ve:** Bay. Akad. d. Schönen Künste – **KGr:** Art-Club (47) – **G/T:** Malerei (v. a. 'Körpergefühlsbilder'), Graph., Film (Kurz- u. Animationsfilm) – **M:** Dresden, GG NM; Freiburg im Breisgau, Mus. f. Neue Kunst; München, Pin. d. Mod.; Wien, Belvedere; Wien, MMK Stiftung Ludwig – **E:** u. a. 82 Mannheim, KV; 85 Wien, MMK im Schweizergarten; 88, 92 New York, Ulysses; Wien, Ulysses; 89, 92 München, Klewan; 95 München, Gross; 02 New York, Petzel; 03 Zürich, Kunsthaus; 04 Frankfurt am Main, Städel – **G:** 80 Venedig, Bienn.; 82 Kassel, documenta – **R:** u. a.: Selfportrait, Zeichentrickfilm (Lebensrückblick) 71; Art Education, Kurzfilm (feministische Auslegung berühmter Gemälde) 76; Maria Lassnig Kantate, 35 mm-Animationsfilm (Idee, Text, Gesang, Zeichn., Animation) 92 – ***Lit:*** Dictionary of Art 96; Contemp. Woman Artists 99 – (Red.)

Lathan s. Watzlawik, Petra

Laube, Michael, Maler; lebt u. arbeitet in Berlin (* Coburg 55) – **VG:** Berlin, Kuckei + Kuckei – **S:** 77–82 Univ. Karlsruhe (Stud. Nachrichtentechnik); 82–86 PH Heidelberg (Kunstpädagogik); 86–94 HdK Berlin (freie Malerei, Meisterschüler b. Georg Baselitz) – **P:** Stip. d. Karl-Hofer-Ges. 95–97 – **E:** u. a. 90 Berlin, Broschwitz; 96 Berlin, KV Schering; 00 Berlin, Kuckei + Kuckei; 03 Friedrichshafen, KV – **G:** u. a. 89 Darmstadt, Mathildenhöhe; 97 Berlin, Kunstamt Kreuzberg-Bethanien; 00 Berlin, Köpenicker Maisalon; 01 Zürich, Wolfsberg; 02 Marfa/Texas, Chinati Found. – (Red.)

Laufenburg, Heike (Ps.: Zwurgel), Künstlerin; Klosterstr. 23, D-34439 Willebadessen, Tel. u. Fax: (0 56 46) 12 61, *hallo@heikelaufenburg.de*, *www.heikelaufenburg.de* (* Düsseldorf 17. 5. 61) – **G/T:** Buchill.; Aqu.; Internetgal. – **W:** Ill. zu über 200 Büchern; versch. Internetgal. – **V:** u. a. Es bleibt eine Narbe zurück. Texte über Liebe u. Liebeskummer (Hrsg.) 87; Wie ein Baum, der gefällt wird. Gedichte & Erz. über d. Umwelt (Hrsg.) 88; Harry Orzechowski: Kapitän Tobby (Ill.) 88; Ellen Frommann-Waldmüller: Märchen u. Gesch. (Ill.) 91; Waltraud Abraham: Flucht aus Ostpreußen. Erinnerungen an eine Kindheit (Ill.) 00; Immer mehr. Eine Anthologie über d. Thema Liebe (Hrsg.) 05; Rudolf M. Schmolz: Die Erinnerungen d. Damian Doppelwurm u. a. (Ill.) 05 – zuletzt: Karsten Oppitz: Sinnsprüche. Gedichte v. Leben u. anderen Kleinigkeiten (Ill.) 06; Tohuwabohus tanzen im Kopf. Ein Buch über Liebe f. junge Menschen (Ill.) 06; Tina S. Sattler: Moritz. Märchen, Tiergesch. u. phantast. Erz. (Ill.) 06

Laun, Christiane, Malerin; Gut Kartaus, D-52428 Jülich, Tel. (0 24 61) 93 58 85, Fax 93 80 93, *ch.laun@t-online.de* (* Hamm, Westf. 14. 2. 61) – **VG:** Essen, Neher; Lübbecke, Tantius; Dortmund, Gal. da entlang – **S:** 80–87 KA Düsseldorf, Abt. Münster (Meisterschülerin b. Ulrich Erben) – **M:** Beckum, SM; Hagen, Karl-Ernst-Osthaus-Mus.; Wadersloh, Mus. Abtei Liesborn – **Ö:** Münster, RH; Warendorf, Kr.haus – **E:** 86, 92, 00 Bochum, Januar; 87, 99 Wiedenbrück, Kuhn; 88, 98 Lübbecke, Tantius; 89 Ahlen, Kult.ges.; 91 Münster, Westf. LM; 92 Beckum, SM; 98 Ahlen, Stadt-Gal.; 99 Wadersloh, Mus. Abtei Liesborn; 01, 05 Dortmund, Gal. da entlang; 03 Essen, Neher; 05 Heinsberg, KV; 06 Lüdinghausen, Burg Lüdinghausen – **G:** zahlr. Ausst.bet. seit 82, u. a. 87 Mönchengladbach, Löhrl; 90 Emsdetten, KV; 95 Hamm, Gustav-Lübcke-Mus.; 96 Sofia, Goethe-Inst.; Münster, Hachmeister; 99 Gütersloh, KV; 03 Dortmund, Mus. am Ostwall; 97, 98, 99, 00, 01, 02 Essen, Neher; 99, 00, 01, 02, 03 Dortmund, Gal. da entlang; 06 Iserlohn, Bengelsträter – ***Lit:*** Ausst.kat.: Claudia Posca: Präsenz und Dauer 89; Erich Franz: Fluktuation der Aufmerksamkeit 98; ders.: Unabschließbare Momente 03

Lauro, Roberto, Graphiker, Maler, Bildhauer; Mühle, CH-8626 Ottikon, Tel. 0 19 35 33 23, Fax

0 19 35 16 91, *roberto@lauro-art.ch, www.lauro-art.ch* (* Jersey Island/GB 2. 6. 32) – **VG:** Berkeley, Austerer; Palm Springs, Austerer – **S:** in Zürich Ausb. z. Graphiker – **Ve:** visarte Zürich – **W:** überw. in Privatbes. – **E:** in Dtld, Öst., Frkr., d. Schweiz u. d. USA – **V:** Lauro – eine Retrospektive 92; Farbpoetic im Jahreszyklus, Mappenwerk u. Buch – (Red.)

Lausen, Jens, Dozent Maler, Bildhauer, Graphiker, Poet, Fotograph; Möörkenweg 18 D, D-21029 Hamburg, Tel. (0 40) 7 21 28 22, *melodylausen@yahoo.com* (* Hamburg 18. 8. 37) – **VG:** Hamburg, Kammer; London, Marlborough; Berlin, Brusberg; London, Fischer – **S:** 57–61 HBK Hamburg (b. Prof. Kranz u. Prof. Werner Bunz) – **L:** 71 HBK Kassel (Gastveranstaltung); 73–75 Univ. Kiel (Doz. f. Freie Malerei, FB Gest.) – **P:** Stip. d. Kult.kr. im BDI 65; Kunstpr. d. Böttcherstr. in Bremen 66 – **Ve:** Dt. Künstlerbund 67 – **G/T:** Ldschaftsmalerei, Zeichn., Graph., Install., Fotogr. – **W:** überw. in Privatbes. – **M:** Bremen, KH; Hamburg, KH; Kiel, KH; Schleswig, LM f. Kunst u. Kult.-Gesch. Schloß Gottorf – **E:** u. a. 65 Bochum, Falazik (Kat.); 67 Hannover, Brusberg (Kat.); 69 London, Marlborough (Kat.); 70 Mannheim, KV (Kat.); 71 Lübeck, Overbeck-Ges. (Kat.); Flensburg, KH; 73 Kopenhagen, Arnesen; 74 Armadale, Gal. Langsam; Oslo, Onstad Mus.; 75 Bremen, KS Böttcherstraße – Paula-Modersohn-Becker-Mus.; 80 Hamburg, KH; 93 Manila, Metropolitan Mus.; 96 Hamburg, Barlach; 97 Hamburg, Kampnagel K3; 02, 04, 05 Hamburg, Künstlerhaus Hamburg-Bergedorf – **G:** 95–06 über 150 Ausst.bet. in Europa, d. USA, Asien, Australien, u. a. Frankfurt am Main, Ars Viva; Berlin, AdK; Baden-Baden, KH; Tokyo, Bienn.; Paris, Bernard; Nürnberg, KH – **V:** GRAPH.-MAPPEN: Marlborough Fine Art London 69; Brusberg Hannover 70 – EDITIONEN im EGO Verlag: Von A – Z (3tlg.); Das A und O 03; Bildfelder 05; Ausgewählte Gedichte 05; Von Augenblick zu Augenblick (3 Auszüge); Fundstücke 05; Gesänge hör ich im leeren Raum 05; Alles in allem 05; Unter der Haut 05; The very moment 06; Der geteilte Horizont 06; Jenseits 06 – ***Lit:*** Signale Stationen Landschaften 67; Künstliche Landschaften 1971–1974 74; Gal. Walter: Druckgraphikverz. 1969–1979 79; Der Bruch 1974–1979 80; J. L. The Inner Horizon 1981–1992 93; Mabuhay, in: Mag. of Philippine Airlines, Nr. 10 Okt. 93; Siegfried Kühl (Hrsg.): Kultur in Hamburg 97; Mus. Bochum (Hrsg): Ldschaftsbilder, in: Bochum sammelt 2 04 – sowie zahlr. Kat. zu Gruppenausst. – ***LitR:*** The Inner Horizon, Video 92; – sowie seit 68 mehrere Sdgn im Fs.

Lautenschläger, Joachim, Graphiker, Maler, Designer; Dorfstr. 2, D-17094 Zachow, Tel. (0 39 605) 2 00 90, Mobil: 01 71 23 57 41 8, *postbox@lautenschlaeger-grafik.de, www.lautenschlaeger-grafik.de* (* Zwickau 44) – **S:** 65–70 HGB Leipzig (Graph.) – **L:** 91–92 FHS f. Design Heiligendamm (LAuftr.) – **P:** Fritz Reuter Pr. 84 – **Ve:** VBK DDR 72; BBK 90 – **M:** Rostock, KH – **E:** / G: zahlr. Ausst. im In- u. Ausld, u. a. 02 Güstrow, Harff – ***Lit:*** Schweers 02 – (Red.)

Lauterbach, Heide (geb. Heide Hanf-Dressler), Malerin, Trickfilmautorin (Animation); Bockenheimer Landstr. 69, D-60325 Frankfurt am Main, Tel. (0 69) 72 64 66, Mobil: 01 75 91 37 54 6. Via Mapelli 34, I-28044 Verbania-Biganzolo (* Frankfurt am Main 7. 12. 32) – **S:** 53–55 HS f. Gest. Krefeld u. Kassel; 64–68 Univ. Frankfurt (Stud. d. Kunsterziehung); 72/73 Univ. San Francisco (Medienpädagogik); 78–81 Städelschule Frankfurt am Main – **L:** 67–78 Frankfurt (Kunsterzieherin); 78–82 Kommunales Kino Frankfurt (Filmarb. m. Kindern) – **Ve:** Frankfurter KV 83 – **G/T:** Malerei (Aqu., Acryl, Pastell, figurativ u. abstr., Portr., Lsch.) – **K:** VHS Frankfurt: Zeichnen/Aquarellieren – **W:** DVDs (Prozesse d. Malens), mehrere Acrylbilder, Aqu. u. Zchngn – **E:** 83 Frankfurt am Main, Das Bilderhaus; 87 Berlin, Hartmann & Noé; 89 Premeno, Villa Bernocchi; 99 Wiesbaden, Wing Gal.; 04 Frankfurt am Main, Projekthaus Leistikow; 06 Frankfurt am Main, Heussenstamm-Stift. – sowie: Atelierausst. 85–03 – **G:** 86–88 Frankfurt am Main, Fabrik-Projekt Leipziger Str. 36; 01 Apolda, Kunsthaus Avantgarde: Konstruktiv-Informel; 02 Volxheim, KV: Familie Lauterbach

Laven, Rolf, Dr. phil., Mag. art., Künstler; Kurzgasse 3/34, A-1060 Wien, Tel. (01) 5 97 29 02, Mobil: 06 99 12 53 57 41, *rolf.laven@utanet.at; rolf.laven@wienmuseum.at, www.rolflaven.com; www.kunstverkehr.at; www.basis-wien.at; www.museum.vienna.at; www.igbildendekunst.at.* Atelier: Kurzgasse 3/1,2,4–5, A-1060 Wien (* Jülich/NRW 9. 4. 66) – **S:** ab 89 Acad. van Beeldende Kunsten Maastricht (Bildhauerei u. plast. Formgebung b. Han van Wetering); 90 Sommerakad. Salzburg (Papierskulpt. b. Andreas von Weizsäcker); ab 90 ABK Wien (b. d. Prof. Michelangelo Pistoletto, Bruno Gironcoli, Herwig Zens u. Edelbert Köb, Gastsem. b. Franz Graf); 94 ebda (Inst. f. Bildnerische Erziehung u. Kunstwiss., Mag. b. Herwig Zens); 98 ebda (Mag. b. Michelangelo Pistoletto); 04 ebda (Diss. b. Herwig Zens u. Elisabeth von Samsonow) – **Ve:** IG Bild. Kunst – **G/T:** Objektkunst u. Install., Malerei, interaktive Interventionen – **K:** Workshops in versch. Medien im Atelier Laven – **W:** überw. in Privatbes. – **Ö:** Wien, Stadt – **G:** u. a. 95 München, Marstall-Mus.; 95, 98 Wien, Cult; St. Pölten, Ndöst. LM; 98 Wien, Semperdepot; 01 Wien, Schikaneder; Wien, Karmelitermarkt; 02, 03 Wien, Ottakringer Brauerei; 02 Wien, projektTheater; St. Radegund, Schulgal.; Brunico, Schloß Bruneck; 03 Wien, IG Bild. Kunst; Baden bei Wien, KV Baden; 04–06 Riedersbach, Stahlpark; 05 Düren, Leopold-Hoesch-Mus.: Der mobile Zengarten; Karlsruhe, Kunstbetrieb: Polymeres Spielen; 06 St. Pölten, Ndöst. Dok.-Zentrum f. Mod. Kunst: Körper-Raum-Objekte; Wien, Wien Mus.: der kinetismus – wien entdeckt die avantgarde; Wien, Mus.quartier (Freiraum): kunsTraum schule – **V:** Franz Čižek – Rezeption und Relevanz der Wiener Jugendkunstklasse im internationalen Kontext, Diss. – ***Lit:*** Pia Jardí: School is over, in: Lapiz 141 98; Kunst und Bildung – Personale Kunstvermittlung in Bildungsprozessen 01; Thomas Prlic: Kunst und Kebab, in: Falter 03; Wolfgang Paterno: Der Mobile Zengarten, in: profil Mag. 03; Keine Wunderkinder oder der innere Drang der Notwendigkeit 04

Lay-Koebe, Ilse s. Hangert, Ilse

L/B s. Baumann, Daniel

L/B s. Lang, Sabina

Le Goff, Serge (Ps.: Kunst-Stoff); Alte Landstr. 36/1, D-72072 Tübingen, Tel. (0 70 71) 7 33 94, Mobil: 0 17 77 33 94 32, *KUNSTSTOFFARTDECO@GMX.net, www.SERGE-KUNST-STOFF.de* (* Paris 25. 4. 51) – **S:** Inst. dela Déliquescences (b. Prof. Dr. Furibon Débile) **Ve:** KV Stuttgart 89; KV Mössingen 01 – **KGr:** DA SCHAD (86–88) – **KGe:** S. L. G. u. Gabi Ebespächer (seit 89) – **G/T:** Objektkunst (Kunststoff, Leuchtobjekt, Lichtinstall.); Aktionskunst u. Performance – **K:** Mentor f. Bürgerengagement seit 02; Kunstprojekte m. Jugendlichen – **W:** zahlr. Aktionen bzw. Performances – **M:** Tübingen, SM – **E:** 84–91, 93–95 jl. in Tübingen; 90 Münsingen; 92 Sena; 93 Stuttgart, Reutlingen, Nürtingen; 94 Nürtingen, Balingen; 00 Tübingen, Kulturhalle; 02 Reutlingen, Mössingen, Tübingen; 04 Tübingen, Shedhalle – **G:** 80, 95, 96, 01, 02 Tübingen; 87 Haigerloch; 89 Herrenberg; 90 Stuttgart; 91 Wiesbaden,

Kunsthaus; München, Hofkunstanst.; Stuttgart, Württembergischer KV; 00 Balingen; 03 Mössingen, Kulturscheune – (Red.)

Leach, Nigel (geb. Anthony Nigel), Architekt (Dipl.-Ing.), Architekturkünstler, freischaffender Künstler; Manteuffelstr. 60, D-10999 Berlin, Tel. (0 30) 6 12 34 71 (* Trentham/Stoke-on-Trent 12. 12. 45) – **S:** 65–66 HdK Berlin (Freie Kunst b. Prof. Jaenisch, Lemke); 66–76 ebda (Archit. b. Prof. Ernst, Dipl.); 73 Werkarchitektenprüfung; ab 84 freischaffender Archit.künstler – **P:** Daily Mail Pr., London (m. Höherer Ausz.) 56 – **G/T:** Malerei (Aqu., Stilleben); Zchng (Tusche, Federstrich, Städte, Stadtansichten aus d. Vogelperspektive in Großformat); Archit.fotogr.; Modellbau (Holz); darst. Geometrie – **W:** 94 Überreichung d. Bildes 'Schloß Bellevue, Berlin-Tiergarten 1992' an R. v. Weizsäcker anläßl. seines Ausscheidens als Bundespräs. – **E:** seit 84, u. a. 84 Wien, Gal. Regenwurm; 85 Berlin, Bank f. Handel u. Industr. Friedenau; Berlin, Bank f. Handel u. Industr. Charlottenburg; 86 Berlin, Gal. im 14 Stock Wilmersdorf; 90 Berlin, Airport-Gal. Tegel; Berlin, Dresdner Bank am Flughafen Berlin-Tempelhof; 93 Berlin, Dresdner Bank im RH Steglitz; 00 Berlin, Atelier f. Mode u. Gest. Up Art; 04 Berlin-Charlottenburg, Dt. Bank AG Kurfürstendamm – **G:** 83, 86 Berlin, Freie Berliner Kunstausst. (Kat.); 99 Berlin, Gendarmenmarkt: Grand Marché f. zeitgen. Kunst – ***Lit:*** Kat. d. Graph. Slg d. Wallraf-Richartz-Mus. Köln 91 – sowie Beitr. in div. Ztgn, u. a. in: Berliner Morgenpost 86; z. Ausst. in d. Airport-Gal. Berlin, in: Nord-Berliner Regionalztg 90; Jörn Hasselmann: Stadtleben, in: Der Tagesspiegel 21.7.94 – ***LitR:*** Goetz Krönburger: Zufallsbekanntschaften, Interview (SFB II, Sender Freies Berlin) 85; Beitr. üb. die Ausst. in d. 'Gal. im 14. Stock', in: Die Abendschau (SFB) 18.11.86

Lebeck, Robert, Fotograf, Fotoreporter; Apostel-Paulus-Str. 7, D-10823 Berlin, Tel. (0 30) 78 71 45 65, *robert@lebeck.de*, *www.lebeck.de* (* Berlin 21. 3. 29) – **P:** Dr.-Erich-Salomon-Pr. d. DGPh 91; Infinity Award d. Intern. Center of Photogr. New York 02 – **Ve:** DGPh – **G/T:** Reportagefotos – **M:** Essen, Mus. Folkwang; Köln, Mus. Ludwig; München, SM – **E:** u. a. 62 Hamburg, MKG; 06 Göttingen, Altes RH; Stuttgart, Städt. Fotogal. – **V:** Afrika im Jahre Null (Fotos s/w) 61; Vis-à-vis (Schwarzweißfotos) 99; Neugierig auf Welt, Autobiogr. 04; Unverschämtes Glück (Farbfotos) 04 – (Red.)

Leber, Wolfgang, Maler, Graphiker; Wollankstr. 133, D-13187 Berlin, Tel. (0 30) 2 81 25 00 (* Berlin 15. 2. 36) – **VG:** Berlin, Leo.Coppi; Berlin, Gal. Sophien-Edition; Berlin, Gal. der Berliner Graphikpresse; Berlin, Gal. Berlin; Gotha, Finkbein – **S:** 57–61 WerkKsch Berlin-Charlottenburg; 61 HBK Berlin (Graph.kl.) – **L:** 74–78 FS f. Werbung u. Gest. Berlin (Grundlagen); 90–93 KHS Berlin-Weißensee (LBeauftr. Malerei); 98–99 ebda (Gastprof. Malerei) – **P:** Berlin-Pr. 81; Gastatelier Villa-Rossa in Agnedo/Trento 96 – **Ve:** VBK DDR 65–90 – **G/T:** Malerei, Graph., Plast., Keramik – **K:** 70–95 Werkstudio Graph. Berlin (Grundlagen) – **W:** Privatbes. im In- u. Ausland; Ankauf u. a. durch d. Berliner Senat – **M:** Albstadt, StG; Altenburg, Lindenau-Mus.; Assen, Drents Mus.; Berlin, AK; Berlin, Berlinische Gal.; Berlin, Inst. f. Ausldsbeziehungen; Berlin, KS d. Weberbank; Berlin, Kpst.-Kab.; Berlin, Kunstamt Friedrichshain; Berlin, Märkisches Mus.; Berlin, NG; Berlin, Neuer Berliner KV; Berlin, SMPK; Berlin, Slg d. GrundkreditBank; Chemnitz, KS; Frankfurt/Oder, Mus. Junge Kunst; Gera, KS; Halle/Saale, Staatl. Gal. Moritzburg; Leipzig, MBK; Neubrandenburg, KS; Nürnberg, Germanisches NM; Potsdam, Potsdam-Mus.; Schwerin, Staatl. Mus.; Weimar, Klassik Stift. – **E:** zahlr. Einzelausst., u. a. 73 Berlin, Prater; 76 Berlin, Gal. im Turm; Rostock, Gal. am Boulevard; 79, 86, 96 Berlin, Gal. Mitte; 81 Ahrenshoop, Bunte Stube; 82 Berlin, Akad. d. Wiss.; Dresden, Leonhardi-Mus.; 84 Berlin, Unter d. Linden; Chemnitz, Schmidt-Rottluff; 85 Frankfurt/Oder, Gal. Junge Kunst (m. Peter Makolies); 87 Kühlungsborn, Gal. Unter den Kolonnaden; 90 Berlin, Rotunde; 91 Berlin, Grahl; 92 Berlin, Gal. am Pariser Pl.; Florenz, Gall. eco d'arte moderna; 93, 96, 01 Berlin, Gal. Sophien-Edition; 94 Ratingen, Gal. 89; Berlin, Gal. 100; 95 Berlin, Leo & Coppi; 96 Frankfurt/Oder, Mus. Junge Kunst; 97, 03 Berlin, Pohl; Darmstadt, Netuschil; 98 Halle/Saale, KV; Berlin, Hintersdorf; 00 Gotha, Finkbein; Berlin, Parterre; 01 Stralsund, Kultur-hist. Mus.; 02 Feldberg, KV; 03 Berlin, Gal. der Berliner Graphikpresse; Berlin, TU; 04 Ahrenshoop, Kunstkaten; 04, 06 Berlin, Gal. Berlin; 05 Berlin, Gal. im Turm; Bad Steben, Graph.mus. Stift. Schreiner; 06 Berlin, Gal. Pankow – **G:** Bet. an Ausst. in Museen u. Gal. sowie an Kunstmessen seit 64 – **V:** Ist Laienkunst nötig?, in: Almanach 10 Jahre Werkstudio Grafik 80; Über das Malen mit Wasserfarben, über die Zeichnung, in: Kunstheft PASSAGE Juli 92; Für Christa Böhme, in: Kat. Christa Böhme, AK 94; Über Dieter Goltzsche, in: D. Goltzsche. Werkverzeichnis der Lithographien 96; Das Atelier in der Kastanienallee, in: Manfred Böttcher Verlag der Kunst 02 – ***Lit:*** Joachim John: W.L. Aquarelle u. Druckgraphik, Faltbl. 76; Rudolf Pakulla: W.L. Grafik, Aquarelle, Zeichnungen, Kat. 80; Gotthard Brandler: W.L. Bilder u. Aquarelle, Kat. 81; Waldemar Haase: W.L. Grafik u. Aquarelle, Kat. 85; Matthias Flügge: W.L. Aquarelle u. Zeichnungen, Kat. 90; Dieter Goltzsche u. Michael Freitag: W.L. Malerei u. Zeichnungen, Kat. 92; Brigitte Rieger-Jähner u. Matthias Flügge: Figur u. Raum. Malerei u. Zeichnungen 1965–1995, Kat. 96; Joachim Pohl u. Giovanni Pelloso: W.L. villa Rossa. Aquarelle u. Zeichnungen, Kat. 97; Kathleen Krenzlin: W.L. Lithographien 1965–2000, Faltbl. 00; Roland März u. Matthias Flügge: W.L. Monographie, Malerei, Graphik, Plastik 04

Leberer, Camill, Bildhauer; Reitzensteinstr. 13, D-70190 Stuttgart, Tel. u. Fax (07 11) 2 62 12 28 (* Kenzingen/Breisgau 53) – **VG:** u. a. München, Waßermann; Wiesbaden, Witzel – **S:** 78–84 ABK Stuttgart (Bildhauerei) – **L:** 87–88 FHS f. Gest. Pforzheim (Doz. f. Bildhauerei); 91–92 ABK Stuttgart (Gastprof.) – **P:** Stip. d. Kunststift. Bad.-Württ. 84; Forum Junger Kunst (Pr.träger) 85; Villa-Massimo-Stip. 88; Förd.pr. d. Stadt Stuttgart 91 – **G/T:** Skulpt. u. Wandobjekte (abstr., konstruktiv, Eisen, Farbe, Glas) – **W:** KS d. BRD, Ld Bad.-Württ. – **M:** u. a. Bonn, KM; Esslingen, StG Villa Merkel; Frankfurt am Main, Dt. Bank; Freiburg im Breisgau, Mus. f. Neue Kunst; Freiburg im Breisgau, Reg.präsidium; Göppingen, StG; Kaiserslautern, Pfalz-Gal.; Karlsruhe, Prinz-Max-Pal.; Luxemburg, Mus. d'art Mod.; Mannheim, StKH; München, Staatl. GrS; Rastatt, StG; Sindelfingen, Ldeszentralbank Bad.-Württ.; Stuttgart, Artothek; Stuttgart, SG; Tübingen, KH; Wien, MMK Stiftung Ludwig – **Ö:** Essen, Herzzentrum; Idar-Oberstein, Heinrich Hertz Kaserne; Luxembourg, Dexia Bank – **E:** seit 86, u. a. 90 Heidelberg, KV; Wilhelmshaven, KH; 90, 98 Göppingen, KH; 91 Rom, Villa Massimo; Bochum, KV; 92 Ravensburg, StG; 92, 94, 97, 00 Darmstadt, Thieme; 93 Ettlingen, KV Wilhelmshöhe; Freiburg im Breisgau, Baumgarten; 93, 95, 97, 99, 02, 04, 07 Wiesbaden, Witzel; 94 Würzburg, StG; Villingen-Schwenningen, StG; 95, 07 Kaiserslautern, Pfalz-Gal.; 96 Nürnberg, Inst. f. mod. Kunst; Stuttgart, StG; 96, 99, 01, 03, 06 Köln, Holtmann; 97 Braunschweig, KV; Bonn, KM;

98 Baden-Baden, SKH (Kat.); 98, 00, 01, 03, 06 München, Waßermann; 99 Essen, Mus. Folkwang; Freiburg im Breisgau, KV; 01, 05 Mannheim, Zimmermann; 02 Frankfurt am Main, Dom-Mus.; 03 Goch, Mus. f. Kunst u. Kult.gesch.; 04 Karlsruhe, SKH; 05 Bergisch Gladbach, StG Villa Zanders; Hannover, Sprengel Mus.; 07 Heidenheim, KM; London, Broadbent Gall. – **G:** zahlr. seit 83, zuletzt u. a. 04 Ingolstadt, Mus. f. Konkrete Kunst; Karlsruhe, SKH: Neuerwerbungen; 04, 06 Ingolstadt, Haas; 05 Stuttgart, KM: angekommen – Slg im eigenen Haus; Wiesbaden, Witzel: auf papier; 06 Goch, Mus. f. Kunst u. Kult.gesch.: Jamboree; London, Broadbent Gall. – (Red.)

Lebert, Jochen Dieter (Ps.: Kajetan Xaver Rastenmacher), Maler, Graphiker, Bildhauer, Dozent (Erwachsenenbild. Kunstdidaktik am Gymnasium); Sammenheim 40, D-91723 Dittenheim/Mfr., Tel. u. Fax: (0 98 33) 56 28, *www.jochenlebert.de* (* Würzburg 8. 4. 39) – **S:** 58–64 ABK München (b. d. Prof. Charles Crodel u. Mac Zimmermann); 62–63 HBK Berlin (b. Prof. Max Kaus) – **L:** 65–02 Gymnasium (Fach Kunst); Akad. f. Lehrerfortbild. Dillingen (Kurse f. Lith., Malerei, Handzchng) – **P:** Pr. f. Malerei d. Stadt Wertingen 91 – **Ve:** BBK Ndb.-Oberpf. 60–86; Künstlerbund Schwabach 85; BBK Nürnberg 86; Kunstforum Fränkisches Seenland 87 – **KGr:** W!R (seit 99) – **G/T:** Betonplast.; keram. Wandgest.; gegenständl. Malerei (Öl, Acryl, Gouache); Ill. (vorw. Lith.) – **K:** Lith. – **W:** Gemälde im Bes. d. Städte München, Gunzenhausen u. d. Ldkr. Weißenburg – **Ö:** Bechhofen, Schulzentrum (Brunnen); Feuchtwangen, Hallenbad (keram. Wandgest.); Windsbach, Gymnasium (Brunnen) – **E:** 85 Schwabach, Gal. Bürgerhaus; 86 Straubing, DG-Bank; 87 Nürnberg, Girelli; 88 Gunzenhausen, Mus.; Darmstadt, Kleines Kellerkab.; 92 Augsburg, Ecke Gal. – **G:** 65 Amberg, Amberg progressiv; 65, 66, 67, 68, 69, 70 München, Haus d. Kunst: Große Kunstausst.; 83–85 Regensburg, Große Ostbay. Kunstausst.; 85 Regensburg, Zeitgen. Plast. v. d. Gesandtengräbern; 87, 88, 89, 90, 91, 93, 95 Wertingen, Schloß; 01 Schwabach, Ortung II; 06 Nürnberg, Künstlerhaus – sowie Nürnberg in Glasgow – **V:** Mahlzeit (Gedichte, Ill.) 83; Näherungen (Gedichte, Ill.) 84; Einfach a so, Mundartgedichte (s/w-Lith.), Schwabacher Drucke Bd 39 87

Lebschik, Marie-Luise, Malerin, Graphikerin; Hülchrather Str. 5, D-50670 Köln (* St. Pölten 52) – **VG:** Wien, Krinzinger – **E:** zahlr. Ausst., u. a. 84 Wien, Steinek; 91 Bern, Gerber; 94, 02 Wien, Krinzinger; 95 St. Pölten, Ndöst. Dok.-Zentrum f. Mod. Kunst; 00 Köln, Kunstraum Wolfgang Strobl; 02/03 Klosterneuburg/NdÖst., Slg Essl – **G:** zahlr. Ausst.bet., u. a. 85 Wien, MMK Stiftung Ludwig; 94 Bonn, LM; 96 Wien, Krinzinger; 98 Wien, Secession; 00 Bonn, Bonner KV – (Red.)

Lebzelter, Georg, Mag. art., Graphiker, Maler; c/o Gal. Ulrike Hrobsky, Grünangergasse 6, A-1010 Wien (* Melk/Donau 20. 10. 66) – **VG:** Wien, Hrobsky – **S:** 86–90 ABK Wien (Meisterschule Graph. b. Prof. Melcher); 91–92 Univ. Complutense Madrid – **L:** seit 90 Wiener KSch (LAuftr. Graph.); seit 99 Höhere Graph. Lehranst. Wien (Prof. f. Orig.graph.); seit 04 New Design Univ. St. Pölten (LAuftr. Print) – **P:** Anerkennungspr. d. Ldes NdÖst. 89; Sussmann-Stip. 91; Stip. Madrid 91, 92; Bareuther-Pr. 94; Woyty Wimmer-Pr. 99 – **Ve:** Wiener Künstlerhaus 93; IG Bild. Kunst 93 – **G/T:** Zeichn., Druckgraph. (vorw. Rad.), Buchill. – **M:** St. Pölten, Ndöst. LM; Wien, Albertina Graph. Slg – **Ö:** Wien, Allg. Krankenhaus (AKH) – **E:** 89 Wien, Neue Gal.; 93 Wien, Alte Schmiede; 98 Wien, Tiller; 00 Horn, Gal. Thurnhof; 02 Mödling, Gal. Arcade; 04 Wien, Hrobsky – **G:** 95 Madrid, Gal. Brita Prinz; 97 Kairo, Intern. Graph.trienn.; 99, 05 Wien, Künstlerhaus (Buchkunst); 04 Varna, Graph. Bienn. – **V:** Angeschwemmtes und Ausgegrabenes 98; m. Neuwirth: Ein Abschied von Drosendorf (Ill., Lith.) 00; Schlachten und Lichten, Leporello; Durchsichten 04; Auge Greifnah 05 – ***Lit:*** AUS-ST.KAT.: Max Melcher, Nikolaus Link: G. L. – Graphik und Malerei 93; Franz Kaindl: G. L. – Graphik/Obra grafica 95; Spiegelglas der Augenblicke 99

Lechner, Alf, Prof., Maler, Graphiker u. Bildhauer; Allee 3, D-91795 Dollnstein/Obereichstätt, Tel. (0 84 21) 90 36 65 (* München 17. 4. 25) – **VG:** Düsseldorf, Strelow – **L:** 90–91 ABK München (Gastprof.); 93 ABK München (Hon.prof.); Intern. Sommerakad. f. Bild. Kunst Salzburg (LBeauftr.) – **P:** u. a. Förd.pr. Bild. Kunst d. Kult.kr. d. dt. Wirtschaft im BDI 73; Kunstpr. d. AK Berlin 74; Piepenbrock Pr. f. Skulpt. 92; Friedrich-Baur-Pr. d. Akad. d. Schönen Künste 00 – **Ve:** Bay. Akad. d. Schönen Künste 95 – **G/T:** Skulpt. (vorw. Stahl), Malerei, Graph. – **M:** Berlin, NG; München, Lenbachhaus – **E:** zahlr. Einzelausst. seit 68, zuletzt u. a. 00 München, Paal; Frankfurt am Main, Bethmannhof; 01 Ingolstadt, Alf Lechner Mus.; 02 Nürnberg, Defet – **G:** u. a. 85, 90 Duisburg, Wilhelm-Lehmbruck-Mus.; 87 Dortmund, Mus. am Ostwall; 89 Hagen, Karl-Ernst-Osthaus-Mus.; 93 Halle/Saale, Staatl. Gal. Moritzburg; 95 Augsburg, KV; 97 Köln, Skulpturenpark; 99 München, Paal – ***Lit:*** Reclams Künstlerlex. 02 – (Red.)

Lechner, Hans-Peter; Stoltenbergstr. 15, D-58456 Witten, Tel. (0 23 02) 7 93 64, Fax 7 22 08 – **G/T:** Malerei – (Red.)

Lechner, Ute, Bildhauerin; Kumpfmühle 2, D-83562 Rechtmehring, *utelechner@web.de*, *www.utelechner.de* (* Berlin 26. 5. 43) – **VG:** München, Gal. X – **S:** 62–65 HBK Kassel (b. Fritz Winter, Malerei b. Joseph Lacasse, Paris) – **P:** Kunstpr. Früh 87; Kunstpr. d. Stadt Traunreut 88 – **Ve:** KV Rosenheim; AK 68 – **KGe:** KUNSTALL: U. L. u. Hans Thurner (seit 79) – **G/T:** Skulpt.; Objektkunst Guß (u. a. Metall, Holz); Kunst am Bau – **K:** Malatelier f. Kinder u. Erwachsene in Wasserburg, jl. Bildhauerwoche über Kloster Seeon – **W:** überw. in Privatbes.; weitere u. a. in Bes. d. Bez. Obb. – **M:** München, Bay. Staatsgemäldeslgn – **Ö:** Burghausen, Stadt; Dresden, Univ.; Haar, Bez.krankenhaus; Kolbermoor/Bad Aibling, Spk.; Rosenheim, KFZ-Zulassungsstelle; ebda, Finanzamt; Starnberg, PARI-Werke; Waldkraiburg, Haus d. Kult. – **B:** Honau: Amalienhof (gemauertes Labyrinth) – **E:** zahlr. Ausst. im In- u. Ausld, Aktionen m. Hans Thurner: 81 (Treffen im Feld), 82 (Wegsteine), 91 (Krone f. Tinguely), 92 (Das goldene Tor), 99 (Zeitmahl), 02 (Verdichtung) – **G:** zahlr. Ausst.bet. im In- u. Ausld, zuletzt 03 Paris, UNESCO – ***Lit:*** Kat. z. Einzelausst.: Schreine/Keile 88; Hans Thurner 90; Das goldene Tor 92; Stundenbuch 94; gerunt 94; Zeitmahl 99; LAUDEMIUM 00; Maßnahmen zur Kunst 02 – ***LitR:*** Fs.dok. z. Einzelausst. bzw. Portr. 82, 85, 86, 97, 00, 02 – (Red.)

Lederer, Otmar, Maler, Graphiker; Atelier: Geibelstr. 13, D-81679 München, Tel. u. Fax (0 89) 47 45 34, *info@bbk-bayern.de* (* München 22. 11. 36) – **VG:** München, Wild – **S:** ABK München (b. Prof. Ernst Geitlinger u. Prof. Karl Caspar) – **Ve:** BBK München u. Obb.; Geitlinger Ges. München – **G/T:** expressive Malerei (Acryl, Öl); Zeichn. – **M:** München, Pin. d. Mod. – **Ö:** Frankfurt am Main, Dt. Bundesbahn Holding; München, Ldesbauspk.; München, Presseclub – **E:** zahlr. Ausst. seit 87 u. a. 87 München, Gal. im Karlshof; Husum, Kunstraum Speicher; 88, 97 München, Üblacker-Häusl; 92 München, Pasinger Fabrik; 94 Weimar, Gal. am Markt 21; 97 Weimar, KV Hofatelier; 98 Bobingen,

KV; 03 München, Wild – **G:** zahlr. Ausst.bet. seit 89 u. a. 89 München, Pasinger Fabrik; 91 München, Gal. d. Künstler; München, KUBITZ; Frankfurt am Main, Dt. Bundesbahn Holding; 94 Ebersberg, KV; 95 Weimar, Gal. am Markt 21; 01 Gauting, KV; 03, 04 München, Wild – **V:** Klara Butting u. Gerard Minnaard (Hrsg.): Die Bibel erzählt ... Hiob (Abb. Malerei 'Hiob') 03 – ***LitR:*** Bilder an der Wand, Dok. z. Ausst., Fs. 92

Ledig-Schön, Käte (geb. Käte Schön, Ps.: Mena, Da-Da 'Anna Blume', verh. 1963–1975 Käte Ledig), Graphikerin bis 1963; Burgdorfer Damm 63, D-30625 Hannover, Tel. (05 11) 57 64 24 (* Darmstadt 25. 2. 26) – **S:** 43–48 HBK Hamburg-Lerchenfeld (b. d. Prof. Kar Kaschak, Alfred Mahlau u. Willi Titze); Workshops Hannover; 95 Pentiment Hamburg – **P:** Aufenthaltsstip. f. Ségurét/Südfrkr. 80 – **Ve:** VG Bild seit 78; VG Wort seit 78; IGBK seit 03 – **G/T:** Graph. (Lith., Siebdruck); Collage; Kleinplast.; Fotogr.; Häkelobjekt; Text u. Zeichn., Da-Da – **K:** Collage m. Kindern an d. Integrierten Gesamtschule Hannover – **W:** zahlr. Werke in Eigen- u. Privatbes.; Ankäufe u. a. durch d. Stadt Hannover – **M:** Hannover, Slg d. Stadtspk.; Hannover, Sprengel Mus. – **E:** 48 Sylt; 50er Jahre Ahrensburg u. Frankfurt am Main; seit 77 ca. 12 Einzelausst. in Gal., Freizeitheimen, Kult.treffs, Gaststätten u. Antiquariaten in Hannover; 86 Helmstedt, Allg. Ortskrankenkasse; 88 Hannover, Allg. Ortskrankenkasse – **G:** zahlr. Bet. an Ausst., u. a. d. BBK in Frankfurt am Main, Göttingen, Hannover u. Holland; 70, 84 Hannover, Wilhelm-Busch-Mus.; – weitere: Hamburg, Literatrubel; Hamburg, Ldes- u. Stadtbibliothek; Hannover, Sprengel Mus.; Hannover, Literanover – **V:** 7 eigene Buchveröff. (Ill. u. Gesamtgest.) 78–94; Zeichn. in zahlr. Anthologien, u. a.: Schlüsselerlebnisse; Kunstobjekt Spruchmobil; Transparente u. Plakate f. Aktionen gegen d. Krieg – ***Lit:*** Beitr. in Ztgn u. Zss – ***LitR:*** Kohlbirne, in: Extra 3, NDR Hamburg 20.2.90; weitere Beitr. z. d. Aktionen 'Frauen formen ihre Stadt' in mehreren Städten – (Red.)

Lee, Kyung-Ja s. Shim, Su Yeon

Lee, Miye, Malerin; c/o Kulturen in Bewegung, Möllwaldplatz 5, A-1040 Wien, *miye.lee@chello.at*, *members.chello.at/miye.lee* (* Chon-ju City/Südkorea 70) – **S:** 94–98 Univ. f. angew. Kunst Wien (Malerei u. Graph., Meisterkl. Prof. C. L. Attersee) – **P:** Förd.stip. d. Univ. f. angew. Kunst Wien 98; Bauholding Kunstforum (Sonderpr.) 99 – **M:** Wien, Slg d. Siemens AG – **E:** u. a. 99 Klagenfurt, Bauholding Kunstforum; 00 Wien, ars mobilis; 02 Wien, ArtLab – **G:** u. a. 95 Wien, Hilger; 98 Salzburg, Kunstmesse; 00 Detroit, Mus. of New Art; 02 Wien, ArtLab – (Red.)

Lee, Yun, Fotokünstlerin; *mail@yunlee.net*, *www.yunlee.net* (* Tokio 15. 1. 67) – **VG:** Seoul, Lumiere Gall. – **S:** 94–01 KA Düsseldorf (Fotogr. b. d. Prof. Jannis Kounellis u. Thomas Ruff, 99 Meisterschülerin, 01 Akad.brief) – **P:** Britta Kunstpr. Fotogr. (2. Pr.) 99; Aufenthaltsstip. Künstlerhaus Lukas, Ahrenshoop 01; Förd.pr. Aachen 05 – **Ve:** VG Bild-Kunst 04 – **G/T:** Fotogr. (Konzept) – **W:** überw. in Privatbes. – **E:** 04 Ebersberg, KV; 05 Aachen, Suermondt-Ludwig-Mus.; 06 Seoul, Lumiere Gall. (Kat.) – **G:** 02 Ettlingen, Schneider: Best aus Ruffkl.; 03 München, Haus d. Kunst; 04 Berlin, Glue: Licht!; 05 Frankfurt am Main, Gutleut 15: Me Myself And I; 06 Düsseldorf, Laden: Casa Mia

Leeb, Root, M. A., Zeichnerin, Malerin u. Autorin; Postfach 1147, D-67284 Kirchheimbolanden, Tel. (0 63 52) 58 85, Fax 57 56, *Too.lee@gmx.de* (* Würzburg 15. 8. 55) – **Ve:** VG Bild 90; VG Wort 94 – **G/T:** Malerei (Aqu., Acryl); Federzeichn.; Ill., Titelbildgest. u. Kal.bilder; Objekte (Pappmaché); Karikaturen (überw. z. Frauenthemen) – **W:** Aqu. u. Pappmaché-Objekte überw. in Privatbes. – **Ö:** München, St. Michaelsbund – **E:** 96, 01 Veitshöchheim, Bücherei im Bahnhof; 96 Ulm, Druckerei Franz Spiegel; 01 Nürnberg, Hoftheater Gostner; 03 Winterhausen, Wortraum – **V:** mehr als 60 veröff. Buchtitel, u. a. Mein Morgenfahrgast war ein Rabe (Text, Federzeichn. u. Rad.) 97; Rafik Schami (Text): Die Farbe der Worte (Aqu.) 02

Legal, Ulf, Akad. Bildkünstler; Kurt-Eisner-Str. 41, D-81735 München, Tel. (0 89) 67 00 00 99, Fax 6 92 63 16 (* Halle/Saale 27. 3. 52) – **VG:** München, Kunstauktionshaus Schöninger & Co.; Eberbach, Gal. B – **S:** Univ. (Kunstgesch., Anatomie); ABK München (12 Semester, Meisterschüler) – **G/T:** Ebenkunst (Ölmalerei, Portr.malerei, Graph.); Raumkunst (Skulpt.) – **W:** überw. in Privatbes. – **M:** München, SM – **Ö:** München, Nat.theater (Sängerinnenportr.) – **E:** 73–83, seit 84 regelmäßig im Frühjahr u. Herbst München, Hofgartenarkaden; Valencia; Paris; New York; Palm Beach – **G:** 70 Ischia u. München; seit 84 regelmäßige Bet. – ***Lit:*** zahlr. Presseberichte sowie Kat. u. Kunstdruckkarten (Max Hieber Verag München) – ***LitR:*** U.L. Fs.dok. v. 7.6.77

Lehmann, Anje s. Hutter, Anje

Lehmann, Gudrun, Meisterschülerin, Malerin, Fotografin, Installationskünstlerin, Illustratorin, Essayistin; Talstr. 94, D-40217 Düsseldorf, Tel. u. Fax (02 11) 34 50 94 (* Nieheim 9. 12. 54) – **S:** KA Düsseldorf (Meisterschülerin v. K. Bobek) – **P:** Stip. f. Paris, Forsch.-min. NRW; Atelier in St. Petersburg d. Stadt Düsseldorf – **G/T:** Malerei; Fotogr.; Install. – **W:** in Privatbes. – **E:** 79 Melbourne, Ross; 86 Bonn, Abgeordnetenhaus; 87 Köln, WDR; 97 Reading, SM; 00 Düsseldorf, Kunstpunkte – **G:** 77 Warburg, Kult.zentrum; 80 Düsseldorf, KH; 81 Paris, Cité Intern. des Arts; 91 Moskau, Interart; 95 Frankfurt am Main, Stift. Buchkunst (Buchmesse); 99 Lwiw/Ukraine, Gal. Ziga (Kat.); 01 Odessa, Künstlerhaus; 04, 05 Wien, MAK – **V:** m. W. Hanses-Ketteler: Hinter den Tagen; Künstlerb. (Fotos) 95; Igor Bachterev: Vozmožno pjat (Ill.) 03; Die Transpositionskunst v. Ry Nikonova u. Sergej Sigej, In: Russian Lit., Ess. 06 – **R:** R. Cantzen: Russ. Grotesken, DLR-Berlin 02; T. Dieckს: Kult.forum, NDR-Kult., Sdg 05 – ***Lit:*** Perspektiven 2 (KH Düsseldorf) 80

Lehmann, Irmgard (geb. Irmgard Effenberg), Dipl.-Designerin, Illustratorin, Malerin; Herrmannstädter Str. 27, D-01279 Dresden, Tel. u. Fax: (03 51) 2 03 71 23 (* Dresden 13. 9. 42) – **S:** 65–68 HBK Dresden (Spezialkurs b. Prof. G. Baumes); 68–71 FS f. Werbung u. Gest. Berlin – **Ve:** SKB 92 – **G/T:** Aqu.malerei (Blumen u. Pflanzen); Graph. (vorw. Rad., Ill., Märchen, Florales) – **W:** zahlr. Ausst. in öff. Räumen, z.B. in Dresden (RH, Betriebe, Kirchen u. Bibl.) – **E:** 01 Dresden, Dresdner Bank; 06 Dresden, RH – **G:** 05 Liebstadt, Schloß Kuckuckstein; Dresden, Synagoge

Lehmann, Lars, Maler; c/o Galerie Taube Berlin, Pariser Str. 54, 10719 Berlin, Tel. (0 30) 8 83 56 94, privat: (0 38 43) 46 56 85, *www.Galerie-Taube.de* (* Greifswald 1. 8. 67) – **VG:** Berlin, Gal. Taube – **S:** 91–97 HdK Berlin (Meisterschüler b. Prof. Stelzmann) – **P:** Stip. d. Konrad-Adenauer-Stift. 03 – **Ve:** Künstlerbund Meckl. u. Vorpommern 01 – **KGr:** Künstlersonderbund in Deutschland (02) – **G/T:** Öl, Gouache; Stilleben u. Landschaft – **M:** Ribnitz, KS d. Kr. Nvorpommern – **Ö:** Berlin, BEHALA Vorstandsräume – **E:** 97, 00, 03 Berlin, Gal. Taube; 00 Münster, Steinrötter; 01 München, Rutzmoser; 04 Güstrow, SM – **G:** 02, 03 Berlin, Ausst. d. Künstlersonderbundes; 00, 01 Berlin, Poll; 00, 03 München, Große Kunstausst.; 02 Bad Frankenhausen, orbis pictus; 02 Hamburg, Brockstedt – ***Lit:*** Kat. z. Ausst. in d. Gal. Taube 97, 00, 03 – (Red.)

Lehmann, Leonhard, Mag. Art., Maler; Atelier: Spittelwiese 13, A-4020 Linz, Tel. (07 32) 77 31 60 (* Linz 21. 11. 52) – **VG:** www.aag.at – **S:** 71–73 KSch Linz (b. Prof. Dimmel); 73–75 HS f. künstler. u. industr. Gest. Linz (Meisterkl. f. Malerei u. Graph. b. Prof. Kubovsky) – **L:** 83–86 HS f. künstler. u. industr. Gest. Linz (LBeauftr. f. Technologie/Druckgraph.) – **P:** Romstip. d. Stadt Linz 76; Förd.pr. d. Ldes ObÖst. f. Bild. Kunst 78; Dr.-Ernst-Koref-Pr. 89 – **Ve:** Berufsvrg Bild. Künstler seit 78 – **KGe:** L. L. u. C. Steiner (Atelier seit 85) – **G/T:** Malerei (öst. Maltrad., Öl, Tempera, Ldschaft); Zeichn. (mythologische Zyklen, v. a. Kreta, Ägypten); Druckgraph. (Rad., Hschn., Lith.) – **W:** überw. in Privatbes. – **M:** Linz, Inst. f. Kult.förd. d. Ldes ObÖst.; Linz, Kult.-amt; Linz, Nordico-Mus. – **Ö:** Freistadt, Ldes-Krankenhaus; Linz, Neues RH; ebda, SBL-Stadtbetriebe; Wien, Bundesmin. f. Wiss. u. Kunst – **E:** 78 Linz, Hypogal.; 80 Wels, SM; 82 Linz, Bruckner-Haus; 83–95 Linz, Lehner; 92, 96 Vomperbach, Angerer; 93, 95, 00 Linz, Berufsvrg Bild. Künstler; 97 Graz, Trummer; 00 Hagenberg/ObÖst., Schloß; 05 Linz, Salzamt; 06 Fischlham/ObÖst., Schloß; Linz, 20 Jahre Atelier Lehmann (Retr.) – **G:** zahlr. Ausst.bet. seit 75; 97 Heraklion/Kreta, Pinakothek (auch Organisation) – **V:** L. L., Werkkat. 82; Druckgraph.ed., Künstlergilde Salzkammergut 87; Aumühle, Rad.ed. 88; L. L., Werkkat. 00 – ***LitR:*** Max Stelzhamer: Zurück nach Europa, Portr./Dok. 92; Peter Puluj (Produktion): Kopfstücke, Portr. 00

Lehmann, Otto, Kunstschaffender; Baldismoosstr. 23, CH-6043 Adligenswil, Tel. u. Fax 04 13 70 53 67, *Otto.Lehmann@econophone.ch.* Atelier: Geissensteinring 41, CH-6005 Luzern (* Solothurn 17. 6. 43) – **P:** Eidgenöss. Kunststip. 76, 82; Joseph-Ebinger-Gedenkpr. 89; Pr. f. Malerei d. Kt. Solothurn 90; Jahresausst. d. Innerschweizer Künstlerinnen u. Künstler (Pr.) 91; Anerkennungspr. d. Stadt Luzern 94 – **Ve:** Visarte; KV Solothurn; Kunstges. Luzern – **G/T:** Zchng; Malerei; Kleinobjekte; Install. – **M:** Luzern, KM; Olten, KM; Rapperswil, Slg Elisabeth u. Peter Bosshart; Solothurn, KM; Zürich, Hüssy – **E:** u. a. 76, 79 Solothurn, Freitagsgal.; 80, 82, 84 (Kat.), 86, 89 (Kat.), 91, 94 Zürich, Stummer; 82 (m. Aldo Solari u. Anselm Stalder, Kat.), 95, 01 (Kat.) Solothurn, KM; 86, 91 Innsbruck, Flora; 87, 90 Luzern, Raum für Aktuelle Kunst; 88 Ittingen, KM d. Kt. Thurgau (Kat.); 89, 91 Salzburg, Seywald; 89, 92, 96, 98, 01, 04 Bern, Fröhlich; 02 Sarnen, Hofmatt Gal.; 03 Balsthal, Rössli; 04 Luzern, Kornschütte; Biel, Quellgasse – ***Lit:*** u. a. Dieter Bitterli, Michael Lehmann u. Walter Lüssi: Zwischenraum, in: Heft Nr. 1 86; Junge Schweizer Kunst 1960–1990. Slg d. Gotthard Bank 91; Konrad Bitterli: Verloren im Raum. Zu d. Architekturbildern v. O.L., in: Kunst-Bulletin 5/92; Philipp Pocock u. Michael Lehmann: Malerei zw. Autonomie d. bildner. Mittel u. Repräsentation d. Bildzeichen. Zur Ausst. Slg Scheuermann im Schauraum Köln, in: Heft Nr. 4 94; Dokumentation d. aktuellen Innerschweizer Kunst 97; Martin Kraft (Text): Biograf. Lex. d. Schweizerkunst 98; Roswitha Schild: O.L. Das Leuchten v. Grunde d. Bilder, Mappe 02; Stift. BNP Paribas Schweiz in Zus.arb. m. d. Schweiz. Inst. f. Kunstwiss. (Hrsg.): Mus. d. Schweiz. KM Solothurn 03; – KAT.: u. a. Schweizer Mus. sammeln aktuelle Schweizer Kunst (Kunsthaus Zürich u. Mus. Cantonal des Beaux-Arts Lausanne) 79; 1. Quadrienn. d. Schweizer Zchng (Mus. Rath Genf) 81; LIS '81 Intern. Show (Gal. Nac. de Arte Mod. Lissabon) 81; Martin Kunz u. Maria Vogel (Text): Der behauste Mensch (KM Luzern) 81

Lehmann, Wolfgang G. s. Dottore

Lehmann, Wolfgang KE, Dipl., Maler, Graphiker, Plastiker; Am Seif 11, D-04463 Dreiskau-Muckern, *woleh7@t-online.de*, *www.wolfgang-ke-lehmann.de* (* Lichtentanne 1. 6. 50) – **S:** 77–82 HGB Leipzig – **L:** 93–95 Zukunftswkst. Leipzig (Doz. f. künstler. Gestaltung) – **P:** Stip. d. Art-Fondation F.E.I.E, Paris 89; Stip. ARCI, Trento 90; Kunstpr. Premio Italia 91; Stip. Horizont Europa 91; Stip. Atelierhaus Worpswede 91, 92; Stip. Rio Branco 93, 94; Galeere-Dreiskau-Muckern 96, 97; Alois Senefelder E.pr. Warschau 99 – **G/T:** Malerei; Graph.; Arb. auf Papier (Tuschen); Skulpt. (Holz, Stein) – **M:** Chemnitz, Neue Sä. Gal.; Dresden, SLUB; Los Angeles, J. Paul Getty Mus.; Offenbach am Main, Klingspor-Mus.; Putbus, Kult.stift. Rügen; Zwickau, StM – **Ö:** Bad Sulza, Klinikzentrum; Brasilien, Fundacao Cultural do Acre; Zwickau, Schmidt Bank; ebda. BfG Bank; – in Leipzig: Reg.präsidium, Dresdner Bank, Dt. Bank, KH d. Spk., Ldesbank Sa., Commerzbank, BW Bank, Leipzig-Lindenau, 33 Linden (Fassadengest.) – **E:** u. a. 97 Zwickau, StM; Leipzig, Löhrs Carre; 99 Zwickau, Buntes Zentrum; Berlin, Hintersdorf; 00 Rio de Janeiro, Mus. de Republica; Großpösna, Müller; 01 Halle/Saale, Gross; 03 Halle/Saale, Gal. Tal-Str.; Chemnitz, Neue Chemnitzer Kunsthütte; Großpösna, Müller; Leipzig, Löhrs Carre; 04 Lippstadt, Pawlick; – PROJEKTE: Leipzig, Gal. EIGEN + ART (Video-Projekt); Leipzig, Grassimus. (Klang-Bilder); Rio Branco, Fundacao Cultural; Zeitzeichen, Install. (Tagebaurand-Espenhain) – **G:** u. a. 98 Duisburg, Cubus KH; 99 Warschau, Gal. DAP; Essen, Bonn, Brüssel (Sachsen Heute); 01 Köln, Kunst Köln; 02 Leipzig, Grafikbörse; Leipzig, KH Spk.; 03 Halle/Saale, Gal. Tal-Str.; Dortmund (Kunst-Event); Dresden (100 Graph.) – **V:** u. a. Die Heilige Familie (Rad.) 83; Michael Freitag: Abschied (Rad.) 84; Peter Altenberg: Be-Lieben (Rad.) 86; Peter Lang u. Michael Freitag: Alptanz, Serigraph. 88; Bescherung I 88; Verstrickungen, Serigraph. 89; Reisefieber (Rad., Text) 91; Macumba 94; Arcannum 94; Axe 94; Santo Daime 94; Sternzeichen (Lith., Zeichn.) 97 – ***Lit:*** u. a. Giulio Tamburrini: Premio Italia, ECO d'Arte Moderna 91; Jürgen Raap: Projekt Amazonien, Kunstforum 93; exposicao, Correio Braziliense 93; Katia Chaves: Pintores alemaes..., O Rio Branco Geral 93; Ronald Berg: Fließende Übergänge, in: Der Tagesspiegel 94; Hans Lehmann: Die Philosoph. Reise 94; Harald Kunde: Reflexe d. Fremde 94; Klaus Tippmann: Amazonien als überarbeitete Collage, in: Freie Presse 94; Günter Meißner: Sonnenfinsternis, Typoskript z. Ausst.eröffnung in d. Dresdner Bank 95; Bildende Künstler in Leipzig 06 – (Red.)

Lehmann-Westphal, Anette; Hans-Sachs-Str. 21a, D-03046 Cottbus, Tel. (03 55) 2 01 51, Fax 2 01 51, *mail@lehmann-westphal.de*, *www.lehmann-westphal.de* – **G/T:** Malerei – (Red.)

Lehmden, Anton, Prof., Maler u. Graphiker; Am Tabor 1–3, A-1020 Wien. Schloß Deutschkreutz, A-7301 Deutschkreutz, Tel. (0 26 13) 8 0281 (* Neutra/Slowakei 2. 1. 29) – **S:** ABK Wien (Malkl. v. Albert Paris Gütersloh) – **L:** 61 u. 85 Sommerakad. Salzburg (Leitung d. Kl. f. Malerei); 62–63 Sinan Mimar Univ., ABK Istanbul; 71–97 ABK Wien (Leitung d. Meisterkl. f. Malerei) – **P:** versch. Pr. u. Ausz., u. a. Goldmed. d. Stadt Rom 57; Pr. d. Stadt Wien 68; Dürerpr. Nürnberg 78; Lovis-Corinth-Pr. 83 – **KGr:** Die Hundsgruppe; Wiener Schule des Phantastischen Realismus; Art-Club (47) – **G/T:** Malerei (Vertreter d. Phantastischen Realismus), Graph. (Druckgraph.), Ill. – **M:** Regensburg, Ostdt. Gal. – **E:** / G: seit 48 zahlr. Ausst. im In- u. Ausland, u. a. in Florenz, Helsinki, Istanbul, New York, Philadelphia, Rom u. Tokio – ***Lit:*** Reclams Künstlerlex. 02; Schweers 02 – (Red.)

Lehmpfuhl, Christopher, Maler; Dernburgstr. 23, D-14057 Berlin, Tel. (0 30) 32 60 84 67, Fax 30 11 20 86, *clehmpfuhl@p-soft.de*, *www.clehmpfuhl.de*. Atelier: Frankfurter Allee 53, D-10247 Berlin, Tel. (0 30) 36 40 56 38 (* Berlin 4. 2. 72) – **VG:** Amsterdam, Hoopman; Augsburg, Oberländer; Benz, Kunst-Kab. Usedom; Berlin, Gal. Berlin; Darmstadt, Netuschil; Düsseldorf, Ludorff; Ehingen/Donau, Gal. Schloß Mochental; Freiburg im Breisgau, Meier; Lüneburg, Meyer; Sydney, Ray Hughes Gall.; Würzburg, Sundermann – **S:** 85–92 Malunterricht b. Wolfgang Prehm; 92–98 HdK Berlin (b. Prof. Klaus Fußmann) – **L:** 01, 02 Staatl. Zeichenakad. Hanau (Doz.); 04 Akad. Vulkaneifel Steffeln (Doz.) – **P:** GASAG-Kunstpr. 98; Franz-Josef-Spiegler-Pr. Ehingen/Donau 00; Kunstpr. Schloß Neuhaus Salzburg 01; Finalist d. Europ. Kunstpr. Trienn. Mailand 04; Bayer. Kunstpr. d. Akad. d. Schönen Künste 06 – **Ve:** Ver. Berliner Künstler 98; Neue Gr. Haus d. Kunst München 03 – **KGr:** Künstlersonderbund in Deutschland (99); Norddeutsche Realisten (03) – **G/T:** Malerei (Öl, Aqu., Landschaft u. Archit.) – **K:** Plain-air-Malerei (Landschaft, Archit. u. Interieur) – **M:** Werke in d. Slgn: Nord/LB, Hurrle, Mecklenburgische Versicherung, Daimler Chrysler, Würth – **E:** 96 Potsdam, Gal. am See; Heringsdorf, Kunst-Kab. Usedom; 98 Panker, Torhaus; Berlin, GASAG; 98, 01, 02, 03 Berlin, Lange; 99, 02 Darmstadt, Netuschil; 99, 02 Benz, Kunst-Kab. Usedom; 99, 01, 03 Lüneburg, Meyer; 00 Schleswig, Drum; 02 Bielefeld, Baumgarte; Salzburg, Schloß Neuhaus; München, Braunbehrens; 03 Ehingen/Donau, Gal. Schloß Mochental; 04 Karlsruhe, Art Karlsruhe; Hannover, NORD/LB; Braunschweig, NORD/LB; Amsterdam, Hoopman; San Francisco, Schottelius; 05 Würzburg, Sundermann; Augsburg, Oberländer; Freiburg im Breisgau, Meier; Darmstadt, Netuschil; Ponta del Gada/Azoren, Kulturzentrum; 06 Berlin, Gal. Berlin – **G:** zahlr. Ausst.bet., u. a. 97 Sydney, Artarmon; 97, 99, 00, 03 Berlin, Lange; 01 München, Haus d. Kunst; 03 Hamburg, Rose; Apenrade (Grenzlandausst.); 04 Hamburg, Altonaer Mus.; Mailand, Trienn. – **V:** C.L. Neue Bilder 98; Gal. v. Braunbehrens (Hrsg.): Augenblicke 02; Kunst-Kabinett Usedom (Hrsg.): Meerlandschaft. Fehmarn, Rügen, Usedom 02; C.L. in China 03; Indisches Tagebuch. C.L. 04; Lange (Hrsg.): Berlin. Gemälde von C.L. 05; Kunst-Kabinett Usedom (Hrsg.): Meerlandschaft. Ostfriesland 05 – ***Lit:*** GASAG Kunstpreis, Kat. 98; KALENDER 2006

Lehner, Carolus, Akad. Maler (* Wien 16. 3. 35) – **S:** 55–60 ABK Wien (Meisterkl. f. Malerei u. Mosaik Prof. A. P. Gütersloh) – **G/T:** Malerei (Aqu., Öl); Keramik; Mosaik; Sgraffito – **W:** Ölbilder u. Aqu. in Privatbes. – **M:** Wien, Albertina – **Ö:** Wien, Weissenböcksiedlung (12 Sgraffiti); Wien, Khekgasse 45–47 (8 Sgraffiti); Wien, Großfeldsiedlung (10 Keramische Hauszeichen); Wien, Friedrich-Kaisergasse 32 (2 Glasmosaiken) – **E:** 58 Wien, Kleine Gal.; 61 Bad Godesberg, Gal. Schütze; 62 Wien, Fuchs; Wien, Synthese; 62, 63 München, Studio Heyden – **G:** 58 Wien, Secession (Junge Generation); 62 Wien, Fuchs – (Red.)

Lehner, Herwig; Glojach 36, A-8421 Wolfsberg im Schwarzautal, Tel. (0 31 84) 82 53, *h.lehner@surfen.at* – **G/T:** Malerei, Graph. – (Red.)

Lehner, Maria s. Biester-Lehner, Maria

Lehner, Tobias, Maler; Tel. Mobil: 01 7 95 09 54 38 (* Regensburg 74) – **VG:** Leipzig, Kleindienst; London, Union Gall. – **S:** 97–98 Otto-Friedrich-Univ. Bamberg (Lehramt); 98–05 HGB Leipzig (Malerei u. Graph., seit 00 Fachkl. f. Malerei b. Prof. Sighard Gille, 05 Meisterschüler ebda) – **E:** u. a. 01, 03 Leipzig, Laden f. Nichts; 02 Genf, Mus. d'Art Mod. et Contemp.; 03 Leipzig, Kunstraum B/2; 04 London, Union Gall.; 05 Leipzig, Kleindienst – **G:** u. a. 03 Bonn, Kunst- und Ausst.halle d. BRD; Leipzig, Kleindienst; Berlin, Wewerka; 04 New York, Boesky – (Red.)

Lehner, Waltraud s. Export, Valie

Lehnis, Sandra (Sandra M. Lehnis), Malerin, Graphikerin, Zeichnerin; Stöcklisrainstr. 5, CH-4654 Lostorf, Tel. 07 65 34 53 64, *info@sandralehnis.ch*, *www.sandralehnis.ch*. c/o Atelier, Bahnhofstr. 21/Casinogässli, CH-5012 Schönenwerd (* Olten 16. 4. 64) – **S:** 93–96 FAM – Akad. f. Bild. Kunst Oberwil-Lieli (Vorkurs); Vorbereitende Schule f. Gest. Lenzburg (Malerei); 97–99 Assoc. Intern. Incisori Rom (Rad.techniken) – **P:** Atelierstip. Genua, Kt. Solothurn u. KV Olten (6 Mon.) 05; Istituto Svizzero Venedig (2 Mon.) 07 – **Ve:** Visarte 03 – **G/T:** Malerei; Acryl u. Mischtechnik; Monotypie; Rad.techniken; Zchng; Abstr. – **K:** Ungegenständl., abstr. Malerei; Minimal Art; Monotypie; Malkursangebote im eigenen Atelier (exper., 01–05) – **W:** überw. in Privatbes. – **M:** Grenchen, Kunsthaus; Solothurn, Kantonale Slg – **Ö:** Aarau, Architektengemeinschaft Laurenzenvorstadt 19; Gretzenbach, Gassler AG – **E:** u. a. 01 Schönenwerd, Bally-LAB; 03 Olten, Huber; 04 Solothurn, Künstlerhaus S11; 05 Hersiwil, Kult.haus Näijere Huus – **G:** zuletzt u. a. 03 Olten, Huber; 04 Laufen, Kult.zentrum; 05 Olten, KM: Kantonale Jahresausst.; Santa Fe/NM, Jack Rabbit Fine Art Gall.; 05, 06 Aların/Mallorca, Addaya Centre d'Art Contemp.; 06 San Francisco, Generalkonsulat d. Schweiz; – sowie: 05, 06 Jahresausst. Kt. Solothurn

Lehr, Michaela (Ps.: Michi), Malerin, Graphikerin, Illustratorin; Volkertplatz 8, 9–10, A-1020 Wien, Tel. (01) 2 12 60 99, *michaelalehr2003@yahoo.de*, *www.atelier-lehr.at* (* Grambach b. Graz 19. 3. 65) – **VG:** München, Atelier Bassano; Wien, ARTelier; Wien, Salzpries – **S:** 87–89 Schwanthaler KSch München (Malerei u. Graph. b. Willi Bunkowski); 97–00 Design Center Pöchlarn (Ill. u. Computergraph. b. Barry Henson u. Gerhard Langthaler) – **L:** 95 Pädagog. Inst. Wien (Projekt f. 1 Monat) – **Ve:** Künstlerbund Graz 03–05 – **G/T:** Graph. (Rad., Linolschnitt); Fotogr.; Malerei (Öl kombiniert m. Acryl, Aqu., Mischtechniken, Collagen); Weiterentwicklung u. Verfremdung trad. Techniken am Computer – **W:** überw. in Privatbes.; Kulissen im Safari- u. Abenteuerpark Gänserndorf (04–06) – **E:** 95 Wien, Pädagog. Inst.; 98 München, Design Messe (Bassano); 00 Gamlitz/Stmk, Schloß; 02 Graz, abc Andritz – **G:** 97 Kitzbühel, Kitz Art; 98 Graz, Künstlerhaus (m. Sezessionisten); 02 Innsbruck, Art Innsbruck; 03, 04 Graz, Künstlerbund – sowie m. d. Künstlerbund Graz: 03 Montclair/NJ; 04 Szombathely/Ungarn – ***Lit:*** Ausst.ber. im Kurier (Tagesztg) v. 23.3.95; Die Angst im Netz – sowie div. Ausst.ber. in Gratisztgn

Lehrer, Joachim, Maler; Beim Herbstenhof 46, D-72076 Tübingen, Tel. (0 70 71) 6 71 98, Fax 1 51 54 87 46, *atelier@joachim-lehrer.de*, *www.joachim-lehrer.de* (* Reutlingen 29. 1. 54) – **VG:** Karlsruhe, Gal. 10 – **S:** Autodidakt; 77–83 Stud. d. Kunstgesch., Germanistik u. Rhetorik – **L:** 85–91 KSch Nagold u. KSch Böblingen – **Ve:** VBKW seit 84; Neue Meister seit 00 – **KGr:** Künstlersonderbund in Deutschland 1990 (seit 90); Stuttgarter Künstlerbund (seit 01) – **G/T:** Technischer Realismus (Harz-Öl-Lasurmalerei auf Holz) – **W:** Slgn d. Städte Balingen, Böblingen, Herrenberg, Leonberg u. Reutlingen sowie Slg P. E. Schwenk – **M:** Engen, SM u. Gal.; Haigerloch, Schloß – **E:** zahlr. Einzelausst. seit 78, u. a. 92 Emmerich, Rheinmus.; 93 Werne, Stadthaus; 95 Stuttgart, Geno-Haus; 97 Krefeld, Atelier Steneberg; 98 Reutlingen, Stadtbibliothek; 99 Biberach, Höhn-Gal.; 00 Ravensburg,

DaimlerChrysler; 01 Lauffen, Mus. d. Stadt; 03 Calw, Klostermus. Hirsau; 04 Karlsruhe, Gal. 10 – **G:** zahlr. Ausst.bet. seit 80, u. a. 87 München, Haus d. Kunst; 88 Bremen, Neues Mus. Weserburg; 91 Engen, SM u. Gal.; 92 Norrköping, Arbetets Mus.; 93, 96 Berlin, Realismus-Trienn.; 98 Offenburg, KV; 01 Cham, Profil; 02 Worpswede, Alte Molkerei; 03 Sindelfingen, Oberlichtsaal – **V:** Kataloge 90, 94, 99 – **R:** Das virtuelle Atelier, Multi-Media-CD 99 – (Red.)

Leiberg, Helge, Maler; c/o Gal. Michael Schultz OHG, Mommsenstr. 34, D-10629 Berlin, Tel. (0 30) 3 19 91 30, Fax 31 99 13 50, *office@galerie-schultz.de*, *www.galerie-schultz.de* (* Dresden-Loschwitz 54) – **VG:** Berlin, Schultz; Hamburg, Borchardt; Wiesbaden, Winter; Wuppertal, Epikur; Portland/OR, Leach; São Lourenço, Centro Cultural – **S:** 73–78 HBK Dresden (b. Prof. Gerhard Kettner) – **L:** 90 HdK Berlin; 95 Sommerakad. Hamburg (Gastprof.) – **G/T:** Malerei (Acryl, Tusche); Performance – **W:** u. a. in Bes. d. Slg Würth – **M:** Berlin, Berliner Volksbank; Berlin, Berlinische Gal.; Berlin, Kpst.-Kab.; Berlin, SMPK; Dresden, Kpst.-Kab.; Dresden, Kult.fonds d. Freistaats Sa.; Frankfurt/Oder, Mus. Junge Kunst; Offenbach am Main, Klingspor-Mus.; Wolfenbüttel, Herzog-August-Bibliothek – **E:** zahlr. seit 83, u. a. 99, 01 Berlin, Schultz; 99, 04 Hamburg, Borchardt; 99 Uelzen, KV; 00 Porto, Alvarez; Eislingen, KV; London, BCA Gall.; 01 Viana do Castello, Espaco Branco; 02 Olinda, Mus. de Arte Contemp. de Pernambuco; 03 Madrid, Arnés y Röpke; Salzburg, Weilinger; 04 Oberhausen, KV; Mannheim, Gal. im Tulla; 05 Stuttgart, Schilling Contemp. (m. Norbert Bisky); Porto, Alvarez; Wiesbaden, Winter; München, Gal. Terminus; Frankfurt/Oder, Mus. Junge Kunst; 06 Goslar, Tiedt; Hong Kong, Art Statements Gall.; New York, Neuhoff – **G:** zahlr. Bet. seit 82, u. a. 02 Portland/OR, Leach; Ehingen/Donau, Gal. Schloß Mochental; Berlin, Schultz; 03 München, Haus d. Kunst; Berlin, NG; Berlin, Martin-Gropius-Bau; 04 Regensburg, Kunstkab.; Wien, Frey; München, Gal. Terminus; 05 Duisburg, Cubus KH: Ikarus. Ein Mythos im geteilten Dtld; São Lourenço, Centro Cultural: für Volker; Oberhausen, Tedden: Paint it loud; Dresden, Neues Coselpal.: Ein and. Blick. Bilder z. Frauenkirche; Frankfurt/Oder, Mus. Junge Kunst: Arb. auf Papier; Bad Homburg, Scheffel: Im kleinen Format; 06 Mannheim, Gal. im Tulla: 10 Jahre Gal. im Tulla – **V:** div. Bücher im Selbstverl. – ***Lit:*** Ausst.kat., u. a.: Hist. Mus. d. Stadt Budapest 91; Gal. Michael Schultz 95, 97, 99, 01, 04; Gal. Epikur 97, 03; Gal. Peter Borchardt 99; Gal. Terminus 00, 02

Leibl Lioba, Anna Margareta, Akad. Dipl.-Bildhauerin; Pilotystr. 8, D-80538 München, Tel. u. Fax (0 89) 5 02 72 92, *LiobaLeibl@compuserve.de* (* Straubing 17. 6. 60) – **S:** 81–87 ABK München (Bildhauerei b. d. Prof. Sir Eduardo Paolozzi u. Hubertus von Pilgrim) – **L:** Doz. f. Bildhauerei (Stein, Holz, Papier, Akt u. Portr.): seit 90 VHS München; seit 98 Akad. in d. Alten Saline Bad Reichenhall; seit 00 Bildungshaus Schloss Puchberg – **P:** Brunnenwettb. Straubing (2. Pr.) 82; Kult.stip. d. Stadt Straubing 85 – **Ve:** BBK München u. Obb. 05 – **G/T:** Freie Bildhauerei (Stein, Holz, Betonguss, Bronze, Papier, Glas); Zchngn; Transmissionshologramm (digital bearb.); Portr.; konzeptuelle Arb.; Skulpt. – **K:** Bildhauerei (Holz, Stein, Papier, Akt u. Portr.); Jahreslehrgang – **W:** Arb. in Privatbes. – **M:** Villingen-Schwenningen, StG – **Ö:** u. a. Achslach (Priestergrab); Dresden, Kanzlei Lehmann; Landau/Isar (Grabskulpt.); Leonsberg/Ndb., Schlosskirche (Altar u. Ambo); Piflas/Landshut, Kindergarten; Straubing, St. Peter (Tabernakeltüren); ebda, Krankenhaus, Eingangsbereich u. Kap. d. Elisabethkrankenhauses; Untergrub (Granitskulpt.) – **E:** Straubing, BRZ Gal. – **G:** Ausst.-bet. in Dtld u. Öst., zuletzt 04 Ulm, Künstlerhaus Ulm; Rottenburg am Neckar, Diözesan-Mus.; 05 München, Haus d. Kunst: Die 3. Dimension, Skulpt. aktuell

Leifer, Sibylle, Dipl. Malerin u. Graphikerin, Fotographin; Sanz Hof III, Haus 11, D-17495 Groß Kiesow, Tel. (03 83 56) 7 05 78 (* Krakau 19. 6. 43) – **S:** 66–72 HBK Dresden (Malerei, Graph. b. Kettner); 80–83 AK Berlin (Meisterschüler b. Ludwig Engel Hardt) – **L:** 92–02 Caspar-David-Friedrich-Inst. d. Univ. Greifswald (Aktzeichn.); 91–03 SKD Greifswald – **Ve:** Künstlerbund Meckl. u. Vorpommern – **G/T:** Öl, Acryl, Aqu., Hschn. (Portr., Akt, Ldschaft); Fotogr. (Portr., Situationen surreal) – **K:** Aktzeichnen; Hochdruck (Hschn.) – **M:** Berlin, AK; Berlin, Kpst.-Kab.; Cottbus, Brandenburgische KS; Dresden, SKS; Greifswald, Pommersches LM; Leipzig, MBK; Neubrandenburg, KS; Rostock, KH; Schwerin, Staatl. Mus. – **Ö:** in div. Kindergärten in Meckl.-Vorp. – **E:** zahlr. Ausst. seit 79 bis 03 u. a. in Berlin, Hamburg, Halle, Rostock, Greifswald, Stralsund, Güstrow, Neuburg/Donau, Anklam, Pulsnitz, Bautzen – **G:** zahlr. Ausst.bet. seit 79 in Dtld, Frkr., Finnld, Öst., d. Schweiz, Canada, d. USA u. Taiwan – **V:** Frauen-Augen-Blicke, Fotobildbd; Ich habe eine Sonne gemalt, Fotobildbd sowie zahlr. Künstlerkat. u. Workshopkat. – ***Lit:*** Peter Kemna (Hrsg.): Werkverzeichnis. Holzschnitte 1968–2000 sowie div. Ausst.kat. u. Faltblätter zu Ausst. – (Red.)

Leiner, Annegret (geb. Annegret Bruns, verh. Annegret Jochum), Malerin, Graphikerin; Joseph-Haydn-Str. 10, D-66125 Saarbrücken, Tel. (0 68 97) 7 73 20, Fax 92 46 66, *Herbert.Jochum@t-online.de* (* Hannover 16. 6. 41) – **S:** 62–63 WerkKsch Saarbrücken (Grundlehre Oskar Holweck); 63–66 HBK Braunschweig (Bildhauerei b. Emil Cimiotti u. Siegfried Neuenhausen) – **P:** Förderstip. d. Stadt Saarbrücken 88; Arb.stip. d. Stadt Salzburg 95; Arb.stip. im Künstlerhaus Schloß Wiepersdorf 96 – **KGr:** Saarländischer Künstlerbund – **G/T:** abstr. Expressionismus – **K:** Malerei, Zeichnen – **W:** zahlr. Werke in öff. Gebäuden – **Ö:** zahlr. Ausführungen Kunst am Bau u. a. Berlin, Saarländische Ldesvertretung (Gest. d. Festsaals) – **E:** u. a. 89 Metz, Éc. des Beaux Arts; 90 Nantes, Chapelle de L'Oratoire; Saarbrücken, StG; 93 Forbach, Gal. Oeil; 98 Saarbrücken, Stift. Demokratie Saarland; 00 Saarbrücken, BMW AG; St. Wendel, Mia Münster Haus; Saarbrücken, brandt-kult. – **G:** u. a. 88 Brüssel, Dt. Kunst heute; 89 Veneto, Castelfranco; 91 Darmstadt, Dt. Künstlerbund; 93 Speyer, KV; 95 Luxemburg, Kunstpr. Robert Schuman; Düsseldorf, Kunstausst. NRW; 97 Düsseldorf, Kunstausst. NRW; 98 Herne, StG Strünkede – ***Lit:*** A. L., Ed. Voix Richard Meier 89; A. L., Stadtgal. Saarbrücken 90; A. L., Künstlerhaus Schloß Wiepersdorf 97; A. L. Zeichnungen 1990–1998, Stift. Demokratie Saarland, Saarbrücken 98; A. L. Colli/usionen. Neue Zeichnungen 00; A. L. Neue Arbeiten, Museum Mia Münster Haus, St.Wendel 01

Leinfellner, Henriette, Mag., Graphikerin, Vertragslehrerin; Laurenzgasse 16–18/3/19, A-1050 Wien, Tel. u. Fax (01) 9 41 91 51, *henriette.leinfellner@chello.at* (* Wien 12. 10. 62) – **VG:** Graz, Schafschetzy; Mödling, Gal. Arcade – **S:** 79–81 Ealing College of Higher Education London (Art Found. Course); 81–89 HS f. Angew. Kunst Wien (Malerei u. Graph.) – **L:** seit 90 HS f. Angew. Kunst Wien (Vertragslehrerin am Inst. f. Bild. u. Mediale Kunst, Abteilung Graph. u. Druckgraph.) – **P:** Woyty Wimmer-Pr. 89; Graph.wettb. 'Fingerprints' (Anerkennungspr.) 91; Arthur Roessler-Kunstwettb. (1. Pr.) 91; Anerkennungspr. f. bild. Kunst

d. Kult.abt. d. Ldes NdÖst. 94; Förd.pr. f. bild. Kunst d. Kult.abt. d. Stadt Wien 96; Förd.pr. d. Theodor Körner Fonds 00; Stip. d. Miró-Stift. 02 – **Ve:** Künstlerhaus Wien 89; IG Bild. Kunst 90 – **G/T:** Zchng; Collage; Druckgraph. (vorw. Fotorad. u. Rad.); Objektkunst – **W:** u. a. in Bes. d. Kult.abt. d. Ldes NdÖst. – **M:** Salzburg, Rupertinum; St. Pölten, Ndöst. LM; Wien, Albertina; Wien, KS d. HS f. angew. Kunst; Wien, Kpst.-Kab. d. ABK; Wien, Kult.abt. d. Stadt; Wien, Slg Bundeskanzleramt – **Ö:** Wien, Sozialmedizin. Zentrum Ost – **E:** u. a. 92, 97 Wien, Künstlerhaus; 95 Wien, Tiller; 96 Graz, Schafschetzy; 98 Kurashiki, Ohara Mus. of Art; 99 London, Öst. Kult.inst.; 00 Berlin, Spandow; 01 Mödling, Gal. Arcade; 02 Wien, Nestroyhof; 04 Südtirol, Kunstforum Unterland; 05 Wien, Zeitgen. Druckgraph. in d. Klimt-Villa (m. G. Lebzelter); 06 Wien, Plank; Wien, Gal. Denkraum (m. J. Pérez Gil); Wien, Rudolfinerhaus (m. J. Pérez Gil) – **G:** u. a. 95 Düsseldorf, Art Multiple; 95, 96 Wien, Kunst Wien (m. Gal. Tiller); 96 Klosterneuburg/NdÖst., Slg Essl; Bonn, Frauen-Mus.: Kunstmesse; 97 Köln, ARTicle; 98 Nürnberg, Zabo; 99, 01 (Kat.) Wien, Künstlerhaus; 00 Wien, Tiller & Ernst; 00, 01 Wien, Kleine Gal.; Krakau, Intern. Druckgraph. Trienn.; 01 Nürnberg, Consumentart (Kat.); 02 Wien, Vienna AC; 02, 05 (Kat.) Madrid, Estampa; 03 Krems, KH (Kat.); 04 Wörlen-Passau, MMK; 04/05 Zürich, Gal. Wenighof; Schaffhausen, Vebikus; Duisburg, Cubus KH; Saarbrücken, Saarländisches Künstlerhaus; 04/05, 05 Wien, Kult.verb. Favoriten; 05 Neulengbach, Gal. am Lieglweg; St. Pölten, Ndöst. Dok.-Zentrum f. Mod. Kunst; 06 Innsbruck, Kunstmesse (m. Gal. Klimbacher) – sowie Bet. an Graph.bienn. u. Wettb., u. a. in Radom, Lublin, Varna, Kochi, Ljubljana, Belgrad, Osimo, Boston u. St, Petersburg – **V:** Zchng als Fossil, Kunstkat. (Zchng, Collage, Rad., Buchobjekt) 98 – ***Lit:*** zahlr. Veröff., u. a. Ruppert Klima: Bildhauer im Steinbruch Engelsberg, Symposium, Kat. 87/88 u. 89/90; Neuaufnahmen 1980–1989, Kat. d. Künstlerhauses Wien 89; 9 öst. Maler, Kat. d. Kunststation Kleinsassen 92; Unbunt – Farbe jenseits d. Farbraums, Kat. d. Schömer-Hauses Klosterneuburg 96; Karlheinz Pichler: Die Zchng als Katalysator einander ausschließender Befindlichkeiten, Kunstkat. 98; Johanna Hofleitner: Transgressionen, Kunstkat. 98; Monika Knofler u. Susanne Berchtold: Spiegelglas d. Augenblicke – druckgraph. Formulierungen, Kunstkat. 99; Philipp Maurer: Weite u. Enge, in: Wiener Kunsthefte 3/99; ders.: Von Null auf Eins, in: Wiener Kunsthefte 4/00; Angelica Bäumer in: Transgressionen – ein fotograf. Diskurs, Ausst.kat. 01; Kult.verb. Favoriten (Hrsg.): Töchter u. Väter, Bilder einer Beziehung, Kat. 01; Edith Almhofer, in: Schöner Wohnen 2/01; Brigitte Borchhardt-Birbaumer, in: Künstlerinnen, Positionen 1945 bis heute, Buch z. Ausst. 03; Kunstraum Arcade 1974–2004 04; Gustav Schörghofer, in: Welt d. Frau 5/05; Jb. Kunstforum Unterld, BZ I 07 – sowie div. Kat. d. Kult.verb. Favoriten

Leischnig, Haike s. Espenhain, Haike

Leissing, Edgar (Ps.: Esche), Maler, Graphiker; St. Anna-Str. 14, A-6900 Bregenz, Tel. u. Fax (0 55 74) 5 22 78, *edgar.leissing@utanet.at* (* Bregenz 28. 2. 60) – **VG:** Bregenz, Hämmerle; Wien, Peithner-Lichtenfels – **S:** 78–81 Lehrinst. f. Graph. Gest. München – **P:** Feldkircher Kulturpr. 86 – **Ve:** Berufsvrg bild. Künstler Vorarlbergs 84 – **KGr:** Kunst Vorarlberg, Forum f. aktuelle Kunst 03 – **G/T:** Malerei, Graph. (Zeichn. u. Rad.), Collage u. Fotogr. – **K:** Aktzeichn. – **M:** Bregenz, Vorarlberger LM; Lauterach, Slg Rohner; Salzburg, Rupertinum; Wien, Albertina; Wien, Leopold-Mus. – **Ö:** Bregenz, Kult.amt; ebda, Hypo Bank; Feldkirch, Vorarlberger Arbeiterkammer; ebda, Kult.amt; Wien, Bundesmin. – **E:** 86 Dornbirn, ORF-Ldesstudio; 88, 94, 01 Bregenz, Künstlerhaus Pal. Thurn u. Taxis; 89 Wien, Zumtobel; 92, 96, 00, 02 Bregenz, Hämmerle; 93 Schaffhausen, Kult.zentrum Kammgarn; 00, 01, 04 Wien, Peithner-Lichtenfels; 02 Berlin, Gal. Treppenhaus; 03 Bregenz, Kunsthaus – **G:** zahlr. Ausst.bet. seit 85, zuletzt 00, 01 Frankfurt am Main, Art Frankfurt; Wien, Peithner-Lichtenfels; 01 Dornbirn, Art Bodensee; 01, 02, 03 Feldkirch, Pal. Liechtenstein; 02 Lauterach, Slg Rohner; 03 Bregenz, Hämmerle; Köln, Kunst Köln; Berlin, Stadtbibliothek – ***Lit:*** Ausst.kat. E. L.: Fernsehbilder 88; Es ist die Gier 93; Balance Ballett 01; Rosengeschicklichkeitskünstler 02; Gefühlsideechoreographen... 02 – ***LitR:*** Fernsehen – Nahsehen, ORF-Kunststücke 86 – (Red.)

Leissler, Arnold, Maler, Graphiker; Kahlendamm 7, D-30657 Hannover, Tel. (05 11) 65 03 90 (* Hannover 3. 7. 39) – **VG:** Frankfurt am Main, Frankfurter Westend Gal. – **S:** WerkKSch Hannover; KA Nürnberg – **P:** Villa-Massimo-Stip. – **G/T:** v. a. abstr. Pflanzenornamente, beeinflußt v. Phantastischen Realismus – **M:** Hannover, Nds. LM; Hannover, Sprengel Mus.; Wolfsburg, StG – ***Lit:*** Reclams Künstlerlex. 02; Schweers 02 – (Red.)

Leister, Wiebke, Fotografin, Künstlerin, Dozentin, Fachautorin; Gustav-Poensgen-Str. 65, D-40215 Düsseldorf, Tel. Mobil: 0 17 35 24 33 85, *wiebkeleister@hotmail.com* (* Bielefeld 3. 6. 72) – **S:** 92–99 Univ. Essen (Kommunikationsdesign, künstler. Fotogr. b. d. Prof. B. Prinz u. I. Oswald); 95–96 London College of Printing (BA Photogr.); 00–06 Royal College of Art London (Dr. in Photogr. b. O. Richon) – **L:** seit 04 London College of Communication u. Univ. of the Arts London (Senior Lecturer Photogr.) – **P:** u. a. DAAD-Stip. f. London 95/96, 00–02; Kodak Nachwuchs Förd.pr. 98; Herbert-Schober-Pr. 98; European Award for Women Photographers 00 – **Ve:** DGPh 00; Dt. Famulantenaustausch (DFA) 00; FreeLens 00 – **G/T:** Fotogr. (Gesicht, Portr., Mimik, insbes. Lachen) – **K:** Fotogr. (am London College of Communication) – **W:** in Privatslgn – **E:** u. a. 99 Aachen, Atelierhaus Aachen; Essen, Kunsthaus; 00 Berlin, Kunst- u. Medienzentrum Adlershof; Köln, Photokina; 03 London, Goethe-Inst. – **G:** u. a. 96 Kansas City, Soc. for Contemp. Photogr.; 98 Köln, Gal. Objektiv; 99 Hamburg, MKG; 00 Prato, Arte Contemp.; 02 Frankfurt am Main, Art Frankfurt (m. Mousonturm); 03 Köln, Lichtblick; München, Kunstbunker Tumulka; 04 Frankfurt am Main, Mousonturm; 05 London, Southwark Park The Gall.; London, College of Communication (Research Gall.); 06 London, Univ. of the Arts (The Arts Gall., Kat.); Fremantle/Austral., Fremantle Arts Center; London, Royal College of Art (Kat.) – **V:** u. a. Norbert Bolz (Hrsg.) u. Ulrich Rüffer: Das große stille Bild (Fotogr.) 96; D. Langer u. M. Burkert: Theaterszene Jb. Köln 2001 (Fotogr.) 01; K. Becker, E.M. Engelen u. M. Vec: Ethisierung – Ethikferne (Art., Fotogr.) 03 – sowie: seit 02 Art. über Fotogr. u. a. f. Source, Photonews – ***Lit:*** Verschiebungen, Ausst.kat. Stuttgart 97; E. Brizio u. S. Boffardi: Places of Life, Ausst.kat. (z. Ausst. d. European Award for Women Photographers) 00; Kodak Nachwuchs Förd.pr. 1998–2000, Ausst.kat. 00

Leistner, Rolf, Zeichner, Schriftsteller, ehem. Industriekaufmann; Vereinsstr. 8, D-47495 Rheinberg, Tel. u. Fax (0 28 43) 27 99 (* Wetzlar/Lahn 27. 8. 42) – **S:** Autodidakt – **G/T:** Malerei, Buchill., Graph. (vorw. Tiefdruck) – **W:** Archivannahme einiger Graph. durch ein KM in NRW – **E:** div. Ausst. im südwestdt. Raum, u. a. Nürtingen, Modehaus Stahl – **G:** u. a. Stuttgart-Vaihingen, RH – **V:** Zwischen Wiesentheid und Pommersfelden; Ehemalige Höfe im Orsoyer Rheinbogen; Milchplatz; Menzelen u. seine Bahnstationen; Die Steigerwald-Eisenbahnstrecken von Ebrach u. Schlüsselfeld über Frensdorf bis Strullendorf; Mitarb. am Alpen-Lexikon – sowie div. weitere Publ. m. Zeichn. – ***Lit:*** Kat. über Ausst. im RH Stuttgart-Vaihingen in d. 70er u. 80er Jahren; div. Ztgsberichte, Biographien u. Vorstellungen in Shell-Firmenzss

Leiter, Karin E. (Karin Leiter), Illustratorin, Malerin, freischaffende Autorin, altkath. Priesterin u. Mitbegründerin d. Öst. Hospizbewegung; Längenfeldgasse 68/18/8, A-1120 Wien, *karin.leiter@chello.at*, *www.karin-e-leiter.net* (* Innsbruck 14. 12. 56) – **S:** Autodidaktin – **G/T:** Acryl, Aqu. – Buchill.; sakrale Bilderzyklen zu Kirchenfesten u. z. Bibel; Hauptthemen: Sterben – Tod – Auferstehung, Lebendigkeit – **K:** seit 88 in Öst., Dtld, d. Schweiz u. in Südtirol Aqu.- u. Acrylmalerei m. afrikanischen Percussions, Workshops f. Mandalamalerei, Schreib- u. Farbwkst., Sinnenschule, Kommunikation – Validation in verwirrten Krisen m. Farben u. Märchen, Aqu.malerei im Trauerprozess – **W:** Buchill. f. d. Tyrolia-Verl. Innsbruck Wien, Logogest. f. Sakramente, Seelsorgbereiche, Krankenpflege, Hospizarb. usw.; Kerzenwkst.; Textilmalerei (u. a. T-Shirts) – **Ö:** Melk, Andachts- u. Abschiedsraum Hospiz im Heim (Gesamtgest.); Mistelbach, Eingangshalle d. Krankenpflegeschule (Gemälde); Ried im Innkreis, Altkath. Pfarrk. (Bilderzyklus); Scheibbs/NdÖst., Aufenthaltsraum d. Krankenpflegeschule (Gemälde); Wien, Altkath. Pfarrk. (2faches Triptychon u. Orgelbild) – **E:** u. a. 90 Wien, Kardinal Königshaus; 94 Tirol, St. Michael; 95 Bozen (Farbtöne u. Klangfarben); 98 Graz (Ein Mandala voll Gottvertrauen) – **G:** 93 Wien (Lebensfarben); 95 Tirol, St. Michael – **V:** u. a. Der Trotzdem-Baum (Lyrik, Kurzprosa, Acrylill.) 5. Aufl. 89; Tanzendes Kreuz, Psalmen u. Kreuzweg (Tusche- u. Aqu.ill.) 4. Aufl. 90; Die Lachfalten Gottes, Fotobd (Fotos u. Kurzprosa) 4. Aufl. 96; Ein Mandala voll Gottvertrauen (Lyrik, Kurzprosa, Aqu.mandalas) 3. Aufl. 98; – Umschlaggest. f. eigene Veröff. sowie f. andere Autoren, u. a.: Reichlich gibt es starke Frauen 00; 13 Buchtitel u. a. f. Frau u. Theologie; zwei Postkartenserien m. je 10 versch. Motiven f. d. Hospiz im Heim Melk – ***Lit:*** Der Andachtsraum im Melker Hospitz, interreligiös u. multikulturell 04 – ***LitR:*** Ingrid Melzer-Traversa: Der Trotzdem-Baum, mehrfach ausgezeichneter Dok.film ORF 90 (mehrfach ausgestrahlt, Verwendung als Unterrichtsfilm); – sowie div. Fs.- u. Radiodok. zu Arb. u. Leben – (Red.)

Leitner, Bernhard, Univ. Prof.; Veithgasse 9, A-1030 Wien, *bernhard_leitner@utanet.at*, *www.bernhardleitner.com; www.bernhardleitner.at* (* Feldkirch/Öst. 19. 12. 38) – **S:** 56–63 TH Wien (Architektur) – **L:** 87–05 Univ. f. angew. Kunst Wien (o. Univ.Prof. Inst. f. Medienkunst, Kl. Medienübergreifende Kunst) – **P:** Pr. d. Stadt Wien f. Bild. Kunst 99; Würdigungspr. f. Medienkunst d. Ldes NÖ 02; Ehrenpr. d. Dt. Klangkunstpr. 02 – **G/T:** Ton Raum Skulpt.; Ton Architektur; Multimediale Install. – **M:** Berlin, NG; Bremen, KH; Buchberg/NÖ, Slg Bogner; Hamburg, KH; Innsbruck, Tiroler LM Ferdinandeum; Karlsruhe, ZKM; Krefeld, Kaiser-Wilhelm-Mus.; Paris, FNAC; Wien, MMK Stiftung Ludwig – **Ö:** Permanente Install. in: Berlin, TU (Hauptgebäude/Treppenhaus); Berlin, Atrium Friedrichstr.; Buchberg/NÖ, Schloß Buchberg; Donaueschingen, Donautempel; Linz, Linz AG Center; Paris, Parc de la Villette; St. Pölten, Kulturbezirk; Wien, Bank Austria Lassallestr.; Wien, Otto-Wagner-Spital, Pav. Felix – **E:** 78 Köln, Zwirner; 79 Krefeld, Mus. Haus Lange; 80 Bremen, KH; 81 Wien, MMK Stiftung Ludwig; 82 Linz, Ars Electronica; 96 Salzburg, Kollegienkirche; 97, 03 Donaueschingen, Intern. Donaueschinger Musiktage; 99 Berlin, Hamburger Bahnhof; Berlin, AdK; Berlin, Klangkunstforum Potsdamer Platz; 01 Bremen, KH; 02 Wien, Künstlerhaus; Karlsruhe, ZKM; 03 Innsbruck, Tiroler LM Ferdinandeum; 04 Berlin, MaerzMusik; Berlin, Gal. Gelbe MUSIK; Weimar, Schloß Ettersburg (m. Christina Kubisch); 05 Berlin, Parochialkirche (Singuhr-Hörgal.); Radio France, Atelier de Création Radiophonique – **G:** 79 New York, P.S.1 Contemp. AC; 80 Berlin, AdK; 81 Purchase/N.Y., Neuberger Mus.; 82 Kassel, documenta VII; 83 Paris, MAM de la Ville Paris; 86 Venedig, Bienn.; 91 Graz, steirischer herbst; 93 Hamburg, Mediale; 96 Wien, KH; 96, 06 Berlin, Sonambiente; 00 Málaga, Mus. Municipal; 02 Saarbrücken, Stadt-Gal.; 04 Innsbruck, Tiroler LM Ferdinandeum; 05 Weimar, Bauhaus-Univ. – **V:** Sound Architecture – Space created through traveling sound, ARTFORUM (N.Y.), 3/71; Ton-Architektur, Das Fenster (Innsbruck) 9/71; Ton:Raum 78; Sound:Space (N.Y.) 78; Ton:Raum-Arbeiten 1971–1981 (Schrr.reihe d. Mus. mod. Kunst Wien, Nr.15); Geometrie d. Töne 97; Klang als architektonisches Material, Positionen, Beiträge z. neuen Musik (Berlin) 8/97; SOUND:SPACE 98; Positionen, Beiträge z. neuen Musik (Berlin) 2/03; Kopfräume, Positionen, Beiträge z. neuen Musik (Berlin) 11/03; DURCHSICHT, 1987–2005, 3 Bde 05; – Wittgenstein's Architecture, in: Artforum 2/70; The Architecture of Ludwig Wittgenstein (Halifax u. N.Y.) 75; Das Wittgenstein Haus 00; Penser et construire: Wittgenstein et l'architecture, Europe No 906/oct. 04 – **R:** Radio France/France Culture, Ch. Lecerf: 'Surpris par la nuit', Porträt B.L., April 05; Radio France, Atelier de Création Radiophonique: 'Headscapes', Mai 05 – ***Lit:*** Der hörbare Raum, DAIDALOS (Berlin), Nr. 17/84; Künstler im Gespräch (Documenta-Documente) 84; Hermann Kern: Zeiträume, in: Ton-Raum (TU Berlin), Kat. 84; Interview m. Barbara Rose, in: The Journal of Art, 10/90; Karin v. Maur: Choreographie d. Klangfiguren, in: Sinneswerkzeug 91; Ansichten. 40 Künstler aus Österr. im Gespräch m. Wolfgang Drechsler 93; Mit den Augen hören. Gespräch m. Franz Schuh, in: Falter (Wien), 6/93; Bernd Schulz (Hrsg.): Resonanzen. Aspekte d. Klangkunst 02; Urbane Ton-Räume, in: Positionen, Beiträge z. neuen Musik (Berlin) 2/03; Zeitversetzt 04; DURCHSICHT, 1987–2005, 3 Bde 05 – ***LitR:*** ORF, D. Fercher: Porträt Atelier Leitner 18.10.94; ZDF 'Aspekte', G. Albrecht: Porträt B.L. 7.11.97

Leitner, Erika; Agnesgasse 11a, A-1190 Wien, Tel. (01) 4 40 27 39, Fax 9 11 16 61, *r.leitner@utanet.at* – **G/T:** Bildhauerei – (Red.)

Leitner, Gerold, Mag.; Kaisergasse 30, A-4020 Linz, *gerold.leitner@liwest.at* (* Rainbach i. M./ObÖst. 14. 10. 43) – **VG:** Linz, ObÖst. KV – **S:** 64–69 ABK Wien (Meisterkl. Malerei b. Hessing) – **L:** 70–03 Pädagogische Akad. d. Diözese Linz (LAuftr. u. Fachkoordinator f. Kunsterziehung) – **P:** Atelieraufenthalt in Tschechien (Egon Schiele Centrum) 04; Atelieraufenthalt in Paliano/Ital. 05 – **Ve:** Mühlviertler Künstlergilde 89–95; KV ObÖst. 91 – **G/T:** Pastellmalerei; Papierschüttwerke; Kleinplast. (Stein, Holz u. Metall); geometrische Abstr. u. Informel – **W:** in privatem u. öff. Bes. – **E:** u. a. 88 Wels, Gal. d. Stadt Wels; 90 Salzburg, Forum West; 99 Zwickledt, Kubinhaus; 00 Leonding, Gal. d. Stadt; 02 Schlierbach, Gymnasium; 03 Linz, Martin-Luther-Kirche; – weitere: 91, 96, 00 Linz; 93, 97 Freistadt; 94 Vimperk/Tschechien; 00 Jihlava/Tschechien – **G:** u. a. 84 Basel, Art Basel; 92 Schlierbach/ObÖst., Stiftsmus. m. Bilger-Gal.; 96 New York, Montague Art

Gall.; 97 Linz, ObÖst. KV; 99 St. Pölten, Ndöst. Dok.-Zentrum f. Mod. Kunst; 00 Passau, St. Anna Kap.; 01, 02, 03, 04 Linz, Ldestheater; – weitere: 89 Passau; 94 Prag – ***Lit:*** Durchblicke ins Helle – G. L. als Maler 95; A. Schiffkorn: Verlorene Hülle 92; P. Ratzenböck: Landschaftsspuren und Lebenszeichen, in: Mühlviertler Kult.zs 3/93; Terra picta 95; Schöpfwerk (u. Prosast. v. Sibylle C. Leitner) 96; Oswald Milde (Text): Augen auf Rot 03; Christina Carlberg: Augen auf Rot. G. L.s Bilderzyklus für die Martin Luther Kirche in Linz, in: Kult.bericht f. ObÖst. 2/04; – KAT.: Spuren und Zeichen. Pastelle 1988–1990 91; Das Unsichtbare im Sichtbaren 99 – (Red.)

Leitner, Gisela (geb. Gisela Böhmländer), Handwebmeisterin, Textilkünstlerin; Memelstr. 1, D-90518 Altdorf, Tel. (0 91 87) 52 26, *rugi.leitner@gmx.de*, *www.atelier-leitner.de* (* Erfurt 25. 5. 43) – **S:** 59–62 Textilwerkstätte; 62 Staatl. Textilfach- u. Ing.schule Münchberg (Lehrabschluß); 62–63 Gobelin-Manufaktur (Prof. Goecke); 63–65 Éc. d'Art Décoratif Ambusson/Frkr. (Prof. Tourlière); 67 Staatl. Textilfach- u. Ingenieurschule Münchberg (Meisterprüfung); Manufaktur Hofburg Wien; München-Mindelheim – **P:** Ldessieger in Bay. 62; Stip. Min. Culturel f. Frkr. 63 – **Ve:** BBK Nürnberg 80–04; GEDOK 83–90; KV Hersbruck 03 – **KGr:** Textilkunst (80–90) – **K:** 80–91 VHS Nürnberger Ld.; seit 93 Châteauponsac (Sem. f. Bildweberei) – **Ö:** Altdorf, Kirche; ebda, Standesamt, Kirche Weissenbrunn, Krankenhaus, Spk.; Bayreuth, Psychiatrie; Creglingen, Kirche; Kobe, Bethel; Limoges, Pal. d'Europe; München, Rückversicherung, Marktbergel, Kilians Kirche; Rummelsberg, Fachakad.; ebda, Bildungszentrum; Schwabach/Penzendorf, Lukaskirche – **E:** 77 Altdorf, Roncalli-Haus; 79 Altdorf, Raiffeisenbank; 91 Châteauponsac, RH; 99 Altdorf, Spk.; Altdorf, Autohaus BMW; Altdorf, Ev. Kirche – **G:** zahlr. Ausst.bet., u. a. 69 Hannover, Handwerksforum; 78 München, Textilkunsthappening; 80 New York, Inst. of Fashion; Washington/DC, Children Mus.; 84 Aschaffenburg, Jesuitenkirche; 85 München, Gobelinmanufaktur; 88, 00 Heidelberg, Textilmus.; 89 Ansbach, GEDOK; Nürnberg, Germanisches NM; Altdorf, Hauptschule; 90 Nürnberg, Kunsthaus; Lauf, Ldratamt; 91 Bayreuth, Neues RH; Bayreuth, Altes Schloß; 92 Washington, Kennedy Center; 99 Aubusson; 01 Fürth, Klinikum; 03 Aubusson, Éc. d'Art Décoratif – **V:** Textilkunst 76 – ***Lit:*** Kat. z. d. Ausst. b. d. Handwerksmesse München 70; in d. Jesuitenkirche Aschaffenburg 80; im Bürgerhaus Schwabach 84; im Textilmus. Heidelberg 88, 00; im Germanischen NM Nürnberg 89; in Bayreuth 92

Leitner, Jörg, Dipl.-Ing., Maler, Bildhauer, Graphiker; Rudolfstr. 21, A-8010 Graz, Tel. (03 16) 38 11 36, Fax 3 23 62 25, *di.leitner@aon.at*, *www.art-jl.at* (* Kapfenberg/Stmk 5. 11. 34) – **VG:** Graz, Leitner – **S:** Sommerakad. Bruneck (b. Prof. Pach) – **L:** 01 Akad. Bad Reichenhall (Malerei); 03 AS-Sem. – **Ve:** Art/Diagonal; Berufsvrg d. bild. Künstler Öst. – **KGr:** Neuberger Kreis – **G/T:** Malerei (Öl, Aqu., Mischtechnik); Bildhauerei (Holz); Graph. (Kaltnadelrad.) – **K:** Malerei (u. a. Sensibilität im Malprozeß, Freches Malen, Intensivmalerei); Zeichn. – **Ö:** Graz, Steirische Elektrizitätswerke AG; ebda, Andritz AG; Neuberg an d. Mürz, FOREST ART – Weg d. Künstler – **E:** u. a. in Barcelona, Bayreuth, Bern, Graz, Innsbruck, Klagenfurt, Linz, Little Rock, Mailand, New York, Paris, Triest, Wien – **G:** Wien, Art/Diagonal; Graz, Berufsvrg Bild. Künstler; Salzburg, KV; – weitere: Intensiv Maler- u. Bildhauersymposion (Dtld u. Öst.) – **V:** Zeichen und Symbole, Kunstbd 94 – ***Lit:*** u. a. Gottfried Layr u. Kurt Panzenberger: Österreichische Aquarellisten der Gegenwart 84; Heinrich Fuchs: Die österreichischen Maler des 20. Jahrhunderts 86; J. L. – Der Maler, Kunstb. Bd 1 92; Art Diagonal, Kat. 94; 20 Jahre Kunst bei Kenst 96 – (Red.)

Leitner, Rudi, Graphiker u. Maler; Tiefenbachstr. 14, D-83734 Hausham, Tel. (0 80 26) 9 32 39 (* Hausham 3. 1. 34) – **S:** 59–62 HS f. angew. Kunst München (b. Prof. Blocherer) – **Ve:** BBK München u. Obb. 80–89 – **G/T:** Malerei (Acryl, Öl, Aqu.); fotorealistische Landschaften u. Landschaftsdetails – **W:** überw. in Privatbes. sowie in kommunalen Einrichtungen – **Ö:** Wandbilder in Hausham, Grund- u. Hauptschule; Miesbach, Zentrale Kläranlage – **E:** 65 München, Gal. Stenzel; 79 München, Gal. Nymphenburg; 82 Otterfing, Otterfinger Wkst.; 84 Haßloch/Pf., Kastenholz; 00 Wayern, Kunstkab. Zehenthof – **G:** 79, 82 Wasserburg, Jahresausst.; 79, 80, 89, 90 München, Große Kunstausst. im Haus d. Kunst; 80 München, Kunstpavillon; München, RHgal.; 86 Erlangen, Gal. am Eichenwald; 89 Wachtberg, Turm-Galerie-Bonn; 90 Kempten, Dt. Alpenver.; 94 Lenggries, Fa. MKM Marketing Kommunikation Marktforschung; Bobingen, KV; 00 München, Reg. v. Obb.; 03 Rottach-Egern, Hyna – ***Lit:*** KAT.: z. Großen Kunstausst. im Haus d. Kunst München 79, 80, 89 u. 90; z. Jahresausst. Wasserburg 82; R. L. Öl- und Acrylbilder, 31 farbige Abb. 98 – (Red.)

Leitner-Gründberg, Rudolf; Bubendorf 85, A-3354 Wolfsbach, Tel. (0 74 77) 81 21, Fax 85 14, *info@leitner-gruendberg.at*, *www.leitner-gruendberg.at* – **G/T:** Bildhauerei, Malerei – (Red.)

Leitner-Szapary, Barbara; Bubendorf 85, A-3354 Wolfsbach, Tel. (0 74 77) 81 21, Fax 85 14, *bls@leitner-gruendberg.at* – **G/T:** Fotogr. – (Red.)

Lelia s. Schuster-Kaiser, Cornelia

Lem, Dorissa, Bildhauerin, Malerin; Stolberger Str. 380, D-50933 Köln, Tel. (02 21) 4 97 26 25, 49 59 99, *info@dorissalem-skulptur.de*, *www.dorissalem-skulptur.de* (* Duisburg 9. 11. 52) – **Ve:** VG Bild-Kunst seit 99 – **KGe:** Kunst in Resonanz: Petra Genster, Karin Meinel u. D. L. (seit 02) – **G/T:** Malerei, Skulpt. (vorw. Holz, auch Stein) – **Ö:** Bensberg, Skulpt.park am Kardinal-Schulte-Haus; Laatzen, Park d. Sinne – **E:** 97 Bad Honnef, Kath. Soziales Inst.; 00 Köln, Maternushaus; 01 Köln, Oberldesgericht – **G:** seit 96 regelmäßig Ausst. im eigenen KunstRaum, seit 98 zahlr. nat. u. intern. Ausst.bet., u. a. 99 Petrozavodsk, MBK Karelii; – zuletzt 04 Köln, Möbel-Passagen; 06 Köln, Christuskirche – **V:** Skulptur im Spannungsfeld 01 – ***Lit:*** Künstler-Union Köln (Hrsg.): D. L. – Skulptur, Materialbilder, Malerei 00

Lemke, Karl, Bildhauer; Lebt in Barth-Glöwitz (* Berlin 28. 2. 24) – **VG:** Ahrenshoop, Neues Kunsthaus – **S:** 46 TU Berlin (Bauingenieurwesen); 48–49 HBK Berlin (Bildhauerei b. Prof. Gustav Seitz); 51–53 Dt. AK Berlin (Prof. Gustav Seitz) – **L:** 71–76 KHS Berlin-Weißensee (Doz. f. Plast.) – **Ö:** Brunnen in Berlin, Erfurt u. Nordhausen; – Figuren in: Berlin, Heringsdorf, Leuna, Rostock, Schwedt, Stralsund u. Ueckeritz – **E:** 68 Heringsdorf; 89 Krakow; 90 Rostock; 92 Demmin; 98 Ahrenshoop, Neues Kunsthaus – **G:** Teiln. an zahlr. Gr.ausst. im In- u. Ausland, u. a. in Finnland, Tschechien u. d. Sowjetunion – ***Lit:*** K. L., Ausst.kat. 98

Lemke, Willi; Talblick 23, D-52146 Würselen, Tel. (0 24 05) 8 25 95, *Lemke-Wuerselen@t-online.de*, *www.willi-lemke.de* (* Würselen 11. 9. 50) – **G/T:** Ölmalerei, Metallplast. – **W:** Werke in öff. u. priv. Besitz – **Ö:** Istanbul, Garanti Bank; London – **E:** 84 Würselen, Gal. am Dobach; 88 Heinsberg, Gal. Zum Alten RH; 91 Geilenkirchen, Gal. Haus Basten; 92 Paderborn, Siemens-

Nixdorf Informationssysteme AG; 97 Stolberg, Kunstforum EigenSinn; 98 Lontzen/Belgien, Gal. Restaurant Maison Blanche; Aachen, Schloßpark Rahe; 00 Herzogenrath, Gal. Kunst u. Musik; 03 Eschweiler, St. Jöris – **G:** zahlr. Ausst.bet. seit 73, zuletzt u. a. 97 Landgraaf, IPOMAL; 98 Kerkrade, RH; Schleiden-Gemünd (1. Reg. Kult.tag); 99 Berlin, Holiday Inn; 01 Schleiden (Stadt-Land-Fluß); Montzen, Syndicat d'Initiative de Montzen; 02 Kerkrade, Industrion; Aachen, RH; Alsdorf, RH; 03 Stolberg, Burg-Gal.; Eupen, Belgischer RF; 04 Bad Münstereifel Gal. eins; Aachen, Gal. Freitag 18:30; 05 Würselen, Medizinisches Zentrum; Aachen, Ludwig Forum

Lempelius, Uwe, OberstudR in Rente, Maler, Kunstschriftsteller, Kunstjournalist; Auf dem Feld 2, D-24944 Flensburg, Tel. (04 61) 3 78 38, Fax 3 19 45 59 (* Flensburg 18. 3. 31) – **VG:** Halebüll-Schobüll, Lüth – **S:** KA Karlsruhe (b. Prof. O. Laible u. Walter Becher); LdesKSch Hamburg (b. Prof. Willem Grimm); Univ. Hamburg; Académie André Lhote Paris (DAAD-Stip.) – **L:** 91–92 PH Flensburg; bis 92 OberstudR am Gymnasium – **P:** DAAD-Stip. f. Paris (1 Jahr) – **Ve:** BBK Schlesw.-Holst. 68–91 (Vorst.mitgl. 85–91); KV Flensburg (Vorst.mitgl.) – **G/T:** Malerei (Öl, Aqu., Acryl); Hschn.; Reliefbild – **K:** Kursleiter zahlr. Sommerakad., Malerei, Hschn. – **W:** Ankauf u. a. durch d. Stadt Flensburg – **M:** Brunsbüttel, Stadtgal.; Coburg, KS d. Veste; Flensburg, Museumsberg; Künzelsau, Mus. Würth; Schleswig, LM f. Kunst u. Kult.-Gesch. Schloß Gottorf – **Ö:** Kiel, Ldesarb.amt; ebda, Fernmeldeamt; Schleswig-Holstein, Kultusmin. – **E:** u. a. 57 Paris, Cité Universitaire; 92 Halebüll-Schobüll, Lüth; 93 Rendsburg, Jevenstedt; 94 Rendsburg, Bamberger-Haus; Itzehoe, Prinzeßhof; Keitum, Mus.; Hildburghausen, SM; 95 Eckernförde, Heimat-Mus.; Apenrade, Dt. Zentralbibliothek; Brunsbüttel, StG im Elbeforum; 96 Hohenlockstedt, Kunsthaus Boskamp; Sondershausen, Schloßmus.; 97 Rendsburg, Druckmus.; Störkaten, Birkenhof; 98 Gundelsby, Schuck; 99 Halebüll-Schobüll, Lüth; 00 Apenrade, Dt. Büchereizentrale; 01 Steinberghaff, Gal. am Haff; Chemnitz, Künstlerbund; 02 Friedrichstadt, Gal. im Fünfgiebelhaus – **G:** Ausst.bet. in Dtld, Öst., Frkr., Dänemark, Norwegen u. Estland; viele Ausst. d. BBK – **V:** Art. über Kunstausst. u. kult. Ereignisse; Kunstlandschaft Schleswig-Holstein, in: Deutschland, Porträt einer Nation 86; Herrenhäuser in Schleswig-Holstein, in: Deutschland, Porträt einer Nation 86; Sylt-Magazin 91, 92; weitere Beiträge in: Das Atelier, Schleswig-Holstein u. Revue internationale des Arts; zahlr. Texte in Kat. v. bekannten Künstlern in gesamter BRD f. Museen, Gal. u. KV; Ruth Maria Linde-Heiliger und die Kunst ihrer Zeit, in: Holzskulpturen 97 – ***Lit:*** Christian Struckmann: Menschliche Dokumente einer schicksalhaften Zeit 96 – (Red.)

Lempert, Jochen, Fotokünstler, Biologe (* Bonn 58) – **VG:** Köln, Schmidt – **P:** Alfred Krupp v. Bohlen u. Halbach Stift. Schöppingen 90; Arb.stip. d. Stadt Hamburg 94; Stift. Kunstfonds Arb. u. Projektstip. 95–96; Gabriele Peters-Pr. f. Phantastische Wiss. Hamburg 00 – **E:** u. a. 91 Köln, Gal. am Schlachthof; 92 Hamburg, Künstlerhaus; 97 Bonn, KV; 02, 04 Köln, Schmidt – **G:** u. a. 89 Köln, Kunsthaus; 93 Essen, Mus. Folkwang; 95 Hamburg, Kampnagel K3; 97 Wiesbaden, Nassauischer KV – (Red.)

Lenart, Branko (Ps.: LEN-ART), Fotokünstler; Viktor-Kaplan-Gasse 25, A-8045 Graz, Tel. u. Fax. (03 16) 69 35 45, *www.kulturserver-graz.at* (* Ptuj/Slowenien 15. 6. 48) – **S:** 74–82 Workshops m. Lewis Baltz, Ralph Gibson, Les Krims, Mary E. Mark, Duane Michals u. Peter Schlessinger – **L:** LAuftr. f. Fotogr.: seit 79 Höhere Technische Bundeslehranst. Graz; 80–95 Pädagogische Akad. Graz; 95–02 FHS Industrial Design Graz – **P:** Photokina Obelisk 68; Stip. d. frz. Reg. (f. La Rochelle) 73; Ldesförd.pr. f. Fotogr. 72–77; Ankaufspr. u. Stip. Ld Stmk (f. Arles) 76, 79; Polaroid Förd.pr. 80; Arist-in-Residence Apeiron Workshops Millerton, New York 80; Förd.pr. d. BmfUK 83; Rupertinum Fotopr. 88; Stip. d. BmfUK Wien (f. Rom) 90; Ankaufspr. b. Ldeskunstpr. 90; Förd.pr. f. künstler. Fotogr. d. Stadt Graz 93; Stip. d. BmfUK (f. London) 95 – **Ve:** Forum Stadtpark Graz 68; Artikel-VII-Kult.ver. f. Stmk (Obmann, seit 94); KV Graz 02 – **G/T:** Fotogr. (Projekte, Dokumentarfotogr., konzept. m. Text) – **K:** Fotoworkshop – **W:** Millerton Project, New York 80, Projekt Krkavce/Istrien 81–86 (Fotogr. u. Text Friederike Lenart); Projekt Grenz.Räume 01 (Fotogr., m. Inge Morath); sowie Werke in privaten Slgn – **M:** Barcelona, Fund. Joan Miro; Bievres, Mus. français de la Photogr.; Fribourg, Mus. d'art et d'histoire; Graz, Bildslg Steirischer Fotografen; Graz, Forum Stadtpark (Fotogal.); Graz, Kult.amt; Graz, LM Joanneum; Kidricevo, , Likovna zbirka Talum; Kranj, Kab. Slovenske fotografije; Linz, Lentos; Ljubljana, Intern. KS Junij; Millerton/NY, Apeiron Workshops; Paris, Bibliothèque Nat.; Ptuj, Pokrajinsli muzej; Rimini, Mus. Comunali; Rio de Janeiro, Bibliotheca Nacional; Salzburg, Rupertinum (Fotoslg.); Skopje, MCA; Triest, Archivio fotografico; Wien, BmfUK; Wien, Slg Fotografis Länderbank; Wien, Wirtschaftskammer d. Stmk; Yokohama, Mus. of Art – **E:** zahlr. Ausst., u. a. 70 Weiz, Kult.haus; 76 London, Photographers' Gall.; 84 Graz, Minoriten Gal.; 89 Wien, Faber; 91 Salzburg, Rupertinum; 95 Ljubljana, Arhitekturni muz.; 98 Graz, LM Joanneum; 02 Ptuj, Knjiznica I. Potrca; 03 Maribor, Fotogalerija Stolp; Graz, Lit.haus; Graz, Künstlerhaus; Ljubljana, Mestna gal.; Koper, Pokrajinski muzej; New York, Leica Gall.; Tokio, Leica Gall.; Wien, WestLicht – **G:** zahlr. Ausst.bet. seit 68, zuletzt u. a. 96 Paris, Centre Nat. de la Photogr.; Jerusalem, Theater; 97 Mexiko-Stadt, Centro de la Imagen; 02 Graz, Künstlerhaus; Ptuj, Miheliceva gal.; 04 Ljubljana, Gal. fotografija – ***Lit:*** Kult.amt d. Stadt Graz (Hrsg.): Photos von unterwegs 73; Slavo Timotejevic (Text): Tito v reprodukcijah 84; Peter Weiermair (Vorw.): Wahr genommen 91; Carl Aigner u. Werner Fenz (Texte): Res publica, in: Lichtungen 93; Todeszeichen 94; Primoz Lampic (Text): fotografije/photographs 1972–1993 95; Wolfgang Kos u. Walter Titz (Texte): Vitalogy 98; Johannes Schmidt (Text): Kaddisch 98; Marjeta Ciglenecki u. Tjasa Mrgole (Texte): Light Works 02 – sowie weitere Veröff. in Zss u. Ausst.kat., u. a. in: protokolle 74, 76, 77, 81 – (Red.)

Lengsfeld, Katharina s. Vogt, Katharina

Lenherr, Niklaus, Freier Kurator; Postfach 3619, CH-6002 Luzern, Tel. 04 12 42 19 42, *info@niklaus-lenherr.ch*, *www.niklaus-lenherr.ch* (* Menziken 1. 2. 57) – **S:** 73–74 Graph. FS Zofingen; 77–80 F + F Schule f. exper. Gest. Zürich; 82–83 Schule f. Gest. Basel – **P:** u. a. Cité Intern. d. Arts Paris 89; Eidgenöss. Pr. f. Freie Kunst 93, 94; Stip. am Schweizer Inst. in Rom 95–97 – **G/T:** Install., Objekte, Kunst im öff. Raum, Konzepte, Fotogr., Zeichn., Druckgraph., Multiples – **W:** div. öff. Projekte, Plast. u. Wandgest. – **E:** 90 Paris, L'espace floréal; 00, 04 Meggen, Gemeindegalerie Benzeholz; 02 Stans, Nidwaldner Mus.; 05 Sarnen, Hofmatt Gal.; Uffikon, erstes.WetzMus. – **G:** 89, 95 Môtiers, Schweizer Plast.ausst.; 96 Moutier, Mus. jurassien des Beaux-Arts; 97 Zürich, Haus f. konstruktive u. konkrete Kunst; 98 Neuchâtel, Mus. d'Art et d'Hist.; Budapest, Budapest Gall.; 02, 06 Luzern, Kunstpanorama; 04 Hamburg, Speicherstadt: Zoll/Douane; 06 Biel,

Kunsthaus Centre PasquArt – **V:** m. Corinna Soria, Michael Donhauser, Jan Koneffke u. Raphael Urweider: ORTEN, Bild-Lyrik-Projekt 01; m. Zsuzsanna Gahse u. Klaus Merz: BLiCKEN, Bild-Lyrik-Projekt 04

Lenk, Thomas, Prof., Bildhauer, Graphiker; D-74542 Schloß Tierberg, Tel. u. Fax (0 79 05) 3 62 (* Berlin 15. 6. 33) – **S:** 50 KA Stuttgart; Steinmetzlehre; seit 54 freischaffender Bildhauer – **L:** 78 Helwan Univ. Kairo (Gastprof.) – **P:** Carnegie Intern. Purchase Award 67; Socha piešt'anských parkov, Bratislava (3. Pr.) 69; Pr. d. 2. Norweg. Graph. Bienn. 74; E.mitgl. auf Lebenszeit d. Art Gall. of Ontario, Toronto 88; Verleihung d. Titels Prof. 89 – **Ve:** Humboldt-Ges. f. Wiss., Kunst u. Bildung 92; VG Bild-Kunst – **E:** u. a. 58 Wiesbaden; 62, 65, 68, 70, 74, 77, 81 Stuttgart; 63, 94 Wuppertal; 64, 70 Ulm; 66, 69 Zürich; 66 Kassel; 67 New York; Mailand; London; 68, 80 Münster; 68 Darmstadt; 69 Detroit; 71 Bochum; 71, 73 Essen; 71, 74, 80 Düsseldorf; 71, 82 Saarbrücken; 76 Köln; 78 Alexandria; 80 Tübingen; 83 Nürnberg; München; 85 Mannheim; Leverkusen; Linz; 86 Stuttgart, SG; 95 Cottbus; Ingolstadt; Dessau; München; 98 Karlsruhe, Badisches LM; 00 Budapest, Goethe-Inst.; 01 Konstanz, Geiger – **G:** zahlr. Bet., u. a. in Europa, Kanada, USA u. Jap. sowie 68 Kassel, documenta; 70 Venedig, Bienn.

Lenz, Heribert (Sign.: Greser u. Lenz), Karikaturist; Leiderer Stadtweg 62, D-63741 Aschaffenburg, *www.greser-lenz.de* (* Schweinfurt 26. 2. 58) – **S:** FHS Würzburg (Graph.) – **P:** Karikaturenpr. d. dt. Ztgn 00 (1. Pr.); Landauer Karikaturistenpr. 02; Dt. Karikaturenpr. d. Sä. Ztg (1. Pr.) 04 – **KGe:** Greser & Lenz: Achim Greser u. H. L. – **G/T:** Karikatur (v. a. polit., u. a. f. d. Zss Titanic, FAZ u. Stern) – **E:** u. a. 00 Frankfurt am Main, Mus. f. Komische Kunst im HM; Bocholt, Kunsthaus; 02 Berlin, Cartoonfabrik; 04 Göttingen, Altes RH; 05 Neuwied, Gal. Mennonitenkirche; Lohr/Main, Altes RH; 06 Frankfurt am Main, Romanfabrik – **G:** u. a. 90 Erlangen, Intern. Comic-Salon; 01 Berlin, Rp. Ldesvertretung; 04–05 Dresden, Haus d. Presse – **V:** u. a. Hans Zippert: Ein Bier geht um die Welt (Ill.) 95; Rettet die Faustkeilindustrie 98; Hausschatz des goldenen Humors 99; Aufstand der Anständigen 01; Der Aufschwung ist da! 04; Lesen? Das geht ein, zwei Jahre gut, dann bist du süchtig (Ill.) 04; Jasper von Altenbockum: Deutschland in Sorge. Die Chronik eines Jahres (Ill.) 05; Ich lach dich tot. Cartoons über den Sensenmann 06

Lenzen, Hans Georg, Prof.; Landsberger Str. 13, D-41516 Grevenbroich, Tel. u. Fax (0 21 82) 77 26 (* Moers/Ndrh. 2. 7. 21) – **S:** 46–50 KA Düsseldorf (b. d. Prof. W. Schmurr, O. Coester, H. Kamps u. J. H. Schmidt, Examen f. künstler. Lehramt) – **L:** seit 52 WerkKSch Düsseldorf; 63, 64 Kansas City/USA (Gastdoz.); 71–86 FHS Düsseldorf (FB Design) – **G/T:** Zeichn., Ill., Aqu. – **W:** Aqu. u. Zeichn. in Privatbes., Ill. f. Zss u. Buchverl. – **M:** Moers, Schloßmus. – **E:** u. a. 84, 93 Grevenbroich, StG Haus Hartmann; 84 Hagen, Herdecke; Gladbeck, StG; 85 Oberhausen, Ludwig-Gal.; 86 Duisburg, Lindenhof; 87 Düsseldorf, KV Malkasten; Düsseldorf, FHS; 88 Düsseldorf, Gogol; 89 Moers, StG; 90 Dormagen, Kr.mus. Zons; 94 Hilden, Inst. f. öff. Verwaltung – **G:** u. a. 91 Düsseldorf, KV Malkasten; 92 Berlin, Gal. Taube; 92, 95 Moers, StG; Grevenbroich, StG Haus Hartmann; 00 Düsseldorf, Kult.bahnhof Eller; Göttingen, Staats- u. Univ.-Bibliothek – weitere: 84, 85 Wanderausst. Düsseldorf, Kempen, Kevelaer, Kleve, Moers u. Zons (Blickpunkt Ndrh.) – **V:** Ill., Übersetzungen u. eigene Texte – ***Lit:*** Kat.: Zeitgewinn 93; Verlängerter Augenblick 96; Die zarte Empirie 01 – (Red.)

Lenzen, Juri-W. (Ps.: Juri Läänsen, eigtl. Werner Lenzen), Maler, Graphiker, Bildhauer, Kunstpädagoge, Lyriker, Betriebswirt; c/o Vagn Margaard, Møllemarksvej 43, DK-5400 Bogense-Skåstrup, Tel. (0 64 81) 36 22 (* Mühlhausen/Thür. 12. 5. 38) – **S:** 60–64 Malerei u. Graph. b. Prof. Mayer-Weingarten; 64–65 Karlsruhe (Malkl. Prof. K. Schöppler); 97–99 Heidelberg (Lyrik b. Prof. Dr. E. Blattmann) – **L:** 82–94 Centro Interculturale Palagione, Volterra (Doz.); seit 86 Malkl. Schömberg (psychologisiertes Malen); seit 02 Pforzheim (Malkl. f. hochbegabte Kinder) – **P:** Pr. f. 'Aquarell mit Violine' Böblingen 65; Kunstförd. d. Ldes BW seit 82 – **Ve:** Gottfried-Benn-Ges. Bremen – **G/T:** psychologisiertes Malen, Bildhauerei (Eisenplast., Skulpt.) Transformationen v. Lyrik – **K:** psychologisiertes Malen u. Zeichnen, Malen f. hochbegabte Kinder – **W:** 56 farbige Papierarb. (ein Zyklus), Bilder d. Sprache, d. Geistes u. d. Lebens 00–02 – **E:** / G: div. Ausst. im In- u. Ausld – **V:** Bilder zu Gedichten von Gottfried Benn (m. Prolog v. Frau Dr. Pohl) – (Red.)

Lenzenhofer, Lydia, Malerin, Fotografin (* Wien 67) – **VG:** Wien, Gal. Ariadne – **S:** Autodidaktin – **E:** / G: u. a. 99 Wien, Feichtner & Mizrahi; 00, 01, 02, 03 Wien, Gal. Ariadne; 00 Wien, MAK; 01 Wien, Suppan; 01, 02 Wien, Exner; 03 Krems, KH – (Red.)

Leo s. Adler, Leonore

Leo von Seelöffel s. Landmesser, Ralf Gunter

Leonhard, Leo (eigtl. Siegmund Leonhardt), Prof., Maler, Graphiker, Buchillustrator, Autor; Sandstr. 18, D-64404 Bickenbach, Tel. u. Fax (0 62 57) 6 27 29 (* Leipzig 12. 5. 39) – **VG:** Bensheim, Böhler – **S:** 61–64 KA Düsseldorf (Meisterkl. f. Graph. Prof. Coester) – **L:** 64–87 Studiensem. Darmstadt u. Bensheim (Kunsterzieher, seit 70 Fachleiter f. Kunsterziehung); seit 87 FH Mainz (Prof. f. Zeichnen u. Ill.) – **P:** 3. u. 4. Intern. Graph.-Bienn. Krakau 70, 72; Intern. Bienn. Miami 82, 84; Georg-Christoph-Lichtenberg-Pr. 82 – **Ve:** Ver. f. Orig.-Rad. München seit 80 – **KGr:** Neue Darmstädter Sezession (seit 67) – **G/T:** Graph. (Hschn., Rad.); Buchill.; Ölmalerei (Portr., allegorische Bildthemen, Hommage an alte Meister); Zeichn. u. Aqu. – **K:** Handzeichn., Aktstud., belletristische u. wiss. Ill., Zeichentrickfilm – **M:** Darmstadt, Hess. LM; Darmstadt, Polizeipräsidium; Goddelau, Büchnerhaus; Miami, Metropolitan Mus. and AC; Nürnberg, Stadtgesch. Mus.; Offenbach am Main, Klingspor-Mus.; Wiesbaden, Hess. Finanzmus.; Wiesbaden, Hess. Wirtschaftsmus. – **Ö:** Ober-Roden, Magistrat – **E:** u. a. 80 München, Graph.gal. am Bavariaring; 82 Xanten, Reg.mus.; 83 Moers, Städt. Bibliothek; 84 Frankfurt am Main, Heinrich-Hoffmann-Mus.; 86 Dreieichenhain, Libertas; 88 Darmstadt, Bilderkab.; Böblingen, KV; 91 Mainz, Gal. 32; 95 Darmstadt, KH; 97 Fischbachtal-Lichtenberg, Sommergal. Schloß Lichtenberg; 98 Seeheim-Jugenheim, Poorhosaini; 00 Troisdorf, Donath – **G:** 00 Uelzen, KV; 01 Darmstadt, Netuschil; Darmstadt, Mus. Künstlerkolonie Ernst-Ludwig-Haus; – weitere: seit 66 Teiln. an mehreren Intern. Graph.-Bienn. u. Trienn., u. a. in Biella, Frechen, Frederikstad, Grenchen, Krakau, Mailand, Miami u. Rizal; seit 69 Jahresausst. d. Neuen Darmstädter Sezession; seit 82 Jahresausst. d. Rad.ver. München; seit 85 mehrfach Bet. an d. Großen Kunstausst. Düsseldorf – **V:** Rüssel in Komikland 72; Glücksucher in Venedig 73, 74; Leben und Traum mit Schellenfusz 75; Schimpferd und Nilpanse 75; Bärlamms Verwandlung 76; Der Prozeß um des Esels Schatten 78; Der Stellenwert des Zeichnens in der Grafik-Design-Ausbildung 87; Basilius Mummelpelz und Hieronymus Kragenpeter 88; Buchillustration – Kritische Anmerkungen zur gegenwärtigen Situation, in: Illustration 90; Tierstudien 92 – *Lit:* u. a. Baacke (Text): Lexikon der Kinder- u. Jugendliteratur, Bd 2; Leo Leonhard als Illustrator, in: Illustration; Sperlich (Text): Lichtenberg-Preisverleihung, Kat.; Albrecht Dexler (Text): Künstlertagebuch zu Büchners Dantons Tod – ***LitR:*** Eva Demski: Dokf. HR 3 75 – (Red.)

Leonhardt, Andreas J., Töpfermeister; Bärenstr. 4, D-08523 Plauen, Tel. (0 37 41) 22 25 68, *www.leorot.de* (* Plauen 15. 7. 59) – **S:** 87 Meisterprüfung im Töpferhandwerk (Mentor Walter Gebauer, Bürgel) – **Ve:** CKB; KV Plauen-Vogtland – **G/T:** Gefäßkeramik; keram. Wandbider; Raku-Keramik; Fotografik – **K:** Raku-Keramik; Drehen an d. Töpferscheibe – **M:** Bürgel, Keramik-Mus.; Gera, MAK – **E:** mehrere Ausst. u. Bet. im In- u. Ausld, zuletzt 04 Weimar; 06 Kronach – **G:** – zuletzt 05 Gmunden

Leonhardt, Siegmund s. Leonhard, Leo

Leonhardt, Ursula s. Braune, Ursula

LEΩNI s. Jäkel-Fells, Angelika

Leopold, Henriette s. Florian, Henriette

Lepanto, Wassili (eigtl. Wassili Loukopoulos), Dr. phil.; Atelier-Galerie Lepanto: Friedrich-Ebert-Anlage 11 u. 27, D-69117 Heidelberg, Tel. (0 62 21) 2 06 39, 65 80 80, *Wassili-Lepanto@Galerie-Lepanto.de*, *www.wassili-lepanto.de* (* Lepanto/Griechenland 17. 6. 40) – **L:** 91–92 Univ. Heidelberg (Lit. u. Kunstgesch.) – **P:** Willibald-Kramm-Pr. 79 – **Ve:** BBK; Ver. z. Förd. d. Ökologischen Kunst 00 – **KGr:** Heidelberger Künstlergr. 79 – **G/T:** Ldschaftsmalerei (Öl, Tempera) – **W:** überw. in Privatbes. – **M:** Athen, Nat. Pin.; Bad Dürkheim, StG; Heidelberg, KM; Stuttgart, KM; Stuttgart, SG – **Ö:** Heidelberg, RH; ebda, Univ. Inst. f. Fremdsprachenphilologie; Mannheim, RH; Montpellier, Maison de Heidelberg; Walldorf, RH – **E:** 78, 91 Heidelberg, DAI; 80 Reutlingen, Hans-Thoma-Ges.; Helsinki, KV; 81 Heidelberg, Univ. Bibl.; 84 Lindau, StG; 87, 89 Paris, Gal. de Causans; 89 Wien, Pal. Palffy; Athen, Goethe-Inst.; 96 Genf, Pal. d. Vereinten Nat.; Athen, Melina Mercouri-Kult.zentrum; 97 Düsseldorf, Mus. Kunst Pal.; 03 Berlin, Bundesgeschäftsstelle d. Grünen; 06 Heidelberg, KM – **G:** 84 Chicago, Intern. Kunstmarkt; 85 New York, Intern. Kunstmarkt; 03 Florenz, Bienn. – **V:** Für eine Ökologische Kunst, Manifest 83; Brief eines Malers an seinen Freund, in: Öko-Kunst. Zur Ästhetik der Grünen 89; Vorfrühling, Künstlertageb. 93; W.L. Positive Utopien, Monogr./Biogr. 02 – *Lit:* AUSST.KAT.: Geordnete Welt 81; Landschaften – Positive Utopien 86; Landschaft – Oikos 89; Kat. z. Retrospektive Genf-Athen-Düsseldorf 96/97; W.L. – Ökolog. Kunst (m. Beitr. v. Dieter Henrich, Jost Hermand, Reinhard Wegner) 06; – weitere: W.L. Positive Utopien, Monogr. (m. Beitr. u. a. v. Hans-Georg Gadamer, Jost Hermand, Norbert Werner) 02 – ***LitR:*** Ingrid Moser: Das Können u. die Kunst – Interview m. W.L. (SDR 1) 90; Ingvild Bayer: W.L. – Portr. eines ökolog. Künstlers (Südwestfunk S 2) 94; Bruno Dumbeck: W.L. – ein Kurpfälzer Kopf, Interview (SWR 4) 01

Lepke, Gerda, Akad. Malerin u. Graphikerin; Konkordienstr. 48, D-01127 Dresden. Atelier: Leumnitzer Str. 7, D-07546 Gera, Tel. (03 65) 2 85 84 (* Jena 23. 3. 39) – **S:** 66–71 HBK Dresden (Malerei u. Graph., Dipl.) – **P:** Kunstpr. d. Stadt Dresden 93 – **Ve:** SKB; Sä. AK Dresden (Gründungsmitgl.) – **KGr:** Dresdner Sezession 89 – **G/T:** Malerei (Öl, Aqu.); Graph. (Kaltnadelrad., Algraphie, Siebdruck); Buchobjekt; Landschaft, Figur u. Portr. – **W:** Arb. in Privatbes. u. privaten Slgn – **M:** Altenburg, Lindenau-Mus.; Berlin, Antiken-Slg (Altes Museum); Dresden, GG NM; Gera, KS; Leipzig, MBK – **E:** 81 Bernburg, Schloß-Mus.; Leipzig, MBK; 83 Berlin, Gal. im Alten Mus.; 89 Dresden, Kühl; 93 Dresden, GG NM; 99 Altenburg, Lindenau-Mus.; Gera, KS – **G:** 82, 87 Dresden, Kunstausst. d. DDR; 83 Budapest, Ernst Mus.; 84 Schwerin, Staatl. Mus.; 86 München (Zeichnungen aus Ateliers der DDR); Frankfurt am Main, Kommunale Gal. im Leinwandhaus; 89 Wrocław, Bienn. d. Zeichn.; 96 Salzburg, Gal. – **V:** Christa Wolf: Medea (Graph.) 96; Ingo Schulze: Simple Storys (Graph. z. 5. Kapitel) 99; Christa Wolf: Assoziationen in Blau (Graph.) 03 – *Lit:* Kat. zu d. Ausst. in d. GG NM Albertinum Dresden 93; im Lindenau-Mus. Altenburg 99; u. in d. KS Gera 99 – ***LitR:*** Maria Schellenberg (Autorschaft u. Regie): G. L. Ich bin Malerin, Fsf. 03

Lermer, Hans Peter, Fotograf, Bildhauer; lebt u. arbeitet in München (* Straubingen 61) – **VG:** Berlin, Raab – **S:** 81–83 Univ. Regensburg u. München (Kunstgesch. u. Phil.); 83–89 KA München (Bildhauerei b. Prof. Heriberg Sturm) – (Red.)

Lesák, Frantisek, O. Univ.-Prof. Mag. art., Bildhauer, Zeichner; Weidmanngasse 28, A-1170 Wien (* Prag 2. 8. 43) – **VG:** Wien, Insam – **S:** 65–69 HS f. angew. Kunst Wien (Meisterkl. f. Bildhauerei) – **L:** 79–03 TU Wien (Inst. f. Plast. Gest.) – **P:** DAAD Berliner Künstlerprogramm 78 – **Ve:** Wiener Secession – **G/T:** Install., konzept. Zeichn. u. Fotoprojekte – **M:** Amsterdam, Stedelijk Mus.; Bochum, Mus.; Duisburg, Wilhelm-Lehmbruck-Mus.; Eindhoven, Van Abbemus.; Minneapolis/MI, Walker AC; Orléans, Fonds Rég. d'Art Contemp.; Stuttgart, SG; Wien, Albertina; Wien, MMK Stiftung Ludwig – **E:** 77 Amsterdam, Stedelijk Mus.; 80 Minneapolis/MI, Walker AC; 92 Amsterdam, Van Gogh Mus.; Wien, MMK Stiftung Ludwig; 97 Prag, NG – **G:** 84 Washington/DC, Hirshhorn Mus. and Sculpt. Garden; 98 Wien, Secession; 00–03 Köln, Villeurbanne u. Sevilla (Radical Architecture) – *Lit:* F.L. Morgen, Mittag, Abend. Studie nach e. Bildmotiv v. Claude Monet 92; F.L. Konstruktion – Rekonstruktion, Ausst.kat. NG Prag, Slg mod. u. zeitgen. Kunst 97

Lesehr, Michael, Akad. Maler u. Graphiker; Danneckerstr. 46 C, D-70182 Stuttgart, Tel. (07 11) 24 63 04 (* Stuttgart 27. 6. 41) – **S:** 60–67 ABK Stuttgart (u. a. b. d. Prof. Manfred Henninger u. Albrecht Appelhaus) – **G/T:** Malerei (Öl, Eitempera-Emulsion); Graph. (Bleistift, Feder); überw. übersinnlicher u. realistischer Themenkr. – **K:** seit 91 Zeichn. am Württembergischen LM Stuttgart – **M:** Biberach an d. Riß, Braith-Mali-Mus.; Stuttgart, KM; Stuttgart, SG – **E:** 76 Neckarrems, Gal. Schloß Remseck; München, Gurlitt; 80 Meersburg, Gal. im Barockschloß; 85 Tübingen, Bischöfliches Theologenkonvikt Wilhelmstift; 99 Biberach an d. Riß, Braith-Mali-Mus.; 00 Weimar, Gal. am Schloß; 02 Waiblingen, Mus. d. Stadt – **G:** zahlr. Ausst.bet. im In- u. Ausld, u. a. 77–78 Stuttgart, KM; 82 Stuttgart, SG (GrS); Florenz, Palagio di Parte Guelfa – **V:** Otto Heuschele (Text), Künstlermappe aus d. Reihe Biberacher Gal. I (Gemälde u. Zeichn.) 80; ders. (Text), Künstlermappe aus d. Reihe Biberacher Gal. II (Gemälde u. Zeichn.) 83; Porträt der Altstadt von Biberach (Bleistift-Zeichn.) 88 – *Lit:* Jahrbuch der Staatlichen Kunstsammlungen in Baden-Württemberg 76; Ulrike Gauss u. a.: Die Handzeichnung der Gegenwart II. Neuerwerbungen seit 1970. Graphische Sammlung Staatsgalerie Stuttgart, Kat. 82; Paola Giovetti: Medianita e Creativita. Palagio di Parte Guelfa, Kat. Comune di Firenze 82; Die Kunst des 19. und 20. Jahrhunderts in Baden-Württemberg. 25 Jahre Galerie der Stadt Stuttgart im Kunstgebäude. Erwerbungen seit 1961, Kat. 86; Kunstförderung des Landes Baden-Württemberg. Erwerbungen 1983, 1984, 1985, verbunden m. d. Ausst. im Ulmer Mus., im KV Rastatt, in d. StG Freiburg u. im Kr.mus. Schloß Bondorf 86; – sowie

Kurt Diemer: Kunstsammlung des Landkreises Biberach/Riss, Kat. – ***LitR:*** Rolf Maurer: M. L., Aufzeichn. in d. Bärenhöhle b. Zeichnen, SWF 3 Unser Drittes 03 – (Red.)

Lesier, M. (Ps.: Betoner), Betoner, Bildhauer; Walzwerkstr. 14, Düsseldorf, Tel. (02 11) 2 10 63 91, Mobil: 01 52 02 39 94 21, *www.duesseldorf.de/kuenstlerleben/bildende_kuenstler/person. php* (* 10. 9. 37) – **G/T:** expressiver Formativismus; Objekte (Beton) – **E:** / G: u. a. 67 Karlsruhe, Bundesgartenschau; 69 Dortmund, Euroflor; 70 Mayen, Symposium Lapidea; 71 Köln, Künstlerunion; 75 Bonn, LM; 77 Hagen, Karl-Ernst-Osthaus-Mus.; 79 Wesel, StM; Wesel, Gal. im Zentrum; 81 Duisburg, Lehmbruck-Symposium; 82 Amsterdam, Floriade (2 Goldmed.); 92 'Die Düsseldorfer'; 96 Düsseldorf, Jahresausst.; 00 Hilden, Bienn. d. Kleinplast.

Lessing, Christian, Illustrator, Maler; Fliednerstr. 32, D-40489 Düsseldorf, Tel. (02 11) 4 05 89 21, Fax 4 05 60 38, *info@christianlessing.de, www.christianlessing.de* (* Mainz 23. 7. 68) – **S:** FHS Düsseldorf (FB Design) – **P:** Stip. d. Ev. Stud.werk Villigst; Diesel Wall Award Berlin (Pr.träger) 05; f. d. Comicmag. Herrensahne: Comicpr. Heftich Hamburg (1. Pr.) 04, 05 u. Independent Comicpr. (ICOM) 05 – **Ve:** VG Bild-Kunst – **KGr:** Herrensahne (Comicmag.) – **G/T:** Ill. (auch narrativ); Malerei – **W:** ca. 40 in Privatbes. – **Ö:** Köln, Mediapark – **E:** 03 Köln, Passagen (graph. Rauminstall.) – **G:** 98 Hamburg, Gal. Arterie: Rauschkauf; Baden-Baden, SKH: Freie Wahlen (Bodeninstall.); 01 Düsseldorf, Gal. Revolver; 03 Düsseldorf, Architektionale Schnitte Köln: 1000 Bilder Komik Kubus; 04 Luxemburg, Kult.huef Grevenmacher u. Düsseldorf: Hier gibt es nichts zu sehen (3D-Comicpaneel); 05 Düsseldorf, Waschsalon: Der tapezierte Raum (Comic-Tapete) – sowie: 98 Düsseldorf, Nur fliegen ist schöner – Illustratoren stellen aus (Kat.); 01 Düsseldorf, Comicmag. Herrensahne: Für eine Handvoll Euros; 03 Düsseldorf, Comicmag. Herrensahne: Sahnestars on 45; Düsseldorf, Nacht d. Mus.: In bester Ges. (Install. begehbares Comic); 04 Düsseldorf, Voulez-vous de-vu avec moi?; 05 Luzern, Intern. Comicfest: 1000 Bilder Komik box

Lettl, Wolfgang; Mörikestr. 6, D-86161 Augsburg, Tel. (08 21) 55 65 08, *wolfgang@lettl.de, www.lettl.de* – **G/T:** Malerei – (Red.)

Leu, Alois Josef s. Al'Leu

Leu, Anja, Malerin u. Graphikerin; Schreinerstr. 2, D-10247 Berlin, Tel. (0 30) 42 08 94 24, *a.leu@online.de, www.anja-leu.de* (* Halle/Saale 8. 9. 67) – **VG:** Berlin, Nering + Stern – **S:** 88–90 KHS Berlin-Weissensee (Malerei, Gebrauchsgraph.); 90–06 HS f. Kunst u. Design Burg Giebichenstein Halle/Saale (Graphikkl. Prof. Ruddigkeit, Prof. Rug, 04–06 Meisterkl. Graph.) – **P:** Arb.stip. d. Stift. Kult.fonds Berlin 94–95; DAAD-Stip. f. Paris 96 – **Ve:** 1. Kunstkr. Sachsen-Anhalt 98–06; BBK 99–04 – **KGe:** A.L. u. Marius Heckmann (seit 03) – **G/T:** Graph.; Collage; Materialdruck; Malerei (Tempera, Acryl, abstrahierte Stilleben, Bahnhöfe) – **W:** Werke überw. in Privatbes. – **M:** Rendsburg, Jüdisches Mus. – **Ö:** Bernburg, Spk.; Halle/Saale, Spk.; ebda, Mitteldt. Energieges., – **E:** 02 Bernburg, Theater (Meistersaal); Berlin, Potsdamer Platz; 03 Berlin, Produzentengal. Krumbholz – **G:** 93 Grenoble: Germination X; 95 Bonn: Kunststudenten stellen aus

Leu, Martina (geb. Martina Anna Chiacchia), Bildhauerin; Postfach 1726, CH-8048 Zürich, Tel. 07 96 39 22 15, Fax 04 48 10 32 01, *editionleu@bluewin.ch, www.al-leu.ch* (* Zürich 24. 3. 67) – **S:** Ausb. z. technischen u. graph. Zeichnerin; Ausb. z. Bildhauerin im Atelier Al'Leu Zürich; Klubschule Migros Zürich (Plast. Gest. u. Abgußtechnik) – **L:** Klubschule Migros Zürich (Kursleiterin f. plast. Gest. u. Gest. m. Speckstein) – **G/T:** abstr. u. figurliche Plast. (Marmor, Steatit, Kalkstein) – **W:** Privatslgn in d. Schweiz – **G:** div. in d. Schweiz, u. a. Zürich, Wengihof; Zürich, Atelier U5

Leu, Olaf, Prof. f. Kommunikationsdesign, Mitgl. im wiss. Beirat d. CCI (Corporate Communication Inst.) d. FHS Münster, FB Design; Lanzstr. 18, D-65193 Wiesbaden, Tel. (06 11) 52 65 38, *olaf.leu@t-online.de* (* Chemnitz 28. 7. 36) – **S:** 54–57 Bauersche Gießerei Frankfurt am Main (künstler. Atelier Dr. K. F. Bauer) – **L:** 75–76 Univ. de Chile Valparaiso (visuelle Kommunikation); 82–84 St. Martin's School of Design (Typogr. u. Layout); 86–03 FHS Mainz (Corporate Identity/Corporate Design) – **P:** über 300 Ausz., u. a. ADC New York (Silbermed.) 75; ADC Philadelphia (Goldmed.) 81; Pr. d. Jury Kalenderschau d. Ldesgewerbeamtes Stuttgart 85, 90, 91; Bienn. d. Gebrauchsgraph. Brno (Silbermed.) 86, 88, 90 – **Ve:** Type Directors Club New York (Life Member); ADC New York (Life Member); Dt. Designer Club (EM) – **G/T:** Graph. Erscheinungsbilder; Jahreskal.; Annual Reports – **K:** Visuelle Kommunikation (bes. Corporate Financial Communication Design) – **M:** Essen, Dt. Plakat Mus. (Stift. 'Kollektion O. L. – Graphic Design Direction 1955–1990') – **E:** 60 Einzelausst., u. a. 68 Hildesheim, Roemer- u. Pelizaeus-Mus.; 71 Biberach a.d. Riß, Braith-Mali-Mus.; 76 Santiago de Chile, Mus. Nacional de Bellas Artes; 80 Wiesbaden, Villa Clementine; 81 Jerusalem, Bezalel Acad. f. Fine Arts; 85 Stuttgart, Württembergische Ldesbibliothek; 90 Essen, Dt. Plakat Mus.; 92 Frankfurt am Main, StG im Karmeliterkloster; 95 Goethe-Inst. in Montevideo, Buenos Aires, Cordoba, Mendoza; 97 Goethe-Inst. in New Delhi, Ahmedabad u. Bangalore – **G:** 61 New York, The Best of German Design; Berlin, Dt. Gebrauchsgraph. nach 1945 – **V:** Dt. Plakat Mus. Essen (Hrsg.): O. L. Graphic Design Direction 1955–1990, Monogr. 90; Corporate Design 92; Stilformen d. graph. Gest. 93; Corporate Identity/Corporate Design 94; Geschäftsberichte richtig gestalten 04 – ***Lit:*** Martin Pedersen, mehrere Zsbeitr. in: GRAPHIS 78–86; Friedrich Friedl: TYPO 88; Colin Naylor: Contemp. Designers 90; Alan u. Isabella Livingston: Graph. Design and Designers 92

Leuenberger, Beat; Riedernstr. 40a, CH-3027 Bern, Tel. 03 13 02 44 45, Fax 03 19 90 90 00, *info@al-grafik.ch, www.al-grafik.ch* – **G/T:** Graph. – (Red.)

Leuenberger, Werner Otto (Ps.: W.O.L.), Maler, Zeichner, Druckgraphiker, Plastiker; Monbijoustr. 34, CH-3011 Bern, Tel. 03 13 01 36 28 (* Bern 21. 12. 32) – **S:** 48–52 Lehre als Lithograph; KGS Bern – **P:** Eidgenössisches Kunststip. 59, 60, 61; Stip. d. Stift. De Harries d. Stadt Bern 63; Stip. d. Louise Aeschlimann u. Margareta Corti Stift. 65; Kantonales Kunststip. Bern 67; Stip. d. Stift. Pro Arte 68; Kunstpr. v. Balsthal f. Graph. 70; Pr. d. Intern. Trienn. f. farbige Orig.graph. Grenchen 82 – **Ve:** Ges. Schweiz. Maler, Bildhauer u. Architekten (GSMBA); Xylon – **G/T:** Malerei; Hschn.; Lith.; Zchng; Dreidimensionale Malerei – **W:** Bühnenbild z. Kandinskys Gelber Klang (im Rahmen d. Ausst. 'Der Blaue Reiter' im KM Bern); Ankauf u. a. durch d. Bundesamt f. Kult. Bern – **M:** Basel, KM; Bern, KM; Bern, Schweiz. Mobiliar; Bern, Slg d. Kt. Bern; Biel, Kunsthaus Centre PasquArt; Grenchen, Kunsthaus; Lugano, Gottardo; Olten, KM; Thun, KM; Zürich, GrS d. ETH – **E:** seit 59 Ausst. im In- u. Ausld – **G:** 59 São Paulo, 5. Bienn. (Ausz.) – ***Lit:*** BLSK 98

Leupold, Matthias, Fotograph, Filmemacher; c/o Atelier f. Photographie, Triftstr. 50, D-13353 Berlin, Tel. Mobil: 01 70 38 13 80 9, (0 30) 66 06 43 90,

Fax 66 06 43 91, *matthias_leupold@t-online.de*, *www.leupoldphoto.de; www.matthiasleupold.com* (* Berlin 59) – **L:** 06 Berliner Techn. KHS (Prof.) – **P:** Villa-Massimo-Stip. 97 – **Ve:** VG Bild-Kunst 87 – **G/T:** Szen. Fotogr. – **K:** Digitale Fotogr. u. Bildgest. – **M:** Bonn, LM; Halle/Saale, Staatl. Gal. Moritzburg; Hamburg, MKG; Paris, Bibliothèque Nat.; San Francisco, MMA – **E:** 92 Dessau, Bauhaus (Kat.); 96 Berlin, Festspielgal. (Kat.); 03–04 Halle/Saale, Staatl. Gal. Moritzburg (Kat.); Iserlohn, StG; Erfurt, KH (Kat.) – **G:** 04 Moskau, Staatl. HM: Kunst in d. DDR, Eine Retr. d. NG Berlin – Berlin-Moskau Moskau-Berlin Kunst 1959–2000 – ***Lit:*** u. a. Marie-Luise Leupold: M.L. Cecilia 98 – ***LitR:*** Rudij Bergmann Bergmannsart, Feat. zu Fahnenappell u. Ital.-aufenthalt (Süddt. RF) 1.10.97; Manfred Burgmeister: Villa Massimo (Dt. Welle) mehrere Ausstrahlungen ab Jan. 98; Paola Ugolini: Die Welt d. Frau, Fs.beitr. (RAI 3, ARTE) 7.2.98

Leutenegger, Zilla, Videokünstlerin, Fotografin; *mail@zilla.ch*, *www.zilla.ch* (* Zürich 11. 4. 68) – **VG:** Basel, Stampa; Zürich, Kilchmann – **S:** 95–99 Höhere Schule f. Gest. u. Kunst Zürich (Bild. Kunst); 97–99 ETH Zürich (Ass. Bereich Video) – **P:** Manor-Kunstpr. Basel 04 – **G/T:** Videoskulpt., Performance, Kunst am Bau, Fotogr. – **E:** zahlr., zuletzt u. a. 03 Berlin, Kamm; Basel, Stampa; Lüneburg, Halle f. Kunst; 04 Zürich, Kilchmann; Chur, Bündner KM – **G:** zahlr., zuletzt u. a. 04 Gwangiu, Bienn.; Dortmund, Mus. am Ostwall; Vilnius, Center for Contemp. Art; Solothurn, KM; Madrid, Mus. Colecciones ICO – **R:** VIDEOS, u. a.: Der Elefant aus Barcelona 96; Wakuwa/Madonna 96; Der Spagat 96; Mini 96; Kleiderzirkus 96; Zilla Nina Catherina 96 – ***Lit:*** BLSK 98 – (Red.)

Leutloff, Vera, Malerin; Worringer Str. 78, D-40211 Düsseldorf, Tel. (02 11) 7 33 59 92, Fax 7 30 84 37, *vera.leutloff@gmx.de*, *www.vera-leutloff.de* (* Hamburg 8. 12. 62) – **VG:** Essen, Neher; Düsseldorf, Artax Kunsthandel; München, art matters; Reutlingen, Festl & Maas – **S:** 81–89 KA Düsseldorf (b. Prof. Alfonso Hüppi, Meisterschülerin) – **L:** 01–04 KA Düsseldorf (LAuftr. f. Malerei) – **P:** Reisestip. d. Kunstver. f. d. Rheinlande u. Westf. 88; Villa-Romana-Pr. 91; Max-Ernst-Stip. 92; Bergischer Kunstpr. 97 – **Ve:** Dt. Künstlerbund 04; VG Bild-Kunst 05 – **G/T:** Malerei (Öl) – **W:** in öff. u. privatem Bes. – **M:** Aachen, ehem. Reichsabtei Kornelimünster KS NRW – **Ö:** Arnsberg, Bez.reg. – **E:** u. a. 85, 87, 90, 95 Stuttgart, Wehr; 88 Rastede, Pal.; 89 Neuss, Conrads; 91 Florenz, Villa Romana; 92 Brühl, Gal. am Schloß; 95 Lippstadt, KV; 97 Solingen, Mus. Baden; 98 Düsseldorf, ID-Gal.; 00 Düsseldorf, Artax Kunsthandel; 01 Düsseldorf, Klinkhammer & Metzner; 02 Bamberg, Grimm-Beickert; Essen, Neher; Dortmund, Mus. am Ostwall; 05 Nördlingen, KV; 06 Reutlingen, Festl & Maas – **G:** u. a. 93 Berlin, AK; 93, 95, 96, 97, 99, 00, 03, 04, 05 Essen, Neher; 95 Kleve, StM Haus Koekkoek; 96 Wuppertal, KH Barmen; 97 Solingen, Mus. Baden; 99 Schwäbisch Gmünd, Mus. im Prediger; Stuttgart, Wehr; 05 München, art matters forum; Ratingen, SM; Berlin, Salon KDF; 06 Gelsenkirchen, KV – ***Lit:*** Ausst.kat.: V. L. – Malerei 88; Kunstpreis Villa Romana Florenz 92; Stefan Lausch, V. L. 98; V. L. – Bilder 02

Levi, Renée (Ehename Renée Levi Schmid), Prof., Malerin; Alemannengasse 57, CH-4058 Basel, Tel. u. Fax 00 41 61–4 83 98 38, *mail@reneelevi.ch*, *www.reneelevi.ch*. Auf dem Wolf 41, CH-4052 Basel (* Istanbul 6. 5. 60) – **VG:** Basel, Krupp; Paris, filles du calvaire; Brüssel, filles du calvaire – **S:** 87–91 HBK Zürich (Mentorat b. Aldo Walker) – **L:** 99 ABK Karlsruhe (Gastprof.); seit 01 HS f. Gest. u. Kunst Basel (Prof. f. Malerei u. Bild) – **P:** Pr. d. Basler KV 89; Atelierstip. Paris 92; Vordemberge Gildewart-Pr. 94; Manor-Kunstpr. 96; Pr. d. HBK Zürich 98; Meret-Oppenheim-Pr. 01 – **KGe:** Levi & Partner: R. L. u. Marcel Schmid (seit 85) – **G/T:** Malerei, Wandmalerei, Install. – **M:** Aarau, Aargauer Kunsthaus; Basel, Slg Kunstkredit; Genf, Mamco; Mouans-Sartoux, Espace de l'Art Concret; Schaffhausen, Mus. zu Allerheiligen – **Ö:** Basel, Überbauung Wettstein; Bonn, Stud.stift. u. HSrektorenkonferenz; Genf, Collège Montbrillant; Luzern, Kt.parlament (Saal); Zürich, Nationalbank; ebda, Regina Kägi Hof – **E:** u. a. 00 Genf, Mus. d'Art Mod. et Contemp.; 01 Chicago, Thomas Blackman Associates Space; 02 Basel, Mus. f. Gegenwartskunst; 03 Essen, Mus. Folkwang; 04 New Delhi, Trienn. India; Quimper, Centre d'Art Contemp.; Amiens, Maison de la Culture; 05 Ibos, Centre Parvis – **G:** u. a. 00 Aarau, Aargauer Kunsthaus; 01 Schaffhausen, Mus. zu Allerheiligen; 02 Graz, steirischer herbst; 03 Nizza, Villa Arson; 04 Neuchatel, Centre d'Art contemp. et mod.; New York, Lynch; 05 Muttenz, Kunsthaus Baselld; Basel, Krupp; 06 Paris, Crédac, Centre d'Art d'Ivry – ***Lit:*** AUSST.KAT.: R.L. Orangen 97; R.L. 24 99; R.L. kill me afterwards 03; R.L. Iconoclaste 06

Levin Truk s. Ryslavy, Kurt

Levis, Petra, Malerin; Schellingstr. 96, D-80798 München, Tel. (0 89) 52 59 71, Fax 52 77 36, *mail@petralevis.com*, *www.petralevis.com* (* München 25. 9. 61) – **VG:** Frankfurt am Main, Gering – **S:** 83–89 ABK München (Prof. Butz) – **Ve:** VG Bild-Kunst seit 88; BBK München u. Obb. seit 90 – **G/T:** Realistische Malerei – **M:** München, Bay. Staatsgemäldeslgn – **Ö:** Goldegg, Regenerationszentrum; München, Klinikum Neuwittelsbach; München, Staatsmin. f. Ldesentwicklung u. Umweltfragen – **E:** u. a. 92 Frankfurt am Main, Palmengarten; 94 Bayreuth, Casino-Gal. d. B.A.T.; 98 Freiburg i. Br., Limmer; 02 Frankfurt am Main, Art Frankfurt; Frankfurt am Main, Gering – **G:** u. a. 88 München, Förd.pr. '88; 92 München, Neue Münchner Gal.; 95 Prien, Gal. im Alten RH; 01, 02 Frankfurt/Main, Gering; 02 Esslingen-Nürtingen, Kunstpr. d. Spk.; 03 München, Große Kunstausst. – ***Lit:*** A. Winterstein: Sie bannt den Zauber der Dinge 01 – (Red.)

Levy, Simone Carole, Holzbildhauerin; Im Paradies, Kirchstr. 3E, D-56203 Höhr-Grenzhausen, Tel. (0 26 24) 63 58, *sclevy@rz-online.de*, *www.sclevy.de* (* Herrliberg/Zürich 8. 9. 58) – **VG:** Niederhofen, Herrmann-Schmitz – **S:** Autodidaktin – **P:** Offener Kunstpr. (1. u. 2. Pr.) 95, 97 – **Ve:** Kunstforum Westerwald 94; BBK Rh.-Pf. – **KGe:** Holz-Keramik: S. C. L. u. Lothar Schwarz (96–02) – **G/T:** Objektkunst (Holz) – **Ö:** Hachenburg, Bibliothek; ebda, Bundesbank Schloß Hachenburg; Nassau, Alten- u. Pflegeheim; Seeheim, Archit.büro Nöll & Partner; Siershahn, Keramchemie; Westerburg, Berufsbildende Schule; Wirges, Grundschule; ebda, Reg. Schule – **E:** zahlr. Ausst. seit 87, zuletzt 99 Kusel, S-Gal.; 00 Düsseldorf, Connexion; Hachenburg, Volksbank; 01 Göttingen, Studio Wasserscheune; 02 Hachenburg, Winklers; 03 Koblenz, Haus Metternich; 04 Montabaur, S-Gal.; Neunkirchen-Seelscheid, Gal. Sattelgut – **G:** zahlr. Ausst.bet. seit 87, zuletzt 99 Pirmasens, Kunstmesse; 00, 02 Quebec, Bienn. Intern. d'Art Miniature; 00 Hachenburg, Kunst vor d. Haustür; Hannover, Designa; 01 Sayn, Abtei; Salzburg, Kunstmesse (Kat.); – weitere: 99 Europ. Cyber Gall. of Modern Art; 02 Bled – **V:** Gesänge des Herzens, Fotobd m. Gedichten; S.C.L. Querschnitt von 1990–2003 – ***Lit:*** Hanns-Joachim Starczewski u. Wolfgang Eschmann: Holzplastiken als verdichtete Musik, Ausst.kat. 86; Geschäftsbericht Kr.spk. Westerwald 01; 10. Kunstausst. Natur-Mensch 04; Kunstforum Westerwald Kat.

Levy, Susanne, Malerin, Graphikerin; Lettenweg 25, CH-4144 Arlesheim, Tel. u. Fax 0617014995, Fax 0617014995 (* Nürnberg 5. 12. 21) – **S:** Scuola d'arte Porta Romana Florenz; Gewerbeschule Basel; Atelier Eidenbenz Basel (Fotoausb.); Studien in Bildhauer- u. Malerateliers im In- u. Ausld – **Ve:** Visarte Basel – **G/T:** ungegenständl. Arb. (Acryl, Gouache, Aqu., Graph., Objekte); Kunstbücher (m. u. ohne eigene Texte) – **W:** ca. 23 Unikate (mixed media u. eigene Texte) – **M:** u. a. Basel, Papiermühle; Basel, Univ.-Bibliothek; Nürnberg, Germanisches NM; Washington/DC, NM of Women in the Arts – **E:** u. a. 60, 66, 68, 79 Basel, Münsterberg; 64 New York, Tannenbaum; 68 London, Drian Gall.; 78 München, Hollerhaus; 82 Zofingen, Zur Alten Kanzlei; 84, 91 Arlesheim, Mus. Trotte; 87, 98, 00 Basel, Papiermühle; 89 Zofingen, Kunst im alten Schützenhaus; 04 Riehen, Mazzara – **G:** u. a. 66 Haifa, MMA; 71, 74, 75, 77, 78, 79, 80 Zürich, Ver. f. Orig.graph.; 72, 73 Basel, Art Basel; 76 São Paulo, Documenta; 90, 91 Basel, Art Basel Edition; 96, 97 Washington/DC, NM of Women in the Arts; – sowie: Frankfurt/Main, Buchmesse; Basel, Univ.-Bibliothek – **V:** 11 EDITIONEN (eigene Texte, mixed media) 77–05, u. a.: Töne der Stille 87; Spurenlese 98; Findlinge 00; Voces intimae 02 – ***Lit:*** Fritz Billeter: S.L. Resonanzen 84; Marie-Louise Schaller: S.L. 93

Levy, Thomas; Osterfeldstr. 6, D-22529 Hamburg, *thomas.levy.galerie@t-online.de*, *www.galerie-levy.de* – **G/T:** Bildhauerei – (Red.)

Lewandowski, Carin s. Kreuzberg, Carin

Lewandowski, Peter, Dipl. Bildhauer; *steinbuschhof@t-online.de*, *www.isaart.com* (* Rostock 18. 6. 54) – **VG:** Allschwil, Aphold; Lübeck, Stewner; Berlin, Pohl; Ahrenshoop, Neues Kunsthaus; Rostock, Fuhrmann – **S:** 76–77 HBK Dresden (Plast.kl. Prof. H. Heinze); 80–84 KHS Berlin (Bildhauerkl. Prof. K.-H. Schamal u. Prof. J. Jastram) – **L:** 90–98 Caspar-David-Friedrich Inst. d. Ernst-Moritz-Arndt Univ. Greifswald (künstler. wiss. Ass. f. Plast., Skulpt. u. Aktzeichnen); 98 Habilitationsähnliche Leistung – **P:** Arb.stip. d. Ldes Meckl.-Vorp. u. d. Stadt Güstrow in Piano di Momio 96; Atelierstip. d. Stadt Rostock 99; Arb.stip. d. Stift. Kult.fonds Berlin 01 – **Ve:** Intern. Assoc. of Art 98; VBK DDR 85–90; Künstlerbund Meckl. u. Vorpommern 90; Kunst- u. Altertumsver. Güstrow 96 – **G/T:** Bildhauerei (Stein u. Holz, Bronze); Zeichn., Collage, Malerei, Objekt, Grenzgänger zw. Abstr. u. Figur, Entw. d. Idee aus d. Material – **W:** in privaten Slgn – **M:** Güstrow, SM; Magdeburg, KM Kloster Unser Lieben Frauen; Orońsko, Centrum Rzeźby Polskiej; Rostock, KH; Schwerin, Staatl. Mus. – **Ö:** Greifswald, Caspar-David-Friedrich Inst. d. Ernst-Moritz-Arndt Univ.; Güstrow, Bürgerhaus; Hoyerswerda, Skulpt.park; Idschewan, Skulpt.park; Schwerin, Min. f. Bildung, Wiss. u. Kult. – **E:** zahlr. Ausst. seit 86, u. a. 95 Güstrow, SM; 98 Güstrow, Schloß; Schwerin, SKS; 00–01 Schwerin, Schlesw.-Holst.-Haus; 03 Rostock, Fuhrmann – **G:** zahlr. Ausst.bet. seit 86, u. a. 87 Dresden, Albertinum; 88 Berlin, Ephraimpalais; 90 Salzburg, Sankt Vergil; zuletzt 00 Rostock, KH; 01 Rostock, SH-Haus; 02 Berlin, Pohl; 03 Berlin, Gal. Kunstgießerei M. Flierl; 04 Karlsruhe, Art – **V:** P. L., Künstlerkal. 96, 98, 00, 02, 04 – ***Lit:*** Manus Ostorf: P. L. STEINE BILDER COLLAGEN, Ausst.kat. 95; Kornelia v. Berswordt-Wallrabe: P. L. Material im Dialog, Ausst.kat. 98 – (Red.)

Lewandowsky, Via, Maler, Graphiker; Lebt u. arbeitet in Berlin, *www.vialewandowsky.de* (* Dresden 63) – **VG:** Berlin, Arndt & Partner; Berlin, Raab; München, Sachs; Düsseldorf, Parduhn – **S:** 82–87 HBK Dresden – **P:** New York – P.S. 1 91; Kunstpr. d. Leipziger Volksztg 95; Stift. Kunstfonds – Arb.- u. Projektstip. 97; Botho-Graef-Kunstpr. 98 – **M:** Berlin, DHM; Frankfurt/Oder, Mus. Junge Kunst – **E:** u. a. 95 Leipzig, MBK; 96 Amsterdam, Travo; 97 Frankfurt/Oder, Mus. Junge Kunst; 98 Bonn, Wiss.zentrum (m. Durs Grünbein); 99 Nürnberg, KV Dürer-Ges.; Berlin, Künstlerhaus Bethanien; 00 Hannover, Kestner-Ges.; 01 Berlin, Arndt & Partner; 04 Düsseldorf, Parduhn – Dauerausst.: Berlin, Jüdisches Mus. ('Gal. d. verschwundenen Dinge') – **G:** u. a. 92 Kassel, documenta IX; 96 Los Angeles, ACME; 97 Berlin, Martin-Gropius-Bau; 98 Berlin, Dt. Hist. Mus.; 99 New York, Lombard Freid; 00 Ljubljana, Mod. gal. – ***Lit:*** Lang 02; Kunst in der DDR 03 – (Red.)

Lewenthal, Kristina (Ps.: d'Clerement-Ferrauld), Konzertpianistin, Malerin, Bildhauerin; Telemannstr. 22, D-60323 Frankfurt am Main, Tel. (069) 173011 (* Archangelsk) – **VG:** Paris, Gal. Mouffe – **S:** 5 Jahre Bildhauerunterr. b. Prof. Michael Leo Werocsy, Warschau; 4 Jahre in Gesprächen m. Meistern; 20 Jahre Klavierausbildung, Meisterkl. Flinsch – **P:** mehrere Preise u. Med., u. a. 1. Pr. im intern. Wettb. f. Tusche in Mischtechnik f. Cannes-Monaco; Chevalier, verliehen im intern. Wettb. 'Traboule de Lyon'; Croix d'Officier im intern. Wettb. Cannes – **Ve:** BBK Frankfurt; Salon des Artistes Françaises; Palmes d'Or, Monaco (Jurymitgl.) – **G/T:** surrealist. Porträts (Öl-Mischtechnik, auch Aqu.); Objekt-Kunst, Relief; Klein-Möbel – **E:** im In- u. Ausland, u. a. Lyon; Paris (10x); Cannes (Wanderausst.); Aabenraa/Dänemark, Nationalmus.; Malmö, Gal. Büllovska; Frankfurt am Main, Alte Oper; Kronberg/Ts.; in Hotels, u. a. Holiday Inn, Frankfurter Hof (Ausst. u. Konzert); auf Passagierschiffen (Konzerte u. Ausst.) – **G:** u. a. Donaueschingen, Gal. Klimas: Kleiner Prinz; Wien, KH; Offenbach am Main, Büsing Pal.; Düsseldorf, KH; Konstanz; Baden-Baden; Halle; Kronberg (m. Maier Lubelski u. Ernst Fuchs) – ***Lit:*** div. Kataloge u. Plakate; Einträge in mehreren Lexika, u. a. von: Kultusministerium Hessen, BBK Frankfurt/Main, Kunstgilde Monaco, Salon des Artistes Française, Grand Palais, Traboule de Lyon

Lewerentz, Carsten, freiberufl. Bildhauer; Bergener Str. 42, D-83224 Staudach-Egerndach, Tel. (08641) 3988, *bildhauer@lewerentz.de*, *www.atelierfenster.com* (* Übersee/Chiemsee 29. 1. 59) – **S:** 75–78 FS f. Holzbildhauer Berchtesgaden; 80–83 Weiterbildung b. G. Rumpf u. R. Szymanski – **P:** Kult.förd.pr. ARTS Traunstein 93; Arb.stip. FUSCARTE Fusch a. d. Großglocknerstr.; Stip. d. Otto Flath Stift. Bad Segeberg 06 – **Ve:** KV Rosenheim 83; AK 68 84; KV Traunstein 84–03; Ges. d. Orgefreunde 95 – **KGr:** Priener Künstlergruppe (seit 83) – **G/T:** Plast. u. Skulpt. (Bronze, Holz, freie u. angew.); Themenschwerpunkt Figur u. Textiles – **K:** 90–97 Schule d. Phantasie Traunstein (Kursleiter) – **W:** Werke in sakralen Räumen sowie in privaten u. öff. Slgn – **M:** Prien, Gal. im Alten RH – **Ö:** Siegsdorf, Kloster Maria Eck (Freialtar); Traunstein, Bahnhofspl.; sowie Orgelprospekte in Halle, Oberhausen u. d. Warschauer Filharmonia – **E:** 83 Übersee/Chiemsee, 87 Traunstein, 95 Fusch a. g. Großglocknerstr. – **G:** seit 81 Ausst.bet. in München, Prien, Rosenheim, Traunstein u. Wasserburg – **R:** B. Hirschhäuser (Buch u. Regie): Ufer des Lichts – Künstler im Chiemgau, Filmdok. BR 90 – ***Lit:*** Marietta Forst: Künstler im Chiemgau 86 – (Red.)

Lewinger, Ernst, Akad. Maler u. Graphiker; Budapester Str. 61, D-01069 Dresden, Tel. (0351) 6475424 (* Dresden 12. 3. 31) – **S:** 47–48 Privatstud. b. Edmund Kesting; 48–51 HBK Dresden (u. a. b. Josef Hegenbarth u. Hans-Theo Richter); 51–53 HBL Berlin (u. a. b. Alexander Camaro u. Hans Uhlmann, Kunstgesch. b. Will Grohmann) – **L:** 57–59 Zeichenlehrer – **Ve:** VBK DDR 66–91; SKB 91; Neuer Sä. KV 02 – **G/T:** Malerei (Aqu. u. Pastell), Zeichn. u. Illustr. – **M:** Berlin, GrS; Dresden, Kpst.-Kab.; Leipzig, MBK (GrS) – **E:** 59 Altenburg; u. a. 68, 96 Dresden; u. a. 70, 84 Berlin; 78 Greifswald; Jena; 79 Eisenach; 81 Erfurt; Zwickau; u. a. 81, 82 Rostock; 82 Bautzen; Chemnitz; 83 Neubrandenburg; Görlitz; 85 Magdeburg; 88 Schwerin; 89 Wernigerode; 91 Weimar; Wettingen/Schweiz; u. a. 94 Leipzig; 98 Gotha; 99 Glauchau; 02, 03 Flensburg – **G:** Ausst.bet. in Berlin, Bydgoscz, München, Paris, Sofia, Wien u. Zürich – **V:** Ill., u. a. z. Werken v. E. T. A. Hoffmann, Eduard Mörike, Ferdinand v. Saar, Theodor Fontane, Hermann Hesse u. Friedrich Huch – ***Lit:*** Lothar Lang (Text): E. L., Faltblatt d. Köpenicker Pädagogenklubs 4/70; E. L., in: Zeichnung in der Kunst der DDR 74; Grafik in der DDR 79; D. Schmidt: E. L., Ausst.kat. 82; F. Löffler: Galerie in der Bücherstube, Ausst.kat. 84; F. Löffler u. I. Wenzkat (Texte): E. L. Arbeiten von 1950 bis 1990, Kat. 90; G. Clausnitzer (Texte): Galerie am Blauen Wunder, Kat. 96 – (Red.)

Lewis, Christopher, Maler, Install.künstler, Fotogr.; Balanstr. 39, D-81669 München, Tel. (0 89) 47 08 79 79, Mobil: 0 17 92 07 30 71, Fax 47 08 79 77, *mail@christopher-lewis.de*, *www.christopher-lewis.com* (* Frankfurt am Main 18. 3. 62) – **S:** 83 Johann Wolfgang Goethe-Univ. Frankfurt am Main (Theater- u. Filmwiss.); 84–88 Univ. of Colorado (BA Fine Arts, Film Studies) – **P:** Jahresstip. d. Univ. of Colorado 85, 86, 87 – **Ve:** VG Bild 00; BBK Bay. 00 – **G/T:** plakative Malerei m. Piktogrammen u. Icons; Multimedia-Install.; Spurensuche-Fotogr.; Themen: Informations- u. Orientierungssysteme, Tarnmechanismen – **Ö:** Augsburg, Slg Capartas; Bern, Slg Studer; München, Allianz; ebda, Baywobau, Microsoft, Slg Osram; Singapur, Hypo Ver.bank; Wiesbaden, Slg Best/Rosskothen – **E:** 96 München, Max-Planck-Inst.; 97 New York, Gall. 54; 98 Budapest, Hyatt Gal.; 99 New York, Dt. General Konsulat; 01 München, Pin. d. Mod.; Sandizell, Schloß; 02 Ingolstadt, Gal K33; Ottobrunn, EADS; 03 München, Flughafen; Wiesbaden, Kurhaus; München, Osram Gal.; München, Lenbachpal.; 06 Berlin, Bundesreg.; München, St. Bonifaz – **G:** 97 München, Versicherungskammer Bay.; 98 München, Zoologische Staatsslg; 99 München, TU Pathologisches Inst.; 01 München, Gal. d. Künstler; 02 Köln, Kunstmarkt; München, BDA Archit.woche A1; 03 München, Amerika Haus; 06 Wiesbaden, Einfallsreich – ***Lit:*** AUSST.KAT.: Daniela Stöppel: Im freien Spiel der Zeichen 03; Christian Schoen: East-West 03; Matthias Bruhn: Randfigur 06 – ***LitR:*** div. Beitr. im Bay. Fs. (Rundschau)

Lewis, Steve (eigtl. Stephen Arthur Lewis (jun.)), Master of Fine Arts, Maler, Installationskünstler; *lewissal@aol.com* (* Vineland/New Jersey 26. 12. 71) – **S:** 90–94 Mason Gross School of the Arts Rutgers Univ. New Brunswick USA (Bachelor of Fine Arts); 97 99 Edinboro Univ. of Pennsylvania USA (Master of Fine Arts) – **L:** seit 02 Intern. School Leipzig (Kunstlehrer) – **P:** Outstanding Graduate Student Award for the visual Arts Edinboro Univ. of Pennsylvania 00 – **Ve:** BBKL 01 – **G/T:** Malerei (vorw. in Öl), organische Abstr. u. panoramische Install. – **W:** überw. in Privatbes. sowie mehrere Dok.filme u. zahlr. Performances u. Install. – **E:** 99 New York, Chautaugua Center for the visual Arts (zus. m. Lisa Austin u. Reneé Zettle); Pittsburgh/PA, The Brew House Gall.; 01 Zeithain, Vallourec & Mannesmann Werk; 02 Leipzig, Atelierhaus – **G:** zahlr. Ausst.bet. seit 87, u. a. 99 Erie/PA, Erie Art Mus.; 01, 02 Leipzig, RieRiemann; 02 Leipzig, Ars Avanti – ***LitR:*** Ameen Muhairez: S.L. Artist in Residence, Dok./Portr. 02 – (Red.)

Lex (eigtl. Udo Linke), Graphiker, Maler, Illustrator; *Lex.frankfurt@web.de*, *lex.checkthat.de* (* Luckenwalde/Brandenburg) – **S:** KSch Westend Frankfurt am Main (Abschluß in freier Graph.) – **G/T:** Digital-Art, illustrative Graph. – (Red.)

Lexen, Werner; Gassergasse 41, A-1050 Wien, Tel. (01) 5 45 76 12 – **G/T:** Bildhauerei – (Red.)

Ley-Kohn, Charlotte s. Kohn, Charlotte

Úlfur Hródólfsson s. Müller, Wolfgang

L'Hoest, Johanna (geb. Johanna Raken), Malerin, Glasmalerin; c/o Atelierhaus Mönchengladbach, Steinmetzstr. 31, D-41061 Mönchengladbach (* Düsseldorf 20. 8. 37) – **VG:** Niederkrüchten, Jülicher – **S:** 53–54 WerkKSch Düsseldorf; 55–56 WerkKSch Köln (b. Prof. W. Teuven); 57–59 ABK München (b. Prof. Geitlinger) – **G/T:** Glasfenster/Glasmalereien in Privathäusern, Inst., Kap. u. Kirchen (seit 60); Malerei u. Zchng; Objekte – **W:** zahlr. in Privatbes. (u. a. in d. Slgn Prof. Heinz Döhmen, Viersen; Hiltrud Neumann, Mönchengladbach; Barbara u. Bernd Heuer, Krefeld u. Gabriele Lautenschläger, Viersen) – **M:** Mönchengladbach, Slg d. Dt. Bank; Mönchengladbach, Slg d. Spk. – **Ö:** Köln, Kap. Herz-Jesu; Merken, Pfarrk. St. Peter; Mönchengladbach, Sozialwerk Kath. Frauen (Kap.); Niederaußem, Erlöserkirche; Rommerskirchen, Samariterkirche; Zieverich, Ev. Kirche – **E:** 84, 85 Krefeld, Städt. Seidenweberhaus; 87 Rödingen, Gal. Alte Weberei; 93 Mönchengladbach, Parttime Gal.; 96 Kempen, Ldratsamt; 00 Niederkrüchten, Gal. HKV; 06 Niederaußem, Kath. Bildungswerk im Rhein-Erft-Kr. – **G:** u. a. 85 Mönchengladbach, Städt. Atelierhaus; 86, 87 Bonn, Frauen-Mus. (Kat.); 91 Nettetal, Werner-Jaeger-Halle; Viersen, StG im Park (Kat.); 95 Mönchengladbach, BIS – Zentrum f. offene Kult.arb.; 99 Rheydt, SM; 03 Mönchengladbach, c/o Gal. Parcour: Concerning – ***Lit:*** Klaus Flemming: Vanitas-Motive, In: Die Kammer 90; Raum f. d. Zukunft, Kat. (Stadtspk. Mönchengladbach) 91; Regionale II. Zeitgen. Kunst, Kat. 91; Kunst als Heilprozess 95

Lhotsky, Erich, Freischaffender Künstler (Bühnenbau, Möbel, Dekoration), Maler, Graphiker, Illustrator, Karikaturist; Lowatschekgasse 17, A-2340 Mödling, Tel. Mobil: 06 6 44 42 17 00 (* Wien 14. 2. 67) – **S:** 82–88 Höhere Graph. Bundeslehr- u. Versuchsanstalt (1 Jahr Siebdruck, 4 Jahre Gebrauchsgraph.) – **Ve:** Offener Kult.ver. Mölkerei Mödling 98 – **KGr:** Malgr. Lowatschekgasse 17 (seit 04) – **KGe:** Das Atelier: Caroline Ira u. E.L. (seit 97) – **G/T:** Portr.- u. Aktmalerei; Lsch. (Öl, Acryl); Objektkunst m. allen z. Verfügung stehenden Materialien; Bühnenbau u. Möbel (Holz) – **K:** Aktzeichnen u. Malkurs im Atelier – **W:** ca. 120 verkaufte Werke in Privatbes.; Malperformances im Kursalon Mödling (91); ARENAWien (94); WUK (95); 4 Bilder in Bes. d. Gemeinde Mödling; Ndöst. Ldesreg. ('Ein Paar am Attersee', Öl) – **Ö:** Mödling, RH ('Die Kinder d. Teufels', Öl); ebda, Stadtamt; Sitzungssaal d. Vertriebsges. mbH ('Die Handlanger des Kapitalismus', Acryl, versch. Materialien) – **G:** 06 Mödling, Lowatschekgasse 17: Tage d. offenen Ateliers

Li s. Wilkening, Ludmilla

Li Shalima (eigtl. MaLuCha Langhammer), Malerin, Labyrinthkünstlerin, Autorin; Schöne Aussicht 7, D-56379 Charlottenberg, Tel. (0 64 39) 92 91 66, *lishalima@web.de*, *www.lishalima.twoday.net* (* Berlin 9. 5. 59) – **VG:** Berlin, Frauen Mus.; Berlin, Kommunale Gal. Wilmersdorf; Wiesbaden, Frauen Mus.; Schöbendorf, Kunsthof; Berlin, Wkst.gal. Li

Shalima – **S:** 75–77 Atelier Weber v. Wallau Berlin; 79–80 u. 87–97 HdK Berlin; 81–82 Atelier Christa Germann Schwäbisch Gmünd; 82–84 TU Stuttgart; 03–06 Akad. Alma Mater – Feminist. Akad. f. Kult., Ethik, Religion u. Spiritualität Speyer – **L:** Wkst.gal. u. Freie Malschule Berlin Li Shalima; Akad. Alma Mater – Feminist. Akad. f. Kult., Ethik, Religion u. Spiritualität Speyer; Atelierhof Werenzhain; Frauen Mus. Wiesbaden – **Ve:** Akad. Alma Mater 03–06 – **KGr:** Ultramarinas (90–93); Ultreja (02–03); LABYA-SATTVIMU (seit 06) – **KGe:** Werstattgal. L.S. Berlin; Frauen-Gedenk-Labyrinth: Labyrinthgr. Berlin (seit 04); L.S. u. Dagmar v. Garnier (seit 05); L.S. u. Monika Maria Nowak (seit 06) – **G/T:** Graphorismen in Farbe – Labyrinthmalerei; Aphorismen in Bild (Malerei u. Graph.) u. Schrift (Text); begehbare Labyrinthe; Install. – **K:** Grundlagen d. Malerei u. exper. Gest.; Sem. z. Thema 'Ursymbol Labyrinth' (Vorträge u. a.) – **W:** Ölbilder z. Thema Labyrinth – **M:** Charlottenberg, Frauenbildungshaus; Wiesbaden, Frauen Mus.; Wiesbaden, Hess. Ldesbibl. – **Ö:** Altea/Span., Labyrinthmalerei (Fassade); Berlin-Tempelhof, Glaubenskirche; Schöbendorf, Maisfeld-Labyrinth (Kunstscheune); – im Rahmen d. Frauen-Gedenk-Labyrinths v. Dagmar v. Garnier wird 1 Werk dauerhaft in versch. Städten gezeigt u. dort m. Rahmenprogramm 4–6 Wochen ausgestellt – **E:** u. a. 01, 02 Schöbendorf, Projekt Maislabyrinth: 02 Berlin-Pankow, RH; 04 Berlin, Kommunale Gal. Wilmersdorf; 04–05 Berlin, Stift. SM (Slg Kindheit u. Jgd.); 06 Berlin-Tempelhof, Glaubenskirche; Wiesbaden, Frauen Mus.; Wiesbaden, Hess. Ldesbibl. – **G:** 76 Berlin, Kommunale Gal. Wilmersdorf; 92 Berlin, Lichthof TU; Marseille, Kult.projekt 'Avanti Rapido'; 01 Dornbirn, Labyrinthkongress; 02 Berlin-Tempelhof, RH; Berlin, Rohling – **R:** Der Ruf d. Nike, Videofilm – ***Lit:*** Ztgsart. u. Internet – ***LitR:*** Christel Sperrlich: 4 Minuten Portr.

Libuda, Walter, Maler, Zeichner, Graphiker, Plastiker, Objektkünstler; D-16552 Schildow, Tel. u. Fax (03 30 56) 2 82 94 (* Zechau-Leesen 50) – **VG:** Berlin, Gal. Berlin; Düsseldorf, Gal. Beethovenstraße; München, Gal. b 15 – **S:** 73–78 HGB Leipzig (u. a. b. Bernhard Heisig); 78–79 ebda (Meisterschüler b. B. Heisig) – **L:** 80, 82–85 HGB Leipzig (Ass.) – **P:** Fred Thieler Pr. f. Malerei 99; Gerhard-Altenbourg-Pr. d. Lindenau-Mus. Altenburg 00 – **Ve:** Dt. Künstlerbund 92; Sä. AK 98 – **KGr:** Neue Gruppe München (seit 91) – **M:** Altenburg, Lindenau-Mus.; Berlin, Berlinische Gal.; Berlin, NG; Budapest, Ludwig Múz.; Cambridge/MA, Busch-Reisinger Mus.; Dresden, GG NM; Frankfurt/Oder, Mus. Junge Kunst; Hannover, Sprengel Mus.; Leipzig, MBK; London, British Mus.; Moskau, Puškin-MBK; München, Bay. Staatsgemäldeslgn; Oberhausen, Ludwig-Gal.; Oldenburg, LM; Oslo, Mus. for Samtidskunst; Rostock, KH; Wien, MMK Stiftung Ludwig – **E:** 80, 87, 00, 01 Altenburg, Lindenau-Mus. (Kat.); 86, 88, 91, 92, 97 München, Gal. Alvensleben (Kat.); 90 Venedig, Bienn. (Kat.); 91, 94, 96, 98, 00, 02, 04, 06 Düsseldorf, Gal. Beethovenstraße (Kat.); 92 Berlin, NG (Kat.); 93, 96, 03, 05 Berlin, Gal. Berlin (Kat.); 94 Nürnberg, Inst. f. mod. Kunst; 95 Bielefeld, KV Mus. Waldhof (Kat.); 97 Reutlingen, KV (Kat.); Reutlingen, Städt. KM Spendhaus (Kat.); 98 Amsterdam, Gal. BMB; 99 Oldenburg, LM; Bad Homburg, Sinclair-Haus (Kat.); 01 Osnabrück, KH Dominikanerkirche; 03 Rostock, KH (Kat.) – **G:** zahlr. Bet. im In- u. Ausld, u. a. 82 Paris, MAM de la Ville Paris (Kat.); 84 London, Oxford u. Sheffield (Kat.); 85 Berlin, Altes Mus. (Kat.); 88 Madrid, Centro Cultural de la Villa (Kat.); 89 Berlin, NG (Kat.); 90 Venedig, Bienn. (Kat.); 91 Dublin (Kat.); 93 Toyama, MMA (Kat.); 96 Berlin, Berlinische Gal. (Kat.); 97 Wien, Oberes Belvedere (Kat.); 99 Bonn, Kunst- und Ausst.halle d. BRD (Kat.); 00 Porto, Mus. Serralves; 02 Essen, Mus. Folkwang (Kat.); 06 Oberhausen, Ludwig-Gal. (Kat.); – sowie: 82, 83 Zeitvergleich (Kat.) – ***Lit:*** Gassner 90; Merkert 93, 94, 00, 01; Penndorf 97; Blume 97, 99; Holler 00, 01; Reclams Künstlerlex. 02; Schweers 02; NG Berlin 03

Lichtenauer, Fritz; Aubergstr. 37, A-4040 Linz, Tel. u. Fax (07 32) 71 57 37 (* Vichtenstein 19. 7. 46) – **Ve:** Grazer Autorenversammlung 73; Maerz – **G/T:** Textbilder u. geometrische Abstr. – **W:** in öff. u. privatem Bes. – **E:** 80, 98 Linz, Maerz; 86 Linz, Kleine Gal.; 89 Wien, Lindner; 96 Linz, Steinberg; 97 Bad Ischl, Rhythmogramm; Pilsen, Öst. Bibliothek; 01 Bludenz, AllerArt – **G:** zahlr. Ausst.bet., u. a. 75 Linz, Neue Gal.; Wien, Künstlerhaus; Wien, MMK Stiftung Ludwig; Innsbruck, Taxis-Pal.; 79 Münster, Westf. KV; 89 Linz, Nordico-Mus.; 92 Annaberg-Buchholz, Gal. am Markt; 93 Bregenz, Künstlerhaus Pal. Thurn u. Taxis; 94, 00 Linz, LG; 95 Linz, Gal. im Adalbert Stifter-Haus; 03 Linz, Kunstuniv. – **V:** text u. linie 78; F. L. zus. m. Dick, Frömmel, Linschinger, Seidlhofer: Siebruckmappe 89; wortreihen, Künstlerbuch 04; Textbilder, Zeichnungen, Fotografien 04 – ***Lit:*** Beitr. in Kat., u. a.: Blick Durch Blick 93; ObÖst. Landesgalerie (Hrsg.): Objekt Textil Bild 94; Galerie im Stifterhaus (Hrsg.): Binome 95; Antiquariat Steinberg (Hrsg.): Buchzeichen 98; ObÖst. Landesgalerie (Hrsg.): Schöpfungszeiten – wie etwas zustande kommt, Neue Folge 151 00; Literatur und Bildende Kunst. Die Grazer Autorenversammlung Oberösterreich 03; ObÖst. Landesgalerie (Hrsg.): Avantgarden z.B. (mit Josef Bauer u. Gerhard Knogler) 04

Lichtenscheidt, Katharina, Malerin, Graphikerin; Wallrafstr. 13a, D-41464 Neuss, Tel. (0 21 31) 8 26 26, Fax 4 02 67 69, *klichtenscheidt@web.de, k-lichtenscheidt.de* (* Wuppertal 3. 3. 63) – **VG:** Langenhagen, Depelmann; Bad Zwischenahn, Gal. Moderne; Iserlohn, Bengelsträter; Remscheid, Wroblowski – **S:** 84–89 Freie KSch Pyramide Düsseldorf (freie Malerei) – **L:** seit 96 Privatschule Neuss (Doz. f. Kunst) – **P:** Euregio Rhein-Maas-Nord Kunstpr. 96 – **Ve:** Düsseldorfer Künstler 95 – **G/T:** gestisch-informelle Malerei; Druckgraph. – **K:** Acrylmalerei; Druckgraph. – **W:** überw. in Privatbes. u. im Bes. d. Friedrich Ebert Stift.; Ankäufe durch Stadt u. Kr. Neuss, Stift. Kunst d. Stadt Neuss – **M:** Grenchen, Kunsthaus – **Ö:** Brüggen-Bracht, Volksbank; Hamburg, Commerzbank; Hannover, Henriettenstift.; Langenhagen, Paracelsus-Klinik; Neuss, Spk.; Oldenburg, Artothek; Siegen, Spk. Straelen, Volksbank Gelderland – **E:** u. a. 91, 94, 98 Düsseldorf, Art Consult & Gall. Reetz; 92, 94, 97 Essen, Gal. Kosmos; 93 Mönchengladbach, Art Gal.; 96, 06 Grevenbroich, Dielämmer; 97, 99, 02, 05 Iserlohn, Bengelsträter; 98 Bonn, Friedrich-Ebert-Stift.; 00 Xanten, Regiolmus.; 00, 04 Hannover, Depelmann; 01 Fürth, Seeling; 01 Siegen, KV; Bad Zwischenahn, Gal. Moderne; 02 Brüggen, Gal. in d. Bank (Kat.); 04 Bochum, GEA: Kunst in d. Rotunde (Kat.); 05 Remscheid, Wroblowski; 06 Karslruhe, Art Karlsruhe (m. Gal. Depelmann); Ditzingen, KV; 07 Witten, Gal. Haus Herbede – **G:** zahlr., u. a. 89–96, 99, 02, 04 Neuss, Kult.forum Alte Post: Kunst aus Neuss (Kat.); 90, 91 Düsseldorf, Mus. Kunst Pal. (Kat.); 92, 94, 95, 97 Düsseldorf, Große Kunstausst. NRW (Kat.); 96 Nettetal, StG: Wege & Barrieren (Kat.); 99 München, Große Kunstausst. (Kat.); 00, 01, 03–05 Bad Zwischenahn, Gal. Moderne; 01, 04 Köln, Kunst Köln; 02, 03, 04 Innsbruck, Art Innsbruck – sowie Bet. an zahlr. Messen – ***Lit:*** Gabriele Verscheln: K.L. Arbeiten 1991–1994 Stadt Neuss;

Hans M. Schmidt: K.L. Arbeiten 1995–1998 Friedrich Ebert Stift. 99; Ralf Kulschewskij: K.L. Arbeiten 1999–2001 Volksbank Brüggen; Claudia Böer: K.L. Arbeiten 2002–2005 05

Lichtpoet s. Wolski, Alfred

Lichtsteiner, Alois (Ps.: OHMSTAL); Prehlstr. 11, CH-3280 Murten, Tel. 02 66 72 28 17, Fax 02 66 70 38 17, *lichtsteiner@bluewin.ch* (* Ohmstal/Kt. Luzern 9. 7. 50) – **VG:** Zürich, Weber – **L:** 94–98 Éc. Cantonale des Beaux-Arts Sion – **P:** Cité Intern. d. Arts Paris 89, 90 – **KGr:** SILO (80–83) – **G/T:** Ölmalerei, Objektkunst – **M:** Bern, KM; Luzern, KM; Napa, Hess Collection; Olten, KM; Sion, Mus. cantonal des beaux-arts – **Ö:** Bern, Bruder Klaus Kirche; ebda, Univ. – **E:** zahlr. seit 78, zuletzt 00, 02 Zürich, Weber; 01 Luzern, Neues KM; 03 Bern, KM – **G:** zahlr. Bet. seit 81, zuletzt 00 Grenchen, Graph. Trienn.; 01 Porrentruy, Escape d'Art Contemp.; 02 Altdorf/Uri, Haus f. Kunst Uri; 02, 03 Biel, Kunsthaus Centre Pasquart; 04 Chur, Bündner KM; Appenzell, Mus. Liner – ***Lit:*** AUSST.KAT.: Kantonales Museum 89; Kunsthalle Bern 92; Kunstverein Freiburg 92; Birken und ein Berg 01; Bergbilder 03 – (Red.)

Lichtsteiner, Rudolf, Fotograf; Alte Landstraße 4 D, D-79588 Welmlingen, Tel. (0 76 28) 18 03, *rudolf-lichtsteiner@freenet.de* (* Winterthur 9. 2. 38) – **L:** 76–86 Schule f. Gest. Zürich (Fachkl. f. Fotogr.) – **P:** Prix Nicéphore Nièpce 66 – **G/T:** Inszenierte Fotogr. (Bildzyklen: Baumwerke 80, Reisen um mein Zimmer 81, Tischgeschichten 85, Zeitungsarbeit 90, Sukzession 91, bildwörtlich/wortbildlich 92, Reisen außerhalb 96, idée fixe 06, die einfachen Dinge 06) – **M:** Amsterdam, Stedelijk Mus.; Hamburg, MKG; Hermance, M+M Auer; Lugano, Gottardo; Mexiko-Stadt, Slg Alvarez Bravo; Winterthur, Fotostift. Schweiz – **E:** 73 Mailand, Il Diaframma; 74 Amsterdam, Canon Phot Gall.; 74, 80 Genf, Canon Phot Gall.; 75 Duisburg, Wilhelm-Lehmbruck-Mus.; 76, 85 Graz, Forum Stadtpark; 77 Zürich, Maurer; 80 Zürich, Kunsthaus; 82 Zürich, Work Gal.; Philadelphia, Photography Gall.; 84 Houston/TX, Benteler Gall.; 90 Baden, Photogal. Bild; 91, 92, 96, 00 Bâle, Neugebauer; 92 Zürich, Nikon Gal.; 98 Zürich, Arrigo; Richterswil, Kunsthaus Richterswil – **G:** zahlr. Ausst.bet. seit 66, zuletzt u. a. 96 Zürich, Kunsthaus; 97, 98, 00 Bâle, Neugebauer; 98 Luxembourg, Casino; 00 Montpellier, Gal. Photo; Almeria, Centro Andaluz de la Fotografia – **V:** vivre un vokabulaire. Lebensmittel ein Vokabular 1962–1999 00 – ***Lit:*** KAT. ZU EINZELAUSST. U. MONOGR.: E. Pannenbecker: R. L. 75; Illma Rakusa: Baum-Werke 80; dies.: Sukzession und Reisen ausserhalb 98; – KAT. ZU GR.AUSST., u. a.: Floris M. Neusüss: Fotografie als Kunst, Kunst als Fotografie 79; Photographie: la Linea Sottile 80; Renate u. L. Fritz Gruber: Das imaginäre Phot-Museum 81; Andreas Müller-Pohle: Fotografie in Europa 82; Gottfried Jäger: Bildgebende Fotografie 88; Pia Lanziger: Helvetia condensed. Fotokunst aus der Schweiz 92, Petra Benteler u. Michael Wustrack: Der Traum vom Fliegen 93; Luca Patocchi u. Alberto Bianda: La collection de photographie suisse de la banque du Gothard 95; Michèle Auer u. Jean Streff: Histoires d'œfs 99; – sowie zahlr. Berichte in Zss u. Mag. – ***LitR:*** Jean-Pierre Garnier: Photographes Suisse – R. L., Fsf. Télevision Suisse

Liebe, Luda (Ps.: Ada Max, geb. Luda Caspari), Fotokünstlerin; Postfach 100 328, D-40767 Monheim am Rhein, Tel. (0 21 73) 96 01 26, Fax 96 01 24, *www.schnappschuss-ll.de* (* Trier/Mosel 26. 4. 52) – **VG:** Monheim am Rhein, Liebe – **S:** ab 64 autodidakt.; 68–74 Lern- u. Arb.phasen m. div. Fotografen; seit 89 freischaffende Fotokünstlerin – **Ve:** VG Bild-Kunst 94; FJK 99 – **K:** Der andere Blick – Bilder denken. – **W:** alle in Privatbes. – **E:** zahlr. seit 90, zuletzt 04 Monheim am Rhein, Kult.handlung – **G:** zahlr. Bet. u. Projekte seit 90, zuletzt 03 Mülheim an d. Ruhr, T-Com: Verbindungen 2 – **V:** Bärenzeit m. gelben Rosen, Foto-Erz. 95; – FOTO-LYRIK-BDE: Impressionen 95; gedanken los 95; sommerzeit 96; weibersommer 98; herbstzeitlos 98

Lieber, Axel, Installationskünstler, Bildhauer; c/o Inges Idee, Lindower Str. 18, D-13347 Berlin (* Düsseldorf 60) – **VG:** Ettlingen, Weigand; Zürich, Müller – **S:** 78–84 KA Düsseldorf (Meisterschüler) – **L:** 91–93 KA Düsseldorf (LAuftr. f. Bildhauerei); 95–98 KA Malmö (Doz.) – **P:** u. a. Reisestip. d. KA Düsseldorf 84; Förd.pr. d. Kult.kr. im Bundesverb. d. Dt. Industr. 84; Stip. Künstlerstätte Bleckede 88; Philip Morris Stip. 90; Cité Intern. d. Arts Paris 91; Stip. d. IASPIS f. Headlands Center for the Arts San Francisco 99 – **KGr:** Inges Idee – **E:** zahlr. Ausst., zuletzt u. a. 98 Bern, StG; 00 Bergisch Gladbach, StG Villa Zanders; 01 Wuppertal, Hengesbach; 02 Bremerhaven, KV; 03 Zürich, Müller – **G:** zahlr. Ausst.bet., zuletzt u. a. 95 Uppsala, KM; 97 Berlin, Künstlerhaus Bethanien; 98 Berlin, Raum f. aktuelle Kunst; 01 Steinfurt, Skulpt.-Bienn. Münsterland; 02 Berlin, Künstlerhaus Bethanien – (Red.)

Liebermann, Erik, Cartoonist; Tegelbergstr. 15a, D-86989 Steingaden, Tel. (0 88 62) 93 25 90, Fax 93 25 93, *e.liebermann@gapOnline.de*, *www.liebermann-cartoons.de* (* München 7. 9. 42) – **S:** 65–69 HS f. Gest. Ulm (Dipl.) – **Ve:** VG Bild-Kunst 75; Bay. Journalistenverb. 80 – **G/T:** Cartoons, Ill. – **E:** jl. mehrere Ausst., u. a. in Verl., Banken u. Gal. – **V:** Wirtschaftskalender, Cartoon-Kal.; sowie div. Cartoonb., u. a. im Tomus-Verl.

Liebers, Verena, Dr., Künstlerin, Biologin; Bochum, *vigli@web.de*, *www.vigli.de* (* Berlin-Wilmersdorf 31. 5. 61) – **S:** Autodidaktin – **P:** Stadtschreiber – Stip. d. Stadt Otterndorf 05; Stadtkünstlerin v. Velbert-Langenberg 06 – **Ve:** VG Wort 03 – **G/T:** Acryl- u. Aqu.malerei – **E:** / G: div. Ausst. u. Ausst.bet. in Bochum u. Umgebung seit 01

Liebhart, Oswald, Prof., Mag. Art., Akad. Maler; Dr.-Franz-Zimmermann-Str. 17, A-3580 Horn, Tel. (0 29 82) 24 97 (* Gastern/NdÖst. 2. 7. 25) – **S:** 49–53 ABK Wien (Meisterkl. Prof. Robin Christian Andersen u. Prof. Herbert Boeckl); Univ. Wien (Lehramt) – **L:** 53–85 Gymnasium Horn (Kunsterzieher); Kursleiter an d. VHS – **P:** Fügerpr. d. ABK Wien 51 – **Ve:** Ldesverb. d. NdÖst. KV; Vrg Waldviertler Künstler seit 84 – **G/T:** Malerei (Öl, Aqu., Gouache); Graph. (versch. Techniken, Werbegraph., Plakate, Festschriften u. a.); Themen: Landschaft, Stilleben, Figur im realistisch-fantastischer Form, andere Wirklichkeiten – **W:** überw. in privatem u. öff. Bes. – **M:** St. Pölten, NdÖst. LM – **Ö:** Gastern (St. Berthold-Denkmal); Horn, Kreuzweg in d. Kap. d. Stephansheimer; ebda, v. d. VHS (Brunnen), Hallenbad (Betonrelief); – sowie mehrere Mosaike in privaten Hallenbädern – **E:** zahlr. Ausst., u. a. 75 Horn, Gal. Thurnhof; 77, 93 Horn, Höbarth- u. Madermus.; 80 Waidhofen an der Thaya, Gal. im Mus.; 83, 89, 00 Horn, Gal. in d. Spk.; 85 St. Pölten, Ndöst. Dok.-Zentrum f. Mod. Kunst; 90 Wien, Gal. am Opernring; 93 Linz, Gal. im Volkshaus Dornach; Gaweinstal, Schulgal.; 98 Feuersbrunn, Mörwald – **G:** zahlr. Gr.ausst., u. a. 80 Wiener Neustadt, NdÖst. Grafik; 84 St. Pölten (Öst. Aquarellisten d. Gegenwart); 85, 01 Horn, Höbarth- u. Madermus.; 88, 89 Wien, NdÖSt. Ges. f. Kunst u. Kult.; 88, 89, 95 St. Pölten, Ndöst. Dok.-Zentrum f. Mod. Kunst; 90 Wiener Neustadt, St. Peter an d. Sperr; 92 Judenburg, Kleine Gal.; 93 Heidenreichstein/NdÖst., Gal. Moor- und Torf-Mus.; 99 Wien, Wolfrum; 02 Groß-Siegharts, Stadtsaal – *Lit:* Franz Kaindl: Malerei in Niederösterreich 1918–1988 88; Heinrich Fuchs: Die österreichischen Maler des 20. Jahrhunderts, Bd. 3 u. Ergänzungsbd 86; – KAT.: Franz Kaindl: O. L. 85; Heimatmus. d. Stadt Waidhofen an d. Thaya (Hrsg.): Liebhart, Kunstkartenserie z. Ausst. (m. Text) 91; Hörbarthmus. Horn (Hrsg.): O. L. 93; – sowie zahlr. Beitr. in Kat. z. Ausst.bet., u. a.: Waldviertler Künstler. Eine Ausstellung in Schweiggers 81; Landesverband der Niederösterreichischen Kunstvereine. 30 Jahre 1955–1985 85; Künstler aus dem Waldviertel. Landauf 92 – ***LitR:*** Dr. Nowak: Künstler aus Niederösterreich, RF-Interview Ldesstudio NdÖst. 19.3.84; Künstler aus Niederösterreich, RF-Interview Ldesstudio NdÖst. 12.8.85; Bilder des Malers G. L. Phantastischer Realismus, NdÖst. Fs. 27.10.89

Liebmann, Werner, Prof., Maler, Graphiker; Schönhauser Allee 72 D, D-10437 Berlin, Tel. (0 30) 44 67 88 80, *w@liebmann.de*, *www.liebmann.de* (* Königsthal/Thür. 15. 3. 51) – **VG:** Berlin, Brusberg; Berlin, Gal. Berlin – **S:** 77–83 HS f. Kunst u. Design Burg Giebichenstein Halle/Saale (Malerei u. Graph. b. Gudrun Brüne u. Hannes H. Wagner); 83–86 HGB Leipzig (Meisterschüler v. Bernhard Heisig) – **L:** 86–93 HBK Dresden (ab 92 Prof. f. Malerei); seit 93 KHS Berlin-Weissensee (Prof. f. Malerei) – **M:** Berlin, NG – **E:** / G: 98, 99, 02, 04 Berlin, Gal. Berlin – ***Lit:*** Lang 02; NG Berlin 03 – (Red.)

Liebscher, Martin, freier Künstler; c/o wohnmaschine, Tucholskystr. 35, D-10117 Berlin, Tel. (0 30) 30 87 20 14, Fax 30 87 20 16, *info@wohnmaschine.de*, *www.wohnmaschine.de*. *www.martinliebscher.com* (* Naumburg/Saale 2. 10. 64) – **VG:** Berlin, Wohnmaschine; Frankfurt am Main, Voges & Partner – **S:** 90–95 Städelschule Frankfurt am Main (b. Martin Kippenberger u. Thomas Bayrle); 93 Slade School of Fine Arts London; 96 Städelschule Frankfurt am Main (Meisterschüler) – **P:** Stip. Bild. Kunst d. Studienstift. d. Dt. Volkes 93–95; Frankfurter Künstlerhilfe 96; Hans-Purrmann-Pr. 96; MAK Grant, Mackey Appartment House Los Angeles 97; Weltrekord 'Das längste Gruppenfoto d. Welt', Guiness Buch d. Rekorde 98; Kunstpr. d. Frankfurter Welle 99; Förd.pr. RP f. junge Künstlerinnen u. Künstler 99; Kunstpr. d. Volksbank 99 – **KGe:** Liebscher-Lehanka: M. L. u. Marko Lehanka (92–95) – **G/T:** Multimedia, exper. Fotogr. – **W:** u. a. in Bes. d. Stadt Tampere/Finnland sowie d. Dt. Flugsicherung Langen/Leipzig – **M:** Duisburg, Dt. Bahn; Duisburg, Wilhelm-Lehmbruck-Mus.; Frankfurt am Main, Dt. Bank KS; Frankfurt am Main, MMK; Frankfurt am Main, Neue Dt. Börse; Frankfurt am Main, Slg d. Commerzbank; Hamburg, Olympus Optical; Hamburg, Vereins- u. Westbank; London, Dt. Bank; London, West LB – **E:** zahlr. Ausst. seit 94, u. a. 94 London, City Racing; 95 Frankfurt am Main, Flughafen; 96 New York, Stux Gall.; Frankfurt am Main, Presseamt; 96, 98, 00 Frankfurt am Main, Voges + Deisen; 97 Speyer, KV; 98 Los Angeles, Mackey Appartment House; 99 Kaiserslautern, Pfalz-Gal.; 00 Ludwigshafen, KV; 00, 02 Helsinki, Kenetti; 01 Göppingen, KH; 02 Frankfurt am Main, Voges & Partner; 03 Frankfurt am Main, MMK; Bremerhaven, KH; Berlin, Wohnmaschine – **G:** u. a. 91 Graz, Bleich-Rossi; 91, 92 Frankfurt am Main, Grässlin; 93 London, Goethe-Inst.; Paris, Carlton Pal. Hotel; 95 London, South London Gall.; Altenburg, Lindenau-Mus.; 96 New York, Alternative Mus.; 97 Plön, Schloß – ***Lit:*** Monogr.: Liebscher Welt 02; AUTO 01; L.s gute Fotobücher, 1–8 96–04; Visurbia 00; Frankfurter Welle 99; Raimar Stange (Text): M. L.s Familienbilder 99; Martin Pesch (Text): L.s Kunstkalender 97/98; Andreas Bee (Text): Inside Out 97; WRMM 95; – weitere: Kulturprämie 95; C&L 97; Das längste Gruppenfoto mit einer Person, in: Guiness Buch der Rekorde 98; Jean-Christophe Ammann (Text): 1. Kunstpreis der Frankfurter Welle 99; Save the day! 99; 1.Liga! 99; XL Photography 2 00; Tim Staffel: Heimweh, Roman 00; Moskau Photography Festival 00; Some Parts of This World. Helsinki Photography Festival 00; one of those days 00; Taktiken des Ego 03 – ***LitR:*** Fs.beitr.: VIVA 03/02; Polylux, Mag. ARD 11/02; Eurotraxx, Mag. Dt. Welle 4.1.03; Tracks, Mag. arte 15.1.03; arte 28.2.03 – (Red.)

Liechti, Theres, Malerin, Objektkünstlerin; Goldregenweg 12, CH-8400 Winterthur. Atelier: Büelrainstr. 14, CH-8400 Winterthur (* Zürich 5. 10. 68) – **P:** Förd.pr. d. Stadt Winterthur 99 – **Ve:** Künstlergr. Winterthur – **E:** / G: div. Ausst. u. Ausst.bet. seit 91, u. a. 98 Zürich, Wirth; Steyr, Schloßgal. – ***Lit:*** BLSK 98 – (Red.)

Liechti, Ursula, Maler; Giesserstr. 19, CH-8406 Winterthur, Tel. (0 52) 2 03 63 55, *e.u.liechti@bluewin.ch*

Liedtke, Dieter (Sign.: DIELIE), Dipl. Designer, Maler; Heusingerstr. 1, D-35037 Marburg, Tel. (0 64 21) 6 62 99 (* Friedrichsfeld/Dinslaken 4. 4. 38) – **S:** WerkKSch u. Bergische Univ. Wuppertal (Malerei b. Prof. Ernst Oberhoff) – **Ve:** KV Marburg seit 67 – **G/T:** Graph. (Feder); Malerei (Aqu., Acryl); Mischtechniken; auch halbplast. Arb.; abstr. Landschaften – **M:** Marburg, Univ.-Mus.; Wiesbaden, Slg d. Min. f. Wiss. u. Kult. – **Ö:** Wiesbaden, Finanzmin.; Marburg, Univ.klinikum Lahnberge – **E:** u. a. Marburg, KV; Melbourne, Langsam Gall. South Yarra; Konstanz, Vayhinger; Frankfurt am Main, Studio Mitte; Marburg, Gal. in der Hofstatt 87; Bonn, Parlamentarische Ges.; Wuppertal, Studio 15; Wuppertal, Die Linse; Wesel, Die Gal.; Bad Nauheim, Altes RH; Kampen, Achtersteven – **G:** u. a. Melbourne, NG of Victoria.; Krakau, Graph.bienn.; Darmstadt, Darmstädter Sezession; Bad Nauheim (Das Bad, Open End); Wuppertal, Von der Heydt-Mus.; Marburg, Univ.-Mus. – (Red.)

Lieffertz, Detlef, Maler, Graphiker, Installations- u. Videokünstler; Christianstr. 26, D-04105 Leipzig, Tel. u. Fax (03 41) 9 80 37 71, *detlef@lieffertz.de*. Untere Dorfstr. 2, D-09306 Seelitz/Beddeln, Tel. (0 37 37) 4 86 85 (* Leipzig 17. 7. 49) – **S:** 78–83 HGB Leipzig (Stud. b. Heinz Wagner u. Hartwig Ebersbach, 83 Zusatzstud. in d. Litogr.werkstatt b. Horst Arloth) – **Ve:** Stadt-Kult.-Projekt (Gründungsmitgl.) 99; Dt. Werkbund 92 – **G/T:** Malerei, baugebundene Projekte u. Ausst.gest., ab 90 Videoprojekte u. Install. – **W:** div. Projekte u. Aktionen, u. a. Pleiße ans Licht – **Ö:** Böhlitz-Ehrenberg, Spk.; Gera, Jugendklub (Gest.); Mittweida, Landratsamt; in Leipzig: Academixer-Keller, Specks Hof (Lichthof), Haus d. Buches – **E:** zahlr. Ausst. seit 83 u. a. in Altenburg, Bad Soden, Berlin, Frankfurt/Oder, Gera, Köln, Leipzig u. Pau/Frkr. – **G:** u. a. 87–88 Dresden, Kunstausst. d. DDR; 90 München, Gal. Alvensleben; 91 Frankfurt am Main – ***Lit:*** Bildende Künstler in Leipzig 06 – (Red.)

Liefke, Rudolf, Maler; Hans-Holbein-Str. 7, D-52351 Düren, Tel. u. Fax (0 24 21) 18 94 55, *rl.malen@onlinehome.de* (* Brunnstadt/Warthegau (heute Ozorkow/Polen) 9. 11. 36) – **VG:** Berlin, Europ. Kult.-Stift. – **S:** 80–82 Mal- u. Zeichenunterricht b. Günther Cornelius Scheidt, Düren; 89–91 Malakad. Köln (b. Prof. Jürgen Knabe, Abschluß m. Dipl.); 91–93 ebda. (Kunstgeschichte, Meisterschüler) – **L:** 95–03 Malschule Schloß

Nörvenich im Mus. Europ. Kunst (Doz. u. Leiter) – **P:** Alexander-Med. 93 – **Ve:** Maler d. Eifel – **G/T:** Malerei (Aqu., Öl); Zeichn.; naturalistische u. surrealistische Darst. – **M:** Nörvenich, Mus. Europ. Kunst – **E:** 91 Vettweiß b. Düren, Bürgerhaus; Düren, Studio 3 in 1; 92 Düren, Schenkel-Schoeller-Stift; 93 Bad Krotzingen, Kurhaus; 94 Nörvenich, Mus. Europ. Kunst; 97 Erftstadt-Liblar, RH; 98 Heimbach, Haus d. Gastes – **G:** 82 Düren, Leopold-Hoesch-Mus.; 91 Köln, Verkehrsamt; 92 Köln, Histor. RH; 93 Dortmund, Ges. f. Visuelle Kommunikation Bild-Werk; 96 Wokingham (European Vision Intern. Art) – (Red.)

Liekfeld-Rapetti, Marlies; Dorfstr. 19, Kaning, A-9545 Radenthein, Tel. (0 42 46) 46 38, Fax 46 38 – **G/T:** Malerei – (Red.)

Liese (geb. Anne Liese Gross, eigtl. Anne Liese Strunk), Malerin; Denkmalstr. 13, D-57567 Daaden, Tel. (0 27 43) 16 51, *info@atelierliese.de*, *www.atelierliese.de*. Atelier Liese: Denkmalstr. 13a, D-57567 Daaden, Tel. (02 74 31) 16 51 (* Unnau 31. 5. 54) – **VG:** Olpe, Watzek – **S:** 98–02 Inst. f. bild. Kunst Bochum; 02–03 Inst. f. bild. Kunst Bochum (Meisterkl. Prof. Chi Yang) – **Ve:** Verb. Freier Dt. Künstler seit 00; Frauenmus. Bonn seit 03 – **KGe:** PURPUR: L. u. Micheline Sablotuy, Manuele Klein, Brigitte Ollesch (seit 01) – **Ö:** Altenkirchen, Dr. Wehler + Dr. Gausauer; Betzdorf, Caritasverb.; Frankfurt am Main, Kunstbüro – **E:** 99 Altenkirchen; 00 Wissen, Sailer; 03 Olpe, Watzek – **G:** u. a. 01, 02 Bochum, Junge Kunst; 02 Wissen, Sailer – ***Lit:*** Mohnblumen I, Mohnblumen II, Poster 99 – ***LitR:*** Hierzuland, Kat. 00 – (Red.)

Liesefeld, Heiner; Rheindamm 3, D-47495 Rheinberg, Tel. (0 28 44) 90 89 94 (* Orsoy 21. 11. 54) – **KGr:** Kult.initiative Baerl-Vierbaum-Kreativ (seit 01) – **G/T:** Lsch., Portr.; Bildobjekte; Collagen; Aktionen – **Ö:** Düsseldorf, Cafe Terbyken (Wandbild); Kleve, Rewe-Supermarkt (Wandbild); Moers, Kleiner Reichstag; Oberhausen, Fraunhofer Inst. (Bildobjekt) – **E:** zahlr. seit 75 u. a. 88 Lindau, Club Vaudeville; zuletzt 05 Rheinberg, Restaurant Cucaracha; 06 Rheinberg, Spanischer Vallan – **G:** 90, 91, 92 Moers, Kunstproduktion Roter Faden; jährl. seit 01 Duisburg, Kunstcocktail am Lohheider See

Lieske, Daniela s. Spitzar, Daniela

Liggesmeyer, Walter; Sonnenstr. 44, D-44139 Dortmund, Tel. (02 31) 12 15 51 (* Paderborn 15. 5. 38) – **VG:** Dortmund, Art/Con; Lünen, Anders – **G/T:** vorw. abstr. Expressionismus – **W:** in öff. u. privatem Bes. im In- u. Ausld – **M:** Dortmund, Dt. Arb.schutzausst. – **E:** zahlr. Ausst., zuletzt 03 Lünen, Anders – **V:** Mein Kind trägt Locken (Bilder u. Gedichte) 92 – ***Lit:*** Wolfgang Drost: Im Licht der Farbe. W. L., im Kat. z. Ausst. in d. Vereinigten Elektrizitäswerken Westfalen 96 – ***LitR:*** mehrere Fs.-beitr., u. a. WDR Köln, WDR Ldesstudio Dortmund – (Red.)

Lijon s. Joncker, Lisa

Limberg, Eva, Bildhauerin; Niederwall 59, D-33602 Bielefeld, Tel. (05 21) 17 99 62 (* Karmann/Estland 1. 12. 19) – **S:** 38–39 Höhere KSch Pallas Dorpat/Tartu (Aktzeichnen); 40–44 HBK Berlin (b. d. Prof. v. Kursell, Karl Michel u. Kurt Wehlte, Malerei, Graph., Wandmalerei); 52–55 WerkKSch Bielefeld (Bildhauerei) – freiberufl. selbständig tätig – **Ve:** BBK Berlins 47; BBK Bielefeld 58; VG Bild-Kunst 74 – **G/T:** Bildhauerei (Stein, Holz, Bronze); Wandgest. (u. a. Mosaik, Sgraffito); Ausgest. kirchl. Räume; Kirchl. Kunst; Grabmalgest.; Graph. (Hschn., Linolschnitt, Rad., Zchng); gegenständl. Arb.weise – **W:** Portr.büsten, -reliefs, Tierfiguren, -reliefs, Kleinplast., Akte u. Archit.reliefs in Privatbes. – **M:** Lüneburg, Mus. f. Dt.-Balt. Kunst (im Aufbau); Tallinn, Eesti KM – **Ö:** Friedhöfe u. a. in Bad Oeynhausen, Bielefeld – Kirchen u. a. in Bad Oeynhausen, Bad Schwartau, Berlin-Wedding, Berlin-Wilmersdorf, Bielefeld, Diekholzen b. Hildesheim, Groß Hesepe, Heidelberg, Kiel, München, Porta Westfalica, Wuppertal – weitere Bad Homburg, Spielkasino; Kassel, Bank EKK – **E:** u. a. 79/80 Tartu, SM; 82 Bielefeld, Artothek d. Bielefelder KV; Bielefeld, Stadtbibl.; 89/90 Tallinn; Tartu; 91 Gadderbaum, Bez.amt – sowie in d. 1990er Jahren in d. Steinerschule – **G:** Bet. m. d. BBK 69–98 Bielefeld; 76 Pescia/Ital.; 97 Lüneburg – ***Lit:*** Ver. d. Förderer d. BBK Bielefeld (Hrsg.): Künstler u. Künstlerinnen in Ostwestfalen-Lippe 94; Peter Flachmann u. BBK Bez.verb. Ostwestfalen-Lippe (Hrsg.): Kunst ist kein Luxus, sie gehört z. Leben 1955–2005 05

Limbergen, Pieter Jos van; Fridolinstr. 41, D-50825 Köln, Tel. (02 21) 55 41 26, Fax 55 41 26, *mail @limbergen.de*, *www.limbergen.de* – **G/T:** Fotogr. – (Red.)

Limburg, Günter, freischaffender Künstler; Erzberger Pl. 6, D-50733 Köln, Tel. (02 21) 76 68 30, *guenter.limburg@t-online.de*, *www.artartart-net.com; www.art-in-cologne-guenter-limburg.de* (* Mechernich 6. 7. 60) – **VG:** Hamburg, Basse; Leer, Basse; Moers-Kapellen, Gal. Villa Cotto – **S:** 79–83 WerkKSch Köln (Freie Kunst, Graph. b. Prof. Pravoslav Sovak) – **L:** 98–06 Privatstudenten im Atelier – **G/T:** Malerei; Graph.; Skulpt.; Synergie zw. surrealist. Aufbau u. expressionist. Ausdruck – **W:** in Privatbes., u. a. in zahlr. Privatslgn – **E:** zahlr., u. a. 93–95 Köln, Ruchti (Künstler d. Hauses); 94 Hamburg (m. Ludwig Meidner); 96, 98 Duisburg, Cubus KH; – sowie: Köln, Ruchti; Hamburg, Basse; Moers-Kapellen, Gal. Villa Cotto; Mechernich, Groenveld; Leer, Basse; Hamburg, Art Fabrik – **G:** zahlr. Bet., u. a. 99 Satzvey, Forum art interregio (m. J. Immendorf, A.R. Penck, A. Höckelmann, C. Simeoni) 05 Osnabrück, Kunstmesse Impulse – **R:** Radiointerviews: Dt. Welle 96; Radio Erft 99

Linck, Peter s. Schneider-Rabel, Peter

Lincke, Dieter; Thorwaldsenstr. 23, D-60596 Frankfurt am Main, Tel. (0 69) 63 63 15, Fax 63 15 10 72 – **G/T:** Graph. – (Red.)

Lincke-Zukunft, Astrid; Thorwaldsenstr. 23, D-60596 Frankfurt am Main, Tel. (0 69) 63 63 15, Fax 63 15 10 72 – **G/T:** Bildhauerei, Graph. – (Red.)

Linde, Horst, Prof., Architekt, Stadtplaner; Schlierbergstr. 33, D-79100 Freiburg, Tel. (07 61) 40 42 01 (* Heidelberg 6. 4. 12) – **S:** 31–36 TH Karlsruhe – **L:** ab 61 TH Stuttgart (Prof.) – **P:** Paul-Bonatz-Pr. 61, 63; Fritz-Schumacher-Pr. 63; Archit.pr. d. Univ. Oulu/ Finnland 67; Badenweiler Ehrengast d. Jahres 04 – **Ve:** AK Berlin 70; Royal Inst. of British Architects 74 – **G/T:** Archit., Stadtplanung – **B:** u. a. Bochum: Ruhr-Univ. (Masterplan, m. Conradi u. Klose); Freiburg/ Br.: Max-Planck-Inst. (m. Weber); ebda, eigenes Wohnhaus; Frankfurt am Main: Dt. Bank Headquarters (70, m. Dionisius); Karlsruhe, Stadtkirche; Stuttgart: Landtag BW; ebda, Württ. Landesbibliothek; Univ.bauten in Freiburg/Br., Konstanz u. Ulm – **G:** 02 München, Max-Planck-Ges. – ***Lit:*** Contemp. Architects 94 – (Red.)

Lindemann, Rolf; Käthe-Niederkirchner-Str. 21, D-10407 Berlin, Tel. (0 30) 4 25 20 62 (* Magdeburg 21. 8. 33) – **VG:** Berlin, Gal. Sophien-Edition – **S:** KHS Berlin-Weissensee – **P:** Helen-Abbott-Förd.pr. 00 – **Ve:** VBK DDR 58 – **G/T:** u. a. Collagen – **G:** 02 Berlin, Gal. am Savignyplatz – ***Lit:*** Lang 02 – (Red.)

Linden, Herbert, Maler, Plastiker; Krefelder Wall 42, D-50670 Köln, Tel. (02 21) 73 20 04. c/o CAP, Xantenerstr. Tor 4, Halle 35, D-50733 Köln, Tel. (02 21)

7 60 91 74 (* Neuss 17. 11. 55) – **VG:** Köln, Gal. Skala; Wiesbaden, Gal. 40 – **S:** Universität Köln (Kunstgesch.); Autodidakt – **KGr:** Clouth-Atelier-Projekt – **G/T:** eigendynamische (chemisch-physikalische) Prozesse; gelenkter Zufall; Objektkunst (Holz) – **W:** überw. in Privatbes. – **M:** Hamburg, Slg Dahlmann – **E:** zahlr. Ausst., zuletzt 99 Bergisch Gladbach, Ackermann; 01 Köln, Gal. Skala; 03 Bonn, LM; 04 Wiesbaden, Gal. 40 – **G:** zahlr. Ausst.bet. seit 97, u. a. 97 Köln, Clouth-Werke (Rauminstall.); 99, 00 Köln, Kunstforum Am Höninger Weg; 02 Köln, SM – ***Lit:*** H. L. Die Natur der Dinge, Ausst.kat. 03 – (Red.)

Linden, Sabina Maria van der; c/o Galerie Laura Mars Grp., Sorauer Str. 3, D-10997 Berlin, Tel. u. Fax (0 30) 61 07 46 30, *info@lauramars.de*, *www.lauramars.de; www.sabinamariavanderlinden.net* – **VG:** Berlin, Laura Mars Grp. – **S:** 73 HBK Berlin; 76–79 G. Rietveldakad. Amsterdam – **P:** Nijmegen Ars Digitalis-Vebacom Award Berlin (2. Pl.) 96; Projektförd. 'Perfectly You' durch Senatsverwaltung f. Wiss., Forsch. u. Kult. (Künstlerinnenprogramm) 03 – **E:** 86 Berlin, Gal. Eisenbahnstr.; 87 Düsseldorf, Gall. Planet; 88 Berlin, D.U.D.W. (Produktpräsentation); 91 Berlin, Dead Chickens Warehouse; 92 Berlin, Louvre Boutique (Video); 97 Berlin, Goldsworthy; 00 Berlin, Club Vernissage; 01 Berlin, Endart; Berlin, Transition; Berlin, I.C.B.R.A. (m. Ogar Grafe u. Flauberto Medeiros); 02 Berlin, Laura Mars Grp. – **G:** 92 Berlin, Künstlerhaus Bethanien (m. Marc Brandenburg); 93 Amsterdam, Torch (m. Annie Sprinkle); 03 Berlin, Laura Mars Grp. – **V:** Dressur-Zofen (Ill.) 85 – **R:** Laming, Video 91; Schmaltz, Video 91; Ich bin so blau, 2D-Computeranimation 94; Videocommercials f. Ogar Grafe, Eva Maria Ocherbauer, Françoise Cactus u. Reinhard Wilhelmi 97; Tata, 3D-Computeranimation 98; Kia, 3D-Computeranimation 98; Elfin-Videos f. Performances v. Ogar Grafe 98; Favorit, 3D-Computeranimation-dolls 99; Beauty, 3D-Computeranimation-dolls 99; Flashanimation f. Memoki-Website 99; Veejay Groove, Design eines Video/Musik-Happenings (f. Krylon Superstar u. Mo [EMD]) 00; – MUSIKVIDEO: Megaflittchen 95; Miau Miau (f. Stereo Total) 95; Krypton Radio (f. Ulanbator) 96; Dactylo Rock (f. Stereo Total) 96; Beauty Case (2D/3D-Computeranimation-Compilation f. Stereo Total) 99

Lindena, Kalin, Malerin (* Hannover 77) – **VG:** Karlsruhe, Meyer Riegger; Köln, Nagel – **S:** seit 97 HBK Braunschweig (b. Neumann, Brus u. Dahn) – **E:** zahlr., zuletzt 02 Karlsruhe, Meyer Riegger; 02, 04 Berlin, Nagel; 03 Köln, Simultanhalle; 04 Brüssel, Dépenance; Liverpool, Tate – **G:** zahlr., u. a. 03 Oldenburg, KV; Hamburg, Festival of Art and Music; Wien, Secession; Köln, Nagel; Frankfurt am Main, KV; Mönchengladbach, StM Abteiberg – (Red.)

Lindenbauer, Alois; Dr. Hans Sperl-Str. 37, A-3335 Weyer, Tel. u. Fax (0 73 55) 82 82 (* Weyer/ObÖst. 20. 12. 47) – **S:** 71–72 BerufsFS Hallstadt (Bildhauerei) – **L:** 89 Intern. Sommerakad. f. bild. Kunst Salzburg (Skulpt., Stein); 90–94 Intern. Sommerakad. f. bild. Kunst Hohenems (Skulpt., Stein) – **P:** Förd.pr. f. Bild. Kunst NdÖst. 88; Staatsstip. u. Arb.stip. d. Bmf UK 90, 91; Anerkennungspr. d. Ldes NdÖst. 98; Stip. d. Ldes ObÖst. Paliano, Rom 00; Adelsberger Künstlerförd.pr. Salzburg 01 – **Ve:** Berufsvrg Bild. Künstler ObÖst. seit 77 – **KGr:** MAERZ (seit 00) – **G/T:** Art in Nature, Install., Objektkunst – **Ö:** Borgo, Arte Sella; Drehna, Gärten d. Sinne; Goldegg, Schloß; Innsbruck, Hofgarten; Krems, Martin Luther Pl.; Lana/Meran, Lana Art; Lunzer See; Minokamo/Gifu, Kiso-River; Munui, Taechong-Lake; Ottersberg; Obertrum, BerufsFS; Salzburg, Berchtoldvilla – **E:** 90 Pilsen, Gal. X-Centrum; 93 Salzburg, Rupertinum; Linz, Gal. im Stifterhaus; 95 Ljubljana, Equrna; Krems, Gal. Stadtpark; 96 Feldkirch, Johanniterkirche; Goldegg, Schloß; 97 Steyr, Pohlhammer; 00 Gars/Kamp, Kunst in d. Ldschaft; 02 Gelsenkirchen, Halfmannshof; 03 Steinhaus, Kult.haus – **G:** zahlr. Ausst.bet. seit 80, zuletzt 00 Linz, LG; Helsinki, Sanoma House; Innsbruck, Tiroler Kunstpavillon; 01 Salzburg, Berchtoldvilla; St. Pölten, Ndöst. Dok.-Zentrum f. Mod. Kunst; 02 Steyr, Reithofferhalle; 03 Grein an d. Donau, Gal. im Fluss; Lana/Meran, Ital. Rosengartenhaus; Salzburg, Kult.ver.; Seoul, PiCi Gall.; Wien, Gal. auf Abruf – ***Lit:*** A. L. und ähnliche Bewegungen, Kat. 00 sowie zahlr. Ausst.kat. u. Kat. zu Kunst- u. Naturprojekten – ***LitR:*** zahlr. Fs.-Beitr. zu Ausst. – (Red.)

Lindenberg, Udo, Musiker, Maler; c/o Hotel Atlantic, An der Alster 72–79, D-20099 Hamburg, *www.udo-lindenberg.de* (* Gronau/Westf. 17. 5. 46) – **VG:** Hamburg, Commeter – **S:** Autodidakt – **P:** BVK am Bande 89; Friedens- u. Kulturpr. d. Villa Ichon Bremen 05 – **G/T:** Malerei (vorw. Mischtechnik auf Leinwand o. Papier, figürliche Darst. in Anlehnung an Comic u. Karikatur, z.T. erotische Motive, Malerei m. Spirituosen in d. sogenannten 'Likörellen'); Zeichn.; Rad. – **E:** u. a. 96 Hamburg, Erotic Art Mus.; 99 Weimar, Schloß-Mus.; 00 Wittenberg, Gal. im Cranach-Haus; 02 Hamburg, St.-Jacobi-Kirche; 03 Hamburg, Hotel Atlantic (Dauerausst.); 04 Goslar, Mönchehaus-MMK (Doppelausst. m. Bruder Erich Lindenberg); Sylt, Sansibar; MS Europa; Gronau, rock'n'popmuseum; 05 Bonn, Haus d. Gesch. d. BRD; Bonn, Pal. Schaumburg; Werl, Walentowski; 05–06 Leipzig, Zeitgesch. Forum; 06 Berlin, Seitz & Partner (Doppelausst. m. Erich Lindenberg); Cottbus, KM Dieselkraftwerk (Doppelausst. m. Erich Lindenberg) – **V:** Lindianer – Bilder in Panikcolor, Comics, Cartoons, Karikaturen 96; Ernst Lechthaler u. U.L.: Mixed double. Cocktails von Ernst Lechthaler. Mit Likörellen von U.L., Rezeptb. 97; Der Pakt – vom Leben gezeichnet. Gemälde von U.L., Bildbd 99; U.L. u. Kai Hermann: Panikpräsident, Autobiogr. 04; Lindenwerk, Kunstbildbd 05; Meyers Großes Taschenlexikon, 25 Bde (Einbandgest.) 06 – ***Lit:*** Ausst.kat.: Checkpoint Udo – Seine ständige Vertretung 02; Die 10 Gebote, Ausst. St.-Jacobi-Kirche Hamburg 02; Zeitweise paarweise, Ausst. Goslar 04 – (Red.)

Lindenfels, Gesa s. Berger, Gerda

Linder, Christine; Planegger Str. 26, D-81241 München, Tel. (0 89) 88 82 16 – **G/T:** Malerei, Graph. – (Red.)

Lindner, Erika s. Wiegand, Erika Maria

Lindner, Rolf, Dipl.-Designer, Schmuck-, Email-, Metallgestalter; Moritzstr. 21b, D-99084 Erfurt, Tel. u. Fax (03 61) 2 11 97 84, *rolf@ro-li.de*, *www.ro-li.de* (* Ichtershausen/Thür. 6. 6. 46) – **S:** 69–72 FS f. Angew. Kunst Heiligendamm (Abt. Schmuck, Email u. Metall) – **P:** Dipl. d. III. Quadrienn. d. Kunsthandwerks Sozialistischer Länder 83; 8. Intern. Bijouterieausst. Jablonec (Anerkennung) 87; Stip. d. Stift. Kult.-fonds 95 – **G/T:** Schmuckdesign, Kunst am Bau, archit.-bezogene Kunst, Plast. – **K:** Treibziselieren, Gußtechniken im Schmuckbereich, Schmuck- u. Industr.email – **M:** Berlin, SMPK; Erfurt, Anger-Mus.; Leipzig, GRASSI; Marburg, Univ.-Mus. – **Ö:** Arnstadt, Friedhofsfeierhalle; Erfurt, IHK; ebda, Stadtraum, Predigerkirche, Seniorenheim, Thür. Min. f. Wiss., Forsch. u. Kunst, Klinikum; Ilmenau, RH; ebda, TH; Jena, FHS – **E:** seit 83 in Mus., Gal. u. Kult.einrichtungen in Dtld, d. Schweiz u. d. Niederl. – **G:** seit 71 Bet. an wichtigen nat. u. intern. Ausst. d. angew. Kunst – **V:** R. L. Schmuck und Objekte 1971–1996, Kat. – **R:** m. Felix Lindner: Germania, Jeanne d'Arc, Madonna, Lara Croft 99

Lindner, Ulrich, Fotographiker; Scariastr. 3, D-01277 Dresden (* Dresden 12. 2. 38) – **S:** 57–62 TU Dresden (Chemie) – **P:** Ausz. 'Schönste Bücher' 84, 89 – **Ve:** DGPh 91 – **G/T:** Ill.; Fotograph. – **E:** u. a. 79 Dresden, Schloß (Kat.); 80 Breslau, Gal. Sztuki Wspólczesna; 85 Dessau, Schloß Georgium; 86 Dresden, Neue Dresdner Gal. (Kat.); 91 Cottbus, Brandenburgische KS (Kat.); 92 Forbach, Gal. Oeil (Kat.); 93 Köln, Deutschldfunk; 95 Dresden, Kpst.-Kab. (Kat.); 99 Dresden, Skulpt.-Slg im Albertinum (Kat.); Görlitz, Schlesisches Mus.; 00 Darmstadt, KH; Halle/Saale, Staatl. Gal. Moritzburg; 02 Saalfeld, Saale-Gal. (Kat.) – **V:** Sprache der Dinge 83; Klaus Möckel (Hrsg.): Das Zimmer der Träume (Photograph.) 84 – ***Lit:*** Gabriele Muschter: Träumen und Wachen. Der Fotografiker U. L., In: Bild. Kunst, 6/89; Enno Kaufhold: U. L., In: Photonews, 4/91; Wolfgang Holler: U. L. Abschied. Dresdner Ruinen 95; Karl Gernot Kuehn: U. L., In: Caught The Art of Photogr. in the G.D.R. 97 – (Red.)

Lindner, Ute, Bild. Künstlerin; c/o Lindnerhuber, Brunnenstr. 53, D-13355 Berlin, *info@copyright-projekt.de*, *www.copyright-projekt.de* (* Arnsberg/ Westf. 68) – **S:** 89–95 Kassel (Bild. Kunst, Kunstwiss. u. Phil.) – **L:** 98 Goldsmith's College London (Tutorial) – **P:** Stip. d. Friedrich-Ebert-Stift. 90–95; Robert-Völker-Pr. 94; Arb.stip. Nds. 95; Paris-Stip. d. Dt.-Frz. Jugendwerks 96; Cité Intern. d. Arts Paris 96; Kasseler Kunstpr. 96 – **M:** Berlin, Shellhaus; Bremen, KH; Kassel, Staatl. Mus.; Ōsaka, NM of Art; Peking, Dt. Botschaft – **E:** zahlr., zuletzt u. a. 98 London, Milch Gall.; 99 Berlin, Zellberg; 01 Kassel, Staatl. Mus.; 01, 03 Hannover, Drees; 02 Berlin, Kampl – **G:** zahlr., zuletzt u. a. 01 Dresden, LM; Krefeld, Dt. Textil-Mus.; 02 Amherst/Massachusetts, Mead AM; Seattle/Wash., Frye AM; Berlin, AK – (Red.)

Linhardt, Traude (geb. Traude Tittel), Künstlerin; Kaiserstr. 36, D-80801 München, Tel. u. Fax (0 89) 33 93 39, *traude.linhardt@web.de*, *www.kulturatlasoberfranken.de; www.art-germany.com* (* Lichtenfels 31. 3. 45) – **VG:** München, Otto-Gal. – **S:** 88–93 Intern. Sommerakad. Salzburg (b. Prof. Geoff Hendricks, Roman Opalka, Nancy Spero u. Leon Golub) – **L:** seit 96 Intern. Sommerakad. Salzburg (Ass.) – **P:** Arb.stip. d. Villa Waldberta Feldafing 97; Kunstfrühling Bad Wörishofen (3. Pr.) 01; Kunstwettb. d. LSV (3. Pr.) 02 – **Ve:** BBK München u. Obb. 90; DGfCK 93; GEDOK 94; VG Bild-Kunst 94 – **G/T:** Malerei (Strukturrelief); Objekt (Grundstoff Draht m. versch. Materialien); Install. (Stoffbahnen in Steinformen als meditative Raumgest., Filmstreifen, Stühle) – **K:** Professionalisierungskurse f. Künstler, u. a. Grundlagen d. Präsentation u. Ausst.praxis, Textgest. u. Pressearb., Selbstpräsentation u. Rhetorik – **W:** Werke in Privatbes. – **M:** München, Artothek – **Ö:** Bad Wörishofen, Andachtsraum d. Klinik (Gest. zs. m. Werner Mally); München, Dt. Bank – **E:** Ausst. seit 90, u. a. 96 Heidenheim, KV; 97 München, Slg Ägypt. Kunst; 99 Basel, Psychiatrische Klinik; 00 Wolfsburg, Gal. im Klinikum; 01 Salzburg, Garagengal.; 02 München, Seidlvilla; 03 München, Artothek; München, Otto-Gal. – **G:** Ausst.bet. seit 90, u. a. 97 Leipzig, Haus d. Buches; 99 Kiew, Palace-Gal.; 00 Wasserburg am Inn, Gal. im Ganserhaus; 01 München, Aspekte; 02 München, Haus d. Kunst; 03 Uddevalla, Borhus-Gal. – **V:** Andreas Hildmann u. T. L.: Neue Krankenhauskapellen, in: Annäherung 10, Heft 1 00 – ***Lit:*** DGfCK: Künstlerlexikon 95; Andrea Loebel: Mosaik 22 96; Johanna Kerschner: UND, Heft Winter 98; Eine Lanze für ukrainisches Kulturerbe. Raumsequenzen II, Kat. 00

Link, Dorothea s. Doro, Thea

Linke, Eberhard, Prof. Bildhauer; Ostergasse 35, D-55291 Saulheim, Tel. u. Fax (0 67 32) 6 18 65, *eberhardlinke@gmx.de*, *www.eberhardlinke.de*. Erbes-Büdesheimer-Str. 7, D-55237 Flonheim, Tel. (0 67 34) 83 35 (* Lauban/Schlesien 13. 2. 37) – **S:** 59–64 Staatl. ABK Stuttgart (Kunsterziehung b. Prof. G. Gollwitzer u. Prof. Chr. Schellenberger, 63 1. Staatsexamen, freie Bildhauerei b. Prof. Otto Baum); 65–72 TU Braunschweig (wiss. Angestellter, Prof. J. Weber) – **L:** Wintersemester 64–65 Staatl. ABK Stuttgart (LAuftr. f. kubisches Zeichnen); 72–02 FHS Mainz (Prof. f. Plast. u. kubisches Zeichnen) – **P:** Kunstpr. südliche Weinstr. 78; Westerwaldpr. 79; Villa-Massimo-Stip. (neunmonatiger Aufenthalt in d. Villa Massimo Rom 80–81) 79; Pr. d. Rodin Grand Prize Exhibition Hakone/ Japan 88; Sickingen Kunstpr. 89; Staatspr. d Ldes RP f. Kunst u. Archit. 89; Kunstpr. Rheinld – **Ve:** BBK Rh.-Pf. 73 – **KGr:** Darmstädter Sezession (seit 73); Pfälzische Sezession (seit 81); Künstlersonderbund in Deutschland (seit 92) – **G/T:** Plast. (Terrakotta in Hohlaufbau-Technik, Bronzeguß, Bedingtheiten menschlicher Existenz); Zeichn. (Landschaft u. Akt) – **M:** Braunschweig, StM; Bremen, KH; Darmstadt, StKS; Düsseldorf, SM; Heilbronn, SM; Kaiserslautern, Pfalz-Gal.; Mainz, LM; Nagano, Utsukushi Open Air Mus. – **Ö:** Alzey, Kr.spk.; Bad Dürkheim, Kirchgasse; ebda, Kurpark; Braunschweig, Heinrich-der-Löwe-Kaserne; Bremen-Arbergen, Ortsplatz; Dahn, Schulzentrum; Diez/ Lahn, Behördenhaus; Dortmund, Südwall; ebda, Stadtwerke, Gerichtspl.; Frankfurt am Main-Niederrad, Atricom; Hagen, Stawa; Heilbronn, Kilianspl.; Hemer, Fußgängerzone; Ingelheim, Kr.haus; Iserlohn, Hauptpost; Kirchheimbolanden, Vorstadtstr.; Koblenz, Ev, Stift; Landau, Kr.verwaltung Südliche Weinstr. SÜW; Leipzig, Amtsgericht; Ludwigshafen, Kr.haus; Mainz, Innenmin.; Mainz-Lerchenberg, Wasser- u. Schiffahrtsdir.; Münster-Toppheide, Bundesbildungszentrum; Pirmasens, Carolinensaal; Trier, Univ.-Forum; Wilhelmshaven, Marine-Arsenal – **E:** u. a. 68 Berlin, Ver. Berliner Künstler; 80 Rom, Villa Massimo; 81 Speyer, KV; 88 Heilbronn, SM; 89 Wiesbaden, Nassauischer KV; 90, 94, 01 Kirchheimbolanden, Waldherr; 91 Verona, Mus. di Castelvecchio; 93 Pforzheim, Reuchlinhaus; 94 Pirmasens, Gal. Neuffer am Park; 94, 96 Dudelange/ Luxembourg, Gaasch; 95 Neustadt an d. Weinstr., KV Villa Böhm; 98 Neustadt-Mußbach, Herrenhof; Mainz, Mainzer Volksbank; 01 Hemer, Spk.stift.; 02 Schwetzingen, Orangerie; 03 Zweibrücken, KV; Zweibrücken, Skulpt.allee; Wiesloch, Palatin – **G:** u. a. seit 74 Darmstadt, Darmstädter Sezession Ziegelhütte u. Mathildenhöhe; 78, 87 Kraukau (Ausst. d. Darmstädter Sezession); 78, 79, 81–87 Düsseldorf, Große Kunstausst.; 79 Bremen, KH; Bremen, Gerhard-Marcks-Haus; 79, 81, 83 Bremen, Wallanlagen; 87 Darmstadt, KH; 89 Bielefeld, Skulp. aktuell; 93, 96 Berlin, Martin-Gropius-Bau; 94 Altshausen, Skulpt.park Herzogin Diane; 99 Heilbronn, Städt. Mus.; 02 Berlin, Matthäuskirche; 00, 03 Berlin, Kommunale Gal. Wilmersdorf – ***Lit:*** Andreas Pfeifer: E. L. – Terrakotten und Bronzen 1968–1988, Ausst.kat. 88 – ***LitR:*** FS.-BEITR. Portr.: Eberhard Schulz, Kurzportr. E. L. SWF Mainz 76; – Ausst.berichte: Ralf Miritz, z. Ausst. im Nassauischen KV, in: Heute-Journal ZDF 22.3.89; Frank Helbert, z. Ausst. im Herrenhof Neustadt-Mußbach, in: Neues um Neun SWF 7.4.98; Michael Kelb, z. Ausst. im Herrenhof Neustadt-Mußbach, in: Landesschau SWF 20.4.98 – (Red.)

Linke, Gisela s. Denninghoff, Gisela

Linke, Udo s. Lex

Linnenkugel, Gisela; Hubertusanlage 16, D-63150 Heusenstamm, Tel. (0 61 06) 50 31, *www.linnenkugel.de@hotmail.com*, *www.linnenkugel.de* – **G/T:** Graph. – (Red.)

Linossi, Christa, Autodidakte bild. Künstlerin; Josef-Weißkind-Str. 22, A-5083 St.-Leonhard Gartenau, Tel. (06 50) 5 42 82 68, *art1@sbg.at* (* Rottenmann 18. 12. 51) – **S:** 94–97 Mozarteum Salzburg (Bühnenbild); 01 Intern. Sommerakad. f. Bild. Künste Salzburg – **Ve:** Neue Ges. f. bild. Kunst; IG Bild. Kunst Öst. – **G/T:** Glasinstall.; exper. digitale Fotogr. – **Ö:** 03 Kulturhauptstadt Graz, Künstlerhaus (Glasinstall.); 04 Salzburg, Traklhaus Gal. – **E:** 92–04 Graz, LM Joanneum; Salzburg, Porschekonzern – **G:** 93–04 München, Haus d. Kunst; Salzburg, Traklhaus; Graz, Künstlerhaus; Wien, KH Museumsquartier; Salzburg, Künstlerhaus; Burgau, Schloß; Wien, Palmenhaus; Glauchau, Mus. u. KS Schloß Hinterglauchau; Sint-Niklaas, Exlibris-Wedstrijd

Linsi, Martin, Fotograf; Forstbergstr. 26b, CH-8820 Wädenswil, Tel. 0 554 12 17 58, 0 796 81 11 83, Fax 0 446 80 40 48, *maligraf@bluewin.ch* (* Zürich 31. 5. 56) – **S:** 76–78 Gloucestershire College of Art and Design – **Ve:** Künstlervrg d. Kt. Schwyz seit 06 – **G/T:** Fotogr. (vorw. s/w, div. Schwerpunkte) – **Ö:** Schwyz, Kantonale Verwaltung – sowie: Wädenswil – **E:** 89 Wädenswil, Taubenschlag; 95 Wädenswil, Gal. 17; 01 Wädenswil, Cortesi + Graber – sowie: 93 in Hagen – **G:** 93 Schwyz, Kunstschaffende d. Kt.; 95 Wädenswil, Blaue Tage; 99 Einsiedeln, Kunstraum Katzenstrick; 00 Schwyz, Spk.; Thalwil, Hofkunst; 01 Pfäffikon, Kunstszene Schwyz: Dialoge; 02 Wädenswil, HS; 05 Biel, Fototage; 06 Stäfa, stäfART – sowie: 80 in Thalwil – **V:** m. Irene Libener u. Urs Schori: Der 7. Kontinent, Fotobüchlein 83; m. Josef Wiget (Text): Eine Reise durch den Kanton Schwyz, Bildbd (Fotogr.) 05

Linssen, Jupp, Maler; Oranienstr. 9, D-52066 Aachen (* Kempen 57) – **VG:** Ahlen, Fritz-Winter-Haus; Berlin, Brockstedt; Bern, Haldemann; Dießen am Ammersee, Winter – **S:** 80–86 RWTH Aachen (b. Prof. Joachim Bandau) – **P:** Kunstpr. Aachen 87 – **G/T:** Materialbilder, Assemblagen, Objektbilder – **M:** u. a. Aachen, Ludwig Forum; Düsseldorf, KS NRW; Peking, Ludwig Mus. – **Ö:** Bonn, Dt. Bundestag; Hannover, Norddt. Ldesbank; Karlsruhe, Prinz-Max-Pal. – **E:** u. a. 86 Aachen, Neuer Aachener KV; 92 Tokio, Yamaguchi; 94 Neuenkirchen, StG im Bürgerhaus; 97 Lund, KM; 02 New York, Caldwell-Snyder – **G:** u. a. 89 Ahlen, Fritz-Winter-Haus; 92 Aachen, Suermondt-Ludwig-Mus.; 98 Bonn, LM; 01 Freiburg, Baumgarten; 02 Gottmadingen, Schloß Randegg – (Red.)

Linthaler, Hansi, akad. Maler; Gersthoferstr. 150/4/12, A-1180 Wien (* 28. 2. 51) – **S:** 69–74 ABK Wien (Meisterkl. f. Malerei b. d. Prof. Josef Mikl u. Wolfgang Hollegha) – **G/T:** Zchng; Malerei; Ill.; Comics

Linxweiler, Dieter, Maler, Zeichner, Graphiker, Kunstpädagoge u. Erwachsenenbildner; Känelmatt 58, CH-4422 Arisdorf, Tel. 0 618 1126 46 (* Berlin 12. 1. 41) – **S:** Autodidakt; 69–70 Akad. Karlsruhe (Gastschüler) – **L:** seit 89 freier Doz. an versch. Institutionen in d. Schweiz, in Dtld u. in Öst. – **P:** Cité Intern. d. Arts Paris (Stip.) 79–80 – **Ve:** Visarte 73 – **G/T:** Ölmalerei, Zeichn. u. Druckgraph. (Rad.); vorw. Akt-Figuration, Körper-Landschaften – **K:** Zeichnen (klassisch bis exper.); Malen (alle Techniken); Kunstgesch.; Führungen durch Mus. u. Kunstausst. f. versch. Institutionen in d. Schweiz u. in Dtld – **W:** in Privatslgn im In- u. Ausld; staatl. Ankäufe in Dtld u. d. Schweiz – **M:** u. a. Basel, KM Kpst.-Kab. – **E:** seit 66 in Gal. in d. Schweiz u. in Dtld., u. a. 01 Bad Säckingen, KV Hochrhein (Retrospektive) – **G:** Bet. an Ausst. (oftmals juriert) in Mus., KH u. Gal. in d. Schweiz, in Dtld u. in Frkr. seit 69, u. a. 74 Frechen, Intern. Graph.trienn.; 03 Grenchen, Intern. Trienn. f. farbige Graph.; – sowie mehrfach Basel, Art Basel – **V:** 1. graph. Mappe Ed. Vogelsperger – ***Lit:*** MONOGR.: 1960–1990. Dreissig Jahre Kunstprozess 91; Stationen – Malerei 1960–2001, anläßlich d. Retrospektive im KV Hochrhein Bad Säckingen; – Lexikon u. Werkdok. d. Schweizer Inst. f. Kunstwiss.; – zahlr. Beitr. m. Abb. in Ztgn, Kunstmag. u. Kunstb. in d. Schweiz u. in Dtld; Kat.texte v. Kunsthistorikern

Lipinský, Georg von, Lithograph, Maler u. Graphiker; Hauptstr. 7, D-77839 Lichtenau, Tel. (0 72 27) 50 57 45, *Lipinsky@arcor.de*, *http://home.arcor.de/lipinsky*. c/o Heidemarie Schumann, Lauenburgerstr. 6, D-12157 Berlin, Tel. (0 30) 79 74 38 33 (* Berlin 29. 7. 32) – **VG:** Berlin, Harder – **S:** 49–51 KSch Magdeburg; 51–53 Graph. FS Berlin; Ausb. z. Lithographen b. d. Fa. Meisenbach Riffart u. Co. Berlin-Schöneberg – **P:** Förd. u. Unterstützung durch d. Gemeinde Hügelsheim u. Nachbargemeinden – **Ve:** Alemanische Fasnacht (E.künstler); Zunft d. Leimewängscht Ottersweier – **G/T:** Malerei (vorw. Aqu., Öl, figürl., Portr., Landschaft); Rad. u. Graph. – **W:** ca. 140 Arb. in Dtld u. Übersee – **M:** Bühl-Neusatz, Stadtgesch. Inst.; Lichtenau, Heimatmus. – **Ö:** Baden-Baden, RH; Bühl-Ottersweier, Volksbank Raiffeisenbank; Hügelsheim, Kopernikusschule; ebda, RH; Iffezheim, Volksbank Raiffeisenbank; Lichtenau, RH; Ottersweier, RH; ebda, Zunftstube d. Narrenzunft; Rheinmünster-Schwarzach, RH; Unzhurst, RH – **E:** 85 Ottersweier, Volksbank Raiffeisenbank; 95 Lichtenau, Gemeindehaus; Lichtenau, Spk.; 96 Ottersweier, Zunftstube d. Narrenzunft; 99 Hügelsheim, RH; 02 Ottersweier, Bank Unzhurst; 03 Iffezheim, Volksbank Raiffeisenbank – **V:** Kunstmappe (zehn Blätter) – ***Lit:*** div. Ztgsberichte u. kleine Druckaufl.

Lippe, Verena s. Vernunft, Verena

Lippuner, Christian, Bild. Künstler, Graphiker, Lyriker; Hintergasse 17, CH-8268 Salenstein, Tel. 07 16 64 28 81, Fax 07 16 64 28 82, *info@christian-lippuner.com*, *www.christian-lippuner.com* (* Grabs/Kt. St. Gallen 20. 7. 47) – **VG:** Steckborn, Gal. 418 – **S:** 64–69 KGS St. Gallen (Graph.) – **Ve:** SIGNAThUR Schweiz 00; Pro Lyrica Schweiz 02; KV Konstanz 03 – **G/T:** Malerei (Öl, Mischtechnik, Acryl, Aqu.); Druckgraph. (Rad.); Skulpt. u. Plast. – **W:** Werke überw. in Privatbes. – **M:** Czluchov/Polen, Reg.mus. – **E:** 01 Czluchov/Polen, Regionalmus.; 03 Steckborn, Gal. 418 – **G:** 03 Konstanz, Städt. Wessenberg-Gal. – **V:** Harass, lit. Schriftenreihe (regelmäßige Mitarb.); Blätter aus der Hintergasse (Initiator u. Hrsg.) 03 – ***Lit:*** Reinhard Schmitz-Scherzer: C. L., Werkkat. 03 – ***LitR:*** Werkdok., Polnisches Fs. 01

Lischke, Axel, Bildhauer, Zeichner; c/o Krammig & Pepper Contemporary, Torstr. 138, D-10119 Berlin, Tel. (0 30) 2 78 76 08 80, Fax 2 78 76 08 89, *art@krammig-pepper.com*, *www.krammig-pepper.com* (* Höxter 29. 12. 56) – **VG:** Berlin, Krammig & Pepper Contemporary – **S:** 80–85 KA Düsseldorf (b. Nam June Paik); 85–88 HdK Berlin (b. Shinkishi Tajiri) – **P:** Jahrestip. d. DAAD in Basel 89–90; Arb.stip. d. Senats f. Kult. Angelegenheiten 93 – **E:** zahlr. Ausst. seit 99, u. a. 99 Berlin, Klaus Fischer; 01 Berlin, Vostell; 02 Berlin, Pepperprojects; 04 Madrid, Vostell; Berlin, Vostell – **G:** zahlr. Ausst.bet. seit 00, u. a. 00 Zürich, Kunst Zürich; 01 Ahlen, KM; 03 Reykjavík, Sigurjón Òlafsson Mus.;

Akureyri, AM – ***Lit:*** Petra Lewey: 50 qm, Ausst.kat. 97; Wulf Herzogenrath, Thomas Wulffen u. a.: Skulpturen, Ausst.kat. 97; Skulpturen 1997–2004 04

Lischke, Carola (geb. Carola Müller-Baldhoff), Malerin; c/o Ateliergemeinschaft Südstr. 107–109, Südstr. 107–109, D-47798 Krefeld, Tel. (0 21 51) 30 58 39, *carola@lischke-art.de* (* Potsdam 19. 1. 50) – **S:** 98–02 IBKK Inst. f. Ausbild. in bildender Kunst u. Kunsttherapie Bochum (Meisterkl. f. Freie Malerei b. Prof. Qi Yang) – **Ve:** Verb. Freier Dt. Künstler Bochum 97–05; Kunst u. Krefeld Krefeld 06 – **KGr:** ART..IG Krefeld (94); Südgang, offene Ateliers Krefeld (04) – **G/T:** Freie Malerei; Naturinterpretationen; Mischtechniken; Medien international; Öl, Acryl; Wandobjekte – **W:** Slg d. Spk. Karlsruhe – **Ö:** Bottrop, St. Marien Hospital – **E:** 99 Hamburg, appen classics; 02 Hamburg, Technologiezentrum; 03 Bochum, Gal. im Luisenhof; 04 Krefeld, Dt. Bank; 06 Flensburg, Gal. im St. Franziskus Hospital – **G:** 00 Bochum, Krefeld, Neuss, Gal. BENEUN; 01 u. 05 Bochum, Kunst- u. Galeriehaus; 03 Mülheim an der Ruhr, Fa. T-Systems; 04 Duisburg, Cubus KH; Karlsruhe, Spk.; 05 Krefeld, KV; St. Andreasberg, Kunstpreisausst. Nationalpark Harz; 06 Venlo/NL, Intern. Kunstprojekt The-bathing-cap-society

List, Leonhard, Holzbildhauer; Schillerstr. 24, A-3385 Prinzersdorf, Tel. u. Fax: (0 27 49) 29 54, Mobil: 06 7 69 55 20 31, *www.art-galerie.at* (* Baden bei Wien 6. 11. 41) – **S:** Autodidakt sowie: 80–81 VHS St. Pölten (4 Sem. Schnitzkurs) – **P:** Anerkennungspr. d. Öst. Eisenbahnkunstausst. 99 – **Ve:** Kult.ver. d. Öst. Eisenbahner 96 – **KGr:** Kunst- u. Kult.vrg im Brauhaus Freistadt (02) Art-Gal. Ver. z. Förd. d. Kunst (05) – **G/T:** abstr. Skulpt. (Holz, Holz-Stein, Holz-Metall) – **K:** Holzbildhauern abstr. Formen – **Ö:** Grossschönau, Hauptstr.; Debrecen/Ungarn, Tierpark; St. Pölten, Raiffeisenbank Franziskanererg; Waidhofen an d. Thaya, Gehege Waldrapp – sowie: Letenye/Ungarn – **E:** /G: zahlr. im In- u. Ausland, sowie Teilnehmer an Intern. Bildhauersymposien in Öst. u. Ungarn

List, Nikolaus, Bild. Künstler; Torstr. 159, D-10115 Berlin, Tel. (0 30) 28 38 47 34, *nicotera-list@gmx.net* (* Frankfurt am Main 5. 6. 65) – **VG:** Köln, Rehbein; Bern, Kabinett – **S:** 86–92 Städelschule Frankfurt am Main (Malerei b. Peter Kogler, Thomas Bayrle u. Christa Näher) – **P:** Atelierstip. d. Hess. Kult.stift. 96; Arb.-stip. d. Kunstfonds Bonn 98 – **G/T:** Malerei, Animation – **W:** überw. in Privatslgn – **E:** 98 Brüssel, Goethe-Inst.; 99 Rotterdam, Goethe-Inst.; 00, 04 Köln, Rehbein; 02 Frankfurt am Main, Detterer; 03 Zürich, Kabinett; 04 Göttingen, KV – **G:** 95 Frankfurt am Main, KV; 96 Rivara, Castello di Rivara; 00 Frankfurt am Main, Amerika Haus; 01 Venedig, Fondazione Bevilacqua La Masa; Kraichtal, Ursula-Blickle-Stift.; Bologna, Gall. d'Arte Mod.; London, Inst. of Contemp. Art; Tirana, Bienn.; 02 Graz, Forum Stadtpark; 03 Berlin, Gal. WBD; Novosibirsk, Intern. Extra Short Film Festival – **V:** Analphabetismus Nr. 4, Bildbd 02; Analphabetismus Nr. 5, Bildbd 04 – **R:** COMPUTERANIMATIONEN: Die Fontäne 99; Die Entstehung des löslichen Kaffees 00; 50 Prozent 99–00; Pausenballett 00

Litschauer, Maria Theresia, Mag. phil.; Domgasse 5, A-1010 Wien, Tel. u. Fax (01) 5 12 33 82, *mtlitschauer @t0.or.at*, *www.t0.or.at/litschauer* (* 20. 4. 50) – **S:** Univ. Wien – **P:** New York-Stip., Paris-Stip. d. BMf UK – **Ve:** Vrg Bildender Künstlerinnen Öst.; Wiener Secession – **G/T:** Graph., Fotogr., Text – **W:** in Privatbes. – **M:** Lyon, Fonds Rég. d'Art Contemp. Rhône-Alpes; New York, Public Library; Paris, Bibliothèque Nat.; Salzburg, Rupertinum; San Francisco, MMA; Wien, Jüdisches Mus.; Wien, MAK – **Ö:** Wien, Allg. Krankenhaus – **E:** zahlr. Ausst. seit 84, u. a. seit 00: Wien, Engelhorn; Krems, KH; Graz, Neue Gal.; Brünn, Haus d. Kunst – **G:** zahlr. Ausst.bet. seit 84, u. a. seit 00: Paris, Bibliothèque Nat.; Krems, KH; Salzburg, Rupertinum; Wien, Freud-Mus.; New York, Mus. of the City – **V:** GESICHTER, Künstlerb. 85; Ndöst. LM (Hrsg.): WIEN, MEIN., LE MARIAGE I–XII, Künstlerb. 91; Arbeiten 1990–1993, Künstlerb. 94; NIETZSCHE IN ITALIEN. Text-Bild-Signatur, Künstlerb. 97; MAK Wien (Hrsg.): NY Trespassing 99; NG Graz (Hrsg.): urban grid – personal city 00; Gal. Klaus Engelhorn Wien (Hrsg.): non-sites 02; KH Krems u. ORTE archit.netzwerk ndöst. (Hrsg.): landscapes_ 02 – ***Lit:*** KATALOGE: FRAC Rhone-Alpes Lyon (Hrsg.): Le Corps Figuré 84; MAK Wien (Hrsg.): Schau wie schön... 84; Fotogal. Wien (Hrsg.): 7 Fotoprojekte 84; ders.: Subjektives 85; Sünnhofgal. Wien (Hrsg.): Zwischenräume 85; Beate Soltesz, Promedia Verlag (Hrsg.): Objekt Mann 85; Peter Weiermair (Hrsg.): Frauen sehen Männer 87; Rupertinum Salzburg (Hrsg.): Österr. Fotografie seit 1945 89; Ndöst. Fotoinitiative (Hrsg.): Fotofluss 90; Rupertinum Salzburg (Hrsg.): Rupertinum Fotopreis 90; Bundesmin. f. Auswärtige Angelegenheiten (Hrsg.): Museumspositionen 93; Artprop/New York (Hrsg.): Photo Album Austria 94; Rupertinum Salzburg (Hrsg.): Fotografia Austriaca 94; Centre Nat. de la Photographie Paris (Hrsg.): Antagonismus 96; Provinciaal Mus. Hasselt (Hrsg.): Artificial Flowers 96; eikon (Hrsg.): Eine reale Vision/Un vision real 96; MCNY (Hrsg.): New York NOW 2000 00; Mus. auf Abruf/Kult.abt. d. Stadt Wien (Hrsg.): Wiener Bilder, Fotografien aus einer Stadt 00; Neue WienerGr./Lacan Schule (Hrsg.): Diesseits u. jenseits d. Traums 01; Bibliothèque National de France (Hrsg.): Visages/Portraits 1853–2003 03; Freunde d. Kunstmeile Krems (Hrsg.): Mimosen Rosen Herbstzeitlosen, Künstlerinnen Positionen 1945 bis heute 03 – (Red.)

Litzenburger, Charlotte, Malerin, Graphikerin; Buchsweiler Str. 61, D-66553 Pirmasens, Tel. (0 63 31) 1 30 57, *charlotte.litzenburger@gmx.de*, *www. charlotte-litzenburger.de*. c/o Atelier in Kaiserslautern (* Kaiserslautern 24. 11. 49) – **S:** 74–77 Univ. Heidelberg (Zeichenstud.); 76 Intern. Sommerakad. f. Bild. Kunst Salzburg u. Malstud. b. Erik Pohl-Cammin in Dahhn; 79–80 Darmstadt (Fachstud. Graph. u. Malerei, Dipl.); 82–83 Univ. Kaiserslautern (Zeichenstud., generale/integrale Kunstgesch., Druckgraph.) – **Ve:** BBK Rh.-Pf.; GEDOK; AG Pfälzer Künstler (APK) – **G/T:** Malerei (Öl, Lw., Aqu.); Graph. (Zchng, Druckgraph.); Ill. (Rad., Aquatinta); Themen zur Lit. u. aus d. Natur, zw. Abstr. u. Figuration, Imagination u. Anschauung, Emotion u. Planung – **W:** Arb. in öff. u. priv. Slgn – **E:** 92 Kaiserslautern, Univ.bibliothek; 93 Dahn, KV Wasgau; 94 Idar-Oberstein, Industr.- u. Handelskammer; 96, 03 Dahn, Kreisgal.; 99 Zweibrücken, Parkvilla; 01 Paris, Cercle Suedois; 01 Otzenhausen, Europ. Akad.; 02 Vinningen, Kult.zentrum Alte Kirche; Kaiserslautern, Menges-Hof; Kleinniedesheim, Schloß; Pirmasens, VR-Bank; 03 Pirmasens, Diakoniezentrum; 88–06 'Offene Ateliers' d. BBK; 06 Neustadt an d. Weinstr., GDA Wohnstift – **G:** u. a. 97, 05 Neustadt an d. Weinstr., Herrenhof Mußbach; 98 Karlsruhe, Gedok-Forum; Landau, Frank Loebsches Haus; 99 Landau in der Pfalz, Villa Streccius; 00 Rockenhausen, Mus. Pachen; Kaiserslautern, Univ.bibliothek; Speyer, Pf. Ldesbibliothek; 01 Jockgrim, Zehnthaus; Pirmasens, Alte Post; 02 Kaiserslautern, Pfalz-Gal.; 03 Speyer, Kult.hof Flachsgasse; 05 Mainz, Ldtag – **V:** Die Elfen – ein Aqu.zyklus nach d. romant. Märchen v. Ludwig Tieck, Buch (Ill.) 91 – GRAPH.MAPPEN: Die arktische Lsch. (zu Christoph Ransmayr: Die Schrecken d. Eises u. d. Finsternis) 98;

zu J. W. v. Goethe: Faust 99; zu Hermann Broch: Ein Abend Angst 00; zu Stefan Zweig: Schachnovelle 01 – weitere Arb. zu: A. Stifter: Bergkristall; J.-P. Sartre: Das Spiel ist aus; Stefan George: Nach d. Lese; Paul Celan: Atemkristall – AQU. zu: Alfred Döblin: Der schwarze Vorhang; Friedrich Dürrenmatt: Das Bild des Sisyphos; Ludwig Tieck: Der Runenberg – ***Lit:*** u. a. Künstler d. Pfalz 80/82 82; Präludien (Titelgest.) 92; Hinter d. schwarzen Vorhang (Titelgest.) 94; Lex. d. Pfälzer Persönlichkeiten 95; Allg. Lex. d. Kunstschaffenden, Bd. 4 96; Natur-Räume-Landschaften (Titelgest.) 96; Querschnitt, Kat. 00; Burgen u. Wälder (Ill.) 00; in: Art-Profil Heft 3 02; 150 Jahre Diakonie zu Pirmasens, Dok. 03–04

Lobedan, Mario, Dipl. Maler u. Graphiker; Pittlerstr. 26, D-04159 Leipzig, Tel. (03 41) 9 61 58 75 (* Bitterfeld 12. 4. 61) – **S:** 89–94 HGB Leipzig (Malerei u. Graph.) – **P:** Ars Lipsiensis 94; Stip. Schloß Wiepersdorf 94 – **Ve:** BBKL 95 – **G/T:** Malerei, Zeichn., Plast. – **W:** Arb. u. a. im Bes. d. Reg.präsidiums Leipzig – **Ö:** Leipzig, Petrikirche – **E:** 95 Leipzig, Neues RH; 97 Markkleeberg, Westphalsches Haus; 01 Leipzig, Keramikgal. Terra Rossa – **G:** 94 Wiepersdorf, Schloß; 96 Leipzig, Univ.; 97 Leipzig, Reg.präsidium; 00 Ingolstadt, StG; Markkleeberg (Temporäre Gärten); 01 Uelzen, Ausst.halle; Würzburg, KH; Frankfurt am Main, Gal. BBK; 02 Gießen, KH – ***Lit:*** Andreas Kern: Bilder, nicht für Flaneure, Kat. 01 – (Red.)

Locher, Thomas, Maler u. Objektkünstler; lebt u. arbeitet in Berlin (* Munderkingen 56) – **VG:** Berlin, Haas & Fuchs; Mannheim, Knaus; Stuttgart, Hauff – **S:** 79–85 Staatl. ABK Stuttgart – **L:** 97–98 Merzakad. Stuttgart (Gastdoz.) – **P:** Stip. d. Kunstfonds Bonn 88; Karl-Schmidt-Rottluff-Stip. 91; IBM-Kunstpr. f. Neue Medien 03, u. a. – **M:** u. a. Bozen, Museion-MMK; Graz, LM Joanneum; Vancouver, Art Gall. – **E:** zahlr. Ausst. im In- u. Ausld, u. a. 92 Amsterdam, Stichting de Appel Mus.; 94 Wien, Metropol; 95 Warschau, NG; 96 Paris, Villepoix; 96, 99 München, Friedrich & Ungar; 98, 00 New York, Klemens Gasser & Tanja Grunert Inc.; 99, 02 Wien, Kargl; Sindelfingen, StG; 00, 03 Stuttgart, Hauff; Halle/Saale, Thalia-Theater (Bühnenbild 'Tonio Kröger'); 02 Berlin, Haas & Fuchs; Osnabrück, Demmel Kunstprojekte; 03 Gera, KG u. Otto Dix-Haus; Stuttgart, StG – **G:** 98 Zürich, KH; London, Morrison Judd; 00, 01, 04 Köln, Rivet; 02 Mannheim, Knaus; 03 Hamburg, Deichtorhallen; Graz, LM Joanneum; München, Friedrich & Ungar – (Red.)

Löb, Nina s. Ferstl, Nina

Löbbert, Dirk, Prof., Bildhauer; Palanterstr. 38, D-50937 Köln, Tel. (02 21) 41 98 37, Fax 41 98 20, *mailbox@mdloebbert.de*, *www.mdloebbert.de* (* Wattenscheid 60) – **VG:** Frankfurt am Main, Voges & Partner; München, Johnssen; Wien, Mezzanin – **S:** 83–88 FHS Köln (Bildhauerei, Meisterschüler); 88–92 KA Düsseldorf (Bildhauerei b. d. Prof. Erich Reusch u. Irmin Kamp) – **L:** 92–93 KA Münster (LAuftr.); 00 HGB Leipzig (Gastprof.); 00–01 ABK München (Gastprof.); seit 01 HBK Münster (Prof. f. Bildhauerei) – **P:** u. a. Ringenberg-Stip. 94; Arb.stip. d. Stift. Kunstfonds Bonn 94; Villa-Romana-Pr. 96; Karl-Schmidt-Rottluff-Stip. 97/98 – **KGe:** D. L. u. Maik Löbbert (seit 85) – **Ö:** Kassel, Dt. Rotes Kreuz; Köln, Zentrale d. Dt. Bank AG; ebda, Zoobrücke am Skulpturenpark (Lichtskulpt.); München, Fakultät f. Chemie u. Pharmazie; ebda, Versicherungskammer Bayern; Tilburg, Freizeit u. Wettkampfschwimmbad Stappegoor; Tübingen, Geisteswiss. Zentr. d. Univ.; – sowie Lichtskulpt. in Herne, Pulheim u. Schwerte – **E:** zahlr. Ausst. seit 87, zuletzt 01 Bonn, KV; 02 Paris, Kiwall; Frankfurt am Main, Voges & Deisen; Lingen, KV; Düsseldorf, Artweb 24; 02, 04 Wien, Mezzanin; 03, 04 München, Johnssen; 04 Frankfurt am Main, Voges & Partner; Kassel, Neue Gal. – **G:** zahlr. Bet., zuletzt 03 München, Johnssen; München, Haus der Kunst; Salzburg, U.B.R Galerie-Raum für aktuelle Kunst; Eupen, Internat. Kunstzentrum Ostbelgien, IKOB; 04 Leverkusen, StM Schloß Morsbroich – ***Lit:*** Reclams Künstlerlex. 02 – (Red.)

Löbbert, Maik, Prof., Fotograf, Maler u. Bildhauer; Palanterstr. 38, D-50937 Köln, Tel. (02 21) 41 98 37, Fax 41 98 20, *mailbox@mdloebbert.de*, *www.mdloebbert.de* (* Gelsenkirchen 58) – **VG:** München, Johnssen – **S:** 84–87 GesamtHS Kassel (Fotogr. b. Floris M. Neusüss); 87–90 KA Düsseldorf (Malerei u. Bildhauerei, Meisterschüler b. Prof. Fritz Schwegler) – **L:** 92–93 KA Münster (LAuftr.); 00 HGB Leipzig (Gastprof.); 00–01 ABK München (Gastprof.); seit 01 HBK Münster (Prof. f. Bildhauerei) – **P:** u. a. Ringenberg-Stip. 94; Arb.stip. d. Stift. Kunstfonds Bonn 94; Villa-Romana-Pr. 96; Karl-Schmidt-Rottluff-Stip. 97, 98 – **KGe:** M. L. u. Dirk Löbbert (seit 85) – **Ö:** Kassel, Dt. Rotes Kreuz; Köln, Zentrale d. Dt. Bank AG; Köln, Zoobrücke am Skulpturenpark (Lichtskulpt.); München, Fakultät f. Chemie u. Pharmazie; München, Versicherungskammer Bayern; Tilburg, Freizeit u. Wettkampfschwimmbad Stappegoor; Tübingen, Geisteswiss. Zentr. d. Univ. – weitere Lichtskulpt. in Herne, Pulheim u. Schwerte – **E:** zahlr. Einzelausst. seit 89, zuletzt 01 Bonn, KV; 02 Paris, Kiwall; Frankfurt am Main, Voges & Deisen; Lingen, KV; Düsseldorf, Artweb 24; 02, 04 Wien, Mezzanin; 03, 04 München, Johnssen; 04 Frankfurt am Main, Voges & Partner; Kassel, Neue Gal. – **G:** zahlr. Bet. seit 87, zuletzt 03 München, Johnssen; München, Haus der Kunst; Salzburg, U.B.R Galerie-Raum für aktuelle Kunst; Eupen, Internat. Kunstzentrum Ostbelgien, IKOB; 04 Leverkusen, StM Schloß Morsbroich – ***Lit:*** Reclams Künstlerlex. 02 – (Red.)

Löbel, Eberhard, Maler, Graphiker, Kunstschriftsteller; Industriestr. 31, D-04229 Leipzig (* Greifenhagen/Polen 9. 5. 38) – **S:** 56–59 Lehre als Gebrauchswerber in Bergen; 61–66 HGB Leipzig (b. Bernhard Heisig) – **L:** 82–91 Abend-Akad. d. HGB Leipzig – **Ve:** VBK d. DDR 66–90; BBKL seit 91 – **G/T:** Malerei (Öl, Acryl u. Mischtechnik); Zeichn., Graph. – **M:** u. a. Altenburg, Lindenau-Mus.; Frankfurt/Oder, Mus. Junge Kunst; Halle/Saale, Staatl. Gal. Moritzburg; Leipzig, MBK; Weimar, Klassik Stift. – **E:** 76, 83 Leipzig, Wort u. Werk; 77 Wurzen, Kleine Gal.; 81 Leipzig, Inst. f. techn. Chemie; 84 Borna, Gal. Torladen; 85 Weimar, Klub Erich Wendt; 88 Leipzig, Handels-HS – **G:** seit 69 Leipzig, alle Bez.kunstausst.; 73 Berlin, NG; 73, 77 Dresden, Kunstausst. d. DDR; 76 Leipzig, MBK; 90 München, CB Kunstwerk – ***Lit:*** Lang 02; Schweers 02 – (Red.)

Löber, Jost; Im Dörp 14, D-19348 Horst, Tel. (03 87 89) 6 02 09, *jost.loeber@gmx.de*, *www.jost-loeber.de* (* Rostock 25. 7. 68) – **S:** 91–93 HS f. Kunst u. Design Burg Giebichenstein Halle/Saale (Graphik); 93–97 KHS Berlin-Weissensee (freie Kunst, Malerei) – **Ve:** VBK Brandenburg 98 – **G/T:** Skulpt.; Objekt; Install.; Kunst am Bau – **W:** zahlr. Landschaftskunstaktionen u. raumbezogene Install. – **E:** 93 Ahrenshoop, Strandhalle; 94 Potsdam, Waschhaus; 97 Berlin-Weissensee, Concordia – sowie: 95 Monterotondo di Roma – **G:** zahlr. seit 92, zuletzt: 00, 03 Ahrenshoop, Landschaftskunstaktion; 04 Potsdam, Brandenburg. KV; 05 Ahrenshoop, Neues Kunsthaus

Löbert, Dagmar, Dipl., Freie Bildende Künstlerin, Buchautorin; *www.loebert.net* – **S:** 82–87 HS f. Künste Bremen (Dipl.) – **Ve:** BBK Bremen 87–03; Ges. f. Aktuelle Kunst 92; Ortskuratorium Bremen d. Dt. Stift. Denkmalschutz; Fritz-Schumacher-Ges. – **G/T:** Malerei (Öl, Mischtechnik); Bildobjekte, abstr./konkret – **W:** in Kanzleien, Firmen u. Archit.büros; nächstes Projekt (in Arb.): Retr. 'Kilometerlang'; – zusätzl.: fotogr. Dok. (voraussichtl. im Herbst 06 beendet) – **Ö:** Bremen, Handelskammer – **G:** zahlr. Bet. im In- u. Ausld, z.B. München, Haus d. Kunst; Bonn, Frauen-Mus.; Bremen, Übersee-Mus. – **V:** Fritz Schumacher. Reformarchitekt zw. Tradition u. Moderne 99

Löbner, Anna; Lierenfelder Str. 39, D-40231 Düsseldorf, Tel. u. Fax (02 11) 7 33 27 23, *Anna.Loebner @mail.isis.de*, *www.kunstaspekte.de/anna-loebner* (* Neuss 27. 10. 53) – **VG:** Düsseldorf, Brüning – **S:** 74–80 KA Düsseldorf (Kl. Alfonso Hüppi, 79 Meisterschülerin b. dems.); 81–82 Royal College of Art London (Painting School) – **L:** 89–93 KA Düsseldorf (LAuftr. f. Malerei u. stadtverändernde Projekte); 92 Sommerakad. HBK Berlin (Doz., 'Das Licht im Bild'); 93 FHS Düsseldorf (Archit., LAuftr. f. stadtverändernde Projekte) – **P:** Reisestip. d. KA Düsseldorf 79; DAAD-Stip. f. London 80; New York Stip. d. Ernst-Poensgen- Stift. 88; DG Bank Kunststip. 88; 'Kunst im Stadtraum', Mayersche Hofkunstanst. München (2. Pr.) 92; Emprise Art Award (2. Pr.) 99; Europ. Weeks of Painting (Keleia Found. Slowenien) 99; Stift. Kunst u. Kult. d. Ldes NRW (Kat.förd.) 03 – **Ve:** VG Bild-Kunst 93; Künstlerver. Malkasten 04 – **G/T:** Malerei (Öl) in Werkgr.; Zchng; Rd. (Kaltnadel, Aquatinta); Projektbezogene Fotogr. u. Videos; Künstler. Arb. m. Pflanzen/Bäumen in Wäldern, Städten u. Mus.; Künstler. Interventionen v. Städten außerhalb v. Mus.; Interdisziplinäre Projekte; Publ. – **W:** Raumausmalung Hotel New Carlton Arms New York, 88; Inventionen u. Interventionen 89 bis jetzt (div. künstler. Eingriffe u. Veränderungen in Städten u. Natur); Das Wunder v. Aaper Wald (Düsseldorf) 89; Arb. f. gefällte Bäume, seit 92 in Düsseldorf, dt. Wäldern u. Glasgow; Grasfrisuren in dt. Wäldern, seit 93; Das Meer 700mal (im Restraum d. Rheinufertunnel Düsseldorf) 94; Die Welt in meinen Händen (KA Düsseldorf) 97; Die Käfer 98; Glasgow, Elms End (Grabsteine f. 50 gefällte Ulmen) 00; Stadt Wiesbaden – **M:** Baden-Baden, Slg d. Spk.; Düsseldorf, Slg d. Ldeshauptstadt; Saarbrücken, Slg d. Saarlds; Solingen, Dt. Klingen-Mus. – **Ö:** Berlin u. Frankfurt am Main, DG Bank; Düsseldorf-Lierenfeld, Bunkervergoldung; Düsseldorf, Ahnfeldpl.; ebda, Heinrich-Heine-Univ., WGZ Bank; Düsseldorf, Hamburg u. Frankfurt am Main, Emprise Consulting; Frankfurt am Main, Anderson Consulting; ebda, Booz, Allen & Hamilton, NW Versicherung; Köln, McKinsey u. Company; ebda, Bach, Langheid u. Dallmayr; München, Focus-Money – **E:** u. a. 80 Düsseldorf, Mayer; 83, 85, 88, 00 Wuppertal, Brusten; 83, 85 Düsseldorf, Swidbert; 87 Düsseldorf, StG (Kat.); 88 New York, New Carlton Arms; 89 Rotterdam, Gal. Alles voor 12 x 24 Volt; Berlin, Künstlerhaus Bethanien (Kat.); Xanten, RMX (Kat.); 92 Wuppertal, Kunstraum; 93 Düsseldorf, Gal. Raum 1; 94 Bremerhaven, KH (Kat.); Düsseldorf, Restraum; 97 Köln, Simultanhalle; Düsseldorf, LM Volk u. Wirtschaft; 98 Bonn, Kunstraum Garage; 00 Glasgow, Bulhead; Wiesbaden, Bellevue Saal; 01 Glasgow, Goethe-Inst.; 03 Düsseldorf, Künstlerver. Malkasten; Neuss, Kult.forum Alte Post; 04 Offenburg, Artforum; Düsseldorf, Simon; 06 Düsseldorf, Brüning – **G:** zahlr. Bet. im In- u. Ausld seit 79, zuletzt u. a. 99 Düsseldorf, NRW Forum; 00 Bonn, Expo; 01 Ljubljana, MCA; Bonn, Frauen-Mus.; 02 Freiburg im Breisgau, Mus. f. Neue Kunst; 06 Glasgow, 20 Anniversary Dovehil Studios; Chicago, Art Chicago – **V:** Seen everything. Künstlertexte aus New York 98; Löbner Independent – Inventionen u. Interventionen, Dok. (m. Fotos u. Texten) 02; Die Schwarz-Weiß-Bilder (div. Autoren) 03; – sowie div. Kunstkritiken in: Überblick 92–93 – ***Lit:*** u. a. Wouter Welling: Der ewige Moment, In: Tableau, 11 85; Regina Willnecker: A.L. das Schöne u. das Böse, In: Style, 2 91; Olaf Clees: A.L. Freund in Glasgow..., In: Überblick, 8 00; Karl Ruhrberg: Intimität u. Distanz, In: Die Schwarz-Weiß-Bilder 03 – ***LitR:*** C 14, ABC News New York 89; Peter Rueben: Das Wunder v. Aaper Wald, In: Happy Hour (WDR 3) 89; A.L. So, In: NDR-Kult.spiegel (z. Ausst. in d. KH Bremerhaven) 94; Peter Rueben: Das Meer 700mal, In: Happy Hour (WDR 3) 94; ders.: Gemein-nützig, In: Happy Hour (WDR 3) 97; Michael Kloft: Bunkervergoldung, In: Spiegel TV 00; Peter Rueben: Löbner Independent, In: Happy Hour (WDR 3) 01; ders.: Die Schwarz-Weiß-Bilder, In: Aktuelle Stunde (WDR 3) 03

Löffelhardt, Stefan, Fotograf, Bildhauer; Kirchfeldstr. 9, D-40217 Düsseldorf, Tel. (02 11) 3 01 17 03 (* 59) – **VG:** Düsseldorf, Parduhn – **P:** Karl-Schmidt-Rottluff-Stip. – **G/T:** Fotogr., Install. – **E:** / G: u. a. 99, 00, 01 Düsseldorf, Parduhn; 03 Cuxhaven, KV – (Red.)

Löffler, Markus, Medienkünstler; Pflugstr. 11, D-10115 Berlin (* Bremen 63) – **VG:** Köln, Schweins – **S:** 89–93 FHS f. Gest. Bielefeld (Fotogr. u. Film); 93–96 HS f. Gest. Karlsruhe (Medienkunst, postgrad.) – **P:** Stip. d. Akad. Schloss Solitude 97; Förd.pr. f. junge Nachwuchskünstler d. Stadt Delmenhorst 98; Förd.pr. Bild. Kunst d. Kult.kr. d. dt. Wirtschaft im BDI 99; Villa-Massimo-Stip. 04 – **KGe:** M. L. u. Andree Korpys – **E:** u. a. 92 Berlin, Kunst-Werke; 95 Bremerhaven, KV; Kiel, Justizvollzugsanst.; 96, 99, 01 Köln, Schweins; 97 Bremen, Hertz; 97, 98 Stuttgart, Schloß Solitude; 98 Berlin, Künstlerhaus Bethanien; 99, 01 Karlsruhe, Meyer Riegger; 00 Nürnberg, KH; Graz, KV; 02 Frankfurt am Main, Revolker – Archiv f. aktuelle Kunst – **G:** zuletzt u. a. 02 Hamburg, Deichtorhallen; Berlin, AK; Karlsruhe, ZKM; 03 Nordhorn, StG; Linz, LG – **R:** Künstlerfilme: Observation 96; Manöverkritik 96; Studio 77 97; World Trade Center 97; United Nations 97; Pentagon 97; Bo Peep 98; Organisation Des Nations Unies 99; Digging Deep 99; Ruhleben 99; Abriss 00; Wodu 00 – (Red.)

Löffler, Reinhold (Sign.: LR), Cartoonist; Am Anger 6, D-91550 Dinkelsbühl, Tel. (0 98 51) 5 57 10, Fax 5 57 11, *reinhold.loeffler@lr-cartoons.de*, *www.lr-cartoons.de* (* Abertham 3. 5. 41) – **G/T:** Cartoons; Karikaturen; Ill. – **W:** mehrere Buchveröff., zahlr. Ausst. – **G:** div. Bet.

Löhr, Helmut, freischaffender Künstler; P. O. Box 267, Rowe/New Mexico 87562/USA, Tel. u. Fax (5 05) 4 22 22 69 (* Lünen 11. 2. 55) – **VG:** New York, Printed Matter; Santa Fe, Dwight Hackett Projects; Sydney, Conny Dietzschold; Mühlheim, Fox; Düsseldorf, Marschall; Castrop-Rauxel, Schwenk – **S:** Autodidakt – **G/T:** Malerei, Zeichn. u. Druckgraph., Skulpt., Fotogr., Collage, Install., Buchobjekt u. Künstlerb., visuelle Poesie – **M:** Bergisch Gladbach, StG Villa Zanders; Berlin, Amerika-Gedenk-Bibliothek; Berlin, Berlin Mus.; Berlin, Bibliothek d. Freien Univ.; Berlin, SMPK (Kunstbibliothek); Bremen, KH; Bremen, Neues Mus. Weserburg; Den Haag, Mus. Meermanno-Westreenianum; Düren, Leopold-Hoesch-Mus.; London, Victoria & Albert Mus.; Los Angeles, J. Paul Getty Mus.; Mainz, Gutenberg-Mus.; Manchester, Metropolitan Univ.; Miami, Sacker Collection; München, Bay. Staatsbibliothek; New York, Brooklyn Mus. of Art; New York, Frankline Furnance Archieve; New York, MOMA; New York,

Public Library; Offenbach am Main, Klingspor-Mus.; Sotteville-les-Rouen, Fonds rég. d'arte contemp. Haute Normandie; Stanford/CA, Stanford Univ.; Székesfehérvar, Fejer Megyel Múz. – **Ö:** Chicago, School of the Art Inst.; Düsseldorf, Kultusmin.; ebda, Telekom; Gütersloh, Bertelsmann Verl.; New York, Doubleday; Nürnberg, Schwann-Verl.; Providence, Rhode Island School of Design – **E:** zahlr. Ausst. seit 80, u. a. 95 New York, Center for Book Arts; 96 Santa Fe, A.O.I. Gall.; 97 Osaka, Kodama Gall.; Hannover, Gal. 13; 98 Köln, Lutherturm; 98, 02 Essen, Fox; 00, 02 Düsseldorf, Marschall; 02 Sydney, Conny Dietzschold; 02, 03 Santa Fe, EVO Gall.; – Performances: 92 Köln, Schüppenhauer; 94 Köln, Brettervilla Wehmeyer; 95 New York, Ubu Gall.; 96 Köln, St. Maria im Kapitol; 97 Hannover, Paulus Kirche; 98, 02 Essen, Fox; 00 Frankfurt am Main, MAK; 02 Santa Fe, EVO Gall. – **G:** Ausst. seit 80 in Belgien, Dänemark, Dtld, Frkr., Irland, Ital., Japan, Kanada, d. Niederl., d. Schweiz, Ungarn u. d. USA – ***Lit:*** zahlr. Veröff., u. a.: Das Papier – Geschichte, Herstellung, künstlerische Gestaltung 81; Objets en dérive 84; Beyond Words, The Art of the Book 86; Villa Zander (Hrsg.): Only Paper 92; Silence in Art / Stille in der Kunst 94; The World of Paper 95; Visuelle Poesie, ein Schloß, ein Park, ein See und Kunst 97; Texte sehen. Deutsche u. japan. visuelle Poesie 99; nicht ans wort gebunden, limitierte kommunikation zwischen vision u. provokation 00; Künstlerheim Luise. Ein Hotel u. seine Künstler 01; Kommunikation visuell: Wort, Bild, Buch – verschlüsselt und transformiert 01; – sowie zahlr. Beitr., u.a in d. Zs. Entwerter/Oder – (Red.)

Lörwald, Markus, Maler, Zeichner, Graphiker; Gräfratherstr. 124, D-42329 Wuppertal, *info@loerwald.de*, *www.loerwald.de* (* Brilon 23. 3. 68) – **Ve:** KV Malkasten Düsseldorf – (Red.)

Lösch, Edelgard (geb. Edelgard Kennel), Bildhauerin, Malerin; Römerstr. 23, D-66879 Steinwenden, Tel. (0 63 71) 95 30 94, *kunst@loeschs.de*, *www.edelgard-loesch.de* (* Niedermohr 1. 6. 41) – **S:** 90 u. 01 Europ. ABK Trier (Akt, Kopf, Freie Form, Hschn.); 93 Akad. f. Kulturelle Bildung Wolfenbüttel (Bronzeguss); 92–95 Univ. Kaiserslautern – Studium integrale (Plastik, Skulptur, Hschn.); 98–01 ebda (Kunstgeschichte) – **Ve:** Kunstkr. Kusel 96; Arb.gemeinschaft Pfälzer Künstler (APK) 01; Künstlerhaus Schirnding 05 – **G/T:** Metallskulpt.; Tonplastik; Objektkunst (Holz, Metall, Ton); Figürl. Abstraktion; Malerei (Acryl, Mischtechnik); Informel – **W:** Werke in öff. u. privaten Slgn im In- u. Ausland – **M:** Ramstein-Miesenbach, Mus. im Westrich; Samarkand, Staatl. Mus. f. Kunst u. Gesch. – **Ö:** Kusel, Kreisspk.; Mainz, Kultusmin. – **E:** zahlr. seit 83, u. a. 95 Kaiserslautern, Univ.-Zentralbibliothek; 98 Ramstein-Miesenbach, Mus. im Westrich; 00 Samarkand, Staatl. Mus. f. Kunst u. Gesch.; seit 03 Steinwenden, 'Offenes Atelier' Rh.-Pf. – **G:** zahlr. Ausst.bet. seit 83, u. a. 00 Höhr-Grenzhausen, Keramik-Mus. Westerwald; 00 u. 02 Kairo, Intern. Bienn. f. Keramik; 02 Kaiserslautern, Pfalz-Gal.; 04 Karlovy Vary, Mus. Zlatý Klic; 05 Mainz, Landtag; Prüm, Abtei – ***Lit:*** Stadt Wörth (Hrsg.): Kunst im Stadtbild 89; Stadt Lohmar (Hrsg.): Gleichberechtigung – Wunsch u. Wirklichkeit 95 (S. 45/46); Edelgard Lösch (Hrsg.): Samarkand 00; Nassauische Spk. Wiesbaden (Hrsg.): Die keramische Großplastik im Freien 00 (S.92); Ägypt. Kultusministerium (Hrsg.): 5th Intern. Bienn. for Ceramics 00 (S.161), 6th Intern. Bienn. for Ceramics 02 (S.82); Stadt Bexbach (Hrsg.): Saarpfälz. Kunstpreis 1996/1998/2000 00 (S.18); Galerie-AG d. Univ. Kaiserslautern (Hrsg.): Querschnitt 00 (S.51); Arb.gemeinschft Pfälzer Künstler (Hrsg.): 80 Jahre APK 00 (S. 104/105); Karlheinz Schauder in: Heimatjahrbuch d. Landkr. Kaiserslautern 03 (S. 121–124); Jens Stöcker (Hrsg.): Und somit womöglich die Quelle d. Übels verstopfen 04 (S. 204/205); Krajina bez Hranic – Landschaft ohne Grenzen (Karlovy Vary) 04; Victor Carl (Hrsg.): Lex. Pfälzer Persönlichkeiten 04 (S.538)

Löschke, Sylvia s. Matthes, Sylvia

Löschner, Irmgard, Dr. phil., Malerin, Autorin; Vegagasse 6/2, A-1190 Wien, *irmgard.loeschner@aon.at* (* Wels 29. 7. 52) – **S:** Autodidaktin – **G/T:** Graph. (konkrete Darst. v. abstr. Themen) – **E:** 90 Wien, Indigo; 91 ebda, Café Club Intern., 93 Club Bassena – **V:** Lichtvergießer zieht alle bunten Farben heran 93 Ein Vogel drei Flügel (Graph.) 94; entwunschen (Graph.) 96 – (Red.)

Lötsch, Doris M.; Roßauer Lände 15, A-1090 Wien, Tel. (01) 3 15 27 12 – **G/T:** Malerei – (Red.)

Löwenstein, Christian, Malerin (* Bensberg b. Köln 43) – **VG:** Berlin, Zellermayer; München, Pfefferle – **S:** 66–72 HBK Berlin – **P:** DAAD-Stip. (f. Wien) 72; Karl-Schmidt-Rottluff-Stip. 79–81; Karl-Schmidt-Rottluff-Stip. (f. New York) 82 – **M:** Berlin, Berlinische Gal. – **E:** u. a. 73 Berlin, Springer; 75 Mannheim, KV; 82 München, Tanit; 87 Berlin, Fahnemann; 90 München, Albrecht; 94 Berlin, Kutscherhaus; 96, 97 Berlin, Borgemeister; 00 Berlin, Haus am Lützowplatz; 03 München, Pfefferle – ***Lit:*** Schweers 02 – (Red.)

Logothetis, Julia (eigtl. Julia Spitzer), Akad. Malerin, Mag.; Juchgasse 34/19, A-1030 Wien, Tel. (01) 7 12 77 90, *julialog@gmx.at*, *www.logothetisart.com* (* Wien 31. 7. 45) – **S:** 63–68 ABK Wien (Meisterkl. f. Malerei Prof. F. Elsner); 71–73 Goldsmith College London (Film, Video, Siebdruck, Fotogr.) – **L:** 81 Sommerakad. Salzburg (Schule d. Sehens, Aktmalerei b. Prof. Georg Eisler) – **P:** Meisterschulpr. f. Malerei 67; Stip. British Council 71–73; Aqu.pr. in Rom (2. Pr.) 77 – **G/T:** Malerei (Öl, Aqu., Ldschaft, Portr., Akt); Install. m. großformatigen Kritzelbildern – **K:** Kritzelmalerei, Farblehre, Aktmalerei – **M:** Athen, Mus. Worre; Wien, Industr.vrg; Wien, Kult.amt d. Stadt; Wien, Ndöst. LG; Wien, Slg Bundeskanzleramt – **E:** 74, 76, 82 Klagenfurt, Hildebrandt; 74 Wien, Insam; 76 Wien, Alte Schmiede; Venedig, Il Traghetto 1; 79 Bologna, Laboratorio Pietralata; 84 Athen, Gal. ORA; 01 St. Pölten, SM; – weitere: 03 St. Petersburg – **G:** 80, 83 Wien, MMK Stiftung Ludwig; 80 Wien, Kult.amt; 82 Anzing (Kunst im industr. Zeitalter); 84 Klagenfurth (Körper, Sinne, Kulte) – **V:** Orpheus oder das Lachen der Götter 95 – **R:** Er!schaute Klänge, Film 02 – ***Lit:*** J. L., Ausst.kat. 01 – ***LitR:*** Franz Xaver Schmidt: J. L. Kunst im industriellen Zeitalter, Portr. 82 – (Red.)

Lohmüller, Otto (Ps.: Otolo, Zeus), Maler, Bildhauer, Illustrator, Buchautor; Hansjakobstr. 14, D-77723 Gengenbach, Tel. (0 78 03) 36 87, *otolo@gmx.de*, *www.otolo.de* (* Gengenbach/Schwarzwald 4. 2. 43) – **S:** 61–70 Eigenstud. (Zchng, Malerei, Modelliertechniken u. Kunstgesch.); Stud.reisen (Stud. d. Meister) – **L:** VHS Gengenbach (Portr.zchng) – **KGr:** Künstlerkr. Gengenbach-Obernai – **G/T:** Öl- u. Acrylmalerei (Knabenbildnisse, Portr., Akte, zeitkrit. Themen u. Gesichtslsch.); Aqu. (Portr. u. Lsch.); Bildhauerei (Köpfe u. Masken) – **K:** Portr.- u. Aktzchng, Aquarellieren – **M:** Gengenbach, Narrenmus.; Las Vegas, Intern. Scouting Mus. – **Ö:** Gengenbach, Pflegeheim am Nollen; ebda, Hexenkeller – **E:** 76, 79, 90 Gengenbach, Mus. Haus Löwenberg; 80 Offenburg, Grimmelshausengymnasium; 80, 81 Berlin, Atelier JA; 84 Lahr, Ortenauer Kunstzirkel; 90, 91 Gengenbach, Volksbank; Bad Peterstal, Schlüsselbad Klinik; 91 Straßburg, Librairie Nat. Kléber; 93 Baden-Baden, Alter Bahnhof; 95 Barberaz, Salle Polyvalente; 01 Gengenbach, Hasehiesli; 01 Simferopol/

Ukraine; 02 Schleswig, Waldhotel Gottorf; 03 Gengenbach, Narrenmus. – **G:** u. a. 92 Santo Domingo, Univ. Autónoma; 93 Mexiko-Stadt, Intern. Contemp. AM; 95 Kappelrodeck, Gal. Zuckerbergschloß; 96 Coimbra, L'Inst. Technique Artistique; 96 Paris, Bercy-Expo; 96 Altenberg, Knappensaal; 97 Habay, Parc cu Châtelet; 02 Fontenoy-la-Joûte, La Salle des Fêtes; 04 (La Salle des Patrons), 05 Obernai, RH; 04 Gengenbach, Spk.; Gutach, Festhalle; 05 Gengenbach, Kinzigtorturm; Offenburg, Aenne-Burda-Stift. – **V:** u. a. Ich sag ja 85; Species Knabe 86; Kalós: O.L. paintings-Gemälde-peintures 87; Gesichter. Gemälde v. O.L. 90; Tempelritter auf Fahrt 92; Der Junge u. d. Tempelritter 95; Fahrtenchronik d. Tempelritter 99; Tempelritter auf d. FLucht 04 – **R:** Ich sag ja, CD-Rom 05 – ***Lit:*** O.L. Bildnisse u. Akte 72–77; O.L. Werkverz. August 80; O.L. Werkverz. März 89 – ***LitR:*** Pinnwand, Kult.mag. Radio OHR 88; Radio Regenbogen, Interview 90; Igor Roussanow: Ausst. in Simferopol, Fs. Ukraine II. Programm 01

Lohrengel, Hans-Otto, Bildhauer; Finkenstr. 5, D-53547 Breitscheid, Tel. (0 26 38) 9 42 67, Fax 9 42 68, *info@lohrengel-art.de*, *www.lohrengel-art.de* (* 23. 3. 53) – **S:** 76–83 FHS f. Kunst u. Design Köln (b. Prof. Burgeff, Bildhauerei, Bauplast. u. Freie Kunst) – **P:** Kunst am Bau (mehrfacher 1. Pr.träger) – **Ve:** BBK Rh.-Pf. 84; VG Bild-Kunst 91 – **G/T:** figurative Bildhauerei (Holz, Stein, Bronze, Beton u. Keramik) – **W:** im Bes. d. Kultusmin. Rh.-Pf. Mainz, d. Stadt u. d. Kreises Neuwied – **Ö:** Ingelheim, Diakonie Krankenhaus; Kastellaun, Ges.schule; Kirchen/Sieg, Duale Oberschule; Koblenz, Bundesanstalt f. Gewässerkunde; ebda, Stabilus-Kreisel; Neuwied, Polizeidirektion; Osthofen/ Worms, Ldesgedenkstätte KZ Osthofen; Trier, Ldesgartenschau – **E:** 00 Essenheim, KV; Dahn, Kreisgal.; 02 Aachen, Stricker; 03 Neuwied, Kr.mus. – **G:** zahlr. Bet. seit 84, zuletzt: 00 Straßburg, Art; 02 Mainz, Ldtag Rh.-Pf.; Essen, Forum f. Kunst u. Archit.; 03 Höhr-Grenzhausen, Keramik-Mus. Westerwald; 04 Berlin, Ldesvertretung Rh.-Pf.; 06 Mainz, Künstlermesse – ***Lit:*** U. Fuchs, in: Kunsthandel 3 02; KAT.: Skulpt.; Kunst im öff. Raum; Foto-Ed.

Lohrmann, Hama (eigtl. Hans-Martin Lohrmann); Kreutbergstr. 4, D-86420 Diedorf, *hama-lohrmann@ web.de*, *hama-lohrmann.com* (* Augsburg 11. 6. 65) – **S:** Autodidakt – **P:** Kunstförd.pr. d. Stadt Augsburg 03 – **Ve:** BBK Schwaben Nord u. Augsburg 04 – **G/T:** Art in Nature; Landart – **G:** 04 Schwabmünchen, M4 – Kunstsymposium; 04/05 Augsburg, Große Schwäb. Kunstausstellung; 05 Krumbach, Kunstpfad; 06 Memmingen, Kunstmeile

†**Lojen,** Gerhard, Dipl.-Ing., Architekt, freischaff. Künstler, Lehrer; lebte in Graz (* Graz 28. 12. 35, † Graz 17. 12. 05) – **S:** 54–62 TH Graz (Archit., Dipl.-Ing., Zeichnen u. Malen b. Prof. Kurt Weber) – **L:** 87–00 Meisterschule f. Malerei an d. Ortweinschule Graz (Leiter) – **P:** Ankaufspr. d. BMfUK b. Joanneums-Kunstpr. Graz 60; Kunstpr. d. Stadt Köflach 76; 1. Pr. u. Ausführung b. Wettb. 'Gedenkzeichen an d. Soboth-Bundesstr.' 74/75; Würdigungspr. d. Ldes Stmk f. Bild. Kunst; sowie mehrere Zuschläge f. Ausschreibungen – **Ve:** Sezession Graz 59–77 – **KGr:** 77 Graz (seit 77, Mitbegr.) – **G/T:** gegenstandsfreie Malerei, Zeichn., Arb. im öff. Raum, Buchobjekte – **W:** zahlr. Arb. in Privatbes. in Öst. u. im Ausland – **M:** Amt d. Stmk Ldesreg.; Graz, Kult.amt; Graz, LM Joanneum; Graz, SM; Graz, Wirtschaftskammer Stmk; Linz, Lentos; Wien, Albertina; Wien, BMfUK – **Ö:** Gleinstätten, Ldesberufsschule (Brunnenstele); Judenburg, Bundessportzentrum (Stahlplast.); Graz, Univ. f. Musik u. Darst. Kunst (Stahlplast.); ebda, Johannes-Kepler-Denkmal (Stahlplast.) – **E:** u. a. 66 Graz, Gal. 16; 67 Wien, Gal. Tao; 68 Linz, Maerz; 74 Leoben, Murgal.; 77 Hartberg, steirischer herbst; 80 Köflach, Eder; 81 Graz, LM Joanneum; 83 Graz, Kult.zentrum b. d. Minoriten; 84 Graz, Funkhausgal.; Klagenfurt, Künstlerhaus; 86 Graz, LM Joanneum; Linz, Maerz; 87 Zürich, Zaunschirm; Graz, SM; 88 Pula, KV Stavanger; 89 Alesund, KV; 90 Tel Aviv, Beth Tanach; 92 Graz, LM Joanneum – Kunstgew. Slg; 95 Köflach, Eder; 96 Graz, Künstlerhaus; 01 Graz, Gal. Leonhard; Graz, LM Joanneum – **G:** 59 Wien, Junge Generation; 60 Istanbul, Ankara (Mod. öst. Graph.); 61 Gezira/Kairo (Mod. öst. Graph.); 68 Bochum, Mus.; 70 Montclair, Univ.; 72 Graz, Künstlerhaus; 77 Linz, Maerz; 78 Eisenstadt, Burgenländ. LG; 79 Wien, Mod. Art Gall.; Graz, steirischer herbst; 80 Nürnberg, Sterngasse; Bamberg, Neue Residenz; 81, 84 Wien, Secession; 81, 83 Graz, Künstlerhaus; 84 Wien, Synthese; 85 Los Angeles, Municipal Art Gall.; Linz, Maerz; 86 Graz, Neue Gal.; 88 Graz, Kult.zentrum b. d. Minoriten; 89 Graz, SM; 90 Graz, Künstlerhaus; 91 Pecz, Große Gal.; 92 Prag, ULUV; 93 Düsseldorf, Ausst.forum; Udine, Gall. d. centro; 94 Bet-Meirov, KM; 95 Graz, Kult.-zentrum b. d. Minoriten; 96 Graz, Künstlerhaus; 97 Pischelsdorf, Kult.stock 3; 98 Graz, Gal. Leonhard; 00 Pischelsdorf, Kult.stock 3 – **V:** G. L. – 3 Originalserigraphien, 30 + VI Exemplare 01 – ***Lit:*** Christa Steinle: G. L. – Ein Prototyp d. steirischen Moderne; Peter Weibel: Problemfelder der Malerei. Ein Interview mit G. L.; Kerstin Braun: Von Gesten, Spuren u. Zeichen. Anmerkungen zu den Gemeinschaftsarbeiten von G. L. u. Hans Bischoffshausen; Kerstin Braun: Material, Zeichen, Wirklichkeitsfragment – Zu den Buchobjekten G. L.; Arnulf Rohsmann: Farbbewegung u. Farbraum bei G. L. 81; Wilfried Skreiner: Raumzeichen. G. L. Bilder erschauter Landschaften 86; Werner Fenz: Die ikonischen Dreiecke des G. L. 86; Georg Held: Lojen zu Turner, Monet u. Twombly: Reisen zu Grenzen der Malerei in Dialogen 91; Werner Fenz: Malkörper 92

Lomas, Gudrun, Malerin; c/o Gal. im Kornfeld, Mutzer Plan 2, D-16792 Zehdenick, *www.atelier-kunstwerk. de* (* Lubau 6. 12. 44) – **VG:** Zehdenick, Gal. im Kornfeld; Hamburg, Gal. kit – **S:** Autodidaktin – **G/T:** figurativ-abstr. Malerei (Öl, Acryl, Aqu., Monotypie: Lsch. u. Portr.) – **K:** Aqu., Malerei m. Naturfarben, Landschaftsmalerei – **W:** überw. in Privatbes. – **Ö:** Berlin, Unternehmensberatung IMP & Partner; Gransee, e-dis; Menz, Naturpark (Objekt); Mildenberg, Ziegeleipark (Objekt); Neuglobsow, Objekt; Oranienburg, Optima; Stechlin-Ruppiner Ld, Naturpark; Zehdenick, Stadtwerke – **E:** 84 Berlin, Arkade; 85, 86 Berlin, Skarabäus; 91 Berlin, Wort u. Werk; 95–00 Zehdenick, Oranienburg u. Gransee; 02 Berlin, Gal. T; Ketrzyn/Polen, Mus.; 03 Potsdam, Sereno; 04 Templin, RHgal.; 06 Hamburg, Gal. kit – **G:** seit 79 zahlr. Bet., darunter 94 Náxos, Kastro; 98 Rom; 00 Chlewiska/Polen; 02 Kosiče/Slowakei; 03 Warschau, Belvedere; Siedlce/Polen, Mus. – **V:** G.L. Malerei, Kal. (A2) 05 – ***Lit:*** G.L. Malerei, Ausst.kat. 02

Lomas, Kuno, Graphikdesigner, Maler, Bildhauer; c/o Gal. im Kornfeld, Mutzer Plan 2, D-16792 Zehdenick, Tel. u. Fax: (0 33 07) 27 09, *atelier.lomas @web.de*, *www.atelier-kunstwerk.de* (* Hohen-Neuendorf 16. 4. 39) – **VG:** Zehdenick, Gal. im Kornfeld; Hamburg, Gal. kit – **S:** 59–63 FS f. angew. Kunst Berlin – **P:** 'Schönstes Buch' Leipzig (6 Ausz.) 71–86; Intern. Buchkunstausst. – IBA Leipzig (Silbermed.) 79 – **Ve:** BBK Berlins 90–00 – **G/T:** Ill.; Zchng; Malerei (Acryl, Aqu.); Objektkunst (Holz, Metall); Skulpt. (Holz, Ton, Stein) – **W:** überw. in Privatbes.; Holzskulpt. am Stechlinsee; Himmelpfort – **Ö:** Gransee, Themenspielpl. m. Holzfiguren; Hennigsdorf, Kindertagesstätte (Kreative Spielwand); Löwenberg, Bürgerhaus (Reliefwand); Mildenberg, Ziegeleipark – **E:** 79, 81 Gransee, Kleine Gal.; 91 Berlin, Wort u. Werk; 01 Gransee, Heimatmus.; 02 Zehdenick, Elisabethmühle; Berlin, Gal. T; Ketrzyn/Polen, Mus.; 06 Hamburg, Gal. kit – **G:** 68–89 Dresden, Kunstausst. d. DDR; Leipzig, Intern. Buchkunstausst. (IBA); Berlin, Karigrafie; Greiz, Satiricum; 85, 86 Berlin, Gal. M; Berlin, Gal. Unter d. Linden; 94 Náxos, Kastro; 96 Schwedt, Gal. Ermelerspeicher; 97 Berlin, Sophiengal.; 98 Potsdam, Min.; 03 Warschau, Belvedere – **V:** ILL.: Leonid Stolowitsch: Phil. des Schönen 81; G. Ewert u. H. Hüttner: Der Patient in der Sprechstunde 82; H. Hüttner: Der Patient im Krankenhaus 82; K.L. Malerei, Kal. (A3) 07

Lomberg, Erika J. (geb. Erika J. Sommers), Malerin, Objektkünstlerin, Dozentin; Württembergstr. 3, D-40883 Ratingen, Tel. (0 21 02) 6 83 38, Mobil: 01 74 24 5 18 84, Fax 70 64 29, *erika@artlomberg.de; erikajoana@aol.com*, *www.erika-lomberg.de*. Atelier: Württembergstr. 5b, D-40883 Ratingen (* Fröndenberg 29. 1. 43) – **S:** Inst. f. Bild. Kunst u. Kunsttherapie Bochum (Freie Malerei, Meisterkl. Prof. Dr. Qi Yang); KA Düsseldorf (Akt- u. Portr.malerei b. Prof. Günter Blecks) – **L:** seit 06 Akad. Kloster Steinfeld Kall/Eifel – **Ve:** Frauen-Mus. Bonn – **G/T:** Malerei (Öl, Aqu., Tusche); Collagen; Schwerpunkt: d. Mensch u. seine Beziehungen in einer zunehmend komplexen Welt; sozialkrit. u. polit. Themen, Objekte u. Rauminstall. – **K:** Workshops in Schulen, Kindergärten u. Seniorenstätten; Malworkshops f. Jugendliche, Neu- u. Wiedereinsteiger – **Ö:** Brühl, Volksbank; Charlotte/NC, Wedeco; Düsseldorf, Marien-Hospital; Kall/Eifel, Kloster Steinfeld – **E:** u. a. 98 Kall, Kloster Steinfeld; 01, 04 Düsseldorf, Marien-Hospital; 02 Anhui/China, Gal. d. Univ. of Science and Technology – **G:** u. a. Ratingen, Oberschlesisches LM; 99 Duisburg, Univ.; Mettmann, 19. Kr.kunstausst.; 00 Duisburg, Medienzentrum; 02, 03 Bonn, Frauen-Mus.

Loosli, Walter, Kirchenfenstergestalter; Stapfenstr. 45, CH-3098 Köniz, Tel. 03 19 71 17 69, *Looslihaupt @freesurf.ch*, *www.walterloosli.ch* (* La Chaux d'Abel 29. 7. 32) – **S:** Schule f. Gest. Bern – **P:** Burgerliche Med. Bern 95; Ehrung d. Gemeinde Köniz 02; Kulturpr. d. Lions Club Köniz 05 – **W:** umfangreiches Holzschnittwerk – **Ö:** u. a. in Bern: Bez.gefängnis, Betagtenheim Schwabgut, Fam.baugenossenschaft, Generaldirektion PTT, Salem-Spital, Stift. Steinhölzli Liebefeld; – Busswil, Kirchl. Zentrum; Interlaken, Kirche; Köniz, Aufbahrungshalle; Lyss, Kirche; Muri, Thoracherhaus; Ostermundigen, Bernische Kraftwerke; Rüegsau, Kirche; Sigriswil, Kirche; Vechigen, Pfrundscheune; Wimmis, Aufbahrungshalle – **E:** / G: zahlr. Ausstellungen – **V:** W.L., H. Keller, P. Ctvrtnik: Drevorezy, Prag 95; Klara Butting u. Gerard Minnaard: Talita kum (Holzschnitte), Wittringen 04 – ***Lit:*** W.L. Glasfenster u. Wandgestaltungen, Bern 01 – ***LitR:*** Monique Furrer: W.L. 01; Farbige Glasfenster. Ein Porträt d. Künstlers W.L., Lokalfs. Lyss; Nicole Hager: Der Kirchenfenstermaler W.L., Radio Suisse romande 05; 'Lumières des Vitraux', Gottesdienstübertragung in d. Television Suisse romande m. W.L. 06

Lorencová, Alena; Bilker Str. 15, D-40213 Düsseldorf, Tel. (02 11) 32 72 08, Fax 32 72 08, *alena@ lorencova.de*, *www.lorencova.de* – **G/T:** Bildhauerei – (Red.)

Lorenz, Ruth s. Rebell, Ruth

Lorenzi, Daniel (Ps.: Flexin und Fly Robin), Bild. Künstler; c/o Gal. Staubkohler, Rotwandstr. 53, CH-8004 Zürich, Tel. u. Fax (01) 2 40 30 55, *www. staubkohler.com* (* Solothurn 12. 12. 63) – **VG:** Zürich, Staubkohler; Chicago, Gupta – **S:** 86–91 HS f. Kunst u. Gest. Zürich – **P:** Eidgenössischer Pr. f. bild. Kunst 98; Atelierstip. Stift. Binz39 Zürich 98, 99; Atelieraufenthalt Istituto Svizzero di Roma 99, 00; Cité Intern. d. Arts Paris 01, 02; Werkjahr UBS Kult.stift. 02 – **G/T:** Zeichn., Wandzeichn., Multimedia – **W:** Zeichn., Multiples, Video, Audio; Ankauf durch d. Stadt u. d. Kt. Zürich – **Ö:** Kunst am Bau: Rüfenach, Kantonale Kinderstation Rüfenach AG; Zürich, Univ. – **E:** 99 Zürich, Stift. Binz 39; 00 Chicago, Vedanta; Zürich, Siemens; 01 Chicago, Vedanta; 02 Altdorf/Uri, Haus f. Kunst Uri; Zürich, Staubkohler; 03 Berlin, Wieland; Basel, Kaskadenkondensator; Zürich, Anker; Bern, StG; Luzern, Raum für Aktuelle Kunst – **G:** u. a. 97 Zürich, Kunstraum; 98 Zürich, Helmhaus; Zuerich, Stift. Binz 39; 99 New York, Swiss Inst.; 00 Zürich, Helmhaus; 01 Paris, Espace d'Art; Berlin, Thumm; 02 Chicago, Vedanta; 03 Zürich, KH; St. Gallen, KM; 04 Zürich, Kunsthaus Oerlikon; Solothurn, KM; – KUNSTMESSEN: 00 Berlin, Art Forum; 00, 01, 02 Chicago, Art Chicago; 02 Basel, Art Basel – **V:** Leuchtfigur, T-Shirts 95; Zeichenheft 97; 18 Stickers, Kleberset 98; Marvellous Motion, Prospekt 98, 99; His Masters Voice, Plakat 00; Silence Studios, Heft 01; On Mouse up, Monogr. 02 – (Red.)

Loriot (eigtl. Bernhard Victor Christoph-Carl von Bülow, auch: Vicco von Bülow), Prof., Schauspieler, Regisseur, Schriftsteller, Zeichner; Höhenweg 19, D-82541 Münsing/Starnb. See, Tel. (0 81 77) 2 03 (* Brandenburg an d. Havel 12. 11. 23) – **S:** 47–49 KA Hamburg – **L:** 03 UdK Berlin (Hon.prof. f. d. Fach Theaterkünste) – **P:** zahlr. Ausz., u. a. Adolf-Grimme-Pr. 68; Goldene Kamera 69, 78; Goldene Schallplatte 73; Gr. BVK 74; Bay. Verdienstorden 80; Telestar 86; Bay. Filmpr. 88; Bambi 88; Ernst-Lubitsch-Pr. 89; Dt. Filmpr. 89; Verdienstorden d. Ldes Berlin 91; Bay. Maximiliansorden 95; Gr. BVK m. Stern 98; E.pr. d. Bay. Filmpr. 02; E.pr. d. Goldenen Kamera 03 – **Ve:** P.E.N.-Zentr. BRD; Bay. Akad. d. Schönen Künste 93; AK Berlin-Brandenburg 97 – **G/T:** Zeichn., Ill., Cartoon, Karikatur, Satire, Sketch, Bühnenbild, Regie – **E:** u. a. 73 Hannover, Wilhelm-Busch-Mus. – weitere in Düsseldorf, Hamburg, München, Potsdam, Rostock, Weimar – **V:** zahlr. Publ., u. a. Auf den Hund gekommen 54; Umgang mit Tieren 62; Das dicke Loriot-Buch 77; Loriots kleines Tierleben von B bis Z 86; Herren im Bad 97; Enkel für Anfänger 98 – **R:** Kinofilme: Ödipussi 88; Pappa ante Portas 91 – ***Lit:*** Flemig 93 – (Red.)

†**Lositheed** (eigtl. Edgar Meutzner), Maler, Fotograf, Musiker, Lyriker; lebte in Bad Ems, *www. galleryabstract.com* (* Seligenstadt/Hessen 29. 7. 55, † 1. 6. 06) – **S:** Stud.reisen (v. a. Jamaica, Südamerika u. USA) – **Ve:** Culture-pure 88 – **KGe:** Art Painters: L. u. Maroll (seit 01) – **G/T:** abstr. Malerei, Fotogr., Install. – **W:** zahlr. in Privatbes. – **Ö:** Berlin, Bundesvorstand ver.di – **E:** 01 Diez/Lahn; 01, 03 Bad Ems; 02, 03 Koblenz – ***Lit:*** versch. Ztgsberichte

Lotz, Heinz W.; Weiterstädter Str. 15, D-64291 Darmstadt, Tel. (0 61 51) 37 71 56, Fax 37 13 09 (* Darmstadt 15. 8. 55) – **Ve:** BBK Darmstadt – **G/T:** Malerei; bemalte Holzobjekte; Entwicklung d. Uhugraphie; Styroporritzungen; Buchobjekte; Mail Art u. a. – **W:** in Privatslgn bzw. -bes. – **M:** Alkmaar, StKS; Darmstadt, Hess. LM; Darmstadt, Slg MIS; Darmstadt, StKS; Frankfurt am Main, Dt. Bank KS; Wittenberg, Lutherhalle – **E:** u. a. 92 Dieburg, Gal. Hohe Str.; 93 Darmstadt, Gal. d. Software AG; Walldorf, Gal. d. SAP AG (Kat.); 94 Schwabach, KV; 95 Neuisenburg, Gal. Patio; 96 Darmstadt, Altes Zollhaus; 97 Pfungstadt, Stadthaus; 98 Darmstadt, Keller-Klub; 00 Darmstadt, Studio KH – **G:** sehr zahlr., zuletzt u. a. 96 GLAUCHAU, Mus.

u. KS Schloß Hinterglauchau; 97, 99 Darmstadt, KH; 00 Wiesbaden, Mail Art Projekt; 01 Darmstadt, Kunst Arch.; 01 Darmstadt, Gal. Mis; 02 Darmstadt, Keller-Klub; Mainz, Mail Art Projekt; 03 Kempten, KH; 04 Darmstadt, Gal. BKI; Beverungen, Slg Hussong; Darmstadt, Kommunale Gal. – ***Lit:*** versch. Kat. zu Gr.ausst.

Louis, Norbert (Ps.: NL, eigtl. Norbert-Otto Louis), Maler, Graphiker; Brüder-Grimm-Weg 2, D-31848 Bad Münder, Tel. (0 50 42) 18 95 (* Kaiserslautern 5. 12. 26) – **S:** 49–53 Meisterschule Kaiserslautern; ABK Stuttgart (b. Prof. Karl Rössing); ABK Karlsruhe (b. Prof. Karl Hubbuch); Intern. Sommerakad. f. Bild. Künste Salzburg (Stipendiat, b. Prof. Kokoschka) – **L:** 02–06 AWO Bad Münder (Malen u. Zeichnen im Rahmen d. Erwachsenenbildung im Weserbergland) – **P:** Stip. f. d. Intern. Sommerakad. f. bild. Künste Salzburg d. Ldesregierung Rh.-Pf. 57 – **Ve:** BBK 54–00; Arb.gemeinschaft Pfälzer Künstler (APK) 55–06 – **G/T:** Malerei; Graph.; Ill.; Lsch. u. Figurationen – **Ö:** Kaiserslautern, St. Norbert Kirche (Fassade, Putzschnitt); ebda, Apostelkirche (Buntglasfenster im Kuppelring) – **E:** 87 Hannover, Nds. Ldesbibliothek; Kaiserslautern, Kult.amt d. Stadt; 97 Hameln, Bibl.ges. Hameln; Bad Gandersheim, Kult.zentrum Kloster Brunshausen – **G:** Bet. seit 51, u. a. 51 Berlin, Schloß Charlottenburg; 54 Baden-Baden, SKH; 56 München, Haus d. Kunst; 81 Stuttgart, Württembergischer KV; 84 Kaiserslautern, Pfalz-Gal.; 89 Lemgo, Schloß Brake; 91 Regensburg, Ostdt. Gal.; 98 Karlsruhe, Künstlerhausgal.; 99 Hannover, Podbi-Park: Objekte – ***LitR:*** Inst. f. Lippische Ldeskunde Detmold: N.L. Landschaften, Kat. 88; N.L., Monogr. 01; Werke aus 5 Jahrzehnten 1949–2001, Kat./Monogr. 02

Loukopoulos, Wassili s. Lepanto, Wassili

Loy Gregor s. Vogler, Lucia

Loy, Rosa (eigtl. Sybille Rauch), Malerin, Graphikerin; Atelier: Spinnereistr. 7, D-04179 Leipzig (* Zwickau 11. 4. 58) – **VG:** Berlin, Tolksdorf; Frankfurt am Main, Tolksdorf – **S:** 85–93 HGB Leipzig (Graph. u. Buchkunst b. Rolf-Felix Müller, 90–93 Meisterschülerin b. Prof. Rolf Münzner) – **P:** Jahresstip. d. Künstlerförd. Leipzig 95; Goldrausch Künstlerinnenförd. Berlin 97; Arb.stip. d. Kult.stift. Sa. 98; Stift. Kunstfonds – Arb.- u. Projektstip. 98 – **Ve:** BBKL – **M:** Frankfurt am Main, Stadt- u. Univ.bibliothek; Leipzig, Dt. Buch- u. Schrift-Mus. d. Dt. Nat.bibl.; Leipzig, Gal. f. Zeitgen. Kunst; Leipzig, Slg Dt. Bank; London, Dt. Bank; Wolfenbüttel, Herzog-August-Bibliothek – **E:** zahlr., zuletzt u. a. 00, 03, 04 London, Entwistle; 00 Leipzig, Kunstraum; 02 Leipzig, KV; 03 Gera, Orangerie; 03, 05 Frankfurt am Main, Tolksdorf; 04 Leipzig, Kleindienst; Zwickau, KS; 06 Berlin, Tolksdorf; New York, Zwirner – **G:** zahlr., u. a. 00 Zwickau, StM; Backnang, KV; 01 Berlin, Haus am Waldsee; Karlsruhe, Badischer KV; New York, Cohan; 04 Dresden, SKS; 05 Málaga, Mus. Municipal; Delmenhorst, StG; Leipzig, HGB; 06 Klosterneuburg/NdÖst., Slg Essl – (Red.)

Lozek, Jörg, Maler (* Chemnitz 71) – **VG:** Köln, Binz & Krämer – **S:** 88–90 Ausb. z. Tischler (Chemnitzer Theater); 95–00 HGB Leipzig (Malerei b. Prof. S. Gille, Dipl. m. Ausz.); 00–02 HGB Leipzig (Meisterschüler b. Prof. S. Gille) – **KGr:** LIGA – **E:** / G: u. a. 00 Frankfurt am Main, Gierig; 02 Oldenburg, Kult.speicher; 02, 03 Berlin, Liga; 01, 02 Köln, Binz & Krämer – (Red.)

LR s. Löffler, Reinhold

Lu Wi s. Wilkening, Ludmilla

Luca, Ioana (verh. Ioana Foth), Theologin, Bildende Künstlerin; Wiesenstr. 72B, D-40549 Düsseldorf, Tel. (02 11) 3 85 94 98, Mobil 01 75–3 44 08 95, *iluca@ioana-luca-art.com*, *www.ioana-luca-art.com* (* Iaşi/Rumänien 2. 2. 77) – **VG:** Meerbusch, Gal. Gutshof Haus Meer – **S:** 97–01 Univ. Al. I. Cuza Iaşi/Rum., Fak. f. Orthodoxe Theologie, Fachabt. f. Kulturgut u. Restauration (Ikonenmalerei u. Kunst, Kl. Prof. M. Dominte u. Aurel Istrati) – **G/T:** Malerei (Öl, Tempera, Blattgold auf Lw., Holz, Papier); Objekte (Ton auf Holz); Collagen – **W:** Werke überw. in Privatbes. – **Ö:** Iaşi/Rum., Univ. Al. I. Cuza – **E:** 01 Iaşi/Rum., Gal. Heiliger Nikolaus; 06 Meerbusch, Gal. Gutshof Haus Meer – **G:** zahlr. Ausst.bet. seit 00, zuletzt 05 München, KH: WhiteBox; 07 (in Planung) Rastatt, StG – ***Lit:*** Eva Marie Ehrig: Eine spirituelle Reise. Begegnung mit d. Malerin I.L., in: Schöngeist, Mag. f. kunst, leben, denken, 7.Ausg. Winter 05

Lucas (eigtl. Ulrich Lucas Kurz), Maler; Stuttgarter Platz 21, D-10627 Berlin, Tel. (0 30) 3 24 99 66, *www.lucas-arte.de* (* Berlin 16. 1. 51) – **S:** 63–66 b. Annemarie Bethke – **G/T:** Ölmalerei – **E:** zahlr. Ausst. – (Red.)

Lucassen, Winfried, Maler, Bildhauer, Multimedia- u. Objektkünstler; Dürener Str. 20, D-53332 Bornheim, Tel. Mobil: 01 7 08 64 28 72, Fax (07 21) 1 51 28 68 89, *info@lucassen-art.de*, *www.lucassen-art.de* (* Krefeld 3. 9. 63) – **VG:** Köln, Locus-Caementitium – **S:** 87 Tischler-Gesellenprüfung; 87–92 Univ. Köln (Kunst, Sonderpädagogik, 1. Staatsexamen); 92–94 Referendariat (2. Staatsexamen) – **L:** 90–93 VHS Köln (Doz. f. Möbel- u. Objektdesign); 00–03 Univ. Köln (LBeauftr. f. Kunstdidaktik-Praxis); 01 Generalvikariat Köln (Doz. f. Kunst- u. Qualitätsmanagement) – **P:** Intern. Straßenmalereiwettb. Geldern (1. Pr.) 82; Ver. z. Förd. bild. Künstler Köln-Porz (Förd.pr.) 95; Umweltschutz-Sonderpr. f. künstler. Schaffen 95 – **Ve:** BBK Köln 98; KV Exit Art Köln 99; KV Krefeld 00; VG Bild-Kunst 06 – **G/T:** Abstr. Malerei (Öl, Acryl, Betonfresco); Multimedia-, Raum- u. Klanginstall.; Objekte; Urbane Freiplast.; Leuchtinstall.; Ldart – **K:** Malerei, Möbel-Objektdesign, Install. – **W:** zahlr. (üb. 200) in Privatbes. u. öff. Slgn in Europa u. d. USA – **M:** Amsterdam, New Metropolis; Düsseldorf, SM; Köln, Kult.amt; Pulheim, Artothek – **Ö:** Düsseldorf, Kunstachse Garath; Erftkr., Ldart; Köln, Roman. Kirche St. Georg; ebda, Rhein. Schule f. Hörgeschädigte (Domforum); Krefeld-Hüls, Volksbank; Wesseling, RH – **E:** zahlr. im In- u. Ausld. seit 82, u. a. 00 Düsseldorf, SM; 01 Köln, Roman. Kirche St. Georg; Köln-Porz, Ver. z. Förd. bild. Künstler; 02 Köln, Domforum; 05 Köln, SM; 06 Wolpertshausen, Novatech; 08 Bergheim, Schloß Paffendorf – **G:** zahlr. im In- u. Ausld seit 82, u. a. 95 Lorient/Frkr., Festival Interceltic: la table ronde; 96 Wesseling, Kult.zentrum: 4 – quadrolog; 97 Bonn, Ldesvertretung NRW: 5 Künstler in NRW (Kat.); 99 Düsseldorf, SM: brücke 2000 (Kat.); 00 Amsterdam, New Metropolis: state of the art; 04 Köln, Locus-Caementitium: Passagen – **V:** m. H. Heidler: Ikarus eine Rauminstallation, In: Das Zeichen, Nr. 37, Sept. 96; Kunst als Vehikel und Brücke zur Kunst, In: brücke 2000, Kat. z. Ausst. 99 – **R:** homepage: www.lucassen-art.de – ***Lit:*** zahlr., u. a. F. Mennekes: Am Anfang der Block, am Ende das Rund, In: La table ronde, Kat. z. Install. 95; M. Euler-Schmidt: Projekt – Ikarus, In: Ikarus, Kat. z. Mobile-Install. 96; ders.: Kreis Wald, In: Kreis Wald, Kat. z. Ldart-Install. 97 – ***LitR:*** La table ronde: Portr./Dok. Dt. Welle Radio 95, Portr./Dok. Dt. Welle TV 96 u. In: Kult.zeit, Portr./Dok. WDR 96

Luckhaus, Iris, Dipl.-Designerin, Illustratorin, Stylistin; D-42369 Wuppertal, Tel. (02 02) 46 12 50, *irisluckhaus@web.de*, *www.irisluckhaus.de*. D-10439 Berlin (* Wuppertal 16. 4. 73) – **VG:** Wuppertal, Kunst-

u. Kult.ver. Rakete – **S:** 94–00 UdK Berlin (Meisterkl. Vivienne Westwood) – **L:** 01–02 UdK Berlin (freie Doz. f. Mode-Ill.) – **Ve:** Die Kolonie 02; Icom 02; Illustration.de 03; Filu – Archiv d. Zeichner u. Fotografen 04; Kunst- u. Kult.ver. Rakete Wuppertal 04; OpenBC 05; The Seed 05 – **G/T:** Ill. (analog, digital, Techniken projektbezogen); Buch-, Werbe-, Mode-Ill.; Aktzeichnen u. Pinups; Bekleidungs-, Graph.-, Character-Design; Styling – **K:** Mode-Ill. – **E:** 05 Wuppertal, Kunst- u. Kult.-ver. Rakete – **G:** zahlr. Bet. seit 96, zuletzt: 02, 04 Erlangen, Intern. Comicsalon; 03 Düsseldorf, Ballhaus im Nordpark: Ill. im Ballhaus I & II – **V:** Marcel Magis: Mein Leben mit Mitsu (Ill.) 05 – ***Lit:*** Raban Ruddigkeit (Hrsg.): Freistil II – Best of German Commercial Ill. 05; Julius Wiedemann (Hrsg.): Illustration Now! 05

Ludewig, Heike, Malerin; c/o Gal. Börgmann, Im Grunewald 15, D-47626 Kevelaer, Tel. Mobil: 0 16 29 83 45 09, *galerie-boergmann.com; galerie-pland.de* (* Osnabrück 9. 1. 65) – **VG:** Kevelaer, Börgmann – **S:** 85–96 KA Düsseldorf; 93 ebda (Meisterschülerin Prof. Beate Schiff) – **P:** Aktion Kunstblatt Düsseldorf 93; Förd.pr. d. Ver. Kunst im Krankenhaus Düsseldorf 95; Stip. d. KV Hochsiel 97 – **KGr:** Plan D Produzentengal. (seit 01) – **KGe:** gruppe navis (seit 99) – **G/T:** figurat. Malerei; Zchng – **W:** im Bes. d. Gemeinde Wangerland u. d. Hypover.bank München – **E:** seit 93, zuletzt u. a. 04 Düsseldorf, Plan D (m. Dagmar Hugk); 05 Kevelaer, Börgmann; 06 Düsseldorf, Plan D – **G:** u. a. 03 Kyoto, Gal. Weissraum; 04 Düsseldorf, Plan D: handgemenge – 5 Jahre Plan D; 05 Allschwil, Aphold; 06 Kevelaer, Börgmann (Kat.)

Ludwig, Andreas; Flügelstr. 23, D-40227 Düsseldorf, Tel. (02 11) 67 15 87, Fax 67 15 87, *udoludo@t-online.de* – **G/T:** Bildhauerei, Malerei, Graph., Fotogr. – (Red.)

Ludwig, Anne, Malerin; Im Erlich 35, D-67346 Speyer, Tel. (0 62 32) 37 69, *ludwig-speyer@t-online.de, www.anneludwig.de* (* Mainz 7. 12. 46) – **VG:** Speyer, Altstadt Gal.; Speyer, Kulturraum – **S:** Autodidaktin; 93–95 jl. Europ. KA Trier – **Ve:** KV Speyer 88; BBK Rh.-Pf. 94; Feuerbachhaus Ver. Speyer 03 – **KGr:** Freie Künstlergruppe AKzenT (seit 90) – **G/T:** Aqu.malerei (Landschaft, Stilleben, Akt); Acrylmalerei (Figuration u. Abstr.) – **W:** überw. in Privatbes. – **Ö:** Heidelberg, Berufsgenossenschaft Chemie; Ludwigshafen, BASF; Speyer, St. HS f. Verwaltungswiss.; Walldorf, SAP – **E:** zahlr. Einzelausst. seit 88, u. a. Speyer, Altstadt Gal.; 02 Worms, Mus. Kunsthaus Heylshof; 04 Römerberg-Berghausen, Zehnthaus; 06 Speyer, Alter Stadtsaal – **G:** zahlr. Ausst.bet. seit 89, u. a. 98 Speyer, Kaiserdom; 99 Chartres, Stiftsk. St. André – **V:** Kunstkal. 97, 98, 99; Bet. am Jahreskal. d. Berufsgenossenschaft Chemie 00; m. Johannes Doerr: Kalender Speyer 03; Farbwelten, Kunstbd 06 – ***LitR:*** SAP TV – Kunst@sap, Bavaria Film Juni 02

Ludwig, Christian s. Attersee, Christian Ludwig

Ludwig, Elke (Ps.: EML, geb. Elke Müller), Dipl.-Graphikerin, Illustratorin; Krohstr. 4, D-50968 Köln, Tel. (02 21) 38 73 59, *elkeludwig@gmx.net, www.ludwig-art.com* (* Lötzen/Polen 30. 6. 45) – **S:** 63–68 FHS d. bild. Künste Dortmund (Dipl. Graph.-Design u. Ill.); 68–69 HBK Berlin (Meisterkl. f. Freie Graph. b. Prof. Knispel) – **L:** 76–90 Dorfschule Meschenich (Ill. f. Siebdruck u. Kupferstich (Handwerkskunst); 90–01 VHS Köln, Frechen u. Lieblar (Portr.zchng) – **P:** WDR Köln (3. Pr. in Graph.) 65; Rote Funken-Jubiläum Köln (3. Pr. in Ill.) 81; Wettb.ausst. Kr.spk. Köln – **Ve:** BBK Köln 78; AGD 90 – **G/T:** 69–06: Graph.; Ill.; Trickfilm; Cartoon u. Comic; PC-Spiele (Elektron. Bilderb.) – **K:** Portr.malerei, Comics, Ill. – **W:** Portr. in Privatbes. – **E:** 82 Meschenich, Dorfschule; 84 Gelsenkirchen, BfG; 85 Sinzig, Zehnthof-Gal.; Bonn, AOK; 86 Köln, Gal. im Farinahaus; 89 Köln, RH; Stuttgart, Böhringer Ingelheim-Stift.; 90 Bergisch Gladbach, Burg Zweiffel; 91 Frechen, Theater am Bahndamm; 96 Stollberg, Burg-Gal. – **G:** u. a. 76, 78 Meschenich, Dorfschule; 77 Hürth, Atelierhaus; Hürth, RH; 80 Köln, Rodenk. Kult.wochen; 81 Köln, Kult.amt: Künstler Mai; Köln, Kr.spk.; 83 Köln, RH; 91 Köln, Gal. Weiße Stadt; 95 Köln, CDU-Haus Lindenthal; 96 Würzburg, Ideen-Fabrik; 05 Gießen, Hess. LM; – sowie: 92–94 Wanderausst. quer durch Dtld – **R:** Franz Lehmkuhl (Regie): Der Fahrstuhl, Trickf. 91

Ludwig, Johannes, Prof., Maler, Komponist von Visual-Konzerten; Am Hohlbusch 3, D-65388 Schlangenbad, Tel. (0 61 29) 97 55, *info@johannes-ludwig-malerei.de, www.johannes-ludwig-malerei.de* (* Bochum 3. 5. 36) – **S:** 54–58 Folkwangschule Essen (u. a. b. Prof. Max Buchartz) – **L:** 74–96 FHS Rh.-Pf. (Prof. f. Gest.grundlagen u. Farbenlehre) – **Ve:** BBK Hessen 73 – **KGr:** Gruppe 50 (seit 72) – **G/T:** Malerei; Ed. 'Musikalische Bildwanderungen' u. 'Visual-Konzerte' auf DVD (handsignierte u. -nummerierte limitierte Aufl.) – **W:** Werke in Privatbes. u. in d. Slg d. Ldes Hessen sowie mehrere Visual-Konzerte live – **M:** Wiesbaden, Artothek – **Ö:** Balingen, Bizerba-Werke; Bensheim, Interaktives Entwurfszentrum; Frankfurt am Main, Main-Kraftwerke AG – **E:** 76 Hattersheim, Die Scheune; 77 Bad Nauheim, Gal. isi; 77, 91 Nieder-Olm, Kleine Gal. Eckes; 81, 82 Wiesbaden, Dt. Klinik f. Diagnostik; 84 Wiesbaden, Dresdner Bank; 86 Bensheim, Maleck; 88 Alexandria, Goethe-Inst.; 88, 03 Schlangenbad, Kommunale Gal.; 89, 02 Bad Schwalbach, Kr.haus; 94 Wiesbaden, Gal. d. EWZ; Frankfurt am Main, Gal. d. Main-Kraftwerke AG; 96, 97 Wiesbaden, Dt. Klinik f. Diagnostik; Bensheim, Interaktives Entwurfszentrum; 00 Ingelheim, RH-Gal.; 01 Wiesbaden, RH-Gal.; Benediktbeuren, Kloster; 02 Schlangenbad, Residenz am Kurpark; 03 Frankfurt am Main, St. Katharinen Krankenhaus – **G:** Bet. in Dtld, Spanien, Ägypten, Saudi-Arabien, Rußland u. China – **V:** Schlangenbad...bildschön!, Bildbd 75 – sowie div. kunsttheoretische Schriften in Fachzss – **R:** div. Video-Studien z. Thema Visual-Konzert, u. a.: Das Wir der anderen (Multivision) 91; Mediagonale (Multivision) 92

Ludwig, Ono (geb. Andreas Ono Ludwig), Diplom-Designer, Kunstfotograf; Eisenacher Str. 16, D-10781 Berlin, Tel. (0 30) 54 71 67 48, Fax 54 71 67 49, *mail@ono-ludwig.de, www.ono-ludwig.de* (* Bochum 9. 2. 68) – **S:** 01 Dipl.-Designer; 02 Multimedia-Designer – **P:** Investitionsbank Berlin (positive Votierung d. Jury) – **Ve:** BBK Berlins; VG Bild 03 – **G/T:** Fotogr. (Mensch als Mittelpunkt, Fine Nude, schwarz/weiß) – **M:** Amsterdam, Foam Fotomus.; Den Haag, Fotomus. – **E:** 01 Berlin, Gal. cut for you; Brüssel, Atelier Warstler; 02 Berlin, Float-Center; 04 Berlin, Gal. Kobo – **G:** 03 Berlin, Wanderausst. 'Zähne zeigen'; Berlin, KPM-Quartier; 04 Ludwigsburg, Atelier Merath – (Red.)

Lüber, Heinrich, Performancekünstler; Haltingerstr. 98, CH-4057 Basel, Tel. (0 61) 6 92 94 51 (* Wattwil 16. 6. 61) – **VG:** Basel, Stampa – **S:** 82–86 Schule f. Gest. Basel – **L:** 86–87 Marmara Univ. Istanbul (Lektorat) – **P:** Visiting Artist in Clarksville 92; Cité Intern. d. Arts Paris 95; Kunststip. d. Stadt Basel 96; Eidgenössisches Kunststip. 97 – **G/T:** Mixed Media, Performance, Install. – **E:** / G: zahlr., u. a. 00 Prag, NG; Trnava, Gal. J. Koniárka; San Francisco, Exploratorium; 00, 01, 03 Basel, Stampa; 01 Zürich, LM; 02 New York, New MCA;

Thun, KM; Bern, KM; 03 Madrid, ARCO – *Lit:* BLSK 98 – (Red.)

Lück, Edgar (Ps.: ED), Journalist, Autor, Fotograf, Redakteur, Künstler; Viersener Str. 6, D-50733 Köln, Tel. u. Fax (02 21) 72 22 76, *THEANIMALSPIRIT@aol.com* (* Gelsenkirchen 10. 4. 54) – **VG:** Köln, Lichtblick – **S:** u. a. Hamburger Fotoschule; Film- u. Fotodesign Dortmund – **Ve:** VG Bild 80; VG Wort 80; VS 02 – **G/T:** Fotogr., Kleinplast., Mischtechniken, Malerei, Collage, Assemblage – **W:** div. Fs.dok. – **E:** / G: u. a. 92 New York, Z-Gall.; 94 Montepulciano, Virtú; 98 München, Schloß Nymphenburg; 00 Köln, Kölner Comic-Künstler; 02 Network Nature/New Mail Art Project (europ. Wanderausst.); 03 Köln, Lichtblick; Gelsenkirchen, Atelier Antenne; Bonn, Theater – **R:** Myths and Movements, Video 91; Pusten Verboten-Alles Kunst oder was? 95; So es Ratte gibt, gibt es Hoffnung, HF (WDR 5) 03 – (Red.)

Lück, René (* Ludwigshafen 70) – **VG:** Berlin, Koch & Kesslau – **S:** HBK Hamburg (b. Claus Böhmler) – **G/T:** Install., Modelle, Inszenierungen aus Musik, Fundstücken, Bildern u. Holzmodellen – **E:** u. a. 99, 01, 03 Berlin, Koch & Kesslau; 01 Frankfurt am Main, Dresdner Bank; Frankfurt am Main, Raum 02; 04, 05 Frankfurt/Oder, Mus. Junge Kunst – **G:** u. a. 00 Dresden, Prießnitzstr.; 01 Berlin, Gal. WBD; Kassel, Mus. Fridericianum; 02 Gdańsk, Wyspa; 03 Weimar, ACC Gal. Weimar; New York, Neiman – (Red.)

Lüders, Marc; *www.marclueders.de* (* Hamburg 28. 6. 63) – **VG:** Hamburg, Levy – **L:** 86–90 FHS f. Gest. Hamburg – **P:** Arb.stip. f. bild. Künstler d. Hansestadt Hamburg 97; Villa-Massimo-Stip. 02 – **G/T:** Fotogr., Malerei – **Ö:** Hamburg, KS d. Volksfürsorge; Hannover, NORD/LB – **E:** 99 Hamburg, Schlüter; 01 Hamburg, KH; 03 Hamburg, Levy – **G:** 98 Hamburg, Kunsthaus; 01 Bern, KH; London, Blains Fine Art; 03 Halle/Saale, Villa Kobe – *Lit:* Ausst.kat.: Standpunkte 02; Photopicturen 03; M. L. 04 – (Red.)

Lüdicke, Marianne, Bildhauerin; Kleebachstr. 9, D-83233 Bernau-Weisham, Tel. (0 80 51) 6 19 85 (* Frankfurt am Main 19. 10. 19) – **VG:** Lübeck, Kunsthaus Lübeck; Bonn, Ossenpohl; Berlin, Ossenpohl – **S:** 39–44 ABK München (Meisterkl. Prof. R. Knecht, Bildhauerei) – **P:** Seerosenpr. 80; Kult.pr. d. Ldkr. Rosenheim 99 – **Ve:** Neue Münchener Künstlergenossenschaft 47; BBK 50; GEDOK München 51; KV Rosenheim 52 – **G/T:** Skulpt. (Bronze, gegenständlich, menschliche Figur) – **M:** Rendsburg, Eisengußmus. – **Ö:** Bad Endorf, Klinik (Beschaulicher); Bernau (Alter Mann); Darmstadt-Eberstadt, Portalumrandung d. Altersheims; Hadamar, Kreuzwegstation z. Herzenberg; Köln, Ratsturm; München, Farinellischule (Kugelfrauen); ebda, Schule an d. Knappertsbuschstr. (Fröhlicher Riese), Haydnstr. (Paar); Prien, RHpl. (Brunnenanlage); Prien-Stock, v. d. Hallenbad (Spaß mit Wasser); Rosenheim, Bahnhof (Sitzendes Mädchen); ebda, Skulpt.park v. d. Stadthalle (Ruhe) – **E:** u. a. 58 Rosenheim, StG; 74 Kronberg, Hellhof; 77 Lübeck, Kunsthaus Lübeck; 78 Würzburg, StG; 79 München, Bay. Versicherungskammer; 81 Köln, Boisserée; Oberursel, L9; 86 Hamburg, Riemschneider; 87 München, Gal. La Sculpture; 91 Köln, Gal. am Markt Art Consulting; 93 Bonn, Ossenpohl; 94 Prien, Gal. im Alten RH; 96 München, Laimex Schlößl – **G:** 45–04 Prien, Kunstausst.; 50–97 regelmäßig München, Haus d. Kunst; 50–90 Rosenheim, KV; 98 Markt Bruckmühl, Gal. – *Lit:* M. L. Bronzen und Zeichnungen, Bildbd 76; H. Kissling: Begegnungen mit Bildhauern 82; Bronzeplastiken der letzten Jahre. Bildband II 84; Arbeiten aus 35 Jahren. Bildband III 89; Marktgemeinde Prien (Hrsg.): M. L. Erinnerungen 98; Skulpturen – Altes und Neues 99 – (Red.)

Lühr-Hassels, Heide (geb. Heide Bank), Malerin; Hirtenweg 22, D-38114 Braunschweig, Tel. (05 31) 50 24 48, *heide.luehr-hassels@gmx.de* (* Salzgitter 18. 8. 45) – **S:** 86–91 Univ. Hildesheim (Kult.pädagogik, Bild. Kunst u. Musik); seit 80 u. a. KSch Meridian (Kurse u. Sem.) – **P:** Kunstpr. St. Andreasberg (4. Pr.) 02; Kunstpr. d. Stadt Salzgitter (m. d. gr. salzgitter) 01 – **Ve:** BBK Harz 99; BBK Nds. 02 – **KGr:** Permanent 11+ (97); salzgitter (99) – **G/T:** Ölmalerei – **W:** überw. in Privatbes. – **M:** Goslar, Mönchehaus-MMK – **Ö:** Aller-Oker, Volksbank; Braunschweig, Stadt; ebda, Stift. St. Thomaehof; Gifhorn-Wolfsburg, Spk. – **E:** seit 92 Ausst. in Braunschweig, Helmstedt, Neuenburg, Salzgitter, Stadtoldendorf u. Wolfsburg; 03 Salzgitter, KV – **G:** seit 93 Ausst.bet. in Braunschweig, Gifhorn, Goslar, Potsdam, St. Andreasberg u. Wolfsburg sowie in Dänemark, Litauen, Polen, Schweden u. Slowenien – *Lit:* H. L.-H. Ölbilder und Mischtechniken, Ausstkat. 03

Luenig, Claudia-Maria (eigtl. Claudia-Maria Luenig-Royal), DI. Mag.; Grundsteingasse 8/2/40, A-1160 Wien, Tel. u. Fax (01) 9 23 07 22, *claudia-maria.luenig@chello.at*, *www.cml-katalyst.com* (* Herbern 26. 6. 57) – **S:** 88–92 School of Art Canberra (Skulpt., Bachelor of Arts); 94–98 Royal Melbourne Inst. of Technology (Interior Design, Masters of Arts) – **L:** 94–98 Royal Melbourne Inst. of Technology (Part Time Lecturer, Department Interior Design); seit 99 Danube Intern. School Wien (LBeauftr. f. Art & Design Technology) – **P:** Artist in Residency, Wien 99; Artist in Residency (Auslandsstip. f. Cesky Crumlov) 02; Exchange Residency Chengdu/China 02 – **Ve:** IG Bild. Kunst Wien – **KGe:** urban art: C.-M. L. u. Maggie McCormick (seit 98) – **G/T:** Objekte (u. a. Textil), Install. (u. a. interaktiv), Fotogr., Dia-Projektionen – **K:** Professional Practice – **W:** mehrere Werke in Privatbes. sowie in Bes. d. Stadt Wien u. d. Gal. Plank in Wien – **M:** Ararat/VIC, Gall.; Wien, Slg Bundeskanzleramt – **E:** 98 Melbourne, Linden Gall.; Melbourne, Royal Melbourne Inst. of Technology (First Site); 99 Graz, Rhizom; Wien, Cult; 01 Chengdu, Jiaotong Univ.; 03 Wien, Podium; Belgrad, SKUC Gall. – **G:** Ausst.bet. seit 94, zuletzt u. a. 95 Canberra, Nat. Sculpture Forum; 98 Berlin, Treppenhaus 129; Melbourne, West Space; 99 Wien, Salle de Bal; 00 Münster, Art Snack; 01 Berlin, Gal. 10.000; Ljubljana, Intern. Print Bienn.; 02 Wien, Pal. Porcia; 02 Berlin, Otto-Nagel-Gal.; 02, 03 Wien, Soho in Ottakring; 03 Skopje, Cifte Hamam; Baden, KV; 04 Sofia, Bulgarian Artists Union; Wien, pool; Tirana, Cultural Center Lindart; Russe, Municipal Gall. – *Lit:* Joana Maria Pichler: AIR, Artist in Residence, Kat. 99; Breda Skranjek: International Biennal of Graphic Arts, Kat. 01; Suzi Attiwill: Intersection. Masters Project in Interior Design 02; Paula Miklosevic: Constructed Beauty 03 – (Red.)

Lüönd, Walter, freischaffender Künstler; Rutschbergstr. 6, CH-8608 Bubikon, Tel. (0 55) 2 43 13 28, *schubladen@swissonline.ch*, *www.schubladen.ch* (* St. Gallen 10. 5. 51) – **VG:** Waltenschwil, ArteNa – **S:** 88–92 H. R. Wilk Zürich (Gestalterische Grundausb., Malen, Zeichnen, Aktstud.); 92 Sommerakad. Internat. Kunstforum Millstadt (Freie Malerei, Aktzeichn.); 94, 95 Drucksem. Atelier Stöckerselig Amriswil (Hoch- u. Tiefdruck, Rad. u. Lith.) – **KGr:** Profile (im eigenen Atelier in Jona, 92–94) – **KGe:** Roma Messmer u. W. L. (seit 92) – **G/T:** informelle Abstr.; Malerei; Graph. (Hschn., Rad., experim. Drucktechnik); Rauminstall.; Performance – **K:** Schweizer. Lehrerinnenbildungskurse (Doz. f. manuelle Drucktechniken, 01, 04); Klubschule Wetzikon u. Rapperswil (Kursleiter Skizzieren, seit 02); Wochenendsem. in Burgund u. d. Toskana (Acrylmalerei, Zeichn. u. Drucken, jl. seit 00); Kurse im eigenen Atelier (manuelle Drucktechniken u. Zeichnen, seit 01) – **W:** überw. in Privatbes.; Performances – **Ö:** Adliswil, Gemeindeverwaltung – **E:** div. Einzelausst. – **G:** 92 Zürich, Direkt; 93 Horgen, Arte 2; 96 Frechen, Intern. Graph.trienn.; Köln; 00 Cadaqués, Mini Print; 01 Cluj-Napoca, Graphic Arts; 02 Adliswil, Kult.treff – (Red.)

Lüpertz, Markus, Prof., Maler, Bildhauer; c/o Kunstakademie Düsseldorf, Eiskellerstr. 1, D-40213 Düsseldorf (* Liberec/Böhmen 25. 4. 41) – **VG:** Bad Honnef, Rackey; Berlin, Raab; Berlin, Schultz; Köln, Werner; München, Baumgartl; München, Gal. Terminus; Rottweil, Etage 2 – **S:** 56–61 WerkKSch Krefeld (b. L. Goosens); KA Düsseldorf; 63 HBK Berlin – **L:** 74 Staatl. ABK Karlsruhe; ab 86 KA Düsseldorf (seit 88 Rektor) – **P:** Villa-Romana-Pr. 70; Pr. d. dt. Kritikerverb. 71; Lovis-Corinth-Pr. 90; IV. intern. Pr. 'Julio González' 03 – **KGr:** Grossgörschen 35 – **G/T:** Malerei, Skulpt. (u. a. Bronze, antike Themen), Ausstattung, Kirchenfensterentwürfe – **M:** Aachen, Ludwig Forum; Berlin, Berlinische Gal.; Berlin, NG; Bonn, KM; Frankfurt am Main, Städel; Freiburg im Breisgau, Mus. f. Neue Kunst; Hamburg, KH; Klosterneuburg/NdÖst., Slg Essl; Köln, Mus. Ludwig; München, Pin. d. Mod.; Mönchengladbach, StM Abteiberg; Oslo, Astrup Fearnley MMK; Paris, Centre Pompidou; Stuttgart, SG; Ulm, Ulmer Mus.; Valencia, Inst. Valenciano de Arte Mod. – **E:** zahlr. Einzelausst. im In- u. Ausland seit 64, zuletzt 98 Köln, Werner; Düsseldorf, Achenbach Kunsthandel; 99 München, Knust; Frankfurt am Main, Stechow; 00 Berlin, Schultz; 01 Jena, StM u. KS; Goslar, Tiedt; Augsburg, Neue Gal. im Höhmann-Haus; 02 Fürstenfeldbruck, Gal. am Hauptplatz; Passau, MMK, Stift. Wörlen; Künzelsau, Mus. Würth; Berlin, Springer; München, Thomas; Düsseldorf, Eikelmann; Pirmasens, Gal. Neuffer am Park; München, Walser; 03 Köln, Werner; München, Gal. Terminus; 05 Bad Homburg, Altana Kult.forum – **G:** zahlr. Ausst.bet. – **V:** Kunst, die im Wege steht. Dithyrambisches Manifest 66; 'Die Anmut des 20. Jahrhunderts wird durch die von mir erfundene Dithyrambe sichtbar gemacht' 68 – ***Lit:*** Dictionary of Art 96 – (Red.)

Lüpkes, Jonny, Maler; Friedrich Ebert Str. 51, D-26125 Oldenburg, Oldenburg, Tel. (04 41) 3 80 19 56, *mail@jonnyluepkes.de*, *www.jonnyluepkes.de* (* Delmenhorst 12. 3. 34) – **S:** 87–89 Riverina-Murray Inst. of Higher Education Albury/Austral. (Kunststud.) – **Ve:** BBK Oldenburg 04 – **G/T:** Lsch.malerei (Öl, Acryl) – **W:** Oldenburg – **Ö:** Albury/Austral., Univ. – **E:** 74, 77 Le Boulou/Frkr.; 78 Perpignan; 98 Katoomba/Austral.; 04 Oldenburg – **G:** zahlr. Bet., u. a. in Dtld, Frkr., Japan u. Austral. – ***Lit:*** Ingo Kulz: J.L. – Ausgewählte Werke aus fünf Jahrzehnten 05

Lüscher, Ingeborg, Künstlerin; CH-6652 Tegna, Fax 7 96 31 28, *ingeborg-lueschner@nikko.ch* (* Freiberg/Sa. 22. 6. 36) – **VG:** Berlin, Grob; Wien, Krinzinger; Bari, Bonomo – **S:** Schauspielschule (staatl. Abschluß) – **L:** Sommerakad. Salzburg (Prof. f. Malerei) – **P:** u. a. Oumanski-Pr. 74 – **G/T:** Skulpt., Malerei, Fotogr., Video, Bücher – **K:** Malerei – **W:** in div. KM – **Ö:** Berlin-Kagel, Bergbauakad.; Bonn, FDP-Zentrale – **E:** u. a. 76 Paris, Mus. d'Art Mod. de la Ville; 82 Solothurn, KM; 91 Den Haag, Haags Gemeente-Mus.; 93 Wiesbaden, Mus.; 96 Zürich, Völkerkundemus.; Genf, Centre d'Art Contemp.; Solothurn, KM; Aarau, Aargauer Kunsthaus; 97 Göppingen, StG; 98 Ljubljana, Mod. gal.; 01 Chemnitz, KS; 02 Budweis, Kunsthaus – **G:** u. a. 72, 92 Kassel, documenta; 78 Zürich, Kunsthaus; 80 Venedig, Bienn.; 87 Bern, KM; 89 Hamburg, Deichtorhallen; 91 Düsseldorf, KH; 92 Sevilla, Weltausst.; 97 Lyon, Bienn.; 99, 01 Venedig. Bienn.; 00 New York, Thread Waxing Space – **V:** zahlr. Veröff. – **R:** zahlr. Beitr. – ***Lit:*** u. a. KAT.: André Kamber (Hrsg.) 82; Franz Kaiser (Hrsg.) 91; Harald Szeemann (Hrsg.): Visionäre Schweiz 91; Elsa Longhauser (Hrsg.) 95; Werner Meyer (Hrsg.) 97; Ingrid Mössinger (Hrsg.) 01 – ***LitR:*** div. Beitr. – (Red.)

Lüthgens, Ingrid s. Becker, Ingrid

Lüthi, Urs, Prof., Maler, Fotograf, Installationskünstler; lebt u. arbeitet in Zürich u. München (* Luzern 10. 9. 47) – **VG:** Berlin, Raab; Köln, Krips; Wien, Winter – **L:** seit 94 Univ./GesamtHS Kassel (Prof.) – **P:** E.pr. d. Kt. Zürich 96; Kunstpr. d. Ldeshauptstadt München 97; Glarner Kunstpr. 03 – **M:** Luzern, KM; München, Lenbachhaus; Winterthur, KM; Zürich, Kunsthaus – **E:** zahlr. Einzelausst. im In- u. Ausld, zuletzt u. a. 00 New York, Swiss Inst.; München, Lenbachhaus; Mailand, Spazio Erasmus Brera; Rom, Studio Casoli; 01 Venedig, Bienn.; Köln, Buchmann; 02 Genf, Blancpain Stepczynski; Rom, Gall. Primo Piano; 03 München, Tanit – **G:** u. a. 77 Kassel, documenta VI; 95 Seoul, Bienn.; Paris, Centre Pompidou; 98 Kassel, KV; 99 Stuttgart, KM; 00 Düsseldorf, KS NRW; 01 Venedig, Bienn. – ***Lit:*** Contemp. Artists 96; Dictionary of Art 96; BLSK 98 – (Red.)

Lütkenhaus, Erich, Maler, Graphiker; Tel. (0 23 81) 2 47 20, *erichluetkenhaus@web.de* (* Hiddingsel-Dülmen 28. 8. 24) – **VG:** Hamm, Gal. Kley – **S:** 47–50 WerkKSch Dortmund (b. Prof. W. Herricht); 50–51 HBK Hamburg (b. Prof. Ortner u. Prof. Dr. W. Haftmann) – **L:** 67–68 WFI Linz (Sem.leiter f. Aluchromie auf anodisch oxidiertem Aluminium); Folke Univ. Floro/Norwegen (Gastdoz.) – **P:** Arb.- u. Stud.aufenthalt an d. WerkKSch Dortmund 48; Stip. d. Aldegrever-Ges. Münster (f. d. Graph.wkst. Kätelhöhn Wameln-Möhnesee) 84 – **Ve:** BBK Westf. Süd 54–94; VG Bild-Kunst 02; Westdt. Künstlerbund seit 89 – **KGr:** KKVBW (seit 70) – **G/T:** konkrete Kunst – **M:** Erfurt, Forum Konkrete Kunst; Hamm, Gustav-Lübcke-Mus.; Hünfeld, Mus. Modern Art; Lüdinghausen, Burg Vischering; Orońsko, Centrum Rzeźby Polskiej; Wadersloh, Mus. Abtei Liesborn – **Ö:** Bockum-Hövel, Uphof; Hamm, Märkisches Gymnasium; ebda, RH, Maximilianpark, Friedrich-Wilhelm-Stift, Kr.spk. Unna, Zentralbibliothek, Otmar-Alt-Stift.; Hiddingsel-Dülmen, St. Georgskirche; Lippstadt, Amtsgericht; ebda, Wasserwirtschaftsamt; Oelde, Ldesgartenschau; Soest, ehem. Ldesbehördenhaus; ebda, Amtsgericht – **E:** u. a. 70 Hamm, Gustav-Lübcke-Mus.; 76 Wien, Mod. Art Gal.; 83 Soest, Wilhelm-Morgner-Haus; 84 Wadersloh, Mus. Abtei Liesborn; 93 Minden, KV; 94 Hamm, Elektrohalle im Maximilianpark; 95 Kalisz, Muzeum Okregowe Ziemi Kaliskiej; 97 Beckum, SM; Kempen, Städt. Kramer-Mus.; 00 Bergkamen, StG; 02 Lüdenscheid, SM; 03 Holzwickede, Haus Opherdicke; Dinker, Gal. im Pallas-Verl.; 04 Hünfeld, Mus. Modern Art; Linz, Kunstuniv. – **G:** u. a. 74 Darmstadt, Neue Darmstädter Sezession; 76 Kopenhagen, Schloß Charlottenburg; 78 Buffalo/USA; 89 Gmunden, Hipp-Halle; 95 Katowice, Kult.-zentrum; 01 Kaunos, Gal. – **V:** Aluchromie – Eine neue Maltechnik, Sonderdruck in: Aluminium 46 70; Die Würde des Menschen 80; Die Ordnung des Seins – Konkrete Kunst aus NRW 99 – ***Lit:*** AUSST.KAT.: Adolf Smitmans: Bilder aus dem Unterbewußten 84; Gerhard Kaldewei: Brückenschlag über die Grenzen 89; Siegfried Gnichwitz: Körper, Raum, Farbe 89; ders.: Plastiken 1989/90 90; Gerhard Kaldewei: Raumstrukturen 91; Taifun Belgin: Spannung vor der Ruhe – (Red.)

Lützen, André, Fotograf; Admiralitätstr. 74, D-20459 Hamburg, Tel. (0 40) 37 30 74 (* 63) – **S:** HBK Hamburg (visuelle Kommunikation); Intern. Center of Photography New York – **E:** u. a. 99, 00 Hamburg, MKG; 01 Stuttgart, Württembergischer KV – **V:** Generation Boul Fale 01 – (Red.)

Luf, Margot, Bildhauerin; Rupprechtstr. 8, D-80636 München, Tel. (0 89) 12 00 17 15, Fax 1 23 35 38, *margot-luf-art@arcor.de*, *www.margot-luf-art.de*. Atelier: Oefelestr. 5, D-81543 München (* Altenmarkt/Alz 15. 3. 45) – **VG:** Grünwald, Müller – **S:** 65–67 KA München (Malerei u. Bildhauerei b. d. Prof. Meistermann u. Kirchner); 70–75 Gr. Spur München (Assistenzstunden b. Lothar Fischer) – **L:** 70–85, 87–02 München (Kunsterziehung f. geistig behinderte u. schwer erziehbare Kinder u. Jgdliche) – **KGe:** M. L. u. Stefan Becker (bemalte Skulpt., 80–88) – **G/T:** Skulpt. (Bronze, Holz, Ton, Schwerpunkt: bemalte Skulpt.); Collage, Papierarb. – **Ö:** Leipheim, Metallwerke Wanzl; München, Ldesbauspk.; Tourette/Frkr., Golf Resort Terre Blanche; Ulm, Abt. f. Unfallchirurgie d. Univ.klinikums; ebda, Kunststift. Pro Arte, Skulpt.pfad – **E:** 79 München, Marsyas; 85 Cham, StG; Berlin, Nothelfer; 88 Nürnberg, Bauer & Blössl (m. Stefan Becker); 89 Ulm, Mock; 91 Wörth/Donau, Schloßgal.; 94 Dießen a. Ammersee, Gal. im Taubenturm; Ulm, Gal. im Kornhauskeller; 95 München, Lea; 96 Ulm, Gal. im Griesbad (m. C. Wagner); 99 Amsterdam, Gal. Jos Art – **G:** 75–83 München, Große Kunstausst. (Neue Gr.); 77 Bochum u. Wolfsburg, Forum junger Kunst; 83–84 Frankfurt am Main, Jahresausst. d. Dt. Künstlerbundes Berlin; 86, 87, 88 Freiburg/Breisgau, Schneider; 89 Mannheim, StKH; 90 Waldkirch/Breisgau, StG; 99 Ahrenshoop, Neues Kunsthaus; 06 Kötzting, Gal. im Woferlhof

Luginbühl, Bernhard, Bildhauer, Graphiker u. Performer; Maiacher, CH-3324 Mötschwil/BE, Tel. 0 344 22 55 25 (* Bern 16. 2. 29) – **S:** Bildhauerlehre – **G/T:** Skulpt. (vorw. Eisen); Graph. (Zeichn., Druckgraph.); Performance (Verbrennungsaktionen); Film – **M:** Bern, KM; Genf, Mus. d'art et d'histoire; Hamburg, KH; Solothurn, KM; Wien, MMK Stiftung Ludwig; Winterthur, KM; Zürich, GrS d. ETH; Zürich, Kunsthaus – **Ö:** Bern, KH (Skulpt.); Bern, Generaldir. PTT (Eisenskulpt.); Bern, Waldau; Linz, Donauufer; Mötschwil, Luginbühlstift. (Skulpt.park); Osaka, Hakone Park; Zürich-Kloten, Flughafen (Eisenskulpt.) – **E:** 89, 03 Bern, KM; 03 Basel, Mus. Jean Tinguely – **R:** Drama des einsamen Hundes, Kurzf. 67; Der Kleine Emmentalfilm; Der Künstler Adolf Wölfli 77 – ***Lit:*** Dictionary of Art 96; BLSK 98 – (Red.)

LUI s. Gmeiner, Alois

Lukas, Michael, Künstler; Stockmannstr. 23, D-81477 München, Tel. (0 89) 79 82 23, *mail@michael-lukas.de*, *www.michael-lukas.de* (* München 6. 10. 59) – **VG:** München, Jörg Heitsch – **S:** 81–86 ABK München (Meisterschüler b. Prof. Daniel Spoerri, Dipl.) – **L:** 96–07 TU München (Ass. am Lehrstuhl f. Bildner. Gest. b. Prof. Rainer Wittenborn); 98–07 ebda (LAuftr. f. Farbgebung) – **Ve:** BBK München u. Obb. 88 – **G/T:** Malerei, Graph., Kunst im öff. Raum, Bühnenbild u. Mus.gest. – **W:** div. Privatslgn im In- u. Ausld; Ankauf durch d. Dt. Bank Frankfurt am Main u. d. Lufthansa Cargo Frankfurt am Main; – Arb. im Bes. d. Gal. Hasenclever München, Ribbentrop Eltville u. Heitsch München; – sowie in d. Slgn Busse Worpswede, Arzberger Geislingen, Köstlin Berlin, Westermann Rastatt u. Fridley/Puhlick in San Francisco – **M:** Karlsruhe, Badisches LM; Oldenburg, LM f. Natur u. Mensch – **Ö:** Leipzig, Lichthof d. Intern. Begegnungszentrums d. Univ. (Skulpt.); Oldenburg, LM f. Natur u. Mensch (archit. u. künstler. Neugest. d. Abt. 'Moor' u. 'Geest') – **E:** zahlr. Einzelausst. seit 87, u. a. 87 München, ABK; 89 Wasserburg am Inn, Gal. im Ganserhaus; 89, 91, 92 München, Hasenclever; 90 München, Pasinger Fabrik; 91 Landshut, StG; Wuppertal, Schloß Lüntenbeck (Freie Theaterproduktion, Bühnenbild u. Requisite); 95, 97 München, Autoren Gal. 1; 00 München, Jörg Heitsch; 02 Wain, Kult.stadel (Ausst. Walcher u. Brecht, archit. u. künstler. Gest. zus. m. Nicole Seidel); Stuttgart, Dt. Gewerkschaftsbund (Ausst. Walcher u. Brecht, archit. u. künstler. Gest. zus. m. Nicole Seidel) – **G:** 88 Civitella De'Agliano (Questa e vita); 89 Frankfurt am Main, Art Frankfurt; München, Gal. d. Künstler; Köln, Art Cologne; 90 Eltville, Ribbentrop; München, Künstlerwkst. Lothringerstr.; 92 Wrocław, NM; 99 Karlsruhe, Badisches LM; 00 Mailand, Mus. Teo; München, Jörg Heitsch; 01 Pordenone, Antico Ospedale dei Battuti; 02 Seoul, Flag Art Festival – ***Lit:*** Eva Karcher (Textbeitr.), z. Ausst. an d. ABK München 87; Wolfgang Schäffner (Textbeitr.), z. Ausst. in d. Gal. Hasenclever München 89; Gabriele Czöppan (Textbeitr.), z. Gr.ausst. in d. Gal. d. Künstler München, leporello 89; Roger Willemsen (Textbeitr.), z. Ausst. in d. StG Landshut 91; – sowie weitere Kat. zu div. Gr.ausst. – (Red.)

Lumen, Dirk; Großmutzer Dorfstr. 7, D-16775 Löwenberger Land, Tel. u. Fax (03 30 84) 6 01 68 – **G/T:** Malerei, Graph. – (Red.)

Lunau, Siegfried Wolfgang (Ps.: SIGGI), Bildhauer, Kunstmaler, Plastiker, Objektkünstler; c/o Museum Europäische Kunst, Schloß Nörvenich, D-52388 Nörvenich, Tel. (0 24 26) 90 22 33, 46 32, Fax 13 11, *info@europaeische-kultur-stiftung.org*, *www.museum-arno-breker.org/deutsch/d-shop-0.html; www.meaus.com/bildhauer-lunau.htm* (* Schwelm/Ennepe-Ruhr-Kr. 16. 12. 44) – **VG:** Bonn, Marco Ed.; Clarence/NY, The Mus. of European Art – **S:** Autodidakt – **KGe:** L/H: S.W.L. u. Walter Hoppe (03 verstorben), Metallkünstler (seit 94) – **G/T:** Malerei (Öl, Aqu., gegenständl.); plast. Arb. (u. a. Portr. u. Relief); Objektkunst (Metall, Kupfer, Messing) – **W:** Bilder u. Plast. in Privatbes. in Dtld, Brasilien, d. USA, d. Niederl. u. Frkr. – **M:** Cuxhaven-Altenbruch, U-Bootarch.; Nörvenich, Mus. Europ. Kunst – **Ö:** Kupfer-Wandplast. in Hasslinghausen, Schwelm u. Wuppertal; Gevelsberg, Engelbert-Tunnel (Bronzereliefs) – **E:** / G: 96, 03 Nörvenich, Mus. Europ. Kunst – ***Lit:*** Marco Bodenstein: S.W.L., Portr. 02; Joe F. Bodenstein: S.W.L. Der Maler 03

Lunden, Ragnhild (geb. Gunvor Ragnhild Sigrand), Malerin; Billdals Hagenväg 9, S-42737 Billdal, *ragnhild.lunden@home.se*, *www.ragnhildlunden.com* (* Göteborg 11. 1. 45) – **VG:** Melbourne, Catherine Asquith Gall. – **S:** Autodidaktin – **P:** u. a. Förd. d. Svenska Bildkonstnärsfonden 90; Pr. d. Remisen Intern. Workshop Brande/Dänemark – **Ve:** Künstler. Reichsorganisation Schwedens seit 90; BBK seit 99; Intern. Assoc. of Art 04 – **G/T:** Malerei (Polymer), Mixed Media, Objekte (versch. Materialien) – **W:** überw. in Privatbes. sowie Ankäufe durch schwedische u. dänische Städte u. Gemeinden – **Ö:** Göteborg, Sahlgrenska Krankenhaus; ebda, Karolinska Krankenhaus; Leipzig, Gewandhaus (Gemälde) – **E:** 90 Genf, Video Art Genevensis; Göteborg, KV; 91 Toronto, Theodore MCA; 93 Luleå, Norrbottens Mus.; 94 Osaka, ABC Gall.; 95 Brande/Dänemark, City hall; Herning/Dänemark, Univ. for Textile Design; Nagoya, Finearts Gall.; 97 Tokio, Schwedische Botschaft; 98 Göteborg, Mus. for Visual Arts; Saltaruets, Exhibition Hall; 03 Melbourne, Maruska Gall. –

G: 90 Osaka, Trienn. of Painting; 91 Toronto, Theodore MCA; Brüssel, Arcade; 93 Brande/Dänemark, Remisen Intern. Workshop; 94 Petersborough, East of Engl. Fair; Libramont, Libr'Art Fair; Brande/Dänemark, City hall; 95 Nagoya, Art Fair; 98 München, Autoren Gal. 1; München, Gal. d. Künstler; 02 Serain/Belgien, Zisterzienserabtei; 03 Melbourne, Catherine Asquitch Gall. – **V:** Dan Lexö u. R. L.: Smaka Mina Läppar 97; Svergies Bästa Bord (Umschlagbild) – ***Lit:*** R. L., Kat. z. Ausst. im Theodore MCA 91; R. L.s Bilder – Stig Åke Stålnackes Gedanken; Kat. 93 – (Red.)

Lusici, Dietrich (geb. Dietrich Schade), Maler, Bildhauer u. Zeichner; Hauptstr. 7, D-03222 Lübbenau, Tel. u. Fax (0 35 42) 87 21 13 87, *Dietrich@Lusici.de*, *www. Lusici.de* (* Ragow/Spreewald 25. 2. 42) – **VG:** Düren, Vetter; Stuttgart, Harthan; Lübben, Kunstkab.; Bremen, Mönch; Münster, Depping; Basel, Gogniat – **S:** AK Berlin (Meisterkl. Prof. W. Klemke) – **L:** 69–85 Studio Bild. Kunst Berlin Köpenick (künstler. Leiter); 94–01 Luza Vier Salon f. Kunst Berlin-Charlottenburg (Leiter); seit 02 Freie KSch Lübben (Leiter) – **P:** Goldmed. b. UNESCO-Plakatwettb. 'Wasser ist Leben' Warschau 74; Stip. d. AK Berlin 76–79 – **Ve:** VG Bild 86; VG Wort 02 – **KGr:** Studio Bildende Kunst Berlin-Köpenick (69–85); Luza Vier Salon für Kunst Berlin (92–01) – **KGe:** Donnerstag – Stilleben in Berlin Charlottenburg (89–01) – **G/T:** Malerei (Öl, Aqu.); Zeichn. u. Druckgraph.; Buchkunst (orig. Malerb., Buchobjekt, Buchübermalung); Wandbild; Keramik u. Skulpt. – **K:** Grundlagen d. Gest. – Wirkung u. Wertigkeiten d. Mittel d. Bild. Kunst: Bildraum, Linie, Fläche – **W:** in privatem u. öff. Bes. u. a. in Berlin, Köln, Miami Beach, Paris, Rom u. Stuttgart; – Wasser ist Leben (73), LIFE 2001 80, Berlin Grunewald Wald ART, Beerdigung der Tomaten, ART Weg Zeichen, Kunst im Spreewald – **M:** Berlin, AK; Berlin, SMPK; Berlin, Schering KV; Bonn, Kult.stift.; Bremen, KH; Dresden, SKS; Ein Hod, Janco-Dada Mus.; Lübbenau, Spreewaldmus.; Miami Beach; München, Bay. Staatsbibliothek; Paris, Mus. des Arts Décoratifs; Stendal, Winckelmann-Mus.; Warschau, NG – **Ö:** Berlin, Kunsthotel 'art appart' im Kempinski Plaza; ebda, Knak Klub, Colt Telekom; Berlin-Kaulsdorf; Lübbenau, Topfpark; ebda, Kunstkab.; Medebach, Freizeitparkt; Potsdam, ART Büros; ebda, Krone; Spreewald, Kunst im Spreewald – ART Weg-Zeichen – **E:** u. a. 76 Warschau, Muz. Pałac w Wilanowie; 79 Prag, KSch; Berlin, Club d. Kult.schaffenden; 80 Lübbenau, St. Nicolai; 84, 86 Magdeburg, Gal. Ev. Akad.; 86 Berlin, Samaritakirche; 87 Fairbanks, Univ. of Alaska; 88 Berlin, Mus. Checkpoint Charlie; 89 Hamburg, Forum Kunstmesse; 90 Hamburg, Dittmar; Köln, Westernhagen; 91 Basel, Gogniat; Stuttgart, Harthan; 93 Bremen, Mönch; 95 Düren, Vetter – **G:** Bet. an zahlr. intern. Kunstmessen, u. a. in Basel, Frankfurt am Main, Köln, Paris, Zürich; 76 Venedig, Bienn. (Water Spring of Life); – weitere: Basel, Art Basel; Berlin, AK; Berlin, NG; Berlin, Villa Grisebach; Bremen, KH; Dresden (Ausgebürgert); Düsseldorf, Große Kunstausst.; Graz (Das Vermächtnis der Mittagsfrau); Stuttgart, SG; Warschau, Zacheta – **V:** Sabine Sülflohn: LIFE 2001 80; Messingbuch 1–15, Künstlerb. 86; Wendepunkt im Kreis, Künstlerb. (Texte u. Hschn.) 93; Lusici. Auszug aus meinem Tagebuch, in: Almanach 2/1964–1999 99; Engel für Berlin. Auszüge aus Tagebüchern, in: Almanach 3; Lausitzer Mädchen. 1957–1969 (Text u. Tageb.) 00 – **R:** Beitr. in d. RF-Anst. ZDF, ARD, ORB u. OSR – ***Lit:*** Siegfried Salzmann: Das Buch. Künstlerobjekte 89; Elfi Kreis, Jb. Imprimatur Bd XIV 91; Wilhelm Siemen (Hrsg.): Dekor-Varianten. Künstler arbeiten zum Thema Dekor 97; Karin von Maur: Magie der Zahl in der Kunst des 20. Jahrhunderts 99; Monika Leister, Monogr. 02; – sowie Ernst Busche: Weg-Zeichen Lusici – (Red.)

Lussem, Rolf, Maler; Kardinal-von-Waldburg-Str. 55, D-89407 Dillingen/Donau, Tel. (0 90 71) 82 44, 33 44, Fax 20 14 (* Köln 7. 7. 45) – **VG:** Zwingenberg, Schumacher; Eckernförde, Capricornus – **S:** 71–74 Freie KSch Stuttgart (Malerei u. Graph.) – **P:** Kunstpr. d. Ldkr. Dillingen 87 – **Ve:** BBK München u. Obb. 76 – **KGe:** Arb.gr.: R.L., Dlouhy u. Malzer (Kunst am Bau); Arb.gr.: R.L., Dlouhy, Malzer u. Knapp (Kunst am Bau); R.L. u. Dlouhy (Stahlplast. Stadt Lauingen/Donau) – **G/T:** Konstruktiv-konkret; Acrylmalerei, Mischtechniken – **W:** überw. in Privatbes. – **M:** Dillingen, Stadtsaal am Kolpingpl.; Hünfeld, Mus. Modern Art; Wertingen, Städt. KS – **Ö:** Dillingen/Donau, BS-HG; Lauingen/Donau, Neue Brücke; Wertingen, Neues Altenheim; ebda, Grundschule – **E:** 89, 93 Aachen, Bongartz; 95 Dillingen/Donau, Gal. im Schloß (Kat.); 00 Eckernförde, Capricornus; 02 Zwingenberg, Schumacher; 05 Dillingen/Doanu, StG (Kat.) – **G:** zahlr. Bet. seit 75, zuletzt 85 Augsburg, Brechthaus; 88 Krumbach, Rakel; 90 Wertingen, Schloß; 06 Zwingenberg, Schumacher – ***Lit:*** zahlr. Ausst.besprechungen in Ztgn u. Mag.

Lusskandl, Lisa Yvonne (geb. Lisa Yvonne Tamati), Schmuckdesignerin, Goldschmiedin; Brunnengasse 13, Top 9A, A-3100 St. Pölten, Tel. (06 50) 3 16 11 73, Fax 27 4 72 10 55, *lusskand@aon.at* (* New Plymouth/Neuseeland 24. 9. 68)

Lutterbach-Fries, Elke, Graphikerin, Autorin; c/o J. P. Bachem Verlag, Ursulapl. 1, D-50668 Köln, Tel. (02 21) 1 61 90, Fax 1 61 91 59, *Grafikelf@t-online.de*, *www.bachem-verlag.de* (* Köln) – **S:** 76–83 GesamtHS Wuppertal (visuelle Kommunikation) – **Ve:** VG Bild-Kunst ca. 62 – **G/T:** Graph.-Design, Fotogr., Ill.; Autorin – **V:** Ritterburgen. Bd 1 Schloß Burg an der Wupper 03 u. Bd 2 Burg Vatzvey 05 (Autorin, Fotogr., graph. Gest.)

Lutz, Andres, Installationskünstler; Haldenstr. 131, CH-8055 Zürich (* Wettingen 68) – **P:** Manor-Kunstpr. St. Gallen – **KGe:** A. L. u. Anders Guggisberg – **E:** zahlr., u. a. 02 St. Gallen, KM; Thun, KM; 03 Esslingen, StG Villa Merkel; Los Angeles, Helwing; 04 Genf, Espace d'Arts Contemp. – **G:** zahlr., u. a. 02 Zürich, Helmhaus; Bern, Mus. f. Kommunikation; 03 Buenos Aires, Mus. de Arte Mod.; Winterthur, Gewerbe-Mus.; Zürich, MfG – (Red.)

Lutz, Dagmar, M. A., Objektkünstlerin, Kunsthistorikerin; Simrockstr. 47, D-50823 Köln, Tel. u. Fax (02 21) 8 30 51 47, *dagmar.lutz@netcologne.de*, *www. dagmarlutz.kulturserver-nrw.de* (* Frankfurt am Main 18. 11. 61) – **S:** 82–88 Univ. Frankfurt am Main, Univ. Mainz u. Univ. Marburg (Kunstwiss., Schwerpunkt Archit.); 86–88 Inst. f. Graph. u. Malerei d. Univ. Marburg (b. Werner Krieglstein) – **Ve:** VG Bild-Kunst 03 – **KGr:** konkret Bonn (seit 03) – **G/T:** konstruktiv-konkrete Kunst (Objekte, raumbezogene Boden- u. Wandinstall.) – **Ö:** Wien, UNO-City (Austria Center Vienna) – **E:** 94 Köln, Gal. 11; 98 Köln, Gal. DieDa; 99 Bonn, Ges. f. Kunst u. Gest.; 01 Trier, Ges. f. Bild. Kunst/Gal. Pal. Walderdorff; Köln, KV Köln rechtsrhein. – **G:** seit 95, zuletzt 02 Köln, KV Köln rechtsrhein.; 03 Leverkusen, Gal. am Werk; 04 Rehau, Kunsthaus – Inst. f. Konkrete Kunst u. Poesie; Sens, Orangerie d. Mus. de Sens; 05 Soest, Wilhelm-Morgner-Haus; 05, 06 Hünfeld, Mus. Modern Art; 06 Bonn, Ges. f. Kunst u. Gest. – ***Lit:*** Jürgen Blum: Ein Jahr. 40 Positionen. 31 Räume 2005–2006, Ausst.kat. 05 – ***LitR:*** Gabriele Grützbach-Hornig: D.L. Alles im Fluß, Gal. 11, Ausst.film, In:

Köln Spezial, West 3 94; Thomas Rath: D.L. Places and Spaces, Ausst.besprechung (Kult.mag. Radio SWR 2) 01

Lutz, Gerhard, Dipl.-Bildhauer, Kunsterzieher, Studiendirektor; Laurentiusstr. 9, D-94557 Niederalteich, Tel. u. Fax: (0 99 01) 16 80 (* München 42) – **S:** 62 Ludwig-Maximilians-Univ. München (Kunstgesch.); 63–69 ABK München (Malerei b. Prof. A. Hartmann, Bildhauerei b. Prof. Heinrich Kirchner); ab 67 ebda (Meisterschüler b. Prof. Kirchner, 69 Dipl.) – **L:** 70–04 St.-Gotthard-Gymnasium Niederalteich (Kunsterziehung); seit 90 VHS Deggendorf (Doz. f. Aktzchng u. Kunstgesch.) – **P:** versch. Ausz. f. fotogr. Arb. 74, 75; Bay. Staatspr. (Goldmed. f. Keramik) 83; Keramikwettb. Mino/Jap. (Dipl.) 86, 89; Keramikwettb. Zagreb (Dipl.) 87, 90; Artist in Residence (Bornholm) 05; Intern. Wettb. f. dekorierte Keramik Carouge 05 – **Ve:** BBK Ndb. 85; Dt. Verb. f. Fotogr. 02; Intern. Contemp. Ceramic Art (ICCA) 06; KV Plattling; Kulturver. Niederalteich – **KGr:** Deggendorfer Künstlergr.; Regenbogen – **G/T:** Objekte aus Steinzeug u. Porzellan (freie künstler. Arb. m. keram. Material); Fotogr. (Akt, Portr., Lsch., Archit., vorw. s/w) – **K:** Kunstgesch.; Aktzchng; VHS Deggendorf (Keramik, bis 81) – **W:** in priv. Keramikslgn im europ. In- u. Ausld – **M:** Coburg, KS d. Veste; Frechen, Keramion; Karlsruhe, Badisches LM; Koblenz, Handwerkskammer (HWK); Oldenburg, LM; Osnabrück, Kulturgesch. Mus.; Stuttgart, Württembergisches LM; Sögel, Emsland-Mus. Schloß Clemenswerth; Zagreb, Keramikmus. – **E:** seit 79 weit über 100 in Dtld, Niederl., Öst., Schweiz u. Dänemark, zuletzt 06 Zwickau, Gal. am Domhof; Bornholm; Burglengenfeld, Mus.; Rotthalmünster, VHS; Freyung, Spk. – **G:** zahlr. in Europa, USA, Jap. u. Neuseeld – ***Lit:*** G.L. 1942–2002. 25 Jahre Keramik 02; Who is who in ceramic art 96, S. 446–449; Keramikführer 2005/2006 05 – ***LitR:*** Dr. Krafft: Keram. Arb. G.L., Video (Bay. Fs.) 81

Lutz, Werner, Maler u. Schriftsteller; St. Alban-Rheinweg 82, CH-4052 Basel, Tel. 0 612 72 73 53 (* Wolfhalden/Appenzell AR 25. 10. 30) – **VG:** Basel, Carzaniga & Ueker – **G/T:** Malerei (Öl, Aqu., Abstr.) – **W:** überw. in Privatbes. – **E:** 77 Basel, Actual; 78 Hüttwilen, Kunst im Riegelhaus; 79, 84 Basel, Art Basel; 81 Basel, Brambach; 87 Lützelflüh, Kult.mühle; 88, 91, 95 Basel, Carzaniga & Ueker; 94 Murten, Gal. z. Ringmauer; 95 Arbon, Schloß; Oberwinterthur, Kunsthaus; 96 Heiden, Kursaal; 02 Heiden, Gal. W.; 05 Basel, Gal. Die Aussteller – **V:** Flusstage Wolkentage. 4 Gedichte in Handschrift-Faksimile u. 4 Orig.graph.blätter, Serigrafie 88 – ***Lit:*** Gal. Carzaniga & Ueker (Hrsg.): W. L. Ausst.kat. 88, 91, 95

Lutzeyer, Matthias, Maler; Stitzenburgerstr. 5A, D-70182 Stuttgart, Tel. u. Fax (07 11) 23 26 47 (* Stuttgart 1. 6. 59) – **VG:** Heidelberg, Sacksofsky; Stuttgart, Braun; Basel, Krohn – **S:** 81–88 Staatl. ABK Stuttgart (b. d. Prof. Baumgartl, Mansen u. Schubert) – **P:** Stip. d. Dt.-Frz. Jugendwerks (Éc. Nat. Superieure des Beaux Arts Paris) – **Ve:** VBKW; BBK – **KGr:** Das RAD (seit 87) – **G/T:** Malerei (monochrome Farbreliefs) – **M:** Stuttgart, Slg d. Staatl. ABK – **Ö:** Stuttgart, Univ.sportanlagen (Freiplast.) – **E:** 94 Tettnang, Gal. im Torschloß; 95 Stuttgart, Gal. 103; 99 Stuttgart, KA; 00 Mannheim, Fahlbusch; 03 Stuttgart, Braun; 04 Heidelberg, Sacksofsky – **G:** 92 Stuttgart, Gal. d. Ldesgirokasse; 00 Stuttgart, Braun; 02 Badenweiler, Gal. Dr.Krohn; 03 Düsseldorf, Große Kunstausst. NRW; 04 Stuttgart, Württembergischer KV – ***Lit:*** M. L., Ausst.kat. 99 – ***LitR:*** Denkanstösse (SDR) 94; M. L. (Im Atelier) 02 – (Red.)

Lux, Loretta (Ps.), Malerin, Fotografin; *info@lorettalux.de, www.lorettalux.de.* Lebt in Monaco. (* Dresden 23. 9. 69) – **VG:** Bochum, Schön – **S:** 90–96 ABK München (Malerei u. Graph.); 94–96 ebda (Meisterschülerin b. Prof. Gerd Winner) – **P:** DAAD-Stip. f. London 97–98; Debutantenförd. d. BBK 00; Kat.förd. d. Bay. Staatsmin. f. Wiss., Forsch. u. Kunst 00; Stip. d. Hacker-Pschorr-Stift. 00; Projektstip. d. Stadt München 01; Bay. Staatsförd.pr. f. junge Künstler 02; Infinity Award for Art d. Intern. Centre of Photogr. New York 05 – **G/T:** Verbindung v. Malerei u. Fotogr. (digital nachbearbeitete Foto-Portr., meist Darst. v. Kindern vor gemalten, kargen Landschaften o. schlichten Intérieurs) – **M:** Akron, Art Mus.; Chicago, Art Inst.; Cleveland, The Cleveland Mus. of Art; Den Haag, Fotomus.; Houston/TX, Mus. of Fine Arts; Jerusalem, Israel Mus.; Knoxville, Mus. of Art; Lausanne, Mus. de l'Elysée; Los Angeles, County Mus. of Art; Los Angeles, MCA; München, Artothek; München, Bay. Staatsgemäldeslgn; München, Fotomus.; New Orleans/LA, Mus. of Art; New York, Brooklyn Mus. of Art; New York, Guggenheim; Paris, Maison Europ. de la Photogr.; Providence, RISD Mus.; San Francisco, MMA – **E:** 03 Münster, SM; 04 Amsterdam, Torch (Kat.); 04, 06 New York, Yossi Milo Gall.; 06 Den Haag, Fotomus. – **G:** zahlr. seit 03, zuletzt u. a. 05 Kansas City, Soc. f. Contemp. Photogr.: Simulacrum. Portraiture in the New Millenium; Stuttgart, Württembergischer KV: Contenance – Fassung Bewahren; Brügge, De Bond: Boost in the Shell; Palm Beach, Norton Mus. of Art: Focus on. New Photogr.; Mexiko-Stadt, Gal. OMR: Contiene Glutamato; Tokio, NM of Mod. Art: Zwischen Wirklichkeit u. Bild; 06 Kagawa, MCA: Zwischen Wirklichkeit u. Bild; Kyōto, NM of Mod. Art: Zwischen Wirklichkeit u. Bild – ***Lit:*** u. a. Stefan Schmid: L. L., Ausst.kat. (z. Ausst. 'Debutanten 2000' in d. Gal. d. Künstler d. BBK München u. Oberbay.) 00; Manfred Zollner: Konstruierte Kindheit. Die digital verfremdeten Kinderportraits von L. L., In: Fotomag., 8, S. 156–161 02; Kerstin Brüggemann: L. L. – Kinderportraits, In: ProfiFoto, 4, S. 58–65 02; Diana C. Stoll: L. L.s Changelings, In: Aperture, 174, S. 70–79 04; Nancy Grubb (Hrsg.): L. L. 05; Natacha Wolinski: L. L. – portraits d'infants en enfants, In: Beaux-arts, 250, S. 48–51 05; Manfred Zollner: Irritierende Blicke – L. L., In: Photo-Technik intern., 1, S. 40–45 05 – (Red.)

Lux, Marga s. Rintelen, Jutta

Lux, Theodore s. Feininger, T. Lux

Luxenburger, Birgit, Malerin, Fotografin; c/o Galerie Erhard Witzel, Kaiser-Friedrich-Ring 63, D-65185 Wiesbaden, Tel. (06 11) 8 76 96, Fax 8 12 09 90, *erhard.witzel@galerie-witzel.de; bl@bilux.net (privat), www.galerie-witzel.de* (* Schaffhausen/Saar 17. 4. 51) – **VG:** Wiesbaden, Witzel; Freiburg im Breisgau, Baumgarten – **S:** 73–78 GesamtHS Saarbrücken (Graph.-Design); 80–85 Städelschule Frankfurt am Main; 86 Meisterschülerin – **P:** Kunstpr. f. Malerei Kult.stift. d. Städt. Spk. Offenbach 86; Förd.pr. Saar Ferngas 86; Kunstpr. AKB-Bank Köln 95; Gastatelier d. Stadt Salzburg 91 – **Ve:** Dt. Künstlerbund seit 98 – **G/T:** Malerei, Fotogr. – **W:** in priv. u. öff. Besitz, Ankäufe u. a. durch d. Dt. Bank sowie d. Städte Frankfurt/Main, Mainz u. Wiesbaden – **Ö:** Frankfurt am Main, Dt. Ges. f. Wertpapier-Sparen; Köln, AKB-Bank; Mainz, Ldeszentralbank f. RP u. Saarld; ebda, Girobank u. Spk.; Saarbrücken, Saar Ferngas; Stuttgart, Ldesbank BW – **E:** u. a. 87, 89 Offenbach/Main, Gal. Witzel; 90 Nancy, Gal. A'Linea; 91, 93 Freiburg im Breisgau, Baumgarten; 92 Friedberg, KV; 94 Radolfzell, Vayhinger; 96, 97 Würzburg, StG; 96, 97, 98, 01 Wiesbaden, Witzel; 97 St. Wendel, Mia

Münster Haus; 02 Saarlouis, Walzinger; 03 Ludwigshafen, KV; 04 Ingolstadt, Haas – **G:** u. a. 84 Offenbach, KV; 86 Saarbrücken, Saarland-Mus. Mod. Gal.; 87 Offenbach/Main, Gal. Witzel; 90 St. Wendel, Mia Münster Haus; 92 Saarbrücken, Stadt-Gal.; Salzburg, Traklhaus; 93, 00 Freiburg im Breisgau, Baumgarten; 95 Osaka, OXY-Gall.; 95, 98, 99, 01 Wiesbaden, Witzel; 00 Radolfzell, Vayhinger; 03 Mainz, Gal. d. Stadt – ***Lit:*** AUSST.KAT.: B.L. 89; B.L. 92; Doppelblick 93; In Sichtweite 96; B.L. 97 – (Red.)

Luy, Wolfgang, Prof., Bildhauer; Buchrainweg 29, D-63069 Offenbach am Main, Tel. (0 69) 83 83 80 10 (* Trier 49) – **S:** 66–69 Fotografenlehre; 70–74 FHS Köln (Fotogr.); 74–80 KA Düsseldorf (b. Klaus Rinke) – **L:** seit 89 HS f. Gest. Offenbach (Prof. f. Bildhauerei, Rektor 97–00) – **P:** New York Stip. d. KA Düsseldorf 80; Arb.stip. d. Stift. Kunstfonds Bonn 84; Karl-Schmidt-Rottluff-Stip. 84–86 – **G/T:** Skulpt. (Holz, Stein, Bronze), Install., Kunst im öff. Raum, Zeichn. – **E:** u. a. 80 New York, PS 1; 82 Bern, KH; 86 Hamburg, Kult.behörde, Jenisch Park; 87 Darmstadt, Mathildenhöhe; 91 Frankfurt am Main, KV; Düsseldorf, StKH; 92 Aschaffenburg, Neuer KV; Frankfurt am Main, Schütz; 02 Offenbach, Gal. d. Tagesklinik d. Stadtkrankenhauses – **G:** u. a. 86 Venedig, Bienn.; 87 Kassel, documenta VIII – ***Lit:*** Reclams Künstlerlex. 02 – (Red.)

Luz, Hans, Prof., Architekt u. Landschaftsarchitekt; Im Asemwald 62, D-70599 Stuttgart, Tel. (07 11) 7 22 25 89 (* Stuttgart 10. 6. 26) – **L:** seit 75 Univ. Stuttgart (Honorarprof. im FB Archit. u. Stadtplanung) – **P:** u. a. Paul-Bonatz-Pr. 58, 79; Pr. d. Bdes Dt. Landschaftsarchitekten 77, 87; Fritz-Schumacher-Pr. 80; E.ring d. Bay. Akad. d. Schönen Künste 97 – **Ve:** AK Berlin; Freie AK Mannheim; Dt. Akad. f. Städtebau u. Ldesplanung; Dt. Werkbund Bad.-Württ. – **G/T:** Archit., Landschaftsarchit. – ***Lit:*** Contemp. Architects 94 – (Red.)

LVDS s. Vanderschaeve, Lieve

Lyfond, Sol, Künstler; Neusser Str. 569, D-50737 Köln, Tel. (02 21) 7 40 91 62, Fax 7 40 70 44, *sollyfond @aol.com* (* Düsseldorf 24. 6. 65) – **VG:** Köln, Haferkamp; Ratingen, Raum f. Kunst – **S:** 87–89 FHS Aachen (Bild. Kunst); 89–91 FHS Köln (Bild. Kunst) – **Ve:** KV Projekt Herzgehirn 93 – **G/T:** Videokunst (v. a. Performance, Install., Objekt u. Ed.) – **E:** / G: 89 Köln, Kunststation St. Peter; 94 Aachen, Signe; Belgrad, Studenski Cult. Centar; 94, 95 Köln, Rautenstrauch-Joest-Mus.; 95 Aachen, Suermondt-Ludwig-Mus.; Heerlen, StG; 96 Luxemburg, Goethe-Inst.; Rotterdam, Zentralbibliothek; 97 Verviers, MBA et de la Céramique; Köln, Käthe Kollwitz Mus.; 98 Krakau, Fortress of Art Festival; Chongju, Art & Cult. Center; 99 Reykjavik, Mus. f. Neue Kunst; Bialystok, Arsenal; 00 Köln-Ehrenfeld, Kult.bunker; Münster, cuba-cult.; Heerlen, Signe; 01 Köln, Haferkamp; Köln, Lutherkirche; Berlin, NG; Frankfurt am Main, Buchmesse; 02 Nürnberg, KA; Nijmegen, Triavium; Ratingen, Haus am Turm; 03 Köln, Deutzer Brücke; 04 Bad Honnef, Balint-Ges. – **V:** INWO Intern. (Hrsg.): Zukunftsfähige Wirtschaft (Beitr.) 95 – ***Lit:*** S. L. – Performances, Installationen, Objekte (Arbeiten 1989–1996), Kat. 97; Zss: Kunstforum Intern.; APEX; Ztgn: Der Spiegel 95; Die Zeit 95; Die Woche 95 – ***LitR:*** Kröten, Blüten, Cybercash, in: Nacht-Kultur, Fs.-Sdg. WDR 97; mittwochs forum, SWF 97 – (Red.)

M + M (Künstlerduo Martin De Mattia, Marc Weis); Dachauer Str. 110 G, D-80636 München, Tel. u. Fax (0 89) 12 39 10 17, *MM@MM-art.de*, *www.mm-art.de* (* De Mattia: 22. 3. 1963 Krefeld, Weis: 9. 4. 1965 Daun) – **VG:** München, Storms; Bologna, Neon – **L:** 00–01 HBK München (Prof. f. Medienkunst); 01–02 HS f. Gest. u. Kunst Zürich (Doz. f. verteiltes Erzählen) – **P:** Kunstfonds e.V. Bonn 94; Botho-Graef-Kunstpr. 94; Bay. Staatsförd.pr. 97; Villa-Massimo-Stip. 98, 99; USA-Stip. 02 – **KGe:** M + M: Martin De Mattia u. Marc Weis – **G/T:** Fotogr., Multimedia – **M:** Luxemburg, Mus. d'Art Mod.; Mainz, KS Rh.-Pf.; München, Bay. Staatsgemäldeslgn – **Ö:** Dachau, Gymnasium Markt-Indersdorf; München, Herz-Jesu Kirche; ebda, Münchener Rückversicherung, Kfz-Zulassungsstelle – **E:** 96, 99 Bologna, Neon; 96 Köln, Förd.koje Art Cologne; 98 Aachen, Suermondt-Ludwig-Mus.; Ljubljana, Skuc; 99 München, Dany Keller; 00 München, Marstall-Mus.; 03 London, hammer sidi; Montreal, Mus. d'Art Contemp.; 04 München, Storms; Berlin, Mus. f. Fotogr. – **G:** 99 Wuppertal, Von der Heydt-Mus.; Köln, Mus. Ludwig; 02 München, Haus der Kunst; Hannover, Sprengel Mus.; 03 Bremen, StG; Karlsruhe, ZKM – **V:** Autobahnschleife, Künstlerb. 00; J. Torrance: Was du heute kannst besorgen... (Hrsg.) 03 – ***Lit:*** Susanne Meyer-Büser u. Bernhart Schwenk: TALK-Show, Ausst.kat. 99; Stefanie Rosenthal: Stories, Ausst.kat. 02; Stefan Iglhaut: Science & Fiction, Ausst.kat. 02 – (Red.)

M. H. Graf s. Hauptmann, Mike

M.M. s. Matschinsky-Denninghoff, Martin

Maak, Renate (geb. Renate Haack), Mag. art, Prof., Textildesignerin u. Objektkünstlerin; Am Leopoldsgrund 4, A-8055 Graz, Tel. u. Fax (03 16) 29 10 43 (* Stralsund 3. 4. 36) – **S:** 58–63 HS f. industr. Formgest. Halle Burg Giebichenstein (Dipl. Textildesign, b. Prof. W. Sitte u. Prof. L. Zitzmann) – **L:** 83–96 Höhere Technische Bundeslehranst. Graz (Textiles, Design) – **P:** E.med. d. Ldeshauptstadt Graz 89; Goldenes E.zeichen d. Ldes Stmk 92; Goldene E.med. d. Künstlerhauses Wien 94; Berufstitel Prof. 95 – **Ve:** Ges. bild. Künstler Öst. (Künstlerhaus Wien) seit 87 – **G/T:** Tapisserie, Install. u. Objektkunst – **K:** seit 84 Organisation u. künstler. Leitung d. jl. Intern. Textilkunst-Symposiums ITS Graz – **W:** in öff. u. privatem Bes. im In- u. Ausld – **M:** Dresden, KGM Schloß Pillnitz; Szombathely, Savaria múz.; Wien, MAK – **Ö:** Graz, Ev. Kirche Andritz; ebda, RH, Bildungszentrum Raiffeisenhof, Steiermärkische Bank, Tageszentrum Integrierter Sozial- u. Gesundheitsstützpunkt ISGS; Kapfenberg, Kult.zentrum; Leibnitz, Kult.haus; Leoben, Spk.; Loipersdorf, Therme – **E:** zahlr. Einzelausst. seit 73, u. a. 73 Freiberg, Stadt- u. Bergbaumus.; 75, 80 Stralsund, Kultur-hist. Mus.; 78 Dresden, Kunst d. Zeit; Aue, Club d. Intelligenz; Rossendorf, Club d. Zentralinst. f. Kernforsch.; 80 Berlin, Studio-Gal. d. Staatl. Kunsthandels; 81 Freital, Heimatmus.; 82 Stainz, Raiffeisenkasse; Baden/Wien, Casino; 83 Graz, Bildungszentrum Raiffeisenhof; St. Ruprecht, Raiffeisenkasse; 84 Graz, Steiermärkische Bank; 85 Graz, Gal. Club F; Stuttgart, Gal. Kunsthöfle; 86 Graz, Künstlerhaus (m. O. Bottoli u. F. Moser); 87 Graz, Steiermärkische Spk.; 92 Frauental, Schloß Frauenthal; 96 Kapfenberg, Kult.zentrum; 98 Wien, Club Alpha; 00 Frohnleiten, Kloster; 01 Leibnitz, Transparent; 03 Schwabach, 2nd floor art gall.; 06 Graz, RH – **G:** zahlr. Ausst.bet. seit 70, u. a. 72 Dresden, Kunst d. Zeit; 73 Leipzig, Mus. f. Kunsthandwerk; 78 Łódż, Centralne Muz. Włókiennictwa; 79 Dresden, Neue Dresdner Gal.; 80, 84–98 Szombathely, Intern. Miniaturtextilbienn.; 83 Hannover, Miniaturtextil; 85 Graz, Künstlerhaus; 86 Luxemburg, Théatre des Capucins; 88 Graz, Neue Gal.; 89, 97 Wien, Künstlerhaus; 90 Dresden, Albertinum; 91 Bärnbach, Schloß Alt Kainach; 93 Darmstadt, KH; Berlin, Tschechisches Kult.zentrum; 94, 97 Como, Miniaturtextil; 95 Krakau, Öst. Generalkonsulat; 96, 02 Runcorn/Cheshire, Norton Priory Mus. – Manor Park; 97 Manchester, Alsager Gall.; Pezinok/Slowakei, Common Space II; Wien, Haus Wittgenstein; St. Pölten, Ndöst. Dok.-Zentrum f. Mod. Kunst; Kapfenberg, Kult.zentrum; 98 Graz, Alte Lagerkeller d. Brauerei Puntigam; Berlin, Haus am Kleistpark; 99 Steyr, Schloß; Graz, Telekom-Gal.; Seoul, Gal. Mokkumto; 00 Kamogawa/Jap., AWA Bienn.; 02, 04 Chieri, Fibre Art Bienn.; 03 Graz, Bildungszentrum Raiffeisenhof; 05 St. Gallen, Fibre Art Bienn.; Budapest, MBK; 05 Izmir, Visions in Textile; 06 Foggia, Fra(c)arte – ***Lit:*** Werner Schmidt in: Ausgebürgert. Künstler der DDR 1949–1989 90; Friederike Grünke in: Zeitgenössische Textilkunst Deutschland – Österreich – Schweiz 95; Christa Steinle u. Alexandra Foitl in: Styrian Window 96; R. M. Textilkunst 1990–1996 97 – ***LitR:*** Patricis Hladschik u. Hannes Vyoral in: Bildkunst Österreich, Handb./CD-ROM/Online-Datenbank 97/99–00

Machacek, Ingeborg (geb. Ingeborg Goralik), Bez.-schulinspektorin; Atelier M, Bockfließer Str. 33, A-2232 Deutsch-Wagram (* St. Pölten 9. 5. 50) – **VG:** Stockerau, Gal. z. alten RH – **S:** Lehrerin f. Bild. Erziehung – **P:** Flaschendesign Poysdorf (2. Pr.) – **G/T:** kreatives Gest. m. Acrylfarben; Bilder; Collagen; Experimente – **Ö:** Poysdorf, Flaschendesign – **E:** Dauerausst. im eigenen Atelier – sowie: Stockerau, St. Pölten, Groß-Enzersdorf, Ollersdorf, Gänserndorf

Machold, Jorge, Bildhauer, Maler; Atelier: Rheinstr. 45, Aufg. 7, D-12161 Berlin, Tel. u. Fax (0 30) 8 51 90 08, Mobil: 01 7 15 31 00 31. Neue Dorfstr. 9, D-29476 Gusborn, Tel. u. Fax (0 58 65) 4 21 (* Chemnitz 6. 8. 40) – **S:** Autodidakt – **G/T:** Bildhauerei (Stein-, Stahl- u. Holzplast.); Arb. auf Papier – **W:** zahlr. Arb. in bedeutenden Privatslgn – **M:** Berlin, Artothek; Berlin, Berlinische Gal.; Berlin, Kpst.-Kab.; Berlin, SMPK; Oldenburg, LM; Wien, Albertina – **Ö:** Berlin, Bürohaus am Mierendorfplatz; Braunschweig, Staatsanwaltschaft; Markt-Heidenfeld, Spk.; Potsdam, Staatskanzlei; Ratingen, EBE; Semlin, Golfhotel – **E:** seit 68, u. a. Wien, Modern Art Center; Köln, Baukunst Gal. (Kat.); Amsterdam, Ina Broerse; Berlin, Bassenge; Berlin, Nothelfer (Kat. 74, 79, 89); München, Heseler; Düsseldorf, Achenbach + Löhrl; Düsseldorf, Commerzbank; Oldenburg, LM; Jameln, KH; 07 Chemnitz, KS – **G:** seit 73, u. a. Basel, Art Basel; Köln, Kunstmesse; Berlin, NG; Berlin, Schloß Charlottenburg (Orangerie); Baden-Baden, 3. Bienn. d. europ. Graph. – sowie: Skulpturenprojekt d. Galerien Maximilianstr. München – ***Lit:*** J.M. – Prägedrucke + Aquarelle 71 – ***LitR:*** Ulf Borchardt: Exodus i. d. Heide (SFB) 77; B.F. Hoess: Metallbildhauer J.M. (SFB) 82; Axel Radler: J.M. (Sat 1) 86; G. Komrey: Bildhauer J.M. (SFB) 91; Beiträge von G.Y. von Kalinowsky: J.M., Plast. u. Zchng im Atelier Rheinstr. (SFB) 95; J.M. (SFB) 00; Atelier des Malers J.M. (RBB) 03

Mack, Heinz, Prof., Bildhauer, Maler; Huppertzhof, Ueddinger Str. 232, D-41066 Mönchengladbach, Tel. (0 21 61) 60 24 58, Fax 60 39 74, *mack-kunst@t-online.de*, *www.mack-kunst.com* (* Lollar 8. 3. 31) – **VG:** Dornbirn, c.art Prantl + Boch; Essen, Neher; Köln, Holtmann; Sindelfingen, Lau Fine Art & Consulting; Berlin, Bischoff; Wetzlar, Gal. am Dom – **S:** 50–53 Staatl. KA Düsseldorf (Malerei); 53–56 Univ. Köln (Phil.) – **KGr:** Azimuth; Gruppe 53; Neue Gruppe Saar; ZERO (Mitbegr.); Nove Tendencije – **M:** Berlin, NG; Bochum, KS d. Ruhr-Univ.; Bochum, Mus.; Bonn, KM; Dortmund, Mus. am Ostwall; Düsseldorf, KS NRW; Düsseldorf, Mus. Kunst Pal.; Freiburg im Breisgau, Mus. f. Neue Kunst; Hagen, Karl-Ernst-Osthaus-Mus.; Hamburg, KH; Hannover, Sprengel Mus.; Kaiserslautern, Pfalz-Gal.; Karlsruhe, SKH; Krefeld, Kaiser-Wilhelm-Mus.; Köln, Mus. Ludwig; Ludwigshafen, Wilhelm-Hack-Mus.; Mannheim, StKH; München, Pin. d. Mod.; Münster, Westf. LM; Mönchengladbach, StM Abteiberg; Stuttgart, SG; Ulm, Ulmer Mus.; Wiesbaden, Mus.; Wolfsburg, StG; Wuppertal, Von der Heydt-Mus. – **E:** zahlr. Einzelausst. seit 57, zuletzt u. a. 01 Bielefeld, Baumgarte – **G:** u. a. 59 Kassel, documenta; 68, 70 Venedig, Bienn.; 02 München, Thomas; 02, 03 Essen, Neher; 03 München, Storms; Ratingen, SM; Linz, LG; Berlin, Martin-Gropius-Bau – ***Lit:*** Contemp. Artists 96; Dictionary of Art 96

Mack, Ulrich (Ulrich Bernhard Gerhard Antonius Mack), Prof., Fotograf; Chamissoweg 1, D-22587 Hamburg, Tel. (0 40) 86 29 15 (* Glasehausen/Thür. 19. 7. 34) – **S:** 56–62 HBK Hamburg (b. Prof. Alfred Mahlau) – **L:** seit 75 FHS Dortmund (Prof. f. Visuelle Kommunikation); seit 77 Sommerakad. Abbaye du Gard, Picardie (jl.); 88 Boston Univ. (College of Communication) – **P:** BVK 94; Artist in Residence an d. Boston Univ. 95, 97, 99 – **M:** u. a. Cambridge/MA, Clarence Kennedy Collection; Cambridge/MA, Polaroid Collection; Hamburg, Altonaer Mus.; Hamburg, MKG; Köln, Mus. Ludwig; München, SM – Foto-Mus.; New York, MOMA; Schleswig, LM f. Kunst u. Kult.-Gesch. Schloß Gottorf; Schleswig, StM – **E:** / G: u. a. 81 Hamburg, B.A.T. Kunstfoyer; München, SM; 89 Charleroi, Mus. de la Photogr.; 91 Pellworm, Inselmus.; 93 Schleswig, StM; 00 Boston, 808 Gall.; 01 Cismar, Kloster; 03 Helgoland, Mus. – ***Lit:*** Contemp. Photographers 95 – (Red.)

Mackensen, Gerd, Maler, Graphiker; Thomas-Mann-Str. 6, D-99734 Nordhausen, Tel. (0 36 31) 99 83 48 (* Nordhausen 15. 11. 49) – **VG:** Berlin, Peters-Barenbrock; Ahrenshoop, Peters-Barenbrock; Erfurt, Rothamel – **S:** 70–75 HBK Dresden (Graph. b. Günter Horlbeck u. Gerhard Kettner) – **P:** Heinrich-Greif-Pr. II. Kl. 78; Intern. Animationswettb. Varna (1. Pr.) 79; Chronik 81 (1. Pr. Graph.) 82; Mini-Art Toronto (Anerkennung) 90 – **Ve:** neue ebenen e.V.; VbK DDR 77 – **KGr:** D 206 Thüringer Sezession (90–93) – **G/T:** Malerei, Graph. (u. a. Karikatur), Ill., Plast., Bühnenbild – **M:** Altenburg, Lindenau-Mus.; Berlin, NG; Dresden, Kpst.-Kab.; Erfurt, Anger-Mus.; Köln, Mus. Ludwig; Leipzig, MBK – **E:** zahlr. Ausst. im In- u. Ausland, u. a. 97 Mönchengladbach, Wallstraßen-Gal.; Halle/Saale, Gal. Tal-Str.; Erfurt, Gal. am Fischmarkt; 98 Luxemburg, Gal. 96; 98, 99 Berlin, Gal. Sophien-Edition; 98, 01 Erfurt, Rothamel; 99 Erfurt, Anger-Mus.; Rudolstadt, Thüringer LM Heidecksburg; 02 Arnstadt, KH; 03 Berlin, Gal. Sophien-Edition (m. Sybille Waldhausen); Nordhausen, Meyenburg-Mus.; 03–04 Weimar, Gal. Profil – **G:** zahlr. Ausst.bet. – **V:** Leopold v. Sacher-Masoch: Venus im Pelz (Ill.) – **R:** zahlr. Zeichn. f.: Leben und Taten des berühmten Ritters Schnapphanski, Trickf. – ***Lit:*** Flemig 93; Lang 02 – (Red.)

Macketanz, Christian, Maler; Muhsamstr. 38, D-10249 Berlin, Tel. u. Fax (0 30) 49 91 57 92, *www.macketanz.com* (* Eutin 30. 4. 63) – **VG:** Köln, Rehbein – **S:** 83–90 HS f. Angew. Kunst Wien (Meisterkl. Lassnig) – **G/T:** Malerei – **E:** div. Ausst. seit 88, zuletzt 03 Werfen, Mus.ver.; Köln, Rehbein; 04 Zürich, Semina Rerum – **G:** zahlr. Gr.ausst. seit 84 u. Messen seit 92, zuletzt 02 Karlsruhe, Blickle Stift.; Bologna, Mus. Contemp.; 03 Köln, Rivet – ***Lit:*** Kleine Bilder – C. M., Kat 99; Karin Thomas, Georg Schöllhammer: C. M., Monogr. 03 – (Red.)

MACKO s. Thiessen, Markus

Mádai, Ibolya s. Habermann, Ibi

Mademann, Doris (verh. Doris Mademann-Meise), Bildhauerin; Himmelgeister Str. 107e, D-40225 Düsseldorf, Tel. Mobil: 0 17 35 25 10 72, *doris_mademann@yahoo.de* (* Ratingen 6. 12. 58) – **S:** 79–81 ABK Wien (Malerei b. Prof. Eckert); 81–88 KA Düsseldorf (Malerei u. Bildhauerei b. d. Prof. Hoehme u. Uecker, 84 Meisterschülerin) – **P:** Cité Intern. d. Arts Paris 83; Förd.pr. d. Hedwig u. Robert Samuel-Stift. Düsseldorf 84; Stift. Kunst u. Kultur d. Ldes NRW (Visiting Artist Univ. of South Dakota, Department of Fine Arts, Bildhauerei) 01; Stift. Stadtspk. Haan (Skulpt.projekt) – **G/T:** Minimale Malerei; Bildhauerei (Stein) – **W:** überw. in Privatbes. – **Ö:** Düsseldorf, Hellweg; Haan, Schillerpl. – **E:** 82 Köln, ACCP Gal.; 84 Köln, Gal. Hermes; 86 Wien, Cult; 92 Mainz, Van der Koelen; 93 Düsseldorf, Fuchs; 97 Düsseldorf, KV (Kat.); 99 Poschiavo, outdoor; 01 South Dakota, Gall. 110; 04 Haan, Skulpt.park – **G:** u. a. 85 Glarus, Gal. Tschudi: Natur – Eine Studie; Düsseldorf, KV: Perspektiven 3; Heidelberg, KV: Der Baum; Saarbrücken, Stadt-Gal.; Düsseldorf, Kunstpal.: Treibhaus 3; 89 Chicago, Ludwig Drum Factory: Reverse Angle; 90 Salzburg, Künstlerhaus; 91 Solingen, Berg. Kunst; 92 Düsseldorf, Messe Wire 92; 94 Villach, Regionale; 96 Arnheim, Kunstquartier: on de stroom; Düsseldorf, Wellenbad: Letzter Aufguss; 97 Stuttgart, SüdwestLB; 98 Köln, euro art channel OMS; 00 Lüttich, Eurofeuer; 01 Ratingen, SM: Spiegelungen; 02 Düsseldorf, Kunstraum

Mader, Anne; Ernst-Wiese-Str. 6, D-24226 Heikendorf – **G/T:** Malerei, Graph. – (Red.)

Mader, Horst, Dipl.-Ing., Bauingenieur im Ruhestand; Carl von Ossietzkystr. 4, D-82380 Peißenberg, Tel. (0 88 03) 14 04, *Horst.Mader@gmx.de* (* Neisse/OS 4. 11. 39) – **KGr:** Pfaffenwinkler Malfreunde (seit 98) – **G/T:** Malerei (Aqu., Öl, Acryl, Landschaft, Blumen, dekorativ) – **W:** in Privatbes. – **E:** mehrere Ausst. in öff. Räumen, u. a. mehrfach Schongau, Kult. pur; St. Brevin les Pins, Exposition intern. – **G:** mehrere Ausst. m. d. Pfaffenwinkler Malfreunden – (Red.)

Maderna, Marianne (geb. Marianne Bruckner); Zeltgasse 12, A-1080 Wien, Tel. (01) 4 08 54 50, *mariannemaderna@home.pages.at*, *www.mariannemaderna.com* (* Wien 6. 3. 44) – **VG:** Wien, Bienenstein – **S:** 59–64 Graph. Lehr- u. Versuchsanst. Wien; 68–72 ABK Wien – **P:** Würdigungspr. d. Ldes NdÖst. (bild. Kunst) 91; Pr. d. Stadt Wien (Skulpt.) 96 – **Ve:** Wiener Secession; KV Salzburg – **G/T:** Zeichn., Skulpt., Video, Foto, Performance; Magischer Funktionalismus – **M:** Bregenz, Kunsthaus; Linz, Lentos; St. Pölten, Ndöst. LM; Wien, Albertina; Wien, Generali Found.; Wien, Kult.abt. d. Stadt; Wien, MMK Stiftung Ludwig (Skulpt.slg); Wien, Secession – **Ö:** Skulpt.: Baden, Gutenbrunnpark; Graz, Augartenhotel; Horn, Allee Hammerlingstr.; Krems, gegenüb. d. NdÖst. Ldesakad.; St. Pölten, Reg.gebäude; Unterach, Mondsee; – sowie Wien, Tunnel Kagran (Graffiti) – **E:** zahlr. Einzelausst. seit 82, u. a. 82, 87, 91, 97, 03 Wien, Secession; 84 Wien, Ndöst. LM; 85 Wien, MMK Stiftung Ludwig; Linz, Maerz; 89 Linz, Lentos; 89, 97, 00 Baden bei Wien, Menotti; 91 Wien, Klocker; 95 Mürzzuschlag, Kunsthaus; 96 Wien, Archit.zentrum; 98 Krems, Gal. Stadtpark; 99 Wien, Bienenstein – **G:** zahlr. Ausst.bet., u. a. 83 Wien, Insam; 86 Udine, Mus. della Città; 89 Fellbach, Trienn. f. Kleinplast.; Bozen, Museion-MMK; Mailand, Pal. della Permanente; Linz, Neue Gal.; 89, 90 Wien, Secession; 92, 93 Baden bei Wien, Menotti; 95, 97, 00 Wien, Kunst Wien; 99, 00 Wien, Mus. auf Abruf; 01 Innsbruck, Schloß Ambras; Innsbruck, Thoman; 02 St. Pölten, Ndöst. LM; 03 Krems, KH – **V:** Katharina Blaas u. M. M.: Veröffentlichte Kunst, Bd 1, 91; Kunst am Bau, Zsbeitr. in: Architektur aktuell, Nr. 145 91 – ***Lit:*** u. a.: Neuschnee 83; Burghart Schmidt u. Otmar Rychlik (Texte): Stahlskulpturen im Steinbruch 87; Peter Waterhouse (Text): Skulpturen im Garten der Wiener Secession 87; Jugendwerke vom Schillerplatz 88; Gefunden. Kunst und Archäologie 88; Kristian Sotriffer (Text): Erdweiser und Obzeiger 89; Dieter Ronte (Text): Kleinplastik, Trienn. Fellbach 89; Hildegund Amanshauser u. Ulli Moser (Texte): Raum und Ausgang 91; Ins Licht gerückt 91; Markus Brüderlin (Text): Architektur am Beispiel Eternit 94; Angelika Bäumer u. Rainer Fuchs (Texte): Das erste Haus 96; Helmut Hempel (Text): silentroom, Kat. Archit.- u. Bauforum 00; Mechthild Widrich (Text): offroadmark. Kat. Gal. Menotti Baden b. Wien 00; Goschka Gawlik (Text): Video über zwei Räume, Wiener Secession; – Beitr. in EIKON Intern. Zs f. Fotogr. u. Medienkunst: Johanna Hofleitner, Heft 18/19/20 96; Kerstin Braun: Friuli, 03; – Raum und Ausgang, Werkkat. 97 – (Red.)

Maderthaner, Franziska, ao. Univ. prof.; Badgasse 14/18, A-1090 Wien, Tel. (06 76) 5 30 90 84, *franziska.maderthaner@chello.at*, *www.maderthaner.cc* (* Wien 18. 6. 62) – **VG:** Wien, Exner – **S:** 80–85 HS f. angew. Kunst Wien (b. Tasquil u. Oberhuber) – **L:** seit 87 HS f. angew. Kunst Wien (Ass. f. Malerei); seit 00 ebda (ao. Univ.prof. f. Malerei) – **Ve:** IG Bild. Kunst 00 (seit 05 Vors.) – **KGr:** DeEgo Kunst- u. Theorienetzwerk – **G/T:** Malerei (Öl, Aqu.); Fotogr.; Video – **W:** ca. 250 Bilder überw. in Privatbes. – **Ö:** in Repräsentationsgebäuden in Öst., u. a. Fa. S+B Bau, Fa. Fitty, Fa. Bene, Fa. Jacobs Kaffee – **E:** zahlr., u. a. 84 Wien, Gal. Mana; 86 Wien, Kohlmarkt (Kat.); 88 Wien, Gal. Cajetan Grill (Kat.); München, Pabst; Graz, Lendl; Wien, Z-Gal. (Kat.); 89 Mürzzuschlag, Walter Buchebner Ges. (Kat.); Wien, Secession (Kat.); Amsterdam, Witzenhausen/Meijerink (Kat.); 90 Wien, MAK; 91 Wien, Acad. Romana (Kat.); 99 Stammersdorf, Heizhaus (Kat.); 02 Wien, Mus. f. angew. Sehen (Südbahnhof); Wien, Popmus.; 03, 04 Wien, KH; 04 Wien, Künstlerhaus; Abu Dhabi, Cult. Found.; 05 Wien, Exner; Oslip, NN-fabrik; Köln, Art Fair; Wien, Wolfrum; Wien, Steinek – **G:** Bet. seit 84, u. a. 87 Wien, Secession; 04 Wien, KH; Wien, Künstlerhaus – **V:** Idealzone Wien – Die schnellen Jahre 1978–1985 98; Powerplay 04

Madlinger, Magdalena, Malerin, Autorin, Dichterin, ehem. Bankkauffrau; c/o Verlag Madlinger, Postfach 214, CH-4437 Waldenburg, Tel. 07 65 71 40 07, *verlagmadlinger@mails.ch*, *www.mmadlinger.ch* (* Waldenburg 63) – **S:** 84–90 Neue KSch Zürich (Fernstud. Malerei) – **Ve:** u. a. femscript – Netzwerk schreibender Frauen 02 – **G/T:** Ldschaftsmalerei, Kosmos u. Unterwasserwelt (Aqu., Öl, Acryl, Seidenmalerei u. Wasserfarben) – **E:** 98 Sissach, Gewölbekeller; 00 Adelboden, Café Haneter; 02 Sargans, Schloß – **G:** 06 New York, Montserrat; Liestal, Atelier am Zeughauspl. – **V:** TEXT u. ILL.: Die Mohnblumenkinder 99; Ein Schneehase in Australien 03; Eine Welt in Frieden 04; Outback 04; Universum-Sternenhimmel 04; – sowie 5 Lyrikbände – ***Lit:*** div. Presseartikel

Mächnich, Sigurd-Otto, Maler, Zeichner; Sausenheimer Str. 39, D-67269 Grünstadt/Pfalz, Tel. (0 63 59) 35 13 (* Frankenthal 19. 1. 43) – **S:** Autodidakt – **P:** Pr. d. Sonntagsmaler Hamburg 66; Förd.pr. Sickingen; Förd.pr. Grünstadt – **Ve:** Arb.gemeinschaft Pfälzer Künstler; BBK Rh.-Pf. – **M:** Kaiserslautern, Pfalz-Gal. – **Ö:** Grünstadt, Altenheim; Kaiserslautern, Kr.verwaltung – **E:** Grünstadt, Modehaus Zahn; Frankenthal, Stadtspk.; Bernkastel-Kues, Emmerote; Bad Bergzabern, Lädchen; Burg Rheinfels; Bad Dürkheim, Brunnenhalle; Grünstadt, Gal. Taubengartenhohl

(Förd.pr.); Rockenhausen, Kahnweilerhaus; Grünstadt, Atelier Unverzagt; Nievernheim, Graf Bories; Mutterstadt, VHS; Grünstadt, Altenheim; Weisenheim am Berg, Alte Synagoge; Grünstadt, Kr.spk.

Mädler, Frank, Meisterschüler, Dipl., Künstler; Gustav-Adolf-Str. 56, D-04105 Leipzig, *frankmaedler@hotmail.com* (* Torgelow 14. 12. 63) – **VG:** Toronto, Corkin Shopland; Berlin, Heckenhauer – **S:** HGB Leipzig (Dipl. u. Meisterschüler b. Astrid Klein); 94–95 Univ. de Madrid (Fac. de Bellas Artes); 99–00 Univ. de La Mancha Cuenca (Postgraduiertenstud.) – **P:** Stip. d. Stud.stift. d. dt. Volkes 93–98; DAAD-Jahresstip. Spanien 00; Reisestip. d. Sä. Staatsmin. f. Wiss. u. Kunst f. Spanien 03; Villa-Massimo-Stip. 04 – **Ve:** VG Bild-Kunst 99 – **G/T:** Fotogr. – **W:** Altana KS; Amer. Bank Coll.; Antoine de Galbert Found.; Dt. Telekom; Mulder Found. – **M:** Dresden, Kpst.-Kab. – **E:** 01 Toronto, Corkin; 01, 05 Toronto, Corkin Shopland; 06 Berlin, Heckenhauer – **G:** u. a. 96 Leipzig, Telekomdir.; 98 Leipzig, Schrödter; 02 Dresden, Kpst.-Kab.: Vier, 10; 04 Rom, Villa Massimo: salotto buono – ***Lit:*** KAT.: landeinwärts 02; Winterarbeiten 02; EINTRACHT 05; WEGE 05; – sowie div. Art. in Fachzss

Märkel, Agnes, Malerin; Stresemannstr. 38 A, D-76187 Karlsruhe, Tel. (07 21) 9 61 37 02, *mail@agnesmaerkel.de*, *www.agnesmaerkel.de* (* Dieburg 23. 11. 63) – **S:** 85–91 ABK Karlsruhe (Malerei, Kl. f. Zeichnen b. H.E. Kalinowski) – **P:** Présentation D'Artistes Europ. (Beitr. Dtld) 00; Kunstpr. d. Stadt Offenburg 01; Pr. d. Stadt Lissone; Stip. d. Kult.stift. Rhein-Neckar-Kr., Dilsberg 02; PAMINA-Kunstpr. d. Mus.ges. Schloß Ettlingen u. Publikumspr. 04 – **Ve:** BBK Karlsruhe 95; VG Bild-Kunst 96 – **G/T:** Collage (Fotogr./unbeschnitten in Verbindung m. Pastellmalerei u. Zchng auf Papier) – **M:** Karlsruhe, SKH; Offenburg, StG – **Ö:** Berlin, Lindencorso; Heidelberg, Ldratsamt; ebda, Ludolf-Krehl-Klinik; Niort, Centre Municipal – **E:** 95 Karlsruhe, Oberrhein. Dichtermus.; 02 Ettlingen, KV Wilhelmshöhe; Pforzheim, Reuchlinhaus; Sasbach, Toni-Merz-Mus.; Dilsberg, Kommandantenhaus – **G:** zahlr. Bet. seit 92, z.B. 95 Karlsruhe, Bad. KV; 96 Ulm, Stadthaus; 01 Offenburg, StG; Lissone, Civica Gall. d'Arte Contemp.; Karlsruhe, ZKM; 04 Ettlingen, Schloß – **V:** Guerre et Paix – Passage d'un Siècle, Mappe m. Orig.lith. aus 10 europ. Ländern (2 Lith.) 00

Maerz, Reinhold; Wülfeler Str. 29, D-30539 Hannover, Tel. (05 11) 51 28 90, Fax 51 28 90 – **G/T:** Graph. – (Red.)

März, Volker (Ps.: Märzwerke); *www.aktionsgalerie.de* (* Mannheim 12. 8. 57) – **VG:** Berlin, Die Neue Aktionsgalerie – **S:** 77–83 HdK Berlin (b. Prof. Thieler) – **P:** Emy-Roeder-Pr. u. Förd.pr.; Cité Intern. d. Arts Paris; Reisestip. Rom – Stift. z. Förd. d. Kunst in RP – **G/T:** Malerei, Bildhauerei, Fotogr., Performances – **W:** Performances (Lonelinesstraining, SCHAM) – **M:** Berlin, Mus. f. Kommunikation – **Ö:** Aldingen, Lebensfries; Berlin, Umweltbundesamt; ebda, Charité; Leipzig, Zeitgeschichtliches Forum; Potsdam, Einsteinturm – **E:** u. a. 95 Naumburg, Nietzschehaus; 97 Amsterdam, Novito; 98 Frankfurt am Main, Messe; 99 Köln, Moltkerei Werkstatt; 00 Naumburg, Salztor; 01 Berlin, Inst. Cultura Italiano; 02 Berlin, Breitengraser; 03 Heilbronn, SM; 04 Berlin, Die Neue Aktionsgalerie; Zürich, Stadthaus; 05 Dresden, Dt. Hygiene-Mus. – **G:** u. a. 99 Landau in der Pfalz, Villa Streccius; Luzern, Gersag; 00 Straßburg, Gal. CEAAC; 01 Berlin, Kunstamt Mitte; 02, 04 Berlin, Haus am Waldsee; 03 Berlin, Blickensdorff; Mannheim, Gal. f. Neue Kunst; Berlin, Variabel – ***Lit:*** Nietzsche-Basilisk 95; Ersatzmensch 03 – (Red.)

Märzwerke s. März, Volker

Maezen (eigtl. Günter Bleicher), Stahlbildhauer; Grabenhäuser 5, D-93195 Wolfsegg, Tel. (0 94 09) 86 95 64, Fax 86 95 65, *maezen@freenet.de* (* Burglengenfeld 22. 6. 74) – **S:** Lehre, trad. Wanderschaft; 97–00 Walz; seit 00 selbständig – **G/T:** Objekte u. Gebrauchsgegenstände (Metall), Arb.schwerpunkt Schmiedetechnik – **K:** Schmiedekurse auf Anfrage – **E:** 00 Miltenberg, Unicum; 03 Wolfsegg, Burg; weitere Ausst. auf div. Märkten – **G:** 01, 02 Kirchenthumbach, Nußsteinhaus; 03 Hexenagger, Schloß; Hohenthann (Licht im Keller) – ***Lit:*** Ztgsart. – (Red.)

Magerkord, Rolf, Dr. phil., Bildhauer; Kunsthistoriker; Nach dem Seehaus 38, D-08523 Plauen (* Erfurt 4. 1. 34) – **S:** 52–54 HBK Dresden (Abt. Plastik) – **Ve:** VBK DDR 82–90 – **G/T:** Skulpt.-Plastiken; Objektkunst (Stein, Holz, Metall, Papier) – **M:** Chemnitz, KS; Leipzig, Slg ehem. DHfK; Plauen, Vogtland-Mus.; Weimar, Gedenkstätte Buchenwald – **Ö:** in Chemnitz: Opernhaus, TU, Filmpalast Luxor; in Plauen: Theaterplatz, Bärenstein, Chrieschwitzer Hang, Jüdischer Friedhof – **G:** Dresden, X. Kunstausst. d. DDR; Karl-Marx-Stadt, Bezirkskunstausstellungen; Brandenburg, Ausst. f. Blinde u. Sehende; Leipzig, Wort u. Werk; 89 Leipzig, Peterskirche (Kirchentag) – **V:** Rudolf Pakulla: Künstler in Karl-Marx-Stadt (Skulptur) 81; H. Hoffmann, D. Fischer: Werk deiner Hände (Materialbild) 90

MAGH Stronzki (eigtl. Margit Hofmann, Ps.: Stronzki), Malerin, Bühnen- u. Kostümbildnerin; Berkholz 6, D-17268 Boitzenburger Land, *atelier.magh@girom.de*. c/o Mulckstr. 27, D-10119, Berlin, Tel. (0 30) 2 83 67 61 (* Sonneberg) – **S:** 76–80 Ernst-Moritz-Arndt-Univ. Greifswald; 91–96 UdK Berlin – **L:** 93 Ernst-Moritz-Arndt-Univ. Greifswald (LAuftr. f. Objekt- u. Konzeptkunst) – **P:** Hans- u. Lea-Grundig-Pr. 79; Heinrich-Böll-Stip. 92–95 – **KGr:** Strom (seit 98) – **KGe:** M.S. u. Gerald Narr (seit 95) – **G/T:** Malerei (Öl, Acryl); Graph. (Holzdruck, Rad.); Objekt- u. Konzeptkunst (Rauminstall.); Multimedia (2D-Arb., Graph., Layout) – **K:** Malerei (Öl, Lsch., Figur, Stilleben); Druckgraph. (Holzdruck, Rad.) – **W:** Malerei u. Graph. in Privatbes.; Bühnenausstattungen; Animations- u. Fs.filme – **M:** Berlin, Dt. Kinemathek; Frankfurt am Main, Dt. Filmmus.; Marbach am Neckar, Dt. Literaturarchiv; Potsdam, Filmmus.; Wittstock, Mus. d. 30jährigen Krieges – **E:** 00 Berlin, Remus; 01 Greifswald, Gal. Jantar; Berlin, Wkst. Pintz; 02 Griebenow, Schloß; 03 Berlin, Gal. 100; 04 Naugarten, Gal. Kokurin; 05 Berlin, Gal.raum ewa; 06 Berk, Kunstraum – **G:** 97 Zehdenick, Klostergal.: Malerei u. Graph.; Berlin, Haus am Myliusgarten: Rad. z. Bobrowski; 98 Berlin, Weißzart; 98/99 Berlin, Gal. Storkower Bogen: Augenblick III; 99 Berlin, Weißzartprozeß: 3. Köpenicker Maisalon; 01 Berlin-Köpenick, Mediathek: Rad. u. Fotogr. z. Lit. – **V:** u. a. m. Ulrich Pohle: Das ganze Jahr, 31 Lieder (9 Algraphien) 98; Entwerter-Oder – Orig.graph. Kunst- u. Lit.zs Nr. 73 99; Stronzki: La vie et la mort (Künstlerbuch) 02; dies.: Knister (Künstlerbuch) 03; Agathe Stronzki: Mischtechniken Acryl 05

Magistris, Margarete, Mag., Akad. Bildhauerin; Kleistgasse 6/Top II, A-1030 Wien, Tel. u. Fax (01) 7 98 63 52, *www.galeriem.at* (* Wien 5. 8. 55) – **VG:** Wien, Gal. Alpha; Wien, moving gall. by amadeus contemp.; Wien, Gal. M – **S:** 76–81 HS f. angew. Kunst Wien (Meisterkl. f. Bildhauerei b. Prof. Wander Bertoni, Meisterkl. f. Gest.lehre b. Prof. Herbert Tasquil) – **P:** Theodor-Körner-Förd.pr. 82 – **Ve:** Ver. d. Freunde d. Gal. M z. Förd. zeitgen. Bild. Kunst, Musik u. Lit. 04 – **G/T:** Metallobjekte, Stein- u. Holzskulpt. (geometr. Abstraktion); Materialbilder; Acrylmalerei (ungegenständl.) – **W:** überw. in Privatbes. – **Ö:** Kapfenberg, Raiffeisenbank – **E:** 91 Perchtoldsdorf, Burg; 92 Wien, Gal. am Weinkeller; 83 Wien, Gal. Alpha; 94 Innsbruck, Merkur; 96 Wien, Oberbank; 00 Perchtoldsdorf, Kult.-zentrum; 01 u. 03 Wien, Gal. M – **G:** zahlr. seit 83, zuletzt 04 Wien u. Budapest, Parlament 'Femina 2004'

Magnus, Klaus, Graphiker, Zeichner; c/o Galerie der Berliner Graphikpresse, Dr. Peter Röske, Gabelsbergerstr. 6, D-10247 Berlin (* Gumbinnen 28. 7. 36) – **VG:** Berlin, Gal. der Berliner Graphikpresse – **S:** 57–62 HBK Dresden (b. Max Schwimmer u. Hans-Theo Richter); 64–66 ebda (Aspirantur b. Hans-Theo Richter); 66–69 AK Berlin (Meisterschüler b. Hans-Theo Richter) – **L:** seit 92 Kinderakad. Fulda (freie Mitarb.); bis 99/00 Kurse m. Kindern (Zeichn., Rad.) – **Ve:** VBK DDR bis 89; BBK Bonn Rhein-Sieg seit 94 – **G/T:** Graph. (Rad., Aquatinta, Hschn., Hst., Kaltnadel, Zeichn.); Malerei (Aqu., Gouache, Wassserfarben, gegenständlich); Gegenstände: Stilleben, Landschaft, menschl. Figur, Portr. u. Ill. – **M:** Berlin, AK; Berlin, Berlinische Gal.; Berlin, Kpst.-Kab.; Berlin, Märkisches Mus.; Berlin, Slg Wolfgang Schreiner; Dresden, Kpst.-Kab.; Köln, Mus. Ludwig; Regensburg, Ostdt. Gal.; Sonneberg, Dt. Spielzeugmus. – **E:** u. a. 68 Berlin, Kunstkab. am Inst. f. Lehrerweiterbildung; 83 Burgk, Schloßmus.; Nürnberg, Albrecht-Dürer-Ges.; 84 Dresden, Kunst d. Zeit; 85 Berlin, Gal. Dt. Bücherstube; 97 Fulda, Vonderau-Mus.; 98 Sonneberg, StG; 01 Hildburghausen, SM – **G:** zahlr. Ausst.bet., zuletzt u. a. 94 Bonn, BBK Künstlerforum; 03 Halle/Saale, SM; Berlin, Kult.amt Pankow – **V:** Berlin-Mappe (Rad.) 74; Stilleben-Mappe (Rad.) 87; Clemens Brentano: Das Märchen von Gockel und Hinkel (Ill.) 88 – ***Lit:*** Kat. u. a. z. d. Ausst. im Staatl. Mus. Schloß Burgk 83; in d. Albrecht-Dürer-Ges. Nürnberg 83; in d. Gal. Kunst d. Zeit Dresden 84; im Vonderau-Mus. Fulda 97; in d. StG Sonneberg 98; im SM Hildburghausen 01; – sowie: Von Altenbourg bis Zickelbein 03 – (Red.)

Magr, Julia, Schmuckkünstlerin; Schurzelter Winkel 61, D-52074 Aachen, *mail@julia-magr.de*, *www.julia-magr.de* (* 70) – **S:** 91–94 Goldschmiedeausb.; 94–98 Academie Beeldende Kunsten Maastricht (Schmuck- u. Produktdesign) – **Ve:** BBK Aachen-Euregio seit 99 – **E:** /G: u. a. 97 Aachen, Alte Degraa Brauerei; 98 Maastricht, Academie Beeldende Kunsten; Maastricht, Amarna; 99 Berlin, Spandow; Amsterdam, Gal. Mai; 01 Köln, Gal. d. Rehanova; Emmerich, KV; 04 Wanderausst. f. Schmuck u. Design – (Red.)

Mahler, Ute, Fotografin; Agnetenstr. 8, D-16565 Lehnitz, Tel. Mobil: 01 7 18 39 17 85 (* Berka/Thür. 49) – **VG:** Berlin, Gal. argus fotokunst – **S:** 69–74 HGB Leipzig (Fotogr.) – **E:** 02 Berlin, Gal. argus fotokunst – **G:** 95 Berlin, IFA-Gal.; 99 Berlin, Imago Fotokunst; 03 Hamburg, Deichtorhallen – (Red.)

Mahler, Werner, Fotograf; Agnetenstr. 8, D-16565 Lehnitz, Tel. Mobil: 01 7 18 39 17 85 (* Boßdorf/Sa.-Anh. 50) – **S:** 73–78 HGB Leipzig (Fotogr.) – **P:** Wiss. visuell (Hauptpr. Einzelbild) 01 – **Ve:** OSTKREUZ – Agentur d. Fotogr. (Geschf.) – **E:** / G: 83 Berlin, Gal. Sophienstr. 8; 84 Halle/Saale, Gal. Gosenschänke; 86 Leipzig, Gal. im Leibniz-Klub; 87 Potsdam, Gal. Hans Marchwitza; 93 Berlin, Dt. Hist. Mus.; Hamburg, Verlagshaus Gruner u. Jahr; 97 Berlin, Willy-Brandt-Haus; 99 Berlin, Postfuhramt – weitere Ausst. in Düsseldorf, Vilnius u. Wien – **V:** Aufbruch nach Deutschland 93; Berlin zwischen den Zeiten 96; Östlich von Eden 99 – (Red.)

Mahlmann, Kerstin Sukina, Dipl.; Künstlerhaus Hamburg-Berdorf, D-21029 Hamburg, Tel. (01 71) 8 13 85 42, *k.mahlmann@gmx.de*. Möörkenweg 18g, D-21029 Hamburg (* Bonn 11. 3. 75) – **S:** 95–97 Accad. di Belle Arti Florenz (Moda & Design); 97–02 HS f. angew. Wiss. Hamburg (FB Gest.) – **L:** 03–04 Akad. f. elktron. Publizieren, Art & Design Hamburg-Altona (Doz. f. Gest. u Zeichnen) – **Ve:** VG Bild-Kunst 03; Ateliers f. die Kunst e.V. 03; BBK Hamburg 05 – **G/T:** Malerei (Mixed Media m. Collage, Siebdruck, Gouache u. Acryl); Fotorealismus (Öl); New Media (Flash u. Fotocollagen) – **K:** Malkurse f. Kinder – **M:** Casoria, Intern. Contemp. AM – **Ö:** Bonn-Endenich, Schumann-Haus; Bonn, Archit.büro Kühnel; Gütersloh, Itectron GmbH – **E:** 02 Bonn, Min. f. Verbraucherschutz, Landwirtsch. u. Ernährung; 05 Alfter, Kult.kr.; Hamburg, Künstlerhaus Hamburg-Bergedorf; 06 Hamburg, St. Johannis; Bonn, Kult.wochen; 07 Bonn, St. Trinitas; Hamburg, Mus. f. Bergedorf u. die Vierlande – **G:** 04 Dierdorf, Gal. im Uhrturm; 05 Wedel, Stuhlmann; 06 Bethlehem, Al Kahf Art Gall.; Casoria, Intern. Contemp. AM; Cosenza, San Demetrio Corone; Santa Fe/Argentinien, MAC; 07 Szczecin, Officyna Art Space

Mahlstedt, Dagmar, Malerin; Ohlsdorfer Str. 94, D-22297 Hamburg, Tel. u. Fax (0 40) 51 49 13 43, *mahlstedt@terra.es*, *www.andalusien-arte.de*. E-29692 Manilva/Málaga, Tel. 06 06 10 75 21 (* Brunsbüttel 28. 9. 53) – **VG:** Güby, Art Gallery – **KGr:** Art goes public (seit 05) – **G/T:** Malerei (Acryl auf Lw. o. Karton); Pop-Art, z.T. im Zus.hang m. Elementen d. Andalus. Kachelmalerei in neuer Interpretation – **E:** 91 Tangstedt, Kunststall; Rothschönberg, Appenhof; Meißen, Kleine Gal.; 00 Estepona/Spanien, Pal. de Congresos; 04 Jork, Gal. im Mus. Altes Ld; 06 Sávár/Ungarn, Arcis; – darüber hinaus seit 87 zahlr. Ausst. in Praxen, öff. Gebäuden, Betrieben, Schulen u. Büros

Mahmud, Iman, Malerin; Fuggerstr. 6, D-81373 München, Tel. u. Fax (0 89) 76 97 75 26, *imanmahmud @yahoo.de* (* Bagdad/Irak 18. 7. 56) – **S:** 75–80 Schule f. Kunst u. Graph. Bagdad; 80–84 KA Bagdad – **Ve:** BBK 02; Freie Münchner u. Dt. Künstlerschaft 02 – **G/T:** Arabische Kalligraphie, Collage (Papier u. Holz), Mischtechnik – **M:** London, British Mus. – **E:** 80 Canne-sur-mer, Kunstfestival; 90 Zypern (Zeitgen. Kunst aus d. Irak); 92 Rom (Zeitgen. Irakische Kunst); 00 London u. Chicago (Strokes of Genius); 02, 03 München, BBK; München, Haus d. Kunst; 03 München, Arte; München, Kunstforum Arabellapark; München, Wild – **G:** 97 Amman, Hammurabi; 99 Zürich, Gal. d. Erde; 02 München, Arte; 03 Dachau, Kleine Altstadt Gal. – (Red.)

Mahn, Eva, Dr., Fotografin, Kunstwissenschaftlerin, Ausst.kuratorin, Publizistin; Universitätsring 10, D-06108 Halle (Saale), Tel. (06 45) 5 22 62 34, *eva.mahn @t-online.de; mahn@burg-halle.de*, *www.deutsche-fotografische-akademie.com* (* Aschersleben 47) – **S:** 65–70 Univ. Greifswald u. Leipzig (Kunstgesch., Kunsterziehung u. Freie Fotogr.) – **L:** seit 70 HS f. Kunst u. Design Burg Giebichenstein Halle/Saale (92–95 Leiterin d. Slg f. Kunst u. Design, seit 95 FB Kunst, Grundlagen d. Fotogr.) – **Ve:** VBK DDR 83–89; DGPh 96 (Vorstandsmitgl. 98–00); Dt. Fotogr. Akad. (Vizepräs.) 98 – **G/T:** Freie Fotogr. (Akt, Portr. Bücher) – **M:** Berlin, Berlinische Gal.; Cottbus, Brandenburgische KS; Halle/Saale, Staatl. Gal. Moritzburg; Köln, Mus. Ludwig; Leinfelden-Echterdingen, Slg d. Dt. Fotogr. Akad. – **Ö:** Magdeburg, Ldtag Sa.-Anh. – **E:** zahlr., u. a. 78 Halle/Saale, Martin-Luther-Univ.; Höfgen, Mühlenmus.; 80 Halle/Saale, Burg-Gal.; Sondershausen, Schloßmus.; 91 Cottbus, Brandenburgische KS (Kat.); 93 (Kat.) Rio de Janeiro, Goethe-Inst.; Curitiba, Goethe-Inst.; Fortaleza, Goethe-Inst.; Belèm, Goethe-Inst.; São

Paulo, Goethe-Inst.; 94 Erfurt, Gal. am Fischmarkt; 95 Thessaloniki, HM Chamam Bei; Ahrenshoop, Kunstkaten (Kat.); Rotterdam, Goethe-Inst.; Brüssel, Goethe-Inst.; 96 Tilburg, Hogeschool Katolieke Leergangen; 98 Aschersleben, Grauer Hof (Retr., Kat.); 00 Halle/Saale, Zeitkunstgal.; 02 Halle/Saale, Villa Kobe; Leipzig, Gal. Unten; 04 Putbus, KV Rügen; 06/07 Erfurt, KH; 07 Halle/Saale, KV Talstr. – **G:** zahlr. Bet., u. a. 82 Potsdam, E.pr. Gold. Atlas (Kat.); 89–93 Ausst. DDR-Frauen fotografieren (Kat.) u. a. in Berlin, Pommersfelde; Berlin, Haus am Lützowplatz; Oberhausen, Ludwig-Gal.; Braunschweig, Mus. f. Photogr.; Dresden, HBK; Gera, MAK; Quedlinburg, Schloßmus.; 90–91 Brüssel, Goethe-Inst.: Lebensspuren, drei Frauen u. d. DDR (Kat.); Lüttich, Théâtre de la Place; 91–93 Ausst. Bilder-Lust – Erot. Fotogr. aus d. Slg Uwe Scheid (Kat.) in Berlin, Altes Mus.; Köln, Mus. Ludwig; Braunschweig, Mus. f. Photogr.; Cottbus, Brandenburgische KS; Dresden, HBK; Erfurt, Gal. am Fischmarkt; 93/94 Frankfurt am Main, Kommunale Gal. im Leinwandhaus: Das letzte Jahrzehnt (Kat.); 95 Bonn, Frauen-Mus.: Das Menschenbild in d. Werbung (Kat.); 97 Lüttich, Mus. Saint-Georges; 98 Frankfurt am Main, Airport Gall. 1 & 2: Zeitgen. Automobilfotogr.; 99 Magdeburg, KM Kloster Unser Lieben Frauen: Verborgene Botschaften; Bautzen, KV: Selbstbildnis (Kat.); 01 Halle/Saale, SM u. Karlsruhe, StG: Gebeutelt; 02, 03 Halle/Saale, Villa Kobe: Große Kunstausst. (Kat.); 03 Leinfelden-Echterdingen, Filderhalle: Verheißung d. Individuellen (Kat.); Leipzig, Kamera- u. Fotomus.: Blumen; 04 Köln, Forum f. Fotogr. u. Kunst: Ostdt. Fotogr. 1956–1989 (Kat.); 05 Berlin, Willy-Brandt-Haus: Ostdt. Fotogr.; Halle/Saale, Staatl. Gal. Moritzburg: Photos aus Halle 1900–2003; Mannheim u. Ludwigshafen, Intern. Fototage (Kat.); Leipzig, Große Sä. Kunstausst. (Kat.); 06 Leinfelden-Echterdingen, SM: Kommen u. Gehen; Halle/Saale, Villa Kobe: Ex Hallensis (Kat.) – **V:** u. a. m. Hannes H. Wagner: Maler u. Werk 82; Bildteppiche in d. Kunst d. DDR (Ill.) 84; Dt. Glasmalerei d. Romantik 1790–1850. Die Glasmaler Heinrich Müller in Berlin, Carl Samuel Scheinert in Meissen, Ernst Gillmeister in Schwerin, Diss. 91; Nichts ist mehr wie es war. Bilder 1982–1989 (Hrsg.) 92; Aufbruch in d. Freiheit – Ein Dok. d. Veränderung (Hrsg.) 94; Grenzgänger (Hrsg.) 95; Heilige Familie (Hrsg.) 03 – ***Lit:*** u. a. Portfolio, in: Fotogr., Heft 3 79, S. 94–101; Aktfotogr.: Variationen u. Tendenzen 87; Staatl. KS Cottbus (Hrsg.): Fotogr. in d. Kunst d. DDR, Fotoed. Nr. 8 87; Gabriele Muschter (Hrsg.): DDR-Frauen fotografieren: Lex. u. Anthologie 89, 91; Das Schöne ist d. Glanz d. Wahren, Tendenzen in d. DDR-Photogr. d. 80er Jahre, Ausst.kat. (z. Ausst. in d. Gal. Roter Turm u. Marktschlößchen Halle/Saale) 90; in: Das Magazin, Heft 4 94; Karl Gernot Kuehn: Caught. The Art of Photogr. in the German Democratic Republic 97; Portfolio, in: Photogr., Heft 12 98

Mahn, Inge, Prof., Bildhauerin, Objektkünstlerin; Ort Groß Fredenwalde 1A, D-17268 Gerswalde, Tel. (03 98 87) 58 59. Berlin, Tel. (0 30) 6 94 82 72 (* Teschen/Oberschlesien 20. 11. 43) – **S:** 64–71 Staatl. KA Düsseldorf (Meisterschülerin b. Joseph Beuys) – **L:** 81–83 Staatl. KA Düsseldorf (LAuftr.); 84–85 ebda (Abt. Kunsterziehung Münster); 86–88 HBK Braunschweig (Gastprof.); 87–93 ABK Stuttgart (Prof. f. Bildhauerei); seit 93 KHS Berlin-Weissensee (Prof. f. Bildhauerei) – **P:** PS-1-Stip. New York 80, 81; Arb.-stip. Kunstfonds Bonn 81, 82 – **E:** u. a. 96 Helsinki, KH; Berlin, Gal. o zwei; 99 Berlin, Charité; 00 Fellbach, Stadtgal.; Kempen, Städt. Kramer-Mus. – **G:** u. a. 99 Kassel, KH; Kopenhagen, Charlottenborg; 00 Istanbul, Bilgi Univ.; Berlin, Pressehaus; 01 Fellbach, Trienn. Kleinplast. – ***Lit:*** Reclams Künstlerlex. 02 – (Red.)

Mahnkopf, Dorothee, Illustratorin; Erich-Weinert-Str. 24, D-10439 Berlin, *www.d-mahnkopf.de* (* Berlin 16. 6. 67) – **S:** 88–94 HS f. Gest. Offenbach (Visuelle Kommunikation, Abschluß: Dipl.-Designer); 92 Rotterdam (Gaststudium) – **Ve:** VG Bild-Kunst – **G/T:** Ill. (Collagen, Zchngn, Mischtechniken, Mac-Graph.) – **E:** 97 Berlin, Künstlerheim Luise; 98 Frankfurt, Atelier Gomm – **G:** 02 Frankfurt/Oder, Kleist-Mus.: Sonderausst. – **V:** Martin Gomm: Ins Blaue Hinein (Ill.) 94; Chronotourist 95; Bet. an zahlr. Veröff. d. Shift-Verlages Berlin u. a.: Hin und Weg 00; Machtspiele 00; Recycling Shift 00; Dau-Biographie (Ill.) 06 – sowie zahlr. Veröff. in Mag., Ztgn u. Schulbüchern

Mai, Gloria; Alzeyerstr. 2, D-67592 Flörsheim-Dalsheim, Tel. (0 62 43) 58 05, Fax 58 05, *gloriamaifd@aol.com* – **G/T:** Malerei, Graph. – (Red.)

Maichel, Berthold Stephan, Meisterschüler, freischaff. bild. Künstler, Multimediakünstler, Medialer Dokumentationsassistent (MDA); Hauptstr. 24, D-89611 Obermarchtal, Tel. (0 73 75) 95 00 67, *postmaster@maichel.org*, *www.maichel.org* (* Obermarchtal 30. 5. 52) – **S:** 65–67 Famous Artist School Amsterdam (Fernstud.); 72–77 Staatl. KA Düsseldorf (freie Kunst b. Prof. Joseph Beuys, Meisterschüler); – sowie: Bildung u. Arb. als Friseur, Maskenbildner, Restaurator; Univ. Ulm (Klinikum, Schule f. Medizin) – **P:** Reisestip. d. Staatl. KA Düsseldorf (Skandinavien) 77 – **Ve:** DVMD – **KGe:** NW-Museum – **G/T:** Multimedia – **E:** 71 Porto Ferraio/Ital., Festival; 78 Krefeld, Gal. Arte-Tua; 79 Düsseldorf, Praxis Plümer; Düsseldorf, Gal. Marzona; 80 Düsseldorf, Städt. Keller-Gal. (Artothek); 87–91 Düsseldorf, Atelier Neuer Zollhof 3; 93–95 Düsseldorf, Carlos Cravatte Boutique – **G:** 76 Frankfurt am Main, KV: Mit – Neben – Gegen Beuys; 79–82 Düsseldorf, Atelierhaus Poststr. 3; 91 Düsseldorf, Festival: 70 Stunden f. Joseph Beuys; 94 Bitburg, Gal. Haus Beda; 95 Bad Nauheim, 5. OKP – ***Lit:*** Faltblatt Kult.amt Düsseldorf 80; Joseph Beuys z. 60. Geb. 81; Künstlerleben in Düsseldorf, Künstlerhandbuch 91; Allg. Lex. d. Kunstschaffenden 96; Was war los am Beuys-Geburtstag 01; NW-Presse 03

Maier, Bernadette, Malerin; Atelier: Donaugasse 5, D-94474 Vilshofen, Tel. (0 85 41) 96 77 79 (* Oedwimm/Ndb. 24. 4. 58) – **S:** 84–89 ABK Nürnberg (b. Prof. G. K. Pfahler) – **P:** Kult.pr. d. Ldkr. Passau – **G/T:** Zchng u. Malerei (Überhöhung durch Weiß) – ***Lit:*** Im Rosenhag, Kat. 03

Maier, Leo, Mag., Lehrer; Wengerstr. 13, A-5280 Braunau a. Inn, Tel. (0 77 22) 6 75 74, *cheapart@msn.com* (* Braunau/ObÖst. 1. 8. 56) – **S:** 84–88 VHS (Graph., Aqu., Aktzeichn. b. Mag. Peter Makowetz) – **Ve:** Innviertler Künstlergilde seit 06 – **G/T:** Malerei, Graph., Cheapart – **W:** überw. in Privatbes. – **Ö:** Braunau a. Inn, Handelsakad. – **E:** zahlr. Ausst. im Raum ObÖst./Salzburg seit 88, z.B. 89 Ried im Innkreis, ABACO; 91, 03 Braunau am Inn, Mus. Herzogsburg; 94 Salzburg, Lit.haus; 95 Hallein, Lundja; 98 Ried im Innkreis, Stadtbücherei; Steyrermühl, Papiermachermus.; 00 Braunau am Inn, TECHNO-Z – **G:** 90–93 jl. Ranshofen, Herbstsalon – **V:** Lit.zs PROLIT (Ill.) Nr. 7/Mai 91; Christine Haidegger: Schöne Landschaft (Umschlagbild) 93

Maier, Maria, Bildende Künstlerin; Hauptstr. 21, D-93096 Köfering, Tel. (0 94 06) 9 09 85, Mobil: 01 7 15 32 29 55, *info@maria-maier.com*, *www.saphirgmbh.de/maria/start.html*; *www.maria-maier.com* (* Amberg/Oberpfalz 13. 3. 54) – **VG:** Passau,

Ambulante Gal.; Speyer, Nisters; Paris, Lamarque; Regensburg, Kleine Gal.; München, Maulberger – **S:** 75–79 Univ. Regensburg (Kunstpädagogik u. -geschichte) – **L:** 93–02 Univ. Regensburg (LAuftr. f. Druckgraph. am Inst. f. Kunsterziehung) – **P:** Stip. d. Neumüller-Stift. d. Stadt Regensburg 93; Stip. d. Stift. Kult.fonds f. Virginia Center for the Creative Arts 05 – **Ve:** BBK Ndb.-Oberpf. 90; KV Schweinfurt 96; VG Bild-Kunst 98; Ver. f. Orig.-Rad. München 02; KV Aichach 02 – **KGe:** GReK (93–94) – **G/T:** Malerei; Zeichn. u. Druckgraph.; Fotowerke (Collagen, Übermalungen); Install.; Kunst am Bau u. im öff. Raum – **W:** überw. in Privatbes. sowie im Bes. d. Bay. Hypobank München – **M:** Basel, Hoffmann-La Roche-Werke; Frankfurt am Main, Dt. Bank KS; Künzelsau, Mus. Würth; München, Artothek; München, Bay. Staatsbibliothek; München, Bay. Staatsgemäldeslgn; München, Staatl. GrS; Nürnberg, Artothek; Regensburg, Hypo-Bank; Regensburg, KS d. Spk.; Regensburg, Ostdt. Gal.; Regensburg, StG Leerer Beutel; Regensburg, Thurn und Taxis-Mus. (GrS); Schweinfurt, Städt. Slgn Alte Reichsvogtei; Wil, KH; Wolfenbüttel, Herzog-August-Bibliothek – **Ö:** Aichach, Skulpt.feld b. Obi; Alteglofsheim, Musikakad. d. Univ.-bauamtes; Bamberg, Oberldesgericht; München, Ldeszentralbank; ebda, Siemens Financial Services; Passau, Univ.; Regensburg, Ev. Krankenhaus; ebda, Krankenhaus d. Barmherzigen Brüder, Innenstadt (Install.), LIGA Spar- u. Kreditgenossenschaft, Klinikum-Univ.-bauamt – **E:** zahlr. Ausst., u. a. 91 Amberg, SM; 95 Regensburg, Ostdt. Gal.; 97 Straßburg, Europa-Parlament; 01 Hannover, Böer; New York, Goldstrom Gall.; 02 Paris, Lamarque; Eindhoven, Pennings; Aichach, KV; Reus/Tarragona, Pinyol (m. Christina v. Bitter); Regensburg, Kleine Gal.; 03 Schweinfurt, Städt. Slgn Alte Reichsvogtei; München, Ambulante Gal.; Mülheim an der Ruhr, KM; 04 Wil, KH; Speyer, Nisters – **G:** zahlr. Ausst.bet., u. a. 96 Regensburg, Diözesan-Mus.; 00 New York, Goldstrom Gall.; 02 Köln, Art Cologne; Frankfurt am Main, Art Frankfurt; Paris, Art Paris; Wien, Art Vienna; 02, 03 München, Maulberger; 03 München, Ver. f. Orig.-Rad.; 05 Slovenj Gradec, Koroska Fine Arts Gall. (Kat.); Mannheim, 7. Intern. Fototage Mannheim/Ludwigshafen (Kat.); 06 Girona, Centre Cultural la Mercè – **V:** u. a. Stadtzeit-Zeitstadt, Leinenkassette (Siebdrucke) 95; München: Zeitinsel Olympia (Siebdrucke) 97; Zeitläufe 98, Künstlerb. (Orig.zeichn.) 98; Zeit-Symbiose, Portfolio 02 – ***Lit:*** Wilhelm Amann: M. M. Stadtzeit-Zeitstadt, in: Eine Stadt im Spiegel der Malerei 00; – AUSST.KAT.: Reiner R. Schmid (Text): M. M. Malerei und Monotypie 1990 91; Andrea Brandl u. Herbert Schneidler (Text): M. M. Poesie der Zeit 96; Anna Scherbaum: Zeit läßt sich nicht auf den Punkt bringen, in: M. M. Zwischenzeit 99; Magdalena Kraemer-Noble, Harald Raab u. Herbert Schneidler (Text): M. M. Zeit-Symbiosen 00; Reinhold Misselbeck u. Herbert Schneidler (Text): Der Blick von Innen 00; Reinhold Misselbeck: Form follows Time – ein permanenter Dialog, in: M. M./Felix Weinhold, ambivalent 01; Dennis Brudna: Kalkuliertes Formenspiel, in: Sofi Hémon/M. M., circulation 01; Marianne Pitzen (Text): Bonnnova 01; Andrea Brandl, Hans-Peter Miksch, Gabriele Uelsberg (Text): ORTs-ZEIT 03; – sowie zahlr. Beitr. in Publ. u. Zss

Maier, Norbert s. Roth, Kilian

Maier, Sebastian, Maler, Bildhauer, Graphiker, Fotograf, Performer; Heerstr. 156, D-53111 Bonn, Tel. (02 28) 4 33 03 34, Mobil: 01 70 48 74 35 9, *nikomai @web.de*, *www.kunst-sebastianmaier.de* (* Villingen-Schwenningen 21. 3. 72) – **S:** 96–00 Alanus HS Alfter – **Ve:** BBK Bonn Rhein-Sieg 04 – **G/T:** Tanz (abstr. u. konkret in Öl, Aqu., Tusche u. Holzdruck, Rad., versch. Themen), Lsch. (konkret, in Acryl), Figuren (konkret, in Holz), Fotogr. (versch. Themen), Fotobearbeitung (Computer), Tanzperformances – **W:** in Privatbes., div. Performances – **E:** u. a. 99 Bonn, Brotfabrik; Köln, Eurohypo AG; Düsseldorf, HDI Niederlassung Rhein; 03 Krefeld, Thyssen Krupp Nirosta GmbH; Düsseldorf, Vodafone D2 GmbH; Berlin, Praxisklinik f. Fertilität; 04 Langenfeld, Coley Pharmaceutical GmbH; Bonn, Domizil am Venusberg; Düsseldorf, E-Plus Mobilfunk GmbH & Co. KG; 05 Bad Honnef, Avendi Hotel; Neu-Isenburg, Connected; Wesseling, RWE NET; Frankfurt am Main, AC Nielsen; Düsseldorf, Siemens Frankfurt 1; Endenich, Trinitatiskirche; – weitere: 02 Tanzviariationen 1–9 (Wanderausst.); Little van Gogh – Kunstservice f. Gewerbe u. Wirtschaft – **G:** u. a. Bonn, S.K. & Partner Consulting: Collagen; 99, 01 Bonn, F.-G.-S. Revisions- u. Treuhandelsgesellschaft: Tanzvariationen 4–8; 00 Köln, Rheinauhafen Halle 12: Musikanz; 00, 01 Brühl, Gal. Moderne: Nicht nur zur Weihnachtszeit; 02 Alfter, Op de Kier: Atelierausst.; 04 Bonn, Künstlerforum: Wir zeigen uns; – sowie div. Install. u. Tanzperformances

Maier, Stephanie, Dipl. Regisseurin u. Künstlerin; Pilotystr. 10, D-80538 München, *stephM@web.de* (* München 13. 9. 67) – **S:** 91–96 FilmHS München (Regie); 96–00 ABK München (b. Prof. Winner) – **P:** Erasmus-Stip. f. d. Filmakad. Amsterdam 95; Projektstip. d. Ldeshauptstadt München 01; HS- u. Wiss.programm-Stip. d. Bay. Staatsmin. f. Wiss. u. Kunst 01; H. W. & J. Hector-Kunstpr. (Nominierung) 03 – **G/T:** mehrteilige Rauminst., Fotogr., Film u. Video – **E:** 01 München, Lothringer 13; München, Artothek; 02 München, Maximiliansforum – **G:** 00 München, Nürnberg, Berlin (U-Bahn, Infoscreen Look); München, Kunst in Containern; 00, 03 München, Haus d. Kunst; 01 Frankfurt am Main, ArtKino; 02 München, Westendstudios; 03 Mannheim, StKH; München, BBK – **R:** zw. 92 u. 03 div. Kurzf. auf Festivals wie d. Filmfest München u. Backup Weimar, u. a. What's wrong Pussycat, Kurzf. (Buch, Regie, Schnitt) 92; Flucht nach Schlagerland, Kurzf. (Buch u. Regie) 94; Marlboro Network, Werbespot 96 – (Red.)

Maier, Ulrike s. ULMA

Maier-Hohenstein, Hannes G. (Ps. als Autor: H. M. Durchdenwald), Bildhauer, Maler, Objektmacher, Schriftsteller; Am Bergle 7, D-72531 Bernloch/Kr. Reutlingen, Tel. u. Fax (07 11) 24 64 51 (* Stuttgart 1. 4. 35) – **S:** 53–57 Frankfurt, Stuttgart u. Basel – **L:** versch. VHS u. a. Erwachsenenbildung; versch. Gymnasien (projektbezogen, AGs u. Leistungskurse) – **P:** Intern. Wettb. 'Die hundert Besten' (Ausz.) 84; Intern. Grand Prix d'Art (Ausz.) 87 – **Ve:** Künstlerbund Stuttgart; Union Freischaffender Künstler u. Kunstfreunde; Förd.kr. Bild. Künstler Württemberg – **KGr:** Experiment – **G/T:** Malerei, Objekte, Skulpt., Install. – **M:** Böblingen, Dt. Bauernkriegsmus.; Flühli/Luzern, Mus. d. Gemeinde; Prilep, Zentrum f. Zeitgen. Kunst Europas; Strumica, Städt. Slg; Teslic/Bosnien, Städt. Slg – **B:** Stuttgart: 2 Fußgänger-Unterführungen – **E:** u. a. in Stuttgart, Böblingen, Heilbronn, Karlsruhe, Gütersloh, Basel, Montreux-Villars u. Hohenstein – **G:** Bet. u. a. in Dtld, Ital., d. USA, Finnland, Frkr., Malaysia, Öst., d. Niederl., Bosnien, Kroatien, Mazedonien u. d. Schweiz; – Vertreter d. BRD b. intern. Künstlerkolonien: 83 Prilep, Zentrum f. Zeitgen. Kunst Europas; 85 Strumica; 88 Teslic/Bosnien; 89 Flühli/Luzern; 93 Intern. Künstlerkolonie d. Schweiz – ***Lit:*** Schwäb. Maler, Kat. Aukt.-haus Nagel; Künstlerverzeichnis Baden-Württemberg – div. Kat. z. Einzel- u. Gr.ausst. – ***LitR:*** Beitr. in 'Ldesschau' u. 'Abendschau' d. Südt. RF; Hfk- u. Fs.beitr. in Sarajewo u. Mazedonien

Maierhofer, Fritz, Prof.; Flachgasse 55/26, A-1150 Wien, Tel. Mobil: 06 9 919 44 10 84, Fax (01) 9 44 10 84, *fm@fritz-maierhofer.com*, *www.fritz-maierhofer.com* (* Wien 2. 2. 41) – **VG:** Cambridge/MA, Mobilia; Berlin, Stühler – **S:** Wien u. London – **P:** Research Fellowship of the Sir John Cass College of Art London 86, 87 – **Ve:** Künstlerhaus Wien – **G/T:** Objektkunst, (Schmuck), Metall – **M:** London, Victoria & Albert Mus.; Wien, MAK – **Ö:** Gent, Villa De Bondt (Skulpt.); Wien-Kagran, Behördenzentrum (Brunnen) – **E:** Wien, Künstlerhaus – ***Lit:*** Gabriela Koschatzky-Elias: F.M. Jewellery and More! 06

Maintzer, Nina, Goldschmiedin, Schmuckgestalterin; Wilhelmstr. 68, D-50996 Köln, Tel. (02 21) 8 00 46 61, *ninamaintzer@t-online.de*, *www.ninamaintzer.de* (* Köln 6. 7. 76) – **S:** 01–03 Staatl. Zeichenakad. Hanau (Meisterkl. f. Schmuckgest. b. Eckhard Adler) – **Ve:** GEDOK Köln 06 – **G/T:** Schmuck (Gold, Silber, Acryl, Blütenblätter); Themenschwerpunkte: Natur, Schmuck u. seine Wertigkeit; Abstr. Arb. – **W:** mehrere Schmuckstücke u. -ser., Werke überw. in Privatbes. – **G:** 04 Köln, Juwelier-, Gold- u. Silberschmiedeinnung: Gold aus Köln – Kölner Meister zeigen Schmuck; 05 Köln, GEDOK: Unique – Einzigartig

Mairinger, Peter, Dr., freischaffender Maler, Bildhauer u. Fotograf; Hauptstr. 41, A-5164 Seeham, Tel. (06 64) 4 56 40 42, *peter.mairinger@salzburg.co.at*, *www.atelier-mairinger.at* (* Graz 7. 12. 50) – **S:** 76–77 KHS Linz (b. Prof. G. Praschak); 77–79 Staatl. FS f. Keramik Landshut (b. Prof. Heufelder); 81 Meisterprüfung Keramik – **L:** seit 89 Intern. Malerwochen Hollersbach (Leitung); seit 01 Akad. Reichenhall (Lehrtätigkeit) – **P:** Pr. d. Kult.fonds Salzburg (1. Pr. f. Malerei) 01 – **Ve:** Berufsvrg Bild. Künstler Öst. – **G/T:** Malerei (Acryl, abstr.); Objektkunst (Metall); Fotogr. (Akt) – **K:** seit 98 Malen im Licht v. Korfu (Malsem., freie Acrylmalerei) – **M:** Salzburg, Rupertinum (Ausführung eines Entwurfes v. F. Hundertwasser) – **Ö:** Bielefeld, Fa. Seidensticker (gemalte Firmenchronik); Gleisdorf/Stmk, Fa. Jerich (Christus-Kreuz); Höch/St. Andrä (Plast.); Flachau/Salzburg (Bronzedenkmal Kaspar Steger); Regensburg, Verwaltungsgebäude d. Fa. Wilden (plast. Raumgest.); Seehamm/Salzburg (Gemeindebrunnen); Stiwoll/Stmk (Metallplast.) – **E:** 82 Salzburg, Brodil; 85 Wetzlar, Hauptwache; 87 Budapest, Atrium Hyatt; 88 Gmunden, Hipp-Halle; 89 Genua, Ellequadro; Augsburg, Kunsthaus im Welserhof; Kaiserslautern, Kunstbahnhof Eschenau; 90 Graz, Gal. Dida; 92 Wels, Gal. Forum; Graz, steirischer herbst; Linz, Ldeskult.zentrum Ursulinenhof; 95 Wetzlar, Stadthaus am Dom – **V:** drei Kat. mit je 32 Farbtafeln 91, 95 u. 01 – (Red.)

Maisel, Volker, Maler, Kunsthistoriker M. A.; c/o Atelier Maisel, Untere Sandstr. 42, D-96049 Bamberg, *volker@atelier-maisel.de*, *www.atelier-maisel.de* (* Günzburg 26. 2. 75) – **S:** Otto-Friedrich-Univ. Bamberg (Kunstgesch. u. Denkmalpflege, seit 05 Promotionsstud.); 01 Sommerakad. Dresden – **Ve:** Kult.atlas-Ofr. 03; Assoc. of Music & Art – **G/T:** kunsthistor. Interpretation in Wort u. Bild; altmeisterl. Ölmalerei (v. a. Lsch., Allegorien); Schachkalligraphie (kalligraph. Ill. v. Schachpartien) – **W:** Bamberg, Slg Lothar Schmid (IGM); Bamberg, Karl-May-Verl. – **E:** 02 Untermerzbach, Schloß Gereuth – **G:** 03 Berlin, Pal. am Festungsgraben: Chess Collectors Intern.; Athen, Kallithea: Chess Art, Exhib. and Philately (74. FIDE Congress)

Maja s. Römer-Fischer, Maja-Ev

Majd-Amin, Mehdi, Künstler, Ausstellungsmacher; Donaustr. 49, D-12043 Berlin, *galerie-mani@gmx.de*, *www.mehdi-majd-amin.de* (* Teheran/Iran 11. 2. 48) – **VG:** Berlin, Gal. Mani; Bonn, Kallenbach – **S:** Univ. d. Schönen Künste Teheran (Malerei u. Graph. b. Tajwidi, Miniaturmalerei u. Kalligraphie); 82–88 HdK Berlin (Malerei, Design u. dekorative Malerei b. Prof. Krause u. Prof. Braun) – **G/T:** Malerei (Öl u. Mischtechnik auf Leinwand, expressiv, figurativ, abstr.); Inhalte: Orientalische Impressionen, Der Weg ins Exil, Das Menschenbild in d. Menschen Bild – **K:** mod. islamische Kalligraphie – **W:** Papier- u. Leinwandarb. – **E:** u. a. 89, 90, 92, 96 Berlin, Frankenstein; Berlin, Eylau; Berlin, Urban; 98 Dresden, Intern. Begegnungszentrum; 99, 00, 02, 03 Berlin, Gal. Mani; 03 Bonn, Kallenbach – **G:** 90–94 Berlin, Freie Berliner Kunstausst.; 93 Köln (Gr. Grenzenlos); Kassel, Gal. Freie Welt; 00 New York, Center for Iranian Studies, Columbia Univ. – ***Lit:*** Angelika Jung: M. M.-A., Kat. 01 – (Red.)

Maje s. Jedelhauser, Marly

Majmudar, Uta (Sign.: Uta Maj), Glasgestalterin; Mozartstr. 27, D-42781 Haan, Tel. (0 21 29) 61 17, Fax 3 29 08, *majmudarglas@t-online.de*, *www.majmudarglas.de* (* Berlin 29. 1. 35) – **S:** 78/79 Staatl. GlasFS Hadamar (Gastschülerin); seit 80 eigene Wkst. in Haan; 85–88 Akad. f. gest. Handwerke Aachen (Kunststud.); 88 Summer School f. Glaskünstler Pilchuk/USA – **L:** 13 Jahre Lehrerin – **P:** Staatspr. d. Ldes Bad.-Württ. (2. Pr., Anerkennung) 98; New Glass Review d. Corning Mus. of Glass New York 02 u. 04; Staatspr. d. Ldes NRW 03 – **Ve:** GEDOK Wuppertal u. Köln – **KGr:** Arbeitsgemeinschaft d. Kunsthandwerks am Niederrhein (AdK) Düsseldorf; Solinger Künstlergruppe – **G/T:** Glasblasen vor d. Lampe; Glasobjekte, Gefäße (Fusen u. Slumpen = ofengeformt) – **M:** Bonn, LM; Coburg, KS d. Veste (Glasmus.); Coesfeld-Lette, Glasmus. Alter Hof Herding; Düsseldorf, KV; Düsseldorf, Slg Hentrich; Ebeltoft, Glasmus.; Herne, StG Strünkede; Immenhausen, Glasmus.; München, Alexander Tutsek-Stift.; Rheinbach, Glasmus.; Valencia, Keramikmus. – **Ö:** Düsseldorf, Staatskanzlei NRW – **E:** 90 Bombay, Goethe-Inst.; 95 Düsseldorf, Gerhart Hauptmann-Haus; 98 Rheinbach, Glasmus.; 03 Köln, CCAA Glasgalerie Köln; 04 Immenhausen, Glasmus. (Kat.); 05 Coburg, KS d. Veste (Glasmus.) – **G:** zahlr. Bet. seit 82 u. a. 82, 85, 88 Frauenau, Glasmus.: Zeitgen. Glas; 85 Rouen, Mus. d'Art: Art du Verre; 88, 90 Kanazawa/Jap., Intern. Exhib. of Glass Craft; 92 Stuttgart, GEDOK: Grenzbereich; 03 Dortmund, Manufactum; 04 Düsseldorf, Handwerkskammer u. AdK; 05 Linnich, Dt. Glasmalerei-Mus.; 06 Coburg, Intern. Glaspr. (Kat.) – ***Lit:*** Neues Glas in Dtld, Ausst.kat. 83; Reflex d. Jahrhunderte, Kat. (zur Glas-Slg Düsseldorfer KM) 89; Who is who in contemporary glass 93/94; Glashaus 3/02; Internat. Design-Yearbook 02; NEUES GLAS/ NEW GLASS Sommer 03; New Glass Review 2/04

Majnaric, Gordana, Malerin; Taborstr. 66/1/14, A-1020 Wien, Tel. (01) 9 42 37 00, *gmajnaric@yahoo.com*, *www.majnaric.net* (* 20. 1. 45) – **S:** Éc. ABC de Dessin de Paris – **Ve:** IG Bild. Kunst Wien; HDLU Istra – **G/T:** Malerei (u. a. Akt), Install., Objektkunst, Zeichn. – **W:** überw. in Privatbes. – **E:** u. a. 90 Pula, Smitran; 91 Wien, Schlumberger Technologies; 92 Wien, Gal. T61; 93 Wien, United Art Gall.; 94 Zagreb, Gal. INA; Lovran, Villa Frappart; 94, 95 Wien, Gal. am Salzgries; 95 Pula, Vincent od Kastva; 97 Asheville, Art Intern. Asheville; 03 Gajana, Doll's House; 04 Pazin, AC – **G:** u. a. 97 Wien, United Art Gall.; 99 Groznjan, Fonticus; Rijeka, Korti; Zagreb, Studio HDLU; 99–00

Pula, Archäologisches Mus.; 00 Pula, Cvajner; 01 Florenz, Bienn. Intern. dell'Arte Contemp. – (Red.)

Makolies, Peter, Bildhauer; Malerstr. 21, D-01326 Dresden, Tel. (03 51) 2 68 53 33. Alte Büdnerei, D-17440 Warthe/Usedom (* Königsberg 21. 11. 36) – **VG:** Berlin, Vagt; Dresden, Hieronymus; Verden, Sabatier – **S:** 53–56 Zwingerbauhütte Dresden (Steinmetzlehre m. Gesellenprüfung als Steinbildhauer); 56–58 VHS Dresden (Zeichenkurse b. Jürgen Böttcher); 64 Meisterprüfung als Steinbildhauer; seit 65 freischaff. – **Ve:** VBK DDR 65 – **KGr:** nedserd – **G/T:** Steinbildhauerei, Plastik (auch Kunstmarmor, Bronze, Meissner Porzellan) – **M:** u. a. Berlin, NG; Chemnitz, KS; Dresden, StG; Eisenhüttenstadt, StM Abt. Gal.; Frankfurt/Oder, Mus. Junge Kunst; Leipzig, Zeitgesch. Forum – **Ö:** u. a. Lüttenort, Gedenkatelier Otto Niemeyer-Holstein (Kopfskulptur 'Käpt'n); Neupetershain, Gut Geisendorf (Findling 'Geisendorf-Kopf); – in Dresden u. a.: Kath. Kirche St. Hubertus (Altarkreuz); Böttger-Stele, Brühlsche Terrasse; Friedhof Loschwitz (Grabstein Hermann Glöckners nach hinterlassenem Entwurf d. Künstlers) – **E:** u. a. 77 Stendal, Winckelmann-Mus.; 78 Dresden, Leonhardi-Mus. (Studio-Ausst. VBK); 82 Potsdam, Orangerie im Neuen Garten (Kat.); 83 Greifswald, Greifengalerie; 84 Wien, Schloß Potzneusiedl; 85 Frankfurt/Oder, Gal. Junge Kunst; Gera, Haus d. Kultur; Karl-Marx-Stadt, Gal. Oben (Peter Graf, Bilder – P.M., Plastik, Kat.); 88 Heringsdorf, Kunstpavillon; Berlin, Messer-Ladewig; 88–89 Berlin, Gal. Sophienstr. 8; 89 Bordeaux, Gal. des Beaux-Arts de Bordeaux (m. Stefan Plenkers); 95 Dresden, Leonhardi-Mus. (Kat.); 01 Dresden, Hieronymus; 03 Großsedlitz, Barockgarten; 06 Verden, Sabatier; Cottbus, Vattenfall Europe – **G:** u. a. 61 Berlin, AK: Junge Kunst – Malerei; 62 Berlin, AK: Junge Kunst – Plastik, Grafik; 65 Dresden, Puschkinhaus; 77 Antwerpen, 14. Bienn. Middelheim; Budapest, Kleinplastik-Bienn.; Barcelona, Joan Miro-Wettb.; Bukarest, Sala Daures: Bildhauerei u. Grafik d. DDR; 79 Dresden, Leonhardi-Mus.: Dezennien – III. Teil; Dresden, Albertinum u. Rostock, KH: Junge Bildhauerkunst d. DDR; 80 Leipzig, MBK: Charaktere, Portraitschaffen d. 70er Jahre d. DDR; 81 Mexico-City, Pal. de Bellas Artes: Plastik d. DDR; Rostock, 9. Bienn. d. Ostseeländer; 82 Dresden, Leonhardi-Mus.: Frühstück im Freien; 84 Venedig, XII. Bienn.; Berlin, Altes Mus.: Alltag u. Epoche; Dresden, Gal. Rähnitzgasse: Plastik aus Dresden 1945–1984; 85 Dresden, Albertinum: Dresden – Bekenntnis u. Verpflichtung; 86 Esslingen, Villa Merkel; 87–88 Dresden, X. Kunstausst. d. DDR; 88 Berlin, NG; 91 Dresden u. Kaiserslautern, Länderausst. Sachsen – Rheinland-Pfalz; Dresden, Mus. f. Stadtgeschichte: Sächs. Kunst; Nürnberg, KH: Nedserd (Kat.); 92 Altenburg, Lindenau-Mus.: Nedserd (Kat.); Weinheim, 'Dresdner Künstler'; 95–96 Cottbus, Brandenburgische KS; 03 Frankfurt/Oder, Mus. Junge Kunst; Wustrow, Kunstscheune – ***Lit:*** Max Kunze (Hrsg.): P.M. Werkübersicht Plastik 1959–1986 89; WWCCA 96; NG Berlin 03; Wulf Kirsten u. Hans-Peter Lühr (Hrsg.): Künstler in Dresden im 20. Jh. 05 – (Red.)

Mala, Matthias, Illustrator, Zeichner; Jahnstr. 21a, D-80469 München, Tel. (0 89) 26 77 57, Fax 23 07 74 78, *epost@matthias-mala.de*, *www.matthias-mala.de; www.erotikart.eu* (* München 27. 12. 50) – **VG:** München, Kunstbehandlung.KG – **Ve:** VS; VG Bild-Kunst – **G/T:** Federzchngn – **G:** div. Bet. seit 78, u. a. 06 München, Valentin-Karlstadt Musäum: Isar-Tooor – **V:** Ill. v. Kinder- u. Sachb.

Malchow, Günter, Maler; Schulstr. 5, D-48149 Münster, Tel. (02 51) 13 19 40, Fax 3 92 95 41, *www.guenter-malchow.de* (* Coesfeld 9. 10. 55) – **VG:** Münster, Steinrötter – **S:** 75–76, 83–87 KA Düsseldorf (b. Peter Kleemann, Meisterkl. Konrad Klaphek) – **P:** Förd.pr. Kunst im Krankenhaus Düsseldorf 92; Dt. Kunstpr. d. Volksbanken u. Raiffeisenbanken 94/95 – **M:** Wadersloh, Mus. Abtei Liesborn – **Ö:** Frankfurt am Main, zeb/rolfes.schierenbeck.assoc.; Hanau, Heraeus Holding; Münster, Praxisklinik Hohenzollernring; ebda, GAD eG, zeb/rolfes.schierenbeck.assoc.; Rheine, Rechtsanwälte u. Notare Brockmeier & Grothold; Steinfurt, Steuerberater Niehoff – Ketteler – Eising u. Partner; Weilheim, MZT Oberland; Wien, zeb/rolfes.-schierenbeck.assoc. – **E:** u. a. 85 Wadersloh, Mus. Abtei Liesborn (m. Paul Gofferjé); Frankfurt am Main, Gering-Kuhlenkampff; 86 Düsseldorf, Wittrock Kunsthandel; Bocholt, Euregio Kunstkr.; 88 Münster, Stadthaus-Gal.; Münster, Bildungszentrum Handwerkskammer; 89 Sundern, Kult.ring; 91 Münster, Gal. S; 92 Hannover, Sandmann + Haak; 93 Coesfeld, Städt. Turmgal. Walkenbrückentor; 94 Beckum, SM; Itzehoe, Kr.mus. Prinzeßhof; 95 Dortmund, KV; Essen, Neher; 97 Neu-Isenburg, Lufthansa AirPlus; Münster, Oberfinanzdir.; 98 Mönchengladbach, G.A.M.E.S. of art; 99 Hannover, Messe; 00 Münster, Ausst.raum; 01 Steinbach, Wolf; 01, 03 Münster, Steinrötter; 02 Coesfeld, KV Münsterland; 03 Schmalkalden, Wilhelmsburg – **G:** u. a. 85 New York, Szoke; 85, 87 Recklinghausen, KH; 87, 89 Gelsenkirchen, SM; 88 Orléans (Les artistes de Münster); 89 Oberhausen, Ludwig-Gal.; 89, 93, 01 Lüdenscheid, StG; 92 Münster, Steinrötter; 94, 95, 99 Essen, Neher; 94 München, Haus d. Kunst; 97 Berlin, Raab; 98 Münster, WCG Speicher; 00 Düsseldorf, Andreas; 04 Hamm, Gustav-Lübcke-Mus. – **V:** Ernest W. Uthemann u. Heinz G. Schütz: Münchener Freiheit, Bildbd 92 – ***Lit:*** Ulrich Buse u. Gerhard Röper: Bilder 1978–1983 83; Adolf Smitmans: Station to Station 85; Harald Deilmann, Ernest W. Uthemann, Bernhard Krug u. Ludger Sunder-Plassmann: Neue Stadtansichten 88; Ernest W. Uthemann: Emblem und Bild 88; Helga Meister u. Frank Kämpfer: Düsseldorf Kunstachse 89; Tayfun Belgin: Nachtinseln entdecken den verlorenen Tag 93; Martin Gesing: entrückt gesetzt – gemalt verbunden 95; Burkhard Leismann: Streifzüge im Gleichgewicht 95; Tayfun Belgin: jenseits der Mitte 95; Martin Gesing: In der Einheit der Untrennbaren 97; Andrea Fink: Einheit der Vielfalt 99; Ernest W. Uthemann: beziehungsweise 00; Uwe Schramm: umformt gesetzt – gemalt verbunden 02 – (Red.)

Málek, Antonín, akad. Maler; Steinkopfstr. 2, D-51065 Köln, Tel. u. Fax (02 21) 62 95 42, Mobil: 01 72-2 43 76 34, *tondamalek@gmx.de*. U Nádraží 801/II., CZ-37701 Jindřichův Hradec, Tel. 03 84 36 14 65, Mobil: 07 28 82 03 78 (* Pilsen/Tschech. Rep. 28. 8. 37) – **VG:** Prag, Zlatá Husa; Prag, Ztichlá Klika; Brno, Gal. Brno – **S:** 52–56 Schule f. Bild. Künste Prag (56 Maturität); 56–57 ebda (Vorbereitungsjahr); 57–63 KA Prag (b. Prof. Rada u. Prof. Souček, Dipl.); 63–64 ebda (Ehrenjahr) – **L:** Kurse Portr.zeichn. u. -malerei: 75–78 Alingsås/Schweden u. 80–04 Köln – **P:** Jahresstip. d. VBK ČSSR 64–65; Pr. d. Sigtuna-Stift. Schweden (f. Arb. z. Thema 'Ecce Homo') 70; Kult.pr. d. Stadt Alingsås/Schweden 71; Jahrespr. d. Gal. Kusten Göteborg 74; Stip. d. Schwedischen Akad. 77; Villa-Romana-Pr. (kleines Stip.) 97; Intern. Offener Kunstpr. Internet (6. Pr.) 98 – **Ve:** VBK ČSSR 63–69; Reichsorganisation d. Künstler Schweden 69–76; BBK Kiel 78–79; BBK Köln 79–98 – **KGr:** Konfrontation Prag (60 bis ca. 64) – **G/T:** Malerei u. Graph. (alle Techniken, zunächst Informel, später figurativ, Portr., Ldschaft) – **K:** Portr.zeichn. – **W:** Werke in Slgn u. Mus. in Alingsås, Borås, Stockholm, Kiel u. Köln sowie in Privatslgn in Tschechien, Schweden, Dtld, Frkr., England, d. Slowakei, Holl., d. USA, Kanada, Südkorea, Kuba, Indien, Kambodscha u. a. – **M:** Berlin, Innenmin. d. BRD; Grenoble, MBK; Hluboká nad Vltavou, Südböhmische Gal.; Jindřichův Hradec, Heimatmus. (KS); Prag, Kult.-min. d. Tschechischen Republik; Prag, NG – **Ö:** u. a. Borås, Krankenhauskap. (Altarbild 'Genesis') – **E:** / G: ca. 120 Einzelausst. u. mehr als 70 Ausst.bet. in Tschechien, Schweden, Dtld, Frkr., Holl., Ital., Kambodscha, Thailand, d. USA u. a.; – Kostüm- u. Bühnenbild f. Theater: 83 Köln, Theater Kefka (König Ubu); 85 ebda (Münchhausen); 89 Köln, Pantomimen-Theater Milan Sládek (Apokalyptika); 99 Bratislava, Theater Aréna (König Ubu II.); 04 Bonn, BundesKH (Andy, Andy) – ***Lit:*** P. Restany: Das Kunstwerk XIV/Nr. 8 60; ders.: Notes de voyage, in: Cimaise VIII/Nr. 51 61; Host do domu 10, ČSSR 69; Vår Lösen Schweden Nr. 7 u. 8 70; Tidsspegel Uppsala 1.71; André Laude: A. M., in: Les nouvelles littéraires Nr. 2627 78; Deutsche Kunst nach 1945 84; Frank Meyer (Hrsg.): Milan Sládek – Pantomimentheater 85; G. Bénamou: Sensibilités contemporaines 85; B. B. Král: Gespräch mit dem Maler A. M., in: Paternoster 13, Wien 86; Axel-Alexander Ziese: Allgemeines Lexikon der Kunstschaffenden in der bildenden und gestaltenden Kunst des ausgehenden XX. Jahrhunderts 86–91; Konstnärlexikon, Stockholm 88–89 – KAT.: A. M., Gal. M Kiel 74; A. M., Villa Zanders Bergisch Gladbach 84; Tschechisches Infor mel, Gal. d. Hauptstadt Prag 91; A. M., Heimatmus. Jindřichův Hradec 93; Brennpunkte der Neugeburt, Gal. d. Hauptstadt Prag 94; Šedá eihla, Klatovy-Gal. 94; Angkorian Drawings, NG Bangkok 00; Ilona Víchová u. a.: A.M., Monogr. (Hrsg. Gal. Brno) 05

Maletzke, Helmut, Maler, Graphiker; Johann-Stelling-Str. 41, D-17489 Greifswald, Tel. u. Fax (0 38 34) 50 47 05, *pommernhus-info@t-online.de* (* Neustettin/ heute Polen 8. 10. 20) – **VG:** Hamm, Gal. Kley – **S:** 51–53 Univ. Greifswald (Sem. d. VBK DDR b. d. Prof. Herbert Wegehaupt u. Herbert Schmidt-Walter) – **L:** 94–02 VHS Greifswald – **P:** Pommerscher Kulturpr. 96; Pr.träger b. 10 künstler. Wettb. – **Ve:** VBK DDR 47–89; BBK 89; Pommerscher Künstlerbund 95; VG Bild-Kunst 97 – **KGr:** Art Assoc. Harrisburg/USA (94); Ars Pomerania (02) – **G/T:** Graph., Malerei, baugebundene Kunst – **W:** Werke in 20 Ländern u. in 26 Mus. u. Slgn in Dtld, Europa, d. USA u. Asien – **M:** Greifswald, Pommersches LM – **Ö:** Altenkirchen, Kirche; Graal-Müritz, Kirche; Greifswald, St. Marienkirche; Greifswald, St.-Nikolai-Kirche; Stralsund, St. Marienkirche – Fassadengest. in Greifswald, Rostock, Grimmen, Behrenhoff, Stralsund, Kandelin u. a. – **E:** zahlr. Einzelausst., u. a. 80 Moskau; 89 St. Petersburg; 92 Harrisburg/USA, New York; 95 Stettin, Los Angeles; 96 Stockholm – **G:** Ausst.bet. m. Graph. u. Skulpt. u. a. in London, Helsinki, Ulan Bator, Prag, Kairo, Budapest, Moskau, Zypern, Jakarta, Bydgoszcz, Chartum, Kopenhagen, Warschau, Havanna, Algier, Brüssel u. Stettin – **V:** Styx. Erzählungen u. Bilder 97; Signum B. T., autobiogr. Roman m. Bildern 97; Aus dem Dunkel. Lyrik u. Zeichnungen 00; Manchmal. Lyrik u. Zeichnungen 03; Blick auf Greifswald. Erzählungen u. Bilder 04; Meine Art d. Reisens. Erzählungen u. Bilder 05; Wege eines Malers, Autobiogr. 06 – ***Lit:*** H. M. Ein Maler der Gegenwart, Greifswalder Mus.heft 80; Joachim Puttkammer: Befragung, Kat. 89; Karl-Heinz Lütt: Zeit- und Sinnbilder, Bildbd 92

Malik, Wittmute, Dipl. Designerin u. Bild. Künstlerin, Leiterin v. Kunstobjekten; Kreuzkampstr. 27, D-38114 Braunschweig (* Hersbruck 27. 11. 48) – **S:** 79–83 FHS Dortmund (Objekt u. Design, 83 Dipl. in Design); 83–88 HBK Braunschweig (Freie Kunst b. E. Cimiotti, H.G. Prager, L.v. Monkiewitsch, 88 Dipl. Bild. Künste) – **L:** u. a. seit 99 Braunschweig u. Wolfenbüttel (Projektleitung im Zus.hang m. Fortbildungen im Bereich Kunst f. sozialpädagog. Fachkräfte); seit 03 Bild.zentrum Gifhorn (Kunstkurse u. -projekte f. Kinder); Caritas Verb. Braunschweig (Kunstkurse u. -projekte im Rahmen d. Erwachsenenbild.) – **P:** u. a. Wettb. Mahnmal Obernheide Stuhr (1. Pr.) 87; Arb.stip. d. Min. f. Wiss. u. Kult. Hannover 88; Wettb. Mahnmal Lüneburg (2. Pr.) 89 – **Ve:** BBK Westf. Süd 82–90; VG Bild-Kunst 86; BBK Nds. 90 – **G/T:** Bildhauerei; Bildobjekt; Monotypie; geometr. Abstr. (konkret-absolut); Schwerpunkt seit 99 Monotypie/Abdruck m. d. Fingerspitzen – **M:** Braunschweig, Artothek; Braunschweig, KS d. Bez.reg. – **E:** seit 88, u. a. 90 Jerxheim, KV; 95 Schöningen, Kunstförderverein; 98 Hannover, StG KUBUS; 99 Weida, Mus. Osterburg; 01 Wolfenbüttel, Gal. Kirchencampus (Kat.); 05 Braunschweig, Buch & Kunst; 06 Schladen, Samtgemeindeverwaltung – **G:** seit 88, u. a. 91 Wolfenbüttel, KV; 92 Hamburg, Hamburger Bank; 96 Berlin, NGBK; 99 Goslar, Mönchehaus-MMK; 01 Kaunas/Litauen, Kaunas Gall.; 03 Ystad/ Schweden, KM; 05 Sofia, Nat. Pal. of Culture – **V:** Das innere Licht, Kassette m. 10 Monotypien 99 – ***Lit:*** Ulrike Müller: W.M. Bildobjekte als Befindungsräume, Ausst.kat. 96 – ***LitR:*** Anke Doepner: W.M. – Ariadne o. das Exper. der Erfahrung?, Videof. 86

Malik, Wittwulf Y, Bild. Künstler (m. Schwerpunkten Fotogr., Video, Performance-Art); c/o Künstlerhaus Hamburg-Bergedorf, Möörkenweg 18 E, D-21029 Hamburg, Tel. u. Fax (0 40) 72 69 83 18, *Wittwulf.o.malik@gmx.de*, *www.wittwulf-y-malik.com* (* Hersbruck b. Nürnberg 5. 8. 46) – **VG:** Hamburg, Künstlerhaus Hamburg-Bergedorf – **S:** 67–70 HS Hamburg – **L:** LAuftr.: HS f. Künste Bremen; Univ. Philadelphia/USA; Univ. Lüneburg – **P:** STIP.: Patriot. Ges. Hamburg 69; Stud.stift. d. Dt. Volkes 73; Ev. Studentenwerk Villigst 74–76; Villa Serpentara Olevano Romano 81; Künstlerhof Schreyahn, Ld Nds. 86; Villa Vilhelmina/Lappld, Schweden 87; Villa Waldberta München 87; Stip. Künstlerstätte Bleckede 94; Stip. d. Stadt Wolfsburg 97; Arb.stip. f. bild. Künstler d. Hansestadt Hamburg 00; Neues Kunsthaus Ahrenshoop 02 – **Ve:** VG Bild-Kunst 00 – **KGr:** KOINZI-dance (seit 98) – **G/T:** Lsch.fotogr. u. Videokunst; Multimediale Install.; Performance-Art; Klanginstall. – **K:** Multimediale Kunst, TRANSART (Verbindung v. Fotogr., graph. Notation u. Klangprozessen) – **W:** Kurzfilme u. Performances auf intern. Festivals u. Ausst., div. TRANSART-Werke in Privatbes. – **M:** Hamburg, KH – **E:** u. a. 86 Hamburg, Scheidemann; 87 Bremen, Rabus; 88 Hamburg, Ev. Akad.; Hamburg, KX-Gal. auf Kampnagel; 94 Neuenkirchen, KV Springhornhof; 95 Bleckede, Schloß; 96 Rotenburg/Wümme, RH; 98 Hamburg, Künstlerhaus Hamburg-Bergedorf; 02 Hamburg, Gal. C15 (Trienn. d. Photogr.) – **G:** u. a. 82 Kassel, documenta; 85 Hamburg, KH; Hamburg, KV Harburger Bahnhof; 86 Bonn, Hennemann; 88 Kyoto, Intern. AC; Berlin, DAAD-Gal.; Den Haag, Haags Gemeente-Mus.; 89 Grenoble, Magasin; 94 Salzgitter, StKS Schloß Salder; Wolfsburg, Mus. Schloß Wolfsburg; Bochum, Mus.; Stade, Schloß Agathenburg; 97 Schleswig, StM; Hamburg, Künstlerhaus Hamburg-Bergedorf; 99 Hamburg, KH (CD-Präsentation in d. Audiothek d. Mus. d. Gegenwart); Santiago de Chile, MAC; 00 Berlin, Stella A.; 01 Cuenca/Ecuador, Bienn.: Digitaler Salon; 03 Istanbul, Mus.; 04 Perth, Bienn. of Electronic Arts; 05 Lima, Istituto Italiano di Cult.; Porto Alegre, Prefeitura Municipal: Atelier Livre; Bethlehem, Al Kahf Art Gall.; Neapel,

Casoria MCA; Santa Fe/Argentinien, MAC; Rosario/Argentinien, MAC; 06 Szczecin, Officyna Art Space – *Lit:* W.Y.M. TRANSART – 7 × 7 Neuenkirchen / Kunst-Landschaft- Klang-Raum (KV Springhornhof) 94

Malin, Georg, Dr. phil., Bildhauer, Maler, Historiker, Lehrer; Bachtalwingert 10, FL-9493 Mauren, Tel. (0373) 1866, Fax 1826, *gbma@adon.li* (* Mauren 8.2.26) – **VG:** Vaduz, Gal. am Lindenplatz – **S:** bis 52 Univ. Zürich u. Freiburg (Gesch., Kunstgesch. u. Phil.); ETH Zürich (Zeichenkurse u. Bildhauerei b. Alfons Magg) – **L:** ab 53 Zeichen- u. Werklehrer an Privatgymnasium Zürich; ab 55 Univ. St. Gallen (Abendvorlesungen) – **G/T:** Bildhauerei (Skulpt. aus Metall, Bronze u. Stahl, stark abstrahierte Formen, seit d. 80er Jahren dominiert geometr. Grundfigur d. Würfels, z.B. Ser. v. Buchstaben-Würfeln); Malerei (u. a. Gouache u. Aqu., kräftige Farben); Ill. – **Ö:** Altbach/Tirol, Kongreßzentrum (Stahlrelief); Disentis, Kloster (Brunnenanlage im Innenhof); Einsiedeln, Gnadenkap. (Umgest.); Innsbruck, Unterkirche d. Doms (Chorgest.); Kaufering, Hilti-Dtld (Brunnenanlage im Innenhof); Mauren, Kirche (Umgest.); Vaduz (Z-Würfel in Chromnickelstahl); Weimar u. Bad Berka, Goethepark (Stahlwürfel); Zürich, Kirche Maria Krönung (Chorgest.) – **E:** u. a. 87 Feldkirch, Pal. Liechtenstein (m. Herbert Fritsch); 90 Aix-en-Provence, Mus. Vasarely (m. Herbert Albrecht u. Bruno Kaufmann); 06 Vaduz, KM Liechtenstein (Kat.) – **V:** u. a. Kunstführer Fürstentum Liechtenstein: Im Auftrag d. Kult.- u. Jgd.beirates d. Fürstl. Reg. 68; m. Georg Thürer u. Alexander Frick: Gute Nachbarschaft 74; Liechtenstein. KS: Bestandskat. 95; Herbert Meier: Aufbrüche. Reisen v. dorther: Gedichte u. Erz. (Aqu.) 98; Erika Billeter u. Giorgio v. Arb: G.M. Skulpturen (Ill.) 02 – *Lit:* u. a. Robert Th. Stoll u. Hans Gerber: G.M. Skulpturen 87; Walter Koschatzky: G. M. – Aquarelle. Mit Wasserfarben malen 91

Mallmann, Berthold, Dipl.-Ing.; In der Laach 69, D-56072 Koblenz-Güls, Tel. u. Fax (0261) 44244, *bmallmann@kunstklausekoblenz.de*, *www.kunstklausekoblenz.de* (* Koblenz 5.6.38) – **S:** TU Darmstadt (Archit. b. Prof. B. Müller-Linow u. Wilh. Loth) – **L:** Univ. Kaiserslautern (LAuftr. Archit.-Gest.) – **Ve:** Arb.gemeinschaft Pfälzer Künstler (APK) – **KGr:** Künstlerwerkgemeinschaft Kaiserslautern (KWG) – **G/T:** Zchng; Fotogr.; Malerei – **Ö:** Bonn-Godesberg, VOBA (Wandgest.) – **E:** 02 Kaiserslautern, Gal. d. Univ. (Kat.) – **G:** 02 Neustadt-Haardt, KWG; 03 Rammstein, KWG; 05 Neustadt-Mussbach, APK – **V:** R. Nitzsche u. B.M.: Ewig sein in Stille 06 – *Lit:* Gal. in. d. Univ. Kaiserslautern (Hrsg.): Querschnitt, Kat. 00; Pfalzgal. Kaiserslautern (Hrsg.): 80 Jahre APK, Kat. 02

Malone, Patty s. Bohnenberger, Stefan

Malte (eigtl. Malte Wiethüchter), Maler, Bildhauer, Sozialpädagoge; c/o Dagmar Fahrer Kreativprojekte, Binswanger Str. 61–1, D-74076 Heilbronn, Tel. (07131) 160292, Fax 160293, *dagmar@fahrer.net*, *www.malte-atelier.de* (* Hamburg 2.10.47) – **S:** 71–76 FHS Ravensburg u. Stuttgart (Sozialpädagogik, Schwerpunkt Bild. Kunst u. Psychologie); 76–79 Akad. Hamburg u. Stuttgart (Malerei u. Freie Plast. b. Prof. Karl Steppes, Annette Fahrenscheidt, B. Sonderborg u. Alexander Mishou); 79–83 Dornach/Schweiz (Meisterkl. Freie Malerei b. Peppe Assenza); Stuttgart (Meisterkl. Bildhauerei b. Winfried Schmidt) – **L:** 83–91 Carus Inst. Sao Paulo (Doz. f. Malerei u. Freie Plast.); Sao Paulo (Doz. am Lehrerseminar f. Waldorfpädagogik); Freie Waldorfschule Pforzheim (Unterrichtstätigkeit, Kunsterziehung); seit 91 Heilpädagogisches Seminar Eckwälden/Bad Boll (Doz.); seit 00 Strafvollzug Heilbronn (Freie Unterrichtstätigkeit, Plast. Gest.) – **Ve:** KV Heilbronn – **G/T:** Freie Malerei (Abstr.), Objektkunst (Holz, Metallguß-Ed.) – **K:** Freie Malerei (Aqu., Öl, Mischtechnik), Zeichn. (Aktstud.), Plast. Gest., Bildhauerei, Ausldseminare, kunsttherapeutische Stud.kurse – **W:** ca. 200 Werke in Privat- u. Firmenbes. – **E:** zahlr. Ausst. seit 83 in Dtld u. Europa sowie Südamerika – **G:** zahlr. Ausst.bet. 79 bis 83 in Dtld u. Europa – (Red.)

Maluch, Antonia (verh. Antonia Lambrecht-Maluch), Malerin, Graphikerin; Spenerstr. 23b, D-10557 Berlin, *a.maluch@tiscalinet.de*, *www.antonia-maluch.de* (* Frankfurt/Oder 10.2.38) – **S:** 66–69 HBK Braunschweig; 69–72 HdK Berlin (71 Ernennung z. Meisterschülerin) – **Ve:** BBK Berlins seit 70 – **KGr:** Gruppe 70 Berlin (74–85) – **G/T:** Ölmalerei, Rad. u. Aqu. (u. a. phantastischer Realismus, Futurismus) – **W:** Ankauf u. a. durch d. Berliner Senat – **M:** Berlin, Artothek; Berlin, Kpst.-Kab. – **Ö:** Berlin, Dt. Bundestag; Berlin, Min. d. Innern – **E:** 75 Berlin, Wölffer; 76 Frankfurt am Main, Böckel; 78 Berlin, Gal. Pariser Straße; 79 Hamburg, Kunstkr. Norderstedt; 80 Celle, L'auberge; Berlin, Laubach; 81 Berlin, Kunstamt Steglitz; Berlin, Strompen; 83 Berlin, Frohnau; 85 Krefeld, Krüll; seit 86 Ausst. im eigenen Atelier u. im Internet – **G:** 70–95 Berlin, Freie Berliner Kunstausst.; 76, 81, 82, 84, 85 Berlin, 1. Mai Salon; 77 Paris, Gal. Balcon des Arts; 78 Berlin, Klinikum Steglitz; Berlin, Kurfürstendamm Bewag; Berlin, Gal. Pariser Straße; 90, 93, 94, 96 Berlin, Kunstamt Tiergarten; seit 74 zahlr. Ausst.bet. m. d. Gruppe 70 in Berlin, Osnabrück, Hamburg u. Paris sowie Ausst.bet. m. d. BBK – *Lit:* zahlr. Kat. d. Gruppe 70 75, 77 sowie Kat. z. Ausst.bet. 78, 81, 82 u. 86

Malutzki, Peter, Graphiker, Bildhauer, Buchkünstler; Hauptstraße 39, D-65439 Flörsheim, *www.tloen-enzyklopaedie.de* (* Boppard 2.5.51) – **S:** 73–77 FHS Mainz (Graph.-Design, Schwerpunkt Buchgest. b. Wilhelm Neufeld u. Hans-Peter Willberg) – **P:** V.O.-Stomps-Pr. 89; Walter-Tiemann-Pr. 92, 00 – **KGr:** Flug-Blatt-Presse (80–00) – **KGe:** P. M. u. Ines v. Ketelhodt (seit 97, Projekt Zweite Enzyklopädie von Tlön) – **G/T:** Buchgest., Ill., Bildhauerei – **M:** u. a. Cambridge/MA, Harvard Univ. AM; Den Haag, Mus. Meermanno-Westreenianum; London, Victoria & Albert Mus.; Mainz, Gutenberg-Mus.; New Haven/CT, Arts of the Book Collection d. Yale Univ.; New York, Public Library; Offenbach am Main, Klingspor-Mus.; Paris, Bibliothèque Nat.; Wolfenbüttel, Herzog-August-Bibliothek – **E:** 90 Mainz, Gutenberg-Mus.; 91–94 div. Ausst. d. 'Rheinbuches' entlang d. Rheins, u. a. in Koblenz, Mainz, Speyer u. Straßburg; 00 Offenbach am Main, Klingspor-Mus. – **G:** 95 Frankfurt am Main, MAK; 02 Tokio, Takeo; 03 Frankfurt am Main; New York; Philadelphia – **V:** seit 80 ca. 50 buchkünstler. Publ. – *Lit:* div. Kat. – (Red.)

Malva (eigtl. Omar Hamdi), Kunstmaler; R. Nurejew Promenade 1/5/27, A-1220 Wien, Tel. u. Fax (01) 2637925, *www.malva.info* (* Syrien 52) – **VG:** New York, Arnot – **Ve:** Künstlerhaus 90 – **G/T:** Ölmalerei; Mensch u. Expression – **W:** vorw. in Privatbes., v. a. USA – **M:** Damaskus, NM; Krakau, Ziad Raouf; Wien, Schmutterer – **Ö:** Lautenbach, Unna; New York, Mercedes Shop; Wien, Fa. Laut; versch. Hotels in Moskau, USA – **E:** u. a. 76 Aleppo, NM; 93 Wien, Artforum Intern.; New York, Arnot; 94–00 New York, Chicago, Palm Beach u. Paris, Findlay Gall.; 00 Sharjah, Green Art; 02 Jeddah, Rochan Gall.; Damascus, Atassi – **G:** 80–02 Madrid, Arco; Mailand, Expo; New York, Art; Frankfurt am Main, Art Frankfurt; Budapest, Expo; Sevilla, Expo; Nizza, Art Junction Intern.; Beirut, Artuell; Kairo, Bienn.; 90 Wien, Künstlerhaus; 02 Wien, Wien Mus.; 03 Krakau, NM; Teheran, Mus. – **V:** Impressionistic Works 90; Life and Work 91; 20 Jahre Malerei 94; Into the New Millenium 02 – **R:** zahlr. Publikationen u. Fs.dok. – ***Lit:*** zahlr. Kat., Kal., Postkarten, Plakate, Kunstdrucke u. Kunstlex. – ***LitR:*** versch. Fs.beitr. u. Dok. im ORF, Al Jesira, Syrien u. Abu Dabi – (Red.)

Mamaš/Mamasch s. Schambach, Martin

Mammel, Dieter, Maler, Zeichner; Käuzchensteig 10, D-14195 Berlin, Tel. (0 30) 3 22 37 76, *mammel@dieter-mammel.de*, *www.dieter-mammel.de* (* Reutlingen 65) – **VG:** Berlin, Seitz & Partner; Den Haag, Maurits van de Laar – **S:** 86–91 Akad. Stuttgart (Stud. Freie Graph.); HdK Berlin (Malerei) – **L:** Media Design Akad. Berlin (LAuftr. f. Malerei u. Kunstgesch. d. 20. Jh.) – **P:** zahlr. Arb.- u. Atelierstip. d. Berliner Senats; Villa Serpentara Stip. Olevano – **G/T:** Malerei, Zeichn., HSchn., Rad., Install. (Licht u. Raum) – **K:** Portr.malerei, div. Drucktechniken – **M:** Berlin, Gal. im Willy-Brandt-Haus; Berlin, Kpst.-Kab.; Stuttgart, SG – **Ö:** Berlin, Künstlerhotel Luise (Rauminstall.); Frankfurt am Main, Dt. Bank; Mahlow, Lichtinstall. – **E:** u. a. 88 München, Hasenclever; 89 Ehingen/Donau, Gal. Schloß Mochental; 90 Leningrad, Mus. d. Univ.; 91 Stuttgart, Haderek; 92 Nürnberg, Albrecht-Dürer-Haus; 93 Düren, Leopold-Hoesch-Mus.; 94 Pforzheim, KV; 95 Stuttgart, Haderek; 96 Rotterdam, Goethe Inst.; 97 Göteborg, KH; 98 Friedrichshafen, KV; 99 New York, Goldstrom Gall.; 00 Den Haag, Maurits van de Laar; 01 Berlin, Seitz & Partner; Toronto, Cutts; 02 Ehingen/Donau, Gal. Schloß Mochental; Den Haag, Maurits van de Laar; 03 Bonn, KM; Dortmund, Mus. am Ostwall; Berlin, Seitz & Partner – **G:** u. a. 90 Amsterdam, Fodor Mus.; 91 Berlin, Gropius-Bau; Berlin, Otto-Nagel-Gal.; 92 Jena, KV; 94 Mainz, KV; 96 Altenburg, Lindenau-Mus.; 97 Den Haag, Maurits van de Laar; 98 Krakau, Goethe-Inst.; 99 New York, Goldstrom Gall.; 00 Berlin, Wewerka; Reutlingen, KM – ***Lit:*** I will be your spoon in your coffee 01; family works 03 – ***LitR:*** family works, Dok.film 03 – (Red.)

Manabe, Anton, Bildhauer, Holzschneider; Hangakimen 2440, 321–1414 Tochigi-Ken, Nikko-Shi/Japan, *manabeanton@aioros.ocn.ne.jp*, *www.manabeanton.com* (* Eisenkappel/Öst. 14. 6. 63) – **VG:** Utsunomiya, Ciel – **S:** Autodidakt – **P:** Theodor-Körner-Förd.pr. 89; Hschn.pr. d. Kawakami Sumio Mus., Kanuma 97 – **Ve:** VBK 89; Bundesverb. Öst. Künstler 89; Intern. Assoc. of Art – Assoc. Intern. des Arts plastiques 93 – **G/T:** Bildhauerei (Holz, Karton), Hschn. – **W:** Ankauf u. a. durch d. Ld Kärnten, d. Stadt Wien u. d. Öst. Bundesmin. – **M:** Kanuma, Kawakami Sumio Mus.; Tokio, Tama Art Univ. Mus.; Wien, Albertina – **Ö:** Wien, Allgemeines Krankenhaus – **E:** 85, 86, 87, 03 Wien, Atelier 96; 86 Wien, Zürich Kosmos Gal.; 87 Stuttgart, Theaterhaus; 90 Wien, Alte Schmiede; Wien, Lindner; 99, 02 Utsunomiya, Ciel; 99, 04 Tokyo, Gal. d. Öst. Botschaft – **G:** 85 Klagenfurt, Künstlerhaus; 88 Tokyo, SM; 89 Paris, Brasil Inter Art Gal.; 95, 96, 97, 03 Kanuma, Kawakami Sumio Mus.; 96, 97 Imadate, KH; 00 Den Haag, Laerken; 01 Utsunomiya, Tochigi Prefectural MFA – **V:** herbstpresse (Hschn.) seit 87

Mancke, Christoph, Bildhauer; Auf dem Dürsittert, D-54597 Lünebach, Tel. u. Fax (0 65 56) 5 81, *www.mancke.de* (* Schönecken 31. 3. 53) – **Ve:** BBK; VG Bild

Manecke, Andre (geb. Andre Gliech), Dr. phil., Kunsthistoriker, Maler; Alte Str. 32, D-35216 Biedenkopf, Tel. (0 64 61) 8 84 81, *andre.manecke@freenet.de*, *www.MalerimLahntal.de* (* Minden/Westf. 28. 12. 52) – **VG:** Limburg, Topp; Wetzlar, Gal. am Dom – **S:** 71–77 HBK Braunschweig – **P:** Otto-Ubbelohde-Pr. d. Ldkr. Marburg 89 – **Ve:** Künstlervrg Marburg-Biedenkopf 03 – **G/T:** Lsch.; Portr.; Ortsansichten; Auftragsarb. – **Ö:** Marburg, Landratsamt; ebda, Staatsbauamt, Kr.verwaltung; Biedenkopf, RH; ebda, DRK-Krankenhaus, Volksbank – **E:** u. a. 90 Biedenkopf, RH (Eröffnung); 91 Stadtallendorf, Goldbach; 92 Limburg, Kunstwochen; 93 Gladenbach-Erdhausen, Mus. Künstlerhaus Lenz; 94 Wetzlar, KV; 98 Marburg, Arb.gericht; 99 Asslar, Pfeiffer Vacuum; 00 Wetzlar, Gal. am Dom; 03 Niederweimar, Alte Kirche; 04 Cölbe, Wagner-Solartechnik (Firmenjubiläum); 05 Marburg, GeWo-Bau; Runkel/Lahn, RH; 06 Bad Berleburg, SM – **G:** u. a. 93 Wetzlar, Stadthaus am Dom; 03 Großfelden, Ubbelohde-Mus. – **V:** Kal. VGV Wallau/Lahn 96; Kal. Volksbanken Marburg-Biedenkopf 03

Mang, Karl, Dipl.-Ing., Architekt, Innenraum- u. Möbelgestalter (* Wien 5. 10. 22) – **S:** 48 TH Wien (Dipl.) – **L:** 63–72 HS f. angew. Kunst Wien; 83 Staatl. ABK Stuttgart (Gastprof.); sowie BGS Mödling (LBeauftr.) – **P:** Stip. d. ital. Außenmin. Univ. Rom 50–51 – **G/T:** Archit., Raumgest. – **Ö:** INNENEINRICHTUNGEN: Bagdad, Öst. Botschaft; New York, UN-Generalsekretariat; Paris, Centre Georges Pompidou Café Viennois; Wien, Postdir.; ebda, Schatzkammer – **B:** Gmünd: Freizeitzentrum; Wien: Wohnhausanlage Franz-Weber-Hof; ebda: Sozialtherapeutisches Wohnheim, Kindertagesheim; Winzendorf: Pfarrk.anlage – **E:** zahlr. Ausst. im In- u. Ausld. – **V:** Geschichte des modernen Möbels 78; Wiener Architektur 1860–1930 in Zeichnungen 79; Thonet Bugholzmöbel 82; Neue Läden 83; Das Werk Michael Thonets, Kat. (Gesamtgest.); Kommunaler Wohnbau in Wien, Kat. (Gesamtgest.) – ***Lit:*** Contemp. Designers 97 – (Red.)

Mangen, Paul, Maler, Illustrator, Grafikdesigner, Bildhauer; An den Lothen 1, D-44892 Bochum, *mangen.p@cityweb.de* (* Luxembourg-Ville 22. 4. 48) – **S:** 64–67 Éc. des Beaux-Arts Luxembourg (Malerei, Bildhauerei, Graph.); Emilio Vedova, Salzburg u. Venedig (informelle Malerei); 68–72 Folkwangschule Essen (Graph.- u. Foto-Design, Dipl.); 72, 73 Studienaufenthalt in Nord, Mittel- u. Südamer. – **L:** seit 74 Kunsterzieher an Berufsschulen; 94–04 Doz. f. berufsbegleitende Weiterbildung (Erzieher u. Kreativpädagoge) – **P:** Innovationspr. d. Fonds Soziokultur NRW 02 – **G/T:** Malerei (abstr. u. expressiver Realismus, Wandmalerei); Ill.; Bildhauerei (Bronze) – **K:** Malerei, Zeichnen u. Bildhauerei – **W:** Werke überw. in Privatbes. – **Ö:** Wandmalprojekte: Bochum, Alleestr., Torhaus 5; Holguia/Kuba; Solingen, Polizeiinspektion; Thies/Senegal, RH – **E:** 99 Essen, Gal. Alte Holzperstr.; Essen, Landgericht; Weimar, KV Hofatelier – **G:** zahlr. Ausst.bet. seit 67, zuletzt 99 Hattingen; 02 Hamminkeln, Gal. Isshorst; Bochum, Gal. im Luisenhof; 03 Bochum, Westf. Ind.-mus. – **V:** Elisa Hilty: Einäuglein... Wege zum Märchen (Zeichn.) 91 – ***Lit:*** AUSST.KAT.: Stadt Ahlen (Hrsg.): Schichtwechsel 88; Kult.amt Unna (Hrsg.): Der aufrechte Gang 89; Tufo Trier: Bilder der Arbeit. Malerei, Grafik, Skulptur 90 – (Red.)

Mangold, Ulrike, Malerin u. Bildhauerin; Schäfflerstr. 6a, D-84347 Pfarrkirchen, Tel. (0 85 61) 98 77 88, Fax 98 77 87, *ulrike@mangold.de*, *www.ulrike-mangold.de* (* Gunzenhausen 8. 2. 43) – **VG:** Zwijndrecht, Art en Ziel – **S:** künstler. Ausb. – **L:** seit 77 VHS u. ev. Bildungswerk (Malerei) – **Ve:** Künstlerbund Stuttgart seit 82; Cooperative Artistique Brüssel seit 89; BBK Ndb. – **G/T:** Malerei (Aqu., Öl, Gouache); Graph. (Zeichn., Hschn., Linolschnitt); Kleinplast. (Terrakotta, Bronze) u. keramische Objekte (ausschl. Unikate); Themen: Wasser in jeder Form, zw.menschliche Beziehungen sowie in Kleinplast. Mensch u. Tier – **K:** Zeichn. u. Malerei auf Leinwand u. Papier, Hschn., kreative keramische Gest. – **W:** überw. in Privatbes., Ankäufe u. a. durch öffentl. Institutionen im In- u. Ausland – **M:** u. a. Köszeg/Ungarn, StG; Ludwigsburg, Ldkr.gal.; Ostrowiec Swietokrzyki/Polen, SG – **Ö:** u. a. RH in: Krailling, Mysen/Oslo, Paris, Schwieberdingen u. Vaihingen; – sowie: Brüssel, Nato; Ludwigsburg, Kr.spk.; München, Siemens; Stuttgart, Porsche; Zwijndrecht, Art en Ziel – **E:** Einzelausst. seit 72, u. a. Bad Cannstatt, StG; Bad Griesbach, StG; Brüssel, Nato Staff Center; Brüssel, AWCB Gall.; Cannes, Camil; Kalteneck, Kunstbahnhof; Köszeg/Ungarn, StG (mehrfach); Krailling, StG; Ludwigsburg, Ldkr.gal.; München, Siemens-Kult.stift.; Mysen/Oslo, Gal. Norling; Oberriexingen, StG; Paris, Société Générale Boulevard Hausmann; Paris, Gal. Hérouet; Passau, KV; Rhode St. Genèse, AWCB Gall.; Stuttgart, Ldtag BW; Stuttgart, Porsche Gal.; Stuttgart, Kunsthaus; Taipeh, Taisel; Vaihingen/Enz, StG; Washington/DC, Cristal City – **G:** u. a. Bonn, Ldesvertretung BW; Fürstenfeldbruck, Klostergal.; Bad Griesbach, StG; Heidelberg, Melnikow; Kielce, Staatl. KHS; München, Haus d. Kunst (mehrfach seit 82); München, Städt. Künstlerforum; New York, Estupina; Ostrowiec Swietokrzyki/Polen, SG; Paris, Gal. EOS; Paris, Gal. Estubina; Passau, Wildner; Romorantin, Salon Intern. – ***Lit:*** Rendez-Vous Brüssel (Titelblatt) 3/89; Rendez-Vous Brüssel (Künstler des Monats) 6/90; – sowie Des Beaux Arts International Marseille; Forsch.inst. Bild. Künste Nürnberg (Hrsg.): Allgemeines Lexikon der Kunstschaffenden in der bildenden und gestaltenden Kunst, Bd III; Europäisches Künstlerlexikon, Ausgabe Dtld III; Dachauer Ansichten aus 12 Jahrhunderten, Bd 3; Pánstwowych Szkolach Sztuck Plastycznich, Botschaft d. BRD; Fach- u. Tagespresse im In- u. Ausld – ***LitR:*** RF-Beitr. im Bay. RF 1 u. 3; SDR 3, Radio Budapest u. Radio France; Fs.-Beitr. im SDR 3, ZDF u. Bay. RF

Mangos, Simone, Fotografin, Installationskünstlerin (* Sydney 59) – **VG:** Düsseldorf, Walbröl – **S:** 79–83 Stud. d. Kunst in Sydney; 80–84 Klavierstud. in Sydney – **P:** u. a. Desiderus Orban Youth Art Award 85; Stip. d. Senats f. Kult. Angelegenheiten Berlin 95; Cité Intern. d. Arts Paris 97; Stift. Kunstfonds – Arb.- u. Projektstip. 99 – **E:** u. a. 89 Berlin, Künstlerhaus Bethanien; 94 Mainz, LM; 99 Rotterdam, Goethe-Inst.; 01 Berlin, Kunstbank; 02 Düsseldorf, Walbröl – **G:** u. a. 85 Sydney, Art Gall. of South Wales; 89 London, Chisenhale Gall.; 95 Baden-Baden, KH; 98 London, The Brewery; 99 Düsseldorf, Walbröl – (Red.)

Manigk, Oskar, Maler; Waldstr. 24, D-17459 Ückeritz, Tel. (03 83 75) 2 04 54 (* Berlin 29. 4. 34) – **VG:** Schwerin, Brhel; Benz, Kunst-Kab. Usedom; Berlin, Gal. Sophien-Edition – **S:** 56–57 KHS Berlin-Weissensee; 57–59 Inst. f. Kunsterziehung d. Ernst-Moritz-Arndt-Univ. Greifswald – **P:** Caspar-David-Friedrich-Pr. 93; Kult.pr. d. Ldes Meckl.-Vorp. 05 – **Ve:** BBK 90; VG Bild-Kunst – **G/T:** Malerei (figurativ o. ungegenständl.); Graph. – **M:** Berlin, Ldesvertretung Meckl.-Vorp.; Berlin, NG; Neubrandenburg, KS; Rostock, KH; Schwerin, Staatl. Mus. – **Ö:** Frankfurt am Main, Dt. Bundesbank; Hannover, NORD/LB – **E:** 93 Schwerin, Staatl. Mus.; 94 Greifswald, SM; 01 Neubrandenburg, KS; 02 Niebüll, Richard Haizmann-Mus.; Berlin, Ldesvertretung Meckl.-Vorp.; 03 Rostock, KH – **G:** 66 Dresden, Leonhardi-Mus.; 69, 79, 84 Rostock, KH; 90–92 Wanderausst. in Detroit, Toronto, Chicago u. New York; 92 Maribo, Storstrøms Amts KM; 02 Leipzig, MBK; 03 Essen, Mus. Folkwang – **V:** 20 Mail-Art-Postkarten 79; Lutz Wohlrab (Hrsg.): In Paris kann ich nicht malen, Künstlerb. 96 – **R:** Super8-Filme: O. M. u. Martin Bernhardt: Die privaten Irrtümer d. Chirurgen M. 87; dies.: Drachensteigen 87; O. M. u. Lutz Wohlrab: Ein Herz geht auf Reise 90; H. Brinkmann; Insellicht, Dok.-film (Mitarb.) 04/05 – ***Lit:*** Lutz Wohlrab: Gefahren 2. Klasse, Künstlerb. 92; KAT.: Kornelia von Berswordt: O. M. Caspar-David-Friedrich-Preis 93; O. M. 00; O. M. – Malerei 02 – ***LitR:*** Michael Engler: Manchmal entsteht dabei eine Geschichte, Kunststreifzüge NDR 00; Anna Rieck: Portr./Dok. NDR Kult.j. 12.8.00; Beitr. anläßl. d. Verleihung d. Kult.pr. (N3) 05

Mann, Natascha Angelina, Malerin, Bildhauerin, Tänzerin; D-84307 Eggenfelden/Rottal-Inn, Tel. u. Fax (0 87 21) 50 87 51, *natascha.mann@gmx.net*, *www.natascha-mann.de* (* Pittersdorf/Bayreuth 17. 4. 46) – **VG:** Berlin, Zeisler – **S:** 62–64 WerkKSch Würzburg; 64–68 ABK Stuttgart u. München; 68–69 Univ. Corvallis/OR (Fulbright Jahresstip. f. Malerei u. Druckgraph.); 72–74 Folkwangschule Essen (Tanzstud.) – **L:** 70–77 FHS f. Gest. Würzburg (Doz.); Univ. Würzburg (LAuftr.); 77–78 ABK Nürnberg (Fachlehrerin f. Rad.) – **P:** Atelieraufenthalt in San José/Calif. 90 – **M:** Coburg, KS d. Veste (Keramik-Slg); Hohenberg an d. Eger, Dt. Porzellanmus.; Karlsruhe, Badisches LM – Mus. f. mod. angew. Kunst; München, Neue Slg – Staatl. MAK – **E:** / G: zahlr. Ausst. u. Ausst.bet. in Dtld, Belgien, Schweiz, Frkr., GB u. USA, z.B. 74, 75 Basel, Gal. am Heuberg; 84 München, Neue Münchner Gal.; 85 Paris, Robinson; 87 Glasgow, Main Fine Art; 89 München, Ver. f. Orig.-Rad.; 90 Stuttgart, Bischoff; Maastricht, Perroen; Los Angeles, Art Exhib.; 92 München, Ruf; 93 Basel, Pensa; Passau, KV; 94 Frankfurt am Main, Schwind; 95 Brüssel, Fond. e Mus. René Carcon; 95, 02 Aachen, Bernardi; 96, 03 Potsdam, Sperl; 96, 01 Bad Kissingen, Hirnickel; 98, 04 Regensburg, Knyrim; 00 München, Open-Art-Gallery; 00–01 München, Sadie Bierl; 02 Würzburg, IHK-Zentrum; Berlin, Zeisler; Berlin, Bischoff; 03 Eggenfelden, Zeisler; Berlin, Manozzi; – sowie Teiln. an versch. Kunstmessen, u. a. Basel, Art Basel; Madrid, ARCO; Frankfurt am Main, Art Frankfurt; Köln, Art Cologne; Paris, FIAC – ***Lit:*** Schweers 02

Mannaananda s. Helbing, Volker

Mannefeld, Werner; Eberhard-Unkraut-Str. 71, D-33397 Rietberg, Tel. (0 52 44) 73 91, *w.mannefeld@arcor.de* (* Osnabrück 35) – **S:** KGS Basel (Hschn. b. Hanns Studer) – **KGr:** Bild. Künstler Rheda-Wiedenbrück – **G/T:** Hschn., Rad., Bleiverglasungen, Aqu.- u. Tuschemalerei – **K:** Hschn., Allg. Druckgraph., VHS Rheda-Wiedenbrück – **W:** Min. f. Städtebau, Wohnen, Kult. u. Sport NRW – **E:** versch. lokale Ausst. – **G:** Gütersloh, Veerhoffhaus KV; Werne, Stadthaus; Oldenzaal/Niederl., RH; Rheda-Wiedenbrück; Detmold, Ldesreg. – **V:** Artes Verl. + Ed. GmbH

Mannhaupt, Mario (geb. Mario Kubasch), Formgestalter in Holz, Bildhauer; Wiesengrund 13, D-14943 Luckenwalde-Kolzenburg, *info@kunst-holz.de*, *www.kunst-holz.de* (* Zossen 4. 6. 70) – **S:** 95 Abschluß d. Tischlerlehre; autodidakt. Weiterbildung durch Symposien u. a. – **G/T:** Bildhauerei u. Design (Formgest. in Holz, Beleuchtung, Innenraum- u. Objektdesign) – **W:** in Privatbes. – **E:** 83 Luckenwalde, HMS-Oberschule (Prämierung u. Ausz.); 91 Rüdersdorf, Kloster Zina; 05 Luckenwalde, Kunst in Holz – Holzskulpt.; 06 Luckenwalde, Skulpt.garten – **G:** – zuletzt: 06 Luckenwalde, Senioren- u. Nachbarschaftsheim – ***Lit:*** zahlr. Beitr. in: Märk. Allg. Ztg v. Juli, Sept., Nov. 05, u. Feb. 06; ArtistWindow, Kunst-Kat., Ausg.27 Nov. 05-April 06

Manon (geb. Rosemarie Küng, verh. Manon von Bhicknapahari), Foto-, Installations- u. Performancekünstlerin, Multi-Media-Künstlerin; Bellerivestr. 2, CH-8008 Zürich, Tel. u. Fax: 03 83 90 77, *email@manon.ch*, *www.manon.ch* (* Bern 26. 6. 46) – **S:** KGS Zürich – **P:**

u. a. Kiefer-Hablitzel-Stip. 75; Stip. d. Kt. Zürich 78, 79, 80; Bundesstip. 80; Werkbeitr. Pro Helvetia 80; Atelier d. Stadt Zürich in Paris 80; Förd.beitr. d. STEO-Stift. 81; Appartment d. Stadt Zürich New York 82; Atelier d. Kt. Zürich in Paris 82, 85; Appartment d. Bundes im Inst. Svizzero Rom 94; Atelier d. Stadt Zürich in Genua 95, 96 – **W:** in Privatslgn; Ankauf u. a. durch d. Kt. Zürich u. Bern sowie d. Stadt Zürich – **M:** Bern, KM; Genf, Mus. d'art et d'histoire; Pfäffikon, Seedamm-Kulturzentrum; St. Gallen, KM; Winterthur, Fotostift. Schweiz; Zürich, Kunsthaus; Zürich, Mus. Baviera; Zürich, Slg Gotthard-Bank – **E:** / G: zuletzt u. a. 00, 03 Zürich, Baviera; 00 Zürich, Intern. Messe f. Gegenwartskunst; 01 Zollikon, Ver. z. Förd. zeitgen. Fotografie; Biel, Kunsthaus Centre Pasquart; 02 Zürich, Migros Mus.; Zürich, Coninx Mus.; 03, 04 St. Gallen, KM – ***Lit:*** BLSK 98

Mans, Knut, Keramikplastiker, Objektkünstler f. Architektur-Keramik; Alteckstr. 63, D-56566 Neuwied, Tel. (0 26 31) 4 64 54, *Mans-Isaak@t-online.de*, *www.bbkrlp.de* (* Neuwied/Rhein 13. 5. 59) – **S:** 79–81 Keramik-FS f. Keramikgest.; ca. 78–86 Unterricht b. Bodo Mans u. Albrecht Klauer-Simonis – **Ve:** BBK Rh.-Pf. 94 – **KGr:** Gruppe 93 – Bildende Künstler Neuwied (93, Gründ.mitgl.) – **G/T:** Objektkunst in Keramik (frei aufgebaute Plastiken); Wandbilder aus Keramik (v. a. als Flach- u. Hochreliefs); Keramikbrunnenn (v. a. m. Stahlbetonkern u. ummantelten Keramiksegmenten); – gegenständl.-naturalist. u. abstrakt – **W:** versch. Einzelobjekte in Privatbes. im dt.sprachigen Raum – **Ö:** u. a. Bad-Hönningen, Rathausplatz (Keramikbrunnenanlage); Marienstatt-Hachenburg, Abteigymnasium (Keramikwandbild); – Keramikhochreliefwandbilder in: Plaidt, Kindertagesstätte; Puderbach, Gesamtschule; Torney-Neuwied, Kirchen-Gemeindezentrum – **G:** 89 Höhr-Grenzhausen, Keramik-Mus. Westerwald; 93 Neuwied, Kr.mus.; 95 Monreal/Eifel, Gal. Augstmühle; 97 Heimbach-Weiß, Abtei Rommersdorf; 00 Güstrow, StG Wollhalle; 06 Neuwied, Gal. Mennonitenkirche

Mansel, Mechthild, Dipl. Ing. Landschaftsarchitektin, Dipl. Malerin u. Graphikerin; Würzburger Str. 85, D-01187 Dresden, Tel. (03 51) 4 64 68 29, *info@mechthild-mansel.de*, *www.mechthild-mansel.de* (* Dresden 26. 10. 59) – **VG:** Dresden, Sillack; Dresden, Refugium; Leipzig, Gal. am Nikolaikirchhof; Ostrach, atelier laubbach – **S:** 79–84 TU Dresden (Landschaftsarchit.); 84–85 HBK Dresden (Zusatzstud. archit.bezogene künstler. Gest.); 89–93 HGB Leipzig (Malerei u. Graph., Fachkl. Prof. Rolf Kuhrt u. Prof. Bernhard Heisig); 93–94, 95–97 ebda (Meisterschülerin, Hschn. b. Prof. Karl-Georg Hirsch, Rad. b. Prof. Ulrich Hachulla); 94–95 Accademia di Belle Arti di Firenze (Malerei b. Prof. Gianfranco Notargiacomo) – **L:** seit 99 VHS Dresden (Grundlagen Malerei u. Graph., exper. Mischtechniken u. Farben, Rad.technik usw.) – **P:** DAAD-Stip. Accad. di Belle Arti di Firenze 94; Förd.pr. d. Jakob-Eschweiler-Stift. Köln 98 – **Ve:** Neuer Sä. KV 99; SKB seit 00; KV Terra Rossa e.V. Leipzig seit 06 – **G/T:** Ölmalerei (Portr., Figur, freie Abstr., sehr expressiv u. emotional, Tanz u. Bewegung); Mischtechnik (Acryl, Aqu., Gouache, Tempera, Wachskreide, Buntstift, Tusche, Pastell); Ill. (alle Techniken); Graph. (Rad., Hschn., Steinlith. u. a., Mensch, Tanz, Bewegung u. emotionale Abstr.); Keramik (Schaddelmühle b. Grimma, Zus.arb. m. Keramikermeister Frank Brinkmann); Glasfenster; Kunst am Bau; – Themen u. a.: Tanz, Bewegung, Portr./Figur, Abstr./Emotion; Literatur (christl.-bibl. u. antike Themen) – **K:** graph. Techniken (Rad., Hschn.); Zeichn.; Malerei (Aqu., Acryl, Tempera, Mischtechnik); Grundlagen der sowie fortgeschrittene Malerei u. Graph.; exper. Umgang m. Farbe; Schrift- u. Plakatgest.; – Themen u. a.: Stilleben, Landschaft, Portr., Akt, Komposition – **W:** Ölbilder, Arb. auf Papier, Keramik u. Skulpt. in Privatbes.; Ankäufe u. a. durch: Sä. Ldesversicherungsanst. Leipzig, Sä. Ldtag Dresden, Elbe Flugzeugwerke Dresden, Reg.präsidium Leipzig, Leibniz-Inst. f. Festkörper- u. Werkstofforsch. Dresden sowie Bay. Hypobank München – **M:** Dresden, Kunstfonds d. Freistaates Sa.; Dresden, Neuer Sä. KV; Erfurt, Min. f. Wiss., Forschung u. Kunst Thür. – **Ö:** Leipzig, Simon-Dubnow-Inst./Univ. Leipzig; in Dresden: St. Benno-Gymnasium (Farbhschn. 'Kreuzweg', Glasbild u. Ölgemälde 'Meißner Landschaft'), Leibniz-Inst., Hannah-Ahrendt-Inst./TU Dresden – **E:** seit 90 u. a.: 90 Aachen, Kunst an St. Peter; 91 Leipzig, Reg.-präsidium; 94 Dresden, Valté; 98 Dresden, Kreuzkirche; Dresden, Sillack; Leipzig, Gal. am Nikolaikirchhof; Zislow, KV Kirche am Plauer See; seit 98 Leipzig, Grafikbörse; 99 Quedlinburg, Gal. Weißer Engel; Leipzig, Mitteldt. RF; Schmalkalden, Wilhelmsburg; 00 Dresden, Ärztekammer; Ostrach/Sigmaringen, atelier laubbach; Dresden, Fraunhofer-Inst.; 01 Dresden, TU Herzzentrum; 02 Glauchau, Art Gluchowe; 03 Graupa, Richard-Wagner-Mus.; 04 Dresden, Leibniz-Inst. (Gemälde); Leipzig, Kunstkaufhaus (Thema Bewegung); 05 Leipzig, Keramikgal. Terra Rossa; Zislow, KV Kirche am Plauer See; Meißen, Kulturkneipe Hafenstr. e.V.; Gommern b. Magdeburg, Gal.-Passage; 06 Dresden, Forsch.zentrum Rossendorf – **G:** seit 90 zahlr. Ausst.bet., u. a. 91 Paris (Coup de Lune); Mainz, KV Eisenturm; 93 Frankfurt am Main, Frauenkult.haus; 93–95 jl. Bad Salzungen, KV Phönix F; 94 Erfurt, Predigerkirche; 94, 03 Kronach, KV; 96 Nürnberg, Germanisches NM; 99 Gera, Johanniskirche; Bologna, Buchmesse; 00 Brüssel; Coburg, KH; 98–04 jl. Leipzig, Grafikbörse; 00, 02 Chemnitz u. Dresden (100 ausgew. Grafiken Sachsens); 01 Bled/Slowenien, II. World Festival of art on paper; 03 Dresden, Graph.markt; Plauen, KV; Plauen, Gal. im Malzhaus; 04, 05, 06 Dresden, Kreuzkirche; 05 Halle/Saale, 1. Messe f. mod. Kunst; Leipzig, Große Sä. Kunstausst. – **V:** Graph.kassette zu Gedichten v. Karin Kiwus (8 Rad.) 92; Karin Kiwus (Text), Graph.ed. CORARTORIUM (Rad.) 92; Schloß Pillnitz zu Dresden, Graph.kassette Ed. Gal. Valté (Orig.rad.) 93; Kulturamt Leipzig u. Frauenreferat Frankfurt/Main (Hrsg.): Ortswechsel, Orig.graphik v. Leipziger Künstlerinnen (Farblichtdrucke) 93; Lit.büro Leipzig (Hrsg.): Freies Gehege, Almanach Sä. Autoren (Rad.) 94 – ***Lit:*** Neuer Leipziger KV (Hrsg.): Bildende Künstler in Leipzig 94; Frauenkultur Leipzig (Hrsg.): Künstlerinnen Katalog Leipzig u. Land Sachsen 95; Anneliese Hübscher in: Graphische Kunst, H. 50 98; M.M. Ölbilder, Ausst.kat. 02

Mante, Harald, Prof., Fotograf; Hagener Str. 11, D-58239 Schwerte, Tel. (0 23 04) 21 92 99, Fax 21 92 44, *prof@harald-mante.de*, *www.harald-mante.de* (* Berlin 29. 3. 36) – **S:** 57–61 WerkKSch Wiesbaden (Malerei b. Vincent Weber) – **L:** 61–67 VHS Wiesbaden u. Mainz (Doz. f. Fotogr.); 67–71 WerkKSch Wiesbaden (LAuftr. f. Fotogr.); 71 GesamtHS Wuppertal (Doz. f. Fotogr., Studienrichtung Graph.-Design); 74–01 FHS Dortmund (FB Design, freie u. exper. Farbfotogr.); 78 Univ. of Sascatchewan, Kanada (Gastprof.) – **Ve:** DGPh 71; BFF 73; Dt. Fotogr. Akad. 74 – **E:** u. a. 89 Iserlohn, Foto-Forum Barendorf; 95 Dortmund, Gal. fb 2; 01 Dortmund, Medienbunker; 02 Schwerte, Kath. Akad.; 03 Schwerte, Kirche St. Viktor – **G:** u. a. 89 Fulda, Schloßtheater; 90 Dortmund, Thier-Gal.; 91 Stuttgart, Ldesbildstelle Württemberg; 01 Dortmund, Mus.

f. Kunst u. Kult.gesch.; 03 Trier, Europ. KA – ***Lit:*** Contemp. Photographers 95 – (Red.)

Manthey, Holger, Installationskünstler; c/o Lars Eckert, Saarstr. 2, D-38116 Braunschweig, Tel. (05 31) 2 06 23 45, *info@flecma.de*, *www.flecma.de* (* Osterode/Harz 66) – **S:** ab 87 HBK Braunschweig (Malerei b. Siegfried Neuenhausen, Hinnerk Schrader, Hermann Albert, Ben Willikens, Lienhard v. Monkiewitsch) – **KGe:** flecma: H. M., Lars Eckert u. Susanne Fleischhacker – **G/T:** Raum- u. Multimedia-Install. (z.T. interaktiv); Kunst am Bau – **Ö:** Schönebeck, Hypobank (Wandgest. m. Susanne Fleischhacker) – **E:** 01 Wolfenbüttel, KV; 02 Braunschweig, Gal. auf Zeit; 03 Braunschweig, Gal. Riddagshausen im Haus d. Diakonie – (Red.)

Mantz, Gerhard, Objekt- u. Digital-Künstler; Helmstr. 11, D-10827 Berlin, Tel. (0 30) 7 84 26 18, *mantz@gerhard-mantz.de*, *www.gerhard-mantz.de* (* Neu-Ulm 22. 1. 50) – **VG:** Düsseldorf, Leuchter; Frankfurt am Main, Adler; Friedberg, Gal. u. Ed. Hoffmann; Wiesbaden, Witzel – **S:** 70–75 KA Karlsruhe – **P:** Stip. d. Kunststift. BW 79; Cité Intern. d. Arts Paris 81–82, 94; DG Bank Kunststip. 84–85; Stift. Kunstfonds – Arb.- u. Projektstip. 86–87; Arb.stip. d. Berliner Senats 86, 95 – **G/T:** Objektkunst (Acryl auf Holz o. MDF, regelmäßige dreidimensionale Formen); Digital Art (regelmäßig geformte 'virtuelle Objekte', z.T. als Farbdrucke auf Plexiglas präsentiert, 3D-Animationen, fiktive, surreale Naturldschaften) – **M:** Karlsruhe, SKH – **E:** zuletzt u. a. 01 Düsseldorf, Leuchter & Peltzer; München, Spielvogel; Karlsruhe, StG; 02 Wiesbaden, Witzel; 03 Berlin, Digital AM – **G:** zuletzt u. a. 03 Bremen, StG; Berlin, Kunst- u. Medienzentrum Adlershof; Stuttgart, Württembergischer KV; Andratx/Mallorca, Centro Cultural; Sapporo, MOV Festival; 04/05 Hamburg, MKG – **R:** Virtual Works, CD-Rom (virtuelle Räume u. Objekte, computergenerierte Ldschaftsfilme, endlos variierende Computeranimationen) 01 – ***Lit:*** Schweers 02 – (Red.)

Manz, Gaby s. Gems-Manz, Gaby

Manz, Verena, Malerin, Objekt-, Performance- u. Installationskünstlerin; *verena@verenamanz.de*, *www.verenamanz.de*. lebt in Nürnberg (* Gelnhausen 62) – **S:** 92–98 ABK Nürnberg (Kl. Malerei b. Prof. Knaupp); 96 ebda (Meisterschülerin b. Prof. Knaupp) – **P:** Förd.pr. f. Studenten d. ABK Nürnberg 96; Wolfram-v.-Eschenbach-Förd.pr. 04 – **Ve:** BBK Bay. – **E:** 01 Nürnberg, Kunsthaus (m. Isi Kunath) – **G:** 99 Nürnberg, Kunsthaus; 03 Nürnberg, ABK – (Red.)

Mapalagama, Beatrix; Aegidigasse 3, A-1060 Wien, Tel. (06 76) 7 73 31 53, Fax (01) 7 15 18 91, *papierwespe@chello.at*, *www.papierwespe.at* – **G/T:** Bildhauerei – (Red.)

Mar, Sophie do s. Bohnenberger, Stefan

Marbach, Renate s. Christin, Renate

Marcinkiewicz, Vitek, Zeichner; c/o Galerie Laura Mars Grp., Sorauer Str. 3, D-10997 Berlin, Tel. u. Fax (0 30) 61 07 46 30, *info@lauramars.de*, *www.lauramars.de* (* Vilna/Litauen 57) – **VG:** Berlin, Laura Mars Grp. – **S:** 75–77 Schule f. Kunstschmiede Sendziszow/Polen; 80 Zeichenunterricht b. Prof. Wolfgang Leber; 82 HdK Berlin (Aktstud.) – **P:** Arb.stip. d. Senatsverwaltung f. Wiss., Forsch. u. Kult. Berlin 06 – **E:** 93 Köln, Gründer (m. Ulla Hahn); 96 Berlin, KH Moabit (m. Anke Cott); 01 Berlin, end-art; 03 Berlin, Gal. Antik; 04 Berlin, Haus am Lützowplatz (m. Caro Suerkemper); Denklingen, Buchholz; 05, 07 Berlin, Laura Mars Grp. – **G:** u. a. 87 München, Münchner Modewoche; 93 Berlin, Treppenhaus; 99 Berlin, Das Neue Poln. Kult.inst.; 00 Berlin, Künstlerhaus Bethanien; 01 Guben, Le week-end2; 02 Berlin, end-art; Berlin, Art-On-Club: Interpolation; 04 Frankfurt am Main, Gal. Heimspiel; Berlin, Laura Mars Grp.; 06 Berlin, Berlinische Gal. – **V:** V.M. – Brennpunkt Brooklyn

Marco, John B. s. Bodenstein, Marco J.

Maréchal-Genschke, Josette (eigtl. Josette Genschke), Malerin, Graphikerin; Lilienstr. 8, D-81669 München, Tel. u. Fax (0 89) 4 89 19 81, *ngenschke@t-online.de* (* Lyon/Frkr. 24. 5. 48) – **S:** 70–72 Éc. des Beaux Arts Lyon; 72–76 Blochererschule f. freie u. angew. Kunst München – **Ve:** BBK Bay. 93 – **G/T:** abstr. Ölmalerei; figurative Pastell-, Kohle- u. Bleistiftzeichn. sowie Aquarellmalerei – **E:** zahlr. Einzelausst. vorw. in München 89–00; 01 München, Eigenart; 03 Mornant/Frkr., Maison de Pays – **G:** Gr.ausst. d. BBK 93–03 – (Red.)

Maresch, Ludwig, Werbegestalter, Stellv. Werbeleiter, Gestaltungsleiter; Birkenweg 8, D-07589 Münchenbernsdorf, Tel. (03 66 04) 8 00 06 (* Oberhermanitz/Kr. Landskron 14. 2. 34) – **S:** Autodidakt; Beginn d. künstler. Tätigkeit 51 unter Anleitung v. Prof. Carl Kuhn, Hans Rudolf, R. Schäfer u. Peter Willmaser bis 71 in Gera; Theoret. Selbststud. durch Lit. – **KGr:** Positionen Kunst in Ostthür. (ohne Mitgl.schaft Aufnahme in d. Ausst.gemeinschaft) – **G/T:** Lsch. u. Stilleben (Aqu., Öl, Acryl, Pastell, Graphit u. Feder) – **Ö:** Münchenbernsdorf, Praxis Dr. Brödenfeld (kleine, ständige Ausst.) – **E:** 99 Bad Klosterlausnitz; 00 Osterburg; Weida; 01 Münchenbernsdorf; 03 Greiz, KundenCenter d. Spk. Gera-Greiz (Faltbl.); 05, 06 Münchenbernsdorf, Pflegeheim – **G:** 99 Hohenölsen, Osterland-Salon; 02, 04, 06 Gera, Positionen – Kunst in Ostthür. (jeweils Kat.)

Marestani, Tarek, Dipl. Künstler; Braunschweiger Heerstr. 38, D-29221 Celle, Tel. (0 51 41) 2 23 04, Fax 21 47 77, *www.Edition-Pittura-Graphica.de* (* Damaskus/Syrien 24. 8. 48) – **VG:** Florenz, Maccolini; Damaskus, Alsaid; Hamburg, Gal. Blankenese; Innsbruck, Ed. Pittura Graphica – **S:** 64–69 KA Florenz – **P:** Kunstpr. Mino da Fiesole 64; Kunstpr. Sickingen 85 – **Ve:** BBK Hamburg – **KGr:** Internationale Kunstbewegung (00) – **G/T:** Malerei (Öl, Aqu.); Graph. (Lith., Serigrafie, Rad.); Install. – **K:** Malerei, Graph., Lith. u. Kunstsem. in Dtld u. Ital. – **M:** Celle, Bomann-Mus. – **Ö:** u. a. Celle, Spk.; ebda, Stadtbibliothek Graphothek; Eppendorf, Krankenhaus; Florenz, Inst. f. Wirtschaft; Hamburg, Allianz-Versicherung – **E:** 71 Florenz, Maccolini; 73 Florenz, Martinelli; 82 Hamburg, Blankenese; 83 Celle, Gotische Halle; 85 Beirut, Toni; 90, 94 Celle, Bomann-Mus.; 95 Damaskus, Alsaid; 96 Celle, G. Vertigo – **G:** 74 Theatergal.; 78 Hamburg, Schöner Wohnen; 92 HBK Dresden – **R:** u. a. Radio Hamburg 84; Radio Kaiserslautern 85; NDR 3 94; Syrisches Fs. 95 – ***Lit:*** Frank Otten: T. M. Retrospektive, Ausst.kat. 90; Schöpfung, Bd 2 94; C. A. Scheier: T. M. – (Red.)

Margreiter, Kurt, Prof. Maler, Sachverständiger; Höhenstr. 42a, A-6020 Innsbruck, Tel. (05 12) 27 61 42 (* Hall in Tirol 25. 3. 34) – **S:** 57–60 ABK Wien (Prof. Eigenberger) – **G/T:** Malerei (Öl, Aqu., Portr., Akt, Landschaft) – **W:** überw. in Privatbes. – (Red.)

Margreth, Sylvia s. Oeggerli-Margreth, Sylvia

Margrit (eigtl. Margrit Hartl), Mag. art., Mag. iur., Bild. Künstlerin, Graphikerin; Weitlofgasse 17/20, A-1180 Wien, *margrit_hartl@gmx.net*. Weitlofgasse 17/23, A-1180 Wien (* Mödling 22. 10. 70) – **S:** 99–03 ABK Wien (Meisterkl. f. erweiterten malerischen Raum b. Prof. F. Graf) – **P:** Vienna Video Award (1. Pr.) 00 – **G/T:** Malerei u. Graph.; Fotogr.; Objektkunst (Sandwiches, Boxen, Metallobjekte); Install. u. Video – **E:** 00

Wien, Rhiz Attack; Baden, Entchanted; 01 Wien, So what; 02 Vösendorf, Schloß; 03 Wien, Studio 17/22; 04 Wien, Frame – **G:** 00 Wien, Prospekthof RAM; Wien, Filmcasino; Wien, RH; 01 Wien, Semperdepot; 02 Wien, Prospekthof Zong; 03 Wien, Videofestival; Wien, Schikaneder; Wien, IG Bild. Kunst; Wien (Dipl.-ausst.); Wels, Kunststatt; Wien, Area 53; Wien, GG d. ABK; – sowie 00 Pax Danubiana – (Red.)

Marhöfer, Elke (* Adenau 67) – **VG:** Berlin, Koch & Kesslau – **S:** 90–96 HdK Berlin (b. Prof. Leiko Ikemura); 91 ABK Stuttgart (b. Rudolf Schoofs); 94 SchA Inst. Chicago – **P:** Film u. Video-Frauenförd. Senat Berlin 98, 99; Independent Study Program (Whitney Mus. of American Art) 01, 02; Stip. d. Akad. Schloss Solitude 03 – **G/T:** Install., Video, Objekt – **E:** u. a. 99 Berlin, Serfat; 00, 02, 03 Berlin, Koch & Kesslau; 00 Berlin, Haus d. Lehrers (Vorpl.); 01 Berlin, Künstlerhaus Bethanien – **G:** u. a. 99 Berlin, Kunstamt Kreuzberg; Frankfurt am Main, Kunstmesse; 04 Berlin, Neue Ges. für bild. Kunst – (Red.)

Maritz, Beatrice; Hofstatt, CH-6465 Unterschächen UR, Tel. 04 18 79 00 05 (* Muri/Aargau 9. 4. 62) – **S:** 82–85 Schule f. Gest. Zürich; 85–87 KA Düsseldorf – **P:** Atelierstip. Stift Binz39 (f. Nairs in Scuol u. Zürich) 93, 94–96; Conrad Ferdinand Meyer-Pr. Zürich 97; Cité Intern. d. Arts Paris 97; Förd.pr. d. Kunst- u. Kult.stift. Heinrich Danioth Uri 02, 05; Atelierstip. Berlin d. Zentralschweizer Kantone 06–07 – **Ve:** Arturi 03 – **KGe:** Atelier- u. Gal.gemeinschaft Herzschmerz Zürich (88–93) – **G/T:** Farbstiftzchng; früher auch Malerei – **W:** in staatl. u. privaten Slgn, Firmenslgn u. Privatbes. – **Ö:** Tübingen, Kinderspital (Deckenzchngn, m. Cécile Hummel) – **E:** u. a. 89 Zürich, Gal. Herzschmerz; 91 Zürich, Kunsthaus Oerlikon; 95 Basel, Kaskadenkondensator (m. Cécile Hummel); 97 Zürich, Kunsthaus (Leporello); 02 Zürich, Barth; 03 Offenburg, Künstlerkreis Ortenau – Neue Gal. im Artforum; 05 Basel, Flaig (Broschüre) – **G:** u. a. 92 Schaffhausen, Kult.zentrum Kammgarn; 04 Altdorf (m. Andreas Grosz); 05 Winterthur, Gal. Oxyd; 06 Basel, Kaskadenkondensator – **V:** Tun Jetzt Lassen Tun Jetzt Kommen, Heft 03; m. Andreas Grosz: Schweigen. Schwer wächst d. Gras, Heft 05

Marke, Vera, Dipl.-Künstlerin; Sonneggstrasse 20, CH-9100 Herisau, Tel. 0 713 51 66 14, *vera@marke.dk*, *www.kuenstlerarchiv.ch; www.veramarke.ch* (* Brugg 9. 6. 72) – **S:** 02–06 HS f. Gest. Zürich (Studienbereich Bild. Kunst) – **G/T:** multimediale Konzeptkunst – **W:** überw. in Privatbes. – **Ö:** Herisau, Psychatr. Klinik; ebda, GEO Info – **G:** 04 Teufen, Zeughaus: Frauenaufzug; Pfäffikon, Seedamm-Kulturzentrum: Alles was recht ist im Februar; 05 Aarau, Kunsthaus: Auswahl 05; 06 Zürich, HS f. Gest.: Dipl.-Ausst. – sowie in: Chur, Lausanne

Markgraf, Jona; Atelier: Dunckerstr. 12, D-10437 Berlin, *jona@snafu.de*, *www.jona-markgraf.de* (* Berlin 69) – **S:** 91–98 HdK Berlin (Stud. Bild. Kunst, Meisterschülerin b. Prof. Karl-Heinz Herrfurth); 92–95 Freie Univ. Berlin (Biologie); 96–97 PACE Ed. New York (Zusatzausb. künstler. Drucktechniken) – **L:** 96–97 Ass.tätigkeit f. Jim Dine, Chuck Close, Kiki Smith u. Miriam Schapiro – **G/T:** Malerei (Öl), Zeichn., Objekte, Papierarb., Herzleuchten – **W:** Ankauf durch Dresdner Bank u. Bay. Pfand- u. Kreditbank – **Ö:** Bad Nauheim, Kerckhoff-Klinik; Düsseldorf, RWE Elektro; München, Intraplan Consult; New York, Dieu Donne'Papermill – **E:** /G: u. a. 97 Berlin, Raab; 00 Berlin, Gal. brotundspiele; 01 Frankenhardt, Schloß Honhardt; 02 Hamburg, Ferrie Fonds; Magdeburg, Herbsttagung d. Dt. Ges. f. Kardiologie – (Red.)

Markmann-Kawinski, Waltraud; Zum Ziegenbusch 11, D-53545 Linz am Rhein, Tel. (0 26 44) 18 18, Fax (0 26 39) 12 44 – **G/T:** Malerei, Graph. – (Red.)

Markowitsch, Rémy (* Zürich 9. 5. 57) – **VG:** Berlin, Gal. Eigen + Art; Leipzig, Gal. Eigen + Art – **P:** Eidgenössischer Pr. f. freie Kunst 94; Manor-Kunstpr. Basel 96; Nikon-Pr. 99; Henry Moore Found. 02; Stip. d. Zuger Kult.stift. Landis & Gyr 02 – **G/T:** u. a. Install., Objekte, Aktion, Fotogr., Video – **W:** zahlr. Projekte – **E:** u. a. 00 Moskau, Aidan; Leipzig, Gal. Eigen + Art; 00, 04 Luzern, Meile; 01, 04 Berlin, Gal. Eigen + Art; 03 Luzern, KM; 04 Davos, Kirchner Mus.; Schaffhausen, KV; 05 Nürnberg, KH; Zürich, Coninx Mus. – **G:** u. a. 01 Berlin, Neuer Berliner KV; Hannover, KV; 02 Berlin, Berlinische Gal.; Liverpool, Bienn.; 03 Schaffhausen, Mus. zu Allerheiligen – ***Lit:*** BLSK 98 – (Red.)

Marks, Karin (geb. Karin Glade), Malerin; Lorscher Ring 19b, D-67227 Frankenthal/Pf., Tel. (0 62 33) 6 34 38, Fax 60 79 01, *marks.karin@t-online.de*, *www.karin-marks.de* (* Baden b. Bremen 18. 7. 46) – **S:** an div. KA u. FHS f. Gest. (freie Malerei u. Graph.) – **L:** 90–98 private Lehrtätigkeit (Malerei u. Graph.) – **Ve:** BBK Rh.-Pf.; KV 'Die Treidler' Frankenthal – **KGe:** K. M. u. Carl Merlet (90–93); K. M. u. Fritz Eicher (seit 03) – **G/T:** Malerei, Objekt auf Leinwand, Collage u. Foto-Collage, Computer-Kunst – **W:** in öff. u. privatem Bes. – **Ö:** u. a. Frankenthal, Congress Forum; ebda, RH, Stadtwerke, Stadtklinik; Mainz, Staatskanzlei – **E:** zahlr. Ausst., zuletzt 01 Mainz, Staatskanzlei; 02 Frankenthal, RH; 03 Offenes Atelier BBK RP – **G:** zahlr. Ausst.bet., zuletzt 02 Speyer, StG; 03 Frankenthal, KV; Offene Ateliers BBK RP – ***Lit:*** u. a. Malerei K. M., Kat. 03 – (Red.)

Marly s. Jedelhauser, Marly

Marmet-Champion, Cécile, Malerin, Lyrikerin, Astrologin; Holeeholzweg 52, CH-4102 Binningen. Les Noies Jean, F-70270 Ecromagny (* Seewen/SO 15. 5. 41) – **Ve:** Pro Litteris 94 – **G/T:** Aqu.-, Acryl- u. Seidenfarben, Mischtechnik – **K:** meditatives Malen, Astrologie – **E:** 97 Dornach, Alters- u. Pflegeheim Wollmat; 01, 04 Basel, Orangerie – **V:** Bilder und Gedichte aus der Seele 94; Gedichte aus der Seele (m. Bildern) 03

MaRo s. Rottensteiner, Margareta

Maron, Knut Wolfgang, Prof.; c/o Galerie Kabuth, Wannerstr. 4, D-45879 Gelsenkirchen, Tel. (02 09) 1 48 74 61, Fax 1 48 74 62, Tel u. Fax privat: (02 01) 78 85 99, *galerie.kabuth@gelsennet.de*, *www.galerie-kabuth.de; www.freelens.com/maron; www.knut-maron.de* (* Bonn 29. 12. 54) – **VG:** Essen, Gal. Obrist; Gelsenkirchen, Kabuth – **S:** 73–76 Ausb. z. Fotografen b. Sachsse, Bonn; 76–77 GlasFS Rheinbach; 77–83 Folkwangschule Essen (Visuelle Kommunikation b. Prof. Dr. Otto Steinert u. Prof. Erich vom Endt) – **L:** seit 93 HS Wismar (Prof. f. exper. Fotogr., 96–98 Dekan d. FB Design/Innenarchit.) – **P:** Stip. d. KHS Bonn (3 mal) 77 81; Stip. d. Dt. frz. Jugendwerks (f. Paris) 85; Cité Intern. d. Arts Paris 85–86; Stip. f. Bild. Kunst d. KM Bonn 89; Leopold Godowsky-Pr. Boston/USA – **Ve:** VG Bild-Kunst 80; KV Bonn 83; KV Kühlungsborn 92 – **KGr:** Invisu (80, Marat-Dumas-Maron) – **G/T:** Fotoarb., Landschaftsdeutung, v. Profanem u. Heiligem, Erotische Miniaturen – **W:** Ankauf u. a. durch d. Kultusmin. NRW, d. Bundesjustizmin. u. d. Land Meckl.-Vorp. – **M:** Angers, Artothèque; Bad Homburg, Dt. Leasing; Essen, Mus. Folkwang; Frankfurt am Main, DG Bank; Grenoble, Artothèque; Köln, Mus. Ludwig; Lyon, Fonds Rég. d'Art Contemp. Rhône-Alpes; Metz, Fonds Rég. d'Art Contemp. de Lorraine; Nantes, Artothèque; Paris, Bibliothèque Nat.; Paris, Maison Europ. de la Photogr.; Pforzheim, Stadtspk.; Rennes, Artothèque; Siegburg, SM; Stuttgart, SG – **E:** 81 Essen, Mus. Folkwang; 83 Essen, Raum Antrazit; Essen, Gesamt-HS; 86 Paris, Cité Intern. des Arts; 86–87 Paris, Lambert; 87, 90, 93, 00 Antwerpen, Gal. DB-S; 90 Essen, Siemandel-Feldmann; Strasbourg, Bank CIAL; 91 Siegburg, SM; 92, 95 Paris, Bouqueret & Lebon; 93 Quimper, Centre d'Art Contemporain; 95 Metz, Éc. des Beaux Arts; Cahors, Moulin Saint James; Gelsenkirchen, Atelier R. Glasmeier; Kühlungsborn, KH; 96 Schwerin, Kultusmin.; 97 New York, Broome Street Gall.; 98 Bad Doberan, Roter Pavillon; Halberstadt, Martinikirche; 01 Essen (QuARTier, m. Rainer Fest); 01–02 New York, Goethe-Inst.; 02 Rostock, Gal. am Alten Markt; Gelsenkirchen, Kabuth; 02–03 Essen, Gal. Obrist; 03 Remscheid, StG; Gelsenkirchen, Künstlerforum Buer; Wismar, VHS – **G:** 81 Düsseldorf, SM; Essen, Mus. Folkwang; 81, 90 Mülheim, KM; 82 Graz, München u. Wien (Junge deutsche Fotografen); Köln, Kicken; 83 Bonn, Wiss.zentrum; 84 Köln, Bundesverb. d. Dt. Industr.; 85–86, 90 Frankfurt am Main, KV; 86 Paris, Bibliothèque Nat.; Paris, Cité Intern. des Arts; 87 Aix-en-Provence, Mus. Vasarely; 88 Roanne, Mus.; St. Etienne, Mus.; Fribourg, Intern. Fototrienn.; 89 Köln, Mus. Ludwig; Kassel, KV; Bremen, Forum Böttcherstr.; Bonn, KM; 90 Villeneuve-les-Avignon, C.I.R.C.A.La Chartreuse; Nîmes, Espace Pont du Gard; 91 Poitiers, Mus. Ste-Croix; Rennes, Mus. des Beaux-Arts et d'Archéologie; Evreux, Mus. des Beaux-Arts; Stuttgart (Deutscher Photopreis); 92 Potsdam (SURGENCE – Zeitgenössische deutsche Fotografie); 92 St. Petersburg, Manege; Arles (Rencontre Intern. de la Photo); Bonn, Künstlerforum; Paris, Bouqueret & Lebon; 92, 01 Aachen, Kornelimünster; 93 Potsdam, Staudenhofgal.; Boston, Intern. Center of Photogr.; Frankfurt am Main, Werkbund Fototage; 94, 01, 02 Gelsenkirchen, Atelier R. Glasmeier; 95 Remscheid, Art u. Rat; Schwerin u. Rostock (Ldesfotoschau Meckl.-Vorp.); 96 Southhampton, John Hansard-Gall.; Wanderausst. (m. Bill Viola, Thomas Ruff u. Michal Rovner); London, South London Gall.; Birmingham, Ikon Gall.; Recklinghausen, KV; New York, 123 Watts Gall.; 97 Schwerin, Staatl. Mus.; Paris, Maison Europ. de la Photogr.; Reno/NV, Stremmel; 97–98 Düsseldorf, Mus. Kunst Pal.; 98 Rhode Island, Main Gall. d. Fine AC Gall.; Kühlungsborn, KH; Rostock, Petri-Gal.; Essen, Zeche Zollver.; 98, 99–00, 00–01, 01–02, 02 Düsseldorf, Große Kunstausst. NRW; 99 Elm, Dorn'scher Garten; Rostock, Inst. Français; Bad Doberan, Roter Pavillon; Düsseldorf, 9 Tage Gal.; 00 Essen, Mus. Folkwang; Remscheid, StG; Köln, kjubh KV; 00 Elm (Kunst in Elm); Mönchengladbach (Kunst im öffentl. Raum / Sehstörungen); Plön, KV Schloß Plön; Essen, Kult.büro; 01 Krefeld, Haus Greiffenhorst; Neubrandenburg, Haus d. Kult. u. Bildung; 02 Schwerin (Fotoschau Meckl.-Vorp.); New York, MOMA; Schwerin, Schlesw.-Holst.-Haus; 06 Gelsenkirchen, KV; Dortmund, Waschaue d. Kokerei Hansa; 06/07 Wanderausst. 'Absage an die Wirklichkeit': Wismar, Baumhaus; Leipzig, Baumwollspinnerei; New York, Frontstreet Photogr. Gall.; Rostock, Gal. am Alten Markt; Gelsenkirchen, Kabuth; Remscheid, StG; Rostock, Heinrich-Böll-Stift.; Rostock, Artstation; Erfurt, KH; Bad Doberan, KV; Dresden, Neuer Sä. KV; Saarbrücken, Saarländ. Künstlerhaus; Schwerin, Schlesw.-Holst.-Haus u. weitere – **V:** Bilder über Landschaften, SM Siegburg; Bilder über Landschaften, Tiere, Menschen und Dinge, Metz/Kühlungsborn; Von Profanem und Heiligem, Rostock, Wismar; Erotische Miniaturen, Wismar

Maron, Nina, Mag. art., Malerin; c/o Gal. Lang, Seilerstätte 16, A-1010 Wien, Tel. (01) 5 12 20 19, *galerie-lang-wien@netway.at*, *www.kunstnet.at/lang-wien* (* Mödling/NdÖst. 20. 2. 73) – **VG:** Berlin, Raab; Wien, Lang; Villach, Gal. Unart – **S:** 93–98 HS f. angew. Kunst Wien (Meisterkl. f. Malerei b. Prof. Frohner) – **P:** Pr. d. CW-Bank 96; Kunstförd. d. Lions-Club Baden 96; Fred Adlmüller-Stip. 96; Leistungsstip. 96; Sussmann-Stip. 98; Anerkennungspr. d. Stadt Baden 02 – **Ve:** IG Bild. Kunst 98; Badner KV 00 – **KGe:** N. M. u. Martin Krenn (seit 99); N. M. u. Martha Novy (seit 00) – **G/T:** Malerei (Öl), Graph., Ill. – **W:** überw. in Privatbes. – **E:** 96, 98, 00, 01, 02 Wien, Lang; 97 Graz, Kult.sem. Harrach; 99 Villach, Gal. Unart; 01 Wien, Philips Gal. – **G:** zahlr. Ausst.bet. seit 94, u. a. 02 Wien, Artclub; Baden, Rollett-Mus.; St. Pölten, Ndöst. LM; 03 Wiener Neustadt; Graz (Intern. feministischer Kongreß); Wien, Basis Wien; Villach, Gal. Unart; Berlin, Raab – ***Lit:*** N. M., Ausst.kat. 03 – (Red.)

Maron, Rose-Marie, freischaffende Malerin; Hinterwiesenstr. 11, CH-8590 Romanshorn, Tel. u. Fax 07 14 63 50 15, *rm@arte-maron.ch*, *www.arte-maron.ch*. Cannes Marina, Concorde A 84, F-06210 Mandelieu, Tel. u. Fax (0) 4 93 49 61 83 (* Basel 6. 10. 35) – **VG:** Zürich, Nievergelt; Zürich, Zentrum Höngg; New York, Gall. Art – **S:** KSch St. Gallen (Tageskl.); 57 Sem. Kt. St. Gallen (Abschluß) – **P:** Wandteppich Kt.schule Trogen (1. Pr.); Wandteppich Spitalkap. Münsterlingen (1. Pr.); Wandteppich Gemeindezentrum Bottighofen (1. Pr.) – **Ve:** Visarte seit 70; Ges. Schweiz. Maler, Bildhauer u. Architekten – **KGr:** Thurgauer Künstlergruppe (seit 70) – **G/T:** Malerei (Öl, Acryl); Objekt – **W:** Werke in div. Wechselausst.; Ankauf durch d. Kantone Thurgau u. Appenzell sowie d. Stadt St. Gallen – **M:** Bern, Slg d. Credit Suisse; Zürich, Slg d. Schweiz. Bankges. – **Ö:** Werke u. a. in Schulhäusern, Gemeinden, Versicherungen, Banken u. Unternehmen – **E:** Ausst. seit 68, u. a. 70 Arbon, Schloß; 75 Paris, Gal. Mouffe; 81 Watt, Gal. Schloß; Zürich, Gal. Pav. Werd; 82 Frauenfeld, KV; 89 Zürich, Hirslanden; 90 Ottoberg, Steinemann; 90, 92, 95 New York, Art Gall. 54; 91 Basel, Gal. Bel Etage; 93 Stuttgart, Die Treppe; 94 Punta Del Este, Gal.; 94, 97 Zürich, Schwarzer Uster; 94, 99 Zürich, Zentrum Höngg; 98, 00 Zürich, Nievergelt; 01 Weinfelden, Gublerhaus – **G:** u. a. 76 Lausanne, Bienn. Schweizer Kunst; 83 New York, Art Expo; 85 Tokio, Laforet Mus; 91 Radolfzell, Villa Bosch; 92 New York, Lever House – **V:** Art Gallery New York (Hrsg.): B. F., Kat. 95 – ***Lit:*** GSMBA Ostschweiz, Dok. 88; B. F. Monolog/Dialog 91; Susana Armayo. Galerie Uruguay 94; Heinrich Ammann: Kunst um den Bodensee 1960–1975

Maroske, Dorothea (geb. Dorothea Schulz), Dipl.-Bildhauerin; OT Lichtenberg, Am Rossbauer 1, D-17258 Feldberger Seenlandschaft, Tel. (03 98 31) 2 06 96, Fax 2 96 96, *Maroske@t-online.de* (* Stepenitz 26. 2. 51) – **S:** 69–74 HBK Dresden (b. Prof. H. Heinze u. G. Jaeger) – **L:** 94–98 Graph.-Design-Schule-Anklam (Doz. f. Plast. Grundlagen) – **Ve:** VBK DDR 75–90; Künstlerbund Meckl. u. Vorpommern 90 – **G/T:** figürliche Plast., Zeichn. – **M:** Neubrandenburg, KS – **Ö:** Berlin, Torstr.; Demmin, Spk.; Friedland, Boulevard; Malchin, An d. Bleiche; Neubrandenburg, Reitbahnweg; Neustrelitz, Schloßberg; Rostock, Breite Str.; Schwerin, Kult.min.; Teterow, Stadtpark; Wolfshagen, Lennepark; Würzburg, Missionsärztliches Inst. – **B:** Neustrelitz: Christian-Daniel-Rauch-Pl. – **E:** 91 Neubrandenburg, KS; 93 Bad Doberan, Roter Pavillon; Bad Iburg, Ausst.halle; 95 Neustrelitz, Mus.; 97 Schwedt, Ermelerspeicher; Berlin, Inselgal.; 98 Templin, Multikult. Centrum; 99 Berlin, Arcus; 00 Herrenburg, Altes Zollhaus; 01 Rostock, Agentur-Gal.; Neubrandenburg, Gal. im Friedländer Tor; Anklam, KH; 03 Ribnitz-Damgarten, Gal. im Bernsteinmus.; Neustrelitz, Plast.-gal. Schloßkirche – **G:** zahlr. Ausst.bet. seit 75, zuletzt 03 Lichtenberg, Sommergal.; Rostock, KH – ***Lit:*** Ausst.kat.: D. M., Uwe M. – Plastik, Zeichnung 91; D. M. – Plastik, Zeichnungen 93; Plastik und Zeichnung 94; Plastik und Lyrik 97; D. M., Uwe M. – Figürliche Arbeiten 01 – (Red.)

Maroske, Uwe, Dipl.-Bildhauer, Dozent; Lichtenberg, Am Rossbauer 1, D-17259 Feldberger Seenlandschaft, Tel. u. Fax (03 98 31) 2 06 96, *Maroske@t-online.de* (* Templin/Uckermarck 15. 5. 51) – **S:** 70–75 KHS Berlin (b. Prof. F. Dähn, Prof. K.-H. Schamal u. Prof. W. Stötzer) – **L:** 94 Graph.-Design-Schule Anklam (Doz. f. Aktzeichn. u. plast. Grundlagen) – **P:** Daniel-Sanders-Kult.pr. 01 – **Ve:** VBK DDR 76–90; Künstlerbund Meckl. u. Vorpommern 90 – **G/T:** Malerei, Zeichn., Graph.-Design, figürliche Plast., Ausst.konzeption u. -gest. – **M:** Leipzig, MBK; Neubrandenburg, KS – **Ö:** Carwitz, Hans-Fallada-Gedenkstätte; Grevesmühlen, Marktpl.; Neubrandenburg, ehemalige Synagoge; ebda, Kath. Kirche – **B:** Neustrelitz: Christian-Daniel-Rauch-Pl. – **E:** 90 Neustrelitz, Refugium; 92 Neubrandenburg, KS; Bad Doberan, Roter Pavillon; 95 Waren, Gal. im Speicher; 97 Schwedt, Gal. Ermelerspeicher; 98 Altlangsow, Schul- u. Bethaus; Rostock, Petri-Gal.; 99 Templin, Multikult. Centrum; 01 Neubrandenburg, Gal. am Friedländer Tor; Anklam, KH; 02 Rostock, Mönchentor; 03 Prenzlau, Gal. d. Spk. – **G:** zahlr. Ausst. seit 76, zuletzt 90–03 Lichtenberg, Sommergal.; 03 Rostock, KH; Rostock, Intern. Gartenausst. – **V:** Plastik und Lyrik, Kat. 97; Die Linie und das Wort, Kat. (Bildhauerzeichn. u. Lyrik) 98 – ***Lit:*** Dorothea Maroske u. U. M. Plastik. Zeichnung, Ausst.kat. 91; Plastik. Zeichnung. Malerei. U. M., Ausst.kat. 95; Dorothea Maroske u. U. M. Figürliche Arbeiten, Kat. 01 – (Red.)

Marquardt, Sigrid; Am Kaisermühlendamm 5, A-1220 Wien, Tel. (01) 2 69 02 83, Fax 2 69 02 83 – **G/T:** Malerei – (Red.)

Marschall, Robert; Nestroyplatz 1, A-1020 Wien, Tel. (01) 2 16 74 87, Fax 2 14 07 57, *robert.marschall@aon.at* – **G/T:** Bildhauerei, Malerei, Graph. – (Red.)

Marschall, Ted (eigtl. Detlef Marschall), Maler; Lewaldstr. 3, D-10439 Berlin, Tel. (0 30) 44 73 20 99. Schönhauser Allee 151, D-10435 Berlin (* Cottbus 23. 5. 57) – **S:** 82–85 FS f. Angew. Kunst Schneeberg – **P:** Stift. Kult.fonds Berlin 94; AK Berlin 98 – **Ve:** VBK Berlin 87–90 – **G/T:** Malerei (Öl auf Leinwand), Mischtechnik, Lsch. u. Abstr. – **W:** Ankauf u. a. durch d. Künstlerförd. Berlin u. d. Treuhandges.; Arbeiten in Privatbes. – **Ö:** in Berlin: U-Bahnhof Alexanderpl., Magistrat, Humboldt-Univ. – **E:** 92 Berlin, Parterre; 93 Berlin, Rotunde; Berlin, Altes Mus.; 98 Berlin, AK; 00 Berlin, Gal. im Turm; München, Gemini Gal.; 02 Erfurt, Kunsthaus; 04 Berlin, Prater – **G:** 93 Köln, Kunstmesse; 93, 98 Berlin, Kondeyne & Borgemeister; 95, 00 Berlin, Berliner Kab.; 95 Berlin, Bonn, Maisalon; Berlin, Gal. im Turm; 98 Berlin, Art Forum; London, Bermondsey; 00 Berlin, Parterre; 05 Berlin, Gal. im Turm: La passion de la peinture II (m. Karla Woisnitza, Nuria Quevedo, Wolfg. Leber, Hans Vent, u. a.); 06 Berlin, Forum Amalienpark: Die Farbe Rot – **V:** Millenium Ark 00 – ***Lit:*** Lothar Lang: Berlin Montmartre 91

Martens, Gisela; Burgstr. 10, Kronenburg, D-53949 Dahlem, Tel. (0 65 57) 93 62 79, *kunststall@freenet.de*, *www.derkunststall.de* – **VG:** Dahlem-Kronenburg, Der Kunststall – **G/T:** Bildhauerei, Malerei, Graph. – (Red.)

Martens, Olaf, Fotograf; Thomasiusstr. 16 HHS, D-04109 Leipzig, Tel. (03 41) 9 93 93 33 (* Halle/Saale 63) – **VG:** Bergisch Gladbach, Ackermann – **S:** 85–90 HGB Leipzig (Fotogr. b. Helfried Strauß u. Wolfgang G. Schröter); 90–92 ebda (Meisterschüler) – **P:** Stuttgarter Fotob.pr. 03 – **G/T:** Fotogr., Bildinszenierung; Mode & People, Werbefotogr.; freischaffend f. versch. Mag., u. a. Das Magazin, Der Spiegel, Stern, Focus, Black & White – **E:** 96 Bonn, LM; 98 Hamburg, Barlach; Dresden, Kunsthaus; 99 Halle/Saale, KV Talstr.; 00 Leipzig, Kamera- u. Fotomus.; 01 Weinheim Kunstförd.ver.; Köln, IP Dtld; 04 München, Gal. 5, 6; Leipzig, Mus. f. Kunsthandwerk – **G:** 95 Berlin, IFA-Gal.; 97 Berlin, Kult.amt Pankow; 98 Erfurt, Gal. am Fischmarkt; Stuttgart, Löffler; 99 Berlin, Gal. im Kult.- u. Medienzentrum Adlershof; Halle/Saale, Staatl. Gal. Moritzburg; 00 Dresden, Dt. Hygiene-Mus.; 03 Erfurt, Waidspeicher – **V:** Masken und Fassaden. St. Petersburger Perspektiven. O. M. Fotografien 1996–2003 03; O. M. Träume. Welten. Hintergründe. Fotografie 1984–2004 04 – ***Lit:*** D. Bailey (Hrsg.): Shots of Style. Great Fashion Photographs 85; O. Oberhuber (Hrsg.): Ausgeblendete Realität. Modefotos aus der DDR 89; M. Schmalriede: Die Bildermacher. Professionelle Fotografie 91; A. Libermann (Hrsg.): On the Edge. Images from 100 Years of Vogue 92; I. Kranzfelder: Zur Utopie eines Hedonismus oder die Ambivalenz des Lustprinzips 92; B. Schecker (Hrsg.): Zeitgenössische deutsche Modephotographie 93; F. C. Gundlach, K. Honnef u. W. G. Schröter (Texte): O. M. – Fotografien 94; F. C. Gundlach (Zus.stellung): Bildermode – Modebilder – Deutsche Modephotographien von 1945–1995 95; K. Honnef (Text): O. M. – Frostiges Feuer – Neue Fotografien 96; O. M., Peter Lang – Lust und Spiele, Kat. z. Ausst. im Kunsthaus Dresden 98; Positionen zur Farbfotografie – Das Menschenbild, Kat. z. Ausst. im Kunst- u. Medienzentrum Adlershof Berlin 99; K. Honnef (Text): Bilder, die noch fehlten, Kat. z. Ausst. im Dt. Hygienemus. Dresden 00; Klaus Honnef (Einführung): TRÄUME WELTEN HINTERGRÜNDE. O. M. 1984–2004 04; – sowie zahlr. Beitr. u. Bildveröff. in Zs, z.B. Bilder wie russische Puppen, in: a & a – Die Zeitung für Kunst – Kultur – Design 2/04 – (Red.)

Martens, Wolfgang, freier Künstler; Der Kunststall, Burgstr. 10, D-53949 Dahlem-Kronenburg, Tel. (0 65 57) 93 62 79, *kunststall@freenet.de*, *www.derkunststall.de* (* Uelzen 26. 8. 36) – **VG:** Dahlem-Kronenburg, Der Kunststall – **S:** 60–64 HBK Berlin (Prof. W. Laves) – **Ve:** BBK Düsseldorf 84 – **KGr:** Kunstkreis 80 (seit 80) – **G/T:** Malerei (Öl, Acryl), Zeichn., Bildhauerei, Objektkunst; Werke z. unterschiedlichen Themen – **K:** Acrylmalerei u. Zeichn. – **W:** überw. in Privatbes. sowie im Bes. d. Kultusmin. Hannover – **Ö:** Kronenburg, Plast. am Ortseingang – **E:** u. a. 65 Uelzen, KV; 72 Meerbusch; 76 Lüttingen; 79, 81, 83, 84, 85 Tönisvorst; seit 88 Dahlem-Kronenburg – **G:** u. a. 54–57 Bundeswettb.; 59 Uelzen (Junge Gestalter); 61 Uelzen, Kunstvrg; 63 Berlin, Juryfreie Kunstausst.; 65 Berlin, Große Berliner Kunstausst.; 65 München, Große Kunstausst.; 65–67 Hannover, Herbstausst.; 65–86 Düsseldorf, Winterausst.; 68–93 Neuß, Weihnachtsausst.; 83 Valetta/Malta; 88, 89 Sées/Frkr.; 80–04 Tönisvorst – **V:** u. a.: W. M., Emmerich u. Sassaroth: Kunst bleibt lebendig 98; Kronenburg; auch unser Dorf! (Rad.) 99; Kinder der Kunst. 35 Jahre Kunsterziehung 01; Rot-Weiß 02; Der Baum 03 – ***LitR:*** Kinder der Kunst, Beitr. z. Ausst. SWF Landesart 01 – (Red.)

Martensen, Michael, Maler, Graphiker, Bildhauer; c/o Galerie-Atelier Martensen, Bahnhof Str. 15, D-83624 Otterfing, Tel. (0 80 24) 9 02 96 31, Fax

9 02 96 33, *info@elifant.de*, *www.martensen.elifant.de* (* München 5. 10. 58) – **S:** Fachoberschule München; Leonardo-KA Salzburg (b. Prof. Hannes Baier) – **Ve:** BBK München u. Obb. – **G/T:** zeitgen. Malerei; Portr.malerei (Öl); Holzbildhauerei – **K:** Malerei (versch. Techniken) – **Ö:** Erding, Kr.krankenhaus (KKH); ebda, Ldwirtschaftsschule; Otterfing, Bahnhof Str. 15 (Holzplast.) – **E:** 81, 05 Erding, Frauenkirche; 81 Erding, Städt. Gal.; 90 Erding, Tom's Gal.; 99 München, Cafe Trötsch – **G:** 82 Augsburg, Kongreßhalle; 83 Baden-Baden; 85 Ingolstadt, BBK; 92 München, Bay. Fs.

Martha, Michael Matthaeus, Maler, Graphiker, Illustrator; Jakobinenstr. 18, D-90762 Fürth, Tel. (09 11) 7 66 07 56, *m.m.martha@web.de* (* Burgkunstadt 26. 1. 57) – **S:** 78–79 FHS Nürnberg (FB Gest., Graph., Design); 80–86 ABK Nürnberg (Malerei u. Graph., Meisterschüler v. Prof. Pfahler) – **L:** seit 92 FHS Nürnberg (LBeauftr. d. FB Gest. f. Aktzeichn. u. figürliches Layout) – **Ve:** BBK Nürnberg – **G/T:** alle klassischen Techniken d. Malerei, Graph. u. Ill. (u. a. Trompe-l'oeil); Schwerpunkte: Mensch u. Eros – **Ö:** Wandmalereien in: Kronberg im Taunus, Altkönigsstift; Neidhardswinden, Druckerei Vogler; Untertraubling, San Data; – sowie: Bonn, Alter Bundestag (5 Druckgraph.); Fürth, Besprechungssaal d. Stadthalle (Malerei) – (Red.)

MAR/THE/KER s. Kerschhofer, Martha Theresa

Marti, Andreas, Künstler, Fotograf; Hardstr. 10, CH-8004 Zürich, *kontakt@andreasmarti.ch*, *www.andreasmarti.ch* (* Zürich 5. 2. 67) – **S:** 89–95 HS f. Gest. Zürich; 03–04 HS f. Kunst u. Gest. Luzern (Nachdipl.stud. Digitale Medien); 04 ebda (Bild. Kunst) – **P:** Werkbeitr. d. Kt. Zürich 03; Werkbeitr. d. Aargauer Kuratoriums 03 – **G/T:** Zchng; Fotogr., Install. – **W:** Privatsammler – **M:** Aarau, StKS – **G:** u. a. 99 Zürich, Carte Blanche Cuisine; Bern, Alpines Mus.; 01 Zürich, Projekt Hohlraum im Tigel; 01, 02, 04 Aarau, Kunsthaus; 02 Aarau, RH; Windisch, Spinnerei Kunz; 02, 03 Aargau, Kuratorium; 03 Luzern, Kunstpanorama; Zürich, Keim; Langenthal, Kunsthaus; 05 Zürich, Gal. Art One; 06 Lausanne, CHUV; Zürich, Ldpartie; Zürich, Helmhaus; – weitere: 99 Sustenpaß/Berner Oberld, Projekt Gletscherzungenkuß; 03 Zürich, Projekt Hohlraum im Automaten; 05 Werkbeitr. Kt. Zürich – ***Lit:*** KAT.: Stand der Dinge 01, Loch statt Linse 03

Martin, Bernd, Maler, Gestalter; Nauener Str. 17, D-14612 Falkensee, Tel. u. Fax: (0 33 22) 20 28 47, *post@bmartin.de*, *www.bmartin.de* (* Sehma 28. 1. 44) – **VG:** Potsdam, Burstert-Albrecht – **S:** 68–73 KHS Berlin-Weissensee (Malerei, Bau u. Bildkunst) – **L:** 74–80 KHS Berlin-Weissensee (LBeauftr. f. Farbenlehre u. Naturstudium) – **Ve:** VBK 73–90; Kult. u. Ökologie 93–95; Kult.ges. Falkensee 97–00; KV Brieselange 98–02 – **KGe:** B.M. m. Johannes Richter u. Siegfried Schütze R/M/S (73–92) – **G/T:** Lsch.malerei (Acryl, Aqu.); Farb- u. Raumgest.; Wandmalerei (Öl, Acryl, Grisaille, Mosaik, Hinterglas); altmeisterl. Techniken u. geometr. Abstr. – **K:** Creativ Akad.: Lsch.malerei; Aqu.; Zeichnen – **W:** überw. in Privatbes.; zahlr Wandgest. in Berlin u. Fassadengest. im Neubaugebiet Berlin-Biesdorf u. Marzahn – **Ö:** Berlin, C.M.v.Weber-Saal d. Schauspielhauses (Tafelmalerei); ebda, Hilton Hotel (Lsch.malerei, Grisaille im Fontanesalon, Rundbilder); Dallgow-Döberitz (Fassadengest.); Nauen, AOK (Wandmalerei); Sommerfeld, Hotel am See (Decken- u. Wandmalerei) – **E:** 78 Berlin, Gal. im Turm; 79 Potsdam, Orangerie im Park Sanssouci; 90 Berlin-Zehlendorf, Berliner Salon; 94 Nauen, Gal. Nauen; Buckow, Gal. Buckow; 96 Falkensee, Mus.; 05 Potsdam, Burstert-Albrecht – **G:** zahlr. Bet. 74 b. 05, u. a. 77 Bez.kunstausst.; 85 Dresden, Kunstausst.; 92 Berlin, FBK; 96 Nauen, Mus.; 98 Rendsburg-Eckernförde, Havelländer Künstler; 02 Berlin, Café Gal. Phillis; 05 Brieselang, Künstlerhof: Erotika – ***Lit:*** Günter Feist (Hrsg.): Kunstdok. SBZ, DDR 1945–1990: Aufsätze, Berichte, Materialien 96

Martin, Katja, Dipl., freie Kunst, Bildhauerei, Kunsttherapie; Im Dörp 14, D-19348 Horst, Tel. u. Fax: (03 87 89) 9 03 85, 6 02 09, *www.katja-martin.de* (* Dresden 24. 10. 69) – **S:** 91–94 HS f. Kunst u. Design Burg Giebichenstein Halle/Saale; 94–97 KHS Berlin-Weissensee – **Ve:** GEDOK 98; BVBK 05 – **K:** Atelier im Grünen (div. Techniken) – **E:** 97 Kyritz-Gantikow, Lügenmus.; 98 Potsdam, Waschhaus; 01 Breest-Klempenow, Burg; 03 Ahrenshoop, Atelier im Dornenhaus – **G:** 02 Bad Wilsnack-Grube, Barockschloß Grube; Potsdam, Altes RH; 04 Potsdam, Brandenburg. KV

Martin, Maria s. Kühnel, Maria

mARTina s. Schettina, Martina

Martínez Naves, Celso, Maler; Faulerstr. 8, D-79098 Freiburg, Tel. (07 61) 3 96 17, *martinez-naves@gmx.de* (* El Entrego/Asturien 6. 4. 53) – **VG:** Landau in der Pfalz, Ruppert; Stuttgart, Gal. Keim; Freiburg im Breisgau, Meier – **S:** 77–83 ABK Karlsruhe u. Freiburg (Prof. Peter Dreher); Univ. Karlsruhe u. Freiburg (Kunstgesch.) – **L:** 91–92 Freie KA Freiburg (Doz. f. Zeichnen u. Malen) – **P:** Stip. d. Kunststift. BW 84; Stip. d. Ldesgraduiertenförd.gesetzes BW 85, 86; Stip. Consejeria de Cultura de Asturias 87; Kunstpr. d. Spk. Karlsruhe (2. Pr.) 02 – **Ve:** BBK Südbaden 82; Künstlerbund BW 88 – **G/T:** Ölmalerei (vorw. Lsch.); atmosphär. Realismus; Reisebilder; gegenständl., stimmungsvolle Nacht- u. Tagesanbruchsbilder – **W:** Werke überw. in Privatslgn sowie u. a. im Bes. d. Spk. Karlsruhe u. d. Reg.präsidien v. Freiburg, Karlsruhe, Stuttgart u. Tübingen – **M:** Freiburg im Breisgau, Morat-Inst. f. Kunst u. Kunstwiss.; Freiburg im Breisgau, Mus. f. Neue Kunst; Karlsruhe, ZKM – **E:** 90 (Kat.), 99 Landau in d. Pf., Ruppert; 92 Freiburg im Breisgau, Morat-Inst. f. Kunst u. Kunstwiss.; 96 Kirchzarten, KV; Darmstadt, Thieme; 96, 98 Thun, Nielsen u. Wüthrich; 97 Friedrichshafen, KV; 01 Santander, Galeria Santiago Casar; 03 Freiburg im Breisgau, BBK; 03, 06 (Kat.) Stuttgart, Gal. Keim; 04 Bahlingen, KV; March, KV; 05 Kelkheim, Fischer; Lörrach, Gal. Ars Nova; 06 Freiburg im Breisgau, Meier (Kat.); Marbach, Wendelinskap. – **G:** seit 80 zahlr. Ausst.bet. in Dtld – ***Lit:*** AUSST.KAT.: Gal. BASF Schwarzheide 98; Atelier Baslerlandstr. Freiburg 02

Martinez, Juan, Maler; c/o Gal. Winter, Parkstr. 24, D-65189 Wiesbaden, Tel. (06 11) 3 08 27 80, Fax 3 08 27 82, *info@galerie-winter.de*, *www.galerie-winter.de* (* Navas de San Juan/Spanien 42) – **S:** 60–66 HS f. Archit. Barcelona; Éc. des Beaux-Arts Lausanne – **E:** u. a. 94 Basel, Gal. Siegert; 95 Burgos, Siena; 95, 97, 99, 01, 02, 03 Almancil, Centro Cultural Sào Lourenco; 96 Lausanne, Pauli; 97 Jaén, Mus. Prov.; 98 Berlin, Schultz; 99 Lissabon, Pal. Valadares; 99, 02 Wiesbaden, Winter; 00 Genf, Editart; 02 Lissabon, Gal. do Sacramento; 03 Jaén, Univ.; Brüssel, Art Brussels; Frankfurt am Main, Art Frankfurt; 04 Bern, Rigassi – (Red.)

Marunde, Wolf-Rüdiger, Karikaturist, Illustrator, Designer; Gedelitz 39, D-29494 Trebel, *www.marunde.info* (* Hamburg 26. 2. 54) – **S:** 72–76 FHS f. Gest. Hamburg (Visuelle Kommunikation u. Presse-Ill., Abschl. als Dipl.-Designer) – **P:** Dt. Karikaturenpr. d. Sä. Ztg (1. Pr.) 02; 'Goldener Dreschflegel' 02 – **G/T:** Karikatur (polit. Ill. u. Portr.karikaturen, u. a. f. d. Zss Stern, Brigitte, SZ-Mag. u. Hörzu); Zeichn. (detailliert u. farbig); Cartoons (großformatig, Aqu. o. Öl auf

Leinwand) – **E:** u. a. 99–00 Kassel, Caricatura Gal.; 05 Bad Rehburg, Krügermus.; 06 Wallenhorst-Hollage, Heimathaus 'Hollager Hof' – **V:** u. a. M.s Landleben 89; Das Beste aus M.s Landleben 91; Neues aus Schweinhausen 92; Schweinhausen privat 94; Bilder aus der Heimat 96; Es könnte alles so schön sein... 00; Das Beste aus Schweinhausen 00; Dagmar Seifert: Aalsuppe und Mehlbüddel. Die besten Rezepte von der Waterkant bis zur Heide (Ill.) 02; Land unter 02; Landleben 03; Robert Hector: Die Hector-Diät (Cartoons) 04 – (Red.)

Marusic, Tatjana, Video- u. Install.künstlerin, Dozentin; Spitalstr. 10, CH-5737 Menziken, Tel. 07 63 38 91 85, *tati_x@gmx.net*, *www.tatjanamarusic.com*. c/o bis Ende 2006: Wohnung Corbusier, Linienstr. 147, D-10115 Berlin, Tel. (0 30) 28 04 75 36, Mobil: 0 17 84 05 80 53 (* Kroatien 15. 4. 71) – **VG:** Bern, Marks Blond Project; München, Dina4 Projekte – **S:** 94–98 HS f. Gest. u. Kunst Luzern (bild. Kunst) – **L:** seit 02 HS f. Gest. u. Kunst Luzern (Doz. f. Video) – **P:** Crédit Suisse-Kunstpr. 99; Ernte Kunstpr. Schaffhausen (m. Željka Marušić) 99; Atelierstip. d. Visarte Zentralschweiz (f. Paris) 01; Werkstip. d. Stadt u. d. Kt. Luzern 02; Eidgenössischer Pr. f. Kunst 03, 04; namics-Kunstpr. f. neue Medienkunst 03; Förd.beitr. Aargauer Kuratorium 03; Viper Basel 03; Manor-Kunstpr. Luzern 04; Förd.beitr. d. Stadt u. d. Kt. Schaffhausen 04; Atelierstip. d. Stadt u. d. Kt. Luzern (f. Chicago) 05; Stip. d. Zuger Kult.stift. Landis & Gyr (Werkjahr in Berlin) 06 – **Ve:** Kunstkommission d. Stadt Luzern 99 – **G/T:** Video; Mehrkanalinstall.; Mixed Media; interaktive Install. – **K:** Video; Einführung in d. Fotogr. – **W:** im Bes. d. Kt. Luzern u. d. Slg Manor Genf sowie in Privatbes. – **M:** Luzern, KM; Schaffhausen, Mus. zu Allerheiligen; Zürich, Kunsthaus – **Ö:** München, Siemens AG – **E:** 99 Bern, Barak; 01 Schaffhausen, Gal. Repfergasse 26; 04 Luzern, KM (Kat.); München, Dina4 Projekte; 05 Paris, Bétonsalon; 06 Hannover, Sprengel Mus.; Konstanz, Gal. Der Schwarze Punkt – **G:** 99 Langenthal, Kunsthaus; 99, 02 Schaffhausen, Mus. zu Allerheiligen; 03 Paris, Centre Cult. Suisse; Genf, Bienn. de l'Image en Mouvement; Luzern, KM; 03, 04, 05 Basel, Messehallen: Swiss Awards; 04 Zürich, Helmhaus; Jeonju/Korea, Jeonju Intern. Film Festival JIFF; Zürich, Ausst.raum 25; Singen, Städt. KM; Miami Beach, Swiss Art Miami; Aarau, Kunsthaus; 05 Berlin, Gal. Pankow; Toruń, Gal. Sztuki Wozownia; Berlin, Artforum; 06 Mailand, Centro Cult. Svizzero; Berlin, Neue Ges. f. Bild. Kunst – ***LitR:*** Roger Steinemann u. Ildyko Hunyadi: Ernte Pr.träger 1999, Fs.beitr. Dez. 99; Pascal Fessler u. Kathrin Röder: Erntepr.trägerin 1999 – T.M., Fs.beitr. Feb. 01; Catherine Berger: ch:filmszene, Fs.beitr., Sondersdg z. Viper Festival Basel Nov. 03

Marušić, Željka, Künstlerin; Moosstr. 70, CH-8038 Zürich, Tel. 0 432 43 14 54, *zahm98@hotmail.com*, *www.likeyou.com/marusic.helbling* (* Sl. Požega/Kroatien 9. 11. 67) – **S:** 89–90 KGS St. Gallen (Vorkurs Gest.); 90–94 HS f. Gest. u. Kunst Zürich (Höheres Lehramt im Zeichnen); 99–02 HS f. Gest. u. Kunst Basel (bild. Kunst, Medienkunst) – **L:** Bildnerisches Gest.: 95–97 Kantonsschule Limmattal, Urdorf 95–01 Kantonsschule Schaffhausen; 02 Liceo Artistico Zürich – **P:** AKKU Künstleratelier Uster 98; Ernte Kunstpr. Schaffhausen (m. Tatjana Marusic) 99; Kunststip. d. Kt. Zürich 99; Stip. d. Zuger Kult.stift. Landis & Gyr (f. Berlin) 02; Eidgenössischer Pr. f. Freie Kunst 02; Atelierstip. d. Kt. Zürich (f. Paris) 02; Förderbeitr. Kult.-raum Stadt u. Kt. Schaffhausen 02; Eidgenöss. Wettb. f. Kunst 02; Pr. d. Intern. Bienn. Kairo (Prize for one of the five best works) 03; Manor-Kunstpr. Schaffhausen 04 – **KGr:** balkanTV (seit 01) – **KGe:** Z. M. u. Andreas Helbling (seit 01) – **G/T:** begehbare Rauminstall. m. Video u. Videoskulpt. – **W:** balkanTV mobilstudio in Basel, Beograd, Iž, Kairo, Lüneburg, Schaffhausen u. Zürich – **M:** Schaffhausen, Mus. zu Allerheiligen; St. Gallen, KM – **Ö:** Schaffhausen, Schulhaus Hohberg; ebda, Kantonsschule; Zürich, Hauptgebäude d. Allg. Baugenossenschaft – **B:** Zürich, Schrebergartenhaus 2002 – **E:** 01–04 Reise- u. Aktionsprojekte m. balkanTV mobilstudio in Serbien, Montenegro, Kroatien, Bosnien u. Herzegowina, Dtld, Ägypten u. d. Schweiz – **G:** zahlr. Ausst.bet. seit 95, zuletzt 03 Kairo, Bienn.; St. Gallen, KM; Genf, Saint-Gervais; Kairo, Pal. of the Arts; Nyon, Visions du Réel; Lyon, Cinéma Numérique; Zürich, Migros Mus.; Paris, Cité intern. des Arts; Basel, Swiss Art Awards; 04 Lüneburg, Halle f. Kunst; Zürich, Binz39 – ***Lit:*** Martin Eicher: AKKU Uster. Heute waren die Berge in meinem Zimmer. Z. M., Künstlerb. (m. Texten v. Rahel Hegnauer) 98; Andreas Münch: The lovely grotto of the eyes. Z. M./Andreas Helbling, Künstlerb. (m. Texten v. Markus Stegmann) 03; Markus Stegmann: nada das Reiseorakel. Z. M./Andreas Helbling, Buchobjekt (m. Texten v. Markus Stegmann, Claudine Metzger, Gwyneth Hughes) 04 – (Red.)

Marwan (eigtl. Kassab-Bachi Marwan), Prof. (* Damaskus/Syrien 31. 1. 34) – **VG:** München, Hasenclever – **S:** 58–62 HBK Berlin – **L:** 77–79 HdK Berlin; seit 80 ebda (Prof. f. Malerei) – **P:** Karl-Hofer-Pr. 66; Fred Thieler Pr. f. Malerei 02 – **Ve:** AK Berlin 94 – **M:** Berlin, Berlinische Gal.; Berlin, NG; Bremen, KH; Hamburg, KH; Hannover, Sprengel Mus.; Jena, KS – **E:** zuletzt u. a. 02 Berlin, Berlinische Gal.; 03 Berlin, Linneborn; 06 Altenburg, Lindenau-Mus. – **G:** u. a. 90 Leipzig, MBK; 02 Berlin, Rampoldt; 03 Berlin, Kunstforum d. Grundkreditbank – ***Lit:*** Reclams Künstlerlex. 02; Schweers 02 – (Red.)

Marwede, Gabriele (verh. Gabriele Wolff), Bildhauerin; Ellernstr. 28, D-31832 Springe, Tel. (0 50 41) 6 36 31 (* 10. 3. 25) – **S:** 46–50 WerkKSch Hannover (Bildhauerkl.); 50–53 TH Hannover – **P:** Pr. Junge Kunst in Nds. 51; Villa-Massimo-Stip. 61; Förd.pr. d. Nds. Kunstpr. 62; Nds. Künstlerstip. 82 – **Ve:** Dt. Künstlerbund 57–95 – **KGr:** Neue Gruppe München (seit 79) – **G/T:** Zchng (Pinsel, Bleistift); Skulpt. (Bronze u. Stahl) – **W:** Werke im Bes. d. Stadt Celle, d. Stadt Hannover u. d. Ldes Nds. – **M:** u. a. Antwerpen, Koninklijk Mus. voor Schone Kunsten; Augsburg, GrS d. StKS; Berlin, Slg d. Bundes; Darmstadt, TH; Hamburg, KS d. NDR; Hannover, Kestner-Mus. (Graph. Slg.); Hannover, Sprengel Mus. – **Ö:** Celle, Bundesforschungsanst.; Dortmund, Stadt; Karlsruhe, Kernforschungszentrum; Trier (Mahnmal f. d. Opfer d. Justiz) – **E:** 63 Oldenburg, LM; 64 Hameln, Kunstkreis; 64, 85, 86 Hannover, KV; 67 Wiesbaden, Mus.; 80 Villingen-Schwenningen, StG; 80, 84 Düsseldorf, Walther; 86 Wolfenbüttel, Mathea – **G:** u. a. 51 Braunschweig, Herzog Anton Ulrich-Mus.; 57 Antwerpen, Bienn. Middelheim; 58 Arnhem, Stichting Sonsbeek; 60 Duisburg, StKM; 61 Rom, Mostra Universitaria Intern.; 64, 83 Augsburg, Dt. Bildhauer d. Gegenwart; 65 Darmstadt, Neue Darmstädter Sezession; 67 Hannover, KV; 75 München (Neue Gruppe); 78, 79 Baden-Baden, SKH; Berlin, SKH; Kassel, SKS; 81, 82 Bonn; Recklinghausen; 91 Wolfenbüttel, KV; 96 Augsburg, Nationale d. Zchng; 97 Passau, KV – ***Lit:*** F. Mülhaupt: Rückschau Villa Massimo 1957–1974; Friedrich Stuttmann: Nds. Kunstpr.träger 65; Künstler in Nds.: Ankäufe d. Ldes, Ausst.kat. d. Nds. Min. f. Wiss. u. Kunst 76; Carl Haenlein, Ausst.kat 80; Doris Schmidt, Ausst.kat 81; Juliane Roh: Absurde Köpfe. Das Kunstwerk 83; 12 Bildhauer in Nds. 85/86; Landschaftszchngn 1980–86 86; Künstler in Nds. 1984–

1989; Alfred Bauer: Beispiele. Bild. Kunst d. Gegenwart 91

Marx, Jeanette s. Dubielzig, Jeanette

Marzani, Theodora s. Maxian-Marzani, Theodora

Marzi, Brigitte, Malerin, Dipl.-Kommunikationsdesignerin; c/o Künstlerhaus eins eins, D-22549 Hamburg, *b.marzi@gmx.de*, *www.kuenstlerhaus-einseins.de* (* Weissenthurm 29. 2. 60) – **S:** bis 91 HS f. angew. Wiss. Hamburg; Intern. Sommerakad. Salzburg (b. Stephan v. Huene) – **L:** 86 Handwerkskammer Hamburg (Kursleiterin); 95 VHS (Kursleiterin) – **Ve:** Atelier f. d. Kunst (AfdK) Hamburg 97 – **KGr:** Flaxxx (seit 94) – **G/T:** Malerei (Öl, Acryl, abstr.) – **K:** Malerei (zeitweise) – **W:** überw. in Privatbes. – **E:** 90 Hamburg, Café Endlich; 91 Hamburg, Bertels; 96 Lippstadt; 05 Hamburg, Künstlerhaus eins eins; 06 Mülheim-Klärlich, Volksbank – **G:** zahlr. Bet. bis 01, u. a. 95 Düsseldorf, Frauenmesse

Marziart s. Zimmermann, Marion

Masa, Jan, Bildhauer, Fotograf, Objektkünstler; Trills 9, D-40699 Erkrath, Tel. (0 21 04) 28 89 73, Fax 28 89 74, *janmasa@masa-art.de*, *www.masa-art.de* (* Danzig 20. 11. 50) – **S:** 68–73 KA Danzig – **P:** Polit. Portr. Danzig (2. Pr.) 73; Bienn. Danziger Kunst Sopot (Ausz.) 85 u. (2. Pr.) 87 – **Ve:** BBK Düsseldorf 88 – **G/T:** Med.; Plakette; Fotogr.; Objektkunst – **W:** in Privatslgn in Dtld, Polen, Finnland, USA u. Kanada – **E:** 85 Danzig, Gal. Marszalec; 01 Bottrop, Alt-Kath. Kirche; 03 Erkrath, Haus d. Kirchen – **G:** seit 73 zahlr. Bet. in Dtld, Polen, GB, Finnland, USA, Kanada, zuletzt u. a. 99 Düsseldorf, CastArt 2; 00 Reading/GB, The Hexagon; 04 Düsseldorf, BBK

mashART s. Stock, Martin

Maslin, Steven, Maler, Computerkünstler (* London 59) – **VG:** Basel, Walter; Berlin, Diehl; Köln, Rehbein – **KGe:** Stepanek & Maslin: S. M. u. Alice Stepanek – **E:** u. a. 02 Berlin, Diehl; 03 Berlin, Stüber; Moskau, Aidan; Köln, Rehbein; 04 Düsseldorf, KH – **G:** u. a. 00 Reykjavík, Kjarvalsstaðir AM; 01 Kaohsiung, Mus. of Fine Arts; New York, Chinese Cultural Center; Las Vegas, AM; 02 Köln, Schweins; 04 Zürich, Walter – (Red.)

Massalme, Elisabeth, Malerin; Matthias-Claudius-Str. 8, D-25693 St. Michaelisdonn, Tel. u. Fax (0 48 53) 17 49, *E.Massalme@gmx.de*, *www.Kunstgalerie-Massalme.de*. Les Chênes, F-31350 Nénigan, Tel. 05 61 88 77 52 (* Saarbrücken 1. 3. 46) – **S:** 80–83 Fernstud. Darmstadt (Malerei u. Zeichn.); jl. Sommerakad. Weimar – **Ve:** KV Kr. Dithmarschen – **G/T:** Öl- u. Acrylmalerei (Portr., Landschaft) – **K:** Exper. Arb. m. Öl auf Leinwand (Portr. u. Landschaft) – **E:** u. a. in Berlin, Frankfurt am Main, Hamburg, Herning/Dänemark, Leipzig, Luchon/Frkr., Oberstaufen/Allgäu, Samatan/Toulouse – **G:** zahlr. Ausst.bet. seit 97 in Gascogne/Frkr.; 02 Berlin, Intern. Kunstausst. Berlin-Mitte; – sowie Heide, Kunstgriff Kr. Dithmarschen – (Red.)

Massenkeil, Helmut, Dipl. Bildhauer; Stiftgasse 10, D-63739 Aschaffenburg, Tel. (0 60 21) 2 79 7 42 98 13, Fax 2 98 13, *helmut.massenkeil@t-online.de* (* Oberlahnstein 26. 3. 49) – **VG:** St. Gallen, Agentur f. Kunst Diana Rausch – **S:** 71–76 FHS Wiesbaden (b. Prof. Erwin Schutzbach) – **L:** 95 u. 96 Schweizer Bildhauersymposium in d. Toscana (Leitung) – **Ve:** BBK Bay. 80 – **G/T:** Objektkunst, Keramik, figürl. Arbeiten in Bronze u. Eisen, Zeichn. – **W:** intern. in Privatbes. sowie in Bes. d. Stadt Germering – **Ö:** Aschaffenburg, Stiftsgasse (2 Brunnen); ebda, AHA-Center (Brunneninstall.); Nürnberg, Geländer d. Fa. Riedhammer; Schweinfurt, Mittelpunktschule – **E:** zahlr. Ausst. seit 84, zuletzt 00 Nürnberg, Germanisches NM; 01 Wil, KH; 02 Wittenbach/St. Gallen, Schloß Dottenwil; Kreuzlingen, Gal. Objekta; Aschaffenburg, KV; Lugano – **G:** 04 in St. Gallen u. Mamer/Luxemburg – (Red.)

Maßwig, Matthias, Bildhauer, Maler; Atelier & Galeriewerkstatt ARTISAN: Solmsstr. 30, D-10961 Berlin, Tel. u. Fax (0 30) 61 62 59 95, Mobil: 0 17 05 00 04 56, *matthias.masswig@web.de*, *www.artisan-galerie.de*; *www.fachwerkhof-berlin.de* (* Treuenbrietzen/Brandenburg 3. 10. 51) – **VG:** Berlin, Atelier & Gal. Artisan; Gudhjem, Hansen; Svaneke, Schubert; Berlin, Kraftwerk – **Ve:** BBK Berlins – **G/T:** Skulpt. (Holz); Collage; Malerei; Objektkunst (Holz, Stein) – **W:** überw. in Privatbes. – **M:** Berlin, Amerika-Gedenk-Bibliothek; Hørsholm, Helle rup Kunstkreds – **E:** Ausst. in Berlin, Hamburg, Sao Paulo, Vitte/Hiddensee, Proceno/Ital., Kloster/Hiddensee, Stralsund, Cloppenburg, Oldenburg, Aakirkeby/Dänemark u. Gudhjem/Dänemark; – ständige Ausst.: Berlin, Atelier & Gal. Artisan

Mastroianni, Biagio (Ps.: La Smorfia), Maler, Druckgraphiker, Illustrator; Hauptstr. 9, CH-6015 Reussbühl, Tel. u. Fax 0 41 2 40 73 57, Mobil: 0 765 58 55 39, *smorfia@highspeed.ch*, *www.smorfia-arte.com*. 20 Lowman Road, London N7 6DD/GB, Tel. (0 20) 20 76 07 94 88, Fax (0 20) 20 76 07 44 60 (* Luzern 11. 4. 69) – **VG:** London, Londonprintstudio; London, Printmakers Council – **S:** HS f. Gest. Luzern (Visueller Gestalter m. eidg. Dipl.-abschluß) – **L:** HS f. Gest. Luzern – **P:** Stip. d. Stift. d. schweizerischen Kult.zentrums (CSS/Pro Helvetia) in Mailand 02 – **G/T:** Malerei u. Zchngn (Traum- u. magische Szenen, 'La Smorfia' Neapel, Straßen u. Pubszenen, London, erot. Malerei); Druckgraph. (Kaltnadel, Aquatinta, Rad.); Ill.; Audiovisuelle Install. f. Theater- u. Tanzprojekte – **E:** 00 London, St. Raphael Gall.; London, Grove Gall.; 01 London, Kulturfonds Swiss Embassy; London, Barbican Centre (m. Andrea Herdeg); Luzern, Arlecchino; 02 Bari, Castello Svevo; London, Wine Gall.; 03 London, Italian Cult. Inst.; 04 London, 52 Brushfield Street – **G:** 03 Oslo, Kunstverket Gall.; 03, 04, 05 London, Londonprintstudio; 04 London, Stark Gall. (Printmakers Council); 05 Luzern, Kornschütte: Cosmic-Fumetto Festival; London, OXO Tower Gall.; London, The Gall.@Swiss Cottage Library; London, Waterloo Place Gall.

Matani (eigt. Elmar Hauck), Künstler, Literat, Verleger, Designer; Kiefernweg 18, D-97922 Lauda-Königshofen, Tel. (0 93 43) 21 35, Fax 62 10 40, *hauck-family.de*, *matani-galerie.de* (* Lauda-Königshofen 29. 6. 50) – **VG:** Kupferzell, Reichert – **S:** HS f. Gest. Würzburg (b. Prof. Bäumer); Famous Artist School (Kalligraphie) – **G/T:** Kalligraphie (informell, abstr., farbige Tuschen auf Spezialpapieren); konstruktivistische Acrylmalerei auf Leinwand; Aqu.; Fotogr. – **W:** meist in Privatbes., in Cincinatti – **M:** Offenbach am Main, Klingspor-Mus. – **Ö:** Bad Mergentheim, Diabetes Akad.; Königshafen, Aqu.-Verl.; Wels, pre-media – **E:** zahlr. Ausst. u. a. in Tauberbischofsheim, Wiesbaden, Dublin, Paris u. Tokio – **V:** Bilder. Gedanken. Zeichen 82; Gräser, Mappe (Lith.) sowie div. Fotogr. in Kal., Büchern u. Zss – ***Lit:*** ABC, Buch; Signaturen, Kal. 91–04; ART-Now, Kunstkal.; moderne Meister, Kunstkal.; Beitr. in div. Zss, u. a. in Novalis, ART u. Nike – (Red.)

Matějková, Ludmila s. Seefried-Matějková, Ludmila

Mathé, Silke (geb. Silke Bothazy), Malerin; Herrnacker Str. 57, D-90425 Nürnberg, Tel. (09 11) 38 31 94,

Mobil: 01 7 99 13 01 01, *kobaltblau@planet-interkom.de*, *www.silke-mathe.de* (* Grosswardein/Siebenbürgen 26. 7. 68) – **VG:** Schwabach, Gal. Bürgerhaus; Nürnberg, Gal. m. d. blauen Tür – **S:** 95–01 ABK Nürnberg (freie Malerei b. Prof. Johannes Grützke u. Werner Knaupp, Meisterschülerin v. Prof. Johannes Grützke) – **L:** 99–01 ABK Nürnberg (künstler. Hilfskraft Aktzeichnen, Doz.); 02 Bildungszentrum Nürnberg (Grundlagen d. Zeichnens) – **P:** Pr. d. Dannerstift. (Kl.pr.) 96, 98, 00 – **Ve:** IG Medien 97; Schwabacher Künstlerbund 02; BBK 04 – **KGe:** Realisten Stammtisch: S. M., Manfred Hönig, Christian Weiland u. Mathias Otto – **G/T:** Öl- u. Pastellmalerei, Portr., Menschenbild, Interieur – **M:** Kaarst, KS d. RH – **E:** 99 Nürnberg, Bernsteinzimmer; 00 Kaarst, StG; 02 Schwabach, Gal. Bürgerhaus – **G:** 98, 03 Kronach, Franken Gal.; seit 99 München, Haus d. Kunst; 99, 00 Düsseldorf, Große Kunstausst.; 00 Nürnberg, Germanisches NM; 01, 02 Nürnberg, Kunsthaus; 02 Antalya, Intern. Kunstmesse – **R:** Ulrich Bayer u. Wolfgang Obermeyer: Mädchen weine nicht, Kinofilm (Nürnberger Filmfestival) – ***LitR:*** Hans Peter Kerwstock: S. M. – Künstlerporträt, Fsf. Bay. RF 04 – (Red.)

Mathys, Max Eugen, Fotograf; Hauptstr. 17, CH-4132 Muttenz/BL (* Bern 6. 8. 33) – **S:** 55–60 Allg. Gewerbeschule Basel (Graph.-Design b. Armin Hofmann) – **L:** seit 67 KGS Basel (Fotogr.) – **P:** Nat. Stip. f. Fotogr. 62, 66, 67; Poster d. Jahres 63, 65, 67; Kal.-Pr. 68; Graph.-Design-Pr. 67, 68 – **M:** Köln, Univ.; Zürich, Kunsthaus – **E:** u. a. 75 Zürich, Paulus-Akad.; 78 Bern, Zumstein; 79 Wetzlar, Leitz; 80 Lützelflüh, Kult.mühle; 85 Muttenz, Ars Muttenza – **G:** u. a. 74 Zürich, Kunsthaus; 75 London, Victoria & Albert Mus.; 78 Tokio, Intern. Photogr. Salon; 82 Muttenz, Kantonale Kunstausst.; 84 Zürich, Pro Helvetia Found. – ***Lit:*** Contemp. Photographers 95 – (Red.)

Mathys-Hänggi, Regula, Malerin; Ob. Rebbergweg 77, CH-4153 Reinach (* Basel 19. 1. 64) – **VG:** Basel, Hilt – **S:** 87–88 div. Portr.kurse; 89–90 Schule f. Gest. Zürich (Vorkurs); 91–92 Univ. Bern u. Univ. Basel (Kunstgesch.) – **Ve:** SGBK – **G/T:** Malerei (Öl, Acryl, auf Lw.); Zchng (Bleistift, Tusche, Gouache); Arb. m. Modellierton; Dominanz v. Komposition u. Farbleben, wechselnde Inhalte u. Formen (kalligraph. Malerei, Abstr., Wiesenbild) – **W:** meist in Privatbes. – **E:** 99 Liestal, Rotstab; 02, 05 Basel, Hilt; 04, 06 (Kat.) Bern, Kunstreich – **G:** 02 Basel, Kunst-Kredit; Muttenz, Kunsthaus Baselld; 03 Allschwil, Mühlestall; Reinach, Atelier; 03–06 Basel, Hilt

Mathyshek, Viviane s. Heider, Vivi

Matiasek, Katarina, Mag. art., Mag. rer. nat., Künstlerin, Anthropologin; c/o Studio, Steggasse 1, A-1050 Wien, Tel. u. Fax (01) 5 85 15 95, *katarina@aon.at*, *www.nachbild-agentur.net* (* Wien 5. 7. 65) – **VG:** Wien, Insam – **S:** 86–94 HS f. angew. Kunst Wien (visuelle Medienkunst); Univ. Wien (visuelle Anthropologie) – **L:** 97 HS f. Gest. Offenbach; 99 Irish Mus. of Mod. Art Dublin; Dun Laghoire College of Art and Design Dublin; 01 Graz (KULM, steirischer herbst); 03 School of the Art Inst. of Chicago – **P:** Reisestip. nach Damaskus d. Mus. in Progress Wien 93; Exper.filmstip. d. öst. Bundesmin. f. Wiss. u. Kunst 94; Kunstpr. d. Austria Tabak 95; Artist in Residence 99, 03; Filmförd. d. öst. Bundeskanzleramtes 00; Kunstpr. d. öst. Umweltmin. 01; Forsch.stip. d. Magistrats d. Stadt Wien 01 – **KGe:** SCANNER/MATIASEK: K. M. u. Robin Rimbaud (seit 97) – **G/T:** Medienkunst, visuelle Anthropologie – **W:** zahlr. medienkünstler. Arb., vorw. in Privatslgn – **M:** Graz, LM Joanneum; Graz, Slg d. Inst. f. Gest. d. TU; Göppingen, StG; Salzburg, Rupertinum (Mus. d. Mod.); St. Pölten, Ndöst. LM; Wien, KS d. Austria Tabak; Wien, KS d. HS f. angew. Kunst; Wien, Slg d. Bundes; Wien, Slg d. Stadt – **Ö:** Graz, Ldeskrankenhaus; Mauthausen, Pfarrk.; Meran, Fachoberschule; Pöchlarn, Ldesberufsschule – **E:** u. a. 95, 98, 01 Wien, Insam; 96 Graz, Neue Gal. Studio; 98 St. Pölten, Klangturm; 99 Dublin, The Irish Mus. of Mod. Art; 00 Sofia, Center for Contemp. Art; 03 Salzburg, Rupertinum; 04 Wien, Kunst Raum – **G:** zahlr. intern. Ausst.- u. Kunstmessenbet., u. a. 01 Prag, Kokoschka Gal.; 02 New York, Apex Art; New York, Armory Show; Wien, Insam; Chicago, Art; 02, 03 St. Pölten, Ndöst. LM; 03 Roskilde, MCA; New Plymouth, Govett-Brewster Gall.; Krems, KH; Auckland, Moving Image Center; Innsbruck, Art Innsbruck; 04 Karlsruhe, ZKM; Passau, MMK; Wien, Künstlerhaus – **V:** Double Bar. Artist's Project, in: CIRCA Art Mag. 01; Photographisches Körperbild und numerisches Menschenbild, in: Zeitgeschichte 3/03 – **R:** VIDEO: Natural Loops, Exper.filmser. 96; Selbstportrait konvex 96; Wishing Well 98; Airfoil 98; Stellprobe 98; Closure 99; Knowing Dead 99; Who's Afraid of Black and White 00; The Collector 01; Nebenwirkungen 01; Vertigo 01; Echo Days 02; The Camoufleur 03, 04; Diva 04; – weitere: Der helle Kader, Exper.filmser. 16mm 94–97; Memory, Einzelbildanimation 96; Pinocchio, Einzelbildanimation 00; Ur-Geräusch, Kurzfilm 03 – ***Lit:*** AUSST.KAT.: Jeannette Schulz: K. M. – Gaze Maze 95; Christa Steinle: K. M. – The Rules of the Art of Memory 96; Nasim Weiler: K. M. – Travelling Mirrors 97; Mia Zabelka: Wishing Well – M. & Scanner 98; Bert Rebhandl u. Alexander Horwath: Ghost Story – Nachbilder des Kinos 98; Martin Reinhart: K. M. – Who's Afraid of Black and White, in: Auge – Experiment 00; David Toop: Scanner & K. M. – The Collector, in: Sonic Boom 00; Maria Vassileva: K. M. – Memorama 00; Kelly Taxter: Gain 02; Reinhard Braun: Subvisuals 04; Franklin Sirmans: K. M. – When sensation becomes form live inside your head 04; – weitere: Rainer Metzger: Aktuell in Wiener Galerien: Von der Blindheit und der Einsicht, in: Der Standard 95; Johanna Hofleitner: Parmigianino blinzelt herunter, in: Die Presse 96; dies.: K. M., in: Flash Art Intern. 96; Patricia Grzonka: Freeze Frame, in: Springerin – Hefte für Gegenwartskunst 97; Franklin Sirmans: Time is a Man, Space is a Woman 97; Monika Leisch-Kiesl u. Johanna Schwanberg: K. M. – Anderswo, in: Nexus – Künstlerische Interventionen im Stadtraum 99; Gislind Nabakowski: Keimfreies Weltall – Die Ausstellung Sehnsucht nach Utopie in Wiesbaden, in: FAZ 00; David Toop: Sonic Boom at Hayward, in: The Wire 5/00; Rainer Metzger: K. M. – Vor Ort/On Site, in: www. artmagazine.cc 01; Claudia Lehner-Jobst: Chrysalis – Metamorphosen von K. M., in: Parnass – das Kunstmag. 3/02; Stefan Palla: Kunst am Bau 03 – ***LitR:*** Rudi Palla: Publicart. Kunst im öffentlichen Raum Niederösterreich, Dok. 03 – (Red.)

Matijević, Ivica, Akad. Maler u. Bildhauer; Holderberger Str. 116A, D-47447 Moers, Tel. (0 28 41) 65 93 07 (* Maglaj/Bosnien-Herzeg. 19. 8. 68) – **VG:** Krefeld, Gal. obras de arte – **S:** 86–90 KA Sarajewo (b. Prof. Pasic u. Prof. Tadić) – **L:** 90–92 Tätigkeit als Kunsterzieher – **Ve:** Gemeinschaft Krefelder Künstler 96 – **G/T:** Ölmalerei (abstrakt); Bildhauerei (Holz, Bronzeplast.); Objektkunst (Holz) – **W:** Werke überw. in Privatbes.; mehrere Bronzeplastiken im öff. Raum in Dtld; Monumentalgemälde d. bosnischen Gesch., Zenica; künstler. Gest. mehrerer kath. Kirchen in Bosnien – **M:** Tivat/Montenegro, SM; Tuzla/Bosnien-Herzeg., Mus. f. zeitgenöss. Miniatur; Zenica/Bosnien-Herzeg., SM & Kunstgal. – **E:** 95 Duisburg-Rheinhausen, Gal. d. Wilhelm-Lehmbruck-Mus.; 99 Krefeld, Kunstspektrum GKK; 03 Brügge, Channel Galleries; 04 Warden-Vesting/NL, Gal. Burkin'Art; 05 Sarajewo, Gal. Roman Petrović; Zenica/Bosnien-Herzeg., SM & Kunstgal. – **G:** 00 Regensburg, Neuer KV; 02 Würzburg, Otto-Richter-Halle; 03 Mijas/Span., Sala de Exposiciones; 04 Tivat/Montenegro, Mus. Buka Lucovic; 05 Leon/Mex., SM – ***Lit:*** Franjo Terhart (Text): I.M. Gemälde, Zeichnungen, Skulpturen, Ausst.kat. 98; Christian Krausch (Text): I.M. 'Zeitgleich'. Gemälde, Objekte, Skulpturen, Ausst.kat. 05

Matschie, Jürgen, Ingenieur, Fotographiker; Oberweg 3, D-02625 Bautzen, Tel. (0 35 91) 39 62 36, *jmatschie-foto@t-online.de* (* Bautzen 28. 2. 53) – **S:** 83–86 HGB Leipzig (Fernstud. b. Horst Thorau) – **P:** Kunstpr. d. Oberlausitz 00 – **Ve:** SKB 86; VG Bild-Kunst 90; DGPh 96 – **G/T:** Portr., Ldschaftsfotogr. – **M:** Bautzen, SM u. Reg.-Mus. d. sä. Oberlausitz; Bautzen, Sorbisches Mus.; Bonn, Haus d. Gesch. d. BRD; Burghausen, Fotomus.; Cottbus, Wendisches Mus.; Dresden, Kpst.-Kab. – **Ö:** Löbau, Finanzamt – **E:** zahlr. Ausst. seit 85, zuletzt 00 Cottbus, Mus.; 01 Görlitz, Annenkap.; 01, 04 Senftenberg, Gal. am Schloß; 02 Görlitz, Kult.hist. Mus.; 02, 05 Wien, Gal. auf d. Pawlatsche; 03 Bautzen, SM u. Reg.-Mus. d. sä. Oberlausitz; Eisenach, Fotogal. im Hause Bohl; 04 Jelenia Góra/Polen, Gal. BWA; Erfurt, Mus. f. Thür. Volkskunde; 05 Prag, Toskan. Pal.; Liberec/Tschechien, Mala vystavni sin – **G:** 87 Dresden, Kunstausst. d. DDR; 89 Dresden, Bez.kunstausst.; 04 Großräschen, Zeitmaschine Lausitz; Brüssel, Das Vermächtnis d. Mittagsfrau; 05 Leipzig, Große Sä. Kunstausst. – **V:** Doma: Fotografien aus der Lausitz 95; Dorothea von Philipsborn. Bildhauerin, Kat. 02 – ***Lit:*** Ophelia Rehor: J. M. Fotografien aus der Lausitz, Monogr. 03

Matschinsky-Denninghoff, Brigitte (geb. Brigitte Meier-Denninghoff, Sign. f. Skulpt. seit 1970: Matschinsky-Denninghoff, Sign. f. zweidimensionale Arb.: B.M.D.), Bildhauerin; Dorfstr. 32, D-39524 Schönfeld, Tel. u. Fax (03 93 82) 3 11 94. Grainauer Str. 19, D-10777 Berlin, Tel. Mobil: 01 72–4 30 58 59, (0 30) 2 13 83 54, Fax (0 30) 2 18 49 91 (* Berlin 23) – **S:** 48 Ass. v. Henry Moore in GB; 49–50 Studium in Paris u. Ass. v. Antoine Pevsner; 55 Beginn d. Zusammenarb. m. Martin Matschinsky – **P:** Stip. d. Solomon R. Guggenheim Found. New York z. Studium in Paris 49–50 – **KGr:** ZEN (49) – **KGe:** Matschinsky-Denninghoff (B.M.D. u. Martin Matschinsky seit 55) – **G/T:** Skulpt.; Zchng.; Collagen – **W:** zahlr. Arb. in Museen im In- u. Ausld sowie zahlr. Skulpt. im öff. Raum – **M:** Belfast, Ulster Mus.; Berlin, Berlinische Gal.; Berlin, NG; Berlin, SMPK; Bielefeld, KH; Bonn, KM; Cambridge/MA, Busch-Reisinger Mus.; Duisburg, Wilhelm-Lehmbruck-Mus.; Düsseldorf, Mus. Kunst Pal.; Essen, Mus. Folkwang; Hagen, Karl-Ernst-Osthaus-Mus.; Hamburg, KH; Heilbronn, SM; Kamakura/Jap., The Hakone Open-Air-Mus.; Karlsruhe, SKH; Krefeld, Kaiser-Wilhelm-Mus.; Köln, Mus. Ludwig; Leverkusen, StM Schloß Morsbroich; Mannheim, StKH; Marl, Skulpt.-Mus. Glaskasten; Mexiko-Stadt, Mus. Tamayo; München, Bay. Staatsgemäldeslgn; München, SG Mod. Kunst; Mönchengladbach, StM Abteiberg; Nürnberg, Germanisches NM; Rottweil, Gal. d. Stadt; Saarbrücken, Saarland-Mus. (Mod. Gal.); Schleswig, LM f. Kunst u. Kult.-Gesch. Schloß Gottorf; Toronto, Art Gall. of Ontario; Tübingen, Univ.-Bibliothek – **Ö:** u. a. Athen, Goethe-Inst.; Augsburg, Kennedypl.; Berlin, Tauentzienstr. (Chromnickelstahl-Skulpt. 'Berlin'); ebda, Adenauerpl. (Brunnen), Inst. f. Anorgan. Chemie d. FU, Intern. Congress Centrum (ICC); Bonn, Bundesmin. f. Forschung u. Technik; ebda, Bundesmin. d. Justiz; Bremen, Haus d. Bürgerschaft; Detmold, Arbeitsamt; Freiburg, Freiburger Energie- u. Wasserversorgungs AG; Hamburg-Lurup, SAGA-Siedlung 'Morgenröte'; Hannover, Concordia Versicherungen AG; ebda, Königswörther Pl.; Heidelberg, Neues Justizgebäude; ebda, Bismarckpl.; Kaiserslautern, Arbeitsamt; Kanazawa Pref. Ishikawa/Jap., Westpark; Kiel, Oberpostdirektion; Mainz-Lerchenberg, Neues Sendezentrum d. ZDF; München, Münchener Rückversicherungs AG; Osnabrück, Stadtwerke; Sindelfingen, RH – **E:** seit 55 gemeinsam m. Martin Matschinsky, u. a. 59 Paris, Mus. Bourdelle: Prix Bourdelle 1959, (m. Shamai Haber, Kat.); 62 Venedig, Bienn. (Einzelausst. im Dt. Pavillon, Kat.); 63 New York, Staempfli Gall.; 66/67 Berlin, Haus am Waldsee (Kat.); Hannover, Kestner-Ges. (m. Frank Kupka, Kat.); Karlsruhe, Badischer KV (Kat.); Essen, Mus. Folkwang (Kat.); 70 Berlin, NG; 71 Köln, KV (Kat.); 85 (Retr., Kat.) Berlin, AK; Saarbrücken, Saarland-Mus.; Nürnberg, Germanisches NM; 92 Essen, Mus. Folkwang (Kat.); 98 Schweinfurt, KV (Kat.); 01 Berlin, Berlinische Gal.; 02 Zweibrücken, KV; Pforzheim, Reuchlinhaus – **G:** u. a. 58, 61 Pittsburgh, Mus. of Art; 59, 64 Kassel, documenta; 61, 66 London, Marlborough; 64 Rotterdam, Mus. Boymans Van Beuningen: Duitse kunst van heden; 69, 81 Paris, Mus. Bourdelle; Berlin, AK: Als d. Krieg zu Ende war; 85 Berlin, NG: Kunst in d. BRD 1945–1985 (Kat.); seit 86 jl. Bet. Tokio, Japanische u. Dt. Metallbilder; 88 Berlin, Berlinische Gal., Mus. f. Mod. Kunst sowie Martin-Gropius-Bau: Stationen d. Moderne. Die bedeutenden Kunstausst. d. 20. Jh. in Dtld (Kat.); 89 Lissabon, Centro de Arte Mod. da Fund. C. Gulbenkian: Kunst in Berlin v. 1900 bis Heute; 90 Leipzig, MBK; Venedig, Bienn. (Kat.); 99 Frankfurt am Main, Rothe; 99, 02 München, Maulberger – ***Lit:*** u. a. Hans Vollmer: Allg. Lex. d. Bildenden Künstler d. 20. Jh., Bd VI 62; Manfred de la Motte: M.-D., Dok. (Gal. Hennemann Bonn) 80; Georg W. Költzsch: M.-D. – Monogr. u. Werkverzeichnis d. Skulpt. 92; Dictionary of Art 96; Jörn Merkert (Hrsg.): B. u. M.M.-D. – Werke aus 5 Jahrzehnten in d. Slg d. Berlinischen Gal. 01 (m. Texten v. Jörn Merkert, Christa Lichtenstern, Walther Grunwald u. den Künstlern); Reclams Künstlerlex. 02

Matschinsky-Denninghoff, Martin (Sign. f. Skulpt. seit 1970: Matschinsky-Denninghoff, Sign. f. zweidimensionale Arb.: M.M.), Bildhauer, Zeichner, Maler; Dorfstr. 32, D-39524 Schönfeld, Tel. u. Fax (03 93 82) 3 11 94. Grainauer Str. 19, D-10777 Berlin, Tel. Mobil: 01 72–4 30 58 59, (0 30) 2 13 83 54, Fax (0 30) 2 18 49 91 (* Grötzingen/Baden 4. 7. 21) – **S:** 55 Beginn d. Zusammenarb. m. Brigitte Meier-Denninghoff – **P:** Verdienstorden d. Ldes Berlin 01 – **KGe:** Matschinsky-Denninghoff (M.M. u. Brigitte Matschinsky-Denninghoff seit 55) – **G/T:** Skulpt.; Zchng.; Malerei – **W:** zahlr. Arb. in Museen im In- u. Ausld sowie zahlr. Skulpt. im öff. Raum – **M:** Belfast, Ulster Mus.; Berlin, Berlinische Gal.; Berlin, NG; Berlin, SMPK; Bielefeld, KH; Bonn, KM; Cambridge/MA, Busch-Reisinger Mus.; Duisburg, Wilhelm-Lehmbruck-Mus.; Düsseldorf, Mus. Kunst Pal.; Essen, Mus. Folkwang; Hagen, Karl-Ernst-Osthaus-Mus.; Hamburg, KH; Heilbronn, SM; Kamakura/Jap., The Hakone Open-Air-Mus.; Karlsruhe, SKH; Krefeld, Kaiser-Wilhelm-Mus.; Köln, Mus. Ludwig; Leverkusen, StM Schloß Morsbroich; Mannheim, StKH; Marl, Skulpt.-Mus. Glaskasten; Mexiko-Stadt, Mus. Tamayo; München, Bay. Staatsgemäldeslgn; München, SG Mod. Kunst; Mönchengladbach, StM Abteiberg; Nürnberg, Germanisches NM; Rottweil, Gal. d. Stadt; Saarbrücken, Saarland-Mus. (Mod. Gal.); Schleswig, LM f. Kunst u. Kult.-Gesch. Schloß Gottorf; Toronto, Art Gall. of Ontario; Tübingen, Univ.-Bibliothek – **Ö:** u. a. Athen, Goethe-Inst.; Augsburg, Kennedypl.; Berlin, Tauentzienstr. (Chromnickelstahl-Skulpt. 'Berlin'); ebda, Adenauerpl. (Brunnen), Inst. f. Anorgan. Chemie d. FU, Intern. Congress Centrum (ICC); Bonn, Bundesmin. f. Forschung u. Technik; ebda, Bundesmin. d. Justiz; Bremen, Haus d. Bürgerschaft; Detmold, Arbeitsamt; Freiburg, Freiburger Energie- u. Wasserversorgungs AG; Hamburg-Lurup, SAGA-Siedlung 'Morgenröte'; Hannover, Concordia Versicherungen AG; ebda, Königswörther Pl.; Heidelberg, Neues Justizgebäude; ebda, Bismarckpl.; Kaiserslautern, Arbeitsamt; Kanazawa Pref. Ishikawa/Jap., Westpark; Kiel, Oberpostdirektion; Mainz-Lerchenberg, Neues Sendezentrum d. ZDF; München, Münchener Rückversicherungs AG; Osnabrück, Stadtwerke; Sindelfingen, RH – **E:** seit 55 gemeinsam m. Brigitte Matschinsky-Denninghoff u. a. 59 Paris, Mus. Bourdelle: Prix Bourdelle 1959, (m. Shamai Haber, Kat.); 62 Venedig, Bienn. (Einzelausst. im Dt. Pavillon, Kat.); 63 New York, Staempfli Gall.; 66/67 Berlin, Haus am Waldsee (Kat.); Hannover, Kestner-Ges. (m. Frank Kupka, Kat.); Karlsruhe, Badischer KV (Kat.); Essen, Mus. Folkwang (Kat.); 70 Berlin, NG; 71 Köln, KV (Kat.); 85 (Retr., Kat.) Berlin, AK; Saarbrücken, Saarland-Mus.; Nürnberg, Germanisches NM; 92 Essen, Mus. Folkwang (Kat.); 98 Schweinfurt, KV (Kat.); 01 Berlin, Berlinische Gal.; 02 Zweibrücken, KV; Pforzheim, Reuchlinhaus – **G:** u. a. 58, 61 Pittsburgh, Mus. of Art; 59, 64 Kassel, documenta; 61, 66 London, Marlborough; 64 Rotterdam, Mus. Boymans Van Beuningen: Duitse kunst van heden; 69, 81 Paris, Mus. Bourdelle; Berlin, AK: Als d. Krieg zu Ende war; 85 Berlin, NG: Kunst in d. BRD 1945–1985 (Kat.); seit 86, jl. Bet. Tokio, Japanische u. Dt. Metallbilder; 88 Berlin, Berlinische Gal., Mus. f. Mod. Kunst sowie Martin-Gropius-Bau: Stationen d. Moderne. Die bedeutenden Kunstausst. d. 20. Jh. in Dtld (Kat.); 89 Lissabon, Centro de Arte Mod. da Fund. C. Gulbenkian: Kunst in Berlin v. 1900 bis Heute; 90 Leipzig, MBK; Venedig, Bienn. (Kat.); 99 Frankfurt am Main, Rothe; 99, 02 München, Maulberger – ***Lit:*** u. a. Manfred de la Motte: M.-D., Dok. (Gal. Hennemann Bonn) 80; Georg W. Költzsch: M.-D. – Monogr. u. Werkverzeichnis d. Skulpt. 92; Dictionary of Art 96; Jörn Merkert (Hrsg.): B. u. M.M.-D. – Werke aus 5 Jahrzehnten in d. Slg d. Berlinischen Gal. 01 (m. Texten v. Jörn Merkert, Christa Lichtenstern, Walther Grunwald u. den Künstlern); Reclams Künstlerlex. 02

Matsukawa, Takako, Mag. art., Malerin, Graphikerin; Brunnengasse 46/18, A-1160 Wien, Tel. (01) 4 09 12 93, Fax 7 49 92 47, *takako@gmx.at* (* Niigata/ Japan 15. 2. 45) – **S:** 86–91 HS f. Angew. Kunst Wien (Meisterkl. f. Malerei u. Graph. b. Prof. Oberhuber u. Prof. Choung-Fux) – **P:** Pr. d. Technischen Mus. Wien (2. Pr. f. Papierobjekt) 88, Lublin's Voivode Pr. Majdanek 03; Pr. d. Intern. Trienn. Majdanek (f. Graph.serie) 04; Pr. d. Intern. Künstlersymposiums Győr (f. Graph.-serie) 05 – **Ve:** VBK Öst. 86; Ges. bild. Künstler Öst. 00; Künstlerhaus Wien 00 – **G/T:** Hschn.; Mischtechniken auf handgeschöpftem Papier (Mineralien, Pigment, Pastelle, Kohle, abstr. innere Lsch.) – **M:** Fredrikstad, Mus.; Győr, Städt. KM; Linz, Lentos; Lublin, Majdanek State Mus.; Nismes/Belgien, Mus. du Petit Format; Wien, Albertina; Wien, BmfUK; Wien, Haus d. Papierindustr.; Wien, KS d. HS f. angew. Kunst; Wien, Kult.-amt d. Stadt – **E:** u. a. 92 Innsbruck, Stadtturmgal.; 94 Wien, AAI-Gall.; 94, 96, 99 Tokyo, Nissin Gall.; 96, 97, 04 Osaka, Espace 446; 01 Wien, Kunst-Fehler; 03, 04 Wien, Artefakt; 04 Wien, Haus Wittgenstein; 06 Győr, Städt. KM – **G:** zahlr. Bet. seit 88, u. a. 96, 97 Winterthur, Xylon 13; 97 Krakau, Graph.-Trienn.; 99 Fredrikstad, Norsk Intern. Grafikk Trienn.; 02 Wien, Künstlerhaus; 03 Paris, Broutta: Paysage; Győr, Städt. KM; Versailles, Bienn. de la Gravure d'Ile-de-France; 04 Majdanek, Intern. Trienn.; 05 Győr, Intern. Bienn.: The Masters of Graphic Arts – **V:** Seychellen – Madagaskar – Mauritius, Polyglott-Reiseführer (Ill.) 78 – ***Lit:*** T.M. Holzschnitte, Werkkat. 94; T.M. Holzschnitte u. Malerei, Ausst.kat. 04 – ***LitR:*** Anita Natmeßnig: Visionen – jenseits, Dok.film (ORF2) 25.1. u. 31.1.99

Mattern, Andreas, Maler u. Graphiker; Malerateliers K-02, Martin-Opitz-Str. 1a, D-13357 Berlin, Tel. Mobil: 01 63 39 16 39 4, (0 30) 46 06 10 72, Fax 8 13 31 67, *kontakt@mal-schule.com; kontakt@andreasmattern.com, www.k-02.de; www.andreasmattern.com; www.mal-schule.com* (* Schwerin 25. 2. 63) – **VG:** Weiden, Egeter; Halle/ Saale, Kunst im Bild; Berlin, Gal. Friedrichstadt – **S:** 84–86 Graph.schule Schwerin – **L:** 06 Akad. Hohenaschau (Doz.); Staatl. Museen zu Berlin (Doz.) – **Ve:** Künstlergut Prösitz 03; Verb. Freier Dt. Künstler 04; BBK Berlins – **KGe:** K-02 Druckwerkstatt: A. M. u. Susanne Haun (03) – **G/T:** Aqu., Rad.; Stadtansicht u. Landschaft – **K:** Aqu.malerei u. Rad. (Aquatinta) – **M:** Berlin, Schloß Biesdorf – **Ö:** Cham, Grundschule – **E:** 03 Berlin, Arcus; Berlin, Schloß Biesdorf; 04 Berlin, Kult.haus Spandau – **G:** 03 Brühl, Schloß Augustusburg; Berlin, Traumfabrik; 04 Berlin, Pilango; Berlin, Zone F – sowie: Berlin, Gutshaus Steglitz; New York, German House Gall. – **V:** Der Flaneur der Städte (Aqu., Rad.) 04

Matthes, Sylvia (geb. Sylvia Löschke), Malerin; c/o Atelier, Hauptstr. 2, D-15907 Lübben (Spreewald), Tel. Mobil: 0 16 29 82 38 83, *ssylviamatt@aol.com* (* Köthen 9. 8. 57) – **S:** 77–83 mehrere Speziallehrgänge (f. Malerei u. Graph. b. Rosso Maoress, Merselowski, Piehch); 87–89 Spezialschule f. Malerei u. Graph. Cottbus – **KGr:** Gares 360° – **G/T:** geometr. Abstr. (Öl, Spachteltechniken); Install.; Objektkunst – **M:** Lübben, Mus. – **Ö:** Lübben, Ldratsamt; ebda, Hotel Spreeblick, Fitneßstudio; Schwielochsee-Siegadel, Lothar Waske Dachdecker & Bauklempner GmbH; Wildau, Autohaus BMW – **E:** 90 Gundelfingen; Freiburg im Breisgau; 91 Bad Reichenhall (m. Ingrid Groschke); 91 (m. Sigrid Budich), 92 Lübben; 92 Goyatz; 96 Burg b. Cottbus, Waldhotel Eiche; 97 Gehren, Schloß Sinntrotz; Königs Wusterhausen, Stadtverwaltung; 00 Berlin-Schöneberg, Braune; 01 Berlin; Lübben, Schloßinsel; 02 Calau, Rechtsanwaltskanzlei Hammermann & Ehlers; 03 Monte Carlo; 05 Lübben, RH; 06 Motzen, Residenz-Hotel; Lübben, Reha-Zentrum – **G:** u. a. 80, 84, 93, 94–95, 99 (m. Gares 360°) Lübben; 88 Lübbenau; 94 Neunkirchen; 94, 95 Groß Leuthen, Rohkunstbau; 96, 97, 99 Lübben, Ldratsamt; 96, 97–98 Gehren, Schloß Sinntrotz; 98 Lübben, Schloß; Lübben, Neuhaus – **V:** u. a. Marga Morgenstern: Lübbener Skizzen (Federzchngn) 92; dies.: Eine romant. Wanderung durch d. Spreewald (Bleistift m. Feder) 95; dies.: Die alte Spreewälder Küche (Bleistift) 97; dies.: Spreewald Erinnerungen 02 – sowie Landkreis Dahme-Spreewald: Kunst 94 – ***LitR:*** Beitr. b. OSR Fs., im Regionalfs., Regional Monte Carlo

Mattheuer-Neustädt, Ursula (geb. Ursula Neustädt), Graphikerin, Illustratorin, Lyrikerin, Essayistin; Hauptmannstr. 1, D-04109 Leipzig, Tel. (03 41) 9 83 31 86 (* Plauen 10. 7. 26) – **S:** 45–46 BauHS Weimar (b. Prof. Henselmann); ab 46 KGS Leipzig; 48–52 HGB Leipzig (b. d. Prof. Egon Pruggmayer, Walter Arnold u. Elisabeth Voigt, Dipl.); Univ. Leipzig (Gasthörer b. d. Prof. Hans Mayer, Ernst Bloch u. Johannes Jahn); seit 52 freischaffend tätig – **L:** 60–64 Abend-Akad. d. HGB Leipzig – **P:** Pr. d. Min. f. Kult. d. DDR (Jgdbuch-Ill.) 58; Ausz. 'Schönste Bücher d. Jahres' 58, 61, 65, 73; Intern. Bauausst. (IBA, 2 Silbermed.) 65; Kunstpr. d. Stadt Leipzig 72 – **Ve:** VBK 52–90 – **G/T:** Graph. (alle Techniken); Zchng; Collage, Ill. u. Buchgest. – **W:** in Museen in Dresden, Gera, Jena sowie im Bes. d. Bundesrates Bon, in öff. u. privaten Slgn – **M:** Altenburg, Lindenau-Mus.; Berlin, NG; Frankfurt/Oder, Mus. Junge Kunst; Gotha, Schloß-Mus.; Halle/Saale, Staatl. Gal. Moritzburg; Leipzig, MBK; Oberhausen, Ludwig-Gal.; Rudolstadt, Thür. LM Heidecksburg; Schwerin, Staatl. Mus.; Weimar, Goethe-NM; Weimar, Klassik Stift. – **E:** u. a. 59 Leipzig, Engewald; 63 Altenburg, Lindenau-Mus.; 67 Leipzig, Klub d. Intelligenz G.F. Leibnitz; 68 Berlin, Kpst.-Kab.; Berlin, J.R. Becher-Klub d. Kult.bundes; 75 Leipzig, Gal. am Sachsenplatz; 76 Mexiko-Stadt, Orozco (m. Wolfgang Mattheuer); 77 Leipzig, MBK; Schwerin, Staatl. Mus. (Retr.); 80 Görlitz, StKS; 82 Leipzig, G.W. Leibnitz-Klub: 83 Unterwellenborn, Kult.haus Maxhütte; Bautzen, Kult.bund-gal.; 86/87 Gera, Kunstgal. (Retr. d. Zchngn, Kat.); 88 Zwickau, Robert-Schumann-Haus u. Gal. am Domhof; 94 Hameln, Rolf-Flemes-Haus; 96 Frankfurt am Main, Schwind (Kat.); 97 Halle/Saale, Gal. Marktschlößchen (m. Wolfgang Mattheuer); 00 Leipzig, Ausst.-Zentrum im Kroch-Haus; 01 'Festival Mitte Europa 2001'; Mißlareuth, Gal. im Pfarrhaus; 04 Leipzig, Gal. Villa Bösenberg – **G:** seit 54 Bet. an allen Bez.kunstausst. u. Sonderausst. d. Bez. Leipzig, seit 55 an vielen wichtigen Ausst. d. DDR, d. BRD u. im Ausld, sowie u. a. 75 Berlin, NG; 90 Berlin, StKH: Leipziger Schule; 91 Düsseldorf, Große Kunstausst. NRW; 92 Insel Mainau, Schloß Mainau: Bildberichte Leipziger Künstler (Kat.); 94 Dresden, Schloß: 1. Sä. Kunstausst. 'Zeitblick'; Bonn, LM: Graph. d. Gegenwart; 95 Leipzig, Gal. d. HGB: Vierzig Jahre Inst. f. Buchgest. an d. HGB Leipzig; 97 Augsburg, 12. Nationale d. Zchngn – weitere: Intern. Buchkunst-Ausst.; Intergrafik – **V:** eigene Texte, Gedichte, Essays, u. a.: Kombination v. Wort u. Bild, in: Bild. Kunst 6 66, S. 320ff.; Gespräch m. Henry Schumann, in: Ateliergespräche 76; Kunsterfahrung – Welterfahrung, in: Dieter Schiller (Hrsg.): Wandelbar u. stetig – Lesarten zu J.R. Becher 84; Susanne, in: Susanne Kandt-Horn: Malerei u. Graph., Ausst.kat. (z. Ausst. in d. KH Rostock) 84; Notizen über W.M., in: Sinn u. Form 2 87; Edwin Kratschmer: Die Kraft d. Stille 96; Bilder als Botschaft – Die Botschaft d. Bilder: am Beispiel Wolfgang Mattheuer. Ein Essay in zwei Teilen 97; Karlheinz Schwind (Hrsg.): Stimmen. Zchngn u. Gedichte 99; 56 Jahre. Zum 80. Geburtstag v. Bernhard Heisig, in: Marginalien, 178/2 05, S. 3–19 – ***Lit:*** Lang 02; Schweers 02

Matthies, Britta (geb. Britta Müller), Malerin, Graphikerin; Moidentiner Weg 3, D-23996 Hohen Viecheln, Tel. (03 84 23) 5 48 44, *britta.matthies@gmx.net* (* Graupa 24. 7. 49) – **VG:** Wismar, Gal. Hinter d. RH; Ahrenshoop, Neues Kunsthaus; Rostock, Gal. Klosterformat – **S:** 68–73 HGB Leipzig (Dipl.) – **P:** Kunstpr. d. Dt. Turn- u. Sportbundes (DDR) 77; Beste Plakate d. DDR (Anerkennung) 79; Schönstes Buch d. DDR 80, 82; Stip. d. Friedrich-Bödecker-Kr. Meckl.-Vorp. 95; Reisestip. f. Ausst. in Felanitx 95; Aufenthaltsstip. Künstlerhaus Lukas, Ahrenshoop 96; Stip. Künstlerhaus Schloß Wiepersdorf 01; Stip. Stift. Kult.fonds f. Virginia Center for the Creative Arts 02 – **Ve:** VG Bild 91; VBK DDR 75; Künstlerbund Meckl. u. Vorpommern 90 – **KGr:** Gemeinschaft Wismarer Künstler (seit 90) – **G/T:** Graph. (Rad., Hschn.); Malerei; Ill. – **E:** zahlr. Ausst. im In- u. Ausld, zuletzt 02 Leipzig, Keramikgal. Terra Rossa; Güstrow, SM; Güstrow, Harff; 03 Stuttgart, Schwerpunkt-Gal.; Röbel u. Waren, Müritzspk.; 03–04 Weitendorf, KV Kap. (Kat.); 05 Wolmirstedt, Gal. am Druckhaus (Kat.); Wolmirstedt, quintumKV; Wiligrad, KV; Sternberg, Kirche; 06 Rostock, Gal. Klosterformat; Lübeck, Da Angelo; Rothen, Mühle; Schwerin, Apothekenrechenzentrum; Wismar, Gal. Hinter d. RH – **G:** zahlr. Bet. im In- u. Ausld, zuletzt 03 Wismar (Hschn.-Symposium); Wismar, Zeughaus; Rostock, KH; Garching, Forsch.inst.; 04 Uppsala/Schweden, Signs of the time; 04- 05 Uppsala/Schweden, Dom: Andrum; 05 Östabrujk, Signs of the time; Stockholm, Gal. INFRA: Signs of the time; Schwerin, Dom; Kaliningrad, Graph.-Bienn.; Wiligrad, KV; Güstrow, StG Wollhalle; 06 Wieck, Hier oben. Druckgraph. aus Meckl.-Vorp.; Vilnius/Klaipėda, Arthall; Hude, Str. d. Nationen – **V:** MAPPENWERK: Landsichten (Rad.) 88; Landschaft unterm Zeitenbogen 92; – KUNSTB.PROJEKT: Auf schmalen Pfaden durch's Hinterland 97; Beziehungsweisen 98; Kunststück Ahrenshoop 04; – KDB.ILL.: Johannes Lehmann: Fix und Flux 90; Klaus Meyer: Pußti mien Pußti 91, 96; Jakob Wall: Mein deutsches Bilderbuch 91; Horst Matthies: Tümpelkinder 93; Klaus Meyer: Pußti bi de Aapen 96; Horst Matthies: Oma Lina 98; ders.: Olis Ausflug 98; ders.: Oma Linas Motolo 98; ders.: Der Lümmelriese 98; – KDB.ILL. U. EINBD.GEST.: Anthologie Pusteblomen 92; Kurt Biesalski: Sagen aus Wismar 91, 92, 97; ders.: Von Feuerkugeln, Schätzen und Ungeheuern 97; ders.: Die rauhbeinigen Zwerge von Mecklenburg 99; Ulrich Frohriep: Die Nixe Thalassia 03; – sowie: Horst Matthies: Der Goldene Fisch (Ill.) 80; ders.: Coitus interruptus 98; ders.: Anna am Bach (Ill.) 03 – ***Lit:*** KAT.: Neues Kunsthaus Ahrenshoop: B. M. Bilder 96; KV Wiligrad: B. M. Bilder 99; KV Kapelle Weitendorf: innen – außen – innen 04; B.M. Zeitwärts (quintumKV) 05

Matthies, Holger, Prof., Graphiker; Wrangelstr. 13, D-20253 Hamburg, Tel. (0 40) 4 20 26 41, Fax (0 40) 4 20 41 13, *holger-matthies@t-online.de* (* Hamburg 26. 5. 40) – **S:** 57–60 Druckerei Baruth, Hamburg (Ausb. z. Lithographen); 61 WerkKSch Hamburg (Design); 62 HBK Hamburg (Graph. u. Design, b. Erwin Krubeck u. Hans Michel) – **L:** 70–72 FHS f. Gest. Hamburg (Gastprof.); seit 83 ebda Prof. f. Kommunikationsdesign; seit 94 UdK Berlin (Prof. f. visuelle Kommunikation) – **G/T:** Plakate, Fotogr. – **M:** Essen, Dt. Plakat Mus.; Fort Collins/CO, Colorado State Univ.; Hamburg, MKG; New York, MOMA – **E:** zuletzt u. a. 86 Marseille, Centre Culturel Allemand; 89 Gütersloh, Theater d. Stadt; 00 Hamburg, Mus. d. Arb.; 02 Pforzheim, SM; 03 Berlin, UdK – ***Lit:*** Contemp. Designers 97 – (Red.)

Matthies, Inge s. Müller-Matthies, Inge

Matthies, Karl Heinz, Maler u. Graphiker; Wullenweberstr. 9, D-10555 Berlin, Tel. (0 30) 3 91 22 50 (* Magdeburg 3. 1. 25) – **S:** 49–54 HBK Berlin (Malerei, Graph. u. Wandgest.) – **Ve:** BBK Berlins 52; Ver. Berliner Künstler 58 – **G/T:** Malerei (Öl, Acryl, Landschaft, bes. Berliner Stadtlandschaften); Rad. – **W:** überw. in Privatbes. – **E:** seit 81 zahhlr. Ausst., u. a.: 00 Berlin, Ver. Berliner Künstler; 02 Berlin, Dt. Inst. f. Bautechnik – sowie: Berlin, Gal. Jungfernstieg – **G:** seit 52 regelm. Ausst.bet., u. a. 52–55 Berlin, Juryfreie Kunstausst.; 53–54 Berlin, Schloß Charlottenburg; 54–05 Berlin, Jahresausst. d. Ver. Berliner Künstler; 56–68 Berlin, Große Berliner Kunstausst.; 79–94 Berlin, Freie Berliner Kunstausst.; 06 Berlin, Kommunale Gal.

Matthies, Rupprecht, Maler; Isestr. 64, D-20149 Hamburg, Tel. (0 40) 43 74 02 (* Hamburg 59) – **VG:** Bremerhaven, Paul-Gal.; Hamburg, Produzentengalerie; Wien, Janda – **E:** u. a. 99 Köln, Johnen & Schöttle; 00 Frankfurt am Main, Trotha; 01 Bremerhaven, Paul-Gal.; 02 München, Praterinsel; 03 Bonn, KV; Hamburg, Produzentengalerie – (Red.)

Matthys, Jürg D. (Ps.: Jaydee), Kunstmaler, Skulptör; Kantonsstr. 22, CH-8807 Freienbach, Tel. 0 17 84 22 56, Fax 0 17 84 05 56, *kunst@matthys.ch, www.matthys.ch; www.kuenstlerhaus.ch* (* Horgen 15. 11. 59) – **VG:** Freienbach, Künstlerhaus; Langnau am Albis, Die Halle; Zürich, KH Artefiz; Zürich, Gal. am Paradeplatz; Küsnacht, Richard – **S:** 84–87 KGS Zürich (freie Kurse) – **L:** seit 95 Clubschule Rapperswil (Ölmalerei) – **P:** Helvetia 2000 Ausst. Bundeshaus Bern (1. Publikumspr.) 99 – **Ve:** Schwyzer Künstlervrg – **G/T:** Ölmalerei (surreal, fantastisch realistisch, realistisch); Skulpt. (Eisen, Bronze, Kunststoff, figürlich surreal) – **K:** Ölmalerei (trad.) – **W:** üb. 500 Werke in üb. 150 Privatslgn in d. Schweiz, Dtld u. d. USA; div. Arb. in Firmen, Konzernen u. Banken in d. Schweiz; Ankauf f. d. Slg d. Kt. Schwyz – **Ö:** Freienbach, Slg d. Gemeinde – **E:** zahlr. Einzelausst. seit 82, u. a. 85, 88, 89, 91, 93, 94 Freienbach, Steinbruch; 94 Horgen, Dow Chemical Europe; 96 Rapperswil, Schloß; 97, 98, 00 Freienbach, Blue 22; 00 Kreuzlingen, Schloß Seeburg; 03 Zürich, KH Artefiz; 04 Zürich, Gal. am Paradeplatz; 96, 99, 02, 05, 08 Zug, Altes Kunsthaus; 01, 05 Küsnacht, Richard; 02, 07 Langnau am Albis, Die Halle – **G:** zahlr. Ausst.bet. seit 84, u. a. Ausst. 'Kunstszene Schwyz': 84 Einsiedeln, 86 Goldau, 88 Schwyz u. 91 Pfäffikon; 92 Lachen/Schwyz, KV; 93 Grenchen, Kunsthaus (Wettb. SAC); 96 Montreux, JCI-Nat.kongreß; 98, 01 Pfäffikon, Seedamm-Kulturzentrum; 99, 03 Wädenswil, HS; 01 Horgen, APG-Kult.fonds; 05 Freienbach, Künstlerhaus – **V:** Fantastischer Realismus 99; 20 Jahre Kunstschaffen, Booklet 02; Zsreportage, in: Art-Profile 9/02 – (Red.)

Mattich, Cornelia, Videastin, Malerin, Fotografin, Visuelle Gestalterin; Turnerstr. 32, CH-8006 Zürich, Tel. 04 43 63 33 10, *cornelia.mattich@bluewin.ch* (* Ruswil 24. 11. 62) – **S:** 87 Éc. Nat. Supérieure des Beaux-Arts Paris; 89 Sommerakad. Salzburg (b. Oswald Oberhuber); 90 ebda (b. Sandro Chia); 95 HS f. Gest. u. Kunst Luzern (Höhere Fachkl. f. visuelle Gest., Abt. Graph.-Design) – **L:** 94–98 HS Technik u. Archit. Horw (Co-Doz., 2 Wochenlektionen im Fach Form u. Farbe, Abt. Archit., Abendtechnikum d. Innerschweiz) – **P:** Videopr. Boswil (Jurypr.) 03 – **W:** überw. in Privatbes. – **E:** 93 La Spezia/Ital., Circolo Culturale; 95 Mailand, Cannaviello; 96 Pontresina, Costa; 01 Luzern, Partikel – **G:** u. a. 92 Luzern, KH; La Spezia/Ital., Circolo Culturale: Il Gabbiano; 94, 95 Basel, Art Basel; Luzern, KM: Jahresausst. d. Innerschweizer Künstler; 95 Mailand, Cannaviello; Bologna, Intern. Kunstmesse; 98 Zürich, Kunstraum Hotel: Cosmopolitan Bonsai 2

Mattioli, Silvio, Eisenplastiker; Zythüslistr. 1, CH-8165 Schleinikon (* Winterthur) – **Ve:** Ausb. z. Steinbildhauer – **KGr:** Eisen- u. Holzplast., Zeichn. – **M:** u. a. Schaffhausen, Mus. zu Allerheiligen; Winterthur, KM, Zürich, Kunsthaus – **Ö:** u. a. in Martigny, Ramsen, Rapperswil, Schrobenhausen, Waldshut, Winterthur u. Zürich – **E:** 68 Zürich, Kunsthaus; 75 Schaffhausen, Mus. zu Allerheiligen; 91 Waldshut-Tiengen, Stadtscheuer; 92 Gladbeck, StG; 01 Disentis, Kloster; 03 Schrobenhausen, Mus. im Pfiegschloß – **G:** div. Gr.ausst. in Europa – **V:** Fritz Billeter: Mattioli, Monogr. 75; Volker Schunk: S. M., Monogr. 94; Roy Oppenheim: S. M. Plastisches Schaffen 04; – sowie versch. Kat. – (Red.)

Mattner, Jakob, Installationskünstler, Bildhauer, Zeichner; lebt u. arbeitet in Berlin (* Lübeck 46) – **S:** 67–72 HdK Berlin – **P:** Villa Serpentara Stip. Olevano 72; DAAD-Stip. f. Rom 73, 74; Cité Intern. d. Arts Paris 74, 75; Villa-Romana-Pr. 77; Stift. Kunstfonds – Arb.- u. Projektstip. 81; Kunstpr. u. Förd.mittel d. Heitland Foundation 94 – **W:** Entwurf d. Lettre Ulysses Award for the Art of Reportage – **M:** Berlin, Berlinische Gal.; Berlin, Hamburger Bahnhof – **E:** u. a. 92, 97 Berlin, Franck & Schulte; 00 Hannover, EXPO – **G:** u. a. 95 Berlin, Franck & Schulte; 02 Berlin, Sophiensäle (Install.) – ***Lit:*** Schweers 02 – (Red.)

Matz-Langensiepen, Barbara (geb. Barbara Schulz), Graphikerin u. Malerin; Friedrich-Lundgreen-Str. 3, D-07407 Rudolstadt-Schwarza, Tel. u. Fax (0 36 72) 35 10 32 (* Jena 16. 3. 46) – **S:** 67–72 HBK Dresden (Graph. u. Malerei b. Prof. G. Horlbeck) – **L:** 73–90 Zirkelleiterin f. Graph. u. Malerei in Rudolstadt u. Unterwellenborn; 77–81 Leiterin d. Förd.kl. f. Malerei u. Graph. im Bez. Gera; 90–92 VHS Rudolstadt (Lehrgänge) – **Ve:** VBK DDR 72–90; VBK Thür. seit 90; AGD seit 91 – **G/T:** Graph. (Zeichn., Rad., Lith., Hschn., Computergraph., Ill., Landschaft, Portr., Figur u. a.); Malerei (Öl, Acryl, Landschaft, Portr., figürliche Tafelbilder u. a.); Konzeption u. Aufbau musealer Ausst. u. Inszenierungen – **K:** Malerei, versch. graph. Techniken, Figur u. Landschaft – **W:** zahlr. Gemälde u. Graph. in Privatbes. – **M:** Coburg, Naturkundemus.; Rudolstadt, Thür. LM Heidecksburg – **Ö:** Fürstenberg, Bibliothek; Jena, Univ.; Rudolstadt, RH; ebda, Bibliothek; – sowie in Unternehmen u. a. in Frankfurt, Jena, Rudolstadt u. Saalfeld – **E:** 85, 96 Saalfeld, Kleine Gal.; 86, 97 Rudolstadt, Gal. H. Cotta; Rudolstadt, KulTourDiele; 88 Jena-Lobeda; Saßnitz, Gal.; 89 Gera, Gal.; 91 Essen; – weitere in Unterwellenborn, Zeulenroda, Wurzbach usw. – **G:** 76 Dresden, Albertinum; mehrmals Gera, Bez.kunstausst.; – sowie zahlr. weitere Ausst.bet., u. a. in Berlin, Erfurt, Frankfurt/Oder, Halle/Saale, Kuopio, Leipzig, Leningrad, Plzen, Pskow, Rostock, Rostow, Sliven u. Weimar – **V:** ILL.: Marie von Ebner-Eschenbach: Das Gemeindekind (Federzeichn.) 76; Armin Müller: Meine verschiedenen Leben (Farb-Hschn.) 78; Chris Hornbogen: Sozusagen Saisonartikel (Farb-Hschn.) 82: Matthias Biskupek: Kannibalen und Hausfrauen, Kunstmappe (Lith.) 86; Schalle: Drognitz (Gesamtgest., Federzeichn.) 92; ders.: Tage und Jahrhunderte (Gesamtgest., Federzeichn.) 94; Schneider: Ilsensage (Gesamtgest., Schabkunst) 95; Göring-Stötzer: Wenn der Ginster blüht (Gesamtgest., Schabkunst) 96

Matzner, Helga, Malerin; Ferdinand-Hodler-Str. 44, CH-8049 Zürich, Tel. 0 442 52 58 86, Fax 0 443 40 01 91, *kontakt@helgamatzner-art.ch, www.helgamatzner-art.ch* (* Wien 26. 11. 40) – **G/T:** Freie Abstr. – **W:** überw. in Privatbes. – **Ö:** Thurgauer Kantonalbank in Horn u. Arbon – **E:** zahlr. seit 84, zuletzt: 06 Weinfelden, Thurgauer Kantonalbank – **G:** Messebet.: seit 04 jl., art Zürich; seit 05 akzenta Graz

Mau, Leonore, Fotografin; Dürerstr. 9, D-22607 Hamburg (* Leipzig 16) – **S:** Stud. d. Bühnenbildnerei; Ausb. z. Pressefotografin – **G/T:** Fotogr. (zunächst Archit.aufnahmen, später Dok. afroamer. Religionen, Kulte u. Riten in d. Karibik, Lateinamerika u. Afrika) – **E:** u. a. 02 Leipzig, Mus. f. Völkerkunde; Basel, KH; 05 Hamburg, Deichtorhallen (Kat.); Heidelberg, Slg Prinzhorn – **V:** m. Hubert Fichte: Xango 76; Petersilie 80; Psyche. Annäherungen an die Geisteskranken in Afrika 05; Wilfried F. Schoeller u. Friedrich Pfäfflin (Hrsg.):

Hubert Fichte und L. M. Der Schriftsteller und die Fotografin. Eine Lebensreise (Ill.) 05 – (Red.)

Mauboulès, Jean, Bildhauer, Zeichner; Lommiswilerstr. 35, CH-4512 Bellach (* Poey de Lescar 16. 8. 43) – **VG:** Bern, Haldemann; Fribourg, APC Gal.; Zug, Gal. Weber; Köln, APC Gal.; Basel, Ueker & Ueker; Zürich, Bommer – **P:** Pr. f. plast. Arb. d. Kt. Solothurn 87; Kunstpr. d. Kt. Solothurn 96 – **G/T:** u. a. Wandreliefs, Skulpt., Rauminstall., Zchng; Rad. – **M:** u. a. Bern, KM; Lausanne, Mus. cantonal des beaux-arts; Olten, KM; Solothurn, KM; Winterthur, KM; Zürich, Mus. Bellerive – **E:** zahlr. Ausst., u. a. 74 Düsseldorf, René u. Mayer; 80 Solothurn, Medici; 94 (Graph. Kab.), 02 Solothurn, KM; 99, 01 Köln, APC Gal.; 00 München, Spielvogel; 01, 03 Zug, Gal. am See; 03 Den Haag, Dekkers contemp.; 03, 05 Colombier, Numaga; Zug, Gal. Weber; 04 Hamburg, Kammer; Basel, Ueker & Ueker; Solothurn, Haus der Kunst Sankt Josef; 05 Bern, Haldemann; Abu Dhabi, Cult. Found.; Schaffhausen, Gal. O – **G:** zahlr. Ausst.bet. u. a. 72–90 Basel, Art Basel; 81 Olten, KM; 94 Ludwigshafen, Wilhelm-Hack-Mus.; 99 Schaffhausen, Mus. zu Allerheiligen; 01, 02 Solothurn, KM; 02 Köln, APC Gal. – ***Lit:*** BLSK 98 – (Red.)

Mauck, Stefan, Freier Künstler (* Stade 73) – **VG:** Berlin, Architektur Gal. Berlin – **S:** 93–00 HBK Braunschweig (Freie Kunst b. Siegfried Neuenhausen u. Johannes Brus); 01 ebda (Meisterschüler b. Johannes Brus) – **P:** Stip. d. Stud.stift. d. Dt. Volkes 98–00; Schinkelpr. 02; Karl-Schmidt-Rottluff-Stip. 04 – **G/T:** Textbilder; Reliefs; zentrales Thema: Untersuchung d. dreidimensionalen Erscheinung v. Gegenständen u. deren Auflösung in Flächen; Auseinandersetzung m. Archit. – **E:** u. a. 99 Berlin, Peters-Barenbrock; 05 St. Gallen, Rotellin-Duerr – **G:** zahlr., u. a. 01 Düsseldorf, Plus; 02 Braunschweig, KV; Bochum, TZR Gal.; Hildesheim, KV; London, essor – (Red.)

Mauel, Bettina, Malerin; Tel. (0 22 34) 7 19 60, Fax 2 02 58 05, *ateliermauel@aol.com*, *www.atelier-mauel.com* (* Wuppertal 5. 3. 59) – **VG:** Köln, Peveling; Solingen, Van Remmen – **S:** 78–83 KA Düsseldorf (b. Bernd Koberling u. Gerhard Richter, Meisterschülerin b. Prof. Gotthard Graubner) – **L:** seit 90 Ausb. v. Praktikanten u. Mappenkursunterricht; seit 01 Fortbildungshaus Osteresch (Doz. f. Malerei); 04 Sommerakad. Schwalenberg (Doz. f. Ölmalerei) – **P:** Max-Ernst-Stip. 85; Von-der-Heydt-Pr. Wuppertal 87; Großstadtimpressionen, Gal. Kunst u. Leben Düsseldorf (1. Pr.) 88; Standort Wesseling (1. Pr.) 88; Publikumspr. d. Klingen-Mus. Solingen 91 – **Ve:** VG Bild-Kunst 95 – **G/T:** Zchng u. Malerei (Öl, Aqu., Tusche); Gegenstände: Portr., Tanztheater, Figur, Lsch. – **K:** Mappenkurse; Malerei u. Zchng (u. a. Akt) – **W:** Werke u. a. im Bes. d. Kultusmin. u. d. Oberpostdir. Düsseldorf, d. Technologiezentrums Wuppertal, d. Stadtspk. Solingen u. Köln sowie Portr. im Bes. d. emerit. Rektors d. Univ. Köln – **M:** Berlin, Hertie-Stift.; Bonn, LM; Düsseldorf, Slg Dt. Bank; Frankfurt am Main, Dt. Bank KS – **Ö:** Berlin, Foyer d. Markgrafenhauses am Gendarmenmarkt; Gelsenkirchen, Pferdeskulpt. d. Projekts 'aufGE-zäumt'; Köln, Wachsfabrik Rodenkirchen (Deckengemälde); Köln-Deutz, Optika 97 (Plakate); Troisdorf, Turmstation Am Hirschpark – **E:** u. a. 84 Wuppertal, Von der Heydt-Mus.; Xanten, Reg.mus. (Kat.); 85 München, Hermeyer (Kat.); 87 Köln, Simultanhalle; Oberhausen, StG Schloß Oberhausen; Wuppertal, Von-der-Heydt-Pr.; 88 Bonn, Friedrich-Ebert-Stift.; 89 Düsseldorf, Leuchter; 90 Schwelm, Mus. Schloß Martfeld (Kat.); 92 Wuppertal, KV; Leverkusen, Bayer AG Hochhaus W1 (Kat.); 93 Konstanz, Grashey; 94 Vence/Frkr., Peveling; Essen, Fox; 95 Köln, Hensel u. Wiegers; Rossignano, Castello; Brauweiler, Abtei; 96 Pfaffen-Schwabenheim, Kloster (Kat.); 97 Berlin, Kaufhaus d. Westens; Berlin, Markgrafenhaus; 99 Troisdorf, Stadtwerke; 00 Wuppertal, Luley; Siegen, Kult.haus Lyz; 02 Köln, Gal. d. Univ. (Kat.); 03 Köln, Peveling; 04 Uelzen, Gal. Drei Eichen; Luxemburg, Artium Art Gall. – **G:** zahlr. Bet., u. a. 83 Wadersloh, Mus. Abtei Liesborn; München, ABK: Gebhard-Fugel-Kunstpr.; 84 Berlin, Schloß Charlottenburg: Dt. Lsch. Heute; Hannover, Orangerie Herrenhausen (Kat.); Münster, Stadthaus-Gal.: Zchng u. Malerei (Kat.); 86 Nikosia, Famagusta Gate: 10 Kölner Künstler (Kat.); 88 London, Goethe-Inst.:Beispiele gegenwärt. Malerei (Kat.); Sofia, Aus dt. Ateliers (Kat.); 90 Unna, Gal. Haus Opherdicke: Der weibl. Blick (Kat.); Köln, Baukunst Gal.: Generationenwechsel in d. Kunst (Kat.); 91 Bonn, Frauen-Mus.: Tanzpl. d. Musen (Kat.); Barmen, KH: Förd.pr. d. Stadt Wuppertal 1959–1989 (Kat.); 93 Köln, Hensel: Art im Port; 95 Bonn, LM: Der Rhein – Le Rhin – De Waal (Kat.); 96 Frankfurt am Main, Art Frankfurt (m. Gal. Peveling); 99 Bernau/Kr. Waldshut, Thoma-Mus.: Schwarz-Wald-Wasser; 01 Erfurt, Vostry: Kunst z. Thema Pferd; 02 Gelsenkirchen, Wiss.park: Menschenbilder; 03 Köln, Peveling: Gesichter; 04 Oberhausen, Schloß: Ruhrtopia; 06 Gal. Kunstturm: Tanzbilder

Mauelshagen, Oliver, Fotokünstler; c/o Galerie Gaby Kraushaar, Orangeriestr. 6, D-40213 Düsseldorf, Tel. u. Fax (02 11) 13 16 66, Privat: 67 69 11, *gabykraushaargalerie@t-online.de; ON@galaxyON.net* (* Hünfeld/Hessen 3. 7. 68) – **VG:** Düsseldorf, Kraushaar; Walchwil, Kämpf – **S:** 91–96 Ruhr-Univ. Bochum (Sozialwiss.) – **P:** Europ. Archit.fotogr.-Pr. 95; Stip. d. Kultusmin. NRW 99; European Award for Women Photographers 99; Welde Kunstpr. 00; Aenne Biermann Pr. 01; Fringe Festival Pr. of the Rencontres d'Arles 02; Grand Prix intern. de photographie de la ville de Vevey (Prix Bron) 04; – Sponsoren: Art and Finance, Kämpf, Bangerter u. Partner, Basel 02–04 – **Ve:** VG Bild-Kunst seit 00 – **KGe:** Nina Schmitz u. O.M. (seit 01) – **G/T:** Inszenierte Fotogr. – **E:** 00 Düsseldorf, escale; 00, 02 Basel, Kämpf; 01 Mannheim, Fotogal. Alte Feuerwache; Neuss, Alte Post; 02, 04 Düsseldorf, Kraushaar – **G:** 98 Köln, Stift. Kult.; 00 Düsseldorf, Kraushaar; Schwetzingen, KV; Moskau, Neue Manege; 01 Münster, KV; Gera, MAK; Köln, Kunsthaus; 02 Düsseldorf, Mus. Kunst Pal.; Reykjavík, Foto-Mus.; 03 Prag, City Gall.; Berlin, Dt. Hist. Mus.; Moskau, Haus d. Fotogr.; Bochum, Mus. – **V:** Nina Schmitz: Jugendportraits 01; dies. u. O. M.: Movie Stars 04 – ***Lit:*** u. a.: Camera Austria 64/98, 67/99, 71/00; Jugendportraits – Nina Schmitz, Kat. (Texte v. Heike von den Valentyn, Rupert Pfab u. Nina Schmitz) 01; Lothar Schirmer: Frauen sehen Frauen 01; Klaus Honnef u. Gabriele Honnef-Hardling: Von Körpern u. anderen Dingen. Deutsche Fotografie im 20. Jh. 03; Dieter Scholz: heute bis jetzt. Fotografie aus Düsseldorf, Kat., T.2 03 – (Red.)

Mauerhof, Waltraut Kaethe s. Dunckern, Waltraut K.

Maurer, Dóra; Stefánia út 18, H-1143 Budapest, Tel. u. Fax (01) 2 51 08 67, *dmaurer@c3.hu.* c/o Edition und Galerie Hoffmann, Görbelheimer Mühle, D-61169 Friedberg, Tel. (0 60 31) 24 43, Fax 6 29 65, *edition-hoffmann@t-online.de* (* Budapest 11. 6. 37) – **VG:** Friedberg, Gal. u. Ed. Hoffmann – **S:** 55–61 ABK Budapest (Malerei u. Druckgraph.) – **L:** 75–77 Freischule d. Ganz Mavag Budapest (Kreativität Visualität); 80–81 Kunsthist. Mus. Budapest (Freikurs, Fotogramm, Fotogr.-Schmalfilm); 87–91 Akad. f. Angew.

Kunst Budapest (Gastprof., Fotogrammatik, Audiovisuelle Übungen); 90–02 ABK Budapest (Doz., Leitung einer interdisziplinären Malkl.); seit 03 ebda (o. Prof.) – **P:** STIP: Arb.stip. Wien 67–68; Filmförd.stip. d. BmfUK 87; Stip. d. Eötvös József Stift. Budapest 88; Stip. d. BmfUK Wien (Jahresstip. f. Malerei) 89; Széchenyi Prof.stip. 99–02; George Soros-Stip. Budapest (Jahresstip.) 00 – PR.: Pr. d. Graph.wettb. Innsbruck 70; Pr. d. Stadt Wien 70; Pr. d. Intern. Graph.-trienn. Krakau 76; Munkácsy Mihály-Pr. Budapest 95; Pro Cultura Urbis Budapest 01; Kossuth-Staatspr. Ungarn 03 – **Ve:** Studio Balázs Béla 75–85; Austria Filmmakers Cooperative seit 85; Intern. Künstlergremium seit 89 – **KGr:** Sumus (seit 70) Open Structures Art Society Budapest OSAS (Gründungsmitglied 06) – **G/T:** Druckgraph., Fotogr., Exper.film, Malerei, postkonzept. geometrische Abstr. – **M:** Berlin, NG; Bottrop, Josef-Albers-Mus.; Bremen, KH; Budapest, Kiscelli Múz.; Budapest, Kunsthist. Mus.; Budapest, Ludwig Múz.; Budapest, NG; Dresden, Kpst.-Kab.; Erfurt, Forum Konkrete Kunst; Graz, LM Joanneum; Győr, Städt. KM; Ingolstadt, Mus. f. Konkrete Kunst; Łódź, Muzeum Sztuki; Linz, Gurlitt-Mus.; London, Victoria & Albert Mus.; Nürnberg, KH; Pécs, Janus Pannonius Múz.; Veszprém, Vass Gyüjtemény; Wien, Albertina (GrS); Wien, MMK Stiftung Ludwig; Wien, Slg d. Stadt; Würzburg, Mus. am Dom; Würzburg, Mus. im Kulturspeicher – **Ö:** Budapest, Raiffeisen Bank; Budapest, Dresdner Bank; Berlin, KS d. Allianz AG; Brüssel, Ungarisches Konsulat; Wien, Ver. z. Förd. konstruktiver Kunst Schloß Buchberg – **E:** Einzelausst. seit 65, u. a. 75 Graz, LM Joanneum; 76 Jyväskyla, Alvar Aalto Mus.; 79 Utrecht, Hedendaagse Kunst; 82, 03 Friedberg, Gal. u. Ed. Hoffmann; 84 Budapest, Ernst-Mus.; 96 Nürnberg, Albrecht-Dürer-Ges.; Budapest, Kiscelli Múz.; 97 Budapest, Ludwig Múz.; 98 Bottrop, Josef-Albers-Mus. (Quadrat); 01 Győr, Städt. KM; 04 Wien, Lindner – **G:** Gr.ausst. seit 61, darunter die wichtigeren 80 Wien, MMK Stiftung Ludwig; 81 Wien, Secession; 83 Wien, MMK Stiftung Ludwig; 85 New York, MOMA; 86 Boston/MA, Mus. of Fine Arts; 89 Budapest, NG; 90 Zürich, Kunsthaus; Nürnberg, KH; 91 Budapest, Kunsthist. Mus.; 92 Paris, Jeu de Paume; 96 Budapest, Műcsarnok; Budapest, Ludwig Múz.; Graz, LM Joanneum; Antwerpen, Hedendaagse Kunst; 98 Warschau, Zacheta; Linz, Neue Gal.; 99 Berlin, AK; 00 Dresden, Residenzschloß; 02 Berlin, Max-Liebermann-Haus – **V:** Rézkarcolás, rézmetszet 76; Fényelvtan a fotogramról 01; SUMUS, Daten mit subjektivem Kommentar, Aufsatz in: Parallele Lebenswerke. Maurer – Gáyor 02; – sowie zahlr. weitere Aufsätze üb. Kunst in Büchern u. Zss, u. a.: Developpement de l'intelligence visuelle enseignements tires du travail d'un cercle artistique, in: Bulletin du Musé Hongrois des Beaux Arts Budapest 65/85; Über die relativen Quasi-Bilder, Kat. (Beitr.) 90; A strukturális filmezésről általában és egészen közelröl, Aufsatz in: F.I.L.M. 91; Max Bill 1908–1994, in: Balkon 2/96; Interpretationsmöglichkeiten von Instruktionen im Kunstunterreicht, in: Kunst, Sprache, Vermittlung 95; Joseph Mallord William Turner R. A., in: Balkon 4–5/97 – **R:** seit 73 18 Exper.filme m. dok. Charakter, u. a. Kurzfilme: TIMING 73/80; KALAH, TRIOLEN 80; SIEBEN PROBEN 82; CONNECTIONS 93; – sowie ca. 60-Minuten Filme üb. Kunst: RAUMBEMALUNG 82; ASPECTS 1 86 – ***Lit:*** Klaus Groh in: Aktuelle Kunst in Osteuropa 72; Lóránt Hegyi: Interpretációs kisérlet Maurer Dóra müveihez, in: Utak az avantgárdból 89; Floris M. Neusüss in: Das Fotogramm in der Kunst des XX. Jahrhunderts 90; István Hajdu in: Ateliers du Budapest 90; Dieter Ronte u. László Beke: Munkák/Arbeiten/Works 1970–1993, Monogr. 94; Katalin Néray: D. M., in: Zeitgenössische Kunst aus Ungarn 99; Dieter Honisch: Das Bild als Transfer, in: Künstler. Kritisches Lexikon der Gegenwartskunst Heft 17 00; Alicia Foster: D. M., in: Tate Woman Artists 04 – ***LitR:*** Péter Fitz: Maurer Dóra, Portr./Dok. Ungarisches Fs. MTV 89; György Baló: Maurer Dóra, Interview Ungarisches Fs. MTV 04

Maurer, Karl K., Bildhauer; Haldenweg 6, D-87634 Günzach, Tel. u. Fax (0 83 72) 73 64 (* Augsburg 20. 3. 56) – **P:** u. a. Bürgerpr.-Thomas-Dachser-Gedenkpr. 98; Bay. Atelierförd.programm f. Bild. Künstler 99 – **Ve:** BBK Schwaben Süd seit 96; KV Augsburg seit 01; KV München; Freundeskr. Konkrete Kunst Ingolstadt seit 02 – **KGe:** K. K. M. u. Karl-Heinz-Hutner (seit 97) – **G/T:** Skulpt., Archit.plast., Kunst u. Bauen, konkret konstruktivistisch, Schwerpunkt Stahl; Stein, Holz – **W:** div. Skulpt. u. Archit.plast. in Privatbes. – **Ö:** Aichach, Am Kr.gut; Kempten, Albert-Wehr-Pl. – **B:** Saarbrücken, dt.-frz. Garten Porte de l'Amitié (Denkmalprojekt) – **E:** 97 Kempten, Residenzhof – **G:** div. Ausst.bet. seit 86, zuletzt 03 Augsburg, Toskanische Säulenhalle – **V:** Der gotische Zyklus. Modelle zum gotischen Jahr in Köln 98; – sowie Beitr. v. Larissa Sabottka, Andreas Link u. Joachim Goetz üb. fünf Archit.-plast. – (Red.)

Maurer, Yoly (eigtl.: Jolanda Silvia Maurer, geb. Jolanda Silvia Blöchlinger, verh. Jolanda Silvia Maurer Hessler), Graphikerin, Illustratorin u. Malerin; Biberhaufenweg 78/18, A-1220 Wien, Tel. (01) 2 83 43 53, Fax 2 83 43 53–9, *yoly@yoly.org*, *www.yoly.org* (* Zürich 20. 3. 52) – **VG:** Innsbruck, Kass; Mailand, Battaglia – **S:** Ausb. z. Graphikerin im Atelier Louis Jäger Vaduz; 72 KGS St. Gallen; 78–84 KGS Zürich (Akt, Aqu., Stilleben); 89 Sommerakad. Salzburg (Plast. b. Prof. Vlassis Caniaris); 90 ebda (Ill. b. Prof. Jiri Salamoun); 89–90 Schule f. Malen, Sehen u. Kunstorientierung Luzern; 90 Tanzpädagogik b. Carry Rick; 91 Ausb. z. Ausdrucksmalerin b. Bettina Egger Zürich – **L:** 90–91 Sommerakad. Neuburg an d. Donau (Schule d. Phantasie m. Prof. R. Seitz); 90–91 A. Adler Inst. Zürich (Erhaltung d. Kreativität im Kleinkindalter) – **P:** Auswahl f. Leitung d. Kurses 'Experiment Kinderbuch' in Oldenburg – **Ve:** Swiss Graphic Design 75; Grafik-Design Austria 92; Werbung & Marktkommunikation Wien 92; Bureau of European Designers' Assoc. 93; Intern. Inst. f. Informationsdesign 93 – **KGr:** Gruppe 30 (99) – **G/T:** Gouache, Mischtechnik; Abstr.; InProgress: Einbezug d. Betrachters durch Möglichmachung d. persönlichen Eingriffs dessen auf d. Bild; Einbezug v. Video bzw. Multimedia – **K:** 89–91 Kreativwkst. ELYSIUM Urdorf/Schweiz; Freies Schaffen in Plast. u. Malerei z. Erhaltung u. Förd. d. Kreativität (f. Kinder u. Erwachsene) – **W:** zahlr. Arb. in Privatbes. – **M:** Wien, Wien Mus. – **Ö:** Schwarzach, Verl.haus Initiative Handwerk; Tulln, Andachtsraum Rosenheim; ebda, Aufenthaltsraum Theresiaheim; Wien, Geriatriezentrum Donauspital; ebda, Zentralfriedhof – **E:** 91 Urdorf/Schweiz, Gal.; 92, 95, 96 Wien, Ega; 93 Zürich; 95 Innsbruck, Kass; 98, 01 Wien, Zukunfts- u. Kulturwkst.; 02 Tulln, Rosenheim; 03, 04 Wien, Donauzentrum; 04 Wien, Haus d. Begegnung; 05, 06 Wien, IZD-Tower Vienna DC; 05, 06 Wien, Zentralfriedhof; 06 Wien, Donaucitykirche; Wien, Schrödingerplatz/öffentl. Raum; Wien, lange Nacht d. Kirchen – **G:** 82–83 Urdorf, Sportcenter; 84 Rudolfstetten, Gal. Mühle; 85 Rheinfelden, Gal.; 93 Klagenfurt; 96 Wanderausst. Wien, Bratislava, Teheran; 97 Oldenburg; 98 Eschen, Pfrundbauten; ab 99 zweimal jl. Innsbruck, Kass; ab 99 jl. Mailand, Battaglia; Luxemburg, Théatre des Capucins; 00 Korneuburg, Jgdheim; 00, 01 Wien, Haus Wittgenstein; 01,

02 Wien, Art Vienna; 03 Wien, Mus.quartier; 06 Halbturn/Burgenland, Haus d. Kultur – **V:** Ill. f. div. Ausgaben d. Schweizer. Jgdschriftenwerks; Schweizerdeutsches Kinderliederbuch (im Selbstverl.) – **R:** Beitr. z. Einzelausst. PHANTASIE, Radio ORF 1 92; Beitr. z. Gr.ausst. SCHWEIZER ART, ebda 00; Beitr. z. Einzelausst. MOMENT, Radio Arabella u. Radio Stephansdom 05 – ***Lit:*** Lexikon d. österr. Kinder- u. Jugendliteratur 94; Experiment Kinderbuch 97; Schweizer Art Wien, Kat. z. Ausst. 00 u. 01; Gruppe 30 – tutti insieme 1997–1999, Kat.; Gruppe 30 – Confronti attuali dell' Immagine, Kat. 02; Gal. Bertrand Kass 02 – 04, Kat. 04; Gal. Bertrand Kass 04 – 06, Kat. 06 – ***LitR:*** Beitr. z. Ausst. Schweizer Art Wien, Tele ORF 00; InProgress Übermalungsaktion, in: Lange Nacht der Museen, ebda 00; Portr. u. Übermalungsaktion im Hist. Mus. Wien, in: Hello Austria – Hello Vienna 00

Mausz, Manfred, Maler, Bildhauer, Designer; Schloß Quassel, D-19249 Quassel, Tel. (03 88 55) 5 02 93, Fax 5 28 07, *manfred@mausz.de*, *www.marmorskulpturen.de* (* Berlin 40) – **S:** 73–79 KA Düsseldorf (Stud., Meisterschüler) – **G/T:** u. a. Malerei, Skulpt. (Marmor, Granit) – **W:** in priv. u. öff. Slgn – **M:** Bonn, LM – **Ö:** u. a. Düsseldorf, Kö-Gal. (Skulpt.), ebda, Schadow-Arkaden (Skulpt.); Eindhoven, Musikhalle (Gest. Fassade); Westerwald, Volksbank; Wiesbaden, Entenkeller, ebda, Hotel Nassauer-Hof – **E:** zahlr. Ausst. u. Ausst.bet. u. a. in Leverkusen, Recklinghausen, KH; Oberhausen, StG Schloß Oberhausen; Bonn, LM; Bonn, KV; München, KV; – ***Lit:*** Schweers 02 – (Red.)

MAVE s. Vetter, Marlies

Mavignier, Almir da Silva, Maler, Plakatgestalter; Schöne Aussicht 35, D-22085 Hamburg, Tel. u. Fax (0 40) 2 20 81 86, *almir@mavignier.com*, *www.mavignier.com* (* Rio de Janeiro/Brasilien 1. 5. 25) – **S:** 51 Atelier de la Grande Chaumière Paris; 53–58 HS f. Gest. Ulm (Dipl. FB visuelle Kommunikation) – **L:** 65–90 HBK Hamburg (Prof. f. Malerei) – **KGr:** ZERO (seit 58); Neue Tendenzen Zagreb (Mitbegr., seit 60/61) – **G/T:** Malerei – **M:** Hamburg, KH; Hamburg, MKG; Kaiserslautern, Pf. Ldesgewerbeanstalt; Lodz, Mus.; New York, MOMA; Philadelphia, Mus. of Art; Rio de Janeiro, Mus. de Arte Mod.; São Paulo, Mus. de Arte Mod.; Shanghai, KA; Stuttgart, SG; Ulm, Ulmer Mus.; Warschau, NM; Wuppertal, Von der Heydt-Mus.; Würzburg, Mus. im Kulturspeicher; Zagreb, Gradska Gal. – **Ö:** Hamburg-Eppendorf, Univ.klinik (Augenklinik) – **E:** zahlr. Ausst. im In- u. Ausld seit 51, u. a. 51, 00 São Paulo, Mus. de Arte Mod.; 61 Kaiserslautern, Pf. Ldesgewerbeanst.; 63 Ulm, Ulmer Mus.; 66 Philadelphia, Mus. of Art; 68 Hannover, Kestner-Ges.; 73 Düsseldorf, Kunst-Mus.; 74 Zürich, KGM; 81 Hamburg, MKG; 89 São Paulo, MAC da Univ.; 03 Ingolstadt, Mus. f. Konkrete Kunst – **G:** u. a. 51, 69 São Paulo, Bienn.; 61 Zagreb, Neue Tendenzen; 64, 68, 86 Venedig, Bienn.; 64, 68 Kassel, documenta; 65 New York, MOMA; 66 Warschau, Bienn. d. Plakate; 69, 71 Nürnberg, Bienn. konstruktive Kunst – ***Lit:*** u. a. A. M., Ausst.kat. 68; Mavignier, Kat. 81, 82; Mavignier, Ausst.kat. 90; Mavignier, Ausst.kat. 95; A. M., Kat.b. 00; Mavignier. HfG Ulm, Kat.b. 03 – (Red.)

Max, Ada s. Liebe, Luda

Maxeiner, Inge, Malerin; c/o Atelierhaus Tor 1, Atelier 3, Hospeltstr. 37, D-50825 Köln, Tel. (02 21) 54 16 15, *inge.maxeiner@gmx.de*, *www.inge-maxeiner.de* (* Düsseldorf 15. 11. 58) – **S:** 80–87 KA Düsseldorf (Abt. Münster, b. d. Prof. N. Tadeusz u. Rosenbach) – **G/T:** Malerei, Thema Mensch (Portr.); Lsch. (Wüste, Wasserlsch., Seestücke); Thema Tod – **K:** Portr.- u. Aktzchng – **W:** überw. in Privatbes. – **E:** zahlr. seit 85, u. a. 98 Düsseldorf, Golzheimer Privatklinik; 01 Aachen, Kornelius-Gal.; 02 Köln, Gal. Holzbein 10; 05 Köln, Atelierhaus Tor 1 – **G:** 99 Bonn, Frauen-Mus.: Brust, Lust, Frust; 00 Berlin, Kommunale Gal.: Brust, Lust, Frust – ***LitR:*** Menschenbilder, Ausst. in der Golzheimer Privatklinik in Düsseldorf, Kunst im Krankenhaus, Fs.beitr.

Maxian-Marzani, Theodora (verh. Theodora Maxian, geb. Theodora Marzani), Dipl. Ing., Malerin; Badgasse 58, A-2352 Gumpoldskirchen, Tel. u. Fax (0 22 52) 6 32 55 (* Möderndorf/Hermagor, Kärnten 13. 3. 45) – **S:** HS f. angew. Kunst Wien; TU Wien (Archit., u. a. b. Eisenmenger) – **Ve:** Gumpoldskirchener Kunstkr. seit 05 – **G/T:** Bleistiftzeichn., Aqu. – **K:** privat – **W:** überw. in Privatbes. – **E:** u. a. 85, 90, 99 Gumpoldskirchen, Bergerhaus; – Ausst. in Banken: 84 Klagenfurt, 85 Wien, 89 Bruck an d. Leitha, 02, 06 Gumpoldskirchen – **G:** u. a. 85 Wien, Lucardis; 89 Laxenburg, Gal. Laxenburg; 03 Wien, Russisches Kult.-inst.; 06 Gumpoldskirchen, Bergerhaus; Hustopeče/CZ, Stadtgal. – sowie 05 in Thallern u. 06 in Mödling – **V:** u. a. Gumpoldskirchen, Bildkal. 99 u. 05; – Ill. u. a. zu: J. Hagenauer: 850 Jahre Gumpoldskirchen 99; Der Weinort Gumpoldskirchen 99; Gumpoldskirchner Auslese 01; Gumpoldskirchen mit Stift, Pinsel u. Feder 05

Maximus s. Pichler, Manfred M.

May, Ebby (eigentl. Eberhard May), Fotodesigner; Lindenstr. 16, D-74336 Brackenheim, Tel. (0 71 35) 1 29 87, Fax 96 43 92, *info@ebbymay.de*, *www.ebbymay.de* (* Lauffen am Neckar 4. 5. 60) – **S:** 82–85 PH Ludwigsburg (1. Staatsexamen Kunst u. Deutsch) – **L:** 91–96 PH Ludwigsburg (LAuftr. f. Fotogr.) – **Ve:** VBKW 89; BFF 95 – **KGr:** Reflexion (Fotografengr. Heilbronn, seit 87) – **G/T:** Aktfotogr.; Camera Obscura; Portr. – **K:** Workshops in künstler. Fotogr. – **G:** zahlr. Bet. seit 85 u. a. 86 Heilbronn, Gal. Reflexion; 89 Mexiko City, Gal. de Arte Rafael Matos; 91 Brackenheim, Gal. Flüchttor; 02 Stuttgart, BFF Ausst.: Borderline; 04 Köln, Photokina: Ausst. BFF – ***Lit:*** in: Fotomagazin, Zs. (Art.) Sept. 99, März 00, Juli 02; in: Profifoto, Zs. (Art.) Nov. 95

May, Rolf, Maler, Bildhauer; Diezer Str. 19, D-65624 Altendiez, Tel. (0 64 32) 8 13 64, Mobil: 01 73 97 75 35 8, Fax 98 85 20, *info@rolf-may.de*, *www.kunstatelier-rolf-may.de* (* Nassau 21. 9. 56) – **S:** WerkKSch Köln (b. L. Malzkat-Lübeck u. Otto Buchmann-Ascona) – **P:** Ausz. durch d. Intern. Ges. f. Kunst u. Kult. – **Ve:** BBK; Kulturinst. – **G/T:** Malerei (alle Techniken); phantastischer Realismus u. Illusionsmalerei; Skulpt. in unterschiedlichen Techniken (vorw. Bronze) – **W:** überw. in Privatbes. – **M:** Limburg, StKS – **Ö:** u. a. Altendiez, Kindergarten; Diez, Schloßkap.; Görgeshausen, Eingangshalle Müllerland; Limburg, Burgkeller; Limburg-Blumenrod, Kindergarten; Nastätten-Buch (RHbrunnen); Ransbach-Baumbach, Foyer Westerwald TV; Selters im Westerwald, Reg. Schule – **E:** zahlr. Ausst. im In- u. Ausld – **V:** Gedanken und Erinnerungen 82; Auf den Spuren des Einhorns 88; Licht 91 – **R:** Jochen Trabant u. Gunter Bonent: Die phantastischen Welten des R. M., Multimedia Schau

May, Wolfgang Karl; Ackerstr. 9, D-90443 Nürnberg, Tel. (09 11) 42 50 85, *wolfgangmay@macnews.de* (* Bamberg 18. 3. 68) – **VG:** Bamberg, Gal. f. Zeitkunst – **S:** 93–96 ABK Nürnberg (Meisterkl. f. Malerei u. Objektkunst Prof. Dienst); 96–00 ABK Wien (Meisterkl. f. Bildhauerei b. Prof. Bruno Gironcoli) – **P:** Akad.pr. d. ABK Nürnberg 95; Salzburgstip. d. Freistaates Bay. 97; Debütantenpr. d. Freistaates Bay. 00; DAAD-Stip. f. New York 02 – **G/T:** Install., Performance – **W:** mehrere Filme, zahlr. Performances – **E:** 01 Wien, Art A.T.O.M.; 02 Bamberg, Mus. Altes RH; 03 New York, greenspace – **G:** zahlr. Ausst.bet. seit 94, zuletzt 99 Bonn, Kunst- und Ausst.halle d. BRD; Ausst.halle d. BRD; 00 Regensburg, München, Ansbach; New York, apex art gall.; London, Gall. 97–99; 03 New York, Goethe-Inst.; New York, Daborah Gall. – **R:** m. Reiner Hofmann: Robinson, Kurzfilm (Buch u. Regie) 02; Nazzardous, Film (Regie) 03 – ***Lit:*** Die Fragen der Dinge, W. M.; Artists after the turn of the Millenium, Ausst.kat. 00; Menschwerdung, Ausst.kat. 00; KunstRaum Franken, Ausst.kat. 01 – ***LitR:*** Baumhaus, Fs. (Hess. Fs.) – (Red.)

Mayer, Brigitte Maria, Photo-, Video- u. Performance-Künstlerin; Muskauer Str. 24, D-10997 Berlin, *www.brigitte-maria-mayer.de* (* Regensburg 65) – **S:** 86–90 HS f. visuelle Kommunikation Kassel (Fotogr. b. Floris M. Neusüß, Performance b. Harry Kramer) – **G/T:** Fotogr.; Performance – **E:** u. a. 91, 96 Berlin, Lasard; 92 Tokio, Gal. Fiction inc.; 94 Hamburg, Erotic Art Mus.; Berlin, Haus d. Demokratie; 95 Frankfurt am Main, L.A. Gal.; 96 Chicago, Goethe-Inst.; 98 Nürnberg, Kunsthaus; 00 Regensburg, Raab; 02 Wien, Charim; 03–04 Berlin, Konrad-Adenauer-Stift.; 04, 05 Berlin, Echolot; 06 Frankfurt am Main, Lit.haus – **V:** Perfect Sister 91; Im Objektiv des Canova 93; Passion 2000 00; Der Tod ist ein Irrtum 05

Mayer, Ernst Stefan s. Ernesto

Mayer, Hans-Jörg, Maler; c/o Galerie Christian Nagel, Weydinger Str. 2/4, D-10178 Berlin, Tel. (0 30) 40 04 26 41, Fax 40 04 26 42, *cn.berlin@galerie-nagel.de; hjmayer@hotmail.com* (* Singen 29. 10. 55) – **VG:** Köln, Nagel; Berlin, Nagel; München, Mayer; Wien, Senn; Wien, Bleich-Rossi – **S:** 75–82 ABK München – **M:** Köln, Mus. Ludwig – **Ö:** München, Baader Café – **E:** u. a. 83, 84 München, Schöttle; 85 Köln, Zwirner; 87 Köln, Buchholz; 90, 94, 03 Graz, Bleich-Rossi; 91, 93, 97, 01 Köln, Nagel; 93 New York, Nordanstad; 97 Stuttgart, Hammelehle & Ahrens; 99, 01 Berlin, Nourbakhsch; 99, 02 Wien, Senn; 02, 04 München, Mayer; 03 Berlin, Nagel – **G:** 82 München, Lothringer 13; 90 Köln, The Köln Show; 94 Frankfurt am Main, Portikus; 95 Graz, LM Joanneum; 98 Grenoble, Le Magasin; 99 Berlin, Martin-Gropius-Bau; 01 Köln, Mus. Ludwig; Nürnberg, KH; 03 Wien, KH Museumsquartier – **R:** Super-8-Filme (zus. m. Ph. Benke): Das Geschenk; Erntedank – ***Lit:*** H.-J. M. Köder 90; Isabell Graw (Text): H.-J. M. 91; Barbara Hess: My friend Django, in: Flash Art Sommer/96; Giti Nourbakhsch: Cover-Story H.-J. M., in: Flash Art März/April 98; Rainer Metzger (Text): H.-J. M. 03 – (Red.)

Mayer, Henrik, Medienkünstler; Zittauer Str. 4, D-01099 Dresden, *www.reinigungsgesellschaft.de* (* Freiberg/Sachsen 2. 4. 71) – **S:** 93–00 HBK Dresden (Fachkl. Prof. Horst Hissig, Meisterkl. Lutz Dammbeck) – **L:** Gastvorlesungen: 01 HS f. Gest. Zürich; 02 Ohio State Univ. Columbus/OH – **P:** Förd.pr. d. Jürgen Ponto-Stift. d. Dresdner Bank 98; Kult. Plus-Förd.pr. f. kult. Bildung 99 – **Ve:** KBD 00 – **KGr:** Reinigungsgesellschaft (seit 96) – **KGe:** H. M. u. Martin Keil (seit 96) – **G/T:** Videos, Interventionen im öff. Raum, Fotogr. – **M:** Leipzig, Gal. f. Zeitgen. Kunst – **E:** 01 München, Lothringer 13; 02 Berlin, Stüber; 03 Budapest, Studio Gall.; Prag, Goethe-Inst.; Berlin, Sparwasser HQ – **G:** 00 Wolfsburg, KM; 02 Turin, Bienn.; Weimar, ACC Gal. Weimar; 03 Graz, Rotor; Münster, Westfäl. KV; Prag, Bienn. – **R:** VIDEO: Glück Auf, Europa 00; Freie Fahrt für Frank 01; Autonomy and political Action 03 – ***Lit:*** Marion Ermer Preis, Ausst.kat. 01; AG Arbeitsgeist, Projektkat. 03; Karl Otto Sattler in: Labor Ostdeutschland, Bundeskult.stift. 03 – ***LitR:*** Stefanie Sixt: Reinigungsgesellschaft, Portr./Dok. 03 – (Red.)

Mayer, Maix; lebt u. arbeitet in Berlin u. Leipzig (* Leipzig 60) – **VG:** Berlin, Gal. Eigen + Art; Leipzig, Gal. Eigen + Art – **S:** 87 Univ. Rostock (Meeresbiologie, Dipl.); HGB Leipzig (Bild. Kunst, Dipl.) – **P:** Vordemberge Gildewart Pr. 91; Stip. d. Kult.fonds Berlin 92; Wettb. 'Fotografie als Kunst' d. Spk. Pforzheim (Pr.träger) 94; Karl-Schmidt-Rottluff-Stip. 94, 96; Villa-Massimo-Stip. 96; Stip. in d. Casa Baldi in Olevano Romano 96; Stip. d. Günther-Peill-Stiftung 96, 98; Stift. Kunstfonds – Arb.- u. Projektstip. 97; Wettb. 'Kunst f. d. Bundestag' Berlin (Pr.träger) 99; Wettb. 'Kunstfenster Neue Medien' d. Dt. Volks- u. Raiffeisenbanken (Pr.träger) 01, 02; Stip. d. Förderkreises Kunst auf Schloss Plüschow; Wettb. Sport u. Kunst (1. Pr. Malerei/Graph.) 04 – **G/T:** Install., Fotogr., Video, Konzeptkunst – **W:** Ankauf u. a. durch d. Dresdner Bank Leipzig – **M:** Berlin, KS d. Dt. Bundestages; Bonn, Dt. Ausgleichsbank; Dresden, Kunstfonds d. Freistaates Sa.; Dresden, Ldeszentralbank; Düren, Peill-Stift.; Düsseldorf, Helaba Ldesbank; Frankfurt am Main, DG Bank; Frankfurt am Main, Dt. Bank KS; Frankfurt/Oder, Mus. Junge Kunst; Gera, MAK; Leipzig, KH Spk.; Leipzig, KS d. Ldesbank Sa.; Leipzig, Stadtgesch. Mus.; Pforzheim, Spk.; Stuttgart, SG; Sydney, MCA – **Ö:** Leipzig, Reg.präsidium – **E:** zuletzt u. a. 00 Düren, Leopold-Hoesch-Mus.; 01 Berlin, Gal. Eigen + Art; Frankfurt am Main, Dominikanerkloster; 02 New Plymouth, Brewster Art Gall.; 03 Leipzig, Gal. Eigen + Art – **G:** zahlr. Ausst.bet., zuletzt u. a. 03 München, Luitpold Lounge; Berlin, Gal. in d. Alten Schule; Berlin, Gal. Eigen + Art; Szczecin, NM; Leipzig, Leipziger Jahresausst.; – weitere: 04 Leipzig, Hauptbahnhof Lokhalle II – **V:** u. a.: Morchel das Buch der Suche (Unikat) 92; Biografische Architektur/Gullivers Reisen 95; Bordbuch 97; Hausordnung, in: Revolver: Archiv für aktuelle Kunst 01 – **R:** Transarchitektur oder Psycho in Dresden 97; Die Welt des TROPISTEN – ein Remake 98; 'Subfiction 1' 99; 'Subfiction 2' 01; 'Subfiction 3' 01; 'Subfiction 3 upwarming' 01 – (Red.)

Mayer, Martin, Bildhauer; München (* Berlin 16. 1. 31) – **S:** 46–54 ABK München (Bildhauerei b. Prof. Theodor Georgii) – **P:** Hans-Purrmann-Pr. 66; Förd.pr. d. Vrg Pfälzer Kunstfreunde, Picasso-Med. 75 – **Ve:** BBK München u. Obb.; Neue Münchner Künstlergenossenschaft – **KGr:** Pfälzer Künstlergenossenschaft; Künstlergilde Esslingen – **G/T:** Bronzeplast.; Graph. (Zeichn., Rad. u. Lith.); Fotogr. (Akt, Portr., Gewandfigur, Tier) – **M:** Albstadt, StG; Kaiserslautern, Pfalz-Gal.; Kaiserslautern, StKS; Ludwigshafen, Wilhelm-Hack-Mus.; Mainz, Kultusmin. RP; München, Lenbachhaus (StG); München, Staatl. GrS; Rendsburg, Jüdisches Mus.; Schleswig, LM f. Kunst u. Kult.-Gesch. Schloß Gottorf; Speyer, StKS – **Ö:** u. a. Albstadt-Ebingen, Badkap; Aschaffenburg, Schöntalpassage; ebda, Weichertstr.; Bonn-Bad Godesberg, Heinrich-von-Stefan-Str. 1; Hastingues/Südfrkr., Jakobspilger-Mus.; Kirchheimbolanden, Römerpl.; Landau/Pfalz, Stiftspl.; ebda, Martha-Saalfeld-Pl., RHhof; Mannheim, Roonstr.; ebda, Luisenpark; München, Olympiapark; ebda, Sonnenstr., Ludwigsbrücke, Neuhauserstr., Höltystr., Löfftzstr., Bernhard-Borst-Str., Borstei-Rosengarten, Geroltstr.; Pfaffenhofen, Am Stadtgraben; Speyer, Willy-Brandt-Pl.; ebda, Woogbachschule, Maximilianstr.; Treuchtlingen, Postamt; Triest, Dt. Kult.inst.; Weißenburg/Bay., Martin-Luther-Pl.; ebda, Alter Friedhof, Am Seeweiher – **E:** 65 Frankfurt am Main, Hauenstein; München, Seifert-Binder; 66 Ludwigshafen am Rhein,

Kult.haus; 66, 70 Trieste, Goethe-Inst.; 69 Heidelberg, Tenner; 70 Berlin, Haus am Lützowpl.; 80 Albstadt, StG; 81 München, Pavillon im alten Botanischen Garten; 84 Köln, Boisserée; 88 Stuttgart, Dorn; 93 Landau, StG – **G:** u. a. seit 52 München, Haus d. Kunst; 67, 69 Speyer, Stadthalle; 68, 70 Kaiserslautern, Pfalz-Gal.; 70 New York, Bonino; 81, 85 Speyer, KV; 83 Mainz, Mittelrheinisches LM; 92 Darmstadt, Darmstädter Sezession – ***Lit:*** Franz Roh (Einführung): Plastiken – Zeichnungen 65, 66; Hans Konrad Roethel (Einführung): Bronzeplastiken und Zeichnungen 71; Margarethe Krieger (Einführung): Das neue Kunstarchiv, Bd 31 74; Werner Haftmann (Einführung): Der Bildhauer M. M. 88; Clemens Jöckle (Text): Der Speyerer Jakobspilger 90, 95; Christian Ude (Vorw.): Olympia Triumphans – Skulptur Architektur Landschaft 92; Heinz Spielmann (Einführung): Frauen – Bronzen Zeichnungen Fotografien 02

Mayer, Theo, Künstler, Architekt; Wuppertal, Tel. (02 02) 60 20 50. *www.bbk-aachen.de* (* Sigmaringen 27. 7. 30) – **S:** 47–48 FHS Schwäbisch Gmünd (Zeichn., Malerei u. Plast.); 49–50 Schreinerlehre; 50–54 KA Stuttgart (Kunst, Archit., Studienaufenthalte in Ital.: Malerei u. Archit.); seit 83 Teiln. an Malersymposien, Ausldsaufenthalte – **L:** 92–94 Leitung v. Workshops) Ludwig-Forum f. Intern. Kunst Aachen; Von der Heydt-Mus. Wuppertal – **Ve:** BBK Aachen-Euregio 02 – **G/T:** abstr. Malerei, Install., Objekt – **W:** überw. in Privatbes. – **B:** Bad Pyrmont: Kurklinik; Wuppertal: Einfam.-häuser; – weitere: Industr.gebäude; sozialer Wohnungsbau (Schmitteborn u. Märkische Str. in Wuppertal) – **E:** 88 Salzburg, Pointer; 91, 92, 94, 98 Trier, Ges. f. Bild. Kunst; 95 Trier, Europ. ABK; 96 Bonn, Künstlerforum; 97 Landau in der Pfalz, Villa Streccius; 99 Stolberg, Burg; 01, 03 Solingen, Mus. Baden; 02 Wuppertal, Epikur – **G:** 92, 94, 00 Düsseldorf, Große Kunstausst.; 93 Aachen, Ludwig Forum; Wuppertal, Von der Heydt-Mus.; 97, 98, 99 Solingen, Mus. Baden (Bergische Kunstausst.); 03 Aachen, BBK; – weitere: 03 Woga 03 (offene Gal. u. Ateliers Wuppertal) – ***Lit:*** u. a. Rolf Jessewitsch: Objekte, Installationen: Endlager – Zeichen 90; Nonsenskäfige 91; Menschenreuse II 93; Hüllenlos 94; Mausefalle 94; Polster 94; Folienräume 94, 95; Georg F. Schwarzbauer: Absolutionen 95, 96; Rolf Jessewitsch (Text): trans tempora 96; Wolfgang Becker: Schutzraum, Blei 97, 98; Rolf Jessewitsch: Malerei, Zeichnungen 1987–1998 98; Georg F. Schwarzbauer: 1000 Purpurschnecken, Gips, Farbe 99, 00 – (Red.)

Mayer, Ulf; Burgenlandstr. 9, A-8052 Graz, Tel. (03 16) 58 31 81, *ulfmayerkunst@hotmail.com* – **G/T:** Bildhauerei – (Red.)

Mayer-Terwort, Sabine, Dozentin, freischaffende Künstlerin; Stollberg, Tel. (0 24 02) 9 11 20, *www.bbk-aachen.de* (* Stuttgart 19. 8. 59) – **S:** 78–84 RWTH Aachen (Kunst u. Geographie, 1. Staatsexamen, Schülerin v. Prof. R. Schönwald); 87 2. Staatsexamen; 86–91 Sommerakad. Trier – **L:** seit 87 Erwachsenenbildung (Doz. f. Kunst u. Kunstgesch.); seit 96 Workshops im Fuhlrott-Mus. u. Von der Heydt-Mus. Wuppertal, Suermondt-Ludwig-Mus. Aachen, Löbbecke-Mus. u. Aquazoo Düsseldorf (Leitung) – **Ve:** BBK Aachen-Euregio seit 96 – **G/T:** Abstr. d. Tier- u. Pflanzenwelt (vorw. Siebdrucke), Farbfotogr. (Verfremdungen u. Momente) – **K:** Zeichn. u. Aqu. (Landschaften, Stilleben); Rad.; Bleiverglasung – **W:** überw. in Privatbes. – **E:** u. a. 94 Eschweiler, KV; 96 Düsseldorf, Löbbecke-Mus. u. Aquazoo; 96–02 Stolberg, Gal. Ausblick; 98 Wuppertal, Fuhlrott-Mus.; 99 Stolberg, Burg-Gal.; Eschweiler, Stadtspk.; 00 Stolberg, Dt. Bank; Essen, Grugapark; 01 Aachen, T-Systems debis Systemhaus; 03 Stolberg, Kult.zentrum – **G:** u. a. 94 Wuppertal, Von der Heydt-Mus.; 96 Wuppertal, Fuhlrott-Mus.; 97 Aachen, Ludwig Forum; Würselen, Kult.amt d. Stadt; 99 Frechen, Intern. Graph.trienn.; 98, 03 Prüm, Europ. Vrg Bild. Künstler; 01 Düren, Schloß Burgau; St. Andreasberg, Kunstausst.; 02 Kerkrade, Industrion; Trier, Europ. ABK; 03 Aachen, Kunstroute – ***Lit:*** Eröffnungsansprachen z. d. Ausst.: Roland Mönig: Kunst der Verwandlung – Kunst als Verwandlung. Farbimpressionen aus der Tierwelt 96; Gabriele G. Teuteberg: timalei-Siebdrucke 96; Wolfgang Becker: actualitas 99 – (Red.)

Mayerhofer, Gisela s. Brunke-Mayerhofer, Gisela

Mayerle, Manfred, Bildender Künstler; c/o Ausstellungsleitung d. Großen Kunstausstellung im Haus der Kunst, Prinzregentenstr. 1, D-80538 München, Tel. (0 89) 22 26 55, privat: 2 72 30 00, Mobil: 01 77 72 72 30 00, Fax privat: 2 73 13 37, *mmmaktmayerle@aol.com* (* München 18. 3. 39) – **VG:** München, Kemper; Massing, Hofmeister; Jersey City, Chamot – **S:** 59–71 ABK München (Meisterschüler b. H. Kaspar) – **L:** 65–71 ABK München (LAuftr. Kl. H. Kaspar) – **P:** Förd.stip. d. Ldeshauptstadt München 62; Pr. d. Bay. Akad. d. Schönen Künste 64; Pr. d. Nationen Villa Grimaldi Gagnes sur Mer 69; Stip. d. Virginia Center of the Creative Arts 01; Seerosenpr. 02 – **Ve:** Dt. Werkbund 73; BBK Ndb.-Oberpf. 75; Neue Münchener Künstlergenossenschaft 80 – **G/T:** Zeichn., Malerei, Objekt; Interpretation v. Archit. m. d. Möglichkeiten d. Bild. Künstlers – **W:** Ankauf u. a. f. d. Slg d. Dt. Bank – **M:** München, Lenbachhaus; München, Staatl. GrS; Neu-Ulm, Slg LK – **Ö:** u. a. Berlin, Vircho Klinikum; Coburg, Wasserspiele an d. Moritzkirche; Erlangen, Siemens, Hauptverwaltung, Eingangshalle; München, Vorpl. d. Hypo-Hochhauses; ebda, Eingangshalle d. Hypo-Ver.bank am Holzkirchner Bahnhof, Pavillon d. Dresdner Bank am Promenadenpl.; Neureichenau, Pfarrk.; Nürnberg, Aula d. Univ. – **E:** 81 Berlin, Deplana; 83 Hannover, Seroch; 84–90 Regensburg, Pospieszeck; 85–87 München, Kampl; 88 Neu-Ulm, Gal. Milano; 89 Breslau, Gal. Nasolnym; Augsburg, Gal. Die Ecke; 90, 91, 92, 94, 01 Massing, Hofmeister; 91 Werfen, Mus. Kuenburggewölbe; 97 Dresden, Gal. Königstraße; 00, 01, 03 München, Kemper – **G:** 69 Bordeaux, Bienn. Junger Kunst; 88 Breslau, Trienn. d. Zeichn.; 98 Bratislava, Bay. Kunst unserer Tage; 01 Kairo, Bienn.; – weitere: seit 80 jährl. Bet. an d. Großen Kunstausst. i. Haus d. Kunst München – **V:** Keto v. Waberer: Heft-Zeugen 83 – ***Lit:*** Kat.: Keto v. Waberer u. Joseph Brodski (Text): Torso 89; Olga Zobel (Interview): Station machen 99; Cornelia Kleyboldt (Text): Twins 04; – sowie: A. Kuehne u. Christa Reiher (Text): Arbeiten auf Papier 1993–97 – (Red.)

Mayr-Keber, Gert M., Dipl. Ing., Architekt; Kriehubergasse 14, A-1050 Wien, Tel. (01) 5 45 36 61, Fax 5 45 36 61 24, *office@mayr-keber.at*, *www.mayr-keber.at* (* Klagenfurt 21. 6. 50) – **S:** 69–74 TU Wien (Archit.); 75–76 Mitarb. b. Architekt Günther Domenig; 76–79 Mitarb. b. Architekt Hans Hollein; 79 Gründung d. eigenen Archit.büros (03 Umwandlung in Mayr-Keber Ziviltechniker GmbH) – **L:** 81–86 HS f. angew. Kunst Wien (LBeauftr., Meisterkl. Hollein); 85–86 Staatl. ABK Stuttgart (Gastprof.) – **Ve:** Ges. bild. Künstler Öst. (Künstlerhaus); Kammer d. Architekten u. Ingenieurkonsulenten Wien, NdÖst. u. Bgld; Öst. Ges. f. Archit.; Zentralvrg d. Architekten; Ges. d. Freunde d. Bild. Künste – **G/T:** Archit. u. Design – **B:** Klagenfurt: Gemeinderatssaal; Wien: KHM (Cafe-, Shop-, Lifteinbau); ebda: Schloß Schönbrunn (Shopeinbau), Treuhand-Union (Büroumbau), Kundenzentrum Bauen- u.- Wohnen-

Ges. (Umbau), Kammer d. Architekten u. Ingenieurkonsulenten f. Wien, NdÖst. u. Kärnten (Umbau), Rabenhof (nachträgliche Liftan- u. -einbauten), Metzleistaler-, Popp-, Matteotti-, Herweg-Hof (nachträgliche Liftan- u. -einbauten), Thermensiedlung Oberlaa (Masterplan, Wohnbauten, Kindertagesheim), Wohnbau 'Altersgerechtes Wohnen', Wohnbau u. Parkdeck City X, Wohnbau Wienerberg City, Wohnbau Kaiserebersdorferstraße; – sowie Einfam.häuser in Kärnten, NdÖst. u. Wien; Messestandsdesign in Basel, Cannes, München, Salzburg u. Wien; div. Dachausbauten in NdÖst. u. Wien; CI-Konzept u. Filial-Prototypen Bank-Austria NdÖst. u. Wien – **E:** 98 Wien, Künstlerhaus; 98 Klagenfurt, Napoleonstadel; Laibach, Galerija Dessa; 99 Prag, Gal. Fragnera; Tokio, Archit. Inst. of Japan; New York, Austrian Cult. Inst.; 00–01 Wander-Ausst. USA (Projects-Realisations) – **G:** zahlr. Ausst.bet., u. a. 74 Maria Schutz (Signale der Aggression); 79 Wien, Bienn. f. Graph. u. visuelle Kunst – **V:** Strukturelemente der visuellen Erscheinung von Corporate Identity, in: K. Birkigt, M. M. Stadler u. H. J. Funk: Corporate Identity 80; G. M. M.-K., Werkskat. 87; G. M. M.-K. – Projekte und Realisationen 1987–1997, Werkskat. 98

Mayrhofer, Christa, Mag. art.; Aubergstr. 17, A-4040 Linz, Tel. Mobil: 0676 5087518, *mayrhofer.christa@utanet.at* (* Haslach/ObÖst. 17. 12. 58) – **VG:** Zürich, Gal. für Gegenwartskunst; Bonstetten, Gal. für Gegenwartskunst; Wien, Hrobsky; Linz, Brunnhofer; Graz, Schafschetzy – **S:** 93–97 ABK Wien – **P:** Lorenzo il Magnifico-Pr. Florenz (f. Druckgraph.) 01 – **G/T:** Farbhschn.; Ölmalerei – **M:** Wien, ABK (Kpst.-Kab.); Wien, Albertina (Graph. Slg)

Mayrhofer, Monika E.; Dorfstr. 20, A-4893 Zell am Moos, Tel. (06234) 7025, Fax 8223 – **G/T:** Bildhauerei, Malerei – (Red.)

Mazzucco, Eva, Prof., Mag. Art., Bildhauerin, Graphikerin, Malerin; Atelier: Mohnblumenweg 1, A-1220 Wien. Siezenheimerstr. 1 u. 70, A-5020 Salzburg, Tel. Mobil: 0662 4318 00 (* Strobl am Wolfgangssee 21. 11. 25) – **VG:** Wien, Gal. am Salzgries; Wien, Vegetabile Kunstfabrik – **S:** 46–49 Zeichen- u. Malschule Edel Noth Salzburg; Keramik b. Baron Hauser; 49–55 HS f. angew. Kunst Wien (Bildhauerei b. d. Prof. Fritz Cremer, Hans Knesl u. Graph. b. Prof. Günther Baszel, Meisterkl. f. Bildhauerei); ab 49 als freischaff. Künstlerin tätig – **P:** über 46 Med., Dipl., Ausz. im In- u. Ausld, u. a. Jgd.pr. d. Stadt Wien 54; Rom-Pr. 62; Kunstförd.pr. d. Wiener Kunstfonds 62; E.pr. d. Künstlerhauses Salzburg f. Plast. 63; Intern. Kunstausst. Rom (Premio Unesco f. Graph.) 68; Silbermed. d. Bienn. Ancona 69; Verdienstzeichen d. Stadt Salzburg (Silbern) 85 u. (Golden) 88; Verleihung d. Titels Prof. 92; Goldener Lorbeer d. Wiener Künstlerhauses 98; Goldenes Verdienstzeichen d. Stadt Wien 04; Med. f. Verdienste f. Kult. u. Völkerverständigung d. Stadt Salzburg 05; Goldene E.med. d. Künstlerhauses Wien; 4 E.pr. f. Bildhauerei u. Graph. d. KV Salzburg – **Ve:** Künstlerhaus Wien (E.mitgl.); Ges. bild. Künstler Öst.; Weinviertler Künstlerbund; Öst. Gewerkschaftsbund f. Kunst u. freie Berufe; VBK Öst.; European Artists Essen-Velbert (E.mitgl.); Öst.-Ungar. Ges.; Ungar. Ritterorden (f. Verdienste in Sachen Kult.); Berufsvrg bild. Künstler Salzburg – **KGr:** Spirale – **KGe:** Vegetabile Kunstfabrik – **G/T:** Bildhauerei (Stein, Bronze, Aluminium, Kunststein, in fast allen Techniken u. Experimente); Malerei (Aqu., Mischtechnik); Graph. (Linolschnitt); Zchng. (Ölkreide, Tusche, Feder, Pinsel); Collagen; Scherenschnitte; Email; Themen: Tiere, Menschen, Tanz, Portr. u. a. – **W:** 67 Großplast.; über 2000 Arb. in zahlr. privaten u. öff. Slgn; im Bes. d. Kult.-amtes d. Stadt u. d. Ldes Salzburg; Kult.amt d. Stadt Wien; Kult.min. Kumamoto/Jap.; Slg Leopold; in vielen Städten (Heimatmuseen), u. a. in Ungarn, Rumänien, Ital. (Verbania, Florenz, Brescia, Rom) – **M:** Burgas, Freilichtmus.; Gibellina, Mus. Civico d'Arte Contemp.; Paris, Gal. St. Placide; Paris, Louvre; Pisa, Inst. f. Kunstgesch.; Salzburg, Rupertinum; Wien, BMfUK; Wien, Belvedere – **Ö:** zahlr. PLASTIKEN in Bronze, Stein, Keramik auf öff. Plätzen, in Wohnhausanlagen, Schulen, Kindergärten, Bädern in Budapest; München; Rom, Öst. Kult.inst. (Bronze); Salzburg; Shanghai; Sofia, Öst. Botschaft; Strobl am Wolfgangssee (Bronzeskulpt.); – in Wien: Per Albin Hansson-Siedlung (Relief), Goldschlagstr.-Amortgasse (Relief), Wimpffengasse (Plast.), Schüttaustr. (Reliefs), Wagramer Str. (Plast.), Alte Donau Strandbad-Gänsehäufel (Bronzeplast.), Bernoullistr. Bundesländerbahnhof (Mosaik) – **E:** ca. 300 im In- u. Ausld, u. a. 58 San Salvador, Gal. Forma; Rom, Kult.inst.; 65 Tokio; 68 Salzburg, Festspielausst.; 69 Expo Montreal; Berlin, Haus am Kleistpark (Kat.); 70 Wien-Perchtoldsdorf, Gal. Romanum; 72 Berlin; Prag, Gal. Kramare (Kat.); 85 Salzburg, StG im Mirabellgarten (Kat.); 94 Shanghai, East China Normal Univ. u. Shanghai Univ.; 05 Salzburg, StG im Mirabellgarten (anläßl. d. 80. Geburtstages); Wien, Öst. Gartenbaumus.; 06 Wien, Gal. time!; – sowie in Salzburg; jl. 3–5 in Wien; Osaka; Kumamoto; Brescia; Florenz; Ottawa; Göttingen; Prag; Brünn; Budapest; Bresborne; New Delhi, NG; Aiud; Bukarest – **G:** seit 54 jl. zahlr. Bet., u. a. in Wien, Salzburg, Budapest, Hajos, Bekeszaba, Nagykanisza, in Dtld, Rumänien, Transsylvanien, Rußland, Paris, San Salvador, Tokio, Rom, Mailand, San Remo, Ancona, Stockholm, Uppsala, Bayreuth, Konstanz, Berlin, Innsbruck, Krems; 03, 04, 06 Essen, Intern. European Artists Symposium – sowie Teiln. an weiteren Symposien in Europa u. Übersee – ***Lit:*** zahlr. Ausst.kat., v. a. v. Kult.amt Wien, Stadt u. Ld Salzburg sowie Beitr. in Ztgn u. Zss – ***LitR:*** zahlr. Veröff.

MBH s. Beckmannshagen, Margret

McBride, Will, Fotograf, Maler, Plastiker; Neue Schönhauser Str. 10, D-10178 Berlin, Tel. (030) 28098979 (* St. Louis/Missouri 10. 1. 31) – **VG:** Berlin, Gal. argus fotokunst; Düsseldorf, Zimmer – **S:** 50–51 Nat. Acad. of Design New York (Malerei); 51–53 Syracuse Univ. New York (Malerei, Kunstgesch. u. Ill.); 61 Freie Univ. München (Philologie) – **P:** Salomon-Pr. d. DGPh 04 – **G/T:** Malerei (u. a. Tafelmalerei); Plast.; Fotogr. (Bildessays, Reportagen, Werbung u. Sachfotogr.) – **M:** u. a. Berlin, Berlinische Gal. – **E:** zuletzt u. a. 92 'W. M. – 40 Jahre Fotografie' in Bonn, Frankfurt am Main, Hamburg u. München; 96, 97, 01 Berlin, Gal. argus fotokunst; 00 Berlin, Camera Work; 02 München, Dany Keller – **G:** u. a. 90 Leipzig, MBK; 99 Ludwigshafen, KV; 01 Berlin, Lempertz; 02 Münster, SM – **V:** Knips. Berliner Bilder aus den 50er Jahren 79; Boys 86; Situationen – Projekte. Ein Fotobuch 92; Michael Koetzle: twen. Revision einer Legende, Kat. 95; I, W. M. 97; Comming of age – Photographs by W. M. 99 – ***Lit:*** Koetzle 02 – (Red.)

McCue, Linda, Malerin (* East York/Ontario 64) – **VG:** Hamburg, Art Agents Gallery – **S:** 84–87 Ontario College of Art Toronto; 87–88 Florenz; 93–99 HBK Hamburg (b. Werner Büttner) – **P:** Stip. d. Barkenhoff-Stift. Worpswede 98, 99; Arb.stip. Hamburg 00; Hubertus Wald Stip. 00; Hans-Günther Baass Atelierstip. 01 – **E:** u. a. 94 Kiel, Prima Kunst; 99 Worpswede, Forum f. zeitgen. Kunst; 03 Hamburg, Art Agents Gallery – **G:** zahlr., u. a. 00 Hamburg, Art Agents Gallery; 01 Braunschweig, KV; Hamburg, Valentinskamp 34; 01, 02 Hamburg, Kunsthaus – (Red.)

Mechler, Bernd, Maler; Höherweg 271, D-40231 Düsseldorf, *www.a271.de* (* Mannheim) – **VG:** Santa Monica, Grimes; Frankfurt am Main, Appel – **S:** 83–91 KA Düsseldorf; 88 ebda (Meisterschüler b. Prof. Dieter Krieg) – **L:** 00–01 KA Düsseldorf (LAuftr. f. Malerei); 05 KA Münster (Gastdoz. f. Malerei) – **P:** Villa-Romana-Pr. 92; Balmoral-Stip. 02; Arb.stip. Stift. Kunstfonds 03 – **Ve:** VG Bild-Kunst; Ateliers Höherweg; Dt. Künstlerbund 04 – **G/T:** Malerei, Raumarb. – **W:** Ankauf durch d. Landesslg RP u. Slg Villa Romana Florenz, div. Raumarb. zerstört, u. a. Altes Arb.amt in Düsseldorf – **M:** Düsseldorf, Mus. Kunst Pal. – **Ö:** Mannheim, Dorint Hotel; Nürnberg, AEG, ebda, Bay. Hypobank, Siemens Büro Orange – **E:** zahlr. Ausst. seit 89, zuletzt u. a. 99 Ettlingen, KV Wilhelmshöhe; 00 Düsseldorf, Kunstraum; Heinsberg, KV; Zürich, Müller; Frankfurt am Main, Appel & Troschke; 01 Braunschweig, Konsumver.; 02, 06 Frankfurt am Main, Appel; Nürnberg, Birner u. Wittmann; 04 Donaueschingen, StG im Turm; 05 Dortmund, Da Entlang; Kranenburg, Mus. Katharinenhof; 06 Santa Monica, Grimes – **G:** zahlr. Ausst.bet. seit 89, u. a. 91 Kiel, KH; Wolfsburg, SM Schloß; Bochum, Mus.; 93 Recklinghausen, KH; 97 Brüssel, Ledune; Düsseldorf, Altes Arb.amt; 98 Zürich, Müller; 02 Prag, Spaly; Kaiserslautern, Fruchthalle; 03 Liestal, KH Palazzo; 04 Düsseldorf, Mus. Kunst Pal.; Bonn, Slg Rlp; 05 Köln, Fuhrwerkswaage; Heinsberg, KV; Santa Monica, Grimes; Köln, Art Cologne (Sonderschau); 06 Frankfurt am Main, Appel; Zürich, Müller – ***Lit:*** B. M. u. Markus Mußinghoff. Malerei und Skulptur 90; B. M. u. Babak Afrassiab 00; B. M., Kat. 02

Meck, Günther, Prof. Dr. h. c., artist, graphic designer grad.; Waltraudenstr. 16, D-67059 Ludwigshafen, Tel. (06 21) 51 86 26, *guenthermeck@aol.com* (* Großblumberg/Mark Brandenburg 11. 12. 35) – **S:** HBK Berlin; mehrere Jahre Teilnahme an d. Meisterkl. 'Freie Malerei' an d. Sommerakad. in Salzburg – **L:** 80–84 FHS Mannheim – HS f. Technik u. Gest. (Freies Gestalten in wiss. u. angewandter Farbenlehre u. Maltechniken); 84–99 Intern. Kunstforum in Millstatt (Professur, Leitung d. Klassen Freie Malerei u. Akt); 01–04 FHS Mannheim – HS f. Technik u. Gest. (LAuftr. Aktzeichnen) – **P:** Europ. Künstler in den USA, L'exposition de peint., 'Grand Prix de New York' u. Nizza, Bronzemed. in d. Klasse Abstr. Komposition 69; E.preis d. Stadt Salzburg in d. Klasse Freie Malerei 78; mehrere Preise in Italien 79–82; Goldmed. bei d. Bienn. Venedig 81; Goldmed. d. Intern. Parlaments f. Sicherheit u. Frieden (USA) f. Verdienste auf d. Gebiet d. Bildenden Kunst 83; Dr. h.c. d. Interamerican Univ. of Humanistic Studies (USA) 87; Cité Intern. d. Arts Paris (Stip., Atelier Rh.-Pf.) 99 (sowie Aufnahme in das Verz. für die Gegenwarts- u. der Zukunftskunst); Biogr. Stichwort in d. Dokumentation (Bibl.) im Mus. d'Art Modern Paris 00 – **Ve:** Arb.gemeinschaft Pfälzer Künstler 68; BBK Mannheim 80; Frankfurter Künstlerclub 85–05 – **KGr:** Künstlergruppe blaues quadrat (Gründung 82) – **K:** Aquarell-, Acryl- u. Ölmalerei – **W:** Der Anker e.V. Künstlergemeinschaft, Ankauf e. Ölgemäldes durch d. Land Rh.-Pf. – **M:** Ludwigshafen, Wilhelm-Hack-Mus. – **Ö:** Ankäufe: Ludwigshafen: Staatsphilharmonie Rh.-Pf. (Ölgemälde), Kreisverwaltung/Kreishaus (Aquarelle), Turm der Sonne (Kunst am Bau); Mainz, Umweltmin. (Triptychon, Gemälde Myanmar) – **E:** 68 Lauterbach, Hohhaus-Mus.; 82 Passau, KV; 83 Kehl, KV; 83 Mannheim, Abendakad., Großer Saal; 86 Frankfurt am Main, Frankfurter Künstlerclub e.V.; 90 Neustadt an der Weinstraße, Bez.reg.; Ludwigshafen, Wilhelm-Hack-Mus./Schnarpfgal., Mannheim, Mercedes-Benz AG; 92 Zwingenberg, RH; 93 Ludwigshafen, Kreisverwalt. KV-HS-Gal.; Bobenheim-Roxheim, RH; 95 u. 00 Karlsruhe, Amorc-Kunstkab. e.V.; 97 Ludwigshafen, Wilhelm-Hack-Mus.; 99 Mainz, Schloß Waldthausen; Paris, Cité Intern. des Arts/Großer Saal 1; 00 Mannheim, Abendakad., Stadthaus N1; Baden-Baden, Amorc-Kunstkab. e.V.; 05 Grünstadt, Mus. im Alten RH – **G:** seit 73 in Dtld, Österr., Frankr., Italien, Schweiz, Syrien, Ägypten, Marokko, Türkei, USA u. Polen, u. a. 81 Venedig, Bienn.; 91 Breslau, Gal. Awangarda; Halle/Saale; Apolda, Glockenmus.; 92 Neuenburg u. Bonn, Ldesvertretung Bad.-Württ.: 40 Jahre Bad.-Württ. – Künstler bekennen Farbe; 04 Lorient, Euro Celtic Art; Mainz, Ldtag Rh.-Pf. (Künstlergruppe blaues quadrat) – ***Lit:*** Lex. d. zeitgenöss. Europ. Künstler, Accad. Italia 80; Who's Who in Art and Literature 82; Movimenti Artistici Contemp. e Maestri di Pittura, Accad. Italia 83; Storia dell'Arte Internaz., Accad. Italia 84; Kunst d. 20. Jh., Wilh.-Hack-Mus. 99 (Nepal, Öl auf Lw., 160 × 120 cm, 1997)

Meckel, Christoph, Zeichner, Graphiker, Schriftsteller; Kulmbacherstr. 3, D-10777 Berlin, Tel. (0 30) 8 15 36 46 (* Berlin 12. 6. 35) – **VG:** Berlin, Gal. der Berliner Graphikpresse – **S:** 58–60 KA Freiburg (b. Rudolf Dischinger); 60 KA München (b. Richard Sewald) – **P:** Förd.pr. z. Immermann-Pr. 59; Förd.pr. z. Julius-Campe-Pr. 61; Villa-Massimo-Stip. 61; Ernst-Meister-Pr. 81; Georg-Trakl-Pr. 82; Joseph-Breitbach-Pr. 03, u. a. – **Ve:** VG Bild-Kunst ca. 60; BBK Berlins ca. 60–02 – **KGr:** Malerpoeten – **G/T:** Graph. (Hschn., Rad., Thema: die Weltkomödie); Manuskriptbilder; Zchng – **M:** Berlin, Berlinische Gal.; Berlin, Kpst.-Kab.; Freiburg im Breisgau, Kunstraum Bürkle; Freiburg im Breisgau, Mus. f. Neue Kunst; Freiburg im Breisgau, Slg Ege; Marbach am Neckar, Dt. Literaturarchiv; Troisdorf, Bilderb.mus. Burg Wissem – **E:** 00 Freiburg im Breisgau, StG Schwarzes Kloster (Slg Rosskopf); 05/06 Osnabrück, Erich Maria Remarque-Friedenszentrum – **G:** 05 Göttingen, Gal. Apex – **V:** zahlr. literar. Veröff. – ***Lit:*** Thomas Reche: Ein Kaleidoskop v. Raum u. Zeit. C.M. u. seine Rad. z. Weltkomödie, in: Graph. Kunst 60 03; Axel Helbig: Interview m. C.M., in: Ostragehege 05 – ***LitR:*** Daniela David: C.M., Fs.film (Dt. Welle) 00; C.M. u. d. Weltkomödie, Videofilm, Dok.

Mecklenburg, Werner Christian, Maler, Restaurator; Prager Str. 8, D-80937 München, Tel. (0 89) 22 48 65 (* München 28. 5. 48) – **S:** 71–74 Stud. München (Gebrauchsgraph.); Ausb. als Restaurator – **Ve:** BBK München u. Obb. 85 – **G/T:** farbig expressive Acrylmalerei, vorw. griechisch-antike Themen u. Akte in mediterranen Lsch. – **W:** überw. in Privatbes. – **Ö:** Freudenberg, Fa. Rauch (Repräsentationsraum); Vaterstetten, VHS – **E:** 86 Stuttgart, Neue SG; 87 Köln, Intern. Möbelmesse; Stuttgart, Heidelbauer; Kirchheim-Teck, Richter; 88 Amorbach, Gal. am Schloßpark; 90, 01 Ingolstadt, Gal. an d. Hohen Schule; 93 München, Artist; 94 Ingolstadt, Gauss; 01 Vaterstetten, VHS; 05 München, Europ. Patentamt – **G:** 84, 86 München, Freiräume Gasteig; 86 München, Antikhaus; 96 Ingolstadt, Gal. an d. Hohen Schule – sowie zahlr. Ausst.bet. seit 85 in München, BBK

Meckseper, Friedrich, Maler, Graphiker; Landhausstr. 13, D-10717 Berlin (* Bremen 8. 6. 36) – **VG:** Hamburg, Brockstedt; Krefeld, Peerlings; Genf, Cramer; New York, Fitch-Febvrel – **S:** 55–57 Staatl. ABK Stuttgart (b. Prof. Karl Rössing); 57–59 HBK Berlin (b. Prof. Wolf Hoffmann) – **L:** 77–78 HS Wuppertal (Gastprof.); 77–79, 87 Intern. Sommerakad. Salzburg (Leitung d. Radierkl.) – **P:** Villa-Massimo-Stip. 63; Intern. Print Bienn. Tokyo 70; Norwegian Intern. Print Bienn. Fredrikstad 82; Kochi Intern. Print Trienn. Japan 90, 93 – **Ve:** VG Bild – **G/T:** Stilleben – **M:** London, British Mus.; New York, MOMA; Rotterdam, Mus. Boymans Van Beuningen; Stuttgart, SG – **Ö:** Göttingen, Nds. Staats- u. Univ.bibliothek – **E:** zahlr. Ausst. in Dtld., GB, Frkr., d. Schweiz, Öst., Ital., d. USA u. Jap. – **G:** zahlr. Bet. an Gr.ausst. u. Graph.bienn. – **V:** Mappenwerke (Rad.): Sieben Weltwunder 66; Eine Radierung 71; Taschenausstellung 73; Nature morte 74; Vier Elemente 80; The Nobel Prizes 83; Hebräisches Alphabet 87–90 – ***Lit:*** F. M. Ölbilder und Radierungen, Monogr. 78; Homo Ludens I–III. Collagen und Objekte 1959–1989; Werkverzeichnis der Radierungen 1956–1994

Meckseper, Josephine; lebt u. arbeitet in New York (* Lilienthal 64) – **VG:** Köln, Borgmann & Nathusius; Berlin, Rudolph; New York, Elizabeth Dee Gall.; Stuttgart, Hauff – **S:** 86–89 HdK Berlin; 90–92 California Inst. of the Arts Valencia (M.A.) – **P:** u. a. Stift. Kunstfonds – Arb.- u. Projektstip. 97 – **G/T:** Fotogr., Skulpt. – **E:** zuletzt u. a. 96 Berlin, Stift. Starke; 00 New York, Cardozo School of Law Gall.; 01, 04 Stuttgart, Hauff; 02 New York, Elizabeth Dee Gall.; 03 Köln, Nina Borgmann & Caroline Nathusius; Berlin, Rudolph – **G:** zuletzt u. a. 00 Los Angeles, MCA; 01 New York, White Columns; 02 New York, Longwood Arts Project; Berlin, Rudolph; 03 Nürnberg, KH – (Red.)

Mečys, Aliutė (eigtl. Aliutė Meczies), Malerin; Lippmannstr. 1, D-22769 Hamburg, Tel. (040) 4300014 (* Koblenz 4. 4. 43) – **S:** 59–62 Malschule Hella Walter-Leister Trier; 62–63 Hamburg (Unterricht b. Maler Erich Wessel); 64–68 ABK München (Kl. Prof. Rudolf Heinrich) – **P:** Stip. d. Erdwin-Amsinck-Stift. Hamburg 82, 84 – **Ve:** BBK Hamburg 96 – **G/T:** Realismus – Malerei (Schwerpunkt: Menschen; in Öl, Acryl, Tempera, Dispersion usw.) – **M:** Hamburg, KH; München, SM – **Ö:** Mainz, Musikverl. B. Schotts Söhne – **E:** 90 Hamburg, Gal. im Flottbek (Kat.); Brakel, Westf. Kunstkr.; 91 Oldenburg, KV; 91–92 Hamburg, Freilichtmus. Am Kiekeberg; 92 Loccum, Ev. Akad.; Schwerin, KV Wiligrad; 97 Hamburg, Künstlerhaus Hamburg-Bergedorf; 98 Hamburg, Kunst-Kontakt – **G:** Seit 81 zahlr. Bet., u. a. 85 Hamburg, Kunsthaus; 85–86 Hamburg, Gal. im Flottbek; 86 Berlin, Kommunale Gal. Wilmersdorf; Hamburg, KH (Kat.); 93–95 Genf u. a., Ver. Nat. (Kat.); 95–96 Kassel, Mus. f. Sepulkralkult.; 00 Melk, Stift: Ndöst. Ldesausst. (Kat.) – ***Lit:*** u. a. Gerd-Wolfgang Essen: Rollenspiel u. Allegorie im Werk v. A.M. sowie Manfred Eichel: Reisen in irreale Wirklichkeiten, beides in: Wiligrader, ein Kult.mag. in Westmeckl., 3 90, S. 2–5; Dietrich Diederichs-Gottschalk: Der Tod in mir. Die Malerin A.M., In: Totentanz-Forsch. 96; Siegfried Kühl: Kult. in Hamburg. Ein fotogr. Portr. 97, S. 112–113 – ***LitR:*** Manfred Eichel: A.M. – Portr. der Hamburger Malerin, Film, In: Kult. Aktuell, NDR 90

Medagli, Giuseppe; c/o Galerie Wicher, Gräfrather Str. 43a, D-42329 Wuppertal, Tel. (0202) 738217, Fax 738440, *helga@wicher-galerie.de*, *www.wicher-galerie.de* – **G/T:** Malerei, Graph., Fotogr. – (Red.)

†**Meder,** Helmut, Maler, Graphiker, Keramiker, Jazzmusiker; lebte in Krefeld (* 1. 8. 29, † 24. 5. 05) – **VG:** Kevelaer, Janssen – **S:** WSch Krefeld (b. Prof. Bertlings u. Zaiser, Meisterschüler b. Prof. W. Breker) – **L:** FHS Ndrh. (freiberuflicher Doz., Siebdruck, Ausbilder f. graph. Siebdruck) – **Ve:** BBK; Kunstkr. Hinsbeck; Gemeinschaft Krefelder Künstler – **G/T:** Malerei (Acryl, Mischtechnik, Aqu., abstr. u. gegenständlich); Zeichn. (u. a. farbig); Wandrelief; Kleinplast. u. Keramik; Schmuck (Silberschmiede) – **K:** gestische u. Ldschaftsmalerei, Zeichnen im eigenen Atelier – **W:** Privatbes. – **Ö:** Juist, Giftshop; Mörs, Milchbar; St. Tönis, Krankenhaus; Viersen, Bürogebäude Peters Senior – **E:** u. a. Bad Honnef, Tagungshotel d. Dt. Telekom; Ischia, Sole Mar; La Paz, Goethe Inst.; Lobberich, Die Elke; Moers, Lorenzo; Nettetal, Die Scheune; Rheinland, Gal. Nr. 1; – in Krefeld: Malschule Meder; Gal. Krüll; Volksbank; Städt. Werke; Gal. Steinbach; Greiffenhorst-Schlößchen – **G:** u. a. Brüggen (Art Group '72); Düsseldorf, Wellmann; Düsseldorf (Künstlerbund); Geldern, Flores; Hückelhoven, Kult.ring; Hinsbeck, Kunstkr.; Kevelaer, Janssen; Krefeld, Kaiser-Wilhelm-Mus.; Krefeld, Peschken; Krefeld, Artothek – ***Lit:*** Wall J. 85; WZ 60–03

Meese, Jonathan, Bildhauer, Performancekünstler, Maler, Musiker, Dichter, Verleger; Wendenstr. 329, D-20537 Hamburg (* Tokio 71) – **VG:** Berlin, Contemporary Fine Arts – **S:** 95–98 HBK Hamburg (Prof. Franz Erhard Walther) – **E:** zahlr. Ausst., zuletzt u. a. 00 Köln, Nagel; 01 New York, Koenig; 02 Berlin, Contemporary Fine Arts; Hannover, Kestner-Ges.; Paris, Templon; 03 London, Mod. Art – **G:** zahlr. Ausst.bet., zuletzt u. a. 99 Osaka, Kirin Art Gall.; 00 Wien, Krinzinger; 01 Madrid, Ehrhardt; 02 München, Knust; 03 Frankfurt am Main, Schirn – (Red.)

Megert, Christian (geb. Luis Christian Megert), Prof.; Immermannstr. 57, D-40210 Düsseldorf, Tel. u. Fax: (0211) 575442, *christian@megert.de*, *www.megert.de* (* Bern 6. 1. 36) – **VG:** Stuttgart, Wahlandt; Köln, Benden & Klimczak – **S:** 52–55 KGS Bern – **L:** 76–01 KA Düsseldorf (Lehrstuhl f. Integration, Bild. Kunst u. Archit.) – **P:** Eidgenössisches Stip. 67 – **Ve:** Bernische Kunstges. – **G/T:** Environment; Objekt (kinetisch); Skulpt. (Stein, Spiegel) – **W:** Environment z. Schweiz. Ldesausst. 64; Ankauf u. a. durch d. Stadt Maastricht – **M:** Amsterdam, Musikzentrum; Bern, Univ.spital – **Ö:** Baden, Terrassenschwimmbad; Bern, Nat.bank (Korridorgest.); Düsseldorf, Bundesgartenschau; Wesel, WestLdesbank – **E:** / G: 59 Paris, Club des 4 Vents; 61 Kopenhagen, Gal. Köpcke; Amsterdam, Stedelijk Mus.; 65 Bern, KH; 67 Esslingen, Art Gal.; 68 Kassel, documenta; 69 Zürich, Bischofberger; 84 Mailand, Pal. Reale; 97 Bern, KM; Gelsenkirchen, KM; – weitere: 71 Culture Center N 4, The Swiss Avantgarde; Berlin, NG (KS Daimler-Chrysler) – **V:** Hofhauspresse Düsseldorf (Hrsg.): Glas- u. Spiegelbuch 62, 74; J. G. Lischka (Text): Spiegelbuch 75; Steinbuch 89 – ***Lit:*** Annette Kuhn (Hrsg.): C. M., Monogr. 97 – ***LitR:*** Franziska Megert: C. M., 1961–1964 (Zus.stellung v. verschiedenen 16mm Filmen) 90; Franziska Megert: C. M. Strukturen und Skulpturen, Monotypien und Zeichnungen, 1955–1961 02; ohne anfang, ohne grenzen und ende. retrospektive C. M. 1964–1995 02; Franziska Megert: KölnSKULPTUR, Dok. 02 – (Red.)

Megert, Franziska (geb. Franziska Vogt), Künstlerin Neue Medien; Immermannstr. 57, D-40210 Düsseldorf, Tel. u. Fax (0211) 575442, *franziska@megert.de*, *www.megert.de* (* Thun/Kt. Bern 23. 9. 50) – **VG:** Thun, Gunten – **S:** 79–82 KA Düsseldorf (Fotogr., Film u. Video) – **L:** 93–94 Éc. Nat. Supérieure des Beaux-Arts Paris (Gastprof. f. Video, Freie Kunst u. Multimedia) – **P:** Videopr. d. Stadt Bern 84; Pr. d. Bienn. Bern 94 – **Ve:** VGB 95; Suisse Image 95; Acad. Europ. des Sciences, des Arts et des Lettres 00; ISAN 05 – **KGe:** F.M. u. Ortner & Ortner (Baukunst, seit 97) – **G/T:** Multimedia (Videofilme, -install. u. -dok., Computeranimationen) – **W:** Videobänder, Videoinstall. – **M:** Karlsruhe, ZKM (Videoinstall.); Stuttgart, Inst. f. Auslandsbeziehungen (Videoinstall.) – **Ö:** Düsseldorf, KA (Ohne Anfang, ohne Grenzen u. Ende, Computeranimation) – **E:** 82 Bern, KM; 90 Essen, KV Ruhr (Kat.); 92 Thun, Gunten; Düsseldorf, Wunschik; 95 Bern, Kulli – **G:** 95

Genua, Pal. Ducale: L'Identittà Fluttuante tra il Fisico e l'Ottico; Champaign/IL, Krannert AM: Art as a Signal. Inside the Loop; 96 Düsseldorf, KH: Happy End; Zürich, MfG: Ich & Du; 97 Karlsruhe, Multimediale 5; 03 Genua, Villa Corce: Il viaggio dell'uomo immobile; 04 Kairo, Pal. of Arts: Escultura medial. Arte Suizo en Video; Amman, Darat al Fonoun; Melbourne, NG of Victoria; – sowie: 04 Bosnien u. Herzegowina, NG – **V:** Fernando Arrabal (Text): La ville des immortelles (Ill.) 00 – **R:** VIDEOS: Sweet Dressing 83; Das Spiel m. dem Feuer o. die Feuerprobe 89; OFF 89; – COMPUTERANIMATION: Ohne Anfang, ohne Grenzen u. Ende. Retr. Christian Megert 96, 97; ESpASsAGE durch die Bauten v. AAP 97 – ***Lit:*** W. Herzogenrath (Hrsg.): Video in Dtld 1963–1982 82; Videobänder, Videoinstall., Fotoser. 1980–1987 87; ZKM Karlsruhe (Hrsg.): Moving Images – Electronic Art 92; Video-Skulpt. in Dtld seit 1963 (ifa Stuttgart) 95; Kunst d. Gegenwart (Mus. f. Neue Kunst/ZKM) 97; Ortner & Ortner. Wörterbuch d. Baukunst 00; Rudolf Frieling u. Wulf Herzogenrath (Hrsg.): 40JahreVideokunst.de Digitales Erbe: Videokunst in Dtld von 1963 bis heute 06

Mehner, Volker, Maler (* Chemnitz 53) – **VG:** Wiesbaden, Hänel; Berlin, Gal. Gesellschaft – **P:** Villa-Massimo-Stip. 91; Stift. Kult.fonds Berlin (Arb.stip.) 96 – **M:** Basel, KM; Berlin, Berlinische Gal.; Berlin, Kpst.-Kab.; Chemnitz, KS; Dresden, GG NM; Wien, Albertina – **E:** u. a. 90 Frankfurt am Main, Hänel; seit 92 Dresden, Hübner & Thiel; 95 Neuwied, Mennoitenkirche; 99 Burgk, Schloßmus.; 04 Dresden, Raskolnikow – **G:** u. a. 89 Berlin, Künstlerhaus Bethanien; 93 Dresden, Kpst.-Kab.; 94 Dresden, Kunsthaus; 98 Berlin, No Tre; 00 Berlin, KV Herzattacke – ***Lit:*** Schweers 02 – (Red.)

Mehr, Peter Ernst; Enzensperger Str. 2, D-93199 Zell, *info@kunstkabinett.com* (* München 10. 1. 40) – **VG:** Regensburg, Kunstkab. – **G/T:** Skulpt.; Graph.

Meier, Al (geb. Alfred Jakob Meier), Bild. Künstler, Gestalter; Säntisweg 7, CH-8832 Wilen, Tel. u. Fax 0 17 84 80 72, *meier.al@bluewin.ch*, *www.almeier.com* (* Zürich 9. 12. 54) – **VG:** Zürich, Bommer; Bern, Brügger – **S:** 70–74 KGS Zürich (Ausb. z. Graphiker u. Fotoretucheur); 75 KSch Zürich (Farbe u. Form) – **P:** Schweiz. Bundesstip. d. Eidgenossenschaft f. freie Kunst 76, 82, 84; Kunststip. d. Stadt Zürich 78; Werkstip. d. Kt. Zürich 79; New York-Stip. d. Stadt Zürich 82; Rom-Stip. d. Eidgenossenschaft f. freie Kunst 83 – **Ve:** Visarte 80; Schweizer Inst. Rom 83 – **G/T:** Zeichn., Malerei, Objekt, Skulpt. u. Plast., Raumgest., Multimedia-Install. – **W:** zahlr. in versch. öff. u. privaten Slgn im In- u. Ausld, z.B. d. Slg d. Kt. Schwyz – **M:** Zürich, Slg Credit Suisse Bank; Zürich, Slg d. Bank Bär; Zürich, Slg d. Bank Leu; Zürich, Slg d. Rentenanst.; Zürich, Slg d. Stadt – **Ö:** Bad Ragaz, Grand Hotel; Boldern, Ev. Tagungszentrum; Kilchberg, Sanatorium; Steinen, Dorfpl.; Wollerau, Gemeinde; Zürich, ABB; ebda, Maerki-Baumann & Co., Univ. Zürich-Irchel, Bär & Karrer Rechtsanwälte – **E:** seit 76 über 40 Ausst. im In- u. Ausld, u. a. 91, 95, 04 Zürich, Bommer; 91 Schaffhausen, Vebikus; 94 Chur, Gal. Studio 10; 96 Schwyz, Ital-Reding-Haus; 97, 02 Luzern, Schenker; 97 Basel, Chelsea; 98, 02 Bern, Brügger; 99 Langnau am Albis, Die Halle; 04 Rapperswil/St. Gallen, IG Halle Alte Fabrik – **G:** seit 76 über 60 Bet., u. a. 86 Dortmund, Mus. am Ostwall; 87 Zürich, LM; 88 St. Gallen, Bienn.; 90 München, Aktuell; 96 Zürich, Kunstmesse; 98 Chicago, Athenaeum; 00 Bad Ragaz, Trienn.; 02 Schwyz, Forum d. Schweizer Gesch.; 03 Luern, Kunstpanorama; 04 Basel, Kult.haus Palazzo – **V:** Ungemaltes 86; Helleuchtendes Dunkel 94 – ***Lit:*** u. a. Dokument Nr. 3 79; Art 11 80; Junge Schweizer Kunst Nr. 13 82; A. Thomas (Text): Streng nach Lust 83; Strauhof Zürich 86; Eisen 89. Perspektiven 89; Aktuell 90; Werkauswahl 1979–1991 91; Visionen 94; Originalgrafik 1948–1998 98; Swiss Art 98; Sammlung MBC-Privatbank 98; Sammlung Bank Bär 01; Outsourced 03; KURATIONEN, u. a.: Fixiert. 6 Künstler 94; Rostrot & Himmelblau 98; Kreuze der Gegenwart (künstler. Leiter) 01, 02 – (Red.)

Meier, Beny Albert, Mag. arch.; Seeufer-Landesstr. 34, A-9583 Faak am See, Tel. (0 42 42) 2 20 61, Fax 22 06 11, *arch@gasparinmeier.at*, *www.gasparinmeier.at* (* Effretikon 30. 3. 54) – **S:** 74–81 ABK Wien (Archit.); 81–83 Accad. di Belle Arti Venedig (Bühnenbild) – **L:** 05–06 TU Wien (Grundkurs Archit. u. Darstellung, Gest.lehre) – **P:** Piranesi-Pr. (Anerkennung) 90; Kärntner Ldesbaupr. 1995 96, 1996 97 u. Anerkennung 2002 03; Förd.pr. d. Ldes Kärnten (f. d. Gruppe Junge Archit. Kärnten) 98; Geramb-Med. f. gutes Bauen 00; Kärntner Ldesholzbaupr. 00 – **Ve:** Stift. d. Schweiz. Register d. Ingenieure, d. Architekten u. d. Techniker – **G/T:** Baukunst; Objektkunst; Graph. Arb. – **B:** Afritz:Gemeindezentrum; Klagenfurt: Höhere Bundeslehranstalt f. wirtschaftl. Berufe (Generalsanierung), ebda: Betriebsgebäude, Gewächshäuser u. Arch. d. Botanischen Gartens, Heiligengeistpl. (Neugest.), Brücke K 3 (Möbelentwürfe u. -realisierung), Gynäkolog. Ordination, Geschäftslokal Vega Nova, Dachgeschoßwohnung K.; Kolbnitz: Volksschule Kolbnitz (Umbau, Sanierung, Erweiterung); ebda: Kindergarten, Sporthalle; Siflitz: Badehaus E., ebda: Zubau an ein Bauernhaus; Villach: Rondeau am Bahnhofpl., ebda: Glasbläserei Hechl, Markthalle Villach (Generalsanierung), Marktpl.gest., Kult.- u. Feuerwehrhaus Maria Gail, Ausst.gest. u. Konzeptbeitr. 'Zeitspirale Villach 45/95'; Weiz: Feuerwehrzentrum – **E:** 88 Klagenfurt, Künstlerhaus (Kleine Gal.); 92 Ljubljana, Gal. Dessa – **G:** 81 Basel, Art Basel; 89 Udine, Intart; 89, 90 Piran, Obalne Gal.; 95 Alpe Adria Archit.parallelen in Ljubljana, Klagenfurt, Udine, Zagreb, Eisenstadt, Graz, Trento, Meran u. Ferrara; 96–97 Junge Archit. Kärnten in Klagenfurt, St. Veit., Wolfsberg, Villach, Spittal u. Padua; 98 Ljubljana, Jakopiceva; Klagenfurt, Napoleonstadel; 00 Mailand, Trienn. Archit. di confine; 04 Ljubljana u. Zagreb, oris ideja (Kat.); 05 Wien, Ringturm; 06 Mostar – **V:** Junge Archit., Kat. 83; B.M. (Hrsg.): Archit. in Kärnten 1982–1992 92 – ***Lit:*** B.M., Ausst.kat. (z. Ausst. im Künstlerhaus Klagenfurt) 90; Napoleonstadl – Kärntner Haus d. Archit. (Hrsg.): Alpe Adria Archit.parallelen, mehrere Bde 95–97; Monika Gentner (Red.): Junge Archit. in Kärnten 96; Paola Gennaro u. Pierantonio Bertè: Architetture di confine, Esperienze recenti nelle regioni di Alpe Adria 97; Helmut Pierer: Holzbau in Kärnten: mod. Holzbau im öff. u. gewerbl. Bereich sowie im Wohnbau 00; ders.: Holzbau in d. Steiermark 02; Anne Bauer (Hrsg.): Frauenarchitektouren: Arb. v. Architektinnen in Öst. 04; Otto Kapfinger: Neue Archit. in Kärnten: Ein Handbuch f. d. Alpen-Adria-Raum 06 – sowie zahlr. Beitr. in d. Zss Wettb. – Archit.j. 86–06; AB architektov bilten , 89, 95, 00; archit. aktuell 94–04 – ***LitR:*** Romana Ring u. Robert Reumann: Lebensträume 03

Meier, Bodo, Lehrer, Tiermaler, Illustrator; Vor der Hurth 19, D-57250 Netphen, Tel. (0 27 32) 2 54 37, Fax 76 58 17, *BodoFWMEIER@aol.com*, *www.bodo-meier.de* (* Siegen 21. 4. 49) – **S:** Kunstpädagog. Stud. – **L:** Lehrer f. Kunst u. Engl. – **G/T:** Tiermalerei; Wildlife Art – **W:** überw. in Privatbes. – **E:** u. a. 78 Siegen, Haus Seel; 85 Münster, BfG; 86 Hameln, BfG; 89 Bonn, Pop; 96, 99, 02 Wilnsdorf, Gal. am Rex; – sowie: 85, 87 Schliersee; 88 Springe; 90 Hankensbüttel – **G:** 88 München, Haus d. Kunst; – weitere: 92 Deyang/China; 01

Dar es Salaam/Tansania – **V:** Tiere in Aqu. 96; R.D. Baldus (Hrsg.): The wild heart of Africa 06 (geplant); Wildleben 07 (geplant) – ***Lit:*** Wilhelm Wellner: Wellners Gal. d. Jagdkunst, Buchkat.; Anblick 2/83; Wild u. Hund 21/89, 18/99; Pirsch 6/93; Anblick 7/97; Unsere Jagd 01; Wildlife Art, Mag. 3/03

Meier, Chris, Fotodesigner; Am Wallgraben 142, D-70565 Stuttgart, Tel. (07 11) 2 57 34 58, Fax 2 57 36 30, *cmeierfoto@aol.com, info@chrismeier.net, www.chrismeier.net* (* Stuttgart 4. 9. 51) – **S:** Autodidakt – **L:** 85–87 FH Würzburg (Dozent) – **Ve:** BFF seit 86; VG Bild – **G/T:** Stillife-Fotogr. (Food) – **W:** mehrere Fotoprints (Portr., Food-Stills) überw. in Privatbes. – **E:** 97 Stuttgart, Karstadt; 98 Wackernheim, Gal. im Kirschgarten – **G:** div. Ausst.bet. seit 90 – **V:** Mythos Barolo (Fotogr.) 00; div. Food-Kal. seit 77; Weinmacher in Württemberg (Konzeption u. Fotogr.) 04

Meier, Eckhard s. Meier-Wölfle, Eckhard

Meier, Erich-Franz, Maler, Graphiker, Restaurator, vereidigter Sachverständiger f. Gemälderestaurierung; Auf der Loh 3, D-30900 Wedemark, *e.-f.meier@t-online.de*. Am Marstall 23, D-30159 Hannover, Tel. (05 11) 3 53 87 42, Fax 3 53 87 42 (* Lemgo 28. 10. 50) – **VG:** Wedemark, Schlechters Hus (94–99) – **S:** 71–74 PH Bielefeld (Kunstpädagogik u. Malerei b. Prof. Pramann, Graph. b. Wulf Schomer) – **L:** 74–90 Schuldienst Braunschweig u. Hannover – **Ve:** BBK Hannover/Nds. 87–03; VG Bild-Kunst 92 – **G/T:** Malerei (Öl, Gouache); Graph. (Rad., Kpst.); Buchill. – **W:** Werke überw. in Privatbes. – **E:** / G: seit 77 zahlr. Einzelausst. u. Ausst.bet. in Dtl. – (Red.)

Meier, Norbert, Dipl. Designer; Johanneswerkstr. 27, D-33611 Bielefeld, *Buero@NorbertMeier.de, www.NorbertMeier.de* (* Rahden 10. 6. 60) – **VG:** Bielefeld, Kunstraum Rampe – **S:** 82–88 FH Bielefeld (Film/Foto Design) – **L:** seit 95 Lehrtätigkeit im Rahmen d. Projektes Künstler an Schulen in Herford u. Bielefeld; Ausbilder b. Lehrersem. – **P:** Dipl.arb. NRW (Karl-Ernst-Osthaus-Mus. Hagen) 88; Kult.pr. Kr. Minden-Lübbecke 92 – **Ve:** VG Bild seit 02; BBK Ostwestf.-Lippe seit 94; Offene Ateliers Bielefeld seit 91 – **G/T:** Fotogr., Skulpt., Install., Multimedia – **W:** Fotoarb. überw. in Privatbes. – **M:** Bielefeld, KH; Bielefeld, Spk. – **Ö:** Bielefeld, Emil-Gross-Pl. (Gedenktafel) – **E:** 90 Herford, Daniel-Pöppelmann-Haus; 92 Rahden, Windmühle Tonnenheide; 93 Bielefeld, David Gal.; 97 Köln, In focus Gal. am Dom; 99 Wien, Fotogal. Wien; 00 Bielefeld, Artists Unlimited; 01 Bielefeld, Stadtwerke; 03 Bielefeld, Kunstraum Rampe; 05 Bielefeld, Atelier 9; 06 Bielefeld, Stadtwerke – **G:** u. a. 86, 89, 90, 95 Bielefeld, KH; 87 Braunschweig, Mus. f. Photogr.; 88 Hagen, Karl-Ernst-Osthaus-Mus.; 89, 90 München, Akad. d. Schönen Künste; 93 Bielefeld, HM; 04 Hamm, Gustav-Lübcke-Mus.; Oldenburg, BBK-Gal.; Bielefeld, Kunstraum Rampe; 05 Nahariya/Israel, Wasserturm; Salzburg, Barockmus.; 06 Herford, Schönfeldsche Villa – ***Lit:*** Bilder, Ausst.kat. (Fotogal. Wien) 99; Positionen experimenteller Fotografie, Ausst.kat. (KH Bielefeld) 86; Sequenzen, Serien usw. ..., Ausst.kat. (Mus. f. Photogr. Braunschweig) 87; Diplomarbeiten NRW, Ausst.kat. (Karl-Ernst-Osthaus-Mus. Hagen) 88; Das Foto als autonomes Bild (KH Bielefeld, Akad. d. Schönen Künste München) 89, 90; Lichtstücke, Ausst.kat. (HM Bielefeld) 93; Lázló Moholy-Nagy, Idee und Wirkung – Anklänge an sein Werk in der zeitgenössischen Kunst, Ausst.kat. (KH Bielefeld) 95 Gottfried Jäger: Die Kunst der abstrakten Fotografie (Abb.)

Meier-Denninghoff, Brigitte s. Matschinsky-Denninghoff, Brigitte

Meier-Weitmar, Uwe, Maler, Graphiker; Dorfstr. 6, D-16866 Schrepkow, Tel. (03 39 77) 8 22 79, Fax 8 01 47, *weitmar@web.de, www.sassmeierweitmar.de*. Juliusstr. 4, D-12051 Berlin, Tel. Mobil: 01 7 18 05 87 36 (* Bochum 52) – **VG:** Essen, Schlag & Cie.; Köln, Krings-Ernst – **S:** 72–76 Folkwangschule Essen (Malerei); 78–88 Ruhr-Univ. Bochum (Phil. u. Kunstgesch.) – **L:** 99 Christian-Albrechts-Univ. Kiel (Gastprof.); 99–04 Muthesius-HS Kiel (Vertretungsprof. f. Zchng u. Druckgraph.) – **P:** u. a. Cité Intern. d. Arts Paris 81; Ausst.stip. Studiogal. Münster 85; DG Bank Kunststip. 85–86; Werkstip. d. Dt. Kunstfonds Bonn 85–86; Kunstpr. d. SüdwestLB (1. Pr. Druckgraph.) 91; Stip. d. Barkenhoff-Stift. Worpswede 94; Arb.stip. d. Ldes Brandenburg 99 – **W:** Stadt Essen – **M:** Aachen, Ludwig Forum; Bochum, Veba; Bonn, Artothek im KV; Bremen, Neues Mus. Weserburg; Düsseldorf, KS NRW; Düsseldorf, Kpst.-Kab.; Düsseldorf, Mus.ver. (Slg Hanck); Frankfurt am Main, Dt. Bank KS; Nagyatád, SM; Paks, MCA; St. Petersburg, Russisches Mus. (Slg Ludwig); Stuttgart, SW-Ldesbank KS; Wesel, Slg Röhnisch – **Ö:** Masserberg, Rehaklinik – **E:** zahlr. seit 78, u. a. 85 (Faltbl.), 87, 90 (Kat.), 92 Köln, Krings-Ernst; 86 Gelsenkirchen, KV; Münster, Westf. KV (Kat.); Berlin, Künstlerhaus Bethanien; 86, 89 Frankfurt am Main, Gal. ak; 88 München, Sachs; 91 (Kat.), 93, 95 (Kat.), 96 Essen, Marré u. Dahms; 91, 96 Hannover, Barz; 97 Bonn, Kunstraum MI Posselt; 98 Berlin, Parterre; 98, 01 Greifswald, Schwarz; 99 Düsseldorf, Beck & Eggeling; 05 Niebüll, Richard-Haizmann-Mus. – **G:** zahlr. Bet. seit 79, zuletzt u. a. 00 Augsburg, KV: Guten Morgen, Malerei (Kat.); Greifswald, Schwarz: Rad.; Cottbus, Brandenburgische KS: Stipendiaten d. Ldes Brandenburg (Kat.); 01 San Marino, Antico Monastero Santa Chiara: Von Pablo Picasso bis Andy Warhol. Meisterwerke d. Kunst d. 20. Jh. aus d. Ludwig Mus. (Kat.); Bochum, Mus.: In Holz geschnitten (Kat.); 03 Bonn, Kunst- und Ausst.halle d. BRD: Herbarium d. Blicke (Kat.); Nagyatád, Intern. Symposium: Fa-emberek-szobrok (Kat.); Bremen, Neues Mus. Weserburg: Die Bücher d. Künstler (Kat.-B.); 04 Paks, MCA: Vizualis Kisérleti Alkotótelep (Kat.); 05 Wesel, Städt. Mus.: Die Slg Röhnisch (Kat.) – **V:** A. Janz: gehen (Rad.) 76; ders.: fremd (Zchngn) 77; ders.: Der Inbegriff, Erzählbd 78; By the way, he's wide awake (Metatondrucke) 81; Neon im Nachtcafe, Leporello (Metatondrucke) 82; m. A. Janz: Aus der isolierten Wildnisszene 87; m. dems.: Selbander 89; Vom Wehen durch die Ritzen der Mehrdeutigkeit 03; Ring*buch* 03; Wetterleuchten 03; Lesen die Fehler 03; Kleiner Vorschuß auf die Sehnsucht 04 – **R:** m. A. Janz: Ela/Abgelauscht, Hsp. Radio Bremen 84; m. dems.: Lunar Caustic, Hsp. Rias Berlin 88 – ***Lit:*** u. a. KAT.: u. a. Kunstpr. junger Westen (KH Recklinghausen) 79, 82, 83; Prinzip Collage (z. Ausst. im Inst. f. Ausldsbeziehungen Stuttgart) 80; 96 Künstler (Westf. LM Münster) 82; Kunstldschaft BRD 84; Junge Kunst in NRW (Westf. LM Münster) 84; Neun (Karl-Ernst-Osthaus-Mus. Hagen) 85; H. Thiel: U.M.-W. (StG im Mus. Folkwang Essen) 88; ders.: U.M.-W. (Gal. Kinter Stuttgart) 91; U.M.-W. Zchng, Hschn. 93; Carsten Ahrens: U.M.-W. Zchng, Hschn. 95; Mus. Ludwig im Staatl. Russ. Mus. St. Petersburg 98; – ZTGN U. ZSS: u. a. Ernst Busche: Poesie f. karge Räume, In: Art, 3 86; Hanne Weskott: Zeichenhaftigkeit der Dinge, In: Süddt. Ztg 88; Wolfgang Christlieb: IM Faltenwurf der Tragödien, In: Münchener Abendztg 88; T. Rother: Texte u. Bild als Selbander, In: WAZ Essen 89; Reinhard Ermen: U.M.-W. Neue Arbeiten, In: Kunstforum, 112

91; R. Hempel u. A. Rutz: Das Wort ist ein Fächer, Buch z. Künstlermappe 99

Meier-Wölfle, Eckhard (geb. Eckhard Meier), Maler, Objektkünstler; Oberdorfstr. 23, D-55283 Nierstein, Tel. (0 61 33) 5 06 46, *mail@meier-woelfle.de*, *www.meier-woelfle.de* (* Braunschweig/Nds. 1. 5. 57) – **VG:** Mainz, Altstadt-Gal.; Hong Kong, Gal. Kwai – **S:** 77–80 Technische FHS Berlin (Kartographie) – **Ve:** BBK Rh.-Pf. 89; VG Bild 99; KV Eisenturm Mainz 02 – **G/T:** lyr. Abstr. – **W:** überw.in Privatbes. – **Ö:** Bodenheim, RH; Guntersblum, ev. Kirche St. Viktor; Ingelheim, Kr.verwaltung; Lahr, Kr.spk.; Ludwigshafen, Ldesanstalt f. priv. RF; Mainz/Gonsenheim, Volksbank; Riedstadt, RH – **E:** u. a. 95 Ludwigshafen, Ldeszentrum RF; 96 Frankenthal, KV 'Die Treidler'; 97 Lahr, Kr.spk.; 98 Wiesbaden, Ramada-Hotel; Kusel/Pfalz, Kr.spk.; Mainz, City-Hilton; 99 Bad Bergzabern, Klinik; 00 Guntersblum, St. Viktor; 01 Bodenheim, RH; Berlin, Gal im Gericht; 03 Riedstadt, Gal. Büchnerhaus – **G:** u. a. 96 Ingelheim, Kr.verwaltung; 97 Ida-Oberstein, Klotzberg-Kaserne; 97, 99 Pirmasens, Messe; 98 Bad Kreuznach, Gal. Das Atelier; 00 Oppenheim, VG; 02 Bingen, Kunstpfad; 02 Chemnitz, KV; 03 Mainz, Altstadt-Gal. – (Red.)

Meilhamer, Tonie, Malerin, Autorin, Kunstpädagogin; Schraystr. 19, D-82110 München-Germering, Tel. (0 89) 8 41 58 61, Fax 84 00 57 94, *tmartsigns@meilhamer.de*, *www.meilhamer.de*. Haidzinger Str. 58, D-94060 Pocking, Tel. u. Fax (0 85 31) 49 84 (* Passau 19. 3. 49) – **VG:** Passau, Produzentengalerie; Fürth, Seeling; München, Arte Gal. N; Obernberg, Kunsthaus – **S:** 69–74 ABK München (Prof. Zimmermann, Malerei u. Prof. Dr. Zacharias, Kunstpädagogik); 74 HBK Hamburg (Malerei); 82–83 Univ. München (Kunstgesch.) – **L:** 82–86 FHS f. Sozialwesen München (freies Gestalten); Fachakad. f. Erzieher München Harlaching (Kunstpädagogik u. Werken); VHS München (Zeichnen, freies Gestalten, Drucken) – **P:** Frauenförd.stip. d. ABK München 99/00 – **Ve:** BBK 82; VG Wort 82; VG Bild 83 – **KGr:** Künstlervereinigung Fürstenfeldbruck (seit 93) – **KGe:** Produzentengalerie Passau (seit 92); SOMPH (Performance Gr., seit 92) – **G/T:** Malerei u. Zeichn.; action painting (Wasserbeize u.Acryl auf Papier bzw. Holz); Elementarzeichen als d. Wesen v. Form u. Aussage; Reihung in Bilderschriften u. Kalligraphie; Auseinandersetzung m. d. Elementen v. Rhythmik, Verdichtung u. Streuung sowie Gewichtung auf Papier; in neueren Arb. auch geknickte oder verkantete Papiere – **K:** Sem. u. Kurse z. Thema 'Freies Zeichnen', Mappenbetreuung f. Stud.bewerber, Zeichenanleitungen z. Zeichnen m. farbigem Material, z. Tierezeichnen sowie z. Cartoonzeichnen – **W:** Umweltakad. Weßling, Frauenkult.haus München (Emblem), zahlr. Werke in Privatbes., Performances in Mus., Gal., b. Eröffnungsveranstaltungen v. Kult.projekten – **M:** Berlin, KS d. Dt. Bundestages; München, Niederreuther Stift.; Passau, Ldkr.gal.; Passau, Oberhaus-Mus. – **Ö:** Bad Brückenau, Malteser Klinik; München, Dt. Bank; ebda, LBS-Zentrale; Pocking, Foyer d. Wilhelm-Dieß-Gymnasiums; – sowie in d. Spk. Regensburg u. Hochstadt/Nürnberg – **E:** zahlr. seit 84, u. a. 91 München, Studiogal. Kunst Publik; 92 Wörth/Donau, Schloßgal.; 92, 94 Gauting, Gal. Behringer; 93, 94, 96, 99, 01, 03 Passau, Produzentengal.; 96 München, Arte Gal. N; 97 Heidelberg, Werkstattgal.; 98 Art Innsbruck/Kunstberatung Müller-Raß; 99 Fürstenfeldbruck, Haus 10; 01 Braunau, Stadtturm; 02 Fürth, Seeling – **G:** zahlr. seit 82, u. a. 96 Deggendorf, KV; Pontevedra, Produzentengal. in Castelo Soutomaior; 97 Passau (Fahnenaktion m. Gruppe SOMPH); 98 Burghausen, Gal. im Liebenweinturm; 99 Gmunden, Künstlergenossenschaft; 00 Fürstenfeldbruck, Künstlervrg; 01 Fürstenfeldbruck (10 Jahre Haus 10); 01, 03 Passau, KV; 03 Aichach, KV – **V:** EDITIONEN: Sonnenfrauen, Graph.mappe (12 Xeros, handcoloriert) 90; ich, du, er..., Graph.mappe (10 Xeros, handcoloriert) 90; Postkartened. f. d. Umweltakad. Weßling 96; MADAME-Editionen, kunst publik, Monika Limbacher 90, 96; – SACHB. 83–90: Grundkurs Tierzeichnen; Grundkurs farbiges Zeichnen; Fast alles über Cartoons; div. Materialkunden über Bleistifte, Buntstifte, Filz- u. Faserstifte; – SACHB. 92 u. 00: Mitwirkung an d. Neubearb. v. Kurt Wehltes Materialkunde 92, 00; – ILL. u. GEST.: Katrin Berg: Wenn Wasser wuselt, Märchen für Erwachsene 85; Carl Orff und der bayerische Rundfunk, Mitgest. v. Ausst., Broschüre u. Kat. 92, 95; Domestic Violence, UNO-Dok. (Titelseite) 93; Gabriele Winker: Büro. Computer. Geschlechterhierarchie (Titelseite) 95; Veronika Oechtering: Computernetze Frauenplätze (Titelseite) 98; Centre for Recruits' and Servicements Rights Protection Moldawien: Military Justice Training Guide (Titelseite) 02 – ***Lit:*** Frauenkult.-haus München: Zeichen-Zeichen, Dok. 89; Produzentengal. Passau: Gaglbücher, Kat. z. Ausst. 96; Gal. Seeling Fürth: black box – orange box (Kat.) 02; KV Passau: Kunstblätter Nr.32 (m. digitaler Internetpräsentation) 03 – ***LitR:*** Hannelore Beekmann: das Notizbuch, Radio-Interview m. T.M., BR 11.12.92; Gaglbücher, Videoreportage z. Ausst. in d. Produzentengal. Passau, TV Telereg. Videoreportage 96; Zeitgleich – Gruppe SOMPH auf dem Donaudampfer 'Linz'/ Engelhartszell, Videoreportage TV Telereg. 97; Gipfelkunst, Videoreportage z. Interregio Projekt im Ldkr. Passau, TV Telereg. 01; all orange, Videoreportage z. Ausst. in d. Produzentengal. Passau, TV Telereg. 02; Martina Bieräugl: Gruppe SOMPH/ 'zukunftsmu'zi:k', Videoreportage 02 – (Red.)

Meinhardt, Ute, Dipl.malerin; Thomasiusstr. 25, D-04109 Leipzig, Tel. (03 41) 2 11 39 99, *ute_meinhardt@gmx.net* (* Greiz/Thür. 16. 11. 55) – **VG:** Leipzig, Gal. Süd – **S:** 78–86 HGB Leipzig (b. Prof. Dietrich Burger u. Prof. Bernhard Heisig) – **P:** Arb.stip. d. Stift. Kult.fonds Berlin 93, 94 – **Ve:** BBKL 90–01; GEDOK 92–95 – **G/T:** Ölmalerei u. Kreidezchng (Portr., Bildnis); großformat. gelbe Lsch. (Ölmittel); assoziative Realitätserinnerung u. Widerspiegelung seel. Zustände in Licht u. warmen Farben, Energie-Lsch. aus d. Unterbewußtsein – **K:** Malerei u. Zchng (Portr., Akt u. Lsch.) – **W:** zahlr. in Privatbes. in Dtld, d. Niederl., Öst. u. d. USA – **M:** Leipzig, KH Spk. – **Ö:** u. a. Leipzig, Gymnasium; ebda, Spk., Datenverarbeitungszentrum – sowie: Schitag Ernst & Young – **E:** u. a. 93 Leipzig, Messe; 94 Leipzig, Autorengal.; 95 Leipzig-Rötha, Hotel garni; 96 Leipzig, Blüthner; 97 Hattem, Art and Interdesign; Portland/OR, Attic Gall.; 98 Portland/OR., Clark College; Leipzig, Gal. Süd; 99 Leipzig, Ernst & Young; 00 Leipzig, Dorint Hotel; 02 Halle/Saale, Gal. 5ünf Sinne; Leipzig, Hypo Ver.bank; 03 Leipzig, HLB GmbH; 05–06 Leipzig, FHS d. Dt. Telekom – **G:** u. a. 95 Zeitz, SM; Dresden, Graph.messe; Leipzig, Bildermesse (Kat.); 00 Vilnius, Wegzeichen II; 01 Leipzig, Haus d. Buches; 02, 03 Leipzig, Gal. Süd; 03 Leipzig, Gal. Hotel Leipziger Hof – **V:** Impressionen einer Reise (Lith.) 93; Kal. d. Spk. Leipzig 94, 05 – ***Lit:*** KAT., u. a.: z. X. Kunstausst. d. DDR 87; Rita Jorek: Alltägl. Situationen 93; Getrennt – Vereint (GEDOK) 94; Grenzenlos. (Gal. Blüthner Leipzig) 96; Neu, hell u. großzügig 97; Wegzeichen, israel. u. dt. Künstler 97; Rita Jorek: Häuser u. Wege (Dorint Hotel Leipzig) 00; Wegzeichen III, israel. u. dt. Künstler 01; Bildnisse u. Portr. 03 – weitere: Verz. d. Bild. Künstler in Leipzig 94; Jürgen Henne, in: Leipziger Volksztg 94; Christiane Agricola, in: Leipziger Volksztg 98 – ***LitR:*** Vorstellen eines Selbstbildnisses, Fs.funk d. DDR 87; Interview bei Siemens Nixdorf, MDR Kultur 93

Meininger, Mikos, Maler, Graphiker; Schönhauser Allee 161A, D-10535 Berlin, Tel. (0 30) 44 05 28 85, Fax 44 05 28 85, *www.lingonauten.de/aktaion/artists* (* Jena 6. 9. 63) – **VG:** Berlin, Gal. Silberblau; Berlin, Raab – **S:** 84–86 Ausb. z. Plakatmaler; 89–90 Stud. Graph.-Design in Berlin – **KGr:** MALDOROR (später HERZATTACKE, seit 87) – **G/T:** Malerei, Graph. (versch. Künstlerb.projekte) – **W:** in zahlr. privaten Slgn – **M:** Berlin, Kpst.-Kab.; Berlin, Martin-Gropius-Bau; Den Haag, Reichsmus.; Dresden, Kpst.-Kab.; Dresden, SLUB; Mainz, Gutenberg-Mus.; Marbach am Neckar, Dt. Literaturarchiv; Nürnberg, Inst. f. mod. Kunst; Offenbach am Main, Klingspor-Mus.; Stuttgart, Württembergische Ldesbibliothek – **E:** zahlr. Ausst. seit 89 u. a. 91 Berlin, Wohnmaschine; 97 Jena, Intershop; 00 Hamburg, Altonaer Mus.; 01 Berlin, Gal. IF – **G:** seit 89 u. a. 90 Paris, Kostka; 92 Wittstock, Welttrienn. d. Kleingraph.; 96 Berlin, Gal. Minzer Park; 00 Berlin, Gal. im Ver. Berliner Künstler; 03 New Haven, PABA Gall. – (Red.)

Meister, Hildegard, Malerin; Pferdetränke 16, D-34582 Borken, Tel. (0 56 82) 73 20 94 (* Höxter 28. 11. 30) – **VG:** Borken, Borkener Gal. – **P:** Dipl. Cercle Artistique de Cavignac 90, 94 – **Ve:** KV Kassel 84–99 – **KGr:** Palette (84–04) – **G/T:** Malerei (Öl, Acryl, Aqu.); gegenständlich (Landschaft u. Natur) sowie abstr. (Form, Farbe, Idee) – **K:** Landschaftsmalerei – **E:** u. a. 81–02 zahlr. Ausst. in Kassel; 84–98 Espenau; 89, 90, 91 Bad Wildungen, Musischer Pavillon; 90, 92 Bad Nauheim, Staatsbad; seit 99 Borken, Borkener Gal. – **G:** seit 85 Ausst. in Bad Nauheim, Bad Wildungen, Dortmund, Frankfurt am Main u. Kassel; sowie seit 85 Frankfurt am Main, Römer; Frankfurt am Main, Paulskirche; 85 Gladbeck, Kult.woche NRW vor Ort; 86, 88, 90, 92, 93 Lyon, Salon annuel intern.; 88–98 Cavignac, Cercle Artistique; – sowie: 03, 05 Berlin – ***Lit:*** Belarus, Zs 6/98; sowie Beitr. in d. Hess.-Nds.-Allgemeinen, d. Wetterauer Ztg, d. Borkener Anzeiger sowie in d. Tagespresse d. jeweiligen Ausst.orte – ***LitR:*** Reportagen im Hess. RF 3 Feb. 00

Meister, Jürgen (Ps.: Der Meister), Akademieleiter, Maler, Graphiker, Bildhauer; Am Bierkeller 15, D-41516 Grevenbroich, Tel. (0 21 82) 57 31 96, Fax 57 31 97, *info@juergen-meister.de*, *www.juergen-meister.de* (* Gudensberg/Kr. Fritzlar 29. 9. 53) – **S:** 76–81 FHS Köln (Malerei b. Prof. Karl Marx) – **L:** Freie Kunst Akad. (Leiter u. Dozent) – **P:** Arb.urlaub im Künstlerbahnhof Ebernburg 80; Pr.träger d. Aktion 'Kunstblatt' d. Rhein. Post Düsseldorf 80; 1. Murale Lido di Jesolo/Ital. (2. Pr.) 90 – **KGr:** Duisburger Sezession – **G/T:** Malerei; Graph.; Skulpt.; Plast. – **K:** Malerei u. Bildhauerei, Exkursionen – **W:** u. a. Ankäufe durch d. Länder NRW u. Rh.-Pf., d. Stadt Düsseldorf u. Samtgemeinde Eschede; Portr. u. andere öff. Auftragsarb. – **M:** Duisburg, Wilhelm-Lehmbruck-Mus. – **Ö:** Düsseldorf, ARKANUM; Eschede, virus sprich wairis; ebda, kommen + gehen; Grevenbroich, TUCHFÜHLUNG kommen + gehen – **E:** u. a. 87 Düsseldorf, Atelierausst. (Kat.); 89 Duisburg, StG; 95, 03 Duisburg, Wilhelm-Lehmbruck-Mus. (Gal.); 99 Erding, KV; 00 Linz, Passepartout; 01 Grevenbroich, Versandhalle; Duisburg, Goldstraße; 02 Korschenbroich, Notariat Herriger; Korschenbroich, Chirurg. Klinik Gensior; 03 Duisburg, VOIGT; Duisburg, Ges. f. Wirtschaftsförd. – **G:** seit 71 Bet. in Europa, Asien u. Nord-Amer. – ***Lit:*** Thomas Stiens-Zoch: CALLOSUM 89; Gottlieb Leinz: Im Labyrinth d. Zeichen 91; Christiane Vielhaber: DER BLICK AUF D. WELT 91 u. ...put, put, put 92; Jörg W. Gronius u. Bernd Rauschenbach: Der Name spricht Pfirsich 93 – sowie jl.: Stand d. Dinge, Gesamtkat. (alle Texte u. Rezensionen)

Meister, Jürgen-Erich s. Berthold, Jürgen-Erich

Meister, Ulrich, Maler, Objektkünstler (* Schaffhausen 47) – **VG:** Frankfurt am Main, Detterer – **M:** Gent, Stedelijk Mus. voor Actuele Kunst – **E:** 00 Bedburg-Hau, Mus. Schloß Moyland; 00, 01 Genf, Skopia; 01 München, Lenbachhaus; 03 Gent, Stedelijk Mus. voor Actuele Kunst; Frankfurt am Main, Detterer – **G:** u. a. 92 Kassel, documenta; 00 München, Haus d. Kunst; 01 Fellbach, Trienn. d. Kleinplast. – ***Lit:*** Reclams Künstlerlex. 02 – (Red.)

mel. rich s. Richter, Melanie

Melcher, Gaspare Otto, Maler, Zeichner, Druckgraphiker; lebt bei Cecina/Ital. (* Chur 17. 9. 45) – **S:** 68, 69 Sommerakad. Salzburg (b. Emilio Vedova) – **G/T:** Ausgehend v. Symbolen u. Schriftzeichen alter Völker Entwickl. e. Bildsprache aus neun Grundzeichen, die akkumulativ sowie in horizontalen u. vertikalen Strukturen angelegt werden (Zehnerser.). Konzipierung e. kommunikativen Zeichensprache (u. a. Gebrauch v. Ideogrammen); später verstärkt figurative Malerei; Stempelarb.; Monotypien; Linolschnitt; Rad. – **M:** Aarau, Aargauer Kunsthaus; Chur, Bündner KM; Pfäffikon, Seedamm-Kulturzentrum; Schaffhausen, Mus. zu Allerheiligen; Zürich, Kunsthaus – **E:** zahlr. seit 71, u. a. 71 Zürich, Stummer & Hubschmid; 72 Amsterdam, Goethe-Inst.; 75 Haarlem, Frans Hals Mus.; 77 Paris, Porte de la Suisse; 80, 95 Chur, Bündner KM; 83 Berlin, Nothelfer; 83, 91, 95, 00, 01 Genf, Meier; 86 Venedig, Traghetto; 87 Schaffhausen, Mus. zu Allerheiligen (Kat.); 89 Aarau, Aargauer Kunsthaus (Kat.); 90 Bochum, Mus.; 90, 98, 99 Zürich, Brandstetter & Wyss; 93 Den Haag, Artline; 95, 96 Vevey, Mus. Jenisch (Cabinet des estampes); 96 Kitzbühel, Zeitkunstgal.; 97 Pontedera; Liba; 00 Biel, Steiner; 04 Zürich, Stähli; 05 Florenz, SACI – **G:** u. a. 93 Schaffhausen, Mus. zu Allerheiligen; 95 Hongkong, Mus. of Art: Beyond Switzerland; 01 Zürich, Brandstetter & Wyss – **V:** Traktat zur 4. Zehnerserie 75 – ***Lit:*** u. a. – KAT.: Markus Landert u. Marisa Vescovo: G.O.M. Costigliole d'Asti (Brandstetter & Wyss) 88; Spudogelion, 'spudogeloion'. G.O.M. (Gal. Anton Meier Genf) 93; G.O.M. La forza dell'elevazione (Bündner KM Chur u. Mus. Jenisch Vevey) 95; – LEX.: Lex. d. zeitgenöss. Schweizer Künstler 81; Künstlerverz. d. Schweiz 1980–1990 91; BLSK 98; – sowie: G.O.M. Canto pitagorico 03 – (Red.)

Meldner, Katharina (verh. Katharina Bork), Bildende Künstlerin; Sybelstr. 5, D-10629 Berlin, Tel. (0 30) 3 24 25 47, *meldner.bork@t-online.de* (* Säckingen 11. 12. 43) – **S:** 66–72 HBK Berlin (Malerei); 71 ebda (Meisterschülerin) – **L:** 72–75 HBK Berlin (LAuftr.) – **P:** Stip. Bild. Kunst d. Studienstift. d. Dt. Volkes 69–72; Stip. d. Studienstift. d. Dt. Volkes (f. Rom) 72; Stip. d. AK Berlin (Villa Serpentara Olevano/Ital.) 80; Kunstpr. Berlin (Förd.pr.) 82; Werkstip. d. Kunstfonds Bonn 83; Arb.stip. d. Kunstfonds Bonn 87; Arb.stip. d. Senators f. Kult. Angelegenheiten Berlin 88; Projektförd. d. Berliner Senatsverwaltung 93; Marianne v. Werefkin-Pr. 96; Arb.stip. d. Berliner Senats 98 – **Ve:** BBK Berlins; VG Bild-Kunst; Dt. Künstlerbund – **G/T:** Zeichn., Fotogr., Video – **W:** zahlr. Werke in Privatbes.; Ankäufe u. a. durch d. Slg d. BRD u. d. Bay. RF München – **M:** Berlin, Berlinische Gal.; Berlin, Kpst.-Kab.; Berlin, NG; Berlin, Neuer Berliner KV; Düsseldorf, Artothek; Gelsenkirchen, SM; Kassel, Mus. Fridericianum; Stuttgart, SG; Toyama, MMA; Wien, Gal. b. d. Albertina –

Ö: Berlin, Dt. Bank – **E:** zahlr. Einzelausst., u. a. 74 Unna, KV; Neuenkirchen, Falazik; 75 Düsseldorf, Nebelung; 76 Saarbrücken, Gal. Sankt Johann; 78 Köln, Baak'scher Kunstraum; 79 Bern, Gal. Friedrich; 81, 83, 89, 93 Berlin, Zellermayer; 82 Bern, Gal. Friedrich; 86 Berlin, Neuer Berliner KV; 88 Cappenberg, Remise; 95 Berlin, Fraunhofer-Inst.; 96 Berlin, Berlinische Gal.; 99 Berlin, Kunstbank; 04 Zwickau, KV Freunde Aktueller Kunst – **G:** seit 70 zahlr. Ausst.bet. im In- u. Ausld, u. a. 88 Rotterdam, Maritiem Mus.; 90 Venedig, Bienn.; 91 St. Etienne, Mus. d'Art Mod.; 93 Toyama, Mus. of Mod. Art; 95 Malmö, KM; 98 Bonn, Kunst- und Ausst.halle d. BRD; 02, 03 Berlin, Berlinische Gal.; 03 Berlin, Haus am Waldsee; 03, 04 Berlin (Berlin-Moskau/Moskau-Berlin); 05 Kassel, Mus. Fridericianum; 06 Brüssel, Tour und Taxis; Salamanca, Domus Artium 2002 – **V:** m. Andreas Seltzer: Künstlerpech/Künstlerglück (Talwerk-Arch.) 85 – **R:** n o w, Videofilm 01 – ***Lit:*** Floris M. Neusüss (Hrsg.): Fotografie als Kunst, Kunst als Fotografie 79; UNSICHTBARWERDEN, Ausst.kat. 81; Aus dem Leben der Ameisen, Ausst.kat. 83; K. M., In: Kunst mit Photographie. Die Sammlung Dr. Rolf H. Krauss 83; Neuer Berliner Kunstverein, Ausst.kat. 86; Der Planet, Ausst.kat. 89; Michael Glasmeier (Hrsg.): Erzählen 94; Marianne-Werefkin-Preis 96; Choroschikow, Harten, Sartorius u. Schuster (Hrsg.): Berlin-Moskau/Moskau-Berlin 1950–2000 03; Michael Glasmeier u. Karin Stengel (Hrsg.): 50 Jahre documenta/ Archive in Motion, Ausst.kat 05

Melhus, Bjørn, Filmkünstler; Strassburgerstr. 58, D-10405 Berlin, *www.melhus.de* (* Kirchheim unter Teck 66) – **VG:** Frankfurt am Main, Beckers; New York, Roebling Hall – **S:** 90–97 HBK Braunschweig (Freie Kunst b. G. Büttenbender u. B. Hein) – **L:** seit 03 KHS Kassel – **P:** u. a.: Nachwuchspr. Videofest Berlin (Young Artist Award) 97; Marler Video-Kunst-Pr. u. Video-Install.-Pr. (Sonderpr.) 97; Bremer Videokunst-Förd.pr. 92; Pr. d. Stuttgarter Filmwinters 93; KUBO-Art-Award 94; DAAD-Stip. f. Los Angeles, Calif. Inst. of Arts 97/98; Transmedia Berlin (2. Pr.) 98; Stip. d. Long Beach Mus. of Art 98; Förd.pr. d. Ldes Nds. (f. Film) 98; Sprengel-Pr. f. Bild. Kunst 01; New York-Stip. d. Ldes Nds. am ISCP 01–02; HAP-Grieshaber-Pr. 03 – **G/T:** Videoinstall., Film – **E:** zahlr. seit 86, zuletzt u. a. 97 Budapest, Goethe-Inst.; 98 Long Beach/Cal., Long Beach Mus. of Art; 02 Bremen, KH; 03 Frankfurt am Main, Beckers; New York, Satellite; 04 Liverpool, FACT; New York, Roebling Hall; Zürich, Orsouw; 05 Tokio, Spiral; Santiago de Compostela, Centro Galego de Arte Contemp.; Honolulu/HI, Acad. of Arts; 06 Mailand, Viafarini – **G:** zahlr. Ausst.bet. seit 91, zuletzt u. a. 03, 04 New York, Feldman; 03 Istanbul, Bienn. for Contemp. Art; New York, Whitney: The Amer. Effect; 04 London, Serpentine Gall.: State of Play; Moskau, NCCA: Schizorama; 05 Berlin, Neuer Berliner KV: Masculinities; Hamburg, KH: Rückkehr ins All; Madrid, Centro Cult. Conde Duque: fast forward; 06 Köln, Mus. Ludwig: Das 8. Feld; Rotterdam, Witte de With: Satellite of Love; Modena, Gall. Civica: Egomania

Melián, Michaela, Prof., Installations- u. Konzeptkünstlerin; Moosweg 2, D-82547 Eurasburg, Tel. (0 81 79) 58 86, Fax 59 70 (* München 56) – **VG:** München, Gross – **S:** 76–78 Richard-Strauss-Konservatorium München (Stud. Musik); 78–84 ABK München (Stud., Meisterschülerin) – **L:** 98–99 ABK München (Gastprof.) – **P:** u. a. DAAD Stip. London 84–85; Förd.pr. f. Bild. Kunst, Angew. Kunst u. Archit. d. Stadt München 94; Förderpr. z. Intern. Pr. f. Bild. Kunst d. Landes BW 95; Bay. Staatsförd.pr. 96 – **W:** audiovisuelle Projekte – **E:** zahlr. Ausst., zuletzt u. a. 97 Ulm, KV; 99 München, Gross; 01 Madrid, Goethe-Inst.; 02 München, Artothek; 03 Innsbruck, Gal. im Taxispal. – **G:** zahlr. Ausst.bet., zuletzt u. a. 98 Bern, Pia; 99 München, Villa Stuck; 00 Innsbruck, Gal. im Taxispal.; Salzburg, KV; 01 Riga, Latvian Centre for Contemp. Art; Bremen, KH – (Red.)

Melis, Roger, Fotograf; Ahlbecker Str. 8, D-10437 Berlin, Tel. (0 30) 2 81 55 39 (* Berlin 20. 10. 40) – **S:** 57–60 Potsdam (Lehre als Fotograf); 62–68 Charité Berlin (wiss. Fotograf); seit 68 freiberufl. tätig – **L:** 78–90 KHS Berlin (LAuftr. f. Fotogr.); 93–05 Lette-Ver. Berlin (Lehrer f. Fotogr.) – **Ve:** VBK 68–90 – **KGr:** direkt (ab 69, Mitbegr.) – **G/T:** Fotogr. (Reportage- u. Modefotogr., Schriftsteller- u. Künstlerportr., Veröff. u. a. in d. Zss Sibylle, Wochenpost, Die Zeit, Süddt. Ztg, Arb. f. versch. Verlage) – **M:** Berlin, Berlinische Gal.; Marbach am Neckar, Dt. Literaturarchiv – **E:** 78 Berlin, Gal. Berlin; 87 Berlin, Fotogal. Friedrichshain (Kat.); 89 Berlin, Gal. M (Kat.); 92 Berlin, Kult.brauerei – **G:** u. a. 03 Bad Arolsen, Mus.: Zwiesprache; 04 Frankfurt am Main, Kommunale Gal. im Leinwandhaus: FFi – Fotogr. Forum intern.; 05 Berlin, Willy-Brandt-Haus: Utopie u. Wirklichkeit – Ostdt. Fotogr. 1956–1989; Köln, Forum f. Fotogr.: Utopie u. Wirklichkeit – Ostdt. Fotogr. 1956–1989 – **V:** MONOGR.: Paris zu Fuß (m. e. Vorwort v. Stephan Hermlin) 86; Michael Davidis (Hrsg.): Berlin – Berlin. Schriftstellerportr. aus 30 Jahren 92; Wolf Biermann – Ausgebürgert 97; London zu Fuß 99 – BILDAUTOR: Gerhard Wolf: Beschreibung eines Zimmers 71; Günther Drommer (Hrsg.): Dichter im Frieden. 100 Autoren d. DDR 85; G. Zschocke u. G. Drommer: Mecklenburg. Ein Reiseverführer 86; m. Günter Drommer (Hrsg.): Schau ins Land 89; Albrecht Börner: Seltenes Handwerk 90; Ernst-Michael Brandt: Die unsichtbare Grenze 91; Heinrich Heine: Die Harzreise 92; Michael Gromm: Horno will leben 95; Dorothea Melis (Hrsg.): Sibylle. Modefotogr. 98; Klaus Völker: HS f. Schauspielkunst Ernst Busch 98; Marlies Menge: Spaziergänge 00; Dorothea Melis (Hrsg.): Die Berlinerin 00 – ***Lit:*** Vor- u. Nachworte in d. genannten Monogr.

Mell, Peter, Maler; Mehlaer Hauptstr. 42, D-07950 Zeulenroda-Triebes, Tel. u. Fax (03 66 22) 7 14 61 (* Weimar 2. 11. 39) – **VG:** Friedrichshafen, Lutze – **S:** ABK München (b. Prof. Oberberger) – **Ve:** VG Bild-Kunst ca. 85; KV Weiden 05 – **G/T:** Malerei; Kohlezchng; Fotogr. – **M:** Dresden, Kpst.-Kab.; Düsseldorf, Mus. Kunst Pal.; München, Lenbachhaus; Wuppertal, Von der Heydt-Mus. – **Ö:** Immendingen, Fassade Dt.-Frz. Offizierswohnheim – **E:** u. a. 76 München, B.O.A.; 84, 86, 90 München, Dany Keller; 85 Düsseldorf, Zimmer; 86 Berlin, Künstlerhaus Bethanien; 87 Essen, Mus. Folkwang; 87, 90, 93, 01, 07 Friedrichshafen, Lutze; 88 Bonn, Kunstfonds (m. Vlado Kristl); Friedrichshafen, Bodensee-Mus.; 89 Zagreb, Gal. PM (m. H. Boehle u. VA Wölfle); 90 Zürich, Schedle u. Arpagaus; 91 Düsseldorf, Kraushaar; Bonn, Syndikathalle; 94 Stuttgart, Wehr (m. Holger Bunk); 95 Neuenkirchen, Gal. Springhornhof; 98 Erfurt, Villa Benary; 99 München, Marstall-Mus. (Tanzproduktion 'Feld' v. Wanda Golonka); 01 Berlin, Gal. parterre; 04 Friedrichshafen, Zeppelin Mus.; Friedrichshafen, KV; 05 Weiden, KV (m. Uta Zaumseil) – **G:** u. a. 79 München, Völkerkundemus.: 12 Künstler zu Gast; 80 Venedig, Bienn.; 84 Düsseldorf, Von hier aus; 85 Frankfurt am Main, KV: Vom Zeichnen; 88 München, Hotel Orient; München, Focus '88; 89 (Gegenwart d. Vergangenheit), 91 (10 Jahre Kunstfonds) Bonn, KV; 90 Düsseldorf, Mus. Kunst Pal.: Kunstminen; 95, 96 Bonn, Scharfer Blick; 02 Konstanz/Singen/Ittingen, Blick + Bild. Fotogr. am Bodensee

Melnikov, Andrej, Mag. art., Maler; Märzstr. 37/6, A-1150 Wien, *andymelnikov@hot.mail.com, http://amgalerie.narod.ru/photoalbum1.html* (* Moskau 9. 1. 65) – **VG:** Wien, Interart – **S:** 83–88 KHS f. Modetechnologie Moskau; 94–99 ABK Wien (Meisterschüler b. Prof. F. Hundertwasser u. Prof. H. Schmaliks) – **P:** Live Art (Publikumspr.) 95; Kunst-Spiel-Karte 97 – **Ve:** IFA Moskau 89 – **G/T:** Wandmalerei, Multimedia-Install. (Mode), Objektkunst – **K:** Wandmalerei – **W:** in Privatbes. – **G:** zahlr. Ausst.bet. seit 88 – **R:** Michel Tudor: Sex & Perestroika (Kostüme) 91 – ***LitR:*** Georg Amirdganov: M., Portr./Dok. TV Moskau 93 – (Red.)

Meloun, Eva (eigtl. Eva Ramharter), Malerin, Objektkünstlerin; Endresstr. 73, A-1230 Wien, Tel. u. Fax (01) 8 88 61 63 (* Wien 11. 4. 42) – **KGr:** Art/Diagonal; Mödlinger Künstlerbund; Club der Begegnung Linz; Intern. K. B. Tyrol – **KGe:** Intern. Artist Group ASROPA – (Red.)

Melsheimer, Isa, Bild. Künstlerin (* Neuss 19. 9. 68) – **VG:** Berlin, Wien – **S:** 91–97 HdK Berlin (Meisterkl. G. Baselitz) – **P:** Balmoral-Stip. 99; Förd.pr. d. Ldes NRW 00; Stip. d. Förderkreises Kunst auf Schloss Plüschow 01; Stip. d. Stift. Kulturfonds Berlin 02; Glenfiddich Förd.pr. f. Junge Kunst Berlin 02 – **G/T:** Install., Objekt, Computerdesign – **E:** u. a. 97 Zürich, Lelong; 00 Berlin, Wien; 03 Arnsberg, KV; 04 Maastricht, Bonnefanten-Mus.; 05 Paris, Wolff – **G:** u. a. 98 Trier, StM Simeonstift; 99 Berlin, Bahnhof Westend; Bad Ems, Schloß Balmoral; 00 München, Ausst.-Forum Foe 156; Sindelfingen, StG; 04 Kopenhagen, Inst. for Contemp. Art; Berlin, Artforum – (Red.)

Melsheimer, Jutta (Ps.: Bildbad), 2D-Designerin, Illustratorin, Graphik-Designerin (FHS); c/o Claudia Schönhals, Wilhelmstr. 14, D-80801 München, *www.schoenhals.de; www.bildbad.de* (* Bernkastel-Kues 27. 2. 73) – **S:** 94–99 FHS Trier (Kommunikationsdesign) – **L:** 04 Silicon Studies (Doz. f. Graph.grundlagen u. Zeichnen); 05 Games Academy Berlin (Doz. f. Photoshop, 3D-Games) – **Ve:** AGD 02; VG Bild-Kunst 03 – **KGr:** Bildbad (01) – **G/T:** Ill.; 3D-Design-Animation u. Comic-Trickfilm – **G:** 96–97 Offenbach am Main, HS f. Gest.: young artist exhibition (vier5); 97 Frankfurt am Main, Mein wunderbarer Copyshop; Trier, Tuchfabrik: Trierer Künstler – screenworks1; 00 Berlin, Shortfilm-Festival: bartig 2000 – **V:** Israelische Botschaft (Hrsg.): Rachel. Hallo Israel, Kindercomic (Gest. u. Ill.) 04 – **R:** Bildschirmschoner, digitaler Zeichentrick u. satir. Ill./Animationen f. Frontal21 (ZDF) 04; Wo steht Deutschland? Wahl 05, ZDF (satir. Animation) 05; König Minibus, Kinderhörspielprojekt (visuelle Gest.) 05; Satirischer Jahresrückblick im ZDF (Animationen, Vor- u. Abspann) 05/06 – ***Lit:*** Freistil 04, Illustration Now 05 (beides Illustratorenkat.)

Melzer, Jürgen, Dipl.-Maler u. -Graphiker; Zu den Fichtenkaveln 1, D-15806 Dabendorf, Tel. u. Fax (0 33 77) 30 03 60, *malermelzer@web.de* (* Berlin 22. 1. 41) – **S:** 61–68 HBK Dresden (Fach Tafelbild b. den Professoren Bergander, Horlbeck, Michaelis, Bondzin, Stengel u. a.) – **L:** 75–05 VHS Luckenwalde, Ludwigsfelde, Zossen u. Rangsdorf (Doz. f. Malerei u. Graph.); 87–89 BBK Potsdam (Förderkl., Doz. f. Aktmalerei); 90–00 VHS Berlin-Tempelhof – **Ve:** VBK DDR 68–90; VBK Brandenburg 90–93 – **G/T:** Baugebundene Arb.; Malerei u. Graph. (alle Techniken u. Genres) – **K:** seit 83 Ostseemalkurse; wöchentl./Wochenendkurse (Portr. u. Akt); Malreisen In- u. Ausland – **W:** 78–89 Ankäufe durch Mus. u. Bezirksleitung Potsdam; div. Werke in Privatbes. in Dtld, Polen, Italien u. Ungarn – **Ö:** Wandbilder in: Baruth, Milchviehanlage; Dabendorf, Argrochem. Zentrum; Luckenwalde, FS f. Kindergärtnerinnen; Ludwigsfelde, Industriewerke; ebda, Schwimmhalle (abgerissen) – **E:** 86 Nysa/Polen; Potsdam, Staudenhofgal.; 87 Ludwigsfelde, Klubhaus; 88, 97 Zossen, Kleine Gal.; 89 Teltow; 90 Luckenwalde; 91 Eisenach, Gal. Leukefeld; 93 Berlin, Schloß Britz (Orangerie); 94 Mittweida, Heimatmus.; 99 Wittenberge, Druckhaus Kröppstedt; 99–06 jährl. Zinna, Kloster; 00 Waldstadt-Wünsdorf, Neue Gal.; 01 Glashütte, Gal. Packschuppen – **G:** zahlr. Bet im In- u. Ausland u. a. 69–89 Potsdam, Bezirkskunstausst. (alle); 89 Frankfurt/Oder, Junge Kunst; – sowie 69–89 Berlin, Polen, ČSSR, UdSSR

Melzer, Winfried, Dipl.-Ing., Fotograf; c/o Galerie Falkenbrunnen, Chemnitzer Str. 48, D-01187 Dresden, Tel. (03 51) 4 71 20 17, Fax 4 71 20 22 (* Zschopau 8. 8. 50) – **VG:** Dresden, Falkenbrunnen – **S:** Gewerbeschule Dresden – **L:** seit 96 AIK Akad. f. Informations- u. Kommunikationsdesign Dresden (freier Doz. f. Fotogr.) – **P:** Kunstpr. d. Stadt Freital 82 – **Ve:** BBK Dresden – **G/T:** Fotogr. (Portr., Akt, Lsch.) – **W:** Werke in mittleren u. großen Unternehmen sowie in zahlr. Privatslgn in Dtld – **M:** Dresden, Kpst.-Kab.; Dresden, SKS; Dresden, Technische Slgn – **E:** 86 Neubrandenburg, Gal. im Tor; Freital, Haus d. Heimat; 88 Dresden, Kunst d. Zeit; 89 Hamburg, Alte Börse; 91 Berlin, H.-Ehlers-Akad.; 01 Dresden, Falkenbrunnen; 02 Dresden, Sä. Ldesärztekammer; 03 Dresden, Technische Slgn; 06 Magdeburg, Gal. Himmelreich – **G:** 68–86 regionale, nationale u. intern. Ausst., u. a. Chicago, Intern. Naturfotogr.; Wien, Intern. Farbfotogr.; Bukarest, Intern. Kunstsalon; Sofia, Intern. Naturfotogr.; Singapur, Intern. Kunstfotogr.; Porto, Bienn.; Newcastle/Irland, Interschau – **V:** Fotografie. W.M. 03

Melzl, Stephan, Maler (* Basel 4. 2. 59) – **VG:** Frankfurt am Main, Detterer; Köln, Rehbein – **S:** 80 KGS Basel; 81–86 Städelschule Frankfurt am Main – **P:** Atelierstip. d. Hess. Kult.stift. (f. New York) 94; Frankfurter Künstlerhilfe 95; Balmoral-Stip. 96; Arb.stip. d. Hess. Kult. GmbH 97 – **M:** Frankfurt am Main, MMK – **E:** u. a. 95 Paris, Peyroulet; 96 Nürnberg, KV Dürer-Ges.; 99 Frankfurt am Main, Detterer; 00 Nürnberg, Lindig; 01 Köln, Rehbein – **G:** zuletzt u. a. 97 Wiesbaden, Nassauischer KV; Düsseldorf, Mus. Kunst Pal.; 99 Bregenz, Krinzinger; 00 Nürnberg, Lindig; 01 Frankfurt am Main, Schirn – **V:** S. M. Bilder 96 – ***Lit:*** BLSK 98; Schweers 02 – (Red.)

Mena s. Ledig-Schön, Käte

Mendizábal, Martin, Künstler, Maler, Graphikdesigner, Illustrator; Rimac 1368, Montevideo. Manuel Haedo 2918, (11400) Montevideo (* Montevideo/Uruguay 7. 3. 60) – **VG:** Chicago, Castillo; Buenos Aires, Elia-Robirosa Found. – **S:** 79–84 Guillermo Fernández Studio Montevideo (Zeichn. u. Malerei); 86 Metalldruck b. Prof. David Finkbeiner; 87 Visual Arts Mus. Montevideo (Papierarb. b. Prof. Lawrence Barker); 88 Studio Camnitzer Stip. Lucca; Fine Arts Nat. School Paris; 90 School of Visual Arts New York (Milton's Glaser Workshop) – **L:** 00 Batuz Found. Altzella – **P:** u. a. Bienarte 1 85; Salón Paul Cézanne Juan Manuel Blanes Mus. Montevideo 88; Las manos en el Arte History Mus. Montevideo 96; Print Award Batuz Found. 98; Second Award Batuz Found. Ministerio de Educación y Cultura Montevideo 00; Banco de la República del Uruguay Award 01; Salon Nacional de Artes Plásticas Montevideo 01 – **Ve:** BBK Ofr. seit 00; Artist Association of Uruguay seit 99; Uruguay Cultural Foundatio for the Arts Washington/DC – **KGe:** M. M. u. Witth Hector Solari (seit 80) – **G/T:** Malerei (Mischtechnik); Ill. (digitale Techniken u. Rad.) – **W:** zahlr. Arb. in Dtld, Argentinien, Dänemark u. Spanien – **M:** Buenos Aires, Elia-Robirosa Found.; Dresden, Kpst.-Kab.; Nossen, Batuz Found. Mus.; Washington/DC, NG Bibliothek – **E:** 83 Montevideo, Assoc. Cristina de Jóvenes; 85 Montevideo, Espacio Universitario; 94 Montevideo, La mar estaba serena, Cabildo de Montevideo; 98 Buenos Aires, Elia-Robirosa Found.; 00 Montevideo, Ida y vuelta, Babilonia Art House; Buenos Aires, Elia-Robirosa Found.; 03 San Nicolás, Centro Cultural Dodeca – **G:** u. a. 83 Montevideo, Assoc. Cristina de Jóvenes; 87 Maldonado, Mod. AM; 89 Montevideo, Casa del Vicario; 93 Buenos Aires, Praxis Gall.; 96 Montevideo, Mus. J.M. Blanes; 97 Buenos Aires, MN del Grabado; 99 New York, Uruguayan Cultural Center; 00 San Juan, De las Américas Mus.; 02 Chicago, Castillo; New York, Clemente Soto Vélez – **V:** Arte y Diseño 00 – ***LitR:*** Artistas Plasticos Uruguayos, Fs. – (Red.)

Menet-Frei, Marlen, Malerin, Pädagogin; Böhl 311, CH-9064 Hundwil, Tel. 07 13 67 17 27, Fax 07 13 67 17 50, *marlen.menet@bluewin.ch*, *www.swissart.net/menet* – **VG:** Bonstetten, Gal. für Gegenwartskunst – **G/T:** Mischtechnik auf Jap.papier zw. Acrylglas; Themen: Symbole alter Kult. (Schriftzeichen, Labyrinthe, Spiralen, Wege) – **E:** oft zus. m. Bildhauern u. Plast. 91 Oetwil am See, Catrina; 92 Zürich, Schweiz. Bankver.; 93 Appenzell, Ziegelhütte; 95, 97, 00, 04 Bonstetten, Gal. für Gegenwartskunst; 95 Goldach, Union Forum; 98 Naarden/Niederl., Groll; 99 Herisau, Klub Kiwanis; Bad Honnef, Sassen; 00 Herisau, Werkgal. K; 02, 06 Wallisellen, Wagner; 03 Rorschach, ART Gal. – **G:** 96 Bonn, Frauen-Mus.; 01 Buenos Aires, Fund. Volpe Stessen

Menschhorn, Brigitte (geb. Brigitte Kytka), Malerin; Hauptstr. 112, A-2753 Dreistetten, Tel. u. Fax (0 26 33) 4 25 93, *b.menschhorn@gmx.at*, *www.kulturvernetzung.at* (* Linz/Donau 14. 12. 46) – **S:** 78–80 Stift Geras (Hinterglasmalerei b. Prof. Robert Colnago); sonst Autodidaktin – **Ve:** Ndöst. Kult.vernetzung/ Industr.viertel 00; Kunstkr. 24 Wien 03 – **KGr:** Portón (00–04) – **G/T:** Ölmalerei hinter Glas (81–93); Kleinformatige Farbstiftzchngn (illustrativ, zeitkrit., humorvoll, seit 93); – seit 99: Ölmalerei auf Lw. (meist großformatig), Schwerpunkt: Pflanzen, Portr.; Kleinformatige Collagen (sog. Recycling-Bilder); Künstler. Schmuckgest. (seit 05) – **W:** überw. in Privatbes. – **E:** seit 81, u. a. 03, 05 Wien, Wort u. Bild; 04 Scheuchenstein, Gauermann Mus.; Wien, Gal. im Amerlinghaus; – sowie 05–06 Ausst. in Fa. – **G:** zahlr. Bet. seit 81, zuletzt 03 Gmunden, Kunstmesse Art Toscana; 04 Krakau, Paszkowce Pal.; 05, 06 Pernitz, Night of Art

Menschik, Kat, Dipl.-Designerin, Illustratorin; Kastanienallee 83, D-10435 Berlin, Tel. (0 30) 4 48 19 60, *millionen@yahoo.com* (* Luckenwalde 6. 4. 68) – **S:** 90–92 FHS f. Werbung u. Gest. Berlin; 92–99 HdK Berlin (ab 99 Meisterschülerin f. visuelle Kommunikation b. Prof. Dommer); 95–96 Éc. des Arts Décoratifs Paris – **P:** DAAD Stip. Paris 96; Stift. Buchkunst (Schönste Bücher) 05 – **G/T:** Ill. (Feder, Tusche, Papier, Computer) – **V:** Enn Vetemaa u. K.M.: Die Nixen v. Estland 02; Das hässliche Entlein 05; A. Kantelhardt (Hrsg.): Von einem, der auszog, das Fürchten zu lernen 05; Ulf Geyersbach: Fussballdeutsch 06

Mensching, Gerda s. Flottwell, Gerda von

Mentel, Felizitas (verh. Felizitas Eiselstein), Malerin; Neuhöfer Str. 31, D-67065 Ludwigshafen-Rheingönheim, Tel. (06 21) 54 36 49, 54 38 94, Fax 5 29 43 32, *Felizitas.Mentel@Eiselstein.de*, *www.eiselstein.de* (* Kempten/Allgäu 6. 6. 46) – **S:** 64–68 Freie Akad. Mannheim (b. Prof. Berger-Bergner) – **P:** Arb.urlaub im Künstlerbahnhof Ebernburg 83; Hans-Purrmann-Pr. 84; Arb.stip. d. Ldes RP 84, 93; Arb.stip. d. Stadt Wolfsburg 85 – **Ve:** Arb.kr. Pfälzer Künstler – **G/T:** Malerei, Graph., Neon-Reliefe, -Skulpt. u. -Wandbild, Aktion m. Licht – **W:** Ankäufe u. a. durch d. Innenmin. d. Lder Sa. u. RP – **M:** u. a. Frankfurt am Main, Dresdner Bank (Hauptverwaltung); Gelsenkirchen, SM; Koblenz, Mittelrhein-Mus.; Ludwigshafen, Wilhelm-Hack-Mus.; Speyer, VR-Bank – **Ö:** u. a. Chemnitz, Ldespolizeischule; Heidelberg, Oberpostdir.; Karlsruhe, Hauptverwaltung d. EnBW; Ludwigshafen, Stadthaus Süd; ebda, Polizeipräsidium – **E:** u. a. 82 Koblenz, Mittelrhein-Mus.; Bergkamen, StG; 83 Erlangen, KV; Bad Münster, Künstlerbahnhof Ebernburg; 85 Speyer, KV; 86 Kaiserslautern, Pfalz-Gal.; Langenburg, KV Hohenlohe; 88 Frankfurt am Main, Dresdner Bank (Hauptverwaltung); Münster, Westf. LM; Gelsenkirchen, SM; 95 Bielefeld, KH; 05 Speyer, StG; 07 Ettlingen, SM (Kat.); Mußbach, Herrenhof; 08 Sonthofen, StG (Eröffnungsausst., Kat.) – **G:** u. a. 86 München, Braunbehrens; Karlsruhe, Bad. KV; 87 Fellbach (Lichtkunst); 88 Karlsruhe, StG; 92, 02 Kaiserslautern, Pfalz-Gal.; 93 Mainz, StG; 96 Speyer, KV; 97 Mußbach, Herrenhof; 05 Ettlingen, SM – ***Lit:*** KAT.: Strukturen, Strukturiertes, Strukturierung 76; Arbeiten mit Licht und Farbe 86; Neonobjekte und Entwürfe 88; Lavafeld 95 – ***LitR:*** Kulturlandschaft Pfalz, Fs.bericht SWF 3 80; Kulturkalender, Fs.bericht SWF 3 82, 83, 85, 88; Bilderbogen, Dok. SWF 3 83; Landesschau, Bericht SWF 3 84; Atelier-Bericht über Neon-Objekte u. Transparentcollagen, Erstes Privates Fs. 85; Guten Abend aus Mainz, Bericht u. Interview SWF 3 85; Landesschau, SWF 3 86, 93; Ausst.- u. Atelierbericht m. Interview, WDR 3 88; RNF- u. Atelierbericht 93

Menzen, Karl, Dipl. Ing., Bildhauer; c/o Atelier, Fuldastr. 40, D-12045 Berlin, Tel. u. Fax (0 30) 61 30 78 42, *karlmenzen@web.de*, *www.karl-menzen.de* (* Heppingen 11. 4. 50) – **VG:** Potsdam, Gal. am Neuen Pal.; Radebeul, Kult.scheune – **S:** Autodidakt; Berlin (Ass. b. Bildhauer Volkmar Haase) – **Ve:** VG Bild-Kunst – **KGr:** Fluss (Künstleraustauschgr.) – **KGe:** Mehnert/Menzen: K.M. u. Frank Mehnert (seit 90) – **G/T:** Bildhauerei in Stahl (nicht-figurativ); Stahlreliefs; Papierarb. – **W:** zahlr. Groß- u. Kleinplast. in Privatbes. – **M:** Schleswig, LM f. Kunst u. Kult.-Gesch. Schloß Gottorf (Slg Horn) – **Ö:** Berlin, Kurfürstendamm; ebda, Alter Park, Kaiserdamm, Manfred-v.-Richthofen-Str.; Radebeul, Anger; ebda, Neubrunnstr.; Salzgitter, Tiede – **E:** 04 Lehnin, Gal. am Klostersee – **G:** seit 87 Bet., u. a. in Berlin, Frankfurt am Main, Dresden, Potsdam, Zwickau, Chemnitz, Amstelveen/Niederl., Mailand, Mantua/Ital., Sansepolcro/Ital., Kiel, Stade u. Büdelsdorf – **V:** Stahlplastiken 01; Endlich u. Wurlitzer: Skulpt. u. Denkmäler in Berlin (Beitr.) 90; Heinz Spielmann: Slg u. Stift. Rolf Horn (Abb.) 95; Pino Di Gennaro: I Modi della Scultura, Lehrb. (Abb.) 97

Menzer, Fritz; Am Bellerbek 72, D-24589 Nortorf, Tel. (0 43 92) 21 59, *fritzmenzer@online.de* – **G/T:** Malerei, Graph. – (Red.)

Mer, Marc, Prof.; Konzept-, Objekt-, Installations- u. Medienkünstler; Schriftsteller; Architekt; Kurator; Tannenhofallee 20, D-48155 Münster, Tel. (02 51) 38 34 93 64, Fax 38 34 93 65, *MarcMerOPPC@aol.com; POSTPARADISE@aol.com; www.marcmer.eu* (* Innsbruck 20. 3. 61) – **S:** 80–86 TU Innsbruck (Archit. b. Prof. J. Lackner) – **L:** 91–94 TU Graz (Doz. f. Gest. u. Entwurf); 95–99 RWTH Aachen (Doz. f. Gest. u. Entwurf); seit 00 HS f. angew. Wiss. u. Kunst Münster (Münster School of Archit., Prof. f. übergreifende Gest., Raumbild. Kunst u. Phil. d. Raumes); 00 Stift. Bauhaus Dessau (Postgraduate Kolleg) – **Ve:** VG Bild-

Kunst 97 – **G/T:** Multimedia-, szenische u. lit. Stadtrauminstall.; Text-Performance; Konzeptkunst; Fotogr. (erotische Stadtraumreportage) – **W:** überw. in Privatbes.; Lit. Stadtrauminstall. in Köln 99, Kassel 00, Bochum 02 u. Lüdenscheid 05 – **M:** Innsbruck, Slg d. Tiroler Ldesreg.; Innsbruck, Tiroler LM Ferdinandeum (Slg Mod. Kunst); Wien, Slg d. Stadt; Wien, Öst. KS – **E:** 85 Salzburg, Ropac; 86 Innsbruck, KV; 87 Innsbruck, Gal. Zeitkunst; 91 Leverkusen, Gal. Lommel; 92 Wien, Haus Wittgenstein; 95 Graz, Internat. Bienn. f. Medien u. Archit.; 98 Innsbruck, Tiroler LM Ferdinandeum; Kitzbühel, Zeitkunstgal.; 99 Pulheim, Abtei Brauweiler; Köln, Mus. Ludwig – **G:** zahlr. Ausst.bet. seit 85, u. a. 85 Ein Hod, Janco-Dada Mus.; Köln, Art Cologne; 86 Calgary, Canadian Correspondence Art Gall.; 87 Innsbruck, KV; 88 São Paulo, Cultural Center; 89 Trondheim, KV; Köln, Gal. Bott & Paszti; 90 Innsbruck, Tiroler LM Ferdinandeum; 94, 01 Linz, LG; 96 Linz, Gal. Maerz; 97 Bonn, Artothek im KV; 98 Wien, Gal. Makartgasse; 99 Kitzbühel, KV; Köln, MAK; 00 Breda, De Beyerd Centrum voor Beeldende Kunst; Kassel, Mus. Fridericianum; 02 Bonn, KV-Artothek; Leipzig, Gal. d. HGB; 03 Köln, Gal. Frehrking & Wiesehöfer; 04 Berlin, Stüber; 05 Lüdenscheid, Parkldschaften – **V:** TRANSLOKATION. Der ver-rückte Ort. Kunst zwischen Architektur, 3 Bde 94/95; (Kunst(Museum (Stadt))). Versuche u. Versuchungen für e. dialogische Architektur zw. Behälter u. Verhältnis 97; BOX-SEX. Installationen u. Instanz. Stellungen im Stall 00; Das geheime Liebesleben des Dali Ernst Musil Wittgenstein (Fotogr.) 02; Macondo. Zs. f. Lit. Ed. 8, (Fotogr.) 03; Zur Architektur des Raumes. Eine philosoph. Szenerie. Momente u. Motive raumbildender Kunst 04; Archplus, Zs. f. Archit. u. Städtebau (Fotogr.), H. 168 04; Stadt u. Raum (Fotogr.), H. 6 04; Macondo, Zs. f. Lit. (Fotogr.), Ed. 15 06 – ***Lit:*** Carlpeter Braegger, Günther Dankl u. a.: M.M. – Ferne der Welt. Der multiplizierte Blick. Monogr. 93; Ludwig Seyfahrt: M.M. – scene/obscene. Monogr. 00; Reinhard Braun: M. M. – Von Kontingenzen, Medien u. einer Praktik namens Raum, in: Karin Damrau, Markus Pasing (Hrsg.): Unschärferelationen. Experiment Raum 02

Mer, Pascale (eigtl. Pascale Margarita Wimmer), Dipl.-Architektin, Malerin, Gestalttherapeutin (nach Fritz u. Lore Perls); Berrenratherstr. 383, D-50937 Köln, Tel. (02 21) 9 43 31 48, Fax 9 43 31 46, *mail@pascalemer.com*, *www.pascalemer.com*. c/o Ateliergemeinschaft Höninger Weg, Höninger Weg 107–109, D-50969 Aachen (* Aachen 23. 1. 63) – **P:** DAAD Stip. Portsmouth Polytechnic f. Archit. 88/89; Stip. d. Fond. Ratti Como 94; Förd.pr. Junge Archit. zeichnen Frankfurt 96; Intern. Syrlin-Kunstpr. 98 – **Ve:** VG Bild-Kunst 96 – **G/T:** Malerei u. Zchng (bevorzugt Gouache, Kreide, Kohle) – **E:** 94 Como, Chiesa di S. Francesco; 98 Stuttgart, RH; 98–01 Paris, Gal. Espace 31; Köln, Showroom Schwarz u. Hein – **G:** 98–01 London, Barcelona, Bages, Mini Print Internat.; Stuttgart, Kult.forum Airport: Bund dt. Künstler Bad. Württ.; Mainz, Gal. am Fischtor; Amberg, Neue Kunst; Nürnberg, Münch u. Seelig; – 99 München, Haus d. Kunst: Junge Kunst; 01 Düsseldorf, Große Kunstausst.; 04 Köln, KH Lindenthal: Ein Buch f. d. Stadt

Merisi s. Zagler, Herwig Wolfgang

Merkel, Florian, Graphiker, Fotograf; Winsstr. 59, D-10405 Berlin, Tel. (0 30) 4 42 51 73. Baumbachstr. 1, D-30163 Hannover, Tel. (05 11) 6 26 69 97, *contact@florianmerkel.de*, *www.florianmerkel.de* (* Karl-Marx-Stadt 61) – **VG:** Berlin, Wohnmaschine – **S:** 81–86 HGB Leipzig (Fotogr. b. H. Strauß) – **P:** Arb.stip. d. Berliner Senats (f. Fotogr.) 91; Aufenthaltsstip. Künstlerhaus Lukas, Ahrenshoop 00; Arb.stip. d. Berliner Senats 01 – **Ve:** Dt. Fotogr. Akad. (93–98) – **KGr:** EIDOS (seit 90) – **G/T:** Fotogr., Graph. – **W:** private Slgn – **M:** u. a. Berlin, Märkisches Mus.; Chemnitz, StA; Cottbus, Brandenburgische KS; Köln, Mus. Ludwig – **E:** zuletzt u. a. 98, 00, 02, 04 Berlin, Wohnmaschine 00 Tokyo, Mitaka AC; 04 Berlin, Druckerei Conrad – **G:** 00 Rotterdam, Fotogr. Bienn.; 01 New York, Exit Art; 02 München, Haus d. Kunst – (Red.)

Merkel, Juliane, Textildesignerin, Malerin, Kunsttherapeutin; Auerbacher Str. 148, D-08107 Kirchberg, Tel. (03 76 02) 6 62 26 (* Zwickau 30. 11. 55) – **S:** 74–77 FS f. angew. Kunst Schneeberg (Abt. Mode); 94–97 Margarethe-Hauschka-Schule Bad Boll (Stud. Kunsttherapie) – **Ve:** VBK DDR 80–89/90; SKB – **G/T:** Ill.; Objektkunst (Textil, Filz); Malerei (Pastell, Aqu.); Graph. (Zchng); Pflanzenfärberei-Shibori; Kunsttherapie; Farbgest. – **K:** Shibori, Malen (Aqu.) nach Goethes Farbenlehre, Filzen – **M:** Chemnitz, KS; Dresden, KGM Schloß Pillnitz – **Ö:** Kirchberg, Gymnasium; Werdau, Krankenhaus – **E:** zahlr. seit 82 u. a. 82, 85 Dresden; 88 Zwickau; 89 Jena; 05 Chemnitz – sowie: 06 Chemnitz, Schauspielhaus – **G:** u. a. Dresden, IX. u. X. Kunstausst. d. DDR; – Miniaturtextil: 86 Szombathely/Ung., 78 Strasbourg, 89 Barcelona u. Toronto; – sowie: Inform '92 u. Inform '93 – **V:** Gunhild v. Kries: Zeit heilt. Begegnungen m. d. Klang d. Zeit (Pastelle) 03

Merkel, Klaus, Maler; *merkel.atelier@web.de*, *www.merkel-atelier.de* (* Heidelberg 8. 11. 53) – **VG:** Berlin, Kienzle & Gmeiner; Köln, Kunsthandlung Osper; Düsseldorf, Flor – **S:** 75–80 Staatl. ABK Karlsruhe/Freiburg (Malerei b. Prof. Peter Dreher) – **L:** 88–89 Staatl. ABK Karlsruhe; 96–97 Akademia de Arta Bukarest; 97–00 Èc. Nat. des Beaux Arts de Lyon – **P:** Kunstpr. Ldkr. Germersheim 79; DAAD Wien 80; Kunststift. BW 86; Kunstfonds Bonn 88; Alfred Krupp v. Bohlen u. Halbach Stift. Essen 88; Zusammenarb. m. d. Jackson Pollock Bar Freiburg 93, 95; Prix Európén f. Malerei Paris 99; apexart New York 01; iaab Montréal 03 – **Ve:** Dt. Künstlerbund seit 94; BBK seit 97 VG Bild-Kunst seit 00; Künstlerbund Bad.-Württ. seit 04 – **G/T:** systemische u. abstr. Malerei – **W:** in Privatbes.; Ankauf u. a. durch d. Ld BW – **M:** Düsseldorf, e.on Collection; Essen, Alfred Krupp v. Bohlen u. Halbach Stift.; Frankfurt am Main, Dt. Bank KS; Freiburg im Breisgau, Elisabeth Schneider Stift.; Freiburg im Breisgau, Morat-Inst. f. Kunst u. Kunstwiss.; Freiburg im Breisgau, Mus. f. Neue Kunst; Freiburg, Dt. Bank; Karlsruhe, ABK; Köln, Axa Vers; Stuttgart, Slg Ldesbank BW – **Ö:** Waldkirch, Sick AG – **B:** Freiburg, Univ.klinik (Neurologie) – **E:** 86 Freiburg im Breisgau, Mus. für Neue Kunst; 87 Bielefeld, KH; 88 Düsseldorf, KV f. d. Rhld. u. Westf.; 89 New York, Massimo Audiello Gall.; 99 Freiburg, KV; 99, 05 Berlin, Kienzle & Gmeiner; 00 Dessau, Expo; 01 New York, apexart; 06 New York, Cynthia Broan – **G:** 85 Berlin, NG; 88 Düsseldorf, KH; Boston/MA, Mus. of Fine Arts; 94 St. Gallen, KH; 96 Leeds, Bowes Mus.; Sofia, Mus. Reina; 99 Ldesbank BW; 02 Baden-Baden, SKH; 03 Frankfurt am Main, KV; 06 New York, redstudio; Nürnberg, KH – ***Lit:*** Doreet Levitte-Harten 93; Markus Brüderlin, Zs 94; Hanne Loreck 99; Hans-Jürgen Hafner, Monogr., in: Kunstforum 12/03

Merkens, Ferdinand, exper. Künstler, Objektemacher; Miehlener Str. 4, D-56355 Bettendorf, Tel. (0 67 72) 96 45 91, *info@franz-ferdinand.de*, *www.franz-ferdinand.de* (* Lahnstein 23. 3. 64) – **VG:** Bettendorf, Gal. u. Mus. f. Kunst – Franz Ferdinand – **P:** Nassauer Kult.pr. 04 – **G/T:** Objektkunst (Metall) – **W:** überw. in Privatbes.; Bettendorf, Gal. u. Mus. f. Kunst –

Franz Ferdinand; Nastätten, Sponheimer Hof – **E:** 06 Rettert, Ldgasthof Gemmer; Karlsruhe, Inventa; Niederwallmenach – sowie: Dauerausst. in Bettendorf, Gal. u. Mus. f. Kunst – Franz Ferdinand – **G:** 06 Hartheim, Stahlkunstausst.

Merkisch, Robin, Fotograf; Fliederweg 14, D-40489 Düsseldorf, *gabykraushaargalerie@t-online.de, www.germangalleries.com* (* Düsseldorf 2. 6. 71) – **S:** 91–98 Univ. GesamtHS Essen (Fotogr.); 94–95 Gerrit-Rietveld-Akad. Amsterdam – **P:** Stip. f. Amsterdam 94, 95; Graduiertenstip. d. DAAD f. British Columbia/Kanada 99, 00; Projektstip. d. Stift. Kunst u. Kult. d. Ldes NRW 01, 02; Förd.pr. d. Großen Kunstausst. Düsseldorf 02 – **G/T:** Fotogr., Bildhauerei – **M:** Düsseldorf, KS NRW; Düsseldorf, Mus. Kunst Pal. – **E:** 95 Amsterdam, Ptogal.; 98 Essen, Zeche Zollver.; 00, 01 Düsseldorf, Kraushaar; 01 Amsterdam, Gal. 0031; 03 Luckenwalde, KH – **G:** zahlr. Ausst.bet., u. a. 95 Reims (mai de la photo); Groningen, Fotomanifestatie; 96 Caracas (Prodiseno); 97 Düsseldorf, Mus. Kunst Pal.; Stuttgart, Haus d. Wirtschaft; 98 Düsseldorf, KV; 99 Oberhausen, Rheinisches Industr.mus.; Cottbus, Brandenburgische KS; 02 Hamburg, Mus. d. Arb.; Düsseldorf, Kraushaar; 03 Toronto, Mercer Union – **V:** HKM-HBR 4716 96 – (Red.)

Merli (eigtl. Gabriele Merl, geb. Gabriele Böber), Malerin, Illustratorin; Müssenredder 94 d, D-22399 Hamburg, Tel. (0 40) 6 02 26 22, Fax 61 16 34 54, *merlimerl@web.de, www.merlimerl.de* (* Halle/Saale 25. 8. 51) – **S:** Hamburg (18 Jahre Ausb. b. d. Kunstpädagogin Erika Glöde) – **Ve:** VG Bild-Kunst 06 – **KGr:** art goes public – Hamburg; Kunst- u. Künstler-Agentur, Thomas Roth Hamburg – **KGe:** Malinstitut Hamburg: Merli u. E. Glöde – **G/T:** Aqu.; Eitemperamalerei; Ill.; Comic – **E:** 01 Stuttgart, Verlagshaus Cash (Messe Geld & Kapital); 04 Hamburg, Stables (Ausst. z. Business-Tag); Hamburg, Poppenbüttel (Dauerausst.); 06 Hamburg, Kunstladen – LadenKunst (Projekt); Hamburg-Bergedorf – **G:** 03, 04, 06, 07 Hamburg, KWP Sasel Ausst.; 06 Hamburg, Kunstaltonale; Hamburg, Kunst- u. Kult.ver. Chez Linda – **V:** In: Folium, Studentenmag. d. Univ. Kiel 00, 01; Kat.-Ill. f. W. Hoppe 04; In: Cash, Kapitalanlagenmag. (Ill.), 10/04, 10/05 u. 3/06; Händelfestspiele Halle/Saale, Postkartenerstellung 06 – **R:** Beitrag üb. Kunstausst. in Wandsbek, In: Hamburger Journal, Juni 06

Mersmann, Eleonore (auch: Eleonore Däubler-Mersmann, Monogramm: EDM, geb. Eleonore Möckel), Malerin; Lichtel 2, D-97993 Creglingen (* Niederplanitz 4. 6. 28) – **S:** 51–54 WerkKsch Wiesbaden – **P:** Pr. d. Ldeshauptstadt Wiesbaden (1. Pr.) 60 – **Ve:** BBK Wiesbaden 56–83 – **KGr:** Gruppe 50 (Wiesbaden, 56–90) – **KGe:** E. M. u. Paul Mersmann (Wiesbaden/Creglingen seit 80) – **G/T:** Malerei (Öl, Aqu.); Wandgest. – **W:** Ankäufe d. Ldeshauptstadt Wiesbaden sowie d. Hess. Kultusmin. – **Ö:** Wiesbaden, Kohlheck-Schule (Mosaik, 61) – **E:** 58 Wiesbaden, Schwabedal; 75 Wiesbaden, Moering; 77 Ingelheim, Dr. Salamon; 81 Wiesbaden, Künstlerwkst. – **G:** 58–83 regelmäßig: Wiesbaden, Gr. 50; 68 Wiesbaden, St. Mauritius; 69 Wiesbaden, Mus.; 75 Wiesbaden, Mayo-Klinik; 76 Frankfurt am Main, BBK; 77 Alzey, Lindenpark – **V:** Der Doppelbogen, Lit.-Ztg Wiesbaden – ***Lit:*** Kat. d. Gr. 50 z. 25jährigen Bestehen 75; Bildende Künstler. Kultur in Wiesbaden 81 – (Red.)

Mersmann, Paul; Lichtel 2, D-97993 Creglingen (* Berlin-Dahlem 18. 3. 29) – **VG:** Memmingen, Maximilian-Dietrich-Verl. Ed. Curt Visel; Bayreuth, Bear Press – **S:** 48–51 WerkKSch Münster; Dombauhütte Münster (Bildhauerei) – **P:** Pr. d. Stift Buchkunst f. d. schönsten dt. Bücher (f. Gerard de Nerval: Aurelia) 96 – **KGe:** Eleonore Mersmann u. P. M. (Wiesbaden/Creglingen seit 80) – **G/T:** Ill., Künstlerb. u. Mappenwerk (zahlr. Buchill. u. Einblattdrucke); Rad.; Wandmalerei u. Plast. – **M:** Mainz, Gutenberg-Mus.; Offenbach am Main, Klingspor-Mus.; Wiesbaden, Ldesbibliothek – **Ö:** WANDMALEREI: Marburg, Mensa Nord d. Univ.; Wiesbaden, Innenstadt; ebda, Villa Glücklich, Eingangskuppel Altenwohnstift Hildastr., Treppenhaus Wagemannstr. 25; – BRONZEARB.: Rotenburg-Wümme, Bahnhofspl. (Bronzefigur); Wiesbaden, Kaiser-Friedrich-Haus (Bronzegr.) – **E:** 80–97 Wiesbaden, Künstlerwkst.; 04 Wiesbaden, Altstadtgal.; – sowie regelmäßig: Frankfurt am Main, Buchmesse (vertreten durch Bayreuth, Bear Press); Memmingen, Maximilian-Dietrich-Verl. Ed. Curt Visel; Stuttgart, Maximilian-Ges. – **V:** Wiesbadener Lit.-Ztg (Mitbegr. u. Hrsg.) 79–82; KÜNSTLERB.: Wasserlösliche Zwischenstufen der Baukörper 88; Wasserlösliche Zwischenstufen der Heilkunst 89; Schattenforschungen, Romanfolge m. Ill. 02–06; – weitere: Das Dürerhaus in Nürnberg (Ill., Lith.) 91; Heinz Schlaffer (Einführung): Kaleidoskopische Schriften (Rad. u. Text) 02; Wolfgang Hildesheimer: Bericht einer Reise (Rad.) 02; Genesis – Illustrationen (81 Aqu. m. eigenen Texten) 05–06; Buch Ruth (19 Aqu. m. eigenen Texten) 05–06; Gustav Flaubert: Bücherwahn (Rad. u. Nachwort) 06; In Rom 1960–61, Gespräche m. Gustav René Hocke u. Giorgio de Chirico; sowie div. Einblattdrucke (m. Texten) f. The Bear Press Bayreuth – ***Lit:*** Beitr. in versch. Zss u. Mag., zuletzt: Georg von Horneburg: Hintergründe aus einer vermuteten Freundschaft, in: Illustration 63 3/03

Merz, Albert, Maler; Nachodstr. 6a, D-10779 Berlin, Tel. (0 30) 2 18 62 49, *mail@albert-merz-berlin.de, www.albert-merz-berlin.de*. Biesentaler Str. 22, D-13359 Berlin, Tel. (0 30) 4 94 25 30 (* Unterägeri 28. 6. 42) – **VG:** Bern, Schindler; Pully, Mainetti; Zug, Renggli; Zürich, Hufschmid – **S:** 72–75 Schule f. Gest. Luzern; 80–84 HdK Berlin – **P:** Arb.stip. d. Stadt Berlin 86; Werkjahr d. Zuger Kult.stift. Landis & Gyr London 97 – **W:** Ankauf u. a. durch d. Stadt Zug, Kt. Zug u. Kt. Luzern – **M:** u. a. Berlin, Berlinische Gal.; Berlin, Kpst.-Kab.; Berlin, SMPK; Cannes, Mus. de la Castre; Stuttgart, SG; Utrecht, Hedendaagse Kunst – **Ö:** u. a. Berlin, Pankstr. Sporthalle (Wandgemälde); Cham, Gemeindebibliothek; Zug, Stadtbibliothek (Wandgemälde) – **E:** zahlr. Ausst., u. a. 86 Berlin, Lietzow; 92 Bregenz, Pal. Thurn u. Taxis; 96 Regensburg, Kunstkab.; 97 Bern, Schindler; 01 Stuttgart, Braun – **G:** zahlr. Ausst.bet., u. a. 78 Zug, Kunsthaus; 83 Darmstadt, KH; 99 Berlin, Hartmann & Noé; 02 Heidelberg, Kunstverein; 03 Berlin, Rampoldt – ***Lit:*** BLSK 98; Schweers 02 – (Red.)

Merz, Gerhard, Maler, Objekt- u. Installationskünstler (* Mammendorf 25. 5. 47) – **VG:** Düsseldorf, Fischer; Köln, Krips – **S:** 69–73 ABK München (Meisterschüler v. Rudi Tröger) – **L:** KA Düsseldorf (Prof.) – **M:** Berlin, Hamburger Bahnhof; München, Pin. d. Mod.; Wiesbaden, Mus. – **Ö:** Berlin, Auswärtiges Amt; ebda, Lichtinstall. f. d. Potsdamer Pl.; Hartha/Dresden, Das Manifest d. Construire (Skulpt.) – **E:** u. a. 95 Berlin, Kunst-Werke; 96 Basel, KH; 98 Zürich, Helmhaus; 00 Hannover, KV; 02 Düsseldorf, KS NRW – **G:** u. a. 87 Kassel, documenta VIII; 89 Hamburg, Deichtorhallen; 92 Kassel, documenta IX; 95 Köln, KV (Pal. d. Künste); 97 Venedig, Bienn. – ***Lit:*** Reclams Künstlerlex. 02; Schweers 02 – (Red.)

Merz, Marianne (auch Marianne Merz Mannheimer Malerin), freischaffende Künstlerin; Pommernstr. 45, D-68309 Mannheim, Tel. (06 21) 7 15 25 10, Mobil: 0 16 26 10 32 20, Fax 7 15 25 11, *mm_e_merz@t-online.*

de, www.mariannemerz.homepage.t-online.de (* Berlin 26. 5. 36) – **S:** 85–88 Freie KSch Rhein-Neckar Mannheim; 86, 98, 06 Europ. ABK Trier (Malerei b. Joe Allen); 91, 96, 97, 98 Bundesakad. f. kult. Bildung Wolfenbüttel (Meisterkurs Malerei b. Prof. Rolf Thiele); 98 Pentiment Hamburg (Malerei b. Hans Sieverding) – **L:** Schulpädagog. Sem. Mannheim (LBeauftr. f. bildner. Gest. f. 26 Jahre); Kath. Bildungswerk Mannheim (LBeauftr. f. Malerei f. 25 Jahre) – sowie: 27 Jahre an Grund- u. Hauptschulen (Kunsterziehung); 10 Jahre privater Kunstunterricht in Mannheim (Malerei) – **P:** Stip. European Bridges Constanta/Rumänien 05 – **Ve:** GEDOK Mannheim-Ludwigshafen 75; Kult.-arb.kr. Vogelstang Mannheim 93; BBK Darmstadt 97 – **G/T:** Malerei (alle Techniken); Druckgraph.; Reliefs; neofigurativ; Abstr. durch künstler. Komposition; Themen: Auseinandersetzung zw. Natur u. Technik; Leben u. Arbeiten; Akte; Blumen; Lsch.; Tagebuchblätter u. a. – **W:** in Privatbes.; Ld Bad.-Württ. – **M:** Heidelberg, Bad.-Württ. Bank; München, Europ. Patentamt – **Ö:** Bukarest, European Bridges; Dietzenbach, ALS Verlag; Dijon, Direction du Canal de Bourgogne; Mannheim, TÜV; Starnberg, Fa. Growtth Consulting GmbH; Veuvey/Frkr., RH; Weinheim, Fa. Freudenberg – **E:** seit 78 über 100 im In- u. Ausld, zuletzt 06 Mannheim, KV (Kat.); Mannheim, Kult.tage Vogelstang; – sowie: 03–05 Frauen d. Bibel an 12 Orten (Kat.) – **G:** zahlr. Bet., zuletzt 00 Darmstadt, BBK: Lebenszeichen; 00 Pforzheim, PZ-Forum: Werkstattkunst; 04 Mannheim/Ludwigshafen, GEDOK: Eva; Darmstadt, BBK: Der Stand d. Dinge; 05 Mannheim, KV: Kartonagen; 06 Weinheim, Kunstförd.ver.: XXXL – sowie: 92 Wanderausst. Künstler bekennen Farbe – 40 Jahre Bad.-Württ. – **V:** Siegfried u. d. Nibelungen (Ill.) 85; Der Goldene Vogel nach einem Märchen d. Gebrüder Grimm 95; [So bin ich] ... so ist meine [Kunst], Kunstbuch art gal. Keller Lampertheim 05; Unterrichtshilfen f. Bild. Kunst (14 Bde); Freiarbeitskarten (9 Ausgaben) – ***Lit:*** Kat. z. Jahresausst. d. GEDOK Heidelberg/Mannheim-Ludwigshafen 89; Schwarz + Weiß = Grau, Ausst.kat. (z. Ausst. d. GEDOK Heidelberg/Mannheim-Ludwigshafen) 91; For ever young, Ausst.kat. (z. Ausst. d. GEDOK Heidelberg) 94; Passagen art, Ausst.kat. Kunst-Zs Passagen 95; Eberhard Merz (Hrsg.): Frauen d. Bibel – Portr. u. Lebensgeschichten bibl. Frauen, Dok. über 12 Ausst. 06

Merzinger-Pleban, Renate (geb. Renate Pleban), akad. Malerin, Graphikerin, freie Mitarbeiterin in privaten Kunsthandelsunternehmen, Verlegerin; Krumpöckgasse 1, A-3021 Pressbaum, Tel. u. Fax (0 22 33) 5 28 71, Mobil: 06 7 63 40 61 57, *r.merz@gmx.at, www.merzinger-pleban-verlag.at.tf* (* Wien 13. 6. 42) – **S:** 61–65 HS f. angew. Kunst Wien (Meisterkl. f. Malerei u. Graph. b. Prof. Schmid-Jesser) – **P:** Akad.pr. d. HS f. angew. Kunst Wien 61 – **Ve:** IG Bild. Künstler Öst. 64; Ver. f. Kunst u. Kult. (Gründungsmitgl.) 74–83 – **G/T:** Ldschaften in Aqu., Acryl, Bleistift u. Kreide; Ill. – **E:** u. a. Pressbaum, Sacré Coeur; Eichgraben, Ver. f. Kunst u. Kult.; Wien, Kleine Gal.; Wien, Raiffeisen-Zentralbank; Wien, Portfolio Kunst AG; St. Pölten, NdÖst. Dok.zentrum f. mod. Kunst – **G:** im Rahmen d. Berufsverb. bild. Künstler Öst.; im Rahmen d. Ldesverb. d. NdÖst. KV; im Rahmen d. Gal. VKK Eichgraben; u. a. Tokio, Metropolitan AM; Wien, Stubenbastei; – weitere: Frauenkult.wochen Messepal. – **V:** Ernst Merzinger: Sommergedichte – Winterzeichnungen (Ill., Bleistiftzchngn) 00; Bilderbuch (Titel, Graph., Text) 00

Meschede, Christine (eigtl. Christine Bandau), Bild. Künstlerin; Johannes-Albers-Str. 9, D-50767 Köln (* Meschede 23. 7. 33) – **S:** Werkschule Münster; Kölner Werkschulen (Meisterschülerin) – **P:** August-Macke-Pr. d. Stadt Meschede – **Ve:** BBK Köln; GEDOK – **KGr:** K-66 (66–72, Mitbegründerin) – **G/T:** Malerei, Collage – **M:** Kiel, KH; Ludwigshafen, Wilhelm-Hack-Mus. – **Ö:** Meschede, RH – **E:** Aachen, Suermondt-Ludwig-Mus.; Freiburg, KV; Leverkusen, StM Schloß Morsbroich; Köln, Artothek; Rees, RH – **G:** Köln, KV; Oldenburg, KV; Bonn, KS; Bonn, Frauen-Mus.; Duisburg, Wilhelm-Lehmbruck-Mus. – (Red.)

Messemer, Max Christian (Max Messemer), Bildhauer, Maler, Steinbildhauer, Steintechniker; c/o Galerie Klaus Lea, Blütenstr. 1, D-80799 München, Tel. (0 89) 2 72 41 79, Fax 2 73 08 75, *klaus.lea@cyberday.de* (* Pinneberg/Holstein 19. 2. 57) – **VG:** München, Lea – **S:** Berufsbild. Zentrum f. Kunsthandwerker München; Siebdruckwkst. Manfred Messemer – **L:** 84–96 Berufsbild. Zentrum f. Kunsthandwerker; seit 03 Fachoberschule f. Gest. Straubing – **Ve:** BBK München u. Obb. – **KGr:** Kollektiv Schellingstraße (93–95) – **G/T:** Bildhauerei (Stein, Bronze, Keramik, Holz, Metall, Papier); Malerei; Druck (Monotypien); Install. (exper. Techniken) – **W:** überw. in Privatbes., Performances – **M:** Hamm, Otmar Alt Stift.; Hamm, Skulpturenpark; München, Artothek – **Ö:** Wolfsburg, Gal. Haus Rhode (Install., Raum- u. Pl.gest.); Taufkirchen b. München, Pater-Rupert-Mayer-Brunnen (Keramik); München, Neuer Südfriedhof (Keltenbrunnen); sowie weitere Brunnen u. Denkmale – **E:** 93 München, Lea; 96 München, Valentin-Karlstadt Musäum; 97 Wolfsburg, Gal. Haus Rhode; 98 München, Technologiezentrum; 03 Geretsried, Stadtbücherei – **G:** zahlr. Ausst.bet. seit 80, zuletzt 91 Pertenstein, Pertensteiner Pinselspiele; 92 Nürnberg, Art Nürnberg; 93 J. Keetmann; 94 Monterchi, Palazzo Massi; 02 München, Gal. d. Künstler; Wasserburg, KV; 03 Bad Tölz, KV – **V:** Vier in einem Boot, Künstlerb. (Ill.) 94; Hallweg Suite, Mappenwerk (Prints u. Siebdruck) 96 – (Red.)

Messer, Guido, freier Bildhauer; Maybachstr. 5, D-71404 Korb, Tel. (0 71 51) 30 59 80, Fax 30 59 81. Campagna Sud, 147, I-57020 Sassetta, Tel. (05 65) 79 41 52 (* Buenos Aires 20. 1. 41) – **VG:** Halifax, P. S. Design; Flein, P. S. Design; Schorndorf, Württemberg, Schilling; Stuttgart, Schilling; Stuttgart, ABTart; Soest, Kunststichting Hazart Art Found. – **S:** 58–66 Lehre als Goldschmied; Kunst- u. Werkschule Pforzheim; 66–71 ABK Stuttgart (Bildhauerei); Lehre als Kunstgießer – **L:** 70–82 Werklehrer am Stuttgarter Jugendhaus; 82, 83 PH Esslingen (LAuftr.) – **P:** Stip. d. Kunststift. BW 82; Cité Internationale d. Arts Paris 82, 83 – **Ve:** Württ. KV Stuttgart 80; VBKW 82; BBK Bad.-Württ. 84; Künstlerbund Bad.-Württ. 85; IG Medien 86–92; VG Bild-Kunst 93 – **KGr:** Künstlersonderbund in Deutschland – **G/T:** Bildhauerei (v. a. in Bronze, aber auch Eisen, Kunststoff, Guß u. Montage in Edelstahl); Skulpt. (im Stadtraum); Plast. (Klein- u. Großplast.); Relief; Brunnen; Kunst am Bau – **W:** zahlr. in Privatbes. in Dtld, Frkr., Öst., Kanada, Curaçao, Japan, d. Niederl. u. d. Schweiz sowie im Bes. d. Städte Fellbach, Sindelfingen u. Balingen, d. Reg.präsidien Tübingen u. Stuttgart, d. Ldratsämter in Esslingen u. Waiblingen sowie d. Ldesamtes f. Str.wesen u. d. Autobahnraststätte Pforzheim – **M:** Bonn, Haus d. Gesch. d. BRD; Hannover, Nds. LM; Heilbronn, SM; Stuttgart, Min. f. Wiss. u. Kunst; Waiblingen, Mus. d. Stadt – **Ö:** Backnang, RH; Balingen, Skulpt. in d. Fußgängerzone; Brackenheim, Fußgängerzone; Ellwangen, Ldgericht; Esslingen, Fassadenrelief; ebda, Staatl. Gesundheitsamt; Gaggenau, RH; Güglingen, RH (Skulpt.); Korb, Mahnmal; ebda, Neuer Friedhof Alte Kelter; Leinfelden-Echterdingen, Filderhalle; Nonnenhorn, Bahnhof; Pforzheim,

Brücke/Stadthalle; Riegel, Brunnen Ortsmitte; Schwetzingen, RH; Stuttgart-Degerloch; Stuttgart-Öbertürkheim; Stuttgart-Uhlbach; Urbach, Brunnen v. d. RH; Waiblingen, Kr.krankenhaus; Waldenbuch, Jugendmusikschule – **E:** zahlr., u. a. 71 Basel, Handschin; 79 Stuttgart, Gal. Apostroph; 82 Heilbronn, KH; Berlin, Ladengal. (m. J.P. Tripp); 84 Iserlohn, StG; 85 Tübingen, Hartl & Klier; Ludwigsburg, KV; 86 Frankfurt am Main, Gering-Kuhlenkampff (m. J.P. Tripp); 87 Reutlingen, Kornfeld (m. J.P. Tripp); 88 Schorndorf, Württemberg, Schilling (m. A. Arndt); 89 Rottenburg, Kulturver. Zehntscheuer (m. H. Bäuerle); Leinfelden-Echterdingen, StG; 90 Eislingen, KV; 94 Crailsheim, Mus. im Spital; 99 Wien, Forum Spittelberg; 00 Balingen, RH-Gal.; 01 Waiblingen, StG; Jagsthausen, Altes RH; Jagsthausen, Götzenburg; Güglingen, RH; Stuttgart, Sellack; 02 Wasserburg (Rumdum-Skulpt.); 03 Stuttgart, Wkst.-haus (m. H. Ehrat); Stuttgart, Gal. Kunsthöfle (m. E. Weiblen); 04 Ellwangen, StG; Ellwangen, Stadtraum; 05 Schorndorf, StG (Skulpt.hof) – **G:** zahlr. Bet., seit 77 m. d. Künstlerbund Bad.-Württ. in vielen Städten sowie u. a. 78 Stuttgart, Württembergischer KV; 80 Fellbach, Trienn. d. Kleinplast.; 84 m. d. Kunststift. Bad.-Württ. in verschiedenen Städten; Wiesbaden u. Stuttgart, Kunstlsch. Bundesrepublik; 86 Wendlingen/Neckar, StG; 87 Stuttgart, VBKW; 91 Pforzheim, Kunst im Stadtbild; 93, 96 Berlin, Martin-Gropius-Bau; 94 Soest, De Hazelaar; Altshausen, Schloß (Skulpt.park); 95 Wasserburg am Inn, StG; Heilbronn, Stadt u. Ldkr.: Skulpt. vor Ort; 97 Soest, Kunststichting Hazart Art Found.; Ludwigsburg, Blühendes Barock; 99 Schwäbische Alb, Der Große Alb-Gang; 00 Osnabrück, KH Dominikanerkirche; 02 Schwetzingen, Im Wege stehend IV; 04 Ldkreise in Bad.-Württ., Dreidimensional; 05 Ravensburg, Schloß Achberg – **V:** Abformen einer Plastik zur Herstellung eines Wachsabgusses in 24 Bildern 79 – ***Lit:*** AUSST.KAT.: G.M. Skulpturen 85, 01; G.M. Skulpturen in d. Stadt 90; – weitere: Ruth Messer (Hrsg.): Sammler sprechen zu d. Skulpturen v. G.M. 00; Karina Türr: Farbe u. Naturalismus in d. Skulpt. d. 19. u. 20. Jh. 94; Horst Lässing: G.M., ein ironischer Betrachter, in: Jb. f. d. Rems-Murr-Kr. 03 – sowie zahlr. Veröff. in d. Wochen- u. Tagespresse – ***LitR:*** Edmund Heindrichs, üb. eine Ausst. v. G.M., Film 84 – zahlr. Fs.beitr., u. a.: Martina Zöllner: Kunst u. Volkszorn, Südwest 3 91; Chris Pol: G.M. Landesschau Baden-Württemberg 01; Treffpunkt Wandern: G.M. im Rahmen v. Skulpturenpfad Abgang, SWR

Messerli, Prof. Dr. s. Bohnenberger, Stefan

Messerschmidt, Gabriele, Bildhauerin; Dorfstr. 9, D-06231 Kreypau, Tel. u. Fax (0 34 62) 8 73 76, *bildhauer@t-online.de*, *www.messerschmidt-bildhauer.de* (* Crimmitschau 17. 10. 46) – **VG:** Halle/Saale, Zeitkunstgal.; Erfurt, Vostry; Miami, Virginia Miller – **S:** 68 HS f. Kunst u. Design Burg Giebichenstein Halle (Dipl.) – **L:** Abendschule (bild. Kunst), Zeichn. u. Malerei m. Kindern (zahlr. Schulprojekte) – **G/T:** Zeichn., Malerei, Bildhauerei, Install., Layout, Karikatur, Spieldesign, Spielplätze f. Kinder, Skulpt. u. Portr. (Holz) – **K:** Malerei, Plast. f. Kinder u. Jgdliche – **W:** zahlr. Werke in Dtld, Europa, Jap. u. d. USA – **Ö:** Erfurt, Heliosklinikum; Halle/Saale, Händelhalle; Wittenberg, Hundertwasserschule – **E:** / G: 90 Merseburg, Schloß; 92 Wittenberg, Gal. ART; 96 Weißenfels, Schloß; 97 Prettin, Schloß Lichtenburg; 98, 00 Ulm, Kunstschalter; 99 Schwabach, Gal. Bürgerhaus; 00 Miami, Virginia Miller; 01 Zeitz, Schloß; Lünen, Gal.; 02 Leipzig, Unten; 03 Sangerhausen, Marienkirche; Sangerhausen, Rosarium; Schwabach; Halle/Saale, Zeitkunstgal.; 04 Erfurt, Vostry; Leuna, Gal. CCE – (Red.)

Messina, Lilli, Illustratorin, Kinderbuchautorin; *messina@spur-imnetz.de*, *www.spur-imnetz.de* (* Offenbach/Main 30. 6. 76) – **S:** 96–03 HS f. Gest. Offenbach (Buchgest./Ill. b. Prof. D. Lincke) – **P:** 1. Pr. Dt. Gewerkschaftsbund Saar – **Ve:** VG Bild-Kunst – **G/T:** Buch-/Mag.ill. (Mixed Media) – **G:** u. a. 99, 05, 06 Ratzeburg, A. Paul Weber-Mus.; 01 Frankfurt am Main, Paulskirche; 02 Athen, Goethe-Inst.; 04 Berlin, Humanistische Union; Hannover, Wilhelm-Busch-Mus.; Offenbach am Main, Klingspor-Mus.; 06 Berlin, Palais – **V:** Opa ist...Opa! 05; Carrot and Carrie 06; Warum ist ein A krumm und ein O so? 06; Lotte will ein Haustier 07

Messmer, Roma, Malerin, Gestalterin, Kursleiterin; Rutschbergstr. 6, CH-8608 Bubikon, Tel. 05 52 43 13 28, *schubladen@swissonline.ch*, *www.schubladen.ch* (* Zürich 12. 5. 42) – **VG:** Waltenschwil, ArteNa – **S:** 85–91 Zürich (Aqu.malerei b. Therese Kaelin); 88–92 Zürich (gest. Grundausb. b. H. R. Wilk in Malerei, Zeichn., u. Aktstud.); 92 Sommerakad. Intern. Kunstforum Millstadt (Freie Malerei); 94–95 Atelier Stöckerselig Amriswil (Drucksem., Hoch- u. Tiefdruck, Rad. u. Lith.) – **L:** seit 96 Klubschule Wetzikon (Kursleiterin Malerei, Zeichn. u. Aqu.); 99–00 Schule Wetzikon (Kursleiterin Malerei u. Zeichn., Freizeitkurse, Unterstufe); 02–04 Sommerakad. Ritterhaus Uerikon (Doz. f. Malerei u. Zeichn.) – **Ve:** KV Sihltal 87–01; SGBK 01 – **KGr:** Profile (92–94) – **KGe:** R. M. u. Walter Lüönd (seit 92) – **G/T:** Malerei (Acryl, Aqu., freie Malerei, Akt); Aktzeichn.; div. Drucktechniken (freie Themen); Rauminstall. (Papier u. Acrylglas); Schmuckkreationen (Filz u. Kunststoff) – **K:** Schweiz. Lehrerinnenbildungskurse (Malerei 01–04); Kurse im eigenen Atelier (Malen m. Acryl, Aqu., Aktzeichn., seit 00) – **W:** überw. in Privatbes., Performances – **Ö:** Adliswil, Stadtverwaltung; ebda, Spital, Zivilstandesamt, Abdankungshalle, Altersheim – **E:** 88 Adliswil, Kult.-treff; 92 Zürich, Gal. Direkt; 94 Adliswil, Spital; 96 Zürich, Gal. Vision; 99 Adliswil, Kult.treff – **G:** zahlr. Bet. seit 89, zuletzt 02 Adliswil, Kult.treff; 03 Zürich, Stadthaus; 04 Zürich, Bally – (Red.)

Metallatelier Fuchs s. Fuchs, David

Metje-Cimbaljuk, Natalija (geb. Natalija Zimbaljuk), Malerin; Wiesenstr. 2, D-34376 Immenhausen, Tel. (0 56 73) 92 99 58, *natalija-metje-cimbaljuk@freenet.de* (* Kiew/Ukraine 27. 12. 74) – **S:** 93–99 ABK u. d. Archit. Kiew (Meisterkl. f. Monumentalmalerei u. Tempelkult. b. Prof. M. Storoženko); seit 04 KHS Kassel (Kl. f. Malerei b. Prof. Lobeck) – **L:** Doz. f. Malerei: seit 02 VHS Kassel; seit 05 SM Hofgeismar – **Ve:** BBK Hessen 00 – **G/T:** Aktmalerei u. -zchng (Öl, Kreide); Portr.malerei (Öl, Kreide); Ikone (Eitempera/Holz, Gold); Ldschaftsmalerei (Öl, Aqu.); Stilleben (Öl); Video, Install. – **K:** Malerei u. Zchng (Akt, Portr., Lsch., Stilleben, Abstr.); Ikonenmalerei – **W:** überw. in Privatbes. – **M:** Hofgeismar, SM – **Ö:** Cuxhaven, Siedlungsges.; Hofgeismar, Ev. Akad.; Kiew, ABK; ebda, Marienkirche – **E:** 02 Kassel, Kunstzone Wintershall; 03 Hofgeismar, Ev. Akad.; Bad Karlshafen, Hugenott. Wein- u. Likörhaus; Bad Sooden, Marienkirche; Kassel, Elena-Klinik; 04 Hofgeismar, SM; 05 Cuxhaven, Forum – **G:** zahlr. Bet. seit 86, u. a. 96 Kiew, Lawra; 03 Immenhausen, Glasmus.; 04 Hamburg, Generalkonsulat d. Ukraine; 05 Hamburg, Goethe-Inst. – ***Lit:*** Friedrich Karl Bass: Gegensätze. Malerei u. Glas, Ausst.kat. 03

Mett, Kerstin s. Timis

Mette, Til (eigtl. Gotthard-Tilmann Mette), Karikaturist, Zeichner; Lebt in Upper Montclair/USA (* Bielefeld 28. 10. 56) – **S:** 80–86 Univ. Bremen (Kunst

u. Gesch.) – **P:** Dt. Karikaturenpr. d. Sä. Ztg 00 – **G/T:** Karikaturen (ersch. u. a. im Stern, d. Süddt. Ztg u. in Funny Times); Cartoons; Zeichn. – **E:** u. a. 98 Kassel, Caricatura Gal.; 06 Frankfurt am Main, Mus. f. Komische Kunst im HM – **G:** u. a. 03 Mannheim, KV: Kunst in der Karikatur (Kat.) – **V:** zahlr., u. a. Wie meinst du das: 'Die Chips sind alle' 91; Peter Dahl: Hoffmanns Stärke. Ansichten einer Welt zwischen hier und jetzt (Zeichn.) 92; Osman Engin: Alles getürkt! Neue Geschichten zum Lachen (Cartoons) 92; Komm schon! Komm schon! 93; Cartoons für Ärzte 94; Cartoons für's Büro 94; Cartoons für (Ex-)Raucher 95; Cartoons für Studenten 95; Nicht quengeln, Kinder 96; Cartoons für Sozialarbeiter 97; m. Peter Butschkow u. Erich Rauschenbach: Cartoons für Krankenschwestern 98; Love you! 98; Reiche haben's auch nicht leicht. Das Beste vom Stern 00; Cartoons 02; Bruce T. Smith: Lügen ist Chefsache. Das kleine Buch der Bürolügen (Cartoons) 02 – (Red.)

Mettig, Klaus, Bild. Künstler; Nordstr. 111, D-40477 Düsseldorf, Tel. (02 11) 46 08 37, Fax 48 65 12 (* 50) – **VG:** Köln, Krips – **P:** Stip. am Whitney Mus. of Amer. Art New York 73; Karl-Schmidt-Rottluff-Stip. 84–86 – **G/T:** Fotogr. – **E:** zahlr. Ausst. seit 74, u. a. 80 Düsseldorf, KH; 89 Düsseldorf, Mus. Kunst Pal. – **G:** zahlr. Ausst.bet. u. a. 82 Kassel, documenta; 89 Bonn, KV; 95 Karlsruhe, Badischer KV – (Red.)

Mettler, Dölf; Galerie am Postpl, CH-9050 Appenzell, Tel. 07 17 87 58 57, *goldenerviolinschluessel.ch/1998.htm* – **G/T:** Malerei – (Red.)

Mettler, Yves; Danziger Str. 128, D-10407 Berlin, *contact@theselection.net*, *www.theselection.net* (* Morges 22. 10. 76) – **VG:** Zürich, Gall. Laurin; Bern, Annex14; Genf, Gal. Blancpain-Stepcynski – **S:** 96–02 Ec. Supérieur des Beaux-Arts Genf (Dipl. b. CCC Programm b. Schneiter u. Queloz); 99–01 ABK Wien (Meisterkl. f. neue Medien b. Prof. P. Kogler) – **L:** 04–05 Ec. Supérieur des Beaux-Arts Genf (Lehrass. f. Cybermedias) – **P:** Eidgen. Kunstpr. Basel 03, 04; Atelierstip. d. Stadt Mönchengladbach 03; Kiefer-Hablitzel-Stip. 04; Pr. du Jury Accrochage Lausanne 05; Manor-Kunstpr. St. Gallen 06 – **KGe:** Y.M. u. Christian Egger, Christian Mayer, Manuel Gorckiewicz, Ruth Weissmann, Magda Tothova, Alexander Wolff – **G/T:** Skulpt.; Audio-Install.; urbane Interventionen; Fotogr.; Video – **E:** 05 Zürich, Gall. Laurin; Lausanne, Mus. cantonal des beaux-arts (Kat.); 06 St. Gallen, KM – **G:** 05 Bern, Annex14; Wels, Im Pavillon: Computerprints of Whales, too; Chur, Chur_interveniert; 05–06 Zürich, Shedhalle; 06 Bonn, Dorothea-von-Stetten-Kunstpr. (Ausst. d. Nominierten); Lausanne, Circuit: Die Zeitschrift Chicago, Times, Plotter, Helvetica usw. – **V:** Zss 06: Chicago; Times; Plotter; Helvetica – ***Lit:*** Vom Westland, Ausst.kat. (z. Ausst. im Haus Westland Mönchengladbach) 03

Metz, Günter, Bildhauer; Lindenstr. 46, D-97657 Langenleiten, Tel. (0 97 01) 3 28, Fax 90 81 15 (* Würzburg 8. 2. 42) – (Red.)

Metz, Heike Maria, Malerin u. Bildhauerin; Lindenstr. 46, D-97657 Langenleiten, Tel. (0 97 01) 90 81 85, Fax 90 81 15 (* Bad Kissingen 19. 4. 70) – (Red.)

Metz, Klaus, Bildhauer; Lindenstr. 46, D-97657 Langenleiten, Tel. (0 97 01) 90 81 85, Fax 90 81 15, *klaus.metz.bildhauer@web.de*, *www.klausmetz.de* (* Bad Brückenau 5. 1. 68) – **Ve:** BBK Würzburg – Unterfranken – (Red.)

Metzel, Olaf, Prof., Installationskünstler; Krügerstr. 22, D-12307 Berlin (* Berlin 52) – **VG:** Hamburg, Produzentengalerie – **S:** 71–77 Freie Univ. Berlin (Kunstgesch.); HBK Berlin (Bildhauerei, Meisterschüler) – **L:** 86–99 HBK Hamburg (Gastprof.); 90–95 ABK München (Prof.); 95–99 ebda (Rektor) – **P:** u. a. DAAD-Stip. (f. Italien) 77; Kunstpr. Junger Westen 79; Arb.Stip. d. Kult.kr. d. dt. Wirtschaft im BDI 83; Stip. d. Berliner Senats 83; P.S.1 Contemp. AC-Stip. 86; Stip. d. Stift. Kunstfonds 86; Villa-Massimo-Stip. 87; Kurt-Eisner-Pr. 90; Arnold-Bode-Pr. 94; Ernst Barlach Pr. 01 – **G/T:** Skulpt. (öff. Raum), Install. – **M:** München, Bay. Staatsgemäldeslgn; München, Pin. d. Mod. – **Ö:** Frankfurt am Main, Dt. Bank (Bürocenter IBC) – **E:** zahlr. Ausst. seit 78, zuletzt u. a. 01 Hamburg, Produzentengalerie; Wedel, Barlach Mus.; 02 München, Klüser; 03 Baden-Baden, Fischer; München, Bay. Staatsgemäldeslgn – **G:** zahlr. Ausst.bet., zuletzt u. a. 02 Sao Paulo, Bienn.; Leipzig, MBK; Essen, Mus. Folkwang; 03 Hannover, Sprengel Mus.; Berlin, Martin-Gropius-Bau – (Red.)

Metzger, Iris Caren s. Württemberg, Iris Caren von

Metzger, Karl-Heinz; Fuldastr. 34, D-48301 Nottuln-Schapdetten, Tel. (0 25 09) 83 39, Fax 99 59 10, *info@kunst-khmetzger.de*, *www.kunst-khmetzger.de* (* Pforzheim 4. 12. 27) – **VG:** Ootmarsum/NL, Twaalf – **S:** 41–44 Fa. Schuler & Kuhn Pforzheim (Ausbild. z. Gold- u. Silberschmied u. Stahlgraveur, H. Huber); parallel dazu 42–44 Badisch-Markgräfl. KGS Pforzheim (Relief- u. Vollplast., Prof. Kassube u. Freies Malen u. Zeichnen, Prof. Michelis); 47/48 Gesellenprüfung HWK Neu-Ulm; 55 Meisterprüfung f. d. Gold- u. Silberschmiedehandwerk HWK Münster/Westf. – **L:** 66–68 Ausbildungswerkstätten d. HWK Münster (außerbetriebl. Ausbilder v. Gold- u. Silberschmiedelehrlingen) – **P:** persönl. Sponsoring d. Lehrherrn u. Inhabers d. Fa. Schuler & Kuhn Pforzheim f. den Besuch d. KGS 42–44; 1. Dt. Gestalt.wettb. f. Verlobungs- u. Trauringe Frankfurt/M. (Ausz. f. 'Vorbildliche Gest.') 67; 3. Ibiza Intern. Art Competition (Additional Award) 03; Nominierung z. 5. Bienn. Intern. dell'Arte Contemp. Florenz 04 – **Ve:** Ver. Kunst + Kultur Nottuln e.V. 97; GWK Münster e.V. 04 – **G/T:** 65–71: Schmuckdesign u. Gest. handgefertigter Unikate als selbständiger Juwelier; 71–90: Juwelier, Schmuckdesign; ab 87 freischaffend: Malerei (versch. Techniken u. Themen, naturalist. bis abstr.); ab 91: Kleinplastiken (Ton, versch. Themen, naturalist. bis abstr.); ab 94: Skulpt. (Bronze, versch. Themen, naturalist. bis abstr.) – **W:** mehrere Hundert Werke (Bilder u. Skulpt.) überwiegend in Privatbes. – **Ö:** Münster, Zentrale d. Volksbank eG; Münster, Friedhof 'Hohe Ward'; Oelde, Volksbank eG, Filiale Neubeckum; Wiesbaden, Städt. Friedhof – **E:** Werkschauen: 92 Münster, Kunsthaus Angelmodde; 93, 99, 00, 02 Nordkirchen, Schloß-Gal.; 96 Tecklenburg, Kr.heimathaus; 05 Paguera/Mallorca, Gal. de los Chacras – **G:** 95 u. 97 Nordkirchen, Schloß-Gal.; 98 Münster, König; 05 Osnabrück, Intern. Kunstmesse; Florenz, Bienn.

Metzkes, Harald, Maler, Graphiker; Alte Poststr. 21, D-15345 Altlandsberg/Wegendorf (* Bautzen 23. 1. 29) – **VG:** Berlin, Brusberg; Berlin, Gal. Berlin; Berlin, Gal. der Berliner Graphikpresse; Berlin, Leo.Coppi – **S:** 47–49 Steinmetzlehre b. Max Rothe in Bautzen; 49–53 HBK Dresden (Malerei b. Wilhelm Lachnit u. Rudolf Bergander); 55–58 AK Berlin (Meisterschüler b. Otto Nagel) – **P:** Käthe-Kollwitz-Pr. 76; Nationalpr. d. DDR f. Ill. u. Graph. 77; Kunstpr. d. FDGB 84 – **Ve:** AK DDR 86–91 – **W:** Bühnenbild u. Kostüme zu Molieres 'Der Arzt wider Willen' an d. Volksbühne Berlin (Regie: Benno Besson, Premiere 30.12.70); – Werke in d. Slgn d. GrundkreditBank, d. Dt. Bank, d. Weberbank – **M:** Berlin, Berlin Mus.; Berlin, Berlinische Gal.; Berlin, Märkisches Mus.; Berlin, NG; Erfurt, Anger-Mus.; Göttingen, StM; Leipzig, MBK; Luxemburg, Slg Dt. Bank; Oberhausen, Ludwig-

Gal. (Ludwig-Inst. f. Kunst d. DDR) – **E:** zahlr. seit 63, u. a. 63 Berlin-Weißensee, Kunstkab. am Inst. f. Lehrerweiterbildung; 64 Berlin, Genossenschaft Bild. Künstler (m. Wilfried Fitzenreiter u. Horst Zickelbein); 65 Berlin, Gal. Mod. Kunst (m. Wilhelm Lachnit); Schwerin, Staatl. Mus. (m. Manfred Böttcher, Rolf Schubert u. Hans Vent); 67 Magdeburg, Kulturhist. Mus.; 70 Leipzig, Wort u. Werk; Leipzig, Genossenschaft Bild. Künstler; Potsdam, Genossenschaft Bild. Künstler; 71 Kleinmachnow, Klub d. Kulturschaffenden; 72 Berlin, Köpenicker Pädagogenclub; Berlin, Klub d. Kulturschaffenden; 73 Magdeburg, Klubgal.; 73, 85 Hoyerswerda, Kleine Gal.; 74 Berlin, Gal. am Prater; Karl-Marx-Stadt, Pablo-Neruda-Klub; Leipzig, Gal. am Sachsenplatz (m. Dieter Goltzsche u. Joachim John); 75 Berlin, Arkade; 76 Leipzig, Klub d. Intelligenz; 77–78 Berlin, NG (Kat.); 78 Dresden, Kühl; 80 Berlin, Otto-Nagel-Gal. (m. Bartsch, Joachim John, Ronald Paris); Bautzen, Gal. Budysin; Greifswald, Greifengalerie; 81 Berlin, Gal. Unter d. Linden; 81, 85 Bonn, Linneborn; 82 Burgk, Schloßmus. (Kat.) Strasburg, Kleine Gal.; 82–83 Hannover, Brusberg; 83 Neubrandenburg, Gal. am Friedländer Tor; 84 Dresden, Neue Dresdner Gal. (m. Elrid Metzkes); 84–85 Leipzig, Gal. am Sachsenplatz (Kat.); 85 Mühlhausen, Gal. am Entenbühl; 86 Paris, De Maere-Ozenne; Brüssel, de Maere; Berlin, Neiriz (Kat.); Berlin, Gal. a; 88 Göttingen, Altes RH (Kat.); Stralsund, Hanse Gal.; 89 Berlin, Akad.-Gal. (Marstall, Kat.); 90 Leipzig, MBK; Berlin, Staatl. KH (Kat.); Senftenberg, KS Lausitz; 92 Frankfurt am Main, Gal. Frankfurter Kunstkab. Hanna Bekker v. Rath; 92, 93 Bielefeld, Baumgarte (m. Robert Metzkes); 93, 99 Berlin, Brusberg (jeweils Kat.); 99 Bautzen, SM u. Reg.-Mus. d. sä. Oberlausitz; Berlin, Leo & Coppi; 99, 03, 05 Benz, Kunst-Kab. Usedom; 01 Rheda-Wiedenbrück, Orangerie (m. Robert Metzkes); 02 Berlin, Hintersdorf; Gotha, Finkbein; 03 Bad Steben, Graph.mus. Stift. Schreiner; 05 Bad Homburg, Kulturzentrum Engl. Kirche (m. Robert Metzkes); 06 Halle/Saale, KV Talstr.; Moritzburg, Käthe-Kollwitz-Gedenkstätte; Schleswig, LM f. Kunst u. Kult.-Gesch. Schloß Gottorf – **G:** zahlr., u. a. 56 Schwerin, Staatl. Mus.: Junge Kunst; 81, 99 Basel, Art Basel; 84, 88 Venedig, Bienn.; 85 Cortina d'Ampezzo, Piccinini; 97–98 Berlin, Martin-Gropius-Bau: Deutschlandbilder – Kunst aus e. geteilten Land; 98 Berlin, Neues Kunstquartier d. TIP: 13 Maler aus d. DDR; 99–00 Berlin, Altes Mus.: Das XX. Jahrhundert. Ein Jahrhundert Kunst in Dtld – **V:** Ich und Herr H. – Schriften, Reden, Aufzeichnungen, Prosa 00 (hrsg. v. Jörg Makarinus); – ILLUSTRATIONEN u. a. zu: Vladimir Pozner: Die Verzauberten 64; Marino Moretti: Der Schwindler 64; William Heinesen: Das verzauberte Licht 66; Pier Paolo Pasolini: Der Traum von einer Sache 68; Tadeusz Rozewicz: Gesichter und Masken 69; Rumpelstilzchen 70; Herman Bang: Das weiße Haus 73; 50 Novellen d. Italienischen Renaissance 74; Christa Wolf: Unter den Linden 74; Binsenkappe u. a. Märchen u. Schwänke aus Grossbritannien 75; Pascal Lainé: Die Spitzenklöpplerin 76; Herman Bang: Das graue Haus 77; Achim Metzkes: Die durchsichtige Mauer 82; August Strindberg: Die Leute auf Hemsö 83; Theodor Fontane: Musen u. Grazien in der Mark 90; Augusto Monterroso: Das gesamte Werk u. a. Fabeln 93; William Shakespeare: Der Sturm 94; Ulrich Plenzdorf: Die neuen Leiden des jungen W. 96 – ***Lit:*** Hans Vollmer: Allg. Lex. d. Bildenden Künstler d. 20. Jh., Bd VI 62; Dictionary of Art 96; Jörg Makarinus (Text): H.M. Malerei 97; Gisold Lammel (Hrsg.): Festschrift z. 70. Geburtstag 99; Lothar Lang: Malerei u. Graphik in Ostdeutschland 02; Schweers 02; NG Berlin 03; Eduard Beaucamp: Ein Leben auf wackligen Stühlen. Französischer Dresdner, Berliner Franzose: Warum d. Maler H.M. endlich wiederentdeckt werden muß, in: FAZ Feuill. v. 27.8.06

Metzkes, Robert, freischaff. Bildhauer (* Pirna 54) – **VG:** Berlin, Gal. Berlin; Berlin, Leo.Coppi; Berlin, Pels-Leusden; Berlin, Taube – **S:** 72–77 HBK Dresden (b. Walter Arnold, Helmut Heinze u. Gerd Jaeger) – **P:** Gustav-Weidanz-Pr. 83; Will-Lammert-Pr. d. AK d. DDR 88 – **M:** Berlin, Märkisches Mus.; Eisenhüttenstadt, StM Abt. Gal.; Frankfurt/Oder, Mus. Junge Kunst; Magdeburg, KM Kloster Unser Lieben Frauen; Neubrandenburg, KS; Oberhausen, Ludwig-Gal. (Ludwig-Inst. f. Kunst d. DDR) – **Ö:** Berlin-Mitte, Burgstr. (Denkmal f. Adolf Diesterweg) – **E:** 81 Berlin, Gal. Sophienstr. 8 (m. Michael Diller u. Hartmut Hornung); 83 Halle/Saale, Staatl. Gal. Moritzburg (m. Uwe Kracht); 84 Berlin, Kleine Humboldt-Gal. d. Univ.; 85 Berlin, Gal. d. Hauses Junger Talente (m. Peter Peinzger); 88 Berlin, Gal. am Robert-Koch-Pl.; 90 Berlin, Gal. a; Schwerin, Gal. Schwerin (m. Sonja Eschefeld); 91 Berlin, Gal. 100; 92 Berlin, Gal. am Weißen See (m. Roland Nicolaus); 92 u. 93 Bielefeld, Baumgarte; Hamburg, Boskamp; Berlin, Gal. Sophienstr. 8 (alle drei m. Harald Metzkes); 97 Eisenhüttenstadt, StM u. StG (m. Barbara Putbrese); 99 Berlin, Gal. Berlin; Berlin, Sophien Edition (m. Rolf Lindemann); 00, 05 Benz, Kunst-Kab. Usedom; Berlin, Gal. M; Kampen, Pels-Leusden (m. Heinz Rabbow); 01 Rheda-Wiedenbrück, Orangerie (m. Harald Metzkes); Frankfurt am Main, Wolfhard Viertel; 02 Berlin, Hintersdorf; Köln, Inter Art Gal. (m. Jens Lorenzen); 03 Berlin, Leo & Coppi (m. Harald Metzkes); 05 Bad Homburg, Kulturzentrum Engl. Kirche (m. Harald Metzkes); 06 Schriesheim, Mus. Théo Kerg – **V:** Via del Corso. Terrakotten u. Texte von R.M. 99 – ***Lit:*** R.M., Terrakotten u. Bronzen, Kat. 95; R.M., Terrakotten u. Bronzen, Kat. 03 – (Red.)

Metzner, Helmut, Maler (* Sigmaringen 46) – **VG:** Berlin, Raab; Köln, Gal. Forum Lindenthal – **S:** 71–76 HdK Berlin (Meisterschüler b. Prof. H. Kaufmann) – **P:** DAAD Stip. New York 77–78; Arb.stip. d. Berliner Senats 86 – **M:** Berlin, Berlinische Gal. – **E:** /G: u. a. 81 Berlin, Forum f. aktuelle Kunst; 82 Berlin, Berlinische Gal.; 83 Berlin, Raab; 88 Berlin, Villa Grisebach; 90 Unna, KV; 91 Hamburg, Wiechern; Köln, Gal. Forum Lindenthal; 94, 96, 97, 98 Berlin, Grob; 95 Bayreuth, KV; 98 Hamburg, Wiechern – ***Lit:*** Schweers 02 – (Red.)

Meurs, Marie-José von s. Gröger, Marie-José

Meuser (* Essen 47) – **VG:** Frankfurt am Main, Grässlin; Köln, Capitain; Karlsruhe, Meyer Riegger – **S:** 68–76 Staatl. KA Düsseldorf (b. Joseph Beuys u. Erwin Heerich, Phil.) – **L:** seit 92 Staatl. ABK Karlsruhe (Prof.) – **P:** Bremer Kunstpr. 85; ars viva 'gestaltete Räume' 91/92 – **M:** Darmstadt, Hess. LM; Karlsruhe, ZKM; Köln, Mus. Ludwig – **E:** seit 76 u. a. 90 Madrid, Juana de Aizpuru; Köln, Hetzler; 91 Zürich, KH; Nizza, Villa Arson; Düsseldorf, Schmela; 92, 94, 98, 00, 01 Frankfurt am Main, Grässlin; 92 Stockholm, Claes Nordenhake; 92, 93 Ulm, Kunstraum Axel Holm; 95 Köln, Borgmann-Capitain; 96 Karlsruhe, Staatl. ABK Lichthof; 98, 02 Karlsruhe, Meyer Riegger; 99 Köln, Capitain; 01 Berlin, Nordenhake; 03 Oldenburg, KV; 04 Köln, Capitain – **G:** u. a. 87 Aachen, Suermondt-Ludwig-Mus.; 89 Frankfurt am Main, Schirn; 90 New York, Koury-Wingate Gall.; Lund, Anders Tornberg Gall.; 92 Kassel, documenta; Kassel, Mus. Fridericianum; Mönchengladbach, StM Abteiberg – (Red.)

Meutzner, Edgar s. Lositheed

Mewes-Thoms, Annette, Bild. Künstlerin; Atelier: Mexikoring 7, Ebene + 14 (Gartengeschoss), D-22297 Hamburg, Tel. (01 72) 7 50 97 57 (* Brunsbüttel

3. 4. 52) – **VG:** Hamburg, art goes public – **L:** ab 07 Künstlerhaus Spiekeroog Oldenburg (Doz. f. Maltechnik, freie Malerei) – **Ve:** BBK Hamburg seit 00 – **G/T:** Malerei (Farbfeld-, Hinterglasmalerei, Tempera/Öl/Acryl); Ill. – **K:** Maltechnik, freie Malerei, Zeichnen – **Ö:** Hamburg, Haarscharf; Mölln, Stadthaus – **E:** 96 Salzgitter, Stadtbibl.; 98 Helmstedt, Turmgalerie 333; 07 Glinde, Gutshaus – **G:** div. Bet. seit 79, u. a.: 93 Lüneburg, Intern. Kunstausst.; 95 Esbjerg, Intern. Bienn.; 96 Lübeck, Heiligen-Geist-Hospital; 99 Tinglev, Intern. Kunst im Grenzld.; 04 Pinneberg, Stift. Landdrostei; 07 Hamburg, Mus. f. Kommunikation

Mey-Elahy, Rafat, Maler; Willemslägerweg 23, D-52159 Roetgen, Tel. (0 24 71) 33 39, Fax 33 39, *rafat_e@web.de*, *www.kunstplattform.de* – **G/T:** Malerei – (Red.)

Meyer, Anna, Malerin; lebt in Wien. (* Schaffhausen 1. 7. 64) – **VG:** Wien, Krobath Wimmer – **S:** ab 83 Schule f. Gest. Zürich; ab 84 Schule f. Gest. Luzern (freie Abt. Anton Egloff) – **P:** Böttcher-Pr. 97; Römerquelle-Kunstwettb. (Hauptpr.) 99; Georg-Eisler-Ankaufspr. d. Bank Austria KS 99; Eidgenöss. Bundesstip. Schweiz 01 – **Ve:** Wiener Secession (Vizepräs.) – **G/T:** Malerei (Neue Figuration) – **E:** zahlr. seit 93, u. a. 94 St. Gallen, KH; 96 Schaffhausen, Mus. zu Allerheiligen; 96, 98 Basel, Wüthrich; 97, 00 (Kat.), 03 Wien, Krobath Wimmer; 04 München, Burger; 05 Tokio, Kult.forum; 06–07 Leipzig, Gal. f. Zeitgen. Kunst – **G:** zahlr. seit 86, zuletzt u. a. 00 Turin, Intern. Bienn. of Young Creativity; 03 Chicago, Austrian Art Studio: Painting show; 04 Passau, MMK – Stift. Wörlen: Gegenpositionen; 05 Leipzig, Gal. f. Zeitgen. Kunst: Urbane Malerei; Graz, Lendl: Swissmade – **V:** KAT.: Paolo Bianchi u. Martin Janda: 100 Umkleidekabinen. Ein ambulentes Kunstprojekt 94; A. M. Fernwärme 95; Johanna Hofleitner u. Otmar Rychlik: I'm your problem 97; Künstlerinnen – Positionen 1945 bis heute. Mimosen – Rosen – Herbstzeitlosen 03; Lioba Reddeker u. Doris Weissacher (Hrsg.): HangArt-7 05 – (Red.)

Meyer, Bea, Medien- u. Installationskünstlerin; lebt u. arbeitet in Leipzig (* Karl-Marx-Stadt 69) – **VG:** Leipzig, b2 – **S:** 91 Ausb. z. Textildesignerin; 94–00 HGB Leipzig (Medienkunst); 96 ebda (b. Prof. Ralf Urban Bühler); 97–98 Kongelige Danske Kunstakademi Kopenhagen (Gaststud. b. Prof. Torben Christensen); seit 00 HGB Leipzig (Meisterschülerin b. Prof. Helmut Mark) – **KGr:** LIGA; bald – **G/T:** u. a. Install., Objekte, Konzeptkunst (Textilarb.), Videoinstall. – **W:** div. Projekte, u. a. Routine u. Dust-D-Bugger sowie Videos – **E:** /G: u. a. 99 Leipzig, Laden f. Nichts; 00 Berlin, Transmediale; Leipzig, Büro f. nicht wahrnehmbare Vorgänge; 01 Leipzig, Kunstraum B/2; 02 Berlin, Liga; Rastatt, StG; Leipzig, Kunstraum B/2; 03 Dresden, Kunst Haus; Berlin, Liga – (Red.)

Meyer, Harry, Maler; Henisiusstr. 1, D-86152 Augsburg, Tel. (08 21) 3 49 22 81, Fax 4 33 93 60 (* Neumarkt/Oberpf. 28. 7. 60) – **VG:** u. a. Augsburg, Oberländer; Bielefeld, Jesse; Bad Zwischenahn, Edition Gal. Moderne; Chemnitz, Weise; Darmstadt, Netuschil; Eitorf, Gal. Incontro; Frankfurt am Main, Rothe; Kötzting, Gal. im Woferlhof; Marburg, LOG; Nürnberg, Bode; Regensburg, Bäumler – **S:** 88–93 FHS Augsburg (Archit., Dipl.-Abschluß); 94 Meisterkurs 'Art in Archit.' b. Frank Stella; Autodidakt (Malerei) – **L:** 05 Pentiment Hamburg (Gastprof. f. Malerei) – **P:** Schwäb. Kunstpr. Augsburg 92; Kunstförd.pr. f. Malerei Augsburg 93; Arb.urlaub im Künstlerbahnhof Ebernburg 96; Arb.stip. d. Stift. Kult.fonds Berlin (im Künstlerhaus Ahrenshoop) 97; Kunstpr. Aichach 98; Kunstpr. d. Nürnberger Nachrichten (Anerkennungspr.) 99; Kunstpr. Dillingen 99; Kunstpr. d. Stadt Limburg 00; Kunstpr. d. Nürnberger Nachrichten 00; Helen-Abbott-Förd.pr. f. Bild. Kunst Berlin – New York 01; Kunstpr. d. Stadt Donauwörth 02; Atelierförd. d. Bay. Kult.-min. 02–04; Lucas-Cranach-Pr. 03; Arb.stip. d. Stadt Wertingen 04 – **Ve:** Neue Gr. München seit 03 – **G/T:** Malerei (Öl); Zchng (Aqu., Tuschen etc.); Druckgraph. (Linolschn.); Themen: Lsch., Regenbilder, Köpfe, Inkubatoren, Menschenbilder – sowie: Plast. (Figuren u. Lsch. in Holz, Bronze- u. Eisenguß) – **W:** Arb. in Privatslgn (Auswahl): Walldorf, SAP; Bay. Elektrizitätswerke; Bay. Ldesbankzentrale; München, LfA Förderbank Bay.; Fujitsu Siemens Computers; Duisburg, Krohne; Bremen, Bauindustrieverband Niedersachsen; Diözese Rottenburg/Stuttgart – sowie Spk.-Slgn in: Augsburg, Aschaffenburg, Füssen, Göppingen, Gottmadingen, Ingolstadt, Kaufbeuren u. Schweinfurt – **M:** u. a. Augsburg, StKS; Berlin, KS d. Dt. Bundestages; Friedrichshafen, Gal. Bodenseekreis im Landratsamt; Landsberg am Lech, Neues SM; München, Bay. Staatsgemäldeslgn; Regensburg, StKS; Wolfegg, Fürstl. KS – **E:** zahlr. u. a.: 94 Augsburg, StKS (Kat.); 97 München, Heseler; Füssen, StG (Kat.); 98 Erlangen, KV; 98 (Kat.), 05 Augsburg, Oberländer; Erlangen, KV; 99 Berlin, Brennecke (Kat.); Regensburg, Bäumler; 01, 03, 05, 06 Würzburg, Sundermann; 02 Chemnitz, Weise (Kat.); 03 Tuttlingen, StG (Kat.); 04 Schmalkalden, Wilhelmsburg; Wertingen, StG; 05 Bruchsal, KV Das Damianstor; München, Lea; Rottenburg, KV; 06 Düren, Rohs; Oberschönenfeld, Schwäb. Gal.; Radolfzell, Villa Bosch; Freiburg, Meier; Lüneburg, Meyer; 07 Eichstädt, Diözesanmus. (Kat.); Gottmadingen, Koch; Nürnberg, Bode – sowie Ausst. in d. vertretenden Galerien – **G:** zahlr. u. a.: 92 Bochum, Mus. (Kat.); 93 Nagahama/Jap., StG (Kat.); 94 Belèm, Goethe-Inst.; 95 Rosenheim, StG (Kat.); 96, 00 Nürnberg, Germanisches NM (jew. Kat.); 96, 01 Augsburg, 11. u. 14. Nationale d. Zchng (jew. Kat.); 97 Köln, ART Cologne (Gal. Weise); 97, 98, 99, 00, 04 München, Große Kunstausst. (jew. Kat.) 97, 200, 01 Düsseldorf, Große Kunstausst. NRW (jew. Kat.); 97 Erlangen, StG; 97–02 Frankfurt, Art (Gal. Weise); 98 Mirano, Bienn. d. zeitgen. Druckgraph. Italiens (Kat.); Coburg, KV (Kat.); 00 Halle/Saale, Hallescher KV (Kat.); 02 Heidelberg, KV: Der Berg (Kat.); Nürnberg, Kunsthaus (Kat.); 03 Wittenberg, Lukas-Cranach-Stift (Kat.); 03, 04 Frankfurt, Art (Gal. Rothe); 04 Shenzhen/China, Inst. of Fine Arts (Kat.); Augsburg, StKS; 04, 06 Randegg, 13 u. 14 Experimentelle (jew. Kat.); 05 Luxemburg, 20. Salon de Printemps (Kat.); 06 Eislingen, KV: 2. Bienn. d. Zchng (Kat.); Limburg, StKS (Kat.); Böblingen, StG Zehntscheuer; 07 Köln, Fine Art Cologne (Gal. Bode) – sowie regelm. Ausst. in vertretenden Gal. – ***Lit:*** Björn R. Kommer, in: Menschen Orte Dinge, Kat. 94; Thomas Elsen, in: Inkubator, Kat. 97 – KATALOGBÜCHER: Konrad Oberländer, in: Land u. Kopf 98; Franz Träger, in: Landnahme I 00; Brigitte Herpich u. a., in: Werkstattbuch 1991–2001 01; Ilonka Czerny u. Brigitte Herpich, in: Landnahme II 02; Bernd Mayer, Martin Schneider u. Franz Träger, in: Landnahme III 03; Nils Ohlsen u. Rüdiger Heinze, in: Werkverz. 'FORIS' 06 – FALTBLÄTTER: Brigitte Herprich, in: Land u. Kopf 05; Helmut Weidhase, in: Draußenwelt 05; Gode Krämer, in: Malerei 05

Meyer, Heiner, Maler, Bildhauer; Bultkamp 166, D-33611 Bielefeld, *info@heiner-meyer.de* (* Bielefeld 53) – **VG:** Frankfurt am Main, Die Gal. – **S:** 77–83 HBK Braunschweig (Freie Kunst b. d. Prof. Karl Schulz u. Malte Sartorius); 81 ebda (Meisterschüler b. Prof. Malte Sartorius) – **L:** 83–84 HBK Braunschweig; 86–90 FHS Bielefeld (LAuftr.) – **P:** u. a. Rudolf-Wilke-Pr.

81; Kunstpr. Lottoges. Nds. 82; Ebernburg Stip. RP 87; Reisestip. d. Goethe Inst. Kansai Osaka – **W:** in priv. u. öff. Slgn – **M:** u. a. Friedrichshafen, Bodensee Mus.; Lüneburg, Mus. f. d. Fürstentum Lüneburg – **Ö:** u. a. Bielefeld, Kult.stift. d. Spk., ebda, Slg d. Volksbank; Braunschweig, HBK; Herford, Stadtbücherei – **E:** zahlr. Ausst., zuletzt u. a. 99 Bielefeld, Jesse; 01 Basel, Skulpt.halle; Hannover, Artforum; 02 Münster, Beelte-Preyer; 03 Krefeld, Heidefeld & Partner Bielefeld, Jesse – **G:** zahlr. Ausst.bet., zuletzt u. a. 99 Frankfurt, Art; 00 Hannover, Artforum; 01 München, Terminus; 02 Köln, Kunst Köln; 03 Nürnberg, Voigt; München, Haus d. Kunst – (Red.)

Meyer, Nanne, Prof., Zeichnerin; lebt in Berlin (* Hamburg 53) – **VG:** Hamburg, Gal. Basta; Aachen, Milwe; Berlin, Wien; Düsseldorf, Parduhn; Zürich, Frei – **S:** 75–81 HBK Hamburg; 82–83 St. Martin's SchA London – **L:** seit 94 KHS Berlin-Weissensee (Prof.) – **P:** DAAD-Stip. f. London 82–83; Villa-Massimo-Stip. 86–87; Zeichenstip. Nürnberg 89; Märkisches Stip. f. Bild. Kunst 90; Arb.stip. d. Djerassi-Artist-Found. 96 – **M:** Berlin, Kpst.-Kab.; Bern, KM; Frankfurt am Main, Mus. f. Kommunikation; Herne, StG Strünkede – **E:** u. a. 80 Hamburg, Gal. die Wand; 84, 88, 91 Berlin, Petersen; 86 Bologna, Arte Fiera; 86 (m. Annette Breuer), 98 Siegen, KV; 86 (m. Suse Wiegand), 88, 91, 94, 98, 02, 06 (m. Monika Barthomé u. Anne Blume) Düsseldorf, Parduhn; 88, 93, 95, 98 Berlin, Wiens Laden u. Verl.; 89 Hamburg, Loeper; Nürnberg, KH; 89, 93, 97, 03 (m. Nanae Suzuki) Aachen, Milwe; 90 Rotterdam, Goethe-Inst.; Lüdenscheid, StG; 90, 96, 99, 03 Zürich, Frei; 91 Marburg, KV; 92 Lüdenscheid, Friebe; Neuss, Kult.forum Alte Post; Delmenhorst, StG (Leporello); 92, 96 Hannover, Sandmann + Haak; 93, 99 Freiburg im Breisgau, Gal. Pro Arte; 94, 98 Wiesbaden, Hafemann (m. Bernadette Beunk); 95 Eislingen, KV; Tuttlingen, StG; 97 Bonn, KM (m. Silvia Bächli u. Camill Leberer, Kat.); Bonn, Opitz-Hoffmann; Bochum, KV; 98 München, Lenbachhaus (Kat.); 99 Winterthur, KH; 00 Berlin, Borgemeister & Kondeyne; Innsbruck, KV Büchsenhausen (m. Eva-Maria Schön); Berlin, Leuchtkasten Kollwitzstr.; 01 Hamburg, Gal. Basta; 03 Lewisburg/PA, Samek Art Gall.; 04 Bremen, KH (Retr.); 05 Hamburg, KH (Kat.); 06 Genf, Meier (m. Marianne Kuhn u. Guillaume Estoppey) – **G:** zahlr., zuletzt u. a. 05 Zürich, Frei: ART ists – Von Bild z. Bild – eine Assoziationsreise; 05 (Ansichten), 06 (Vorbilder) Düsseldorf, Parduhn; 06 Hamburg, KH: Kunst in Hamburg heute – **V:** u. a. Nicola v. Velsen (Hrsg.): Kleine Freiheit (Zchng) 95 – ***Lit:*** u. a. S.D. Sauerbier in: Kunstbulletin, 12/99; Krit. Lex. d. Gegenwartskunst, Bd 55 01 – (Red.)

Meyer-Brandis, Agnes, Bildhauerin, Medienkünstlerin; Siegburger Str. 108, D-50579 Köln (* Aachen 73) – **S:** 93 RWTH Aachen (Mineralogie); 93–95 KA Maastricht (Bildhauerei); 96–00 KA Düsseldorf (b. Prof. Magdalena Jetelovà); 00 ebda (Meisterschülerin b. ders.); 01–03 KHS f. Medien Köln (Aufbaustud. Medienkunst) – **L:** seit WS 04 FHS Düsseldorf (exper. Animation u. Install.); FHS Niederrhein Krefeld (Fotogr., Video u. Mediengest.) – **P:** DAAD Stip. New York 00; CynetArt 2004 (Anerkennung) 03; Kunststift. NRW (Projektförd. u. Stip.) 03, 05; Intern. Medienkunstpr. (Nominierung) 03; Prix Ars Electronica (Ausz.) 03; Förd.pr. d. Ldes NRW f. junge KünstlerInnen 04 – **G/T:** Medienkunst; Install.; Projektkunst (z.B. Erdkern-Labor u. Elfen-Scan); Gründerin d. 'Forschungsfloßes f. unterirdische Riffologie' – **E:** zahlr., zuletzt u. a. 99 Düsseldorf, Parkhaus Malkastenpark; 05 Ljubljana, Gal. Kapelica; Düsseldorf, Kunstraum; Aarau, Kunstraum – **G:** zahlr., u. a. 01 Besançon, Theatre Cannibal: Juke-box; 02 Straßburg, Gal. Lab: Carte blanche; Linz, Ars Electronica Campus; 03 Linz, OK Centrum f. Gegenwartskunst: Prix Ars Electronica; 04 Darmstadt, KH: Unter Strom; Perth, Bienn. of Electronic Arts; Kassel, Kult.bahnhof: Monitoring – (Red.)

Meyer-Rogge, Jan, Bildhauer; Zöllnerstr. 9, D-22761 Hamburg, Tel. (040) 8903762, Fax 587998 (* Hamburg 21. 11. 35) – **VG:** Saarbrücken, Gal. St. Johann; Friedberg, Gal. u. Ed. Hoffmann; Mainz, Bergner & Job – **S:** 55–58 HBK Hamburg (Malerei, Meisterschüler v. Karl Kluth); Autodidakt (Bildhauerei) – **P:** Edwin-Scharff-Pr. 81 (Rückgabe d. Pr. aus kult.polit. Gründen 82, erneute Verleihung 87); Casa-Baldi-Stip. 84; Stip. d. Barkenhoff-Stift. Worpswede 91 – **Ve:** Dt. Künstlerbund Berlin seit 72 – **G/T:** Stahlskulpt., Archit. d. Gleichgewichts, landschafts- u. ortsbezogene Skulpt. im öff. Raum, Bäume u. Bauten (Thema: Gleichgewicht, Balance u. Unruhe) – **W:** u. a. in Bes. d. Slg Falkenberg – **M:** Hagen, Karl-Ernst-Osthaus-Mus.; Hamburg, KH; Marl, Skulpt.-Mus. Glaskasten; Neu-Ulm, Edwin Scharff Mus.; Niebüll, Richard-Haizmann-Mus.; Otterndorf, MMK – **Ö:** Bremen, Weserufer Osterdeich; Bückeburg, Jägerkaserne; Chattanooga/TN, Outdoor-Mus. of Art; Hagen, Technologiezentrum; Hamburg, HS f. Musik, ebda, IBM-Hochhaus Ost-West-Str., Otterndorf, Skulpt.park; Staats- u. Univ.bibliothek Carl v. Ossietzky; Neuenkirchen, Stift. Springhornhof; Neumünster, Stadthalle – **E:** 70 Rottweil, Forum Kunst; 72 Lübeck, Mus. am Dom; 80 Bochum, Mus.; 82 Freiburg im Breisgau, KV; 84 Hamburg, KH; 85 Wilhelmshaven, KH; 88 Bochum, KV; 88, 94, 03 Hagen, Karl-Ernst-Osthaus-Mus.; 89 Neu-Ulm, Edwin Scharff Mus.; 92 Niebüll, Richard Haizmann-Mus.; 93 Salzwedel, SM; 01 Bremen, Gr. Grün – **G:** u. a. 73 Berlin, NG; 81 Stuttgart, KV; 83 Hamburg, KV; 85 Marl, Skulpt.-Mus. Glaskasten; 88 Hamburg, KH; 89 Nürnberg, KH; 89, 02 Hagen, Karl-Ernst-Osthaus-Mus.; 92 Odense, KH; 02 Willigrad, KV – ***Lit:*** AUSST.KAT.: Stillwasser. Plast. Arbeiten v. J. M.-R. 80; Standpunkte 84; J. M.-R. Plast. Arbeiten; Michael Fehr: J. M.-R. Balance of Power 94 – weitere: Bettina Heil: Werkverzeichnis 1968–2002, CD-Rom 03 – ***LitR:*** Klaus Goldinger: J. M.-R. Künstlerportr., NDR 3 88; Christoph Grau: J. M.-R. Kunststreifzüge, NDR 3 93

Meyerholz, Hans, Maler; Tel. (04221) 43068, Fax 42508, *art@hans-Meyerholz.de*, *www.hans-meyerholz.de* (* Delmenhorst 36) – **S:** KA Hamburg, Freiburg u. Karlsruhe (Malerei u. Druckgraph.) – **L:** seit 63 Kunsterzieher; 73–78 Dt. Schule Istanbul – **W:** in priv. u. öff. Slgn – **M:** Oldenburg, SM – **E:** u. a. 73 Oldenburg, SM; 74 Istanbul, Mus. f. Kunst u. Gewerbe; 82 Delmenhorst, StG Haus Coburg; 89 Osterholz, KV; 94 Hamburg, Schloß Reinbeck; 99 Hann-Münden, KV; 02 Delmenhorst, Atelier BerGer – **G:** u. a. 92–02 Delmenhorst, KV; 99–00 Allonnes, Ateliers Publics d'Arts Plastiques; 99 Hann-Münden, RH – ***Lit:*** Schweers 02 – (Red.)

Meyr, Lorenzo le kou, Graphiker, Illustrator, Maler; *lekou@gmx.ch* (* Basel 9. 1. 67) – **VG:** Bern, Kunstkeller – **G/T:** u. a. Zeichn., konzeptuelle Kunst, Fotogr., Malerei, – **M:** Biel, Slg d. Stadt – **E:** /G: u. a. 98, 02 Bern, Kunstkeller; 03 Biel, Kunsthaus Centre Pasquart; Biel, Alte Krone; 04 Biel, Santos Art Café – ***Lit:*** BLSK 98 – (Red.)

Mezler-Andelberg, Angelika s. Andelberg, Angelika

Mezricky, Dagmar, Malerin u. Graphikerin; Waldlesberger Str. 20, A-3133 Traismauer, Tel. u. Fax (02783) 54501, *www.kunstverkehr.at* (* Jung Bunzlau 16. 9. 44) – **S:** 58–63 Kunstgew. Mittelschule Bratislava; 63 HS f. Angew. Kunst Prag – **L:** 71–75 Musisches Gymnasium Krems (Bildnerische Erzieherin) – **Ve:** BBK Öst. – **G/T:** großformatiges, figuratives Aqu.; figurative Orig.-Steinlith. (Schweiz) – **W:** u. a. in privaten Slgn – **M:** St. Pölten, Ndöst. LM; Wien, Albertina – **E:** 83, 84, 87, 91, 94 München, Prom; 84–87 Basel, Art Basel; 86, 88 Genf, Gal. Liter-Art; 86 Gütersloh, Kurze; 88 Thun, Gal. Rosengarten; Chicago, Campanile Capponi; Wendeln, Altesse; 93 Wien, Gal. Zentrum; Dornbirn, Gal. Zollgasse; 95, 97, 00 Salzburg, Gal. Franziskanergasse; 96 Innsbruck, Augustin; 03 Pisek, Prach – **G:** 84 Feldkirch, Pal. Liechtenstein; 85 Worpswede; 87 Zürich, Nievergelt; Chicago, Univ. of Illinois Art Gall.; 90 Interlaken, Mus. Unterseen; 95 Ljubljana, Bienn. internat. Graph.; 96 Budapest, Art Expo; 97 Bitola, Inter. Trienn. of Graph.; 99 Krakau, Intern. Trienn; 00 Oresbro/Schweden; 01 Cittadella, Pal. Pretorio; Évora, Festival de Gravura – **V:** Lith. Mappen: 4 Jahreszeiten 85; Colour, Scent, Silence, Melody, Vorzugsausg. 88; 4 Tageszeiten – Morning, Midday, Evening, Nighttime 89; 4 Elemente – Erde, Wasser, Luft, Feuer 90; 4 Erinnerungen an Sommer 92 – **R:** TV-Kassetten von wichtigen Ausst.eröffnungen – ***Lit:*** Walter Koschatzky: Das Österreichische Aquarell, 84; Kultur-Journal für Liechtenstein, Vorarlberg u. d. Ostschweiz 88; Campanile Capponi (Hrsg.), Monogr. 88; Kultur Magazin für Niederösterreich 58 88; International Biennial of 21 Ljubljana 95; Kunst in Salzburg 97, 02; Oltreconfini Di Cittadella 01; III. Festival de Gravura Évora 01 – (Red.)

MHK s. Herzele, Margarethe

Michael, Tatjana s. Mihailova, Tatjana

†**Michaelis,** Paul, Prof. em., Maler u. Graphiker; lebte in Weimar (* Weimar 13. 12. 14, † Weimar 1. 1. 05) – **VG:** Weimar, Hebecker – **S:** 34–45 HS f. Archit. u. Bild. Kunst Weimar (Malerei u. Graph., ab 38 Meisterschüler b. d. Prof. Hierl u. Klemm) – **L:** 48–50 Meisterschule f. Handwerk u. Angew. Kunst Weimar (Fachlehrer); 52–81 HBK Dresden (Doz., ab 55 Prof., 59–64 Rektor, ab 74 Leitung einer Meisterkl., ab 84 E.-Senator) – **P:** Nat.pr. d. DDR 70; Kunstpr. d. DDR 62; Pr. d. intern. Bienn. 'Humor u. Satire in d. Malerei' Gabrovo/Bulgarien (1. Pr.) 77; – sowie weitere Kunstpr. – **Ve:** VBK DDR seit Gründung bis 90 – **G/T:** Malerei u. Graph. – **M:** Werke in Mus. in Erfurt u. Schwerin sowie u. a.: Berlin, NG; Chemnitz, KS; Dresden, SKS; Frankfurt/Oder, Mus. Junge Kunst; Görlitz, StSGGK – **E:** 65 Dresden, Albertinum; 66 Weimar, KS; – sowie zahlr. weitere Einzelausst., z.B. in Erfurt, Görlitz u. Zwickau; zuletzt 03 Weimar, Hebecker – **G:** ab 53 alle vier Jahre Dresden, Kunstausst. d. DDR; 53–91 zahlr. Ausst. im In- u. Ausld; zuletzt 91 Düsseldorf, Große Kunstausst. – **V:** Was für uns das Höchste ist. Gedanken zu Fragen der künstlerischen Qualität und zum Standpunkt des Künstlers, in: Sä. Ztg 23.2.63; Bilder wollen gesehen, nicht gehört werden. Über die Kunst der Kunstbetrachtung, in: Sonntag Nr. 50 72; Erfahrungen eines alten Malers mit der Hermeneutik und den Schwierigkeiten der Interpretation von Kunst, in: Gesellschaftswiss. Beiträge 1 87 – ***Lit:*** Hans Vollmer: Allg. Lex. d. Bildenden Künstler d. 20. Jh. 56; Joachim Uhlitzsch: Der Weg eines Realisten. Zum künstlerischen Schaffen von P. M., in: Bild. Kunst 1/64; Max Seydewitz u. Artur Dänhardt (Beitr.): P. M. Gemälde, Zeichnungen, Kat. 65; Joachim Uhlitzsch: P. M. Porträt Hermann Matern, in: DDR-Revue Oktober 70; Karl Brix: P. M. Maler und Werk, Monogr. 74; Meyers Neues Lexikon, 2. Aufl, Bd 9 74; Zeichnungen in der Kunst der DDR, Kat. z. Ausst im Kpst.-Kab. Dresden 74; Joachim Uhlitzsch: Der Realismus als Methode. Blick ins Atelier. Zum Schaffen von P. M., in: Urania 53 77; Lothar Lang: Malerei u. Graphik in d. DDR 78; Weggefährten – Zeitgenossen, Kat. z. Ausst. im Alten Mus. Berlin 79; Christa Bächler u. Gertrud Thiele (Beitr.): P. M. Gemälde u. Zeichnungen. Festschrift zum 65. Geburtstag des Künstlers 79; Karin Thomas: Die Malerei in der DDR 1949–1979 80; Ulrich Kuhirt: Kunst der DDR 1945–1959 82; ders.: Kunst der DDR 1960–1980 83; Sammlung Handzeichnungen der DDR, Kunstgal. Gera 83; Gert Claußnitzer: Welt der Kunst. Künstler in Dresden 84; Hans Mirtschin: P. M. Gemälde und Aquarelle 85; Ingo Sandner (Hrsg.): Vierzig Jahre Hochschule für Bildende Künste Dresden 1947–1987 87; Horst Zimmermann: Staatliche Kunstsammlungen Dresden – Gemäldegalerie Neue Meister, 19. und 20. Jahrhundert. Bestandskat. u. Verz. d. beschlagnahmten, vernichteten u. vermißten Gemälde 87; Kat. z. Großen Kunstausst. Düsseldorf 91; P. M. Cartoon-Kunst. Kunst-Cartoon, z. Ausst. in d. Gal. Hebecker Weimar 03

Michalik, Jan, Bildhauer, Maler, Graphiker; Schloß 1, Walpersdorf, A-3130 Herzogenburg, Tel. u. Fax (0 27 82) 8 58 27, *info@restaurierungen-michalik.com*, *www.restaurierungen-michalik.com*

Michel, Chantal, Fotografin, Video- u. Performancekünstlerin; Postfach 2196, CH-3601 Thun, Tel. u. Fax 0 332 2263 33, *www.chantalmichel.ch* (* Bern 26. 7. 68) – **VG:** Ettlingen, Weigand; Lausanne, Synopsis m; Wien, Winter – **S:** 89–93 Schule f. Gest. Bern (Fachkl. f. Keramik); 94–98 Staatl. ABK Karlsruhe (b. Prof. Harald Klingelhöller) – **P:** u. a. Aeschlimann Corti-Stip. 94; Prix-Saint-Gervais Genf 95; Förd.pr. d. Schweizer Bankver. 97, d. Videofestivals Locarno 98; Projektbeiträge von: Kt. Bern 99, Stadt Thun 01, Amt f. Kultur d. Kt. Bern 01; Kunstpr. d. Stadt Thun 04 – **G/T:** Performance, Install., Fotogr., Video, Medienkunst – **E:** zahlr. Ausst., zuletzt u. a. 03 Bern, Kabinett; Zürich, Kabinett; Ettlingen, Weigand (vormals Schneider); Karlsruhe, Schneider; 06 Lausanne, Synopsis m – **G:** zuletzt u. a. 01 Venedig, Bienn.; 02 Kiew, Center of Contemp. Art; Düsseldorf, Plus; Straßburg, Mus. d'Art Mod. et Contemp.; 03 Graz, LM Joanneum; Thun, KM; 06 Reykjavík, Center for Icelandic Art – ***Lit:*** BLSK 98

Michel, Gerd, Maler, Graphiker; Semmelstr. 42, D-97070 Würzburg, Tel. (09 31) 1 39 08, Fax 57 12 50, *kunsthausmichel@t-online.de*, *www.kunsthaus-michel.de* (* Schweinfurt 54) – **S:** FHS f. Gest. Würzburg – **L:** 78–82 FHS f. Gest. (LAuftr. f. Druckgraph.) – **Ve:** BBK Bay. – **G/T:** Druckgraph. – **M:** Würzburg, StG – **E:** zahlr. Ausst. u. Ausst.bet. seit 78 – **V:** zahlr. Buchill. u. a. im Arena-, Eichbornverl. u. f. d. Goetheinst. – ***Lit:*** Schweers 02 – (Red.)

Michel, Roland s. Raedler, Roland

Michi s. Lehr, Michaela

Michnia, Adam, Kunsterzieher, Illustrator; Inrather Str. 112, D-47803 Krefeld, Tel. u. Fax: (0 21 51) 75 77 33, *adam_michnia@hotmail.com*, *www.adam-michnia.de* (* Cosel/Polen 11. 1. 70) – **VG:** Krefeld, Gal. obras de arte; Straelen, Gal. Herchenhahn – **S:** Autodidakt; 92–00 Univ. Essen (Kunsterziehung) – **P:** Kubo Kunstpr. Herne (3. Pr. f. junge Kunst) 02, 04, 05 – **Ve:** Gemeinschaft Krefelder Künstler (GKK) 00–03 – **G/T:** Malerei (Öl, Aqu., Pastell); Ill.; Keramik – **W:** überw. in Privatbes. – **M:** Tivat/Montenegro, Staatl. Mus. – **E:** 00 Krefeld, Kult.fabrik; 03 Krefeld, Kunstspektrum GKK; 04 Straelen, Gal. Herchenhahn; 05 Krefeld, Gal. obras de arte; Mülheim/Ruhr, Max-Planck-Inst.; 06 Duisburg, StG Rheinhausen – **G:** 99 Essen, Bredeney; 99–05 Herne, Kunstbombe (Kunstmesse) – sowie: seit 03 Bet. an zahlr. Ausst. in München, Dina4 Projekte – **V:** Lit. am Niederrhein (Ill.) Nr. 43, Aug. 99 u. (Offsetlith.) Nr. 58/59, Dez. 04; Muschelhaufen

2007 – Jahresschrift f. Lit. u. Graph. (Ill., Zchngn) Nr. 47 07

Middell, Margret, Bildhauerin, Graphikerin; D-18356 Barth-Glöwitz (* Marienwerder/heute Polen 8. 5. 40) – **S:** 59–64 KHS Berlin-Weißensee (Bildhauerei b. H. Drake u. W. Grzimek); 64–65 ebda (Aspirantur) – **P:** Will-Lammert-Pr. d. AK d. DDR 69 – **W:** Plast. in Berlin, Potsdam, Schwedt/Oder, Rostock, Stralsund, Ribnitz-Damgarten, Greifswald – **M:** Berlin, NG; Dresden, Skulpt.-Slg im Albertinum; Magdeburg, KM Kloster Unser Lieben Frauen; Rostock, KH; Schwerin, Staatl. Mus. – **E:** 89 Krakau, Gal. d. KV; 92, 94 Ribnitz-Damgarten, Dt. Bernsteinmus.; 92 Rostock; Heringsdorf, Kunstpavillon; 93 Berlin, Gorki-Theater; 94 Ahrenshoop, Kunsthaus Guttenberg; 96, 03 Berlin, Inselgal.; 96 Berlin, Reinke; Lübstorf, Schloß Wiligrad; 99 Köln, Oberldesgericht; 00 Stralsund, Kultur-hist. Mus.; 04 Berlin, Inselgal.; 05 Rostock, KH – **G:** Teiln. an allen Kunstausst. d. DDR in Dresden seit 67; zahlr. Ausst.bet. im In- u. Ausld, u. a. Schweden, Finnland, Belgien, Ital., Rumänien u. ehem. Sowjetunion – ***LitR:*** Michael Engler (Autor): Kunststreifzüge – M. M., Fs.portr./Dok. 00

Middendorf, Helmut; c/o Galerie Winter, Parkstr. 24, D-65189 Wiesbaden, Tel. (06 11) 3 08 27 80, Fax 3 08 27 82, *info@galerie-winter.de*, *www.galerie-winter.de* (* Dinklage 53) – **VG:** Wiesbaden, Winter – **S:** 73–79 HdK Berlin (Malerei, Meisterschüler b. K. H. Hödike) – **L:** 79 HdK Berlin (LAuftr. f. Exper.-film) – **P:** DAAD Stip. 80 – **E:** u. a. 88 Stockholm, Gal. 16; 95 Göttingen, KV; Berlin, Diehl; 96 München, Jaspers; New York, Nosei Gall.; 98 Oldenburg, LM; 00, 02 Athen, Koroneou Gall.; 01 Barbizon, Tarasieve; Wiesbaden, Winter; 02, 03 Frankfurt, Art; Frankfurt am Main, Art Frankfurt; 03 Paris, Tarasieve; Brüssel, Art; Karlsruhe, ZKM Mus. f. Neue Kunst – **G:** u. a. 80 Berlin, Haus am Waldsee; 87 New York, MOMA; 88 Toledo/OH, Mus. of Art; 89 Lissabon, Centro de Arte Mod. da Fund. C. Gulbenkian; 90 Atlanta/GA, High Mus. of Art; 91 Buenos Aires, Mus. Nacional de Bellas Artes; 00 Düsseldorf, Gmyrek; 01 Wiesbaden, Winter; 02 Essen, Mus. Folkwang; 03 Wien, KH Exnergasse – (Red.)

Mields, Rune, Malerin; Lindenstr. 17, D-50674 Köln, Tel. (02 21) 23 02 40, Fax 23 47 92 (* Münster/Westf. 24. 2. 35) – **VG:** Köln, Jöllenbeck; Stuttgart, Harthan; München, Johnssen; München, Sachs – **S:** Autodidakt – **L:** 84 UdK Berlin (Malerei) – **P:** Kritikerpr. f. bild. Kunst 72; Harry Graf Kessler-Pr. 96; Kult.pr. Köln 97; Gabriele Münter Pr. 00 – **Ve:** VG Bild; Dt. Künstlerbund; Intern. Künstlergremium – **G/T:** Malerei, Zeichn. – **M:** u. a. Berlin, Kpst.-Kab.; Boston/MA, Busch-Reisiger-Mus.; Budapest, MBK; Karlsruhe, ZKM; Kiel, KH; Köln, Kolumba; Köln, Mus. Ludwig; Łódź, Muzeum Sztuki; München, Bay. Staatsgemäldeslgn; Wuppertal, Von der Heydt-Mus. – **E:** zahlr. Ausst. im In- u. Ausland, zuletzt 03 Aachen, ehem. Reichsabtei Kornelimünster; Wuppertal, Von der Heydt-Mus.; Köln, Jöllenbeck; Bonn, Frauen-Mus.; 04 München, Sachs – **G:** zahlr. Ausst.bet. im In- u. Ausld seit 68, u. a. 77 Kassel, documenta; zuletzt 03 Linz, LG; 04 Brno, Dům uměni; Bremen, KS Böttcherstraße – Paula-Modersohn-Becker-Mus. – **V:** 2^{64}-1 Die Schachlegende vom Weizenkorn 80; Das Wort betreffend, subjektiv -objektiv 84; 10 Finger und die Zahlen 1–10 84; Die Hand und die Fünf 90; The roots of counting 95; Steinzeitgeometrie 96; Schwarze Göttinnen 01 – ***Lit:*** zahlr. Ausst.kat. u. a.: R. M. Mythen Zeichen Systeme 79; R. M. 88; R. M. 92; R. M. Bilderzyklen 94; R. M. Ursprung und Ordnung 03 – (Red.)

Miessner, Hertha (geb. Hertha Wagenpfeil), Malerin; Im Birket 31, D-82166 Gräfelfing, Tel. (0 89) 8 54 32 52, *hertha_miessner@hotmail.com*, *www.hertha-miessner.de* (* Marquartstein 24. 1. 46) – **VG:** München, Wassermann; München, Steinle; Köln, Benninger; Berlin, Stühler; Aachen, Gal. 23qm – **S:** 90–96 ABK München (Malerei, Lith., Neue Medien, Meisterschülerin b. Prof. Helmut Sturm) – **P:** Kardinal-Wetter-Förd.pr. 92; Stip. d. Fanny Carlita Stift. 93; Pr. d. Dannerstift. (f. Lith.) 94; Stip. d. Intern. Steindrucktage Großpösna 97; Atelierförd. d. Stadt München 98; Kat.förd. d. Stadt München 02 – **Ve:** BBK München u. Obb. 96; GEDOK München 00; VG Bild-Kunst 02 – **KGr:** CashYou (95–97) – **G/T:** Farbflächenmalerei, Neue Medien u. Video – **W:** Bay. Ldesbank, Versicherungskammer Bay., LfA Förderbank Bay., Ldesbank Bad.-Württ. – **Ö:** Achenbach, Art Consulting; Landshut, Spk.; München, Hypobank; ebda, BMW – **E:** 97 Eberswalde, StG; 98, 02 München, Otto-Gal. (Seidlvilla); 03 Erding, Kleine Gal.; Fürstenfeldbruck, Kloster Fürstenfeld (Haus 10); 04, 05, 07 München, Steinle; 05 Köln, Benninger; München, UBS-Bank; 07 Aachen, Gal. 23qm – **G:** zahlr. Bet. seit 90 im In- u. Ausld, u. a. 95 München, Ver. f. Orig.-Rad.; 97 Eberswalde, StG; 97, 98 München, Gal. d. Künstler; 98 Bratislava, Slovenská NG; 00 München, KV; 01 Rosenheim, StG; 01, 03, 04 München, Haus d. Kunst; 02 Augsburg, StG; 03 Uddevalla/Schweden, KV; 03, 04 Aichach, KV; 04 Köln, Kudlek; Berlin, Stühler; 05 Bonn, Frauen-Mus.; München, Rid; 06 Burghausen, Liebenweinturm; Forchheim, Pfalzmus.; Erlangen, StG; Nürnberg, RH; Straubing, StG; – sowie in Bariloche/Argentinien, Los Angeles, Cincinnati/USA u. a. – ***Lit:*** AUSST.KAT.: Aus nächster Ferne 99; H. M. Contrapositionen 02; Gal. d. Bay. Ldesbank (Hrsg.): Malerei 5 03

Mihailova, Tatjana (Ps.: Tatjana Michael), Mag. Paed., Malerin, Graphikerin; c/o Kunsthaus Mettmann, Lohstr. 2, D-40822 Mettmann (* Daugavpils/Lettland 21. 7. 56) – **S:** 74–76 Techn. HS Minsk (Archit.); 90–94 KA Riga (Kunst, Dipl.); 94–97 Univ. Daugavpils/Lettland (Mag. f. Pädagogik); 97–99 ebda (Promotionsstud.) – **L:** 90–97 StaatsKSch f. Kinder Daugavpils/Lettland; 94–98 Univ. Daugavpils/Lettland (Doz. f. Malerei); seit 04 VHS Mettmann-Wülfrath (Doz. f. Acryl- u. Ölmalerei); seit 04 eigene Malschule Mettmann – **P:** SWH Stip. Riga 95; Jaunradas Fonds Riga 96 – **Ve:** Kunsthaus Mettmann 03 – **G/T:** Farbemotionalismus; Thema: Farbenleben d. Seele u. Psychologie d. Menschen – **K:** Wahrnehmungen, Emotionen, Gedanken u. Farbe; Psycholog. Metamorphosen; Portr., Akt u. Stilleben malen u. zeichnen; Farben- u. Kompositionslehre mit malen; Monotypietechnik – **W:** überw. in Privatbes. sowie in Repräsentationsräumen v. Unternehmen – **Ö:** Mettmann, Kunsthaus – **E:** / G: Bet. seit 92, u. a. 92–98 Daugavpils/Lettland, SM; 00 Hamburg, Europawoche; 01 Wiesbaden, Inter-Schuhmesse; 02, 06 Mettmann, Kunsthaus; 03 Daugavpils/Lettland, Kunstwoche in Lettland; Mailand, Politecnico di Milano: Generative Art 2003; 04 Mettmann, Kunsthaus: Kunstpostkarten-Aktion z. 1100. Stadtjubiläum; 05 Wuppertal, Ärztehaus am St. Josef-Hospital; Daugavpils/Lettland, Person.Color.Natur.Musik – **V:** Wahrnehmungen d. Farbe 95; Farbenlehre 95

Mihljević-Pillhofer, Christine s. Pillhofer, Christine

Mihoci, Christiane, Dipl.-Designerin; *www.christiane-mihoci.de* (* Essen 24. 12. 73) – **S:** 99–05 Univ. Duisburg-Essen (Kommunikationsdesign) – **G/T:** Ill.; mit Mehrwert: Mixed Media – **G:** 99–05 Essen, Zeche Zollver.: Sichtwerk; 05 Troisdorf, Bilderb.mus. Burg Wissem; 06 Essen, Forum f. Kunst u. Archit. – **V:** Unsterblichkeit ist nicht jedermanns Sache – literarische Köpfe d. 20 Jh.s 02

Mike s. Hauptmann, Mike

Mikhailov, Boris, Fotograf; lebt in Berlin (* Kharkov/Ukraine 25. 8. 38) – **VG:** München, Gross – **P:** Coutts Contemp. Art Fund (Pr.träger) 96; DAAD-Stip. f. Berlin 96–97; Albert-Renger-Patzsch-Pr. Essen 97; Stip. Collegium Helveticum Zürich 98, 99; Hasselblad Award 00 – **E:** zuletzt u. a. 98 Turku, Center of Photography; 99 Paris, Centre Nat. de la Photogr.; Berlin, DAAD-Gal.; Zürich, Scalo Gal.; 00 Göteborg, Hasselblad Centrum; 01 London, Saatchi Gall.; 02 New York, Pace-Wildenstein-McGill Gall. – **G:** u. a. 98 Nürnberg, Lindig; München, Gross; Sete, Centre Régional d'Art Contemp.; New York, MOMA; Tokio, Satani Gall. – **V:** B. M. 95; Unfinished Dissertation 98; About the World 98; Case History 99 – ***Lit:*** Koetzle 02 – (Red.)

Mikl, Josef, Maler; Schönbrunner Schloßstr. 11, A-1120 Wien (* Wien 8. 8. 29) – **S:** 46–48 Graph. Lehr- u. Versuchsanst. Wien; 49–56 ABK Wien (b. Josef Dobrowsky u. Herbert Boeckl) – **L:** 69–97 ABK Wien (Prof.) – **P:** Öst. E.zeichen f. Wiss. u. Kunst 94 – **Ve:** Wiener Secession seit 57 – **KGr:** Die Hundsgruppe (50); Art Club (51–55); St. Stephan (56, Mitbegr.) – **M:** Berlin, Berlinische Gal.; Bochum, Mus.; Bremen, KH; Hamburg, KH; Leverkusen, StM Schloß Morsbroich; Recklinghausen, StKH; Wolfsburg, StG – **Ö:** Hiroshima, Friedenskirche; Salzburg, St. Virgil; Salzburg-Parsch, Kirche; Wien, Hofburg – **E:** seit 50 zahlr. Ausst., u. a. 58 Wien, Gal. nächst Sankt Stephan; 72, 88 Wien, ABK; 75–76 Salzburg, St. Virgil; 94 Wien, Künstlerhaus; 94–96 Wien, Hofburg – **G:** u. a. 54 Sao Paulo, Bienn.; 54, 68 Venedig, Bienn.; 64 Kassel, documenta III; 77 Kassel, documenta VI – ***Lit:*** Reclams Künstlerlex. 02; Schweers 02 – (Red.)

Miko, Gertrud (geb. Gertrud Glaeser), Mag.; Kleine Neugasse 15–19/36, A-1050 Wien, *gertrud-miko @gmx.net*, *www.miko.co.at*. Atelier: Dreifaltigkeitsstr. 39, A-7000 Eisenstadt (* Salzburg 30. 9. 50) – **KGr:** GEM (seit 90) – **G/T:** farbintensive Acryl- u. Ölbilder (abstrakt, impressionistisch); aquarellige Ill. – **W:** zahlr. Werke im Ausst.raum im eigenen Atlier – **E:** zahlr. Ausst. seit 90, u. a. Wien, Wasserturm; Wien, Wassermus.; Vöcklabruck, Lebzelterhausgal.; Kobersdorf, Schloß; Stegersbach, Therme; Eisenstadt, Technologiezentrum; Gmunden, Technologiezentrum; Baden, Casino; Eisenstadt, Wirtschaftskammer – **G:** zahlr. Ausst.bet. u. a. Kunst im Keller – **R:** Weltreise-Bilder (BKF) 00; Portrait (BKF) 01 – (Red.)

Mikoleit, Margarita s. Kashap

Miksch, Markus, Mag. art., Bildhauer, Maler, Graphiker; Hagenstr. 15, A-4040 Linz. Atelier: Lugwiesstr. 40, A-4060 Leonding (* Linz 20. 2. 68) – **S:** 88–91 HS f. Gest. Linz (Akt- u. Naturstud.); 91–95 HS f. Gest. Linz (Meisterkl. f. Bildhauerei Prof. Erwin Reifer) – **Ve:** Berufsvrg Bild. Künstler ObÖst. seit 95 – **G/T:** abstr. Steinbildhauerei (Granit), Malerei (div. Techniken), Zeichn. – **W:** zahlr. Skulpt., Gemälde u. Zeichn., überw. in Privatbes. – **M:** Linz, Nordico-Mus. – **Ö:** Linz, Botanischer Garten; ebda, Freinberg, Kunstmus. Lentos, Schloßberg – **E:** zahlr. Ausst. seit 92, zuletzt 01 Wien, Artefakt; 02 Krumau, Mus.; 03 Linz, Gal. d. Berufsvrg Bild. Künstler – **G:** zahlr. Ausst.bet. seit 92, zuletzt 00 Augsburg, Abraxas; 01 Linz, Univ. d. Künste; 02 Caldas da Rainha, Intern. Symposium f. Steinskulpt.; Hüttenberg, Intern. Bienn. f. Bild. Kunst – **V:** M. M. Skulpturen 1992–1995, Werkkat. 95 – (Red.)

Milczynski, Friedheim, Dipl.-Lehrer f. Kunst, Maler; Pappelstraße 68, D-04600 Altenburg (* Altpoderschau 25. 12. 33) – **Ve:** Malerei u. Graph., Studio Bild. Kunst am Lindenau-Mus. Altenburg 72 – **M:** Altenburg, Lindenau-Mus. – **Ö:** Rositz, Verwaltungsgemeinschaft; Zschernitz, Ev. Kirchgemeinde – **E:** seit 82, u. a. Altenburg, RHgal.; Altenburg, Schloß (Goldsaal); Göpfersdorf, Gal. Pferdestall; Theißen, MIBRAG; Altenburg, Lichthof LRA; Altenburg, Kult.-bund-Gal. – **G:** 02, 04 Gera, Positionen – Kunst in Ostthür.; – sowie: Erfurt, Ldtag; Magdeburg, Arbeiterfestspiele d. DDR

Milev, Yana (Jana Milev), Installationskünstlerin, Resonanz-Architektin, Raumforscherin; Elsa-Brandström-Str. 5, D-13189 Berlin, Tel. (0 30) 4 49 36 81 (* Leipzig 64) – **S:** 83–86 HGB Leipzig (Malerei u. Graph.); 86–93 HBK Dresden (Fluxus, Mixed Media, Performance, Konzept-Kunst, Kult.theorie u. Bühnenbild) – **L:** seit 00 KHS Berlin-Weissensee – **P:** u. a. Stip. d. Ldes Sa. 93–95; Max-Pechstein-Förd.- u. E.pr. 95; Atelierstip. Kulturstift. Dresden 96; Förd.stip. d. Günther-Peill- Stift. Düren 96–98; DAAD-Stip. Japan 98–99 – **W:** Ankauf u. a. durch d. Dresdner Bank Berlin – **M:** Dresden, Kpst.-Kab.; Leipzig, KS d. Ldesbank Sa.; Zwickau, StM – **E:** zahlr. Ausst., zuletzt u. a. 97 Osaka, Goethe Inst.; 98 München, Kunstraum; 99, 01 Leipzig, Gal. Eigen + Art; 00 Düren, Leopold-Hoesch-Mus.; 03 Salzburg, Max-Gandolph-Bibliothek – **G:** zahlr. Ausst.bet., zuletzt u. a. 96 Berlin, Gal. Eigen + Art; 97 Kassel, documenta; 98 Jena, StM u. KS; 00 Essen, Mus. Folkwang; 03 Berlin, AK – (Red.)

Miller, Gerold, Bild. Künstler; Atelier: Oranienstr. 183, D-10999 Berlin, Tel. (0 30) 61 65 82 44 (* Altshausen 15. 2. 61) – **S:** 84–89 ABK Stuttgart (Bildhauerei b. J. Brodwolf) – **P:** Pr. d. ABK Stuttgart 86; DAAD-Stip. (f. Chicago) 89–92; Stip. d. Ldes BW 89–92; Artist in Residence in Chicago u. New York 91; Cité Intern. d. Arts Paris 94–95; Artist in Residence d. Intern. Kunstzentrums Posen 98; Intern. Bodensee Kult.pr. 01 – **KGr:** L – **G/T:** Stahlplast. – **M:** Berlin, DaimlerChrysler Contemp. – **E:** zuletzt u. a. 99 München, Albrecht; Sydney, Artspace; 01 Wien, Gal. Trabant; Berlin, Dreher; 02 Amsterdam, Aschenbach & Hofland; Berlin, Hamburger Bahnhof; 03 Berlin, Loewe Gal. – **G:** zuletzt u. a. 99 Leipzig, Gal. f. Zeitgen. Kunst; 00 Esslingen, Villa Merkel; Zürich, Stift. f. konstruktive u. konkrete Kunst; 01 Berlin, DaimlerChrysler Contemp.; Stuttgart, Schloß Solitude; 02 London, Rocket Gall.; Kiel, Stadt-Gal. – (Red.)

Millonig, Helmut, Prof., Bildhauer, Maler; Alois-Schrott-Str. 39, A-6020 Innsbruck, Tel. (05 12) 28 87 26, Mobil: 06 99 11 20 00 27, Fax 90 80 96, *helmut.millonig @aon.at*, *alpha2000.at/millonig*. c/o Atelier, Bildgasse 1, A-6020 Innsbruck (* Wattens 19. 11. 28) – **VG:** Innsbruck, Schafferer – **S:** 42–47 Staatsgewerbeschule Innsbruck (Abt. Bildhauerei b. Prof. Pontiller); 49–51 ABK Wien (b. d. Prof. Wotruba u. Böckl) – **P:** Verleihung d. Berufstitels Prof. 87 – **Ve:** Tiroler Künstlerschaft 51 – **G/T:** Bildhauerei (Holz, Stein, Bronze, Beton); Wandmalereien (Sgraffiti); Malerei – **Ö:** u. a. Ebbs, Fohlenhof; Innsbruck, St. Nikolaus-Brunnen; ebda, Christophorus-Brunnen, Alpenzoo (Tierplast.), Krankenhaus (Brunnen), Drei-Gänse-Brunnen, Pädagog. Akad. (Marmorplast. zwei Studierende); Nikolsdorf, Totenkap.; St. Johann im Walde, Totenkap.; Wien-Schönbrunn, Tiergarten (Tierplast.) – sowie weitere Friedhofs-Gest., Kindergärten, über 40 Wandmalereien, Sgraffiti an Fassaden u. in Hotels u. weitere Werke u. a. in: Ehrwald; Gries a. Brenner; Kufstein; Nikolsdorf; Oberhofen; Rauenberg; Reichenau; Reith; Reutte; Telfs; Toblaten – **E:** u. a. 83, 94, 98, 03 Innsbruck, Weiherburg; 86 Innsbruck, Andechsgal.; 87 Lengberg, Schloß; 88 Innsbruck, Kunstpavillon Hofgarten; 90 Schaan/ Liechtenstein; 92 Inzing, RZ Saal; Innsbruck, Kongreßhaus; Reith, Vital Hotel Royal; Hall, Künstlercafé Meisl; 94 Innsbruck, Alpenzoo; Marchegg, Schloß; 95 Wien-Schönbrunn, Tiergarten; 00, 03 Innsbruck, Botan. Garten; Kolsass; 01, 02 Innsbruck, Seniorenresidenz Wilten; 01 Rattenberg, Schmithammer; 02 Fulpmes, Gal. Kunststoff; 05 Steinach, Alfons Graber Mus. – **G:** u. a. 63, 64, 66 Innsbruck, Kunstpavillon Hofgarten; 64 Seefeld, Kunstpavillon; 72 Reutte, Holz; 80 Pfäffikon, Krippen; 81 Kassel, Stadthalle; 82 Mayrhofen, Europahaus; 88, 95, 98 Innsbruck, Kongreßhaus; 91 Landeck, Schloß; Innsbruck, HTC; 96 Innsbruck, Spk.; 01 Fulpmes, HTC; 02 Fulpmes, Krippen; 04, 05 Innsbruck, Schafferer: Art; 04 Vösendorf, Schloß; 05 Bozen, Art (Gal. Schafferer Innsbruck); 06 Friesach, Fürstenhof – ***Lit:*** Helga Reichart: H.M. anläßl. d. 70. Geburtstages, Arbeiten v. 1951–1988 88; Heide Pfennigbauer: H.M. anläßl. d. 70. Geburtstages, Arbeiten v. 1988–1998 98

Minde, Martin, Akad. Maler (Dipl.); Baldestr. 19, D-80469 München, Tel. (0 89) 2 01 19 01 (* Königsberg/ Ostpreußen 17. 9. 40) – **VG:** Weiden, Hammer & Herzer – **S:** ab 66 Studium d. Malerei (Oberberger, Jochims, Meyer-Speer, Reipka); 74 Meisterschüler, Dipl. – **Ve:** BBK München u. Obb. – **G/T:** Reine Farbformmalerei in gestupfter Harzöltechnik u. Tintenstrahldrucktechnik (Computer) – **W:** zahlr. Werke in Privatbes. – **M:** Kaufbeuren, Stadtgal.; München, Pin. d. Mod. – **E:** 74 Kaufbeuren, Kramm; 75 München, Grohmann; 76 München, Gal. LFJ; München, Schliebeuer; München, Naab; 81 Kempten, Kunstkab.; 82 Kaufbeuren, Kult.ring; 86 Deggendorf, Gal. Pirgie; Cham, Profil; 87 München, Hampl; 88 Pieve di Pontenano/Ital.; 90 München, St. Lukas; 95 Weiden, Regerhalle; Weiden, Hammer & Herzer – **V:** Kreuzstruktur der Farbe 85; Franz-Martin 87; Aktive u. passive Gestalt d. Farbe (Farbformlehre m. einer Mappe v. Farbdrucken) 87 – sowie viele Einzelbücher über farbformale Themen

Minkewitz, Reinhard, Maler, Graphiker, Bildhauer; Mozartstr. 21, D-04107 Leipzig (* Magdeburg 18. 12. 57) – **S:** 79–84 HGB Leipzig (b. Prof. Rolf Kuhrt); 87–92 Dresden (Meisterschüler b. Prof. Gerhard Kettner) – **L:** 90–96 HGB Leipzig (FB Malerei u. Graph.) – **P:** Förd.stip. d. Städt. Bühnen Leipzig 84–86; 'German Artist in Residence' an d. Lancaster Univ. u. d. Peter Scott Gall., Lancaster 95; Grafik-Pr. d. Dresdner Bank, Chemnitz 96 – **G/T:** Buchill.; Graph.; Malerei – **M:** Altenburg, Lindenau-Mus.; Berlin, Kpst.-Kab.; Borna, SM; Dresden, Kpst.-Kab.; Dresden, SKS; Dresden, SLUB; Leipzig, Dt. Buch- u. Schrift-Mus. d. Dt. Nat.bibl.; Leipzig, MBK; Leipzig, Stadtgesch. Mus.; Leipzig, Verbundnetz Gas AG; Offenbach am Main, Klingspor-Mus.; Santa Monica, Getty-Mus.; Scheveningen, Mus. Beelden aan Zee – **E:** zahlr., u. a. 86 Leipzig, Gal. Theaterpassage; 88 Leipzig, Gal. am Thomaskirchhof (Kat.); 89 Leipzig, Gal. Süd (Faltblatt); 90 Zwickau, Gal. Peter Breuer; 91, 93 (Kat. P. Guth), 97–98 Leipzig, Gal. am Sachsenplatz; 92 Leipzig, BfG-Bank; 97–98 Leipzig, Dt. Buch- u. Schrift-Mus. d. Dt. Bücherei (Kat.); 02 Rheda-Wiedenbrück, Orangerie (Kat.); Leipzig, Gal. Hotel Leipziger Hof; 04 Pulsnitz, Gal. im Geburtshaus Ernst Rietschels; Delitzsch, Spk.; 05 Leipzig, Spk.; 06 Leipzig, Ausst.zentrum Kroch-Haus – **G:** zahlr., u. a. 78, '90 Berlin, Intergrafik (Kat.); 86 Altenburg, Lindenau-Mus.: Anzeichen, Junge Kunst aus Leipzig (Kat.); 87 Stockholm, Königl. AK: Das Meer (Kat.); Dresden, X. Kunst-Ausst. d. DDR; Grado, Europ. Trienn. der Rad.-Kunst (Kat.); 89 Berlin, AK: Zeichn. aus 40 Jahren AK; Leipzig, MBK: Zeichn. d. DDR (Kat.); 90 Dresden, Kpst.-Kab.: Trad. und Innovation; Leverkusen, StM Schloß Morsbroich; Hamburg, KH (Kat.); 91 Hameln, Kunstkreis: Leipzig nach der Schule; 93 Leipzig, Mus. f. Kunsthandwerk: Leipziger Jahres-Ausst. (Kat.); 00 Leipzig, Gal. am Sachsenplatz; 05 Mainz, Akad. d. Wiss. u. d. Lit. (Kat.) – **V:** u. a. Kerstin Hensel: Lillit (Ill.) 86; R. M. 88; Lewis Wallace: BenHur. Erzählung aus der Zeit Christi (Ill.) 89; Kerstin Hensel: Stinopel (Ill.) 89; m. Kerstin Hensel: R. M. – Symbolform Buch. Inseln auf leeren Seiten 95; R. M. Zeichnung, Druckgraphik, Buchkunst 97; Wolfgang Hilbig: Anfang (Graph.) 02; Jens Sparschuh: Silberblick. Zwei Unterhaltungen (Ill.) 04 – ***Lit:*** Bildende Künstler in Leipzig 06 – (Red.)

Misch Da Leiden (eigtl. Michel Daleiden), Maler, Siebdrucker; Konkordiastr. 54, D-40219 Düsseldorf, Tel. (02 11) 3 98 13 34, *MISCH.DA.LEIDEN@gmx.de*, *mischdaleiden.de* (* Luxembourg 15. 3. 48) – **S:** 69 Ec. Nationale Supér. d'Archit. et des Arts Visuels ENSAAV Brüssel (Malkl. Prof. Delahaut); 70–75 KA Düsseldorf (75 Meisterschüler Prof. Weber – **P:** IV. u. V. Bienn. des Jeunes Esch/Alzette 69 u. 71 – **Ve:** BBK Düsseldorf 79–89; VG Bild-Kunst seit 87; IG Medien, Fachgr. Bild. Kunst 89 (Mitbegründer) – **KGr:** G.R.A.P. (71–75) – **KGe:** Atelierhaus Poststr. Düsseldorf (79, Mitbegründer) – **G/T:** Mischtechniken (Öl, Acryl, Siebdruck, Collage, Fotokopie etc.) – **K:** 77–81 VHS (Doz. f. Siebdruck) – **W:** zahlr. Arb. in Privatbes. – **M:** Dortmund, Dt. Arb.schutzausst. (Slg); Düsseldorf, Mus. Kunst Pal. (Artothek); Düsseldorf, SM – **Ö:** Brüssel, ENSAAV; Düsseldorf, Goethe-Gymnasium – **E:** u. a. 87 Düsseldorf, SM (Kat.); Düsseldorf, Deltagal.; 89 Düsseldorf, Mahn- u. Gedenkstätte; Hattingen, KV; 92 Jülich, KV; 93 Lage-Hörste, Bildungsinst. H. Hansen; 96, 99 Düsseldorf, Niepel b. Morawitz – **G:** u. a. 83, 88 Düsseldorf, Halle Münsterstr.; 89 Düsseldorf, SM; 90 Trier, Tuchfabrik; Dortmund, Dt. Arb.schutzausst. (Kat.); Künstler arbeiten an Düsseldorf (Kat.); 92 Mannheim, LM f. Technik u. Arb.; Norrköping, Arbetets Mus. (Kat.); 02 Berlin, DHM; Berlin, Gropius-Bau (Kat.) – **V:** Ferdinand Scholz: Wichtige Gedichte (Ill.) 97 – **R:** K. Sebastian: Interview m. M.D.L, Fs.beitr. (Kunstszene Düsseldorf) Antenne Düsseldorf 04 – ***Lit:*** K. Sebastian u. a.: M.D.L. Bilder 1994–2004, Monogr.; Realität – Medium – Abbild, Kat. (zur Ausst. Filmforum Düsseldorf) 76

MISIT s. Sitta, Milan

Mitransky, Klaus W., Prof. em., Dr. phil., Maler, Designer; Barkendicke 14, D-21224 Rosengarten, Kreis Harburg, Tel. (0 41 08) 74 44, Fax 70 90, *kontakt@kw-mitransky.de*, *www.kw-mitransky.de* (* Seelow 35) – **S:** 53–54 WerkKSch Düsseldorf (freie u. angew. Malerei); 54–57 Muthesius-WerkKSch Kiel (freie u. angew. Malerei, Graph.- u. Textildesign); 70–75 Univ. Hamburg (Kunstgesch.) – **L:** 70–92 Univ. Hamburg (Farbtechnik u. Raumgest., Designtheorie, Gest.lehre u. Textildesign); 93–95, 00–03 TU Hamburg-Harburg (Farbtechnik, Raumgest., Designtheorie, Gest.lehre); 94–00 Bergische Univ./GesamtHS Wuppertal (Gest.technik) – **P:** Entwurfswettb. z. Förd. d. werkkünstler. Nachwuchses in d. BRD (3. Pr.) 54; Wettb. z. Neugest. d. Innenraumes d. ev.-luther. Kirche in Barsbüttel (1. Pr.) 75; Wettb. z. Gest. d. Außenanlagen d. Wohnsiedlung Kirchdorf Süd, Hamburg (1. Pr.) 75; Wettb. Hamburg-Allermöhe (2. Pr. gemeinsam m. d. Planungsgr. Prof. Laage) 75; Senatspr. d. Baubehörde d. Freien u. Hansestadt Hamburg f. d. Farbgest. Rainvilleterasse 76; Städtebauwettb. z. Planung d. Hegertorviertels d. Stadt Osnabrück (2. Pr. gemeinsam m. d. Planungsgr. Prof. Laage) 77 – **KGe:** Planungsgruppe Farbdesign im Städtebau (m. Hans-Frieder Kühne, 72–85) – **G/T:** Malerei (Öl, Aqu., Acryl, Lsch., Portr.); Graph.; Farbdesign; Fassadengest.; Collagen; Fotogr. – **Ö:** Kiel (Wandrelief f. einen Tanz- u. Gymnastikraum); Neumünster, ev.-luther. Kirchgemeinde (Stahlrelief, Kirchturmskreuz) – sowie: Fassadengest. u. Konzepte farbiger Stadtgest. in Hamburg-Mümmelmannsberg, Hamburg-Kirchdorf Süd, Hamburg-Billwerder-Allermöhe, Meldorf, Osnabrück, Soest – **E:** 04 Stade, KV; 06 Hamburg, Spk. Adolphspl. – **V:** zahlr. Veröff. über Farbe, Form u. Archit. seit 60, u. a. in: Die Mappe, Das Deutsche Malerblatt, Das Dt. Maler- u. Lackierhandwerk u. div. Festschriften; Strukturmerkmale d. Gest.unterrichts. Eine histor. Analyse f. d. Arb. in berufsqualifizierenden Schulen 89; Schnüffel u. Schmatz – Ein diametrales Verhältnis 02; Hamburger Brückenverse – Vierzehn Sprüche in d. Wind gesprochen (Epigramme u. Fotogr.) 04; Augenblicke – Poesie d. Augenblicks (Texte u. Bilder aus d. Jahren 1957–2004) 04

Mittelstädt, Egbert; c/o Monreal & Poppen, art consulting, Nordstr. 73, D-53111 Bonn, Tel. (02 28) 28 92 90, privat: (02 21) 9 32 05 05, Fax privat: (02 21) 9 32 05 04, *em@atelier-fuer-Medienprojekte.de, www.monreal-poppen.de; www.atelier-fuer-Medienprojekte.de* (* 12. 1. 63) – **S:** 81–86 FHS Würzburg (Kommunikationsdesign); 92–95 KHS f. Medien Köln (b. Prof. Zielinski) – **L:** 98–00 KHS f. Medien Köln (LAuftr. Composing); seit 03 FHS Darmstadt (LAuftr. f. Mediendesign) – **P:** Vox-Kunstförd.pr. Köln 99; Back-up Festival Weimar (1. Pr.) 00; Digital New Art-Award Frankfurt am Main (2. Pr.) 01 – **Ve:** VG Bild-Kunst 03 – **G/T:** Panoramafotogr., Medieninstall., Bühnenprojektion, Experimentalfilm u. -video – **W:** überw. in Privatbes. – **M:** Hockenheim, Motorsport-Mus. – **Ö:** Berlin, ARD-Hauptstadtstudio; Bonn, IVG-Hauptgebäude – **E:** 02 Mönchengladbach, kunstraumno.10; Köln, irimetal; 04 Bonn, Industr.- u. Handelskammer – **G:** zahlr. Ausst.bet. seit 86, zuletzt 02 Heinsberg, KV d. Reg.; 03 Taipei, Fine Arts Mus.; Rio de Janeiro, Centro Cultural Banco do Brasil; 04 Genf, Éc. des arts décoratifs – **R:** Kurzfilme: Elsewhere 99; Passersby 01; Unfolding 02 – (Red.)

Mitter, Helene, Dipl.-Kunsterzieherin, Malerin; Josef-Priller-Str. 45, D-86159 Augsburg, Tel. (08 21) 59 36 18 (* Siebenbürgen 27. 10. 42) – **S:** 65–68 Univ. Temeschburg (Kunsterziehung) – **Ve:** BBK Bay. 83 – **G/T:** Malerei (Öl, Acryl, Aqu.) – **M:** München, Bay. Staatsgemäldeslgn – **Ö:** Aichach, Ldratsamt; Augsburg, Bez. Schwaben; ebda, AOK, Hessing-Stift., Ges. f. Gegenwartskunst, Augsburger Aktienbank; Donauwörth, RH; ebda, Arb.amt; Friedberg/Bay., RH; Marktoberdorf, RH – **E:** 97 Augsburg, Treppenhausgal. b. Kröll + Nill; 99 Königsbrunn, ARTgerecht Gal.projekt; 02 Augsburg, Diakonissenhaus; 04 Augsburg, Augsburger Aktienbank – **G:** zahlr. Ausst.bet. seit 83, u. a. 88–04 Donauwörth, Große Nordschwäbische Kunstausst.; 90, 95, 98 Augsburg, Große Schwäbische Kunstausst.; 90–05 Marktoberdorf, Ostallgäuer Kunstausst.; 90–06 Friedberg/Bay., Friedberger Kunstausst.; 91 Ljubljana, Dt. Kult.tage; 92 Bourges, Brechtwoche; Hangzhou/China; Tokio, Dt. Kult.tage; Osaka, Dt. Kult.tage, 95–05 Irsee (Schwäbische Künstler in Irsee)

Miura, Atsuko s. Kato, Atsuko

Mizi Niemand s. Butsch, Daniela

Mlenek, Hannes; Strohmayergasse 6, A-1060 Wien, Tel. (01) 5 96 57 95, Fax 5 96 57 95, *hannes@mlenek.at, www.mlenek.at* – **G/T:** Malerei – (Red.)

MMB (eigtl. Martina Müller-Blecher), Kunstpädagogin, Malerin; An der Jagengrenze 11, D-40589 Düsseldorf, Tel. (02 11) 7 59 09 11, *info@astrokunst.de, www.astrokunst.de* (* Hilden 4. 5. 58) – **S:** 77–83 Berg. Univ. Wuppertal (Meisterkl. f. Malerei b. Prof. Badura) – **L:** Kunstunterricht an Gymnasien u. Grundschulen (im Rahmen d. Projekts 'Künstler an Schulen') – **Ve:** Berg. Künstler 77–84 – **G/T:** Mod. Malerei (Acryl, u. a. z. Thema Kosmos); Graph.; Objektkunst – **K:** Malerei f. Kinder, Acryl-Technik f. Erwachsene – **W:** Natur- u. Heilkundemus. Benrath – **Ö:** Duisburg, Blutspendezentrum; ebda, Averdunk-Center; Tokio, Suzuki Family – **E:** zahlr. seit 78 im Raum Düsseldorf, u. a. 94 Reisholz, Bürgerhaus; 95 Düsseldorf, Techn. Verwaltungsgebäude; 98 Hilden, StG; 00 Düsseldorf, Neurolog. Therapiecentrum; 03 Benrath, Orangerie – **G:** 78 Hilden, Stadthalle; 96 Düsseldorf, Mus. Kunst Pal. – **V:** Von mir – zu dir, Graph. Bildbd 84

MMT s. Taus, Margit M.

Mnatsakanjan, Elisabeth (Ps.: Elisabeth Netzkowa), Univ.-Lektorin; Johann-Strauß-Gasse 35/7, A-1040 Wien, Tel. (01) 9 66 84 62, *elisabeth.netzkowa@chello.at.* c/o Hotel Silvapina (im Sommer u. Herbst), CH-7252 Klosters-Dorf, Tel. u. Fax 0 814 22 14 68, *silvapina@klosters.dorf.ch* (* Baku 31. 5. 22) – **S:** als Bild. Künstlerin Autodidaktin; 45–47 Univ. Moskau (Philologische Fak.); 45–50 Konservatorium Moskau (Klavier u. Musiktheorie); bis 53 ebda (Aspirantur) – **L:** 46–48 als Musikwissenschaftlerin in Moskau; seit 79 Univ. Wien (Lit. Übersetzen, Lit. d. 20. Jh.) – **P:** Wystan-Hugh-Auden-Anerkennungspr. 85; Pr. d. Min. f. Unterricht u. Kunst Öst. (f. lit. Übersetzen) 87; Andrei-Belyi-Lit.pr. (f. d. Buch ARCADIA u. d. gesamte Lebenswerk) St. Petersburg/Russland – **Ve:** Grazer Autorenversammlung seit 80 – **M:** u. a. Bern, KM (Paul-Klee-Stiftung); Minneapolis/MI, Walker AC; Wien, Albertina (Graph. Slg) – **E:** 78 Wien, Prisma; 79 Wien, Inst. f. Slawistik d. Univ.; 80 Wien, Bregenz u. Paris; 81, 93 Wien, Alte Schmiede; 87 Amsterdam, FAS; 88 Wien, Lit. Quartier; Wien, Studentencafés (Lesungen); 93 Wien, Salon; Bad Fischau, Stadtgal.; 97 Edmonton, Alberta Univ. – Weltkonferenz f. Visuelle Poesie; 98 Moskau, Öst. Botschaft; 99–00 Wien, Albertina; 02 Cinncinati, Gal. 02txt: celebrating the visual word; 03 Davos, Bürki; 04 Cambridge/MA, Harvard Univ. (Symposium z. Werk d. Künstlerin) 04–06 Cambridge/MA, Harvard Univ. (Lamont Library) – **G:** 76 Paris, Pal. des Congrès (La peinture russe contemporain); 78, 79 Wien, Prisma; 86 New York (Festival der russischen Poesie) – **V:** GRAPH. GEST. U. ILL.: Das Buch Sabeth 88; Das Hohelied 89; Metamorphosen 90; – BÜCHER D. VISUELLEN POESIE: Das Hohelied, russisch 96; beim tode zu gast, dt. 96–97; A Daydream's Book 98; Graubünden 98; Zauberberg-Davos 99; – THEORETISCHE VERÖFF.: Wie übersetzt man sich selbst? 97; – BEITR. IN ZSS u. ZTGN: Herbst im Hospitz der unschuldigen Schwestern. Requiem in 7 Sätzen. Mir selbst zugeeignet, in: Apollon – 77. Almanach für die moderne russische Kunst 77; Kunst und Vorurteile, lit. Essay, in: Die Zeit und wir (Tel Aviv) 27 78; Wiegenlieder für Mozart, in: Wiener Slawistischer Almanach 3 79; ein kleines requiem, in: NRL Neue Russische Literatur. Almanach d. Univ. Salzburg 79; das stille schweigende meer. 10 Gedichte für Anna N., ebda; curriculum vitae. visueller bericht (Text u. Graph.), in: DOC(K)S 80; Die neue Literatur in der UdSSR, lit. Essay in: Berichte und Informationen IX 81; Visuelle Gedichte aus d. Buch: beim tode zu gast, in: Freibord 26 82; Graph. zu d. Gedichten v. V. Chlebnikov, ebda; Chlebnikow. Tod und Verklärung in der Dichtkunst, lit. Essay in: Syntax, Russisches Lit.mag. 83; Anton Tschechow. Un essai, Prosadichtung in: Freibord 30 83; zwölf kleine erinnerungen. texte zu einem kleinen unvollendeten leben, Kurzprosa in: Freibord 36 84; Klosterbruder. Psalmen und Litaneien für Aljoscha. 16 Gedichte an meinen Bruder, in: Mulette 84; ein brief, Visuelles Gedicht, in: Lesezirkel 2

84; Rolle und Bedeutung der Erinnerung in der künstlerischen Praxis. Freud – Dostojewskij – Heinrich Heine, in: Wiener Slawistischer Almanach Bd 16 84 – WEITERE: schritte und töne. Vier Gedichtbücher, Sonderbd d. Wiener Slawistischen Almanachs 82; VlaKa – eine Insel zwischen Sternen und sich selbst, lit. Essay in Vladimir Kasakow. Ot golowy do zwezd 82; Alexej Michailowitsch Remisov. Eine kurze Geschichte in Wörtern, Seufzern, Zeilen und Linien erzählt (Texte u. Graph.), in: The blue Lagoon. Anthology of modern russian poetry 83; Gedichte in: The blue Lagoon. Anthology of modern russian poetry 84; VITA BREVE, Gedichtbd 96; Essays in russischer u. dt. Sprache 95–97: Literaturskriptum: Vorlesungen zur russischen Literatur (Inhalt: Verbrechen und Bestrafung – das Phänomen Gewissen. Auferstehung und Tod, Der Jüngling. Die Rebellion und Aufklärung, Die Dämonen. Versuch einer Analyse, Die Sanfte – eine imaginäre Erzählung), Univ. Wien 03; ARCADIA: Ausgewählte Werke – Gedichte, Essays, Prosa (Kurzprosa) u. a. 06; – sowie ÜBERSETZUNGEN, u. a.: Aus der Österreichischen Lyrik. Ausgewählte Übersetzungen 94; Aus der zeitgenössischen österreichischen Lyrik, Übertragung v. Gedichten Celans u. Artmanns ins Russische, in: Echo, Russisches Lit.mag. 78; flötenlieder. 3, in: Michael Chemiakine: St. Petersbourg. Ein Bilderalbum 79 – **R:** eigene Gedichte aus d. Bd. 'schritte und töne', 'Metamorphosen' u. 'Das Buch Sabeth', BBC u. Svoboda 91–92; – sowie zahlr. Aufnahmen div. Lesungen v. eigenen Texten u. Texten anderer Autoren – ***Lit:*** Gerald Janecek: Sight and Sound Entwined. Studies of the New Russian Poetry. Elizabeta Mnatsakanova's Requiem 00; – sowie Beitr. in versch. russischen lit. Zss u. Ztgn, u. a. Literaturnaja Gazeta, Novoje literaturnoje obosrenije u. Nesawisimaja Gaseta – ***LitR:*** Dok-Videofilm im Auftrag d. Min. f. Kunst u. Unterricht d. Republik Öst.

Möbius, Michael, Maler, Graphiker; Henricistr. 35, D-04177 Leipzig, Tel. (03 41) 4 79 57 15, *Michael Moebius@aol.com*, *www.michaelmoebius.net* (* Hartha 15. 2. 51) – **VG:** Leipzig, Kunstkaufhaus; Leipzig, Gal. Süd – **S:** 69–73 Univ. Leipzig (Kunstpäd.) – **Ve:** VBK 88–90; BBKL 90; ARCUS-Künstlervrg Leipzig 95–96; Freiluftgal. Stötteritz 00 – **G/T:** Malerei, Graph., Objekt – **W:** Werke in Privatslgn sowie im Bes. d. Kult.stift. Rügen – **M:** Leipzig, KH Spk.; Leipzig, KS d. Univ. – **Ö:** Borsdorf, Spk.; Leipzig, Spk. – **E:** zahlr. Ausst. seit 88, u. a. 89, 02 Leipzig, Gal. Süd; 91 Leipzig, Gal. im Leibniz-Klub; 94, 97 Leipzig, Blüthner; 96, 02 Leipzig, Dorint Hotel; 98 Leipzig, Dresdner Bank – **G:** zahlr. Ausst.bet. seit 89, u. a. m. d. BBK, auf d. Bildermesse u. d. Freiluftgal. Stötteritz – sowie: Bergen, Kult.stift. Rügen; Leipzig, BBKL (suite/folge) – ***Lit:*** AUSST.KAT.: ARCUS 95; 12. Sächsisches Druckgrafik-Symposion 02; BBK Leipzig; Kunsthalle der Sparkasse Leipzig – sowie Presseveröff.

Möbus, Christiane, Prof., Objektkünstlerin; Kollenrodtstr. 63, D-30161 Hannover, Tel. (05 11) 66 85 58, Fax 62 07 57 (* Celle 47) – **S:** 66–70 Staatl. HBK Braunschweig (b. Emil Cimiotti) – **L:** 79–81 Staatl. HBK Braunschweig (LAuftr.); 90 Konsthögskolan Göteborg (Gastprof.); HdK Berlin (Prof.) – **P:** DAAD-Stip. New York 71; Karl-Schmidt-Rottluff-Stip. 77; Villa-Romana-Pr. 78 – **E:** u. a. 71 Bremen, Paula-Modersohn-Becker-Haus; 80 Duisburg, Wilhelm-Lehmbruck-Mus.; 84 München, Walser; 86 Hasselt, Provinciaal Mus.; 89 Wien, MMK Stiftung Ludwig – **G:** u. a. 81 Berlin, Staatl. KH; 88 Nordhorn, Kloster Frenswegen (Intern. Bildhauersymposion); 90 Wiesbaden, Mus. – ***Lit:*** Reclams Künstlerlex. 02 – (Red.)

Möckel, Eleonore s. Mersmann, Eleonore

Möckel, Ulrich, Bild. Künstler; Unterberg 1 Nr. 44, D-59269 Beckum, Tel. (0 25 21) 1 26 98, Fax 82 77 46, *ulrich.moeckel@t-online.de* (* Hemer 23. 6. 49) – **VG:** Essen, Neher; Emmen, de Lange – **S:** 72–78 KA Düsseldorf (Abt. Münster, Meisterschüler in d. Kl. Udo Scheel) – **L:** 94 FHS Hamburg (Gastprof. Pentiment); 04 Sommerakad. Hamm – **P:** Pr. f. Malerei d. Künstlergemeinschaft Schanze (1. Pr.) 79; Europapr. f. Malerei (Bronzemed.) 80; Stip. f. Skulpt. Wolfsburg 92; Kunstpr. d. KV Hürth 93 – **Ve:** VG Bild 83; Kr.KV Beckum-Warendorf; Westdt. Künstlerbund – **G/T:** Skulpt., Install. – **E:** u. a. 98 Verl, Kerkhoff; Lippstadt, Gal. im RH; 99 Schaffhausen, Kult.zentrum Kammgarn; Emmen, de Lange; 00 Kaarst, StG; Bielefeld, KV Mus. Waldhof; 01 Beckum, SM; Gelsenkirchen, KV; 02 Siegen, Siegerlandmus.; 03 Rheine, Kloster Bentlage; 04 Hamm, Gustav-Lübcke-Mus. – **G:** u. a. 00 Beckum, SM; 01, 03 Emmen, de Lange; 01 Essen, Neher; Beckum-Warendorf, Slg d. Kr.KV; 02 Untergröningen (Kunst im Schloß); Schaffhausen, Vebikus; Stuttgart, Kunstpunkt St. Eberhard; 03 Kassel, Königs; Telgte, Krippenmus.; Telgte, Mus. Heimathaus Münsterld – **V:** Sägewerke, in: Delfin, eine dt. Ztg. f. Konstruktion, Analyse u. Kritik 89, 90 – ***Lit:*** u. a. Friedrich Meschede: Politisch erwünscht, in: Bis das der Herbst uns scheidet 88; Heiderose Langer: Überlegungen zu den Holzskulpturen von U. M., in: Holz-Skulptur im Dialog mit Natur 92; Martin Gesing: STAD(t)T – ART, Kunst in 56 homöopathischen Dosen 97; – KAT.: Adolf Smitmans: Zu U. M.s Wandstücken, in: U. M. Wandstücke 95; Martin Gesing: Skulpturen, in: Carambolage 98; Andrea Fink: U. M., in: Kunstspur 98; Sanna Bührer: Den Zwischenraum zelebriert, in: U. M. Gitterwerke 00; Gunther Gerlach: Absetzen über die Ecke, in: Über Räume 01; Drei von Allen, in: Salto Naturale 02; – ZTGN/ZSS: Peter Sommer: Kann man in der Kunst mit Lorbeerblättern Lorbeeren ernten? in: Sennestadt Rundschau 77; Jörg Restorff: Brandspuren, in: Kunstforum Intern. 91; Martin Gesing: U. M. Skulpturen, in: NIKE special sculpture 93 – (Red.)

Möhwald, Otto, Prof., Maler, Graphiker; Seebener Str. 186, D-06114 Halle/Saale, Tel. (03 45) 5 22 91 45 (* Krausebauden/Riesengebirge 19. 1. 33) – **VG:** Berlin, Hintersdorf; Gotha, Finkbein – **S:** 50–54 Inst. f. künstler. Werkgest. Halle (b. Prof. Hahs u. Prof. Bunge, Malerei) – **L:** 93–98 HS f. Kunst u. Design Halle (Kl. f. freie Malerei) – **P:** Händelpr. d. Stadt Halle 83; Kunstpr. d. DDR 87 – **Ve:** VBK DDR 56–90 – **KGr:** Künstlersonderbund in Deutschland (90–93) – **G/T:** Ölmalerei, Lith., Aqu. (Landschaft, Stadtlandschaft, Interieur, Akt) – **W:** überw. in Privatbes. – **M:** Berlin, NG; Halle/Saale, Slg d. mitteldt. Energie AG Envia; Halle/Saale, Staatl. Gal. Moritzburg; Hannover, Nds. LM; Leipzig, MBK; Oberhausen, Ludwig-Gal. – **Ö:** Berlin, Bundestag; Halle, Inst. f. Wirtschaftsforsch.; Halle, Ldesversicherungsanstalt – **E:** 67 Leipzig, Wort u. Werk; 70, 93, 98 Halle/Saale, Staatl. Gal. Moritzburg; 74 Berlin, Gal. Arkadé; 75 Chemnitz, Gal. Oben; 80 Halle/Saale, Roter Turm; 84 Halle/Saale, Gal. d. Staatl. Kunsthandels; 84 Leipzig, Leibniz-Klub; 84 Hannover, Stula; 87 Berlin, Gal. Unter d. Linden; 87 Leipzig, Gal. d. Staatl. Kunsthandels; 90 Chemnitz, Schmidt-Rottluff; 94 Berlin, Gal. am Wasserturm; 96 Berlin, Gal. am Strausberger Pl.; 00, 03 Berlin, Hintersdorf – **G:** seit 67 Bet. an allen Kunstausst. d. DDR in Dresden; 79 Hannover, KV (Ausst. d. Bez. Halle); 82 Esslingen (Ausst. e. Auswahl v. DDR-Malern); 03 Soest, KV – ***Lit:*** Ausst.kat. (Gal. Schmidt-Rottluff in Chemnitz) 90; O.M. – die Lithografien, Kat. (Staatliche Gal. Moritzburg Halle) 93; O.M. Malerei, Kat. (Staatliche Gal. Moritzburg Halle) 98 –

LitR: Michael: Eigene Wege gehen (über d. Künstlerfamilie Möhwald), Fs.dok. (MDR) 01 – (Red.)

Mölders, Udo, Maler, Zeichner; Lübecker Str. 2, D-50668 Köln, Tel. (02 21) 12 44 15, *udo-moelders@web.de, de.geocities.com/udo_moelders*. Atelier: Slabystr. Haus V6, D-50735 Köln-Riehl (* Köln 21. 1. 37) – **VG:** Solingen, Gal. Wipperkotten; Köln, Ba Cologne – **S:** Mode u. Bühnenkostüm b. Prof. Kohlscheen-Richter; bis 73 Kölner Werkschulen (Malerei b. Prof. O. H. Gerster) – **G/T:** Zeichn. (Pastell, Graphit); Malerei (Öl, Aqu.); Portr. u. div. Zyklen – **E:** seit 66 36 Ausst. in Gal., Mus., KV u. öff. Institutionen, u. a. Köln, Schildergasse; Köln, Die Weiße Gal; Köln, Kunstkab.; Düsseldorf, Goethe-Mus.; 03 Greetsiel, SM; – sowie in div. dt. Städten – **G:** zahlr. Ausst.bet. u. a. Köln, Baukunst Gal.; Frechen, KV; Hamburg, Flora-Theater – **V:** Sammlung Nobelpreis für Literatur 80; Czeslaw Milosz: Tal der Issa (Rad.) 81; Ulla-Hoff-Ortstein: Das magische Kloster. Ein philosophisches Märchen (Federzeichn.) – *Lit:* Ingrid Helena Helmke: U. M. Silberstiftzeichnungen, Kat. 01 – (Red.)

Möller, Peter, Bildhauer, Zeichner, Autor; Woelckpromenade 36, D-13086 Berlin, *p_moeller@web.de*. Graf-Stolberg-Allee 21, D-49324 Melle, Tel. (0 54 22) 92 30 60 (* Melle 2. 6. 65) – **VG:** München, Otto-Gal. – **S:** 91–99 FHS Bielefeld (Bildhauerei b. Prof. Richard Hess); 93–94 FHS Hamburg (Zeichn. b. Prof. Gero Flurschütz); 95 Acad. Minerva Groningen; 99–02 KHS Berlin (Zeichn. b. Prof. Nanne Meyer); 03 Meisterschüler – **L:** 03 Designacad. Eindhoven (Gastdoz.) – **P:** Stip. d. Aldegrever-Ges. Münster 99; Mart-Stam-Förd.pr. Berlin 03; Raymond Loewy Found. Hamburg (Besondere Anerkennung) 03; Stip. d. Rates f. Kult. u. Wiss. Berlin 03, 04; DAAD-Stip. (f. d. Niederl.) 03, 04 – **Ve:** BBK Berlins seit 00 – **KGr:** Zarge (01–03) – **G/T:** Zeichn., Lith., Buchgest., Rauminstall. – **K:** Zeichn. (räumlich, Körper u. Akt); plast. Gest. u. Modellieren; Buchgest., Typographie – **M:** Paris, Bibliothèque Nat. – **E:** 99 Halle/Westf., Remise; 02 Berlin, Zarge – **G:** zahlr. Gr.ausst. seit 94, u. a. 01–03 Berlin, Zarge; 02 Erfurt, Vostry; 03 Paris, Centre Pompidou; München, Otto-Gal.; 04 Maastricht, Zentrum f. Bild. Kunst; Rotterdam, Fotomus.; Amsterdam, Artemizo – **V:** Möllerei – Haushalten in einer eigentümlichen Gegend 04; Herman Verkerk u. Rianne Makkink (Hrsg.): Sloom 4, Archit.mag. – (Red.)

Moeller-Dutoit, Isabelle s. Dutoit, Isabelle

Möller-Klimek, Birgit (Ps.: B. M.-K., geb. Birgit Klimek), Malerin; c/o Fotura-Gal., Rainer Wrede, Fichtenstr. 61, D-90763 Fürth, Tel. (09 11) 9 77 39 51, 34 21 21, Fax 7 79 99 27, *fotura@t-online.de, www.pictothek.de* (* Villingen 20. 10. 58) – **VG:** Fürth, Fotura – **S:** Graph. u. Design – **G/T:** Malerei (abstr., phantastisch); Mischtechniken; Assemblage – **K:** Erwachsenenbildung, v. figürlichen Zeichn. über kreative Techniken z. freien Malerei – **E:** u. a. 98 Nürnberg, Kult.laden Ziegelstein; Tauberbischofsheim, Kunstgal. X; Nürnberg, Yec Het Mad; 99, 03 Nürnberg, Zeltnerschloß; 00 Erlangen, Radio Erewan; 01 Gerolzhofen, RH; 04 Fürth, Fotura – **G:** u. a. 04 Nürnberg, Atelier 1 – (Red.)

Moenikes, Bernd, Dr. päd., Dipl. päd.; Ulmenstr. 9, D-44289 Dortmund, Tel. (0 23 04) 4 35 48, Fax 95 73 88, *bernd.moenikes@t-online.de, www.bernd-moenikes.de* (* Gelsenkirchen 6. 10. 55) – **VG:** Gronau, Westfalen, Van Almsick; Hamm, Gal. Kley; Münster, König – **S:** 75–80 PH u. Univ. Dortmund (Hauptfach Kunst); 80–82 Ausb. z. Steinbildhauer – **P:** Ausz. durch d. Ausschuß d. Europ. Umweltjahres 88; Nomination f. ZDF-Pr. Muna 2003 03; Förd.pr. d. Dt. Bundesstift. Umwelt 03 – **Ve:** BBK Westf. 80 – **KGr:** MAP (84–89) – **G/T:** Skulpt. (Holz, Stein, Bronze); Graph. (Holz- u. Steindruck) – **K:** Holzbildhauerei – **M:** Dortmund, Fa. Hecker; Stadtlohn, Fa. Hülsta – **Ö:** Beedenbostel (Skulpt.gr.); Dormagen, Skulpt.weg; Dortmund (versch. Skulpt.standorte); Düsseldorf (Skulpt.gr.); Lachendorf (Brunnen); Iserlohn (Skulpt.gr.) Nienburg (Skulpt.gr.) – **E:** u. a. 02 Tooth, Andries; 03 Dortmund, KavaDo; 04 Mülheim, KM; Gronau, Westfalen, Van Almsick; Münster, König – **G:** u. a. 95 Dortmund, StG; 00 Lünen, Anders; 01 Holzwickede, Schloß Opherdicke; 03 Dierdorf, Gal. im Uhrturm – **V:** Erlebnisorientiertes Museum, Promotionsarb. 85; Deutsche Künstler sehen Afrika, Kat. 89; Regenwald, Kat. 92; Alte Künstler sehen Europa, Kat. 93 – *Lit:* u. a. B. M. Steinarbeiten/Holzarbeiten, Doppelkat. 96; Plankton und Kastenmenschen, Kat. 96; Raumkonzepte, Kat. 97, 01; B. M. Neue Arbeiten 99; B. M. Holz, Marmor, Bronze, Kat. 04 – (Red.)

Moers, Elisabeth, Malerin,; Im Lee 8, CH-8712 Stäfa, Tel. (0 44) 9 26 40 53, Fax 9 26 40 68, *art@elisabethmoers.ch, www.elisabethmoers.ch*. Atelier Moers: Alte Fabrik, CH-8640 Rapperswil, Tel. 05 52 10 07 60 (* Zürich 1. 7. 44) – **S:** 63–67 Schule f. Gest. u. Kunst Zürich; 94–95 Lithohandpress Zürich (Rad. b. P. u. C. Rall) – **Ve:** KV Olten 95; Visarte 97 – **G/T:** geometrische u. freie Abstr. (Pigmente, Acryl); Fotogr.; Objektkunst (Holz) – **K:** freies Malen, Kult.fabrik Rapperswil – **W:** überw. in Privatbes. – **Ö:** Dussnang, Kurhaus; Küsnacht, Raiffeisenbank; Stäfa, Phonak AG; Zollikon, Gemeindewerke; Zürich, Amt f. Hochbauten – **E:** seit 90, u. a. 95, 98 Oetwil am See, Catrina; 99 Zürich, Kath. Akademikerhaus; 00 Zürich, Commercio; 02 Rapperswil/St. Gallen, IG Halle Alte Fabrik; 03 Pontresina, Hotel Saratz – **G:** zahlr. Bet. seit 90, u. a. 99 Karlsruhe, Messetür Gegenwartskunst; 00 Illnau, SAGI; 01, 03 Olten, KM

Moers, Walter, Comic-Zeichner u. Autor; c/o Eichborn-Verlag, Kaiserstr. 66, D-60329 Frankfurt am Main, *www.kleines-arschloch.de* (* Mönchengladbach 24. 5. 57) – **S:** Autodidakt – **P:** Max-u.-Moritz-Pr. f.d. beste dt. Comic-Album 93; Adolf-Grimme-Pr. 94; Kinopr. Die gold. Leinwand 97; Dt. Filmpr. 99; Phantastik-Pr. d. Stadt Wetzlar 05; Sonderpr. d. 'Jury der Jungen Leser' Wien 05 – **E:** 95 Hamburg, Erotic Art Mus. – **V:** COMICS/BILDERGESCHN.: Die Klerikalen 85; Aha! 85; Herzlichen Glückwunsch 85; Hey! 86; Das Tier 87; Schweinewelt 87; Von ganzem Herzen 89; Kleines Arschloch 90; Schöne Geschichten 91; Das kleine Arschloch kehrt zurück 91; Schöner leben mit dem kleinen Arschloch 92; Es ist ein Arschloch Maria! 92; Der alte Sack, ein kleines Arschloch u. a. Höhepunkte des Kapitalismus 93; Arschloch in Öl 93; Du bist ein Arschloch, mein Sohn 95; Sex und Gewalt 95; Wenn der Pinguin zweimal klopft 97; Adolf 98; Feuchte Träume 99; Adolf, Teil 2, 99; Schwulxx-Comix 00; Schamlos! 01; Der Fönig 02; Adolf – Der Bonker 05 – BELLETRISTIK: Die Schimauski-Methode, Kinderb. 87; Die 13½ Leben des Käpt'n Blaubär, Roman 99; Ensel und Krete, Roman 00; Wilde Reise durch die Nacht, Roman 01; Rumo & Die Wunder im Dunkeln, Roman 03; Die Stadt der Träumenden Bücher, Roman 04 – **R:** Kleines Arschloch – Der Film, Drehb. u. Liedtext 97; Käpt'n Blaubär – Der Film, Drehb. 99; Das kleine Arschloch und der alte Sack – Sterben ist scheiße, Drehb. 06 – (Red.)

†**Mörstedt,** Alfred Traugott (Ps.: ATM), Maler u. Graphiker; lebte in Erfurt (* Erfurt 15. 3. 25, † Erfurt 8. 4. 05) – **VG:** Weimar, Gal. Profil; Wurzbach, Müller – **S:** 47 Meisterschule f. Angew. Kunst Erfurt (b. Otto Knöpfer); 48–51 HS f. Baukunst u. bild. Künste Weimar (b. Prof. Hoffmann-Lederer, Prof. Kirchberger u. Prof. O. Herbig); 51 KHS Berlin-Weissensee – **P:** Intern. Kleingraph.-Ausst. Barcelona (1. Pr.)

91; Kunst- u. Kult.pr. d. Stadt Erfurt 97; Bundesverdienstkreuz am Bande 98; Pr. d. Ausst. 'Nordwestkunst 98' Wilhelmshaven (1. Pr.) 98 – **Ve:** VBK DDR 53–89 – **KGe:** Ateliergemeinschaft Erfurt (63–74) – **G/T:** Malerei, Graph., Ill., Textil-Design (früher Batik); figürlich u. gegenstandslos – **M:** Altenburg, Lindenau-Mus.; Berlin, Berlinische Gal.; Berlin, Kpst.-Kab. (u. Slg d. Zeichn.); Berlin, NG; Berlin, Staatsbibliothek; Bernburg, Schloß-mus.; Budapest, MBK; Chemnitz, KS; Coburg, Ldesbibliothek; Darmstadt, Hess. LM; Darmstadt, StKS; Dresden, Kpst.-Kab.; Dresden, SLUB; Eisenach, Thür. Mus.; Erfurt, Anger-Mus.; Erfurt, Mus. f. Thür. Volkskunde; Erfurt, SM Haus z. Stockfisch; Erlangen, GrS; Frankfurt/Oder, Mus. Junge Kunst; Gera, KS; Giessen, Oberhess. Mus.; Gotha, Schloß-Mus. (Kpst.-Kab.); Halle/Saale, Staatl. Gal. Moritzburg; Ilmenau, KS d. TU; Jena, KS; Krakau, NM; Leipzig, Dt. Buch- u. Schrift-Mus. d. Dt. Nat.bibl.; Leipzig, GRASSI; Leipzig, MBK; Los Angeles, J. Paul Getty Mus.; Lublin, Majdanek State Mus.; Marbach am Neckar, Dt. Literaturarchiv; Meiningen, Meininger Mus.; Mühlhausen/Thür., Mus; Nürnberg, Inst. f. mod. Kunst; Nürnberg, KV Dürer-Ges.; Offenbach am Main, Klingspor-Mus.; Paris, Centre Pompidou; Pescia, Fondazione Nazionale Carlo Collidi; Prag, NG; Rostock, KH; Rudolstadt, Thür. LM Heidecksburg; Schwerin, Staatl. Mus.; St. Petersburg, Eremitage; Stendal, Winckelmann-Mus.; Weimar, Klassik Stift.; Wien, Albertina; Wolfenbüttel, Herzog-August-Bibliothek – **Ö:** Berlin, Akad. d. Wiss.; ebda, Dt. Bundestag, Zentrum f. Kunstausst.; Bad Salzungen, Amtsgericht; Erfurt, Staatskanzlei d. Ldes Thür.; ebda, Thür. Finanzmin., Commerzbank, Kunstdienst d. Ev. Kirche, Neue Martinikirche (Betonglasfenster); Jena, Jenoptic GmbH; Kassel, Spk.-Versicherung Hessen-Thür.; – sowie liturgische Textilarb. u. Wandgest. f. Kirchen, Batik-Wandbehänge f. Kindergärten u. öff. Einrichtungen – **E:** zahlr. Ausst., u. a. 57 Erfurt, Anger-Mus.; 71 Stuttgart, Leinfelder Kunstkr.; 78 Altenburg, Lindenau-Mus.; 85 Cambridge, The Gall. on the Cam; 90 Prag, Kult.zentrum d. DDR; 92 Gießen, KH; 96 Rudolstadt, Thür. LM Heidecksburg; 98 Passau, Klotz; 99 Tübingen, Grießhaber; Mühltal, Lattemann; 00 Sondershausen, Gal. im Schloß; Weimar, SM (Kunstkab.); 01 Gießen, Wosimsky; Hamburg, Congreß-Centrum; Ilmenau, Alte Försterei; 02 Weimar, Stadtbücherei; 03 Erfurt, Spk.finanzzentrum – **G:** zahlr. Ausst.bet. seit d. 50er Jahren, u. a. 91 Toronto, Del Bello Gall.; 93 Wilhelmshaven, KH; 00 Erfurt, Anger-Mus.; Gera, KS; 03 Weimar, Gal. Profil; 04 Mühlhausen/Thür., Mus. Allerheiligenkirche – **V:** ILL.: Walter Werner: Poesiealbum 75; Kristian Pech: Reyn pflantzlicke Lybe 85; Urworte Deutsch aus Steputats Reimlexikon gezogen von Franz Fühmann (Collagen) 89; – ILL. u. SCHUTZUMSCHLAG- bzw. EINBAND-GEST., u. a.: Daniel Stoppe: Der Parnaß im Sättler 77; Harald Gerlach: Vermutungen um einen Landstreicher 78; Franz Fühmann: Der Geliebte der Morgenröte 87; ders.: Schlipperdibix und Klapperdibax! 85; ders.: Märchen auf Bestellung 90; – KÜNSTLERBÜCHER, u. a.: Jens Henkel (Hrsg.): A.T.M. Reflexionen I (m. Orig.-rad. u. Einbandgest.) 85; Fachwerkpyramide oder Wenn die Ägypter mehr Holz besessen hätten (Collagen) 93; ATM-Zeichen 00; – MAPPEN: Mitgeschöpfe (9 Lith.) 74; Unstrutland (8 Offsetlith.) 75; Signaturen (9 Lith., teils coloriert) 80; – sowie Bet. an Mappened. – ***Lit:*** Lothar Lang (Text): A.T.M. Werkverz. I (1963–1969) 70; M. Kunze u. H. Steiner (Text): A.T.M. Werkverz. II (1969–1976) 77; J.-H. Bruns (Text): A.T.M. Werkverz. III (1976–1989) 90; A.T.M. Werkverz. IV (1989–1995) 95; – KAT., u. a.: M. Kunze (Text): A.T.M. 79; A.T.M. Erfurt 81; J.-H. Bruns (Text): A.T.M. Collagen 84; H. Prange (Text): ATM 85; S. Sülflohn (Text): A.T.M. 86; A. Kirchner (Text): A.T.M. 92; A.T.M. Weimar ein Beginn 00; – WEITERE: Gratulation f. ATM. Festschrift z. 70. Geburtstag 95; Annerose Kirchner: Mörstedt. Gespräche Texte Bilder 97; – sowie zahlr. Faltblätter u. Beitr. in Ztgn u. Zss.

Möser, Thomas, Maler, Radierer; Herzogstr. 41, D-80803 München, Tel. (0 89) 34 27 34, Fax 38 37 79 25, *Ateliermoeser@compuserve.de*. I-61040 Torre San Marco (* Neuburg/Donau 19. 5. 56) – **VG:** Nürnberg, Bode; New York, Cavaliero Fine Arts – **S:** 79–83 Univ. München (Kunsterziehung) – **L:** 83–87 Univ. München (LBeauftr. f. Zeichn.) – **G/T:** Rad., Aqu., Öl, Acryl – **M:** München, Artothek; Würzburg, Martin von Wagner-Mus. der Univ. – **E:** zahlr. Ausst. seit 82, u. a. 01 New York, Gall. of Graphic Art; zuletzt 03 Nürnberg, Bode – **G:** zahlr. Ausst.bet. seit 84, u. a. München, Große Kunstausst.; Dresden, Kunstmesse; Frankfurt am Main, Ambiente; ebda, Tendence, Buchmesse – ***Lit:*** V. Pohlmann (Vorwort): T. M., Ausst.kat. 91 – ***LitR:*** T. M. Radierung vom Landkreis Neumarkt, Fs.beitr. Medi-Text Intv 03 – (Red.)

Möslang, Norbert, Installations- u. Klangkünstler; Axensteinstraße 25, CH-9000 St. Gallen, Tel. (0 71) 2 45 76 64, *bots@swissonline.ch*, *www.homepage.hispeed.ch/bots/index.html* (* St. Gallen 52) – **KGe:** Voice Crack: N. M. u. Andy Guhl (bis 02) – **W:** div. Performances u. CDs – **Ö:** KUNST AM BAU: Wittenbach, Ergänzungsbau OZ Grünau; Zürich, Sozialversicherungsanstalt Röntgenareal – **E:** u. a. 85 Friedrichshafen, Bodensee-Mus.; 89 St. Gallen, KH; 95 St. Gallen, KM; 98 Zürich, Kleines Helmhaus; 02 Glarus, Kunsthaus – **G:** u. a. 97 Basel, MfG; 99 Bozen, Gal. Mus.; 00 Chur, Fasciati; St. Gallen, KM; 01 Venedig, Bienn. – (Red.)

Mössmer, Josef, freiberufl. Bildhauer u. Maler; Niersteiner Str. 21, D-64295 Darmstadt, Tel. u. Fax (0 61 51) 31 57 08 (* Bocholt 19. 3. 37) – **S:** 52–54 Steinmetzlehre im Natursteinwerk Weilheim/Obb. m. abschließender Gesellenprüfung; 55–56 Studium d. Bildhauerei in Münster/Westf. u. Köln; 57–58 Assistent in d. Bildhauerateliers: Clemens Pasch, Hermann Focke, Gyurie v. Kovats u. Ludwig Brummé – **P:** 1. Pr. 'Premio de Esculptura' in O Grove/Pontevedra/Span. 94 – **Ve:** Wirtschaftverb. Bild. Künstler NRW; später BBK (ausgetreten) – **G/T:** geometr.-abstr. Skulpturen aus Stein, Holz u. Bronze als Geschlossenheit d. Form unter besonderer Berücksichtigung d. vertikalen Bewegung – **W:** Werke in Besitz von: Kultusmin. NRW; Stadt Darmstadt; Spk. Friedberg/Hessen; Horten Skulpturenpark (jetzt Metro AG Düsseldorf); sowie im Besitz zahlr. privater Sammler – **Ö:** Atzbach; Darmstadt, Hauptverwaltung Bauverein AG; Düsseldorf; Friedberg/Hessen; Liepaja/Lettland; Lo Pagan/Murcia/Span.; O Grove/Pontevedra/Span.; Schloss Porkuni/Estland – **E:** 65 Alba/Ardèche, Eudaldo; 78 Düsseldorf-Lohausen, Flughafen; 80 Düsseldorf, Schablone; 87 Düsseldorf, Flughafen; 88 Dieburg, Gal. Hohe Str.; 92 Wuppertal, Heyduck; 95 Darmstadt, Gal. Garten ('Leuchtende Form' m. Ludwig Brummé u. Jo Miard); 00 Darmstadt, Lenk – **G:** 66 Alba/Ardèche, Eudaldo; 73, 81 Düsseldorf, Große Kunstausst. NRW; 73, 77 Darmstadt, Staatstheater; 73, 74, 76, 82, 84 Darmstadt, Neue Darmstädter Sezession; 76 Düsseldorf, KH: Nachbarschaft; Düsseldorf, Kunstausst. BBK; 79 Düsseldorf-Kaiserswerth, Kulturwoche: Kaiserpfalz; Düsseldorf, Söhn; 82 Kunstausst. Angermund bei Guerrero; 84 Münster, Steinrötter; 88 Darmstadt, KH: Weihnachtsausst.; 89 Dieburg, Gal. Hohe Str.; 93 Düsseldorf, Gal. Kontraste; 97 Palencia, Ausst. 'Premios Ciudad de Palencia'; 01, 02 Darmstadt, Lenk; 03 Darmstadt, Elisabethenstift: Was mir heilig ist; 04

Darmstadt, Elisabethenstift: Zehnerpotenz; 05 Darmstadt, Bauverein AG; – SYMPOSIEN: 94 V. Sympos. de Esculptura O Grove/Span.; 97 Sympos. Schloß Porkuni/Estland; 00 Sympos. Liepaja/Lettland; 02 Sympos. 'Gen Süden' Orangeriegarten Darmstadt; 03 Sympos. 'Gartenkunst' Prinz Georg Garten Darmstadt

Mohr, Martina s. Wagner, Martina

Mohr, Max, Konzept- u. Installationskünstler; Hahnenstr. 20, D-50667 Köln, Tel. (02 21) 9 25 53 08 (* Frankfurt am Main 62) – **S:** 82–89 Städelschule Frankfurt am Main (b. Prof. Christa Näher); 89–90 Inst. f. Neue Medien Frankfurt am Main (b. Prof. Peter Weibel) – **L:** seit 97 HS f. Gest. Offenbach (Doz.) – **P:** Stip. d. Hess. Kult.stift. New York 93–94 – **E:** zahlr. Ausst., zuletzt u. a. 95 New York, Protetch; 97 Frankfurt am Main, Huber; 98 Köln, Schweins; 99 Berlin, Arndt & Partner; 01 Chicago, Vedanta – **G:** zahlr. Ausst.bet., zuletzt u. a. 97 Paris, Xippas; 98 Berlin, Arndt & Partner; 99 Hall in Tirol, KH; 00 Zürich, Kunsthaus; 01 Hamburg, KH – (Red.)

Mohr, Michael, Maler; Sürther Hauptstr. 149, D-50999 Köln, Tel. (0 22 36) 6 75 44, *nc-mohrmi6@notcologne.de*, *www.michael-mohr-malerei.de* (* Mettlach/Saar 29. 3. 52) – **S:** FHS f. Kunst u. Design Köln (Meisterschüler) – **L:** 89–91 FHS Dortmund – **P:** Förd.pr. d. Rhein. Post Düsseldorf 82; Max-Ernst-Stip. 82; Kunstmeile Köln-Kalk (1. Pr.) 00 – **Ve:** VG Bild-Kunst; BBK Köln – **KGr:** Künstlersonderbund – **G/T:** Realist. Malerei: Gegenstände u. Räumlichkeiten – **M:** Wien, Technisches Mus. – **Ö:** Köln, Stadtwerke – **G:** 93 Berlin, Realismus-Trienn.; 96 Berlin, Kraft d. Bilder; 05 Mainz, KV Eisenturm: Positionen d. Realismus

Mohr, Michael, Maler; Burgstr. 6, D-60316 Frankfurt am Main, Tel. u. Fax (0 69) 49 38 68 (* Fulda 2. 6. 64) – **VG:** Frankfurt am Main, Slutzky; Fulda, Raab; Rodgau, Leßmann & Lenser – **S:** 82–88 Städelschule Frankfurt am Main (b. Thomas Bayrle u. Johannes Schreiter) – **P:** Jahreskunstpr. d. Ver. f. Frankfurter Künstlerhilfe 90 – **G/T:** Malerei u. Graph. – **M:** Berlin, Slg d. BRD; Frankfurt am Main, Dt. Archit.-Mus.; Fulda, Vonderau-Mus.; Goch, Mus. f. Kunst u. Kult.gesch.; Wiesbaden, Hess. Min. f. Wiss. u. Kunst – **Ö:** Frankfurt am Main, Dt. Bank; Steinau an d. Straße, kath. Pfarrk. St. Paulus (Chorwandbild) – **E:** Ausst. seit 88, u. a. 88, 93 Fulda, Vonderau-Mus.; 89, 94, 01 Frankfurt am Main, Slutzky; 92, 98 Fulda, Raab; 93 Oxford, Magdalen College Art Soc.; Baden-Baden, Zink; 95 Stuttgart, Kunstraum Akad.; 96 Recklinghausen, Buskies; 97 Berlin, Raab; 00 Frankfurt am Main, IHK; 03 Frankfurt am Main, 1822-Forum Frankfurter Sparkasse – **G:** Ausst.bet. seit 88, u. a. 88 Düsseldorf, Dt. Bank; 89 Frankfurt am Main, Karmeliter-Kloster; 91 Frankfurt am Main, Gal. ak; 94 Frankfurt am Main, KV; 97 Frankfurt am Main, Hübner; 97 Bern, Schloß Holligen; 98 Weingarten, Kunstraum Akad. d. Diözese Rottenburg-Stuttgart; 99 Berlin, Raab; 01 Barcelona, Artexpo 2000; 03 Karlsruhe, Art Karlsruhe – ***Lit:*** AUSST.KAT.: Ursula Grzechca-Mohr (Text): M. M. Bilder 88; Stephan Mann (Text): M. M. Schwarz-Weiß-Grün 93; M. M. Malerei 94; Florian Illies (Text): M. M. Malerei 03 – (Red.)

Mohring, Ottmar, Bildhauer, Graphiker, Maler; Walpurgisstr. 14, D-70378 Stuttgart, Tel. (07 11) 53 41 48 (* Stuttgart 35) – **S:** 53 ABK Stuttgart (Sem. b. Karl Hils); 59–60 New York (Ausb. z. Sign & Pictorial Painter) – **W:** Ankauf u. a. durch d. dt. Bundestag – **M:** u. a. Bamberg, Bay. Staatsbibliothek (GrS); Bamberg, KV; Berlin, Innenmin. d. BRD; Bonn, Standortpresse; Eltmann am Main, Mus.; Esslingen, StG Villa Merkel (GrS); Güglingen, Bürgerstift.; Heilbronn, SM; Koblenz, LM; Leingarten, Heimatmus.; Leingarten, Kult.-markt; Nürnberg, GrS d. SM; Stuttgart, Min. f. Wiss. u. Kunst; Stuttgart, SG; Stuttgart, Slg Lütze II; Stuttgart, Slg Lütze III – **Ö:** u. a. Esslingen-Berkheim, Hotel Linde; Güglingen, Bürgerstift.; Heilbronn, Eichgasse; ebda, Wertwiesenpark; Stuttgart-Feuerbach, Wilhelm-Geiger-Pl.; Stuttgart-Vaihingen, Schule f. Körperbehinderte; Stuttgart, Bismarckpl. – **E:** / G: seit 58 Bet. an Einzel- u. Gr.ausst. – ***Lit:*** AUSST.KAT., u. a. Curt Heigl: O. M. Skulpturen, Zeichnungen, Radierungen 79; Roy Oppenheim: O. M. Skulpturen, Zeichnungen, Radierungen 80; Werner Köser, Ulrich Löber, Roy Oppenheim u. Andreas Pfeiffer: O. M. Arbeiten 1953–1983 83; Von der Würde des Wirklichen. Bemerkungen zum bildnerischen Werk von O. M., in: O. M. Gemälde 1956–1986 87; – weitere: Roy Oppenheim: 63 Radierungen von O. M., entstanden in New York City 1963–1966 82 – ***LitR:*** u. a. Gerald Kessler: O. M. stellt im Landesmuseum Koblenz aus, Südwestfunk RP 81; Birte Gräper: O. M., Süddt. RF Stuttgart 87 – (Red.)

Moigk, Andrea (geb. Andrea Kirchner), Malerin; c/o VBK Thüringen, Krämerbrücke 4, D-99084 Erfurt, Tel. (03 61) 6 42 25 71, privat: (0 36 75) 42 17 41, Fax (03 61) 6 42 25 63, *vbkthueringen@t-online.de*, *www.vbkth.de* (* Sonneberg 6. 3. 59) – **VG:** Ranis, Gal. Westerheide – **S:** Autodidaktin – **Ve:** VBK Thür. 01 – **G/T:** Landschaftsabstr. in Öl – **K:** Landschaftsmalerei – **E:** 03 Erfurt, Haus zum Bunten Löwen; Dortmund, Kunstmesse; Ranis, Westerheide; Antwerpen, Kunstmesse; Weimar, Villa Haar – sowie: Erfurt, Krämerbrücke; Ranis, Gal. Westerheide; Weimar, Villa Haar; Elsterwerda, Nadler – **G:** St. Andreasberg; Sonneberg, StG; Coburg, KV; Erfurt, Dt. Gartenbaumus.

Mojavari, S.A., Maler, Filmemacher u. Galerist; c/o Mojavari Gallery, Galerien im Kreishaus, St.-Apern-Str. 17–21, D-50667 Köln, Tel. (02 21) 2 77 48 82, *gallery@mojavari.com*, *www.mojavari.com* (* Lahijan/Iran 7. 9. 68) – **VG:** Köln, Mojavari – **S:** 89–94 KHS Teheran (Malerei) – **L:** 94–96 Pädagogische KHS Teheran (Doz. f. Malerei, Zeichn. u. Kunstgesch.) – **P:** Nominierung f. d. 'Goldene Palme' Cannes 92 – **G/T:** Malerei (Acryl, Öl u. Mischtechnik, abstr., figurativ u. ornamental); Kurzfilm – **W:** Werke in Privatbes., mehrere Kurzfilme – **E:** 00 Köln, Gürzenich; 03 Barbizon, Côtérue – **G:** 91 Teheran, Bienn. im Mus. f. zeitgen. Kunst; 93 Teheran, Azadi Mus. – **R:** Das Herz, Kurzfilm (Buch, Regie u. Produktion) 88/92 – (Red.)

Moje, Klaus, Glaskünstler; 73 Darwinia Tce Rivett, Canberra 2611/AUS (* Hamburg 5. 10. 36) – **S:** Staatl. GlasFS Rheinbach u. Hadamar – **L:** seit 80 Canberra School of Art (Glass Workshop) – **M:** u. a. Berlin, KGM; Canberra, NG of Australia; Edinburgh, Royal Mus. of Scotland; Hamburg, MKG; Hannover, Kestner-Mus.; Leipzig, GRASSI; London, Victoria & Albert Mus.; Melbourne, NG of Victoria; New York, Cooper-Hewitt Mus.; New York, Metropolitan Mus. of Art; Toledo/OH, Mus. of Art; Zürich, Mus. Bellerive – **E:** zahlr. Ausst., u. a. 96 New York, Amer. Craft Mus.; 99 Chicago, Habatat Gall. – ***Lit:*** Dictionary of Art 96 – (Red.)

Molacek, Rudi, Fotograf, Maler, Konzeptkünstler (* Kindberg 48) – **VG:** Wien, Winter – **S:** Stud. Wirtschaftswiss. in Wien – **L:** 85–91 HS f. angew. Kunst Wien (Gastprof.) – **G/T:** u. a. Malerei, Fotogr., Video, Skulpt. – **E:** zahlr. Ausst., zuletzt u. a. 98 Graz, Schafschetzy; 99 Graz, LM Joanneum; 01 Wien, Winter; 02 Graz, Lendl; Graz, LM Joanneum – **G:** zahlr. Ausst.bet., zuletzt u. a. 98 Luzern, Meile; 99 Helsinki, Kiasma MCA; 01 Eisenstadt, Landesgal.; 02 Bergen, KH; 03 Berlin, Neuer Berliner KV – (Red.)

Moll, Brigitte s. Würtz, Brigitte

Mollet, Jörg, visueller Künstler; St. Urbangasse 38, CH-4500 Solothurn, Tel. 03 26 21 34 82, *www.atelier-amsterdam.ch* (* Olten 15. 7. 46) – **VG:** Bern, Haldemann; Zürich, Bommer – **S:** 65–70 Schule f. Gest. Basel (b. Lenz-Klotz) – **L:** 87–90 Schule f. Gest. Luzern (LAuftr.) – **P:** Stip. d. Kt. Solothurn 71; Förd.pr. d. Stadt Bern 81; Pr. f. Malerei d. Kt. Solothurn 88; Jubiläumsstift. Zürich 93 – **Ve:** Visarte 80 – **G/T:** Malerei (Acryl auf Shoji-Papier); digitale Techniken – **W:** Aktionen u. Performances 76–99, z.B.: Dem Sehen einen Körper geben, Basel 03 – **M:** Grenchen, Kunsthaus; Olten, KM; Zürich, Slg d. Bank Bär; Zürich, Slg d. Bank Leu – **Ö:** Deitingen, Therapiezentrum; Lostorf, Primarschulhaus; Olten, Freibad; ebda, Stadtbibliothek; Solothurn, RH; ebda, Franziskanerkirche – **E:** 89 Olten, KM; 93 Peking, Kunsthaus China, Meishuguan; 99 St. Petersburg, Art-Gal. 103; 00 Zürich, Bommer; 01 Zug, Renggli; 02 Bern, Haldemann; 03 Basel, Ausst.raum Kraft; 04 Amsterdam, BMB Gal. – **G:** zahlr. Bet., u. a. 84 Olten, Bienn. d. Schweizer Kunst; 85 Tokio, Hara MCA; Taipei, Fine Arts Mus.; 86 Tuscon, Univ. of Arizona Mus. of Art; Basel, KH; 96 St. Petersburg, Artist's Union of Russia; – sowie regelmäßige Bet. an Messen, z.B. in Zürich, Frankfurt am Main u. Köln – **V:** Raga 6 × 12 92; Wuhan. Bilder einer chinesischen Stadt 94; m. Alain Stouder u. Aurel Schmidt: Die Welt ist eine Sehweise 95 – ***Lit:*** Peter Killer: Körperzeichen, Ausst.kat. 89; Cornelia Dietsch: Nachtklang, Kat. 02; J. M. Dem Sehen einen Körper geben 03 – ***LitR:*** Beitr. z. Buch Wuhan, Radio DRS 94 – (Red.)

Molnárová, Emerita s. Pansowová, Emerita

Momen, Reza, Malerin; Alte Poststr. 6, D-57072 Siegen, Tel. u. Fax (02 71) 7 41 12 70, *rezamomen@web.de, info@galerie-momen.de, www.galerie-momen.de*

Monaco, Julie, Mag.; *Monaco@monaco.at, www.monaco.at* (* Wien 11. 6. 73) – **VG:** Wien, Hilger; Berlin, Digital AM – **S:** Univ. f. Angew. Kunst Wien (Meisterkl. f. medienübergreifende Bild- u. Raumgest., b. Prof. Brigitte Kowanz) – **P:** Würdigigungspr. d. Bundesmin. f. Bildung, Wiss. u. Kult. Wien 02; Förd.stip. d. Univ. f. angew. Kunst, Wien (Premiere) 03 – **Ve:** IG Bild. Kunst 03 – **G/T:** visuelle Medien – **M:** Wien, Volpinum – **E:** 03 Berlin, Digital AM; Wien, Engholm Engelhorn – **G:** 97 Pistoletto (village MKL); 99 Siena, Centro Civico per l'arte contemporanea; Wien, Hohenlohe & Kalb; 00, 02, 03 Wien, Engelhorn; 01 Wien, Bahnhof (Bahnhof in Transition/Praterstern); 02 Kopenhagen, Fotografisk Center; Wien, Vitra Austria; 03 Wien (State of Art/ State of Sabotage); Moskau (zugluft, Kunst Zürich); Berlin, Engler & Piper; Venedig, Venice Lido – **V:** Globalisierung, ein wissenschaftlicher Diskurs? (Beitr.) 99 – ***Lit:*** J. M. focused daily, Ausst.kat. 03 – (Red.)

Moning, Hans-Jörg; Neumarkstr. 64, CH-2503 Biel, Tel. (0 32) 3 23 09 03, *moning@moning-art.com, www.moning-art.com* (* Bözingen/Biel 10. 2. 50) – **S:** 75–76 Brera Fine Arts Acad. Mailand (Aktschule) – **G/T:** Metaphysischer Realismus (Öl auf Lw.); Kunst am Bau (Acryl) – **Ö:** Bern, Kino Splendid; Biel, zahlr. Wandbilder (Fassaden); Singapur, Swiss School – **E:** zahlr. seit 73 u. a. 79, 90, 93, 04, 08 Biel, Alte Krone; 82 Paris, Centre Pompidou; 88 Basel, Art Basel (Gal. Schindler); 90 Singapur, Gall. Alan-Art; 92 Singapur, NM; 95 Zürich, Commercio; Bern, Tanner; 02 Bern, Aebli; 05 Biel, raum-design; Lyss, Kult.wkst. Mühle; 06 Biel, SCAT CLUB; Biel, Messe WOHGA – ***Lit:*** Mario Cortesi u. Elvira Hiltebrand: H.-J.M. Painter, Portr. 89

Monk, Jonathan; Esplanade 21, D-13187 Berlin (* Leicester/GB 69) – **VG:** Karlsruhe, Meyer Riegger – **G/T:** Film, Malerei, Performance, Install., Fotogr., Video – **E:** u. a. 97, 99, 03 New York, Kaplan; 98 London, Lisson; Paris, Lambert; 99 Karlsruhe, Meyer Riegger; San Francisco, Hanley Gall.; 00 Pordenone, Rosso; 01 Vilnius, Center for Contemp. Art; Kopenhagen, Wallner; 02 Bremen, Neues Mus. Weserburg; 03 Graz, KV – **G:** zuletzt u. a. 01 Berlin, Bienn.; London, Inst. of Contemp. Art; Karlsruhe, ZKM; 02 Mönchengladbach, StM Abteiberg; 03 Mannheim, Knaus; Frankfurt am Main, KV – (Red.)

Monkiewitsch, Lienhard von, Univ. prof.; Wolfenbütteler Str. 55, D-38124 Braunschweig, Tel. (05 31) 69 09 26, Fax 69 09 00, *monkiewitsch@t-online.de, www.vonmonkiewitsch.de* (* Steterburg/Salzgitter 23. 3. 41) – **VG:** Berlin, Zellermayer; München, Spielvogel; Hannover, Kö 24; Deinste, Art Studio 1; Santa Monica, Angles Gall. – **S:** 64–67 HBK Braunschweig (Freie Kunst u. Kunstpädagogik, b. Prof. Alfred Winter-Rust) – **L:** seit 80 HBK Braunschweig (Prof. f. Malerei) – **P:** DAAD-Stip. f. Paris 69–70; Nds. Förd.pr. 70; Neues Forum Bremen (1. Pr.) 71; Villa-Massimo-Stip. 79, 80; Nds. Künstlerstip. 86; Kunstpr. d. SPD-Fraktion im Nds. Ldtag 98 – **G/T:** Malerei (räumliche Darst. v. gegenständlichen bis zu konstruktiv-konkreten Auffassungen) – **W:** überw. in Privatbes. – **M:** u. a. Bonn, KM; Celle, KM m. Slg Robert Simon; Hannover, Sprengel Mus.; Ingolstadt, Mus. f. Konkrete Kunst; Köln, Slg Vitt; München, Slg e-on; New York, Slg Wynn Kramarsky; Osnabrück, Slg Piepenbrock – **Ö:** u. a. Berlin, Kanzleramt; Braunschweig, Öff. Versicherungen; Hameln, BHW; Hannover, Lottostift.; ebda, VGH u. dgv; München, Hannover Leasing – **E:** u. a. 95 Bonn, Ges. f. Kunst u. Gest.; Salzgitter, KV; Hannover, Simon; 95, 96, 98, 01 Berlin, Zellermayer; 95, 98, 02, 03 München, Spielvogel; 96 Künzelsau, Hirschwirtscheuer; 97 Frankfurt am Main, Taeger; Santa Monica, Angles Gall.; Lüneburg, Kunstforum; 98, 03 Deinste, Art Studio 1; 06 Ludwigshafen, Wilhelm-Hack-Mus.; Marburg, KV; Wolfsburg, StG – **G:** zahlr. Ausst.bet., u. a. 96 Hannover, Sprengel Mus.; Hannover, KV; 97 Hannover, Bienn. Nds.; 01 Hannover, Simon; 02 New York, Kramarsky; Osnabrück, Felix-Nussbaum-Haus; 04 Köln, Schüppenhauer; Wellesley/Mass., Davis Mus. and Cultural Center – **V:** Brusberg Berichte 13 72; Martin Scholz u. Ute Helmbold: Stolpersteine (Beitr.) 04; in d. Reihe: Walter Vitt (Hrsg.): Schriften zur Kunstkritik (Buchgest.) – **R:** 7 Künstler, 7 Tage, 7 Stunden, live-art-Projekt im Internet 23.3.01 – ***Lit:*** 7. Biennale des Jeunes Paris, Manifestation 71; Peter Sager: Neue Formen des Realismus 73; Juliane Roh: Deutsche Kunst seit 1960 74; Peter Winter, in: Das Kunstwerk XXVIII/4 75; Willy Rotzler: Constructive Concepts 77; Walter Vitt: L. v. M. 94; Nds. Spk.stift. (Hrsg.): Zeitströmungen 96; Vom Zufall und vom Glück 01; L.v.M. 06 – ***LitR:*** Kunststreifzüge durch Niedersachsen, NDR 01

Monnier, Eve Luce; Atelier: Rue de Fribourg 26, CH-2503 Bienne, Tel. 03 23 22 33 94, *evemonnier@yahoo.com* (* 21. 10. 68) – **G/T:** Video, Zeichn., Malerei, Skulpt. – (Red.)

Moos, Helmut, Bildhauer; Friedrich-Breuer-Str. 32, D-53225 Bonn. c/o Atelier Obermühle, D-56761 Urmersbach, Tel. (0 26 53) 16 82, (02 28) 47 73 63 (* Bonn 20. 2. 31) – **S:** 49–58 Köln (b. Josef Jaekel, Gerhard Marcks); Nürnberg (b. Hans Wimmer) – **Ve:** BBK 67–05; VG Bild-Kunst 85 – **G/T:** Arb. in Holz, Stein u. Metall (v. a. Metallguß); Portr.arb. in Bronze u. Aluminiumguß; Kleinplast. u. Großfiguren – **W:** Weibl. Ikarus; Tanzender Tisch; Wanderer; Amer. Witwe; Kreuzabnahme als Straßengeschehen (lebensgroße Bronzefiguren, Erwerber: Domgemeinde Braunschweig); Tod d. Rockers; Plast. an vielen öff. Pl. u. öff. zugängl.

Gebäuden – **M:** Bedburg-Hau, Mus. Schloß Moyland; Köln, Mus. Ludwig; Neuss, Clemens-Sels-Mus.; Recklinghausen, StKH; Trier, Dom- und Diözesan-Mus. – **Ö:** Osterode, Fußgängerzone (Wassermannbrunnen u. Eseltreiber) – **E:** 81 Köln, Hist. RH (Innenhof); 90 Trier, Dom; 01 Bergisch Gladbach, StG Villa Zanders (Kat.); 03 Cochem, Kapuzinerkloster

Morales (eigtl. Lutz Motzko); Ebertstr. 3, D-45879 Gelsenkirchen, Tel. u. Fax: (02 09) 14 57 30 (* Teplice 9. 3. 45) – **VG:** Gelsenkirchen, Jazzart Gal. – **S:** 70–74 Folkwangschule Essen (Abendkurse b. Prof. Tschirschky) – **G/T:** zykl. arbeitend; Malerei (überw. Acryl); Bildobjekte – **W:** überw. in Privatbes. – **E:** seit 70 im In- u. Ausld – **G:** Teiln. an versch. Gr.ausst. – ***Lit:*** Kat. zu Einzelausst.: Heimweg

Morales s. Weidenbach, Dieter M.

Morales, Luis de s. Gosewitz, Ludwig

Moran, Renate (geb. Renate Boritsch), freiberufliche Malerin, Graphikerin, Designerin; Kudlichstr. 10, A-4020 Linz, Tel. u. Fax (07 32) 61 03 10, *renate-moran@aon.at*, *www.renate-moran.at*. c/o Atelier-Galerie-Moran, Dinghoferstr. 27, A-4020 Linz, Tel. Mobil: 06 64 18 14 59 4 (* Murau/Stmk 6. 11. 46) – **VG:** Linz, Gal. d. Berufsvrg Bild. Künstler ObÖst.; Linz, Gal. Club d. Begegnung – **L:** seit 03 VHS Linz (visuelle Gest., Kunst u. neue Medien, Lith., Formenlehre, Acryl u. textiles Gest., im Rahmen d. Berufsreifelehrgänge z. Matura) – **P:** Stip.aufenthalt d. Ldes ObÖst. in Krumau 03; Symposium Torbali, Türkei 04 – **Ve:** Berufsvrg Bild. Künstler ObÖst. 82; KV Wolfstein Freyung Bay. 95; Club d. Begegnung 98 – **G/T:** Öl- u. Acrylmalerei, Kreide, Aqu., Lith., Glasfusing, Edelmetall – **K:** Lith., Acryl, Mischtechnik, Aqu., Kopf- u. Aktzeichn., Ldschaft, Exper. Malerei – **W:** Performances z. Live-Konzerten, zahlr. Werke in Privatbes. sowie weitere u. a. in Bes. d. Jägerstätterstift. ObÖst. – **M:** Reichersberg/ObÖst., Stifts-Mus.; Selçuk, Ephesus Mus.; Traun/ObÖst., StG – **Ö:** Linz, Amt f. Kult.; ebda, Neues Magistratsgebäude, Raiffeisenbank; Steyr, Gebietskrankenkasse – **E:** u. a. 96, 99 Linz, Passepartout; 97, 98 Linz, Nibelungengal.; 97 Aigen, Gal. b. Büdlhauer; Passau, Produzentengalerie; 98 München, Arte Gal. N; 99 Linz, Gal. Club d. Begegnung; Pontevedra, Gal. Sol; 00 Marín, Mus. Municipal; 01 Leonding, Gal. 44er Haus; Halle/Saale, Gal. Marktschlößchen; 03 Krumau, Egon Schiele AC – **G:** u. a. 03 Florenz, Bienn.; 04 Torbali (Symposium); – weitere: Duisburg-Meidrich, Kult.-wkst.; Worms, Kunst- u. Mus.fest; Wiener Neustadt, Hölzl; Baden bei Wien, Frauenbad; Passau, Kult.modell Bräugasse; Passau, KV; Freyung, KV Wolfstein – **V:** W. Ortbauer: Im Land der bunten Hunde (Ill.) 89; Die EVO-IA Pilzstraßenband (Text u. Ill.) – **R:** Videolehrfilme v. Hubert Lugner: Portrait R. M. 97; Die Lithographie 98 – ***Lit:*** Symphonie de Color, Kat. 99; R. M. – Bilder in Acryl 99–01 – ***LitR:*** Symphonie de Color, Stadtfs. Pontevedra 99; Ateliertage in Linz, reg. Stadtfs. Linz 02 – (Red.)

Moravia, Eliana, Malerin, Objektkünstlerin; Utrechter Str. 2, D-50674 Köln, Tel. (02 21) 51 48 17, *eliana@moraviaar.com*, *www.MoraviaArt.com* (* Düsseldorf 24. 4. 55) – **VG:** Berlin, Gall. twenty-four – **L:** Mus.-schule Köln (b. George Gortz); Malakad. Köln (b. Walter Haehn); Bhaktapur/Nepal (b. Madhu Krishna Chitrakar, Painting Thankat Mandala) – **P:** Ibina Intern. Art Competition – **Ve:** VG Bild-Kunst; GEDOK Köln; BBK Köln – **K:** Mandala malen nach Madhu Krishna Chitrakar – **W:** Köln, Body Painting Aktion 01 – **Ö:** Köln, Hotel Mediterhein; Leverkusen, Wandbemalung (Eisfee) – **E:** 02 Köln, Alte Feuerwache; 03 Köln, Wellvital; 04 Köln, Feng Shui Center; 04, 05 Köln, Offene Ateliers – sowie: Köln, mas – **G:** mehrere Bet., u. a. 03, 04, 05 Berlin, Intern. Assemblage Artist Exhib.

morea (eigtl. Peter Rühle), Maler; Postfach: 100331, D-01073 Dresden, Tel. Mobil: 0 16 34 51 36 66, *morea@eiland.org*, *www.morea.net; www.eiland.org* (* Dresden 10. 3. 75) – **VG:** Chemnitz, Weise – **S:** Autodidakt – **KGr:** Eiland (seit 98) – **G/T:** Malerei (Öl, Ldschaft, Portr.) – **W:** überw. in Privatbes. – **E:** 99 Dresden, IBB Könneritzstr.; 02, 03 Dresden, Oran; Florenz, Zoe; 04 Meissen, Gal. d. KV – **G:** zahlr. Ausst.bet. seit 99, zuletzt 01 Hamburg, Zeughaus; 01, 02, 03 Köthen, Wasserwerk; 01, 02, 03 Dresden, Oran; 02 Trient, Univ.; 03 Berlin, Raab; 04 Chemnitz, Weise – **V:** Visualia (Bilder u. Texte) 02; KG Eiland (Bilder u. Texte) 03 – ***LitR:*** René Schulz: Eiland. Portrait, Dok. 04 – (Red.)

Morgenstern, Susanna, Mag. art., Projektautorin; Währingerstr. 24, A-1090 Wien, *susanna.morgenstern@gmx.at*, *www.weiter.at* (* Wien 7. 1. 56) – **S:** 81–86 HS f. Angew. Kunst Wien (Meisterkl. f. Freie Graph. Prof. O. Oberhuber) – **G/T:** Konzept, Multimedia u. Text – **W:** Performances, Vorträge, Lesungen u. Arb. in d. Öff. – **M:** Linz, Ars Electronica Center; Wien, Medien Kunst Arch.; Wien, Medienwkst.; Wien, Univ. f. Angew. Kunst – **E:** 96 Wien, Secession (Graph. Kab.) – **G:** Bet. an Ausst. seit 85, zuletzt 99 Wien (Phänomen Zug); Wien, Winter; 03 Wien, Letzte Adresse Praterstr. 1–20 (Taste) – **V:** Karl Gerbel u. Peter Weibel: Genetische Kunst – künstliches Leben, Kat. Ars Electronica (Text u. Bild) 93; steirischer herbst. feel good (Fotomontage u. Text) 93; _weiter_, Kat. d. Secession 96; Eva S.-Sturm: Im Engpass der Worte, kunsttheoretische Schrift (Textbild) 96; Franzobel u. Christian Steinbacher: Konzept und Poesie, Anthologie (Videostills) 96; Ferdinand Schmatz: Maler als Stifter. Poetische Texte zur Bildenden Kunst (Fotos) 97; Gertrude Moser-Wagner: förmlich wörtlich, Künstlerb. (Text) 99 – **R:** KONZEPT u. REALISATION: Störungen, Videos 85; weiter , interaktive Computerarb. u. Video 93; weiter , Textvideo 93; weiter , Video-Vortragsdok. 96; weiter , Video-Rolltext 98 – ***LitR:*** Kurt Hentschläger u. Christine Böhler: Wörter brauchen keine Seiten, Video 96 – (Red.)

Morgner, Günter, Dipl., Designer, Bildhauer; Kochstr. 56a, D-04275 Leipzig, Tel. (03 41) 3 91 40 04 (* Oelsnitz/Vogtld 15. 12. 33) – **S:** 55–59 FS f. angew. Kunst Leipzig (Plast. b. H. Chemnitz); 71–75 HS f. industr. Formgest. Halle (Plast. b. Prof. G. Lichtenfeld, extern) – **L:** 60–62 Univ. Leipzig (Ästhetik) – **Ve:** VBK DDR 76; BBKL 90 – **G/T:** Portr., Figur u. Objekt (Bronze, Blech) – **K:** Plast. (Jgd.arb.) – **W:** Kleinplast. in Privatbes. – **M:** Altenburg, Schloßkirche; Berlin, SMPK (Fidem, AG Dietze); Leipzig, MBK – **Ö:** Leipzig, Novotel; ebda, Stadtwerke GmbH, Zoo – **E:** 82 Leipzig, Zoo – **G:** 79, 80, 85 Leipzig, MBK; 82 Berlin, Treptower Park; 83 Dresden, Kunstausst. d. DDR; 83, 88 Gera, Orangerie/Park; 92 Holzminden, Schloß; 93 Bonn, Künstlerforum; London, British Mus.; 97, 02 Leipzig, Univ.; 02 Leipzig, Oper; 06 Leipzig, Große Sä. Kunstausst. – **V:** Erhard John: Einführung in d. Ästhetik (Einbd) 63

Morgner, Michael, Maler, Graphiker, Bildhauer; Eibenberger Str. 24, D-09227 Einsiedel (* Chemnitz 6. 4. 42) – **VG:** Berlin, Barthel + Tetzner; Chemnitz, Gal. Oben; Köln, Röpke; Berlin, Bischoff; Wiesbaden, Hänel – **S:** 61–66 HGB Leipzig (b. Fritz Fröhlich, Harry Blume, Heinz Wagner, Irmgard Horlbeck-Kappler u. a., Dipl.) – **L:** 03 Intern. Sommerakad. Salzburg – **P:** Trienn. Sofia (Hauptpr.) 88; Graph.pr. d. Griffelkunst-Vrg Hamburg-Langenhorn e.V. 91; Große Kunstausst. NRW (Kunstpr. d. Künstler) 92 – **Ve:** Sä. AK 92; Freie Akad. Leipzig 92 – **KGr:** Clara Mosch (ab 74,

Mitbegründer) – **M:** Altenburg, Lindenau-Mus.; Berlin, NG; Chemnitz, KS; Dresden, Albertinum; Dresden, GG NM; Erfurt, Anger-Mus.; Frankfurt/Oder, Mus. Junge Kunst; Leipzig, MBK; Rostock, KH; St. Petersburg, Eremitage – **E:** u. a. 00 Chemnitz, Kunsthütte; Leipzig, Gal. f. Zeitgen. Kunst; 01 Berlin, Barthel & Tetzner; 02 Wiesbaden, Hänel; Chemnitz, Gal. Oben; Köln, Röpke – **G:** zuletzt u. a. 00 Duisburg, Wilhelm-Lehmbruck-Mus.; Lingen, KV; 01, 02, 03 Chemnitz, Gal. Oben; 01, 03 Neubrandenburg, KS; 03 Berlin, Barthel & Tetzner; Berlin, NG – ***Lit:*** Lang 02; Reclams Künstlerlex. 02; Schweers 02; Kunst in der DDR 03 – (Red.)

Morio, Bettina C., Bildhauerin; Atelier: Heumarktstr. 10, D-67146 Deidesheim, Tel. (0 63 26) 79 82, 41 12, *www.moriokunst.de* (* Grünstadt/Pf. 68) – **P:** Perron-Kunstpr. (Förd.pr.) 99 – **Ve:** BBK Rh.-Pf. – **W:** zahlr. in privatem u. öff. Bes. – **Ö:** zahlr. Arb. im öff. Raum – **E:** / G: u. a. 95 Bad Dürkheim, Kr.verwaltung; 97 Baden-Baden, Elwert; – weitere: seit 91 jl. Atelier-Ausst. – (Red.)

Moritz, Alfred T.; Schulgasse 1, A-7312 Horitschon, *moritz@blaufraenkisch.at*, *www.kunstundkeller.at* (* Horitschon 24. 11. 64) – **VG:** Wien, M-Art – **S:** Autodidakt – **Ve:** Berufsvrg d. bild. Künstler Öst. 02 – **KGr:** K.u.K (Kunst und Keller, seit 04) – **G/T:** Malerei (vorw. abstr., m. ges.politischem Schwerpunkt) – **W:** überw. in Privatbes. – **Ö:** Horitschon, Rotweinbau Moritz; sowie weitere Unternehmen – **E:** 91 Wien, Springerschlössl; 97 Wien, Forum Kunst; 99 Baden bei Wien, Kult.amt; 00 Lockenhaus, Burg; 03 Wiener Neustadt, Karmeliterkirche; Wien, M-Art – **G:** 99 Palermo, mondotondo (Internetkunstprojekt); 02, 03 New York, Agora – **V:** Zeichen setzen – für die Kinder von Tschernobyl, Making of (Dok. d. Kunstprojekts) 02 – ***LitR:*** Karl Weidinger: A. T. M., Portr. 01; A. T. M. Rembrandt meets Today, ORF Beitr. 03

Moritz, Karin, Bild. Künstlerin; Klugstr. 121, D-80637 München, Tel. u. Fax: (0 89) 1 57 67 46, *karin.moritz.indus@online.de*, *www.zuckerwasser.com* (* Köln 17. 6. 53) – **S:** 77–82 Zentrum f. Kunst u. Kommunikation Düsseldorf (Gründungsmitgl.) – **Ve:** BBK München u. Obb. 97; VG Bild-Kunst 06 – **G/T:** Objekte (Glas u. Öl); Fotogr.; Digitale Kunst; Aqu.malerei; vorw. Thema: Transparenz d. Farbe – **M:** Augsburg, StKS – **Ö:** Dachau, Ldratsamt; Donauwörth, Berufsfortbildungszentrum – **E:** 95 München, Autorengal. I; München, Bürgerhaus Gräfelfing; 97 München, Bay. Staatsbibliothek; München, Klinikum Großhadern; 98 Heidenheim, KV; 99 München, Kult.amt Unterhaching; 00 Bad Aibling, KV; 01 München, Oltmann – **G:** zahlr. Bet. seit 93, u. a. 97 Frankfurt am Main, DigitalArt Gall.; 98 Wallisellen, KV; 99 München, Bildungswerk d. Bay. Wirtschaft; Homburg, Beck; 00 Wasserburg am Inn, Gal. im Ganserhaus; 01 Penzberg, Beratungszentrum; 02 München, Heitsch; 05 Ebersberg, KV – **V:** Cultural Affairs (Hrsg.): Heimweg, Bildbd (Aqu., Postkarte) 04

Morsch, Cornelia (geb. Cornelia Lang), akad. Malerin; Stettiner Str. 37, D-95326 Kulmbach, *cornelia.morsch@web.de*. Horserødvej 14, DK-2100 Kopenhagen, Tel. 45 83 45 99, *c-k.morsch@mail.dk* (* Coburg 11. 3. 56) – **S:** 77–83 ABK Nürnberg (Freie Malerei b. Prof. Voglsamer, Kunsterziehung b. Prof. Dollhopf) – **L:** seit 98 VHS Kulmbach (Doz. f. Zeichn.); seit 01 St.-Petri-Skole Kopenhagen (Doz.) – **P:** Brunnenwettb. Kulmbach 93 – **Ve:** BBK Ofr. – **KGr:** Das Rad 91; Kunstnerforeningen af 18. November Kopenhagen 02 – **G/T:** Malerei (Aqu., Landschaft); Zeichn. (Stifte, Kreide, Kohle, Tusche, Graphit, Mensch, Portr.); Objektkunst (Metall) – **K:** Zeichn. (Landschaft, Mensch, Objekt m. Tusche, Pastellkreide, Graphit, Kohle, Farbstiften) u. Aqu.-malerei – **W:** Werke im Bes. d. Stadt Bayreuth, d. Stadt Kulmbach u. d. Erzdiözese Bamberg – **Ö:** Bayreuth, Stadt; Kopenhagen, St. Petri; Kulmbach, Beratungsstelle d. Erzdiözese Bamberg; ebda, Ldratsamt, Spk. – **E:** 01 Windhuk, Gal. Omnia im Kult.- u. Handwerkszentrum; 02 Kopenhagen, St. Petri Kult.zentrum d. Dt. Gemeinde; Bayreuth, Gal. d. Univ.bibliothek; 03 Kopenhagen, Grothe – **G:** 01 Ljubljana, Festival of Paper; 02 München, Haus d. Kunst; 03 Kopenhagen, Grothe – ***Lit:*** Schock-Werner: Roots, Ausst.kat 02 – (Red.)

Moser, Elsbeth s. Röthlisberger, Elsbeth

Moser, Erwin, gelernter Schriftsetzer, Bilderbuch- u. Kinderbuchautor; Praterstr. 49/17, A-1020 Wien, Tel. (01) 2 12 26 08 (* Wien 23. 1. 54) – **S:** Wien (Schriftsetzerlehre) – **P:** u. a. Dt. Jgd.lit.pr. (Auswahlliste) 81, 82; Kinder- u. Jgd.pr. d. Stadt Wien 84, 85; Owl-Prize Jap. 87; Rattenfänger-Lit.pr. 92; Steirische Leseeule 93 – **Ve:** IGAA – **V:** ca. 100 BILDER-/KINDERBÜCHER, u. a. Das Haus auf dem fliegenden Felsen 81; Der Mond hinter den Scheunen 82; Das kleine Mäusealbum 85; Der Tintenfisch sitzt in der Tinte 87; Dicker Kater Kasimir 92; Das Findelkind 00; Ein Käfer wie ich 01; Der sanfte Drache 01; Ein aufregender Tag im Leben von Franz Feldmaus 02; Plim der Clown 02; Winzig. Das große Buch vom kleinen Elefanten 01; Der einsame Frosch 03; Der karierte Uhu 04; Katzenkönig Mauzenberger 04 – (Red.)

Moser, Gerhard-Oliver, Bildender Künstler, Art Director; Ateliergalerie Wienerstr. 194, A-4020 Linz, Tel. (06 64) 4 70 97 53, Fax (07 32) 33 02 46, *oliver.moser@art7.at* (* Linz/Donau 20. 7. 63) – **G/T:** Malerei, Design, Multimedia; Begründer d. Sinnl. Evolutionismus – **K:** Malerei (Aqu., Acryl, versch. Leistungsstufen); Spezialsem. (Lsch. sinnl. erfassen, begreifen, erfühlen) – **W:** Events im Sinnl. Evolutionismus, Performances sowie Kunstpostkarten gegen Atomkraft; Werke u. a. im Bes. v. Banken, Versicherungen, Gemeindeämtern, im Bes. d. Ldes u. d. Ldesreg. ObÖst. sowie in Repräsentationsräumen v. Unternehmen, Finanzdienstleistern u. Behörden in Dtld u. Öst.; Werke in privaten Slgn; Entwicklung d. Signets u. d. gesamten Corporate Design f. d. BEV-Bundesamt f. Eich- u. Vermessungswesen Öst. in Linz (Bundesmin. f. Wirtschaft u. Arb.); Shop-Konzeptionen, Corporate Archit., Look+Feel BEV; limitierte Sonderdrucke; Design spezieller Weinetiketten m. Werken aus d. Sinnl. Evolutionismus f. div. Winzer im In- u. Ausld; limitierte Weined., Kunst+Wein, Kunst+Wasser – **Ö:** Linz, ObÖst. Datenhighway Entwicklungs GmbH – **E:** zahlr. im In- u. Ausld – **V:** Der Sinnl. Evolutionismus – ***Lit:*** Ausst.kat. u. Kal.

Moser, Helen s. Güdel, Helen

Moser, Ingo, Freier Künstler (Dipl.); Mollwitzstr. 14, D-50737 Köln, *www.ingo-moser.de* (* Hameln 16. 10. 65) – **VG:** Nürnberg, Landskron-Schneidzik; Bremen, Kramer – **S:** 84–89 HBK Braunschweig (Stud. d. Freien Kunst); 90 ebda (Meisterkl. f. Malerei b. Prof. Roland Dörfler); 90 Abschlüsse Diplom/Meisterschüler – **P:** Kunstpr. d. Stadt Goslar (1. Pr.) 87 – **G/T:** Abstr. Malerei; Objekte; Rauminstall. – **Ö:** Berlin, Unite d'Habitation; Braunschweig, Dt. Bank; Köln, Stadtspk. – **E:** u. a. 90 Goslar, O.T. Kunstraum; 03 Bremen, Kramer; 04 Mönchengladbach, kunstraumno.10 – **G:** u. a. 87 Goslar, Kunstpr. d. Stadt; 88 Bremen, Neues Mus. Weserburg; Wolfsburg, StG; 96 Bonn, Künstlerforum; Köln, KunstWerk: INDEX; 99 Köln, Hohlkasten d. Deutzer Brücke: von A nach B, 439, 58 m Streckenglück; 01 Berlin, KunstRaum: Preußisch Blau; 03 Bad Zwischenahn, Edition Gal. Moderne; 05 Nürnberg, Landskron-Schneidzik: Impulse II

Moser, Jean-Pierre; 3d Rue du Simplon, CH-1006 Lausanne, Tel. 02 16 14 06 66, Fax 02 16 14 06 60, *info @jpmoser.ch*, *www.jpmoser.ch* – **G/T:** Graph. – (Red.)

Moser, Judith, Dr. Mag. Dipl. Objekt- u. Video- u. Installationskünstlerin, Fotografin; Zollerstr. 5, A-6020 Innsbruck, Tel. (06 99) 12 19 40 08, *judith.moser@ tird.com*, *www.judithmoser.net* (* Innsbruck 29. 8. 68) – **VG:** Reith im Alpbachtal, Schmidt; Wien, Gal. Ariadne; Linz, Brunnhofer – **P:** Stip. 96; Kunststraße Innsbruck (2. Pr.) 03 – **Ve:** IG Bild. Kunst; Tiroler Künstlerschaft – **G/T:** Video- u. Objektinstall.; Objekt (Ton, Apoxiharz, Gummi, Beton); Fotogr. – **W:** Ankauf u. a. durch d. Ld Tirol u. d. Stadt Innsbruck – **M:** Innsbruck, Tiroler LM Ferdinandeum; Wien, Artothek d. Bundes – **Ö:** Innsbruck, ORF (Skulpt.) – **E:** u. a. 90, 96 Innsbruck, Tausch; 94 Wien, FrauenHetz; 98 Rom, Öst. Kult.inst.; 99 Bregenz, Hämmerle; 01 Wien, Gal. Ariadne; 02 Reith im Alpbachtal, Schmidt; Paris, Öst. Kult.forum; 03 Innsbruck, Kunstraum; Istanbul, Bild. Künste; Istanbul, Öst. Kult.forum; Wien, Gal. Ariadne – **G:** u. a. 94 Wien, Berchtold; 98 Rom, Collezione Tirolo; 99 Kapfenberg, Intern. Keramik Bienn.; 00 Aalbourg, KM Trienn.; 01 Rom, Schloß San Giorgi Maccarese; Hall, Goldener Engel; 02 Wien, IG Bild. Kunst; 02 Rom, Hungarian Academy; 02, 03 Linz, Brunnhofer; 03 Innsbruck, Tiroler Kunstpavillon – ***Lit:*** u. a. Kunst in Tirol im 20. Jahrhundert, Kat. 92; J. M., Kat. 98; Differenz, Kat. 99; J. M., Kat. 01; absence, Kat. 02; zusammengetragen, Kat. 03 – (Red.)

Moser, Maria, Malerin; Marktpl. 3, A-4873 Frankenburg, Tel. u. Fax (0 76 83) 82 29 (* Frankenburg 48) – **VG:** Langenhagen, Depelmann; Prigglitz, Gal. Gut Gasteil – **S:** 68–73 ABK Wien (Dipl. Malerei) – **P:** u. a. Förd.beitr. Kunstfonds Wien 78; Pr. Arb.-Mensch-Maschine 88 – **G/T:** Malerei (Thema: Eisen) – **E:** u. a. 75 Kairo, Intern. Kult.zentrum; 83 Düsseldorf, Walther; 85 Salzburg, Welz; 94 Bonstetten, Gal. für Gegenwartskunst; 96 Hannover, Depelmann; 99 Stuttgart, Harthan; 00 Gmunden, Gal. 422; Wien, Pal. Rottal; 03 München, Otto-Gal.; Walchwil, Kämpf; Wien, Kunsthist. Mus. im Pal. Harrach – **G:** u. a. 99 Langenhagen, Depelmann; 01, 02 Gmunden, Gal. 422; 03 Wien, Exner – (Red.)

Moses, Stefan, Fotograf; München, Tel. (0 89) 34 86 15 (* Liegnitz/Schlesien 29. 8. 28) – **VG:** München, Storms – **S:** 43–44 Breslau (Lehre b. Fotografin Grete Bodlée); 45–46 Erfurt (Fortsetzung d. Lehre b. Grete Bodlée) – **P:** David-Octavius-Hill Med. 90; Kult. E.pr. d. Ldeshauptstadt München 91; Anton-Stankowski-Pr. 01 – **Ve:** Bay. Akad. d. Schönen Künste 94 – **G/T:** Fotogr. – **E:** u. a. 01 München, Storms; 02 München, SM; 03 Berlin, Pels-Leusden; Berlin, Villa Grisebach; Kiel, KH; Berlin, Willy-Brandt-Haus – **G:** u. a. 97 Bonn, Kunst- und Ausst.halle d. BRD; 98 Berlin, Kronprinzenpal.; Erfurt, Gal. am Fischmarkt; 99 Erlangen, StG; 02 Münster, SM – **V:** Manuel. Ein Bilderbuch von S. M. 67; Transsibirische Eisenbahn 79; Deutsche. Porträts der sechziger Jahre 80; Abschied und Anfang. Ostdeutsche Porträts 1989–1990 91; Jeder Mensch ist eine kleine Gesellschaft 98; DDR – Ende mit Wende 99 – ***Lit:*** Contemp. Photographers 95; Koetzle 02 – (Red.)

Moshammer, Eckart, Dr. phil., Maler, Kunsthistoriker (Gutachten u. Expertisen); Riesstr. 64, D-80993 München, Tel. (0 89) 1 49 45 14, *emoshammer@gmx. de*. Heinrich-Vogl-Str. 4 1/2, D-85560 Ebersberg, Tel. (0 80 92) 2 43 30 (* Freiburg im Breisgau 27. 8. 41) – **S:** 62 Ausb. b. Oskar Kokoschka; 65 ABK München (Prof. Geitlinger); 70–80 Ludwig-Maximilians-Univ. München (Kunstgesch., Prof. Friedrich Piel) – **L:** VHS München (Doz. f. Kunstwiss.) – **Ve:** BBK Bay. seit 68; Ldesverb. Bay. d. Künstlergilde seit 79; Dt.sprachige Ges. f. Kunst u. Psychopathologie d. Ausdrucks, München – **KGe:** Kunstzone am Jakobspl. München (Projektleiter); zehn/neun: E. M., Wilfried von Loewenfeld u. N. Hosemann (71) – **G/T:** Malerei (Öl, Aqu., Gouache, Tempera, Acryl, Akt, Portr., expressiver Realismus bis z. Abstr. u. konkreten Malerei, Hardedge); Events; Aktions- u. Konzeptkunst – **K:** Malerei u. Zeichn. (v. d. Natur z. Abstr.); Theorie (v. d. Zentralperspektive d. Renaissance z. Mod.) – **W:** Werke im Bes. d. Rheinischen Ldesverb., d. Bay. Roten Kreuzes, d. Hypo-Bank München, d. Allianz-Versicherung München sowie in Schulen u. Krankenhäusern – **M:** München, Lenbachhaus – **E:** u. a. 81 Ingolstadt, Gal. an d. St. Moritzkirche; 96 Rheinfelden, Belsola Gal.; 97 New York, Montserrat; 98 Bad Bellingen, Gal. im Kurhaus – **G:** 66, 67, 68 München, Große Kunstausst. im Haus d. Kunst; 67 Karlsruhe, Dt. Künstlerbund; München, Gal. d. Künstler; München, ABK; 68 München, Aktionsraum 1; 70 Innsbruck, Taxis-Pal.; Wien, Gal. nächst Sankt Stephan; 71 München, Kunstszene Jakobspl. – **V:** Blackout, in: Aktionsraum 1 oder 57 Blindenhunde 71; Situation Concepts, in: Kat. z. Ausst. im Taxis-Pal. Innsbruck 71; Space-Art, in: Kunstzone, Kat. 71; Bild und Bau in der frühen Neuzeit, Diss. 80 – ***Lit:*** zahlr. Rez. in div. Tagesztgn – ***LitR:*** hier und heute, Reg.fs. WDR v. 7.2.67

Mosler, Axel M.; Kirchhörder Str. 23, D-44229 Dortmund, Tel. (02 31) 73 66 00, Fax 73 55 00, *a.m.mosler @t-online.de*, *www.axel-mosler.de* – **G/T:** Fotogr. – (Red.)

Mosler, Mariella (* Oldenburg 14. 8. 62) – **S:** 82–90 HBK Hamburg (b. Prof. Seitz, Prof. Lingner, Prof. Blume u. Prof. Brouwn); Univ. Hamburg (Phil. u. Pädagogik); 90 1. Staatsexamen in Kunst, Phil. u. Pädagogik; 90–91 HBK Hamburg (Freie Kunst b. Prof. Brouwn, Dipl. m. Ausz.); 91–93 Aufbaustud. Freie Kunst – **L:** 00–01 HBK Hamburg (LAuftr.); 03–05 Staatl. ABK Stuttgart (Prof.) – **P:** Kunstpr. Ökologie Köln (m. Silke Fischer) 91; Arb.stip. f. bild. Künstler d. Hansestadt Hamburg 93; Stip. d. Akad. Schloss Solitude 94; Arb.stip. f. Nantes/Frkr. 95; Stift. Kunstfonds – Arb.- u. Projektstip. 96; Reisestip. d. 'Neue Kunst in Hamburg-Ver.' (f. Japan) 97; Förd. d. Hamburger Senats 98; Stip. Künstlerstätte Bleckede 99 – **Ve:** Dt. Künstlerbund – **W:** Install. – **M:** Hamburg, KH – **E:** u. a. 92 Hamburg, Künstlerhaus; 95 Stuttgart, Württembergischer KV (Kat.); Stuttgart, Akad. Schloß Solitude; Château d'Angers (Les Image Du Plaisir); 97 Brüssel, Gal. Vincenz Sala; 98 Nantes, Atelier sur l'herbe ERBAN; 99 Hannover, Sprengel Mus.; Köln, Gerber; Agathenburg, Schloß (Kat.); 00 Oldenburg, KV (Kat.); Herzliya, Yad. Lebanim Mus.; St. Nazaire, Service Art Contemp.; 02 Hamburg, KH (Kat.); Lübeck, Overbeck-Ges. (Kat.); 04 Göppingen, KH (Kat.) – **G:** u. a. 91, 98 (Kat.) Hamburg, Kunsthaus; 94 Hamburg, Kampnagelfabrik (Kat.); 96 Berlin, Künstlerhaus Bethanien (Kat.); 98 Marseille, Gal. de l'Éc. Superieure des Beaux Arts (Kat.); 01 Göttingen, KV (Kat.); 02 Osaka, Kirin Art Space; 03 Wilhelmshaven, KH (Kat.); Graz, LM Joanneum (Kat.); 04 Berlin, Martin-Gropius-Bau (Kat.); Hamburg, KH (Kat.) – ***Lit:*** KAT. u. Publ. in Kat, u. a.: Martin Hentschel: Ornament und Raum, in: M. M. 95; Jean-Marc Huitorel: M. M., in: Les Images Du Plaisir 95; M. M. Zum Ornament, in: Linie und Zeichen 96; Frank Nikol: Der Zaun macht aus dem Berg ein Bild, Interview, in: Passage 98; Julio Cortázar: Verlust und Wiedergewinnung des Haares, in: today tomorrow 88, 99; M. M. 99; Rolf Julius: M. M. 99; Jens Asthoff: Schönheit als Oberfläche. Zur Arbeit von M. M. 00; Lisane Nadeau: M. M. Temporalité 01, Ursula Panhans-Bühler: M. M. Filiationen von Ornament und Gedächtnis, Ein

Gespräch, in: Skulptur als Feld 01; Ornament – Schönheit und Verbrechen 03; Gabriele Münter Preis 04; Iris Wall: M. M. 04; – weitere: Heiner Gersdorf: M. M. in. x mal documenta X 98; Jens Asthoff: M. M. Konzentration und Verschwendung, Monogr. 02; Standpunkt. M. M. 02; M. Noeske: M.M., in: Künster, Krit. Lex. d. Gegenwartskunst 04 – ***LitR:*** u. a. Thomas Schmitt: dokumenta X

Mosley, Tom; Duvenstr. 12, D-41199 Mönchengladbach, Tel. (0 21 66) 68 06 24 – **VG:** Ahlen, Fritz-Winter-Haus; Dießen am Ammersee, Winter – **G/T:** Malerei – (Red.)

Mosset, Olivier, Maler; lebt u. arbeitet in Tucson/AZ (* Bern 5. 11. 44) – **VG:** Berlin, Dreher; München, Tanit; New York, Brownstone – **M:** Berlin, DaimlerChrysler Contemp.; Nizza, Mus. d'Art Mod. et Contemp.; Paris, Centre Pompidou; Paris, MAM de la Ville Paris – **E:** u. a. 99 Zürich, Migros Mus.; New York, Brownstone; 00 Le Havre, Studio d'art contemp.; Genf, Skopia; 01 London, Blains Fine Arts; Berlin, Dreher – **G:** u. a. 98 Neuchâtel, Mus. d'Art et d'Hist.; 98, 99 Tucson/Ariz., MCA; 99 Zürich, Migros Mus.; Kassel, KV; 02 Lausanne, Hall de l'Ecal – ***Lit:*** BLSK 98 – (Red.)

Mostböck, Martin, Dipl. Ing., Architekt; Schönlaterngasse 5/4/3, A-1010 Wien, Tel. u. Fax (01) 5 13 65 90, *mossi@gmx.de*, *www.Martin-Mostboeck.com* (* Wien 17. 6. 66) – **VG:** Wien, MAK-DIP – **S:** 84–94 TU Wien (Archit. u. Innenarchit. b. Prof Helmut Richter) – **G/T:** Archit. u. Design; Objektkunst (Stein, u. Stahl) – **W:** 'SODA' – temporäre Intervention im MAK Wien – **M:** Wien, MAK – **B:** Paule's Pool; Karlo's – **E:** u. a. Krems, Göttlicher; Wien, MAK – **G:** Köln, Orgatec; Krems, Göttlicher; Wien, Künstlerhaus – **V:** M. M. u. Gudrun Hausegger: M. M. – Möbel 98, Ausst.kat. 98 – ***Lit:*** Uli Marchsteiner: Werkzeuge, Ausst.kat. 96; Licht 00, Ausst.kat. 01 – (Red.)

Mostböck-Huber, Edith (geb. Edith Huber), Mag. Art., Malerin, Goldschmiedin, Weberin, Kunstgewerblerin, Restauratorin; Schäffergasse 22/18, A-1040 Wien, Tel. (01) 5 81 77 87. Dampfgasse 24/21, A-1100 Wien, Tel. Mobil: 06 99 12 37 90 88 (* Wien 18. 4. 47) – **S:** 65–67 HS f. angew. Kunst Wien (Naturstud. b. Prof. R. Obsieger); 67–71 ebda (Meisterkl. Textilgest. b. Prof. G. Rader-Soulek, Dipl.); 71–76 ebda (Meisterkl. Metallgest. b. Prof. F. Hagenauer, Dipl. Mag. Art.) – **L:** 02 HS f. angew. Kunst Wien (Sem. f. Innovatives Sticken) – **P:** Theodor-Körner-Förd.pr. 81 – **Ve:** Wiener Künstlerhaus; Art Austria – **G/T:** Textilgest. (Stickerei, Tapisserie); Malerei; Email-, Gold- u. Silberschmuck; Papierschöpfen; Metallgest. – **W:** überw. in Privatbes., im Bes. d. BMfUK, d. Stadt Wien u. d. Schmuckslg Inge Asenbaum Wien – **M:** Wien, KS d. HS f. angew. Kunst – **Ö:** Krems, Pfarrkirche St. Paul (Tapisserie); St. Pölten, Bildungshaus St. Hippolyt (18-tlg. Papierarb.); Wien, Kap. Schwesterngemeinschaft Caritas Socialis (Diaphane Tapisserien); ebda, Eingangshalle d. Pflegeheims Caritas Socialis (Tapisserie) – **E:** u. a. 76, 78, 81 Passau, Kleine Gal. am Residenzpl.; 78, 81 Wien, Gal. am Graben; 79 Zell am See, Gal. im Schloß Rosenberg; 81 Wien, Künstlerhaus; 83 Zell am See (Textil u. Metall); 84 Klagenfurt, Gal. IBO; 85 Wien, Roter Engel; 90 Krems, Göttlicher; 91, 97 Wien, Tiller; 92 Wien, Ingenieur- u. Architektenver.; 93 Wien, Gal. Schillerpl.; 98 Wien, ÖBV; 00 Wien, La Papessa; Wien, Gal. M&SS (Kat.); 01 Wien, Allg. Krankenhaus; St. Pölten, Bildungshaus St. Hippolyt; 03 Wien, Club Alpha (Kat.); 04 Steyrermühl, Alte Fabrik – **G:** zahlr. Bet., u. a. 72 Wien, RH: Schöpfer. Handwerk; 72, 75, 76, 77, 80 Wien, Gal. am Graben; 75 New York, Öst. Inst.: Creative Crafts of Austria; 76, 79 Wien, MAK; 76 Annecy, Mus. Château d'Annecy: Textiles Appliqués; 78 Zürich, Helmhaus: Textur – Struktur; Göteborg, The Bowl; Hannover, Handwerksforum; Wien, Alte Schmiede: Ausst. d. Meisterkl. f. Metallgest. d. HS f. angew. Kunst; 78, 79, 83 München, Intern. Handwerksmesse; 78, 79, 80 (Kat.), 81 (Kat.), 06 Wien, Künstlerhaus; 80 Pforzheim, Schmuck-Mus.: Email; Szombathely, Mini Textil; Hallein, Keltenmus.: zeitgen. Schmuck; 82 Linz, Zeitgen. Öst. Textilkunst; 83 Wien, RH: Ars Sacra (Kat.); Venedig, Schmuck aus Öst.; – zuletzt u. a.: 03 Tokio, Schmuckausst.; Passau, Stauber; 05 Izmir, Visions in Textile; – sowie Bet. an div. Symposien u. Wanderausst. – ***Lit:*** Ursula Müksch: Intern. Handbuch aller bild. Künstlerinnen (S.709), sowie div. Kat. u. Beitr. in Zss.

Mostert, Marianne, Malerin; Kammerlanderstr. 5, D-89264 Weißenhorn, Tel. (0 73 09) 39 45 (* Weißenhorn 1. 10. 45) – **S:** 65–69 WerkKSch Augsburg; 69–75 ABK München (b. Prof Butz u. Prof. Tröger, Meisterschülerin b. Prof. Tröger, Freie Malerei, Dipl.) – **P:** Stip. Bild. Kunst d. Studienstift. d. Dt. Volkes – **G/T:** Malerei (Öl), Zeichn. u. Kleinplast. (gegenständlich) – **M:** München, Bay. Staatsgemäldeslgn; Neu-Ulm, Mus.; Stuttgart, Kultusmin. – **E:** Ausst. u. a. in Augsburg, Bonn/ Bad Godesberg, München u. Ulm – **G:** Ausst.bet. seit 74 – **V:** Bilder und Zeichnungen 1982–1989; Linolschnitte 1992–1993

Motti, Gianni, Aktionskünstler; lebt u. arbeitet in Genf u. Berlin (* Sondrio 58) – **VG:** Zürich, ArsFutura – **W:** zahlr. Performances u. Aktionen – **M:** u. a. Berlin, DaimlerChrysler Contemp.; Bern, KM; Bregenz, Kunsthaus; Esslingen, StG Villa Merkel; Lausanne, Mus. de l'Elysée; Paris, Maison Europ. de la Photogr.; Winterthur, Foto-Mus.; Zürich, Kunsthaus; Zürich, Migros Mus. – **E:** zahlr. Ausst., zuletzt u. a. 00 Genf, Mus. d'Art Mod. et Contemp.; 01 Bern, KH; 02 Zürich, Helmhaus; 03 Genua, Pal. Ducale; 04 Zürich, Migros Mus. – **G:** zahlr. Ausst.bet., zuletzt u. a. 00 Luzern, Neues KM; 01 London, Courtauld Inst. Gall.; 02 Frankfurt am Main, Manifesta; 03 St. Gallen, KH; Wien, KH; 05 Venedig, Bienn. – (Red.)

Motzko, Lutz s. Morales

Mraz, Jan (Ps.: Jano), akad. Maler; Nadistr. 32, D-80809 München, Tel. (0 89) 3 51 88 55, Fax 3 54 51 92, *jan.mraz@gmx.net; mrazjano@yahoo.de* (* Ruzomberok/Slowakei 17. 2. 35) – **S:** 53–55 PH Bratislava; 55–63 HBK Bratislava (Dipl.) – **G/T:** Malerei (trad. Genres, Öl, Aqu.); Portr.malerei; Graph.; Kinderbuch-Ill. – **W:** Bilder u. Portr. in Privatbes. in Dtld, Schweiz, Frkr., Niederl., Slowakei, Öst., Ital., USA u. Austral. – **E:** seit 72 ca. 60, u. a. in München, Bern, Paris, Rom, Hamburg, Heidelberg, Lausanne, Bad Godesberg, Trieste, Amsterdam – **G:** seit 72 etwa 30 im In- u. Ausld – **V:** Ill. zu über 25 Kinderbüchern in Bratislava, München, Wien, Zürich, Tokio f. versch. Verlage – ***LitR:*** Marian Sloboda: Mit Pinsel u. Hirtenflöte, Portr. (3. Programm BR) 85; Werner Scheingräber: Atelierbesuch, Portr. (Weiß-Blauer Kanal)

Mrkvicka, Franz Stanislaus; Steinweg 4, D-94032 Passau, Tel. (08 51) 3 45 36, *fs-mrkvicka@t-online.de*, *www.kunst-mrkvicka.de*. Atelier: Große Messergasse 6, D-94032 Passau (* Wien 6. 1. 50) – **VG:** Regensburg, Kleine Gal.; Essen, Geymüller – **P:** Inten. Jugendpr. New Delhi (2. Pr.) 62 – **Ve:** VG Bild – **G/T:** Malerei (Acryl-Wachsseife, Aqu., Themenzyklen u. a. unbekannte Ldschaften, entoptische Bilder); Maske; Zeichn.; Objekt; Bilder z. zeitgen. Musik – **W:** in Privatbes. in Öst., Dtld, Schweiz u. Frkr. – **M:** Passau, Oberhaus-Mus.; Passau, Ostbay. Kult.stift. – **Ö:** Dr. Hans Kupfinger Stift.; Linz, Bilfinger + Borger GmbH (Foyer); Mannheim, Bilfinger + Borger AG (Foyer); Passau, AOK Schalterhalle (Wandgest.); ebda, Passauer Neue Presse (Hauptverwaltung), Staatl. Hochbauamt; Weiden, Telekom; Wien, Bank Austria – **E:** u. a. 78, 81, 83 Passau, Gal. am Residenzplatz; 83, 86 Schärding, Weidan; 87 Passau, Zeughaus; 90, 92 Passau, Gal. am Steinweg; 92, 97 Wien, Tiller; 93 Passau, Oberhaus-Mus.; 95 Deggendorf, SM; 98 Passau, MMK Stift. Wörlen; 99, 06 Regensburg, Kleine Gal.; 02 Passau, KV; 04 Gal. Wolfsstein; 05 Kallmünz, Zum Goldenen Löwen; 06 Zell an d. Pram, Schloß; Passau, Ausst.raum Stauber – **G:** u. a. 82 Passau, Scharfrichterhaus; 83, 84, 85, 89, 91 München, Bay. Kunstgew.ver.; 89 Passau, Oberhaus-Mus.; 91 Cham, Profil; 94 Greifenstein, Burg; 96, 98, 00 Horn, Gal. Thurnhof; 99 Tübingen, Gal. Druck + Buch; 02 Regensburg, Kleine Gal. – **V:** u. a. KAT.: Rote Bilder 93; Sequenzen 1990–1994 95; Masken 98; Unbekannte Landschaften 99; Entoptische Bilder 99; – weitere: Masken, Künstlerb. 00 – ***Lit:*** Unbekannte Landschaften – Der Blick täuscht, Kat. 02

Mroczinski, Hans, Prof.; Egon-Erwin-Kisch-Str. 15, D-01069 Dresden, Tel. (0351) 4713312 (* Schwenningen/Neckar 13. 10. 22) – **S:** 47–50 HBK Dresden (b. Hans Grundig u. Wilhelm Lachnit) – **L:** 56–87 HBK Dresden (ab 67 Prof.) – **P:** Martin-Andersen-Nexö-Kunstpr. d. Stadt Dresden 67 – **M:** Berlin, NG; Dresden, GG NM; Rostock, KH – ***Lit:*** Schweers 02; NG Berlin 03 – (Red.)

MU s. Nowak, Monika Maria

Muamba-Bukumba, Celine (Ps.: Ndaya-Kabe), Malerin; c/o GEDOK Leipzig, Gerichtsweg 28, D-04103 Leipzig, Tel. (0341) 9954167, Fax 9954168 (* Kinshasa 28. 11. 62) – **S:** 97–98, 99–00 Weiterbild. durch d. LEB u. d. KV Pikanta in Markkleeberg; 97–98 Stud. in d. Denkmalschmiede Höfgen in Grimma-Kaditzsch – **Ve:** GEDOK; KV PIKANTA Leipzig – **Ö:** Leipzig, Sprachinst. Ute Harz – **E:** 87–94 Kananga/Kongo; 90–92 Frkr. u. Belgien; 02 Gal. d. Adagio-Hotels sowie im Atrium d. Hotels Wiederitzsch – **G:** 96–05 Leipzig, Dresden, Erfurt, Berlin, Weißenfels, Schkeuditz, Zittau u. Kamenz

Mucha, Reinhard, Künstler; Kölner Str. 170, D-40227 Düsseldorf (* Düsseldorf 50) – **M:** Bonn, KM; Düsseldorf, KS NRW; Gent, Stedelijk Mus. voor Actuele Kunst; Hamburg, KH; Karlsruhe, ZKM Mus. f. Neue Kunst; Krefeld, Kaiser-Wilhelm-Mus. – **E:** / G: u. a. 86 Paris, Centre Pompidou; Köln, Hetzler; 90 Venedig, Bienn.; Krefeld, Haus Esters; 91 Frankfurt am Main, MMK; 92 Kassel, documenta; 93, 98 New York, Luhring Augustine; 93, 96 London, d'Offay; 93 Köln, Mus. Ludwig; 96 Berlin, IfA-Gal.; 01 Karlsruhe, ZKM; 03 Tübingen, KH – (Red.)

Muckenschnabl, Herbert, Maler, Graphiker; Mühlackerweg 14, D-94556 Schönanger, Tel. (08558) 1777, Fax 2858, *iuhmuckenschnabl@aol.com*, *www.muckenschnabl.de* (* Gotteszell/Ndbay. 24. 10. 47) – **VG:** Regensburg, Kleine Gal. – **S:** 65–72 Stud. d. Kirchenmusik; Ausb. z. Kunsterzieher – **L:** seit 72 Lehrberuf (Kunsterziehung, Musik) – **P:** Kult.förd.pr. Ostbay. 92 – **Ve:** BBK Ndb.-Oberpf. – **G/T:** Öl, Aqu., Pastell; HSchn. u. Rad.; Kunst am Bau (Fassadengest., bemalte sowie Buntglasfenster) – **M:** Freyung, Schloß Wolfstein; Hengersberg, KS Spital; München, Bay. Staatsgemäldeslgn – **Ö:** Bad Füssing, Kurmittelhaus Therme II; Freyung, Ldratsamt; Neuschönau, Friedhof; Regensburg, e.on; Schönanger, Dorfkap.; ebda, Feuerwehrhaus (Fassade); Schönberg, Pfarrheim – **E:** u. a. Grafenau, Fressendes Haus; Sigharting, Schloß; Braunau, Herzogsburg; Passau, St. Anna Kap.; Landshut, Gal. im RH; Landshut, Christuskirche; St. Oswald, Waldgesch. Mus.; Krumau, Intern. Egon-Schiele-Zentrum; Deggendorf, Kapuzinerstadl – **G:** Landshut, Kunstkr.-gal.; Asbach, Kloster; Cagnes sur Mer, Maison des Artistes; München, Dt. Mus.; Regensburg, BBK; Milwaukee, War-Memorial-Building; Michigan, William Bonfas Fine AC; Miami, Miami-Beach Festival Capitol; Hartfort, Buschnell Park; Freyung, Schärding; Ottenstein, Schloß – **V:** Robert Müthmann: Spüren (HSchn.); H. Kleber: Nur Ergriffene ergreifen (HSchn.) Arte Nova Classics, CD-Reihe (Ill.) 95–98 sowie jl. großformatige Kunstkal. seit 00 – (Red.)

Mudrack, Karla s. Gänßler, Karla

Müggler, Lotte, Malerin, Objekt- u. Installationskünstlerin; Preyenstr. 5, CH-8623 Wetzikon, Tel. (0) 449303626, (0) 793346546, *lotte.kurt.mueggler@freesurf.ch*, *www.sgbk.ch* (* Netstal/Glarus 1. 11. 55) – **VG:** Kirchberg/St. Gallen, Schönenberger – **S:** HS f. Gest. Zürich, Textil-FS St. Gallen (Textilgestalterin u. Handweberin) – **L:** bis 91 Lehrtätigkeit an Kantonalen Berufsschulen – **Ve:** Visarte; SGBK – **G/T:** seit 91: Malerei (Öl, Eitempera, Mischtechnik); Objekt u. Install. (Papier, Plexiglas, Eisen, Gips); Kunst am Bau – **K:** Malerei – **Ö:** Ostermundigen, Swisscom AG; Pfäffikon, Schulungszentrum Hotel Seedamm Plaza – **E:** 94, 97, 99 Wetzikon, Gal. CEVO; 00, 01, 04 Zürich, Commercio; 02 Kirchberg/St. Gallen, Schönenberger – **G:** 98, 02 Glarus, Kunsthaus; 02 Sihlwald, SGBK – **V:** Arbeiten 2001–2003, Kat. – ***LitR:*** Vincenzo Lanciano: Fs.-Portr., in: cooltv Regional 04 – (Red.)

Mühl, Gerda (Sign.: GMÜ), Malerin, Graphikerin, Fotografin; Lärchenstr. 70, D-89250 Senden (* Heidelberg 25. 2. 42) – **S:** Sommerakad. Detmold (b. Frank Suplie u. Pavel Richter, 'Ulmer Schule') – **L:** Bad Reichenhall (Doz. f. freie Malerei) – **P:** Graph.pr. d. Stadt Senden (Sonderpr.) 04; Pfrontener Kunstpr. 05 – **Ve:** BBK Schwaben Süd; BBK Ulm – **G/T:** freie Malerei; Farbrad.; Fotogr. – **K:** freie Malerei – **W:** im Besitz d. Stadt Senden, d. Gemeinde Pfronten, d. Spk. Füssen – **E:** Ulm; Rehau, Buchhandlung SeitenWeise; München, Kim-Schneider – **G:** Augsburg, Große Schwäb. Kunstausst.; Senden, Graphikausst. – sowie in Marktoberdorf, Füssen, Kempten, Ulm, Pfronten, Piove di Sacco, Padua, Tübingen u. Reutlingen

Mühl, Otto, Maler, Aktionskünstler; lebt in Portugal (* Grodnau/Bgld 16. 6. 25) – **VG:** Wien, Charim; Wien, Steinek – **S:** 52–57 ABK Wien (Kunstpädagogik u. Malerei) – **KGr:** Wiener Aktionisten – **G/T:** Aktionsmalerei u. Materialbilder, Skulpt., Totalaktion, Film – **E:** / G: zuletzt u. a. 90 Hamburg, Novikovski; Wien, Krinzinger; 92 Frankfurt am Main, Portikus; 98 Wien, Charim; 98, 04 Wien, MAK; 00 Wien, Steinek; Paris, Louvre; 02 Paris, Centre Pompidou; 03 Innsbruck, KH 3; 04 Montreal, Mus. des Beaux-Arts; Wien, MAK – **V:** Weg aus dem Sumpf, Autobiogr. 77 – (Red.)

Mühle, Steffen, Fotokünstler (* Berlin 60) – **S:** 87–92 HGB Leipzig; 92–94 ebda (Meisterschüler im FB Fotogr.) – **L:** 97–00 FHS f. Fototechnik Potsdam (LAuftr.) – **P:** Pr. f. Bild. Kunst d. Ldes Brandenburg 93; Arb.-stip. d. Galberg-Strodehne Ver. 95; Arb.stip. d. Min. f. Wiss., Forsch. u. Kult. Brandenburg 96; Beeskow-Stip. d. Ostdt. Spk.stift. 97; Arb.stip. d. Dt.-Brasilianischen Ges. Salvador 97; Arb.stip. in Rom 97 – **Ve:** Dt. Fotogr. Akad. 01 – **E:** u. a. 99, 00 Frankfurt am Main, Schuster; 01 Berlin, Schuster & Scheuermann; Kiew, Goethe-Inst.; 02 Berlin, Die Neue Aktionsgalerie – **G:** u. a. 97 Salvador, MMK; 98 Cottbus, Brandenburgische KS; 99 Sindelfingen, StG; 01 Bonn, Künstlerforum – (Red.)

Mühlenbeck, Holger, Fotograf; Sadowastr. 12, D-42115 Wuppertal, Tel. (0202) 313844 (* 45) – **G/T:** Fotogr. (u. a. stillgelegte Industrieanlagen) – **E:** u. a. 01

Wuppertal, Von der Heydt-Mus.; 03 Ahrensburg, Kult.-zentrum Marstall – **G:** u. a. 01–02 Ulm, Ulmer Mus.; 03 Berlin, Raab – (Red.)

Mühlenburg, Jagna s. Weber, Jagna

†**Mühlenhaupt,** Kurt (auch Curt Mühlenhaupt, eigtl. Kurt Karl Mühlenhaupt), Maler, Graphiker, Illustrator, Bildhauer, Schriftsteller; lebte in Bergsdorf (* Klein-Ziescht/Kr. Jüterbog 19. 1. 21, † Bergsdorf 16. 4. 06) – **VG:** Bergsdorf, Mühlenhaupt-Mus. – **S:** 46–49 HBK Berlin (Vorkl. b. Maximilian Debus) – **P:** Verdienstorden d. Stadt Berlin – **Ve:** Künstlerkneipe Leierkasten (59–66, Mitbegr.) – **KGr:** Malerpoeten (71–78) – **M:** u. a. Almansil, Centro Cultural; Berlin, Berlinische Gal.; Berlin, SM; Düsseldorf, KS NRW; Stuttgart, Württembergisches LM – **Ö:** Berlin, Feuerwache Kladow (Fassadengest.); ebda, Schwimmbad Wedding (Wandgest.), Intern. Congress Center (Ansichten d. Berliner Bez.), Feuerwehrbrunnen Mariannenplatz, Kreuzberg – **E:** zahlr. Ausst., u. a. 62 Berlin, Kunstkab. Berthold; 63, 71 Berlin, Haus am Lützowplatz; 67 Berlin, Kleine Weltlaterne (m. Willy Mühlenhaupt); Berlin, Ladengal.; Wilhelmshaven, KH (m. Hans Sünderhauf); London, Asset Gall.; 81 Berlin, Staatl. KH; 91 Berlin, Otto-Nagel-Gal.; 95 Lilienthal, Kühn; 96 Berlin, Kirche zum Heiligen Kreuz; 98 Berlin, Gal. am Chamissopl.; 01 Berlin, Nikolaikirche; Berlin, Kleine Gal.-Wkst.; Sao Lourenco, Centro Cultural; 06 Berlin, Dom – **G:** zahlr. Ausst.bet., u. a. 78 Berlin, Majakowski-Gal.; 78, 79 Rostock, KH; 80 Berlin, Berlinische Gal.; Berlin, Neue Ges. für bild. Kunst (zus. m. d. KH Berlin); 80, 85 Berlin, Staatl. KH – **V:** zahlr. Veröff., u. a.: Eine Bartgeschichte aus Berlin (Orig.hschn.) 68; Und wat sich sonst noch alles dreht (Ill. u. Orig.linolschnitte) 68; Berliner Guckkasten Buch I 69; Das Geheimnis der Sandkuten 70; Das Haus der Blücherstr. 13 mit seinen Vorder- und Hinterhausbewohnern (handcolorierte Graph.) 70; Wassilij Morosow: Erinnerungen eines Schülers an Leo Tolstois Schule zur Zeit der Bauernbefreiung (m. Bildzyklus) 78; Zwischen Herbst und Winter (zus. m. Sarah Kirsch) 83; Sabine und ihre Puppen, Sammelbd 83; New York (m. Texten v. Georg Reinhardt u. K. M.) 84; Berliner Bilder, Kat. (m. Texten v. Karl Ruhrberg) 87; Berliner Malerpoeten 92; Ein Sammelsurium aus seinem Leben I–VI 99–01 – **R:** Lebensbilder von Carl Mühlenhaupt, Schallplatte – ***Lit:*** Erika Schachinger: K. M. ein Berliner Maler der Nachkriegszeit 96; dies.: Wir schreiben eine Zeitung 01; Maler der Liebe. K. M. zum 80. Geburtstag 01; Ernst Termeer: K. M. Blätter zur Passion 01; ders.: Neue Blätter zur Passion Jesu 03; Ulrike Schwarzkopff-Lorenz: K. M., Monogr./Diss.; – AUSST.KATALOGE: K. M. 81; Irene Goguel u. Johannes Grützke: K. M. zum 70. Geburtstag 91; Georg Friedrich Büchner u. Michael Nungesser: K. H. zum 75. Geburtstag 96 – ***LitR:*** FILME, u. a.: Sigrid Reichert-Purrath: Über K. M. 81; Über das Leben K. M., ZDF 85; Horst Cierpka: C. M. in New York 84, 85; Reportage zum 80. Geburtstag d. Künstlers K. M., in: Berliner Abendschau SFB 01; – sowie div. Beitr. im Radio

Mühlschlegel, Bärbel G.; Chattenpfad 7, D-65232 Taunusstein, Tel. (0 61 28) 7 37 33, *B-V.Muehlschlegel @t-online.de*, *www.monpetit.de* – **G/T:** Malerei, Fotogr. – (Red.)

Müllenbach, Thomas, Install.künstler; Berninastr. 77, CH-8057 Zürich (* Arenberg (Koblenz?) 20. 12. 49) – **VG:** Zürich, Brandstetter & Wyss – **L:** seit 88 Höhere Schule f. Gest. Zürich – **G/T:** Install. (u. a. aus Metall u. Kunststoff) – **E:** seit 80, u. a. 80 ZÜRICH, Kunsthaus (Kat.); 83 Winterthur, KM (Kat.); 86 München, Artinizing (Kat.); 89, 91 (Kat.), 97 Zürich, Brandstetter & Wyss; 92 Warth, KM d. Kt. Thurgau (Kat.); Nürnberg, Albrecht-Dürer-Haus (Kat.); 93 Winterthur, KH; 94 Zürich, Helmhaus (Kat.); 96 Halifax (N.S.), Anna Leonowens Gall.; 97 Heidenheim, KM (Kat.); 00 St. Gallen, Neue KH; Karlsruhe, Rottloff – **G:** u. a. 99 Karlsruhe, Rottloff: Bilder u. Objekte; 05 Berlin, Martin-Gropius-Bau: Rundlederwelten; Zürich, KH: Hof in Halle – Kunsthof in KH – (Red.)

Müller, Alexander s. Shunyam

Müller, Alfred, Maler; Rubensstr. 5, D-75173 Pforzheim, Tel. (0 72 31) 29 02 85, *info@am-art.de* (* Kenzingen 8. 6. 60) – **VG:** Ettlingen, Weigand; Köln, Mayer – **S:** 80–86 ABK Karlsruhe (b. Georg Baselitz u. Rainer Küchenmeister) – **P:** Kunstfonds Bonn 91 – **G/T:** Malerei (Acryl, Öl) – **M:** Karlsruhe, StG; Karlsruhe, ZKM Mus. f. Neue Kunst – **E:** 90 Karlsruhe, Bad. KV; 92 Stuttgart, Gmeiner; 93 Bruchsal, KV; 97 Freiburg im Breisgau, Kunstraum Alter Wiehrebahnhof; 98 Basel, Deimann; 01 Ettlingen, Weigand (vormals Schneider); Köln, Mayer; 02 Pforzheim, Kunst- u. Kunstgewerbever. – **G:** 91 Stuttgart, Württembergischer KV; 93 Karlsruhe, Bad. KV; 98 Madrid, Centro Cult. del Conde Duque; Berlin, Künstlerhaus Bethanien; 00 Vilnius, Center for Contemp. Art – ***Lit:*** David schließt Freundschaft mit Jonathan 85; Schwarzwaldbild 88; A. M. 90; Black & White 92; Kunst der Neunziger Jahre 93; Below Papers 93, 94; A. M. Räume für Kunst 98; Madrid-Berlin. Sichtverhältnisse 98; Painterly 00; Das Goldene Zeitalter – (Red.)

Müller, Börje, Dipl.-Fotodesigner; Mühleweg 12, D-79689 Maulburg, Tel. Mobil: 01 7 11 99 05 30, *kontakt @boerjemueller.com*, *www.boerjemueller.com*. Bändlistr. 86, CH-8064 Zürich, Tel. Mobil: 07 92 35 58 25, Fax 04 33 11 98 93 (* Basel 10. 4. 73) – **S:** 97–02 FHS Bielefeld (Fotodesign, Abschl. b. Prof. Emanuel Raab) – **P:** DAAD-Abschl.stip. Neapel 02; Aenne-Biermann-Pr. 03; Ida Gerhardi-Pr. 03 – **Ve:** Freelens 01; VG Bild-Kunst 03 – **G/T:** Archit.- u. Lsch.fotogr.; Fotogr. Essays – **W:** überw. in Privatbes. – **M:** Gera, MAK – **E:** 06 Winterthur, Schauraum Neue Wkst. – **G:** 02 Bielefeld, Hochbunker: Kunstmesse; Bielefeld, Bildwild; Bielefeld, Amerikahaus; 03 Gera, MAK: 6. Aenne-Biermann-Pr.; 04 Lüdenscheid, SM: Ida Gerhardi-Pr.

Müller, Britta s. Matthies, Britta

Müller, Carla s. Gombar, Carla

Müller, Christian Philipp, Konzept-, Medien- u. Installationskünstler (* Biel 2. 11. 57) – **VG:** Köln, Nagel – **S:** 82–84 F+F Schule f. exper. Gest. Zürich; 84–88 KA Düsseldorf (b. Jürgen Parthenheimer u. Fritz Schwegler) – **L:** 94 Cooper Union New York (Gastprof.) – **E:** u. a. 00 New York, American Fine Arts; 01 Luzern, Gal. d. HS f. Gest.; 02 Köln, Nagel; 03 Berlin, Ver. z. Förd. v. Kunst u. Kult.; 04 Frankfurt am Main, Univ. – **G:** u. a. 01 Ōsaka, NM of Art; 02 Köln, Mus. Ludwig; Berlin, AK; Zürich, Migros Mus.; Leipzig, Acad. of Visual Arts – ***Lit:*** BLSK 98 – (Red.)

Müller, Elke s. Ludwig, Elke

Müller, Franz; Lucas-Cranach-Str. 25, D-96317 Kronach, Tel. Mobil: 01 60 9 23 70 63 (* Wallenfels 27. 1. 47) – **S:** Autodidakt – **G/T:** Malerei (Acryl, Pastell) – **M:** München, Pin. d. Mod. – **Ö:** Bernried, Slg Buchheim – Mus. d. Phantasie – **E:** München, Van de Loo; Kronach, KV – **G:** Art Brut-Ausst. in Augsburg, Graz, Bielefeld – **R:** Lebenslinien: Bilder aus dem Unbewußten, Bayr. Fs. 91 – ***Lit:*** Hans Matthäus Bachmayer (Hrsg.): Art Brut, Ausst.kat.

Müller, Gerhard; Korneuburger Str. 14, A-2102 Bisamberg, Tel. (0 22 62) 6 32 79 (* Seewalchen 22. 2. 50) – **VG:** Gmunden, Gal. 422; Wien, Hrobsky; Perg, Pehböck – **S:** 71–78 HS f. angew. Kunst Wien (Prof. Unger, Prof. Oberhuber) – **L:** HS f. angew. Kunst Wien: seit 80 Lehrtätigkeit; seit 00 Univ.-Prof. f. Malerei – **Ve:** Künstlerhaus Wien – **G/T:** Zchng; Malerei – **M:** Linz, Lentos; St. Pölten, Ndöst. LM – **E:** 05 Perg, Pehböck; 06 Zwettl, blaugelbezwettl; Wien, Hrobsky; Krems, Artothek

Müller, Gerhard Kurt, Prof., Maler, Bildhauer u. Graphiker; Beuthstr. 57, D-04357 Leipzig, Tel. (03 41) 6 01 51 49 (* Leipzig-Probstheida 1. 10. 26) – **S:** 48–52 HGB Leipzig (Zchng u. Graph. b. Prof. E. Voigt u. Prof. C. K. Massloff, Dipl.) – **L:** 54–68 HGB Leipzig (Prof. f. Zchng, Graph. u. Ill., 74 Gastprof., zeitweise Rektor) – **P:** u. a. Dr. Hewlett Johnson Friedensstip. 51; Kunstpr. d. Stadt Leipzig 64; Hauptpr. d. Trienn. f. Malerei Sofia 73; Nat.pr. Kunst u. Lit. d. DDR 79 – **Ve:** VBK DDR 52–90; BBKL 90–04; Gerhard-Kurt-Müller-Stift. Leipzig 04 – **G/T:** Zchng (Kohle, Feder, Kreide); Malerei (Öl); Bildhauerei (Holz, Bronze); Graph. (Hschn., Rad., Kaltnadelrad.) – **W:** Werke in Privatbes. – **M:** Beeskow, Kunstarchiv; Dresden, GG NM; Dresden, Militärhist. Mus.; Erfurt, Anger-Mus.; Frankfurt/Oder, Mus. Junge Kunst; Gera, KS; Gotha, Schloß-Mus.; Leipzig, Bach-Mus.; Leipzig, KH Spk.; Leipzig, KS d. Univ.; Leipzig, MBK; Leipzig, Stadtgesch. Mus.; Magdeburg, KM Kloster Unser lieben Frauen; Schwerin, Staatl. Mus. – **E:** u. a. 58, 92 Leipzig, Gal. d. HGB; 76 Leipzig, MBK; Schwerin, Staatl. Mus.; 79 Leipzig, Univ.; Erfurt, Anger-Mus.; 86 Halle/Saale, Staatl. Gal. Moritzburg; Gera, KG u. Otto Dix-Haus; Erfurt, Gal. am Fischmarkt; 96 Markkleeberg, Westphalsches Haus; 98 Coburg, KV; 00 Leipzig, Rosa-Luxemburg-Stift.; 03 Erfurt, Bilderhaus Krämerbrücke – **G:** zahlr. Bet., u. a. 62–88 Dresden, Kunstausst. d. DDR; 73, 79 Sofia, Trienn. d. Malerei; 79 Moskau, Bild. Künstler d. DDR; 82–85 Gera, Slg d. Handzchng; 84 Berlin, Alltag und Epoche; Bremen u. Worpswede, DDR heute; 85 Erfurt, Künstler gegen Faschismus u. Krieg; 87 Leipzig, 150 Jahre MBK; 88 Berlin, America Latina; Venedig, Bienn. – **V:** 59–74 Ill. (Holzstich) zu versch. Ed., u. a. Schiller, Weerth, Gogol, Balzac, Brentano, Tolstoi u. Meyer – sowie autobiogr. Skizzen (Manuskripte) u. Texte m. Kunstbezug – ***Lit:*** Hans Vollmer: Allg. Lex. d. Bild. Künstler d. 20. Jh., Bd III 56; P. Sager: Neue Formen d. Realismus 74; Olbrich: Lex. d. Kunst, Bd III 75; K.-M. Kober: G.K.M., Ausst.kat. 76; G. Meissner: Leipziger Künstler d. Gegenwart 76; L. Lang: Malerei u. Graph. d. DDR 78; G. Winkler: G.K.M. Leipzig 79; K. Thomas: Malerei in d. DDR 80; R. Kober u. K.-M. Kober: G.K.M., Ausst.kat. 86; D. Gleisberg: 150 Jahre MBK Leipzig, Ausst.kat. 87; XLIII. Biennale Venedig, Ausst.kat. 88; C. Rink: G.K.M., Ausst.kat. 92; Reclams Künstlerlex. 95, 02; P. Gosse (Hrsg.) u. a. (Texte), Kat. 96; Axel-Alexander Ziese (Hrsg.): Allg. Lex. d. Kunstschaffenden in d. bild. u. gestaltenden Kunst, Bd 4 96; P. Gosse: G.K.M., Ausst.kat. 98; D. Gleisberg: G.K.M. Skulpturen, Ausst.kat. 01; Johann-Sebastian Bach-Publ. Tokio 01; S. Brett: An Engraver's Globe 01; Stadt- u. Kr.spk. Leipzig (Hrsg.): Die Leipziger Schule: Blick in d. Slg, Bde 1–6, 01–05; L. Lang: Malerei u. Graph. in Ostdtld 02; Schweers 04; H. Richter: G.K.M. 06 – sowie zahlr. weitere Kat. u. Ed. – ***LitR:*** U. Windoffer, Photogr. u. Videos f. biogr. Dok. ab 02; B./U.Windhoffer: G.K.M., Video-Dok. 06

Müller, Hans-Peter, Maler, Graphiker, Plastiker; Dorfstr. 1, D-07570 Hohenölsen, Tel. u. Fax (03 66 03) 4 39 41 (* Leipzig 4. 5. 42) – **S:** 65–70 HGB Leipzig (b. Blume, B. Heisig, W. Mattheuer u. W. Tübke); 73–76 AdK Berlin (Meisterschüler b. Prof. Heisig) – **P:** Bronzemed. d. Société d. Artistes Français 97 – **Ve:** VBK Thür.; Salon d'Automne Paris – **KGr:** S.A.F.I.R. Paris (seit 04) – **G/T:** Skulpt. u. Malerei zw. Mythos u. Realität – **W:** vorw. in privaten Slgn – **M:** Altenburg, Lindenau-Mus.; Halle/Saale, Staatl. Gal. Moritzburg; Leipzig, MBK – **Ö:** Jena, Carl Zeiss; Leipzig, Löwenapotheke; Rudolstadt, Ludwigsburg – **E:** u. a. in Aue, Bamberg, Berlin, Brüssel, Cottbus, Erfurt, Gera, Kronach, Leipzig, Moskau, Naumburg, Neu-Isenburg, Paris, Prag, St. Petersburg, Tübingen u. Yokohama – **G:** seit 79 Dresden, DDR-Kunstausst.; Gera, Bez.kunstausst.; seit 94 Paris, Salon d'Automne – ***Lit:*** regelmäßig Beitr. im Sä. Tageblatt, in d. Ossthür. Ztg u. versch. Thür. Ldesztgn; – sowie in: Bildende Kunst 73 – ***LitR:*** RTL 90, 93; Kunst und Kommerz, MDR 91 – (Red.)

Müller, Harald Armin, Maler, Graphiker; Robert-Heger-Str. 5, D-81927 München, Tel. u. Fax: (0 89) 93 37 06 (* Schönlanke 25. 4. 30) – **S:** 49–51 KHS Berlin-Weissensee (Ill., Graph. b. d. Prof. Klemke u. Vogenauer); 51–55 HBK Berlin-Charlottenburg (Freie Graph., Gebrauchsgraph. b. d. Prof. Stabenauer u. Böhm) – **Ve:** BBK Berlins 56–93; BDG 69–71 – **G/T:** Ill.; Cartoon; Bild-Graph., -Malerei, -Collage (überw. abstr.); Graph.- u. Fotodesign – **W:** überw. in Privatbes. sowie im Bes. d. Dt. Kunstrats e.V. (Plakatslg) – **E:** 84 München, Penta Hotel – **G:** 58 Berlin, Große Berliner Kunstausst.; 77 Biarritz, Gal. Vallombreuse; 78 Paris, Gal. Mouffe; 81 Hamburg, Advertising Art Gal. Hecht; 05 Wiesbaden, L'Unica Gal. – ***Lit:*** u. a. in: Hawe Schneider: Und abends swing – Ein Buch voll Jazz 85 – ***LitR:*** Walter Dagobert: Menschen in München – H.A.M. (gesendet auf UKW 95,4) 14.9.97

Müller, Harry, Bildhauer, Graphiker; Kickerlingsberg 15, D-04155 Leipzig, Tel. (03 41) 9 12 73 52 (* Leipzig 25. 9. 30) – **S:** 51–53 FS f. bild. u. angew. Kunst Leipzig (Bildhauerei b. Thiele); 53–60 HS f. bild. u. angew. Kunst Berlin-Weißensee (b. d. Prof. Pratze u. Grzimek) – **G/T:** Geometr. Abstr.; Konkrete Kunst (zwei- u. dreidimensional) – **W:** in Mus. in Leipzig, Dresden u. Halle/Saale – **Ö:** Bonn, Univ.bibl.; ebda, Max-Planck.-Inst. f. Mathematik; Leipzig, Hotel Astoria; Schwerin, Großer Dreesch – **B:** Hoyerswerda: Kaufhaus (Metallfassade); Leipzig: Kaufhaus (Metallfassade) – **E:** u. a. 71 Leipzig, Wort u. Werk; Leipzig, CDU Kunsthandlung; 95 Hannover, Univ. (Welfenschloß); 02 Stuttgart, Max-Planck-Inst. f. Festkörperphysik; 03 Dresden, Univ. (Inst. f. Kristallographie) – **G:** Zw. 70 u. 90 zentrale Kunstausst. in Leipzig u. Dresden

Müller, Heinz, Maler; Wolfshainer Str. 2, D-04317 Leipzig, Tel. (03 41) 2 61 93 46 (* Leipzig 25. 2. 24) – **S:** 38–41 Lehre als Dekorationsmaler, daneben Autodidakt (angeregt durch Walter Bodenthal); Aneignung d. Malerei im Abendstudium an d. KGS Leipzig; 46–50 als Plakatmaler tätig, seitdem freischaff. – **Ve:** VBK DDR 50–90; BBKL 90 – **G/T:** Malerei (Öl auf Lw., Hartfaser, Holz u. Pappe); Monotypien; Zchng; Motive: Stadt u. Landschaft, Stilleben, Interieurs – **M:** Altenburg, Lindenau-Mus.; Jena, KS; Leipzig, KH Spk.; Leipzig, MBK – **Ö:** Bad Lausick, Kurheim; Borna, Kr.krankenhaus; Bukarest, ehem. DDR-Botschaft; Leipzig, Zoo; Warschau, ehem. DDR-Botschaft – **E:** u. a. 47 Leipzig, Kunsthandlung Malz; 55–80 Leipzig, Kunst d. Zeit; 64–74 Leipzig, Wort u. Werk; 89 Leipzig, Gal. am Thomaskirchhof; 94 Leipzig, Gal. am Burgkeller; 97 Rheinsberg, Zopf; 97–98 Frankfurt am Main, Bernauer-Berg; 99 Leipzig, Ausst.zentrum Kroch-Haus (Kat.); 99, 04 Neuruppin, Heimat-Mus.; 02 Leipzig, Gal. FeRo; 04 Panitzsch, KV – **G:** zahlr., u. a. Leipzig, alle Bez.kunstausst.; Dresden, VIII. u. IX. Kunstausst. d. DDR; 87 Leipzig, Hörsaalgebäude d. Univ.; 89 Leipzig, RH; 93 Bonn, Ausst. d. BBKL – ***Lit:*** u. a. Günter Meißner: Leipziger Künstler d. Gegenwart 77; FAZ v. 3.2.98; W. Hertzsch u. R. Behrends: H.M. Malerei 99 (hrsg. anläßl. d. Ausst. im Ausst.zentrum d. Univ.); H.M. – Maler in Leipzig 04 (z. 80. Geb.); Bildende Künstler in Leipzig 06 – (Red.)

Müller, Helmut s. Oeser, Philip

Müller, Ines-Hildur s. Hildur, Ines

Müller, Iris (geb. Iris Baumgartl, früher Iris Baumgartl-Adam), Malerin; Mittelburg 6, D-61130 Nidderau-Heldenbergen, Tel. (0 61 87) 93 25 49 (* Friedberg/Hessen 24. 9. 63) – **S:** 86–93 Abendzeichenschule u. Gal./Atelier Kunstkeller Frankfurt am Main (b. Gerd Thomson); 97–99 ART-Kontor Frankfurt am Main (b. Gerd Thomson); mehrere Stud.reisen nach Venedig – **G/T:** Öl; Aqu.; Pastellkreiden; Linoldrucke; Mischtechniken; naturalist. Darstellung v. Lsch., Stilleben u. a. – **W:** überw. in Privatbes. – **Ö:** Karben, Rapp's Kelterei (8 Aqu.) – **E:** u. a. 88 Karben, Bürgerzentrum; 89 Friedberg, Lit.café; 93, 04 Frankfurt am Main, Haus-, Wohnungs- u. Grundbesitzerver.; 93, 00 Karben, Kult.-markt; 03 Ottenhöfen, Bürgerzentrum; 05 Nidderau, Geschäftsräume d. Restaurants Hess. Hof; Frankfurt am Main, Autohaus Rottmair; 06 Nidderau, Spk. Hanau – **G:** 92, 97, 98 Frankfurt am Main, Haus-, Wohnungs- u. Grundbesitzerver.; 97 Wetzlar, Naturschutz-Zentrum; 99 Karben, Bürgerzentrum

Müller, Jorinde s. Gustavs, Jorinde

Müller, Josef Felix, Maler, Bildhauer, Kunstvermittler, Verleger; Brauerstr. 27B, CH-9000 St. Gallen, Tel. 0712 45 79 66, Fax 0712 44 79 87, *vexer@freesurf.ch*, *www.jfmueller.ch*. Haggenstr. 51, CH-9014 St. Gallen, Tel. 02 7 781 51, *www.vexer.ch* (* Eggersriet/St. Gallen 10. 12. 55) – **VG:** Basel, Stampa; Wien, Hilger; Otegem, Deweer AG; Frankfurt am Main, Schwind – **S:** TextilFS St. Gallen – **L:** 96–99 ETH Zürich (Plast. Gest.) – **P:** Prix d. Banque Cantonale de Genève 84; DAAD-Stip. 91; Werkstip. f. Kult.vermittler d. Bundesamtes f. Kult. Bern 94; Jahrespr. f. Bild. Kunst d. St. Gallischen Kunsstift. 02 – **Ve:** Visarte – **G/T:** Malerei (Öl); Graph. (Druckgraph., Zeichn.); Bildhauerei (Holz); Gegenstände: Mensch. u. Landschaft – **W:** Install. z. Welt in d. Slg d. Musé d'Art et d'Histoire Genève (durch Brand zerstört); Findling in Môtiers (Skulpt., 89 wieder eingegraben) – **M:** u. a. Aarau, Aargauer Kunsthaus; Basel, KM; Bern, KM; Bielefeld, KH; Budapest, Ludwig Múz.; Chur, Bündner KM; Genf, Cab. des Estampes du Mus. d'Art et d'Histoire; Gent, Mus. van Hedendaagse Kunst; Köln, Mus. Ludwig; New York, MOMA (Graph.); Reutlingen, Städt. KM Spendhaus; Sables d'Olonne, Mus.; St. Gallen, KM; Wien, MMK Stiftung Ludwig; Winterthur, KM; Zürich, GrS d. ETH; Zürich, Kunsthaus – **Ö:** St. Gallen, Abdankungskap. Friedhof Feldli; ebda, Ergänzungsbau d. Univ.; Zürich, Swiss Life in d. Binzstr. – **B:** St. Gallen: KH – **E:** zahlr. Ausst. seit 80, u. a. 85 Basel, Mus. f. Gegenwartskunst; 91 Bielefeld, KH; Berlin, DAAD-Gal.; 92 St. Gallen, KM; 93 Frankfurt am Main, KV; 95 Schaffhausen, Mus. zu Allerheiligen; 97 Chur, Bündner KM; 00 Zürich, GrS d. ETH; 05 St. Gallen, KH; sowie regelmäßig b. Basel, Stampa; Otegem, Deweer AG; Frankfurt am Main, Schwind; Wien, Hilger – **G:** zahlr. Ausst.bet. seit 80, u. a. 84 Sydney, Bienn.; 87 Los Angeles, County Mus. of Art; 89 Humlebæk, Louisiana Mus. of Mod. Art; 95 Köln, Mus. Ludwig; 98 Salzburg, Rupertinum; 02 Aarau, Aargauer Kunsthaus; 03 Bologna, Gal. D'Arte Moderna – **V:** Kreuzernachtigall (Zeichn.) 83; Loch (Orig.lith.) 86; Scham (Orig.-rad.) 87; Butter Milch Seife, Künstlerb. 89; Trilogie der Schwellkörper, Künstlerb. (Orig.lith.) 90; 96 Pflanzen, Mappenwerk (Hschn.) 92; male – female (Blindzeichn. in Holz) 97 – **R:** Peter Liechti: Bad, Super8-Film (m. Monika Müller-Hutter, üb. eine Hschn.serie) 86; Im Stollen Hermann stehn, Kassette 95 – ***Lit:*** Jean-Christophe Ammann (Text): J. F. M. Maison de Art Plastique Lyon 84; Jörg Zutter (Text): J. F. M. Skulptur 85; J. F. M. Schnitt 91; Corinne Schatz (Text): J. F. M. Druckgraphik 92; J. F. M. Frühe Bilder – neue Skulpturen. Kunstgeschichte und zeitgenössische Kunst 96; J. F. M. Zyklus. Radierungen 1998–2000 00; Samuel Herzog (Text): J. F. M. Alpen 02 – (Red.)

Müller, Knut, Maler, Graphiker, Computerkünstler, Komponist; Hohe Str. 16, D-04107 Leipzig, Tel. u. Fax (03 41) 8 77 52 63, *knut.mueller@knut.de*, *www.mueller-knut.de* (* Reichenbach/Vogtland 24. 4. 63) – **VG:** Leipzig, Sä. Kunstwerk GmbH – **S:** 84–89 HGB Leipzig (Malerei u. Graph.); ; 90–93 ebda (Aufbaustud. Malerei b. Prof. A. Rink); 96–99 HS f. Musik Dresden (elektron. Musik, b. Prof. W. Jentzsch) – **P:** Stip. d. Stift. Kult.fonds 94, 95; Aufenthaltsstip. Künstlerhaus Lukas, Ahrenshoop 95; Stip. Künstlerhaus Schloß Wiepersdorf 98, 01; Stip. Virginia Center for the Creative Arts Mt. San Angelo 99 – **Ve:** BBKL 92 – **M:** Leipzig, Dt. Buch- u. Schrift-Mus. d. Dt. Nat.bibl.; Leipzig, MBK; Wien, Albertina – **Ö:** Leipzig, Spk. Gohlis-Arkaden – **E:** 93 Leipzig, Autorengal.; 96 Leipzig, Gal. im Schauspielhaus; 99 Leipzig, Gal. KL26; 99, 03 Leipzig, Blüthner; 00 Siegen, Gal. in d. Feuerwache Kreutzthal; 01 Hohenossig, Künstlerhaus – **G:** zahlr. Ausst.bet. seit 92, u. a. 93 Bonn, KV; 94 Nürnberg, Germanisches NM; 95 München, Büchergilde; 96 Lausanne, Knapp; 97 Leipzig, Mus. f. Kunsthandwerk; 98 Berlin, Podewil; 00 Leipzig, KH Spk.; 02 Brandenburg, Kongreßcenter Zirkumferenz; 03 Leipzig, Kunstkaufhaus – **V:** MAPPENWERKE m. Farbhschn.: Palimpsest 93; F. J. C. 93; ReMix 93; A.L. 94; available areas 95 – ***Lit:*** K.M. Malerei & Musik, Kat. 94; K.M. & Simone Zeidler. Sequenza, Ausst.kat. 95; K.M., Kat. 97; Bildende Künstler in Leipzig 06 – (Red.)

Müller, Manfred Peter, Maler, Graphiker; Hegelstr. 7, A-4614 Marchtrenk, Tel. (06 76) 6 45 18 26, *m.mueller@eurolab.at*, *www.eurolab.at/m.mueller* (* Linz 30. 8. 61) – **S:** 90–92 HS f. künstler. u. industr. Gest. Linz (außerordentlicher Hörer) – **Ve:** Club d. Begegnung seit 00; Art Beyond Borders seit 99; 218 AC Piacenza seit 99 – **G/T:** Malerei, digitale Kunst – **W:** in Privatslgn in Öst., Dtld, Ital., d. Niederl., GB, d. USA, Kanada u. China – **E:** 99 Tianjin, Hua Cui Artists Community; 02 Linz, Moviemento Art Gal.; 04 Linz, Ldeskult.zentrum Ursulinenhof – **G:** 00 Tucson, Racies Taller Art Gall.; Bari, Viviamo L'Arte; Toronto, Art System Gall.; 01 Drachten, Drachten Art; Florenz, Bienn. Dell'Arte Contemporanea; Perugia, Ipso Arts Gall.; 02 Italien, Castello di Travo; Wien, Kandinsky; 03 Düsseldorf, Bella Vita – ***Lit:*** Kat. d. Bienn. in Florenz 01 – (Red.)

Müller, Marianne, Fotografin (* Zürich 17. 4. 66) – **VG:** Basel, Stampa – **P:** Prix Moët & Chandon Suisse pour l'art 03 – **E:** u. a. 99 Paris, Paris Photo; New York, Scalo; 01 Braga, Sequeira; 02 Kreuzlingen, Forum andere Musik; 03 Genf, attitudes – **G:** u. a. 00 Basel, Stampa; London, Rocket Gall.; Zürich, Kunsthaus; 01 Zürich, Migros Mus.; New York, Scalo – ***Lit:*** BLSK 98 – (Red.)

Müller, Markus, Objektkünstler (* Teufen/Appenzell 70) – **VG:** Basel, Krupp – **S:** 90 Schule f. Gest. St. Gallen (Vorkurs); 91 ebda (FarbeFormRaum); 92–95 Schule f. Gest. Basel (Bildhauerei) – **P:** u. a. Kiefer-Hablitzel-Stip. 95, 97; Basler Künstlerstip. 95, 98; Büropr. Maurus Gmür Zürich 95, 98, 00; Manor-Kunstpr. Basel 02 – **Ö:** Basel, Stephanuskirche (Neugest.) – **E:** u. a. 98 Zürich, Passage; 02 Basel, Mus. f.

Gegenwartskunst – **G:** u. a. 93–00 Basel, KH; 97 St. Gallen, KH; 98 Zürich, Kleines Helmhaus; 00 Teufen, Zeughaus; 01 Riehen, Kunstraum; 03 Basel, Krupp – (Red.)

Müller, Nicola, Malerin, Fotografin; Charlottenburger Str. 142, D-13086 Berlin, Tel. u. Fax (0 30) 9 24 67 24, *nicola.mueller@gmx.de*, *http://iwa-galerie.de/kuenstler/Mueller/NicolaMueller.php* (* Wismar 3. 1. 63) – **VG:** Berlin, MAE Gal. Eikmeier; Greifswald, Greifengalerie – **S:** 82–86 HS f. Kunst u. Design Burg Giebichenstein Halle/Saale; FS f. Werbung u. Gest. Berlin – **P:** Stip. Ld Brandenburg 92; Arb.stip. Kult.senat Berlin 95; Stift. Kunstfonds – Arb.- u. Projektstip. 97 – **Ve:** VG Bild-Kunst 91 – **KGr:** LABOR 19 (seit 95) – **G/T:** Fotogr., Malerei, Zchng/Graph. – **W:** überw. in Privatbes., Ld Berlin, Ld Brandenburg, versch. Mus. – **M:** Berlin, Kult.amt Pankow; Berlin, Kult.senat; Davos, Slg Kistler – **Ö:** Berlin, Friedhofspark Pappelallee (Wasserstein); ebda, Knaackstr. 88 (2 Skulpt.) – **E:** 90, 04 (Kat.) Berlin, Gal. am Prater; 92, 94 Berlin, Gal. am Weißen See; 93 Berlin, Kunsthaus Tacheles; 94 Greifswald, Greifengalerie; 95, 01 Berlin, Gal. Labor 19 (Kat.); 96 Berlin, Gal. im Scheunenviertel (Kat.); 97 Frankfurt/Oder, Gal. B d. Frankfurter KV; 98 Berlin, Maaß; 99 Katzow, Skulpt.park; 00 Berlin, Parkhaus; Wismar, Gal. Hinter d. RH; 02 Berlin, Ingeborg-Drewitz-Bibl. (Kat.); 03, 05 Berlin, MAE Gal. Eikmeier; 04 Templin, Foyer-Gal.; 05 Wismar, Gal. im Baumhaus – **G:** zahlr., zuletzt u. a. 03 Berlin, Gal. Labor 19: Die Symmetrie d. Geschlechter; 03, 04 Berlin, MAE Gal. Eikmeier; 05 Berlin, Stift. Starke: Das Portr. – **V:** L. Trolle (Texte): suit nuit, Mappenwerk (m. 8 Rad.) 93 – ***Lit:*** u. a. Jean Pierrad: La peinture occidentale, In: Le Point v. 20.8.90; Elfi Kreis: Zimt zum Klimt, In: Tagesspiegel v. 7.9.95; Domenico Riccardi: N.M., Kat. (Olevano Romano) 95; Stefan Raum: Fliegende Steine, die nie im Gesicht landen, In: Tagesspiegel v. 16.4.96; B. Schreiber: Organoid in d. Gal. W. Maaß, In: Berliner Ztg v. 12.4.98; J. Rennert: Zur Ausst. 'Die Macht d. Intimität' 99; A visual harvest way up your street. The comte, Bienn. Dak art, Dakar/Senegal 00; Neue Arb. v. N.M., In: Ostseeztg v. 20.6.00; Götz J. Pfeiffer: Gewinn auch ohne Lottoschein, In: Tagesspiegel v. 5.12.01; Gunnar Decker: Abstand zum Zaun, In: Das Mag., 4/02 – ***LitR:*** E. Zahn: Künstlerportr., Dokf. 95

Müller, Renate s. Zürner, Renate

Müller, Renate, Freischaff. Bildende Künstlerin u. Innenarchitektin; c/o ATELIER HÜTTEN, Hütten 66, D-20355 Hamburg, Tel. (0 40) 3 19 43 25, Fax 3 19 43 11, *atelier.huetten@gmx.net*, *www.atelier-huetten.de*. c/o NF-Atelier, Beim Siel 29, D-25927 Neukirchen, Tel. u. Fax (0 46 64) 98 31 00 (* Stettin/Pomm. 28. 8. 39) – **VG:** Hamburg, ATELIER HÜTTEN (eigene Vertretung) – **S:** 62–65 HBK Hamburg (Innenarchitektur, freies Zeichnen b. Prof. Th. Garve, Freie Malerei b. Prof. H. Thiemann, Kunstgesch. b. Dr. Stelzer); 65–66 Akad. f. Angew. Kunst Wien – **Ve:** BBK 78 – **KGr:** HAW Dt.-dänische Künstlergr. (seit 93) – **KGe:** ATELIER HÜTTEN: R.M., Barbara Frahm, Christel Schultz (seit 70) – **G/T:** Zchng; Malerei (Aqu., Acryl, Gouache); Graph. (Rad., Farbrad.); Objekte; Install.; Fotogr.; Portr.; Lsch.; Fragment; Pilgerstaub-Ensembles (Objektkunst); Kosmos – **W:** überw. in privaten Slgn im In- u. Ausland – **Ö:** Hamburg, DRK-Station Allermöhe; Hamburg, Mus. f. Kunst u. Gewerbe: seit 76 Einrichtung div. Ausst.bereiche: Antike, Ostasien, 'Tutanchamun', Slg Reemtsma, Slg Blohm, Slg Hoffmeister, Etruskischer Goldschmuck, 06: Neueröffnung d. Porzellan-Fayence-Abt. – **G:** seit 74 zahlr. Gruppenausst. (48), Atelierausst. (28), u. a. 79 Lübeck, Overbeck-Ges.: Intern. Moderne Grafik IX; 83 Hamburg, BP-Clubheim: Vorstellungs-Ausst.; 84 Bonn, Ldesvertretung Hamburg; 86 Heidelberg, 5. Bienn. d. Europ. Grafik; 87 Madrid, Gal. Prinz: Grafik-Ausst. Alemania; 91 Ilmenau, Alte Försterei; 94 Lübeck, Künstlerzentrum; 95–06 6 Doppelkirchen-Ausst. im Grenzland Dtld/Dänemark: 95 'Ostern', 98 'Pfingsten', 00 'Hiob' 02 'Schöpfung', 04 'Gloria Dei', 06 'Paradies'; 06 Logumkloster/DK, Holmenmus. – **V:** Selbstbildnisse 99 (künstler. Gest. d. 5. Ilmenauer Kinderbuches 'Wirklichkeit u. Traum', m. Originalrad.); Kopfzeit, Rad./Mappe, m. Barbara Frahm u. Christel Schultz 98/99 (beide gedruckt auf d. HÜTTENPRESSE) – **R:** Interview z. Ausst. 'Schattenzeit' in d. Gal. Altholzkrug, Flensburg, RSH 92 – ***Lit:*** Künstler in Hamburg, Lex. 82; Wulf Schadendorf (Red.): Atelier Hütten. Barbara Frahm, R.M., Christel Schultz – Aquarelle, Punktarbeiten, Zeichn., Farbrad., 1. Werkkat. 83; 5. Bienn. d. Europ. Grafik, Kat. 86; Ulrike Wolff-Thomsen: Lex. Schleswig-Holstein. Künstlerinnen 94; M. Presley: 20 Jahre ATELIER HÜTTEN, in: Kultur, Stadtmag. Hamburg 94; Kunst u. Kirche im Dialog, Kat. (Beiträge z. HAW-Kirchenausst. 'Hiob') 00; Kat. z. HAW-Kirchenausst. 'Schöpfung' 02

Müller, Rolf Felix, Prof., Graph.-Designer; Oststr. 8, D-07548 Gera (* Lobenstein/Thür. 22. 7. 32) – **S:** 48–50 Lith.lehre in d. Druckerei Günther, Gera (Chromolith.); 52–57 HGB Leipzig (Fachkl. Buchgest. b. Prof. Egon Pruggmayer, Dipl. m. Ausz.) – **L:** 85 HGB Leipzig (Leiter d. Fachkl. f. Ill., Plakat u. Buchgest.); 87 ebda (Doz. u. stellvertretender FB-leiter); 93–97 ebda (Prof.) – **P:** Kunstpr. d. Stadt Gera 59; Kunstpr. d. Rates d. Bez. Gera, II. Stufe 64; Exlibris-Wettb. d. Kult.bundes d. DDR (1. Pr.) 66; Kunstpr. d. Rates d. Bez. Gera, I. Stufe 70; Kunstpr. d. DDR 73; Verdinstmed. d. DDR 79; Nat.pr. 87; Verdienstkr. d. Verdienstordens d. BRD 03; – sowie zahlr. Ausz. u. lobende Anerkennungen im Wettb. 'Die besten Plakate d. Jahres' u. 'Schönste Bücher d. Jahres' seit 66 – **Ve:** VBK Dtld 57–69; VBK DDR 69–90 – **G/T:** Ill., Plakat, Marke, Buchgest., Cartoon – **W:** u. a. Gest. v. Werbemitteln f. d. Bühnen d. Stadt Gera – **M:** Berlin, DHM; Berlin, Kunstbibliothek (Plakatslg); Berlin, Plakatarch. d. VGC; Brno, Moravská gal.; Cottbus, Brandenburgische KS; Essen, Dt. Plakat Mus.; Gera, KS; Gera, MAK; Greiz, Bücher- u. Kpst.-Slg; Hannover, Wilhelm-Busch-Mus.; Lahti, KM u. Poster Mus.; Listovel, Städt. Slg; Mons, Plakatslg d. Trienn.; München, Neue Slg – Staatl. MAK; Toyama, MMA (Plakatslg); Warschau, Muz. Plakatu w Wilanowie – **E:** u. a. 64 Berlin, Haus d. Lehrers; 72 Rudolstadt, Thür. LM Heidecksburg; 76, 81 Bad Köstritz, Gucke; 79 Warschau, Kult. u. Informationszentrum d. DDR; 80 Budapest, Kult. u. Informationszentrum d. DDR; 82 Gera, Haus d. Kult.; 84 Gera, Klubhaus d. Betriebes Union; Rostow am Don, Theater; 85 Lobenstein, Kult.bundgal.; 86 Zeulenroda, Steger; Schwarza, Kult.haus d. Chemiearb.; 88 Burgk, Schloßmus.; 89 Berlin, Natubs; 93 Gera, Gal. Na Sowas; 02 Gera, MAK – **G:** zahlr. Ausst.bet. seit 56, u. a. 91 Berlin, Die 100 besten Plakate d. Jahres; 91, 94 Toyama, Intern. Poster-Trienn.; 92 Brno, Bienn. d. Gebrauchsgraph.; Colorado, Intern. Poster Exhib.; 94 Essen, Dt. Plakat Mus. – ***Lit:*** zahlr. Publ., zuletzt: R. F. M. u. Hans-Peter Jakobson: Plakat, Grafik, Illustration. felix fecit, Kat. 02 – (Red.)

Müller, Rosel (geb. Rosel Weiß), Erzieherin; Am Kunkelberg 4b, D-16837 Dorf Zechlin, Tel. (03 39 23) 7 08 33, Fax 7 08 33, *atelier-am-braminsee@gmx.de*, *www.atelier-braminsee.de* (* Berlin 24. 9. 47) – **S:** 83–88 Malschule B. Steuernthal Berlin – **L:** 99–00 Ev.

Gymnasium Neuruppin (Kunstunterr.); seit 04 AGUS FS f. Erzieherinnen Neuruppin (Kunstunterr.) – **G/T:** Lsch., Stilleben; Collagen, Mischtechniken, Aqu., Pastellkreide, Öl – **K:** Wochenendseminare; meditatives Malen; Sommerkurse; Malkurse – **W:** überw. in Privatbes. – **G:** 06 Neuruppin, Pfarrkirche: Ruppiner Kunstmesse – **V:** Broschüren: Gelbe Blumen – Violette Schatten 01; Schmetterlingswiese 02; Sonne, Wind u. Regen 02; Reise durch d. Jahreszeiten 03

Müller, Stefan, Maler; *dirtydirtybum@gmx.de* (* Frankfurt am Main 71) – **VG:** Köln, Nagel – **S:** 96–01 Städelschule Frankfurt am Main (b. Prof. Thomas Bayrle) – **E:** u. a. 96 Frankfurt am Main, Phantombüro; 99 Hamburg, Adnex; 01 Berlin, Maschenmode; 02 Berlin, Nagel – **G:** u. a. 98 Frankfurt am Main, Portikus; 99 Frankfurt am Main, Phantombüro; 00 Berlin, Maschenmode; 01 Wien, Grüngasse; 02 Glasgow, Transmission Gall.; 03 Braunschweig, KV – (Red.)

Müller, Thomas Matthaeus, Buchgestalter u. Illustrator; c/o HS f. Kunst u. Design, Fachgeb. Kommunikationsdesign, Hermesstr. 5, D-06118 Halle/Saale (* Gera 26. 9. 66) – **S:** 87–95 HGB Leipzig (Meisterschüler); 91–92 Kantonale HS f. Gest. Luzern – **L:** HS f. Kunst u. Design Halle/Saale (LBeauftr. f. Kommunikationsdesign u. Ill.) – **P:** Pr. d. Wettb. 'Die 100 besten Plakate' 01 u. 02; Pr. 'Die schönsten Bücher 2003' d. Stift. Buchkunst (f. Armin Abmeier: Lebens-Mittel) 03; Bronzemed. im Wettb. 'Schönste Bücher aus aller Welt 2004' (f. Armin Abmeier: Lebens-Mittel) 04 – **G/T:** Plakat, Ill., Cartoon u. freie künstler. Graph. – **E:** / G: Ausst. u. Ausst.bet. u. a. in Mexiko-Stadt, Moskau, New York, Paris, Tokio, Venedig u. Warschau – **V:** zahlr. Buchill., u. a. f. Andreas Reimann: Tatort Stadt 95; Axel hacke: Ich sag's euch jetzt zum letzten Mal! 00; Armin Abmeier u. R. Susanne Berner (Hrsg.): Lebens-Mittel. Was Kinder brauchen 03 – (Red.)

Müller, Ulf S., Freier Maler; c/o Atelierhaus Schierensee, Schulstr. 8, D-24241 Schierensee, Tel. (0 43 47) 91 76, Fax 71 02 99 (* Elbing 41) – **S:** 58–69 Kunstausb.; 70 freie Berufsarb. (FB: freie Malerei u. Zeichn.); künstler. Studienreisen ins Ausld – **Ve:** BBK Schlesw.-Holst.; VG Bild-Kunst – **G/T:** Malerei, Zeichn. (div. Techniken, Öl, Harz-Öl, Aqu., Tempera, Mischtechnik); Medienbegleitete öff. Projekte m. berufstätigen Künstlern; volkspädagogische Tätigkeiten; mehrjährige Leitung eines Künstlerverb.; Beratung in bild. Kunst (Malerei) – **K:** Malerei im Atelierhaus Schierensee b. Kiel – **W:** überw. in Privatbes. – **M:** Kiel, Slgn d. Stadt – **E:** zahlr. Ausst. u. a. in Kiel, Aachen u. Finnld – **G:** zahlr. Ausst.bet. u. a. in SH, im Rheinld u. in Finnld – **V:** Die echte Tempera und wie man sie zubereitet, Broschüre 86, 88

Müller, Victorine, Installations- u. Performancekünstlerin; Neugasse 93/23, CH-8005 Zürich (* Grenchen 31. 1. 61) – **S:** 92–93 Schule f. Gest. Bern; 93–97 F + F Schule f. Kunst u. Mediendesign Zürich – **P:** Werkbeitr. d. Kantons u. d. Stadt Zürich 97; Istituto Svizzero di Roma (Atelieraufenthalt) 98, 99; Eidgenöss. Pr. f. Freie Kunst 00; Kunststip. d. Stadt Zürich 00; Pr. d. Regiobank Solothurn 00; DG Bank Kunststip. 01; Atelier 'Stift. die Höge' Bremen 01; Anerkennungspr. d. Kt.s Solothurn 05 – **Ve:** Visarte – **G/T:** Performance u. Install. (Schwerpunkt: Inszenierung d. Körpers u. dessen Energiezustände); Aktionskunst; Bau/Umweltgest.; Foto, Film u. Video – **M:** Grenchen, Kunsthaus – **E:** u. a. 98 Bern, Kabinett; 04 Zürich, Mus. Bellerive; Berlin, Mönch (Kat.) – PERFORMANCE, zuletzt u. a.: 97 Zürich, Helmhaus (m. Ben Patterson); Stuttgart, Schloß Solitude; 98 Zürich, Kunsthaus; Zürich, Shedhalle; Baden, StG; Thun, KM; Warth, KM d. Kt. Thurgau; 99 Basel, KM; Berlin, Schloß Wiepersdorf; Bern, KH; New York, Location One; Wien, Austrotel Contemp. Art Fair; Bern, KM; 00 Grenchen, Kunsthaus (Kat.); 03 Biel, Kunsthaus Centre PasquArt; Basel, Art Basel; Lausanne, Gal. d'Art Contemp.; Paris, Centre Cult. Suisse; Genf, Mus. d'Hist. des Sciences; 04 Bern, Kunstkeller (m. Jürg Hugentobler); Solothurn, KM – **G:** zuletzt u. a. 99 Rom, Istituto Svizzero: Transfer – ***Lit:*** Petra Zudrell: Der abgerissene Dialog 99 – (Red.)

Müller, Wolfgang (Ps.: Die Tödliche Doris, Úlfur Hródólfsson), Künstler, Autor, Musiker; c/o Martin Schmitz Verlag, Lützowstr. 23, D-10785 Berlin, Tel. (0 30) 2 62 00 73 (* Wolfsburg 24. 10. 57) – **VG:** Berlin, Schmitz; Hamburg, Dörrie & Priess; Berlin, Dörrie & Priess – **S:** 80–85 HBK Berlin (Graph. u. visuelle Kommunikation, Meisterschüler Prof. W. Ramsbott) – **L:** 01–02 HBK Hamburg (Gastprof. f. Exper. Plast.); KHS Saarbrücken, Graz, Bern u. Kassel (LAuftr.) – **P:** Arb.-stip. d. Berliner Senats 93; Arb.stip. Stiftung Kult.fonds (f. Lit.) 96; Kat.förd. d. Kunstfonds 96; Stip. d. Berliner Hörspielautoren-Wkst. 98; Ausst.förd. f. Die Tödliche Doris 99; Projektförd. Dezentrale Kult.arb. 01; Stip. d. Hauptstadt Kult.fonds (Digitalisierung v. Film) 02 – **Ve:** Walther v. Goethe Found. (Präs.) 01; GEMA; VG Wort; VG Bild-Kunst; Neue Ges. f. bild. Kunst – **KGr:** Die Tödliche Doris (80–87) – **G/T:** interdisziplinäre, konzeptionelle Kunst; Material: Island (seit 90) – **W:** zahlr. Performances, Filmvorführungen, Videos, Hörspiele u. Super-8-Filme; zahlr. Werke in Privatbes. – **M:** Berlin, Hamburger Bahnhof; Frankfurt am Main, Dt. Bank KS; Halle/Saale, Staatl. Gal. Moritzburg; Hamburg, KH; Kobe, Design Univ.; Leipzig, Dt. Buch- u. Schrift-Mus. d. Dt. Nat.bibl.; Reykjavík, Nýlistasafnið – Living AM; Wolfsburg, StG – **E:** u. a. Berlin, Schwules Mus.; Berlin, Zwinger Gal.; 96 Hamburg, Westwerk; 96, 97 Kassel, Schmitz; 97 Molde/Norwegen, Møre og Romsdal Kunstnersenter; 97, 99 Hamburg, Schlüter; 99 Berlin, Kunstamt Kreuzberg; 00 Reykjavík, Gulahusid; Berlin, Gal. Katze 5; Hamburg, Video Gal. 88; Frankfurt am Main, MMK; 02 Reykjavík, Nýlistasafnið – Living AM – **G:** u. a. 00 Lomé/Togo, Goethe-Inst.; Berlin, Kunsthof; Braunschweig, Gal. auf Zeit; 01 Berlin, Gal. im Prater; Berlin, Gal. Weisser Elefant; Dresden, Dt. Hygiene-Mus.; 02 Berlin, Martin-Gropius-Bau; Leipzig, MBK – **V:** u. a. Geniale Dilletanten 82; Die Gesamtheit allen Lebens u. alles darüber Hinausgehende (Die Tödlichе Doris) 87; Die allerallerschönsten Interviews 88; Die Tödliche Doris, Bd 1 91; Weißer Burgunder aus Schweigen 94; Die Hormone d. Mannes 95; m. Ogar Grafe: Die Schöneberger Elfenkarte 96; BLUE TIT – das deutsch-isländische Blaumeisenbuch 97; Die Tödliche Doris – Kunst 99; Huliðhjálmsteinn 00; Hausmusik – Stare v. Hjertoya singen Kurt Schwitters 00; Die Nixen von Minsk 01; Die Elfe im Schlafsack 01; Johann Wolfgang von Goethes 'Der Versuch d. Metamorphose d. Pflanzen zu erklären' v. 1790 in isländ. Erstübersetzung 02; Die Tödliche Doris – Kino 99; 10 Versuche, Islands kitschigste Landschaften realist. wiederzugeben 04; Wollita – Vom Wollknäuel z. Superstar 05; Neue Nordwelt v. 1613 05 – **R:** u. a. Documenta 1–9, CD-Rom 97 – SUPER-8: Material für die Nachkriegszeit 79–80/81; Sabine – aus meinem Tagebuch 80; Das Leben des Sid Vicious 81; Energiebeutel u. Zeitblase 81; Das Graupelbeerhuhn 81–82; Berliner Küchenmusik 82; Textfilm 83; Die Tödliche Doris live auf Helgoland 83; Blumen am Grab d. Vaters 83; Der Fotomatonreparateur 83; Wasserballett 84; Mädchenherzen 84; Tanz 2 84; Die Tödliche Doris 84; Zoom 85; Die unsichtbare 5. LP materialisiert als Super-8-Film 85;

Städte 87; Die Gesamtheit allen Lebens u. alles Darüberhinausgehende 87; Eine Frau zur selben Zeit an einem anderen Ort 87 – HSP. (Autor, Regisseur): unerhört (Bay. RF) 94; Thrymlied – Islandnoten v. U.H. (Bay. RF) 96; Das Echo ist der Zwerge Sprache (4teilig, Bay. RF) 99/00; m. Barbara Schäfer: Das Dieter Roth Orchester spielt kleine Wolken, typ. Scheiße u. nie gehörte Musik (Bay. RF) 06 – weitere: Die Tödliche Doris in gebärdensprachl. Gest., DVD-Ed. 06 – ***Lit:*** u. a. Úlfur Hródólfsson: blue tit, in: Ostsee-Bienn. 1996, Kat. 96; Hans-Christian Dany, Bettina Sefkow u. Ulrich Dörrie (Hrsg.): Teufelsaustreibung im Kohlenkeller. W.M. üb. d. Projekt Galerie Eisenbahnstraße, in: dagegen – dabei 98 – ***LitR:*** u. a. Naturkatastrophenballett u. Naturkatastrophenkonzert, WDR 83; Zwei Herzen, Videobeitr. f. TUBE, Channel 4 84; Debut in Helgoland, NDR 85; Maria/Ungerechtigkeit II, SFB 85

Müller-Blecher, Martina s. MMB

Müller-Fabian, Uwe; Am Anger 44, D-16727 Vehlefanz, Tel. (0 33 04) 3 22 32, Fax 20 49 34, *uwe@mueller-fabian.de*, *www.mueller-fabian.de* – **G/T:** Malerei – (Red.)

Müller-Jontschewa, Alexandra (geb. Alexandra Jontschewa, verh. Alexandra Müller), Dr. h. c.; Dorfstr. 1, D-07570 Hohenölsen, Tel. u. Fax (03 66 03) 4 39 41 (* Sofia 7. 6. 48) – **S:** 62–67 Kunstoberschule Sofia; 67–72 HGB Leipzig – **L:** 95 Acad. intern. des Arts Contemporains Soignies/Belgien (Dr. h.c.) – **Ve:** VBK Thür.; Salon d'Automne Paris seit 93 – **KGr:** Contemporain (Paris, seit 01); S.A.F.I.R. (Paris, seit 04) – **G/T:** Malerei u. Handzeichnungen zu Mythen u. Fantastik – **W:** Werke in Privatslgn in Dtld u. Frkr. sowie in Mus. in Berlin, Gotha, Halle u. Jena – **M:** Leipzig, MBK – **Ö:** Jena, Fa. Carl Zeiss; Leipzig, Löwenapotheke – **E:** Ausst. in Aue, Bamberg, Berlin, Brüssel, Cottbus, Dresden, Erfurt, Frankfurt, Gera, Kronach, Leipzig, Les Isanbrés, Lyon, Naumburg, Neu-Isenburg, Nürnberg, Potsdam, Rotenburg/Neckar, Prag, Tübingen, Weida u. Wien – **G:** 72–90 alle Kunst- u. Bez.ausst.; seit 93 Paris, Pariser Salon; 01, 04 Paris, Salon Comparaison – ***Lit:*** zahlr. Beitr. im Sä. Tageblatt, versch. Thür. Landesztgn, allen Tagesztgn in Ost-Thür. u. in Bildende Kunst – ***LitR:*** Wandbild von Jena, RTL 90; Kunst und Kommerz, MDR 91; Biographien, RTL 93 – (Red.)

Müller-Kronpaß, Gisela, Akad. Malerin u. Kunstpädagogin, Studienrätin f. Kunsterziehung a. D., Leiterin d. Kunsthofschule; St. Wolfgang 9, D-94086 Griesbach, Tel. u. Fax (0 85 32) 22 77, *Kronpaß@VR-web.de*, *www.ateliers-in-niederbayern.de* (* München 20. 9. 52) – **VG:** St. Wolfgang, Kunsthofschul-Gal. – **S:** 73–78 ABK München (b. Prof. Sauerbruch, 78 künstler. Staatsexamen) – **L:** Studienrätin f. Kunst: 81–82 Gymnasium Mallersdorf Pfaffenberg, 89–91 Gymnasium Fürstenzell; seit 96 Kunsthofschule – **Ve:** Kunstkr. Landshut 81–82; Kunstkr. Griesenbach 85–93; KV Passau seit 95; BBK Ndb. seit 01 – **G/T:** Malerei (Acryl, Aqu., Öl, Pastell); Graph.; Fotogr.; Lsch. – **K:** Malevents f. Firmenmitarbeiter; Malerei, Malen im Freien, Graph., Druckgraph.,; Farbenherstellung (f. Kinder u. Erwachsene) – **W:** Renovierung eines 225 J. alten denkmalgeschützten Holzbauernhofes (jetzt Kunsthofschule); Diavorträge zur Deutung v. Kinderzchngn – **Ö:** Rotthalmünster, Krankenhaus; St. Wolfgang, Kunsthofschule m. Kunstcafé – **E:** /G: 92 Lesbos, Kloster Eftalou; 99 Bad Griesbach, Emauskirche; 00 Malching, Stolz; Rotthalmünster, Rotthalle; 01 Rotthalmünster, Kr.krankenhaus; 05 Bad Birnbach, Artrium; 06 Rotthalmünster, Grundschule – sowie ständige Ausst. i. d. Gal.-räumen d. Kunsthofschule – **V:** Kataloge d. Kunstausst. d. Kunstkr. Landshut 83–85; Brigitte Zankl in: Passauer Profile, Bd II 01; H. Klein in: Bad Griesbachs Kurmag. Sep. 01 u. Mai 05

Müller-Matthies, Inge (geb. Inge Matthies), Malerin, Zeichnerin; Walkemühlenweg 5, D-37083 Göttingen, Tel. (05 51) 7 14 64, *www.ingemuellermatthies.de* (* Hamburg 28. 4. 36) – **S:** 55 Private Malschule Charlotte Voss Hamburg; 55–60 HBK Hamburg (Grundkl. b. Prof. Kurt Kranz, Freie Malerei b. Prof. Willem Grimm) – **L:** 87–91 VHS Göttingen (Zeichengrundlagen- u. Aktzeichenkurse) – **Ve:** BBK NWdtld 78; VG Bild-Kunst 85 – **G/T:** Zchng (gegenständl.); Malerei (Aqu., Eitempera u. Öl); Hschn.; Stilleben; Lsch.; Tiere u. Menschen (figürl.); auch Portr. – **W:** überw. in Privatbes. (ca. 300 Aqu. u. Mischtechniken, 30 Zchngn sowie 45 Eitempera u. Ölbilder); Ankäufe durch das Ld Nds. – **E:** u. a. 73 Nienburg/Weser, Mus.; 82 Hamburg, Haus d. offenen Tür (m. Heinz Müller-Jung); 93, 97 Göttingen, Eine Stadt als Ausst.raum (in 27 bzw. 35 Geschäften in d. Innenstadt); 94 Hannover-Münden, RH; 02 Reinbek, RH; Wedel/Holstein, Kursana Residenz; 03 Boffzen, Glasmus.; Bad Heiligenstadt, Mus. (auch m. Bildern v. Heinz Müller-Jung); 04 Hofgeismar, SM; Stade, RH; 05 Göttingen, Künstlerhaus mit Gal. – **G:** u. a. 75 München, Große Kunstausst.: Büchsenleben; 77 Hannover, Ldtagsgebäude: Bilder

Müller-Meyer, Bruno, Maler; Bundesplatz 10, CH-6003 Luzern (* Ruswil/Luzern 19. 9. 52) – **VG:** München, Baumgartl – **S:** 76 Éc. des Beaux Arts Genf; 77–82 Univ. Zürich (Phil., Germanistik u. Kunstgesch.) – **L:** 95–99 HS f. Gest. u. Kunst Luzern (Doz. f. Phil. u. Kunsttheorie) – **E:** u. a. 00, 02 Luzern, Meile; 01 Braga, Dos Coimbras; München, Baumgartl; 02 San Francisco, Linc Real Art – **G:** u. a. 96 Luzern, Meile; 97 Luzern, Szene; 98 London, Milch-Gall.; 99 Zürich, Weiss; 00 Kornwestheim, KH – ***Lit:*** BLSK 98 – (Red.)

Müller-Nisi, Anneliese (Anneliese Müller, geb. Anneliese Nisi, Monogramm: A. M. N.), Malerin u. Bildhauerin; Von Nov.-März: Hartweg 29, D-71334 Waiblingen, Tel. (0 71 51) 5 22 21, *amnarte@aol.com*, *www.amn-arte.com*. Von April-Okt.: Podere Pratolungo, I-58050 Poveraia/Scansano, Tel. u. Fax (05 64) 58 02 37 (* Waiblingen 28. 4. 28) – **S:** Freie KSch Stuttgart (7 Semester, Malerei, Meisterschülerin b. H. Kübler, Privatschülerin b. Prof. Lehmann); 56–59 Akad. Salzburg (Malerei b. Oskar Kokoschka, Bildhauerei b. Giacomo Monzu, Marmorstud. b. Prof. Carlo Nicoli Carrara) – **P:** Kunstpr. d. Jgd. Baden-Baden 58 – **Ve:** VBKW 62; Inter Art Stuttgart 68 – **KGr:** Künstlergr. Waiblingen (seit 65) – **G/T:** Malerei (Portr., Landschaft, heute vorw. großformatiges abstr. Tafelbild); Plast. u. Relief (Bronze, Aluminium u. Marmor); derzeit vorw. Objektart – **W:** zahlr. Arb. in Privatbes. u. Slgn, u. a. Slg Prinz Carl Herzog v. Württemberg u. Slg d. LBS Bauspk. Württemberg; Ankäufe durch öff. Institutionen u. Industr. – **M:** Sindelfingen, StG (Slg Reinheimer); Stuttgart, Reg.präsidium; Stuttgart, Slg d. Ldesentwicklungsges. Württemberg – **Ö:** Affalterbach, Auto-Motorenentwicklungsges. AMG – Mercedes Benz; Düsseldorf, Messecenter; Frankfurt am Main, Dresdner Bank; Maranello, Ferrari; Schwäbisch Hall, Schulzentrum Schenkensee; Singen, Maggi-Tunnel am Bahnhof; Stuttgart, Ldeszentralbank; ebda, Haus d. Abgeordneten, Ing.büros f. Bauwesen IFB Planungsgr. Prof. Dr. Braschel; Waiblingen, Hallenschwimmbad; ebda, Bürgerzentrum; Weinstadt-Beutelsbach, Bürgerzentrum; Zürich, Alu-Suisse – **E:** zahlr. Einzelausst., u. a. Atlanta, Dt. Generalkonsulat; Baden-Baden, SKH; Brüssel, Centre Culturel et Artistique; Düsseldorf, Messezentrum; München, Gal. in d. Theatinerstr.; New York, Art Gall. 54; Paris, Gal. Mouffe; Salzburg, Schloß; Stuttgart, Kunstgebäude – **G:** zahlr. Gr.ausst., z.B. 28 mal m. d. Waiblinger Künstlergr.; – weitere u. a.: 75–78 jl. Hilzingen, Kunstausst.; – sowie Rom, Nuoro d'Arte; Stuttgart, Landespavillon BW – **V:** Helge Bathelt: Wiederbelebung des Erkennens, Essay 98 – ***Lit:*** Aluminiumzentrale (Hrsg.): Aluchromie, Kat. 78; Min. f. Wiss. u. Kunst BW (Hrsg.): A. M.-N. Bilder-Zeichnungen 1985–1988, Werkverz.; A. M.-N. Bilder – Objekte 1992–1994, Kat. z. Ausst. in d. Gal. Geiger-Müller Stuttgart – ***LitR:*** Helge Bathelt: Strukturen A. M.-N., Video-Kassette 84; Strukturen A. M.-N., Dokf. Ital. Fs. Rai Uno 85 – (Red.)

Müller-Osten, Andrea (geb. Andrea Moering), Dipl. in Fine Art of the Univ. of London/Slade School, Assessorin f. d. Lehramt an Gymnasien (nicht ausgeübt), Malerin; Pestalozzistr. 25, D-34119 Kassel, Tel. (05 61) 77 52 34 (* Berlin 6. 10. 38) – **S:** 59–60 ABK Stuttgart (Prof. G. Gollwitzer, Grundlehre); 60–62 Städelschule Frankfurt am Main (Prof. Heinz Battke, Freie Graph.); 62–65 Slade School of Fine Arts London (Lehrer u. a. Harald Cohen) – **L:** regelm. vortragsgebundene Lehrtätigkeit (Malen, Zeichnen, Kunstgsch.) an: Univ. of London; Goldsmiths' College; Coventry College of Art; City of Canterbury College of Art (66–72) – **P:** DAAD Stip. London 62; Stip. d. British Council u. d. Slade School London 64 – **Ve:** BBK Hessen 03 – **G/T:** Malerei, Zchng, Collage; Akt, Portr., Stilleben, Lsch. (Öl, Eitempera) – **W:** in Privatbes. – **E:** 64, 94, 00 Wiesbaden, Atelier Christa Moering; 71 Frankfurt am Main, Lambrette; Dortmund, Gal. Ostentor; 05 Kassel, Gal. im Verwaltungsgerichtshof – **G:** 65 London (Young Contemporaries); 68 Coventry, Herbert Art Gall.; London, London Group; 70 Canterbury, Art Workshop; 71 London, Grabowski; 73 Kassel, KV; 94 Wiesbaden, Nassauischer KV; 96 Kronberg, Hellhof; 98 Kassel, Kult.haus Dock 4; 99, 06 Kassel, Kult.bahnhof; 01 Söhrewald, IKS; 03, 04 Kassel, BBK; 04, 05 Kassel, Kunsttempel – **V:** Studien und Skizzen 1997–2003 (Einf.: Andrea Krinninger) 03 – ***Lit:*** Kat. d. BBK Kassel 03, 04; Atelierrundgang (Kasseler Atelier u. Ausst.haus) 04; Für Yvonne, Kunsttempel Kassel 04

Müller-Pohle, Andreas, Künstler, Verleger; c/o Gal. Esther Woerdehoff, 36, rue Falguière, F-75015 Paris, Tel. (01) 43 21 44 83, *galerie@ewgalerie.com*, *www.ewgalerie.com* (* Braunschweig 19. 7. 51) – **VG:** Paris, Woerdehoff – **S:** 73–79 Univ. Hannover, Univ. Göttingen (Wirtschafts- u. Kommunikationswiss.) – **L:** 80–81 u. 86–87 Univ. Göttingen (LAuftr. Fototheorie); seit 97 Higher Inst. for Fine Arts Antwerpen (Gastprof. Kunst); zahlr. LAuftr. u. Workshops, u. a. Intern. Center of Photography New York; Univ. Federal de Minas Gerais Belo Horizonte/Brasilien; Seian Univ. of Art and Design Shiga/Jap. – **P:** Reind M. De Vries Europ. Photography Pr. 01 – **G/T:** Interfaces, Fotogr., Video, Computer, digitale Techniken – **M:** Cottbus, Brandenburgische KS; Hamburg, MKG; Houston/TX, Mus. of Fine Arts; Korsika, Fonds rég. d'art contemp.; Las Palmas, Centro Atlantico de Arte Mod.; Leiden, Prenten-Kab. d. Rijks-Univ.; Marseille, Mus. Cantini; Odense, Mus. for Fotokunst; Paris, Bibliothèque Nat.; Paris, Maison Europ. de la Photogr.; San Francisco, MMA; Thessaloniki, Macedonian MCA; Tucson/AZ, Center for Creative Photogr.; Valencia, Inst. Valenciano de Arte Mod.; Wien, Slg Fotografis Länderbank – **Ö:** Frankfurt am Main, DZ Bank Collection; Paris, Polaroid Collection – **E:** zahlr. Einzelausst. seit 78, u. a. 78 Weinheim, Krebaum; 79 Zürich, Work Gallery; 81 München, Renner; 82 Houston, Benteler Galleries; 83 Paris, Gal. Studio 666; 85 Stuttgart, Jutta Rößner; 86 São Paulo, Mus. da Imagem e do Som; 91 Cottbus, Brandenburgische KS; 92 Wien, Fotogal. Wien; 93 São Paulo, Gal. Documenta; 95 Brüssel, Espace Photographique Contretype; 97 Quebec, Vu – Centre de la Photographie; Philadelphia, The Print Centre; 98 Budapest, Műcsarnok; 98, 02 Kyoto, Gall. Ississ; 99 Göttingen, Altes RH; 00 Chicago, Mus. of Contemp. Photography; Groningen, Tschumipavillon; 00, 02 Paris, Woerdehoff; 02 Kyoto, Gall. Prinz; Houston, Topek Building, FotoFest; 03 Braunschweig, Mus. f. Photogr.; 04 Bukarest, Romanian Literature Mus. – **G:** zahlr. Bet., zuletzt u. a. 00 Oldenburg, LM; Thessaloniki, Photosynkyria; 01 Köln, Schüppenhauer; 02 Baltimore, Maryland Inst. d. College of Art; Pasadena, AC College of Design; Minneapolis, Minneapolis College of Art and Design; 03 Prag, Gal. Karolinum & Old Town Square; Hiroshima, The Former Bank of Jap.; 04 Berlin, Kult.-forum Potsdamer Pl. – **V:** zahlr. Veröff., u. a.: Aus dem Zyklus 'Konstellationen' 78; Fotografie in Europa heute (Dumont Foto 4) 82; Transformance 83; Was ich nicht sehe, fotografiere ich. Was ich nicht fotografiere, sehe ich. Arbeiten 1976–1991 91; European Photography Award 91, 92, 93; Signa 92; Perlasca Pictures 95; Partitions digitales I (d'après Niépce) 97; Synopsis 97; Digitális Partitúrák III 98; Interfaces. Foto+Video 1977–1999 99; Yumiko 03; – HRSG.: European Photography, intern. Kunstzs (seit 80); Edition Flusser (gegr. 96) – **R:** m. Anja Theismann u. Klaus Sander: Entropia, Video 96 – ***Lit:*** zahlr. Veröff., u. a.: Vilém Flusser: Una filosofía de la fotografía 01; FotoFest 2002. The Classical Eye & Beyond: New Technology, Mixed Media, Classical Photography 02; Gottfried Jäger (Hrsg.): Die Kunst der Abstrakten Fotografie/The Art of Abstract Photography 02; Reinhold Mißelbeck (Hrsg.): Prestel-Lexikon der Fotografen. Von den Anfängen 1839 bis zur Gegenwart 02; Hans-Michael Koetzle: Das Lexikon der Fotografen. 1900 bis heute 02; Christiane Paul: Digital Art 03 – (Red.)

Müller-Reinhart, Martin; 41 Rue Buffon, F-75005 Paris, Tel. (01) 43 31 79 56, Fax 45 65 15 18 (* Solothurn 15. 11. 54) – **VG:** Montreal, Devlin; Biel, Quellgasse – **S:** Autodidakt – **P:** Pr. du Club de mécénat suisse en France 97; Werkjahrpr. d. Kt. Solothurn f. graph. Schaffen 98 – **Ve:** Visarte; Maison des Artistes Paris – **G/T:** Graph.; Skulpt.; Malerei; Install. – **W:** überw. in Privatbes. in d. Schweiz, Frkr., Dtld, Belgien, Kanada, USA, GB – **M:** Berlin, Kpst.-Kab.; Bern, Schweiz. Ldesbibliothek; Düren, Leopold-Hoesch-Mus.; Frankfurt am Main, Dt. Nat.Bibl.; Grenchen, Kunsthaus; Karlsruhe, SKH Kpst.-Kab.; Montreal, Bibliothèque Nat. du Québec; Paris, Bibliothèque Nat.; Vevey, Mus. Jenisch; Washington/DC, NG of Art; Zürich, GrS d. ETH – **Ö:** Biberist, Raiffeisenbank; Olten, Personalrestaurant Swisscom; Solothurn, Kantonale psychiatr. Klinik; ebda, Baloise Bank SoBa – **E:** 00 Lüttich, Cab. des Estampes et des Dessins; Brüssel, Vanzenberg; 01 Brest, Centre d'Art Passerelle; 02, 05 Brüssel, Gal. Synthese; 03 Montreal, Devlin; 04 Cergy-Pontoise, Hôtel d'Agglomération; Biel, Quellgasse; 06 London, Willer; 07 Balsthal, Rössli – **G:** u. a. 99 Versailles, Bienn. intern. La Gravure; 01 Solothurn, KM; 02 Pontivy, L'art dans les chapelles (Kat.); 03 Frankfurt am Main, Art Frankfurt; 03, 04 Paris, Art Paris; 04 Grenchen, Kunsthaus – **V:** Insaisissable Espace (Rad.) 94; A la Croisée des Chemins 00; Le temps residé 04 – ***Lit:*** Eric Devlin u. Michaël La Chance, Ausst.kat. 00; Köbi Gantenbein: Le Miroir noir, Ausst.kat. 02; Reinhold Hohl u. Olivier Delavallade: Wegstrecke 04

Müller-Simon, Gerald, Maler, Graphiker, Keramiker; Roßlauer Str. 8, D-04157 Leipzig, Tel. (03 41) 9 11 69 22. Atelier: Breitenfelder Str. 95, D-04157 Leipzig (* Leipzig 22. 8. 31) – **S:** 47–50 Ausb. z. Keramik-Lithographen; 50–55 HGB Leipzig (b. H. Wagner) – **P:**

Graph.-Pr. Fest junger Künstler Magdeburg 55; Graph.-Pr. d. Weltfestspiele Wien 59 – **Ve:** VBK DDR 55–90; BBKL 91 – **G/T:** Malerei, Graph. (Lith., Hschn., Linolschnitt, Rad.), Zeichn., Keramik – **W:** zahlr. Arb. in Privatbes. – **M:** Frankfurt/Oder, Mus. Junge Kunst; Görlitz, StSGGK; Halle/Saale, Staatl. Gal. Moritzburg; Leipzig, KH Spk.; Leipzig, MBK; Magdeburg, Kulturhist. Mus.; Weimar, Klassik Stift. – **E:** u. a. 61, 63, 76, 91 Leipzig, Gal. Kunst der Zeit; 63 Leipzig, MBK; 87 Leipzig, Gal. am Thomaskirchhof; 90 Frankfurt/Oder, Gallus; 91 Darmstadt, KV; 93, 94, 97 Leipzig, Blüthner; 95 Hameln, KH; 99 Grimma, StG; 00 Bitterfeld, Gal. am Ratswall; 01 Leipzig, Kustodie d. Univ. – **G:** u. a. seit 55 Leipzig, Bez.kunstausst.; 58, 59, 77, 78, 82, 83 Dresden, Kunstausst. d. DDR; 89, 97 Leipzig, MBK; 94 Dresden, Schloß; 04 Döbeln, Kleine Gal. – ***Lit:*** WWCCA 96; Schweers 02; Bildende Künstler in Leipzig 06 – (Red.)

Mueller-Stahl, Armin, Maler, Graphiker, Schauspieler, Regisseur, Schriftsteller, Musiker; c/o ZBF-Agentur, Friedrichstr. 39, D-10969 Berlin (* Tilsit 17. 12. 30) – **VG:** Hamburg, Multiple Art; Rheine, Beckmann; Wetzlar, Gal. am Dom – **P:** u. a. Kunstpr. d. FDJ 63; Nat.pr. 2. Kl. 72; Bundesfilmpr. 82; Berlinale Kamera 97; Hanse-Pr. f. Völkerverständigung d. Bremer Kulturver. 05; Carl-Zuckmayer-Med. d. Ldes Rh.-Pf. 06; mehrere Oscar-Nominierungen – **G/T:** u. a. Zeichn., Aqu., Lith. – **E:** u. a. 01 Potsdam, Filmmus. Babelsberg; 01–02 Lübeck, Kult.forum Burgkloster (Kat.); Lübeck, Buddenbrookhaus (Kat.); 02 Hamburg, Meißner; Nürnberg, Bode; 03 Bremen, Kühn-Lilienthal; Berlin, Kühn; 03–04 Wittlich, Bose; 04 Wetzlar, Stadt- u. Industriemus.; 05 Los Angeles, Municipal Art Gall.; Lübeck, Kunsthaus (Kat.); 06 Meiningen, Schloß Elisabethenburg (Kat.); Güstrow, Schloß (Kat.) – **V:** Verordneter Sonntag 81; Unterwegs nach Hause, Erinn. 97; In Gedanken an Marie Louise, Roman 98; Rollenspiel, Dreh-Tageb. 'Die Manns' 01; Hannah, Erz. 04; Venice. Ein amerikan. Tagebuch 05; Kettenkarussell, Erzn. 06; Portraits, Bildbd 06 – **R:** Gespräch mit dem Biest (Regie u. Drehb.) 96/97 – ***Lit:*** Gabriele Michel: A.M.-S. – Die Biografie 00; Volker Skierka: A.M.-S. – Begegnungen. Eine Biogr. in Bildern 02 – (Red.)

Müller-Yoshikawa, Shizuko s. Yoshikawa, Shizuko

Münch, Armin, Prof., Graphiker u. Maler; Helsinkier Str. 28, D-18107 Rostock (* Rabenau/Dresden 1. 5. 30) – **S:** 50–55 HBK Dresden (b. den Prof. Fraaß, H. Th. Richter u. Schwimmer); 58–60 AK Berlin (b. Prof. H. Th. Richter) – **L:** künstler. Praxis, Naturstud. u. Kompositionslehre: 70–76 KHS Berlin-Weißensee; 76–91 Univ. Greifswald; 96–00 Univ. Rostock; seit 94 Inst. f. Bild. Kunst u. Kunsttherapie Bochum (Diplomgutachter) – **P:** Nat.pr. d. DDR f. Kunst u. Lit. (Gest. v. Menschen) – **Ve:** VBK DDR 56; Künstlerbund Meckl. u. Vorpommern 90 – **G/T:** Malerei u. Graph. (Portr., Figur, Akt, Ill., Blattgraph., Plakat, Zyklen, histor. Themen) – **M:** u. a. Berlin, Kpst.-Kab.; Dresden, Kpst.-Kab.; Erkner, Gerhart-Hauptmann-Mus.; Rostock, Univ.; Weimar, Herzogin Anna Amalia-Bibliothek (Faustslg) – **E:** u. a. 65 Hamburg; 67 Berlin, NG; 71 Sofia; 71, 77 Moskau; 72, 78, 80, 84, 86, 90, 94 Rostock; 75, 77 Helsinki; 80 Warschau; 84, 85 Gdansk; 84, 00 Stralsund; 85 Szczecin; 90 Greifswald, Univ.; 00 Rabenau; 01 Rostock, Univ.; 04 Kalkriese (Hermanns-Schlacht); 05 Greifswald, RH; Greifswald, St. Spiritus; Stralsund, Kultur-hist. Mus.; Rostock, Univ. (Ospa); Rostock, Gal. am Alten Markt; Rostock, Kulturhist. Mus.; Bad Kösen, KH Romanisches Haus – **G:** zahlr. Ausst.bet., u. a. 04 Gartow, Totentanz – **V:** u. a. Der Mann auf dem Kirr, Zyklus 67; Sonnenblumenbäuerin 78; Das Meer, Tageb. 02; A.M.-Harzskizzen, Kat. 04; – Hefte: Adam und Eva 90; Erleben und Entwerfen 99; Vom Paradies zum Pikadon 00; Wein und die Welt 02; – kontinuierliche Zyklen u. Mappenwerke: Faust, Moby Dick, Der alte Mann und das Meer – ***Lit:*** Kat., u. a.: Meermenschen 67; Pikadon 84; Oeuvre. Druckgrafik 1954–1971; – sowie: Lothar Lang: Meermenschen, in: Weltbühne 12.9.67; Harz 68, 04; A.M. Bildkünstlerischer Werdegang 1945–2004 – ***LitR:*** DEFA-Filme: L. Friedrich (Regie u. Red.): In der Werkstatt A.M. 73; Vorbereitung in der Werkstatt von A.M. 73

Münch, Hanspeter, Prof., Maler; Friedrich-Ebert-Str. 1, D-76275 Ettlingen, Tel. (0 72 43) 1 21 69, Fax 1 56 69, *hanspeter-muench@gmx.de*, *www.hanspeter-muench-malerei.de* (* Potsdam 14. 7. 40) – **VG:** Frankfurt am Main, Stechow – **S:** 63–66 Staatl. ABK Stuttgart; 66–69 HBK Hamburg (b. Gotthard Graubner) – **L:** seit 74 HS f. Gest. Offenbach am Main (LAuftr. u. Honorarprof.) – **G/T:** Realisierung umfangreicher archit.-bezogener Arb. (Wandbild, Deckenmalerei, Glasfenster u. Fresko) – **M:** Bremen, KH; Ettlingen, SM; Künzelsau, Mus. Würth; Mannheim, StKH – **Ö:** DECKEN- u. WANDBILDER: Bad Salzungen, Kundenhalle d. Volksbank; Ettlingen, Schloßgartenhalle; ebda, Fa. vbe Kamm GmbH; Frankfurt am Main, Sitzungssaal d. DZ-Bank; Germersheim, Fa. Nolte Möbel; Gießen, Bürozentrum Wettenberg; Hanau, Treppenhaus d. Volks- u. Raiffeisenbank; Karlsruhe, Halle d. Verwaltungszentrale d. dm-Drogeriemarktes; ebda, großer Sitzungssaal d. Ldratsamtes, Markgräfl. Pal., Fa. tubus Metall, Bad. Versicherung, Kap. St. Peter u. Paul Durlach; Mülheim an d. Ruhr, Sozietät Dr. Ferschen u. Partner; Neumarkt in d. Oberpfalz, Foyer d. Fa. Pfleiderer; Schwäbisch Hall, Konferenzräume d. Bauspk.; Stuttgart, Ldeszentralbank in BW – weitere: Bruchhausen, St. Joseph (Altarbild); Heidelberg-Ziegelhausen, Pfarrk. St. Teresa (u. a. Altar- u. Taufbild); Östringen, Pfarrk. St. Caecilia (Farbräume) – **E:** u. a. 72 Stuttgart, Württembergischer KV; 73 Mannheim, KV; 75 Bremen, KH; 75, 80 Frankfurt am Main, Gal. Frankfurter Kunstkab. Hanna Bekker v. Rath; 76 Edinburgh, Demarco; 77 Glasgow, Goethe-Inst.; 79 Göttingen, KV; 80, 87 Stuttgart, Manus-Presse; 83 Speyer, KV; 84 Sindelfingen, StG; 85 Freiburg im Breisgau, Augustiner-Mus.; 86, 93 Karlsruhe, Rottloff; 87, 90, 95 Köln, Orangerie-Reinz; 92 Ettlingen, SM; Darmstadt, Sander; Schwäbisch Hall, StG; 95 Mannheim, StKH; 98, 01 Frankfurt am Main, Stechow; Berlin, Brennecke; 98, 00 München, Waßermann; 99 Künzelsau, Mus. Würth; Zwickau, Gal. am Domhof; Fulda, Vonderau-Mus.; Karlsruhe, Bad. KV; 01 Düsseldorf, Winkelmann; 02 Rottenburg am Neckar, Diözesan-Mus.; Karlsruhe, Gal. von Tempelhoff; 03 Speyer, Nisters; Baden-Baden, Malichin; 04 Ehingen/Donau, Gal. Schloß Mochental; 05 Ettlingen, SM – ***Lit:*** H.M. Neue Bilder 1986–1987 87; H.M. Malerei aus d. Jahren 1989–1992 92; H.M. Malerei 1965–1995 95; H.M. Malerei 98; H.M. Malereien aus d. Jahren 1996–1999 99

Münz, Inge (geb. Inge Kopp), Bildhauerin, Installationskünstlerin; Birkenstr. 74, D-66119 Saarbrücken. 3a, rue du 1er septembre, F-57460 Behren-les-Forbach, Tel. 3 87 88 04 22, *inge.muenz@tiscali.fr*, *inge.muenz.free.fr* (* Saarlouis/Saarland 20. 9. 40) – **S:** Autodidaktin – **Ve:** BBK Saarland 98 – **G/T:** Plast. (Gipsbinden auf unterschiedl. Materialien); Rauminstall.; Papier – **E:** / G: zahlr. Ausst. u. Ausst.bet. in Dtld, Luxemburg u. Frkr.

Münz, Volkmar, Maler, Zeichner, Performer; *schoenehand@web.de* (* Mainz 5. 2. 65) – **S:** Autodidakt – **P:** Kunst u. Künstler aus RP (2. Pr.) 93; Asterstein-Stip. d. Ldes RP 93–94 – **Ve:** VG Bild – **G/T:** freie abstr. Arb., Malen m. Naturmaterialien, Ldschaftsaqu., Performance, Aktmodell – **M:** Kaiserslautern, Pfalz-Gal.; Künzelsau, Mus. Würth; Mainz, LM; Mannheim, StKH; Stuttgart, SG; Stuttgart, Slg d. Ldesgirokasse – **Ö:** Dossenheim, RH; Frankfurt am Main, Dt. Bank; Karlsruhe, Reg.präsidium; Stadt Heidelberg – **E:** u. a. 90 Heidelberg, Grewenig; 92 Badenweiler, Gal. Dr. Krohn; 93 Dortmund, Friedrich; 94 Koblenz, Mittelrhein-Mus.; Heidenheim, KV; Bern, Rigassi; 95 Scuol, Galleria d'art center – (Red.)

Münzner, Rolf, Prof., Graphiker u. Zeichner; Röhrgasse 2/b, D-04643 Geithain, Tel. u. Fax (03 43 41) 4 26 72 (* Geringswalde/Sa. 3. 1. 42) – **VG:** Chemnitz, Schmidt-Rottluff; Leipzig, Gal. am Sachsenplatz; Oetjendorf, Jürgensen – **S:** 62–67 HGB Leipzig (b. Prof. G. K. Müller); 69–72 ebda (Aspirantur, Freie Graph.) – **L:** 73–88 HGB Leipzig (Honorartätigkeit); ab 89 ebda (Leitung d. Wkst. f. Lith); ab 92 ebda (Prof. f. Freie Graph.); ab 03 ebda (Leitung d. Fachkl. Graph.) – **P:** Pr. d. Intergrafik Berlin 76; Pr. d. Ausst. '100 ausgewählte Graph. d. DDR' 77; Pr. d. Bienn. Finnland (2. Pr.) 78; Intern. Graph.-Bienn. Frechen 79; Kunstpr. d. DDR 79; Pr. d. Art d. Council Bienn. f. Druckgraph. Bradford 84; Pr. d. Bienn. f. Druckgraph. Krakau 85; Norwegian Intern. Print Bienn. Fredrikstad 90; Pr. d. Trienn. Chamalieres 94; Hans-Meid-Pr. 95 – **G/T:** Rad., Steindruck (v. a. Asphaltschabmanier) u. versch. Zeichentechniken; Ill. u. freie Arb. auf Papier – **W:** Werke in zahlr. privaten Slgn – **M:** u. a. Altenburg, Lindenau-Mus. (GrS); Berlin, Bode-Mus.; Chemnitz, GrS; Dresden, GrS; Hamburg, GrS; Krakow, MBK; Leipzig, KH Spk.; Leipzig, MBK (GrS); Oberhausen, Ludwig-Gal.; Sofia, MBK; Warschau, MBK; Weimar, Goethe-NM (GrS) – **Ö:** Geithain/Sa., Spk. – **E:** u. a. 70, 82, 92 Leipzig, MBK; 79 Berlin, Gal. Arkade; 82 Chemnitz, Gal. Oben; 87, 96 Altenburg, Lindenau-Mus.; 89 Bern, Maurer; 90 Nürnberg, Nickel-Zadow; 97 Ratzeburg, A. Paul Weber-Mus.; Leipzig, Univ.; 00 Seattle, Davidson-Gall.; Zeitz, Mus. Schloß Moritzburg – **G:** Teiln. an zahlr. nat. u. intern. Ausst. sowie Bienn. u. Trienn. d. Graph. u. Zeichn. seit 76, u. a. in Baden-Baden, Berlin (Intergrafik), Bradford/GB, Frechen, Fredrikstad/Norwegen, Jyväskyla/Finnland u. Krakow – **V:** u. a. T. Landolfi: Unmögliche Geschichten (Zeichn.) 69; Bulgakow: Der Meister und Margarita, Mappe (Steindruck) 77; Alexander Block: Die Zwölf (Graph.) 78; Goethe: Die Neue Melusine (Steindruck) 80; Swift: Satiren (Zeichn.) 84; Deutsche Fabeln (Zeichn.) 90; Simplizius, Mappe (Graph.) 90; Don Quichotte, Ausgabe d. Buchinst. d. HGB Leipzig (Lith.) 95; Georg Weerth: Schnapphahnski, bibliophile Ausgabe (Lith.) 94; Johannes v. Saatz: Der Ackermann und der Tod, bibliophile Ausgabe (Steindruck) 00 – ***Lit:*** u. a. Beitr. in: Henry Schumann: Ateliergespräche, Kat. 79; Bildende Künstler in Leipzig 06; – KAT.: z. Ausst. im MBK Leipzig 82; z. Ausst. in d. Albrecht-Dürer-Ges. Nürnberg 82; Zeichnungen, z. Ausst. im Lindenau-Mus. Altenburg 86; z. Ausst. im MBK Leipzig 92; z. Ausst. in Oberursel 92; Das grafische Werk, z. Ausst. im Lindenau-Mus. Altenburg 96 – (Red.)

Mürdter, Anette, Bildhauerin; Schulstr. 7, D-73650 Winterbach, Tel. (0 71 81) 4 53 39, *Anette.Muerdter @web.de*, *www.anette-muerdter.de* (* Stuttgart 29. 7. 65) – **VG:** Stuttgart, Renz; Stuttgart, Dorn; Marbach, Gal. in d. Wendelinskap. – **S:** 86–89 Freie KSch Nürtingen; 89–94 Staatl. ABK Stuttgart – **P:** Brunnenwettb. Kleve (1. Pr.) 00 – **Ve:** GEDOK 92–04; BBK Bad.-Württ. 94; Bund freischaff. Bildhauer 03 – **G/T:** Plast. (figürlich, Keramik); Zeichn. – **K:** Aktzeichnen u. -modellieren – **W:** Werke in öff. u. privatem Bes. – **Ö:** Besigheim, Kauernder; Kleve, Narrenbrunnen; Papenburg, Deichgucker (Bronze); Pfinztal, Hockender – **E:** zahlr. Ausst. seit 91, u. a. 00 Pforzheim, BW-Bank; 01 Adelberg, Kloster-Mus.; Hildesheim, Art Location; 03 Fellbach, KV – **G:** zahlr. Ausst.bet. u. Symposien seit 91, u. a. 03 Ludwigsburg, Ldratsamt; Marbach, Volksbank; Waiblingen, Ldratsamt; Besigheim, Skulpt.pfad – sowie: Stuttgart, RH

Muermann, Guido; Hammer Str. 25, D-59174 Kamen, Tel. (0 23 07) 79 74 28, Fax 2 14 43, *muermann@ dipdesign.de*, *www.guido-muermann.de* (* Unna 73) – **Ve:** BBK Westf.; Verbund freier Künstler NRW – **KGr:** Reflex – **G/T:** u. a. Malerei, Graph., Ill., – (Red.)

Müther, Ulrich, Architekt; Strandpromenade 9, D-18609 Ostseebad Binz, Tel. (03 83 93) 2 14 04 (* Binz/ Rügen 34) – **S:** 51–54 Ing.schule Neustrelitz; 56–63 TU Dresden (Fernstud.) – **B:** u. a. Algier: Planetarium Marine; Amman: Moschee; Havanna: Radrennbahn; Leipzig: Planetarium am Zoo; Medellin: Planetarium; Schwerin: Tankstelle; ebda, Restaurant; Wolfsburg: Raumflugplanetarium – **E:** 03 Berlin, TU (Schinkelzentrum) – **G:** 03 Berlin, IfA-Gal. – ***Lit:*** Barth/ Topfstedt 00 – (Red.)

mugs s. Obermoser, Markus

Muheim, Andrea, Malerin; Fabrikstr. 49, CH-8005 Zürich, *andrea.muheim@freesurf.ch*, *www.andrea-muheim.ch* (* Zürich 6. 6. 68) – **S:** 88–99 KGS Zürich (Vorkurs); 89–91 ebda (Fachkl. f. freie Kunst) – **P:** Zolliker Kunstpr. Zollikon 95; Werkjahr d. Kunst- u. Kult.stift. Heinrich Danioth, Altdorf 97 – **G/T:** Malerei (figürl., Portr., Themen aus d. Alltag, Erotik); Stickerei u. Objekt – **K:** figürliches Zeichnen u. Malen im Atelier – **W:** Werke überw. in Privatbes. – **E:** 97, 02 Zürich, message salon; 98 Zürich, SEV Halle; 00, 02 Zürich, Schedler; 04 Zürich, Witschi – **G:** seit 90 zahlr. Ausst.bet., u. a. 91 Bern, Dampfzentrale; 92 Biel, Kunsthaus Centre Pasquart; 00 Altdorf/Uri, Haus f. Kunst Uri; 02 Zürich, Coninx Mus.; 03 Toronto, Lehmann Leskiw; Zürich, Schedler; 04 Zürich, Kunst – **V:** Zürich – Bangkok – Zürich, Gemaltes Tagebuch 02; Stickereien, Ausst.kat. 05 – ***LitR:*** A. M., Portr. SF DRS 95

Muhr, Gotthard, Mag., Maler, Graphiker, Bildhauer; Linke Wienzeile 80/22, A-1060 Wien, *gotthard.muhr @aon.at* (* Schwanenstadt 30. 12. 39) – **VG:** Salzburg, Welz; Wien, Artflow – **S:** 58–64 ABK Wien (Meisterkl. f. Malerei u. Graph.) – **L:** 76–00 ABK Wien (Formenbau u. Gußtechnik) – **P:** Füger-Med. (Silber) 62; Öst. Staatspr. f. Graph. 66; Pr. d. Ldes NdÖst. b. Öst. Graph.wettb. 66; Römerquelle-Kunstwettb. (1. Pr.) 83 – **Ve:** Maerz 66; Comunita Internazionale Artisti, Bussana Vecchia 68; Wiener Secession 82 – **KGr:** Künstlerzentrum Parz – **G/T:** Malerei, Graph. u. Bildhauerei (Figurales u. Landschaft) – **W:** zahlr. Werke in Privatbes. – **M:** Eisenstadt, Bgld. LM; Linz, LG; Linz, Lentos; Salzburg, Rupertinum; Wien, Albertina; Wien, Bmf UK; Wien, Kult.abt. d. Stadt – **Ö:** Schwanenstadt, Friedhofshalle (Betonglasfenster) – **E:** zahlr. Einzelausst. seit 65, u. a. 73 Wien, Künstlerhaus; 75 São Paulo, Bienn.; 77 Eisenstadt, Schloß Esterházy, LG; 80 Klagenfurt, Künstlerhaus (Große Gal.); 80, 86, 89 Wien, Secession (Graph. Kab.); 82 Wien, Stubenbastei; 86 Mödling, Gal. Arcade; 91 Salzburg, Rupertinum; Salzburg, Welz; 91, 00 Meran, Kleiner Kunstpal.; 92, 93 Wien, Virgilkap.; 94 Klagenfurt, Künstlerhaus; 96 Schwanenstadt, Stadtturmgal.; 00 Oslip, Cselley Mühle; 03 Vöcklabruck, Lebzelterhaus – **G:** zahlr. Ausst.bet. seit 65, zuletzt 98 Szombathely, Képtár; 01 Linz, Maerz; 02 Eisenstadt, Bgld. LG; 02, 03 Wien, Mus. auf Abruf; 03 Grenchen, Intern. Trienn. f. Orig.graph. – ***Lit:*** KAT.: Peter Baum (Vorw.): G. M. 67; Friedbert Aspertsberger (Vorw.): Werkverzeichnis 1970–1973 73; Peter Baum (Vorw.): XIII. Biennale São Paulo 75; Otto Kapfinger u. Edelbert Köb (Vorw.): Zeichnungen, Gouachen, Ölbilder, Eisenstadt 89; Helmut Eisendle (Text): Alles in Eiche 94; – WEITERE: Peter Baum: Druckgrafik in Oberösterreich 1900–1989 89; Otto Breicha: Wotruba und die Folgen. Österreichische Plastik im Besitz der Salzburger Landessammlung Ruppertinum 94; Dietgard Grimmer (Hrsg.): Otto Breicha. Gut zum Druck 97; ders.: Für Otto Breicha. 36 Druckgraphiken von 36 Künstlern 97; Wieland Schmied (Hrsg.): Geschichte der bildenden Kunst in Österreich, Bd 6 02; Kult.abt. d. Stadt Wien (Hrsg.): 1 von 9. Kunst aus dem Burgenland 02 – ***LitR:*** G. M., in: Burgenland heute, ORF Mai 02; G. M., Burgenländisches Kabelfs. Mai 02

Muhr, Hans, Akad. Bildhauer, Wasserbildhauer, Umweltgestalter; Auf der Haide 1, A-1220 Wien, Tel. u. Fax (01) 2 58 89 17, *Hans.Muhr@inode.at*, *www.hans-muhr.at* (* Graz-Andritz 21. 4. 34) – **S:** 49–54 Lehrerbildungsanst.; 65–69 Akad. f. angew. Kunst Wien (Dipl. b. Prof. H. Leinfellner); 70 Beginn d. Arb. an Stein- u. Wasserskulpt.; 84 Prof. – **L:** bis 65 Lehrerbildungsanst. (Lehrtätigkeit) – **P:** Pr. d. Akad. f. angew. Kunst Wien 69; Förd.pr. d. Stadt Wien 70; Pr. d. BmfUK 72 – **G/T:** Steinskulpt. (Sieni Urbani-Zeichen d. Stadt); Wasserskulpt. (Großbrunnenanlagen); Wasserwellen-Skulpt.; Wassersteinrelief; Kinetische Licht-Wasser-Stein-Rauminstall.; Licht-Wasser-Stein (Objekt); Inszenierungen mittels frei programmiertem Computer – **K:** Meisterschüler Ausb. u. Kurse im Bildhaueratelier H.M. Wien – **W:** Wasserskulpt. u. -objekte, Trinkwasserskulpt. im privaten u. öff. Raum in Wien, Öst., Dtld, Ital., Tschechien, Ungarn, Holl., d. Schweiz, Hong Kong u. d. USA – **Ö:** Bregenz, Casino (Wassertreppe); Linz, Schillerpl. (Das Gespräch); Wien, Ballhauspl. (Wasser Mal); ebda, Flughafen (Flugbahnen)

Muller, Christopher, Fotokünstler; Philipp-Reis-Str. 4, D-40215 Düsseldorf, Tel. u. Fax (02 11) 44 65 82, *christopher.muller@t-online.de*, *www.christopher-muller.de* (* Stade 3. 9. 66) – **VG:** Köln, Hengesbach; Frankfurt am Main, Reitz; Madrid, Ehrhardt – **S:** 84–85 Camberwell School of Arts and Crafts (Found. Course, Orientierungsbereich); 85–89 Slade School of Fine Art London (B.A.); 91–92 Staatl. KA Düsseldorf (Gasthörer b. Prof. Callahan) – **L:** versch Workshops u. Vorträge – **P:** Stift. Kunstfonds – Arb.- u. Projektstip. 96; Kunstpr. d. Stadt Nordhorn 00; Stip. d. Alfried Krupp v. Bohlen u. Halbach-Stift. 04 – **G/T:** Fotogr. (Stilleben, Person, Collage) – **K:** Fotogr. – **W:** mehrere Werke in Privatbes. – **M:** Bologna, Gall. d'Arte Mod.; Bonn, KM; Düsseldorf, Mus. Kunst Pal.; Essen, Mus. Folkwang; Freiburg im Breisgau, Mus. f. Neue Kunst; Freiburg, Slg Paul Ege; Mönchengladbach, StM Abteiberg; New York, Slg Jerone & Ellen Stern; Stuttgart, SG – **Ö:** Berlin, Robert Bosch GmbH; Bonn, Dt. Ausgleichsbank – **E:** u. a. 94 Mönchengladbach, StM Abteiberg; 96 Freiburg im Breisgau, KV; 97 Bonn, KM (m. R. Caldicott); 98 Arnsberg, KV; London, Photographers' Gall.; Muttenz, KV Baselld; 01 Nürnberg, Inst. f. mod. Kunst; 02 Madrid, Ehrhardt; Esslingen, StG Villa Merkel; 03 Heidelberg, KV; Köln, Hengesbach; Frankfurt am Main, Reitz – **G:** zahlr. Ausst.bet. seit 97, u. a. 99 Innsbruck, Kunstraum; Hamburg, Kunsthaus; 00 München, Haus d. Kunst; Moskau, Manege; 01 Bologna, Gall. d'Arte Mod.; 02 Düsseldorf, Mus. Kunst Pal.; 03 Athen, Mus. Benaki; Leverkusen, StM Schloß Morsbroich – ***Lit:*** – AUSST.KAT.: Hannelore Kersting: C. M. 94; Stephan Berg u. Rolf Hengesbach: C. M. 96; Stefan Gronert: Vom Dasein der Gegenstände 97; Roland Scotti: Ready Mate 98; S. Gronert, J. Huston u. R. Pfab: Seeing Things 02 – (Red.)

Munding, Michael, Prof., Maler; *munding@adbk-nuernberg.de* (* Rottweil 59) – **VG:** Stuttgart, Wehr – **S:** 83–88 ABK Nürnberg (b. H. P. Reuter) – **L:** seit 98 ABK Nürnberg (Prof.) – **P:** Stip. in Krakau 88–89; Förd.pr. d. Freistaates Bay. 90; Lisa u. David Lauber-Pr. f. Malerei (Reisestip.) 91; Stip. d. Kunststift. BW 94–95; Villa-Romana-Pr. 96 – **E:** / G: u. a. 91, 97 Nürnberg, Noris-Halle; 94 Ulm, Ulmer Mus.; 95 Singen, Städt. KM; 97 Krakau, Kult.pal.; 99 München, Große Kunstausst.; 03 Stuttgart, Wehr – (Red.)

Mundry, Bettina, Malerin; Warbender Str. 23, D-17291 Nordwestuckermark / OT Parmen, Tel. (03 98 55) 3 55 08, *www.brennereiparmen.de* (* 17. 12. 59) – **S:** Autodidaktin; 03–04 WerkKSch Anklam (b. d. Bildhauer J. Kümmel, d. bild. Künstler u. Kunsttherapeuten B. Silg, d. Malerin U. Gallmeister u. d. Graphik-Designerin M. Herold) – **KGr:** Kunstwerk Uckermark (seit 05) – **G/T:** Malerei (vorw. Acryl, überw. Frauenbildnisse u. ihre Befindlichkeiten, Neo-Realismus); Plast. (Bronze, Ton, menschl. Figur) – **K:** plast., figürl. Arb. m. Ton – **E:** 02 Prenzlau, Bürgerhaus – **G:** 02 Eberswalde, Ldesgartenschau; Glambeck, Kirche; 02, 03 Berlin, Flierl; 03, 04 Prenzlau, Kunsthof Prenzlau; 04, 05 Parmen, Atelier Brennerei; 05 Magdeburg, SKZ Volksbad Buckau; 05, 06 Berlin, Nering + Stern; 06 Dresden, Alte Feuerwache Loschwitz – sowie: Bet. am Mailart-Projekt tRAUMgeBILDe – ***Lit:*** Carola Baum in: Ausst.kat. 02

Mundt, Reinhart, bild. Künstler (u. a. Install., Malerei, Fotogr.), Doz. f. freie Kunst u. angew. Phil.; Hamburger Str. 15, D-50668 Köln, Tel. (02 21) 13 57 76, Mobil: 0 17 24 76 24 41, *reinhart.mundt@web.de*, *www.reinhartmundt.de* (* Hamburg 28. 3. 64) – **VG:** Arnsberg, Forum Arte – **S:** priv. in div. Ateliers – **L:** seit 89 Priv.doz. (f. freie Kunst u. angew. Phil.); seit 06 Freie Akad. Köln (Doz. f. freie Kunst u. angew. Phil.) – **P:** Arb.stip. ArToll-Labor Bedburg-Hau 99; Praxiteles-Stip. d. Kaos Kunst- u. Videoarch. Köln (f. Datça/Türkei 04 – **Ve:** VG Bild-Kunst 89; Around The World (ATW) 90–92; Köln Salon e.V. 97; AKT 1 Köln 97; AG Leverkusener Künstler 06 – **G/T:** Malerei (Fließprozesse); Fotogr. (Entwicklung d. Lichtschleuder/Lichtskulpt.); Prozessbeschreibungen durch Feuer; Entwicklung d. 'KALPA' (Spiralform), um Genese, Wandel u. Vergehen jeder Erscheinung in Raum u. Zeit zu erforschen; Tao – **K:** Bewußtseins- u. Kreativitätstraining – **W:** Entwicklung eines Kunst-Logos f. Kölner Galerien ab 88; zahlr. Performances in Museen, Gal., im öff. Raum seit 89 – **Ö:** Walsrode (Skulpt.) – **E:** 87 Istanbul, Baraz; 88 Köln, Gal. Forum Novum; 91 Essen, Kult.forum; Kleve, Gal. in d. Schwanenburg; 92 Köln, RH; 92–97 Köln, Weiße Gal.; 97 Köln, Kunstkeller Klingelpütz; 98–03 Köln, Seidel; 00 Moskau, StG Phenix; Essen, Lekon; 03 Leverkusen, StM Schloß Morsbroich; 04 Hagen, Gal. Kooperative K; 05 Arnsberg, Forum Arte – **G:** zahlr. Bet. im In- u. Ausld seit 87, u. a. 87 Istanbul, Kult.mus. Beşiktaş; 90 Tokio, P3 Alternative Mus.; 92–97 Köln, Weiße Gal.; 95 Aachen, KV; 98 Köln, SM; 99/00 Perm/Rußland, SKH; 01/02 Solingen, Mus. Baden; 04 Köln, Intern. Photoszene **V:** Das kollektive Gedächtnis, in: Living. Das Kult.mag. 3 95; Photogr., in: Living. Das Kult.mag. 1 96; Eristik, Köln Salon e.V. 97; Pochoir 00 – ***Lit:*** Werner Kräling in: Handelsblatt-Mag. 92; Annette Lobbenmeier in: Der Kunsthandel 00; AKT 1 Köln 01; Matthias Ketz: Hachenberger Kunstwoche 02 – ***LitR:*** José Hildebrandt u. Lucy Milanova: Der Punkt im Fluß, Portr. 04/05

Munk, Bettina; c/o fruehsorge Galerie f. Zeichnung, Gartenstr. 1, D-19115 Berlin, Tel. (030) 28095282, Fax 28095283, *mail@fruehsorge.com, www.fruehsorge.com www.munkmovies.de* (* München 60) – **VG:** Berlin, Fruehsorge – **S:** 80–86 UdK Berlin (Meisterschülerin b. Prof. Shinkichi Tajiri) – **L:** seit 01 FHS f. Gest. d. FHS f. Technik u. Wirtschaft Berlin (LAuftr. f. Webdesign u. Programmierung) – **P:** Arbeitsstip. d. Berliner Senats 88, 95; Atelieraufenthalt im Künstlerhaus Bethanien 90–91; Stip. am P.S.1 Inst. for Contemp. Arts New York 92–93; Buchprojekt 'Hundert Zchngn' m. Mitteln d. Kult.fonds Bonn 05 – **G/T:** Zeichn., Computer, Animation – **E:** 91 Berlin, Künstlerhaus Bethanien; 92 New York, P.S.1 Inst. for Contemp. Art; 93 Berlin, Kapinos; 94 Berlin, KW Inst. for Contemp. Art; New York, Goethe-House; 95 Weimar, ACC Gal.; 97 Berlin, Klaus Fischer; 98 Potsdam, Kunst Fabrik; 99 Berlin, Pat Binder; 03 Berlin, Seitz & Partner; 05 Otterndorf, Mus. gegenstandsfreier Kunst – **G:** u. a. 87 Berlin, Tiefbunker unter d. Stresemannstr.; 89 Hannover, Ausst. in zwei U-Bahnhöfen; 90 Berlin, Künstlerhaus Bethanien; Eindhoven, De Fabriek; Berlin, Wewerka; 91 Rom, Palazzo Delle Esposizione; 93 New York, Kubinsky Gall.; 94 Leipzig, Gal. f. Zeitgen. Kunst; 95 Zwickau, StM; 96 Berlin, Klaus Fischer; 97 New York, Brooklyn Mus. of Art; 99 Erpel-Remagen, Elisabeth Montag Stift.; 01 Zwickau, Freunde Aktueller Kunst; 02 Ulm, medienoperative; 06 Berlin, Gal. d. Künste – **V:** Albert Cohen: Die Tapferen (Umschlaggest.) 05 – ***Lit:*** KAT.: Transfer 89; Laden für Nichts 89; 1, 2, 3 91; L'ordine delle cose 91; Interferenzen 91; A Double Mentality 91; 1 m Zeit 91; National and International Studio Programs 93; Fragen / Questions 94; Leerstand 95; B. M. 94; B. M. 95; Verborgene Orte: Brückenköpfe Erpel-Remagen 99; – sowie: Hundert Zeichnungen, Künstlerb. 05

Munkelt-Köllner, Franziska, Keramikerin; Philipp-Reis-Str.4, D-04179 Leipzig (* Leipzig 9. 5. 68) – **VG:** Leipzig, Keramikgal. Terra Rossa – **S:** 84–86 Töpferlehre b. U. Wittich-Großkurth in Jena; 90–92 Meisterlehrgang – **Ve:** BBKL – **M:** Großenrode, Keramik-Mus.; Leipzig, GRASSI – **E:** u. a. 93 Kohren-Sahlis, Töpfermus. – **G:** u. a. 93 Köln, Handwerkskammer; Bonn, Handwerkskammer; 98 Leipzig, Globus Gal. – (Red.)

Murer, Bruno, Maler; Hochrainstraße 16, CH-6010 Kriens, Tel. (041) 3107242 (* Beckenried 11. 2. 49) – **S:** 84 HS f. Gest. u. Kunst Zürich – **P:** u. a. Anerkennungspr. d. Stadt Luzern 86; Eidgenössisches Kunststip. 88; Atelier New York 01 – **E:** u. a. 98 Emmen, Gersag; Meggen, Gemeindegalerie Benzeholz; Sachseln, Mus. Bruder Klaus; 99 Kriens, Mus. im Bellpark; 01 Stans, Nidwaldner Mus. – **G:** u. a. 95 Zug, Kunsthaus; Kriens, Mus. im Bellpark; 97 Cieszyn, Oberschlesische Univ.; 98 Zug, Goote Gall.; – weitere: 99 Comune di Chiasso – ***Lit:*** BLSK 98 – (Red.)

Muri, Roland, Bildender Künstler; Sägeweg 15, CH-3123 Belp, Tel. 0786897626, *roland.muri@bluewin.ch, www.rolandmuri.com* (* Bern 29. 9. 59) – **VG:** Zürich, Gal. am Paradeplatz; Los Angeles, ARTpiece Gall. – **S:** KGS Bern; Schule f. Gest. Bern (Serigraphie); HdK Bern (Lith.) – **KGe:** Art Meets music (www.artmeetsmusic.com) – **G/T:** Malerei (Öl, Acryl); Graph. (Serigraphie, Lith.); Videoinstall.; Gründer d. Popexpressionismus – **W:** ca. 500 Werke in Privatbes. in Dtld, Ital., Frankr., Öst., Japan, in d. Schweiz sowie in d. USA – **M:** Bern, Slg d. Kt. Bern; New York, Chelsea AM – **Ö:** Zug, First Holding – **E:** zahlr. Ausst. seit 96, zuletzt 01 Köln, Schloß Eulenbroich; 02 Bern, Fond. Aranis-Brignoni; Zürich, Gal. am Paradeplatz; 03 Los Angeles, ARTpiece Gall.; New York, Chelsea AM – **G:** 99 Bern, KH; 01 Köln, Kunsthaus; Venedig, Bienn.; 02 New York, 450 Broadway Gall.; Köln, SM – **R:** Running Man, Videofilm (Buch u. Regie) 04 – ***Lit:*** Ausst.-kat. Muri – ***LitR:*** F. Duméril (Buch u. Regie): Popexpressionismus. R.M., Dok.film 03

Musolf, Johannes J., Objektemacher, Autor; Tiefenbacher Mühlchen Lindelbachstr. 19, D-35619 Braunfels, Tel. (06473) 1689, *jjmtiefmuehl@gmx.de, www.musolf-art.de; www.kultur.at/see/musolf.htm* (* Steinheim/Westf. 18. 11. 44) – **S:** 66–68 PFI Jugenheim; FHS Darmstadt – **L:** 68–95 Kunsterzieher an div. Schulen in Frankfurt am Main u. in Mittelhess. – **G/T:** Objekt u. Install. (Draht, Papier, Metall); Materialcollage u. Collage (Papier); Mailart ('art under net conditions') – **W:** in Privatbes. im Inld u. europ. Ausld – **M:** Frankfurt am Main, Goethe-Inst.; Giessen, Oberhess. Mus.; Kassel, Mus. f. Sepulkralkult.; Kassel, Staatl. Mus. – **Ö:** Wetzlar, Werner-von-Siemens-Schule (Berufsschulzentrum) – **E:** 83 Frankfurt am Main, Goethe-Inst.; 87 Wetzlar, Kommunale Gal.; 88 Altena/Westf., StG; 89 Gelsenkirchen, KV; 91 Siegburg, SM; Giessen, Oberhess. Mus.; 93 Bad Hersfeld, SM; 97 Fulda, Vonderau-Mus.; 99 Hanau, Hess. Puppenmus.; 00 Ilmenau, Kommunale Gal.; 01 Korbach, SM; Korbach, Kilianskirche – **G:** zahlr. Ausst.bet. seit 74 – **V:** Liebe M. Briefe an eine Kunstfreundin 94; EIN SATZ 1–5 (Texte u. Collagen) 97–01 – ***Lit:*** Musolf. Objekte.Installationen, Ausst.kat. 91; Faber.Musolf. Objekte.Installationen.Collagen, Ausst.kat. 97; Musolf. Die Kathedrale, Ausst.kat. 99; ... nicht nach dem Wind. Musolf. Objektemacher, Ausst.kat. 01 – ***LitR:*** Bernhard Safarik: Musolf. Atelierbesuche, Fs-Portr. (HR) 81

Muthofer, Ben, Meisterschüler, Prof., Maler, Bildhauer; Peisserstr. 5, D-85053 Ingolstadt, Tel. (089) 398260, (0841) 9610007, Fax (0841) 9610007 (* Oppeln 8. 7. 37) – **VG:** München, Waßermann; Essen, Neher; Gießen, Wosimsky; Saarbrücken, Gal. St. Johann; Ettlingen, Suciu – **S:** 55–58 WerkKSch Bielefeld (Staatsexamen); 58–64 Akad. München (Meisterkl. Prof. E. Geitlinger, Malerei u. Bildhauerei) – **L:** 69–74 Washington Univ. St. Louis (Gastprof.); 88 KHS Reykjavik (Prof.) – **P:** Akad.pr. München 64; Art Assoc. St. Louis (1. Pr. f. Skulpt.) 68; Art Assoc. St. Louis (2. Pr. f. Malerei) 69; Prinz-Luitpold-Stift. München 82; Pr. d. KV Rosenheim 92; Bay. Staatspr. 00 – **Ve:** VG Bild-Kunst 89; Mitgl. vieler KV – **KGr:** Vertikal-Diagonal-Horizontal (Gründer, seit 84) – **G/T:** Malerei, Bildhauerei, konkrete Kunst, Großplast. f. d. öff. Raum, Lichtplast., Faltplast. (aus Stahl, beschichtet) – **K:** Bildhauerei, Malerei – **W:** zahlr. Privatslgn in Dtld, GB, Ital., Öst., d. Schweiz u. d. USA – **M:** Erfurt, Forum Konkrete Kunst; Gelsenkirchen, SM; Hünfeld, Mus. Modern Art; Ingolstadt, Mus. f. Konkrete Kunst; Kaliningrad, Staatl. KM; Łódź, Muzeum Sztuki; Mannheim, StKH; München, Bay. Staatsgemäldeslgn; Neu-Ulm, KS; Pfarrkirchen, Kult.haus; Regensburg, Ostdt. Gal.; Rehau, Kunsthaus – Inst. f. Konkrete Kunst u. Poesie; Sindelfingen, Kult.stift. Mercedes-Benz; St. Louis/MO, AM; Wertingen, Slg – **Ö:** u. a. Frankfurt, Bank f. Wiederaufbau; Landshut, FHS; Lübstorf, Skulpt.park Schloß Willigrad; München, Min. f. Arb. u. Soziales; ebda, Olympiapark; München Giesing, Fa. Veyhl; Neu-Ulm, Edwin Scharff Mus.; Passau, Römerpl.; Pfarrkirchen, Kult.haus; Regensburg, Mus.park; Simbach/Inn, Stadtpark; Sonneberg, Stadtpark – **E:** u. a. 75 Sindelfingen, Gal. Tendenz; 76, 01 München, Waßermann; 79 Bad Füssing, Kurpark; 80 Villingen-Schwenningen, StG; 84 Kissleg, Schloßhofgal.; 88 Ingolstadt, StG; 89 Regensburg, Ostdt. Gal.; 90 Mannheim, StKH; 94 Sindelfingen, Skulpt.park Mercedes-Benz; 99 Saarbrücken,

Gal. St. Johann; 00 München, Gal. Handwerk – **G:** u. a. ca. 300 Bet., u. a. seit 62 München, Haus d. Kunst; 79 Budapest, Gal. Konkreter Kunst; 85 Ludwigshafen, Wilhelm-Hack-Mus.; 99 Freiburg, Stift. Konkreter Kunst; 02 Essen, Neher; 04 Ettlingen, Suciu; Frankfurt am Main, KH; – weitere: Basel, Köln, Frankfurt am Main u. Karlsruhe, Messe – ***Lit:*** B. M. Faltskulpturen 75–79; Künstlergruppe Die Burg, Kat. 79; Skulpturen B. M. 88; Städtische Galerie Ingolstadt, Kat. 88; Faltskulpturen B. M., Kat. 90 – ***LitR:*** Werdegang einer Stahlplast. von B. M. 88; Konstruktive Rückkehr 92; Atelier B. M., Bay. RF 00; Faltungen. B. M., Weiße Skulpturen, Bay. RF 02 – (Red.)

Mutzenbecher, Werner von, Maler, Filmemacher; Mittlere Str. 63, CH-4056 Basel, Tel. 0612615748 (* Frankfurt am Main 30. 10. 37) – **VG:** Basel, Linder – **S:** 57 Univ. Basel (Stud. Germanistik u. Phil.); 57–60 Allgemeine Gewerbeschule Basel – **L:** 73–87 Schule f. Gest. Basel; 88–00 ebda (Leiter d. Fachkl. f. freies bildnerisches Gest.) – **E:** u. a. 99 Basel, Stadtkino; Basel, Linder; 01 Basel, Stadtkino; 02 Basel, Linder; Basel, KM – **G:** u. a. 99 Basel, Art; Basel, Carzaniga & Ueker; 99–00 Basel, Linder; 02 Basel, Art – (Red.)

MUX s. Antony, Margareta

Muzeniek, Peter, Karikaturist, Illustrator, Graphiker; Rigaer Str. 15, D-10247 Berlin, Tel. (030) 42012746 (* Łódź 41) – **S:** 59–61 Ausb. als Schrift- u. Plakatmaler; 65–70 HGB Leipzig (Fachkl. Buchill., Dipl.) – **P:** Pr. d. Gothaer Karikade (3. Pr.) 95, 98, 00; Dt. Pr. f. d. polit. Karikatur (2. Pr.) 02 – **G/T:** Karikaturen (z.B. f. d. Zs. Eulenspiegel u. d. Berliner Ztg); Buchill. – **E:** u. a. 96 Berlin, Kunstrestauration 'Maximus'; 02 Berlin, Kult.ver. Brücke 7; 04 Potsdam, Dt. Gewerkschaftsbund Region Mark Brandenburg; 05 Leipzig, Theater Sanftwut – **G:** u. a. 98 Bonn, Haus d. Gesch. d. BRD; 03 Deutschstunde – Karikaturen gegen rechte Gewalt (Wanderausst.) – **V:** ILLUSTR. zu über 70 Büchern, u. a. Nikolaj Samochin: Ein Häuschen im Grünen 83; Hans-Ulrich Strack: Zulp. Aus dem Leben e. Staubwischers 85; Benno Pludra: Der Walfänger u. a. Geschichten von den sieben Meeren 85; Karl Heinz Hardt: Steilkurven 87; Joachim Walther: Heldenleben 88; Hella Rymarowicz: Ole mole Mäuerlein. Polnische Kinderreime 89; Martin Viertel: Tausend Tage Sibirien. Mein Reisetagebuch 89; Klaus Fisch: Sagenhaftes Thüringen 90; Eva Kosak: Zauber des Gewandes 91; Edgar Kühlow: Koslowski in Weimar 96; Jörg Spielberg: Ritter Kahlbutz 98; Manfred Schmitz: Erste Klavierstücke für Florian 01 – (Red.)

Mwangi, Ingrid, Video- u. Performancekünstlerin; Von-Kieffer-Str. 169, D-67067 Ludwigshafen, Tel. (0621) 5580246, *ingridmwang@hotmail.com* (* Nairobi 75) – **S:** 94–96 HBK Saar Saarbrücken (Graph.-Design); 96–01 ebda (Neue künstler. Medien b. Prof. U. Rosenbach) – **L:** seit 01 KA d. Gutenberg Univ. Mainz (LAuftr.) – **P:** Stip. d. Stud.stift. d. Dt. Volkes 98–02; Saarlorlux Film- u. Videofestival Saarbrücken (1. Pr.) 99, 00; Marler Video-Kunst-Pr. u. Video-Install.-Pr. (1. Pr.) 00; Cité Intern. d. Arts Paris 02 – **E:** zuletzt u. a. 01 Marl, Skulpt.-Mus. Glaskasten; 02 Frankfurt am Main, Beckers; Saarbrücken, Stadt-Gal.; 03 Piacenza, Placentia Arte Gal. – **G:** u. a. 98 Locarno, Video Art Festival; 99 Berlin, Festival Junger Exper. Kunst; München, Große Kunstausst.; 00 Bonn, IFA-Gal.; Hannover, EXPO; 01 Brüssel, Camouflage Gal.; Tirana, Bienn.; 02 Oldenburg, Edith-Ruß-Haus f. Medienkunst; Sao Paulo, Bienn.; Essen, Mus. Folkwang – (Red.)